DUDEN
Band 2

Der Duden in 10 Bänden
Das Standardwerk
zur deutschen Sprache

Herausgegeben vom Wissenschaftlichen Rat
der Dudenredaktion:
Prof. Dr. Günther Drosdowski,
Dr. Rudolf Köster, Dr. Wolfgang Müller,
Dr. Werner Scholze-Stubenrecht

1. Rechtschreibung
2. Stilwörterbuch
3. Bildwörterbuch
4. Grammatik
5. Fremdwörterbuch
6. Aussprachewörterbuch
7. Etymologie
8. Sinn- und sachverwandte Wörter
9. Zweifelsfälle der deutschen Sprache
10. Bedeutungswörterbuch

DUDEN

Stilwörterbuch der deutschen Sprache

Die Verwendung der Wörter im Satz

6., völlig neu bearbeitete und erweiterte Auflage von

GÜNTHER DROSDOWSKI
unter Mitwirkung folgender Mitarbeiter der Dudenredaktion:
D. Berger, M. Dose, J. Ebner, D. Mang, C. Schrupp, J. Werlin

DUDEN BAND 2

Bibliographisches Institut Mannheim/Wien/Zürich
Dudenverlag

Satz: Zechnersche Buchdruckerei, Speyer
Druck und Einband: Klambt-Druck GmbH, Speyer
Printed in Germany
ISBN 3-411-00902-0

Vorwort zur sechsten Auflage

Ziel der Neubearbeitung war es, ein umfassendes Nachschlagewerk über die Verwendung der Wörter im Satz und die Ausdrucksmöglichkeiten der deutschen Sprache zu schaffen. Durch Vergrößerung des Satzspiegels und Erweiterung des Umfangs konnten mehrere Tausend neuer Stichwörter, Beispiele und Redewendungen aufgenommen werden. Die Beispiele stammen aus der Sprachkartei der Dudenredaktion, einer der größten Sammlungen von Belegen aus der deutschen Gegenwartssprache; sie spiegeln alle Bereiche unseres Lebens wider, stärker als bisher vor allem die Bereiche Politik, Wirtschaft, Verkehr, Technik und Sport.

Alle Artikel sind in der Neuauflage neu gegliedert worden, und zwar nach der Bedeutung des Wortes und seiner Verwendung im Satz. Die festen Verbindungen und Redewendungen, die das idiomatische Deutsch ausmachen, sind – im Druck abgehoben – jeweils am Ende eines Artikels aufgeführt worden. Dadurch konnte die Benutzbarkeit des Stilwörterbuchs wesentlich verbessert werden. In besonderem Maße ist die Darstellung des bildlichen und übertragenen Gebrauchs ausgebaut worden, da die Kenntnis der sprachlichen Bilder eine wichtige Voraussetzung für einen guten Stil ist.

Die Neuauflage des Stilwörterbuchs baut auf einer engen Verbindung von Syntax (Satzlehre) und Semantik (Bedeutungslehre) auf. Sie stellt die inhaltlich sinnvollen und grammatisch richtigen Verknüpfungen (Syntagmen) der deutschen Sprache dar und gibt bei jeder Verbbedeutung die notwendigen Sinnergänzungen an. Während die Grammatik bereits seit vielen Jahren neue Wege geht und fruchtbare Erkenntnisse gewonnen hat, sind die Wörterbücher auch heute noch weitgehend in der Tradition befangen. Das Stilwörterbuch unternimmt es, diese Erstarrung der Lexikographie zu überwinden und zu einem tieferen Verständnis der deutschen Sprache beizutragen.

Das neue Stilwörterbuch ist nicht nur Nachschlagewerk, das allein praktischen Bedürfnissen genügt; als syntagmatisches Wörterbuch mit Valenzangaben bildet es gleichzeitig eine sichere Grundlage für den modernen Sprachunterricht und dient der sprachlichen Schulung. Wie es verbindliche Formen des Umgangs gibt, so gibt es auch verbindliche sprachliche Umgangsformen. Voraussetzung für einen guten persönlichen Stil ist die Vertrautheit mit diesen Umgangsformen, ist die Kenntnis des Zusammenspiels der Wörter, die Sicherheit in der Wortwahl und in der Wahl der grammatischen Mittel sowie die Beherrschung der wichtigsten Stilelemente.

Mannheim, den 1. April 1971

Der Wissenschaftliche Rat der Dudenredaktion

Zur Anlage des Buches

I. Artikelaufbau: Die Artikel sind systematisch und für die einzelnen Wortarten einheitlich aufgebaut. Auf das Stichwort folgen die stilistischen, grammatischen und sonstigen Angaben, die das Stichwort generell betreffen. Beziehen sich diese Angaben nur auf eine bestimmte Bedeutung des Stichwortes, dann stehen sie bei der betreffenden Bedeutungsangabe.
Die Stichwörter und die festen Wendungen sind **halbfett**, die Bedeutungsangaben *kursiv*, die Beispiele in Normalschrift gedruckt:

> **Zimmer,** das: *Raum in einer Wohnung oder in einem Haus:* ein großes, geräumiges, freundliches, gemütliches, wohnliches, zweifenstriges, kleines, enges, schmales, hohes, niedriges, sonniges, dunkles, möbliertes, kaltes, überheiztes Z.; ein halbes *(recht kleines)* Z.; Z. frei!; ein Z. mit fließend warm und kalt Wasser; die Zimmer gehen ineinander *(sind z. B. durch eine Tür verbunden);* das Z. geht nach vorn, hinten *(liegt im vorderen, hinteren Teil des Hauses);* das Z. geht auf den Hof; ein Z. vermieten, abgeben, mieten, kündigen, betreten; das Z. heizen, lüften, aufräumen, tapezieren lassen; auf sein Z. gehen; auf dem Z. sein; im Z. sitzen, sein; in sein Z. gehen; eine Flucht von Zimmern bewohnen. * **das Zimmer hüten müssen** *(wegen Krankheit das Zimmer nicht verlassen können).*

Runde Klammern ( ) schließen stilistische Bewertungen und Zuordnungen zu Sondersprachen und Bereichen ein, ferner die Angaben der Kontext- und Satzbedeutung sowie erläuternde Zusätze und Ergänzungen. Winkelklammern ⟨ ⟩ enthalten grammatische Angaben. Eckige Klammern [ ] enthalten Buchstaben, Silben, vor allem Wörter in den Satzbeispielen, die mitgelesen oder weggelassen werden können. In Schrägstrichen / / stehen Angaben, die im strengen Sinne keine Bedeutungsangaben sind, z. B. Angaben der grammatischen Bedeutung (Funktion) der Pronomen, Partikeln usw., und Hinweise auf Nebenvorstellungen. Der auf Mitte stehende Punkt · wird als Gliederungszeichen verwendet, z. B. bei der Gliederung größerer Artikel nach grammatischen Gesichtspunkten und bei der Gliederung der festen Verbindungen und Wendungen. Das Sternchen * ist das Zeichen für die festen Verbindungen und Wendungen.

> **atmen:** 1. *Luft einziehen und ausstoßen:* leicht, tief, schwer, mühsam a.; der Kranke hatte unregelmäßig geatmet; wir wagten [vor Angst] kaum zu a.; der Verunglückte atmet *(lebt)* noch. 2. ⟨etwas a.⟩ *einatmen:* Gestank und Abgase a. müssen; er atmete gierig die frische Nachtluft. 3. (geh.) ⟨etwas atmet etwas⟩ *etwas strömt etwas aus, ist von etwas erfüllt:* dieses Buch atmet den Geist der Vergangenheit; alles ringsum atmet Freude. * **frei atmen** *(sich sicher, nicht unterdrückt fühlen)* · (ugs.; scherzh.:) **gesiebte Luft atmen** *(im Gefängnis eine Strafe abbüßen).*

> **Abend,** der: 1. *Ende des Tages:* ein lauer, sommerlicher, kühler A.; der A. ist schön, klar, still, düster; es wird A.; der A. kommt (geh.), naht (dichter.), bricht herein (dichter.), sinkt hernieder (dichter.), senkt sich herab (dichter.) · den A. in Gesellschaft verbringen; die Glocken läuten den A. ein; die Abende der Familie widmen; das Dienstmädchen hat seinen freien A. · ⟨Akk. als Zeitangabe⟩ einen, diesen, manchen A.; jeden A. zu Hause sein; sie wartete viele Abende; ⟨Gen. als Zeitangabe⟩ des Abends (geh.; *abends*); eines [schönen] Abends *(an einem nicht näher bestimmten Abend)* brachen

sie auf · während, im Lauf[e], im Verlaufe des Abends; sich für den A. umziehen; seine Erzählung zog sich über mehrere Abende hin · am späten, frühen, vorgerückten, gleichen, letzten A.; am A. vorher; A. auf A.; vom Morgen bis zum A.; bis gegen A.; A. für A.; Sprichw.: man soll den Tag nicht vor dem A. loben *(man soll erst das Ende abwarten und nicht etwas voreilig positiv beurteilen);* Redensarten: es ist noch nicht aller Tage A. *(es ist noch nichts entschieden, es kann noch viel geschehen);* je später der A., desto schöner die Gäste /Kompliment für verspätete Gäste/; übertr. (geh.): *Ende, Spätzeit:* am A. des Lebens, des Jahrhunderts; im A. stehen *(alt, betagt sein).* **2.** *[geselliges] Beisammensein, Unterhaltung am Abend:* ein netter, reizender, anregender, gemütlicher, langweiliger A.; ein bunter A. *(Abendveranstaltung mit heiterem, abwechslungsreichem Programm);* ein angebrochener A. (auch ugs. scherzh. für: *frühe Morgenstunden einer ausgedehnten Feier*); der A. war sehr interessant, feuchtfröhlich · sich einen vergnügten A. machen; jmdm. den A. verderben; einen A. retten; einen literarischen A. absagen. **3.** (dichter.; veraltend) *Westen:* gegen A. *(nach Westen, westwärts).* * **guten Abend!** /*Grußformel*/: guten A. allerseits!; sie sagte ihm guten A. · **zu Abend essen** *(die Abendmahlzeit einnehmen)* · **Heiliger Abend** *(der Abend oder Tag vor dem ersten Weihnachtsfeiertag).*

II. Bedeutungsangaben: Die verschiedenen Bedeutungen eines Stichwortes werden gewöhnlich mit arabischen Ziffern gekennzeichnet. Bedeutungen, die sich enger berühren, werden durch Kleinbuchstaben gegliedert. Bei sehr umfangreichen Artikeln werden, um eine bessere Übersichtlichkeit zu erreichen, zur Gliederung römische Ziffern verwendet. Mit Hilfe römischer Ziffern wird gelegentlich auch gegliedert, wenn Bedeutungen stärker voneinander abweichen oder wenn ein Wort verschiedenen Wortarten zugehört. Die Anordnung der Bedeutungen folgt nicht historischen, sondern synchronischen Gesichtspunkten:

abbrechen: 1. ⟨etwas a.⟩ *etwas, einen Teil von etwas brechend loslösen:* einen Ast, ein Stück Brot a.; /mit der Nebenvorstellung des Unabsichtlichen/: eine Nadel [beim Nähen], die Spitze des Bleistifts [beim Schreiben] a.; ⟨jmdm., sich etwas a.⟩ ich habe mir den Fingernagel, Zahn abgebrochen. **2.** ⟨etwas bricht ab⟩ *etwas löst sich los, geht durch einen Bruch entzwei:* der Ast, die Spitze des Messers, das Stuhlbein brach ab; der Absatz ist abgebrochen. **3.** ⟨etwas a.⟩ *nieder-, abreißen, eine bauliche Konstruktion beseitigen:* eine Laube, ein baufälliges Haus, eine alte Brücke a.; das Zelt, ein Lager a. *(abbauen).* **4.** ⟨etwas a.⟩ *unvermittelt, vorzeitig beenden:* die Unterhaltung, ein Gespräch, das Verhör, die Verhandlungen, ein Spiel, die Vorstellung, den Unterricht a.; er hat seinen Urlaub abgebrochen; die diplomatischen Beziehungen zu diesem Staat sind abgebrochen worden. **5. a)** *unvermittelt, vorzeitig aufhören, nicht fortfahren:* plötzlich, angeekelt, nach ein paar Worten, mitten im Satz a.; wir wollen a.; der Klavierspieler brach nach ein paar Akkorden ab. **b)** ⟨etwas bricht ab⟩ *etwas endet, hört unvermittelt, vorzeitig auf:* eine Unterhaltung, die Musik bricht ab; hier bricht der Bericht ab; die Verbindung mit dem Flugzeug ist abgebrochen. * (ugs.:) **sich** (Dativ) **einen abbrechen** *(sich bei einer Tätigkeit übermäßig anstrengen)* · (ugs.:) **brich dir [nur, ja] keine Verzierung ab!; brich dir [nur, ja] keinen ab!** *(sei nicht so gespreizt!, ziere dich nicht so!)* · **einer Sache die Spitze abbrechen** *(einer Sache die Schärfe, die Hauptwirkung nehmen):* er hat der Kritik, dem Angriff die Spitze abgebrochen · **alle Brücken hinter sich** (Dativ) **abbrechen** *(sich von allen bisherigen Bindungen endgültig lösen)* · **die Zelte abbrechen** *(den Aufenthaltsort, den bisherigen Lebenskreis aufgeben).*

Morgen, der: **I. 1.** *Tagesanfang, Vormittag:* ein schöner, klarer, heller, frischer, heiterer, sonniger, strahlender, warmer, kühler, kalter, winterlicher, nebliger, trüber, unfreundlicher M.; ein M. im August; es wird schon M.;

der M. bricht an (geh.), dämmert (geh.), graut (geh.), naht (dichter.), zieht herauf (dichter.), leuchtet (dichter.), kündigt sich im Osten an (dichter.); den M. erwarten, herbeisehnen, verschlafen; er verbrachte den ganzen M. im Bett; ⟨Akk. als Zeitangabe⟩ einen, diesen, manchen M.; den folgenden, nächsten M. erwachte er sehr früh; er ging jeden M. spazieren · ⟨Gen. als Zeitangabe⟩ des Morgens (geh.; *morgens*), des Morgens früh (geh.; *frühmorgens*); eines [schönen] Morgens *(an einem nicht näher bestimmten Morgen)* · die Nacht weicht dem M. (dichter.); früh, zeitig, spät am M.; am frühen, späten M.; am anderen, nächsten, folgenden M.; an einem schönen M.; bis gegen M.; bis in den [hellen, hellichten] M.; M. für M.; gegen M. wachte er auf; vom M. bis zum Abend; während des ganzen Morgens trällerte sie; übertr. (geh.): *Anfang, Frühzeit:* der M. der Freiheit; am M. des Lebens. 2. (dichter.; veraltend) *Osten:* gegen M. *(nach Osten, ostwärts).* II. /*ein Feldmaß*/: er hat noch ein paar, zehn Morgen Land dazugekauft. * **guten Morgen!** /Grußformel/ · (geh.): **schön/frisch wie der junge Morgen** *(jugendfrisch, schön und strahlend).*

III. Anordnung der Beispiele: Die Beispiele sind im allgemeinen so angeordnet, wie es die Darstellung der Bedeutungsverhältnisse erfordert. Normierte Beispiele und Beispielsätze wechseln sich dabei ab. Beim Adjektiv und beim Substantiv wird die Reihenfolge der Beispiele von grammatischen Gesichtspunkten bestimmt:

Adjektiv: 1. als Attribut (das schöne Mädchen). 2. als Artangabe: a) prädikativ, d. h. in Verbindung mit den kopulativen Verben sein, werden usw. (das Mädchen ist schön; das Wetter wird, bleibt schön). b) adverbial, d. h. in Verbindung mit anderen Verben (das Mädchen singt, tanzt schön):

ärgerlich: 1. *voll Verdruß, verärgert, aufgebracht:* ein ärgerlicher Blick, Zuruf; er war, wurde sehr ä.; sie ist ä. auf mich; er war über den Mißerfolg ä. *(deswegen verärgert);* ä. antworten, fortgehen. 2. *mißlich, unerfreulich, unangenehm:* ein ärgerlicher Vorfall; das ist eine ganz ärgerliche Sache, Geschichte; es ist sehr ä., daß wir uns verpaßt haben.

herzlich: 1. *freundlich; von Herzen kommend:* herzliche Worte, Wünsche; ein herzlicher Empfang; eine herzliche Freundschaft, Zuneigung; /in bestimmten Gruß- und Wunschformeln/: herzliche Grüße!; herzlichen Glückwunsch!; herzlichen Dank!; herzliches Beileid! · die Geschwister haben ein herzliches Verhältnis zueinander; eine herzliche *(dringende)* Bitte an jmdn. richten; (geh.:) jmdm. in herzlicher Liebe zugetan sein; sie ist sehr h. *(hat eine warmherzige Art);* jmdn. h. begrüßen, beglückwünschen; sich h. bedanken; jmdn. h. (geh.) lieben, liebhaben. 2. ⟨verstärkend bei Adjektiven und Verben⟩ *sehr:* der Vortrag war h. langweilig, schlecht; es gab h. wenig zu essen; h. gern!; er lachte h., als er die Geschichte hörte; ich bitte Sie h., etwas leiser zu sein.

Substantiv: 1. mit Attributen. 2. als Subjekt. 3. als Objekt (Akkusativ-, Dativ-, Genitiv-, Präpositionalobjekt). 4. in Verbindung mit Präpositionen (als Teil einer Umstandsangabe usw.), die alphabetisch angeordnet sind:

Boot, das: /*kleines Wasserfahrzeug*/: ein schnelles, wendiges, schnittiges, leichtes, schweres, offenes, breites, schmales B.; die Boote der Fischer; das B. sticht in See (Seemannsspr.), treibt auf den Wellen, gleitet durch die Wellen (geh.), sinkt, kentert, leckt, kippt um, schlägt um, geht unter, tanzt auf den Wellen (geh.), liegt tief im Wasser, läuft voll Wasser, liegt am Ufer, legt am Steg an, schaukelt, schwankt, zerschellt, bricht auseinander, liegt im Hafen, geht vor Anker, läuft auf Grund; die Kinder fahren gerne B.;

ein B. bauen, vom Stapel laufen lassen, vertäuen (Seemannsspr.), festmachen, ausrüsten; das B. klarmachen (Seemannsspr.), steuern, rudern, an Land ziehen; sie ließen die Boote aufs Wasser; aus den B. steigen, klettern; in das B. steigen; in die Boote gehen; in einem B., mit einem B. den Fluß überqueren; mit einem B. fahren, segeln; die Fischer sind mit den Booten hinausgefahren. * (ugs.:) **in einem Boot sitzen** *(gemeinsam eine schwierige Situation bewältigen müssen).*

IV. Anordnung der festen Verbindungen und Wendungen: Das Stilwörterbuch unterscheidet zwischen freien Fügungen einerseits und festen Verbindungen und Wendungen andererseits. Bei den freien Fügungen stehen die üblichen und typischen Verknüpfungen der deutschen Sprache, ferner auch die Redensarten (es ist noch nicht aller Tage Abend; wenn die Wände reden könnten!) und Sprichwörter (wer andern eine Grube gräbt, fällt selbst hinein). Die festen Verbindungen und Wendungen – die „vorfabrizierten Teile“ unserer Sprache – stehen im Druck abgehoben am Ende des Artikels. Es handelt sich dabei im wesentlichen um folgende Arten:
1. feste Attribuierungen: **blinder Passagier** *(Schiffs- oder Flugzeugpassagier, der sich heimlich an Bord verbirgt und ohne Berechtigung mitreist);* **das Rote Kreuz** *(eine Sanitätsorganisation).* 2. feste verblaßte Vergleiche: **wie ein Schneider frieren** *(sehr frieren);* **dumm wie Bohnenstroh sein** *(sehr dumm sein).* 3. feste Verbindungen: **einen zwitschern** *(Alkohol trinken);* **die Nase rümpfen** *(mißbilligend die Nase in Falten ziehen).* 4. Funktionsverbgefüge: **in Erwägung ziehen** *(erwägen);* **zur Verteilung gelangen** *(verteilt werden).* 5. Wortpaare (Zwillingsformeln): **ab und zu** *(manchmal, von Zeit zu Zeit);* **bei Nacht und Nebel** *(heimlich).* 6. Wendungen (stehende Redewendungen): **auf die lange Bank schieben** *(nicht gleich erledigen, aufschieben);* **nicht alle Tassen im Schrank haben** *(nicht richtig bei Verstand sein).*

V. Stilistische Angaben; Kennzeichnung des sonder- und fachsprachlichen Wortgutes und der zeitlichen und räumlichen Zuordnung: Wörter, Wendungen und Verwendungsweisen, die nicht der normalsprachlichen Stilschicht angehören, werden gekennzeichnet:

munden (geh.) ⟨etwas mundet jmdm.⟩: *etwas schmeckt jmdm. gut:* die Speisen mundeten allen trefflich; hat es dir gemundet?; der Wein mundete ihm nicht [recht] ...

Mond, der: ... zunehmender, abnehmender, wechselnder M.; der helle, bleiche (dichter.), silberne (dichter.), goldene (dichter.), stille (dichter.) M.; der M. ist noch nicht aufgegangen, scheint, nimmt zu, zieht durch die Wolken (dichter.) ...

* (ugs.:) **Knall und Fall** *(plötzlich, auf der Stelle)* · (ugs.:) **einen Knall haben** *(verrückt sein).*

achten ... *beachten, Aufmerksamkeit schenken* ... (geh.; veraltend) ⟨jmds., einer Sache a.⟩ er achtete nicht der Schmerzen; wir hatten des Weges nicht geachtet.

1. Stilschichten und Stilvarianten:

dichterisch: feierliche, oft altertümliche Ausdrucksweise: Gefilde, Lenz.

gehoben: gepflegte, nicht alltägliche Ausdrucksweise, die in der gesprochenen Sprache gelegentlich feierlich oder gespreizt wirkt: Anbeginn, Bürde, sich befleißigen.

bildungssprachlich: gebildete oder eine gewisse Kenntnis voraussetzende Ausdrucksweise; bedeutet keine positive Wertung, sondern nur Zuordnung; kennzeichnet in der Regel Fremdwörter, die weder einer besonderen Fachsprache noch der Umgangssprache angehören: analog, kollidieren, Kompetenz.

Amtsdeutsch: behördliche, steif-offizielle Ausdrucksweise: abschlägig, anbei.

Papierdeutsch: unlebendige, gewöhnlich aufgeblähte oder umständliche Ausdrucksweise: unter Bezugnahme auf, in Verlust gehen, in Wegfall kommen.

familiär: vertrauliche Ausdrucksweise: ein Schläfchen machen, wie ein Spatz essen.

umgangssprachlich: ungezwungene, anschauliche und gefühlsbetonte Ausdrucksweise, z. T. recht salopp und burschikos: kriegen, eine Meise haben, Knüller.

derb: ungepflegte, grobe und gewöhnliche Ausdrucksweise: sich besaufen, kotzen, die Schnauze halten.

2. Nuancierungen:

scherzhaft: Neptun opfern (für: seekrank werden und sich übergeben).

ironisch: schönere Hälfte (für: Ehefrau).

abwertend: kennzeichnet eine Aussage, die ein ablehnendes Urteil enthält: Schiebung, Wisch.

nachdrücklich: kennzeichnet vor allem die Fügungen, die nicht als papierdeutscher Ersatz für ein einfaches Verb stehen, sondern eine Aussage verstärken oder stärker abstufen: in Angriff nehmen, in Erwägung ziehen, zum Abschluß bringen.

verhüllend: kennzeichnet eine Aussage, die dazu dient, eine als anstößig oder unangenehm empfundene direkte Aussage zu vermeiden und zu umschreiben oder einen im Grunde unerfreulichen Sachverhalt zu beschönigen: einschlafen (für: sterben), stark (für: korpulent, dick).

3. Kennzeichnung des sonder- und fachsprachlichen Wortgutes:

Wörter und Verwendungsweisen, die keine gemeinsprachliche Geltung haben, werden Sondersprachen und bestimmten Bereichen zugeordnet: schlingern

(Seemannssprache), einen Auftrag stornieren (Kaufmannssprache), die Absage sprechen (Rundfunk), das Pferd versammeln (Reitsport).

4. Kennzeichnung der zeitlichen und räumlichen Zuordnung:
veraltend: nur noch selten, meist von der älteren Generation gebraucht: poussieren, Rendezvous.
veraltet: nicht mehr Bestandteil des Wortschatzes oder Systems der Gegenwartssprache, vereinzelt aber noch in altertümelnder, scherzhafter oder ironischer Ausdrucksweise vorkommend: in die Kreuz und in die Quere (für: kreuz und quer), eines Kindes genesen (für: gebären), er hat die Tat gerochen (für: gerächt).
historisch: Wort, das etwas bezeichnet, was einer vergangenen Epoche angehört: Batzen (eine Münze), Harnisch (Ritterrüstung), aufs Rad flechten (auf einem radartigen Gestell hinrichten).
landschaftlich: kennzeichnet die regional begrenzte Verbreitung: aufsperren (für: aufschließen, öffnen), überschlagen (für: lauwarm).
norddeutsch, süddeutsch, österreichisch, schweizerisch usw.: kennzeichnen die Zugehörigkeit zu dem entsprechenden Sprachraum: kehren (südd. für: fegen), Kerker (östr. für: Zuchthaus).

VI. Grammatische Angaben:

1. Zuordnung der Stichwörter zu Wortarten: Außer Substantiven, Adjektiven und Verben werden alle Wörter einer Wortart zugeordnet: **à** ⟨Präp.⟩, **acht** ⟨Kardinalzahl⟩, **dafür** ⟨Pronominaladverb⟩. Steht ein Wort in zwei oder mehreren Funktionsgruppen, dann wird die Zuordnung bei der Bedeutung oder der Funktion angegeben: **westlich**: **I.** ⟨Adj.⟩. **II.** ⟨Präp. m. Gen.⟩. **III.** ⟨Adverb⟩.

2. Angabe der begrenzten Verwendungsfähigkeit: Wörter, die nur in einer festen Verbindung oder in bestimmten Wendungen vorkommen, werden als begrenzt verwendungsfähig gekennzeichnet: **ausfindig** ⟨in der Verbindung⟩ jmdn., etwas ausfindig machen; **Duzfuß** ⟨in der Wendung⟩ mit jmdm. auf [dem] Duzfuß stehen; **rümpfen** ⟨in der Verbindung⟩ die Nase rümpfen.

3. Angaben zur Valenz (Wertigkeit, Zahl der Ergänzungen) und Distribution (Art der Ergänzungen) der Verben: Bei allen Angaben, die die Zahl und Art der notwendigen Ergänzungen betreffen, ist auf Formalisierungen und komplizierte Untergliederungen zugunsten der Verständlichkeit verzichtet worden, denn es hat sich gezeigt, daß – im Zusammenhang mit den Beispielen – Valenz und Distribution der Verben auch mit einfachen Mitteln dargestellt werden können. So genügte es z. B., bei den semantischen Merkmalen lediglich zwischen „belebt" und „unbelebt" zu unterscheiden, und zwar in der Weise: belebt = Mensch, Tier (Angabe: jemand) und unbelebt = Pflanze, Ding, Abstraktum (Angabe: etwas/eine Sache):

schlagen: ⟨jmdn. s.⟩ *Schläge versetzen, prügeln:* ein Kind, ein Tier schlagen.
⟨etwas s.⟩ *fällen:* Bäume schlagen.

anpfeifen: ⟨etwas a.⟩ *durch Pfeifen beginnen lassen:* das Spiel, die erste Halbzeit anpfeifen.
⟨jmdn. a.⟩ *zurechtweisen:* einen Untergebenen anpfeifen.

Nur vereinzelt ist, um Mißverständnisse auszuschließen, genauer unterschieden worden, z. B. **erlegen** ⟨ein Tier e.⟩: *töten,* weil die Angabe ⟨jmdn. e.⟩ dazu verleiten könnte, einen Satz *Er hat einen Menschen erlegt* zu bilden.
Die Angaben im einzelnen:

1. Akkusativobjekt: **loben** ⟨jmdn., etwas l.⟩
waschen ⟨jmdn., sich, etwas w.⟩

Fakultative Akkusativobjekte stehen in eckigen Klammern, z. B. **lesen** ⟨[etwas] l.⟩.

2. Dativobjekt: **danken** ⟨jmdm. d.⟩
schmeicheln ⟨jmdm., einer Sache s.⟩

3. Genitivobjekt: **gedenken** ⟨jmds., einer Sache g.⟩
harren ⟨jmds., einer Sache h.⟩

4. Gleichsetzungsnominativ: **sein** ⟨mit Gleichsetzungsnominativ⟩
bleiben ⟨mit Gleichsetzungsnominativ⟩

5. Präpositionalobjekt: **achten** ⟨auf jmdn., auf etwas a.⟩
trachten ⟨nach etwas t.⟩ usw.

6. Umstandsergänzung:
a) Umstandsangabe, adverbiale Bestimmung des Ortes:
hausen ⟨mit Raumangabe⟩
geraten ⟨mit Raumangabe⟩
b) Umstandsangabe, adverbiale Bestimmung der Zeit:
dauern ⟨mit Zeitangabe⟩
währen ⟨mit Zeitangabe⟩
c) Umstandsangabe, adverbiale Bestimmung der Art und Weise:
aussehen ⟨mit Artangabe⟩
wirken ⟨mit Artangabe⟩

Zusammenfassend wird auch „Umstandsangabe" verwendet, z. B. **liegen** ⟨mit Umstandsangabe⟩: *eine bestimmte Lage haben; gelegen sein:* der Ort liegt schön (Artangabe); der Ort liegt an der Küste (Raumangabe). Umstandsergänzungen des Ortes, die nur mit einer Präposition auftreten können, werden mit der betreffenden Präposition angegeben, z. B. **ruhen** ⟨auf jmdm., auf etwas r.⟩: *auf jmdn., auf etwas gerichtet, geheftet sein:* ihre Augen, Blicke ruhten auf den Kindern.

Mit diesen Angaben werden auch die Verben mit mehreren Ergänzungen beschrieben, z. B. **schenken** ⟨jmdm. etwas s.⟩, **entheben** ⟨jmdn. einer Sache e.⟩, **fühlen** ⟨sich f.; mit Artangabe⟩, **übereinstimmen** ⟨mit jmdm. in etwas ü.⟩. Nur in wenigen Fällen war es notwendig, die Form der Ergänzungen genauer zu beschreiben, z. B. **weigern** ⟨sich w.; mit Infinitiv mit *zu*⟩, **zusehen** ⟨mit Gliedsatz⟩. Varianten werden innerhalb der Artikel bei den Beispielen aufgeführt:

nötigen ⟨jmdn. zu etwas n.⟩: *jmdn. heftig drängen, auffordern, etwas zu tun:* jmdn. zum Essen nötigen; sie haben uns zum Bleiben genötigt; man nötigte ihn, Platz zu nehmen; ⟨auch ohne Präpositionalobjekt⟩ laß dich nicht immer nötigen.

dröhnen ⟨etwas dröhnt⟩: *etwas ist von lautem, vibrierendem Schall erfüllt:* der ganze Saal dröhnte [vom Applaus]; die Erde dröhnte unter den Hufen; ⟨etwas dröhnt jmdm.⟩ uns dröhnten vom Lärm die Ohren.

Bei Verben, die mit einem belebten Subjekt oder – ohne Bedeutungsunterschied – sowohl mit einem belebten als auch unbelebten Subjekt gebraucht werden können, wird das Subjekt nicht angegeben:

frieren: *Kälte empfinden:* sehr, tüchtig, entsetzlich frieren.

riechen: *einen unangenehmen Geruch verbreiten:* der Käse, Fisch riecht; der Mann riecht aus dem Mund.

Kann ein Verb nur mit einem unbelebten Subjekt gebraucht werden, dann wird das durch ⟨etwas + 3. Person Singular Präsens Indikativ des betreffenden Verbs⟩ angegeben:

rinnen ⟨etwas rinnt⟩: *etwas fließt langsam und stetig ...*

frieren ⟨etwas friert⟩: *etwas erstarrt vor Kälte, wird zu Eis ...*

Kann ein Verb nur mit einem unpersönlichen Subjekt gebraucht werden, dann wird das durch ⟨es + 3. Person Singular Präsens Indikativ des betreffenden Verbs⟩ angegeben:

regnen ⟨es regnet⟩: *es fällt Regen:* ...

frieren ⟨es friert⟩: *die Temperatur sinkt unter den Nullpunkt:* ...

VII. Verzeichnis der in diesem Buch verwendeten Abkürzungen

Adj.	Adjektiv	Handw.	Handwerk
adj. Part.	adjektivisches Partizip	hist.	historisch
		Hochschulw.	Hochschulwesen
Akk.	Akkusativ[objekt]	hochsprachl.	hochsprachlich
Amtsdt.	Amtsdeutsch	Hotelw.	Hotelwesen
Archäol.	Archäologie	Hüttenw.	Hüttenwesen
Astrol.	Astrologie	Imkerspr.	Imkersprache
Astron.	Astronomie	Interj.	Interjektion
Bauw.	Bauwesen	iron.	ironisch
Bergmannsspr.	Bergmannssprache	Jägerspr.	Jägersprache
berlin.	berlinisch	Jh.	Jahrhundert
bes.	besonders	jmd.	jemand
bibl.	biblisch	jmdm.	jemandem
bildl.	bildlich	jmdn.	jemanden
bildungsspr.	bildungssprachlich	jmds.	jemandes
Biol.	Biologie	kath.	katholisch
Buchw.	Buchwesen	Kaufmannsspr.	Kaufmannssprache
Bürow.	Bürowesen	Kinderspr.	Kindersprache
bzw.	beziehungsweise	Kochk.	Kochkunst
dgl.	dergleichen	Konj.	Konjunktion
d. h.	das heißt	Kunstw.	Kunstwissenschaft
dichter.	dichterisch	Kurzw.	Kurzwort
Druckerspr.	Druckersprache	landsch.	landschaftlich
Eisenbahnw.	Eisenbahnwesen	Landw.	Landwirtschaft
ev.	evangelisch	Math.	Mathematik
fachspr.	fachsprachlich	mdal.	mundartlich
Fachspr.	Fachsprache	Med.	Medizin
fam.	familiär	Meteor.	Meteorologie
Fernsprechw.	Fernsprechwesen	militär.	militärisch
Filmw.	Filmwesen	Min.	Mineralogie
Fliegerspr.	Fliegersprache	mitteld.	mitteldeutsch
Flugw.	Flugwesen	Myth.	Mythologie
Forstw.	Forstwirtschaft	niederd.	niederdeutsch
Gaunerspr.	Gaunersprache	Nom.	Nominativ
geh.	gehoben	nordd.	norddeutsch
Geldw.	Geldwesen	o. ä.	oder ähnliches
Gen.	Genitiv	oberd.	oberdeutsch
Geogr.	Geographie	o. dgl.	oder dergleichen
Geom.	Geometrie	ostd.	ostdeutsch

östr.	österreichisch
Päd.	Pädagogik
Papierdt.	Papierdeutsch
Part.	Partizip
Pers.	Person
Phil.	Philologie
Philat.	Philatelie
Philos.	Philosophie
Phot.	Photographie
Postw.	Postwesen
Präp.	Präposition
Psych.	Psychologie
Rechtsw.	Rechtswesen
Rel.	Religion
Rundf.	Rundfunk
s.	siehe
S.	Seite
scherzh.	scherzhaft
Schülerspr.	Schülersprache
schweiz.	schweizerisch
Seemannsspr.	Seemannssprache
Sing.	Singular
Soldatenspr.	Soldatensprache
Sprachw.	Sprachwissenschaft
Sprichw.	Sprichwort
Studentenspr.	Studentensprache
subst.	substantivisch oder substantiviert
südd.	süddeutsch
u. a.	und andere
u. ä.	und ähnliches
übertr.	übertragen
u. dgl.	und dergleichen
ugs.	umgangssprachlich
Ugs.	Umgangssprache
usw.	und so weiter
verhüll.	verhüllend
Verkehrsw.	Verkehrswesen
Versicherungsw.	Versicherungswesen
vgl.	vergleiche
volkst.	volkstümlich
westd.	westdeutsch
wiener.	wienerisch
Winzerspr.	Winzersprache
Wirtsch.	Wirtschaft
Wissensch.	Wissenschaft
z. B.	zum Beispiel
Zeitungsw.	Zeitungswesen
z. T.	zum Teil

A

a, A, das: **1.** *der erste Buchstabe des Alphabets:* ein großes, verschnörkeltes A; das kleine a schreiben; A wie Anton (beim Buchstabieren); Sprichw.: wer A sagt, muß auch B sagen *(wer etwas anfängt, muß es auch fortsetzen und die Folgen tragen)*. **2.** */Tonbezeichnung/:* ein hohes, tiefes, eingestrichenes A; der Kammerton a; auf dem Klavier das A anschlagen. * **das A und O** *(die Hauptsache, das Wesentliche, der Kernpunkt):* Disziplin ist das A und O · (ugs.:) **von A bis Z** *(von Anfang bis Ende, ohne Ausnahme, vollständig):* die Geschichte ist von A bis Z erfunden; ich habe das Buch von A bis Z gelesen.

à ⟨Präp.⟩ (Kaufmannsspr. und ugs.): *zu; zu je* /zur Angabe des Stückpreises, der Stückzahl o. ä./: fünf Briefmarken à 30 Pfennig; zehn Kisten à 50 Zigarren; das Lexikon hat acht Bände à 1000 Seiten.

Aal, der: */ein Fisch/:* ein dicker, fetter, armlanger A.; er hat mehrere Aale gefangen; einen A. stechen, räuchern, kochen; er ist dünn wie ein A.; Kochk.: A. grün mit Gurkensalat; es gab zu Mittag A. blau. * **sich wie ein Aal krümmen, winden** *(sich aus einer unangenehmen Lage zu befreien suchen; sich vor Verlegenheit, peinlich berührt winden)* · **glatt wie ein Aal sein** *(nicht zu fassen sein, sich aus jeder Situation herauswinden)*.

aalen (ugs.) ⟨sich a.; gewöhnlich mit Umstandsangabe⟩: *sich wohlig dehnen und strecken; sich behaglich ausgestreckt ausruhen:* sich im Liegestuhl, am Strand a.; ich aale mich genießerisch in der Sonne.

Aas, das: **1.** *[verwesende] Tierleiche, Kadaver:* faulendes, stinkendes A.; A. wittern, fressen; Hyänen leben von A.; Sprichw.: wo ein A. ist, da sammeln sich die Geier. **2.** (derb; verächtlich) */Schimpfwort für einen durchtriebenen und niederträchtigen Menschen, auch für ein faules oder widerspenstiges Tier/:* ein gemeines, faules A.; so ein raffiniertes A.!; diese verkommenen Äser/(seltener:) Aase; /oft mit dem Unterton der [widerstrebenden] Anerkennung/: so ein schlaues A.!; er ist ein feines A. *(übertrieben vornehm gekleideter Mensch)*. * (derb:) **kein Aas** *(niemand):* diesen Ort kennt kein A.; es ist noch kein A. da.

aasen (ugs.) ⟨mit etwas a.⟩: *verschwenderisch mit etwas umgehen:* er hat mit dem Geld, mit seiner Gesundheit, seinen Kräften richtig geaast.

ab: 1. ⟨Präp.⟩ **a)** (Kaufmannsspr.; Verkehrsw.) *von ... an, von* /bei Raumangaben; mit Dativ/: ab Werk, ab Fabrik, ab unserem Lager; frei ab Hamburg; ab Autobahnausfahrt; der Bus fährt ab Hauptbahnhof; ab Frankfurt, ab Flughafen Tempelhof 17 Uhr. **b)** (ugs.) *von ... an* /bei Zeitangaben, Angaben der Reihenfolge o. ä.; mit Dativ und Akk./: ab sofort, ab morgen, ab Ostern; ab erstem/ersten Mai; ab kommendem/kommenden Montag; bei Bestellung ab 50 Exemplaren wird Rabatt gewährt; jugendfrei ab vierzehn Jahren. **2.** ⟨Adverb⟩ **a)** *weg, fort; entfernt:* keine drei Schritte ab; rechts ab von der Station; ab nach Hause; weit vom Weg ab; Bühnenspr.: Hamlet ab *(geht ab)*, ab durch die Mitte. Hochsprachlich nicht korrekt ist der Gebrauch von „von ... ab" (zusammengezogen aus „von ... an" und „ab"). **b)** *herunter, hinunter* /gewöhnlich in militär. Kommandos/ Gewehr ab!; Mützen ab! * (ugs.:) **ab damit!** *(fort damit!)* · (ugs.:) **ab die Post!** *(fort!; los, vorwärts!)* · (ugs.:) **ab durch die Mitte!** *(schnell fort!; los, vorwärts!)* · (ugs.:) **ab nach Kassel!** *(schnell fort!)* · (ugs.:) **nichts wie ab!** *(nur [schnell] fort!)* · (ugs.:) **Hut ab!** *(alle Achtung!, meine Anerkennung!):* Hut ab vor diesem Mann, vor dieser Leistung · (landsch.:) **ab und an** *(manchmal, von Zeit zu Zeit)* · **ab und zu: a)** *(manchmal, von Zeit zu Zeit):* sich ab und zu treffen; jemanden ab und zu besuchen. **b)** (veraltet) *(aus und ein, hinweg und herbei):* Ordonnanzen gingen ab und zu · **auf und ab: a)** *(auf und nieder, nach oben und nach unten):* auf und ab fliegen; subst., bildl.: das Auf und Ab des Lebens. **b)** *(hin und her):* auf und ab gehen.

abändern ⟨etwas a.⟩: *ein wenig ändern:* ein Programm, eine Verfassung a.; er hat den Entwurf in meinem Sinne abgeändert.

abarbeiten: 1. ⟨etwas a.⟩ *durch Arbeit tilgen:* eine Summe, Schulden a. **2.** ⟨sich a.⟩ *sich abplagen:* ich arbeite mich ab, und du schaust zu; adj. Part.: *durch Arbeit erschöpft; verbraucht:* ein abgearbeiteter Mensch; sie hat rauhe, abgearbeitete Hände; abgearbeitet sein, aussehen, nach Hause kommen. **3.** (ugs.) ⟨etwas a.⟩ *etwas durch Arbeit wegschaffen, als Arbeitspensum erledigen:* wenn man acht Stunden abgearbeitet hat, ist man abends todmüde. * (ugs.:) **sich** (Dativ) **die Finger abarbeiten** *(überaus schwer, bis zur Erschöpfung arbeiten)*.

Abbau, der: **1.** *das Abbauen:* der A. der Gerüste, Tribünen, Baracken. **2. a)** *allmähliche Herabsetzung, Senkung; Beseitigung:* ein stufenweiser A.; der A. der Preise, Zölle, der alten Vorurteile. **b)** *Verringerung des Bestandes; teilweise Entlassung:* der A. der Verwaltung, des Personals; den A. von Beamten fordern. **3.** (Bergmannsspr.) *Förderung, Gewinnung:* ein lohnender A.; der A. von Kohle, des Erzes; dem A. unterliegen *(abgebaut werden)*; Kali in A. nehmen *(abbauen)*. **4.** (Chemie, Biol.) *Zerlegung in niedere Aufbauelemente:* der A. von Eiweiß, Stärke, Fett, des Alkohols im Blut.

abbauen: 1. ⟨etwas a.⟩ *in die Einzelteile zerlegen, abbrechen:* Gerüste, Kulissen, Maschinen a.; wir haben das Lager, die Zelte abgebaut; den Markt a. *(die Marktbuden abbrechen)*. **2. a)** ⟨etwas a.⟩ *nach und nach herabsetzen, verringern, beseitigen:* Preise, Löhne, Steuern a.; die Bestände müssen abgebaut werden. **b)** ⟨jmdn. a.⟩

vorzeitig in den Ruhestand versetzen, entlassen: der Beamte wurde abgebaut; Verwaltungskräfte a. **3.** (ugs.) *in der Leistung nachlassen, nicht durchhalten:* der Läufer baut ab; von der zehnten Runde an baute der Europameister [körperlich] stark ab; zahlreiche Zuhörer bauten während des Vortrages ab. **4.** (Bergmannsspr.) ⟨etwas a.⟩ *fördern, gewinnen:* Kohle, Erze a. **5.** (Chemie, Biol.) ⟨etwas a.⟩ *in niedere Aufbauelemente zerlegen:* der Körper baut den Alkohol im Blut ab.

abbeißen ⟨etwas a.⟩: *mit den Zähnen abtrennen:* den Faden, die Spitze, das Ende der Zigarre a.; du hast aber ein großes Stück Schokolade, von dem Kuchen abgebissen; abgebissene *(abgeknabberte, benagte)* Fingernägel; ⟨jmdm., sich etwas a.⟩ er biß ihm das Ohr ab; bildl.: sich lieber, eher die Zunge abbeißen als etwas verraten. * (ugs.:) **da[von] beißt die Maus keinen Faden ab** *(das ist unabänderlich, dagegen ist nichts zu machen).*

abbekommen (ugs.) ⟨etwas a.⟩: **1.** *als Teil eines Ganzen erhalten:* viel, nichts [von dem Vermögen] a.; wir haben bei der Verteilung unseren Teil abbekommen; (ugs.; scherzh.:) sie hat keinen Mann abbekommen *(ist nicht geheiratet worden).* **2.** *hinnehmen müssen, einstecken müssen, erhalten:* einen Verweis, im Gewühl einen Schlag a.; das Auto bekam eine Beule, eine Schramme ab; ich habe etwas abbekommen *(bin in Mitleidenschaft gezogen worden).* **3.** *loslösen, entfernen:* Rost, Tinte, den Deckel nicht a.; hast du deine Stiefel abbekommen?

abberufen ⟨jmdn. a.⟩: *von einem Posten zurückberufen:* einen Botschafter, Minister a.; wir müssen ihn von seinem Posten, aus Moskau a.; die Truppeneinheit wurde abberufen. * (verhüll.:) **[aus dem Leben] abberufen werden** *(sterben).*

abbestellen: a) ⟨etwas a.⟩ *zurücknehmen, rückgängig machen:* eine Ware, die Zeitung [bei der Zeitungsfrau], ein Taxi a.; das Zimmer im Hotel ist nicht abbestellt worden. **b)** ⟨jmdn. a.⟩ *eine mit einer Dienstleistung beauftragte Person nicht kommen lassen:* den Klempner, den Monteur a.

abbezahlen (ugs.) ⟨etwas a.⟩: **a)** *in kleinen Beträgen zurückbezahlen, begleichen:* eine Summe, die letzte Rate a. **b)** *in Teilbeträgen bezahlen:* ein Fernsehgerät, die Waschmaschine a.; er hat das Auto noch nicht abbezahlt.

abbiegen: 1. *sich von einer eingeschlagenen Richtung entfernen, eine andere Richtung nehmen:* nach links, nach Norden, in einen Seitenweg, von der Autobahn, in scharfem Winkel, plötzlich a.; das Auto, die Straße bog in den Wald ab; der Fahrer ist abgebogen. **2.** ⟨etwas a.⟩ *durch wiederholtes Biegen loslösen:* einen Draht, ein Stück Blech a. **3.** (ugs.) ⟨etwas a.⟩ *einer Sache eine andere Wendung geben; etwas verhindern:* ein Vorhaben, die Ausführung eines Plans a.; er hat das Gespräch, lästige Fragen abgebogen.

Abbild, das: *Spiegel-, Ebenbild:* ein getreues, verklärtes A. der Wirklichkeit.

abbilden ⟨jmdn., etwas a.⟩: *bildlich darstellen, nachgestalten:* einen Gegenstand naturgetreu a.; der Sportler ist auf der Titelseite, in der Zeitung abgebildet.

Abbildung, die: **1.** *das Abbilden, bildliche Darstellung:* etwas eignet sich nicht, gut für eine A.; die A. der Gegenstände wurde verboten. **2.** *das Abgebildete, bildliche Darstellung:* eine künstlerische, ganzseitige, farbige A.; die A. zeigt die Teilnehmer an der Konferenz; das Buch enthält, hat viele Abbildungen; ein Lexikon mit zahlreichen Abbildungen.

abbinden: 1. ⟨jmdn., etwas a.⟩ *losbinden, abnehmen:* die Schürze a.; sie banden den Matrosen vom Mast ab; ⟨jmdm., sich etwas a.⟩ darf ich mir die Krawatte a.?; er band ihr das Kopftuch ab. **2.** ⟨etwas a.⟩ *abschnüren:* die Schlagader, ein Bein, die Nabelschnur a.; ⟨jmdm., sich etwas a.⟩ sie banden dem Verletzten den Arm mit einem Taschentuch ab. **3.** (Handw.) ⟨etwas bindet ab⟩ *etwas wird hart:* der Mörtel bindet gut, schlecht ab; der Zement hat noch nicht abgebunden.

Abbitte, die (geh.): *Bitte um Verzeihung* ⟨gewöhnlich in Verbindung mit *tun* und *leisten*⟩: er schuldete seiner Frau A. * (nachdrückl.:) **[jmdm.] Abbitte tun/leisten** *(für ein Unrecht, das man jmdm. zugefügt hat, um Verzeihung bitten):* öffentlich, fußfällig A. tun; er leistete ihr demütig A.

abbitten ⟨jmdm. etwas a.⟩: *um Verzeihung bitten:* ich habe ihm vieles abzubitten; sie hat ihm ihre Lügen, Fehltritte abgebeten.

abblasen: 1. (geh.) ⟨etwas a.⟩ **a)** *durch Blasen entfernen, wegblasen:* den Staub [von den Büchern, den Möbeln] a. **b)** *durch Blasen vom Staub o. ä. reinigen:* die Bücher a. **2.** (Technik) ⟨etwas a.⟩ **a)** *(unter Druck Stehendes) entweichen lassen:* Dampf, Gas a. **b)** *eine Feuerungsanlage stillegen, außer Betrieb setzen:* einen Dampfkessel, Hochofen a. **3.** (Jägerspr.) ⟨etwas a.⟩ *das Ende der Jagd mit einem Jagdsignal anzeigen:* die Jagd wurde abgeblasen. **4.** (ugs.) ⟨etwas a.⟩ *absagen, abbrechen, beenden:* einen Streit, die Premiere, eine Feier a.; das ganze Unternehmen mußte wegen des schlechten Wetters abgeblasen werden.

abblättern ⟨etwas blättert ab⟩: *etwas löst sich blattweise, in Blättchen und fällt ab:* Putz, Kalk blättert [von der Decke] ab.

abblenden: 1. ⟨etwas a.⟩ *abdunkeln, abschirmen:* die Taschenlampe, grelles Licht [mit einem Tuch] a.; die Scheinwerfer am Auto a. *(ihnen die Blendwirkung nehmen);* mit abgeblendeten Scheinwerfern; ⟨ohne Akk.⟩ der Fahrer, das entgegenkommende Auto blendet ab. **2.** (Phot.) ⟨[etwas] a.⟩ *durch Kleinstellen der Blende den Eintritt des Lichtes verringern:* das Objektiv, auf Blende 16 a.; ich habe bei dieser Aufnahme nicht genug abgeblendet. **3.** (Film) *eine Aufnahme, eine Einstellung beenden:* bitte abblenden!; nach dem Happy-End blenden wir ab.

abblitzen (ugs.): *abgewiesen werden:* er blitzte [mit seinem Gesuch] ab; er ist bei ihr abgeblitzt; das Mädchen ließ ihn a. *(wies ihn ab, gab ihm einen Korb).*

abbrausen: 1. ⟨jmdn., sich, etwas a.⟩ *mit der Brause besprühen:* nach der Arbeit habe ich mich kalt, heiß abgebraust; ⟨jmdm., sich etwas a.⟩ den Kindern den Rücken a. **2.** (ugs.) *geräuschvoll und mit hoher Geschwindigkeit davonfahren:* das Auto, der Zug, das Flugzeug braust ab; er ist mit Vollgas abgebraust.

abbrechen: 1. ⟨etwas a.⟩ *etwas, einen Teil von*

etwas brechend loslösen: einen Ast, ein Stück Brot a.; /mit der Nebenvorstellung des Unabsichtlichen/: eine Nadel [beim Nähen], die Spitze des Bleistifts [beim Schreiben] a.; ⟨jmdm., sich etwas a.⟩ ich habe mir den Fingernagel, Zahn abgebrochen. **2.** ⟨etwas bricht ab⟩ *etwas löst sich los, geht durch einen Bruch entzwei:* der Ast, die Spitze des Messers, das Stuhlbein brach ab; der Absatz ist [mir] abgebrochen. **3.** ⟨etwas a.⟩ *nieder-, abreißen, eine bauliche Konstruktion beseitigen:* eine Laube, ein baufälliges Haus, eine alte Brücke a.; das Zelt, ein Lager a. *(abbauen).* **4.** ⟨etwas a.⟩ *unvermittelt, vorzeitig beenden:* die Unterhaltung, ein Gespräch, das Verhör, die Verhandlungen, ein Spiel, die Vorstellung, den Unterricht a.; er hat seinen Urlaub abgebrochen; die diplomatischen Beziehungen zu diesem Staat sind abgebrochen worden. **5. a)** *unvermittelt, vorzeitig aufhören, nicht fortfahren:* plötzlich, angeekelt, nach ein paar Worten, mitten im Satz a.; wir wollen a.; der Klavierspieler brach nach ein paar Akkorden ab. **b)** ⟨etwas bricht ab⟩ *etwas endet, hört unvermittelt, vorzeitig auf:* eine Unterhaltung, die Musik bricht ab; hier bricht der Bericht ab; die Verbindung mit dem Flugzeug ist abgebrochen. * (ugs.:) **sich** (Dativ) **einen abbrechen** *(sich bei einer Tätigkeit übermäßig anstrengen)* · (ugs.:) **brich dir [nur, ja] keine Verzierung ab!; brich dir [nur, ja] keinen ab!** *(sei nicht so gespreizt!, ziere dich nicht so!)* · **einer Sache die Spitze abbrechen** *(einer Sache die Schärfe, die Hauptwirkung nehmen):* er hat der Kritik, dem Angriff die Spitze abgebrochen · **alle Brücken hinter sich** (Dativ) **abbrechen** *(sich von allen bisherigen Bindungen endgültig lösen)* · **die Zelte abbrechen** *(den Aufenthaltsort, den bisherigen Lebenskreis aufgeben).*

abbrennen /vgl. abgebrannt/: **1.** ⟨etwas brennt ab⟩ *etwas geht völlig in Flammen auf:* das Haus, der Schuppen, das Gehöft brennt ab; mehrere Gebäude sind bis auf den Grund, bis auf die Grundmauern abgebrannt; /von Personen/ wir sind schon zweimal abgebrannt *(haben durch Brand Hab und Gut verloren);* Sprichw.: dreimal umgezogen ist [so gut wie] einmal abgebrannt. **2.** ⟨etwas brennt ab⟩ *etwas brennt herunter:* das Feuer brennt allmählich ab; die Kerzen sind [fast] abgebrannt; ein abgebranntes Streichholz. **3.** ⟨etwas a.⟩ *durch Feuer zerstören, niederbrennen:* Gehöfte, ein Dorf a. **4.** ⟨etwas a.⟩ *durch Feuer entfernen, beseitigen:* Borsten, Unkraut, alten Lack [mit der Lötlampe] a.; das Moor (seine Pflanzendecke) wird abgebrannt; Technik: Messing, Metalle a. *(durch chemische Mittel reinigen, abbeizen).* **5.** ⟨etwas a.⟩ *anzünden und explodieren lassen:* Raketen, ein Feuerwerk a.

abbringen: 1. ⟨jmdn. von etwas a.⟩ *jmdn. dazu bringen, von etwas abzulassen oder abzugehen:* einen Menschen vom rechten Weg, von seinem Glauben, vom Thema, von einem Plan, von seiner Lebensweise a.; nichts in der Welt kann mich davon a.; er läßt sich von seiner Meinung nicht a. **2.** (ugs.) ⟨etwas [von etwas] a.⟩ *etwas (Anhaftendes) loslösen, entfernen:* den Fleck vom Kleid a.; ich kann den Deckel nicht a.

abbröckeln ⟨etwas bröckelt ab⟩: *etwas löst sich brockenweise los [und fällt ab]:* Kalk bröckelt von der Wand ab; die Mauer, der Fels ist abgebröckelt; übertr.: die Anhänger, Mitglieder bröckeln von der Partei ab; Wirtsch.: Preise, Aktienkurse bröckeln ab *(fallen allmählich, gehen herunter).*

Abbruch, der: **1.** *das Abbrechen, Niederreißen:* der A. des Hauses, der Brücke, der alten Kapelle; reif für den A. sein. **2.** *unvermittelte, vorzeitige Beendigung:* der A. des Gesprächs, der Verhandlungen, des Spiels; es kam zum A. der diplomatischen Beziehungen; Boxen: durch A. *(Beendigung des Kampfes wegen Kampfunfähigkeit)* unterliegen. **3.** *Beeinträchtigung, Schaden* ⟨in Verbindung mit einigen Verben, fest in der Verbindung mit *tun*⟩: das schlechte Bühnenbild machte der Aufführung keinen A. (geh.); unsere Freundschaft erfährt, erleidet dadurch keinen A. (geh.). * **auf Abbruch verkaufen** *(zum Abbruch verkaufen)* · **jmdm., einer Sache Abbruch tun** *(jmdm., einer Sache Schaden zufügen, etwas beeinträchtigen):* der Zwischenfall tat der Fröhlichkeit keinen A.; der Streik hat der Industrie viel A. getan · (ugs.; scherzh.:) **das tut der Liebe keinen A.** *(das schadet nichts.)*

abbrühen /vgl. abgebrüht/ ⟨etwas a.⟩: *durch Übergießen mit kochendem Wasser zur Weiterverarbeitung vorbereiten:* Kohl[blätter], Hülsenfrüchte a.; das Huhn muß vor dem Rupfen abgebrüht werden.

abbrummen (ugs.): **1.** ⟨etwas a.⟩ *verbüßen:* er hat seine Strafe abgebrummt; er muß noch zwei Jahre a. **2.** *mit brummendem Geräusch davonfahren:* der Lastzug brummte ab.

abbürsten: a) ⟨etwas a.⟩ *mit einer Bürste entfernen:* Staub [von der Couch] a.; ⟨jmdm., sich etwas a.⟩ sie bürstete ihm die Haare [von der Jacke] ab. **b)** ⟨jmdn., sich, etwas a.⟩ *mit der Bürste säubern:* den Mantel, die Schuhe a.; würden Sie mich bitte a.?; ⟨jmdm., sich etwas a.⟩ der Friseur bürstete ihm die Jacke ab.

Abc, (auch:) Abece, das: das A. lernen, aufsagen; den Schülern das A. beibringen; Wörter, Namen nach dem A. ordnen; übertr.: *Anfangsgründe, Grundzüge:* noch im A. stecken; das gehört zum A. der Philosophie.

abdampfen (ugs.): *davonfahren, abreisen:* das Schiff, der Zug dampft ab; morgen dampfen wir in den Urlaub ab.

abdanken: 1. *von einem Amt, Posten zurücktreten:* der Minister, der General hat abgedankt; der König dankt ab *(entsagt der Krone).* **2.** ⟨jmdn., etwas a.; gewöhnlich nur noch im 2. Part.⟩ *aus dem Dienst entlassen:* ein Heer a. (veralt.); ein abgedankter *(entlassener; in den Ruhestand getretener)* Minister, Offizier.

abdecken: 1. ⟨etwas a.⟩ **a)** *weg-, herunternehmen:* die Bettdecke a.; er deckte die Zweige vorsichtig von den jungen Pflanzen ab; der Sturm hat das Dach abgedeckt. **b)** *etwas freilegen:* das Bett a.; den Tisch a. *(abräumen);* der Orkan deckte die Häuser ab *(riß die Dächer weg);* das Kind hat sich im Schlaf abgedeckt *(die Decke abgestrampelt).* **2.** ⟨etwas a.⟩ *etwas zudecken:* eine Leiche [mit einem Tuch], ein Grab [mit Tannenzweigen], einen Schacht [mit Brettern] a.; eine Mauer a. *(mit Deckplatten abschließen);* er deckte den oberen Teil des Gemäldes mit der Hand ab *(verdeckte ihn, um einen Bildausschnitt zu betrachten).* **3.** ⟨jmdn., etwas a.⟩ *jmdn., etwas schützen, abschirmen:* den Turm mit der Dame (beim Schachspiel) a.; die Spieler deckten das Tor ab. **4.** (Kaufmannsspr.) ⟨etwas a.⟩ *etwas ausgleichen, tilgen:* die Ausgaben, Schulden müssen mit Steuergeldern abgedeckt werden; die Prämie deckt das Risiko nicht ab.

abdienen ⟨etwas a.⟩: *eine vorgeschriebene Dienst-, Ausbildungszeit hinter sich bringen, ableisten:* er hat zwei Jahre, die Probezeit abgedient.

abdrehen: **1.** ⟨etwas a.⟩ *etwas abstellen, ab-, ausschalten:* den Hahn, das Wasser, die Lampe, das Radio, das Licht, den Strom a. **2.** ⟨etwas a.⟩ *etwas durch Drehen loslösen, abtrennen:* den Schlüsselbart, den Schlüssel [im Schloß], einen Knopf a.; ⟨jmdm., sich etwas a.⟩ sich fast den Hals a., um etwas zu sehen. **3. a)** ⟨sich, etwas a.⟩ *sich, etwas abwenden:* die Frau drehte sich ab; er drehte das Gesicht ab. **b)** *eine andere Richtung einschlagen [und sich entfernen]:* der Eisläufer dreht in einem großen Bogen ab; das Flugzeug, der Dampfer hat abgedreht. **4.** (Film) ⟨[etwas] a.⟩ *etwas zu Ende drehen:* die restlichen Passagen drehen wir morgen ab; der Regisseur hat [seinen Film] abgedreht. * (ugs.:) **jmdm. den Hals, die Gurgel abdrehen: a)** *(jmdn. umbringen;* gewöhnlich als [scherzhafte] Drohung). **b)** *(jmdn. wirtschaftlich ruinieren).*

[1]**Abdruck** (Pl.: Abdrucke), der: *das Abdrucken, Wiedergabe von Text und Bild im Druck:* der A. eines Buches, eines Artikels; der A. des Romans beginnt demnächst, erfolgt im nächsten Heft; mit dem A. beginnen; von dem Bild wurden mehrere Abdrucke hergestellt.

[2]**Abdruck** (Pl.: Abdrücke), der: *(durch Eindrücken entstandene) Nachbildung, plastische Nachformung; hinterlassene Spur:* ein sauberer, [un]brauchbarer A.; der A. eines Gebisses in Gips, eines Fußes im Sand, eines Fingers auf dem Glas; Abdrücke von Pflanzen, Insekten in Kohle; einen A. [ab]nehmen, machen, ausgießen.

abdrucken ⟨etwas a.⟩: *in der Zeitung, in einer Zeitschrift gedruckt erscheinen lassen:* ein Gedicht, einen Roman [in Fortsetzungen], eine Erklärung in der Zeitung a.; die Rede wurde auszugsweise, ungekürzt, wörtlich abgedruckt.

abdrücken: **1.** ⟨jmdn., sich, etwas a.⟩ *wegdrükken, abstoßen:* ein Boot vom Landungssteg, Wagen beim Rangieren [vom Ablaufberg] a.; der Schwimmer drückt sich vom Startblock ab. **2.** ⟨jmdm. etwas a.⟩ *jmdm. etwas abpressen, abquetschen:* er drückte mir fast die Finger ab; die Erregung drückte ihr die Luft ab. **3.** ⟨[etwas] a.⟩ *einen Schuß auslösen, abfeuern:* den Revolver, das Gewehr a.; man muß völlig ruhig sein, bevor man abdrückt; er hat auf den Dieb abgedrückt. **4. a)** ⟨etwas a.⟩ *(durch Eindrücken) nachbilden:* einen Schlüssel in Wachs a. **b)** ⟨etwas drückt sich ab⟩ *etwas zeichnet sich plastisch ab:* die Kufen, die Reifen drücken sich im Schnee ab; die Schuhe hatten sich auf dem feuchten Weg abgedrückt. **5.** (ugs.) ⟨jmdn. a.⟩ *jmdn. liebkosen, an sich drücken und küssen:* die Mutter drückt das Kind ab; er drückte sie stürmisch ab. * (ugs.:) **jmdm. die Luft abdrücken** *(jmdn. wirtschaftlich ruinieren)* · **etwas drückt jmdm. das Herz ab** *(etwas quält, bedrückt jmdn. sehr).*

abebben ⟨etwas ebbt ab⟩: *etwas läßt nach, wird schwächer:* die Erregung, der Streit, die Unruhe, der Aufruhr ebbte langsam ab; der Lärm ist abgeebbt.

abend ⟨Adverb⟩: *am Abend:* heute, gestern, morgen a.

Abend, der: **1.** *Ende des Tages:* ein lauer, sommerlicher, kühler A.; der A. ist schön, klar, still, düster; es wird A.; der A. kommt (geh.), naht (dichter.), bricht herein (dichter.), sinkt hernieder (dichter.), senkt sich herab (dichter.) · den A. in Gesellschaft verbringen; die Glocken läuten den A. ein; die Abende der Familie widmen; das Dienstmädchen hat seinen freien A. · ⟨Akk. als Zeitangabe⟩ einen, diesen, manchen A.; jeden A. zu Hause sein; sie wartete viele Abende; ⟨Gen. als Zeitangabe⟩ des Abends (geh.; *abends*); eines [schönen] Abends *(an einem nicht näher bestimmten Abend)* brachen sie auf · während, im Lauf[e], im Verlaufe des Abends; sich für den A. umziehen; seine Erzählung zog sich über mehrere Abende hin · am späten, frühen, vorgerückten, gleichen, letzten A.; am A. vorher; A. auf A.; vom Morgen bis zum A.; bis gegen A.; A. für A.; Sprichw.: man soll den Tag nicht vor dem A. loben *(man soll erst das Ende abwarten und nicht etwas voreilig positiv beurteilen);* Redensarten: es ist noch nicht aller Tage A. *(es ist noch nichts entschieden, es kann noch viel geschehen);* je später der A., desto schöner die Gäste /*Kompliment für verspätete Gäste*/; übertr. (geh.): *Ende, Spätzeit:* am A. des Lebens, des Jahrhunderts; im A. stehen *(alt, betagt sein).* **2.** *[geselliges] Beisammensein, Unterhaltung am Abend:* ein netter, reizender, anregender, gemütlicher, langweiliger A.; ein bunter A. *(Abendveranstaltung mit heiterem, abwechslungsreichem Programm);* ein angebrochener A. (auch ugs. scherzh. für: *frühe Morgenstunden einer ausgedehnten Feier*); der A. war sehr interessant, feuchtfröhlich · sich einen vergnügten A. machen; jmdm. den A. verderben; einen A. retten; einen literarischen A. absagen. **3.** (dichter.; veraltend) *Westen:* gegen A. *(nach Westen, westwärts).* * **guten Abend!** /*Grußformel*/: guten A. allerseits!; sie sagte ihm guten A. · **zu Abend essen** *(die Abendmahlzeit einnehmen)* · **Heiliger Abend** *(der Abend oder Tag vor dem ersten Weihnachtsfeiertag).*

Abendbrot, das (landsch., bes. nordd.:) → *Abendessen.*

Abendessen, das: *abends eingenommene warme oder kalte Mahlzeit:* ein einfaches, schwerverdauliches A.; das A. steht auf dem Tisch, ist fertig; ein A. geben; mit dem A. auf jemanden warten; bleiben Sie doch zum A.!; jemanden zum A. einladen, abholen; vor, nach dem A. spazierengehen.

abendlich: **a)** *in die Abendzeit fallend, in den Abendstunden eintretend, stattfindend* /gelegentlich mit der Nebenvorstellung der allabendlichen Wiederkehr/: abendliches Training, abendlicher Skat; seinen abendlichen Spaziergang machen. **b)** *dem Abend (der Abendzeit, der Abendstimmung) gemäß; wie am Abend:* abendliche Stille, Kühle; abendlicher Friede; der abendliche Himmel; das abendliche Treiben auf den Straßen; es ist fast a. kühl.

Abendmahl, das: **1.** (ev. Rel.): *Altarsakra-*

ment: das A. nehmen, empfangen, halten; jemandem das A. reichen; zur Beichte und zum A. gehen. **2.** (Rel.) *Abschiedsmahl Christi mit seinen Jüngern:* das letzte A.; nach dem A. wusch Jesus den Jüngern die Füße. * (ugs.:) **das Abendmahl auf etwas nehmen** *(etwas beschwören können):* er ist unschuldig, darauf nehme ich das A.

abends ⟨Adverb⟩: *zur Abendzeit, am Abend:* a. [um] 8 Uhr; [um] 8 Uhr a.; von morgens bis a. arbeiten.

Abenteuer, das: **1.a)** *außergewöhnliches, erregendes Geschehen, außergewöhnliche, gefahrvolle Situation:* das A. lockt; das A. suchen; ein A. erleben, bestehen; auf A. aus sein, ausgehen; sich in ein A. stürzen. **b)** *außergewöhnliches, erregendes Erlebnis:* ein einmaliges, unvergeßliches, seltsames, romantisches A.; seine A. schildern, erzählen; A. unter Wasser, im Urwald. **c)** *gewagtes, gefahrvolles Unternehmen mit ungewissem Ausgang:* ein militärisches, politisches, verbrecherisches A.; Napoleons A. in Ägypten; das A. scheiterte; jemanden vor einem A. warnen; übertr.: *erregendes Unternehmen:* das A. des Geistes. **2.** *Liebeserlebnis:* ein nettes, zärtliches, galantes A.; junge Mädchen suchen im Urlaub A.; sie war sein erstes A.

abenteuerlich: a) *voller Abenteuer, ungewöhnlich und erregend; gewagt, gefährlich:* eine abenteuerliche Reise, Flucht; ein abenteuerliches Leben führen; abenteuerliche Geschichten erzählen; abenteuerliche Kunststücke; der Plan war sehr abenteuerlich. **b)** *ungewöhnlich und daher nicht recht glaubhaft; seltsam, phantastisch:* abenteuerliche Gestalten, Verkleidungen; einen abenteuerlichen Eindruck machen; das klingt höchst a.; bei denen geht es recht a. zu. **c)** *dem Abenteuer zugeneigt:* ein abenteuerlicher Mensch.

aber: I. ⟨Konj.⟩ **1.** *dagegen, jedoch, doch* /gibt den Gegensatz an; drückt aus, daß etwas der Erwartung widerspricht/: ihre Schwester war groß und schlank, sie a. war klein und dick; ich habe davon gehört, a. ich glaube es nicht; es wurde dunkel, a. sie machten kein Licht; er ging zur Tür, kehrte a. plötzlich um. **2.** *jedoch, allerdings* /gibt eine Einschränkung, Ergänzung an/: gut, a. teuer; streng, a. gerecht; nicht schön, a. selten; klein, a. mein; wir machen jetzt Pause, nachher wird a. auch gearbeitet; es ist nicht ganz korrekt, a. man kann ja mal ein Auge zudrücken. **3.** /leitet einen Widerspruch, eine Entgegnung ein/: a. das stimmt doch gar nicht!; a. warum soll ich mich denn entschuldigen?; ich habe a. nicht gelogen! **4.** (veraltend) /dient zur Anknüpfung und Weiterführung/: da es a. dunkel wurde, machten sie Rast. **II.** ⟨Adverb⟩ **1.** *wirklich* /dient der Verstärkung; häufig nur emphatisch zur Kennzeichnung der gefühlsmäßigen Anteilnahme des Sprechers und zum Ausdruck von Empfindungen/: a. ja; a. natürlich; a. gern; a. jederzeit; verschwinde, a. schnell!; das ist a. fein!; das ist a. ein schönes Auto!; das dauert a.!; aber, aber! *(nicht doch!, was soll das?);* a., meine Herrschaften, beruhigen Sie sich doch! **2.** ⟨außer in einigen Fügungen veraltet⟩ *wieder[um], noch einmal:* aber und abermals *(immer wieder);* Hunderte und aber Hunderte.

Aber, das: **a)** *Einwand, Bedenken:* viele Wenn und A.; ich möchte kein A. hören. **b)** *bedenklicher Punkt, Schwierigkeit:* es ist ein A. dabei; die Sache hat ihr A.

Aberglaube, (selten auch:) Aberglauben, der: *Irrglaube, falsche, trügerische Vorstellung:* ein heidnischer, verbreiteter, finsterer A.; einen Hang zum Aberglauben haben; von Aberglauben erfüllt sein; aus Aberglauben.

abergläubisch: *im Aberglauben befangen:* abergläubische Furcht, Scheu; er ist ein abergläubischer Mensch; ich bin nicht a.

aberkennen ⟨jmdm. etwas a.⟩: *durch einen [Gerichts]beschluß absprechen:* das Gericht erkannte ihm die bürgerlichen Ehrenrechte ab (selten: ... aberkannte ihm die bürgerlichen Ehrenrechte); dem Professor wurde der Titel aberkannt.

abermals ⟨Adverb⟩ (geh.): *noch einmal, zum zweiten Mal:* er verlor a.; nach a. vier Jahren.

abessen: 1. ⟨etwas a.⟩ **a)** *weg-, herunteressen:* die Streusel [vom Kuchen], das Fleisch von den Knochen a.; wer hat die Haut von der Gans abgegessen? **b)** *[säuberlich] leer essen:* den Teller, die Knochen a. **2.** *die Mahlzeit beenden:* wir haben noch nicht abgegessen. **3.** (ugs.) ⟨etwas a.⟩ *für den Verzehr bestimmtes Geld o. ä. aufbrauchen:* seine Bons, Marken a.; die fünfzig Mark kann man gar nicht a. * (ugs.; landsch.:) **bei jmdm. abgegessen haben** *(nichts mehr zu suchen haben):* der hat bei uns abgegessen.

abfahren: 1. *weg-, davonfahren:* ich fahre gleich, in wenigen Minuten mit dem Zug [vom Hauptbahnhof] ab; das Schiff, der Bus ist pünktlich, mit Verspätung abgefahren. **2.** *auf Schiern talwärts fahren:* im Schuß a.; er ist glänzend abgefahren. **3.** (derb) *sterben:* er wird wohl bald a.; der Großvater ist im Schlaf abgefahren. **4.** (ugs.) *abgewiesen werden:* er fuhr mit seiner Werbung übel ab; sie hat ihn kühl abfahren lassen. **5.** ⟨jmdn., etwas a.⟩ *mit einem Fahrzeug fortschaffen, abtransportieren:* Müll, Schutt a.; er hat Holz [aus dem Wald], Heu [von der Wiese] abgefahren; die Verwundeten wurden abgefahren. **6.** ⟨etwas a.⟩ *an etwas zum Zweck der Besichtigung oder Kontrolle entlangfahren; mit einem Fahrzeug aufsuchen, bereisen:* die Grenze, die Baustellen, die Front des Regiments a.; in seinem Urlaub hat, ist er ganz Dänemark abgefahren. **7.** ⟨etwas a.⟩ *mit dem Fahrzeug, durch Überfahren abtrennen:* einen Mauervorsprung a.; ⟨jmdm. etwas a.⟩ dem Schaffner wurde bei dem Unfall ein Arm abgefahren. **8.a)** ⟨etwas a.⟩ *durch Fahren abnutzen:* er hat die Reifen schnell abgefahren; die Schier sind stark abgefahren. **b)** ⟨etwas fährt sich ab⟩ *etwas nutzt sich durch Fahren ab:* die Hinterreifen haben sich schon, sehr schnell abgefahren. **9.** (ugs.) ⟨etwas a.⟩ *etwas zum Fahren verwenden:* ich kann die Wochenkarte [bei der Straßenbahn] gar nicht mehr a.; abgefahrene Fahrscheine bitte in den Papierkorb werfen! **10.** (Film, Fernsehen, Rundf.) *beginnen* /in Aufforderungen/: Kamera, Eurovision, bitte a.!

Abfahrt, die: **1.** *Abreise mit einem Fahrzeug; das Abfahren:* eine pünktliche, überhastete, heimliche, fröhliche A.; die A. des Zuges erfolgt um 8 Uhr, wie vorgesehen; die A. verzögert sich [um einige Minuten]; die A. verschieben, hinauszögern; das Zeichen zur A. geben; alles klar zur A.? **2.a)** *Abwärtsfahrt, Fahrt talwärts, Abfahrtslauf:*

die A. auf der Paßstraße war sehr gefährlich; Schisport: eine herrliche, gemütliche A.; eine A. durchstehen, gewinnen; bei der A. stürzen. **b)** *Hang, auf dem abgefahren wird, Abfahrtsstrecke:* eine leichte, steile, gefährliche, lange A.; eine A. abstecken, sperren. **3.** *Ausfahrt von einer Autobahn:* A. Frankfurter Kreuz; die A. [in Richtung Wiesbaden] ist wieder frei.

Abfall, der: **1.** *Reste, unbrauchbarer Überrest:* wertloser, industrieller, stinkender A.; radioaktive Abfälle; es entsteht viel A.; der A. häuft sich, wächst an; den A. wegwerfen, sammeln, beseitigen, verwerten; in den A. kommen *(weggeworfen werden)*. **2.** *Lossagung, [Treu]bruch:* der A. erfolgte wenige Jahre später, hatte schwerwiegende Folgen; den A. herbeiführen, vollziehen; der A. von der Partei, Kirche, vom Glauben; der A. der Niederlande. **3.** *Abnahme, Rückgang:* der A. des Drucks, der Temperatur, an Gewicht; der A. in der Leistung, seiner Leistungen ist unverkennbar; welcher A. gegen früher! **4.** *Neigung; Hang:* ein steiler, allmählicher A.; die Wiese erstreckt sich in sanftem A. bis zum Weg.

abfallen: 1. ⟨etwas fällt ab⟩ *etwas löst sich los und fällt herunter:* die Blätter, Blüten, Früchte fallen ab; der Mörtel ist von der Wand, die Asche von der Zigarre abgefallen; übertr.: die Scheu, Unsicherheit, alle Angst fiel von ihr ab *(wich von ihr)*. **2. a)** ⟨etwas fällt ab⟩ *etwas bleibt als Rest übrig:* in der Küche fällt immer eine Menge Knochen ab; beim Zuschneiden ist viel Stoff abgefallen. **b)** (ugs.) ⟨etwas fällt für jmdn. ab⟩ *etwas fällt jmdm. nebenher als Anteil, als Gewinn zu:* was fällt dabei für mich ab?; für ihn sind [bei dem Geschäft] 50 Mark abgefallen. **3.** ⟨von jmdm., von etwas a.⟩ *sich lossagen, abtrünnig werden:* er ist vom Glauben, von Gott, von der Partei abgefallen; die Freunde, Verbündeten fielen von ihm ab; ein abgefallener Engel. **4.** ⟨etwas fällt ab; mit Umstandsangabe⟩ *etwas neigt sich, verläuft nach unten:* das Gebirge fällt sanft, stufenförmig, nach Osten, gegen den Fluß ab; abfallende Dächer. **5.** *hinter einer Erwartung zurückbleiben, schlechter sein; nachlassen:* der zweite Band des Romans fällt gegen den ersten, gegenüber dem ersten stark ab; neben ihrem Ehemann, gegen ihren Ehemann fällt sie ab; die Sängerin fiel im zweiten Akt ab. **6. a)** ⟨etwas fällt ab⟩ *etwas nimmt [schnell] ab, läßt [schnell] nach:* der Druck, die Leistung des Motors fällt ab; das Flugzeug ist abgefallen *(hat an Höhe verloren)*. **b)** (selten) *an Gewicht verlieren, abmagern:* das Vieh fällt ab; nach der Krankheit ist er sehr abgefallen. **7.** (Seemannsspr.) *vom Kurs abgehen:* das Schiff fällt ab; wenn das Segel zu flattern anfängt, muß man a.

abfällig: *ablehnend, mißbilligend; geringschätzig:* ein abfälliges Urteil; abfällige Bemerkungen; a. lächeln; sich über jemanden, über etwas a. äußern; etwas a. kritisieren.

abfangen: 1. ⟨jmdn., etwas a.⟩ *nicht zum Ziel gelangen lassen, aufhalten [und in seine Gewalt bringen]:* einen Brief, eine Nachricht, einen Transport, Agenten a.; der Verteidiger konnte den Ball, die Vorlage a.; ⟨jmdm. etwas a.⟩ er fängt mir die Kunden ab *(macht sie mir abspenstig)*. **2.** ⟨jmdn. a.⟩ *erwarten und aufhalten, abpassen, erreichen:* den Briefträger, die Zeitungsfrau a.; er fing seinen Freund nach Arbeitsschluß, kurz vor dem Bahnhof ab; Sport: auf den letzten Metern, kurz vor dem Ziel fing er den finnischen Läufer ab *(überholte er ihn und verhinderte dadurch seinen Sieg)*. **3.** ⟨etwas a.⟩ *auffangen, aufhalten; abhalten, abwehren:* einen Stoß, Schlag, die Wucht des Aufpralls a.; die Tücher fingen die Sonnenglut ab; Boxen: den Gegner, einen Angriff a. **4.** ⟨etwas, sich a.⟩ *wieder unter Kontrolle bringen, in die Gewalt bekommen:* einen schleudernden Wagen, ein Flugzeug a.; der Schispringer fing sich ab und stand den Sprung. **5.** (selten) ⟨etwas a.⟩ *abstützen:* ein baufälliges Haus, loses Gestein a.

abfärben ⟨etwas färbt ab⟩: *etwas gibt Farbe ab, überträgt eigenen Farbstoff auf etwas anderes:* die Wand färbt ab; das blaue Hemd hat auf die andere Wäsche, beim Waschen abgefärbt; übertr.: *etwas übt auf jmdn. einen Einfluß aus:* der schlechte Umgang färbt [auf den Jungen] ab; meine Ansichten haben auf ihn abgefärbt.

abfassen: 1. ⟨etwas a.⟩ *schriftlich formulieren, schreiben:* einen Brief, ein Gesuch, ein Testament, eine Rede a.; das Schreiben ist höflich, geistvoll, im Geschäftsstil, in englischer Sprache abgefaßt. **2.** (ugs.) ⟨jmdn. a.⟩ **a)** *abpassen, noch erreichen:* ich versuchte, meinen Freund vor der Abfahrt des Zuges abzufassen. **b)** *ertappen:* einen Dieb [beim Einbruch] a.; er hat seine Frau mit dem Kerl abgefaßt.

abfertigen: 1. ⟨etwas a.⟩ *zur Beförderung, zum Versand fertigmachen:* Pakete, Waren, Gepäck a.; die Güter sind zollamtlich abgefertigt worden; einen Zug a. *(zur Abfahrt fertigmachen, abfahren lassen)*. **2.** ⟨jmdn. a.⟩ *der Reihe nach bedienen; jmds. Formalitäten erledigen:* Reisende, Besucher a.; Ausländer werden am Schalter 3, Stammkunden werden bevorzugt abgefertigt; ⟨auch ohne Akk.; mit Artangabe⟩ die Zollbeamten fertigten zügig, nur schleppend ab. **3.** (ugs.) ⟨jmdn. a.⟩ *unfreundlich behandeln, abweisen:* einen Bettler, einen Vertreter a.; er hat ihn an der Tür, barsch, kurz, schroff abgefertigt; er wollte ihn mit 20 Mark abfertigen *(zufriedenstellen, abspeisen)*; Sport: *überlegen schlagen, besiegen:* er hat ihn in drei Sätzen abgefertigt; die deutsche Mannschaft wurde klar mit 6 : 0 abgefertigt.

abfinden: 1. ⟨jmdn. a.⟩ *[teilweise] entschädigen; jmds. Rechtsansprüche befriedigen:* seine Geschwister, die Geschädigten a.; die Gläubiger wurden mit einer lächerlichen Summe abgefunden; übertr.: er wollte ihn mit neuen Versprechungen a. *(zufriedenstellen, abspeisen)*. **2.** (selten) ⟨sich mit jmdm. a.⟩ *sich einigen, sich vergleichen:* er hat sich mit seinem Prozeßgegner gütlich abgefunden. **3.** ⟨sich mit jmdm., mit etwas a.⟩ *sich zufriedengeben, sich fügen:* sich mit seinem Schicksal, mit seiner neuen Umgebung, mit der schlechten Bezahlung a.; er fand sich nur schwer mit seinem Geschäftspartner ab.

Abfindung, die: *[einmalige] Entschädigung:* eine hohe, großzügige, geradezu lächerliche A.; eine A. bieten, zahlen, geben; sie bekam keine A. für ihren tödlich verunglückten Mann.

abflauen ⟨etwas flaut ab⟩: *etwas wird allmählich schwächer, läßt nach:* der Wind flaute ab; der Lärm, die Erregung, Spannung flaute ab; nach Weihnachten ist das Geschäft abgeflaut.

abfliegen: 1. *weg-, davonfliegen:* das Flugzeug fliegt gleich, pünktlich, mit Verspätung ab; mein Freund ist gestern abgeflogen. 2. ⟨jmdn. a.; gewöhnlich im Passiv⟩ *mit dem Flugzeug fortschaffen:* die Verletzten wurden aus dem Unglücksgebiet abgeflogen. 3. ⟨etwas a.⟩ *überfliegen und absuchen, vom Flugzeug aus besichtigen:* die Autobahn a.; er flog die Stellungen des Feindes ab. 4. (ugs.) ⟨etwas fliegt ab⟩ *etwas löst sich plötzlich und wird fortgeschleudert:* die Radkappe, der Verschluß fliegt ab.

abfließen ⟨etwas fließt ab⟩: a) *etwas fließt herunter, fließt weg:* das Wasser fließt gut, langsam, aus der Wanne, in den Gully ab; der Regen ist nicht abgeflossen *(im Erdreich versickert);* bildl.: das Geld fließt ins Ausland ab. b) *etwas entleert sich:* die Wanne fließt schlecht ab; der Ausguß floß nicht ab *(war verstopft).*

Abflug, der: 1. *das Ab-, Wegfliegen:* das Flugzeug befindet sich im A. 2. *Start eines Flugzeuges, Flugbeginn:* ein glatter, pünktlicher A.; der A. erfolgt um 12 Uhr, ist ungewiß, verzögert sich; fertigmachen zum A.!

Abfluß, der: 1. *das Ab-, Wegfließen:* der A. des Wassers stockt; bildl.: der A. der Menschenmassen, des Verkehrs; den A. des Geldes ins Ausland verhindern. 2. *Stelle, wo etwas abfließt; Öffnung, Rohr:* ein unterirdischer A.; der A. der Badewanne ist verstopft, muß repariert werden.

abfragen: *jmds. Kenntnisse durch Einzelfragen überprüfen:* ⟨jmdn./jmdm. etwas a.⟩ die Schüler/den Schülern die Vokabeln, das Einmaleins a.; ⟨etwas a.⟩ der Lehrer fragt das Einmaleins, die Geschichtszahlen ab; ⟨jmdn. a.⟩ der Lehrer fragt die Schüler, die Klasse ab.

Abfuhr, die: 1. (selten) *Abtransport:* die A. von Holz, Schutt, Müll. 2. *entschiedene Abweisung, Zurückweisung:* eine böse, beschämende A.; jmdm. eine A. erteilen, (geh.:) zuteil werden lassen *(jmdn. abweisen);* eine A. erhalten, sich eine A. [bei jmdm.] holen *(abgewiesen werden).* 3. (Sport) *Niederlage:* die Berliner Elf holte sich eine schwere A.

abführen: 1. ⟨jmdn. a.⟩ *[festnehmen und] wegführen, in polizeilichen Gewahrsam bringen:* in Handschellen, wie ein Verbrecher abgeführt werden; der Richter ließ ihn a. 2. a) ⟨etwas führt ab; mit Umstandsangabe⟩ *etwas führt von etwas weg:* dieser Weg führt vom Ziel ab; übertr.: dieser Gedankengang führt vom Thema ab; das führt zu weit ab. b) ⟨etwas führt jmdn. ab; mit Umstandsangabe⟩ *etwas bringt jmdn. von etwas ab:* das würde uns vom Ziel, zu weit a. 3. ⟨etwas führt ab; mit Raumangabe⟩ *etwas zweigt von etwas ab:* der Weg führt an dieser Stelle, von der Hauptstraße ab. 4. ⟨etwas [an jmdn., etwas] a.⟩ *Gelder zahlen:* Steuern an das Finanzamt a.; ein gewisser Prozentsatz wird [an den Verband] abgeführt. 5. *für Stuhlgang sorgen, den Darm leeren:* Rhabarber führt ab, wirkt abführend; vor der Operation muß der Patient a. 6. (veraltend) ⟨jmdn. a.⟩ *unfreundlich ab-, zurückweisen:* der Redner hat seinen Gegner gehörig abgeführt.

[1]**abfüttern** ⟨[Tiere] a.⟩: *füttern:* das Vieh a.; der Knecht hatte schon abgefüttert; übertr.: (ugs.; scherzh.): Schulklassen in der Pause a.; die Mutter fütterte das Baby ab *(fütterte es bis zur Sättigung).*

[2]**abfüttern** ⟨etwas a.⟩: *ein Kleidungsstück mit Futter versehen:* ein Kleid, einen Mantel [mit Seide] a.; ein schlecht abgefütterter Anzug.

Abgabe, die: I. 1. *das Abgeben, Ablieferung; Aushändigung, Überreichung:* die ordnungsgemäße A. der Erträge muß bis zum Monatsende erfolgen; die Frist für die A. der Prüfungsarbeiten, Stimmzettel, Bestellscheine verlängern; nach A. des Beglaubigungsschreibens; übertr.: bei der A. der Stimmen *(bei der Abstimmung);* die A. *(Bekanntgabe)* einer Regierungserklärung. 2. (Wirtsch.) *Verkauf:* größere Abgaben [an der Börse] drückten auf den Kurs. 3. (Sport) *Ab-, Zuspiel:* eine schlechte, ungenaue A.; seine Abgaben kamen nicht an, erreichten nicht die Flügelstürmer; mit der A. des Balles zu lange zögern. 4. *das Abfeuern:* bei der A. des Schusses. II. *Geldleistung (an ein Gemeinwesen), Steuer:* eine einmalige A.; niedrige, hohe, laufende, jährliche, öffentliche Abgaben; die Abgaben [an den Staat, für die Benutzung] steigen, erhöhen sich, ermäßigen sich, fallen weg; Abgaben erheben, einziehen, eintreiben, entrichten, zahlen, leisten; die Abgaben auf Tabak sollen gesenkt werden; jmdn. von Abgaben befreien.

Abgang, der: 1. a) *Weggang, das Verlassen eines Schauplatzes:* ein dramatischer, theatralischer A.; es war etwas Rauschendes in ihrem A.; Theater: ein guter, von Beifall umrauschter A.; die Abgänge im letzten Akt sind durchweg schlecht. b) *Abfahrt:* kurz vor A. der Fähre, des Flugzeugs ankommen; auf den A. des Zuges warten. c) (Turnen) *das Verlassen eines Gerätes:* ein leichter, schwieriger, mißglückter A.; Riesenwelle mit gegrätschtem A.; sich beim A. [vom Gerät] verletzen. d) *Absendung:* etwas noch vor dem A. der Post erledigen; den A. der Waren überwachen. e) *Ausscheidung:* der A. von Blut im Kot; das Mittel fördert den A. der Steine, der Blähungen. f) (verhüll.) *Fehlgeburt:* die Frau hat durch den Unfall einen A. gehabt. 2. a) *das Verlassen eines Wirkungskreises, das Ausscheiden:* nach dem A. von der Schule, aus der 7. Klasse; der A. des Ministers aus seinem Amt wurde tief bedauert. b) *jmd., der einen Wirkungskreis verläßt, ausscheidet:* an unserer Schule haben wir 5 Abgänge; 50 Abgängen stehen 80 Neuzugänge gegenüber. 3. (verhüll.) *Tod:* der frühe Abgang des Dichters; sein A. war noch nicht bestimmt. 4. (Kaufmannsspr.) ⟨gewöhnlich in Verbindung mit *haben* und *finden*⟩ *Absatz, Verkauf:* einen schnellen, reißenden, langsamen A. haben; diese Ware hat keinen A. gefunden. 5. (landsch. und Kaufmannsspr.) *Schwund, Verlust:* den A. ersetzen; in A. kommen *(verlorengehen);* beim Obsthandel gibt es viel A. * **sich einen guten, glänzenden Abgang verschaffen** *(sich zum Schluß in Szene setzen, einen guten Eindruck machen)* · (ugs.:) **keinen Abgang finden** *(sich nicht entschließen können aufzubrechen).*

abgeben: 1. ⟨etwas a.⟩ *geben, übergeben, aushändigen:* einen Brief, ein Geschenk, seine Visitenkarte, die Hefte, bestellte Waren a.; etwas persönlich, eigenhändig, beim Nachbarn a.; übertr.: *von sich geben:* ein Versprechen, eine Erklärung, ein Gutachten, sein Urteil, seine Stimme a.; er gab einen Funkspruch ab. 2. ⟨etwas a.⟩ *zur Aufbewahrung geben:* den Koffer [an der Gepäckaufbewahrung] a.; ich habe meinen Mantel in der Garderobe abgegeben. **3. a)** ⟨jmdm. etwas a.⟩ *einen Teil von etwas geben, etwas einem anderen überlassen:* er hat mir nichts, die Hälfte, einen großen Teil davon abgegeben; er gibt seinem Freund von den Bonbons etwas ab; ⟨selten auch ohne Dativ⟩ nichts a. wollen. **b)** ⟨etwas a.⟩ *überlassen, abtreten; aufgeben:* die Leitung, den Vorsitz, ein Amt [an jmdn.] a.; der Bauer hat den Hof an seinen Sohn, seinem Sohn abgegeben; Sport: der Fußballmeister gab beide Punkte ab *(überließ sie dem Gegner).* **c)** ⟨etwas a.⟩ *zu einem niedrigen Preis überlassen, verkaufen:* Obst, Eier a.; wir geben einen Gebrauchtwagen billig ab; ein Zimmer, einen Laden a. *(vermieten).* **4.** (Sport) ⟨[etwas] a.⟩ *abspielen:* den Ball, die Scheibe an den Verteidiger a.; er muß schneller a. **5.** ⟨einen Schuß a.⟩ *abfeuern:* einen Warnschuß, mehrere Schüsse auf einen Flüchtling a. **6.** ⟨etwas gibt etwas ab⟩ *etwas gibt etwas von sich, strömt etwas aus:* der Ofen gibt [nur mäßig] Wärme ab; Pflanzen geben bei der Assimilation Sauerstoff ab. **7.** ⟨jmdn., etwas a.⟩ *geeignet sein, jmd. oder etwas zu sein; als jmd. oder etwas fungieren:* eine perfekte Hausfrau, einen guten Familienvater, einen glänzenden Redner a.; den Prügelknaben, den Sündenbock a.; den Hintergrund, den Rahmen, einen Stoff für einen Film a.; er gab den Chinesen ab *(mimte ihn);* eine komische, traurige o. ä. Figur a. *(einen komischen, traurigen o. ä. Eindruck machen).* **8.** (ugs.) ⟨sich mit jmdm., mit etwas a.⟩ *sich beschäftigen, befassen; Umgang pflegen:* sich mit Basteln, Gartenarbeit a.; damit gebe ich mich nicht ab; sich viel mit Kindern a.; er hat sich mit Ganoven abgegeben *(sich eingelassen).* **9.** ⟨es gibt etwas ab⟩ **a)** *es gibt Schläge, setzt Schelte:* wenn du nicht artig bist, gibt es etwas ab; es wird gleich etwas a.! **b)** *es gibt ein Unwetter, Regen:* es blitzt schon, gleich gibt es etwas ab; heute wird es noch etwas a. * (ugs.:) **jmdm. eins abgeben** *(einen Schlag versetzen):* er gab dem Jungen, dem Hund eins ab.

abgebrannt (ugs.): *vorübergehend ohne Geldmittel:* ich bin völlig a.

abgebrüht (ugs.): *in seelischer Hinsicht unempfindlich:* ein abgebrühter Bursche; der ist ganz schön a.

abgedroschen (abwertend): *zum Überdruß gebraucht, nichtssagend:* abgedroschene Worte, Redensarten, Witze; der Schlager ist schon recht a.

abgefeimt: *mit allen Schlichen vertraut, durchtrieben; gemein:* ein abgefeimter Lügner, Schurke, Lump; das ist eine abgefeimte Bosheit, Niedertracht.

abgegriffen: *durch häufiges Anfassen abgenutzt:* ein abgegriffener Mützenschirm; die Kanten, die Spielkarten sind schon sehr a.; übertr.: *nichtssagend, leer:* abgegriffene Schlagwörter.

abgehen: 1. a) *einen Platz, einen Ort verlassen; aufbrechen, abreisen, abfahren:* das Schiff, der Zug, der Transport geht ab; wann geht die Maschine nach London ab?; es geht gleich ab *(es geht gleich los).* **b)** (Theater) *die Bühne nach einem Auftritt verlassen, abtreten:* Hamlet geht ab; der Schauspieler ging, von Beifall umrauscht, ab. **c)** (Turnen) *ein Gerät verlassen und damit eine Übung beenden:* elegant, mit einer Grätsche ging er [vom Barren] ab. **d)** ⟨etwas geht ab⟩ *etwas wird abgeschickt, abgesandt:* die Benachrichtigung, die Vorladung, der Brief ist gestern abgegangen; die Waren werden mit dem Schiff a.; einen Funkspruch a. lassen. **e)** ⟨etwas geht ab⟩ *etwas wird ausgeschieden, abgesondert:* die Würmer gehen mit dem Kot ab; ⟨etwas geht jmdm. ab⟩ dem Kranken ging viel Blut ab. **f)** ⟨ein Schuß geht ab⟩ *ein Schuß löst sich:* plötzlich, unversehens ging ein Schuß ab. **2.** *einen Wirkungskreis verlassen, aus einer Tätigkeit ausscheiden:* von der Schule, vor dem Abitur, aus der 7. Klasse a.; (veraltend) aus einem Amt, in den Ruhestand a.; bildl.: aus dem Leben, in die Ewigkeit a. *(sterben).* **3.** (verhüll.) *sterben:* der Großvater ist im vorigen Herbst abgegangen; (Amtsdt.:) mit Tod abgehen *(sterben);* auf Station III ist einer mit Lungenentzündung abgegangen *(an Lungenentzündung gestorben).* **4.** ⟨von etwas a.⟩ *ablassen, verzichten, aufgeben:* von einer Gewohnheit, seiner Meinung, einem Grundsatz a.; er ging von seiner Forderung nicht ab. **5.** ⟨etwas geht ab; mit Raumangabe⟩ *etwas zweigt ab:* dort, von der Hauptstraße, neben dem Bahnhof geht der Weg ab; die Straße geht *(verläuft)* dann links nach Norden ab. **6.** (Kaufmannsspr.) ⟨etwas geht ab; mit Artangabe⟩ *etwas wird verkauft, findet Absatz:* die Ware geht gut, reißend, schlecht ab. **7.** ⟨etwas geht von etwas ab⟩ *etwas wird abgezogen, abgerechnet:* wieviel Prozent gehen von dieser Summe ab?; von dem Gewicht geht noch die Verpackung ab. **8.** (ugs.) ⟨etwas geht ab⟩ *etwas löst sich los:* der Knopf, ein Rad, der Absatz geht ab; der Putz, die Farbe geht ab *(blättert ab);* das Etikett, der Fleck ging nicht ab *(ließ sich nicht entfernen);* ⟨etwas geht jmdm. ab⟩ mir ist der Fingernagel abgegangen. **9.** ⟨etwas geht ab; mit Artangabe⟩ *etwas verläuft in einer bestimmten Weise; geht vonstatten:* alles ist gut, glatt, glimpflich abgegangen; es ist nicht ohne Lärm, Streit, Ärger, Tränen, Prügel abgegangen. **10.** ⟨etwas geht jmdm., einer Sache ab⟩ *etwas fehlt:* ihm geht die Begabung, jedes Taktgefühl, der Humor ab; dafür geht den Politikern das rechte Verständnis ab; was geht dir ab? *(woran fehlt es dir?);* den Kindern geht dadurch nichts ab *(geht nichts verloren)* **11.** ⟨etwas a.⟩ *an etwas zum Zwecke der Besichtigung oder Kontrolle entlanggehen:* der Kompaniechef geht die Front ab; wir sind, haben die Strecke noch einmal abgegangen.

abgekämpft: *von übermäßiger Anstrengung gezeichnet, erschöpft:* einen abgekämpften Eindruck machen; die abgekämpften Gesichter der Sportler; die Truppen sind völlig a.

abgeklärt: *gereift und ausgeglichen, besonnen:* ein abgeklärter Mensch; mit abgeklärtem Lächeln; er war völlig a., starb a.

abgelegen: *abseits liegend:* ein abgelegenes Haus, Dorf; die Bank steht a. am Ende des Parks.

abgeleiert (ugs.; abwertend): *zum Überdruß gebraucht, nichtssagend:* abgeleierte Worte, Redensarten, Melodien.

abgelten ⟨etwas a.⟩: *ausgleichen; bezahlen:*

Schulden a.; mit dieser Zahlung sind alle Ihre Ansprüche abgegolten.

abgeneigt ⟨gewöhnlich verneint in Verbindung mit *sein*⟩: *ablehnend eingestellt, nicht geneigt:* wir sind dem Plan nicht a.; ich bin gar nicht a., mich anzuschließen.

Abgeordnete, der: *gewählter Volksvertreter:* ein verantwortungsbewußter Abgeordneter; zwei weibliche Abgeordnete; die Abgeordneten treten zusammen, beraten, vertagen sich; einen Abgeordneten [nach]wählen.

abgerissen: 1. *in zerissener Kleidung, zerlumpt:* ein abgerissener Häftling; abgerissene Kleidung; er sah völlig a. aus. **2.** *unzusammenhängend:* abgerissene Worte, Sätze, Gedanken.

abgesagt ⟨nur in der Fügung⟩ ein abgesagter Feind (geh.): *ein erklärter Feind:* er ist ein abgesagter Feind des Alkohols.

abgeschieden (geh.): **1.** *einsam gelegen; einsam:* ein abgeschiedenes Dorf; ein abgeschiedenes Leben führen. **2.** *verstorben, tot:* abgeschiedene Seelen; subst.: die Abgeschiedenen.

abgeschlossen: 1. *von der Welt getrennt, einsam:* es drang nicht viel Neues in ihr streng abgeschlossenes Leben; a. leben, arbeiten. **2.** *abgerundet, in sich geschlossen:* der neue Roman macht einen abgeschlossenen Eindruck, wirkt sehr a. **3.** *in sich geschlossen:* eine abgeschlossene Wohnung; sie traten in einen abgeschlossenen Hof.

abgeschmackt (abwertend): *nichtssagend, geistlos; albern, töricht:* abgeschmackte Witze, Redensarten, Komplimente; das ist im höchsten Maße a.

abgespannt: *angegriffen und müde:* einen abgespannten Eindruck machen; a. aussehen, sein, sich fühlen; er kam völlig a. nach Hause.

abgestanden: *schal; nicht mehr frisch:* abgestandenes Bier: abgestandene Luft; der Wein schmeckt a.

abgetakelt: *alt und verlebt, ausgedient, heruntergekommen:* eine abgetakelte Person, Schauspielerin; die Tänzerin macht einen abgetakelten Eindruck, sah reichlich a. aus.

abgewinnen: a) ⟨jmdm. etwas a.⟩ *im Spiel, im Wettkampf abnehmen, gewinnen:* er hat ihm [im Kartenspiel] viel Geld abgewonnen. **b)** ⟨jmdm., einer Sache etwas a.⟩ *abnötigen, abringen; durch intensive Bemühungen erlangen, entlocken:* dem Meer Land a.; der Mann hat mir Achtung, Anerkennung, Bewunderung abgewonnen; er versuchte, der Frau ein Lächeln abzugewinnen. **c)** ⟨einer Sache etwas a.⟩ *etwas Positives, Gutes an einer Sache finden:* der Arbeit, dem Leben die schönen Seiten a.; ich habe der Sache nichts, keinen Geschmack, keinen Reiz abgewinnen können *(keinen Gefallen daran finden können).*

abgewöhnen ⟨jmdm., sich etwas a.⟩: *dazu bringen, eine Gewohnheit, eine schlechte Angewohnheit abzulegen:* jmdm. das Trinken, Fluchen, die schlechten Manieren a.; ich muß mir das Rauchen a.; subst. (ugs.; scherzh.): noch einen, noch ein [letztes] Glas zum Abgewöhnen.

abgießen: 1. ⟨etwas a.⟩ **a)** *weggießen:* das Wasser von den Kartoffeln, von den Nudeln a. **b)** *das Kochwasser von etwas weggießen:* die Kartoffeln a.; das Gemüse muß abgegossen werden. **c)** *einen Teil einer Flüssigkeit aus einem Gefäß weg-, herausgießen:* etwas Wasser, Milch a.; der Topf ist zu voll, gieße ihn ab! **2.** ⟨etwas a.⟩ *durch einen Guß formen:* eine Büste [in Gips] a.

abgleiten (geh.): **1.** *seitwärts [und nach unten] gleiten, abrutschen:* er glitt am Beckenrand ab und fiel ins Wasser; übertr.: ihre Gedanken glitten ab *(irrten, schweiften ab);* die Beleidigungen, Schimpfworte der Portiersfrau glitten an/von ihm ab *(berührten ihn nicht, ließen ihn kalt).* **2.** *nach unten gleiten, hinunterrutschen:* er ließ sich [vom Pferd] a.; übertr.: er ist in letzter Zeit immer mehr, völlig abgeglitten *(moralisch abgesunken);* ihre Leistungen gleiten ab *(lassen nach);* der Schüler ist [in seinen Leistungen] abgeglitten; Wirtsch.: die Preise gleiten leicht ab *(sinken);* die Mark ist abgeglitten *(ist im Wert gesunken).*

Abgott, der: *vergöttertes Wesen, leidenschaftlich Verehrtes:* der Junge ist der A. seiner Eltern; Geld ist sein A.; die Massen machten ihn zu ihrem A.

abgöttisch: *übertrieben, übersteigert:* mit abgöttischer Liebe; sie liebte, verehrte ihn a.

abgraben: 1. (selten) ⟨etwas a.⟩ *mit dem Spaten abtragen:* eine Böschung a. **2.** ⟨etwas a.⟩ *durch einen Graben ableiten, abfließen lassen:* einen Bach, einen Teich a. * (ugs.:) **jmdm. das Wasser abgraben** *(jmds. Existenzgrundlage gefährden, jmdn. seiner Wirkungsmöglichkeiten berauben).*

abgrasen: 1. ⟨etwas a.⟩ *das Gras von etwas abfressen, abweiden:* das Vieh grast die Wiese, die Berghänge ab; übertr.: dieses Gebiet, dieser Themenkreis ist abgegrast *(bietet keine Möglichkeiten mehr für eine Bearbeitung).* **2.** ⟨jmdn., etwas a.⟩ *aus geschäftlichen Gründen der Reihe nach aufsuchen:* alle Geschäfte, Kunden a.; er hat die ganze Gegend abgegrast.

abgrenzen ⟨etwas a.⟩: *abteilen, abtrennen:* den Garten vom/gegen das Nachbargrundstück [mit einer Mauer] a.; ein Teil des Strandes ist für Hotelgäste abgegrenzt; übertr.: Begriffe, Befugnisse, Aufgabenbereiche scharf, genau [von-, gegeneinander] a. *(scheiden, abheben).*

Abgrund, der: *steil abstürzende Felswand:* ein tiefer, bodenloser A.; ein A. klafft, öffnet sich, gähnt (dichter.), tut sich [vor jmdm.] auf (geh.); in den A. stürzen; mit dem Auto in einen A. rasen; jmdn. mit sich in den A. reißen; er stieß ihn in den A.; übertr.: **a)** *unermeßliche Tiefe, Unergründlichkeit:* in die Abgründe der Seele blicken, hineinleuchten. **b)** *unvorstellbares Ausmaß:* ein [wahrer] A. von Gemeinheit; er war über diesen A. von Verworfenheit erschüttert. **c)** *Untergang, Verderben:* die Völker in den A. führen, treiben; das Land geriet an den Rand, war am Rande des Abgrunds, stand vor dem A. **d)** *unüberbrückbare Kluft:* uns trennen Abgründe; zwischen ihren Ansichten lag ein tiefer A.

abgucken, (auch:) abkucken (ugs.): **1.** ⟨jmdm. etwas a.⟩ *durch Zuschauen lernen:* jmdm. ein Kunststück a. **2.** *unerlaubt übernehmen, abschreiben:* er hat [von, bei seinem] Nachbarn abgeguckt; sie ließ ihre Freundin a. * (fam.; scherzh.:) **jmdm. nichts abgucken:** ich guck' dir nichts ab! *(zieh dich aus und zier dich nicht!/zu Kindern, die sich genieren/).*

abhaben (ugs.): **1.** ⟨etwas a.; gewöhnlich im Infinitiv⟩ *einen Teil von etwas erhalten:* willst du etwas a.?; ich möchte auch ein Stück a.; der Junge hat seinen Teil ab *(seine Strafe bekommen).* **2.** ⟨etwas a.⟩ *abgenommen haben:* den Hut, den Schlips a.

abhacken ⟨etwas a.⟩: *abschlagen, abtrennen:* Äste [vom Baum], Zweige a.; ⟨jmdm., sich etwas a.⟩ beinahe hätte ich mir den Daumen abgehackt; adj. Part.: abgehackt *(ohne Fluß)* sprechen, grüßen. * (derb:) **jmdm. die Rübe abhacken** *(jmdn. enthaupten).*

abhaken: 1. ⟨etwas a.⟩ *loshaken:* die Feldflasche, den Fallschirm a.; der Arzt hakte die Tafel mit der Fieberkurve ab. **2.** ⟨etwas a.⟩ *mit einem Häkchen kennzeichnen:* die Namen der Anwesenden, die Posten einer Rechnung a.

abhalftern ⟨ein Pferd a.⟩: *einem Pferd das Halfter abnehmen;* übertr. (ugs.): der Beamte, Funktionär wurde abgehalftert *(aus der Stellung entfernt, abgesetzt).*

abhalten: 1. ⟨jmdn., etwas a.; mit Artangabe⟩ *entfernt halten:* die Zeitung weit [von sich] a.; sie hielt den strampelnden Säugling ein Stück von sich ab. **2.** ⟨ein Kind a.⟩ *so halten, daß es seine Notdurft verrichten kann:* die Mutter hielt das Kleine ab. **3.** ⟨jmdn., etwas a.⟩ *fernhalten, abwehren:* einen Tobenden von sich a.; der Vorhang soll die Fliegen a.; der Schutzanzug hält die Hitze ab. **4.** ⟨jmdn. von etwas a.⟩ *zurückhalten; hindern, etwas zu tun:* jmdn. von unüberlegten Handlungen a.; ein Wolkenbruch, eine dringende Angelegenheit hielt mich davon ab, ihn zu besuchen; nichts in der Welt kann mich davon a.; halte mich nicht von der Arbeit ab! *(störe mich nicht!);* ⟨auch ohne Präpositionalobjekt⟩ lassen Sie sich nicht a.! **5.** ⟨etwas a.⟩ *veranstalten, durchführen:* freie Wahlen, eine Sitzung, Versammlung, Versteigerung, Haussuchung, Parade, ein Manöver, Kurse, Prüfungen a.; sie hielten ein Strafgericht ab.

[1]**abhandeln: 1.** ⟨jmdm. etwas a.⟩ *nach längerem Handeln abkaufen:* er hat ihm den Pelz billig abgehandelt. **2.** ⟨etwas a.⟩ *durch Handeln erreichen, daß der Preis herabgesetzt wird:* ich habe viel, nichts, nur 10 Mark [von dem Preis] a. können; bildl.: ich lasse mir von meinen Bedingungen, von meinem Recht nichts a.

[2]**abhandeln** ⟨etwas a.⟩: *[wissenschaftlich] darstellen, behandeln:* ein Thema gründlich, fesselnd, oberflächlich, trocken a.; dieses Problem ist bereits abgehandelt worden.

abhanden ⟨nur in der Fügung⟩ [jmdm.] abhanden kommen: *verlorengehen, plötzlich verschwinden:* mir ist meine Brieftasche, mein Pudel a. gekommen; in der Firma soll Geld a. gekommen sein.

Abhandlung, die: *[wissenschaftliche] Behandlung eines Themas:* eine geistreiche, grundlegende, verfehlte A. über ein Thema; eine A. schreiben, verfassen, veröffentlichen.

[1]**abhängen,** hing ab, abgehangen: **1.** ⟨etwas hängt ab⟩ *etwas wird durch längeres Hängen mürbe:* der Hase, das Fleisch muß noch einige Tage a.; gut abgehangenes Wild. **2. a)** ⟨von jmdm., von etwas a.⟩ *abhängig sein, angewiesen sein:* er hängt finanziell von seinen Eltern ab; von jmds. Gnade a. **b)** ⟨etwas hängt von jmdm., von etwas ab⟩ *etwas ist bedingt, jmds. Willen oder Macht unterworfen:* das hängt nur, letztlich von uns ab; es hängt von mir ab, ob ...; das hängt davon ab, wieviel Zeit wir haben; von diesem Entschluß hatte die Zukunft seiner Familie abgehangen; es hängt viel davon für mich ab *(es ist für mich sehr wichtig).*

[2]**abhängen,** hängte ab, abgehängt: **1.** ⟨etwas a.⟩ *ab-, herunternehmen:* ein Bild [von der Wand] a. **2.** ⟨etwas a.⟩ *abkuppeln:* einen Anhänger, einen Wohnwagen a.; der Schlafwagen wird in München abgehängt. **3.** *den Telephonhörer einhängen:* plötzlich, wütend a.; der Teilnehmer hat abgehängt. **4.** (ugs.) ⟨jmdn., etwas a.⟩ *hinter sich lassen; übertreffen:* er hängte die anderen Läufer, seine Gegner klar ab; wir haben den Sportwagen abgehängt.

abhängig: a) *abhängend von, bedingt durch:* das ist nur vom Wetter, von den Umständen a.; seinen Eintritt von der Höhe des Beitrages a. machen. – Der attributive Gebrauch in dieser Bedeutung gilt hochsprachlich als nicht korrekt: die vom Zufall abhängige (richtig: abhängende) Entwicklung. **b)** *angewiesen auf:* politisch, wirtschaftlich von einem Land a. sein; ein vom Alkohol völlig abhängiger Mensch. **c)** *unselbständig:* in abhängiger Stellung sein, arbeiten; ein abhängiger Staat. * (Sprachw.:) **abhängiger Satz** *(untergeordneter Satz, Gliedsatz)* · (Sprachw.:) **abhängige Rede** *(indirekte Rede).*

abhärmen (geh.) ⟨sich a.⟩: *sich in Kummer verzehren:* die Mutter härmt sich um ihren Sohn, seinetwegen, wegen seines Todes ab; sie sieht abgehärmt aus, hat ein abgehärmtes Gesicht.

abhärten ⟨jmdn., sich, etwas a.⟩: *durch Gewöhnung widerstandsfähig machen:* seinen Körper frühzeitig, tüchtig, durch Sport a.; sich gegen Erkältung a.; die Kinder härten sich durch kaltes Duschen ab; übertr.: er war ein abgehärteter Journalist.

abhauen: 1. a) ⟨etwas a.⟩ *abschlagen:* er haute/(geh.:) hieb die Äste vom Baum, die Zweige ab; die Maurer haben den Putz abgehauen; einen Baum a. *(fällen).* **b)** ⟨jmdm., sich etwas a.⟩ *mit einer Waffe, einer Axt o. ä. abschlagen, abtrennen:* ich hätte mir beinahe beim Holzhacken einen Finger abgehauen; er hieb/(ugs.:) haute dem Drachen den Kopf, seinem Gegner den Arm ab. **2.** (ugs.) *sich [heimlich] entfernen, verschwinden:* er haute rechtzeitig ab; er ist gestern abend, bei Nacht und Nebel, mit dem gestohlenen Wagen, über die Grenze abgehauen; Mensch, hau ab! *(mach, daß du fortkommst!).*

abheben: 1. ⟨etwas a.⟩ *ab-, herunternehmen:* den Deckel a.; er hob den Hörer, das Telephon ab; Kartenspiel: *einen Teil der Karten nach dem Mischen wegnehmen und den Rest obenauf legen:* heb bitte ab!; du mußt noch abheben. **2.** ⟨etwas a.⟩ *sich auszahlen lassen:* eine Summe, Geld [von seinem Konto] a.; er hat sein Guthaben [auf der Bank] abgehoben. **3. a)** ⟨etwas hebt ab⟩ *etwas erhebt sich in die Luft:* die Maschine hebt schnell, elegant, schwerfällig ab; die Rakete hebt von der Plattform ab. **b)** ⟨etwas hebt sich ab⟩ *etwas löst sich ab:* das Sperrholz, der Belag hat sich abgehoben. **4.** ⟨sich a.⟩ *sich abzeichnen; sich von jmdm. unterscheiden:* sich schwach, scharf, deutlich a.; die Türme hoben sich vom, gegen den Abendhimmel ab; die Dächer heben sich aus dem Blättergewirr, im Dunst kaum ab; er wollte sich von den anderen, aus der Masse a.

abheften ⟨etwas a.⟩: *in einem Hefter, Aktenordner einordnen:* ein Schriftstück, Rechnungen, Durchschläge a.

abhelfen ⟨einer Sache a.⟩: *einen Übelstand beseitigen, etwas in Ordnung bringen:* diesem Zustand, diesem Bedürfnis muß schnell, gründlich abgeholfen werden; dem ist leicht abzuhelfen.

abhetzen: a) ⟨ein Tier a.⟩ *bis zur Erschöpfung antreiben:* die Pferde a. **b)** ⟨sich a.⟩ *sich übermäßig, bis zur Erschöpfung beeilen:* wir haben uns fürchterlich abgehetzt.

Abhilfe, die: *Beseitigung eines Übelstandes:* schnelle A. fordern, versprechen, schaffen; er hat unverzüglich für A. gesorgt.

abhold ⟨in der Verbindung⟩ jmdm., einer Sache abhold sein (geh.): *nicht geneigt sein:* großen Worten a. sein; die Chefin war ihm a.; dem Alkohol nicht a. sein *(ihn lieben);* ⟨auch attributiv⟩ der jedem Streit abholde Ehemann gab nach.

abholen: a) ⟨etwas a.⟩ *sich geben lassen und mitnehmen, Bereitliegendes in Empfang nehmen:* Briefe, ein Paket von, auf der Post a.; er holte die Theaterkarten [von, an der Kasse] ab. **b)** ⟨jmdn. a.⟩ *kommen, um jmdn. mitzunehmen:* den Freund von der Bahn, an der Haltestelle, in der Wohnung, zum Spaziergang, mit dem Auto a.; (verhüll.:) *verhaften:* sie haben ihn, die ganze Familie heute nacht abgeholt.

abhorchen ⟨jmdn., etwas a.⟩: *auf Geräusche prüfen:* den Boden a.; den Patienten, das Herz, die Lunge a. *(auskultieren);* der Arzt horchte ihn eingehend, sorgfältig, mit dem Stethoskop ab.

abhören: 1. *jmds. Kenntnisse prüfen, abfragen:* ⟨jmdn./jmdm. etwas a.⟩ die Schüler/den Schülern die Vokabeln, das Einmaleins a.; ⟨etwas a.⟩ der Lehrer hört das Einmaleins, die Geschichtszahlen ab; ⟨jmdn. a.⟩ der Lehrer hört die Schüler, die Klasse ab. **2.** ⟨jmdn., etwas a.⟩ *abhorchen, auskultieren:* der Arzt hörte den Kranken, das Herz, die Lunge ab. **3.** ⟨etwas a.⟩ *heimlich überwachen, mit anhören:* Telephone, Leitungen a.; sie haben das Gespräch abgehört. **4.** ⟨etwas a.⟩ *zur Überprüfung anhören, kontrollieren:* eine Aufnahme [auf die Tonqualität], ein Band a. **5.** ⟨etwas a.⟩ *heimlich anhören, um sich zu informieren:* einen ausländischen Sender, Nachrichten a.

Abitur, das: *Reifeprüfung:* → Prüfung.

abjagen: 1.a) ⟨ein Tier a.⟩ *abhetzen:* die Pferde a. **b)** ⟨sich a.⟩ *sich abhetzen:* sich a., um den Zug zu erreichen. **2.** ⟨jmdm. etwas a.⟩ *nach längerer Verfolgung abnehmen; durch große Anstrengung erlangen:* sie haben dem Dieb die Beute abgejagt; jmdm. eine Stelle, Kunden, ein Geschäft a.

abkanzeln (ugs.) ⟨jmdn. a.⟩: *[einen Untergebenen] scharf tadeln:* der Meister kanzelte den Lehrling gehörig, nach Strich und Faden, vor allen Leuten ab.

abkarten (ugs.) ⟨etwas a.⟩: *heimlich vereinbaren:* sie hatten die Sache unter sich abgekartet; die Angelegenheit ist abgekartet; ein abgekartetes Spiel treiben.

abkaufen: 1. ⟨jmdm. etwas a.⟩ *etwas von jmdm. kaufen:* jmdm. die Urheberrechte a.; er kaufte seinem Freund das Buch, das Fahrrad ab; übertr.: laß dir nicht jedes Wort a. *(sei nicht so wortkarg, so schweigsam).* **2.** ⟨jmdm. etwas a.⟩ *abnehmen, abzwingen:* er hat seinem Gegner den Mut, den Schneid, die Kampfmoral abgekauft. **3.** (ugs.) ⟨jmdm. etwas a.⟩ *glauben:* das sollen wir dir a.?; diese Geschäfte, diese Sache, Entschuldigung kauft ihm niemand ab.

Abkehr, die: *das Abkehren, Abwendung:* in bewußter A. von der Welt, von der bisherigen Politik; eine A. vollziehen.

abkehren (geh.): **a)** ⟨etwas a.⟩ *zur Seite richten, abwenden:* sie kehrte ihr Gesicht ab. **b)** ⟨sich a.⟩ *sich ab-, wegwenden:* er kehrte sich [von ihr] ab und trat ans Fenster; übertr.: sie hat sich vom Glauben, von Gott, von der Welt abgekehrt.

abklappern (ugs.) ⟨jmdn., etwas a.⟩: *der Reihe nach aufsuchen:* Kunden, alle Läden, die ganze Gegend a.; er hat die ganze Straße nach einem Zimmer abgeklappert.

Abklatsch, der (Kunst): *Nachbildung:* ein sauberer A. eines Reliefs; übertr.: *minderwertige Nachbildung, schlechte Nachahmung:* ein billiger, plumper A.; die Landschule darf kein A. der Stadtschule sein.

abklingen (geh.) ⟨etwas klingt ab⟩: **a)** *etwas wird immer leiser:* der Ton, der Lärm klingt ab. **b)** *etwas wird schwächer, läßt nach, schwindet:* das Unwetter, der Sturm, die Erregung, der Schmerz, das Fieber klingt ab; die Begeisterung ist abgeklungen.

abklopfen: 1.a) ⟨etwas a.⟩ *weg-, herunterklopfen:* die Asche der Zigarre, den Putz von den Wänden a.; ⟨jmdm., sich etwas a.⟩ er klopfte sich den Staub, den Schnee ab. **b)** ⟨jmdn., etwas a.⟩ *durch Klopfen säubern:* Polstermöbel a.; der Kellner klopfte die Tische mit einer Serviette ab; kannst du mich mal a.?; ⟨jmdm., sich etwas a.⟩ er klopfte seinem Freund den Mantel ab. **2.** ⟨ein Tier, etwas a.⟩ *mit leichten Schlägen liebkosen:* den Hals des Springpferdes a.; ⟨einem Tier etwas a.⟩ er klopfte dem Pferd liebevoll den Hals ab. **3.** ⟨jmdn., etwas a.⟩ *durch Klopfen untersuchen:* die Wand [nach Hohlräumen] a.; der Arzt klopfte den Kranken, Rücken und Brust ab. **4.** (Musik) ⟨[etwas] a.⟩ *durch Klopfen mit dem Taktstock unterbrechen:* der Dirigent klopfte die Probe ab, klopfte nach den ersten Takten ab.

abknallen (ugs.): **a)** (abwertend) ⟨jmdn. a.⟩ *rücksichtslos, hinterrücks erschießen:* einen Flüchtling [aus dem Hinterhalt] a.; sie wollten uns a. wie die Hasen. **b)** (abwertend) ⟨ein Tier a.⟩ *schonungslos erlegen, abschießen:* wilde Kaninchen, Spatzen, streunende Hunde a. **c)** ⟨etwas a.⟩ *ab-, herunterschießen:* sie knallten die Luftballons ab.

abknöpfen: 1. ⟨etwas a.⟩ *aufknöpfen und abnehmen:* die Kapuze, die Hosenträger a. **2.** (ugs.) ⟨jmdm. etwas a.⟩ *abgewinnen, abnehmen:* er hat mir beim Kartenspielen 5 Mark abgeknöpft; der Rechtsanwalt knöpfte ihm ein hohes Honorar ab.

abkochen: 1. ⟨etwas a.⟩ *fertigkochen:* Eier für den Salat a. **2.** ⟨etwas a.⟩ *durch Kochen keimfrei, haltbar machen:* Trinkwasser, Milch a. **3.** *im Freien kochen:* die Wanderer, die Pfadfinder kochen ab. **4.** (ugs.) ⟨jmdn. a.⟩ *zermürben, fertigmachen:* jmdn. im Verhör, in einer Einzelzelle abzukochen versuchen; er ließ sich nicht a. **5.** (ugs.; landsch.) ⟨jmdn. a.⟩ *schröpfen, ausplündern:* sie haben ihn beim Skat ganz schön abgekocht.

abkommen: 1. ⟨von etwas a.⟩ **a)** *sich von einer eingeschlagenen Richtung entfernen, abweichen:* vom Weg, vom Kurs a.; der Wagen kam von der Fahrbahn ab. **b)** *abschweifen:* vom Wesentlichen auf Nebensächliches a.; er ist vom Thema abgekommen. **2.** ⟨von etwas a.⟩ *sein lassen, aufgeben:* von einem Plan, von seinen Grundsätzen a.; er ist ganz von seinen Gewohnheiten abgekommen. **3.** *sich freimachen:* schwer, auf ein paar Tage, für einige Stunden a.; ich kann von der Besprechung, vom Geschäft nicht a.; subst.: sein Abkommen ist fraglich. **4.** ⟨etwas kommt ab⟩ *etwas kommt außer Gebrauch, aus der Mode:* diese Sitte ist heute ganz abgekommen; spitze Schuhe kommen immer mehr ab. **5.** (Sport) ⟨mit Artangabe⟩ *eine sportliche Übung beginnen:* alle Läufer kommen gut ab; der Springer ist schlecht [vom Sprungbalken, von der Schanze] abgekommen; Schießen: *eine bestimmte Zielstellung des Gewehrs bei der Abgabe des Schusses haben:* gut, schlecht, hoch, tief, links, rechts a.; wie ist er abgekommen?

Abkommen, das: *Übereinkunft, Vereinbarung:* ein langfristiges, politisches, kulturelles, geheimes A.; das A. kommt zustande, tritt in Kraft; ein A. treffen, schließen, unterzeichnen, brechen; das verstößt gegen das A.; sich an ein A. halten.

abkoppeln: 1. ⟨etwas a.⟩ *abkuppeln:* den Anhänger, die Weltraumkapsel von der Zielrakete a.; ⟨auch ohne Akk.⟩ können wir a.? **2.** ⟨ein Tier a.⟩ *losbinden; loslassen:* Pferde, Hunde a.

abkratzen: 1. ⟨etwas a.⟩ **a)** *durch Kratzen entfernen:* den Schmutz von den Schuhen, den Rost a.; ⟨jmdm., sich etwas a.⟩ er kratzte (ugs.; *rasierte*) ihm den Bart ab. **b)** *durch Kratzen reinigen:* die Schuhe a. **2.** (ugs.) *sterben:* er wird wohl bald abkratzen; seine Alte ist gestern abgekratzt.

abkriegen (ugs.): **1.** ⟨etwas a.⟩ *abbekommen:* viel, nichts, ein Stück a.; du kriegst von dem Geld etwas ab; (ugs.; scherzh.:) sie hat keinen Mann abgekriegt *(ist nicht geheiratet worden).* **2.** ⟨etwas a.⟩ *hinnehmen müssen, erhalten:* einen Schlag im Gewühl a.; ich habe etwas abgekriegt *(bin in Mitleidenschaft gezogen worden).* **3.** ⟨etwas a.⟩ *loslösen, entfernen:* den Deckel, den Fleck [von der Hose] nicht a.; kriegst du den Verschluß ab?

abkühlen: 1. ⟨etwas a.⟩ *kühl machen:* die Milch [durch Pusten, Umrühren] a.; er kühlte sein brennendes Gesicht ab; übertr.: dieser Vorfall kühlte ihre Zuneigung, das Verhältnis, die Beziehungen merklich ab. **2. a)** ⟨etwas kühlt ab⟩ *etwas wird kühl[er]:* der Kaffee, die Suppe muß noch a.; der Motor ist noch nicht abgekühlt; übertr.: die Begeisterung kühlte ab. **b)** ⟨etwas kühlt sich ab⟩ *etwas wird kühl[er]:* die Luft hat sich abgekühlt; übertr.: ihre Beziehungen kühlten sich ab. **c)** ⟨es kühlt ab⟩ *es wird kühl[er]:* nach dem Regen hat es stark abgekühlt. **d)** ⟨es kühlt sich ab⟩ *es wird kühl[er]:* es hat sich abgekühlt. **3.** ⟨sich a.⟩ *sich erfrischen:* ins Wasser springen, um sich abzukühlen; sich nach dem Tanzen im Park a.

Abkunft, die (geh.): *Abstammung, Herkunft:* von hoher, niedriger, edler, bürgerlicher A.; ihrer A. nach.

abkuppeln ⟨etwas a.⟩: *aus der Ankupplung lösen:* den Anhänger a.; der Schlafwagen wird in Frankfurt abgekuppelt.

abkürzen: a) ⟨etwas a.⟩ ein Wort, einen Namen a. *(verkürzt wiedergeben);* einen Weg a. *(den kürzesten Weg nehmen);* ein Verfahren a. *(verkürzen und dadurch vereinfachen);* ein abgekürztes *(vereinfachtes)* Verfahren; eine Rede, Verhandlung, einen Besuch, eine Reise a. *(früher als vorgesehen beenden).* **b)** ⟨etwas kürzt ab⟩ *etwas führt schneller zum Ziel:* dieser Weg kürzt ab.

Abkürzung, die: **1.** *verkürzt wiedergegebenes Wort:* Verzeichnis der verwendeten Abkürzungen; die Abkürzung Lkw bedeutet Lastkraftwagen; eine A. nicht kennen, nicht auflösen können. **2.** *Verkürzung:* die A. des Besuches, der Rede, des Verfahrens. **3.** *abkürzender Weg:* eine A. nehmen, gehen; gibt es hier keine A.?

abladen: a) ⟨etwas a.⟩ *von einem Transportmittel herunternehmen:* etwas vorsichtig, schnell a.; Holz, Steine, Fässer [von einem Wagen] a.; (ugs.:) ⟨jmdn. a.⟩ er lud seinen Freund an der Ecke ab; ⟨selten auch ohne Akk.⟩ wir müssen noch a. · übertr.: seinen Ärger, seine schlechte Laune bei anderen a. *(loswerden, sich davon befreien);* er lädt seinen Kummer im Wirtshaus ab; er möchte die Verantwortung, die Schuld auf einen anderen a. *(abwälzen);* (ugs.:) am Zahltag gleich a. müssen *(sein Geld abgeben müssen);* nun lad mal [dein Geld] ab! *(bezahle!).* **b)** ⟨etwas a.⟩ *durch Herunternehmen der Ladung leer machen:* den Wagen, einen Waggon a.

ablagern: 1. a) ⟨etwas lagert etwas ab⟩ *etwas schwemmt etwas an:* der Fluß lagert Sand [am Ufer] ab. **b)** ⟨etwas lagert sich ab⟩ *etwas setzt sich ab:* an der Mündung lagert sich Schlamm ab; Staub hat sich in der Lunge, Kalk an den Arterienwänden abgelagert. **2.** ⟨etwas lagert ab⟩ *etwas reift, wird durch Lagern besser:* der Wein, das Holz muß noch a.; [gut] abgelagerte Ware.

Ablaß, der: **1.** (kath. Rel.) *Erlaß zeitlicher Sündenstrafe:* [vollkommenen] A. erteilen, gewähren, gewinnen, bekommen, erhalten. **2.** (veraltend) *Preisnachlaß:* die Preise sind so kalkuliert, daß wir keinen A. geben können.

ablassen: 1. ⟨etwas a.⟩ **a)** *abfließen, entweichen lassen:* das Wasser aus der Wanne, verbrauchtes Öl aus dem Motor, Luft aus den Reifen a.; die Lokomotive läßt Dampf ab. **b)** *leer machen:* die Wanne, einen Teich a.; vor der Reparatur muß der Kessel abgelassen werden. **2.** ⟨jmdn., etwas a.⟩ *sich in Bewegung setzen lassen, loslassen:* einen Zug [aus dem Bahnhof] a. *(abfahren lassen);* einen Ballon, Brieftauben a.; Raketen a. *(aufsteigen lassen);* die Rennwagen werden in kurzen Abständen abgelassen. **3.** ⟨jmdm. etwas a.⟩ *[preiswert] verkaufen, abtreten:* er ließ mir 3 Zentner Kartoffeln ab; ich würde Ihnen das Buch für 12 Mark a. **4.** ⟨etwas a.⟩ *Preisnachlaß gewähren, ermäßigen:* er läßt von dem Preis nichts, 15 Prozent ab; ⟨jmdm. etwas a.⟩ können Sie mir noch 10 Mark a.? **5. a)** ⟨von etwas a.⟩ *nicht weiterverfolgen, abgehen:* von der Verfolgung, von einem Vorhaben a.; sie ließen vom Gesetz nicht ab *(hielten daran fest);* ohne von der Arbeit abzulassen ... *(ohne sie zu unterbre-*

chen); er läßt nicht ab *(hört nicht auf)*, den Sturz des Diktators zu fordern. **b)** (geh.) ⟨von jmdm. a.⟩ *sich abwenden, in Ruhe lassen:* von dem Fliehenden, Unterlegenen a.; er ließ von dem wehrlosen Tier nicht ab. **6.** (ugs.) ⟨etwas a.⟩ *nicht [wieder] befestigen, anlegen, aufsetzen:* wir lassen das Schild ab; darf ich den Schlips a.?

Ablauf, der: **1.** (Sport) *Start, Startplatz:* die Läufer finden sich am A. ein; die Pferde am A. versammeln. **2.** *Abfluß:* der A. der Badewanne ist verstopft; den A. freihalten. **3.** *Verlauf:* ein schneller, reibungsloser, geregelter A. des Programms; die geschichtlichen Abläufe; der A. der Ereignisse zeigt, daß ...; etwas bestimmt, ändert, gewährleistet den A. **4.** *Beendigung, Abschluß:* nach A. der Frist; vor A. der Lehrzeit; gegen A. seiner Dienstzeit; nach A. *(Erlöschen der Gültigkeit)* des Visums.

ablaufen: 1. (Sport) *loslaufen:* wenn die eine Gruppe ankommt, läuft die nächste ab; das Feld [der Marathonläufer] ist abgelaufen. **2.** (Seemannsspr.) *abdrehen:* der Zerstörer läuft ab, ist im Winkel von 45 Grad abgelaufen. **3.** ⟨etwas läuft ab⟩ **a)** *etwas fließt ab:* das Wasser läuft nicht ab; er ließ das Wasser aus der Wanne ablaufen. **b)** *etwas leert sich:* die Badewanne läuft schlecht ab; der Ausguß läuft nicht ab *(ist verstopft)*. **4.a)** ⟨etwas läuft von etwas ab⟩ *etwas fließt herunter:* der Regen läuft von den Ölmänteln ab; das Wasser ist vom Geschirr abgelaufen; bildl.: an ihm läuft alles ab *(alles läßt ihn gleichgültig)*. **b)** ⟨etwas läuft ab⟩ *etwas wird trocken:* die Weintrauben müssen gut a.; das Geschirr, die Gläser a. lassen. **5.a)** ⟨etwas a.⟩ *an etwas zum Zweck der Besichtigung oder Kontrolle entlanggehen, entlanglaufen:* er hat/ist die Strecke abgelaufen. **b)** ⟨jmdn., etwas a.⟩ *der Reihe nach aufsuchen:* die Läden einer Stadt, alle Kunden in einem Bezirk a.; ich habe/bin die ganze Gegend abgelaufen. **6.** ⟨etwas a.⟩ *durch vieles Gehen abnutzen:* ich habe die Spitzen (der Schuhe), die Absätze schon wieder abgelaufen; die Schuhsohlen sind abgelaufen; abgelaufene Teppiche. **7.** ⟨etwas läuft ab⟩ *etwas rollt ab, wird abgespult:* das Kabel läuft [von der Trommel] ab; das Tonband läuft ab; er ließ den Film a. *(führte ihn vor)*. **8.** ⟨etwas läuft ab⟩ *etwas geht vor sich, geht vonstatten, verläuft:* das Programm läuft pausenlos ab; die Tagung lief ruhig ab; alles ist gut, glücklich, glimpflich abgelaufen *(ausgegangen)*. **9.** ⟨etwas läuft ab⟩ *etwas hört auf, in Tätigkeit zu sein, bleibt stehen:* die Uhr läuft ab; das Spielzeug ist abgelaufen. **10.** ⟨etwas läuft ab⟩ *etwas geht zu Ende, erlischt:* die Frist, das Trauerjahr, die Amtszeit läuft ab; der Vertrag ist längst abgelaufen; der Paß, das Visum ist abgelaufen *(ist ungültig)*. ∗ (Seemannsspr.:) **ablaufendes Wasser** *(Ebbstrom)* · (ugs.:) **sich** (Dativ) **die Hacken/die Schuhsohlen/die Beine/die Füße nach etwas ablaufen** *(viele Gänge machen, um etwas zu finden, zu erreichen):* ich habe mir nach der Bescheinigung die Hacken abgelaufen · (ugs.:) **sich** (Dativ) **die Hörner ablaufen** *(durch Erfahrungen besonnener werden, sein Ungestüm in der Liebe ablegen):* der muß sich erst noch die Hörner ablaufen · (ugs.:) **das habe ich mir längst an den [Schuh]sohlen abgelaufen** *(diese Erfahrung habe ich längst gemacht, das kenne ich schon)* · **jmdm. den Rang ablaufen** *(jmdn. übertreffen)* · (ugs.; selten:) **jmdn. ablaufen lassen** *(kühl abweisen)*.

ablauschen (geh.) ⟨jmdm., einer Sache etwas a.⟩: *durch aufmerksames Hinhören erfahren:* den Freunden ein Geheimnis a.; übertr.: der Künstler hat den Roman dem Leben abgelauscht *(nachgestaltet)*.

ableben (geh.; veraltend): *sterben:* er wird bald ableben; der Großvater ist im vergangenen Jahr abgelebt.

Ableben, das (geh.): *Tod:* das unerwartete, frühe A. eines Mitarbeiters beklagen; nach dem A. des Vaters übernahm der Sohn die Firma.

ablegen: 1. ⟨etwas a.⟩ *niederlegen:* eine Last a.; Fliegen legen ihre Eier auf dem Käse ab; Büro w.: die Post, den Schriftwechsel, die Unterlagen a. *(abheften, in die Ablage tun);* Kartenspiel: eine Karte, den König a. *(beiseite legen);* Druckw.: die Schrift, den Satz a. *(in den Setzkasten legen);* den Maschinensatz a. *(einschmelzen)*. **2.** ⟨etwas a.⟩ *von sich tun, abnehmen, ausziehen:* Mantel, Hut und Schirm an der Garderobe a.; sie legte die Schürze ab; bildl.: die Maske a. *(sich so zeigen, wie man ist);* (geh.:) die sterbliche Hülle a. *(sterben);* ⟨auch ohne Akk.⟩ legen Sie bitte ab!; möchtest du nicht a.? **3.** ⟨etwas a.⟩ *nicht mehr tragen:* die Trauerkleidung, den Verlobungsring, die Auszeichnungen a.; er hat den Anzug abgelegt; abgelegte Schuhe, Sachen; übertr.: die Scheu, den Stolz a. *(aufgeben, sich davon frei machen);* er hat seine Untugenden abgelegt. **4.** ⟨etwas a.; in bestimmten nominalen Fügungen⟩ *vollziehen, leisten, machen:* eine Beichte a. *(beichten);* ein Geständnis a. *(gestehen);* ein Bekenntnis [über etwas] a. *(bekennen);* ein Gelübde a. *(geloben);* einen Eid [auf etwas] a. *(einen Eid leisten);* Rechenschaft [über etwas] a. *(Rechenschaft geben);* Zeugnis [für etwas] a. *(bezeugen);* einen Beweis [für etwas] a. *(beweisen);* eine Probe a. *(ein Beispiel geben);* eine Prüfung a. *(eine Prüfung machen)*. **5.** (geh.) ⟨es auf etwas a.⟩ *es auf etwas absehen:* er hatte es auf eine Kränkung abgelegt; er legte es darauf ab, die Beziehungen abzubrechen. **6.** (Seemannsspr.) *ab-, wegfahren:* die Fähre, der Dampfer hat eben abgelegt; wir legen gleich ab.

Ableger, der: *Trieb, aus dem eine neue Pflanze entsteht:* die Pflanze, der Strauch hat mehrere Ableger; bildl.: das hiesige Geschäft ist ein A. *(eine Zweigstelle)* der Berliner Firma.

ablehnen: a) ⟨etwas a.⟩ *nicht annehmen, ab-, zurückweisen:* eine Einladung, ein Geschenk, eine Wahl, ein Amt a.; sie lehnte den Heiratsantrag entschieden ab; ein Gesuch höflich, unfreundlich, unbegründet a.; der Antrag wurde abgelehnt *(nicht genehmigt);* ein ablehnender Bescheid. **b)** ⟨jmdn., etwas a.⟩ *mißbilligen, nicht einverstanden sein:* einen Vorschlag, einen Entwurf a.; er lehnte das Buch ab; das Publikum verhielt sich ablehnend; er machte ein ablehnendes Gesicht; er lehnt seinen Schwiegersohn, die modernen Maler ab. **c)** ⟨jmdn., etwas a.⟩ *von sich weisen; nicht als zuständig anerkennen:* einen Vorwurf, eine Beschuldigung a.; ich lehne jede Verantwortung für diesen Vorfall glatt, rundweg ab; den Richter [als befangen], Zeugen [wegen Befangenheit] a. **d)** *nicht tun, verweigern:* die Behandlung eines Patienten, die Zahlung von Kosten a.; er lehnte es ab, darüber zu sprechen; ich komme nicht, antwortete er ablehnend.

Ablehnung, die: *das Ablehnen:* die A. des Gesuchs; er stieß [mit seinem Vorschlag] auf höfliche, kühle, scharfe, schroffe, entschiedene, eisige A.

ableisten ⟨etwas a.⟩: *erfüllen, leisten:* die Militärzeit, ein Probejahr a.

ableiten: **1.** ⟨etwas a.⟩ *in eine andere Richtung leiten:* einen Fluß, den Rauch [durch den Schacht] a.; der Blitz wird abgeleitet; der Verkehr wird [von der Autobahn] abgeleitet. **2. a)** ⟨etwas von etwas/aus etwas a.⟩ *herleiten:* ein Vorrecht aus seiner Stellung a.; Sprachw.: ein Verb von einem Substantiv a. *(bilden);* „kräftig" ist von „Kraft" abgeleitet; das Wort leitet man vom Griechischen ab *(führt man auf das Griechische zurück)* · Math.: ⟨etwas a.⟩ eine mathematische Formel a. *(entwickeln);* eine Gleichung a. *(ermitteln).* **b)** ⟨etwas leitet sich aus etwas/von etwas ab⟩ *etwas leitet sich her:* dieser Anspruch leitet sich aus ererbten Privilegien ab; Sprachw.: das Wort leitet sich aus dem Lateinischen ab *(stammt aus dem Lateinischen).*

ablenken: **1.** ⟨etwas a.⟩ *in eine andere Richtung lenken:* der Torwart lenkte den Ball (zur Ecke) ab; die Lichtstrahlen werden durch das Prisma abgelenkt; übertr.: *weglenken, abbringen:* jmdn. von der Arbeit, vom Studium, von einem Ziel a.; die Aufmerksamkeit der Schüler, das Interesse der Zuschauer a.; er lenkte den Verdacht von sich ab; lenk mich nicht ab! *(stör mich nicht!);* ⟨auch ohne Akk.⟩ er wollte vom Thema a.; sie lenkte schnell ab und sprach über etwas anderes. **2.** ⟨jmdn., sich a.⟩ *auf andere Gedanken bringen, zerstreuen:* ich möchte sie ein bißchen a.; ins Kino gehen, um sich abzulenken.

ablesen: **1.** ⟨etwas a.⟩ *nach einer Vorlage sprechen:* der Präsident las die Rede [vom Blatt] ab; ⟨auch ohne Akk.⟩ der Redner liest ab *(spricht nicht frei).* **2.** ⟨etwas a.⟩ *registrieren, den Stand feststellen:* den Stromzähler, die Gasuhr, das Thermometer a.; er las den Strom, die Temperatur [vom Thermometer] ab. **3. a)** ⟨etwas von etwas/an etwas a.⟩ *erkennen, herausfinden:* die Wünsche der Ehefrau von/an ihren Augen a.; er suchte den Eindruck seiner Worte von ihrem Gesicht abzulesen; ⟨jmdm., einer Sache etwas [von/an etwas] a.⟩ er las ihm seine schmutzigen Gedanken von/an der Stirn ab; das lese ich dir doch an der Nasenspitze (ugs.) ab!; seinen Worten war die Verärgerung abzulesen. **b)** ⟨etwas aus etwas a.⟩ *erfassen und einschätzen; erschließen:* die Bedeutung dieses Ereignisses kann man daraus a., daß ...

ableugnen ⟨etwas a.⟩: *nachdrücklich leugnen:* seine Schuld, ein Verbrechen a.; sie hat alles abgeleugnet.

abliefern: **a)** ⟨etwas a.⟩ *pflichtgemäß aushändigen, abgeben:* die bestellte Ware pünktlich a.; alle Waffen müssen an die Behörden abgeliefert werden; den Schlüssel beim Pförtner a.; ⟨jmdm. etwas a.⟩ sie liefert den Rest des Geldes der Mutter ab. **b)** (ugs.) ⟨jmdn. a.⟩ *pflichtgemäß irgendwohin bringen:* die Freundin nach der Tanzstunde [bei den Eltern] a.; der Polizist hat den Einbrecher auf der Wache abgeliefert.

abliegen/vgl. abgelegen/: **1.** ⟨etwas liegt ab⟩ *etwas ist von etwas entfernt:* der Bahnhof liegt sehr weit [von der Stadt] ab; übertr.: das liegt vom eigentlichen Thema ab. **2.** (südd.) ⟨etwas liegt ab⟩ *etwas wird durch längeres Liegen mürbe, besser:* das Fleisch muß noch a.; eine gut abgelegene Ware.

ablösen: **1. a)** ⟨etwas a.⟩ *lösen und entfernen:* eine Briefmarke vorsichtig, behutsam, geschickt [vom Umschlag] a.; er löste das Fleisch von den Knochen ab; ⟨jmdm. etwas a.⟩ der Arzt löste ihm das Pflaster ab. **b)** ⟨etwas löst sich ab⟩ *etwas löst sich los:* die Farbe, der Lack löst sich [vom Holz] ab. **2. a)** ⟨jmdn. a.⟩ *die Tätigkeit, die Stellung von jmdm. übernehmen:* einen Posten pünktlich, vorschriftsmäßig, zu spät a.; einen Kollegen bei der Arbeit, einen Läufer in der Führung a.; er hat den Direktor abgelöst; (verhüll.:) der Minister, der Kanzler muß abgelöst werden *(abgesetzt werden);* übertr.: der Frühling löst den Winter ab. **b)** ⟨sich/(geh.:) einander a.⟩ *sich folgen; sich abwechseln:* sich in der Herrschaft a.; die Ärzte lösen sich beim Nachtdienst ab; übertr.: Sonne und Regen lösen sich ab. **3.** (Geldw.) ⟨etwas a.⟩ *tilgen:* eine Hypothek, eine Schuld a.; eine Rente a. *(durch Kapitalabfindung ersetzen).*

Ablösung, die: **1.** *das Ablösen; das Sichablösen:* der Arzt stellte eine A. der Netzhaut fest. **2. a)** *Übernahme einer Tätigkeit, einer Stellung; Wechsel:* die A. der Posten, der Wache findet um 8 Uhr statt; bei, vor, nach der A. **b)** *Person, die jmdn. ablöst; ablösende Personengruppe:* wann kommt deine, unsere A.?; die A. ist unterwegs; A. vor! **3.** (Geldw.) *Tilgung, Abgeltung:* die A. der Rente.

abmachen: **1.** ⟨etwas a.⟩ *loslösen und entfernen:* das Schild [von der Tür], die Schnur [vom Paket], den Schmutz, den Rost a.; ⟨jmdm., sich etwas a.⟩ der Arzt machte ihm den Verband ab; dem Hund die Leine a. **2.** ⟨etwas a.⟩ **a)** *vereinbaren:* eine Kündigungsfrist, ein Erkennungszeichen [mit jmdm.] a.; es ist von ihnen/zwischen ihnen noch nichts wegen dieser Sache abgemacht worden; abgemacht! *(einverstanden!, es gilt!).* **b)** *erledigen, zum Abschluß, in Ordnung bringen:* eine Sache im guten, gütlich, kurz, unter sich a.; du mußt diese Angelegenheit mit dir allein, mit dir selbst a. *(damit fertig werden);* die Sache ist so gut wie abgemacht *(beschlossen).* **3.** (ugs.) ⟨etwas a.⟩ *ableisten, hinter sich bringen:* ich habe meine Dienstzeit bereits abgemacht; er muß drei Jahre im Knast (ugs.) a. *(verbüßen).* **4.** (landsch.) ⟨etwas a.⟩ *zubereiten:* Erbsen mit Speck und Zwiebeln, Brühe mit einem Ei a.

Abmachung, die: *Vereinbarung:* eine geheime, bindende, feste, rechtsgültige, freundschaftliche A.; eine A., Abmachungen [über etwas] treffen (gewöhnlich besser: *etwas vereinbaren*); eine A. nicht als/für bindend ansehen; eine A. halten, nicht einhalten; er hat sich nicht an unsere Abmachungen gehalten; es bleibt bei unserer A.; das entspricht nicht unserer A.; das verstößt gegen unsere Abmachung.

abmagern: *mager werden:* bis zum Skelett a.; ein abgemagerter Körper.

Abmarsch, der: *das Abmarschieren:* der A. der Soldaten erfolgte pünktlich; der A. der Demonstranten vollzog sich schweigend; zum A. antreten.

abmarschieren: *wegmarschieren, abrücken:* die Soldaten marschieren ab; die Sportler sind geschlossen abmarschiert.

abmelden: **a)** ⟨jmdn., sich a.⟩ *den Weggang, das Ausscheiden o. ä. ordnungsgemäß melden:* sich vor dem Verlassen des Betriebs beim Meister a.; der Vater hat seinen Sohn [von der Schule] abgemeldet; er meldete sich vom Lehrgang, bei seinem Verein ab; sich polizeilich a.; seine Familie auf dem Einwohnermeldeamt, bei der Polizei a. **b)** ⟨etwas a.⟩ *melden, daß etwas nicht mehr benutzt wird:* das Telephon a.; ich habe das Auto für die Wintermonate abgemeldet. **2.** (ugs.) ⟨jmdn. a.⟩ *ausschalten, verdrängen:* er hat ihn bei ihr abgemeldet *(aus der Gunst verdrängt);* er ist bei ihr abgemeldet *(sie will nichts mehr von ihm wissen);* der Linksaußen wurde vom Verteidiger völlig abgemeldet.

abmessen: **a)** ⟨etwas a.⟩ *genau messen:* eine Strecke, den Abstand [mit dem Zirkel] a.; streng, genau abgemessene Bewegungen. **b)** *messend abteilen:* der Verkäufer maß einen Meter Stoff [vom Ballen] ab.

abmühen (geh.) ⟨sich a.⟩: *sich abquälen:* er mühte sich mit der Kiste ab; ich habe mich abgemüht, die Familie zu ernähren.

abmurksen (ugs.; scherzh.): → umbringen.

abmustern (Seemannsspr.): **a)** ⟨jmdn. a.⟩ *aus dem Schiffsdienst entlassen:* einige Mann der Besatzung a. **b)** *den Schiffsdienst aufgeben:* die Mannschaft musterte ab.

abnagen ⟨etwas a.⟩: **a)** *durch Nagen entfernen:* das Fleisch vom Knochen a.; die Maus hat ein Stück abgenagt. **b)** *leer nagen:* er nagte die Knochen ab.

Abnahme, die: **1.** *das Ab-, Wegnehmen:* die A. des Verbandes. **2.** *Entgegennahme:* die A. der Parade erfolgt durch den General; nach A. der Prüfung. **3.** *[offizielle] Überprüfung:* die A. eines Neubaues, der Brückenkonstruktion obliegt der Behörde; die A. der Fahrzeuge wird vom Werk durchgeführt, vorgenommen. **4.** *Verminderung, Rückgang:* eine plötzliche, merkliche, starke A. des Gewichts; die A. der Geburten statistisch aufzeigen. **5.** (Kaufmannsspr.) *Kauf:* der Käufer muß sich zur A. des ganzen Werkes, aller Bände verpflichten; bei A. größerer Mengen gewähren wir Preisnachlaß. * **etwas findet Abnahme** *(läßt sich verkaufen):* die Ware findet gute, reißende, keine A.

abnehmen: **1.** ⟨etwas a.⟩ *weg-, herunternehmen; entfernen:* den Deckel, das Tischtuch, die Bettdecke, das Bild, die Wäsche [von der Leine] a.; er nahm die Brille, den Hut, den Schlips ab; den [Telephon]hörer, das Telephon a. *(abheben und ein Gespräch entgegennehmen);* den Bart a. *(abrasieren);* das Bein, die erfrorenen Finger a. *(amputieren);* die Beeren, das Obst a. *(abpflükken, ernten);* die Raupen [vom Kohl] a. *(absammeln, ablesen);* ⟨jmdm., sich etwas a.⟩ ich lasse mir den Bart a.; dem Verunglückten mußten beide Beine abgenommen werden. **2.** ⟨jmdm. etwas a.⟩ *aus der Hand nehmen und selbst halten oder tragen; übernehmen, an sich nehmen:* einer alten Frau ein Paket, die Einkaufstasche a.; kannst du mir mal den Hammer, die Flasche a.?; er nahm seiner Frau den Mantel ab; übertr.: der Mutter eine Arbeit, einen Weg (ugs.) a.; er nahm ihm die Verantwortung nicht ab. **3.** ⟨jmdm. etwas a.⟩ *sich geben lassen\ entgegennehmen:* er nahm dem Briefträger das Päckchen an der Haustür ab; sie wollte ihm die Blumen nicht a.; übertr.: jmdm. die Beichte a.; einem Zeugen den Eid a. *(ablegen lassen);* er nahm seinem Freund das Versprechen ab *(ließ es sich geben),* nicht darüber zu sprechen. **4.** ⟨etwas a.⟩ *prüfend begutachten [und genehmigen]:* einen Neubau, technische Geräte, ein Fahrzeug a.; er nahm die Parade, den Vorbeimarsch ab; eine Prüfung a. *(abhalten).* **5.** ⟨jmdm. etwas a.⟩ *fort-, wegnehmen:* einem Jungen die Streichhölzer a.; der Mann nahm ihm die Uhr, die Brieftasche ab *(raubte sie ihm);* der Polizist wollte ihm den Führerschein, den Ausweis a. *(entziehen);* er hat mir alle Trümpfe, viel Geld abgenommen *(abgewonnen).* **6.** ⟨jmdm. etwas a.⟩ *abkaufen:* der Händler will uns die alten Sachen a.; er hat uns die Ware für 20 Mark abgenommen. **7.** ⟨jmdm. etwas a.⟩ *abverlangen:* wieviel, was hat er dir dafür abgenommen?; die Werkstatt will mir für die Reparatur 50 Mark a. **8.** (ugs.) ⟨jmdm. etwas a.⟩ *glauben:* das nimmt dir keiner ab; er hat uns die Geschichte nicht abgenommen. **9.** ⟨etwas a.⟩ *nachbilden, übertragen:* die Totenmaske a.; ⟨jmdm. etwas a.⟩ der Polizist nahm ihm die Fingerabdrücke ab. **10.** (veraltend) ⟨etwas aus etwas/an etwas a.⟩ *entnehmen, schließen:* wir können daraus a., wie stark die Wirkung des Mittels ist; er konnte an ihrem Verhalten nichts a. **11. a)** *an Gewicht verlieren, leichter werden:* du mußt noch ein paar Pfündchen a.; der Kranke hat sehr, stark, tüchtig abgenommen. **b)** ⟨etwas nimmt ab⟩ *etwas wird kleiner, weniger, geringer, läßt nach:* die Geschwindigkeit, Stärke, Helligkeit, der Vorsprung nimmt ab; die Vorräte, die Zuschauerzahlen haben stark abgenommen; das Fieber, der Schmerz, seine Aufmerksamkeit nimmt ab; die Tage nehmen ab *(werden kürzer);* der Mond nimmt ab *(seine Lichtscheibe wird kleiner);* wir haben abnehmenden Mond.

Abneigung, die: *Empfindung, jmdn. oder etwas nicht zu mögen:* eine große, heftige, krankhafte, unüberwindliche A. gegen (nicht: vor) etwas; eine A. gegen einen Menschen haben, empfinden; mich überfiel eine leichte A.; das erregt meine tiefe A.; er hat eine A. dagegen, über diese Dinge zu sprechen.

abnötigen (geh.) ⟨jmdm., sich etwas a.⟩: *durch intensive Bemühung erlangen, erzwingen:* seinen Mitmenschen Achtung, Ehrfurcht a.; er hat mir das Geständnis abgenötigt; die Frau nötigte sich ein Lächeln ab.

abnutzen, (landsch. auch:) abnützen: **a)** ⟨etwas a.⟩ *durch Gebrauch in Wert und Brauchbarkeit mindern:* den Teppich, die Autoreifen a.; er hat die Sachen schnell abgenutzt; bildl.: abgenutzte Begriffe. **b)** ⟨etwas nutzt sich ab⟩ *etwas verliert durch Benutzung an Wert und Brauchbarkeit:* die Autoreifen haben sich schnell, mit der Zeit abgenutzt.

Abonnement, das (bildungsspr.): *Bezug auf bestimmte Zeit:* das A. beginnt, erlischt, endet am 1. Juli; das A. ist abgelaufen; ein A. haben, erneuern; ein A. beziehen; das Essen ist im A. billiger; ein A. *(Anrecht)* bei der Volksbühne beantragen, nehmen.

abonnieren ⟨etwas a.⟩: *für den festen Bezug bestellen:* eine Zeitung a.; ich habe diese Zeitschrift abonniert. * **[auf etwas] abonniert sein** *(im Abonnement beziehen):* ich bin auf diese Zeitung abonniert; im, beim Theater abonniert sein (ugs.; *ein Abonnement haben*).

abordnen ⟨jmdn. a.; gewöhnlich mit Raumangabe⟩: *dienstlich entsenden:* einen Vertreter nach Berlin, zu einer Tagung a.

Abordnung, die: **1.** *das Abordnen:* die A. eines Bevollmächtigten war zu erwarten. **2.** *Gruppe von Beauftragten, Delegation:* eine A. schicken, entsenden, empfangen.

abpassen: 1.a) ⟨etwas a.⟩ *den passenden Zeitpunkt abwarten:* den richtigen Zeitpunkt, eine günstige Gelegenheit a. **b)** ⟨jmdn. a.⟩ *erwarten und aufhalten:* den Briefträger, die Zeitungsfrau a.; er hat mich abgepaßt. **2.** (veraltend) *passend machen:* den Rock in der Länge a.; der Fahrplan ist gut abgepaßt *(abgestimmt).*

abpfeifen (Sport) ⟨etwas a.⟩: **a)** *durch einen Pfiff unterbrechen:* das Spiel [wegen Abseitsstellung] a.; ⟨auch ohne Akk.⟩ der Schiedsrichter hatte schon vorher abgepfiffen. **b)** *durch einen Pfiff beenden:* die erste Halbzeit, ein Spiel a.

abpflücken ⟨etwas a.⟩: *pflückend abmachen:* die Äpfel, ein paar Blumen a.

abplacken (ugs.; landsch.): → abplagen.

abplagen ⟨sich a.⟩: *mühselige Arbeiten verrichten:* sich a., um die Familie zu ernähren; er hat sich redlich, sein ganzes Leben lang [damit] abgeplagt.

abprallen ⟨etwas prallt ab⟩: *etwas springt federnd zurück:* die Kugel prallt von, an der Mauer ab; der Ball ist [vom Pfosten] abgeprallt; übertr.: die Vorwürfe prallten an ihm ab *(berührten ihn nicht).*

abputzen: 1.a) ⟨etwas a.⟩ *wischend, bürstend entfernen:* den Schmutz a. **b)** ⟨jmdn., sich, etwas a.⟩ *reinigen, säubern:* die Schuhe, den Tisch, die Rüben a.; nach dem Sturz putzte er sich ab; ⟨jmdm., sich etwas a.⟩ er putzte sich den Mund ab. **2.** ⟨etwas a.⟩ *verputzen:* ein Haus, die Wände a.

abquälen: 1. ⟨sich a.⟩ *sich abplagen:* sich lange, sehr [mit einer Arbeit] a.; er quälte sich vergeblich [damit] ab, den Motor in Gang zu bringen. **2.** ⟨sich (Dativ) etwas a.⟩ *sich abzwingen:* ich quälte mir eine Antwort, ein Lächeln ab.

abquetschen ⟨etwas a.⟩: *durch Quetschen abtrennen:* mein Finger wäre beinahe abgequetscht worden; ⟨jmdm., sich etwas a.⟩ ich habe mir den Daumen abgequetscht; die Maschine quetschte ihm beide Beine ab.

abrackern ⟨sich a.⟩: *sich abplagen:* sich mit dem schweren Koffer a.; die alte Frau rackerte sich für ihre Kinder ab.

abraten: *raten, etwas nicht zu tun:* **a)** ⟨jmdm. von etwas a.⟩ er riet mir entschieden, dringend, ernstlich, energisch davon ab; seinem Freund von einer Reise, von der Verlobung a. **b)** ⟨jmdm. etwas a.⟩ das rate ich dir ab; er riet ihm ab, die Stellung anzunehmen.

abräumen ⟨etwas a.⟩: **a)** *wegräumen; fortschaffen:* die Teller, das Frühstück, die Spielsachen a.; alle Kegel a. *(umwerfen);* ⟨auch ohne Akk.⟩ er trinkt seinen Kaffee, während seine Frau abräumt. **b)** *durch Abräumen leer machen:* den Tisch a.

abreagieren: 1. ⟨etwas a.⟩ *zum Abklingen bringen:* seine schlechte Laune, seinen Ärger a.; er hat seine Wut an seinen Mitarbeitern abreagiert *(ausgelassen);* ⟨sich (Dativ) etwas a.⟩ er reagierte sich seine Minderwertigkeitsgefühle ab. **2.** ⟨sich a.⟩ *sich beruhigen:* ich muß mich erst a.

abrechnen: 1. ⟨etwas a.⟩ *abziehen:* die eigenen Unkosten, von einer Summe die Steuer a.; übertr.: das abgerechnet *(nicht berücksichtigt),* bin ich einverstanden. **2.** ⟨etwas a.⟩ *die Schlußrechnung aufstellen:* die Kasse a.; ⟨auch ohne Akk.⟩ bitte zahlen Sie an der Sammelkasse, wir haben schon abgerechnet. **3.** *Geldangelegenheiten in Ordnung bringen, begleichen:* wann können wir [über unsere Ausgaben] a.?; er rechnet mit den Arbeitern auf Heller und Pfennig ab. **4.** ⟨mit jmdm. a.⟩ *zur Rechenschaft ziehen:* mit dem Kerl werde ich abrechnen; wir beide rechnen schon noch miteinander ab.

Abrechnung, die: **1.** *das Abrechnen, Abzug:* nach A. der Unkosten. **2.** *Schlußrechnung:* eine spezifizierte, endgültige A.; die A. der Konten erfolgt halbjährlich; seine Frau macht die A.; eine A. unterschreiben. **3.** *Vergeltung, Rache:* der Tag der A. wird schon noch kommen; mit jmdm. A. halten *(abrechnen).* * (Kaufmannsspr.:) **etwas kommt in Abrechnung** *(wird abgezogen, abgerechnet)* · (Kaufmannsspr.:) **etwas in Abrechnung bringen** *(abziehen, abrechnen).*

Abrede, die (geh.): *Vereinbarung:* eine stillschweigend getroffene A.; unserer geheimen A. gemäß. * **etwas in Abrede stellen** *(ab-, bestreiten):* er hat seine Mittäterschaft in A. gestellt.

abreiben: 1.a) ⟨etwas a.⟩ *durch Reiben entfernen:* den Schmutz, den Rost a.; ⟨jmdm., sich etwas a.⟩ er rieb sich die Fettschicht vom Körper ab. **b)** *durch Reiben säubern:* die Fensterscheibe a.; ⟨jmdm., sich etwas a.⟩ er rieb sich die Hände mit dem Taschentuch ab. **2.** ⟨jmdn., sich, etwas a.⟩ *trockenreiben:* sich nach dem Baden a.; er rieb das Pferd mit Stroh ab; ⟨jmdm., sich etwas a.⟩ kannst du mir mal den Rücken a.? **3.** ⟨etwas a.⟩ *für die Zubereitung zerreiben:* eine Zitrone, eine Muskatnuß a. **4.** (landsch.) ⟨etwas a.; gewöhnlich im 2. Part.⟩ *rühren:* abgeriebener Kuchen *(Rührkuchen).*

Abreibung, die: **1.** *das Abreiben, Frottieren:* der Arzt verordnete ihm kalte, trockene Abreibungen. **2.** (ugs.) **a)** *Prügel:* der Vater gab, verabreichte seinem Sohn eine anständige A.; der Junge kriegt gleich eine gehörige A. **b)** *Zurechtweisung:* wortlos nahm er die A. hin.

Abreise, die: *Aufbruch, Abfahrt zu einer Reise:* eine plötzliche, schnelle, überstürzte, heimliche A.; die A. erfolgt wie vorgesehen, vollzog sich fluchtartig; die A. hinauszögern, auf den nächsten Tag verschieben; meine A. hat sich verzögert; fertig zur A. sein; kurz vor der A. stehen.

abreisen: *zu einer Reise abfahren:* plötzlich, überstürzt, heimlich, in aller Frühe, mit dem Auto a.; sie sind nach München abgereist; unser Besuch reist morgen wieder ab *(reist zurück).*

abreißen /vgl. abgerissen/: **1.** ⟨etwas a.⟩ *los-, herunterreißen:* ein Kalenderblatt, ein Stück Schnur, alte Plakate [von der Hauswand] a.; der Wind hat die Blüten abgerissen; ⟨jmdm., sich, einer Sache etwas a.⟩ er riß ihm die Maske vom Gesicht ab (auch bildl.); dem Auto wurde ein Kotflügel abgerissen; Redensart: jmdm.

nicht [gleich] den Kopf a. *(jmdn. nicht so schlimm behandeln, wie er erwartet hat).* **2.** ⟨etwas a.⟩ *niederreißen, beseitigen:* eine Mauer, eine Brücke a.; sie haben das baufällige Haus abgerissen. **3.** (ugs.; landsch.) ⟨etwas a.⟩ *durch Tragen stark abnützen:* die Kinder reißen ihre Sachen schnell ab; er hat seinen Anzug schon wieder abgerissen. **4.** (ugs.) ⟨etwas a.⟩ *ableisten:* seine Lehre, den Militärdienst a.; er hat ein Jahr im Knast abgerissen *(verbüßt).* **5.** ⟨etwas reißt ab⟩ *etwas löst sich los, geht entzwei, zerreißt:* der Aufhänger am Mantel, der Faden, der Schnürsenkel riß ab; ⟨etwas reißt jmdm. ab⟩ mir ist der Knopf abgerissen. **6.** ⟨etwas reißt ab⟩ *etwas hört plötzlich auf, wird unterbrochen:* das Gespräch riß plötzlich ab; wir dürfen die Funkverbindung nicht a. lassen; die Arbeit, die Klingelei, der Strom der Flüchtlinge reißt nicht ab *(nimmt kein Ende, geht ununterbrochen weiter);* die Unruhen rissen nicht ab *(nahmen kein Ende).*

abrichten ⟨ein Tier a.⟩: *zu bestimmten Leistungen oder Fähigkeiten erziehen:* einen Hund a.

abriegeln ⟨etwas a.⟩: *mit einem Riegel versperren:* die Tür, den Stall a.; übertr.: *absperren:* eine Straße, die Unfallstelle, einen Geländeabschnitt a.; die Polizei hat alle Zugänge hermetisch abgeriegelt.

abringen ⟨jmdm., sich, einer Sache etwas a.⟩ *unter Mühen abgewinnen:* dem Meer neues Land a.; er hat seinem Freund die Zusage, das Versprechen abgerungen; nur mühsam rang sie sich ein Lächeln ab.

abrollen: 1. a) ⟨etwas a.⟩ *abwickeln:* ein Kabel [von einer Trommel], ein Tau a. **b)** ⟨etwas rollt ab⟩ *etwas läuft von einer Rolle ab:* das Kabel rollt ab; bildl.: er ließ den Faden der Erzählung a. **c)** ⟨etwas rollt sich ab⟩ *etwas wickelt sich [von selbst] ab:* der Faden, der Film hat sich abgerollt. **2.** (Sport) *eine rollende Bewegung [mit etwas] machen:* der Läufer rollt über den ganzen Fuß ab; langsam nach vorn, über den rechten Arm a. **3.** ⟨etwas a.⟩ *mit einer Rollfuhre [ab]transportieren:* Bierfässer a.; der Spediteur hat die Kisten bereits von der Bahn abgerollt. **4.** ⟨etwas rollt ab⟩ *etwas entfernt sich rollend:* Tag und Nacht rollen die Güterzüge ab; das Flugzeug ist zum Kontrollturm abgerollt. **5.** *etwas läuft ab, geht vor sich, geht vonstatten:* **a)** ⟨etwas rollt ab⟩ das Programm rollt pausenlos ab; die Veranstaltung ist reibungslos abgerollt. **b)** ⟨etwas rollt sich ab⟩ sein Schicksal rollte sich noch einmal vor seinen Augen ab.

abrücken: 1. a) ⟨etwas a.⟩ *wegrücken, fortschieben:* den Schrank [von der Wand] a.; wir haben das Bett ein Stück abgerückt. **b)** ⟨von jmdm., von etwas a.⟩ *wegrücken, sich ein Stück entfernen:* sie rückte vorsichtig, ein wenig, ein Stück von ihm ab; übertr.: *sich distanzieren, sich lossagen:* er ist von seinen Äußerungen abgerückt; die Forschung rückt von dieser Meinung immer mehr ab. **2.** *abmarschieren:* die Truppen rücken nach der Front, in die Quartiere ab; die Demonstranten sind aus der Universität abgerückt.

Abruf, der ⟨gewöhnlich nur noch in der Verbindung⟩ auf Abruf: **a)** *bis zur Weisung, irgendwohin zu kommen; bis zur Abberufung:* sich auf Abruf bereit halten; ich muß dort bis auf Abruf bleiben. **b)** (Kaufmannsspr.) *bis zur Anweisung zur Lieferung:* eine Ware auf Abruf bestellen, kaufen, bereithalten.

abrufen: 1. ⟨jmdn. a.⟩ **a)** *weg-, herausrufen:* jmdn. aus einer Sitzung, von der Arbeit a.; Eisenbahnw.: ⟨etwas a.⟩ die Züge im Wartesaal, auf dem Bahnsteig a. *(ausrufen, ihre Abfahrt bekanntgeben).* **b)** *abberufen:* einen Funktionär, den Minister [von seinem Posten] a.; bildl.: der Herr hat ihn aus dem Leben abgerufen. **2.** ⟨etwas a.⟩ **a)** (Kaufmannsspr.) *anfordern, liefern lassen:* einen weiteren Posten, den Rest der Ware a. **b)** (Geldw.) *abheben:* Geld von einem Konto, ein Konto a.

abrunden: 1. ⟨etwas a.⟩ *rund machen, eine Rundung geben:* Ecken, scharfe Kanten a. **2.** *auf die nächste runde Zahl bringen*/häufig, besonders in der Technik, als Gegensatz zu „aufrunden" im Sinne von *nach unten abrunden* gebraucht/: 81,5 auf 80 a.; $5^3/_4$ auf 6 a.; runden Sie die Summe, den Betrag bitte ab! **3. a)** ⟨etwas a.⟩ *vervollkommnen, die abschließende Form geben:* einen Roman [stilistisch] a.; das rundet meinen Eindruck ab; den Geschmack, ein Gericht im Geschmack a.; eine gut abgerundete Mischung. **b)** ⟨etwas rundet sich ab⟩ *etwas bekommt die abschließende, wohl abgewogene Form:* mein Eindruck rundet sich allmählich ab.

abrüsten ⟨[etwas] a.⟩: **1.** *die Rüstung vermindern:* unter Kontrolle a.; die Großmächte wollen die Atomwaffen a. **2.** (Bauw.) *ein Baugerüst abbrechen:* ein Gebäude a.; die Maurer haben abgerüstet.

Abrüstung, die: *das Abrüsten:* eine allgemeine, kontrollierte A. fordern, vereinbaren; über Fragen der A. sprechen.

absacken: 1. ⟨etwas a.⟩ *in Säcke füllen:* Getreide, Kartoffeln, Kohlen a. **2.** (ugs.) *absinken; sinken, untergehen:* das gerammte Schiff sackt ab; der Schwimmer ist plötzlich abgesackt; das Flugzeug sackt ab *(verliert plötzlich an Höhe);* der Boden ist abgesackt *(hat sich gesenkt);* übertr.: der Schüler, die Leistung des Schülers ist abgesackt; der Mann sackte völlig ab *(kam völlig herunter).*

Absage, die: **1.** *Rücknahme einer Zusage, ablehnender Bescheid:* eine unerwartete, briefliche A.; seine A. kam überraschend; eine A. geben, erhalten. **2.** *Ablehnung, Zurückweisung:* jmdm. eine A. erteilen; das ist eine A. an die totalitäre Politik. **3.** (Rundf.) *abschließende Worte am Schluß einer Sendung:* die A. geben, sprechen, machen.

absagen: 1. ⟨etwas a.⟩ *nicht stattfinden lassen:* eine Veranstaltung, ein Konzert, das Training a. **2.** ⟨[etwas] a.⟩ *eine Zusage rückgängig machen:* seinen Besuch, seine Teilnahme a.; wir müssen leider a.; ⟨jmdm. a.⟩ er hat uns gestern abgesagt. **3.** (geh.) ⟨einer Sache a.⟩ *entsagen; aufgeben:* dem Alkohol, dem Laster a.; er hat der alten Lehre abgesagt. **4.** (Rundf.) ⟨etwas a.⟩ *die Absage machen:* eine Sendung, Darbietung a.

absägen: 1. ⟨etwas a.⟩ *mit einer Säge abtrennen:* einen Ast, ein Stück von einem Brett a. **2.** (ugs.) ⟨jmdn. a.⟩ *absetzen, von einem Posten entfernen:* einen Beamten a.; sie haben den Trainer wegen schlechter Leistungen abgesägt.

Absatz, der: **1.** *der erhöhte Teil der Schuhsohle unter der Ferse:* hohe, flache, spitze Absätze; [sich (Dativ)] einen A. abbrechen; einen A. verlieren; die Absätze ablaufen, schieftreten; mit den Absätzen klappern. **2.** *Treppenpodest:* er stand auf dem zweiten A. **3.** *Textabschnitt:* ein kurzer, langer, neuer A.; einen A. machen *(mit einer neuen Zeile beginnen);* einen Text in Absätze gliedern; einen A. aus einem Buch vorlesen. **4.** (Kaufmannsspr.) *Verkauf:* ein guter, geringer, reißender A.; der A. stockt, ist rückläufig; den A. steigern; die Ware findet, hat keinen A. *(wird nicht verkauft).* * **sich auf dem Absatz umdrehen/umwenden; auf dem Absatz kehrtmachen** *(spontan umkehren).*

abschaffen: **1.** ⟨jmdn., etwas a.⟩ *nicht länger [be]halten:* das Dienstmädchen, das Personal, den Hund a.; wir haben das Auto a. müssen. **2.** ⟨etwas a.⟩ *außer Kraft setzen, aufheben:* ein Gesetz, die Todesstrafe, den Lateinunterricht a.

abschalten: **1.** ⟨etwas a.⟩ **a)** *die Zufuhr unterbrechen:* der Strom wird von 9 bis 12 Uhr abgeschaltet. **b)** *abstellen:* das Radio, den Motor, eine Maschine a. **2.** (ugs.) *sich nicht mehr mit etwas konzentriert beschäftigen:* vorübergehend a.; einige Zuhörer schalteten ab.

abschätzen: **a)** ⟨etwas a.⟩ *schätzen, taxieren:* etwas genau, fachmännisch, mit einem Blick a.; die Entfernung, das Alter, den Schaden a. **b)** ⟨jmdn. a.⟩ *kritisch prüfen, einschätzen:* der Ober schätzte ihn ab; eine abschätzende Miene; jmdn. abschätzend anblicken.

abschätzig: *geringschätzig:* eine abschätzige Meinung, Äußerung; mit abschätzigen Blicken; über jmdn. a. urteilen.

Abschaum, der (geh.; abwertend): *der übelste Teil von einer Gesamtheit:* diese Leute sind der A. der Menschheit, der Gesellschaft.

abscheiden [vgl. abgeschieden]: **1.a)** ⟨etwas scheidet etwas ab⟩ *etwas sondert etwas ab:* die Drüsen scheiden Sekrete ab; die Lösung hat Salz abgeschieden. **b)** ⟨etwas scheidet sich ab⟩ *etwas sondert sich ab:* in der Lösung scheidet sich Kupfer ab. **2.** (geh.; verhüll.) *sterben:* er schied nach langer Krankheit [aus der Welt] ab, ist früh abgeschieden.

Abscheu, der (seltener auch: die): *starke Abneigung; Widerwille, Ekel:* starker, tiefer, wilder (geh.), heftiger A.; sein Benehmen flößte ihm A. ein; vor einem Menschen, gegen einen Menschen A. haben, empfinden, hegen (geh.); jmds. A., bei/in jmdm. A. erregen; das erfüllt mich mit Ekel und A.; sein Jammern verstärkte seinen A.; seinen A. zeigen, verbergen; er blickte ihn voller, mit A. an.

abscheuern: **1.** ⟨etwas a.⟩ **a)** *durch Scheuern entfernen:* Schmutz, Farbe a.; ⟨jmdm., sich etwas a.⟩ ich habe mir die Haut abgescheuert. **b)** *durch Scheuern reinigen:* den Tisch a. **2.a)** ⟨etwas a.⟩ *durch Scheuern abnützen:* er hat mit der Tasche den Stoff abgescheuert; eine abgescheuerte Stelle am Mantel. **b)** ⟨etwas scheuert sich ab⟩ *etwas nützt sich durch Scheuern ab:* der Kragen hat sich abgescheuert.

abscheulich: **a)** *abscheuerregend, schändlich:* eine abscheuliche Tat, ein abscheulicher Mord; dieser Gedanke ist geradezu a. **b)** *unangenehm, widerwärtig:* ein abscheulicher Geruch, Anblick, Mensch; das schmeckt a.; du bist aber a.; er hat sich a. benommen. **c)** (ugs.) ⟨verstärkend bei Adj. und Verben⟩ *sehr:* es ist a. kalt; mein Hals tut a. weh.

abschicken: **a)** ⟨etwas a.⟩ *wegschicken, absenden:* einen Brief, Geld, Waren a.; er hat das Paket rechtzeitig, schon längst abgeschickt. **b)** ⟨jmdn. a.⟩ *losschicken:* einen Boten mit einer Nachricht a.

abschieben: **1.** ⟨etwas [von etwas] a.⟩ *wegschieben:* den Schrank, die Couch von der Wand a.; übertr.: die Verantwortung von sich a. *(abwälzen):* er hat die Schuld [von sich] auf andere abgeschoben. **2.** ⟨jmdn. a.⟩ *einen unerwünschten Menschen wegschicken, sich seiner entledigen:* sie haben den Mann trotz seiner Verdienste abgeschoben; einen Ausländer über die Grenze, in ein anderes Land, nach Spanien a. *(ausweisen).* **3.** (ugs.) *weg-, davongehen:* er schob vergnügt, verärgert ab; Mensch, schieb ab! *(verschwinde).*

Abschied, der: **1.** *Trennung:* ein kurzer, förmlicher, feierlicher, fröhlicher, schwerer, tränenreicher, zärtlicher, eiliger A.; ein A. für immer, fürs Leben; der A. [von meinen Freunden] fällt mir schwer; das macht mir den A. leicht; ohne A. fortgehen; jmdm. zum A. winken; Abschiede auf Bahnhöfen hassen; bildl.: der A. vom Leben, vom Theater, von der Kindheit. **2.** (geh.) *Entlassung aus dem Dienst:* den A. erteilen, bewilligen, bekommen; der Offizier erhielt einen ehrenvollen, schlichten A.; er nahm seinen A.; seinen A. einreichen; um den A. ersuchen, nachsuchen, einkommen. * **Abschied nehmen** *(sich vor einer längeren Trennung verabschieden):* er nahm von seinen Eltern A.

abschießen: **1.** ⟨etwas a.⟩ **a)** *losschießen:* einen Pfeil, ein Torpedo, eine Rakete a.; bildl.: er schoß wütende Blicke auf ihn ab. **b)** *abfeuern:* ein Gewehr a.; er hat den Revolver aus kürzester Entfernung auf ihn abgeschossen. **2.** ⟨jmdn., etwas a.⟩ *mit einem Schuß beseitigen, erledigen:* krankes Wild, Vögel a.; sie haben den Mann kaltblütig abgeschossen; (ugs., scherzh.:) die Frau sieht zum Abschießen aus; ein Flugzeug, einen Panzer a.; Lawinen a.; ⟨jmdm. etwas a.⟩ im Krieg wurden ihm beide Beine abgeschossen. **3.** (ugs.) ⟨jmdn. a.⟩ *aus der Stellung verdrängen:* einen Politiker a.; man versuchte, den Minister abzuschießen.

abschinden: **1.** (veraltend) ⟨sich (Dativ) etwas a.⟩ *abschürfen:* ich habe mir bei dem Sturz die Haut [an der Stirn], das rechte Knie abgeschunden. **2.** (ugs.) ⟨sich a.⟩ *sich abquälen:* sich mit einem schweren Koffer a.; er hat sich sein Leben lang abgeschunden.

abschirmen: **a)** ⟨jmdn., sich, etwas a.⟩ *schützen, absichern:* einen Kranken, eine Unfallstelle a.; jmdn. gegen schädliche Einflüsse a.; ein Zimmer gegen Lärm a.; er schirmte seine Augen mit der Hand ab. **b)** ⟨etwas a.⟩ *fernhalten:* das Licht, den Lärm, radioaktive Strahlen [mit etwas] a.; er schirmte die Lampe ab *(blendete sie ab).*

Abschlag, der: **1.** (Kaufmannsspr.) *Teilbetrag, Rate:* etwas auf A. kaufen, liefern; ein A. auf den Lohn. **2.** (Kaufmannsspr.) *Preisrückgang:* bei verschiedenen Waren ist ein A. [der Preise] festzustellen. **3.** (Sport) *das Abschlagen:* die weiten, kräftigen Abschläge des Tormannes; den A. *(abgeschlagenen Ball)* abfangen, aufnehmen.

abschlagen: **1.** ⟨etwas a.⟩ *durch Schlagen abtrennen, wegschlagen:* einen Ast a.; sie haben die Bäume, den ganzen Wald abgeschlagen *(gefällt);* den Putz [von den Wänden] a.; ich habe ein

Stück von dem Teller abgeschlagen; ⟨jmdm., sich etwas a.⟩ dem Huhn mit dem Beil den Kopf a. **2.** (landsch.) ⟨etwas a.⟩ *abbauen:* ein Zelt, ein Gerüst a.; wir haben die Möbel für den Transport abgeschlagen *(auseinandergenommen).* **3.** (Sport) ⟨[etwas] a.⟩ *den Ball vom Torraum aus wieder ins Spiel schlagen:* der Torwart, der Verteidiger schlägt [den Ball] ab. **4.** ⟨jmdm. etwas a.⟩ *nicht gewähren; verweigern:* seinem Nachbarn eine Bitte, eine Gefälligkeit a.; ich kann es ihm nicht gut a.; er hat meinen Antrag rundweg, glatt (ugs.) abgeschlagen. **5.** ⟨jmdn., etwas a.⟩ *zurückschlagen, abwehren:* den Feind, einen Angriff a. **6.** ⟨etwas schlägt sich ab⟩ *etwas schlägt sich nieder:* die Feuchtigkeit hat sich an den Scheiben abgeschlagen. * (derb; veraltend:) **sein Wasser/sich** (Dativ) **das Wasser abschlagen** *(urinieren)* · **den dritten abschlagen** /*Kinderspiel*/.

abschlägig (Amtsdt.): *ablehnend:* ein abschlägiger Bescheid; eine Bitte, ein Gesuch abschlägig beantworten; auf mein Gesuch bin ich a. beschieden worden.

abschleifen: 1. ⟨etwas a.⟩ **a)** *durch Schleifen entfernen:* Unebenheiten, den Rost [von der Klinge] a.; **b)** *durch Schleifen glätten:* scharfe Kanten a. **2.** ⟨etwas schleift sich ab⟩ *etwas nützt sich durch Reibung ab:* der Bremsbelag schleift sich allmählich ab; übertr.: seine rauhen Seiten werden sich schon noch a. *(mildern);* der muß sich noch a. *(sich anpassen).*

abschleppen: 1. ⟨jmdn., etwas a.⟩ *wegen Fahruntüchtigkeit fortbringen:* ein Schiff, ein Auto a.; ich mußte mich auf der Autobahn a. lassen; (scherzh.:) einen Betrunkenen a. **2.** (ugs.) *sich beim Tragen abplagen:* ich habe mich mit/an dem Koffer abgeschleppt.

abschließen/vgl. abgeschlossen/: **1. a)** ⟨etwas a.⟩ *zu-, verschließen:* den Schrank, die Tür, die Wohnung, das Haus a.; er schloß das Zimmer hinter sich, von innen ab. **b)** ⟨jmdn., sich, etwas a.⟩ *absondern, fernhalten, trennen:* etwas in einer Glocke luftdicht, hermetisch (bildungsspr.) a.; er schloß sich von der Gesellschaft, von der Außenwelt, gegen alle Einflüsse ab; der Gelehrte hat sich ganz abgeschlossen *(lebt ganz für sich, völlig zurückgezogen).* **2. a)** ⟨etwas a.⟩ *beenden, zu Ende führen:* eine Verhandlung, eine Untersuchung, eine Arbeit, eine Versuchsserie, einen Roman a.; diese Angelegenheit ist für mich abgeschlossen *(erledigt);* ein abgeschlossenes *(ordnungsgemäß zu Ende geführtes)* Studium; etwas abschließend *(zum, als Abschluß)* sagen, feststellen; ich kann noch kein abschließendes *(endgültiges)* Urteil abgeben; ⟨mit etwas a.⟩ mit der Welt, mit dem Leben a. *(nichts mehr von der Welt, vom Leben erhoffen).* **b)** ⟨etwas schließt mit etwas ab⟩ *etwas endet mit etwas:* das Geschäftsjahr schließt mit einem Gewinn von 10 000 Mark, mit einem Fehlbetrag ab; die Veranstaltung schloß mit einem Feuerwerk ab. **3.** ⟨etwas a.⟩ *abmachen, vereinbaren:* ein Bündnis, einen Kauf, ein Geschäft a.; eine Wette a. *(wetten);* ich habe mit dem Vertreter, mit der Gesellschaft eine Versicherung abgeschlossen; ⟨auch ohne Akk.⟩ mit jmdm. a. *(einen Vertrag schließen, Kontrakt machen);* der Schauspieler hat an das Burgtheater, für die neue Spielzeit abgeschlossen. * (Kaufmannsspr.:) **die Bücher abschließen** *(Bilanz machen)* · **das Konto, die Rechnung abschließen** *(saldieren).*

Abschluß, der: **1.** *Verschluß:* ein luftdichter A. **2.** *abschließender Teil:* der obere, seitliche A. der Mauer. **3.** *Beendigung, Schluß:* ein endgültiger, befriedigender, schneller A.; der A. der Arbeiten; die Verhandlungen nähern sich dem A., stehen kurz vor dem A., kommen zum A.; eine Angelegenheit zum A. bringen (nachdrücklich; *abschließen*); nach A. der Voruntersuchung, des Studiums; zum, als A. hören Sie Musik; Kaufmannsspr.: der A. der Bücher, Konten *(Bilanz).* **4.** *das Abschließen, Vereinbaren:* der A. des Friedens, des Bündnisses; bei A. des Vertrages; nach A. der Versicherung; Kaufmannsspr.: *Geschäft[sabschluß]:* ein A. über 200 Tonnen Getreide; einen vorteilhaften A. machen, tätigen; er hat gute Abschlüsse erzielt; wir hoffen, mit Ihnen bald zum A. zu kommen.

abschmecken ⟨etwas a.⟩: *prüfend kosten und nach Bedarf würzen:* die Suppe, die Soße a.; das Essen ist gut abgeschmeckt.

abschmieren: 1. ⟨etwas a.⟩ *mit Schmieröl o. dgl. versehen:* die Achsen, die Maschine, das Auto a. **2.** (ugs.) ⟨[etwas] a.⟩ *unordentlich abschreiben:* er hat das schnell abgeschmiert; der Schüler schmiert [die Aufgaben] bei, von seinem Nachbarn ab. **3.** (Fliegerspr.) *abstürzen:* das Flugzeug, der Pilot ist über dem Atlantik abgeschmiert; ich wäre beim Klettern beinahe abgeschmiert.

abschnallen: 1. a) ⟨etwas a.⟩ *losschnallen:* die Schlittschuhe, das Koppel a.; ⟨jmdm., sich etwas a.⟩ er schnallte sich die Schier ab. **b)** ⟨sich a.⟩ *sich aus einem Gurt lösen:* die Passagiere dürfen sich erst a., wenn das Flugzeug zum Stillstand gekommen ist. **2.** (ugs.) *nicht mehr mitmachen, folgen können; resignieren:* ich habe restlos, völlig abgeschnallt.

abschneiden: 1. ⟨etwas a.⟩ **a)** *durch Schneiden abtrennen:* Stoff [vom Ballen], ein Stück Brot, ein paar Blumen a.; die Mutter schnitt ihm, für ihn eine Scheibe Brot ab; ⟨jmdm., sich etwas a.⟩ ich habe mir mit dem Messer fast den Daumen abgeschnitten. **b)** *kürzer schneiden, um ein Stück kürzen:* die Haare, den Rock [ein Stück] a.; ⟨jmdm., sich etwas a.⟩ du mußt dir die Fingernägel a. **2.** ⟨etwas a.⟩ *unterbinden; [ver]sperren:* mit einer Bemerkung ein Gespräch a.; er schnitt alle Einwände einfach ab; ⟨jmdm., sich etwas a.⟩ er schnitt ihm das Wort, die Rede ab *(ließ ihn nicht weitersprechen);* einem Verbrecher den Weg, die Flucht a.; sie schnitten ihnen die Zufuhr von der See ab. **3.** ⟨jmdn., etwas a.⟩ *trennen, isolieren:* die Truppen wurden abgeschnitten; eine Stadt von der Stromversorgung a.; die Bewohner waren eine Woche lang durch das Hochwasser [von der Umwelt] abgeschnitten. **4.** (ugs.) ⟨mit Artangabe⟩ *ein bestimmtes Ergebnis erzielen:* bei einer Prüfung gut, glänzend, nur mäßig a.; er hat bei dem Wettbewerb enttäuschend abgeschnitten. **5.** ⟨etwas a.⟩ *einen Weg abkürzen:* wir schneiden viel ab, wenn wir diesen Weg gehen; der Waldweg schneidet ein großes Stück [vom Weg] ab. * (ugs.:) **sich** (Dativ) **von jmdm., etwas eine Scheibe abschneiden** [**können**] *(sich an jmdm., etwas ein Beispiel nehmen [können])* · (veraltend:) **jmdm. die Ehre abschneiden** *(jmdn. verleumden)* · **jmdm. den Weg abschneiden** *(auf dem kürzeren Weg zuvorkommen).*

Abschnitt, der: **1.** *Teilstück, Teilbereich:* der erste A. eines Textes; ein A. aus einem Lehrbuch; an diesem A. der Front herrscht Ruhe; ein A. *(eine Epoche)* der Geschichte; es beginnt ein neuer, bedeutungsvoller A. *(Zeitabschnitt)* in seinem Leben; Math.: der A. *(das Segment)* des Kreises. **2.** *abtrennbarer Teil:* der A. der Eintrittskarte, Zahlkarte, Postanweisung; den A. abtrennen, achtlos wegwerfen; der A. ist gut aufzubewahren.

abschnüren ⟨etwas a.⟩: *abbinden; durch [Zusammen]schnüren zum Stocken bringen:* wir müssen das Bein [mit dem Tuch] a.; ⟨jmdm., sich etwas a.⟩ der Kragen schnürt mir die Luft ab; das Gummiband hat ihm das Blut abgeschnürt; übertr.: eine Entwicklung a.; Panzer schnüren *(riegeln)* die Ausfallstraßen ab. * (ugs.:) **jmdm. die Luft abschnüren** *(wirtschaftlich ruinieren).*

abschöpfen ⟨etwas a.⟩: **a)** *weg-, herunterschöpfen:* Fett, den Schaum, den Rahm [von der Milch] a.; übertr. (Wirtsch.): Gewinne, den Geldüberhang a. *(als Ertrag von einem Kapital wegnehmen).* **b)** *durch Schöpfen von etwas befreien:* die Milch, die Brühe a.

abschrecken: 1. ⟨jmdn. a.⟩ *[durch bestimmte Maßnahmen] abhalten, abbringen:* ich lasse mich nicht [von meinem Vorhaben] a.; er ist durch nichts abzuschrecken; seine Art hat schon viele abgeschreckt *(zurückschrecken lassen).* **2.** ⟨etwas a.⟩ **a)** (Technik) *durch Abkühlen härten:* Stahl a. **b)** (Kochk.) *mit kaltem Wasser be-, übergießen:* die gekochten Eier a.

abschreckend: a) *als Warnung dienend:* ein abschreckendes Beispiel; die Strafen sollen a. wirken. **b)** *abstoßend:* ein abschreckendes Äußeres; sie ist a. häßlich.

Abschreckung, die: *das Abschrecken:* Möglichkeiten der atomaren A.; die Strafe soll zur A. dienen.

abschreiben: 1. a) ⟨etwas a.⟩ *eine Abschrift machen:* eine Stelle aus einem Buch a.; ich habe alles säuberlich abgeschrieben. **b)** ⟨[etwas] a.⟩ *unerlaubt übernehmen:* die Aufgaben a.; etwas wörtlich von seinem Nachbarn, aus einem Buch a.; er läßt alle anderen Schüler a. **2.** ⟨jmdm. a.⟩ *brieflich absagen:* ich mußte ihm leider a.; er hat uns abgeschrieben. **3.** (Kaufmannsspr.) ⟨etwas a.⟩ *abziehen, absetzen:* einen Betrag von einer Rechnung a.; die Werbungskosten können [von der Steuer] abgeschrieben werden; er hat 5 000 Mark für die Abnutzung der Maschinen abgeschrieben. **4.** (ugs.) ⟨jmdn., etwas a.⟩ *mit jmdm., etwas nicht mehr rechnen, verlorengeben:* sie schrieben die Expedition bereits ab; seine Frau hatte den gestohlenen Schmuck längst abgeschrieben. **5. a)** ⟨etwas a.⟩ *durch Schreiben abnutzen:* einen Bleistift, eine Feder a. **b)** ⟨etwas schreibt sich ab⟩ *etwas nutzt sich beim Schreiben ab:* das Farbband, der Bleistift hat sich schnell abgeschrieben. * (ugs.:) **sich** (Dativ) **die Finger abschreiben** *(sich mit vielem Schreiben um etwas bemühen):* ich habe mir die Finger um das Stipendium abgeschrieben.

abschreiten: 1. ⟨etwas a.⟩ *an etwas zum Zwecke der Besichtigung oder Kontrolle entlangschreiten:* der Präsident hat/ist die Front der Ehrenkompanie abgeschritten. **2.** ⟨etwas a.⟩ *mit Schritten ausmessen:* ein Feld, die Entfernung a.

Abschrift, die: *das Abgeschriebene, Zweitschrift:* eine beglaubigte A.; eine A. von etwas anfertigen, machen lassen (ugs.), einreichen, beifügen, vorlegen.

abschürfen ⟨jmdm., sich etwas a.⟩: **a)** *abscheuern:* sich die Haut am Schienbein a. **b)** *durch Abscheuern der Haut verletzen:* ich habe mir den Ellbogen abgeschürft; abgeschürfte Knie.

abschüssig: *mit starkem Gefälle:* eine abschüssige Straße, Strecke; das Gelände ist a.

abschütteln: ⟨etwas a.⟩ **a)** *durch Schütteln entfernen:* den Staub von sich a.; ⟨sich (Dativ) etwas a.⟩ ich schüttelte mir den Schnee ab. **b)** *durch Schütteln säubern:* das Tischtuch, das Laken a. **2.** ⟨jmdn., etwas a.⟩ *sich frei machen, sich entledigen:* die Müdigkeit, den Ärger, traurige Erinnerungen [von sich] a.; so etwas läßt sich nicht so leicht a.; die Knechtschaft a.; er wollte den aufdringlichen Menschen a.; er hat die Verfolger abgeschüttelt *(hinter sich gelassen).*

abschwächen: a) ⟨etwas a.⟩ *schwächer machen, mildern:* einen Eindruck, die Wirkung [von etwas], eine zu harte Formulierung a.; die Regierung bemühte sich, die Äußerungen des Botschafters [durch diese Stellungnahme] abzuschwächen; ...wenn überhaupt, fügte er abschwächend hinzu. **b)** ⟨etwas schwächt sich ab⟩ *etwas wird schwächer, läßt nach:* das Interesse, der Lärm schwächt sich ab; Meteor.: das Hoch hat sich leicht abgeschwächt.

abschweifen: *sich unabsichtlich entfernen:* seine Gedanken schweifen immer wieder ab; ihre Blicke schweiften von ihm, in die Ferne ab; der Redner ist [vom Thema] abgeschweift.

abschwellen ⟨etwas schwillt ab⟩: **a)** *etwas geht in der Schwellung zurück:* die Entzündung, die Hand schwillt ab. **b)** *etwas klingt ab, läßt nach:* die Flut, der Sturm schwillt ab; der Lärm ist abgeschwollen.

abschwenken: 1. *in eine andere Richtung schwenken:* die Kolonne schwenkt von der Straße, nach rechts, in Richtung Norden ab; die Filmkamera schwenkt ab. **2.** (ugs.) *sich von etwas abwenden:* nach drei Semestern ist sie abgeschwenkt. **3.** (landsch.) ⟨etwas a.⟩ *abspülen:* Geschirr, Gläser a. **4.** (landsch.) ⟨etwas a.⟩ *abgießen:* die Kartoffeln a.

abschwören: 1. *sich [feierlich] lossagen, aufgeben:* **a)** ⟨jmdm., einer Sache a.⟩ dem Glauben, einer Lehre a.; er hat dem Alkohol abgeschworen. **b)** (selten) ⟨etwas a.⟩ den Glauben a. **2.** (veraltend) ⟨etwas a.⟩ *unter Eid ableugnen:* seine Schuld, seine Mittäterschaft a.

absehbar: *überschaubar:* die Folgen sind kaum, nicht a.; in absehbarer Zeit *(bald, in nächster Zeit).*

absehen: 1. ⟨jmdm. etwas a.⟩ *durch Zuschauen lernen, übernehmen:* er hat ihm dieses Kunststück abgesehen. **2.** ⟨[etwas] a.⟩ *unerlaubt übernehmen:* du darfst nicht a.; er hat die Lösung der Aufgaben von seinem Nachbarn abgesehen. **3.** (selten) ⟨jmdm. etwas an etwas a.⟩ *ablesen, erkennen:* sie sieht ihm alles an den Augen ab; man konnte ihm seine Verärgerung am Gesicht, an der Nase (ugs.) a. **4.** ⟨[etwas] a.⟩ *durch Beobachtung der Mundbewegung des Sprechers verstehen:* das taubstumme Kind lernt a.; er kann Gesprochenes vom Munde a. **5.** ⟨etwas a.⟩ *erkennen, voraussehen:* das Ende der Kämpfe ist nicht abzusehen; die Folgen lassen sich nicht a.; man kann ungefähr a., wohin die Entwicklung führt. **6.** ⟨von etwas a.⟩ *verzichten, Abstand nehmen:* von einer Anzeige, von einer Bestrafung, von weiteren Maßnahmen a.; wir bitten Sie, von einem Besuch abzusehen. **7.** ⟨von etwas a.⟩ *ausnehmen, nicht in Betracht ziehen, beiseite lassen:* sehen wir einmal davon ab, daß ...; wenn man davon absieht, daß ...; abgesehen davon/davon abgesehen *(außerdem, im übrigen)* ist das Auto zu teuer; abgesehen *(außer)* von dieser Tatsache ...; von einzelnen Störaktionen abgesehen, verlief die Tagung ruhig. **8.** ⟨es auf jmdn., auf etwas a.⟩ *beabsichtigen; abzielen:* als ob sie es darauf absähen, ihn zu kränken; er hat es darauf abgesehen, die Wahl zu verhindern; die Frau hat es auf ihn, nur auf sein Geld abgesehen; der Abteilungsleiter hat es auf ihn abgesehen *(schikaniert ihn).*

absein (ugs.): **1.** ⟨etwas ist ab⟩ *etwas hat sich losgelöst:* der Knopf, die Leiste, die Farbe ist ab. **2.** *erschöpft sein:* Mensch, bin ich ab!; er war völlig ab.

abseits: 1. (geh.) ⟨Präp. mit Gen., selten auch mit dem Dativ⟩ *fern von:* a. des Weges, des Verkehrs; a. allem Gedränge. **2.** ⟨Adverb⟩ **a)** *in einiger Entfernung, außerhalb:* der Bahnhof liegt etwas a. von der Stadt; ein a. gelegenes Gehöft; übertr.: sich a. halten, a. stehen *(nicht mitmachen, sich nicht beteiligen).* **b)** *zur Seite, beiseite:* sie setzte sich a. **3.** ⟨Adverb⟩ (Sport) *in Abseitsstellung:* a. laufen, sein; der Stürmer stand a.

Abseits, das (Sport): **1.** *Stellung eines Spielers, die ihm nicht erlaubt, ins Spiel einzugreifen:* im A. stehen; ins A. laufen. **2.** *Verstoß gegen die Abseitsregel:* das war ein klares A.; der Schiedsrichter pfiff A.

absenden: a) ⟨etwas a.⟩ *abschicken:* einen Brief, ein Päckchen a.; er sandte/sendete sofort das Geld ab; er hat das Telegramm rechtzeitig abgesandt/abgesendet. **b)** ⟨jmdn. a.⟩ *losschicken:* einen Boten a.

Absender, der: **1.** *der Absendende:* wer ist der A. dieses Briefes?; der A. war nicht zu ermitteln. **2.** *Name und Anschrift dessen, der etwas absendet:* A. nicht vergessen!; A. bitte dick unterstreichen!; falls Adressat verzogen, zurück an A.; auf dem Päckchen fehlt der A.

abservieren: 1. (geh.) ⟨etwas a.⟩ *abräumen, abtragen:* das Geschirr nach dem Essen a.; ⟨auch ohne Akk.⟩ würden Sie bitte a.! **2.** (ugs.) ⟨jmdn. a.⟩ *seines Postens entheben, aus seiner Stellung verdrängen:* sie haben ihn kurzerhand abserviert; ich lasse mich doch nicht einfach a.

absetzen: 1. ⟨etwas a.⟩ *ab-, herunternehmen:* den Hut, die Brille a. **2.** ⟨etwas a.⟩ *niedersetzen, hinstellen:* das Gepäck, den Koffer a.; sie setzte das Glas nach einem kleinen Schluck ab; die Träger hatten die Bahre vorsichtig abgesetzt. **3. a)** ⟨etwas a.⟩ *von einer Stelle wegnehmen und dadurch etwas unterbrechen oder beenden:* die Feder a.; nach dem Schuß das Gewehr a.; der Geiger setzte den Bogen ab; sie setzte das Glas [vom Munde] ab. **b)** *anhalten, unterbrechen:* mitten im Singen setzte sie ab; sie trank, ohne abzusetzen. **4. a)** ⟨etwas setzt etwas ab⟩ *etwas lagert etwas ab:* der Fluß setzt Schlamm, Sand ab. **b)** ⟨etwas setzt sich ab⟩ *etwas schlägt sich nieder, lagert sich ab:* Schlamm, Geröll setzt sich ab; in der Lunge setzt sich Staub ab; an den Wänden hatte sich Feuchtigkeit abgesetzt. **5.** ⟨jmdn. a.⟩ *aus dem Amt, aus seiner Stellung entfernen:* einen Minister a.; der Rektor wurde wegen seiner Verfehlungen abgesetzt; sie haben die Regierung abgesetzt *(gestürzt).* **6.** ⟨etwas a.⟩ *verkaufen:* eine Ware leicht, schwer, nicht a.; wir haben alle Exemplare abgesetzt. **7.** ⟨etwas a.⟩ *streichen, nicht stattfinden lassen, nicht aus- oder weiterführen:* eine Versammlung, ein Konzert, ein Spiel a.; einen Punkt von der Tagesordnung a.; der Spielleiter hat die Oper [vom Spielplan] abgesetzt. **8.** ⟨etwas a.⟩ *abziehen, abschreiben:* einen Betrag [für Abnutzung] a.; Sie können diese Summe von der Steuer a. **9.** (ugs.) ⟨jmdn. a.; mit Umstandsangabe⟩ *irgendwohin bringen und aussteigen lassen:* er nahm seinen Freund mit und setzte ihn am Bahnhof ab; du kannst mich jetzt, hier, an der nächsten Ecke a.; ⟨auch ohne Umstandsangabe⟩ die Alliierten setzten Fallschirmjager ab *(ließen sie abspringen, brachten sie zum Einsatz).* **10.** ⟨sich a.⟩ **a)** *sich unbemerkt entfernen:* sich rechtzeitig, heimlich, mit dem ganzen Geld a.; er hat sich in den Westen, über die Grenze, nach Österreich, zur Fremdenlegion abgesetzt. **b)** (militär.) *sich zurückziehen:* die Truppen mußten sich a. **11.** ⟨etwas mit etwas a.⟩ *besetzen; abschließen:* einen Saum mit einer Borte, eine Täfelung mit einer Leiste a.; mit Samt abgesetzte Ärmel. **12. a)** ⟨etwas a.⟩ *abheben, trennen:* Farben [voneinander] a.; eine Zeile beim Schreiben a. *(einrücken).* **b)** ⟨sich gegen, von etwas a.⟩ *sich abheben:* die Berge setzen sich gegen den hellen Nachthimmel ab; er wollte sich gegen die anderen, von den anderen a. **13.** (ugs.) ⟨es setzt etwas ab⟩ *es gibt, geschieht etwas (Unangenehmes):* es setzt gleich Prügel, ein Donnerwetter ab; wenn du nicht hörst, setzt es etwas ab *(gibt es Schläge).* **14.** (Seemannsspr.) ⟨etwas a.⟩ *abstoßen, wegdrücken:* ein Boot von einem anderen, von der Schleusenwand a.; das Segelboot vom Steg, vom Ufer a. *(abstoßen und losfahren).* **15.** (Druckerspr.) ⟨etwas a.⟩ *etwas setzen:* ein Manuskript a. **16.** (Landw.) ⟨ein Tier a.⟩ *entwöhnen:* ein Kälbchen, ein Fohlen a.

absichern: 1. ⟨etwas a.⟩ *[gegen mögliche Unfälle] sichern:* einen Weg (im Hochgebirge), eine Baustelle a. **2.** ⟨sich, etwas a.⟩ *sichern, schützen:* sich vertraglich a.; ich habe mich nach allen Seiten abgesichert.

Absicht, die: **a)** *Plan, Vorsatz, Ziel:* eine gute, edle, böse, unzweideutige A.; das sind löbliche Absichten; meine A. ist es, das Geld zurückzugewinnen; da steckt doch A. dahinter!; er hat klare, feste, geheime, die besten Absichten; sie hat ernstlich die A. gehabt, diesen Mann zu heiraten; besondere Absichten mit etwas verfolgen; eine A. erreichen, verbergen, erkennen lassen, durchschauen; er hat meine Absichten durchkreuzt; etwas nicht ohne A. tun, erzählen; wir zweifeln nicht an der Ehrlichkeit seiner Absichten. **b)** *das Bestreben, Wollen:* das geschieht gegen meine A. *(gegen meinen Willen);* das geschah in der A., mit der A., uns zu schaden; sich mit der A. tragen *(beabsichtigen),* ein Haus zu kaufen; das lag nicht in meiner A. *(das wollte ich nicht, habe ich nicht beabsichtigt);* er tat das in der A., uns zu täuschen. * **mit Absicht** *(absichtlich, willentlich):* er wollte mich mit A. herausfordern · (ugs.:) **Absichten haben** *(heiraten wollen):* er hat ernste, ehrliche Absichten auf dieses Mädchen.

absichtlich: *mit Absicht, willentlich:* eine absichtliche Täuschung, Kränkung; etwas a. tun; die Abfertigung a. verzögern.

absinken: *[in die Tiefe] sinken:* das Schiff sinkt ab; der Boden, der Wasserspiegel sinkt ab *(senkt sich);* die Temperatur, der Druck sinkt ab *(wird niedriger, geringer);* der Dollarkurs ist stark abgesunken *(gefallen);* das Interesse sinkt ab *(läßt nach);* der Schüler ist in seinen Leistungen abgesunken *(zurückgegangen);* sie sinkt immer mehr, völlig ab *(kommt herunter).*

absitzen: **1.** *vom Pferd steigen:* die Schwadron sitzt ab, ist abgesessen; abgesessen! /*Reiterkommando*/. **2.** (ugs.) ⟨etwas a.⟩ *durch Daraufsitzen abnutzen:* die Sessel sind sehr abgesessen; abgesessene Samtstühle. **3.** (ugs.) ⟨etwas a.⟩ **a)** *[sitzend] ableisten, zubringen:* acht Stunden im Büro a.; ich habe den schönen Tag im Arbeitszimmer a. müssen. **b)** *verbüßen:* eine Gefängnisstrafe a.; er hat seine drei Jahre abgesessen.

absolut: **1.** (bildungsspr.) *unumschränkt:* ein absoluter Herrscher; Ludwig XIV. regierte absolut. **2.** (bildungsspr.) *nicht relativ, unbedingt, uneingeschränkt:* die absolute Geltung; von absolutem Wert; die Gültigkeit dieses Lehrsatzes ist a. **3.** (bildungsspr.) *äußerst, höchst:* eine absolute Grenze erreichen. **4. a)** *vollkommen, völlig* /verstärkend/: absolute Zuverlässigkeit; es herrscht absolute Windstille; der Patient braucht absolute Ruhe; das Mittel ist a. ungefährlich. **b)** *ganz und gar, überhaupt* /verstärkend bei Verneinungen/: das ist a. unmöglich; ich habe a. keine Lust; er kann a. nichts damit anfangen. **5.** *durchaus, um jeden Preis:* er will das a. haben, wissen; es ist a. nötig. * (Chemie:) **absoluter Alkohol** *(reiner Alkohol)* · (Politik:) **absolute Mehrheit** *(Mehrheit, die mehr als 50% der stimmberechtigten Personen umfaßt).*

Absolution, die (kath. Rel.): *Freisprechung von Sünden:* jmdm. A. erteilen; A. erbitten, erhalten.

absolvieren (bildungsspr.) ⟨etwas a.⟩: **1.** *bis zum Abschluß durchlaufen:* die Schule, das Studium, einen Lehrgang a. **2.** *hinter sich bringen:* eine Aufgabe, ein Pensum, 20 Flugstunden a.; er hat das Examen mit Auszeichnung, glänzend absolviert *(bestanden).*

absondern: **1.** ⟨etwas sondert etwas ab⟩ *etwas scheidet etwas aus:* die Drüsen sondern Schweiß, Speichel ab; die Bäume haben Harz abgesondert. **2.** ⟨jmdn., sich, etwas a.⟩ *fernhalten, isolieren, trennen:* die kranken Tiere a.; er sondert sich immer mehr von den anderen Schülern ab.

abspannen /vgl. abgespannt/: **1. a)** ⟨[ein Zugtier] a.⟩ *ausspannen:* die Pferde a. **b)** ⟨[etwas] a.⟩ *vom Zugtier lösen:* den Wagen, den Pflug a. **2.** (veraltend) ⟨sich a.⟩ *sich entspannen:* er wollte sich im Garten ein wenig a.

absparen ⟨sich (Dativ) etwas von etwas a.⟩: *erübrigen:* ich habe mir das Radio von meinem Taschengeld abgespart. * **sich** (Dativ) **etwas vom/am Mund absparen** *(unter Entbehrungen sparen)* · (ugs.:) **sich** (Dativ) **jeden/den letzten Bissen am/vom Mund**[e] **absparen** *(sehr sparsam sein).*

abspeisen: **1.** (selten) ⟨jmdn. a.⟩ *beköstigen:* den Rest der Gäste in einem Nebenraum a. **2.** (ugs.) ⟨jmdn. [mit etwas] a.⟩ *mit weniger als angemessen zufriedenstellen; vertrösten, abweisen:* er wollte ihn mit 5 Mark a.; er speiste ihn mit leeren Versprechungen ab; ich lasse mich nicht so einfach a.

abspenstig ⟨in fester Verbindung mit *machen*⟩: *dazu bringen, sich von jmdm., von einer Sache abzuwenden:* **a)** ⟨jmdm. jmdn. a. machen⟩ seinem Freund die Braut a. machen; er hat der Konkurrenz die Kunden a. gemacht. **b)** (geh.) ⟨jmdn. einer Sache a. machen⟩ er versuchte, die Schüler dem Gehorsam und der Pflicht a. zu machen.

absperren: **1.** ⟨etwas a.⟩ *durch eine Sperre unzugänglich machen:* einen Bauplatz, eine Unglücksstelle a.; die Polizei hat das Hafenviertel abgesperrt; übertr.: ein Land gegen fremde Einflüsse a.; er hat sich von der Welt abgesperrt *(abgesondert).* **2.** ⟨etwas a.⟩ *unterbrechen, sperren:* die Ölzufuhr, das Wasser, den Strom a. **3.** (landsch., bes. südd.) ⟨[etwas] a.⟩ *abschließen:* die Tür, einen Raum, das Haus a.; ich habe vergessen abzusperren.

abspielen: **1.** ⟨etwas a.⟩ *ablaufen lassen:* einen Film, eine Schallplatte a.; er spielte das Tonband bis zur Hälfte ab. **2.** ⟨etwas a.⟩ *bis zum Ende spielen:* die Nationalhymnen wurden abgespielt. **3.** ⟨etwas a.⟩ *vom Blatt spielen:* eine Sonate a.; ⟨auch ohne Akk.⟩ der Schüler kann nicht a. **4.** ⟨etwas a.⟩ *durch häufiges Spielen abnutzen:* die Tennisbälle schnell a.; abgespielte Schallplatten, Skatkarten, Filme. **5.** (Sport) ⟨[etwas] a.⟩ *an einen Mitspieler der eigenen Mannschaft abgeben:* den Ball, die Scheibe an den Verteidiger a.; er muß schneller, früher, genauer a. **6.** ⟨etwas spielt sich ab; mit Umstandsangabe⟩ *etwas ereignet sich, geschieht, geht vor sich:* der Vorfall, die Szene, das Verbrechen hat sich hier abgespielt; die Ereignisse spielten sich vor zwei Jahren ab; manches spielt sich hinter den Kulissen ab; es spielte sich alles in rasender Eile, vor unseren Augen ab. * (ugs.:) **da/hier spielt sich nichts ab!** *(das kommt nicht in Frage; daraus wird nichts).*

Absprache, die: *Vereinbarung:* eine geheime, interne A.; auf Grund unserer A.; ohne vorherige A.; eine A. treffen.

absprechen: **1.** *besprechen und festlegen, vereinbaren, ausmachen:* **a)** ⟨etwas a.⟩ eine Sache, neue Maßnahmen a.; ist das nicht abgesprochen worden? **b)** ⟨sich mit jmdm. a.⟩ ich werde mich mit ihm absprechen; ⟨auch ohne Präpositionalobjekt⟩ sie hatten sich abgesprochen, die Unterlagen nicht herauszugeben. **2.** ⟨jmdm. etwas a.⟩ **a)** *aberkennen, nicht belassen:* den Ständen die Privilegien a.; jmdm. die bürgerlichen Ehrenrechte (Rechtsw.) a.; wir lasssen uns nicht das Recht auf Selbstbestimmung a. **b)** *für nicht vorhanden erklären:* einem Schüler die Begabung a.; er spricht mir alles Verständnis ab. **3.** ⟨über jmdn., über etwas a.; gewöhnlich nur noch im 1. Part.⟩ *[negativ] urteilen:* er haßte ihre Art, über die Dinge abzusprechen; ein absprechendes *(abfälliges)* Urteil; in absprechendem *(geringschätzigem)* Ton über andere reden.

abspringen: 1.a) *herunterspringen:* vom Fahrrad, vom Pferd a.; er ist in der Kurve [von der Straßenbahn] abgesprungen; die Fallschirmjäger springen über dem Einsatzgebiet ab *(springen mit dem Fallschirm zur Erde);* der Pilot ist mit dem Fallschirm abgesprungen. **b)** (Sport) *los-, wegspringen:* er ist gut, schlecht [vom Sprungbalken] abgesprungen. **2.** ⟨etwas springt ab⟩ *etwas löst sich los und springt weg; etwas platzt ab:* die Farbe, der Lack springt ab; der Verschluß ist [von der Flasche] abgesprungen; ⟨etwas springt jmdm. ab⟩ mir ist der Knopf abgesprungen. **3.** (ugs.) *zurücktreten, sich von etwas zurückziehen:* er ist plötzlich abgesprungen; er will von diesem Plan, vom Studium, von der Partei a.; ein Teil der Kundschaft springt ab *(geht zur Konkurrenz).*

abspülen ⟨etwas a.⟩: **a)** *durch Spülen entfernen, wegspülen:* den Seifenschaum mit Wasser a.; die Mutter spülte die Speisereste vom Geschirr ab. **b)** *durch Spülen reinigen:* das Geschirr [mit heißem Wasser] a.

abstammen ⟨von jmdm., etwas a.⟩: *herkommen, seinen Ursprung herleiten:* der Mensch stammt vom Affen ab; dieses Wort stammt vom Griechischen ab.

Abstammung, die: *Herkunft, Abkunft:* von vornehmer, einfacher A. sein; er ist nach A. und Wesen bürgerlich.

Abstand, der: **1.a)** *Entfernung, Zwischenraum:* ein großer, weiter, geringer, erheblicher A.; in 50 m A., im A. von 50 Meter[n] jmdm. folgen; der A. zwischen den Bäumen ist nicht groß; der A. der beiden Wagen hat sich zusehends vergrößert, verringert; der A. zum führenden Läufer beträgt nur noch 20 m; der A. schrumpft [zusammen]; den A. verkleinern; A. [von seinem Vordermann] halten; ihr müßt die Abstände (in einer Aufstellung, auf einer Seite) besser einhalten; sie standen in weitem A. um ihn herum; übertr.: den A. zwischen zwei Meinungen überbrücken; A. *(Distanz)* halten; gebührenden, respektvollen A. wahren. **b)** *Zeitspanne, zeitliche Folge:* ein A. von 14 Sekunden; der A. beträgt jetzt schon 2 Minuten; die Fahrer starten in kurzen Abständen; er schreibt in regelmäßigen Abständen nach Hause. **2.** *Abfindung:* wie hoch ist der A.?; er müßte eine bestimmte Summe als A. zahlen. * (ugs.:) **mit Abstand** *(bei weitem):* das ist mit A. der beste Wagen · (geh.:) **von etwas Abstand nehmen** *(absehen, zurücktreten):* er nahm von diesem Plan A. · (geh.:) **Abstand von etwas gewinnen** *(sich innerlich lösen):* ich habe von diesem schrecklichen Erlebnis noch keinen A. gewonnen.

abstatten (geh.) ⟨jmdm. etwas a.; in einigen festen Verbindungen⟩ **jmdm. Dank abstatten** *([förmlich] danken):* ich möchte Ihnen meinen Dank abstatten · **jmdm. einen Besuch abstatten** *(einen Besuch machen):* nach seiner Rückkehr stattete er uns einen Besuch ab · **jmdm.** [**einen**] **Bericht abstatten** *(Bericht erstatten):* er hat dem Chef sofort Bericht abgestattet.

abstauben: 1. ⟨etwas a.⟩ *vom Staub befreien:* die Möbel, die Bilder a.; ⟨jmdm., sich etwas a.⟩ er staubte sich die Hände ab. **2.** (ugs.) ⟨etwas a.⟩ *in seinen Besitz bringen:* er versucht überall etwas abzustauben; er hat ein Päckchen Tabak abgestaubt. **3.** (Sport; ugs.) ⟨etwas a.⟩ *ein Tor erzielen:* er staubt fast in jedem Spiel ein Tor ab.

abstechen: 1. ⟨ein Tier a.⟩ *durch das Durchstechen der Halsschlagader töten:* ein Schwein, einen Hammel a. **2.** ⟨etwas a.⟩ *abtrennen, ablösen:* die Grasnarbe [mit dem Spaten] a.; der Torf wurde abgestochen; Teig, Klöße mit einem Löffel a. *(ausschöpfen).* **3.** ⟨etwas a.⟩ *ausfließen lassen; ablaufen lassen:* **a)** (Hüttenw.) das flüssige Metall, Stahl a.; den Hochofen a. **b)** (Winzerspr.) den Wein a. *(von der Hefe abziehen).* **4.** ⟨von jmdm., von etwas a./gegen jmdn., gegen etwas a.⟩ *sich abheben, sich unterscheiden:* sie stach durch ihr gepflegtes Äußeres von den anderen ab; die dunklen Häuser stechen gegen den hellen Hintergrund ab.

Abstecher, der (ugs.): *Ausflug:* einen A. nach Rüdesheim planen. * **einen Abstecher machen/unternehmen** *(ein abseits der Reiseroute liegendes Ziel aufsuchen).*

abstecken: 1. ⟨etwas a.⟩ *durch Zeichen markieren:* einen Bauplatz [im Grundriß], einen Zeltplatz, den Kurs für ein Rennen, die Grenzen a.; übertr.: die Delegationen steckten ihre Ausgangsposition ab; sie haben ihr Programm abgesteckt *(festgelegt).* **2.** ⟨etwas a.⟩ *mit Hilfe von Stecknadeln in die passende Form bringen:* einen Saum, die Ärmel a.

abstehen /vgl. abgestanden/: **1.** ⟨etwas steht ab⟩ *etwas steht von etwas weg, liegt nicht an:* das struppige Haar steht ab; abstehende Ohren. **2.** ⟨gewöhnlich mit Artangabe⟩ *entfernt stehen:* ich stand ziemlich weit ab; der Schrank steht zu weit von der Wand ab. **3.** (geh.; veraltend) ⟨von etwas a.⟩ *Abstand nehmen, aufgeben:* er stand davon ab, mich zu begleiten; sie wollte von ihrer Absicht nicht a.; ich stehe nicht ab *(höre nicht auf)* zu behaupten ... **4.** (ugs.) ⟨etwas a.⟩ *stehend zubringen:* er hat die zwei Stunden, die ganze Fahrt im Zug abgestanden. * (ugs.:) **sich** (Dativ) **die Beine abstehen** *(lange stehend warten):* sie haben sich an der Theaterkasse die Beine abgestanden.

absteigen: 1.a) *heruntersteigen:* Radfahrer müssen a. und das Fahrrad schieben; er ist vom Pferd abgestiegen. **b)** *nach unten steigen:* die Bergsteiger wollen noch am gleichen Tag a.; übertr.: der absteigende *(sich abwärts neigende)* Ast einer Geschoßbahn; die absteigende Linie *(Nachkommenschaft).* **2.** (geh.) *Quartier nehmen:* in einem Hotel a.; wir sind dort schon oft abgestiegen. **3.** (Sport) *in die nächst niedrigere Klasse zurückgestuft werden:* zwei Mannschaften müssen a.; der Verein ist in der vorigen Saison abgestiegen. * **auf dem absteigenden Ast sein/sich befinden** *(über den Höhepunkt hinweg sein, in seinen Leistungen nachlassen).*

abstellen: 1. ⟨etwas a.⟩ **a)** *niedersetzen, hinstellen:* einen Korb, ein Tablett a.; sie stellte das Glas ab. **b)** *irgendwo hinstellen:* sein Fahrrad a.; die Schlafwagen werden auf dem Nebengleis abgestellt. **c)** *unterstellen, aufbewahren:* die alten Möbel im Keller, auf dem Speicher a.; abgestellte Sachen. **2.** ⟨etwas a.⟩ **a)** *ab-, ausschalten:* eine

Maschine, das Radio, den Fernsehapparat a.; sie hatten die Motoren abgestellt. **b)** *die Zufuhr von etwas unterbrechen, sperren:* das Gas, das Wasser, den Strom a. **c)** *zudrehen:* den Haupthahn a. **3.** ⟨etwas a.⟩ *unterbinden; beheben, beseitigen:* eine Unsitte, einen Übelstand, Störungen a.; wir haben die Mängel abgestellt. **4.** ⟨jmdn. a.⟩ *beordern, abkommandieren:* einen Mann für Außenarbeiten a.; sie wurden an die Front abgestellt. **5.** ⟨etwas auf etwas a.⟩ *ausrichten, einstellen:* die Produktion auf den Publikumsgeschmack a.; sie haben alles nur auf den äußeren Eindruck abgestellt.

abstempeln ⟨etwas a.⟩: *stempeln:* einen Ausweis, Briefe a.; übertr.: man hat ihn bereits [als, zum Betrüger] abgestempelt *(festgelegt, gekennzeichnet).*

absterben: 1. ⟨etwas stirbt ab⟩ *etwas hört auf zu wachsen, zu leben:* die Blätter, Äste, Pflanzen sterben ab; ein abgestorbener Baum; übertr.: das Brauchtum stirbt allmählich ab. **2.** ⟨etwas stirbt ab⟩ *etwas wird durch Kälte oder schlechte Durchblutung gefühllos:* meine Hände sterben ab; meine Füße sind [wie] abgestorben, sind vor Kälte ganz abgestorben.

Abstieg, der: **1.a)** *das Absteigen:* ein leichter, beschwerlicher A.; der A. war sehr ermüdend; Sport: die Elf, die Mannschaft mußte gegen den A. [in die niedrigere Spielklasse] kämpfen. **b)** *talwärts führender Weg:* ein steiler, gefährlicher A. **2.** *Niedergang:* ein wirtschaftlicher, sozialer A.; den A. aufzuhalten suchen.

abstimmen: 1. *durch Abgeben der Stimme eine Meinung ermitteln, entscheiden:* [über jmdn., über etwas] namentlich, öffentlich, offen, geheim, durch Stimmzettel, durch Handaufheben a.; wir haben über den Antrag ohne Aussprache abgestimmt. **2.** ⟨etwas a.⟩ *klanglich harmonisieren:* Kirchenglocken a.; das Rundfunkgerät a. *(den Schwingungskreis einstellen);* die Instrumente sind gut aufeinander abgestimmt; übertr.: *aufeinander einstellen, in Einklang bringen:* Farben, Muster, Termine, Interessen aufeinander a.; eine fein abgestimmte Mischung; Kaufmannsspr.: Konten a. *(kontrollieren).* **3.** ⟨sich mit jmdm. a.⟩ *absprechen:* ich habe mich mit meinem Partner abgestimmt; ⟨auch ohne Präpositionalobjekt⟩ wir müssen uns a.

Abstimmung, die: **1.** *das Abstimmen:* eine geheime, namentliche A.; A. durch Hand[auf]heben, Erheben [von den Plätzen]; die A. ergab, brachte eine geringe Mehrheit; eine A. vornehmen, durchführen; (geh.:) zur A. schreiten *(mit der Abstimmung beginnen);* (Amtsdt.:) einen Antrag zur A. bringen *(darüber abstimmen).* **2.** *das In-Einklang-Bringen:* die A. der Farben ist gut; eine A. der Interessen befürworten; Kaufmannsspr.: die A. *(Kontrolle)* der Konten, der Auszüge.

abstoppen: 1.a) ⟨etwas a.⟩ *zum Stehen bringen, anhalten:* die Maschinen a.; übertr.: die Produktion, die Einwanderung a. **b)** *zum Stehen kommen, anhalten:* der Fahrer stoppte an der Kreuzung ab; das Auto hatte plötzlich abgestoppt. **2.** ⟨jmdn., etwas a.⟩ *mit der Stoppuhr messen:* die Zeit, die Läufer, die Rennwagen a.

abstoßen: 1.a) ⟨jmdn., sich, etwas a.⟩ *mit einem Stoß fortbewegen:* den Kahn [vom Ufer] a.; er hat sich mit den Füßen vom Boden abgestoßen; Sport: den Ball a. *(abschlagen);* ⟨auch ohne Akk.⟩ der Verteidiger stößt ab. **b)** *sich durch einen Stoß entfernen:* die Boote, die Segler stoßen ab; die Fähre ist/hat [vom Land] abgestoßen. **2.** ⟨etwas a.⟩ *durch Stoß beschädigen, abschlagen, abbrechen:* Kalk, Mörtel [von der Wand] a.; Kanten, Spitzen, Ränder a.; abgestoßene Möbel; die Jacke ist an den Ellbogen abgestoßen; ⟨sich (Dativ) etwas a.⟩ ich habe mir die Haut am Knöchel abgestoßen *(abgeschürft).* **3.** ⟨etwas a.⟩ *weg-, zurückstoßen:* das Gewebe stößt das Wasser, den Schmutz ab; Physik: Pole, Protonen stoßen sich [gegenseitig] ab; übertr.: *von sich tun:* die Partei hat diese Ideen abgestoßen. **4.** (Kaufmannsspr.) ⟨etwas a.⟩ *billig verkaufen, losschlagen:* Waren, einen Posten schnell, billig, mit Verlust a. **5.** ⟨jmdn. a.⟩ *jmdm. widerwärtig sein, Abscheu erregen:* dieser Mensch, sein Wesen, sein Benehmen stößt mich ab; ein abstoßendes Äußeres; sie fühlte sich von seiner Denkungsart abgestoßen. * (ugs.:) **sich** (Dativ) **die Hörner abstoßen** *(durch Erfahrungen besonnener werden, sein Ungestüm in der Liebe ablegen).*

abstottern (ugs.) ⟨etwas a.⟩: **a)** *in Raten bezahlen:* sie stottern ihren Fernseher, das Auto ab. **b)** *abbezahlen:* er muß drei Raten, 1000 DM a.

abstrakt (bildungsspr.): **1.** *rein begrifflich, nicht konkret:* abstraktes Denken; Dinge ganz a. sehen, betrachten; bildende Kunst: *nicht gegenständlich:* abstrakte Malerei, Kunst; er malt a. **2.** *nur gedacht; unanschaulich:* ein abstraktes Ziel; seine Antwort war zu a.; sich viel zu a. ausdrücken.

abstreichen: 1. ⟨etwas a.⟩ **a)** *weg-, herunterstreichen:* den Schaum [vom Bier] a. **b)** *durch Weg-, Herunterstreichen von etwas säubern:* das Messer [an der Gabel] a.; er strich seine Schuhe an der Matte ab. **2.** ⟨etwas von etwas a.⟩ *abziehen, tilgen:* von einer Forderung, von einer Summe 100 Mark a.; von dem, was er sagt, muß man die Hälfte a. *(darf man nur die Hälfte glauben).* **3.** ⟨etwas a.⟩ *suchend über etwas hingleiten, [tastend] absuchen:* der Scheinwerfer streicht den Himmel, das Gelände ab; mit dem Maschinengewehr die Stellungen a. **4.** (Jägerspr.) *wegfliegen:* der Auerhahn ist plötzlich abgestrichen.

abstreifen: 1. ⟨etwas a.⟩ **a)** *weg-, herunterstreifen:* die Asche [von der Zigarre] a.; Beeren von den Rispen a. **b)** *durch das Weg-, Herunterstreifen von etwas säubern:* die Schuhsohlen a.; ⟨sich (Dativ) etwas a.⟩ er streifte sich die Füße, die Schuhe an der Matte ab. **2.** ⟨etwas a.⟩ *[herunterstreifend] von sich tun, ablegen:* die Strümpfe, die Handschuhe, den Rock, den Ring a.; die Schlange streift ihre Haut ab; ⟨jmdm., sich etwas a.⟩ er hat sich das nasse Zeug abgestreift; bildl.: Unarten, Vorurteile, Hemmungen a. **3.** ⟨etwas a.⟩ *suchend durchstreifen:* sie streiften das Gelände nach Vermißten ab.

abstreiten: a) ⟨etwas a.⟩ *zurückweisen, von sich weisen, leugnen:* seine Mittäterschaft a.; er hat vor Gericht alles abgestritten; er streitet ab, die Tat begangen zu haben. **b)** ⟨jmdm. etwas a.⟩ *absprechen, bestreiten:* das lasse ich mir nicht a.; sie stritten ihm diplomatisches Geschick nicht ab.

Abstrich, der: **1.** *Streichung, Kürzung, Abzug:* am Etat geringe, erhebliche, unbedeutende Abstriche machen, vornehmen; mit weiteren Abstrichen nicht einverstanden sein. **2.** (Med.) *Entnahme zur bakteriologischen Untersuchung:* der Arzt nahm, machte einen A. **3.** *abwärts geführter Strich:* die Abstriche (in der Schrift) sind zu dünn, sehr lang.

abstufen ⟨etwas a.⟩: **a)** *stufenförmig anlegen:* eine Terrasse a.; ein abgestuftes Gelände; übertr.: Gehälter, eine Steuer a. *(staffeln).* **b)** *gegeneinander absetzen, nuancieren:* Farben a.; eine reich abgestufte Skala von Farbtönen.

abstumpfen: 1. ⟨etwas a.⟩ **a)** *stumpf machen:* Kanten, Spitzen a. **b)** (selten) ⟨etwas stumpft ab⟩ *etwas wird stumpf:* die Klinge stumpft allmählich ab. **2. a)** *gefühllos, teilnahmslos werden:* der alte Mann stumpft immer mehr ab; er ist in der Gefangenschaft völlig abgestumpft; sie ist abgestumpft gegen alles Schöne, gegen jedes Gefühl. **b)** ⟨jmdn., etwas a.⟩ *gefühllos, teilnahmslos machen:* die Zeit im Gefängnis hatte ihn völlig abgestumpft.

abstürzen: 1. *aus großer Höhe herunterstürzen:* der Bergsteiger stürzte tödlich ab; das Flugzeug ist abgestürzt. **2.** (veraltend) ⟨etwas stürzt ab⟩ *etwas fällt steil ab:* nach Norden zu stürzt der Berg steil ab.

abstützen ⟨etwas a.⟩: *durch Stützen sichern:* eine Mauer, einen Stollen a.

absuchen ⟨etwas a.⟩: **1. a)** *suchend wegnehmen, absammeln:* die Raupen [vom Kohl], die Beeren von den Sträuchern a.; ⟨jmdm., sich etwas a.⟩ die Affen suchen sich die Läuse ab. **b)** *leer pflücken, sammeln:* die Sträucher waren alle abgesucht. **2.** *gründlich untersuchen, durchsuchen:* er suchte nervös alle Taschen ab; das Gelände wurde mit Polizeihunden abgesucht; er suchte mit den Augen den Horizont ab.

absurd (bildungsspr.): *unsinnig, sinnlos:* ein absurder Gedanke; das ist einfach a.; er fand die Situation a.

abtakeln /vgl. abgetakelt/ (Seemannsspr.): **a)** ⟨[etwas] a.⟩ *die Takelage herunternehmen:* wir müssen [die Jolle] noch a. **b)** *außer Dienst stellen:* die alten Schiffe wurden abgetakelt.

abtasten: a) ⟨jmdn., etwas a.⟩ *durch Betasten untersuchen, absuchen:* der Polizist tastete den Mann nach Waffen ab; Technik: die Maschine hat die Lochstreifen abgetastet. **b)** (Boxen) ⟨sich a.⟩ *vorsichtig, um den Gegner kennenzulernen, den Kampf beginnen:* die Boxer tasteten sich in der ersten Runde ab.

abtauen: 1. ⟨etwas taut ab⟩ **a)** *etwas taut, schmilzt weg:* der Schnee, das Eis taut ab. **b)** *etwas wird frei von Eis und Schnee:* die Straßen tauen allmählich ab; die Scheiben sind abgetaut. **2.** ⟨etwas a.⟩ *von einer Eisschicht befreien:* die Windschutzscheibe a.; wir müssen den Kühlschrank a.

Abteil, das: *abgeteilter Raum in Eisenbahnwagen:* ein volles, überfülltes, leeres A.; ein A. 1. Klasse, für Schwerbeschädigte; dieses A. ist besetzt; ein A. reservieren.

abteilen ⟨etwas a.⟩: **a)** *abtrennen:* einen Raum durch einen Verschlag a.; in einer abgeteilten Ecke der Wohnung. **b)** *aufteilen, einteilen:* ein Stück Land in Parzellen a.

Abteilung, die: **1.** *Teilbereich, selbständiger Teil eines Ganzen:* die chirurgische, innere A.; A. für Haushaltwaren; durch die verschiedenen Abteilungen eines Kaufhauses schlendern. **2.** *Truppeneinheit:* Abteilung, marsch! /*Kommando*/; die A. rückt an die Front.

abtragen: 1. (geh.) ⟨etwas a.⟩ *abräumen:* die Speisen, die Teller a.; ⟨auch ohne Akk.⟩ Herr Ober, würden Sie bitte a.! **2.** ⟨etwas a.⟩ *Stein für Stein abbrechen, abreißen:* eine Mauer a.; die Ruine wurde abgetragen. **3.** ⟨etwas a.⟩ *nach und nach fortschaffen, beseitigen:* das Wasser trägt das Erdreich ab; einen Erdhaufen, Hügel a. **4.** (geh.) ⟨etwas a.⟩ *abbezahlen, zurückzahlen:* eine Schuld, Zinsen a.; sie wollte damit etwas Dank a. *(abstatten).* **5.** ⟨etwas a.⟩ *durch Tragen abnutzen:* die Schuhe schnell a.; ihre Sachen sind sehr abgetragen; abgetragene Kleider.

abträglich (geh.): *nachteilig, schädlich:* eine abträgliche Bemerkung, Äußerung; über jmdn., von jmdm. a. sprechen; das ist seinem Ansehen abträglich; der Alkohol ist seiner Gesundheit a.

abtreiben: 1. a) ⟨etwas treibt jmdn., etwas ab⟩ *etwas bringt jmdn., etwas vom Weg, vom Kurs weg:* die Strömung treibt das Schiff ab; der Schwimmer wurde [vom Land] abgetrieben; der Wind hat den Ballon weit abgetrieben. **b)** *vom Weg, vom Kurs abkommen:* der Schwimmer, das Boot treibt immer schneller ab; der Ballon ist nach Westen abgetrieben. **2.** (landsch.) ⟨Vieh a.⟩ *von der Hochweide zu Tal treiben:* im Herbst treiben die Sennen die Kühe, die Herde [von der Alm] ab. **3. a)** ⟨[etwas] a.⟩ *verhindern, daß eine Leibesfrucht ausgetragen wird:* ein Kind, die Leibesfrucht a. **b)** ⟨etwas a.⟩ *abgehen lassen:* Gallensteine, Würmer a. **4.** (selten) ⟨ein Tier a.⟩ *durch ständiges Hetzen ermüden:* der Kutscher treibt die Pferde ab; ein abgetriebenes Pferd.

Abtreibung, die: *Beseitigung der Leibesfrucht:* eine mißglückte A.; eine A. vornehmen; wegen A. bestraft werden.

abtrennen: 1. ⟨etwas a.⟩ *lostrennen, ab-, loslösen:* den Ärmel, die Borte, die Knöpfe [vom Kleid] a.; er trennte die Quittung, den Kassenzettel ab; ⟨jmdm. etwas a.⟩ (geh.) bei dem Unfall wurde ihm das Bein oberhalb des Knies abgetrennt; übertr.: das Verfahren gegen den erkrankten Angeklagten wurde abgetrennt. **2.** ⟨jmdn., etwas a.⟩ *absondern, abteilen:* ein Seil trennte die Zuhörer ab.

abtreten: 1. *einen bestimmten Ort verlassen:* die Soldaten traten ab; die Wache ist abgetreten; Theater: *die Bühne nach einem Auftritt verlassen:* vom Beifall umrauscht, trat er ab. **2.** *sich zurückziehen, seinen Wirkungskreis verlassen:* der Minister tritt ab; er trat sang- und klanglos [von der politischen Bühne] ab; übertr. (ugs.): er ist abgetreten *(gestorben).* **3. a)** ⟨etwas a.⟩ *durch häufiges Begehen, Tragen abnutzen:* den Teppich, die Farbe vom Fußboden a.; er hat die Absätze abgetreten. **b)** ⟨etwas tritt sich ab; mit Umstandsangabe⟩ *etwas nutzt sich durch Begehen, Tragen ab:* der Teppich hat sich schnell abgetreten; die Absätze traten sich innerhalb weniger Wochen ab. **4.** ⟨etwas a.⟩ **a)** *[fest auftretend] entfernen:* den Schmutz, den Schnee a.; ⟨sich (Dativ) etwas a.⟩ ich habe mir vor der Hütte den Schnee abgetreten. **b)** *[durch festes Auftreten] säubern:* die Schuhe, die Füße a.; ⟨sich (Dativ) etwas a.⟩ ich habe mir nicht die

Schuhe abgetreten. **5.** *überlassen, übertragen:* **a)** ⟨jmdm. etwas a.⟩ jmdm. seinen Platz, eine Eintrittskarte, etwas vom Vorrat a.; ich habe ihm meine Ansprüche abgetreten. **b)** ⟨etwas an jmdn., an etwas a.⟩ ich habe meine Rechte an ihn abgetreten; das Gebiet mußte an das Nachbarland abgetreten werden.

abtrocknen: 1.a) ⟨jmdn., sich, etwas a.⟩ *mit einem Tuch trocken machen, trockenreiben:* das Geschirr, die Gläser vorsichtig a.; er hat sich noch nicht abgetrocknet; ⟨jmdm., sich etwas a.⟩ er trocknete sich die Hände mit einem Tuch ab. **b)** ⟨jmdm., sich etwas a.⟩ *ab-, wegwischen:* sie trocknete sich die Tränen ab; ich habe mir den Schweiß mit dem Taschentuch abgetrocknet. **2.a)** ⟨etwas trocknet etwas ab⟩ *etwas läßt etwas trocken werden:* die Sonne hat die Straße schnell abgetrocknet. **b)** ⟨etwas trocknet ab⟩ *etwas wird trocken:* die Fahrbahn, die Wäsche hat/ist schnell abgetrocknet.

abtrünnig (geh.): *treulos:* ein abtrünniger Vasall; er ist [dem König] a. geworden *(ist von ihm abgefallen);* dem Glauben, der Partei a. werden.

abtun: 1. (ugs.) ⟨etwas a.⟩ *von sich tun, ablegen:* den Hut, die Schürze, die Brille a. **2.** ⟨etwas a.⟩ *beiseite schieben, keine Bedeutung beimessen:* eine Sache kurz, rasch, obenhin a.; er tat meine Einwände mit einer Handbewegung ab; sie haben meinen Plan als Hirngespinst abgetan; ⟨2. Part. in Verbindung mit *sein*⟩ *erledigt sein:* die Angelegenheit war in 10 Minuten abgetan; damit ist es noch nicht abgetan.

aburteilen ⟨jmdn., etwas a.⟩: *verurteilen:* die Angeklagten als Agenten a.; die Verbrecher wurden vom Schwurgericht abgeurteilt.

abverlangen ⟨jmdm., sich, einer Sache etwas a.⟩: *fordern, haben wollen:* jmdm. einen hohen Preis a.; dem Motor, dem Wagen alles a.; der Kurs verlangt den Fahrern alles ab.

abwägen ⟨etwas a.⟩: *genau, prüfend bedenken, überlegen:* einen Plan sorgfältig a.; er wägte/wog das Für und Wider, die Vorteile ab; wir haben die Gründe gegeneinander abgewogen/abgewägt; ein klug abwägender Geist; sorgsam abgewogene Worte.

abwählen ⟨jmdn., etwas a.⟩: *nicht wiederwählen:* einen Vorsitzenden a.; ein Schulfach in der Oberschule a.

abwälzen ⟨etwas auf jmdn., auf etwas a.⟩: *von sich schieben, aufbürden:* die Schuld, die Verantwortung, die Arbeit auf einen anderen a.; du hast alle Kosten [von dir] auf mich abgewälzt.

abwandeln ⟨etwas a.⟩: *leicht verändern, variieren:* ein Thema, ein Motiv [in immer neuen Variationen] a.

abwandern: 1.a) (selten) *los-, fortwandern:* in der Frühe wanderten sie ab; Meteor.: das Tief, der Hochdruckkeil wandert ab *(zieht ab).* **b)** *wegziehen, in einen anderen Bereich überwechseln:* viele Menschen wandern vom Land, aus den ländlichen Gebieten in die Stadt ab; in die Industrie, zur Konkurrenz a. **2.** ⟨etwas a.⟩ *durchwandern:* wir haben den ganzen Schwarzwald abgewandert.

abwarten: 1. ⟨jmdn., etwas a.⟩ *auf jmdn., auf etwas warten:* etwas geduldig, ruhig, tatenlos a.; jmds. Antwort a.; er wartete einen günstigen Augenblick ab; wir haben das Ende des Spiels nicht abgewartet; den Briefträger a.; eine abwartende Haltung einnehmen; ⟨auch ohne Akk.⟩ wir wollen noch a. *(uns gedulden).* **2.** ⟨etwas a.⟩ *auf das Ende von etwas warten:* den Regen, das Unwetter a. * (ugs.:) **abwarten und Tee trinken** *(nur Geduld!).*

abwärts ⟨Adverb⟩: *nach unten, talwärts:* a. steigen; der Weg führt a.; a. geneigt; bildl.: vom Hauptmann [an] a.

abwaschen: 1. ⟨jmdn., sich, etwas a.⟩ *mit Wasser [und Seife o. ä.] säubern:* das Gesicht a.; sie wuschen das Geschirr ab; ⟨auch ohne Akk.⟩ *Geschirr spülen:* wir müssen noch a.; ⟨jmdm., sich etwas a.⟩ die Mutter wusch dem Kind das Gesicht ab. **2.** ⟨etwas a.⟩ *wegwaschen:* Schmutz, Farbe a.; bildl.: die Schmach a.

abwechseln ⟨sich, einander a.⟩: **a)** *sich bei etwas ablösen, wechseln:* sich bei der Arbeit a.; die Fahrer wechseln sich ab. **b)** *im Wechsel aufeinander folgen:* Regen und Sonne, Freud und Leid wechseln sich ab; abwechselnd lachen und weinen.

Abwechs[e]lung, die: *Unterbrechung des Einerleis:* eine schöne, erfreuliche, angenehme A.; A. in etwas bringen; das Leben hier bietet keine Abwechslungen; keine A. haben; zur A. *(um einmal etwas anderes zu machen)* zum Tanz gehen; für A. sorgen. * (ugs.:) **die Abwechslung lieben** *(häufig die Liebhaber, die Freundinnen wechseln).*

Abweg, der (selten): *Weg, der nicht zum Ziel führt:* wir befanden uns auf einem A. * **auf Abwege geraten** *(in sittlicher Hinsicht auf falschem Wege sein).*

abwegig: *seltsam, merkwürdig, unsinnig:* ein abwegiger Gedanke; dieser Verdacht ist einfach a.; sie fand seine Frage reichlich a.

Abwehr, die: **a)** *innerer Widerstand, Ablehnung:* auf A. stoßen; er spürte ihre stumme, feindliche A. **b)** *das Abwehren:* die rechtzeitige A. der Gefahr. **c)** *Verteidigung:* die feindliche A. war gering; sich in der A. befinden. **2.a)** (militär.) *Geheimdienst, der Gegenspionage treibt:* die A. hat versagt; in der A. arbeiten. **b)** (Sport) *die verteidigenden Spieler einer Mannschaft:* eine glänzende, gute A.; die englische A. war erschrekkend unsicher; die A. organisieren.

abwehren: a) ⟨jmdn., etwas a.⟩ *abschlagen, zurückschlagen:* den Feind, den Angreifer a.; der Angriff wurde erfolgreich abgewehrt. **b)** ⟨jmdn., etwas a.⟩ *fernhalten:* einen Besucher, Neugierige, Fliegen a. **c)** ⟨etwas a.⟩ *abwenden:* Unheil, eine Gefahr a.; das Schlimmste konnte gerade noch abgewehrt werden. **d)** ⟨etwas a.⟩ *abweisen, von sich weisen:* einen Gedanken, einen Vorwurf, einen Verdacht a.; er wehrte den Dank kühl ab; ⟨auch ohne Akk.⟩ bescheiden, höflich, entschieden wehrte er ab; abwehrend hob er die Hand.

¹abweichen: a) ⟨etwas a.⟩ *aufweichen und ablösen:* ein Etikett [von der Flasche] a.; sie weichte die Briefmarke ab. **b)** ⟨etwas weicht ab⟩ *etwas weicht auf und löst sich ab:* das Plakat ist abgeweicht.

²abweichen: a) ⟨von etwas a.⟩ *sich von etwas entfernen:* vom Weg a.; das Flugzeug wich vom vorgeschriebenen Kurs ab; bildl.: er ist vom rechten Weg abgewichen; übertr.: er ist in keinem Punkte von seinem Plan abgewichen *(abgegangen).* **b)** ⟨von jmdm., von etwas a.⟩ *verschieden sein:* ihre Ansichten weichen voneinander ab; diese Fassung weicht im Wortlaut von der anderen ab; ihr Geschmack weicht von dem der Mutter ab.

abweisen ⟨jmdn., etwas a.⟩: *zurückweisen, von sich weisen:* einen Bettler [an der Tür] a.; die Sekretärin wies die Besucher ab *(ließ sie nicht vor);* ein Anerbieten höflich, kühl, entschieden a.; das Gesuch wurde abgewiesen; das Gericht hat die Klage abgewiesen; jede Hilfe, eine Einladung a. *(ablehnen);* die Angreifer, einen Angriff a. *(abwehren);* ein abweisender *(unnahbarer, kühler)* Blick, Tonfall; sie machte ein abweisendes Gesicht.

abwenden: 1. ⟨sich, etwas a.⟩ *nach einer anderen Seite wenden:* den Blick, die Augen, den Kopf a.; er wandte/wendete sich rasch, schweigend, angewidert ab; er hat sich [innerlich] von seinen Freunden abgewendet/abgewandt *(abgekehrt).* **2.** (geh.) ⟨etwas a.⟩ *abwehren, abweisen:* eine Niederlage, ein Unheil a.; er wendete die Gefahr von seinem Land ab; sie haben den Krieg abgewendet *(verhindert).*

abwerfen: 1. ⟨etwas a.⟩ *[aus großer Höhe] herunterwerfen:* Bomben, Flugblätter a.; die Ballonfahrer werfen Ballast ab. **2.** ⟨jmdn., etwas a.⟩ *von sich werfen, von sich tun:* den Mantel a.; der Rehbock wirft das Geweih ab; das Pferd hat den Reiter abgeworfen; Kartenspiel: eine Karte, den König a. *(ablegen);* bildl.: das Joch der Unfreiheit, die Schmach a. **3.** ⟨etwas wirft etwas ab⟩ *etwas bringt einen bestimmten Gewinn:* Ertrag, Zinsen, Gewinne a.; die Sache wirft nicht viel ab.

abwerten ⟨etwas a.⟩: **a)** *die Kaufkraft von etwas herabsetzen:* den Dollar a.; der Franc wurde um 10% abgewertet. **b)** *in seinem Wert, in seiner Bedeutung herabsetzen:* Ideale a.; er neigt dazu, alles abzuwerten.

abwesend: 1. *nicht anwesend:* der abwesende Geschäftsführer; er ist dienstlich, in Geschäften a.; subst.: die Abwesenden benachrichtigen. **2.** *in Gedanken verloren:* mit abwesendem Blick, Gesichtsausdruck; er war ganz a.; a. lächeln, vor sich hin sehen.

Abwesenheit, die: **1.** *das Abwesendsein:* nach langer, kurzer A.; während, in meiner A.; für die Dauer seiner A. einen Vertreter bestellen; in A. des Chefs, des Meisters, von Herrn Krause; übertr.: die A. *(das Fehlen)* störender Einflüsse. **2.** *geistiges Abwesendsein:* jmdn. aus seiner A. aufschrecken; er saß in völliger A. da. * (ugs.:) **durch Abwesenheit glänzen** *(nicht zugegen sein):* er glänzt wieder einmal durch A.

abwickeln: 1. ⟨etwas a.⟩ *herunterwickeln, wickelnd abnehmen:* Garn, einen Faden, ein Kabel [von der Rolle] a.; ⟨jmdm., sich etwas a.⟩ er wickelte sich den Verband ab. **2. a)** ⟨etwas a.⟩ *ausführen, erledigen:* Geschäfte, einen Auftrag a.; die Veranstaltung konnte ohne Störungen abgewickelt werden. **b)** ⟨etwas wickelt sich ab⟩ *etwas läuft ab:* das Programm wickelte sich reibungslos ab.

abwiegen ⟨etwas a.⟩: *[von etwas wegnehmen und] wiegen:* Äpfel, Kartoffeln, die Zutaten a.; die Verkäuferin wog ein Pfund Mehl ab.

abwimmeln (ugs.) ⟨jmdn., etwas a.⟩: *abweisen:* eine Arbeit, einen Auftrag a.; der Vertreter ließ sich nicht a.; ⟨sich (Dativ) jmdn., etwas a.⟩ ich habe mir den Kerl abgewimmelt.

abwinken: 1. *mit einer Handbewegung seine Ablehnung zum Ausdruck bringen:* höflich, ärgerlich, ungeduldig a.; er hat gleich abgewinkt. **2.** ⟨etwas a.⟩ *durch Winken beenden:* ein Rennen a.; die Fahrer, die Wagen werden abgewinkt.

abwischen ⟨etwas a.⟩: **a)** *durch Wischen entfernen:* den Staub [vom Regal], das Blut a.; ⟨jmdm., sich etwas a.⟩ sie wischte ihm den Schweiß [von der Stirn] ab. **b)** *durch Wischen säubern:* die Tafel, den Tisch a.; er wischte die Hände an der Hose ab; ⟨jmdm., sich etwas a.⟩ er wischte sich die Nase mit, an einem Tuch ab.

abwürgen: 1. (selten) ⟨ein Tier a.⟩ *durch Würgen töten:* der Marder würgt die Beute ab. **2.** ⟨etwas a.⟩ *zum Erliegen bringen, zunichte machen:* ein Gespräch, einen Streik, die Opposition a.; er hat den Motor abgewürgt *(durch unsachgemäßes Bedienen zum Stillstand gebracht).*

abzahlen ⟨etwas a.⟩: **a)** *in kleinen Beträgen zurückzahlen:* seine Schulden, ein Darlehen a.; er zahlt monatlich 100 Mark ab. **b)** *in Raten bezahlen:* das Auto, den Kühlschrank a.

abzählen: a) ⟨jmdn., etwas a.⟩ *zählen, die Anzahl feststellen:* Schrauben, Knöpfe a.; abzählen! (*durchzählen;* militär. Kommando); ⟨auch ohne Akk.⟩ zu zweien a.; die Schüler mußten a. **b)** ⟨etwas a.⟩ *zählend wegnehmen:* 10 Zigarren a.; das Fahrgeld ist abgezählt *(passend)* bereitzuhalten. * (ugs.:) **sich** (Dativ) **etwas an den** [**zehn, fünf**] **Fingern abzählen können** *(sich etwas leicht denken können, etwas leicht voraussehen können)* · (ugs.:) [**sich** (Dativ)] **etwas an den Knöpfen abzählen** *(eine Entscheidung von etwas Zufälligem abhängig machen):* ich zähl' es mir an den Knöpfen ab.

Abzahlung, die: **a)** *Zurückzahlung:* sich mit der A. des Darlehens Zeit lassen. **b)** *Ratenzahlung:* ein Auto auf A. kaufen.

abzapfen ⟨etwas a.⟩: **a)** *zapfend entnehmen:* Wein, Bier a.; ⟨jmdm. etwas a.⟩ jmdm. Blut a. (ugs.; *einen Aderlaß vornehmen*); bildl.: jmdm. Geld a. (ugs.; *abnehmen*). **b)** *zapfend leeren:* ein Faß a.

Abzeichen, das: **a)** *Plakette, Anstecknadel:* ein A. des Vereins; ein A. kaufen, anstecken, tragen, verlieren; sich mit einem A. als Delegierter ausweisen. **b)** (geh.) *Erkennungszeichen, Attribut:* er trug die Abzeichen der Abtswürde.

abzeichnen: 1. ⟨etwas a.⟩ *zeichnend nachbilden:* ein Haus, eine Blume, ein Muster a. **2.** ⟨etwas a.⟩ *mit seinem Namenszeichen versehen, als gesehen kennzeichnen:* ein Schreiben, eine Mitteilung a.; er zeichnete den Wisch ab, ohne ihn zu lesen. **3.** ⟨etwas zeichnet sich ab⟩ *etwas hebt sich ab, ist [in Umrissen] erkennbar, wird sichtbar:* der Baum zeichnet sich gegen den Himmel, vom Himmel ab; die Gestalt zeichnete sich vor den erleuchteten Fenstern ab; auf seiner Backe zeichneten sich zwei Striemen ab; eine Möglichkeit, eine Entwicklung zeichnet sich ab.

abziehen: 1. ⟨etwas a.⟩ **a)** *ziehend entfernen, weg-, herunterziehen:* den Ring a.; er zog den [Zünd]schlüssel ab; die Mutter zieht das Bettzeug ab; (landsch.:) den Hut, das Kopftuch, die Schürze a. *(abnehmen, ablegen).* **b)** *durch das Weg-, Herunterziehen von etwas frei, leer machen:* die Betten a.; ⟨einem Tier etwas a.⟩ sie haben dem Hasen das Fell abgezogen *(haben ihn abgebalgt)*. **c)** (militär.) *zurückziehen:* Truppen aus einem Frontabschnitt in einen anderen a.; die Regierung wurde aufgefordert, die Panzer aus dem Land abzuziehen. **2.** ⟨[etwas] a.⟩ *den Abzug einer Schußwaffe betätigen:* die Haubitzen a.; sie luden durch und zogen ab. **3.** ⟨etwas a.⟩ **a)** *herausziehen, [saugend] entnehmen:* Wasser a.; der Ventilator zieht den Rauch ab; bildl.: Geld, Kapital [aus einem Land] a. **b)** *abfüllen:* Wein, Most [auf Flaschen] a. **4.** ⟨etwas a.⟩ *abrechnen, subtrahieren:* zieh einmal 20 von 100 ab!; diese Summe muß noch vom/(selten:) am Lohn abgezogen werden; ⟨jmdm. etwas a.⟩ wir ziehen ihnen den Vorschuß ab. **5.** ⟨etwas a.⟩ *schärfen:* ein Messer, eine Rasierklinge a. **6.** (Handw.) ⟨etwas a.⟩ *glätten, abhobeln:* ein Brett a.; das Parkett, den Fußboden [mit einer Klinge, mit Stahlspänen] a. **7.** (Phot.) ⟨etwas a.⟩ *einen Abzug machen:* einen Film a. **8.** (Druckw.) *einen Abdruck machen; vervielfältigen:* einen Druckstock a.; einen Text 100mal a. und verteilen; das Plakat soll [in 50 Exemplaren] abgezogen werden. **9.** (Kochk.) ⟨etwas mit etwas a⟩. *verrühren und dadurch eindicken:* eine Suppe mit einem Ei a. **10.** (geh.) ⟨etwas a.⟩ *ableiten:* Regeln, Erkenntnisse a. **11.** (ugs.) ⟨etwas a.⟩ *routinemäßig durchführen, erledigen:* eine Show, eine Party a.; der Schauspieler hat seine Rolle abgezogen. **12. a)** *abrücken, abmarschieren:* die Wache zieht ab; die Truppen sind aus den Stellungen, an die Front abgezogen; die Demonstranten konnten ungehindert a. **b)** (ugs.) *weg-, davongehen:* der Bettler zieht mißmutig, enttäuscht, mit leeren Händen ab; der kleine Junge zog strahlend ab; zieh ab! *(verschwinde!)*. **13.** ⟨etwas zieht ab⟩ *etwas zieht weg:* der Dampf zieht in Schwaden, durch den Schornstein ab *(entweicht)*; das Wasser kann nicht a. *(abfließen, absickern)*; die Wolke, das Gewitter, das Tief zieht ab. * **seine/die [schützende, helfende] Hand von jmdm. abziehen** *(jmdm. seinen Schutz, seine Hilfe entziehen)* · (ugs.:) **eine Schau abziehen** *(sich in Szene setzen):* der zieht heute wieder eine tolle Schau ab.

abzielen ⟨auf jmdn., auf etwas a.⟩: *hinzielen, richten:* er zielte mit seiner Rede auf die Mißstände in der Partei ab; seine Worte zielten darauf ab, ihr Mitgefühl zu erregen.

abzirkeln ⟨etwas a.⟩: *genau abmessen:* eine Entfernung, ein Gewicht [genau] a.; bildl.: er zirkelte seine Worte ab.

Abzug, der: **1. a)** *das Abziehen, Entnehmen:* der A. des Kapitals. **b)** *Abfüllung:* beim A. gehen 2 bis 3% des Volumens des Weins verloren. **2. a)** *Abrechnung:* bei Barzahlung wird ein A. von 5 v. H. gewährt; die Preise verstehen sich bar, ohne A.; nach A. der Unkosten blieb kaum ein Gewinn. **b)** *Steuer, Abgabe:* einmalige, monatliche Abzüge; meine Abzüge sind sehr hoch; die Abzüge errechnen. **3.** *Hebel zum Auslösen des Schusses:* sein Finger berührte den A., lag am A. des Gewehrs; er hatte den Finger am A., spielte mit dem A. **4.** (Phot.) *das von einem Negativ entwickelte Bild:* einen A. machen; wieviel Abzüge wünschen Sie? **5.** (Druckw.) *Abdruck:* die Abzüge korrigieren. **6.** *Vorrichtung, Öffnung, durch die etwas abziehen kann:* über dem Herd befindet sich ein A. für den Rauch; ein A. für Abgase. **7.** *das Abrücken; Abmarsch; Rückzug:* der A. der Truppen soll im Herbst erfolgen; dem Gegner freien A. zusichern, gewähren; den A. der Besatzung fordern. **8.** *das Wegziehen:* nach dem A. der Gewitterfront, des Tiefs Übergang zu wechselhaftem Wetter. * (Papierdt.:) **etwas in Abzug bringen** *(abziehen):* die Unkosten wurden in A. gebracht.

abzüglich (Kaufmannsspr.) ⟨Präp. mit Gen.⟩: *vermindert um, ohne:* a. der Unkosten, des gewährten Rabatts; ⟨ein folgendes alleinstehendes, stark gebeugtes Substantiv im Singular bleibt gewöhnlich ungebeugt⟩ a. Rabatt.

abzweigen: **1. a)** ⟨etwas zweigt ab; gewöhnlich mit Umstandsangabe⟩ *etwas geht seitlich ab, führt in eine andere Richtung:* die Straße zweigt am Ortsausgang, nach links, in Richtung Norden ab; von diesem Weg zweigte ein schmaler Pfad ab. **b)** ⟨etwas zweigt sich ab⟩ *etwas gabelt sich:* am Ortsende zweigt sich die Straße ab. **c)** (veraltend) ⟨von etwas a.⟩ *sich von etwas entfernen:* die anderen waren von unserem Weg abgezweigt. **2.** (ugs.) ⟨etwas a.⟩ *beiseite bringen:* einen Teil des Geldes zweigt er [für Neuanschaffungen] ab; ich habe ein paar Flaschen für uns abgezweigt.

abzwingen ⟨jmdm., sich, einer Sache etwas a.⟩: *abnötigen, abverlangen:* dem Gegner Bewunderung a.; jmdm. ein Versprechen, ein Zugeständnis a.; sie zwang sich ein Lächeln ab.

ach ⟨Interj.⟩: ach nein!; ach ja!; ach, das tut mir leid!; ach Gott!; ach, du lieber Gott!; ach, du lieber Himmel!; ach, wie schade!; ach, das freut mich aber; ach, das ist mir neu; ach, du bist's; ach, sagen Sie mal!; ach, laß mich doch in Ruhe!; ach was!; ach wo!; ach so!; /verstärkend/ die ach so schnell vergangene Ferienzeit; das ach so beliebte Thema. * **ach und weh schreien** *(jammern und klagen)*.

Ach ⟨in der Wendung⟩ mit Ach und Krach: *mit Mühe und Not, gerade noch:* er hat die Prüfung mit Ach und Krach bestanden.

Achillesferse, die: *verwundbare Stelle, schwacher Punkt:* da hat er seine A.; das ist seine A.; jmds. A. treffen.

Achse, die: **1.** *stabförmiger Teil (einer Maschine, eines Apparates, Wagens o. ä.), um den sich etwas dreht:* eine feste, starre A.; die A. hat sich heißgelaufen, ist gebrochen; der Wagen sinkt bis an die Achsen im Schlamm ein; ein Zug mit, von 80 Achsen *(Radpaaren)*. **2.** *gedachte Mittellinie, um die eine Drehbewegung stattfindet:* die Erde dreht sich um ihre A.; der Mann drehte sich um seine eigene A. und brach zusammen. * (Kaufmannsspr.:) **per Achse** *(mit einem Landfahrzeug):* per A. transportieren · (ugs.:) **auf [der] Achse sein** *(unterwegs sein):* als Vertreter ist er ständig auf A.

Achsel, die: *Schulter[gelenk]:* die Achseln hochziehen, fallenlassen; etwas unter die A. klemmen; in, unter der A. Fieber messen. * **etwas auf die leichte Achsel nehmen** *(etwas nicht genügend ernst nehmen)* · **jmdn. über die Achsel ansehen** *(auf jmdn. herabsehen)* · **die Achsel[n], mit den Achseln zucken** *(mit einem Hochziehen der Schultern zu verstehen geben, daß man etwas nicht weiß, nicht versteht)*.

acht ⟨Kardinalzahl⟩: *8:* es sind a. Mann; wir sind zu acht, (ugs.:) zu achten, (geh.:) unser acht; es ist a. [Uhr]; um, Punkt a.; es schlägt eben a.; ein Viertel vor, nach, auf a.; halb a.; er kommt gegen a.; er wird, ist heute a. [Jahre alt]; seit a. Tagen; die Mannschaft gewann a. zu vier; a. und eins gibt, macht neun; subst.: eine A. malen, auf dem Eis laufen, schießen; die A. (ugs.; *Straßenbahnlinie 8*) fährt nach dem Hauptbahnhof; er hat eine A. im Hinterrad (ugs.; *es ist in Form einer Acht verbogen*).

[1]Acht, die (hist.): *Ächtung:* über jmdn. die A. verhängen, aussprechen; der König belegte ihn mit der A. *(ächtete ihn)*. * **jmdn. in Acht und Bann tun/erklären** *(aus der Gemeinschaft ausschließen)*.

[2]Acht, die ⟨nur in bestimmten Wendungen⟩ **etwas außer acht lassen,** (selten:) **etwas aus der, aus aller A. lassen** *(nicht beachten):* er hat alle Warnungen außer acht gelassen · **etwas in acht nehmen** *(vorsichtig, sorgsam behandeln):* nimm das kostbare Geschirr in acht · **sich in acht nehmen** *(vorsichtig sein, aufpassen):* bei dem feuchten Wetter muß man sich sehr in acht nehmen.

achtbar (geh.): **a)** *geachtet, ehrbar:* ein Kind achtbarer Eltern; ein achtbarer Geschäftsmann; er befindet sich in achtbarer Stellung. **b)** *anerkennenswert:* 2 : 3 ist ein achtbares Resultat; er hat sich a. geschlagen, seine Rolle a. gespielt.

achte ⟨Ordinalzahl⟩: *8.:* er ist der a.; der a. von rechts; das a. Schuljahr, der a. Tag, der a. Januar; subst.: er ist der Achte (der Leistung nach) in der Klasse; heute ist der Achte *(8. Tag des Monats)*; sie spielten die Achte *(8. Sinfonie)*.

achten: 1. ⟨jmdn., etwas a.⟩ *Achtung entgegenbringen, respektieren:* das Gesetz, das Alter, die Gefühle anderer a.; [die] Vorfahrt a.; er wird von allen [als Forscher] geachtet; der Politiker ist wegen seiner Gesinnung bei allen sehr geachtet. **2.** *beachten, Aufmerksamkeit schenken:* **a)** ⟨auf jmdn., auf etwas a.⟩ er achtete nicht auf die Passanten; wir hatten nicht auf das heranziehende Gewitter geachtet; er sprach weiter, ohne auf die Zwischenrufe zu a. **b)** (geh.; veraltend) ⟨jmds., einer Sache a.⟩ er achtete nicht des Schmerzes; wir hatten nicht des Weges geachtet. **c)** (geh.; veraltend) ⟨jmdn., etwas a.⟩ er achtete nicht die Gefahr, die Mühe; ... ohne die Kälte zu a. **3.** ⟨auf jmdn., auf etwas a.⟩ *aufpassen, achtgeben:* er achtet genau, streng, scharf darauf, daß seine Anordnungen befolgt werden; der Chef achtet sehr auf Pünktlichkeit; würden Sie einmal auf das Kind a.? **4.** (geh.) ⟨jmdn., etwas a.; mit Artangabe mit *für*⟩ *halten für:* jmdn. für verloren, ehrlich, gewissenhaft a.; sie achtete ihn für einen Wohltäter; er achtete dieses Vorgehen für Betrug.

ächten: a) (hist.) ⟨jmdn. ä.⟩ *aus einer Gemeinschaft ausstoßen:* die Abtrünnigen werden geächtet. **b)** ⟨jmdn., etwas ä.⟩ *verdammen:* die Todesstrafe ä.; das Land wurde wegen seiner Rassenpolitik geächtet.

achtgeben ⟨auf jmdn., auf etwas a.⟩: *aufpassen:* auf die Kinder, auf das Gepäck a.; man muß genau, gut a., daß nichts passiert; wenn er nicht achtgibt *(sich vorsieht)*, wird er sich erkälten; gib acht! *(Vorsicht!, paß auf!)*.

achthaben: a) (geh.) ⟨auf jmdn., auf etwas a.⟩ *aufpassen, auf etwas achten:* auf die Kinder, auf die Sachen a. **b)** (geh.; veraltend) ⟨jmds., einer Sache a.⟩ *beachten:* sie hatten des Weges nicht achtgehabt.

achtlos: *unachtsam, gleichgültig:* etwas a. wegwerfen; er ging a. an den anderen vorbei.

Achtung, die: **1.** *Hochschätzung, Respekt:* das gebietet die gegenseitige A.; jmdm. A. einflößen (geh.), erweisen; er brachte ihm nicht die nötige A. entgegen; [sich] die besondere A. der Kollegen erwerben, ihre A. genießen; sich A. zu verschaffen suchen; eine hohe A. vor dem Richterstand haben; er hat die A. vor dem Leben verloren; keine A. für jmdn. empfinden, hegen (geh.); er erfreut sich allgemeiner A.; der Sohn tat dies aus A. vor seinen, gegen seine Eltern; bei aller A. vor den Ärzten ...; er ist in unserer A. gestiegen, gefallen, gesunken; mit A. von jmdm. sprechen; jmdm. mit der schuldigen A. begegnen. **2. a)** /Warnung/: A. *(Vorsicht)*, Stufe!; A., Hochspannung! **b)** /Aufforderung, auf etwas zu achten/: A. *(aufpassen!)*, Aufnahme! **c)** /militär. Ankündigungskommando/ A., präsentiert das Gewehr!; der Unteroffizier brüllte „Achtung!".

achtzig ⟨Kardinalzahl⟩: *80:* es waren nur a. [Personen] anwesend; er ist a. [Jahre alt]; a., mit a. (ugs.; *80 Stundenkilometer*) fahren. * (ugs.:) **auf achtzig kommen** *(wütend werden)* · (ugs.:) **auf achtzig sein** *(wütend sein):* ich war ganz schön auf a.

ächzen: *kurz und mit gepreßt klingendem Laut ausatmen:* laut, unter einer schweren Last, vor Anstrengung ä.; ächzend richtete er sich auf; übertr.: die Dielen ächzten unter seinen Schritten.

Acker, der: **1.** *für den Anbau genutzte Bodenfläche:* ein fruchtbarer, ertragreicher, lehmiger A.; die Äcker liegen brach, dampfen; einen A. bebauen, bestellen, bewirtschaften, pflügen, eggen, düngen. **2.** */ein altes Feldmaß/:* 10 Acker Land.

ackern: a) (veraltend) ⟨[etwas] a.⟩ *pflügen:* der Bauer ackert [das Feld]. **b)** (ugs.) *schwer arbeiten, sich plagen:* ich muß ganz schön a.; er hat schwer geackert, um sein Ziel zu erreichen.

ad acta ⟨in der Wendung⟩ etwas ad acta legen (bildungsspr.): *zu den Akten legen:* ein Schriftstück, einen Vorgang ad acta legen; übertr.: wir können die Sache ad acta legen *(als erledigt betrachten)*.

Adam ⟨in den Wendungen⟩ (ugs.:) **seit Adams Zeiten, Tagen** *(seit je, solange man denken kann)* · (ugs.:) **etwas stammt von Adam und Eva** *(etwas ist uralt)* · (ugs.:) **bei Adam und Eva anfangen** *(bei seinen Ausführungen weit ausholen)* · **der alte Adam** *(die alten Schwächen, Gewohnheiten eines Mannes):* er versucht, den alten A. auszuziehen *(seine Gewohnheiten abzulegen, ein neuer Mensch zu werden)*; der alte A. regt sich wieder in ihm *(er fällt in seine alten Fehler, Gewohnheiten zurück)*.

Adam Riese ⟨in der Wendung⟩ nach Adam Riese (ugs.; scherzh.): *richtig gerechnet:* nach Adam Riese sind zwei und zwei vier, macht das 10 Mark.

Adamskostüm ⟨in der Wendung⟩ im Adamskostüm (ugs.; scherzh.): *nackt:* er lief im A. umher.

ade (veraltend): */Grußwort beim Auseinandergehen/:* ade! *(auf Wiedersehen!)*. * **jmdm. ade sagen** *(sich verabschieden):* er sagte ihm a.; wir mußten uns a. sagen · **einer Sache ade sagen** *(etwas aufgeben):* wir haben dieser Politik a. gesagt.

Adel, der: **1. a)** (hist.) *aristokratische Oberschicht; Adelsstand:* der A. stand auf der Seite der Krone; die Söhne des englischen Adels; dem hohen, niedrigen A. angehören; Redensart: A. verpflichtet. **b)** *Adelsfamilie:* verarmter A.; er stammt aus altem A. **2.** *Adelstitel:* erblicher, persönlicher A.; den A. verleihen, anerkennen, erwerben, ablegen. **3.** (geh.) *Vornehmheit, Würde:* innerer, geistiger, menschlicher A.; der A. des Herzens, der Arbeit.

adeln: 1. ⟨jmdn. a.⟩ *in den Adelsstand erheben:* er wurde für seine, wegen seiner Verdienste geadelt. **2.** (geh.) ⟨etwas adelt jmdn., etwas⟩ *etwas verleiht jmdm., einer Sache Würde oder Vornehmheit:* diese Gesinnung adelt ihn.

Ader, die: **1.** *Blutgefäß:* blaue Adern; die Adern schwellen, treten an den Schläfen hervor, klopfen; eine A. abbinden, bei der Operation abklemmen, unterbinden; jmdm. stockt, erstarrt, gerinnt [vor Schreck] das Blut in den Adern *(jmd. ist sehr erschrocken);* jmdm. kocht das Blut in den Adern *(jmd. ist stark erregt, sehr zornig, wütend);* übertr.: **a)** (Bergmannsspr.) *Erzgang:* sie stießen auf eine [ergiebige] A. **b)** (Biol.) *Blattrippe:* die Adern des Blattes. **c)** (Technik) *stromführender Teil eines Kabels:* dieses Kabel hat zehn Adern. **2.** ⟨gewöhnlich in Verbindung mit *haben*⟩ **a)** *Anlage, Begabung:* eine künstlerische, poetische, musikalische A. haben. **b)** *Veranlagung, Wesensart:* er hat eine großzügige, masochistische (bildungsspr.) A.; seine Tochter hat eine leichte A. *(neigt zum Leichtsinn);* Frauen haben keine A. *(keinen Sinn)* für ... * **blaues Blut in den Adern haben** *(adliger Abkunft sein)* · (geh.:) **sich** (Dativ) **die Adern öffnen** *(durch Öffnen der Pulsader Selbstmord begehen)* · **jmdn. zur Ader lassen: a)** (veraltend) *(Blut abzapfen).* **b)** (scherzh.) *(Geld abnehmen).*

Adler, der: **1.** */ein Vogel/:* der Adler horstet im Hochgebirge, zieht hoch über der Erde seine Kreise, stürzt sich auf seine Beute, stößt herab. **2.** *Wappentier in Gestalt eines Adlers:* der preußische A.; zwei vergoldete Adler; A. *(Wappen)* oder Zahl? (beim Losen mit einer Münze).

adlig: 1. *dem Adel angehörend:* eine adlige Dame; von adliger Abstammung sein; er ist a. [geboren]. **2.** (geh.) *vornehm, edel:* eine adlige Gesinnung; ihr Gesicht ist a. und geheimnisvoll.

Adresse, die: **1.** *Anschrift:* die A. ist, lautet ...; die A. ist unleserlich; die A. angeben, schreiben, [auf einem Zettel] notieren, erfragen, erfahren; er hinterließ seine A.; ich wechsle oft meine A. *(meinen Aufenthaltsort);* jmdm. seine A. geben; eine A. im Telephonbuch suchen, nachsehen; an welche A. ist der Brief gerichtet?; ein Paket mit einer A. versehen; übertr.: die Drohung ist an die A. der Aggressoren gerichtet *(richtet sich an sie).* **2. a)** (geh.) *schriftliche Willenskundgebung:* die Regierung lehnte es ab, diese A. entgegenzunehmen. **b)** (geh.) *offizielles Gruß- oder Dankschreiben:* eine A. an einen Parteitag richten; der Leiter des Kongresses verlas die A. der Regierung. * (ugs.:) **sich an die richtige Adresse wenden** *(sich an die zuständige Stelle wenden)* · (ugs.:) **an die falsche/verkehrte Adresse kommen/geraten** *(an den Unrechten kommen, scharf abgewiesen werden):* damit bist du bei mir an die falsche A. gekommen.

Affäre, die: **a)** *[unangenehme] Angelegenheit, [peinlicher] Zwischenfall:* eine dunkle, peinliche, ärgerliche, schlimme, üble A.; eine A. beilegen, aus der Welt schaffen; jmdn. in eine A. hineinziehen, verwickeln. **b)** (veraltend) *Liebschaft, Verhältnis:* er hat eine A. mit ihr gehabt; seine Affären waren allgemein bekannt. * **sich aus der Affäre ziehen** *(mit Geschick aus einer [unangenehmen] Situation herausgelangen):* der Minister hat sich mit Anstand aus der A. gezogen.

Affe, der: **1.** */ein Tier/:* die Affen klettern auf den Bäumen herum; im Zoo die Affen füttern; der Mensch stammt vom Affen ab. **2.** (ugs.) */Schimpfwort, bes. für einen dummen oder eitlen Menschen/:* so ein eingebildeter A.!; mit den Affen wollen wir nichts zu tun haben. **3.** (ugs.) *Tornister:* der A. drückt mich; den A. packen, umnehmen, abschnallen. * (ugs.:) **einen Affen** [**sitzen**] **haben** *(betrunken sein)* · (ugs.:) **sich** (Dativ) **einen Affen kaufen/antrinken** *(sich betrinken)* · (ugs.:) **seinem Affen Zucker geben** *(sein Steckenpferd reiten, über sein Lieblingsthema immer wieder sprechen)* · (ugs.:) **vom wilden/tollen Affen gebissen sein** *(verrückt, von Sinnen sein)* · (ugs.:) **mich laust der Affe!** *(das überrascht mich!)* · (ugs.:) **einen Affen an jmdm. gefressen haben** *(jmdn. im Übermaß mögen, gern haben)* · (ugs.:) **jmdn. zum Affen halten** *(anführen, narren)* · (ugs.:) **wie ein Affe auf dem Schleifstein sitzen** *([auf dem Fahrrad] sitzend eine unglückliche Figur machen)* · (ugs.:) **sich wie ein wildgewordener Affe benehmen** *(sich toll gebärden).*

Affekt, der (bildungsspr.): *heftige Erregung:* Affekte auslösen, hervorrufen; im A. handeln; Mord im A.

affektiert (bildungsspr.): *gekünstelt, geziert, unnatürlich:* ein affektierter Mensch; ein affektiertes Benehmen; sehr a. sein; a. sprechen; sich a. geben.

affenartig: *in der Art eines Affen:* er bewegte sich a. * (ugs.:) **mit affenartiger Geschwindigkeit** *(sehr schnell):* er verschwand mit affenartiger Geschwindigkeit.

Agent, der: **1.** *in staatlichem Geheimauftrag arbeitender Spion:* er ist, arbeitet als A.; die Tätigkeit der Agenten; Agenten einschleusen, überführen, unschädlich machen, verhaften. **2.** (veraltend) *Vertreter, Vermittler:* er ist A. einer großen Versicherung.

ahnden (geh.) ⟨etwas a.⟩: *hart bestrafen:* ein Unrecht streng a.; alle Vergehen wurden mit schweren Strafen geahndet.

ähneln ⟨jmdm., sich, einer Sache ä.⟩: *ähnlich sehen, ähnlich sein:* sie ähnelt sehr ihrer Mutter; die beiden Kinder ähneln sich/(geh.:) einander; ihre Erlebnisse ähnelten sich in lächerlicher Weise.

ahnen: 1. *ein Vorgefühl von etwas Kommendem haben:* **a)** ⟨etwas a.⟩ ein Unglück, die Nähe des Todes, nichts Gutes a.; er ahnte nicht das mindeste. **b)** ⟨jmdm. ahnt etwas⟩ ihm ahnte Böses. **2.** *ein undeutliches Wissen von etwas haben, im voraus wissen, vermuten:* **a)** ⟨jmdn., etwas a.⟩ etwas dunkel, dumpf a.; ... als ob er es geahnt hätte; das konnte ich wirklich nicht a.; nichts [Böses] ahnend, ging er auf sie zu. **b)** ⟨jmdm. ahnt etwas⟩ ihm ahnte nichts von den Schwierigkeiten; mir ahnte, daß er mir nicht helfen würde. * (ugs.:) **[ach,] du ahnst es nicht!** */Ausruf der Überraschung/*.

ähnlich: *in bestimmten Merkmalen übereinstimmend:* ähnliche Interessen, Gedanken; ein ähnliches schönes Haus; auf ähnliche Weise; er ist seinem Bruder sehr ähnlich; sie sieht ihrer Schwester täuschend, zum Verwechseln, nur entfernt ä.; ganz ä. empfinden; ... ä. wie er es versucht hatte; man erlebt ähnliches *(solches)*, wenn ...; Bücher, Zeitschriften und ähnliches. * (ugs.:) **etwas sieht jmdm. ähnlich** *(paßt zu jmdm., ist jmdm. zuzutrauen)*.

Ähnlichkeit, die: *das Ähnlichsein:* eine große, starke, geringe, auffallende, täuschende, entfernte Ä.; die Ä. drängt sich mir auf; zwischen ihnen besteht keine Ä.; er hat [in seinem Wesen] viel Ä. mit ihm; eine gewisse Ä. feststellen.

Ahnung, die: **a)** *Vorgefühl:* eine dunkle, düstere, böse A.; eine A. von dem kommenden Unheil haben; eine A. steigt in mir auf, befällt mich, überkommt mich; seine Ahnungen haben sich erfüllt, sich bestätigt, haben ihn nicht getrogen. **b)** *intuitives Wissen, Vermutung:* haben sie eine A. *(wissen Sie)*, wo er ist?; [ich habe] keine A.! *(ich weiß es nicht)*; hast du eine A.! (ugs.; *wenn du wüßtest!*); sie hat keine A., wie das passieren konnte; er hat kaum eine, keine, keine blasse, nicht die geringste A. von Mathematik *(er weiß kaum etwas, nichts, überhaupt nichts von Mathematik)*. * (ugs.:) **von Ackerbau und Viehzucht/von Tuten und Blasen keine Ahnung haben** *(von etwas nicht das geringste verstehen)*.

ahnungslos: *nichts ahnend; völlig unwissend:* der ahnungslose Besucher; er war a., stellte sich a., kam ganz a. herein.

Ähre, die: *Blüten- und Fruchtstand von bestimmten Getreidearten:* reife, taube, volle, schwere, goldene Ähren; die Ähren hängen herab; Ähren lesen.

akklimatisieren (bildungsspr.) ⟨sich a.⟩: *sich an fremde Klimaverhältnisse anpassen:* die Sportler mußten sich in Mexiko erst a.; übertr.: *sich an etwas gewöhnen, heimisch werden:* der Neue hat sich bei uns leicht, schnell akklimatisiert; ich muß mich erst noch an den rauhen Ton a.

¹Akkord, der (Musik): *Zusammenklang:* ein voller, sanfter A.; einen A. [auf dem Klavier] anschlagen, greifen.

²Akkord, der: *Stück-, Leistungslohn:* einen schlechten A. haben; Arbeit im A. übernehmen; im/(selten auch:) in, auf A. arbeiten.

Akt, der: **1.** (bildungsspr.) *Handlung, Tat:* ein symbolischer A.; rechtswidrige Akte; ein A. der Gerechtigkeit, der Menschenliebe, der Verzweiflung; etwas als einen feindseligen A. ansehen. **2.** (bildungsspr.) *Feierlichkeit, Zeremonie:* ein feierlicher, festlicher A.; der A. der Preisverleihung; er hatte diesem denkwürdigen A. beigewohnt. **3.** (Theater) *Aufzug:* es folgt der letzte A.; das Drama hat drei Akte; eine Tragödie in fünf Akten; [mitten] im zweiten A. **4.** (bildende Kunst) *Darstellung des nackten menschlichen Körpers:* ein männlicher, weiblicher A.; einen A. malen, zeichnen; in seinem Schlafzimmer hängt ein A. **5.** (bildungsspr.) *Koitus:* der eheliche A.; es kam zu keinem A.; während des Aktes, nach dem A. **6.** (Verwaltungsspr.) *Aktenstück; Vorgang:* einen A. anlegen; geben Sie mir mal bitte den A.!

Akte, die: **a)** (Bürow.) *Unterlage, Aktenstück:* eine wichtige A.; eine A. anlegen; die A. zu diesem Fall. **b)** ⟨Plural⟩ *in Ordnern gesammelte Schriftstücke:* vertrauliche, geheime, unerledigte Akten; die Akten häufen, türmen, stapeln sich; Akten anfordern, bearbeiten, einsehen, ordnen, studieren, abschließen, einstampfen; hinter, über [den]Akten sitzen; der Richter blätterte in den Akten; das kommt in die Akten *(wird eingetragen)*; etwas zu den Akten nehmen; wir können dieses Schreiben zu den Akten legen. * (ugs.:) **etwas zu den Akten legen** *(als erledigt betrachten)*: wollen wir nicht die ganze Angelegenheit zu den Akten legen? · **über etwas die Akten schließen** *(etwas beenden, über etwas nicht mehr verhandeln)*: darüber sind die A. noch nicht geschlossen.

Aktie, die: */ein Wertpapier/:* alte, junge Aktien; eine A. über, zu 100 Mark; die Aktien steigen, fallen, stehen gut, sind stabil; das Unternehmen gibt neue Aktien aus; er legte sein Vermögen in Aktien an. * (ugs.:) **jmds. Aktien steigen** *(jmds. Aussichten auf Erfolg werden besser)* · (ugs.; scherzh.:) **wie stehen die Aktien?** *(wie geht's?)*.

Aktion, die (bildungsspr.): **1.** *gemeinschaftliche Unternehmung; Maßnahme:* eine gemeinsame, großangelegte A.; sie starteten eine militärische A. gegen die Aufständischen; eine A. [für den Frieden] planen, einleiten, durchführen; die A. wurde eingestellt. **2.** (veraltend) *Handlung, Tätigkeit:* sie beobachtete seine Aktionen; tagelang ging von ihm keine A. aus. * **in Aktion** *(in Tätigkeit)*: in A. setzen, treten; er ist, befindet sich in voller A.

aktiv: **1.** *tätig, rührig, zielstrebig:* ein aktiver Teilnehmer; eine gesellschaftlich aktive Dame; er ist eine aktive Natur; a. mitarbeiten; sich a. an etwas beteiligen; in einer Angelegenheit a. werden *(etwas unternehmen)*; er ist politisch a. **2.** (militär.) *[als Berufssoldat] im Militärdienst stehend:* ein aktiver Offizier; er hat a. gedient. **3.** (Sport) *als Mitglied einer Sportgemeinschaft an Übungen und Wettkämpfen teilnehmend:* ein aktiver Sportler, Handballspieler; er war früher einmal auch a. gewesen. * **aktives [Vereins]mitglied** *(an der Vereinsarbeit teilnehmendes Mitglied)* · (Wirtsch.:) **aktive [Handels]bilanz** *(Überwiegen der Ausfuhr gegenüber der Einfuhr)* · (Politik:) **aktives Wahlrecht** *(Recht zur Teilnahme an der Wahl)* · (Chemie:) **aktiver Sauerstoff, Wasserstoff** *(besonders reaktionsfähiger Sauerstoff, Wasserstoff)* · (Sprachw.:) **aktiver Wortschatz** *(Gesamtheit der Wörter, die jmd. kennt und deren er sich beim Sprechen und Schreiben bedient)*.

aktivieren: **1.** (bildungsspr.) ⟨jmdn., etwas a.⟩ *zu einer [verstärkten] Tätigkeit bewegen, in Schwung bringen:* die Arbeit a.; die Jugend, die Massen politisch a.; durch das Mittel wird die Drüsentätigkeit aktiviert; Chemie: Kohle, einen Katalysator a. *(besonders reaktionsfähig machen)*. **2.** (Kaufmannsspr.) ⟨etwas a.⟩ *durch buchhalterische Belastung ausgleichen:* eine Werterhöhung, Kosten a.

Aktualität, die (bildungsspr.): *Gegenwartsbezo-*

genheit, Zeitnähe: etwas ist von besonderer, unmittelbarer, brennender A.; ein Buch von großer A.; etwas gewinnt, verliert an A., büßt seine A. ein.

aktuell (bildungsspr.): *im augenblicklichen Interesse liegend, zeitnah:* ein aktuelles Thema, aktuelle Ereignisse; diese Fragen werden wieder a.; das ist nicht mehr a.

akut: 1. (bildungsspr.) *unvermittelt auftretend, im Augenblick herrschend, vordringlich:* eine akute Frage; das bildet eine akute Bedrohung für den Weltfrieden; dieses Problem wird jetzt a. *(muß behandelt, gelöst werden);* die Gefahr ist nicht a. *(drohend).* **2.** (Med.) *plötzlich auftretend und heftig verlaufend:* eine akute Blinddarmentzündung; die Krankheit ist a.

Akzent, der: **1.** *Betonungszeichen:* auf dem é ist ein A.; einen A. richtig, falsch setzen; einen Buchstaben mit einem A. versehen. **2.** *Betonung:* der A. liegt auf der zweiten Silbe; die Stammsilbe trägt den A. **3.** *Tonfall, Färbung, Aussprache:* sein französischer A. war unverkennbar; mit hartem, starkem, leichtem, fremdem, ausländischem A. sprechen; er sprach ohne jeden A.; durch seinen A. auffallen, sich verraten. **4.** *Schwerpunkt, Nachdruck; Gewicht, Bedeutsamkeit:* die Akzente haben sich verschoben; neue Akzente setzen; einem Gespräch einen scharfen A. geben; die Sache bekommt dadurch einen anderen A.

akzeptieren (bildungsspr.) ⟨jmdn., etwas a.⟩: *annehmen, anerkennen, einverstanden sein:* ein Angebot, Bedingungen [als Verhandlungsgrundlage] a.; er hat seinen Schwiegersohn, ihn als Partner akzeptiert.

Alarm, der: **1.** *Warnung bei Gefahr:* ein voreiliger, falscher A.; der A. kam zu spät; A. auslösen, geben. **2.** *Dauer, Zustand des Alarmiertseins:* es ist noch A.; der A. dauert an; den A. aufheben. * **blinder Alarm** *(grundlose Aufregung, Beunruhigung)* · **Alarm schlagen** *(alarmieren, Aufmerksamkeit erregen).*

alarmieren: 1. ⟨jmdn., etwas a.⟩ *bei Gefahr herbeirufen, zu Hilfe rufen:* die Feuerwehr, die Polizei a.; militär.: einen Truppenteil a. *(in Gefechtsbereitschaft versetzen).* **2.** ⟨jmdn., etwas a.⟩ *beunruhigen, aufschrecken, in Aufregung versetzen:* der Summer alarmierte das ganze Haus; alarmierende Meldungen.

[1]albern: *töricht, linkisch:* ein albernes Mädchen; albernes Benehmen, Getue, Geschwätz; alberne Witze; sei nicht so a.!; sich a. aufführen, benehmen.

[2]albern: *sich albern benehmen, Unfug treiben:* die Schüler albern auf dem Schulhof, in der Klasse; die Ärzte und Schwestern alberten miteinander.

Alibi, das: *[Nachweis der] Abwesenheit vom Tatort zur Tatzeit:* ein lückenloses, stichhaltiges, sicheres, glaubhaftes, falsches A.; er hat ein, kein A.; ein A. beibringen, erbringen (geh.), nachweisen; ich habe mir ein A. verschafft; übertr.: sie suchen nach einem A. *(einer Rechtfertigung)* für ihr Vorgehen.

Alkohol, der: **1.** *Weingeist, Spiritus:* reiner A.; der Arzt tupfte die Stelle mit A. ab. **2.** *geistiges Getränk:* der A. wirkt, tut seine Wirkung, löste ihm die Zunge; keinen A. trinken; wir haben keinen Tropfen A. im Haus; den A. meiden; sich nichts aus A. machen; der Fahrer roch nach A. * **etwas in/im Alkohol ertränken** *(etwas beim Genuß von Alkohol zu vergessen suchen):* er ertränkte seinen Kummer in A. · **jmdn. unter Alkohol setzen** *(betrunken machen)* · **unter Alkohol stehen** *(betrunken sein):* der Fahrer stand ganz offensichtlich unter A.

alkoholisch: ⟨in bestimmten Attribuierungen⟩ alkoholisches *(alkoholhaltiges)* Getränk; alkoholischer Exzeß *(übermäßiger Alkoholgenuß);* Chemie: alkoholische Gärung *(Gärung, bei der Alkohol entsteht).*

all ⟨Indefinitpronomen und unbestimmtes Zahlwort⟩: **1.** ⟨Singular: aller, alle, alles; unflektiert: all⟩ /nähert sich der Bedeutung von *ganz, gesamt*/: alles oder nichts; alles [auf einmal] haben wollen; es ist alles bezahlt; es ist alles aus *(das ist das Ende);* das geht mir über alles *(ist mir das Höchste);* das ist noch nicht alles *(es geht noch weiter, gibt noch mehr);* alles, was ... (nicht: das ...); er bekam alles, was er sich gewünscht hatte; das, dieses alles; bei dem allen/(selten:) allem; diesem allen/(selten:) allem bin ich nicht gewachsen; er hat sich dieses allen bedient; alles das; all das; bei allem dem; mit allem diesem; mit all diesem; alles Glück, alles Leid der Erde; bei aller Bewunderung, Liebe; mit allem Nachdruck; in aller Deutlichkeit; zu allem Unglück wurde er noch krank; die Wurzel allen/(selten:) alles Übels ist ...; trotz allen/(selten:) alles Fleißes; aller heimliche/ (selten:) heimlicher Groll entlud sich; trotz allen/ (selten:) alles guten Willens; er war allem gesunden Fortschritt aufgeschlossen; all der Fleiß war vergebens; all sein Zureden half nichts; von all dem Lärm nichts hören; all[e] meine Mühe war umsonst; all[er] dieser Arbeit war er überdrüssig; in all/(selten:) aller meiner Unschuld · /nähert sich der Bedeutung von *jeder, jeglich*/: alles hat seine zwei Seiten, braucht seine Zeit; was hast du alles *(im einzelnen)* gesehen?; ohne allen *(irgendeinen)* Grund; jmdm. alles Gute, Liebe, Schöne wünschen; Bücher aller Art; alles mögliche tun; alles [andere], nur nicht das. **2.** ⟨Plural: alle; unflektiert: all⟩ /nähert sich der Bedeutung von *sämtliche*/: alle sind dagegen; alle, die eingeladen waren, sind gekommen; alle (betont) haben wir versagt; das geht uns alle an; auf euer aller Wohl!; diese alle/alle diese/all diese kenne ich bereits; alle Personen, Tiere, Sachen; alle Reisenden/(selten:) Reisende mußten aussteigen; alle schönen/(selten:) schöne Mädchen; mit allen Kräften; für alle Fälle; alle meine Freunde; all[e] seine Hoffnungen; er will all[en] diesen Kranken helfen · /nähert sich der Bedeutung von *jeder [von diesen]*/: alle beide; wir haben mit allen dreien gesprochen; nach allen vier Himmelsrichtungen · ⟨mit Zeit- und Maßangaben⟩/ gibt die Wiederholung, die Wiederkehr in regelmäßigen Abständen an/: alle paar, alle fünf Minuten; alle drei Schritte; sie besuchte uns alle vier Wochen. **3.** (ugs.) ⟨Singular: alles⟩ *alle, alle Anwesenden:* alles aussteigen!; alles [mal] herhören!; alles hört auf mein Kommando!; alles wartet jetzt auf die Marathonläufer · /nähert sich der Bedeutung von *nur*/: es waren alles Politiker. * **alle Welt** *(jedermann)* · **aus aller Welt** *(von überall her)* · **in alle Welt** *(überallhin)* · **alle Achtung!** (*das verdient Anerkennung!;* Ausruf der Bewunderung) · **vor**

allem *(in erster Linie, hauptsächlich, besonders)* · **alles und jedes** *(jegliches ohne Ausnahme)* · **alles in allem** *(im ganzen gesehen, zusammengenommen)* · **jmds. ein und alles sein** *(jmds. ganzes Glück sein)* · (ugs.:) **Mädchen für alles** *(Hilfskraft für alle anfallenden Arbeiten)* · (ugs.:) **alles, was recht ist** *(das muß man zugeben)* · (ugs.:) **da hört [sich] doch alles auf!** *(das ist unerhört!)* · (Kegelspiel:) **alle neun[e]!** *(Ausruf, wenn alle Kegel auf einen Wurf gefallen sind)* · (ugs.:) **alle nas[e]lang** *(fortwährend, ständig)*.

All, das: *Weltraum, Universum:* das weite, unermeßliche A.; das A. erforschen; sie stießen ins A. vor.

alle (ugs.): *zu Ende, aufgebraucht:* das Brot, der Zucker, unser Geld ist a.; du kannst den Kuchen ruhig a. machen; die billigen Äpfel sind leider a. *(ausverkauft);* ich bin ganz a. *(erschöpft);* Redensart: die Dummen werden nicht a. * (derb:) **jmdn. alle machen** *(umbringen)*.

alledem ⟨nach Präpositionen mit dem Dativ⟩: *allem dem:* trotz, bei a.; es ist nichts von a. wahr.

allein: 1. ⟨Adj.; ugs. auch: *alleine*⟩ **a)** *ohne einen anderen, ohne Gesellschaft, für sich:* a. leben, in Urlaub fahren; sie ist gerne a.; heute abend bin ich a. zu Hause; laß mich nicht a.! **b)** *einsam, vereinsamt:* sich sehr, ganz a. fühlen; ich bin unvorstellbar a. **c)** *ohne fremde Hilfe:* a. mit etwas fertig werden; etwas a. machen, tragen; das erledige ich [ganz] a. **2.** ⟨Adverb⟩ **a)** (geh.) *nur, einzig, ausschließlich:* er a. ist daran schuld; a. bei ihm liegt die Entscheidung. **b)** *von allem anderen abgesehen; schon:* a. der Gedanke ist schrecklich; die Baukosten a. betragen 24 Millionen Mark. **3.** (geh.) ⟨Konj.⟩ *aber, jedoch:* ich hoffte auf ihn, a. ich wurde bitter enttäuscht. * (ugs.:) **von allein[e]** *(von sich aus, aus eigenem Antrieb):* das weiß ich von a. · (verstärkend:) **einzig und allein** *(nur):* das verdanken wir einzig und a. ihm.

alleinig: *einzig:* der alleinige Erbe, Vertreter.

allemal ⟨Adverb⟩: **1.** *immer, jedesmal:* er hat noch a. versagt. **2.** (ugs.) *ganz bestimmt, gewiß:* das schaffen wir a. * (verstärkend:) **ein für allemal** *(für alle Zeit):* ich verbiete es dir ein für a.

allenfalls: *höchstens; bestenfalls:* es kann a. noch zwei Stunden dauern; ich weiß, wie weit ich a. gehen darf; wir wollen abwarten, was a. *(gegebenenfalls, möglicherweise)* noch zu tun ist.

allenthalben (geh.) ⟨Adverb⟩: *überall:* a. blühte der Flieder; ein Lied, das man a. hören konnte.

allerdings ⟨Adverb⟩: **1.** *zwar, jedoch* /einschränkend/: ich muß a. zugeben, daß ...; er ist sehr stark, a. wenig geschickt. **2.** *aber gewiß, natürlich* /bejahend/: hast du das gewußt? a.!

allergisch (Med.): *krankhaft überempfindlich:* allergische Haut, Reaktion; eine allergische *(auf Allergie beruhende)* Krankheit; a. veranlagt sein; ich bin a. gegen Erdbeeren; übertr.: *besonders empfindlich:* er ist in diesem Punkt a.; ich bin gegen Propaganda, gegen rücksichtslose Autofahrer a.

allerhand (ugs.) ⟨unbestimmtes Gattungszahlwort⟩: *vielerlei, ziemlich viel:* a. Ärger, Schwierigkeiten, Schaulustige; er weiß a.; ich bin auf a. vorbereitet; 100 Mark ist/sind a. * (ugs.:) **das ist [ja, doch, schon] allerhand!** /*Ausruf der Entrüstung*/.

allerlei ⟨unbestimmtes Gattungszahlwort⟩: *mancherlei, vielerlei:* a. Gutes, Schwierigkeiten; sich a. zu erzählen haben.

allerseits ⟨Adverb⟩: *allgemein; bei, von allen:* sie war a. beliebt; es herrschte a. Zufriedenheit.

allgemein: 1. a) *allseitig, allen gemeinsam:* allgemeine Zustimmung; die Tat erregte allgemeines Aufsehen; zur allgemeinen Überraschung; auf allgemeinen Wunsch; die Verwirrung war a. **b)** *allerseits, überall:* a. bekannt, beliebt; diese Geschichte wird a. erzählt. **2.** *alle angehend, betreffend:* das allgemeine Wahlrecht; die allgemeine Wehrpflicht; das liegt im allgemeinen Interesse. **3. a)** *nicht speziell, generell:* allgemeine Probleme; wir sprachen darüber, aber nur a.; seine allgemeine *(umfassende)* Belesenheit ist erstaunlich. **b)** *unbestimmt, unklar:* allgemeine Redensarten; seine Ausführungen waren, blieben viel zu a. * **im allgemeinen** *(meistens, gewöhnlich)*.

Allgemeinheit, die: **1.** *Öffentlichkeit, alle:* der A. dienen; etwas für die A. tun; das ist nicht für die A. bestimmt. **2.** (selten) *Unbestimmtheit:* Ausführungen von zu großer A. **3.** *Phrase:* seine Rede erschöpfte sich in Allgemeinheiten.

allmählich: *langsam; nach und nach, mit der Zeit:* durch allmähliche Verringerung der Streitkräfte; sich a. beruhigen; der Schnaps tut a. seine Wirkung.

Alltag, der: **1.** (selten) *Werktag:* sie trug das Kleid nur am A. **2.** *tägliches Einerlei, gleichförmiger Tagesablauf:* der freudlose, trübe, graue A.; der A. eines Landarztes; den A. verschönern; dem A. entfliehen.

alltäglich: 1. *üblich; ohne außergewöhnliche Kennzeichen:* das ist doch eine ganz alltägliche Szene; er ist ein alltäglicher Mensch; ihre Gesichter waren sehr a. **2.** *[tag]täglich, jeden Tag:* sein alltäglicher Spaziergang; er war beinahe a. Gast bei ihnen.

Almosen, das: **1.** (veraltend) *kleinere Spende, Gabe:* einem Bettler ein A. geben; um ein A. bitten. **2.** (abwertend) *geringes Entgelt:* er will eine angemessene Bezahlung und kein A.; er arbeitet für ein A.

Alp, der: *seelische Belastung, Beklemmung, Alpdruck:* ein A. lag ihm auf der Brust; ein A. wich von ihr; von einem A. befreit sein.

als ⟨Partikel⟩: **1.** /temporale Konj./: a. wir das Haus erreicht hatten, fing es an zu regnen; a. er die Wohnung verläßt, klingelt das Telephon; sie wird, a. sie die Zeitung kauft, von dem Herrn angesprochen; kaum hatte er sich umgezogen, a. der Besuch eintraf; damals, als er noch jung war, ... **2.** ⟨Vergleichspartikel⟩ ich bin älter als er; sie ist schöner a. ihre Schwester; geschwinder a. wie (veraltend statt *als*) der Wind; besser etwas a. gar nichts; eher heute a. morgen; lieber sterben a. unfrei sein; mehr aus Mitleid a. aus Liebe; das ist alles andere a. schön *(ist nicht schön);* er hat nichts a. Unfug im Sinn *(nur Unfug im Sinn);* mit keinem Menschen a. ihm *(nur mit ihm);* es war so, a. spräche er eine fremde Sprache; mir kam es vor, a. ob ich schon Stunden gewartet hätte; er tat, a. wenn er zur Arbeit ginge · ⟨in einigen Verbindungen [neben *wie*]⟩ sowohl der Vater a. auch die Mutter; sie ist sowohl schön a. [auch] klug; so bald, sowenig a. möglich; die Ernte ist doppelt so groß a. im vorigen Jahr ·

⟨veraltend, landsch. und ugs. statt hochsprachl. *wie*⟩ so rasch a. möglich; mir geht es ebenso schlecht a. ihm; er verhandelte so lange, a. es ihm nützlich schien. **3.** ⟨gewöhnlich in der Verbindung *als da ist ..., als da sind ...*⟩ *wie zum Beispiel* /zur Aufzählung/: er liebt eine einfache Mahlzeit, als da ist Erbsensuppe mit Speck; Taunusbäder als Wiesbaden und Homburg. **4.** ⟨leitet eine nähere Erläuterung [Apposition, Umstandsangabe] ein⟩ ich a. Künstler *(in meiner Eigenschaft als Künstler)*; ihm a. leitendem Arzt; meine Aufgabe a. Lehrer ist es ...; sein Urteil a. das eines der größten Gelehrten; er erschien a. Zeuge vor Gericht; 2000 Mark a. Entschädigung zahlen; das soll mir a. *(zur)* Warnung dienen; er fühlt sich a. Held; die Geschichte erwies sich als wahr; sie hat a. Mädchen *(in ihrer Mädchenzeit)* davon geträumt. **5.** ⟨in bestimmten Verbindungen oder Korrelaten⟩ **a)** ⟨zu ..., als daß⟩ /gibt die Folge an/: die Aufgabe ist viel zu schwierig, a. daß man sie auf Anhieb lösen könnte. **b)** ⟨insofern, insoweit ..., als⟩ ich bin insoweit dazu bereit, a. meine Interessen davon nicht berührt werden; ... insofern nämlich, a. kein Tatzeuge zu finden war. **c)** ⟨um so ..., als⟩ /gibt den Grund an/: ... was um so peinlicher war, a. *(weil)* die Vorstellung abgebrochen werden mußte; der Vorfall ist bedauerlich, um so mehr, a. er unserem Ansehen schadet.

alsbaldig (Papierdt.): *baldig:* um alsbaldige Übersendung wird gebeten; die Ware ist zum alsbaldigen Gebrauch bestimmt.

also ⟨Adverb⟩: **1. a)** *folglich, demnach, mithin:* /drückt eine Schlußfolgerung aus; nimmt etwas Vorausgegangenes zusammenfassend, erläuternd, weiterführend auf/: ein Beamter, ein gewissenhafter Mensch a.; er schickte ihr Blumen, a. liebte er sie; so, das ist a. der Dank! **b)** / [einleitend] bei gefühlsbetonten Aussagen, Ausrufen, Grußworten/ a. schön, a. gut, a. meinetwegen; a., kommst du jetzt oder nicht?; a. doch!; a., auf Wiedersehen! **2.** (veraltend) *so, in dieser Weise:* a. haben die Menschen schon vor Jahrtausenden gefühlt.

alt /vgl. Alte/: **1.** *in vorgerücktem Lebensalter, bejahrt, nicht jung:* ein altes Mütterchen; alte Leute; ein altes, krankes Pferd; das Haus stand unter alten Bäumen; unser Hund ist schon sehr a.; er ist nicht sehr a. geworden; der Vater fühlt sich a. und schwach · sie hat ein altes *(Merkmale des Alters aufweisendes)* Gesicht; mit alten, zittrigen Händen. **2.** *ein bestimmtes Alter habend:* ein drei Wochen alter Säugling; der ältere Bruder; ihre älteste Tochter; sie ist erst 17, schon 30 Jahre a.; er ist so a. wie ich, doppelt so a. wie ich; wie a. sind Sie?; [für] wie a. schätzen Sie diesen Baum?; Redensart: man ist so a., wie man sich fühlt · sie sieht älter aus, als sie ist; diese Frisur macht sie älter. **3.** *nicht [mehr] neu, gebraucht; abgenutzt:* alte Schuhe; das alte Auto verkaufen; die alten Häuser werden abgerissen; das Fernsehgerät ist schon sehr a.; er hat den Wagen a. *(aus zweiter Hand)* gekauft; Redensart: aus a. mach neu · ein 3 Jahre altes *(vorhandenes, im Gebrauch befindliches)* Bügeleisen, Boot, Haus; das Fahrrad ist schon 4 Jahre a. *(im Gebrauch)*. **4. a)** *nicht [mehr] frisch, seit längerer Zeit vorhanden:* altes Brot; die alte Wunde platzte wieder auf; eine alte und eine frische Spur im Schnee; der Kuchen ist a., schmeckt schon a. **b)** *vom letzten Jahr, vorjährig:* das alte Laub vermodert; die alten Kartoffeln aufbrauchen; das alte *(vergangene)* Jahr macht einem neuen Platz. **5. a)** *seit langem vorhanden, bestehend; vor langer Zeit entstanden, begründet:* eine alte Tradition, Erfahrung, Weisheit; alte Rechte; das ist sein alter Fehler; er tat das aus alter Anhänglichkeit; Sprichw.: alte Liebe rostet nicht · dieses Gewerbe ist schon sehr a. **b)** *langjährig:* ein altes Mitglied; er ist ein alter Soldat; wir sind alte Freunde; die alten Leser unserer Zeitschrift wissen, daß ... **c)** *längst bekannt, überholt:* ein alter Witz; seine alte Masche (ugs.); die alte Platte (ugs.); dieser Trick ist a. **6. a)** *einer früheren Zeit, Epoche entstammend; eine vergangene Zeit betreffend:* alte deutsche Sagen; alte Meister; er kannte noch das alte Rußland; die alten Griechen, Römer *(Griechen, Römer der Antike)*; er studiert alte *(klassische)* Sprachen. **b)** *durch sein Alter wertvoll:* alte Münzen, Drucke, Stiche; sie liebt altes Porzellan; alter *(abgelagerter)* Wein. **7.** *von früher her bekannt, vertraut, gewohnt:* es bot sich ihnen das alte Bild; es geht alles seinen alten Gang *(wie immer)*; wir lassen alles, es bleibt alles beim alten *(wie es bisher war)*; sie ist immer noch die alte *(hat sich nicht verändert)*; wir bleiben die alten *(es ändert sich nichts zwischen uns)*. **8.** *vorherig, früher; ehemalig:* wir haben noch die alten Preise; die alten Plätze wieder einnehmen; seine alten Schüler, Kollegen besuchen ihn noch; der alte Lehrer, Pfarrer war beliebter als der neue. **9. a)** (fam.) /in vertraulicher Anrede/ na, alter Freund, alter Junge, alter Knabe, wie geht es? **b)** (abwertend) /verstärkend bei negativ charakterisierenden Personenbezeichnungen und Schimpfwörtern/ ein alter Geizhals, Schwätzer; sie ist eine alte Hexe, ein alter Drachen (ugs.); altes Schwein! (derb). * **alt und jung** *(jedermann)* · **auf meine alten Tage** *(im Alter)*: daß ich das auf meine alten Tage noch erleben muß! · **Alter Herr: a)** (ugs.; scherzh.) *(Vater)*. **b)** (Sport; Studentenspr.) *(ehemaliges aktives Mitglied)*: das Spiel der Alten Herren; beim Stiftungsfest fehlten einige Alte Herren · (ugs.; scherzh.:) **Alte Dame** *(Mutter)*: ich muß erst mit meiner Alten Dame darüber sprechen · (ugs.:) **alt wie Methusalem** *(sehr alt)*: er ist, wurde alt wie Methusalem · (ugs.:) **nicht alt werden** *(nicht lange bleiben, es nicht lange aushalten)*: hier werden wir nicht alt · **zum alten Eisen gehören** *(nicht mehr arbeits-, verwendungsfähig sein)* · **jmdn., etwas zum alten Eisen werfen** *(als untauglich, nicht mehr verwendungsfähig ansehen, ausscheiden)* · (Bergmannsspr.:) **alter Mann** *(abgebaute Teile einer Grube)* · (ugs.; scherzh.:) **etwas ist für den Alten Fritzen** *(ist vergeblich)* · **zum alten Stamm gehören** *(einer Organisation, einem Betrieb o. ä. schon sehr lange angehören)* · **ein Mann von altem Schrot und Korn, vom alten Schlag** *(ein ehrlicher, rechtschaffener Mann)* · **ein Kavalier der alten Schule** *(ein Mann, der sich durch ausgesuchte Höflichkeit auszeichnet)* · (ugs.:) **ein alter Hase sein** *(Erfahrungen haben, sich auskennen)* · **die Alte Welt** *(Europa, im Gegensatz zu Amerika)* · **Altes Testament** *(Teil der Bibel, im Gegensatz zum Neuen Testament)* · **Alte Geschichte** *(Geschichte des Altertums)* · **in alter**

Zeit, in alten Zeiten, in alten Tagen *(früher, einst):* es war wieder wie in alten Tagen · **von alten Zeiten** *(von früher).*

Alt, der (Musik): **1.** *tiefe Frauen- oder Knabenstimme:* ein reicher, warmer, klarer, schöner A.; die Sängerin hat einen kräftigen, tiefen A.; sie singt A. **2.** *Sängerin mit Altstimme, Altistin:* der A. war indisponiert.

Altar, der: **a)** *erhöhter, tischartiger Aufbau für gottesdienstliche Handlungen:* ein einfacher, hoher, reichverzierter A.; an den, vor den, zum A. treten. **b)** *heidnische Opferstätte:* der A. des Zeus in Pergamon. * (geh.:) **jmdn.** (eine Frau) **zum Altar führen** *(heiraten)* · (hist.:) **Thron und Altar** *(Herrscherhaus und Kirche)* · (geh.:) **jmdn., etwas auf dem Altar der Freundschaft/der Liebe/des Vaterlandes opfern** *(für die Freundschaft, die Liebe, das Vaterland opfern, preisgeben).*

[1]**Alte,** der: **1.** *alter Mann, Greis:* ein verhutzelter Alter; er beobachtete die beiden Alten. **2.** (ugs.) *Vater:* mein Alter erlaubt das nicht. **3.** (ugs.) *Ehemann:* ihr Alter ist sehr eifersüchtig. **4.** (ugs.) *Chef, Vorgesetzter:* der Alte hat schlechte Laune; unser Alter ist verreist. **5.** (Kartenspiel) *höchster Bube /*beim Skat/: mit dem Alten stechen.

[2]**Alte,** die: **1.** *alte Frau, Greisin:* eine gutmütige Alte; sie spielt in dem Stück die komische Alte */eine bestimmte Theaterrolle/.* **2.** (ugs.) *Mutter:* meine Alte gibt mir kein Taschengeld. **3.** (ugs.) *Ehefrau:* er hat Krach mit seiner Alten. **4.** (ugs.) *Chefin, Vorgesetzte:* die Lehrmädchen arbeiten nur, wenn die Alte da ist. **5.** *Muttertier:* die Alte leckt die Jungen ab.

Alten, die: **1.** *alte Leute:* die Alten hatten am meisten darunter zu leiden. **2.** (ugs.) *Eltern:* seine Alten sind nicht zu Hause. **3.** *Tiereltern:* bei der Fütterung der jungen Vögel wechseln sich die Alten ab. * **wie die Alten sungen, so zwitschern auch die Jungen** *(die [negativen] Eigenschaften der Eltern zeigen sich auch bei den Kindern).*

älter: *im vorgerückten Alter, nicht mehr ganz jung:* ein älterer Herr; ein Kleid für eine ältere Dame; sie waren beide schon älter, als sie heirateten.

Alter, das: **1. a)** *hohe Anzahl von Lebensjahren; letzter Lebensabschnitt:* ein biblisches, ehrwürdiges, gesegnetes A.; 50 ist noch kein A. *(mit 50 Jahren ist man noch nicht alt);* ein hohes A. erreichen; ein geruhsames, sorgenfreies A. haben; die Würde, Weisheit des Alters; er ist sehr rüstig für sein A.; vom A. gebeugt; Sprichw.: A. schützt vor Torheit nicht. **b)** *lange Zeit des Bestehens, des Vorhandenseins:* das A. hat die Handschriften brüchig gemacht; die Tapeten sind vor A. vergilbt. **2. a)** *Lebenszeit, Anzahl der Lebensjahre:* ein jugendliches, blühendes A.; im kindlichen, zarten, mittleren, fortgeschrittenen A.; das richtige, beste, vorgeschriebene, gesetzliche A. haben; ins schulpflichtige, wehrpflichtige, heiratsfähige A. kommen; trotz seines gesetzten, würdigen, reifen Alters; ein Mann unbestimmten Alters; das A. eines Pferdes erkennt man an den Zähnen; er ist zu groß für sein A.; sie sind, stehen im gleichen A.; ich bin in seinem A.; er starb im A. von 70 Jahren; Männer im gefährlichen A.; seine Frau ist im kritischen A. *(in den Wechseljahren);* mit zunehmendem A.; er fragte sie nach ihrem A. **b)** *Zeit des Bestehens, Vorhandenseins:* das A. eines Gemäldes schätzen, bestimmen. **3. a)** *alte Menschen:* das A. geht voran; vor dem A. sollst du Ehrfurcht haben. **b)** *Personen, die ein bestimmtes Lebensalter vertreten:* jedes A. war vertreten; er gab dem reiferen A. den Vorzug.

altern: 1. *alt werden, Merkmale des Alters zeigen:* rasch, zusehends, merklich, stark, frühzeitig, um Jahre a.; sie ist/(seltener:) hat in letzter Zeit sehr gealtert. **2.** (veraltend) ⟨etwas altert jmdn., etwas⟩ *etwas macht vorzeitig alt:* das schreckliche Erlebnis hat ihn, sein Gesicht über Nacht gealtert.

Alternative, die (bildungsspr.): *Entscheidung, Wahl zwischen zwei Möglichkeiten; Zweitmöglichkeit:* eine echte, klare A.; das ist keine A.; es gibt keine A. als die Anerkennung der Forderungen; wir haben keine andere A.; wir stehen vor der A., werden, sind vor die A. gestellt, die Mark aufzuwerten oder den Export zu besteuern.

alters ⟨in festen Verbindungen⟩ (geh.:) **seit alters** *(seit langer Zeit, von jeher):* seit alters wird dieses Fest im Herbst gefeiert. Nicht korrekt ist die Verbindung „seit alters her“ · (geh.:) **von alters her** *(seit langer Zeit, von jeher):* das war von alters her so; das ist ein Brauch von alters her · (veraltet:) **vor alters** *(vor langer Zeit, einstmals):* vor alters stand dort eine Burg.

altertümlich: *aus früherer Zeit stammend; in der Art früherer Zeiten:* ein altertümliches Bauwerk; altertümliche *(altmodische)* Vorstellungen; die Straßen waren a. und idyllisch.

altklug: *von unkindlicher, wichtigtuerischer Art:* ein altkluges kleines Mädchen; ein altkluges Gesichtchen; altkluge Bemerkungen; ... antwortete der Junge a.

ältlich: *nicht mehr ganz jung:* eine ältliche Dame; ein ältliches Gesicht; der Verkäufer sieht etwas ä. aus.

altmodisch: *nicht mehr modern; überholt; rückständig, unzeitgemäß:* ein altmodisches Kleid; ein altmodischer Wagen; sie hat altmodische Ansichten; er war a. gekleidet; seine Eltern sind ein bißchen a.; die Schriftzüge wirkten a.

altväterisch (geh.): *altmodisch:* altväterische Anschauungen; er war a. gekleidet.

altväterlich (geh.): *ehrwürdig:* sein altväterliches Auftreten flößte Respekt ein.

am: 1. *an dem:* am Fuß des Berges; die Straße führt am See entlang; der Anschlag hängt am Schwarzen Brett; die Sitzung am Landgericht; am Abend, am Sonntag, dem (den) 2. Januar; am 22. Juli; der Dienst am Kranken; (landsch.:) am Stück *(im Stück, nicht aufgeschnitten).* **2.** ⟨mit folgendem Superlativ⟩ er läuft am schnellsten; es wäre am besten, wenn er gleich käme. **3.** (landsch.) ⟨in Verbindung mit *sein* und einem substantivierten Infinitiv; zur Bildung der Verlaufsform⟩ die Stadt war am Verhungern; das Essen ist am Kochen; er ist am Arbeiten.

Ambition, die (bildungsspr.): *Streben, Ergeiz:* künstlerische, politische Ambitionen; er hat keine Ambitionen; er konnte seine Ambitionen nicht restlos befriedigen.

Ameise, die: */ein Insekt/:* Ameisen krabbeln, laufen über die Halme; hier wimmelt es von Ameisen; sie ist fleißig, emsig wie eine A.

amen (Rel.): */liturgische Abschlußformel/:* Herr, wir danken dir, a.; subst.: die Gemeinde sang das A.; Redensart: das ist so sicher wie das A. in der Kirche *(das ist ganz gewiß).* * (ugs.:) **zu allem ja und amen sagen** *(mit allem einverstanden sein)* · (ugs.:) **sein Amen zu etwas geben** *(seine Zustimmung zu etwas geben).*

Amnestie, die (bildungsspr.): *Straferlaß:* eine A. verkünden, erlassen; A. für politische Gefangene fordern; er fällt nicht unter die A.

amnestieren (bildungsspr.) ⟨jmdn. a.⟩: *Straferlaß gewähren:* die neue Regierung amnestierte alle politischen Gefangenen.

Amok ⟨in der Verbindung⟩ Amok laufen: *in einem Anfall von Geistesgestörtheit umherlaufen und blindwütig töten:* der Matrose hat/ist A. gelaufen.

Ampel, die: **1.** *kleinere Hängelampe:* in der Diele hängt, brennt eine A. **2.** *Lichtanlage zur Regelung des Straßenverkehrs:* die A. zeigt Grün, ist außer Betrieb; die A. springt [auf Rot] um; der Verkehr wird an dieser Kreuzung durch Ampeln geregelt.

Amt, das: **1. a)** *offizielle Stellung, Posten:* ein hohes, ehrenvolles, verantwortungsvolles, weltliches, geistliches A.; das A. eines Wahlleiters; ein A. annehmen, übernehmen, antreten, bekleiden (nicht: begleiten!), verwalten, versehen, innehaben; viele Ämter haben; das A. behalten, quittieren, zur Verfügung stellen, niederlegen; jmdm. ein A. übertragen, geben, antragen (geh.), anvertrauen; jmdn. seines Amtes entheben (geh.); kraft meines Amtes (geh.; *auf Grund meiner Stellung);* sie mußten ihn aus seinem A. entlassen; für ein A. kandidieren; die Partei sucht einen zuverlässigen Mann für dieses A.; jmdn. in ein A. einführen, einweisen, einsetzen; im A. sein, bleiben; sich um ein A. bewerben. **b)** *Aufgabe, Obliegenheit, Verpflichtung:* er versieht, übt das A. des Kassierers aus; ich habe das schwere A. (geh.), die Nachricht zu überbringen; es ist nicht meines Amtes (geh.; *kommt mir nicht zu*), darüber zu urteilen; er tat, was seines Amtes war (geh.; *wozu er verpflichtet war*). **2. a)** *Dienststelle, Behörde:* A. für Statistik, für Gesundheitswesen; ein A. einschalten; auf ein A. gehen; auf einem A. vorsprechen, vorstellig werden (Papierdt.); der Ärger mit den Ämtern · das A. *(Fernsprechamt)* anrufen; bitte [ein] A.! *(eine Amtsleitung zum Telephonieren).* **b)** *Dienstgebäude, Sitz einer Behörde:* ein A. betreten, verlassen. **3.** (kath. Rel.) *Messe mit Gesang:* ein A. singen, bestellen, [ab]halten; er wohnte dem A. bei; er geht ins A., war im A. * **in Amt und Würden sein** *(eine feste Position innehaben)* · (geh.:) **seines Amtes walten** *(eine Handlung, die in jmds. Aufgabenbereich liegt, ausführen)* · **von Amts wegen** *(dienstlich, aus beruflichen Gründen):* er ist von Amts wegen hier; etwas von Amts wegen verkünden · **Auswärtiges Amt** *(Außenministerium).*

amtlich: a) *behördlich, von einem Amt:* eine amtliche Verfügung, Bekanntmachung, Entscheidung; ein amtlicher Vermerk; das amtliche Kennzeichen *(die Zulassungsnummer an Kraftfahrzeugen);* etwas a. bekanntmachen; das Schriftstück muß a. beglaubigt, bestätigt werden · /mit der Nebenvorstellung des Glaubwürdigen, Zuverlässigen/: etwas aus amtlicher Quelle erfahren; wie von amtlicher Seite verlautet; das ist a. *(ganz sicher, wirklich wahr);* ich habe es [ganz] a. *(aus sicherer Quelle).* **b)** *dienstlich, von Amts wegen:* er ist in amtlicher Eigenschaft, im amtlichen Auftrag hier; jmdn. a. beauftragen, verpflichten; ich habe mit ihm a. viel zu tun.

Amtsmiene, die (häufig iron.): *gewichtig-strenger Gesichtsausdruck:* eine A. aufsetzen; er nahm eine strenge A. an; mit ernster A.

Amtsschimmel, der (ugs.; scherzh.): *Bürokratie:* den Kampf mit dem A. aufnehmen. * **den Amtsschimmel reiten** *(die Dienstvorschriften übertrieben genau einhalten)* · **der Amtsschimmel wiehert** *(es herrscht Bürokratie).*

amüsant: *Vergnügen bereitend, unterhaltsam:* ein amüsanter Film; er ist ein amüsanter Gesellschafter; der Abend war sehr a.; sie kann a. plaudern.

amüsieren: 1. ⟨sich a.⟩ *sich vergnügen, seinen Spaß haben:* sich gut, köstlich, königlich a.; wir haben uns großartig amüsiert. **2. a)** ⟨jmdn. a.⟩ *belustigen, erheitern:* der Gedanke amüsierte sie; mit amüsiertem Gesicht zusehen. **b)** ⟨sich über jmdn., etwas a.⟩ *sich lustig machen:* die Leute amüsierten sich über ihn, über seinen Aufzug.

an: /vgl. *am* und *ans*/ **I.** ⟨Präp. mit Dativ und Akk.⟩ **1.**/räumlich/ **a)** ⟨mit Akk.; zur Angabe der Richtung⟩ den Ball an die Mauer werfen; bis an den Boden reichen; an Bord, an Land gehen; der Brief ist an mich gerichtet; ich habe eine Bitte an Sie; er wurde an eine andere Schule versetzt. Beachte: Manche Verben (z. B. anbringen, anschließen) können in Verbindung mit „an" sowohl mit dem Akk. als auch mit dem Dativ verbunden werden. **b)** ⟨mit Dativ; zur Angabe der Lage, der Nähe, der Berührung o. ä.⟩ an der Mauer stehen; nahe an der Tür; Trier liegt an der Mosel; der Kapitän ist an Bord; Millionen sitzen an ihren Fernsehgeräten; er ist Lehrer an dieser Schule; sie wischte die Hände an der Schürze ab; das Auto fuhr an ihm vorbei; er nahm ihn an der Hand; er humpelte an *(mit Hilfe von)* Krücken; Verkehrsw.: Frankfurt ab: 17^{00} Uhr, Tempelhof an: 17^{50} Uhr; ab Stuttgart: 8^{00} Uhr, an München: 11^{30} Uhr · /koppelt gleiche Substantive/: sie gingen Seite an Seite *([dicht] nebeneinander);* sie standen Kopf an Kopf *(dicht gedrängt);* sie wohnen Tür an Tür *(in unmittelbarer Nachbarschaft).* – Landschaftlich, bes. in der Schweiz, wird „an" für hochsprachliches „auf" gebraucht: an *(auf)* dem Tisch stehen; an *(auf)* dem Rücken liegen. **2.**/zeitlich/ **a)** ⟨mit Dativ⟩ an einem trüben Novembertag; an diesem Abend geschah es; nicht am Ende der Ferien, sondern an ihrem Beginn; (landsch., bes. südd.:) an Ostern, Pfingsten, Weihnachten (hochsprachl.: zu Ostern ...). **b)** ⟨mit Akk. mit vorausgehendem *bis*⟩ er war gesund bis an seinen letzten Lebenstag, bis an sein Ende. **3.** /unabhängig von räumlichen und zeitlichen Vorstellungen/ ⟨mit Dativ und Akk.; stellt eine Beziehung zu einem Objekt oder Attribut her⟩ an Krebs erkranken; er erkannte ihn an seiner Stimme; er schreibt an einem Roman; an etwas glauben; er ist noch jung an Jahren, aber reich an Erfahrungen; die Kost war arm an Fett; er ist schuld an dem Unglück; an dem Buch ist nicht viel *(es taugt nicht viel);* an der Meldung ist nichts *(sie ist nicht wahr);* das Schönste an der Sache ist, daß ...; die Kritik an dieser Entscheidung ist berechtigt; Mangel, Überfluß an Lebensmitteln haben; was an Mitteln steht uns zur Verfügung? **II.** ⟨Adverb⟩ **1.** *ungefähr, etwa; annähernd:* die Strecke war an [die] 30 Kilometer lang; er ist an die 80 Jahre alt; sie half an die 50 Kindern. **2.** ⟨elliptisch, bes. in Aufforderungen⟩ Licht an! *(andrehen!);* Scheinwerfer an! *(anstellen!);* (ugs.:) ohne etwas an *(ohne etwas anzuhaben, unbekleidet).* * **an [und für] sich** *(eigentlich, im Grunde genommen):* eine an [und für] sich gute Idee; dagegen ist an sich nichts einzuwenden · (ugs.:) **etwas an sich haben** *(eine besondere Eigenart haben):* er hat die Gewohnheit an sich ...; sie hat etwas Rührendes an sich · **an sich halten** *(sich mit großer Mühe beherrschen):* ich mußte an mich halten · **es ist an dem** *(es ist so, verhält sich so)* · (geh.:) **es ist an jmdm., etwas zu tun** *(es ist jmds. Aufgabe, etwas zu tun):* es ist an dem Minister, mit den Studenten zu sprechen; nun ist es an mir *(nun bin ich an der Reihe)* zu antworten · (landsch.:) **ab und an** *(manchmal, von Zeit zu Zeit)* · **von ... an: a)** /räumlich/: von dort an; von der zehnten Reihe an. **b)** /zeitlich/: von jetzt an; von da an; von Kindheit an.

analog (bildungsspr.): *entsprechend, ähnlich:* eine analoge Erscheinung; a. [zu] diesem Fall.

Analyse, die (bildungsspr.): *gliedernde Untersuchung:* eine genaue, richtige A.; die A. der Marktlage ergab folgendes; eine A. machen, vornehmen, durchführen.

analysieren (bildungsspr.) ⟨jmdn., sich, etwas a.⟩: *auf einzelne Merkmale hin untersuchen, zergliedern:* die Wirtschaftslage a.

anbahnen: a) ⟨etwas a.⟩ *in die Wege leiten, anknüpfen:* eine Verbindung, Handelsbeziehungen, Gespräche a. **b)** ⟨etwas bahnt sich an⟩ *etwas beginnt sich zu entwickeln:* eine Freundschaft bahnt sich zwischen beiden an; eine Möglichkeit hat sich angebahnt; langsam bahnt sich eine Wende in den Beziehungen an.

anbändeln ⟨mit jmdm. a.⟩: **a)** *eine Liebesbeziehung anzuknüpfen beginnen:* er versuchte mit der Serviererin anzubändeln. **b)** *Streit anfangen:* er bändelt mit allen Leuten an.

Anbau, der: **1. a)** *das Anbauen:* der A. eines Stalles war nötig geworden. **b)** *angebauter Gebäudeteil:* ein störender A.; ein Hauptgebäude und zwei Anbauten. **2.** *das Anpflanzen:* der A. von Kartoffeln, Getreide, Tabak.

anbauen: 1. ⟨[etwas] a.⟩ *hinzubauen, anfügen:* eine Garage a.; sie bauten einen Seitenflügel an das/(seltener:) an dem Hauptgebäude an; im nächsten Jahr wollen wir a. **2.** ⟨etwas a.⟩ *anpflanzen:* Getreide, Kohl, Tabak, Wein a.

Anbeginn, der (geh.): *Beginn, Anfang:* seit A. der Welt; von A. [an]; es waren Zeichen eines hoffnungsvollen Anbeginns.

anbehalten (ugs.) ⟨etwas a.⟩: *nicht ablegen, nicht ausziehen:* die Schuhe, den Mantel a.

anbei (Amtsdt.) ⟨Adverb⟩: *als Anlage:* a. senden, schicken wir Ihnen die gewünschten Unterlagen; Porto a.

anbeißen: 1. ⟨etwas a.⟩ *das erste Stück von etwas abbeißen:* einen Apfel a.; angebissene Frühstücksbrote. **2.** *den Köder an der Angel anfressen, verschlucken:* der Fisch hat angebissen; übertr. (ugs.): der Mann wollte nicht recht a. *(sich auf etwas einlassen);* bei ihr biß keiner an *(keiner wollte sie heiraten).* * (ugs.:) **zum Anbeißen sein/aussehen** *(reizend, überaus anziehend sein, aussehen).*

anbelangen: *betreffen:* was mich, diese Sache anbelangt, [so] bin ich einverstanden.

anberaumen (Amtsdt.) ⟨etwas a.⟩: *festsetzen, bestimmen:* einen Tag, eine Sitzung, eine Verhandlung a.; der anberaumte Termin.

anbeten ⟨jmdn., etwas a.⟩: **a)** *betend verehren:* Götzen, Gestirne a.; laßt uns den Herrn a.! **b)** *bewundernd verehren, vergöttern:* er betet seine Frau an; eine Gesellschaft, die das Geld anbetet.

Anbetracht ⟨in der Verbindung⟩ in Anbetracht: *im Hinblick auf:* in A. seiner Verdienste, seines Alters; in A. der Verhältnisse *(unter diesen Verhältnissen)* ...; in A. dessen, daß er sich große Verdienste erworben hat, sieht die Partei von einem Verfahren ab.

anbetreffen: *betreffen:* was mich, diese Sache anbetrifft, [so] bin ich einverstanden.

anbiedern, sich (abwertend): *sich plump-vertraulich jmdm. nähern:* er biedert sich bei den Professoren an.

anbieten: 1. ⟨jmdm. etwas a.⟩ **a)** *wissen lassen, daß man jmdm. etwas geben will:* jmdm. seine Hilfe, seine Dienste, seinen Schutz, seine Begleitung a.; er bot der alten Frau seinen Platz, seinen Stuhl an.; ⟨jmdm. jmdn. a.⟩ er bot mir drei Mann als Aushilfe an; übertr.: er bot ihm eine Ohrfeige, Prügel an *(drohte damit).* **b)** *(zum Verzehr) reichen, vorsetzen:* den Gästen Getränke, Zigaretten a.; er bot ihm von seinem Essen an; ⟨etwas a.⟩ die Schüler boten Erfrischungen an. **c)** *vorschlagen, antragen; offerieren:* jmdm. einen Vertrag, einen Posten, einen Tausch a.; sie boten der Gegenseite Verhandlungen an; er hat mir das Du angeboten; der Händler bot Teppiche [zum Kauf] an; einem Verlag einen Roman a. **2. a)** ⟨sich a.⟩ *sich zu etwas bereit erklären, sich erbieten:* sich als Begleiter, als Vermittler a.; er bot sich an, das Geld zu besorgen. **b)** ⟨etwas bietet sich an⟩ *etwas liegt nahe, drängt sich auf:* das bietet sich förmlich an; eine andere Möglichkeit bietet sich nicht an.

anbinden: 1. ⟨jmdn., etwas a.⟩ *festbinden:* einen Hund [an einem Pfahl], ein Bäumchen a.; man kann Kinder nicht a. *(nicht ständig beaufsichtigen).* **2.** (ugs.) ⟨mit jmdm a.⟩ **a)** *Streit anfangen:* er wagte nicht, mit ihm anzubinden. **b)** *ein Liebesverhältnis anfangen:* er versuchte mit der Serviererin anzubinden. * **angebunden sein** *(an Pflichten gebunden sein)* · **kurz angebunden** *(unfreundlich und abweisend):* er war, antwortete kurz angebunden.

anblasen: 1. ⟨jmdn., etwas a.⟩ *gegen jmdn., gegen etwas blasen:* der Wind blies sie an; blase mich nicht mit dem Zigarettenrauch an! **2.** ⟨etwas a.⟩ *anfachen:* die Glut, das Feuer a.; Hüttenw.: den Hochofen a. *(in Betrieb setzen).* **3.** (ugs.) ⟨jmdn. a.⟩ *heftig anfahren, zurechtweisen:* der Unteroffizier blies ihn an. **4.** ⟨etwas a.⟩ *durch Blasen eines Instruments den Beginn anzeigen:* die Jagd a.

Anblick, der: **a)** *das Anblicken, Betrachten:*

beim A. des Fremden erschrak sie; in den A. eines Bildes versunken sein. **b)** *Bild, Eindruck:* ein erfreulicher, schöner, komischer, trostloser, schrecklicher A.; der A. war überwältigend, entzückte ihn, begeisterte ihn; es bot sich ihm ein gräßlicher A.; einen A. nicht ertragen können; erspare mir diesen A.!

anblicken ⟨jmdn., etwas a.⟩: *ansehen:* sie blickte ihn lächelnd, fragend, erwartungsvoll, mit großen Augen, scheu von unten her an; ihre Augen blickten ihn unverwandt an; bildl.: die Rosen blickten sie traurig an.

anbrechen: **1.** ⟨etwas a.⟩ *nicht ganz [durch]-brechen:* einen Ast, den Henkel einer Tasse a.; ⟨jmdm., sich etwas a.⟩ er hat ihm zwei Rippen angebrochen. **2.** ⟨etwas a.⟩ *zu verbrauchen beginnen:* noch eine Flasche Wein, eine neue Kiste Zigarren a.; dieses Geld breche ich nicht an; bildl.: ein angebrochener Abend *(Abend, an dem man noch etwas unternehmen kann).* **3.** (geh.) ⟨etwas bricht an⟩ *etwas fängt an, tritt ein:* der Tag, die Dämmerung bricht an; das Raketenzeitalter ist angebrochen.

anbrennen: **1. a)** ⟨etwas a.⟩ *anstecken, anzünden, in Brand setzen:* eine Kerze, eine Lunte, einen Holzstoß a.; sie brannten ein Feuerchen an; ⟨jmdm., sich etwas a.⟩ das Feuer brannte ihm den Bart an. **b)** ⟨etwas brennt an⟩ *etwas beginnt zu brennen:* das Holz brennt gut, schlecht, nur langsam an; sind die Kohlen angebrannt? **2.** ⟨etwas brennt an⟩ *etwas setzt sich im Topf an:* die Milch, die Gans brennt an; das Essen ist im Ofen angebrannt; es riecht, schmeckt angebrannt. * (landsch.:) **nichts anbrennen lassen** *(sich nichts entgehen lassen).*

anbringen/vgl. angebracht/: **1. a)** ⟨jmdn., etwas a.⟩ *herbeibringen:* was bringst du da an?; sie brachten ihn in betrunkenem Zustand an. **b)** ⟨etwas a.⟩ *vorbringen:* eine Bitte, ein Gesuch, eine Beschwerde a.; er konnte sein Wissen nicht a. *(nicht zeigen);* das kannst du bei mir nicht a. (ugs.; *das glaube ich nicht*). **c)** (ugs.) ⟨jmdn., etwas a.⟩ *unterbringen:* er hat seinen Sohn [in einer Lehrstelle, als Lehrling] angebracht; ich kann dich bei der Zeitung a.; sie wollte gern ihre Tochter a. *(an den Mann bringen).* **d)** ⟨etwas a.⟩ *absetzen, verkaufen:* die Ware ist schwer anzubringen. **e)** (landsch.) ⟨jmdn., etwas a.⟩ *verraten:* er hat ihn, er hat alles beim Lehrer angebracht. **2.** ⟨etwas a.⟩ *festmachen, befestigen:* ein Bild, eine Gedenktafel, neue Scheibenwischer, Girlanden a.; eine Lampe an der/(seltener:) an die Decke a.; übertr.: er hat an dieser Stelle ein Ausrufezeichen angebracht *(gesetzt).* **3.** (ugs.; landsch.) ⟨etwas a.⟩ *anbekommen:* ich kann die Schuhe nicht a.

Anbruch, der (geh.): *Anfang, Beginn:* der A. einer neuen Zeit; vor, bei, mit A. des Tages, der Dunkelheit, der Nacht.

Andacht, die: **1. a)** *Besinnung auf Gott:* in frommer, tiefer A. vor dem Altar knien; ihre A. wurde gestört. **b)** *kurzer [Gebets]gottesdienst:* eine kurze, feierliche A.; eine A. halten; sie nahm an der abendlichen A. teil. **2.** *innere Sammlung, innere Anteilnahme:* voller A. vor einem Gemälde stehen; er war in [tiefe] A. versunken, hörte mit A. zu.

andächtig: *innerlich gesammelt, versunken:* eine andächtige Gemeinde, Zuhörerschaft; es herrschte eine andächtige *(feierliche)* Stille; a. lauschen, beten.

andauern /vgl. andauernd/ ⟨etwas dauert an⟩: *etwas hält an:* der Regen, die Kälte, das Schweigen dauert an; die Verhandlungen dauern noch an.

andauernd: *unausgesetzt, fortwährend:* diese andauernden Störungen, Belästigungen; es regnet a.; er unterbrach mich a.

Andenken, das: **1.** *Erinnerung:* sein A. wird uns immer teuer sein (geh.); wir werden ihm ein ehrendes A. bewahren (geh.); das A. des Verstorbenen in Ehren halten, schänden; jmdn. in freundlichem, treuem, bleibendem A. behalten; er steht bei uns in gutem A.; mein Onkel seligen Andenkens (geh.); zum A. an den Toten; wir werden ihm zum A. ein Buch schenken. **2.** *Gegenstand, Geschenk mit Erinnerungswert:* ein hübsches, kleines A.; jmdm. ein A. von der Reise mitbringen; ich möchte das Buch als A. behalten.

andere ⟨Indefinitpronomen⟩: **1.** /gibt an, daß ein Wesen oder Ding nicht dasselbe ist wie das, dem es gegenübergestellt wird/ **a)** /nähert sich der Bedeutung von *der zweite, weitere*/: der eine kommt, der andere geht; von einer Seite auf die andere; der eine oder der andere *(dieser oder jener)* kaufte etwas; weder das eine noch das andere *(keins von beiden);* eins tun und das andere nicht lassen *(beides tun).* **b)** /nähert sich der Bedeutung von *der nächste, folgende, vorhergehende:* von einem Tag zum ander[e]n,; ein Jahr um das andere *(die Jahre hindurch);* er kam einen Tag um den anderen *(jeden zweiten Tag);* am anderen *(folgenden)* Tage; ein Wort gab das andere *(sie gerieten in Streit);* einen Brief über den anderen, nach dem anderen *(in rascher Folge)* schreiben; ein Bild ist schöner als das andere; sie kamen einer nach dem anderen *(nacheinander);* eins nach dem andern *(der Reihe nach).* **2.** /gibt die Verschiedenheit an; nähert sich der Bedeutung von *nicht gleich, andersgeartet*/: ein anderes Material; andere wertvolle Gegenstände; aus anderem besseren Stoff; ich bin anderer Meinung als Sie; ... in ganz anderer Weise als bei uns; mit anderen Worten ...; etwas in einem anderen Licht, mit anderen Augen sehen; das ist etwas ganz anderes; er ist ein ganz anderer Mensch geworden *(hat sich völlig verändert);* ich habe mich eines anderen besonnen (geh.); man hat mich eines anderen *(Besseren)* belehrt (geh.); er konnte nichts anderes tun als ...; ich habe schon etwas anderes vor; (ugs.:) das machst du anderen *(Dümmeren)* weis; (ugs.:) das kannst du einem anderen *(einem Dümmeren)* erzählen; hier herrscht ein anderer *(strengerer)* Ton; (ugs.:) in diesem Betrieb weht ein anderer Wind *(geht es strenger zu);* (ugs.:) ich hätte beinahe etwas anderes *(Unangebrachtes)* gesagt; das ist alles andere als leicht *(sehr schwer);* das ist alles andere als die Wahrheit *(ist keineswegs die Wahrheit);* Redensarten: andere Länder, andere Sitten *(jedes Land hat seine eigenen Sitten);* was dem einen recht ist, ist dem andern billig *(beiden steht das gleiche Recht zu).* * (verhüllend:) **in anderen Umständen sein** *(schwanger sein)* · **unter anderem** *(darunter auch; außerdem).*

ander[e]nfalls: ⟨Adverb⟩: *sonst, im anderen*

Fall: ich mußte ihm helfen, weil er a. zu spät gekommen wäre; die Anweisungen des Personals müssen befolgt werden, a. wird die Veranstaltung abgebrochen.

and[e]rerseits, (auch:) anderseits ⟨Adverb⟩: *zum anderen, auf der anderen Seite:* ich möchte ihn nicht kränken, aber a. muß ich ihm die Wahrheit sagen; die Gesetze schränken die Regierungsgewalt ein, a. dienen sie dem Schutz der Demokratie.

andermal ⟨in der Verbindung⟩ ein andermal: *bei einer anderen Gelegenheit:* heute nicht mehr, vielleicht ein a.; wir befassen uns damit ein a.

ändern: 1. ⟨jmdn., etwas ä.⟩ *anders machen, umgestalten:* den Mantel, den Kragen am Kleid ä.; der Schneider ändert den Rock, die lange Hose in eine kurze; die Ansicht, einen Entschluß, das Programm ä.; er hat das Testament ä. lassen; die Richtung, seine Taktik, den Ton [seiner Stimme] ä. *(wechseln);* das Flugzeug ändert seinen Kurs um 30 Grad; daran ist nichts zu ä., daran läßt sich nichts mehr ä.; alte Menschen kann man nicht mehr ä. **2.** ⟨sich ä.⟩ *anders werden, sich wandeln:* das Wetter, die Lage ändert sich; die Zeiten haben sich geändert; daran wird sich nichts ä.; er hat sich in der letzten Zeit sehr geändert.

anders ⟨Adverb⟩: **1.** *verschieden; abweichend:* a. denken, reden, handeln; die Sache ist a., verhält sich a.; ich habe mich a. besonnen, es mir a. überlegt; a. ausgedrückt ...; es kam ganz a.; es war nicht a. zu erwarten; ich kann nicht a. *(nur so [handeln]);* so und nicht a. *(nur so);* (ugs.:) a. tut er es nicht *(nur unter dieser Bedingung tut er es);* mein Freund ist ganz a. geworden *(hat sich verändert);* /mit der Nebenvorstellung des Besseren/ die Suppe schmeckt gleich ganz a.; so sieht die Sache a. aus. **2.** ⟨in Verbindung mit Pronomen und Adverbien⟩ *sonst:* wer a. käme in Frage?; niemand a. als er *(kein anderer)* hat es getan; wie sollte, könnte es a. sein?

anderthalb ⟨Zahlwort⟩: *eineinhalb:* a. Wochen später; ich habe a. (veraltend flektiert: anderthalbe) Stunden gewartet.

Änderung, die: *das Ändern, Umgestaltung, Wandlung:* eine teilweise, gründliche, einschneidende Ä.; soziale Änderungen; die Änderung des Kleides; eine Ä. [zum Besseren, zum Schlechteren] ist eingetreten; eine Ä. der Arbeitsverhältnisse fordern, herbeiführen, vornehmen.

andeuten: 1. ⟨etwas a.⟩ **a)** *kurz erwähnen, flüchtig auf etwas hinweisen:* etwas verschämt, mit einem Blick, im Gespräch a.; das Wichtigste, einen Gedankengang a.; er deutete an, daß er teilnehmen werde; ⟨jmdm. etwas a.⟩ er deutete ihm an *(gab ihm zu verstehen),* daß er gehen könne. **b)** *nicht vollständig ausführen, nur flüchtig angeben:* eine Verbeugung, ein Lächeln a.; eine Figur mit ein paar Strichen a.; der Pianist deutete die Melodie nur an. **2.** ⟨etwas deutet sich an⟩ *etwas zeichnet sich ab:* eine günstige Wendung, das Neue deutet sich an.

Andeutung, die: **1.** *flüchtiger Hinweis, Anspielung:* vage (bildungsspr.), geheimnisvolle Andeutungen; eine A. machen, fallenlassen; sich in Andeutungen ergehen (geh.); aus jmds. A. auf etwas schließen. **2.** *schwache Spur von etwas:* die A. eines Lächelns, einer Verbeugung.

andichten ⟨jmdm., einer Sache etwas a.⟩: *nachsagen, zu Unrecht zuschreiben:* er dichtete ihm unlautere Absichten an; man wollte der Partei Korruption a.

Andrang, der: *andrängende Menschenmenge, Zulauf:* ein starker, heftiger, unerwarteter A.; der A. der Massen war groß; an der Kasse, an den Schaltern herrschte großer A.

andrehen: 1. ⟨etwas a.⟩ *einschalten, anstellen:* die Lampe, das Licht, den Haupthahn, das Wasser, das Gas a.; er drehte im Zimmer das Radio an. **2.** ⟨etwas a.⟩ *mit Schrauben befestigen:* einen Griff, ein Schild a. **3.** (ugs.; abwertend) ⟨jmdm. etwas a.⟩ *dazu bringen, etwas zu kaufen;* er wollte ihm die alten Sachen a.; er ließ sich von dem Vertreter eine Versicherung a.

androhen ⟨jmdm. etwas a.⟩: *mit etwas drohen:* er drohte ihm Schläge, schwere Bestrafung an; der Chef hat ihr angedroht, sie zu entlassen.

anecken (ugs.): **1.** *an etwas stoßen:* ich bin/(selten:) habe mit dem Rad [am Bordstein] angeeckt. **2.** *Anstoß erregen, unangenehm auffallen:* er ist/(selten:) hat bei seinem Chef angeeckt; wenn Sie so weitermachen, werden Sie schwer anecken.

aneignen ⟨sich (Dativ) etwas a.⟩: **1.** *sich in etwas üben, bis man darüber verfügt:* sich eine fremde Sprache a.; du hast dir viele Kenntnisse, gute Umgangsformen angeeignet. **2.** *sich unrechtmäßig in den Besitz einer Sache setzen:* sich jmds. Vermögen a.; du hast dir das Buch einfach angeeignet.

aneinander ⟨Adverb⟩: **a)** *einer am anderen:* a. vorbeigehen, vorbeireden. **b)** *einer an den anderen, gegenseitig an sich:* sie denken a.

aneinandergeraten: *in Streit geraten:* die beiden gerieten heftig aneinander; ich werde mit ihm noch aneinandergeraten.

anekeln ⟨jmdn. a.⟩: **1.** *anwidern:* der Anblick, diese Person, das ganze Leben ekelte ihn an; angeekelt wandte er sich ab; er fühlte sich angeekelt. **2.** (ugs.) *kränken:* ich weiß nicht, warum du mich dauernd anekelst.

Anerbieten, das (geh.): *Angebot, Vorschlag:* Ihr A. ehrt mich; ein A. annehmen, ausschlagen; von Ihrem A. nehme ich Kenntnis, mache ich gern Gebrauch (Kaufmannsspr.).

anerkennen: 1. ⟨jmdn., etwas a.⟩ *für gültig erklären, [offiziell] bestätigen:* etwas offiziell, amtlich, behördlich a.; einen Staat diplomatisch a.; eine Unterschrift, ein Testament a.; wir erkennen seine Forderungen [als zu Recht bestehend] an; ich erkenne das an/(selten:) ich anerkenne das. **2.** ⟨etwas a.⟩ *würdigen, loben:* etwas dankbar, hoch, voll a.; wir erkennen seine Leistungen, Verdienste an; jmdm. anerkennend zunicken; adj. Part.: *allgemein geschätzt, unbestritten:* er ist eine [international] anerkannte Größe; seine anerkannte Zuverlässigkeit.

Anerkennung, die: **1.** *[offizielle] Bestätigung der Gültigkeit, der Rechtmäßigkeit:* die diplomatische A. eines Staates; jmdm. die A. als politischer Flüchtling verweigern; diese Schule hat die staatliche A. erhalten. **2.** *Würdigung, Lob:* seine Leistung verdient volle A., erhielt, fand keine A.; jmdm. seine A. ausdrücken, aussprechen; sie zollten (geh.), spendeten (geh.) seinen Taten hohe A.; als A. für seine Verdienste, in A. seiner Verdienste ...

anfachen (geh.) ⟨etwas a.⟩: *zum Brennen, Aufflammen bringen:* das Feuer, die Glut a.; übertr.: jmds. Begierden, Leidenschaften a. *(erregen).*

anfahren: 1. *losfahren:* das Auto fährt langsam, sanft, ruckartig an; er gab Gas und fuhr vorsichtig an. **2.** ⟨gewöhnlich im 2. Part. in Verbindung mit *kommen*⟩ *heranfahren:* er kam mit seinem Sportwagen in rasendem Tempo angefahren. **3.** ⟨etwas a.⟩ *mit einem Fahrzeug bringen, herbeischaffen:* Steine, Holz, Kohlen a.; übertr. (ugs.; scherzh.): Schnaps, eine neue Runde a. lassen *(spendieren, bringen lassen).* **4.** ⟨jmdn. a.⟩ *mit einem Fahrzeug streifen, umstoßen:* er hat eine alte Frau angefahren; das Kind wurde vom Bus angefahren. **5.** ⟨etwas a.⟩ *ansteuern; auf etwas zufahren:* diesen Ort fahren wir auf unserer Reise nicht, zuerst an; eine Kurve falsch a. **6.** ⟨jmdn. a.⟩ *in heftigem Ton zurechtweisen:* einen Untergebenen barsch, gereizt, wütend, grob a.; fahr mich nicht so an!

Anfall, der: **1.** *plötzliches Auftreten einer Krankheit:* ein schwerer, leichter, epileptischer A.; ein A. von Fieber; der A. läßt nach, geht vorüber, kommt, wiederholt sich; einen A. bekommen, haben, erleiden (geh.); er tötete sich in einem A. von Schwermut; übertr.: in einem A. *(Anflug, Stimmung)* von Wut, Eifersucht; (ugs.; scherzh.:) in einem A. von Großmut gab er mir 10 Mark. **2.** *Ausbeute, Ertrag:* der A. an Roheisen, an Getreide ist sehr gering. * (ugs.:) **einen Anfall [wegen etwas] bekommen** *(außer sich geraten).*

anfallen: 1. ⟨jmdn., etwas a.⟩ *plötzlich angreifen:* jmdn. im Dunkeln, aus dem Hinterhalt, hinterrücks a.; der Hund fiel die junge Frau an. **2.** (geh.) ⟨etwas fällt jmdn. an⟩ *etwas befällt jmdn.:* Wut, Verzweiflung, Heimweh fiel ihn an. **3.** ⟨etwas fällt an⟩ *etwas entsteht nebenher:* bei diesem Verfahren fallen viele Nebenprodukte an; übertr.: eine Menge Arbeit ist angefallen *(hat sich ergeben);* alle anfallenden *(vorkommenden)* Arbeiten.

anfällig: *zu Krankheiten neigend, nicht widerstandsfähig:* ein schwaches, anfälliges Kind; er ist sehr a. für/(seltener:) gegen Erkältungen.

Anfang, der: *der erste Teil, das erste Stadium von etwas; das, womit etwas einsetzt:* ein neuer, guter, verheißungsvoller, schwerer A.; der A. des Buches, des Films; sich aus kleinen Anfängen emporarbeiten; Redensart: aller A. ist schwer · man muß nur den richtigen A. finden; den A. verpassen; am A. der Woche; am/zu A. *(anfangs, zuerst)* war er mit allem zufrieden; am/(seltener:) im A. des Jahrhunderts; am, gegen, seit A. unserer Zeitrechnung; für den A. reicht es; er war von [allem] A. an *(gleich)* dagegen; A. Oktober, des Monats; es geschah A. 1960; er ist jetzt A. Fünfzig *(etwas älter als fünfzig)* · der A. *(Ursprung)* aller Dinge, des Lebens; die Anfänge *(das Entstehen)* des Tonfilms; über die Anfänge *(ersten Versuche)* nicht hinauskommen; in den Anfängen *(Ansätzen)* steckenbleiben. * **den Anfang machen** *(anfangen, der erste sein)* · (geh.:) **etwas nimmt seinen Anfang** *(etwas fängt an)* · **von Anfang bis Ende** *(vollständig, ohne etwas auszulassen):* ich habe das Buch von A. bis Ende gelesen.

anfangen: 1. a) ⟨etwas/mit etwas a.⟩ *mit einer Handlung, einem Vorgang einsetzen; beginnen:* eine Arbeit, ein Gespräch [mit jmdm.], einen Brief, ein neues Leben a.; er fing mit ihm Streit an; mit der Ernte, mit dem Essen a.; wir fingen ein Haus zu bauen an/wir fingen an, ein Haus zu bauen/(hochsprachl. nicht korrekt:) wir fingen ein Haus an zu bauen · wenn wir anfangen zu bauen, .../wenn wir zu bauen anfangen .../(hochsprachl. nicht korrekt:) wenn wir an zu bauen fangen, ... · ⟨auch absolut⟩ wer fängt an?; wieder von vorn a.; er hat klein, mit nichts, von unten angefangen; er fing als Vertreter an; du hast angefangen! (ugs.; *du bist schuld);* ich habe (nicht: bin) bei ihm angefangen. **b)** (ugs.) ⟨von etwas a.⟩ *über etwas zu sprechen beginnen:* mein Vater fing wieder von Politik an; mußt du immer wieder davon a.? **2.** ⟨etwas fängt an⟩ *etwas setzt ein, nimmt seinen Anfang:* hier fängt das Sperrgebiet an; das Konzert fängt um 20 Uhr an; wann hat das Spiel angefangen?; es fing alles so harmlos an; das fängt ja gut an! (iron.). **3. a)** ⟨etwas a.⟩ *machen, tun:* was soll ich nun a.?; eine Sache richtig, verkehrt, falsch a.; du mußt es anders a. **b)** ⟨etwas mit jmdm., mit sich, mit etwas a.⟩ *anstellen:* was soll ich damit a.?; ich kann mit dieser Meldung, mit dem Theaterstück nichts a.; sie weiß mit sich nichts anzufangen; mit ihm ist nichts anzufangen *(er ist zu nichts zu gebrauchen).*

Anfänger, der: *jmd., der noch lernt:* Anfänger und Fortgeschrittene; Kurse für Anfänger; er ist kein A. mehr; er ist ein blutiger A. (ugs.; *kann noch nichts).*

anfangs: 1. ⟨Adverb⟩ *am Anfang, zuerst:* a. ging alles gut; sie war a. sehr zurückhaltend. **2.** (ugs.) ⟨Präp. mit Gen.⟩ *am Anfang, zu Beginn:* a. des Jahres.

anfassen: 1. ⟨jmdn., etwas a.⟩ *mit der Hand berühren; ergreifen:* etwas vorsichtig, mit spitzen Fingern a.; sie faßte das Tuch an einem Zipfel an; übertr.: der Kritiker hat den jungen Komponisten zart, grob angefaßt. **2.** *zupacken, helfen:* alle müssen [mit] anfassen. **3.** ⟨etwas faßt sich an; mit Artangabe⟩ *etwas fühlt sich in einer bestimmten Weise an:* die Haut, der Stoff faßt sich rauh, zart, glatt an. **4.** ⟨etwas a.⟩ *anfangen:* eine Sache, ein Problem klug, geschickt a.; du mußt es nur am/beim rechten Ende a. **5.** (geh.) ⟨etwas faßt jmdn. an⟩ *etwas befällt, packt jmdn.:* Angst, ein Schauder, Mitleid faßte ihn an. * (ugs.:) **ein heißes Eisen anfassen** *(ein heikles, unbeliebtes Thema aufgreifen)* · (ugs.:) **jmdn. mit Glacéhandschuhen/Samthandschuhen anfassen** *(rücksichtsvoll, vorsichtig behandeln).*

anfauchen ⟨jmdn. a.⟩: *einen fauchenden Laut gegen jmdn. ausstoßen:* die Katze faucht den Hund an; übertr.: sie hat ihn ganz schön angefaucht *(zornig angefahren).*

anfechten: 1. ⟨etwas a.⟩ *nicht anerkennen, gegen etwas angehen:* das Testament, eine Entscheidung, ein Urteil a.; der Vertrag ist angefochten worden. **2.** (geh.) ⟨etwas ficht jmdn. an⟩ *etwas beunruhigt, bekümmert jmdn.:* das ficht mich nicht an; er ließ es sich nicht a. *(ließ sich nicht beirren).*

Anfechtung, die: **1.** *das Anfechten:* die A. des Testaments. **2.** (geh.) *Versuchung:* der Glaube hält allen Anfechtungen stand; Anfechtungen erleiden, überwinden, überstehen; einer A. erliegen.

anfeinden (geh.) ⟨jmdn. a.⟩: *feindselig begegnen:* er wurde von allen angefeindet.

anfertigen ⟨etwas a.⟩: *herstellen, machen:* eine Übersetzung a.; sie hatte ein Protokoll, eine Liste [mit Sorgfalt] angefertigt; ein Kleid a. lassen.

anfeuchten ⟨etwas a.⟩: *feucht, naß machen:* eine Briefmarke, einen Schwamm a.; ⟨jmdm., sich etwas a.⟩ ich feuchtete mir den Finger, die Lippen [mit der Zunge] an. * (ugs.:) **sich** (Dativ) **die Kehle anfeuchten** *(Alkohol trinken).*

anfeuern: **1.** ⟨etwas a.⟩ *anheizen:* den Ofen, den Kessel a. **2.** ⟨jmdn., etwas a.⟩ *anspornen; mitreißen:* sie feuerten die Mannschaft lautstark, durch Zurufe, mit Zurufen an; die Spieler zu immer größeren Leistungen a.

anflehen (geh.) ⟨jmdn. a.⟩: *inständig bitten:* jmdn. weinend, auf den Knien [um Hilfe] a.; er flehte die Bürger an, nichts zu unternehmen.

anfliegen: **1.** ⟨gewöhnlich im 2. Part. in Verbindung mit *kommen*⟩ *heranfliegen:* anfliegende Maschinen; ein Vogel, ein Ball kam angeflogen. **2.** ⟨etwas a.⟩ *auf etwas zufliegen:* eine Stadt, einen Flughafen a.; die Lufthansa fliegt Moskau an *(hat eine Fluglinie nach Moskau).* **3. a)** ⟨etwas fliegt jmdm. an⟩ *etwas fällt jmdm. zu:* die Kenntnisse sind ihm nur so angeflogen. **b)** (geh.) ⟨etwas fliegt jmdn. an⟩ *etwas befällt jmdn.:* eine gewisse Bangigkeit hatte ihn angeflogen.

Anflug, der: **1. a)** *das Zufliegen auf ein Ziel:* beim A.; die Maschine ist, befindet sich im A. auf Frankfurt. **b)** *Flugweg:* das Geschwader hat einen zu weiten A. **2.** *Hauch, Spur, Andeutung:* ein A. von Spott lag in ihrer Antwort; in/mit einem A. von Verlegenheit kratzte er sich am Ohr; ein A. von Bart, der A. eines Bartes.

anfordern ⟨jmdn., etwas a.⟩: *mit Nachdruck verlangen:* einen Bericht, Ersatzteile [für eine Reparatur] a.; wir haben zwei Monteure angefordert.

Anforderung, die: **1.** *das Anfordern:* eine schriftliche, telephonische A. von Ersatzteilen, von Arbeitskräften. **2.** *Anspruch, Beanspruchung:* harte, strenge Anforderungen; die Rallye stellt hohe Anforderungen an Mensch und Material; einer A. genügen, gerecht werden, gewachsen sein; seine Leistungen entsprechen nicht den Anforderungen.

Anfrage, die: *Bitte um Auskunft:* eine schriftliche, telegraphische A.; Ihre A. bei unserer Firma wegen/(Kaufmannsspr.:) bezüglich der Reparatur ...; eine A. an jmdn. richten; Anfragen beantworten; (Papierdt.:) hiermit erlaube ich mir die [höfliche] A., ob ...; eine kleine, große A. *(Interpellation)* an die Regierung (im Parlament) einbringen.

anfragen: *sich mit einer Frage an jmdn. wenden:* brieflich, telephonisch, höflich [wegen einer Sache] a.; ich möchte bescheiden (iron.) a., ob du bald fertig bist.

anfreunden: **1.** ⟨sich a.⟩ *eine Freundschaft beginnen, gut bekannt werden:* wir haben uns schon ein wenig angefreundet; er freundete sich mit den andern Schülern schnell an. **2.** ⟨sich mit etwas a.⟩ *sich an etwas gewöhnen:* ich muß mich erst mit diesem Gedanken, mit der neuen Mode a.

anfühlen: **1.** ⟨etwas a.⟩ *prüfend betasten:* einen Stoff a.; fühle einmal meine Hände an, wie kalt die sind. **2.** ⟨etwas fühlt sich an; mit Artangabe⟩ *etwas vermittelt ein bestimmtes Gefühl:* seine Hände fühlten sich feucht, klebrig, wie Eis an.

anführen: **1.** ⟨jmdn., etwas a.⟩ *führend vorangehen; leiten, befehligen:* einen Festzug, eine Demonstration, den Reigen a.; er hatte den Trupp angeführt. **2. a)** ⟨etwas a.⟩ *vorbringen, aufzählen:* Beispiele, Gründe, Tatsachen a.; ich habe das als Entschuldigung, zu meiner Entschuldigung angeführt. **b)** ⟨jmdn. als jmdn. a.⟩ *benennen:* er führt ihn als Gewährsmann, als Zeugen an. **c)** (geh.) ⟨jmdn., etwas a.⟩ *zitieren:* eine Textstelle, einen Autor a.; er führte seinen Vorredner an. **3.** ⟨jmdn. a.⟩ *[zum Scherz] irreführen:* ich lasse mich nicht a.; man hat uns gründlich [mit dieser Nachricht] angeführt.

Anführungszeichen, (auch:) Anführungsstriche, die ⟨Plural⟩: *Strichzeichen zur Kennzeichnung der wörtlichen Rede, zur Hervorhebung:* ein Wort, einen Satz, ein Zitat in A. setzen.

Angabe, die: **1.** *das Angeben; Aussage, Auskunft:* eine zuverlässige, falsche, sachdienliche, genaue A.; widersprechende Angaben [zum Hergang, über den Hergang] machen; die Polizei erbittet, bittet um nähere Angaben; eine A. nachprüfen; die Richtigkeit der A. überprüfen; nach A. der Zeugen war es anders; ohne A. der Adresse verziehen; unter A. des Kennwortes, des Aktenzeichens schreiben; ich halte mich an seine Angaben *(Anweisungen, Vorschriften).* **2.** ⟨ohne Plural⟩ *Prahlerei, Angeberei:* das ist ja alles bloß A. **3.** (Sport) *eröffnender Schlag:* wer hat die A.?; um die A. spielen.

angängig (Amtsdt.): *zulässig, erlaubt:* eine kaum angängige Handlungsweise; es ist nicht a., daß ...; das muß, wenn irgend a., vermieden werden.

angeben: **1.** ⟨etwas a.⟩ **a)** *nennen, Auskunft über etwas geben:* seinen Namen, die Personalien, den Grund [für etwas], Ort und Zeit [für ein Treffen], den Preis, die genauen Maße [von etwas] a.; das hat er bei der Steuererklärung falsch, ungenau angegeben; der Wert des Grundstücks wurde mit 50 000 Mark angegeben; etwas als Motiv a.; er hat ihn als Zeugen angegeben *(benannt).* **b)** *bestimmen, festsetzen:* das Tempo, den Takt a.; der Kommandant gab einen neuen Kurs an. **2.** (landsch.) ⟨jmdn., etwas a.⟩ *anzeigen:* den Täter bei der Polizei a.; er hat das Versteck, seinen Komplicen angegeben *(verraten).* **3.** (ugs.) *prahlen:* der gibt ganz schön [mit seinem neuen Auto] an. **4.** *ein Spiel eröffnen:* wer gibt an?; im ersten Satz habe ich angegeben. * (ugs.:) **eine Stange angeben** *(sehr prahlen).*

Angeber, der: **1.** (veraltend) *Verräter, Denunziant:* im Lager gab es einen A. **2.** (ugs.) *Wichtigtuer, Prahlhans:* er ist ein schrecklicher A.

angeblich: *nicht verbürgt, vermeintlich; wie [fälschlich] behauptet:* ihr angeblicher Onkel; ein angeblicher Augenzeuge hat sich gemeldet; er ist a. krank, verreist.

angeboren: *von Geburt an vorhanden, von Natur aus eigen:* eine angeborene Sehschwäche; die Krankheit ist a.; ihr ist die Schlagfertigkeit a.

Angebot, das: **1.** *das Anbieten, Vorschlag:* ein günstiges, verlockendes, großzügiges, vorteilhaftes, unverbindliches, billiges A.; das ist mein letztes, äußerstes A.; Börse: in Brauereiaktien herrscht A. vor; Versteigerung: das A. *(das erste Gebot)* ist/sind 500 Mark; [jmdm.] ein A. machen; der Künstler erhielt, bekam, hat ein A. [aus Amerika, nach England, in die Schweiz, an das Burgtheater]; ein A. aufrechterhalten, ablehnen, annehmen; er ging auf meine Angebote nicht ein; wir bitten Sie um Ihr A. über/für Lieferung ... 2. *angebotene Ware:* ein großes, reichhaltiges, preiswertes A.; das A. an/von Kleidern, an/von Gemüse ist gering; das A. *(die Auswahl)* in Elektrogeräten ist groß; die Preise richten sich nach A. und Nachfrage.

angebracht: *passend, sinnvoll, richtig:* eine keineswegs angebrachte Bemerkung; unser Vertrauen ist [wegen seiner Leistungen] durchaus a.; er hielt es für a., sofort abzureisen.

angebunden: → anbinden.

angedeihen (geh.) ⟨in der Verbindung⟩ jmdm. etwas angedeihen lassen: *zukommen lassen, zuteil werden lassen:* der Staat läßt seinen Bürgern im Ausland Schutz a.; er läßt seinen Kindern eine gute Erziehung a.

Angedenken, das (geh.): *Andenken, Erinnerung:* sie bewahrte ihm ein liebes A.; zum ewigen A. * **seligen Angedenkens: a)** (veraltend) *(tot, verstorben):* das stammt von meinem Großvater seligen Angedenkens. **b)** (ugs.; scherzh.) *(einstig):* die gute Postkutsche seligen Angedenkens.

angegossen ⟨in der Wendung⟩ etwas sitzt wie angegossen: *etwas paßt sehr gut:* das Kleid sitzt wie a.; Stiefel, die wie a. saßen.

angegriffen: → angreifen.

angeheitert (ugs.): *durch Alkoholgenuß beschwingt:* angeheiterte Gäste; in angeheitertem Zustand; er ist leicht a.

angehen/vgl. angehend/: **1.** (geh.) **a)** ⟨jmdn., etwas a.⟩ *angreifen:* die Polizisten a.; der Verteidiger ging den Stürmer hart an. **b)** ⟨jmdn., etwas a.⟩ *zu bewältigen suchen:* eine Aufgabe, Schwierigkeiten a.; die Bergsteiger haben den Gipfel angegangen; das Pferd geht das Hindernis an. **c)** ⟨gegen jmdn., gegen etwas a.⟩ *vorgehen, ankämpfen:* die Feuerwehr ging mit Schaumlöschern gegen die Flammen an; gegen Mißstände a.; ich bin dagegen angegangen. **2.** ⟨jmdn., etwas [um etwas] a.⟩ *um etwas bitten:* den Freund um Rat, um Unterstützung, um Geld a.; er hat/ist die Bank [um ein Darlehen] angegangen. **3.** ⟨etwas geht jmdn., etwas an⟩ *etwas betrifft jmdn., etwas:* dieser Fall geht mich unmittelbar, am meisten, persönlich an; was mich angeht, so erkläre ich ...; das geht dich nichts, einen Dreck (derb), einen feuchten Staub (ugs.) an. **4.** (geh.) ⟨etwas geht an⟩ *etwas ist möglich, vertretbar:* das geht gerade noch, kaum, nicht an; ich würde, wenn es anginge, absagen; mit der Hitze ging es noch an *(sie war noch erträglich)*. **5.** ⟨etwas geht an⟩ **a)** (ugs.; landsch.) *etwas fängt an:* morgen geht die Schule an; die Vorstellung ist schon angegangen. **b)** *etwas beginnt zu brennen, zu leuchten:* das Feuer geht nicht an; im Saal gingen die Lampen an.

angehend: *in der Ausbildung stehend; künftig:* ein angehender Arzt; eine angehende junge Dame; ein angehender Vierziger *(Mann, der bald vierzig Jahre alt wird)*.

angehören ⟨jmdm., einer Sache a.⟩: *zu jmdm., zu etwas gehören:* einer Partei, einem Verein [als aktives Mitglied], einer Berufsgruppe a.; das gehört dem Mittelalter an.

Angehörige, der: **1.** *jmd., der zu etwas gehört:* Angehörige/die Angehörigen des Betriebes. **2.** *nächster Verwandter:* seine Angehörigen besuchen; ich habe keine Angehörigen mehr.

Angeklagte, der: *jmd., der unter Anklage steht:* der A. hat das Wort; Angeklagter, treten Sie vor!

[1]Angel, die: *Gerät zum Fischfang:* die A. auswerfen, einziehen; die Fische gehen zu dieser Tageszeit nicht an die A.; einen dicken Fisch an der Angel haben.

[2]Angel, die: *Tür-, Fensterzapfen:* verrostete Angeln; die Angeln ölen; die Tür kreischt, hängt schief in den Angeln; einen Fensterflügel aus den Angeln heben. * **zwischen Tür und Angel** *(kurz, in Eile):* etwas zwischen Tür und A. erledigen · **etwas aus den Angeln heben** *(grundlegend ändern):* er wollte die Welt aus den Angeln heben · **etwas geht aus den Angeln** *(etwas geht zugrunde, fällt auseinander)*.

angelegen (geh.) ⟨in der Verbindung⟩ sich (Dativ) etwas angelegen sein lassen: *sich um etwas bemühen, kümmern:* ich will es mir a. sein lassen, ihr Vertrauen zu gewinnen.

Angelegenheit, die: *Sache, Vorfall:* eine dringliche, nebensächliche, ernste, ganz vertrackte *(schwierige)*, peinliche, mißliche, private, geschäftliche A.; kulturelle, politische Angelegenheiten *(Belange)*; das ist meine A. *(geht nur mich an)*; wichtige Angelegenheiten hielten mich fern; eine A. regeln, in Ordnung bringen, erledigen, klären, besprechen, bearbeiten, weiterleiten; um was für eine A. handelt es sich?; kümmere dich um deine Angelegenheiten!; ich komme in einer dienstlichen A. zu Ihnen; er wird sich nicht in meine, in fremde Angelegenheiten mischen; ich halte mich aus dieser A. heraus.

angelegentlich (geh.): *eingehend, nachdrücklich:* eine angelegentliche Bitte; er erkundigte sich a. nach ihm; ich empfehle mich Ihnen auf das angelegentlichste.

angeln ⟨[etwas] a.⟩: *mit der Angel zu fangen suchen, fangen:* Fische a.; er angelt mit Begeisterung, im Urlaub; nach Hechten, nach Forellen, (fachspr.:) auf Hechte, auf Forellen a.; bildl.: Fleisch aus der Suppe a.; übertr. (ugs.): *sich bemühen, etwas zu bekommen:* ⟨nach etwas a.⟩ er angelte mit dem Fuß nach dem Hausschuh; ⟨sich (Dativ) etwas a.⟩ er angelte sich mit ausgestreckter Hand das Glas *(ergriff es)*; sie hat sich einen Millionär geangelt *(geheiratet)*.

angemessen: *passend; richtig bemessen:* eine [dem Alter] angemessene Bezahlung; ein angemessener Preis; etwas in angemessener Form sagen; der Lohn war [der Leistung] a.; ich halte das Honorar für a.

angenehm: *wohltuend, erfreulich:* ein angenehmer Geruch; das ist eine angenehme Überraschung, Abwechslung; [ich wünsche dir] angenehme Reise; er ist ein angenehmer *(liebenswerter)* Mensch; ihre Stimme ist sehr a.; a. träumen, sich unterhalten; (ugs.:) a. enttäuscht sein; von etwas a. überrascht, berührt sein; Ihr

Besuch ist mir stets a. (geh.); Sie sind uns stets a. (geh.; *willkommen*); es wäre mir a. *(lieb)*, wenn Sie ... * **[sehr] angenehm!** */(heute verpönte) Höflichkeitsformel bei der Vorstellung/* · **angenehme Ruhe!** */Wunsch beim Schlafengehen/*.

angeschlagen: *nicht mehr im Vollbesitz seiner Kräfte, erschöpft:* einen angeschlagenen Eindruck machen: der Boxer ist a.; er kam nach dem Verhör a. nach Hause.

angesehen: *Ansehen genießend, geachtet:* ein angesehener Verlag; sie stammt aus einer angesehenen Familie; er ist überall a.

Angesicht, das (geh.): **a)** *Gesicht:* das geliebte, zarte, vertraute A.; das A. verhüllen. **b)** *Gesichtsausdruck, Miene:* mit unbewegtem A.; sein A. verklärte sich. * (geh.:) **im Angesicht: a)** *(im, beim Anblick):* im A. der Gefahr, des Todes. **b)** *(im Hinblick auf):* im A. der Tatsache, daß ...; im A. der Sachlage · **im Schweiße meines Angesichts** *(unter großer Anstrengung)* · (geh.:) **jmdn. von Angesicht kennen** *(vom Sehen kennen)* · (geh.:) **jmdn. von Angesicht [zu Angesicht] sehen** *(mit eigenen Augen sehen)*.

angesichts (geh.) ⟨Präp. mit Gen.⟩: **a)** *im, beim Anblick:* a. der Bergwelt, der vertrauten Gassen, der Gefahr. **b)** *im Hinblick auf:* a. der Tatsache, daß ...

angespannt: a) *angestrengt:* mit angespannter Aufmerksamkeit; a. lauschen. **b)** *kritisch, bedenklich:* die angespannte Finanzlage; die Situation ist ziemlich a.

angestammt: *überkommen, ererbt:* unser angestammtes Recht; er nahm seinen angestammten *(altgewohnten)* Platz ein.

Angestellte, der: *jmd., der in einem vertraglichen Arbeitsverhältnis mit monatlicher Gehaltszahlung steht:* ein höherer, leitender, kaufmännischer Angestellter; Angestellte/die Angestellten unserer Firma; einige Angestellte entlassen; die neuen Angestellten einarbeiten.

angestrengt: *mit Anstrengung, konzentriert:* mit angestrengter Aufmerksamkeit; a. arbeiten, nachdenken, zuhören.

angetan (geh.): **1.** ⟨in der Verbindung⟩ von jmdm., von etwas angetan sein: *angenehm berührt sein:* er war von ihr, von ihrem Vorschlag sehr a. **2.** ⟨in der Verbindung⟩ danach/dazu angetan sein: *geeignet sein:* die Lage ist nicht dazu, danach a., Feste zu feiern; sein Äußeres war kaum dazu a., Vertrauen zu erwecken.

angewandt: → anwenden.

angewiesen ⟨in der Verbindung⟩ auf jmdn., auf etwas angewiesen sein: *abhängig sein:* er ist auf dich, auf deine Hilfe a.; wir sind aufeinander a.

angewöhnen ⟨jmdm., sich etwas a.⟩: *zur Gewohnheit machen:* sich Pünktlichkeit, das Rauchen a.; gewöhne dir endlich an, früher aufzustehen.

Angewohnheit, die: *Gewohnheit, Eigenheit:* eine schlechte, seltsame A.; Trinken ist eine üble A.; eine A. annehmen, ablegen; er hat die A., beim Essen, während des Essens zu lesen.

angezeigt (geh.): *angebracht, ratsam, passend:* er hielt es für a., früher zu kommen; in diesem Falle wäre eine Badekur a.

angleichen ⟨sich, etwas jmdm., einer Sache a.⟩: *anpassen:* sie hat sich ihrem Mann angeglichen; die Löhne den Preisen a.

angliedern ⟨einer Sache etwas a.⟩: *anschließen:* die Jugendabteilungen sind dem Verein angegliedert.

angreifen: 1. (landsch.) **a)** ⟨jmdn., etwas a.⟩ *anfassen:* die Kinder greifen alles an. **b)** ⟨etwas greift sich an; mit Artangabe⟩ *etwas fühlt sich an:* der Stoff greift sich rauh, weich an. **2. a)** ⟨[jmdn., etwas] a.⟩ *gegen jmdn., gegen etwas vorgehen; den Kampf beginnen:* den Feind überraschend, von der Flanke [her], mit Panzern a.; der Betrunkene griff die Gäste an *(wurde tätlich)*; der gegnerische Sturm hat pausenlos angegriffen. **b)** ⟨jmdn., etwas a.⟩ *heftig kritisieren:* die Rede des Ministers, seine Politik a.; er wurde in den Zeitungen scharf, heftig angegriffen. **3.** (selten) ⟨etwas a.⟩ *in Angriff nehmen, anfangen:* eine Aufgabe richtig, entschlossen a.; wir müssen die Sache anders a. **4.** ⟨etwas a.⟩ *anbrechen, zu verbrauchen beginnen:* Vorräte nicht a. wollen, a. müssen; ich habe das Guthaben noch nicht angegriffen. **5. a)** ⟨etwas greift jmdn., etwas an⟩ *etwas schadet jmdm., einer Sache; etwas schwächt jmdn., etwas:* das Licht greift die Augen an; die Krankheit hat ihn sehr angegriffen; er sieht sehr angegriffen *(erschöpft)* aus. **b)** ⟨etwas greift etwas an⟩ *etwas beschädigt, zersetzt etwas:* der Rost greift das Eisen an.

angrenzen ⟨etwas grenzt an⟩: *etwas stößt an etwas an:* das Grundstück grenzt unmittelbar [an den Garten] an; die angrenzenden Gebäude.

Angriff, der: **1.** *das Angreifen:* heftige, schwere, pausenlose Angriffe; der A. auf die feindlichen Stellungen; der A. brach zusammen; einen A. einleiten, [gegen etwas] vortragen, abschlagen, abwehren, [blutig] zurückweisen; die Bomber flogen einen A. gegen die Nachschubwege; zum A. ansetzen, übergehen, vorgehen; Sport: einen A. parieren; der A. über die Flügel; der A. *(die Angriffsspieler)* ist schlecht, hat versagt, war nicht zu bremsen. **2.** *heftige Kritik, Anfeindung:* ein offener, versteckter Angriff; massive Angriffe gegen das Fernsehen richten; der Minister sah sich heftigen Angriffen ausgesetzt. * (nachdrücklich:) **etwas in Angriff nehmen** *(mit etwas beginnen):* wir haben das Projekt in A. genommen.

angst ⟨in bestimmten Verbindungen⟩ **jmdm. wird [es] angst [und bange]** *(jmd. fürchtet sich, bekommt Angst):* wenn ich das sehe, wird mir a. [und bange] · **jmdm. ist [es] angst [und bange]** *(jmd. hat Angst):* mir ist a. [und bange] um ihn · (fam.:) **jmdm. angst [und bange] machen** *(jmdn. in Angst versetzen):* er machte dem Kind mit seinen Drohungen a. [und bange].

Angst, die: **a)** *Gefühl der Beklemmung, Furcht:* eine große, schreckliche, grundlose A.; panische A. ergriff, schüttelte, befiel, quälte ihn; eine unerklärliche A. steigt in ihm auf (geh.), erfaßt überkommt, beschleicht ihn; die A. weicht (geh.), sitzt ihm in den Gliedern, im Nacken, in der Kehle; er kennt keine A.; A. bekommen, ausstehen, leiden (geh.); die A. [in sich] überwinden; das Kind hat A. vor Strafe; er hatte A., sie wiederzusehen; jmdm. [durch, mit etwas] A. bereiten, einjagen, einflößen (geh.); A. [in, bei jmdm.] erwecken, hervorrufen; die Truppen verbreiteten A. und Schrecken; aus A. etwas tun, etwas verschweigen; in A. geraten; sie versetzten das Land in A. und Schrecken; vor A. vergehen, zittern, blaß werden, fast sterben, umkommen. **b)** *Sorge, Unruhe:* A. um jmdn. haben *(sich sorgen);* in A. um jmdn. sein; sie war, schwebte in tausend Ängsten; er sah der Entscheidung mit einer gewissen A. entgegen. * **es mit der Angst zu tun bekommen/kriegen** *(ängstlich werden).*

ängstigen: a) ⟨jmdn. ä.⟩ *in Angst versetzen:* ein böser Traum hatte ihn geängstigt. **b)** ⟨sich ä.⟩ *Angst haben:* sich unnötig, vor der Zukunft ä.; die Mutter ängstigte sich *(sorgte sich)* um ihr Kind.

ängstlich: 1. a) *von Angst bestimmt, voller Angst:* ein ängstlicher Blick; sie machte ein ängstliches Gesicht; ä. aufblicken; ihm wurde ä. zumute. **b)** *scheu, schüchtern:* ein ängstliches Kind; sei nicht so ä.! **2.** *übertrieben genau, gewissenhaft:* mit ängstlicher Genauigkeit; ihr ä. gehütetes Geheimnis; ä. bemüht sein, jmdm. alles recht zu machen.

angucken (ugs.): **1.** ⟨jmdn. a.⟩ *ansehen:* jmdn. treuherzig, lächelnd, mit großen Augen a. **2.** ⟨sich (Dativ) jmdn., etwas a.⟩ *betrachten:* ich gucke mir die Schaufenster, die Auslagen an.

anhaben: 1. (ugs.) ⟨etwas a.⟩ *ein Kleidungsstück tragen:* ein Kleid, neue Schuhe a.; sie hatte nichts an. **2.** ⟨jmdm., einer Sache etwas a.; gewöhnlich verneint in Verbindung mit Modalverben⟩ *ein Leid antun, Schaden zufügen:* er wollte mir nichts a.; der Sturm konnte dem Boot nichts a.

anhaften ⟨etwas haftet an⟩: *etwas bleibt hängen, setzt sich fest:* Schmutz haftet [an dieser Stelle] an; anhaftende Farbreste entfernen; ⟨etwas haftet einer Sache an⟩ dem Amtszimmer haftet ein dumpfer Geruch an; übertr. (geh.): jedem Kompromiß haften Mängel an.

anhaken ⟨etwas a.⟩: **1.** *festhaken:* die Feldflasche, einen Fensterladen a. **2.** *mit einem Häkchen kennzeichnen:* Namen auf, in der Liste a.

Anhalt, der (selten): → Anhaltspunkt.

anhalten: 1. ⟨etwas a.⟩ *etwas an etwas halten, anlegen:* das Lineal a.; ⟨jmdm., sich etwas a.⟩ sie hielt sich [zur Probe] das Kleid an. **2.** (selten) ⟨sich a.⟩ *sich festhalten:* er mußte sich am Geländer, an seinem Freund a. **3.** ⟨jmdn., etwas a.⟩ *zum Halten, zum Stillstand bringen:* ein Auto, die Pferde, die Drehtür a.; er wurde von den Posten angehalten; er hielt einige Sekunden den Atem an *(atmete nicht);* den Schritt a. (geh.; *stehenbleiben*). **4.** ⟨jmdn. zu etwas a.⟩ *zu etwas bringen; dafür sorgen, daß jmd. etwas tut:* die Kinder zur Ordnung, zum Gehorsam a.; sie wurde von ihrem Vater zum Besuch der Kirche angehalten. **5.** *stehenbleiben, zum Stillstand kommen:* das Auto hielt vor dem Haus an; er hielt mitten in der Rede, bei der Arbeit, mit dem Lesen an *(hielt inne).* **6.** ⟨etwas hält an⟩ *etwas dauert an:* das schöne Wetter, der Frost, das Fieber hält an; wie lange soll dieser Zustand noch a.?; adj. Part.: anhaltender Beifall; es hat anhaltend geschneit. **7.** (veraltend) ⟨um etwas a.⟩ *sich bewerben:* um eine Stelle, um ein Amt a. * **den Atem anhalten** *(gespannt, erwartungsvoll verharren):* die Zuschauer hielten den Atem an · (ugs.:) **halt die Luft an!** *(hör auf!, sei still!)* · (geh.:) **um jmdn./um jmds. Hand anhalten** *(die Erlaubnis zur Eheschließung mit einem Mädchen von dessen Eltern erbitten).*

Anhalter, der: *jmd., der fremde Fahrzeuge anhält, um sich mitnehmen zu lassen:* an der Auffahrt standen viele Anhalter. * (ugs.:) **per Anhalter fahren, reisen** *(in einem fremden Fahrzeug, das man angehalten hat, mitfahren).*

Anhaltspunkt, der: *Stütze für eine Annahme; Hinweis:* es bieten sich keine neuen Anhaltspunkte für seine Schuld; einen A. geben, liefern, suchen, finden.

anhand: → Hand.

Anhang, der: **1.** *Nachtrag:* der A. zu dem Vertrag; im A. des Buches finden sich die Anmerkungen. **2. a)** *Anhängerschaft:* diese Bewegung hat keinen großen A.; der Gangster erschien mit seinem A. **b)** *Verwandtschaft, Angehörige:* eine Witwe ohne A.

[1]**anhängen,** hing an, angehangen (geh.): **1. a)** ⟨etwas hängt jmdm. an⟩ *etwas macht sich bei jmdm. immer noch bemerkbar:* die Krankheit hängt mir noch an; die Gefängnisstrafe wird ihm immer a. **b)** ⟨etwas hängt einer Sache an⟩ *etwas ist mit etwas verknüpft:* Schwierigkeiten hängen jeder Reform an. **2.** ⟨jmdm., einer Sache a.⟩ *ergeben sein; sich verschrieben haben:* einer Lehre, einem Glauben a.; das Volk hat ihm angehangen.

[2]**anhängen,** hängte an, angehängt: **1. a)** ⟨etwas a.⟩ *an etwas hängen:* den Mantel, einen Zettel [an ein Paket] a.; ⟨jmdm., sich etwas a.⟩ sie hatte sich Ohrringe angehängt. **b)** ⟨etwas a.⟩ *ankuppeln:* den Wohnwagen a.; der Schlafwagen wird hinten am Zug angehängt. **c)** ⟨sich a.⟩ *unaufgefordert folgen, sich anschließen:* der Sportwagen hängte sich an; ⟨sich jmdm., sich an jmdn. a.⟩ er hängte sich an den führenden Läufer an; die Katze hatte sich uns angehängt. **2.** (landsch.) ⟨[etwas] a.⟩ *den Telephonhörer einhängen:* sie hatte [den Hörer] bereits angehängt. **3.** ⟨etwas a.⟩ *anfügen, hinzusetzen:* ein Kapitel, eine Nachschrift [an einen Brief] a.; er hängte noch eine Null an die Zahl an. **4.** (ugs.; abwertend) ⟨jmdm. etwas a.⟩ *etwas Übles zuschreiben, aufbürden:* sie hat ihrer Nachbarin allerhand angehängt; jmdm. einen Prozeß a.

Anhänger, der: **1.** *angehängter Wagen:* ein Lastkraftwagen mit A.; sie stiegen in den A. der Straßenbahn. **2.** *Schmuckstück, das an einer Kette, an einem Band getragen wird:* ein wertvoller A.; sie trug einen geschmacklosen A. **3.** *angehängtes Namen- oder Nummerkärtchen:* einen A. ausfüllen, am Koffer befestigen; bitte geben Sie mir einen A. **4.** (landsch.) *Aufhänger:* der A. am Mantel ist abgerissen; den A. annähen. **5.** *jmd., der einer Person oder Sache anhängt:* ein treuer, gläubiger, überzeugter A. einer Lehre; er hat nicht viele Anhänger.

anhängig (Rechtsw.) ⟨in bestimmten Verbindungen⟩ **anhängiges Verfahren** *(schwebendes Verfahren)* · **etwas ist anhängig** *(etwas steht bei Gericht zur Entscheidung)* · **etwas anhängig machen** *(vor Gericht bringen).*

anhänglich: *an jmdm. sehr hängend; treu:* sein anhänglicher kleiner Freund; der Hund ist sehr a.

Anhänglichkeit, die: *das Anhänglichsein:* Tiere entwickeln große A.; er tat es aus [alter] A.

anhauchen: 1. ⟨jmdn., etwas a.⟩ *gegen jmdn.,*

gegen etwas hauchen: den Spiegel a.; hauch mich mal an!; ⟨jmdm., sich etwas a.⟩ er hauchte sich die kalten Hände an. **2.** (ugs.) *zurechtweisen:* der Chef hat ihn ordentlich angehaucht.

anhauen (ugs.) ⟨jmdn. a.⟩: **a)** *um etwas bitten, angehen:* er haute seinen Freund [um 50 Mark] an; mich hat er auch angehauen. **b)** *plump vertraulich ansprechen:* ein Mädchen a.

anhäufen: a) ⟨etwas a.⟩ *sammeln und aufbewahren:* Vorräte, Geld a. **b)** ⟨etwas häuft sich an⟩ *etwas sammelt sich an:* die Arbeit hat sich immer mehr angehäuft.

[1]**anheben,** hob an, angehoben ⟨etwas a.⟩: **a)** *hochheben:* den Schrank, den Teppich a.; sie hob den Mantel ein wenig an. **b)** *erhöhen:* die Gehälter, die Postgebühren a.; die Preise sind wieder angehoben worden.

[2]**anheben,** hob/hub an, angehoben (geh.): **a)** ⟨a., etwas zu tun⟩ *anfangen, beginnen:* zu sprechen, zu singen a.; die Glocken hoben/huben zu läuten an; ⟨auch ohne nachfolgenden Infinitiv⟩ ... danach hob/hub der Geistliche an *(begann zu sprechen).* **b)** ⟨etwas hebt an⟩ *etwas setzt ein:* der Gesang hob an.

anheften ⟨etwas a.⟩: *lose befestigen:* eine Schleife an das/an dem Kleid a.; sie heftete einen Zettel an; ⟨jmdm., einer Sache etwas a.⟩ er heftete ihm einen Orden an.

anheimfallen (geh.) ⟨einer Sache a.⟩: *zufallen:* der Vergessenheit a. *(vergessen werden);* der Zerstörung a. *(zerstört werden);* nach seinem Tod fiel sein Besitz dem Staat anheim.

anheimgeben (geh.) ⟨jmdm., einer Sache jmdn., sich, etwas a.⟩: *übergeben, anvertrauen:* er gab das Kind seiner Schwester, ihrer Obhut anheim; ich gebe es Ihnen anheim *(überlasse es Ihnen),* davon Gebrauch zu machen.

anheimstellen (geh.) ⟨jmdm., einer Sache jmdn., sich, etwas a.⟩: *überlassen:* ich stelle das Ihrem Belieben, Ihrer Entscheidung anheim; wir wollen es Gott a.

anheischig (geh.) ⟨in der Verbindung⟩ sich anheischig machen: *sich erbieten:* er machte sich a., den Plan auszuführen.

anheizen: 1. ⟨etwas a.⟩ *zu heizen beginnen:* den Ofen a. **2.** ⟨etwas a.⟩ *zu einem Höhepunkt treiben, steigern:* die Stimmung, die Konjunktur a.

anherrschen (geh.) ⟨jmdn. a.⟩: *in herrischem Ton zurechtweisen:* er herrschte ihn barsch, wütend [wegen des Versehens] an.

anheuern (Seemannsspr.): **a)** ⟨jmdn. a.⟩ *für den Schiffsdienst anwerben:* Seeleute a.; übertr.: Statisten, Arbeitskräfte a. **b)** *in den Schiffsdienst treten:* als Junge heuerte er auf einem Schiff nach Japan an.

Anhieb (ugs.) ⟨in der Verbindung⟩ auf [den ersten] Anhieb: *sofort, gleich zu Beginn:* es glückt, klappt auf A.; sie wußte, schaffte es auf den ersten A.

anhimmeln (ugs.) ⟨jmdn. a.⟩: **a)** *schwärmerisch ansehen:* sie himmelte ihn den ganzen Abend an. **b)** *schwärmerisch verehren:* einen Filmstar, einen Schlagersänger a.

anhören: 1. ⟨jmdn., etwas a.⟩ *aufmerksam bis zum Ende hören, zuhören, Gehör schenken:* einen Antragsteller schweigend, geduldig, freundlich a.; das Anliegen, die Beschwerden des Nachbarn a.; ⟨sich (Dativ) etwas a.⟩ ich habe mir die Rede, das Konzert, den Sänger angehört. **2.** ⟨etwas mit a.⟩ *[unfreiwillig] mithören:* ein Gespräch am Nachbartisch mit a.; ich kann das nicht mehr mit a. (ugs.; *ertragen*). **3.** ⟨jmdm., einer Sache etwas a.⟩ *an der Stimme, an den Äußerungen anmerken:* man hört [es] ihr an, daß sie erkältet ist; er hörte ihr, ihrer Stimme die Erleichterung an; man hört ihm immer noch den Engländer an. **4.** ⟨etwas hört sich an; mit Artangabe⟩ *etwas klingt in einer bestimmten Weise:* der Vorschlag hört sich ganz gut, nicht schlecht an; das hört sich an, als ob es regnet.

ankämpfen ⟨gegen jmdn., gegen etwas a.⟩: *gegen jmdn., etwas vorgehen, kämpfen:* gegen die Reaktion a.; gegen Müdigkeit, Tränen, Versuchungen, alte Vorurteile a.; er kämpfte verbissen gegen den Sturm an.

Ankauf, der: *das Ankaufen:* der A. von Wertpapieren; Ankäufe tätigen, machen.

ankaufen: 1. ⟨etwas a.⟩ *Wertobjekte, größere Mengen von etwas kaufen:* Grundstücke, Aktien a.; die Galerie hat mehrere Gemälde angekauft. **2.** ⟨sich a.; mit Raumangabe⟩ *ein Grundstück, Haus erwerben, um sich dort niederzulassen:* sich in der Nähe von Hamburg a.

Anker, der: */ein Schiffsgerät/:* der A. faßt nicht, rutscht durch den Schlamm; den A. auswerfen, einholen, aufwinden, hieven (Seemannsspr.; *hochziehen*), lichten (Seemannsspr.; *einholen*); übertr.: sein Glaube war ihm ein fester A. *(Halt, Stütze).* * (Seemannsspr.:) **sich vor Anker legen** *(den Anker auswerfen)* · (Seemannsspr.:) **vor Anker liegen/treiben** *(mit dem Anker am Grund festgemacht sein)* · **Anker werfen; vor Anker gehen: a)** (Seemannsspr.; *den Anker auswerfen).* **b)** (ugs.; *irgendwo Rast machen, sich niederlassen:)* in diesem Lokal können wir A. werfen, vor A. gehen.

ankern: *den Anker auswerfen; am Anker festgemacht sein:* das Schiff ankert in der Bucht, vor der Reede; morgen a. wir in Hamburg.

Anklage, die: **1.a)** *Klage, Beschuldigung vor Gericht:* die A. gründet sich auf ...; die A. lautet auf Widerstand gegen die Staatsgewalt; eine A. einreichen, vorbringen, zurücknehmen; der Staatsanwalt erhob A. wegen Körperverletzung; jmdn. unter A. stellen *(vor Gericht anklagen);* unter A. stehen *(vor Gericht angeklagt sein).* **b)** *Anklagevertretung:* Zeugin der A. **2.** (geh.) *Beschuldigung, Vorwurf:* soziale Anklagen; der Redner erhob leidenschaftliche A. gegen die Regierung.

anklagen: 1. ⟨jmdn. a.⟩ *gegen jmdn. vor Gericht Klage erheben:* er wurde [vor der ersten Kammer] angeklagt; ⟨jmdn. einer Sache/wegen einer Sache a.⟩ einen Mann wegen Diebstahls/des Diebstahls a.; man hatte ihn wegen Verschwörung/der Verschwörung angeklagt. **2.** (geh.) ⟨jmdn., sich, etwas a.⟩ *beschuldigen, Vorwürfe erheben:* er klagte sich als der/(seltener:) als den Mörder des Kindes an; der Film klagt die sozialen Mißstände an; Sprichw.: wer sich entschuldigt, klagt sich an.

anklammern: 1. ⟨etwas a.⟩ *mit einer Klammer befestigen:* die Wäsche a.; er klammerte eine Photokopie an das/an dem Schreiben an. **2.** ⟨sich [an jmdn., an etwas] a.⟩ *sich krampfhaft festhalten:* das Kind klammerte sich ängstlich [an die/an der Mutter] an; bildl.: sich an eine Hoffnung a.

Anklang, der: **1.** (geh.) *Ähnlichkeit, leichte Übereinstimmung:* der A. an Bach ist unverkennbar; in seinen Dramen finden sich viele Anklänge an Brecht. **2.** ⟨in der Verbindung⟩ Anklang finden: *mit Zustimmung, Beifall aufgenommen werden:* seine Rede, sein Plan, die Musik fand viel, wenig, keinen A.

ankleben: 1. ⟨etwas a.⟩ *festkleben:* Plakate, Tapeten, einen Zettel [an die/an der Tür] a.; ⟨jmdm., sich etwas a.⟩ er hat sich einen falschen Bart angeklebt. **2.** ⟨etwas klebt an⟩ *etwas haftet fest an:* der Teig klebt unten in der Schüssel an.

ankleiden (geh.) ⟨jmdn., sich a.⟩: *anziehen:* sich schnell, sorgfältig, für den Abend a.; ich bin noch nicht angekleidet.

anklingen: 1. ⟨etwas klingt an⟩ *etwas kommt andeutungsweise zum Ausdruck, wird hörbar:* immer wieder klingt das Leitmotiv an; in ihren Worten klang so etwas wie Wehmut an; viele Erinnerungen klingen an *(werden wach).* **2.** (geh.) ⟨etwas klingt an etwas an⟩ *etwas stimmt mit etwas leicht überein:* die Melodie klang an ein altes Volkslied an.

anklopfen: 1. *[an die Tür] klopfen, um sein Eintreten anzukündigen:* leise, zaghaft, laut, energisch a.; an die/an der Tür a.; er trat ein, ohne anzuklopfen. **2.** (ugs.) *anfragen, um etwas bitten:* ich habe überall umsonst angeklopft; er klopfte bei seinem Freund um 50 Mark an.

anknabbern (fam.) ⟨etwas a.⟩: *ein wenig an etwas knabbern:* die Maus hat den Speck angeknabbert; bildl.: der Staat muß seine Goldreserven a.

anknipsen (ugs.) ⟨etwas a.⟩: *anschalten:* die Lampe, das Licht, das Radio a.

anknüpfen: 1. ⟨etwas a.⟩ *durch Knüpfen an etwas befestigen:* eine abgerissene Schnur wieder a. **2.** ⟨an etwas a.⟩ *anschließen:* an langjährige Erfahrungen a.; er knüpfte an die Worte des Vorredners an. **3.** ⟨etwas a.⟩ *anfangen:* ein Gespräch, ein [Liebes]verhältnis, Beziehungen [mit jmdm.] a.; ⟨mit jmdm. a.⟩ er hat versucht, mit ihr anzuknüpfen *(in Beziehung zu treten).*

Anknüpfungspunkt, der: *Punkt, an den man [im Gespräch] anknüpfen kann:* es bestanden, boten sich keine Anknüpfungspunkte für neue Verhandlungen; einen A. suchen, finden.

ankommen: 1. *einen Ort erreichen:* pünktlich, völlig unerwartet, glücklich zu Hause, um 8 Uhr, in Hamburg, mit der Bahn a.; ein Brief, ein Päckchen ist angekommen *(eingetroffen);* der Wagen kam mit hoher Geschwindigkeit an *(näherte sich);* bildl.: wir waren schon bei der Nachspeise angekommen *(angelangt);* bei unseren Nachbarn ist ein kleiner Junge angekommen *(geboren worden).* **2.** (ugs.) *sich [in belästigender Weise] an jmdn. wenden:* kommst du schon wieder an!; die Zuhörer kamen mit immer neuen Fragen an. **3.** (ugs.) *angestellt werden:* ich möchte in dieser Firma gerne a.; er ist bei dem Unternehmen als Werbefachmann angekommen. **4.** (ugs.) *Anklang finden:* der Schlager, die Sendung, das Stück ist angekommen; die junge Schauspielerin kam gut, schlecht, nicht [beim Publikum] an; mit seinem Gesuch kam er übel [bei ihm] an; (iron.:) da kam ich schön an! *(hatte keinen Erfolg).* **5.** ⟨gegen jmdn., gegen etwas a.⟩ *sich durchsetzen, aufkommen können:* man kann gegen ihn, gegen alte Vorurteile nicht a.; sie suchte [vergeblich,] dagegen anzukommen. **6.** (geh.) ⟨etwas kommt jmdn./(veraltend:) jmdm. an⟩ *etwas befällt, überkommt jmdn.:* Angst, Entsetzen, Ekel kam ihn/(veraltend:) ihm an; ein seltsames Verlangen war sie angekommen; ⟨mit Artangabe⟩ der Dienst kam ihn hart, schwer, sauer an *(wurde ihm hart, schwer, sauer; fiel ihm schwer).* **7.** ⟨es kommt auf jmdn., auf etwas an⟩ *es hängt von jmdm., von etwas ab; jmd., etwas ist wichtig, ist von Bedeutung:* es kommt auf ihn an, ob wir reisen dürfen; es käme auf einen Versuch an; darauf kommt es hier gar nicht an; auf die paar Mark kommt es [mir] nun wirklich nicht an; ihr kommt es mehr auf ein gutes Arbeitsverhältnis als auf hohe Bezahlung an *(sie legt mehr Wert auf ...).* * **es auf etwas ankommen lassen** *(vor etwas nicht zurückschrecken):* ich lasse es darauf a. *(warte es ab);* sie werden es nicht auf einen Prozeß, auf einen Krieg a. lassen *(ihn nicht riskieren).*

ankönnen (ugs.) ⟨gegen jmdn., gegen etwas a.; gewöhnlich verneint⟩: *sich durchsetzen, etwas ausrichten können:* er kann gegen mich nicht an; gegen soviel Mißtrauen hat er nicht angekonnt.

ankoppeln: 1. ⟨ein Tier a.⟩ *festbinden:* die Jagdhunde a. **2.** ⟨[etwas] a.⟩ *ankuppeln:* einen Waggon [an den Zug], einen Anhänger a.

ankotzen (derb) ⟨jmdn. a.⟩: **1.** *zuwider sein:* das Gerede, die Party, ihr Gehabe kotzte ihn an. **2.** *grob anfahren, zurechtweisen:* der Unteroffizier hat ihn gehörig angekotzt.

ankreiden: 1. (veraltend) ⟨etwas a.⟩ *als Schulden notieren:* er ließ die Zeche a.; ⟨jmdm. etwas a.⟩ der Wirt kreidete ihnen alle Getränke an. **2.** (ugs.) ⟨jmdm. etwas a.⟩ *übel vermerken:* jmdm. einen Fehler, eine Bemerkung als Bosheit a.; diese Beleidigung werde ich ihm ankreiden.

ankreuzen ⟨etwas a.⟩: *durch ein Kreuz kennzeichnen:* eine Stelle, Namen in einer Liste [mit dem Bleistift] a.

ankündigen, (geh. auch:) ankünden: **a)** ⟨jmdn., sich, etwas a.⟩: *jmds. baldiges Erscheinen, etwas demnächst Eintretendes mitteilen:* etwas amtlich, öffentlich, feierlich, rechtzeitig a.; ein Veranstaltung in der Zeitung, auf Plakaten a.; er kündigte sich, seinen Besuch [für das Wochenende] an; übertr.: Morgennebel soll schönes Wetter a. *(darauf hindeuten);* ⟨jmdm. etwas a.⟩ sein Herz kündigte ihm den nahen Tod an. **b)** ⟨etwas kündigt sich an⟩ *etwas meldet sich an:* ein Verhängnis kündigt sich [durch böse Vorzeichen] an; die Krankheit kündigte sich durch starke Kopfschmerzen an.

Ankunft, die: *das Ankommen:* die A. des Präsidenten verzögert sich; wissen Sie, können Sie mir die genaue A. des Zuges sagen?; jmds. A. mitteilen, ankündigen, erwarten.

ankuppeln ⟨etwas a.⟩: *anhängen, anschließen:* einen Waggon a.; die Astronauten kuppelten die Mondfähre an das Raumschiff an.

ankurbeln ⟨etwas a.⟩: *mit einer Kurbel in Gang bringen:* den Motor, den Wagen a.; bildl.: er kurbelte sein Gehirn an; übertr.: *in Schwung bringen, beleben:* die Wirtschaft a.

anlächeln ⟨jmdn. a.⟩: *lächelnd anblicken:* jmdn. freundlich, zaghaft, verlegen, glücklich a.; sie lächelten sich/(geh.:) einander an; bildl.: das Glück hatte ihn angelächelt.

anlachen: **1.** ⟨jmdn. a.⟩ *lachend anblicken:* er lachte sie fröhlich an; bildl.: blauer Himmel lachte uns an. **2.** (ugs.) ⟨sich (Dativ) jmdn. a.⟩ *ein Liebesverhältnis beginnen:* sie hatte sich auf dem Ball einen Studenten angelacht.

Anlage, die: **1.** *das Anlegen, Schaffen:* die A. eines Stausees; sie beauftragten einen jungen Architekten mit der A. des Parks. **2.** *das Anlegen von Geld:* eine vorteilhafte, prämienbegünstigte A.; Pfandbriefe sind eine sichere A. **3.** *Entwurf, Aufbau:* die A. eines Romans, einer Komposition; das Theaterstück ist bereits in der A. verfehlt. **4.** *angelegte Grünfläche, Park:* städtische, öffentliche Anlagen; der Kurort hat schöne Anlagen; sich in den Anlagen erholen. **5.** *angelegter [Gebäude]komplex; Gebäude:* die Anlagen der Fabrik, des Werkes; die militärischen Anlagen schützen. **6.** *Vorrichtung; Einrichtung:* eine komplizierte A.; er konstruierte eine elektrische A.; sanitäre Anlagen *(Toiletten).* **7.** *Veranlagung:* eine erbliche, krankhafte A.; das Kind hat [eine] A. *(Neigung)* zur Tuberkulose; der Junge hat, zeigt gute Anlagen; er hat eine A. *(Begabung)* zum Zeichnen; eine A. ausbilden, verkümmern lassen. **8.** (Bürow.) *Beilage zu einem Schreiben:* als A./in der A. reiche ich meinen Krankenschein ein, sende ich eine Probe; Anlagen: 2 Lichtbilder, 3 Zeugnisabschriften.

anlangen: **1.** (geh.) ⟨mit Umstandsangabe⟩ *ankommen:* endlich, glücklich zu Hause, am Ziel a.; die Nachricht war noch nicht angelangt; im Freien angelangt, ...; bildl.: auf der Höhe des Ruhms angelangt sein; die Verhandlungen sind auf dem toten Punkt angelangt; wir sind schon beim zweiten Kapitel des Buches angelangt. **2.** ⟨was jmdn., etwas anlangt⟩ *was jmdn., etwas betrifft:* was mich, meine Pläne anlangt, so bin ich einverstanden.

Anlaß, der: **1.** *Ausgangspunkt, Ursache, Beweggrund:* der A. des Streites war ...; A. meiner Anfrage ist ...; das ist ein doppelter A. zum Feiern; das war der A. für seine Beschwerde; es besteht kein unmittelbarer A. zur Besorgnis; einen A. suchen, finden; sie boten, gaben den Polizisten keinen A. einzugreifen; er hat mir nie einen, den geringsten A. zur Klage gegeben; aus einem geringfügigen A. in Wut geraten; beim geringsten A. weinen; ohne besonderen, jeden, allen A. etwas tun; er nahm das Gespräch, die Tagung, den Besuch zum A., Verbindungen anzuknüpfen. **2.** *Gelegenheit:* ein willkommener, trauriger, feierlicher A.; einen A. ergreifen, benutzen, nicht vorübergehen lassen; bei diesem A. teilte er mit, daß ... * (Papierdt.:) **Anlaß nehmen, etwas zu tun** *(sich veranlaßt fühlen, sich erlauben, etwas zu tun):* wir nehmen A., Ihnen mitzuteilen, daß ... · **etwas zum Anlaß nehmen** *(eine Gelegenheit nutzen, um etwas zu tun).*

anlassen: **1.** ⟨etwas a.⟩ *in Gang setzen:* den Motor, den Wagen a. **2.** (ugs.) ⟨etwas a.⟩ **a)** *anbehalten, nicht ausziehen:* den Mantel a.; er hatte die Handschuhe angelassen. **b)** *angestellt, eingeschaltet lassen:* das Radio, den Motor a.; wir ließen die Scheinwerfer an. **c)** *brennen lassen:* den Ofen, die Kerze, das Feuer a. **3.** (ugs.) ⟨sich a.; mit Artangabe⟩ *einen bestimmten Anfang nehmen, zu Beginn sich als jmd., als etwas erweisen:* die Ernte, das Wetter, der erste Tag läßt sich gut an; wie hat sich das Geschäft angelassen?; der Lehrling hat sich hervorragend angelassen. **4.** (geh.) ⟨jmdn. a.⟩ *anfahren, zurechtweisen:* der Richter ließ ihn [wegen seines Benehmens] hart an.

anläßlich (Amtsdt.) ⟨Präp. mit Gen.⟩: *aus Anlaß:* a. des Geburtstages; er sprach mit ihm a. seines Besuches.

anlasten ⟨jmdm. etwas a.⟩: **a)** (veraltend) *aufbürden:* die Kosten wurden den Veranstaltern angelastet. **b)** *als Schuld zuschreiben:* sie wollten ihm das Verbrechen a.

Anlauf, der: **1.** (Sport) **a)** *das Anlaufen:* ohne A. *(aus dem Stand)* springen. **b)** *Strecke für das Anlaufen:* ein langer, guter A.; den A. um 10 Meter verkürzen. **2.** *das Einsetzen, Beginn:* auf den A. der Produktion warten. **3.** *Versuch:* der A. zur Reform ist steckengeblieben; er machte immer neue Anläufe, ihn umzustimmen; sie schafften es beim, mit dem ersten A. *(beim ersten Versuch, gleich);* die Stellungen wurden im ersten A. *(beim ersten Versuch, gleich)* genommen. * (Sport:) **Anlauf nehmen** *(anlaufen):* er nahm viel, wenig, 20 Meter A. · **einen** [**neuen**] **Anlauf nehmen** *([neu] ansetzen):* er nahm einen neuen A. und diktierte den nächsten Abschnitt.

anlaufen: **1.** (Sport) *durch Laufen Schwung holen:* du mußt [für den Hoch-, Weitsprung] kräftiger a.; der Mittelstürmer lief an, um den Strafstoß auszuführen. **2.** ⟨im 2. Part. in Verbindung mit *kommen*⟩ *herbeilaufen:* der Junge kam weinend angelaufen. **3. a)** ⟨gegen jmdn., gegen etwas a.⟩ *im Lauf gegen jmdn., etwas prallen:* er lief im Dunkeln gegen die Parkuhr an. **b)** ⟨gegen etwas a.⟩ *angehen:* es ist schwer, gegen Vorurteile anzulaufen; ich werde gegen diese Entscheidung anlaufen. **4.** ⟨etwas a.⟩ *ansteuern:* wir laufen zuerst London an; das Schiff hat diesen Hafen nicht angelaufen. **5.** ⟨etwas läuft an⟩ *etwas beginnt zu laufen, kommt in Gang:* der Motor, die Maschine läuft an; übertr.: *beginnen, einsetzen:* die Produktion des neuen Modells läuft an; die Fahndung ist bereits angelaufen; der Film läuft am 10. Oktober an *(wird vom 10. Oktober an gezeigt).* **6.** (ugs.; landsch.) ⟨etwas läuft an⟩ *etwas schwillt an:* die Backe läuft an. **7.** ⟨mit Artangabe⟩ *eine bestimmte Farbe annehmen:* sie, ihr Gesicht lief [vor Wut, vor Kälte] rot, blau an; das Korn lief im Wind silberig an. **8.** ⟨etwas läuft an⟩ *etwas beschlägt, wird glanzlos:* Metalle laufen mit der Zeit an; die Fensterscheiben sind angelaufen. **9.** ⟨etwas läuft an⟩ *etwas nimmt zu, steigt an:* die Kosten, Schulden laufen an; die Zinsen sind allmählich auf eine beträchtliche Summe angelaufen. **10.** (veraltend) ⟨bei jmdm. a.⟩ *Mißfallen erregen:* er ist bei ihr [übel, schlecht] angelaufen.

anlegen: **1.** ⟨jmdn., etwas a.⟩ *an jmdn., an etwas legen:* das Lineal a.; den Säugling a. *(zum Stillen an die Brust legen);* das Pferd legt die Ohren an; die Leiter an den Baum a. *(dagegenstellen);* eine Karte, einen Dominostein a. *(anfügen);* bildl.: einen strengen Maßstab a. *(etwas streng beurteilen).* **2.** ⟨[etwas] a.⟩ *Brennmaterial aufs Feuer legen:* Holz, Kohlen, noch etwas a.; wir müssen neu anlegen. **3. a)** ⟨[etwas] a.⟩ *das Gewehr in Anschlag bringen:* er legte an und schoß; legt an! Feuer! **b)** ⟨auf jmdn. a.⟩ *auf jmdn. mit dem Gewehr zielen:* er legte auf den Flüchtenden an. **4.** ⟨etwas a.⟩ *anziehen, antun,* *umlegen:* ein Gewand, die Uniform, Trauerkleidung a. (geh.); sie hatte Trauer *(Trauerkleidung)* angelegt (geh.); Schmuck a.; er legte *(steckte)* seine Orden an; ⟨jmdm. etwas a.⟩ dem Verwundeten einen Verband [am Kopf] a.; er legte dem Verbrecher Handschellen an; dem Pferd das Zaumzeug, dem Hund den Maulkorb a. **5.** ⟨etwas a.⟩ *(gemäß einem Plan) schaffen, erstellen; gestalten, ausführen:* einen Spielplatz, ein Stadion, einen Vorrat, Statistiken, ein Verzeichnis, eine Akte a.; der Arzt legte einen Luftröhrenschnitt an *(nahm ihn vor)*; der Roman ist sehr breit angelegt; religiös, fröhlich angelegt sein (geh.; *veranlagt sein*). **6.** ⟨etwas a.⟩ **a)** *investieren, gewinnbringend verwenden:* sein Geld gut, vorteilhaft, sicher, nutzbringend, zu 5%, für 5 Jahre, in Wertpapieren a.; sie wollte ihre Ersparnisse a. **b)** *für etwas zahlen, ausgeben:* wieviel, was wollen Sie für das Bild a.?; für die Waschmaschine haben wir viel Geld angelegt. **7.** ⟨es auf jmdn., auf etwas a.⟩ *absehen, abzielen:* er hat es auf dich angelegt; sie legte alles darauf an, ihn zu täuschen; ⟨etwas ist auf etwas angelegt⟩ alles war auf Betrug angelegt; die Parade war auf eine Demonstration der Stärke angelegt. **8.** ⟨sich mit jmdm. a.⟩ *Streit suchen:* der Betrunkene wollte sich mit ihm a. **9.** *landen, festmachen:* wir legen gegen Mittag an; das Schiff hat pünktlich am Kai angelegt. * **Hand anlegen** *(helfen, zupacken)* · **[die] letzte Hand anlegen** *(etwas vollenden, abschließen)* · **Feuer anlegen** *(Feuer legen)* · **jmdm., einer Sache Zügel anlegen** *(zügeln)* · **jmdm. Daumenschrauben anlegen** *(Druck, Zwang ausüben)* · **jmdm. den/einen Maulkorb anlegen** *(zum Schweigen bringen)* · **sich** (Dativ) **Scheuklappen anlegen** *(nichts hören und sehen wollen)*.

anlehnen: 1. a) ⟨sich, etwas a.⟩ *an jmdn., an etwas lehnen:* er lehnte sich mit dem Rücken an den Türpfosten an; er hatte das Fahrrad angelehnt; bildl.: die kleinen Länder müssen sich an die Großmacht a. *(sind von ihr mehr oder weniger abhängig)*. **b)** ⟨etwas a.⟩ *ein wenig offenlassen:* die Tür, das Fenster a.; er trat durch das angelehnte Tor. **2.** ⟨sich an jmdn., an etwas a.⟩ *als Vorlage, zum Vorbild nehmen:* das Vertragswerk lehnt sich an frühere Verträge an; er lehnt sich mit seinen Ideen an Marx an.

Anlehnung, die: **1.** *das Sichstützen, Halt:* das kleine Land sucht A. und Unterstützung im Ausland. **2.** ⟨in Verbindung mit der Präp. *an*⟩ *Bezugnahme, nachahmende Annäherung:* die A. an Brechts „Kreidekreis" ist unverkennbar. * **in/unter Anlehnung an** *(nach dem Vorbild von)*.

Anleihe, die: *größere langfristige Geldaufnahme:* die A. ist bis 1980 unkündbar; eine A. auflegen, aufgeben, ausgeben, überzeichnen; der Staat nahm eine A. von 100 Millionen Mark auf; (ugs.; scherzh.:) ich muß mal bei ihm eine A. machen *(Geld borgen)*; übertr.: er hat mehrere Anleihen bei Mozart gemacht *(etwas übernommen)*.

anleimen ⟨etwas a.⟩: *mit Leim befestigen:* ein Stuhlbein a.; ein abgeplatztes Stück an das/ (seltener:) an dem Brett wieder a.; wie angeleimt sitzen, stehen (ugs.; *nicht aufbrechen, nicht fortgehen*).

anleiten a) ⟨jmdn. a.⟩: *unterweisen:* die Schüler [bei der Arbeit] a. **b)** ⟨jmdn. zu etwas a.⟩ *zu etwas bringen, anhalten:* er leitete sie zur Ordnung an.

Anleitung, die: *Anweisung, Unterweisung:* eine A. zur Herstellung, zum Gebrauch; eine A. geben, befolgen, beachten; er mußte unter [der] A. des Meisters arbeiten.

anlernen: 1. ⟨jmdn. a.⟩ *für einen Beruf, eine Tätigkeit vorbereiten:* der Meister lernt ihn als Lackierer an. **2.** ⟨sich (Dativ) etwas a.⟩ *sich etwas durch Lernen oberflächlich aneignen:* sein weltmännisches Benehmen hatte er sich als Kellner angelernt; eine angelernte Bildung.

anlesen: 1. ⟨etwas a.⟩ *die ersten Seiten von etwas lesen:* ein Buch a.; der Lektor hat den Roman nur angelesen. **2.** ⟨sich (Dativ) etwas a.⟩ *sich etwas nur durch Lesen aneignen:* er hat sich allerhand Kenntnisse angelesen.

anliegen /vgl. anliegend/: **1.** ⟨etwas liegt an⟩ *etwas schmiegt sich an, berührt den Körper:* das Trikot lag eng [am Körper] an; anliegende Ohren. **2.** (ugs.) ⟨etwas liegt an⟩ *etwas liegt vor, ist noch zu erledigen:* was liegt an?; heute liegt nichts Besonderes an. **3.** (geh.) ⟨jmdm. a.⟩ *mit etwas behelligen; um etwas bitten:* er liegt mir seit Tagen wegen dieser Angelegenheit an; sie hatte ihm mit Bitten und Beteuerungen angelegen. **4.** (geh.) ⟨etwas liegt jmdm. an⟩ *etwas bewegt, beschäftigt jmdn.:* dem Minister liegt die Finanzreform an; mir liegt es sehr an, die Angelegenheit zu klären.

Anliegen, das: *Angelegenheit, die jmdm. am Herzen liegt; Wunsch, Bitte:* das zentrale A. seiner Politik ist es, den Frieden zu stärken; ich habe ein A. an Sie; ein dringendes A. vorbringen, vortragen, formulieren, erfüllen, abweisen; auf ein A. zu sprechen kommen, eingehen; mit einem A. kommen.

anliegend: 1. *angrenzend:* die anliegenden Grundstücke. **2.** (Bürow.) *beigefügt:* die anliegende Kopie; a. übersenden wir Ihnen den Brief unseres Kunden.

anlocken ⟨jmdn., etwas a.⟩: *heranlocken:* Touristen a.; der Lärm hatte viele Menschen angelockt.

anlügen ⟨jmdn. a.⟩: *jmdm. ins Gesicht lügen:* er hat mich frech, dreist, unverschämt angelogen.

anmachen ⟨etwas a.⟩: **1.** (ugs.) *befestigen, anbringen:* Gardinen a.; er machte einen Zettel an die/an der Tür an. **2.** (ugs.) **a)** *anschalten:* die Heizung, das Radio, das Licht a. **b)** *anzünden:* den Ofen, die Kerzen, Feuer a. **3.** *anrühren, mischend bereiten:* Kalk, Mörtel a.; sie machte den Salat mit Essig und Öl an.

anmaßen /vgl. anmaßend/ ⟨sich (Dativ) etwas a.⟩: *ohne Berechtigung für sich in Anspruch nehmen:* sich Vorrechte, Befugnisse, Autorität a.; ich möchte mir kein Urteil a.; er hatte sich angemaßt, darüber zu entscheiden.

anmaßend: *ohne Berechtigung selbstbewußt, überheblich:* ein anmaßender Mensch; in anmaßendem Ton; er ist sehr a., tritt sehr a. auf.

Anmaßung, die: *Überheblichkeit, unberechtigter Anspruch:* eine freche, unglaubliche A.; diese A. weisen wir zurück.

anmelden: 1. ⟨jmdn., sich, etwas a.⟩ *ankündigen:* sich zu einem Besuch, seinen Besuch a.; er hat sich telephonisch angemeldet; der Mann ließ sich durch die Sekretärin beim Direktor a.;

übertr.: die Grippe hatte sich durch Kopfschmerzen angemeldet. **2. a)** ⟨jmdn., sich a.⟩ *den neuen Wohnsitz, den Beginn eines Aufenthalts der zuständigen Stelle melden:* sich, seine Familie polizeilich a.; innerhalb von drei Tagen muß man sich auf dem Einwohnermeldeamt a. **b)** ⟨jmdn., sich a.⟩ *den Eintritt, die Teilnahme an etwas der zuständigen Stelle melden:* sich bei einem Verein, zu einem Kursus a.; er meldete sein Kind im Kindergarten, zur Schule an. **c)** ⟨etwas a.⟩ *der zuständigen Stelle zur Registrierung melden, eintragen lassen:* ein Rundfunkgerät [bei der Post], ein Gewerbe a.; er meldete ein Patent, eine Erfindung zum Patent an. **3.** ⟨etwas a.⟩ *vorbringen, geltend machen:* Bedenken, Wünsche, Forderungen a.; die anderen Teilnehmer haben Protest angemeldet.

Anmeldung, die: **1.** *Ankündigung:* ohne vorherige A. können Sie den Direktor nicht sprechen. **2.** *das Anmelden bei der zuständigen Stelle:* polizeiliche A.; die A. auf dem Einwohnermeldeamt erledigen; ein Kind zur A. in die Schule bringen. **3.** *das Vorbringen, Geltendmachen:* die A. eines Protestes; auf die A. von Ansprüchen verzichten. **4.** *Raum, in dem man sich anmeldet:* in der A. sitzt eine freundliche Dame.

anmerken: 1. ⟨jmdm., einer Sache etwas a.⟩ *feststellen, bemerken, spüren:* einem Menschen seine schlechte Laune, den Ärger, die Anstrengung a.; man merkt ihm, seiner Stimme nichts an; ich werde mir nichts a. lassen. **2.** ⟨etwas a.⟩ *notieren:* einen Tag im Kalender a.; ⟨sich (Dativ) etwas a.⟩ ich habe mir einige Stellen rot angemerkt *(angestrichen)*. **3.** (geh.) *etwas zu einer Sache äußern, hinzufügen:* dazu möchte ich a., ist folgendes anzumerken.

anmessen /vgl. angemessen/ ⟨jmdm. etwas a.⟩: *nach Maß anfertigen:* der Schneider maß ihm einen neuen Anzug an.

anmontieren ⟨etwas a.⟩: *mit technischen Hilfsmitteln anbringen:* eine Klingel, ein Verdeck a.; er montierte eine Steckdose an der/(seltener:) an die Wand an.

Anmut, die: *liebliche Schönheit, Liebreiz:* ihre reine, natürliche, kindliche, mädchenhafte A.; die A. der Erscheinung, der Bewegung, einer Landschaft; ihr fehlte jede A.; A. haben, besitzen; sie tanzte mit, voller A.; ihr Lächeln war von unbeschreiblicher A.

anmuten (geh.) ⟨jmdn. a.; mit Artangabe⟩: *jmdm. in einer bestimmten Art erscheinen:* sein Benehmen mutet mich seltsam an; die Menschen muteten ihn fremd und zugleich bekannt an; ⟨auch ohne Akk. der Person⟩ seine Rede mutete höchst merkwürdig an.

anmutig: *voller Anmut:* eine anmutige Frau; ihre Bewegungen sind a.; sie plauderte a.

annageln ⟨etwas a.⟩: *mit einem Nagel befestigen:* ein Brett a.; er nagelte das Schild an die/an der Tür an; wie angenagelt stehen (ugs.; *unbeweglich stehen*).

annagen ⟨etwas a.⟩: *an etwas nagen:* die Maus hat das Brot angenagt.

annähen ⟨etwas a.⟩: *festnähen:* das Futter, einen Knopf [am Mantel] a.

annähernd ⟨Adverb; vereinzelt auch adjektivisch als Attribut⟩: *ungefähr, fast:* etwas a. errechnen; a. 90 Stundenkilometer; mit annähernder Sicherheit.

Annäherung, die: **a)** *das Nahen, Herankommen:* bei der A. feindlicher Flugzeuge. **b)** *Angleichung:* eine A. an die Wirtschaftsgemeinschaft erstreben; es kam zu keiner A. der Standpunkte. **c)** *Anfreundung, Anknüpfung menschlicher Beziehungen:* die A. zwischen den beiden macht Fortschritte.

Annäherungsversuch, der: *Versuch, eine Liebesbeziehung anzuknüpfen:* ein plumper A.; Annäherungsversuche machen.

Annahme, die: **1. a)** *das An-, Entgegennehmen:* die A. eines Briefes, einer Sendung verweigern. **b)** *Billigung:* die A. eines Plans, einer Gesetzesvorlage, einer Dissertation; die A. der Resolution gilt als sicher. **c)** *Übernahme:* die A. einer Gewohnheit; sich zu der A. eines anderen Namens entschließen. **d)** *Einstellung:* die A. einiger Bewerber ist noch fraglich. **2.** *Annahmestelle:* die A. ist geschlossen; das Paket ist noch in der A. **3.** *Vermutung, Ansicht:* eine irrige, falsche, richtige A.; diese A. erwies sich als trügerisch, als Irrtum; meine A. hat sich bewahrheitet; das ist eine weitverbreitete A.; in der A., daß ...; ich habe mich in meiner A. nicht getäuscht; wir gehen von der A. aus ...; ich habe Grund zu der A., daß ... * **Annahme an Kindes Statt** *(Adoption)* · (Papierdt.:) **der Annahme sein** *(annehmen):* ich war der A., daß er krank sei.

annehmbar: a) *geeignet, angenommen oder gebilligt zu werden:* ein annehmbarer Preis; diese Bedingungen sind a. **b)** *ziemlich gut:* annehmbares Wetter; sie spielt ganz a. Klavier.

annehmen: 1. ⟨etwas a.⟩ **a)** *etwas Angebotenes nehmen; entgegennehmen:* ein Geschenk, Trinkgeld a.; er hat den Brief für mich angenommen; übertr.: eine Wahl, eine Einladung, jmds. Hilfe a.; der Angeklagte nahm die Strafe ohne Murren an; ich werde die Arbeit annehmen; eine Wette, eine Herausforderung, den Kampf a. *(darauf eingehen);* Geldw.: ausländische Zahlungsmittel, Travellerschecks a. *(in Zahlung nehmen, umwechseln);* einen Wechsel a. *(einlösen)* · Sport: einen Ball, die Scheibe, eine Flanke a. **b)** *billigen:* ein Gesetz, eine Resolution, eine Doktorarbeit a.; der Antrag wurde einstimmig angenommen; der Roman ist [vom Verlag] angenommen worden *(zur Veröffentlichung akzeptiert worden)*. **2.** ⟨etwas a.⟩ *übernehmen, sich aneignen, sich zulegen* /vielfach verblaßt/: die Lebensgewohnheiten seines Freundes a.; Starallüren a.; er nahm einen anderen Namen an; seine Stimme nahm eine gewisse Feierlichkeit an *(wurde feierlich);* die Katastrophe nimmt unvorstellbare Ausmaße an *(wird unvorstellbar groß);* ⟨sich (Dativ) etwas a.⟩ wer weiß, wo er sich die feinen Manieren angenommen hat. **3.** ⟨jmdn. a.⟩ **a)** *aufnehmen, nicht abweisen:* im Gymnasium nicht angenommen werden; wir können die Bewerber, neue Arbeitskräfte a. *(einstellen);* der Arzt nimmt keine Patienten mehr an *(empfängt sie nicht mehr zur Behandlung)*. **b)** *adoptieren:* sie haben ein kleines Mädchen angenommen. **4.** ⟨etwas nimmt etwas an⟩ *etwas läßt etwas eindringen, haften:* das Papier nimmt kein Fett an; diese Stoffe nehmen Farben gut an. **5.** ⟨etwas a.⟩ **a)** *vermuten, glauben, meinen:* etwas mit Recht a.; niemand nahm ernstlich an, daß ...; er ist nicht, wie vielfach angenommen wird, der Autor. **b)** *voraussetzen:*

eine Strecke als gegeben a.; wir nehmen die Existenz anderer Spionageorganisationen als Tatsache an; angenommen, daß ... **6.** *sich kümmern:* **a)** ⟨sich jmds., einer Sache a.⟩ sich der Armen und Kranken a.; ich werde mich der Angelegenheit annehmen. **b)** (landsch.) ⟨sich um jmdn., um etwas a.⟩ er hat sich um die Kinder, um die Sache angenommen. **7.** (veraltend) ⟨sich (Dativ) etwas a.⟩ *sich etwas zu Herzen nehmen:* ich werde mir das annehmen. **8.** (Jägerspr.) **a)** eine Fährte annehmen: *eine Fährte aufnehmen und ihr folgen.* **b)** einen Wechsel annehmen: *einen Wechsel betreten.* **c)** Futter annehmen: *Futter nicht verschmähen, fressen.* **d)** jmdn., ein Tier annehmen: *jmdn., ein Tier angreifen, anfallen:* der angeschossene Keiler nahm ihn an. * (ugs.:) **das kannst du annehmen!** *(das ist sicher!)* · (ugs.:) **jmdn. [hart] annehmen** *(mit jmdm. grob umgehen)* · (militär.:) **Haltung annehmen** *(strammstehen)* · **Formen annehmen** *(über das gewöhnliche Maß hinausgehen):* seine Frechheiten nehmen allmählich Formen an · **etwas nimmt Gestalt an** *(etwas wird deutlich, wird Wirklichkeit)* · **Vernunft annehmen** *(vernünftig werden):* nimm doch endlich Vernunft an!

Annehmlichkeit, die: *Angenehmes, Bequemlichkeit:* die Annehmlichkeiten *(guten Seiten)* des Lebens; auf eine A. verzichten müssen; der Campingplatz bietet manche A.

anno, Anno (veraltend): *im Jahre:* Weihnachten Anno 1815; es war wie anno 1840. * (ugs.:) **anno (Anno) dazumal** *(frühere Zeiten, in früheren Zeiten)* · (ugs.; scherzh.:) **anno (Anno) Tobak** *(alte Zeiten, in alten Zeiten):* der Hut stammt noch aus, ist von anno Tobak · (ugs.:) **anno (Anno) X** *(längst vergangene Zeiten; in längst vergangenen Zeiten)* · (veraltend:) **Anno Domini** *(im Jahre des Herrn):* erbaut Anno Domini 1913.

Annonce, die: *Anzeige:* eine A. aufgeben, in die Zeitung setzen; sich auf eine A. melden.

annoncieren: a) *eine Annonce in die Zeitung bringen:* in der Zeitung a.; wir haben bereits annonciert. **b)** ⟨etwas a.⟩ *durch Annonce ankündigen:* die neuen Modelle, das Erscheinen eines Buches a.

anöden (ugs.) ⟨jmdn. a.⟩: **a)** *langweilen:* das Leben, die Feier ödete ihn an; er hat mich mit seinen Urlaubsschilderungen angeödet. **b)** *belästigen:* die Betrunkenen ödeten die Gäste an.

anordnen: 1. ⟨etwas a.; gewöhnlich mit Umstandsangabe⟩ *nach einem bestimmten Plan ordnen, aufstellen:* die Tischdekoration neu, geschmackvoll a.; das Verzeichnis ist nach Sachgebieten angeordnet. **2.** ⟨etwas a.⟩ *veranlassen, verfügen:* etwas ausdrücklich, strikt, dienstlich a.; die Verhaftung, die Beschlagnahme a.; er ordnete an, die Gefangenen zu entlassen; der Arzt hat [für den Kranken] Bettruhe angeordnet.

Anordnung, die: **1.** *das Anordnen, Gruppierung:* eine übersichtliche, zweckmäßige A.; die A. ist streng alphabetisch; die Anordnung vornehmen, überprüfen. **2.** *das Verfügen, Verordnung:* eine amtliche, polizeiliche, dienstliche A.; eine A. erlassen, treffen; er gab A., die Lebensmittel zu verteilen; den Anordnungen des Personals folgen, nachkommen (geh.), sich fügen, sich widersetzen; das geschah auf meine A.; er hat gegen seine Anordnungen gehandelt.

anpacken: 1. ⟨jmdn., etwas a.⟩ *anfassen:* das Steuer fest a.; er packte ihn grob, am Arm, von hinten an. **2.** ⟨mit a.⟩ *zupacken, helfen:* wenn alle mit a., sind wir bald mit der Arbeit fertig. **3.** ⟨etwas a.⟩ *anfangen, in Angriff nehmen:* ein Problem richtig, energisch, völlig verkehrt a.; wie sollen wir die Sache a.? **4.** ⟨jmdn. a.; mit Artangabe⟩ *mit jmdm. in einer bestimmten Weise umgehen:* der Lehrer packt die Schüler hart an. **5.** (geh.) ⟨etwas packt jmdn. an⟩ *etwas erfaßt, berührt jmdn.:* Grauen, Lust packt ihn an.

anpassen: 1. a) ⟨jmdm., einer Sache etwas a.⟩ *zupassen, passend machen:* Bauteile einander a.; der Schneider hat mir einen neuen Anzug angepaßt *(angemessen).* **b)** ⟨etwas a.⟩ *feststellen, ob etwas paßt:* Schuhe, Kleidungsstücke a. **2.** ⟨etwas einer Sache a.⟩ *etwas auf etwas abstimmen:* sein Leben den veränderten Verhältnissen a.; er paßte seine Kleidung der Jahreszeit an. **3.** ⟨sich jmdm., einer Sache a.⟩ *sich angleichen, sich nach jmdm., nach etwas richten:* sich der Zeit, der Umgebung, jeder Lebenslage a.; er paßte sich den anderen an; ⟨auch ohne Dativobjekt⟩ Kinder passen sich schnell an.

anpeilen ⟨etwas a.⟩: *als Richtpunkt nehmen, mittels Peilung bestimmen:* den Flugplatz, einen Geheimsender a.; bildl. (ugs.): er peilte die vorübergehenden Mädchen an.

anpfeifen: 1. (Sport) ⟨etwas a.⟩ *durch Pfeifen beginnen lassen:* die erste Halbzeit a.; der Schiedsrichter pfiff das Spiel wieder an. **2.** (ugs.) ⟨jmdn. a.⟩ *in scharfem Ton zurechtweisen:* der Chef hat sie wegen der vielen Fehler angepfiffen.

Anpfiff, der: **1.** (Sport) *Pfiff als Zeichen für den Spielbeginn:* der A. ist erfolgt; gleich nach dem A. schoß er ein Tor. **2.** (ugs.) *Zurechtweisung, Tadel:* einen A. bekommen.

anpflanzen ⟨etwas a.⟩: **a)** *pflanzen:* Sträucher, Obstbäume a. **b)** *anbauen:* Tee, Tabak, Kartoffeln a. **c)** (selten) *bepflanzen:* Blumenbeete, einen Garten a.

anpflaumen (ugs.) ⟨jmdn. a.⟩: *mit jmdm. Scherz oder Spott treiben:* er pflaumte die Vorübergehenden an; subst.: laß das ewige Anpflaumen!

anprangern ⟨jmdn., etwas a.⟩: *öffentlich tadeln, brandmarken:* die sozialen Mißstände, die korrupte Verwaltung a.; er prangerte die Studenten als Aufrührer an.

anpreisen ⟨jmdn., sich, etwas a.⟩: *rühmen [und empfehlen]:* eine Ware, ein Land als Reiseziel, einen Schlagersänger a.; ⟨auch mit dem Dativ der Person⟩ der Händler pries der Kundschaft seine Stoffe an.

Anprobe, die: *das Anprobieren:* eine weitere A. ist nicht nötig; bei der ersten A.; zur A. kommen; ich bin für heute zur A. bestellt.

anprobieren ⟨etwas a.⟩: *feststellen, ob etwas paßt:* Schuhe, Kleider a.; ich soll a. kommen (ugs.; *zur Anprobe kommen*); ⟨jmdm. etwas a.⟩ der Schneider probierte ihm den Anzug an.

anpumpen (ugs.) ⟨jmdn. a.⟩: *von jmdm. Geld leihen:* er hat mich um 50 Mark angepumpt.

anquatschen (ugs.) ⟨jmdn. a.⟩: *[plump-vertraulich] ansprechen:* die Leute in der Straßenbahn a.; ich lass' mich doch nicht von fremden Männern a.

anraten ⟨jmdm. etwas a.⟩: *raten, dringend nahelegen:* der Arzt riet ihm Spaziergänge, Ruhe an; er hat mir angeraten, das Grundstück zu verkaufen; ⟨auch ohne Dativ⟩ der Lehrer riet die Zurückstellung vom Schulbesuch an; subst.: auf Anraten des Arztes unterzog ich mich der Kur.

anrauchen: 1. ⟨etwas a.⟩ **a)** *anzünden und die ersten Züge tun:* eine Zigarette a.; er warf die angerauchte Zigarette weg; ⟨jmdm., sich etwas a.⟩ er rauchte sich eine neue Zigarette an. **b)** *zum erstenmal rauchen:* eine Pfeife a. **2.** ⟨jmdn. a.⟩ *den Rauch ins Gesicht blasen:* er rauchte ihn an.

anrechnen: 1. ⟨etwas a.⟩ **a)** *berechnen:* er hat einen hohen Preis, nur 3 Mark, zuviel angerechnet; ⟨jmdm. etwas a.⟩ wir werden ihm die Ware billig anrechnen. **b)** *mit der Gesamtsumme verrechnen:* das alte Auto rechnen wir an; die Überstunden werden als Arbeitszeit angerechnet; ⟨jmdm. etwas a.⟩ die Untersuchungshaft wurde ihm [auf die Gefängnisstrafe] angerechnet. **2.** ⟨jmdm., sich, einer Sache etwas a.; mit Artangabe⟩ *einschätzen, bewerten:* er rechnete es sich zur Ehre an, daß ...; die Stabilisierung der Währung wurde ihm als/zum Verdienst angerechnet; wir können ihm das als strafmildernd a. * **jmdm. etwas hoch anrechnen** *(anerkennend beurteilen, würdigen).*

Anrechnung, die: *das Anrechnen:* eine A. *(Berechnung)* der Transportkosten erfolgt nicht; unter A. *(Einbeziehung)* der Untersuchungshaft; er wurde in A. *(Anerkennung)* seiner Verdienste befördert. * (nachdrücklich:) **in Anrechnung bringen** *(anrechnen).*

Anrecht, das: **1.** *Recht auf etwas, Anspruch:* ein altes, verbrieftes A.; ein A. geltend machen, verlieren, preisgeben; ein A. auf Unterstützung haben. **2.** *Theaterabonnement:* ein A. [im Theater] erwerben; die Abonnenten werden gebeten, ihr A. bis zum 1. September zu erneuern.

Anrede, die: *das Anreden:* eine korrekte, passende, steife, vertrauliche A.; wie lautet die A. für einen Kardinal?

anreden: 1. a) ⟨jmdn. a.⟩ *ansprechen:* der Nachbar redete ihn im Hausflur an; er hat mich darauf, auf diese Bemerkung hin angeredet. **b)** ⟨jmdn. a.; mit Artangabe⟩ *mit einer bestimmten Bezeichnung, in einer bestimmten Form ansprechen:* jmdn. feierlich, höflich, vertraulich, mit Du a.; er redete den Fremden mit Genosse an. **2.** ⟨gegen etwas a.⟩ *redend gegen etwas angehen:* er mußte gegen den Lärm a.

anregen: 1. ⟨etwas regt jmdn., etwas an⟩ *etwas belebt, weckt, muntert jmdn., etwas auf:* Bewegung regt den Appetit an; der Kaffee regte ihn zu neuer Aktivität an; ⟨auch ohne Akk.⟩ Tee regt an; adj. Part.: ein anregendes Mittel; in angeregter Stimmung; sich angeregt unterhalten. **2. a)** ⟨etwas a.⟩ *den Anstoß zu etwas geben:* einen Betriebsausflug, ein neues Projekt a.; ich werde das einmal a. *(zur Sprache bringen, vorschlagen).* **b)** ⟨jmdn. zu etwas a.⟩ *veranlassen, inspirieren:* das Buch regte ihn zum Nachdenken an; die Begegnung hatte ihn angeregt, einen neuen Roman zu schreiben.

Anregung, die: **1.** *Belebung:* ein Präparat zur A. des Blutkreislaufs. **2.** *das Anregen, Anstoß, Impuls:* neue, wertvolle, wichtige Anregungen; die A. zu der Sammlung ging von der Kirche aus; mein Professor gab mir die A. zu dieser Arbeit; ich verdanke ihm viele Anregungen; sich irgendwo Anregungen holen.

anreichern ⟨etwas a.⟩: **a)** *gehaltvoller machen:* Lebensmittel mit Vitaminen a. **b)** *vermehren:* die Kreditinstitute neigen gegenwärtig nicht dazu, ihre Effektenbestände noch anzureichern.

anreihen: 1. a) ⟨etwas a.⟩ *in einer Reihe anfügen:* Perlen a. **b)** (geh.) ⟨sich a.⟩ *sich anschließen:* er reihte *(stellte)* sich hinten an; hier reiht sich noch ein weiterer Bericht an. **2.** (landsch.) ⟨etwas a.⟩ *lose anheften:* das Futter a.

anreißen: 1. (Technik) ⟨etwas a.⟩ *mit einem spitzen Gerät auf etwas Linien zur Bearbeitung andeuten:* Metallplatten, ein Werkstück a. **2.** (landsch.) ⟨etwas a.⟩ *anzünden:* ein Streichholz a.; er riß das Feuerzeug an. **3.** ⟨etwas a.⟩ *in Gang bringen:* er riß den Außenbordmotor an. **4.** (ugs.) ⟨etwas a.⟩ *anbrechen, zu verbrauchen beginnen:* die letzte Schachtel Zigaretten, seine Vorräte a.; dieses Geld reiße ich nicht an. **5.** (ugs.) ⟨jmdn. a.⟩ *mit reißerischen Mitteln anlocken:* Kunden, Besucher a.

Anreiz, der: *Antrieb; Lockung:* ein materieller A.; etwas erhöht den A., nimmt einer Sache den A.; das Preisausschreiben bietet keinen A. zur Beteiligung; der Sache fehlt der letzte A.

anreizen: 1. ⟨etwas a.⟩ *erregen, wecken:* die Neugier, die Sensationslust a. **2.** ⟨jmdn. zu etwas a.⟩ *zu etwas anregen, verlocken:* unsere Erfolge reizten uns zu immer neuen Wagnissen an.

anrempeln (ugs.) ⟨jmdn. a.⟩: **1.** *im Vorübergehen anstoßen:* sie wurde von einem Betrunkenen angerempelt. **2.** (landsch.) *beschimpfen:* er hatte ihn als Schweinehund angerempelt.

anrennen: 1. ⟨im 2. Part. in Verbindung mit *kommen*⟩ *angelaufen kommen:* die Kinder kamen schreiend angerannt. **2. a)** ⟨jmdn., etwas a.⟩ *gegen jmdn., gegen etwas laufen:* er rannte mehrere Passanten an; er hat mich mit dem Ellbogen angerannt *(im Laufen mit dem Ellbogen angestoßen).* **b)** ⟨gegen jmdn., gegen etwas a.⟩ *anstürmen:* gegen die feindlichen Stellungen a.; übertr.: gegen die alten Vorurteile a. *(angehen).*

anrichten ⟨etwas a.⟩: **1.** *zum Verzehren fertigmachen, bereitstellen:* ein kaltes Büffet, die Salatplatten a.; die Hausfrau richtet das Essen an; es ist angerichtet *(wir können essen).* **2.** *(etwas Übles) verursachen, herbeiführen:* ein Unheil, Schaden, große Verwirrung, ein Blutbad a.; der Sturm richtete große Verheerungen an; (iron.:) da hast du etwas Schönes angerichtet!

anriechen ⟨jmdm. etwas a.⟩: *etwas an jmds. Geruch feststellen:* ich rieche es dir sofort an, wenn du Alkohol getrunken hast; übertr. (ugs.): ich rieche ihm auf drei Meilen an, was er vorhat.

anrüchig: a) *von zweifelhaftem Ruf:* ein anrüchiges Lokal, anrüchige Geschäfte, eine anrüchige Person. **b)** *leicht anstößig:* ein anrüchiges Lied; er erzählte anrüchige Witze.

anrücken: *in geschlossener Formation herankommen:* der Feind, die Feuerwehr rückt an; die anrückenden Truppen; übertr. (ugs.): gestern sind meine Verwandten angerückt.

Anruf, der: **1.** *Zuruf, der eine Aufforderung enthält:* auf einen A. nicht reagieren; ohne A.

schießen; ein beschwörender A. (geh.; *Mahnung*), das Vaterland zu retten. **2.** *Telephongespräch:* dein A. erreichte mich nicht; viele Anrufe erhalten; auf einen A. warten.

anrufen: 1. ⟨jmdn. a.⟩ *durch Zuruf zu etwas auffordern:* der Wachtposten rief ihn [halblaut, leise] an. **2.** ⟨jmdn., etwas a.⟩ *um Hilfe bitten, um etwas ersuchen:* ein Gericht a.; er fiel auf die Knie und rief Gott an; die Vereinten Nationen [um Beistand] a. **3.** *sich telephonisch mit jmdm. in Verbindung setzen:* **a)** ⟨jmdn., etwas a.⟩ seinen Freund, den Unfallarzt, die Auskunft a.; ich werde dich im Laufe des Tages anrufen; ⟨auch ohne Akk.⟩ ich werde später noch einmal anrufen; hat jmd. angerufen? **b)** ⟨mit Raumangabe⟩ bei seinen Eltern, im Klub, auf dem Arbeitsamt a.; ich muß noch zu Hause a. Die Verbindung mit dem Dativ *(ich rufe ihm an)* ist landsch., bes. südd. und schweiz.; sie gilt als hochsprachlich falsch. * **jmdn. als Zeugen/zum Zeugen anrufen** *(sich auf jmdn. als Zeugen berufen).*

anrühren: 1. ⟨etwas a.⟩ *mit etwas verrühren, rührend zubereiten, gebrauchsfertig machen:* eine Farbe, Gips [mit Wasser] a.; die Mutter rührt die Soße [mit Mehl] an. **2.** ⟨jmdn., etwas a.⟩ *mit der Hand berühren:* vor dem Eintreffen der Polizei nichts a. *(anfassen, verändern);* rühr mich nicht an!; übertr.: keinen Bissen a. *(nichts essen);* das Klavier nicht a. *(nicht darauf spielen);* kein Buch a. *(nicht lesen);* ich habe das Geld auf der Sparkasse nicht angerührt *(nichts abgehoben).* **3.** (geh.) ⟨jmdn. a.⟩ *innerlich, seelisch berühren:* die Leiden der Mitmenschen, die Flüchtlinge in ihrer Not rührten ihn an.

ans: *an das:* ans Fenster treten; bis ans Ende der Welt; ans Aufstehen denken; er ist ans Theater gegangen.

ansagen: 1. ⟨etwas a.⟩ *ankündigen, bekanntgeben:* eine Versammlung, seinen Besuch a.; er sagte Schneider (beim Skat) an; das Programm, die Zeit a. **2.** ⟨sich a.; mit Umstandsangabe⟩ *sich anmelden, seinen Besuch ankündigen:* sich bei seinen Verwandten, bei seinem Freund [zu Besuch] a.; er hat sich im Ministerium, für heute abend angesagt. **3.** (Bürow.) ⟨jmdm. etwas a.⟩ *diktieren:* der Chef sagt der Sekretärin gerade an. * **jmdm., einer Sache [den] Kampf/[den] Krieg ansagen** *([von nun an] bekämpfen):* der Korruption den Kampf a.

ansammeln: 1. ⟨etwas a.⟩ *anhäufen:* Reichtümer a. **2.** ⟨sich a.⟩ *sich anhäufen:* überall sammelt sich Staub an; immer mehr Neugierige sammelten sich an *(fanden sich in wachsender Zahl ein);* übertr.: Zorn, Empörung hatte sich in ihm angesammelt.

ansässig ⟨in der Verbindung⟩ ansässig sein ⟨mit Raumangabe⟩: *an einem bestimmten Ort wohnen, seinen Sitz haben:* in München a. sein; er ist seit vielen Jahren dort a.; ⟨auch attributiv⟩ die in diesem Raum ansässigen Handelsunternehmen.

Ansatz, der: **1.** *angesetztes Verlängerungsstück:* das Rohr wurde mit einem A. versehen. **2.** *Schicht, die sich angesetzt hat:* den A. von Kalkstein entfernen. **3.** *Stelle, an der etwas ansetzt, beginnt:* am A. des Halses hat er eine kleine Narbe. **4.** *das Entstehen, sich abzeichnende Herausbildung:* der A. einer Knospe, eines neuen Blattes an einer Pflanze; er hat schon den A. eines Bauches; der A. *(Anflug)* eines Bartes; der A. *(die Andeutung)* eines Lächelns; das Befinden des Kranken zeigt Ansätze *(erste Zeichen)* zur Besserung. **5.** *Beginn, Anlauf zu etwas:* der hoffnungsvolle A. ist gescheitert; in den [ersten, zaghaften] Ansätzen steckenbleiben; nicht über Ansätze hinauskommen. **6.** (Musik) *das An-, Einsetzen:* der A. des Trompeters ist schlecht; der Sänger hat einen weichen A. **7.** (Math.) *mathematische Umsetzung einer Textaufgabe:* dein A. ist falsch!; der Schüler konnte den A. zu dieser Aufgabe nicht finden. **8.** (Wirtsch.) *Veranschlagung, Kalkulation:* ein hoher, falscher A. [für die Kosten]; die Ansätze sind auf 5,6 Millionen gestiegen; außer A. bleiben *(nicht berechnet werden);* etwas in A. bringen *(veranschlagen).*

anschaffen ⟨jmdm., sich etwas a.⟩: *erwerben, sich zulegen:* sich Bücher, neue Möbel, ein Auto a.; ich habe mir einen Hund angeschafft; bildl. (ugs.): sich einen Liebhaber, eine Geliebte a.; sich Kinder a.; ⟨auch ohne Dativ⟩ neue Maschinen [für das Werk] a.

anschalten ⟨etwas a.⟩: *einschalten, anstellen:* das Radio a.; sie hatte das Licht nicht angeschaltet.

anschauen: 1. ⟨jmdn. a.⟩ *ansehen:* einen Menschen nachdenklich, forschend, traurig, mitleidig, vorwurfsvoll, erstaunt a.; sie hatten sich/(geh.:) einander unverwandt angeschaut. **2.** ⟨sich (Dativ) jmdn., etwas a.⟩ *aufmerksam, eingehend betrachten:* sich eine Stadt, die alten Bauwerke a.; der Arzt schaute sich den Kranken an; ich schaue mir das gar nicht an *(beachte das gar nicht).*

anschaulich: *leicht faßlich, deutlich, plastisch:* eine anschauliche Darstellung; ein Problem, den Unterrichtsstoff a. darstellen; er versteht a. zu erzählen.

Anschauung, die: **1. a)** *das Anschauen, Betrachtung:* er stand vor dem Bild, ganz in A. versunken; das kenne ich, weiß ich aus eigener A. **b)** *Vorstellung:* eine klare A. von etwas haben; er hat keine A. *(Kenntnis)* von diesen Vorgängen. **2.** *Meinung, Auffassung:* moderne, fortschrittliche, veraltete Anschauungen; das ist die herrschende A.; er hat über das Verkehrswesen, vom Verkehrswesen rückständige Anschauungen; eine A. vertreten, nicht teilen; seine Anschauungen ändern; er hält an dieser A. fest. * **der Anschauung sein** *(meinen, glauben):* ich war der A., daß die Mittel reichen.

Anschein, der: *äußerer Schein, Eindruck:* es entsteht der A., als ob die Scheibe sich drehte; aller A. spricht dafür, daß der Versuch gelingt; es hat den A. *(sieht so aus),* als wollte es regnen; es bekommt, gewinnt (geh.) den A. *(sieht allmählich so aus),* als wollte er uns nur hinhalten/als ob er uns nur hinhalten wollte; er erweckt den A., als wäre er reich/als ob er reich wäre. * **dem/allem Anschein nach** *(anscheinend, vermutlich):* er ist dem A. nach Ausländer · **sich** (Dativ) **den Anschein geben** *(etwas vortäuschen, so tun):* er gab sich den A., als ob er krank sei.

anscheinend ⟨Adverb⟩: *wie es scheint, dem Anschein nach:* er ist a. krank; a. ist niemand zu Hause; sie hat a. Schweres erlebt.

anschicken (geh.) ⟨sich zu etwas a.⟩: *sich zu et-*

was bereitmachen; im Begriff sein, etwas zu tun: er schickte sich zum Gehen an; die Stadt schickte sich an, die Sportler zu empfangen.

anschieben ⟨etwas a.⟩: *schiebend in Bewegung setzen:* ein Auto a.; subst.: würden Sie mir bitte beim Anschieben des Wagens helfen?

anschießen: **1.** ⟨jmdn. a.⟩ *durch einen Schuß verletzen:* der Jäger hat den Hirsch nur angeschossen; der flüchtende Einbrecher wurde von dem Polizisten angeschossen; er raste wie ein angeschossener Eber umher (ugs.). **2.** ⟨gewöhnlich im 2. Part. in Verbindung mit *kommen*⟩ *sehr schnell herankommen:* das Wasser kam plötzlich angeschossen.

Anschlag, der: **1.** *öffentlich angeschlagene Bekanntmachung:* am Schwarzen Brett hängt ein neuer A.; einen A. machen, aushängen; die Anschläge der Regierung lesen. **2.** *verbrecherisches Vorhaben, Attentat:* ein teuflischer, heimtückischer A.; der A. ist gelungen, mißglückt; einen A. [auf eine Fabrik] planen, vorbereiten, verüben, ausführen, verhindern, vereiteln (geh.); er fiel einem A. zum Opfer; bildl. (scherzh.): einen A. auf jmdn. vorhaben *(etwas von jmdm. wollen).* **3.** ⟨gewöhnlich in Verbindung mit *in, im*⟩ *Schußstellung:* das Gewehr im A. haben, halten, in A. bringen; die Soldaten gingen, lagen in A. **4.** *das Niederdrücken einer Taste:* sie schreibt schon 250 Anschläge (auf der Schreibmaschine) in der Minute; mit 400 Anschlägen wurde sie Siegerin im Berufswettkampf. **5. a)** *Art des Anschlagens:* der Klavierspieler hat einen guten, kräftigen, weichen, harten A. **b)** *Art, in der sich etwas anschlagen läßt:* eine Schreibmaschine mit leichtem A.; das Klavier hat einen guten, weichen A. **6.** (selten) *das Anschlagen, Auftreffen:* den gleichmäßigen A. der Wellen hören. **7.** (selten) *kurzes warnendes Bellen:* der A. des Hundes schreckte ihn auf. **8.** (Technik) *Stelle, bis zu der ein Maschinen- oder Geräteteil bewegt werden kann:* einen Verschluß bis zum A. aufdrehen; er zog den Steuerknüppel nach hinten bis zum A. durch. **9.** (Kaufmannsspr.) *Schätzung der Kosten:* machen Sie mir bitte einen A. * (Papierdt.:) **[etwas] in Anschlag bringen** *(berücksichtigen, einbeziehen):* ich werde diese Vorteile in A. bringen.

anschlagen /vgl. angeschlagen/: **1.** ⟨etwas a.⟩ **a)** *befestigen:* ein Brett, eine Leiste a.; Seemannsspr.: die Segel [am Großbaum] a. **b)** *öffentlich zur Information anbringen:* eine Bekanntmachung a.; der Aufruf ist, steht am Schwarzen Brett angeschlagen. **2.** (veraltend): **a)** ⟨etwas a.⟩ *in Schußstellung bringen:* er zeigte ihm, wie man die Waffe anschlägt. **b)** ⟨auf jmdn., auf etwas a.⟩ *zielen:* er schlug auf den Kopf des Elefanten an. **3.** ⟨[etwas] a.⟩ *die Taste bis zum Anschlag niederdrücken:* die Tasten lassen sich ziemlich schwer a.; bei vier Durchschlägen muß man kräftiger a. **4.** ⟨etwas a.⟩ **a)** *durch Anschlagen zum Tönen bringen:* eine Saite, das Klavier a.; er schlug die Stimmgabel an. **b)** *erklingen lassen:* einen Akkord [auf dem Klavier] a.; sie schlug einige Töne der Melodie an; übertr.: *beginnen:* ein [Gesprächs]thema a.; er schlug ein anderes Tempo, einen schnelleren Schritt an. **5. a)** ⟨etwas schlägt an⟩ *etwas ertönt:* die Klingel, die Alarmglocke schlägt an; die Turmuhr hat zwölfmal angeschlagen. **b)** *warnend bellen:* der Hofhund schlug plötzlich, kurz, wütend an. **6.** ⟨etwas a.⟩ *leicht beschädigen:* sie hat beim Geschirrspülen einen Teller angeschlagen; angeschlagene Tassen, Biergläser. **7.** *an etwas schlagen:* die Wellen schlagen kaum hörbar [an das Ufer] an; der Schwimmer auf Bahn 6 hat als erster angeschlagen *(den Beckenrand berührt);* ich bin mit dem Knie [an die Wand] angeschlagen *(gestoßen, geprallt);* ⟨sich (Dativ) etwas a.⟩ ich habe mir wiederholt den Schädel angeschlagen *(gestoßen);* (landsch.:) ⟨sich a.⟩ er hat sich angeschlagen *(gestoßen).* **8.** (geh.) ⟨etwas a.; mit Artangabe⟩ *in einer bestimmten Weise einschätzen:* man darf seine Verdienste nicht zu gering a.; er hat es hoch angeschlagen, daß die Waren pünktlich geliefert worden sind. **9. a)** ⟨etwas schlägt an⟩ *etwas wirkt, hat Erfolg:* das Mittel schlägt nicht an; die Kur hat bei ihm gut angeschlagen; ⟨etwas schlägt jmdm., einer Sache an⟩ die Strapazen schlugen ihm schlecht an *(bekamen ihm nicht).* **b)** ⟨etwas schlägt an⟩ *etwas macht dick:* Kuchen schlägt an; bei ihr schlägt alles, nichts an. **10.** (östr.) ⟨etwas a.⟩ *anstecken:* ein Faß a.; das Bier ist schon angeschlagen *(angezapft).* * **einen Ton/eine Tonart anschlagen** *(mit jmdm. in einer bestimmten Weise sprechen):* er schlug den richtigen Ton, eine gereizte Tonart an.

anschleichen: *sich schleichend nähern, heranschleichen:* **a)** ⟨jmdn., etwas a.⟩ ein Lager a.; der Jäger schleicht das Wild an. **b)** ⟨sich a.⟩ wir haben uns ganz leise [an das Lager] angeschlichen. **c)** (ugs.) ⟨im 2. Part. in Verbindung mit *kommen*⟩ er kam bedrückt angeschlichen; die Kinder kommen dauernd [damit] angeschlichen.

anschließen /vgl. anschließend/: **1.** ⟨etwas a.⟩ *mittels eines Schlosses [gegen Diebstahl] sichern:* das Fahrrad [an den Ständer] a. **2.** ⟨etwas a.⟩ *an etwas anbringen und dadurch eine Verbindung herstellen, verbinden:* den Schlauch an die/ (selten:) an der Leitung a.; ein Mikrophon a.; die Häuser sind an die Fernheizung angeschlossen; angeschlossen sind *(die Sendung übernehmen)* alle deutschen Sender; die angeschlossenen Sender kommen mit eigenem Programm wieder. **3.** ⟨etwas a.⟩ *anfügen, folgen lassen:* eine Frage a.; ⟨etwas einer Sache a.⟩ er schloß seinen Ausführungen eine Bitte an. **4.** ⟨etwas schließt sich an⟩ *etwas folgt unmittelbar:* an die Wiese schließt sich ein Wald an; Stallungen und Wirtschaftsgebäude schlossen *(reihten)* sich an; an den Vortrag hat sich eine Aussprache angeschlossen; ⟨auch: etwas schließt an⟩ die Sportreportage schließt unmittelbar [an die Nachrichten] an; die anschließende Diskussion brachte nichts Neues. **5.** ⟨sich jmdm., einer Sache a.⟩ *sich zugesellen:* sich den Demonstranten a.; er schloß sich uns an; sich einem Streik, einer Besichtigung a. *(daran teilnehmen);* sich einer Ansicht, einem Vorschlag a. *(zustimmen);* er hat sich dieser Partei angeschlossen *(ist ihr beigetreten);* der Junge schließt sich den anderen Kindern [leicht, schwer, nicht] an *(findet Kontakt);* ⟨auch ohne Dativ⟩ darf ich mich a.?; er schloß sich [an uns] bei dem Rundgang an; sie hat sich an die anderen angeschlossen. **6.** ⟨etwas schließt an; mit Artangabe⟩ *etwas liegt in einer bestimmten Weise an:* das Kleid schließt [am Hals] eng an.

anschließend ⟨Adverb⟩: *danach:* a. gingen wir ins Theater; wir werden a. verreisen.

Anschluß, der: **1. a)** *Verbindung mit einem Leitungsnetz:* A. an die städtische Strom- und Wasserversorgung haben; das Haus erhält elektrischen A. **b)** *Telephonanlage:* das Haus hat mehrere Anschlüsse; mein Freund hat keinen A. *(kein Telephon).* **c)** *gewünschte telephonische Verbindung:* keinen A. haben, bekommen; er wartet auf den A. **2.** *anschließende Verkehrsverbindung:* dieser Zug hat schlechten, keinen A.; Sie haben sofort A. an die Fähre, nach Berlin, an den Zug nach Hamburg; einen A. erreichen, [nicht] bekommen, verpassen. **3.** *Verbindung zu etwas, zu jmdm.; Kontakt:* A. suchen, finden; wir haben keinen A. *(mit niemandem Umgang);* unsere Sportler haben A. an die Spitzenklasse erreicht; wir sollen den Flüchtlingen den A. *(Kontakt)* erleichtern. **4.** *Angliederung, politische Vereinigung:* den A. eines Gebietes [an ein Land] betreiben; nach dem gewaltsamen A. *(nach der Annexion).* * **im Anschluß an etwas** *(unmittelbar nach; unter Bezugnahme auf):* im A. an den Vortrag; im A. an meinen letzten Brief · **im Anschluß an jmdn.** *(nach jmds. Vorbild):* im A. an Brecht schreiben · (ugs.:) **den Anschluß verpaßt haben** *(keinen Ehemann gefunden haben).*

anschmachten ⟨jmdn. a.⟩: *schmachtend ansehen:* die Teenager schmachten ihren Lehrer an.

anschmiegen: ⟨sich an jmdn., an etwas a.⟩: *sich liebevoll an jmdn. drücken, sich eng, sich einer Form anpassend anlegen:* das Kind schmiegte sich eng, zärtlich an die Mutter an; das Kleid schmiegt sich an den Körper an; bildl.: das Dorf schmiegt sich an den Berghang an; ⟨selten: sich jmdm., einer Sache a.⟩ das Kleid schmiegte sich dem Körper an.

anschmiegsam: *sich in zärtlicher, liebevoller Art jmdm. anpassend:* ein anschmiegsames Wesen haben; sie ist sehr a.

anschmieren: 1. ⟨sich a.⟩ *sich versehentlich beschmieren:* wo hast du dich nur so angeschmiert? **2.** (ugs.; abwertend) **a)** ⟨jmdn. a.⟩ *täuschen, betrügen:* er hat mich ganz schön angeschmiert; der Verkäufer hat ihn mit dem Gebrauchtwagen angeschmiert. **b)** (veraltend) ⟨jmdm. etwas a.⟩ *Geringwertiges teuer verkaufen:* er wollte ihm das alte Fahrrad a. **3.** (ugs.; abwertend) ⟨sich bei jmdm. a.⟩ *sich bei jmdm. beliebt machen:* er versuchte sich beim Chef anzuschmieren.

anschnallen ⟨jmdn., sich, etwas a.⟩: *festschnallen:* während der Fahrt schnallen wir uns an; die Passagiere werden gebeten, sich anzuschnallen; ⟨jmdm., sich etwas a.⟩ er hat sich die Rollschuhe angeschnallt.

anschnauzen (ugs.) ⟨jmdn. a.⟩: *derb zurechtweisen:* der Meister schnauzt den Lehrling grob, barsch an.

Anschnauzer, der (ugs.): *derbe Zurechtweisung:* er hat von seinem Vorgesetzten einen fürchterlichen, mächtigen A. bekommen, erhalten, gekriegt (ugs.).

anschneiden: 1. ⟨etwas a.⟩ *das erste Stück von etwas abschneiden:* das Brot, den Kuchen a.; ein frisch angeschnittener Schinken. **2.** ⟨etwas a.⟩ *zur Sprache bringen:* eine Frage, ein Thema a. **3.** ⟨etwas a.⟩ *mit einem anderen Teil in einem Stück zuschneiden:* sie hat die Ärmel angeschnitten; eine angeschnittene Kapuze. **4.** *auf der Innenseite angehen, nicht voll ausfahren:* eine Kurve eng, scharf a.; der Läufer hat ein Tor (im Slalom) falsch angeschnitten. **5.** (Sport) ⟨etwas a.⟩ *einen bestimmten Drall geben:* einen Ball (im Tischtennis) a.; der Rechtsaußen hat den Ball raffiniert angeschnitten. **6.** (Archäol.) ⟨etwas a.⟩ *bei einer Grabung auf etwas stoßen:* in Neuenheim ist ein römischer Friedhof angeschnitten worden. **7.** (Phot.) ⟨jmdn., etwas a.⟩ *durch den Bildrand einen Teil von jmdm., von etwas abschneiden:* einen Darsteller [mit der Kamera] a.; im Hintergrund, seitlich angeschnitten, die Rückfront des Schlosses.

anschrauben ⟨etwas a.⟩: *durch Schrauben befestigen:* das Namensschild an die/(seltener:) an der Tür a.; er hat die lose Türklinke angeschraubt *(festgeschraubt).*

anschreiben: 1. ⟨etwas a.⟩ *etwas an etwas schreiben:* ein Wort, einen Satz [an die Tafel] a.; an den Wänden waren, standen Parolen angeschrieben. **2.** ⟨[etwas] a.⟩ *bis zur Bezahlung notieren:* beim Kaufmann a. lassen; würden Sie bitte die acht Mark, die Summe a.? **3.** (Papierdt.) ⟨jmdn., etwas a.⟩ *sich schriftlich an jmdn., an eine Stelle wenden:* den Oberbürgermeister, den Senat a.; 40 Prozent aller angeschriebenen Personen bejahten die Frage. **4.** (schweiz.) ⟨etwas a.⟩ *beschriften:* Akten, Spulen a. * (ugs.:) **bei jmdm. gut, schlecht angeschrieben sein** *(bei jmdm. in gutem, schlechtem Ansehen stehen).*

anschreien ⟨jmdn. a.⟩: *laut anfahren:* er schrie seine Frau an; schrei mich nicht so an!

Anschrift, die: *Adresse:* meine A. lautet ...; die A. angeben; er hat mir seine neue A. mitgeteilt.

anschuldigen (geh.) ⟨jmdn. a.⟩: *bezichtigen:* einen Menschen unbegründet a.; ⟨jmdn. einer Sache/wegen einer Sache a.⟩ man hat ihn des Diebstahls, wegen eines Vergehens angeschuldigt; er wurde angeschuldigt, den Mord begangen zu haben.

anschwärmen ⟨jmdn. a.⟩: *schwärmerisch verehren:* die Mädchen schwärmen den Filmstar, ihren Lehrer an.

anschwärzen: 1. (selten) ⟨etwas a.⟩ *ein wenig schwärzen:* das Gesicht mit Ruß a. **2.** (ugs.; abwertend) ⟨jmdn. a.⟩ *schlechtmachen, in Mißkredit bringen:* er versucht seine Kollegen beim Chef anzuschwärzen.

anschwellen ⟨etwas schwillt an⟩: *etwas nimmt an Umfang, an Stärke zu:* der Fluß schwillt [zu einem reißenden Strom] an; die Adern auf seiner Stirn schwollen an; der Lärm, der Gesang schwillt an *(wird lauter);* der Beifall schwoll zum Orkan an; die Zahl der unerledigten Briefe schwillt immer mehr an.

anschwemmen ⟨etwas schwemmt etwas an⟩: *etwas spült etwas an:* die Flut schwemmt Wrackteile, die Ertrunkenen an; angeschwemmtes Land.

ansehen /vgl. angesehen/: **1.** ⟨jmdn., etwas a.⟩ *den Blick auf jmdn., auf etwas richten; betrachten:* einen Menschen aufmerksam, scharf, offen, mit großen Augen, nachdenklich, mißtrauisch, ungläubig, fassungslos, vorwurfsvoll, strafend, entgeistert, verwundert, spöttisch, zärtlich, liebevoll, ängstlich, ratlos, von der Seite a.; sie sehen sich/(geh.:) einander unverwandt an; er sah seine Hände an; bildl.: jmdn. von oben a.

(herablassend behandeln); jmdn. scheel, über die Schulter a. *(auf jmdn. herabsehen)*; jmdn. nicht mehr a. *(keinen Umgang mehr mit jmdm. wünschen)*. **2.a)** ⟨sich (Dativ) jmdn., etwas a.⟩ *aufmerksam, prüfend betrachten; etwas betrachten, um es kennenzulernen:* sich einen Film, eine Vorstellung a.; ich habe mir die Bilder, die Ausstellung angesehen; der Arzt sah sich die Verbände, die Verwundeten an; ich werde mir die Sache mal ansehen *(mich damit befassen)*. **3.** ⟨anzusehen sein; mit Artangabe⟩ *einen bestimmten Anblick bieten:* das Wiedersehen war rührend anzusehen; das Verhör ist abscheulich anzusehen; das junge Paar war reizend anzusehen. **4.** ⟨etwas sieht sich an; mit Artangabe⟩ *etwas sieht in einer bestimmten Weise aus:* das Geschenk sieht sich ganz hübsch an, ist aber nicht viel wert; das sieht sich an wie ...; es sah sich an, als würde er untergehen. **5.** ⟨jmdm., einer Sache etwas a.⟩ *vom Gesicht ablesen können, an der äußeren Erscheinung erkennen:* einem Menschen sein Alter, seine Krankheit, seine schlechte Laune a.; man sah ihm seinen Kummer [an den Augen] an; ich habe ihm angesehen, daß er Ausländer ist. **6.a)** ⟨etwas a.; mit Artangabe⟩ *einschätzen, beurteilen:* wir sehen die Sache ganz anders, mit anderen Augen an; wenn man die Lage richtig ansieht, kann für Abhilfe gesorgt werden. **b)** ⟨jmdn., etwas als/für jmdn., als/für etwas a.⟩ *als etwas betrachten, auffassen; für jmdn., für etwas halten:* fremde Soldaten als Eindringlinge a.; ich habe Sie als meinen Freund angesehen; ich sehe das als/für ein Verbrechen an; etwas als/für seine Pflicht, als einen Mangel, als vordringlich, als gesichert, als wahr, für echt a.; ⟨sich als jmd., als etwas/(veraltend:) als jmdn., als etwas a.⟩ er sieht sich als Held/ (veraltend:) als Helden, als Weiser/(veraltend:) als Weisen an. **7.** (ugs.) ⟨etwas [mit] a.; gewöhnlich verneint⟩ *zusehen, ohne etwas zu unternehmen; dulden:* ich kann das nicht mehr mit a.; die Regierung wird die Übergriffe nicht länger, nicht ruhig mit a.; ⟨sich (Dativ) etwas a.⟩ ich habe mir seine Unhöflichkeiten lange genug [mit] angesehen. * (ugs.:) **jmdm. etwas an der Nase/Nasenspitze ansehen** *(etwas aus jmds. Miene ablesen)* · (ugs.:) **sieh [mal] [einer] an!** *(wer hätte das gedacht!)* · (ugs.:) **das sehe sich einer an!** *(das ist doch nicht zu glauben)* · (ugs.:) **jmdn. nicht für voll ansehen** *(nicht ernstnehmen)* · (ugs.:) **das Geld nicht ansehen** *(das Geld leicht ausgeben)*.

Ansehen, das: **1.** *Achtung, Wertschätzung:* jmds. A. sinkt, leidet unter etwas; ein großes, hohes A. [bei jmdm.] genießen; sein A. verlieren, einbüßen, heben, erhöhen; A. erlangen; er hat sich dadurch A. verschafft, daß ...; das A. der Regierung wurde geschädigt, erschüttert; er hat es durch seine Forschungen zu internationalem A. gebracht; bei jmdm. in hohem A. stehen; sie ist in meinem A. gestiegen. **2.** (geh.) *Aussehen:* ein Greis von ehrwürdigem A.; dadurch bekommt, erhält, gewinnt die Sache ein anderes A. *(muß anders beurteilt werden)*; er gab sich gern ein vornehmes A. *(den Anschein von Vornehmheit)*. * **[nur] von/vom Ansehen** *([nur] vom Sehen, nicht mit Namen)*: ich kenne ihn nur vom A. · **ohne Ansehen der Person** *(ohne Rücksichtnahme auf jmdn.)*: wir werden bei den Ermittlungen ohne A. der Person vorgehen.

ansehnlich: **1.** (geh.) *gut aussehend:* ein ansehnlicher Mann; sie fand die Dekorationen ganz a. **2.** *so groß, daß es Beachtung verdient; bedeutend:* eine ansehnliche Summe, Mitgift; die Beute war recht a.

ansein (ugs.) ⟨etwas ist an⟩: *etwas ist eingeschaltet, angezündet, brennt:* das Feuer, der Ofen ist an; er bemerkte, daß das Radio noch an war; der Herd ist nicht angewesen.

ansetzen: **1.** ⟨etwas a.⟩ *an eine bestimmte Stelle setzen, bringen, führen:* die Flasche [zum Trinken], die Trompete, die Feder, den Hobel, den Bohrer a.; bildl.: den Hebel an der richtigen Stelle a. *(etwas richtig anpacken)*. **2.** ⟨etwas a.⟩ *anfügen:* ein Verlängerungsstück [an ein Rohr] a.; 5 Zentimeter, ein Stück, einen Saum an das/am Kleid a.; ein Kleid mit tief angesetztem Rock; ⟨jmdm., einer Sache etwas a.⟩ er setzte dem Engelchen Flügel an. **3.** ⟨etwas a.⟩ *festsetzen, [für einen Zeitpunkt] bestimmen:* einen Termin, eine Besprechung, eine Sitzung a.; die Veranstaltung ist für den/auf den 10. Mai angesetzt; für eine Arbeit eine bestimmte Zeit a.; wir haben die Kosten mit 200 Mark zu niedrig angesetzt *(veranschlagt)*. **4.** ⟨jmdn., etwas a.⟩ *einsetzen, mit etwas beauftragen:* Polizeihunde [auf eine Spur] a.; drei Mitarbeiter auf ein neues Projekt a.; er setzte die Frau als Lockvogel auf ihn an. **5.a)** ⟨[etwas] a.; mit Raumangabe⟩ *mit etwas beginnen:* an diesem Punkt, an diesem Problem werde ich a.; er setzte seine Kritik, mit seiner Kritik an der schlechten Bildqualität an. **b)** ⟨etwas setzt an; mit Raumangabe⟩ *etwas beginnt, setzt ein:* hier, an dieser Stelle muß die Kritik a. **6.a)** ⟨etwas a.⟩ *hervorbringen:* die Bäume setzen Blätter, Blüten, Frucht an; er hat in letzter Zeit Fett, einen Bauch angesetzt; ⟨auch ohne Akk.⟩ die Obstbäume haben gut angesetzt *(Fruchtknospen hervorgebracht)*; seine Frau setzt schnell an *(wird schnell dick)*. **b)** ⟨etwas setzt etwas an⟩ *etwas bildet etwas schichtförmig:* das Eisen setzt Rost an; meine Zähne setzen schnell Zahnstein an. **7.a)** ⟨etwas setzt an⟩ *etwas kommt hervor:* Knospen setzen bereits an; an der Pflanze hat ein neuer Trieb angesetzt. **b)** ⟨etwas setzt sich an⟩ *etwas bildet sich schichtförmig:* an den Rohren setzt sich Rost, Grünspan an; im Boiler hat sich Kalkstein angesetzt. **8.** ⟨etwas setzt an; mit Umstandsangabe⟩ *etwas nimmt seinen Ausgang, beginnt:* die Augen setzen dicht neben der Nasenwurzel an; ihre Brust setzt sehr hoch, zu tief an. **9.** ⟨zu etwas a.⟩ *im Begriff sein, etwas zu tun:* zum Sprung, zum Endspurt, zum Überholen, zur Landung a.; er setzte mehrmals zum Sprechen an; ⟨auch ohne Präpositionalobjekt⟩ er setzte immer wieder an *(begann immer wieder zu sprechen)*, brachte aber keinen Satz heraus. **10.** ⟨etwas a.⟩ *mischen; [mischend] zur weiteren Verwendung fertigmachen:* eine Bowle, Kuchenteig a.; der Tischler setzte zunächst den Leim an. **11.** (landsch.) ⟨etwas a.⟩ *zum Kochen auf den Herd setzen:* das Essen, Kartoffeln a.; ich habe für dich schon Wasser angesetzt. **12.** *etwas setzt sich beim Kochen am Boden des Topfes fest:* **a)** ⟨etwas setzt sich an⟩ die Suppe hat sich angesetzt. **b)** ⟨etwas setzt an⟩ Milch setzt nach kurzer Zeit an.

Ansicht, die: **1.** *Meinung, Überzeugung:* eine

irrige, vernünftige gegenteilige, weitverbreitete A.; feste, revolutionäre, verworrene, altmodische Ansichten; das ist meine ganz private A.; was ist Ihre A.?; keine eigenen Ansichten haben; eine A. äußern, aussprechen, vertreten, verfechten, ändern; das bestärkt nur meine A.; ich teile seine A., lasse seine A. gelten; sich jmds. A. zu eigen machen; ich bin darüber anderer A. als du; ich bin der gleichen A. wie du; er ist der A. *(er glaubt)*, daß ...; wir sind einer A. *(stimmen in unserer Ansicht überein)*; in einer A. bestärkt werden; mit einer A. zurückhalten, brechen; nach meiner A., meiner A. nach hat er unrecht; jmdn. zu einer A. bekehren. **2.** *Bild, Abbildung:* einige Ansichten von Dresden; er zeigte mir eine A., die den Gegenstand von der Seite darstellte. **3.** *sichtbarer Teil:* die vordere, seitliche A. eines Schlosses. * **zur Ansicht** *(zum Ansehen)*: den Kunden Bücher, Waren zur A. schicken.

ansichtig ⟨nur in der Verbindung⟩ jmds., einer Sache ansichtig werden (geh.): *sehen, erblicken:* er erschrak, als er seiner, des Mannes, des Feuerscheins a. wurde.

Ansichtskarte: → Karte.

Ansichtssache ⟨nur in der Wendung⟩ etwas ist Ansichtssache: *darüber kann man verschiedene Ansichten haben:* wie man das Problem löst, das ist A.

Ansinnen, das (geh.): *Vorschlag, Zumutung:* ein ungeheuerliches, seltsames, ungehöriges A.; ein A. ablehnen, zurückweisen; an jmdn. ein A. stellen, richten; er ging auf mein A. nicht ein.

ansonsten: **1.** ⟨Adverb⟩ *sonst, im übrigen:* a. gibt es nichts Neues zu berichten; ein a. brauchbarer Vorschlag. **2.** ⟨Konj.⟩ *andernfalls:* ich benötige die Unterlagen, a. lehne ich die Verantwortung ab.

anspannen /vgl. angespannt/: **1. a)** ⟨[ein Tier] a.⟩ *ein Zugtier vor etwas spannen:* ein Pferd, einen Ochsen a.; der Kutscher hatte angespannt. **b)** ⟨[etwas] a.⟩ *mit einem Zugtier, Gespann versehen:* den Wagen a.; er ließ a. **2.** ⟨etwas a.⟩ *straffer spannen:* ein Seil, die Zügel anspannen. **3. a)** ⟨etwas a.⟩ *anstrengen; zur Höchstleitung zusammenfassen:* seine Muskeln, Nerven, sein Gehör a.; er mußte alle seine Kräfte a. **b)** ⟨etwas spannt sich an⟩ *etwas strengt sich an:* er spürte, wie sich seine Nerven anspannten.

Anspannung, die: *Anstrengung, Beanspruchung:* eine übermenschliche, seelische A.; mit, trotz äußerster A.; er erreichte das Ufer nur unter A. aller Kräfte; Kaufmannsspr.: das wäre eine außerordentliche A. *(Inanspruchnahme)* der Kredite.

anspielen: **1.** (Sport) ⟨jmdn. a.⟩ *jmdm. den Ball, die Scheibe zuspielen:* der Verteidiger spielte den Linksaußen an. **2.** (Kartenspiel) **a)** ⟨etwas a.⟩ *zur Eröffnung des Spiels hinlegen:* Trumpf a.; er hat Kreuz, den Buben angespielt. **b)** *ausspielen, das Spiel beginnen:* wer spielt an? **3.** ⟨auf jmdn., auf etwas a.⟩ *versteckt hinweisen, andeuten:* auf Mißstände, auf jmds. Alter a.; er spielte in seiner Rede auf den Minister an.

Anspielung, die: *Andeutung, versteckter Hinweis:* eine scherzhafte, boshafte, unmißverständliche A.; soll das eine A. auf mein Alter sein?; eine A. machen; er verstand ihre A., ging auf ihre A. ein.

anspinnen: **a)** (selten) ⟨etwas a.⟩ *anknüpfen, anbahnen:* ein Liebesverhältnis, eine Unterhaltung, Verhandlungen [mit jmdm.] a. **b)** ⟨etwas spinnt sich an⟩ *etwas bahnt sich an, entwickelt sich allmählich:* da, zwischen den beiden spinnt sich etwas an; neue Beziehungen spannen sich zwischen den Ländern an.

anspitzen: **1.** ⟨etwas a.⟩ *spitz machen:* den Bleistift a. **2.** (ugs.) ⟨jmdn. a.⟩ *zurechtweisen:* der Chef hat den Lehrling angespitzt.

Ansporn, der: *Antrieb, Anreiz:* einen A. erhalten; ich brauche einen A. für das Training.

anspornen: **1.** ⟨ein Tier a.⟩ *die Sporen geben:* der Reiter spornt das Pferd an. **2.** ⟨jmdn., etwas a.⟩ *einen Ansporn geben:* die Schüler zu besseren Leistungen a.; ihr Vorbild spornte seinen Ehrgeiz an.

Ansprache, die: **1.** *kurze Rede:* eine geistreiche, zündende, öffentliche A.; eine A. an den Kongreß; der Vorsitzende hielt eine A. **2.** (militär.) *Beschreibung:* die A. eines Ziels. **3.** (veraltend) *Anrede:* er legte Wert auf die A. Exzellenz. **4.** (südd., östr.) *Gespräch:* er suchte die persönliche A.; sie hat wenig A. *(Unterhaltung, Umgang)*.

ansprechen: **1.** ⟨jmdn. a.⟩ *einige Worte an jmdn. richten, jmdn. in ein Gespräch verwickeln:* jmdn. höflich, auf der Straße, im Park a.; ich lasse mich nicht von fremden Männern a. **2.** ⟨jmdn. a.; mit Artangabe⟩ *in einer bestimmten Weise anreden:* jmdn. mit seinem Vornamen, mit einem Titel a.; wie spricht man einen Minister an? **3.** ⟨jmdn., etwas a.⟩ *sich an jmdn. wenden:* alle Bürger der Stadt, die Betriebsangehörigen a.; er sprach die Massen direkt an; ich habe ihn wegen dieser Sache, auf diese Angelegenheit, darauf angesprochen *(seine Stellungnahme dazu erbeten)*; sein Nachbar sprach ihn um Geld an *(bat ihn darum)*. **4.** ⟨jmdn., etwas als jmdn., etwas a.⟩ *als etwas ansehen, bezeichnen:* eine Gruppe als Extremisten a.; das Ergebnis muß als günstig angesprochen werden; Fieber ist nicht als Krankheit anzusprechen. **5.** ⟨etwas a.⟩ *ins Gespräch bringen, behandeln:* eine Frage a.; anschließend sprach er die Produktionsschwierigkeiten an. **6.** (militär.) ⟨etwas a.⟩ *beschreiben:* einen anfliegenden Verband a. **7.** ⟨etwas spricht jmdn., etwas an⟩ *berühren, einen Eindruck machen:* das Lied sprach ihr Innerstes an; der Vortrag hat viele Menschen angesprochen; ihr Wesen spricht ihn an *(gefällt ihm)*; ⟨auch ohne Akk.⟩ die Aufführung sprach [beim Publikum] nicht besonders an *(fand wenig Anklang)*; adj. Part.: *reizvoll:* eine ansprechende Mode; ihr Äußeres ist nicht sehr a. **8.** ⟨auf etwas a.⟩ *reagieren:* der Patient spricht auf dieses Mittel nicht an; der Geigerzähler spricht auf radioaktive Strahlen an. **9.** (Musik) ⟨etwas spricht an; gewöhnlich mit Artangabe⟩ *etwas läßt sich in einer bestimmten Weise zum Tönen bringen:* das Instrument spricht leicht, schwer an; der Ton spricht nicht an.

anspringen: **1.** ⟨jmdn., etwas a.⟩ *sich mit einem Sprung auf jmdn., auf etwas stürzen:* der Hund springt den Fremden an; bildl. (geh.): das Entsetzen sprang ihn an *(überfiel ihn)*. **2.** ⟨im 2. Part. in Verbindung mit *kommen*⟩ *[in Sprüngen] herbeilaufen:* die Kinder kommen angesprungen. **3.** ⟨etwas springt an⟩ *etwas kommt in*

Gang: der Motor springt leicht, schwer an; der Wagen ist heute nicht angesprungen. **4.** (ugs.) *auf etwas eingehen:* ich machte ihm ein Angebot, aber er sprang nicht an; er ist auf die Sticheleien nicht angesprungen.

Anspruch, der: **1.** *Forderung:* ein berechtigter A.; Ansprüche haben; der Trainer stellt hohe Ansprüche an die Spieler; Ansprüche anmelden, [gegen jmdn.] durchsetzen, anerkennen, befriedigen, erfüllen; A. auf ein Gebiet erheben *(es beanspruchen);* das Buch erhebt keinen A. auf Vollständigkeit *(will nicht vollständig sein);* seine Ansprüche zu hoch schrauben, herabsetzen; den Ansprüchen genügen. **2.** *Recht, Anrecht:* ein alter, verbürgter A.; jeder Arbeiter hat A. auf Krankengeld; keinen A. auf Schadenersatz haben; den A. auf ein Territorium verlieren. * **jmdn., etwas in Anspruch nehmen** *(beanspruchen):* die Arbeit nimmt mich sehr in A.; das Projekt wird viele Monate in A. nehmen; darf ich Sie, Ihre Aufmerksamkeit einige Augenblicke in A. nehmen?; sie haben unsere Gastfreundschaft in A. genommen; ich nehme dieses Recht für mich in A.

anstacheln ⟨jmdn., etwas a.⟩: *anspornen, antreiben:* den Eifer, den Ehrgeiz der Schüler [durch Lob] a.; der Erfolg stachelte ihn zu neuen Taten an.

Anstalt, die: **1.a)** *Erziehungsheim:* in einer A. unterbringen; er kam in eine A. für schwer erziehbare Kinder. **b)** *Heilstätte:* einen Trinker, einen Geisteskranken in eine A. einliefern; er wurde in eine A. gegeben, eingewiesen, eingesperrt; er konnte nach einigen Monaten aus der A. entlassen werden. **c)** *Unternehmen, Betrieb:* eine kartographische A. * (Rechtsspr.:) **Anstalt des öffentlichen Rechts** *(Träger öffentlicher Verwaltungsaufgaben, die außerhalb der unmittelbaren Staatsverwaltung liegen)* · **Anstalten zu etwas machen**/(Papierdt.:) **treffen** *(sich anschicken, etwas zu tun):* er machte keine, keinerlei A. aufzubrechen; die Regierung hatte alle A. getroffen *(alles vorbereitet)*, den Putsch zu verhindern.

[1]**Anstand,** der (Jägerspr.): *Ort, wo der Jäger auf das Wild wartet; Hochsitz:* der Jäger geht auf [den] A.; auf dem A. stehen, sitzen.

[2]**Anstand,** der: **1.** *gute Sitte, schickliches Benehmen:* das fordert, verlangt, verbietet schon allein der A.; das erlaubt der A. nicht; er hat, besitzt keinen A.; den A. wahren, verletzen; die Burschen müssen erst Sitte und A. lernen; jmdm. A. beibringen (ugs.); etwas aus A. unterlassen; ihm fehlt jedes Gefühl für A.; das ist gegen allen A.; man muß auch mit A. *(mit Würde)* verlieren können; er hat sich mit A. *(gut)* aus der Affäre gezogen; er ist ein Mann von A. **2.** (südd., östr.) *Schwierigkeit, Ärger:* ich will keine Anstände bei der Kontrolle, mit den Zollbeamten haben; es hat keinen A. gegeben. * (ugs.; veraltend) [**keinen**] **Anstand an etwas nehmen** *([keinen] Anstoß nehmen, sich [nicht] an etwas stören).*

anständig: 1. *sittlich einwandfrei, den geltenden moralischen Begriffen entsprechend, gut:* ein anständiger Mensch; sie ist ein anständiges Mädchen; er hat eine anständige Gesinnung; sie haben a. gehandelt, sich a. benommen; sich a. *(ordentlich)* kleiden. **2.** (ugs.) *zufriedenstellend, durchaus genügend:* eine anständige Bezahlung; wir suchen eine halbwegs anständige Unterkunft; das Essen war ganz a.; a. leben können *(sein Auskommen haben).* **3.** (ugs.) ⟨verstärkend⟩ *beträchtlich; sehr:* eine anständige Tracht Prügel; wir mußten a. draufzahlen; ich habe mich a. gestoßen; es regnet ganz a. *(ziemlich stark).*

anstandslos ⟨Adverb⟩: *ohne Umstände, ohne Einwände, ohne weiteres:* eine Summe a. zahlen; er hat die Ware a. zurückgenommen.

anstarren ⟨jmdn., etwas a.⟩: *den Blick starr auf jmdn., auf etwas richten:* einen Menschen entsetzt, ungläubig, fassungslos, schweigend, aus großen Augen, wie einen Geist a.; sie starrten sich/(geh.:) einander feindselig an; die Augen des Toten schienen mich anzustarren.

anstatt: 1. ⟨Präp. mit Gen.⟩ *an Stelle:* er nahm mich a. seines Bruders mit. **2.** ⟨Konj.⟩ *statt, und nicht:* er schoß in die Luft a. auf den Flüchtenden; a. zu grüßen, blickte er weg; er trieb sich herum, a. zu arbeiten/(veraltend:) a. daß er arbeitete.

anstechen: 1. ⟨jmdn., etwas a.; gewöhnlich im 2. Part.⟩ *durch einen Stich verletzen, beschädigen:* die Jugendlichen stachen die Autoreifen an; er brüllt wie ein angestochenes Schwein (derb; *sehr laut*); er rennt herum wie angestochen (ugs.; *wild, wütend*); die Birnen sind alle angestochen *(madig).* **2.** ⟨[etwas] a.⟩ *anzapfen:* ein Faß Bier a.; wir haben eben frisch angestochen.

anstecken: 1. ⟨etwas a.⟩ *etwas an etwas stecken:* ein Abzeichen, eine Brosche [an das Kleid] a.; ⟨jmdm., sich etwas a.⟩ er steckte seiner Braut den Ring an *(an den Finger).* **2.** ⟨etwas a.⟩ *anzünden:* das Licht, das Gas, die Kerzen, die Laternen a.; eine Scheune a. *(in Brand stecken);* ⟨jmdm., sich etwas a.⟩ er steckte sich eine Zigarette an; Unbekannte haben ihm das Haus angesteckt. **3.a)** ⟨jmdn., sich a.⟩ *eine Krankheit auf jmdn. übertragen, sich selbst zuziehen:* er hat ihn [mit seiner Grippe] angesteckt; ich habe mich bei ihm, im Betrieb angesteckt; übertr.: jmdn. mit seiner Angst, mit seinem Lachen a.; sein Fanatismus steckte alle an. **b)** ⟨etwas steckt an⟩ *eine Krankheit überträgt sich:* diese Krankheit ist nicht ansteckend; übertr.: Gähnen, Lachen steckt an.

anstehen: 1. *warten, bis man an die Reihe kommt:* stundenlang, in einer langen Schlange, auf dem Arbeitsamt a.; wir haben nach Eintrittskarten angestanden. **2.** (geh.) ⟨etwas steht an⟩ *etwas wartet auf Erledigung:* viel Arbeit steht an; es steht noch an *(es bleibt noch zu tun übrig)*, glaubhaft zu machen, daß ...; er läßt die Angelegenheit a. *(schiebt sie hinaus).* **3.** (Rechtsspr.) ⟨etwas steht an⟩ *etwas ist festgesetzt:* ein Termin steht noch nicht an; die Verhandlung steht auf Mittwoch an. **4.** (geh.) ⟨etwas steht jmdm., einer Sache an; gewöhnlich mit Artangabe⟩ *etwas ziemt sich für jmdn., paßt zu etwas:* die Begeisterung steht ihm gut an; es steht mir nicht an *(es kommt mir nicht zu)*, darüber zu richten. **5.** (Bergmannsspr.) ⟨etwas steht an⟩ *etwas tritt an der Erdoberfläche hervor:* Kohle steht an. * (geh.:) **nicht anstehen, etwas zu tun** *(etwas ohne weiteres tun):* er stand nicht an zu behaupten, daß ...

ansteigen: 1. ⟨etwas steigt an⟩ *etwas führt auf-*

wärts: der Weg steigt sanft, allmählich an; das Gelände, der Berg stieg steil an. **2.** ⟨etwas steigt an⟩ *etwas steigt höher [und nimmt zu]:* das Wasser steigt an; die Temperaturen sind angestiegen; übertr.: *etwas nimmt zu, wächst:* die Preise steigen an; die Zahl der Teilnehmer stieg auf das Achtfache an.

anstelle: → Stelle.

anstellen: **1.** ⟨etwas a.⟩ *etwas an etwas anstellen:* eine Leiter an den/(seltener:) am Baum a. **2.** ⟨etwas a.⟩ **a)** *einschalten:* das Radio, den Fernsehapparat, das Bügeleisen, den Motor a.; er stellte die Nachrichten an. **b)** *die Zufuhr von etwas ermöglichen:* das Gas, das Wasser a. **c)** *aufdrehen:* den Haupthahn, die Dusche a.; er hatte die Heizung nicht angestellt. **3.** ⟨jmdn. a.⟩ **a)** *einstellen:* jmdn. aushilfsweise, fest, als Verkäufer a.; wir mußten Aushilfskräfte a.; bei der Behörde, im Ministerium angestellt sein. **b)** (ugs.) *mit einer Arbeit beauftragen, beschäftigen:* sie wollte mich zum Kartoffelschälen a.; der sucht immer Leute, die er a. kann. **4. a)** ⟨etwas a.; in Verbindung mit bestimmten Substantiven⟩ *vornehmen* /häufig verblaßt/: mit jmdm. ein Verhör a. *(jmdn. verhören);* Experimente a. *(experimentieren);* Beobachtungen a. *(etwas beobachten);* Nachforschungen a. *(nachforschen);* über etwas Vergleiche a. *(etwas vergleichen);* Berechnungen a. *(etwas berechnen);* Überlegungen a. *(etwas überlegen).* **b)** (ugs.) ⟨etwas a.⟩ *tun, machen:* ich habe alles nur Erdenkliche angestellt, um das Geld zurückzubekommen; der Arzt hat mit ihm alles mögliche angestellt; Unfug, Unsinn, etwas Schlimmes a.; was haben die Kinder nun schon wieder angestellt? *(angerichtet).* **c)** (ugs.) ⟨etwas a.; mit Artangabe⟩ *etwas in einer bestimmten Weise anfangen:* ich weiß nicht, wie ich es a. soll; er hat die Sache schlau, geschickt, dumm angestellt. **5.** ⟨sich a.⟩ *sich anreihen, um bedient oder abgefertigt zu werden:* sich an der Kasse a.; Sie müssen sich hinten a.; er hatte sich nach Karten angestellt. **6.** (ugs.) ⟨sich a.; mit Artangabe⟩ *sich in einer bestimmten Weise verhalten:* sich ungeschickt, dumm a.; er stellt sich so an *(tut so),* als ob er so etwas noch nie gesehen hätte; stell dich nicht so an! *(zier dich nicht so!).*

Anstellung, die: **1.** *Einstellung:* zur Zeit erfolgt keine A. **2.** *Stellung:* eine A. bei einer Behörde, in einer Firma suchen, finden, erhalten; er hat keine feste A.

anstiften: **1.** ⟨etwas a.⟩ *etwas Unheilvolles ins Werk setzen:* ein Unheil, Unfug, Verschwörungen a. **2.** ⟨jmdn. zu etwas a.⟩ *zu etwas Bösem verleiten:* zum Verrat, zum Mord a.; er hat mich angestiftet, das Lager in Brand zu stecken.

anstimmen ⟨etwas a.⟩: **1.** *zu singen, zu spielen beginnen:* ein Lied a.; die Kapelle stimmte die Nationalhymne an. **2.** *in etwas ausbrechen:* ein Gelächter, Geschrei a. * (ugs.:) **immer wieder das alte Lied anstimmen** *(immer wieder dasselbe erzählen)* · (ugs.:) **ein Loblied auf jmdn., auf etwas anstimmen** *(loben, preisen)* · (ugs.:) **ein Klagelied über jmdn., über etwas anstimmen** *(sich in Klagen über jmdn., über etwas ergehen).*

Anstoß, der: **1.** (Sport) *erstes, spieleröffnendes Spielen des Balles:* der A. erfolgt um 15 Uhr; die deutsche Mannschaft hat A.; der A. ist bereits ausgeführt. **2.** *auslösende Wirkung, Impuls:* der erste A. zu dieser Aktion ging von ihm aus; dieses Ereignis gab den A. zur Revolution; es bedurfte eines neuen Anstoßes. * (geh.:) **Anstoß erregen** *(Mißbilligung hervorrufen):* seine Rede hat A. erregt · **an etwas Anstoß nehmen** *(etwas mißbilligen):* er nahm an seinem Benehmen keinen A. · **Stein des Anstoßes** *(Ursache der Verärgerung):* Stein des Anstoßes ist dieser Satz.

anstoßen: **1. a)** ⟨jmdn., etwas a.⟩ *einen kleinen Stoß geben:* das Pendel einer Uhr, eine Kugel a. *(durch einen Stoß in Bewegung setzen);* jmdn. heimlich, verstohlen, mit dem Fuß [unter dem Tisch] a. *(durch einen Stoß auf etwas aufmerksam machen);* er hat mich beim Schreiben angestoßen *(mir versehentlich einen Stoß gegeben).* **2.** (Sport) *den Anstoß ausführen:* die deutsche Mannschaft stößt an, hat bereits angestoßen. **3. a)** *an etwas stoßen, prallen:* mit dem Tablett a.; das Kind ist mit dem Kopf [an die Wand] angestoßen. **b)** *lispeln:* er stößt leicht an; das Kind stößt beim Sprechen mit der Zunge an. **4.** *die Gläser aneinanderstoßen:* sie stießen an und ließen das Paar hochleben; auf jmds. Wohl, Gesundheit a. **5.** ⟨mit Umstandsangabe⟩ *jmds. Unwillen hervorrufen:* beim Chef a.; er ist mit seiner Bemerkung angestoßen. **6.** (selten) *angrenzen:* unser Grundstück stößt unmittelbar [an den Wald] an; die anstoßenden Räume.

anstößig: *Anstoß erregend:* anstößige Witze; eine Filmszene a. finden; er benahm sich a.

anstrahlen: **1.** ⟨jmdn., etwas a.⟩ *Licht[strahlen] auf jmdn., auf etwas fallen lassen:* eine Häuserfront, einen Springbrunnen mit Scheinwerfern a.; von der Sonne angestrahlte Berggipfel. **2.** ⟨jmdn. a.⟩ *strahlend anblicken:* sie strahlte ihren Mann dankbar an; ihre Augen strahlten ihn an.

anstreben (geh.) ⟨etwas a.⟩: *zu erreichen suchen:* eine neue soziale Ordnung, die Wiedervereinigung a.; sie strebte ihre Versetzung in eine andere Abteilung an.

anstreichen: **1.** ⟨etwas a.⟩ *Farbe auf etwas streichen:* ein Haus weiß a.; ich habe das Spielzeug [mit Farbe] angestrichen. **2.** ⟨etwas a.⟩ *mit einem Strich hervorheben, kennzeichnen:* einen Fehler [rot] a.; er hat einen Satz, eine Stelle mit Bleistift angestrichen; ⟨sich (Dativ) etwas a.⟩ ich habe mir einige Buchtitel angestrichen *(angemerkt).* **3.** (ugs.; landsch.) ⟨jmdm. etwas a.⟩ *heimzahlen:* das werde ich dir schon a. **4.** (landsch.) ⟨etwas a.⟩ *ein Streichholz anzünden:* er strich ein neues Zündholz an.

[1]anstrengen: **1. a)** ⟨sich a.⟩ *seine körperlichen oder geistigen Kräfte zu besonderer Leistung steigern:* sich sehr, bis zur Erschöpfung, nicht sonderlich a.; du mußt dich in der Schule mehr a.; streng dich mal [ruhig] etwas an *(gib dir mal etwas Mühe);* unsere Gastgeber haben sich sehr angestrengt *(haben sich viel Mühe und Kosten gemacht);* angestrengt nachdenken, arbeiten. **b)** ⟨etwas a.⟩ *zu einer besonderen Leistung steigern:* seinen Geist, sein Gedächtnis, seine Kräfte, sein Gehör, seine Augen a.; streng mal deinen Verstand ein bißchen an! *(überleg mal ein bißchen!).* **2.** ⟨jmdn., etwas a.⟩ *stark beanspruchen, strapazieren:* das Licht strengt die Augen an; das Sprechen strengte den Patienten noch an; ein anstrengender Beruf; die Fahrt war sehr anstrengend.

[2]anstrengen (Rechtsspr.) ⟨in der Verbindung⟩ einen Prozeß, eine Klage anstrengen: *einen Prozeß einleiten:* er will wegen des Schadens einen Prozeß gegen ihn a.

Anstrengung, die: **1.** *das Anstrengen:* alle Anstrengungen waren vergeblich; seine Anstrengungen verdoppeln, vervielfachen; mit letzter, äußerster, übermenschlicher A. etwas erreichen; er ließ in seinen Anstrengungen nach; trotz aller Anstrengungen schaffte er es nicht; eine Aufgabe nur unter großen Anstrengungen bewältigen. **2.** *starke Beanspruchung, Strapaze:* unser Ausflug war eine einzige A.; sich von den Anstrengungen erholen. * **Anstrengungen machen**/(geh.:) **unternehmen** *(sich anstrengen):* sie machten gemeinsame, verzweifelte, verstärkte Anstrengungen, um das Feuer unter Kontrolle zu bringen.

Anstrich, der: **1.a)** *das Anstreichen:* ein neuer A.; das Boot bekommt einen hellen A. *(wird hell angestrichen).* **b)** *aufgetragene Farbe:* der A. dieses Hauses gefällt mir. **2.** *Aussehen, Note:* sich einen gelehrten, vornehmen A. geben; das verleiht der Sache einen persönlichen A.

Ansturm, der: *das Heranstürmen; stürmisches Andrängen:* den A. des Feindes auffangen; dem feindlichen A. standhalten; er konnte sich des Ansturms der Autogrammsammler kaum erwehren.

antasten: 1. (selten) ⟨jmdn., etwas a.⟩ *anfühlen; anrühren:* einen ausgestellten Gegenstand a. **2.** ⟨etwas a.; gewöhnlich verneint⟩ *verletzen, beeinträchtigen:* jmds. Ehre, Würde, guten Namen [nicht] a.; der Staat darf die Freiheit des Individuums nicht a.

Anteil, der: **1.** *Teil, der jmdm. gehört oder zukommt:* der prozentuale A. beträgt ...; den A. der Arbeiter am Sozialprodukt erhöhen; seinen A. an der Beute fordern; er hat auf seinen A. verzichtet; ich lasse mir meinen A. am Gewinn auszahlen. **2.** (selten) *[innere] Teilnahme, Beteiligung:* ohne inneren A.; er war voller A. *(Interesse)* für alles, was um ihn geschah. * **Anteil an etwas haben** *(an etwas beteiligt sein):* er hat an diesem Erfolg tätigen A., keinen A. · **Anteil an etwas nehmen: a)** *(sich an etwas beteiligen):* er nahm an dem Gespräch keinen A. mehr. **b)** *(sich für etwas interessieren):* auch im hohen Alter hat er noch lebhaften A. an der Politik genommen · **Anteil an jmdm., an etwas nehmen /zeigen/** (geh.:) **bekunden** *(Anteilnahme zeigen):* ich nehme [aufrichtigen, großen, herzlichen, innigen] A. an Ihrem schweren Verlust.

Anteilnahme, die: **1.** *Beteiligung:* die Beisetzung fand unter starker A. der Bevölkerung statt. **2.** *innere Beteiligung, Mitgefühl:* er zeigte aufrichtige, innige, starke A. an ihrem Unglück; jmdm. seine A. *(sein Beileid)* aussprechen; sie verfolgten das Geschehen mit lebhafter A.; er war voller A.

Antlitz, das (dichter.): *Gesicht:* ein edles A.; das A. der leidenden Menschen; sie verbarg, verhüllte, wandte ihr A. ab.

Antrag, der: **1.a)** *Forderung, Bitte einer Privatperson an eine Behörde; Gesuch:* ein formloser, schriftlicher A.; einen A. auf (nicht: um oder nach) Fahrpreisermäßigung stellen; einen A. einreichen, billigen, ablehnen; dem A. wurde nicht stattgegeben (Papierdt.). **b)** *Antragsformular:* ich muß mir einen A. besorgen; Anträge gibt es am Schalter 4. **2.** *zur Abstimmung eingereichter Entwurf, Vorschlag:* der A. geht durch; einen A. einbringen, zurückziehen, unterstützen, fallenlassen, zum Beschluß erheben; auf A. des Senats ...; für, gegen einen A. stimmen; über einen A. abstimmen. **3.a)** (geh.; veraltend) *Angebot:* er machte den A., in der Angelegenheit zu vermitteln. **b)** *Heiratsangebot:* sein A. ehrte sie; einem Mädchen einen A. machen; sie hat viele Anträge bekommen, abgelehnt; sie nahm seinen A. an.

antragen (geh.) ⟨jmdm. etwas a.⟩: *anbieten:* jmdm. ein Amt, den Vorsitz a.; er hat mir seine Dienste, seine Hilfe, das Du angetragen.

antreffen ⟨jmdn., etwas a.⟩: *vorfinden:* jmdn. nicht an seinem Arbeitsplatz, zu Hause, in seinem Zimmer, bei Bekannten a.; ich habe meinen Freund ganz verändert angetroffen; das war die Situation, die ich antraf.

antreiben: 1.a) ⟨ein Tier a.⟩ *vorwärtstreiben:* die Pferde [mit der Peitsche] a. **b)** ⟨jmdn. a.⟩ *anstacheln, zu höherer Leistung zwingen:* die Posten treiben die Kriegsgefangenen [bei der Arbeit] an; er hat uns zu immer größerer Eile angetrieben. **c)** ⟨etwas treibt jmdn. an⟩ *etwas bringt, beflügelt jmdn. zu etwas:* die Neugier trieb ihn an, den Raum zu betreten. **2.** ⟨etwas a.⟩ *in Bewegung setzen und halten:* das Wasser treibt die Turbine an; die Drehbank wird elektrisch, durch einen Motor angetrieben. **3.a)** ⟨etwas treibt jmdn., etwas an⟩ *etwas schwemmt etwas an:* die Wellen treiben die Quallen [ans/am Ufer] an; der Sturm hat die toten Seeleute angetrieben. **b)** *angeschwemmt werden:* Eisschollen treiben ans Ufer an; eine Leiche ist angetrieben.

antreten: 1. ⟨etwas a.⟩ *festtreten:* die Erde, den Sand a. **2.** ⟨etwas a.⟩ *durch Treten auf den Starthebel in Gang bringen:* das Motorrad a.; er hat die Maschine angetreten. **3.** (Sport) *zu spurten beginnen:* rasch, plötzlich, kraftvoll a.; der Europameister trat an und fuhr dem Feld davon. **4.a)** *sich in einer Formation aufstellen:* der Größe nach, in einer Reihe, zum Appell a.; die Rekruten a. lassen; die Mannschaften stehen zum sportlichen Wettkampf angetreten. **b)** (Sport) *sich zum Wettkampf stellen:* die Sportler aus Südafrika treten nicht an; die deutsche Fußballmannschaft muß gegen die englische a. **c)** *sich zu einer Arbeit einfinden:* wann tritt der Neue an?; zur Schicht a.; wir sind pünktlich zum Dienst angetreten. **5.** ⟨etwas a.⟩ *sich zu etwas anschicken, beginnen:* eine Reise, einen Flug, die Rückfahrt, den Heimweg, den Urlaub a.; er hat sein fünfzigstes Lebensjahr angetreten (geh.); die Regierung, jmds. Nachfolge a. *(auszuüben beginnen);* er hat sein Erbe, sein Vermächtnis angetreten *(übernommen);* eine Strafe a. *(abzubüßen beginnen);* einen Dienst, eine Stellung, seine Lehrzeit a. *(aufnehmen);* er will das Amt nicht a. *(nicht übernehmen).* **6.** (Sprachw.) ⟨etwas tritt an etwas an⟩ *etwas tritt zu etwas hinzu:* die Endung tritt an den Stamm an. **7.** (veraltet) ⟨jmdn. a.⟩ *sich jmdm. nähern:* der Tod trat ihn unvermutet an. * (nachdrücklich:) **den Beweis antreten** *(den Beweis für etwas erbringen)* · (verhüll.:) **seine letzte Reise antreten** *(sterben).*

Antrieb, der: **1.** *Kraftquelle, Triebkraft:* diese Maschine hat elektrischen A.; den A. (durch Riemen) übertragen; den A. *(Antriebsmotor)* drosseln, hemmen. **2.** *Anlaß, Impuls:* dazu fehlt jeder A. *(Beweggrund);* ich fühle nicht den geringsten A., mich zu rechtfertigen; das wird den Verhandlungen neuen A. geben; aus eigenem A. *(von sich aus, ohne fremden Zwang)* handeln, etwas tun.

antrinken: 1. ⟨gewöhnlich im 2. Part.⟩ *nicht austrinken:* angetrunkene Bierflaschen, Gläser. **2.** ⟨sich (Dativ) etwas a.⟩ *sich durch Trinken verschaffen:* sich einen Rausch a.; er hat sich Mut angetrunken; adj. Part.: *leicht betrunken:* in angetrunkenem Zustand; der Fahrer war angetrunken. * (ugs.:) **sich** (Dativ) **einen antrinken** *(trinken, bis man einen Rausch hat).*

antun /vgl. angetan/: **1.** ⟨jmdm., sich etwas a.⟩ **a)** *erweisen:* einem Menschen Gutes, eine Wohltat a.; ich möchte mir auch etwas Gutes a. *(mir etwas gönnen);* sie taten ihm die Ehre an und salutierten; tu mir die Liebe an (fam.; *sei so lieb*), und komm nicht so spät nach Hause! **b)** *zufügen:* einem Menschen Böses, Schande, Unrecht, ein Leid a.; du wirst mir das doch nicht a. wollen; ich mußte mir Zwang a. *(mich zwingen)*, um nicht aufzuschreien. **2.** ⟨es jmdm. a.⟩ *jmdn. anziehen, in seinen Bann zwingen, bezaubern:* seine Sprache, sein Klavierspiel tut es ihr an; sie hat es ihm mit ihrer schönen Figur angetan. **3.a)** (ugs.; landsch.) ⟨etwas a.⟩ *anziehen:* sie hatte einen seidenen Hausanzug angetan; ⟨jmdm., sich etwas a.⟩ ich tu mir noch schnell die Jacke an. **b)** (geh.) ⟨jmdn., sich a.; mit Artangabe⟩ *in bestimmter Weise kleiden:* sie hatte sich festlich, mit einem neuen Kleid angetan. * (geh.; verhüll.:) **einem Mädchen Gewalt antun** *(ein Mädchen vergewaltigen):* die beiden Burschen hatten dem Mädchen Gewalt angetan · **sich** (Dativ) **keinen Zwang antun** *(sich ungeniert geben, sich nicht zurückhalten):* tu dir keinen Zwang an! · (fam.:) **sich** (Dativ) **etwas antun,** (geh.:) **sich** (Dativ) **ein Leid antun** *(Selbstmord begehen).*

Antwort, die: *Erwiderung, Entgegnung:* eine höfliche, scharfe, bissige, freche, witzige, schlagfertige, kurze, falsche, dumme, kluge, ausweichende, ablehnende A.; diese A. genügt mir nicht, befriedigt mich nicht; die A. blieb aus; die A. lautet folgendermaßen; es sind viele Antworten eingegangen; Sprichw.: keine A. ist auch eine A. · wie die Frage, so die A.; jmdm. keine A. geben; er erteilte ihm die richtige A.; eine A. fordern, erwarten, von jmdm. bekommen, erhalten; die passende A. finden; auf alles eine A. wissen, haben; die A. auf eine Frage schuldig bleiben, verweigern; seine A. bei sich behalten; sich (Dativ) eine A. überlegen, zurechtlegen; es bedarf keiner A.; mein Brief wurde keiner A. gewürdigt (geh.); auf A. warten; sich mit einer A. begnügen; nach einer A. suchen; er ist um eine A. nie verlegen. * **jmdm. Rede und Antwort stehen** *(alle Fragen beantwortend sich rechtfertigen)* · **[jmdm.] keine Antwort schuldig bleiben** *(nicht um eine Antwort verlegen sein, sich seiner Haut zu wehren wissen).*

antworten: *erwidern, auf eine Frage Auskunft erteilen:* auf eine Anfrage umgehend, unverzüglich, schriftlich, zustimmend, ablehnend, nicht a.; der Wahrheit gemäß, mit ja oder nein a.; ich kann darauf nicht a.; ⟨jmdm. a.⟩ er hat ihm freundlich, bereitwillig, unbefangen, verlegen, barsch geantwortet; antworte mir auf meine Frage!; ⟨etwas a.⟩ was hat er auf deine Frage geantwortet?; sie antwortete etwas Unverständliches; übertr.: sie antwortete darauf mit einem vielsagenden Blick.

anvertrauen: 1. ⟨jmdm., einer Sache jmdn., sich, etwas a.⟩ *vertrauensvoll übergeben, überlassen:* einer Persönlichkeit die Leitung des Unternehmens a.; ich habe ihm meine ganze Barschaft anvertraut; sein Leben, sein Schicksal Gott a.; wir haben uns seiner Führung anvertraut; bildl.: sie vertrauten seine sterbliche Hülle der Erde an (geh.; *setzten ihn bei*). **2.a)** ⟨jmdm. etwas a.⟩ *vertrauensvoll mitteilen:* jmdm. ein Geheimnis, seine Pläne [unter dem Siegel der Verschwiegenheit] a.; ich vertraue dir meine Entdeckung an/(selten:) ich anvertraue dir meine Entdeckung. **b)** ⟨sich jmdm. a.⟩ *sich vertrauensvoll offenbaren:* sich seinen Eltern a.; er hat sich dem Pfarrer anvertraut.

anwachsen ⟨etwas wächst an⟩: **1.a)** *etwas wächst fest:* das angenähte Ohrläppchen ist wieder angewachsen. **b)** *etwas schlägt Wurzeln:* die verpflanzten Bäume sind gut angewachsen. **2.** *etwas nimmt stetig zu:* die Bevölkerung, der Verkehr wächst an; seine Schulden wuchsen unaufhörlich an.

Anwalt, der: **1.** *Rechtsanwalt:* zwei bekannte Anwälte; sich als A. niederlassen; ich habe mir einen A. genommen; er hat sich bei der Verhandlung von seinem A., durch seinen A. vertreten lassen. **2.** *Verfechter, Fürsprecher:* ein glühender A. sozialer Reformen; als A. einer guten Sache auftreten; er machte sich zum A. der Armen.

anwandeln (geh.) ⟨etwas wandelt jmdn. an⟩: *etwas erfaßt, befällt jmdn.:* Ekel, Langeweile, eine Laune wandelte ihn an; ein Gefühl der Entmutigung hatte sie angewandelt.

Anwandlung, die: *plötzlich auftretendes Gefühl, rasch verfliegende Stimmung:* eine sentimentale A.; eine A. von Furcht, Heimweh überkam ihn; ihn befiel eine A. von Reue; sonderbare Anwandlungen haben *(sich merkwürdig benehmen);* einer plötzlichen A. folgend ...

Anwärter, der: *jmd., der ein Anrecht auf etwas, eine berechtigte Erwartung hat:* A. auf einen Posten sein; er ist der sicherste A. auf eine olympische Medaille.

anwehen: 1. (geh.) ⟨etwas weht jmdn. an⟩ *etwas weht gegen jmdn.:* ein kühler Hauch wehte ihn an; bildl.: eine Todesahnung wehte sie an. **2.a)** ⟨etwas weht etwas an⟩ *etwas weht etwas auftürmend zusammen:* der Wind weht den Sand, viel Schnee an. **b)** ⟨etwas weht an⟩ *etwas wird heran-, zusammengeweht:* Sand weht an.

anweisen /vgl. angewiesen/: **1.** ⟨jmdm. etwas a.⟩ *zuweisen, zeigen und überlassen:* jmdm. einen Platz, sein Quartier a.; er wies mir eine Arbeit an. **2.** ⟨jmdn. a.; mit Infinitiv mit *zu*⟩ *beauftragen, befehlen:* ich habe ihn angewiesen, die Sache sofort zu erledigen; er ist angewiesen, uns sofort zu verständigen. **3.** (geh.) ⟨jmdn. a.⟩ *anleiten:* den Lehrling bei der Arbeit, den Schüler im Unterricht a.; er weist den Neuen an. **4.** ⟨etwas a.⟩ **a)** *überweisen:*

weisen Sie das Geld bitte durch die Post an; ich habe ihm die gewünschte Summe angewiesen. **b)** *die Auszahlung von etwas veranlassen:* das Gehalt, ein Honorar a.

Anweisung, die: **1.** *Zuweisung:* auf die A. eines Bettes in der Klinik warten. **2.** *Anordnung, Befehl:* eine strenge A.; die letzten, nötigen Anweisungen geben, erteilen; eine A. genau befolgen; sie haben A., uns gut zu behandeln; auf A. des Ministeriums ...; ich bitte um A., wie ich mich verhalten soll. **3.** *Anleitung:* eine A. ist dem Gerät beigefügt; die ausführliche A. lesen, studieren. **4. a)** *Überweisung:* um A. des Geldes auf das Bankkonto bitten. **b)** *Anordnung zur Auszahlung:* die A. des Honorars, des Gehalts erfolgt fünf Tage vor Monatsende. **c)** (Bank) *Anweisungsauftrag:* eine A. auf 3 000 Mark ausstellen, ausschreiben.

anwenden: 1. ⟨etwas a.⟩ *für einen Zweck nutzbar machen; gebrauchen:* eine Technik richtig, falsch, verkehrt, geschickt a.; eine Therapie, ein [Heil]mittel, ein vereinfachtes Verfahren a.; die Polizei mußte Gewalt a.; sie wendeten/wandten eine List an; wir haben viel Fleiß, Mühe angewendet/angewandt; adj. Part.: *praktisch verwertet:* angewandte Mathematik, Chemie. **2.** ⟨etwas auf jmdn., auf etwas a.⟩ *in Beziehung setzen, übertragen:* ein Zitat auf einen Menschen a.; einen Paragraphen auf einen Fall a.; wir haben diese Prinzipien auf die Wirtschaft angewendet/angewandt.

Anwendung, die: **1.** *Gebrauch, Verwendung:* bei richtiger A. dieses Verfahrens ...; auf die A. von Gewalt verzichten. **2.** *das In-Beziehung-Setzen, Übertragung:* die A. dieser Bestimmung auf Ausländer ist nicht möglich. * (Papierdt.:) **etwas in/zur Anwendung bringen** *(anwenden)* · (Papierdt.:) **etwas kommt, gelangt zur Anwendung/etwas findet, erfährt Anwendung** *(etwas wird angewendet).*

anwesend: *sich aus einem gegebenen Anlaß an einem bestimmten Ort befindend:* alle anwesenden Personen; persönlich, selbst a. sein; der Chef ist nicht a.; subst.: verehrte Anwesende! /*Begrüßungsanrede*/; alle Anwesenden erhoben sich von den Plätzen; Anwesende ausgeschlossen (ugs.; *die Anwesenden sind nicht gemeint*).

Anwesenheit, die: **1.** *das Zugegensein:* jmds. A. vermissen; jmdn. mit seiner A. erfreuen, beglücken, beehren; bei, während meiner A. in Berlin; in A. sämtlicher Mitglieder. **2.** *Vorhandensein:* die A. von Silber und Blei feststellen.

anwidern (abwertend) ⟨jmdn. a.⟩: *zuwider sein, jmds. Ekel erregen:* dieser Mensch, sein Anblick widert mich an; er fühlte sich von dem Treiben angewidert.

Anzahl, die: **a)** *gewisse Zahl, gewisse Menge:* eine beträchtliche, große, unbedeutende A.; eine A. kostbare Gegenstände/kostbarer Gegenstände; eine A. neugierige Menschen/neugieriger Menschen; eine A. Schrauben lag/(seltener:) lagen im Kasten. **b)** *[Gesamt]zahl:* die A. der Teilnehmer abschätzen; die A. der versäumten Tage eintragen.

anzahlen ⟨etwas a.⟩: **a)** *als ersten Teilbetrag zahlen:* die Hälfte, 100 Mark a.; wieviel hat der Kunde angezahlt? **b)** *den ersten Teilbetrag für etwas zahlen:* die Waschmaschine, den Kühlschrank a.

Anzahlung, die: *Zahlung des ersten Teilbetrages:* eine A. leisten; etwas gegen eine kleine A., ohne A. kaufen, bekommen.

anzapfen: a) ⟨etwas a.⟩ *eine Flüssigkeit [zapfend] entnehmen:* ein Faß a.; Bäume zur Harzgewinnung a.; ⟨auch ohne Akk.⟩ der Wirt hat frisch angezapft *(angestochen).* **b)** ⟨etwas a.⟩ *heimlich abhören:* eine Leitung, einen Draht a. **c)** (ugs.) ⟨jmdn. a.⟩ *von jmdm. Geld leihen:* mein Nachbar wollte mich wieder a.; er hat mich [um 50 Mark] angezapft.

Anzeichen, das: **a)** *Vorzeichen:* A. eines nahenden Gewitters, eines drohenden Krieges; es gibt keine Anzeichen für eine Krise; bei den ersten Anzeichen *(Symptomen)* zum Arzt gehen; wenn nicht alle Anzeichen täuschen, trügen, so wird bald eine Besserung eintreten. **b)** *Zeichen:* A. von Reue erkennen lassen; bei dem geringsten A. des Widerstands müssen die Ausgänge besetzt werden.

Anzeige, die: **1.** *Meldung an eine Behörde:* eine anonyme A.; bei der Staatsanwaltschaft ist eine A. eingegangen; eine A. verfolgen, niederschlagen; A. [wegen einer Sache] machen *(jmdn. anzeigen);* wir haben gegen ihn bei der Polizei A. erstattet *(ihn angezeigt);* er drohte mir mit einer A. **2. a)** *gedruckte Bekanntgabe eines familiären Ereignisses:* jmdm. eine A. schicken; wir haben die A. ihrer Vermählung erhalten. **b)** *Inserat, Annonce:* eine A. aufgeben, in die Zeitung setzen lassen; es hat sich niemand auf die A. gemeldet. **3. a)** *ablesbarer Stand:* die A. eines Meßinstruments; auf die A. der Ergebnisse warten. **b)** *Anlage, die einen Stand anzeigt:* die elektrische A. funktioniert nicht, ist ausgefallen; die Zeiten des Endlaufs erscheinen auf der A. * (Papierdt.:) **jmdn., etwas zur Anzeige bringen** *(jmdn., etwas anzeigen).*

anzeigen /vgl. angezeigt/: **1.** ⟨etwas zeigt etwas an⟩ *etwas zeigt etwas, gibt den Stand von etwas an:* die Uhr zeigt fünf Minuten nach neun an; das Barometer zeigte schönes Wetter an. **2.** ⟨jmdn., etwas a.⟩ *einer Behörde melden, Strafanzeige erstatten:* einen rücksichtslosen Autofahrer a.; sie haben den Diebstahl bei der Polizei angezeigt. **3. a)** ⟨etwas a.⟩ *durch Anzeige bekanntgeben:* seine Verlobung, die Geburt eines Kindes a.; der Verlag hat die neuen Bücher angezeigt. **b)** ⟨etwas a.⟩ *mitteilen, ankündigen:* die Sprengung durch ein Signal a.; ⟨jmdm. etwas a.⟩ der Trainer zeigt der Mannschaft an, daß noch zehn Minuten zu spielen sind; er hat uns seinen Besuch angezeigt (geh.; *wissen lassen*).

anzetteln (abwertend) ⟨etwas a.⟩: *etwas Böses vorbereiten und ins Werk setzen:* eine Schlägerei, eine Verschwörung, einen Putsch a.

anziehen: 1. a) ⟨etwas a.⟩ *an sich ziehen:* ein Bein, die Knie a.; mit fest angezogenem Kinn; der Magnetstab zieht Eisenspäne an; Metall zieht den Blitz an; das Salz zieht die Feuchtigkeit an *(saugt sie in sich auf);* die Butter hat den Geruch von Seife angezogen *(angenommen);* ⟨auch ohne Akk.⟩ die Lebensmittel ziehen an *(nehmen den Geschmack, den Geruch von etwas an).* **b)** ⟨jmdn., etwas a.⟩ *in den Bann ziehen, anlocken:* er fühlte sich von dem Fremden angezogen; die Ausstellung, der Wettkampf hat viele Besucher angezogen; adj. Part.: *reiz-*

voll: ein anziehendes Äußeres; das Mädchen ist, wirkt sehr a. **2.** ⟨etwas a.⟩ **a)** *straffer spannen:* die Zügel a.; er zog zwei Saiten leicht an. **b)** *festziehen:* eine Schraube a.; ich habe vergessen, die Handbremse anzuziehen; bildl.: der Staat hat die Steuerschraube angezogen *(höhere Steuern erhoben)*. **3.** (landsch.) ⟨etwas a.⟩ *bis auf einen Spalt schließen:* die Tür a.; er hatte das Gartentor nur angezogen. **4. a)** *zu ziehen beginnen, sich in Bewegung setzen:* die Pferde ziehen an; der Zug zog an und verließ langsam die Station. **b)** (veraltend) *anrücken:* das feindliche Heer zog an. **5. a)** ⟨jmdn., sich a.⟩ *die Kleidung anlegen:* sich warm, ordentlich, sportlich, standesgemäß, nur notdürftig, sommerlich a.; die Mutter zog das Kind an; ich bin schon fertig angezogen; sauber, altmodisch, zu leicht angezogen sein *(gekleidet sein)*; eine elegant angezogene *(gekleidete)* Frau. **b)** ⟨etwas a.⟩ *über den Körper streifen, anlegen, umtun:* den Mantel, das Kleid, die Hosen, die Schuhe a.; die Mütze, den Hut a. (landsch.; *aufsetzen*); ich habe nichts anzuziehen; ⟨jmdm., sich etwas a.⟩ dem Kind frische Wäsche a. **6.** ⟨etwas zieht an⟩ *etwas steigt (im Preis):* die Preise, die Aktien ziehen an; Baumwolle hat angezogen. **7. a)** ⟨etwas zieht an; mit Artangabe⟩ *etwas beschleunigt in bestimmter Weise:* der Wagen zieht gut, schlecht an. **b)** (Sport) *das Tempo beschleunigen:* der Europameister zog gleich vom Start weg energisch an; ⟨etwas a.⟩ einen Spurt a. *(zu spurten beginnen)*. **8.** (veraltend) ⟨jmdn., etwas a.⟩ *zitieren:* einen Autor, eine Stelle a.; am angezogenen *(angegebenen)* Ort. * (ugs.:) **die Spendierhosen anziehen** *(freigebig sein)*.

Anzug, der: **1.** *aus Hose und Jacke bestehendes Kleidungsstück:* ein eleganter, schäbiger, flotter, sportlicher, zweireihiger, einfarbiger, karierter A.; der neue A. sitzt gut, steht mir gut; einen A. von der Stange *(einen Konfektionsanzug)* kaufen; ich habe mir einen A. bestellt, nach Maß anfertigen lassen; einen A. anprobieren, ändern lassen; den besten A. anziehen, tragen; er hat, besitzt mehrere Anzüge; er kam im dunklen A. **2.** *Beschleunigungsvermögen:* der Sportwagen hat einen kraftvollen A.; das Auto ist schlecht im A. **3.** (schweiz.) *Antrag im Parlament.* * (ugs.:) **jmdn. aus dem Anzug stoßen/boxen** *(jmdn. ohne größere Anstrengung verprügeln)* · (ugs.:) **das haut den stärksten Mann aus dem Anzug** *(das ist ja unglaublich!)* · (ugs.:) **aus dem Anzug fallen** *(so abgemagert sein, daß man seine Kleider nicht mehr ausfüllt)* · **im Anzug sein** *(sich nähern):* der Feind ist im A.; ein Gewitter war im A.; Gefahr ist im A. *(droht)*.

anzüglich: 1. *auf etwas Unangenehmes anspielend:* anzügliche Bemerkungen; werde nur nicht a.!; er lächelte a. **2.** *zweideutig, anstößig:* er erzählte anzügliche Witze, Geschichten.

anzünden ⟨etwas a.⟩: *zum Brennen bringen, in Brand setzen:* ein Streichholz, eine Kerze, das Gas a.; sie zündeten ein Feuer an; ⟨jmdm., sich etwas a.⟩ er zündete sich eine Zigarette an.

anzweifeln ⟨etwas a.⟩: *nicht recht glauben, in Frage stellen:* die Glaubwürdigkeit eines Zeugen a.; er hat die Echtheit des Bildes angezweifelt; die Beschlußfähigkeit des Landtages a.

apart: 1. *eigenartig und [angenehm] auffallend, reizvoll:* ein apartes Aussehen; das Kleid ist sehr a.; das Mädchen sieht a. aus. **2.** (veraltend) *einzeln, gesondert:* die Einbanddecken werden auch a. abgegeben.

Apfel, der: **a)** *Frucht des Apfelbaums:* ein grüner, [un]reifer, rotbäckiger, saurer, fleischiger, wurmstichiger, kandierter A.; dieser Apfel schmeckt gut; Äpfel pflücken, [vom Baum] schütteln; einen A. schälen, mit der Schale essen, in Stücke schneiden, reiben; Kochk.: A. im Schlafrock *(ein Gebäck)*; Myth.: der A. des Paris; bildl.: ihm ist der Erfolg wie ein reifer A. in den Schoß gefallen; Sprichw.: der Apfel fällt nicht weit vom Stamm/(ugs., scherzh.:) nicht weit vom Pferd *(jmd. ist in den negativen Anlagen den Eltern sehr ähnlich)*. **b)** *Apfelbaum:* die Äpfel blühen bereits. * (ugs.:) **für einen Apfel und ein Ei** *(viel zu billig):* ich habe das Fahrrad für einen A. und ein Ei gekauft · **in den sauren Apfel beißen** *(etwas Unangenehmes notgedrungen tun)*.

Apparat, der: **1. a)** *Gerät, das besonders geartete [schwierige] Tätigkeiten bewältigt:* ein komplizierter A.; Apparate bauen; der menschliche Verstand kann nicht durch Apparate ersetzt werden. **b)** *Telephon:* der A. klingelt, bleibt stumm; jmdn. am A. verlangen, an den A. holen; an den A. kommen, gehen; am A. sein; bleiben Sie bitte am A.! **c)** *Radio:* der A. spielt nicht mehr; den A. einschalten, andrehen, auf Zimmerlautstärke stellen. **d)** *Rasierapparat:* mein A. ist kaputt; den A. nach der Rasur säubern; eine neue Klinge in den A. einlegen. **e)** *Fotoapparat:* ein billiger A., mit dem man keine guten Bilder machen kann; er bringt seinen A. zum Betriebsausflug mit. **2. a)** *Menschen und Hilfsmittel, die für eine bestimmte größere Aufgabe benötigt werden:* den ganzen A. der Verwaltung, des Gerichts, der Diplomatie in Bewegung setzen; Wagners Opern erfordern einen umständlichen szenischen A. **b)** (bildungsspr.) *Hilfsmittel (Bücher) für wissenschaftliche Arbeit:* einen A. im Seminar aufbauen; der kritische A. *(Lesarten und Verbesserungen eines Textes)*. **3.** (ugs.) *etwas, was durch seine Größe oder Ausgefallenheit Staunen erregt:* Mensch, ist das ein A.!; diese Birnen sind ja tolle Apparate.

Appell, der: **1.** (militär.) *[Antreten zur] Befehlsausgabe, Überprüfung o. ä.:* einen A. ansetzen, abhalten; die Soldaten treten zum A. an. **2.** *[mahnender] Aufruf:* ein dringender, beschwörender A. zur Einheit; einen A. an die Öffentlichkeit richten; dieser A. darf nicht ungehört verhallen. * (Jägerspr.:) **der Hund hat Appell** *(der Hund gehorcht)*.

appellieren ⟨an jmdn., an etwas a.⟩: *sich mit einem Appell an jmdn. wenden:* an das Gewissen der ganzen Welt a.; er hat an mein Ehrgefühl, an meine Vernunft appelliert.

Appetit, der: *Eßlust:* der A. ist mir vergangen; der A. des Kranken ist schlecht; A. [auf etwas] bekommen, haben; ich habe einen guten, gesunden, kräftigen, unbändigen A.; den A. anregen, reizen, wecken, stillen, befriedigen; frische Luft macht, gibt A. [auf/(veraltend:) nach etwas]; den A. verlieren; die Gäste brachten einen gesegneten A. mit (ugs.); jmdm. den A. verderben; die Süßigkeiten haben mir den A. verlegt; sich eines gesunden Appetits erfreuen (geh.);

etwas mit A. essen; er aß ohne rechten A.; Redensart: der A. kommt beim Essen; übertr.: ich habe A. *(Verlangen)* nach Meeresluft. * **guten Appetit!** */Wunschformel beim Essen/.*

appetitlich: *den Appetit anregend, lecker:* appetitliche Bücklinge; das Essen ist sehr a.; a. zubereitet, verpackt; übertr.: *äußerlich ansprechend:* ein appetitliches Mädchen; sie sieht sehr a. aus; das Kind ißt nicht sehr a.

applaudieren: *Beifall klatschen:* lebhaft, begeistert a.; das Publikum applaudierte anstandshalber; ⟨jmdm., einer Sache a.⟩ man applaudierte ihm freundlich.

Applaus, der: *Beifall:* ein stürmischer, donnernder, frenetischer (bildungsspr.) A.; der A. setzt ein, bricht los, verebbt, verrauscht; A. bekommen, erhalten; es gab begeisterten A. für die Künstler.

April, der: *4. Monat im Jahr:* der unbeständige, wetterwendische, launische A.; veränderlich wie der A.; Anfang, Ende A.; im Laufe des Monats A., des April[s]. * **jmdn. in den April schikken** *(am 1. April zum besten halten).*

Äquivalent, das (bildungsspr.): *Gegenwert, Ausgleich:* das war ein ungenügendes, angemessenes, kein Ä. für seine große Mühe; ein Ä. finden, fordern; er bot ihm als Ä. dafür die Benutzung seiner Garage.

Ära, die: *Zeitabschnitt, Epoche, [Amts]zeit:* eine neue Ä. zieht herauf, bricht an; die Wilhelminische Ä. *(die Regierungszeit Kaiser Wilhelms II.);* die Ä. Adenauer ist vorbei; eine Ä. einleiten.

Arbeit, die: **1. a)** *Tätigkeit, einzelne Verrichtung, Ausführung eines Auftrages:* eine leichte, schwere, anstrengende, mühsame, interessante, niedere, grobe, zeitraubende, langweilige, undankbare, notwendige, unnötige A.; die Arbeiten ruhen, stocken, können beginnen; die A. am Staudamm geht voran, vorwärts; diese A. geht mir gut, leicht, schwer von der Hand; diese A. erfüllt ihn, gefällt ihm, sagt ihm zu, macht ihm Spaß, paßt ihm nicht, schmeckt (ugs.) ihm nicht; die A. fällt ihm schwer, wird ihm sauer; die A. wächst uns über den Kopf, kommt nicht vom Fleck, bleibt liegen; die A. läuft uns nicht davon (scherzh.; *wir brauchen uns nicht damit zu beeilen);* das ist keine A. für eine Frau; diese A. erfordert einen ganzen Mann; eine A. planen, anordnen, verteilen, vergeben, überwachen, beaufsichtigen, leiten, organisieren, übernehmen, fortführen, fortsetzen, ausführen, verrichten, erledigen, bewältigen, beenden, abschließen, ablehnen, abbrechen, unterbrechen, auf-, hinausschieben; sie scheut keine A.; er hat seine A. geschafft, liederlich gemacht; ich kann noch A. abgeben *(ich habe viel zu tun);* man muß sich (Dativ) die A. einteilen; das Gerät erleichtert mir sehr die A.; jmdm. eine A. geben, anvertrauen, übertragen, zuweisen, abnehmen; sich einer A. widmen; er geht der A. aus dem Wege *(arbeitet nicht gern);* die Früchte der A. genießen; zu Hause liegt noch ein ganzer Berg [mit] A.; an die A. gehen; er machte sich an die A.; Freude an der A. haben; jmdn. aus der A. herausreißen; bei einer A. sein; darf ich Ihnen bei der A. helfen?; sich in die A. stürzen; er vertieft sich in seine A., flüchtet sich in seine A.; mit einer A. beginnen, gut vorankommen, im Rückstand sein, fertig sein; ich bin mit A. überhäuft, eingedeckt; sich nicht nach einer A. drängen, reißen (ugs.); über einer A. sitzen, schwitzen (ugs.), von der A. aufblicken, ausruhen; ich bin von dieser A. freigestellt; sich vor A. nicht retten können; er drückt sich (ugs.) vor der A. **b)** *das Arbeiten, Schaffen, Beschäftigtsein mit etwas:* die körperliche, geistige A.; eine entsagungsvolle, harte, schöpferische A.; die demokratische A. der Parteien; die Maschinen ersetzen oft die menschliche A.; das Parlament hat gute A. geleistet; er hat viel A. *(muß viel arbeiten);* seine A. tun, machen *(so arbeiten, wie es sich gehört);* sich (Dativ) die A. leichtmachen; der hat die A. auch nicht erfunden (scherzh.; *der faulenzt gern);* die Arbeiter gingen wieder an die A.; er mußte mit der A. aufhören; kein Freund von [der] A. sein (ugs.; *nicht gern arbeiten);* übertr.: das Herz nimmt seine A. wieder auf. **c)** *beschwerliche Arbeit, Anstrengung, Mühe:* das war eine ziemliche A.; sich [mit, durch etwas] A. machen; Gäste machen, bereiten, verursachen immer A.; damit haben wir nur die halbe A. **d)** *Berufsausübung, Erwerbstätigkeit:* eine erträgliche, unterbezahlte A.; A. suchen, finden, bekommen, sich (Dativ) verschaffen; seine A. aufgeben, hinschmeißen (ugs.), verlieren; die A. wurde eingestellt, niedergelegt, wieder aufgenommen; A. haben *(nicht arbeitslos sein);* unsere Firma hat A. *(hat Aufträge);* das Arbeitsamt vermittelt den Ausländern A.; der Meister gab ihm A. in seinem Betrieb; er nahm A. bei ihm; einer [geregelten] A. nachgehen *(berufstätig sein);* jeder Mensch hat das Recht auf A.; auf A. gehen (ugs.); er geht in seiner A. ganz auf; sich nach A. erkundigen, umsehen (ugs.); ohne A. sein *(arbeitslos sein);* er kam von der A.; zur A. gehen, fahren; er ist nicht zur A. gekommen; Sprichwörter: nach getaner A. ist gut ruh[e]n; erst die A., dann das Vergnügen; jede A. ist ihres Lohnes wert; wie die A., so der Lohn. **2.** (Sport) *Training:* die A. am Sandsack, mit der Hantel; er beobachtete die A. an den Geräten. **3.** *Werk, Erzeugnis:* eine schöne, ausgezeichnete, gewissenhafte, sorgfältige, fleißige, grundlegende, bahnbrechende A.; seine Arbeit zeigt viele Schwächen, enthält viele Fehler; seine Arbeiten erregten Aufsehen; diese A. kann sich sehen lassen; die jungen Künstler stellen ihre Arbeiten aus; eine A. schreiben, abschließen, abgeben, abliefern, veröffentlichen; der Lehrer sammelte die Arbeiten ein, gab sie den Schülern zurück; die schriftlichen Arbeiten korrigieren, loben; /mit der Nebenvorstellung der Art der Ausführung, der Beschaffenheit/: eine saubere, keramische, italienische A.; eine edle A. aus Bronze, in Marmor. * **ganze/gründliche Arbeit leisten, tun,** (ugs.:) **machen** *(etwas so gründlich tun, daß nichts mehr zu tun übrigbleibt)* · **etwas in Arbeit geben** *(etwas anfertigen, machen lassen)* · **etwas in Arbeit nehmen** *(mit der Anfertigung beginnen)* · **etwas ist in Arbeit** *(an etwas wird gerade gearbeitet)* · **etwas in Arbeit haben** *(an etwas zur Zeit arbeiten)* · **jmdn. in Arbeit nehmen** *(jmdn. einstellen)* · **[bei jmdm.] in Arbeit sein, stehen** *([bei jmdm.] beschäftigt, angestellt sein)* · **Arbeit und Brot** *(Erwerbsmöglichkeit, Arbeit[splatz]):* er steht in A. und Brot *(hat einen Arbeitsplatz und verdient)* · (geh.:) **von seiner Hände Arbeit leben** *(sich seinen Lebensunterhalt selbst mühsam verdienen)* · **nur**

halbe Arbeit machen *(etwas nur unvollkommen ausführen).*

arbeiten: 1. a) *Arbeit leisten, tätig sein:* fleißig, emsig, flink, zügig, zielstrebig, angestrengt, konzentriert, unermüdlich, hart, fieberhaft, mit Hochdruck, verbissen, lange, sorgfältig, gewissenhaft, sauber, gut, nachlässig, liederlich, ehrenamtlich, körperlich, geistig, gern a.; er hat den ganzen Tag bis in die Nacht hinein, zeitlebens gearbeitet; als Agent, als Schweißer a.; er arbeitet am Schreibtisch; auf dem Bau, bei der Bahn, in einer Fabrik a.; wir arbeiten in drei Schichten, im Akkord, acht Stunden am Tag; er arbeitet für zwei *(sehr viel);* ich arbeite nur für/gegen gute Bezahlung; er arbeitet für den Rundfunk; mit den Händen, mit dem Kopf a.; er arbeitet mit meinem Geld; nach einem bestimmten System a.; um Lohn a.; unter Tarif *(zu billig)* a.; er arbeitet unter ihm *(ist ihm unterstellt);* er arbeitet wie ein Pferd (ugs.), wie ein Wilder (ugs.); das Ministerium arbeitet von ... bis ...; das Büro, die Börse arbeitet heute nicht; übertr.: sein Geld a. lassen *(es gewinnbringend verwenden);* ⟨an etwas a.⟩ *mit [der Herstellung von] etwas beschäftigt sein:* an einem Roman, an einer Erfindung a.; an jmds. Untergang, Vernichtung a. *(betreiben, zu erreichen suchen);* ⟨an sich (Dativ) a.⟩ *sich selbst erziehen:* er muß noch viel an sich a.; die Sportler haben an sich gearbeitet; ⟨für etwas a.⟩ *sich für etwas einsetzen:* für eine bessere Zukunft, für den Frieden a.; ⟨gegen jmdn., gegen etwas a.⟩ *zu schaden suchen:* gegen seinen Vorgesetzten a.; er hat gegen das Regime gearbeitet; ⟨über jmdn., über etwas a.⟩ *sich mit jmdm., mit etwas befassen [und darüber schreiben]:* er arbeitet über Brecht, über den Expressionismus; ⟨zu etwas a.⟩ *einen Beitrag zu etwas liefern:* er arbeitet zum Wohle der Menschheit. **b)** ⟨es arbeitet sich; mit Artangabe und Umstandsangabe⟩ *man kann in bestimmter Weise arbeiten:* es arbeitet sich gut in diesem Betrieb, mit diesem Apparat. **2.** ⟨mit Artangabe⟩ *alle Kräfte aufbieten, gegen etwas anzukommen suchen:* er arbeitet mächtig, um über die Mauer zu kommen; das Schiff arbeitet schwer in der Dünung. **3.** ⟨etwas arbeitet⟩ *etwas ist in Betrieb, in Funktion, in Bewegung:* der Motor arbeitet leise, ruhig, gleichmäßig; die Anlage arbeitet vollautomatisch; das Herz des Patienten arbeitet wieder; der Teig arbeitet *(geht auf);* der Wein arbeitet *(gärt);* das Holz arbeitet *(ist noch nicht trocken, verzieht sich).* **4.** ⟨etwas arbeitet in jmdm.⟩ *etwas beschäftigt jmdn., macht ihm zu schaffen:* die Kränkung arbeitete heftig in ihr; er beobachtete, wie es in ihm arbeitete. **5.** (Sport) *trainieren, die Leistungsfähigkeit steigern:* mit den Hanteln, am Sandsack a.; Spitzensportler müssen hart a. **6. a)** ⟨sich a.; mit Artangabe⟩ *durch Arbeit, durch körperliche Anstrengung in einen bestimmten Zustand gelangen:* sich warm, müde a.; seine Mutter hat sich krank gearbeitet. **b)** ⟨sich (Dativ) etwas a.; mit Artangabe⟩ *so arbeiten, daß ein Körperteil in einen bestimmten Zustand gerät:* sich die Hände blutig a.; ich habe mir den Rücken lahm gearbeitet. **7.** ⟨sich a.; mit Raumangabe⟩ *einen Weg [zu einem Ziel] mühevoll zurücklegen:* sich durch das Gebüsch a.; er arbeitete sich immer tiefer in den Schacht; übertr.: sich in die Höhe, nach oben a. *(sich wirtschaftlich, sozial hocharbeiten).* **8.** ⟨etwas a.⟩ *herstellen, anfertigen:* ein Kostüm nach Maß, auf Taille a.; welcher Schneider hat diesen Anzug gearbeitet?; ein Gefäß in Ton, in Silber a. * **mit allen Mitteln arbeiten** *(ohne Scheu alle Mittel für einen Zweck einsetzen)* · **Hand in Hand [mit jmdm.] arbeiten** *(mit jmdm. zusammenarbeiten)* · **jmdm. in die Hände arbeiten** *(unwillkürlich Vorschub leisten)* · **sich/einander in die Hand/in die Hände arbeiten** *(sich gegenseitig begünstigen)* · **die Zeit arbeitet für jmdn.** *(schon allein dadurch, daß eine gewisse Zeit vergeht, kommt jmd. zum Ziel).*

Arbeiter, der: **a)** *jmd., der körperlich oder geistig tätig ist:* ein gewissenhafter, langsamer A. **b)** *jmd., der gegen Lohnbezahlung körperlich arbeitet:* ein ungelernter A.; die Arbeiter streiken; neue Arbeiter einstellen; die Arbeiter ausbeuten, am Gewinn beteiligen, entlassen; er vertritt die Interessen der Arbeiter.

arbeitsam: a) *fleißig und tüchtig:* ein arbeitsamer Mensch; dieses Volk ist sehr a. **b)** *von Arbeit erfüllt:* ein arbeitsames Leben.

arbeitslos: *erwerbslos, ohne berufliche Beschäftigung:* der arbeitslose Familienvater; a. werden, sein; die Stillegung der Zeche machte viele a.

arg: 1. *schlimm, übel, böse:* es war eine arge Zeit; das ist dann doch zu a.; das Schicksal hat ihm a. mitgespielt; etwas noch ärger machen, als es schon ist; subst.: an nichts Arges denken; nichts Arges im Sinn haben; wir haben das Ärgste verhüten können. **2.** (landsch.) **a)** *unangenehm groß, stark, heftig:* eine arge Enttäuschung; ein arger Spötter; es herrschte ein arges Gedränge. **b)** *sehr:* es ist a. warm; er ist noch a. jung; es sind a. viele Fehler; a. schwitzen; er hat sich a. gefreut. * **etwas liegt im argen** *(etwas befindet sich in Unordnung):* unsere Politik liegt im a.

Arg, das (geh.; veraltend): *Falschheit, Boshaftigkeit:* es ist kein A. an/in ihm; kein A. an einer Sache finden.

Ärger, der: **1. a)** *Verdruß, Unwille:* berechtigter, aufgespeicherter Ä.; sein Ä. ließ nach, verflog; das ist sein stiller, ständiger Ä.; seinen Ä. unterdrücken, verbergen, hinunterschlucken, in sich hineinfressen (ugs.), an jmdm. auslassen; Ä. [bei jmdm., mit etwas] erregen; er machte seinem Ä. Luft; vor Ä. platzen (ugs.), krank werden, schwarz werden (ugs.). **b)** *Unannehmlichkeit, Ärgernis:* der tägliche, häusliche, berufliche Ä.; viel Ä. [mit jmdm., wegen einer Sache] haben, bekommen; das gibt unnötigen Ä.; mach ihm bloß keinen Ä.!

ärgerlich: 1. *voll Verdruß, verärgert, aufgebracht:* ein ärgerlicher Blick, Zuruf; er war, wurde sehr ä.; sie ist ä. auf mich; er war über den Mißerfolg ä. *(deswegen verärgert);* ä. antworten, fortgehen. **2.** *mißlich, unerfreulich, unangenehm:* ein ärgerlicher Vorfall; das ist eine ganz ärgerliche Sache, Geschichte; es ist sehr ä., daß wir uns verpaßt haben.

ärgern: 1. ⟨jmdn. ä.⟩ *ärgerlich machen, verstimmen:* er hat mich mit seiner Bemerkung, mit seinem Verhalten sehr geärgert; er ärgerte mich durch seine bloße Anwesenheit; jmdn. krank, zu Tode, ins Grab ä.; ihn ärgert die Fliege an der Wand *(jede Kleinigkeit);* die Jungen ärgerten *(reizten, neckten)* den Hund. **2.** ⟨sich ä.⟩

ärgerlich, verstimmt sein: sich furchtbar, maßlos, sehr ä.; sich zu Tode ä.; ich ärgere mich, daß ...; ich habe mich über ihn, über mich selbst, über den Fehler geärgert; er ärgert sich an ihm (veraltend; *über ihn*). * (ugs.:) **sich** (Dativ) **die Platze ärgern; sich** (Dativ) **die Krätze/ die Schwindsucht an den Hals ärgern; sich schwarz / grün und blau / gelb und grün ärgern** *(sich sehr ärgern)*.

Ärgernis, das: *Unannehmlichkeit:* die Ärgernisse des Alltags; kein Ä. erregen; wegen Erregung öffentlichen Ärgernisses bestraft werden; jmdm. ein Ä. geben (veraltend; *jmdn. kränken*); Ä. an etwas nehmen (veraltend; *Anstoß an etwas nehmen*).

arglos (geh.): *harmlos, ahnungslos:* eine ganz und gar arglose Bemerkung; er fragte ihn völlig a. nach seiner Frau; das Kind folgte a. dem Fremden.

Argument, das (bildungsspr.): *Beweis[grund]:* ein schwerwiegendes, [durch]schlagendes, scharfsinniges A.; dieses A. überzeugt mich nicht, leuchtet mir nicht ein; das A. ist unwiderleglich, unhaltbar; Argumente für/gegen etwas finden, anführen, vorbringen, geltend machen, ins Feld führen (geh.); etwas als A. gebrauchen; jmds. Argumente gelten lassen, widerlegen, entkräften; ich machte mir seine Argumente zu eigen.

Argusaugen (bildungsspr.) ⟨in der Verbindung⟩ mit Argusaugen: *mit Aufmerksamkeit und Skepsis:* eine Entwicklung mit A. verfolgen.

Argwohn, der (geh.): *Mißtrauen, Verdacht:* A. steigt in jmdm. auf; A. schöpfen, [gegen jmdn.] hegen, haben; jmds. A. zerstreuen, [er]wecken; er betrachtete sie mit A.

argwöhnen (geh.) ⟨etwas a.⟩: *befürchten, mißtrauisch vermuten:* er argwöhnte eine Falle; er hatte zunächst geargwöhnt, daß der Händler ihn betrügen wolle.

argwöhnisch (geh.): *mißtrauisch:* ein argwöhnischer Blick; etwas a. beobachten; jmdn. a. mustern; er wurde a. gegen ihn.

arm: 1. *bedürftig, ohne genügend Geld:* eine arme Familie; ein armer Schlucker (ugs.); ein armes Land; sie waren a., aber nicht unglücklich; ihre Verschwendungssucht hat ihn a. gemacht. **2.** (geh.) *kümmerlich, unbefriedigend:* ein armer Boden; um das auszudrücken, ist unsere Sprache zu a. **3.** *elend, bedauernswert:* das arme Kind; er ist ein armes Schwein (derb; *bedauernswerter Mensch*); quäl doch nicht das arme Tier!; subst.: ich Armer!; der Ärmste, was hat er [nicht] dulden müssen! * (veraltend:) **arm und reich** *(alle Menschen ohne Unterschied)* · (ugs.:) **arm wie eine Kirchenmaus sein** *(nichts besitzen)* · **arm an etwas sein** *(wenig von etwas haben):* das Leben ist a. an Freuden; diese Früchte sind a. an Vitaminen · **um jmdn., um etwas ärmer werden** *(verlieren, verlustig gehen):* der Sport ist um zwei Meister ä. geworden · (scherzh.:) **das ist ja nicht wie bei armen Leuten** *(es ist genug vorhanden, wir können es uns leisten)* · (ugs.:) **arm dran sein** *(zu bedauern sein):* als Rentner war er arm dran.

Arm, der: **1. a)** */Körperteil/:* kräftige, starke, dicke, runde, fleischige, behaarte, sehnige, muskulöse, schwache, dürre, lange Arme; sein linker A. ist steif; die Arme erlahmen [vom Tragen], sinken, fallen [schlaff, müde] herab; sein A. umspannte ihre Taille; die Arme aufstützen, ausstrecken, vor-, hochhalten, heben, [jubelnd] hochreißen, fallen lassen, öffnen (geh.), weit aufhalten, ausbreiten, verschränken, [über der Brust] kreuzen, anwinkeln, anpressen, schwingen; sie stemmte die Arme in die Hüften; jmds. A. nehmen *(jmdn. unterhaken)*, loslassen; jmdm. den A. geben, reichen (geh.), bieten, damit er sich einhaken kann; sie nahm seinen A.; er schob seinen A. unter ihren; er legte seinen A. um ihre Schulter; sie schlang ihre Arme um seinen Hals; keinen A. frei haben; beide Arme voll haben; jmdm. den A. umdrehen (ugs.); er hat sich (Dativ) den A. gebrochen, verrenkt, ausgekugelt; dem Verunglückten mußte der rechte A. abgenommen werden; den A. bandagieren, schienen, abbinden; den A. in der Schlinge tragen; an jmds. A. gehen *(untergehakt bei jmdm. gehen)*; sie hing an seinem A.; eine Dame am A. führen; er nahm ihn am/beim A. und zog ihn beiseite; ein Kind auf den A. nehmen, auf dem A. haben, tragen; sie löste, riß sich aus seinen Armen und lief fort; jmdn. im A., in den Armen halten; jmdn. in die Arme nehmen, schließen (geh.); sie sanken sich in die Arme, lagen sich gerührt in den Armen; mit den Armen in der Luft herumfuchteln (ugs.); er ruderte mit den Armen; sie kam mit einem A. voll Holz herein; den Mantel über den A. nehmen, über dem A. tragen; er preßte die Mappe unter den Arm; bildl.: der Baum breitet seine Arme (dichter.; *Äste*) aus; der A. des Gesetzes reicht weit; übertr.: *Armartiges, Armförmiges:* ein Kronleuchter mit acht Armen; der A. des Wegweisers zeigt in die falsche Richtung; die Arme *(Fangwerkzeuge)* des Polypen. **b)** *Nebenlauf eines Flusses:* ein toter *(nicht weiterführender)* A. des Rheins. **c)** (ugs.) *Ärmel:* ein Kleid mit kurzem, halbem, angeschnittenem A. **2.** (ugs.; verhüll.) *Arsch:* setz dich auf deinen A.!; er wohnt am A. der Welt. * **einen langen Arm haben** *(weitreichenden Einfluß haben)* · (ugs.:) **jmdn. am steifen Arm verhungern lassen** *(unnachgiebig sein)* · (ugs.:) **jmdn. auf den Arm nehmen** *(jmdn. zum besten haben):* die haben mich ganz schön auf den A. genommen · **Arm in Arm** *(eingehakt):* sie gingen A. in A. durch den Park · **jmdm. in den Arm fallen** *(jmdn. an etwas hindern)* · **sich jmdm., dem Laster, der Wollust in die Arme werfen** *(sich jmdm., dem Laster, der Wollust ganz ergeben)* · (ugs.:) **jmdm. in die Arme laufen** *(jmdm. zufällig begegnen)* · **jmdn. einem anderen, einer Sache in die Arme treiben** *(bewirken, daß jmd. auf die Gegenseite tritt, sich einer Sache ergibt)* · (geh.:) **in Morpheus' Armen** *(in ruhigem und zufriedenem Schlaf)* · **jmdn. mit offenen Armen aufnehmen**/(geh.:) **empfangen** *(jmdn. gern bei sich aufnehmen, freudig willkommen heißen)* · (ugs.:) **per Arm gehen** *(eingehakt gehen)* · (ugs.:) **jmdm. [mit etwas] unter die Arme greifen** *(jmdm. in einer Notlage helfen):* ich habe ihm mit 500 Mark unter die Arme gegriffen · (ugs.:) **die Beine unter den Arm/unter die Arme nehmen** *(schnell fortlaufen; sich beeilen, um rechtzeitig irgendwohin zu kommen)*.

Armee, die: **1. a)** *Heer, Streitkräfte:* eine starke, schlagkräftige A.; eine A. aufstellen; die Mobilmachung der A. anordnen. **b)** *Heereseinheit,* *großer Truppenverband:* die siegreiche zweite A.; eine A. einkesseln, aufreiben, vernichten. **2.** (selten) *sehr große Menge:* eine A. von Obern.

Ärmel, der: *der den Arm bedeckende Teil eines Kleidungsstückes:* ein langer, kurzer, weiter, angeschnittener Ä.; die Ärmel einsetzen, anheften, kürzen, einen Zentimeter auslassen; die Ärmel hochstreifen, hochschieben, umschlagen, hoch-, aufkrempeln; er zupfte, packte ihn am Ärmel; ein Kleid mit Ärmeln, ohne Ärmel. * (ugs.:) [**sich** (Dativ)] **etwas aus dem Ärmel, aus den Ärmeln schütteln** *(etwas mit Leichtigkeit schaffen)* · (ugs.:) **sich** (Dativ) **die Ärmel hochkrempeln** *(bei einer Arbeit tüchtig zupacken wollen).*

ärmlich: *dürftig, kümmerlich:* ärmliche Kleidung; in ärmlichen Verhältnissen leben; sie waren ä. gekleidet; ä. wohnen.

armselig: *sehr arm, elend; dürftig, kümmerlich:* eine armselige Mahlzeit; sie hausten in einem armseligen Hotel; armselige *(unzulängliche)* Ausflüchte; die Fischer leben sehr a.; a. wirken, aussehen.

Armut, die: **1.** *das Armsein, Mittellosigkeit:* tiefe, drückende A.; es herrschte bittere A. im Land; in A. geraten; sie lebten, starben in bitterer A. **2.** *Dürftigkeit, Kümmerlichkeit:* diese Schrift verrät A. an Gedanken, zeigt A. des Ausdrucks; die A. *(der Mangel)* eines Landes an Bodenschätzen.

Armutszeugnis ⟨nur in bestimmten Wendungen⟩ **etwas ist ein A. für jmdn.** *(etwas beweist jmds. Unfähigkeit)* · **jmdm., sich, einer Sache ein A. ausstellen** *(jmdn., sich, etwas als unzulänglich erweisen):* eine Regierung, die zu solchen Mitteln greift, stellt sich ein A. aus.

arrangieren: 1. ⟨etwas a.⟩ *bewerkstelligen, zustande bringen:* ein Fest a.; er hatte eine Begegnung arrangiert; die Sache wird sich a. lassen. **2.** (veraltend) ⟨sich mit jmdm., mit etwas a.⟩ *sich einigen, sich aufeinander einstellen:* wir haben uns mit den Vertretern der Gewerkschaften arrangiert.

Arrest, der: **1.** *Haft:* leichter, mittlerer, strenger A.; die Soldaten bekamen drei Tage geschärften Arrest; der Schüler hat eine Stunde A. *(muß eine Stunde nachsitzen);* der jugendliche Rowdy ist im A. **2.** (Rechtsw.) *Beschlagnahme:* auf jmds. Vermögen A. legen; etwas unter A. stellen, mit A. belegen.

Art, die: **1.** *Eigenart, Wesen:* das ist so meine A., nun einmal meine A.; sie hat eine frische, lebhafte A.; ein Mensch dieser A., von solcher A. wird das gar nicht empfinden; das liegt in seiner A. **2.** *[Verfahrens-, Handlungs-, Verhaltens]weise:* eine höfliche, aufreizende, merkwürdige A.; diese A. stößt mich ab; das ist die beste, billigste, einfachste A., sein Ziel zu erreichen; seine A. zu leben gefiel ihr; er hat eine unangenehme A., Fragen zu stellen; auf geheimnisvolle A. verschwinden; auf natürliche A. *(natürlich)* leben; er hat es auf die richtige A. *(richtig)* angefangen; auf die eine oder andere A. [und Weise] *(so oder so).* **3.** *Verhalten, Benehmen:* er hat keine A.; das ist doch keine A. [und Weise]!; was ist denn das für eine A.? *(was soll das?);* ist das [vielleicht] eine A.? *(gehört sich das?).* **4.** *Gattung, Sorte:* alle Arten von Tulpen; diese A. stirbt bald aus; Antiquitäten aller A.; er ist ein Verbrecher übelster A.; jede A. von Gewaltanwendung ablehnen; dieser Fall war einzig in seiner A.; Sprichw.: A. läßt nicht von A. *(besondere Charaktereigenschaften der Eltern werden weitervererbt).* * **in der Art** [**von**] *(wie; im Stile):* er malt in der A. Picassos/von Picasso · **nach Art** *(jmdm. entsprechend, wie es bei jmdm. üblich ist):* nach Schweizer A.; Eintopf nach A. des Hauses · (ugs.:) ... **daß es** [**nur so**] **eine Art hat** *(wie es kaum besser sein könnte)* · **eine Art** [**von**] *(etwas Ähnliches wie):* er ist eine A. [von] Genie; mit einer A. gezierter/gezierten Zurückhaltung; der Wirt kam mit einer A. italienischem Salat/(geh.:) italienischen Salats · **aus der Art schlagen** *(anders als die übrigen Familienangehörigen sein)* · **in jmds. Art schlagen** *(einem seiner Verwandten ähneln).*

artig: 1. *folgsam, gut erzogen:* artige Kinder; die Mutter ermahnt die Kinder, a. zu sein; sich a. verhalten. **2.** (geh.; veraltend) **a)** *höflich, galant:* mit artiger Verbeugung; jmdn. a. begrüßen. **b)** *anmutig, nett:* der Fluß schlängelt sich a. durch das Tal.

Artikel, der: **1.** *Aufsatz, schriftlicher Beitrag:* ein langer, interessanter A.; einen A. über etwas schreiben; ich habe einen A. abgefaßt; in dem A. steht, daß ... **2.** *Abschnitt:* A. 1 der Verfassung; dieser A. besagt, daß ... **3.** (Sprachw.) *Geschlechtswort:* der bestimmte, unbestimmte A.; dieses Substantiv steht immer ohne A. **4.** *Handelsgegenstand, Ware:* ein gängiger, billiger A.; dieser A. ist sehr gefragt, ist ausverkauft, geht nicht.

Arznei, die: *[flüssige] Medizin:* eine A. anfertigen; jmdm. eine A. verschreiben, verordnen; er nahm seine A. ein; die Kasse ersetzt alle Arzneien *(Medikamente)* und Sonderleistungen; übertr.: das ist eine bittere, heilsame A. *(Lehre)* für ihn.

Arzt, der: *jmd., der nach dem Medizinstudium die staatliche Erlaubnis erhalten hat, Kranke zu behandeln:* ein praktischer A.; der leitende, diensthabende A.; den A. aufsuchen, holen, rufen [lassen], befragen, zu Rate ziehen (geh.), konsultieren (bildungsspr.); sich an einen A. wenden; er schickte, verlangte nach dem A.; zum A. gehen.

ärztlich: *den Arzt betreffend; ... des Arztes, vom Arzt:* eine ärztliche Untersuchung, Verordnung; er mußte sich in ärztliche Behandlung begeben; ein ärztliches Gutachten; die ärztliche Schweigepflicht; der ärztliche Beruf; für ärztliche Bemühungen liquidiere ich ...; alle ärztliche Kunst war vergebens; sich ä. behandeln lassen; das Präparat wird ä. empfohlen.

As, das: **1.** *höchste Spielkarte:* alle Asse haben; den König mit dem A. nehmen. **2.** (ugs.) *der Beste, Spitzenkönner:* er ist das A. unter den Modephotographen; der Mittelstürmer ist das A. seiner Mannschaft. **3.** (Tennis) *unerreichbarer placierter Aufschlag:* ein A. schlagen; er servierte ihm ein A.

Asche, die: *staubig-pulveriger Rückstand eines verbrannten Stoffes:* graue, weiße, heiße A.; die A. glüht noch; die A. [der Zigarre/von der Zigarre] abstreifen; das Feuer glimmt unter der A.; etwas zerfällt zu A. * **etwas in Schutt und Asche legen** *(zerstören und niederbrennen)* · **in Schutt und Asche liegen** *(zerstört und niedergebrannt sein)* · (veraltend:) **in Sack und Asche ge-**

hen *(Buße tun)* · (geh.:) **sein Haupt mit Asche bestreuen; sich** (Dativ) **Asche aufs Haupt streuen** *(demütig bereuen)* · (geh.:) **Friede seiner Asche!** *(Friede dem Toten! [bei Begräbnissen])* · (geh.:) **zu Staub und Asche werden** *(vergehen)* · **wie ein Phönix aus der Asche steigen/erstehen** *(verjüngt, neubelebt wieder erstehen).*

Ast, der: 1. *stärkerer Zweig eines Baumes:* ein dicker, starker, dünner, langer A.; den A. eines Obstbaums stützen, anbinden; von A. zu A. springen; bildl. (ugs.): den A. absägen, auf dem man sitzt *(sich selbst seiner Lebensgrundlage berauben).* 2. *Stelle im Holz, an der früher ein Ast gewachsen ist:* dieses Brett hat viele Äste; mit der Säge auf einen A. kommen. 3. (ugs.) a) *Rücken:* den Rucksack auf den A. nehmen. b) *verwachsener Rücken:* der hat einen A.; wenn du immer so krumm sitzt, bekommst du einen A. * (ugs.:) **einen Ast durchsägen** *(laut schnarchen)* · **auf dem absteigenden Ast sein/ sich befinden** *(über den Höhepunkt hinwegsein, in seinen Leistungen nachlassen)* · (ugs.:) **sich** (Dativ) **einen Ast lachen** *(sehr lachen).*

asten (ugs.): 1. *sich sehr anstrengen:* wir haben ganz schön a. müssen. 2. ⟨etwas a.; mit Raumangabe⟩ *etwas mit Mühe irgendwohin schaffen:* wir haben das Klavier in den 3. Stock, das Gepäck zum Bahnhof geastet.

Asyl, das: 1. *Unterkunft für Menschen, die kein Heim haben:* ein A. für Obdachlose. 2. *Zuflucht[sort]:* ein A. suchen, finden; kein A. haben; er bat um politisches A.; jmdm. A. geben, bieten, gewähren.

Atem, der: 1. *das Atmen, Atmung:* kurzer, schneller, schwacher A.; der A. setzt aus, steht still, geht stoßweise, pfeifend, rasselnd; ihm stockte der A.; sein A. flog (geh.), so war er gelaufen. 2. *ein- und ausgeatmete Luft:* warmer, dampfender, frischer A.; ihr A. riecht übel; sein A. streifte ihr Haar; A. holen, schöpfen (geh.); er hielt einige Augenblicke den A. an; die Angst preßte, schnürte ihr den A. ab; das Tempo benahm (geh.), verschlug, raubte ihr den A.; außer A. kommen, geraten (geh.), sein; die Frau rang nach A.; er kam allmählich wieder zu A.; übertr.: *Hauch:* der heiße A. der Revolution wehte noch durch das Land. * **Atem holen/** (geh.:) **schöpfen** *(sich zu weiterem Tun rüsten):* die Parteien können jetzt erst einmal A. holen · **einen langen Atem haben; den längeren Atem haben** *(es lange, länger als der Gegner aushalten)* · (geh.:) **einen kurzen Atem haben** *(asthmatisch sein)* · **etwas verschlägt jmdm. den Atem** *(etwas macht jmdn. sprachlos)* · **jmdm. geht der Atem aus** *(jmd. ist mit seiner Kraft, wirtschaftlich am Ende):* dem Einzelhandel geht allmählich der A. aus · **jmdn., etwas in Atem halten** *(in Spannung halten, nicht zur Ruhe kommen lassen):* die Ereignisse hielten die Welt in A. · **in einem/im selben/im gleichen Atem** *([fast] gleichzeitig):* diese beiden Dinge kannst du doch nicht in einem A. nennen.

atemberaubend, (auch:) atemraubend: *den Atem nehmend, ungewöhnlich erregend:* eine atemberaubende Spannung; die Kunststücke der Artisten waren a.

atemlos: 1. *außer Atem:* sie kamen völlig a. auf dem Bahnhof an. 2. *voller Spannung, Erregung:* eine atemlose Stille; die Zuhörer hatten ihm a. gelauscht. 3. *schnell:* ein atemloses Tempo; in atemloser Folge.

Atemzug, der: *das Einziehen [und Ausstoßen] des Atems:* tiefe, ruhige Atemzüge; er zögerte einen A. lang. * (geh.:) **bis zum letzten Atemzug** *(bis zum Tod)* · **im nächsten Atemzug** *(gleich danach)* · **in einem/im selben/im gleichen Atemzug** *([fast] gleichzeitig).*

atmen: 1. *Luft einziehen und ausstoßen:* leicht, tief, schwer, mühsam a.; der Kranke hatte unregelmäßig geatmet; wir wagten [vor Angst] kaum zu a.; der Verunglückte atmet *(lebt)* noch. 2. ⟨etwas a.⟩ *einatmen:* Gestank und Abgase a. müssen; er atmete gierig die frische Nachtluft. 3. (geh.) ⟨etwas atmet etwas⟩ *etwas strömt etwas aus, ist von etwas erfüllt:* dieses Buch atmet den Geist der Vergangenheit; alles ringsum atmet Freude. * **frei atmen** *(sich sicher, nicht unterdrückt fühlen)* · (ugs.; scherzh.:) **gesiebte Luft atmen** *(im Gefängnis eine Strafe abbüßen).*

Atmosphäre, die: 1. *Lufthülle der Erde:* die A. war mit Elektrizität geladen; das Gewitter hat die A. gereinigt; das Raumschiff tritt wieder in die A. ein. 2. *Stimmung; Fluidum, eigenes Gepräge:* eine gespannte, vergiftete, feindliche A.; es herrschte eine frostige A.; dem Fest fehlte jede A.; es entstand eine A. von Behaglichkeit; die Kerzen verbreiten A.; das Zimmer, die Stadt hat keine A.; die gute A. vergiften; die Besprechung fand in guter A. statt. 3. (Technik) *[Maßeinheit für den Druck]:* der Kessel steht unter einem Druck von 40 Atmosphären.

Attacke, die: *Angriff:* eine A. reiten (hist.); zur A. blasen (hist.); übertr.: der Verteidiger wehrte die Attacken des Staatsanwalts ab. * **eine Attacke gegen jmdn., gegen etwas reiten** *(sich scharf gegen jmdn., gegen etwas wenden).*

attackieren ⟨jmdn., etwas a.⟩: *angreifen:* den Feind, die Stellungen a.; übertr.: die Regierung wurde von der Opposition scharf attakkiert.

Attentat, das: *Mordanschlag:* ein politisches A.; ein A. vorbereiten, planen; auf den Präsidenten wurde ein A. verübt; ein A. verhindern, vereiteln (geh.); der Diktator fiel einem A. zum Opfer. * (ugs.; scherzh.:) **ein Attentat auf jmdn. vorhaben** *(etwas von jmdm. wollen).*

Attest, das: *ärztliche Bescheinigung über einen Krankheitsfall:* ein A. benötigen, vorlegen; der Arzt schreibt ein A. aus.

attraktiv (bildungsspr.): a) *reizvoll; anziehend:* ein attraktives Äußeres; er ist ein ausgesprochen attraktiver Mann. b) *einen Anreiz bietend, anziehend:* attraktive Bezahlung; ein Angebot nicht a. finden.

ätzen: 1. ⟨[etwas] ä.⟩ *durch Säure o. ä. zerstören, entfernen:* Wundränder mit Höllenstein ä.; adj. Part.: ätzende *(zerstörend wirkende)* Chemikalien, Gifte; übertr.: *beißend, scharf:* ätzender Spott; er verfaßte eine ätzende Satire. 2. ⟨etwas ä.; mit Raumangabe⟩ *einätzen:* ein Bild in, auf die Kupferplatte ä.

au ⟨Interj.⟩: au, tut das weh!; au, was für ein fauler Witz! * (ugs.:) **au Backe!** *(was für eine Überraschung!; wenn das nur gutgeht!).*

auch ⟨Adverb⟩: 1. *ebenfalls, genauso:* du bist a. so, a. einer von denen; ich bin a. nur ein Mensch *(mehr kann ich auch nicht tun);* das wird ihm a. nichts helfen; a. gut *(damit bin ich ebenfalls ein-*

verstanden); alle schwiegen, a. der Fahrer sprach kein Wort; /in Wortpaaren/: sowohl ... als auch; sowohl ... wie auch; nicht nur ..., sondern auch. **2.** *außerdem, überdies, im übrigen:* ich kann nicht, ich will a. nicht; ich hatte a. [noch] die Kosten zu zahlen; /häufig nur emphatisch zur Kennzeichnung der gefühlsmäßigen Anteilnahme des Sprechers und zum Ausdruck von Empfindungen/: du bist aber a. eigensinnig; auch das noch!; ... aber weshalb stehen Sie a. hier herum?; zum Donnerwetter auch! **3.** *selbst, sogar:* a. die kleinste Freude wird einem verdorben; das habe ich mir a. im Traum nicht einfallen lassen; er lebte bescheiden, a. als er Geld hatte; er gab mir a. nicht *(nicht einmal)* einen Pfennig. **4.** *tatsächlich, wirklich, natürlich:* sie sah krank aus, und sie war es a.; er wartete auf einen Brief, der dann a. am Vormittag eintraf; darf ich es a. glauben?; ist es a. warm genug? **5. a)** /verallgemeinernd/: wer a. immer ... *(jeder, der ...);* was a. geschieht ... *(alles, was geschieht ...);* wo er a. *(überall, wo er)* hinkommt, wird er jubelnd begrüßt; wie dem a. sei ... *(ob es falsch oder richtig ist ...).* **b)** /einräumend; in Verbindung mit *wenn* und *so* oder *wie*/: er hat keine Macht, wenn er sie a. in Händen hält *(obwohl er sie in Händen hält);* wenn a. nicht krank, so doch völlig abgespannt; es meldete sich niemand, so oft ich a. anrief; (ugs.:) wenn a.! *(das macht doch nichts!).*

auf /vgl. aufs/: **I.** ⟨Präp. mit Dativ und Akk.⟩ **1.** /räumlich/ **a)** ⟨mit Dativ; zur Angabe der Berührung von oben, der Lage⟩ a. der Couch, a. dem Boden liegen; a. einer Bank sitzen; die Vase steht oben auf dem Schrank; die Wäsche hängt a. der Leine; der Zug fährt auf Gleis 6 ein, hält auf einer kleinen Station; a. dem Mond landen; a. dem Feld, a. dem Bau arbeiten; er lebt a. dem Lande; jmdm. a. der Straße, a. dem Markt begegnen; er wurde auf den letzten Metern überholt; /gibt den Aufenthalt in einem Raum, den Seins-, Geschehens-, Tätigkeitsbereich an/: er ist a. *(in)* seinem Zimmer; er ist a. der Universität *(ist Student)*, noch a. der Schule *(ist noch Schüler);* die Anträge gibt es a. *(in, bei)* der Post, a. dem Einwohnermeldeamt; er hat sein Geld a. *(bei)* der Sparkasse angelegt; /gibt die Teilnahme an/: a. einer Hochzeit, a. einem Empfang, a. einem Fest sein; a. Patrouille sein; a. [der] Wanderschaft sein; er ist a. Urlaub, a. Besuch bei uns; er wurde a. *(bei, während)* der Jagd erschossen; der Dirigent starb a. *(bei, während)* der Probe. **b)** ⟨mit Akk.; zur Angabe der Richtung⟩ sich a. die Couch, auf den Boden legen; sich a. eine Bank setzen; die Vase a. den Schrank stellen; sie hängt die Wäsche a. die Leine; jmdm. a. die Füße treten; a. den Markt gehen; a. das Land ziehen; die Fischer fahren a. das Meer hinaus; er geht a. die Wand zu; der Läufer schiebt sich auf den 3. Platz vor; der Abstand hat sich a. 10 Meter verringert; der Umsatz ist a. das Dreifache gestiegen; /gibt die Richtung in einem Raum, in einem Seins-, Geschehens-, Tätigkeitsbereich an/: er geht a. *(in)* sein Zimmer; seine Tochter geht a. die Universität, noch a. die Schule; jmdn. a. die *(zur)* Wache schleppen; jmdn. a. die *(zur)* Post schicken; er hat sein Geld a. *(zur)* die Bank gebracht; /gibt die Hinwendung zur Teilnahme, den Antritt an/: a. eine Hochzeit, a. einen Ball gehen; a. eine Tagung fahren; er geht morgen a. Urlaub, a. Jagd. **c)** ⟨mit Akk.; zur Angabe der Entfernung⟩ a. 100 Meter *(in einer Entfernung von 100 Metern);* die Explosion war a. 2 Kilometer Entfernung zu hören. **2.** /zeitlich/ **a)** (ugs. oder landsch.) ⟨mit Akk.; zur Angabe des Zeitpunkts⟩ a. den Abend *(am Abend)* Gäste bekommen; a. Weihnachten *(Weihnachten)* verreisen wir; das Taxi ist a. *(für)* 16 Uhr bestellt; die Sitzung ist auf Freitag, den 2. Mai, anberaumt. **b)** ⟨mit Akk.; zur Angabe der Zeitspanne⟩ a. drei Jahre *(drei Jahre lang);* a. Jahre [hinaus] versorgt sein; a. Lebenszeit; a. ein paar Tage verreisen; /in Verbindung mit einem Zweck/: zu jmdm. a. eine Tasse Kaffee gehen; er brachte zwei Kollegen a. ein Glas Bier mit. **c)** ⟨mit Akk.; zur Angabe des Übergangs, des Nacheinanders, der Aufeinanderfolge⟩ von Minute a. Minute ändert sich das Bild; in der Nacht vom 4. auf den 5. September; a. Regen folgt Sonne; Redensart: Wein a. Bier, das rat' ich dir; Bier a. Wein, das laß sein!; es ging Schlag a. Schlag. **3.** ⟨mit Akk.; zur Angabe der Art und Weise⟩ auf solche, diese Weise; a. brutale Art; sich a. deutsch unterhalten; a. Marken essen; a. leeren Magen Schnaps trinken; /vor dem Superlativ/: jmdn. a. das herzlichste *(sehr herzlich)* begrüßen. **4.** ⟨mit Akk.; zur Angabe des Ziels, des Zwecks oder Wunsches⟩ a. Hechte angeln; die Mannschaft spielt a. Zeit; a. jmds. Wohl, a. gute Zusammenarbeit anstoßen; einen Aufsatz a. Fehler [hin] *(im Hinblick auf Fehler)* durchlesen. **5.** ⟨mit Akk.; zur Angabe des Grundes, der Voraussetzung⟩ a. Veranlassung, Initiative von ...; sich a. ein Inserat melden; er ist a. meine Bitte [hin] zum Arzt gegangen. **6.** ⟨mit Akk.; zur Angabe der bei der Aufteilung einer Menge zugrunde gelegten Einheit⟩ a. jeden entfallen 100 Mark; 3 Eier auf 1 Pfund Mehl; der Wagen verbraucht 10 Liter auf 100 Kilometer. **7.** ⟨mit Akk.; zur Herstellung einer Beziehung⟩ a. etwas achten, sich a. etwas freuen; er ist böse a. mich; jeder hat das Recht a. Arbeit. **II.** ⟨Adverb; gewöhnlich imperativisch oder elliptisch⟩ **1. a)** *in die Höhe, nach oben:* a.! *(aufstehen!);* a. und nieder; Sprung a.! marsch, marsch! /*militär. Kommando*/. **b)** *los, vorwärts:* a. zur nächsten Stelle!; a., ans Werk!; a. geht's. **2.** *offen, geöffnet:* Augen a. im Straßenverkehr!; Tür a.! *(aufmachen!)* · * **auf Wiedersehen!** /*Grußformel*/ · **auf Wiederhören!** /*Grußformel*/ · **auf bald!** /*Grußformel*/ · **auf morgen!** /*Grußformel*/ · **auf die Minute** *(pünktlich)* · (ugs.:) **auf Anhieb** *(sofort, gleich zu Beginn)* · **auf der Stelle** *(sofort)* · **auf einmal: a)** *(plötzlich).* **b)** *(zugleich)* · **auf ein Wort** *(für einen Augenblick)* · **auf Zeit** *(vorübergehend, befristet)* · **auf und davon** *([schnell] fort)* · **auf und ab: a)** *(nach oben und wieder nach unten).* **b)** *(hin und her)* · **von ... auf** *(von ... an):* von Jugend a., von klein a.

aufarbeiten ⟨etwas a.⟩: **1.** *erledigen, bewältigen:* einen Stoß Briefe, Rückstände a.; hast du alles aufgearbeitet? **2.** *erneuern, auffrischen:* alte Kleider, Möbel, Polster a.

aufatmen: 1. *einmal tief und hörbar atmen:* merklich, befreit, aus tiefster Brust a. **2.** *erleichtert sein:* ich werde aufatmen, wenn alles vorüber ist; nach diesem Sieg kann die Mannschaft erst einmal a.

Aufbau, der: **1.** *das Aufbauen:* der A. der Tribünen; der A. der durch Bomben zerstörten Innenstadt ist nahezu abgeschlossen; den wirtschaftlichen A., den A. der Wirtschaft beschleunigen. **2.** *das Aufgebaute:* ein turmartiger, kastenförmiger A.; Bauw.: *aufgestockter Gebäudeteil;* Schiffbau: *Bauteile, die sich über dem Hauptdeck befinden:* die weißen Aufbauten des Schiffes glänzten in der Sonne. **3.** *Gliederung, Art der Anlage, Bau:* der musikalische, dramaturgische A.; man kann den [inneren] A. eines Atoms durch ein Modell darstellen; wie gefällt Ihnen der architektonische A. der Kirche?

aufbauen: 1. ⟨etwas a.⟩ **a)** *[vorübergehend] aufstellen, (aus Einzelteilen) zusammenfügen, errichten:* Zelte, Baracken a.; die Mutter baut die Geschenke für die Kinder [auf dem Tisch] auf; den Gaben-, Weihnachtstisch a. *(die Geschenke darauf festlich anordnen);* die Kameras wurden für die Übertragung aufgebaut; sie haben die zerstörten Bauwerke, Stadtteile wieder aufgebaut. **b)** *gestalten, schaffen, hervorbringen:* einen Vortrag a.; ein Spionagenetz, eine Armee, neue Verteidigungslinien a.; ⟨sich (Dativ) etwas a.⟩ ich habe mir eine neue Existenz aufgebaut. **2. a)** ⟨etwas auf etwas a.⟩ *etwas als Grundlage, Voraussetzung für etwas nehmen:* eine Theorie auf einer Annahme a.; die Anklage wurde auf diesem Gutachten aufgebaut; alles ist auf Schwindel aufgebaut. **b)** ⟨etwas baut auf etwas auf⟩ *etwas fußt, gründet sich auf etwas:* diese Lehre baut auf der Beobachtung auf, daß ...; seine Darstellung der Epoche baut auf ganz neuen Quellen auf. **c)** ⟨etwas baut sich auf etwas auf⟩ *etwas fußt, gründet sich auf etwas:* mein Plan baut sich auf folgenden Erwägungen auf. **3.** ⟨jmdn. a.⟩ *an jmds. Aufstieg arbeiten, jmdn. auf etwas vorbereiten:* einen Sänger, einen Sportler a.; die Partei will ihn als Regierungschef a. **4.** ⟨etwas baut sich auf⟩ *etwas entsteht, bildet sich:* ein neues Hochdruckgebiet baut sich auf; dieser Stoff baut sich aus folgenden Elementen auf *(setzt sich aus ihnen zusammen).* **5.** (ugs.) **a)** ⟨sich a.; mit Raum- oder Artangabe⟩ *sich irgendwo, in einer bestimmten Haltung aufstellen:* er baute sich an der Mauer, vor ihm auf; die Soldaten bauten sich der Größe nach auf. **b)** ⟨sich a.⟩ *strammstehen:* die Ordonnanz baute sich auf und salutierte.

aufbäumen: *sich ruckartig hoch aufrichten:* die Pferde bäumten sich auf; der Verwundete hatte sich noch einmal aufgebäumt und war dann zusammengebrochen; übertr.: *sich auflehnen, sich empören:* sein Stolz bäumte sich auf; das Volk bäumte sich gegen sein Schicksal auf.

aufbauschen: 1. (geh.) **a)** ⟨etwas bauscht etwas auf⟩ *etwas bläht etwas auf:* der Wind bauscht die Segel auf. **b)** ⟨etwas bauscht sich auf⟩ *etwas bläht sich auf:* die Segel, die Röcke bauschten sich auf. **2.** (abwertend) **a)** ⟨etwas a.⟩ *einer Sache mehr Bedeutung beimessen, als ihr zukommt; übertreibend vergrößern:* eine Kleinigkeit unnötig a.; der Vorfall wurde zu einem Skandal aufgebauscht. **b)** ⟨etwas bauscht sich auf⟩ *etwas nimmt unvorhergesehene Ausmaße an:* die Angelegenheit bauscht sich [zu einer Krise] auf.

aufbegehren (geh.): *sich auflehnen:* dumpf a.; er begehrte gegen sein Schicksal a.; niemand wagte dagegen aufzubegehren.

aufbehalten ⟨etwas a.⟩: *nicht abnehmen:* den Hut a.; er behielt seine Mütze auf.

aufbekommen (ugs.) ⟨etwas a.⟩: **1.** *öffnen [können]:* die Tür, eine Konservendose nicht a. **2.** *ganz aufessen [können]:* das Kind bekommt die Suppe nicht auf; ich habe alles aufbekommen. **3.** *zur Erledigung bekommen:* die Schüler haben für morgen 5 Rechenaufgaben aufbekommen. * **den Mund nicht aufbekommen** *(maulfaul sein).*

aufbereiten ⟨etwas a.⟩: *vorbereiten, geeignet machen:* ein Material a.; Trinkwasser a.; die Erze, Salze werden aufbereitet *(von unerwünschten Bestandteilen geschieden);* Statistiken, Zahlenwerte, Belege a. *(auswerten).*

aufbessern ⟨etwas a.⟩: *verbessern:* den Lohn, die Renten a.; die Kantine hat den Speisezettel aufgebessert; seine Kenntnisse a.

aufbewahren ⟨etwas a.⟩: *in Verwahrung nehmen, sorgsam hüten, aufheben:* Briefe sorgfältig, gut, heimlich, zum Andenken, für die Nachwelt a.; Wertsachen, Geld a.; würdest du meine Uhr [für mich] a.?; die Medikamente sind kühl aufzubewahren *(zu lagern).*

aufbieten: 1. ⟨etwas a.⟩ *aufwenden, sich einer Sache bedienen:* alle Kräfte, seinen ganzen Verstand, seinen Einfluß a.; ich habe meine ganze Überredungskunst aufgeboten, um ihn zu überzeugen. **2.** ⟨jmdn., etwas a.⟩ *für die Erledigung einer Aufgabe einsetzen:* Militär, Polizei a.; ein Heer von Bediensteten war aufgeboten worden; Soldaten a. (veraltet; *zu den Waffen rufen).* **3.** ⟨jmdn. a.⟩ *die beabsichtigte Heirat eines Paares öffentlich bekanntgeben:* ein Brautpaar a.; sind die beiden schon aufgeboten?

Aufbietung, die ⟨in Verbindung mit bestimmten Präp.⟩ *Aufwendung, besondere Anspannung:* unter, mit A. aller Kräfte gelang es.

aufbinden: 1. ⟨etwas a.⟩ *Zugebundenes lösen: öffnen:* die Schnürsenkel, eine Schleife, die Schürze a.; die Frau band ihr Haar auf; ⟨jmdm., sich etwas a.⟩ ich mußte mir die Krawatte a. **2.** ⟨etwas a.⟩ *hochbinden:* Reben, die Heckenrosen a. **3.** (ugs.; abwertend) ⟨jmdm. etwas a.⟩ *weismachen:* er hat ihm eine Lüge aufgebunden; ich lasse mir diese Geschichte nicht a. * (ugs.:) **jmdm. einen Bären aufbinden** *(jmdm. etwas Unwahres so erzählen, daß er es glaubt).*

aufblähen: 1. (geh.) ⟨sich, etwas a.⟩ *[durch Luft] rund, prall machen:* Hülsenfrüchte blähen den Leib auf; ihre Nasenflügel blähten sich triumphierend auf; übertr.: *in unangemessener Weise vergrößern:* den Beamtenapparat, eine Abteilung a. **2.** (abwertend) ⟨sich a.⟩ *sich wichtig tun:* bläh dich nicht so auf!

aufblasen: 1. ⟨sich, etwas a.⟩ *durch Hineinblasen rund, prall machen; anschwellen lassen:* ein Luftkissen, einen Ball [mit dem Mund] a.; er bläst ständig die Backen auf; der Frosch blies sich auf. **2.** (ugs.; abwertend) ⟨sich a.⟩ *sich wichtig tun:* blas dich nicht so auf!; so ein aufgeblasener *(eingebildeter)* Kerl!

aufbleiben: 1. ⟨etwas bleibt auf⟩ *etwas bleibt offen:* die Büchse bleibt auf; die Tür ist die ganze Nacht über aufgeblieben. **2.** *nicht zu Bett gehen:* die halbe Nacht a.; die Kinder sind viel zu lange aufgeblieben.

aufblenden: 1. ⟨etwas blendet auf⟩ *etwas scheint mit voller Lichtstärke:* die Scheinwerfer, die Lampen blenden auf. **2.** ⟨etwas a.⟩ *auf volle Lichtstärke, auf Fernlicht einstellen:* der Fahrer blendete die Scheinwerfer auf, raste mit aufgeblendeten Scheinwerfern durch die Stadt; ⟨ohne Akk.⟩ der Wagen blendete auf *(schaltete das Fernlicht ein).* **3.** (Phot.) ⟨[etwas] a.⟩ *durch Größerstellen der Blende den Eintritt des Lichtes vergrößern:* stärker, auf Blende 4 a. **4.** (Film) **a)** ⟨[etwas] a.⟩ *eine Aufnahme, eine Einstellung beginnen:* eine Szene a.; bitte aufblenden! **b)** ⟨etwas blendet auf⟩ ein *Film[ausschnitt] beginnt zu laufen:* eine Szene aus dem alten Film blendete auf.

aufblicken: 1. *den Blick nach oben, in die Höhe richten:* erstaunt, verwirrt, erschrocken a.; sie blickte besorgt zu den Wolken auf; die Schüler wagten es nicht, aufzublicken. **2.** ⟨zu jmdm. a.⟩ *bewundernd verehren:* ehrfürchtig, gläubig zu jmdm. a.

aufblitzen ⟨etwas blitzt auf⟩: **a)** *etwas leuchtet kurz, wie ein Blitz auf:* eine Taschenlampe, Mündungsfeuer blitzt auf; die Chromteile blitzten in der Sonne auf. **b)** *etwas taucht plötzlich auf:* eine Idee, eine Erinnerung blitzte in ihm auf.

aufblühen: 1. ⟨etwas blüht auf⟩ *etwas entfaltet sich blühend:* die Blumen sind aufgeblüht; bildl. (dichter.): neue Hoffnung blühte in ihm auf; übertr. (geh.): die blassen Wangen des Mädchens blühten [rot] auf *(wurden rosig).* **2. a)** ⟨etwas blüht auf⟩ *etwas nimmt Aufschwung:* das Land, der Handel blühte auf; die aufblühende Industrie. **b)** *aufleben:* er blüht allmählich wieder auf.

aufbrauchen ⟨etwas a.⟩: *bis auf den letzten Rest verbrauchen:* sein Geld, alle Ersparnisse a.; wir haben alle Vorräte aufgebraucht; meine Kräfte sind aufgebraucht.

aufbrausen: 1. ⟨etwas braust auf⟩ *etwas steigt brausend nach oben:* das Brausepulver braust auf; übertr.: Jubel brauste auf. **2.** *plötzlich in Zorn geraten und seiner Erregung Ausdruck geben:* schnell, leicht a.; er ist immer gleich aufgebraust; ein aufbrausendes Wesen haben.

aufbrechen: 1. ⟨etwas a.⟩ **a)** *durch das Zerbrechen von etwas gewaltsam öffnen:* ein Schloß, die Tür, ein Auto, einen Verkaufsstand a.; er brach die Kiste mit einem Stemmeisen auf; den Asphalt, den Straßenbelag a. *(durchbohren und auseinanderbrechen).* **b)** (geh.) *[ohne Sorgfalt] öffnen:* einen Brief, eine Depesche a. **c)** (Jägerspr.) *ausweiden:* Wild a. **2.** ⟨etwas bricht auf⟩ **a)** *etwas bricht auseinander, öffnet sich:* die Knospen brechen auf; die Wunde, das Geschwür ist wieder aufgebrochen; die Straßendecke war an verschiedenen Stellen aufgebrochen. **b)** (geh.) *etwas tritt hervor, ist plötzlich da:* ein Gegensatz war zwischen ihnen aufgebrochen; in ihr brach eine Erinnerung, eine Sehnsucht auf. **3.** *einen Ort verlassen:* in aller Frühe, heimlich, pünktlich, überstürzt a.; sie sind zu einer Expedition, nach Afrika aufgebrochen; subst.: es ist Zeit zum Aufbrechen.

aufbringen: 1. ⟨etwas a.⟩ *beschaffen, auftreiben:* Geld, die notwendigen Mittel, die Kosten für den Unterhalt a.; sie kann die Miete nicht mehr a.; übertr.: Kraft, Energie, den Mut zu etwas, den nötigen Humor a.; er hat das Verständnis dafür nicht aufgebracht. **2.** (ugs.) ⟨etwas a.⟩ *öffnen [können]:* ich bringe die Tür, das Schloß nicht auf. **3.** ⟨etwas a.⟩ *in Umlauf setzen:* ein Gerücht, ein Schlagwort, eine Mode a.; wer hat denn nur diesen Schwindel aufgebracht? **4. a)** ⟨jmdn. a.⟩ *wütend machen:* der geringste Anlaß bringt ihn auf; er war darüber, durch diesen Vorfall sehr aufgebracht. **b)** ⟨jmdn. gegen jmdn. a.⟩ *aufwiegeln:* er versucht, ihn gegen seine Eltern aufzubringen; man brachte die Massen gegen die Regierung auf. **5.** (Seemannsspr.) ⟨etwas a.⟩ *kapern:* feindliche Schiffe a.; der Tanker wurde auf hoher See aufgebracht. **6.** (veraltend) ⟨jmdn. a.⟩ *großziehen:* ein Kind, Junge a. **7.** (selten) ⟨etwas a.⟩ *auf, an etwas bringen:* Farben a.; Creme auf das Gesicht a. *(auftragen).*

Aufbruch, der: **1.** *das Aufbrechen:* ein eiliger, verspäteter A.; der A. zur Jagd vollzog sich reibungslos; den A. verschieben; im A. begriffen sein; wir befanden uns im A.; zum A. rüsten, drängen, mahnen; er gab das Zeichen zum A. **2.** *aufgebrochene Stelle:* ein A. im Gestein; die durch Wasser und Frost entstandenen Aufbrüche auf der Autobahn beseitigen. **3.** *das Erwachen, Erhebung:* der A. des Volkes im Jahre 1813; Afrika im A. **4.** (Jägerspr.) *Eingeweide des Wildes.*

aufbrühen (landsch.) ⟨etwas a.⟩: *durch Übergießen mit kochendem Wasser bereiten:* Kaffee, Tee a.

aufbrummen: 1. (ugs.) ⟨jmdm. etwas a.⟩ *als Strafe auferlegen:* der Lehrer brummte den Schülern eine Strafarbeit auf; sie haben ihm 2 Jahre aufgebrummt. **2.** (Seemannsspr.) *auf Grund geraten:* das Schiff brummte auf; wir sind aufgebrummt.

aufbürden ⟨jmdm., sich etwas a.⟩: *eine Bürde auferlegen:* jmdm. eine Schuld, die ganze Last der Verantwortung a.; ich habe mir zuviel aufgebürdet.

aufdämmern (geh.): **a)** ⟨etwas dämmert auf⟩ *etwas beginnt hell, sichtbar zu werden:* der Tag dämmert im Osten auf; bildl.: ein Hoffnungsschimmer dämmerte auf. **b)** ⟨etwas dämmert in jmdm. auf⟩ *etwas kommt jmdm. allmählich zu Bewußtsein:* ein Verdacht, ein Gedanke dämmerte in ihm auf.

aufdecken: 1. a) ⟨etwas a.⟩ *auflegen:* das Tischtuch a. **b)** ⟨[etwas] a.⟩ *decken:* den Tisch a.; die Mutter hat schon aufgedeckt. **2.** ⟨etwas a.⟩ *offen hinlegen:* die Karten a.; bildl.: er hat seine Karten noch nicht aufgedeckt *(seine Absichten noch nicht erkennen lassen).* **3. a)** ⟨etwas a.⟩ *ab-, herunternehmen:* das Leinentuch vor der Operation a. **b)** ⟨etwas a.⟩ *die Decke vom Bett zurückschlagen:* das Bett a.; das Zimmermädchen hatte das Bett bereits aufgedeckt. **c)** ⟨sich a.⟩ *die Bettdecke wegschieben, so daß man nicht mehr ganz zugedeckt ist:* das Kind hatte sich aufgedeckt. **4.** ⟨etwas a.⟩ *offenbar machen, enthüllen:* Mißstände, eine Verschwörung, ein Verbrechen a.; wir haben den Betrug aufgedeckt.

aufdonnern (ugs.; abwertend) ⟨sich a.⟩: *sich übertrieben zurechtmachen, auffallend kleiden:* seine Frau donnert sich immer fürchterlich auf; ein aufgedonnertes junges Mädchen.

aufdrängen: 1. ⟨jmdm. etwas a.⟩ *nötigen, etwas anzunehmen:* jmdm. eine Ware, seine Ansichten a.; er hat mir seine Begleitung förmlich aufgedrängt. **2.** ⟨sich jmdm. a.⟩ *sich unaufgefordert* *zugesellen, seine Dienste anbieten:* er drängt sich uns auf; allen Leuten hat er sich als Ratgeber aufgedrängt; ⟨auch ohne Dativ⟩ ich will mich nicht a. **3.** ⟨etwas drängt sich jmdm. auf⟩ *etwas ergibt sich für jmdn. zwangsläufig:* ein Gedanke, eine Ahnung, ein Verdacht drängte sich ihm auf; mir drängte sich die Frage auf, ob er nur wegen des Geldes gekommen war.

aufdrehen: 1. ⟨etwas a.⟩ **a)** *durch Drehen öffnen:* einen Verschluß, den Wasserhahn, die Ventile a. **b)** *lauter stellen:* das Radio a. **c)** (südd., östr.) *an-, einschalten:* das Licht, die Lampe a. **d)** (landsch.) *aufziehen:* ein Spielzeug a. **2.** (ugs.) *Gas geben,* die *Fahrt beschleunigen:* auf der Autobahn mächtig, ordentlich, anständig a.; der Taxifahrer drehte auf; übertr.: *das Tempo, die Leistung steigern:* der Europameister dreht im Endspurt voll auf; in der zweiten Halbzeit hatte die Mannschaft noch einmal aufgedreht. **3.** (ugs.) *sehr lustig werden, in Stimmung kommen:* nach dem dritten Glas dreht er mächtig auf; sie ist heute sehr aufgedreht. * (ugs.:) **den Gashahn aufdrehen** *(sich durch Gas das Leben nehmen).*

aufdringlich: *sich aufdrängend, lästig:* eine aufdringliche Person; die Musik ist sehr a.; die Reklame wirkt a.

aufdrücken: 1. ⟨etwas a.⟩ *durch Drücken, durch Druck öffnen:* die Tür, das Fenster a.; ein Geschwür a. *(aufgehen lassen);* ⟨jmdm., sich etwas a.⟩ er drückte sich die Pickel auf. **2.** ⟨[etwas] a.⟩ *fest, mit starkem Druck aufsetzen:* die Feder, mit der Feder beim Schreiben zu sehr a.; du mußt stärker a. **3.** ⟨jmdm., einer Sache etwas a.⟩ *etwas auf jmdn., auf etwas drücken:* einem Schriftstück ein Siegel a.; der Schauspieler drückte sich einen Kranz auf *(auf den Kopf).* * **jmdm., einer Sache seinen Stempel aufdrücken** *(nach seiner Art prägen)* · (ugs.:) **jmdm. einen aufdrücken** *(einen Kuß geben).*

aufeinander ⟨Adverb⟩: **a)** *übereinander:* a. liegen, nicht stehen. **b)** *auf sich gegenseitig, einer auf den anderen:* a. angewiesen sein; a. losgehen; a. warten; sich a. einstellen.

Aufenthalt, der: **1.** *das Sichaufhalten:* der A. im Depot ist verboten; das war ein angenehmer A.; jmdm. den A. verschönern; den A. ausdehnen, beenden; bei meinem A. in München; nach längerem A. im Ausland kehrte er zurück; während meines Aufenthalts. **2.** *Unterbrechung, Verzögerung:* ich habe in Frankfurt zwei Stunden A.; wie lange hat der Zug hier A.?; ohne A. *(Halt)* durchfahren; im Hotel gab es einen kleinen A. (geh.). **3.** (geh.) *Aufenthaltsort:* Venedig ist ein schöner A.; ich kenne nicht seinen A. * (Papierdt.:) **Aufenthalt nehmen** ⟨mit Raumangabe⟩ *(sich einen Ort zum Bleiben auswählen):* er nahm in Berlin A.

auferlegen (geh.) ⟨jmdm., sich etwas a.⟩: *als Aufgabe, Bürde übertragen:* jmdm. Lasten, eine schwere Pflicht, eine Buße, eine Strafe a.; dem Volk wurden neue Steuern auferlegt; er erlegte ihm einen Eid auf/(seltener:) er auferlegte ihm einen Eid; sich keinen Zwang a. *(sich zwanglos geben).*

auffahren: 1. ⟨auf etwas a.⟩ *auf, gegen etwas fahren:* der Lastwagen fuhr auf den Pkw auf; das Schiff ist auf das Riff aufgefahren. **2.** *an den Davorfahrenden heranfahren:* der Fahrer des Pkw war zu dicht aufgefahren. **3.** *an eine bestimmte Stelle gefahren kommen, vorfahren:* ständig fuhren Kutschen vor dem Portal auf; Panzer, Geschütze fahren auf *(gehen in Stellung);* auf dem Platz sind Polizisten mit Wasserwerfern aufgefahren. **4.** ⟨etwas a.⟩ *an eine bestimmte Stelle fahren und in Stellung bringen:* Geschütze a.; die Regierung ließ Panzer auffahren; übertr. (ugs.): *herbeischaffen, auftischen:* der Gastgeber ließ Sekt a. **5.** (Rel.) *in den Himmel aufsteigen:* Christus ist zu seinem Vater aufgefahren. **6.** *hochfahren, aufschrecken:* verstört, erschreckt, wie von der Tarantel gestochen (ugs.) a.; er fuhr aus dem Schlaf auf. **7.** *aufbrausen, zornig werden:* er fuhr verärgert auf; er hat ein auffahrendes Wesen. * (ugs.:) **schweres/grobes Geschütz auffahren** *([zu] starke Gegenargumente anführen, scharf entgegentreten).*

auffallen: 1. *die Aufmerksamkeit auf sich lenken, Aufsehen erregen; in Erscheinung treten:* sein Benehmen, seine Kleidung fiel auf; unangenehm, übel a.; nur nicht a.!; er fiel durch seinen Fleiß an der Schule auf; er fiel durch seine hohe Stimme/mit seiner hohen Stimme überall auf; es fällt allgemein auf, daß ...; auf fällt, daß ...; adj. Part.: *auffällig:* er ist eine auffallende Erscheinung; das Kleid ist zu auffallend; er ist auffallend *(sehr)* blaß. **2.** ⟨jmdm. a.⟩ *von jmdm. bemerkt werden:* die Ähnlichkeit ist mir gleich aufgefallen; es fiel mir auf, daß der Motor nicht gleichmäßig lief. **3.** ⟨gewöhnlich im 1. Part.⟩ *auftreffen:* die auffallenden Strahlen werden reflektiert.

auffällig: *die Aufmerksamkeit auf sich ziehend:* ein auffälliges Benehmen; in auffälliger Weise; er ist a. *(ungewöhnlich)* oft bei ihr; sich a. kleiden.

auffangen: 1. ⟨jmdn., etwas a.⟩ *im Fall, in einer Bewegung fassen, festhalten:* den Ball a.; der Hund fängt den Bissen auf; er konnte den Mann a. *(vor dem Sturz bewahren).* **2.** ⟨etwas a.⟩ *in etwas sammeln:* Regenwasser [in einer Wanne] a.; der Brennspiegel fängt die einfallenden Strahlen auf; bildl.: Flüchtlinge a. **3.** ⟨etwas a.⟩ **a)** *abfangen:* einen Sturz gerade noch a. können; er fing den Hieb [mit dem Arm] auf *(wehrte ihn ab);* bildl.: den Konjunkturrückgang a. *(abbremsen, stoppen).* **b)** *[zufällig] wahrnehmen:* einen Blick von jmdm. a.; ein Amateur hat den Funkspruch aufgefangen.

auffassen: a) ⟨etwas a.; mit Artangabe⟩ *in einer bestimmten Weise verstehen, auslegen:* eine Bemerkung falsch, wörtlich a.; er hat alles persönlich aufgefaßt. **b)** ⟨etwas a.⟩ *begreifen, verstehen:* einen Text schnell a.; er faßte alles richtig auf.

Auffassung, die: **1.** *Vorstellung von etwas, Meinung:* eine herkömmliche A.; das ist eine irrige A.; diese A. geht auf Kant zurück; diese A. wird nicht durchdringen; eine strenge, hohe A. von der Arbeit haben; eine A. vertreten; ich kann diese A. nicht teilen; eine A. bestätigt finden; eine A. erhärten; seine A. von einer Sache/über eine Sache vortragen, überprüfen, ändern; er entsprach meiner A.; an einer A. festhalten; nach meiner A. ...; meiner A. nach ...; was hat Sie zu dieser A. gebracht? **2.** (selten) *Auffassungsgabe:* er hat eine schwerfällige A.

auffinden ⟨jmdn., etwas a.⟩: *zufällig finden, entdecken:* die Toten, die Überreste wurden erst nach Jahren aufgefunden.

aufflackern ⟨etwas flackert auf⟩: *etwas leuchtet flackernd, zuckend auf:* das Feuer flackert auf; bildl.: in seinen Augen flackerte eine unheimliche Glut auf; übertr.: der Aufruhr flackerte wieder auf *(begann wieder aufzuleben).*

auffliegen: 1. *hoch- und wegfliegen:* die Tauben fliegen auf; Staubwolken flogen *(wirbelten)* auf. **2.** ⟨etwas fliegt auf⟩ *etwas öffnet sich schnell und heftig:* die Tür flog auf. **3.** (ugs.) ⟨etwas fliegt auf⟩ *etwas nimmt ein jähes Ende:* die Bande, das Unternehmen, der Schwindel ist aufgeflogen; eine Konferenz a. lassen *(ihr vorzeitiges Ende herbeiführen).*

auffordern: 1. ⟨jmdn. zu etwas a.⟩ *ersuchen, etwas zu tun:* jmdn. zur Teilnahme, zur Mitarbeit, zum Verlassen des Saals a.; er forderte ihn zum Sitzen auf; die Männer sind aufgefordert, sich zu ergeben. **2.** ⟨jmdn. a.⟩ *zum Tanz bitten:* eine Dame zum Tanz a.; er forderte die Tochter seines Chefs auf.

Aufforderung, die: *Ersuchen, etwas zu tun:* eine energische, versteckte, offizielle A.; an die Bevölkerung erging die A., sich ruhig zu verhalten; eine A. zur Zahlung von 50 Mark erhalten; einer A. folgen, nachkommen (geh.); auf meine A. hin ...; er half ohne A. *(von sich aus).* * (ugs.:) **das ist eine Aufforderung zum Tanz** *(das ist eine Herausforderung).*

auffressen: 1. ⟨jmdn., etwas a.⟩ *bis auf den letzten Rest fressen:* die Katze hat das Futter aufgefressen; (derb /von Personen/:) der Kerl hat doch wirklich alles aufgefressen!; bildl. (ugs.): jmdn. vor Liebe a. können *(überschwenglich lieben);* er fraß sie mit Blicken fast auf *(verschlang sie fast);* übertr.: der Krieg hatte seine Ersparnisse aufgefressen *(aufgebraucht).* **2.** (ugs.) ⟨etwas frißt jmdn. auf⟩ *etwas beansprucht jmdn. völlig:* die Arbeit frißt mich auf.

auffrischen: 1. ⟨etwas a.⟩ *wieder frisch, wieder neu machen:* die Politur, Möbel a.; übertr.: *wieder lebendig machen, aktivieren:* Erinnerungen, sein Gedächtnis a.; er hat seine englischen Kenntnisse aufgefrischt. **2.** ⟨etwas frischt auf⟩ *etwas wird stärker:* die Brise frischt auf; stark auffrischender Wind.

aufführen: 1. ⟨etwas a.⟩ **a)** *vor einem Publikum spielen:* ein Schauspiel, eine Oper a.; auf unserer Bühne, in unserem Theater werden auch moderne Dramatiker aufgeführt. **b)** *vollführen:* einen Ringkampf a. **2.** ⟨sich a.; mit Artangabe⟩ *sich in einer bestimmten Weise benehmen:* sich gut, übel, schlecht, bescheiden, höflich a.; er hat sich wie ein dummer Junge aufgeführt. **3.** ⟨jmdn., etwas a.⟩ *nennen, anführen:* jmdn. namentlich, als Zeugen a.; die in der Rechnung aufgeführten Posten prüfen. **4.** (geh.) ⟨etwas a.⟩ *errichten:* ein Gerüst, eine Mauer a. * (ugs.:) **einen Tanz aufführen** *(übertrieben heftig gegen etwas protestieren)* · (ugs.:) **Freudentänze aufführen** *(sich unbändig freuen).*

Aufführung, die: **1.** *das Spielen eines Stückes; Vorstellung:* eine gute, schlechte, gelungene, mittelmäßige A.; eine A. dieser Oper ist für den Winter vorgesehen; eine A. einstudieren, wiederholen, absagen; bei einer A. mitwirken; die Aufführungen waren nur schwach besucht. **2.** (geh.; selten) *Benehmen:* sie ärgerte sich über die schlechte A. ihrer Kinder. **3.** *das Nennen, Anführen:* die A. der Ausgaben im Jahresbericht. **4.** (geh.) *das Errichten:* die A. der Mauern dauerte sehr lange. * (Papierdt.:) **etwas zur Aufführung bringen** *(aufführen)* · (Papierdt.:) **etwas gelangt zur Aufführung** *(etwas wird aufgeführt):* das Stück gelangt in der nächsten Spielzeit zur A.

Aufgabe, die: **1. a)** *Auftrag; Verpflichtung:* eine leichte, schwere, schwierige A.; das ist eine dankbare, reizvolle, interessante, verantwortungsvolle A.; das ist nicht meine A. *(Pflicht, Obliegenheit);* wichtige Aufgaben stehen ihm bevor; auf ihn warten große Aufgaben; meine A. als Lehrer ist es ...; ich sehe es als meine A. an, die Öffentlichkeit zu unterrichten; eine A. übernehmen, bewältigen; er bekam, erhielt die A., das Geld zu beschaffen; er ist dieser A. nicht gewachsen; vor einer A. stehen; ich halte es für meine A., das Amt zu übernehmen; vor eine A. gestellt werden; er ist von seiner A. ganz erfüllt; ihm fällt die A. zu *(er soll),* den Schaden zu beseitigen; ich habe es mir zur A. gemacht *(als Ziel gesetzt),* die Vorurteile abzubauen. **b)** ⟨meist Plural⟩ *Schulaufgabe:* mündliche, schriftliche Aufgaben; Aufgaben [für den nächsten Montag, zum nächsten Montag] aufbekommen, aufhaben; die Kinder müssen noch ihre Aufgaben machen, erledigen. **c)** *Rechenaufgabe:* eine komplizierte A.; eine A. lösen. **2. a)** *das Aufgeben:* die A. des Gepäcks; die A. einer Annonce ist sehr teuer. **b)** *Auflösung:* die A. eines Haushalts; die Krise zwang ihn zur A. seines Geschäfts. **c)** *Niederlegung:* nach der A. seines Amtes. **d)** (Sport) *Abbruch des Wettkampfes:* das Handtuch zum Zeichen der A. in den Ring werfen.

aufgabeln (ugs.) ⟨jmdn. a.⟩: *treffen, kennenlernen [und irgendwohin mitnehmen]:* die Matrosen hatten zwei Mädchen aufgegabelt; wo hast du den aufgegabelt?

Aufgang, der: **1.** *das Aufgehen:* den A. der Gestirne, der Sonne beobachten. **2.** *aufwärtsführende Treppe:* das Haus hat zwei Aufgänge; bitte den A. am anderen Ende des Bahnsteigs benutzen!

aufgeben: 1. ⟨etwas a.⟩ *zur Weiterbeförderung, Weiterbearbeitung o. ä. jmdm. übergeben:* ein Brief, ein Telegramm, ein Gepäckstück a.; er gab ein Inserat auf; der Gast gab beim Ober seine Bestellung auf. **2.** ⟨jmdm. etwas a.⟩ *als Aufgabe stellen:* den Schülern Schularbeiten, ein Gedicht [zum Lernen] a.; er gab mir ein Rätsel auf; das Gericht hatte uns aufgegeben (geh.; *auferlegt*), die Wohnung zu räumen. **3. a)** ⟨etwas a.⟩ *nicht fortsetzen:* das Rauchen a. *(nicht mehr rauchen);* die Verfolgung, seinen Widerstand a.; er hat die Hoffnung noch nicht aufgegeben; ich gebe es auf, ständig darüber nachzudenken; Sport: *vorzeitig beenden:* den Kampf, das Rennen a.; ⟨auch ohne Akk.⟩ der Europameister gab auf. **b)** ⟨etwas a.⟩ *auf etwas verzichten, niederlegen:* einen Plan, Ansprüche, Grundsätze, liebe Gewohnheiten, eine Laufbahn a.; er gab sein Amt auf; der Arzt hat seine Praxis aufgegeben; einen Haushalt, eine Wohnung a. *(auflösen).* **c)** *nicht weitermachen, aufhören:* wir werden trotz aller Schwierigkeiten nicht a.; Sport: *den Wettkampf abbrechen:* der Boxer gab auf; nach dem Sturz mußte sie a. **4.** ⟨jmdn., sich, etwas a.⟩ *als verloren ansehen, abschreiben:* Bergsteiger, ein Schiff, ein Flugzeug a.; ich durfte mich nicht selbst a. **5.** (landsch.) ⟨etwas a.⟩ *auftun:* die Suppe a. * (geh.:) **seinen Geist aufgeben** *(sterben)* · **jmdm. Rätsel aufgeben** *(für jmdn. unbegreiflich sein):* der Fall gibt uns immer neue Rätsel auf.

aufgeblasen: → aufblasen.

Aufgebot, das: **1.** *öffentliche Bekanntmachung einer beabsichtigten Eheschließung:* das A. hängt aus; das A. bestellen. **2.** (selten) *Aufforderung, Aufruf:* das Gericht erließ ein A. an die Nachlaßgläubiger. **3.** (veraltend) *Aufbietung, Anspannung:* unter A., mit dem A. der letzten Kräfte. **4.** *das Aufgebotene:* ein starkes A. von Polizeikräften riegelte den Platz ab; das deutsche A. wurde von den Kunstturnern angeführt; mit einem gewaltigen A. an Menschen und Material.

aufgebracht: → aufbringen.

aufgedonnert: → aufdonnern.

aufgedreht: → aufdrehen.

aufgedunsen: *ungesund aufgequollen:* ein aufgedunsenes Gesicht; sein Leib war a.; seine Züge sahen vom vielen Trinken a. aus.

aufgehen: **1.** ⟨etwas geht auf⟩ *etwas tritt hervor, erscheint am Horizont:* die Sonne, der Mond geht auf; ein neuer Morgen war über dem Tal aufgegangen (dichter.). **2.** ⟨etwas geht auf⟩ *etwas öffnet sich:* die Tür geht immer wieder auf; das Fenster geht schwer auf *(läßt sich schwer öffnen);* der Vorhang ging auf, und die Vorstellung begann; das Geschwür, die Unterlippe ist aufgegangen *(aufgeplatzt);* das Weckglas ist aufgegangen *(ist nicht mehr dicht);* der Schnürsenkel, ein Knopf ist aufgegangen; der Fallschirm ging nicht auf *(öffnete, entfaltete sich nicht);* die Knospen, die Blüten gehen auf. **3.** ⟨etwas geht auf⟩ **a)** *etwas keimt auf, kommt hervor:* die Saat geht auf; die Radieschen sind nicht aufgegangen; die Pocken gehen auf *(die Impfung verläuft positiv).* **b)** (geh.) ⟨etwas geht in jmdm. auf⟩ *etwas entsteht in jmdm.:* eine Ahnung, Hoffnung ging in ihm auf. **4.** ⟨etwas geht auf⟩ *etwas geht in die Höhe, dehnt sich aus:* der Teig geht auf; der Kuchen ist nicht aufgegangen. **5.** ⟨etwas geht jmdm. auf⟩ *etwas kommt jmdm. zu Bewußtsein, wird jmdm. klar:* ihm ging eine neue Welt auf; der Sinn seiner Worte ging ihr nicht auf; mir war noch nicht aufgegangen, was es bedeuten sollte. **6.** ⟨etwas geht auf⟩ *nichts bleibt von etwas übrig:* alle geraden Zahlen gehen durch 2 geteilt auf; diese Aufgabe geht nicht, ohne Rest auf; die Patience geht auf. **7.a)** ⟨in jmdm., in etwas a.⟩ *sich ganz widmen, eins werden:* in der Familie, in den Kindern, im Beruf a.; er wollte nicht in der Masse a.; die kleineren Betriebe gingen in den großen auf *(wurden von ihnen geschluckt).* **b)** ⟨etwas geht in etwas auf⟩ *etwas löst sich in etwas auf:* in blauen Dunst a.; das Pulver geht in duftenden Schaum auf. **8.** (Jägerspr.) ⟨etwas geht auf⟩ *die Jagd beginnt nach der Schonzeit von neuem:* die Jagd auf Rehe geht auf. * (geh.:) **jmds. Stern geht auf/ist im Aufgehen** *(jmd. ist auf dem Wege, bekannt, berühmt zu werden)* · (geh.:) **mit jmdm. geht ein neuer Stern auf** *(jmd. tritt als Könner auf einem Gebiet hervor)* · (dichter.:) **jmdm. geht das Herz auf** *(etwas erhebt jmdn.)* · (ugs.:) **wie ein Hefekloß/Pfannkuchen aufgehen** *(dick, korpulent werden)* · (ugs.:) **jmdm. geht ein Licht/ein Seifensieder auf; jmdm. gehen die Augen auf** *(jmd. versteht, durchschaut plötzlich etwas)* · **die Rechnung geht [nicht] auf** *(etwas führt [nicht] zu dem gewünschten Ergebnis)* · (geh.:) **etwas geht in [Rauch und] Flammen auf** *(etwas verbrennt völlig, wird durch Feuer zerstört).*

aufgeklärt: *frei von Aberglauben oder Vorurteilen:* er ist ein aufgeklärter Geist; im aufgeklärten 20. Jahrhundert.

aufgeknöpft (ugs.): *zugänglich, mitteilsam:* der Chef war, wirkte sehr a.

aufgelegt ⟨in den Verbindungen⟩ **aufgelegt sein** ⟨mit Artangabe⟩ *(in bestimmter Weise gelaunt sein):* er war schlecht a.; sie fühlte sich heute glänzend a.; ⟨auch attributiv⟩ der gut aufgelegte Australier gewann den ersten Satz · **zu etwas aufgelegt sein** *(in der Stimmung sein, etwas zu tun):* zum Feiern, zu Streichen a. sein; sie war nicht a., an dem Empfang teilzunehmen · (ugs.:) **aufgelegter Schwindel** *(offenkundiger Betrug).*

aufgelöst: *außer sich, durcheinander:* seine Frau war ganz a.; ich bin vor Hitze völlig a.

aufgeräumt: *munter, gutgelaunt:* in aufgeräumter Stimmung; er wurde noch aufgeräumter.

aufgeschlossen: *offen, empfänglich, interessiert:* ein aufgeschlossener Mensch; sie machte einen aufgeschlossenen Eindruck; für politische Probleme a. sein.

aufgeschmissen (ugs.): *hilflos, verloren:* wenn er uns nicht hilft, sind wir a.; ohne ihn bin ich a.

aufgeschossen: → aufschießen.

aufgeweckt: *von rascher Auffassungsgabe:* ein aufgewecktes Kind; der Schüler ist sehr a.

aufgießen ⟨etwas a.⟩: **a)** *aufbrühen:* Kaffee, Tee a. **b)** *auf, über etwas gießen:* sie goß langsam das kochende Wasser auf.

aufgliedern: *gliedernd aufteilen:* die Studentenschaft soziologisch, in bestimmte Gruppen a.

aufgreifen: **1.** ⟨jmdn. a.⟩ *jmdn., der umherstreift, festnehmen:* einen Dieb a.; einige Gammler wurden von der Streife aufgegriffen. **2.** ⟨etwas a.⟩ *aufnehmen, sich wieder mit etwas befassen:* einen Gedanken, einen Plan, den Faden der Erzählung a.; die Presse hat den Fall aufgegriffen.

aufgrund: → Grund.

aufhaben (ugs.): **1.** ⟨etwas a.⟩ *aufgesetzt haben:* den Hut a.; er hat seine Brille nicht auf. **2.** *geöffnet haben:* den Mund a.; das Fenster ein wenig a. *(offenstehen haben);* eine Verschnürung, eine Kiste a.; der Bäcker hat seinen Laden noch auf; ⟨auch ohne Akk.⟩ die Post hat nicht mehr auf. **3.** ⟨etwas a.⟩ *zu erledigen haben:* viel, wenig a.; haben wir etwas in Latein auf? **4.** ⟨etwas a.⟩ *aufgegessen haben:* das Kind hat den Brei noch nicht auf.

aufhalsen (ugs.) ⟨jmdm., sich etwas a.⟩: *mit etwas belasten:* er halst den anderen alle Arbeiten auf; da habe ich mir etwas Schönes aufgehalst.

aufhalten: **1.** (ugs.) ⟨etwas a.⟩ *geöffnet halten; offenhalten:* die Hände, einen Sack a.; ⟨jmdm. etwas a.⟩ er hielt ihm die Tür auf. **2.** ⟨sich a.; mit Raumangabe⟩ *irgendwo sein, vorübergehend leben:* sich zu Hause, im Ausland a.; wo hält er sich zur Zeit auf? **3.a)** ⟨jmdn., etwas a.⟩ *bewirken, daß jmd., etwas nicht mehr vorankommt:* einen Fliehenden, die scheuenden Pferde a.; ich bin im Büro aufgehalten worden; den Vormarsch des Feindes a. *(zum Stillstand bringen)*; die Katastrophe, eine Entwicklung nicht mehr a. *(verhindern, abwenden)* können; er hält nur den ganzen Betrieb auf *(wirkt hemmend)*. **b)** ⟨sich mit jmdm., mit etwas a.⟩ *zu ausführlich befassen:* der Lehrer kann sich mit einem Schüler nicht a.; wir haben uns mit diesen Fragen zu lange aufgehalten. **4.** ⟨sich über jmdn., über etwas a.⟩ *sich aufregen:* sich über jmds. Benehmen a.; du brauchst dich nicht darüber aufzuhalten. * (ugs.:) **kaum die Augen aufhalten können** *(sich kaum wachhalten können)* · (ugs.:) **Augen und Ohren aufhalten** *(aufmerksam etwas verfolgen)*.

aufhängen: 1. ⟨etwas a.⟩ *etwas auf etwas hängen:* den Hut, den Mantel a.; die Mutter hängte die Wäsche zum Trocknen auf; er hat das Bild aufgehängt; den Hörer a.; ⟨auch ohne Akk.⟩ sie hat aufgehängt *(das Telephongespräch beendet)*. **2.** ⟨jmdn., sich a.⟩ *erhängen:* sie hängten die Mörder [an einem Baum] auf; er hat sich auf dem Boden, mit der Wäscheleine aufgehängt. **3.** (ugs.; landsch.; abwertend) ⟨jmdm. etwas a.⟩ **a)** *andrehen:* der Kaufmann hat ihm erfrorene Kartoffeln aufgehängt. **b)** *etwas Unwahres erzählen:* wer hat dir diese Geschichte aufgehängt? **b)** *aufbürden:* der Chef hat ihm eine neue Arbeit aufgehängt.

aufheben: 1.a) ⟨jmdn., etwas a.⟩ *[vom Boden] hochnehmen:* einen Stein, den Handschuh a.; sie hoben den reglosen Körper auf. **b)** (geh.; veraltend) ⟨sich a.⟩ *aufstehen:* er hob sich ächzend [vom Boden] auf. **2.** ⟨etwas a.⟩ *in die Höhe heben:* beim Schwören die Hand a.; die Schüler wagten nicht, den Kopf aufzuheben; die Augen zum Himmel a. (geh.; *richten*). **3.** ⟨etwas a.⟩ *aufbewahren:* einen Gegenstand sicher, gut, im Schreibtisch a.; Briefe zur Erinnerung a.; der Bäcker hat mir/für mich ein Brot aufgehoben *(zurückgelegt)*; diese Besichtigung hebe ich mir für später auf *(behalte ich mir für später vor)*. **4.a)** ⟨etwas a.⟩ *nicht länger bestehen lassen:* die Sitzung, die Belagerung a. *(beenden)*; die Absperrung, die Zensur, den Visumzwang a. *(beseitigen)*; die Todesstrafe a. *(abschaffen)*; ein Gesetz, ein Urteil, die Verlobung a. *(für ungültig erklären)*; dadurch wird der Widerspruch aufgehoben *(aufgelöst)*; Redensart: aufgeschoben ist nicht aufgehoben. **b)** ⟨etwas hebt sich auf⟩ *etwas gleicht sich aus:* 10 gegen 10 hebt sich auf. **5.** (veraltet) ⟨jmdn. a.⟩ *gefangennehmen, festsetzen:* eine Bande a. * (geh.:) **einen Stein gegen jmdn. aufheben** *(jmdn. zu Unrecht verurteilen)* · **die Tafel aufheben** *(offiziell das Zeichen zur Beendigung der Mahlzeit geben)* · **gut o. ä. aufgehoben sein** ⟨mit Raumangabe⟩ *(in guter Obhut sein)*: bei ihnen ist das Kind gut aufgehoben.

Aufheben ⟨in bestimmten Wendungen⟩ **viel Aufheben[s], kein Aufheben von etwas machen** *(einer Sache [k]eine große Bedeutung beimessen)* · **ohne jedes/ohne großes Aufheben** (geh.; *ohne irgendwelche, ohne große Umstände)* · **etwas ist nicht des Aufhebens wert** (geh.) *(etwas rechtfertigt nicht das Aufsehen, das es erregt)*.

aufheitern: 1. ⟨jmdn. a.⟩ *in eine heitere Stimmung versetzen:* es gelang ihm nicht, sie aufzuheitern. **2. a)** ⟨etwas heitert sich auf⟩ *etwas wird heiter:* die Stimmung heiterte sich auf; sein Gesicht hatte sich aufgeheitert. **b)** ⟨etwas heitert auf⟩ *etwas wird schön, klar:* das Wetter, der Himmel heitert auf; Vorhersage: allmählich aufheiternd.

aufhellen: 1. ⟨etwas a.⟩ **a)** *heller machen:* ein Bild, das Haar a.; bildl.: die Stimmung aufzuhellen *(aufzuheitern)* versuchen. **b)** *Klarheit in etwas bringen:* jmds. Vergangenheit, Zusammenhänge, ein Verbrechen a. **2.** ⟨etwas hellt sich auf⟩ **a)** *etwas wird heller:* der Himmel, das Wetter hellt sich auf; bildl.: seine Miene hatte sich aufgehellt. **b)** *etwas wird klar, durchschaubar:* das Rätsel hellt sich auf.

aufhetzen: a) ⟨jmdn. a.⟩ *aufwiegeln:* das Volk, die Parteien gegeneinander a. **b)** ⟨jmdn. zu etwas a.⟩ *durch Hetze zu etwas bewegen:* er hat die Matrosen zur Meuterei aufgehetzt.

aufholen: 1.a) ⟨etwas a.⟩ *gutmachen, wiedereinbringen:* der Dampfer, der Zug hat die Verspätung aufgeholt; wir müssen den Zeitverlust, den Rückstand a. **b)** *den Vorsprung eines anderen verringern:* der finnische Läufer holt zusehends, mächtig auf. **2.** (Seemannsspr.) ⟨etwas a.⟩ *nach oben holen, in die Höhe ziehen:* den Anker, die Segel a.

aufhorchen: *plötzlich aufmerksam werden:* argwöhnisch a.; er horchte auf, als er die Summe hörte; der Appell ließ die Welt a.

aufhören: a) ⟨etwas hört auf⟩ *etwas endet:* der Regen hört auf; es hat aufgehört zu schneien; an dieser Stelle hört der Weg auf; da hört die Gemütlichkeit, der Spaß auf (ugs.; *jetzt wird es ernst*). **b)** *eine Tätigkeit nicht fortsetzen, einstellen, beenden:* am nächsten Ersten [mit der Arbeit] a.; hör doch endlich mit dem Geschrei auf!; er hört auf zu spielen; aufhören! *(Schluß machen!)*. * (ugs.:) **da hört [sich] doch alles auf** *(nun ist's aber genug)*.

aufkaufen ⟨etwas a.⟩: *den Gesamtbestand von etwas, in großen Mengen kaufen:* Getreide, Aktien, eine Sammlung a.

aufklaren: 1. ⟨etwas klart auf⟩ *etwas wird klar, sonnig:* der Himmel, das Wetter hat aufgeklart. **2.** (Seemannsspr.) ⟨etwas a.⟩ *aufräumen, in Ordnung bringen:* das Deck a.

aufklären /vgl. aufgeklärt/: **1.** ⟨etwas klärt sich auf⟩ *etwas wird klar, sonnig:* das Wetter, der Himmel klärt sich auf; (ugs.; scherzh.:) es klärt sich auf zum Wolkenbruch; bildl.: seine Miene, sein Gesicht klärte *(heiterte)* sich auf. **2.a)** ⟨etwas a.⟩ *Klarheit in etwas bringen, entwirren, auflösen:* ein Flugzeugunglück, ein Verbrechen, einen Fall a.; er klärte den Widerspruch, den Irrtum auf; militär.: Truppenansammlungen, feindliche Stellungen a. *(auskundschaften)*. **b)** ⟨etwas klärt sich auf⟩ *etwas wird klar, löst sich auf:* ein Mißverständnis klärt sich auf; es hat sich alles aufgeklärt. **3.** ⟨jmdn. a.⟩ *jmdn. über etwas unterrichten:* jmdn. über den wahren Sachverhalt a.; die Bevölkerung [politisch] a.; Kinder [über geschlechtliche Fragen, sexuell] a.; sie ist noch nicht aufgeklärt.

Aufklärung, die: **1.** *Klarstellung, Klärung, Auflösung:* die A. eines Flugzeugabsturzes; das Verbrechen steht kurz vor der A., hat noch keine A. gefunden (Papierdt.; *ist noch nicht aufgeklärt worden*); militär.: die A. *(Auskundschaftung)* ergab starke Truppenkonzentrationen.

2. *Aufschluß, Auskunft, Unterrichtung:* A. von jmdm. verlangen; jmdm. A. geben; A. erhalten; ich werde mir A. verschaffen; ich bitte um sofortige A.; die [sexuelle] A. der Jugendlichen. 3. *von Rationalismus und Fortschrittsglauben bestimmte geistige Bewegung des 18. Jahrhunderts:* das Zeitalter der A.

aufkleben ⟨etwas a.⟩: *etwas auf etwas kleben:* ein Etikett a.; du mußt noch die Briefmarke [auf den Brief] a.

aufknöpfen /vgl. aufgeknöpft/ ⟨etwas a.⟩: *etwas Zugeknöpftes öffnen:* das Hemd, den Mantel a.; ⟨jmdm., sich etwas a.⟩ ich knöpfe mir die Weste auf.

aufknoten ⟨etwas a.⟩: *den, die Knoten an etwas aufmachen:* eine Schnur, ein Paket a.

aufkommen: 1. a) (veraltend) *auf die Beine kommen, aufstehen:* das Pferd kam von allein nicht auf. **b)** *gesund werden:* es ist fraglich, ob er noch einmal aufkommt. **2.** ⟨etwas kommt auf⟩ *etwas entwickelt sich, bildet sich aus, entsteht:* Wind, Nebel kommt auf; keiner wußte, wie das Gerücht aufgekommen war; Zweifel, Wünsche kamen in ihr auf; es wollte keine rechte Stimmung a.; ich sage das, um keine Mißverständnisse a. zu lassen; er ließ keine Vertraulichkeit a.; in diesem Jahr kam das Fernsehen, die Minimode auf. **3.** (landsch.) ⟨etwas kommt auf⟩ *etwas wird entdeckt:* der Schwindel kommt bestimmt auf; es ist alles aufgekommen. **4.** (selten) ⟨etwas kommt auf⟩ *etwas wird aufgebracht, kommt zusammen:* aus der Sammlung ist viel Geld aufgekommen. **5.** ⟨für jmdn., für etwas a.⟩ *einstehen, bürgen, Ersatz leisten:* die Firma muß für den Schaden, für den Verlust a.; die Eltern kommen für ihre Kinder auf. **6. a)** ⟨gegen jmdn., gegen etwas a.⟩ *etwas gegen jmdn., gegen etwas tun können, sich durchsetzen:* wie willst du gegen ihn a.?; die Bevölkerung kommt gegen die Unterdrücker nicht auf. **b)** ⟨neben jmdm. a.⟩ *jmdm. gleichkommen:* er wollte niemanden neben sich a. lassen. **7.** (Sport) *aufholen:* der japanische Marathonläufer kam auf den letzten Kilometern stark auf. **8.** (Seemannsspr.) ⟨etwas kommt auf⟩ *etwas wird sichtbar, nähert sich:* das Schiff kommt schnell auf.

aufkrempeln ⟨etwas a.⟩: *hochkrempeln:* die Ärmel a.; ⟨jmdm., sich etwas a.⟩ ich habe mir das Hemd bei der Arbeit aufgekrempelt.

aufkündigen ⟨etwas a.⟩: *durch Kündigung für beendet, für ungültig erklären:* ein Arbeitsverhältnis, Tarifabkommen a.; übertr.: ⟨jmdm. etwas a.⟩ er hat mir die Freundschaft aufgekündigt.

auflachen: *ein Lachen hören lassen:* kurz, hell a.; sie lachte bei dem Gedanken auf.

aufladen: 1. a) ⟨etwas a.⟩ *etwas auf etwas laden:* Waren, Holz, Gepäck [auf einen Wagen] a. **b)** ⟨jmdm., sich etwas a.⟩ *auf den Rücken, auf die Schulter packen:* er lud sich den Koffer auf; übertr.: *aufbürden:* er hat mir alle Verantwortung aufgeladen. **2. a)** ⟨etwas a.⟩ *elektrisch laden:* eine Batterie a. **b)** ⟨etwas lädt sich auf⟩ *etwas lädt sich elektrisch:* die Zellen laden sich durch die Sonnenenergie auf.

Auflage, die: **1. a)** *etwas, was man auf etwas legt:* eine A. aus Schaumgummi für die Matratzen. **b)** *Schicht:* die Bestecke haben eine A. aus Silber. **2.** *Gesamtzahl der auf einmal gedruckten Exemplare:* wie hoch ist die A.?; die erste A. des Werkes ist vergriffen; die Zeitung hat eine A. von über einer Million; eine zweite, verbesserte A. vorbereiten; das Buch ist in riesigen Auflagen erschienen. **3.** (Amtsdt.) *auferlegte Verpflichtung, Bedingung:* jmdm. eine A. erteilen; er erhielt, hat die A., 200 Mark an das Rote Kreuz zu zahlen; die Mittel wurden mit der A. bereitgestellt, daß ...; man machte es ihm zur A., sich einmal wöchentlich zu melden.

auflassen: 1. (ugs.) ⟨etwas a.⟩ *geöffnet lassen:* die Tür, die Schublade a.; er ließ den Mantel auf. **2.** (ugs.) ⟨etwas a.⟩ *aufbehalten:* den Hut a. **3.** (ugs.) ⟨jmdn. a.⟩ *aufbleiben lassen:* Weihnachten lassen wir die Kinder länger auf. **4.** (ugs.) ⟨etwas a.⟩ *in die Höhe steigen lassen:* einen Drachen, Raketen a. **5.** (Rechtsw.) ⟨etwas a.⟩ *übereignen, übertragen:* ein Grundstück, ein Eigentumsrecht a. **6.** (landsch.) ⟨etwas a.⟩ *stilllegen:* einen Betrieb a.

auflauern ⟨jmdm. a.⟩: *auf jmdn. lauern:* er lauerte mir (nicht korrekt: mich) auf; er hat ihm auf dem Heimweg aufgelauert.

auflaufen: 1. *auf etwas laufen, aufprallen:* der Dampfer ist [auf ein Riff] aufgelaufen; er lief auf seinen Vordermann auf. **2.** ⟨sich (Dativ) etwas a.⟩ *wundlaufen:* ich habe mir die Füße, die Hacke aufgelaufen. **3.** ⟨etwas läuft auf⟩ **a)** *etwas wächst an, steigt:* das Guthaben ist durch die Zinsen auf 2000 Mark aufgelaufen. **b)** (Seemannsspr.) *etwas steigt [mit der Flut]:* das Wasser läuft auf; auflaufendes Wasser.

aufleben: *neues Leben, frische Kraft bekommen:* die Pflanzen leben nach dem Regen auf; der Kranke lebte durch den Besuch ordentlich auf; übertr.: *von neuem beginnen:* das Gespräch, das Gewehrfeuer lebte auf.

auflegen /vgl. aufgelegt/: **1. a)** ⟨etwas a.⟩ *etwas auf etwas legen:* den Sattel, eine Decke a.; den Kopf, die Arme a. *(aufstützen);* ein neues Tischtuch a. *(aufdecken);* bitte legen Sie noch ein Gedeck auf!; das Essen a. *(auf den Teller legen);* eine Schallplatte a. *(zum Abspielen auf den Plattenteller legen);* Rouge, Schminke a. *(auftragen);* ⟨auch ohne Akk.⟩ sie hat zu stark aufgelegt *(sich zu stark geschminkt)* · Holz, Kohlen a. *(aufs Feuer legen);* ⟨auch ohne Akk.⟩ die Mutter hatte neu aufgelegt *(nachgelegt)* · den Telephonhörer a. *(auf die Gabel legen);* ⟨auch ohne Akk.⟩ er hat aufgelegt *(das Telephongespräch beendet)* · ⟨jmdm., sich etwas a.⟩ dem Pferd den Sattel a.; der Priester legte ihm segnend die Hand auf. **b)** ⟨sich a.⟩ *sich aufstützen:* er legte sich mit den Ellbogen auf. **2.** (selten) ⟨jmdm., sich etwas a.⟩ *auferlegen:* er legte ihm eine Buße auf; sie legte sich Zurückhaltung auf. **3.** ⟨etwas a.⟩ *drucken lassen und auf den Markt bringen:* einen Roman neu a. **4.** (Geldw.) ⟨etwas a.⟩ *ausschreiben:* eine Anleihe a. **5.** (Seemannsspr.) ⟨etwas a.⟩ *außer Dienst stellen:* das Segelschulschiff wird aufgelegt.

auflehnen: 1. (landsch.) ⟨sich, etwas a.⟩ *aufstützen:* er lehnte sich [auf das Fensterbrett] auf. **2.** ⟨sich gegen jmdn., gegen etwas a.⟩ *sich widersetzen, sich empören:* sich gegen den Staat, die bestehende Ordnung a.; sie lehnte sich gegen ihr Schicksal auf.

auflesen: 1. ⟨etwas a.⟩ *aufsammeln:* Obst, Steine, Papier a. **2.** (ugs.) ⟨jmdn. a.⟩ *begegnen und* *mitnehmen:* wo hast du den bloß aufgelesen? **3.** (ugs.; scherzh.) ⟨etwas a.⟩ *sich holen:* eine Krankheit, Ungeziefer a.; ⟨sich (Dativ) etwas a.⟩ ich habe mir einen Schnupfen aufgelesen.

aufleuchten ⟨etwas leuchtet auf⟩: *etwas leuchtet plötzlich, für kurze Zeit:* das Objekt leuchtete auf dem Radarschirm auf; ihre Augen leuchteten vor Freude auf.

auflockern: a) ⟨etwas a.⟩ *locker machen:* den vertrockneten Boden a.; aufgelockerte *(leichte)* Bewölkung; übertr.: einen Text durch Illustrationen a. *(abwechslungsreicher machen);* der Alkohol hatte die Stimmung aufgelockert *(gelöst, heiter gemacht).* **b)** ⟨sich a.⟩ *sich locker machen:* die Läufer lockern sich vor dem Start auf.

auflösen /vgl. aufgelöst/: **1.a)** ⟨etwas a.⟩ *zergehen lassen:* eine Tablette [in Wasser] a. **b)** ⟨etwas löst sich auf⟩ *etwas zergeht:* das Pulver, der Zucker löst sich in der Flüssigkeit auf; der Nebel hat sich noch nicht aufgelöst. **c)** ⟨etwas löst sich in etwas auf⟩ *etwas geht in etwas über, verwandelt sich in etwas:* die Gestalt schien sich in Luft aufgelöst zu haben; alles löste sich in eitel Freude auf. **2.** (geh.) **a)** ⟨etwas a.⟩ *aufbinden, aufmachen:* eine Verschnürung, das Haar a.; sie saß da mit aufgelösten Haaren. **b)** ⟨etwas löst sich auf⟩ *etwas geht auf:* die Schleife, ihre Frisur löste sich auf. **3.a)** ⟨etwas a.⟩ *etwas nicht länger bestehen lassen:* einen Haushalt, den Landtag a.; eine Verlobung a. *(aufheben);* einen Vertrag a. (geh.; *für ungültig erklären*); er hat sein Geschäft aufgelöst *(aufgegeben);* Menschenansammlungen a. *(zerstreuen).* **b)** ⟨etwas löst sich auf⟩ *etwas besteht nicht länger:* die alten Ordnungen lösten sich auf; die Menschenmassen hatten sich aufgelöst *(zerstreut, verteilt).* **4.a)** ⟨etwas a.⟩ *aufklären:* ein Rätsel, eine Gleichung a. **b)** ⟨etwas löst sich auf⟩ *etwas klärt sich auf:* Mißverständnisse, Widersprüche lösen sich auf. * **sich in Tränen auflösen** *(anhaltend weinen)* · (ugs.:) **etwas löst sich in Wohlgefallen auf: a)** *(etwas geht entzwei):* das Kleid löst sich allmählich in Wohlgefallen auf. **b)** *(etwas verschwindet):* alle Schwierigkeiten haben sich in Wohlgefallen aufgelöst · (ugs.:) **etwas löst sich in seine Bestandteile auf** *(etwas fällt auseinander).*

aufmachen: 1. (ugs.) ⟨etwas a.⟩ *öffnen:* die Tür, das Fenster, den Koffer, ein Päckchen, einen Brief, eine Flasche a.; er mußte beim Zahnarzt den Mund weit a.; den obersten Knopf, den Gürtel, den Mantel a.; das Haar a. *(lösen);* wann machen die Geschäfte auf?; ⟨jmdm., sich etwas a.⟩ darf ich mir den Kragen a.?; ⟨jmdm. a.⟩ er hat uns nicht aufgemacht *(uns nicht eingelassen).* **2.** (ugs.) **a)** ⟨etwas a.⟩ *eröffnen, gründen:* ein Geschäft, eine neue Filiale a.; er hat ein Transportunternehmen aufgemacht. **b)** ⟨etwas macht auf⟩ *etwas wird eröffnet, gegründet:* in letzter Zeit haben hier viele neue Geschäfte aufgemacht. **3.** ⟨etwas a.⟩ *zurechtmachen, effektvoll gestalten:* Auslagen, ein Buch hübsch a.; der Prozeß wurde von der Parteipresse groß aufgemacht; (ugs.:) sie hatte sich auf jung aufgemacht *(zurechtgemacht);* eine ordinär aufgemachte Bardame. **4.** ⟨sich a.⟩ *auf den Weg machen, aufbrechen:* sie machten sich in aller Frühe auf, um den Ort vor Mittag zu erreichen; er hatte sich zu einem Spaziergang aufgemacht; sie machten sich endlich auf *(schickten sich an),* uns zu besuchen; bildl.: ein Wind hatte sich aufgemacht (dichter.; *erhoben*). **5.** (ugs.; landsch.) ⟨etwas a.⟩ *anbringen, aufhängen:* ein Plakat im Fenster a.; die Mutter macht die Gardinen auf. **6.** (ugs.) ⟨jmdm. etwas a.⟩ *aufstellen:* er hat uns eine anständige Rechnung aufgemacht. * (ugs.:) **die Augen aufmachen** *(genau auf das achten, was um einen herum vorgeht)* · (ugs.:) **die Ohren aufmachen** *(genau auf das hören, was gesagt wird)* · **den Mund aufmachen** *(etwas sagen, reden, sprechen)* · (ugs.:) **ein Faß aufmachen** *(ausgelassen feiern)* · **Dampf aufmachen: a)** (Technik) *(stärker feuern).* **b)** (ugs.) *(das Tempo beschleunigen):* die führenden Läufer machen jetzt Dampf auf.

Aufmachung, die: *Gestaltung, Ausstattung:* eine teure, geschmackvolle A.; die Blätter berichteten darüber in großer A.

aufmerksam: 1. *mit wachen Sinnen, mit Interesse [folgend]:* aufmerksame Zuhörer, Beobachter; der Schüler ist immer sehr a.; einer Darbietung a. folgen. **2.** *höflich, zuvorkommend:* ein aufmerksamer Mann; das ist sehr a. von Ihnen. * **jmdn. auf jmdn., auf etwas aufmerksam machen** *(auf jmdn., auf etwas hinweisen):* er machte ihn darauf a., daß ... · **[auf jmdn., auf etwas] aufmerksam werden** *(jmdn., etwas bemerken; etwas spüren).*

Aufmerksamkeit, die: **1.** *das Achten auf etwas, Beachtung, Interesse:* die A. der Zuhörer läßt nach; A. für etwas zeigen, bekunden (geh.); der Vorfall erweckte, erregte meine A.; die A. auf etwas richten; jmds. A. fesseln, auf sich ziehen, auf etwas lenken, ablenken; einer Entwicklung A. schenken, seine A. zuwenden; die Angelegenheit fordert, verlangt, beansprucht, verdient unsere volle, ganze A.; es scheint Ihrer A. entgangen zu sein, daß ...; etwas mit besonderer, wachsender, erhöhter, gespannter A. verfolgen. **2.** *Höflichkeit, Zuvorkommenheit:* er umgab sie mit A. **3.** *kleines Geschenk:* ich habe Ihnen eine kleine A. mitgebracht.

aufmöbeln (ugs.): **1.** ⟨etwas a.⟩ *instand setzen, aufpolieren:* einen alten Kahn a.; bildl.: die Mannschaft muß ihren Ruf a. **2.** ⟨jmdn., sich a.⟩ *aufmuntern:* er versuchte, die anderen ein bißchen aufzumöbeln; der Kaffee hat mich mächtig aufgemöbelt.

aufmuntern: 1. ⟨jmdn., etwas a.⟩ *munter machen, beleben:* er wollte die anderen a.; der Alkohol munterte sie, die Stimmung ein bißchen auf. **2.** ⟨jmdn. a.⟩ *ermuntern:* jmdn. [mit Zurufen] zum Weitermachen a.

Aufnahme, die: **1.** *Beginn, Einleitung, Eröffnung:* die A. von Verhandlungen, von diplomatischen Beziehungen; nach A. des Fernsprechverkehrs. **2.a)** *Empfang, Unterbringung:* die A. [in der Familie] war überaus herzlich; er fand kühle A. *(wurde kühl aufgenommen);* sie bereiteten ihm eine begeisterte A. *(nahmen ihn begeistert auf);* er bedankte sich für die freundliche A. **b)** *Empfangsraum:* die Kranken mußten in der A. warten. **3.** *Erteilung der Mitgliedschaft, Eintritt:* die A. in einen Verein beantragen; er bemühte sich um die A. seines Sohnes in das Internat. **4.** *das Leihen, Inanspruchnahme:* die A. von Geldern; die A. einer Anleihe beschließen. **5.** *Aufzeichnung, Niederschrift:* die A. eines Protokolls, eines Diktats, eines Telegramms; zwei Polizisten waren mit der A. des Unfalls beschäftigt; die A. *(kartographische Vermessung)* eines Geländes. **6.a)** *das Photographieren, Filmen:* Achtung, A.!; bei der A. mit dem Apparat wackeln. **b)** *Photographie, Bild:* eine schöne, [un]scharfe, verwackelte, künstlerische A.; der Photograph machte eine A. von dem Paar. **7.a)** *Übertragung auf Tonband, auf Schallplatte:* die Aufnahmen dauerten drei Stunden; bei der A. muß absolute Ruhe herrschen. **b)** *Ton-, Musikaufzeichnung:* der Hörbericht wurde als A. gesendet; sich die A. eines Konzerts noch einmal anhören. **8.** *Reaktion:* wie war die A. beim Publikum?; die Sendung fand eine begeisterte A. *(wurde begeistert aufgenommen).* **9.** *das In-sich-Aufnehmen:* die A. der Nahrung.

aufnehmen: 1. ⟨jmdn., etwas a.⟩ *hochnehmen, aufheben:* den Handschuh a.; die Träger hatten den Sarg aufgenommen; die Mutter nahm das Kind auf *(nahm es auf den Arm);* das Wasser mit dem Lappen, den Flur a. (landsch.; *aufwischen*); den Schmutz, die Scherben a. (landsch.; *auffegen*); eine Laufmasche a.; wieviel Maschen hast du aufgenommen? *(auf die Stricknadel genommen?).* **2.** ⟨etwas a.⟩ *beginnen, einleiten, eröffnen:* den Kampf, die Verfolgung a.; die Spur, eine Fährte a. *(zu verfolgen beginnen);* Verhandlungen mit jmdm. a.; diplomatische Beziehungen zu einem Staat, mit einem Land a.; er will mit uns Kontakt, Fühlung a.; der Fernsprechverkehr ist heute aufgenommen worden; die Arbeit [nach dem Streik], das Studium, einen Prozeß, Gespräche wieder a. *(fortsetzen);* ein Thema *(eines Musikstücks)*, einen Gedanken, eine Anregung a. *(aufgreifen und weiterführen).* **3.** ⟨es mit jmdm., mit etwas a.⟩ *die Auseinandersetzung nicht scheuen, sich messen:* mit dem nehme ich es [im Trinken] noch allemal auf. **4.** ⟨jmdn. a.⟩ *empfangen, unterbringen:* jmdn. freundlich, höflich, liebenswürdig, kühl a.; Flüchtlinge [bei sich, in seinem Haus] a.; bildl. (dichter.): die Nacht, Dunkelheit nahm uns auf *(umschloß, umhüllte uns).* **5. a)** ⟨jmdn. a.⟩ *die Mitgliedschaft gewähren; ein-, beitreten lassen:* jmdn. als Teilhaber in sein Geschäft a.; sein Sohn wurde in die Schule, in den Sportverein aufgenommen. **b)** ⟨jmdn., etwas in etwas a.⟩ *in etwas mit hineinnehmen, mit einbeziehen:* ein Stück in den Spielplan a.; dieser Punkt ist in die Tagesordnung aufgenommen worden; der Pfarrer nahm sie in sein Gebet mit auf; er konnte in dem Hotel nicht mehr aufgenommen werden. **6.** ⟨etwas nimmt jmdn., etwas auf⟩ *etwas bietet Platz für jmdn., für etwas, faßt etwas:* eine Gondel der Seilbahn nimmt 40 Personen auf; der Arbeitsmarkt nimmt noch ausländische Arbeitskräfte auf. **7.** ⟨etwas a.⟩ *in sein Bewußtsein dringen lassen, erfassen:* ich wollte neue Eindrücke, die Atmosphäre [in mich/in mir] a.; das Gedächtnis der Kinder kann das alles gar nicht a.; der Schüler nimmt leicht, schwer, schnell auf. **8.** ⟨etwas a.⟩ *etwas in sich hineinnehmen, aufgehen lassen:* der Rasen hat das Wasser aufgenommen; der Kranke nimmt wieder Nahrung auf *(nimmt sie wieder zu sich).* **9.** ⟨etwas a.⟩ *leihen, Geld in Anspruch nehmen:* Geld, Hypotheken, eine Anleihe a. **10.** ⟨etwas a.; mit Artangabe⟩ *in bestimmter Weise Stellung nehmen, reagieren:* einen Vorschlag freundlich, kühl, beifällig, mit Zurückhaltung a.; die Rede wurde übel aufgenommen; das Publikum nahm das Stück wohlwollend auf. **11.a)** ⟨etwas a.⟩ *aufzeichnen, niederschreiben, festhalten:* ein Protokoll, ein Diktat, ein Telegramm a.; der Polizist nahm seine Personalien, den Unfall auf; Warenbestände a.; ein Gelände [in einer genauen Karte] a. *(kartographisch festhalten).* **b)** ⟨jmdn., etwas a.⟩ *photographieren:* das junge Paar, die siegreiche Mannschaft [für die Zeitung] a.; ein Motiv a.; ich habe mehrere Bilder aufgenommen. **c)** ⟨etwas a.⟩ *auf einer Schallplatte, auf Tonband festhalten:* ein Konzert a.; die Telephongespräche sind auf Band aufgenommen worden. **12.** (Reiten) ⟨ein Tier a.⟩ *zu gespannter Aufmerksamkeit zwingen, versammeln:* der Reiter nimmt das Pferd vor dem Hindernis neu auf. * **jmdn. mit offenen Armen aufnehmen** *(jmdn. gern bei sich aufnehmen, freudig willkommen heißen)* · **jmdn. in Gnaden wieder aufnehmen** *(jmdm. etwas nachsehen und ihn in einen Kreis wieder aufnehmen).*

aufoktroyieren (bildungsspr.) ⟨jmdm. etwas a.⟩: *aufzwingen:* er wollte mir seine Meinung a.

aufopfern: 1. ⟨sich a.⟩: *sich ohne Rücksicht auf die eigene Person einsetzen:* die Mutter opfert sich für die Familie auf; adj. Part.: *entsagungsvoll:* aufopfernde Liebe, Freundschaft. **2.** (selten) ⟨jmdn., etwas a.⟩ *opfern, hingeben:* Tausende hat er für sein Machtstreben, hat er den Zielen der Revolution aufgeopfert.

aufpassen: 1.a) *aufmerksam sein, achtgeben:* in der Schule, beim Unterricht a.; im Straßenverkehr scharf, höllisch (ugs.), wie ein Schießhund (ugs.), wie ein Luchs, wie ein Heftelmacher (ugs.; veraltend) a.; er paßte genau auf, daß alles klappte; aufgepaßt! *(Achtung, Vorsicht!).* **b)** ⟨auf jmdn., auf etwas a.⟩ *achthaben:* auf die Kinder a.; er sollte auf die Gans im Ofen a. **2.** (landsch.) ⟨jmdm. a.⟩ *auflauern:* er paßte ihm an der Ecke auf. **3.** (landsch.) ⟨etwas a.⟩ *aufprobieren:* einen Hut a.

aufpeitschen: 1. ⟨etwas peitscht etwas auf⟩ *etwas wühlt etwas auf:* der Sturm peitscht das Meer, die Wellen auf. **2.** ⟨jmdn., sich, etwas a.⟩ *stark erregen:* die Musik peitschte die Sinne auf; er peitschte sich mit Bohnenkaffee auf; aufpeitschende Reden.

aufpflanzen: 1. ⟨etwas a.⟩ **a)** *aufstellen, aufrichten:* die Fahne der Freiheit a. **b)** *aufstecken:* das Seitengewehr a. **2.** (ugs.) ⟨sich a.; mit Raumangabe⟩ *sich großspurig hinstellen:* er pflanzte sich vor ihm, am Eingang des Saals auf.

aufplatzen ⟨etwas platzt auf⟩: *etwas platzt auseinander:* die Knospen platzen auf; die Naht, das Kleid ist aufgeplatzt.

aufplustern: 1.a) ⟨etwas a.⟩ *aufblähen:* die Henne plustert ihre Federn auf. **b)** ⟨sich a.⟩ *die Federn aufblähen:* die Vögel plustern sich auf. **2.** (ugs.; abwertend) ⟨sich a.⟩ *sich wichtig tun:* wie der sich wieder aufplustert!

aufprägen ⟨etwas a.⟩: *etwas auf etwas prägen:* auf die Vorderseite ließ er sein Wappen a.; bildl.: ⟨jmdm., einer Sache etwas a.⟩ einer Zeit den Stempel seines Geistes a.

aufprallen ⟨auf jmdn., auf etwas a.⟩: *heftig auftreffen:* das Auto prallte auf den Mast auf; das Flugzeug war auf das/(seltener:) auf dem Wasser aufgeprallt und zerschellt.

aufprobieren ⟨etwas a.⟩: *probeweise aufsetzen:* einen Hut, eine Sonnenbrille a.

aufpulvern (ugs.): **a)** ⟨jmdn., etwas a.⟩: *anregen:* sie pulverten sich mit Kaffee, mit Tabletten auf; er wollte die Moral der Truppe a. *(neu beleben).* **b)** ⟨etwas pulvert auf⟩ *etwas wirkt anregend:* Kaffee pulvert auf.

aufpusten: → aufblasen.

aufraffen: 1. ⟨etwas a.⟩ *raffend aufnehmen:* Papiere, Geldstücke [vom Boden] a.; den Rock a. *(hochraffen).* **2.** ⟨sich a.⟩ *mühsam aufstehen:* obwohl schwer verwundet, raffte er sich wieder auf und flüchtete. **3.** ⟨sich a.⟩ *seine Kräfte zusammennehmen, um etwas zu tun; sich mühsam entschließen:* er raffte sich aus seinen Träumen auf; er kann sich zu keiner Antwort, zu keiner Entscheidung a.

aufragen: *in die Höhe ragen:* die Türme der Stadt ragten [in den, zum Himmel] auf.

aufräumen /vgl. aufgeräumt/: **1.** ⟨etwas a.⟩ *Ordnung in etwas bringen:* ein Zimmer, den Keller a.; er räumte seinen Schreibtisch auf; die Kinder müssen noch die Spielsachen a. *(wegräumen und an den dafür bestimmten Platz bringen).* **2.** *Opfer fordern:* die Seuche hat unter den Truppen furchtbar aufgeräumt. **3.** ⟨mit jmdm., mit etwas a.⟩ *mit etwas Schluß machen:* mit der Vergangenheit, mit überholten Begriffen, mit der Bummelei (ugs.) a.; der Staat hat mit den Verbrechern aufgeräumt.

aufrecht: 1. *aufgerichtet, gerade:* ein aufrechter Gang; in aufrechter Haltung; a. sitzen, stehen; er hielt sich trotz seines hohen Alters sehr a. **2.** *ehrlich, rechtschaffen:* ein aufrechter Charakter, Mann. * **sich nicht mehr/kaum noch aufrecht halten können** *(so erschöpft sein, daß man sich hinlegen oder hinsetzen muß).*

aufrechterhalten ⟨etwas a.⟩: *bestehenbleiben lassen, beibehalten:* die [öffentliche] Ordnung a.; er erhielt sein Angebot, seinen Entschluß, seine Behauptung aufrecht.

aufregen: 1. ⟨jmdn. a.⟩ *in Erregung versetzen:* der Lärm, dieser Kerl regt mich auf; das braucht dich nicht weiter aufzuregen *(zu beunruhigen);* ein aufregendes Erlebnis; das war nicht besonders aufregend (ugs.; *nur mittelmäßig*); er war sehr aufgeregt. **2.** ⟨sich a.⟩ *in Erregung geraten:* sich entsetzlich a.; der Kranke darf sich nicht a. **3.** ⟨sich über jmdn., über etwas a.⟩ *sich ereifern und entrüsten:* die ganze Stadt regt sich über sie auf. **4.** (geh.; veraltend) ⟨etwas a.⟩ *aufrühren:* die Musik regte in ihm Erinnerungen auf. * (ugs.:) **sich künstlich aufregen** *(sich ohne Grund übertrieben über etwas erregen).*

Aufregung, die: **a)** *heftige Gefühlsbewegung, Erregung:* die Aufregungen der letzten Wochen haben mich krank gemacht; nur keine A.! (ugs.); A. verursachen; Aufregungen durchmachen, überstehen; in A. versetzen, geraten; in großer, ängstlicher, fieberhafter A. sein, sich befinden; vor A. stottern. **b)** *Unruhe, Durcheinander:* es herrschte große A.; alles war in heller A.

aufreiben: 1. ⟨sich (Dativ) etwas a.⟩ *sich etwas wund reiben:* sich die Hände, die Hacken a. **2.** ⟨jmdn., etwas a.⟩ *vernichten, kampfunfähig machen:* die Truppen wurden in der Schlacht völlig aufgerieben. **3.** ⟨jmdn., sich, etwas a.⟩ *zermürben, aufzehren, zerstören:* die Arbeit reibt ihn, seine Kräfte, seine Gesundheit völlig auf; die Mutter reibt sich mit der Sorge für die Kinder auf; eine aufreibende Tätigkeit.

aufreißen: 1. ⟨etwas a.⟩ *ruckartig öffnen:* das Fenster, die Wagentür a.; ⟨jmdm. etwas a.⟩ er riß ihm die Tür auf. **b)** *aufbrechen:* einen Brief, eine neue Schachtel Zigaretten a.; die Arbeiter rissen den Straßenbelag auf. **c)** *auseinanderreißen, ein Loch in etwas reißen:* der Rumpf des Schiffes wurde aufgerissen; der Wind reißt die Wolken, den Himmel auf; ⟨jmdm., sich etwas a.⟩ er hat sich den Anorak aufgerissen; der Schlag riß ihm die Augenbraue auf. **2.** ⟨etwas reißt auf⟩ *etwas reißt auseinander:* die Wolkendecke reißt auf, die Wunde, die Naht ist aufgerissen. **3.** (Technik) ⟨etwas a.⟩ *einen Aufriß von etwas anfertigen:* ein Haus a. * (ugs.:) **den Mund/die Augen/Mund und Nase aufreißen** *(äußerst erstaunt sein)* · (ugs.:) **den Mund/die Klappe/das Maul** (derb) **aufreißen** *(prahlen, großtun).*

aufreizen: 1. ⟨jmdn. a.⟩ *aufwiegeln:* die Belegschaft a. **2.** *in herausfordernder Weise erregen:* sie reizt mit ihrem Benehmen die Männer auf; ein aufreizender Gang, Anblick.

aufrichten: 1. ⟨jmdn., sich, etwas a.⟩ *in die Höhe richten:* einen Gestürzten a.; der Hund richtet die Ohren auf; sich mühsam, aus seiner gebückten Haltung, hoch, zu voller Größe, an jmds. Arm, mit fremder Hilfe a.; der Kranke richtete sich im Bett auf. **2.** ⟨etwas a.⟩ *errichten:* ein Gerüst, einen Wall a.; übertr.: ein Reich a. **3.** ⟨jmdn., sich, etwas a.⟩ *mit neuem Lebensmut erfüllen, neu beleben:* diese Hoffnung richtete ihn auf; ich habe mich an ihm aufgerichtet.

aufrichtig: *ehrlich, dem innersten Gefühl, der eigenen Überzeugung entsprechend:* ein aufrichtiger Mensch; aufrichtige Anteilnahme; dieses Ja war a.; er ist nicht immer ganz a.; sich a. freuen; etwas a. bedauern; es a. mit jmdm. meinen; a. gegen jmdn./zu jmdm. sein; es tut mir a. leid.

aufrollen: 1.a) ⟨etwas a.⟩ *auf eine Rolle, zu einer Rolle wickeln:* ein Seil, ein Kabel a.; sie rollten den Teppich auf und trugen ihn weg. **b)** ⟨etwas rollt sich auf⟩ *etwas rollt sich zusammen:* der Läufer hat sich aufgerollt. **2.a)** ⟨etwas a.⟩ *auseinanderrollen:* einen Stoffballen, einen Teppich a. **b)** ⟨etwas rollt sich auf⟩ *etwas rollt auseinander, entfaltet sich:* der Film, das Transparent hat sich aufgerollt. **3.** ⟨etwas a.⟩ *etwas in seiner Entwicklung verfolgen und zur Sprache bringen, klären:* ein Problem a.; der Prozeß wurde vor dem Schwurgericht noch einmal aufgerollt. **4.** (militär.) ⟨jmdn., etwas a.⟩ *von der Seite her nehmen:* die feindlichen Stellungen, Schützengräben a.

aufrücken: 1. *nachrücken, aufschließen:* bitte a.!; die anderen Wartenden rückten auf. **2.** *aufsteigen:* in eine leitende Stellung, in eine höhere Klasse a.; er ist rasch aufgerückt.

Aufruf, der: **1.a)** *das Aufrufen:* Eintritt nur nach A.!; beim nächsten A. war er an der Reihe. **b)** (Geldw.) *Ungültigkeitserklärung und Einziehung:* der A. der alten Fünfmarkscheine. **2.** *öffentliche Aufforderung:* einen A. [an die Bevölkerung] erlassen; an den Mauern waren Aufrufe angeschlagen.

aufrufen: 1. ⟨jmdn., etwas a.⟩ *laut nennen, aus einer Menge herausrufen:* die Schüler dem Alphabet nach, der Reihe nach, einzeln, in Gruppen a.; sein Name, seine Nummer wurde aufgerufen. **b)** ⟨etwas a.⟩ *die Freigabe von etwas öffentlich bekanntgeben:* Abschnitt A der Lebensmittelkarte ist aufgerufen worden. **c)** (Rechtsw.) ⟨jmdn. a.⟩ *öffentlich auffordern, sich zu melden:* Zeugen, unbekannte Erben a. **d)** (Geldw.) ⟨etwas a.⟩ *für ungültig erklären und einziehen:* Banknoten a. **2.** ⟨jmdn. zu etwas a.⟩ *zu etwas öffentlich auffordern:* das Volk zum Widerstand, zur Revolution a.; er rief sie auf, die Aktion zu unterstützen. **3.** (geh.) ⟨etwas a.⟩ *wachrufen:* das Interesse, neue Kräfte a.

Aufruhr, der: **1.a)** *Aufgewühltsein, Bewegtheit:* der A. der Elemente; die ganze Natur war in A.; ein A. (geh.; *Unwetter*) brach los. **b)** *heftige Erregung:* jmdn. in A. versetzen, bringen; in einem A. der Leidenschaften; seine Gefühle gerieten in A. **2.** *Zusammenrottung gegen die Staatsgewalt; Empörung:* der A. bricht los; den A. unterdrücken; das ganze Land kam, geriet in A.; er versetzte, brachte die Soldaten in A.; das Land steht in A.

aufrühren: **1.** ⟨etwas a.⟩ *rührend hochwirbeln:* Teeblätter, Bodensatz, Schlamm a. **2.** (geh.) **a)** ⟨etwas a.⟩ *wecken, hervorrufen:* das Erlebnis rührte Leidenschaften auf. **b)** ⟨jmdn. a.⟩ *stark bewegen, erregen:* der Bericht hat ihn im Innersten aufgerührt. **3.** ⟨etwas a.⟩ *erneut zur Sprache bringen:* die Vergangenheit, eine dumme Geschichte a.

aufrührerisch: **a)** *zum Aufruhr anstachelnd:* ein aufrührerischer Geist; er hielt aufrührerische Reden. **b)** *in Aufruhr befindlich:* aufrührerische Studenten, Volksmassen.

aufrunden ⟨etwas a.⟩: *nach oben abrunden:* eine Summe a.; 98,5 auf 100 a.

aufrüsten ⟨[etwas] a.⟩: *die Kampfkraft erhöhen:* Streitkräfte atomar a.; statt abgerüstet wurde weiter aufgerüstet.

aufrütteln ⟨jmdn. a.⟩: *wachrütteln:* er rüttelte ihn [aus dem Schlaf] auf; übertr.: seinen Freund aus der Gleichgültigkeit a.; er rüttelte mit seinen Worten das Gewissen der Welt auf.

aufs ⟨Präp.⟩: *auf das:* a. Siegespodest steigen; a. neue; a. äußerste; bis a. Blut.

aufsagen: **1.** ⟨etwas a.⟩ *Auswendiggelerntes vortragen:* das Vaterunser, ein Gedicht, das Einmaleins a. **2.** (geh.) ⟨jmdm. etwas a.⟩ *für beendet erklären:* er hat mir die Freundschaft aufgesagt; sie haben ihm den Gehorsam aufgesagt *(verweigert)*.

aufsammeln: **1.** ⟨etwas a.⟩ *einzeln aufheben [und zusammentragen]:* Papierfetzen, Geldstücke a.; er sammelte die Stummel vom Boden auf. **2.** (ugs.) ⟨jmdn. a.⟩ *auffinden und mitnehmen:* die Ausreißer wurden im Hafenviertel aufgesammelt. **3.** (veraltend) ⟨etwas a.⟩ *aufhäufen, ansammeln:* Vorräte a.

Aufsatz, der: **1.** *aufgesetztes Stück, Aufbau:* ein schöner, unmoderner A.; den A. vom Vertiko abnehmen. **2.a)** *kürzere schriftliche Arbeit über ein vom Lehrer gestelltes Thema:* der A. hat das Thema ...; einen A. schreiben; der Lehrer korrigiert die Aufsätze. **b)** *[wissenschaftliche] Abhandlung:* ein grundlegender A. über die Jugendkriminalität; einen A. schreiben, abfassen, in einer Zeitschrift unterbringen, veröffentlichen.

aufsaugen: **1.** ⟨etwas saugt etwas auf⟩ *etwas nimmt etwas [saugend] in sich auf:* der Schwamm saugt die Flüssigkeit auf; übertr.: die Kleinbetriebe wurden von den Großbetrieben aufgesogen/aufgesaugt. **2.** (geh.) ⟨etwas saugt jmdn. auf⟩ *etwas nimmt jmdn. ganz in Anspruch, absorbiert jmdn.:* die Arbeit sog/saugte mich auf.

aufschauen: **1.** *aufblicken:* erstaunt, gedankenverloren a.; zum Himmel a.; er schaute von seinem Buch auf. **2.** ⟨zu jmdm. a.⟩ *bewundernd verehren:* er hatte immer zu seinem Vater aufgeschaut.

aufschieben ⟨etwas a.⟩: **1.a)** *durch Schieben öffnen:* eine Tür, eine Luke a. **b)** *zurückschieben:* den Riegel a. **2.** *hinausschieben, zurückstellen:* eine Arbeit, eine Reise a.; die Sache läßt sich nicht länger a.; Redensart: aufgeschoben ist nicht aufgehoben.

aufschießen: **1.a)** ⟨etwas schießt auf⟩ *etwas bewegt sich rasch nach oben:* Flammen schossen aus dem brennenden Dach auf. **b)** *schnell wachsen, größer werden:* die Saat ist nach dem Regen aufgeschossen; ein lang, hoch aufgeschossener Junge; bildl.: Häuser schossen wie Pilze auf. **2.** (Seemannsspr.) ⟨etwas a.⟩ *aufrollen, ordnungsgemäß zusammenlegen:* ein Tau, die Leinen a.

Aufschlag, der: **1.** *das Aufschlagen, Aufprall:* ein dumpfer, harter A.; die Maschine explodierte beim A. **2.** (Sport) *spieleinleitender Schlag:* ein harter, weicher, angeschnittener A.; der A. ging ins Aus; A. haben; den A. abgeben, verlieren. **3.** *umgeschlagener [aufgesetzter] Teil an Kleidungsstücken:* eine Uniform mit grünen Aufschlägen; Hosen ohne A.; die Aufschläge ausbürsten. **4.** *Verteuerung eines Preises:* Aufschläge für Luxusartikel; der A. beträgt 50%; bei Teilzahlung muß ein A. gezahlt werden.

aufschlagen: **1.** *im Fall hart, heftig auftreffen:* auf das/auf dem Wasser a.; er ist mit dem Hinterkopf auf die/auf der Kante aufgeschlagen. **2.** (Sport) *mit einem Schlag das Spiel einleiten:* hart, plaziert a.; unsere Mannschaft schlägt auf. **3.a)** ⟨etwas a.⟩ *schlagend öffnen:* ein Ei am Tellerrand, mit dem Löffel a.; die Kinder schlugen das Eis auf. **b)** ⟨jmdm., sich etwas a.⟩ *[durch einen Schlag] verletzen:* ich habe mir das Knie aufgeschlagen; er schlug seinem Gegner die Augenbraue auf. **4.a)** ⟨etwas a.⟩ *öffnen:* eine Zeitung, ein Buch a.; eine Stelle in einem Buch a. *(aufblättern)*; das Bett a. *(aufdecken)*; das Klavier a. *(den Klavierdeckel aufklappen)*; die Augen a.; den Blick a. *(nach oben richten)*. **b)** ⟨etwas schlägt auf⟩ *etwas öffnet sich:* die Fensterläden schlugen auf. **5.** (selten) ⟨etwas a.⟩ *hoch-, umschlagen:* den Schleier a.; bei der Arbeit die Ärmel a.; mit aufgeschlagenem Kragen. **6.** ⟨etwas a.⟩ *aufstellen, aufbauen:* einen Liegestuhl, ein Zelt, Gerüste a.; bildl.: sein Quartier, seine Residenz irgendwo a.; er hat seinen Wohnsitz in Berlin aufgeschlagen *(sich in Berlin niedergelassen)*. **7.** ⟨etwas schlägt auf⟩ *etwas schlägt in die Höhe:* Flammen schlugen aus dem Dach auf. **8.** (Kaufmannsspr.) **a)** ⟨[etwas] a.⟩ *den Preis erhöhen:* die Händler haben [die Preise/mit den Preisen] wieder aufgeschlagen. **b)** ⟨etwas auf etwas a.⟩ *als Aufschlag hinzurechnen:* die Lagergebühren werden auf diese Summe aufgeschlagen. **c)** ⟨etwas schlägt auf⟩ *etwas verteuert sich, wird teurer:* die Butter schlägt [um 10 Prozent] auf; die Preise haben/(seltener:) sind aufgeschlagen. **9.** (Stricken) ⟨etwas a.⟩ *eine bestimmte Anzahl Maschen als erste Reihe auf die Nadel nehmen:* für den Rücken einer Strickjacke 120 Maschen a.

aufschließen /vgl. aufgeschlossen/: **1.** ⟨etwas a.⟩ *etwas Verschlossenes öffnen, zugänglich machen:* die Tür, den Schrank, die Kassette a.; er schloß das Zimmer mit einem Nachschlüssel auf; ⟨jmdm. etwas a.⟩ sie schloß ihrer Nachbarin die Tür auf; übertr.: der Lehrer hat den Schülern den Sinn des Gedichts aufgeschlossen (geh.; *erklärt*). **2.** (geh.) **a)** ⟨jmdm. etwas a.⟩ *offenbaren, mitteilen:* einem Menschen sein Herz a.; er hat mir seine geheimsten Gedanken aufgeschlossen. **b)** ⟨sich jmdm. a.⟩ *sich erschließen, sich offenbaren:* eine neue Welt schloß sich ihm auf; ich habe mich meinem Freund aufgeschlossen. **3.** (Bergmannsspr.) ⟨etwas a.⟩ *erschließen:* Erdgas, Uranvorkommen a. **4.** ⟨etwas a.⟩ **a)** (Hüttenwesen) *aufbereiten:* Erze a. **b)** (Biol., Chemie) *löslich machen, auflösen:* Eiweiß a.; die Körpersäfte schließen die Nahrung auf. **5.** *an jmdn. heranrücken, die Lücke in einer Reihe schließen:* bitte a.!; die Truppenabteilung schloß auf; der Europameister hat zu der Spitzengruppe aufgeschlossen.

Aufschluß, der (meist Papierdt.): *Aufklärung, Belehrung, Unterrichtung:* Aufschlüsse über jmdn. verlangen, erlangen, erhalten; er gab ihm A. über seine Vermögensverhältnisse; sich A. über jmds. Vorleben verschaffen.

aufschlüsseln ⟨jmdn., etwas a.⟩: *nach einem Schlüssel aufteilen, aufgliedern:* Produktionskosten a.; wir haben die Wähler nach Alters- und Berufsgruppen aufgeschlüsselt.

aufschlußreich: *informativ, lehrreich:* eine aufschlußreiche Aufstellung, Statistik; Ihr Bericht war für uns sehr a.

aufschnappen: **1.** (landsch.) ⟨etwas schnappt auf⟩ *etwas springt auf:* die Tür schnappt auf; das Kofferschloß ist aufgeschnappt. **2.** ⟨etwas a.⟩ *mit dem Maul auffangen:* der Hund schnappte das Stück Wurst auf. **3.** (ugs.) ⟨etwas a.⟩ *zufällig hören, erfahren:* eine Neuigkeit a.; Kinder schnappen manches auf, was sie nicht hören sollen.

aufschneiden: **1.** ⟨jmdn., etwas a.⟩ *durch einen Schnitt öffnen:* einen Knoten, einen Gipsverband, ein Geschwür a.; ⟨jmdm., sich etwas a.⟩ einem Tier den Bauch a.; er hat sich an der Scherbe den Fuß aufgeschnitten. **2.** ⟨etwas a.⟩ *in Scheiben, in Stücke schneiden:* Wurst, Schinken, Kuchen a.; aufgeschnittener Braten. **3.** (ugs.; abwertend) *prahlen, übertreiben:* die Matrosen schnitten mächtig, fürchterlich auf; der hat aber aufgeschnitten! * **sich** (Dativ) **die Pulsadern aufschneiden** *(durch Öffnen der Pulsadern Selbstmord verüben).*

aufschrauben ⟨etwas a.⟩: **1.** *etwas Zugeschraubtes öffnen:* den Füllfederhalter, die Thermosflasche a. **2.** *etwas auf etwas schrauben:* einen Verschluß a.; der Tischler hat eine Leiste [auf das Brett] aufgeschraubt.

aufschreiben: **1.** ⟨etwas a.⟩ *schriftlich festhalten, niederschreiben:* seine Beobachtungen, seine Gedanken a.; ich habe alles, was ich erfahren habe, aufgeschrieben; ⟨sich (Dativ) etwas a.⟩ sich einen Namen, eine Telephonnummer a.; ich habe mir die Abfahrtzeiten aufgeschrieben. **2.** (ugs.) ⟨jmdm. etwas a.⟩ *auf ein Rezept schreiben, verordnen:* „ich werde Ihnen mal etwas aufschreiben", sagte der Arzt; der Doktor hat mir ein neues Mittel aufgeschrieben. **3.** (ugs.) ⟨jmdn. a.⟩ *wegen einer Übertretung jmds. Personalien notieren:* der Polizist schrieb ihn auf. **4.** (landsch.) ⟨[etwas] a.⟩ *bis zur Bezahlung notieren, anschreiben:* wir lassen a.

aufschreien: *plötzlich [kurz] schreien:* ängstlich, laut, vor Entsetzen a.; die Zuschauer schrien auf.

Aufschub, der: *Zurückstellung, Verschiebung:* ein A. ist nicht möglich; A. der Wahl beantragen; A. beim Gericht erwirken; die Sache duldet, verträgt, leidet (geh.) keinen A.; einem Schuldner A. geben, bewilligen, gewähren; um 4 Wochen A. bitten. * **ohne Aufschub** *(unverzüglich).*

aufschwatzen (ugs.) ⟨jmdm. etwas a.⟩: *jmdn. durch Zureden dazu bringen, daß er etwas kauft, übernimmt:* sich nichts a. lassen; der Vertreter hat mir einen Staubsauger aufgeschwatzt.

aufschwingen: **1.** ⟨sich a.⟩ *sich in die Höhe schwingen:* der Stabhochspringer schwingt sich kraftvoll auf und überquert die Latte. **2.** ⟨sich zu etwas a.⟩ **a)** *sich hocharbeiten:* er hat sich zur Weltklasse aufgeschwungen. **b)** *sich eigenmächtig zu etwas machen:* er will sich hier zum Richter a.; er hat sich zum Wortführer aufgeschwungen. **c)** *sich aufraffen:* sich zu einem Entschluß a.; mein Freund hat sich endlich zu einem Besuch der Eltern aufgeschwungen. **3.** ⟨etwas schwingt auf⟩ *etwas öffnet sich schwingend:* die Tür zur Halle schwang weit auf.

Aufschwung, der: **1.** (Sport) *das Sichaufschwingen:* ein A. am Reck. **2.** *Steigerung, Auftrieb; Aufstieg:* ein A. der seelischen Kräfte; die Anerkennung gab ihm neuen A.; ein lebhafter, ungeahnter A. der Wirtschaft; die Naturwissenschaften erlebten, erfuhren (geh.) einen stürmischen A. * **etwas nimmt einen Aufschwung** *(etwas entwickelt sich aufwärts).*

aufsehen: **1.** *aufblicken:* ärgerlich [zu jmdm.], verstohlen, verwundert a.; er sah von der Zeitung auf; sie sieht nicht von der Arbeit auf *(läßt sich nicht stören).* **2.** ⟨zu jmdm. a.⟩ *bewundernd verehren:* gläubig, ehrfürchtig, bewundernd zu seinem Lehrer a.

Aufsehen, das: *große Verwunderung, Aufregung; allgemeine, starke Beachtung:* es entstand ein unliebsames A.; jedes A. scheuen, vermeiden; der Verfasser hat mit seinem Buch ungeheures A. erregt; der Prozeß machte einiges A.; seine Rede verursachte viel A.

aufsein (ugs.): **1.** ⟨etwas ist auf⟩ *etwas ist geöffnet:* das Fenster, die Tür, der Schrank ist auf; die Geschäfte sind heute nur bis 14 Uhr auf. **2.** *aufgestanden sein:* seine Mutter war schon auf und kochte das Essen; der Kranke ist gestern aufgewesen. **3.** *wach sein:* bist du schon auf?; die Kinder dürfen nicht so lange a. *(wach bleiben).*

aufsetzen: **1.** ⟨etwas a.⟩ *etwas auf etwas setzen:* den Hut, die Brille, eine Maske a.; Kaffeewasser, das Essen a. *(zum Kochen auf den Herd stellen);* die Mutter setzte den Topf auf; ein Mantel mit aufgesetzten Taschen; die Kegel wieder a. *(aufstellen)*; Holz, Steine a. (landsch.; *aufschichten*); den Fuß behutsam, vorsichtig, fest a. *(auf den Boden setzen)*; der Pilot setzte die Maschine hart, weich, sicher auf die Piste auf *(landete sie)*; ein Boot a. (Seemannsspr.; *auf den Strand setzen*); ⟨jmdm., sich etwas a.⟩ er hatte sich eine Maske aufgesetzt; übertr.: ein Lächeln, eine strenge, feierliche Miene a. *(bewußt zeigen)*. **2.** *auf etwas treffen, eine Unterlage, den Boden berühren:* der Tonarm (des Plattenspielers) setzt auf; das Auto setzte mit der Hinterachse auf; das Flugzeug hatte elegant auf der/auf die Landebahn aufgesetzt. **3.** ⟨jmdn., sich a.⟩ *aufrichten und aufrecht hinsetzen:* der Kranke setzte sich im Bett auf; die Mutter hatte das Kind aufgesetzt. **4.** ⟨etwas a.⟩ *entwerfen, abfassen; niederschreiben:* ein Schreiben, einen Vertrag, den Text für eine Annonce a.; der Rechtsanwalt hatte das Testament aufgesetzt. **5.** (Jägerspr.) ⟨[etwas] a.⟩ *das neue Geweih bilden:* der Hirsch hat [ein neues Geweih] aufgesetzt. * (ugs.:) **etwas setzt einer Sache die Krone auf** *(etwas ist die Höhe, ist nicht mehr zu überbieten)*: diese Unverschämtheit setzt allem die Krone auf · (ugs.:) **jmdm. Hörner aufsetzen** *(den Ehemann mit einem anderen Mann betrügen)* · (ugs.:) **jmdm., einer Sache einen Dämpfer aufsetzen** *(jmds. Überschwang mäßigen; etwas dämpfen)* · (ugs.:) **seinen [Dick-, Trotz]kopf aufsetzen** *(auf seinem Willen beharren)*.

Aufsicht, die: **1.** *Beaufsichtigung, Kontrolle:* die A. über jmdn., über etwas haben; zwei Lehrer haben, führen die A. auf dem Schulhof; die A. übernehmen; die Kinder sind tagsüber ohne A.; unter polizeilicher A. stehen, sein; jmdn. unter ärztliche A. stellen. **2.** *aufsichtsführende Person, Stelle:* die A. auf dem Bahnsteig um Auskunft bitten; Leihscheine gibt es bei der A. im Lesesaal.

aufsitzen: 1.a) *sich auf ein Reittier setzen:* er saß auf und ritt in die Bahn; die Abteilung war aufgesessen. **b)** *sich auf ein Fahrzeug setzen:* auf dem Rücksitz (des Motorrads) a.; er hat seinen Freund hinten a. lassen. **2.** *nicht zu Bett gehen, wachbleiben:* die Mutter hat die ganze Nacht, bis zum Morgen aufgesessen und gearbeitet. **3.** (landsch.) *aufgerichtet sitzen:* der Kranke saß im Bett auf. **4.** (Seemannsspr.) *auf Grund geraten, festsitzen:* wir saßen [auf einer Sandbank] auf. **5.** (landsch.) ⟨jmdm. a.⟩ *zusetzen, bedrängen:* er saß seinem Nachbarn unablässig auf. **6.** ⟨jmdm., einer Sache a.⟩ *sich täuschen lassen:* einer Lüge a.; ich bin ihm aufgesessen. **7.** ⟨jmdn. a. lassen⟩ *im Stich lassen, vergeblich warten lassen; anführen:* der hat uns a. lassen; seine Freundin ließ ihn gehörig a.

aufspannen: ⟨etwas a.⟩ **a)** *öffnen, ausbreiten und spannen:* den Regenschirm a.; die Feuerwehrleute spannten ein Sprungtuch auf. **b)** *festspannen:* ein Blatt Papier [zum Zeichnen, auf das Zeichenbrett] a.

aufsparen ⟨etwas a.⟩: *für einen späteren Zeitpunkt aufheben:* Vorräte für den Winter a.; ⟨sich (Dativ) etwas a.⟩ ich spare mir die Reise für später auf; diese Flasche haben wir uns bis zum Schluß der Feier aufgespart.

aufsperren ⟨etwas a.⟩: **a)** *weit aufmachen, aufreißen:* den Schnabel a.; das Krokodil sperrte den Rachen auf. **b)** (landsch.) *aufschließen, öffnen:* die Tür, die Wohnung a.; er hatte alle Fenster aufgesperrt. * (ugs.:) **die Augen aufsperren** *(genau auf das achten, was um einen herum vorgeht)* · (ugs.:) **die Ohren aufsperren** *(genau auf das hören, was gesagt wird)* · (ugs.:) **Mund und Nase aufsperren** *(sehr überrascht sein)*.

aufspielen: 1. *zum Tanz, zur Unterhaltung Musik machen:* die Musikanten spielten [zum Tanz] auf. **2.** (Sport) ⟨mit Artangabe⟩ *in einer bestimmten Weise spielen:* die deutsche Mannschaft spielt groß, stark, glänzend auf. **3.** (abwertend) **a)** ⟨sich a.⟩ *sich wichtig tun:* er spielt sich gern auf; spiel dich doch nicht auf! **b)** ⟨sich als jmd. a.⟩ *so tun, als ob man jmd. wäre:* er spielt sich als Held/(veraltend:) als Helden auf.

aufspießen: 1.a) ⟨jmdn., sich, etwas a.⟩ *durchbohren [und hochnehmen]:* ein Stück Fleisch mit der Gabel a.; der Stier hätte den Torero beinahe aufgespießt. **b)** ⟨etwas a.⟩ *auf etwas Spitzes stecken:* Schmetterlinge, Kassenzettel a. **2.** ⟨etwas a.⟩ *kritisieren, anprangern:* Mißstände in den Krankenhäusern a.

aufspringen: 1. *hochspringen:* erregt, entsetzt, jubelnd, vor Freude a.; sie sprang plötzlich von ihrem Platz auf. **2.** *auf etwas (Fahrendes o. ä.) springen:* auf die Straßenbahn a.; als der Zug anruckte, sprang er auf. **3.** ⟨etwas springt auf⟩ *etwas öffnet sich:* die Tür, das Schloß ist aufgesprungen; ihr Morgenrock sprang ein wenig auf; ein Rock mit aufspringenden Falten; die Knospen, Samenkapseln springen auf *(brechen auf)*; die Haut springt von der Kälte auf *(platzt auf, wird rissig)*; ⟨etwas springt jmdm. auf⟩ die Hände, die Lippen sind ihm aufgesprungen. **4.** *auf den Boden springen, auftreffen:* der Ball sprang hinter der Torlinie auf; der finnische Schispringer sprang weich, sicher, bei der 80-m-Marke auf.

aufspüren ⟨jmdn. a.⟩: *ausfindig machen, entdecken:* der Hund spürt das Wild auf; die Polizisten hatten den Flüchtling aufgespürt; bildl.: die Geheimnisse der Natur a.

aufstacheln: a) ⟨jmdn. a.⟩ *aufhetzen, aufwiegeln:* er stachelte das Volk zum Widerstand, gegen die fremden Truppen auf. **b)** (geh.) ⟨etwas a.⟩ *anspornen:* der Lehrer stachelte den Ehrgeiz der Schüler auf.

Aufstand, der: *Empörung, Aufruhr, Erhebung:* ein bewaffneter, organisierter A. des Volkes; ein A. droht, bricht aus, bricht los, scheitert; einen A. niederschlagen, niederwerfen, im Keim, im Blut ersticken; er gab das Signal zum A.

aufständisch: *im Aufstand befindlich:* aufständische Bauern; subst.: gegen Aufständische kämpfen.

aufstechen ⟨etwas a.⟩: **a)** *durch einen Stich öffnen:* ein Geschwür, eine Blase a. **b)** (ugs.) *aufdecken, finden:* Betrügereien a.; er hat einen Fehler in der Abrechnung aufgestochen.

aufstecken: 1. ⟨etwas a.⟩ *hochstecken:* das Haar, einen Kopfputz [mit Nadeln] a.; ⟨jmdm., sich etwas a.⟩ sie steckte sich die Zöpfe auf. **2.** ⟨etwas a.⟩ *etwas auf etwas stecken:* Kerzen [auf den Weihnachtsbaum] a.; die Mutter steckt die Gardinen auf (landsch.; *hängt sie auf*); ⟨jmdm., sich etwas a.⟩ er steckte seiner Braut den Ring auf; dem Vieh Futter a. (landsch.; *in die Raufe tun*); übertr.: ein böses Gesicht, eine Amtsmiene a. *(zeigen)*. **3.** (ugs.) ⟨etwas a.⟩ *aufgeben, nicht weiterführen:* einen Plan a.; er hat das Studium aufgesteckt; ⟨auch ohne Akk.⟩ der Weltmeister mußte wegen einer Verletzung a. * (ugs.:) **jmdm. ein Licht aufstecken** *(jmdn. aufklären)*.

aufstehen: **1.a)** *sich erheben:* nach einem Sturz nicht mehr a. können; der Mittelstürmer stand auf und spielte weiter; wütend von seinem Platz, vom Tisch, vom Essen a.; ehrerbietig vor jmdm. a.; spät, früh, vor Sonnenaufgang, um 7 Uhr, müde, völlig zerschlagen a. *(das Bett verlassen);* der Kranke darf noch nicht a., ist heute zum ersten Mal aufgestanden (vom Krankenlager). **b)** (geh.) *auftauchen, plötzlich dasein:* er wollte nicht als falscher Prophet a.; die schrecklichen Erlebnisse standen noch einmal vor ihr auf. **c)** *sich auflehnen, sich empören:* die Belegschaft stand wie ein Mann auf; das Volk war gegen die Unterdrücker aufgestanden. **2.** (ugs.) ⟨etwas steht auf⟩ *etwas steht auf dem Boden:* der eine Fuß steht nicht auf; der Tisch steht nur mit drei Beinen auf. **3.** ⟨etwas steht auf⟩ *etwas steht offen:* die Tür, der Schrank, die Schublade steht auf; das Fenster hatte die ganze Nacht aufgestanden. **4.** (Jägerspr.) *vom Boden auffliegen:* zwei Rebhühner standen plötzlich auf. * (verhüll.:) **nicht mehr/nicht wieder aufstehen** *(sterben):* der Großvater wird nicht mehr a. · (ugs.:) **mit dem linken Bein/Fuß zuerst aufgestanden sein** *(schlecht gelaunt sein)* · (ugs.:) **da mußt du früher/eher aufstehen** *(da mußt du dir schon etwas Besseres einfallen lassen, um etwas auszurichten)*.

aufsteigen: **1.** *auf etwas steigen:* auf das Trittbrett, Fahrrad, Pferd a.; er stieg von links auf. **2.a)** *nach oben steigen, hochsteigen:* die Höhlenforscher konnten nicht mehr a.; zur Hütte, zum Gipfel a.; der Rauch steigt kerzengerade auf; die Sonne stieg am Horizont auf *(ging auf);* Raketen stiegen in den Himmel auf; mit einem Ballon a.; der Pilot steigt [zur Beobachtung] auf; der aufsteigende *(aufwärtssteigende)* Ast einer Geschoßbahn; die aufsteigende Linie *(Vorfahren);* bildl.: sie bemühte sich, die aufsteigenden Tränen zu verbergen; das Lied, der Gesang stieg zum Himmel auf. **b)** (geh.) ⟨etwas steigt auf⟩ *etwas taucht auf, kommt hoch:* Wünsche, Träume steigen auf; die schrecklichen Erlebnisse stiegen wieder vor ihr auf; in ihm stieg Haß, Ekel auf; ⟨etwas steigt jmdm. auf⟩ ihm stieg der Verdacht auf, daß ... **3.** *aufrücken, eine höhere Stellung erreichen:* er ist zum Abteilungsleiter, in ein hohes Amt aufgestiegen; zwei Vereine, Mannschaften steigen auf (Sport; *werden in die nächsthöhere Spielklasse eingestuft*); unser Sohn ist in die 8. Klasse aufgestiegen (südd.; *versetzt worden*). **4.** (geh.) ⟨etwas steigt auf⟩ *etwas ragt auf, erhebt sich:* ein Bergmassiv steigt gewaltig auf; vor ihnen stieg die Fassade der Kathedrale auf.

aufstellen: **1.** ⟨jmdn., sich, etwas a.⟩ *an den vorgesehenen Platz stellen:* eine Falle, Tische und Stühle, die Kegel a.; ein Gerüst a. *(aufbauen);* sich paarweise, in Reih und Glied, der Größe nach a.; er hatte sich mit seiner Frau vor der Kirche aufgestellt; Wachen, Posten a. **2.** (landsch.) ⟨etwas a.⟩ *aufsetzen:* das Essen a.; ich habe das Kaffeewasser schon aufgestellt. **3.a)** ⟨etwas a.⟩ *hochstellen, aufrichten:* den Mantelkragen a.; der Hund stellte die Ohren auf. **b)** ⟨etwas stellt sich auf⟩ *etwas richtet sich auf:* die Borsten stellten sich auf. **4.** ⟨etwas a.⟩ *zusammenstellen, formieren:* ein Heer, eine schlagkräftige Truppe a.; es ist nicht bekannt, ob der Trainer eine andere Mannschaft aufstellt. **5.** ⟨jmdn. a.⟩ *für die Wahl vorschlagen, benennen:* einen Kandidaten, jmdn. als Kandidaten a.; 14 Personen sind für die Betriebsratswahl aufgestellt worden. **6.** ⟨etwas a.⟩ *zusammenstellend niederschreiben, festlegen; ausarbeiten* /häufig verblaßt/: eine Rechnung, eine Liste, eine Statistik a.; er hat einen Plan aufgestellt; eine Regel, einen Lehrsatz a.; einen Rekord a. *(erzielen);* eine Behauptung a. *(behaupten);* eine Forderung a. *(fordern);* eine Vermutung a. *(vermuten)*. **7.** (landsch.) ⟨etwas a.⟩ *anrichten, Dummheiten machen:* die Kinder haben schon wieder etwas aufgestellt.

Aufstellung, die: **1.** *das Aufstellen:* die A. einer Verkehrsampel, von Baracken, der Wachtposten. **2.** *das Zusammenstellen, Formierung:* die A. einer Armee, eines Chors; die A. *(Zusammensetzung)* der Mannschaft bekanntgeben; die englische Mannschaft spielt in folgender A. ... **3.** *Vorschlag für die Wahl, Nominierung:* sich für die A. eines Kandidaten aussprechen. **4.** *Festlegung, Ausarbeitung:* die A. eines Lehrsatzes; an der A. einer Statistik arbeiten. * **Aufstellung nehmen** *(sich aufstellen):* die Paare nahmen in der Mitte des Saales A.

aufstemmen: **1.** ⟨etwas a.⟩ *durch Stemmen öffnen:* eine Kiste, eine Tür [mit dem Stemmeisen] a. **2.** ⟨etwas, sich a.⟩ *aufstützen:* er stemmte die Ellbogen, sich mit den Ellbogen auf.

Aufstieg, der: **1.** *das Aufsteigen:* ein beschwerlicher A.; der A. auf den Berg, zum Gipfel war sehr anstrengend. **2.** *das Vorwärtskommen, Aufwärtsentwicklung:* ein wirtschaftlicher, sozialer A.; der A. eines Landes zur Weltmacht; die Produktion befindet sich in einem ständigen A., nimmt einen meteorhaften A.; der Mannschaft gelang der A. in die Oberliga. **3.** *aufwärts führender Weg:* ein steiler, gefährlicher A.; auf den Berg führen zwei Aufstiege.

aufstöbern ⟨jmdn., etwas a.⟩: *auffinden, entdecken:* der Hund hat einen Igel aufgestöbert; eine Handschrift, seltene Briefmarken a.

aufstoßen: **1.** ⟨etwas a.⟩ *durch einen Stoß, ruckartig öffnen:* die Fensterläden a. **2.** (selten) ⟨etwas a.⟩ *etwas auf etwas stoßen:* mit dem Stab a. **3.a)** *aus dem Magen hochgestiegenes Gas hörbar entweichen lassen:* laut, kräftig a.; er hat nach dem Essen aufgestoßen. **b)** ⟨etwas stößt jmdm. auf⟩ *etwas steigt jmdm. aus dem Magen hoch:* Bier stößt mir leicht auf; der billige Sekt hat/ist mir dauernd aufgestoßen; übertr.: nach einigen Wochen stieß ihm die Sache wieder auf *(drang sie ihm wieder ins Bewußtsein)*. * (ugs.:) **etwas stößt jmdm. sauer/übel auf** *(etwas hat für jmdn. üble Folgen)*.

aufstreben: **1.** (geh.) ⟨etwas strebt auf⟩ *etwas steigt in die Höhe:* überall strebten neue Bauten auf; ein steil aufstrebendes Bergmassiv. **2.** ⟨gewöhnlich im 1. Part.⟩ *nach oben streben:* ein aufstrebendes Volk; aufstrebende Talente sollen gefördert werden.

aufstützen: **1.** ⟨sich, etwas a.⟩ *etwas auf etwas*

stützen: die Arme, sich mit den Ellbogen a.; sie hatte den Kopf auf die/(selten:) auf der Tischkante aufgestützt. **2.** ⟨jmdn., sich a.⟩ *stützend aufrichten:* die Schwester stützte den Patienten auf.

aufsuchen: 1. ⟨etwas a.⟩ *suchend aufsammeln:* Geldstücke, Perlen [vom Boden] a. **2.** ⟨etwas a.⟩ *suchen, ausfindig machen:* eine Stelle in einem Buch a.; er hatte meine Adresse im Telephonbuch aufgesucht. **3.** ⟨jmdn., etwas a.⟩ *sich irgendwohin, zu jmdm. hinbegeben:* einen Bekannten a.; einen Arzt a. *(konsultieren);* sein Hotelzimmer, die Bar a.; er mußte mit Fieber das Bett a. (geh.; *sich ins Bett legen*). * (Boxen:) **den Boden aufsuchen** *(nach einem Schlag zu Boden gehen).*

auftakeln: 1. (Seemannsspr.) ⟨[etwas] a.⟩ *mit Takelwerk versehen; Segel setzen:* die Segelboote nach dem Winter a.; wenn wir aufgetakelt haben, legen wir ab. **2.** (ugs.; abwertend) ⟨sich a.⟩ *sich auffällig anziehen, zurechtmachen:* die hat sich aber mächtig aufgetakelt; eine aufgetakelte Bardame.

Auftakt, der: **1.** (Musik) *der ein Musikstück eröffnende unvollständige Takt:* das Lied beginnt mit einem A. **2.** *Beginn, Eröffnung:* ein vielversprechender, verheißungsvoller A.; die Rede war der A., bildete den A. zum Wahlkampf.

auftauchen: a) *an die Wasseroberfläche kommen:* wieder, nach einer Weile, nicht mehr a.; das U-Boot ist aufgetaucht. **b)** *[plötzlich und unerwartet] erscheinen, sich zeigen, auftreten:* in der Ferne, am Horizont tauchten Berge auf; plötzlich tauchte ein Mann aus dem Dunkel auf; der Verdacht tauchte auf, daß ...; Zweifel, Gerüchte, Schwierigkeiten tauchten auf. * (ugs.:) **aus der Versenkung auftauchen** *(plötzlich wieder in Erscheinung treten, dasein).*

auftauen: 1. ⟨etwas a.⟩ **a)** *zum Tauen bringen:* Lebensmittel aus der Tiefkühltruhe a. **b)** *vom Eis befreien:* wir mußten die eingefrorene Wasserleitung a. **2.** ⟨etwas taut auf⟩ **a)** *etwas löst sich tauend auf:* die Eisschicht taut auf. **b)** *etwas wird frei von Eis:* die Windschutzscheibe ist noch nicht aufgetaut; übertr.: *munter, umgänglich werden:* die Gäste tauten allmählich auf.

aufteilen: 1. ⟨etwas a.⟩ *teilen und aus-, verteilen:* das Land [an die Bauern] a.; die Männer teilten den Gewinn unter sich auf. **2.** ⟨jmdn., etwas a.⟩ *aufgliedern:* einen Raum a.; die Gefangenen wurden in Gruppen aufgeteilt.

auftischen ⟨jmdm. etwas a.⟩: *zum Mahl auf den Tisch stellen:* er tischte seinen Gästen die leckersten Speisen auf; übertr.: *vorreden:* den Leuten Lügen, Märchen a.; ⟨auch ohne Dativ⟩ er tischt immer wieder die alten Geschichten auf.

Auftrag, der: **1.** *Weisung, zur Erledigung übertragene Aufgabe:* ein geheimer, wichtiger, schwieriger A.; unser A. lautet, mit ihnen Verbindung aufzunehmen; jmdm. einen A. geben, erteilen; einen A. bekommen, erhalten, übernehmen, ausführen, erledigen, erfüllen; ich habe den [ehrenvollen] A., Sie willkommen zu heißen; sich eines Auftrages entledigen; in höherem A.; ich handle im A. des Ministers; jmdn. mit einem A. betrauen; der A. *(die Mission)* einer Nation. **2.** *Weisung, etwas herzustellen; Bestellung:* ein umfangreicher, großer A.; ein A. in Höhe von 1,2 Millionen Mark; ein A. über/(seltener:) auf 30 Kühltruhen; zahlreiche Aufträge sind bei uns eingegangen; die Firma ist mit Aufträgen überhäuft; einen A. bekommen, erhalten, annehmen, ablehnen, zurückziehen, stornieren (Kaufmannsspr.), hereinholen, einbringen; jmdm. einen A. geben, wegschnappen (ugs.); wir sehen Ihren weiteren Aufträgen gern entgegen (Kaufmannsspr.). * (Kaufmannsspr.:) **etwas in Auftrag geben** *(etwas bestellen).*

auftragen: 1. (geh.) ⟨etwas a.⟩ *zum Essen auf den Tisch bringen:* die Speisen a.; es ist aufgetragen! **2.** ⟨etwas a.⟩ *durch Tragen völlig abnutzen:* eine Hose zu Hause a.; er mußte die Sachen seines Bruders a. **3.** ⟨etwas trägt auf⟩ *etwas läßt dicker erscheinen:* die Wolljacke trägt nicht, kaum, stark auf. **4.** ⟨etwas a.⟩ *etwas auf etwas streichen:* Farbe, Schminke a.; sie trug die Salbe leicht auf die/(seltener:) auf der Wunde auf. * (ugs.; abwertend:) **dick/stark auftragen** *(übertreiben):* er hat bei der Schilderung dick aufgetragen.

auftreiben: 1. a) (geh.) ⟨etwas a.⟩ *hochtreiben:* der Wind treibt Staub, Blätter, die Wellen auf. **b)** ⟨etwas a.⟩ *in die Höhe treiben, aufblähen:* die Hefe treibt den Teig auf; sein Leib war von der Krankheit aufgetrieben. **2.** (ugs.) ⟨jmdn., etwas a.⟩ *ausfindig machen [und herbeischaffen], besorgen:* ein Taxi, einen Arzt a.; das Buch war schwer aufzutreiben; wo hast du das Geld aufgetrieben? **3.** (Kaufmannsspr.) ⟨ein Tier a.⟩ *zum Verkauf auf den Markt bringen:* Kälber, Schweine wurden genügend aufgetrieben.

auftreten: 1. ⟨gewöhnlich mit Artangabe⟩ *den Fuß aufsetzen:* leise, vorsichtig, fest, laut, mit der ganzen Sohle a.; er konnte mit einem Fuß nicht mehr a. **2.** ⟨etwas a.⟩ *durch einen Tritt öffnen:* er trat die Stalltür auf. **3. a)** *in Erscheinung treten, sich zeigen:* als Sachverständiger, als Zeuge [vor Gericht], als Redner [in einer Versammlung] a.; er tritt nicht gern öffentlich auf; wir werden gemeinsam, geschlossen auftreten; die Schädlinge treten in großen Massen auf; diese Krankheit tritt nur selten auf *(kommt nur selten vor);* falls Blutungen auftreten *(einsetzen),* muß der Arzt verständigt werden; Widersprüche, neue Schwierigkeiten, Spannungen sind aufgetreten *(haben sich ergeben, sind aufgetaucht);* ⟨gegen etwas a.⟩ gegen eine Meinung, gegen die veraltete Hochschulordnung a. *(sich dagegen wenden);* ⟨mit etwas a.⟩ die Gegenpartei ist mit neuen Forderungen aufgetreten *(hat sie geltend gemacht).* **b)** ⟨mit Artangabe⟩ *sich in einer bestimmten Weise benehmen, verhalten:* sicher, selbstbewußt, forsch, zaghaft a.; er wußte nicht, wie er ihr gegenüber a. sollte; subst.: er hat ein sicheres, gewandtes Auftreten. **c)** *auf die Bühne treten, spielen:* als Hamlet, in einer Rolle, in einer Revue a.; der Sänger will nicht mehr a.; sie ist zum ersten Mal aufgetreten *(hat debütiert);* subst.: ihr Auftreten in Berlin war ein großer Erfolg.

Auftrieb, der: **1.** (Kaufmannsspr.) *Menge der zum Verkauf auf den Markt gebrachten Schlachttiere:* der A. von/an Kälbern, Schweinen, Rindern war genügend. **2.** *das Hinauftreiben des Viehs auf die Bergweide:* der A. ist im Frühjahr, wird mit einem Fest gefeiert. **3.** (Physik) *nach* *oben wirkende Kraft, Aufwärtsdruck:* den A. (eines Körpers im Wasser) messen; der Ballon hat, bekommt starken A. **4.** *Schwung, Elan:* keinen A. haben; durch den Sieg bekam die Mannschaft neuen A.; die Industrie erhielt starken A. *(nahm Aufschwung).*

Auftritt, der: **1.** *das In-Erscheinung-Treten, Betreten eines Schauplatzes:* ein glänzender, theatralischer (bildungsspr.) A.; der Minister hatte, verschaffte sich einen großen A.; Theater: *das Auftreten auf der Bühne:* jetzt kam ihr A.; den A. verpassen; sie wartete auf ihren A., auf das Zeichen zum A. **2.** *Teil eines Aufzugs, Szene:* der dritte Akt hat, umfaßt vier Auftritte. **3.** *Auseinandersetzung, Streit:* ein peinlicher, häßlicher, heftiger A.; es gab einen A.; wir hatten viele unliebsame Auftritte; es kam zu einem A. **4.** (veraltend) *Vorfall, Szene:* ein rührender A.

auftrumpfen: *seine Überlegenheit herauskehren:* ordentlich, tüchtig a.; er wollte mit seinem Wissen a.; er hat gegen ihn ganz schön aufgetrumpft; der deutsche Meister trumpfte gleich zu Beginn des Spiels auf.

auftun: **1.** (ugs.) ⟨etwas a.⟩ *öffnen:* die Tür, das Fenster a. **2.** (geh.) ⟨sich a.⟩ **a)** *sich öffnen:* die Pforte tat sich auf; bildl.: ein Abgrund hatte sich vor ihm aufgetan. **b)** *sich jmdm. erschließen, sich darbieten:* ein Weg, ein Tal tat sich vor uns auf; neue Möglichkeiten haben sich aufgetan; ⟨etwas tut sich jmdm. auf⟩ eine neue Welt tat sich ihm auf. **3.** (landsch.) **a)** ⟨etwas a.⟩ *eröffnen, gründen:* ein Geschäft a. **b)** ⟨sich a.⟩ *eröffnet, gegründet werden:* viele Geschäfte, neue Firmen haben sich aufgetan. **4.** (ugs.) ⟨jmdn., etwas a.⟩ *ausfindig machen:* ich habe einen guten Friseur, ein nettes Lokal aufgetan. **5.** (landsch.) ⟨jmdm., sich etwas a.⟩ *auf den Teller tun:* er tat sich noch eine Portion auf; ⟨auch ohne Akk.⟩ die Mutter tat dem Gast zuerst auf. * **den Mund auftun** *(etwas sagen, reden, sprechen):* er hat Angst, den Mund aufzutun.

auftürmen: **a)** ⟨etwas a.⟩ *etwas hoch aufschichten, aufstapeln:* der Wind türmte den Schnee zu hohen Wällen auf. **b)** ⟨etwas türmt sich auf⟩ *etwas häuft sich auf, steigt turmartig auf:* Wolken türmen sich auf; das schmutzige Geschirr türmte sich in der Küche auf; bildl.: neue Schwierigkeiten haben sich aufgetürmt.

aufwachen: *wach werden:* früh, spät, plötzlich, von selbst, von/(selten:) über einem Geräusch, mitten in der Nacht, mit schwerem Kopf a.; er wachte aus der Narkose auf; bildl.: aus einem Rausch a.

aufwachsen: **1.** *groß werden:* auf dem Lande, in der Großstadt, in kleinbürgerlichen Verhältnissen, als einziges Kind a.; wir sind zusammen aufgewachsen; sie ist zu einem hübschen Mädchen aufgewachsen *(herangewachsen).* **2.** (geh.) ⟨etwas wächst auf; mit Raumangabe⟩ *etwas erhebt sich, ragt auf:* aus dem Dunst wuchsen die Masten der Schiffe auf.

Aufwand, der: **1.a)** *das Aufwenden:* ein großer A. an Kraft, an Geld, an Menschen; der A. lohnt sich nicht; das erfordert einen A. von 2 Millionen Mark; etwas mit geringem A., ohne großen A. an Kosten erreichen. **b)** *aufgewendete Mittel, Kosten:* der finanzielle A. war beträchtlich; der A. hat sich bezahlt gemacht. **2.** *übertrieben hohe Ausgaben, Prunk:* der A., den sie trieb, entsprach nicht ihren Verhältnissen; ohne A. leben, sich kleiden.

aufwärmen ⟨sich, etwas a.⟩: *wieder warm machen:* die Suppe, das Essen a.; die Maurer wärmten sich in der Baracke [mit einem Schnaps] auf; die Läufer wärmen sich vor dem Start auf *(bereiten sich durch leichte Übungen auf den Lauf vor);* ⟨sich (Dativ) etwas a.⟩ ich wärmte mir die Füße am Ofen auf; übertr.: eine dumme Sache, eine alte Geschichte a. *(wieder erzählen, ins Gespräch bringen);* einen Streit wieder a. *(neu beleben).* * (ugs.:) **alten Kohl aufwärmen** *(eine alte Geschichte vorbringen).*

aufwarten: **1.a)** (geh.) ⟨jmdm. mit etwas a.⟩ *anbieten, reichen:* er wartete seinen Gästen mit einem Truthahn auf. **b)** ⟨mit etwas a.⟩ *zu bieten haben:* mit einem Sonderangebot, mit einer Neuigkeit a.; die Sportler warteten mit guten Leistungen auf; damit kann ich nicht a. *(nicht dienen).* **2.** (geh.; veraltend) *bedienen:* er wartete bei Tisch, bei dem Fest auf; ⟨jmdm. a.⟩ den Gästen a. **3.** (veraltend) ⟨jmdm. a.⟩ *einen Besuch abstatten:* er wartete ihm auf.

aufwärts ⟨Adverb⟩: *nach oben:* der Weg führt a.; die Enden haben sich a. gebogen; bildl.: vom Leutnant [an] a.

Aufwartung, die: **1.** *Bedienung:* sie versieht, besorgt, macht in dem Haus die A. **2.** *Frau, die im Haushalt hilft; Aufwartefrau:* eine neue A. suchen. **3.** (veraltend) *Höflichkeitsbesuch:* mit jmds. A. rechnen. * (veraltend:) **jmdm. seine Aufwartung machen** *(jmdm. einen Höflichkeitsbesuch abstatten).*

Aufwasch, der (landsch.): **1.** *das Aufwaschen:* wer macht heute den A.? **2.** *abzuwaschendes Geschirr:* in der Küche steht der ganze A. * (ugs.:) **das ist ein Aufwasch; das geht/das machen wir in einem Aufwasch** *(das läßt sich gleichzeitig mit anderem erledigen).*

aufwecken /vgl. aufgeweckt/ ⟨jmdn. a.⟩: *wach machen:* die Kinder nicht a.; das ist ja ein Lärm, um Tote aufzuwecken.

aufweichen: **1.** ⟨etwas a.⟩ *durch Feuchtigkeit weich machen:* ein Brötchen in Milch a.; der Regen hatte den Boden aufgeweicht; übertr.: die starren Fronten a.; ein Bündnissystem a. *(aushöhlen, allmählich auflösen).* **2.** ⟨etwas weicht auf⟩ *etwas wird weich:* der Boden weichte allmählich auf.

aufweisen ⟨etwas a.⟩: **a)** *auf etwas hinweisen:* der Redner wies neue Möglichkeiten auf. **b)** *erkennen lassen:* keinerlei Beschädigungen a.; dieses Verfahren weist viele Vorzüge auf. * **etwas aufzuweisen haben** *(haben, über etwas verfügen):* kein Vermögen aufzuweisen haben; haben Sie Referenzen aufzuweisen?

aufwenden ⟨etwas a.⟩: *aufbringen; für etwas verwenden, einsetzen:* Kräfte, Mühe, Fleiß, Geld, Kosten [für einen Plan] a.; er wendete/wandte seine ganze Beredsamkeit auf, ihn zu überzeugen; wir haben alles aufgewendet/aufgewandt, ihm zu helfen.

aufwerfen: **1.** ⟨etwas a.⟩ *nach oben, in die Höhe werfen:* die Schiffsschraube warf das Wasser auf; den Kopf a. *(ruckartig heben);* die Lippen a. *(schürzen);* ein aufgeworfener Mund. **2.** ⟨etwas a.⟩ *etwas auf etwas werfen:* noch ein paar Kohlen, Scheite a. *(aufs Feuer werfen);* die Karten a. *(auf den Tisch werfen).* **3.** ⟨etwas a.⟩ *aufhäu-*

fen, aufschütten: ein Grab, einen Damm, einen Wall a. **4.** ⟨etwas a.⟩ *mit Wucht öffnen:* der Sturm warf das Fenster auf. **5.** ⟨etwas a.⟩ *zur Sprache bringen:* ein Problem a.; es wurde die Frage aufgeworfen, ob ... **6.** ⟨sich zu etwas a.⟩ *sich eigenmächtig zu etwas machen:* sich zum Richter a.; er hatte sich zu ihrem Beschützer aufgeworfen.

aufwerten ⟨etwas a.⟩: *dem Wert nach verbessern:* die Mark, Renten a.; bildl.: sein Ansehen in der Partei wurde aufgewertet.

aufwiegeln ⟨jmdn. a.⟩: *jmdn. dazu bewegen, sich aufzulehnen; aufhetzen:* die Kollegen a.; er wiegelte das Volk zum Widerstand auf.

aufwiegen ⟨etwas wiegt etwas auf⟩: *etwas gleicht etwas aus, bietet Ersatz für etwas:* die Vorteile wogen die Nachteile nicht auf; der Erfolg hatte die langen Entbehrungen aufgewogen. * **etwas läßt sich nicht mit Gold aufwiegen** *(etwas ist unbezahlbar, unersetzlich).*

aufwirbeln: **a)** ⟨etwas a.⟩ *hochwirbeln:* der Wind wirbelt die dürren Blätter, Schmutz auf. **b)** ⟨etwas wirbelt auf⟩ *etwas wirbelt hoch, stiebt auf:* Schnee, Sand wirbelte auf. * (ugs.:) **Staub aufwirbeln** *(Unruhe schaffen, Aufregung bringen):* der Prozeß hat viel Staub aufgewirbelt.

aufwischen ⟨etwas a.⟩: **a)** *wischend aufnehmen:* Wasser, verschüttetes Bier a. **b)** *mit einem feuchten Lappen säubern:* den Fußboden [feucht] a.; sie hatte die ganze Wohnung aufgewischt.

aufwühlen: **1.** ⟨etwas a.⟩ **a)** *an die Oberfläche wühlen:* Steine, Wurzeln a. **b)** *wühlend aufreißen:* die Ketten der Panzer hatten den Boden aufgewühlt. **2.** ⟨etwas a.⟩ *aufrühren:* der Sturm wühlt den See auf; die Füße der Badenden wühlen den Schlamm vom Boden auf; bildl.: das wühlte die Tiefe, den Grund ihrer Seele auf; übertr.: die Musik wühlte ihn bis ins Innerste auf *(erregte ihn stark);* ein aufwühlendes *(erregendes)* Erlebnis.

aufzählen: **1.** (selten) ⟨jmdm. etwas a.⟩ *zählend vor jmdn. hinlegen:* er zählte ihm die Summe in Scheinen auf. **2.** ⟨etwas a.⟩ *einzeln angeben, nacheinander nennen:* seine Verdienste, Schandtaten a.; ⟨jmdm., sich etwas a.⟩ der Richter zählte ihm seine Vorstrafen auf. * (ugs.:) **jmdm. Hiebe/Schläge/eins aufzählen** *(jmdm., die Schläge einzeln zählend, Prügel verabreichen).*

aufzäumen ⟨ein Tier a.⟩: *den Zaum anlegen:* ein Pferd a. * (ugs.:) **das Pferd am/beim Schwanz aufzäumen** *(etwas verkehrt beginnen).*

aufzehren (geh.): **a)** ⟨etwas a.⟩ *aufbrauchen:* alle Vorräte, Ersparnisse a.; der Marsch hatte seine Kräfte völlig aufgezehrt. **b)** ⟨sich a.⟩ *sich verbrauchen:* seine Frau hatte sich [innerlich] aufgezehrt.

aufzeichnen ⟨etwas a.⟩: **1.** *etwas auf etwas zeichnen:* ein Muster, einen Plan a. **2.a)** *aufschreiben, notieren:* etwas gewissenhaft, aus der Erinnerung, wortwörtlich a.; er hatte seine Gedanken, diese Ereignisse aufgezeichnet. **b)** (Fernsehen) *auf einem Film, Magnetband festhalten:* eine Sendung a.

aufzeigen ⟨etwas a.⟩: *zeigen, darlegen, nachweisen:* Fehler, Widersprüche a.; der Erfolg hat die Bedeutung der Zusammenarbeit aufgezeigt; er zeigte auf, wie schädlich die Einflüsse waren.

aufziehen: **1.** ⟨etwas a.⟩ *in die Höhe ziehen:* den Schlagbaum, die Zugbrücke a.; eine Fahne [am Mast], die Segel a. *(hissen);* Med.: Penizillin a. *(in die Spritze ziehen);* der Arzt zog eine Spritze auf *(zog die Flüssigkeit in die Spritze).* **2.** ⟨etwas a.⟩ *ziehend öffnen:* die Vorhänge, einen Reißverschluß, die Schleife *(an der Schürze)* a.; er zog vorsichtig die Schublade auf; sie hatten schon einige Flaschen aufgezogen *(entkorkt).* **3.** ⟨etwas a.⟩ *etwas auf etwas spannen:* eine neue Saite [auf die Geige] a.; Landkarten, Photographien auf Leinwand, auf Pappe a. *(aufkleben, befestigen);* das Mädchen hatte eine Stickerei aufgezogen *(auf den Rahmen gespannt).* **4.a)** ⟨etwas a.⟩ *spannen:* die Feder (einer Spieldose) a. **b)** ⟨etwas a.⟩ *die Feder von etwas spannen:* das Grammophon, ein Spielzeug a.; er zog seine Uhr auf. **c)** ⟨etwas zieht sich auf; mit Artangabe⟩ *die Feder von etwas läßt sich in einer bestimmten Weise spannen:* das Werk zieht sich leicht, schwer auf; die Uhr zieht sich selbsttätig auf. **5.** ⟨jmdn., etwas a.⟩ *großziehen:* ein fremdes Kind [wie sein eigenes], ein Tier mit der Flasche a.; ich bin von meinem Vater im christlichen Glauben aufgezogen worden. **6.** ⟨etwas a.⟩ *beginnen, ins Werk setzen:* ein Unternehmen, einen Supermarkt a.; ein Fest, eine Veranstaltung a.; die Sache war groß, geschickt, falsch aufgezogen *(arrangiert);* einen Prozeß politisch a. **7.** ⟨jmdn. a.⟩ *Scherz oder Spott mit jmdm. treiben:* jmdn. mit seinen abstehenden Ohren/wegen seiner abstehenden Ohren a.; sie haben den neuen Schüler mächtig aufgezogen. **8.a)** *aufmarschieren, anrücken:* die Wache, die Posten ziehen auf; die Ablösung ist aufgezogen. **b)** ⟨etwas zieht auf⟩ *etwas kommt auf, nähert sich:* ein Sturm, ein Gewitter zieht auf; schwarze Wolken waren aufgezogen; die aufziehende neue Zeit. * (ugs.:) **andere, strengere Saiten aufziehen** *(strenger vorgehen).*

Aufzug, der: **1.** *Vorrichtung zum Hochziehen von Lasten und Personen; Fahrstuhl:* ein elektrischer, hydraulischer, automatischer A.; wir benutzen den A. **2.** *das Aufmarschieren, Anrücken:* den A. der Wache beobachten, photographieren; die Professoren in festlichem, feierlichem A. **3.** *äußere Erscheinung, Ausstaffierung:* ein seltsamer, lächerlicher, ärmlicher, verwahrloster A.; er zeigte sich in einem ungewohnten A.; in dem A. konnte ich mich vor ihr nicht sehen lassen. **4.** (Theater) *Akt:* das Drama hat fünf Aufzüge.

aufzwingen: **1.** ⟨jmdm. etwas a.⟩ *zwingen, etwas anzunehmen:* einem Volk einen Friedensvertrag, eine Staatsform a.; er wollte mir seinen Willen a. **2.** (geh.) ⟨sich jmdm. a.⟩ *sich aufdrängen:* ihm zwang sich der Gedanke auf, daß ...

Augapfel, der: */Teil des Auges/:* er rollte die Augäpfel/mit den Augäpfeln. * **jmdn., etwas wie seinen Augapfel hüten/hegen** *(sorgsam bewahren, schützen).*

Auge, das: **1.** *Sehorgan:* das rechte, linke A.; große, mandelförmige, vorstehende, tiefliegende Augen; kurzsichtige, entzündete, verweinte, rote, blutunterlaufene, verquollene, umflorte, feuchte Augen; blaue, rehbraune, dunkle, blanke, blitzende, glasige, stechende Augen; schöne, lustige, offene, sanfte, gutmütige, listige, träumerische, treue, verliebte, zornige Augen; Augen voll Trauer, voller Schwermut · die Augen strahlen, glänzen, leuchten auf, schmerzen, brennen, tränen, füllen sich mit Tränen, stehen voller Tränen, verdunkeln sich; seine Augen verklärten sich, weiteten sich vor Entsetzen, traten hervor, blickten ihn vorwurfsvoll an, glitten über ihn hinweg, fielen ihm vor Müdigkeit zu; das A. gewöhnt sich an die Helligkeit; seine Augen suchen jmdn., richten sich auf jmdn., hängen an jmdm., folgen jmdm., fallen auf jmdn., ruhen auf jmdm.; ihre Augen ließen ihn nicht mehr los; sein eines A. zuckt; Redensart: die Augen sind größer als der Magen *(sich mehr auf den Teller tun, als man essen kann);* Sprichwort: vier Augen sehen mehr als zwei · die Augen öffnen, aufschlagen (geh.), aufmachen (ugs.), entsetzt aufreißen, schließen, zu[sammen]kneifen, verdrehen, [vor Wut] rollen; er hat im Krieg ein A. verloren; ein A. verpflanzen, übertragen; jmdm. die Augen verbinden; er drückte dem Toten die Augen zu; er rieb sich erstaunt die Augen; sie hätte ihm am liebsten die Augen ausgekratzt, so wütend war sie; dieses Licht blendet, schont das A.; das Lesen bei schlechtem Licht strengt, greift die Augen an; ich habe mir die Augen verdorben; der Anblick entzückte, beleidigte ihr A. (geh.); sie beschattete die Augen mit den Händen; erstaunte, bittende Augen machen; scharfe, flinke, kalte Augen haben; Augen wie ein Luchs haben; gute, schlechte Augen haben *(gut, schlecht sehen können)* · etwas an jmds. Augen ablesen können; auf einem A. blind sein; jmdn. aus großen Augen ansehen; er rieb sich den Schlaf aus den Augen; sie konnte vor Müdigkeit nicht mehr aus den Augen sehen; Sprichw.: aus den Augen, aus dem Sinn *(wen man nicht mehr sieht, vergißt man)* · sie schauten sich/(geh.:) einander in die Augen; jmdm. fest ins A. sehen, blicken; ihm standen die Tränen in den Augen; einen Fremdkörper im A. haben; jmdm. nicht in die Augen sehen können *(jmdn. nicht ansehen können, weil man ein schlechtes Gewissen ihm gegenüber hat);* mir ist etwas ins A. gekommen; der Rauch beißt mir/mich in die Augen; mit den Augen blinzeln, zwinkern; mit fragenden Augen ansehen; ich habe es mit eigenen Augen gesehen; jmdn. mit den Augen durchbohren (ugs.; *scharf und durchdringend ansehen*); dunkle Ringe um die Augen haben; die Hände schützend vor die Augen halten; vor aller Augen *(vor allen, öffentlich);* es war so dunkel, daß man die Hand nicht vor den Augen sehen konnte · übertr.: *Blick:* die Augen senken (geh.), niederschlagen (geh.), zu Boden schlagen (geh.), erheben (geh.), abwenden; er richtete sein A. auf ihn; sie fühlte seine Augen in ihrem Rücken; nichts entging seinen Augen; er folgte dem Wärter mit den Augen. **2. a)** *Keim; Knospenansatz:* die Augen (der Kartoffel) ausschälen, ausschneiden; einen Zweig mit Augen zum Veredeln auswählen. **b)** *Punkt (auf dem Würfel), Zählwerk beim Spielen:* er hat vier Augen geworfen; wieviel Augen haben wir? **c)** *Fetttropfen:* auf der Brühe schwimmen viele Augen; Redensart (ugs.; scherzh.): in diese Suppe schauen mehr Augen hinein als heraus. ∗ (Rundf.:) **magisches Auge** *(Abstimmungsanzeigeröhre des Rundfunkgerätes)* · **so weit das Auge reicht** *(so weit man sehen kann)* · (ugs.:) **ganz Auge und Ohr sein** *(genau aufpassen)* · **jmdm. gehen die Augen über: a)** (ugs.; *jmd. ist durch einen Anblick überwältigt).* **b)** (geh.; *jmd. beginnt zu weinen*) · (ugs.:) **jmdm. gehen die Augen auf** *(jmd. durchschaut plötzlich etwas)* · (ugs.:) **da bleibt kein Auge trocken: a)** *(alle weinen vor Rührung).* **b)** *(alle lachen Tränen).* **c)** *(keiner bleibt davon verschont)* · (geh.:) **jmds. Augen brechen** *(jmd. stirbt)* · (ugs.:) **seinen [eigenen] Augen nicht trauen** *(vor Überraschung etwas nicht fassen):* ich traute meinen Augen nicht, als er mir das Geld zurückgab. · (ugs.:) **[große] Augen machen** *(staunen, sich wundern):* der hat aber Augen gemacht, als ich mit einem Auto ankam · (ugs.:) **jmdm. [schöne] Augen machen** *(jmdn. verführerisch ansehen, flirten)* · (ugs.:) **jmdm. verliebte Augen machen** *(jmdn. verliebt ansehen)* · (ugs.:) **die Augen auftun/aufmachen/aufsperren** *(genau auf das achten, was um einen herum vorgeht):* machen Sie doch Ihre Augen auf! · **die Augen offen haben/offenhalten** *(achtgeben, aufpassen)* · (verhüll.:) **die Augen schließen** (geh.)/ **zutun/zumachen** *(sterben):* der Großvater wird wohl bald die Augen zumachen · **die Augen vor etwas verschließen** *(etwas nicht wahrhaben wollen):* verschließt nicht vor dem sozialen Problem die Augen! · (ugs.:) **ein Auge/beide Augen zudrücken** *(etwas nachsichtig, wohlwollend übersehen)* · (ugs.:) **ein Auge riskieren** *(einen verstohlenen Blick auf jmdn. oder etwas werfen)* · (ugs.:) **ein Auge auf jmdn., auf etwas werfen** *(Gefallen an jmdm., an etwas finden)* · **ein Auge auf jmdn., auf etwas haben: a)** *(auf jmdn., auf etwas achten, aufpassen).* **b)** *(an jmdm., an etwas Gefallen finden, etwas gerne haben wollen)* · (ugs.:) **nur Augen für jmdn., für etwas haben** *(jmdn., etwas ganz allein beachten)* · **ein Auge für etwas haben** *(das richtige Verständnis, das nötige Urteilsvermögen haben)* · (ugs.; landsch.:) **ein Auge/ein paar Augen voll Schlaf nehmen** *(ein wenig schlafen)* · (ugs.:) **kein Auge zutun** *(nicht schlafen [können]):* ich habe die ganze Nacht kein Auge zugetan · (ugs.:) **seine Augen überall/vorn und hinten haben** *(alles sehen)* · (ugs.:) **Augen im Kopf haben: a)** *(etwas durchschauen, beurteilen können):* ich weiß, was mit den beiden los ist, ich habe doch Augen im Kopf. **b)** *(aufpassen):* haben Sie keine Augen im Kopf? · (ugs.:) **hinten keine Augen haben** *(nach rückwärts nicht sehen können und nichts dafür können, wenn man jmdn. tritt oder stößt)* · **kein Auge von jmdm., von etwas lassen/wenden** *(unablässig ansehen, beobachten)* · **jmdm. die Augen öffnen** *(jmdn. darüber aufklären, wie unerfreulich etwas in Wirklichkeit ist):* ich muß dir einmal über deinen Freund die Augen öffnen · **sich** (Dativ) **die Augen aus dem Kopf schämen** *(sich sehr schämen)* · **sich** (Dativ) **die Augen ausweinen/aus dem Kopf weinen** *(sehr weinen)* · (fam.:) **sich** (Dativ) **die Augen nach jmdm., nach etwas ausgucken/aus dem Kopf sehen/ gucken** *(angestrengt Ausschau halten)* · (ugs.:) **jmdm. den Daumen aufs Auge drücken/setzen/halten** *(jmdn. zu etwas zwingen)* · (ugs.:) **das paßt wie die Faust aufs Auge: a)** *(das paßt überhaupt nicht).* **b)** *(das paßt genau)* · (ugs.:) **Tomaten auf den Augen haben** *(etwas, was eigentlich auffallen müßte, nicht sehen)* · (veraltend): **etwas ruht/steht auf zwei Augen** *(et-*

was hängt von einem einzigen Menschen ab) · **jmdn., etwas nicht aus dem Auge, aus den Augen lassen** *(scharf beobachten)* · **jmdm. jmdn., etwas aus den Augen schaffen** *(wegschaffen, fortbringen):* schafft mir den Kerl, das Zeug aus den Augen! · **jmdn., etwas aus dem Auge/aus den Augen verlieren** *(die Verbindung mit jmdm. verlieren; etwas nicht weiterverfolgen)* · **jmdm. aus den Augen kommen** *(keine Verbindung mehr mit jmdm. haben)* · **jmdm. aus den Augen gehen** *(sich nicht mehr bei jmdm. sehen lassen):* geh mir aus den Augen! · (veraltend:) **jmdm. wie aus den Augen geschnitten sein** *(jmdm. sehr ähnlich sein)* · **etwas im Auge haben** *(etwas im Sinn haben, vorhaben, anstreben):* er hat nur seinen Vorteil im Auge, hat ein Ziel fest im Auge · **jmdn., etwas im Auge behalten** *(beobachten, verfolgen)* · (ugs.; scherzh.:) **einen Knick im Auge haben: a)** *(schielen).* **b)** *(nicht richtig sehen können)* · **jmdm. ein Dorn im Auge sein** *(jmdn. stören, jmdm. verhaßt sein)* · **in den Augen ...** *(nach Ansicht von ...):* in den Augen der Leute, der Polizei ist er der Täter · **jmdm. Auge in Auge gegenüberstehen** *(ganz nah gegenüberstehen)* · (ugs.:) **jmdm. Sand in die Augen streuen** *(jmdm. etwas vormachen, jmdn. täuschen)* · **etwas fällt/springt [jmdm.] ins Auge/in die Augen** *(etwas fällt auf, lenkt jmds. Aufmerksamkeit auf sich)* · (ugs.:) **etwas sticht jmdm. ins Auge/in die Augen** *(etwas gefällt jmdm. so sehr, daß er es haben möchte)* · **einer Sache ins Auge sehen/blicken** *(etwas Unangenehmem gefaßt entgegensehen):* er sah der Gefahr gelassen ins Auge · **jmdm. zu tief ins Auge, in die Augen sehen** *(sich in jmdn. verlieben)* · **etwas ins Auge fassen** *(erwägen; sich etwas vornehmen)* · (ugs.:) **etwas geht ins Auge** *(etwas geht übel aus, hat schlimme Folgen)* · **mit bloßem/nacktem/unbewaffnetem Auge** *(ohne optisches Hilfsmittel):* man kann die Larven mit unbewaffnetem Auge erkennen · **mit einem lachenden und einem weinenden Auge** *(teils erfreut, teils betrübt)* · **mit offenen Augen/sehenden Auges ins Unglück rennen** *(eine deutlich erkennbare Gefahr nicht erkennen wollen)* · **mit offenen Augen durch die Welt gehen** *(alles unvoreingenommen betrachten, um daraus zu lernen)* · (ugs.:) **mit offenen Augen schlafen** *(nicht aufpassen)* · (ugs.:) **mit einem blauen Auge davonkommen** *(glimpflich davonkommen)* · **jmdn., etwas mit anderen/mit neuen Augen [an]sehen/betrachten** *(zu einem neuen Verständnis gelangen, eine neue Einstellung gewinnen)* · (ugs.:) **jmdn., etwas mit den Augen verschlingen** *(mit begehrlichen Blicken ansehen)* · (ugs.:) **jmdn., etwas mit scheelen Augen ansehen** *(voll Neid, Mißgunst betrachten)* · **etwas nicht [nur] um jmds. schöner, blauer Augen willen/wegen jmds. schöner, blauer Augen tun** *(nicht aus reiner Gefälligkeit tun)* · **Auge um Auge, Zahn um Zahn** *(Gleiches wird mit Gleichem vergolten)* · **unter vier Augen** *(ohne Zeugen):* ich möchte die Angelegenheit mit Ihnen unter vier Augen besprechen · **unter jmds. Augen** *(unter jmds. Aufsicht)* · **jmdm. unter die Augen kommen, treten** *(sich bei jmdm. sehen lassen):* er darf ihm nach diesem Krach nicht mehr unter die Augen treten · **es fällt jmdm. wie Schuppen von den Augen** *(etwas wird jmdm. plötzlich klar)* · **jmdm. wird es schwarz, Nacht vor [den] Augen** *(jmd. wird ohnmächtig)* · **jmdm. etwas vor Augen führen/halten/stellen** *(jmdm. etwas deutlich zeigen, klarmachen):* der Film führt uns die furchtbaren Folgen eines Atomkrieges vor Augen · **sich** (Dativ) **etwas vor Augen führen/halten/stellen** *(sich über etwas klarwerden)* · **etwas steht/schwebt jmdm. vor Augen** *(etwas ist jmdm. deutlich in Erinnerung):* das Bild steht, schwebt mir noch immer vor Augen.

Augenblick, der: **a)** *Zeitraum von sehr kurzer Dauer, Moment:* ein winziger, erhebender, einzigartiger, geschichtlicher A.; es waren aufregende Augenblicke; ein A. des Schweigens; keinen A. warten, zögern; wir dürfen keinen A. verlieren; es dauert nur noch einen A.; einen A. bitte!; bitte gedulden Sie sich noch einen A.!; er verstand, den A. zu nutzen. **b)** *Zeitpunkt:* im entscheidenden, unpassenden, rechten, nächsten A.; sie erreichte den Zug im letzten A.; er hat den richtigen A. erwischt, verpaßt. * (ugs.:) **alle Augenblicke** *(andauernd, immer wieder)* · **jeden Augenblick** *(schon im nächsten Augenblick, sofort):* die Vorstellung muß jeden A. beginnen · **im Augenblick** *(jetzt, momentan)* · **einen lichten Augenblick haben: a)** *(vorübergehend bei klarem Verstand sein).* **b)** (scherzh.; *einen guten Einfall haben).*

augenblicklich: 1. *unverzüglich, sofort:* eine augenblickliche Entscheidung fordern; ich werde das a. erledigen. **2.** *momentan:* die augenblickliche *(derzeitige)* Lage fordert Übersicht; eine augenblickliche *(zeitweilige)* Notlage; er folgte einer augenblicklichen *(plötzlichen)* Eingebung; wo ist er a. beschäftigt?

Augenbraue, die: *behaarter Haarwulst; Hautbogen über dem Auge:* starke, buschige Augenbrauen; die A. platzte auf; die A. ausrasieren, auszupfen, färben, nachziehen; die Augenbrauen heben, erstaunt hochziehen.

Augenmerk, das ⟨meist in Verbindung mit *richten*⟩: *Aufmerksamkeit:* wir werden das, unser A. mehr auf Wirtschaftsfragen richten; das A. von jmdm. abwenden (geh.).

Augenschein, der: *das Anschauen, die unmittelbare Wahrnehmung durch das Auge:* der A. kann trügen; wie der A. zeigt, lehrt; der A. widerlegt das; der bloße A. genügt; du kannst dich durch den A. davon überzeugen. * **jmdn., etwas in Augenschein nehmen** *(genau und kritisch betrachten).*

augenscheinlich (geh.): *offensichtlich:* das ist ein augenscheinlicher Mangel, Nachteil; ihre a. unvermählte Tochter; der Fahrer war a. betrunken.

August, der: *8. Monat im Jahr:* ein heißer, sonniger, verregneter A.; im Laufe des Monats A., des August[s] eine Ware liefern.

aus: I. ⟨Präp. mit Dativ⟩ **1.** /räumlich; zur Angabe der Richtung von innen nach außen/: a. dem Haus gehen; a. dem Keller holen; a. der Nase bluten; a. der Flasche trinken; er nahm ihm den Revolver a. der Hand; a. ihm spricht der Neid; /ohne räumliche Vorstellung/: a. einem Traum erwachen; a. einer Laune heraus; a. der Mode; er kam a. dem Gleichgewicht. **2.** /zur Angabe der Herkunft, des Ursprungs/: er ist a. Berlin; a. weiter Ferne kommen; a. großer Höhe abstürzen; a. aller Herren Länder/(veraltend:) Ländern; a. der Kindheit, a. den Tagen, da ...;

das Bild stammt a. dem 15. Jh.; er stammt a. guter Familie; er las a. seinen Werken; a. Erfahrung sprechen. **3.a)** /zur Angabe des Stoffes/: ein Kleid a. Seide; eine Figur a. Holz schnitzen; sie bereitete ein Gericht a. Fleisch und Zwiebeln. **b)** /zur Angabe des Ausgangspunkts, der ursprünglichen Beschaffenheit/: a. einer Tüte eine Papiermütze machen; wir werden a. ihm einen anständigen Menschen machen; a. dieser Sache wird nichts; a. ihr wird nie ein ordentlicher Mensch werden. **4.** /zur Angabe des Grundes/: a. Mangel an Geld; er tat es a. Überzeugung; er hat es nur a. Spaß gesagt. **II.** ⟨Adverb⟩ **1.** (ugs.) *vorbei, zu Ende:* der Motor blieb stehen, a.; a. der Traum von einem Sieg; ... sieben, acht, neun – aus! (beim Boxen); subst.: in der fünften Runde kam das Aus. **2.** ⟨elliptisch, bes. in Aufforderungen⟩ Licht a.! *(ausdrehen!).* * **aus sich heraus** *(unaufgefordert, von sich aus)* · **bei jmdm. aus und ein/ein und aus gehen** *(bei jmdm. oft sein, mit jmdm. verkehren)* · **weder aus noch ein/ein noch aus wissen; nicht aus noch ein/ein noch aus wissen; nicht aus und ein/ein und aus wissen** *(völlig ratlos sein)* · **etwas ist aus und vorbei** *(etwas ist endgültig vorbei)* · **von ... aus** *(von; von ... her):* von der Straße a. beobachten; von Hamburg a. mit dem Schiff weiterfahren · **von Haus[e] aus** *(ursprünglich, eigentlich)* · **von Natur aus** *(der Anlage nach, wesensmäßig)* · **von mir aus** *(meinetwegen).*

ausarbeiten: **1.** ⟨etwas a.⟩ *im einzelnen ausführen, fertigstellen:* einen Entwurf, einen Vortrag a.; ich habe ein Gutachten ausgearbeitet. **2.** ⟨sich a.⟩ *sich durch körperliche Arbeit Bewegung, einen Ausgleich verschaffen:* in den Ferien, nach Feierabend arbeite ich mich gern ein bißchen aus.

ausarten: **a)** ⟨etwas artet aus⟩ *etwas entwickelt sich, steigert sich ins Negative:* das Spiel artete aus; das Fest begann in eine/zu einer Orgie auszuarten; die Proteste arteten in/zu Straßenschlachten aus. **b)** *sich ungehörig benehmen:* er artet leicht aus; wenn er getrunken hat, artet er immer aus.

ausatmen ⟨[etwas] a.⟩: *den Atem aus der Lunge entweichen lassen:* kräftig, laut a.; die Luft durch den Mund, durch die Nase a.

ausbaden (ugs.) ⟨etwas a.⟩: *die Folgen tragen:* ihr habt das angerichtet, und ich muß die Sache jetzt a.

ausbauen ⟨etwas a.⟩: **1.** *herausnehmen, ausmontieren:* den Motor, die Batterie, ein Türschloß a.; er baute den Zünder der Bombe aus. **2.** *erweitern, vergrößern:* den Hafen, das Eisenbahnnetz a.; das Land baute seine Machtstellung weiter aus. **3.** *umbauen, ausgestalten:* das Dachgeschoß [zu Wohnungen] a.; einen Fluß zu einer/als Schiffahrtsstraße a.; der Hafen war für den Überseehandel ausgebaut worden.

ausbedingen (geh.) ⟨sich (Dativ) etwas a.⟩: *zur Bedingung machen:* sich ein Mitspracherecht a.; ich habe mir ausbedungen, daß die Prüfung von mir vorgenommen wird.

ausbeißen ⟨sich (Dativ) etwas a.⟩: *einen Zahn beim Beißen ab-, herausbrechen:* ich habe mir [an dem Kirschkern] einen Zahn ausgebissen. * (ugs.:) **sich** (Dativ) **die Zähne an etwas ausbeißen** *(mit etwas nicht fertig werden):* er wird sich an der Sache die Zähne ausbeißen.

ausbessern ⟨etwas a.⟩: *instand setzen, wiederherstellen:* Wäsche, das Dach, die Straße a.; die Arbeiter besserten die schadhaften Stellen aus *(beseitigten sie).*

Ausbeute, die: *Gewinn, Ertrag:* eine große, geringe A. an Uran; die wissenschaftliche A. war bescheiden; die Grabungen lieferten, brachten keine A.

ausbeuten: **1.** ⟨etwas a.⟩ *nutzen:* eine Grube, ein Erzvorkommen a.; seine Werke sind von anderen ausgebeutet *(ausgeschrieben, ausgeschöpft)* worden. **2.** (abwertend) ⟨jmdn., etwas a.⟩ *skrupellos ausnutzen:* ein besetztes Land a.; er beutet seine Angestellten systematisch aus.

ausbiegen: *ausweichen:* rechtzeitig, nach links, zur Seite a.; er konnte nicht mehr a.; ⟨jmdm., einer Sache a.⟩ er bog dem Radfahrer, dem Hindernis aus; übertr.: er biegt allen Fragen aus.

ausbilden: **1.a)** ⟨jmdn., sich a.⟩ *auf einen Beruf, eine Tätigkeit vorbereiten, schulen:* Lehrlinge, Krankenschwestern, Rekruten a.; jmdn. in einem Fach, an der Drehbank a.; sie ließ sich als/zur Kindergärtnerin a.; ich bin als Sanitäter ausgebildet. **b)** ⟨etwas a.⟩ *entwickeln, zur Entfaltung bringen:* seine Stimme a.; er hatte seinen Verstand, seine Fähigkeiten ausgebildet. **2.a)** ⟨etwas a.⟩ *hervorbringen:* die Pflanze bildet schmale und breitere Blätter aus. **b)** ⟨etwas bildet sich aus⟩ *etwas entwickelt sich, entsteht:* die Blüten bilden sich sehr langsam aus; dieser Industriezweig hat sich erst nach dem Krieg ausgebildet. **3.** ⟨etwas a.; mit Artangabe⟩ *in bestimmter Weise gestalten:* Kolbenstangen hohl a.; die Mundpartie ist stark ausgebildet.

Ausbildung, die: **1.** *das Ausbilden, Schulung:* eine gründliche, umfassende, mangelhafte, technische A.; eine gute A. erhalten, genießen (geh.), besitzen, haben; er hat seine A. abgeschlossen, beendet. **2.** *Entwicklung, Entfaltung:* die A. des politischen Bewußtseins.

ausbitten ⟨sich (Dativ) etwas a.⟩: **a)** (geh.) *um etwas bitten:* sich von seinem Nachbarn die Zeitung a. **b)** *mit Nachdruck um etwas bitten, fordern:* ich bitte mir Ruhe aus; das will ich, möchte ich mir ausgebeten haben.

ausblasen ⟨etwas a.⟩: **1.** *durch Blasen zum Erlöschen bringen:* die Kerzen a.; Hüttenw.: den Hochofen a. *(außer Betrieb setzen).* **2.a)** *herausblasen:* den Rauch a. **b)** *durch Blasen leer machen:* ein Ei a.; die Tanks des U-Bootes werden beim Auftauchen ausgeblasen. **c)** *durch Blasen säubern:* den Kamm, den Hobel a. * (ugs.:) **jmdm. das Lebenslicht ausblasen** *(jmdn. töten).*

ausbleiben: *nicht kommen:* der Nachschub, die Post bleibt aus; der Erfolg, die Katastrophe, die erhoffte Wirkung blieb aus *(trat nicht ein);* er ist lange, über Nacht ausgeblieben *(fortgeblieben, nicht zurückgekommen);* die Kunden, die Besucher bleiben aus *(bleiben fern, kommen nicht mehr);* es konnte nicht a. *(es mußte so kommen),* daß ...; die Folgen werden nicht a. *(zwangsläufig kommen).*

Ausblick, der: *Blick in die Weite, Aussicht:* ein schöner, herrlicher A.; den A. versperren; der Turm bietet einen weiten A. auf die Stadt; von diesem Platz hat, genießt (geh.) man einen schönen A.; übertr.: der Raumfahrt eröffnen sich grandiose Ausblicke.

ausbooten: **1.** (Seemannsspr.) **a)** *mit einem Boot das Schiff verlassen und an Land gehen:* die Truppen booteten unter starkem Beschuß aus. **b)** ⟨jmdn. a.⟩ *von einem Schiff mit dem Boot an Land bringen:* die Passagiere wurden ausgebootet. **2.** (ugs.) ⟨jmdn. a.⟩ *aus seiner Stellung entfernen:* der Finanzminister wurde aus dem Kabinett ausgebootet.

ausbrechen: **1.** ⟨etwas a.⟩ **a)** *herausbrechen:* Steine [aus der Mauer] a.; ⟨jmdm., sich etwas a.⟩ ich habe mir einen Zahn ausgebrochen. **b)** *durch das Herausbrechen von etwas schaffen:* ein Fenster, einen Notausgang a. **2.** ⟨etwas a.⟩ *von sich geben, erbrechen:* der Kranke hat den Tee, alles [wieder] ausgebrochen. **3.a)** *[sich befreien und] aus einem Gewahrsam entkommen:* der Verbrecher ist wieder [aus dem Gefängnis] ausgebrochen; die Löwen brachen aus dem Käfig aus; übertr.: aus dem Alltag, aus der Ehe, aus der Gemeinschaft a. **b)** (Reiten) *die vorgegebene Richtung plötzlich verlassen:* vor dem Hindernis brach das Pferd aus. **c)** ⟨etwas bricht aus⟩ *etwas gerät aus der Spur:* der Wagen bricht beim Bremsen leicht aus; in der Kurve brach das Auto seitlich, mit dem Heck aus. **4.** ⟨etwas bricht aus⟩ *etwas beginnt plötzlich, setzt mit Heftigkeit ein:* Krieg, eine Panik, ein Aufstand, eine Krise bricht aus; lauter Jubel brach aus; ein Feuer ist ausgebrochen; eine Krankheit bricht aus *(kommt zum Ausbruch);* Seuchen brechen aus *(treten auf);* der Vesuv ist ausgebrochen *(in Tätigkeit getreten);* ⟨etwas bricht jmdm. aus⟩ dem Kranken brach der Schweiß aus *(trat ihm aus den Poren).* **5.** ⟨in etwas a.⟩ *mit etwas plötzlich beginnen, in etwas verfallen:* in Weinen, in Tränen, in Wut, in Klagen a.; er brach in Jubel, in einen Ruf des Entzückens aus.

ausbreiten: **1.** ⟨etwas a.⟩ *nebeneinander hinlegen, auf einer Fläche verteilen:* die Verkäufer breiten ihre Waren vor den Fremden aus; er breitete die Karten auf dem Tisch aus. **2.** ⟨etwas a.⟩ *auseinanderbreiten, entfalten:* ein Tuch, einen Stadtplan a.; sie hatte ihren Bademantel auf dem Rasen ausgebreitet; übertr.: er breitete seine Lebensgeschichte, sein Wissen vor ihm aus. **3.** ⟨etwas a.⟩ *seitwärts ausstrecken:* die Flügel a.; er kam mit ausgebreiteten Armen auf sie zu. **4.** ⟨etwas breitet sich aus⟩ **a)** *etwas gewinnt Raum, verbreitet sich:* der Nebel breitet sich über dem/über das Land aus; der Wohlstand hat sich ausgebreitet; das Feuer, die Seuche breitet sich aus *(greift um sich).* **b)** *etwas erstreckt sich:* eine weite Ebene breitete sich vor uns aus. **5.** (geh.) ⟨sich über etwas a.⟩ *weitschweifig erörtern:* er hat sich stundenlang über sein Lieblingsthema ausgebreitet.

ausbringen ⟨etwas a.⟩: **1.a)** *darbringen:* Trinksprüche a.; er brachte ein Hoch, einen Toast auf den Jubilar aus. **b)** (geh.) *hochleben lassen:* er brachte das Wohl, die Gesundheit des Paares aus. **2.** (Seemannsspr.) *zu Wasser lassen:* die Rettungsboote a.

Ausbruch, der: **1.** *das Ausbrechen, Flucht:* der A. der Gefangenen; der A. glückte, mißlang; einen A. vorbereiten, entdecken, verhindern. **2.** *das plötzliche Einsetzen, Beginn:* der A. der Revolution, der Krankheit, des Unwetters; bei, vor A. des Krieges; der A. *(die einsetzende Tätigkeit)* des Vulkans; sie kannte seine Ausbrüche der Begeisterung, von Verzweiflung. **3.** *Gefühlsentladung, Affekt:* einen A. haben; sie fürchtete sich vor seinen unbeherrschten Ausbrüchen. * **etwas kommt zum Ausbruch** *(etwas bricht aus):* die Krankheit kam nicht zum A.

ausbrüten ⟨etwas a.⟩: **1.** *so lange brüten, bis das Junge ausschlüpft:* Eier a.; bildl. (scherzh.): ich brüte einen Schnupfen, eine Grippe aus. **2.** (ugs.) *ausdenken, ersinnen:* einen Racheplan a.; was habt ihr da wieder ausgebrütet?

ausbügeln ⟨etwas a.⟩: **1.a)** *durch Bügeln entfernen:* Falten a. **b)** *durch Bügeln glätten:* den Rock a. **2.** (ugs.) *bereinigen:* einen Fehler a.; ich habe die Sache wieder ausgebügelt.

Ausbund, der: *Inbegriff, Muster:* ein A. an/von Gemeinheit; er soll ein [wahrer] A. von Gelehrsamkeit sein; sie ist der A. aller Schlechtigkeit.

Ausdauer, die: *das Wollen durchzuhalten; Zähigkeit:* viel, wenig, große A. haben; er besitzt keine A.; einen Plan mit A. verfolgen; mit A. arbeiten.

ausdehnen: **1.a)** ⟨etwas a.⟩ *den Umfang von etwas vergrößern; ausweiten:* die Wärme dehnt das Metall aus; übertr.: seine Macht, seine Herrschaft a.; das Hochdruckgebiet hat seinen Einfluß ausgedehnt. **b)** ⟨etwas dehnt sich aus⟩ *etwas vergrößert seinen Umfang, weitet sich aus:* Wasser dehnt sich beim Erhitzen aus; das Gummiband hat sich ausgedehnt; übertr.: das Schlechtwettergebiet dehnt sich aus; der Krieg hatte sich über das ganze Land ausgedehnt *(ausgebreitet).* **2.a)** ⟨etwas a.⟩ *[unerwartet] verlängern:* seinen Besuch, Urlaub [über die geplante Zeit hinaus] a.; er hatte den Aufenthalt über Gebühr ausgedehnt. **b)** ⟨etwas dehnt sich aus; mit Zeitangabe⟩ *etwas zieht sich in die Länge, zieht sich hin:* die Sitzung hat sich bis nach Mitternacht ausgedehnt. **3.** ⟨etwas dehnt sich aus; mit Umstandsangabe⟩ *etwas erstreckt sich:* das Tal dehnt sich nach Norden aus.

Ausdehnung, die: **1.a)** *Vergrößerung, Ausweitung:* durch die A. des Gesteins ...; die A. des Handels. **b)** *Verlängerung:* die A. der Besprechungen. **2.** *Größe, Umfang:* eine gewaltige A.; der Einfluß Chinas hat an A. gewonnen (Papierdt.; *ist größer geworden*).

ausdenken ⟨sich (Dativ) etwas a.⟩: **a)** *ersinnen:* sich einen Scherz, ein Spiel, etwas als Überraschung a.; ich hatte mir einen Plan ausgedacht; das hast du dir nur ausgedacht *(frei erfunden);* ⟨auch ohne Dativ⟩ neue Methoden, Systeme a. **b)** *sich etwas ausmalen, vorstellen:* ich hatte mir alles ganz anders ausgedacht. * (ugs.:) **da mußt du dir schon etwas anderes ausdenken!** *(das mußt du klüger anstellen!)* · **etwas ist nicht auszudenken** *(etwas ist unvorstellbar):* die Folgen sind nicht auszudenken.

ausdienen: **1.** ⟨ausgedient haben⟩ *seine Militärzeit beendet haben:* im Herbst wird er ausgedient haben; die ausgedienten Soldaten. **2.** (ugs.) ⟨etwas hat ausgedient⟩ *etwas ist durch Abnutzung unbrauchbar geworden:* der Mantel, der Plattenspieler hat ausgedient; ausgediente Schuhe.

ausdörren ⟨jmdn., etwas a.⟩: *dürr, trocken werden lassen, austrocknen:* die Sonne dörrt alles, die Erde aus; seine Kehle war von der Hitze ganz ausgedörrt.

ausdrehen ⟨etwas a.⟩: **1.** *ausschalten, abstellen:*

das Gas, den Gashahn, die Lampe, das Licht a. **2.** *herausdrehen:* die Sicherungen a.

Ausdruck, der: **1.** *Wort, Bezeichnung; Wendung:* ein falscher, treffender, veralteter, moderner, ordinärer, gewählter, schiefer A.; ein A. für etwas; der A. ist ironisch gemeint; den passenden A. suchen, nicht finden; sie gebrauchte einen häßlichen A.; ... das ist der richtige A. dafür. **2. a)** *Ausdrucksweise, Stil:* einen schlechten, guten A. haben. **b)** *Aussagekraft:* seinem Gesang fehlt es an A.; sie spielt mit viel, ohne A. **3.** *Gesichtsausdruck, Miene:* ein schmerzlicher, sorgenvoller, ärgerlicher, erwartungsvoller A. erschien auf seinem Gesicht; sein Gesicht hatte, trug (geh.) einen gespannten A.; ihre Augen nahmen einen entsetzten A. an. **4.** *Kennzeichen:* Tempo ist der A. unserer Zeit; Monumentalität ist der A. für diese Epoche. * **das ist gar kein Ausdruck** *(das ist viel zu schwach ausgedrückt)* · **sich im Ausdruck vergreifen** *(in unhöflichem, unangemessenem Ton mit jmdm. sprechen)* · **Ausdrücke gebrauchen/**(geh.:) **im Munde führen/an sich haben** *(sich derb ausdrücken, Schimpfwörter gebrauchen)* · (geh.:) **einer Sache Ausdruck geben/verleihen** *(etwas zu erkennen geben, äußern):* er gab seinem Wunsch, der Hoffnung A., sie bald wiederzusehen · (nachdrücklich:) **etwas kommt in etwas zum Ausdruck** *(etwas drückt sich in etwas aus):* in seinen Worten kam das Bedauern zum A. · (nachdrücklich:) **etwas zum Ausdruck bringen** *(etwas erkennen lassen, ausdrücken):* er brachte seine Dankbarkeit, seine Glückwünsche zum A. · **etwas findet/gewinnt in etwas [seinen] Ausdruck** *(etwas schlägt sich in etwas nieder)* · (geh.:) **mit dem Ausdruck** *(unter Bekundung):* etwas mit dem A. des Bedauerns zurücknehmen; mit dem A. vorzüglicher Hochachtung ... */Schlußformel in Briefen/.*

ausdrücken: 1. ⟨etwas a.⟩ **a)** *herauspressen:* den Saft [aus einer Zitrone] a.; sie drückte das Wasser aus dem Schwamm aus. **b)** *auspressen:* eine Zitrone, Trauben, den Schwamm a.; ⟨jmdm., sich etwas a.⟩ er drückte sich das Geschwür aus. **2.** ⟨etwas a.⟩ *durch Drücken zum Erlöschen bringen, ausmachen:* eine Fackel a.; er drückte die Zigarette, die Glut [im Aschenbecher] aus. **3. a)** ⟨etwas a.; mit Artangabe⟩ *formulieren:* einen Gedanken richtig, knapp, treffend a.; er konnte es in seiner Sprache schwer a.; ⟨etwas in etwas a.⟩ einen Betrag in Mark, in Prozenten a. *(angeben);* wieviel macht das in Dollar ausgedrückt? **b)** ⟨sich a.; mit Artangabe⟩ *sich in bestimmter Weise äußern, eine bestimmte Redeweise haben:* sich gewählt, klar, deutlich, verständlich, unverblümt, derb, schlecht, schief a.; so ähnlich, so etwa hatte er sich ausgedrückt; ... wenn ich mich so a. darf; einfach ausgedrückt, heißt das ... **4. a)** ⟨etwas a.⟩ *aussprechen:* seinen Dank, seine Verwunderung a.; ich möchte mein Bedauern a., daß ...; ⟨jmdm. etwas a.⟩ er drückte ihm sein Mitgefühl, seine Anerkennung aus. **b)** ⟨etwas drückt etwas aus⟩ *etwas läßt etwas erkennen, zeigt etwas:* seine Worte drücken Besorgnis, Schadenfreude aus; ihre Augen drückten unendliche Trauer aus.

ausdrücklich: *klar, eindeutig, unmißverständlich, entschieden:* ein ausdrückliches Verbot; sein ausdrücklicher Wunsch war es ...; etwas a. sagen; er wies a. auf die hohen Kosten hin.

ausdrucksvoll: *voller Ausdruckskraft:* ausdrucksvolle Augen; sie hat ein ausdrucksvolles Gesicht; a. spielen, singen.

auseinander ⟨Adverb⟩: *voneinander weg, getrennt:* der Lehrer setzt die Schüler a.; die beiden Schwestern sind fast sieben Jahre a.; das schreibt man a. *(getrennt);* wir sind schon lange a. *(nicht mehr befreundet).*

auseinandergehen: 1. *sich trennen, nicht länger zusammenbleiben:* die Versammlung geht auseinander; sie sind im Zorn auseinandergegangen; unsere Wege gehen auseinander; der Vorhang ging auseinander *(teilte sich).* **2.** ⟨etwas geht auseinander⟩ *etwas fällt in einzelne Teile auseinander, geht entzwei:* das Spielzeug ist auseinandergegangen; übertr.: ein Bündnis, eine Verlobung geht auseinander. **3.** ⟨etwas geht auseinander⟩ *etwas ist verschieden, stimmt nicht überein:* darüber gehen die Meinungen weit auseinander; die Ansichten der Kritiker gehen in vielen Punkten auseinander. **4.** (ugs.) *dick werden:* sie ist ganz schön auseinandergegangen.

auseinanderhalten ⟨etwas a.⟩: *unterscheiden:* er kann die beiden Wörter, die Zwillinge nicht a.

auseinanderleben ⟨sich a.⟩: *sich innerlich fremd werden:* die Studienfreunde lebten sich auseinander.

auseinandersetzen: 1. ⟨jmdm. etwas a.⟩ *darlegen, erläutern:* jmdm. seine Pläne, seine Absichten a.; er hat seinem Freund die Gründe auseinandergesetzt. **2. a)** ⟨sich mit etwas a.⟩ *sich mit etwas kritisch befassen, eingehend beschäftigen:* sich mit einem Problem, mit dem Werk eines Dichters a.; er setzte sich mit der Anklageschrift eingehend auseinander. **b)** ⟨sich mit jmdm. a.⟩ *mit jmdm. strittige Fragen klären:* sich mit seinen Gläubigern a.; mit ihm muß ich mich wegen dieser Sache gründlich a.

Auseinandersetzung, die: **1.** *eingehende Beschäftigung:* wir kommen um eine A. mit diesen Ideen, mit dieser Lehre nicht herum. **2.** *[Streit]gespräch, Diskussion:* eine angeregte, leidenschaftliche, politische A.; es gab eine A. über die Verleihung des Preises. **3.** *Streit:* eine heftige, scharfe A.; wir hatten eine A.; es kam zu keiner militärischen A.

auserlesen (geh.): *von ungewöhnlicher Güte, hervorragend:* auserlesene Weine, Speisen; von auserlesener Eleganz; er kaufte einige auserlesene *(ausgesucht)* schöne Stücke.

ausfahren: 1. (selten) *aus etwas hinausfahren:* das Boot fährt zum Fang aus *(fährt aufs Meer hinaus);* die Leute winkten, als der Zug ausfuhr *(aus dem Bahnhof hinausfuhr);* Bergmannsspr.: die erste Schicht fährt aus *(verläßt den Schacht).* **2. a)** *spazierenfahren:* am Wochenende fährt die ganze Familie aus; die Mutter ist mit den Kindern ausgefahren. **b)** ⟨jmdn. a.⟩ *ins Freie fahren, spazierenfahren:* einen Kranken im Rollstuhl a.; sie hat das Baby ausgefahren. **3.** ⟨etwas a.⟩ *mit dem Fahrzeug ausliefern, verteilen:* Milch, Brötchen, Kohlen a.; als Junge hatte er mit dem Fahrrad Zeitungen ausgefahren. **4.** ⟨etwas a.; gewöhnlich im 2. Part.⟩ *durch häufiges Befahren beschädigen, abnutzen:* die schweren Panzer haben die Wege ausgefahren; ausgefahrene Straßen, Gleise; die Piste ist sehr ausgefahren. **5.** ⟨etwas a.⟩ *auf der äußeren Seite durchfahren:* eine Kurve voll a. **6.** ⟨etwas a.⟩ *auf* *der Rennstrecke austragen:* ein Rennen, eine Meisterschaft a.; am kommenden Sonntag wird der Große Preis von Europa ausgefahren. **7.** ⟨etwas a.⟩ *die Leistungsfähigkeit voll ausnutzen:* den Motor, den Wagen voll a. **8.** ⟨etwas a.⟩ *nach außen bewegen, herausbringen:* das Fahrgestell, eine Antenne a.; der Kommandant hat das Sehrohr ausgefahren. **9.** (landsch.) ⟨etwas fährt aus⟩ *etwas rutscht aus:* das Messer fuhr aus und drang ihm in den Arm; ⟨etwas fährt jmdm. aus⟩ mir ist der Bleistift ausgefahren.

Ausfahrt, die: **1.** *das Ausfahren:* die Boote bei der A. beobachten; der Zug hat keine A. *(darf den Bahnhof nicht verlassen).* **2.** (geh.) *Spazierfahrt:* eine A. machen, unternehmen. **3. a)** *Stelle, an der man die Autobahn verläßt:* die A. Frankfurt Nord nehmen; wir haben die A. nach Mannheim verpaßt. **b)** *Stelle, an der ein Fahrzeug hinausfährt:* die A. freihalten.

Ausfall, der: **1.** (Fachspr.) *das Ausfallen:* ein bakteriöser, krankhafter A. (der Zähne); der A. der Federn. **2. a)** *Wegfall:* der A. der Einnahmen. **b)** *das Ausscheiden:* das Rennen wurde nach dem A. der italienischen Rennwagen uninteressant. **c)** *Verlust:* große, beträchtliche Ausfälle; ein A. von mehreren tausend Mark; Ausfälle in der Produktion vermeiden; der Stoßtrupp hatte keine Ausfälle; übertr. (ugs.): der Mittelstürmer war ein glatter A. *(versagte völlig).* **3. a)** *Angriff aus einer Umklammerung, Ausbruch:* ein verzweifelter A.; einen A. wagen, unternehmen, vereiteln; die Belagerten machten einen A. aus der Festung. **b)** (Fechten) *Angriff:* einen A. parieren; er machte einen A. auf den Gegner. **c)** (geh.) *Anfeindung, Angriff, Kränkung:* ein unbeherrschter, bissiger A.; seine Ausfälle ließen sie kalt; es kam zu einem A. gegen das Komitee. **4.** (veraltend) *Ergebnis:* der A. der Ernte, der Wahlen.

ausfallen /vgl. ausfallend; ausgefallen/: **1.** ⟨etwas fällt aus⟩ *etwas fällt heraus:* die Samenkörner fallen bereits aus *(aus der Samenkapsel heraus);* Chemie: Kalk fällt aus *(scheidet sich ab);* ⟨etwas fällt jmdm. aus⟩ ihm sind die Haare, die Zähne ausgefallen. **2. a)** ⟨etwas fällt aus⟩ *etwas fällt weg:* die Einnahmen fallen in dieser Zeit aus. **b)** ⟨etwas fällt aus⟩ *etwas findet nicht statt:* die Schule, der Unterricht, die Sitzung fällt aus; die beiden ersten Schulstunden sind ausgefallen; er mußte den Vortrag wegen einer Erkältung a. lassen; etwas fällt aus wegen Nebel (ugs.; *findet nicht statt*). **c)** ⟨etwas fällt aus⟩ *etwas funktioniert plötzlich nicht mehr, setzt aus:* das Licht, der Strom, die Anlage, die Telephonverbindung fällt aus; der linke Motor der Maschine ist ausgefallen. **d)** *ausscheiden:* zwei Rennwagen sind bereits durch Motorenschaden ausgefallen; der Mittelstürmer fällt wegen einer Verletzung für die nächsten Spiele aus. **3.** ⟨etwas fällt aus; mit Artangabe⟩ *etwas gerät, geht in bestimmter Weise aus, hat ein bestimmtes Ergebnis:* die Arbeit, Prüfung fällt gut aus; die Wahl ist ungünstig ausgefallen; mein Anteil ist recht klein ausgefallen; das Kleid fällt ein bißchen zu eng aus. **4.** (Fechten) *einen Ausfall machen:* er ist nicht im richtigen Moment ausgefallen.

ausfallend: *beleidigend, unverschämt:* ausfallende Äußerungen; er wird leicht a.; er ist in seiner Rede sehr a. gegen ihn gewesen.

ausfechten ⟨etwas a.⟩: *bis zur Entscheidung austragen:* einen Streit, einen Prozeß a.; er soll die Angelegenheit mit ihm selbst a.

ausfegen (landsch.) ⟨etwas a.⟩: **a)** *durch Fegen entfernen:* den Schmutz a. **b)** *durch Fegen säubern:* die Stube, die Küche, den Flur a.

ausfeilen ⟨etwas a.⟩: *zurechtfeilen:* einen Schlüssel[bart] a.; übertr.: *stärker ausformen, vervollkommnen:* einen Aufsatz, eine Rede a.; der Hochspringer hat eine ausgefeilte Technik.

ausfertigen (Amtsdt.) ⟨etwas a.⟩: *ausstellen:* eine Urkunde, ein Protokoll a.; der Paß ist am 15. Mai ausgefertigt worden.

Ausfertigung, die: **1.** (Amtsdt.) *das Ausfertigen:* die A. eines Dokuments, eines Testaments. **2.** *ausgefertigtes Schriftstück:* einen Lebenslauf in einfacher, in doppelter A. einreichen.

ausfindig ⟨in der Verbindung⟩ jmdn., etwas ausfindig machen: *nach langem Suchen finden:* eine Adresse, den Aufenthaltsort von jmdm., ein nettes Urlaubsquartier a. machen.

ausfliegen: 1. *das Nest verlassen; fortfliegen:* die Jungen werden bald a.; die Alten sind ausgeflogen, um Futter zu holen; übertr.: die ganze Familie war ausgeflogen *(hatte die Wohnung, das Haus verlassen);* Redensart (ugs.): der Vogel ist ausgeflogen *(der Gesuchte hat sich davongemacht).* **2. a)** *aus einem Gebiet hinausfliegen:* die feindlichen Bomber fliegen [aus unserem Luftraum] wieder aus. **b)** ⟨jmdn., etwas a.⟩ *mit dem Flugzeug aus einem Gebiet wegbringen:* die Verwundeten wurden aus dem Kessel ausgeflogen.

Ausflucht, die: *Ausrede, Vorwand:* das ist nur eine A.; Ausflüchte machen; er beschwichtigte mich mit leeren, billigen Ausflüchten.

Ausflug, der: **1.** (selten) *das Ausfliegen:* der erste A. der jungen Störche. **2.** *Wanderung, Fahrt durch die Natur:* ein schöner, lustiger, kleiner, weiter A.; ein A. zu Fuß, mit dem Dampfer, ins Grüne; einen A. machen, unternehmen, genießen; bildl.: es war ein A. in die Vergangenheit.

Ausfluß, der: **1.** (Med.) *ausfließende Absonderung:* ein grünlicher, übelriechender A.; A. haben. **2.** *Stelle, an der etwas ausfließt:* der A. eines Sees; der A. des Beckens ist verstopft. **3.** (geh.) *Auswirkung, Folge:* es war nur ein A. seiner schlechten Laune, seiner überhitzten Phantasie.

ausfragen ⟨jmdn. a.⟩: *viele Fragen an jmdn. richten, um etwas zu erfahren:* jmdn. nach einem Sachverhalt, wegen einer Angelegenheit, über eine Person a.; ich lasse mich nicht a.; Redensart: so fragt man die Leute aus *(ich lasse mich nicht ausfragen).*

ausfressen: 1. ⟨etwas a.⟩ *leer fressen:* der Hund hat seinen Napf ausgefressen. **2.** *zu Ende fressen:* den Hund, die Pferde a. lassen. **3.** (derb; veraltend) ⟨etwas a.⟩ *die Folgen tragen:* wir sollen die Sache jetzt a. * (ugs.:) **etwas ausgefressen haben** *(etwas angestellt, verbrochen haben):* er scheint schon wieder etwas ausgefressen zu haben.

Ausfuhr, die: → Export.

ausführen: 1. ⟨jmdn. a.⟩ **a)** *spazierenführen:* einen Kranken, Blinden a.; er muß den Hund noch a. **b)** *mit jmdm. ausgehen [und ihn freihalten]:* jeden Sonntag führt er seine Freundin aus; wir müssen den Besuch einmal a.; übertr. (ugs.; scherzh.): *in der Öffentlichkeit zeigen:* sie führt heute ihren Frühjahrshut aus. **2.** ⟨etwas a.⟩ *ins Ausland verkaufen:* Waren, Südfrüchte a.; unser Land führt hauptsächlich Maschinen aus. **3.** ⟨etwas a.⟩ **a)** *verwirklichen:* einen Plan, eine Idee, einen Beschluß a.; er wollte seinen Vorsatz unbedingt a. **b)** *vollziehen, auftragsgemäß erledigen:* er hat seine Anordnung, den Auftrag wunschgemäß ausgeführt; die ausführende Gewalt *(Exekutive);* eine Arbeit, Reparaturen, eine Bestellung, Untersuchungen, eine Operation a.; Bauten a.; eine Bewegung, eine Drehung a. *(vollführen, machen);* Sport: einen Straf-, Freistoß, eine Ecke a. **4.** ⟨etwas a.; mit Artangabe⟩ *in bestimmter Weise gestalten, herstellen:* ein Bild in Öl, in Wasserfarben a.; eine stromlinienförmig, modern ausgeführte Karosserie. **5.** ⟨etwas a.⟩ *[eingehend] darlegen:* die Zeitung führte aus, wie ...; er hatte umständlich, weitschweifig seine Gedanken ausgeführt.

ausführlich: *bis in alle Einzelheiten, eingehend, breit:* ein ausführlicher Brief, Bericht; die Beschreibung ist sehr a.; etwas a. darstellen, schildern, beantworten.

Ausführung, die: **1.** *das Ausführen:* die A. des Plans, des Vorhabens scheiterte; die A. aller anfallenden Arbeiten übernehmen. **2.** *Machart, Herstellungsweise; Qualität:* dieses Geschäft führt Anzüge in jeder, verschiedener, eleganter A.; Kugellager in bester A. **3.** *eingehende Darlegung:* langweilige, fesselnde Ausführungen; die Studenten folgten den Ausführungen des Rektors; er schloß seine Ausführungen mit den Worten ... * (nachdrücklich:) **etwas kommt/gelangt zur Ausführung** *(wird ausgeführt)* · (nachdrücklich:) **etwas zur Ausführung bringen** *(ausführen).*

ausfüllen: 1. ⟨etwas a.⟩ **a)** *ganz füllen:* ein Loch mit Sand und Steinen a.; bildl.: diese Lücke wird schwer auszufüllen sein. **b)** *ganz beanspruchen, einnehmen:* der Schrank füllt die Ecke fast ganz aus. **2.** ⟨etwas a.⟩ *mit den erforderlichen Eintragungen versehen:* einen Vordruck, ein Formular, einen Fragebogen a.; füllen Sie bitte die Anmeldung aus! **3.** ⟨etwas a.⟩ *hinbringen, verbringen:* die Stunden mit unnützen Spielereien a.; sie wußte nicht, wie sie die Zeit bis zu seiner Ankunft a. sollte. **4.** ⟨etwas a.⟩ *einer Sache gewachsen sein, etwas beherrschen:* eine Stellung gewissenhaft, gut, schlecht a.; er füllt seinen Posten aus. **5.** ⟨etwas füllt jmdn., etwas aus⟩ *etwas nimmt jmdn. ganz in Anspruch, erfüllt jmdn.:* sein Beruf füllt ihn ganz aus; diese Aufgabe hat mich nicht ausgefüllt.

Ausgabe, die: **1. a)** *das Ausgeben:* die A. der Pässe, der Gutscheine erfolgt in der Zeit von ...; das Rote Kreuz kontrolliert die A. der Lebensmittel; Geldw.: die A. von neuen Banknoten; die A. *(Verkauf, Emission)* von Aktien; übertr.: *das Bekanntgeben:* die A. eines Befehls. **b)** *Stelle, wo etwas ausgegeben wird:* die A. für Berechtigungsscheine befindet sich im 2. Stock, ist geschlossen. **2.** *ausgegebenes Geld, Kosten:* eine einmalige A.; große, ungewöhnliche, laufende Ausgaben; Ausgaben haben, bestreiten (geh.), scheuen; er hält die Ausgaben für den Lebensunterhalt niedrig. **3. a)** *Abdruck eines Werkes; Form der Veröffentlichung:* eine broschierte, gebundene, gekürzte, verbesserte, erweiterte, dreibändige A.; eine vollständige A. der Werke Brechts; eine A. letzter Hand *(letzte vom Autor selbst besorgte Ausgabe);* die Weimarer *(in Weimar herausgebrachte)* A. der Werke Goethes. **b)** *Nummer einer Zeitung:* die heutige, gestrige A. des Lokalanzeigers; die A. wurde beschlagnahmt, war sofort vergriffen; das steht in der letzten A. **4.** *Nachbildung von etwas, Ausführung:* eine viertürige A. dieses Modells; das ist eine verkleinerte A. des Originals.

Ausgang, der: **1. a)** (selten) *das Ausgehen:* einen A. machen; vom A. zurückkehren; jmdn. zum A. abholen. **b)** *Erlaubnis zum Ausgehen:* den Soldaten den A. sperren; die Rekruten bekommen keinen A.; unser Kindermädchen hat heute A. *(hat dienstfrei und ist nicht im Hause).* **2.** (Bürow.) **a)** *das Abschicken:* die Post zum A. fertigmachen. **b)** *zum Abschicken vorbereitete Post:* die Ausgänge erledigen. **3. a)** *Tür, Öffnung zum Verlassen eines Raumes:* verbotener A.!; der hintere, seitliche A.; der Raum hat zwei Ausgänge; wir benutzen, nehmen den anderen A.; die Polizei bewachte, besetzte, schloß alle Ausgänge; er strebte (geh.) dem A. zu; er wartete am A. auf sie; übertr.: am A. des Magens. **b)** *anderes Ende:* am A. des Waldes; das Restaurant lag am A. der Ortschaft. **4.** *Ende, Schluß, Abschluß:* der A. des Verses; das Wort steht am A. der Zeile; Spannungen traten erst am A., gegen A. dieser Epoche auf; eine Krankheit mit tödlichem A.; der A. des Kampfes ist ungewiß; auf den A. *(Ergebnis)* der Wahlen warten. **5.** *Beginn, Ausgangspunkt:* zum A. seines Gespräches, seiner Gedanken zurückkehren. * (nachdrücklich:) **etwas nimmt von etwas seinen Ausgang** *(etwas geht von etwas aus).*

ausgeben: 1. ⟨etwas a.⟩ *austeilen, verteilen:* Verpflegung, warme Kleidung an die Flüchtlinge a.; der Koch gibt das Essen aus; die Anträge, Gutscheine werden in Zimmer 5 ausgegeben *(ausgehändigt);* Geldw.: Aktien a. *(verkaufen);* neue Banknoten a. *(in Umlauf bringen);* übertr.: *bekanntgeben, verkünden:* eine Parole, einen Befehl a.; von wem sind diese Instruktionen ausgegeben worden? **2.** (ugs.) ⟨etwas a.⟩ *spendieren:* eine Runde, einen Schnaps a.; gib mal einen aus! **3.** ⟨etwas a.⟩ *Geld verbrauchen:* viel [Geld] für eine Liebhaberei a.; er hat in kurzer Zeit alles, den letzten Pfennig, ein Vermögen ausgegeben; er gibt sein Geld mit vollen Händen aus *(vergeudet es);* wieviel hast du für das Bild ausgegeben *(bezahlt)?* **4.** ⟨sich a.⟩ *sich verausgaben:* die Läufer haben sich völlig, restlos ausgegeben; der Europameister brauchte sich nicht voll auszugeben. **5.** ⟨jmdn., sich, etwas als/für jmdn., etwas a.⟩ *behaupten zu sein; fälschlich bezeichnen:* jmdn. als/für seinen Bruder a.; ihre Freundin gab sich für jünger, für unverheiratet aus; er wollte das Gerät als seine Erfindung a. **6.** (landsch.) ⟨etwas gibt aus⟩ *etwas ist ergiebig:* das gibt mehr aus, als ich dachte.

ausgebucht: *bis zum letzten Platz belegt:* alle Flüge sind auf Wochen a.; die Maschine ist bereits a.

ausgedient: → ausdienen.

ausgefallen: *ungewöhnlich, nicht alltäglich:* ein ausgefallenes Muster; seine Ideen sind sehr a.; das klingt ausgefallener, als es wirklich ist.

ausgeglichen: *gleichbleibend, ohne Schwankungen:* ein ausgeglichenes Klima; er ist ein ausgeglichener *(ruhiger, harmonischer)* Mensch; die ersten beiden Runden waren a. *(brachten keinem Boxer Vorteile)*.

ausgehen: 1.a) *die Wohnung verlassen, einen Gang machen:* die Mutter ist ausgegangen, um einzukaufen; meine Nachbarin ist eben ausgegangen. b) *zu Vergnügungen gehen:* häufig, selten, mit Freunden a.; heute gehen wir mal nett, ganz groß (ugs.), schick (ugs.) aus. c) ⟨etwas geht aus; gewöhnlich im 1. Part.⟩ *etwas wird abgeschickt:* er hatte die Einladungen bereits a. lassen; die ausgehende Post. 2.a) ⟨etwas geht von etwas aus⟩ *etwas nimmt seinen Ausgang, führt weg:* von dem Platz gehen mehrere Straßen aus. b) ⟨von etwas a.⟩ *zum Ausgangspunkt nehmen:* von dem Punkt sind wir ausgegangen; von der Tatsache, von der Annahme, von der Voraussetzung a., daß ...; gehen wir einmal davon aus, wir könnten den Umsatz steigern. c) ⟨etwas geht von jmdm., von etwas aus⟩ *etwas rührt von jmdm., von etwas her:* die Anregung, der Gedanke, die Einladung ging vom Minister aus; das Gerücht war von Baracke 3 ausgegangen. d) ⟨etwas geht von jmdm., von etwas aus⟩ *etwas wird von jmdm., von etwas ausgeströmt, ausgestrahlt:* von dem Künstler geht ein ungewöhnliches Fluidum aus; von dem Ofen ging eine behagliche Wärme aus; die Schmerzen waren von der Wirbelsäule ausgegangen. 3. ⟨auf etwas a.⟩ *bezwecken, beabsichtigen, es auf etwas absehen:* auf Abenteuer a.; er geht nur auf Gewinn, Betrug aus; sein Plan geht nur darauf aus, die Produktion zu steigern. 4. ⟨etwas geht aus; mit Umstandsangabe⟩ *etwas endet:* der Aufsatz geht in eine Spitze aus *(endet darin, läuft darin aus)*; das Wort geht auf einen Vokal aus; die Sache ging gut, schlecht, wie das Hornberger Schießen *(ergebnislos)* aus; wie ist das Spiel, die Unterredung ausgegangen? 5. ⟨etwas geht aus⟩ *etwas erlischt, hört auf zu brennen:* das Feuer, der Ofen, die Kerze, die Zigarre geht aus; plötzlich ging im Saal das Licht aus. 6. ⟨etwas geht aus⟩ *etwas geht zu Ende, schwindet:* die Vorräte, Kohlen sind ausgegangen; der Treibstoff geht allmählich aus; ⟨etwas geht jmdm., einer Sache aus⟩ den Soldaten ging die Munition aus; mir ist das Geld, die Geduld ausgegangen; meinem Freund gehen allmählich die Haare aus *(er verliert sie)*; adj. Part.: im ausgehenden Mittelalter. 7. ⟨etwas geht aus⟩ a) *etwas geht aus etwas heraus:* die Farbe ist beim Waschen [aus der Decke] ausgegangen. b) (landsch.) *etwas verblaßt:* die Decke, der Stoff geht beim Waschen nicht aus. 8. (ugs.) ⟨etwas geht aus; mit Artangabe⟩ *etwas läßt sich ausziehen:* die Gummihandschuhe gehen schwer, leicht, gut aus. 9. (veraltend) ⟨etwas geht an jmdm. aus⟩ *etwas wird an jmdm. ausgelassen:* sein Ärger ging an der Familie aus. * **jmdm. geht die Luft/der Atem/**(ugs.:) **die Puste aus:** a) *(jmd. kommt außer Atem):* er tobte, bis ihm die Puste ausging. b) *(jmd. kommt in finanzielle Schwierigkeiten)* · **leer ausgehen** *(von etwas nichts abbekommen)* · **straffrei/straflos ausgehen** *(ohne Strafe davonkommen)* · (scherzh.:) **auf Eroberungen ausgehen** *(Verehrer, Frauen für sich zu gewinnen suchen)*.

ausgekocht: *raffiniert:* ein ausgekochter Bursche; die Marktfrauen sind ziemlich a.

ausgelassen: *lustig [und wild], übermütig:* ausgelassene Schüler; sie waren in ausgelassener Stimmung; das Fest war sehr a.; sie sangen laut und a.

ausgemacht: 1. *sicher, gewiß:* es ist noch nicht a., ob es wirklich so war; es galt doch als a., daß wir abreisen. 2. (ugs.) a) *ausgesprochen, besonders groß:* ein ausgemachter Dummkopf; das war eine ausgemachte Schweinerei (derb). b) ⟨verstärkend vor Adjektiven⟩ *sehr, überaus:* es war ihr a. unheimlich.

ausgenommen ⟨Konj.⟩: *außer:* ich muß dem ganzen Buch widersprechen, a. dem Schluß; es waren alle da, a. er; er kommt bestimmt, a. es gibt Glatteis.

ausgerechnet ⟨Adverb⟩: *gerade* /drückt Unwillen, Bedauern, Erstaunen aus/: a. jetzt kommt er; muß das a. heute sein?

ausgeschlossen: *unmöglich:* jeder Irrtum ist a.; es ist a., daß ...; ich halte das für ganz a.

ausgeschnitten: *mit einem Ausschnitt versehen:* ein weit ausgeschnittenes Kleid; die Bluse ist mir zu tief a.

ausgeschrieben: *durch häufiges Schreiben ausgeprägt:* er hat eine ausgeschriebene Handschrift.

ausgesprochen: a) *besonders groß:* eine ausgesprochene Vorliebe, Begabung, Abneigung; er hatte ausgesprochenes Pech. b) ⟨verstärkend vor Adjektiven⟩ *sehr, überaus:* ein a. schöner Film; das ist a. gemein.

ausgesucht: 1.a) *besonders groß:* er begrüßte ihn mit ausgesuchter Höflichkeit, Freundlichkeit. b) *sehr, überaus:* a. schöne Früchte; er ist ein a. höflicher Mensch. 2. *erlesen, hervorragend:* ausgesuchte Weine; es war eine ausgesuchte Gesellschaft. 3. *nicht mehr viel Auswahl bietend:* ausgesuchte Waren; die Stoffe sind schon sehr a.

ausgewachsen: *zur vollen Größe herangewachsen:* ein ausgewachsener Bursche; ein ausgewachsener *(riesiger)* Skandal; er ist jetzt ein ausgewachsener (ugs.; *fertiger*) Jurist.

ausgewogen: *wohl abgestimmt, harmonisch:* er ist ein sehr ausgewogener Mensch; das Orchester ist klanglich a.

ausgezeichnet: *besonders gut, ganz hervorragend:* ein ausgezeichneter Arzt, Autofahrer, Schiläufer; der Wein, das Essen, der Film ist a.; er machte einen ausgezeichneten Eindruck; sie kann a. kochen, tanzen, schwimmen.

ausgiebig: 1. *reichlich, beträchtlich; recht viel:* ein ausgiebiges Frühstück; ein ausgiebiger Mittagsschlaf; er machte davon ausgiebigen Gebrauch; a. essen, spazierengehen; es hat a. geregnet. 2. (veraltend) *ergiebig:* eine ausgiebige Sorte; dieses Fett ist recht a.

ausgießen ⟨etwas a.⟩: 1.a) *etwas aus etwas gießen; weggießen:* das Wasser [aus dem Eimer] a.; den Rest können wir a.; übertr.: *ausschütten:* sie gossen ihren Spott über ihn aus. b) *durch das Ausgießen einer Flüssigkeit leer machen:* den Eimer, die Kanne a. 2. *durch Übergießen löschen:* das Feuer a.; mit dem Kaffeerest goß er die Glut aus. 3. *mit etwas Flüssigem ausfüllen:* Fußspuren a.; wir haben die Risse mit Zement, mit Teer ausgegossen.

Ausgleich, der: *das Ausgleichen:* ein geschickter, vernünftiger, sozialer, gerechter A.; ein A. kam nicht zustande; einen A. schaffen, herbeiführen; er sah einen A. darin, daß ...; er bemühte sich um einen A. der Gegensätze; es kam zu einem A. der Spannungen; als/zum A. *(um etwas wettzumachen)* treibt er Sport; Kaufmannsspr.: zum/als A. *(Begleichung, Verrechnung)* Ihrer Rechnung überweisen wir Ihnen ...; Sport: *Tor, das das Torverhältnis ausgleicht:* der A. fiel kurz vor Spielschluß; der Mannschaft gelang der verdiente A.; den A. erzielen.

ausgleichen: a) ⟨etwas a.⟩ *Gegensätze, Unterschiede, Mängel beseitigen:* Unebenheiten a.; Spannungen, Differenzen, einen Konflikt, soziale Unterschiede a.; den Mangel an Bewegung durch Gymnastik a. *(wettmachen);* Kaufmannsspr.: eine Rechnung a. *(begleichen);* Geldw.: ein Konto a. *(Soll- und Habenseite auf den gleichen Stand bringen);* Sport: *das gleiche Torverhältnis herstellen:* kurz vor dem Schlußpfiff hat der Gegner ausgeglichen; er konnte zum 2:2 a. **b)** ⟨etwas gleicht sich aus⟩ *Gegensätzliches, Unterschiedliches, Nachteiliges hebt sich auf:* Einnahmen und Ausgaben gleichen sich aus; dieser Nachteil gleicht sich dadurch aus, daß ... * **ausgleichende Gerechtigkeit** *(etwas, was eine ungerechte Benachteiligung gutmacht).*

ausgleiten (geh.): *ausrutschen:* er glitt auf den feuchten Blättern aus; ⟨etwas gleitet jmdm. aus⟩ der Hammer glitt ihm aus.

ausgraben ⟨jmdn., etwas a.⟩: *durch Graben aus der Erde holen:* einen Toten wieder a.; sie gruben einige Kisten aus; Pflanzen [mit der Wurzel] a.; Archäol.: Tontafeln, eine Amphore a.; sie gruben Teile eines Tempels aus *(legten sie frei);* übertr.: *Vergessenes wieder hervorholen:* eine alte Bestimmung a.; er grub eine Melodie aus den zwanziger Jahren aus. * (ugs.; scherzh.:) **das Kriegsbeil ausgraben** *(einen Streit beginnen).*

aushaken: a) ⟨etwas a.⟩ *loshaken:* einen Fensterladen, eine Kette a.; der Reißverschluß ist ausgehakt. **b)** ⟨etwas hakt sich aus⟩ *etwas hakt sich los:* der Reißverschluß hat sich ausgehakt. * (ugs.:) **es hakt bei jmdm. aus** *(jmd. verliert die Nerven).*

aushalten: 1. a) ⟨etwas a.⟩ *in der Lage sein, etwas zu überstehen; ertragen:* Strapazen leicht, schwer, mit Mühe a.; Hunger, Durst, Schmerzen a.; viel a. können; sie hielt seinen Blick aus *(hielt ihm stand);* diese Ware hält den Vergleich mit der anderen aus *(ist von gleicher Güte);* ⟨mit unpersönlichem *es*⟩ es vor Hitze nicht a. können; mit ihm ist es in letzter Zeit nicht mehr auszuhalten; subst.: es ist nicht zum Aushalten mit diesen Leuten. **b)** *durchhalten, [bis zum Ende] bleiben:* tapfer, bis zum letzten Mann a.; sie hat bei ihm ausgehalten, bis er starb. **2.** (abwertend) ⟨jmdn. a.⟩ *jmds. Lebensunterhalt bezahlen:* eine Geliebte a.; er läßt sich von der Witwe a. **3.** ⟨etwas a.⟩ *eine bestimmte Zeit erklingen lassen:* einen Ton lange a. können.

aushandeln ⟨etwas a.⟩: *vereinbaren, festlegen:* einen Vertrag, einen Kompromiß a.; neue Tarife wurden zwischen beiden Parteien ausgehandelt.

aushändigen ⟨jmdm. etwas a.⟩: *[offiziell] übergeben:* er händigte mir das Geld, die Quittung, die Papiere aus; der Polizist ließ sich die Autoschlüssel a.; ⟨selten: etwas an jmdn. a.⟩ er händigte an die Wartenden Marken aus.

Aushang, der: *öffentlich ausgehängte Bekanntmachung:* die neuen Aushänge lesen; der genaue Termin wird durch A. bekanntgegeben.

¹aushängen, hing aus, ausgehangen ⟨etwas hängt aus⟩: *etwas ist [öffentlich] zur allgemeinen Beachtung angebracht:* neue Anordnungen der Militärregierung hängen aus; das Bild des Präsidenten hing im Schaufenster aus.

²aushängen, hängte aus, ausgehängt: **1.** ⟨etwas a.⟩ *öffentlich anbringen:* Verordnungen, Bilder [im Schaufenster] a. **2. a)** ⟨etwas a.⟩ *herausnehmen, lösen:* die Tür a.; der Telephonhörer war ausgehängt. **b)** ⟨etwas hängt sich aus⟩ *etwas löst sich aus einer Haltevorrichtung:* der Fensterladen hat sich ausgehängt. **3.** (ugs.) ⟨jmdm., sich etwas a.⟩ *verrenken:* ich habe mir den Arm, das Kreuz ausgehängt. **4.** ⟨sich a.⟩ *sich durch Hängen wieder glätten:* das Kleid hängt sich wieder aus, hat sich nicht ausgehängt.

Aushängeschild, das: *vorgeschobene Person oder Sache:* er dient nur als A. für dieses Unternehmen; wir können seinen Namen als A. benutzen.

ausharren (geh.): *geduldig warten und nicht fortgehen, aushalten:* die Angehörigen harren am Unglücksschacht aus; er hatte auf seinem Posten bis zuletzt ausgeharrt.

aushauchen ⟨gewöhnlich nur noch in der Wendung⟩ den/seinen Geist, die/seine Seele, das/sein Leben aushauchen (geh.): *sterben:* in den Abendstunden hauchte er seinen Geist aus.

ausheben: 1. ⟨etwas a.⟩ *aus einer Haltevorrichtung heben, herausnehmen:* eine Tür, einen Fensterladen a. **2.** (ugs.) ⟨jmdm., sich etwas a.⟩ *verrenken:* ich habe mir beim Turnen den Arm, die Schulter ausgehoben. **3.** (landsch.) ⟨etwas a.⟩ **a)** *aus dem Nest nehmen:* Eier, Junge a. **b)** *durch das Herausnehmen der Eier leer machen:* ein Nest a.; bildl.: die Polizei hob das Verbrechernest aus; übertr.: die Polizisten haben die Gangster, die Bande ausgehoben *(unschädlich gemacht).* **4.** (hist.) ⟨jmdn. a.⟩ *zum Soldatendienst einziehen:* Rekruten, 5 000 Mann a. **5.** ⟨etwas a.⟩ **a)** *grabend, schaufelnd aus der Erde holen:* Erde, Sand a.; sie hatten die Bäume mit den Wurzeln ausgehoben. **b)** *graben:* ein Grab a.; die Soldaten hoben neue Schützengräben aus. **6.** (ugs.) ⟨jmdm. etwas a.⟩ *aushebern, auspumpen:* dem Kranken mußte der Magen ausgehoben werden.

aushecken (ugs.) ⟨etwas a.⟩: *ausdenken, ersinnen:* Streiche, einen Scherz a.; ⟨sich (Dativ) etwas a.⟩ sie hatten sich eine abenteuerliche Flucht ausgeheckt.

aushelfen: a) ⟨jmdm. a.⟩ *aus einer momentanen Notlage helfen:* können Sie mir mit 50 Mark a.?; die Leute halfen sich/(geh.:) einander kameradschaftlich aus. **b)** *vorübergehend helfen, einspringen:* in der Erntezeit auf dem Lande, beim Bauern a.; er hilft zur Zeit im Ersatzteillager aus.

Aushilfe, die: **a)** *das Aushelfen:* jmdn. um A. bitten; sie ist oft zur A. da. **b)** *jmd., der Aushilfearbeiten macht:* sie ist in einem Warenhaus als A. tätig.

ausholen: 1. *mit einer schwungvollen Bewegung zu etwas ansetzen:* mit der Hand, mit der Axt, zum Schlag, zum Wurf a.; die Pferde holen aus *(greifen aus);* adj. Part.: *groß, raumgreifend:* mit ausholenden Schritten, Bewegungen; übertr.: *zu etwas ansetzen:* die Truppen holen zum Gegenschlag aus. **2.** *mit sehr Entferntem beginnen, mit langer Vorgeschichte erzählen:* der Professor holte weit aus. **3.** (ugs.; landsch.) ⟨jmdn. a.⟩ *ausfragen:* die Nachbarn a.; ich lasse mich doch nicht von dir a.

aushorchen ⟨jmdn. a.⟩: *ausfragen:* die Leute a.; er ließ sich nicht von ihm a.

auskennen ⟨sich a.; gewöhnlich mit Umstandsangabe⟩: *vertraut sein, sich zurechtfinden:* sich gut, schlecht, kaum in einer Stadt a.; ich kenne mich in dieser Branche, mit diesen Maschinen nicht aus; er kannte sich bei Frauen gut aus *(wußte, wie man sie behandelt);* mit ihm kenne ich mich nicht mehr aus *(ich weiß nicht mehr, woran ich bei ihm bin).*

auskippen ⟨etwas a.⟩: **a)** *ausschütten:* die Zigarettenstummel, das Wasser a.; er kippte den Inhalt des Korbes auf den Boden aus. **b)** *durch das Ausschütten des Inhalts leer machen:* den Aschenbecher, den Eimer a.

ausklammern ⟨etwas a.⟩: **1.** (Math.) *vor oder hinter die eingeklammerte algebraische Summe stellen:* eine Zahl, X a. **2.** *beiseite lassen, ausschließen:* eine Frage, ein Thema a.; die Person des Erzählers ist dabei bewußt ausgeklammert worden.

auskleiden: 1. (geh.) ⟨jmdn., sich a.⟩ *ausziehen:* einen Kranken a.; sie hatte sich bereits ausgekleidet. **2.** ⟨etwas a.⟩ *ausschlagen, mit etwas versehen:* ein Zimmer mit einer Seidentapete a.; der Ofen ist mit Schamottesteinen ausgekleidet.

ausklingen ⟨etwas klingt aus⟩: **1.** *etwas verklingt:* das Lied klingt aus; der Ton war/hatte ausgeklungen. **2.** *etwas endet:* das Fest klang harmonisch aus; seine Rede klang aus in der Mahnung ...

ausklügeln ⟨etwas a.⟩: *[nach langem Nachdenken] ersinnen, ausdenken:* einen Plan genau, sorgfältig, fein a.; ein raffiniert ausgeklügeltes Verbrechen.

auskneifen (ugs.): *[heimlich] weglaufen:* aus der Anstalt, zu Hause, mit 16 Jahren a.; ⟨jmdm. a.⟩ er ist seinen Eltern, den Polizisten ausgekniffen.

ausknipsen (ugs.) ⟨etwas a.⟩: *ausmachen:* die Lampe, das Licht, das Radio a.

ausknobeln ⟨etwas a.⟩: **1.** (landsch.) *durch Knobeln, Würfeln entscheiden:* wir knobeln aus, wer die Lage bezahlen muß. **2.** (ugs.) **a)** *ausdenken, ersinnen:* einen Plan a.; wer hat sich das bloß alles ausgeknobelt? **b)** *herausfinden, lösen:* eine Aufgabe a.

auskochen /vgl. ausgekocht/ ⟨etwas a.⟩: **1.** *durch Kochen für eine Brühe verwerten:* Knochen, ein Stück Suppenfleisch a. **2. a)** *durch Kochen vom Schmutz befreien:* Hemden, ein Tischtuch a. **b)** *durch Kochen steril machen:* die Instrumente müssen vor der Operation ausgekocht werden. **3.** (ugs.) *etwas [Übles] ersinnen:* eine Betrügerei a.; ich bin gespannt, was die ausgekocht haben.

auskommen: 1. a) ⟨mit etwas a.⟩ *genügend haben, reichen:* mit den Vorräten gut a.; er ist mit seinem Geld nie ausgekommen. **b)** ⟨mit jmdm. a.⟩ *sich verstehen, sich vertragen:* mit den Schülern gut, schlecht, gar nicht a.; wir kommen glänzend miteinander aus. **c)** ⟨ohne jmdn., ohne etwas a.⟩ *nicht brauchen, unabhängig sein:* ohne fremde Hilfe a.; ich komme ohne dich nicht aus. **2.** (landsch.) ⟨etwas kommt aus⟩ *etwas kommt heraus:* an dieser Stelle kommt Öl, kommen Funken aus.

Auskommen, das: *Verdienst, Lebensunterhalt:* ein gutes, anständiges, reichliches A. haben; er fand ein sicheres A. * **mit jmdm. ist kein Auskommen** *(jmd. ist unverträglich).*

auskosten (geh.) ⟨etwas a.⟩: *voll genießen:* die Urlaubstage, die Freuden des Lebens, jede Sekunde a.; er kostete seinen Sieg, seinen Triumph aus. **2.** ⟨gewöhnlich in Verbindung mit *müssen*⟩ *erleiden:* den Schmerz bis zur Neige a. müssen.

auskratzen: 1. ⟨etwas a.⟩ **a)** *durch Kratzen entfernen:* Buchstaben, Schmierereien mit dem Messer a.; ich könnte dir die Augen a.! **b)** *durch Kratzen von etwas befreien:* die Bratpfanne, die Schüssel a. **2.** (ugs.; landsch.) *weglaufen:* der Junge ist längst ausgekratzt.

auskundschaften ⟨jmdn., etwas a.⟩: *herausfinden, erkunden:* ein Versteck, die feindlichen Stellungen a.; wir werden seine Meinung zu diesem Projekt auskundschaften.

Auskunft, die: **a)** *aufklärende Mitteilung, Unterrichtung, Antwort auf eine Anfrage:* eine ausführliche, zuverlässige, vertrauliche, ungenügende A.; eine ungenaue A. erhalten, bekommen, geben, erteilen (geh.); eine A. über eine Firma erbitten, einholen; er bat ihn um nähere Auskünfte; der Angeklagte verweigerte jede A. **b)** *Stelle, wo Auskünfte gegeben werden:* wo ist hier die A.?; die A. ist geschlossen, nicht besetzt; er rief die A. im Hauptbahnhof an.

auskurieren ⟨jmdn., sich, etwas a.⟩: *ausheilen:* einen Patienten, ein Leiden a.; der Arzt hat meinen Fuß wieder auskuriert.

auslachen ⟨jmdn. a.⟩: *sich lachend über jmdn. lustig machen:* jmdn. laut, gründlich a.; er hat Angst, daß man ihn [wegen seiner Haare] auslacht; laß dich mit deiner Ansicht nicht a.! *(mach dich nicht lächerlich damit!);* Redensart: lachen Sie mich an oder aus?

ausladen: 1. ⟨etwas a.⟩ **a)** *die Ladung, Fracht herausnehmen:* Kartoffeln, Kisten, Waren [aus dem Waggon] a.; die Koffer müssen vorsichtig ausgeladen werden. **b)** *durch Herausnehmen der Ladung, Fracht leer machen:* das Auto, das Schiff a. **2.** (ugs.) ⟨jmdn. a.⟩ *die Einladung rückgängig machen:* nach dieser Sache haben wir die beiden ausgeladen. **3.** ⟨etwas lädt aus; meist im 1. Part.⟩ *etwas tritt weit hervor:* die Konsolen laden aus; ein ausladender Hinterkopf; mit weit ausladenden *(ausholenden)* Gesten.

Auslage, die: **1. a)** *ausgestellte Ware:* reichhaltige, prächtige Auslagen; seine Frau bewunderte die A. des Juweliers. **b)** (selten) *Schaufenster, Schaukasten:* ich werde Ihnen das Stück aus der A. herausnehmen. **2.** ⟨nur Plural⟩ *ausgelegtes Geld:* die Auslagen sind sehr hoch; er vergütete, erstattete, ersetzte ihm seine Auslagen. **3.** (Sport) *typische Körperhaltung, Stellung:* in welcher A. boxt er?; der Fechter geht in die A. *(Ausgangsstellung).*

Ausland, das: *außerhalb der eigenen Staatsgrenzen liegendes Gebiet:* im A. arbeiten, leben; ins A. reisen; er mußte ins A. gehen *(mußte emigrieren);* übertr.: das A. *(die Ausländer)* stellt sich unter dem Deutschen einen dicken Mann mit Zigarre und Autoschlüssel vor.

Ausländer, der: *Angehöriger eines fremden Staates:* einem A. helfen, eine Arbeitserlaubnis erteilen.

ausländisch: **a)** *das Ausland betreffend, aus dem Ausland:* ausländische Erzeugnisse; er zahlte in ausländischer Währung. **b)** (veraltend) *fremdländisch:* ein ausländisches Aussehen.

auslassen /vgl. ausgelassen/: **1.** ⟨etwas a.⟩ *weglassen:* beim Abschreiben einen Satz versehentlich a.; er ließ keinen Schüler bei der Verteilung aus *(überging keinen);* eine gute Gelegenheit a. *(sich entgehen lassen).* **2.** (selten) ⟨etwas a.⟩ *herauslassen:* Wasser, den Dampf [aus dem Kessel] a. **3.** ⟨etwas an jmdm. a.⟩ *ungehemmt fühlen, entgelten lassen:* sie ließ ihre Launen an den Verkäuferinnen aus; er hat seine Wut, seinen Ärger darüber an den Untergebenen ausgelassen. **4.** ⟨sich über jmdn., über etwas a.; gewöhnlich mit Artangabe⟩ *sich äußern:* sich wohlwollend, lobend über jmds. Arbeit a.; er hat sich nicht näher über die Vorfälle ausgelassen. **5.** ⟨etwas a.⟩ *durch Auftrennen einer Naht länger, weiter machen:* das Kleid, die Ärmel a.; die Mutter ließ den Saum 5 Zentimeter aus. **6.** ⟨etwas a.⟩ *zergehen lassen:* Butter, Speck a. **7.** (landsch.) **a)** ⟨jmdn., etwas a.⟩ *loslassen:* der Hund ließ den Maulwurf aus. **b)** ⟨jmdn. a.⟩ *in Ruhe lassen:* er ließ mich erst aus, als ich ihm die Geschichte erzählt hatte. **8.** (ugs.) ⟨etwas a.⟩ **a)** *nicht anziehen:* die Handschuhe, den Mantel a. **b)** *nicht anstellen, nicht einschalten:* den Motor, das Radio a.; er ließ das Licht aus. **c)** *nicht anstecken:* den Ofen a.

auslaufen: **1.** *den Hafen verlassen, in See stechen:* wir laufen morgen, pünktlich, vom Überseehafen aus; das Schiff ist bereits ausgelaufen. **2.** ⟨etwas läuft aus⟩ **a)** *etwas fließt aus:* das Benzin, die Kühlflüssigkeit läuft aus; das Wasser ist aus dem Topf ausgelaufen. **b)** *etwas läuft leer:* der Topf, das Faß läuft aus; die Flasche fiel um und lief aus; ⟨etwas läuft jmdm. aus⟩ ihm ist das Auge ausgelaufen. **3.** ⟨etwas läuft aus⟩ *etwas kommt zum Stillstand:* er wartete, bis das Schwungrad ausgelaufen war; den Motor, die Maschine a. lassen; Sport: *die Geschwindigkeit nach dem Ziel abbremsen:* er durchreißt als erster das Zielband und läuft locker aus. **4.** ⟨etwas läuft aus⟩ *etwas geht zu Ende, endet:* der Turm läuft in eine Spitze aus, läuft spitz aus; jede Unterredung mit ihm läuft in bösen Streit aus; die Produktion dieses Modells ist ausgelaufen; der Mietvertrag, seine Amtszeit läuft am 1. Mai, Ende April aus; die Sache ist gut, unglücklich ausgelaufen *(hat einen guten, unglücklichen Ausgang genommen).* **5.** ⟨sich a.⟩ *sich Bewegung verschaffen:* ich laufe mich abends, nach Dienstschluß gern ein wenig aus; wir haben uns ordentlich ausgelaufen. **6.** ⟨etwas läuft aus⟩ *etwas verläuft, verwischt sich:* die Farbe läuft aus; das Wäschezeichen ist ausgelaufen.

auslegen: **1.** ⟨etwas a.⟩ *hinlegen, in die für einen bestimmten Zweck notwendige Lage bringen:* Tücher als Markierung für eine Abwurfstelle a. *(ausgebreitet hinlegen);* neue Kabel a.; einen Köder, Schlingen, Reusen a.; er hatte auf seinem Grundstück Rattengift ausgelegt; Schmuckstücke in einer Vitrine a. *(zur Ansicht hinlegen, ausstellen).* **2.** ⟨etwas a.⟩ **a)** *mit einer Auflage, einem Belag versehen; bedecken:* eine Backform [mit Pergamentpapier] a.; den Schrank mit Papier a.; wir haben unsere Wohnung a. lassen. **b)** *durch Einlegearbeiten verzieren:* eine Tischplatte mit Elfenbein a.; das Schachbrett war reich ausgelegt. **3.** ⟨etwas a.⟩ *vorläufig für etwas bezahlen:* einen Betrag, eine Summe a.; kannst du mir/für mich 50 Mark a.? **4.** ⟨etwas a.⟩ *deuten, erklären:* eine Stelle falsch, richtig a.; die Bibel, ein Gesetz a.; er hat meine Nachgiebigkeit als Furcht ausgelegt. **5.** (landsch.) *zunehmen:* seit er verheiratet ist, legt er ganz schön aus; seine Frau hat mächtig ausgelegt. **6.** ⟨etwas a.; gewöhnlich mit Artangabe⟩ *anlegen:* die Federung ist straff ausgelegt; die Kapazität des Werks ist auf 20000 Fahrzeuge ausgelegt.

ausleihen: **1.** ⟨jmdm./(selten:) an jmdn. etwas a.⟩ *leihen:* ich habe ihm den Plattenspieler, meine Luftmatratze ausgeliehen; er lieh seine Platten an seine Freunde aus; ⟨auch ohne Dativ⟩ sie leiht ihre Sachen nicht aus. **2.** ⟨sich (Dativ) etwas a.⟩ *sich leihen:* ich werde mir das Zelt [bei ihm] ausleihen.

auslernen: *die Lehre beenden:* er hat noch nicht ausgelernt; Redensart: man lernt [im Leben] nie aus *(macht immer wieder neue Erfahrungen).*

¹auslesen (landsch.) ⟨etwas a.⟩: **a)** *aussondern:* die faulen Kartoffeln a. **b)** *auswählen:* die besten Früchte a. **c)** *von den schlechten, unbrauchbaren Stücken befreien:* Erbsen, Bohnen a.

²auslesen ⟨etwas a.⟩: *zu Ende lesen:* einen Roman a.; hast du das Buch schon ausgelesen?

ausliefern: **1.** (Kaufmannsspr.) ⟨[etwas] a.⟩ *zum Verkauf an den Handel liefern:* Bücher, Elektrogeräte a.; am 1. Mai liefern wir aus. **2.** ⟨jmdm./an jmdn., einer Sache/an eine Sache jmdn., sich, etwas a.⟩ *[auf eine Forderung hin] übergeben:* Unterlagen dem Geheimdienst, an den Geheimdienst a.; einen Mörder dem Gericht, der Gerechtigkeit a. *(überantworten);* sie war ihm wehrlos ausgeliefert *(preisgegeben, überlassen);* ⟨jmdn. a.⟩ dieses Land liefert politische Flüchtlinge nicht aus.

ausliegen ⟨etwas liegt aus⟩: *etwas ist [zur Ansicht, Einsichtnahme] hingelegt:* im Schaufenster liegen kostbare Schmuckstücke aus; wo liegen die Wahllisten aus?; das Buch hat drei Wochen im Lesesaal ausgelegen.

auslöffeln ⟨etwas a.⟩: **a)** *mit dem Löffel herausessen:* mißmutig, lustlos die Suppe a. **b)** *mit dem Löffel leer essen:* einen Teller [Suppe] a. * (ugs.:) **die Suppe auslöffeln** [, **die man sich eingebrockt hat**] *(die Folgen seines Tuns selbst tragen).*

auslöschen: **1.** ⟨etwas a.⟩ *löschen, ausmachen:* das Feuer a.; sie löschte die Kerzen, das Licht aus. **2.** ⟨etwas a.⟩ *wegwischen:* er löschte das Geschriebene, die Zeichnung [an der Tafel] wieder aus. **3.** ⟨jmdn., etwas a.⟩ *verschwinden lassen, beseitigen:* alle Spuren a.; er wollte die Schmach a.; die Erinnerung an diesen Dichter ist ausgelöscht worden *(aus dem Bewußtsein gedrängt worden).*

auslosen ⟨jmdn., etwas a.⟩: *durch Losen ermitteln:* die Reihenfolge, die Teilnehmer a.; die Gewinner werden ausgelost; wir losen aus, wer beginnt.

auslösen: **1.** (landsch.) ⟨etwas a.⟩ *lösen und herausnehmen:* die Knochen [aus dem Fleisch] a. **2.** (veraltend) **a)** ⟨jmdn. a.⟩ *loskaufen:* Gefangene a. **b)** ⟨etwas a.⟩ *einlösen:* ein Pfand a.; sie löste den Ring im Pfandhaus aus. **3.a)** ⟨etwas a.⟩ *in Gang setzen, betätigen:* das Schlagwerk einer Uhr, den Verschluß eines Photoapparates a.; er löste durch Knopfdruck den Alarm aus; der Pilot hatte die Bomben bereits ausgelöst; eine Kettenreaktion a. *(hervorrufen).* **b)** ⟨etwas löst sich aus⟩ *etwas kommt in Gang:* die Alarmanlage löst sich automatisch aus. **4.** ⟨etwas a.⟩ *wecken, hervorrufen:* die Begegnung löste in ihr Erinnerungen, seltsame Gefühle aus; er hatte mit seiner Rede Heiterkeit, Begeisterung, Entrüstung, Besorgnis, Befriedigung, Beifall ausgelöst.

ausmachen /vgl. ausgemacht/: **1.** (landsch.) ⟨etwas a.⟩ *aus der Erde herausholen:* Kartoffeln, Rüben a. **2.** (derb) ⟨sich a.⟩ *seine Notdurft verrichten:* hinter dem Schuppen hatte sich jemand ausgemacht. **3.** ⟨etwas a.⟩ **a)** *ausschalten, ausstellen:* die Lampe, das Licht, den Ventilator, das Radio a.; ich habe vergessen, den Fernseher auszumachen. **b)** *zum Erlöschen bringen:* die Kerzen, das Feuer a. **4.a)** ⟨etwas a.⟩ *vereinbaren:* einen Termin, einen Treffpunkt, ein Erkennungszeichen, einen Preis a.; das ist mit dem Betriebsrat, zwischen uns ausgemacht worden; eine ausgemachte *(beschlossene)* Sache; es war, galt als ausgemacht *(beschlossen).* **b)** ⟨etwas a.; gewöhnlich mit Umstandsangabe⟩ *klären:* einen Streit vor Gericht a.; wir haben die Sache unter uns ausgemacht; etwas mit sich selbst, mit sich allein a. *(mit etwas allein fertig werden).* **5.** ⟨jmdn., etwas a.⟩ *[in der Ferne] erkennen, entdecken:* einen Dampfer, feindliche Flugzeuge, Heringsschwärme a.; es läßt sich nicht mehr a. *(feststellen),* warum das Triebwerk nicht zündete; ein Quartier a. (veraltend; *besorgen*). **6.a)** ⟨jmdn., etwas a.⟩ *das sein, was das Wesen ausmacht; darstellen, bilden:* Seen und Wälder machen den Zauber dieser Landschaft aus; die Mieteinnahmen machen den Hauptanteil seines Einkommens aus; ihm fehlte alles, was einen großen Künstler ausmacht. **b)** ⟨etwas macht etwas aus⟩ *etwas beträgt:* die Entfernung macht etwa 5 km aus; alles zusammen macht 300 Mark aus. **7.** ⟨etwas macht etwas aus⟩ *etwas ist von Belang, spielt eine Rolle:* es macht nichts aus, wenn Sie etwas später kommen; bei diesen Beträgen macht das kaum etwas aus; ⟨etwas macht jmdm., einer Sache etwas aus⟩ würde es Ihnen etwas a., wenn Sie sofort zahlten?; das macht mir nichts aus.

ausmalen: **1.** ⟨etwas a.⟩ **a)** *mit Farbe ausfüllen, farbig machen:* ein Kästchen, die Figuren (in einem Malbuch) a. **b)** *die Innenseiten von etwas bemalen:* einen Raum, das Theaterfoyer a. **2.** ⟨etwas a.⟩ *schildern:* die Folgen breit, bis ins einzelne, anschaulich a.; ⟨jmdm. etwas a.⟩ er hatte ihm seine Erlebnisse in den grellsten Farben ausgemalt. **3.** ⟨sich (Dativ) etwas a.⟩ *sich etwas vorstellen:* ich male mir [in meiner Phantasie] den Urlaub aus; ich hatte mir schon ausgemalt, wie es werden würde.

Ausmaß, das: *Größe, Ausdehnung:* das gewaltige A. des Baugeländes; die Ausmaße der Fläche sind gigantisch; übertr.: *Größe, Umfang:* das A. der Zerstörung ist noch nicht bekannt; erschreckende Ausmaße annehmen; bis zu einem bestimmten A.; mit Wärmeverlust in diesem A. hatten wir nicht gerechnet; eine Katastrophe von grauenvollem A.

ausmerzen ⟨jmdn., etwas a.⟩: *tilgen, beseitigen:* Fehler, überflüssige Fremdwörter [aus einer Arbeit] a.; die anstößigen Stellen sind ausgemerzt worden; ich habe ihn aus meiner Erinnerung ausgemerzt.

ausmessen ⟨etwas a.⟩: *die Ausdehnung, die Maße von etwas feststellen:* eine Wand, den Balkon, den Kofferraum a.; übertr.: er maß mit schnellen Schritten das Zimmer aus *(durchquerte es).*

Ausnahme, die: *Sonderfall, Abweichung vom Üblichen, von der Regel:* das ist eine große A.; Redensart: Ausnahmen bestätigen die Regel [oder bahnen neue Regeln an] · eine A. machen, zulassen, gelten lassen; wir machen bei ihm, mit ihm eine A. *(behandeln ihn, seinen Fall anders);* die Anordnung gestattet keine A.; auch die großen Dichter bilden da keine A.; mit A. des Sonnabends *(Sonnabend ausgenommen);* mit A. von Peter ...; alle Teilnehmer ohne A.; sie kamen ohne A. *(ausnahmslos);* von gelegentlichen, kleinen Ausnahmen abgesehen; das gehört zu den wenigen Ausnahmen.

ausnahmsweise ⟨Adverb⟩: *als Ausnahme:* der Zug fährt a. von Bahnsteig 3 ab; ich werde es dir a. einmal erlauben.

ausnehmen /vgl. ausnehmend und ausgenommen/: **1.a)** ⟨etwas a.⟩ *etwas aus etwas nehmen:* Eier a. *(aus dem Nest herausnehmen);* der Imker nimmt den Honig aus; Kartoffeln a. (landsch.; *aus der Erde herausholen*). **b)** ⟨etwas a.⟩ *durch Herausnehmen des Inhalts leer machen:* Nester a. **c)** ⟨ein Tier a.⟩ *die Eingeweide eines Tiers entfernen:* ein Huhn, eine Gans a.; der Fisch muß noch ausgenommen werden. **2.** ⟨jmdn. a.⟩ *das Geld abnehmen, ausplündern:* sie nahm ihre Liebhaber aus; die Kerle haben mich beim Pokern [wie eine Weihnachtsgans] ausgenommen. **3.** ⟨jmdn., sich, etwas a.⟩ *ausschließen, gesondert behandeln:* alle haben Schuld, ich nehme mich nicht aus; der Roman ist mittelmäßig, das Schlußkapitel ausgenommen; er kommt bestimmt, ausgenommen, wenn es regnet. **4.** (geh.) ⟨sich a.; mit Artangabe⟩ *wirken, einen bestimmten Eindruck machen:* das Bild nimmt sich hier gut, schlecht, prächtig aus; wie nimmt sie sich als Mutter aus?

ausnehmend (geh.): **a)** *besonders groß:* eine Frau von ausnehmender Schönheit. **b)** *überaus, sehr:* das Stück hat mir a. gut gefallen; sie ist a. hübsch.

ausnutzen (landsch. auch:) ausnützen: **1.** ⟨etwas a.⟩: *ganz nutzen:* die [günstige] Gelegenheit, die Konjunktur a.; er hat seinen Vorteil schamlos ausgenutzt; sie nutzte jede freie Minute für die Weiterbildung, zum Training aus *(verwendete sie dafür).* **2.** ⟨jmdn., etwas a.⟩ *ausbeuten, für seine Zwecke in Anspruch nehmen:* die Angestellten a.; er nutzte/nützte seinen Freund tüchtig, gründlich, bedenkenlos aus; er hat ihre Leichtgläubigkeit ausgenutzt/ausgenützt.

auspacken: **1.** ⟨etwas a.⟩ **a)** *etwas Eingepacktes herausnehmen:* die Sachen [aus dem Koffer] a.; er packte das Geschenk aus; ⟨auch ohne Akk.⟩

wir haben noch nicht ausgepackt. **b)** *durch Herausnehmen des Eingepackten leer machen:* den Koffer, Kisten a.; sie packte das Päckchen aus *(entfernte die Verpackung)*. **2.** (ugs.) **a)** ⟨[etwas] a.⟩ *berichten, erzählen:* seine Erlebnisse, viele Neuigkeiten a.; nun pack mal aus!; er drohte ihnen auszupacken *(aus der Schule zu plaudern)*. **b)** *die Meinung sagen:* er hat ordentlich ausgepackt.

auspfeifen ⟨jmdn., etwas a.⟩: *durch Pfeifen sein Mißfallen ausdrücken:* einen Sänger, einen Redner a.; das Stück wurde ausgepfiffen.

ausplaudern ⟨etwas a.⟩: *weitererzählen, verraten:* einen Plan a.; er hat alles ausgeplaudert.

ausposaunen (ugs.; abwertend) ⟨etwas a.⟩: *in aller Öffentlichkeit weitererzählen:* eine Neuigkeit überall a.; sie hat die Sache gleich ausposaunt.

ausprägen: a) ⟨etwas a.⟩ *herausbilden:* beide Regierungsformen waren schon im Altertum ausgeprägt worden; adj. Part.: er hat einen ausgeprägten *(markanten)* Charakterkopf; scharf ausgeprägte Gegensätze. **b)** ⟨etwas prägt sich aus⟩ *etwas bildet sich heraus:* sein Organisationstalent prägte sich erst nach und nach aus. **c)** ⟨etwas prägt sich in etwas aus⟩ *etwas drückt sich in etwas aus:* die Gesinnung eines Menschen prägt sich oft im Gesicht aus.

auspressen ⟨etwas a.⟩: **a)** *herauspressen:* den Saft [aus einer Apfelsine] a. **b)** *durch Pressen den Saft entziehen:* Apfelsinen, Beeren a.; sie preßten das Land wie eine Zitrone aus; übertr.: die Bevölkerung a. *(ausbeuten);* er wollte mich a. *(ausfragen)*.

auspumpen: 1. ⟨etwas a.⟩ **a)** *herauspumpen:* das Wasser [aus dem Keller] a. **b)** *durch das Herauspumpen von etwas leer machen:* den Keller a.; ⟨jmdm. etwas a.⟩ den Erkrankten wurde sofort der Magen ausgepumpt. **2.** (ugs.) ⟨jmdn. a.; meist im 2. Part.⟩ *erschöpfen:* der Lauf hatte ihn völlig ausgepumpt; die Schwimmer waren ausgepumpt.

auspusten: → ausblasen.

ausquetschen: 1. ⟨etwas a.⟩ **a)** *herausquetschen:* den Saft [aus der Zitrone] a. **b)** *durch Quetschen den Saft entziehen:* eine Zitrone a. **2.** (ugs.) ⟨jmdn. a.⟩ *ausfragen:* jmdn. a., wieviel er verdient; die haben mich in der Prüfung ganz schön ausgequetscht.

ausrangieren (ugs.) ⟨etwas a.⟩: *als nicht mehr brauchbar aussortieren:* Hemden, eine wacklige Couch a.; ausrangierte Kleidungsstücke.

ausräuchern: 1.a) ⟨ein Tier a.⟩ *durch Rauch, Gas o. ä. vertreiben, vernichten:* Wanzen a.; die Jungen räucherten den Fuchs aus; übertr.: die Polizisten räucherten die Verbrecher in ihrem Versteck aus. **b)** ⟨etwas a.⟩ *durch Rauch, Gas o. ä. von etwas befreien:* eine verwanzte Wohnung, Brutstätten a.; übertr.: das Versteck, den Schlupfwinkel der Verbrecher a. *(ausheben, vernichten)*.

ausraufen ⟨sich (Dativ) etwas a.⟩: *[her]ausreißen:* ich könnte mir die Haare a.! */Ausruf der Verärgerung/;* bildl.: er raufte sich vor Wut die Haare aus *(war sehr wütend)*.

ausräumen: 1. ⟨etwas a.⟩ **a)** *Eingeräumtes herausnehmen, herausschaffen:* die Möbel a.; er hat alle Sachen aus dem Schreibtisch ausgeräumt. **b)** *durch das Ausräumen von etwas leer machen:* die Regale, den Schrank, die Wohnung a.; (ugs.:) die Nase a. **2.** (ugs.) ⟨etwas a.⟩ *ausrauben:* die Ladenkasse, den Tresor a.; ⟨jmdm. etwas a.⟩ die Einbrecher haben uns die Wohnung ausgeräumt. **3.** ⟨etwas a.⟩ *beseitigen:* alle Mißverständnisse sind nun endlich ausgeräumt; wir konnten seinen Verdacht, alle Bedenken a.

ausrechnen /vgl. ausgerechnet/: **1.** ⟨etwas a.⟩ **a)** *durch Rechnen lösen:* ich habe alle Aufgaben ausgerechnet. **b)** *errechnen:* den Preis, die Kosten [mit der Rechenmaschine] a.; der Ober rechnete aus, was ich zu zahlen hatte; ⟨sich (Dativ) etwas a.⟩ wir können uns genau a., wie teuer das wird; ich kann mir a. *(denken, voraussagen)*, was er sagen wird. **2.** ⟨sich (Dativ) etwas a.⟩ *mit etwas rechnen, etwas erwarten:* sich Gewinnchancen a.; ich habe mir einen Sieg in der Kombination ausgerechnet.

Ausrede, die: *nicht zutreffender Grund, der als Entschuldigung angegeben wird:* eine dumme, billige, lächerliche, brauchbare A.; diese A. taugt nichts, verfängt (geh.) nicht; mir fällt eine gute A. ein; eine A. suchen, finden, erfinden, sich (Dativ) ausdenken, sich (Dativ) zurechtlegen, gebrauchen; ich habe keine passende A.; das können wir als A. benutzen; auf eine A. verfallen; komm mir nicht mit faulen (ugs.) Ausreden!; nach einer A. suchen; um eine A. nicht verlegen sein.

ausreden: 1. ⟨jmdm. etwas a.⟩ *durch Reden von etwas abbringen:* seinem Freund einen Plan, Gedanken a.; das lasse ich mir nicht a.; /auch von Personen/: er versuchte seiner Tochter den jungen Mann auszureden. **2.** (veraltend) ⟨sich a.⟩ *sich herausreden:* sich auszureden versuchen; er redete sich mit dem Nebel aus; sie hatte sich damit/(landsch.:) darauf ausgeredet, daß ... **3.** *zu Ende reden:* jmdn. nicht a. lassen; lassen Sie mich doch bitte erst a.!

ausreichen: 1. *genügen:* das Geld, der Stoff (für ein Kleid), die Zeit reicht nicht aus; seine Kenntnisse reichten für diese Arbeit kaum aus; das Essen ist ausreichend; sie wird ausreichend unterstützt; */als Zensur/:* der Aufsatz ist „ausreichend". **2.** ⟨mit etwas a.⟩ *auskommen:* wir werden mit den Vorräten nicht ausreichen.

ausreifen ⟨etwas reift aus⟩: *etwas wird völlig reif:* die Früchte müssen noch a.; bildl.: wir lassen den Plan erst a.; der Roman ist stilistisch ausgereift.

ausreißen: 1. ⟨etwas a.⟩ **a)** *herausreißen:* Blumen a.; ⟨jmdm., sich etwas a.⟩ er riß sich das erste graue Haar aus. **b)** ⟨etwas reißt aus⟩ *etwas löst sich und reißt los:* das Futter, der Aufhänger reißt aus; das Knopfloch ist ausgerissen *(eingerissen und größer geworden)*. **2.** (ugs.) *weglaufen, heimlich verschwinden:* die Jungen wollten a.; er ist von zu Hause nach Berlin, aus der Haftanstalt ausgerissen; ⟨jmdm. a.⟩ seinen Eltern a. * (ugs.:) **Bäume ausreißen** *(sehr viel Kraft und Schwung haben):* er reißt auch keine Bäume mehr aus · (ugs.:) **sich** (Dativ) **kein Bein ausreißen** *(sich nicht sonderlich anstrengen):* ich reiße mir dabei, für die paar Pfennige kein Bein aus · (ugs.:) **keiner Fliege ein Bein ausreißen können** *(niemandem etwas zuleide tun können)*.

ausrenken ⟨jmdm., sich etwas a.⟩: *aus dem Gelenk drehen:* sich den Kiefer, den Arm a.; ich habe mir fast den Hals ausgerenkt, um besser sehen zu können.

ausrichten: 1.a) ⟨etwas a.⟩ *in eine bestimmte [einheitliche] Richtung, Aufstellung bringen:* eine Fahrzeugkolonne a.; die Sportler standen schnurgerade ausgerichtet in einer Reihe; übertr.: die Preise auf den zukünftigen Umsatz a. *(einstellen);* kommunistisch ausgerichtete *(orientierte)* Studentengruppen. **b)** ⟨sich a.⟩ *sich in einer bestimmten [einheitlichen] Richtung aufstellen:* die Rekruten richteten sich aus; übertr.: sich ideologisch nicht a. lassen; der Handel richtet sich auf die Bedürfnisse der Entwicklungsländer aus *(stellt sich darauf ein).* **2.** ⟨etwas a.⟩ *übermitteln, bestellen:* einen Gruß, einen Auftrag, eine Botschaft [an einen Kongreß] a.; ⟨jmdm. etwas a.⟩ richten Sie bitte Ihren Eltern herzliche Grüße von mir aus; er ließ ihm a., daß ... **3.** ⟨etwas a.⟩ *erreichen, tun können:* mit Geld kann man viel bei ihm a.; er hat nichts, einiges, viel [gegen ihn] a. können; wer weiß, ob er bei ihm etwas ausrichtet. **4.** ⟨etwas a.⟩ *vorbereiten, arrangieren:* eine Hochzeit, einen Empfang a.; die olympischen Spiele wurden von Deutschland ausgerichtet.

ausrollen: 1. ⟨etwas a.⟩ **a)** *flach auswalzen:* den Teig [zu einem Fladen] a. **b)** *auseinanderrollen:* einen Läufer a.; für den Staatsbesuch wird der rote Teppich ausgerollt. **2.** ⟨etwas rollt aus⟩ *bis zum Stillstand rollen:* das Flugzeug rollt auf der Landebahn aus; warten, bis der Wagen ausgerollt ist.

ausrotten ⟨jmdn., etwas a.⟩: *für immer vernichten, beseitigen:* Stechmücken a.; den Militarismus mit Stumpf und Stiel a.; das Übel ist nicht mit der Wurzel ausgerottet worden.

ausrücken: 1. *sich in geschlossener Formation irgendwohin begeben:* die Feuerwehr rückt [zum Großeinsatz] aus; die Truppen sind ins Manöver ausgerückt. **2.** (ugs.) *weglaufen, heimlich verschwinden:* er ist von zu Hause, mit unserem Geld, vor dem Polizisten ausgerückt; ⟨jmdm. a.⟩ er ist seinen Eltern ausgerückt. **3.** ⟨etwas a.⟩ *vor den Zeilenbeginn oder hinter den rechten Zeilenrand rücken:* ein Wort a.; ich habe den Betrag nach rechts ausgerückt. **4.** (Technik) ⟨etwas a.⟩ *vom Antrieb trennen, abstellen:* ein Zahnrad a.

Ausruf, der: *das Ausrufen, laute Äußerung:* ein A. der Freude, der Angst; er hörte einen unterdrückten A.

ausrufen: 1. ⟨jmdn., etwas a.⟩ **a)** *laut [rufend] nennen, mitteilen:* die Stationen a.; die Zeitungsverkäufer riefen die Schlagzeilen aus; vor dem Abflug ließ er seinen Namen, seinen Freund [über den Lautsprecher] a. **b)** *öffentlich verkünden, proklamieren:* einen Streik, die Revolution a.; die Republik wurde ausgerufen; man rief ihn zum/als Sieger aus. **2.** ⟨etwas a.⟩ *spontan äußern:* „Herrlich!" rief er begeistert, hingerissen aus.

ausruhen: 1. ⟨etwas a.⟩ *ruhen lassen, nicht beanspruchen:* die Augen a.; ich muß meine müden Knochen (ugs.) a.; adj. Part.: wir sind, fühlen uns ausgeruht *(erholt).* **2.a)** ⟨sich a.⟩ sich nach dem Essen ein bißchen, eine Weile a.; wir mußten uns von den Strapazen a. **b)** (geh.) *ruhen:* auf einer Bank a. * (ugs.:) **[sich] auf seinen Lorbeeren ausruhen** *(sich nach Erfolgen nicht mehr anstrengen).*

ausrüsten ⟨jmdn., sich, etwas a.⟩: *mit etwas versehen:* Soldaten feldmarschmäßig a.; sie rüsteten eine Expedition aus; gut, komplett, modern ausgerüstet sein.

ausrutschen: 1. *den festen Halt mit den Füßen verlieren und beinahe hinfallen:* auf einer Banane, mit dem linken Fuß a.; übertr.: er ist in seiner Jugend mal ausgerutscht *(auf die schiefe Bahn geraten).* **2.** ⟨etwas rutscht jmdm. aus⟩ ihr rutschte beim Brotschneiden das Messer aus. * (ugs.:) **jmdm. rutscht die Hand aus** *(jmd. gibt jmdm. eine Ohrfeige).*

Aussage, die: **1.** *Äußerung zur Klärung eines Tatbestandes:* eine belastende, wichtige A.; seine A. war sachlich und klar; hier steht A. gegen A.; die A. verweigern; eine A. vor Gericht machen; eine A. erzwingen, bekräftigen, zurücknehmen; diese Aussagen können gegen ihn benutzt werden; einer A. etwas hinzufügen; er blieb bei seiner A.; nach A. zweier Zeugen ... **2.** (geh.) *zum Ausdruck kommender [geistiger] Gehalt:* das Bild hat eine starke A.; seinem Frühwerk fehlt jede A.

aussagen: 1. ⟨[etwas] a.⟩ *eine Aussage machen:* [wissentlich] falsch, vor der Polizei, als Zeuge, unter Eid a.; er hat gegen ihn ausgesagt; über das Verbrechen selbst kann ich nichts a.; er sagte aus, daß ... **2.** ⟨etwas a.⟩ *sagen, ausdrükken:* der Roman sagt über seine Zeit nichts aus.

aussaufen (derb/von Personen/): → austrinken.

ausschalten: 1. ⟨etwas a.⟩ *außer Betrieb setzen:* den Strom, das Licht, die Lampe, das Radio a.; er schaltete die Maschine aus. **2.** ⟨jmdn., sich, etwas a.⟩ *daran hindern, auf etwas Einfluß auszuüben:* Fehlerquellen a. *(ausschließen);* jmdn. bei Verhandlungen a. *(nicht teilnehmen lassen);* er schaltete ihn in zwei Sätzen aus *(warf ihn aus dem Tennisturnier);* diesen Punkt wollen wir zunächst einmal a. *(beiseite lassen).*

Ausschau ⟨in der Verbindung⟩ nach jmdm., nach etwas Ausschau halten (nachdrücklich): *ausschauen:* er hielt nach den Gästen, nach dem Schiff, nach einer passenden Gelegenheit A.

ausschauen: 1.a) ⟨nach jmdm., nach etwas a.⟩ *zu erspähen suchen, erwartungsvoll entgegensehen:* nach dem Besuch lange, vergeblich, sehnsüchtig a.; ich habe lange nach dem Briefträger ausgeschaut. **b)** (landsch.) ⟨nach etwas a.⟩ *sich umsehen:* nach einer Arbeit a. **2.** (landsch.) ⟨mit Artangabe⟩ *in einer bestimmten Weise aussehen:* er schaute vergnügt, traurig aus. * (ugs.:) **wie schaut's aus?** *(wie geht es?).*

ausscheiden: 1. ⟨etwas a.⟩ *von sich geben:* der Körper scheidet die Giftstoffe [mit dem Harn] aus; die Lösung hat Kristalle ausgeschieden. **2.a)** ⟨jmdn., etwas a.⟩ *aussondern:* Waren mit Fabrikationsfehlern a. **b)** *nicht in Betracht kommen:* diese Möglichkeit scheidet aus; er scheidet dabei als Täter, für diesen Posten aus. **3.a)** ⟨gewöhnlich: aus etwas a.⟩ *eine Gemeinschaft verlassen, eine Tätigkeit aufgeben:* aus dem Dienst, aus einem Amt, aus der Firma a.; er ist im vorigen Jahr [aus dem Verein] ausgeschieden. **b)** *die Teilnahme an einem Spiel, an einem Wettkampf aufgeben müssen:* nach einem Sturz, wegen Verletzung, zu Beginn der zweiten Halbzeit a.; der deutsche Teilnehmer ist in der ersten Runde ausgeschieden.

ausscheren: *sich aus einer Gruppe, Reihe lösen:*

aus einer Fahrzeugkolonne [nach links] a. und zum Überholen ansetzen; drei Schiffe scherten aus *(verließen den Verband, nahmen einen anderen Kurs)*; übertr.: die jüngeren Politiker möchten gerne a.

ausschimpfen ⟨jmdn. a.⟩ *tadeln:* die Portiersfrau schimpfte die Kinder wegen des Schmutzes aus.

ausschlachten: 1. ⟨ein Tier a.⟩ *die Eingeweide von geschlachtetem Vieh herausnehmen:* ein Schwein a. 2. ⟨etwas a.⟩ *die noch brauchbaren Teile aus etwas ausbauen:* alte Autos a.; das Schiff wurde ausgeschlachtet und verschrottet. 3. (ugs.; abwertend) ⟨etwas a.⟩ *für seine Zwecke ausnutzen:* einen Fall politisch [weidlich] a.; der Roman wurde von ihm zu einem Film ausgeschlachtet.

ausschlafen: 1. *schlafen, bis man nicht mehr müde ist:* a) ⟨sich a.⟩ sich ordentlich, gründlich a.; ich habe mich nicht ausgeschlafen. b) einmal richtig a.; ich habe völlig ausgeschlafen; er ist gut ausgeschlafen. 2. ⟨etwas a.⟩ *durch Schlafen vergehen lassen:* seinen Rausch a.

Ausschlag, der: 1. *sichtbare Erkrankung der Haut:* A. bekommen, haben; er leidet an einem A. im Gesicht, an den Händen. 2. *das Verlassen der Ruhe- oder Gleichgewichtslage:* der A. des Pendels, der Magnetnadel; Kaufmannsspr.: *Über-, Gutgewicht:* die Waage hat A. * **den Ausschlag geben** *(entscheidend für etwas sein):* seine bessere Kondition gab den A.

ausschlagen: 1. *nach jmdm. schlagen, stoßen* /gewöhnlich von Pferden/: das Pferd hat vorn und hinten ausgeschlagen. 2. ⟨etwas a.⟩ *herausschlagen, durch Schlagen zerstören:* ein Stück aus einer Platte a.; ⟨jmdm., sich etwas a.⟩ er hat ihm einen Zahn ausgeschlagen. 3. ⟨etwas a.⟩ *durch Schlagen von etwas befreien:* die Mundharmonika a. *(vom Speichel befreien)*. 4. ⟨etwas a.⟩ *durch Schlagen ersticken:* ein Feuer a.; die Männer schlugen die Flammen mit nassen Decken aus. 5. ⟨etwas a.; gewöhnlich mit Artangabe⟩ *auskleiden:* ein Zimmer, die Wände eines Zimmers mit Stoff a.; zur Trauerfeier wurde der Raum schwarz, mit schwarzem Samt ausgeschlagen. 6. ⟨jmdn., etwas a.⟩ *ablehnen, zurückweisen:* ein Geschenk, eine Erbschaft, ein Angebot, eine Stellung, eine Einladung a.; seit Jahren hat sie jeden Bewerber ausgeschlagen. 7. ⟨etwas schlägt aus⟩ a) *etwas gerät aus der Ruhe- oder Gleichgewichtslage:* das Pendel, die Wünschelrute schlägt aus; die Magnetnadel ist/hat nach links, um zwei Striche ausgeschlagen. b) *etwas zeigt einen Ausschlag an:* der Geigerzähler hat/ist ausgeschlagen. 8. (veraltend) ⟨etwas schlägt aus⟩ *etwas beginnt zu sprießen:* die Sträucher schlagen aus; die Birken haben /sind schon ausgeschlagen. 9. (selten) a) ⟨etwas schlägt aus⟩ *etwas tritt aus:* Salpeter schlägt aus. b) ⟨etwas schlägt [etwas] aus⟩ *etwas läßt etwas austreten, schwitzt etwas aus:* die Wände schlagen [Salpeter] aus. 10. ⟨etwas schlägt aus; mit Artangabe⟩ *etwas entwickelt sich, wird zu etwas:* die Sache ist gut, günstig, zu seinem Nachteil ausgeschlagen. 11. ⟨ausgeschlagen haben⟩ *aufgehört haben zu schlagen:* die Turmuhr hatte ausgeschlagen; sein müdes Herz hat ausgeschlagen (geh.). * (ugs.:) **das schlägt dem Faß den Boden aus** *(das ist der Gipfel)*.

ausschlaggebend: *entscheidend, bestimmend:* die Wahl war von ausschlaggebender Bedeutung; das ist dabei, dafür nicht a.

ausschließen /vgl. ausgeschlossen/: 1. ⟨jmdn. a.⟩ *durch Verschließen der Tür den Zutritt unmöglich machen:* er konnte nicht ins Haus, man hatte ihn ausgeschlossen. 2. ⟨jmdn. aus etwas a.⟩: *aus einer Gemeinschaft entfernen:* sie schlossen ihn aus der Partei aus; er wurde aus dem Verein ausgeschlossen. 3. a) ⟨jmdn., sich, etwas von etwas a.⟩ *nicht teilhaben lassen:* Arbeiter von der Vermögensbildung nicht a.; man hatte ihn von der Feier ausgeschlossen; von der Gnade, vom Heil ausgeschlossen sein; Hüte sind vom Umtausch ausgeschlossen *(dürfen nicht umgetauscht werden)*. b) ⟨jmdn., sich, etwas a.⟩ *ausnehmen:* alle Spieler hatten schlecht gespielt, der Trainer schloß keinen aus; wir haben diese Möglichkeit ausgeschlossen. 4. ⟨etwas a.⟩ *unmöglich machen:* jeden Zweifel, Irrtum a.; der Glaube schließt eine solche Haltung nicht aus.

ausschließlich: 1. ⟨Adj.⟩ *alleinig, uneingeschränkt:* die Zeitung hat das auschließliche Recht auf diese Veröffentlichung; sein Einfluß dominiert, wenn auch nicht mehr so a. wie früher. 2. ⟨Adverb⟩ *nur:* das ist a. sein Verdienst; er lebt a. für seine Familie; er ist a. (besser: *nichts als*) Gelehrter. 3. ⟨Präp. mit Gen.⟩ *ohne, außer:* die Kosten a. des genannten Betrages; die Miete a. der Heizungskosten; ⟨ein stark dekliniertes Substantiv im Singular bleibt ungebeugt, wenn es ohne Artikel oder Attribut steht⟩ die Kosten a. Porto; ⟨im Plural mit dem Dativ, wenn der Genitiv nicht erkennbar ist⟩ der Preis für die Mahlzeiten a. Getränken.

Ausschluß, der: *das Ausschließen:* den A. [aus der Partei] beantragen, beschließen; der Verein drohte ihm mit dem A.; das Verfahren fand unter A. der Öffentlichkeit statt.

ausschmücken ⟨etwas a.⟩: *das Innere, die Innenseiten von etwas schmücken:* einen Raum a.; die Kirche ist mit Blumen ausgeschmückt worden; übertr.: eine Geschichte a.

ausschneiden /vgl. ausgeschnitten/ ⟨etwas a.⟩: a) *durch Schneiden herauslösen, heraustrennen:* eine Annonce [aus der Zeitung] a.; ich habe alle Kritiken, alle Bilder ausgeschnitten; faulige, schwarze Stellen a. b) *mit der Schere machen:* Figuren, Sterne, Blumen [aus Buntpapier] a. c) *durch das Herausschneiden von etwas frei machen:* einen angefaulten Apfel a.; Bäume a. *(die überflüssigen Äste herausschneiden)*.

Ausschnitt, der: 1. a) *das Ausgeschnittene:* ein A. aus einer Zeitung; einen A. aufheben. b) *Teilstück:* ein A. aus einem Brief; einen A. aus einem Film zeigen; sie kannte nur einen A. des englischen Lebens. 2. *ausgeschnittene Öffnung:* ein Kleid mit tiefem A.

ausschöpfen ⟨etwas a.⟩: 1. a) *durch Schöpfen herausholen:* das Wasser [aus der Tonne] a. b) *leer schöpfen:* eine Tonne, einen Kahn a. 2. *sich bis ins letzte zunutze machen, ganz ausnutzen:* alle Möglichkeiten, Reserven a.; wir haben den Geist des Werkes, das Werk noch längst nicht voll ausgeschöpft.

ausschreiben /vgl. ausgeschrieben/: 1. ⟨etwas a.⟩ *nicht abgekürzt schreiben:* seinen Vornamen, ein Wort a. 2. ⟨etwas a.⟩ a) *herausschreiben:* eine Stelle [aus einem Buch] a.; die Rollen eines

Theaterstücks, die Stimmen [für die einzelnen Instrumente] aus einer Partitur a. **b)** *für seine Zwecke ausschöpfen, ausbeuten:* eine wissenschaftliche Arbeit, einen Autor a. **3.** ⟨etwas a.⟩ *ausfüllen, ausfertigen, ausstellen:* einen Scheck, eine Rechnung, ein Rezept, ein Attest a.; würden Sie mir bitte eine Quittung ausschreiben? **4.** ⟨etwas a.⟩ *öffentlich zur Kenntnis bringen, bekanntgeben:* einen Wettbewerb, eine Meisterschaft a.; neue Steuern wurden ausgeschrieben; sich um eine ausgeschriebene Stelle bewerben.

ausschreien ⟨etwas a.⟩: *[laut] ausrufen:* Zeitungen, Lose, Waren [auf dem Markt] a.

ausschreiten (geh.): **1.** ⟨etwas a.⟩ *mit Schritten ausmessen:* eine Strecke, den Weg bis zum Tor a. **2.** *sich mit raumgreifenden Schritten vorwärtsbewegen:* eilig, forsch, rüstig a.; der Wanderer schritt rascher aus.

Ausschreitung, die: **1.** *Übergriff, Gewalttätigkeit:* Ausschreitungen verhindern; es kam zu Ausschreitungen. **2.** (geh.; veraltend) *Ausschweifung:* keinen Gefallen an Ausschreitungen finden.

Ausschuß, der: **1.** *Austrittstelle eines Geschosses:* der A. war sehr groß. **2.** *aus einer größeren Körperschaft ausgewählte Personengruppe:* ein engerer, erweiterter, vorbereitender, ständiger A.; ein A. von Wissenschaftlern; ein A. konstituiert sich, tagt, tritt zusammen; der A. setzt sich aus 12 Vertretern zusammen; einen A. bilden, gründen, wählen; er wurde in den staatlichen A. gewählt. **3.** *minderwertige Ware, das Aussortierte:* das ist alles A.

ausschütteln ⟨etwas a.⟩: **a)** *herausschütteln:* den Staub a. **b)** *durch Schütteln von etwas befreien:* ein Staubtuch a.; sie schüttelte die Decke aus dem Fenster aus.

ausschütten ⟨etwas a.⟩: **1. a)** *etwas aus etwas schütten; wegschütten:* Sand, schmutziges Wasser, Zucker a.; das Kind hat die Milch ausgeschüttet *(verschüttet);* übertr.: ⟨jmdm. etwas a.⟩ sie hat mir ihren Kummer ausgeschüttet. **b)** *durch Ausschütten des Inhalts leer machen:* den Eimer, den Sack, den Aschenbecher a.; er schüttete den Kübel in den Rinnstein aus. **2.** ⟨etwas a.⟩ *auszahlen, verteilen:* Dividende, Prämien a.; im ersten Rang sind 320000 Mark ausgeschüttet worden. * **das Kind mit dem Bade ausschütten** *(in seiner Konsequenz, Ablehnung zu weit gehen)* · **jmdm. sein Herz ausschütten** *(sich jmdm. anvertrauen und ihm seine Sorgen und Nöte schildern)* · **sich ausschütten vor Lachen** *(sehr lachen).*

ausschweifend: *das normale Maß [des Lebensgenusses] überschreitend:* ein ausschweifendes Leben führen; sie hat eine ausschweifende Phantasie; a. leben.

ausschweigen ⟨sich a.⟩: *nicht Stellung nehmen zu etwas:* sich über einen Vorfall a.; der Minister hat sich ausgeschwiegen.

ausschwitzen: a) ⟨etwas a.⟩ *mit dem Schweiß ausscheiden:* eine Flüssigkeit a.; das Nikotin wird im Schlaf weitgehend ausgeschwitzt; bildl.: die Wände schwitzen Feuchtigkeit aus *(sondern sie ab);* eine Erkältung, eine Grippe a. *(durch Schwitzen heraustreiben).* **b)** ⟨etwas schwitzt aus⟩ *etwas tritt aus:* aus den Wänden schwitzt Salpeter aus.

aussehen: 1. a) ⟨mit Artangabe⟩ *einen bestimmten Anblick bieten; einen bestimmten Eindruck machen; wirken:* hübsch, gut, nicht übel, appetitlich, jung, gesund, wie das blühende Leben, krank, abgespannt, bleich, wie der Tod auf Latschen (ugs.), heruntergekommen, verboten (ugs.) a.; im Zimmer sah es wie auf einem Schlachtfeld (ugs.; *wüst, unordentlich*) aus; sie sieht älter aus, als sie ist; er sah traurig, schuldbewußt, völlig unverändert aus; sie sieht aus, als ob sie kein Wässerchen trüben könnte (ugs.; *als ob sie ganz unschuldig, harmlos wäre*), als ob sie nicht bis drei zählen könnte *(als ob sie dumm wäre);* der Fremde sah zum Fürchten aus; die Verletzung sieht böse, gefährlich aus; das Kleid sieht nach etwas, nach nichts aus *(macht einen besonderen, keinen besonderen Eindruck);* in dem Lokal sah es wüst aus; ich kann mir denken, wie eine solche Maschine aussieht *(beschaffen ist);* die Sache sieht gut, faul (ugs.), günstig aus *(scheint so zu sein);* es sieht wie Silber aus *(scheint Silber zu sein);* das sieht wie/nach Verrat aus *(scheint Verrat zu sein);* seine Reise sah nach Flucht aus *(deutete darauf hin);* Sport: schlecht a. *(eine schlechte Figur machen);* der Meister hat gegen ihn schlecht ausgesehen. **b)** ⟨es sieht mit jmdm., mit etwas aus; mit Artangabe⟩ *es ist in einer bestimmten Weise um jmdn., um etwas bestellt:* es sieht mit unseren Vorräten noch gut aus; mit ihm sah es schlimm aus. **2.** ⟨nach jmdm., nach etwas a.⟩ *ausschauen:* er sah nach den Gästen aus. * (ugs.:) **so siehst du aus!** *(das stellst du dir so vor!; da irrst du dich aber!)* · (ugs.:) **sehe ich danach aus?** *(kann man das von mir glauben?).*

Aussehen, das: *Äußeres einer Erscheinung:* ein gesundes, blühendes, kränkliches, vertrauenswürdiges A.; einer Sache ein harmloses A. geben; mit seinem ehrlichen A. ...; ein Hund von drolligem A. * (veraltend:) **dem Aussehen nach** *(dem Anschein nach)* · (veraltend:) **es hat das Aussehen** *(es hat den Anschein):* es hat manchmal das A., wie wenn/als ob er sich bei uns nicht wohl fühlte.

aussein (ugs.): **1.** ⟨etwas ist aus⟩ **a)** *etwas ist zu Ende:* die Schule, das Kino, der Krieg ist aus; zwischen uns ist es aus. **b)** *etwas brennt nicht mehr:* das Feuer, die Kerze ist aus; der Ofen ist schon ausgewesen. **c)** *etwas ist ab-, ausgeschaltet:* die Lampe, das Radio ist aus. **2.** ⟨es ist mit jmdm., mit etwas aus⟩ *es ist mit jmdm., mit etwas vorbei:* es ist aus mit dem schönen Leben; mit ihm war es aus. **3.** ⟨auf etwas a.⟩ *etwas haben wollen:* auf Abenteuer a.; er war auf diesen Posten aus; ich weiß nicht, ob er auf eine Belohnung aus ist. **4.** *ausgegangen sein:* wir sind gestern ausgewesen. * (ugs.:) **der Ofen ist aus** *(es ist endgültig Schluß).*

außen ⟨Adverb⟩: *auf der Außenseite:* der Becher ist a. und innen vergoldet; a. (Sport; *auf der Außenbahn*) laufen; die Tür geht nach a. auf; die Füße beim Gehen nach a. setzen; wir haben die Kirche nur von a. gesehen; übertr.: er ist nur auf Wirkung nach a. [hin] bedacht.

aussenden: 1. ⟨jmdn., etwas a.⟩ *zur Erledigung eines Auftrags wegschicken:* eine Patrouille [zur Erkundung] a.; sie sendeten/sandten eine Expedition aus; Missionare wurden zu den Heiden ausgesendet/ausgesandt. **2.** ⟨etwas a.⟩ *ausstrahlen, in die Weite senden:* Radium sendet Strahlen aus; das Gerät sendet Notsignale aus.

Außenstände, die ⟨Plural⟩: *ausstehende Forderungen:* gute, unsichere A.; A. haben; wir werden die A. einziehen, einkassieren.

außer: **I.** ⟨Präp.⟩ **1.** ⟨mit dem Dativ⟩ *ausgenommen, abgesehen von:* a. dir habe ich keinen Freund; man hörte nichts a. dem Ticken der Uhr. **2.** *außerhalb, nicht [mehr] in:* **a)** ⟨mit dem Dativ⟩ a. Haus[e] sein, essen; er ist wieder a. Bett (veraltend; *steht wieder auf*); a. Sicht, Hörweite, [aller] Gefahr sein; der Arzt nimmt keinen a. der Reihe *(gesondert)* dran; du kannst auch a. der Zeit kommen; er startet a. Konkurrenz; a. Dienst sein; er ist Hauptmann außer Dienst (a. D.); die Fabrik ist jetzt a. Betrieb *(arbeitet nicht mehr);* ich bin a. Atem *(atemlos);* etwas ist a. Kurs *(ist nicht mehr gültig);* die Verfügung ist a. Kraft *(nicht mehr gültig, nicht mehr wirksam);* das steht a. Frage, a. [jedem] Zweifel *(gilt als sicher, steht fest).* **b)** ⟨mit dem Akk.⟩ etwas a. [jeden] Zweifel stellen; das Schiff wurde a. Dienst gestellt; a. Kurs setzen *(für ungültig erklären);* a. Gefecht setzen *(kampfunfähig machen).* **c)** (veraltend) ⟨mit dem Gen.⟩ a. Hauses sein; a. Landes leben; er ist a. Landes gegangen. **II.** ⟨Konj.⟩ *ausgenommen, es sei denn:* wir gehen täglich spazieren, a. wenn es neblig ist; ich habe nichts erfahren können, a. daß er abgereist ist. * **außer sich** (Dativ) **sein** *(sich nicht zu fassen wissen):* ich bin ganz a. mir vor Freude · **außer sich geraten** *(die Selbstbeherrschung verlieren):* ich geriet a. mich/mir vor Wut.

außerdem ⟨Adverb⟩: *darüber hinaus, überdies:* der Angeklagte ist a. vorbestraft; ... und a. ist es gesünder.

äußere: **a)** *sich außen befindend:* die äußere Schicht ablösen; es ist nur eine äußere Verletzung. **b)** *von außen kommend:* ein äußerer Anlaß. **c)** *unmittelbar in Erscheinung tretend:* der äußere Rahmen; die äußere Ähnlichkeit täuscht. **d)** *auswärtig:* die äußeren Angelegenheiten; s u b s t.: er ist Minister des Äußeren.

Äußere, das: *äußere Erscheinung:* ein gepflegtes, angenehmes Äußeres; auf sein Äußeres halten; auf das Äußere Wert legen; nach dem Äußeren zu urteilen; ein Herr von jugendlichem Äußerem/(veraltend:) Äußeren.

außergewöhnlich: **a)** *nicht in der üblichen Art:* ein außergewöhnlicher Umstand; er ist ein außergewöhnlicher Mensch; dieser Fall ist ganz a. **b)** *über das gewohnte Maß hinausgehend, außerordentlich:* eine außergewöhnliche Begabung. **c)** ⟨verstärkend bei Adjektiven⟩ *sehr, überaus:* es war a. heiß.

außerhalb: **1.** ⟨Präp. mit dem Gen.⟩ **a)** *nicht in einem bestimmten Raum:* a. der Stadt, des Bezirks, der Landesgrenzen; ü b e r t r.: das ist a. der Legalität. **b)** *nicht in einem bestimmten Zeitraum:* a. der Geschäftszeit, der Sprechstunden. **2.** ⟨Adverb⟩ *nicht am Ort, nicht in der Stadt:* er hat sein Geschäft in der Stadt, wohnt aber a.; der Flugplatz liegt a.; er kommt von a.

äußerlich: **a)** *an der Außenseite, außen feststellbar:* eine Arznei für den äußerlichen Gebrauch *(nicht zum Einnehmen);* ä. war er gefaßt; die Verletzungen waren nur ä. **b)** (selten) *oberflächlich:* ein äußerlicher Mensch.

Äußerlichkeit, die: *etwas Äußerliches; [Umgangs]form:* jede Ä. verachten; sie hängt sehr an Äußerlichkeiten; meine Eltern legen Wert auf Äußerlichkeiten.

äußern: **1.** ⟨etwas ä.⟩ *aussprechen, kundtun:* seine Meinung, sein Bedenken, einen Wunsch, Bedenken [wegen einer Sache], Zweifel ä.; er äußerte sein Befremden über ihr Verhalten; die Ansicht ä., daß ... **2.** ⟨sich ä.; mit Umstandsangabe oder Präpositionalobjekt⟩ *seine Meinung sagen, Stellung nehmen:* sich freimütig, unumwunden, zurückhaltend, vorsichtig ä.; sie äußerte sich dahin, daß ...; der Angeklagte äußerte sich in diesem Sinne; sich über jmdn. abfällig, günstig, wohlwollend ä.; ich kann mich darüber nicht ä.; er hat sich dazu, zu diesem Thema noch nicht geäußert. **3.** ⟨etwas äußert sich; mit Artangabe⟩ *etwas tritt in bestimmter Weise in Erscheinung:* die Krankheit äußert sich in, durch Schüttelfrost.

äußerst: **1.** *am weitesten entfernt:* aus den äußersten Bezirken; am äußersten Ende; sie leben im äußersten *(höchsten)* Norden. **2. a)** *stärkste, größte:* ein Augenblick äußerster Spannung; es handelt sich um eine Sache von äußerster Wichtigkeit. **b)** ⟨verstärkend; bei Adjektiven⟩ *im höchsten Maße, überaus:* ä. nervös, gesprächig, bescheiden sein; das ist eine ä. wertvolle Information. **3.** *letzt[möglich]:* der äußerste Termin ist der 1. August; das ist mein äußerstes Angebot; welches ist der äußerste Preis? *(der Preis, auf den jmd. heruntergeht);* s u b s t.: das Äußerste wagen, tun, leisten; er geht bis zum Äußersten. **4.** *schlimmste:* im äußersten Fall; s u b s t.: auf das Äußerste gefaßt sein; er machte sich auf das Äußerste gefaßt.

außerstand[e] ⟨in Verbindung mit bestimmten Verben⟩: *nicht imstande, nicht in der Lage:* er ist außerstande, sich zu verteidigen; sich außerstande erklären zu kommen; ich sehe, fühle mich leider außerstande, ...; ich halte ihn für außerstande, das zu leisten; die Entscheidung hat ihn außerstand gesetzt, für den neuen Verein zu starten.

Äußerung, die: *ausgesprochene Meinung, Stellungnahme:* eine unvorsichtige Ä.; seine Äußerungen waren beleidigend; eine Ä. tun, fallenlassen; ich enthalte mich jeder Ä.

aussetzen: **1.** ⟨jmdn. a.⟩ *an einem bestimmten Ort absetzen und sich selbst überlassen:* ein neugeborenes Kind a.; die Gefangenen wurden auf einer einsamen Insel ausgesetzt; Fische (zu Zuchtzwecken) in einem Teich a.; Passagiere a. *(in die Rettungsboote bringen);* die Matrosen hatten die Boote ausgesetzt *(zu Wasser gelassen).* **b)** (kath. Rel.) ⟨etwas a.⟩ *zur Anbetung auf dem Altar aufstellen:* das Allerheiligste a. **c)** (Bürow.) ⟨etwas a.⟩ *zum Verpacken vorbereiten:* eine Sendung a. **d)** (Billard) ⟨etwas a.⟩ *zum Anspielen hinsetzen:* die Kugel a. **2.** ⟨jmdn., sich, etwas einer Sache a.⟩ *preisgeben:* sich nicht den Blicken anderer a.; seinen Körper der Sonne a.; sich einer Gefahr, dem Verdacht a.; du setzt dich dem Gespött der Leute aus; der Motor ist höchsten Beanspruchungen ausgesetzt. **3.** ⟨etwas a.⟩ *für etwas in Aussicht stellen, versprechen:* eine Belohnung von 5 000 Mark für die Ergreifung des Täters a.; für das beste Fernsehspiel wurde ein Preis ausgesetzt; er hat seinem Sohn/für seinen Sohn ein Erbteil von 50 000 Mark ausgesetzt. **4.** ⟨etwas an jmdm., an etwas a.; gewöhnlich im Infinitiv mit *zu* in Verbindung mit bestimmten Verben⟩ *nicht zufrieden sein, kritisieren:* an der Organisation der Veranstaltung haben wir nichts auszusetzen, gab es kaum etwas auszusetzen. **5. a)** ⟨etwas setzt aus⟩ *etwas hört in seinem Fortgang auf:* die Musik setzte aus; der Atem, der Puls setzte aus *(stockte)*; der Motor hatte ausgesetzt *(war ausgefallen)*. **b)** *für eine gewisse Zeit eine Pause machen, aufhören:* wegen Krankheit a. müssen; ich habe vierzehn Tage ausgesetzt; mit der Bestrahlung a. **6.** ⟨etwas a.⟩ **a)** *unterbrechen:* die Kur auf einige Zeit a. **b)** (Rechtsspr.) *hinausschieben:* die Urteilsverkündung a.; die Strafe wurde zur Bewährung ausgesetzt.

Aussicht, die: **1. a)** *weiter Blick nach allen Seiten:* von hier aus bietet sich, hat man eine herrliche Aussicht auf den See; jmdm. die A. nehmen, versperren, verbauen; Zimmer mit A. *(Ausblick)* auf das Gebirge. **b)** *Bild einer Gegend:* die schöne A. betrachten. **2.** *sich für die Zukunft zeigende Möglichkeit:* A. auf Erfolg, auf Gewinn, auf eine Anstellung; es besteht keinerlei A., Hilfe zu holen; die A., daß ...; begründete, gute, glänzende Aussichten haben, gewählt zu werden; das sind ja schöne (ugs.; iron.; *keine guten*) Aussichten. * **etwas in Aussicht haben** *(zu erwarten haben):* er hat eine Stelle in A. · **jmdm. etwas in Aussicht stellen** *(versprechen):* die Firma stellte ihm Geld, eine Prämie in A. · **jmdn., etwas für etwas in Aussicht nehmen** *(für etwas vorsehen):* für den Staatsbesuch sind vier Tage in A. genommen · **in Aussicht stehen** *(zu erwarten sein)*.

aussöhnen: a) ⟨jmdn., sich a.⟩ *versöhnen:* die streitenden Parteien a.; unsere Völker haben sich ausgesöhnt; sie hat ihn mit seinem Freund ausgesöhnt. **b)** (geh.) ⟨sich mit etwas a.⟩ *sich mit etwas abfinden:* man muß sich mit seinem Schicksal a.

aussondern ⟨jmdn., etwas a.⟩: *aus einer Menge aussuchen und entfernen:* schlechte Kartoffeln a.; die kranken Kriegsgefangenen wurden ausgesondert.

ausspannen: 1. ⟨etwas a.⟩ *weit auseinanderspannen:* ein Tuch, ein Netz a. **2. a)** ⟨[ein Tier] a.⟩ *vom Wagen losschirren:* die Pferde a.; der Kutscher hatte schon ausgespannt. **b)** ⟨[etwas] a.⟩ *von einem Gespann lösen:* die Kutsche, den Pflug a. **3.** ⟨etwas a.⟩ *etwas Eingespanntes herausnehmen:* den Bogen (aus der Schreibmaschine) a. **4.** ⟨jmdm. jmdn., etwas a.⟩ *abnehmen:* den Schmuck hatte sie ihrer Tante ausgespannt; er hat mir meine Freundin ausgespannt *(abspenstig gemacht)*. **5.** *für einige Zeit mit einer Arbeit aufhören, um sich zu erholen:* ein paar Tage a. müssen; der Arzt riet ihm, einmal gründlich auszuspannen.

ausspeien (geh.): → ausspucken.

aussperren: 1. ⟨jmdn., sich a.⟩ *ausschließen:* sie hatte ihn einfach ausgesperrt; die Tür schlug zu, und ich war ausgesperrt. **2.** ⟨jmdn. a.⟩ *in Streikabwehr von der Arbeit ausschließen:* die Arbeiter der Werft wurden [vom Arbeitgeber] ausgesperrt.

ausspielen: 1. (Kartenspiel) **a)** ⟨etwas a.⟩ *zur Eröffnung des Spiels hinlegen:* Pik-As, einen Trumpf a. **b)** *das Spiel beginnen:* klug, unüberlegt, schlecht a.; wer hat ausgespielt?; ich habe mit Pik-As ausgespielt. **2.** ⟨etwas a.⟩ **a)** (Sport) *um etwas spielen:* einen Pokal a. **b)** *als Spielgewinn festsetzen:* 20 Millionen werden in der Lotterie ausgespielt; es wurden Geldpreise, Bücher und Schallplatten ausgespielt. **3.** (Sport) ⟨jmdn. a.⟩ *nicht an den Ball, zum Spiel kommen lassen:* beide Verteidiger a. und einschießen; in der zweiten Halbzeit wurde die deutsche Mannschaft völlig ausgespielt. **4.** (Theater) ⟨etwas a.⟩ *in allen Einzelheiten spielen:* eine Szene a.; er spielte seine Rolle breit, voll aus. **5.** ⟨etwas a.⟩ *zu seinen Gunsten ins Spiel bringen, einsetzen:* seine Erfahrung, seine große Routine a.; kurz vor dem Ziel spielte der Europameister seine Spurtstärke aus. **6.** ⟨jmdn. gegen jmdn. a.⟩ *gegen jmdn. vorgehen lassen, um dadurch zu profitieren:* sie versuchte, ihn gegen seinen Freund auszuspielen; er hat die beiden Gruppen geschickt gegeneinander ausgespielt; übertr.: den Glauben gegen die Vernunft a. **7.** ⟨im Perfekt, Plusquamperfekt und 2. Futur⟩ *nichts mehr ausrichten können:* die Gangster haben ausgespielt. * **einen Trumpf ausspielen** *(etwas zu seinem Vorteil einsetzen):* er hatte seinen letzten Trumpf noch nicht ausgespielt · **seine Rolle ausgespielt haben** *(nichts mehr ausrichten können)*.

Aussprache, die: **1. a)** *Art des Aussprechens:* eine gute, schlechte, deutliche, reine, richtige, falsche, fehlerhafte A.; seine A. [der Endsilben] verriet den Ausländer; an der A. konnte man erkennen, daß er aus Bayern stammte. **b)** *das richtige Aussprechen; Artikulation eines Wortes:* die A. ist im Wörterbuch angegeben; die Aussprache des Polnischen machte ihm Schwierigkeiten. **2.** *Unterredung, klärendes Gespräch:* eine offene, geheime, vertrauliche A.; eine A. wünschen; eine längere A. mit jmdm. führen, haben; er hat mich um eine A. gebeten. * (ugs.; scherzh.:) **eine feuchte Aussprache haben** *(beim Sprechen ungewollt spucken)*.

aussprechen /vgl. ausgesprochen/: **1. a)** ⟨etwas a.⟩ *in den Lauten einer Sprache wiedergeben:* ein Wort deutlich, richtig, unverständlich, falsch, mit fremdem Akzent a.; wie spricht man dieses Wort aus?; er versuchte immer wieder, den Namen auszusprechen. **b)** ⟨etwas spricht sich aus; mit Artangabe⟩ *etwas läßt sich in einer bestimmten Weise artikulieren:* dieses Wort spricht sich leicht, gar nicht einfach, schwer aus. **2.** *zu Ende sprechen:* der Redner hatte kaum ausgesprochen, als ...; laß ihn doch a.! **3.** ⟨etwas a.⟩ *zur Kenntnis geben, äußern, ausdrücken:* einen Gedanken, einen Wunsch, seine Bedenken, einen Zweifel [an etwas], eine Verdächtigung, eine Warnung a.; ein Urteil, eine Strafe, eine Kündigung a. *(verkünden)*; ⟨jmdm. etwas a.⟩ einem Menschen seinen Dank, sein Bedauern a.; das Parlament sprach der Regierung das Vertrauen aus. **b)** ⟨sich über jmdn., über etwas a.; mit Artangabe⟩ *in bestimmter Weise über jmdn., über etwas sprechen:* sich anerkennend, lobend, befriedigt über die Feuerwehr a.; der Lehrer hatte sich über die Leistungen nicht näher ausgesprochen. **c)** (geh.) ⟨etwas spricht sich in jmdm., in etwas aus⟩ *etwas zeigt sich, kommt zum Ausdruck:* in ihren Gesichtern sprach sich Besorgnis aus. **4. a)** ⟨sich für jmdn., für etwas a.⟩ *befürworten:* sich für Reformen, für einen Antrag a.; er hatte sich für diesen Kandidaten ausgesprochen. **b)** ⟨sich gegen jmdn., gegen etwas a.⟩ *gegen jmdn., gegen etwas Stellung nehmen; ablehnen:* sich gegen Atomwaffen a.; ich werde mich gegen seine Wiederwahl aussprechen. **5.** ⟨sich a.⟩ **a)** *sagen, was einen innerlich beschäftigt:* das Bedürfnis haben, sich auszusprechen; du kannst dich offen a. **b)** *miteinander sprechen, um etwas zu klären:* wir müssen uns einmal in Ruhe a.

Ausspruch, der: *Satz, in dem eine Ansicht, eine Weisheit ausgesprochen ist:* der A. eines Weisen; dieser A. stammt von Herder.

ausspucken: a) *Speichel aus dem Mund herausspucken:* er spuckte aus; /als Ausdruck der Verachtung/: sie spuckte verächtlich aus; die Gefangenen hatten vor ihm ausgespuckt. **b)** ⟨etwas a.⟩ *herausspucken:* den Kaugummi, Kirschkerne, Blut a.; übertr. (ugs.): *auswerfen, ausstoßen:* unser Werk spuckt täglich 3000 Wagen aus.

ausspülen ⟨etwas a.⟩: **a)** *herausspülen:* die Rückstände a.; der Regen hat das Erdreich ausgespült. **b)** *durch Spülen reinigen:* ein Glas, die Kaffeekanne a.; ⟨jmdm., sich etwas a.⟩ ich habe mir den Mund mit Wasser ausgespült.

ausstaffieren: a) (veraltend) ⟨jmdn., etwas a.⟩ *ausstatten:* ein Zimmer mit Stilmöbeln a. **b)** ⟨jmdn., sich a.⟩ *[auffällig] kleiden, herausputzen:* wir müssen uns für die Reise neu a.; sie hatten ihn als Matrosen ausstaffiert.

Ausstand, der: **1.** *Streik:* ein zweiwöchiger A.; sich im A. befinden; die Arbeiter sind in den A. getreten. **2.** (veraltend) *ausstehende Geldforderung, Außenstand:* wir haben noch Ausstände in Höhe von ...

ausstatten: a) ⟨jmdn., etwas mit etwas a.⟩ *mit etwas versehen:* jmdn. mit Geldmitteln, mit besonderen Vollmachten a.; die Natur hatte ihn mit Humor ausgestattet; der Raum ist mit einer Klimaanlage ausgestattet. **b)** ⟨jmdn., etwas a.; mit Artangabe⟩ *in einer bestimmten Weise einrichten, zurechtmachen:* das Hotel ist modern, gemütlich ausgestattet; der Verleger hat das Buch reich ausgestattet.

Ausstattung, die: **1.** *das Ausstatten:* die A. der Räume übernehmen. **2. a)** *Ausrüstung:* sich über die technische A. eines Autos unterrichten. **b)** *[Innen]einrichtung:* die A. der Räume ist modern, gemütlich. **c)** *Aufmachung:* die A. des Lexikons genügt höchsten Ansprüchen; Theater: die A. *(die in einer Inszenierung verwendeten Bühnenbilder, Kostüme usw.)* der Operette war hervorragend.

ausstechen: 1. ⟨jmdm. etwas a.⟩ *durch einen Stich zerstören:* er hat ihm mit dem Stock versehentlich das Auge ausgestochen. **2.** ⟨etwas a.⟩ **a)** *herausstechen:* junge Pflanzen, Rasen[stücke] a. **b)** *durch Herausstechen herstellen:* einen Abzugsgraben a.; die Mutter stach mit der Form Plätzchen aus. **3.** ⟨jmdn. a.⟩ *eindeutig übertreffen [und verdrängen]:* einen Konkurrenten, einen Nebenbuhler a.; er hat ihn bei ihr ausgestochen.

ausstehen: 1. ⟨etwas steht aus⟩ *etwas ist zur Ansicht, zum Verkauf ausgestellt:* die neuen Modelle stehen im Schaufenster, auf der Messe aus. **2.** ⟨etwas steht aus⟩ *etwas ist noch zu erwarten:* eine Antwort auf unser Schreiben steht noch aus; das Geld hatte noch ausgestanden *(war noch nicht eingegangen);* eine Lösung des Problems steht noch aus. **3. a)** ⟨etwas a.⟩ *ertragen, aushalten:* Angst, Schmerz, Hunger, Durst a.; er wußte nicht, was sie um ihn ausgestanden hatte; sie steht viel aus mit ihrem Mann *(macht viel durch);* ich stehe [bei jmdm., in der Firma] nichts aus, habe nichts auszustehen *(mir geht es gut).* **b)** ⟨etwas ist ausgestanden⟩ *etwas ist endlich vorbei:* die Schwarzmarktzeit war ausgestanden. **c)** ⟨jmdn., etwas nicht a.; gewöhnlich in Verbindung mit *können*⟩ *nicht leiden können:* ich kann diesen Menschen, den Lärm nicht a.

aussteigen: 1. *ein Beförderungsmittel, ein Fahrzeug verlassen:* der Wagen hielt, und wir stiegen aus; aus dem Zug, aus der Straßenbahn a.; der Pilot der Maschine mußte a. (Fliegerspr.; *sich mit dem Fallschirm retten*). **2.** (ugs.) *sich nicht mehr an etwas beteiligen:* sein Kompagnon ist aus dem Geschäft ausgestiegen; Sport: aus einem Wettkampf, Rennen a. *(aufgeben);* der Linksaußen ließ den Verteidiger a. *(spielte ihn aus).*

ausstellen: 1. ⟨etwas a.⟩ *zur Ansicht, zum Verkauf hinstellen:* Waren im Schaufenster a.; die neuesten Modelle waren [zum Verkauf] ausgestellt. **2.** ⟨jmdn., etwas a.⟩ *zu einem bestimmten Zweck an einen bestimmten Platz stellen:* Warnschilder a.; es wurden Wachen, Posten ausgestellt. **3.** ⟨etwas a.⟩ *ausschreiben, ausfertigen [und jmdm. aushändigen]:* einen Paß, einen Ausweis, eine Arbeitserlaubnis, ein Zeugnis, ein Attest, eine Rechnung a.; ich werde den Scheck auf Sie, auf Ihre Firma ausstellen; ich habe [mir] die Bescheinigung selbst ausgestellt. **4.** (ugs.; landsch.) ⟨etwas a.⟩ *ausschalten, abstellen:* das Radio, die Dusche, den Motor, die Heizung a. **5.** (Mode) ⟨etwas a.⟩ *einen Rock so zuschneiden, daß er nach unten zu absteht:* einen Rock stark a.; die Damenröcke werden ausgestellt getragen. **6.** (veraltend) ⟨etwas an jmdm., an etwas a.⟩ *aussetzen, bemängeln:* an der Qualität nichts auszustellen haben; was hast du an ihm auszustellen?

Ausstellung, die: **1. a)** *das Ausstellen:* gegen die A. der Bilder protestieren. **b)** *das Postieren:* die A. von Posten anordnen. **c)** *das Ausschreiben, Ausfertigung:* um die A. eines Visums bitten. **2.** *Raum, Gelände, wo etwas ausgestellt wird:* eine sehenswerte, landwirtschaftliche A.; eine A. moderner Kunst, von Schülerarbeiten, über Skandinavien; die A. findet in Berlin statt, geht morgen zu Ende; eine A. veranstalten, machen, eröffnen, besuchen, beschicken; auf, in einer A. vertreten sein. **3.** (veraltend) *Bemängelung, Tadel:* es ist trotz gewisser Ausstellungen ein brauchbares Mittel. * (Papierdt.:) **an jmdm., an etwas Ausstellungen machen** *(etwas auszusetzen haben).*

aussterben: *nicht weiterbestehen:* die Familie, das Geschlecht ist ausgestorben; (ugs.; scherzh.:) die Dummen sterben nicht aus *(Dumme gibt es immer);* subst.: diese Tiergattung ist vom Aussterben bedroht; übertr.: eine Sprache, ein Brauch stirbt aus *(verschwindet);* adj. Part.: die Stadt war wie ausgestorben *(menschenleer).*

Aussteuer, die: *Brautausstattung:* eine schöne, stattliche, komplette A.; keine A. erhalten, bekommen; er gab seiner Tochter nur eine bescheidene A. mit.

[1]**aussteuern** ⟨etwas a.⟩: *durch geschicktes Steuern unter Kontrolle bringen:* wenn ein Reifen platzt, muß man den Wagen a.

[2]**aussteuern** ⟨jmdn. a.⟩: **1.** *eine Aussteuer geben:* seine Töchter nicht a. können. **2.** (Versiche-

rungsw.) *jmds. Unterstützung aus einer Versicherung beenden:* seine Kasse hat ihn ausgesteuert; ausgesteuert werden, sein.

ausstoßen: **1.** ⟨etwas a.⟩ *durch Druck nach außen treiben:* der Vulkan stößt Rauchwolken aus. **2.** ⟨etwas a.⟩ *von sich geben, äußern:* einen Schrei, einen Seufzer, einen Fluch, Drohungen a.; er hat laute Verwünschungen ausgestoßen. **3.** ⟨jmdn. a.⟩ *aus einer Gemeinschaft entfernen:* jmdn. aus einem Verein, aus der Partei a.; er wurde aus der Armee ausgestoßen; sich ausgestoßen fühlen. **4.** ⟨etwas a.⟩ *in einem bestimmten Zeitraum produzieren:* die Maschine stößt stündlich 100000 Zigaretten aus.

ausstrahlen: **1.a)** ⟨etwas strahlt etwas aus⟩ *etwas sendet etwas strahlenförmig aus, verbreitet etwas:* die Lampe strahlt gedämpftes Licht aus; übertr.: die Frau, ihr Gesicht strahlte kalte Ablehnung aus. **b)** ⟨etwas strahlt aus; mit Raumangabe⟩ *etwas verbreitet sich strahlenförmig:* von dem Ofen strahlte gemütliche Wärme aus; übertr.: von seinem Wesen strahlte Ruhe aus; die Schmerzen strahlten bis in die Nierengegend aus. 2. ⟨etwas a.⟩ *senden:* Nachrichten in alle Welt a.; dieses Programm wird von allen deutschen Sendern ausgestrahlt. **3.** ⟨auf jmdn., auf etwas a.⟩ *einwirken:* seine Ruhe strahlte auf die anderen aus.

ausstrecken: **1.** ⟨etwas a.⟩ *in seiner ganzen Länge strecken:* die Beine [unter dem Tisch] a.; mit ausgestrecktem Zeigefinger; sie streckte die Arme nach ihm aus; die Schnecke hatte ihre Fühler ausgestreckt. **2.** ⟨sich a.⟩ *sich lang ausgestreckt hinlegen:* er streckte sich behaglich am Strand, auf dem Bett aus. * **die Hand nach jmdm., nach etwas ausstrecken** *(begehren, haben wollen)* · **jmdm./nach jmdm. die Zunge ausstrecken** *(durch Herausstrecken der Zunge verhöhnen)* · (ugs.:) **seine/die Fühler ausstrecken** *(sich vorsichtig erkundigen):* ich habe bereits meine Fühler [nach der Sache] ausgestreckt.

ausstreichen: **1.** ⟨etwas a.⟩ *breit streichen, verteilen:* Teig a.; einen Blutstropfen zum Mikroskopieren auf einer Glasplatte a. **2.** ⟨etwas a.⟩ *ausschmieren:* eine Backform mit Butter a. **3.** ⟨etwas a.⟩ *glattstreichen:* eine zerknitterte Stelle, Falten [mit dem Bügeleisen] a. **4.** ⟨etwas a.⟩ *durchstreichen:* ein Wort, einen Satz a.; ich habe die Stelle ausgestrichen. **4.** (Jägerspr.) *den Bau, das Nest o. ä. verlassen:* der Dachs, der Adler ist ausgestrichen.

ausströmen: **1.a)** ⟨etwas strömt etwas aus⟩ *etwas läßt etwas [in großer Menge] austreten, verbreitet etwas:* der Ofen strömt Wärme aus; die Blumen hatten einen betäubenden Duft ausgeströmt; übertr.: der Raum strömte Behaglichkeit aus; er strömte Zuversicht aus. **b)** ⟨etwas strömt aus⟩ *etwas strömt heraus, verbreitet sich:* Wasser, Gas, Dampf strömt aus; übertr.: von ihm strömt Ruhe, Kraft, Sicherheit aus.

aussuchen /vgl. ausgesucht/: **1.** ⟨jmdn., etwas a.⟩ *wählend herausgreifen, sich für etwas entscheiden:* ein Kleid, ein Paar Schuhe a.; er suchte drei Personen für das Unternehmen, als Begleiter aus; ich habe mir/für mich etwas Schönes ausgesucht. **2.** (veraltend) ⟨etwas a.⟩ *durchsuchen:* die Taschen a.

Austausch, der: **a)** *das Austauschen:* der A. von Waren; den A. von Studenten, Verwundeten anregen; Öl im A. gegen Stahlerzeugnisse erhalten; übertr.: der A. von Erfahrungen, Erinnerungen. **b)** *das Auswechseln, Ersetzung:* der A. der Ventile; wir haben den A. von zwei Feldspielern vereinbart.

austauschen: **1.** ⟨jmdn., etwas a.⟩ **a)** *sich wechselseitig jmdn., etwas übergeben, schicken:* Gefangene, Schüler a.; Botschafter a. *(diplomatische Beziehungen aufnehmen);* sie tauschten Geschenke aus; übertr.: Zärtlichkeiten a. *(zärtlich zueinander sein);* Höflichkeiten a. *(höflich zueinander sein);* sie tauschten bedeutungsvolle Blicke aus *(sahen sich bedeutungsvoll an);* Gedanken, Erfahrungen, Erinnerungen a. *(sich gegenseitig mitteilen).* **b)** *auswechseln, ersetzen:* den Motor [gegen einen neuen] a.; einen Spieler, den Torwart a.; adj. Part.: er war plötzlich wie ausgetauscht *(völlig verändert).* **2.** (geh.; veraltend) ⟨sich a.⟩ *sich unterhalten:* er wollte sich nicht a.

austeilen ⟨etwas a.⟩: *an einen bestimmten Personenkreis verteilen:* die Post, die Hefte an die Schüler, die Lebensmittel an die Flüchtlinge, unter die Flüchtlinge/(selten:) unter den Flüchtlingen a.; die Karten zum Spiel a.; der Geistliche teilte das Abendmahl, die Sakramente aus; übertr.: den Segen, Prügel a.; Spitzen gegen jmdn. a. (ugs.; *sticheln*).

austoben: **1.** ⟨sich a.⟩ *so lange toben, bis man sich beruhigt:* einen Kranken, die Häftlinge sich a. lassen; übertr.: der Sturm, das Unwetter, das Fieber tobt sich aus *(wütet bis zum Abklingen).* **b)** *seinen Gefühlen freien Lauf lassen; überschüssige Kraft ungezügelt verausgaben:* Jugend will, muß sich a.; er hat sich vor der Ehe ausgetobt; sich auf dem Klavier, beim Tanzen, in der Turnhalle a. **2.** ⟨etwas a.⟩ *ungezügelt entladen, auslassen:* seinen Zorn, Ärger a.; er tobte seine Launen an ihnen aus.

austragen: **1.** ⟨etwas a.⟩ *zu einem bestimmten Personenkreis tragen und abgeben:* Brötchen, Zeitungen a.; der Postbote trägt die Briefe aus. **2.** ⟨ein Kind a.⟩ *bis zur Niederkunft im Mutterleib tragen:* ein Kind nicht a. können. **3.** ⟨etwas a.⟩ **a)** *klärend zum Abschluß, zur Entscheidung bringen:* einen Streit, eine Meinungsverschiedenheit, ein Duell a. **b)** (Sport) *durchführen:* ein Turnier, ein Länderspiel a.; die Meisterschaften werden in Berlin ausgetragen. **4.** ⟨jmdn., sich a.⟩ *vermerken, daß jmds. registrierte An- oder Abwesenheit beendet ist:* die Besucher des Flugzeugträgers müssen sich a. lassen.

austreiben: **1.** ⟨Vieh a.⟩ *auf die Weide treiben:* die Kühe a. **2.a)** (geh.) ⟨jmdn. a.⟩ *vertreiben, verstoßen:* die Bewohner der Häuserblocks wurden ausgetrieben; Adam und Eva wurden aus dem Paradies ausgetrieben. **b)** ⟨etwas a.⟩ *durch Beschwörung verbannen:* den Teufel, böse Geister a.; er wollte die Dämonen aus dem Körper des Besessenen a. **3.** ⟨jmdm. etwas a.⟩ *dazu bringen, von etwas abzulassen:* jmdm. seine Unarten, Launen, Frechheiten a.; ich habe ihr ihren Hochmut ausgetrieben. **4.** (veraltend) ⟨etwas treibt aus⟩ *etwas beginnt zu sprießen:* Knospen, die Birken treiben aus.

austreten: **1.** ⟨etwas a.⟩ *durch Darauftreten ersticken:* die Glut, ein Feuer a.; er trat den Zigarettenstummel mit dem Absatz aus. **2.** ⟨etwas a.⟩ **a)** *durch Treten bahnen, festtreten:* eine Spur im Schnee a.; ausgetretene Pfade. **b)** *durch häufiges Darauftreten abnutzen:* ausgetretene Stufen, Dielen. **c)** *durch Tragen ausweiten:* ausgetretene Pantoffeln; er hat die neuen Schuhe schon wieder ausgetreten. **3.** (Jägerspr.) *ins Freie treten:* das Rudel tritt auf die Lichtung, aus dem Dickicht aus. **4.** (ugs.) *seine Notdurft verrichten:* ich muß a. **5.** ⟨gewöhnlich: aus etwas a.⟩ *freiwillig ausscheiden:* aus der Partei, aus der Kirche a.; mein Schwager ist nicht mehr in dem Verein, und ich bin auch ausgetreten. **6.** ⟨etwas tritt aus⟩ *etwas kommt heraus:* an dieser Stelle tritt Öl, Dampf aus. * (veraltend:) **die Kinderschuhe ausgetreten haben** *(erwachsen sein).*

austrinken ⟨etwas a.⟩: **a)** *bis zum letzten Tropfen trinken:* den Schnaps, das Bier a.; ich habe meinen Kaffee nicht ausgetrunken. **b)** *leer trinken:* ein Glas, die Flasche a.

austüfteln (ugs.) ⟨etwas a.⟩: *ersinnen, ausdenken:* einen Plan, einen Streich a.; ⟨sich (Dativ) etwas a.⟩ die Professoren tüftelten sich schwere Prüfungsfragen aus.

ausüben: 1. ⟨etwas a.⟩ *[gewohnheitsmäßig] verrichten, tun:* ein Amt, einen Beruf, ein Gewerbe a.; ich weiß nicht, ob er noch seine Praxis ausübt *(praktiziert).* **2.** ⟨etwas a.⟩ *innehaben und anwenden:* die Macht, die Herrschaft a.; er hat sein Wahlrecht nicht ausgeübt *(nicht davon Gebrauch gemacht).* **3.** ⟨gewöhnlich: etwas auf jmdn., auf etwas a.⟩ *wirksam werden lassen:* einen Zwang, politischen Einfluß auf das Volk a.; sein Name übt eine magische Wirkung, eine starke Anziehungskraft auf Frauen aus. * **ausübender Künstler** *(reproduzierender Künstler).*

Ausübung, die: *das Ausüben:* er starb in A. seines Berufes *(während er seinen Beruf ausübte, seine Pflicht tat).*

Ausverkauf, der: *Verkauf von Waren zur Räumung des Lagers:* A. wegen Geschäftsaufgabe; der A. beginnt morgen; übertr.: der A. *(das unrühmliche Ende)* der weißen Rasse.

ausverkauft: *restlos verkauft:* die Würstchen, Brötchen, Lose sind a.; die Eintrittskarten sind restlos a.; das Kino, die Oper ist a., die Vorstellungen sind a. *(die Eintrittskarten dafür sind restlos verkauft);* vor ausverkauftem *(voll besetztem)* Haus spielen.

auswachsen /vgl. ausgewachsen/: **1.** ⟨etwas wächst aus⟩ *etwas keimt infolge feuchtwarmer Witterung auf dem Halm:* das Getreide wächst aus. **2.** (veraltend) *verwachsen, bucklig werden:* der arme Kerl ist ausgewachsen. **3.** (selten) ⟨etwas wächst sich aus⟩ *etwas wird beim Wachstum heil, normal:* die kleine Mißbildung wird sich noch a. **4.** ⟨etwas a.; meist im 2. Part.⟩ *so wachsen, daß etwas nicht mehr paßt:* er wird die Sachen bald a.; sein ausgewachsenes Hemd. **5.** (geh.) **a)** ⟨etwas wächst sich aus⟩ *etwas entwickelt sich zur vollen Größe:* die Unruhe im Volk wächst sich aus. **b)** ⟨zu etwas a.⟩ *sich zu etwas entwickeln, zu etwas werden:* die Unruhen wachsen sich zur Rebellion aus; er wächst sich zu einer Bedrohung, zu einer Gefahr für Europa aus. **6.** (ugs.) *vor Langeweile verzweifeln:* ich wachse hier bald aus, bin im Wartezimmer fast ausgewachsen. * (ugs.:) **das/es ist zum Auswachsen** *(das ist zum Verzweifeln):* es war zum A. langweilig; das ist ja zum A. mit dir.

Auswahl, die: **1.** *das Auswählen:* Richtlinien für die A. und Bewertung des Materials. **2. a)** *ausgewählte Menge, Zusammenstellung von ausgewählten Dingen:* eine einseitige, sorgfältige, repräsentative (bildungsspr.) A.; eine A., aus Goethes Werken. **b)** (Sport) *aus mehreren Mannschaften zusammengestellte Mannschaft:* die Nationalelf spielte gegen eine Berliner A. **3.** *Warenangebot, Sortiment:* eine große A. an/von Gardinen; der Kaufmann hat eine gute A., bietet wenig A.; Delikatessen in reicher A. * **eine Auswahl treffen** *(auswählen).*

auswählen ⟨jmdn., etwas a.⟩: *aussuchen:* ein paar Schuhe, einen Bauplatz a.; einige Männer als Bewerber a.; ich habe mir/für mich das Beste ausgewählt; ausgewählte Werke.

auswandern: *in einem anderen Land eine neue Heimat suchen:* nach Australien, in die Vereinigten Staaten a.; seine Vorfahren sind aus Irland ausgewandert.

auswärts ⟨Adverb⟩: **1.** *nach außen:* die Fußspitzen nach a. winkeln. **2. a)** *nicht zu Hause:* einmal in der Woche essen wir a. **b)** *nicht am Wohnort:* a. arbeiten; viele Schüler wohnen a., kommen von a.; Sport: *auf fremdem Platz:* a. spielen, einen Punkt holen; die Mannschaft ist a. sehr stark.

auswaschen: 1. ⟨etwas a.⟩ **a)** *durch Waschen aus etwas entfernen:* den Schmutz [aus dem Kleid] a. **b)** *durch das Herauswaschen von etwas sauber machen:* die Wäsche kalt, in lauwarmem Wasser a.; ich habe den Pinsel, die Flasche ausgewaschen; ⟨jmdm., sich etwas a.⟩ er hat mir die Wunden ausgewaschen. **2.** ⟨etwas a.⟩ *durch Wassereinwirkung aushöhlen:* das Wasser wäscht das Ufer aus.

auswechseln ⟨jmdn., etwas a.⟩: *durch einen anderen, etwas anderes ersetzen:* die durchgebrannte Sicherung, Zündkerzen, Holzbalken gegen Stahlträger a.; der Torwart mußte ausgewechselt werden; adj. Part.: er war wie ausgewechselt *(in Stimmung und Benehmen umgewandelt, völlig verändert).*

Ausweg, der: *Hilfe, rettende Lösung in einer schwierigen Situation:* das ist ein glücklicher, rettender A.; Importbeschränkung bietet sich als letzter A. an; es gibt keinen A.; einen A. suchen, finden, wissen; ich sehe keinen anderen A. als ...; ich möchte mir einen A. offenhalten, offenlassen; auf einen A. verfallen.

ausweichen: 1. a) *aus der Bahn gehen [und Platz machen]:* der Fahrer versuchte auszuweichen; geschickt, zu spät, [nach] rechts, nach der/zur Seite a.; ⟨jmdm., einer Sache a.⟩ er ist dem Motorrad rechtzeitig ausgewichen. **b)** ⟨einer Sache a.⟩ *zur Seite weichen, zu entgehen versuchen:* einem Schlag, einem Stoß, einem Hieb a.; er versuchte, dem Stein auszuweichen, wurde aber am Kopf getroffen. **c)** ⟨jmdm., einer Sache a.⟩ *aus dem Weg gehen, meiden:* jmdm. [auf der Straße] a.; sie wich einer Begegnung aus; einer Frage, jmds. Blicken, einer Entscheidung a.; ⟨selten auch ohne Dativ⟩ sie fragte nach Einzelheiten, er wich jedoch höflich aus *(ging auf ihre Fragen nicht ein).* **2. a)** ⟨auf etwas a.⟩ *etwas anderes wählen:* auf das 3. Programm a.; er war auf eine andere Möglichkeit ausgewichen. **b)** (Sport) ⟨mit Raumangabe⟩ *einen anderen Platz einnehmen:* auf die Flügel a.

ausweinen: **1.** ⟨sich a.⟩ *sich durch Weinen erleichtern:* sie weinte sich in einer Ecke, an seiner Brust aus. **2.** *zu Ende weinen:* laß sie a.! **3.** (geh.) ⟨etwas a.⟩ *sich von etwas durch Weinen befreien:* seinen Kummer a. * (ugs.:) **sich** (Dativ) **die Augen ausweinen** *(heftig weinen).*

Ausweis, der: **1.** *Schriftstück, das die Identität einer Person oder einen Berechtigungsnachweis beglaubigt:* ein ungültiger, gefälschter A.; der A. verfällt, läuft ab; einen A. beantragen, ausstellen, abholen, [vor]zeigen, ansehen, prüfen, einbehalten; der Polizist nahm ihm den A. ab. **2.** (Bankw.) *Übersicht über den Geschäftsstand:* sich an Hand der Ausweise der Zentralbanken informieren. * (Papierdt.:) **nach Ausweis** *(wie zu erkennen ist).*

ausweisen: **1.** ⟨jmdn. a.⟩ **a)** *aus dem Land weisen:* einen Staatenlosen a.; alle unerwünschten Personen wurden ausgewiesen. **b)** (selten) *vertreiben:* einen Betrunkenen aus der Wirtschaft a. **2.** ⟨jmdn., sich a.⟩ *[mit Hilfe eines Ausweises] seine Identität nachweisen:* bitte weisen Sie sich aus!; er konnte sich durch seinen Führerschein a.; die Dokumente haben ihn als Unterhändler ausgewiesen. **3. a)** ⟨sich als etwas a.⟩ *sich erweisen:* sich als guter Geschäftsmann, als großer Künstler a. **b)** ⟨etwas a.⟩ *erweisen, unter Beweis stellen:* mit diesem Roman hat er sein Talent ausgewiesen. **4.** ⟨etwas a.⟩ *rechnerisch nachweisen, zeigen:* der Kontoauszug weist einen geringen Fehlbetrag aus; ..., wie die Statistik ausweist; ausgewiesene Überschüsse.

ausweiten: **1. a)** ⟨etwas a.⟩ *ein wenig zu groß, zu weit machen:* weite bitte nicht meinen Pullover aus; ausgeweitete Hausschuhe; ⟨jmdm. etwas a.⟩ du hast mir die Schuhe ausgeweitet. **b)** ⟨etwas weitet sich aus⟩ *etwas wird ein wenig zu weit:* das Gummiband hat sich ausgeweitet. **2. a)** ⟨etwas a.⟩ *erweitern, vergrößern:* den Handel a.; er hat das Werk zu einer Weltfirma ausgeweitet. **b)** ⟨etwas weitet sich aus⟩ *etwas erweitert sich, vergrößert sich:* der Kreis der Teilnehmer hat sich ausgeweitet; die Unruhen weiten sich zum Bürgerkrieg aus.

auswendig: *ohne Vorlage, aus dem Gedächtnis:* ein Gedicht a. können *(vortragen können);* er konnte nach Noten und a. spielen. * **etwas auswendig lernen** *(etwas so lernen, daß man es behält)* · (ugs.; abwertend:) **etwas schon auswendig können** *(etwas bis zum Überdruß gehört oder gesehen haben)* · (ugs.:) **etwas in- und auswendig kennen** *(etwas sehr gut, genauestens kennen).*

auswerfen: **1.** ⟨etwas a.⟩ *zu einem bestimmten Zweck an eine vorgesehene Stelle werfen, legen:* eine Angel, Netze a.; das Schiff wirft die Anker aus. **2. a)** ⟨etwas wirft etwas aus⟩ *etwas schleudert etwas nach außen:* der Vulkan wirft Asche aus; die Kartusche wird automatisch ausgeworfen. **b)** (geh.) ⟨etwas a.⟩ *ausspucken:* der Kranke warf blutigen Schleim aus. **3.** (geh.) ⟨etwas a.⟩ **a)** *herausschaufeln:* Erde a. **b)** *durch Herausschaufeln der Erde anlegen:* einen Abzugsgraben a. **4.** ⟨etwas a.⟩ *zur Ausgabe bestimmen:* hohe Prämien, Beträge a.; der Staat will für dieses Projekt 3 Millionen a. **5.** ⟨etwas a.⟩ *in einem bestimmten Zeitraum produzieren:* die Anlage wirft täglich 20 000 Behälter aus. **6.** (Bürow.) *ausrücken, gesondert aufführen:* die einzelnen Posten der Aufstellung werden rechts ausgeworfen.

auswerten ⟨etwas a.⟩: *nutzbar machen:* Erfahrungen, Berichte, eine Statistik a.; die Aufnahmen vom Mars sind noch nicht ausgewertet worden.

auswetzen ⟨gewöhnlich in der Verbindung⟩ eine Scharte auswetzen: *ein Versagen ausgleichen, einen Fehler wiedergutmachen.*

auswickeln ⟨jmdn., sich, etwas a.⟩: *aus einer Umhüllung herausholen:* ein Päckchen a.; die Ärztin wickelte das Kind aus den Tüchern aus.

auswirken: **1.** ⟨etwas wirkt sich aus⟩ *etwas übt eine Wirkung aus, macht sich geltend:* dieser Umstand hat sich günstig, segensreich, verhängnisvoll ausgewirkt; der Streik wirkt sich auf die Wirtschaft aus; diese Maßnahme wird sich für die weitere Entwicklung nachteilig auswirken; die Skandale wirken sich in den Wahlergebnissen aus. **2.** (veraltend) ⟨jmdm. etwas a.⟩ *erwirken, verschaffen:* er hat ihm eine Vergünstigung ausgewirkt.

auswischen ⟨etwas a.⟩: **a)** *herauswischen:* den Staub [aus dem Glas] a.; er nahm den Helm ab und wischte den Schweiß aus. **b)** *durch Wischen säubern:* das Glas a.; ich habe den Schrank feucht ausgewischt; ⟨jmdm., sich etwas a.⟩ ich mußte mir die Augen a. **c)** *durch Wischen entfernen:* Kreidestriche, eine Zeichnung a. * (ugs.:) **jmdm. eins auswischen** *(jmdm. [aus Rache] übel mitspielen).*

auswringen ⟨etwas a.⟩: *die Feuchtigkeit durch Zusammendrehen, Drücken herauspressen:* die Wäsche, die Badehose a.

Auswuchs, der: **1.** *nach außen Wachsendes:* krankhafte Auswüchse an Obstbäumen. **2.** *ungesunde Entwicklung, Übersteigerung:* das sind Auswüchse seiner Phantasie; gegen die Auswüchse in der Verwaltung vorgehen.

auszahlen: **1.** ⟨etwas a.⟩ *einen Geldbetrag, der jmdm. zukommt, aushändigen:* Gehälter, Prämien, Gewinne a.; ⟨jmdm., sich etwas a.⟩ er ließ sich von ihm sein Erbteil a.; er zahlte ihm den Scheck anstandslos aus. **2.** ⟨jmdn. a.⟩ *entlohnen:* die Landarbeiter a. und entlassen; er hat seine Teilhaber ausgezahlt *(abgefunden).* **3.** (ugs.) ⟨etwas zahlt sich aus⟩ *etwas lohnt sich:* Verbrechen zahlt sich nicht aus.

auszählen: **1.** ⟨etwas a.⟩ *durch Zählen die genaue Zahl feststellen:* die Stimmen nach der Wahl a. **2.** (Boxen) ⟨jmdn. a.⟩ *die Niederlage eines kampfunfähigen Boxers durch Zählen (bis zum Aus) feststellen:* der Meister wurde in der achten Runde ausgezählt.

auszeichnen/vgl. ausgezeichnet/: **1.** ⟨etwas a.⟩ *mit einem Preisschild versehen:* die ausgestellten Waren müssen ausgezeichnet werden. **2. a)** ⟨jmdn. a.; mit Umstandsangabe⟩ *mit Vorzug behandeln, ehren:* er zeichnete ihn dadurch aus, daß ...; der Minister hat ihn durch sein Vertrauen, mit seinem Vertrauen ausgezeichnet. **b)** ⟨jmdn., etwas a.⟩ *durch die Verleihung einer Auszeichnung ehren:* einen Forscher mit dem Nobelpreis a.; er ist für seinen Einsatz, wegen seiner guten Leistungen ausgezeichnet worden; der Film wurde mit drei Preisen ausgezeichnet. **3. a)** ⟨etwas zeichnet jmdn., etwas aus⟩ *etwas hebt jmdn., etwas aus einer Menge heraus:* gute Fahreigenschaften zeichnen diesen Wagen aus; Klugheit und Fleiß zeichneten ihn vor allen anderen aus. **b)** ⟨sich a.⟩ *sich hervortun:* sich durch Fleiß, Ausdauer, Klugheit, Schönheit a.; er hat sich als Politiker ausgezeichnet; der Kunststoff zeichnet sich durch große Härte aus *(unterscheidet sich von allen übrigen durch ...).* **4.** (Druckerspr.) ⟨etwas a.⟩ *durch eine besondere Schriftart hervorheben:* ein Zitat a.; der Lektor hat das Manuskript ausgezeichnet *(zum Satz fertiggemacht).*

Auszeichnung, die: **1.** *das Auszeichnen:* mit der A. der Waren beschäftigt sein. **2. a)** *Gunstbeweis, Ehrung:* er empfand diese Bemerkung als A. **b)** *Ehrung durch einen Orden, Preis o. ä.:* die A. der Sportler findet in einer Feierstunde statt; einige Soldaten zur A. vorschlagen. **3.** *Orden, Medaille, Preis:* das Silberne Lorbeerblatt ist eine hohe A. für Sportler; eine A. erringen, verdienen, erhalten, tragen, zurückgeben; der Präsident verlieh ihm die höchste A. **4.** (Druckerspr.) *Hervorhebung durch besondere Schriftart:* das Manuskript hat viel, wenig Auszeichnungen. * **mit Auszeichnung** *(mit dem Prädikat „ausgezeichnet"):* er hat die Prüfung mit A. bestanden.

ausziehen: 1. ⟨etwas a.⟩ **a)** *herausziehen:* den Nagel mit der Zange a.; sie zog ein paar Radieschen aus; das Chlor hat die Farben ausgezogen *(ausgebleicht);* Pflanzenstoffe a. *(einen Extrakt herstellen);* ⟨jmdm., sich etwas a.⟩ ich habe ihm den Splitter ausgezogen. **b)** *durch [Heraus]ziehen verlängern:* ein Stativ, den Tisch a.; Metall zu Draht a. **2. a)** ⟨etwas a.⟩ *von sich tun, ablegen:* die Hosen, das Jackett, das Kleid, den Mantel a.; er zog Schuhe und Strümpfe aus; ⟨jmdm., sich etwas a.⟩ ich hatte mir das Hemd ausgezogen. **b)** ⟨jmdn., sich a.⟩ *die Kleidung vom Körper herunterziehen:* die Mutter zieht die Kleinen aus; er hatte sich bereits ausgezogen; ganz ausgezogen sein. **3.** *ins Freie ziehen, ausrücken:* zur Jagd a.; er war ausgezogen, um die Welt kennenzulernen; auf Raub, auf Abenteuer a. *(ausgehen).* **4.** *eine Wohnung, einen Arbeitsraum aufgeben und verlassen:* am Ersten müssen wir a. **5.** ⟨etwas zieht aus⟩ *etwas zieht aus etwas heraus, schwindet:* das Aroma ist [aus dem Kaffee] ausgezogen. **6.** ⟨etwas a.⟩ *herausschreiben, exzerpieren:* alle Wörter auf -ung aus einem Text a.; einen Roman, einen Schriftsteller *(das Werk des Schriftstellers)* a. **7.** ⟨etwas a.⟩ *zu einer Linie vervollständigen; nachzeichnen:* eine punktierte Linie, eine Kurve a.; die Schüler ziehen die Umrisse mit Tusche aus. * **die Uniform ausziehen** *(aus dem Militärdienst ausscheiden)* · **die Kinderschuhe ausziehen** *(erwachsen werden)* · (ugs.:) **etwas zieht einem die Schuhe/die Socken aus** *(etwas ist gräßlich)* · (ugs.:) **jmdn. bis aufs Hemd ausziehen** *(restlos ausplündern):* sie haben ihn beim Pokern bis aufs Hemd ausgezogen.

Auszug, der: **1.** *das Ausziehen:* ein eiliger, überstürzter A.; der feierliche A. des Lehrkörpers aus der Aula; der A. *(die Auswanderung)* der Kinder Israel aus Ägypten. **2.** *das Aufgeben und Verlassen einer Wohnung, eines Arbeitsraumes:* der A. muß bis zum Ersten erfolgen. **3.** *Extrakt:* Alkohol mit einem konzentrierten A. von Melisse; sie bereitete einen A. aus Heilkräutern. **4. a)** *herausgeschriebener Ausschnitt, Teilabschrift:* ein beglaubigter A. aus dem Grundbuch, aus dem Taufregister; die Bank schickt die Auszüge *(Mitteilungen über den Kontostand)* an die Kunden. **b)** *wichtige Stellen:* Auszüge aus den Reden des Ministerpräsidenten. **c)** (Musik) *Bearbeitung eines Orchesterwerks für Klavier:* einen A. [aus einer Oper] anfertigen. **5.** *ausziehbarer Teil:* der A. am Photoapparat.

Auto, das: *Kraftwagen:* ein neues, altes, gebrauchtes, sportliches A.; das A. steht vor dem Haus, parkt auf dem Grünstreifen, fährt an, zieht schlecht an, zischt ab (ugs.), hat gute Fahreigenschaften, gerät ins Schleudern, überschlägt sich, prallt gegen einen Baum, hat eine Panne; ein A. bestellen, kaufen, haben, besitzen, fahren; das Auto starten, sicher steuern, parken, reparieren, überholen, waschen, in die Garage fahren, zur Inspektion bringen; ich kann nicht A. fahren; er fährt gut A.; aus dem A. steigen, klettern (ugs.); im A., mit dem A. reisen; er ist viel mit dem A. unterwegs; im A. Platz nehmen; ins A. steigen. * (ugs.:) **wie ein Auto gucken** *(mit großen erstaunten Augen blicken).*

Autobahn, die: */Schnellverkehrsstraße/:* die A. ist verstopft, ist gesperrt; die Autobahn benutzen, wegen mehrerer Unfälle meiden; auf der A. verunglücken.

Autobus, der → Omnibus.

automatisch: 1. a) *mit einer selbsttätigen technischen Vorrichtung versehen:* eine automatische Kamera, Anlage; ein automatisches Getriebe. **b)** *durch Automatik erfolgend, ausgelöst; selbsttätig:* die automatische Zeitansage; das automatische Sortieren der Post; die Türen öffnen, schließen sich a.; die Temperatur regelt sich a. **2. a)** *wie von selbst, unwillkürlich:* automatische Bewegungen; er nahm a. eine stramme Haltung an, grüßte a.; a. antworten. **b)** *ohne Zutun des Beteiligten; zwangsläufig:* diese Entwicklung führt a. zu Preissteigerungen; das erledigt sich a.

Autorität, die (bildungsspr.): **1.** *gewichtiges Ansehen, anerkannt machtvolle Geltung:* die väterliche, elterliche, ärztliche A.; seine A. wankt, geht verloren; große, viel A. haben, besitzen, genießen; der Lehrer hat in der Klasse, gegenüber den Schülern keine A.; A. erhalten; er wahrt seine A.; sich (Dativ) A. verschaffen; sein Amt verlieh ihm A.; jmds. A. anerkennen; an A. gewinnen, verlieren, einbüßen. **2.** *Person mit maßgebendem Einfluß; allgemein anerkannter Fachmann:* eine wissenschaftliche A.; er ist eine A. auf diesem Gebiet, in der Medizin; wir müssen eine A. zu Rate ziehen (geh.).

Aversion, die (bildungsspr.): *Abneigung, Widerwille:* er hatte eine starke A. gegen parfümierte Seife.

Axt, die: */ein Werkzeug zum Fällen von Bäumen, zum Spalten und Behauen von Holz/:* eine scharfe, stumpfe A.; die A. rutschte ab; Sprichw.: die A. im Haus erspart den Zimmermann/(ugs.; scherzh.:) die Ehescheidung; die Äxte schärfen; die A. schwingen; mit der A. ausholen. * (ugs.:) **wie eine/wie die Axt im Walde** *(ungehobelt):* er hat ein Benehmen, benimmt sich wie die A. im Walde · **die Axt an etwas legen** *(etwas beseitigen wollen):* er hat die A. an diese Mißstände gelegt.

B

Bach, der: *kleiner Fluß:* ein klarer, rieselnder, seichter B.; der B. rauscht, murmelt, windet sich durch das Tal, schlängelt sich durch die Wiesen, friert zu, trocknet im Sommer aus; bildl.: Bäche von Schweiß flossen an ihm herunter.

Backe, die: **1.** *fleischiger Teil des Gesichts:* volle, rote, runde, gesunde, eingefallene Backen; meine linke Backe ist dick [an]geschwollen; seine Backen hängen schlaff herab; die Backen aufblasen; er streichelte, tätschelte ihr die Bakken; rote Flecken auf den Backen haben; dem kann man das Vaterunser durch die Backen blasen (ugs.; *der ist sehr mager, völlig ausgemergelt*); er kaute mit vollen Backen; über beide Backen strahlen *(sehr strahlen, überaus glücklich sein).* **2.** *verstellbarer Seitenteil, bewegliche Seitenfläche:* die Backen des Schraubstocks. * (ugs.:) **au Backe!** *(was für eine Überraschung!; wenn das nur gutgeht!).*

[1]**backen: 1. a)** ⟨[etwas] b.⟩ *einen Teig zubereiten und unter Hitzeeinwirkung gar und eßbar machen:* wir backen jede Woche, nur zu Weihnachten; bäckst (oft auch schon: backst) du gerne?; die Mutter ist in der Küche und bäckt (oft auch schon: backt); Kuchen, Brot b.; die Großmutter backte/(veraltet:) buk Plätzchen; die Brötchen wurden schön knusprig, zu scharf gebacken; bildl. (scherzh.): ein frisch gebackener Ehemann, Referendar, Pilot. **b)** (landsch.) ⟨etwas b.⟩ *braten:* Fisch, ein Hähnchen, Eier b.; es gibt zum Mittagessen gebackene Leber. **c)** (landsch.) ⟨etwas b.⟩ *dörren, [aus]trocknen:* Pflaumen, Pilze b.; Dachziegel b. **2.** ⟨etwas bäckt/backt⟩ *etwas wird durch Hitzeeinwirkung gar und eßbar:* die Torte muß noch 10 Minuten b. **3.** ⟨etwas bäckt/backt; mit Artangabe⟩ *etwas hat bestimmte, zum Backen notwendige Eigenschaften:* der Herd, diese Form backt ganz hervorragend.

[2]**backen** (landsch., bes. nordd.): **a)** ⟨etwas backt⟩ *etwas ballt sich zusammen:* der Schnee backt. **b)** ⟨etwas backt an etwas⟩ *etwas klebt, haftet an etwas:* der Schnee backt an den Schiern; an seinen Haaren hatte das Blut gebackt.

Bad, das: **1.** *das Baden:* das tägliche B. [im Meer]; römisch-irische Bäder; die Bäder, die mir der Arzt verordnet hat, bekommen mir nicht; sich durch ein B. erfrischen. **2.** *Wasser zum Baden:* ein kaltes, warmes, heißes B.; jmdm. ein B. richten (geh.); sich (Dativ) ein B. machen, bereiten (geh.); ein B. einlaufen lassen; er ließ das B. ablaufen; ins B. steigen. **3. a)** *Raum zum Baden, Badezimmer:* ein sauberes, gekacheltes B.; das B. benutzen; die Ferienhäuser haben nur B. mit Dusche; eine Wohnung mit Küche und B.; im B. sein. **b)** *Badeanstalt; Schwimmbad:* ein modernes B.; die öffentlichen Bäder sind ab 1. Mai geöffnet; die Bäder waren überfüllt; ins B. gehen. **c)** *Kurort mit Heilquellen:* ein teures, vornehmes B.; ein B. für Frauenleiden, für Rheumakranke; in ein B. an der See reisen. * **ein Bad nehmen** *(baden)* · **das Kind mit dem Bade ausschütten** *(in seiner Konsequenz, Ablehnung zu weit gehen).*

baden: a) *sich im Wasser reinigen, erfrischen; ein Bad nehmen:* kalt, warm, heiß, täglich b.; sie badeten nackt im See; b. gehen; subst.: er ist beim Baden ertrunken. **b)** ⟨jmdn., sich, etwas b.⟩ *im Wasser reinigen, erfrischen:* das Neugeborene wird von der Hebamme gebadet; die Vögel baden sich in der Pfütze; ⟨jmdm., sich etwas b.⟩ ich habe mir die wunden Füße in Kamillenlösung gebadet. * **in etwas gebadet sein** *(von etwas überströmt sein):* er war in Schweiß gebadet · (ugs.:) **baden gehen** *(keinen Erfolg haben, hereinfallen):* ich bin mit meinem Plan ganz schön baden gegangen · (ugs.; scherzh.:) **den Wurm baden** *(angeln).*

baff (ugs.): *verblüfft:* er war ganz b.; b. vor Staunen brachte er kein Wort heraus.

Bahn, die: **1. a)** *[abgeteilte] ebene Strecke, Weg:* die neue Straße hat drei Bahnen *(Fahrbahnen);* eine Bowlinganlage mit 12 Bahnen *(Kegelbahnen);* von der B. *(Eisbahn)* den Schnee entfernen; die deutsche Staffel hat B. 3, läuft auf B. 3; Sport: *Rennstrecke:* eine schwere B. *(vom Regen nasse Aschenbahn);* die B. im Olympiastadion besteht aus Kunststoff, ist sehr schnell; der Rennwagen wurde in der Kurve aus der B. getragen, geschleudert; der Bob kam von der B. ab · übertr.: freie B. dem Tüchtigen!; sich auf/in neuen, gefährlichen, anderen Bahnen bewegen *(neue usw. Wege beschreiten);* das Leben kehrte in die gewohnten Bahnen zurück. **b)** *vorgeschriebener Weg; Strecke, die ein Körper durchmißt:* eine fast kreisförmige B.; die B. des Geschosses, der Gestirne; eine bestimmte B. beschreiben, durchlaufen; der Mond zieht still seine B.; er berechnet die B. der Rakete. **c)** *breiter Streifen:* die einzelnen Bahnen der Tapeten. **2.** *Gleisweg, Schienenstrang:* eine mehrgleisige B.; die Straße wird von der B. gekreuzt. **3. a)** *Eisenbahn, Zug:* die Bahnen waren überfüllt; sich auf die B. setzen (ugs.; *einsteigen*) und hinfahren; mit der B. reisen, fahren; unser Besuch kommt mit der B.; Gepäck per B. senden. **b)** *Straßenbahn:* die B. fährt an der Haltestelle durch; ich habe meine B. verpaßt, nehme die nächste B.; sich in die volle B. drängen; in die B. einsteigen. **4.** *Haltestelle einer Bahn; Bahnhof:* an die B. gehen, um jmdn. abzuholen; er brachte seinen Besuch an die B., zur B.; ich werde meinen Freund von der B. abholen. **5.** *Bahnverwaltung (Reichs-, Bundesbahn):* die B. zahlt schlecht; die B. setzt Entlastungszüge ein; er ist, arbeitet bei der B. * **einer Sache Bahn brechen** *(zum Durchbruch verhelfen, Anerkennung verschaffen):* er hat dieser Theorie B. gebrochen · **etwas bricht sich Bahn** *(etwas setzt* *sich durch):* das Gute bricht sich B. · **jmdm. die Bahn ebnen** *(jmds. Vorwärtskommen erleichtern, Schwierigkeiten für ihn aus dem Weg räumen)* · **jmdn. aus der Bahn werfen/schleudern** *(jmdn. aus seinem gewohnten Lebensgang reißen und ihn etwas Falsches tun lassen)* · **auf die schiefe Bahn geraten** *(auf Abwege geraten, herunterkommen).*

bahnen ⟨jmdm., sich, einer Sache etwas b.⟩: *als Zu-, Durchgang schaffen:* sich einen Weg durch den Urwald, durch den Schnee b.; er bahnte ihm einen Weg zum Saal, ins Freie; bildl. (geh.): der Freiheit eine Gasse b.

Bahnhof, der: *Anlagen und Gebäude an der Haltestelle der Eisenbahn:* wo ist hier der B.?; der B. liegt außerhalb der Stadt; dieser Zug hält nicht auf allen Bahnhöfen; der Zug fährt, läuft in den B. ein; jmdn. vom B. abholen, zum B. bringen. * (ugs.:) **großer Bahnhof** *(festlicher Empfang):* der Staatschef bekam einen großen B. · (ugs.:) **[immer] nur Bahnhof verstehen** *(nicht richtig, überhaupt nicht verstehen).*

Bahre, die: *Gestell zum Tragen von gehunfähigen Menschen und Toten:* sie legten den Verletzten auf die B.; der Tote lag auf der B., wurde mit der B. weggeschafft. * (meist scherzh.:) **von der Wiege bis zur Bahre** *(das ganze Leben hindurch).*

Balance, die: *Gleichgewicht:* [die] B. halten; er verlor die B. und stürzte ab; sich nicht mehr in der B. halten können.

balbieren: → barbieren.

bald: I. ⟨Adverb⟩ **1. a)** *in [verhältnismäßig] kurzer Zeit:* ich komme b. wieder; bist du b. fertig?; er wird b. berühmt sein; b. ist Ostern; möglichst b.; so bald wie möglich/(seltener:) als möglich; b. *(kurz)* darauf; b. *(kurz)* nachdem er gegangen war; bis b.! *(bis zum baldigen Wiedersehen);* hast du jetzt b. (ugs.; landsch.; *endlich*) genug?; bist du jetzt b. (landsch.; *gleich*) still!; nun, wird's b.? */drohende Frage, scharfe Aufforderung/.* **b)** *schnell; ohne Schwierigkeiten, leicht:* das kommt so b. nicht wieder; er konnte so b. nicht einschlafen; sie hatten das sehr b. erkannt; das ist b. getan. **2.** *fast:* ich hätte b. etwas gesagt; es ist b. keinem Menschen mehr zu trauen; wir warten b. 3 Stunden. **II.** ⟨Konj.; nur in der Verbindung⟩ bald ... bald: *erst ... dann, teils ... teils:* b. hier, b. da; b. laut, b. leise; b. war er greifbar nah, b. schien er unendlich fern zu sein.

Bälde ⟨in der Verbindung⟩ in Bälde (Papierdt.): *bald:* wir werden in Bälde Genaueres erfahren.

baldig: *kurz bevorstehend, umgehend:* wir bitten um baldige Antwort; er wünschte ihm baldige Genesung; auf baldiges Wiedersehen!

balgen ⟨sich b.⟩: *im Spiel miteinander kämpfen, raufen:* die Jungen balgten sich im Heu; die Hunde hatten sich um das Fleisch gebalgt.

Balken, der: *langes, schweres, vierkantiges Stück Bauholz:* ein dicker, morscher B.; Balken aus Eichenholz; die Balken tragen die Decke; neue Balken einziehen; eine Wand mit Balken abstützen; Sprichw.: Wasser hat keine Balken *(man kann leicht ertrinken);* den Splitter im fremden Auge, aber nicht den B. im eigenen sehen *(kleine Fehler bei anderen kritisieren, die eigenen großen Fehler aber übersehen);* übertr.: das Wappen zeigt einen roten B. in weißem Feld; Sport (ugs.): *Schwebebalken:* am B. turnen. * (ugs.:) **lügen, daß sich die Balken biegen** *(unglaublich lügen).*

Balkon, der: **1.** *vom Wohnungsinnern betretbarer, offener Vorbau:* ein schmaler, zugiger, kalter, sonniger B.; die Balkons/Balkone sind geschützt; auf den B. treten; sich auf dem B. sonnen; übertr. (ugs.; scherzh.): *üppig, stark entwickelte weibliche Brust:* die hat einen anständigen, tollen B. **2.** *erhöhter, umlaufender Teil des Zuschauerraums:* wir haben B., dritte Reihe gesessen.

[1]Ball, der: */Spielball/:* ein leichter, bunter, schlecht aufgeblasener B.; ein B. aus Leder; der Ball springt auf, rollt auf die Straße, dreht sich, prallt gegen den Pfosten, landet im Tor, zappelt im Netz (ugs.), wandert von Spieler zu Spieler, ist im Aus; einen B. aufpumpen; B. spielen; den B. werfen, schleudern, schlagen, schießen, ins Tor befördern, köpfen, an die Latte knallen (ugs.), anschneiden, [am Fuß] führen, zum Außen passen, sich (Dativ) vorlegen, stoppen, fangen; der Torwart hält den B.; der Stürmer hat den B. verloren; sich den B. zuspielen; den B. verstolpern (Fußball), verschlagen (Tennis); einen B. *(Punkt)* machen; nach dem B. laufen; sich nicht vom B. trennen lassen; übertr.: die Sonne, ein feuerroter B., versank im Meer. * **sich [gegenseitig] die Bälle zuwerfen, zuspielen: a)** (veraltend) *(begünstigen, Vorteile verschaffen).* **b)** *(sich durch Fragen, Bemerkungen geschickt im Gespräch verständigen)* · (ugs.:) **am Ball sein** *(aktiv sein, handeln [können])* · (ugs.:) **am Ball bleiben** *(aktiv bleiben, etwas weiterverfolgen).*

[2]Ball, der: *Tanzfest:* ein großer, festlicher, glanzvoller B.; der erste B. der Saison findet am... statt; einen B. geben, veranstalten, eröffnen, besuchen, bis zum Ende mitmachen (ugs.), frühzeitig verlassen; auf einen B. gehen.

Ballast, der: *tote Fracht, Last:* Sand als B. ein-, aufnehmen, mit sich führen; B. über Bord werfen, abwerfen; übertr.: *unnötige Belastung, Bürde:* das ist alles überflüssiger B.; wir werden den unnötigen B., den wir mitgeschleppt haben, abwerfen.

ballen: 1. ⟨etwas b.⟩ *zusammenpressend in eine ballähnliche Form bringen:* die Hand zur Faust b.; er ballte die Fäuste; Papier zu einer Kugel b. **2.** ⟨etwas ballt sich⟩ *etwas nimmt [durch Zusammenpressen] eine ballähnliche Form an:* der Schnee ballt sich zu Klumpen; am Himmel hatten sich Wolkenberge geballt. * **die Fäuste/die Faust in der Tasche ballen** *(heimlich drohen, seinen Zorn verbergen)* · (militär.:) **geballte Ladung** *(zu einer Sprengladung zusammengebundene Handgranaten).*

Ballen, der: **1.** *bündelförmiges Frachtstück, rundlicher Packen:* einige Ballen Stroh; /Maßeinheit/: zwei Ballen Leder kaufen. **2. a)** *verdickte Stelle an der Hand- und Fußfläche:* wunde Ballen haben; über den B. weich abrollen. **b)** *krankhafte Verdickung an der Innenseite des Mittelfußknochens:* Ballen haben; ich lasse mir meine Ballen [weg]operieren.

Ballon, der: **1.** *mit Luft oder Gas gefüllte ballförmige Hülle:* ein knallroter B.; ein B. für Werbezwecke; der B. platzt, fliegt weg, treibt ab; eine Bö erfaßte den B.; Ballons/Ballone aufsteigen lassen; B., im B. fliegen. **2.** *bauchiger Glasbehälter:* ein B. Schwefelsäure; den Most in einem B. aufbewahren. **3.** (ugs.) *Kopf:* jmdm. eins über den B. hauen. * (ugs.:) [so] **einen Ballon kriegen** *(einen roten Kopf bekommen).*

banal (bildungsspr.): *nichtssagend, geistlos:* eine banale Geschichte; der Film, das Stück war b. und langweilig.

[1]Band, das: **1. a)** *längerer schmaler Streifen:* ein seidenes, gesticktes B.; ein B. aus Stoff, aus Leder; sie trug ein B. im Haar; als erster das B. *(Zielband)* berühren, zerreißen; der Minister zerschnitt das B. bei der Einweihung; er trug ein B. *(Ordensband)* im Knopfloch, den Orden an einem B. um den Hals; eine Matrosenmütze mit langen, blauen Bändern; bildl.: das leuchtende B. der Autobahn. **b)** *Fließband:* am B. stehen, arbeiten; im Frühjahr soll ein neues Modell auf B. gelegt werden. **c)** *Muskelband, Gewebestrang:* die Bänder am Knöchel überdehnen, zerren. **d)** *[Magnet]tonband:* das B. läuft, läuft ab; ein B. einlegen, bespielen, besprechen, zurücklaufen lassen, abspielen, löschen; etwas auf B. [auf]nehmen, sprechen, diktieren. **e)** (Handwerk) *Faßreifen:* die Bänder um das Faß legen. **f)** (Handw.) *Metallstreifen, Baubeschlag:* etwas mit starken Bändern beschlagen. **2. a)** (dichter.; veraltend) *Fessel:* die Bande sprengen; in Banden liegen; bildl.: die Bande der Knechtschaft abschütteln. **b)** (geh.) *Bindung:* familiäre, verwandtschaftliche, freundschaftliche Bande; ein geistiges B.; die Bande des Bluts; langjährige Bande hielten ihn zurück. * (ugs.:) **am laufenden Band** *(unablässig, immer wieder):* er hat sich am laufenden B. beschwert · (ugs.:) **außer Rand und Band geraten/sein** *(übermütig und ausgelassen werden, sein)* · (veraltet:) **in Bande schlagen** *(fesseln, in Ketten legen)* · (geh.:) **zarte Bande knüpfen** *(ein Liebesverhältnis anbahnen).*

[2]Band, der: **a)** *Buch, das eine Sammlung, eine Auswahl enthält:* ein dünner, schmaler, gediegener B.; er schenkte ihr einen B. Gedichte; Shakespeares Werke in einem B. **b)** *Buch als Teil eines Werkes, einer Bibliothek:* der erste B. des Lexikons ist soeben erschienen; wieviel Bände liegen bereits vor?; das Werk umfaßt 3 Bände; ich könnte darüber Bände *(sehr viel)* schreiben, reden; der Große Duden in 10 Bänden. * (ugs.:) **etwas spricht Bände** *(etwas ist sehr aufschlußreich, sagt alles).*

[1]Bande, die: *Horde; organisierte Gruppe von Verbrechern:* eine gefährliche, berüchtigte B.; eine B. von Autodieben; diese B. terrorisiert die Stadt; er ist der Anführer der B.; übertr. (ugs.; scherzh.): die ganze B. *(Kinderschar)* zog mit; ihr seid mir eine B.!

[2]Bande, die: *Einfassung, Umgrenzung einer Spielfläche oder Bahn:* die Kugel berührt die B. (beim Kegeln, beim Billard); die Scheibe prallte an der B. ab (im Eishockey).

bändigen: a) ⟨ein Tier b.⟩ *zahm machen, zähmen:* Löwen, Wildpferde b. **b)** ⟨jmdn., etwas b.⟩ *zum Gehorsam bringen, besänftigen:* einen tobenden Elefanten, einen randalierenden Betrunkenen b.; die Kinder waren vor Freude kaum zu b.; übertr.: seine Leidenschaften b. *(zügeln).*

bang[e]: *ängstlich, angsterfüllt:* eine bange [Vor]ahnung; bange Minuten; voll banger Erwartung sein; b. sein (landsch.; *ängstlich sein, Angst haben*), etwas zu tun; er ist b. um sie (landsch.; *er hat Angst um sie, sorgt sich um sie*); ich bin nicht b. (landsch.; *ich habe keine Angst*) vor dem Ergebnis; der Mutter wurde b. ums Herz; ihr wurde es b. zumute; b. lauschen; sie wartete b. auf seine Rückkehr. * **jmdm. wird [es] angst und bang[e]** *(jmd. fürchtet sich, bekommt Angst)* · **jmdm. ist [es] angst und bang[e]** *(jmd. hat Angst)* · (fam.:) **jmdm. [angst und] bang[e] machen** *(jmdn. in Angst versetzen):* er wollte mir b. machen · (fam.:) **bange machen/Bangemachen gilt nicht!** *(keine Angst, ich lasse mich nicht einschüchtern)* · (meist scherzh.:) **jmdm. wird bang und bänger** *(jmd. bekommt immer mehr Angst)* · (landsch.:) **auf jmdn., auf etwas bang sein** *(ängstlich gespannt sein)* · (landsch.:) **jmdm. ist bang nach jmdm., nach etwas** *(jmd. sehnt sich):* ihr war b. nach der Mutter.

Bange ⟨in der Verbindung⟩ Bange haben (fam.): *Angst haben:* wir haben keine B., daß es nicht klappt.

bangen (geh.): **1.** *Angst haben, in Sorge sein:* **a)** ⟨um jmdn., um etwas b.⟩: die Mutter bangt um ihr Kind; die Ärzte hatten um sein Leben gebangt. **b)** ⟨sich um jmdn., um etwas b.⟩ sie bangt sich um ihr krankes Kind. **2.** ⟨jmdm. bangt vor etwas⟩ *jmd. fürchtet sich vor etwas:* ihnen bangt vor der Zukunft; ⟨es bangt jmdm. vor etwas⟩ es hatte uns allen vor dem Sterben gebangt. **3.** (landsch.) *sich sehnen:* **a)** ⟨nach jmdm., nach etwas b.⟩ die Kinder bangten nach der Mutter. **b)** ⟨sich nach jmdm., nach etwas b.⟩ sie hatte sich nach einem Wiedersehen gebangt. * (geh.:) **mit Hangen und Bangen** *(mit großer Angst, voller Sorge).*

[1]Bank, die: **1.** *längliche Sitzgelegenheit für mehrere Personen:* eine schmale, frisch gestrichene, sonnige B.; die vorderen Bänke; eine B. aus Holz; im Park stehen viele Bänke; der Schüler verläßt die B., tritt aus der B. heraus; sich auf eine B. setzen; auf der B. saß ein Mädchen; sich auf einer B. niederlassen (geh.); er sitzt in der Klasse auf/in der ersten B.; in jeder B. sitzen drei Schüler; etwas unter der B. hervorholen; von einer B. aufstehen; bildl.: vor leeren Bänken *(vor wenigen Zuhörern, Zuschauern)* predigen, spielen. **2.** *auf einem Tippschein unverändert getippter Spielansatz:* dieses Spiel ist eine B.; alle Bänke sind gekracht (ugs.). * (ugs.:) **etwas auf die lange Bank schieben** *(nicht gleich erledigen, aufschieben)* · (ugs.:) **durch die Bank** *(durchweg, alle ohne Ausnahme):* die Spieler haben durch die B. schlecht gespielt.

[2]Bank, die: **1.** *Unternehmen, das Geld- und Kreditgeschäfte erledigt; Bankgebäude:* eine private B.; Geld auf der B. [liegen] haben; ein Scheck auf die B. von England; ein Konto bei der B. haben; in eine B. einbrechen; ich werde das Geld von meiner B. überweisen lassen; Geld zur B. bringen. **2.** *Geldeinsatz des Spielers, der gegen alle anderen spielt:* die B. übernehmen, halten, abgeben; er hat die B. gesprengt *(die Spielbank durch große Gewinne spielunfähig gemacht).*

bankrott: *zahlungsunfähig:* ein bankrotter Unternehmer; viele Geschäftsleute waren b.; übertr.: *erledigt, gescheitert:* eine bankrotte Politik, Zivilisation; er war innerlich b. * **bankrott gehen** *(zahlungsunfähig werden).*

Bankrott, der: *Zahlungsunfähigkeit, -einstellung:* Rechtsw.: ein betrügerischer B.; der Kaufmann erklärte, sagte den B. an; den B. einer Firma vertuschen; vor dem B. stehen; das führte zum B.; übertr.: *Scheitern, Zusammenbruch:* der B. dieser Politik; das führte zu seinem gesundheitlichen B. * **Bankrott machen** *(zahlungsunfähig werden).*

Bann, der: **1.** (hist.) *Ausschluß aus der [kirchlichen] Gemeinschaft:* den B. über jmdn. aussprechen, verhängen; den B. von jmdm. nehmen; der Papst belegte ihn mit dem B.; der Herzog wurde vom B. gelöst. **2.** (geh.) *magische Wirkung, beherrschender Einfluß:* ein übermächtiger B. lag auf ihnen; der B. wollte nicht von ihr weichen; den B. des Schweigens brechen; sich aus dem B. einer Musik lösen; sie waren ganz im Bann[e] des Geschehens; das Spiel hielt ihn im B., in seinem B.; in jmds. B. geraten; die Welt stand unter dem B. der Ereignisse. * **jmdn. in Acht und Bann tun/erklären** *(verdammen, aus einer Gemeinschaft ausschließen)* · **jmdn. in seinen Bann schlagen/ziehen** *(ganz gefangennehmen, fesseln):* die Musik schlug alle in ihren B.

bannen: 1. (hist.) ⟨jmdn. b.⟩ *mit dem Bann belegen:* die Ketzer wurden vom Papst gebannt. **2.** (geh.) ⟨jmdn., etwas b.⟩ *mit magischer Kraft festhalten:* ihre Augen hatten ihn gebannt; er bannte die Zuhörer mit seiner Stimme auf ihre Plätze; sie stand da, lauschte wie gebannt; übertr.: ein Geschehen auf die Platte b. *(im Bild festhalten, photographieren).* **3.** (geh.) ⟨jmdn., etwas b.⟩ *mit magischer Kraft abwehren, vertreiben:* den Teufel, böse Geister b.; übertr.: die Gefahr ist durch das Eingreifen der UNO vorläufig gebannt *(behoben).*

bar: 1. *in Münzen oder Geldscheinen [vorhanden]:* bares Geld; die baren Auslagen betragen ...; etwas b. bezahlen; eine Summe b. auf den Tisch legen; ich zahle in b. **2. a)** (geh.; veraltend) *unbedeckt, nackt; bloß:* mit barem Haupt **b)** *rein, offenkundig, nichts anderes als:* das ist ja barer Unsinn; ihn packte bares Entsetzen. * (geh.:) **einer Sache bar sein** *(von etwas entblößt sein, nicht haben):* er ist b. aller Vernunft, jeglichen Gefühls · **etwas für bare Münze nehmen** *(etwas ernsthaft glauben).*

Bär, der: **1.** */ein Raubtier/:* ein brauner, zottiger B.; der B. brummt, richtet sich auf, bettelt um Zucker; einen Bären jagen, schießen, erlegen, abrichten. **2.** (ugs.) */Schimpfwort für einen plumpen, ungeschickten Menschen/:* dieser ungeleckte Bär; er ist ein rechter B. * (ugs.:) **wie ein Bär** *(sehr):* er ist hungrig, stark, gesund wie ein B.; wie ein B. schwitzen; ich habe wie ein B. *(tief und fest)* geschlafen · (ugs.:) **jmdm. einen Bären aufbinden** *(jmdm. etwas Unwahres so erzählen, daß er es glaubt).*

barbarisch: 1. (bildungsspr.) *grausam, roh; ungesittet:* barbarische Sitten, Methoden; das Verhör war b. gewesen; Gefangene b. behandeln. **2.** (ugs.) ⟨verstärkend⟩ *schlimm, furchtbar; sehr [groß]:* eine barbarische Kälte, Hitze; er konnte den barbarischen Lärm, Gestank nicht ertragen; es ist heute b. kalt; wir haben b. schuften müssen.

barbieren (veraltet, aber noch scherzh.) ⟨jmdn. b.⟩: *rasieren:* sich b. lassen. * **jmdn. über den Löffel barbieren/balbieren** *(in plumper Form betrügen).*

Bärendienst ⟨in der Wendung⟩ jmdm. einen Bärendienst erweisen (ugs.): *jmdm. einen schlechten Dienst erweisen.*

Bärenhaut ⟨in der Wendung⟩ auf der Bärenhaut liegen (ugs.): *faulenzen.*

barfuß: *mit nackten Füßen:* die Kinder waren b.; b. laufen, gehen; b. bis an den Hals (ugs.; scherzh.; *nackt*).

Barometer, das: *Luftdruckmesser:* das B. steigt, fällt, sinkt, steht auf Sturm, auf „veränderlich", zeigt auf Regen; das B. kündigt, zeigt gutes Wetter an; übertr.: die Börse ist das B. für die Weltwirtschaft *(reagiert auf alle Schwankungen).*

Barrikade, die: *[Straßen]sperre:* Barrikaden errichten, durchbrechen. * **auf die Barrikaden gehen/steigen** *(gegen etwas angehen, Widerstand leisten).*

barsch: *unfreundlich, grob:* ein barscher Unteroffizier; in barschem Ton sprechen; er war recht b. zu ihm; jmdn. b. anfahren, zurechtweisen, behandeln.

Bart, der: **1.** *im Gesicht des Mannes auftretender starker Haarwuchs:* ein langer, schwarzer, dichter, dünner, struppiger, wallender B.; der B. kräuselt sich, sticht, kratzt; einen starken B. *(Bartwuchs)* haben; einen B. bekommen; er trägt ein Bärtchen auf der Oberlippe; sich (Dativ) einen B. wachsen, stehen lassen; jmdm. den B. stutzen, schneiden, scheren, pflegen, rasieren; ich lasse mir den B. abrasieren, abnehmen; er strich sich (Dativ) nachdenklich, befriedigt den B., durch den B.; sich (Dativ) vor Wut den B. raufen; er zupfte ihn am B.; übertr.: die Katze hat von der Milch einen weißen B. *(weiße Schnurrhaare).* **2.** *Schlüsselbart:* den B. abbrechen. * **jmdm. um den Bart gehen** *(jmdm. schmeicheln)* · (ugs.:) **jetzt ist der Bart [aber] ab!** *(nun ist Schluß!; nun ist's aber genug!)* · (ugs.:) **etwas in seinen Bart brummen/murmeln** *(etwas leise und undeutlich sagen, vor sich hin reden)* · **sich streiten/das ist ein Streit um des Kaisers Bart** *(um etwas Belangloses streiten; überflüssiger Streit um Nichtigkeiten)* · (ugs.:) **bei seinem Barte/beim Barte des Propheten schwören** *(feierlich beteuern)* · (ugs.:) **etwas hat [so] einen Bart** *(etwas ist altbekannt):* dieser Witz hat so einen Bart.

Barthel ⟨in der Wendung⟩ wissen, wo Barthel [den] Most holt (ugs.): *alle Kniffe kennen.*

bärtig: *mit [dichtem, langem] Barthaar:* bärtige Gesichter; bärtige Jünglinge; bildl.: bärtige Flechten.

Basis, die (bildungsspr.): *Grundlage:* eine breite, solide, gesunde B.; Vertrauen ist, bildet die B. für unsere Zusammenarbeit; eine gemeinsame B. suchen; eine gute B. für den Wahlkampf haben; er stellte das Unternehmen auf eine sichere B.; wir stehen, ruhen auf einer festen B.; auf dieser B. können wir nicht weiterarbeiten; Politik: *ökonomische Struktur einer Gesellschaftsordnung:* die B. ändern; militär.: *Stützpunkt, Operationsbasis:* neue Basen schaffen; die Basen im Südosten wurden aufgelöst; Math.: *Grundlinie, Grundfläche:* die B. eines Dreiecks; Bauw.: *Sockel:* die Säule hat eine große B.

baß ⟨gewöhnlich in der Verbindung⟩ baß erstaunt, verwundert sein (ugs.): *sehr erstaunt, verwundert sein.*

Baß, der: **1.** *tiefe Männerstimme:* er hat einen tiefen, sonoren (bildungsspr.) B.; er sang das Lied mit vollem B.; ... antwortete sie im tiefsten B. **2.** *Sänger mit Baßstimme:* die Oper hat einen ausgezeichneten B.; der B. ist indisponiert. **3.** *Baßgeige, Kontrabaß:* B. spielen.

Bassin, das: → Becken.

basta (ugs.) ⟨Interj.⟩: *Schluß damit!; genug!:* dann werde ich das erledigen, [und damit] b.!

Batterie, die: **1.** /*Artillerieeinheit*/: die B. geht in Stellung, feuert aus allen Rohren. **2.** (ugs.) *Reihe, größere Anzahl:* in der Baubude steht eine B. leerer Flaschen, von ausgetrunkenen Bierflaschen. **3.** *zusammengeschaltete Stromelemente:* eine B. von 12 Volt; die B. (der Taschenlampe, im Auto) ist verbraucht, ist leer; die B. anschließen, erneuern, aufladen; er ließ in der Tankstelle die B. prüfen.

Batzen, der: **1.** (veraltend) *dicker Klumpen:* ein B. Lehm. **2.** (ugs.) *größere Summe, Haufen Geld:* er hat einen schönen B. Geld; das kostet einen ganzen B. **3.** (hist.) /*ein Geldstück*/: er besaß nur noch einen B.

Bau, der: **1.** *das Bauen:* der B. eines Hauses, einer Autobahn, einer Bahnlinie; der B. hat begonnen, schreitet zügig voran; den B. beginnen, einstellen; das neue Düsenflugzeug ist, befindet sich in B./im B.; er ist mit dem B. eines Rennwagens beschäftigt. **2.** *Bauweise, Aufbau, Struktur:* der B. des menschlichen Körpers, des Universums, der deutschen Sprache; den B. einer Turbine studieren; sie ist von schlankem, zartem B. (veraltend; *Körperbau, Wuchs*). **3. a)** *Bauwerk, Gebäude:* ein einfacher, langgestreckter B.; viele moderne Bauten prägen das Stadtbild; historische Bauten abreißen. **b)** *Unterschlupf, Höhle von Tieren:* viele Tiere legen Baue an; der Dachs kriecht aus seinem B.; der Fuchs ist in seinem B., fährt aus dem B., zu B. (Jägerspr.); übertr. (ugs.): *Behausung, Wohnung:* er geht nicht, rührt sich nicht aus seinem B. **c)** (Soldatenspr.) *Arrest:* 3 Tage B. bekommen; er muß in den B. gehen, sitzt im B. **d)** (Bergmannsspr.) *Grube, ausgebauter Stollen:* einige Baue der Anlage sind verschüttet. **4.** *Baustelle:* der Vater ist schon auf dem B.; bildl.: auf den Bau gehen (ugs.; *auf einer Baustelle arbeiten, Maurer sein*). ∗ (ugs.:) **vom Bau [sein]** *(vom Fach [sein]):* wir sind Leute vom B.

Bauch, der: **1. a)** *Teil des Körpers zwischen Zwerchfell und Becken:* den B. herausdrücken, einziehen, vorstrecken; der Arzt tastete seinen B. ab; jmdm. den B. aufschlitzen; auf dem B. schlafen, liegen, kriechen; mit nacktem B. **b)** *der sich vorwölbende Teil (als Zeichen der Beleibtheit):* ein dicker, fetter, spitzer B.; einen B./(verhüllend:) ein Bäuchlein ansetzen, bekommen, haben; sich (Dativ) einen B. anfressen (derb), ansaufen (derb); er hat keinen B. mehr, hat seinen B. verloren *(ist schlank geworden);* bildl.: der B. des Kruges. **2.** (ugs.) *Magen:* Sprichw.: ein voller B. studiert nicht gern · einen leeren B. haben; ich habe mir den B. voll geschlagen (ugs.): nichts im B. haben *(hungrig sein);* bildl.: die Ladung wird in dem riesigen B. des Schiffes verstaut. ∗ (ugs.:) **sich** (Dativ) **die Beine in den Bauch stehen** *(sehr lange stehen und warten)* · (ugs.:) **jmdm. ein Loch/Löcher in den Bauch fragen** *(jmdm. mit seinen Fragen lästig werden)* · (ugs.:) **jmdm. ein Loch/Löcher in den Bauch reden** *(pausenlos auf jmdn. einreden)* · (ugs.:) **sich** (Dativ) **den Bauch vor Lachen halten** *(sehr lachen)* · (ugs.:) **vor jmdm. auf dem Bauch rutschen/liegen** *(übertrieben unterwürfig sein)* · (ugs.:) **eine [Mords]wut im Bauch haben** *(sehr wütend sein).*

bauen: 1. a) ⟨etwas b.⟩ *etwas nach einem Plan [aus Einzelteilen] zu einem Ganzen zusammenfügen, errichten, anlegen:* Häuser, Wohnungen, Städte, eine Brücke [aus Stahl und Beton], einen Staudamm, eine Eisenbahnlinie, Straßen, neue Autobahnen b.; ich habe mir ein Häuschen gebaut; die Schwalben haben sich ein Nest gebaut; Redensart: hier laßt uns Hütten bauen *(hier wollen wir uns niederlassen, bleiben)* · eine Schaukel für die Kinder, ein Boot, einen neuen Rennwagen, einen Tanker, Maschinen, Flugzeuge, Atombomben b.; ich habe mir selbst eine Alarmanlage gebaut; in diesem Ort werden Geigen, Orgeln gebaut; bildl.: die Jugend will einen neuen Staat b. *(schaffen);* Sprachwiss.: einen Satz b. *(konstruieren)* /verblaßt/: sich (Dativ) einen Anzug b. (ugs.; *anfertigen*) lassen; Betten b. (Soldatenspr.; *säuberlich in Ordnung bringen, machen*); sein Abitur, seinen Doktor b. (ugs.; *ablegen, machen*); er hat einen Unfall gebaut (ugs.; *verursacht, gehabt*). **b)** *ein Haus bauen:* wir haben im vorigen Jahr gebaut, wollen demnächst b.; im Schwarzwald, in der Nähe eines Sees b.; Sprichw.: wer an den Weg baut, hat viele Meister *(wer in der Öffentlichkeit steht, wird von vielen kritisiert).* **c)** ⟨mit Artangabe⟩ *ein Bauvorhaben in einer bestimmten Weise ausführen:* unsere Firma baut ganz solide; heute baut man besser als früher; ein stabil, modern gebautes Haus. **d)** ⟨an etwas b.⟩ *mit Bauarbeiten beschäftigt sein:* mehrere Jahre an einer Kirche b.; wieviel Leute bauen an dem Haus?: bildl.: wir bauen an einem modernen Staat. **2. a)** (fachspr.) ⟨etwas baut; mit Artangabe⟩ *etwas ist in bestimmter Weise gebaut:* der Boxermotor baut flach. **b)** ⟨gebaut sein; mit Artangabe⟩ *in einer bestimmten Weise gewachsen sein, einen bestimmten Körperbau haben:* kräftig, schmächtig gebaut sein; [so] wie wir gebaut sind! (ugs.; *mit unserer Figur, mit unserer Kraft macht uns das keine Schwierigkeiten*); sie ist ein gut gebautes Mädchen. **3.** ⟨auf jmdn., auf etwas b.⟩ *fest vertrauen:* auf seine Erfahrungen, auf diesen Mann können wir bauen; ich habe auf mein Glück gebaut. **4.** ⟨etwas b.⟩ **a)** (selten) *anbauen:* Kartoffeln, Weizen, Wein b. **b)** (veraltet) *bestellen; bebauen:* den Boden, den Acker b. ∗ **Häuser auf jmdn. bauen** *(jmdm. fest vertrauen)* · **Luftschlösser bauen** *(unausführbare Pläne entwerfen)* · **jmdm. eine goldene Brücke/goldene Brücken bauen** *(jmdm. ein Eingeständnis, das Nachgeben erleichtern, die Gelegenheit zum Einlenken bieten)* · (ugs.:) **einen Türken bauen** *(etwas vortäuschen, vorspiegeln)* · (Soldatenspr.:) **Männchen bauen** *(Haltung annehmen)* · (geh.:) **auf Sand gebaut haben** *(sich auf etwas Unsicheres verlassen):* wer Gott vertraut, hat nicht auf Sand gebaut · (ugs.:) **seinen Kohl bauen** *(anspruchslos, zurückgezogen leben).*

[1]**Bauer,** der: **1.a)** *Landwirt:* leibeigene, freie, arme Bauern; ein schlaues Bäuerlein; der B. arbeitet auf dem Feld; er benimmt sich wie ein B. *(grob, ungeschliffen);* die Klasse der Arbeiter und Bauern; Sprichw.: die dümmsten Bauern haben die größten Kartoffeln *(den größten Erfolg haben, ohne etwas von einer Sache zu verstehen).* **b)** (abwertend) *grober, ungeschliffener Kerl:* so ein B.!; dieser B. hat mir auf den Fuß getreten. **2.a)** */Figur im Schachspiel/:* den Bauern ziehen, opfern, verlieren. **b)** (ugs.) *Bube im Kartenspiel:* den Bauern ausspielen. * (derb:) **kalter Bauer** *(Spuren des Samenergusses).*

[2]**Bauer,** das (selten; der): *Vogelkäfig:* laß den Vogel nicht aus dem B.!; der Kanarienvogel hüpft, flattert im B. umher.

Bauklötze[r] ⟨in der Wendung⟩ Bauklötze[r] staunen (ugs.): *sehr staunen.*

Baum, der: **1.** *Gewächs mit einem Stamm aus Holz:* ein mächtiger, belaubter, blühender, verdorrter, knorriger, morscher, abgestorbener B.; einige Bäume und Sträucher sind erfroren, sind eingegangen; die Bäume rauschen, biegen sich [im Sturm], bekommen Blätter, werden grün, schlagen aus (veraltend), verlieren ihr Laub; er ist stark wie ein B. *(sehr stark);* einen B. [ver]pflanzen, veredeln, abernten; Bäume abhauen, fällen, schlagen *(fällen),* zersägen; der Sturm hat viele Bäume entwurzelt; im Schatten der Bäume ausruhen; er klettert auf einen B., fährt gegen einen B., liegt unter einem B. · Sprichwörter: alte Bäume soll man nicht verpflanzen *(alte Menschen soll man nicht aus der gewohnten Umgebung herausreißen);* es ist dafür gesorgt, daß die Bäume nicht in den Himmel wachsen *(alles findet seine natürliche Grenze);* auf einen Hieb fällt kein B. *(bei einer schwierigen Arbeit muß man Ausdauer haben).* **2.** *Weihnachtsbaum:* der B. nadelte schon stark; den B. schmücken, anzünden *(die Kerzen am Baum).* * (ugs.:) **den Wald vor [lauter] Bäumen nicht sehen: a)** *(das Gesuchte nicht sehen, obwohl es vor einem liegt).* **b)** *(vor lauter Einzelheiten das große Ganze nicht erkennen)* · **zwischen Baum und Borke stecken/stehen** *(sich in einer Situation befinden, in der man nicht weiß, wie man sich angesichts zweier unvereinbarer Gegensätze entscheiden soll)* · (ugs.:) **es ist, um auf die Bäume zu klettern** *(es ist zum Verzweifeln)* · **vom Baum der Erkenntnis essen** *(durch Erfahrung wissend werden, etwas erkennen)* · (ugs.:) **Bäume ausreißen** *(Kraft und Schwung haben; viel leisten können):* der neue Chef hat auch keine Bäume ausgerissen.

baumeln: a) ⟨mit Raumangabe⟩ *lose hängend hin und her schwingen:* am Galgen baumelten die beiden Mörder; er ließ die Beine ins Wasser b.; ⟨etwas baumelt jmdm.; mit Raumangabe⟩ die Fransen und Troddeln baumelten ihm ins Gesicht. **b)** ⟨mit etwas b.⟩ *hängen lassen und hin und her bewegen:* mit den Beinen b.

Bausch, der: *kleines Bällchen aus lockerem, leichtem Stoff:* ein B. aus Watte, aus Zellstoff; er formte kleine Bäuschchen. * **in Bausch und Bogen** *(ganz und gar):* er lehnt alle Reformpläne in B. und Bogen ab.

bauschen: a) ⟨etwas b.⟩ *blähen, [prall und] rund machen:* der Wind bauschte die Segel. **b)** ⟨etwas bauscht sich⟩ *etwas bläht sich:* die Vorhänge haben sich im Wind gebauscht.

Bauwerk, das: *größeres [eindrucksvolles] Gebäude:* → Gebäude.

beabsichtigen ⟨etwas b.⟩: *die Absicht haben (zu tun):* er beabsichtigt zu verreisen; sie beabsichtigte, sich zu entschuldigen, die Stadt zu verlassen; was beabsichtigt er mit dieser Maßnahme?; das war nicht beabsichtigt; die beabsichtigte Wirkung blieb aus.

beachten ⟨jmdn., etwas b.⟩: *zur Kenntnis nehmen [und danach handeln]; Aufmerksamkeit schenken:* ein Gebot, einen Hinweis, die Spielregeln b.; er beachtete nicht meine Einwände; bitte beachten Sie die billigen Preise!; sie hat sein Geschenk kaum beachtet; er hat sie überhaupt nicht beachtet *(über sie hinweggesehen).*

beachtlich: a) *ziemlich groß, bedeutsam:* beachtliche Erfolge; das ist ein beachtlicher Fortschritt; seine Leistungen sind recht b. **b)** ⟨verstärkend bei Adjektiven und Verben⟩ *ziemlich, sehr:* sein Guthaben ist b. angewachsen; ein b. gescheiter Bursche.

Beachtung, die: *das Beachten:* die B. der Vorschriften; jmdm. B. schenken *(ihn beachten);* sein Plan fand keine B. *(wurde nicht beachtet);* die Arbeiten des Künstlers verdienen B. *(sollten beachtet werden).*

Beamte, der: *Angestellter im öffentlichen Dienst mit Pensionsberechtigung:* ein höherer, mittlerer Beamter; Beamte/die Beamten im Staatsdienst; einen Beamten ernennen, einstellen, pensionieren, abbauen, entlassen; einige Beamte wurden vorzeitig in den Ruhestand versetzt.

beängstigen ⟨jmdn. b.; gewöhnlich nur noch im 1. Part.⟩: *in Angst versetzen:* ihre Nähe beängstigte ihn; das Gedränge war beängstigend; unsere Reserven nehmen beängstigend ab.

beanspruchen ⟨jmdn., etwas b.⟩: **1.** *Anspruch erheben:* gleiches Recht für alle b.; er beanspruchte einen Sitzplatz, die Hälfte des Gewinns; der Zwischenfall beanspruchte seine Aufmerksamkeit; wir wollen Ihre Gastfreundschaft nicht länger b. *(davon Gebrauch machen).* **2.** *in Anspruch nehmen, Belastungen aussetzen:* der Sport beansprucht ihn stark, völlig; er ist beruflich stark beansprucht.

beanstanden ⟨etwas b.⟩: *mit etwas nicht einverstanden sein, bemängeln:* eine Ware [wegen der schlechten Qualität], eine Rechnung b.; die Wahl wurde beanstandet; ich habe an seinem Stil nichts zu b.

beantragen ⟨jmdn., etwas b.⟩: *durch Antrag verlangen:* Urlaub, seine Versetzung, ein Visum, Leute b.; ein Gesetz, einen Kandidaten b. *(vorschlagen);* die beantragte Unterstützung wurde bewilligt.

beantworten ⟨etwas b.⟩: *auf etwas antworten:* eine Anfrage sofort, erst nach Tagen, ausführlich, kurz, sachlich, exakt, mit Ja b.; einen Brief, ein Gesuch b.; diese Frage ist nicht leicht zu b.; übertr.: die Regierung beantwortet die Provokation mit einer Ausgangssperre.

Beantwortung, die: *Antwort auf etwas:* die B. dieser Frage fällt mir schwer. * (Amtsdt., Kaufmannsspr.:) **in Beantwortung** *(auf [etwas antwortend]):* in B. Ihres Schreibens teilen wir Ihnen mit ...

bearbeiten: 1. ⟨etwas b.⟩ *durch eine Arbeit für seine Zwecke herrichten:* den Boden, das Land b.; der Künstler bearbeitet den Marmor; das

Material wird mit verschiedenen Chemikalien bearbeitet; ein Buch b. *(überarbeiten);* ein Buch für den Film b.; ein Thema für eine Prüfung b. *([wissenschaftlich] untersuchen);* wer hat meinen Antrag, meinen Fragebogen bearbeitet?; das Schlagzeug, das Klavier b. (ugs.; scherzh.; *wild spielend zurichten*). **2.** (ugs.) ⟨jmdn., etwas b.⟩ *hartnäckig zu überzeugen suchen, beeinflussen:* die Wähler, die Meinung der Massen b.; ich habe ihn so lange bearbeitet, bis er mitmachte. **3.** (ugs.) ⟨jmdn. mit etwas b.⟩ *schlagen, mißhandeln:* einen Gefangenen mit Fußtritten, mit Faustschlägen b.

beauftragen ⟨jmdn. b.⟩: *einen Auftrag geben:* er beauftragte ihn mit der Ausführung des Plans; man hat mich beauftragt, die Konferenz vorzubereiten; die Rechtsanwälte sind beauftragt, meine Interessen wahrzunehmen.

bebauen ⟨etwas b.⟩: **1.** *Bauten auf etwas errichten:* ein Gelände b.; dieses Gebiet darf nicht bebaut werden; eine dicht, weit, großzügig bebaute Fläche. **2.** *bestellen:* einen Acker, das Land [mit Korn] b.; bebautes Land.

beben: a) ⟨etwas bebt⟩ *etwas wird [von Erdstößen] erschüttert:* minutenlang bebte die Erde. **b)** (geh.) *heftig zittern:* sein Knie bebte; er hatte am ganzen Leib vor Wut gebebt; mit [vor Empörung] bebender Stimme. **c)** (geh.; veraltend) ⟨um jmdn., um etwas b.⟩ *in Sorge sein:* sie bebte um ihren Mann im Felde. **d)** (geh.; veraltend) *Angst haben:* sie bebte vor ihm.

Becher, der: */ein Trinkgefäß/:* ein schwerer, goldener B.; der B. kreiste, ging um, machte die Runde (beim Mahl); den B. füllen; einen B. [voll] Milch trinken; einen Becher Eis essen; er warf den leeren B. weg; bildl. (dichter.): den B. des Leidens leeren *(Leid erfahren).*

Becken, das: **1.** *Wasch-, Toilettenbecken:* ein B. aus Marmor, aus Porzellan; das B. ist verstopft, stark verschmutzt; das Wasser aus dem B. lassen. **2.** *Schwimmbecken, Bassin:* ein B. zum Planschen für die Kinder; das Schwimmbad hat zwei Becken; das Wasser im B. erneuern; nicht ins B. springen! **3.** (Geol.) *Senke, Mulde:* die Erdschichten eines Beckens. **4.** *Teil des Körpers von der Taille bis zum Ansatz der Oberschenkel:* ein breites, ausladendes, knabenhaftes B.; der Skispringer hat sich das B. gebrochen; sie hat ein fruchtbares B. (scherzh.; *bekommt leicht Kinder*). **5.** */ein Musikinstrument aus zwei tellerförmigen Metallscheiben/:* die Becken schlagen.

bedacht: → bedenken.

Bedacht, der ⟨in bestimmten Verbindungen⟩: **mit/voll Bedacht** *(mit/voll Überlegung):* mit einem gewissen B. seine Worte setzen; er wählte voll B. · **ohne Bedacht** *(ohne Überlegung)* · (Papierdt.; veraltend:) **auf etwas Bedacht nehmen** *(auf etwas bedacht sein).*

bedächtig: *langsam und sorgfältig:* mit bedächtigen Schritten, Bewegungen; sein Vater war älter und bedächtiger geworden; er stopfte b. seine Pfeife.

bedanken ⟨sich b.⟩: *seinen Dank ausdrücken:* sich höflich, herzlich, überschwenglich [bei jmdm.] b.; er bedankte sich bei ihm für die freundliche Einladung; für diese Arbeit, Ehre, Auszeichnung bedanke ich mich (iron.; *ich lehne sie ab, will sie nicht haben*). * (Papierdt.:) **sei bedankt!** *(ich danke dir).*

Bedarf, der: *Mangel an etwas; Nachfrage nach etwas:* es besteht ein dringender B. der Bevölkerung an Nahrungsmitteln; der B. der Industrie an Arbeitskräften hat sich verdreifacht; keinen B. an/(Kaufmannsspr.:) in Kohlen haben; die Wirtschaft kann den steigenden B. nicht mehr decken; mein B. ist gedeckt (ugs., scherzh.; *ich habe endgültig genug, mir reicht's*); Dinge des täglichen Bedarfs; bei B. *(im Bedarfsfall)* werde ich mich an Sie wenden; die Straßenbahn hält nach B. *(wie es nötig ist);* je nach B. *(je nachdem, wie es nötig ist);* wir sind über B. eingedeckt *(haben mehr als nötig).*

bedauerlich: *nicht erfreulich, zu bedauern:* ein bedauerlicher Vorfall, Irrtum, Verlust; es ist b., daß er nicht anwesend ist; ich finde das im höchsten Maße b.

bedauern: 1. ⟨jmdn., sich b.⟩ *Mitgefühl mit jmdm. haben:* einen kranken alten Mann b.; sie bedauerte ihn wegen seiner Mißerfolge; er ist zu b.; er hatte sich selbst am meisten bedauert; du läßt dich gerne b. **2.** ⟨etwas b.⟩ *unerfreulich finden [und bereuen]:* einen Vorfall aufrichtig b.; ich bedauere, daß ich ihn nicht mehr gesehen habe; [ich] bedauere sehr *(es tut mir leid),* aber ich kann nicht kommen.

Bedauern, das: *bedauernde Anteilnahme, Mitgefühl:* sein B. über den Vorfall äußern; er sprach der Regierung sein B. aus; mit B. habe ich davon gehört; dieses Angebot muß ich mit B. *(leider)* ablehnen; zu meinem großen B. kann ich nicht kommen.

bedecken ⟨jmdn., sich, etwas b.⟩: **a)** *zudecken, verhüllen:* den Leichnam mit einem Tuch b.; er bedeckte sein Gesicht mit den Händen; Schnee bedeckte die Erde; der Himmel ist bedeckt *(bewölkt);* er war am ganzen Körper mit Narben bedeckt *(überzogen);* bildl.: die Mutter bedeckte das Kind mit Küssen. **b)** ⟨sich b.⟩ *sich zudecken, sich verhüllen:* er bedeckte sich mit einer Zeltplane; der Himmel hatte sich bedeckt *(mit Wolken überzogen, bewölkt).*

bedenken: 1. ⟨etwas b.⟩ *erwägen, überlegen:* die weitere Entwicklung b.; wir müssen unsere Lage b.; er bedenkt nicht, daß ...; ich gebe [es] zu b. *(ich bitte [es] zu erwägen),* daß er in Notwehr gehandelt hat; wir hatten nicht bedacht, wie gefährlich so ein Vorgehen war. **2.** (geh.) ⟨sich b.⟩ *mit sich zu Rate gehen, sich besinnen:* er bedachte sich einige Augenblicke und unterschrieb dann. **3.** ⟨jmdn. b.⟩ *mit etwas versehen, beschenken, beglücken:* jmdn. reichlich bei der Erbteilung b.; ich bin in seinem Testament mit wertvollen Gemälden bedacht worden; er bedachte unsere Firma mit großen Aufträgen. * **auf etwas bedacht sein** *(auf etwas achten, etwas im Auge haben, sich um etwas bemühen):* auf seine Gesundheit, auf seinen guten Ruf b. sein; er war immer darauf b., mir eine Freude zu bereiten.

Bedenken, das: **1.** *Nachdenken, Überlegung:* erst nach reiflichem, gründlichem B. antworten. **2.** *Zweifel:* schwerwiegende, ernste, moralische Bedenken; ihm kamen immer neue Bedenken [hinsichtlich der Richtigkeit, der Aussagen]; große, mancherlei, keine Bedenken [wegen jmds. Teilnahme] haben; sie äußerte einige Bedenken *(Einwände)* gegen meine Anwesenheit; Bedenken *(Einwände)* gegen einen Plan anmelden; ich habe alles getan, um seine Bedenken zu zerstreuen, zu beseitigen, zu entkräften; er teilt nicht meine Bedenken; er hegt B. (geh.; *er zögert*), dies zu tun; sich über jmds. Bedenken hinwegsetzen. * (geh.:) **Bedenken tragen** *(noch nicht entschlossen sein, zögern)*.

bedenklich: **1.a)** *Bedenken hervorrufend, besorgniserregend, bedrohlich:* eine bedenkliche Wendung nehmen; sein Gesundheitszustand ist b.; die Zahl der Verbrechen hat b. zugenommen; der Himmel sah b. aus *(es sah nach Regen, Gewitter aus)*. **b)** *nicht einwandfrei, fragwürdig:* bedenkliche Geschäfte machen; das wirft ein bedenkliches Licht auf seinen Charakter. **2.** *voller Bedenken, zweifelnd:* ein bedenkliches Gesicht machen; der Vorfall stimmte mich b.

bedeuten: **1.a)** ⟨etwas bedeutet etwas⟩ *etwas hat einen bestimmten Sinn, hat den Sinn von etwas, meint:* was soll das b.?; das hat nichts zu bedeuten *(ist nicht wichtig, nicht wesentlich)*; das Wort Automobil bedeutet eigentlich „Selbstbeweger"; Perlen bedeuten Tränen; das sind die Bretter, die die Welt bedeuten *(das ist die Bühne, das Theater)*; das bedeutet *(heißt, besagt)*, daß wir den Vertrag einhalten müssen; sie hatte es nie erlebt, was es bedeutet *(heißt)*, Mutter zu sein; das bedeutet nichts Gutes *(deutet auf nichts Gutes hin)*; dieses Vorgehen bedeutet *(ist)* eine Mißachtung der Menschenrechte; das hatte einen Schritt vorwärts bedeutet · ⟨etwas bedeutet jmdm. etwas⟩ der Prozeß bedeutet ihm *(war für ihn)* eine reine Routinesache. **b)** ⟨mit Gleichsetzungsnominativ⟩ *heißen, sein:* Abitur bedeutet nicht reiner Zeitverlust. **2.** ⟨etwas b.⟩ *einen bestimmten Wert haben, gelten:* er bedeutet schon etwas in diesem Gremium; ⟨jmdm. etwas b.⟩ die Liebe zu ihr bedeutet ihm viel, nichts, alles; das bedeutet mir eine ganze Menge (ugs.). **3.** (geh.) ⟨jmdm./(veraltet:) jmdn. etwas b.⟩ *zu verstehen geben:* er bedeutete mir zu schweigen.

bedeutend: **a)** *groß, beachtlich; bemerkenswert, Anerkennung verdienend:* eine bedeutende Summe; das ist ein bedeutender Schritt vorwärts; er ist ein bedeutender *(namhafter)* Gelehrter; Werke der bedeutendsten *(größten, berühmtesten)* Meister des 17. Jahrhunderts; das ist ein bedeutender *(erstrangiger, bedeutsamer)* Film; ein bedeutendes *(hervorragendes, entscheidendes)* Ereignis; er spielt dabei eine bedeutende *(wichtige)* Rolle; seine Leistungen sind b.; sein Einfluß ist b. *(maßgebend, sehr stark)*; subst.: es handelte sich um nichts Bedeutendes. **b)** ⟨verstärkend⟩ *sehr, überaus:* sein Zustand hat sich b. gebessert; der neue Turm ist b. besser als der alte. * (geh.:) **um ein bedeutendes** *(viel)*: sie sieht jetzt um ein b. besser aus.

bedeutsam: **1.** *von großer Bedeutung, wichtig:* eine bedeutsame Entdeckung; die Rede des Kanzlers ist für alle b. **2.** *vielsagend:* ein bedeutsames Lächeln; sie blickte ihn b. an.

Bedeutung, die: **1.** *Sinn, Inhalt:* die eigentliche, ursprüngliche, übertragene B. eines Wortes; die B. vieler Wörter hat sich gewandelt; das Substantiv „Geist" hat mehrere Bedeutungen; die B. eines Traums, eines Märchens erklären; die Fabel hat ihre tiefere B.; er erfaßte nicht die B. ihrer Worte; seine Plakate waren verrückt in des Wortes wahrster B. **2.** *Wichtigkeit:* die B. dieses Buches als moderner Schelmenroman .../als eines modernen Schelmenromans ...; etwas erlangt, bekommt, hat plötzlich große B.; einer Sache keine B. beimessen *(sie nicht wichtig, ernst nehmen)*; er legt meiner Äußerung eine B. bei, die ihr nicht zukommt; dieser Vorfall ist von schwerwiegender, weitreichender, entscheidender, geschichtlicher B., ist ohne B.; er ist ein Mann von B. *(ein bedeutender Mann)*.

bedienen: **1.a)** ⟨jmdn. b.⟩ *jmdm. Dienste leisten:* die Gäste b.; ein mürrischer Kellner bediente mich; seine Kunden gut, aufmerksam, zuvorkommend, fachmännisch b.; werden Sie schon bedient?; er läßt sich hinten und vorne b.; ⟨auch ohne Akk.⟩ welcher Kellner bedient hier? **b)** ⟨sich b.⟩ *sich mit Speisen, Getränken versorgen:* bitte, bedienen Sie sich!; ich bediente mich mit Geflügelsalat und Toast. **2.** ⟨etwas b.⟩ *in Gang bringen, halten; handhaben:* eine Maschine, den Lift, eine Alarmanlage b.; das Geschütz wird von drei Mann bedient. **3.** (geh.) ⟨sich jmds., einer Sache b.⟩ *verwenden, Gebrauch machen:* sich eines Kompasses, eines Schweißapparats b.; sich einer Wiese als Flugplatz, als eines Flugplatzes b.; er bediente sich eines Vergleichs. **4.** (Kartenspiel) ⟨[etwas] b.⟩ *eine Karte der bereits ausgespielten Farbe zulegen:* Herz b.; er hat nicht bedient. **5.** (Sport) ⟨jmdn. b.⟩ *anspielen, eine Vorlage geben:* den Mittelstürmer b. * (ugs.:) **bedient sein** *(genug haben)*: wir sind bedient *(uns reicht es)* · **gut/schlecht bedient sein** *(gut/schlecht beraten sein)*.

bedingen /vgl. bedingt/ ⟨etwas bedingt etwas⟩: **1.** *etwas verursacht etwas, hat etwas zur Folge:* der Aufenthalt in den Tropen hatte die Kreislaufschwäche bedingt; der Produktionsrückstand ist durch den Streik bedingt. **2.** *etwas setzt etwas voraus:* diese Aufgabe bedingt Fleiß und Können.

bedingt: *unter bestimmten Voraussetzungen geltend:* eine bedingte Zusage; ein bedingtes *(eingeschränktes)* Lob; das ist nur b. richtig, tauglich; Biol.: ein bedingter *(während des Lebens erworbener)* Reflex.

Bedingung, die: **1.a)** *Forderung:* wie sind, lauten Ihre Bedingungen?; jmdm. eine B. stellen; jmdm. Bedingungen *(Verpflichtungen)* auferlegen; eine B. annehmen, anerkennen, einhalten; unsere Bedingungen sind nicht erfüllt worden; an keine B. gebunden sein, werden; daran knüpft sich die B., daß ...; sich auf keine Bedingungen einlassen; mit allen Bedingungen einverstanden sein; etwas zu den vereinbarten Bedingungen kaufen; etwas zur B. machen. **b)** *Voraussetzung:* B. dafür ist ...; ich beteilige mich daran unter/(selten:) mit der B., daß ...; unter keiner B. *(keinesfalls)*. **2.** ⟨Plural⟩ *Umstände, Verhältnisse:* gute, schlechte, [un]günstige Bedingungen; wie sind die klimatischen Bedingungen?; unter harten Bedingungen arbeiten.

bedrängen ⟨jmdn., etwas b.⟩: *zu einem bestimmten Handeln zu bewegen versuchen, in Bedrängnis bringen:* jmdn. mit Fragen, Bitten b.; die Gläubiger bedrängten ihn sehr; der Feind bedrängte die Stellung *(stürmte, rückte gegen sie an)*; sich in bedrängter *(schwieriger, unheilvoller)* Lage befinden.

Bedrängnis, das: *das Bedrängtsein, schwierige*

Lage: in arger B. sein; in B. geraten, er hätte mich fast in B. gebracht.

bedrohen: 1. ⟨jmdn. b.⟩ *sich anschicken, Gewalt anzuwenden, gegen jmdn. anzugehen:* einen Menschen tätlich, mit der Faust, mit dem Messer b.; sich bedroht fühlen. **2.** ⟨etwas bedroht jmdn., etwas⟩ *etwas gefährdet jmdn., etwas:* Hochwasser bedroht die Stadt; ausfließendes Öl bedroht die Trinkwasserversorgung; sein Haus war von Flammen bedroht.

bedrohlich: *gefährlich:* eine bedrohliche Situation; etwas nimmt bedrohliche Ausmaße an; das Feuer kam b. nahe.

bedrücken ⟨etwas bedrückt jmdn.⟩: *etwas lastet auf jmdm., deprimiert jmdn.:* was bedrückt dich?; dieser Gedanke, die Sorge um die Kinder hatte sie sehr bedrückt; ein bedrückendes Schweigen; er saß bedrückt in einer Ecke.

bedürfen (geh.) ⟨jmds., einer Sache b.⟩: *nötig haben, brauchen:* des Trostes, der Schonung, der Zustimmung b.; der Kranke bedarf eines Arztes; es bedurfte nur eines Wortes, und die Sache wäre geregelt worden; es hat meiner ganzen Überredungskunst bedurft, um ...; das bedarf doch keiner Erklärung, keiner Antwort.

Bedürfnis, das: **1.** *Gefühl, einer Sache zu bedürfen; Verlangen:* es ist mir ein B., Ihnen zu danken; es liegt für eine Erweiterung kein B. vor; dafür/dazu besteht kein wirkliches, echtes B.; die Bedürfnisse *(Ansprüche)* der Gesellschaft; ein dringendes B. nach Ruhe haben; er fühlte, verspürte das B., sich mit ihr auszusprechen. **2.** (geh.; veraltend) *Notdurft:* ein B. haben; er verrichtete sein B.

bedürftig: *arm, notleidend:* bedürftige Familien; dieser Schüler ist nicht b.; subst.: für die Bedürftigen sammeln. * (geh.:) **einer Sache bedürftig sein** *(etwas brauchen).*

beehren (geh.): **1.** ⟨jmdn. mit etwas b.⟩ *eine Ehre erweisen, auszeichnen:* er beehrte ihn mit seinem Besuch. **2.** ⟨jmdn., etwas b.⟩ *besuchen:* bitte beehren Sie uns bald wieder! **3.** ⟨sich b.⟩ *sich die Ehre geben, sich erlauben:* die Verlobung unserer Tochter mit Herrn ... beehren wir uns anzuzeigen/die Verlobung ihrer Tochter mit Herrn ... beehren sich anzuzeigen ...; wir beehren uns, die Geburt unseres Sohnes ..., eines gesunden Stammhalters anzuzeigen.

beeiden, (auch:) beeidigen ⟨etwas b.⟩: *durch Eid bekräftigen:* eine Aussage vor Gericht b.

beeilen ⟨sich b.⟩: *schnell machen:* wir müssen uns b.; er hatte sich mit der Abrechnung beeilt; er beeilte sich (geh.; *zögerte nicht*), mir zuzustimmen.

beeindrucken ⟨jmdn. b.⟩: *starken Eindruck auf jmdn. machen:* das Gemälde, die Aufführung, die Begegnung mit diesem Menschen hatte ihn beeindruckt; sie beeindruckte ihn mit ihrem Wissen/durch ihr Wissen; er war tief von den Leistungen der Bevölkerung beeindruckt.

beeinflussen ⟨jmdn., etwas b.⟩: *Einfluß auf jmdn., auf etwas ausüben:* dieser Zwischenfall beeinflußte die weiteren Verhandlungen; dieser Schriftsteller ist von Bert Brecht nachhaltig beeinflußt; er ist leicht, schwer zu b.

beeinträchtigen ⟨jmdn., etwas b.⟩: *negativ beeinflussen, hemmen:* jmdn. in seiner Freiheit b.; das schlechte Wetter hatte die Veranstaltung sehr, stark, erheblich beeinträchtigt.

Beelzebub ⟨in der Wendung⟩ den Teufel mit/durch Beelzebub austreiben: *ein Übel durch ein anderes, größeres beseitigen.*

beenden, (auch:) beendigen ⟨etwas b.⟩: *enden lassen, zum Abschluß bringen:* ein Gespräch, die Arbeit, einen Streik, den Krieg b.; ein Unfall hatte ihre Karriere beendet.

beerdigen ⟨jmdn. b.⟩: *begraben:* den Verstorbenen, die Toten b.

Beerdigung, die: *Begräbnis:* die B. findet am ... statt; zur B. gehen.

Beere, die: */kleine Frucht/:* rote, [un]reife, saftige B.; Beeren suchen, sammeln, pflücken, lesen (landsch.), vom Strauch abnehmen, abstreifen.

befahren ⟨etwas b.⟩: **a)** *auf etwas fahren, im Fahrzeug benutzen:* Tanker können diese Route nicht b.; diese Straße darf nur in einer Richtung befahren werden; die Strecke Hamburg–Hannover ist stark befahren. **b)** (Bergmannsspr.): *in etwas zum Abbau fahren:* einen Schacht b.; die Grube wird nicht mehr befahren. **c)** *im Fahren bestreuen:* den Acker mit Dung b.

befallen ⟨etwas befällt jmdn., etwas⟩: *etwas überkommt, packt, ergreift jmdn., etwas:* Furcht, Scheu, Ekel, Traurigkeit, Sehnsucht, Schwermut befiel ihn; hohes Fieber, eine tückische Krankheit hatte ihn befallen; von Übelkeit, einer plötzlichen Schwäche befallen werden; der Weizen ist vom Brand befallen.

befangen: 1. *verlegen und gehemmt:* ein befangenes Mädchen; einen befangenen Eindruck machen; in Gesellschaft ist sie immer sehr b.; die vielen Menschen machten ihn b. **2.** *parteiisch, nicht objektiv:* ein befangener Sachverständiger; er lehnte den Richter als b. ab. * (geh.) **in etwas befangen sein** *(an etwas gekettet sein):* in dem Glauben b. sein, daß ...; er ist in einem fürchterlichen Irrtum befangen.

Befangenheit, die: **1.** *Verlegenheit, Scheu:* seine B. schwand allmählich; seine B. ablegen, nicht loswerden. **2.** *parteiische Einstellung:* einen Zeugen wegen B. ablehnen.

befassen: 1. (landsch.) ⟨etwas b.⟩ *betasten, berühren:* das Kind hat die Möbel befaßt. **2.** ⟨sich mit jmdm., mit etwas b.⟩ *sich beschäftigen:* sich mit einer Frage, mit einem Fall, mit einer Angelegenheit b.; mit Kleinigkeiten hat er sich nie befaßt; die Eltern befassen sich viel mit ihren Kindern. **3.** (Amtsdt.) ⟨jmdn., etwas mit etwas b.⟩ *veranlassen, sich mit etwas zu beschäftigen:* einen Beamten mit einer Aufgabe befassen.

Befehl, der: **a)** *Auftrag, Anordnung eines Vorgesetzten:* ein dienstlicher, geheimer, strenger, strikter B.; B. zum Rückzug; es ergeht der B. [an alle], das Feuer einzustellen; wir haben B., den Hafen anzulaufen; jmdm. einen B. geben, erteilen; einen B. erlassen, befolgen, empfangen, erhalten, ausführen, verweigern; B. ausgeführt! */militär. Meldung/*; einem B. gehorchen, sich widersetzen; es geschah auf meinen B.; zu B.! (militär.; veraltend; *jawohl*); Redensart: Ihr Wunsch ist/sei mir B. **b)** *Befehlsgewalt, Kommando:* den B. [über eine Festung] haben, führen, übernehmen; unter jmds. B. stehen.

befehlen: 1. ⟨jmdm. etwas b.⟩ *einen Befehl geben, verfügen:* er befahl ihm strengstes Stillschweigen; er hatte ihnen befohlen, das Werk zu verlassen; den Soldaten wurde befohlen, die

Brücke zu sprengen; von Ihnen lasse ich mir nichts b.; ⟨auch absolut⟩ wie Sie b.!; Sprichwort: wer b. will, muß erst gehorchen lernen · /*veraltete Höflichkeitsformel*/: gnädige Frau befehlen *(wünschen)?* **2.** (veraltend) ⟨über jmdn., über etwas b.⟩ *die Befehlsgewalt haben, bestimmen:* er befiehlt über die 3. Armee. **3.** ⟨jmdn., etwas b.; mit Raumangabe⟩ *jmdm. befehlen, sich irgendwohin zu begeben:* alle Abteilungsleiter zum Chef b.; er wurde zum Rapport befohlen; ich befehle meinen Geist in deine Hände (bibl.). **4.** (veraltend) ⟨jmdm. etwas b.⟩ *anvertrauen:* befiehl dem Herrn deine Wege (bibl.). * (veraltend:) **Gott befohlen!** /*Abschiedsgruß*/.

befehligen ⟨jmdn., etwas b.⟩: *kommandieren:* eine Heeresgruppe b.

befestigen: 1. ⟨etwas b.⟩ *festmachen, anbringen:* einen Haken, ein Plakat, einen Anhänger an einem Gepäckstück b.; er befestigte das Boot mit der Kette an einem Pfahl. **2.** ⟨etwas b.⟩ *widerstandsfähig, haltbar machen:* einen Damm b.; die Fahrbahn ist nicht befestigt; übertr. (geh.): diese Tat befestigte seinen Ruhm. **3.** ⟨etwas b.⟩ *zur Verteidigung ausbauen, sichern:* die Landesgrenzen b.

befinden: 1. ⟨sich b.; mit Raumangabe⟩ *sein, sich aufhalten:* sich im Urlaub, auf Reisen, im Ausland b.; er befindet sich in seinem Büro, im Lager; der Eingang befindet sich vorn, links neben der Kasse; unsere Wohnung befindet sich im 3. Stock; sich in bester Laune b.; die beiden Länder hatten sich im Kriegszustand befunden. **2.** (geh.) ⟨sich b.; mit Artangabe⟩ *sich in einer bestimmten Weise fühlen:* sich wohl, unpäßlich b. **3.** (Amtsdt.) ⟨über jmdn., über etwas b.⟩ *urteilen, entscheiden:* darüber haben wir nicht zu b.; über die Zahl der Teilnehmer wird der Ausschuß befinden. **4.** (veraltend) ⟨jmdn., etwas b.; mit Artangabe⟩ *als, für etwas ansehen, halten:* einen Verräter [als/für] schuldig b.; eine Meldung [als/für] wahr, falsch b.; Redensart: gewogen und zu leicht befunden *(nicht den ethischen Anforderungen genügend)*. * (scherzh.:) **sich in guter Gesellschaft befinden** *(einen Fehler machen, den schon größere Geister begangen haben)*.

Befinden, das: **1.** *Gesundheitszustand:* wie ist das B. des Patienten?; sein B. hat sich leicht gebessert. **2.** (veraltend) *Urteil, Ansicht:* nach eigenem B. entscheiden.

befindlich: *sich befindend:* die im Bau befindlichen Häuser; er bediente den neben dem Kasten befindlichen Schalter.

beflecken ⟨etwas b.⟩: *Flecken auf etwas machen:* das Tischtuch b.; er hat seine Hände mit Blut befleckt; bildl.: jmds. Ehre, Ruf b.

befleißigen (geh.) ⟨sich einer Sache b.⟩: *sich eifrig um etwas bemühen:* sich großer Höflichkeit, Zurückhaltung b.; ich befleißigte mich, liebenswürdig zu sein.

beflügeln (geh.) ⟨jmdn., etwas b.⟩: *beschwingter machen, anregen:* dieser Umstand beflügelte seine Schritte; das Lob hatte ihn beflügelt.

befolgen ⟨etwas b.⟩: *nach etwas handeln, sich richten:* einen Befehl, Vorschriften, den Rat eines Freundes, einen Wink b.; er befolgte nicht die Politik seines Vorgängers.

befördern: 1. ⟨jmdn., etwas b.⟩ *von einem Ort an einen anderen bringen:* Güter, Waren, Gepäck b.; ein Paket mit der Post b.; die Teilnehmer werden mit/in Bussen zum Tagungsort befördert. **2.** ⟨jmdn. b.⟩ *in eine höhere Stellung aufrücken lassen:* jmdn. zum Major b.; er ist zum Direktor befördert worden. * (ugs.:) **jmdn. ins Jenseits befördern** *(jmdn. töten)* · (ugs.:) **jmdn. ins Gefängnis befördern** *(jmdn. einsperren)* · (ugs.:) **jmdn. an die frische Luft/zur Tür hinaus/ins Freie befördern** *(jmdn. hinauswerfen)*.

befragen: 1. ⟨jmdn. b.⟩ *nach etwas fragen:* jmdn. sehr genau b.; jmdn. nach seiner Meinung, um seinen Rat, über den wahren Sachverhalt, wegen seines Verhaltens b.; Redensart: nie sollst du mich b. *(darüber möchte ich nicht sprechen)*. **2.** (veraltend) ⟨sich b.⟩ *sich erkundigen:* sich bei seinem Rechtsanwalt b.

befreien /befreit/: **1. a)** ⟨jmdn. b.⟩ *frei machen, die Freiheit geben:* einen Gefangenen b.; das Kind konnte aus den Händen der Entführer befreit werden; ein Land [von der Fremdherrschaft] b. **b)** ⟨sich b.⟩ *sich frei machen:* sich aus einer schwierigen Lage, aus einer Umklammerung b.; er hat sich befreit. **2.** ⟨jmdn., etwas von etwas b.⟩ **a)** *von etwas Störendem, Unangenehmem frei machen; erlösen:* die Schuhe von Schmutz b.; jmdn. von Angst, Hemmung b.; der Arzt hat ihn von seinem Leiden befreit. **b)** *von etwas freistellen:* einen Schüler vom Turnunterricht b.; er ist von dieser Arbeit, vom Militärdienst befreit.

befreit: *erleichtert:* ein befreites Lächeln; sich b. fühlen; er atmete b. auf.

befremden ⟨etwas befremdet jmdn.⟩: *etwas berührt jmdn. merkwürdig:* ihr Verhalten, der Inhalt ihres Briefes hatte ihn befremdet; der Vater sah seine Tochter befremdet an.

Befremden, das: *Unwillen, Erstaunen:* sein Benehmen erregte [einiges] B.; jmdm. sein B. ausdrücken; er gab seinem B. Ausdruck; etwas mit B. sehen; zu meinen größten B. ...

befreunden: 1. ⟨sich mit jmdm. b.⟩ *Freundschaft schließen:* ich habe mich mit seinem Bruder befreundet; ⟨auch ohne Präpositionalobjekt⟩ die beiden haben sich schnell befreundet; wir sind schon lange nah, eng, fest [miteinander] befreundet. **2.** ⟨sich mit etwas b.⟩ *sich an etwas gewöhnen:* sich mit einem Gedanken b.; mit der neuen Mode habe ich mich noch nicht befreundet.

befrieden (geh.) ⟨etwas b.⟩: Frieden geben: ein Land b.

befriedigen: 1. ⟨jmdn., etwas b.⟩ *zufriedenstellen:* jmds. Ansprüche, Wünsche b. *(erfüllen)*; die Gläubiger b.; das Ergebnis befriedigt uns nicht; diese Arbeit hat mich noch nie befriedigt; sie wollte ihre Neugier, Rachsucht, ihre Lüste b. *(stillen)*; er ist schwer zu b. *(er stellt hohe Ansprüche)*; ⟨häufig im 1. Part.⟩ eine befriedigende Lösung; /*als Zensur*/: er hat das Abitur mit „befriedigend" bestanden. **2. a)** ⟨jmdn. b.⟩ *jmds. sexuelles Verlangen stillen:* er war nicht in der Lage, sie zu b. **b)** ⟨sich b.⟩ *masturbieren.*

Befriedigung, die: **a)** *das Befriedigen:* die B. aller Forderungen der Gläubiger ist nicht möglich. **b)** *Genugtuung, Zufriedenheit:* diese Arbeit gewährt mir [volle] B.; B. suchen, empfinden; mit einem Gefühl der inneren B.; mein Beruf erfüllt mich mit B.

befristen ⟨etwas b.⟩: *zeitlich begrenzen:* die Bestimmungen befristen seine Tätigkeit auf zwei Jahre; ein befristetes Abkommen, Visum.

befruchten ⟨jmdn., etwas b.⟩: **1.** *die Befruchtung vollziehen:* ein Ei, Blüten b.; sie wollte sich künstlich b. lassen. **2.** *wertvolle Anregungen geben:* seine Forschungen haben die moderne Physik befruchtet; befruchtende Ideen.

befugt ⟨in der Verbindung⟩ zu etwas befugt sein: *berechtigt, ermächtigt sein:* zu einem Vorgehen nicht b. sein; er ist b., das Lager zu betreten, Anweisungen zu unterschreiben.

Befugnis, die: *Berechtigung, Ermächtigung:* zu etwas keine B. haben; er hat seine Befugnisse überschritten.

Befund, der: *Ergebnis einer Untersuchung:* der amtliche, ärztliche B. liegt noch nicht vor; der B. hat ergeben, zeigt, daß ...; der B. ist negativ [ausgefallen]; den B. des Arztes abwarten; Lunge ohne B. (Med.; *die Lunge ist gesund*).

befürchten ⟨etwas b.⟩: *mit Angst, Bedenken erwarten, Schlimmes ahnen:* das Schlimmste, eine Verschärfung der Lage b.; er befürchtete, gemaßregelt zu werden; es ist/(geh.:) steht zu b., daß etwas passiert.

Befürchtung, die: *schlimme Vorahnung, Angst:* eine B. bewahrheitet sich; seine Befürchtungen waren unbegründet, unnötig; er hat/(geh.:) hegt, äußert die B., daß ...; jmds. Befürchtungen zerstreuen.

befürworten ⟨etwas b.⟩: *durch Empfehlung unterstützen:* einen Antrag b.

begabt: *mit besonderen Anlagen, Fähigkeiten ausgestattet:* ein begabter Mensch; der Schüler ist ungewöhnlich, hervorragend, vielseitig, künstlerisch, nur durchschnittlich b.

begeben: 1. (geh.) ⟨sich b.; mit Raumangabe⟩ *gehen:* sich in das Bad, in den Garten, auf den Marktplatz b.; er begab sich zu Bett, zur Ruhe *(ging schlafen)*, er hat sich auf den Heimweg begeben *(ist nach Hause gegangen);* er mußte sich in ärztliche Behandlung b. *(sich behandeln lassen);* Sprichw.: wer sich in Gefahr begibt, kommt darin um. **2.** (geh.) ⟨sich an etwas b.⟩ *sich an etwas machen, beginnen:* die Arbeiter begaben sich wieder an die Arbeit; sie hatten sich an den Bau eines Tempels begeben. **3.** (geh.; veraltend) ⟨etwas begibt sich⟩ *etwas ereignet sich, trägt sich zu:* etwas Besonderes hat sich dort begeben; da begab es sich, daß ... **4.** (geh.) ⟨sich einer Sache b.⟩ *sich um etwas bringen, auf etwas verzichten:* sich aller Vorrechte b.; er hat sich jedes politischen Einflusses begeben. **5.** (Kaufmannsspr.) ⟨etwas b.⟩ *in Umlauf setzen: ausgeben:* einen Wechsel, Wertpapiere, eine Anleihe b.

Begebenheit, die: *Vorfall, Ereignis:* eine seltsame, heitere, unbedeutende B.; wann hat sich diese B. zugetragen?; eine wahre B. erzählen.

begegnen: 1. a) ⟨jmdm. b.⟩ *zufällig mit jmdm. zusammentreffen:* ich bin ihm erst kürzlich begegnet; Redensart: du kannst mir mal im Mondschein b. (ugs.; *mit dir will ich nichts mehr zu tun haben*); ⟨sich/(geh.:) einander b.⟩ sie begegneten sich vor dem Gericht, auf der Straße; bildl.: unsere Augen, Blicke begegneten sich; übertr.: wir begegneten uns/einander in dem Wunsch *(stimmten in dem Wunsch überein)*, ihm zu helfen. **b)** ⟨einer Sache b.⟩ *auf etwas stoßen:* kühler Zurückhaltung b.; das ist eine Meinung, der man überall b. kann. **c)** (geh.) ⟨etwas begegnet jmdm.⟩ *etwas widerfährt jmdm.:* hoffentlich ist ihnen nichts Schlimmes begegnet. **3.** (geh.) ⟨jmdm. b.; mit Artangabe⟩ *in bestimmter Weise jmdm. entgegentreten, sich zu jmdm. verhalten:* allen Menschen freundlich, höflich b.; er war ihm mit Spott, voller Hochachtung begegnet. **3.** (geh.) ⟨einer Sache b.⟩ *entgegentreten, etwas unternehmen:* einer Seuche, einer Gefahr, einem Angriff b.; er ist allen Schwierigkeiten mit Umsicht begegnet.

begehen ⟨etwas b.⟩: **1.** *als Fußgänger benutzen:* ein häufig begangener Überweg. **2.** *etwas Schlechtes tun, verüben:* einen Fehler, eine Dummheit, eine Sünde, einen Verrat, ein Verbrechen, Selbstmord b.; irgend jemand hat eine Indiskretion begangen. **3.** (geh.) *feiern:* ein Fest würdig b.; wir haben seinen Geburtstag festlich begangen.

begehren (geh.) ⟨jmdn., etwas b.⟩: *gern haben wollen, wünschen:* ein Mädchen zur Frau b.; er hat alles, was sein Herz begehrt; er begehrte Einlaß *(forderte, eingelassen zu werden)*.

begeistern: a) ⟨jmdn. b.⟩ *in Begeisterung versetzen:* die Menschen mit seiner Stimme, durch seine Vortragskunst b.; das Spiel hatte die Zuschauer begeistert; jmdn. für eine Sache b.; adj. Part.: eine begeisternde Rede; begeisterte Zuhörer, Zurufe; er war restlos, hellauf [von ihr] begeistert; die Rede wurde begeistert aufgenommen. **b)** ⟨sich b.⟩ *in Begeisterung geraten, schwärmen:* es ist schön, daß sich die Jugend noch b. kann; sich für alles Schöne und Gute b.; er hat sich an der Natur begeistert.

Begeisterung, die: *freudige Erregung, leidenschaftliche Anteilnahme:* eine große, stürmische, glühende, flammende (geh.), überschwengliche B.; es herrschte helle B.; die B. flaute ab, ließ nach, verebbte, ebbte ab, verrauschte; die B. kannte keine Grenzen; B. hervorrufen, auslösen, entfachen (geh.), dämpfen, ersticken; die Wogen der B. gingen hoch; etwas aus B. [für den Sport] tun; jmdn., in B. versetzen; in B. geraten; mit jugendlicher B.; etwas ohne sonderliche B. tun.

Begierde, die: *leidenschaftliches Verlangen:* brennende, heiße, wilde, fleischliche Begierden; seine B. nach Besitz nicht zügeln können; voll B. lauschte sie seinen Worten; er brennt vor B., dich zu sehen.

begierig: *voller Verlangen nach etwas; stark interessiert:* mit begierigen Blicken; ich bin b. zu erfahren, wie es ihm geht; wir sind b. auf seinen Besuch; die würzige Luft b. einatmen.

begießen: 1. ⟨jmdn., etwas b.⟩ *Flüssigkeit auf jmdn., auf etwas gießen:* Blumen b.; der Braten wird dann mit dem heißen Fett begossen. **2.** (ugs.) ⟨etwas b.⟩ *mit Alkohol feiern:* die Verlobung, ein Wiedersehen b.; das muß begossen werden. * (ugs.:) **sich** (Dativ) **die Nase begießen** *(kräftig Alkohol trinken)* · (ugs.:) **wie ein begossener Pudel** *(kleinlaut, beschämt)*.

Beginn, der: *Anfang:* ein neuer, mutiger B.; [der] B. des Turniers ist 20 Uhr; den B. einer Veranstaltung verschieben, hinauszögern; bei, nach, vor B. der Vorstellung; seit B. der Unruhen; ich habe seit [dem] B./von B. an davor gewarnt; zu B. unserer Zeitrechnung.

beginnen: 1. ⟨etwas/mit etwas b.⟩ *anfangen:* ein Gespräch mit jmdm., einen Streit, eine Arbeit b.; ein neues Leben b.; sie hatten ihre Ehe mit nichts begonnen; zu reden b.; mit der Ernte b.; wir hatten gerade mit dem Bau begonnen, als ...; ⟨auch absolut⟩ wer soll b.?; er hat als Laufbursche bei der Firma begonnen. **2.** ⟨etwas beginnt⟩ *etwas fängt an:* hier beginnt das Hafenviertel; die Vorstellung begann um 20 Uhr; das Fest, das neue Jahr, eine neue Epoche hat begonnen; unsere Freundschaft begann in Berlin; es begann zu regnen. **3. a)** ⟨etwas b.⟩ *tun, machen:* was willst du nun b.?; er wußte nicht, was er b. sollte. **b)** ⟨etwas mit jmdm., mit etwas b.⟩ *anstellen:* was sollen wir damit b.?

beglaubigen ⟨etwas b.⟩: *amtlich als wahr bestätigen:* eine Urkunde, die Abschrift eines Zeugnisses b.; er ließ das Testament b.

begleichen (geh.) ⟨etwas b.⟩: *bezahlen:* eine Rechnung b.; diese Schuld ist noch nicht beglichen.

begleiten: 1. ⟨jmdn. b.⟩ *mit jmdm. mitgehen:* seinen Freund bis ans Gartentor, ein Stück, nach Hause, ins Kino b.; jmdn. auf seiner Reise b.; darf ich Sie b.?; bildl.: alle meine guten Wünsche begleiten dich; das Glück hat mich immer begleitet; sein Streben wurde von Erfolg begleitet *(war erfolgreich);* er begleitete seine Worte mit lebhaften Gesten. **2.** ⟨jmdn., etwas b.⟩ *ein Solo auf einem oder mehreren Instrumenten unterstützen:* den Gesang auf dem Klavier b.; es singt ..., am Flügel begleitet von ...

Begleitung, die: **1. a)** *das Begleiten:* jmdm. seine B. anbieten; er bat ihn um seine B. **b)** *Begleiter, begleitende Personen:* die B. des Transportes besteht aus 20 Personen; jmdn. als B. mitnehmen; der König erschien mit großer B. *(Gefolge);* er wurde in B. *(Gesellschaft)* verdächtiger Leute gesehen. **2.** *musikalische Unterstützung:* ein Lied ohne B. singen; die B. hat Professor ... übernommen.

beglücken (meist geh.) ⟨jmdn. b.⟩: *glücklich machen, erfreuen:* seine Nähe beglückte sie; es beglückte sie, daß er sich um sie kümmerte; sie hatte die Kinder mit schönen Geschenken/(selten:) durch schöne Geschenke beglückt; wann darf ich Sie mit meinem Besuch b.? (iron.); beglückt lächeln.

beglückwünschen ⟨jmdn. zu etwas b.⟩: *gratulieren:* er beglückwünschte die Sportler zu ihren Erfolgen; ich habe ihn zu seinem Entschluß, zu seiner Verlobung beglückwünscht; ⟨auch ohne Präpositionalobjekt⟩ die Spieler einer Mannschaft herzlich b.

begnadigen ⟨jmdn. b.⟩: *jmds. Strafe mildern oder erlassen:* einen zum Tode Verurteilten zu lebenslangem Zuchthaus b.; der Verbrecher wurde begnadigt.

begnügen ⟨sich mit etwas b.⟩: *zufrieden sein:* sich mit dem, was man hat, b.; wir werden uns nicht damit begnügen, daß ...

begraben: 1. ⟨jmdn. b.⟩ *ins Grab legen:* die Toten in aller Stille, würdig b.; sie waren unter den Trümmern lebendig begraben; in dieser Stadt möchte ich nicht begraben sein *(unter keinen Umständen längere Zeit leben);* Redensart: da liegt der Hund begraben (ugs.; *das ist der entscheidende, schwierige Punkt, an dem etwas scheitert*). **2.** ⟨etwas b.⟩ *aufgeben, fahrenlassen:* die Hoffnung b.; die Radikalen haben ihre Forderungen b.; sie wollen die Angelegenheit, den Streit b. * (ugs.) **das Kriegsbeil begraben** *(einen Streit beenden)* · (ugs.:) **sich begraben lassen können** *(versagt haben, zu nichts zu gebrauchen sein):* unsere Mannschaft kann sich b. lassen.

Begräbnis, das: *das feierliche Begraben eines Toten:* ein schlichtes B.; das B. findet am ... statt; er hat ein christliches B. gehabt; an einem B. teilnehmen.

begreifen /vgl. begriffen/: **1.** (landsch.) ⟨etwas b.⟩ *befassen:* die Kinder haben die Schranktür begriffen. **2.** (veraltend) ⟨etwas begreift etwas in sich⟩ *etwas enthält, umfaßt etwas:* diese Bestimmung begreift auch die Lösung unserer Frage in sich. **3. a)** ⟨etwas b.⟩ *mit dem Verstand erfassen, verstehen:* den Sinn einer Sache, eine Aufgabe b.; das Kind begreift das einfach nicht; ich habe nicht begriffen, was das bedeuten soll; ⟨auch ohne Akk.⟩ schon gut, ich habe begriffen *(ich bin im Bilde).* **b)** ⟨mit Artangabe⟩ *eine bestimmte Auffassungsgabe haben:* das Kind begreift leicht, schnell, schwer. **c)** ⟨jmdn. b.⟩ *jmdn. in seinem Denken, Fühlen und Handeln verstehen:* sich selbst nicht mehr b.; ich kann meinen Freund gut begreifen.

begreiflich: *verständlich:* ein begreiflicher Wunsch; er war in begreiflicher Erregung; es ist nicht b., wie man so etwas tun kann; jmdm. etwas b. machen; du wirst es wohl b. finden, daß ...

begrenzen: 1. ⟨etwas begrenzt etwas⟩ *etwas bildet die Grenze von etwas:* ein Wald begrenzt das Feld. **2.** ⟨etwas b.⟩ *beschränken, [einengend] festlegen:* die Geschwindigkeit in der Stadt b.; die Redezeit b.; einen begrenzten Horizont haben; unser Wissen ist begrenzt.

Begriff, der: **1.** *Sinngehalt, Zusammenfassung wesentlicher Merkmale in einer gedanklichen Einheit:* ein fest umrissener, klarer, unumstößlicher, schillernder, leerer B.; ein dehnbarer B.; ein philosophischer B.; einen B. definieren; zwei Begriffe miteinander verwechseln. **2.** *Vorstellung, Meinung:* einen [un]deutlichen, ungefähren B. von etwas haben; ich kann mir keinen rechten B. davon machen; die Schönheit des Landes übersteigt alle Begriffe; du hast ja einen schönen, sonderbaren B. *(Meinung)* von mir; damit verbinde ich keinen B.; für meine Begriffe ist alles für das Kind zu schwer; nach unseren, nach europäischen Begriffen ist ...; das geht über meine Begriffe. * **ein Begriff sein** *(als Gütezeichen bekannt sein):* der Name, diese Sängerin ist in der ganzen Welt ein B. · (ugs.:) **schwer/langsam von Begriff sein** *(eine langsame, schwere Auffassungsgabe haben):* sei doch nicht so schwer von B.! · **im Begriff sein/stehen** *(gerade etwas anfangen tun wollen).*

begriffen ⟨in der Verbindung⟩ in etwas begriffen sein: *gerade etwas anfangen:* im Aufbruch, in der Umstellung b. sein; der Wagen ist in Serienproduktion b. *(wird bereits in Serie produziert).*

begründen ⟨etwas b.⟩: **1.** *gründen, den Grund zu etwas legen:* einen Hausstand, einen Verein b. *(stilistisch nicht gut);* eine Richtung, Schule in der Malerei b.; dieser Schritt begründete seinen Reichtum, seinen Ruhm. **2.** *Gründe für etwas angeben:* seine Ansichten wissenschaftlich, vernünftig b.; seine Forderungen, seinen Standpunkt, seinen Verdacht mit etwas b.; wie, womit willst du das b.?; adj. Part.: begründete *(berechtigte)* Zweifel hegen; es besteht begründete *(berechtigte)* Hoffnung, Aussicht auf eine friedliche Lösung. * **etwas ist/liegt in etwas begründet** *(etwas ist in etwas beschlossen, läßt sich aus etwas herleiten):* das ist in der Natur der Sache begründet.

begrüßen: **1.** ⟨jmdn. b.⟩ *zu Beginn einer Begegnung, eines Gesprächs grüßen:* einen Bekannten freudig, stürmisch, feierlich, kühl, reserviert b.; der Hausherr begrüßte die Gäste; die beiden begrüßten sich/(geh.:) einander mit Handschlag; bildl.: die Kinder begrüßten den ersten Schnee mit großem Freudengeschrei. **2.** ⟨etwas b.⟩ *zustimmend aufnehmen:* einen Vorschlag, jmds. Entschluß b.; ich würde dies in unser aller Interesse b. *(gutheißen und wünschen);* es ist zu b., daß ...

Begrüßung, die: *das Begrüßen:* eine herzliche friedliche, kühle B.; die feierliche, offizielle B. fand im Rathaus statt; bei, während der B. ...; sich zur B. erheben.

begünstigen ⟨jmdn., etwas b.⟩: *Vorteile verschaffen:* der Schiedsrichter begünstigt mit seinen Entscheidungen die heimische Mannschaft; alle seine Unternehmungen waren vom Glück begünstigt.

begutachten ⟨etwas b.⟩: *fachmännisch beurteilen:* ein Bild, ein Baugelände b.; laß dich mal b. (scherzh.; *laß dich mal anschauen, wie du aussiehst*).

begütigen ⟨jmdn. b.⟩: *besänftigen:* er versuchte den aufgebrachten Fahrer zu b.; begütigend auf jmdn. einreden.

behagen ⟨etwas behagt jmdm.⟩: *etwas sagt jmdm. zu:* diese Arbeit behagt mir sehr; irgend etwas an der Sache hatte mir von Anfang an nicht behagt.

behaglich: **a)** *gemütlich, Wohlbehagen verbreitend:* ein behagliches Wohnzimmer; die Atmosphäre in dem Lokal ist sehr b.; es sich b. machen. **b)** *voller Behagen:* sich b. fühlen; b. in der Sonne sitzen.

behalten: **1.a)** ⟨etwas b.⟩ *nicht hergeben, in seinem Besitz lassen:* ein Geschenk b.; den Rest des Geldes können Sie b.; ich möchte das Bild als/zum Andenken b.; bildl.: recht b. **b)** ⟨jmdn., etwas b.; mit Raumangabe⟩ *dort lassen, wo jmd., etwas ist:* den Hut auf dem Kopf, den Schirm in der Hand b.; der Kranke, das Kind hat das Essen nicht bei sich behalten; wir behalten die Ware auf Lager (Kaufmannsspr.); jmdn. in seinem Amt b. **c)** ⟨jmdn. b.; mit Raumangabe⟩ *nicht fortlassen, in seiner Obhut belassen:* jmdn. als Gast bei sich b.; wir haben die Flüchtlinge über Nacht in unserem Haus behalten. **2.** ⟨etwas b.⟩ *nach wie vor in gleicher Weise haben, bewahren:* seine Fassung, die Nerven, ruhig Blut, einen klaren Kopf b.; er behält immer seine gute Laune; das Haus hat seinen Wert behalten; er hat von der Angina einen Herzschaden behalten *(sich für immer zugezogen).* **3.** ⟨etwas b.⟩ *sich merken:* eine Adresse, eine Telephonnummer b.; ich habe von dem Vortrag nichts behalten. * **die Oberhand behalten** *(der Stärkere bleiben)* · **bitte, behalten Sie Platz!** *(bitte, bleiben Sie sitzen!)* · **den Kopf oben behalten** *(die Ruhe, die Überlegung bewahren; den Mut behalten)* · **jmdn., etwas im Auge behalten** *(beobachten, verfolgen)* · **etwas für sich behalten** *(etwas nicht weitererzählen):* du mußt alles, was ich dir gesagt habe, für dich b.

behandeln: **1.** ⟨jmdn., etwas b.; mit Artangabe⟩ *mit jmdm., etwas in einer bestimmten Weise verfahren, umgehen:* einen Menschen gut, schlecht, gemein, stiefmütterlich, unwürdig, unfreundlich, verächtlich, herablassend, spöttisch, mit Nachsicht, wie ein rohes Ei *(sehr vorsichtig)*, nach Verdienst (geh.) b.; er behandelt das Gerät [un]sachgemäß; wir müssen die Angelegenheit diskret b. **2.a)** ⟨etwas b.; mit Artangabe⟩: *bearbeiten:* den Boden mit Wachs, mit einem Reinigungsmittel b.; ein Material chemisch, mit Säure b. **b)** ⟨etwas b.⟩ *darstellen, untersuchen:* ein Thema [wissenschaftlich] b.; einen Stoff, eine Frage im Unterricht b.; der Roman behandelt den Aufstieg Napoleons. **3.** ⟨jmdn., etwas b.⟩ *durch ein bestimmtes Verfahren zu heilen suchen:* einen Kranken, eine Krankheit b.; wer hat Sie behandelt?; sie wurde mit Penizillin, mit Strahlen, ambulant behandelt; adj. Part.: der behandelnde *(mit dem Fall beschäftigte)* Arzt.

Behandlung, die: **1.** *das Umgehen mit jmdm. oder etwas:* eine gute, freundliche, schlechte, entehrende, empörende, kränkende, ungerechte, unwürdige B. erfahren; sie verdient eine bessere B.; diese B. lasse ich mir nicht länger gefallen; der Fall erfordert eine diskrete B. **2.a)** *Bearbeitung:* das Werkstück wird einer chemischen, mechanischen B. unterzogen. **b)** *Darstellung, Untersuchung:* die literarische B. eines Stoffes; das Problem findet hier eine eingehende B. **3.** *Heilverfahren; ärztliche Betreuung:* die vorbeugende B.; die B. einer Krankheit; eine ambulante, stationäre B.; die B. mit Insulin; die B. ist langwierig, teuer; eine B. anwenden; sie mußte sich in ärztliche B. begeben; er ist bei einem Facharzt in B.

behangen: *mit etwas Herabhängendem versehen:* ein über und über mit Äpfeln behangener Baum; der Baum ist dicht behangen.

behängen ⟨jmdn., sich, etwas mit etwas b.⟩: *mit etwas, was man aufhängen kann, ausstatten:* die Wände mit Teppichen b.; sie hat den Christbaum mit Süßigkeiten behängt (nicht korrekt: behangen!); sie behängt sich gern mit Schmuck (ugs., abwertend; *sie trägt zuviel Schmuck*).

beharren: **a)** ⟨auf etwas /bei etwas b.⟩ *an etwas festhalten; nicht nachgeben:* auf seinem (nicht korrekt: auf seinen) Standpunkt, Vorsatz, Entschluß, Willen, auf seiner Weigerung b.; bei seiner Ansicht, Meinung b.; er beharrte eigensinnig, stur (ugs.), hartnäckig darauf, mitgenommen zu werden. **b)** ⟨mit Umstandsangabe⟩ *bleiben:* in einem Zustand b.

beharrlich: *ausdauernd, hartnäckig:* beharrlicher Fleiß; beharrliches Werben, Zureden; er schwieg, leugnete, weigerte sich b.; sie blieb b. bei ihrer Meinung.

behaupten: **1.** ⟨etwas b.⟩ *mit Bestimmtheit aussprechen:* etwas steif und fest, im Ernst, kühn, dreist b.; er behauptet das, ohne es beweisen zu können; sie behauptet, er sei verreist; er behauptet, sie nicht zu kennen; man behauptet von ihm/es wird von ihm behauptet *(erzählt)*, er sei ... **2.** (geh.) **a)** ⟨etwas b.⟩ *erfolgreich verteidigen, bewahren:* seine Stellung, seinen Platz b., den Sieg b. **b)** ⟨sich b.⟩ *sich durchsetzen:* die Firma konnte sich nicht b.; du mußt dich in deiner neuen Stellung b. * **das Feld behaupten** *(seine Stellung gegen die Konkurrenz halten).*

Behauptung, die: **1.** *Meinungsäußerung:* eine kühne, gewagte, unverschämte, nichtssagende, leere B.; das ist eine bloße, unbewiesene B.; eine B. aufstellen, vorbringen; jmds. Behauptungen nachprüfen, widerlegen; er blieb bei seiner B., ging nicht von seiner B. ab. **2.** (geh.) *das [Sich]behaupten:* die B. des Gleichgewichts fiel ihm schwer.

beheben ⟨etwas b.⟩: *wieder in Ordnung bringen; beseitigen:* einen Schaden, Mangel b.; Mißstände b.; die Verkehrsstörung wurde rasch behoben.

behelfen: a) ⟨sich mit etwas b.⟩ *unzureichenden Ersatz verwenden:* du mußt dich (nicht: dir!) einstweilen hiermit b.; ich behalf mich notdürftig mit einem alten Mantel. **b)** ⟨sich b.⟩: *notdürftig auskommen:* er mußte sich ohne sein Auto b.; kannst du dich solange b.?

beherrschen: 1. ⟨jmdn., etwas b.⟩ **a)** *über jmdn., etwas herrschen, Herr sein:* eine Stadt, ein Land b.; damals wurde/war Gallien noch von den Römern beherrscht; er beherrscht *(meistert)* sein Fahrzeug in jeder Situation; bildl.: die Türme beherrschen *(überragen)* das Stadtbild; die Ebene wird von dem breiten Strom beherrscht; er war ganz von dem Willen beherrscht, das Rennen zu gewinnen. **b)** *die Macht, das Übergewicht haben:* dieses Produkt beherrscht den Markt; diese Vorstellung beherrschte *(bestimmte)* sein ganzes Denken. **2.** ⟨etwas, sich b.⟩ *bezähmen, zügeln, zurückhalten:* seine Leidenschaften, seine Worte b.; ich konnte mich nicht mehr b.; Redensart: ich kann mich b.! (ugs.; *ich werde das bestimmt nicht tun*); adj. Part.: er tritt beherrscht, mit beherrschter Miene auf. **3.** ⟨etwas b.⟩ *sehr gut können:* ein Handwerk, ein Instrument b.; die Spielregeln b.; er beherrscht mehrere Sprachen. * **das Feld beherrschen** *(maßgebend, allgemein anerkannt sein)* · **die Szene beherrschen** *(immer im Mittelpunkt stehen).*

beherzigen ⟨etwas b.⟩: *ernst nehmen und befolgen:* einen Rat, eine Bitte, Ermahnung, Warnung b.; beherzige meine Worte!

behindern ⟨jmdn., etwas b.⟩: *hemmen, störend aufhalten:* der Betrunkene behinderte den Verkehr; die Arbeiter behinderten sich/(geh.) einander in dem kleinen Raum; die Sicht war durch den Nebel stark behindert *(eingeschränkt).*

behufs (Amtsdt.; veraltend) ⟨Präp. mit Gen.⟩: *zu[m Zweck]:* b. schnellen Wiederaufbaus (besser: zum schnellen Wiederaufbau); b. Eintragung ins Taufregister (besser: um ins Taufregister eingetragen zu werden).

behüten: a) ⟨jmdn., etwas b.⟩ *bewachen, beschützen:* der Hund behütet das Haus, die Kinder; adj. Part. (geh.): eine sorgsam behütete Kindheit. **b)** ⟨jmdn., etwas vor jmdm., vor etwas b.⟩ *bewahren, schützen:* jmdn. vor Schaden, vor einer Gefahr b.; der Himmel behüte uns davor! * (ugs.:) **[Gott] behüte!** */Ausruf des Erschreckens, der Abwehr/* · (geh.:) **behüt' dich Gott!; Gott behüte dich!** */Abschiedsgruß/.*

bei /vgl. beim/: **I.** ⟨Präp. mit Dativ⟩ **1.** /räumlich/ **a)** /zur Angabe der Nähe, der losen Berührung u. ä./: Potsdam liegt b. Berlin; die Schlacht b. Leipzig; dicht b., nahe b. der Schule; b. jmdm. stehen, sitzen; dieser Brief lag b. *(zwischen)* seinen Papieren, b. der Morgenpost; er war auch b. *(unter)* den Demonstranten; der Sachschaden liegt b. einer Million Mark; /koppelt gleiche Substantive oder Adjektive/: sie standen Kopf b. Kopf, dicht b. dicht; /gibt den Aufenthalt, den Seins-, Geschehens-, Tätigkeitsbereich an/: b. einer Firma arbeiten, angestellt sein; bei jmdm. Unterricht haben; er wohnt b. seiner Mutter; wir sind b. ihr eingeladen; hast du Geld, den Brief b. dir?; b. uns ist das nicht üblich; gedruckt, verlegt b. ... *(Verlagsangabe);* er ist *(arbeitet)* b. der Post; er dient b. der Luftwaffe; das steht, findet sich b. Schiller *(in Schillers Werken);* übertr.: die Entscheidung liegt b. dir; was nun werden soll, das steht b. Gott *(das weiß nur Gott);* das gleiche war b. mir der Fall; /gibt die Teilnahme an/: b. einer Hochzeit, b. einem Gottesdienst sein; b. einer Aufführung mitwirken. **b)** *an* /zur Angabe der direkten Berührung/: ein Kind, ein Mädchen b. der Hand nehmen; jmdn. b. der Schulter packen. **2.** /zeitlich; zur Angabe eines Zeitpunktes oder einer Zeitspanne/: b. der Ankunft des Zuges; b. Beginn, b. Ende der Vorstellung; b. Eintritt der Dämmerung; b. Tag und Nacht *(während des Tages und der Nacht).* **3.** /zur Angabe der Begleitumstände/: b. der Arbeit *(beim Arbeiten)* sein; jmdm. b. der Arbeit helfen; b. Tisch sein *(essen);* sich b. einer Zigarette, b. einem Glas Bier unterhalten; b. Kräften, b. guter Laune sein; nicht b. Verstand, [nicht] b. Bewußtsein sein; b. Vollmond, Regen, Nebel fahren; b. Tageslicht arbeiten; etwas ist b. Strafe verboten; b. alledem mußt du eins bedenken; /mit konditionalem Nebensinn/: b. Glatteis muß gestreut werden; /mit kausalem Nebensinn/: b. solcher Hitze bleiben wir zu Hause; /mit konzessivem Nebensinn/: b. aller Freundschaft, das geht zu weit. **II.** (veraltend) ⟨Adverb⟩ *ungefähr:* es waren b. 3000 Vögel versammelt. * (hist.:) **bei Hofe** *(am Hof des regierenden Fürsten)* · (ugs.) **nicht ganz bei sich sein** *(verschlafen, geistesabwesend sein)* · **bei weitem: a)** *(weitaus):* er ist b. weitem der beste. **b)** ⟨verneint⟩ *(längst):* er hat b. weitem nicht soviel Vermögen wie du.

beibringen: 1. ⟨jmdm. etwas b.⟩ **a)** *erklären, zeigen; jmdn. etwas lehren:* den Schülern das Lesen, Rechnen, ein neues Spiel b.; jmdm. b., wie man einen Braten tranchiert; er konnte mir keine gute Meinung darüber b. *(mich nicht überzeugen);* (ugs.:) dem werde ich's schon noch b.!; ich will dir b., mich zu belügen! */Drohungen/.* **b)** *vorsichtig mitteilen; begreiflich machen:* man muß ihr die Wahrheit schonend b.; ich versuchte vergeblich, ihm beizubringen, daß er nicht willkommen sei. **2.** ⟨jmdm. etwas b.⟩ *zufügen:* jmdm. eine Wunde, Verletzung, einen Stich in die Brust b.; sie haben dem Gegner eine Niederlage beigebracht *(ihn besiegt).* **3.** (Rechtsw.) **a)** ⟨etwas b.⟩ *herbeischaffen, vorlegen:* Beweise, einen Schuldschein b. **b)** ⟨jmdn. b.⟩ *stellen:* er konnte keine Zeugen b. * (ugs.:) **jmdm. die Flötentöne beibringen** *(jmdn. das richtige Benehmen lehren).*

Beichte, die (Rel.): *Sündenbekenntnis:* bei dem Priester die B. ablegen *(beichten);* jmdm. die B.

abnehmen; der Geistliche hört, sitzt B. *(sitzt im Beichtstuhl und hört die Beichte der Gläubigen an)*; er geht selten, häufig zur B.

beide ⟨Pronomen und Zahlwort⟩: *alle zwei, die zwei:* b. Kinder; b. jungen/(seltener:) junge Mädchen; Angehörige beider politischen/(seltener:) politischer Gruppen; b. Beamten /(seltener:) Beamte; die ersten beiden, die beiden ersten Ankömmlinge; ein Mann und eine Frau, b. bewaffnet; zwei Gestalten, b. völlig verwahrlost. sie sind b. evangelisch; wir b./(seltener:) beiden werden das machen; alle b. wollen studieren; dies beides gehört dir; b. haben sich anders entschieden; die beiden gefallen mir am besten; [alles] beides ist möglich; in beidem hast du recht; von beidem möchte ich etwas haben; einer von beiden muß gehen.

Beifall, der: **a)** *Applaus:* starker, schwacher, [lang]anhaltender, stürmischer, nicht enden wollender, rauschender, brausender, tosender, frenetischer (bildungsspr.), spontaner (bildungsspr.), minutenlanger, herzlicher, verdienter B.; der B. der Menge setzt ein, bricht los, brandet auf (geh.), hält an, nimmt zu, verebbt, verklingt; der Redner erntete, erhielt, bekam viel B.; [jmdm.] B. klatschen; B. spenden; seine Darbietungen lösten B. aus; der Redner wurde wiederholt durch B. unterbrochen; das Publikum sparte nicht mit B. **b)** *Zustimmung:* etwas findet den ungeteilten, uneingeschränkten B. aller; dieser Plan hat meinen B.; seine Worte wurden mit B. aufgenommen.

beigeben: a) ⟨einer Sache etwas b.⟩ *zufügen, beimischen:* der Speise noch etwas Salz, einige Gewürze b.; dem Waschpulver ein Bleichmittel b. **b)** ⟨jmdm. jmdn. b.⟩ *zur Unterstützung zur Verfügung stellen:* man hat ihm zur Entlastung noch einen Sachbearbeiter beigegeben. * **klein beigeben** *(ohne lautes Murren nachgeben)*.

Beigeschmack, der: *zusätzlicher, den eigentlichen Geschmack beeinträchtigender Geschmack:* die Butter, der Wein hat einen [eigenartigen, unangenehmen] B.; übertr.: die Angelegenheit hat einen bitteren, pikanten, üblen B.

beikommen: 1. a) ⟨jmdm. b.⟩ *jmdn. zu fassen bekommen; mit jmdm. fertig werden;* diesem schlauen Burschen ist nicht [leicht], nur mit einer List beizukommen; sie wußten nicht, wie sie ihm b. sollten. **b)** ⟨einer Sache b.⟩ *etwas bewältigen, lösen:* man mußte versuchen, den Schwierigkeiten, dem Problem auf andere Weise beizukommen. **2.** (ugs.; veraltend) ⟨etwas kommt jmdm. bei⟩ *etwas fällt jmdm. ein:* wie kannst du dir nur so was b. lassen!; laß dir das nicht b.!

beilegen: 1. ⟨einer Sache etwas b.⟩ *beifügen; zu etwas hinzulegen:* einem Brief Rückporto, eine Photographie b.; dem Blumenstrauß war eine Karte beigelegt; ⟨auch ohne Dativ⟩ Unterlagen, Zeugnisabschriften sind beizulegen. **2. a)** ⟨jmdm., sich etwas b.⟩ *zusätzlich geben, verleihen:* jmdm., sich einen Titel, Namen, eine Eigenschaft b. **b)** ⟨einer Sache etwas b.⟩ *beimessen, eine bestimmte Bedeutung geben:* man sollte der Angelegenheit mehr Gewicht b.; wir haben der Äußerung keine besondere Bedeutung, keinen allzu großen Wert beigelegt. **3.** ⟨etwas b.⟩ *schlichten, durch eine Aussprache o. ä. beseitigen:* einen Konflikt, eine Meinungsverschiedenheit b.

Beileid, das: *Anteilnahme an jmds. Trauer:* [mein] herzliches, aufrichtiges B.!; jmdm. sein B. aussprechen, ausdrücken, bekunden.

beiliegen ⟨etwas liegt einer Sache bei⟩: *etwas ist einer Sache beigefügt:* der Sendung liegt die Rechnung bei; adj. Part.: unsere Fragen finden Sie auf beiliegendem Formular; beiliegend *(anbei)* finden Sie die gewünschten Unterlagen.

beim: 1. *bei dem:* der Garten liegt nahe b. Haus; ich habe mich b. Pförtner erkundigt; Vorsicht b. Öffnen der Tür! **2.** ⟨in Verbindung mit *sein* und einem substantivierten Infinitiv zur Bildung der Verlaufsform⟩: er ist b. Waschen, Frühstücken, Lesen, Schreiben *(er wäscht sich gerade usw.)*.

beimessen ⟨jmdm., einer Sache etwas b.⟩: *zuerkennen:* jmdm. die Schuld an etwas b.; diesen Dingen wurde eine übermäßige Bedeutung, ein zu großes Gewicht beigemessen; man hat diesem Vertragswerk eine besondere Bedeutung für die europäische Zukunft beigemessen.

Bein, das: **1.** */Körperteil bei Menschen und Tieren/:* das linke, rechte B.; beide Beine, gerade, schlanke, krumme, lange, schöne, kräftige, dicke, geschwollene Beine; die Beine waren ihm eingeschlafen; das gebrochene B. wurde geschient; das kranke, verletzte Bein mußte abgenommen, amputiert werden; die Beine spreizen, grätschen, anwinkeln, anziehen, hochheben, hochlegen, kreuzen, übereinanderschlagen, ausstrecken, von sich strecken; er hatte ein steifes B.; sie hat ein offenes B. *(ein nicht heilendes Geschwür am Bein)*; ich habe mir ein B. gebrochen; er hatte im Krieg beide Beine verloren; sie ließen die Beine baumeln; der Hund hebt das B. *(läßt Wasser)*; (ugs.:) auf einem B. kann man nicht stehen! */Aufforderung, ein zweites Glas zu trinken/;* der Kranke konnte sich kaum auf den Beinen halten; der Hund hatte ihm ins B. gebissen; das Baby strampelte mit den Beinen; ich wäre beinahe über meine eigenen Beine gestolpert; vor Ungeduld trat er von einem B. aufs andere; das Kind ist mir vor die Beine gelaufen; Redensart: was man nicht im Kopf hat, das muß man in den Beinen haben *(wenn man etwas vergißt, muß man denselben Weg zweimal machen)*; Sprichw.: Lügen haben kurze Beine. **2.** *beinartiges Teil eines Möbelstücks oder Gerätes:* die Beine des Tisches, des Photostativs; an dem Stuhl ist ein B. abgebrochen; das B. wurde wieder angeleimt. **3.** *Hosenbein:* das rechte B. ist etwas kürzer; die Beine länger machen; eine Hose mit engen, weiten Beinen. **4.** (landsch.) *Fuß:* vom Wandern tun mir die Beine weh; ihr frieren die Beine. **5.** (oberdt.; ugs.) *Knochen:* der Hund nagte an einem B.; mir tun nach dem Marsch alle Beine weh. *(ugs.:) **die Beine in die Hand/unter die Arme nehmen** *(schnell weglaufen; sich beeilen)* · **jüngere Beine haben** *(besser als ein Älterer laufen oder stehen können)* · (ugs.:) **die Beine unter jmds. Tisch strecken** *(von jmdm. finanziell abhängig sein; sich von jmdm. ernähren lassen)* · (ugs.:) **jmdm.** [**lange**] **Beine machen** *(jmdn. fortjagen; jmdn. antreiben, sich schneller zu bewegen)* · (ugs.:) **jmdm. ein Bein stellen: a)** *(sich jmdm. so in den Weg stellen, daß er fällt oder stolpert)*. **b)** *(jmdn. durch eine bestimmte Handlung zu Fall zu bringen suchen)* · (ugs.:) **sich** (Dativ) **kein Bein ausreißen** *(sich nicht sonderlich* *anstrengen)* · (ugs.:) **sich** (Dativ) **die Beine vertreten** *(nach langem Sitzen etwas [spazieren]gehen)* · (ugs.:) **sich** (Dativ) **die Beine in den Leib/Bauch stehen** *(sehr lange stehen und warten)* · (ugs.:) **kein Bein auf die Erde kriegen** *(nicht zum Zuge kommen)* · (ugs.:) **etwas kriegt/bekommt Beine** *(etwas verschwindet, wird gestohlen)* · (ugs.:) **alles, was Beine hat** *(jedermann):* alles, was Beine hatte, war auf dem Sportplatz · (ugs.:) **es friert Stein und Bein** *(es herrscht starker Frost)* · (ugs.:) **Stein und Bein schwören** *(etwas mit allem Nachdruck beteuern)* · (ugs.:) **einen Klotz am Bein haben** *(eine Last haben)* · (ugs.:) **sich** (Dativ) **einen Klotz ans Bein binden** *(sich eine Last aufbürden)* · (ugs.:) **etwas ist jmdm. ein Klotz am Bein** *(etwas ist für jmdn. ein Hemmnis)* · (ugs.:) **etwas ans Bein binden** *(etwas drangeben, einbüßen)* · (ugs.:) **auf den Beinen sein** *(in Bewegung, unterwegs sein)* · **etwas steht auf schwachen Beinen** *(etwas ist nicht sicher, nicht gut begründet)* · (ugs.:) **wieder auf den Beinen sein** *(wieder gesund sein)* · (ugs.:) **jmdm. auf die Beine helfen: a)** *(jmdm. helfen, eine Schwäche oder Krankheit zu überwinden).* **b)** *(jmdn. wirtschaftlich wieder aufrichten)* · (ugs.:) **sich auf die Beine machen** *(schnell weggehen)* · (ugs.:) **wieder auf die Beine kommen** *(wieder gesund werden)* · (ugs.:) **etwas auf die Beine stellen** *(etwas in bewundernswerter Weise zustande bringen)* · (ugs.:) **etwas geht/dringt jmdm. durch Mark und Bein** *(etwas wird von jmdm. in fast unerträglicher Weise empfunden):* der Schrei ging, drang mir durch Mark und Bein · **mit beiden Beinen [fest] auf der Erde stehen** *(die Dinge realistisch sehen; lebenstüchtig sein)* · (ugs.:) **mit einem Bein im Gefängnis stehen** *(in Gefahr sein, mit dem Gesetz in Konflikt zu kommen)* · (ugs.; scherzh.:) **mit dem linken Bein zuerst aufgestanden sein** *(schlechte Laune haben)* · (ugs.:) **jmdm. Knüppel/einen Knüppel zwischen die Beine werfen** *(jmdm. Schwierigkeiten machen).*

beinah[e] ⟨Adverb⟩: *fast, nahezu:* ich wäre b. verunglückt; zu diesem Ergebnis kam man b. in allen/in b. allen Fällen.

beipflichten ⟨jmdm., einer Sache b.⟩: *nachdrücklich beistimmen, recht geben:* er pflichtete ihm bei; sie haben unserem Vorschlag, unserer Ansicht beigepflichtet; in diesem Punkt muß ich Ihnen b.

beirren ⟨jmdn. b.⟩: *unsicher machen:* du darfst dich durch andere, dadurch nicht b. lassen; nichts konnte ihn in seiner Ansicht, in seinem Vorhaben b.

beisammen ⟨Adverb⟩: *beieinander, zusammen:* wir blieben lange b.; endlich waren sie wieder einmal ein paar Tage b.

Beisein, das ⟨in den Verbindungen⟩ **in jmds. Beisein** *(während jmds. Anwesenheit):* im B. der Kinder, im B. von Fremden sollte darüber nicht gesprochen werden · **ohne jmds. Beisein** *(ohne jmds. Anwesenheit):* ohne sein B. hätte der Plan nicht beschlossen werden dürfen.

beiseite ⟨Adverb⟩: **a)** *zur Seite, auf die Seite:* b. springen, treten; sie legte das Buch b.; übertr.: (ugs.): sie versuchte, jeden Monat etwas [Geld] b. zu legen *(zu sparen).* **b)** *seitlich in gewisser Entfernung; abseits:* er hielt sich, stand b.; der Schauspieler sprach b. *(machte abgewandt von seinem Partner eine nur für das Publikum bestimmte Äußerung);* bildl.: warum soll er immer b. stehen? *(zurückstehen, bei etwas nicht berücksichtigt werden?).* * (ugs.:) **Spaß/Scherz beiseite!** *(jetzt meine ich es ernst!).*

beisetzen ⟨jmdn., etwas b.⟩: *feierlich begraben, beerdigen:* der Verstorbene wurde in der Familiengruft beigesetzt; sie ließen die Urne in der Heimat der Verstorbenen b.

Beispiel, das: **a)** *etwas erklärender, beweisender Einzelfall:* ein gutes, anschauliches, konkretes, treffendes, lehrreiches B.; etwas dient als B.; Beispiele nennen, aufzählen, suchen, anführen, angeben; etwas als B. angeben; etwas an einem B., an Hand eines Beispiels erklären; dieser Vorgang ist ohne B. *(ist unerhört);* bei ihren Besuchen brachte sie meist etwas für die Kinder mit, wie zum B. Bücher, Spielzeug oder Süßigkeiten. **b)** *Vorbild:* er, sein Verhalten ist uns allen ein leuchtendes, warnendes B.; ein gutes, abschreckendes B. geben; nimm dir an deinem Bruder ein B. *(nimm dir deinen Bruder zum Vorbild)!;* sie folgte seinem B.; die Eltern sollten mit gutem B. vorangehen *(sollten zuerst das tun, was sie von ihren Kindern verlangen);* Sprichw.: schlechte Beispiele verderben gute Sitten.

beißen: 1.a) ⟨mit Raumangabe⟩: *mit den Zähnen in etwas eindringen:* ins Brot, in einen Apfel b.; beim Essen auf ein Pfefferkorn b. **b)** ⟨etwas b.⟩ *mit den Zähnen zerkleinern, kauen:* ich kann das harte Brot, die Rinde nicht b.; ⟨auch ohne Akk.⟩ mit seinen paar Zähnen kann er kaum noch b. **c)** *den Köder annehmen:* die Fische beißen nicht, haben heute gut gebissen. **d)** ⟨nach jmdm., nach etwas b.⟩ *mit den Zähnen zu packen suchen, schnappen:* der Hund biß nach dem Briefträger, nach seinem Bein. **2.a)** ⟨jmdn., etwas b.⟩ *mit den Zähnen fassen und verletzen:* eine Schlange hat sie gebissen; die Tiere bissen sich im Käfig; Redensart: den letzten beißen die Hunde; ⟨jmdm./(seltener:) jmdn., sich b.; mit Raumangabe⟩ der Hund hat mir/mich ins Bein gebissen; ich habe mir/mich auf die Zunge gebissen; Redensart: da beißt sich die Katze in den Schwanz *(Ursache und Wirkung bedingen sich wechselseitig).* **b)** *bissig sein:* der Hund beißt; Vorsicht, das Pferd beißt!; Sprichw.: Hunde, die [laut] bellen, beißen nicht. **c)** ⟨sich (Dativ) etwas b.; mit Artangabe⟩ *durch Beißen in einen bestimmten Zustand bringen:* ich biß mir die Lippen wund, um nicht laut zu lachen, um keine unvorsichtige Bemerkung zu machen. **3.** ⟨jmdn. b.⟩ *stechen, jmdm. Blut aussaugen* /von Insekten/: ein Floh, eine Wanze hat ihn gebissen. **4.** (ugs.) ⟨etwas beißt sich⟩ *etwas paßt [farblich] nicht zueinander:* die Farben beißen sich; Rot und Violett, das beißt sich. **5.** ⟨etwas beißt⟩ *etwas ist scharf, brennt:* die Kälte beißt; Pfeffer beißt auf der Zunge; der Rauch beißt in den/in die Augen; ⟨etwas beißt jmdm./(seltener:) jmdn.; mit Raumangabe⟩ der Rauch beißt mir/mich in die Augen · adj. Part.: ein beißender Geruch; beißende Kälte; übertr.: beißender Spott. * (ugs.:) **nichts zu beißen haben** *(arm sein, nicht viel zu essen haben)* · (ugs.:) **ins Gras beißen** *(sterben)* · (ugs.:) **in den sauren Apfel beißen** *(etwas Unangenehmes auf sich nehmen).*

beistehen ⟨jmdm. b.⟩: *helfen, zur Seite stehen:* jmdm. gegen seine Feinde, in einer schwierigen Lage, mit Rat und Tat b.; die Freunde standen sich gegenseitig bei; er hat mir immer beigestanden, wenn ich in Not war.

Beitrag, der: **1.** *Arbeit als Anteil, mit dem sich jmd. an etwas beteiligt:* einen wichtigen B. leisten; er hat einen bedeutenden B. zur Entwicklung seines Landes, zur Lösung eines Problems geliefert. **2.** *Betrag, der regelmäßig an eine Organisation zu zahlen ist:* einen [hohen] B. entrichten, zahlen; die Beiträge für einen Verein kassieren, abführen; er überwies seine Beiträge für die Versicherung per Dauerauftrag. **3.** *Aufsatz, Bericht für eine Zeitschrift o. ä.:* wissenschaftliche, juristische Beiträge; einen B. für eine Zeitung, für den Rundfunk schreiben, liefern, einschikken; diese Zeitschrift veröffentlicht regelmäßig Beiträge über die neuesten Forschungsaufgaben.

beitragen: *seinen Beitrag zu etwas leisten; bei etwas mithelfen:* **a)** ⟨zu etwas b.⟩ zum Gelingen eines Festes b.; in vielen Familien trägt auch die Frau zum Lebensunterhalt bei. **b)** ⟨etwas zu etwas b.⟩ jeder mußte etwas, sein Teil dazu b., daß sich die Atmosphäre entspannte.

beitreten ⟨einer Sache b.⟩: *Mitglied werden; sich anschließen:* einem Verein, Verband, einer Partei, Organisation b.; das Land ist dem Nichtangriffspakt beigetreten.

beiwohnen (geh.) ⟨einer Sache b.⟩: *bei etwas anwesend, zugegen sein:* einer Veranstaltung, einem Fest, der Messe, einer Unterredung, einer [Gerichts]verhandlung b.; ausländische Regierungsvertreter wohnten dem Staatsakt bei.

bejahen ⟨etwas b.⟩: **a)** *auf etwas mit Ja antworten:* eine Frage b.; adj. Part.: eine bejahende Antwort. **b)** *einer Sache zustimmen, mit etwas einverstanden sein:* das Leben, die Welt, eine Tat b.; er hat den Plan ohne weiteres bejaht; adj. Part.: eine bejahende Lebensauffassung.

bekannt: **a)** *von vielen gekannt, gewußt:* eine bekannte Sache, Melodie; die Geschichte ist allgemein b.; der Grund für seine Weigerung ist b.; er ist b. wie ein bunter Hund (ugs.; *sehr bekannt*); es dürfte b. sein *(man weiß doch sicher)*, daß ...; er ist durch mehrere wichtige Publikationen b. geworden; dieser Kaufmann ist für seine gute Ware b.; er ist b. dafür, daß er geizig ist; er ist wegen seines Ehrgeizes b.; diese Theorie setze ich als bekannt voraus *(ich nehme an, daß man diese Theorie kennt)*. **b)** *berühmt, angesehen:* ein bekannter Künstler, Arzt; er ist in Wien b. *(hat in Wien einen Namen)*. * **jmdm. bekannt sein** *(jmdm. nicht fremd, nicht neu sein; von jmdm. gekannt werden):* die Einbrecher waren der Polizei schon b.; sein Fall ist mir b.; davon ist mir nichts b. *(davon weiß ich nichts);* ⟨attributiv auch ohne Dativ⟩ ich sah viele bekannte Gesichter *(viele Gesichter, die ich kannte)* · **jmdm. bekannt vorkommen** *(jmdm. nicht fremd erscheinen):* er, diese Gegend kommt mir b. vor · **mit jmdm., mit etwas bekannt sein** *(jmdn., etwas näher kennen; mit jmdm., etwas vertraut sein):* ich bin mit ihm, mit seinen Problemen seit langem b. · **mit jmdm. bekannt werden** *(jmdn. kennenlernen):* sie sind gestern miteinander b. geworden · **jmdn. mit jmdm. bekannt machen** *(jmdn. jmdm. vorstellen):* ich werde dich mit ihm b. machen; ⟨auch absolut⟩ darf ich b. machen? · **jmdn., sich mit etwas bekannt machen** *(jmdn., sich über etwas informieren, mit etwas vertraut machen):* jmdn. mit einer Maßnahme b. machen; sie mußten sich erst mit der neuen Arbeit b. machen.

Bekannte, der (und: die): **a)** *jmd., mit dem man gut bekannt ist:* gemeinsame, alte Bekannte; ein Bekannter meines Vaters; er ist ein guter Bekannter von mir; die Kinder inzwischen verstorbener Bekannter/(seltener:) Bekannten kümmerten sich um die alten Leute; dir als gutem Bekannten des Ministers sollte es möglich sein, in dieser Hinsicht etwas zu erreichen. **b)** (ugs.; verhüll.) *Freund eines Mädchens:* ich habe sie mit ihrem Bekannten getroffen.

bekanntgeben ⟨etwas b.⟩: *öffentlich mitteilen:* die Namen der Gewinner werden durch Anschlag, über den Rundfunk bekanntgegeben; sie haben ihre Verlobung in der Zeitung bekanntgegeben; /Formel in Anzeigen/: ihre Verlobung, Vermählung geben bekannt ...

bekanntmachen ⟨etwas b.⟩: *der Allgemeinheit zur Kenntnis geben:* eine Verordnung in der Zeitung, durch Plakatanschlag, über den Rundfunk b.; das Gesetz wurde bekanntgemacht *(veröffentlicht)*.

Bekanntschaft, die: **1.** *das Bekanntsein; Kontakt, persönliche Beziehung:* eine B. anknüpfen, pflegen, aufgeben, beenden; das war schon in der ersten Zeit unserer B. so; bei näherer B. erhielt man ein völlig anderes Bild von ihm. **2.** *Mensch oder Kreis von Menschen, den man näher kennt:* viele Bekanntschaften haben; sie brachte ihre B. mit; in seiner B. war niemand, der ihm helfen konnte. * **jmds. Bekanntschaft machen** *(jmdn. kennenlernen)* · (ugs.:) **mit etwas Bekanntschaft machen** *(mit etwas Unangenehmem in Berührung kommen):* mit dem Stock, mit der Polizei B. machen.

bekehren: **a)** ⟨jmdn. zu etwas b.⟩ *bei jmdm. eine innere Wandlung bewirken und ihn für eine bestimmte [Lebens]auffassung, einen Glauben gewinnen:* jmdn. zum christlichen Glauben b.; es gelang, ihn zu einer anderen Ansicht zu b.; ⟨auch ohne Präpositionalobjekt⟩ Andersgläubige b.; er ließ sich nicht b.; du hast mich bekehrt; sie sind inzwischen bekehrt *(haben ihre Ansicht inzwischen geändert)*. **b)** ⟨sich zu etwas b.⟩ *eine innere Wandlung durchmachen und zu einer bestimmten [Lebens]auffassung kommen oder einen Glauben annehmen:* sich zum Christentum b.; er bekehrte sich zu meiner Auffassung; ⟨auch ohne Präpositionalobjekt⟩ hast du dich bekehrt?

bekennen: **1. a)** ⟨etwas b.⟩ *eingestehen, offen aussprechen:* einen Irrtum, die Wahrheit, seine Schuld, seine Sünden b.; seinen Glauben b. *(Zeugnis für seinen Glauben ablegen; das Glaubensbekenntnis sprechen)*. **b)** ⟨sich b.; mit Artangabe⟩ *sich als, für etwas erklären:* er bekannte sich [als/für] schuldig, als Täter. **2.** ⟨sich zu jmdm., zu etwas b.⟩ *für jmdn., etwas eintreten; zu jmdm., zu etwas stehen:* sich zum Christentum b.; er bekannte sich zu seinen Taten; nur wenige seiner früheren Freunde bekannten sich zu ihm. * (ugs.:) **Farbe bekennen** *(seine wahre Ansicht offenbaren)*.

Bekenntnis, das: **1.** *Eingeständnis:* das B. einer

Schuld, seiner Sünden; er legte ein offenes, ehrliches, freimütiges B. ab. **2. a)** *Erklärung seiner Zugehörigkeit, das Eintreten für etwas:* ein B. zum Christentum, zur demokratischen Rechtsordnung ablegen. **b)** *Konfession:* evangelisches, katholisches B.; er hat sein B. gewechselt.

beklagen: 1. (geh.) ⟨etwas b.⟩ *über jmdn., etwas trauern:* einen Verlust, den Tod eines Freundes b.; bei dem Unglück waren Menschenleben nicht zu b. *(gab es keine Toten).* **2.** ⟨sich über jmdn., über etwas/wegen etwas b.⟩ *Klage führen, sich beschweren:* sich über einen anderen, über den Lärm b.; er hat sich bei mir über die/wegen der Ungerechtigkeit beklagt; ⟨auch ohne Präpositionalobjekt⟩ eigentlich könnt ihr euch doch nicht b. *(könnt ihr doch zufrieden sein);* adj. Part.; Rechtsw.: die beklagte *(beschuldigte)* Partei, Person.

bekleiden: 1. ⟨jmdn., sich b.; meist im 2. Part.⟩ *mit Kleidung versehen:* in der Eile hatte sie sich nur notdürftig bekleidet; er war nur leicht, nur mit einer Hose bekleidet. **2.** ⟨etwas b.⟩ *innehaben:* einen hohen Posten, ein Amt, eine Stellung b.

beklemmen /vgl. beklommen/: ⟨etwas beklemmt jmdn., etwas⟩: *etwas bedrückt, beengt jmdn., etwas:* Angst beklemmte ihn, seine Seele; ⟨etwas beklemmt jmdm. etwas⟩ eine bange Ahnung beklemmt mir das Herz · adj. Part.: ein beklemmendes Gefühl; sein Schweigen, die Luft war beklemmend.

beklommen: *von einem Gefühl der Angst, Unsicherheit erfüllt:* sie antwortete mit beklommener Stimme; sie war ganz b.; ihm war b. zumute.

bekommen: 1. ⟨etwas b.⟩ *in den Besitz von etwas kommen; etwas erhalten:* ein Geschenk, einen Preis, einen Brief, [keine] Antwort b.; Urlaub, Gehalt, Lohn, Ermäßigung b.; [keine] telephonische Verbindung b.; die Firma bekam keine Aufträge mehr; der Patient bekam eine Spritze *(ihm wurde eine Spritze verabreicht);* Sie bekommen von uns Nachricht; nichts zu essen/zum Essen b.; was bekommen Sie bitte *(was darf ich Ihnen verkaufen; was bin ich Ihnen schuldig)?;* ⟨auch ohne Akk.⟩ ihr könnt nie genug bekommen *(wollt immer noch mehr haben)* · /verblaßt/: einen Kuß b. *(geküßt werden);* Besuch b. *(besucht werden);* ein Lob b. *(gelobt werden);* eine Belohnung b. *(belohnt werden);* einen Tadel, eine Rüge, einen Verweis b. *(getadelt werden);* eine Strafe b. *(bestraft werden)* · Prügel, Dresche (ugs.) b. *(verprügelt werden);* zwei Tage Arrest, ein Jahr Gefängnis b. *(mit zwei Tagen Arrest bestraft, zu einem Jahr Gefängnis verurteilt werden);* einen [elektrischen] Schlag b. *(von einem elektrischen Schlag getroffen werden);* etwas in die Hände, Finger (ugs.) b. *(aus Versehen erhalten);* etwas in den Magen bekommen (ugs.; *seinem Magen Nahrung zuführen);* einen Stein an den Kopf b. *(von einem Stein getroffen werden).* **2. a)** ⟨jmdn., etwas b.⟩ *durch eigene Bemühung zu etwas kommen; finden:* sie hat keinen Mann bekommen; er hat eine Stellung, [keine] Arbeit bekommen; ich bekam keinen Schlaf *(konnte nicht schlafen).* **b)** ⟨etwas b.⟩ *erlangen; gewinnen:* Einblick in etwas, eine falsche Vorstellung von etwas b.; du sollst dein Recht b. *(haben);* das Kind darf nicht immer seinen Willen b. *(durchsetzen).* **3.** ⟨etwas b.⟩ **a)** *von etwas befallen werden; eine physische oder psychische Veränderung aufweisen:* eine Krankheit, Grippe, Fieber, Kopfschmerzen, einen Krampf, einen Schlaganfall, Herzklopfen, kalte Füße, eine Gänsehaut, graue Haare, einen Wutanfall, Hunger b.; er bekam Angst, Heimweh, Gewissensbisse; ihr Gesicht, ihre Haut bekam Falten; die Kranke hat schon wieder Farbe bekommen *(sieht schon wieder frischer aus);* er bekam plötzlich Lust zu verreisen *(wollte plötzlich gern verreisen);* man bekommt allmählich Übung *(wird allmählich erfahrener)* darin; die Pflanze hat einen neuen Trieb bekommen; sie hat ein Kind bekommen *(geboren).* **b)** *mit etwas rechnen müssen oder können:* wir bekommen anderes, schönes Wetter; da bekommst du doch nur Schwierigkeiten, Unannehmlichkeiten. **4.** ⟨jmdn., etwas b.; mit Umstandsangabe⟩ *jmdn., etwas in einen bestimmten Zustand versetzen; jmdn. dazu bringen, etwas zu tun:* sie konnten den Verhafteten durch eine hohe Kaution frei b.; man konnte ihn nicht mehr ans Klavier b. *(er wollte nicht mehr Klavier spielen).* **5.** ⟨etwas b. + 2. Part.; an Stelle der eigentlichen Passivkonstruktion⟩ etwas geliehen, geschickt, vorgesetzt, mitgeteilt, geliefert b.; er hatte die Bücher [von seinem Vater] geschenkt bekommen *(die Bücher waren ihm [von seinem Vater] geschenkt worden).* **6.** ⟨etwas b. + Inf. mit *zu*⟩ **a)** *die Möglichkeit haben, etwas zu tun:* das bekommt man zu kaufen; ihr bekommt heute nichts zu essen; wo bekommt man hier etwas zu trinken? **b)** *etwas ertragen müssen:* er bekam ihren Haß zu spüren; wenn er das tut, bekommt er [von mir] aber etwas zu hören *(werde ich ihm aber die Meinung sagen).* **7.** ⟨etwas bekommt jmdm.; mit Artangabe⟩ *etwas ist jmdm. zuträglich:* das Essen, die Kur ist ihr gut, nicht bekommen; wohl bekomm's! * **etwas satt bekommen** *(einer Sache überdrüssig werden)* · (ugs.:) **kalte Füße bekommen** *(ein Vorhaben aufgeben, weil man Angst bekommen hat)* · (ugs.:) **eins aufs Dach bekommen** *(zurechtgewiesen werden)* · (ugs.:) **eins/ein paar hinter die Ohren bekommen** *(geohrfeigt werden)* · **etwas in den Griff bekommen** *(etwas meistern)* · (ugs.:) **etwas in die falsche Kehle bekommen** *(etwas falsch verstehen und böse werden)* · **es mit jmdm. zu tun bekommen** *(von jmdm. zur Rede gestellt, bestraft werden)* · **es mit der Angst zu tun bekommen** *(ängstlich werden)* · (ugs.:) **von etwas Wind bekommen** *(heimlich von etwas erfahren)* · **jmdn., etwas zu Gesicht bekommen** *(jmdn., etwas, auf dessen Anblick man großen Wert legt, sehen).*

bekräftigen: 1. ⟨etwas b.⟩ *mit Nachdruck bestätigen:* eine Aussage durch einen/mit einem Eid b.; sie bekräftigten die Vereinbarung mit einem Handschlag. **2.** (geh.) ⟨jmdn., etwas b.⟩ *bestärken, in etwas unterstützen:* jmds. Plan, Vorhaben b.; er, die Entwicklung der Dinge hat mich in meiner Ansicht bekräftigt.

bekümmern: 1. ⟨etwas bekümmert jmdn.⟩ *etwas bereitet jmdm. Kummer, Sorge:* seine Lage, sein Zustand bekümmert mich; was andere von ihm denken, bekümmert ihn wenig; adj. Part.: *traurig, bedrückt:* er sah mich mit bekümmertem Blick an; sie war darüber sehr bekümmert. **2.** (geh.; veraltend) ⟨sich um jmdn., um etwas b.⟩ *sich um jmdn., etwas kümmern:* sie hätte sich etwas mehr um ihre Kinder b. sollen; er bekümmmerte sich nicht darum, was aus seinem Freund wurde.

bekunden (geh.): **1.** ⟨etwas b.⟩ **a)** *deutlich zum Ausdruck bringen, zeigen:* sein Interesse, seine Freude, Teilnahme, Sympathie, Abneigung b.; sie bekundeten durch Beifall ihr Einverständnis mit der Ansicht des Redners. **b)** (Rechtsw.) *bezeugen:* Augenzeugen bekundeten, daß der Beklagte die Vorfahrt nicht beachtet habe. **2.** (geh.) ⟨etwas bekundet sich; mit Umstandsangabe⟩ *etwas zeigt sich, wird deutlich:* dadurch, darin bekundete sich ihr ganzer Haß; im Laufe der Zeit bekundete sich ihre Verschiedenheit immer stärker.

beladen ⟨jmdn., sich, etwas mit etwas b.⟩: *mit einer Ladung, Last versehen:* ein Schiff mit Holz, Kohle b.; er belud sich mit dem ganzen Gepäck; ein mit Autos beladener Güterzug; übertr.: sich nicht mit Sorgen beladen wollen; ⟨auch ohne Präpositionalobjekt⟩ einen Wagen [allzu schwer] b.; schwer beladen kam sie vom Einkauf zurück.

belagern: a) ⟨etwas b.⟩ *einen Ort mit Truppen umschlossen halten:* eine Stadt, Festung, Burg b. **b)** (ugs.) ⟨jmdn., etwas b.⟩ *sich um jmdn., etwas drängen:* Reporter belagerten das Hotel des Ministers; der Star wurde ständig von Fans belagert.

Belang, der: *berechtigte Forderung; Interesse:* die sozialen, kulturellen Belange einer Stadt; der Verband wird Ihre Belange vertreten. * **nicht von/ohne Belang** *(ohne Bedeutung, unwichtig):* die Frage ist für uns ohne, nicht von B.

belangen ⟨jmdn. b.⟩: *zur Rechenschaft, Verantwortung ziehen:* jmdn. gerichtlich [für etwas] b.; er wurde wegen seiner politischen Äußerung, wegen der Verbreitung von Unwahrheiten belangt. * **was jmdn., etwas belangt ...** *(was jmdn., etwas betrifft ...):* was das belangt, so habt ihr sicher recht.

belanglos: *ohne große Bedeutung; unwichtig:* belanglose Dinge, Gespräche; diese Ergebnisse sind für die Gesamtbeurteilung völlig b.

belassen ⟨jmdn., etwas b.; mit Raumangabe⟩: *unverändert lassen:* man hat ihn trotz des Vorfalls in seiner Stellung belassen; wir wollen es dabei b. *(bewenden lassen).*

belasten: 1. ⟨etwas b.⟩ *mit einer Last versehen, beschweren:* ihr könnt den Wagen nicht noch mehr b.; der Fahrstuhl ist mit mehr als fünf Personen zu stark belastet. **2. a)** ⟨jmdn., sich, etwas mit/durch etwas b.⟩ *in starkem Maße beanspruchen:* er belastet sich, sein Gedächtnis mit allen möglichen Kleinigkeiten; damit belaste ich mich nicht; man soll Kinder in diesem Alter noch nicht durch zu viele Aufgaben b.; adj. Part.: er ist mit schwerer Schuld belastet *(schwere Schuld lastet auf ihm);* sie waren erblich belastet *(hatten eine bestimmte Veranlagung, Begabung geerbt).* **b)** ⟨etwas belastet jmdn., etwas⟩ *etwas beansprucht jmdn., etwas in starkem Maße, macht jmdm., einer Sache zu schaffen:* Erbsen, fettreiche Speisen belasten den Magen; die große Verantwortung belastet ihn sehr. **3.** ⟨jmdn. b.⟩ *als schuldig erscheinen lassen:* mehrere Zeugen, ihre Aussagen belasteten den Angeklagten; adj. Part.: belastendes Material. **4.** ⟨jmdn., etwas mit etwas b.⟩ *eine finanzielle Belastung, Schuld auferlegen:* die Bevölkerung wurde mit zusätzlichen Steuern belastet; Geldw.: die Bank belastete sein Konto mit 200 DM *(rechnete seinem Konto 200 DM als Soll an);* das Haus war schon mit mehreren Hypotheken belastet *(auf das Haus waren schon mehrere Hypotheken eingetragen).*

belästigen ⟨jmdn. b.⟩: **a)** *jmdm. lästig werden; stören:* jmdn. mit seinen Fragen, Bitten, Besuchen b.; ich möchte Sie nicht b.; darf ich Sie in dieser Angelegenheit noch einmal b. *(mich an Sie wenden)?;* sich belästigt fühlen. **b)** *jmdm. gegenüber aufdringlich, zudringlich werden:* belästigen Sie mich nicht!; er belästigte die Passanten auf der Straße.

belaufen ⟨etwas beläuft sich auf etwas⟩: *etwas beträgt etwas:* seine Schulden beliefen sich auf 10 000 DM.

beleben: a) ⟨jmdn., etwas b.⟩ *lebhafter machen, anregen:* die Wirtschaft, den Kulturaustausch b.; der Kaffee belebte ihn; adj. Part.: das Getränk hatte eine belebende Wirkung; nach dem Bad fühlte er sich neu belebt *(erfrischt).* **b)** ⟨etwas belebt sich⟩ *etwas wird lebhafter, lebendiger:* die Unterhaltung, der Verkehr, die Konjunktur belebte sich; bei diesem Anblick belebten sich ihre Züge; adj. Part.: eine belebte *(verkehrsreiche, nicht menschenleere)* Straße. **c)** ⟨etwas b.⟩ *lebendig[er] gestalten:* einen Text mit Bildern, durch Bilder b.

belegen: 1. ⟨etwas b.⟩ *mit einem Belag versehen; bedecken:* den Boden mit einem Teppich, mit Linoleum b.; Brot mit Wurst, Käse, Schinken b.; adj. Part.: belegte Brötchen; eine belegte Zunge *(eine Zunge mit krankhaftem Belag);* seine Stimme klang belegt *(nicht frei, durch eine Halserkrankung beeinträchtigt).* **2.** ⟨etwas b.⟩ **a)** *reservieren; jmdm., sich sichern:* einen Platz im Zug b.; habt ihr schon Plätze [für uns] belegt?; sie belegte mehrere Vorlesungen und Seminare *(trug sich dafür in die Hörerliste ein).* **b)** *besetzen:* eine Stadt mit Truppen b.; im Krankenhaus, im Hotel sind alle Zimmer, Betten belegt. **3.** ⟨etwas b.⟩ *mit einem Schriftstück beweisen:* einen Kauf, Ausgaben mit einer, durch eine Quittung b.; er konnte seine Behauptungen urkundlich b.; adj. Part.: diese grammatische Form ist [schon im 17. Jahrhundert] belegt. **4.** ⟨jmdn. mit etwas b.⟩ *jmdm. etwas auferlegen:* jmdn. mit einer Strafe, mit einer Geldbuße, mit dem Bann (hist.) b. **5.** ⟨ein Tier b.⟩ *begatten, decken:* dieser Hengst hat die Stute belegt. * (oft scherzh.:) **jmdn., etwas mit Beschlag belegen** *(jmdn., etwas ganz für sich beanspruchen).*

belehren: a) ⟨jmdn. über etwas b.⟩ *über etwas aufklären; etwas wissen lassen:* jmdn. über Vorschriften b.; er hat uns darüber belehrt, wie der Apparat funktioniert; adj. Part.: eine belehrende Unterhaltung. **b)** ⟨jmdn. b.⟩ *von seiner bisherigen falschen Ansicht abbringen:* ich brauche mich nicht von dir b. zu lassen; er ist nicht zu b. * **jmdn. eines anderen/eines Besseren belehren** *(jmdm. zeigen, daß er im Irrtum ist).*

beleibt: *dick, korpulent:* ein beleibter älterer Mann; der Herr war sehr b.

beleidigen ⟨jmdn., etwas b.⟩: *kränken, durch eine Äußerung, sein Verhalten verletzen:* jmdn. durch sein Benehmen schwer, tief b.; mit dieser

Äußerung hast du ihn [in seiner Ehre], seine Ehre beleidigt; adj. Part.: eine beleidigende Antwort; beleidigte Kinder; sie machte ein beleidigtes Gesicht *(sah beleidigt aus);* er fühlte sich [tief] beleidigt; sie ist immer gleich beleidigt *(faßt immer gleich etwas als Beleidigung auf);* übertr.: dieser Anblick beleidigt das Auge, den guten Geschmack; solche Mißklänge beleidigen das Ohr. * (ugs.:) **die beleidigte Leberwurst spielen** *(sich [in harmlosen Situationen] als der Beleidigte aufspielen).*

Beleidigung, die: *Kränkung; verletzende Äußerung:* eine direkte, schwere B.; eine B. zurücknehmen [müssen]; diese B. lasse ich mir nicht gefallen; er wurde wegen B. verklagt; übertr.: die schlechten Kostüme waren eine B. des Auges.

beleuchten ⟨etwas b.⟩: *Licht auf etwas werfen:* eine Bühne [mit Scheinwerfern], eine Straße b.; die Sitzecke wurde indirekt beleuchtet *(hatte indirekte Beleuchtung);* ein schwach, spärlich beleuchteter Platz; übertr.: *betrachten, untersuchen:* der Redner beleuchtete das Problem, Thema näher, von allen Seiten, unter verschiedenen Aspekten.

belieben (geh.)/vgl. beliebt/: **a)** ⟨etwas beliebt jmdm.⟩ *jmdm. gefällt es, jmd. hat [für den Augenblick] Lust, etwas zu tun:* ihr könnt tun, was euch beliebt; selbstverständlich ganz, wie es dir beliebt!; wie beliebt? (veraltet; *wie bitte?*). **b)** ⟨etwas zu tun b.⟩ *geneigt sein, etwas zu tun; etwas zu tun pflegen:* er beliebte lange zu schlafen; (iron.:) er beliebte, sich unserer Bekanntschaft zu erinnern; Sie belieben zu scherzen! *(das ist wohl nicht Ihr Ernst!).*

Belieben ⟨in den Verbindungen⟩ **nach Belieben** *(nach eigenem Wunsch, Geschmack; wie man will):* das können Sie ganz nach B. tun · **etwas steht in jmds. Belieben** *(etwas ist jmds. Entscheidung überlassen).*

beliebig: *nach Belieben [zu wählen]:* ein Stoff von beliebiger Farbe; er griff ein beliebiges *(irgendein)* Beispiel heraus; die Reihenfolge ist b.; das können Sie b. oft wiederholen; der Entwurf darf nicht b. *(nach Gutdünken)* geändert werden.

beliebt: **a)** *allgemein gern gesehen; von vielen geschätzt:* ein beliebter Lehrer, Ausflugsort; er war [allgemein, bei allen] sehr b.; er verstand es, sich b. zu machen. **b)** *häufig, gern verwendet:* eine beliebte Ausrede; dieses Thema war sehr b.

Beliebtheit, die: *das Beliebtsein:* die B. dieses Schriftstellers nahm mit jedem Roman zu; er erfreute sich allgemein großer B. *(war allgemein sehr beliebt).*

bellen: **1.** *bellende Laute von sich geben:* der Hund bellte, als sie eintrat; Sprichw.: Hunde, die [laut] bellen, beißen nicht. **2.** (ugs.) *laut husten:* er bellte so furchtbar, daß man es im ganzen Haus hören konnte.

belohnen: **a)** ⟨jmdn. b.⟩ *zum Dank mit etwas beschenken:* jmdn. für seine Mühe, Hilfe b.; ich habe den ehrlichen Finder reichlich, mit einem Geschenk belohnt; starker Beifall belohnte den *(dankte dem)* Redner. **b)** ⟨etwas b.⟩ *mit etwas [Gutem] vergelten:* eine gute Tat, jmds. Treue, Fleiß b.; seine Ausdauer wurde durch den Erfolg aufs schönste belohnt; so belohnst du mein Vertrauen! *(so schlecht vergiltst du es!).*

belügen ⟨jmdn. b.⟩: *jmdm. die Unwahrheit sagen:* er hat seine Eltern, den Lehrer belogen; du belügst dich selbst *(redest dir etwas ein, machst dir etwas vor),* wenn du das glaubst.

bemächtigen (geh.): **a)** ⟨sich jmds., einer Sache b.⟩ *etwas in seine Gewalt, mit Gewalt in seinen Besitz bringen:* er bemächtigte sich [ganz einfach] des Geldes; die Armee bemächtigte sich der Hauptstadt *(besetzte die Hauptstadt);* die Entführer hatten sich seiner bemächtigt. **b)** ⟨etwas bemächtigt sich jmds.⟩ *etwas überkommt jmdn.:* Angst, ein Gefühl der Verzweiflung, der Freude bemächtigte sich ihrer.

bemänteln ⟨etwas b.⟩: *beschönigen, hinter etwas Angenehmerem verbergen:* seine Habgier b.; du brauchst deine Eifersucht nicht zu b.!

bemerken: **1.** ⟨jmdn., etwas b.⟩ *wahrnehmen, entdecken:* jmdn. nicht sogleich, zu spät b.; einen Fehler, eine Veränderung, jmds. Erstaunen b.; sie bemerkte an unseren Gesichtern, daß etwas vorgefallen war; zufällig bemerkte er ihn unter den Wartenden. **2.** ⟨etwas b.⟩ *[ergänzend] sagen:* er hatte einiges zu den Worten des Redners zu b.; ich möchte, muß dazu b., daß ...; nebenbei bemerkt, die Wände sind sehr hellhörig; subst. (Papierdt.): er ging hinaus mit dem Bemerken *(mit der Bemerkung),* daß ...

Bemerkung, die: *kurze Äußerung:* eine treffende, abfällige, spitze, spöttische, hämische, unpassende, überflüssige B.; eine B. fallenlassen; eine B. über jmdn., zum Thema machen; sich (Dativ) eine B. erlauben; gestatten Sie mir eine B.?; zunächst möchte ich einige Bemerkungen vorausschicken; solche Bemerkungen möchte ich mir verbitten; ich kann mich auf wenige Bemerkungen beschränken; er ließ sich zu einer unvorsichtigen B. hinreißen.

bemitleiden ⟨jmdn., sich b.⟩: *bedauern, Mitleid mit jmdm. empfinden:* man darf ihn nicht zu oft b.; der Kranke ist zu b.; sie bemitleidet sich immer [selbst].

bemühen: **1.** ⟨sich b.⟩ *sich anstrengen, sich Mühe geben:* sich redlich b.; sie hatten sich umsonst bemüht, die Verhältnisse zu ändern; bitte, bemühen Sie sich nicht!; wir sind stets bemüht, die Wünsche unserer Kunden zu erfüllen. **2.** ⟨sich um jmdn., um etwas b.⟩ **a)** *sich kümmern; etwas für jmdn., für etwas tun:* ein Arzt bemühte sich um den Verunglückten; sie war ständig um das kranke Kind bemüht; er war stets um ein gutes Arbeitsklima bemüht. **b)** *für sich zu gewinnen, erlangen suchen:* sich um eine Stellung b.; mehrere Bühnen hatten sich um den Regisseur bemüht. **3.** (geh.) ⟨sich b.; mit Raumangabe⟩ *sich irgendwohin begeben:* sich aufs Gericht b.; er hatte sich zu ihm in die Wohnung bemüht; würden Sie sich bitte hierher b.? **4.** (geh.) ⟨jmdn. b.⟩ *jmds. Hilfe in Anspruch nehmen:* jmdn. wegen einer Sache b.; darf ich Sie noch einmal in dieser Angelegenheit b.?; für die Ausgestaltung der Räume wurden namhafte Künstler bemüht; ich möchte Sie nicht unnötig b.

Bemühung, die: *das Sichbemühen; Anstrengung:* alle Bemühungen waren umsonst, vergeblich, blieben ohne Erfolg; seine Bemühungen fortsetzen; ihren wiederholten, angestrengten, verzweifelten Bemühungen ist es gelungen, daß ...;

allen Bemühungen zum Trotz/trotz aller Bemühungen ...; vielen Dank für Ihre Bemühungen!; der Arzt berechnete für seine Bemühungen *(für die Behandlung des Patienten)* 100 DM.

bemüßigt ⟨in der Verbindung⟩ sich bemüßigt fühlen/sehen/finden, etwas zu tun (abwertend): *sich genötigt sehen, etwas zu tun, was gar nicht nötig gewesen wäre:* er fühlte sich offenbar bemüßigt, eine Rede zu halten.

benachteiligen ⟨jmdn. b.⟩: *jmdm. nicht das gleiche wie anderen zugestehen:* jmdn. zugunsten eines anderen b.; er hat den jüngeren Sohn immer benachteiligt; er fühlt sich dabei, dadurch benachteiligt.

benehmen/vgl. benommen/: **1.** ⟨sich b.; mit Artangabe⟩ *sich in einer bestimmten Weise betragen, verhalten:* sich [un]höflich, flegelhaft, ordinär, wie zu Hause, albern, kindisch b.; sich nicht b. können; er hat sich gegen ihn/ihm gegenüber anständig, schlecht, gemein, unmöglich benommen; ich wußte nicht, wie ich mich dabei b. sollte; er weiß sich zu b.; benimm dich [anständig]! **2.** (geh.) ⟨etwas benimmt jmdm. etwas⟩ *etwas nimmt, raubt jmdm. etwas:* der Schreck benahm mir den Atem; seine Worte benahmen mir den Mut, die Lust, mich weiter zu äußern.

Benehmen, das: *Art, wie sich jmd. benimmt:* ein höfliches, anständiges, ordentliches, anstößiges, freches, schlechtes, flegelhaftes, unmögliches, linkisches, kindisches, albernes B.; das ist kein [gutes] B.; (iron.:) das ist mir ein feines B.!; er hat kein B.; das entschuldigt sein seltsames B. *(Verhalten).* * (Papierdt.:) **sich mit jmdm. ins Benehmen setzen** *(sich mit jmdm. verständigen).*

beneiden ⟨jmdn. um jmdn., um etwas/wegen einer Sache b.⟩: *selbst gerne haben wollen, was ein anderer besitzt:* jmdn. um seinen Reichtum, um sein Glück, um seine Kinder, wegen seiner Fähigkeiten b.; ich beneide ihn um diese Sammlung; ⟨auch ohne Präpositionalobjekt⟩ er ist nicht zu b. *(ich möchte nicht an seiner Stelle sein).*

benommen: *durch etwas nicht mehr in der Lage [seiend], alles richtig wahrzunehmen; betäubt:* ein benommenes *(dumpfes)* Gefühl haben; sie war von dem Sturz ganz b.; er lag b. auf der Couch.

benötigen ⟨jmdn., etwas b.⟩ (geh.): *nötig haben:* Geld b.; wir benötigen einen weiteren Mitarbeiter; Sie benötigen für den Grenzübertritt nur den Personalausweis; er beschaffte sich das benötigte Material.

benutzen, (auch:) benützen: **a)** ⟨etwas b.⟩ *sich einer Sache ihrem Zweck entsprechend bedienen:* etwas gemeinsam b.; ein Handtuch, keine Seife b.; den vorderen Eingang b. *(vorne hineingehen);* die Bahn b. *(mit der Bahn fahren);* das kann niemand mehr b. *(gebrauchen);* am Schluß der Arbeit wurde die benutzte Literatur angegeben. **b)** ⟨jmdn., etwas als/zu/für etwas b.⟩ *verwenden:* das alte Gebäude wird als Stall benutzt; dieser Raum wurde als Gästezimmer benutzt; seine freie Zeit benutzte er hauptsächlich zum Lesen; für die Biographie benutzte der Verfasser authentisches Material. **c)** ⟨jmdn., etwas zu/als etwas b.⟩ *zu einem bestimmten Zweck oder seinem persönlichen Vorteil ausnutzen:* sie benutzte die Kinder als Vorwand; sie benutzten die Gelegenheit zu einem Museumsbesuch; er benutzte den freien Tag, um endlich einmal auszuschlafen.

beobachten: 1. ⟨jmdn., etwas b.⟩ *[heimlich] aufmerksam, genau betrachten:* jmdn., etwas genau, scharf, lange, ängstlich, insgeheim, angespannt b.; sich im Spiegel b.; die Natur, Vögel, Sterne b. (um besondere Kenntnisse zu erwerben); Kinder in ihrer Entwicklung, einen Patienten b.; sie ließ ihren Mann b. *(durch einen Detektiv überwachen).* **2.** ⟨etwas b.⟩ *feststellen, bemerken:* nichts Besonderes [an jmdm., etwas] b.; man konnte b., daß.../wie... **3.** (geh.) ⟨etwas b.⟩ *beachten:* ein Verbot, die Gesetze, die Form b.; Stillschweigen b. *(bewahren).*

Beobachtung, die: **1.** *das Beobachten:* eine genaue, scharfe, anhaltende B.; astronomische Beobachtungen; er steht unter polizeilicher B. *(Überwachung);* er wurde zur B. [seines Geisteszustandes] in eine Klinik eingewiesen. **2.** *Feststellung:* das ist eine gute B.; eine B. machen; seine Beobachtungen für sich behalten, jmdm. mitteilen; er ertappte sich bei der B., daß ... **3.** (selten) *Einhaltung, Beachtung:* alles geschah unter B. besonderer Vorsichtsmaßregeln.

bequem: 1. *angenehm, nicht strapaziös:* ein bequemer Weg; bequeme *(nicht einengende)* Kleidung; eine bequeme Stellung; ein bequemes Leben führen; der Sessel ist b.; die Schuhe sind, sitzen b.; diese Lösung, Ausrede ist sehr b. *(ist leicht gefunden);* man kann den Ort b. in einer Stunde, zu Fuß, mit dem Bus erreichen; sitzen Sie b.?; machen Sie es sich (Dativ) b. *(nehmen Sie Platz, wo Sie behaglich sitzen können).* **2.** *jeder Anstrengung, Mühe abgeneigt, träge:* ein bequemer Mensch; er ist zu b., um weite Spaziergänge zu machen; dazu wäre ich viel zu b.

bequemen ⟨sich zu etwas b.⟩ (geh.; abwertend): *sich endlich entschließen:* es dauerte einige Zeit, bis er sich zu einer Erklärung bequemte; nach einigen Wochen bequemte er sich, mir zu schreiben; ⟨auch ohne Präpositionalobjekt⟩ hoffentlich bequemst du dich bald *(tust du bald, was man dir aufgetragen hat).*

Bequemlichkeit, die: **1.** *das Leben erleichternde Annehmlichkeit:* seine B. haben [wollen]; die gewohnte B. vermissen; die Zimmer des Hotels sind mit allen Bequemlichkeiten ausgestattet, versehen; zur größeren B. der Reisenden findet die Kontrolle im Zug statt. **2.** *Trägheit:* er hat aus [reiner] B. nichts unternommen.

berappen ⟨etwas b.⟩ (ugs.): *widerwillig bezahlen:* seine Schulden, viel Geld b.; ⟨auch ohne Akk.⟩ da mußte ich tüchtig b.

beraten: 1. ⟨jmdn. b.⟩ *durch Rat unterstützen:* jmdn. gut, schlecht b.; sich [von jmdm.] b. lassen; wir beraten Sie beim Einkauf; adj. Part.; diese Mitglieder haben nur beratende Stimme: da bist du gut, schlecht, übel b. *(da hast du richtig, unklug gehandelt);* **2.** *gemeinsam überlegen und besprechen:* **a)** ⟨etwas b.⟩ eine Sache, Gesetzesvorlage b. **b)** ⟨über etwas b.⟩ sie haben lange über das Vorhaben beraten. **3.** ⟨sich mit jmdm. b.⟩ *etwas mit jmdm. beratschlagen:* er hat sich mit ihm [über die Sache, wegen der Angelegenheit] beraten; wir berieten uns miteinander; ⟨auch ohne Präpositionalobjekt⟩ sie haben sich lange [darüber] beraten.

berauben: *jmdm. gewaltsam etwas entwenden:* **a)** ⟨jmdn. b.⟩ er wurde überfallen und beraubt; /Höflichkeitsformeln, wenn man jmdm. von etwas Angebotenem nicht zuviel wegnehmen möchte/: ich möchte Sie nicht b.; ich beraube Sie doch nicht? **b)** (geh.) ⟨jmdn. einer Sache b.⟩ sie wurde ihres gesamten Schmuckes, ihrer Handtasche, Barschaft beraubt; übertr.: jmdn. seiner Freiheit, seiner Rechte b.

berauschen: **1.** ⟨etwas berauscht jmdn.⟩ **a)** *etwas versetzt jmdn. in einen Rausch, macht jmdn. betrunken:* der starke Wein hatte sie berauscht; adj. Part.: berauschende Getränke, Düfte, Mittel; er war wie berauscht [von der Frühlingsluft]. **b)** *etwas versetzt jmdn. in Begeisterung, macht jmdn. trunken:* sein Vortrag berauschte die Zuhörer; der Erfolg berauschte ihn; adj. Part.: ein berauschendes Glücksgefühl; sie waren von Begeisterung berauscht; das war nicht berauschend *(war mittelmäßig)*. **2.** ⟨sich an etwas b.⟩ **a)** *sich durch etwas in einen Rausch versetzen, sich betrinken:* sie berauschten sich an dem starken Wein, Bier. **b)** *sich an etwas begeistern:* sich am Erfolg, an Schlagworten b.

berechnen: **1.** ⟨etwas b.⟩ *durch Rechnen festsetzen, ermitteln:* den Preis, die Kosten, Zinsen, den Umfang eines Dreiecks, die Entfernung zwischen zwei Punkten b.; übertr.: die Wirkung von etwas b.; adj. Part.: ein kalt berechnender Verstandesmensch; sie ist sehr berechnend (abwertend; *stets auf eigenen Vorteil, Gewinn bedacht*); bei ihr ist alles berechnet. **2.** ⟨jmdm. etwas b.⟩ *anrechnen, in Rechnung stellen:* jmdm. etwas zum Selbstkostenpreis b.; ich berechne Ihnen das leicht beschädigte Exemplar mit drei Mark; dafür berechne ich Ihnen weniger; ⟨auch ohne Dativ⟩ die Verpackung hat er nicht berechnet. **3.** ⟨etwas auf/für jmdn., für etwas b.⟩ *vorausberechnen:* ein Lexikon auf zwanzig Bände b.; der Aufzug ist für fünf Personen berechnet; übertr.: alles war auf Effekt berechnet.

Berechnung, die: **1.** *das Berechnen:* die B. der Kosten, Zinsen, des Umfangs; die Berechnungen waren falsch, stimmten [nicht]; genaue, exakte, sorgfältige Berechnungen anstellen *(etwas genau, exakt, sorgfältig berechnen)*; nach meiner B./meiner B. nach müßten Sie in einer halben Stunde hier eintreffen. **2. a)** (abwertend) *auf eigenen Vorteil zielende Überlegung, Absicht:* bei ihr war alles B.; sie tat es aus purer B. **b)** *nüchterne Überlegung, Vorausberechnung:* er ging mit kühler B. vor.

berechtigen ⟨etwas berechtigt jmdn. zu etwas⟩: *etwas gibt jmdm. das Recht zu etwas:* seine Rede berechtigte die Bevölkerung zu der Annahme, daß diese Entwicklung weitergehen wird; ⟨auch ohne Akk.⟩ die Karte berechtigt zum Eintritt; adj. Part.: ich bin berechtigt *(habe das Recht)*, das zu verlangen; er glaubte sich zu dieser Handlung berechtigt *(befugt)*; sein Einwand war berechtigt *(bestand zu Recht)*; ein berechtigter Vorwurf, Stolz; berechtigtes Mißtrauen; berechtigte Forderungen.

bereden: **1.** ⟨etwas mit jmdm. b.⟩ *besprechen:* etwas miteinander b.; ich werde die Sache, Angelegenheit mit ihm b.; ⟨auch ohne Präpositionalobjekt⟩ wir haben seinen Fall beredet. **2.** ⟨sich mit jmdm. b.⟩ *sich beraten; etwas mit jmdm. besprechen:* ich habe mich mit ihm beredet; ⟨auch ohne Präpositionalobjekt⟩ wir haben uns eingehend darüber beredet. **3.** ⟨jmdn. zu etwas b.⟩ *überreden:* er hat mich beredet mitzukommen; sie hat mich zum Kauf beredet. **4.** (landsch.) ⟨jmdn., etwas b.⟩ *über jmdn., etwas abfällig reden:* alles, was ein anderer tut, b.; es gibt Leute, die alles und jeden b. müssen.

beredt: *redegewandt:* ein beredter Anwalt; er setzte sich mit beredten Worten für ihn, die Sache ein; er ist sehr b.; er hat sich b. verteidigt; übertr.: eine beredte *(ausdrucksvolle)* Gestik; beredtes *(vielsagendes)* Schweigen.

Bereich, der, (selten:) das: **a)** *abgegrenzter Raum; Gebiet:* der B. um den Äquator; diese Häuser liegen außerhalb des Bereichs, nicht mehr im B. der Stadt. **b)** *[Sach]gebiet, Sektor; Sphäre:* der private, öffentliche, politische, seelische B.; der B. der Kunst; wichtige Neuerscheinungen aus dem B. der Technik; im B. der Familie; das fällt nicht in mein B. *(Aufgabengebiet; dafür bin ich nicht zuständig)*; das liegt durchaus im B. des Möglichen *(ist durchaus möglich)*.

bereichern: **1. a)** ⟨etwas b.⟩ *reichhaltiger machen, vergrößern, erweitern:* sein Wissen, seine Kenntnisse b.; er konnte seine Sammlung um einige wertvolle Stücke b. **b)** ⟨etwas bereichert jmdn.⟩ *etwas macht jmdn. innerlich reicher:* die Reisen, die neuen Eindrücke, Erlebnisse haben ihn bereichert; durch diese Begegnung fühle ich mich bereichert. **2.** ⟨sich an jmdm., an etwas b.⟩ *sich ohne Skrupel einen Gewinn verschaffen:* er hat sich im Krieg an anderen bereichert; ⟨auch ohne Präpositionalobjekt⟩ auf diese Weise gedachten sie sich zu b.

bereinigen ⟨etwas b.⟩: *etwas, was zu einer Mißstimmung geführt hat, in Ordnung bringen:* eine Angelegenheit, Mißverständnisse, Schwierigkeiten, einen Streitfall b.; das Verhältnis zwischen den beiden Ländern ist noch immer nicht bereinigt *(normalisiert)*.

bereit ⟨in den Verbindungen⟩ **bereit sein** *(fertig sein)*: bist du b.?; es ist alles b., wir können anfangen; sie sind zum Abmarsch b.; ⟨auch attributiv⟩ die zum Aufbruch bereiten Gäste · **sich bereit halten** *(auf etwas vorbereitet sein)* · **sich bereit machen** *(sich fertig machen)*: sie machten sich für den, zum Theaterbesuch bereit · **zu etwas bereit sein; sich zu etwas bereit erklären/finden** *(den Willen zu etwas haben, zu etwas entschlossen sein)*: sie waren zu einer großzügigen Unterstützung b.; er ist b., dir zu helfen; die Zeitung erklärte, fand sich b., den eingereichten Beitrag abzudrucken.

bereiten: **1. a)** ⟨etwas b.⟩ *zubereiten, fertigmachen, zurechtmachen:* eine Speise, ein Mahl, das Essen, aus Heilkräutern einen Tee b.; jmdm./für jmdn. ein Bad b. **b)** (geh.) ⟨sich zu etwas b.⟩ *sich auf etwas vorbereiten:* sich zum Sterben b. **2.** ⟨jmdm. etwas b.⟩ *jmdm. etwas verursachen:* jmdm. mit/durch etwas Kummer, Schmerz, Vergnügen, Angst, Sorge, Ärger, [eine] Freude b.; sie haben dem Gast einen schönen Empfang bereitet; diese Entscheidung hat allen Schwierigkeiten ein Ende bereitet *(hat alle Schwierigkeiten beseitigt)*.

bereithalten ⟨etwas b.⟩: *[ständig] griffbereit haben:* die Fahrkarte, Medizin b.; sie hielten das Geld abgezählt bereit.

bereits ⟨Adverb⟩: *schon:* er wußte es b.; sie sind b. abgefahren.

Bereitschaft, die: **1.** *das Bereitsein:* die B. zur Versöhnung; B. *(Bereitschaftsdienst)* haben; dazu fehlte es an innerer B.; etwas ist, liegt, steht in B. *(ist, liegt, steht bereit)*; etwas in B. *(verfügbar)* haben. **2.** *einsatzbereiter Verband:* eine B. der Polizei.

bereuen ⟨etwas b.⟩: *Reue über etwas empfinden; bedauern:* seine Sünden, eine Schuld, einen Entschluß, eine Tat, seine Worte b.; das wirst du noch bitter b.; ich habe nichts zu b.; wir bereuen es nicht, das Konzert besucht zu haben; sie bereute, daß sie nicht mitgegangen war.

Berg, der: *größere Erhebung im Gelände:* ein hoher, steiler B.; bewaldete Berge; B. und Tal; die Berge ragen in die Höhe, tauchen in der Ferne, aus dem Nebel auf; einen B. besteigen, erklettern, hinaufklettern, bezwingen, hinunterlaufen; den B. hinauf, hinab, hinunter; der Fuß, Kamm, Gipfel, die Wand des Berges; auf einen B. steigen, klettern, kraxeln (ugs.); die Sonne verschwand hinter den Bergen; sie fahren in die Berge *(ins Gebirge)*; die Fahrt ging über B. und Tal *(unentwegt weiter)*; Sprichw.: wenn der B. nicht zum Propheten kommt, muß der Prophet zum Berge kommen; übertr. (ugs.): *große, sich auftürmende Menge:* Berge von belegten Broten; ein B. von Sorgen lastete auf ihr; Berge von Arbeit hatten sich aufgetürmt. * (ugs.:) **dastehen wie der Ochs am/vorm Berg** *(völlig ratlos sein)* · (ugs.:) **mit etwas hinterm Berg halten** *(etwas absichtlich noch nicht mitteilen)* · (ugs.:) **[noch nicht] über den Berg sein** *(die größte Schwierigkeit, die Krise [noch nicht] überstanden haben)*: der Kranke ist über den B. · (ugs.:) **[längst] über alle Berge sein** *(auf und davon sein)* · (ugs.:) **jmdm. stehen die Haare zu Berge** *(jmd. ist über etwas entsetzt)*.

bergab ⟨Adverb⟩: *den Berg hinunter, abwärts:* b. laufen; die Straße geht b.; b. geht es [sich] leichter; bildl. (ugs.): mit ihm geht es immer mehr b. *(sein [Gesundheits]zustand, seine [wirtschaftliche] Lage verschlechtert sich immer mehr)*.

bergan, bergauf ⟨Adverb⟩: *den Berg hinauf, aufwärts:* langsam b. gehen; b. mußte er das Fahrrad schieben; bildl. (ugs.): mit ihm geht es jetzt [wieder] b. *(sein [Gesundheits]zustand, seine [wirtschaftliche] Lage bessert sich allmählich)*.

bergen: 1. ⟨jmdn., etwas b.⟩ *retten, in Sicherheit bringen:* verunglückte Bergleute [lebend, nur noch tot] b.; eine Schiffsladung b.; die Rettungsmannschaft barg die Leiche des Abgestürzten; das Getreide wurde noch vor dem großen Unwetter geborgen *(geerntet)*; hier fühle ich mich geborgen *(in Sicherheit)*; Seemannsspr.: die Segel b. *(einholen, einziehen)*. **2.** (geh.) **a)** ⟨sich, etwas b.; mit Raumangabe⟩ *verstecken, verhüllen:* das Gesicht in den Händen, den Kopf an jmds. Schulter b. **b)** ⟨etwas birgt jmdn.⟩ *etwas verbirgt und schützt jmdn.:* die Hütte barg sie gegen das Unwetter, vor ihren Verfolgern. **3.** (geh.) ⟨etwas birgt etwas⟩ *etwas enthält etwas:* die städtische Kunstsammlung birgt viele kostbare Schätze; übertr.: diese Lösung birgt viele Vorteile in sich.

Bericht, der: *Darstellung, Mitteilung eines Sachverhalts:* ein schriftlicher, mündlicher, langer, ausführlicher, knapper, authentischer (bildungsspr.), wahrheitsgetreuer, interessanter, spannender B.; die ersten offiziellen Berichte vom Regierungswechsel; an dieser Stelle endet der B.; einen B. abfassen, anfordern, weiterleiten; [mündlich] B. erstatten *(berichten)*; der Reporter gab einen B. über das, vom Derby; die Sendung brachte Berichte zum Tagesgeschehen.

berichten: *sachlich darstellen, mitteilen, melden:* **a)** ⟨jmdm. etwas b.⟩ jmdm. etwas schriftlich, mündlich b.; er hatte ihm alles berichtet; es ist uns berichtet worden, daß ...; ⟨auch ohne Dativ⟩ sie berichtete aufgeregt, daß in ihrer Wohnung eingebrochen worden sei; wie soeben berichtet wird, sind die Verhandlungen erneut gescheitert; adj. Part. (veraltend): da bist du falsch berichtet *(unterrichtet)*. **b)** ⟨über jmdn., über etwas/von jmdm., von etwas b.⟩ sie berichteten über ihre Reise nach Portugal; die Zeitungen berichteten in großer Aufmachung von der Regierungskrise.

berichtigen ⟨jmdn., sich, etwas b.⟩: *verbessern, korrigieren:* einen Fehler, Irrtümer b.; er berichtigte sich sofort; ich muß dich b. *(was du sagst, ist nicht richtig)*.

beriechen ⟨jmdn., etwas b.⟩: *an jmdm., etwas riechen*/von Hunden/: der Hund beriecht die Wurst, den Fremden; übertr. (ugs.): die Konferenzteilnehmer mußten sich erst einmal [gegenseitig] b. *(vorsichtig prüfend Kontakte herstellen)*.

berieseln: 1. ⟨etwas b.⟩ *etwas ständig mit Wasser besprühen, um es feucht zu halten:* Felder, Gärten b. **2.** (abwertend) ⟨jmdn. mit etwas b.⟩ *ständig auf jmdn. einwirken:* die Menschen mit Propaganda, Reklame b.

bersten (geh.): **1.** ⟨etwas birst⟩ *etwas zerspringt, platzt, bricht plötzlich mit großer Gewalt auseinander:* das Schiff, die Mauer, das Eis war geborsten; bei dem Erdbeben barst die Erde. **2.** ⟨vor etwas b.⟩ *von etwas im Übermaß erfüllt sein:* vor Bosheit, Neid, Ungeduld, Wut b.; er barst förmlich vor Lachen *(lachte unmäßig)*. * **[bis] zum Bersten voll/gefüllt** *(übervoll; brechend voll)*: der Omnibus, der Saal war bis zum Bersten voll.

berüchtigt: *übel beleumdet und allgemein gefürchtet; verrufen:* ein berüchtigter Betrüger; die Gegend, das Lokal ist b.; er war wegen seiner Rauflust b.

berücken (geh.): *bezaubern, betören:* jmdn. mit Worten, Blicken b.; ein berückendes Lächeln.

berücksichtigen: a) ⟨etwas b.⟩ *bei seinen Überlegungen, seinem Handeln beachten:* eine Sache, jmds. Verhältnisse, Gesundheitszustand b.; dieser Einwand ist zu b.; ich bitte, meine schwierige Lage zu b.; man muß b., daß er blind ist. **b)** ⟨jmdn., etwas b.⟩ *bei etwas nicht übergehen; jmdm. etwas zukommen lassen:* kinderreiche Familien wurden für diese Sozialwohnungen in erster Linie berücksichtigt; wir können Ihren Antrag leider nicht b.

Berücksichtigung, die: **a)** *das Berücksichtigen:* die B. der sozialen Umstände; bei, unter B.

seines Gesundheitszustandes; in B. Ihrer Verdienste; nach, trotz, unter B. aller Einzelheiten sind wir zu keinem anderen Ergebnis gekommen. **b)** *das Nichtübergehen; das Stattgeben:* eine B. Ihres Gesuchs ist zur Zeit nicht möglich.

Beruf, der: *erlernte Erwerbstätigkeit:* ein interessanter, beliebter, schöner, schwerer, anstrengender, handwerklicher, akademischer, künstlerischer, freier B.; der B. des Arztes, Kaufmanns; dieser B. verlangt große Fähigkeiten; sein B. nimmt ihn völlig in Anspruch, befriedigt ihn nicht, füllt ihn [nicht] aus; was ist Ihr [erlernter, jetziger] B.?; einen B. wählen, ergreifen, [er]lernen, ausüben; den B. wechseln; keinen festen B. haben; du hast deinen B. verfehlt (auch scherzh. als Lob für außerberufliche Fähigkeiten); sich auf einen B. vorbereiten; sich für einen B. entscheiden; er hielt es nicht länger in diesem B. aus; er steht seit zwanzig Jahren im B. *(ist seit zwanzig Jahren berufstätig)*; er ist sehr tüchtig, hat Erfolg in seinem B., geht in seinem B. auf; sie war ohne B. *(hatte keinen Beruf erlernt)*; er versteht etwas von seinem B.; er ist Ingenieur von B. *(hat den B. eines Ingenieurs erlernt)*; schon von Berufs wegen müssen sie sich auf diesem Sektor auskennen.

berufen: 1. ⟨jmdn. b.; mit Umstandsangabe⟩ *jmdm. ein Amt anbieten; in ein Amt einsetzen:* jmdn. in ein Amt, zum Nachfolger, auf einen Lehrstuhl b.; der Professor wurde an die Universität Hamburg, nach Hamburg berufen; er wurde ins Ministerium berufen; adj. Part.: er fühlte sich von Gott berufen, den Armen zu helfen; er schien dazu berufen *(besonders befähigt)* [zu sein], die Sache zu einem guten Ende zu bringen; ein berufener Kritiker. **2.** ⟨sich auf jmdn., etwas b.⟩ *sich zur Rechtfertigung auf jmdn., etwas beziehen:* sich auf jmdn. als Zeugen, auf eine Vorschrift, auf das Gesetz, auf etwas als Rechtsgrundlage b.; du kannst dich bei ihm, in deinem Antrag auf mich b. **3.** ⟨etwas b.⟩ *über etwas sprechen und es dadurch nach dem Volksglauben gefährden):* ich will/man soll es nicht b., aber die Lage scheint mir nicht mehr so aussichtslos.

beruflich: *den Beruf betreffend:* die berufliche Tätigkeit, Ausbildung; die beruflichen Pflichten; das berufliche Fortkommen; er war b. *(aus beruflichen Gründen)* verhindert; ich mußte b. verreisen.

Berufung, die: **1.** *Angebot eines Amtes:* eine B. [auf einen Lehrstuhl, an eine Universität] erhalten; er hat die B. angenommen, abgelehnt, ausgeschlagen. **2.** *besondere Befähigung, die man als Anftrag in sich fühlt:* es war seine B., den Menschen zu helfen; er fühlte, trug eine B. zum Arzt in sich. **3.** (Rechtsw.) *Einspruch gegen ein Urteil:* beim Oberlandesgericht B. einlegen; eine B. zurückweisen; der B. wurde nicht stattgegeben. **4.** *das Sichberufen, Sichstützen auf jmdn., etwas:* die B. auf seinen Vorgesetzten hat ihm eher geschadet; unter B. auf jmds. Aussage, auf sein Recht.

beruhen ⟨etwas beruht auf etwas⟩: *etwas gründet sich auf etwas, hat seinen Grund in etwas:* seine Aussagen haben auf Wahrheit beruht; das beruhte auf einem Irrtum; die Sympathie, Antipathie beruht auf Gegenseitigkeit *(ist auf beiden Seiten, bei beiden Partnern vorhanden)*. * **etwas auf sich beruhen lassen** *(etwas nicht weiterverfolgen)*.

beruhigen: a) ⟨jmdn., etwas b.⟩ *ruhig machen, besänftigen:* ein weinendes Kind, die aufgeregte Menge, sein Gewissen b.; ich konnte ihn nur schwer b.; diese Medizin beruhigt die Nerven; adj. Part.: ein beruhigendes Gefühl der Sicherheit; diese Aussichten sind doch sehr beruhigend *(stimmen zuversichtlich)*; es war beruhigend für mich, zu wissen, daß ...; sie konnten beruhigt *(ohne sich Sorgen machen zu müssen)* in die Zukunft sehen; bist du jetzt beruhigt *(zufrieden)*? **b)** ⟨sich b.⟩ *ruhig werden, sich besänftigen:* sie beruhigte sich nur langsam; ihre Nerven beruhigten sich mit der Zeit; das Meer beruhigte sich; nun beruhige dich doch! *(höre doch auf zu weinen, dich zu erregen!)*; die politische Lage hat sich etwas beruhigt.

Beruhigung, die: **a)** *das Beruhigen:* eine Medizin zur B. der Nerven; zur B. der Gemüter *(um alle zu beruhigen)* sei gesagt, daß ...; zu deiner B. kann ich dir sagen, daß ... **b)** *das Ruhigwerden:* es ist mir eine große B. *(es gibt mir ein Gefühl der Sicherheit)* zu wissen, daß ...; bei B. des Wetters ist damit zu rechnen, daß die Fahrt stattfindet.

berühmt: *wegen seiner besonderen Leistung, Qualität weithin bekannt:* ein berühmter Mann, Arzt, Künstler, Schriftsteller, Roman; dieses Land ist wegen seiner/(ugs. auch:) für seine Weine b.; er wird eines Tages b. werden; er ist durch dieses Buch plötzlich, über Nacht, mit einem Schlage b. geworden; das war nicht b. (ugs.; *war mittelmäßig*); diese Symphonie hat ihn b. gemacht.

Berühmtheit, die: **1.** *das Berühmtsein:* ihre B. hat sie stolz gemacht; B. erlangen; er ist zu einer traurigen B. gelangt, hat es zu einer traurigen B. gebracht *(hat sich durch etwas einen schlechten Ruf erworben)*. **2.** *berühmte Persönlichkeit:* sie verkehrte früher mit vielen Berühmtheiten.

berühren: 1. ⟨jmdn., etwas b.⟩ *[mit der Hand] einen Kontakt herstellen; streifen:* jmdn. leicht, zufällig, aus Versehen b.; er berührte ihn an der Schulter, um ihn zu wecken; ihre Hände berührten sich; er berührte die Speisen nicht (geh.; *aß nicht*); Math.: der Punkt, wo die Tangente den Kreis berührt *(mit dem Kreis zusammentrifft)*; ⟨auch ohne Akk.⟩ nicht b.!; subst.: Berühren [der Ware] verboten! · bildl.: einen wunden Punkt mit etwas b. *(auf etwas Unangenehmes zu sprechen kommen)*; übertr.: die Eisenbahnlinie berührt den Ort [nicht]; diesen Ort haben wir auf unserer Reise nicht berührt *(durch diesen Ort sind wir auf unserer Reise nicht gekommen)*; deine Pläne berühren sich mit meinen Vorstellungen *(kommen meinen Vorstellungen entgegen)*. **2.** ⟨etwas b.⟩ *kurz erwähnen:* eine Frage, eine Angelegenheit im Gespräch b.; er hat diesen Punkt nicht berührt; das Thema wurde überhaupt nicht berührt. **3.** ⟨etwas berührt jmdn.; mit Artangabe⟩ *etwas wirkt auf jmdn., beeindruckt jmdn. in einer bestimmten Weise:* seine Worte haben uns tief, im Innersten berührt; sein Haß berührt mich nicht *(ist mir gleichgültig)*; ⟨auch ohne Akk.⟩ es berührt seltsam, schmerzlich, wohltuend, unangenehm, daß ...; adj. Part.: er war, fühlte sich peinlich berührt.

Berührung, die: **1.** *das Berühren:* eine zufällige,

unmerkliche, leichte B.; die B. der Hände; jede körperliche B. meiden; bei jeder B. zuckte er zusammen; durch B. der beiden Drähte entstand Kurzschluß. **2.** *gesellschaftlicher Kontakt:* er vermied jede B. mit ihnen; er versuchte mit diesen Leuten in B. zu kommen; diese Ausstellung brachte uns mit dem Expressionismus in B. **3.** *das Erwähnen:* die B. dieser Angelegenheit war mir höchst unangenehm.

Berührungspunkt, der: **1.** (Math.) *Punkt, in dem sich zwei geometrische Figuren berühren:* der B. von Tangente und Kreis. **2.** *Gemeinsamkeit in bezug auf geistige Interessen o. ä.:* es bestehen, es gibt keinerlei Berührungspunkte zwischen ihnen; ich habe keine Berührungspunkte mit ihm.

besagen /vgl. besagt/ ⟨etwas besagt etwas⟩: *etwas drückt etwas aus, bedeutet etwas:* das besagt nichts, viel; das will gar nichts b.; das Schild besagt, daß man hier nicht halten darf; der englische Text besagt, daß ...

besagt: *bereits genannt, erwähnt:* das ist das besagte Buch; um aber auf besagte Familie, Einrichtung zurückzukommen ...

besänftigen ⟨jmdn., etwas b.⟩: *beruhigen, beschwichtigen:* die erregte Menge, die Gemüter, jmds. Zorn zu b. versuchen.

beschädigen ⟨etwas b.⟩: *Schaden an etwas verursachen; schadhaft machen:* das Haus wurde durch Bomben, Blitzschlag beschädigt; ein beschädigtes Exemplar; das Buch war leicht beschädigt.

¹beschaffen ⟨jmdm., sich etwas b.⟩: *dafür sorgen, daß jmdm., einem selbst etwas zur Verfügung steht:* jmdm. Geld, Arbeit b.; er hat sich die Genehmigung beschafft; ⟨auch ohne Dativ⟩ etwas ist schwer zu b.; wir haben die Ware doch noch beschafft.

²beschaffen ⟨in den Verbindungen⟩ **so beschaffen sein, daß ...** *(von der Art sein, daß ...):* das Material ist so b., daß es Wasser abstößt · **mit jmdm., mit etwas ist es beschaffen** ⟨mit Artangabe⟩ *(mit jmdm., etwas steht es in bestimmter Weise):* wie ist es mit deiner Gesundheit b.?; damit ist es schlecht b.

beschäftigen: 1. ⟨sich mit jmdm., mit etwas b.⟩ *etwas zum Gegenstand seiner Tätigkeit machen; jmdm., einer Sache seine Zeit widmen:* sich mit Handarbeiten, mit französischer Literatur, mit einer Frage b.; ich beschäftige mich viel mit den Kindern; die Polizei mußte sich mit diesem Fall b. *(befassen);* sie war damit beschäftigt *(war dabei)*, das Essen zuzubereiten; sie war viel zu sehr mit sich selbst, mit ihren Problemen beschäftigt, um noch an andere zu denken; ⟨auch ohne Präpositionalobjekt⟩ die Kinder können sich nicht [allein] b. **2.** ⟨etwas beschäftigt jmdn., etwas⟩ *etwas nimmt jmdn. innerlich in Anspruch:* die politischen Ereignisse beschäftigten die Menschen auf der Straße; Märchen beschäftigen die Phantasie des Kindes; der Vorfall hatte ihn tagelang beschäftigt. **3. a)** ⟨jmdn. b.⟩ *jmdm. Arbeit geben:* er beschäftigt drei Verkäufer in seinem Geschäft; das Unternehmen, die Firma, der Betrieb beschäftigt 500 Arbeiter; er ist bei der Bundesbahn beschäftigt *(tätig)*. **b)** ⟨jmdn., etwas b.⟩ *jmdm., einer Sache etwas zu tun geben:* die Kinder mit einem Spiel b.; man muß die Phantasie des Kindes b.

Beschäftigung, die: **1. a)** *Tätigkeit:* eine langweilige, interessante, gesunde B.; (scherzh.:) für B. ist gesorgt *(an Arbeit wird es nicht fehlen)*. **b)** *berufliche Tätigkeit:* keine B. finden; einer B. nachgehen; er ist zur Zeit ohne B. *(arbeitslos)*. **2.** *das Sichbeschäftigen:* die B. mit diesen Fragen führte zu folgenden Überlegungen. **3. a)** *das Beschäftigen:* die B. von ausländischen Arbeitnehmern. **b)** *das Beschäftigtsein:* die B. bei der Post brachte ihm manche Vorteile.

beschämen ⟨jmdn. b.⟩: *durch sein Verhalten Scham empfinden lassen; mit Scham erfüllen:* er beschämte sie durch seine Großzügigkeit; seine Großmut beschämte uns; er will sich nicht [von mir] b. lassen; adj. Part.: ein beschämendes *(demütigendes)* Gefühl der Niederlage; seine Einstellung ist beschämend *(schändlich);* das war für ihn beschämend *(eine Schande);* das ist beschämend *(äußerst)* wenig; sie fühlte sich dadurch tief beschämt; er stand beschämt da.

beschatten: 1. ⟨etwas b.⟩ *mit Schatten bedecken [und vor der Sonne schützen]:* belaubte Bäume beschatten den Weg; ein breitkrempiger Hut beschattete sein Gesicht; er beschattete mit den Händen die Augen. **2.** ⟨jmdn., etwas b.⟩ *einem Auftrag gemäß heimlich überwachen, beobachten:* der vermutliche Täter wurde von zwei Beamten beschattet; einer der Komplicen mußte gemerkt haben, daß die Polizei ihn beschattete.

beschaulich: *besinnlich; geruhsam:* seinen Lebensabend in beschaulicher Ruhe hinbringen; ihr Leben war, verlief sehr b.

Bescheid, der: **a)** *Nachricht, Mitteilung; Auskunft:* B. bringen, geben, erwarten; B. [über etwas von jmdm.] erhalten, bekommen, haben: er hat keinen B. hinterlassen. **b)** *behördliche Stellungnahme, Entscheidung:* der schriftliche B. geht Ihnen in einigen Tagen per Post zu; er mußte den B. der Krankenkasse, des Finanzamts abwarten. * **Bescheid wissen: a)** *(Kenntnis haben; unterrichtet sein):* du brauchst mir nichts davon zu sagen, ich weiß schon B. **b)** *(etwas gut kennen, sich auskennen):* in einem Fach, überall, mit allem B. wissen · **jmdm. Bescheid sagen: a)** *(jmdn. benachrichtigen, von etwas unterrichten):* hast du schon allen Teilnehmern an der Exkursion B. gesagt? **b)** (ugs.; *jmdm. die Meinung sagen*): dem habe ich aber B. gesagt! · (ugs.:) **jmdm. Bescheid stoßen** *(jmdm. gehörig die Meinung sagen)* · (geh.; veraltend:) **jmdm. Bescheid tun** *(jmds. Zutrunk erwidern)*.

¹bescheiden: 1. (geh.) ⟨sich mit etwas b.⟩ *sich begnügen:* man muß sich mit wenigem b.; sie mußte sich damit b., ihre Kinder einmal im Jahr zu sehen; ⟨auch ohne Präpositionalobjekt⟩ ihr müßt lernen, euch zu b. **2.** (geh.) ⟨jmdm. etwas b.⟩ *zuteil werden lassen:* Gott hatte ihm ein langes Leben beschieden; ihnen war [vom Schicksal] wenig Glück beschieden *(zuteil geworden);* seinen Bemühungen war kein Erfolg beschieden *(sie blieben ohne Erfolg)*. **3.** (geh.) ⟨jmdn. b.; mit Raumangabe⟩ *irgendwohin kommen lassen, beordern:* jmdn. vor Gericht, aufs Rathaus b.; der Kanzler hat ihn [persönlich] zu sich beschieden. **4.** (Amtsdt.) ⟨jmdn., etwas b.; mit Artangabe⟩ *jmdm. behördlicherseits eine Entscheidung mitteilen:* man hat mich dahin gehend beschieden, daß ...; er, sein Gesuch wurde abschlägig beschieden *(wurde abgelehnt)*.

²bescheiden: 1. *sich nicht in den Vordergrund stellend, genügsam oder von diesen Eigenschaften zeugend:* ein stilles, bescheidenes Kind; ein bescheidenes Benehmen; bescheidene Ansprüche, Forderungen; b. sein, werden, bleiben; sie trat b. hinter den andern zurück; er fragte sehr b. *(höflich)*. **2. a)** *gehobenen Ansprüchen nicht genügend; einfach, schlicht:* ein bescheidenes Zimmer, Essen; er lebt in bescheidenen Verhältnissen; sie feierten in bescheidenem Rahmen; sie lebten b. von einer kleinen Pension. **b)** *gering:* ein bescheidener Lohn; die Einkünfte, seine Leistungen waren sehr b.; /Skepsis oder Kritik ausdrückende Floskel/: eine bescheidene Frage: wie lange wollen wir hier noch sitzen?

Bescheidenheit, die: *bescheidenes Wesen; Genügsamkeit:* eine falsche *(unnötige)* B.; B. ist hier nicht am Platze; aus lauter B. hat er sich nicht gemeldet; bei aller B. solltest du doch nicht auf dein Recht verzichten; Redensart (scherzh.): B. ist eine Zier, doch weiter kommt man ohne ihr.

bescheinigen ⟨jmdm. etwas b.⟩: *schriftlich bestätigen:* der Arzt bescheinigte ihm seine Arbeitsunfähigkeit; ich ließ mir die Überstunden b.; ⟨auch ohne Dativ⟩ den Empfang des Geldes, einer Sendung b.

Bescheinigung, die: *Schriftstück, mit dem etwas bescheinigt wird:* eine B. beibringen; jmdm. eine B. ausstellen; er hat von ihm eine B. über seinen Aufenthalt im Krankenhaus verlangt.

beschenken ⟨jmdn. b.⟩: *mit Gaben bedenken:* jmdn. reichlich b.; sie haben die notleidenden Kinder mit Kleidung und Spielzeug beschenkt.

bescheren: 1. *jmdm. zu Weihnachten etwas schenken:* **a)** ⟨jmdm. etwas b.⟩ den Kindern wurden viele schöne Dinge beschert. **b)** ⟨jmdn. b.⟩ der Verein bescherte Waisen und hilfsbedürftige alte Leute. **2.** ⟨jmdm. jmdn., etwas b.⟩ *zuteil werden lassen:* das Schicksal hat ihnen keine Kinder beschert; ihnen waren viele Jahre des Glücks beschert *(zuteil geworden)*.

Bescherung, die: **1.** *Austeilung der Weihnachtsgeschenke im Rahmen einer [Familien]feier:* die B. fand bei uns am Morgen des ersten Weihnachtstages statt; wann ist bei euch B.? **2.** (ugs.; iron.) *[vorausgeahnte] unangenehme Sache:* da haben wir die B.!; das ist [ja] eine [schöne, nette, reizende] B.!; da liegt die ganze B. *(alles liegt am Boden)!*

beschicken ⟨etwas b.⟩: **1. a)** *Dinge auf eine Ausstellung, Messe schicken:* eine Ausstellung [mit Gemälden] b.; zahlreiche Aussteller haben auch in diesem Jahr die Hannover-Messe beschickt. **b)** *Vertreter zu einem Kongreß o. ä. entsenden:* der medizinische Kongreß wurde auch von außereuropäischen Ländern beschickt. **2.** (Technik) *mit Material zur Ver- oder Bearbeitung füllen:* den Hochofen [mit Kohle, Erzen] b.

beschimpfen ⟨jmdn. b.⟩: *mit groben Worten beleidigen:* er hat ihn mit unflätigen Ausdrücken, in aller Öffentlichkeit beschimpft; ich lasse mich nicht von dir b.

beschlafen (ugs.) ⟨etwas b.⟩: *über etwas eine Nacht verstreichen lassen, um es sich noch genau überlegen zu können:* eine Sache, einen Vorschlag, Plan b.; das muß ich erst noch einmal b.

Beschlag, der: **a)** *auf etwas befestigtes Metallstück zum Zusammenhalten, als Schutz oder Verzierung:* die Beschläge einer Tür, eines Koffers, einer Truhe; ein Sattel mit silbernen Beschlägen. **b)** *die Hufeisen eines Pferdes:* das Pferd braucht einen neuen B. * (oft scherzh.:) **jmdn., etwas mit Beschlag belegen; jmdn., etwas in Beschlag nehmen** *(jmdn., etwas ganz für sich beanspruchen)*.

¹beschlagen: 1. ⟨ein Tier, etwas b.⟩ *mit etwas versehen, was durch Nägel gehalten wird:* der Schmied beschlägt das Pferd, die Hufe; er beschlug die Schuhe mit Eisenspitzen. **2.** *etwas überzieht sich mit einer dünnen Schicht, läuft an:* **a)** ⟨etwas beschlägt⟩ das Fenster, der Spiegel beschlug sofort. **b)** ⟨etwas beschlägt sich⟩ die Silberlöffel haben sich beschlagen. **3.** ⟨etwas beschlägt⟩ *etwas bekommt einen Pilzbelag:* das Kompott, die Marmelade, die Wurst war schon beschlagen. **4.** (Seemannsspr.) ⟨etwas b.⟩ *an den Rahen festmachen:* die Segel b. **5.** (Jägerspr.) ⟨ein Tier b.⟩ *begatten:* die Hirschkuh, die Ricke ist beschlagen [worden].

²beschlagen: *in etwas erfahren, sich auskennend:* ein beschlagener Kunstliebhaber; er ist auf seinem Gebiet sehr b.

beschlagnahmen ⟨etwas b.⟩: *in amtlichem Auftrag wegnehmen:* die Polizei beschlagnahmte die Schmuggelware, alle Akten; bestimmte Bücher wurden beschlagnahmt.

beschleichen: 1. ⟨jmdn., etwas b.⟩ *sich an jmdn., etwas heranschleichen:* der Jäger beschleicht das Wild. **2.** ⟨etwas beschleicht jmdn.⟩ *etwas erfaßt jmdn. langsam und unmerklich:* ein Gefühl der Niedergeschlagenheit beschlich sie.

beschleunigen: 1. a) ⟨etwas b.⟩ *schneller werden lassen:* den Schritt, die Geschwindigkeit b.; die Angst beschleunigte seine Schritte; der Puls war vom Laufen beschleunigt. **b)** ⟨etwas beschleunigt; mit Artangabe⟩ *etwas hat ein bestimmtes Beschleunigungsvermögen:* das Auto beschleunigt gut, schlecht. **c)** ⟨etwas beschleunigt sich⟩ *etwas wird schneller:* durch die Aufregung beschleunigt sich ihr Puls; das Tempo beschleunigt sich. **2.** ⟨etwas b.⟩ *dafür sorgen, daß etwas früher geschieht, schneller vonstatten geht:* seine Abreise, die Arbeit b.; wir werden die Lieferung der Ware beschleunigen.

beschließen: 1. ⟨etwas b.⟩ **a)** *einen bestimmten Entschluß fassen:* er beschloß abzureisen, den Besuch zu verschieben; sie beschlossen die Vergrößerung des Betriebes; adj. Part.: es war beschlossen, den Ausflug bei schönem Wetter zu wiederholen; das ist beschlossene Sache *(das steht fest)*. **b)** *sich mit Stimmenmehrheit für etwas entscheiden:* ein Gesetz, einen Antrag b. **2.** ⟨über etwas b.⟩ *abstimmen:* über einen Antrag, eine Gesetzesvorlage b.; das Parlament, die Versammlung hat über diese Sache noch nicht beschlossen. **3.** ⟨etwas b.⟩ *beenden; enden lassen:* eine Feier [mit einem Lied] b.; einen Festzug b. *(den Abschluß eines Festzuges bilden)*; er beschloß seine Rede, seinen Brief mit folgenden Worten: ...; sie beschlossen ihre Tage, ihr Leben als Rentner. * (geh.; veraltend:) **etwas liegt/ist in etwas beschlossen** *(etwas ist in etwas enthalten)*: in diesem Werk lagen, waren alle seine Erinnerungen beschlossen.

Beschluß, der: **1.** *[gemeinsam] festgelegte Entscheidung; Ergebnis einer Beratung:* ein einstimmiger B.; einen B. verwirklichen, ausführen, in die Tat umsetzen; einen B. fassen *(etwas be-*

schließen); auf, laut B. des Ausschusses; einen Antrag zum B. erheben *(über einen Antrag positiv abstimmen);* sie konnten zu keinem B. kommen. **2.** (veraltend) *[Ab]schluß:* zum B. des Programms spielte er eine eigene Komposition.

beschmieren: 1. ⟨etwas mit etwas b.⟩ *bestreichen:* Brot mit Butter, Leberwurst b. **2.** ⟨jmdn., sich, etwas b.⟩ *mit etwas Schmierigem, Weichem beschmutzen:* die Tischdecke b.; er hat sich mit Farbe beschmiert; ⟨jmdm., sich etwas b.⟩ ich habe mir das Gesicht mit Ruß beschmiert. **3.** (abwertend) ⟨etwas b.⟩ *unordentlich, unsauber beschreiben, bemalen:* Papier, die Wandtafel b.; Redensart: Narrenhände beschmieren Tisch und Wände.

beschmutzen ⟨jmdn., sich, etwas b.⟩: *unabsichtlich schmutzig machen:* seine Kleider b.; du hast dich beschmutzt · übertr.: er hat unseren Namen, unser Ansehen beschmutzt; manche müssen alles b. *(herabziehen)* · ⟨jmdm., sich etwas b.⟩ du hast dir das Gesicht beschmutzt. * **das eigene/sein eigenes Nest beschmutzen** *(schlecht über die eigene Familie, das eigene Land sprechen).*

beschneiden: 1. ⟨etwas b.⟩ **a)** *durch Schneiden kürzen und in die richtige Form bringen:* Hecken, Bäume, Sträucher b.; ⟨einem Tier etwas b.⟩ einem Vogel die Flügel b. *(stutzen).* **b)** *am Rand gerade-, glattschneiden:* Papier, ein Heft, Bretter, Photographien b.; der Buchbinder beschneidet die Bücher [in der Presse]. **2.** (geh.) ⟨etwas b.⟩ *einschränken, kürzen:* ihre Rechte, Freiheiten durften dadurch nicht beschnitten werden; ⟨jmdm. etwas b.⟩ man hat ihnen das Einkommen, die Gehälter beschnitten. **3.** ⟨jmdn. b.⟩ *jmdm. die Vorhaut entfernen:* bei diesen Völkerstämmen werden die Knaben bald nach der Geburt, in der Pubertät beschnitten. * **jmdm. die Flügel beschneiden** *(jmds. Tatendrang einschränken).*

beschnuppern ⟨jmdn., etwas b.⟩: *an jmdm., etwas schnuppern* /von Tieren/: die Hunde beschnupperten ihn, sich [gegenseitig]; übertr. (ugs.): die neuen Arbeiter mußten sich erst einmal b. *(mußten erst einmal vorsichtig prüfend Kontakte herstellen).*

beschönigen ⟨etwas b.⟩: *eine üble Sache als nicht so schwerwiegend darstellen:* jmds. Fehler, Handlungen b.; es ist besser, du gibst dein Versagen zu, anstatt es zu b.

beschränken /vgl. beschränkt/: **1.** *einschränken, begrenzen:* **a)** ⟨etwas b.⟩ jmds. Rechte, Freiheit b.; die Zahl der Abonnenten, den Import b.; adj. Part.: es steht nur eine beschränkte Anzahl zur Verfügung; das Unternehmen ist eine Gesellschaft mit beschränkter Haftung; wir haben dafür nur beschränkt Zeit zur Verfügung; sie leben in beschränkten *(ärmlichen)* Verhältnissen; die Zahl der Plätze ist beschränkt. **b)** ⟨jmdn. in etwas b.⟩ einen Menschen in seiner [Handlungs]freiheit, in seinen Rechten b. **c)** ⟨etwas auf etwas b.⟩ seine Ausgaben auf das Notwendigste, auf ein Mindestmaß b. **2. a)** ⟨sich auf jmdn., auf etwas b.⟩ *sich begnügen:* sich auf die wichtigsten Dinge b.; in seiner Rede hätte er sich auf das Wesentliche, auf wenige Beispiele b. sollen. **b)** ⟨etwas beschränkt sich auf jmdn., auf etwas⟩ *etwas gilt nur für jmdn., für etwas, erstreckt sich auf etwas:* die Verwendung des Wortes beschränkt sich auf Südwestdeutschland; diese Regelung beschränkt sich auf die Rentner.

beschränkt: *einen niedrigen Grad von Intelligenz aufweisend:* ein beschränkter Mensch; beschränkte Ansichten; einen beschränkten Gesichtskreis, Horizont haben; er ist etwas b.

Beschränkung, die: **1. a)** *das Beschränken:* eine B. der Teilnehmer-, Schülerzahl, Ausgaben erwies sich als notwendig. **b)** *das Sichbeschränken:* die B. auf das Wesentliche fiel dem Redner offenbar schwer. **2.** *etwas, was beschränkt:* jmdm., sich Beschränkungen auferlegen; diese Beschränkungen konnte ich nicht länger ertragen.

beschreiben: 1. ⟨etwas b.⟩ *mit Schrift bedecken:* ein Blatt Papier eng, einseitig b.; das Kind hatte die ganze Seite beschrieben. **2.** ⟨etwas b.⟩ *mit Worten in Einzelheiten darstellen:* etwas genau, ausführlich, zutreffend, anschaulich b.; einen Vorgang, jmds. Äußeres, den Täter, den Krankheitsverlauf, ein Erlebnis, Experiment b.; ihre Leiden waren nicht zu b. *(sie hatten Furchtbares zu erdulden);* wer beschreibt ihre Freude *(ihre Freude war übergroß),* als der vermißte Sohn zurückkehrte!; ⟨jmdm. etwas b.⟩ jmdm. den Weg b. *(jmdm. genau erklären, wie er an einen gewünschten Ort kommt);* ich kann dir meine Lage, Gefühle kaum b. **3. a)** ⟨etwas beschreibt etwas⟩ *etwas bewegt sich in einer bestimmten Bahn:* das Flugzeug beschrieb mehrere Kreise; die Himmelskörper beschreiben verschiedene Bahnen. **b)** ⟨etwas mit etwas b.⟩ *eine kreisende Bewegung mit etwas ausführen:* er beschrieb mit den Armen eine Acht [in der Luft].

Beschreibung, die: **a)** *das Beschreiben:* solche Frechheit spottet jeder B.; ich kenne ihn, die Stadt nur aus ihrer, durch ihre B.; die Natur war dort über alle B. schön. **b)** *Darstellung von etwas:* eine gründliche ausführliche B.; die B. trifft genau auf den Vermißten zu; sie gaben eine genaue B. des Täters, des Vorfalls; er hielt sich genau an die B.

beschreien (ugs.) ⟨etwas b.⟩: *berufen:* beschrei es nur nicht!; wenn du es nicht beschrien hättest, wären wir sicherlich noch hineingekommen.

beschreiten (geh.) ⟨etwas b.⟩: *schreitend betreten:* einen Weg, eine schmale Brücke b.; bildl.: in einer bestimmten Angelegenheit den falschen Weg, den Rechtsweg, Instanzenweg b.

beschuldigen ⟨jmdn. einer Sache b.⟩: *jmdm. etwas zur Last legen, jmdm. die Schuld an etwas geben:* jmdn. eines Vergehens, des Mordes, des Landesverrats b.; man beschuldigte ihn, einen Diebstahl begangen zu haben.

beschützen ⟨jmdn., etwas b.⟩: *Gefahr von jmdm., etwas abhalten; vor jmdm., etwas bewahren:* jmdn. vor seinen Feinden, vor einer Gefahr b.; er beschützt seinen kleinen Bruder; Gott beschütze dich, deine Seele!

beschwatzen (ugs.): **1.** ⟨jmdn. zu etwas b.⟩ *überreden:* du hättest dich nie zu dieser Anschaffung, dazu b. lassen dürfen!; sie haben mich beschwatzt mitzugehen; ⟨auch ohne Präpositionalobjekt⟩ laß dich nicht b.! **2.** (selten) ⟨etwas mit jmdm. b.⟩ *bereden, über etwas mit jmdm. reden:* ich muß das noch mit dir b.; ⟨auch ohne Präpositionalobjekt⟩ sie haben die Neuigkeit natürlich ausgiebig beschwatzt.

Beschwerde, die: **1.** *Klage, mit der man sich*

über jmdn., etwas beschwert: seine B. hat nichts genützt; bei der Behörde sind wiederholt Beschwerden eingegangen; B. führen (Amtsdt.); B. [gegen jmdn., gegen etwas, über jmdn., über etwas] vorbringen; Rechtsw.: B. einlegen *(sich beschweren).* **2.** *Strapaze, körperliches Leiden:* dauernde, plötzlich auftretende Beschwerden; die Beschwerden des Alters; das Treppensteigen macht, verursacht ihr Beschwerden.

beschweren: 1. ⟨etwas b.⟩ *mit etwas Schwerem belasten:* Briefe, lose Papiere b.; wir haben die Dachschindeln mit Steinen beschwert; übertr. (geh.): ich will dein Herz nicht mit diesen Dingen b. **2.** ⟨sich über jmdn., über etwas, wegen einer Sache b.⟩ *sich beklagen:* sie hat sich bei mir zu Unrecht über ihn, über sein Verhalten, wegen der Zurücksetzung beschwert; ich werde mich deswegen beschweren; ⟨auch absolut⟩ selbstverständlich können Sie sich b.!

beschwerlich: *mit Anstrengung verbunden; mühsam:* eine beschwerliche Reise, Fahrt; ein beschwerlicher Weg; die Arbeit war b.; die große Hitze ist mir sehr b.; ich wollte euch nicht b. (geh.; *lästig*) fallen.

beschwichtigen (geh.) ⟨jmdn., etwas b.⟩: *beruhigen, besänftigen:* ein schreiendes Kind, jmds. Zorn, sein Gewissen b.; adj. Part.: beschwichtigende Blicke, Gesten; er hob beschwichtigend die Hände.

beschwingt: *voller Schwung, heiter:* beschwingte Melodien; mit beschwingten Schritten verließ sie den Raum; die Stimmung war an diesem Abend sehr b.; sie waren vom Erfolg b.

beschwören: 1. ⟨etwas b.⟩ *beeiden:* seine Aussagen [vor Gericht] b.; kannst du das b.?; das hätte ich b. mögen *(dessen war ich ganz sicher).* **2.** ⟨jmdn. b.; mit Infinitiv oder Gliedsatz⟩ *eindringlich bitten:* er beschwor ihn, nicht zu reisen; ich beschwöre dich, tu es nicht!; adj. Part.: sie blickte mich beschwörend an. **3.** ⟨etwas b.⟩ *durch Zauber über jmdn., etwas Gewalt erlangen; bannen:* einen Geist, Schlangen, den Sturm b.

beseelen (geh.): **1.** ⟨etwas b.⟩ *mit Seele, [Eigen]leben erfüllen:* die Natur b.; der Schauspieler hat diese Gestalt neu beseelt; adj. Part.: ein beseeltes Wesen; ein beseelter *(seelenvoller)* Blick; das Spiel der Künstlerin war, wirkte sehr beseelt. **2.** ⟨etwas beseelt jmdn.⟩ *etwas erfüllt jmdn. innerlich:* ihn beseelte ein starkes Verlangen, ein neuer Glaube; er war von dem einen Wunsch beseelt, sich zu rächen.

besehen ⟨jmdn., etwas b.⟩: *betrachten, ansehen:* Bilder b.; jmdn. prüfend von allen Seiten b.; ⟨sich (Dativ) etwas b.⟩ ich möchte mir das Haus, den Schaden einmal näher b. * (ugs.:) **bei Licht besehen** *(genaugenommen):* bei Licht besehen, ist der Preisnachlaß minimal.

beseitigen: 1. ⟨etwas b.⟩ *dafür sorgen, daß etwas nicht mehr vorhanden ist:* Schmutz, Abfälle, [Farb]flecken b.; der Verbrecher hatte vergessen, die Spuren zu b.; Schwierigkeiten, Mißstände, Hindernisse, alle Bedenken b. **2.** ⟨jmdn. b.⟩ *[kaltblütig] ermorden:* einen Nebenbuhler, Rivalen, Gegner b.; sie wurden bei Säuberungsaktionen beseitigt.

Besen, der: **1.** */ein Gerät zum Fegen, Kehren/:* ein harter, weicher, abgenutzter B.; die Küche mit dem B. auskehren; /Formel, um etwas zu beteuern oder in Zweifel zu ziehen/: ich fresse einen B./will einen B. fressen, wenn das stimmt (ugs.; *ich glaube nicht, daß das stimmt*); Sprichw.: neue Besen kehren gut. **2.** (derb; abwertend) *widerborstige weibliche Person:* sie ist ein richtiger B.; so ein B.! * **mit eisernem Besen [aus]kehren** *(rücksichtslos Ordnung schaffen).*

Besenstiel, der: *Stiel des Besens:* er ist steif wie ein B. (ugs.; *sehr steif*); er geht, als hätte er einen B. verschluckt (ugs.; *sehr gerade und steif*); /Formel, um etwas zu beteuern oder in Zweifel zu ziehen/: ich fresse einen B./will einen B. fressen, wenn das wahr ist (ugs.; *ich glaube nicht, daß das wahr ist).*

besessen: 1. *von bösen Geistern beherrscht:* die Leute hielten ihn für b.; er ist [wie] vom Teufel b.; er rannte wie b. hinter ihm her. **2.** *heftig von etwas ergriffen, ganz von etwas erfüllt:* von einem Gedanken, von einer Leidenschaft, von einem Aberglauben b. sein; ein besessener *(fanatischer)* Fußballer; subst.: er arbeitet wie ein Besessener.

besetzen: 1. ⟨etwas b.⟩ *belegen:* einen Platz, Stuhl b.; alle Tische sind besetzt; ist der Platz besetzt?; das Theater war gut, voll, bis auf den letzten Platz besetzt; das WC ist besetzt *(ist nicht frei);* die Leitung ist besetzt *(auf dieser Leitung wird gerade telephoniert);* die nächste Woche ist bei mir schon besetzt, bin ich schon besetzt *(habe ich keine Zeit mehr).* **2.** ⟨etwas b.⟩ *mit Truppen belegen [und beherrschen]:* ein Land, eine Stadt b.; alle Zufahrtsstraßen besetzt halten. **3.** ⟨etwas b.⟩ *an jmdn. vergeben:* ein Amt, einen Posten b.; eine Rolle b.; das Stück war gut, mit ausgezeichneten Schauspielern besetzt; die Stelle ist schon besetzt. **4.** ⟨etwas mit etwas b.⟩ *etwas zur Verzierung auf etwas nähen:* einen Mantel mit Pelz, ein Kleid mit Spitze b.; der Kragen war mit Perlen besetzt.

Besetzung, die: **1. a)** *das Belegen mit Truppen:* die B. des Landes durch feindliche Truppen. **b)** *das Vergeben von etwas an jmdn.:* die B. einer Stelle, der einzelnen Rollen eines Theaterstücks. **2.** *Gesamtheit der Mitarbeitenden bei einer Aufführung oder Sportveranstaltung:* eine neue, die erste, zweite B.; in welcher B. wird die Oper gegeben?; die Mannschaft spielte [wieder] in derselben B.

besichtigen ⟨jmdn., etwas b.⟩: *aufsuchen und betrachten:* die Stadt, eine Kirche, eine Ausstellung, eine Fabrik b.; Truppen b.

besiegeln (geh.) ⟨etwas b.⟩: **1.** *bekräftigen:* etwas mit einem Handschlag, mit einem Kuß b.; sie besiegelten ihre Freundschaft mit einem Händedruck. **2.** *endgültig, unabwendbar machen:* durch den Entschluß hat er unser Schicksal besiegelt; sein Untergang war bereits besiegelt.

besiegen ⟨jmdn., sich, etwas b.⟩: *überwinden:* den Feind, einen Gegner [im Kampf] b.; die Mannschaft wurde mit 3:2 besiegt; seine Leidenschaften, seine Begierden b.; du hast dich selbst besiegt; adj. Part.: ein besiegtes Land; er wollte sich noch nicht besiegt geben; Redensart: wehe den Besiegten!

besinnen/vgl. besonnen/: **1.** ⟨sich b.⟩ *nachdenken, überlegen:* sich kurz, eine Weile, nicht eine Sekunde b.; ohne sich lange zu b., ging er; erst wollte er abreisen, doch dann besann er sich anders; subst.: ohne langes Besinnen. **2. a)** ⟨sich auf jmdn., auf etwas b./(geh.:) sich jmds., einer Sache b.⟩ *sich erinnern:* ich besinne mich kaum auf ihn, auf seinen Namen/(geh.): seines Namens; er konnte sich auf jede Einzelheit, auf nichts mehr b.; ich besinne mich nicht [darauf], ihn hier gesehen zu haben; ⟨auch ohne Präpositionalobjekt⟩ jetzt besinne ich mich wieder *(jetzt fällt es mir wieder ein);* wenn ich mich recht besinne, war er schon einmal hier. **b)** ⟨sich auf sich, auf etwas b.⟩ *sich bewußt werden:* besinne dich auf dich selbst, auf deinen Wert, auf deinen früheren Schwung! * (geh.:) **sich eines anderen/eines Besseren besinnen** *(seinen Entschluß ändern).*

besinnlich: *nachdenklich; der Besinnung dienend:* eine besinnliche Stunde; der Nachmittag war sehr b.; subst.: der Vortrag bot allerlei Besinnliches.

Besinnung, die: **1.** *Bewußtsein:* die B. verlieren *(bewußtlos werden);* er hat die B. noch nicht wiedererlangt; sie war ohne B., nicht bei B., kam endlich wieder zur B. **2.** *Nachdenken, ruhige Überlegung:* die Streitenden zur B. bringen; laß mich erst einmal zur B. kommen!; sie kam vor lauter Arbeit nicht zur B. **3.** (geh.) *das Sichbesinnen:* nur die B. auf das Notwendige kann uns helfen.

Besitz, der: **a)** *das, was jmd. besitzt, Eigentum:* ein wertvoller, ererbter, mühsam erworbener B.; das Haus ist sein einziger, rechtmäßiger B., ist ein alter B. seiner Familie; er hat großen B. *(Grundbesitz)* in der Schweiz; seinen B. verlieren; das ist ein Stück aus ihrem persönlichen B.; bildl.: etwas zu seinem geistigen B. machen. **b)** *das Besitzen:* der B. eines Autos; unerlaubter B. von Waffen wird bestraft; im B. eines Ausweises sein; der Hof ist schon lange im/in B. der Familie; etwas im/in B. haben *(etwas besitzen);* das Buch befindet sich in seinem B. *(gehört ihm);* das Haus kam, gelangte in ihren B., ging in ihren B. über; er gelangte in den B. eines Hauses; etwas in seinen B. bringen *(sich etwas aneignen);* er setzte sich in den B. der Waffe *(eignete sie sich an).* * **etwas in Besitz nehmen** *(sich etwas [als Eigentum] nehmen):* der Erbe nahm das Gut in B. · **von etwas Besitz ergreifen/nehmen** *(sich einer Sache bemächtigen; etwas in Besitz nehmen)* · (geh.:) **etwas ergreift Besitz von jmdm.** *(etwas erfüllt jmdn. ganz):* dieser Gedanke, eine große Traurigkeit, Verzweiflung ergriff B. von ihm.

besitzen/vgl. besessen/: **1.** ⟨jmdn., etwas b.⟩ *als Besitz, zu eigen haben:* ein Haus, Geld, ein großes Vermögen, ein Auto, viele Bücher b.; er hat ein Landhaus am Tegernsee besessen; sie besaß nicht die Mittel, große Reisen zu machen; übertr.: er wollte sie als Frau, als Geliebte [ganz für sich] b.; sie besaß meine Zuneigung, mein unbedingtes Vertrauen;/von charakteristischen Eigenschaften/ Talent, Phantasie, Geschmack b.; er besaß die Frechheit wiederzukommen; /verblaßt/ die Erlaubnis, das Recht b. (stilistisch unschön; *haben*), etwas zu tun; das Zimmer besitzt (stilistisch unschön; *hat*) drei Fenster; er besitzt (stilistisch unschön; *hat*) keine Angehörigen mehr; adj. Part.: die besitzende Klasse *(die Vermögenden).* **2.** (geh.; verhüll.) ⟨jmdn. b.⟩ *Geschlechtsverkehr mit jmdm. haben:* er wollte, mußte diese Frau b.; er hat viele Frauen besessen.

besondere: 1. *außergewöhnlich, nicht alltäglich:* das war eine besondere Freude; es gab keine besonderen Vorkommnisse; es war mir eine [ganz] besondere Ehre */Höflichkeitsformel/;* er hat sich besondere Mühe gemacht; subst.: dieser Wein ist etwas ganz Besonderes; sie hält sich für etwas Besonderes; was gibt es denn dort Besonderes zu sehen? **2.** *abgesondert; zusätzlich:* besondere Wünsche haben; besondere Kennzeichen: keine; dieses Kind war ihr besonderer *(spezieller)* Liebling; er hat sich weder im allgemeinen, noch im besonderen *(einzelnen)* dazu geäußert. * **im besonderen** *(vornehmlich, besonders):* er interessiert sich für Graphik, im besonderen für alte Stiche.

besonders ⟨Adverb⟩: **a)** *ausdrücklich, nachdrücklich:* etwas b. betonen, erwähnen, hervorheben. **b)** *vor allem, insbesondere:* b. im Frühling ist es dort sehr schön; es kommt b. darauf an, schnell zu reagieren. **c)** *außerordentlich, sehr:* eine b. große, b. reichhaltige Auswahl; er ist dafür b. geeignet; er ist nicht b. groß *(er ist mittelgroß);* der Film ist nicht b. (ugs.; *ziemlich schlecht*); ich mag sie nicht b.

besonnen: *ruhig abwägend, vernünftig:* ein besonnener Mensch; durch ihr besonnenes Verhalten hat sie Schlimmeres verhütet; er ist sehr b.; sie handelte b.

besorgen/vgl. besorgt/: **1.** ⟨jmdn., etwas b.⟩ *beschaffen, anschaffen:* er hat die Pässe, einen Platz, ein Zimmer besorgt; kannst du mir/für mich ein Taxi, einen Gepäckträger, Zigaretten b.?; sie besorgte *(kaufte)* die Geschenke; ich werde [mir] etwas zu trinken besorgen. **2. a)** ⟨etwas b.⟩ *ausführen, erledigen:* einen Auftrag, ein Geschäft b.; er besorgte die Auswahl der Gedichte für das Lesebuch. **b)** ⟨jmdn., etwas b.⟩ *versorgen, betreuen:* das Haus, die Wirtschaft b.; wer besorgt das Baby solange? **3.** (geh.; veraltend) ⟨etwas b.⟩ *befürchten:* es ist zu besorgen, daß er nicht wieder gesund wird. * (ugs.:) **es jmdm. besorgen** *(jmdm. etwas Schlechtes antun, jmdm. etwas heimzahlen):* dem hab' ich's aber [gründlich] besorgt.

Besorgnis, die: *das Besorgtsein; Befürchtung:* seine B. um das kranke Kind war sehr groß; etwas erregt jmds. B.; er empfand, hatte, zeigte echte B.; ich konnte seine ernsten Besorgnisse zerstreuen; etwas mit B./voller B. beobachten; es gab keinen Grund zur B.

besorgt: *von Sorge erfüllt:* die [um ihr Kind] besorgten Eltern; mit besorgten Blicken; ich war sehr b., weil sie nicht kam; er ist um das Glück seiner Tochter sehr b.; sie war b. über sein langes Ausbleiben; b. nach etwas fragen.

Besorgung, die: **1.** *das Besorgen:* er überließ mir die B. der Fahrkarten. **2.** *Einkauf:* eine B. machen, erledigen; der Nachmittag blieb frei für Besorgungen.

bespannen ⟨etwas b.⟩: **1.** *überziehen:* eine Wand mit Stoff b.; die Geige ist neu bespannt *(mit neuen Saiten versehen)* worden. **2.** *Zugtiere vorspannen:* einen Wagen mit zwei Pferden b.; militär. (hist.): ein bespanntes *(von Pferden gezogenes)* Geschütz; die Batterie ist bespannt.

besprechen: 1. *gemeinsam über etwas sprechen:* **a)** ⟨etwas b.⟩: wir müssen die Sache gründlich b.; sie haben die Frage eingehend besprochen. **b)** ⟨sich mit jmdm. b.⟩ er besprach sich [deswegen, in dieser Sache] mit seinem Anwalt; ⟨auch ohne Präpositionalobjekt⟩ sie besprachen sich eingehend über das Angebot. **2.** ⟨jmdn., etwas b.⟩ *rezensieren, eine Kritik schreiben:* ein Buch, eine Aufführung b.; er hat Dürrenmatt [in der Zeitung] besprochen. **3.** ⟨etwas b.⟩ *seine Stimme auf etwas aufnehmen lassen:* ein Tonband, eine Schallplatte b. **4.** ⟨jmdn., etwas b.⟩ *durch Zaubersprüche zu heilen suchen:* einen Kranken b.; sie kann Warzen b.

Besprechung, die: **1.** *Aussprache, Unterredung:* die B. findet um 9 Uhr statt; eine B. abhalten; um 18 Uhr habe ich eine B. **2.** *Rezension:* das Buch hatte eine lobende, kritische, ziemlich ablehnende B. in der Fachpresse; meine B. der Grammatik ist noch nicht erschienen.

bespritzen ⟨jmdn., sich, etwas b.⟩: *durch Spritzen naß machen, beschmutzen:* das Auto bespritzte mich von unten bis oben; er hat sich mit Farbe bespritzt; sein Anzug war mit Blut bespritzt.

besser: 1. /Komparativ von gut/: das ist das bessere Stück (von zweien); sie hat bessere Tage gekannt *(in besseren Verhältnissen gelebt als heute);* die Anstrengung wäre einer besseren Sache würdig gewesen; sein besseres Ich *(die positiven Seiten seines Charakters);* (scherzh.) meine bessere Hälfte *(mein Ehepartner);* das ist b. als [gar] nichts; er ist b. als sein Ruf; sie weiß alles b. *(man kann sie nicht überzeugen, nicht mit ihr reden);* es wäre b., wenn du geschwiegen hättest/du hättest b. geschwiegen; die Sache ist bedenklich oder, b. *(treffender)* gesagt, oberfaul (ugs.); Redensart: b. ist b. /*Rat zur Vorsicht*/: schnalle dich lieber an, b. ist b.; subst.: soll es etwas Einfaches oder etwas Besseres *(eine gute Qualität)* sein?; ich habe Besseres zu tun *(ich kann mich hiermit nicht abgeben);* in Ermangelung eines Besseren; eine Wendung zum Besseren; Sprichw.: das Bessere ist des Guten Feind. **2.** *sozial höhergestellt:* ein besserer Herr; bessere Leute; er stammt aus besseren Kreisen; er ist nur ein besserer Knecht *(kaum mehr als ein Knecht).* * **jmdn. eines Besseren belehren** *(jmdm. zeigen, daß er im Irrtum ist)* · **sich eines Besseren besinnen** *(seinen Entschluß ändern).*

bessergehen ⟨es geht jmdm., einer Sache besser⟩: *jmd., etwas ist in einem besseren Zustand:* dem Kranken wird es bald b.; damals ist es dem Handwerk [finanziell] bessergegangen.

bessern: a) ⟨jmdn., etwas b.⟩ *besser machen:* wir müssen ihn zu b. suchen; damit besserst du nicht die Verhältnisse. **b)** ⟨sich b.⟩ *besser werden:* du mußt dich erheblich b., wenn du versetzt werden willst; ihr Zustand, ihre Laune, ihr Befinden bessert sich allmählich; das Wetter hat sich gebessert.

Besserung, die: *das Besserwerden:* eine B. der Verhältnisse zeichnet sich ab, ist [nicht] in Aussicht, ist zu erwarten; einem Kranken gute B. wünschen.

Bestand, der: **1.** *das Bestehen; Fortdauer:* den B. der Firma sichern; sein Eifer hat keinen B., ist nicht von B. (geh.; *nicht dauerhaft*). **2.** *vorhandene Menge, Vorrat:* wie ist der B.?; den B. aufnehmen, erfassen, prüfen; die Bestände [an Waren] auffüllen, ergänzen, erneuern. **3.** (Forstw.) *Waldteil mit gleichartiger Bepflanzung:* ein B. von Fichten; zwei Bestände wurden abgeholzt. * **der eiserne Bestand** *(fester Vorrat für den Notfall)* · **zum eisernen Bestand gehören** *(unbedingt und immer dazugehören):* dieses Stück gehört zum eisernen Bestand des Spielplans.

beständig: a) *dauernd, ständig:* in beständiger Unruhe, Sorge, Gefahr leben; er klagt b. über Kopfschmerzen. **b)** *gleichbleibend:* ein beständiger *(treuer)* Freund; das Wetter ist heute b.; nichts auf der Welt ist b. **c)** *widerstandsfähig:* dieses Material ist b. gegen/gegenüber Hitze, gegen Korrosion.

bestärken: a) ⟨jmdn. in einer Sache b.⟩ *jmdn. sicher machen:* er hat ihn in seiner Meinung, in seinem Irrtum [noch] bestärkt; dieses Ereignis bestärkte ihn in dem Vorsatz zurückzutreten. **b)** ⟨etwas bestärkt etwas⟩ *etwas fördert, verstärkt etwas:* diese Entdeckung bestärkte meinen Verdacht, daß...

bestätigen: 1. a) ⟨etwas b.⟩ *für richtig, zutreffend erklären:* etwas ausdrücklich, schriftlich b.; die Meldung ist bisher amtlich, offiziell nicht bestätigt worden; das Berufungsgericht hat das erste Urteil bestätigt *(für gültig erklärt);* Sprichw.: die Ausnahme bestätigt die Regel; ⟨jmdm. etwas b.⟩ er bestätigte mir, daß sie einverstanden sei/ist. **b)** ⟨etwas bestätigt etwas⟩: *etwas erweist etwas als richtig:* dies bestätigt meinen Verdacht; er fand/sah seine Ansicht aufs neue, immer wieder bestätigt. **c)** ⟨etwas bestätigt sich⟩ *etwas erweist sich als wahr, richtig:* die Nachricht, seine Befürchtung hat sich leider bestätigt. **2.** (Kaufmannsspr.) ⟨etwas b.⟩ *den Eingang einer Sendung o. ä. mitteilen:* einen Brief, ein Paket b.; hiermit bestätige ich den Empfang Ihres Schreibens vom...; ich bitte, den Auftrag zu b. *(anzuerkennen).* **3.** ⟨jmdn. als etwas, in etwas b.⟩ *als Inhaber eines Amtes o. ä. anerkennen:* die Regierung hat ihn im Amt bestätigt; er wurde als Bürgermeister bestätigt. **4.** (Jägerspr.) ⟨ein Wild b.⟩ *als im Revier vorhanden feststellen:* er konnte den Hirsch b.; die Sauen wurden in der Dickung bestätigt.

Bestätigung, die: **1.** *Nachweis der Richtigkeit:* das ist eine B. deiner Ansicht, für deine Auffassung; eine amtliche B. der Meldung war nicht zu erhalten; diese Befürchtungen fanden ihre B. (besser: bestätigten sich), als... **2.** (Kaufmannsspr.; veraltend) *Mitteilung des Eingangs:* in B. Ihres Schreibens vom 1. 3. teilen wir Ihnen mit...

bestatten (geh.) ⟨jmdn. b.⟩: *feierlich beerdigen:* einen Toten b.; er wurde in fremder Erde bestattet.

beste ⟨Superlativ von *gut*⟩: beste Qualität; mein bestes Kleid; sein bester Freund; das beste meiner Bücher; bei bester Laune sein; ich hatte nicht das beste *(kein gutes)* Gewissen dabei; die Sache ist in besten Händen; mit den besten Grüßen Ihr.../*Briefschlußformel*/; mit den besten Wünschen für.../*Wunschformel*/; ein Kavalier im besten Sinne des Wortes; er handelte, antwortete nach bestem Wissen und Gewissen; sie konnte uns beim besten Willen *(sosehr sie sich auch mühte)* nicht helfen; im besten *(günstigsten)* Falle; sie zeigt sich heute von ihrer besten *(angenehmsten)* Seite; ein Mann in den besten *(mittleren)* Jahren; er war im besten Zuge, Spielen, Reden *(mitten darin)*, als plötzlich ...; du hast ihn im besten *(tiefsten)* Schlaf gestört; ein junger Mann aus bestem *(sozial hochgestelltem)* Hause; Redensart: das kommt in den besten Familien vor */scherzhafte Entschuldigung/* · es ist das beste/am besten, wenn ...; Sie fahren am besten *(günstigsten)* mit dem Frühzug; ich halte es für das beste, du schweigst; das mußt du selbst am besten wissen; es ist alles aufs beste *(bestens)* versorgt; es hat sich alles zum besten gewendet; mit seinem Geschäft steht es nicht zum besten *(ziemlich schlecht)*; subst.: er ist der Beste *(der beste Schüler)* in der Klasse; die Mannschaft gab ihr Bestes; er versucht aus allem das Beste zu machen *(es so günstig wie möglich zu gestalten)*; wir wollen das Beste hoffen; fast hätte ich das Beste *(das Wichtigste)* vergessen; ich tue mein Bestes, um dir zu helfen; ich will nur dein Bestes *(dein Wohlergehen)*; es geschieht nur zu deinem Besten; Herr Wirt, ein Glas vom Besten *(vom besten Wein)*!; aber meine Beste, mein Bester, wie kommen Sie mir vor? * **der, die, das erste beste** *(der, die, das zunächst sich Anbietende)*: er ist nicht der erste beste *(kein Beliebiger)* · **auf dem besten Wege sein** *(im Begriff sein, nahe daran sein)*: er ist auf dem besten Wege zu verkommen · **etwas zum besten geben** *(etwas zur Unterhaltung vortragen)* · **jmdn. zum besten haben/halten** *(jmdn. necken)*.

bestechen ⟨jmdn. b.⟩: **1.** *durch unerlaubte Geschenke für sich gewinnen:* einen Beamten b.; er hat die Zeugen mit Geld bestochen; sie versuchte vergeblich, den Polizisten zu b. **2.** *für sich einnehmen:* er besticht alle durch sein elegantes Spiel; ihre Freundlichkeit bestach mich nicht; ⟨auch ohne Akk.⟩ sie besticht durch ihre Schönheit; adj. Part.: ein bestechendes Äußeres; subst.: sein Auftreten hat etwas Bestechendes.

Bestechung, die: *das Bestechen:* aktive B. *(das Bestechen einer Person)*; er wurde wegen passiver B. *(weil er sich bestechen ließ)* bestraft.

Besteck, das: **1.** *Einheit von Löffel, Gabel, Messer:* silberne Bestecke; das B. ist verchromt; hier fehlt noch ein B.; noch ein B. auflegen, das B. abwaschen, putzen, polieren. **2.** *medizinisches Werkzeug:* das ärztliche B.; das B. desinfizieren, steril machen. **3.** (Seemannsspr.) *Ortsbestimmung eines Schiffes:* das astronomische B.; das B. nehmen, aufmachen.

bestehen: 1. ⟨etwas besteht⟩ *etwas existiert, ist vorhanden:* das Geschäft besteht 50 Jahre, seit 50 Jahren; es besteht keine Vorschrift, wonach...; es bestand die Aussicht, die Hoffnung, daß...; etwas besteht zu Recht; es besteht der dringende Verdacht, daß...; zur Zeit besteht große Nachfrage nach diesem Artikel; zwischen beidem besteht ein großer Unterschied; Sprichw.: Schönheit vergeht, Tugend besteht. **2. a)** ⟨etwas besteht aus etwas⟩ *etwas ist aus etwas hergestellt, zusammengesetzt:* etwas besteht aus Metall, aus Kunststoff; der Roman besteht aus drei Teilen; übertr.: sein Leben besteht nur aus Arbeit; du bestehst nur noch aus Arbeit (ugs.; *du arbeitest nur noch*). **b)** ⟨in etwas b.⟩ *in etwas seinen Inhalt, seinen Wesenspunkt haben:* seine Aufgabe besteht im wesentlichen darin, die Arbeit zu planen; sein ganzes Leben bestand nur in Arbeiten und Dienen. **3. a)** ⟨etwas b.⟩ *etwas erfolgreich absolvieren:* einen Kampf b.; er hat das Examen mit „sehr gut", gerade noch bestanden; er hat schon manches Abenteuer, manche Gefahren bestanden; der Wagen hat seine Bewährungsprobe bestanden. **b)** ⟨in etwas b.⟩ *sich bewähren:* er hat im Kampf, in der Gefahr, in der Auseinandersetzung großartig bestanden. **c)** ⟨vor jmdm., vor etwas b.⟩ *sich behaupten; standhalten:* dieser Mann, diese Sache kann vor jedem Prüfer, vor jeder Prüfung, Kritik, vor den kritischen Augen b. **4.** ⟨auf einer Sache/ (selten:) auf eine Sache b.⟩ *auf etwas beharren:* auf seinem Recht, auf der Erfüllung des Vertrages b.; er besteht darauf, daß die Ware zum vereinbarten Termin geliefert wird; auf seinem Willen, Standpunkt b.

bestehlen ⟨jmdn. b.⟩: *jmdm. etwas stehlen:* die Arbeitskollegen b.; er hat mich um 50 Mark bestohlen; bildl.: jmdn. um seine schönsten Hoffnungen b.

besteigen: a) ⟨jmdn., etwas b.⟩ *hinaufsteigen:* ein Tier, das Pferd, Fahrrad, die Kanzel, einen Turm, Berg b.; bildl.: den Thron b. *(die Herrschaft übernehmen)*. **b)** ⟨etwas b.⟩ *in etwas hineinsteigen:* den Zug, die Straßenbahn, das Flugzeug b.

bestellen: 1. ⟨etwas b.⟩ **a)** *beantragen, daß etwas geliefert, gebracht wird:* Waren, Ersatzteile [bei der Firma] b.; das Gerät ist bestellt; die bestellten Sachen abholen; ein Bier, eine Flasche Sekt b.; ich habe mir/für mich ein Schnitzel bestellt; das Aufgebot b. *(beantragen)*; sie hat sich etwas Kleines bestellt (scherzh.; *sie erwartet ein Kind*); ⟨auch ohne Akk.⟩ ich habe schon bestellt *(im Restaurant)*. **b)** *reservieren lassen:* Karten b.; ich habe [im Restaurant] einen Tisch bestellt; sie hat ihm/für ihn ein Hotelzimmer bestellt. **2.** ⟨jmdn., etwas b.; mit Umstandsangabe⟩ *Ort, Zeitpunkt für jmds. Erscheinen festlegen:* jmdn. in seine Praxis, zu sich [nach Hause] b.; ich bin auf, für, um 11 Uhr [zu ihm] bestellt; er kam wie bestellt; er sieht aus wie bestellt und nicht abgeholt (ugs.; *er sieht mißmutig aus*). **3. a)** ⟨jmdm. etwas b.⟩ *jmdm. etwas ausrichten:* jmdm. Grüße, eine Botschaft [von jmdm.] b.; er läßt Ihnen durch mich b., daß.../; ⟨auch ohne Dativ der Person⟩ kann, soll ich etwas b.? **b)** (veraltend) ⟨etwas b.⟩ *etwas zustellen:* Post, Pakete b.; ⟨jmdm. etwas b.⟩ jmdm. die Zeitung b. **4. a)** ⟨jmdn. b.⟩ *jmdn. einsetzen:* einen Vertreter, Sonderbotschafter, Vikar b. **b)** ⟨jmdn. zu/als etwas b.⟩ *berufen, ernennen:* jmdn. zu seinem Nachfolger, zu seinem persönlichen Referenten, zum Verteidiger b.; er ist in dem Prozeß als Gutachter bestellt. **c)** ⟨etwas b.⟩ *bestimmen:* ein Staat mit durch Wahlen bestellten parlamentarischen Organen. **5.** ⟨etwas b.⟩ *etwas bearbeiten:* einen Acker, das Land b. * (geh.:) **das/sein Haus bestellen** *(alle seine Angelegenheiten vor einer längeren Abwesenheit, vor dem Tod in Ordnung bringen)* · **es ist um jmdn., um etwas/mit jmdm., mit etwas bestellt** ⟨mit Artangabe⟩ *(jmd., etwas ist in einem bestimmten Stadium)*: mit ihm, um seine Gesundheit ist es schlecht bestellt · (ugs.:)

nichts/nicht viel zu bestellen haben *(nichts/nicht viel ausrichten, eine untergeordnete Rolle spielen).*

Bestellung, die: **1.** *Lieferauftrag:* eine große, umfangreiche B.; eine B. auf/über/von/(selten:) für 10 Tonnen Zement; die B. läuft *(wurde weitergeleitet);* heute gingen, liefen viele Bestellungen ein; eine B. aufgeben, entgegennehmen; alle Bestellungen wurden sofort erledigt; etwas nur auf B. anfertigen, liefern. **2. a)** *Einbestellung:* der Arzt hatte noch zwei Bestellungen. **b)** (veraltend) *Verabredung:* er hat heute abend noch eine B. **3.** *Berufung:* die B. der Richter, eines Verteidigers, Gutachters, Stellvertreters. **4.** *Botschaft:* eine B. [von jmdm.] ausrichten. **5.** *Bearbeitung:* die B. des Ackers, Bodens, der Felder.

bestens ⟨Adverb⟩: *aufs beste; ausgezeichnet:* etwas hat sich b. bewährt; es ist alles b. vorbereitet; ich danke Ihnen b. dafür.

bestimmen: 1. ⟨etwas b.⟩ *festsetzen, entscheiden:* etwas allein, sofort, willkürlich, nach Gutdünken b.; einen Termin, den Preis b.; was gemacht wird, bestimme ich; es wurde bestimmt, daß...; er hat hier nichts zu b.; das Gesetz, Testament bestimmt, daß...; einen Begriff b. *(definieren).* **2.** ⟨etwas b.⟩ *ermitteln:* etwas genau, wissenschaftlich, durch chemische Analyse b.; eine Pflanze, die Zusammensetzung eines Stoffes b. **3.** ⟨jmdn., etwas für/zu etwas b.⟩ *für etwas vorsehen; zuordnen:* das Geld ist für Anschaffungen, zum Bezahlen der Versicherung bestimmt; jmdn. zu seinem Nachfolger b.; er ist zu Höherem/für Höheres bestimmt. **4.** ⟨über jmdn., über etwas b.⟩ *verfügen:* über etwas frei b. [können]; er allein bestimmt über das Geld, über die Verwendung des Geldes. **5.** ⟨jmdn., etwas b.⟩ *prägen, entscheidend beeinflussen;* das Christentum hat das mittelalterliche Weltbild bestimmt; das Gebirge bestimmt die Menschen dieser Gegend; sich sehr von seinen Gefühlen b. lassen. **6.** ⟨jmdn. zu etwas b.⟩ *jmdn. zu etwas bewegen, drängen:* jmdn. zum Bleiben, zur Annahme des Vergleichs b.; nichts kann mich dazu b., meinen Plan aufzugeben.

bestimmt: 1. *feststehend:* ein bestimmter Betrag; an einem noch nicht bestimmten Ort zusammentreffen; von etwas eine bestimmte Vorstellung haben. **2.** *entschieden:* jmdn. höflich, aber b. hinausweisen; etwas in bestimmtem Ton, sehr b. sagen. **3.** *gewiß, sicher:* den bestimmten Eindruck gewonnen haben, daß ...; etwas b. wissen, nicht b. sagen können; ich glaube b., daß dies möglich ist; das ist ganz b. so. **4.** /auf etwas Spezielles hinweisend/: das ist ein ganz bestimmtes Buch, nicht irgendeines; ich meine eine [ganz] bestimmte Person, Sache; Sprachw.: der bestimmte Artikel.

Bestimmtheit, die: **a)** *Entschiedenheit:* die B. seines Auftretens beeindruckte; etwas mit [großer] B. sagen, erklären. **b)** *Gewißheit:* etwas [nicht] mit B. sagen können, wissen.

Bestimmung, die: **1.** *das Bestimmen, Festlegen:* die B. eines Termins, der Preise; Sprachw.: eine nähere, adverbiale B. **2.** *das Ermitteln:* die B. der Echtheit eines Dokumentes, der Position eines Schiffes; Math.: die B. des Schwerpunktes. **3.** *Anordnung, Vorschrift:* gesetzliche Bestimmungen; eine B. erlassen, beachten, verletzen, um-, übergehen; die Bestimmungen genau kennen; entgegen den Bestimmungen etwas tun; nach den Bestimmungen ist dies unzulässig; übertr.: es ist alles B. *(Schicksal).* **4.** *Berufung:* jmds. B. zum/als Gutachter gutheißen, kritisieren. **5.** *Zweck:* etwas an den Ort seiner B. bringen; eine Brücke ihrer B. übergeben *(für den Verkehr freigeben);* etwas seiner eigentlichen B. zuführen.

bestrafen: a) ⟨jmdn. b.⟩ *jmdm. eine Strafe auferlegen:* jmdn. hart, schwer, streng, milde, mit Gefängnis b.; dafür ist er genug bestraft worden. **b)** ⟨etwas b.⟩ *mit einer Strafe belegen, ahnden:* dieses Vergehen wird mit Gefängnis nicht unter drei Monaten bestraft.

bestrahlen ⟨jmdn., etwas b.⟩: *mit Strahlen behandeln:* eine Entzündung, Geschwulst [mit Rotlicht, Ultrakurzwellen] b.; ich werde zur Zeit bestrahlt *(erhalte Bestrahlungen).*

bestreben (geh.) ⟨sich b.; mit Infinitiv mit *zu*⟩: *sich ernsthaft bemühen:* er bestrebt sich eifrig, immer alles recht zu machen; ⟨meist in der Verbindung⟩ bestrebt sein: er ist bestrebt, die Kunden zufriedenzustellen.

Bestrebung, die ⟨meist Plural⟩: *ernsthaftes Bemühen:* revolutionäre Bestrebungen; es sind Bestrebungen im Gange, eine neue Partei zu gründen.

bestreichen: 1. ⟨etwas mit etwas b.⟩ *etwas auf etwas streichen:* etwas mit Salbe, mit Isolierfarbe b.; das Brot ist mit Butter bestrichen. **2.** (militär.) ⟨etwas b.⟩ *etwas unter Beschuß nehmen:* von den Bergen aus kann man die Ebene b.

bestreiten ⟨etwas b.⟩: **1.** *etwas nicht für richtig halten, verneinen:* eine Behauptung entschieden, energisch, mit allem Nachdruck b.; das hat noch nie jemand bestritten; es/die Tatsache läßt sich nicht b., daß ... **2. a)** *finanzieren:* etwas allein, aus eigener Tasche (ugs.) b.; den Aufwand, die Kosten b.; sein Studium bestreiten die Eltern. **b)** *gestalten:* er bestreitet das Programm, den ganzen Abend [allein].

bestricken (veraltend) ⟨jmdn. b.⟩: *bezaubern:* sie, ihr anmutiges Wesen bestrickte alle; eine Frau von bestrickendem Charme; er empfing uns mit bestrickender Liebenswürdigkeit.

bestürmen: 1. ⟨etwas b.⟩ *im Sturm angreifen:* eine Stadt, Festung b.; Sport: die Mannschaft bestürmte pausenlos das gegnerische Tor. **2.** ⟨jmdn. mit etwas b.⟩ *jmdn. mit etwas bedrängen:* jmdn. mit einer Bitte, mit einem Anliegen dauernd b.; die Journalisten bestürmten den Minister mit Fragen.

bestürzen ⟨etwas bestürzt jmdn.⟩: *etwas erschreckt, erschüttert jmdn.:* diese Nachricht, seine Krankheit hat uns alle bestürzt; adj. Part.: bestürzende Nachrichten; sich über etwas bestürzt zeigen; man sah überall bestürzte Gesichter.

Bestürzung, die: *Erschütterung:* die B. war groß; etwas erregt allgemeine B., ruft B. hervor; seine B. verbergen.

Besuch, der: **1. a)** *das Besuchen:* ein eintägiger, längerer, offizieller B.; sein B. galt der Tochter; das war der erste B. seit drei Jahren; jmdm. einen B. abstatten; [bei jmdm.] einen B. machen; seinen B. ankündigen; jmdn. mit seinem B. beehren (geh.); auf, zu B. kommen; [bei jmdm.] zu B. sein. **b)** *das Teilnehmen:* der regelmäßige B. des Gottesdienstes, der Messe, des Theaters; der B. der Schule ist Pflicht. **c)** *das Aufsuchen, Besichtigen:* der B. eines Restaurants; auf dem Programm steht ein B. alter Schlösser. **2.** *Gastperson[en]:* hoher, gern gesehener, ausländischer B.; der B. wartet in der Diele, ist wieder abgereist; wir bekommen, erwarten heute abend B.; den B. [an]melden, empfangen, zum Flughafen bringen.

besuchen: a) ⟨jmdn. b.⟩ *jmdn. aufsuchen:* jmdn. zu Hause, kurz, öfter b.; seinen Freund, einen Kranken, die Kunden, einen Arzt b. **b)** ⟨etwas b.⟩ *an etwas teilnehmen:* das Theater, ein Konzert b.; eine Schule, Universität mehrere Jahre b.; die Veranstaltung war gut besucht. **c)** ⟨etwas b.⟩ *etwas aufsuchen, besichtigen:* Kirchen, Schlösser, Ausstellungen b.; er besucht häufig dieses Restaurant.

betätigen: 1. ⟨sich b.⟩ *sich beschäftigen:* sich eifrig, künstlerisch, politisch, in der Partei, bei den Vorbereitungen b.; du kannst dich [hier] b. (ugs.; *[hier] mithelfen*). **2.** ⟨etwas b.⟩ *etwas bedienen:* etwas wird automatisch, mit der Hand betätigt; einen Hebel, Schalter, die Bremse b.

betäuben: a) ⟨jmdn., etwas b.⟩ *schmerzunempfindlich machen:* jmdn., einen Nerv örtlich b.; der Arzt hat ihn vor der Operation [durch eine Narkose, mit einer Narkose] betäubt; bildl.: seinen Kummer, sein Gewissen durch/(auch:) mit Alkohol b. *(zu verdrängen suchen);* sie versuchte sich durch Arbeit zu b. **b)** ⟨jmdn. b.⟩ *jmdn. bewußtlos machen:* jmdn. mit einem Schlag, mit Äther b.; sich wie betäubt fühlen; bildl.: ein betäubender *(berauschender)* Duft.

beteiligen: a) ⟨sich an etwas b.⟩ *Teilnehmer, Teilhaber sein:* sich an einem Spiel, Preisausschreiben b.; sich rege, lebhaft an der Diskussion b.; er soll an dem Überfall beteiligt gewesen sein; die Firma hat sich mit einer halben Million Mark an dem Auftrag beteiligt; direkt, finanziell, innerlich an etwas beteiligt sein; subst.: eine für alle Beteiligten *(Betroffenen)* befriedigende Lösung. **b)** ⟨jmdn. an etwas b.⟩ *teilhaben lassen:* jmdn. am Gewinn, am Umsatz b.; er ist an der Erbschaft [mit] beteiligt.

Beteiligung, die: **a)** *das Teilnehmen, Sichbeteiligen:* die B. war schwach, gering; seine B. an der Veranstaltung zusagen, zurückziehen; eine B. *(einen Anteil)* an dem Unternehmen erwerben; die Veranstaltung fand unter großer B. der Bevölkerung statt. **b)** *das Beteiligtwerden:* jmdm. die B. am Gewinn, Umsatz zusichern.

beten: a) *ein Gebet sprechen:* laut, andächtig b.; zu Gott, für den Frieden, um eine gute Ernte b.; laßt uns b.!; Redensart: bete und arbeite! **b)** ⟨etwas b.⟩ *als Bitte an Gott richten:* das Vaterunser, den Rosenkranz b.

beteuern ⟨etwas b.⟩: *nachdrücklich versichern:* seine Unschuld b.; sie beteuerte unter Tränen, daß sie mit der Sache nichts zu tun habe; ⟨jmdm. etwas b.⟩ er beteuerte ihr seine Liebe.

betiteln: a) ⟨etwas b.⟩ *etwas mit einem Titel versehen:* einen Aufsatz, ein Buch b.; wie ist die Schrift betitelt? **b)** ⟨jmdn. b.⟩ *jmdn. mit einem Titel anreden:* jmdn. [mit] Professor, Herr Rat b. **c)** (ugs.) *beschimpfen:* er betitelte ihn [mit] Saubauer.

betonen ⟨etwas b.⟩: **a)** *auf etwas den Akzent setzen, legen:* ein Wort richtig, falsch b.; im Deutschen wird allgemein die Stammsilbe betont; eine betonte Silbe. **b)** *unterstreichen, hervorheben:* seinen Standpunkt, seine großen Erfahrungen b.; eine Sache zu stark b.; diese Schule betont *(legt den Schwerpunkt auf)* die musische Erziehung; ich habe wiederholt betont, daß ich so etwas nicht dulde; ⟨häufig im 2. Partizip⟩ *ausdrücklich, bewußt:* sich mit betonter Einfachheit, sich betont einfach kleiden.

betören ⟨jmdn. b.⟩: *jmdn. berauschen, verführen:* jmdn. mit Blicken b.; ein betörender Duft; sie lächelte betörend.

Betracht ⟨in den Verbindungen⟩ **etwas in Betracht ziehen** *(etwas berücksichtigen)* · **etwas außer Betracht lassen** *(etwas unbeachtet lassen)* · **etwas kommt [nicht] in Betracht** *(etwas wird als Möglichkeit [nicht] beachtet, berücksichtigt)* · **außer Betracht bleiben** *(unberücksichtigt bleiben)*.

betrachten: a) ⟨jmdn., sich, etwas b.⟩ *längere Zeit ansehen:* jmdn. lange, neugierig, ungeniert, genau, aufmerksam, schweigend, staunend, mißtrauisch, mitleidig, von oben bis unten, mit Kennermiene b.; ein Bild, ein Bauwerk eingehend b.; jmdn. unauffällig, von der Seite, aus nächster Nähe b.; sich im Spiegel b. **b)** ⟨jmdn., sich, etwas als etwas b.⟩ *für etwas halten:* er betrachtet sich als mein /(auch:) meinen Freund; jmdn. als Verbündeten, als einen Betrüger b.; jmdn. als enterbt, als politisch tot b. **c)** ⟨etwas b.⟩ *genauer erörtern, beurteilen:* etwas einseitig, objektiv, von zwei Seiten, unter einem anderen Aspekt (bildungsspr.) b.; die finanzielle Situation der Firma b.; genau betrachtet, ist die Sache etwas anders. * **etwas durch eine gefärbte/durch seine eigene Brille betrachten** *(etwas subjektiv beurteilen)* · **etwas durch eine rosa Brille betrachten** *(etwas allzu positiv beurteilen)*.

beträchtlich: *erheblich:* eine beträchtliche Summe; der Schaden ist b.; er hat die Miete b. erhöht; er fuhr b./um ein beträchtliches *(sehr viel)* schneller als ich.

Betrachtung, die: **1.** *das Betrachten:* erst bei genauerer B. erkennt man die Struktur; in die B. eines Bildes versunken sein. **2.** *Überlegung, Untersuchung:* kritische Betrachtungen; eine B. der sozialen Situation; Betrachtungen anstellen; sich in Betrachtungen verlieren.

Betrag, der: *bestimmte Summe:* ein hoher, geringer, niedriger B.; ein B. [in Höhe] von 100 Mark; einen bestimmten B. bezahlen, von der Steuer absetzen; größere Beträge werden überwiesen; einen Scheck über einen B. von 1000 Mark ausschreiben.

betragen: 1. ⟨etwas beträgt etwas⟩ *etwas beläuft sich auf:* die Rechnung, das Gehalt, der Schaden beträgt 1000 Mark; die Entfernung beträgt zwei Kilometer; die Differenz betrug nur wenige Zentimeter. **2.** ⟨sich b.; mit Artangabe⟩ *sich benehmen:* sich schlecht, ordentlich, vorbildlich b.; er hat sich ihr gegenüber ungebührlich betragen.

Betragen, das: *Benehmen:* ein anständiges, schlechtes, ungehöriges B.; sein B. war unmöglich; jmds. B. läßt zu wünschen übrig; er hat in B. (im Zeugnis) eine Eins; jmdn. wegen seines Betragens rügen.

betrauen ⟨jmdn. mit etwas b.⟩: *jmdm. etwas übertragen:* jmdn. mit der Leitung eines Unternehmens b.; er wurde mit neuen Aufgaben betraut; man hat ihn damit betraut, den Verband neu zu organisieren.

betreffen: **a)** ⟨etwas betrifft jmdn., etwas⟩ *etwas geht jmdn. an; etwas bezieht sich auf etwas:* diese Sache, die neue Verordnung betrifft jeden; diese Vorwürfe betreffen mich nicht; der betreffende *(zuständige)* Sachbearbeiter; die [diesen Fall] betreffende Regel finden Sie auf Seite 18; Bürow.: Betrifft (Betr.): Ihr Gesuch vom 6. 10. 1970 · ⟨vereinzelt auch als Präp. mit Akk.⟩ unser Schreiben betreffend den Bruch des Vertrages. **b)** ⟨etwas betrifft jmdn., etwas⟩ *etwas widerfährt jmdm., einer Sache:* ein Unglück, ein Schicksalsschlag hat die Familie betroffen; das Land wurde von einem schweren Erdbeben betroffen *(heimgesucht)*. **c)** (geh.; veraltend) ⟨etwas betrifft jmdn.; mit Artangabe⟩ *etwas trifft jmdn. in bestimmter Weise:* diese Äußerung hat ihn schmerzlich, tief betroffen. **d)** (veraltet) ⟨jmdn. b.; mit Raumangabe⟩ *ertappen:* jmdn. bei etwas, in einer bestimmten Situation b.

betreffs (Amtsdt. und Kaufmannsspr.) ⟨Präp. mit Genitiv⟩: *bezüglich:* einen Antrag b. [eines] Zuschusses ablehnen; Ihr Schreiben b. Steuerermäßigung.

betreiben: **a)** ⟨etwas b.⟩ *[beruflich] ausüben:* einen schwungvollen Handel, ein Gewerbe b.; ein Geschäft b. (veraltend; *führen*); den Sport als Beruf b. **b)** ⟨etwas b.⟩ *vorantreiben:* etwas ernsthaft, energisch, mit Hochdruck b.; einen Prozeß, den Umbau b. **c)** (Technik) ⟨etwas b.; mit Umstandsangabe⟩ *etwas antreiben:* etwas elektrisch, mit Dampf b.; ein atomar betriebenes Schiff.

[1]**betreten** ⟨etwas b.⟩: **a)** *auf etwas treten:* den Rasen, das Spielfeld nicht b.; ein zweiter Schauspieler betrat die Bühne; subst.: [das] Betreten der Baustelle [ist] verboten!; übertr.: damit betreten wir ein noch unerforschtes Gebiet. **b)** *in etwas hineingehen:* das Zimmer, den Saal, das Geschäft b.; ich werde sein Haus nie mehr betreten.

[2]**betreten:** *verlegen:* es herrschte betretenes Schweigen; über diese Äußerung waren einige sehr b.; jmdn. b. ansehen.

betreuen ⟨jmdn., etwas b.⟩: *in seine Obhut nehmen:* Kinder, die alten Leute, Tiere b.; wer betreut zur Zeit dieses Arbeitsgebiet?

Betrieb, der: **1.** *Fabrik:* ein privater, staatlicher, mittelständischer B.; der B. beschäftigt 500 Leute, arbeitet mit Gewinn; einen B. erweitern, stillegen, verlagern, rationalisieren (bildungsspr.); in einem kleineren B. arbeiten. **2.** *Tätigkeit; Zustand des Arbeitens:* ein vollautomatischer B.; der B. war eine Stunde lang unterbrochen; den B. stören, einstellen; etwas in/außer B. setzen; etwas ist in/außer B. **3.** *Betriebsamkeit, Unruhe, Trubel:* in dem Lokal war viel, großer B.; auf dem Bahnhof herrschte ein furchtbarer B.; bei diesem B. kann ich nicht arbeiten. * **etwas in Betrieb nehmen** *(mit etwas zu arbeiten beginnen)*.

betrinken ⟨sich b.⟩: *bis zum Rausch Alkohol trinken:* sich sinnlos b.; er hat sich aus Kummer betrunken; ⟨häufig in der Verbindung⟩ betrunken sein: er war [völlig] betrunken.

betroffen: *unangenehm überrascht:* ein betroffenes Gesicht machen; er war sehr b., als er das hörte; jmdn. b. anblicken.

betrüben ⟨jmdn., sich b.⟩: *traurig machen:* jmdn. mit einer Nachricht, durch sein Verhalten b.; der Brief hat sie sehr betrübt; sich über etwas b. (veraltend); ⟨häufig im 2. Partizip⟩ *traurig:* ein betrübtes Gesicht machen; über etwas betrübt sein; betrübt dreinblicken.

betrüblich: *traurig stimmend:* eine betrübliche Nachricht; die Situation ist zur Zeit sehr b.; etwas sieht b. aus.

Betrug, der: *Täuschung, Unterschlagung:* ein raffiniert angelegter, ausgeführter B.; das ist B.; B. begehen; jmds. B. aufdecken, durchschauen; auf jmds. B. hereinfallen; etwas durch B. gewinnen; er ist wegen mehrfachen Betruges angeklagt. * **ein frommer Betrug** *(eine Täuschung zu gutem Zweck)*.

betrügen: **a)** ⟨jmdn., etwas b.⟩ *täuschen, hintergehen:* einen Kunden, Geschäftspartner, eine Firma b.; sie hat ihren Mann betrogen *(die Ehe gebrochen)*; den Staat b. (ugs.; *zu wenig Steuern bezahlen*); sich selbst b. *(sich Selbsttäuschungen hingeben)*; sich in etwas betrogen sehen; ⟨selten ohne Akk.⟩ er betrügt öfter; Sprichw.: wer lügt, der betrügt. **b)** ⟨jmdn. um etwas b.⟩ *jmdn. um etwas bringen:* jmdn. um 100 Mark b.; man hat ihn um sein ganzes Geld, um sein Recht betrogen.

Bett, das: **1.** *Möbelstück zum Schlafen:* ein langes, breites, flaches, französisches B.; Betten *(Bettgestelle)* aus Eiche, Eisen; das B. ist breit, zu kurz für mich; ein B. aufstellen, aufschlagen; jmdm. das Frühstück ans B. bringen; auf dem B. sitzen; aus dem B. springen, steigen, klettern, kriechen (ugs.); nur schwer aus dem B. kommen *(ungern aufstehen)*; jmdn. [nachts] aus dem B. holen, klingeln; die Kinder ins B. bringen, schicken; marsch ins B.!; sich im B. aufrichten, umdrehen, herumwälzen; ein Hotel mit 60 Betten *(Unterbringungsmöglichkeiten)*. **2.** *Federbett:* ein leichtes, schweres, dickes B.; die Betten sind frisch bezogen, überzogen (landsch.), sind mit echten Federn gefüllt, gestopft; die Betten [auf]schütteln, sonnen, lüften, abziehen; die Betten machen, bauen (ugs.; *machen*). **3.** *Flußbett:* ein enges, breites, tiefes B.; der Fluß hat sein B. verlassen, sich ein neues B. gesucht. * **das Bett hüten müssen/ans Bett gefesselt sein** *(wegen Krankheit im Bett bleiben müssen)* · (ugs.:) **das Bett an/bei fünf Zipfeln packen wollen** *(mehr erreichen wollen, als möglich ist)* · (veraltend:) **mit jmdm. das Bett teilen**; (ugs.:) **mit jmdm. ins Bett gehen** *(mit jmdm. Geschlechtsverkehr haben)* · **ins Bett gehen**; (ugs.:) **sich ins Bett hauen**; (geh.:) **sich ins Bett begeben** *(schlafen gehen)* · (ugs.:) **sich ins gemachte Bett legen** *(seine Existenz auf etwas bereits Bestehendem aufbauen)* · **von Tisch und Bett getrennt sein** *(in einer gescheiterten Ehe getrennt leben)*.

betteln: **1.** *um eine Gabe bitten:* **a)** auf der Straße, an den Türen b.; er geht b.; bildl.: die Kunst geht b. *(den Künstlern geht es wirtschaftlich schlecht)*. **b)** ⟨um etwas b.⟩ um Geld, um ein Almosen, um ein Stück Brot b. **2.** ⟨um etwas b.⟩ *jmdn. um etwas inständig bitten:* um Gnade, Verzeihung b.

Bettelstab, der ⟨nur in bestimmten Wendungen⟩: **an den Bettelstab kommen** *(völlig verarmen)* · **jmdn. an den Bettelstab bringen** *(jmdn.*

finanziell ruinieren): seine unvorsichtigen Spekulationen haben ihn an den B. gebracht.

betten ⟨jmdn., sich, etwas b.; mit Umstandsangabe⟩: *behutsam hinlegen, zur Ruhe legen:* den Kranken in die Kissen b., weich b.; ein Kind auf das Sofa/(seltener:) auf dem Sofa b.; sie bettete ihren Kopf an seiner Schulter; Sprichwort: wie man sich bettet, so liegt/schläft man · (geh.) sie betteten ihn unter den Rasen *(begruben ihn);* bildl.: du hast dich weich gebettet *(bist durch Heirat in gute Verhältnisse gekommen);* übertr.: das Dorf ist in grüne Wiesen gebettet (geh.; *von grünen Wiesen umgeben).* * (ugs.:) **nicht auf Rosen gebettet sein** *(kein einfaches, leichtes Leben haben).*

beugen: 1.a) ⟨jmdn., sich, etwas b.⟩ *biegen, krümmen:* den Arm, den Nacken, den Kopf, die Knie b.; das Alter hat ihn, hat seinen Rücken gebeugt; Rumpf beugt! */Kommando beim Turnen/;* eine vom Alter gebeugte Gestalt. **b)** ⟨sich, etwas b.; mit Raumangabe⟩: *neigen:* sich nach vorn, aus dem Fenster, über den Tisch b.; sie beugte den Kopf über das Buch. **2.** ⟨sich jmdm., einer Sache b.⟩ *sich fügen:* sich jmds. Willen, Urteil b.; sich der Gewalt b.; er wird sich dir nicht b. **3.** (Rechtsw.) ⟨etwas b.⟩ *willkürlich auslegen:* das Recht, das Gesetz b. **4.** (Sprachw.) **a)** ⟨etwas b.⟩ *flektieren:* ein Substantiv, ein Verb b.; das Wort „Stab" wird stark gebeugt. **b)** ⟨etwas beugt; mit Artangabe⟩ *etwas bildet seine grammatischen Formen:* dieses Verb beugt schwach. * **sich einem/unter ein Joch b.** *(sich jmdm., einer Sache unterwerfen).*

Beule, die: **a)** *Anschwellung der Haut:* eine große, schmerzhafte B.; er hat eine B. an der Stirn, bekam eine B., hat sich beim Sturz eine B. geholt (ugs.). **b)** *durch Stoß oder Schlag entstandene Unebenheit:* eine B. im Kotflügel ausklopfen; die Kanne war voller Beulen.

beunruhigen: a) ⟨jmdn. b.⟩ *in Unruhe, Sorge versetzen:* ihr langes Ausbleiben beunruhigt mich: allein der Gedanke daran beunruhigte ihn sehr; sie war über diese Nachricht, wegen dieser Nachricht tief beunruhigt; militär.: die Nachhut soll den Feind ständig durch kleine Gefechte b. *(stören).* **b)** ⟨sich b.⟩ *unruhig werden, sich Sorgen machen:* du brauchst dich wegen ihrer Krankheit nicht zu b.

beurlauben: 1. ⟨jmdn. b.⟩ **a)** *jmdm. Urlaub geben:* einen Schüler [für ein paar Tage] b.; ich muß mich für den Umzug b. lassen. **b)** *vorläufig von seinen Dienstpflichten entbinden:* der Beamte wurde bis zur Klärung der Angelegenheit beurlaubt. **2.** (veraltend) ⟨sich b.⟩ *sich verabschieden; sich entfernen:* gleich nach dem offiziellen Empfang beurlaubte ich mich.

beurteilen ⟨jmdn., etwas b.⟩: *ein Urteil über jmdn., über etwas abgeben:* jmds. Arbeit, Leistung b.; einen Menschen nach seinem Äußeren, nach seiner Kleidung b.; er hat die Angelegenheit klar, richtig, gerecht, [zu] günstig, sachlich, streng, falsch beurteilt; das ist schwer, kaum zu b.; ob er recht hat, kann ich nicht b.

Beute, die: **a)** *durch Gewalt, Diebstahl o. ä. Gewonnenes:* die B. in Sicherheit bringen, verteilen; sie teilten die B. unter sich; die Polizei konnte den Dieben ihre Beute wieder abnehmen, abjagen; B. machen *(etwas erbeuten);* die Jäger machten reiche Beute; auf B. ausgehen; die Räuber entkamen mit der B., kehrten mit B. beladen heim. **b)** *Opfer:* das Raubtier stürzte sich auf seine B.; übertr.: sie wurde eine B. ihrer Leidenschaft. * **leichte Beute** *(etwas leicht zu Erbeutendes):* das kleine Tier wurde eine leichte B. seiner Verfolger.

Beutel, der: *sackartiger Behälter:* ein voller, leerer, lederner B.; Tabak in den Beutel tun, stopfen; die Wäsche in den Beutel stecken. *(ugs.; veraltend:) **sich** (Dat.) **den Beutel füllen** *(sich bereichern)* · (ugs.:) **tief in den Beutel greifen müssen** *(viel zahlen müssen)* · (ugs.:) **etwas reißt ein großes/arges Loch in jmds. Beutel** *(etwas kostet jmdn. viel Geld).*

bevölkern: 1.a) ⟨etwas b.⟩ *in etwas wohnen, etwas besiedeln:* die Erde b.; damals bevölkerten noch die Kelten das Land; ein stark, dicht, nur wenig bevölkertes Land. **b)** ⟨etwas mit jmdm. b.⟩ *mit Bewohnern füllen:* ein Land mit Ansiedlern b. **2.a)** ⟨etwas b.⟩ *in großer Zahl füllen:* Touristen bevölkerten alle Lokale; (iron.:) das sind die Leute, die die Vorzimmer der Minister bevölkern. **b)** ⟨etwas bevölkert sich⟩ *etwas füllt sich mit Menschen:* nach dem Kriege bevölkerte sich das Land allmählich wieder; das Schwimmbad bevölkerte sich rasch [mit lärmenden Menschen].

Bevölkerung, die: *alle Bewohner eines bestimmten Gebietes:* die städtische, ländliche B.; die B. nahm zu, ab, ist stark gewachsen, hat sich vermehrt, verringert; aus allen Kreisen der B.; er wurde unter starker Anteilnahme der B. beerdigt.

bevor ⟨Konj.⟩ */drückt aus, daß etwas zeitlich vor etwas anderem geschieht/:* b. wir abreisen, müssen wir noch viel erledigen; kurz b. er starb, habe ich ihn noch besucht; /mit konditionalem Nebensinn; nur verneint/: bevor du nicht unterschreibst, lasse ich dich nicht fort.

bevormunden ⟨jmdn. b.⟩: *jmdm. vorschreiben, was er tun soll:* du möchtest mich immer gern b.; ich lasse mich von niemandem b.

bevorstehen ⟨etwas steht bevor⟩: *etwas wird bald geschehen:* seine Abreise, das Fest stand [unmittelbar, nahe] b.; die bevorstehenden Wahlen; ⟨etwas steht jmdm. b.⟩ mir steht Schlimmes b.; er wußte noch gar nicht, was ihm bevorstand.

bevorzugen ⟨jmdn., etwas b.⟩: *lieber mögen; jmdm., etwas den Vorzug geben:* er bevorzugt Pfälzer Wein; das jüngste Kind wurde vor den anderen bevorzugt; eine bevorzugte Stellung einnehmen; Kriegsversehrte sind bevorzugt abzufertigen.

bewachen ⟨jmdn., etwas b.⟩: *über jmdn., über etwas wachen; jmdn., etwas beaufsichtigen:* die Grenze b.; der Hund bewacht das Haus; die Gefangenen werden scharf, streng bewacht, von Aufsehern bewacht; ein bewachter Parkplatz.

bewaffnen ⟨jmdn., sich, etwas b.⟩: *mit Waffen versehen:* die Truppen werden neu bewaffnet; die Rebellen waren bewaffnet; er bewaffnete sich mit einem Messer; übertr. (scherzh.): ich bewaffnete mich mit einem Regenschirm, mit einem Löffel · adj. Part.: bewaffneter Widerstand; ein bewaffneter Angriff; der Stern ist nur mit bewaffnetem Auge *(durchs Fernglas)* zu erkennen. * (ugs.:) **bis an die Zähne bewaffnet sein** *(schwer bewaffnet sein).*

bewahren: 1. ⟨jmdn., etwas vor etwas b.⟩ *behüten, schützen:* jmdn. vor Schaden, vor Krankheit, vor einem Verlust, vor Enttäuschungen b.; Gott bewahre mich davor, so etwas zu tun!; mögest du vor allem Unglück bewahrt bleiben (geh.)! 2. (geh.) ⟨etwas b.; mit Raumangabe⟩ *aufbewahren:* Schmuck in einem Kasten bewahren; übertr.: etwas im Gedächtnis b. *(behalten);* sie bewahrte diese Worte in ihrem Herzen. 3. *erhalten, [bei]behalten:* **a)** ⟨etwas b.⟩ seine Fassung, Haltung b.; ruhig Blut, kaltes Blut b.; einen klaren Kopf b.; sie bewahrten Stillschweigen über diese Abmachung. **b)** ⟨jmdm. etwas b.⟩ dem Freund die Treue b. *(halten);* wir werden ihm ein ehrendes Andenken b. **c)** ⟨sich (Dativ) etwas b.⟩ sie hat sich ihre Unbefangenheit, ihre Frische, ihren Humor bewahrt; er konnte sich eine gewisse Selbständigkeit gegenüber seinem Vorgesetzten b. ∗ (ugs.:) **Gott bewahre!**; **[i] bewahre!** *(durchaus nicht!; nicht doch!* /Formeln der verstärkten Verneinung/): willst du heiraten? – Gott bewahre!; hast du dich verletzt? – i bewahre!

bewähren: 1. ⟨sich b.⟩ *sich als brauchbar, geeignet erweisen:* sich als Abteilungsleiter b.; er hat sich als treuer Freund bewährt; diese Einrichtung bewährte sich gut, hat sich nicht bewährt; ein bewährter Mitarbeiter, ein [seit langem] bewährtes Mittel; das Orchester stand unter der bewährten Leitung seines Dirigenten. 2. (veraltend) ⟨etwas b.⟩ *beweisen, zeigen:* er hat seinen Mut oft bewährt.

bewahrheiten ⟨etwas bewahrheitet sich⟩: *etwas erweist sich als wahr, richtig:* das Gerücht, unsere Vermutung scheint sich zu b.

Bewährung, die: *das Sichbewähren:* er muß eine Möglichkeit zur B. erhalten; Rechtsw.: er erhielt drei Monate Gefängnis mit B. *(Bewährungsfrist);* die Strafe wurde zur B. ausgesetzt.

bewältigen ⟨etwas b.⟩: *mit etwas Schwierigem fertig werden; etwas meistern:* eine Arbeit, Schwierigkeiten, Probleme b.; er hat die schwere Aufgabe spielend bewältigt; der Zug bewältigt (geh.) die Strecke in 5 Stunden; er kann die Vergangenheit nicht b.; die Portionen waren so groß, daß ich sie kaum b. konnte.

bewandert ⟨in der Verbindung⟩ in etwas bewandert sein: *besonders erfahren sein:* er ist in Geschichte, in der Literatur gut b.; ⟨auch attributiv⟩ ein in allen einschlägigen Arbeiten bewanderter Fachmann.

Bewandtnis, die ⟨in der Verbindung⟩ mit jmdm., mit etwas hat es [s]eine eigene/besondere Bewandtnis, hat es folgende Bewandtnis: *für jmdn., für etwas sind besondere/folgende Umstände maßgebend:* mit diesem Brief hat es eine eigene B.; mit seiner Herkunft hat es folgende B.

[1]bewegen: 1. **a)** ⟨etwas b.⟩ *aus der Ruhelage bringen:* einen Arm, ein Bein, b.; der Wind bewegte die Fahnen, die Blätter, die Wellen, das Meer; er konnte die Kiste nicht [von der Stelle] b.; sie bewegte beim Sprechen kaum die Lippen; adj. Part.: die See war leicht, stark bewegt; übertr.: bewegte *(ereignisreiche)* Zeiten; ein bewegtes *(stürmisches)* Leben; sie hat eine bewegte (verhüll.; *moralisch nicht einwandfreie*) Vergangenheit. **b)** ⟨sich b.⟩ *sich regen, rühren:* sich schnell, langsam, heftig, träge, mit Mühe b.; die Blätter bewegen sich im Wind; er konnte sich vor Schmerzen kaum b.; der Schlafende hat sich bewegt. **c)** ⟨jmdn., sich, etwas b.⟩ *zur Ortsänderung bringen:* sich auf, und ab, hin und her b.; sich im Kreis b.; die Pferde sollen nach Möglichkeit jeden Tag bewegt *(geritten, eingespannt)* werden; ich muß mich noch ein bißchen b. (ugs.; *an die Luft gehen*); bei der Anlage des Parks wurden viele hundert Kubikmeter Erde bewegt. **d)** ⟨sich b.; mit Raumangabe⟩ *sich an einen anderen Ort begeben:* ein langer Zug von Menschen bewegt sich zum Friedhof; die Erde bewegt sich um die Sonne; übertr.: die Ausführungen des zweiten Redners bewegten sich in der gleichen Richtung; der Preis bewegt sich *(schwankt)* zwischen zehn und zwanzig Mark. **e)** ⟨sich b.; mit Artangabe⟩ *umhergehen; sich verhalten:* er durfte sich [innerhalb des Lagers] frei bewegen; sie bewegt sich noch etwas ungeschickt [auf dem Eis]; er bewegte sich mit großer Sicherheit auf dem diplomatischen Parkett. 2. **a)** ⟨etwas bewegt jmdn.⟩ *etwas erregt, rührt jmdn.:* seine Worte haben uns tief bewegt; wir wissen nicht, was ihn so heftig bewegt hat; er dankte mit bewegten Worten *(gerührt).* **b)** ⟨etwas bewegt jmdn.⟩ *etwas beschäftigt jmdn.:* dieser Gedanke bewegt mich seit langem; wir sprachen über Fragen, die uns alle bewegen. **c)** (geh.) ⟨etwas b.; mit Raumangabe⟩ *bei sich bedenken:* er bewegte ihre Worte in seinem Herzen, Gemüt.

[2]bewegen ⟨jmdn., etwas zu etwas b.⟩: *veranlassen:* jmdn. zur Umkehr, zum Einlenken b.; er ließ sich nicht b., bei uns zu bleiben; was hat ihn wohl zur Abreise bewogen?; der Brief bewog ihn [dazu], die Anzeige zurückzuziehen; ich fühle mich nicht bewogen, hier einzugreifen.

beweglich: 1. *[leicht] bewegbar:* ein beweglicher Ring, Griff; die Puppe hat bewegliche Glieder; seine bewegliche *(transportierbare)* Habe; bewegliche Güter; Ostern und Pfingsten sind bewegliche *(nicht an ein festes Datum gebundene)* Feste; der Hebel ist nur schwer b. 2. *wendig, schnell reagierend:* ein beweglicher Verstand; er ist [geistig] sehr b. 3. (veraltend) *ergreifend, inständig:* bewegliche Klagen, Bitten; sie konnte recht b. bitten.

Bewegung, die: 1. *das Bewegen:* **a)** *Veränderung der Lage:* eine plötzliche, ruckartige, lebhafte, blitzschnelle, flinke, ruhige, gemessene, langsame, müde B.; ihre Bewegungen sind anmutig, elegant, geschmeidig, ungeschickt, plump; sie machte eine ungeduldige, abwehrende B. [mit der Hand]; eine Maschine in B. *(in Gang)* setzen; sie zog ihren Arm mit einer unwilligen B. zurück; er wischte alle Schwierigkeiten mit einer lässigen B. beiseite. **b)** *Veränderung des Ortes:* eine gleichmäßig beschleunigte B.; sich B. machen *(spazierengehen);* der Kranke hat zuwenig B.; der Arzt verordnete ihm viel B. in frischer Luft; die ganze Stadt war in B.; der Zug setzte sich in B.; die Erdmassen gerieten in B. 2. *inneres Ergriffensein, Rührung, Erregung:* er konnte seine [innere] B. nicht verbergen, unterdrücken; sein Spiel löste große B. unter den Zuschauern aus; ihre Stimme zitterte vor B. 3. **a)** *gemeinsames Bestreben einer Gruppe:* die liberale B. des 19. Jahrhunderts; eine starke nationale B. entstand. **b)** *Gruppe mit gemeinsamem Streben:* eine B. ins Leben rufen; sich einer revolutionären B. anschließen. * (ugs.:) **alle Hebel/Himmel und Hölle in Bewegung setzen** *(alles versuchen, um etwas zu ermöglichen).*

Beweis, der: **a)** *Nachweis der [Un]richtigkeit:* ein schlüssiger, untrüglicher, unwiderlegbarer, sprechender, schlagender B.; das ist der B. seiner Schuld/für seine Schuld; der B. für die Richtigkeit meiner Auffassung ist, daß ...; Beweise für etwas haben; einen B. antreten, beibringen, führen, liefern; einen B. entkräften; sie gaben überraschende Beweise ihrer Trinkfestigkeit; der Angeklagte wurde aus Mangel an Beweisen/(Amtsdt.:) mangels Beweisen freigesprochen; als/zum B. seiner Aussage legte er Briefe vor; etwas unter B. stellen (Papierdt.; *etwas beweisen*); ich glaube das bis zum B. des Gegenteils. **b)** *Ausdruck, [sichtbares] Zeichen:* diese Äußerung ist ein B. ihrer Schwäche: die Ausstellung ist ein sprechender B. für die Leistungsfähigkeit des Landes; sie schwieg – ein B., daß sie sich schuldig fühlte; er gab mir viele Beweise seines Vertrauens, seiner Zuneigung; wir danken für die zahlreichen Beweise der Anteilnahme.

beweisen ⟨etwas b.⟩: **a)** *nachweisen, erhärten:* seine Unschuld, die Richtigkeit einer Behauptung b.; dieser Brief beweist gar nichts; es läßt sich [nicht mehr] b., daß er dort war (nicht korrekt: ..., ob er dort war); ich habe ihm [dadurch, damit] bewiesen, daß er unrecht hat; was zu b. war */bekräftigende Schlußformel/;* Math.: einen Lehrsatz b. *(ableiten).* **b)** *zeigen; erkennen lassen:* er hat bei dem Unglück große Umsicht, viel Mut bewiesen; ihre Kleidung beweist, daß sie Geschmack hat; seine Ablehnung beweist nur seine mangelnde Einsicht.

bewenden ⟨in der Verbindung⟩ es bei/(seltener:) mit etwas bewenden lassen: *es mit etwas genug sein lassen:* wir wollen es diesmal noch bei einer leichten Strafe b. lassen.

Bewenden, das ⟨in der Verbindung⟩ damit mag es sein Bewenden haben: *damit soll es genug sein:* mit diesem Hinweis mag es sein B. haben.

bewerben: a) ⟨sich um etwas b.⟩ *sich bemühen, etwas zu erhalten:* sich um ein Amt, um einen ausgeschriebenen Posten, um eine Stellung, um ein Stipendium b.; um die Lieferung der Maschinen haben sich mehrere Firmen beworben; er bewarb sich darum, in den Klub aufgenommen zu werden; ⟨auch ohne Präpositionalobjekt⟩ ich habe mich dort vor einem Jahr beworben. **b)** (veraltend) ⟨sich um jmdn. b.⟩ *jmdn. einen Heiratsantrag machen:* er bewarb sich um die älteste Tochter.

Bewerbung, die: **1.** *das Bewerben:* seine B. hatte Erfolg, wurde [nicht] berücksichtigt; er hat seine B. zurückgezogen. **2.** *Bewerbungsschreiben:* eine B. schreiben, einreichen; auf unsere Anzeige sind mehrere Bewerbungen eingegangen.

bewerfen: a) ⟨jmdn., etwas mit etwas b.⟩ *etwas auf jmdn., auf etwas werfen:* sich/(geh.:) einander mit Schneebällen b.; man bewarf den Politiker mit faulen Eiern; der Zug wurde mit Steinen beworfen; übertr.: jmdn., jmds. Namen mit Schmutz b. *(jmdn. verleumden).* **b)** (Bauw.) ⟨etwas mit etwas b.⟩ *verputzen:* eine Mauer mit Mörtel, mit Lehm b.

bewerkstelligen (Papierdt.) ⟨etwas b.⟩: *zustande bringen, erreichen:* er wird den Verkauf schon b.; wir müssen es irgendwie b., daß er mitmacht.

bewerten: a) ⟨jmdn., etwas b.; mit Artangabe⟩ *einschätzen, beurteilen:* etwas positiv, negativ b., das Grundstück wurde mit 80000 Mark viel zu hoch bewertet; man muß diese Äußerungen richtig b.; einen Menschen nach seinem Erfolg b. **b)** ⟨etwas mit etwas b.⟩ *mit einer Note o. ä. versehen:* der Aufsatz wurde mit „gut“ bewertet; Sport: die Kampfrichter bewerteten ihre Kür mit Noten zwischen 5,6 und 5,9.

bewilligen ⟨jmdm. jmdn., etwas b.⟩: *genehmigen, zugestehen:* jmdm. Urlaub, einen Kredit b.; man hat ihm zwei Mitarbeiter bewilligt; ⟨auch ohne Dativ⟩ die Steuern müssen vom Parlament bewilligt werden; die geforderte Summe wurde anstandslos bewilligt.

bewirten ⟨jmdn. b.⟩: *einem Gast zu essen und trinken geben:* er bewirtete uns mit Tee und Gebäck; wir wurden gut, fürstlich bewirtet.

bewogen: → ²bewegen.

bewohnen ⟨etwas b.⟩: *in etwas wohnen:* wir bewohnen ein ganzes Haus, das obere Stockwerk; die Burg ist noch bewohnt.

bewölken ⟨etwas bewölkt sich⟩: *etwas bedeckt sich mit Wolken:* der Himmel bewölkte sich rasch; ein bewölkter Himmel; der Himmel ist leicht, stark bewölkt.

bewundern ⟨jmdn., etwas b.⟩: *staunend anerkennen; mit Hochachtung ansehen:* jmdn. glühend, neidlos, heimlich, im stillen [wegen seiner Leistungen] b.; etwas aufrichtig b.; ein Gemälde b.; ich bewunderte seinen Mut, seinen Geist, seine Zähigkeit; ihre Schönheit wurde viel bewundert: sie läßt sich gern b., möchte bewundert sein; seine Geduld ist zu b.; (iron.:) wir mußten zuerst sein neues Auto b.; adj. Part.: bewundernde Blicke; der Rennfahrer war sein bewundertes Vorbild.

bewußt: 1. a) *absichtlich:* das war eine bewußte Lüge, Irreführung; er hat das ganz b. getan. **b)** *klar erkennend, geistig wach:* er hat den Krieg noch nicht b. erlebt; wir waren alle b. oder unbewußt daran schuld. **c)** *aus Überzeugung handelnd:* er war ein bewußter Anhänger der Lebensreform. **2.** *bereits erwähnt, bekannt:* wir treffen uns in dem bewußten Haus, zu der bewußten Stunde. * **sich einer Sache bewußt sein** *(von etwas wissen; etwas klar erkennen):* ich bin mir keiner Schuld b.; er war sich seiner Verantwortung, der Bedeutung des Tages durchaus b. · **etwas ist/wird jmdm. bewußt** *(jmd. erkennt etwas klar, weiß etwas):* die Folgen meines Handelns waren mir durchaus b.; es ist mir nicht mehr b. *(erinnerlich),* wann das geschah.

bewußtlos: *ohne Bewußtsein, ohnmächtig:* in bewußtlosem Zustand sein; der Kranke war tagelang b.; sie brach b. zusammen.

Bewußtlosigkeit, die: *bewußtloser Zustand, Ohnmacht:* sie versank in B., lag in tiefer, langer B.; er erwachte aus seiner B. * (ugs.:) **bis zur Bewußtlosigkeit** *(unaufhörlich, maßlos):* er übte das Stück bis zur B.

Bewußtsein, das: **1. a)** *Wissen von etwas, Gewißheit, Einsicht:* das B. seiner Kraft erfüllte ihn; er hatte das bedrückende B., versagt zu haben; in dem B., seine Pflicht getan zu haben, ging er heim; etwas ins allgemeine B. bringen; er rief sich den Vorgang in sein B. zurück; plötzlich trat alles wieder in sein B.; etwas mit vollem B. tun; allmählich kam ihm zum B. *(wurde ihm klar)*, daß seine Methode falsch war. **b)** (Psychol.) *Gesamtheit der sinnlichen und geistigen Eindrücke:* das B. des Patienten ist gestört; etwas tritt über die Schwelle des Bewußtseins, wirkt auf das B. **c)** *Überzeugung, für die jmd. bewußt eintritt:* das soziale, politische B. eines Menschen. **2.** *Zustand geistiger Klarheit:* auf einmal verlor er das B. *(wurde er ohnmächtig);* der Kranke war nicht mehr bei B.; sie mußte bei vollem B. operiert werden; nach einer halbstündigen Ohnmacht kam sie wieder zu[m] B.

bezahlen: 1.a) ⟨etwas b.⟩ *für etwas Geld zahlen:* eine Ware, das Essen, ein Zimmer b.; ich habe die Möbel teuer b. müssen; er hat mir/für mich die Übernachtung bezahlt; etwas [in] bar, mit einem/durch einen Scheck, in ausländischer Währung, in/mit Schweizer Franken b.; die Arbeit wird gut, schlecht bezahlt; bezahlter Urlaub; ⟨auch ohne Akk.⟩ Herr Ober, ich möchte b.; er bezahlte mit einem Hundertmarkschein · übertr.: er mußte seinen Leichtsinn/für seinen Leichtsinn teuer b. *(für ihn büßen);* sie hat ihre Schuld mit dem Leben bezahlt. **b)** ⟨jmdn. b.⟩ *entlohnen:* den Friseur, den Schneider b.; ich kann den Arzt nicht b.; die Arbeiter werden schlecht, gut, nach Tarif, über, unter Tarif bezahlt; er wird dafür bezahlt, daß er ...; Redensart (ugs.): er läuft, als ob er's bezahlt bekäme *(sehr schnell)*. **2.** ⟨etwas b.⟩ *Geld als Gegenleistung geben:* 100 Mark, einen hohen Preis, eine beträchtliche Summe b.; dafür habe ich viel [Geld] b. müssen; ⟨jmdm./an jmdn. etwas b.⟩ sie hat ihm/(selten:) an ihn 10 Mark für die Bücher bezahlt. **3.** ⟨etwas b.⟩ *eine Schuld tilgen:* die Miete, eine Rechnung, die Zeche, seine Schulden b.; seine Steuern b.; der Beitrag ist jährlich im voraus zu b.; er hat für die Waren [keinen] Zoll bezahlt. * **etwas ist nicht mit Geld zu bezahlen** *(etwas ist unschätzbar):* seine Umsicht ist nicht mit Geld zu bezahlen · **etwas macht sich bezahlt** *(etwas lohnt den Aufwand):* diese Anschaffung macht sich [gut] bezahlt · (ugs.:) **die Zeche bezahlen müssen** *(für etwas die Folgen tragen müssen)*.

Bezahlung, die: **a)** *das Bezahlen:* er verlangt sofortige B. **b)** *Entgelt, Lohn:* sie nahm keine B. an; er arbeitet ohne B., nur gegen B.

bezähmen ⟨sich, etwas b.⟩: *zügeln, beherrschen:* seine Begierden, Leidenschaften, seinen Hunger b.; er konnte seine Neugier nicht [länger] b.; ich mußte mich sehr b., um ihn nicht hinauszuwerfen.

bezaubern ⟨jmdn. b.⟩: *jmds. Entzücken hervorrufen:* sie bezaubert alle durch ihre Liebenswürdigkeit; diese Musik bezaubert das Publikum; ein bezauberndes junges Mädchen; ich war bezaubert von ihrem Anblick.

bezeichnen /vgl. bezeichnend/: **1.a)** ⟨etwas b.⟩ *durch ein Zeichen kenntlich machen; markieren:* zu fällende Bäume b.; der Wanderweg ist mit einem blauen Dreieck bezeichnet; ein Kreuz bezeichnet die Stelle, wo er verunglückt ist. **b)** ⟨jmdm. jmdn., etwas b.⟩ *genau angeben, beschreiben:* er bezeichnete mir den Baum, an dem ich abbiegen sollte. **2.a)** ⟨jmdn., sich, etwas mit etwas/als etwas b.⟩ *[be]nennen:* mit dem Wort „Blazer" bezeichnet man eine Art Klubjacke; er bezeichnet sich als Architekt. **b)** ⟨etwas bezeichnet jmdn., etwas⟩ *etwas benennt jmdn., etwas:* das Wort „Pony" bezeichnet ein kleines Pferd; dieser Ausdruck kann sehr verschiedene Tätigkeiten b. **3.** ⟨jmdn., sich, etwas als etwas b.⟩ *hinstellen, charakterisieren:* er bezeichnete ihn als seinen Freund, als Verräter; er bezeichnet sich als den Verfasser des Buches; ich muß sein Verhalten als Feigheit, als anmaßend b.

bezeichnend: *kennzeichnend, charakteristisch:* diese Äußerung ist b. für ihn. * **etwas wirft ein bezeichnendes Licht auf jmdn., auf etwas** *(etwas ist kennzeichnend für jmdn., für etwas)*.

Bezeichnung, die: **1.** *Kennzeichnung, Markierung:* die B. der Wanderwege läßt zu wünschen übrig; die Akzente dienen zur B. der Aussprache. **2.** *Benennung, passendes Wort:* eine treffende, charakteristische, [un]genaue B.; ich finde keine bessere B. dafür; dieses Medikament ist unter verschiedenen Bezeichnungen im Handel.

bezeigen (geh.): **1.a)** ⟨jmdm. etwas b.⟩ *erweisen:* jmdm. Ehrfurcht, Respekt, seine Teilnahme b. **b)** ⟨etwas b.⟩ *zu erkennen geben, zeigen:* sie bezeigte Freude, Furcht, großen Mut. **2.** ⟨sich b.; mit Artangabe⟩ *einem Gefühl Ausdruck geben:* ich wollte mich dafür dankbar b. und schenkte ihm ein Buch.

bezeugen ⟨etwas b.⟩: *[durch eine Aussage] bekräftigen, bestätigen:* er hat den Tatbestand unter Eid bezeugt; ich kann b., daß sie die Wahrheit sagt; der Ort ist schon im 8. Jh. bezeugt *(urkundlich nachgewiesen);* ⟨jmdm. etwas b.⟩ mir wird glaubwürdig bezeugt, daß er gestorben ist.

bezichtigen ⟨jmdn. einer Sache b.⟩: *beschuldigen:* jmdn. des Verrats, des Diebstahls b.; er wurde bezichtigt, an der Verschwörung teilgenommen zu haben.

beziehen: 1.a) ⟨etwas b.⟩ *bespannen, überziehen:* die Betten frisch b.; einen Schirm, einen Tennisschläger neu b.; das Sofa ist mit Leder bezogen. **b)** ⟨etwas bezieht sich⟩ *etwas bewölkt sich:* der Himmel bezieht sich, hat sich mit schwarzen Wolken bezogen. **2.** ⟨etwas b.⟩ **a)** *in etwas einziehen:* ein Haus, eine neue Wohnung b.; er bezog die Universität (veraltet; *begann zu studieren*). **b)** (militär.) *einnehmen, besetzen:* einen Posten, eine günstige Stellung b.; übertr.: einen festen, klaren Standpunkt b. *(sich eine Meinung bilden)*. **3.** ⟨etwas b.⟩ *regelmäßig erhalten:* eine Zeitung durch die Post b.; er bezog ein gutes Gehalt, nur eine kleine Rente; wir beziehen die Ware aus Köln, von einer Berliner Firma; sein Wissen bezog er aus Illustrierten; für diese Antwort bezog er (ugs.; *bekam er*) eine Ohrfeige, Prügel. **4.a)** ⟨sich auf etwas b.⟩ *sich auf etwas berufen:* wir beziehen uns auf Ihr Schreiben vom ..., auf unser Ferngespräch vom/am Donnerstag und teilen Ihnen mit ...; er bezog sich auf eine Rede des Bundeskanzlers. **b)** ⟨etwas bezieht sich auf jmdn., auf etwas⟩ *etwas betrifft jmdn., etwas:* diese Kritik bezog sich nicht auf dich, auf deine Arbeit. **c)** ⟨etwas auf jmdn., auf sich, auf etwas b.⟩ *mit jmdm., sich, etwas in Zusammenhang bringen:* er bezieht immer alles [,was er hört,] auf sich.

Beziehung, die: **1.** *Verbindung:* gute, freundschaftliche Beziehung zu jmdm. haben; wirtschaftliche, diplomatische Beziehungen anbahnen, aufnehmen, abbrechen, mit/zu einem Land unterhalten; er hat überall Beziehungen *(Verbindung zu Leuten, die etwas für ihn tun können);* diese Wohnung hat er nur durch Beziehungen bekommen; ein Mann von weitreichenden, einflußreichen Beziehungen. **2.** *innerer Zusammenhang, wechselseitiges Verhältnis:* die B. zwischen Angebot und Nachfrage; die B. zwischen den Geschlechtern; zwischen diesen Ereignissen besteht keine B.; er hat keine B. *(kein inneres Verhältnis)* zur Kunst; zwei Dinge zueinander in B. setzen, bringen; ihre Abreise steht in keiner B. zum Rücktritt des Ministers. * **in ... Beziehung** *(unter bestimmten Gesichtspunkten):* in dieser B. *(was dies betrifft)* hat er recht; das Buch ist in mancher, in jeder B. zu empfehlen.

beziehungsweise /Abk.: bzw./ ⟨Konj.⟩: **1.** (stilistisch unschön) *oder; oder vielmehr, genauer gesagt:* ich war mit ihm bekannt b. befreundet; er wohnt in Frankfurt b. in einem Vorort von Frankfurt. **2.** *und im anderen Fall:* die Fünf- und Zweipfennigstücke waren aus Nickel b. Kupfer.

beziffern: 1. ⟨etwas b.⟩ *mit Ziffern versehen:* die Seiten eines Buches b. **2.a)** ⟨etwas auf etwas b.⟩ *schätzen:* man beziffert den Sachschaden auf 3000 Mark. **b)** ⟨etwas beziffert sich auf etwas⟩ *etwas beträgt soundso viel:* die Verluste beziffern sich auf zwei Millionen Mark.

Bezug, der: **1.** *Überzug:* der B. des Kissens ist schadhaft. **2.** *das regelmäßige Empfangen:* der B. von Zeitschriften, Waren aus dem Ausland unterliegt den Zollbestimmungen. **3.** ⟨Plural⟩ *Gehalt, Einkommen:* er erhält die Bezüge eines Beamten. **4.** *Beziehung, Zusammenhang:* den B. zu etwas herstellen; dieser Film vermeidet jeden B. zur Gegenwart. * (Kaufmannsspr.:) **Bezug nehmen auf etwas** *(sich auf etwas beziehen):* wir nehmen B. auf unser Schreiben vom ... · (Kaufmannsspr.:) **unter/mit Bezug auf etwas** *(Bezug nehmend auf etwas):* mit B. auf Ihr letztes Schreiben teilen wir Ihnen mit ... · **in bezug auf jmdn., auf etwas** *(was jmdn., etwas betrifft):* ich habe in bezug auf unseren Plan nichts Neues erfahren.

bezüglich ⟨Papierdt.⟩: **1.** ⟨Präp. mit Gen.⟩ *in bezug auf; wegen; über:* b. seiner Pläne (besser: über seine Pläne) hat er sich nicht geäußert; Ihre Anfrage b. (besser: wegen) der Bücher. **2.** ⟨Adj.⟩ *sich beziehend:* das darauf bezügliche Schreiben; Sprachw.: das bezügliche Fürwort *(Relativpronomen).*

Bezugnahme ⟨in der Verbindung⟩ unter Bezugnahme auf etwas (Papierdt.): *mit Bezug auf etwas:* unter B. auf Ihr letztes Schreiben teilen wir Ihnen mit, daß ...

bezwecken ⟨etwas mit etwas b.⟩: *beabsichtigen, zu erreichen suchen:* was bezweckst du mit diesem Brief, mit deiner Anfrage?

bezweifeln ⟨etwas b.⟩: *an etwas zweifeln:* jmds. Fähigkeiten b.; ich bezweifle, daß er das getan hat (nicht: ob er das getan hat!).

bezwingen ⟨jmdn., sich, etwas b.⟩: *besiegen, überwinden:* einen Gegner im sportlichen Kampf b.; ich bezwang mich, meinen Zorn; er hat diesen Berg als erster bezwungen *(erstiegen).*

biegen: 1.a) ⟨etwas b.⟩ *krümmen:* einen Draht, ein Blech b.; einen Ast nach unten, zur Seite, seitwärts b.; er sitzt mit gebogenem *(krummem)* Rücken; seine Nase ist stark gebogen. **b)** ⟨sich b.⟩ *eine gekrümmte Form annehmen, krumm werden:* ich bog mich zur Seite; die Bäume biegen sich im Wind, unter der Last des Schnees; das Blech hat sich gebogen; ich bog mich vor Lachen (ugs.; *lachte heftig*). **2.** ⟨mit Raumangabe⟩ *einen Bogen beschreiben:* der Weg biegt um den Berg; der Wagen ist eben um die Ecke, in eine Toreinfahrt gebogen. * (ugs.:) **lügen, daß sich die Balken biegen** *(plump, unverschämt lügen)* · (ugs.:) **es geht auf Biegen oder Brechen** *(es geht hart auf hart)* · (ugs.:) **auf Biegen oder Brechen** *(mit Gewalt, unter allen Umständen):* er will auf Biegen oder Brechen bis morgen fertig werden.

Biene, die: **1.** */Honig lieferndes Insekt/:* emsige, summende Bienen; die Bienen schwärmen, fliegen aus; der Imker hält, züchtet Bienen; sie ist von einer B. gestochen worden; fleißig wie eine Biene sein. **2.** (ugs.) *Mädchen:* eine kesse, flotte, muntere B.

Bier, das: */ein alkoholisches Getränk/:* helles, dunkles, einfaches, starkes B.; das ist hiesiges, auswärtiges B.; Kulmbacher B.; das B. schäumt, ist frisch, gut, gepflegt, süffig (ugs.), bitter, abgestanden, schal; B. brauen, zapfen, ausschenken; ein Faß B. auflegen, anzapfen; einen Kasten B. holen; ein [Glas] B. trinken; er hat zehn B. getrunken; beim B. *(im Wirtshaus)* sitzen; zum B. *(ins Wirtshaus)* gehen. * (ugs.:) **etwas wie sauer/saures Bier anpreisen** *(eifrig für etwas werben, was niemand haben will)* · (ugs.:) **das ist mein Bier** *(das ist meine Angelegenheit, mein Geschäft).*

bieten: 1.a) ⟨jmdm. etwas b.⟩ *anbieten, zur Verfügung, in Aussicht stellen:* jmdm. Geld, eine Chance, Ersatz für etwas b.; dem Nachbarn einen Gruß, einen guten Abend b. (geh.; *wünschen*); was, wieviel, welchen Preis bietest du mir dafür? *(was willst du mir zahlen?);* ⟨auch ohne Dativ⟩ wieviel hat er geboten?; /verblaßt/: etwas bietet jmdm. eine Handhabe, einen Anlaß, um ... *(etwas ermöglicht jmdm. etwas);* diese Maßnahme bietet dir Gewähr *(gewährleistet),* daß ... **b)** ⟨[etwas] b.⟩ *bei einer Versteigerung o. ä. ein Angebot machen:* er hat auf das Bild 5000 Mark geboten; nur zwei Interessenten boten auf das Grundstück. **c)** ⟨etwas bietet sich jmdm.⟩ *etwas eröffnet sich, ergibt sich:* hier bietet sich dir eine Chance; ⟨auch ohne Dativ⟩ endlich bot sich ein Ausweg, eine günstige Gelegenheit. **2.** (geh.) ⟨jmdm. etwas b.⟩ **a)** *[dar]reichen:* er bot ihr den Arm; sie bot ihm die Hand zur Versöhnung; er bot mir Feuer (zum Rauchen); bildl.: jmdm. die Hand zur Versöhnung b. *(sich mit jmdm. versöhnen wollen).* **b)** *gewähren:* jmdm. Obdach, Unterschlupf b. **3.a)** ⟨etwas b.⟩ *zeigen; darbieten:* die Mannschaft bot ausgezeichnete Leistungen; bei dem Fest wurde viel, wenig, ein schönes Programm geboten; die Unfallstelle bot ein schreckliches Bild; sie bot einen prächtigen Anblick *(sie war prächtig anzusehen);* jmdm. Trotz b. *(jmdm. trotzen);* /verblaßt/: diese Arbeit bietet *(bereitet)* keine besonderen Schwierigkeiten. **b)** ⟨etwas bietet sich jmdm.⟩ *etwas wird sichtbar:* ein Bild des Jammers bot sich uns, unseren Augen, unseren Blicken. **4.** ⟨jmdm. etwas b.⟩ *zumuten:* mir hätte keiner so etwas b. dürfen; so etwas ist mir noch nicht geboten worden; das lasse ich mir nicht b. *(nehme ich nicht hin).* * **jmdm. Schach bieten** *(jmdn. in seine Schranken weisen)* · **jmdm., einer Sache die Stirn bieten/die Spitze bieten** *(jmdm., einer Gefahr furchtlos entgegentreten)* · **jmdm. eine Blöße bieten** *(jmdm. eine Gelegenheit zum Angriff, zum Tadel geben).*

Bilanz, die: **a)** (Wirtsch.) *Kontenabschluß, Abschlußrechnung:* eine aktive, passive, positive, negative B.; eine gesunde, ausgeglichene B.; die B. des Unternehmens weist einen Fehlbetrag aus; eine B. aufstellen, vorlegen, prüfen; er hat die B. verschleiert, frisiert *(die Vermögenslage absichtlich falsch dargestellt).* **b)** *Fazit, Ergebnis:* die erfreuliche B. der deutschen Außenpolitik; zehn Tote und zahlreiche Verletzte sind die traurige, erschütternde B. des Wochenendes. * (ugs.:) **Bilanz machen** *(seine persönlich verfügbaren Mittel überprüfen)* · **die Bilanz aus etwas ziehen** *(das Ergebnis von etwas feststellen).*

Bild, das: **1.** *[künstlerische] Darstellung auf einer Fläche:* ein farbenprächtiges, meisterhaftes, wertvolles, kitschiges, geschmackloses B.; ein naturgetreues, realistisches, abstraktes B.; ein B. meiner Mutter; das B. ist sehr ähnlich, ist gut getroffen; ein B. [in Öl, in Wasserfarben] malen; ein B. zeichnen, entwerfen, skizzieren, ausführen; Bilder kaufen, einrahmen, aufhängen, betrachten; ein B. restaurieren, kopieren; sie sah ihr B. im Spiegel; jmdn., etwas im Bild darstellen, vorführen; etwas durch B. und Wort erklären; Phot.: ein gestochen scharfes, unscharfes, verwackeltes B.; dieses B. ist gestellt; Bilder abziehen, kopieren, vergrößern, retuschieren; er hat aus dem Urlaub viele Bilder mitgebracht; Fernsehen, Filmw.: das B. ist unscharf, verschwommen, verzerrt, gestört; übertr.: er ist ein B. des Jammers; sie ist ein B. von einem Mädchen *(ein schönes Mädchen);* in seinem Bericht malte, entwarf, entrollte er ein anschauliches, fesselndes, düsteres, erschütterndes B. von den Zuständen in jenem Lande. **2.** *Anblick, Ansicht:* das äußere B. der Stadt ist verändert; die Straße zeigte, bot ein freundliches B.; ein schreckliches B. bot sich unseren Augen. **3.** *Vorstellung, Eindruck:* Bilder der Vergangenheit stiegen vor ihm auf (geh.), quälten, bedrängten ihn, verblaßten, versanken (geh.); er beschwor das B. seiner Geliebten (geh.; *stellte sie sich lebhaft vor*); jmdm. ein richtiges, falsches, schiefes B. von etwas geben, vermitteln; ein genaues B. von etwas gewinnen; sie konnte sich von dieser Zeit, von diesen Vorgängen kein rechtes B. machen. **4.** (Theater) *Abschnitt eines Bühnenstücks mit gleichbleibender Dekoration:* das erste, das zweite B.; Schauspiel in sieben Bildern; Pause nach dem dritten B. **5.** *bildlicher Ausdruck:* dieser Schriftsteller gebraucht kühne, dunkle, abgegriffene Bilder; er spricht gern in Bildern. * (Theater:) **ein lebendes Bild** *(Darstellung eines Vorgangs mit Personen, die sich nicht bewegen)* · **ein Bild für [die] Götter sein** *(grotesk, komisch wirken)* · **jmdn. [über etwas] ins Bild setzen** *(jmdn. informieren)* · **[über etwas] im Bilde sein** *([über etwas] Bescheid wissen):* er ist im Bilde über das, was geschehen soll; bist du nun im Bilde?

bilden /vgl. gebildet/: **1.a)** ⟨etwas b.⟩ *herstellen, hervorbringen, formen:* die Kinder bilden einen Kreis, eine bunte Reihe; die Straßen bilden einen Stern; der Kanzler bildet eine neue Regierung; die Pflanze bildet Wurzeln, neue Triebe; Laute, Wörter, Sätze b.; sich ⟨Dativ⟩ eine Meinung, ein eigenes Urteil b. **b)** ⟨etwas b.⟩ *modellieren:* Figuren aus/in Wachs, Ton b.; die bildende Kunst *(Malerei, Bildhauerei, Architektur).* **c)** ⟨etwas bildet sich⟩ *etwas entsteht:* auf dem Boden hat sich eine Pfütze gebildet; auf gekochter Milch bildet sich leicht eine Haut. **2.** ⟨etwas b.⟩ *darstellen, sein:* die Spitze des Zuges, die Nachhut b.; der Fluß bildet hier die Grenze; diese Nachricht bildete einige Zeit das Stadtgespräch; etwas bildet die Regel, eine Ausnahme; sein Auftritt bildete den Höhepunkt des Abends. **3.** ⟨jmdn., sich, etwas b.⟩ *geistig-seelisch entwickeln, erziehen:* diese Tätigkeit bildet den Verstand, den Charakter; er bildete sich, seinen Geist durch Reisen; ⟨auch ohne Akk.⟩ Lesen bildet.

Bildfläche, die ⟨in den Verbindungen⟩ (ugs.:) **auf der Bildfläche erscheinen** *(plötzlich auftreten, herbeikommen)* · (ugs.:) **von der Bildfläche verschwinden: a)** *(sich plötzlich entfernen).* **b)** *(in Vergessenheit geraten).*

bildlich: 1. *im Bild, mit Hilfe von Bildern:* die bildliche Wiedergabe eines Gegenstandes, eines Vorgangs. **2.** *als Bild gebraucht, anschaulich:* ein bildlicher Ausdruck, Vergleich; diese Äußerung war nur b. gemeint; er war, b. gesprochen, der Motor des Ganzen.

Bildung, die: **1.a)** *das Bilden, Entstehung, Entwicklung:* die B. von Wolken, Schaum, Kristallen; die B. von Ruß unterbinden, verhindern; die B. eines Ausschusses; er wurde mit der B. einer neuen Regierung beauftragt. **b)** *etwas in bestimmter Weise Gebildetes; Form:* die eigenartigen, phantastischen Bildungen der Wolken; Sprachw.: die Bildungen *(Wörter)* auf -ung, auf -lich. **2.** *Erziehung; Kenntnisse, Wissen; geistige Haltung:* wissenschaftliche, künstlerische B.; B. erwerben, vertiefen; seine B. vervollständigen; er hat eine vorzügliche B. genossen; sie hat keine B. (ugs.; *sie weiß nicht, was sich schickt*); er stand auf der Höhe der B. seiner Zeit; sie verfügt über eine umfassende, lückenlose B.; er ist ein Mann von B. *(ein gebildeter Mann);* das gehört zur allgemeinen B. *(das muß jeder Gebildete wissen).*

Billett, das: → Fahrkarte.

billig: 1. *niedrig im Preis:* billiges Obst; billige Arbeitskräfte; ein erstaunlich billiger (ugs.; *niedriger*) Preis; die Wohnung, das Essen ist b., könnte billiger sein; dieses Buch ist nicht ganz b. *(ziemlich teuer);* b. *(günstig)* einkaufen; gebrauchter Gasherd b. abzugeben / Zeitungsanzeige/. **2.** ⟨abwertend⟩ *nichtssagend, wertlos:* das ist ein billiger Trost, eine billige Ausrede, ein billiger *(primitiver)* Trick; es wäre zu b. *(zu einfach),* ihn einfach abzuweisen. **3.** (veraltend) *angemessen, berechtigt:* ein billiges Verlangen; man sollte sich nicht mehr als b. darüber aufregen; Sprichw.: was dem einen recht ist, ist dem andern b. *(jeder hat das gleiche Recht).* * **etwas ist [nur] recht und billig** *(etwas ist in Ordnung, ist gerecht).*

billigen ⟨etwas b.⟩: *gutheißen, für angebracht halten:* jmds. Pläne, Vorschläge b.; ich billige deinen Entschluß; ich kann es nicht b., daß du dich daran beteiligst.

Binde, die: **1.a)** *schmaler Streifen aus Stoff, Mull o. ä. als Schutz-, Stützverband:* eine [elastische] B. anlegen, abnehmen, aufwickeln; er trägt eine schwarze B. über dem Auge; sie trug den Arm in der B. **b)** *Stoffstreifen als Abzeichen, Armbinde:* die Ordner trugen eine weiße B. am Arm. **2.** (veraltend) *Halsbinde, Querschleife:* im Frack mit weißer B. erscheinen. * (veraltend:) **jmdm. fällt die Binde von den Augen** *(jmd. erkennt plötzlich, was ihm unklar war)* · (ugs.:) **[sich (Dativ)] einen hinter die Binde gießen** *(Alkohol zu sich nehmen).*

binden: 1.a) ⟨etwas zu etwas/in etwas b.⟩ *zusammenbinden:* Blumen zu einem Strauß b., [mit Draht] zu einem Kranz b.; das Korn in Garben b.; ⟨auch ohne Präpositionalobjekt⟩ Blumen b. **b)** ⟨etwas b.⟩ *durch Zusammenbinden herstellen:* einen Kranz, Strauß b.; Garben b.; Besen, Bürsten b.; Handw.: ein Faß [aus Dauben] b. **2.a)** ⟨jmdn., etwas b.⟩ *fesseln:* einen Gefangenen [mit Stricken] b.; er wurde an Händen und Füßen gebunden; seine Hände waren auf dem Rücken gebunden; übertr.: gegnerische Truppen durch einen Entlastungsangriff b.; gebundene *(festgelegte)* Preise; ⟨jmdm. etwas b.⟩ sie banden ihm die Hände; bildl.: mir sind die Hände gebunden *(ich kann nicht handeln, wie ich will).* **b)** ⟨jmdn., sich durch etwas/mit etwas b.⟩ *verpflichten:* man hat ihn durch ein Versprechen, mit einem Eid gebunden; er hat sich durch seine Zusage gebunden; ⟨auch ohne Präpositionalobjekt⟩ ich wollte mich noch nicht b.; er fühlte sich gebunden. **c)** ⟨etwas bindet jmdn.⟩ *etwas verpflichtet jmdn.:* mein Versprechen, der Befehl bindet mich; adj. Part.: eine bindende Zusage machen. **3.** ⟨jmdn., sich, etwas b.; mit Raumangabe⟩ *festbinden, befestigen:* das Pferd an den Zaun, den Kahn an einen Baum b.; die Haare in die Höhe b.; Rosen in einen Kranz b. *(hineinbinden);* ein Band um die Blumen b.; ⟨jmdm., sich etwas b.; mit Raumangabe⟩ sie band sich ein Tuch um den Kopf; übertr.: er hat sich zu früh an das Mädchen gebunden *(mit ihr verlobt);* er ist an sein Versprechen gebunden; die Verhandlungen sind an keinen Ort, an keine Zeit gebunden. **4.** ⟨etwas b.⟩ *knüpfen, schlingen:* die Schuhbänder b.; einen Schal, eine Krawatte b.; eine Schleife b. **5.** ⟨etwas b.⟩ **a)** *zusammen-, festhalten:* der Regen bindet den Staub; die Grasnarbe bindet den Boden; Kochk.: eine Suppe, Soße b. *(sämig machen);* ⟨auch ohne Akk.⟩ der Leim, der Zement, das Mehl bindet gut; adj. Part.: bei diesem Vorgang wird die gebundene Wärme wieder frei. **b)** (Musik) *legato spielen oder singen:* die Töne, Akkorde b. **c)** (Literatur) *durch Reim oder Rhythmus gestalten:* Wörter durch Reime b.; adj. Part.: gebundene Rede *(Versdichtung).* **d)** (Buchbinderei) *mit festem Rücken und Decke versehen:* ein Buch, eine Zeitschrift b.; die Blätter, Bogen müssen noch gebunden werden; ein Album in Leinen, in Leder b.; adj. Part.: gebundene Bücher. * **jmdm. etwas auf die Seele binden** *(jmdm. etwas besonders einschärfen)* · (ugs.:) **jmdm. etwas auf die Nase binden** *(jmdm., der es nicht zu wissen braucht, etwas erzählen):* ich werde dir das doch nicht auf die Nase binden!

Bindfaden, der: *dünne Schnur, Kordel:* der B. reißt, verheddert sich (ugs.), verfitzt sich (ugs.); den B. aufmachen, verknoten, abschneiden; ein Paket mit B. verschnüren. * (ugs.:) **es regnet Bindfäden** *(es regnet sehr stark).*

Bindung, die: **1.a)** *bindende Beziehung, Verpflichtung:* zwischen den Partnern besteht keine vertragliche B.; er hat alle persönlichen Bindungen gelöst; sie will nach diesen Erfahrungen keine neue B. mehr eingehen. **b)** *innere Verbundenheit:* seine B. an die Heimat ist sehr stark. **2.** (Sport) *Schibindung:* die B. geht [nicht] auf, springt [nicht] auf; die B. schließen, zumachen. **3.** (Weberei) *Verbindung von Kett- und Schußfäden:* eine feste, haltbare B.; Gewebe in luftdurchlässiger B.

binnen ⟨Präp. mit Dat., seltener Gen.⟩: *im Verlauf von, innerhalb:* b. drei Tagen; b. einem Jahr/eines Jahres; b. Jahresfrist muß der Antrag gestellt werden. * **binnen kurzem** *(innerhalb kurzer Zeit)* · **binnen Jahr und Tag** *(innerhalb eines Jahres).*

Binse, die: */eine grasähnliche Pflanze/:* die Binsen blühen; Körbe, Matten aus Binsen flechten. * (ugs.:) **etwas geht in die Binsen** *(etwas geht verloren, verdirbt).*

Binsenwahrheit, die (ugs.): *allbekannte, selbstverständliche Tatsache:* es ist eine B., daß ...; was er schreibt, sind nur Binsenwahrheiten.

Binsenweisheit, die: → Binsenwahrheit.

Birne, die: **1.a)** *Frucht des Birnbaums:* eine [un]reife, gelbe, saftige, mehlige B.; diese Birne ist wurmstichig; Birnen pflücken, [vom Baum] schütteln, schälen, einmachen. **b)** *Birnbaum:* die Birnen blühen. **2.** (ugs.) *Glühlampe:* eine starke, schwache, mattierte B.; die B. ist durchgebrannt, ist entzwei, kaputt (ugs.); die B. auswechseln, einschrauben. **3.** (ugs.) *Kopf:* er gab ihm eins auf die B. * (ugs.:) **eine weiche Birne haben** *(nicht ganz normal sein).*

bis: I. ⟨Präp. mit Akk. oder Adverb in Verbindung mit einer Präp.⟩ **1.** /zeitlich; gibt die Beendigung eines Zeitabschnittes an/: b. jetzt; b. morgen; b. wann brauchst du den Wagen?; b. nächste Woche, nächstes Jahr; b. 12 Uhr; von 16 b. 18 Uhr; der Park ist b. [einschließlich] Oktober geöffnet; Weihnachtsferien vom 22. Dezember bis [zum] 5. Januar *(der 5. Januar ist der letzte Ferientag);* ich bleibe b. Ostern hier; b. Montag, den 5. Mai; er arbeitet b. zum Abend, bis in die Nacht [hinein], b. gegen, b. nahe an, b. nach Mitternacht; b. auf weiteres *(vorläufig)* bleibt es dabei. **2.** /räumlich; gibt das Erreichen eines Endpunktes an/: b. hierher und nicht weiter; von unten b. oben; von Anfang b. Ende; b. an den Rhein; der Zug fährt b. München, von der Schweiz b. [nach] Dänemark; wir flogen b. [nach] Frankfurt, der alten Messestadt; ich begleite dich b. an, b. zur, b. über die Grenze, b. ans Ende der Welt *(überallhin);* er wurde naß b. auf die Haut; übertr.: etwas b. ins letzte *(sehr eingehend)* durchdenken; er peinigte ihn bis aufs Blut *(sehr);* Krieg b. aufs Messer *(bis zum Äußersten);* er ist verliebt b. über die Ohren. **3.** /in Verbindung mit *auf*/ **a)** *einschließlich:* der Saal war b. auf den letzten Platz *(vollständig)* besetzt; er hat alles b. auf den letzten

Pfennig bezahlt; sie starben b. auf den letzten Mann *(alle)*. **b)** *mit Ausnahme [von]:* b. auf einen Mann kamen sie alle um; ich habe das Buch b. auf wenige Seiten gelesen. **4.** /in Verbindung mit *zu* vor Zahlen; gibt die obere Grenze an/: Gemeinden b. zu 10000 Einwohnern; Jugendliche b. zu 18 Jahren haben keinen Zutritt; darauf steht Freiheitsstrafe b. zu 10 Jahren. **II.** ⟨Adverb⟩ /in der adverbialen Verbindung „bis zu"; gibt die obere Grenze einer unbestimmten Zahl an/: b. zu 20 Mitglieder können berufen werden; wir können nur b. zu 10 Schülern Prämien geben; /auch ohne *zu*/ Kinder b. zehn Jahre zahlen die Hälfte. – Nicht korrekt: b. zu 500 Besucher und mehr haben Platz (500 ist die obere Grenze!). **III.** ⟨Konj.⟩ **1.** /nebenordnend zwischen Zahlen; gibt einen ungefähren Wert an/: in drei b. vier Stunden; das sind wohl zwei b. drei Kilometer; ein Brunnen von 100 b. 120 Meter[n] Tiefe; deutsche Dichter des 10. b. 15. Jahrhunderts. **2.** /unterordnend; kennzeichnet die zeitliche Grenze, an der ein Vorgang endet/: warte, b. ich komme!; b. es dunkel wird, bin ich zurück; das Kind hörte nicht eher zu weinen auf, als b. es vor Müdigkeit einschlief; ⟨mit konditionaler Nebenbedeutung⟩ du darfst nicht gehen, b. [nicht] die Arbeit gemacht ist! * (ugs.:) **bis gleich!**; **bis nachher!** /*Abschiedsformeln*/.

bisher ⟨Adverb⟩: *bis jetzt:* b. war alles in Ordnung; alle b. untersuchten Fälle; er war b. (nicht: seither!) Professor in Münster und ist jetzt in Bonn.

bisherig: *bisher gewesen, bisher vorhanden:* seine bisherigen Erfolge; der bisherige (nicht: seitherige!) Postminister trat zurück.

Biß, der: **1.** *das Beißen:* der B. dieser Schlange ist giftig; er bekam einen B. in die Hand. **2.** *gebissene Stelle:* der B. verheilte schnell.

bißchen (ugs.) ⟨Indefinitpronomen⟩: *etwas, wenig:* darf es ein b. mehr sein?; das ist ein b. viel verlangt; ich möchte ein b. schlafen; kommst du ein b. mit mir?; es schmerzt kein b. *(gar nicht)*; ein b. Brot; nur ein [klein] b./kleines b. Geduld!; von dem b. Geld kann man nicht leben; er hat kein b. guten Willen. * (ugs.:) [**ach**] **du liebes bißchen!** /*Ausruf der Überraschung, des Erschreckens*/.

Bissen, der: *kleine Menge [die man auf einmal von etwas abbeißen kann]; Happen:* ein kleiner, großer B.; das war ein feiner, guter, leckerer B. *(etwas, was sehr gut geschmeckt hat)*; er wollte rasch einen B. *(ein wenig)* Brot essen; der Kranke hat keinen B. *(nichts vom Essen)* angerührt; einen B. auf die Gabel nehmen; er brachte vor Schrecken keinen B. hinunter *(konnte nichts essen)*; er ging aus dem Haus, ohne einen B. *(ohne irgend etwas)* gegessen zu haben. * (ugs.:) **ein fetter Bissen** *(ein gutes Geschäft)* · (ugs.:) **ein harter Bissen** *(eine schwere Aufgabe)* · (ugs.:) **jmdm. bleibt der Bissen im Hals stecken** *(jmd. erschrickt sehr)* · (ugs.:) **jmdm. keinen Bissen gönnen** *(sehr mißgünstig, neidisch sein)* · (ugs.:) **sich** (Dativ) **jeden/den letzten Bissen am/vom Mund[e] absparen** *(sehr sparsam sein)* · (ugs.:) **jmdm. die Bissen in den Mund/im Mund zählen** *(jmdm. aus Sparsamkeit das Essen nicht gönnen)*.

bissig: **1.** *zum Beißen neigend:* ein bissiger Köter (ugs.); ein bissiges Pferd; Vorsicht, bissiger Hund! /*warnender Hinweis*/. **2.** (abwertend) *scharf, verletzend:* eine bissige Bemerkung, Kritik; bissige Worte, Reden; er hat eine sehr bissige Art; er ist, wird leicht b.; b. antworten, reagieren.

bisweilen (geh.) ⟨Adverb⟩: *manchmal:* b. hat man den Eindruck, daß er gar nicht zuhört.

bitte: /*Höflichkeitsformel*/: **a)** /*bei einer höflichen Aufforderung*/: b. [,] nehmen Sie Platz!; b. [,] gib mir das Buch!; gib mir das Buch [,] b.!; gib mir [,] b. [,] das Buch!; b. weitergehen!; b. wenden! b. die Tür schließen!; b. kommen Sie herein!; grüßen Sie Ihre Frau [,] b.!; b. sei so gut/b. seien Sie so freundlich ...; der Nächste bitte! Herr Ober, b. einen Kaffee!; entschuldigen Sie bitte! **b)** /*als bejahende Antwort auf eine Frage*/: möchten Sie noch eine Tasse Kaffee? b. [ja]! **c)** *als Antwort auf eine Dankesäußerung o. ä.*/: Vielen Dank! b. [sehr]!; ich danke Ihnen für Ihre Hilfe! b. [schön]!; Verzeihung! b.! **d)** /*als Aufforderung einzutreten*/: b. [treten Sie ein]! **e)** /*als höfliche Aufforderung, eine Äußerung, die man nicht [richtig] verstanden hat, zu wiederholen*/: [wie] b.?; b.? ich habe Sie leider nicht verstanden! * (fam.:) **bitte, bitte machen** *(durch mehrmaliges Zusammenschlagen der Hände eine Bitte ausdrücken)*: wenn du ein Stück Schokolade haben möchtest, mach schön b., b.!

Bitte, die: *an jmdn. gerichteter Wunsch:* eine kleine, große, herzliche, inständige, flehentliche, stumme *(wortlose)*, unausgesprochene, schüchterne, [un]bescheidene, höfliche, untertänige, dringende, freundliche B.; die sieben Bitten des Vaterunsers; Sprichw.: heiße B., kalter Dank · eine B. um Hilfe, um Verzeihung; ich habe eine Bitte *(ich bitte darum)*, können Sie mir sagen, wie ich zum Bahnhof komme?; er hat eine B. an Sie (geh.; *möchte Sie um etwas bitten*); eine B. erfüllen, gewähren, erhören (geh.), zurückweisen, abweisen; eine B. vortragen, vorbringen, aussprechen, äußern, wiederholen; jmds. Bitten nachgeben (geh.), nachkommen (geh.); jmdm. eine Bitte versagen (geh.), verweigern; eine B. an jmdn. richten; einer B. stattgeben (geh.), entsprechen (geh.); er konnte den Bitten der Kinder nicht widerstehen; auf seine B. hin wurde der Termin verschoben; jmdn. mit Bitten bestürmen; er ist mit einer B. an uns herangetreten (geh.).

bitten: **1. a)** ⟨um jmdn., um etwas b.⟩ *eine Bitte an jmdn. oder etwas aussprechen:* dringend, flehentlich, fußfällig, auf den Knien, demütig, eindringlich, vergeblich, inständig, höflich um etwas b.; um Hilfe, Entschuldigung, Geduld, Nachsicht, Verständnis, Gnade b.; darf ich einen Augenblick um Aufmerksamkeit b.?; ich bitte ums Wort (geh.; *bitte darum, sprechen zu dürfen*); er bat um Urlaub (geh.; *suchte um Beurlaubung nach*); um eine Erklärung b. (geh.); um ein Gespräch b.; ich bitte dringend um Ruhe; der Flüchtling hat um Asyl gebeten; darf ich um den nächsten Tanz b.?; um vollzähliges Erscheinen wird gebeten; um zusätzliche Arbeitskräfte b.; er hat dringend gebeten, nicht über die Angelegenheit zu sprechen; ich bitte gehorsamst, jetzt gehen zu dürfen; es wird gebeten, in den Räumen nicht zu rauchen; subst.: es half ihm kein Bitten; er verlegte sich aufs Bitten. **b)** ⟨jmdn. um jmdn./um etwas b.⟩ *sich mit einer Bitte an jmdn. wenden:* jmdn. um Geld, um ein Stück Brot b.; darf ich Sie um Rat b.?; jmdn. um Verständnis für seine Situation b.; jmdn. um eine Gefälligkeit b.; ich muß Sie b., sich noch ein wenig zu gedulden; ich bitte dich um alles in der Welt (ugs.; *bitte dich dringend*), das nicht zu tun; er läßt sich gerne b.; jmdn. bittend ansehen. **c)** (veraltend) ⟨jmdn. etwas b.⟩ *jmdn. um etwas bitten:* ich möchte Sie etwas b.; ich bitte dich eins, tu das nicht! **2.** (geh.) ⟨für jmdn., für etwas b.⟩ *Fürsprache einlegen:* er hat [bei den Vorgesetzten] für seinen Kollegen gebeten. **3. a)** (geh.) ⟨jmdn. zu etwas/auf etwas b.⟩ *einladen:* jmdn. zum Essen, zum Kaffee, zum Tee b.; jmdn. zum Tanz b. *(auffordern);* darf ich zu Tisch b.? *(darf ich bitten, zum Essen am Tisch Platz zu nehmen?);* er bat die Bekannten auf ein Glas Wein. **b)** ⟨jmdn. b.; mit Raumangabe⟩ *auffordern, an einen bestimmten Ort zu kommen:* jmdn. ins Zimmer, zu sich b.; ⟨auch ohne Präpositionalobjekt⟩ darf ich Sie b.?; wenn ich Sie b. darf!; der Herr Direktor läßt b. * (fam.:) **bitten und betteln** *(inständig bitten)* · (geh.:) **jmdn. um die Hand seiner Tochter bitten** *(die Einwilligung der Eltern einholen, ihre Tochter zu heiraten)* · (ugs.:) **jmdn. zur Kasse bitten** *(jmdm. Geld abfordern)* · (ugs.:) **[aber] ich bitte Sie!; ich muß doch [sehr] bitten!** */Ausruf der Entrüstung/.*

bitter: 1. *herb, ohne Süße:* bittere Schokolade; bittere Mandeln; einen bitteren Geschmack auf der Zunge, im Mund[e] haben; die Marmelade hat einen bitteren Beigeschmack, Nachgeschmack; bildl.: die Angelegenheit hatte einen bitteren Nachgeschmack *(wurde noch nachträglich als unangenehm empfunden);* der Tee ist, schmeckt zu b.; die Medizin ist abscheulich (ugs.) b., ist b. wie Galle; subst.: einen Bitteren *(bitteren Likör)* trinken. **2.** *schmerzlich:* eine bittere Enttäuschung, Erfahrung; bittere Gefühle; bittere Tränen weinen; bittere Stunden durchleben; ein bitteres Schicksal haben; das ist eine bittere Wahrheit, eine bittere Notwendigkeit; bitterer Ernst; bitteres Leid erfahren; bittere Reue empfinden; er mußte bis zum bitteren Ende ausharren; der plötzliche Tod des Mannes ist sehr b. (fam.) für die Familie; jmdn. b. entbehren; etwas b. bereuen. **3. a)** *verbittert:* ein bitterer Zug im Gesicht; bittere Worte; ein bitteres Lachen; er ist durch sein schweres Schicksal sehr b. geworden; die Enttäuschungen haben ihn b. gemacht. **b)** *beißend, scharf:* bitterer Hohn; bittere Ironie. **4. a)** *groß, schwer:* bittere Not leiden; bitteres Unrecht; er macht sich bittere Vorwürfe; es herrscht bittere *(sehr strenge)* Kälte. **b)** ⟨verstärkend vor Adjektiven und Verben⟩ *sehr:* das ist b. wenig; sie haben Hilfe b. nötig; b. enttäuscht sein; der Leichtsinn hat sich bitter gerächt; draußen ist es b. kalt. * (ugs.:) **die bittere Pille schlucken** *(mit etwas Unangenehmem fertig werden).*

bitterlich: 1. *leicht bitter:* ein leicht bitterlicher Geschmack; der Tee schmeckt [leicht] b. **2.** *sehr heftig:* b. weinen, frieren; er hat sich b. beklagt, beschwert.

blähen: 1. a) ⟨etwas bläht etwas⟩ *etwas strafft etwas, füllt etwas mit Luft:* der Wind bläht die Segel; ein Luftzug blähte die Vorhänge. **b)** ⟨etwas bläht sich⟩ *etwas wird prall, strafft sich:* die Segel, die Vorhänge, die Fahnen blähen sich [im Wind]; die Nüstern des Tieres blähten sich; mit geblähten Nüstern. **2.** (abwertend) ⟨sich b.⟩ *angeben, sich wichtig tun:* er blähte sich vor Stolz; was blähst du dich so? **3.** ⟨etwas bläht⟩ *etwas verursacht Blähungen:* Kohl bläht, Hülsenfrüchte blähen; blähende Speisen meiden.

Blamage, die: *beschämender, peinlicher Vorfall:* eine große, arge, furchtbare, ungeheure (ugs.; *sehr große*) B.; etwas ist eine B. [für jmdn.]; jmdm. eine schwere B. bereiten (geh.); er fürchtet die B.; er hatte Angst vor der B.

blamieren: a) ⟨sich b.⟩ *sich bloßstellen, sich lächerlich machen:* sich arg, furchtbar, mächtig (ugs.), unsterblich (ugs.; *sehr*) b.; da hast du dich ja ganz schön blamiert; Redensart: jeder blamiert sich so gut, wie er kann/jeder blamiert sich, so gut er kann · er hat sich durch sein Benehmen, mit dieser Sache, vor allen Leuten blamiert. **b)** ⟨jmdn. b.⟩ *in Verlegenheit bringen, bloßstellen:* warum hast du ihn in aller Öffentlichkeit, vor der ganzen Gesellschaft (ugs.) blamiert?; er war, fühlte sich durch den Zwischenfall blamiert. * (ugs.:) **die ganze Innung blamieren** *(einen Kreis von Menschen, dem man zugehört, durch sein Verhalten bloßstellen).*

blank: 1. a) *glatt und glänzend:* blankes Metall; blanke Knöpfe, Geldstücke; blanke Schuhe, Stiefel; eine blanke [Eis]fläche; die Kinder hatten blanke *(leuchtende)* Augen; der Fußboden ist b.; die Schuhe b. wichsen; das Metall b. reiben, putzen; übertr. (geh.): draußen ist der blanke *(helle)* Tag. **b)** *sauber:* blanke [Fenster]scheiben; die Planken, Dielen, die Tischplatte b. scheuern. **c)** (ugs.) *abgewetzt:* blanke Ärmel, ein blanker Hosenboden; die Ärmel b. wetzen. **2. a)** (fam.) *nackt, unverhüllt:* unter der Bluse sah man die blanke Haut; etwas auf der blanken Haut tragen; die Kinder laufen mit blanken Armen und Beinen umher; etwas mit der blanken Hand anfassen; er hat dem Jungen den blanken Popo (fam.), Hintern (ugs.) verhauen; übertr.: *gezogen:* das blanke Schwert; er ging mit blanker Waffe, mit dem blanken Messer auf den Polizisten los; subst.: der Blanke *(das nackte Gesäß).* **b)** *unbedeckt:* das blanke Holz; sie saßen auf der blanken Erde; auf dem blanken [Fuß]boden *(ohne irgendeine Unterlage)* schlafen. **3.** *pur, rein, absolut:* der blanke Unsinn, Hohn, Neid; eine blanke Lüge; er handelte aus blankem Egoismus. * (dichter.:) **der blanke Hans** *(die stürmische Nordsee)* · (ugs.:) **blank sein** *(kein Geld mehr haben)* · (Kartenspiel:) **eine Farbe blank haben** *(nur eine einzelne Karte von einer Farbe haben).*

Blase, die: **1. a)** *mit Luft gefüllter oder durch ein Gas gebildeter Hohlraum in einem flüssigen oder festen Stoff:* große, schillernde Blasen; kleine Bläschen von Kohlensäure; Blasen im Glas, im Metall, im Teig, im Wasser; Blasen steigen auf, bilden sich, entstehen, platzen; etwas wirft, zieht Blasen. **b)** *durch Hitzeeinwirkung, Reibung o. ä. entstandener, mit Flüssigkeit gefüllter Hohlraum unter der Oberhaut:* Blasen, Bläschen bilden sich; eine B. an der Ferse, an der Oberlippe haben; eine B. aufstechen; die B. ist aufgegangen, ist ausgetrocknet; er hat sich (Dativ) eine B., Blasen gelaufen (ugs.). **2.** *Harnblase:* eine empfindliche, erkältete, schwache (ugs.; *empfindliche*) B. haben; die B. entleeren; sich (Dativ) die B. erkälten; er hat es an der B., hat es mit der B. zu tun (ugs.; *hat ein Blasenleiden.*) **3.** (ugs.; abwertend) *Gesellschaft, Bande:* er hat die ganze B. eingeladen, mitgenommen. * (ugs.:) **etwas zieht Blasen** *(etwas hat unangenehme Folgen).*

blasen: 1. a) ⟨mit Raumangabe⟩ *Atem in eine bestimmte Richtung ausstoßen:* gegen die Scheibe, ins Feuer, in die Glut b.; er blies auf die schmerzende Stelle; ⟨jmdm. b.; mit Raumangabe⟩ er blies ihm ins Gesicht. **b)** ⟨etwas b.; mit Raumangabe⟩ *durch Ausstoßen von Atem an eine bestimmte Stelle bringen:* die Krümel auf die Erde, vom Tisch b.; den Rauch [in Ringen], Seifenblasen in die Luft b.; ⟨jmdm., sich etwas b.; mit Raumangabe⟩ er hat seinem Gegenüber den Rauch ins Gesicht geblasen. **c)** (fam.) ⟨etwas b.⟩ *durch Blasen kühlen:* die heiße Suppe, den Tee b. **2. a)** *auf einem Blasinstrument spielen:* der Trompeter, der Hornist bläst. **b)** ⟨etwas b.⟩ *(ein Blasinstrument) spielen:* [die] Flöte, Trompete, Posaune, [das] Horn b. **c)** *etwas auf einem Blasinstrument hervorbringen:* ein Signal, eine Melodie, ein Lied, ein Solo, das Halali, einen Blues [auf der Trompete] b.; der Posaunenchor bläst einen Choral. **3.** ⟨zu etwas b.⟩ *das Signal zu etwas geben:* zum Angriff, zum Sturm, zum Rückzug, zum Aufbruch b.; die Jäger bliesen zum Sammeln. **4. a)** ⟨etwas bläst⟩ *etwas weht:* der Wind bläst kräftig; es bläst eine frische Brise; ein heftiger Wind bläst aus Norden; ⟨etwas bläst jmdm.; mit Raumangabe⟩ der Wind blies ihm ins Gesicht. **b)** ⟨etwas bläst etwas; mit Raumangabe⟩ *etwas weht, treibt etwas an eine bestimmte Stelle:* der Wind blies den Schnee durch die Ritzen; ⟨etwas bläst jmdm. etwas; mit Raumangabe⟩ der Wind blies ihm den Sand ins Gesicht. **c)** (ugs.) ⟨es bläst⟩ *es ist sehr windig:* draußen bläst es heute ganz schön. **5.** ⟨etwas b.⟩ *in einem Blasverfahren formen:* Glas b.; geblasenes Glas. * (ugs.:) **Trübsal blasen** *(in trauriger Stimmung sein)* · (ugs.:) **jmdm. den Marsch blasen** *(jmdn. ausschelten)* · **ins gleiche Horn blasen** *(mit jmdm. der gleichen [sich für einen Dritten negativ auswirkenden] Meinung sein)* · (ugs.:) **jmdm. etwas in die Ohren blasen** *(jmdm. etwas in verleumderischer Absicht erzählen)* · (ugs.:) **jmdm. etwas blasen** *(jmds. Ansinnen ablehnen)* · (ugs.:) **von Tuten und Blasen keine Ahnung haben** *(von etwas nicht das geringste verstehen).*

blasiert (bildungsspr.; abwertend): *eingebildet, dünkelhaft:* ein blasierter Mensch; ein blasiertes Benehmen; er ist sehr b.; b. lächeln.

blaß: 1. a) *ohne die natürliche frische Farbe, bleich:* ein blasses Kind; ein blasses Gesicht; blasse Lippen; eine blasse Haut, Gesichtsfarbe; du bist heute sehr b.; b. sein um die Nase; er war, wurde b. vor Schreck, vor Erregung; er war b. wie eine Wand; b. aussehen; das Kleid, die Farbe macht dich sehr b. **b)** *nicht kräftig gefärbt, hell, matt:* ein blasses Rot; blasse Farben; ein blasser Schein; dieser Farbton, diese Tapete ist zu b.; b. schimmern; die Schriftzüge sind b. geworden *(verblaßt)*; übertr.: *schwach, ungenau:* er hat nur noch eine blasse Erinnerung an die Vorgänge; nur eine blasse Vorstellung von etwas haben; die Darstellung, Schilderung war etwas b. *(farblos, unlebendig).* **2.** *rein, pur:* der blasse Neid sprach aus seinen Worten; die blasse Furcht befiel ihn. * **blaß vor Neid werden** *(heftigen Neid empfinden)* · (ugs.:) **keine blasse Ahnung/keinen blassen Dunst/keinen blassen Schimmer von etwas haben** *(von etwas nicht das geringste wissen oder verstehen).*

Blatt, das: **1.** /*Pflanzenteil*/: grüne, gelbe, welke, verdorrte, dürre, trockene, gelappte, gezackte, gefiederte Blätter; frische, saftige Blätter; die Blätter des Baumes, der Blüte, der Pflanze; die Blätter rauschen, rascheln, fallen [ab], welken, sprießen (geh.), werden gelb, färben sich bunt; die Blätter fallen (dichter.; *es wird Herbst*); es regt sich kein B. (dichter.; *es ist windstill*); der Gummibaum bekommt ein neues B.; Blätter abreißen, abfressen; der Baum treibt neue Blätter, wirft die Blätter ab. **2. a)** *rechteckig zugeschnittenes Stück Papier:* ein großes, weißes, leeres, [un]beschriebenes, [un]bedrucktes, loses, fliegendes *(loses)*, numeriertes B.; ein kleines Blättchen; ein B. Papier;/bei Mengenangaben/: 100 B. Schreibmaschinenpapier; ein B. falten, knicken, vollschreiben; er beginnt ein neues B. *(fährt mit dem Schreiben auf einem neuen Blatt fort)*; B. für B./B. um B. *(ein Blatt nach dem anderen)*; auf ein B. schreiben, zeichnen. **b)** *Buch-, Heftseite:* ein B. aus dem Heft, dem Buch herausreißen; das B. umwenden, umblättern; er kann nicht vom B. spielen *(kann einen Notentext nicht spielen, ohne ihn vorher einstudiert zu haben)*; bildl.: das ist ein neues B. *(ein neuer Abschnitt)* in der Geschichte. **c)** *Kunstblatt:* graphische, farbige Blätter. **3.** *Zeitung:* ein großes, bedeutendes, überregionales, [un]seriöses, liberales, vielgelesenes, regierungsfreundliches, unabhängiges B.; das B. berichtet, schreibt, meldet...; das B. ist eingegangen (ugs.; *hat sein Erscheinen eingestellt*); ein B. lesen, abonnieren, halten (ugs.), kaufen; die Nachricht stand im Blättchen (ugs.; *in der Lokalzeitung*). **4.** *Spielkarte:* ein neues B. *(Spielkarten)* kaufen; er hat ein gutes B. *(günstige Zusammenstellung der Karten beim Spiel)*; ein B. ausspielen. **5.** (Jägerspr.) *Schulter des Schalenwildes:* ein Schuß aufs B. **6.** *Werkzeugblatt:* das B. der Säge, der Axt, der Sense, der Schaufel. * (ugs.:) **[sich** (Dativ)**] kein Blatt vor den Mund nehmen** *(offen seine Meinung sagen)* · (ugs.:) **[noch] ein unbeschriebenes Blatt sein: a)** *([noch] unbekannt sein):* er ist hier noch ein unbeschriebenes Blatt. **b)** *(noch ohne Kenntnisse, Erfahrungen sein):* der neue Mitarbeiter ist noch ein unbeschriebenes Blatt · (ugs.:) **das Blatt/das Blättchen hat sich gewendet** *(die Situation hat sich verändert)* · **das steht auf einem anderen Blatt** *(das gehört nicht in diesen Zusammenhang).*

blättern: 1. ⟨etwas blättert⟩ **a)** *etwas zerfällt in dünne Schichten:* Schiefer blättert. **b)** *etwas löst sich in dünnen Schichten ab:* die Farbe blättert schon, ist von der Wand geblättert. **2.** ⟨in etwas b.⟩ *in etwas flüchtig lesen und Seiten umblättern:* in einem Buch, einer Zeitschrift, in den Akten b.; bildl. (dichter.): er blättert in dem Buch der Erinnerungen. **3.** ⟨etwas b.; mit Raumangabe⟩ *Geldscheine einzeln hinlegen:* er blätterte das Geld, die Summe auf den Tisch; ⟨jmdm. etwas b.; mit Raumangabe⟩ der Schalterbeamte blättert dem Kunden die Scheine auf den Tisch. **4.** (Landw.) ⟨etwas b.⟩ *von den Blättern befreien:* die Rüben werden geblättert.

blau: */eine Farbbezeichnung/:* blaue Augen, Blumen, Blüten; der blaue Himmel; blaue Farbe, Tinte; ein blaues Kleid; blaue Rauchwolken; die blaue Blume *(das Sinnbild der Sehnsucht in der romantischen Dichtung);* sie wanderten in die blaue (dichter.; *weite*) Ferne; er hat blaue *(blutleere)* Lippen, ein blaues *(durch Blutandrang oder Kälteeinwirkung verfärbtes)* Gesicht, blaue *(durch Kälteeinwirkung verfärbte)* Hände, Finger; der Sturz vom Rad hatte ihm Abschürfungen und blaue *(blutunterlaufene)* Flecke eingebracht; er hat ein blaues *(blutunterlaufenes)* Auge; blaue Milch (ugs.; *Magermilch*); Kochk.: Aal, Karpfen, Forelle b.; die Tapete, die Farbe der Tapete war b.; die Nacht war b. (dichter.; *sternenhell*); der Mann war b. im Gesicht *(sein Gesicht war dunkel verfärbt);* seine Hände waren b. vor Kälte; etwas b. anstreichen, färben; etwas schimmert, leuchtet b.; das Kleid war b. gestreift; das Metall war b. angelaufen; subst.: ein schönes, helles, dunkles Blau; die Farbe Blau; das Blau des Himmels; sie trägt gerne Blau; ganz in Blau. * (ugs.:) **blauer Montag** *(Montag, an dem man der Arbeit fernbleibt)* · (ugs.:) **ein blauer Brief: a)** *(Kündigungsschreiben).* **b)** *(Mahnbrief an die Eltern eines Schülers, dessen Versetzung gefährdet ist)* · (ugs.:) **die blauen Jungs** *(die Matrosen)* · (geh.:) **die blaue Stunde** *(Dämmerstunde)* · **das Blaue Band** */Auszeichnung für das schnellste Passagierschiff im Verkehr zwischen Hamburg und Amerika/* · **das Blaue Kreuz** */Organisation, die Trunksüchtigen zu helfen sucht/* · (ugs.:) **blaue Bohnen** *(Gewehrkugeln)* · **blaues Blut in den Adern haben** *(adliger Abkunft sein)* · (ugs.:) **sein blaues Wunder erleben** *(eine böse Überraschung erleben)* · (ugs.:) **jmdm. blauen Dunst vormachen** *(jmdm. etwas vorgaukeln)* · (ugs.:) **mit einem blauem Auge davonkommen** *(glimpflich davonkommen)* · (ugs.:) **blau sein [wie ein Veilchen]** *([völlig] betrunken sein)* · (ugs.:) **sich grün und blau ärgern** *(sich sehr ärgern)* · (ugs.:) **jmdn. grün und blau schlagen** *(jmdn. sehr verprügeln)* · (ugs.:) **jmdm. wird es grün und blau vor den Augen** *(jmdm. wird übel)* · (ugs.:) **jmdm. das Blaue vom Himmel [herunter] versprechen** *(jmdm. ohne Hemmungen Unmögliches versprechen)* · (ugs.:) **das Blaue vom Himmel herunter lügen** *(ohne Hemmungen lügen)* · **eine Fahrt ins Blaue** *(Ausflugsfahrt, bei der das Ziel vorher nicht festgelegt wurde).*

blaumachen (ugs.): *ohne Grund der Arbeit fernbleiben, bummeln:* häufig b.; er hat zwei Tage blaugemacht.

Blech, das: **1.** *zu Platten dünn ausgewalztes Metall:* dünnes, dickes, starkes, verrostetes, rostiges, verzinktes B.; das B. ist verbeult; B. walzen, formen, biegen, schneiden, hämmern; ein Kasten aus B. **2.** *Backblech, Kuchenblech:* das B. mit Butter bestreichen; das B. in den Ofen schieben; den Kuchen auf einem B. backen, auf das B. setzen, vom B. nehmen. **3.** *Gesamtheit der Blechblasinstrumente eines Orchesters:* das B. war zu laut, trat zu stark hervor. **4.** (ugs.; abwertend) *Orden, Ehrenzeichen:* er legt keinen Wert auf das B. **5.** (ugs.) *Unsinn:* das ist doch alles B.!; rede kein B.!

blecken ⟨in der Verbindung⟩ die Zähne blecken: *durch ein breites Öffnen der Lippen die Zähne sehen lassen:* der Hund bleckte wütend die Zähne.

[1]Blei, das: **1.** */ein schweres Metall/:* reines B.; B. schmelzen; B. gießen */geschmolzenes Blei in kaltes Wasser gießen; ein Silvesterbrauch/;* Rohre aus B.; Buchstaben, Lettern aus B. gießen; etwas mit B. beschweren; die Füße waren ihm schwer wie B.; die Müdigkeit lag wie B. in seinen Gliedern; das Essen lag ihm wie B. (ugs.; *schwer*) im Magen. **2.** *Senkblei:* die Wassertiefe mit einem B. loten.

[2]Blei, der und das (ugs.): *Bleistift:* ein weicher, harter B.; Papier und B. bereithalten.

Bleibe, die (ugs.): *Unterkunft, Obdach, Wohnung:* keine B. haben; eine B. finden; jmdm. eine B. geben; er mußte sich eine andere B. suchen; sie mußten sich nach einer neuen B. umsehen; vorübergehend waren sie ohne B.

bleiben: 1. a) ⟨mit Raum- oder Zeitangabe⟩ *an einer bestimmten Stelle verharren:* am Strand, an seinem/auf seinem Platz b.; bleiben Sie bitte am Apparat!; es muß jemand bei den Kindern b.; im Haus, im Zimmer b.; der Kranke mußte ein paar Tage im Bett b.; sie blieben über Nacht, über Weihnachten; unter der Decke b.; zu Hause b.; willst du nicht zum Essen b.? *(bei uns essen?);* draußen b.; bleib da, wo du jetzt bist; wo bleibst du so lange?; übertr.: an der Macht b.; im Amt b.; im Hintergrund b.; im verborgenen, im dunkeln *(anonym)* b.; er blieb mit seinen Leistungen immer unter dem Durchschnitt; sie wollten für sich, unter sich b. *(keine Fremden in ihren Kreis aufnehmen);* Sprichwörter: Schuster, bleib bei deinem Leisten!; bleibe im Lande und nähre dich redlich! · ⟨jmdm. b.; mit Raumangabe⟩ er ist mir nicht in Erinnerung geblieben; der Vorfall blieb uns lange im Gedächtnis · adj. Part.: ein bleibender Gewinn; eine bleibende Erinnerung; das Geschenk ist von bleibendem Wert; subst.: jmdn. zum Bleiben einladen; hier ist meines Bleibens nicht *(hier will ich nicht bleiben).* **b)** ⟨mit Artangabe⟩ *in einem bestimmten Zustand verharren, eine bestimmte Eigenschaft bewahren:* ernst, gelassen, ruhig, sachlich, gefaßt, nüchtern, gesund, wachsam, konsequent (bildungsspr.), standhaft, ungerührt, untätig, allein, unvergessen b.; das Land blieb neutral; unklar blieb, was er damit meinte; ledig b. *(sich nicht verheiraten);* das Geschäft bleibt geöffnet, geschlossen; er ist von der Grippe verschont geblieben; er ist lange wach geblieben; das Wetter blieb lange Zeit schön; der Schein sollte gewahrt bleiben; die Frage blieb offen; er ist bei seiner Forderung geblieben; es soll alles b., wie es ist; es bleibt alles beim alten; am Leben b.; bei Kräften b.; in Kontakt, in Verbindung, in Übung, in Bewegung b.; die Sache wird nicht ohne Folgen bleiben; ⟨jmdm., einer Sache b.; mit Artangabe⟩ seinen Freunden, seiner Überzeugung treu b.; die Angelegenheit blieb ihnen nicht verborgen; vieles ist ihm erspart geblieben; das muß dir überlassen bleiben. **c)** ⟨mit Gleichsetzungsnominativ⟩ *eine Eigenschaft behalten:* wir wollen Freunde b.; das Werk blieb

Fragment; du bist ganz der alte geblieben; er ist und bleibt der größte. **d)** ⟨in Verbindung mit einem Infinitiv⟩ *eine Haltung nicht verändern:* er ist auf dem Stuhl sitzen geblieben; du mußt bei der Begrüßung stehen b. **e)** ⟨jmdm. b.⟩ *übrigbleiben:* es blieb ihnen nur eine schwache Hoffnung; nur eines ihrer Kinder ist ihr geblieben; es blieb ihnen keine andere Wahl; nur wenig Zeit blieb uns für die Besorgungen. **f)** ⟨etwas bleibt; mit Infinitiv mit *zu* und abhängigem Gliedsatz⟩ */drückt aus, daß etwas noch nicht abgeschlossen ist/:* es bleibt zu hoffen, zu wünschen, daß ...; es bleibt abzuwarten, ob die Methode wirklich Erfolge zeitigt. **2.** ⟨bei etwas b.⟩ *etwas nicht ändern oder aufgeben:* bei seiner Meinung, Überzeugung, Entscheidung, bei seinem Entschluß, bei der Wahrheit b.; ich bleibe bei diesem Waschmittel; ich bleibe dabei, daß er lügt; es bleibt dabei *(es wird nichts geändert)*. **3.** (geh.; verhüll.) ⟨mit Raumangabe⟩ *fallen, umkommen:* er ist auf See, im Krieg, in der Schlacht geblieben. * (ugs.:) **am Ball bleiben** *(aktiv bleiben; etwas weiterverfolgen)* · (ugs.:) **auf dem Teppich bleiben** *(sachlich bleiben; im angemessenen Rahmen bleiben)* · **jmdm. auf den Fersen bleiben** *(jmdn. verfolgen)* · **auf dem laufenden bleiben** *(immer über das Neueste informiert sein)* · **auf der Strecke bleiben** *(scheitern, unterliegen)* · (ugs.:) **bei der Stange bleiben** *(etwas nicht aufgeben; bei etwas bleiben)* · (ugs.:) **jmdm. mit etwas vom Hals bleiben** *(jmdn. mit etwas verschonen, nicht belästigen)* · (ugs.:) **jmdm. mit etwas vom Leib bleiben** *(jmdm. mit etwas nicht zu nahe kommen; jmdn. mit etwas in Ruhe lassen)* · **kein Stein bleibt auf dem anderen** *(alles wird zerstört)* · **[jmdm.] keine Antwort schuldig bleiben** *(nicht um eine Antwort verlegen sein; sich seiner Haut zu wehren wissen)* · **jmdm. nichts schuldig bleiben** *(zurückschlagen; sich seiner Haut wehren)* · (ugs.:) **da bleibt kein Auge trocken: a)** *(alle weinen vor Rührung)*. **b)** *(alle lachen Tränen)*. **c)** *(keiner bleibt davon verschont)* · **etwas bleibt dahingestellt** *(etwas ist nicht sicher, nicht bewiesen, ist fraglich)* · (ugs.:) **jmdm. gestohlen bleiben können** *(nichts mit jmdm., mit einer Sache zu tun haben wollen)*.

bleich: a) *sehr blaß aussehend:* ein bleiches Gesicht; bleiche Wangen (geh.); ein bleiches, kränkliches Kind; er war b. vor Schreck, Erregung; sie war b. wie Wachs, wie eine Wand, wie der Tod. **b)** (geh.) *fahl:* ein bleicher Schein, Schimmer; das bleiche Licht des Mondes; der bleiche Morgenhimmel; übertr.: das bleiche Grauen, Entsetzen.

¹bleichen ⟨etwas b.⟩: *heller machen:* Wäsche b.; die Sonne hatte ihr Haar gebleicht; das Haar b. lassen; ⟨jmdm., sich etwas b.⟩ der Friseur hatte ihr das Haar gebleicht.

²bleichen (geh.) ⟨etwas bleicht⟩: *etwas wird heller, blaßt ab:* die Farbe, die Tapete blich innerhalb kurzer Zeit; ihr Haar bleicht in der Sonne; geblichene *(verwitterte)* Knochen.

bleiern: 1. a) (selten) *aus Blei hergestellt:* bleierne Rohre, Gewichte; er schwimmt wie eine bleierne Ente (ugs.; scherzh.; *kann nicht oder nur schlecht schwimmen*). **b)** (selten) *bleifarben:* ein bleiernes Grau; der Himmel hatte, bekam eine bleierne Färbung. **2.** *schwer, lastend:* eine bleierne Schwere, Müdigkeit; bleierne Luft, Hitze; er erwachte aus einem bleiernen *(tiefen, keine Erholung bringenden)* Schlaf; seine Füße, Beine, Glieder waren b.

blenden /vgl. blendend/: **1.** ⟨jmdn., etwas b.⟩ *durch übermäßige Helligkeit das Sehvermögen beeinträchtigen:* der Scheinwerfer, die Sonne, das grelle Licht, das entgegenkommende Auto blendet ihn; der Schnee blendete die Augen; der Verbrecher blendete ihn mit einer Taschenlampe; ⟨auch ohne Akk.⟩ das Licht, die Sonne blendet; blendende Helligkeit, Helle (geh.); ein blendendes *(strahlendes)* Weiß. **2.** ⟨etwas blendet jmdn.⟩ *etwas beeindruckt, bezaubert jmdn.:* Schönheit blendet jmdn.; er war von ihrer Gestalt geblendet; er läßt sich vom Geld, vom Reichtum dieser Leute b. **3.** ⟨jmdn. b.⟩ *täuschen:* er blendete die Menschen durch sein Auftreten; sich nicht durch den äußeren Schein b. lassen; ⟨auch ohne Akk.⟩ er blendet gern. **4.** ⟨jmdn. b.⟩ *jmdm. das Augenlicht nehmen:* die Gefangenen wurden geblendet; er war von dem grellen Licht wie geblendet *(konnte einen Augenblick lang nichts sehen)*. **5.** (Kürschnerei) ⟨etwas b.⟩ *dunkel färben:* Pelz, Fell b.

blendend (ugs.): *ausgezeichnet, sehr gut:* ein blendender Redner; er ist eine blendende Erscheinung; sie waren in blendender Stimmung, Laune; du siehst b. aus; es geht ihm b.; er hat sich an dem Abend b. amüsiert, unterhalten.

Blick, der: **1.** *[kurzes] Blicken, Hinschauen:* ein kurzer, schneller, rascher, prüfender, mißtrauischer, ängstlicher, sorgenvoller, trauriger, ärgerlicher, wehmütiger, nachdenklicher, strenger, mahnender, erstaunter, betroffener, scheuer, fragender, dankbarer, stummer, sprechender, vielsagender, lüsterner B.; ein B. auf die Uhr, aus dem Fenster, durchs Fenster, in den Spiegel, über den Gartenzaun, vom Turm; jmds. B. fällt auf etwas; ihre Blicke begegneten sich, trafen sich; ein gehässiger B. traf ihn; sein neugieriger B. ging in die Runde (geh.); ihre Blicke wanderten, flogen hin und her (geh.); ein B. genügte, um die Sache zu durchschauen; Redensart: wenn Blicke töten könnten! */Reaktion auf einen feindseligen Blick/;* jmds. B. erwidern; sie wechselten heimlich Blicke; jmds. B. nicht aushalten, nicht ertragen können; einen B. auffangen, erhaschen (geh.); er warf einen B. ins Zimmer, auf den Brief; sie tauschten verliebte Blicke (geh.), warfen sich heimlich Blicke zu (geh.); er wandte keinen B. von dem Kind; sich den Blicken anderer entziehen; jmds. Blicken ausweichen; sie begegnete seinem B. (geh.); sie würdigte ihn keines Blickes *(beachtete ihn nicht);* die Vorgänge waren seinem B. entzogen; er sah auf den ersten B. *(sofort)*, daß mit der Sache etwas nicht stimmte; erst auf den zweiten B. *(erst nach längerem Hinsehen)* erkannte er ihn wieder; es war Liebe auf den ersten B. zwischen den beiden; sie verständigten sich durch Blicke; er maß sie mit argwöhnischen Blicken (geh.); etwas mit kritischem B. prüfen, verfolgen, betrachten; unter den Blicken der Menge; bildl.: *Augen:* die Blicke senken (geh.), niederschlagen (geh.), erheben (geh.), abwenden; seine Blicke auf jmdn. richten, auf etwas lenken, heften; sie zog die Blicke auf sich; er wendete keinen B. von ihr (geh.); den B. auf jmdm. ruhen lassen (geh.); jmdn. mit Blicken durchbohren (geh.; *mit durchdringendem Blick ansehen*). **2.** *Ausdruck der Augen:* er hat einen klaren, offenen, sanften, stechenden, geraden, gutmütigen, verschlagenen, bösen, treuen, trotzigen, wilden, starren, strahlenden B.; sein B. war erloschen. **3.** *Aussicht:* ein schöner, herrlicher, einmaliger (ugs.) B.; das Zimmer hat B. aufs Meer, nach Süden, zur Straße; hier hat man einen wunderschönen B.; die Räume geben den B. auf Wiesen und Felder frei; ein Zimmer mit B. ins Grüne. **4.** *Urteil:* ein geschärfter, geschulter, weiter, sicherer B.; er hat einen weiten B. *(ein vorausschauendes Urteil)*; einen B. für etwas bekommen; er hat im Alter den richtigen B. für diese Dinge verloren. * **einen Blick hinter die Kulissen werfen/tun** *(die Hintergründe einer Sache kennenlernen)* · **den bösen Blick haben** *(durch bloßes Ansehen, Betrachten Unheil bringen)*.

blicken: a) (geh.) ⟨mit Artangabe⟩ *in bestimmter Weise dreinschauen:* freundlich, traurig, finster, mißmutig, heiter, starr, scheu, sorgenvoll, kühl, unsicher, mißtrauisch, streng, herausfordernd, drohend, verstört b.; seine Augen blickten fragend; Redensart (ugs.): das läßt tief b. *(das ist aufschlußreich)*; bildl.: die verdorrten Blumen blickten traurig. **b)** ⟨mit Raumangabe⟩ *seinen Blick irgendwohin richten:* beiseite, geradeaus, hin und her, von einem zum anderen, vor sich hin, weder nach rechts noch nach links, nach unten b.; auf die Uhr b.; er blickte gebannt aus dem Fenster, durch den Türspalt; ins Zimmer b.; in die Zeitung, ins Buch b.; er blickte in die Ferne; in den Spiegel b.; in die Runde b.; das Baby blickte neugierig, mit großen Augen in die Welt; er blickte ungeduldig nach der Uhr, nach der Tür; er blickte ängstlich um sich; zur Seite, zu Boden b.; bildl.: sie blicken sorgenvoll in die Zukunft; in diesen Tagen blicken die Menschen nach Berlin *(beobachten aufmerksam, was in Berlin geschieht)*; übertr.: *sichtbar werden, hervorschauen:* die Sonne blickt durch die Wolken; Zorn, Verachtung blickte aus seinen Augen; die Zimmer blicken auf die, nach der Straße *(gehen zur Straße hin)*; ⟨jmdm. b.; mit Raumangabe⟩ jmdm. in die Augen, ins Gesicht b.; er blickte ihm neugierig über die Schulter. * **einer Sache ins Auge blicken** *(etwas Unangenehmem gefaßt entgegensehen)* · (ugs.:) **sich blicken lassen** *(zu Besuch kommen)*: wann läßt du dich wieder einmal b.?

blind: 1. *ohne Sehvermögen:* ein blinder Mann; ein blindes Tier; b. sein, werden; das Kind ist b. geboren; sein linkes Auge ist b.; er ist auf dem linken Auge b.; ihre Augen waren b. von/vor Tränen; bist du b.? (ugs.; *kannst du nicht aufpassen; siehst du nichts?*); er ist mit sehenden Augen b. (geh.; *durchschaut nicht die Dinge, die sich vor seinen Augen abspielen*); bildl.: ein blindes Schicksal *(eine einsichtslose Schicksalsmacht)* hatte ihn ins Verderben gerissen; das blinde Ungefähr (geh.); der blinde *(reine)* Zufall; das Glück ist b. *(verteilt seine Güter wahllos)*; Sprichwörter: ein blindes Huhn findet auch einmal ein Korn; Liebe macht b.; subst.: einen Blinden über die Straße führen; Redensart: er redet davon wie der Blinde von der Farbe; Sprichw.: unter den Blinden ist der Einäugige König. **2. a)** *maßlos, hemmungslos, verblendet:* blinde Wut, Leidenschaft, Gier; blinder Haß; mit blinder Gewalt vorgehen; eine blinde Entschlossenheit; er lief in blinder Angst davon; b. sein vor Zorn/vor Wut; Sprichw.: blinder Eifer schadet nur. **b)** *kritiklos; ohne Überlegung:* blinder Gehorsam, Glaube; blindes Vertrauen; bildl.: er war ein blindes Werkzeug der Macht; jmdm. b. glauben, gehorchen, vertrauen; jmdm. b. ergeben sein; er hat die Befehle b. ausgeführt; das unterschreibe ich b. (ugs.; *damit erkläre ich mich ohne Zögern solidarisch*). **3.** *trübe, angelaufen:* blinde [Fenster]scheiben; blindes Glas; ein blinder Spiegel; die Metallbeschläge sind b. geworden. **4. a)** *vorgetäuscht:* blinde Fenster, Türen; ein blindes Knopfloch; eine b. Tasche aufsetzen. **b)** *unsichtbar:* eine blinde Naht; der Mantel ist b. geknöpft. * **blinder Alarm** *(grundlose Aufregung, Beunruhigung)* · **ein blinder Passagier** *(Schiffs- oder Flugzeugpassagier, der sich heimlich an Bord verbirgt und ohne Berechtigung mitreist)* · **für etwas/gegen etwas blind sein** *(etwas nicht erkennen)*: sie war völlig b. für alle seine Fehler.

Blindheit, die: *das Blindsein:* eine angeborene B.; bei dem Patienten wurde völlige B. festgestellt; bildl.: eine gefährliche politische B.; seine B. gegenüber den Gefahren führte ihn ins Verderben. * **[wie] mit Blindheit geschlagen sein** *(etwas Wichtiges nicht sehen, erkennen)*: er muß mit B. geschlagen gewesen sein, als er das zuließ.

blindlings ⟨Adverb⟩: **a)** *ohne Bedenken, kritiklos:* jmdm. b. gehorchen, vertrauen, glauben, ergeben sein: er folgte b. allen Befehlen; er glaubte b. an ihn. **b)** *unbesonnen, ohne nachzudenken, ohne Vorsicht:* er schlug b. zu, um sich; b. davonlaufen; sich b. in sein Verderben stürzen.

blinken: 1. ⟨etwas blinkt⟩ *etwas leuchtet, glänzt:* die Sterne blinkten; ein Licht, ein Leuchtfeuer blinkt in der Ferne; das Metall, das Messer [in seiner Hand] blinkte; die ganze Wohnung blinkte vor Sauberkeit; blinkende Beschläge, Spiegel. **2. a)** *ein Blinkzeichen geben:* er hatte versäumt, vor dem Abbiegen zu b.; er blinkte mit einer Lampe; (ugs.:) ⟨jmdm. b.⟩ der Fahrer blinkte mir, daß ich einbiegen solle. **b)** ⟨etwas b.⟩ *durch Blinkzeichen zu erkennen geben:* SOS b.; die Leuchttürme blinken ihre Signale für die Schiffe.

blinzeln: *die Augenlider rasch auf und ab bewegen:* angestrengt, verschlafen, mit verschlafenen Augen b.; seine Augen blinzelten; er blinzelte ins Licht, in die Sonne; er blinzelte zum Zeichen des Einverständnisses.

Blitz, der: *grelle Lichterscheinung, die durch elektrische Entladung in der Atmosphäre entsteht:* starke, grelle, zuckende, kalte Blitze; B. und Donner folgten unmittelbar aufeinander; der B. hat in das Gebäude, in den Baum eingeschlagen; Blitze durchzuckten den Nachthimmel (geh.); Blitze flammen auf (geh.); die Meldung vom Tod des Präsidenten schlug ein wie ein/wie der B. *(kam völlig überraschend und rief große Aufregung hervor)*; bildl. (dichter.): aus seinen Augen schossen Blitze; Sprichw.: je höher der Baum, desto näher der B. · Wasser zieht den B. an; die Scheune war von einem B. getroffen worden; er stand da wie vom B. getroffen *(starr und völlig verstört);* der Bauer war auf dem Feld vom B. erschlagen *(durch einen Blitzschlag getötet)* worden. * (ugs.:) **wie der Blitz; wie ein geölter Blitz** *(sehr schnell)* · (ugs.:) **wie ein Blitz aus heiterem Himmel** *(ohne Vorbereitung, plötzlich, völlig unerwartet).*

blitzen: 1. ⟨es blitzt⟩ *Blitze leuchten am Himmel auf:* es blitzt und donnert; in der Ferne blitzt es; übertr. (ugs.; scherzh.): bei dir blitzt es *(dein Unterrock guckt hervor).* **2.** ⟨etwas blitzt⟩ *etwas glänzt, leuchtet auf im Licht:* das Silber, Metall, Kristall blitzt; seine weißen Zähne, seine Augen blitzten; die Fensterscheiben blitzten in der Sonne; ein Messer, eine Waffe blitzte in seiner Hand; die ganze Wohnung blitzt [vor Sauberkeit] (ugs.; *ist peinlich sauber*); blitzende Augen; blitzende Uniformknöpfe. **3.** ⟨etwas blitzt; mit Raumangabe⟩ *etwas wird sichtbar:* Wut, Zorn, Leidenschaft blitzt aus seinen Augen.

Block, der: **1.** *kompaktes, kantiges Stück aus einem festen Material; Quader:* ein riesiger, schwerer, unbehauener B.; ein erratischer B. (bildungsspr.; *Findling*); ein B. aus Marmor. **2.** *Häuserblock:* hier sind große, neue Blocks gebaut, errichtet worden; sie wohnen im gleichen B. **3.** *Gruppe:* diese Parteien bilden einen geschlossenen B. in der Regierung. **4.** *Schreibblock, Notizblock:* ein B. Briefpapier; ein B. für Notizen; zwei Blocks/Blöcke mit 100 Blatt; etwas auf einen B. notieren. **5.** *Briefmarkenblock:* ein ungestempelter B.; die Post hat einen neuen B. herausgegeben.

blockieren: 1. ⟨etwas b.⟩ *durch Abriegeln seiner Zufahrtswege sperren:* ein Land, einen Hafen b. **2.** ⟨etwas b.⟩ **a)** *versperren:* die Straße war stundenlang, für Stunden, längere Zeit [durch einen Unfall] blockiert; Schneeverwehungen hatten vorübergehend die Strecke blockiert; Streikposten blockieren die Eingangstore des Fabrikgeländes. **b)** *unterbinden:* die Stromzufuhr b.; der Verkehr auf dieser Straße war zeitweilig blockiert. **3.** (bildungsspr.) ⟨etwas blokkiert etwas⟩ *etwas setzt etwas außer Funktion:* die Bremse blockiert die Räder; die Lenkung des Fahrzeugs wird durch ein Schloß blockiert. **4.** (bildungsspr.) ⟨etwas b.⟩ *verhindern, aufhalten:* Verhandlungen, eine Entscheidung b. **5.** ⟨etwas blockiert⟩ *etwas dreht sich nicht mehr:* die Räder blockieren; die Lenkung blockiert.

blöd[e]: 1. a) *schwachsinnig:* sie haben ein blödes Kind; der Junge ist von Geburt an blöde. **b)** (ugs.; abwertend) *albern, töricht:* der Schlager hat einen ganz blöden Text; laß die blöden Bemerkungen!; so ein blöder Kerl! **2.** (ugs.) *ungeschickt, dumm:* es war sehr b. von dir, dich so zu verhalten; du bist doch sonst nicht so b.!; sei doch nicht so b. und laß dich so ausnutzen!; der ist gar nicht so b., wie er aussieht; sich [reichlich] b. benehmen, anstellen. **3.** (ugs.) *ärgerlich, unangenehm:* eine blöde Geschichte, Sache; ein blöder Fehler; es ist zu b., daß ich das vergessen habe; subst.: so etwas Blödes! **4.** (veraltet) *schwachsichtig:* seine blöden Augen konnten das nicht mehr lesen.

Blödsinn, der (ugs.; abwertend): *Unsinn; sinnloses Reden oder Handeln:* das ist ja ausgemachter, heller *(großer),* höherer *(ausgesprochener)* B.!; das ist der größte B., den ich je gehört habe; so ein B.! /*Ausruf des Unmuts*/; B. verzapfen, reden; hör doch auf mit diesem B.!; mach keinen B.!; man kann diesen B. nicht mit anhören.

blond: 1. a) *hell:* blondes Haar; blonde Locken, Zöpfe; ein blonder Bart; ihre Haare sind b.; sie hat sich das Haar b. färben lassen; subst.: ein helles, dunkles Blond. **b)** *blondhaarig:* ein blondes Kind, Mädchen; sie ist ein blonder Typ; er ist b.; subst.: er tanzte mit einer hübschen Blonden *(Blondine).* **2.** (ugs.) *von heller, goldgelber Farbe:* blonde Brötchen; blondes Bier; subst.: ein [kühles] Blondes/eine [kühle] Blonde *(Berliner Weißbier).* * (ugs.; scherzh.:) **blondes Gift** *(eine verführerische Blondine).*

bloß: I. ⟨Adj.⟩ *nackt, unbedeckt:* bloße Arme, Knie, Füße; ein Kleidungsstück auf der bloßen Haut tragen; er arbeitete mit bloßem Oberkörper; er geht mit bloßem Kopf *(ohne Kopfbedeckung);* etwas mit bloßen Händen anfassen; das Kind war nackt und b. *(völlig nackt);* übertr.: das bloße Schwert; der bloße *(unbewachsene)* Fels; sie schliefen auf der bloßen Erde. **2.** *nichts weiter als:* das ist bloßes Gerede, bloße Annahme, Vermutung; der bloße Gedanke erschreckte ihn schon; man hat ihn auf bloßen Verdacht hin verhaftet; nach dem bloßen Augenschein urteilen; er kam mit dem bloßen Schrecken davon; er lief mit bloßem Hemd umher. **II.** (ugs.) ⟨Konj. oder Adverb⟩ *nur:* das macht er b., um dich zu ärgern; er hatte b. noch 5 Mark; er hatte b. Angst; er bleibt b. bis morgen; da kann man b. staunen; er denkt b. an sich; b. wegen dir sind wir zu spät gekommen; /verstärkend in einer Aufforderung oder Frage/: geh mir b. aus dem Weg!; [tu das] b. nicht!; was hat er b.!; was soll ich b. machen?; ich möchte b. wissen, wie er das macht; /in dem Wortpaar/: nicht bloß ..., sondern auch: er war nicht b. ein bedeutender Wissenschaftler, sondern auch ein begabter Musiker. * **mit bloßem Auge** *(ohne optisches Hilfsmittel).*

Blöße, die (dichter.): *Nacktheit:* sie hatten nichts, um ihre B. zu bedecken. * **sich** (Dativ) **eine Blöße geben** *(sich bloßstellen, sich blamieren)* · **jmdm. eine Blöße bieten** *(jmdm. eine Gelegenheit zum Angriff, zum Tadel geben).*

bloßstellen ⟨jmdn., sich b.⟩: *blamieren:* mit diesen Bemerkungen hat er sich bloßgestellt; er wollte den Kollegen nicht in aller Öffentlichkeit b.

blühen /vgl. blühend/: **1.** ⟨etwas blüht⟩ *etwas bringt Blüten hervor, steht in Blüte:* die Linden, die Rosen blühen; der Flieder blüht schon, blüht noch nicht; in diesem Jahr blühen die Obstbäume reich *(haben sie viele Blüten);* die Apfelbäume blühen rosa und weiß; die Wiesen, die Gärten blühen *(sind voll von Blumen und blühenden Pflanzen);* überall grünt und blüht es (dichter.); die Heide blüht; sie blüht wie eine Rose *(sieht rosig, blühend aus);* blühende Sträucher, Bäume, Wiesen. **2.** ⟨etwas blüht⟩ *etwas gedeiht, floriert, ist in Schwung:* das Geschäft, der Handel, die Wirtschaft blüht; in diesen Jahrzehnten blühten Kunst und Wissenschaft; er hat einen blühenden Handel mit pornographischen Schriften. **3.** (ugs.) ⟨jmdm. blüht etwas⟩ *jmdm. widerfährt etwas:* es kann ihm noch b., daß er für seine Fahrlässigkeit bestraft wird; das kann dir auch noch b. * (ugs.:) **jmds. Weizen blüht** *(jmdm. geht es gut; jmd. ist erfolgreich).*

blühend: **1.** *jung und frisch aussehend:* ein blühendes Mädchen; sie ist eine blühende Schönheit; ein blühendes Aussehen haben; er starb in blühender Jugend, im blühenden Alter von 20 Jahren; sie sieht b. aus. **2.** *übertrieben wuchernd, ausschweifend:* er hat eine blühende Phantasie; das ist blühender Unsinn.

Blume, die: **1. a)** *blühende Pflanze:* eine seltene, exotische, reich blühende, dankbare *(anspruchslose, lange [und reich] blühende)* B.; diese Blumen wachsen, gedeihen nur auf feuchten Wiesen; die Blumen blühen, sind erfroren; eine B. geht ein; Blumen pflanzen, pflegen, ziehen, düngen, gießen, umtopfen; eine Rabatte mit Blumen bepflanzen. **b)** *Blüte mit Stiel:* frische, duftende, langstielige, teure, verblühte, welke, verwelkte, vertrocknete, getrocknete, künstliche, gebackene (landsch.; *künstliche*) Blumen; die blaue B. *(Sinnbild der Sehnsucht in der romantischen Dichtung);* die Blumen duften, lassen die Köpfe hängen, welken, vertrocknen, gehen auf, blättern, halten lange; Blumen pflükken, brechen (geh.; *pflücken*), [ab]schneiden, binden, in eine Vase stellen, auf den Tisch stellen; jmdm. Blumen schenken, überreichen, schicken; Blumen streuen; eine Blume ins Haar stecken; eine B. im Knopfloch tragen; sie gab den Blumen frisches Wasser; ein Kranz aus frischen Blumen; Redensart: vielen Dank für die Blumen /ironische Dankesformel/. **2. a)** *Bukett, Duft:* die B. des Weines, des Weinbrandes. **b)** *Schaum auf dem gefüllten Bierglas:* die B. des Bieres; die B. trinken; darf ich Ihnen die B. darbringen? (geh.; *Ihnen mit dem gefüllten Bierglas zutrinken?*). **3.** (Jägerspr.) *Schwanz des Hasen:* die B. des Hasen ist weiß. * **etwas durch die Blume sagen** *(etwas verblümt, nur in Andeutungen zu verstehen geben).*

Bluse, die: /*ein Kleidungsstück*/: eine weiße, bunte, seidene B.; eine B. tragen; sie war mit Rock und B. bekleidet.

Blut, das: *rote Körperflüssigkeit:* rotes, dunkles, dünnes, dickes, krankes, gesundes, [un]reines, konserviertes B.; ein Tropfen Blut; das Blut fließt durch die Adern, pocht in den Schläfen; B. fließt, strömt, quillt, schießt, stürzt, sickert, tropft aus der Wunde; das B. gerinnt, trocknet, klebt an seinen Händen; das B. zirkuliert (bildungsspr.), strömt zum Herzen; bei der Anstrengung stieg ihm das B. in den Kopf, zu Kopf; vor Zorn, vor Scham schoß ihr das B. ins Gesicht; vor Schreck stockte ihnen das B. in den Adern; das B. sauste ihm in den Ohren; alles B. wich aus ihrem Gesicht *(sie wurde ganz blaß);* bei den Kämpfen ist viel B. geflossen, viel [unschuldiges] B. vergossen worden (geh.; *sind viele Menschen getötet worden*); der Himmel war rot wie B.; B. spenden, übertragen, waschen (Med.), spucken, speien (geh.), husten; sie versuchten vergebens, das B. zu stillen; jmdm. B. entnehmen; die Watte saugt das B. auf; das B. abwischen, abwaschen; er hat bei dem Unfall viel B. verloren; er kann kein B. sehen; das Kind hat zu wenig B. *(ist blutarm);* der Zorn trieb ihm das B. ins Gesicht; sie hatte keinen Tropfen B. im Gesicht *(war sehr blaß);* eine Vergiftung des Blutes; die Bande des Blutes (geh.; *enge verwandtschaftliche Bindungen*); die Stimme des Blutes *(das Zusammengehörigkeitsgefühl);* der verunglückte Fahrer hatte Alkohol im B.; der Alkohol geht ins B. *(wird vom Blut aufgenommen);* der Verletzte lag [auf der Straße] in seinem B. (geh.; *lag stark blutend auf der Straße*); seine Kleider waren mit B. befleckt, besudelt (ugs.); sein Hemd war mit B. getränkt, durchtränkt; seine Hände waren voll B.; Ströme von B. waren geflossen (geh.); bildl.: das B. der Reben (dichter.; *Wein*); dem Unternehmen muß neues, frisches B. zugeführt werden (geh.; *es braucht neue, frische Kräfte*); er hat feuriges, wildes B. *(ist sehr leidenschaftlich, temperamentvoll);* ihm kochte das B. in den Adern *(er war sehr erregt, sehr zornig);* ihnen erstarrte, gefror (geh.) das B. in den Adern *(sie waren starr vor Schreck, vor Entsetzen wie gelähmt);* übertr.: bäuerliches, adliges B. haben *(bäuerlicher, adliger Abkunft sein);* in seinem Temperament zeigt sich das mütterliche B. *(Erbe);* er ist von edlem B. (geh.; *edler Abstammung*). * (dichter.:) **ein junges Blut** *(ein junger Mensch)* · (ugs.:) **heißes Blut haben** *(leidenschaftlich sein)* · **kaltes Blut bewahren** *(sich beherrschen, kaltblütig bleiben)* · **etwas schafft/macht böses Blut** *(etwas erregt Unwillen)* · (geh.:) **an jmds. Händen klebt Blut** *(jmd. ist ein Mörder)* · (ugs.:) **Blut [und Wasser] schwitzen** *(große Angst haben)* · **blaues Blut in den Adern haben** *(adliger Abkunft sein)* · (ugs.:) **Blut geleckt haben** *(Gefallen an etwas finden)* · (geh.:) **Gut und Blut opfern/einsetzen** *(Besitz und Leben opfern/einsetzen)* · **aussehen wie Milch und Blut** *(ein sehr gesundes, frisches Aussehen haben)* · (geh.:) **sein eigen Fleisch und Blut** *(sein Kind; seine Kinder)* · **Menschen von Fleisch und Blut** *(lebensechte, nicht nur der Phantasie entstammende Menschen)* · **etwas geht jmdm. in Fleisch und Blut über** *(etwas wird jmdm. zur selbstverständlichen Gewohnheit)* · **etwas liegt jmdm. im Blut** *(jmd. hat für etwas eine angeborene Begabung)* · **Musik im Blut haben** *(angeborene Musikalität besitzen)* · **jmdn. bis aufs Blut quälen/peinigen** *(jmdn. sehr quälen, peinigen)* · **ruhig[es] Blut bewahren** *(in einer aufregenden Situation Ruhe bewahren)* · (ugs.:) **[nur] ruhig Blut!** *(nur keine Aufregung!)* · (dichter.:) **etwas mit seinem Blut besiegeln** *(für etwas sterben).*

Blüte, die: **1.** /*Teil der blühenden Pflanze*/: zarte, prächtige, unscheinbare, duftende, welke, verwelkte, männliche (Biol.), weibliche (Biol.) Blüten; eine B. entfaltet sich, entwickelt sich, öffnet sich, schließt sich wieder, fällt ab; der Kaktus hat eine wunderschöne B. bekommen; die Pflanze treibt Blüten, bringt zahlreiche Blüten hervor; der Hibiskus hat seine Blüten abgeworfen; die Sträucher sind voll[er] Blüten; die Bienen fliegen von B. zu B.; übertr. (geh.): *die Besten:* der Krieg vernichtete die B. der Jugend. **2.** *das Blühen:* die B. der Obstbäume beginnt, ist vorüber; die Bäume sind, stehen in [voller] B.; es ist schwierig, diese Pflanze zur B. zu bringen; die exotischen Sträucher kommen hier nicht zur B.; sich zu voller B. entfalten; sie unternahmen eine Fahrt in die B. *(in die Baumblüte);* bildl.: er starb in der B. der Jugend, in der B. seiner Jahre (geh.; *in jungen Jahren*); sie war über die erste B. hinaus *(nicht mehr ganz jung)*. **3.** (geh.) *hoher Entwicklungsstand:* das Land erlebte eine geistige, kulturelle, wirtschaftliche B.; etwas erreicht eine hohe B.; eine Zeit der B. begann; die Industrie, dieser Wirtschaftszweig entwickelte sich zu ungeahnter B. **4.** (ugs.) *gefälschte Banknote:* Blüten drucken; er hat die B. sofort erkannt. **5.** (ugs.) *Pickel:* sein Gesicht war voller Blüten. * **etwas treibt seltsame/wunderliche Blüten** *(etwas nimmt seltsame/wunderliche Formen an)* · **aus jeder Blüte Honig saugen wollen** *(überall seinen Vorteil suchen)*.

bluten: **1.** *Blut verlieren; Blut austreten lassen:* stark, heftig, ein wenig b.; der Verletzte blutete fürchterlich, wie ein Schwein (derb; *heftig*); seine Nase, die Wunde blutet; er blutete an der Hand, im Gesicht, aus der Nase; blutendes Zahnfleisch; ⟨jmdm. blutet etwas⟩ ihm blutet die Nase; bildl.: der Baum, die Rebe blutet *(verliert Harz, Saft)*. **2.** (ugs.) *viel Geld bezahlen müssen:* für dieses Unternehmen hat er ganz schön geblutet; er mußte schwer b. * (geh.:) **jmdm. blutet das Herz** *(jmdm. tut etwas sehr leid)* · (geh.:) **blutenden Herzens** *(sehr ungern):* blutenden Herzens trennten sie sich von den Gemälden.

blutig: **1.a)** *mit Blut befleckt:* blutige Hände; ein blutiger Verband; sein Hemd war b.; man hatte ihn b. geschlagen; du hast dich b. gemacht (ugs.). **b)** *mit Blutvergießen verbunden:* ein blutiger Kampf; eine blutige Schlacht; ein blutiges Gemetzel; er hat blutige Rache genommen *(hat sich grausam gerächt)*. **2.** (ugs.) */drückt eine Verstärkung aus/:* das ist mir blutiger *(tiefer)* Ernst; er ist ein blutiger *(völliger, absoluter)* Laie, Anfänger. * (geh.:) **blutige Tränen weinen** *(tiefen Schmerz empfinden)*.

Bock, der: **1.** */männliches Tier bei verschiedenen Säugetieren/:* ein störrischer B. *(Ziegenbock);* ein kapitaler B. (Jägerspr.; *großer Rehbock*); der Mann stank wie ein B. (derb; *hatte einen durchdringenden Geruch an sich*). **2.** (derb) */Schimpfwort für eine männliche Person/:* er ist ein sturer B.; so ein geiler, alter B.! **3.a)** *Gestell, auf dem etwas aufgebockt wird:* ein hoher, niedriger B.; das Auto auf einen B. schieben. **b)** *Gestell, auf dem Bücher, Akten o. ä. abgelegt werden können:* ein B. für die Akten; etwas auf den B. legen. **c)** */ein Turngerät/:* Übungen am B.; [über den] B. springen. **4.** *Platz des Kutschers auf dem Pferdewagen:* auf den B. klettern; auf dem B. sitzen; vom B. herunterspringen; der Kutscher schwingt sich auf den B. * (ugs.:) **einen Bock schießen** *(einen Fehler machen)* · (ugs.:) **den Bock melken** *(etwas Unsinniges tun)* · (ugs.:) **den Bock zum Gärtner machen** *(einen völlig Ungeeigneten mit einer Aufgabe betrauen)* · **die Schafe von den Böcken scheiden/trennen** *(die Guten von den Bösen trennen)* · (fam.:) **einen Bock haben** *(trotzig sein)* · (fam.:) **jmdn. stößt der Bock** *(jmd. weint schluchzend)*.

bocken: **1.** *nicht vorwärts gehen, sich aufbäumen:* der Esel, das Pferd bockte; übertr. (ugs.): *störrisch, widerspenstig sein:* der Junge bockte, als die Mutter ihm seinen Willen nicht lassen wollte. **2.** (ugs.) ⟨etwas bockt⟩ *etwas funktioniert nicht:* der Motor, die Maschine, der Wagen bockt. **3.** (Landw.) *brünstig sein:* Schafe, Ziegen bocken. **4.** (landsch.) ⟨sich b.⟩ *sich langweilen:* er bockte sich furchtbar in dem Vortrag.

Bockshorn ⟨in der Wendung⟩ sich nicht ins Bockshorn jagen lassen (ugs.): *sich nicht einschüchtern lassen.*

Boden, der: **1.a)** *Erde, Erdreich:* sandiger, lehmiger, [un]fruchtbarer, fetter, magerer, schwerer, leichter, lockerer, guter, schlechter, ertragreicher, jungfräulicher (geh.; *ungenützter*), ausgelaugter, aufgeweichter, ausgedörrter, nasser, trockener, [un]durchlässiger B.; der B. ist aufgewühlt, hart gefroren; diese Böden sind für den Weinbau nicht geeignet; den B. ebnen, festtreten; den B. *(den Acker, das Land)* bestellen, bebauen, bearbeiten, bewirtschaften; er besitzt 50 Morgen fruchtbaren B./(geh.:) Bodens; auf diesem B. wächst ein guter Wein; das Wasser versickert im B.; er wollte vor Scham in den B. [ver]sinken; Sprichw.: Handwerk hat goldenen B. **b)** *Erdoberfläche:* felsiger, steiniger, [un]ebener, rissiger B.; der B. bebte, schwankte unter seinen Füßen; die Reisenden waren froh, wieder festen B. *(Land)* zu betreten; die Flugzeuge wurden am B. zerstört; diese Vögel bauen ihre Nester auf dem B. **c)** *Fläche, auf der man sich bewegt; Fußboden:* ein sauberer, gestrichener B.; der B. ist ausgelegt, mit Teppichen belegt; der B. glänzt vor Sauberkeit; den B. pflegen, bohnern, schrubben, fegen; er lag erschöpft am B.; sich auf den B. legen; auf den B. fallen; bildl.: mit dieser Unternehmung begibt er sich auf unsicheren, schwankenden B. · etwas vom B. aufheben; die Augen zu B. schlagen (geh.; *niederschlagen*); Boxen: zu B. gehen *(niederstürzen)*. **c)** *Terrain; Raum:* historischer, klassischer, geweihter B.; der Spion wurde auf schwedischem B. verhaftet; Sport: der Läufer hat B. gutgemacht, wettgemacht *(hat aufgeholt, wieder einen Vorsprung gewonnen);* der Läufer hat B. verloren *(ist zurückgefallen);* bildl.: den B. für jmdn., für etwas vorbereiten *(günstige Bedingungen, Voraussetzungen schaffen);* er fand günstigen B. *(günstige Voraussetzungen)* für sein Vorhaben; übertr.: *Grundlage:* auf dem B. des Rechts, der Verfassung, der Wirklichkeit stehen; sich auf den B. der Tatsachen stellen. **d)** *Bodenfläche eines Gefäßes, Behälters:* ein breiter, flacher B.; der B. des Topfes, der Kiste, des Korbes hat ein Loch; der Koffer des Diplomaten hatte einen doppelten Boden; der B. des Meeres *(Meeresboden);* Redensart (ugs.): das schlägt dem Faß den B. aus *(das ist der Gipfel)* · der Satz sinkt auf den B. des Gefäßes, setzt sich auf dem B. des Gefäßes ab; bildl.: eine Moral mit doppeltem B. *(eine zwielichtige Moral)*. **e)** *Tortenboden:* der B. (der Obsttorte) ist aus Mürbeteig; einen B. backen, mit Erdbeeren belegen. **2.** *Dachboden:* den B. ausbauen, entrümpeln; etwas auf dem B. abstellen; auf den B. steigen; die Wäsche auf dem B. aufhängen; etwas vom B. herunterholen. * **Grund und Boden** *(Grundbesitz)* · (ugs.:) **jmdm. wird der Boden unter den Füßen zu heiß; jmdm. brennt der Boden unter den Füßen** *(jmdm. wird es an seinem Aufenthaltsort zu gefährlich)* · **festen Boden unter den Füßen haben** *(eine sichere Grundlage* *haben)* · (ugs.:) **Boden gutmachen/wettmachen** *(einen Vorsprung gewinnen, Fortschritte machen):* die Entwicklungsländer haben auf technischem Gebiet B. gutgemacht · **einer Sache den Boden entziehen** *(etwas entkräften)* · **jmdm. den Boden unter den Füßen wegziehen** *(jmdn. der Existenzgrundlage berauben)* · **den Boden unter den Füßen verlieren** *(die Existenzgrundlage verlieren; haltlos werden)* · **etwas gewinnt [an] Boden** *(etwas breitet sich aus, nimmt zu)* · **etwas verliert [an] Boden** *(etwas verliert an Einfluß)* · (ugs.:) **am Boden zerstört sein** *(völlig erschöpft sein)* · **etwas fällt auf fruchtbaren Boden** *(etwas wird günstig aufgenommen, wird wirksam)* · **etwas aus dem Boden stampfen** *(etwas hervorzaubern, aus dem Nichts hervorbringen)* · **etwas schießt wie Pilze aus dem Boden** *(etwas entsteht rasch in großer Zahl)* · (ugs.:) **wie aus dem Boden gewachsen** *(plötzlich)* · **in Grund und Boden** *(völlig, ganz und gar; sehr, zutiefst):* etwas in Grund und Boden verdammen; sich in Grund und Boden schämen · **etwas ist ein Faß ohne Boden** *(etwas ist eine Sache, in die man vergeblich immer wieder neue Mittel investiert).*

Bogen, der: **1.** *gebogene Linie; Biegung:* ein weiter B.; mit dem Zirkel einen B. schlagen, beschreiben; Bogen fahren; auf dem Eis Bogen laufen; der Fluß, die Straße macht hier einen B. [nach Westen]; einen B. über das „u" machen; in einem B. um das Hindernis herumfahren; das Wasser spritzt in hohem B. aus der schadhaften Leitung; die Brücke spannt sich in einem eleganten B. über das Tal; bildl. (ugs.): jmdn. im hohen B. hinauswerfen *(jmdn. entlassen);* er ist im hohen B. hinausgeflogen *(hinausgeworfen, entlassen worden).* **2.** */eine architektonische Form/:* spitze, runde, romanische, gotische Bögen; Bögen spannen sich zwischen den Pfeilern. **3.** */eine Schußwaffe/:* Pfeil und B.; den B. spannen; die Eingeborenen schießen mit Bogen. **4.** */Teil des Streichinstrumentes/:* den B. der Geige bespannen; den B. ansetzen, absetzen, führen. **5.** *rechteckig zugeschnittenes Schreibpapier, Packpapier:* ein [un]beschriebener B.; ein B. Packpapier; zwanzig Bogen weißes Papier; einen B. in die Schreibmaschine [ein]spannen, falten, knicken. **6.** *Druckbogen:* das Buch hat 20 Bogen; ein Band aus/von 20 Bogen. * (ugs.:) **einen Bogen um jmdn./um etwas machen** *(jmdn., etwas meiden)* · **den Bogen überspannen** *(etwas auf die Spitze treiben, zu hohe Forderungen stellen)* · (ugs.:) **den Bogen heraushaben** *(wissen, wie man etwas machen muß)* · (ugs.:) **große Bogen spucken** *(sich aufspielen, sich wichtig machen)* · **in Bausch und Bogen** *(ganz und gar).*

böhmisch ⟨in den Wendungen⟩ (ugs.:) **etwas kommt jmdm. böhmisch vor** *(jmd. versteht etwas nicht, findet etwas seltsam)* · (ugs.:) **das sind jmdm./für jmdn. böhmische Dörfer** *(jmd. versteht etwas nicht, findet etwas unerklärlich, seltsam).*

Bohne, die: **1. a)** */eine Gemüsepflanze/:* blühende Bohnen; die Bohnen ranken an Stangen; Bohnen ziehen, anbauen. **b)** *Schote und Samen der Bohnenpflanze:* grüne, weiße, gelbe Bohnen; Bohnen ernten, pflücken, schneiden, abziehen, [ab]fädeln; Bohnen einweichen, kochen; es gibt heute dicke Bohnen. **2.** *Kaffeebohne:* Bohnen rösten, mahlen; sie zählt die Bohnen für den Kaffee. * (ugs.:) **blaue Bohnen** *(Gewehrkugeln)* · (ugs.:) **nicht die Bohne/keine Bohne** *(überhaupt nicht[s]):* er ist nicht die B. wert.

Bohnenstroh ⟨in der Verbindung⟩ dumm wie Bohnenstroh sein (ugs.): *sehr dumm sein:* ihre Kinder sind alle dumm wie B.

bohren: 1. a) ⟨etwas b.⟩ *durch drehende Bewegung [mit einem Werkzeug] herstellen:* ein Loch in das Holz, in die Wand, durch das Brett b.; er bohrte mit dem Absatz eine Vertiefung in den Boden; sie bohrten einen Brunnen, einen Schacht. **b)** *eine Bohrung vornehmen:* der Zahnarzt bohrt [an/in dem kranken Zahn]; der Holzwurm bohrt im Gebälk; übertr. (ugs.): du sollst nicht in der Nase b. *(mit dem Finger in die Nase gehen).* **c)** ⟨etwas b.⟩ *mit dem Bohrer bearbeiten:* Metall, Holz, Beton [mit einem elektrischen Bohrer] b. **d)** ⟨etwas b.; mit Raumangabe⟩ *etwas bohrend an eine bestimmte Stelle bringen:* einen Pfahl, einen Stab, eine Stange in die Erde b.; ⟨jmdm., sich etwas b.; mit Raumangabe⟩ er hat ihm das Schwert in den Leib, durch die Brust gebohrt. **e)** ⟨etwas bohrt sich; mit Raumangabe⟩ *etwas dringt bohrend an eine bestimmte Stelle vor:* der Meißel bohrt sich durch den Asphalt; die Larve bohrt sich durch die Gefäßwand; bildl.: das abgestürzte Flugzeug hatte sich in den Acker gebohrt. **2.** ⟨nach etwas/auf etwas b.⟩ *durch Bohren nach etwas suchen:* nach/auf Erdöl, Wasser, Kohle b. **3.** ⟨etwas bohrt⟩ *etwas peinigt:* der Schmerz bohrte [im Zahn]; ⟨etwas bohrt jmdm.; mit Raumangabe⟩ der Schmerz bohrte ihm in der Brust; adj. Part.: bohrender Schmerz; bohrende Reue; bohrender Zweifel. **4.** (ugs.) *drängen, bitten:* die Kinder bohrten so lange, bis die Mutter ihnen die Erlaubnis gab. * (geh.:) **ein Schiff in den Grund bohren** *(ein Schiff versenken)* · (ugs.:) **das Brett/das Holz bohren, wo es am dünnsten ist** *(sich eine Sache leichtmachen).*

bombardieren: 1. ⟨jmdn., etwas b.⟩ *mit Bomben belegen; beschießen:* eine Stadt, feindliche Stellungen b.; bildl. (ugs.): die Demonstranten bombardierten *(bewarfen)* die Polizisten mit Tomaten, mit faulen Eiern. **2.** (ugs.) ⟨jmdn., etwas mit etwas b.⟩ *überschütten, bedrängen:* jmdn. mit Fragen, Vorwürfen, Beschimpfungen b.; er bombardierte die Behörde mit Eingaben.

Bombe, die: **1.** */ein Sprengkörper/:* schwere, leichte Bomben; eine B. fällt, explodiert, detoniert (bildungsspr.), platzt, schlägt ein; eine B. hat das Haus zerstört; die Nachricht schlug ein wie eine B. *(rief große Verwirrung hervor);* Bomben [ab]werfen, abladen *(abwerfen)*, entschärfen; die Stadt wurde durch Bomben zerstört, verwüstet; die Stellung wurde mit Bomben belegt (militär.), eingedeckt (militär.). **2.** (Sport; ugs.) *Torschuß:* eine B. [aufs Tor] schießen, knallen, abfeuern. * (ugs.:) **die Bombe ist geplatzt** *(das gefürchtete Ereignis ist eingetreten).*

Bonbon, das (auch: der): *Süßigkeit zum Lutschen:* ein süßes, saures, gefülltes, klebriges, hartes B.; ein B. gegen Husten, Heiserkeit; ein B. lutschen; er schenkte den Kindern eine Tüte Bonbons; übertr.: *etwas Besonderes:* das Programm bot einige Bonbons.

Boot, das: */kleines Wasserfahrzeug/:* ein schnelles, wendiges, schnittiges, leichtes, schweres, offenes, breites, schmales B.; die Boote der Fischer; das B. sticht in See (Seemannsspr.), treibt auf den Wellen, gleitet durch die Wellen (geh.), sinkt, kentert, leckt, kippt um, schlägt um, geht unter, tanzt auf den Wellen (geh.), liegt tief im Wasser, läuft voll Wasser, liegt am Ufer, legt am Steg an, schaukelt, schwankt, zerschellt, bricht auseinander, liegt im Hafen, geht vor Anker, läuft auf Grund; die Kinder fahren gerne B.; ein B. bauen, vom Stapel laufen lassen, vertäuen (Seemannsspr.), festmachen, ausrüsten; das B. klarmachen (Seemannsspr.), steuern, rudern, an Land ziehen; sie ließen die Boote aufs Wasser; aus dem B. steigen, klettern; in das B. steigen; in die Boote gehen; in einem B., mit einem B. den Fluß überqueren; mit einem B. fahren, segeln; die Fischer sind mit den Booten hinausgefahren. * (ugs.:) **in einem Boot sitzen** *(gemeinsam eine schwierige Situation bewältigen müssen).*

¹Bord ⟨in den Wendungen⟩ **an Bord** *(im Inneren/ins Innere eines Schiffes, eines Flugzeuges, eines Raumschiffes):* an B. eines Tankers, eines Flugzeugs, eines Raumschiffes gehen; Fracht an B. nehmen; alle Mann an B.! */seemännisches Kommando/* · **über Bord** *(von Deck des Schiffes ins Wasser):* über B. gehen *(ins Wasser gespült werden);* er wurde über B. gespült; Mann über B. */Notruf/* · **etwas über Bord werfen** *(etwas aufgeben, fallenlassen):* alle Vorsicht, alle Sorgen über B. werfen · **von Bord gehen** *(das Schiff verlassen).*

²Bord, das: *Wandbrett, Bücherbrett:* ein hölzernes, schmales, breites B.; die Bücher, die Flaschen auf das B. stellen, vom B. nehmen.

borgen: 1. ⟨jmdm. etwas b.⟩ *jmdm. etwas unter dem Versprechen der Rückgabe geben:* jmdm. Geld, ein Buch, das Bügeleisen b.; er hat dem Freund sein Auto geborgt; ⟨auch ohne Akk.⟩ er borgt nicht gern. **2.** ⟨sich (Dativ) etwas b.⟩ *mit dem Versprechen der Rückgabe von jmdm. nehmen:* sich ein Buch, Brot, das Geld für etwas b.; ⟨auch ohne Dativ der Person⟩ er hat den Frack nur geborgt; übertr.: diese Ideen hat er geborgt; Sprichwörter: Borgen macht Sorgen; Borgen und Schmausen endet mit Grausen.

Borke, die: → Rinde.

Börse, die: **1.** (geh.; veraltend) *Geldbeutel:* eine lederne, volle, leere B.; seine B. verlieren, suchen, zücken. **2.** (Wirtsch.) **a)** *Markt für Wertpapiere:* die Frankfurter B.; die B. ist, verläuft lebhaft, ruhig, freundlich, stürmisch; die B. schloß gut, schwach, flau; die B. behauptete sich, war bewegt; diese Papiere werden nicht an der B. gehandelt; an der B. spekulieren, kaufen, verkaufen; Wertpapiere an der B. notieren, umsetzen. **b)** *Börsengebäude:* die B. ist geöffnet, geschlossen.

Borste, die: *dickes, hartes Tierhaar:* weiche, harte Borsten; die Borsten des Pinsels, der Bürste; das Schwein hat Borsten; du mußt dir deine Borsten (ugs.; scherzh.; *Haare*) schneiden lassen.

böse: 1. *sittlich schlecht:* eine böse Tat, Gesinnung; das war böse Absicht, böser Wille; ein böser Mensch; die böse Fee */eine Märchengestalt/;* Redensart: das ist der Fluch der bösen Tat · diese Frau ist b.; subst.: Gutes mit Bösem vergelten; etwas Böses tun. **2.** (ugs.) *schlimm, übel, unheilvoll:* böse Zeiten; ein böser Traum; jmdm. einen bösen Streich spielen; eine böse Krankheit; eine böse Geschichte, Angelegenheit; eine böse Überraschung erleben; Bergmannsspr.: böse Wetter · er hat einen bösen Husten; die Sache wird ein böses Ende nehmen, wird b. ausgehen; die Worte waren nicht b. gemeint; man hat ihm b. mitgespielt; er hat sich b. blamiert; subst.: nichts Böses ahnen; ihm schwant Böses. **3.** *ärgerlich, verärgert:* ein böses Gesicht machen; er war b. über ihr langes Fortbleiben; er wird immer gleich, wird leicht b.; jmdm., auf jmdn., mit jmdm., über jmdn. b. sein; die beiden sind sich, sind miteinander b. (fam.; *haben Streit miteinander*); bist du mir noch b.?; die beiden Freunde sind im bösen auseinandergegangen. **4.** (fam.) *unartig:* du bist ein ganz böses Kind; wenn du so böse bist, darfst du nicht mitgehen. * (dichter.:) **der Böse** *(der Teufel)* · (ugs.:) **eine böse Sieben** *(ein zanksüchtiges Weib)* · (ugs.:) **ein böses Mundwerk/Maul/eine böse Zunge haben** *(böse über andere reden)* · **den bösen Blick haben** *(durch bloßes Ansehen, Betrachten Unheil bringen)* · **etwas schafft/macht böses Blut** *(etwas erregt Unwillen).*

boshaft: *hämisch, böse:* ein boshafter Mensch; eine boshafte Bemerkung; das war b. von dir; er lächelte b.

Bosheit, die: **a)** *böse Gesinnung:* das ist reine B. von ihm; die B. schaut ihm aus den Augen; er läßt seine B. an anderen aus; er steckt voller B.; das hat er aus lauter B. gesagt, getan. **b)** *boshafte Handlung, Bemerkung:* eine versteckte B.; allerlei Bosheiten aushecken; jmdm. Bosheiten sagen; Bosheiten verspritzen. * (abwertend:) **mit konstanter Bosheit** *(immer wieder, boshaft und beharrlich).*

böswillig: *in böser Absicht, absichtlich:* böswillige Beschädigung; Rechtsw.: böswillige Verleumdung; böswilliges Verlassen der Familie, des Ehepartners · er hat b. gehandelt.

Bote, der: *jmd., der im Auftrag eines anderen etwas überbringt:* ein zuverlässiger, verläßlicher, sicherer, schneller, reitender B.; Redensart: der hinkende B. kommt hinterher *(das Unangenehme bleibt nicht aus)* · als B. arbeiten, beschäftigt sein; einen Boten schicken, entsenden (geh.); übertr. (geh.): *Anzeichen:* Schneeglöckchen sind die Boten des Frühlings.

Botschaft, die: **1. a)** *Nachricht:* eine gute, frohe, willkommene, schlimme, schlechte, traurige, geheime, vertrauliche, schreckliche, freundliche B.; die christliche B.; eine B. des Präsidenten an die Bevölkerung; eine B. hinterlassen, erhalten, bekommen, entgegennehmen; eine B. ausgehen lassen (geh.); jmdm. eine B. bringen, senden; ich habe eine freudige B. für dich; sie warten auf eine B. **b)** (Rel.) *Evangelium:* die B. verkündigen, predigen. **2. a)** *diplomatische Vertretung eines Staates im Ausland:* eine deutsche, englische B.; die Deutsche B. in Paris; eine B. errichten, einrichten. **b)** *Botschaftsgebäude:* die französische B. befindet sich im Zentrum der Stadt; sie flüchteten sich in die B.; ein Empfang in der B.; die Demonstranten zogen vor die B. * (Rel.:) **die Frohe Botschaft** *(das Evangelium).*

brachliegen ⟨etwas liegt brach⟩: *etwas ist nicht bebaut, bleibt unbestellt:* die Felder liegen immer noch brach; der Acker hat mehrere Jahre brachgelegen; übertr.: in diesem Amt liegen seine besten Kräfte brach *(werden sie nicht genutzt);* brachliegende *(ungenutzt bleibende)* Kenntnisse, Gelder.

Brand, der: **1.** *großes Feuer, Feuersbrunst:* ein verheerender, furchtbarer, riesiger B.; ein B. bricht aus, schwelt, wütet, greift um sich; einen B. verursachen, [an]legen, anfachen; man versuchte vergebens, den B. zu löschen, einzudämmen; die Scheune ist in B. geraten; die Feuerwehr wurde mit dem B. nicht fertig. **2.** (Handwerk) *das Brennen, Ausglühen:* der B. der Ziegel, des Porzellans. **3.** (landsch.) *Heizmaterial, Hausbrand:* sie haben keinen B. mehr im Keller; hast du schon B. aus dem Keller geholt? **4.** (ugs.) *starker Durst:* seinen B. löschen; ich habe einen tüchtigen B. **5.** */eine Krankheit/:* **a)** */bei Menschen und Tieren/:* trockener, nasser, feuchter, kalter, heißer B.; den B. haben, bekommen. **b)** */bei Pflanzen/:* der Baum, das Getreide ist vom B. befallen. * **etwas in Brand setzen/stekken** *(etwas anzünden).*

branden (geh.) ⟨etwas brandet; mit Raumangabe⟩: *etwas prallt schäumend an etwas, bricht sich an etwas:* das Meer brandet an die Kaimauer, gegen die Felsen; bildl.: die Wogen der Begeisterung brandeten um den Redner.

Brandung, die: *am Strand, an der Küste sich brechende Wellen:* die tobende, tosende, rollende B.; die B. donnerte an die Küste; sie lauschte dem Rauschen der B.; sie stürzten sich in die B.

braten: a) ⟨etwas b.⟩ *durch Erhitzen in Fett gar und an der Oberfläche braun werden lassen:* Fleisch braun, knusprig, dunkel, scharf b.; Fisch in Öl b.; Kartoffeln in einer Pfanne b.; er briet ihm/für ihn ein Schnitzel; Redensart: die gebratenen Tauben fliegen einem nicht ins Maul (ugs.); bildl. (ugs.): du kriegst auch keine Extrawurst gebraten *(kannst nicht mit besonderen Vergünstigungen rechnen).* **b)** ⟨etwas brät⟩ *etwas wird unter Hitzeeinwirkung in Fett gar und an der Oberfläche braun:* die Kartoffeln braten in der Pfanne; die Gans muß noch eine Stunde b.; auf dem Ofen brieten Äpfel; übertr. (ugs.): sie braten in der Sonne, lassen sich in/von der Sonne b. *(lassen sich bräunen).* * (ugs.:) **nun/jetzt brat' mir einer einen Storch!** */Ausruf der Verwunderung/.*

Braten, der: *größeres gebratenes oder zum Braten bestimmtes Stück Fleisch:* ein großer, saftiger, knuspriger B.; der B. ist angebrannt; den B. ansetzen, aufs Feuer stellen, mit Fett begießen; es gab Brote mit kaltem B.; übertr. (ugs.): das war ein fetter B. *(ein großer Gewinn, ein guter Fang).* * (ugs.:) **den Braten riechen** *(etwas schon vorher merken; Gefahr wittern).*

Brauch, der: *überkommene Sitte:* ein schöner, frommer (scherzh.) B.; es ist ein alter B.; Redensart: es ist ein B. von alters her, wer Sorgen hat, hat auch Likör · das ist in dieser Gegend B.; die alten Bräuche pflegen, bewahren, wieder aufleben lassen; etwas nach altem B. tun, feiern.

brauchbar: *geeignet, verwendbar:* brauchbare *(sinnvolle)* Vorschläge machen; das Material, der Gegenstand ist noch b.

brauchen: 1. *nötig haben, bedürfen:* **a)** ⟨jmdn., etwas b.⟩ etwas dringend, nötig, notwendig, rasch, sofort b.; Ruhe, Schlaf, Bewegung, Erholung, Hilfe, Rat, Trost b.; die Kinder brauchen neue Schuhe; sie braucht (zum Lesen) eine Brille; sie braucht jemanden, der sich um die Kinder kümmert; ich brauche dich; ich kann dich jetzt nicht b. (fam.; *habe jetzt keine Zeit für dich*); diese Arbeit braucht [ihre] Zeit *(läßt sich nicht schnell erledigen);* er braucht Geld für ein neues Auto/(landsch.:) zu einem neuen Auto; dort gibt es alles, was man zum Leben braucht. **b)** ⟨mit Zeitangabe⟩ er hat für die Arbeit einen Tag, 4 Jahre gebraucht; er brauchte lange, um sich zu entscheiden. **c)** (geh.) ⟨es braucht einer Sache⟩ es braucht keines Beweises, keiner weiteren Erklärungen; es braucht nur eines Winkes, und alles wird geschehen. **2.** ⟨jmdn., etwas b.⟩ *gebrauchen, verwenden:* etwas häufig, selten, oft b.; das kann ich gut, nicht [mehr] b.; kannst du die Sachen noch b.? *(hast du noch Verwendung dafür?);* seinen Verstand, seine Ellenbogen b.; er braucht viele Fremdwörter; er ist zu allem zu b. (ugs.; *ist sehr anstellig*); sie war heute zu nichts zu b. (ugs.; *war zu keiner Arbeit imstande*). **3.** ⟨etwas b.⟩ *aufbrauchen, verbrauchen:* das Gerät braucht wenig Strom; sie haben alles Geld, Material gebraucht. **4.** ⟨mit Infinitiv mit *zu;* verneint oder eingeschränkt⟩ *müssen:* er braucht heute nicht zu arbeiten/(ugs.:) braucht heute nicht arbeiten; du brauchst doch nicht gleich zu weinen; es braucht nicht besonders gesagt zu werden, daß ...; es braucht nicht sofort zu sein *(es hat Zeit);* du brauchst es [mir] nur zu sagen, wenn du mitfahren willst; das brauchst du dir nicht gefallen zu lassen; das brauchte nicht zu sein *(wäre vermeidbar gewesen);* das hättest du nicht zu tun b. (nicht korrekt: gebraucht).

Braue, die: → Augenbraue.

brauen: 1. ⟨etwas b.⟩ **a)** *Bier herstellen:* Bier b.; die Firma braut monatlich 20000 Hektoliter [Bier]. **b)** (fam.) *ein alkoholisches Getränk zubereiten:* wir wollen für heute abend einen Punsch, eine Bowle b. **2.** (dichter.) ⟨etwas braut⟩ *etwas brodelt, wallt:* Nebel brauen in dem Tal.

braun: */eine Farbbezeichnung/:* braunes Haar; brauner Zucker; sie hat braune Augen; der Stoff, Anzug ist b.; etwas b. färben; wir sind im Urlaub schön b. geworden; subst.: ein kräftiges, tiefes Braun.

bräunen: 1. ⟨jmdn., etwas b.⟩ *braun machen:* den Braten, das Fleisch, Mehl b.; Zwiebeln in Butter b.; die Sonne hat mich, meine Haut, mein Gesicht stark gebräunt. **2.** *braun werden:* **a)** der Braten bräunt schön, gleichmäßig; unter südlicher Sonne b. **b)** ⟨sich b.⟩ meine Haut hat sich schnell gebräunt; im Herbst bräunen sich die Blätter.

Braus ⟨in der Wendung⟩ in Saus und Braus leben (ugs.): *ein verschwenderisches Leben führen.*

Brause, die: **1.** */eine Limonade/:* eine B. mit Waldmeistergeschmack; eine B. trinken. **2. a)** *das Duschen:* eine warme, kalte B.; die B. ist zu heiß. **b)** *[bewegliche] Vorrichtung zum Brausen:* die B. aufdrehen, abstellen; sich mit der B. abspritzen; unter die B. gehen. **c)** *Sprühteil:* die B. [auf die Gießkanne] aufstecken, aufsetzen; etwas mit der B. besprühen, begießen.

brausen: **1.** ⟨etwas braust⟩ *etwas gibt ein brausendes Geräusch von sich:* das Meer, die Brandung, das Wasser, der Gebirgsbach braust; die Orgel braust *(erklingt in voller Stärke);* großer Jubel braust *(dröhnt)* durch das Stadion; brausenden *(tosenden)* Beifall ernten; ⟨etwas braust jmdm.; mit Raumangabe⟩ der Wind hat mir in den Ohren gebraust. **2.a)** *duschen:* heiß, kalt b.; ich brause jeden Tag. **b)** ⟨jmdn., sich, etwas b.⟩ *abduschen:* die Kinder b.; ich habe die verschmutzten Gummistiefel gebraust; ⟨jmdm., sich etwas b.⟩ sie hat sich die Haare gebraust. **3.** ⟨mit Raumangabe⟩ *geräuschvoll, mit hoher Geschwindigkeit fahren:* um die Ecke, über die Autobahn, nach München b.; der Zug ist über die Brücke gebraust.

Brautschau ⟨in der Wendung⟩ auf [die] Brautschau gehen (ugs.; scherzh.): *eine Ehefrau suchen.*

brav: **1.** *gehorsam:* ein braves Kind; der Junge war heute b.; sei b.!; b. bleiben, sitzen bleiben. **2.a)** (fam.) *ordentlich, anständig:* sie ist eine brave Frau; es sind brave Leute, Bürger; ein Kind braver Eltern. **b)** (veraltend) *tapfer, mutig:* ein braver Mann, Soldat; er hat sich b. gehalten, geschlagen. **c)** *gut, trefflich:* er hat seine Aufgaben b. gemacht; der Pianist hat die Sonate b. *(korrekt, aber ohne besonderes Format)* heruntergespielt.

brechen /vgl. gebrochen/: **I. 1.** ⟨etwas b.⟩ *etwas abknicken, zerteilen:* etwas in Stücke b.; Äste brechen; den Flachs b. (Landw.); Blumen, Rosen b. (geh.; *pflücken*); Brot b.; Marmor, Schiefer b. *(abbauen);* Sprichw.: Not bricht Eisen · ⟨jmdm., sich etwas b.⟩ sich das Genick, den Knöchel b.; bildl.: das Eis ist gebrochen *(die ablehnende, feindliche Atmosphäre, Haltung ist überwunden).* **2.** ⟨etwas bricht⟩ *etwas zerfällt in zwei Teile, knickt ab:* das Brett bricht; die Äste brachen unter der Schneelast; Sprichwörter: Glück und Glas, wie leicht bricht das; der Krug geht so lange zum Brunnen, bis er bricht *(eine fragwürdige Angelegenheit nimmt eines Tages ein böses Ende)* · das Leder, der Stoff beginnt zu b. *(wird rissig);* das Rohr, die Achse, die Feder, die Welle ist gebrochen. **3.a)** ⟨etwas bricht sich an/in etwas⟩ *etwas wird abgelenkt:* die Brandung bricht sich an den steilen Felsen; die Strahlen brechen sich im Glas, im Wasser; der Schall bricht sich am Gewölbe. **b)** ⟨etwas b.⟩ *abprallen lassen, ablenken:* die Brükkenpfeiler, die Felsen brechen die Wellen. **4.** ⟨etwas b.⟩ *überwinden, durchbrechen:* jmds. Widerstand, Trotz, Hartnäckigkeit b.; er hat endlich sein Schweigen gebrochen *(berichtet, ausgesagt);* eine Blockade b.; einen Rekord b. *(einen neuen Rekord aufstellen);* Bundesrecht/(hist.:) Reichsrecht bricht *(steht höher als)* Landesrecht. **5.** ⟨mit jmdm., mit etwas b.⟩ *die bisherige Verbindung, Beziehung aufgeben, abbrechen:* mit seinem Elternhaus, mit seinen Freunden b.; er hat endgültig mit der Kirche, mit der Partei gebrochen; mit der Tradition, einer Gewohnheit, der Vergangenheit b. **6.** ⟨etwas b.⟩ *nicht mehr einhalten:* einen Vertrag, Eid, sein [Ehren]wort, Versprechen b.; sie hat die Ehe gebrochen *(ist untreu geworden);* den Frieden b. *(Streit, Krieg beginnen);* mehrmals wurde der Waffenstillstand gebrochen. **7.** ⟨mit Raumangabe⟩ *hindurch-, hervorstoßen:* die Sonne, das Flugzeug bricht durch die Wolken; eine Quelle bricht aus dem Felsen; die Reiter brachen aus dem Hinterhalt; das Wild ist durch das Gebüsch gebrochen *(durchgelaufen);* ⟨jmdm. bricht etwas; mit Raumangabe⟩ Tränen brachen ihr aus den Augen (geh.). **II. a)** *erbrechen:* nach dem Essen mußte er mehrmals, heftig b. **b)** ⟨etwas b.⟩ *von sich geben:* das ganze Essen, Blut, Galle, Schleim b. * **etwas bricht sich Bahn** *(etwas setzt sich durch)* · **einer Sache Bahn brechen** *(zum Durchbruch verhelfen)* · (geh.:) **jmds. Augen brechen** *(jmd. stirbt)* · (geh.:) **etwas bricht jmdm. das Herz** *(etwas bekümmert jmdn. so sehr, daß er daran stirbt)* · (geh.:) **nichts zu brechen und zu beißen haben** *(hungern müssen)* · **für jmdn. eine Lanze brechen** *(für jmdn. eintreten)* · (geh.:) **den Stab über jmdn. brechen** *(jmdn. verdammen, völlig verurteilen)* · (ugs.:) **etwas übers Knie brechen** *(etwas übereilt erledigen, entscheiden)* · **einen Streit vom Zaun[e] brechen** *(einen Streit heraufbeschwören, beginnen)* · (ugs.:) **jmdm., einer Sache das Genick/das Rückgrat brechen** *(ruinieren, zu Fall bringen)* · (ugs.:) **einer Flasche den Hals brechen** *(eine Wein-, Schnapsflasche öffnen, um sie auszutrinken)* · **brechend/zum Brechen voll sein** *(überfüllt sein)* · (ugs.:) **es geht auf Biegen oder Brechen** *(es geht hart auf hart)* · (ugs.:) **auf Biegen oder Brechen** *(mit Gewalt, unter allen Umständen):* etwas auf Biegen oder Brechen durchsetzen.

Brei, der: **1.** *zähflüssige Speise:* dünner, dicker, steifer B.; B. kochen; Sprichw.: viele Köche verderben den B. *(eine Sache, bei der viele Personen mitreden, wird nicht gut)* · das Baby mit B. füttern; etwas zu B. kochen. **2.** *unförmige Masse:* der aufgeweichte Boden war nur noch ein B.; etwas zu B. zerstampfen. * **um etwas herumgehen/herumschleichen wie die Katze um den heißen Brei** *(sich nicht an eine heikle Sache wagen)* · (ugs.:) **um den Brei herumreden** *(nicht über den Kern einer Sache reden)* · (derb:) **jmdn. zu Brei schlagen** *(jmdn. gehörig verprügeln).*

breit: **1.a)** *von größerer Ausdehnung in einer Richtung:* eine breite Straße; ein breiter Fluß; breite Fenster; sie hat ein breites Gesicht, breite Hüften; der junge Mann ist sehr b. *(breitschultrig);* er schreibt b. *(hat eine in die Breite gezogene Schrift);* etwas breiter machen; einen Nagel b. schlagen; er hat die Schuhe b. getreten. **b)** *von bestimmter Breite:* das Brett ist 50 cm b.; der Teppich ist 4,50 Meter b.; er ist fast so lang wie b. (ugs.; *sehr dick*); das Band ist zwei Finger b. **2.** *größere Teile des Volkes, der Öffentlichkeit betreffend:* die breite Öffentlichkeit; die breite Masse (abwertend; *das gemeine Volk*); wir wollen damit breite, breiteste Bevölkerungsschichten ansprechen; die Aktion fand ein breites *(großes)* Interesse, Echo [in, unter der Bevölkerung]; eine breite Werbung; eine breite Streuung des Eigentums *(Verteilung von Eigentum an viele Bürger);* etwas auf breiter, breitester Grundlage diskutieren; die Volksaktien sollen b. gestreut werden *(in den Besitz vieler Bürger kommen).* **3.** *laut und unangenehm:* ein breites Lachen; er hat eine breite *(plumpe)* Aussprache; er lächelte b. *(aufdringlich).* * (ugs.:) **einen breiten Buckel/Rücken haben** *(viel Kritik vertragen)* · **weit und breit** *(allgemein, überall):* etwas ist weit und b. bekannt · (ugs.:) **groß und breit** *(sehr deutlich):* es stand groß und b. am Schwarzen Brett · **lang und breit/des langen und breiten** *(sehr ausführlich).*

Breite, die: **1.** *Ausdehnung in einer Richtung:* Länge, B. und Höhe eines Zimmers; ein Weg von drei Meter B.; die Brücke hat eine B. von dreißig Metern; etwas der B. nach *(entsprechend der Querachse)* legen, falten, durchsägen; wir liefern die Stücke in verschiedenen Breiten; übertr.: eine Darstellung in epischer B. *(von großer Ausführlichkeit);* der Aufsatz geht zu sehr in die B. *(behandelt zu viele Details, Nebensächlichkeiten).* **2.** *geographische Lage, Position:* die geographische Breite bestimmen; die Insel liegt [auf, unter] 50° Grad nördlicher B.; in diesen Breiten *(in dieser Gegend, in diesen Gegenden)* herrscht feuchtwarmes Klima. ∗ (ugs.:) **in die Breite gehen** *(breitschultrig, dick werden).*

breiten (geh.): **a)** ⟨etwas b.; mit Raumangabe⟩ *ausbreiten:* ein frisches Tuch über den Tisch b.; ⟨jmdm., sich etwas b.⟩ sie breitete ihm eine dicke Decke über die Beine. **b)** ⟨etwas b.⟩ *ausstrecken:* der Vogel breitet die Flügel; der Adler hat seine Schwingen gebreitet. **c)** ⟨sich b.; mit Raumangabe⟩ *sich ausdehnen:* dichte Nebelschwaden breiten sich über das Tal; ein hämisches Grinsen breitete sich über sein Gesicht. ∗ **den Schleier des Vergessens/ der Vergessenheit über etwas breiten** *(etwas Unangenehmes, was man verziehen hat, vergessen sein lassen).*

breitmachen (ugs.) ⟨sich b.⟩: *viel Platz beanspruchen:* sich überall b.; mach dich nicht so breit!

breitschlagen ⟨in der Wendung⟩ sich breitschlagen lassen (ugs.): *sich zuletzt doch noch überreden lassen.*

breittreten (ugs.) ⟨etwas b.⟩: *ausgiebig, bis zum Überdruß erörtern:* ein Thema immer wieder b.; die Einzelheiten des Prozesses sind jetzt genügend breitgetreten [worden].

Bremse, die: *Vorrichtung zum Verlangsamen oder Beenden einer Bewegung:* eine schnellwirkende, automatische B.; die Bremsen quietschen, kreischen, laufen heiß, versagen, blockieren; neue Bremsen einbauen; die B. prüfen, betätigen, loslassen, durchtreten (ugs.; *das Bremspedal bis zum Anschlag treten*); die B. *(Handbremse)* anziehen, feststellen, lösen; auf die B. treten.

bremsen **a)** *die Bremse betätigen:* rechtzeitig, zu spät b.; mit dem Motor b.; der Fahrer, das Auto hatte zu scharf gebremst; übertr.: wir müssen [mit den Ausgaben] b. *(zurückhaltend, sparsam sein).* **b)** ⟨etwas b.⟩ *zum Halten bringen:* einen Wagen, LKW b.; der Fahrer konnte die Straßenbahn nicht mehr rechtzeitig b.; übertr.: man muß ihn dauernd b. (ugs.; *davon zurückhalten, zu weit zu gehen*); ich kann mich b. (ugs.; *beherrschen, zurückhalten*); eine Entwicklung, die Einfuhren b. *(verlangsamen).*

brennen /vgl. brennend/: **1.** ⟨etwas brennt⟩ **a)** *etwas steht in Flammen: hell, lichterloh, wie Stroh (sehr stark)* b.; das Haus, der Wald brennt; es brannte an allen Ecken und Enden; der Ofen brennt *(ist angezündet);* das Schiff treibt brennend auf dem Meer; bildl.: Haß brennt in ihm; brennende Liebe; wo brennt's denn? (ugs.; *was ist denn los?*). **b)** ⟨mit Artangabe⟩ *etwas hat eine bestimmte Brenneigenschaft:* Öl, Benzin brennt schnell, leicht *(ist leicht entzündbar);* dieser Ofen brennt gut *(heizt gut).* **c)** *etwas scheint sehr heiß:* die Sonne brennt heute ungeheuer; sich in die brennende Sonne legen. **2.** ⟨etwas b.⟩ *als Heizmaterial verwenden:* Holz, Öl b.; in diesen Öfen kann man nur Koks b. **3. a)** ⟨etwas brennt⟩ *etwas leuchtet:* das Licht, die Lampe brennt [die ganze Nacht]; die eine Birne brennt nur noch ganz schwach; adj. Part.: *leuchtend, auffällig:* ein brennendes Rot. **b)** ⟨etwas b.⟩ *eingeschaltet haben, leuchten lassen:* den ganzen Tag Licht brennen; nur die Stehlampe, nicht alle Birnen b. **4.** ⟨etwas in etwas b.⟩ *einbrennen:* ein Zeichen auf das Fell, in die Haut des Tieres b.; das Muster ist in das Porzellan gebrannt; ⟨jmdm., sich etwas b.; mit Raumangabe⟩ ich habe mir ein Loch in den Anzug gebrannt. **5.** ⟨jmdn., sich b.⟩ *durch Hitze, Feuer verletzen:* jmdn. mit der Zigarette [am Arm] b.; ich habe mich [am Ofen] gebrannt; Sprichw.: [ein] gebranntes Kind scheut das Feuer. **6.** ⟨etwas b.⟩ **a)** *durch Erhitzen, Brennen herstellen, haltbar machen:* Ziegel, Gips, Porzellan, Ton b.; gebrannter Kalk; Holz zu Kohlen, Kohlen aus Holz b.; Schnaps b.; Korn zu Branntwein b.; Whisky wird vorwiegend aus Weizen gebrannt; ⟨auch ohne Akk.⟩ er brennt selbst, heimlich *(stellt selbst, heimlich Schnaps her).* **b)** *etwas rösten:* Kaffee, Mehl, Zucker [braun] b.; gebrannte Mandeln. **c)** *etwas mit Hitze bearbeiten, herstellen:* die Haare b.; gebrannte Locken; ⟨jmdm., sich etwas b.⟩ er brennt sich Wellen. **7. a)** ⟨etwas brennt⟩ *etwas schmerzt, verursacht einen brennenden Schmerz:* die Wunde brennt; die Fußsohlen, meine Füße brennen entsetzlich; ⟨etwas brennt jmdm.⟩ mir brennen die Augen [vor Müdigkeit, vom vielen Lesen] · adj. Part.: *quälend; schmerzlich:* brennendes Heimweh; brennender Durst; ein brennender Ehrgeiz. **b)** ⟨etwas brennt⟩ *etwas ist scharf, verursacht einen beißenden Reiz:* der Pfeffer brennt auf der Zunge, im Hals; ⟨etwas brennt jmdm.; mit Raumangabe⟩ der Schnaps brennt mir wie Feuer in der Kehle. **8. a)** ⟨auf etwas/nach etwas b.⟩ *etwas heftig erstreben:* auf/ nach Rache b.; er brennt danach/darauf, ihn zu sprechen. **b)** ⟨vor etwas b.⟩ *wegen etwas ganz ungeduldig sein:* er brennt vor Neugier, Ungeduld, Ehrgeiz. ∗ (ugs.:) **jmdm. eins auf den Pelz brennen** *(jmdn. anschießen)* · (ugs.:) **jmdm. brennt der Boden unter den Füßen** *(jmdm. wird es an seinem Aufenthaltsort zu gefährlich)* · (ugs.:) **etwas brennt jmdm. auf den Nägeln** *(etwas ist sehr dringlich)* · (ugs.:) **etwas brennt jmdm. auf der Seele** *(jmd. hat einen dringenden Wunsch)* · **sengend und brennend** *(alles niederbrennend und verwüstend).*

brennend: **a)** *sehr wichtig, akut:* eine brennende Aufgabe; ein brennendes Problem. **b)** ⟨verstärkend vor Adjektiven und Verben⟩ *sehr:* etwas ist b. wichtig; sich b. für etwas interessieren; etwas b. benötigen.

Brennpunkt, der: **1.** (Optik): *Treffpunkt von Strahlen:* der B. einer Linse, eines Hohlspiegels; **2.** *Mittelpunkt:* in den B. rücken; im B. des allgemeinen Interesses, der öffentlichen Kritik stehen.

brenzlig: **a)** (veraltend) *verbrannt riechend:* ein brenzliger Geruch, Geschmack; hier riecht es b. **b)** (ugs.) *bedenklich, gefährlich:* eine brenzlige Situation; die Sache ist, wird [mir] zu b.

Bresche, die (veraltend): *große Lücke:* tiefe Breschen klafften in der Mauer; eine B. [in die Festung] schlagen, schießen, reißen. * **für jmdn., für etwas eine Bresche schlagen** *(sich für jmdn., etwas erfolgreich einsetzen)* · **[für jmdn., für etwas] in die Bresche springen/treten; sich für jmdn., für etwas in die Bresche werfen** *(einspringen, eintreten).*

Brett, das: **1.** *schmale, längliche Holzplatte:* ein dünnes, schwaches, stabiles, schweres B.; die Bretter sind morsch, verfault, durchgebrochen; ein B. schneiden, zurechtsägen, annageln; einen Sarg aus Brettern anfertigen; hier ist die Welt [wie] mit Brettern vernagelt (ugs.; *hier geht es nicht weiter, kommt man nicht voran*). **2.** *Spielplatte:* am ersten, zweiten B. des Turniers spielen; am B. sitzen; die Figuren auf das B. setzen. **3.** ⟨Plural⟩ **a)** *Bühne:* auf die Bretter gehen *(Schauspieler[in] werden);* das Stück ging hundertmal über die Bretter *(wurde hundertmal aufgeführt).* **b)** *Boden des Boxrings:* die Bretter aufsuchen müssen; er schickte seinen Gegner dreimal auf die Bretter. **4.** ⟨Plural⟩ *Schi:* [sich (Dativ)] die Bretter an-, abschnallen; die Bretter wachsen; er steht noch unsicher auf den Brettern. * **das Schwarze Brett** *(Anschlagbrett)* · (ugs.:) **ein Brett vor dem Kopf haben** *(begriffsstutzig sein)* · (ugs.:) **bei jmdm. einen Stein im Brett haben** *(bei jmdm. gut angeschrieben sein)* · (ugs.:) **das Brett bohren, wo es am dünnsten ist** *(sich eine Sache leichtmachen).*

Brief, der: *schriftliche Mitteilung in einem Umschlag:* ein langer, ausführlicher, kurzer, dienstlicher, privater, anonymer, offener *(der Öffentlichkeit bekanntgegebener),* versiegelter B.; ein B. von zu Hause, an die Eltern, zum Geburtstag; der B. ist angekommen, verlorengegangen, erreichte mich zu spät; unsere Briefe haben sich gekreuzt; einen B. schließen, adressieren, zukleben, frankieren, freimachen, einwerfen, öffnen, aufmachen (ugs.), persönlich überreichen, abfangen, beantworten; der Brief ist an den Direktor persönlich gerichtet; Briefe austragen, zustellen; einen B. als/per Einschreiben schicken; mit jmdm. Briefe wechseln; jmdm. etwas in einem B. mitteilen. * (ugs.:) **ein blauer Brief: a)** *(Kündigungsschreiben)* · **b)** *(Mahnbrief an die Eltern eines Schülers, dessen Versetzung gefährdet ist)* · **jmdm. Brief und Siegel geben** *(jmdm. etwas fest versichern, garantieren):* ich gebe Ihnen [darauf] B. und Siegel, daß ...

Briefkasten, der: → Kasten.

Briefmarke, die: → Marke.

Brieftasche, die: *kleine Mappe für Ausweise, Geld o. ä.:* die B. einstecken, zücken, ziehen, aufklappen; den Paß habe ich in der B. * (ugs.:) **eine dicke Brieftasche haben** *(viel Geld haben).*

Briefwechsel, der: **a)** *das gegenseitige Briefeschreiben:* ein reger, ausgedehnter B.; [mit jmdm.] einen längeren B. über etwas haben, führen; mit jmdm. in B. stehen. **b)** *gesammelte Briefe über eine Sache, von bestimmten Personen:* den ganzen B. einsehen, durchsehen, veröffentlichen; Goethes B. mit Schiller/den B. zwischen Goethe und Schiller herausgeben.

brillant: *ausgezeichnet:* ein brillanter Redner, Fechter; eine brillante Leistung; brillante Einfälle haben; die Aufführung war b.; der Pianist spielt b.; b. *(gut)* aussehen; jmdm. geht es b. *(sehr gut).*

Brille, die: **1.** *Gestell mit Augengläsern:* eine moderne, goldene, dunkle B.; eine B. mit getönten Gläsern, für die Ferne, zum Lesen; die B. ist [für meine Augen] zu schwach [geworden]; die B. paßt, sitzt schlecht, rutscht, läuft an; eine neue, schärfere, stärkere B. brauchen; die B. aufsetzen, abnehmen, putzen, auf die Stirn schieben; etwas nur mit B., nicht ohne B. lesen können. **2.** (ugs.) *Klosettbrille:* die B. hoch-, herunterklappen; sich auf die B. setzen. * **etwas durch eine gefärbte, durch seine eigene B. sehen/betrachten** *(etwas subjektiv beurteilen)* · **etwas durch eine rosa Brille [an]sehen, betrachten** *(etwas allzu positiv beurteilen).*

bringen: **1.** ⟨jmdn., etwas b.⟩: *irgendwohin tragen, befördern:* die Post, Geld b., die Ware ins Haus, den Koffer zum Bahnhof b.; er läßt das Frühstück aufs Zimmer b.; die Kinder ins/zu Bett b.; Geschütze in Stellung b.; bildl.: Leben, Stimmung in eine Gesellschaft b.; Unglück, Unheil [über jmdn., über etwas] b.; ⟨jmdm. etwas b.⟩ jmdm. Blumen, ein Geschenk, täglich das Essen b.; er brachte mir einen Stuhl; jmdm. eine [gute] Nachricht b.; bildl.: der letzte Winter brachte uns viel Schnee. **2.** ⟨jmdn. b.; mit Raumangabe⟩ *jmdn. irgendwohin begleiten:* jmdn. an die Bahn, zum Flughafen, ins Krankenhaus b.; er hat das Mädchen nach Hause gebracht. **3.** *erreichen, schaffen:* **a)** ⟨es zu etwas b.⟩ er hat es [im Leben, auf diesem Gebiet] zu nichts gebracht; es zu Ansehen, Vermögen, einer hohen Stellung, zu Ruhm, zu Ehren b.; er hat es bis zum Direktor gebracht *(ist bis zum Direktor aufgestiegen).* **b)** ⟨es auf etwas b.⟩ sie hat es auf 90 Jahre gebracht *(wurde 90 Jahre alt);* der Motor, Wagen hat es auf 150000 Kilometer gebracht. **4.** ⟨jmdn., etwas b.; mit Raumangabe⟩ *dafür sorgen, daß jmd., etwas irgendwohin kommt, gerät:* jmdn. vor Gericht, vor den Richter, ins Gefängnis, auf die Wache b.; den Satelliten auf eine Umlaufbahn um die Erde b.; das Gespräch auf ein anderes Thema b. *(lenken);* übertr.: jmdn. auf den rechten Weg b.; jmdn. unter seine Gewalt, Herrschaft b.; er hat mich in Gefahr gebracht; jmdn. zum Reden, Lachen, Schweigen, zur Besinnung, Einsicht, Vernunft, Verzweiflung b.; jmdn. aus der Fassung b. *(jmdn. verwirren);* sich nicht aus der Ruhe b. lassen *(sich nicht nervös machen lassen);* so etwas bringt mich zum Wahnsinn *(macht mich noch krank);* /häufig verblaßt/: jmdn. dazu b., daß er etwas tut; jmdn. auf andere, neue Gedanken b.; jmdn. in Verdacht, Verruf, Verlegenheit, Wut, Zorn b.; etwas in Umlauf b. *(umlaufen lassen);* etwas auf den Markt b. *(produzieren, anbieten);* etwas auf die Bühne b. *(aufführen);* etwas zu Ende b. *(abschließen);* sich in Erinnerung b.; etwas nicht über die Lippen b. *(etwas nicht zu sagen wagen),* etwas zum Vorschein bringen *(unverhofft vorfinden, hervorholen).* **5.** ⟨jmdn. um etwas b.⟩ *schuld sein, daß jmd. etwas verliert, großen Schaden erleidet:* jmdn. um seine Stellung, um sein Geld, um Haus und Hof, um seine Ehre b.; der

Lärm auf der Straße hat mich um den Schlaf, um die Nachtruhe gebracht; so etwas bringt mich noch um den Verstand *(macht mich noch krank)*. **6. a)** (ugs.) ⟨etwas b.⟩ *der Allgemeinheit darbieten, veröffentlichen:* etwas zu einem späteren Zeitpunkt b. *(veröffentlichen, senden)*; einen Aufsatz, Artikel [in der Zeitschrift] b.; die Zeitung brachte nichts, keinen Bericht darüber; das Zweite Deutsche Fernsehen bringt *(sendet)* zur gleichen Zeit ein Konzert. **b)** ⟨jmdm. etwas b.⟩ *darbieten:* den Göttern Opfer b.; jmdm. ein Ständchen b. **7. a)** ⟨etwas bringt etwas⟩ *etwas erbringt etwas, hat etwas zur Folge:* hohen Ertrag, großen Gewinn, Zinsen b.; Sprichw.: Scherben bringen Glück · auf der Auktion brachte das Gemälde 50 000 Mark; der Motor bringt (ugs.; *leistet*) 100 PS; etwas bringt es mit sich, daß ... *(etwas schließt etwas ein)*. **b)** ⟨etwas bringt jmdm. etwas⟩ *etwas beschert jmdm. etwas:* etwas bringt jmdm. Ärger, Verdruß, Freude, keinen Segen, Vorteil, Erfolg; das hat mir nur Nachteile gebracht. * **es weit bringen** *(im Leben viel erreichen)* · (ugs.:) **etwas an sich bringen** *(sich etwas aneignen)* · (ugs.:) **etwas an den Mann bringen: a)** *(seine Ware verkaufen)*. **b)** *(im Gespräch etwas anbringen)* · (ugs.; scherzh.:) **jmdn. an den Mann/unter die Haube bringen** *(ein Mädchen mit jmdm. verheiraten)* · **etwas ans Licht bringen** *(etwas an die Öffentlichkeit bringen)* · **etwas an den Tag bringen** *(etwas aufdecken, enthüllen)* · **etwas auf einen [gemeinsamen] Nenner bringen** *(dafür sorgen, daß etwas übereinstimmt)* · (ugs.:) **jmdn. auf die Palme bringen** *(jmdn. sehr erzürnen, wütend machen)* · **etwas zur Sprache bringen**; (ugs.:) **etwas aufs Tapet bringen** *(die Erörterung eines Themas herbeiführen)* · (ugs.:) **jmdn. auf Trab/auf Touren bringen** *(dafür sorgen, daß jmd. schneller arbeitet)* · **jmdn. aus dem Konzept bringen** *(jmdn. verwirren)* · **jmdn., etwas in Mißkredit bringen** *(jmdn., etwas in Verruf bringen)* · (ugs.:) **etwas hinter sich bringen** *(etwas bewältigen)* · **etwas in Erfahrung bringen** *(durch Nachforschen erfahren)* · **jmdn., etwas ins Spiel bringen** *(jmdn. mitwirken lassen, etwas zur Wirkung kommen lassen)* · **jmdn. in Harnisch bringen** *(jmdn. zornig machen)* · **etwas in Schwung bringen** *(etwas beleben, richtig in Gang bringen)* · (ugs.:) **etwas in Gang bringen** *(bewirken, daß etwas in Tätigkeit tritt)* · **etwas in Ordnung bringen: a)** *(notwendige Arbeiten an etwas ausführen [und es wieder benutzbar machen])*. **b)** *(etwas regeln, bereinigen)* · **in Sicherheit bringen** *(aus dem Gefahrenbereich schaffen)* · **etwas ins reine bringen** *(etwas klären, in Ordnung bringen)* · **jmdn. ins Grab/unter die Erde bringen** *(an jmds. Tod schuld sein)* · (ugs.:) **sein Schäfchen ins trockene bringen** *(sich wirtschaftlich sichern)* · **es nicht übers Herz bringen** *(zu etwas nicht fähig sein)* · (ugs.:) **jmdn. um die Ecke bringen** *(jmdn. ermorden)* · **unter Dach und Fach bringen** *(glücklich zum Abschluß bringen)* · **etwas unter die Leute bringen** *(dafür sorgen, daß etwas bekannt wird)* · **sein Geld unter die Leute bringen** *(sein Geld rasch ausgeben)* · (ugs.:) **jmdn., etwas unter einen Hut bringen** *(jmdn., etwas in Übereinstimmung bringen)* · **etwas zu Papier bringen** *(etwas aufschreiben, schriftlich niederlegen)* · (nachdrücklich:) **etwas zum Ausdruck bringen** *(etwas erkennen lassen, ausdrücken)* · (nachdrücklich:) **etwas zur Kenntnis bringen** *(etwas [allgemein] bekanntgeben)* · (geh.:) **jmdn. zur Welt bringen** *(ein Kind gebären)*.

Brise, die: *leichter [See]wind:* eine leichte, kühle, kräftige, steife B.; hier weht [von See her] eine frische B.; eine B. kam auf, sprang auf (geh.), erhob sich (geh.).

bröckeln ⟨etwas bröckelt⟩: *etwas zerfällt in Bröckchen:* das Brot bröckelt [sehr stark]; der Putz ist von den Wänden gebröckelt.

Brocken, der: *größeres, abgebrochenes Stück:* ein schwerer, dicker B. (Stein, Kohle o. ä.); ein fetter B. (Fleisch); dem Hund einen B. *(Bissen)* zuwerfen; übertr.: ein paar B. Englisch/einige englische Brocken können; mit gelehrten Brokken um sich werfen *(sehr gelehrt tun, sprechen)*; ein paar Brocken *(einige Sätze)* des Gesprächs mitbekommen; sich die besten Brocken *(das Beste)* nehmen; jmdm. einen fetten B. *(ein gutes Geschäft)* wegschnappen; mit dicken, schweren B. *(mit großkalibriger Munition)* schießen; das war ein harter B. *(das war eine schwierige Sache, ein schwerer Gegner)*; das ist vielleicht ein B. *(ein kräftiger, vierschrötiger Mensch)*.

brodeln ⟨etwas brodelt⟩: *etwas wallt, kocht:* das Wasser, die Suppe brodelt [im Topf]; brodelnde Lava; brodelnde (dichter.; *dampfend aufsteigende*) Nebel. übertr.: es brodelt in den Betrieben, unter der Bevölkerung *(Unruhe, Aufruhr breitet sich aus)*.

Brot, das: **1. a)** */aus Mehl gebackenes Grundnahrungsmittel/:* ein rundes, langes, weiches, frisch gebackenes, helles, schwarzes, grobes, trockenes, hartes, verschimmeltes, französisches B.; ein Laib B.; ein B. aus Roggenmehl; das B. ist von gestern, ist noch warm, ist ganz frisch, kommt in einer halben Stunde aus dem Ofen; etwas nötig haben wie das tägliche B.; das B. in den Ofen schieben, schießen (fachspr.); ein B. kaufen, anschneiden, aufschneiden. **b)** *vom Brotlaib abgeschnittene Scheibe:* eine Scheibe B.; belegte Brote; trockenes B. essen; ein B. mit Käse; B. in die Suppe brocken; [sich (Dativ)] ein paar Brote schneiden; etwas aufs Brot legen, streichen, schmieren (ugs.); bei Wasser und B. (als Strafessen); jmdm. B. *(Frühstücksbrot)* mitgeben. **2.** *Lebensunterhalt:* [sich (Dativ)] sein B. mit Putzarbeiten verdienen; jmdm. das B. wegnehmen/jmdn. ums B. bringen (veraltend; *jmdn. um seinen Verdienst bringen*); Redensart: die Kunst geht nach B. *(der Künstler muß für Geld arbeiten)*. * (Rel.:) **Brot und Wein** *(das heilige Abendmahl)* · **etwas ist ein hartes/schweres Brot** *(etwas ist ein mühevoller Gelderwerb)* · (ugs.:) **mehr als Brot essen können** *(intelligenter sein, als man aussieht)* · (veraltend:) **in Lohn und Brot stehen** *(eingestellt sein, feste Arbeit haben)* · (veraltend:) **jmdn. um Lohn und Brot bringen** *(jmdm. seine Arbeit, seine Erwerbsquelle nehmen)* · (veraltend:) **in Lohn und Brot nehmen** *(anstellen, Arbeit geben)* · (geh.; veraltend:) **anderer Leute Brot essen** *(unselbständig sein)* · **Arbeit und Brot** *(Erwerbsmöglichkeit, Arbeit[splatz])*: jmdm. Arbeit und B. geben.

Brötchen, das: */kleines Hefegebäck/:* frische, knusprige, rösche (landsch.) B.; die Brötchen sind noch warm, schon trocken, hart; der Bäkker bäckt täglich zweimal B.; die Brötchen dick mit Käse belegen. * (ugs.:) **sich seine Brötchen verdienen** *(seinen Lebensunterhalt verdienen)*.

Brotkorb ⟨in der Wendung⟩ jmdm. den Brotkorb höher hängen (ugs.): *jmdm. weniger zu essen geben, jmdn. knapphalten.*

brotlos: *arbeitslos:* jmdn. b. machen; viele sind b. geworden; b. dastehen; etwas ist eine brotlose Kunst *(Arbeit, die nichts einbringt)*.

[1]**Bruch,** der: **1. a)** *das Zerbrechen; das Durchgebrochensein:* ein doppelter, komplizierter B. des Wadenbeins; beim B. einer Achse, einer Welle; **b)** *Bruchstelle, Bruchfläche:* ein glatter B.; der B. ist gut verheilt; den B. *(die gebrochenen Knochen)* schienen. **c)** *Steinbruch:* im B. arbeiten; im B. wurde gesprengt. **d)** *Eingeweidebruch:* ein eingeklemmter B.; einen B. operieren, einrichten; er hat sich (Dativ) einen B. gehoben, zugezogen; jmdn. am B. operieren. **e)** *zerbrochene, minderwertige Ware:* B. [von Schokolade] kaufen; etwas als B. verkaufen; übertr.: das ist alles B. *(minderwertig, wertlos)*. **2.** *Knick, Falte:* ein scharfer B.; ein Tuch nach dem B. legen. **3. a)** *das Nichteinhalten:* der B. eines Versprechens, des Waffenstillstandes. **b)** *Abbruch einer Verbindung, Beziehung:* der B. mit dem Elternhaus, mit der Tradition; dieser Schritt bedeutete den endgültigen B. mit der Partei; es zum offenen B. kommen lassen. **4.** (Math.) *mit Bruchstrich geschriebene gebrochene Zahl:* ein [un]echter, gemeiner, gleichnamiger B.; einen B. kürzen, erweitern; mit Brüchen rechnen. **5.** (Jägerspr.) *abgebrochener Zweig:* der Jäger steckte sich einen frischen B. an den Hut. * (Fliegerspr.:) **Bruch machen** *(so landen, daß das Flugzeug beschädigt, zerstört wird)* · (ugs.:) **sich** (Dativ) **einen Bruch lachen** *(sehr lachen)* · **etwas geht zu Bruch** *(etwas geht entzwei, in Trümmer)* · **etwas geht in die Brüche: a)** *(etwas geht entzwei, in Trümmer):* das neue Boot ist in die Brüche gegangen. **b)** *(etwas hat keinen Bestand):* ihre Verlobung ist in die Brüche gegangen.

[2]**Bruch,** der oder das: *Sumpfland:* den B. trokkenlegen; im B. steht Schwarzwild.

brüchig: *sich im Zerfallszustand befindend:* brüchiges Leder, Material; der Stoff, das Mauerwerk, der Sandstein ist b. [geworden]; übertr.: eine brüchige *(spröde, rauhe)* Stimme; brüchige *(heruntergekommene)* Existenzen; eine brüchige *(schwankende)* Moral.

Bruchteil, der: *sehr kleiner Teil:* etwas dauerte nur den B. einer Sekunde, geschah im B. einer Sekunde; nur einen B. der Kosten decken.

Brücke, die: **1.** *Überführungsbauwerk:* eine lange, schmale, breite, sechsspurige, moderne, zweistöckige, freitragende, bewegliche B.; eine fliegende B. *(am Seil geführte Fähre)*; eine B. über den Rhein; die B. verbindet den alten mit dem neuen Stadtteil; eine B. schwingt sich, spannt sich, führt über das Tal; die ganze B. hängt an zwei Pylonen, ruht auf drei Pfeilern; eine B. bauen, dem Verkehr übergeben, sperren, hochziehen, herablassen, [in die Luft] sprengen; eine B. über einen Fluß schlagen; auf der B. stehen; über eine B. gehen; unter der B. hindurchfahren; von der B. ins Wasser springen; bildl.: der Sport schlägt Brücken zwischen den Völkern. **2.** *Kommandobrücke:* auf die B. gehen; auf der B. stehen; von der B. aus etwas beobachten, Befehle geben. **3.** *kleiner Teppich:* echte Brücken; der Boden ist nur mit Brücken bedeckt. **4.** *Zahnersatz:* die B. sitzt nicht fest, paßt nicht; jmdm. eine B. einpassen. **5.** */eine Turnübung/:* eine B. machen. * **alle Brücken hinter sich** (Dativ) **abbrechen** *(sich von allen bisherigen Bindungen endgültig lösen)* · **jmdm. eine goldene Brücke/goldene Brücken bauen** *(jmdm. ein Eingeständnis, das Nachgeben erleichtern)*.

Bruder, der: **1.** *Kind männlichen Geschlechts in einer Geschwisterreihe:* mein älterer, jüngerer, großer (fam.), kleiner (fam.) B.; ein leiblicher B.; feindliche Brüder; zu jmdm. wie ein B. sein; etwas wie unter Brüdern *(ehrlich)* teilen; bildl. (dichter.): der Schlaf ist ein B. des Todes. **2.** (geh.) *Freund, Mitmensch:* na, B., wie geht's?; wir müssen unseren Brüdern in Afrika helfen. **3.** (kath. Rel.) *Mönch [ohne Priesterweihe]:* geistlicher B. (veraltend); er ist noch B. *(noch nicht zum Priester geweiht)*. **4.** (ugs.) *Bursche, Kerl:* ein falscher, gefährlicher, windiger, lustiger B.; die Brüder wollen nur unser Geld haben; den B. kenne ich; /in bestimmten namenähnlichen Verbindungen/: B. Leichtfuß/Lustig/Liederlich *(leichtsinniger Mensch)*. * (ugs.; abwertend:) **warmer Bruder** *(Homosexueller)* · (ugs.:) **unter Brüdern** *(offen und ehrlich; unter guten Bekannten [gesagt]):* was hast du unter Brüdern dafür bezahlt?

brüderlich: *im Geiste von Brüdern:* brüderliche Hilfe; meine brüderliche Liebe (scherzh.; *mein Bruder*); etwas b. teilen; b. zusammenstehen.

Brüderschaft, die: *enge Freundschaft, bei der man sich mit du anredet:* jmdm. die B. anbieten, antragen; mit jmdm. B. schließen; auf die B. anstoßen. * **Brüderschaft trinken** *(mit einem Schluck eines alkoholischen Getränks die Duzfreundschaft besiegeln)*.

Brühe, die: **1. a)** *durch Kochen von Fleisch oder Knochen gewonnene Flüssigkeit:* eine klare, kräftige B. [von Rindsknochen]; eine Tasse B. mit Einlage, mit Ei; Redensart: oft ist die B. teurer als der Braten *(sind die Nebensächlichkeiten teurer als die eigentliche Sache)*. **b)** (landsch.) *Kochwasser;* die B. vom Spinat weiterverwenden, wegschütten. **2.** (ugs.; abwertend): *schmutziges, trübes Wasser:* die ganze Brühe lief über den Boden; in dieser B. kann man nicht mehr baden; diese dünne B. *(diesen dünnen Kaffee)* kannst du alleine trinken. * (ugs.:) **eine lange Brühe um etwas machen** *(viele unnütze Worte über etwas reden)*.

brüllen: 1. *einen brüllenden Laut von sich geben:* das Vieh brüllt; Redensart: gut gebrüllt, Löwe! *(das ist treffend gesagt)*; subst.: das dumpfe Brüllen der Rinder. **2.** (ugs.): **a)** *sehr laut sprechen, aus bestimmtem Grund schreien:* die Kinder brüllen auf der Straße; er brüllte, daß man es im Nebenzimmer hörte; wie ein Stier b. *(schreiend schimpfen)*; vor Schmerzen, vor Wut b. **b)** ⟨etwas b.⟩ *etwas schreiend äußern:* die Zuschauer brüllten: „Tor!"; „... und ich werde mich rächen!" brüllte er durch den Saal. **c)** *laut weinen:* wie am Spieß, aus vollen Leibeskräften b.; das Kind brüllte die ganze Nacht. **3.** (geh.) *donnern:* der Donner, Sturm brüllt; die Wogen brüllen; man hörte die Geschütze b. * (ugs.:) **etwas ist zum Brüllen** *(etwas ist sehr lustig)* · (ugs.:) **vor Dummheit brüllen** *(sehr dumm sein).*

brummen: 1. a) *einen brummenden Laut von sich geben:* die Fliegen, Käfer brummen; der Bär hat böse gebrummt; der Motor brummt sehr stark; der Baß, der Kreisel brummt; ⟨etwas brummt jmdm.⟩ mir brummt der Kopf, der Schädel *(ich habe Kopfschmerzen).* **b)** ⟨mit Raumangabe⟩ *brummend fahren, fliegen:* eine Hummel brummt durch das Zimmer; mehrere Flugzeuge waren über die Stadt gebrummt. **2. a)** *nörgeln, sich mürrisch äußern:* er brummt heute schon den ganzen Tag; deswegen brauchst du nicht gleich zu b.; vor sich hin b. **b)** ⟨etwas b.⟩ *etwas mürrisch und unverständlich sagen:* etwas Unverständliches, eine Antwort b.; er brummt etwas ins Telefon, vor sich hin. **c)** ⟨etwas b.⟩ *etwas in tiefen Tönen [falsch] vor sich hin summen:* ein Lied, eine Melodie b. **4.** (ugs.) *in Arrest, Haft sein:* er muß b., hat [für den Diebstahl] sechs Monate gebrummt; der Schüler hat zwei Stunden gebrummt *(nachgesessen).* * **etwas in seinen Bart brummen** *(etwas leise und undeutlich sagen, vor sich hin reden).*

brummig (fam.): *unfreundlich, mürrisch:* ein brummiger Mensch; ein brummiges Wesen haben; er ist heute so b.; b. antworten.

Brummschädel ⟨in der Wendung⟩ einen Brummschädel haben (ugs.): *einen benommenen, schmerzenden Kopf nach Alkoholgenuß haben.*

Brunnen, der: **1. a)** *[besonders gestaltete] Anlage mit ständig fließendem Wasser:* ein berühmter, kunstvoller, artesischer (bildungsspr.) B.; der B. sprudelt, fließt, plätschert, rauscht die ganze Nacht. **b)** *Öffnung zur Wasserförderung:* ein tiefer, natürlicher B.; der B. ist versiegt; einen B. graben, bohren, anlegen, bauen, zudekken; Wasser aus dem B. schöpfen, fördern; Redensart: wenn das Kind in den B. gefallen ist, deckt man ihn zu *(erst wenn etwas passiert ist, wird etwas unternommen);* bildl.: ein unversiegbarer, lebendiger B. der Freude, des Wissens. **2.** *Wasser einer Heilquelle:* salziger, salzreicher B.; B. trinken.

brüsk: *schroff:* ein brüskes Auftreten; etwas b. ablehnen.

Brust, die: **1. a)** *Vorderseite des Rumpfes:* eine breite, schmale, gewölbte, flache B.; seine B. ist stark behaart; die B. *(der Brustkorb)* hebt sich, senkt sich; die B. herausstrecken, dehnen; B. heraus!; jmdn. an seine B. ziehen, drücken; an jmds. B. ruhen; er schlug sich (Dativ) an die B.; mit geschwellter B. *(stolz);* bildl.: (geh.) etwas in seiner B. verschließen *(etwas für sich behalten).* **b)** *milchspendendes Organ der Frau:* eine spitze, rundliche, kleine, feste, volle, üppige, hängende, schlaffe, straffe B.; die linke B. ist entzündet; sie hat eine schöne B./schöne Brüste; die B. bedecken, entblößen; einer Frau die B. abnehmen; dem Kind die B. geben, reichen *(ein Kind stillen);* das Kind nimmt die B. *(trinkt);* den Säugling an die B. legen, von der B. nehmen; ein Mädchen mit nackter B.; bildl. (geh.): an den Brüsten der Natur, der Weisheit. **2.** *Sitz der Atmungsorgane, der Lunge:* eine schwache, gesunde B.; jmd. hat es auf der B. (ugs.; *ist lungenkrank*); der Nebel legt sich mir auf die B. * **Brust an Brust** *(dicht beieinander):* B. an B. stehen, kämpfen · **sich an die Brust schlagen** *(Reue empfinden, sich seine Fehler vorhalten)* · (ugs.:) **schwach auf der Brust sein: a)** *(anfällige Atmungsorgane haben).* **b)** *(wenig Geld haben)* · **jmdm. die Pistole auf die Brust setzen** *(jmdn. zu einer Entscheidung zwingen)* · (ugs.:) **sich in die Brust werfen** *(sich brüsten, prahlen).*

Brustton ⟨in der Wendung⟩ etwas im Brustton der Überzeugung sagen, äußern, erklären: *etwas voller Überzeugungskraft sagen.*

Brut, die: **1. a)** *das Brüten:* die erste, zweite B.; künstliche B.; das Tier ist bei der B. **b)** *ausgeschlüpfte Tiere:* die flügge, nackte B.; die B. schlüpft aus; die Schwalbe füttert ihre B. **2.** (abwertend) *Gesindel:* eine üble, gefährliche, verhaßte B.; sein Zorn richtet sich gegen diese B.

brutal: *roh, gewalttätig:* ein brutales Verbrechen; ein brutales Vorgehen; ein brutales Gesicht, Kinn haben; er ist b. [geworden]; jmdn. b. behandeln; einen Aufstand b. niederschlagen.

brüten: 1. a) *auf den Eiern sitzen, um die Jungen zum Ausschlüpfen zu bringen:* die Henne, der Vogel brütet. **b)** (ugs.) ⟨über etwas b.⟩ *lange über etwas Schwieriges nachdenken:* über einer Aufgabe, über der Lösung eines Problems b.; ⟨auch ohne Präpositionalobjekt⟩ er brütet schon seit Tagen und kommt nicht weiter. **2.** ⟨etwas brütet; mit Raumangabe⟩ *etwas lastet drückend auf etwas:* die Sonne brütet über dem Land; bei brütender Hitze arbeiten. **3.** (ugs.) ⟨etwas b.⟩ *sich etwas ausdenken:* Rache, etwas Schlimmes, einen bösen Plan b.

Bub, der (südd.): *Junge:* er ist ein frecher, lieber B.; ist es ein B. oder ein Mädel?; er hat zwei Buben; sich wie ein kleiner B. freuen.

Bube, der: **1.** (veraltet; abwertend): *Schurke:* ein feiger, erbärmlicher, schändlicher, hinterlistiger B. **2.** */eine Spielkarte/:* den Buben ausspielen; mit dem Buben stechen.

Buch, das: **1. a)** *größeres, gebundenes Druckwerk; Band:* ein dickes, handliches, zerlesenes B.; ein B. in Leinen, mit Goldschnitt, in/im Lexikonformat, von 1000 Seiten; das B. ist beschädigt, vergilbt, vergriffen; ein B. aufschlagen, zuklappen, durchblättern, [antiquarisch] kaufen, verschenken, ausleihen; Bücher binden, einstampfen; kein B. in die Hand nehmen *(nicht gerne lesen);* die Bücher wieder an den Platz, ins Regal stellen; in einem B. blättern; über den Büchern sitzen *(eifrig lernen).* **b)** *in Buchform erscheinender oder veröffentlichter [literarischer] Text:* ein, gutes fesselndes spannendes B.; das B. ist ein Bestseller [geworden], liest sich gut; ein B. [aus]lesen, verschlingen (ugs.); er schreibt ein neues B., an einem neuen B.; das B. *(Drehbuch)* schrieb...; ein B. *(Manuskript)* redigieren, in Druck geben, drucken; ein B. verlegen, neu auflegen, herausgeben; ein B. zitieren/etwas aus einem B. zitieren; sein Wissen aus Büchern haben, schöpfen; sich in ein B. vertiefen, versenken. bildl.: im Buch der Natur, der Geschichte, des Lebens lesen. **c)** (veraltend) *Band:* das B. Hiob, Salomon; ein Roman in drei Büchern. **2.** *Rechnungs-, Kassenbuch:* die Bücher stimmen, sind in Ordnung; über etwas B. führen; jmdm. die Bücher führen; die Bücher prüfen; B. machen *(Wetten beim Pferderennen eintragen)*; jmdm. Einblick in die Bücher gewähren; das Grundstück steht mit 50 000 Mark zu B. *(ist mit diesem Wert eingetragen)*. * **das Goldene Buch** *(das Gästebuch einer Stadt)* · **das Buch der Bücher** *(die Bibel)* · (ugs.:) **wie ein Buch reden** *(sehr viel, unaufhörlich reden)* · **etwas ist jmdm., für jmdn. ein Buch mit sieben Siegeln** *(etwas bleibt jmdm. dunkel und unverständlich)* · (ugs.:) **sein, wie jmd., wie etwas im Buch[e] steht** *(etwas ganz typisch sein)*: er ist ein Lehrer, wie er im B. steht · (ugs.:) **die/seine Nase in ein Buch stecken** *(eifrig in einem Buch lesen; lernen)* · (geh.:) **sich mit etwas ins Buch der Geschichte eintragen** *(sich unsterblich machen)* · **etwas schlägt zu Buch** *(etwas fällt ins Gewicht)*.

buchen ⟨etwas b.⟩: **a)** *etwas eintragen:* Eingänge und Ausgänge b.; wir haben den Betrag, die Zinsen auf Ihr Konto gebucht; übertr.: etwas als Erfolg, Fortschritt b. **b)** *vorbestellen; reservieren lassen:* einen Platz auf dem Schiff, im Flugzeug b.; ich habe den Flug nach Rom gebucht.

[1]**Büchse,** die: **1.** *Dose:* eine B. Milch; eine B. öffnen; aus Büchsen *(Speisen aus Dosen)* essen; Fleisch in Büchsen; etwas in der B., mit der B. warm machen. **2.** *Sammeldose:* etwas in die B. werfen; mit der B. herumgehen, klappern, sammeln.

[2]**Büchse,** die: *Jagdgewehr:* die B. laden, anlegen, umhängen, hochreißen und schießen; einen Hirsch vor die B. bekommen; er schoß, was ihm vor die B. kam.

Buchstabe, der: *Schriftzeichen:* kleine, große, lateinische, kyrillische Buchstaben; ein Plakat mit schwarzen Buchstaben auf weißem Grund; bildl. (ugs.; scherzh.): setz dich auf deine vier Buchstaben! *(setz dich hin!)*;/in bestimmten Verbindungen als Ausdruck kleinlicher Genauigkeit/: den Buchstaben des Gesetzes/das Gesetz dem Buchstaben nach erfüllen; am Buchstaben kleben (ugs.); sich an den Buchstaben klammern/halten; sich nach dem Buchstaben des Gesetzes richten *(ein Gesetz sehr streng handhaben)*; etwas bis auf den letzten Buchstaben erfüllen.

buchstabieren ⟨etwas b.⟩: *ein Wort in seiner Buchstabenfolge angeben:* ein Wort b.; würden Sie bitte Ihren Namen b.?

buchstäblich: I. ⟨Adj.⟩ *sehr genau:* ein Gesetz, einen Text b. auslegen; etwas b. *(dem Wort nach)* übersetzen. **II.** ⟨Adverb⟩ *in der Tat, wahrlich:* die Eintrittskarten wurden ihm b. aus der Hand gerissen.

Buckel, der: **1.** (ugs.) *Rücken:* sich den B. kratzen, bürsten; den B. vollbekommen, vollkriegen (ugs.; *Schläge bekommen*); Redensarten: steig mir den B. 'rauf *(laß mich in Ruhe)*; er kann mir den B. herunterrutschen *(er soll mich in Ruhe lassen)*. **2.** *Ausbuchtung des Rückens:* er hat einen B.; die Katze macht einen B.; durch schlechte Haltung bekommt man allmählich einen B. **3.** *Hügel, kleiner Berg:* das Gehöft liegt auf einem B.; wir müssen über den den B. laufen, fahren. * (ugs.:) **den Buckel hinhalten** *(die Verantwortung tragen)* · (ugs.:) **einen breiten Buckel haben** *(viel Kritik vertragen)* · (ugs.:) **sich** (Dativ) **den Buckel freihalten** *(sich sichern)* · (ugs.:) **schon viele/eine bestimmte Zahl von Jahren auf dem Buckel haben** *(schon alt sein, ein bestimmtes Alter haben)* · (ugs.:) **genug auf dem Buckel haben** *(viele Aufgaben zu erledigen haben)* · (ugs.:) **einen krummen Buckel machen** *(sich unterwürfig zeigen)*.

bücken: ⟨sich b.⟩: *sich nach unten beugen:* sich schnell, tief auf den Boden b.; sich nicht mehr b. können; er muß sich b., wenn er durch die Tür will; sich nach dem heruntergefallenen Geld b.; in gebückter Haltung. * **sich vor jmdm. bücken** *(unterwürfig sein)*.

Bude, die: **1.** *Bau-, Marktbude:* eine wacklige B., eine B. für das Baubüro aufstellen, zusammenzimmern, die Händler bauen, reißen ihre Buden ab. **2.** (ugs.; abwertend): **a)** *Haus:* eine alte, baufällige B.; die B. ist abbruchreif. **b)** *Wohnung, Zimmer:* eine ungeheizte, feuchte, muffige B.; eine sturmfreie B. *([gemietetes] Zimmer, in dem man unbehelligt Damen- bzw. Herrenbesuch empfangen kann)*; die B. aufräumen; er ist auf seiner B.; jmdm. die B. auf den Kopf stellen; Leben in die B. bringen *(für Betriebsamkeit, Stimmung sorgen)*. **c)** *Laden, Geschäft:* wann öffnet diese B.?; die Polizei hat ihm die B. zugemacht. * (ugs.:) **jmdm. die Bude einlaufen/einrennen** *(jmdn. ständig wegen der gleichen Sache aufsuchen)* · (ugs.:) **jmdm. auf die Bude rücken** *(jmdn., mit dem man etwas zu bereinigen hat, aufsuchen)*.

Büfett, das: **1.** *Anrichte, Geschirrschrank:* ein altes B.; ein B. aus Eiche, Nußbaum; die Gläser aus dem B. holen, ins B. stellen. **2.** *Theke, Ausschank im Restaurant:* am B. stehen; etwas am B. trinken; den Kuchen am B. aussuchen, bestellen. * **kaltes Büfett** *(besonders angerichtete kalte Speisen)*: es gab ein kaltes B.; ein kaltes B. anrichten.

büffeln (ugs.): **a)** *intensiv lernen:* er büffelt für die Prüfung, für die Klassenarbeit. **b)** ⟨etwas b.⟩ *sich etwas intensiv geistig aneignen, einlernen:* Vokabeln, Grammatik b.; er büffelt die ganze Zeit Mathematik.

Bügel, der: **1.** *Kleiderbügel:* den Mantel auf/über den B. hängen, vom B. nehmen. **2.** *Steigbügel:* jmdm. den B. halten, in den B. helfen; in den B. steigen. **3.** *Teil der Brille:* der B. ist [ab]gebrochen; die Bügel zusammenklappen. **4.** *Stromabnehmer bei elektrischen Bahnen:* ein B. für E-Loks; der B. hat keinen Kontakt; den B. einziehen, auflassen. **5.** *Metalleinfassung bei Taschen:* ein goldfarbener B.; der B. ist verbogen.

bügeln: a) *mit dem Bügeleisen arbeiten:* sie hat drei Stunden gebügelt. **b)** ⟨etwas b.⟩ *etwas mit dem Bügeleisen glätten:* etwas nur leicht, feucht, sehr heiß b.; die Hose ist frisch gebügelt, muß gebügelt werden. * **geschniegelt und gebügelt** *(übertrieben fein herausgeputzt)*.

buhlen: a) (veraltend) ⟨um jmdn., um etwas b.⟩ *sich um jmdn., um etwas bemühen:* um die Wähler, um die Stimmen der Wähler, um die Gunst des Publikums b. **b)** (veraltet) ⟨mit jmdm. b.⟩ *eine Liebschaft haben:* ihre Tochter buhlte mit dem jungen Offizier.

Bühne, die: **1. a)** *Podium für Aufführungen, Veranstaltungen:* eine breite, tiefe, drehbare, versenkbare B.; die B. ist weit in den Zuschauerraum vorgezogen; eine B. dekorieren, erweitern; B. frei!; ein Stück auf die B. bringen *(aufführen);* hinter die B. gehen; das Stück ging, lief über alle Bühnen *(wurde überall aufgeführt);* bildl.: von der [politischen] B. abtreten, verschwinden; etwas spielt sich hinter der B. *(im Hintergrund, heimlich)* ab. **b)** *Theaterunternehmen:* eine kleine, gute, staatliche B.; die Städtischen Bühnen Frankfurt; sie ist an, bei der B.; auf der B. stehen *(Schauspieler[in] sein);* er will zur B. [gehen] *(Schauspieler werden).* * **etwas über die Bühne bringen** *(etwas [erfolgreich] durchführen)* · **etwas geht über die Bühne** ⟨mit Artangabe⟩ *(etwas verläuft, geschieht in bestimmter Weise):* die Sache, Sitzung ging schnell über die B. · (geh.; verhüllend:) **von der Bühne [des Lebens] abtreten** *(sterben).*

Bummel, der: *kleiner Stadtspaziergang:* einen B. machen; auf den B. gehen; er war auf einem B. durch die Stadt.

bummeln (ugs.): **1. a)** *in der Stadt spazierengehen:* durch die Stadt, über den Broadway b.; wir sind über den Markt gebummelt; wir sind/ haben ein bißchen gebummelt; wir sind noch b. gegangen. **b)** *Lokale besuchen:* er geht jeden Abend, jede Nacht b. **2.** *trödeln, faulenzen:* bei der Arbeit, den ganzen Tag b.; er hat während des Studiums viel gebummelt.

[1]Bund, der: **1.** *Zusammenschluß, Vereinigung:* ein enger, fester, dauerhafter, militärischer B.; alte Bünde; der B. der Steuerzahler; ein B. zwischen drei Staaten; der B. *(der föderative Gesamtstaat)* und die Länder; einen B. schließen, erneuern, bekräftigen, erweitern, verlassen; einem B. beitreten; sich einem B. anschließen; übertr.: er ist der Dritte im Bunde *(der dritte Teilnehmer).* **2.** *oberer, fester Rand bei Hosen und Röcken:* ein B. mit Gummizug; der B. [an der Hose] ist zu eng, ist 55 Zentimeter weit; den B. weiter machen/die Hose am B. weiter machen. * (geh.:) **den Bund der Ehe eingehen; den Bund fürs Leben schließen** *(heiraten)* · **mit jmdm. im Bunde** *(zusammen mit jmdm.)* · (geh.:) **sich die Hand zum Bunde reichen** *(enge Freundschaft schließen).*

[2]Bund, das: *Bündel:* ein B. Stroh, das B. kostet 30 Pfennig; mehrere Bunde, drei Bunde Radieschen kaufen.

Bündel, das: *Einheit aus zusammengebundenen Dingen:* ein schweres, dickes B.; ein B. Stroh, Reisig, Wäsche, Banknoten; etwas zu einem B. zusammenpacken; Redensart: jeder hat sein B. zu tragen *(hat seine Sorgen).* * (ugs.:) **sein Bündel packen/schnüren** *(sich reisefertig machen, aufbrechen).*

bündig: 1. *zwingend schlüssig:* ein bündiger Beweis, Schluß; eine bündige Erklärung abgeben. **2.** (Bauw.) *eine Ebene bildend:* bündige Balken; die Bohlen sind, liegen b.; Bretter b. legen. * **kurz und bündig** *(knapp und bestimmt):* kurz und b. antworten.

Bündnis, das: *Zusammenschluß, Bund:* ein militärisches, wirtschaftliches B.; ein B. zwischen drei Staaten; [mit jmdm.] ein B. eingehen, schließen; ein B. erneuern, erweitern, lösen; einem B. beitreten.

bunt: 1. *vielfarbig:* bunte Muster, Blumen, Vögel; bunte *(farbige)* Wäsche; ein buntes Gefieder; ein bunter Blumenstrauß; eine bunte *(gefleckte)* Kuh; der Marktplatz bietet ein buntes Bild; der Stoff ist b., ist bunt gefärbt, gestreift. **2.** *gemischt, vielgestaltig, abwechslungsreich:* ein bunter Nachmittag, Abend; ein buntes Programm; ein bunter *(mit Obst, Nüssen o. ä. gefüllter)* Teller. **3.** *wirr; ungeordnet:* hier herrscht ein buntes Durcheinander; es sieht hier recht b. aus; es geht hier ziemlich b. zu; etwas liegt b. durcheinander. * (ugs.:) **bunte Reihe machen** *(sich so gruppieren, daß jeweils eine männliche und eine weibliche Person nebeneinandersitzen)* · (ugs.:) **bekannt sein wie ein bunter Hund** *(sehr bekannt sein)* · (ugs.:) **jmdm. wird es zu bunt** *(jmds. Geduld ist zu Ende)* · **es zu bunt treiben** *(über das erträgliche Maß hinausgehen).*

Bürde, die (geh.): *Belastung, Mühsal:* eine schwere, drückende B.; die B. des Alters; die B. des Amtes lastet auf ihm; eine B. tragen, abwerfen; jmdm. eine B. aufladen, auferlegen, abnehmen; er hat damit eine große B. auf sich genommen; Sprichw.: Würde bringt B.

Burg, die: **1.** *alte Festung:* eine B. aus dem 13. Jahrhundert; die B. liegt über der Stadt; eine B. verteidigen, belagern, [er]stürmen, zerstören; die Ruinen einer alten B.; übertr.: in einer alten B. (ugs., abwertend; *in einem alten Haus, in einer verwohnten Wohnung*) leben. **2.** *Sandwall am Strand:* [sich] eine B. bauen; die B. wieder einreißen; in der B. liegen. **3.** (Jägerspr.) *Biberbau:* den Biber aus seinen Burgen vertreiben.

bürgen: a) ⟨für jmdn., für etwas b.⟩ *sich verbürgen; eine Gewähr geben:* für die Richtigkeit der Angaben, für jmds. Zuverlässigkeit, Ehrlichkeit b.; ich kann für diesen Mann b.; ⟨jmdm. für jmdn., für etwas b.⟩ wer bürgt mir dafür, daß er pünktlich zahlt? **b)** (Kaufmannsspr.) ⟨für jmdn., für etwas b.⟩ *haften:* er bürgt mit seinem gesamten Vermögen für den Kredit.

Bürger, der: **a)** *Angehöriger eines Staates, einer Gemeinde:* ein angesehener, alteingesessener, freier B.; akademischer Bürger *(Student);* B. in Uniform *(der Soldat als gleichgeordnete Person in einem demokratischen Volk);* er ist B. dieses Landes, dieser Stadt; einen Aufruf an alle Bürger erlassen. **b)** */Angehöriger einer Gesellschaftsschicht/:* ein gutsituierter, braver, fleißiger B.; er gehört zu den wohlhabenden Bürgern der Stadt.

bürgerlich: 1. (Rechtsw.) *den Staatsbürger betreffend:* das bürgerliche Recht; das Bürgerliche Gesetzbuch; die bürgerliche *(vor dem Standesbeamten geschlossene)* Ehe. **2.** *das Bürgertum, den Bürgerstand betreffend:* die bürgerliche Gesellschaft[sordnung]; eine bürgerliche Existenz; das bürgerliche *(in Kreisen des Bürgertums spielende)* Trauerspiel; aus bürgerlichem Hause stammen; bürgerliche Vorurteile haben; ein bürgerlicher Mittagstisch *(einfaches, aber gutes Essen);* gut bürgerliche Küche; wir essen gut b. * **das bürgerliche Jahr** *(1. Januar bis 31. Dezember).*

Bürgschaft, die: **a)** *das Haften:* eine B. für jmdn., etwas übernehmen, auf sich nehmen, leisten. **b)** *Haftungsbetrag:* eine hohe B.; eine B. [in Höhe] von 50000 Mark übernehmen, leisten, stellen.

Büro, das: *Diensträume; Geschäftsstelle:* unser B. befindet sich im ersten Stock; die Büros schließen um 16 Uhr; die Firma unterhält hier ein B.; bitte wenden Sie sich an unser B.!; ins B. gehen; ich bin im B. zu erreichen, habe noch im B. zu tun; sie arbeitet in einem B./(landsch.:) geht aufs B.

Bursche, der: **1.** *junger Mann:* ein junger, stämmiger, kräftiger, gesunder, frischer, lustiger, aufgeweckter, hübscher B.; er ist ein toller B. *(ein Draufgänger).* **2.** (ugs.; abwertend) *Kerl:* ein unverschämter, übler, dreister, ausgekochter, gerissener B.; der B. wird mir zu frech; du bist [mir] ja ein sauberes Bürschchen; den Burschen werde ich mir noch kaufen, vorknöpfen (ugs.; *zur Rede stellen*). **3.** (veraltend) *Lehrling, Gehilfe:* ein B. hat die Ware gebracht; den Burschen schicken. **4.** (ugs.) *großes Exemplar /meist von Tieren/:* er hat einen mächtigen, prächtigen Burschen gefangen, geangelt.

burschikos: *frei und ungezwungen; flott:* eine etwas burschikose Dame; sie hat ein burschikoses Wesen; das Mädchen ist recht b.; sich b. benehmen.

Busch, der: **1.** *dichter Strauch:* ein blühender, dichter, dorniger B.; sich hinter einem B. verstecken; in den Büschen verschwinden. **2.** *Urwald:* der afrikanische B.; aus dem B. kommen; im B. leben. **3.** *großer Strauß:* ein B. Flieder. * (ugs.:) **bei jmdm. auf den Busch klopfen** *(bei jmdm. gezielt auf etwas anspielen und etwas zu erfahren versuchen)* · **mit etwas hinter dem Busch halten** *(mit einer Äußerung absichtlich zurückhalten):* er hält mit seiner Meinung, seinem Urteil nicht hinter dem B. · (ugs.:) **sich [seitwärts] in die Büsche schlagen** *(heimlich verschwinden).*

Busen, der: *weibliche Brust:* ein schöner, kleiner, zarter, voller, üppiger, wogender, straffer, schlaffer B.; viel B. zeigen; sie drückte ihn an ihren B.; sie steckte den Zettel in ihren B. *(Ausschnitt);* sie ließ sich mit nacktem B. photographieren; bildl. (geh.): am B. der Natur [ruhen]; etwas in seinem B. verschließen, bewahren *(etwas für sich behalten);* Liebe, einen Wunsch in seinem B. tragen, hegen.

Buße, die: **1.** (Rel.) *tätige Reue:* B. predigen, tun; das Sakrament der B.; etwas als, zur B. beten; jmdn. zur B. ermahnen. **2.** (Rechtsw.) *[Geld]strafe:* eine B. zahlen, entrichten; jmdm. eine geringe, wirksame B. auferlegen; jmdm. eine B. erlassen; jmdn. für etwas mit einer B. belegen.

büßen: 1. *eine Strafe für etwas auf sich nehmen:* **a)** ⟨etwas b.⟩ eine böse Tat, ein Vergehen b.; das mußt du/sollst du [mir] b.; Rel.: seine Sünden b. **b)** ⟨für etwas b.⟩ für diese Tat muß er b.; sie wird lange dafür büßen, daß sie so leichtsinnig war. **2.** ⟨etwas mit etwas b.⟩ *mit etwas bezahlen:* seinen Leichtsinn mit dem Tod b. [müssen].

Butter, die: *aus Milch gewonnenes Fett:* frische, gesalzene B.; ein Stück, ein Pfund B.; etwas schmilzt wie B. an der Sonne *(vermindert sich rasch);* jmd./jmds. Herz ist weich wie B. *(ist zu empfindsam, zu nachgiebig);* B. und Brot; die B. ist ranzig; B. zerlassen, formen; B. dick aufs Brot streichen, schmieren (ugs.); etwas in [brauner] B. braten; mit B. braten; das Brot mit B. bestreichen; gestern gab es Spargeln mit gerührter B. * (ugs.:) **jmdm. fiel die Butter vom Brot/ist die Butter vom Brot gefallen** *(jmd. ist enttäuscht, entsetzt)* · (ugs.:) **sich nicht die Butter vom Brot nehmen lassen** *(sich nichts gefallen, sich nicht benachteiligen lassen)* · (ugs.:) **es ist alles in Butter** *(alles ist in bester Ordnung)* · (ugs.:) **bei jmdm. liegt der Kamm bei der B.** *(bei jmdm. herrscht große Unordnung, Unsauberkeit).*

Butterbrot, das: *mit Butter bestrichene Brotscheibe:* ein B. essen; [sich (Dativ)] ein B. streichen. * **etwas um/für ein Butterbrot bekommen, [ver]kaufen** *(etwas sehr billig bekommen, [ver]kaufen)* · (ugs.:) **für ein Butterbrot arbeiten** *(gegen sehr wenig Bezahlung arbeiten)* · (ugs.:) **jmdm. etwas aufs Butterbrot schmieren/streichen** *(jmdm. etwas als Vorwurf überdeutlich sagen).*

C

Café, das: → Kaffee.

Chance, die: **a)** *Möglichkeit, günstige Gelegenheit:* es bietet sich eine günstige, große, einmalige C.; hierin liegt unsere C.; noch eine letzte, einzige C. haben; eine C. sehen, wittern, erhalten, bekommen, [aus]nutzen, verpassen, verschenken, vergeben, verspielen, vorübergehen lassen; seine C. erkennen, wahrnehmen; sich (Dativ) eine C. nicht entgehen lassen; jmdm. eine neue C. *(die Möglichkeit zur Rehabilitierung oder Bewährung)* geben; er ließ die größte C. des ganzen Spiels aus. **b)** *Aussicht auf Erfolg:* die Chancen, den Wettbewerb zu gewinnen, verringern sich, stehen schlecht, sinken, steigen; die C., daß er gewinnt, steht eins zu tausend; keine, wenig, alle, die besten, geringe Chancen auf den Sieg haben; sich (Dativ) eine C. bei, in etwas ausrechnen; dadurch hast du dir alle Chancen auf Beförderung verdorben; jmdm. wenig Chancen einräumen; er hat bei ihr keine Chancen (ugs.; *keinen Erfolg*).

Chaos, das (bildungsspr.): *Auflösung aller Ordnung; völliges Durcheinander:* ein wildes, heilloses, rettungsloses C.; ein C. drohte, brach aus, brach über das Land herein; auf den Straßen herrschte ein ziemliches C.; der Verkehrsunfall löste auf der Autobahn ein C. aus; das mußte zum C. führen.

chaotisch (bildungsspr.): *sich wie ein Chaos auswirkend; völlig ungeordnet:* chaotische Unordnung; chaotische Zeiten, Verhältnisse; die Zustände waren geradezu c.; in seinem Innern ging es c. zu.

Charakter, der: **1. a)** *Gesamtheit der geistig-seelischen Eigenschaften eines Menschen; Wesensart:* einen guten, anständigen, festen, schlechten, schwierigen, [un]aufrichtigen C. haben; seinen C. ändern; seinen wahren C. zeigen, offenbaren; [keinen, wenig] C. haben; C. zeigen, beweisen *(sich als zuverlässig, standhaft oder mutig erweisen);* solche Erlebnisse formen, prägen den C.; das liegt am C.; er ist ein Mann von C. *(ein charakterfester Mann).* **b)** *Mensch als Träger bestimmter Wesenszüge:* er ist ein männlicher, schwieriger, übler C.; sie sind beide ganz gegensätzliche Charaktere. **2.** *charakteristische Eigenart; eigentümliche Merkmale, Wesenszüge:* der spezifische (bildungsspr.), unverwechselbare C. einer Landschaft, eines Volkes, einer Handschrift; der private, politische C. einer Veranstaltung; der vorläufige C. eines Vertragsentwurfs; das Gespräch hatte, bekam den C. eines peinlichen Verhörs, nahm den C. eines peinlichen Verhörs an; die Besprechung trug vertraulichen C. *(war vertraulich).* **3.** (veraltend) *Schriftzeichen:* das Wort war in griechischen Charakteren gedruckt.

charakterisieren: 1. ⟨jmdn., etwas c.⟩ *in seiner typischen Eigenart darstellen:* mit knappen Worten jmds. Lebensweise c.; der Schriftsteller hat die Personen in seinem Roman gut, genau, unzureichend charakterisiert; wie könnte man diese Situation am besten c.? **2.** ⟨etwas charakterisiert jmdn., etwas⟩ *etwas ist für jmdn., etwas kennzeichnend:* einfache und kurze Sätze charakterisieren die moderne Werbesprache; das Zeitalter des Barocks ist durch einen großen Formenreichtum charakterisiert *(gekennzeichnet).*

charakteristisch: *die spezifische Eigenart erkennen lassend:* eine charakteristische Form, Erscheinung, Handlungsweise; charakteristische Merkmale; der Ausspruch ist c. *(bezeichnend)* für ihn.

charmant: *durch Anmut, Liebenswürdigkeit bezaubernd; reizend:* ein charmantes Mädchen; ein charmanter Herr; eine charmante Gastgeberin, Hausfrau; sie hat eine charmante Art zu sprechen; sie ist nicht schön, aber sehr c.; c. lächeln; ich finde sie c.

Charme, der: *verführerische Anmut; bezauberndes Wesen:* natürlicher, unwiderstehlicher, persönlicher C.; C. haben, entfalten, entwickeln; seinen ganzen C. aufbieten, spielen lassen; man konnte sich ihrem C. nicht entziehen; er verfiel, erlag ihrem bezaubernden C.; sie ist nicht ohne C.; ihr Wesen ist von einem herben C.; lassen auch Sie sich von dem C. dieser Stadt einfangen!

Chor, der: **1. a)** *Gemeinschaft singender Personen:* ein berühmter, gemischter *(aus Frauen- und Männerstimmen bestehender)* C.; es singt der C. der Wiener Staatsoper; einen C. dirigieren, leiten; einem C. angehören; sie singen im C. der städtischen Bühnen. **b)** *das Bühnengeschehen kommentierende Gruppe von Schauspielern:* der C. in der antiken Tragödie. **c)** *Gruppe gleichartiger Orchesterinstrumente:* der C. der Posaunen, Holzbläser, der Streicher. **2.** *Komposition für gemeinsamen [mehrstimmigen] Gesang:* einen C. komponieren, einstudieren; mehrstimmige, vierstimmige Chöre singen. **3. a)** *erhöhter Kirchenraum mit [Haupt]altar:* der/(auch:) das C. ist bei dem Brand zerstört worden; manche Dome haben zwei Chöre/Chore; beim Bau der Kirche begann man mit dem C. **b)** *Platz der Sänger auf der [Orgel]empore:* einige Besucher des Kirchenkonzerts gingen auf den/(auch:) das C.; die Sänger nahmen im C. Aufstellung. * **im Chor** *(gemeinsam):* sie sprachen, schrien im C.; die Kinder sagten das Gedicht im C. auf.

Christ, der: *jmd., der sich als Getaufter zu einer christlichen Religion bekennt:* ein gläubiger, frommer, überzeugter, wahrer, eifriger, echter C.; evangelische, katholische Christen; er ist C. geworden; er ist als [guter] C. gestorben; er hat als C. gelebt, gehandelt; sie bekannten sich als Christen.

Christentum, das: **a)** *von Christus gestiftete Religion:* protestantisches, römisch-katholisches C.; das C. annehmen, verbreiten; sich zum C. bekehren, bekennen. **b)** *individueller christlicher Glaube:* das praktische C. war ihm wichtiger; mit seinem C. ist es schlecht bestellt.

christlich: a) *auf Christus oder dessen Lehre zurückgehend:* die christliche Lehre, Religion, Taufe; der christliche Glaube. **b)** *sich zum Christentum bekennend:* die christlichen Kirchen, Gemeinschaften, Sekten; der größere Teil der christlichen Bevölkerung ist katholisch. **c)** *im Christentum verwurzelt, verankert:* die christliche Tradition, Ethik, Kunst; das christliche Abendland; das christliche Erbe, Weltbild; die christliche Deutung des Lebens. **d)** *der Lehre Christi entsprechend:* christliche Gesinnung, Güte, Nächstenliebe; die christliche Seefahrt (scherzh.); seine Einstellung ist nicht sonderlich c.; c. handeln, denken, leben; er hat die Schokolade c. geteilt (fam.; *hat dem anderen das größere Stück gegeben).* **e)** *kirchlich:* die christlichen Feste; eine christliche Trauung; ein christliches Begräbnis erhalten; er wurde c. beerdigt.

chronisch: a) *langwierig; als dauerndes Leiden auftretend:* eine chronische Krankheit, Entzündung; ein chronisches Leiden; seine Stirnhöhlenvereiterung ist c., droht c. zu werden. **b)** *dauernd, ständig:* ein chronisches Übel; er leidet an chronischer Geldknappheit (ugs.; scherzh.); deine Faulheit wird langsam c. (ugs.; scherzh.); er ist c. erkältet.

Clou, der (ugs.): *Glanzpunkt, Kernpunkt:* der C. des Abends, des Festes, der Ausstellung; jetzt kommt der C. des Ganzen; das ist der C. der Sache.

Computer, der: *elektronische Rechenanlage:* ein C. überwacht, steuert den Verkehrsfluß; der C. speichert, verarbeitet Informationen, führt logische Operationen durch, liefert Ergebnisse; den C. programmieren, füttern (ugs.); dem C. wurde ein bestimmtes Programm eingegeben.

Coup, der (bildungsspr.): *frech und kühn angelegtes Unternehmen:* ein toller C., dieser Einbruch in das Museum!; einen großen C. vorhaben, planen, machen; einen C. [gegen jmdn., etwas] landen, starten.

Courage, die (ugs.): *Mut, Unerschrockenheit:* dafür fehlt ihm die [richtige, rechte] C.; dazu gehört schon einige C.; [keine, wenig, große] C. haben, zeigen; die C. verlieren; sie haben plötzlich Angst vor der eigenen C. [bekommen] *(sind plötzlich unsicher geworden und haben keinen Mut mehr).*

Creme, die /vgl. Krem/: **1.** *Salbe zur Pflege der*

Haut: eine fettende, feuchtigkeitshaltige C.; die C. zieht rasch ein, schützt gegen Sonnenbrand; C. [dünn, dick auf die Haut] auftragen, in die Haut einreiben, einmassieren; C. bitte leicht verreiben und 20 Minuten einwirken lassen! **2.** *[schaumige] Süßspeise:* C. rühren, steif schlagen, zubereiten, aufkochen lassen, erkalten lassen, mit Butter anrühren; sie füllte die Torte mit C. **3.** (bildungsspr., häufig iron.) *gesellschaftliche Oberschicht:* die C. der Gesellschaft.

D

da: **I.** ⟨Adverb⟩ **1.a)** *an dieser Stelle, dort:* da draußen, drüben, vorn; da herum; da hinein; da ist er; da kommt er ja; ich war schon um acht Uhr da; ich wohne da nicht mehr; ist jemand da?; [halt] wer da? */Anruf eines Wachtpostens/;* he, Sie da!; der [Mann] da ist es gewesen; ich stand da und er dort; von da aus fahre ich direkt zum Flugplatz. **b)** *hier:* da wären wir nun endlich; da nimm das Geld und verschwinde!; da haben wir's, haben wir den Salat (ugs.)! **2.** *zu diesem Zeitpunkt; in diesem Augenblick:* kaum waren die Arbeiter auf dem Gerüst, da passierte das Unglück; ich weiß nicht, ob ich da (ugs.; *dann*) Zeit habe; er war da noch ein Kind; was haben wir da gelacht; als ich das sah, da ging ich sofort wieder; von da an herrschte Ruhe. **3.** /gibt einen Umstand an/ es ist nichts passiert, da haben wir noch einmal Glück gehabt; wenn ich schon gehen muß, da gehe ich lieber gleich; was soll man da *(so wie die Dinge liegen)* noch sagen? **II.** ⟨Konj.⟩ **1.** ⟨meist in Satzanfangsstellung⟩ *weil:* da ich krank bin, kann ich nicht kommen; ich werde, da ich keine Nachricht habe, nochmals schreiben; er hat das ohne großes Risiko tun können, zumal da er wußte, daß ... **2.** (geh.; veraltend) *als:* da er noch reich war, hatte er viele Freunde; es gab Zeiten, da viele nichts zu essen hatten. * **hier und da; da und dort: a)** *(an einigen Orten, an manchen Stellen).* **b)** *(manchmal, hin und wieder)* · **da und da** *(irgendwo an einem nicht näher bezeichneten Ort)* · **sieh da!** */Ausruf der Überraschung/* · (landsch.:) **da schau her!** */Ausruf der Überraschung/* · (ugs.:) **da haben wir's!** *(nun ist das eingetreten, was zu befürchten war).*

dabei ⟨Pronominaladverb⟩: **1.a)** *bei etwas, in der Nähe der betreffenden Sache:* ich habe das Paket ausgepackt, eine Rechnung war nicht d. **b)** *im Verlaufe von, währenddessen:* er war verärgert, aber er blieb d. dennoch höflich; er wollte den Streit schlichten und wurde d. selbst verprügelt; du kannst, mußt d. stehen. **c)** *bei der betreffenden Angelegenheit, hinsichtlich des eben Erwähnten:* sich d. nicht wohl fühlen; es kommt doch nichts d. heraus; wichtig d. ist, daß ...; ich finde nichts d. *(habe keine Bedenken gegen etwas);* es ist doch nichts d. *(es ist nicht schlimm, bedenklich),* wenn wir zusammen verreisen; es bleibt d. *(es wird nichts geändert);* er bleibt d. *(ändert nicht seine Meinung).* **d)** *obwohl, obgleich:* die Produktion des Wagens wurde eingestellt, d. fand er guten Absatz; sie hat alles weggeworfen, d. hätte ich vieles noch gut gebrauchen können.

dabeisein: **1.** *anwesend, beteiligt sein:* ich war zufällig dabei, als der Unfall geschah; bei dem Einbruch war noch ein dritter Mann dabei. **2.** *im Begriffe sein:* er kam, als ich [gerade] dabei war, ihm zu schreiben.

dableiben: *nicht fortgehen:* noch eine Weile d.; er blieb lange da.

Dach, das: *oberer Abschluß eines Hauses:* ein flaches, steiles D.; das D. ist mit Schiefer, Ziegeln gedeckt; das D. aufsetzen, eindecken (fachspr.); der Orkan hat viele Dächer abgedeckt; jmdm. das D. über dem Kopf *(während er sich im Haus aufhält)* anzünden; Sprichw.: besser ein Spatz in der Hand als eine Taube auf dem D.; es regnet durch das D.; den Neubau bis zum Herbst unter D. bringen, unter D. haben *(fertigstellen);* vom D. fallen, stürzen. * **das Dach der Welt** */Tibet/* · (ugs.:) **[k]ein Dach über dem Kopf haben** *([k]eine Unterkunft haben)* · (veraltet:) **jmdm. den roten Hahn aufs Dach setzen** *(jmds. Haus in Brand stecken)* · (ugs.:) **jmdm. aufs Dach steigen;** (ugs.:) **jmdm. eins/etwas aufs Dach geben** *(jmdn. zurechtweisen, in die Schranken weisen)* · (ugs.:) **eins aufs Dach bekommen** *(zurechtgewiesen werden, in die Schranken gewiesen werden)* · (ugs.:) **unter einem Dach wohnen/leben/hausen** *(im gleichen Haus wohnen)* · **unter Dach und Fach bringen** *(glücklich zum Abschluß bringen):* wir haben das Projekt unter D. und Fach gebracht · **unter Dach und Fach sein** *(glücklich abgeschlossen sein):* es ist alles unter D. und Fach · (ugs.:) **das pfeifen die Spatzen von den Dächern** *(das ist längst kein Geheimnis mehr, jeder weiß davon).*

Dachs, der: **1.** */Tier/:* der D. sitzt in seinem Bau; wie ein D. (ugs.; *sehr tief*) schlafen. **2.** (ugs.) *unerfahrener Bursche:* so ein frecher D.; er ist noch ein junger D.

dadurch ⟨Pronominaladverb⟩: **1.** *durch etwas:* die Packungen bekommen mir gut, d. werde ich wieder gesund werden. **2.** *aus diesem Grund; auf diese Weise:* er hat das Problem d. gelöst, daß ...; d., daß *(weil)* er uns sein Auto zur Verfügung stellte, hat er uns sehr geholfen.

dafür ⟨Pronominaladverb⟩: **1.** *für diesen Zweck, für dieses Ziel:* Voraussetzung d. ist, daß ...; d. hat er sein letztes Geld ausgegeben; du kannst den Apparat reparieren, d. bist du ja Fachmann. **2.** *statt dessen; als Gegenleistung:* was geben Sie mir d.?; ich brauchte d. nur 28 Mark zu zahlen; d. muß er noch büßen */eine Drohung/;* ich möchte mich d. bei Ihnen bedanken; das ist nun der Dank d.! (iron.). **3.** *zugunsten einer Sache:* die Mehrheit ist d. *(bejaht es);* das ist noch kein Beweis d., daß er es getan hat; alles spricht d., daß ...; ich bin nicht d. zu haben (ugs.; *ich mag das nicht*). **4.** *hinsichtlich einer Sache, im Hinblick darauf:* d. habe ich kein Verständnis; d. bekannt sein, daß ...; das Kind ist erst zwölf Jahre alt, d. ist es schon sehr selbständig. **5.** (ugs.) *dagegen:* die Tabletten sind gerade d. sehr gut; d. gibt es [noch] kein Mittel *(dagegen kann man nichts machen)*.

dafürkönnen ⟨in der Wendung⟩ etwas/nichts dafürkönnen (ugs.): *an etwas [keine] Schuld haben:* was kann ich dafür, daß der Zug Verspätung hat?

dagegen ⟨Pronominaladverb⟩: **1.a)** *gegen etwas, an etwas heran:* ein Brett, einen Blendschutz d. halten; wir können die Leiter jetzt d. stellen. **b)** */drückt eine Abneigung gegen etwas, ein Angehen gegen etwas, ein Entgegenwirken aus/:* [grundsätzlich] d. sein; hat jmd. etwas d.?; d. ist nichts zu sagen; sich entschieden d. verwahren, daß ...; d. sind wir machtlos; man muß endlich etwas d. tun; das ist ein sehr gutes Mittel d. **3.** *im Vergleich dazu:* die Überschwemmungen im vergangenen Jahr waren furchtbar, d. sind diese noch harmlos. **4.** *hingegen, jedoch:* die eine Arbeit ist gut, d. ist die andere kaum zu gebrauchen; im Süden ist es schon warm, bei uns d. schneit es noch.

daheim ⟨Adverb⟩ (bes. südd.): *zu Hause:* d. sein, bleiben; d. ist es am schönsten; bei uns d.; sich wie d. fühlen; wie geht's d. *(der Familie)*?; er ist in Bayern d. *(stammt aus Bayern)*.

daher ⟨Adverb⟩: **1.** *von dort:* ich komme gerade d.; bist *(stammst)* du auch d.?; die Westflanke ist stark befestigt, von d. droht keine Gefahr. **2.** *aus diesem Grund, deshalb:* er war krank und konnte d. nicht kommen; d. also seine Begeisterung! **3.** (landsch.) *hierhin:* etwas d. stellen; das gehört alles nicht d. * (ugs.:) **[ach] daher weht der Wind!** *(so ist das also!)* · (ugs.:) **daher der Name Bratkartoffel** *(jetzt weiß ich den Grund, jetzt verstehe ich)*.

dahin ⟨Adverb⟩: **1.** *an diesen Ort, an diese Stelle:* wir fahren oft d.; ist es noch weit bis d.?; mir geht's/steht's bis d. (ugs.; *ich habe es gründlich satt*); übertr.: laß es nicht d. *(soweit)* kommen, daß du enterbt wirst; d. hat ihn der Alkohol gebracht. **2.** */drückt eine bestimmte [gedankliche] Richtung aus/:* etwas d. [gehend] auslegen, daß ...; sich in einer Sache d. *(in dem Sinne)* äußern, aussprechen ...; die öffentliche Meinung geht d. ...; sich d. *(in der Weise)* einigen, daß ... **3.** ⟨in Verbindung mit *bis*⟩ *bis zu diesem Zeitpunkt:* bis d. ist [es] noch Zeit; die Frist läuft am Jahresende ab, bis d. müssen alle Anträge gestellt sein. * **dahin sein** *(verloren, vorbei sein):* mein ganzes Geld ist d.; sein Leben ist d.

dahingehen (geh.): **a)** ⟨etwas geht dahin⟩ *etwas vergeht:* die Zeit geht dahin; wie schnell sind die schönen Tage dahingegangen. **b)** (verhüllend) *sterben:* er ist [früh] dahingegangen.

dahingestellt ⟨in den Verbindungen⟩ **etwas dahingestellt sein lassen** *(etwas nicht weiter diskutieren):* lassen wir es d., ob er das Signal nicht bemerkt hat · **etwas sei/bleibt dahingestellt** *(etwas ist nicht sicher, nicht bewiesen, ist fraglich):* es sei d., ob er das Geld wirklich stehlen wollte.

dahinter ⟨Pronominaladverb⟩: **1.** *hinter etwas (räumlich):* ein Haus mit einem Garten d.; er stellte sich d. **2.** *hinter der betreffenden Angelegenheit/hinter die betreffende Angelegenheit:* ich weiß nicht, was sich bei ihm d. verbirgt; da ist, steckt schon etwas d. *(die Sache hat einen realen Kern)*; viel Lärm und nichts d.!; wir müssen Dampf, Druck d. machen *(die Erledigung beschleunigen)*.

dahinterkommen (ugs.): *herausfinden:* d., was jmd. vorhat; man ist dahintergekommen, daß er Spionage treibt.

dahinterstecken (ugs.): **a)** *der eigentliche Urheber, der Drahtzieher sein:* wer steckt denn [bei der Sache] dahinter? **b)** ⟨etwas steckt dahinter⟩ *etwas ist das eigentliche Ziel, der wahre Grund:* man weiß noch nicht, was bei diesem Plan eigentlich dahintersteckt; wir werden schon herausfinden, was dahintersteckt *(was damit los ist)*.

daliegen: *deutlich sichtbar an einer bestimmten Stelle liegen:* völlig erschöpft, leblos, wie tot, regungslos d.; die Stadt liegt wie ausgestorben da.

damals ⟨Adverb⟩: *zu jenem Zeitpunkt, in jener Zeit:* so etwas gab es d. noch nicht; d., als meine Eltern noch lebten, war hier noch unbebautes Land; d. und heute; d. wie heute/heute wie d.; das ist eine Erinnerung an d.; seit d. habe ich ihn nicht mehr gesehen; das Bild ist noch von d.

Dame, die: **1.** *gebildete, gepflegte Frau* /häufig lediglich als höflicher Ausdruck für *Frau*/: eine elegante vornehme, reiche, nette, ältere D.; eine D. in Schwarz; die D. des Hauses *(die Hausherrin, Gastgeberin)*; die D. seines Herzens *(seine Angebetete)*; eine D. von Welt; die erste D. des Staates/im Staat *(die Frau des Staatsoberhauptes)*; eine D. möchte Sie sprechen; das Mädchen ist schon eine richtige D.; etwas ist bei den Damen sehr beliebt; Sport: bei den Damen siegte die deutsche Staffel; /in der Anrede/: meine [sehr geehrten/verehrten] Damen und Herren; guten Tag, die Damen! (fam.). **2.a)** */Figur beim Schach/:* die D. austauschen, schlagen; mit der D. ziehen. **b)** */eine Spielkarte/:* die D. ausspielen. **3.a)** */ein Brettspiel/:* D. spielen. **b)** *Doppelstein im Damespiel:* eine D. bekommen; ich habe ihm die D. weggenommen

damit: I. ⟨Pronominaladverb⟩: *mit etwas, mit der betreffenden, eben erwähnten Sache:* er nahm die Taschenlampe und leuchtete ihm d. ins Gesicht; d. kann ich nicht umgehen, nichts anfangen; mußt du immer wieder d. [an]kommen, anfangen?; d. komme ich zum Schluß meiner Rede; ich will d. nichts zu tun haben; weg d.! (ugs.; *nimm, wirf das weg!*); heraus d.! (ugs.; *gib es her!, sage es endlich!*); d. basta! (ugs.; *jetzt ist aber Schluß*). **II.** ⟨Konj.⟩: *zu diesem Zweck, auf daß:* etwas nochmals sagen, d. es nicht vergessen wird; ich nehme gleich zwei Tabletten, d. ich endlich schlafen kann.

dämlich (ugs.; abwertend): → dumm.

Damm, der: **1.** *Deich:* ein hoher, steiler, stark befestigter D.; ein D. gegen Hochwasser; die Dämme sind gebrochen; einen D. aufschütten, bauen, errichten, aufführen (geh.); das Wasser hat die Dämme durchbrochen, unterspült; bildl.: einen D. gegen die Willkür aufbauen. **2.** *aufgeschütteter Unterbau eines Fahr- oder Schienenwegs, Bahndamm:* die Insel ist mit dem Festland durch einen D. verbunden. **3.** (nordd.)

Fahrbahn: vorsichtig über den D. gehen. **4.** (Med.) *Verbindung zwischen Geschlechtsteil und After:* der D. ist [ein]gerissen. * (ugs.:) **nicht auf dem Damm sein** *(nicht gesund sein; sich krank fühlen)* · (ugs.:) **wieder auf dem Damm sein** *(wieder gesund sein)* · (ugs.:) **jmdm. auf den Damm helfen** *(jmdm. weiterhelfen).*

dämmern: 1.a) ⟨es dämmert⟩ *die Dämmerung beginnt:* es begann bereits zu d., als wir aufbrachen. **b)** (geh.) ⟨etwas dämmert⟩ *etwas bricht an:* der Morgen, der Abend dämmerte. **3.** (ugs.) ⟨etwas dämmert jmdm./bei jmdm.⟩ *etwas wird jmdm. langsam klar, bewußt:* jetzt dämmert es ihm/bei ihm; langsam dämmerte ihm die Erinnerung. **3.** (landsch.) *im Halbschlaf sein:* ein bißchen, eine Weile d.; sie hat nur gedämmert. * **vor sich hin dämmern** *(nicht klar bei Bewußtsein, im Dämmerzustand sein).*

Dämmerung, die: *Übergang vom Tag zur Nacht, von der Nacht zum Tag:* die D. bricht an/herein, naht (geh.), kommt auf, breitet sich über das Land (dichter.), breitet sich über dem Land aus (dichter.); bei/mit Einbruch der D. wieder zu Hause sein; in der D.

Dampf, der: **1.** *sichtbarer [weißlicher] Dunst:* D. quillt hoch, wallt empor (geh.), strömt aus; der D. löst sich auf, schlägt sich nieder; es bilden sich Dämpfe; die Küche war voller D.; Physik, Technik: gesättigter, überhitzter D.; D. von hoher, niedriger Spannung; D. ablassen; eine Maschine mit D. treiben; mit D. kochen; etwas in, unter D. erhitzen. **2.** (ugs.) *Wucht, Schwung:* hinter diesem Angriff steckt kein D.; seine Schläge haben keinen D.; dieser Boxer hat D. in den Fäusten. * (ugs.:) **jmdm. Dampf machen** *(jmdn. bei der Arbeit antreiben)* · (ugs.:) **hinter etwas Dampf machen/setzen** *(eine Arbeit beschleunigen)* · (ugs.:) **vor jmdm. Dampf haben** *(sich vor jmdm. fürchten)* · (ugs.:) **mit Dampf** *(voller Eifer, mit Fleiß)* · (veraltend:) **etwas ist/steht unter Dampf** *(etwas ist fahrbereit):* das Schiff, die Lokomotive steht unter D.

dampfen: 1. *Dampf bilden, abgeben:* das Wasser, die Suppe dampft; die Erde dampfte [vor Feuchtigkeit]; die Pferde dampfen nach dem langen Galopp. **2.** ⟨mit Raumangabe⟩ **a)** *unter Dampfentwicklung irgendwohin fahren:* das Schiff dampft aus dem Hafen; über die Brücke dampfte ein Zug. **b)** (ugs.) *[mit einem dampfgetriebenen Fahrzeug] irgendwohin reisen:* er hatte sich in den Zug gesetzt und war nach Berlin gedampft.

dämpfen ⟨etwas d.⟩: **1.** *etwas mit Dampf kochen:* Kartoffeln, Fleisch d.; gedämpftes Gemüse. **2.** *mit Dampf bearbeiten, glätten:* das Kleid, die Hose d. **3.** *abschwächen, mildern:* die Stimme, den Ton, den Lärm d.; die Teppiche dämpfen den Schall; die Spritze hat die Schmerzen gedämpft; ⟨häufig im 2. Partizip⟩ gedämpfte *(nicht grelle)* Farben; sich bei gedämpftem Licht unterhalten; übertr.: seine Begierde, Leidenschaft, Wut d.; diese Meldung hat seine Begeisterung, seinen Übermut, seine Stimmung gewaltig gedämpft; einen Aufruhr, Aufstand d. (veraltet; *niederschlagen*).

Dampfer, der: *mit Dampf getriebenes Schiff:* der D. legt an, fährt ab; einen Ausflug auf, mit einem D. machen. * (ugs.:) **auf dem falschen Dampfer sein** *(etwas Falsches annehmen, denken).*

Dämpfer, der: **1.** *Dampfkochtopf:* Kartoffeln im D. kochen. **2.** (Musik) *Tondämpfer:* den D. aufsetzen; der zweite Satz wird mit D. gespielt. * (ugs.:) **einen Dämpfer bekommen** *(eine Rüge bekommen; eine Enttäuschung erfahren, die die bisherige Freude, Begeisterung stark abschwächt)* · (ugs.:) **jmdm., einer Sache einen Dämpfer aufsetzen** *(jmds. Überschwang mäßigen; etwas dämpfen, abschwächen).*

danach ⟨Pronominaladverb⟩: **1.a)** *zeitlich nach etwas, im Anschluß an etwas; hinterher:* kurz, unmittelbar, eine halbe Stunde d. rief er wieder an; zuerst spricht der Vorsitzende, d. hält ein Professor den Festvortrag. **b)** *räumlich nach etwas, auf jmdn., auf etwas folgend, dahinter:* voran gingen die Eltern, d. kamen die Kinder und Enkelkinder. **2.** *nach etwas* /drückt eine Zielrichtung aus/: er sah das Seil und wollte d. greifen; wir werden d. streben, trachten; d. steht mein Sinn nicht (geh., veraltend; *darauf bin ich nicht aus*); mir ist nicht d. (ugs.; *dazu habe ich keine Lust, fehlt mir die rechte Stimmung*). **3.** *einer Sache entsprechend:* das ist Vorschrift, richtet euch d.; die Ware ist billig, aber sie ist auch d. (ugs.; *entsprechend weniger gut*); er soll Betrügereien begangen haben – d. sieht er aber nicht aus (ugs.; *diesen Eindruck macht er aber nicht*).

daneben ⟨Pronominaladverb⟩: **1.** *neben jmdm./jmdn., neben etwas:* das Paket liegt auf dem Tisch, die Rechnung d.; in der Mitte saß der Minister, [links] d. ein Staatssekretär; im Haus d. wohnen; dicht d. war ein Abhang; übertr.: er ist sehr berühmt, sein Bruder tritt d. ganz in den Hintergrund. **2.** *außerdem:* wir werden d. noch andere Dinge besprechen; sie ist berufstätig, d. hat sie noch ihren Haushalt zu besorgen.

danebengehen (ugs.) ⟨etwas geht daneben⟩: *etwas verfehlt das Ziel, schlägt fehl:* der Schuß ging daneben; alle Experimente sind danebengegangen.

danebenhauen: 1. *nicht treffen:* er hat mit dem Hammer danebengehauen und sich verletzt. **2.** (ugs.) *sich irren:* er hat gewaltig danebengehauen.

daniederliegen (geh.): *krank sein:* schwer [an Typhus] d.; übertr.: der Handel, die Wirtschaft, die Firma liegt danieder *(floriert nicht).*

dank ⟨Präp. mit Gen. und Dat. im Sing., fast nur mit Gen. im Plural⟩: *auf Grund:* d. seines großen Fleißes/seinem großen Fleiß erreichte er das Ziel; er gewann das Rennen d. seiner großen Erfahrungen.

Dank, der: *Gefühl, Ausdruck der Dankbarkeit:* der D. des Vaterlandes!; dem Himmel sei D.!; das ist nun der D. dafür! */Ausruf der Enttäuschung/;* vielen D. für die Blumen */ironische Dankesformel/;* hab[t] D.!; jmdm. seinen wärmsten, innigsten, aufrichtigsten D. aussprechen; jmdm. seinen D. abstatten, bezeigen, erweisen; jmdm. [für etwas] D. sagen, schulden, zollen (geh.), schuldig sein; nehmen Sie bitte meinen [aller]herzlichsten D. [entgegen]; als/zum D. dafür ...; mit etwas keinen D. ernten; kein Wort des Dankes sagen; nicht auf D. hoffen, rechnen; mit bestem, verbindlichstem D.; etwas mit D. annehmen, erhalten, zurückgeben; von D. erfüllt sein; jmdm. zu D. verpflichtet sein. * **vie-**

len Dank!; (ugs.:) **tausend Dank!**; **besten Dank!**; */Dankesformeln/* · (ugs.:) **Gott sei Dank!** */Ausruf der Erleichterung/*.

dankbar: **1.** *dankerfüllt; Anerkennung zeigend:* ein dankbares Kind, Publikum; er ist [für alles] d.; sich d. zeigen, erweisen; dafür bin ich Ihnen stets, immer d.; d. lächeln. **2.** *lohnend:* eine dankbare Arbeit, Aufgabe; eine dankbare *(haltbare)* Qualität; dieser Stoff ist sehr d. *(trägt sich gut und lange)*; diese Pflanze ist sehr d. *(gedeiht ohne viel Pflege)*.

Dankbarkeit, die: *Gefühl, Ausdruck des Dankes:* [jmdm.] seine D. [be]zeigen, beweisen; D. an den Tag legen: das ist der Ausdruck, das Zeichen meiner tiefen D. [ihm gegenüber]; etwas [für jmdn.] aus reiner, bloßer D. tun; in/mit [tiefer, aufrichtiger] D. ... */Dankesformel/*.

danken: **1. a)** ⟨jmdm. d.⟩ *jmdm. seinen Dank aussprechen:* jmdm. [für ein Geschenk] herzlich, von ganzem Herzen, aufrichtig, vielmals, tausendmal d.; ich kann Ihnen für ihre Hilfe nicht genug d.; du kannst Gott auf Knien d., daß du noch lebst; Gott/dem Himmel sei's gedankt! */Ausrufe der Erleichterung/*; ⟨auch ohne Dativ⟩ er dankte kurz und verließ die Werkstatt; er läßt d.; /als Höflichkeitsfloskel:/ danke schön!; ich möchte ihm danke schön/ein Dankeschön sagen; nein, danke!; na, ich danke! (ugs.; *nein, das möchte ich nicht*); für etwas [bestens] d. (iron; *etwas zurückweisen*); Redensart: [ich] danke für Obst und Südfrüchte (ugs.; *das möchte ich nicht, davon möchte ich nichts wissen*) · etwas dankend entgegennehmen; Betrag dankend erhalten. **b)** ⟨jmdm. etwas d.⟩ *jmdm. gegenüber für etwas dankbar sein, jmdm. etwas lohnen:* niemand wird dir deine Mühe danken; er hat ihm seine Hilfe schlecht gedankt; wie soll ich Ihnen das jemals d.? *(wie kann ich mich je dafür revanchieren?)*. **c)** einen Gruß *erwidern:* freundlich, kühl, flüchtig d.; ⟨jmdm. d.⟩ ich habe ihn gegrüßt, aber er hat mir nicht gedankt. **2.** (geh.) ⟨jmdm., einer Sache jmdn., etwas d.⟩ *verdanken:* ich danke ihm mein Leben; diesen Sieg dankt er nur seinem unermüdlichen Fleiß. * (meist iron.:) **danke der [gütigen] Nachfrage/danke für die [gütige] Nachfrage** */Dankesformel; auf die Frage nach dem Befinden/*.

dann ⟨Adverb⟩: **1. a)** *danach:* erst spielten sie friedlich zusammen, d. stritten sie sich; Redensarten: erst wägen, d. wagen; erst die Arbeit, d. das Vergnügen · wenn die Vorräte zu Ende sind, was machen wir d., was d., was soll d. werden? **b)** *darauf folgend, dahinter:* an der Spitze des Zuges marschiert eine Blaskapelle, d. folgt eine Trachtengruppe; an die Schrebergärten schließt sich d. Ödland an. **2.** *unter diesen Umständen, in diesem Falle:* lehnt die Firma die Vermittlung ab, d. werden wir klagen; selbst d., wenn ...; na, d. ist ja alles in Ordnung; d. will ich nicht weiter stören; d. bis morgen, bis zum nächsten Mal; also d., mach's gut! **3.** *zu diesem [betreffenden, späteren] Zeitpunkt:* wenn Sie hier sind, d. kommen Sie mal bei mir vorbei; noch ein Jahr, d. ist er mit dem Studium fertig. **4.** *außerdem, ferner:* und d. kommt noch die Mehrwertsteuer hinzu; zuletzt fiel d. noch der Strom aus. * (ugs.:) **bis dann** */Grußformel bei der Verabschiedung/* · **dann und dann** *(zu einem nicht näher bezeichneten Zeitpunkt)* · **dann und wann** *(ab und zu; zuweilen)* · **von dann bis dann** *(in einem nicht näher bezeichneten Zeitraum)*.

daran ⟨Pronominaladverb⟩ /vgl. dran/: **1. a)** *an etwas (räumlich):* da hängt, klebt etwas d.; laß mich mal d. riechen!; du darfst dich nicht d. lehnen. **b)** *an etwas; an der betreffenden Sache, Angelegenheit; hinsichtlich der betreffenden Sache:* d. ist nichts mehr zu ändern; d. ist zu erkennen, daß ... ; mir liegt d., zu einer Einigung zu kommen; es liegt mir [viel, nichts] d. *(ich habe an etwas kein Interesse)*; nicht d. zweifeln, daß ...; er ist selbst schuld d.; kein Wort ist d. wahr; Sie werden viel Freude d. haben; viele Menschen sind d. erkrankt; er ist d. gestorben. **2.** *an etwas (zeitlich), danach:* d. anschließend; im Anschluß d.; er hielt einen Vortrag, und d. schloß sich eine längere Diskussion. * **nahe daran sein, etwas zu tun** *(beinahe etwas tun)* · **nicht daran denken, etwas zu tun** *(etwas [als Zumutung] entschieden ablehnen)*.

daransetzen: **1.** ⟨etwas d.⟩ *etwas einsetzen:* alles, seine ganze Kraft, sein Vermögen d., ein Ziel zu erreichen. **2.** (ugs.) ⟨sich d.⟩ *etwas zu tun beginnen:* ich muß mich jetzt [endlich] d., meine Post zu erledigen.

darauf ⟨Pronominaladverb⟩ /vgl. drauf/: **1. a)** *auf etwas (räumlich):* d. stehen, sitzen, liegen; er hat ein Grundstück gekauft und will d. eine Tankstelle bauen; nimm doch den Hocker, und lege deine Beine d.! **b)** *auf etwas, auf der betreffenden Sache, Angelegenheit/auf die betreffende Sache, Angelegenheit:* er wies d. hin, daß ...; etwas beruht darauf, daß . . . ; ich bin d. angewiesen; das Gespräch kam nur kurz d./wir kamen nur kurz d. zu sprechen; es [nicht] d. ankommen lassen *(es [nicht] soweit kommen lassen)*; ich komme nicht d. *(es fällt mir nicht ein)*; wir wollen d. *(auf diesen Wunsch, auf dieses Ziel)* anstoßen, trinken; ich bin nicht d. aus *(ich will das nicht)*. **2. a)** *nach etwas (zeitlich), danach:* bald, am Tage, tags, ein Jahr d. starb er; erst ein Blitz, unmittelbar d. ein Donnerschlag. **b)** *nach etwas (räumlich); dahinter:* erst kommt der Speisewagen, d. folgen die Kurswagen nach Ostende. **3.** *infolgedessen, daraufhin:* er stellte einen Antrag und bekam d. den Zuschuß. * (ugs.:) **darauf kannst du Gift nehmen** *(das ist ganz sicher, darauf kannst du dich verlassen)*: du kannst Gift d. nehmen, daß ich ihm das sagen werde.

daraus ⟨Pronominaladverb⟩: **1.** *aus etwas (räumlich):* sie öffnete den Koffer und holte ein Kleid d. hervor; das ist mein Glas, wer hat d. getrunken? **2.** *aus der betreffenden Sache, aus der eben erwähnten Angelegenheit:* wir haben d. bereits unsere Konsequenzen gezogen; d. geht hervor, daß ...; mach dir nichts d.! *(nimm es nicht ernst!)*.

darben (geh.): *Hunger, Not leiden:* er hatte in seiner Jugend d. müssen.

darbieten (geh.): **1. a)** ⟨etwas d.⟩ *zeigen, aufführen:* Folklore, [Volks]tänze d.; was die Jugend darbot, hatte gutes Niveau. **b)** ⟨etwas d.⟩ *vortragen:* den Unterrichtsstoff anschaulich, verständlich d. **2.** ⟨sich jmdm. d. ⟩ *sich zeigen:* eine herrliche Aussicht bot sich unseren Augen dar; in seiner ganzen körperlichen Fülle bot er sich dem Publikum dar. **3.** ⟨jmdm. etwas d.⟩ *reichen:* den Gästen erfrischende Getränke darbieten; er bot der Dame den Arm als Stütze dar; übertr.: er schlug die [ihm] dargebotene Hand *(zur Versöhnung)* aus.

darin ⟨Pronominaladverb⟩ /vgl. drin./: **1.a)** *in etwas (räumlich):* ich habe d. nichts gefunden; wieviel Menschen wohnen d.?; wenn man das Pulver in diese Flüssigkeit schüttet, löst es sich d. auf. **b)** *in etwas, in der betreffenden Sache: Angelegenheit; hinsichtlich der betreffenden Sache:* d. liegt ein Widerspruch; d. ist er mir überlegen; d. ist er ganz groß (ugs.), sehr sicher, unschlagbar, ich kann d. nichts finden *(habe keine Bedenken)*, wenn du das tust. **2.** (veraltend) *worin:* das Haus, d. er geboren wurde, steht noch.

darlegen ⟨etwas d.⟩: *etwas ausführlich erläutern, erklären:* etwas schriftlich, ausführlich, klar, überzeugend d.; den Sachverhalt d.; ⟨jmdm. etwas d.⟩ ich habe ihm meine Gründe, meinen Standpunkt dargelegt.

darstellen: 1. ⟨jmdn., etwas d.⟩ *wiedergeben; abbilden:* etwas skizzenhaft, mit wenigen Strichen d.; was, wen stellt das Bild dar?; das Gemälde stellt eine Alpenlandschaft dar; die darstellende Kunst *(Theater; auch Malerei und Plastik)*. **2.** ⟨etwas d.⟩ *eine Rolle spielen:* den Faust, die komische Alte d.; er hat den Othello meisterhaft dargestellt; ein darstellender Künstler. **3.** ⟨etwas d.⟩ *schildern, beschreiben:* etwas ausführlich, genau, richtig, objektiv, sachlich, verzerrt, in einem günstigen Licht d.; den Hergang eines Geschehens d.; er hat die Sache so dargestellt, als wäre er unschuldig. **4.** ⟨etwas stellt etwas dar⟩ *etwas bedeutet, ist etwas:* das stellt etwas Besonderes, eine großartige Leistung dar; dieser Sieg stellt den Höhepunkt in seiner Laufbahn dar. **5.** (geh.) ⟨etwas stellt sich dar; mit Artangabe⟩ *etwas erscheint, zeigt sich in bestimmter Eigenart:* die Sache stellt sich schwieriger als erwartet dar; er hat sich als hervorragender Kenner niederländischer Geschichte dargestellt; ⟨etwas stellt sich jmdm. dar; mit Artangabe⟩ die Stadt stellt sich den Touristen als blühendes Handelszentrum dar. **6.** (Chemie) ⟨etwas d.⟩ *gewinnen:* einen Stoff rein, auf synthetischem Weg d. * **etwas/nichts darstellen** *(etwas/nichts Besonderes sein; großen/keinen Eindruck machen)*.

darüber ⟨Pronominaladverb⟩: **1.a)** *über etwas (räumlich):* ich wohne im 2. Stock und er d. *(ein Stockwerk höher)*; sie packte die Wäsche unten in den Koffer, und d. legte sie die Anzüge. **b)** *über etwas, über der betreffenden Sache, Angelegenheit; hinsichtlich der betreffenden Sache:* d. brauchst du dir keine Sorgen zu machen; das täuscht nicht d. hinweg, daß ...; er war d. sehr ungehalten, hoch erfreut; er ist d. erhaben *(steht über der Sache)*. **2.** *über das betreffende Maß, die betreffende Grenze hinaus:* das Alter liegt bei 30 Jahren und d.; das Gewicht ist etwas d.; es ist schon eine Viertelstunde d. *(später)*. **3.** *inzwischen, währenddessen:* die Sitzung wird lange dauern, es kann d. Abend werden; er war d. eingeschlafen; d. habe ich ganz vergessen ... * **darüber hinaus** *(außerdem)* · **darüber hinaus sein** *(eine Enttäuschung o. ä. überwunden haben)*.

darum ⟨Pronominaladverb⟩: **1.a)** *um etwas (räumlich):* sie stellte den Strauß in die Mitte und baute d. die Geschenke auf; ein Häuschen mit einem bißchen Grün d. (ugs.). **b)** *um etwas, um die betreffende Sache, Angelegenheit; hinsichtlich der betreffenden Sache:* ich werde mich d. kümmern, bemühen; nicht d. herumkommen, etwas zu tun; ich würde etwas d. geben, wenn ich das machen könnte; d. geht es jetzt nicht; mir geht es d. *(ich habe vor, beabsichtige)*, eine Einigung zu erzielen. **2.a)** *aus diesem Grunde, deshalb:* ach, d. ist er so schlecht gelaunt!; das Auto hatte zuletzt viele Mängel, d. hat er es verkauft; warum hast du das getan? – d.! /ugs.; *nichtssagende Antwort aus Trotz, Verärgerung*/.

darunter ⟨Pronominaladverb⟩ /vgl. drunter/: **1.a)** *unter etwas (räumlich):* oben im Koffer liegen die Oberhemden, d. die Anzüge; im Stockwerk d. befinden sich Büroräume; wir heben die Platte an und schieben die Klötze d. **b)** *unter etwas, unter der betreffenden Sache, Angelegenheit:* was ich habe d. zu verstehen?; sie hat sehr d. gelitten. **2.** *unter dem betreffenden Maß, der betreffenden Grenze:* die Temperatur blieb noch d.; d. *(billiger)* kann ich die Vase nicht verkaufen; d. (ugs.; *für weniger)* tut er es nicht. **3.** *dazwischen, innerhalb dieser Menge:* es waren vier Äpfel, einer d. war faul; mehreren Schülern, d. zwei Zehnjährigen/(seltener:) d. zwei Zehnjährige, wurden Preise verliehen; in vielen Ländern, d. der Bundesrepublik/(seltener:) d. die Bundesrepublik, ist diese Entwicklung zu beobachten.

das: 1. ⟨best. Artikel⟩ /bezeichnet das neutrale Genus eines Substantivs/: das Haus; das Pferd; das Auto. **2.** ⟨Demonstrativpronomen⟩ **a)** *dies, dasjenige:* d. ist die Lösung; d. *(so etwas)* soll ich gesagt haben?; hast du d. gehört? /*Ausruf des Überraschtseins*/; ich weiß d. nicht; d. kommt davon/d. hast du jetzt davon (ugs.; *das passiert, wenn man etwas nicht befolgt)*; d. ist/d. heißt/d. bedeutet ... **b)** *es:* d. regnet heute unaufhörlich; wie d. schneit, rauscht! **3.** ⟨Relativpronomen⟩ *welches:* er gab mir das Buch, d. er sich geliehen hatte, zurück. * **dies und das** *(manches)*.

Dasein, das: *das Vorhandensein, Existieren:* ein elendes, freudloses D.; ein bescheidenes, menschen[un]würdiges D. führen; der Kampf ums D.

daß ⟨Konj.⟩: **1.** /Inhaltssätze/: **a)** /leitet einen Subjekt-, Objekt-, Gleichsetzungssatz ein/: daß du mir geschrieben hast, hat mich sehr gefreut; er weiß, daß du ihn nicht leiden kannst; dafür sorgen, daß alles klappt; nicht damit rechnen, daß ... **b)** /leitet einen Attributsatz ein/: die Tatsache, daß er hier war, zeigt sein Interesse; gesetzt den Fall, daß ...; unter der Bedingung, daß ...; im Falle, daß ...; ungeachtet dessen, daß ...; ausgenommen, daß ... **2.** /Adverbialsätze/ **a)** (selten) /leitet einen Finalsatz ein/: gib ihm den Brief, daß er ihn selbst liest. **b)** /leitet einen Konsekutivsatz ein/: die Sonne blendete ihn so, daß er nichts erkennen konnte/blendete ihn, so daß er nichts erkennen konnte. **c.** /leitet einen Kausalsatz ein/: das kommt davon, daß du nicht aufgepaßt hast; etwas liegt daran, daß ... **d)** /leitet einen Instrumentalsatz ein/: er verdient seinen Unterhalt damit, daß er Zeitungen austrägt. **3.** /in Verbindung mit bestimmten Konjunktionen, Adverbien, Präpositionen/: das Projekt ist zu kostspielig, als daß es verwirklicht werden könnte; [an]statt daß (veraltend) er selbst kam, schickte er einen Vertreter; ich habe nichts erfahren, außer daß er überraschend abgereist ist; kaum daß er hier war, begann der Tumult; er kaufte den Wagen, ohne daß wir es wußten; iß mehr, auf daß (veraltend) du kräftig wirst.

dastehen: 1. *in bestimmter Haltung irgendwo stehen:* erstaunt, starr, fassungslos, wie versteinert, steif, unbeweglich, kerzengerade, hilflos, wie vor den Kopf geschlagen, wie ein Ölgötze (ugs.), wie ein begossener Pudel (ugs.) d.; übertr.: ohne Mittel, mittellos d. *(kein Geld mehr haben)*. **2.** ⟨mit Artangabe⟩ *einen bestimmten Eindruck hinterlassen:* [nach einem Sieg, Erfolg] großartig, glänzend, hervorragend d.; die Firma steht nicht schlecht da *(ist wirtschaftlich gesund);* wie stehe ich jetzt da? (ugs.): **a)** *(jetzt bin ich blamiert)*. **b)** *(bin ich nicht großartig?);* eine einzig dastehende *(unerreichbare)* Leistung.

datieren (bildungsspr.): **1.** ⟨etwas d.⟩ **a)** *etwas mit einem Datum versehen:* etwas falsch, nachträglich, im voraus d.; eine Urkunde, einen Vertrag d.; der Brief ist vom 14. Mai datiert. **b)** *die Entstehungszeit bestimmen:* die Archäologen haben die Funde nicht datieren können. **2. a)** ⟨etwas datiert aus/von etwas⟩ *etwas rührt von etwas her, stammt aus etwas:* das Schreiben, der Brief, die Urkunde datiert vom 10. Juli; dieser Fund datiert aus der spätrömischen Zeit. **b)** ⟨etwas datiert seit etwas⟩ *etwas besteht seit einem Zeitpunkt:* unsere Bekanntschaft datierte seit dem Jahr 1945, seit Kriegsende.

Datum, das: **1.** *Kalender-, Tagesangabe:* das heutige D. ist der 14. Mai; das D. angeben, eintragen, ändern; welches D. ist heute?; mit heutigem D. (Kaufmannsspr.) senden wir Ihnen ...; der Brief ist unter heutigem D. (Kaufmannspr.) eingegangen; übertr.: etwas ist [nicht mehr] neuesten Datums *([nicht mehr] ganz neu);* die wichtigsten Daten *(Jahreszahlen, Ereignisse)* der Weltgeschichte. **2.** ⟨Plural⟩ *Angaben, gegebene Zahlen:* die technischen Daten eines Autos; Daten verwerten.

Dauer, die: *das Andauern, Fortbestehen:* die D. des Krankenhausaufenthaltes ist noch unbestimmt; für die Dauer eines Jahres/von einem Jahr; eine Benutzung von [un]begrenzter, [un]beschränkter D. * **auf die Dauer** *(für längere Zeit; für die Zukunft):* auf die D. ist der Lärm nicht zu ertragen · **etwas ist von Dauer** *(etwas hat Bestand)* · **etwas ist nur von kurzer/nicht von langer Dauer** *(etwas wird nicht lange bestehen)*.

[1]dauern: a) ⟨etwas dauert; mit Zeitangabe⟩ *andauern:* etwas dauert lange, ewig (ugs.), endlos; die Sitzung dauert zwei Stunden, von 9 bis 11 Uhr; ⟨etwas dauert jmdm.; mit Zeitangabe⟩ das hat mir zu lange gedauert. **b)** (geh.) ⟨etwas dauert⟩ *etwas hat Bestand:* er glaubt, die Freundschaft wird d.; so lange die Welt dauert, wird das so bleiben.

[2]dauern: a) (geh.) ⟨jmd., etwas dauert jmdn.⟩ *jmd. erweckt bei jmdm. Mitleid:* der arme Kerl dauert mich, sie kann einen d. **b)** (geh.; veraltend) ⟨etwas dauert jmdn.⟩ *etwas reut jmdn., tut jmdm. leid:* ihn dauert das viele Geld; mich dauert jede Minute, die ich dafür aufwenden muß.

dauernd: *ständig:* eine dauernde Ausstellung; diese dauernde Nörgelei geht mir auf die Nerven; er hat hier seinen dauernden Wohnsitz; d. krank, unterwegs sein, schimpfen.

Daumen, der: *kleinster und dickster der fünf Finger:* der rechte D.; ich habe mir den D. verknackst (ugs.); am D. saugen, lutschen. * (ugs.:) **Daumen/Däumchen drehen** *(nichts tun, sich langweilen)* · (ugs.:) **jmdm./für jmdn. den Daumen halten/drücken** *(in Gedanken bei jmdm. sein und ihm in einer schwierigen Sache Erfolg wünschen)* · (ugs.:) **den Daumen auf etwas drükken** *(auf etwas bestehen)* · (ugs.:) **auf etwas den Daumen halten/haben** *(etwas nicht gerne hergeben)* · (ugs.:) **etwas über den Daumen peilen** *(etwas nur ungefähr schätzen)*.

davon ⟨Pronominaladverb⟩: **1. a)** /drückt die Entfernung von einem bestimmten Punkt aus/: nicht weit genug d. entfernt sein, liegen, stehen; übertr.: wir sind noch weit d. entfernt *(haben noch lange keine Lösung gefunden)*. **b)** /drückt den Ausgangspunkt bei einer Trennung, Loslösung von etwas aus/: das Schild klebt so fest an dem Brett, daß es nicht mehr d. abzulösen ist; d. frei, befreit, geheilt sein. **2.** /drückt den Bezug auf eine Sache [als Ausgangspunkt] aus/: wir gehen d. aus, daß ...; das kommt d., daß ...; das kommt d.! (ugs.; *die Folgen waren dir ja bekannt!);* genau das Gegenteil d. ist wahr!; er will d. nichts wissen; ein andermal mehr d.; nichts d. *(keinen Nutzen von etwas)* haben. **3.** /bezeichnet den Teil von einer Menge/: das ist ein Teil, die Hälfte d.; ich habe nichts d. bekommen; ich habe drei Exemplare, eines d. können Sie haben. **4.** /drückt aus, daß etwas als Grundlage, als Material benutzt wird/: hier ist der Stoff, und d. mache ich mir ein Kleid; der Lohn ist so niedrig, daß man d. nicht leben kann. * **auf und davon** *([schnell] fort):* er ging, er war schon auf und d.

davonkommen: *sich vor einer Gefahr retten können:* glücklich, glimpflich, heil, mit dem Schrecken, mit heiler Haut (ugs.), mit einem blauen Auge (ugs.) d.; er ist noch einmal [mit dem Leben] davongekommen; mit einer Verwarnung, mit einer Geldstrafe d.

davonlaufen: 1. a) *weglaufen:* sie sind vor uns davongelaufen. **b)** ⟨jmdm. d.⟩ *jmdn. überraschend verlassen:* das Hausmädchen ist ihr davongelaufen. **2.** ⟨etwas läuft jmdm. davon⟩ *etwas entzieht sich jmds. Kontrolle:* die Preise sind uns davongelaufen; die Konjunktur läuft der Regierung davon. * (ugs.:) **etwas ist zum Davonlaufen** *(etwas ist unerträglich, sehr schlecht)*.

davontragen: 1. (selten) ⟨jmdn., etwas d.⟩ *wegtragen:* einige brachen zusammen und wurden davongetragen. **2.** ⟨etwas d.⟩ **a)** *etwas erringen:* einen großen Sieg, mehrere Erfolge d.; sie haben Ruhm davongetragen (geh.). **b)** *sich zuziehen, erleiden:* eine schwere Verletzung d.; er hat von dem Unfall dauernden Schaden davongetragen.

davor ⟨Pronominaladverb⟩: **1.** *vor etwas:* ein Haus mit einem großen Garten d. **2.** *vorher:* das Spiel beginnt um 16 Uhr, d. spielen zwei Jugendmannschaften; kurz d. hatte ich noch mit ihm gesprochen. **3.** *vor der betreffenden, eben erwähnten Sache:* wir haben ihn d. gewarnt; er hat keinen Respekt d.

dazu ⟨Pronominaladverb⟩: **1.** *zu der betreffenden Sache, hinsichtlich der eben erwähnten Angele-*

genheit: ich habe d. keine Zeit, Lust; ich bin d. nicht in der Lage, nicht bereit; was soll man d. noch sagen? /*Äußerung des Verwundertseins*/. **2.** *zu einem Zielpunkt; für ein bestimmtes Ziel, zu einem bestimmten Zweck:* diese Entwicklung führte d., daß ...; d. wird es nicht kommen; wie komme ich d.? (ugs.; *warum soll ich das tun?*); ich bin gerne d. bereit; d. *(dafür)* reicht das Geld nicht mehr. **3.** *zusätzlich zu der betreffenden, eben erwähnten Sache:* man gebe etwas Salz d.; d. ißt man am besten Salat; sie ist ängstlich und d. *(überdies, außerdem)* ungeschickt; er arbeitet und singt d.

dazwischen ⟨Pronominaladverb⟩: **1. a)** *zwischen den betreffenden, eben erwähnten Personen, Gegenständen:* die Häuser stehen frei, d. liegen große Gärten; es ist kaum Platz d. **b)** *zwischen den betreffenden Zeitpunkten:* beide Vorträge finden am Vormittag statt, d. ist eine Stunde Pause; drei Monate liegen d. **2.** *darunter, innerhalb einer Menge:* wir haben alle Posteingänge durchgesehen, aber Ihr Antrag war nicht d.

dazwischenkommen: **1.** *unvorhergesehen und störend auftreten:* ich nehme teil, wenn nichts dazwischenkommt; ⟨jmdm. d.⟩ ihm ist etwas dazwischengekommen. **2.** *zwischen etwas geraten:* ich bin mit den Fingern dazwischengekommen.

Debatte, die (bildungsspr.): *Aussprache [im Parlament]:* eine lange, lebhafte, erregte, stürmische, hitzige D.; die D. über die Regierungserklärung, um die Frage der Verwaltungsreform; die D. dauert an; die D. eröffnen, leiten, unterbrechen; in die D. eingreifen; etwas in die D. werfen; etwas zur D. stellen; etwas steht [nicht] zur D.

Deck, das: **a)** *oberer betretbarer Abschluß des Schiffsrumpfes:* die Decks/(selten:) die Decke säubern; (Seemannsspr.:) alle Mann an D.! /*ein Kommando*/; auf dem D. promenieren; auf D. sein; aufs D. hinaustreten; unter, von D. gehen. **b)** *Stockwerk eines Schiffes:* der Salon befindet sich im mittleren D. * (ugs.:) **nicht auf Deck sein** *(nicht recht gesund sein).*

Decke, die: **1.** *Tuch zum Be-, Zudecken:* eine weiche, wollene, dünne, dicke, warme D.; eine D. aus Seide; eine D. auflegen, zusammenlegen, zurückschlagen, ausbreiten, zusammenrollen; sich (Dativ) die D. bis über den Kopf ziehen; sich in eine D. wickeln; unter die D. *(Bettdecke)* kriechen, schlüpfen; bildl.: das Land liegt unter einer weißen D. *(unter Schnee).* **2.** *oberer Abschluß eines Raumes:* eine niedrige, hohe, getäfelte, schallisolierende D.; die D. weißen, neu streichen; eine D. einziehen. **3.** *Straßenoberfläche:* eine geteerte D.; die D. hat viele Schlaglöcher, ist völlig aufgebrochen; die D. erneuern. **4.** (Jägerspr.) *Fell des Hochwildes, von Bär und Wolf:* dem Bock die D. abziehen. **5.** *Bucheinband:* die D. des Bandes ist völlig abgegriffen, stark beschädigt. * (ugs.:) **jmdm. fällt die Decke auf den Kopf** *(jmd. fühlt sich in einem Raum beengt und niedergedrückt)* · (ugs.:) **vor Freude [fast] an die Decke springen** *(sich sehr freuen)* · (ugs.:) **an die Decke gehen** *(aufbrausen, sehr zornig, wütend werden)* · (ugs.:) **sich nach der Decke strecken müssen** *(mit wenig auskommen, sparsam sein müssen)* · (ugs.:) **mit jmdm. unter einer Decke stecken** *(mit jmdm. insgeheim die gleichen schlechten Ziele verfolgen).*

Deckel, der: **1.** *Verschluß eines Gefäßes, Behälters:* ein abnehmbarer, emaillierter D.; der D. paßt, schließt nicht; den D. öffnen, schließen, aufschrauben, abheben, hochheben, zurückklappen; Sprichw.: jeder Topf findet seinen D./für jeden Topf findet sich ein D. *(jedes Mädchen findet einen passenden Mann).* **2.** (ugs.; scherzh.) *Hut:* sie trägt einen neuen, teuren, komischen D. **3.** *Bucheinband:* ein D. aus Leder, Kunststoff, Pappe; der D. ist vergilbt, stark beschädigt. * (ugs.:) **wie Topf und Deckel zusammenpassen** *(sehr gut zueinander passen)* · (ugs.:) **jmdm. eins auf den Deckel geben** *(jmdn. zurechtweisen)* · (ugs.:) **eins auf den Deckel bekommen** *(zurechtgewiesen werden).*

decken: **1.** ⟨etwas d.⟩ **a)** *bedecken:* das Dach [mit Ziegeln] d.; ein gedeckter *(überdachter)* Gang, Waggon; Kochk.: gedeckter *(mit einer Teigschicht überzogener)* Apfelkuchen · Schnee deckt die Flur (geh.); ihn deckt schon längst der grüne Rasen (geh.; *er ist schon lange tot*). **b)** *für das Essen vorbereiten:* den Tisch d.; sie hat eine Tafel für sechs Personen gedeckt; es ist für vier Personen gedeckt. **2.** *als aufgetragene Schicht nichts mehr durchscheinen lassen:* **a)** die Farbe deckt [gut]. **b)** ⟨etwas d.⟩ die Farbe deckt die Unterlage, die Grundfarbe noch nicht. **3.** ⟨etwas d.⟩ *befriedigen:* die Nachfrage, den Bedarf nicht [voll] d. können; die Versorgung ist für zwei Monate gedeckt *(gesichert);* mein Bedarf ist gedeckt (ugs.; *mir reicht es jetzt*). **4.** (Kaufmannsspr.) ⟨etwas d.⟩ *finanziell absichern:* einen Wechsel, ein Defizit d.; der Scheck ist nicht gedeckt; das Darlehen wird durch eine Hypothek (als Sicherheitsgarantie) gedeckt; der Brandschaden ist durch die Versicherung voll gedeckt. **5. a)** ⟨jmdn., sich, etwas d.⟩ *schützen:* Artillerie deckte den Rückzug; die Mutter hat das Kind mit ihrem Körper gedeckt; er deckt seine Komplicen; Schach: der Turm wird vom Läufer gedeckt; Boxen: er deckt sich, das Gesicht mit der Linken; ⟨auch ohne Akk.; mit Artangabe⟩ er deckt nicht genügend, schlecht. **b)** (Sport) ⟨jmdn., etwas d.⟩ *abschirmen, bewachen:* den Gegenspieler, den freien Raum d.; der Mittelstürmer wurde von zwei Mann scharf gedeckt; ⟨auch ohne Akk.⟩ die Tore fielen, weil die Abwehr ungenau deckte. **6.** ⟨etwas deckt sich mit etwas⟩ *etwas stimmt mit etwas überein:* meine Ansicht deckt sich mit Ihrer/mit der Ihrigen, mit der meines Kollegen; ⟨auch ohne Präpositionalobjekt⟩ in diesem Punkt decken sich unsere Standpunkte; Geom.: die beiden Dreiecke decken sich. **7.** (Landw.) ⟨ein Tier d.⟩ *begatten:* der Hengst hat die Stute gedeckt.

Deckmantel, der: *Vorwand:* etwas dient nur als D. für etwas; unter dem D. der Entwicklungshilfe machte er Geschäfte.

Deckung, die: **1.** *[finanzielle] Absicherung:* dem Darlehen fehlt die entsprechende D.; die Versicherung übernimmt die volle D. des Schadens; D. (Kaufmannsspr.; *Sicherheit*) in Händen haben; der Scheck ist ohne D.; das Geld reicht nicht zur D. der Schulden. **2.** *Befriedigung, Erfüllung:* zur D. der Nachfrage fehlt eine Monatsproduktion. **3.** (militär.) *das Sichern, Schutz:* die D. des Rückzuges; volle D.! /*militär. Kommando*/; etwas bietet jmdm. keine D.; in Gräben

D. suchen; jmdm. D. *(Feuerschutz)* geben; in D. gehen, bleiben; Boxen: die D. durchschlagen; die Linke benutzte er für die/zur D. **4.** (Sport): **a)** *das Abschirmen, das Bewachen:* die D. des Gegenspielers, des freien Raumes; er übernahm, vernachlässigte die D. des Linksaußen. **b)** *Abwehr:* eine sichere, gut organisierte D.; die gegnerische D. war nicht zu überwinden; die D. durchbrechen.

Defekt, der (bildungsspr.): *Fehler, Schaden:* ein leicht zu behebender D.; an dem Wagen ist, entstand ein D.; der Motor hat einen D.; sie hat einen geistigen D.

dehnen: a) ⟨etwas d.⟩ *durch Ziehen länger, breiter machen:* das Gummi[band] d.; seine Glieder, Arme d. *(kräftig ausstrecken);* übertr.: die Wörter, Laute d. *(langgezogen aussprechen).* **b)** ⟨sich d.⟩ *länger, breiter werden:* der Stoff dehnt sich [mit der Zeit]; in der Sonne liegen und sich wohlig d. *(ausstrecken)* und recken; übertr.: *sich hinziehen:* der Weg dehnt sich [in die Länge]; eine weite Ebene dehnte sich vor unseren Blicken; die Minuten dehnten sich zu Stunden.

Deich, der: → Damm.

deichseln (ugs.) ⟨etwas d.⟩: *etwas mit Geschick fertigbringen, bewältigen:* er wird die Sache schon d.; das hat er großartig gedeichselt.

dein ⟨Possessivpronomen; 2. Person Sing.⟩: **a)** *dir gehörend:* dein Auto; ich trage heute deinen *(den von dir geschenkten)* Schlips; das ist deine Aufgabe; einer deiner Söhne/von deinen Söhnen; das ist nicht mein Exemplar, sondern deines/das deine; Redensart: was mein ist, ist auch d. · mit all deinem Schimpfen erreichst du nichts; /in Grußformeln am Briefschluß/: mit freundlichen Grüßen Dein Peter; herzlichst Deine Monika; stets Deine Helga; immer die Deine; subst.: das Deine *(das dir Gehörende);* die Deinen *(deine Angehörigen);* du sollst das Deine *(deinen Anteil)* dazu beitragen. **b)** *bei dir zur Gewohnheit, Regel geworden:* rauchst du noch deine zehn Zigaretten täglich?; nimm deine Tabletten; beinahe hättest du deine Bahn verpaßt. * (ugs.; verhüll.:) **mein und dein verwechseln/nicht unterscheiden können** *(stehlen).*

Delegation, die (bildungsspr.): *Abordnung:* eine kleine, starke, parlamentarische, deutsche D.; eine D. der Arbeiter, von Experten, aus Frankreich; eine D. zusammenstellen, [an]führen, leiten, entsenden, empfangen, begrüßen; einer D. angehören.

delikat (bildungsspr.): **1.** *besonders fein schmekkend:* delikates Gemüse, Fleisch; ein delikater Salat; der Braten ist, schmeckt sehr d. **2.** (geh.) *behutsam, feinfühlig:* etwas d. andeuten, vorbringen; er hat das Thema d. behandelt; sich d. ausdrücken. **3.** *heikel:* eine delikate Sache, Frage; in eine delikate Lage geraten; dieses Thema ist äußerst d.

demnach ⟨Pronominaladverb⟩: *folglich:* es gibt d. keine andere Möglichkeit.

Demokratie, die: *Staatsform, in der das Volk durch seine gewählten Vertreter die Herrschaft ausübt:* eine freie, freiheitliche, rechtsstaatliche D.; die parlamentarische D.; in einer D. leben; übertr.: *freie Willensbildung und gleichberechtigte Mitbestimmung:* in unserem Verein, Betrieb herrscht D.; die Menschen zur D. erziehen.

demokratisch: *den Grundsätzen der Demokratie entsprechend:* ein demokratischer Staat; die demokratischen Parteien, Grundrechte, Freiheiten; eine d. gewählte Regierung; übertr.: *freiheitlich:* diese Entscheidung ist nicht d.; d. denken, handeln; hier geht es ganz d. zu.

Demonstration, die (bildungsspr.): **1.** *Massenkundgebung, Protestversammlung:* eine eindrucksvolle, machtvolle, friedliche D.; Demonstrationen gegen den Krieg, für freie Wahlen; die D. verlief ohne Zwischenfälle, löste sich allmählich auf; eine D. genehmigen, absagen, verbieten; die Polizei löste die D. auf; an einer D. teilnehmen; zu einer D. aufrufen; es kam überall zu Demonstrationen. **2.** *eindringliche Bekundung; sichtbarer Ausdruck von etwas:* die Olympischen Spiele sind eine D. der Völkerfreundschaft; die Parade war eine D. der militärischen Stärke. **3.** *anschauliche Darlegung:* Unterricht mit praktischer D.; etwas zur D. von etwas heranziehen.

demonstrieren (bildungsspr.): **1.** *eine Demonstration veranstalten, an ihr teilnehmen:* für Frieden und Freiheit, gegen die Aufrüstung, aus Solidarität mit den Inhaftierten d.; wir demonstrieren morgen vor der Botschaft. **2.** ⟨etwas d.⟩ *etwas bekunden, deutlich vor Augen führen:* seinen Willen, seine Absicht d.; ⟨jmdm. etwas d.⟩ der Staat demonstrierte der Welt den Stand seiner technischen Entwicklung. **3.** ⟨etwas d.⟩ *etwas anschaulich darlegen:* die Arbeitsweise des Motors, Zusammenhänge am Modell d.; ⟨jmdm. etwas d.⟩ er demonstrierte den Studenten seine Thesen an Hand des Materials.

Demut, die: *tiefe Ergebenheit:* echte, wahre, tiefe, christliche D.; D. besitzen; voll D.; in D. dienen; etwas in/mit D. [er]tragen.

demütig: *von Demut erfüllt:* eine demütige Bitte; demütige Gebärden; er ist sehr d.; jmdn. d. grüßen.

demütigen ⟨jmdn., sich d.⟩: *erniedrigen:* ein Volk d.; diese Äußerung hat ihn aufs tiefste gedemütigt; sich vor jmdm. d.; die Versetzung ist für ihn demütigend; sich [von, durch etwas] sehr gedemütigt fühlen.

demzufolge ⟨Pronominaladverb⟩: *folglich, deshalb:* er fuhr früher weg, d. müßte er bereits hier sein; die Wohnung liegt auf der Schattenseite und ist d. immer kühl.

denkbar: 1. *vorstellbar, möglich:* alle nur denkbaren Sicherheitsvorkehrungen waren getroffen worden; etwas ist nicht, kaum d.; es ist durchaus d., daß ... **2.** ⟨verstärkend bei Adjektiven⟩ *äußerst:* ein d. günstiges Angebot; die Sache ist d. einfach; es geht ihm d. schlecht.

denken: 1. *geistig arbeiten, überlegen:* angestrengt, scharf, schnell, nüchtern, kühl, logisch d.; er denkt praktisch *(betrachtet etwas unter praktischem Aspekt);* laut d. (ugs.; *vor sich hin sprechen*); Redensarten: erst d., dann handeln; Denken ist Glückssache · er denkt zuviel; bei dieser Arbeit muß man viel d.; ich kann [vor Müdigkeit] kaum noch, nicht mehr klar d.; Redensarten: gedacht, getan (veraltend; *kaum überlegt, schon ausgeführt*) · wo denkst du hin! (ugs.; *da irrst du dich aber sehr, das muß ich zurückweisen*); denk mal an! (ugs.; */Äußerung des Verwundertseins/*); Sprichw.: der Mensch denkt, Gott lenkt. **2.a)** ⟨mit Artangabe⟩ *eine bestimmte Gesinnung haben:* edel, kleinlich, spießbürgerlich, gemein, niederträchtig d. **b)** ⟨etwas d.⟩ *annehmen, vermuten:* nichts Böses, immer gleich Schlimmes d.; ich weiß nicht, was du jetzt denkst; wer hätte das gedacht? /*Äußerung des Überraschtseins*/; was, wieviel haben Sie denn gedacht? *(welche Preisvorstellung haben Sie?);* Sprichw.: was ich denk' und tu', trau' ich andern zu. **c)** ⟨von jmdm., von etwas/über jmdn., über etwas d.; mit Artangabe⟩ *in bestimmter Weise beurteilen:* wie denken Sie darüber?; über diesen Plan denkt er ganz anders. **d)** ⟨etwas von jmdm., von etwas/über jmdn., über etwas d.⟩ *eine bestimmte Meinung haben:* ich weiß nicht, was man davon, von ihm d. soll; was werden die Leute über dich denken?; er denkt nur Gutes über ihn; so etwas hätte ich nicht von ihm gedacht *(ihm zugetraut).* **3.** ⟨mit Gliedsatz⟩ *glauben, meinen:* ich denke, wir könnten uns auf dieser Basis einigen; er dachte mich hereinlegen zu können; wir dachten, daß Sie schon zu Hause seien; er denkt *(bildet sich ein),* wunder was getan zu haben. **4.a)** ⟨sich (Dativ) etwas d.⟩ *annehmen, erwarten:* das kannst du dir doch d. (ugs.; *selbst erklären*); ich habe mir das gleich gedacht *(ich habe nichts anderes angenommen);* das ist viel teurer, als ich mir dachte; denkt euch (ugs.; *welche Überraschung*), wir haben in der Lotterie gewonnen. **b)** ⟨sich (Dativ) jmdn., etwas d.; mit Artangabe⟩ *sich jmdn., etwas in bestimmter Weise vorstellen:* sich die Sache, den Plan so d.; das kann ich mir kaum d.; ich denke mir eine Seereise auch sehr schön. **5.a)** ⟨an jmdn., an etwas/(geh.; veraltet:) jmds., einer Sache d.⟩ *sich erinnern, zurückdenken:* oft, mit Freude, mit Grauen, mit gemischten Gefühlen an etwas d.; an seine Jugend, an die gemeinsame Studienzeit, (geh.; veraltet:) eines alten Freundes d.; denke daran *(vergiß nicht),* die Rechnung zu bezahlen. **b)** ⟨an jmdn., an etwas d.⟩ *sein Interesse auf jmdn., auf etwas richten:* er denkt nur an sich, an seinen Vorteil; bei diesem Posten, bei dieser Arbeit haben wir an Sie gedacht *(haben wir Sie dafür vorgesehen).* * (ugs.:) **denkste!** *(das hast du dir so gedacht!)* · **etwas gibt jmdm. zu denken** *(etwas macht jmdn. nachdenklich)* · (ugs.:) **sich** (Dativ) **sein[en] Teil denken** *(etwas mißbilligen, ohne es auszusprechen).*

Denkmal, das: **1.** *Standbild zur Erinnerung an jmdn., an etwas:* ein D. zu Ehren der Gefallenen; ein D. errichten, enthüllen; einen Kranz am D. niederlegen. **2.** *Zeugnis aus alter Zeit:* ein D. römischer Kunst; diese Dichtung gehört zu den bedeutendsten Denkmälern des Mittelalters. * **sich** (Dativ) **ein Denkmal setzen** *(eine Leistung vollbringen und dadurch in der Erinnerung anderer weiterleben).*

Denkzettel, der (ugs.): *exemplarische Strafe oder als Warnung angesehene schlechte Erfahrung:* das wird dir ein D. für deine Unachtsamkeit sein; jmdm. einen gehörigen D. für etwas geben, erteilen, verpassen (ugs.); er hat einen D. bekommen, erhalten.

¹denn ⟨Partikel⟩: **1.** ⟨kausale Konj.⟩: wir blieben zu Hause, d. es regnete; sie war von ihrem Sieg überzeugt, d. um zu gewinnen, hatte sie hart trainiert. **2.** ⟨Vergleichspartikel; vereinzelt noch, um doppeltes *als* zu vermeiden, sonst gehoben oder veraltet⟩: er ist als Wissenschaftler bedeutender d. als Künstler; ⟨häufig in Verbindung mit *je* nach Komparativ⟩ mehr, besser, öfter d. je [zuvor]; sie war schöner d. je. **3.** ⟨Adverb⟩ **a)** /einräumend/ (selten): ich traue ihm nicht mehr, er müßte sich d. gründlich geändert haben. **b)** /verstärkend/: was soll d. das?; was willst du d.?; wo ist er d. nur?; was ist d. los?; wieso, weshalb d.?; das ist d. doch die Höhe! /*Äußerung der Entrüstung*/. * **es sei denn** *(ausgenommen):* er wird gewinnen, es sei d., es passiert etwas Unvorhergesehenes/daß etwas Unvorhergesehenes passiert · **geschweige [denn]** *(ganz zu schweigen von; schon gar nicht).*

²denn ⟨Adverb⟩ (ugs.; landsch.): *dann:* er hat es d. doch noch geschafft; na, d. prost!; na, d. wollen wir mal!; Redensart: wennschon, dennschon *(wenn überhaupt, dann aber richtig, ohne Vorbehalte).*

dennoch ⟨Adverb⟩: *trotzdem:* häßlich und d. schön; er will es d. versuchen; sie war krank, d. wollte sie die Reise nicht verschieben.

deprimieren (bildungsspr.) ⟨jmdn. d.⟩: *entmutigen, bedrücken:* die Niederlage hat ihn deprimiert; er ist ganz, furchtbar deprimiert; die Absage war für ihn sehr deprimierend.

der: 1. ⟨best. Artikel⟩ /bezeichnet das maskuline Genus eines Substantivs/: d. Mann; d. Schrank. **2.** ⟨Demonstrativpronomen⟩ *dieser, derjenige:* d. Wagen soll mir gehören?; d. da ist es gewesen; so etwas kann nur d. (ugs., abwertend; *dieser Kerl*) gesagt haben; d. und arbeiten, pünktlich sein (ugs., abwertend; *nie und nimmer arbeitet er, ist er pünktlich*). **3.** ⟨Relativpronomen⟩ *welcher:* das ist der Arzt, d. mir geholfen hat. * **der und der** *(irgend jemand).*

derb: 1. *fest, stark:* derbes Schuhwerk; derbe *(kräftige)* Kost lieben; Geol.: derbes *(grobkörniges)* Gestein; d. zugreifen, zupacken. **2.** *grob, drastisch:* derbe Witze, Späße, Reden; ein derbes Theaterstück; seine Ausdrucksweise ist sehr d.; sich d. ausdrücken; jmdn. d. *(unfreundlich)* anfahren.

dergleichen ⟨Demonstrativpronomen⟩: *derartig:* d. Fälle hatten wir schon früher; er hat nichts d. gesagt; ... und d. mehr.

derselbe, dieselbe, dasselbe ⟨Demonstrativpronomen⟩ /drückt die strenge Identität aus/: er trägt denselben Anzug wie das letzte Mal; ich hatte dieselbe Idee; das ist doch ein und dasselbe; mein Freund ist immer noch derselbe *(hat sich nicht verändert).*

deshalb ⟨Adverb⟩: *aus diesem Grund:* er ist krank und kann d. nicht kommen; d. brauchst du nicht gleich beleidigt zu sein; ich betone das d., weil ...; ach, d. also!

dessenungeachtet ⟨Adverb⟩: *trotzdem:* das Wetter war schlecht, [aber] d. fuhr er fort.

desto ⟨Adverb⟩ *um so:* Handball schätze ich nicht sehr, d. lieber spiele ich Volleyball; kommt er früher, d. besser; je eher, d. besser; je älter er wird, d. bescheidener wird er.

deswegen ⟨Adverb⟩: *aus diesem Grund:* er wurde krank und mußte d. den Vortrag absagen.

Detail, das: *Einzelheit:* ein [un]wichtiges D.; die Details weglassen; nicht auf Details eingehen; etwas in allen Details, bis in das kleinste D. schildern; zu sehr ins D. gehen; sich in Details verlieren.

Deut ⟨in der Verbindung⟩ keinen/nicht einen Deut: *nichts:* [um] keinen/nicht einen D. mehr wert, besser sein; keinen/nicht einen D. für etwas geben.

deuteln ⟨in den Verbindungen⟩ an etwas ist nichts/gibt es nichts/läßt sich nicht deuteln: *etwas ist eindeutig und klar:* an diesem Gesetz gibt es nichts zu d.

deuten: 1. ⟨mit Raumangabe⟩ *deutlich auf jmdn., auf etwas zeigen:* [mit dem Finger] auf jmdn. d.; er deutete nach Süden, in die andere Richtung; übertr.: alles deutet auf einen Umschwung hin; diese Beobachtungen deuten darauf, daß ... **2.** (geh.) ⟨etwas d.⟩ *auslegen:* etwas richtig, falsch, verkehrt, ganz anders d.; eine Dichtung, Träume d.; wir deuten es als Zeichen der Entspannung; er wußte diese Erscheinung auch nicht zu d.; ⟨jmdm. etwas d.⟩ jmdm. die Zukunft d. *(vorhersagen);* jmdm. etwas übel, negativ d. (geh.; *auslegen*).

deutlich: a) *scharf umrissen, klar, gut wahrnehmbar; gut verständlich:* eine deutliche Schrift, Aussprache; die Aufnahme ist nicht d.; d. sprechen; bitte d. schreiben!; daraus wird d. *(klar erkenntlich)*, daß ...; etwas d. erkennen; d. traten die Berge [aus dem Dunst] hervor; sich d. *(genau)* an etwas erinnern; jmdm. d. machen *(verdeutlichen, eindrucksvoll vor Augen führen)*, daß ...; jmdm. etwas d. vor Augen führen, halten, stellen *(eindringlich erklären)*. **b)** *eindeutig, unmißverständlich:* deutliche Begriffe; das war ein deutlicher Hinweis, Wink; ein deutlicher *(hoher)* Sieg; das war klar und d.; habe ich mich nicht d. ausgedrückt? * **eine deutliche Sprache mit jmdm. reden** *(offen, unverblümt jmdm. seine Meinung sagen)* · **deutlich werden** *(eine bisher zurückgehaltene Kritik [heftig und grob] äußern)*.

Deutlichkeit, die: **a)** *Klarheit, gute Wahrnehmbarkeit, Verständlichkeit:* die D. einer Schrift, seiner Aussprache; etwas gewinnt an D. **b)** *Eindeutigkeit, Unmißverständlichkeit:* etwas mit aller D. sagen; etwas tritt mit aller D. zutage; seine Antwort läßt nichts an D. *(Offenheit, Unverblümtheit)* zu wünschen übrig.

deutsch: a) *die Deutschen, Deutschland betreffend:* das deutsche Volk, die deutsche Sprache, Nationalhymne; deutscher Abstammung sein; er hat die deutsche Staatsangehörigkeit; deutsche *(aus Deutschland stammende)* Wertarbeit; er fährt einen deutschen Wagen; das ist typisch d.; d. *(für die Deutschen eigentümlich)* fühlen, denken. **b)** *in der Sprache der Bevölkerung Deutschlands:* der Redner spricht d.; sich d. unterhalten; etwas ist d. abgefaßt; die deutsche Schweiz *(der Teil der Schweiz, in dem deutsch gesprochen wird);* ⟨häufig in adverbialen Fügungen⟩ auf, in, zu (veraltend) d.; der Brief ist in d. geschrieben; ⟨als Teil eines Namens⟩ die Deutsche Mark; das Deutsche Rote Kreuz. * (ugs.:) **auf [gut] deutsch** *(unverblümt, ohne Beschönigung)* · (ugs.:) **mit jmdm. deutsch reden** *(jmdm. die Meinung sagen)*.

Deutsch, das: **1.** *die deutsche Sprache:* gutes, gepflegtes, akzentfreies D.; er lernt, versteht, spricht fließend D.; etwas ist in D. abgefaßt; Redensart: du verstehst wohl kein D. mehr/nicht mehr D.? *(du willst wohl nicht hören?)*. **2.** *Deutsch als Unterrichtsfach:* wir haben D.; in D. eine Zwei haben; er unterrichtet [in] D.

[1]Deutsche, das: *die deutsche Sprache:* das D. ist eine germanische Sprache; etwas aus dem Deutschen, vom Deutschen ins Französische übersetzen.

[2]Deutsche, der (und: die): *Angehöriger des deutschen Volkes:* ein typischer Deutscher; alle Deutschen; wir Deutschen/(seltener:) Deutsche; er ist [gebürtiger] Deutscher; seine Frau ist [eine] Deutsche.

Dezember, der: *12. Monat im Jahr:* ein kalter, ungewöhnlich milder D.; Anfang, Ende D.; im Laufe des Monats D./des Dezember[s].

dezent (bildungsspr.): *zurückhaltend, unaufdringlich:* dezente Muster; ein dezentes Parfüm; dezente Musik; ein dezentes Benehmen; die Farben sind sehr d.; sich d. schminken, kleiden; jmdn. d. auf etwas aufmerksam machen.

Diamant, der: */ein Edelstein/:* ein reiner, kostbarer D.; ein D. von 20 Karat; der D. strahlt, funkelt; Diamanten fördern, schleifen, fassen; bildl.: schwarze Diamanten *(Steinkohle)*.

diät: *einer gesunden Ernährungsweise entsprechend:* eine diäte Lebensweise; diese Kost ist d.; [streng] d. kochen, essen, leben.

Diät, die: *gesunde Ernährungsweise; Schonkost:* eine strenge, salzarme D.; eine D. für Gallenleidende; D. halten; der Arzt verordnete ihm D.; jmdn. auf D. setzen (ugs.).

dicht: 1. a) *eng zusammengedrängt, ohne größere Zwischenräume:* dichtes Haar, Gefieder, Gewebe, Gebüsch; dichter Wald; dichte Hecken; dichter *(undurchdringlicher)* Nebel; eine dichte Zuschauermenge; mitten im dichtesten *(stärksten)* Verkehr, Gewühl (ugs.); die Wolken werden immer dichter; die Zuschauer standen sehr d.; d. an/bei d. (nordd.); übertr.: eine dichte (geh.; *gestraffte, das Wesentliche betonende*) Szene, Aufführung; ein dichtes *(voll ausgefülltes)* Programm; die Züge fahren in dichter Folge/d. hintereinander. **b)** *sehr stark:* d. behaart sein; die Berge sind d. bewaldet; in einer d. bevölkerten Gegend wohnen. **2.** *undurchlässig:* ein dichtes Faß; das Dach, das Fenster, der Verschluß ist nicht mehr d.; meine Schuhe sind, halten nicht mehr d.; Ritzen d. machen, verschließen; die Vorhänge, die Fenster waren d. geschlossen. **3.** ⟨in Verbindung mit einer Präp.⟩ **a)** *ganz nahe, unmittelbar bei:* er stand d. bei mir; bis d. an den Abgrund; d. davor, dahinter, daneben; die Verfolger waren ihm d. auf den Fersen. **b)** *zeitlich sehr nahe:* Weihnachten stand d. bevor; d. daran sein, etwas zu tun.

[1]dichten (selten) ⟨etwas d.⟩: *abdichten:* die Leitung, das Dach, ein Leck [mit etwas] d.; die Fugen sind schlecht gedichtet.

[2]dichten ⟨[etwas] d.⟩: *ein sprachliches Kunstwerk schaffen:* ein Gedicht, ein Epos d.; etwas in Versen d.; er hatte den Wunsch, selbst einmal zu d.; subst. (geh.; veraltend): sein ganzes Dichten *(Denken)* und Trachten ist darauf gerichtet, das zu verhindern.

Dichter, der: *jmd., der Texte dichtet:* ein berühmter, erfolgreicher, moderner, klassischer, dramatischer D.; ein D. der Romantik; der D. des „Hamlet", von „Romeo und Julia"; D. werden, sein; diesen D. *(seine Dichtung)* muß ich unbedingt lesen.

dick: 1. *massig, von beträchtlichem Umfang:* ein

dicker Baumstamm, Brocken; ein dicker Bauch; sie hat dicke Beine, Arme; ein dickes Buch; eine dicke Zigarre; dicke Tränen vergießen; jmd., etwas ist [sehr, zu] d.; er ist d. und fett, d. und rund geworden (ugs.); der Stoff, Teppich ist ziemlich d. *(fest und dicht gewebt);* der Sitz ist d. gepolstert; sich d. (ugs.; *satt*) essen; übertr.: eine dicke (ugs.; *enge*) Freundschaft; sie sind dicke Freunde (ugs.; *sehr eng befreundet*); ein dicker (ugs.; *schlimmer*) Fehler; ein dickes (ugs.; *sehr gutes*) Gehalt haben; ein dickes *(großes)* Lob ernten; dicke Gelder (ugs.; *sehr viel Geld*) haben; ein dickes (ugs.; *sehr gutes*) Geschäft machen. **2.** /als Maßangabe/ *eine bestimmte Dicke habend, stark:* das Brett ist zwei Finger, fünf Zentimeter d.; die Mauer ist einen halben Meter d. **3.** (ugs.) *geschwollen:* eine dicke Backe; dicke Lippen; er hat dicke Mandeln; meine Beine, Füße sind d. [geworden]. **4.** *zähflüssig:* dicker Brei, Leim; dicke *(saure)* Milch; die Suppe ist zu d.; etwas so lange kochen, bis es d. wird. **5.** *dicht, stark:* dicker Qualm; dicke Staubwolken; dickes (ugs.) Gestrüpp; der Nebel wird immer dicker (ugs.); das Brot d. mit Butter bestreichen. * (ugs.:) **es ist/herrscht dicke Luft** *([die Stimmung ist gereizt, die Lage ist gefährlich, und] es droht etwas zu passieren)* · (ugs.:) **das ist ein dicker Hund** *(das ist eine Ungeheuerlichkeit)* · (ugs.:) **eine dicke Brieftasche haben** *(viel Geld haben)* · (ugs.:) **ein dickes Fell haben** *(dickfellig sein, viel Ärger vertragen können)* · (ugs.:) **einen dicken Schädel haben** *(eigensinnig sein)* · (ugs.:) **das dicke Ende** *(die [unerwarteten] größten Schwierigkeiten)* · (derb:) **einen dicken Bauch haben** *(schwanger sein)* · (derb:) **dick sein** *(schwanger sein)* · (derb:) **eine Frau dick machen** *(schwängern)* · (ugs.:) **etwas dick[e] haben** *(einer Sache überdrüssig sein, mit seiner Geduld am Ende sein)* · **mit jmdm. durch dick und dünn gehen** *(jmdm. ein treuer Kamerad sein)* · (ugs.; abwertend:) **dick auftragen** *(übertreiben).*

Dickicht, das: *dichtes Gebüsch:* die Sträucher bilden ein undurchdringliches D.; das Reh floh ins D., verschwand im D.; sich im D. verstecken; übertr.: sich durch das D. der Paragraphen hindurcharbeiten.

die: 1.a) ⟨best. Artikel⟩ /bezeichnet das feminine Genus eines Substantivs/: d. Frau; d. Küche; sie ist d. Schönste. **2.** ⟨Demonstrativpronomen⟩ **a)** *diese:* d. Bluse da gefällt mir; d. (ugs., abwertend; *diese Frau, diese Person*) hat das gerade nötig; d. (ugs., abwertend; *sie*) kommt immer zu spät. **b)** ⟨Plural⟩ (ugs., abwertend) /bezeichnet alle zuständigen, aber nicht bekannten Personen/: jetzt reißen d. schon wieder die Straße auf; warum wollen d. das wissen? **4.** ⟨Relativpronomen⟩ *welche:* eine Frage, die ich nicht beantworten kann.

Dieb, der: *jmd., der stiehlt:* ein raffinierter, gemeiner D.; der D. konnte entkommen, wurde gefaßt, auf frischer Tat ertappt; den D. verfolgen, festnehmen; haltet den D.!; Redensart: die kleinen Diebe hängt man, die großen läßt man laufen; Sprichw.: Gelegenheit macht Diebe.

diebisch: 1. (veraltend) *zum Diebstahl neigend:* eine diebische Person; bildl.: die ist eine diebische Elster *(Person, die gern stiehlt).* **2.** *verstohlen, heimlich und mit Schadenfreude gemischt:* ein diebisches Vergnügen; etwas macht jmdm. diebische Freude; er hat sich d. gefreut.

Diebstahl, der: *das Stehlen:* einfacher, schwerer D.; das ist geistiger D. *(unerlaubte Übernahme fremden Gedankenguts);* einen D. begehen, aufdecken, entdecken, vertuschen; sich des Diebstahls schuldig machen (geh.); sich gegen D. versichern; jmdn. wegen Diebstahls [im Rückfall] verurteilen.

Diele, die: **1.** *starkes Fußbodenbrett:* rohe, gestrichene Dielen; die Dielen knarren, sind ausgetreten; neue Dielen legen. **2.** *zimmerartiger Flur:* eine geräumige D.; das Telephon steht in der D.

dienen: 1.a) *von jmdm. abhängig sein und für ihn Dienste tun; in jmds. Dienst stehen:* viele Ritter dienten an seinem Hof; sie sollte als Magd, bei einer Familie in der Stadt d.; ⟨jmdm. d.⟩ er hatte dem König treu gedient; er wollte nur noch Gott d.; Redensart: niemand kann zwei Herren d. **b)** ⟨jmdm., einer Sache d.⟩ *für jmdn., für etwas tätig sein, sich einsetzen:* dem Staat, der Allgemeinheit, der Gemeinschaft d.; er hatte der Firma viele Jahre als Buchhalter treu gedient; der Wissenschaft, dem Fortschritt, der Wahrheit d. **c)** *den Militärdienst ableisten:* bei der Artillerie, bei der Luftwaffe d.; 18 Monate d. müssen; er hatte noch unter Admiral ... gedient; ein gedienter (veraltend) Soldat. **2.a)** ⟨etwas dient jmdm., einer Sache⟩ *etwas ist jmdm., einer Sache dienlich, nützlich:* etwas dient einer guten Sache; sein Vorgehen hat nicht unseren Interessen gedient; das Programm dient der Erforschung des Weltalls. **b)** ⟨jmdm. d.⟩ *zu Diensten sein, behilflich sein, helfen:* womit kann ich Ihnen d.?; wäre Ihnen damit gedient?; es tut mir leid, daß ich Ihnen in dieser Angelegenheit nicht d. konnte; mit 50 Mark wäre mir schon gedient. **3.** ⟨als etwas/zu etwas d.⟩ *als/zu etwas brauchbar sein, verwendet werden:* das alte Schloß dient als Museum; etwas dient als Ersatz, Notlösung, Vorwand, zur Illustration, zum Schutz vor Erkältung; ⟨jmdm. als etwas/zu etwas d.⟩ das möge dir zur Warnung d.; er hatte ihm nur als Prügelknabe gedient. * **von der Pike auf dienen** *(einen Beruf von Grund auf erlernen).*

Diener, der: **a)** *jmd., der in jmds. Dienst steht:* ein alter, treuer, herrschaftlicher D.; er war viele Jahre D. bei einem Grafen gewesen. **b)** *jmd., der für etwas tätig ist, sich für etwas einsetzt:* ein D. Gottes, des Volkes, des Friedens; Friedrich der Große nannte sich selbst den ersten D. des Staates; /veraltet als Briefschluß/: Ihr ergebener/ergebenster, untertäniger/untertänigster D. * (fam.:) **einen Diener machen** *(eine Verbeugung machen).*

Dienst, der: **1.a)** *Erfüllung von [beruflichen] Pflichten, [berufliche] Tätigkeit:* ein schwerer, harter, interessanter, anstrengender, aufreibender, eintöniger, langweiliger D.; der D. beginnt um 8 Uhr; Redensart: D. ist D., und Schnaps ist Schnaps *(Dienst und Privatvergnügen sind zweierlei)* · den D. antreten; zur Zeit D. haben, machen, tun; welche Apotheke hat heute D.? *(ist heute dienstbereit?);* seinen D. gewissenhaft versehen; den D. verweigern, beenden, vernachlässigen, wieder aufnehmen; außer D., außerhalb des Dienstes *(in meiner Freizeit)* kann ich tun, was ich will; nicht im D. sein *(dienstfrei haben);* in den D. gehen; vom D. sofort nach Hause kommen; jmdn. vom D. beurlauben; zum D. gehen, zu spät kommen; /als Teil von Dienstbezeichnungen/ Unteroffizier, Kommissar, Chef vom D. *(der diensthabende Unteroffizier, Kommissar, Chef).* **b)** *Arbeitsverhältnis, Stellung:* einen neuen D. suchen (veraltend); den D. quittieren (veraltend); aus dem D. ausscheiden; jmdn. in D. nehmen (veraltend; *jmdn. anstellen, ihm Arbeit geben*); in jmds. D. treten *(jmdm. dienen, für ihn arbeiten);* in jmds. D./Diensten sein/stehen *(bei jmdm. in Stellung sein);* er hatte im D. des Königs, beim König in D., in königlichen Diensten gestanden; mein Vater ist nicht mehr im D. *(ist nicht mehr berufstätig, ist pensioniert);* er wurde vom D. suspendiert (bildungsspr.). **c)** *Tätigkeitsbereich:* er ist Beamter des mittleren Dienstes, im gehobenen D.; er steht im öffentlichen D.; jmdn. in den diplomatischen D. übernehmen. **2.** *Dienstleistung, Hilfe:* der D. am Kunden; Sprichw.: ein D. ist des anderen wert · jmdm. seinen D./seine Dienste anbieten *(sich bereit erklären, jmdm. zu helfen);* jmds. Dienste in Anspruch nehmen; jmdm. einen großen D. erweisen; er hat mir mit seiner Fürsprache einen schlechten D. erwiesen *(mir geschadet);* diese Werkzeugbank wird dieselben Dienste tun; die alte Lokomotive tut immer noch ihre Dienste *(fährt immer noch, ist einsatzbereit).* * **außer Dienst** /Abkürzung: a. D./ *(im Ruhestand):* er ist Major, Minister a. D. · **etwas in Dienst stellen** *(in Betrieb nehmen):* diese Lok, dieser Dampfer wurde 1929 in D. gestellt · **im Dienst einer [guten] Sache stehen; sich in den Dienst einer [guten] Sache stellen** *(etwas fördern, sich für etwas Gutes einsetzen)* · **etwas tut jmdm. gute Dienste** *(etwas ist jmdm. sehr nützlich):* dieses Gerät hat mir bei der Arbeit gute Dienste getan · (geh.:) **die Füße/die Beine versagen jmdm. den Dienst** *(jmd. kann nicht mehr weitergehen, sich fortbewegen)* · **zu jmds. Diensten/jmdm. zu Diensten stehen** *(jmdm. gefällig sein):* ich stehe immer zu Ihren Diensten; was steht zu [Ihren] Diensten? *(womit kann ich Ihnen gefällig sein, was wünschen Sie?).*

Dienstag, der: /*dritter Tag der Woche*/: heute ist D., der 9. Juni; den ganzen D. [über] hat es geregnet; am D., dem 9. Juni/(auch:) den 9. Juni; er kommt nächsten/am nächsten D.; [am] D. vor acht Tagen; [am] D. morgen, nachmittag, abend; D. vormittags, nachts; die Nacht von Montag auf/zum D.; von D. auf/zum Mittwoch.

dienstbar ⟨in den Wendungen⟩ (ugs., scherzh.:) **dienstbarer Geist** *(jmd., der sich eifrig um jmdn. bemüht, jmdn. bedient)* · **sich** (Dativ) **jmdn., etwas dienstbar machen** *(sich untertänig machen, in seinen Dienst zwingen):* wir haben uns die Atomenergie d. gemacht.

dienstlich: a) *das Amt, den Dienst betreffend:* eine [rein] dienstliche Angelegenheit; im dienstlichen Verkehr; jmdn. mit etwas d. beauftragen; d. verhindert sein. **b)** *streng offiziell, amtlich:* das ist ein dienstlicher Befehl; in streng dienstlichem Ton; d. werden *(vom persönlichen zum formellen Ton übergehen).*

Dienstweg, der: *vorgeschriebener Bearbeitungsweg:* den D. gehen, einhalten; etwas auf dem D. erledigen.

dieser, diese, dieses ⟨Demonstrativpronomen⟩: **a)** /attributiv/ dieser Baum; diese Stadt; dieses/(seltener:) dies Buch; dieses eine Mal; diese beiden; dies alles/alles dies kann man kaufen; am Letzten dieses Monats; die Versammlung fand dieser Tage statt. **b)** /alleinstehend/ dies[es] ist mein Exemplar; gerade diese möchte ich haben; Mutter und Tochter verließen den Raum, diese bestürzt, jene belustigt. * **dies und das/dieses und jenes** *(mancherlei)* · **dieser und jener** *(mancher)* · **dieser oder jener** *(irgendeiner).*

diesseits: 1. ⟨Präp. mit Gen.⟩ *auf dieser Seite:* d. des Flusses. **2.** ⟨Adverb⟩ *auf dieser Seite:* d. vom Rhein.

Differenz, die (bildungsspr.): **1.a)** *Unterschied:* eine beträchtliche, unbedeutende D.; eine D. von 2 DM, von 20 Minuten; die D. zwischen Berechnung und Messung ist erheblich. **b)** (Math.) *Ergebnis der Subtraktion:* die D. bestimmen, ausrechnen; die D. von zehn minus acht ist zwei. **2.** ⟨meist Plural⟩ *Meinungsverschiedenheit:* eine kleine D. mit jmdm. haben; zwischen den beiden bestehen dauernd Differenzen, kommt es oft zu Differenzen; persönliche Differenzen haben; die Differenzen konnten beigelegt werden.

Diktat, das (bildungsspr.): **1.a)** *das Diktieren:* beim D. sein; nach D. verreist; einen Brief nach D. des Chefs schreiben; Fräulein ..., bitte zum D.! **b)** *das Diktierte:* ein D. aufnehmen; das D. in die Maschine übertragen. **c)** *niederzuschreibender Text in der Schule:* ein einfaches, schwieriges D.; ein D. schreiben; die Diktate korrigieren, zurückgeben. **2.** *etwas Aufgezwungenes:* das D. der Siegermächte; der Vertrag kommt einem D. gleich; sich nicht dem D. fügen, beugen.

diktatorisch (bildungsspr.): *unumschränkt, autoritär:* eine diktatorische Staatsform; [ein Land] d. regieren; übertr. (abwertend): *herrisch; keinen Widerspruch duldend:* ein diktatorischer Chef, Trainer; sein Vorgehen ist sehr d.; etwas d. entscheiden, bestimmen.

Diktatur, die (bildungsspr.): *unumschränkte [Gewalt]herrschaft; Staat, der diktatorisch regiert wird:* eine militärische, totale, gemäßigte D.; die D. des Proletariats; eine D. errichten, stürzen; in/unter einer D. leben; übertr. (abwertend): *Willkür-, Gewaltherrschaft:* die D. einer Partei, des Chefs; unter jmds. D. zu leiden haben.

diktieren (bildungsspr.): **1.** ⟨[etwas] d.⟩ *zum wörtlichen Niederschreiben vorsagen:* langsam, schnell, leise d.; einen Brief d.; etwas auf Band, direkt in die [Schreib]maschine d.; ⟨jmdm. [etwas] d.⟩ sie können mir den Entwurf jetzt d. **2.** ⟨etwas d.⟩ *vorschreiben, aufzwingen:* die Konzerne diktieren die Preise; Paris diktiert die Mode; der Gegner hat von Anfang an den Kampf, das Tempo diktiert; ⟨jmdm. etwas d.⟩ jmdm. eine Strafe von drei Monaten Gefängnis d. *(auferlegen);* ich lasse mir nicht von Ihnen d., was ich zu tun habe. * **etwas ist von etwas diktiert** *(etwas ist von etwas bestimmt, geprägt):* sein Denken und Handeln ist von der Vernunft diktiert.

Dilemma, das (bildungsspr.): *Zwangslage:* ein großes, schweres D.; er weiß nicht, wie er aus dem D. herauskommen soll; sich in einem D. befinden; in ein D. geraten; jmdn. in ein D. bringen.

Dimension, die: **1.** (Physik) *Ausdehnung eines Körpers nach Länge, Breite, Höhe:* die erste, zweite D.; ein Körper hat drei Dimensionen. **2.** (bildungsspr.) *Ausmaß:* das Projekt nimmt ungeheure, ungeahnte Dimensionen an.

Ding, das: **1.** *Gegenstand, Sache:* teure, nützliche, neuartige, wertlose, ausgefallene, alltägliche, private Dinge; Gott ist der Schöpfer aller Dinge; Philos.: das Ding an sich *(das Sein unabhängig von der Erkenntnis);* Redensarten: das ist ein ander D. (geh., veraltend; *das ist etwas anderes);* aller guten Dinge sind drei; Sprichw.: gut D. will Weile haben; jedes D. hat zwei Seiten *(alles hat seine Vor- und Nachteile).* **2.** <Plural> **a)** *Angelegenheiten, Sachen; Vorgänge, Ereignisse:* persönliche und geschäftliche Dinge besprechen; die Dinge sind noch im Fluß; es bereiten sich große Dinge vor; er hat andere Dinge im Kopf; Redensart: harren wir der Dinge, die da kommen sollen (geh.; *warten wir ab*) · in diesen Dingen weiß er Bescheid. **b)** *Gegebenheiten:* die Dinge ändern sich; die Dinge richtigstellen, richtig darstellen, genauer betrachten, untersuchen; nach Lage der Dinge ...; sich nach dem Stand der Dinge erkundigen. **3.** (ugs.) **a)** *etwas, was [absichtlich] nicht näher bezeichnet wird:* ein riesiges D.; es war so ein kleines, viereckiges D.; was ist das für ein D.?; die alten Dinger kannst du wegwerfen; mit diesen Dingern kann ich nichts anfangen. **b)** *Sache; Unternehmung; Tat:* das ist ein tolles (ugs.) D.; ein D. mit 'nem Pfiff (ugs.; *etwas Besonderes*); ein D. wie 'ne Wanne (ugs.; *etwas Großartiges, Außergewöhnliches*); was macht ihr bloß für Dinge[r]?; morgen abend lassen wir das D. steigen (ugs.; *führen wir das Geplante aus*); er macht, schiebt keine krummen Dinger (ugs.; *stellt nichts an, begeht kein Verbrechen*). **4.** (ugs.) *Mädchen:* ein hübsches, fixes, albernes, naseweises, nettes, freches D.; die dummen Dinger; die jungen Dinger sind zu nichts zu gebrauchen. * (kath. Rel.:) **die Letzten Dinge** *(Sammelname für Tod, Gericht, Himmel, Hölle)* · **etwas ist ein Ding der Unmöglichkeit** *(etwas ist nicht möglich)* · (ugs.:) **ein Ding drehen** *(etwas anstellen; ein Verbrechen begehen)* · (ugs.:) **jmdm. ein Ding verpassen** *(jmdm. eins auswischen)* · **guter Dinge sein** *(gut aufgelegt sein)* · **unverrichteter Dinge** *(ohne etwas verwirklicht, erreicht zu haben)* · **etwas geht nicht mit rechten Dingen zu** *(etwas ist merkwürdig, unerklärlich; etwas ist auf unredliche Weise geschehen)* · **über den Dingen stehen** *(sich nicht allzusehr von etwas beeindrukken lassen)* · **vor allen Dingen** *(vor allem, besonders).*

dingfest <in der Wendung> jmdn. dingfest machen: *jmdn. verhaften.*

dir: 1. /Personalpronomen; 2. Person Sing. Dativ/: ich glaube d.; das liegt an/bei d.; ist d. übel?; Redensart: wie du mir, so ich d. **2.** /Dativ des Reflexivpronomens/: was stellst du d. eigentlich vor? * (ugs.:) **mir nichts, dir nichts** *(einfach so; ohne nähere Erklärung).*

direkt: 1. *unmittelbar:* der direkte Weg; eine direkte Verbindung; ein direkter *(durchgehender)* Wagen [von Frankfurt] nach Rom; in direkter Linie von jmdm. abstammen; ein direktes Interesse an etwas haben; Geldw.: direkte Steuern; Sprachw.: direkte *(wörtliche)* Rede; Sport: direkter Freistoß · er kam d. *(geradewegs)* auf mich zu; das Haus liegt d. am Wald; d. beim/vom Bauern kaufen; nach dem Dienst d. *(sofort)* nach Hause gehen; d. miteinander verhandeln. **2.** (ugs.) **a)** *ganz offen, unverblümt, ohne Umschweife:* direkte Fragen stellen; er ist in seinen Äußerungen immer sehr d.; jmdn. d. auf etwas ansprechen. **b)** *geradezu, wirklich:* das war d. unverschämt, d. eine Beleidigung; die Farben stören d.; da habt ihr d. Glück gehabt; das hat mich d. gefreut.

Direktive, die (bildungsspr.): *Weisung:* geheime Direktiven; neue Direktiven ab-, erwarten; wir haben strenge Direktiven [bekommen], wie wir uns zu verhalten haben; sich an die Direktiven des Ministeriums halten.

dirigieren (bildungsspr.): **1.** (Musik) **a)** <[jmdn., etwas] d.> *[jmdn., etwas] als Dirigent leiten:* ein Orchester, einen Chor d.; er wird bei den Festspielen zwei Konzerte d.; straff, gestenreich, ohne Taktstock d.; heute abend dirigiert ...; übertr. Sport: der Mittelfeldspieler dirigierte gestern großartig seinen Sturm. **b)** <etwas d.> *etwas dirigierend aufführen:* eine Oper, ein Chorwerk d.; er dirigierte die Symphonie sehr pathetisch. **2. a)** <jmdn., etwas d.> *bestimmend leiten, steuern:* den Verkehr, ein Geschehen, die Wirtschaft d. **b)** <jmdn., etwas d.; mit Raumangabe> *irgendwohin lenken, geleiten:* eine Wagenkolonne durch die Innenstadt zum Bahnhof d.

Diskrepanz, die (bildungsspr.): *Unstimmigkeit, Mißverhältnis:* eine starke, auffällige D.; die D. zwischen Theorie und Praxis; hier bestehen erhebliche Diskrepanzen.

diskret (bildungsspr.): **a)** *vertraulich, geheim:* ein diskretes Gespräch; eine diskrete Angelegenheit; jmdm. d. mitteilen, daß ...; alle Zuschriften werden d. behandelt. **b)** *unauffällig, unaufdringlich:* ein diskretes Parfüm, Muster; mit einer diskreten Geste gab er mir zu verstehen, daß ...; die Farben des Kleides sind sehr d.; d. im Hintergrund bleiben. **c)** *taktvoll:* ein diskreter Mensch; ein diskretes Benehmen; ihr Mann ist sehr d.; etwas d. übergehen, überhören, regeln; d. schweigen, zur Seite sehen.

Diskretion, die (bildungsspr.): **a)** *Verschwiegenheit:* D. [ist] Ehrensache!; strengste D. wahren, jmdm. zusichern; etwas mit D. behandeln; jmdn. um äußerste D. in einer Angelegenheit bitten. **b)** *taktvolle Zurückhaltung, Takt:* vornehme D.; D. üben.

Diskussion, die (bildungsspr.): *Meinungsaustausch, Aussprache:* eine sachliche, eingehende, offene, freimütige, erregte, endlose D.; eine D. zwischen Politikern und Journalisten; die D. *(das Diskutieren)* von aktuellen Fragen; die D. über den Haushaltsplan war sehr lebhaft, verlief stürmisch; die D. beginnt, kommt in Gang; die D. eröffnen, leiten, beenden; etwas löst eine lange D. aus; sich an der D. beteiligen; sich [mit jmdm.] auf keine D. einlassen; jmdn. in eine D. verwickeln, hineinziehen; in die D. eingreifen; etwas in die D. bringen, werfen; der Vorschlag wurde ohne lange D. akzeptiert; es kam zu einer längeren D.; etwas zur D. stellen.

diskutieren (bildungsspr.): **a)** *seine Meinungen*

über etwas austauschen: ruhig, sachlich, lebhaft, leidenschaftlich [über ein Problem] d. **b)** ⟨etwas d.⟩ *erörtern, durchsprechen:* einen Plan, einen Vorschlag, ein Thema d.; wir müssen diese Frage noch ausführlich d.; etwas ist noch nicht zu Ende diskutiert.

disponieren (bildungsspr.): **a)** ⟨über jmdn., über etwas d.⟩ *verfügen:* über das Geld, die notwendigen Mittel, über das Personal frei d. können. **b)** *vorausplanen:* nicht d. können; gut, nicht weitsichtig genug d.

disponiert (bildungsspr.) ⟨in den Verbindungen⟩ **disponiert sein** ⟨mit Artangabe⟩ *(sich in einer bestimmten Form befinden, aufgelegt sein):* er ist gut, ausgezeichnet, schlecht d. · **zu/für etwas disponiert sein** (Med.; *die Veranlagung zu etwas haben. zu etwas neigen):* er ist für diese Krankheiten, zu Asthma besonders disponiert.

Disposition, die: **1.** (bildungsspr.) *Verfügungsgewalt über etwas:* volle, freie, uneingeschränkte D. über das Vermögen haben; etwas steht [jmdm.] zur D.; etwas zur D. stellen. **2.** (bildungsspr.) **a)** *Anordnung:* Dispositionen treffen. **b)** *Gliederung:* eine klare D.; die D. des Aufsatzes ist übersichtlich, logisch; [zu etwas] eine D. machen, entwerfen. **3.** (Med.) *Veranlagung, Neigung:* eine angeborene D.; er hat eine starke D. für/zu Erkältungskrankheiten. * (veraltend:) **jmdn. zur Disposition stellen** *(in den einstweiligen Ruhestand versetzen).*

Distanz, die (bildungsspr.): **1. a)** *Abstand, räumliche Entfernung:* die D. zwischen den Markierungen beträgt nur wenige Meter; etwas auf eine D. von 300 Metern/(auch:) Meter treffen; übertr.: zu einer Sache noch nicht die nötige D. haben. **b)** (Sport) *zurückzulegende Strecke:* die kurze D. *(Sprintstrecke);* die langen Distanzen *(Langstrecken);* er benötigte die ganze D. *(vorgesehene Wettkampfdauer, Rundenzahl),* um seinen Gegner zu besiegen; der Boxkampf ging über die volle D. *(Rundenzahl).* **2.** *respektvoller Abstand, Zurückhaltung:* [die] D. halten; die gebührende D. [zwischen sich und den anderen] wahren; auf D. bedacht sein.

distanzieren: 1. (bildungsspr.) ⟨sich von jmdm., von etwas d.⟩ *von jmdm., von etwas abrücken:* sich von einer Äußerung, von einer Veröffentlichung d.; er hat sich von seinen Parteifreunden distanziert; adj. Part.: eine distanzierte Haltung; er wirkte sehr d. **2.** (Sport) ⟨jmdn. d.⟩ *klar überbieten, besiegen:* er hat seine Konkurrenten klar, um 30 Meter, um fast drei Sekunden distanziert.

Disziplin, die (bildungsspr.): **1.** *Zucht, Ordnung:* freiwillige, eiserne D.; hier herrscht strenge D.; die D. [in der Klasse, bei den Schülern] ist denkbar schlecht; D. verlangen, fordern, halten, üben, wahren; die D. untergraben; Mangel an D.; für D. sorgen; etwas verstößt gegen die D. **2. a)** *Wissenschaftszweig, Fachbereich:* die naturwissenschaftlichen Disziplinen. **b)** *Sportart:* die alpine D.; er beherrscht mehrere Disziplinen der Leichtathletik.

doch: 1. ⟨Konj. oder Adverb⟩ *aber:* ich habe mehrmals angerufen, d. er war/d. war er nicht zu Hause; die Wohnung ist herrlich, d. [ist sie/sie ist] auch teuer. **2.** ⟨Adverb⟩: **a)** /immer betont/ *dennoch:* er sagte es höflich und d. bestimmt; der Urlaub war d. [noch] schön. **b)** /schließt eine begründende Aussage an/: er bot mir den Wagen gar nicht an, wußte er d. *(weil er wußte),* daß ich mir so ein teures Fahrzeug nicht leisten kann. **c)** /immer betont; als Antwort auf eine negativ formulierte Aussage oder Frage/: „das stimmt nicht!" – „doch!"; ja d.! **d)** /stark betont/ *tatsächlich:* er hat d. recht; es ist d. so, wie ich gesagt habe; also d. **e)** /gibt einer Frage oder Aussage eine bestimmte Nachdrücklichkeit/: das hast du d. gewußt; paß d. auf!; Sie kommen d. [oder nicht]?; es wird d. nichts passiert sein.

Doktor, der: **1.** *akademischer Grad* /Abkürzung: Dr./: er ist D. der Philosophie; D. ehrenhalber; sehr geehrter Herr Dr. Schulz!; sehr geehrter Herr Doktor! /*Briefanreden*/; die Herren Doktoren ...; den medizinischen D. haben; seinen D. machen (ugs.), bauen (ugs.); den Titel eines Doktors beider Rechte erwerben, führen; zum D. promovieren, promoviert werden. **2.** (ugs.) *Arzt:* ein guter D.; der Onkel D. (Kinderspr.); einen D. rufen, holen, kommen lassen; keinen D. brauchen; beim D. sein; zum D. gehen.

Dokument, das (bildungsspr.): **1.** *Urkunde, amtliches Schriftstück:* ein echtes, versiegeltes, geheimes D.; das D. ist gefälscht; Dokumente sichern, aufbewahren, veröffentlichen, vernichten, jmdm. zugänglich machen; der Bericht stützt sich auf Dokumente. **2.** *Beweisstück, Zeugnis:* das hier ist ein wichtiges D. für den Prozeß; der Film ist ein erschütterndes D. des Krieges.

doll (ugs., nordd.): *sehr* /verstärkend bei Verben/: er ist d. verliebt in sie; es hat d. wehgetan; ich habe mich d. gestoßen.

Dom, der: → Kirche:

Domäne, die (bildungsspr.): **1.** *Staatsgut:* eine ertragreiche D.; eine D. pachten, verwalten. **2.** *Spezialgebiet eines Menschen:* Sozialgeschichte ist seine D.; das ist seine ureigenste D.

dominieren (bildungsspr.): *vorherrschen:* in dieser Stadt dominiert die konservative Partei; helle Farben dominieren in der neuen Herbstmode; auf einem Gebiet eine dominierende *(beherrschende)* Rolle spielen.

Donner, der: *dumpf rollendes Geräusch, das dem Blitz folgt:* ein lang anhaltender, heftiger, schwacher, dumpfer D.; dem Blitz folgte unmittelbar der D.; der D. rollt, grollt, kracht, hallt wider; bildl.: der D. der Kanonen; wie vom D. gerührt, getroffen *(erstarrt)* dastehen. * (ugs.:) **Donner und Blitz!; Donner und Doria!; ach du Donnerchen!** /*Ausrufe des Erstaunens*/.

donnern: 1. ⟨es donnert⟩ *der Donner rollt:* es blitzt und donnert; übertr.: *etwas gibt ein donnerndes Geräusch von sich:* man hörte die Geschütze d.; die Motoren donnern; adj. Part.: mit donnernden Hufen; donnernder Applaus; donnerndes Gelächter. **2.** ⟨etwas donnert; mit Raumangabe⟩ *etwas bewegt sich mit donnerndem Geräusch fort, irgendwohin:* der Zug donnert über die Brücke; eine Lawine war zu Tal gedonnert. **3. a)** ⟨etwas d.; mit Raumangabe⟩ *mit Wucht irgendwohin schleudern, schießen:* der Schüler donnerte seine Mappe in die Ecke; der Mittelstürmer donnert den Ball an die Latte; ⟨auch ohne Akk.⟩ er donnerte unhaltbar ins Tor. **b)** (ugs.) ⟨gegen etwas d.⟩ *gegen etwas heftig schlagen, mit Wucht prallen:* er war gegen einen

Baum gedonnert. **4.** (ugs.) *brüllen, wettern, schimpfen:* gegen die Schlamperei d.; er donnerte furchtbar, weil wir zu spät kamen.

Donnerschlag, der: *heftiger Donner:* ein gewaltiger D. erschreckte uns alle; übertr.: die Nachricht wirkte [auf uns] wie ein D.

Donnerstag, der: */fünfter Tag der Woche/:* heute ist D., der 1. Mai; am D., dem 1. Mai/(auch:) den 1. Mai; er kommt nächsten/am nächsten D.; am D. abend; D. vormittags; die Nacht von Mittwoch auf D.

Donnerwetter, das (ugs.): *große Schelte:* es gab zu Hause ein großes, fürchterliches D.; das wird ein schönes D. [ab]setzen, [ab]geben; sich auf ein D. gefaßt machen. * **da soll doch gleich ein D. dreinschlagen/dreinfahren!; zum D. [noch einmal]!** */Ausrufe der Verärgerung/* · **Donnerwetter!** */Ausruf des Erstaunens, der Bewunderung/.*

doof (ugs.; abwertend): → dumm.

doppelt: 1. *zweifach:* die doppelte Länge; der Koffer hat einen doppelten Boden; doppeltes Gehalt beziehen; (Kaufmannsspr.:) doppelte Buchführung; einen doppelten Klaren trinken; doppelte *(gefüllte)* Nelken; die Fenster sind d. verglast; etwas zählt d.; der Stoff, das Papier liegt d.; Redensarten: das ist doppelt gemoppelt (ugs.; *unnötigerweise zweimal gesagt*); d. [genäht] hält besser; Sprichwörter: geteilte Freude ist doppelte Freude · d. gibt, wer schnell gibt; d. *(noch einmal)* so alt, groß, schön, lange, teuer wie ...; subst.: das Doppelte bezahlen; die Kosten sind auf das Doppelte gestiegen; einen Doppelten (ugs.; *doppeltes Maß Schnaps*) trinken. **2.** *besonders groß, stark; ganz besonders:* etwas mit doppeltem Eifer betreiben; wir müssen uns jetzt d. vorsehen. **3.** *unaufrichtig:* eine doppelte Moral *(unterschiedliche moralische Beurteilung eines Tatbestandes).* * **[mit jmdm.] ein falsches/doppeltes Spiel treiben** *(unehrlich handeln, mit jmdm. verfahren* · (ugs.:) **doppelt sehen** *(betrunken sein)* · **doppelt und dreifach** *(über das Notwendige hinausgehend):* etwas d. und dreifach sichern.

Dorf, das: *kleine ländliche Siedlung:* ein altes, verträumtes, abgelegenes D.; stille, heimatliche Dörfer; Redensart: die Welt ist ein D. *(man trifft sich überall, selbst an einem entfernten Ort)* · aufs D. ziehen; auf dem D. wohnen; vom D. in die Stadt ziehen; übertr.: das ganze D. *(alle Dorfbewohner)* ist auf dem Feld. * **das olympische Dorf** *(Wohngebiet der Olympiasportler)* · **Potemkinsche Dörfer** *(Vorspiegelungen, Trugbilder)* · (ugs.:) **das sind jmdm./für jmdn. böhmische Dörfer** *(jmd. versteht etwas nicht, findet etwas unerklärlich, seltsam)* · (Kartenspiel:) **auf die Dörfer gehen** *(Farben statt Trumpf ausspielen)* · **die Kirche im Dorf lassen** *(etwas im vernünftigen Rahmen belassen)* · **mit der Kirche ums Dorf fahren** *(einen unnötigen Umweg machen).*

Dorn, der: **a)** *Pflanzenstachel:* Rosen haben Dornen; einen D. aus der Haut ziehen, entfernen; sich (Dativ) einen D. in den Fuß treten; sich an den Dornen reißen, ritzen, verletzen, stechen; übertr. (geh.): sein [Lebens]weg war voller Dornen *(Leiden).* **b)** (dichter.) *Dornbusch:* blühender D. * **jmdm. ein Dorn im Auge sein** *(jmdn. stören und ihm deshalb verhaßt sein).*

dort ⟨Adverb⟩: *an jenem Platz, Ort:* d. oben, drüben, vorn; d. wohnt er; d., wo das Haus steht, ist die Post; d. an der Straße; wer ist d.? (beim Telefongespräch); ich komme gerade von d. *(dorther);* von d. aus können Sie mich anrufen. * **da und dort: a)** *(an einigen Orten, an manchen Stellen).* **b)** *(manchmal; hin und wieder).*

dorthin ⟨Adverb⟩: *nach dort:* stell dich d.!; wie komme ich am schnellsten d.?; d. ist es mit ihm gekommen *(so weit hat er es gebracht, so tief ist er gesunken).*

Dose, die: **1. a)** *kleiner Behälter mit Deckel:* eine D. aus Porzellan; Pralinen in eine D. tun. **b)** *Konservenbüchse:* eine D. grüne Erbsen, Fisch; eine D. öffnen, aufmachen (ugs.); Fleisch, Wurst, Bier in Dosen. **2.** (Technik) *Steckdose:* den Stecker in die D. stecken, aus der D. ziehen. **3.** (selten) *Dosis:* er hat eine zu starke D. genommen.

dösen (ugs.): **1.** *leicht schlafen:* ich habe im Liegestuhl etwas gedöst. **2.** *nicht aufmerksam sein:* die Schüler dösten [vor sich hin].

Dosis, die (bildungsspr.): *entsprechende, zugemessene [Arznei]menge:* eine schwache, zu starke, lebensgefährliche, tödliche D.; sie hat eine beträchtliche D. [an] Schlaftabletten zu sich genommen; jmdm. eine D. verabreichen, übertr.: jmdm. etwas in kleinen Dosen *(nicht auf einmal, nach und nach)* verabreichen (ugs.), beibringen (ugs.).

Drache, der: *feuerspeiendes Fabeltier:* ein feuriger, feuerspeiender D.; der Kampf mit dem Drachen.

Drachen, der: **1.** */ein Kinderspielzeug/:* einen D. basteln; im Herbst die Drachen steigen lassen. **2.** (ugs.; abwertend) *zänkische Frau:* sie ist ein [furchtbarer, elender] D.

Draht, der: **1. a)** *schnurförmig ausgezogenes Metall:* ein gedrehter, dünner D.; ein Stück D. aus Kupfer; Drähte [aus]ziehen *(herstellen);* den D. abklemmen; über einen D. stolpern. **b)** *Telephon-, Telegraphendraht, Leitungsdraht:* Drähte ziehen; die Drähte sind durchgeschmort (ugs.), schlecht isoliert; am anderen Ende des Drahtes *(der Telephonleitung)* meldete sich eine Frauenstimme; die Nachricht kam per/über D. (veraltend; *telegraphisch*); übertr.: der D. zwischen London und Salisbury ist gerissen *(die Beziehungen sind gestört);* einen [geheimen, verborgenen] D. *(eine Verbindung)* zu Widerstandsorganisationen haben. **c)** (Soldatenspr.) *[Stachel]drahtverhau:* nicht durch den D. kommen; die Flüchtlinge blieben im D. hängen. **2.** (ugs., veraltend) *Geld:* ich hätte gern eine Menge D. * **heißer Draht** *(direkte telephonische Verbindung [zwischen den Regierungen der Großmächte], besonders für ernste Konfliktsituationen)* · (ugs.:) **auf Draht sein** *(äußerst wachsam, wendig sein).*

Drahtzieher, der (abwertend): *entscheidenden Einfluß ausübende Person:* die Drahtzieher der Bewegung halten sich verborgen; die eigentlichen Drahtzieher sind nicht bekannt.

drakonisch (bildungsspr.): *äußerst streng:* drakonische Maßnahmen, Gesetze, Strafen; mit drakonischer Strenge vorgehen.

Drama, das: **1.** *Schauspiel [mit tragischem Ausgang]:* ein bühnenwirksames, packendes D.; das deutsche, klassische, moderne D.; ein D. in fünf Akten; Brechts Dramen; ein D. von Shakespeare; ein D. schreiben, aufführen, inszenieren, spielen. **2.** *aufregendes Geschehen, Vorgang mit tragischen Folgen:* das D. der Geiselbefreiung; ihre Ehe war ein einziges D.; die Versorgung/mit der Versorgung ist es ein D. *(die Versorgung ist schwierig);* mache daraus kein D. *(übertreibe die Sache nicht so);* die Flucht endete in einem D.

dramatisch: 1. *das Drama betreffend:* die dramatische Kunst, Literatur; der dramatische Konflikt; einen Stoff d. bearbeiten, gestalten. **2.** *aufregend, spannend:* ein dramatisches Rennen; eine dramatische Rettungsaktion; das Spiel war, verlief äußerst d.; die Situation spitzte sich d. zu.

dramatisieren (bildungsspr.) ⟨etwas d.⟩: *etwas schlimmer darstellen, als es wirklich ist:* Ereignisse, Vorfälle, eine Situation, ein Mißgeschick d.

dran (ugs.) ⟨Pronominaladverb⟩: *daran:* mir liegt nichts d.; ich werde d. denken; an der Geschichte ist schon was [Wahres] d.; übertr. ⟨in Verbindung mit *sein* in bestimmten Fügungen und Redensarten⟩: nicht wissen, wie man bei jmdm. d. ist *(was man von jmdm. zu halten hat);* gut, schlecht, übel d. sein *(es gut, schlecht, übel haben);* er ist mit seiner Frau gut d. *(hat eine gute Wahl mit ihr getroffen);* an dem Motor, an der Batterie ist etwas d. *(ist etwas nicht in Ordnung);* an dem Gerät ist nichts d. *(es ist in Ordnung, funktioniert);* an seiner Freundin ist nichts d. *(sie ist nicht hübsch, nicht reizvoll);* da ist alles d.! *(das hat alle Vorzüge, ist großartig);* ich hatte eine Erkältung, da war alles d. (iron.; *ich hatte eine sehr schlimme Erkältung*). * (ugs.:) **dran sein**/(scherzh.:) **am dransten sein** *(an der Reihe sein;* auch übertr.: *zur Verantwortung gezogen werden; sterben müssen)* · (ugs.:) **dran glauben müssen** *(vom Schicksal ereilt werden, sterben müssen)* · (ugs.:) **drauf und dran sein, etwas zu tun** *(fast so weit sein, etwas [Negatives] zu tun)* · (ugs.:) **das ganze Drum und Dran** *(alles, was dazugehört)* · (ugs.:) **... was drum und dran ist** *(... was dazugehört, damit in Verbindung steht).*

Drang, der: **a)** (selten) *Zwang:* der D. des Augenblicks, der gegenwärtigen Verhältnisse. **b)** *starker innerer Antrieb:* einen starken, heftigen D. [in sich] fühlen, [ver]spüren; einen D. zum Lügen haben; Sport: er hat einen starken D. zum Tor · einem inneren D. nachgeben. * **der Sturm und Drang** /*eine Literaturepoche*/.

drängeln: 1. a) *unablässig schiebend und drückend sich in einer Menge vorschieben:* du brauchst nicht zu d., du kommst doch nicht eher dran (ugs.); wer drängelt da so? **b)** ⟨jmdn., sich d.; mit Raumangabe⟩ *unablässig schiebend und drückend vorwärts bewegen, irgendwohin bewegen:* sich nach vorn, durch die Menge, an jmds. Seite d.; der Portier drängelte ihn zur Tür, in die Ecke. **2.** (fam.) ⟨[jmdn.] d.⟩ *jmdn. unablässig zu etwas zu bewegen suchen:* so lange d., bis der andere nachgibt; er drängelte zum Aufbruch, weil er müde war; das Kind drängelte die Mutter, ein Eis zu kaufen.

drängen /vgl. gedrängt/: **1.** *in einer Menge schieben und drücken, um ein Ziel zu erreichen:* **a)** bitte nicht d.!; die Leute drängten so unvernünftig, daß die Tore nicht geöffnet werden konnten. **b)** ⟨sich d.; mit Raumangabe⟩ Tausende drängten sich vor den Eingängen zum Stadion; in den Ausstellungshallen hatten sich die Besucher gedrängt; die Bahn, der Saal war gedrängt voll. **2.** ⟨jmdn., sich d.; mit Raumangabe⟩ *schiebend und drückend vorwärts bewegen, irgendwohin bewegen:* jmdn. zur Seite, in die Ecke, nach vorn d.; sich durch die Menge, zur Kasse, an jmds. Seite d.; alles drängte zum Ausgang; übertr.: jmdn. in den Hintergrund d.; sich in den Vordergrund d. **3. a)** ⟨jmdn. zu etwas d.⟩ *bewegen, etwas zu tun; ungeduldig antreiben:* jmdn. d., seine Schulden zu bezahlen; sein Freund hatte ihn zur Wiedergutmachung des Schadens gedrängt; ⟨auch ohne Präpositionalobjekt⟩ die Gläubiger drängten ihn wegen der Bezahlung; ⟨auch ohne Akk.⟩ zum Aufbruch d. **b)** ⟨auf etwas d.⟩ *auf etwas aussein, etwas fordern:* auf Lösung der Probleme, auf Abbruch der diplomatischen Beziehungen d.; seine Frau hatte auf Abreise gedrängt. **4.** ⟨etwas drängt⟩ *etwas verlangt rasches Handeln:* die Zeit drängt; eine drängende Aufgabe, Frage. * (geh.:) **es drängt mich, etwas zu tun** *(es ist mir ein Bedürfnis ...):* es drängte mich, ihm zu danken.

drankommen (ugs.): *an der Reihe sein:* als erster, nächster, letzter d.; wer kommt jetzt dran?; ich komme vor Ihnen dran.

drannehmen (ugs.): **a)** ⟨jmdn. d.⟩ *aufrufen:* der Lehrer hat den Schüler heute mehrmals drangenommen; der Arzt hat mich zwischendurch drangenommen. **b)** ⟨etwas d.⟩ *behandeln:* morgen werden wir die unregelmäßigen Verben drannehmen.

drastisch (bildungsspr.): **a)** *äußerst wirksam:* drastische Maßnahmen ergreifen; den Etat d. *(einschneidend)* kürzen. **b)** *unverblümt, derb:* eine drastische Schilderung; ein drastischer Spaß; seine Ausdrucksweise ist immer recht d.; das Beispiel ist sehr d. *(deutlich);* sich d. ausdrücken.

drauf ⟨Pronominaladverb⟩ (ugs.): *darauf:* er sitzt d. * (ugs.:) **etwas drauf haben** *(mit einer bestimmten Geschwindigkeit fahren):* er hat 80 Sachen d. · (ugs.:) **jmd. hat nichts drauf** *(ist nicht intelligent, kann nichts)* · (ugs.:) **drauf und dran sein, etwas zu tun** *(fast so weit sein, etwas [Negatives] zu tun).*

draufgehen (ugs.): **a)** *verbraucht werden:* im Urlaub, für das Auto ist mein ganzes Geld draufgegangen. **b)** *entzweigehen; zugrunde gehen:* bei der Arbeit ist mein Anzug draufgegangen; bei der Explosion wären wir alle beinahe draufgegangen *(umgekommen).*

drauflegen (ugs.) ⟨etwas d.⟩: *etwas zusetzen:* noch ein paar Mark d. [müssen]; ich lege noch etwas drauf und kaufe den besseren Wagen.

draußen ⟨Adverb⟩: **a)** *außerhalb eines Raumes:* d. vor der Tür, auf dem Flur, im Garten; bleib d.!; drinnen und d.; nach d. gehen; von d. hereinkommen. **b)** *irgendwo weit entfernt:* d. auf dem Meer, in der Welt.

drechseln ⟨etwas d.⟩: *auf der Drehbank und mit dem Schneidwerkzeug bearbeiten, herstellen:* eine Figur d.; gedrechselte Stuhlbeine; übertr. (scherzh.): *kunstvoll formen:* [mühsam] Worte, Phrasen, Verse d.; wie gedrechselt *(gekünstelt)* sprechen.

Dreck, der (ugs.): **1.** *Schmutz:* hier ist ein fürchterlicher D.; Handwerker machen viel D.; den D. zusammenkehren, entfernen; etwas ist voller D., voll von D.; in den D. fallen; im D. steckenbleiben; sich mit D. bespritzen; vor D. starren. **2.** (abwertend) *Angelegenheit, Kram:* macht euern D. alleine; den alten D. *(eine unangenehme Sache von früher)* wieder aufrühren; sich über jeden D. *(Kleinigkeit)* aufregen; sich um jeden D. [selbst] kümmern müssen. * (ugs.:) **einen Dreck** *(gar nichts):* sich einen D. daraus machen; das geht dich einen D. an; der hat uns einen D. zu befehlen; er versteht einen D. davon · (ugs.:) **[bis an den Hals/über die Ohren] im Dreck sitzen/stecken** *(in Schwierigkeiten sein)* · (ugs.; veraltet:) **im Dreck sitzen/liegen** *(arm sein)* · (ugs.:) **jmdn., etwas mit Dreck bewerfen** *(jmdn. verleumden)* · (ugs.:) **etwas in den Dreck ziehen/treten** *(über etwas nichts Gutes sagen)* · (ugs.:) **aus dem größten, gröbsten Dreck heraus sein** *(die größten Schwierigkeiten überwunden haben)* · (ugs.:) **die Karre/den Karren aus dem Dreck ziehen** *(eine verfahrene Angelegenheit bereinigen, etwas wieder in Ordnung bringen)* · (ugs.:) **die Karre/den Karren in den Dreck fahren** *(eine Sache verderben; schuld sein, wenn etwas nicht klappt)* · (ugs.:) **Dreck am Stecken haben** *(sich etwas haben zuschulden kommen lassen)* · (ugs.:) **mit Dreck und Speck** *(schmutzig, ungewaschen).*

dreckig (ugs.): **1.** *schmutzig:* dreckige Wäsche, Schuhe, Hände; der Boden, die Wohnung ist [ganz] d.; jmd. ist d. *(pflegt sich nicht);* sich d. machen. **2.** *frech, gemein:* ein dreckiges Grinsen, Lachen; ein dreckiger *(unanständiger)* Witz; dreckige Bemerkungen machen; d. lachen, feixen (abwertend). * (ugs.:) **jmdm. geht es dreckig** *(jmdm. geht es [finanziell] nicht gut).*

Dreh, der (ugs.): *Kunstgriff, Trick:* den richtigen D. herauskriegen (ugs.), finden, wegbekommen (ugs.), weghaben (ugs.), [noch nicht] heraushaben; er hat einen D. gefunden, wie man die Bestimmungen umgehen kann; auf einen D. verfallen; auf diesen D. wäre ich nicht gekommen; hinter einen D. kommen.

drehen: 1. a) ⟨jmdn., sich, etwas d.⟩ *im Kreis, um die Achse bewegen:* den Schalter, Griff, Verschluß [nach links] d.; die Kaffeemühle d.; der Sessel läßt sich d.; sich um sich selbst, um die eigene Achse d.; die Erde dreht sich um die Sonne; etwas dreht sich im Wind; die Tanzpaare drehten sich im Kreis; Sport: seine Runden, Runde um Runde d. *(einen [Rund]kurs absolvieren);* übertr.: die Gedanken drehen sich in meinem Kopf; mir dreht sich alles (ugs.; *mir ist schwindlig*). **b)** ⟨mit Umstandsangabe⟩ *einstellen:* den Apparat lauter d.; die Gasflamme auf klein d. **c)** ⟨an etwas d.⟩ *mit einer Drehbewegung etwas betätigen:* am Apparat, an der Kurbel, am Steuer d.; Redensart: da hat doch jmd. dran gedreht (ugs.; *da stimmt doch etwas nicht, ist etwas nicht in Ordnung*). **2.** *wenden, umkehren:* **a)** das Flugzeug, der Omnibus dreht; das Schiff drehte nach Norden. **b)** ⟨sich d.⟩ *sich wenden:* der Wind hat sich gedreht *(weht aus anderer Richtung);* sich seitwärts, nach rechts, hin und her, im Bett auf die andere Seite d. **c)** ⟨etwas d.⟩ *etwas wenden:* den Hals, den Kopf nicht mehr d. können; kaum hatte er den Rücken gedreht *(war er gegangen),* als ... **3.** ⟨etwas d.⟩ *mit Drehbewegungen formen, herstellen:* Pillen, Seile, Tüten d.; ich habe [mir, für meinen Freund] ein paar Zigaretten gedreht; Filmw.: einen Film d. *(Filmaufnahmen machen).* **4.** ⟨etwas dreht sich um jmdn., um etwas⟩ *etwas handelt von jmdm., von etwas:* bei/in dem Prozeß dreht es sich um Betrügereien; das Gespräch drehte sich um dieses eine Thema; alles dreht sich nur um ihn *(er ist die Hauptperson);* ich weiß nicht, worum es sich hier dreht; es dreht sich *(geht)* darum, daß ... **5.** (ugs.) ⟨etwas d.⟩ *etwas in bestimmter Weise beeinflussen:* eine Sache so d., daß sie nicht anfechtbar ist; man kann es d. und wenden, wie man will, es wird nicht besser. * (ugs.:) **etwas durch den Wolf drehen** *(im Fleischwolf zerkleinern)* · (ugs.:) **jmdn. durch den Wolf/durch die Mangel drehen** *(jmdn. hart herannehmen, ihm sehr zusetzen)* · (ugs.:) **ein Ding drehen** *(etwas anstellen; ein Verbrechen begehen)* · (ugs.:) **Daumen/Däumchen drehen** *(nichts tun, sich langweilen)* · **die/seine Fahne nach dem Wind[e] drehen** *(sich der jeweils herrschenden Meinung anschließen)* · (ugs.:) **jmdm. eine Nase drehen** *(jmdn. auslachen)* · (ugs.:) **jmdm. einen Strick aus etwas drehen** *(jmds. Äußerung oder Handlung so auslegen, daß sie ihm schadet).*

drei ⟨Kardinalzahl⟩: *3:* die d. Grazien, Nornen, Parzen; die Heiligen Drei Könige; die d. Weisen aus dem Morgenlande; wir sind zu dreien (veraltend), unser d. (geh.); es ist d. [Uhr]; er wird heute d. [Jahre alt]; Redensart: aller guten Dinge sind d. · die Aussagen dreier zuverlässiger Zeugen; er ißt, arbeitet für d.; viele Grüße von uns dreien; sich zu d. und d. aufstellen; übertr.: bleib mir d. Schritte vom Leib! *(komm mir nicht zu nahe!);* alle drei Minuten *(in kurzen Abständen, immer wieder)* jmdn. anrufen; subst.: in Latein eine Drei *(Note 3)* schreiben, haben; mit der Drei *(Straßenbahnlinie 3)* fahren; eine Drei würfeln. * (ugs.:) **ewig und drei Tage** *(sehr lange):* die Sitzung dauert ja ewig und d. Tage · (ugs.:) **nicht bis drei zählen können** *(dumm sein)* · (ugs.:) **hinter jmdm., hinter etwas drei Kreuze machen** *(sehr froh sein, daß jmd. endlich fortgegangen, daß etwas erledigt ist).* → acht.

dreifach: *dreimal bestehend, vorhanden:* ein dreifacher Sieg; ein dreifach[es] Hoch; ein Vertrag in dreifacher Ausfertigung; etwas ist d. isoliert, beschichtet; subst.: das Dreifache des Grundpreises bezahlen müssen; etwas auf, um das Dreifache vergrößern. * **doppelt und dreifach** *(über das Notwendige hinausgehend).*

dreißig: → achtzig.

dreist: *frech, unverschämt:* ein dreister Bursche; ein dreistes Benehmen; eine dreiste Herausforderung, Verleumdung; er wurde immer dreister; etwas d. *(unverfroren)* behaupten, fordern.

dreizehn ⟨Kardinalzahl⟩: *13:* der Spieler trägt die Nummer d.; Redensart: jetzt schlägt's [aber] d.! *(das geht aber zu weit, jetzt ist Schluß damit!);* subst.: die Dreizehn ist für ihn eine Unglückszahl.

dreschen: 1. ⟨[etwas] d.⟩ *die Körner aus etwas herausschlagen:* Korn, Weizen d.; zur Zeit wird Tag und Nacht gedroschen; mit der Maschine, auf dem Felde d.; subst.: die Bauern sind beim D. **2.** (ugs.) ⟨jmdn. d.⟩ *prügeln:* sie haben ihn gehörig, grün und blau gedroschen; wir haben uns gedroschen. **3.** (ugs.) ⟨etwas d.; mit Raumangabe⟩ *mit Wucht irgendwohin schlagen:* er drosch den Ball ins Tor; der Spieler hat über den Ball gedroschen; auf die Tasten d. * (ugs.:) **Skat dreschen** *(eifrig Skat spielen)* · (ugs.:) **Phrasen dreschen** *(mit großen Worten Nichtssagendes äußern)* · (ugs.:) **leeres Stroh dreschen** *(viel Unnötiges, Unsinniges reden).*

dressieren: 1. ⟨ein Tier d.⟩ *einem Tier bestimmte Fertigkeiten beibringen:* einen Hund, Pferde d.; der Hund ist auf den Mann dressiert. **2.** (Kochk.) ⟨etwas d.⟩ *Speisen, bes. Fleisch, kunstvoll anrichten:* einen Braten d.

drin (ugs.): *darin:* der Schlüssel steckt d.; es ist schon jmd. d. * (ugs.:) **etwas ist drin** *(etwas ist möglich, läßt sich machen):* mehr ist in dem Gespräch nicht d.; dieser Preis ist bei mir nicht d.; in dem Spiel ist noch alles d. *(ist noch keine Entscheidung gefallen).*

dringen: 1. ⟨mit Raumangabe⟩ *durch etwas hindurch an eine bestimmte Stelle gelangen; ein-, vordringen:* Wasser ist durch die Decke, in den Keller gedrungen; die Sonne dringt langsam durch den Nebel, durch die Wolken; das Gerücht drang bis zur höchsten Stelle; ⟨jmdm. d.; mit Raumangabe⟩ der Splitter drang ihm in die Brust. **2.** (geh.) ⟨in jmdn. d.⟩ *auf jmdn. heftig einwirken:* er drang mit seinem Anliegen in ihn; sie war in ihn gedrungen, ihr alles zu gestehen. **3.** ⟨auf etwas d.⟩ *[unnachgiebig] fordern, verlangen:* darauf d., daß etwas getan wird; der Arzt hatte darauf gedrungen, einen Spezialisten zu rufen; er dringt auf sofortige Zahlung.

dringend: a) *eilig, wichtig:* eine dringende Arbeit, Angelegenheit; ein dringendes *(sofort zu vermittelndes)* [Telefon]gespräch; eine Sache ist sehr d.; etwas d. benötigen; jmdn. d. *(unbedingt, sofort)* sprechen müssen. **b)** *zwingend, nachdrücklich:* ein dringendes Bedürfnis haben, etwas zu tun; es besteht der dringende Verdacht, daß ...; jmd. ist einer Tat d. verdächtig; ich muß Sie d. bitten, den Raum zu verlassen.

drinnen ⟨Pronominaladverb⟩: *innerhalb eines Raumes:* Ihr Besucher ist, wartet schon d.; er ist dort d.

dritt ⟨Ordinalzahl⟩: *3.:* die dritte Dimension; der dritte Fall *(Dativ);* ein Verwandter dritten Grades; er ist dritter, der dritte; der dritte von rechts; im dritten Gang fahren; von dritter Seite; heute ist [Montag], der dritte Juli; zu d. kommen, fahren; zum ersten, zum zweiten, zum dritten [und letzten]/Ausruf des Auktionators/; subst.: er ist der Dritte im Bunde; es ist noch ein Drittes zu erwähnen; etwas einem Dritten *(einem Unbeteiligten)* gegenüber erwähnen; sie spielen die Dritte *(3. Symphonie);* Sprichw.: wenn zwei sich streiten, freut sich der Dritte. * **der lachende Dritte** *(jmd., der aus der Auseinandersetzung zweier Personen einen Nutzen zieht).*

drohen: 1. *einzuschüchtern versuchen, warnen:* **a)** ⟨jmdm. d.⟩: jmdm. mit dem Finger, mit einem Stock d.; er hatte den Anwesenden offen gedroht; adj. Part.: eine drohende Handbewegung; eine drohende Haltung einnehmen; den Finger drohend erheben. **b)** ⟨jmdm. mit etwas d.⟩ einem Land mit Krieg d.; er drohte mir, mich anzuzeigen; er drohte ihm mit Entlassung/ ihn zu entlassen/ daß er ihn entlassen werde; ⟨ohne Dativ der Person⟩ er drohte, den Saal räumen zu lassen; die Regierung hat mit dem Abbruch der diplomatischen Beziehungen gedroht/hat gedroht, die diplomatischen Beziehungen abzubrechen. **2.** ⟨mit Infinitiv⟩ *im Begriff sein, etwas zu tun:* er drohte zusammenzubrechen; das Haus droht *(ist in Gefahr)* einzustürzen. **3.** ⟨etwas droht⟩ *etwas steht bevor, kann eintreffen:* es droht ein Gewitter; eine Katastrophe hatte gedroht; eine drohende Gefahr; ⟨etwas droht jmdm., einer Sache⟩ dem Land droht eine Wirtschaftskrise; ihm droht Gefahr.

dröhnen ⟨etwas dröhnt⟩: **a)** *etwas tönt hallend und durchdringend:* die Motoren dröhnen; seine Stimme dröhnte durch das Haus; der Donner der Geschütze dröhnt aus der Ferne; ⟨etwas dröhnt jmdm.; mit Raumangabe⟩ der Lärm dröhnte uns allen in den Ohren, im Kopf. **b)** *etwas ist von lautem, vibrierendem Schall erfüllt:* der ganze Saal dröhnte [vom Applaus]; bildl.: der Erdboden dröhnte unter den Hufen; ⟨etwas dröhnt jmdm.⟩ uns dröhnten vom Lärm die Ohren.

Drohung, die: *das Drohen:* eine offene, finstere, versteckte, schreckliche D.; das sind [alles] nur leere Drohungen; soll das eine D. sein? eine D. aussprechen, ausstoßen, ernst nehmen; er erhielt mehrere Drohungen wegen seines Verhaltens; seine D. wahrmachen; jmdn. durch/ mit Drohungen einschüchtern.

drollig: *belustigend wirkend:* ein drolliges Kind; eine drollige Geschichte erzählen; sie hat drollige *(komische)* Einfälle; er hat eine drollige Art zu erzählen; das war so d., daß wir furchtbar lachen mußten; subst.: mir ist etwas Drolliges passiert.

drosseln ⟨etwas d.⟩: **a)** *in der Leistung herabsetzen; kleiner stellen:* den Motor, die Heizung d.; ein gedrosselter Motor (Technik; *Motor, dessen mögliche Höchstleistung technisch nicht voll ausgenutzt wird).* **b)** *die Zufuhr von etwas verringern:* den Dampf d.; übertr.: *herabsetzen, einschränken:* das Tempo d.; die Einfuhr d.; die Ausgaben müssen gedrosselt werden.

drüben ⟨Adverb⟩: *auf der anderen, gegenüberliegenden Seite:* da, dort d.; d. über dem Rhein; nach d. *(über den Ozean, über die Grenze)* fahren; von d. *(von jenseits der Grenze)* kommen. * **hüben und drüben; hüben wie drüben** *(hier und dort; auf beiden Seiten):* hüben und d. will man verhandeln.

drüber (ugs.) ⟨Pronominaladverb⟩: *darüber:* der Preis liegt noch d. * (ugs.:) **Schwamm d.!** *(reden wir nicht mehr darüber!)* · (ugs.:) **es/alles geht drunter und drüber** *(es herrscht heillose Unordnung).*

[1]Druck, der: **1.** (Physik) *auf eine Fläche wirkende Kraft:* großer, starker, geringer D.; ein D. von 10 atü; in der Leitung ist kein D.; in den Zylindern entstehen hohe Drücke; das Gas, Wasser hat keinen D.; den D. messen, kontrollieren, erhöhen; etwas steht unter hohem D.; übertr.: der militärische D. des Gegners wurde immer stärker; einen D. *(ein drückendes Ge-*

fühl) im Kopf, im Magen, in der Brust haben, verspüren. **2.** *das Drücken:* ein leichter D. auf den Knopf genügt; durch einen D./mit einem D. auf die Taste setzte der Minister die Anlage in Betrieb. **3.** *Zwang, Bedrängnis:* einen D. auf jmdn. ausüben; dem D. der öffentlichen Meinung nachgeben, weichen; einem ständigen D. von seiten der Verbände ausgesetzt sein; in/im D. *(in Zeitnot)* sein; in D. kommen, geraten; unter starkem innenpolitischem D. stehen; etwas nur unter D. tun. * (ugs.:) **hinter etwas Druck machen** *(dafür sorgen, daß etwas beschleunigt erledigt wird)*.

²Druck, der: **a)** *das Drucken:* ein guter, sauberer, schlechter, unklarer, leserlicher D.; den D. überwachen, genehmigen; etwas in D. geben; etwas geht in D.; der Vortrag ist im D. erschienen, liegt im D. *(gedruckt)* vor. **b)** *gedrucktes Werk:* ein alter, wertvoller, seltener D.; die Drucke vor 1500 heißen Inkunabeln. **c)** (Druckerspr.) *Schrifttype:* kursiver, halbfetter D.

drucken ⟨etwas d.⟩: **a)** *Schriftzeichen, Bilder auf etwas abbilden und vervielfältigen:* einen Text, farbige Bilder d.; etwas ist, wird auf mattes/mattem Papier, in Offset/im Offsetverfahren gedruckt; ⟨auch ohne Akk.⟩ die Maschine druckt sehr sauber, scharf, vierfarbig; übertr. (ugs.): wie gedruckt *(unglaublich)* lügen. **b)** *als fertiges Druckwerk herstellen:* Bücher, Zeitungen, Formulare [in hoher Auflage] d.; die Dissertation wurde gedruckt, liegt gedruckt vor.

drücken: 1. a) ⟨mit Raumangabe⟩ *einen Druck auf etwas ausüben:* auf einen Knopf d.; auf die Hupe d. *(sie durch Druck betätigen)*; du darfst nicht an der Wunde d.; übertr.: der Nebel drückt auf die Stadt *(lastet drückend über ihr)*; eine drückende Hitze; es war drückend heiß; die Meldung drückte auf die Stimmung *(drückte sie herunter, beeinträchtigte sie)*; der Film drückt auf die Tränendrüse (ugs.; *ist sehr rührselig, will Rührung hervorrufen*); Sport: der Gegner drückte ständig [auf das Tor]; die englische Mannschaft war, spielte drückend überlegen. **b)** ⟨jmdn., etwas d.⟩ *pressen:* bei Alarm bitte Knopf drücken; die Mutter drückt das Kind *(preßt es an sich, umschließt es eng)*; ⟨jmdm. etwas d.⟩ er drückte ihm fest die Hand. **c)** ⟨etwas aus etwas d.⟩ *herauspressen, -quetschen:* den Saft aus der Zitrone d.; er versuchte, den Eiter aus der Wunde zu d. **d)** ⟨jmdn., sich, etwas d.; mit Raumangabe⟩ *unter Anwendung von Kraft irgendwohin bewegen, bringen:* jmdn. zur Seite, auf einen Stuhl d.; den Stempel, das Siegel auf die Urkunde d.; ein Pflaster auf die Wunde d.; die Nase an die Scheibe d.; sie drückte ihr Gesicht in die Kissen und weinte; jmdn. ans Herz, an seine Brust, an sich d.; er hatte den Hut tief in die Stirn gedrückt; der Hase drückt sich ins Gras (Jägerspr.; *versteckt sich*); ⟨jmdm. etwas d.; mit Raumangabe⟩ jmdm. einen Kuß auf die Wange d.; er drückte ihm einen Zehnmarkschein in die Hand. **2.** *etwas [ist zu eng und] ruft ein Druckgefühl hervor:* **a)** ⟨etwas drückt⟩ der Rucksack, der Helm drückt; drücken diese Schuhe? **b)** ⟨etwas drückt jmdn.⟩ ihn drückte der [kranke] Magen; die Schuhe haben mich schon immer gedrückt. **3.** (geh.) ⟨etwas drückt jmdn.⟩ *etwas lastet schwer auf jmdm., bedrückt jmdn.:* seine schwere Schuld, das schlechte Gewissen drückt ihn; jahrelang hatten ihn die Sorgen gedrückt; drückende Schulden. **4. a)** (Fliegerspr.) ⟨etwas d.⟩ *nach unten steuern:* der Pilot drückte die Maschine. **b)** ⟨etwas d.⟩ *nach unten drücken, herabsetzen, verringern:* das Niveau d.; die Kosten, die Miete d.; die erhöhten Einfuhren drücken stark die Preise; er hat den Rekord, die Rekordzeit um zwei Sekunden gedrückt *(unterboten)*. **c)** (ugs.) ⟨jmdn. d.⟩ *nicht hochkommen lassen:* der Lehrer drückt den Schüler. **5.** (ugs.) **a)** ⟨sich d.; mit Raumangabe⟩ *unauffällig verschwinden:* sich stillschweigend aus dem Saal, um die nächste Ecke d. **b)** ⟨sich d.⟩ *eine Arbeit nicht machen wollen, einer Verpflichtung nicht nachkommen:* sich zu d. versuchen; er drückt sich gern [vor/von der Arbeit]. **6.** (Kartenspiel) ⟨etwas d.⟩ *verdeckt ablegen:* er hat zwei Asse, Herz gedrückt. **7.** (Gewichtheben) ⟨etwas d.⟩ *in bestimmter Weise stemmen:* er drückt 280 kg, die Hantel zur Hochstrecke; subst.: er ist Meister im beidarmigen Drücken · (ugs.:) **die Schulbank drücken** *(in die Schule gehen)* · (ugs.:) **jmdn. an die Wand drücken** *(jmdn. aus seinem Einflußbereich verdrängen und sich selbst in den Vordergrund bringen)* · (ugs.:) **wissen, wo jmdn. der Schuh drückt** *(wissen, was jmdn. bedrückt)* · (ugs.:) **jmdm./für jmdn. den Daumen/die Daumen drücken** *(in Gedanken bei jmdm. sein und ihm in einer schwierigen Sache Erfolg wünschen)* · (ugs.:) **auf die Tube drücken: a)** *(Gas geben)*. **b)** *(etwas beschleunigen)* · (ugs.:) **aufs Tempo drücken: a)** *(dafür sorgen, daß etwas beschleunigt erledigt wird)*. **b)** (Sport: *das Tempo steigern*).

drum (ugs.) ⟨Pronominaladverb⟩: **1.** *darum:* sich d. drücken; sei's d. *(sei es, wie es ist)*. **2.** *deshalb:* er hat mehrmals abgesagt, d. lade ich ihn schon gar nicht mehr ein. * (ugs.:) **...was drum und dran ist** *(... was dazugehört, was damit in Verbindung steht)*: alles, was d. und dran ist · (ugs.:) **das ganze Drum und Dran** *(alles, was dazugehört)*.

drunter ⟨Pronominaladverb⟩ (ugs.): *darunter:* er wohnt ein Stockwerk d.; der Preis liegt etwas d. * (ugs.:) **es/alles geht drunter und drüber** *(es herrscht heillose Unordnung)*.

du ⟨Personalpronomen; 2. Pers. Sing. Nom.⟩: **a)** /vertraute Anrede/: du hast recht; ich weiß nicht, was du willst; du alter Gauner; jmdn. du nennen, mit du anreden; du zueinander sagen; mit jmdm. auf du und du stehen; Sprichwort: wie du mir, so ich dir; subst.: das vertraute Du; jmdm. das Du anbieten; beim Du bleiben. **b)** *man:* daran kannst du nichts ändern; du kannst machen, was du willst, es wird nicht besser.

ducken: 1. a) ⟨sich d.⟩ *den Kopf einziehen und sich klein machen:* sich vor einem harten Schlag d.; in geduckter Haltung. **b)** (veraltend) ⟨etwas d.⟩ *einziehen:* den Kopf d. **2.** (ugs.) **a)** ⟨sich d.⟩ *sich unterwürfig verhalten:* er widerspricht nie, sondern duckt sich immer. **b)** ⟨jmdn. d.⟩ *jmdm. einen Dämpfer aufsetzen:* den Burschen werde ich noch gründlich d.

Duft, der: *Geruch:* ein kräftiger, würziger, herber, feiner, süßer, zarter, lieblicher D.; der D. des Parfüms verfliegt rasch; einen angenehmen D. verbreiten, ausströmen, von sich geben;

übertr.: der D. *(die Atmosphäre, die Stimmung)* der weiten Welt.

duften: **a)** *Duft verbreiten:* die Blumen duften stark; ein angenehm duftendes Parfüm. **b)** ⟨nach etwas d.⟩ *riechen:* hier duftet es nach Flieder, nach Parfüm; scherzh.: er duftet nach Schnaps.

duftig: **1.** *fein und leicht:* duftige Kleider, Spitzen; ein duftiges Lila; die Bluse ist, wirkt d. **2.** (dichter.) *dunstartig:* in duftiger Ferne.

dulden: **1. a)** ⟨etwas d.⟩ *zulassen, gelten lassen:* keinen Widerspruch d.; Ausnahmen werden nicht geduldet; ich dulde nicht, daß...; die Arbeit hat keinen Aufschub geduldet. **b)** ⟨jmdn. d.; mit Raumangabe⟩ *jmdn. sich irgendwo aufhalten lassen:* sie duldeten ihren Verwandten nicht in ihrer Mitte, in ihrem Haus; wir sind hier nur geduldet *(nicht gern gesehen)*. **2.** (geh.) **a)** *leiden:* standhaft, still, ergeben d.; er duldet, ohne zu klagen. **b)** ⟨etwas d.⟩ *ertragen, über sich ergehen lassen:* sie mußte viel Leid d.; Not und Verfolgung d.

duldsam: *tolerant, nachsichtig:* ein duldsamer Mensch; d. sein, sich d. zeigen.

dumm: **1. a)** *nicht klug, unintelligent:* ein dummer Mensch; sie ist eine dumme Gans, Pute (ugs.; *ein einfältiges Mädchen*); jmdn. wie einen dummen Jungen behandeln; Sprichw.: die dümmsten Bauern haben die größten Kartoffeln *(den größten Erfolg haben, ohne etwas von einer Sache zu verstehen);* er ist nicht so d., wie er aussieht; sich d. stellen (ugs.; *so tun, als ob man nichts wüßte*); jmdm. d. kommen (ugs.; *zu jmdm. frech, unverschämt werden*); Redensart (subst.): die Dummen werden nicht alle · immer wieder einen Dummen *(jmdn., der sich für etwas hergibt, der auf etwas hereinfällt)* finden; nicht immer den Dummen *(denjenigen, der sich für etwas hergibt)* machen, spielen wollen. **b)** *unklug im Handeln:* das war d. von dir, ihm das zu sagen; sei nicht so d., und nimm das Angebot an! **c)** (ugs.) *einfältig, töricht, albern:* dummes Gerede, Geschwätz; rede kein dummes Zeug (ugs.)!; dumme Bemerkungen, Witze; er machte ein dummes Gesicht; nur dumme Gedanken im Kopf haben; die Sache ist mir einfach zu d.; jmdn. d. anstarren. **2.** (ugs.) *unangenehm:* eine dumme Angewohnheit; das ist eine dumme Geschichte; das hätte für dich ganz d. ausgehen können; subst.: so etwas Dummes; mir ist etwas Dummes passiert; etwas Dummes anstellen. **3.** (ugs.) *benommen, schwindlig:* mir ist d. im Kopf; der Lärm machte uns ganz d. * (ugs.:) **der dumme August** *(Clown)* · (ugs.:) **der Dumme sein** *(der Benachteiligte sein, den Schaden tragen)* · (ugs.:) **jmdm. ist, wird etwas zu dumm** *(jmds. Geduld ist am Ende)* · (ugs.; scherzh.:) **dümmer sein, als die Polizei erlaubt**; (ugs.:) **dumm wie Bohnenstroh/wie die Nacht sein** *(sehr dumm sein)* · (ugs.:) **sich nicht für dumm verkaufen lassen** *(nicht glauben, was ein anderer einem einzureden versucht)* · (ugs.:) **dumm und dämlich** *(bis an die Grenze des Erträglichen, sehr lange):* sich d. und dämlich suchen, reden.

Dummheit, die: **1.** *mangelnde Intelligenz:* seine D. ist schon sprichwörtlich; Sprichw.: D. und Stolz wachsen auf einem Holz · etwas aus D. verraten, sagen; mit D. geschlagen sein (ugs.). **2.** *unkluge Handlung:* das war eine große D. von dir; jmdm. ist eine D. passiert; eine D. begehen; macht keine Dummheiten!; nur lauter Dummheiten im Kopf haben.

dumpf: **1.** *dunkel und gedämpft klingend:* ein dumpfer Trommelwirbel; das dumpfe Rollen des Donners; dumpf aufprallen; etwas klingt d. **2.** *muffig:* ein dumpfes Zimmer, Gewölbe; die Luft, der Keller ist ganz d.; das Mehl riecht d. **3.** *stumpfsinnig:* die dumpfe Atmosphäre der Elendsviertel; in dumpfem Brüten, Schweigen, in dumpfer Gleichgültigkeit dasitzen; er blickte d. vor sich hin. **4.** *nicht klar ausgeprägt, undeutlich [hervortretend]:* ein dumpfes Gefühl im Kopf haben; einen dumpfen Schmerz verspüren; eine dumpfe Ahnung von etwas haben; mein Kopf ist ganz d. (veraltend; *benommen*); sich nur d. an etwas erinnern.

düngen: **a)** ⟨etwas d.⟩ *mit Dünger versehen:* Beete d.; die Äcker, die Pflanzen werden künstlich, mit Mist gedüngt; gut gedüngte Erde. **b)** ⟨etwas düngt⟩ *etwas wirkt als Dünger:* das faule Laub düngt.

dunkel: **1.** *finster, ohne [viel] Licht:* eine dunkle Straße; in dunkler Nacht; im dunklen Wald; das Zimmer ist [mir] zu d.; im Keller, in der Höhle ist es ganz d.; es wird d. *(es wird Abend);* plötzlich wurde es d. *(ging das Licht aus);* subst.: im Dunkeln sitzen; sich im Dunkeln zurechtfinden; Redensart: im Dunkeln ist gut munkeln; übertr.: *finster, trübe, unerfreulich:* das war der dunkelste Tag in seinem Leben; ein dunkles Kapitel der Geschichte. **2.** *nicht leuchtend, in der Farbe sich dem Schwarz nähernd:* dunkle Farben; ein dunkles Rot; dunkle Kleidung; einen dunklen Anzug tragen; dunkles Haar; von dunkler Hautfarbe; der dunkle Erdteil *(Afrika);* dunkles Brot, Bier; die Tapete ist mir zu d.; subst.: Herr Ober, bitte ein Dunkles (ugs.; *dunkles Bier*). **3.** *nicht hell, tief:* eine dunkle Stimme haben; d. klingen, tönen. **4.** *unbestimmt, undeutlich; unklar:* eine dunkle Ahnung, Vorstellung von etwas haben; einen dunklen Verdacht haben; dunkle Andeutungen machen; sich d. an etwas erinnern; jmdn. im dunkeln *(im ungewissen)* lassen; im dunkeln *(anonym)* bleiben; etwas liegt noch im dunkeln *(ist noch ungewiß)*. **5.** (abwertend) *undurchschaubar, zweifelhaft:* dunkle Gestalten; dunkle Geschäfte machen; eine Frau mit dunkler Vergangenheit; das Geld kam aus dunklen Quellen, floß in dunkle Kanäle; es gibt verschiedene dunkle Punkte in seinem Leben; etwas ist [von] dunkler Herkunft. * **im dunkeln tappen** *(in einer aufzuklärenden Sache noch keinen Anhaltspunkt haben)*.

Dunkelheit, die: *Finsternis, lichtloser Zustand:* eine tiefe, unheimliche D.; die D. überraschte uns; die D. senkt sich herab (dichter.); bei einbrechender D./bei Einbruch der D.; der Dieb entkam im Schutze der D.

dünken (geh.; veraltend): **a)** ⟨[es] dünkt jmdn./jmdm., mit Gliedsatz oder mit Infinitiv mit zu⟩ *jmdm. scheint es:* mich/mir dünkt das Angebot günstig [zu sein]; es dünkt mich/mir, wir haben keinen Erfolg. **b)** ⟨sich dünken; mit Artangabe⟩ *sich für etwas halten:* er dünkt sich etwas Besseres, ein Held [zu sein]; er hat sich gedünkt, intelligenter zu sein als andere.

dünn: **1.** *von geringem Umfang, von geringer Stärke:* ein dünner Ast; ein dünnes Brett, Blech, Buch; sie hat dünne *(magere)* Beine; etwas in dünne Scheiben schneiden; die Wand, die Eisdecke ist sehr d.; er ist d. geworden (ugs.; *abgemagert*); sich d. machen (scherzh.; *sich schlank machen und weniger Platz beanspruchen*). **2. a)** *nicht dicht; durchsichtig:* ein dünner Vorhang, Schleier; dünne Strümpfe, Hemden; dünnes Haar haben; das Land ist d. besiedelt, bewachsen; übertr.: die Luft wird in großer Höhe immer dünner. **b)** *schwach, nicht dick:* ein dünner Lack; die Farbschicht ist sehr d.; etwas d. auftragen. **3.** *nicht gehaltvoll, wäßrig:* eine dünne Suppe; der Kaffee ist ziemlich d. * **dünn gesät sein** *(selten sein, nicht häufig vorkommen)* · (ugs.:) **das Brett/das Holz bohren, wo es am dünnsten ist** *(sich eine Sache leichtmachen)* · **mit jmdm. durch dick und dünn gehen** *(jmdm. ein treuer Kamerad sein).*

dünnmachen, (auch:) dünnemachen (ugs.) ⟨sich d.⟩: *weglaufen, verschwinden:* die Burschen haben sich längst dünngemacht.

Dunst, der: **a)** *neblige Luft:* starker, bläulicher D.; ein feiner D. liegt über der Stadt; die Berge liegen im D., sind in D. gehüllt. **b)** *warme, schlechte Luft, Geruch:* der D. von Pferden; übelriechender D. dringt aus den Räumen; die Wohnung ist erfüllt von D. aus Speisen. * (ugs.:) **jmdm. blauen Dunst vormachen** *(jmdm. etwas vorgaukeln)* · (ugs.:) **keinen [blassen] Dunst von etwas haben** *(von etwas überhaupt nichts wissen).*

durch/vgl. durchs/: **I.** ⟨Präp. mit Akk.⟩ **1. a)** (räumlich)/kennzeichnet eine Bewegung, die auf der einen Seite in etwas hinein- und auf der anderen Seite wieder hinausführt/ d. die Tür gehen; das Geschoß drang durch den rechten Oberarm; etwas d. ein Sieb gießen; d. die Nase atmen, sprechen. **b)**/kennzeichnet eine [Vorwärts]bewegung in ihrer ganzen räumlichen Ausdehnung/: d. das Wasser waten: d. die Straßen, d. den Park bummeln; er ist auf einem Rundgang durch das Werk; übertr.: mir schießt ein Gedanke d. den Kopf. **2. a)** *mittels* /gibt die vermittelnde, bewirkende Person, das Mittel, den Grund, die Ursache an/: etwas d. Boten, d. die Post schicken; etwas d. Lautsprecher bekanntgeben; ein Land d. Deiche schützen; er hat das d. Fleiß erreicht; d. einen Freund habe ich noch drei Karten bekommen; etwas ist d. eine Bürgschaft gedeckt; etwas d. das Los entscheiden; Math.: eine Zahl d. eine andere dividieren; 6 durch 3 = 2. **b)** *von*/in passivischen Sätzen, wenn es sich nicht um den eigentlichen, den unmittelbaren Urheber oder Träger des Geschehens handelt/: das Haus wurde durch Bomben zerstört. **II.** ⟨Adverb⟩ **1.** (zeitlich) *hindurch, über einen gewissen Zeitraum:* den Winter, das ganze Jahr d. **2.** (ugs.) /in Verbindung mit Hilfs- und Modalverben elliptisch für ein mit *durch* zusammengesetztes Verb/: der Zug, der Bus ist schon d. *(durchgefahren, hat die Station passiert);* darf ich bitte d.? *(durch-, vorbeigehen?);* es ist schon drei Uhr d. *(vorüber);* die Hosen sind d. *(durchgescheuert);* alle sind d. *(durchgekommen; haben sich durchgeschlagen; haben die Prüfung bestanden);* das Gesetz ist d. *(durchgebracht, verabschiedet worden);* ich habe das Buch noch nicht d. *(durchgelesen);* der Käse ist noch nicht d. *(reif, durchgezogen);* das Fleisch muß d. *(durchgebraten)* sein; ich liebe das Steak d. *(durchgebraten).* * **durch und durch** *(völlig; ganz und gar):* ich bin d. und d. naß; d. und d. davon überzeugt sein, daß ... · (ugs.:) **durch die Bank** *(durchweg, alle ohne Ausnahme)* · (ugs.:) **etwas geht jmdm. durch und durch** *(etwas tut jmdm. weh):* sein Schrei ging mir d. und d. · (ugs.:) **bei jmdm. unten durch sein** *(jmds. Wohlwollen verloren, verscherzt haben).*

durcharbeiten: **1.** *ohne Pause arbeiten:* in der Wahlnacht müssen wir d., wird durchgearbeitet. **2.** ⟨etwas d.⟩ **a)** *intensiv bearbeiten:* Teig d.; beim Massieren werden die Muskeln kräftig durchgearbeitet. **b)** *gründlich lesen und auswerten:* ein wissenschaftliches Werk, Akten d. **3.** ⟨etwas d.⟩ *bis ins Detail ausarbeiten:* einen Aufsatz d.; ich muß das Manuskript noch einmal gründlich d. **4.** (ugs.) ⟨sich d.; mit Raumangabe⟩ *sich hindurchzwängen:* nur mit Mühe konnte ich mich durch die Menge, bis zum Ausgang d.

durchaus ⟨Adverb⟩: **a)** *unbedingt, unter allen Umständen:* er möchte d. mitkommen. **b)** *völlig:* das ist d. richtig, möglich; nein, d. nicht *(keinesfalls);* ich bin d. *(ganz und gar)* Ihrer Meinung.

durchbeißen: **1.** ⟨etwas d.⟩ *durch Beißen zertrennen:* eine Schnur, einen Faden d.; ⟨jmdm. etwas d.⟩ der Hund hat dem Eichhörnchen die Kehle durchgebissen/durchbissen. **2.** (ugs.) ⟨sich d.⟩ *sich durchkämpfen:* er hat sich durch die Lehre, durch das Leben durchgebissen; man muß sich einfach d.

durchblättern ⟨etwas d.⟩: *flüchtig durchsehen:* eine Illustrierte, ein Buch d.

durchblicken ⟨durch etwas d.⟩: *hindurchsehen:* durch das Fernglas, das Mikroskop, durch ein Loch im Zaun d.; ⟨auch ohne Präpositionalobjekt⟩ laß mich einmal d.! * **etwas durchblicken lassen** *(etwas andeuten).*

durchbohren: **I. a)** ⟨etwas d.⟩ *durch etwas hindurchbohren:* ein Brett d. **b)** ⟨etwas d.⟩ *durch Bohren herstellen:* ein Loch [durch die Wand] d. **c)** ⟨sich d.⟩ *sich durcharbeiten:* der Wurm hat sich [durch das Holz] durchgebohrt. **II.** ⟨jmdn., etwas d.⟩ *durchdringen:* mehrere Kugeln durchbohrten das Brett; sie hatten ihn mit einem spitzen Pfahl durchbohrt; übertr.: jmdn. mit Blicken durchbohrend/mit durchbohrenden Blicken ansehen.

durchbrechen /vgl. durchbrochen/: **I. 1.a)** ⟨etwas d.⟩ *in zwei Teile brechen:* ein Stück Brot, eine Tafel Schokolade [in der Mitte] d.; der Knochen ist durchgebrochen. **b)** ⟨etwas bricht durch⟩ *etwas bricht auseinander, in zwei Teile:* Vorsicht, das Brett bricht durch!; der Sitz ist in der Mitte durchgebrochen. **c)** *einbrechen und nach unten sinken:* er ist durch die Eisdecke, durch den Bretterboden durchgebrochen. **2.** ⟨etwas d.⟩ **a)** *eine Öffnung in etwas brechen, schlagen:* eine Wand d. **b)** *(durchbrechend) schaffen:* wir haben eine Tür, ein Fenster durchgebrochen. **3.** *durch etwas dringen:* der erste Zahn ist bei dem Kind durchgebrochen; überall brachen die Knospen durch; der Feind ist an drei Frontabschnitten durchgebrochen; Sport: der Mittelstürmer war plötzlich durchgebrochen und schoß das Führungstor; übertr.: seine wahre Natur ist jetzt durchgebrochen *(zutage getreten)*. **II.** ⟨etwas d.⟩ **a)** *überwinden:* die Fluten durchbrachen die Deiche; das Flugzeug hat die Schallmauer durchbrochen; die Verteidigungslinien, eine Absperrung, eine Blockade d. **b)** *sich von etwas frei machen:* alle Konventionen, ein Verbot d.

durchbrennen: 1. ⟨etwas brennt durch⟩ **a)** *etwas geht durch zu starke Hitze-, Strombelastung entzwei:* die Sicherung, die [Glüh]birne, das Kabel ist durchgebrannt; das Ofenblech ist völlig durchgebrannt *(durchgeglüht)*. **b)** *etwas brennt vollständig:* die Kohlen müssen erst d. **c)** *etwas brennt dauernd:* wir lassen den Ofen [Tag und Nacht] d. **2.** (ugs.) *sich davonmachen; ausreißen:* der Junge ist schon mehrfach von zu Hause durchgebrannt; mit einem Mädchen d.

durchbringen: 1.a) ⟨jmdn., sich d.⟩ *dafür sorgen, daß das Lebensnotwendige vorhanden ist:* sich gut, ehrlich, schlecht und recht d.; sie hat die Kinder, die Familie mit Heimarbeit durchgebracht. **b)** ⟨jmdn. d.⟩ *erreichen, daß jmd. eine Krise übersteht und wieder gesund wird:* die Ärzte hoffen, den Kranken durchzubringen. **2.** (ugs.) ⟨jmdn., etwas d.⟩ *über die Grenze, durch die Kontrolle bringen:* bis jetzt haben sie alle Flüchtlinge, alle Waren durchgebracht. **3.** ⟨jmdn., etwas d.⟩ *durchsetzen:* einen Kandidaten d.; die Regierung hat im Parlament das Gesetz gegen die Stimmen der Opposition durchgebracht. **4.** (ugs.) ⟨etwas d.⟩ *etwas verschwenden:* die Ersparnisse, sein ganzes Vermögen in kurzer Zeit d.

durchbrochen: *mit Öffnungen versehen:* durchbrochene Stickereien, Schuhe, Strümpfe.

Durchbruch, der: **a)** *das Durchbrechen:* der D. der ersten Zähne, einer Krankheit; der D. durch die feindlichen Linien ist geglückt; einen D. wagen, erzwingen, vereiteln; übertr.: ihm gelang der D. zur internationalen Spitzenklasse; einer Sache zum D. *(Erfolg)* verhelfen; eine Idee kommt zum D. *(setzt sich durch)*. **b)** *Stelle des Durchbrechens:* der D. des Flusses durch das Gebirge; es wurden mehrere Durchbrüche im Deich entdeckt.

durchdenken ⟨etwas d.⟩: *gründlich erwägen:* ein gut durchdachter Plan; er hat den Beweis bis zur letzten Klarheit durchdacht/durchgedacht.

durchdrehen: 1. ⟨etwas d.⟩ *durch eine Maschine drehen:* Fleisch, Gemüse d. *(im Wolf, maschinell zerkleinern)*. **2.** (ugs.) *die Nerven verlieren:* wenn er so weitermacht, wird er bald d.; völlig durchgedreht *(überspannt; kopflos)* sein.

durchdringen: I. 1. ⟨etwas dringt durch⟩ *etwas kommt durch etwas durch:* der Regen drang durch die Decke durch; die Sonne ist heute kaum durchgedrungen; ein durchdringendes Geräusch; übertr.: das Gerücht ist bis zur Direktion durchgedrungen. **2.** ⟨mit etwas d.⟩ *sich mit etwas durchsetzen:* mit diesem Plan wirst du nicht d.; er ist bei der Behörde damit durchgedrungen; der Redner konnte mit seiner Stimme nicht d.; ⟨auch ohne Präpositionalobjekt⟩ nicht d. können *(sich nicht verständlich machen können)*. **II. 1.** ⟨etwas d.⟩ *durch etwas dringen, überwinden:* die Strahlen können dickste Wände d.; ein Feuerschein durchdrang die Nacht. **2.** ⟨jmdn. d.⟩ *erfüllen, ergreifen:* diese Idee hat die Partei völlig durchdrungen; jmd. ist von dem Glauben, der Überzeugung durchdrungen, daß ...

durchdrücken ⟨etwas d.⟩: **1.** *durchpressen:* Quark [durch ein Tuch, durch ein Sieb], gekochtes Obst d. **2.** *etwas so strecken, daß es eine Gerade bildet:* die Knie, den Ellbogen, das Kreuz d.; mit durchgedrückten Knien. **3.** (ugs.) *durchsetzen:* einen Plan, seinen Willen d.; ein Gesetz im Parlament, eine Änderung [gegen starken Widerstand] d.; er hat durchgedrückt, daß ...

durcheinander ⟨Adverb⟩: *völlig ungeordnet:* hier ist alles völlig d.; alles d. *(wahllos)* essen und trinken. * **durcheinander sein** *(verwirrt sein)*.

Durcheinander, das: *Unordnung:* in der Wohnung herrschte ein fürchterliches D.; es gab ein heilloses D.; im allgemeinen D. konnte der Dieb entkommen.

durchfahren: I. 1. *ohne größere Unterbrechung direkt ans Ziel fahren:* wir sind [die Nacht, heute nacht] durchgefahren; der Zug ist [bis Rom] durchgefahren/wir konnten mit dem Zug d. *(brauchten nicht umzusteigen)*. **2.** *vorbeifahren, passieren:* am Tage fahren hier zehn Züge durch; der Bus ist durchgefahren. **II. 1.** ⟨etwas d.⟩ *eine Strecke fahrend zurücklegen:* die Strecke muß zwanzig Mal d. werden; er hat den Kurs in zwölf Minuten durchfahren. **2.** ⟨etwas d.⟩ *im Fahrzeug durchqueren:* ein Gebiet, ein Tal d.; wir haben das Land kreuz und quer durchfahren. **3.** ⟨etwas durchfährt jmdn.⟩ *etwas wird jmdm. bewußt und ruft eine Reaktion hervor:* ein Schreck hatte ihn plötzlich durchfahren.

Durchfall, der: **1.** *Diarrhö:* D. haben, bekommen; ein Mittel gegen den D.; unter ständigem D. leiden. **2.** (selten) *Reinfall:* die Oper erlebte einen totalen D.

durchfallen: I. 1. ⟨durch etwas d.⟩ *hindurchfallen:* die kleinen Steine fallen durch den Rost durch. **2.** (ugs.) **a)** *nicht bestehen:* er ist [im Examen] durchgefallen; bei der Wahl d. *(nicht gewählt werden)*. **b)** *keinen Erfolg haben:* das Stück, die Aufführung ist [beim Publikum] durchgefallen. **II.** ⟨etwas d.⟩ *eine Strecke fallend zurücklegen:* der Fallschirmspringer hat 1000 m in zehn Sekunden durchfallen.

durchfliegen: I. (ugs.) *durchfallen:* er ist im Abitur durchgeflogen. **II. 1.** ⟨etwas d.⟩ **a)** *fliegend zurücklegen:* die Rakete hat die vorgeschriebene Bahn durchflogen. **b)** *fliegend durchstoßen:* das Flugzeug hat die Wolken durchflogen. **2.** (ugs.) ⟨etwas d.⟩ *flüchtig lesen:* ich habe das Buch, den Brief nur durchflogen.

durchführen: ⟨etwas d.⟩ **a)** *verwirklichen:* etwas schnell, überraschend, wirkungsvoll d.; ein Vorhaben, einen Plan, einen Beschluß d. **b)** *ausführen:* eine Arbeit, Operation, Messungen d.; wir haben die Untersuchung mit aller Strenge durchgeführt. **2.** ⟨etwas d.⟩ *veranstalten, stattfinden lassen:* eine Demonstration, ein Spiel, eine Abstimmung d.; die Veranstaltung konnte ohne Störungen durchgeführt werden.

Durchgang, der: **1.a)** *das Durchgehen:* D. verboten, nicht gestattet; D. durch die Unterführung; Astron.: der D. *(das Vorbeiziehen)* des Planeten durch die Sonne. **b)** *Weg zum Durchgehen:* kein öffentlicher D.; ein D. für Fußgänger und Radfahrer; der D. ist gesperrt. **2. a)** *zeitlich begrenzte Belegung eines Hauses:* ein vierzehntägiger D.; der erste D. ist, liegt Anfang Juni; das Heim wird in zehn Durchgängen belegt. **b)** (Sport) *Phase eines Wettkampfes:* nach drei Durchgängen führt er mit zehn Punkten.

durchgeben ⟨etwas d.⟩: *durchsagen, übermitteln:* einen Befehl d.; die Nachricht im/über Rundfunk, per/über Telefon d.; die Anweisung wurde an die Zentrale durchgegeben; ⟨jmdm. etwas d.⟩ diese Entscheidung wurde uns erst am nächsten Morgen durchgegeben.

durchgehen: 1. a) *durch etwas gehen, etwas passieren:* der Bach ist so flach, daß man d. kann; vor jmdm. [durch die Tür] d.; wir sind ohne Kontrolle durch die Sperre durchgegangen; **b)** (ugs.) *durch etwas hindurchkommen:* der Faden geht [durch die Nadel] durch; das Klavier ist nicht durchgegangen. **2. a)** ⟨etwas geht durch⟩ *etwas fährt direkt zum Ziel:* der Zug ist bis Rom durchgegangen; ein durchgehender Wagen. **b)** ⟨etwas geht durch⟩ *etwas dauert ohne größere Pause:* die Sitzung ist bis zum Abend durchgegangen; wir haben durchgehend geöffnet. **3. a)** ⟨etwas geht durch⟩ *etwas wird angenommen:* das Gesetz, der Antrag ist ohne Schwierigkeiten, glatt (ugs.) [im Parlament] durchgegangen. **b)** ⟨etwas d.; in Verbindung mit *lassen*⟩ *etwas nicht beanstanden, ahnden:* ich werde es noch einmal d. lassen, daß du meine Sachen benutzt hast; der Schiedsrichter hat bei der Mannschaft viele Unsportlichkeiten d. lassen; ⟨jmdm. etwas d. lassen⟩ er hat ihm allerhand d. lassen. **4.** ⟨etwas d.⟩ *in allen Einzelheiten durcharbeiten:* etwas Punkt für Punkt, Wort für Wort d.; wir wollen die Rechnung noch einmal [miteinander] d.; der Lehrer ist/(selten:) hat die Arbeit mit den Schülern durchgegangen. **5.** (ugs.) *davonlaufen, sich davonmachen:* die Pferde gehen durch *(gehorchen nicht mehr den Zügeln und galoppieren davon);* der Junge ist mit dem Geld durchgegangen; ⟨jmdm. d.⟩ er ist ihm mit seiner Frau durchgegangen. **6.** ⟨etwas geht jmdm./mit jmdm. durch⟩ *etwas entzieht sich jmds. Kontrolle, übermannt jmdn.:* ihm gingen die Nerven d.; sein Temperament ging mit ihm durch. **7.** ⟨etwas geht durch⟩ *etwas verläuft von Anfang bis Ende:* der Streifen, Faden geht durch; ein Kleid mit durchgehender Knopfleiste; an durchgehenden *(nicht unterbrochenen)* Linien darf nicht überholt werden; dieses Motiv geht durch das ganze Werk durch *(tritt darin immer wieder auf).*

durchglühen: I. ⟨etwas glüht durch⟩ **1.** *etwas brennt durch:* der Draht ist völlig durchgeglüht. **2.** *etwas glüht vollständig:* die Kohlen müssen erst d. **II.** ⟨etwas durchglüht jmdn.⟩ *etwas erfüllt jmdn. gänzlich:* Begeisterung durchglühte ihn; von Leidenschaft durchglüht sein.

durchgreifen: *drastische Maßnahmen ergreifen:* rücksichtslos, scharf d.; der Schiedsrichter hat energisch durchgegriffen; durchgreifende *(einschneidende)* Maßnahmen, Änderungen.

durchhalten: a) *einer Belastung standhalten:* die verschütteten Bergleute mußten noch einige Stunden d. **b)** ⟨etwas d.⟩ *aushalten, überstehen:* einen Kampf, einen Streik d.; das halte ich [gesundheitlich] nicht durch.

durchhauen: I. 1. a) ⟨etwas d.⟩ *in zwei Teile hauen:* das Seil d.; der Metzger hat den Knochen durchgehauen. **b)** ⟨sich d.⟩ *sich einen Weg bahnen:* wir haben uns durch das Dickicht durchgehauen. **2.** (ugs.) ⟨jmdn. d.⟩ *verprügeln:* der Vater hat den Jungen tüchtig durchgehauen. **II.** (Forstw.) ⟨etwas d.⟩ *mit einem Weg versehen:* den Wald d.; ein durchhauener Wald. * **den [gordischen] Knoten durchhauen** *(eine schwierige Aufgabe verblüffend einfach lösen).*

durchhecheln (ugs.) ⟨jmdn., etwas d.⟩: *über jmdn., über etwas klatschen:* beim Kaffeekränzchen wurden die Verwandten, die beiden Verlobungen durchgehechelt.

durchkämmen ⟨etwas d.⟩: **1.** *kräftig kämmen:* das Haar, das Fell des Hundes d. **2.** *systematisch durchsuchen:* ein Gebiet [nach jmdm., etwas] d.; die Polizei hat das Gelände systematisch durchkämmt/durchgekämmt.

durchkommen: 1. ⟨gewöhnlich mit Raumangabe⟩ **a)** *trotz räumlicher Behinderung an sein Ziel gelangen:* der Bus kommt durch die enge Straße nicht durch; es war voll und kaum durchzukommen. **b)** *vorbeifahren, passieren:* der Zug ist noch nicht durchgekommen. **2.** (ugs.) **a)** *die Krise überwinden:* der Patient kann d.; er ist bei der Operation gut durchgekommen. **b)** *eine Prüfung bestehen:* er ist beim Examen/durch das Examen [gerade noch] durchgekommen. **3. a)** *sein Ziel erreichen, Erfolg haben, weiterkommen:* im Leben d.; er ist bis jetzt überall gut durchgekommen; ich komme hier nicht durch *(weiß in dieser Arbeit nicht weiter):* mit dieser Methode kommt man immer durch. **b)** (ugs.) ⟨mit etwas d.⟩ *mit etwas auskommen:* mit dem Gehalt komme ich im Monat gerade durch. **4.** (ugs.) ⟨etwas kommt durch⟩ *etwas wird durchgesagt, bekanntgegeben:* die Meldung vom Putsch kam in den Nachrichten durch; die Totoergebnisse sind noch nicht durchgekommen.

durchkreuzen: I. ⟨etwas d.⟩ *kreuzförmig durchstreichen:* Zahlen auf dem Lottoschein d.; Nichtzutreffendes bitte d. **II.** ⟨etwas d.⟩ *etwas vereiteln:* jmds. Vorhaben, Absichten d.; der Vorfall hat alle meine Urlaubspläne durchkreuzt.

durchlassen: 1. ⟨jmdn., etwas d.⟩ *vorbeigehen, vorbeifahren lassen:* würden Sie mich bitte d.?; der Posten hat ihn ohne Ausweis nicht durchgelassen. **2.** ⟨etwas läßt etwas d.⟩ *etwas läßt etwas durchdringen:* der Vorhang läßt kein Licht durch; die Schuhe haben das Wasser durchgelassen. **3.** (selten) ⟨etwas d.⟩ *durchgehen lassen, nicht als Fehler ansehen:* er hat [bei ihm] fast alles durchgelassen; ⟨jmdm. etwas d.⟩ mir hat er so etwas nicht durchgelassen.

durchlaufen: I. 1. a) *durch etwas laufen:* durch ein Tor d. **b)** ⟨etwas läuft durch⟩ *etwas dringt, sickert durch:* Wasser läuft durch; der Kaffee ist noch nicht ganz [durch den Filter] durchgelaufen. **2.** ⟨etwas d.⟩ *etwas durch Laufen verschleißen:* die Schuhe sind völlig durchgelaufen; durchgelaufene Sohlen; ⟨sich (Dativ) etwas d.⟩ ich habe mir die Hacken durchgelaufen *(wund gelaufen).* **3.** *ohne [größere] Unterbrechung laufen:* wir sind ohne Rast durchgelaufen. **4.** ⟨gewöhnlich mit Raumangabe⟩ *vorbei-, vorüberlaufen; passieren:* der Fackelträger ist vor wenigen Minuten hier durchgelaufen. **II. 1.** ⟨etwas d.⟩ **a)** *durchqueren:* wir haben den ganzen Wald, die Stadt kreuz und quer durchlaufen. **b)** *zurückle-*

gen: er hat die 800 m in weniger als zwei Minuten durchlaufen; Astron.: die Erde durchläuft die Sonnenbahn in einem Jahr. **2.** ⟨etwas d.⟩ *absolvieren:* die höhere Schule bis zum Abitur d.; er hat alle Abteilungen während der Ausbildung durchlaufen; verschiedene Entwicklungsstufen d. **3.** ⟨etwas durchläuft jmdn.⟩ *etwas erfaßt, erfüllt jmdn.:* uns durchlief ein Schauder, ein Grauen; mich hat es heiß und kalt durchlaufen.

durchlesen ⟨etwas d.⟩: *von Anfang bis Ende lesen:* einen Vertrag, eine Gebrauchsanweisung d.; ich habe den Brief noch nicht durchgelesen.

durchleuchten ⟨jmdn., etwas d.⟩: **1.** *mit Röntgenstrahlen untersuchen:* den Kranken, Materialproben d.; vor dem Verkauf müssen die Eier durchleuchtet werden; ⟨jmdm. etwas d.⟩ der Arzt hat ihm den Magen, die Lunge durchleuchtet. **2.** ⟨etwas d.⟩ *kritisch betrachten, untersuchen:* einen Fall, eine Angelegenheit bis ins kleinste d.; jmds. Charakter, Vergangenheit, politische Einstellung d.

durchmachen: **1.** ⟨etwas d.⟩ *durchstehen, erleiden:* viel, eine schwere Krankheit, schlechte Zeiten, schwere Jahre d.; er hat im Leben allerhand durchgemacht, d. müssen. **2.** (selten) ⟨etwas d.⟩ *durchlaufen:* eine Lehre, eine gründliche Ausbildung d.; übertr.: eine Wandlung, bestimmte Entwicklung d. **3.** (ugs.) *über den üblichen Zeitpunkt hinaus tätig sein:* das Wochenende d. *(durcharbeiten);* wir haben die ganze Nacht durchgemacht *(durchgefeiert).*

Durchmesser, der: *Querschnitt einer Fläche:* der D. eines Kreises; der Baumstamm hat einen D. von zwei Metern; den D. messen, berechnen; etwas mißt drei Meter im D.

durchnehmen ⟨etwas d.⟩: *etwas als Unterrichtsstoff behandeln:* einen Abschnitt gründlich, zum zweiten Mal[e] d.; der Lehrer hat heute die unregelmäßigen Verben durchgenommen.

durchqueren ⟨etwas d.⟩: *von einem zum anderen Ende durchlaufen, durchfahren:* den Wald [auf dem kürzesten Wege] d.; das Schiff hat den Ärmelkanal in einer halben Stunde durchquert.

durchreißen: **1. a)** ⟨etwas d.⟩ *in zwei Teile reißen:* den Faden, das Papier d.; er hat das Heft in der Mitte durchgerissen. **b)** ⟨etwas reißt durch⟩ *etwas reißt entzwei, zerfällt in zwei Teile:* das Seil ist durchgerissen. **2.** (militär.) ⟨[etwas] d.⟩ *vorzeitig abdrücken:* er hat [das Gewehr] durchgerissen.

durchringen: **1.** ⟨sich zu etwas d.⟩ *sich zu etwas entschließen:* sich zu einem Entschluß d.; sich zu der Überzeugung d., daß ...; er hat sich schließlich doch dazu durchgerungen, an der Aktion teilzunehmen. **2.** (geh.; veraltend) ⟨etwas ringt sich durch⟩ *etwas setzt sich durch:* ein anderer Stil, eine neue Idee ringt sich [immer mehr] durch.

durchs: *durch das:* d. Haus rennen; er ist d. Examen gefallen.

Durchsage, die: *Mitteilung über Rundfunk, Telephon:* eine dringende telefonische D.; Achtung, eine D.!; diese D. erfolgt ohne Gewähr; eine D. bringen; Ende der D.

durchsagen ⟨etwas d.⟩: *etwas über Rundfunk, Telephon mitteilen:* den Wetterbericht, die Sportergebnisse d.

durchschauen: **I.** ⟨jmdn., etwas d.⟩ *in seinen Zielsetzungen, Zusammenhängen erkennen:* jmds. Plan, Absicht, Spiel d.; er hat die Hintergründe schnell durchschaut; jmdn. leicht d. [können]; du bist durchschaut *(in bezug auf deine Absichten erkannt).* **II.** (landsch.) *durch etwas blicken:* laß mich auch einmal [durch das Fernglas] d.!

durchschlagen /vgl. durchschlagend/: **I. 1. a)** ⟨etwas d.⟩ *mit einem Schlag durchtrennen, in zwei Teile zerschlagen:* er hat das Brett mit einem Hieb durchgeschlagen. **b)** ⟨etwas d.; mit Raumangabe⟩ *hindurchschlagen:* hier muß ein Bolzen, ein Verstärkungseisen durchgeschlagen werden. **c)** ⟨etwas d.⟩ *durchbrechen:* wir haben die Wand durchgeschlagen, um eine Tür einzusetzen. **2.** (ugs.) ⟨sich d.⟩ *sich durchbringen, durchkämpfen:* sich allein, kümmerlich, mühsam d.; irgendwie werden wir uns schon durchschlagen; wir haben uns bis zur Grenze durchgeschlagen. **3.** ⟨etwas schlägt durch⟩ **a)** *etwas dringt durch:* Wasser, Feuchtigkeit schlägt [durch die Wände] durch; das Fett hat durchgeschlagen; übertr. (ugs.): *sichtbar werden, zutage treten:* bei ihm schlägt das Temperament, die Art seines Vaters durch. **b)** *etwas wirkt abführend:* dieses Obst, Mittel schlägt [bei ihm] durch. **II.** ⟨etwas durchschlägt etwas⟩ *etwas dringt durch etwas:* mehrere Geschosse durchschlugen die Karosserie; eine Granate hat die Wand durchschlagen.

durchschlagend: *überzeugend, entscheidend:* durchschlagende Beweise; der Erfolg war d.

durchschneiden: **I.** ⟨etwas d.⟩ *in zwei Teile schneiden:* ein Brot in der Mitte d.; er hat das Blech glatt durchgeschnitten. **II.** ⟨etwas d.⟩ *teilend durchdringen:* das Schiff durchschneidet die hohen Wellen; ein von vielen Tälern durchschnittenes Gebirge.

Durchschnitt, der: **1.** *mittleres Ergebnis in bezug auf Qualität, Quantität:* ein guter D.; 70 Prozent Wahlbeteiligung ist der D.; Math.: der D. von 5 und 7 ist 6 · etwas ist bestenfalls D., liegt über/unter dem D.; gerade [den] D. erreichen; nehmen wie den D., so ergibt sich ...; der Schüler gehört zum D., steht über dem D.; er ruft im D. (ugs.; *gewöhnlich*) zweimal in der Woche an. **2.** (fachspr.) *Querschnitt:* einen D. der Brücke, von dem Gebäude zeichnen, anfertigen.

durchschnittlich: **1.** *dem Durchschnittt entsprechend; allgemein üblich, gewöhnlich:* das durchschnittliche Einkommen beträgt 1200 DM; die Spieler sind d. nicht älter als 25 Jahre. **2.** *mittelmäßig; nicht besonders gut:* ein durchschnittliches Ergebnis; ein Mensch von durchschnittlicher Intelligenz; seine Leistung ist nur d.

durchsehen: **1.** ⟨durch etwas d.; gewöhnlich mit Raumangabe⟩ *hindurchschauen:* laß mich einmal [durch das Fernrohr] d.! **2.** ⟨etwas d.⟩ **a)** *prüfend lesen:* einen Brief, Text [nocheinmal] d.; der Lehrer hat die Hefte noch nicht durchgesehen. **b)** *einsehen:* Akten, alte Zeitungen, die Post d. **3.** (ugs.) *klarsehen, überblicken:* in einer Sache noch nicht ganz d.; ich werde schon noch d.

durch sein (ugs.): → durch.

durchsetzen: **I. a)** ⟨jmdn., etwas d.⟩ *zum Erfolg verhelfen, bringen:* den eigenen Kandidaten, Pläne, seinen Willen, seinen Dickkopf (ugs.) d.; er hat seine Forderungen, Ansprüche durchgesetzt. **b)** ⟨sich d.⟩ *durchdringen, Erfolg haben:* er hat sich mit seiner Meinung nicht d. können; diese Idee hat sich jetzt überall durchgesetzt. **II.**

⟨jmdn., etwas d.⟩ *unauffällig in etwas hineinbringen und gleichmäßig verteilen:* das Volk mit aufrührerischen Ideen d. * **mit jmdm., mit etwas/von jmdm., von etwas durchsetzt sein** *(etwas in gleichmäßiger Verteilung enthalten, durchzogen sein):* die Betriebe sind mit/von Agitatoren durchsetzt; das Gestein ist mit Erz durchsetzt.

Durchsicht, die: *das Durchsehen:* eine genaue D. der Akten; bei D. unserer Bücher (Kaufmannsspr.) stellten wir fest, daß ...; etwas jmdm. zur D. vorlegen.

durchsichtig: **a)** *das Hindurchsehen ermöglichend:* ein durchsichtiges Gewebe; ihre Bluse ist d.; etwas d. machen. **b)** *leicht durchschaubar:* ein durchsichtiger Plan; deine Absichten sind zu d.; Sport: das Spiel der Mannschaft war viel zu d. [angelegt].

durchsickern ⟨etwas sickert durch⟩: **a)** *etwas sickert durch etwas:* der Regen sickert an mehreren Stellen durch; Blut sickerte durch den Verband durch; übertr.: Agenten sind durch die Front durchgesickert. **b)** *etwas wird allmählich bekannt:* Einzelheiten des Planes sind durchgesickert.

durchsprechen ⟨etwas d.⟩: *im einzelnen besprechen:* etwas langsam, genau, in aller Ruhe [mit jmdm.] d.; wir wollen den Plan noch einmal d.

durchstoßen: **I. 1.** ⟨etwas d.; gewöhnlich mit Raumangabe⟩ *hindurchstoßen:* er hat die Eisenstange [durch die Eisdecke] durchgestoßen. **2.** ⟨etwas d.⟩ *stark abnutzen:* der Saum, der Kragen ist durchgestoßen; er hat die Hose an den Knien durchgestoßen. **3.** *durchbrechen:* der Gegner ist an verschiedenen Frontabschnitten, bis zur Stadtgrenze durchgestoßen. **II.** ⟨etwas d.⟩ *durchbrechen, mit Wucht überwinden:* das Flugzeug durchstieß die Wolkendecke; Panzer haben die Front durchstoßen.

durchstreichen: **I.** ⟨etwas d.⟩ **1.** *durch einen Strich ungültig machen:* einen Abschnitt, ein Wort d.; bitte Nichtzutreffendes d. **2.** (selten) *durchpassieren:* Erbsen [durch ein Sieb] d. **II.** (geh.) ⟨etwas d.⟩ *durchschweifen:* wir haben die ganze Gegend durchstrichen.

durchsuchen ⟨jmdn., etwas d.⟩: *gründlich, Teil für Teil untersuchen, um jmdn., etwas zu finden:* eine Wohnung, ein Auto, Gepäck [nach/auf Waffen] d.; die ganze Stadt wurde nach den beiden Ausbrechern durchsucht.

durchtrieben (abwertend): *gerissen; raffiniert:* ein durchtriebener Bursche; dieses Mädchen ist schon ganz d.

durchwärmen ⟨jmdn., etwas d.⟩: *vollständig erwärmen:* der Tee hat uns richtig durchgewärmt/(selten:) durchwärmt; ein gut durchgewärmtes/(selten:) durchwärmtes Zimmer.

durchwühlen: **I.** ⟨etwas d.⟩ **a)** *Sachen völlig in Unordnung bringen:* er durchwühlte hastig den Schrank; die Diebe haben alle Schubladen nach Geld und Schmuck durch[ge]wühlt. **b)** *umwühlen:* Panzer durchwühlten das Gelände. **c)** (ugs.) *eifrig durcharbeiten:* er hat die Akten, das Archiv, die Fachliteratur durch[ge]wühlt. **II.** ⟨sich d.⟩ *sich wühlend hindurcharbeiten:* der Goldhamster hat sich durch das Sägemehl durchgewühlt; übertr.: ich habe mich durch den Berg von Akten endlich durchgewühlt.

durchziehen: **I. 1.** ⟨etwas d.⟩ *hindurchziehen:* einen Faden d.; wir haben das Kabel [durch die Röhre] durchgezogen. **2.** ⟨etwas d.⟩ *etwas bis zum Anschlag betätigen:* das Sägeblatt d.; er hat das Ruder gleichmäßig durchgezogen. **3.** (ugs.) ⟨etwas d.⟩ *[beschleunigt] durch den üblichen Geschäftsweg durchbringen:* man hat den Etat, das Gesetz, Reformprogramm [innerhalb von drei Tagen] durchgezogen. **4.** *vorbei-, vorüberziehen:* tagelang sind hier Flüchtlinge-Truppen durchgezogen. **5.** ⟨etwas zieht durch⟩ *etwas wird durch und durch würzig:* der Salat muß noch d.; die eingelegten Gurken sind schon gut durchgezogen. **II. 1.** ⟨etwas d.⟩ *kreuz und quer durch etwas ziehen:* meuternde Soldaten haben die Gegend durchzogen. **2.** ⟨etwas durchzieht etwas⟩ *etwas verläuft durch etwas:* viele Flüsse durchziehen das Land. * **etwas ist von/mit etwas durchzogen** *(linienartig durchsetzt):* der Stoff ist von/mit Metallfäden durchzogen; ein von Falten durchzogenes Gesicht.

durchzucken ⟨etwas durchzuckt etwas⟩: *etwas bewegt sich ganz schnell durch etwas:* Blitze durchzuckten den Himmel; übertr.: *etwas durchfährt jmdn.:* ein rettender Gedanke durchzuckte mich; ihn durchzuckte die Erkenntnis, daß das Geld von ihr stamme.

Durchzug, der: **1.** *starker Luftzug:* D. machen; sich im D. erkälten; mitten im D. stehen. **2.** *das Durch-, Vorbeiziehen:* den D. der Vogelschwärme, der Truppen beobachten; Meteor.: es ist mit dem D. einer Gewitterfront zu rechnen.

dürfen ⟨mit Infinitiv⟩: **1.** *Erlaubnis haben, etwas zu tun:* niemand darf den Raum verlassen; ich habe nicht fahren dürfen; darf ich eintreten?; dürfen wir Sie kurz stören?; darf ich bitten?; was hat das gekostet, wenn ich fragen darf?; man wird doch noch fragen dürfen; hier darf nicht geraucht werden; ⟨auch ohne Infinitiv⟩ so etwas darf man nicht; das habe ich nie gedurft. **2. a)** ⟨verneint⟩ *(moralisch) nicht berechtigt sein, etwas zu tun; nicht sollen:* ich darf keinen vorziehen; so etwas darfst du nicht sagen; das hättest du nicht tun dürfen; diese Katastrophe darf sich niemals wiederholen; das durfte jetzt nicht kommen (ugs.; *sollte jetzt nicht gesagt werden, nicht passieren*). **b)** *Veranlassung haben, etwas zu tun; können:* man darf wohl hoffen, daß ...; Sie dürfen sich nicht wundern, wenn ...; das dürfen Sie mir ruhig glauben; darf ich mich auf Sie berufen, verlassen?; darauf dürfen Sie stolz sein. **3.** ⟨im 2. Konjunktiv + Inf.⟩ *es ist wahrscheinlich, daß ...:* heute abend dürfte es ein Gewitter geben; es dürfte nicht schwer sein, das zu beweisen; heute dürften wir gewinnen; er dürfte vorläufig genug haben.

dürftig: **a)** *ärmlich, armselig:* ein dürftiges Essen; seine Unterkunft ist d.; in dürftigen Verhältnissen leben; d. leben, gekleidet sein. **b)** *unzureichend:* eine dürftige Beleuchtung; die Leistung, Qualität ist d.; das Haus ist d. verputzt.

dürr: **1.** *trocken, abgestorben:* dürres Gras; ein dürrer Ast; auf diesem dürren *(ausgetrockneten)* Boden wächst nichts; übertr.: etwas in/mit dürren Worten *(ganz nüchtern)* sagen. **2.** *mager:* ein dürrer Mensch; sie ist ein dürres Gerippe (ugs.), Gestell (ugs.); er ist furchtbar d. [geworden].

Dürre, die: *große Trockenheit:* es herrscht eine

entsetzliche D.; bei dieser D. vertrocknet alles; übertr.: eine große geistige D. *(Unfruchtbarkeit)*.

Durst, der: *Bedürfnis zu trinken:* übermäßiger, brennender, quälender D.; D. haben, bekommen, verspüren, fühlen; D. auf ein kühles Bier, nach einem kühlen Bier haben; seinen D. mit etwas löschen, stillen (geh.); unter großem D. leiden; vor D. fast umkommen (ugs.), vergehen; ihm klebte vor D. die Zunge am Gaumen; übertr. (geh.): *heftiges Verlangen:* brennenden D. nach Wahrheit, Wissen, Ruhm haben. * (ugs.; scherzh.:) **ein Glas/ein Gläschen/eins/einen über den Durst trinken** *(zuviel Alkohol trinken)*.

dursten: a) *Durst leiden:* das Vieh durstet bei der großen Hitze; laß uns nicht so lange d.! **b)** (geh.; veraltend) ⟨[es] durstet jmdn.⟩ *jmd. hat Durst:* ihn durstet nach einem kühlen Trunk.

dürsten: a) (geh.; veraltend) ⟨[es] dürstet jmdn.⟩ *jmd. leidet Durst:* ihn dürstete; es hatte ihn gedürstet. **b)** (geh.) ⟨[es] dürstet jmdn. nach etwas⟩ *jmd. hat heftiges Verlangen nach etwas:* es dürstete ihn nach Rache, nach Ruhm und Ehre.

durstig: *Durst habend:* ein durstiger Wanderer; durstige Tiere tränken; eine durstige Kehle haben (ugs.; scherzh.; *gern Alkohol trinken*); sehr d. sein; übertr. (geh.): die durstige *(ausgetrocknete)* Erde verlangt nach Regen; er ist d. (geh.; *verlangt heftig*) nach Wissen, Wahrheit. * (ugs.:) **eine durstige Seele sein** *(gern Alkohol trinken; immer Durst haben)*.

Dusche, die: **a)** *Brauseeinrichtung:* Zimmer mit D.; unter die D. gehen; sich unter die D. stellen; unter der D. stehen. **b)** *das Duschen:* eine warme, kalte D.; die morgendliche, tägliche D.; eine D. nehmen *(sich duschen)*. * **etwas ist/wirkt für jmdn. wie eine kalte Dusche** *(etwas ist für jmdn. eine Enttäuschung, eine Ernüchterung)*.

duschen ⟨jmdn., sich d.⟩: *jmdn., sich unter die Dusche stellen:* sich warm und kalt d.; die Mutter hat das Kind nach dem Spielen geduscht.

Dusel, der: **1.** (ugs.) *[unverdientes] Glück:* so ein D.!; in/bei etwas großen, mächtigen D. [gehabt] haben. **2.** (ugs.; landsch.) *Dämmerzustand:* im D./in seinem D. griff er daneben; oft im D. *(betrunken)* sein.

düster: a) *dunkel und unfreundlich:* ein düsteres Haus; eine düstere Gegend; düstere Farben; die Wohnung ist d.; im Walde wurde es d.; übertr.: ein düsteres *(negatives)* Bild von etwas zeichnen; eine düstere *(dunkle, unheimliche)* Ahnung von etwas haben; eine düstere *(undurchsichtige)* Angelegenheit. **b)** *gedrückt, finster und unheimlich:* ein düsterer Mensch; ein düsteres Wesen haben; es herrschte düstere Stimmung; sein Gesicht, seine Miene wurde plötzlich d.; d. dreinschauen.

Dutzend, das: **a)** *Einheit von 12 Stück:* ein ganzes, halbes D.; zwei D. frische Eier/(geh.:) frischer Eier; ein D. Eier kostet/(auch:) kosten zwei Mark; Redensart: davon gehen zwölf aufs/auf ein D. (ugs.; *etwas ist nichts Besonderes*) im D. billiger. **b)** ⟨Plural⟩/bezeichnet eine unbestimmte Menge/: Dutzende von Fähnchen wurden geschwenkt; in/zu Dutzenden kamen die Käufer.

duzen: a) ⟨jmdn. d.⟩ *zu jmdm. du sagen:* er hat mich, ihn geduzt. **b)** ⟨sich mit jmdm. d.⟩ *sich gegenseitig mit du anreden:* er duzt sich mit ihm; ⟨auch ohne Präpositionalobjekt⟩ die beiden duzen sich seit einiger Zeit.

Duzfuß ⟨in der Wendung⟩ mit jmdm. auf [dem] D. stehen (ugs.): *sich mit jmdm. duzen.*

E

Ebbe, die: *auf die Flut folgendes Absinken des Meeresspiegels:* es ist E.; wann tritt die E. ein?; E. und Flut *(die Gezeiten)*; bei E. zu baden ist gefährlich; übertr. (ugs.): in meinem Geldbeutel ist, herrscht [wieder mal] E. *(er ist leer)*.

eben ⟨Adj.⟩: **a)** *gleichmäßig, flach:* ebenes Land; eine ebene Fläche. **b)** *glatt, ohne Hindernis:* ein ebener Weg; die Bahn ist e.; den Boden e. machen *(glätten)*. * **zu ebener Erde** *(in Höhe des Erdbodens, im Erdgeschoß)*.

eben ⟨Adverb⟩: **1. a)** *soeben, gerade jetzt:* e. tritt er ein. **b)** *gerade vorhin:* er war e. noch hier; was hast du e. gesagt? **c)** (landsch.) *für kurze Zeit, schnell:* kommst du e. [einmal] mit? **2. a)** ⟨verstärkend oder bestätigend⟩ *gerade, genau:* e. das wollte ich sagen; das ist es e.; [ja] eben!; das wäre mir e. recht; er ist nicht e. klug. **b)** *gerade noch:* mit drei Mark komme ich [so] e. aus. **3.** *nun einmal, einfach:* das ist e. so; du hättest ihm das Geld e. nicht geben sollen; er ist e. nicht zu gebrauchen.

ebenbürtig: a) *gleichwertig:* ein ebenbürtiger Gegner; die beiden waren sich/(geh.:) einander e.; er war ihm an Geist, in allen Dingen e. **b)** (hist.) *durch Abstammung im gleichen Rang stehend:* ebenbürtige Familien; die zweite Frau des Grafen war nicht e.

Ebene, die: **1.** *flaches Land:* eine fruchtbare, weite E.; der Fluß windet sich durch die E. **2.** *(Math., Physik) unbegrenzte, nicht gekrümmte Fläche:* drei Punkte in einer E.; eine schiefe *(geneigte)* E. **3.** *Stufe, Niveau:* ein Gespräch auf wissenschaftlicher E. führen; das liegt auf einer anderen E.; Verhandlungen auf höherer, höchster E. *(im Kreis der höheren, höchsten Vertreter)*. * **auf die schiefe Ebene geraten/kommen** *(auf Abwege geraten; herunterkommen)*.

ebenfalls ⟨Adverb⟩: *auch, gleichfalls:* er war e. anwesend; danke, e.! *(ich wünsche Ihnen das gleiche)*.

Eber, der: *männliches Schwein:* er war wütend wie ein angeschossener E. (ugs.).

ebnen ⟨etwas e.⟩: *flach und glatt machen:* einen Weg, einen Platz e. * **jmdm. den Weg/die Wege ebnen** *(jmdm. Schwierigkeiten aus dem Weg räumen; jmdn. fördern)*.

Echo, das: *Widerhall:* ein einfaches, mehrfaches E.; von der Felswand kam ein E. zurück, hallte ein E. wider; das E. antwortete uns; ein [Film]atelier mit, ohne E.; bildl.: er ist nur das E. seines Freundes *(er hat keine eigene Meinung);* übertr.: das E. *(die Reaktion)* des Auslandes war nach dieser Rede nur schwach; seine Worte fanden bei den Zuhörern ein lebhaftes, starkes E. *(großen Anklang).*

echt: 1. *nicht nachgemacht, unverfälscht:* ein echter Pelz; echte Perlen; ein echter *(handgeknüpfter)* Orientteppich; ein echter Dürer *(von Dürer selbst gemaltes Bild);* eine echte *(reinrassige)* Dogge; der Ring ist e. *(rein)* golden, e. Gold; der Geldschein ist e. 2. *wahr, wirklich:* eine echte Freundschaft, Leidenschaft; sein Schmerz war e.; ⟨verstärkend⟩ ein echtes Anliegen, Problem. 3. *ganz typisch:* ein echter Berliner; das ist e. englisch, echt Hitchcock; (ugs.) das war wieder einmal e.! 4. (Math.) *wirklich, eigentlich:* ein echter Bruch. 5. (Chemie) *beständig:* echte Farben; das Blau ist e. * **von echtem Schrot und Korn** *(von rechtem, solidem Charakter).*

Ecke, die: 1. *Winkel; Stelle, wo zwei Seiten eines Raumes zusammenstoßen:* die vier Ecken des Zimmers; eine gemütliche, behagliche E. einrichten; etwas in die E. *(beiseite)* stellen; etwas in allen Ecken und Winkeln suchen; das Rad stand in der hintersten E.; das Kind muß [zur Strafe] in der E. stehen; etwas in die linke obere E. (einer Postkarte) schreiben; Sport: den Ball in die kurze obere E. (des Tores) schießen. 2. a) *Spitze, hervorstehende Kante:* eine scharfe, stumpfe E.; die vier Ecken des Tisches; die Ecken des Buches sind geknickt, abgestoßen, eingerissen; ein Kragen mit abgerundeten Ecken. b) *Stelle, wo zwei Straßen zusammenstoßen:* eine zugige E.; an der E. stehen; um die E. fahren, biegen, gucken (ugs.); ich wohne gleich um die E. (ugs.; *ganz in der Nähe);* Redensart (ugs.): das ist schon längst um die E. *(das ist vorbei).* 3. (ugs.) *spitz zulaufendes Stück:* eine E. Käse, Kuchen. 4. (ugs.) *Strecke:* bis dahin ist es noch eine ganze E. *(noch ziemlich weit).* 5. (Sport) *Eckball:* die E. treten; eine E. verwandeln (zum Torschuß); die E. kurz spielen *(nicht direkt vors Tor treten);* den Ball zur E. *(über die Torauslinie)* schlagen. * (ugs.:) **an allen Ecken** [**und Enden/Kanten**] *(überall):* die Stadt brennt an allen Ecken; es fehlt, hapert an allen Ecken und Enden · (ugs.:) **jmdn. um die Ecke bringen** *(jmdn. ermorden)* · (ugs.:) **mit jmdm. um sieben Ecken verwandt sein** *(mit jmdm. weitläufig verwandt sein).*

edel: 1. a) *hochwertig, vorzüglich:* edles Holz; ein edles Instrument; edle Weine; ein edler Tropfen *(guter Wein);* (ugs., scherzh.:) es sind doch keine edlen [Körper]teile verletzt? /scherzhafte Frage, wenn jmd. gefallen ist/. b) *reinrassig:* ein edles Pferd, Tier; edle Rosen. c) (veraltet) *adlig:* ein Mann aus edlem Geschlecht. 2. (geh.) *selbstlos, hochsinnig:* ein edles Streben; eine edle Gesinnung, Tat; es erhob sich ein edler Wettstreit; er hat e. [an dir] gehandelt. 3. *schön geformt, harmonisch:* edler Wuchs, edle Haltung; eine e. geformte Vase.

Effeff ⟨in der Wendung⟩ etwas aus dem Effeff verstehen, können (ugs.): *etwas sehr gut können, gründlich verstehen.*

Effekt, der: 1. *Wirkung:* der E. seiner Bemühungen war gleich Null, war verblüffend; die Effekte des Bildes liegen allein in der Farbe; mit etwas E. erzielen, [keinen großen] E. machen; das ist im E. das gleiche. 2. *etwas, was Wirkung erreichen soll:* ein optischer, akustischer E.; er arbeitet mit billigen Effekten.

egal: 1. *gleich[artig]:* die beiden Teile sind nicht ganz e.; Bretter e. schneiden. 2. (ugs.) *einerlei, gleichgültig:* mir ist alles e.; das kann dir doch e. sein; das ist [mir] völlig e.

egoistisch: *nur an sich denkend; selbstsüchtig:* ein egoistischer Mensch; er verfolgt nur egoistische Zwecke; sein Verhalten war sehr e.; e. denken, handeln.

eh ⟨in den Verbindungen⟩ **seit eh und je** *(solange man denken, sich erinnern kann)* · **wie eh und je** *(wie schon immer).*

ehe ⟨Konj.⟩: *bevor:* es vergingen drei Stunden, e. wir landen konnten; /mit konditionaler Nebenbedeutung, nur verneint/ e. ihr nicht still seid, kann ich euch das Märchen nicht vorlesen.

Ehe, die: *gesetzlich anerkannte Lebensgemeinschaft von Mann und Frau:* eine harmonische, glückliche, gefährdete, zerrüttete E.; ihre E. war, blieb kinderlos; nach kurzer Zeit wurde die E. wieder aufgelöst (geh.), geschieden; einer Frau die E. versprechen; eine E. stiften (veraltend); die E. mit jmdm. eingehen, schließen; die E. brechen; der Pfarrer hat die E. eingesegnet; sie führen keine gute, eine schlechte E.; einen Sohn aus erster E., aus der ersten E. haben; sie hat etwas Vermögen, zwei Kinder in die E. mitgebracht, war in zweiter E. mit einem Kaufmann verheiratet; Sprichw.: Ehen werden im Himmel geschlossen und auf Erden geschieden. * (geh.:) **in den Stand der** [**heiligen**] **Ehe treten** *(heiraten)* · (hist.:) **eine Ehe zur linken Hand** *(nicht standesgemäße Ehe)* · **in wilder Ehe leben** *(ohne standesamtliche Trauung mit jmdm. leben)* · (scherzh.:) **im Hafen der Ehe landen; in den Hafen der Ehe einlaufen** *(heiraten).*

Ehebruch, der: *Verletzung der ehelichen Treue:* E. begehen; [mit jmdm.] E. treiben.

ehemalig: *früher:* ein ehemaliger Offizier; meine ehemalige Wohnung; subst.: seine Ehemalige (ugs.; *seine frühere Frau, Freundin*).

eher ⟨Adverb⟩: a) *früher:* je e., desto besser; je e., je lieber; ich konnte nicht e. kommen. b) *lieber, leichter:* e. will ich sterben als ihn heiraten; er wird es um so e. tun, als es ja sein Vorteil ist; e. *(wahrscheinlicher)* stürzt der Himmel ein, als daß er nachgibt; das ist schon e. möglich; so geht es am ehesten *(leichtesten).* c) *[viel]mehr:* er ist e. klein als groß; das ist e. eine Frage des Geschmackes; er ist alles e. als dumm, als ein Dummkopf *(er ist absolut nicht dumm).*

ehestens (veraltend) ⟨Adverb⟩: *frühestens:* er kann e. morgen früh hier sein.

ehrbar: *achtbar, der Sitte gemäß lebend:* ehrbare Leute; ein ehrbarer Bürger, Kaufmann; einen ehrbaren Beruf ausüben.

Ehre, die: 1. a) *äußeres Ansehen, Wertschätzung durch andere Menschen:* die E. einer Familie eines Berufs, des Vaterlandes; seine E. wahren (geh.), verteidigen, preisgeben (geh.), verlieren; jmdm. die E. rauben (dichter.), stehlen (dichter.); jmds. E. verletzen, kränken; diese Tat macht ihm alle, wenig E. *(fördert, schädigt sein Ansehen)*; er macht seinen Eltern, seiner Vaterstadt E. (weil er tüchtig ist); Sprichw.: E. verloren, alles verloren · das ist ein Fleck auf seiner E.; (geh.:) in Ehren ergraut sein; etwas in Ehren halten *(achtungsvoll behandeln, bewahren)*; sein Wort in Ehren, aber ...; jmdn. um seine E. bringen; etwas nur um der E. willen *(nicht des Vorteils wegen)* tun; zu [hohen] Ehren gelangen; etwas wieder zu Ehren bringen, kommen lassen; zu seiner E. *(um ihm gerecht zu werden)* muß ich sagen, daß ... **b)** *Zeichen der Wertschätzung; Ehrung:* jmdm., einer Sache [zuviel] E. antun; jmdm. militärische Ehren erweisen; jmdn. mit Ehren überschütten, mit militärischen Ehren bestatten; etwas zur E. Gottes tun; ein Fest zu Ehren eines Heiligen, eines Dichters feiern; /in Höflichkeitsformeln:/ es war mir eine [große] E.; ich hatte schon die E., Sie kennenzulernen; mit wem habe ich die E.? *(wie ist Ihr Name?)*; was verschafft mir die E. [Ihres Besuches]? N. N. gibt sich die E., Herrn ... einzuladen. Redensart: E., wem E. gebührt! **2.** *innere Würde, Selbstachtung:* meine E. verbietet mir, ihn zu hintergehen; er setzt seine E. darein (geh.), den Preis zu gewinnen; das bin ich meiner [persönlichen] E. schuldig; er ist ein Mann von E. **3.** (veraltet) *Jungfräulichkeit:* einem Mädchen die E. rauben; sie hat ihre E. verloren. * (veraltend:) **jmdm. die Ehre abschneiden** *(jmdn. verleumden)* · **mit jmdm., mit etwas Ehre einlegen** *(Anerkennung gewinnen)* · (geh.:) **jmdm. die letzte Ehre erweisen** *(zu jmds. Beerdigung gehen)* · **der Wahrheit die Ehre geben** *(die Wahrheit ehrlich bekennen)* · **keine Ehre im Leibe haben** *(kein Ehrgefühl besitzen)* · (südd.:) **[ich] habe die Ehre!** */Grußformel/* · (geh.:) **etwas ist aller Ehren wert** *(etwas verdient Lob, Anerkennung)* · **auf Ehre!** */Beteuerungsformel/* · **etwas auf Ehre und Gewissen versichern** *(nachdrücklich versichern)* · **bei meiner Ehre!** */Beteuerungsformel/* · **jmdn. bei seiner Ehre packen** *(an jmds. Ehrgefühl appellieren)* · **etwas in [allen] Ehren sagen/tun** *(ohne häßliche Nebengedanken sagen, tun)* · **mit Ehren** *(ehrenvoll)*.

ehren: a) ⟨jmdn., etwas e.⟩ *jmdm., einer Sache Ehre erweisen:* man soll das Alter e.; der Sieger wurde mit einem Lorbeerkranz, durch einen Empfang geehrt; sein Vertrauen ehrt mich; ich fühle mich durch dieses Angebot geehrt; Sprichw.: wer den Pfennig nicht ehrt, ist des Talers nicht wert; adj. Part.: jmdm. ein ehrendes Andenken bewahren (geh.); sehr geehrter Herr Müller! sehr geehrte gnädige Frau! */Briefanreden/*. **b)** (veraltend) ⟨etwas e.⟩ *respektieren, achten:* ich ehre deinen Schmerz, aber ... **c)** ⟨etwas ehrt jmdn.⟩: *etwas macht jmdm. Ehre:* deine Großmut ehrt dich.

Ehrenrechte ⟨in der Wendung⟩ jmdm. die bürgerlichen Ehrenrechte aberkennen (Rechtsw.): *die Rechte des Staatsbürgers durch Gerichtsurteil entziehen.*

Ehrensache, die: *selbstverständliche Pflicht:* das ist für mich, für uns E.; machst du mit? – E.! (ugs.; *natürlich!*); etwas als E. ansehen.

Ehrenwort, das: *feierliches Versprechen:* sein E. geben, verpfänden, brechen; der Gefangene erhielt Urlaub auf E. *(er mußte versprechen zurückzukehren)*; kommst du auch wirklich? – [mein] E.! (ugs.; *ganz bestimmt!*).

Ehrfurcht, die (geh.): *achtungsvolle Scheu:* die E. vor dem Leben; die E. gebietet Schweigen; eine E. gebietende, einflößende Gestalt; vor etwas keine E. haben; er trat ihr in tiefer E. entgegen; er betrachtete das Bild mit scheuer E.

Ehrgefühl, das: *feines Empfinden für die eigene Ehre:* er hat ein ausgeprägtes, übersteigertes E.; das verletzt mein E.; etwas aus falschem E. [heraus] tun, unterlassen; er hat keinen Funken E. [im Leibe].

Ehrgeiz, der: *starkes Streben nach Erfolg und Ehren:* ein gesunder, übertriebener, krankhafter E.; ihm fehlt jeder E.; sie besaß politischen, künstlerischen E.; die Belohnung spornte seinen E. an; er hatte den E., als erster fertig zu werden; sie war von brennendem E. besessen.

ehrgeizig: *nach Erfolg und Auszeichnung strebend:* ein ehrgeiziger Mensch, Politiker; ein ehrgeiziger Plan; sie ist sehr, maßlos e.; e. auf ein Ziel hinarbeiten.

ehrlich: 1. *zuverlässig (bes. in Geldsachen):* ein ehrlicher Angestellter; ein ehrlicher *(uneigennütziger)* Makler; der ehrliche Finder *(jmd., der Gefundenes abliefert)*: ich glaube, er ist e.; wir haben e. geteilt; e. verdientes Geld; Sprichw.: e. währt am längsten. **2.** *aufrichtig, ohne Verstellung:* ein ehrlicher Mann hält Wort; er ist eine ehrliche Haut (ugs.; *Mensch*); sie treibt kein ehrliches Spiel; er hat ehrliche Absichten *(er will das Mädchen heiraten)*; Sei e.!; antworte mir e.!; er meint es e. [mit dir]; er bemüht sich e., alles gewissenhaft zu erledigen; ich muß e. *(offen)* sagen/e. gesagt, er ist ... **3.** (veraltend) *anständig, ohne Schande:* mein ehrlicher Name; ein ehrliches Begräbnis; ein ehrliches Handwerk treiben; er will wieder e. werden *(nicht mehr stehlen)*.

Ehrung, die: *Beweis der Hochachtung:* dem Jubilar wurden zahlreiche Ehrungen zuteil; man erwies (geh.) ihm eine hohe, verdiente E.; er wurde mit Ehrungen überhäuft.

ehrwürdig: *Ehrfurcht einflößend:* eine ehrwürdige alte Dame; ein Bild von ehrwürdigem Alter; eine ehrwürdige Gedenkstätte; e. aussehen, erscheinen.

Ei, das: **1. a)** *von einer Schale umschlossenes, keimendes Lebewesen, Vogelei:* ein weißes, gesprenkeltes, angebrütetes Ei; die Eier der Schlangen, Frösche; die Henne legt ein Ei, brütet ihre Eier aus, sitzt auf den Eiern; Redensarten: das Ei will klüger sein als die Henne *(die Jungen klüger als die Alten)*; sie gleichen sich/(geh.:) einander wie ein Ei dem anderen. **b)** *Hühnerei als Nahrungsmittel:* ein frisches, rohes, weiches, hartes *(weich-, hartgekochtes)* Ei; verlorene, gefüllte, geschlagene, eingelegte Eier; russische Eier; ein Ei austrinken, kochen, abschrecken, braten, backen, schälen, pellen (landsch.); sich (Dativ) zwei Eier in die Pfanne schlagen; mit faulen Eiern werfen; Brühe mit Ei; zu Ostern werden Eier gefärbt; (ugs.:) jmdn., etwas wie ein rohes Ei *(sehr vorsichtig)* behandeln. **2.** *menschliche oder tierische Keimzelle:* das reife Ei wird befruchtet, entwickelt sich zum

Embryo. **3.** ⟨Plural⟩ (ugs.) *Mark:* das kostet 3 000 Eier. * **das Ei des Kolumbus** *(überraschend einfache Lösung)* · (ugs.:) **wie auf Eiern gehen** *(behutsam, die Füße vorsichtig aufsetzend gehen)* · (ugs.:) **wie aus dem Ei gepellt**/(selten:) **geschält sein** *(sehr sorgfältig gekleidet sein)* · **etwas für einen Apfel und ein Ei erhalten** *(ganz billig kaufen)* · (ugs.:) **ungelegte Eier** *(Dinge, die noch nicht spruchreif sind)*; kümmere dich nicht um ungelegte Eier!

eichen ⟨etwas e.⟩: *amtlich auf richtiges Maß oder Gewicht prüfen und kennzeichnen:* Maße, Gewichte e.; die Waage muß noch geeicht werden; adj. Part.: ein geeichtes Gefäß. * (ugs.:) **auf etwas geeicht sein** *(etwas besonders gut können. sich sehr gut darauf verstehen)*.

Eid, der: *feierliche Versicherung [vor Gericht] in vorgeschriebener Form:* einen E. [auf die Bibel, auf die Verfassung] schwören, ablegen, leisten; einen E. verweigern, brechen; einen falschen E. *(Meineid)* schwören; der Richter nahm ihm den E. ab *(ließ ihn schwören)*; ich nehme es auf meinen E. *(ich kann es beschwören)*, daß er es nicht getan hat; durch einen E. gebunden sein; unter E. stehen; etwas unter Eid aussagen, bezeugen * **jmdn. in Eid und Pflicht nehmen** *(jmdn. vereidigen)* · **an Eides Statt** *(wie wenn man vereidigt worden wäre)*: etwas an Eides Statt erklären, versichern; eine Versicherung an Eides Statt abgeben.

eidlich: *durch einen Eid gebunden:* eine eidliche Erklärung; ein eidliches Versprechen; ich habe mich e. dazu verpflichtet; eine Aussage [vor Gericht] e. erhärten, bekräftigen.

Eierschalen ⟨in der Wendung⟩ jmdm. kleben noch die Eierschalen an (ugs.): *jmd. ist noch sehr unerfahren.*

Eifer, der: *unablässiges, ernstes Streben, Bemühen:* sein E. erlahmte, erkaltete (geh.), ließ bald nach; sie zeigte einen erfreulichen, löblichen, unermüdlichen E.; er stachelte, spornte ihren E. an; in E. geraten; jmd. in E. bringen; er machte sich mit E. ans Werk; Sprichw.: blinder E. schadet nur. * **im Eifer des Gefechts** *(in der Eile)*: das habe ich im E. des Gefechts übersehen.

Eifersucht, die: *leidenschaftliches Streben, etwas allein, nur für sich zu haben (bes. in der Liebe):* eine krankhafte E.; sie wurde ein Opfer seiner E.; er beobachtete sie mit, voll[er] E.

eifersüchtig: *voll Eifersucht:* ein eifersüchtiger Liebhaber, Ehemann; eifersüchtige Blicke; sie war e. auf ihre Schwester, auf ihre Erfolge; er machte sie e.; er wacht e. über seine Rechte.

eifrig: *voll Eifer; unermüdlich:* er ist ein eifriger Zeitungsleser; ein eifriger *(fleißig mitarbeitender)* Schüler; sie ist immer sehr e. *(macht [allzu] rege mit)*; e. lernen; e. um etwas bemüht sein; er war e. dabei, sein Auto zu waschen.

eigen: 1. a) *jmdm. selbst gehörend; einer Sache zugehörend:* er hat ein eigenes Haus; der eigene Bruder hat ihn verraten; ein Verlag mit eigener Druckerei; das Auto drehte sich um die eigene Achse; das sind seine eigenen Worte; ich konnte ihn mit seinen eigenen Worten widerlegen, mit seinen eigenen Waffen schlagen; es war so laut, daß man sein eigenes Wort nicht hörte; etwas auf eigene *(nicht fremde)* Rechnung, auf eigene Kosten kaufen; im eigenen Namen *(nicht stellvertretend)* handeln; in eigener Sache *(im persönlichen Interesse)* sprechen; über die eigenen Füße stolpern; etwas am eigenen Leibe erfahren; er hat ihn mit eigener Hand (geh.; *eigenhändig*) getötet; sie kam in eigener (iron.: höchsteigener) Person *(sie kam selbst)*; ⟨nur verstärkend beim Personalpronomen⟩ das habe ich mit meinen eigenen Augen gesehen; das ist sein eigen *(das gehört ihm)*; ein Kind als e., als eigenes annehmen; Sprichw.: eigener Herd ist Goldes wert. **b)** *selbständig, unabhängig:* eine eigene Meinung, einen eigenen Willen haben; eigene Wege suchen, gehen; seinem eigenen Kopf folgen; etwas aus eigenem Entschluß, Antrieb tun; etwas nach eigenem Befinden, Ermessen, Gutdünken entscheiden; aus eigener Macht[vollkommenheit] handeln; Zubehör nach eigener Wahl; der Autor schreibt seinen eigenen Stil. **c)** *besonders, gesondert:* jede Wohnung hat ihren eigenen Eingang; für die Buchhaltung ist ein eigenes Zimmer eingerichtet worden. **2.** *für jmdn. typisch; jmdn. kennzeichnend:* eine nur ihm eigene Bewegung, Haltung; mit allem ihr eigenen Charme; ein Hang zum Grübeln war ihm e. **3.** (veraltend) *seltsam, sonderbar:* mit dem sogenannten Fortschritt ist es eine eigene Sache, ein eigen Ding; er hat so einen eigenen Zug um den Mund; er ist ein ganz eigener Mann *(ein Sonderling)*; mir ist e. zumute. **4.** (landsch.) *genau, sorgsam:* er ist ist sehr e. in seinen Angelegenheiten. * (geh.:) **sein eigen Fleisch und Blut** *(seine Kinder, seine nächsten Verwandten)* · **sein eigener Herr sein** *(selbständig sein)* · **das eigene/sein eigenes Nest beschmutzen** *(über den Kreis, dem man selbst angehört, schlecht reden)* · **auf eigenen Füßen stehen** *(wirtschaftlich unabhängig sein)* · **etwas aus der eigenen/aus eigener Tasche bezahlen** *(selbst bezahlen)* · (ugs.:) **auf eigene Faust** *(selbständig, auf eigene Verantwortung)* · (geh.:) **etwas zu eigenen Händen übergeben** *(nur dem Empfänger selbst übergeben)* · (geh.:) **etwas zu eigen haben** *(besitzen)* · (geh.:) **jmdm. etwas zu eigen geben** *(schenken)* · (geh.:) **sich** (Dativ) **etwas zu eigen machen** *(sich etwas aneignen; etwas erlernen, übernehmen)*: er macht sich diese Grundsätze zu e.

eigenartig: *ungewöhnlich, seltsam:* ein eigenartiger Mensch; eine eigenartige Form, Farbe; ein eigenartiges Gefühl; eine Stimme von eigenartigem Reiz; er sieht e. aus; das ist doch e. *[Ausdruck des Befremdens]*.

eigenhändig: *mit eigener Hand [ausgeführt]*: ein Bild mit eigenhändiger Unterschrift des Dichters; er schrieb e. sein Testament; der Brief ist e. *(persönlich)* abzugeben.

eigenmächtig: *ohne Auftrag; angemaßt:* ein eigenmächtiges Vorgehen; er handelte e.

eigens ⟨Adverb⟩: **a)** *besonders; ausdrücklich:* ich habe es ihm e. gesagt; er hat noch e. Wein bestellt. **b)** *nur; speziell:* er war e. zur Premiere aus Zürich gekommen.

Eigenschaft, die: *Wesenszug, charakteristisches Merkmal:* er hat gute, hervorragende, schlechte Eigenschaften; ein Kunststoff mit idealen Eigenschaften; Silber hat die E., schwarz anzulaufen; er ist in amtlicher E. hier. * **in seiner Eigenschaft als** *(in seinem Amt, seiner Funktion als)*: ich spreche hier in meiner E. als geistlicher Vormund.

Eigensinn, der (abwertend): *Starrsinn, Trotz:* sein E. verärgerte die andern; das ist nur E. bei/von ihr.

eigensinnig (abwertend): *starrköpfig; hartnäckig:* ein eigensinniger Mensch; e. auf seiner Meinung beharren; im Alter wurde er immer eigensinniger.

eigentlich: **I.** ⟨Adj.⟩ *wirklich, tatsächlich:* der eigentliche Grund, Zweck meines Besuches ist...; sein eigentlicher Name lautet anders; die eigentliche *(wirkliche, ursprüngliche)* Bedeutung eines Wortes. **II.** ⟨Adverb⟩ **1.** *in Wirklichkeit, tatsächlich:* er heißt e. Meyer. **2.** *im Grunde, genaugenommen:* das Wort bedeutet e. etwas anderes; e. hast du recht; er ist [recht] e. der Entdecker dieses Landes; wir wollten e. nach München, aber . . . **3.** *überhaupt:* was willst du e. hier?; was denkst du dir e.?

Eigentum, das: *jmdm. gehörende Sache[n]:* persönliches, privates, öffentliches, rechtmäßiges E.; das Haus ist mein E.; diese Erfindungen sind sein geistiges E. *(er ist ihr allein verfügungsberechtigter Urheber);* das E. an etwas haben; das E. achten, schützen; sich an fremdem E. vergreifen *(stehlen);* das Grundstück ist in unser E. übergegangen *(wir haben es erworben, geerbt).*

eigentümlich: **1.** *merkwürdig, sonderbar:* ein eigentümlicher Geruch; sie ist doch eine eigentümliche Person; ihr Verhalten hat mich e. berührt. **2.** *für jmdn. typisch:* mit dem ihr eigentümlichen Stolz wies sie das Anerbieten zurück.

eigenwillig: **a)** *die eigene Art nachdrücklich zur Geltung bringend:* eine eigenwillige Persönlichkeit; eine eigenwillige Auffassung; der Stil dieses Malers ist sehr e. **b)** *dickköpfig, eigensinnig:* ein eigenwilliges Kind; er beharrt e. auf seiner Meinung.

eignen /vgl. geeignet/: **1.** ⟨sich zu etwas/als etwas/für jmdn., für etwas e.⟩ *tauglich, geeignet sein:* er eignet sich nicht zum Lehrer; dieses Buch eignet sich vortrefflich zum Geschenk, als Geschenk; sie hat sich gut für diese Arbeit geeignet; dieser Film eignet sich nicht für Kinder. **2.** (geh.) ⟨etwas eignet jmdm., einer Sache⟩ *etwas ist ein Merkmal von jmdm., von etwas:* ihr eignet eine gewisse Schüchternheit.

Eile, die: *Bestreben, etwas rasch zu erledigen; Hast:* ich habe [keine] E.; die Sache hat große E., keine E. *(ist sehr, ist nicht eilig);* es hat keine E. damit; er ist immer in E.; er fuhr in höchster, in rasender E.; sie schrieb den Brief in fliegender, in größter E.; er teilte mir in aller E. *(schnell und kurz)* mit, daß ...; etwas mit möglichster E. (veraltend) betreiben; jmdn. zur E. antreiben.

eilen: **1.** ⟨mit Raumangabe⟩ *sich schnell fortbewegen:* nach Hause, zur Polizei, zum Bahnhof e.; er ist sofort zu seiner Mutter geeilt; (geh.:) der Zug eilt durch die Landschaft · Sprichw.: eile mit Weile *(mit Bedacht)!* **2.** ⟨etwas eilt⟩ *etwas muß schnell erledigt werden, ist dringend:* die Angelegenheit hat sehr geeilt; eilt! */Notiz auf Akten u. dgl./;* ⟨es eilt [mit etwas]⟩ eilt es denn damit so sehr?; es eilt mir nicht damit *(wir haben Zeit):* rufe ihn gleich an, es eilt! **3.** (ugs.) ⟨sich e.⟩ *sich beeilen:* du brauchst dich nicht so zu e.; ich habe mich sehr geeilt. * **jmdm. zu Hilfe eilen** *(herbeieilen, um jmdm. in einer Gefahr zu helfen).*

eilig: **1.** *rasch, in Eile:* eilige Schritte; ein eiliger Blick ins Buch; e. davonlaufen; nur nicht so e.!; er ist, er hat es immer e. **2.** *dringlich:* eine eilige Nachricht; ein eiliger Auftrag; die Sache ist e.; du hast es wohl sehr eilig damit? *(es drängt wohl sehr?);* subst.: ich hatte etwas Eiliges zu besorgen; sie hatte nichts Eiligeres zu tun, als...

Eimer, der: */ein tragbares Gefäß/:* ein alter, verbeulter E.; ein E. Wasser, voll Wasser, mit heißem Wasser; einen E. füllen, tragen, bereitstellen; es gießt, schüttet wie mit/aus Eimern (ugs.; *es regner sehr stark*). * (ugs.:) **etwas ist im Eimer** *(etwas ist entzwei, verdorben):* die Uhr, die schöne Stimmung ist im E.

[1]**ein:** **I.** ⟨unbestimmter Artikel⟩ /nicht betont/ **a)** /kennzeichnet ein Einzelwesen oder -ding/: e. Mann; eine Frau; e. kleines Haus; was für e. Lärm!; so eine Enttäuschung! e. anderer, e. jeder; jmdm. eine Freude machen; /verblaßt/: e. bißchen, e. wenig; kommst du e. Stückchen mit? **b)** /kennzeichnet einen allgemeinen Begriff/: e. Gletscher besteht aus Eis. **c)** /kennzeichnet die Zugehörigkeit zu einer Gattung/: unser Hund ist e. Dackel; dies ist e. [echter] Picasso *(ein Bild von Picasso).* **II.** ⟨Indefinitpronomen und unbestimmtes Zahlwort⟩ **1.** /alleinstehend/: **a)** *jemand, irgendeiner:* das war einer von uns; ein[e]s der Mädchen; (ugs.:) sieh einer an!; er ist belesen wie selten einer *(sehr belesen);* so einer (ugs.) bist du also!; ein[e]s *(etwas)* fehlt ihm: Geduld; gib ihm doch eins (ugs.; *einen Schlag*) [mit dem Stock]; wir wollen eins (ugs.; *ein Lied*) singen; sie tranken immer noch eins (ugs., scherzh.; *noch ein Glas*); wir baten Sie um den Besuch eines (nicht: einer) Ihrer Herren. **b)** (ugs.) *man:* was einer nicht kennt, das kann er nicht beurteilen; dieses Wetter muß einen ja freuen; das kann einem alle Tage zustoßen. **c)** (ugs.) *ich, wir:* das tut einem *(mir)* gut. **2.** /in [hinweisender] Gegenüberstellung/: der eine kommt, der andere geht; hier ist einer wie der andere; es kam so eins nach dem andern, eins zum andern; er wartete einen Tag um den andern; (ugs.:) mein eines Auge *(nicht das andere)* tränt. **III.** ⟨Kardinalzahl⟩ /betont; vgl. eins; *bezeichnet den Zahlenwert 1*/: das kostet eine Mark; er hat nur ein Bein; wir sind stets einer Meinung; er leerte das Glas auf einen Zug; Redensart: einer für alle, alle für einen · nur einer war bereit; eins von beiden *(nicht beides);* das geht in einem (ugs.; *auf einmal*) hin. * **ein für allemal** *(für alle Zeit, endgültig)* · **jmds. ein und alles sein** *(jmds. ganzes Glück sein)* · (nachdrücklich:) **ein und dasselbe** *(genau das gleiche)* · **in einem fort** *(ununterbrochen).*

[2]**ein** ⟨Adverb; in den Verbindungen⟩ **bei jmdm. ein und aus/aus und ein gehen** *(oft bei jmdm. sein, mit jmdm. verkehren)* · **nicht/weder ein noch aus/aus noch ein wissen:** *(völlig ratlos sein).*

einander (geh.) ⟨reziprokes Pronomen⟩: *sich, uns, euch gegenseitig:* sie kennen e. nicht.

einarbeiten: **1. a)** ⟨jmdn. e.⟩ *mit einer Arbeit vertraut machen:* seinen Nachfolger e.; er ist gründlich eingearbeitet worden. **b)** ⟨sich e.⟩ *mit einer Arbeit vertraut werden:* ich hatte mich schnell eingearbeitet; er muß sich in dieses/in diesem Gebiet noch e. **2.** ⟨etwas e.⟩ *einfügen:* Zusätze, Nachträge in einen/(seltener:) in einem Aufsatz e.

einatmen: **a)** *Luft holen:* tief, ruhig, durch die Nase e. **b)** ⟨etwas e.⟩ *in die Lunge einziehen:* er hat giftige Gase eingeatmet.

einbauen ⟨etwas e.⟩: *montieren, hineinbauen:* ein Ventil, einen Motor e.; einen Schrank e.; in die Tür/(selten:) in der Tür wurde ein zweites Schloß eingebaut; eine Kamera mit eingebautem Belichtungsmesser; übertr.: eine Szene in ein Schauspiel e. *(nachträglich einfügen).*

einberufen: **a)** ⟨jmdn., etwas e.⟩ *zu einer Tagung, Sitzung zusammenrufen:* den Bundestag, eine Versammlung e.; die Abgeordneten wurden zu einer Sitzung einberufen. **b)** ⟨jmdn. e.⟩ *zum Militärdienst heranziehen:* er wurde gleich bei Kriegsbeginn einberufen; man berief ihn zu einer Reserveübung ein.

einbeziehen ⟨jmdn., etwas in etwas e.⟩: *einschließen, mit aufnehmen:* eine Tatsache in seinen Plan, in seine Berechnungen [mit] e.; dieser Personenkreis wurde in die Untersuchung mit einbezogen; er bezog mich in die Unterhaltung [mit] ein *(ließ mich daran teilnehmen).*

einbiegen: **1.** ⟨etwas e.⟩ *nach innen biegen:* die Finger e. **2.** ⟨mit Raumangabe⟩ *um die Ecke [in eine andere Straße] gehen oder fahren:* in eine Seitenstraße, in einen Hof e.; das Auto ist nach links, nach Westen eingebogen.

einbilden /vgl. eingebildet/: **1.** ⟨sich (Dativ) etwas e.⟩: *irrtümlich glauben, annehmen:* sich e., alles zu wissen; kein Mensch haßt dich, du bildest dir das nur ein; Redensart (ugs.): bilde dir nur keine Schwachheiten ein! *(glaube nur nicht, daß deine Wünsche in Erfüllung gehen!);* adj. Part.: eine eingebildete *(nicht wirklich vorhandene)* Krankheit. **b)** ⟨sich (Dativ) etwas auf etwas e.⟩ *ohne rechten Grund auf etwas stolz sein:* er bildet sich viel auf seine Kenntnisse ein; darauf brauchst du dir nichts einzubilden.

Einbildung, die: **a)** *Vorstellung, die nicht der Wirklichkeit entspricht; Phantasie:* seine Krankheit ist reine E.; das ist alles nur E., nur in deiner E. vorhanden; er lebt nur von Einbildungen. **b)** *Überheblichkeit:* seine E. ist unerträglich. Redensart (ugs.; scherzh.): E. ist auch eine Bildung.

einblenden (Rundf., Fernsehen, Filmw.): **a)** ⟨etwas e.⟩ *in eine Sendung, in einen Film einschalten, einfügen:* Geräusche, Musik e.; ein Interview in eine Reportage e. **b)** ⟨sich e.⟩ *sich mit einer Sendung einschalten; eine Sendung übernehmen:* wir blenden uns in wenigen Minuten wieder ein, in die zweite Halbzeit ein.

einbleuen ⟨jmdm. etwas e.⟩: *durch ständige Wiederholung beibringen:* er hat den Schülern nur Formeln und Zahlen eingebleut; sie bleute den Kindern ein, von Fremden keine Geschenke anzunehmen.

Einblick, der: **a)** (selten) *Blick in etwas hinein:* der E. in ein Zimmer, in einen Park. **b)** *Erkenntnis; Kenntnis[nahme] von etwas:* überraschende, aufschlußreiche Einblicke; E. in die Akten haben, nehmen; jmdm. einen E. gewähren, geben; sich E. in etwas verschaffen; er gewann E., einen ersten E. in den Produktionsablauf.

einbrechen: **1.** **a)** *gewaltsam eindringen, um zu stehlen:* in ein Haus e.; Diebe sind in die Werkstatt eingebrochen; bei uns, in unsere/in unserer Firma wurde gestern eingebrochen; er hat in der Bank eingebrochen *(einen Einbruch verübt).* **b)** *kriegerisch eindringen:* der Gegner ist in unsere Stellung eingebrochen. **c)** ⟨etwas bricht ein⟩ *etwas dringt mit Gewalt ein:* das Wasser ist in den Stollen eingebrochen. **2.** (geh.) ⟨etwas bricht ein⟩ *etwas beginnt plötzlich:* die Nacht brach ein; bei einbrechender Dunkelheit. **3.** **a)** ⟨etwas bricht ein⟩ *etwas stürzt ein:* das Gewölbe, die Decke ist eingebrochen. **b)** *durch eine Oberfläche brechen:* der Junge brach auf dem Eis ein.

einbringen: **1.** ⟨jmdn., etwas e.⟩ *hineinschaffen:* die Ernte, das Heu e.; ein Schiff [in den Hafen] e.; Techn.: ein Werkstück in die Maschine e.; militär.: Gefangene e. *(hinter die eigenen Linien bringen);* der entflohene Sträfling wurde wieder eingebracht *(ins Gefängnis zurückgebracht).* **2.** ⟨etwas e.⟩ *zur Beschlußfassung vorlegen:* einen Antrag e.; im Bundestag ein Gesetz e. **3.** (Amtsdt.) ⟨etwas e.⟩ *in eine Gemeinschaft mitbringen:* sie hat ein Haus [in die Ehe] eingebracht; eingebrachtes Vermögen. **4.** ⟨etwas bringt etwas ein⟩ *etwas bringt Gewinn, Ertrag:* diese Arbeit bringt viel, wenig, nichts ein; ⟨etwas bringt jmdm. etwas ein⟩ das Unternehmen brachte ihm viel Geld, große Anerkennung ein. **5.** ⟨etwas e.⟩ *wettmachen:* die verlorene Zeit, den Verlust wieder e.

einbrocken: **a)** ⟨etwas e.⟩ *brockenweise hineintun:* Brot [in die Milch, in die Suppe] e. **b)** (ugs.) ⟨jmdm., sich etwas e.⟩ *jmdn., sich in eine unangenehme Lage bringen:* wer hat uns das eingebrockt?; da habe ich mir etwas Schönes eingebrockt; Redensart: was man sich eingebrockt hat, das muß man auch ausessen, auslöffeln. * **jmdm., sich eine schöne Suppe einbrocken** *(jmdn., sich in eine unangenehme Lage bringen).*

Einbruch, der: **1.** *gewaltsames Eindringen in ein Gebäude (um zu rauben):* einen E. verüben, anzeigen, aufklären; er war an dem Einbruch in die /(seltener:) in der Fabrik beteiligt; die Zahl der Einbrüche steigt. **2.** (militär.) *erfolgreicher Vorstoß:* ein E. in die feindliche Front, Stellung; einen E. abriegeln. **3.** *gewaltsames Durchbrechen:* der E. des Wassers in den Schacht. **4.** (geh.) *Beginn:* bei, vor, nach E. der Nacht, des Winters. **5.** *Zusammenbruch:* der E. des Gewölbes; übertr. (Wirtsch.): ein E. *(ein plötzliches Fallen)* der Kurse ist nicht zu befürchten.

einbürgern: **1.** ⟨jmdn. e.⟩ *jmdm. eine Staatsangehörigkeit geben:* er ist [in die/in der Schweiz] eingebürgert worden. **2.** **a)** ⟨jmdn., etwas e.⟩ *heimisch machen:* eine Pflanzenart, Tierart, eine Sitte e.; man versucht jetzt, den Biber bei uns wieder einzubürgern. **b)** ⟨sich e.⟩ *heimisch, zur Gewohnheit werden:* dieses Wort, diese Sportart hat sich bei uns eingebürgert.

Einbuße, die: *Verlust, Verringerung:* eine empfindliche, beträchtliche, schwere E.; eine E. an Ansehen, Macht, Vermögen; er hat nur geringe Einbußen erlitten, erfahren; diese Rede hat seiner Beliebtheit schwere E. getan (geh.).

einbüßen ⟨etwas e.⟩: *verlieren:* sein ganzes Vermögen, seine Freiheit, sein Leben e.; er hat bei diesem Unternehmen viel Geld eingebüßt; der Motor büßte schnell an Leistung ein.

eindämmen ⟨etwas e.⟩: *aufhalten, begrenzen:* das Hochwasser, einen Waldbrand e.; die Seuche konnte schnell eingedämmt werden.

eindecken: **1.** ⟨sich mit etwas e.⟩ *sich mit Vor-*

räten versorgen: sich [für den Winter] mit Obst, Kartoffeln, Öl e.; ⟨auch ohne Präpositionalobjekt:⟩ ich habe mich, ich bin gut eingedeckt. **2. a)** ⟨etwas e.⟩ *bedecken:* die Rosen für den Winter e.; Bauw.: ein Dach [mit Ziegeln] e. **b)** (ugs.) ⟨jmdn., etwas mit etwas e.⟩ *überhäufen, überschütten:* jmdn. mit Fragen, mit Aufträgen e.; ich bin mit Arbeit eingedeckt *(ich habe viel Arbeit);* militär.: die Stellungen wurden mit einem Hagel von Granaten eingedeckt.

eindeutig: *völlig klar, unmißverständlich:* eine eindeutige Anordnung; er bekam eine eindeutige Abfuhr (ugs.); die Beweise sind e.; etwas e. erklären.

eindringen: 1. ⟨in etwas e.⟩: *trotz Behinderung hineingelangen:* in ein Haus, in die feindliche Stellung e.; das Wasser drang in den Keller ein; die Salbe dringt schnell in die Haut ein; ⟨auch ohne Präpositionalobjekt:⟩ die Salbe ist vollständig eingedrungen; übertr.: in die Geheimnisse einer Wissenschaft e.; er ist tief in dieses Problem eingedrungen. **2.** ⟨auf jmdn. e.⟩ *jmdn. angreifen;* zwei Männer drangen [mit Messern] auf ihn ein.

eindringlich: *nachdrücklich, mahnend:* eindringliche Worte, Bitten; mit eindringlicher Stimme sprechen; seine Rede war sehr e.; jmdn. e., auf das/aufs eindringlichste warnen.

Eindruck, der: **1.** *Vorstellung, die durch Einwirkung von außen in jmdm. entsteht:* ein tiefer, nachhaltiger, bleibender, unauslöschlicher, oberflächlicher, frischer E.; der erste E. war entscheidend; ein E. entsteht, haftet, bleibt [haften], dauert, verstärkt sich, vertieft sich; ein E. schwindet (geh.), erlischt (geh.), verblaßt, verwischt sich; E. auf jmdn. machen; bei jmdm. den besten, einen guten, ausgezeichneten, [un]günstigen, schlechten, üblen, keinen E. machen; einen E. erwecken, hervorrufen, hinterlassen; mir hat das Spiel keinen E. gemacht; neue Eindrücke gewinnen, empfangen (geh.); einen falschen, unzureichenden, nur einen ungefähren E. von jmdm. erhalten; er machte einen gedrückten E., den E. eines zerfahrenen Menschen *(er wirkte gedrückt, zerfahren);* die Rede hat ihren E. auf ihn nicht verfehlt; sein Brief erweckt den Eindruck, als ob ...; ich habe den E., kann mich des Eindrucks nicht erwehren (geh.), daß...; er stand noch ganz unter dem E. dieses Erlebnisses. **2.** (selten) *Vertiefung, Spur:* der E. eines Fußes im Lehm, im Schnee; Eindrücke machen, verwischen. * (ugs.:) **Eindruck schinden** *(die Aufmerksamkeit auf sich lenken, um andere zu beeindrucken).*

eindrücken ⟨etwas e.⟩: **a)** *nach innen drücken, zurückdrücken:* einen Kotflügel e.; die Front wurde eingedrückt; eine eingedrückte Nase. **b)** *durch Druck zerbrechen:* der Dieb drückte die Fensterscheibe ein; ⟨jmdm. etwas e.⟩ der Bär drückte ihm den Brustkorb ein.

eindrucksvoll: *einen starken Eindruck machend:* ein eindrucksvoller Vortrag; eine eindrucksvolle Persönlichkeit; was er sagte, war sehr e.; etwas e. darstellen.

einerlei: 1. ⟨Adverb⟩ *gleichgültig:* mir war alles e.; denke immer daran, e., was du tust! **2.** ⟨Gattungszahlwort⟩ *[völlig] gleichartig:* Kleider von e. Farbe; subst.: das ewige, stumpfe Einerlei *(Gleichmaß)* des Alltags.

einerseits ⟨in der Verbindung⟩ einerseits ..., and[e]rerseits/anderseits ⟨Konj.⟩: /setzt zwei Gesichtspunkte zueinander in Beziehung/: e. freute er sich über den Brief, and[er]erseits aber machte er sich Sorgen.

einesteils ⟨in der Verbindung⟩ einesteils ..., ander[e]nteils ⟨Konj.⟩: *zum einen ..., zum andern; einerseits ..., andererseits:* in den Regalen standen e. Fachbücher, andernteils Romane und Bildbände.

einfach: I. ⟨Adj.⟩ **1.** *nicht doppelt oder mehrfach:* ein einfacher Knoten; eine einfache Fahrt *(ohne Rückfahrt);* einmal einfach bitte!; einfache *(nicht gefüllte)* Nelken; der Brief ist nur e. gefaltet; Kaufmannsspr.: einfache Buchführung. **2. a)** *unkompliziert:* ein einfaches Hilfsmittel; Rechtsw.: einfacher Diebstahl; Math.: ein einfacher Bruch; die Maschine ist ganz e. konstruiert. **b)** *leicht, mühelos:* eine einfache Aufgabe; das ist gar nicht so e.; er hat es sich zu e. gemacht. **3.** *schlicht:* einfache Sitten; seine einfachen Worte gingen allen zu Herzen; eine einfache Mahlzeit; in einfachen Verhältnissen leben; er ist nur ein einfacher Mann *(ohne höhere Schulbildung);* subst.: wollen Sie etwas Einfaches oder etwas Besseres haben? **II.** ⟨Adverb⟩/verstärkend/: das ist e. unmöglich, e. herrlich!; ich begreife Sie e. nicht; die Sache ist e. *(kurzum)* die, daß...; er lief e. *(ohne weiteres)* davon. * **einfache Mehrheit** *(Mehrheit, die weniger als 50% der stimmberechtigten Stimmen umfaßt)*· (ugs.:) **Karo einfach** *(trockenes Brot).*

Einfachheit, die: **1.** *Schlichtheit:* größte, spartanische E.; sich mit betonter E. kleiden. **2.** *Unkompliziertheit:* eine Konstruktion von verblüffender E.; der E. halber *(um es einfacher zu machen)* schicke ich gleich die quittierte Rechnung mit.

einfädeln: 1. ⟨etwas e.⟩ **a)** *durch ein Nadelöhr ziehen:* Garn, einen Faden e. **b)** *mit einem Faden versehen:* die Nadel e. **2.** ⟨etwas e.⟩ *geschickt bewerkstelligen:* eine Intrige e.; du hast die Sache fein, gut, schlau eingefädelt. **3.** ⟨sich e.⟩ *sich in den Verkehr einreihen:* er mußte sich in eine Kolonne, in die Hauptstraße e.

einfahren: 1. *fahrend hineingelangen:* der Zug fährt ein; das Schiff fährt in den Hafen ein; er warf sich vor den einfahrenden Zug; Bergmannsspr.: die Bergleute sind eingefahren *(in den Schacht gefahren).* **2.** ⟨etwas e.⟩ *in die Scheune bringen:* die Ernte, das Korn, Heu e. **3.** ⟨jmdn, sich, etwas e.⟩ *an das Fahren gewöhnen:* junge Pferde e.; jedes Auto muß erst eingefahren werden; ich muß mich auf der Autobahn erst e.; übertr.: sich in/auf eingefahrenen Gleisen *(in konventionellen Bahnen)* bewegen; etwas hat sich eingefahren *(ist zur Gewohnheit geworden).*

Einfahrt, die: **1.** *das Hineinfahren:* die E. in das enge Tor war schwierig; der Zug hat noch keine E. [in den Bahnhof]. **2.** *Stelle, an der man hineinfährt:* das Haus hat eine breite, bequeme E.; E. freihalten!

Einfall, der: **1.** *plötzlicher Gedanke, plötzliche Idee:* ein alberner, dummer, glücklicher, großartiger, guter, kluger, launiger, lustiger, merkwürdiger, närrischer, seltsamer, sonderbarer, witziger E.; mir kam der E., sie zu fragen; es war ein bloßer E. von mir; sich einen E. notieren; jmdn. auf einen E. bringen; er kam auf den E., mich zu besuchen; Redensart (ugs.; scherzh.): er hat Einfälle wie ein altes Haus *(sonderbare Einfälle)*. **2.** *kriegerisches Eindringen:* der E. der Hunnen in Europa.

einfallen: **1.** ⟨etwas fällt ein⟩ *etwas fällt, stürzt zusammen:* das Haus, der Ofen, das alte Gemäuer ist eingefallen; adj. Part.: eingefallene *(magere)* Wangen; sein Gesicht ist sehr eingefallen. **2. a)** ⟨in etwas e.⟩ *gewaltsam eindringen:* der Feind fiel in unser/(selten:) in unserem Land ein; die Stare fallen in Scharen in die Kirschbäume ein. **b)** (Jägerspr.) *niedergehen:* die Rebhühner fallen ein; Enten fallen auf den/auf dem See ein. **c)** ⟨etwas fällt ein⟩ *etwas kommt herein, hinein:* das Licht fiel durch ein Fenster ein; schräg einfallende Strahlen. **d)** *einstimmen, einsetzen:* an dieser Stelle fielen die Bläser, die Geigen ein, fiel der Baß ein; „ich habe euch gesehen", fiel er ein *(sagte er dazwischen)*. **3. a)** ⟨etwas fällt jmdm. ein⟩ *etwas kommt jmdm. plötzlich in den Sinn:* mir fiel allerlei, ein Ausweg, eine Ausrede ein; das fiele mir nicht im Traum ein (ugs.; *das würde ich niemals tun)*; ihm fiel nichts Passendes, nichts Neues ein; da mußt du dir schon etwas anderes, etwas Besseres e. lassen; mir fiel ein, ihn anzurufen; es ist mir nie eingefallen zu glauben *(ich habe nie geglaubt)*, daß ...; laß dir das ja nicht e.! *(tu das ja nicht!)*; was fällt Ihnen denn ein? *(was erlauben Sie sich?)*. **b)** ⟨jmd., etwas fällt jmdm. ein⟩ *jmd. erinnert sich an jmdn., an etwas:* der merkwürdige Gast fiel mir wieder ein; sein Name fällt mir gerade nicht ein; halt, da fällt mir ein, daß ...

einfältig: *töricht; naiv:* ein einfältiger Mensch; rede nicht so einfältiges Zeug!; die Großmutter ist ein bißchen e.; e. lächeln.

einfangen ⟨jmdn. e.⟩: *fangen:* einen Verbrecher e.; wir haben den Vogel wieder eingefangen; bildl.: Strahlen in/mit einem Spiegel e. **2.** (geh.) ⟨etwas e.⟩ *in seiner Eigenart festhalten und wiedergeben:* er hat mit seinen Bildern die Stimmung gut eingefangen.

einfinden ⟨sich e.; gewöhnlich mit Umstandsangabe⟩: *an einem bestimmten Ort erscheinen:* sich pünktlich, um 10 Uhr bei uns, in der Hotelhalle e.; zum Abschied hatte sich auch mein Bruder eingefunden.

einfließen ⟨etwas fließt ein⟩: *etwas fließt hinein, herein:* Abwässer fließen in den Kanal ein; Meteor.: Kaltluft ist von Nordosten eingeflossen. * **etwas einfließen lassen** *(beiläufig bemerken; einschalten):* in seine Rede ließ er einige Andeutungen e.; er ließ unauffällig e., daß er bald heiraten wolle.

einflößen ⟨jmdm. etwas e.⟩: **1.** *vorsichtig zu trinken geben:* einem Kranken Wasser, Arznei e. **2.** *in jmdm. ein Gefühl hervorrufen:* jmdm. Ehrfurcht, Mitleid, Mut, Furcht, Trost, Vertrauen, Zuversicht e.; seine Worte haben mir Angst eingeflößt.

Einfluß, der: *Einwirkung:* ein großer, segensreicher, maßgeblicher, schädlicher, nachteiliger, unheilvoller, verderblicher E.; Einflüsse der Umwelt, des Wetters; sein E. auf die Massen wächst ständig, nimmt ab, schwindet; E. *(Geltung, Ansehen)* suchen, gewinnen, verlieren; großen E. [bei jmdm.] haben; seinen [persönlichen] E. geltend machen; auf etwas starken E. haben, nehmen, ausüben; er bot seinen ganzen E. auf, um ...; jmds. E. brechen, unterschätzen, fürchten; er weiß sich E. zu verschaffen; er ist fremden Einflüssen zugänglich; ohne [allen] E. sein; unter jmds. E. stehen; ein Mann von großem E.

einförmig: *keine Abwechslung bietend; gleichförmig:* eine einförmige Landschaft; einförmige Musik; sein Leben ist, verläuft sehr e.

einfrieren: **1.** ⟨etwas friert ein⟩: **a)** *etwas wird durch Frost unbenutzbar:* das [Wasser im] Waschbecken, die Wasserleitung friert ein; eingefrorene Rohre auftauen. **b)** *etwas wird vom Eis festgehalten:* das Schiff ist eingefroren. **2.** ⟨etwas e.⟩ *durch Frost konservieren:* Lebensmittel e.; wir haben das Fleisch eingefroren. **3. a)** ⟨etwas e.⟩ *nicht weiterführen:* ein Projekt e.; die diplomatischen Beziehungen e. **b)** ⟨etwas friert ein⟩ *etwas bleibt auf dem gegenwärtigen Stand:* ein Kredit friert ein *(kann nicht zurückgezahlt werden)*; man hat die Verhandlungen e. lassen.

einfügen: **1.** ⟨etwas e.⟩ *in etwas fügen, einsetzen:* neue Steine in ein Mauerwerk e.; ein Zitat, einige Worte in einen Text e.; in das/(seltener:) in dem Mosaik sind viele goldene Steine eingefügt. **2.** ⟨sich e.⟩ *sich einordnen, einpassen:* du willst dich nie e.; er fügte sich nur schwer in die Gemeinschaft, in die neue Umgebung ein.

Einfuhr, die: → Import.

einführen: **1.** ⟨etwas e.⟩ *importieren:* Erdöl, Getreide e.; Waren in ein Land, nach Deutschland e.; diese Rohstoffe werden aus Übersee eingeführt. **2.** ⟨etwas e.⟩ *als Neuerung verbreiten, in Gebrauch nehmen:* einen Brauch, neue Moden, eine neue Währung e.; an unserer Schule wurde ein neues Lehrbuch eingeführt; die Ware ist beim Publikum gut eingeführt *(allgemein bekannt)*. **3. a)** ⟨jmdn. bei jmdm., in etwas e.⟩ *mit jmdm., mit etwas bekannt machen:* jmdn. in ein Haus, in eine Familie, in die Gesellschaft e.; er hat das Mädchen bei seinen Eltern eingeführt; jmdn. in sein neues Amt, in einen neuen Wirkungskreis e.; er ist bei den zuständigen Behörden gut eingeführt. **b)** ⟨sich e.; mit Artangabe⟩ *sich in einer bestimmten Weise vorstellen, in Erscheinung treten:* du hast dich im Klub nicht gut eingeführt; er führte sich mit einem Vortrag ein. **c)** ⟨jmdn. in etwas e.⟩ *jmdm. die Anfangsgründe von etwas erklären:* er führte uns in die Geschichte des Bergbaus ein; er sprach einige einführende Worte. **d)** ⟨jmdn. e.⟩ *mit der zukünftigen Arbeit vertraut machen:* einen neuen Mitarbeiter e. **4.** ⟨etwas [in etwas] e.⟩ *vorsichtig in eine Öffnung schieben:* eine Sonde e.; einen Schlauch in den Magen e.

Eingabe, die: **1.** *Gesuch, Beschwerde:* eine E. aufsetzen, an die Behörde richten; er hat eine E. [beim Landrat] gemacht (ugs.); eine E. prüfen, bearbeiten, beurteilen. **2.** (Datenverarb.) *das Eingeben in eine Maschine:* die E. von Daten; die E. eines Textes.

Eingang, der: **1.** *Tür, Öffnung nach innen:* verbotener E.!; der E. der Kirche, zur Kirche; der E. zur Höhle war blockiert; das Haus hat zwei Eingänge; den E. verschließen, öffnen, freihalten; am E., vor dem E. stehen; bildl.: der E. *(die Eintrittsöffnung)* des Magens. **2.** *Zutritt,*

Aufnahme: er fand E. in die höchsten Kreise; das Gedicht fand E. in die Presse; er verschaffte sich E. in das Haus. **3.** (Kaufmannsspr.) **a)** *das Eintreffen:* den E. von Briefen, Waren bestätigen; den E. der Außenstände überwachen; nach E. des Betrages. **b)** *eingehende Post:* die Eingänge sortieren, weiterleiten, bearbeiten.

eingangs: 1. ⟨Adverb⟩ *am Anfang (einer Rede o. ä.):* ich habe e. darauf hingewiesen; das e. genannte Buch. **2.** ⟨Präp. mit Gen.⟩ *am Anfang:* e. der Kurve nahm er das Gas weg.

eingeben: 1. ⟨jmdm. etwas e.⟩ *einflößen:* jmdm. Arznei e. **2. a)** (Datenverarb.) ⟨etwas e.⟩ *in eine Maschine hineingeben:* Zahlen, Texte [in den Computer] e. **b)** (veraltet) ⟨jmdn., etwas e.⟩ *einreichen:* ein Gesuch e.; jmdn. zur Beförderung, Auszeichnung e. **3.** (geh.) ⟨jmdm. etwas e.⟩ *in jmdm. einen Gedanken aufkommen lassen:* diesen Gedanken gab dir ein guter Geist ein; die Angst gab ihm den Wunsch ein zu fliehen.

eingebildet: *überheblich; sich selbst überschätzend:* ein eingebildeter Mensch; er war maßlos e. [auf seine gute Erziehung].

Eingebung, die: *plötzlich auftauchender Gedanke:* eine glückliche E.; eine E. haben; er folgte einer höheren, göttlichen E.; in einer plötzlichen E. änderte er seinen Entschluß.

eingefleischt: 1. *unverbesserlich; überzeugt:* ein eingefleischter Junggeselle, Optimist; (leicht abwertend:) ein eingefleischter Revolutionär. **2.** (selten) *zur zweiten Natur geworden:* seine eingefleischte Sparsamkeit.

eingehen /vgl. eingehend/: **1.** (geh.) ⟨in etwas e.⟩ *Aufnahme finden:* sein Name, dieses Ereignis ist in die Geschichte eingegangen. **2.** (Kaufmannsspr.) ⟨etwas geht ein⟩ *etwas trifft ein:* es geht täglich viel Post ein; der Brief ist gestern [bei uns] eingegangen; Gelder, Außenstände gehen ein; die ein- und ausgehende Post. **3.** (ugs.) ⟨etwas geht jmdm. ein⟩ *jmd. nimmt etwas auf, versteht etwas:* diese Worte gingen mir glatt, lieblich, schwer, sauer ein; ihm geht alles leicht, schnell ein; es will mir nicht e., daß *(ich begreife nicht, warum)* ich darauf verzichten soll. **4.** ⟨etwas geht ein⟩ *etwas schrumpft:* der Pullover ist bei der Wäsche eingegangen; dieser Stoff geht nicht ein. **5.** *absterben, aufhören zu existieren:* der Baum ist eingegangen; die Katze wird bald e.; bei dieser Hitze geht man ja ein (ugs.); die Zeitung ist eingegangen *(erscheint nicht mehr);* ⟨jmdm. e.⟩ dem Bauern ist das ganze Vieh eingegangen. **6.** ⟨etwas e.⟩ *sich [vertraglich] binden:* ein Bündnis, einen Vertrag, Vergleich [mit jmdm.] e.; Verbindlichkeiten, Verpflichtungen e.; eine Ehe e.; darauf gehe ich jede Wette ein. **7.** ⟨auf etwas e.⟩ *reagieren; zu etwas Stellung nehmen:* auf eine Frage, auf einen Gedanken e.; er ging dann im einzelnen auf unserere Lage ein; sie ging auf meine Vorschläge, auf meine Bedingungen ein *(akzeptierte sie).* * (geh.; verhüll.:) **ins ewige Leben, zur ewigen Ruhe eingehen;** (scherzh.:) **in die ewigen Jagdgründe eingehen** *(sterben).*

eingehend: *gründlich, ausführlich:* eine eingehende Besprechung, Schilderung; die Untersuchung war sehr e.; etwas e. prüfen.

eingestehen ⟨etwas e.⟩: *zugeben, offen aussprechen:* eine Schuld, einen Irrtum e.; ⟨jmdm., sich etwas e.⟩ er hat mir seine Angst eingestanden; er will sich nicht e., daß er sie liebt; sein eingestandenes Versagen macht ihm zu schaffen.

Eingeweide, die ⟨Plural⟩: *die inneren Organe der Bauch- und Brusthöhle:* die E. sind verletzt, treten hervor; einem geschlachteten Huhn die E. herausnehmen; der Schmerz wühlt in den Eingeweiden.

eingießen ⟨etwas e.⟩: *in ein Trinkgefäß gießen:* den Kaffee e.; den Wein in die Gläser e.; ⟨jmdm., sich etwas e.⟩ er goß sich einen Kognak, noch ein Gläschen ein; ⟨auch ohne Akk.⟩ er goß [mir] immer wieder ein.

eingreifen: 1. ⟨etwas greift in etwas ein⟩ *etwas hakt [antreibend] hinein:* das Zahnrad greift in das Getriebe ein. **2.** *sich entscheidend einschalten:* handelnd, fördernd, hemmend, vermittelnd e.; er griff sofort ein; in eine Diskussion, einen Vorgang e.; die Polizei mußte bei der Schlägerei e.

Eingriff, der: **1.** *chirurgische Operation:* ein ärztlicher, operativer E.; ein kleiner, großer, gefährlicher E.; ein verbotener E. (zur Unterbrechung der Schwangerschaft); einen E. machen, vornehmen; sich einem E. unterziehen. **2.** *unrechtmäßiger Übergriff:* ein roher, gewaltsamer E.; ein E. in die private Sphäre; einen E. zurückweisen, abwehren; er erlaubte sich Eingriffe in fremdes Recht.

einhaken: 1. ⟨etwas e.⟩ *mit/in einem Haken befestigen:* das Fenster öffnen und e.; das Seil in eine/(seltener:) in einer Öse e. **2.** ⟨sich e.⟩ *seinen Arm in jmds. Arm schieben:* sie hakte sich bei ihm ein; sie hakten sich/(geh.:) einander ein; die beiden gingen eingehakt *(Arm in Arm).* **3.** (ugs.) *in ein Gespräch eingreifen:* an dieser Stelle hakte er ein; sie hakte sofort ein und sagte ...

Einhalt ⟨nur in der Wendung⟩ jmdm., einer Sache Einhalt gebieten/tun (geh.): *[energisch entgegentreten und] nicht vorankommen lassen; sich nicht ausbreiten lassen:* einer Seuche E. tun; ein Unwetter gebot uns E.

einhalten: 1. ⟨etwas e.⟩ *sich an etwas halten:* sein Versprechen, einen Termin, die Lieferzeit e.; einen Vertrag, eine Abmachung e. *(erfüllen);* eine Richtung e. *(nicht davon abweichen).* **2. a)** *aufhören, innehalten:* halt ein!; im/mit dem Lesen e.; in der/mit der Arbeit e. **b)** (landsch.) *Harn, Stuhlgang zurückhalten:* ich kann nicht mehr e. **3.** (Schneiderei) ⟨etwas e.⟩ *so nähen, daß Fältchen entstehen:* einen Ärmel, Gardinen e.

einhämmern: 1. ⟨etwas e.⟩ **a)** (selten) *[mit dem Hammer] hineinschlagen:* den Zeltpflock [in den Boden] e. **b)** *einmeißeln:* Zeichen, eine Inschrift e. **2. a)** ⟨jmdm. etwas e.⟩ *durch ständige Wiederholung einprägen:* den Massen ein Schlagwort e. **b)** ⟨auf jmdn. e.⟩ *immer wieder auf jmdn. eindringen, einwirken:* Propaganda, das Radio hämmert auf uns ein.

einhängen: a) ⟨etwas e.⟩ *in eine Haltevorrichtung hängen:* die Tür, das Fenster e.; ⟨auch ohne Akk.⟩ er hat einfach eingehängt *(das Telephongespräch durch Auflegen des Hörers abgebrochen).* **b)** ⟨sich e.⟩ *seinen Arm in jmds. Arm schieben:* sie hängte sich bei mir ein; sie gingen eingehängt *(Arm in Arm).*

einhauen: 1. ⟨etwas e.⟩ **a)** *hineinschlagen:* eine Kerbe [in das Holz] e.; in den/(seltener:) in dem Stein war eine Inschrift eingehauen. **b)** *entzweischlagen:* eine Tür e. **2.** ⟨auf jmdn. e.⟩ *jmdn. wiederholt und kräftig schlagen:* er hieb/(ugs.:)

haute auf die Pferde ein, auf seinen Gegner ein. **3.** (ugs.) ⟨gewöhnlich mit Artangabe⟩ *schnell und viel essen:* tüchtig, wacker e.; sie haben kräftig eingehauen.

einheimsen (ugs.) ⟨etwas e.⟩: *eifrig sammeln, erwerben:* Preise, Schätze, Lob e.; (iron.:) hier konnte er keine Lorbeeren e.

einheiraten ⟨in etwas e.⟩: *durch Heirat Mitglied, Mitbesitzer werden:* in eine [angesehene] Familie e.; er hat in das Geschäft eingeheiratet.

Einheit, die: **1.** *Ganzheit, Einheitlichkeit:* die nationale, staatliche, politische E. eines Volkes; die innere, künstlerische E. einer Dichtung; Theater (hist.): die E. der Handlung, der Zeit und des Ortes (als dramatisches Gesetz); die E. wächst, zerfällt; alle Teile bilden eine E.; für die, um die E. kämpfen. **2.** *militärischer Verband:* eine motorisierte E.; feindliche Einheiten; er wurde zu einer neuen E. versetzt. **3.** *Größe, die einem Maß- oder Zählsystem zugrunde liegt:* der Kranke erhält täglich 10 Einheiten dieses Medikaments.

einheitlich: a) *eine Einheit erkennen lassend:* ein einheitlicher Plan, ein einheitliches Werk; die Struktur ist e.; e. vorgehen; etwas e. gestalten. **b)** *für alle in gleicher Weise geltend:* einheitliche Kleidung, Verpflegung; die Truppen sind e. ausgerüstet.

einheizen: 1. a) *heizen:* bei solcher Kälte muß man tüchtig e. **b)** ⟨etwas e.⟩ *durch Heizen warm machen:* den Ofen, ein Zimmer e. **2.** (ugs.) *viel trinken:* er hatte tüchtig, zu stark eingeheizt. **3.** (ugs.) ⟨jmdm. e.⟩ **a)** *jmdn. zur Arbeit antreiben:* der hat mir aber eingeheizt! **b)** *jmdm. die Meinung sagen:* ich habe ihm gehörig eingeheizt.

einhellig: *einstimmig:* der Vorschlag fand einhellige Anerkennung; wir waren e. der Meinung, daß ...

einholen: 1. a) ⟨jmdn. e.⟩ *trotz Vorsprungs erreichen:* einen flüchtigen Dieb e.; ich holte ihn gerade noch ein. **b)** ⟨jmdn., etwas e.⟩ *einen Rückstand aufholen:* er konnte das Versäumte, die verlorene Zeit nicht wieder e.; im Englischen hatte er seine Mitschüler bald eingeholt. **2.** ⟨etwas e.⟩ **a)** *einziehen:* die Fahne e.; eine Leine, das Netz e. *(an Bord ziehen).* **b)** (landsch.) *einkaufen:* Brot, Gemüse e.; ⟨auch ohne Akk.⟩ die Mutter ist e. gegangen. **c)** *sich geben lassen:* eine Genehmigung, ein Gutachten e.; jmds. Rat, Befehle, Erlaubnis e.; wir haben Auskünfte über ihn eingeholt. **3.** ⟨jmdn., etwas e.⟩ *feierlich empfangen und geleiten:* die Olympiasieger, die neuen Glocken wurden feierlich eingeholt.

einhüllen ⟨jmdn., sich, etwas e.⟩: *umhüllen, in etwas hüllen:* einen Kranken e.; Kopf und Schultern in einen Schal e.; er hüllte sich in eine Decke, in seinen Mantel ein; übertr.: die Schiffe waren in dichten Nebel eingehüllt.

einig: a) *geeint, eines Sinnes:* ein einiges Volk; wir müssen e. sein. **b)** *übereinstimmend:* in diesem Punkt waren wir uns (Dativ) alle e.; die Gelehrten sind sich (Dativ) über diese Frage noch nicht e. (auch scherzh.: *darüber läßt sich noch nichts sagen*); ich bin mir mit meinen Freunden darüber e., daß ...; über den Preis wurden wir [uns (Dativ)] bald e.; ich war mit mir selbst noch nicht ganz e., ob ich zusagen sollte.

einige ⟨Indefinitpronomen und unbestimmtes Zahlwort⟩: **1.** ⟨Singular⟩ *ein wenig, etwas:* einiger politischer Zündstoff; mit einigem guten/(selten:) gutem Willen hätte er es geschafft; vor einiger Zeit; er erzählte einiges, was (nicht: das!) wir noch nicht wußten. **2.** ⟨Plural⟩ *ein paar, mehrere:* einige gute Menschen; die Taten einiger guter/(seltener:) guten Menschen; an einigen Stellen; es sind nur einige *(wenige)* Fehler zu verbessern; er hat einige *(mehrere)* hundert Bücher; (ugs.:) einige dreißig *(dreißig und einige)* Leute; einige standen noch herum. **3.** *beträchtlich, nicht wenig:* hierin hat er einige Erfahrung; das wird einige Überlegungen fordern.

einigen: 1. ⟨jmdn., etwas e.⟩ *einig machen:* er hat sein Volk geeinigt. **2.** ⟨sich mit jmdm. e.⟩ *zu einer Übereinstimmung kommen:* ich habe mich gütlich mit ihm geeinigt; ⟨auch ohne Präpositionalobjekt⟩ die Parteien einigten sich auf einen Vergleich, schnell über den Preis.

einigermaßen ⟨Adverb⟩: *ziemlich:* auf diesem Gebiet weiß er e. Bescheid; ich war e. entsetzt über seine Antwort; wie geht es dir? – e. *(erträglich)*; eine e. *(leidlich)* gelungene Arbeit.

einiggehen ⟨mit jmdm. e.⟩: *übereinstimmen:* in dieser Sache gehe ich mit Ihnen einig; ⟨auch ohne Präpositionalobjekt⟩ wir sind darin einiggegangen, daß ...

Einigkeit, die: *Übereinstimmung, Einmütigkeit:* es herrschte E. darüber, daß ...; die E. wiederherstellen; Sprichw.: E. macht stark.

Einigung, die: **1.** *das Vereinigen:* die wirtschaftliche E. Europas; die E. schaffen, vollziehen. **2.** *Übereinkunft:* eine E. kam nicht zustande; über diesen Punkt wurde zwischen den Partnern keine E. erzielt; eine außergerichtliche E. anstreben, herbeiführen.

einjagen ⟨nur in Verbindung mit bestimmten Substantiven⟩: jmdm. Angst, Furcht e. *(jmdn. ängstigen)*; jmdm. einen Schreck[en] e. *(jmdn. erschrecken).*

Einkauf, der: **1.** *das Einkaufen:* ein guter, schlechter E.; der E. von Lebensmitteln; ich muß noch einige Einkäufe machen, erledigen, besorgen; Kaufmannsspr.: einen E. tätigen. **2.** *eingekaufte Ware:* sie packte ihre Einkäufe aus. **3.** (Kaufmannsspr.) *Einkaufsabteilung:* er ist im E. tätig; er arbeitet beim/im E.

einkaufen: 1. a) ⟨etwas e.⟩ *in großen Mengen kaufen; im Handel beziehen:* etwas billig, preisgünstig, vorteilhaft, teuer e.; en gros e.; Lebensmittel, Fleisch e. **b)** *beim Kaufmann besorgen, seinen täglichen Bedarf kaufen:* er ist e. gegangen; er kauft immer im Warenhaus ein. **2.** ⟨jmdn., sich in etwas e.⟩ *durch Zahlung eine Berechtigung erwerben:* seine Kinder in eine Versicherung e.; ich muß mich bald in ein Altersheim e.

Einkehr, die (geh.): **a)** (veraltend) *das Einkehren:* in einem Gasthaus E. halten *(einkehren).* **b)** *Besinnung:* ich hielt E. bei mir selbst, in meinem Innern; einen Sünder zur E. bringen, mahnen.

einkehren: 1. *unterwegs eine Gaststätte besuchen:* bei einem Wirt e.; er ist auf seiner Wanderung in einem/(seltener:) in ein Gasthaus eingekehrt. **2.** (geh.) ⟨etwas kehrt ein⟩ *etwas stellt sich ein:* nun ist endlich wieder Ruhe eingekehrt; Sorge, Not, Kummer, das Unglück kehrte bei uns ein.

einkeilen ⟨jmdn., etwas e.⟩: *festklemmen:* er hat meinen Wagen eingekeilt; wir waren in der Menge völlig eingekeilt.

Einklang, der: *Übereinstimmung, Harmonie:* mit jmdm. im E. sein; sich mit jmdm., mit etwas im/in E. befinden; seine Worte und seine Taten stehen nicht miteinander im/in E. *(stimmen nicht überein);* wir versuchten unsere Wünsche und die des Partners in E. zu bringen *(aufeinander abzustimmen).*

einkleiden ⟨jmdn., sich e.⟩: *mit [neuer] Kleidung ausstatten:* seine Kinder neu e.; ich durfte mich völlig neu e.; die Rekruten wurden eingekleidet *(erhielten Uniformen);* übertr.: seine Gedanken in ein Gleichnis e. *(in Form eines Gleichnisses bringen).*

einklemmen: 1. ⟨etwas e.⟩ *in etwas festdrücken:* das Monokel [ins Auge] e.; der Hund klemmt den Schwanz ein; der Fahrer wurde unter dem Lenkrad eingeklemmt; adj. Part.: (Med.): ein eingeklemmter Bruch. **b)** ⟨jmdm., sich etwas e.⟩ *durch Quetschen verletzen:* ich habe mir den Daumen eingeklemmt.

Einkommen, das: *Summe der regelmäßigen Einnahmen; Gehalt:* ein gutes, sicheres, geregeltes, müheloses, geringes E.; er hat ein hohes monatliches E.; sein jährliches E. beträgt ...; er muß sein E. versteuern.

Einkünfte, die ⟨Plural⟩: *Summe der Einnahmen; Einkommen:* gute, feste, [un]regelmäßige, niedrige E.; seine E. an Zinsen sind gering; er hat keinerlei E. aus Grundbesitz; seine E. verbessern, versteuern; er verfügt über große, hohe E.

[1]einladen /vgl. einladend/ ⟨jmdn. e.⟩: **a)** *als Gast zu sich bitten:* seine Freunde, die Verwandten e.; jmdn. zum Geburtstag, in sein Heim, für 3 Wochen, zu einer Tasse Tee e.; er lädt/(landsch.:) ladet uns für heute abend zum Essen ein; sie lud mich ein *(forderte mich auf),* Platz zu nehmen; adj. Part.: eine einladende Geste, Handbewegung. **b)** *zur [kostenlosen] Teilnahme auffordern:* jmdn. ins Theater, zum Ball, zu einer Autofahrt e.; zur Hundertjahrfeier lädt/(landsch.:) ladet ein ...; alle Eltern sind herzlich eingeladen.

[2]einladen ⟨etwas e.⟩: *in ein Fahrzeug o. ä. laden:* Waren, Pakete, Kisten e.; subst. Inf.: er hilft beim Einladen der Möbel.

einladend: *verlockend:* ein einladender Anblick; das Wetter ist wenig e.; die Kneipe sah nicht sehr e. aus.

Einladung, die: **a)** *Aufforderung zum Besuch, zur Teilnahme:* eine mündliche, schriftliche, formelle, herzliche E.; an jmdn. eine E. ergehen lassen (geh.); eine E. zum Tee bekommen; eine E. annehmen, ablehnen; einer E. folgen; wir werden Ihrer freundlichen E. gern Folge leisten. **b)** *Einladungsschreiben:* Einladungen drucken lassen, verschicken; jmdm. eine E. schicken.

Einlage, die: **1.** *Hineingelegtes, Beilage:* eine E. in den Brief, in das Paket legen; etwas als E. verschicken; Suppe mit E.; die E. *(Versteifung)* in einem Kragen; der Zahnarzt macht eine E. *(provisorische Füllung).* **2.** *Fußstütze im Schuh:* Einlagen tragen; Einlagen *(Einlegesohlen)* aus Schaumgummi. **3.** *eingeschobener Teil des Programms:* ein Konzert mit tänzerischen Einlagen. **4.** *eingezahltes Geld:* die Einlagen bei den Sparkassen sind gestiegen.

Einlaß, der: *Zutritt:* E. ab 18 Uhr; E. begehren, fordern, finden; jmdm. E. gewähren; er verschaffte mir E. in das Haus.

einlassen: 1. ⟨jmdn. e.⟩ *jmdm. Zutritt gewähren:* er ließ niemanden ein. **2.** ⟨etwas e.⟩ *einlaufen lassen:* Wasser [in den Eimer] e.; ein Bad e. **3.** ⟨etwas e.⟩ *hineinarbeiten, einsetzen:* über dem Torbogen war ein Wappen [in die Mauer] eingelassen. **4.** (abwertend) ⟨sich mit jmdm. e.⟩ *Kontakt aufnehmen:* laß dich nicht mit diesem Menschen ein!; sie hat sich zu weit mit ihm eingelassen. **5.** ⟨sich auf etwas/in etwas e.⟩ *sich zu etwas hergeben; mitmachen:* sich auf ein Abenteuer, auf einen Streit e.; ich ließ mich nicht auf Unterhandlungen, in ein Gespräch mit ihm ein; darauf wollte er sich nicht e.; er ließ sich auf nichts ein.

Einlauf, der: **1.** *Darmspülung:* die Schwester machte dem/bei dem Patienten einen E. **2.** (Kochk.) *gequirltes Ei:* Brühe mit E. **3.** (Kaufmannsspr.) *eingehende Post:* die Einläufe durchsehen. **4.** (Sport) *das Einlaufen:* der E. der Marathonläufer [in das Stadion]; der Schiläufer stürzte kurz vor dem E. [ins Ziel].

einlaufen: 1. (Sport) *hinein-, hereinlaufen:* die Mannschaften laufen [in das Stadion] ein. **2.** *einfahren:* das Schiff ist [in den Hafen] eingelaufen; wir laufen um 8 Uhr ein; der Zug läuft gerade [auf Gleis 6] ein. **3.** ⟨etwas läuft ein⟩ **a)** *etwas fließt hinein:* das Wasser läuft [in das Becken] ein; dein Bad läuft schon ein. **b)** *etwas trifft ein:* Briefe, Beschwerden laufen bei der Behörde, auf dem Rathaus ein; es sind viele Spenden eingelaufen. **4.** ⟨etwas läuft ein⟩ *etwas schrumpft:* der Pullover ist beim Waschen eingelaufen; dieser Stoff läuft nicht ein. **5.** ⟨etwas e.⟩ *durch Tragen bequem machen:* die neuen Schuhe e.; gut eingelaufenes Schuhwerk. **6.** ⟨sich e.⟩ *sich ans Laufen gewöhnen; richtig in Gang kommen:* die Läufer müssen sich erst e.; die Maschine läuft sich schnell ein; übertr.: die Geschäfte haben sich gut eingelaufen, sind gut eingelaufen. * (ugs.; abwertend:) **jmdm. das Haus/die Tür/die Bude einlaufen** *(jmdn. ständig wegen der gleichen Sache aufsuchen)* · (scherzh.:) **in den Hafen der Ehe einlaufen** *(heiraten).*

einleben ⟨sich e.⟩: *heimisch werden:* er hat sich bei uns, in unserer Stadt gut eingelebt; der Schauspieler hat sich ganz in die Rolle eingelebt *(hineinversetzt).*

einlegen ⟨etwas e.⟩: **1.** *hineinlegen:* einen Film [in die Kamera] e.; Geld, Bilder [in einen Brief] e.; den zweiten, dritten Gang e. (beim Auto); hist.: die Lanze e. *(waagerecht halten).* **2.** *in Flüssigkeit konservieren:* Eier, Gurken, Heringe e. **3.** *als Verzierung einfügen:* [ein Muster aus] Elfenbein, Perlmutter e.; edle Hölzer [in Holz, Metall] e.; eingelegte Arbeit; die Tischplatte war mit Elfenbein eingelegt *(verziert).* **4.** *einschieben, einfügen:* eine Pause e.; eine Arie [in eine Oper] e.; zwischen Hamburg und Frankfurt ist ein neues Schnellzugpaar eingelegt worden. **5. a)** *offiziell aussprechen, geltend machen:* Verwahrung, Protest, ein Veto [gegen etwas] e.; der Anwalt legte Berufung, Revision [beim Oberlandesgericht] ein. * **ein gutes Wort/Fürsprache für jmdn. einlegen** *(sich für jmdn.,* *verwenden)* · **mit jmdm., mit etwas Ehre einlegen** *(Anerkennung gewinnen):* damit kannst du beim Publikum keine Ehre e.

einleiten ⟨etwas e.⟩: **1.** *in Gang setzen; beginnen:* eine Untersuchung e.; diplomatische Schritte e.; man hat ein Verfahren gegen ihn eingeleitet. **2.** *eröffnen:* eine Feier mit Musik e.; Orgelspiel leitete den Gottesdienst ein; das Buch wurde von ihm herausgegeben und eingeleitet *(mit einer Einleitung versehen);* adj. Part.: er sprach einige einleitende *(einführende)* Worte.

Einleitung, die: **1.** *das Einleiten:* die E. eines Verfahrens fordern. **2.** *einleitender Teil:* eine kurze, knappe, lange, umständliche E.; die E. eines Buches; er trug zur E./als E. der Feier ein Gedicht vor.

einlenken: 1. (selten) ⟨in etwas e.⟩ *einbiegen:* der Karnevalszug ist in eine Seitenstraße eingelenkt. **2.** *versöhnlich werden, nachgeben:* nach dieser scharfen Entgegnung lenkte er sofort wieder ein; subst.: jmdn. zum Einlenken bewegen. **3.** ⟨etwas in etwas e.⟩ *einbiegen lassen:* eine Rakete in ihre Bahn e.

einleuchten ⟨etwas leuchtet jmdm. ein⟩: *jmd. versteht, begreift etwas:* dieser Grund leuchtet mir ein; es leuchtet ihm nicht ein, daß...; adj. Part.: das ist eine einleuchtende *(plausible)* Erklärung.

einliefern ⟨jmdn., etwas e.; gewöhnlich mit Raumangabe⟩: *zu weiterer Behandlung an einen Ort bringen:* ein Paket bei der Post e.; jmdn. in eine Heilanstalt, ins Gefängnis e.; der Verletzte wurde heute [in die Klinik] eingeliefert.

einlochen (ugs.) ⟨jmdn. e.⟩: *ins Gefängnis einliefern:* man hat ihn schon wieder eingelocht.

einlösen ⟨etwas e.⟩: **a)** *sich auszahlen lassen:* einen Scheck, Wechsel e. **b)** *zurückkaufen:* ein Pfand, den versetzten Schmuck e. **c)** *erfüllen, halten:* er hat sein Versprechen, sein [Ehren]wort eingelöst.

einmachen ⟨etwas e.⟩: *durch Einkochen konservieren:* Obst, Gemüse e.; die Mutter macht Kirschen ein; subst. Part.: sie hat viel Eingemachtes im Keller.

einmal ⟨Adverb⟩: **1. a)** *ein einziges Mal:* e. und nicht wieder; er war erst e. da; das gibt's nur e. (ugs.); laß dir das ein[mal] für allemal gesagt sein!; ich versuche es noch e. *(ein letztes Mal);* Sprichw.: e. ist keinmal. **b)** /zählend/: er widerspricht sich e. ums/übers andere; /ugs. auch: *mal/:* e. sagt er dies, e./ein andermal das; mein Buch ist noch e. *(doppelt)* so groß, so dick wie deines; ich versuche es noch e. *(wieder, aufs neue);* das ist noch e. gutgegangen. **2.** / ugs. auch: *mal/* **a)** *eines Tages, später:* er wird es [noch] e. bereuen; es wird e. eine Zeit kommen, da ... **b)** *einst, früher:* es ging ihm e. besser als heute; es war e. ... / *formelhafter Märchenanfang/.* **c)** *irgendwann:* kommen Sie doch e. zu mir!; ⟨häufig verblaßt⟩ laß mich e. versuchen!; wir wollen e. sehen. **3.** / ugs. auch: *mal;* verstärkend oder eingrenzend bei anderen Adverbien/ **a)** ⟨auch e.⟩ *ebenfalls:* darf ich auch e. probieren? **b)** ⟨nun e.⟩ *eben:* das ist nun e. so; man kann nun e. nichts mit ihm anfangen. **c)** ⟨erst e.⟩ *als erstes:* komm erst e. mit! **d)** ⟨wieder e.⟩ *wieder:* er hat wieder e. recht gehabt. **e)** ⟨nicht e.⟩ *sogar... nicht:* nicht e. lesen kann er. **4.** / ugs. auch: *mal;* verstärkend im Aufforderungssatz/: sag e.!; alle e. herhören! * **auf einmal: a)** *(plötzlich):* auf e. brach die Sonne durch die Wolken. **b)** *(zugleich):* ich kann nicht alles auf e. tun · (stilistisch unschön:) **einmal mehr** *(wiederum):* e. mehr hat es sich gezeigt, daß ...

einmalig: a) *nur einmal erforderlich:* eine einmalige Zahlung, Anschaffung. **b)** *nie wiederkehrend, großartig:* nutzen Sie diese einmalige Gelegenheit!; dieser Film ist wirklich e.; der Bursche ist e. (ugs.; *ein Unikum*).

einmengen: → einmischen.

[1]**einmieten** ⟨jmdn., sich e.⟩: *für jmdn., sich ein Zimmer mieten:* jmdn. in einem Hotel e.; ich mietete mich bei einem alten Ehepaar ein.

[2]**einmieten** (Landw.) ⟨etwas e.⟩: *in eine Miete (Vorratsgrube) tun:* Kartoffeln, Rüben e.

einmischen ⟨sich e.⟩: *sich in fremde Angelegenheiten mischen:* du mischst dich in alles ein; ich will mich da nicht einmischen.

einmütig: *eines Sinnes; völlig übereinstimmend:* einmütige Ablehnung, Zustimmung; etwas e. beschließen; e. protestieren.

Einmütigkeit, die: *volle Übereinstimmung:* es herrschte volle E. [zwischen uns] in dieser Sache.

Einnahme, die: **1.** *eingenommenes Geld, Verdienst:* eine unerwartete E.; hohe, ständige, steigende Einnahmen; seine monatlichen Einnahmen schwanken, bleiben hinter den Ausgaben zurück. **2.** *das Einnehmen:* die E. von Tabletten einschränken. **3.** *Eroberung:* die E. der Festung steht bevor.

einnehmen: 1. ⟨etwas e.⟩ *in Empfang nehmen, verdienen:* Geld e.; 1000 Mark e.; er hat heute viel, wenig eingenommen; der Staat nimmt Steuern ein. **2.** (veraltend) ⟨etwas e.⟩ *laden:* das Schiff nimmt Fracht, Kohlen, Öl ein. **3.** ⟨etwas e.⟩ *zu sich nehmen, essen:* Pillen, eine Medizin e.; (geh.:) eine Mahlzeit e.; wir nahmen das Frühstück auf der Terrasse ein. **4.** ⟨etwas e.⟩ *erobern:* eine Stadt, eine Festung e. **5.** ⟨etwas e.⟩ **a)** *besetzen:* bitte nehmen Sie Ihre Plätze wieder ein *(setzen Sie sich wieder!).* **b)** *als Raum beanspruchen, ausfüllen, innehaben:* der Schrank nimmt viel Platz ein; der Aufsatz nimmt drei Seiten ein; bildl.: dieser Gedanke nimmt ihn völlig ein *(beschäftigt ihn stark);* /häufig verblaßt/: einen Posten, eine wichtige Stelle e. *(innehaben);* eine abwartende Haltung e. *(sich abwartend verhalten);* er nimmt in dieser Frage einen anderen Standpunkt ein. **6. a)** ⟨jmdn. für jmdn., für sich, für etwas e.⟩ *gewinnen, günstig stimmen:* er nahm durch sein freundliches Wesen alle Leute für sich ein; seine bescheidene Art nahm alle Kollegen für ihn ein; ich bin für ihn eingenommen; adj. Part.: ein einnehmendes Äußeres; er hat ein einnehmendes Wesen (auch scherzh.: *er nimmt alles, was für ihn erreichbar ist).* **b)** ⟨jmdn. gegen jmdn., gegen sich, gegen etwas e.⟩ *ungünstig beeinflussen, zu einer ablehnenden Haltung bewegen:* mein Kollege hat Sie gegen mich, gegen meine Pläne eingenommen; er ist gegen ihn eingenommen *(hat etwas gegen ihn).* * **von sich eingenommen sein** *(von sich überzeugt sein, eingebildet sein).*

einordnen: 1. ⟨jmdn., etwas e.⟩: *in eine Ord-*

nung einfügen: Karteikarten [alphabetisch] e.; Zeitungen in eine Mappe e.; ich weiß nicht, in welche Kategorie ich ihn e. soll. **2.** ⟨sich e.⟩ **a)** *sich einfügen:* du mußt dich in die Gemeinschaft, in den Betrieb e. **b)** *in die vorgeschriebene Fahrbahn einlenken:* der Fahrer muß sich rechtzeitig vor dem Abbiegen e.; bitte e.!

einpacken ⟨jmdn., etwas e.⟩: *einwickeln; in etwas tun:* Waren e.; Geschenke [in buntes Papier] e.; einen Anzug für die Reise e. *(in den Koffer packen);* pack deine Sachen ein!; die Mutter packte das Kind in eine/(selten:) in einer Decke ein; ich lag warm eingepackt auf dem Balkon. * (ugs.:) **einpacken können** *(nichts erreichen; nichts ausrichten):* mit solchen Witzen kannst du e. · (ugs.:) **pack ein!** *(hör auf!; mach Schluß!; verschwinde!).*

einpendeln: 1. ⟨in etwas e.⟩ *zur Arbeit in die Stadt fahren:* in diese Stadt pendeln täglich etwa 10000 Arbeitnehmer ein. **2.** ⟨etwas pendelt sich auf etwas ein⟩ *etwas kommt auf einem bestimmten Stand zur Ruhe:* die Tagesleistung hat sich allmählich auf 300 Stück eingependelt.

einpflanzen: 1. ⟨etwas e.⟩ *in die Erde pflanzen:* Rosen, einen jungen Baum e.; Stecklinge in den/im Topf e. **2.** (geh.) ⟨jmdm. etwas e.⟩ *in jmdm. ein bleibendes Gefühl, Bewußtsein von etwas erwecken:* den Kindern Ordnungsliebe e.

einprägen: 1. ⟨etwas e.⟩ *in etwas prägen:* ein Bild, eine Inschrift in eine Münze e.; eingeprägte Zahlen. **2.a)** ⟨jmdm., sich etwas e.⟩ *einschärfen:* er prägte ihm ein, pünktlich zu sein; ich prägte mir, meinem Gedächtnis diese Worte fest ein; sich einen Namen e. *(genau merken).* **b)** ⟨etwas prägt sich jmdm. ein⟩ *etwas bleibt jmdm. im Gedächtnis:* dieses Bild hat sich mir unauslöschlich eingeprägt; ⟨auch ohne Dativ⟩ dieser Vers, diese Melodie prägt sich leicht ein.

einrahmen ⟨etwas e.⟩: *mit einem Rahmen einfassen:* ein Bild e.; bildl.: bewaldete Höhen rahmen das Dorf ein; die Feier wurde von einem Kammerorchester musikalisch eingerahmt; (scherzh.:) eingerahmt von zwei jungen Damen saß er am Tisch; Redensart: das kannst du dir e. lassen *(das ist nicht viel wert).*

einräumen: 1. ⟨etwas e.⟩ **a)** *[ordentlich] in einen Raum oder Behälter bringen:* Bücher, Kleider e.; Möbel in ein Zimmer e. **b)** *etwas ordentlich mit etwas füllen, ausstatten:* einen Schrank, ein Zimmer e. **2.** ⟨jmdm. etwas e.⟩ *überlassen, zugestehen:* er räumte mir eins seiner Zimmer ein; jmdm. den Ehrenplatz e.; /häufig verblaßt/: jmdm. Befugnisse, Rechte, Freiheiten, Vorteile e.; er räumte ein, daß der Preis zu hoch sei; jmdm. einen Kredit e. *(gewähren).*

einreden: 1. ⟨jmdm., sich etwas e.⟩ *dazu überreden, etwas zu tun oder zu glauben:* er redete ihr ein, daß sie verzichten solle; das lasse ich mir nicht e.; das hast du dir nur eingeredet. **2.** ⟨auf jmdn. e.⟩ *eindringlich zu jmdm. sprechen:* er redete unablässig, stundenlang auf mich ein.

einregnen: 1. *vom Regen durchnäßt werden:* wir sind auf dem Ausflug tüchtig eingeregnet. **2.** ⟨es regnet sich ein⟩ *es wird lange Zeit regnen:* es scheint sich einzuregnen.

einreichen: 1. ⟨etwas e.⟩ *zur [dienstlichen] Bearbeitung abgeben oder absenden:* ein Gesuch, einen Antrag e.; eine Examensarbeit e.; Rechnungen e.; er hat der/bei der Regierung seinen Abschied *(sein Entlassungsgesuch)* eingereicht; gegen jmdn. Beschwerde e.; eine Klage bei Gericht e. *(gegen jmdn. klagen).* **2.** (ugs.) ⟨jmdn. für/zu etwas e.⟩ *vorschlagen:* einen Beamten zur Beförderung e.

einreihen ⟨jmdn., sich, etwas e.; mit Raumangabe⟩: *einordnen, eingliedern:* Frauen in den Arbeitsprozeß e.; er reihte sich in den Zug, unter die Demonstranten ein.

Einreise, die: *Reise in ein Land:* die E. nach Deutschland, in die Schweiz, in die USA; die E. mit dem Schiff; jmdm. die E. gestatten, verweigern.

einreißen: 1. ⟨etwas e.⟩ *ab-, niederreißen:* ein Haus, eine Mauer e. **2.a)** ⟨etwas e.⟩ *vom Rand her einen Riß hineinmachen:* er hat das Tuch, den Geldschein eingerissen. **b)** ⟨etwas reißt ein⟩ *etwas bekommt vom Rand her einen Riß:* der Stoff reißt ein; die Zeitung, das Titelblatt ist eingerissen. **3.** ⟨etwas reißt ein⟩ *etwas wird zur schlechten Gewohnheit:* diese Unsitte reißt immer mehr ein; wir wollen hier keine Schlamperei (ugs.) e. lassen.

einrenken: 1. ⟨etwas e.⟩ *ein Glied wieder ins Gelenk drehen:* einen Arm, ein Bein e.; ⟨jmdm. etwas e.⟩ der Arzt hat ihm die Schulter wieder eingerenkt. **2.** (ugs.) **a)** ⟨etwas e.⟩ *in Ordnung bringen; bereinigen:* ich konnte die Sache wieder e. **b)** ⟨etwas renkt sich ein⟩ *etwas kommt in Ordnung:* zum Glück hat sich alles wieder eingerenkt.

einrennen: a) ⟨etwas e.⟩ *durch Dagegenrennen zerstören:* ein Tor mit einem Pfahl e. **b)** (ugs.) ⟨sich (Dativ) etwas e.⟩ *durch Anstoßen verletzen:* ich habe mir den Kopf an der Kante eingerannt. * **offene Türen einrennen** *(gegen gar nicht vorhandene Widerstände kämpfen)* · (ugs.:) **jmdm. das Haus/die Tür/die Bude einrennen** *(jmdn. ständig wegen der gleichen Sache aufsuchen).*

einrichten: 1. (Med.) ⟨etwas e.⟩ *in die richtige Lage bringen:* einen Bruch, einen gebrochenen Arm e. **2.a)** ⟨etwas e.⟩ *mit Möbeln, Geräten ausstatten:* ein Zimmer, einen Laden e.; sich (Dativ) im Keller eine Werkstatt e.; ich habe mir eine moderne Wohnung eingerichtet. **b)** ⟨sich e.⟩ *seinen Wohn-, Arbeitsraum gestalten:* sich behaglich, sparsam, neu, mit Stilmöbeln e.; sie hat sich im Gartenhaus häuslich, wohnlich eingerichtet; adj. Part.: sie ist sehr hübsch, geschmackvoll eingerichtet. **3.** ⟨sich e.⟩ *sich den Umständen anpassen:* er muß sich e.; seine Frau weiß sich einzurichten *(kommt mit ihren Mitteln aus).* **4.** ⟨etwas e.⟩ *eröffnen:* eine Filiale, eine Beratungsstelle, einen Pannendienst e. **5. a)** ⟨etwas e.⟩ *nach bestimmten Gesichtspunkten gestalten, anordnen:* ein Orchesterstück für Klavier e. *(arrangieren);* wir müssen es so e., daß wir vor ihm ankommen; kannst du es e., heute mit mir zu essen? **b)** (ugs.) ⟨sich auf etwas e.⟩ *einstellen, vorbereiten:* sich auf einen langen Aufenthalt e.; adj. Part.: darauf bin ich nicht eingerichtet.

Einrichtung, die: **1.** *das Einrichten:* Überlegungen zur E. eines Betriebes; Theater: E. *(Arrangement)* und Ausstattung von ...; Med.: die E. eines gebrochenen Gliedes. **2.a)** *Ausstattung:* sie haben eine geschmackvolle, dürftige E. **b)** *Vorrichtung:* eine automatische E.; die sanitären Einrichtungen. **3.** *Institution:* eine staatliche, zentrale, soziale E.; das Rote Kreuz ist eine segensreiche E.; unser jährliches Klassentreffen ist zu einer ständigen E. geworden.

einrücken: 1. a) *einmarschieren:* die Truppen rücken [in die Stadt] ein; die Feuerwehr ist wieder eingerückt *(hat den Einsatz beendet).* **b)** *zum Wehrdienst eingezogen werden:* er muß übermorgen e. **2.** (Bürow.) ⟨etwas e.⟩ *eine Zeile mit Abstand vom Rand beginnen lassen:* eine Überschrift, die Anrede eines Briefes e. **3.** (Zeitungsw.) ⟨etwas e.⟩ *in die Zeitung setzen:* eine Anzeige e.; er ließ den Artikel ins Morgenblatt e.

eins ⟨Kardinalzahl⟩: *1:* es ist, schlägt e. *(ein Uhr);* um e.; Punkt e.; ein Viertel vor, nach, auf e.; halb e.; er kommt gegen e.; die Mannschaft gewann e. zu null; s u b s t.: eine arabische, römische E. *(Ziffer 1);* er hat in Latein eine E. geschrieben; er würfelt drei Einsen; (ugs.:) er fährt mit der E. *(Straßenbahnlinie 1).* * (ugs.:) **eins, zwei, drei** *(im Handumdrehen):* er war e., zwei, drei damit fertig · (ugs.:) **etwas ist jmdm. eins** *(etwas ist jmdm. gleichgültig)* · **mit jmdm. eins werden/sein** *([handels]einig werden/sein)* · (geh.:) **sich mit jmdm. eins wissen** *(sich einig sein)* · **eins sein: a)** *(ein und dasselbe sein):* das ist doch alles e. **b)** *(sich gleichzeitig ereignen):* Blitz und Donner waren e.; hinsetzen und zugreifen war e. · (ugs.:) **es kommt auf eins heraus/hinaus** *(es bleibt sich gleich).*

einsacken: 1. ⟨etwas e.⟩ **a)** *in Säcke füllen:* Kartoffeln, Korn e. **b)** (ugs.) *einstecken:* er hat viel Geld, große Gewinne eingesackt. **2.** *einsinken:* er sackt im Sumpf ein; das Straßenpflaster ist eingesackt.

einsam: a) *völlig allein:* ein einsamer Mensch; ganz e. leben; ich fühle mich e. *(verlassen).* **b)** *menschenleer, abgelegen:* eine einsame Gegend, Straße; ein e. gelegenes Wirtshaus; der Hof liegt e. in der Heide.

Einsamkeit, die: *das Einsamsein:* die E. lieben, suchen, fliehen (geh.), meiden (geh.); in selbstgewählter E. leben; er zog sich in die E. *(Abgelegenheit)* eines Bergdorfes zurück.

einsammeln ⟨etwas e.⟩: **a)** *sammeln; auflesen:* Früchte [in einen Korb] e. **b)** *sich von jedem einzelnen einer Gruppe geben lassen:* die Ausweise, Schulhefte e.

einsargen ⟨jmdn. e.⟩: *in einen Sarg legen:* der Tote wurde eingesargt; R e d e n s a r t (ugs.): laß dich e.!/du kannst dich e. lassen *(mit dir ist nichts los).*

Einsatz, der: **1.** *einsetzbares, eingesetztes Teil:* der E. eines Koffers; die Decke hat einen gehäkelten, geklöppelten E., einen E. aus Spitzen; ein Topf mit passendem E. **2.** *in einem Spiel eingesetzter Betrag:* der E. war niedrig, hoch; den E. zahlen, erhöhen; er hat nur seinen E. wiedergewonnen. **3.** *das Einsetzen:* der E. von Panzern, von Flugzeugen; dieser Beruf verlangt, fordert den vollen E. *(die ganze Arbeitskraft)* der Person; er rettete das Kind mit/unter E. seines Lebens. **4.** (militär.) *das Eingesetztwerden an der Front:* die Truppe ist im E. *(im Kampf);* er ist vom E. nicht zurückgekehrt (verhüllend; *er ist gefallen*). **5.** (Musik) *das Beginnen, Einsetzen einer Stimme, eines Instruments:* die Einsätze waren ungenau; der Dirigent gab den E. *(das Zeichen zum Beginn)* zu spät. * (nachdrücklich:) **zum Einsatz kommen/gelangen** *(eingesetzt werden):* Wasserwerfer, Truppen kamen zum E.

einschalten: 1. ⟨etwas e.⟩ *durch Schalten in Gang setzen:* eine Batterie, Maschine e.; den [elektrischen] Strom, das Licht e.; er hat einen anderen Sender eingeschaltet. **2.** ⟨etwas e.⟩ *einfügen:* einige Worte zur Erklärung e.; wir schalten jetzt eine kurze Pause ein. **3. a)** ⟨sich e.⟩ *eingreifen:* er schaltete sich in die Verhandlungen ein; die Staatsanwaltschaft hat sich eingeschaltet. **b)** ⟨jmdn. e.⟩ *an etwas beteiligen:* die Interpol wurde (in die Ermittlungen) eingeschaltet.

einschärfen ⟨jmdm. etwas e.⟩: *jmdn. eindringlich zu etwas ermahnen:* jmdm. ein Verbot e.; sie schärfte uns ein, vorsichtig zu sein.

einschätzen: 1. ⟨jmdn., etwas e.; mit Artangabe⟩ *beurteilen, bewerten:* eine Situation richtig, falsch e.; ich schätze ihn, seine Arbeit hoch ein. **2.** ⟨jmdn. e.⟩ *jmds. Steuerkraft veranschlagen:* jmdn. zur Steuer e.; ich bin dieses Jahr höher eingeschätzt worden.

einschenken ⟨etwas e.⟩: *in ein Trinkgefäß gießen:* Wein, Kaffee e.; ⟨jmdm., sich etwas e.⟩ er schenkte mir ein Glas Bier ein; sie hatte sich noch eine Tasse eingeschenkt; ⟨auch ohne Akk.⟩ der Wirt schenkte [uns] immer wieder ein. * **jmdm. reinen Wein einschenken** *(jmdm. die volle [unangenehme] Wahrheit sagen).*

einschicken ⟨etwas e.⟩: *an die zuständige Stelle schicken:* eine Uhr zur Reparatur e.; er hat die Probe einem Institut/an ein Institut eingeschickt.

einschießen: 1. ⟨etwas e.⟩ *durch Schießen zertrümmern:* mit dem Ball eine Fensterscheibe e. **2. a)** ⟨etwas e.⟩ *durch Erproben treffsicher machen:* ein Gewehr e. **b)** ⟨sich e.⟩ *treffsicher werden:* du mußt dich erst e.; die Batterie schießt sich [auf die feindliche Stellung] ein; S p o r t: nach zwanzig Minuten hatte sich der gegnerische Sturm eingeschossen. **3.** ⟨etwas e.⟩ *hineinschießen:* einen Dübel e.; S p o r t: der Linksaußen schoß den Ball zum 3:0 ein; F a c h s p r.: den Faden e. *(beim Weben quer durchstoßen);* das Brot in den Backofen e. *(schieben);* leere Bogen e. *(zwischen die Druckbogen heften);* ⟨auch ohne Akk.⟩ S p o r t: er schoß zum 1:0 ein.

einschlafen: 1. *in Schlaf fallen:* nicht e. können; er schlief schnell, nur schwer, erst spät ein; ich bin beim/über dem Lesen, über diesem Buch eingeschlafen. **2.** (verhüllend) *sanft sterben:* sie ist friedlich eingeschlafen. **3.** ⟨etwas schläft ein⟩ *etwas wird gefühllos:* das, mein Bein ist beim Sitzen eingeschlafen; ⟨etwas schläft jmdm. ein⟩ mir ist der linke Fuß eingeschlafen. **4.** ⟨etwas schläft ein⟩ *etwas läßt nach, hört auf:* unser Briefwechsel ist allmählich eingeschlafen; wir wollen die alten Beziehungen nicht e. lassen.

einschläfern: 1. ⟨jmdn. e.⟩ **a)** *in Schlaf versetzen:* diese Musik schläfert mich ein; a d j. P a r t.: die einschläfernde Eintönigkeit einer Bahnfahrt; die Hitze wirkt einschläfernd. **b)** *narkotisieren:* jmdn. vor einer Operation e. **c)** (verhüllend) ⟨ein Tier e.⟩ *schmerzlos töten:*

der kranke Hund wurde eingeschläfert. **2.** ⟨jmdn., etwas e.⟩ *sorglos, sicher machen:* jmds. Wachsamkeit, Gewissen e.; wir lassen uns durch solche Redensarten nicht e.

Einschlag, der: **1.** *das Einschlagen:* der E. einer Granate; die Einschläge waren deutlich zu sehen. **2.** (Forstw.) *planmäßige Fällung:* der E. von Stangenholz. **3.** *Anteil, Beimischung:* eine Familie mit französischem E.; eine Stadt mit stark ländlichem E.

einschlagen: 1. ⟨etwas e.⟩ **a)** *schlagend hineintreiben:* einen Nagel e.; Pfähle in die Erde e. **b)** *durch Schlagen zertrümmern:* eine Fensterscheibe e.; ⟨jmdm., sich etwas e.⟩ jmdm. den Schädel e.; er schlug sich [an der Bettkante] zwei Zähne ein. **2.** (Forstw.) ⟨etwas e.⟩ *planmäßig fällen:* Brennholz e.; einen Baumbestand e. **3.** ⟨auf jmdn. e.⟩ *jmdn. immerzu schlagen:* mit der Peitsche auf die Pferde e.; er schlug wie von Sinnen auf ihn ein. **4.** *jmds. Hand zustimmend ergreifen:* in eine dargebotene Hand e.; die Wette gilt, schlag ein!; übertr.: als man ihm die Stelle anbot, schlug er ein *(sagte er zu).* **5.** ⟨etwas e.⟩ *einwickeln:* ein Geschenk in buntes Papier e.; das Kleid war in ein/(selten:) in einem Tuch eingeschlagen. **6.** ⟨etwas e.⟩ *nach innen legen:* einen Saum, die Ärmel e. **7.** (Landw.) ⟨etwas e.⟩ *bis zum Auspflanzen mit Erde bedecken:* Stauden, Sträucher e. **8.** ⟨etwas e⟩. *einen Weg wählen:* den direkten Weg, die Straße nach Süden e.; eine neue, andere Richtung e.; den eingeschlagenen Kurs ändern; übertr.: eine Laufbahn, ein neues Verfahren e. *(beginnen).* **9.** ⟨etwas schlägt ein⟩ *etwas trifft und zündet, explodiert dabei:* der Blitz hat [irgendwo] eingeschlagen; im Nachbarhaus hat es eingeschlagen; die Granate schlug in den Turm ein; diese Nachricht schlug wie eine Bombe ein (ugs.). **10. a)** (ugs.) *sich gut einarbeiten, sich bewähren:* der neue Mitarbeiter schlägt [gut] ein. **b)** (ugs.) ⟨etwas schlägt ein⟩ *etwas findet Anklang, hat Erfolg:* der neue Artikel hat [hervorragend] eingeschlagen.

einschlägig: *zu einem Gebiet oder Fach gehörend, in Frage kommend:* die einschlägige Literatur; die einschlägigen Paragraphen des Gesetzes; diese Ware ist in allen einschlägigen Geschäften erhältlich; er ist e. vorbestraft.

einschleichen ⟨sich e.⟩: *heimlich eindringen:* ein Dieb schlich sich in unser/(selten:) in unserem Haus ein; bildl.: in die Rechnung hat sich ein Fehler eingeschlichen.

einschleppen ⟨etwas e.⟩: **1.** *in den Hafen schleppen:* ein Schiff e. **2.** *eine Krankheit o. ä. mitbringen und auf andere übertragen:* Läuse e.; er hat aus Indien die Pocken eingeschleppt.

einschleusen ⟨jmdn., etwas e.⟩: *unbemerkt hineinbringen:* Agenten in ein Land e.

einschließen: 1.a) ⟨jmdn. e.⟩ *durch Verschließen eines Raumes darin festhalten:* die Kinder e.; ich schloß ihn in sein/in seinem Zimmer ein. **b)** ⟨sich e.⟩ *durch Abschließen der Tür niemanden zu sich hereinlassen:* er hat sich stundenlang [in sein/in seinem Büro] eingeschlossen. **c)** ⟨etwas e.⟩ *in einem Raum oder Behälter verschließen:* sie schloß ihren Schmuck [in einen/in einem Schrank] ein. **2.** ⟨jmdn., etwas e.⟩ *von allen Seiten umgeben:* hohe Mauern schlossen uns ein; die feindlichen Truppen schlossen die Festung ein *(umzingelten sie)*; das Tal ist ringsum von Bergen eingeschlossen; einen Satz in Klammern e. **3.** ⟨jmdn., sich, etwas e.⟩ *mit einbeziehen:* jmdn. in sein Gebet [mit] e.; die Bedienung ist in den/im Zimmerpreis eingeschlossen; das Klavier kostet 2000 Mark, [den] Transport eingeschlossen.

einschließlich: 1. ⟨Präp. mit Gen.⟩ *mitsamt; unter Einschluß:* e. der Unkosten; e. aller Reparaturen; Europa e. Englands; ⟨ein stark dekliniertes Substantiv im Singular bleibt ungebeugt, wenn es ohne Artikel oder Attribut steht⟩ die Kosten e. Porto; das Buch hat 700 Seiten e. Vorwort; ⟨im Plural mit dem Dativ, wenn der Genitiv nicht erkennbar ist⟩ der Saal e. Tischen und Stühlen kostet 200 Mark Miete. **2.** ⟨Adverb⟩ *das Letztgenannte eingeschlossen:* bis Freitag e.; bis zum 20. März e.; wir lasen bis S. 110 e.

Einschluß, der: **1.** *eingeschlossener Fremdkörper:* ein Bernsteinanhänger mit einem E. **2.** *Einbeziehung:* die ganze Familie mit E. der Großmutter; die weltpolitischen Probleme unter E. der Abrüstungsfrage.

einschmeicheln ⟨sich e.⟩: *sich durch Schmeicheln beliebt machen:* du willst dich bei ihm nur e.; eine einschmeichelnde Musik.

einschmuggeln: 1. ⟨etwas e.⟩ *unter Umgehung des Zolls einführen:* Tabak, Kaffee [in ein Land] e. **2.** (ugs.) ⟨jmdn., sich e.⟩ *unerlaubt Zutritt verschaffen:* er hatte seinen Bruder ohne Eintrittskarte [in den Saal] eingeschmuggelt.

einschnappen: 1. ⟨etwas schnappt ein⟩ *etwas schließt sich beim Zufallen:* die Tür schnappt ein; das Schloß ist eingeschnappt. **2.** (ugs.; abwertend) *schnell gekränkt sein, etwas übelnehmen:* bei jeder Kleinigkeit schnappt er ein; jetzt ist sie wieder eingeschnappt, weil wir sie nicht mitnehmen.

einschneiden /vgl. einschneidend/: **1.** ⟨etwas schneidet ein⟩ *etwas dringt scharf ein:* das Gummiband schneidet [in die Haut] ein; bildl.: diese Maßnahme schneidet tief in das Wirtschaftsleben ein. **2.** ⟨etwas e.⟩ **a)** *einkerben:* einen Ast e.; etwas in eine Baumrinde e.; eingeschnittene Figuren. **b)** (Kochk.) *zerkleinern und in etwas hineintun:* Äpfel, Zwiebeln e.; Semmeln in die Suppe e. **c)** (Filmw.) *in einen Filmstreifen einsetzen:* Archivaufnahmen in eine Reportage e.

einschneidend: *tiefgreifend, sich stark auswirkend:* einschneidende Änderungen, Maßnahmen; dieses Gesetz ist von einschneidender Wirkung; seine Entscheidung war sehr e.

Einschnitt, der: **1.** *Schnitt in etwas:* der Arzt machte einen T-förmigen E. **2.** *eingeschnittene Stelle:* die Straße führt durch einen E. [im Gelände]. **3.** *einschneidendes Ereignis:* diese Reise, der Tod des Vaters war ein bedeutender E. in seiner Entwicklung.

einschränken: 1.a) ⟨etwas e.⟩ *verringern, reduzieren:* den Zugverkehr e.; seine Ausgaben [auf ein vernünftiges Maß, auf das Notwendigste] e.; die Macht, Handlungsfreiheit des Parlaments wird durch dieses Gesetz stark eingeschränkt. **b)** ⟨jmdn. in etwas e.⟩ *einengen:* die Diplomaten in ihrer Bewegungsfreiheit e. **2.** ⟨sich e.⟩ *sparsam sein:* als Student mußte ich mich sehr e.; adj. Part.: wir lebten ziemlich eingeschränkt.

Einschränkung, die: *das Einschränken:* die E. des Verkehrs; ich mußte mir manche E. auferlegen *(sehr sparsam sein);* ich kann dieses Mittel nur mit E. *(mit Vorbehalt)* empfehlen; die Methode ist gut, mit der E., daß...

einschreiben: 1. ⟨jmdn., sich, etwas e.⟩ *in etwas eintragen:* Einnahmen und Ausgaben in ein Buch e.; Rekruten [in die Stammrolle] e.; er wurde in die/(selten:) in der Liste der Teilnehmer eingeschrieben; die Studenten müssen sich e. *(immatrikulieren).* 2. ⟨etwas e.⟩ *durch Registrierung bei der Post sichern:* einen Brief e. lassen; adj. Part.: ein eingeschriebener Brief.

Einschreiben, das: *bei der Post eingeschriebene Sendung:* ein Päckchen als E., per E. schicken.

einschreiten: *energisch eingreifen:* die Staatsanwaltschaft mußte e.; die Polizei schritt mit Wasserwerfern gegen die Demonstranten ein, ist gegen den Waffenhandel eingeschritten; subst. Inf.: die Behörde sucht nach einem Vorwand zum Einschreiten.

einschüchtern ⟨jmdn. e.⟩: *ängstlich machen:* er versuchte, mich mit/durch Drohungen einzuschüchtern; wir ließen uns durch nichts e.; das Kind war völlig eingeschüchtert.

einsegnen: a) (ev. Rel.) ⟨jmdn. e.⟩ *konfirmieren:* die Geschwister wurden letzte Ostern eingesegnet. b) (kath. Rel.) ⟨jmdn., etwas e.⟩ *segnen:* den Toten, ein Grab e.; ihre Ehe wurde kirchlich eingesegnet.

einsehen ⟨etwas e.⟩: 1.a) *erkennen:* sein Unrecht, seinen Irrtum e.; endlich hat er eingesehen, daß er so nicht weiterkommt. b) *begreifen, verstehen:* ich sehe ein, daß du unter diesen Umständen nicht kommen kannst. 2. *einen Blick in, auf etwas werfen können:* der Balkon, Garten kann von keiner Seite eingesehen werden; der Flieger konnte die gut getarnten Stellungen nicht e. 3. *prüfend nachlesen:* Briefe, Akten e.; ich habe die Abrechnung eingesehen.

Einsehen ⟨in der Verbindung⟩ ein Einsehen haben: *für jmdn., für etwas Verständnis haben:* der Chef hatte ein E. und gab uns den Nachmittag frei; (scherzh.:) der Wettergott hatte endlich ein E. *(das Wetter wurde besser).*

einseifen: 1. ⟨jmdn., sich e.⟩ *mit Seifenschaum einreiben:* sich vor dem Rasieren gut e.; bildl. (scherzh.): wir haben ihn tüchtig eingeseift *(mit Schnee eingerieben).* 2. (ugs.) ⟨jmdn. e.⟩ *beschwatzen, betrügen:* dieser Bursche hat dich schön eingeseift.

einseitig: 1.a) *nur auf einer Seite [bestehend]:* eine einseitige *(nicht erwiderte)* Zuneigung; eine einseitige Willenserklärung; er ist e. gelähmt; das Blatt darf nur e. beschrieben werden. b) *auf ein Gebiet beschränkt:* eine einseitige Begabung; er ist nur e. interessiert. 2. *nur einen Gesichtspunkt berücksichtigend:* eine einseitige Beurteilung, Auffassung; diese Maßnahmen sind sehr e.; du darfst den Vorfall nicht e. darstellen.

einsenden ⟨etwas e.⟩: *einschicken:* Unterlagen, Manuskripte e.; er sandte das Gedicht einer Zeitung ein, hat es an eine Zeitung eingesandt.

einsetzen: 1. ⟨etwas e.⟩ a) *hineinsetzen, einfügen:* eine Fensterscheibe e.; einen Flicken in die Hose e.; Pflanzen in Töpfe e.; in den/in dem Voranschlag wurde ein Betrag für Reparaturen eingesetzt; Math.: den gefundenen Wert in die Gleichung e.; ⟨jmdm. etwas e.⟩ der Zahnarzt setzte ihm einen Stiftzahn ein. b) (Verkehrsw.) *zusätzlich einschieben:* Entlastungszüge e. 2. ⟨jmdn. in etwas e.⟩ *in eine Position setzen:* er wurde in das Bürgermeisteramt eingesetzt; man hat ihn wieder in seine Rechte eingesetzt. 3. ⟨jmdn., etwas e.⟩ a) *ernennen, bestimmen:* einen Kommissar e.; zur Untersuchung des Falles wurde ein Ausschuß eingesetzt; sein Onkel setzte ihn zu seinem Erben/als seinen Erben ein. b) *in Aktion treten lassen, verwenden:* jmdn. in einer anderen Abteilung e.; gegen die Demonstranten wurde Polizei, wurde Tränengas eingesetzt; wir müssen bessere Maschinen e.; das Regiment war im Nordabschnitt eingesetzt; er setzte alle Kräfte, seine ganze Kraft für diese Aufgabe ein. 4.a) ⟨etwas e.⟩ *als Spieleinsatz geben, riskieren:* [beim Glücksspiel] 10 Mark e.; etwas als/zum Pfand e.; sein Leben e., um etwas zu erreichen. b) ⟨sich e.⟩ *sich persönlich um etwas bemühen:* er hat sich [in dieser Sache] voll, tatkräftig, selbstlos, vergeblich eingesetzt; ich setze mich gern für ihn *(zu seinem Nutzen)* ein. 5. ⟨gewöhnlich mit Zeitangabe⟩ *beginnen:* im Oktober setzte die Kälte ein; abends hat das Fieber wieder stärker eingesetzt; der Sänger, der Chor, die Musik setzte ein.

Einsicht, die: 1.a) *Erkenntnis:* die E. kam spät; neue Einsichten gewinnen; ich kann mich dieser E. nicht länger verschließen; ich bin zu der E. gekommen, daß... b) *Vernunft:* haben Sie doch E.!; jmdn. zur E. bringen; er scheint wirklich zur E. zu gelangen, zu kommen. 2. *Einblick:* E. in die Akten haben; jmdm. E. gewähren; er nahm E. in den Briefwechsel.

Einsiedler, der: *Eremit; einsam lebender Mensch:* ein frommer E.; er lebte als E., wie ein E.

einsilbig: 1. *nur eine Silbe habend:* ein einsilbiges Wort. 2. *wortkarg, kurz angebunden:* ein einsilbiger Mann; seine einsilbige Art machte ihm wenig Freunde; er war heute sehr e. *(wenig gesprächig).*

einspannen: 1. ⟨ein Tier e.⟩ *vor den Wagen spannen:* die Pferde, den Schimmel e. 2. ⟨etwas e.⟩ *in eine Vorrichtung spannen:* einen Bogen [in die Schreibmaschine] e.; er spannte das Werkstück [in den Schraubstock] ein. 3. (ugs.) ⟨jmdn. e.⟩ *heranziehen, für sich arbeiten lassen:* sie versuchte gleich, mich [für ihre Pläne] einzuspannen; er ist immer sehr eingespannt *(er hat viel zu tun).* * **ins Joch eingespannt sein** *(die Last von etwas tragen müssen).*

einsperren: a) ⟨jmdn., sich e.⟩ *in einen Raum einschließen:* die Kinder, den Hund in die/in der Wohnung e.; ich sperrte mich in meinem Zimmer ein. b) (ugs.) ⟨jmdn. e.⟩ *ins Gefängnis bringen:* einen Verbrecher e.; er war drei Monate eingesperrt.

einspielen: 1.a) ⟨ein Instrument e.⟩ *zu voller Leistung bringen:* eine Flöte e. b) ⟨sich e.⟩ *beim Spiel allmählich sicherer werden:* das Orchester, die Fußballmannschaft mußte sich erst e. c) ⟨etwas spielt sich ein⟩ *etwas wird durch Gewöhnung geläufig:* die neue Regelung hat sich gut eingespielt. **2.** ⟨etwas e.⟩ *durch Aufführungen einbringen:* dieser Film hat bis jetzt 74 Millionen Mark eingespielt; die Herstellungskosten wurden in wenigen Monaten eingespielt. **3.** (Rundf.) ⟨etwas e.⟩ *auf Schallplatten aufnehmen:* die neue Schallplattengesellschaft hat schon zahlreiche Titel eingespielt. * **aufeinander eingespielt sein** *(gut zusammenarbeiten):* die Mitarbeiter sind gut aufeinander eingespielt.

einsprengen: 1. ⟨etwas e.⟩ *anfeuchten:* die Wäsche vor dem Bügeln e. **2.** ⟨etwas in etwas e.; gewöhnlich im 2. Part.⟩ *verstreut hineinfügen:* Kiefernwald mit eingesprengten Birken; in diesem Gestein ist Silber eingesprengt *(in Teilchen enthalten).*

einspringen: 1. ⟨für jmdn. e.⟩ *kurzfristig an jmds. Stelle treten:* da ich verhindert war, sprang er für mich ein; der junge Sänger mußte für einen erkrankten Kollegen einspringen. **2.** (Schisport) ⟨sich e.⟩ *durch Probesprünge sicher werden:* die Schispringer springen sich auf der neuen Schanze ein. **3.** ⟨etwas springt ein⟩ **a)** *etwas schnappt ein:* das Schloß ist eingesprungen. **b)** *etwas springt zurück, nach innen:* die Mauer springt hier ein; ein einspringender Winkel.

Einspruch, der: *Einwand, Protest:* bisher ist kein E. erfolgt; Rechtsw.: [einen] E. einlegen *(als Rechtsmittel geltend machen);* seinen E. zurückziehen; gegen etwas E. erheben.

einst ⟨Adverb⟩: **1.** *früher, vor langer Zeit:* e. stand hier eine Burg; e. hast du anders geurteilt. **2.** *in ferner Zukunft:* du wirst es e. bereuen.

Einstand, der: **1. a)** (südd., östr.) *Dienstantritt:* jmdm. zum E. Glück wünschen. **b)** *kleine Feier zum Dienstantritt:* seinen E. feiern; er hat seinen E. noch nicht gegeben. **2.** (Tennis) *gleiche Punktzahl:* das Spiel steht auf E. **3.** (Jägerspr.) *geschützter Standort des Schalenwilds:* der Hirsch hat seinen E. in den Jungfichten.

einstecken: a) ⟨etwas e.⟩ *in etwas stecken:* einen Brief e. *(in den Briefkasten stecken);* den Degen e. *(in die Scheide stecken).* **b)** ⟨etwas e.⟩ *in die Tasche stecken; mitnehmen:* das Taschentuch, die Schlüssel, sein Frühstücksbrot e.; ich habe kein Geld eingesteckt *(ich habe kein Geld bei mir),* nicht korrekt: ich habe kein Geld einstecken; ⟨sich (Dativ) etwas e.⟩ hast du dir die Zeitung eingesteckt? **c)** (ugs.; scherzh.) ⟨jmdn. e.⟩ *ins Gefängnis bringen:* der Dieb ist für drei Monate eingesteckt worden.

einstehen ⟨für jmdn., für etwas e.⟩: **a)** *sich verbürgen:* ich stehe gern, voll und ganz für ihn ein; ich stehe dafür ein, daß er seine Sache gut macht. **b)** *Ersatz leisten:* für einen Schaden e.; er mußte für seinen Sohn e. *(die Schulden seines Sohnes bezahlen).*

einsteigen: 1. *in ein Fahrzeug steigen:* bitte [vorn] e.!; in ein Auto, in einen Zug e. **2.** (ugs.) *sich an etwas beteiligen:* in die hohe Politik e.; er ist mit einer hohen Summe in das Unternehmen eingestiegen. **3.** *heimlich in einen Raum klettern:* der Dieb ist [durch ein Fenster] in das Büro eingestiegen. **4.** (Bergsteigen) *hineinklettern:* in eine Wand, einen Kamin e.; die Seilschaft ist um 6 Uhr eingestiegen. **5.** (Sport) *den Gegner unfair attackieren:* hart e.; der Spieler steigt ganz schön ein.

einstellen: 1. ⟨ein Tier, etwas e.⟩ *an den Platz stellen:* ein Buch [in das/im Regal] e.; den Wagen in eine/in einer Garage e.; können die Räder hier eingestellt werden? **2.** ⟨jmdn. e.⟩ *jmdm. eine Stelle geben:* Arbeitskräfte e.; er wurde sofort eingestellt. **3.** ⟨etwas e.⟩ **a)** *ein technisches Gerät richten:* ein Fernglas scharf, eine Kamera auf die richtige Entfernung, ein Radio auf Zimmerlautstärke e.; den Zeiger auf eine Marke e.; übertr.: er stellte seinen Vortrag auf Massenwirkung ein *(gestaltete ihn entsprechend).* **b)** *eine gewünschte Leistung erzielen:* die richtige Entfernung e. **4.** (Sport) ⟨etwas e.⟩ *einen Rekord nochmals erreichen:* mit dieser Leistung stellte er den Weltrekord ein. **5.** ⟨etwas e.⟩ *mit etwas aufhören:* die Produktion, eine Unternehmung e.; seine Zahlungen e.; das Verfahren gegen ihn wurde eingestellt; der Feind stellte das Feuer ein; die Belegschaft stellte die Arbeit ein *(streikte).* **6.** (geh.) ⟨sich e.⟩ *erscheinen, kommen:* er stellte sich pünktlich bei uns ein; am Abend hatte sich Fieber eingestellt; der Erfolg wollte sich nicht e. **7.** ⟨sich auf jmdn., auf etwas e.⟩ *sich vorbereiten; sich anpassen:* wir haben uns bereits auf die gleitende Arbeitszeit eingestellt; wir müssen uns auf großen Andrang e.; Astronomie: die Sonde stellt sich automatisch auf ihr Ziel ein; er ist links, liberal eingestellt; er ist gegen mich eingestellt.

Einstellung, die: **1.** *Anstellung:* die E. neuer Mitarbeiter. **2.** *Beendigung, Unterbrechung:* die E. eines Gerichtsverfahrens beantragen; über die E. der Kampfhandlungen verhandeln. **3. a)** *technisches Richten:* die richtige, scharfe E. einer Kamera. **b)** (Filmw.) *Szene, die ohne Unterbrechung gefilmt wird:* eine lange, statische, bewegte E.; das Drehbuch verzeichnet 499 Einstellungen. **4.** *Meinung, Ansicht, Verhalten:* eine kritische E. zu den Dingen; das ist die einzig richtige E.; er hat eine falsche E. gegenüber seinen Vorgesetzten; ich habe mich schließlich zu dieser E. durchgerungen.

einstimmen: 1. *anfangen, sich an einem Gesang, einer Musik zu beteiligen:* der Tenor, das Fagott stimmt ein; alle stimmten in den Gesang [mit] ein. **2.** ⟨jmdn., sich auf etwas e.⟩ *innerlich vorbereiten:* die Hörer waren auf den Vortrag gut eingestimmt.

einstimmig: 1. *nur aus der Melodie bestehend; nicht mehrstimmig:* ein einstimmiges Lied; die Kinder haben bisher nur e. gesungen. **2.** *einmütig, mit allen Stimmen:* ein einstimmiger Beschluß; jmdn. e. loben, verurteilen, freisprechen; er wurde e. gewählt.

Einstimmigkeit, die: *volle Übereinstimmung:* es herrschte, bestand E. in der Beurteilung der Lage; wir konnten eine E. erzielen.

einstreichen (ugs.) ⟨etwas e.⟩: *Geld nehmen und einstecken:* schmunzelnd strich er das Geld, den Lohn, die Provision ein; bildl.: er hat den ganzen Gewinn eingestrichen *(für sich genommen).*

einstudieren ⟨etwas e.⟩: *gründlich einüben:* ein Schauspiel, eine Rolle e.; ein einstudiertes *(nur gespieltes)* Lächeln; ⟨jmdm., sich etwas e.⟩ ich hatte mir die Antworten genau einstudiert.

einstufen ⟨jmdn., etwas e.; mit Umstandsangabe⟩: *einordnen, klassifizieren:* jmdn. in eine

Steuerklasse, Lohngruppe e.; er ist falsch, zu hoch eingestuft worden; er wurde als Erwerbsunfähiger eingestuft.

einstürzen: **1.** ⟨etwas stürzt ein⟩ *etwas bricht zusammen:* das Haus, die Mauer stürzte ein; die Decke droht einzustürzen. **2.** ⟨etwas stürzt auf jmdn. ein⟩ *etwas überfällt jmdn.:* diese Ereignisse stürzten mit Gewalt auf ihn ein.

einstweilen ⟨Adverb⟩: *vorläufig, zunächst einmal:* e. arbeitet er in der Schlosserei; geh bitte e. voraus, ich komme gleich nach.

einteilen: **1.** ⟨jmdn., etwas in etwas e.⟩ *aufteilen, untergliedern:* eine Torte in gleich große Stücke e.; eine Stadt in Bezirke e.; die Schüler wurden in Jahrgänge eingeteilt; er teilte uns nach der Größe in Gruppen zu 4 Mann ein. **2.** ⟨jmdn. zu/als etwas e.⟩ *zuweisen:* die Leute zur Arbeit e.; er ist heute zum Essenholen/als Essenholer eingeteilt. **3.** ⟨etwas e.⟩ *sinnvoll aufteilen, mit etwas umgehen:* sein Geld, seine Zeit [gut] e.; ich habe mir die Arbeit genau eingeteilt.

eintönig (abwertend): *gleichförmig, keine Abwechslung bietend:* eine eintönige Gegend; eintönige Arbeit; eintöniger Gesang; sein Leben verlief e.; der Redner sprach sehr e.

Eintracht, die: *Zustand der Einmütigkeit:* brüderliche E.; E. stiften; die E. stören, wiederherstellen; sie lebten in [Frieden und] E. zusammen.

einträchtig: *einmütig und friedlich:* e. beieinandersitzen.

eintragen: **1.** ⟨jmdn., sich, etwas e.⟩ *in etwas hineinschreiben:* Namen in eine/(seltener:) in einer Liste e.; er trug sich in das Gästebuch ein; der Posten wurde auf dem falschen Konto eingetragen; das Auto ist auf meinen Namen eingetragen; Rechtsw.: eine Firma in das Handelsregister e.; ein eingetragener Verein; ein eingetragenes Warenzeichen. **2.** (Biol.) ⟨etwas e.⟩ *ernten, sammeln:* die Bienen tragen Nektar ein. **3.** ⟨etwas trägt jmdm. etwas ein⟩ *etwas ergibt etwas:* sein Fleiß hat ihm viel Anerkennung eingetragen; meine Bemühungen trugen mir nur Undank ein; ⟨auch ohne Dativ⟩ dieses Geschäft trägt nichts ein.

einträglich: *Gewinn oder Vorteil bringend:* ein einträgliches Geschäft; diese Tätigkeit war für ihn sehr e.

eintreffen: **1.** *ankommen:* pünktlich, rechtzeitig, verspätet e.; die Gäste treffen heute mittag ein; das Paket ist eingetroffen; Spargel, frisch eingetroffen! **2.** ⟨etwas trifft ein⟩ *etwas wird erwartungsgemäß Wirklichkeit:* die Prophezeiung ist eingetroffen; alles traf ein, wie er es vorausgesagt hatte.

eintreiben: **1.** ⟨Tiere e.⟩ *in den Stall treiben:* der Hirt treibt seine Herde ein. **2.** ⟨etwas e.⟩ *einschlagen:* Pfähle [in den Boden] e. **3.** ⟨etwas e.⟩ *einziehen, kassieren:* Schulden, Außenstände, Steuern e.

eintreten: **1.** ⟨sich (Dativ) etwas e.⟩ *in den Fuß treten:* ich habe mir einen Dorn eingetreten. **2.** ⟨etwas e.⟩ *durch Fußtritte zerstören:* die Türfüllung e.; er hat die Glasscheibe eingetreten. **3.** *hineingehen:* durch die Seitentür e.; er ist in das Zimmer eingetreten; bitte, treten Sie ein!; subst. Part.: er begrüßte die Eintretenden. **4.** ⟨in etwas e.⟩ *Mitglied werden:* in einen Verein, in einen Orden, in eine Partei e.; er trat als Teilhaber in die Firma ein. **5. a)** ⟨in etwas e.⟩ *mit etwas beginnen:* in das 50. Lebensjahr e.; das Unternehmen trat ins dritte Jahrzehnt ein; die Verhandlungen sind in eine kritische Phase eingetreten; /häufig verblaßt/: in ein Gespräch, in Verhandlungen e.; Rechtsw.: in die Beweisaufnahme, in die Beratung e. **b)** ⟨etwas tritt ein⟩ *etwas beginnt, ereignet sich:* um 6 Uhr tritt die Ebbe, die Flut ein; der Tod trat nach zwei Stunden ein; eine Krisis, ein unerwartetes Ereignis ist eingetreten; /häufig verblaßt/: wenn der Fall eintritt, daß er stirbt *(wenn er stirbt);* es trat eine Besserung seines Befindens ein *(sein Befinden besserte sich).* **6.** ⟨für jmdn., für etwas e.⟩ *sich einsetzen:* er trat mutig für seine Freunde, für seinen Glauben ein.

eintrichtern (ugs.) ⟨jmdm. etwas e.⟩: *mit Mühe beibringen:* einem Schüler die Vokabeln, die Formeln e.; man hat ihr eingetrichtert, daß sie sich gut benehmen soll.

Eintritt, der: **1.** *das Eintreten:* E. verboten!; sich E. verschaffen; beim E. in die Erdatmosphäre kann die Raumkapsel verglühen. **2.** *Beginn einer Mitgliedschaft:* beim E. in den Staatsdienst. **3.** *Beginn eines Zustandes:* der E. der Pubertät verzögert sich; bei E. der Krise. **4.** *Zugang zu etwas:* der E. [zu der Veranstaltung] ist frei; er hat freien E.; was kostet der E. ins Museum?

Eintrittskarte, die: → Karte.

einverleiben: **1.** ⟨etwas einer Sache e.⟩ *einfügen:* seiner Sammlung ein wertvolles Stück e. **2.** (scherzh.) ⟨sich (Dativ) etwas e.⟩ *etwas essen, trinken:* ich verleibte mir drei Stück Kuchen ein; (auch:) ich einverleibte mir ...; er hatte sich bereits mehrere Flaschen Wein einverleibt.

Einvernehmen, das: *Übereinstimmung:* es besteht ein gutes, herzliches E. zwischen den Partnern; im E. mit jmdm. handeln; das Buch erscheint im E. mit der Akademie; wir leben in bestem/im besten E. miteinander; du mußt dich mit ihm ins E. setzen (Papierdt.; *dich mit ihm verständigen*).

einverstanden ⟨in den Verbindungen⟩ **[mit jmdm., mit etwas] einverstanden sein** *(jmdm., einer Sache zustimmen):* er wollte studieren, aber sein Vater war nicht e.; ich bin mit deinem Vorschlag e., mit allem e.; wir sind gar nicht mit ihm e. *(wir mißbilligen sein Verhalten)* · **sich einverstanden erklären** *(seine Zustimmung erklären).*

Einverständnis, das: *Übereinstimmung:* es herrscht völliges, voll[st]es, stillschweigendes E. zwischen uns; sein E. erklären; ich habe Ihr E. vorausgesetzt *(ich habe mit Ihrer Zustimmung gerechnet);* Ihr E. vorausgesetzt *(wenn Sie zustimmen),* werde ich die Ware bestellen; ich handle im E. mit ihm; dies geschieht mit meinem E. *(mit meiner Zustimmung).*

Einwand, der: *Äußerung einer abweichenden Auffassung; Gegengrund:* ein berechtigter, entscheidender, [un]begründeter, nichtiger E.; meine Einwände kamen zu spät; ich habe keine Einwände; gegen etwas [keine] Einwände erheben, vorbringen, machen *(oft besser: [nichts] einwenden);* einen E. gelten lassen, überhören, zurückweisen.

einwandfrei: **a)** *ohne Fehler:* einwandfreie Arbeit liefern; sein Verhalten war e.; diese Wurst ist noch e. *(noch genießbar);* die Maschine arbeitet e. **b)** *eindeutig, unzweifelhaft:* eine einwandfreie Beweisführung; es ist e. erwiesen, daß ...; das ist e. Betrug.

einwechseln ⟨etwas e.⟩: *umtauschen:* er hatte vergessen, sein Geld einzuwechseln; er wechselte 10 Deutsche Mark in/(seltener:) gegen Francs ein.

einwecken ⟨etwas e.⟩: *in Gläsern einkochen, konservieren:* Obst, Gemüse e.; eingeweckte Kirschen.

einweichen ⟨etwas e.⟩: **a)** *in schmutzlösende Lauge legen:* Wäsche e. **b)** *in Flüssigkeit weich werden lassen:* die Erbsen, Backpflaumen über Nacht e.; sie hat die Brötchen in Milch eingeweicht; bildl.: wir waren ganz eingeweicht vom Regen.

einweihen: **1.** ⟨etwas e.⟩ **a)** *mit einer Feier seiner Bestimmung übergeben:* ein Theater, eine Kirche, ein Stadion e. **b)** (ugs.; scherzh.) *zum erstenmal gebrauchen, tragen:* am Sonntag hat sie ihr neues Kleid, ihren Photoapparat eingeweiht. **2.** ⟨jmdn. in etwas e.⟩ *etwas [Geheimes] wissen lassen:* wollt ihr mich nicht in eure Pläne e.?; er ist in die Verschwörung, in das Geheimnis nicht eingeweiht; ⟨auch ohne Präpositionalobjekt⟩ wir haben ihn noch nicht eingeweiht.

einweisen ⟨jmdn. e.; gewöhnlich mit Raumangabe⟩: **1.** *an einem bestimmten Ort unterbringen:* jmdn. ins Krankenhaus, in ein Pflegeheim e.; wer hat Sie hier eingewiesen? **2.** *am neuen Arbeitsplatz einführen:* der Chef hat ihn in seine neue Aufgabe eingewiesen; sind Sie schon eingewiesen? **3.** (Verkehrsw.) ⟨jmdn., etwas e.⟩ *an einen Platz lenken:* die Polizei wies die ankommenden Wagen ein.

einwenden ⟨etwas e.⟩: *einen Einwand, ein Bedauern äußern:* gegen deinen Vorschlag habe ich nichts einzuwenden; dagegen ließe sich viel, manches e.; er wandte/wendete ein, daß es zu spät sei; sie hat zwar einiges eingewandt/eingewendet, aber ...

Einwendung, die: *Einwand:* seine Einwendungen waren begründet; er machte keine Einwendungen, brachte nur wenige Einwendungen vor.

einwerfen: **1.** ⟨etwas e.⟩ *durch Werfen zerbrechen:* eine Scheibe e.; ⟨jmdm. etwas e.⟩ man hat ihm in der Nacht die Fenster eingeworfen. **2.** ⟨etwas e.⟩ *hineinwerfen:* einen Brief e. *(in den Kasten werfen).* **3.** ⟨etwas e.⟩ *eine Zwischenbemerkung machen:* er warf ein, daß wir nicht alles bedacht hätten. **4.** (Sport) ⟨[etwas] e.⟩ *[den Ball] ins Spielfeld werfen:* die deutsche Mannschaft wirft ein; der Spieler hat falsch eingeworfen.

einwickeln: **1.** ⟨jmdn., sich, etwas e.⟩ *in etwas wickeln; einpacken:* Waren e.; das Kind in eine/(selten:) in einer Decke e.; sie wickelte sich fest [in ihren Mantel] ein. **2.** (ugs.) ⟨jmdn. e.⟩ *geschickt für sich gewinnen:* sie hat sich völlig von ihm e. lassen.

einwilligen ⟨in etwas e.⟩: *einer Sache zustimmen:* in die Scheidung e.; er willigte in meine Vorschläge ein; ⟨auch ohne Präpositionalobjekt⟩ mein Vater wird kaum e.

Einwilligung, die: *Zustimmung, Erlaubnis:* die E. der Eltern erbitten; der Vater gab endlich seine E. zu ihrer Heirat.

[1]einwirken ⟨auf jmdn., auf etwas e.⟩: *Einfluß ausüben:* auf einen Menschen mäßigend e.; die Kur wirkte günstig, wohltuend, kräftigend auf ihn ein; die Regierung muß auf die Preisentwicklung e.; ⟨auch ohne Präpositionalobjekt⟩ eine Salbe e. lassen.

[2]einwirken (Handw.) ⟨etwas e.⟩: *einweben:* in den Stoff waren Goldfäden eingewirkt; ein eingewirktes Muster.

Einwohner, der: *jmd., der dauernd an einem Ort wohnt:* die E. von Frankfurt; die E. einer Stadt; die Gemeinde hat 5000 E.

Einwurf, der: **1.** *kurzer Einwand:* einen E. machen, widerlegen; auf einen E. eingehen. **2.** *Schlitz:* der E. am Briefkasten; ein E. für Zeitungen; etwas in/durch den E. stecken. **3.** (Sport) *das Einwerfen des Balles:* ein falscher *(regelwidriger)* E.; die gegnerische Mannschaft hat E.

einwurzeln: **a)** ⟨etwas wurzelt ein⟩ *etwas treibt Wurzeln in die Erde:* der Strauch muß erst e.; der Baum ist fest eingewurzelt; diese Meinung, Abneigung ist tief bei ihm eingewurzelt *(hat sich festgesetzt);* ein tief eingewurzeltes Mißtrauen. **b)** ⟨sich e.⟩ *sich mit den Wurzeln festsetzen:* der Baum hat sich tief eingewurzelt.

einzahlen ⟨etwas e.⟩: *an eine Kasse zahlen:* einen Betrag e.; die Miete ist auf mein Konto bei der Sparkasse einzuzahlen.

einzeichnen: **1.** ⟨etwas e.; gewöhnlich mit Raumangabe⟩ *hineinzeichnen:* Berichtigungen in eine Landkarte e.; in/auf dieser Karte sind alle Campingplätze eingezeichnet. **2.** (selten) ⟨sich e.⟩ *eintragen:* du mußt dich sofort in die/in der Liste e.

Einzelheit, die: *einzelner Teil eines Ganzen, Detail:* interessante, [un]wichtige Einzelheiten; auf dem Bild war jede E. des Kunstwerks zu erkennen; sich an Einzelheiten erinnern; auf Einzelheiten eingehen; etwas bis in alle Einzelheiten kennen.

einzeln: **I.** ⟨Adj.⟩ *einer für sich allein, von anderen getrennt:* ein einzelner Mensch, ein einzelner Baum; die einzelnen Teile des Geräts; jeder einzelne; der einzelne ist machtlos; im einzelnen *(genauer)* kann ich darauf nicht eingehen; er ging bei seinem Bericht sehr ins einzelne *(in die Einzelheiten);* die Gäste kamen e.; bitte e. eintreten! */Türaufschrift/;* jeder Band ist e. zu kaufen. **II.** ⟨Indefinitpronomen und unbestimmtes Zahlwort⟩: *manche[s], einige[s]:* einzelne Regenschauer; es gab einzelne gute Bilder; einzelnes will ich herausheben; einzelne sagen, daß ...

einziehen: **1.** ⟨etwas e.⟩ **a)** *hineinziehen, einfügen:* einen Faden e.; ein Gummiband [in die Turnhose] e.; Wände in einen Raum e.; Handw.: Speichen e.; eine Scheibe in den Fensterrahmen e. **b)** *einatmen:* die Luft e.; den Duft einer Blume durch die Nase e. **2.** ⟨etwas e.⟩ *nach innen ziehen, einholen:* den Kopf, die Fühler e.; die Netze, die Ruder, die Segel e.; eine Fahne e.; der Hund zieht den Schwanz ein *(klemmt ihn zwischen die Beine).* **3.** *in eine Wohnung ziehen:* wir sind gestern [in das neue Haus] eingezogen; wann kannst du e.? **4.**

[feierlich] einmarschieren; hineinkommen: das Regiment zog in die Stadt ein; die Mannschaften ziehen in das Stadion ein; diese Partei ist mit 10 Abgeordneten in den Landtag eingezogen; bildl. (geh.): bald zieht der Frühling ein; endlich zog wieder Gemütlichkeit in unser/ in unserem Haus ein. **5.** ⟨jmdn., etwas e.⟩ *zum Militärdienst einberufen:* man hat einen weiteren Jahrgang eingezogen; er wird im Herbst eingezogen. **6.** ⟨etwas e.⟩ **a)** *einfordern, sich geben lassen:* Nachrichten, Erkundigungen [über jmdn., über etwas] e.; Gelder, Steuern e. *(kassieren).* **b)** *beschlagnahmen:* jmds. Vermögen e.; man hat seinen Führerschein eingezogen. **c)** *aufheben; aus dem Verkehr ziehen:* Ämter, Stellen e. *(nicht mehr besetzen);* diese Münzen sind längst eingezogen worden. **7.** ⟨etwas zieht ein⟩ *etwas dringt ein:* die Salbe zieht gut [in die Haut] ein; das Wasser ist schnell eingezogen.

einzig: **I.** ⟨Adj.⟩ **a)** *nur einmal vorhanden; nur einer* /oft verstärkend; nicht korrekt: einzigste/: sie ist sein einziges Kind; ich habe nur einen einzigen Anzug; meine einzige Sorge ist, daß wir rechtzeitig nach Hause kommen; du bist mein einziger Trost; das ist das einzige, was wir tun können; sie hat sich als einzige gemeldet; subst.: er ist unser Einziger *(unser einziges Kind).* **b)** *einmalig, unvergleichlich:* er ist e. in seiner Art; diese Leistung steht e. da. **II.** ⟨Adverb⟩ *allein, nur, ausschließlich:* e. er ist schuld. * (nachdrücklich:) **einzig und allein** *(nur):* unsere Rettung haben wir e. und allein deiner Hilfe zu verdanken.

Einzug, der: **1.** *das Einziehen, Beziehen:* der E. in die neue Wohnung. **2.** *feierlicher Einmarsch:* der E. der Truppen; bildl. (geh.): der Frühling hält seinen E. *(beginnt).* **3.** *das Einkassieren:* jmdn. mit dem E. von Beiträgen beauftragen. **4.** (Druckerspr.) *Abstand vom Satzspiegelrand:* die erste Zeile ist mit E. zu setzen.

Eis, das: **1.** *gefrorenes Wasser:* blankes, hartes, dickes, brüchiges, E.; die [ant]arktische Zone des ewigen Eises; das E. kracht, bricht, schmilzt; das E. trägt noch nicht *(ist noch nicht fest genug);* ein Faß Bier auf E. legen; morgen gehen wir aufs E. *(laufen wir Schlittschuh);* bei Schnee und E.; bildl. (geh.): mit dieser humorvollen Ansprache war das E. gebrochen *(hatte sich die Stimmung gelockert);* wenn einmal das E. gebrochen ist *(wenn die ersten Hemmungen beseitigt sind),* werdet ihr sicher gute Freunde werden; Sprichw.: wenn es dem Esel zu wohl wird, geht er aufs E. *(dann wird er übermütig und richtet Unheil an).* **2.** *gefrorene Süßspeise:* E. am Stiel; E. mit Früchten; ein E. essen, lutschen, schlecken (ugs.). * **etwas auf Eis legen** *(verschieben, vorläufig nicht weiter bearbeiten):* der Plan wurde auf E. gelegt.

Eisen, das: **1.** /*ein schweres Metall*/: E. glühen, schmieden, abschrecken, in Formen gießen; etwas ist fest, hart wie E.; er ist wie von E. *(unverwüstlich);* Sprichwörter: Not bricht E.; man muß das E. schmieden, solange es heiß, warm ist *(man muß den rechten Augenblick nützen);* übertr.: Spinat enthält viel E.; das Kind muß mehr E. *(eisenhaltige Nahrung)* zu sich nehmen. **2.** *Gegenstand aus Eisen:* Schlägel und E. *(Bergmannswerkzeuge);* das Pferd hat ein E. *(Hufeisen)* verloren, braucht neue Eisen; eine Kiste mit E. *(Bändern, Beschlägen)* beschlagen. *(ugs.:) **ein heißes Eisen** *(eine heikle, bedenkliche Sache, mit der man sich nur ungern beschäftigt):* er faßte damit ein heißes E. an · **zwei/mehrere/noch ein Eisen im Feuer haben** *(mehr als eine Möglichkeit haben)* · **zum alten Eisen gehören/zählen** *(nicht mehr arbeits- und verwendungsfähig sein)* · **jmdn., etwas zum alten Eisen werfen** *(jmdn., etwas als untauglich, nicht mehr verwendungsfähig ausscheiden)* · (ugs.:) [**bei jmdm.**] **auf Eisen beißen** *(unüberwindlichen Widerstand finden).*

Eisenbahn, die: **1.** /*schienengebundenes Fernverkehrsmittel*/: eine E. bauen; mit der E. fahren; etwas mit/auf der E. befördern. **2.** *Spielzeug-, Modellbahn:* er hat zu Weihnachten eine elektrische E. bekommen; er baut seine E. auf, spielt mit der E. * (ugs.:) **es ist** [**die**] **höchste Eisenbahn** *(es ist höchste Zeit).* → Bahn.

eisern: **1.** *aus Eisen bestehend:* ein eisernes Gitter, Geländer; eine eiserne Brücke; der eiserne Vorhang *(feuersicherer Vorhang im Theater);* Götz von Berlichingen mit der eisernen Hand; bildl.: sein Griff war e. *(hart wie Eisen).* **2. a)** *unerschütterlich:* ein eiserner Wille; eine eiserne Gesundheit, Ruhe; er bezwang seine Schmerzen mit eiserner Energie; e. schweigen; er blieb trotz aller Vorhaltungen e. bei seiner Behauptung; (ugs.:) e.! /*Bekräftigung*/. **b)** *unnachgiebig, unerbittlich:* eiserne Strenge; mit eiserner Faust Ordnung schaffen; der Termin muß eingehalten werden, darin ist der Chef e. (ugs.). **c)** *unermüdlich:* eiserner Fleiß; e. sparen, arbeiten. * **mit eisernem Besen** [**aus**]**kehren** *(rücksichtslos Ordnung schaffen)* · **zum eisernen Bestand gehören** *(unbedingt und immer dazugehören)* · **die eiserne Hochzeit** *(der 70. oder 75. Hochzeitstag)* · **das Eiserne Kreuz** /*Kriegsorden*/ · (Med.:) **die eiserne Lunge** *(Apparat zur künstlichen Beatmung)* · **die eiserne Ration** *(Proviant für den Notfall)* · **mit eiserner Stirn: a)** *(unerschütterlich):* mit eiserner Stirn hielt er der Versuchung stand. **b)** *(unverschämt, hartnäckig):* er leugnete mit eiserner Stirn · **der Eiserne Vorhang** *(die weltanschaulich-politische Grenze zwischen Ost und West).*

eisig: **1.** *schneidend kalt:* ein eisiger Wind; die Luft war e.; /verstärkend/ es ist e. kalt. **2. a)** *jäh packend:* ein eisiger Schreck; es durchfuhr, durchzuckte mich e. **b)** *kalt ablehnend, ohne jede Gefühlsäußerung:* eisige Mienen; es herrscht eisiges Schweigen; ihr Blick war, wurde e.; er wurde e. empfangen.

eitel: **1.** *selbstgefällig, eingebildet:* ein eitler Mensch, Geck (ugs.); ein eitler Schauspieler; er ist e. wie ein Pfau; er war e. (veraltend; *übertrieben stolz*) auf seine schönen Hände; das kleine Mädchen ist sehr e. *(gefallsüchtig)* geworden. **2.** (geh.; veraltend) *leer, nichtig:* das sind eitle Wünsche; das ist nur eitles Geschwätz. **3.** (geh.) *rein:* ein Schmuckstück aus e. Gold; es herrschte e. *(nichts als, nur)* Freude; alles war e. Sonnenschein.

Eiter, der: *bei Entzündungen abgesonderte gelbliche Flüssigkeit:* in der Wunde hat sich E. gebildet, [an]gesammelt; da kommt Eiter heraus.

eitern ⟨etwas eitert⟩: *etwas sondert Eiter ab:* das

Geschwür, der Finger eitert; eiternde Wunden.

[1]**Ekel,** der: *Abscheu, heftiger Widerwille:* ein E. packte, erfüllte mich, stieg in mir hoch; etwas erregt E. in mir; ich empfinde E. bei diesem Anblick; er hat einen E. vor fettem Fleisch; er kämpfte mit dem E., wandte sich voll E. ab; der Kranke war sich selbst zum E. (veraltet; *er ekelte sich vor sich selbst*).

[2]**Ekel,** das (ugs.): *widerlicher, unangenehmer Mensch:* er, sie ist ein E.; du altes E.!

ekelhaft: *ekelerregend, widerlich:* ein ekelhaftes Tier; ekelhaftes Wetter; sein Benehmen war e.; etwas schmeckt, riecht e.

ekeln: a) ⟨sich e.⟩ *Ekel empfinden:* er ekelte sich; ich ek[e]le mich vor diesem Schmutz. **b)** ⟨etwas ekelt jmdn.⟩ *etwas erregt jmds. Ekel:* die Speise ekelte ihn. **c)** ⟨[es] ekelt jmdn./jmdn. vor jmdm., vor etwas⟩ *jmd., etwas flößt jmdm. Ekel ein:* mich/mir ekelt vor ihm, vor dieser Speise.

eklig: 1. *widerwärtig, abscheulich:* ein ekliges Tier. **2.** (ugs.) **a)** *unangenehm:* ein ekliger Bursche; der Chef kann sehr e. werden. **b)** *gemein, niederträchtig:* sei doch nicht so e. zu ihr! **3.** ⟨verstärkend⟩ *[unangenehm] stark, sehr:* e. frieren; ich habe mich e. geschnitten.

Elan, der (bildungsspr.): *Schwung, Begeisterung:* viel E. zeigen, entwickeln; mit E. an eine Aufgabe herangehen; die Mannschaft spielte ohne E.

Elefant, der */ein Tier/*: ein indischer, afrikanischer E.; der E. hebt den Rüssel, trompetet. *(ugs.:) **sich wie ein Elefant im Porzellanladen benehmen** *(durch Ungeschicklichkeit Unheil anrichten)* · (ugs.:) **aus einer Mücke einen Elefanten machen** *(etwas unnötig aufbauschen).*

elegant: 1. *durch Geschmack, Vornehmheit hervorstechend:* eine elegante Dame; er ist eine elegante Erscheinung; elegante Kleider, Möbel; Mäntel in eleganter Ausführung; ein Treffpunkt der eleganten Welt; dieser Wagen ist sehr e.; er ist immer e. angezogen. **2.** *gewandt, geschickt:* eine elegante Verbeugung, Handbewegung; er spricht ein elegantes Französisch; das Problem wurde e. gelöst; er weiß sich e. um etwas zu drücken (ugs.), aus der Affäre zu ziehen (ugs.).

Eleganz, die: **1.** *[geschmackvolle] Vornehmheit:* einfache, schlichte, schäbige, verschlissene E.; ein Kleid von sportlicher E. **2.** *Gewandtheit:* die E. seiner Bewegungen; er tanzt mit unnachahmlicher E.

elektrisch: 1. *auf Elektrizität beruhend:* der elektrische Strom, Widerstand; die elektrische Spannung; ein elektrischer Funke; er erhielt einen elektrischen Schlag; der Zaun ist e. geladen. **2.** *Elektrizität führend, habend:* eine elektrische Leitung, Batterie. **3.** *durch Elektrizität betrieben:* eine elektrische Kaffeemühle; eine elektrische Eisenbahn; das elektrische Licht; wir kochen, heizen e.; das geht alles e. (ugs.). * **elektrischer Stuhl** *(stuhlförmige Vorrichtung, auf der Verbrecher in den USA mit Starkstrom hingerichtet werden).*

Element, das: **1.** *Grundstoff:* Sauerstoff ist ein chemisches E.; das periodische System der Elemente. **2. a)** (hist.) *Urstoff:* die vier Elemente /Feuer, Wasser, Luft und Erde/; der Fisch schwimmt in seinem E. *(im Wasser).* **b)** (geh.) *Naturgewalt:* das Wüten der entfesselten Elemente; das gefräßige E. *(das Feuer).* **3.** *Grundzüge, Anfangskenntnisse:* er ist nicht über die Elemente der Mathematik hinausgekommen. **4.** *Bestandteil, Wesenszug;* ein konstruktives, belebendes, unentbehrliches E.; der Spitzbogen ist ein E. der gotischen Baukunst; die verschiedenen Elemente bilden ein harmonisches Ganzes. **5.** (abwertend) ⟨meist Plural⟩ *Mensch als Bestandteil der Gesellschaft:* dunkle, kriminelle Elemente; dort halten sich asoziale Elemente auf. **6.** (Phys.) *Stromquelle:* ein galvanisches E. * (ugs.:) **jmd. ist/fühlt sich in seinem Element** *(jmd. fühlt sich in der ihm gemäßen Umgebung wohl).*

elementar (bildungsspr.): **1.** *ungestüm; urwüchsig:* elementare Kräfte; mit elementarer Gewalt; seine Leidenschaft war e., brach e. hervor. **2.** *grundlegend; den Anfang bildend:* elementare Begriffe, Pflichten, Voraussetzungen; die elementare Stufe des Unterrichts; ihm fehlen selbst die elementarsten *(einfachsten)* Kenntnisse.

elend: 1. a) *jämmerlich, beklagenswert:* ein elendes Leben führen; er ist in einer elenden Lage; er ist e. zugrunde gegangen. **b)** (selten) *armselig, ärmlich:* eine elende Unterkunft. **c)** *kränklich:* ein elendes Aussehen; ich fühle mich e.; mir ist ganz e. *(übel).* **d)** (abwertend) *gemein, niederträchtig:* ein elender Schurke, Lügner; dieses Buch ist ein elendes Machwerk. **2.** (ugs.) ⟨verstärkend⟩ *sehr [groß]:* ich habe einen elenden Hunger; mir ist e. kalt; ich habe e. gefroren.

Elend, das: *Unglück, Not:* großes, bitteres E.; glänzendes E. *(nach außen Glanz, im Inneren Dürftigkeit);* er ist nichts als ein Häufchen E. (ugs.); ein Bild des Elends sein; im E. leben; immer tiefer ins E. geraten; sich ins E. stürzen; jmdn. ins E. bringen; Redensart (ugs.): das ist vielleicht ein E. *(ein trostloser Zustand)* [mit dieser Frau]. *(ugs.:) **das heulende Elend haben/kriegen** *(sehr niedergeschlagen sein, verzweifeln).*

elf ⟨Kardinalzahl⟩: *11:* die Fußballmannschaft besteht aus e. Mann; subst.: die gegnerische, unsere Elf. → acht.

Ellbogen (seltener: Ellenbogen), der: *Vorsprung der Elle am mittleren Armgelenk:* den E. aufstützen; sich auf die Ellbogen stützen; jmdn. mit dem E. anstoßen. * **seine Ellbogen [ge]brauchen** *(sich rücksichtslos durchsetzen)* · **keine Ellbogen haben** *(sich nicht durchsetzen können).*

Elle, die: **1.** */ein Unterarmknochen/:* E. und Speiche; ich habe mir die E. gebrochen. **2. a)** */altes Längenmaß/* fünf Ellen Tuch. **b)** *Maßstock in Länge einer Elle:* etwas nach/mit der E. messen; Redensart: er geht, als hätte er eine E. verschluckt *(steif, kerzengerade);* übertr.: er will alles mit gleicher E. messen *(gleich werten, behandeln).*

Elster, die: */ein Vogel/:* sie ist geschwätzig wie eine E.; sie stiehlt wie eine E.; bildl.: eine diebische E. *(Person, die gern stiehlt).* → Vogel.

Eltern, die ⟨Plural⟩: *Vater und Mutter:* E. und Kinder; liebe E.! */Briefanrede/;* sie wohnt noch bei ihren E.; er ist seinen E. über den Kopf gewachsen *(er ist größer als sie,* auch: *die Eltern werden nicht mehr mit ihm fertig).* * (ugs.:) **etwas ist nicht von schlechten Eltern** *(etwas hat*

Format): dieser Witz, diese Ohrfeige war nicht von schlechten E.

Empfang, der: **1. a)** *das Empfangen, Entgegennehmen:* den E. einer Ware, einer Geldsumme bescheinigen; gleich nach E. des Briefes brach er auf; Kaufmannsspr.: zahlbar bei E. [der Ware]. **b)** (Rundf., Fernsehen) *das Hören, Sehen einer Sendung:* der E. ist gestört; wir wünschen Ihnen einen guten E. **2.** *Begrüßung:* ein herzlicher, kühler, frostiger E.; ihm wurde ein begeisterter E. zuteil (geh.); dem Feind wurde ein heißer E. bereitet *(er wurde unter Beschuß genommen).* **3.** *offizielle festliche Veranstaltung:* die Stadt gab einen E. für ihre Gäste, für die Presse; an einem E. teilnehmen; auf/bei einem E. in der deutschen Botschaft; zu einem E. gehen. **4.** *Stelle im Hotel, wo sich die Gäste eintragen:* wo ist der E.?; wir treffen uns beim/am E. *(nachdrücklich:) **jmdn., etwas in Empfang nehmen** *(empfangen).*

empfangen: **1.** ⟨etwas e.⟩ **a)** (geh.) *bekommen, entgegennehmen:* Geschenke, Briefe, Glückwünsche e.; einen Befehl e.; Rel.: das Sakrament, die Taufe, die Letzte Ölung e. **b)** (geh.) *in sich aufnehmen:* neue Eindrücke Anregungen e. **c)** (Soldatenspr.) *zugeteilt bekommen:* Munition, Essen e. **d)** (Rundf., Fernsehen) *eine Sendung hören oder sehen:* einen Funkspruch störungsfrei e.; wir können nur das erste Programm e. **2.** (geh.) ⟨[ein Kind] e.⟩ *schwanger werden:* ein Kind von jmdm. e.; sie hat schon, noch nicht empfangen. **3.** ⟨jmdn. e.⟩ *als Gast begrüßen:* jmdn. herzlich, kühl, zurückhaltend, feierlich e.; der Hausherr empfing die Gäste in der Halle; der Minister empfing den Botschafter zu einer Aussprache; er wurde vom Papst in Audienz empfangen; die Angreifer wurden mit mörderischem Feuer empfangen *(mörderisch beschossen).*

empfänglich: *Eindrücken zugänglich, aufnahmebereit:* ein empfängliches Gemüt; für alles Schöne, für Lob, Schmeicheleien e. sein; er ist sehr e. *(anfällig)* für Infektionen.

empfehlen: **1.** ⟨jmdm. jmdn., etwas e.⟩ *zu jmdm., zu etwas raten:* ich kann dir dieses Geschäft nur e., wärmstens (ugs.) e.; er empfahl mir seinen Hausarzt; man hat Sie mir als tüchtigen Anwalt empfohlen; bitte empfehlen Sie mich Ihren Eltern */Höflichkeitsformel/;* ⟨auch ohne Dativ⟩ der Arzt empfahl kalte Abreibungen; diesen Weg möchte ich weniger e.; es wird empfohlen, sofort Zimmer zu bestellen; dieses Lokal ist sehr zu e. **2.** ⟨sich e.⟩ **a)** *seine Dienste anbieten:* er empfahl sich als geeigneter /(veraltend:) als geeigneten Mann; Kaufmannsspr.: wir halten uns zu weiteren Aufträgen bestens empfohlen. **b)** *sich verabschieden, weggehen:* er empfahl sich höflich, unauffällig; er hat sich bald wieder empfohlen. * **es empfiehlt sich,** ... *(es ist ratsam):* es empfiehlt sich, einen Schirm mitzunehmen · **sich [auf] französisch empfehlen** *(heimlich [aus einer Gesellschaft] weggehen).*

Empfehlung, die: **1. a)** *Vorschlag, Rat:* auf E. des Arztes zur Kur reisen. **b)** *lobende Beurteilung, Fürsprache:* jmdm. eine E. schreiben, mitgeben; es gilt als E., dort studiert zu haben; auf Grund meiner E. wurde er befördert. **2.** (geh.) *Gruß:* bitte eine freundliche E. an Ihre Gattin!; eine E. ausrichten, bestellen; mit den besten Empfehlungen Ihr [ergebener] ... */Briefschluß/.*

empfinden: **1. a)** ⟨etwas e.⟩ *sinnlich wahrnehmen, spüren:* Hunger, Kälte, Schmerz e. **b)** *von etwas im Gemüt bewegt werden:* Abscheu, Furcht, Ekel vor etwas e.; Freude an der Musik, über ein Geschenk e.; Achtung vor jmdm., Freundschaft für jmdn. e.; Liebe für jmdn., zu jmdm. e.; sie empfand tiefe Reue über diese Tat. **c)** ⟨jmdn., sich, etwas e.; mit Artangabe⟩ *in bestimmter Weise spüren, auffassen, für etwas halten:* etwas als kränkend, als verrückt, als Wohltat, als Erlösung e.; ich empfand seine Worte als Ironie; wir haben seinen Verlust tief empfunden; er empfand dunkel, daß sie ihn betrogen habe; jmdn. als [einen] Störenfried e.; er empfand sich als Begnadeter/(veraltend:) als Begnadeten.

empfindlich: **1. a)** *leicht auf Reize reagierend, leicht schmerzend:* eine empfindliche Haut; er hat eine empfindliche Stelle am Arm; meine Augen sind sehr e.; übertr.: ein empfindliches *(fein reagierendes)* Gerät. **b)** *anfällig:* ein empfindliches Kind; gegen Hitze e. sein; übertr.: eine empfindliche *(leicht schmutzende)* Tapete. **2.** *seelisch verletzbar, feinfühlig:* ein empfindlicher Mensch, Künstler; jmdn. an seiner empfindlichen Stelle, in seinem empfindlichsten Punkt treffen; sei doch nicht so e. *(reizbar, leicht beleidigt)!* **3.** *spürbar; hart treffend:* eine empfindliche Strafe; wir haben empfindliche Verluste erlitten; deine Bemerkung hat ihn e. getroffen.

Empfindung, die: **1.** *sinnliche Wahrnehmung, bes. durch den Tastsinn:* eine E. von Schmerz, von Kälte; der gelähmte Arm war ohne E. **2.** *seelische Regung; seelisches Gefühl:* eine reine, klare, echte, starke, lebhafte E.; eine schwache, unangenehme E.; die E. der Liebe, des Hasses; eine E. der Bitterkeit; die verschiedensten, widersprechendsten Empfindungen bestürmten ihn (geh.); diese E. läßt sich nicht beschreiben; sie kann ihre Empfindungen nicht verbergen.

empor (geh.) ⟨Adverb; meist zusammengesetzt mit Verben⟩: *aufwärts, in die Höhe:* zum Licht, zum Gipfel e.

empören (geh.): **1.** ⟨sich e.⟩ *sich auflehnen, Widerstand leisten:* sich gegen eine Diktatur, gegen ein Unrecht e. **2. a)** ⟨sich über etwas e.⟩ *sich erregen, entrüsten:* ich empörte mich über diese Ungerechtigkeit; er war empört über ihr Verhalten. **b)** ⟨etwas empört jmdn., etwas⟩ *etwas macht jmdn. wütend, entrüstet jmdn.:* diese Behauptung empörte ihn; das hat mein Herz, meine Gefühle empört; adj. Part.: ein empörender Leichtsinn; sein Benehmen war empörend; eine empörte *(aufgebrachte)* Menge.

Empörung, die (geh.): **1.** *Erhebung:* die E. des Volkes wurde niedergeschlagen. **2.** *Erregung, Entrüstung:* ihn erfüllte eine tiefe, ehrliche E. über dieses Treiben; er war voll[er] E.; sie bebte vor E.

emsig: *rastlos tätig:* emsige Bienen; emsiges Treiben erfüllte die Straßen; mit emsigem Fleiß; e. arbeiten, schaffen.

Ende, das: **1. a)** *Stelle, wo etwas aufhört:* das spitze, das stumpfe E.; das E. der Straße, des Ganges; wir wohnen am E. der Stadt, (scherzh.:)

am E. der Welt *(weit draußen);* ich folge dir bis ans E. der Welt *(überallhin);* wir liefen von einem E. zum anderen; übertr.: er faßt die Sache am richtigen, falschen, verkehrten E. an *(von der richtigen, falschen Seite her).* **b)** *Zeitpunkt, an dem etwas aufhört; letztes Stadium:* Anfang u. E.; ein plötzliches, bitteres, böses, glückliches, schlimmes, schmähliches, tragisches, trauriges, blutiges, versöhnliches E.; das E. der Welt *(der Jüngste Tag);* das E. *(der Schluß)* der Vorstellung, des Konzerts, der Sendung; Funkw.: E. *(Schluß)* der Durchsage; das E. naht, überrascht uns, ist nicht abzusehen; es war des Staunens kein E. (geh.); alles muß einmal ein E. haben; bei seinen Erzählungen findet er kein E., kann er kein E. finden; die Saison ging ihrem E. zu; Sprichwörter: E. gut, alles gut; alles hat ein E., nur die Wurst hat zwei · am, zu[m], gegen, bis, seit E. des Jahres, des Jahrhunderts; er kommt E. *(am Ende)* der Woche, E. Oktober, E. 1970 zurück; er ist E. fünfzig/der Fünfziger *(er ist bald 60 Jahre alt);* (ugs.:) das ist der Anfang vom E.; er muß den Kampf, den Prozeß bis zum bitteren E. durchstehen; die Vorstellung ist [gleich] zu E. *(ist aus, beendet);* meine Geduld ist zu E.; mit ihm ist es aus und zu E. (ugs.; *völlig aus);* der Tag geht zu E. *(hört auf);* unser Geld geht zu E.; eine Arbeit zu E. bringen, führen *(beenden);* mit etwas zu E. kommen (geh.; *fertig werden*); den Brief zu E. *(fertig)* lesen, bis zu E. *(vollständig)* lesen. **c)** (verhüllend) *Tod:* das E. kam schnell; er fühlte sein E. nahen (geh.); sie hatte ein sanftes, ein schweres, qualvolles E.; eine Embolie führte das E. herbei; sein Leben neigte sich dem E. zu (geh.). **2. a)** *letztes, äußerstes Stück:* die beiden Enden der Schnur zusammenknüpfen; das E. *(der Zipfel)* der Wurst; ein Endchen Brot; Jägerspr.: dieses Geweih hat acht Enden *(Zacken).* **b)** (ugs.) *kleines Stück:* ein E. Draht, Bindfaden. **c)** (ugs.) *Strecke:* es ist noch ein gutes E. bis zum Bahnhof; das letzte E. mußte sie laufen. **3.** (Seemannsspr.) *Tau:* ein E. auswerfen, kappen; die Enden aufschießen. * (ugs.:) **das dicke Ende** *(die [unerwarteten] größten Schwierigkeiten):* das dicke E. kommt noch, kommt nach · **letzten Endes** *(schließlich):* letzten Endes ist alles ganz gleichgültig · **etwas ist das Ende vom Lied** *(etwas bildet den [enttäuschenden] Ausgang von etwas):* das E. vom Lied war, daß alles beim alten blieb · **ein Ende mit Schrecken** *(ein schreckliches, schlimmes Ende)* · **eine Schraube ohne Ende** *(eine Angelegenheit, die zu keinem Abschluß kommt)* · **etwas nimmt ein/kein Ende** *(etwas will [nicht] aufhören)* · **etwas nimmt ein böses/kein gutes Ende** *(etwas geht böse aus)* · (geh.:) **einer Sache ein Ende machen/setzen/bereiten** *(etwas beenden, abschaffen):* einem Streit, dem Mißbrauch ein E. machen · (geh.:) **seinem Leben ein Ende machen/setzen** *(Selbstmord begehen)* · (geh.:) **mit etwas ein Ende machen** *(Schluß machen)* · (ugs.:) **an allen Ecken und Enden** *(überall)* · **am Ende: a)** *(schließlich, im Grunde):* das ist am E. dasselbe. **b)** (nordd.; *vielleicht*): du bist es am E. [gar] selbst gewesen · (ugs.:) **am Ende sein** *(sehr müde, erschöpft sein):* ich bin völlig am E. · **mit seinem Latein am Ende sein** *(nicht mehr weiterwissen)* · **von Anfang bis Ende** *(vollständig, ohne etwas auszulassen):* Ein Buch von Anfang bis E. lesen · (verhüllend:) **mit jmdn. geht es zu Ende** *(jmd. stirbt)* · (veraltend:) **zu welchem Ende?** (zu welchem Zweck, wozu?).

enden: 1. ⟨etwas endet; mit Umstandsangabe⟩ **a)** *etwas hört räumlich auf:* die Buslinie endet am Bahnhof, auf einem Platz; der Weg endete plötzlich [im Dickicht]. **b)** *etwas hört zeitlich auf, ist zu Ende:* der Vortrag endete um 22 Uhr; der Streit endete mit einer Prügelei; ich weiß nicht, wie das e. soll, e. wird; nicht e. wollender Beifall dankte dem Sänger. **2.** ⟨mit Umstandsangabe⟩ **a)** *schließen, etwas beenden:* der Redner endete mit einem Hoch auf den Jubilar. **b)** *sein Leben beschließen:* am Galgen e.; wie ist er geendet? **3.** (Sprachw.) ⟨etwas endet auf/mit etwas⟩ *etwas hat etwas als Auslaut, als Endung:* dieses Wort endet auf/mit k, endet auf -ung. * (ugs.:) **in der Gosse enden** *(verkommen).*

endgültig: *unumstößlich, nicht mehr zu ändern:* eine endgültige Lösung; diese Entscheidung ist e.; nun ist e. Schluß; damit ist es e. aus, vorbei; er hat sich e. entschlossen abzureisen; subst.: ich kann jetzt noch nichts Endgültiges sagen.

endigen (geh.; veraltend): → enden.

endlich: 1. ⟨Adverb⟩ **a)** */bezeichnet das Ende einer Wartezeit/:* er ist e. gekommen; wann bist du e. fertig?; (ugs.:) na e.! */Ausruf der Ungeduld/;* ⟨selten auch attributiv⟩ seine endliche Heimkehr. **b)** *schließlich:* e. gab er doch nach; wir mußten e. erkennen, daß ... **2.** (Fachspr.) ⟨Adj.⟩ *in Raum und Zeit begrenzt, nicht unendlich:* eine endliche Zahl, Größe; unsere Welt ist e.

endlos: *sich sehr in die Länge ziehend:* eine endlose Kolonne; ein endloser Streit; endlose Qualen; der Weg schien e. zu sein; es dauerte e. *(unendlich)* lange, bis er kam.

Energie, die: **1.** *Tatkraft, Schwung, Ausdauer:* eine große, starke, gesammelte, geballte E.; viel, wenig, keine E. haben; nicht die nötige E. haben, besitzen, aufbringen; seine E. verschwenden; er legt eine erstaunliche E. an den Tag; sie arbeitet mit eiserner, ungeheurer, verbissener E. **2.** (Physik) *Kraft, die Arbeit leisten kann:* mechanische, elektrische E.; bei diesem Vorgang wird E. frei; Energien nutzen, umwandeln, verwerten.

energisch: a) *tatkräftig, entschlossen:* ein energischer Mann; er hatte ein energisches Auftreten; ein energisches *(Energie verratendes)* Gesicht, Kinn; e. durchgreifen; sich e. zur Wehr setzen; jmdm. e. entgegentreten. **b)** *nachdrücklich:* energische Maßnahmen; etwas e. betonen; das mußt du dir e. verbitten.

eng: 1. a) *räumlich eingeschränkt, schmal:* ein enges Zimmer; enge Straßen, Gassen; das Tal ist sehr e.; übertr.: in engen *(beschränkten)* Verhältnissen leben; einen engen Gesichtskreis, Horizont haben. **b)** *dicht gedrängt:* e. schreiben; die Bäume stehen e. [nebeneinander]; die Schüler sitzen zu e. **c)** *fest anliegend:* ein enges Kleid; der Rock wird mir zu e.; sich e. anschmiegen. **2.** ⟨im Komparativ und Superlativ⟩ *auswählend begrenzt:* der engere Ausschuß; er kam in die engere Wahl *(er gehört zu den aussichtsreichen Bewerbern);* im engeren, engsten Sinn bedeutet das Wort ... **3.** *nah,* *vertraut:* eine enge Freundschaft; wir stehen in engen Beziehungen zueinander; die engere Heimat; wir sind e. befreundet, e. verwandt. *(ugs.:) **den Riemen/Gürtel enger schnallen** *(sich in seinen Bedürfnissen einschränken).*

engagieren: **1.** ⟨jmdn. e.⟩ **a)** *für eine bestimmte Tätigkeit verpflichten:* einen Privatlehrer e.; jmdn. als Privatlehrer e.; der Schauspieler wurde [für die nächste Spielzeit] an das Stadttheater engagiert. **b)** (veraltend) *zum Tanz auffordern:* er engagierte sie für den/zum nächsten Tanz. **2.** ⟨sich e.⟩ *sich binden, einsetzen; einen geistigen Standort beziehen:* sich finanziell, geschäftlich e.; er ist bereit, sich [politisch] zu e.; adj. Part.: ein politisch engagierter Dichter; ein engagierter *(kritischer)* Film.

Enge, die: **1.** *Mangel an Raum, Beschränktheit:* die E. der kleinen Wohnung; in bedrückender, drangvoller E. leben; übertr.: kleinbürgerliche, dogmatische E.; die E. seines Geistes, seiner Anschauungen. **2.** (veraltend) *Engpaß:* die Straße läuft durch eine E. * **in die Enge geraten** *(keinen Ausweg mehr wissen)* · **jmdn. in die Enge treiben** *(durch Fragen in ausweglose Bedrängnis bringen).*

Engel, der: **1.** *überirdisches Wesen [als Bote Gottes]:* der E. der Verkündigung; die bösen, gefallenen Engel; sie ist schön wie ein E.; Redensart: ein E. fliegt, geht durchs Zimmer *(wenn die Unterhaltung plötzlich verstummt).* **2. a)** *als Helfer oder Retter wirkender Mensch:* sie ist ein wahrer E., ein E. der Betrübten, der Gefangenen; sie ist mein guter E.; er kam als rettender E.; (ugs.:) du bist ein E., daß du mir die Arbeit abnimmst. **b)** (ugs.; iron.) *unschuldiger Mensch:* er ist auch nicht gerade ein E.; du unschuldsvoller, ahnungsloser E.! * (ugs.:) **die Engel im Himmel singen hören** *(seine Schmerzen fast nicht ertragen können).*

engherzig: *kleinlich, pedantisch:* ein engherziger Spießer; er ist sehr e.; du beurteilst sein Verhalten zu e.

[1]englisch: *England, die Engländer betreffend, ihnen zugehörend:* die englische Sprache; englische Tuche; er spricht [gut] e. *(in englischer Sprache);* etwas [auf] e. sagen.

[2]englisch ⟨in der Verbindung⟩ der Englische Gruß: **a)** (Kunstw.) *Darstellung der Verkündigung Mariä.* **b)** (kath. Rel.) *das Gebet „Ave Maria".*

engstirnig: *beschränkt; in Vorurteilen befangen:* ein engstirniger Mensch; eine engstirnige Entscheidung; er ist politisch sehr e.; denkt, handelt e.

Enkel, der: **1.** *Kind des Sohnes oder der Tochter:* er hat viele Enkel; der Großvater spielt mit seinen Enkeln. **2.** (geh.) *Nachfahre:* noch unsere Enkel werden davon erzählen.

enorm: *außerordentlich; ungewöhnlich groß:* enorme Anstrengungen; eine enorme Belastung; seine Kräfte sind e.; die Preise sind e. gestiegen; (ugs.) /verstärkend/: das neue Gerät ist e. *(äußerst)* praktisch.

entbehren: **1. a)** (geh.) ⟨jmdn., etwas e.⟩ *vermissen:* sie entbehrt schmerzlich ihren Freund. **b)** ⟨jmdn., etwas e.; in Verbindung mit Modalverben⟩ *auf jmdn., etwas verzichten:* ich kann das Buch nicht länger e.; er hat in seiner Jugend viel[es] e. müssen. **2.** (geh.) ⟨einer Sache (Gen.) e.⟩ *ohne etwas sein:* diese Behauptung entbehrt jeder Grundlage; sein Verhalten entbehrt nicht einer gewissen Komik *(ist recht komisch).*

Entbehrung, die: *empfindlicher Mangel, fühlbare Einschränkung:* die E. hatte sein Gesicht gezeichnet; Entbehrungen auf sich nehmen; ich mußte mir große Entbehrungen auferlegen (besser: *ich mußte auf vieles verzichten*).

entbieten: **a)** (geh.) ⟨jmdm. etwas e.⟩ *übermitteln, sagen:* der Minister entbietet Ihnen seine Grüße. **b)** (geh.; veraltet) ⟨jmdn. zu sich e.⟩ *kommen lassen:* der Sterbende entbot seine Kinder zu sich.

entbinden: **1.** *befreien:* **a)** ⟨jmdn. von etwas e.⟩: er wurde von seinen dienstlichen Pflichten entbunden. **b)** (geh.) ⟨jmdn. einer Sache e.⟩ der Präsident entband ihn seines Eides, seiner Ämter. **2. a)** ⟨jmdn. e.⟩ *einer Frau bei der Geburt ihres Kindes helfen:* dieser Arzt hat meine Frau entbunden; ⟨meist im Passiv⟩ sie ist [von einem gesunden Jungen] entbunden worden. **b)** *ein Kind gebären:* sie hat gestern entbunden.

entblöden ⟨nur in der Wendung⟩ sich nicht entblöden, etwas zu tun (geh.; abwertend): *sich nicht schämen, sich erdreisten, etwas zu tun:* er entblödete sich nicht, mir zu schmeicheln.

entblößen: **1.** ⟨sich, etwas e.⟩ *von Kleidung frei machen:* die Brust, den Oberkörper e.; er hat sich vor den Leuten entblößt (veraltend); mit entblößtem (geh.) Kopf stand er am Grabe. **2.** ⟨jmdn., sich, etwas von etwas e.⟩ *des Schutzes, der Hilfsmittel berauben:* er entblößte die Stadt von allen Truppen; ich bin von allen Mitteln/ (geh.:) aller Mittel entblößt *(ich habe kein Geld mehr).*

entbrennen (geh.): **a)** *heftig ausbrechen:* der Kampf entbrannte an allen Fronten; über dieser/(seltener:) über diese Frage ist zwischen uns ein Streit entbrannt. **b)** ⟨von/ in etwas e.⟩ *von einer Gemütsbewegung heftig ergriffen werden:* in Zorn e.; er entbrannte in Liebe für sie/ zu ihr; von Begierde, von Wut entbrannt sein.

entdecken: **1.** ⟨etwas e.⟩ *als erster etwas Unbekanntes finden:* eine Insel, einen neuen Stern e.; ein chemisches Element, ein Virus e.; Kolumbus hat Amerika entdeckt. **2.** ⟨jmdn., etwas e.⟩ *finden:* einen Fehler, eine Lücke im Gesetz, ein nettes Lokal e.; er entdeckte seinen Freund in der Menge; der Verbrecher wurde endlich entdeckt und festgenommen. **3.** (geh.) ⟨jmdm. etwas e.⟩ *offenbaren, mitteilen:* ich will dir mein Geheimnis e.; er hat ihr sein Herz entdeckt *(seine Liebe erklärt).* * (geh.:) **sein Herz für etwas entdecken** *(unvermutet eine Leidenschaft, Begeisterung für etwas in sich entdecken).*

Entdeckung, die: **1.** *das Entdecken:* die E. Amerikas; die E. eines Krankheitserregers, eines Betrugs, eines Verbrechens; eine wissenschaftliche E. von großer Tragweite; das war eine unerwartete, überraschende, peinliche, schreckliche E.; eine E. machen *(etwas entdecken);* eine seltsame, grausige E. machen *(etwas Seltsames, Grausiges entdecken).* **2.** *das Entdeckte:* der junge Schauspieler ist eine großartige E.; er meldete seine E. der Polizei.

Ente, die: **1.** /*ein Schwimmvogel*/: eine braune, weiße, junge, gefräßige E.; die Enten schnattern, schwimmen im/auf dem Wasser, gründeln, tauchen; er watschelt (ugs.; *geht*) wie eine E.; sie ist eine lahme E. (ugs.; *eine langweilige Person*); er schwimmt wie eine bleierne E. (scherzh.; *er kann nicht, nur schlecht schwimmen*). **2.** (ugs.) *falsche [Presse]meldung:* diese Nachricht war eine E., hat sich als E. erwiesen; die E. ist geplatzt (ugs.; *ist als falsch erkannt worden*). * **kalte Ente** *(bowlenartiges Getränk):* eine kalte E. ansetzen, zubereiten, trinken.

enterben ⟨jmdn. e.⟩: *vom Erbe ausschließen;* der Sohn ist vom Vater enterbt worden; er hat seine Kinder enterbt.

entfachen (geh.) ⟨etwas e.⟩: **a)** *zum Brennen bringen:* ein Feuer, die Glut e.; einen Funken zur Flamme e.; der Wind entfachte einen Brand. **b)** *erregen, entfesseln:* einen Streit e.; der Anblick entfachte seine Begierde, Leidenschaft.

entfahren (geh.) ⟨etwas entfährt jmdm.⟩: *etwas wird unbeabsichtigt ausgesprochen, ausgestoßen:* ein Seufzer, ein Schreckensruf entfuhr ihr; das unbedachte Wort ist ihm im Zorn entfahren; „Mist!" entfuhr es ihm.

entfallen: **1.** ⟨etwas entfällt jmdm., einer Sache⟩ **a)** (geh.) *etwas fällt jmdm. aus der Hand:* das Buch entfiel ihm, seinen Händen. **b)** *etwas kommt jmdm. aus dem Gedächtnis:* sein Name, diese Tatsache ist mir entfallen. **2.** ⟨etwas entfällt auf jmdn., auf etwas⟩ *etwas kommt als Anteil auf jmdn., etwas:* auf jeden Teilnehmer entfallen 100 Mark; Toto: auf den ersten Rang entfallen drei Gewinne zu 100 000 Mark. **3.** (Papierdt.) ⟨etwas entfällt⟩ *etwas fällt aus, kommt nicht in Betracht:* dieser Punkt des Antrages entfällt.

entfalten: **1. a)** ⟨etwas e.⟩ *auseinanderfalten:* eine Fahne, eine Landkarte e. **b)** ⟨etwas entfaltet sich⟩ *etwas öffnet sich:* die Blüte entfaltet sich in voller Pracht. **2.** ⟨sich, etwas e.⟩ *[voll] entwickeln, zeigen:* sein Können, seine Phantasie e.; der Fürst entfaltete einen ungeheuren Prunk; bei diesem Unternehmen hat er viel Mut entfaltet; hier wirst du dich beruflich nicht e. können; seine Begabung soll sich frei e. **3.** ⟨etwas e.⟩ *beginnen und fortsetzen:* er entfaltete eine fieberhafte vielseitige, fruchtbringende Tätigkeit.

entfernen /vgl. entfernt/: **1.** ⟨jmdn., etwas e.⟩ *fortschaffen, beseitigen:* einen Flecken e.; das Schild wurde entfernt; der Schüler wurde von/aus der Schule entfernt *(ausgeschlossen);* übertr.: das entfernt uns weit von unserem Thema *(bringt uns davon ab)*. **2.** ⟨sich e.⟩ *weggehen, einen Ort verlassen:* er entfernte sich heimlich aus der Stadt; die Schritte entfernten sich wieder; übertr.: er hat sich von der Wahrheit [allzusehr] entfernt *(ist nicht bei der Wahrheit geblieben)*.

entfernt: **1. a)** *fern, weit abgelegen:* bis in die entferntesten Teile des Landes; der Hof liegt weit e. von der Straße/weit von der Straße e. übertr.: ich bin weit davon e., dir zu glauben *(ich glaube dir auf keinen Fall)*. **b)** ⟨in Verbindung mit Maßangaben⟩ *einen Abstand, eine Entfernung habend:* das Haus liegt 300 Meter, eine Stunde e. [von hier]; der Stich war nur zwei Zentimeter vom Herzen e. **2.** *weitläufig:* entfernte Verwandte; er ist e. mit mir verwandt. **3.** *gering, schwach, undeutlich:* er hat eine entfernte Ähnlichkeit mit dir; ich kann mich ganz e. daran erinnern. * **nicht im entferntesten** *(absolut nicht, überhaupt nicht)*.

Entfernung, die: **1.** *[kürzester] Abstand, Strecke zwischen zwei Punkten:* die E. bis zur Mauer, zwischen den Häusern beträgt 100 Meter; die E. des Kometen von der Erde nimmt zu; ein E. messen, abschreiten, berechnen; weite Entfernungen überwinden; die Musik ist auf große E. [hin] *(weithin)* zu hören; auf eine E. von 50 Metern/(seltener:) Meter treffen; er sah aus einiger E. zu; sie stand in gebührender, respektvoller E.; bei der großen E. bin ich auf die Bahn angewiesen. **2.** *das Entfernen, Beseitigen:* die E. der Trümmer; ich habe auf seine E. *(Entlassung)* aus dem Amt gedrungen.

entfesseln ⟨etwas e⟩: *zum Ausbruch kommen lassen:* einen Aufruhr, Krieg e.; das groteske Schauspiel entfesselte Lachstürme im Publikum; entfesselte Elemente, Naturgewalten, Leidenschaften.

entfliehen: **1.** *fliehend entweichen:* aus der Gefangenschaft e.: drei Häftlinge sind entflohen; ⟨jmdm., einer Sache e.⟩ der Gefangene konnte seinen Wächtern e.; übertr.: der Unruhe, dem Lärm e. (geh.; *sich davor zurückziehen*). **2.** (geh.): ⟨etwas entflieht⟩ *etwas vergeht schnell:* die Zeit, die Jugend entflieht, ist [schnell] entflohen.

entführen ⟨jmdn., etwas e.⟩: *heimlich oder gewaltsam fortschaffen:* ein Kind, ein Flugzeug e.; der Politiker wurde von seinen Gegnern ins Ausland entführt; ⟨jmdm. jmdn. e.⟩ man hat ihm seine Tochter entführt; übertr.: hast du mir mein Buch entführt (scherzh.; *weggenommen*)?

entgegen: **I.** ⟨Adverb; meist zusammengesetzt mit Verben⟩ *in Richtung auf jmdn., etwas hin:* dem Morgen, der Sonne e.!; er war schon unterwegs, neuen Abenteuern e. **II.** ⟨Präp. mit Dativ⟩ *im Widerspruch, im Gegensatz zu:* e. meinem Wunsch/meinem Wunsch e. ist er nicht abgereist; ich mußte e. meiner Überzeugung handeln.

entgegenbringen ⟨jmdm., einer Sache etwas e.⟩: *bezeigen, erweisen:* jmdm. Wohlwollen, Achtung, großes Vertrauen e.; er brachte dem Vorschlag nur wenig Interesse entgegen.

entgegengesetzt: **a)** *gegensätzlich, gegenteilig:* er war entgegengesetzter Meinung; ich denke genau e. **b)** *umgekehrt, gegenüberliegend:* er wohnt am entgegengesetzten Ende der Straße; Sie müssen in entgegengesetzter Richtung gehen.

entgegenkommen: **1.** ⟨jmdm. e.⟩ *auf einen Ankommenden zukommen:* sie kam mir auf der Treppe entgegen; der entgegenkommende Wagen, Fahrer blendete mich. **2.** ⟨jmdm., einer Sache e.⟩ *Zugeständnisse machen; auf jmds. Wünsche eingehen:* wir sind geren bereit, Ihnen entgegenzukommen; er kam meinen Wünschen auf halbem Wege entgegen; die Partner kamen einander entgegen *(einigten sich);* er war, zeigte sich sehr entgegenkommend; subst. Inf.: wir danken Ihnen für ihr freundliches Entgegenkommen.

entgegennehmen ⟨etwas e.⟩: *annehmen:* einen Brief, eine Sendung e.; Aufträge, Bestellungen e.; unsere Vertreter sind nicht berechtigt, Zahlungen entgegenzunehmen; nehmen Sie bitte meinen Dank entgegen; er nahm die Glückwünsche der Kollegen freudig, gleichmütig entgegen.

entgegensehen ⟨einer Sache e.⟩: *etwas Zukünftiges erwarten:* einer Entscheidung e.; dem Winter mit Sorge e.; sie sieht ihrer Niederkunft entgegen *(sie wird bald ein Kind zur Welt bringen);* ich sehe Ihrer Antwort gern entgegen /*Briefschluß*/.

entgegensetzen /vgl. entgegengesetzt/ ⟨jmdm., einer Sache etwas e.⟩: *gegenüberstellen, um etwas zu blockieren:* er setzte mir, meinen Forderungen Widerstand entgegen.

entgegentreten ⟨jmdm., einer Sache e.⟩: *in den Weg treten:* einem Einbrecher furchtlos e.; übertr.: *gegen jmdn., gegen etwas angehen:* einer Unsitte, einem Vorurteil e.; er trat ihren Forderungen energisch entgegen.

entgegnen ⟨etwas e.⟩: *erwidern:* sie entgegnete liebenswürdig, heftig, kurz, scharf, nach kurzem Zögern, daß ...; er entgegnete, ich solle abwarten; „er kommt erst morgen", entgegnete sie; darauf wußte er nichts zu e.; ⟨jmdm., etwas e.⟩ sie entgegnete ihm, daß sie sich freue.

entgehen: 1. a) ⟨jmdm., einer Sache e.⟩: *ausweichen, von jmdm., etwas verschont werden:* seinen Verfolgern, einer Gefahr, der Strafe, dem Tadel e.; er ist dem Tode nur knapp entgangen; wer kann seinem Schicksal e.!; dieser Vorteil, Gewinn, diese gute Gelegenheit soll mir nicht e. *(ich werde sie nutzen).* **b)** ⟨sich (Dativ) etwas e. lassen⟩ *eine Gelegenheit ungenutzt lassen:* diesen Festzug, diese Premiere, einen solchen Film solltest du dir nicht e. lassen. **2.** ⟨etwas entgeht jmdm.⟩ *etwas bleibt von jmdm. unbemerkt:* das, dieser Fehler ist mir leider entgangen; von der Rede ist mir kein Wort entgangen; es ist mir nicht entgangen *(ich habe es wohl bemerkt),* daß ...

entgeistert: *verstört, sprachlos:* entgeisterte Blikke; als ich das sagte, starrte er mich e. an.

Entgelt, das /(veraltet:) der: *Entschädigung, Lohn:* er mußte gegen/ (seltener:) für ein geringes E., ohne E. arbeiten; als E. für meine Mühe erhielt ich eine Freikarte.

entgelten (geh.): **1.** ⟨etwas e.⟩ *büßen:* er hat diesen Fehler schwer e. müssen; ich ließ ihn diese Frechheit nicht e. **2.** ⟨jmdm. etwas e.⟩ *vergüten; jmdn. für etwas entschädigen:* er entgalt mir diese Arbeit reichlich, mit Undank.

entgleisen: 1. ⟨etwas entgleist⟩: *etwas springt aus dem Gleis:* der Zug, die Straßenbahn ist entgleist. **2.** *sich taktlos benehmen:* der Redner ist in peinlicher Weise entgleist; wenn er betrunken ist, entgleist er leicht.

entgleiten (geh.) ⟨etwas entgleitet jmdm., einer Sache⟩: *etwas entfällt jmdm:* das Glas, Messer entglitt ihm, seiner Hand; bildl.: das Kind war meiner Führung entglitten.

enthalten: 1. ⟨etwas enthält etwas⟩ *etwas hat etwas zum Inhalt:* die Flasche enthält Wasser, Petroleum; das Buch enthält wichtige Forschungsergebnisse, 300 Abbildungen; frisches Obst enthält Vitamine; in diesem Getränk ist Kohlensäure enthalten; wie oft, wievielmal ist 4 in 12 enthalten? **2.** (geh.) ⟨sich einer Sache e.⟩ *auf etwas verzichten:* sich des Alkohols e.; bei der Abstimmung enthielt er sich der Stimme; ich konnte mich des Lachens, der Tränen nicht e. *(ich mußte lachen, weinen);* sie konnte sich nicht e., ihn zu tadeln.

entheben (geh.) ⟨jmdn. einer Sache e.⟩: **a)** *absetzen, von etwas entbinden:* er wurde wegen dieser Verfehlungen seines Amtes, seiner Stellung enthoben. **b)** *von etwas befreien:* deine Hilfe enthebt mich aller Sorgen (nicht korrekt: allen Sorgen).

enthüllen: 1. ⟨etwas e.⟩: *durch Entfernen einer Hülle der Öffentlichkeit übergeben:* ein Denkmal, eine Gedenktafel e. **2.** (geh.) **a)** ⟨etwas e.⟩ *nicht länger geheimhalten; offenbaren:* die Zukunft, ein Geheimnis e.; dieser Bericht enthüllt die Hintergründe des Finanzskandals; ⟨jmdm. etwas e.⟩ jmdm. einen Plan e.; sein Schreiben hat mir alles enthüllt. **b)** ⟨jmdn. e.; mit Artangabe⟩ *entlarven, bloßstellen:* dieser Brief enthüllt ihn als Schwindler, in seiner ganzen Armseligkeit.

entkleiden (geh.): **1.** ⟨jmdn., sich e.⟩ *ausziehen:* einen Kranken entkleiden; er betritt keine Lokale, in denen sich Mädchen entkleiden. **2.** ⟨jmdn., etwas einer Sache e.⟩ *jmdm., einer Sache etwas wegnehmen:* jmdn. seines Amtes, seiner Macht e.

entkommen: *entfliehen, von etwas freikommen:* der Täter konnte unbemerkt e.; er ist über die Grenze, aus dem Gefängnis entkommen; ⟨jmdm., einer Sache e.⟩ er entkam seinen Verfolgern; er entkam *(entging)* nur mit knapper Not einer Verhaftung.

entkräften: 1. ⟨etwas entkräftet jmdn.⟩ *etwas raubt jmdm. die Kräfte:* die Überanstrengung hat ihn völlig entkräftet. **2.** ⟨etwas e.⟩ *widerlegen:* Beschuldigungen, Klagen, einen Einwand e.; ich konnte seine Argumente nicht e.: der Verdacht wurde durch die Aussage der Zeugen entkräftet.

entladen: 1. ⟨etwas e.⟩ **a)** *leeren, ausladen:* einen Wagen, ein Schiff e. **b)** *die Munition herausnehmen:* ein Gewehr e. **c)** (Physik) *elektrische Energie entnehmen:* eine Batterie, einen Akkumulator e. **2.** ⟨sich e.⟩ **a)** (Physik) *elektrische Energie abgeben:* die Batterie entlädt sich. **b)** *losbrechen, heftig zum Ausbruch kommen:* das Gewitter entlud sich über dem See; seine Wut entlud sich über die Kinder (seltener:) über den Kindern; sein Zorn entlud sich auf unser Haupt; die Begeisterung der Zuschauer entlud sich in stürmischem Beifall.

entlang (ugs. auch: lang): *an der Seite hin, am Rand hin:* **I.** ⟨Präp.: bei Nachstellung mit Akk., selten mit Dativ⟩ die Wand e. /(ugs.:) lang; den Fluß e./ (selten:) dem Fluß e. standen Bäume; ⟨bei Voranstellung mit Dativ, selten mit Gen.⟩ e. dem Weg/ (selten:) des Weges läuft ein Zaun. **II.** ⟨Adverb⟩ am Bach e.; die Kinder stellten sich an den Fenstern e. auf; du mußt immer hier e./ (ugs.) hier lang *(in dieser Richtung)* gehen.

entlarven ⟨jmdn., sich, etwas e.⟩: *jmds. wahre Absichten, den wahren Charakter einer Person oder Sache aufdecken:* jmds. Pläne, jmds. falsches Spiel e.; sie entlarvte ihn als gemeinen Betrüger; mit dieser Bemerkung hat er sich selbst entlarvt.

entlassen ⟨jmdn. e.⟩ **1.** *jmdm. erlauben, etwas zu verlassen:* einen Gefangenen e.; er wurde vorzeitig vom/aus dem Wehrdienst entlassen; der Patient ist gestern [aus der Klinik] entlassen worden; er entließ mich (geh.; *ließ mich gehen*) mit der Bitte, bald wiederzukommen; übertr.: jmdn. aus einer Verpflichtung, Verantwortung e. *(ihn davon entbinden)*. **2.** *jmdm. kündigen:* der Angestellte wurde [wegen einer Unterschlagung] fristlos entlassen; die Fabrik mußte zahlreiche Arbeiter e.

Entlassung, die: **1.** *das Entlassen:* eine bedingte, vorläufige E., eine E. auf Widerruf (aus einer Anstalt); nach seiner E. aus dem Krankenhaus, aus dem Gefängnis ... **2.** *Kündigung:* eine fristlose E.; jmdm. mit der E. drohen; er bat um seine E.

entlasten: 1. a) ⟨jmdn., sich, etwas e.⟩ *die Beanspruchung von jmdm., etwas mindern:* seine Eltern im Geschäft e.; du mußt dich von der Hausarbeit mehr e.; den Verkehr e.; das Herz muß entlastet werden. **b)** ⟨etwas e.⟩ *von seelischer Belastung frei machen:* er wollte sein Gewissen e., indem er mir alles erzählte. **2. a)** ⟨jmdn. e.⟩ *[teilweise] von einer Schuld befreien:* die Zeugen entlasteten den Angeklagten; entlastende Aussagen, Umstände. **b)** (Kaufmannsspr.) *jmds. Geschäftsführung nach Prüfung gutheißen:* der Vorstand wurde für das abgelaufene Geschäftsjahr entlastet. **3.** (Geldw.) ⟨jmdn., etwas e.⟩ *einen Sollbetrag tilgen, durch Tilgung einer Schuld ausgleichen:* wir haben sie, Ihr Konto um/für diesen Betrag entlastet.

entlaufen: *davonlaufen, fortlaufen:* die Katze ist entlaufen; der Junge ist aus einem Heim entlaufen; ⟨jmdm. e.⟩ der Hund entlief seinem Herrn.

entledigen (geh.): **a)** ⟨jmdn., sich jmds., einer Sache e.⟩ *von jmdm., etwas befreien:* er entledigte sich seiner Kleider *(er zog sich aus)*; er hat sich all seiner Mitwisser entledigt *(er hat sie beseitigt)*. **b)** ⟨sich einer Sache e.⟩ *einer Verpflichtung nachkommen:* er entledigte sich seines Auftrages mit viel Geschick.

entleihen ⟨etwas e.⟩: *für sich leihen:* ein Buch [aus der Bibliothek] e.; er hat Geld von mir entliehen; ein entliehenes Buch zurückbringen.

entlocken ⟨jmdm. etwas e.⟩: *jmdn. zu einer Äußerung veranlassen:* jmdm. ein Geheimnis, ein Geständnis e.; die rührende Geschichte entlockte ihr Tränen; übertr.: er konnte dem Instrument keinen Ton e.

entmutigen ⟨jmdn. e.⟩: *jmdm. den Mut nehmen:* du hast ihn mit dieser Bemerkung völlig entmutigt; er ließ sich durch nichts e.; der Eindruck war entmutigend.

entnehmen ⟨etwas einer Sache/aus etwas e.⟩: **1.** *herausnehmen:* [aus] der Kasse Geld e.; er entnahm dem Etui eine Brille; diese Zahlen entnehme ich [aus] der Statistik. **2.** *erkennen:* [aus] deiner Darstellung läßt sich nicht e., wer der Angreifer war; woraus entnehmen *(schließen)* Sie das?; (Papierdt.:) [aus] Ihrem Schreiben haben wir entnommen, daß ...

entpuppen ⟨sich als jmd., als etwas e.⟩: *sich überraschend als jmd., als etwas erweisen:* er entpuppte sich als Betrüger, als mein neuer Kollege; die Sache hat sich als Schwindel entpuppt; Redensart: du hast dich ganz schön entpuppt (ugs.; iron.; *überraschend [im Negativen] entwickelt*).

entreißen ⟨jmdm., einer Sache jmdn., etwas e.⟩: *gewaltsam wegnehmen:* jmdm. eine Waffe, die Handtasche e.; ein Kind den Flammen, den Fluten (geh.), dem nassen Tod (geh.) e. *(ihm das Leben retten)*; er konnte den Feinden den Sieg e.; bildl. (geh.): der Tod entriß ihm seine Kinder.

entrichten ⟨etwas e.⟩: *[be]zahlen:* Steuern, eine Gebühr e.; er muß die Raten monatlich [an die Bank] e.; hast du deinen Obolus schon entrichtet (scherzh.; *deinen Beitrag, Eintritt bezahlt*)?; ⟨jmdm. etwas e.⟩ bildl. (geh.): die Stadt mußte der Seuche ihren Tribut e. *(Opfer bringen)*.

entrinnen (geh.) ⟨jmdm., einer Sache e.⟩: *entgehen, entkommen:* er entrann mit knapper Not der Gefahr; er ist dem Verderben entronnen; subst. Inf.: es gab kein Entrinnen mehr.

entrüsten: 1. ⟨sich e.⟩ *seiner Empörung Ausdruck geben:* er hat sich über diese Zustände [moralisch] entrüstet; warum entrüstest du dich so? **2.** (geh.) ⟨etwas entrüstet jmdn.⟩ *etwas macht jmdn. zornig:* diese Behandlung entrüstete ihn; ich war entrüstet über diese Ungerechtigkeit.

Entrüstung, die: *Unwille, Empörung:* eine ehrliche, geheuchelte, gespielte E.; sittliche E.; seine E. war unbeschreiblich; ein Schrei der E. ging durch die Menge; es erhob sich ein Sturm der E.

entsagen ⟨einer Sache e.⟩: *[freiwillig] auf etwas verzichten:* dem Alkohol, den Freuden der Welt (geh.) e.; der Fürst entsagte freiwillig dem Thron; ⟨auch ohne Dativ⟩ er hat früh zu e. gelernt.

entschädigen ⟨jmdn. e.⟩: *jmdm. Ausgleich, Ersatz verschaffen:* jmdn. angemessen, reichlich, großzügig e.; ich habe ihn für seinen Verlust mit Geld entschädigt; bildl.: die Aussicht vom Gipfel entschädigte uns für alle Mühen des Aufstiegs.

entscheiden /vgl. entschieden/: **1. a)** ⟨etwas e.⟩ *einen Zweifelsfall klären; ein Urteil fällen:* das Gericht wird den Fall, die Sache, den Streit e; du kannst das von Fall zu Fall selbst e.; ich wage [es] nicht zu e., wer hier recht hat; ⟨selten auch ohne Akk.⟩ er entschied ohne Ansehen der Person. **b)** ⟨über etwas e.⟩ *bestimmen:* über den Einsatz von Truppen e.; er soll [darüber] e., was zu tun ist; ist schon entschieden, wer hinfahren soll? **2.** ⟨etwas entscheidet etwas⟩ *etwas gibt für etwas den Ausschlag:* dieser Zug entschied die Partie *(im Schach)*; ⟨auch ohne Akk.⟩ das Los soll e.; adj. Part.: er führte den entscheidenden Schlag gegen den Gegner; im entscheidenden Augenblick versagten seine Nerven. **3.** ⟨sich für jmdn., für etwas e.⟩ *seine Wahl treffen:* sich für ein Verfahren, für eine Partei, für einen Bewerber e.; er entschied sich dafür, sofort abzureisen; ⟨auch ohne Präpositionalobjekt⟩ er konnte sich nur schwer e. *(zu einem Entschluß kommen)*. **4.** ⟨etwas entscheidet sich⟩ *eine Entscheidung tritt ein, stellt sich heraus:* morgen wird [es] sich entscheiden, wer recht behält.

Entscheidung, die: **a)** *Lösung eines Zweifelsfalls:* eine gerichtliche, amtliche E.; eine klare, weittragende, folgenschwere E.; die E. fiel zu seinen Gunsten aus; eine E. erzwingen, herbeiführen, annehmen, ablehnen; es ist schwer, hier die richtige E. zu treffen; die Frage steht vor der E., kommt heute zur E. **b)** *das Sichentscheiden:* die E. ist ihm schwergefallen; die E. hinauszögern; einer E. ausweichen; wir müssen endlich zu einer E. kommen *(wir müssen uns endlich entscheiden)*.

entschieden: 1. *fest entschlossen; eine eindeutige Meinung vertretend:* er ist ein entschiedener Gegner dieser Richtung; sie nimmt in dieser Sache eine entschiedene Haltung ein; etwas e., auf das entschiedenste *(ganz energisch)* ablehnen. 2. *eindeutig, klar ersichtlich:* das ist ein entschiedener Gewinn für unsere Sache; das geht e. zu weit.

entschließen /vgl. entschlossen/ ⟨sich zu etwas e.⟩: *beschließen, etwas zu tun:* sich schnell, rasch, gleich e.; entschließ dich endlich!; bis heute abend muß ich mich entschlossen haben; sich e., etwas zu kaufen; wir entschlossen uns zum Umzug; er kann sich nicht dazu e.; in ihrer Verzweiflung war sie zu allem, auch zum Schlimmsten entschlossen; er ist fest entschlossen zu heiraten, nicht nachzugeben; kurz entschlossen fuhr er nach Hause.

entschlossen: *energisch, zielbewußt:* ein entschlossener Mensch, Charakter; e. handeln; e. für etwas kämpfen.

entschlüpfen: *[unbemerkt] entkommen:* der Dieb ist durch das Fenster entschlüpft; ⟨jmdm., einer Sache e.⟩ das Kind entschlüpfte der Mutter; übertr.: ihm ist ein unbedachtes Wort entschlüpft *(entfahren)*.

Entschluß, der: *Absicht, Vorsatz, etwas Bestimmtes zu tun:* ein plötzlicher, weiser, löblicher E.; es ist mein fester E., daran teilzunehmen; einen E. fassen; seinen E. ändern, bereuen; einen E. billigen, gutheißen, ausführen; ich bin kein Freund von raschen Entschlüssen; er ist ein Mann von raschem E. (veraltend; *ein schnell entschlossener Mann*); jmdn. von seinem E. abbringen; ich konnte zu keinem E. kommen; ich mußte mich schwer zu diesem E. durchringen.

entschuldigen: 1. a) ⟨sich e.⟩ *um Nachsicht, Verzeihung bitten:* sich förmlich, in aller Form e.; er hat sich sofort bei mir entschuldigt; sich wegen seines Benehmens, wegen eines Versehens e.; er hat sich dafür, für seine Vergeßlichkeit, für seine Faulheit entschuldigt; er entschuldigt sich mit Krankheit (geh.); er hat sich damit entschuldigt, daß ...; Sprichw.: wer sich entschuldigt, klagt sich an. b) ⟨jmdn., etwas e.⟩ *einen Fehler, ein Versäumnis begründen:* einen verhinderten Teilnehmer e.; er ließ sich e.; sie entschuldigte ihr Verhalten mit Nervosität; adj. Part.: ein entschuldigendes Wort; der Schüler fehlte entschuldigt. 2. ⟨jmdn., etwas e.⟩ *für jmdn., etwas Nachsicht, Verständnis zeigen:* entschuldigen Sie bitte die Störung!; entschuldige bitte, daß/wenn ich unterbreche; ich bitte das Fernbleiben meiner Tochter zu e.; ⟨auch ohne Akk.⟩ entschuldigen Sie bitte! /*Höflichkeitsformel*/. 3. ⟨etwas entschuldigt etwas⟩ *etwas läßt etwas verständlich erscheinen:* der Alkoholgenuß entschuldigt sein Betragen nicht.

Entschuldigung, die: 1. *Begründung, Rechtfertigung:* eine ausreichende, triftige, leere, fade, nichtige E.; sie ließ keine E. gelten; er wußte keine E. für sein Fernbleiben vorzubringen; nach einer E. suchen. 2. *Mitteilung über das Fehlen:* die Mutter schrieb ihm eine E.; er gab die E. beim Lehrer ab. 3. *Nachsicht, Verständnis:* ich bitte [vielmals] um E. wegen der Störung; (ugs.:) E. [,bitte]! /*Höflichkeitsformel*/.

entschwinden (geh.): 1. *verschwinden:* das Schiff entschwand [am Horizont]; der Ballon entschwand in den/in die Wolken; (scherzh.:) nach dem Frühstück entschwand die Hausfrau in die Küche; ⟨einer Sache e.⟩ sie entschwand meinen Blicken; der Name ist meinem Gedächtnis entschwunden *(ich habe ihn vergessen)*. 2. *vergehen:* die Jugend entschwindet schnell; die Stunden entschwanden wie im Flug; entschwundenem Glück nachtrauern.

entsenden (geh.) ⟨jmdn. e.; gewöhnlich mit Raumangabe⟩: *dienstlich irgendwohin schicken:* einen Delegierten zu einer Konferenz e.; wir haben Herrn ... als neutralen Beobachter nach Genf entsandt.

entsetzen: 1. a) ⟨sich e.⟩ *in Schrecken, außer Fassung geraten:* alle entsetzten sich vor/bei diesem Anblick; ich habe mich sehr entsetzt. b) ⟨jmdn. e.⟩ *in Schrecken versetzen:* der Anblick entsetzte mich; ein entsetzter Blick; entsetzte Gesichter; ich bin ganz entsetzt über diese Nachricht 2. (veraltet) ⟨jmdn. e.; mit Gen.⟩ *absetzen:* er wurde des Thrones, Amtes, Oberbefehls entsetzt. 3. (militär.) ⟨jmdn., etwas e.⟩ *aus der Umzingelung befreien:* eine Festung, eine Division e.

Entsetzen, das: *mit Grauen verbundener Schrekken:* lähmendes E. befiel sie; ein Schrei des Entsetzens; er bemerkte mit E., daß er seine Brieftasche verloren hatte; ich habe mit E. davon gehört; er war starr, bleich vor E.; zu aller E. (geh.).

entsetzlich: 1. *Entsetzen erregend:* ein entsetzliches Unglück, Verbrechen; der Anblick war e. 2. (ugs.) a) *unangenehm groß, sehr stark:* eine entsetzliche Kälte; er litt entsetzliche Schmerzen. b) ⟨verstärkend bei Adjektiven und Verben⟩ *sehr; überaus:* es war e. heiß; ich war e. aufgeregt, müde; die Wunde blutete e.

entsinnen (geh.) ⟨sich jmds., einer Sache, (seltener:) an jmdn., an etwas e.⟩: *sich erinnern:* er entsann sich seines alten Lehrers; entsinnst du dich noch des kleinen Cafés/an das kleine Café?; er entsann sich, daß er sie am Bahnhof gesehen hatte.

entspannen: 1. *lockern* a) ⟨sich, etwas e.⟩ den Körper, die Muskeln e.; der Fechter entspannte sich; übertr.: sich im Urlaub, auf einem Spaziergang e. *(erholen)*. b) ⟨etwas e.⟩ einen Bogen e.; dieses Mittel entspannt das Wasser. 2. a) ⟨etwas e.⟩ *beruhigen, ungefährlich machen:* die Verhandlungen haben die politische Lage entspannt. b) ⟨etwas entspannt sich⟩ *etwas beruhigt sich:* die Lage, die Stimmung hat sich weitgehend entspannt.

entspinnen ⟨etwas entspinnt sich⟩: *etwas entsteht allmählich, entwickelt sich:* ein Gespräch, ein Wortwechsel, eine heftige Debatte entspann sich; zwischen den beiden entspann sich eine Freundschaft.

entsprechen /vgl. entsprechend/: a) ⟨jmdm., einer Sache e.⟩ *angemessen, gemäß sein; mit jmdm., etwas übereinstimmen:* das Buch entspricht nicht meinen Erwartungen; dieser Beruf entsprach ihren Neigungen; was du sagst, entspricht nicht den Tatsachen, der Wahrheit; dieser Kunststoff entspricht in seinen Eigenschaften dem Holz. b) ⟨einer Sache e.⟩ *etwas erfüllen, verwirklichen:* einem Antrag, einer Bitte e.; ich kann Ihrem Vorschlag leider nicht e.

entsprechend : I. ⟨Adj.⟩ **a)** *passend, angemessen:* eine entsprechende Belohnung, Entschädigung; er fand es kalt und zog sich e. an; den Umständen, den Verhältnissen e. **b)** *zuständig:* bei der entsprechenden Behörde anfragen. **II.** ⟨Präp. mit Dativ⟩ *gemäß, zufolge, nach:* e. seinem Vorschlag/seinem Vorschlag e.

entspringen : 1. ⟨etwas entspringt; mit Raumangabe⟩: *etwas kommt als Quelle hervor:* die Donau entspringt im Schwarzwald. **2.** (geh.) ⟨etwas entspringt einer Sache⟩: *etwas hat in etwas seinen Ursprung:* alle diese Vorgänge entspringen ein und derselben Ursache; dieser Wunsch entsprang meiner Sorge um die Kinder. **3.** (geh.) ⟨einer Sache e.⟩ *aus etwas fliehen:* dem Gefängnis e.; adj. Part.: ein entsprungener Sträfling.

entstehen : a) ⟨etwas entsteht⟩ *etwas tritt ins Dasein, nimmt seinen Anfang, wird geschaffen:* ein Buch entsteht; unter seinen Händen entstand eine schöne Vase; es entstand große Aufregung, großer Lärm; über diese Frage entstand ein Streit unter den Fachleuten; eine bedeutende Fabrik entstand; es entstand großer Sachschaden. **b)** ⟨etwas entsteht jmdm./für jmdn.⟩ *etwas ergibt sich für jmdn.:* es entstehen Ihnen aus diesem Schaden keine Unkosten.

entstellen : 1. ⟨jmdn., etwas e.⟩ *verunstalten, häßlich machen:* diese Narbe entstellt ihn, sein Gesicht; eine entstellende Hautkrankheit. **2.** ⟨etwas e.⟩ *im Sinn verdrehen, verfälschen:* durch diesen Druckfehler wird der Sinn des Satzes entstellt; du darfst die Tatsachen nicht e.; der Rundfunk gab den Inhalt der Rede in entstellter Form wieder.

enttäuschen ⟨jmdn., etwas e.⟩: *jmds. Hoffnungen, Erwartungen nicht erfüllen:* er wird dich bestimmt nicht e.; ihr Verhalten hat mich schwer, grausam, schmerzlich enttäuscht; ich will dein Vertrauen nicht e.; ein enttäuschendes Spiel; ich bin enttäuscht; ich bin angenehm enttäuscht (ugs.; scherzh.; *angenehm überrascht, hatte es mir schlimmer vorgestellt*). * **sich enttäuscht sehen, fühlen** (*feststellen, daß man betrogen wurde*).

Enttäuschung, die: *Nichterfüllung einer Hoffnung oder Erwartung:* eine harte, bittere, große, schmerzliche, schwere E.; das war eine grenzenlose E.; dieser Schauspieler war für mich eine E.; mit jmdm., mit etwas eine E. erleben; jmdm. eine E. bereiten; er hat die E. bald verschmerzt.

entwaffnen ⟨jmdn. e.⟩: **1.** *jmdm. die Waffen abnehmen:* gefangene Soldaten e.; die Polizei entwaffnete den Einbrecher. **2.** *jmds. Antipathie durch überraschende Haltung überwinden:* sie entwaffnete ihn durch ihre Güte; adj. Part.: er ist von entwaffnender Unbekümmertheit; seine Naivität ist entwaffnend.

entweder ⟨Konj.; nur in der Verbindung⟩ entweder ... oder /betont nachdrücklich, daß von zwei oder mehreren Möglichkeiten nur jeweils eine in Frage kommt/: e. kommt mein Vater oder mein Bruder; e. du nimmst dich zusammen, oder du wirst deine Stellung verlieren; subst.: hier gibt es nur ein Entweder–Oder!

entweichen : 1. ⟨etwas entweicht⟩ *etwas strömt aus:* das Gasgemisch kann nicht e.; der Dampf entweicht aus dem Kessel, durch das Rohr, ins Freie. **2.** *sich unbemerkt entfernen, fliehen:* aus dem Gefängnis e.; der Dieb ist [in der allgemeinen Verwirrung] unbemerkt entwichen.

entwenden (geh.) ⟨etwas e.⟩: *unbemerkt wegnehmen, stehlen:* er hat Geld [aus der Kasse] entwendet; ⟨jmdm. etwas e.⟩ sie entwendete ihm die Brieftasche.

entwerfen ⟨etwas e.⟩: **a)** *planend zeichnen, skizzieren:* ein neues Modell, ein Gemälde e.; er entwarf Muster für Tapeten, Stoffe; bildl.: der Dichter entwirft in seinem Roman ein Bild von den sozialen Zuständen im 16. Jh. **b)** *in vorläufiger Form niederschreiben:* eine Rede e.; warum hast du den Brief nicht erst einmal entworfen?

entwerten ⟨etwas e.⟩: **a)** *ungültig machen:* eine Eintrittskarte, Fahrkarte e.; die Briefmarken sind entwertet (*gestempelt*). **b)** *den Wert von etwas mindern:* das Grundstück wird durch die neue Grenzziehung entwertet; das Geld ist entwertet.

entwickeln : 1. a) ⟨sich aus etwas e.⟩ *aus etwas hervorgehen, sich herausbilden:* aus der Raupe entwickelt sich der Schmetterling; das Werk hat sich aus bescheidenen Anfängen entwickelt; daraus entwickelte sich eine Diskussion. **b)** ⟨etwas entwickelt sich⟩ *etwas bildet sich:* Gase, Dämpfe entwickeln sich. **2.** ⟨sich e.; mit Artangabe⟩ *Fortschritte machen:* die Verhandlungen entwickeln sich zufriedenstellend; das Kind hat sich schnell, gut, erstaunlich, sehr zu seinem Vorteil entwickelt; du hast dich ganz schön entwickelt (ugs.; *herausgemacht*); das Mädchen ist körperlich voll entwickelt. **3. a)** ⟨jmdn., etwas zu etwas e.⟩ *zu etwas anderem, Neuem machen:* einen Betrieb zur Fabrik e.; er hat ihn zum bühnenreifen Schauspieler entwickelt. **b)** ⟨sich zu etwas e.⟩ *zu etwas anderem, Neuem werden:* sich zu einer Persönlichkeit e.; Japan hat sich zu einer Industriemacht entwickelt. **4.** ⟨etwas e.⟩ *hervorbringen, entfalten:* eine fieberhafte Tätigkeit e.; Geschmack, Talent e.; das Feuer entwickelte große Hitze; der Wagen entwickelt eine hohe Geschwindigkeit. **5.** ⟨etwas e.⟩ *erfinden, konstruieren:* ein neues Verfahren, ein Heilmittel e.; einen Flugzeugtyp, ein schnelleres Modell e. **6.** ⟨etwas e.⟩ *auseinandersetzen, darlegen:* eine Theorie, seine Gedanken zu einem Thema e.; eine mathematische Formel e. (*ableiten*); ⟨jmdm. etwas e.⟩ er hat mir seine Pläne entwickelt. **7.** (Phot.) ⟨etwas e.⟩ *eine Aufnahme durch Chemikalien sichtbar werden lassen:* einen Film, eine Platte e.

Entwicklung, die: **1.** *das Sichentwickeln, Wachsen:* die körperliche, seelische, künstlerische E. eines Menschen; die E. des Umsatzes ist rückläufig; die politische E. beobachten, verfolgen, abwarten; die Dinge nahmen eine unerwartete, stürmische, verhängnisvolle E.; in die E. eingreifen; das Kind ist in seiner E. zurückgeblieben. **2.** *das Ausbilden, Konstruieren:* die E. eines Verfahrens; das neue Modell ist noch in der E.

entwischen (ugs.): *schnell und unauffällig weglaufen; entkommen:* der junge Bursche ist [aus der Strafanstalt] entwischt; ⟨jmdm. e.⟩ das Huhn entwischte mir immer wieder; er ist uns durch die Hintertür entwischt.

Entwurf, der: **1.** *Skizze, vorläufige Aufzeichnung:* der E. eines Bildes/zu einem Bild; einen E. anfertigen, ausarbeiten, vorlegen, annehmen, ablehnen; der Vertrag ist erst im E. fertig. **2.** (veraltend) *Plan, Vorhaben:* er steckt voll von Entwürfen.

entwurzeln: **1.** ⟨etwas e.⟩ *mit der Wurzel ausreißen:* der Sturm hat viele Bäume entwurzelt. **2.** ⟨etwas entwurzelt jmdn.⟩ *etwas nimmt jmdm. den sozialen, seelischen Halt:* die Flucht hat ihn entwurzelt; ein entwurzelter Mensch; entwurzelte Existenzen.

entziehen: **1.** ⟨jmdm. etwas e.⟩ *wegziehen:* sie entzog mir ihre Hand. **2.** ⟨jmdm., einer Sache etwas e.⟩ **a)** *nicht länger zuteil werden lassen:* jmdm. seine Hilfe, Freundschaft, seinen Rat e.; einem Verein, Institut die staatliche Unterstützung e.; er entzog seinem Anwalt das Vertrauen; dem Kranken wurde der Alkohol entzogen *(verboten)*. **b)** *nicht länger überlassen; wegnehmen:* jmdm. den Führerschein e.; der Vorsitzende entzog dem Redner das Wort *(hinderte ihn weiterzusprechen)*. **3.** ⟨sich jmdm., einer Sache e.⟩ **a)** *sich von jmdm., von etwas befreien, frei machen:* sie entzog sich seiner Umarmung. **b)** (geh.) *sich von etwas lösen, sich fernhalten:* du entziehst dich unserer Gesellschaft. **c)** *nicht nachkommen, nicht erfüllen:* er entzog sich seinen Verpflichtungen. **d)** (geh.) *entgehen:* er entzog sich der Verhaftung durch die Flucht; der Angeklagte hat sich seinen irdischen Richtern entzogen (verhüll.; *er hat Selbstmord begangen*). **4.** ⟨etwas entzieht sich einer Sache⟩: *etwas ist nicht Gegenstand von etwas, ist einer Sache nicht unterworfen:* das entzieht sich der Berechnung, jeder Kontrolle *(kann nicht berechnet, kontrolliert werden)*; das entzieht sich meiner Kenntnis *(das weiß ich nicht)*. * **sich jmds. Blicken entziehen** *(sich verbergen, sich nicht sehen lassen)* · **jmdn., etwas jmds. Blicken entziehen** *(verbergen, verdecken)* · **einer Sache den Boden entziehen** *(etwas entkräften)*.

entziffern ⟨etwas e.⟩: **a)** *mühsam lesen:* einen Brief e.; seine Handschrift ist kaum zu e. **b)** *lesbar machen, deuten:* eine Inschrift e.; die Keilschrift wurde im 19. Jh. entziffert.

entzücken /vgl. entzückend/ ⟨jmdn. e.⟩: *begeistern, sehr erfreuen:* die Schönheit der Landschaft entzückte uns; die Sängerin entzückte das Publikum; wir waren von ihr, über ihren/von ihrem Vortrag entzückt; (iron.:) er wird von deinem Angebot wenig entzückt sein.

Entzücken, das: *Begeisterung, Freude:* helles, großes E.; etwas mit E. hören, sehen; sie strahlte vor E.; er erfuhr zu seinem E. (geh.), daß ...

entzückend: *reizend, wunderschön:* ein entzückendes Kleid; das Bild ist e.; sie sieht e. aus; sie hat ihre Rolle e. gespielt.

entzünden: **1.a)** ⟨etwas e.⟩ *in Brand setzen:* einen Holzstoß e.; ein Feuer e.; übertr. (geh.) *entbrennen lassen:* jmds. Herz, Mut, Haß e.; ihre Schönheit entzündete seine Leidenschaft. **b)** ⟨etwas entzündet sich⟩ *etwas gerät in Brand:* das Holz, das Heu hat sich entzündet; übertr. (geh.): seine Phantasie entzündete sich an diesem Bild. **2.** ⟨etwas entzündet sich⟩ *etwas rötet sich, schwillt schmerzhaft an:* sein Hals, die Wunde hat sich entzündet; entzündete Augen; die Nase ist entzündet.

entzwei: *zerbrochen, auseinandergefallen:* der Teller, das Spielzeug ist e.

entzweigehen ⟨etwas geht entzwei⟩: *etwas zerbricht, fällt auseinander:* die Uhr, meine Brille ist entzweigegangen.

Epoche, die (bildungsspr.): *durch jmdn., etwas geprägter großer Zeitabschnitt:* eine friedliche, glückliche, verhängnisvolle E.; eine E. beginnt, geht zu Ende; diese Erfindung leitete eine neue E. ein, stand am Anfang einer neuen E. * **Epoche machen** *(einen neuen Zeitabschnitt einleiten, Aufsehen erregen)*: dieses Werk wird E. machen.

erachten (geh.) ⟨jmdn., etwas für/als etwas e.⟩: *für etwas halten, ansehen:* etwas für/als gut, schlecht, nötig, überflüssig e.; ich erachte ihn dieser Ehrung für würdig; er erachtete die Zeit für gekommen, um ...; ich erachte es als Zumutung/für eine Zumutung, wenn ...

Erachten ⟨in der Verbindung⟩ meinem Erachten nach/meines Erachtens: *meiner Meinung nach:* meinem E. nach/meines Erachtens ist dies nicht nötig. Nicht korrekt ist die Verbindung „meines Erachtens nach".

erbarmen: **1.** (geh.) ⟨sich jmds./(veraltend:) über jmdn. e.⟩ *jmdm. aus Mitleid helfen:* er hat sich meiner, des Kindes erbarmt; Herr, erbarme dich über uns! /Gebet/; übertr. (scherzh.): *sich einer Sache annehmen:* will sich keiner des letzten Brötchens e.? **2.** ⟨jmdn. e.⟩ *jmds. Mitleid erregen:* die kranke Frau erbarmte ihn; Redensart (ugs.): das möchte einen Hund e. *(das ist ganz jämmerlich)*. *(veraltet:) **daß [es] Gott erbarm'** *(erbärmlich)*: sie schrie, daß [es] Gott erbarm'.

Erbarmen, das: *[tiefes] Mitleid:* E. mit jmdm. fühlen; er kennt kein E.; [bei jmdm.] um E. flehen; jmdn. um E. anflehen. *(ugs.:) **zum Erbarmen** *(erbärmlich, sehr schlecht)*: das ist zum E.; sie singt zum E.

erbärmlich: **1.** *armselig, elend:* ein erbärmlicher Zustand; er lebt in erbärmlichen Verhältnissen. **2.a)** *schlecht, miserabel:* eine erbärmliche Leistung; seine Rede war e. **b)** (abwertend) *gemein, verabscheuenswert:* er ist ein erbärmlicher Lump; du erbärmlicher Kerl!; er ist e. feige; er hat sich e. benommen. **3.** ⟨verstärkend⟩ *sehr:* e. frieren; die Wunde tat e. weh.

erbauen: **1.** ⟨etwas e.⟩ *ein Gebäude errichten:* die Stadt hat ein neues Theater erbaut; die Kirche wurde im 15. Jahrhundert erbaut; Sprichwort: Rom ist nicht in/an einem Tage erbaut worden *(alles braucht seine Zeit)*. **2.** (geh.) **a)** ⟨sich an etwas e.⟩ *sich durch etwas erfreuen, erheben lassen:* er erbaut sich gern an guter Musik. **b)** ⟨etwas erbaut jmdn.⟩ *etwas erhebt, erfreut jmdn.:* die Predigt hat mich sehr erbaut. *(ugs.:) **von etwas/über etwas wenig, nicht erbaut sein** *(wenig, nicht begeistert sein)*: von einer Nachricht, von einem Besuch, von einem Plan wenig e. sein; wir waren von dieser Entwicklung/über diese Entwicklung nicht erbaut.

[1]Erbe, das (geh.): *im Todesfall hinterlassener Besitz:* das väterliche, mütterliche E.; er erwartet ein großes E.; ein E. hinterlassen; das E. antreten, ausschlagen, auf sein E. verzichten; er wurde seines Erbes nicht froh; übertr.: das geistige E. *(die überkommenen Werke)* der Klassik pflegen, bewahren, fortentwickeln.

[2]Erbe, der: *jmd., der etwas erbt oder erben wird:* er ist der einzige, natürliche, gesetzliche, mutmaßliche E. eines großen Vermögens; die lachenden (ugs.; *sich freuenden*) Erben; der Kaufmann hatte keinen Erben, blieb ohne Erben; jmdn. zum Erben einsetzen.

erben ⟨etwas e.⟩: **1.a)** *jmds. Eigentum nach*

dessen Tode erhalten: Geld, ein großes Vermögen e.; diesen Ring habe ich von meiner Mutter geerbt; ⟨auch ohne Akk.⟩ er hat geerbt *(ist Erbe geworden);* du hast wohl geerbt? (scherzhafte Frage, wenn jmd. viel Geld ausgibt). **b)** (ugs.; scherzh.) *übernehmen, geschenkt bekommen:* die Hose hat er von seinem Bruder geerbt; hier ist, hier gibt es nichts zu e. *(hier ist nichts zu holen).* **2.** *als Veranlagung von den Vorfahren mitbekommen:* den Eigensinn, die musikalische Begabung, die scharfe Nase hat er von seinem Vater geerbt.

erbeuten ⟨etwas e.⟩: *als Beute gewinnen:* Waffen und Material e.; die Einbrecher erbeuteten wertvolle Pelze.

erbieten ⟨sich e., etwas zu tun⟩: *sich anbieten, bereit erklären:* er erbot sich, mir zu helfen.

erbitten: 1. ⟨jmdn., etwas e.⟩ *um jmdn., um etwas bitten:* Hilfe, Rat, eine Gunst [für jmdn.] e.; ⟨sich (Dativ) jmdn., etwas e.⟩ sich Bedenkzeit e.; ich erbat mir von ihm einen Begleiter. **2.** (veraltend) ⟨sich e. lassen, etwas zu tun⟩ *auf Bitten zu etwas bereit sein:* er ließ sich erbitten, uns zu fahren.

erbittern /vgl. erbittert/ ⟨jmdn. e.⟩: *mit Groll erfüllen, aufbringen:* diese Ungerechtigkeit erbittert mich; erbitterte Mienen; die erbitterten Zuschauer stürmten das Spielfeld.

erbittert: *hartnäckig, leidenschaftlich:* ein erbitterter Kampf; sie leisteten erbitterten Widerstand; sie rangen e. um den Sieg.

erblich: *sich vererbend:* erblicher Adel; eine erbliche Krankheit; dieser Titel ist nicht e.; sie ist [von der Mutter her] e. belastet *(hat eine negative Erbanlage);* (auch scherzh.:) er ist e. belastet, denn schon sein Großvater war ein berühmter Architekt.

erblicken (geh.): **1.** ⟨jmdn., etwas e.; gewöhnlich mit Raumangabe⟩: *mit den Augen wahrnehmen:* er erblickte ein Haus in der Ferne; sie erblickte sich im Spiegel; ich konnte ihn nirgends e. **2.** ⟨jmdn., etwas in jmdm., in etwas e.⟩ *zu erkennen glauben:* er erblickte in mir seinen Retter; hierin erblickte ich unsere Aufgabe, einen Fortschritt, einen Fehler. *(geh.:) **das Licht der Welt erblicken** *(geboren werden).*

erbosen: 1. ⟨etwas erbost jmdn.⟩ *etwas macht jmdn. wütend:* sein Verhalten hat mich sehr erbost; [über jmdn., über etwas] erbost sein; erbost aussehen; sie sah mich erbost an. **2.** (selten) ⟨sich e.⟩ *zornig, wütend werden:* ich habe mich über ihn sehr erbost.

erbrechen: 1. (geh.) ⟨etwas e.⟩ *gewaltsam öffnen; aufbrechen:* die Tür, das Schloß e.; er erbrach das Siegel; der Brief war erbrochen worden. **2. a)** ⟨[etwas] e.⟩ *den Mageninhalt wieder von sich geben:* er erbrach alle Speisen; der Kranke hat mehrmals erbrochen. **b)** ⟨sich e.⟩ *sich übergeben:* ich mußte mich vor Übelkeit e. *(ugs.; abwertend:) **bis zum Erbrechen** *(bis zum Überdruß).*

Erbschaft, die: *Erbe, Hinterlassenschaft:* ihm fiel eine reiche E. zu; sie hat eine große E. gemacht; er trat die E. an, schlug die E. aus.

Erdboden, der: *fester Boden, Fußboden:* es war, als hätte der E. sie verschluckt, verschlungen *(sie war plötzlich verschwunden);* auf dem E. liegen, sitzen; das Armband war wie vom E. verschluckt. * **vom Erdboden verschwinden** *(vernichtet, ausgerottet werden)* · **etwas dem Erdboden gleichmachen** *(völlig zerstören):* die Stadt wurde dem E. gleichgemacht.

Erde, die: **1. a)** *Stoff, aus dem [fruchtbares] Land besteht:* gute, fruchtbare, harte, feste, feuchte, trockene, kühle, steinige, lehmige E.; ein Klumpen, Brocken E.; ihn deckt die kühle E. (geh.; *er ist tot*); die E. sei ihm leicht!; E. zu E.! /*Worte beim Begräbnis*/; die E. lockern, umgraben, ausheben, aufwühlen; E. in einen Blumentopf füllen; in fremder E. (geh.; *im Ausland*) begraben sein. **b)** (Chemie) /*bestimmte Metalloxyde*/: seltene, alkalische Erden. **2.** *Fußboden; Grund, auf dem man steht:* die E. zitterte, bebte; auf die E. fallen; sie lagen, schliefen auf der bloßen, blanken E.; das Wasser quoll aus der E.; er stand plötzlich vor mir wie aus der E. gewachsen; ein Gang unter der E.; etwas von der E. aufheben; wir wohnen zu ebener E. *(parterre);* sie blickte betroffen zur E.; bildl.: er hätte vor Scham in die E. versinken mögen. **3.** *Erdleitung einer elektrischen Anlage:* er benutzt die Wasserleitung als E. **4.** *die irdische Welt; der von Menschen bewohnte Planet:* die E. dreht sich um die Sonne; Satelliten umkreisen die E.; auf der ganzen E. bekannt sein, vorkommen; Friede auf Erden! (bibl.). * **die Rote Erde** *(Westfalen)* · (ugs.:) **den Himmel auf Erden haben** *(es sehr gut haben)* · **die Hölle auf Erden** *(etwas Unerträgliches, Grauenvolles):* mit ihm hat sie die Hölle auf E. · **jmdm. den Himmel auf Erden versprechen** *(das angenehmste Leben versprechen)* · **mit beiden Füßen/Beinen [fest] auf der Erde stehen** *(die Dinge realistisch sehen; lebenstüchtig sein)* · **auf der Erde bleiben** *(sich keinen Illusionen hingeben)* · **etwas aus der Erde stampfen** *(etwas auf schnellstem Wege beschaffen)* · **etwas schießt wie Pilze aus der Erde** *(etwas entsteht rasch in großer Zahl)* · **jmdn. unter die Erde bringen** *(jmds. vorzeitigen Tod verschulden)* · **unter der Erde liegen** *(tot sein)* · **die Taktik der verbrannten Erde** *(völlige Zerstörung des Landes im Kriege).*

erdenklich: *was sich erdenken läßt, was möglich ist:* er gab sich alle erdenkliche Mühe; er versuchte jedes erdenkliche Mittel; subst.: er tat alles Erdenkliche.

erdrücken: 1. ⟨jmdn. e.⟩ *zu Tode drücken:* der Bär erdrückte ihn; von den Erdmassen wurden fünf Arbeiter erdrückt. **2.** ⟨etwas erdrückt jmdn.⟩ *etwas belastet jmdn. übermäßig:* die Sorgen erdrückten ihn [fast], drohten ihn zu e.; adj. Part.: eine erdrückende *(sehr große)* Übermacht; erdrückendes *(jeden Zweifel ausschließendes)* Beweismaterial.

ereifern ⟨sich e.⟩: *sich leidenschaftlich erregen; heftig werden:* bei dem Gespräch hat er sich unnötig ereifert; er ereiferte sich über unwichtige Dinge.

ereignen ⟨etwas ereignet sich⟩: *etwas geschieht, spielt sich ab:* gestern ereigneten sich in der Stadt zwanzig Unfälle; es hat sich nichts Besonderes ereignet; wo hat sich dies ereignet?

Ereignis, das: *[besonderes, nicht alltägliches] Geschehnis:* ein frohes, fröhliches, glückliches, trauriges, schmerzliches E.; ein bedeutendes, sonderbares, merkwürdiges, unvorhergesehenes E.; einschneidende Ereignisse; keine besonderen Ereignisse! /*Meldung im Wachdienst*/; das ist doch ein ganz alltägliches E.; das Gastspiel, Konzert war ein E. für unsere Stadt; ein E. tritt ein, kündigt sich an; die Ereignisse überstürzen sich; der Gang der Ereignisse hat uns recht gegeben; das ist die Duplizität *(Doppelheit)* der Ereignisse; Sprichw.: große Ereignisse werfen ihre Schatten voraus. * **ein freudiges Ereignis** *(die Geburt eines Kindes).*

[1]erfahren: 1. ⟨etwas e.⟩ *von etwas Kenntnis erhalten:* etwas frühzeitig, zu spät, unterderhand e.; ich konnte nichts Näheres, Genaueres e.; das erfuhr ich erst von dir, aus deinem Brief; wir erfahren aus zuverlässiger Quelle, daß ...; als er von meinem Unfall erfuhr, schrieb er mir sofort. 2. ⟨etwas e.⟩ *erleben, zu spüren bekommen:* er hat in seinem Leben viel Leid, viel Gutes, wenig Liebe erfahren; /häufig verblaßt/: das Buch soll eine Überarbeitung e. *(es soll überarbeitet werden);* der Verlag wird eine beträchtliche Erweiterung e. *(er wird beträchtlich erweitert werden).*

[2]erfahren: *Erfahrung, Routine habend:* ein erfahrener Arzt; er ist auf diesem Gebiet sehr e.

Erfahrung, die: 1. *praktisch erworbene Kenntnisse, Routine:* er hat viel E. in diesen Dingen, auf diesem Gebiet; wir müssen uns seine große E. zunutze machen; ein Mann von E. 2. *das Erleben; lehrreiches Erlebnis:* die E. hat gezeigt, daß ...; Sprichw.: E. ist die beste Lehrmeisterin; ich habe bittere, schlechte, schmerzliche, gute, nur die besten Erfahrungen mit ihm gemacht; wir haben jetzt genügend, hinreichend Erfahrungen gesammelt; er spricht aus [persönlicher] E.; das kann ich aus eigener E. bestätigen; er ist durch E. klug geworden. * **etwas in Erfahrung bringen** *(durch Nachforschen erfahren):* er versuchte in E. zu bringen, wo sie wohnte.

erfassen: 1. a) ⟨jmdn., etwas e.⟩ *ergreifen, erreichen:* ein zugeworfenes Tau e.; die Straßenbahn erfaßte den Radfahrer und schleuderte ihn zur Seite. b) ⟨etwas erfaßt jmdn.⟩ *eine Empfindung überkommt, packt jmdn.:* [die] Angst, ein Schrecken, ein heftiges Verlangen erfaßte ihn. 2. ⟨etwas e.⟩ *verstehen, begreifen:* etwas gefühlsmäßig, intuitiv (bildungsspr.), dem Sinne nach e.; sie hat den Zusammenhang noch nicht erfaßt. 3. ⟨jmdn., etwas e.⟩ a) *registrieren:* etwas statistisch e.; die Liste erfaßt alle männlichen Personen über 65 Jahre; die Wehrpflichtigen wurden erfaßt. b) *einbeziehen, berücksichtigen:* die Versicherung erfaßt auch die Angestellten.

erfinden: 1. ⟨etwas e.⟩ *durch Forschen und Experimentieren neu hervorbringen:* eine Maschine, eine Vorrichtung e.; er hat ein neues Verfahren erfunden; Redensart (ugs.): er hat das Pulver nicht erfunden *(er ist nicht besonders klug).* 2. ⟨jmdn., etwas e.⟩ *sich ausdenken:* eine Ausrede e.; was er sagt, ist von A bis Z (ugs.) erfunden; der Dichter hat diese Gestalt erfunden; die Handlung des Romans ist frei erfunden.

erfinderisch: *reich an Einfällen; immer eine Lösung findend:* er ist ein erfinderischer Kopf, Geist; man muß e. sein; Sprichw.: Liebe, Not macht e.

Erfolg, der: *[positives] Ergebnis einer Bemühung:* ein großer, durchschlagender E.; die Aufführung war ein beispielloser E.; der E. blieb aus, ließ auf sich warten, stellte sich erst später ein; der E. (ugs., iron.; *die Folge*) war, daß wir zu spät kamen; reichen, guten, schlechten, keinen E. haben; er hat E. bei Frauen; den E. verdanke ich deiner Hilfe; er berauscht sich am E.; seine Handlungsweise wurde durch den E. gerechtfertigt; sie hat sich mit E. beschwert; seine Bemühungen waren ohne E., [nicht] von E. begleitet, gekrönt.

erfolgen ⟨etwas erfolgt⟩: 1. *etwas geschieht als Folge von etwas:* der Tod erfolgte wenige Stunden nach dem Unfall; auf mein Klingeln erfolgte zunächst gar nichts, dann hörte ich leise Schritte. 2. (Papierdt.) *etwas geschieht, wird vollzogen:* es ist noch keine Antwort, Zusage erfolgt *(er hat noch nicht geantwortet, zugesagt);* Ihr Eintritt kann sofort e. *(Sie können sofort eintreten);* die Preisverteilung erfolgt am Sonntag *(der Preis wird am Sonntag verliehen);* nach erfolgter Montage ... (stilistisch unschön; *nach Montage ...*).

erforderlich: *für einen bestimmten Zweck notwendig:* die erforderlichen Mittel, Gelder bereitstellen; er hat nicht die für einen Lehrer erforderliche Geduld; für die Teilnahme ist die Einwilligung der Eltern e.; subst.: wir werden alles Erforderliche veranlassen.

erfordern ⟨etwas erfordert jmdn., etwas⟩: *etwas verlangt jmdn., etwas:* dieses Projekt erfordert viel Geld, Zeit, viele Vorbereitungen; diese Tour erfordert berggewohnte Wanderer; Papierdt.: der Übelstand erfordert Abhilfe *(muß beseitigt werden).*

erforschen ⟨etwas e.⟩: *wissenschaftlich genau untersuchen:* den Weltraum e.; das Verhalten von Tieren e.; das Innere der Antarktis wird jetzt planmäßig erforscht; die Hintergründe, Zusammenhänge e.; sein Gewissen e. *(prüfen);* die Wahrheit über etwas e. *(zu ergründen suchen).*

erfreuen: 1. a) ⟨jmdn., etwas e.⟩ *Freude bereiten:* jmdn. mit einem Geschenk e.; eure Karte hat mich sehr erfreut; die Blumen erfreuten mich, meine Augen, mein Herz; adj. Part.: erfreut sagte er zu; darüber bin ich sehr erfreut. b) ⟨sich an etwas e.⟩ *bei etwas Freude empfinden:* ich erfreute mich am Anblick der Kinder. 2. (geh.) ⟨sich einer Sache e.⟩ *etwas genießen, im glücklichen Besitz von etwas sein:* er erfreut sich bester Gesundheit; sie erfreut sich keines guten Rufes.

erfreulich: *freudig stimmend, angenehm:* eine erfreuliche Tatsache, Mitteilung; ein erfreulicher Anblick; es ist e. zu hören, daß du gesund bist; das ist nicht gerade e.; subst.: ich kann leider wenig Erfreuliches berichten.

erfrieren: 1. *durch Frost umkommen, absterben:* im Schnee e.; der Baum ist bei der großen Kälte erfroren; adj. Part.: erfrorene Kartoffeln; einen erfrorenen Finger abnehmen; sie war halb, ganz erfroren (ugs.; *vor Kälte erstarrt*); ⟨etwas erfriert jmdm.⟩ dem Bergsteiger sind zwei Zehen erfroren. 2. ⟨sich (Dativ) etwas e.⟩ *Frostschäden erleiden:* er hat sich im Krieg die Füße erfroren.

erfrischen: 1. ⟨etwas erfrischt jmdn., etwas⟩ *etwas belebt, bringt Erholung:* die Ruhepause hat mich sehr erfrischt; der Regen erfrischt den Garten; ⟨auch ohne Akk.⟩ dieses Obst erfrischt köstlich; adj. Part.: erfrischende Getränke, ein erfrischendes Bad; übertr.: er hat einen erfrischenden *(unkonventionell jungenhaften)* Humor; etwas mit erfrischender *(unkonventioneller, unverblümter)* Deutlichkeit sagen; ihre Offenheit war erfrischend. **2.** ⟨sich e.⟩ *sich frisch machen, sich erquicken:* sich nach einem Spiel e.; wir haben uns mit kühlen Getränken, mit einem Bad erfrischt.

Erfrischung, die: **1.** *das Erfrischen:* eine E. nötig haben; der kühle Wind war eine willkommene E. für die Wanderer; zur E. **2.** *erfrischendes Getränk, erfrischende Speise:* es wurden Erfrischungen gereicht; eine [kleine] E. anbieten, zu sich nehmen.

erfüllen: 1.a) ⟨etwas erfüllt etwas⟩ *etwas füllt etwas aus, breitet sich in etwas aus:* der Qualm erfüllte das ganze Zimmer; Jubel, feierliche Stille erfüllte den Saal; das Zimmer war von/mit Rauch erfüllt. **b)** ⟨etwas mit etwas e.⟩ *mit etwas ausfüllen:* die Kinder erfüllen das Haus mit Leben, mit frohem Lärm. **2.a)** ⟨etwas erfüllt jmdn.⟩ *etwas beschäftigt jmdn. stark, nimmt jmdn. ganz in Anspruch:* Leidenschaft, Furcht, Stolz, Freude erfüllte ihn; die neue Aufgabe erfüllt ihn ganz; er ist ganz von dem Wunsch erfüllt, Rennfahrer zu werden. **b)** (geh.) ⟨etwas erfüllt jmdn. mit etwas⟩ *etwas bereitet jmdm. etwas:* sein Verhalten erfüllt mich mit Sorge; deine Auszeichnung erfüllt mich mit Freude; seine Worte erfüllten uns mit Trost. **3.** ⟨etwas e.⟩ *einer Bitte, einer Verpflichtung o. ä. nachkommen:* einen Vertrag, ein Versprechen, Gelübde, eine Pflicht e.; sie erfüllte der Mutter jeden Wunsch; der Bewerber erfüllt die Bedingungen, Erwartungen nicht; das Buch erfüllt seinen Zweck; Rechtsw.: damit ist der Tatbestand des Betruges erfüllt; adj. Part.: erfüllte Hoffnungen; er sah jeden seiner Wünsche erfüllt; die Zeit ist erfüllt (dichter.; *sie hat das Ziel erreicht*); er blickt auf ein erfülltes (geh.; *ein in seinen Anlagen und Möglichkeiten verwirklichtes*) Leben zurück. **4.** ⟨etwas erfüllt sich⟩ *etwas wird Wirklichkeit:* mein Wunsch, meine Prophezeiung hat sich erfüllt.

Erfüllung, die: **1.** *das Erfülltsein:* in einer Aufgabe E. suchen, finden. **2.** *das Erfüllen:* die E. meines Wunsches ließ auf sich warten; das neue Gesetz bringt endlich die E. unserer Hoffnungen. * **etwas geht in Erfüllung** *(etwas wird Wirklichkeit):* mein Wunsch ist in E. gegangen.

ergänzen: 1. ⟨etwas e.⟩ *vervollständigen:* seine Vorräte, eine Summe, einen Satz Briefmarken e.; ich möchte einige ergänzende Bemerkungen machen. **2.** ⟨sich e.⟩ **a)** *sich vervollständigen:* der Vorstand ergänzt sich durch Zuwahl. **b)** *sich in den Eigenschaften ausgleichen:* die beiden Kollegen ergänzen sich/(geh.:) einander aufs beste.

ergattern (ugs.) ⟨etwas e.⟩: *sich etwas mit Mühe oder List verschaffen:* er hat noch eine Eintrittskarte ergattert; er konnte nur einen Stehplatz e.; ein paar Eier beim Bauern e.

ergeben: 1.a) ⟨etwas ergibt etwas⟩ *etwas hat etwas als Ertrag, als Folge:* die Untersuchung ergab keinen Beweis seiner Schuld, ergab, daß er unschuldig war; 60 durch 4 geteilt ergibt 15; die Sammlung ergab über 3000 Mark. **b)** ⟨etwas ergibt sich aus etwas⟩ *etwas entsteht als Ertrag, Folge:* das eine ergibt sich aus dem anderen; daraus ergaben sich viele Möglichkeiten; aus alledem ergibt sich, daß... **2.a)** ⟨sich jmdm., einer Sache e.⟩ *hingeben:* er hat sich dem Spiel, dem Trunk, dem Suff (ugs.) ergeben; adj. Part.: er ist mir bedingungslos ergeben; er verneigte sich ergeben *(devot);* Ihr [sehr] ergebener ... */Höflichkeitsformel als Briefschluß/.* **b)** ⟨sich in etwas e.⟩ *sich widerstandslos fügen:* sich in sein Schicksal, in Gottes Willen e. **c)** ⟨sich e.⟩ *kapitulieren:* die Festung hat sich [auf Gnade und Ungnade] ergeben; die eingeschlossene Division mußte sich e.; ⟨sich jmdm. e.⟩ der Verbrecher ergab sich erst nach heftigem Widerstand der Polizei.

Ergebnis, das: *Resultat, Ertrag:* ein mageres, zwangsläufiges, logisches, [un]günstiges, positives E.; das E. deiner Rechnung ist [nicht] richtig; die Untersuchung hatte, brachte kein [befriedigendes] E., führte zu keinem E.; wir müssen endlich zu handgreiflichen Ergebnissen kommen; bei der Aussprache kamen, gelangten wir zu folgendem E.; im E. besteht kein Meinungsunterschied zwischen uns.

ergebnislos: *ohne Ergebnis bleibend:* eine ergebnislose Aussprache; die Verhandlungen waren, blieben e., wurden e. abgebrochen.

ergehen: 1. ⟨etwas ergeht⟩ *etwas geht heraus, wird verfügt:* es ist eine Anordnung ergangen, daß ...; Einladungen ergehen an alle Schulen; das Gericht hat folgendes Urteil e. lassen; an den Professor ist ein Ruf an die Universität Berlin ergangen. **2.** ⟨es ergeht jmdm.; mit Artangabe⟩ *jmd. verlebt eine Zeit in bestimmter Weise:* es ist ihm [dort] schlecht, nicht besonders gut ergangen; wie ist es Ihnen ergangen?; subst. Inf.: er nimmt großen Anteil an deinem Ergehen. **3.** (geh.) ⟨sich e.; mit Raumangabe⟩ *spazierengehen:* er erging sich im Park. **4.** ⟨sich e.; mit Umstandsangabe⟩ *sich langatmig äußern:* er erging sich in Dankesworten, in Lobreden, in Schmähungen gegen seinen Nachbarn. * **etwas über sich ergehen lassen** *(etwas [geduldig] mit sich geschehen lassen):* er läßt alles ruhig, teilnahmslos über sich e. · **Gnade vor/für Recht ergehen lassen** *(sehr nachsichtig, milde sein).*

ergiebig: *ertragreich:* ergiebige Lagerstätten, Vorkommen an Kohle; die Untersuchung war sehr e.; das Thema war nicht besonders e.

ergießen ⟨etwas ergießt sich; mit Raumangabe⟩: *etwas strömt:* der Fluß ergießt sich in den See; die Milch ergoß sich über den Fußboden; bildl.: eine Flut von Schimpfworten ergoß sich über ihn; sonntags ergießt sich die Menge der Touristen in den Park.

ergötzen (geh.): **a)** ⟨jmdn. e.⟩ *jmdm. Spaß, Vergnügen, Freude machen:* er ergötzte uns sehr mit seinem Bericht. **b)** ⟨sich an etwas e.⟩ *an etwas Vergnügen haben:* sich an kindlichen Spielen e.; er ergötzte sich an unserer Verlegenheit; subst. Inf.: zum Ergötzen der Zuschauer verlor er seine Perücke.

ergrauen: *grau werden:* mein Vater, sein Haar ist vorzeitig ergraut; leicht ergrautes Haar; übertr.: *alt werden:* ein im Dienst ergrauter Beamter; er ist in Ehren ergraut.

ergreifen: 1. ⟨jmdn., etwas e.⟩ *nach jmdm., nach etwas greifen und ihn/es festhalten:* ein

Seil, den Hammer, einen Bleistift e.; jmds. Hand e.; bildl.: die Flammen ergriffen das Haus; eine Woge ergriff ihn und riß ihn fort; ⟨jmdn. bei etwas e.⟩ ein Kind bei der Hand e.; er ergriff den Ertrinkenden beim Schopf; /häufig verblaßt/: einen Beruf e. *(sich einen Beruf wählen);* die Initiative e. *(aktiv werden, zu handeln beginnen);* die Macht/(geh.:) die Zügel der Regierung e. *(übernehmen);* Maßnahmen, Maßregeln e. *(etwas in einer Sache unternehmen).* **2.** ⟨jmdn. e.⟩ *festnehmen:* einen Dieb e.; der Täter konnte sofort ergriffen werden. **3.** ⟨etwas ergreift jmdn.⟩ **a)** *etwas befällt jmdn.:* von einer Krankheit ergriffen werden. **b)** *etwas erfüllt jmds. Bewußtsein:* Angst, Schrekken, Unruhe, Begeisterung, Zorn ergriff sie; er wurde von Liebe zu ihr ergriffen. **4.** ⟨etwas ergreift jmdn.⟩ *etwas bewegt jmdn. im Innersten, geht jmdm. nahe:* es ergreift mich stets von neuem, wenn ich das sehe; sein Schicksal hat mich tief ergriffen; adj. Part.: eine ergreifende Rede, Szene; die Zuhörer waren tief ergriffen, lauschten ergriffen der Musik. * **von etwas Besitz ergreifen** *(sich einer Sache bemächtigen)* · **die Flucht**/(ugs.) **das Hasenpanier ergreifen** *(davonlaufen, fliehen)* · **jmds. Partei/ für jmdn. Partei ergreifen** *(jmds. Standpunkt verteidigen)* · **das Wort ergreifen** *(in einer Versammlung sprechen).*

erhaben: **1.** *durch seine Großartigkeit feierlich stimmend:* ein erhabener Anblick; erhabene Gedanken; Sprichw.: vom Erhabenen zum Lächerlichen ist nur ein Schritt. **2.** *überlegen darüberstehend:* über jeden Verdacht e. sein; über solche kleinliche Kritik muß man e. sein; seine Arbeit ist über alles Lob, über jeden Zweifel e.; (abwertend:) er fühlt sich, dünkt sich über alles e. **3.** (Fachspr.) *aus einer Fläche hervortretend:* die erhabenen Stellen einer Metallplatte, eines Druckstocks.

erhalten: **1.** ⟨etwas e.⟩ **a)** *bekommen:* eine Nachricht, ein Paket e.; einen Orden e.; ich habe Ihren Brief erhalten; er erhielt das Buch als/zum Geschenk; sie erhält für einen Auftritt 2000 Mark. **b)** *erteilt bekommen:* Antwort, einen Befehl, Auftrag e.; einen Tadel, eine Strafe e.; fünf Jahre Gefängnis e.; er hat den Lohn *(die Strafe)* für seine Untaten erhalten; sie erhielt keine Aufenthaltsgenehmigung; das Schiff erhielt einen neuen Namen; das Regiment erhielt an diesem Tage seine Feuertaufe *(kam zum erstenmal ins Gefecht);* der Aufsatz erhielt eine neue Fassung *(er wurde umgearbeitet);* bildl.: durch diesen Vorfall erhielt das Gerücht neue Nahrung. **c)** *eine Vorstellung gewinnen:* einen Eindruck, ein schiefes Bild von jmdm., von etwas e. **d)** *als Endprodukt gewinnen:* Teer erhält man aus Kohle; durch das Einsetzen dieses Wertes erhalten wir die gesuchte Lösung. **2.** ⟨jmdn., sich, etwas e.⟩ **a)** *in seinem Bestand, Zustand bewahren:* einen Patienten künstlich am Leben e.; ein Gebäude e.; Gemüse, Fleisch e.; erhalte dir deine Gesundheit, deine gute Laune!; ein gut erhaltenes Auto; die Möbel sind gut erhalten. **b)** *versorgen, unterhalten:* er hat sechs Kinder zu e.; mit seinem Verdienst konnte er sich, seine Familie kaum e. *(ugs.:) **einen Korb erhalten** *(von einem Mädchen, einer Frau zurückgewiesen werden).*

erhärten ⟨etwas e.⟩: *bekräftigen:* eine Aussage eidlich, durch einen Eid e.; er konnte seine Behauptung durch gute Argumente e.

erheben /vgl. erhebend/: **1.** ⟨etwas e.⟩ *hochheben:* die Faust, den Arm, die Axt e. (selten); die Hand zum Schwur, zum Gruß e.; die Augen, den Blick zu jmdm. e.; er erhob die Waffe gegen mich *(bedrohte mich);* ich erhebe mein Glas und trinke auf den Jubilar; bildl.: die Kunst erhebt uns *(sie stimmt uns andächtig, erbaut uns);* adj. Part.: erhobenen Hauptes *(stolz)* entfernte er sich; er sprach mit erhobener *(lauter)* Stimme. **2.** ⟨sich e.⟩ **a)** *aufstehen:* sich nicht mehr e. können; er erhob sich vom Stuhl, vom Boden; die Versammlung erhob sich zu Ehren des Verstorbenen von den Plätzen; sie erhob sich erst gegen Mittag [von ihrem Lager]; er erhob sich und kam mir entgegen. **b)** *hochfliegen, aufsteigen:* der Vogel, das Flugzeug erhob sich in die Luft. **c)** *aufragen:* auf dem Platz erhebt sich ein Denkmal; das Gebirge erhebt sich bis zu 2000 Metern. **3.** ⟨sich e.⟩ *sich auflehnen, Widerstand leisten:* das Volk erhob sich gegen die Regierung; alle erhoben sich wie ein Mann. **4.** (geh.) ⟨sich über jmdn., über etwas e.⟩ **a)** *sich für besser halten:* du erhebst dich zu gern über die anderen. **b)** *über etwas hinauskommen:* sie erhebt sich, ihre Verse erheben sich nie über den Durchschnitt. **5.** ⟨etwas erhebt sich⟩ *etwas beginnt, kommt auf:* ein Wind hatte sich erhoben (geh.); ein Murren erhob sich unter der Menge (geh.); darüber hat sich ein Streit erhoben (geh.; *ist ausgebrochen*); es erhebt sich die Frage, was nun geschehen soll. **6.** ⟨etwas e.⟩ *als Zahlung verlangen:* Steuern, Gebühren, Beiträge e.; bei dieser, für diese Veranstaltung wird kein Eintritt erhoben. **7.** ⟨jmdn., sich, etwas zu etwas e.⟩ *in einen höheren Rang einordnen:* eine Gemeinde zur Stadt e.; eine Straße zur Bundesstraße e.; wir wollen das Vereinbarte zum Beschluß e. **8.** /verblaßt/ ⟨etwas e.⟩ *vorbringen, geltend machen:* Klage, Anklage e.; Einspruch, Einwendungen gegen etwas e.; er erhebt Anspruch auf sein Erbteil; sie erhoben ein großes Geschrei (ugs.; *protestierten laut*). *(geh.:) **jmdn. in den Adelsstand erheben** *(jmdn. adeln)* · (geh.:) **jmdn. auf den Thron erheben** *(zum Herrscher, zum König machen)* · (Math.:) **eine Zahl ins Quadrat erheben** *(in die zweite Potenz setzen).*

erhebend: *in feierliche Stimmung versetzend:* das war ein erhebender Augenblick, eine erhebende Feier; ein erhebendes Gefühl erfüllte mich; der Anblick war wenig e. (*unerfreulich*).

erheblich: *beträchtlich; ins Gewicht fallend:* ein erheblicher Fortschritt; der Plan hat erhebliche Nachteile, Mängel; das Bauwerk zeigt erhebliche Schäden; wir stellen uns jetzt ganz e. schlechter als im Vorjahr; der Unterschied ist nicht e.; er wurde e. verletzt; der Fahrer stand e. unter dem Einfluß von Alkohol/stand unter erheblichem Alkoholeinfluß.

Erhebung, die: **1.** *Anhöhe, Gipfel:* eine kleine, niedrige E.; der Brocken ist die höchste E. des Harzes. **2.** *das Erheben:* die E. von Steuern, Beiträgen; seine E. in den Adelsstand. **3.** *Aufstand:* die E. des Volkes gegen die Diktatur gelang [nicht]. **4.** *Nachforschung, Umfrage:* eine amtliche, statistische E.; die E. ist abgeschlossen;

er hat Erhebungen über den Tabakkonsum gemacht, angestellt, durchgeführt.

erheitern ⟨jmdn., etwas e.⟩: **a)** *heiter, lustig stimmen:* seine Späße erheiterten das Publikum; dieser Gedanke erheitert mich *(macht mich lachen);* subst. Part.: sein Vorschlag hat etwas Erheiterndes *(er reizt zum Lachen).* **b)** (veraltend) *aufheitern:* der Wein erheitert unser Gemüt.

erhellen: 1. a) ⟨etwas e.⟩ *beleuchten:* das Zimmer wird von einer/durch eine Lampe erhellt; übertr.: ein Lächeln erhellte ihr Gesicht *(machte es fröhlich, heiterte es auf).* **b)** ⟨sich e.⟩ *hell werden:* der Himmel erhellte sich; übertr.: seine Miene erhellte sich *(wurde freundlich).* **2.** (geh.) ⟨etwas erhellt aus etwas⟩ *etwas ergibt sich aus etwas, wird durch etwas klar:* aus dieser Tatsache, aus seinen Ausführungen erhellt, daß unsere Vermutung richtig war.

erhitzen: 1. a) ⟨jmdn., etwas e.⟩ *heiß machen:* Wasser, eine Klebemasse e.; die Milch wird kurz auf 80° erhitzt. **b)** ⟨jmdn. e.⟩ *erwärmen, ins Schwitzen kommen lassen:* der Wein erhitzte ihn stark. **2.** ⟨sich e.⟩ **a)** *heiß werden:* der Freilauf, die Bremse hat sich erhitzt. **b)** *in Hitze geraten, ins Schwitzen kommen:* er erhitzte sich beim Tanz; adj. Part.: ein erhitztes Gesicht; so erhitzt darfst du nicht ins Wasser. **3.** ⟨jmdn., sich, etwas e.⟩ *erregen:* dieser Gedanke erhitzte ihn, seine Phantasie; die tollsten Gerüchte erhitzten die Gemüter; wir erhitzten uns an dieser, über dieser/(selten:) über diese Streitfrage; erhitzt widersprach er.

erhöhen: 1. a) ⟨etwas e.⟩ *höher machen:* eine Mauer, ein Hindernis e.; die Deiche sind [um] einen Meter erhöht worden; Musik: eine Note e. *(um einen Halbton heraufsetzen);* c wird zu cis erhöht. **b)** ⟨jmdn. e.; mit Umstandsangabe⟩ *auf eine höhere Stufe stellen:* er ist im Rang erhöht worden. **2. a)** ⟨etwas e.⟩ *steigern, vermehren:* die Steuern, Zölle, Löhne e.; die Produktion e.; den Anreiz zum Kauf e.; der Preis ist auf das Doppelte, um die Hälfte erhöht worden; die Geschwindigkeit der Züge wurde erhöht; adj. Part.: der Kranke hat erhöhten Puls, erhöhte Temperatur *(leichtes Fieber).* **b)** ⟨etwas erhöht sich⟩ *etwas steigt, wächst:* die Produktionskosten erhöhen sich; die Zahl der Toten hat sich auf 34 erhöht.

erholen: a) ⟨sich e.⟩ *seine Kraft wiedererlangen:* sich gut e.; du mußt dich einmal richtig e.; er erholt sich im Urlaub, an der See; der Rasen hat sich nach dem Regen schnell wieder erholt; Wirtsch.: die Kurse, die Preise erholen sich *(ziehen an);* die Aktien waren auf 580 gefallen, erholten sich aber auf 610. adj. Part.: er sieht erholt aus; sie ist noch nicht ganz erholt *(wiederhergestellt).* **b)** ⟨sich von etwas e.⟩ *eine Anstrengung o. ä. überwinden:* sich von einer Krankheit e.; ich kann mich von dem Schreck, von meinem Staunen noch gar nicht e.

Erholung, die: *das Erholen:* seine E. macht langsam Fortschritte; E. suchen, [keine] E. brauchen, finden; er hat dringend E. nötig; jmdn. in E. (ugs.) schicken; ich war drei Wochen in/zur E. (ugs.); er ging zur E. in ein Bad, an die See, aufs Land.

erhören ⟨jmdn., etwas e.⟩: **a)** *Erbetenes gewähren:* Gott hat ihn, sein Gebet erhört; seine Bitten wurden erhört. **b)** (veraltend) *einer Werbung nachgeben:* sie hat ihren Liebhaber erhört.

erinnerlich ⟨in der Verbindung⟩ etwas ist jmdm. erinnerlich (geh.): *jmd. kann sich an etwas erinnern:* seine Worte sind mir noch gut e.; es ist mir nicht e., daß wir davon gesprochen hätten.

erinnern: 1. *jmdn., etwas im Gedächtnis behalten haben und wieder an ihn, daran denken:* **a)** ⟨sich an jmdn., an etwas e.⟩ ich kann mich noch gut an den Vorfall e.; ich erinnere mich dunkel an die alte Dame; daran kann ich mich beim besten Willen nicht mehr e.; ⟨auch ohne Präpositionalobjekt⟩ wenn ich mich recht erinnere, war er vor 5 Jahren hier; **b)** (geh.; veraltend) ⟨sich jmds., einer Sache e.⟩ ich erinnere mich seiner Worte; er erinnerte sich seines alten Lehrers. **c)** (landsch., bes. nordd.) ⟨jmdn., etwas e.⟩ ich erinnere ihn gut; erinnerst du vergangene Ostern? **2.** ⟨jmdn. an jmdn., an etwas e.⟩ **a)** *die Erinnerung an jmdn., an etwas bei jmdm. wachrufen:* diese Dame erinnert mich an meine Tante; das erinnert mich an ein früheres Erlebnis; ⟨auch ohne Akk.⟩ das alles erinnert an die Zeit, als ... **b)** *jmdn. veranlassen, an etwas zu denken, jmdn., etwas nicht zu vergessen:* jmdn. an [s]ein Versprechen e.; ich erinnerte ihn daran, daß Napoleon hier gewesen war; ⟨auch ohne Präpositionalobjekt⟩ bitte erinnern Sie mich rechtzeitig! **3.** (geh.; veraltend) ⟨etwas e.⟩ *vorbringen, zu bedenken geben:* er hatte verschiedenes dagegen zu e.; ich möchte e., daß ...

Erinnerung, die: **1. a)** *Fähigkeit, sich an etwas zu erinnern:* meine E. setzt hier aus, läßt mich [hier] im Stich. **b)** *Gedächtnis:* wenn mich die/meine E. nicht täuscht, war er damals schwer krank; dieses Ereignis ist meiner E. ganz entfallen; etwas aus seiner E. tilgen, streichen; etwas in guter E. behalten; sich (Dativ) etwas in die E. zurückrufen; er wollte sich mit diesem Gruß in Erinnerung bringen *(er wollte an sich erinnern).* **2.** *Eindruck, an den man sich erinnert:* liebe, flüchtige, traurige, schreckliche Erinnerungen werden wach; seine Erinnerungen reichen tief in die Vergangenheit zurück; er hat keine, nur eine schwache E. an seine Kindheit; Erinnerungen wecken, auffrischen, bewahren; seine Erinnerungen aufzeichnen; sie tauschten ihre Erinnerungen aus; meiner E. nach/nach meiner E. war das ganz anders; ich gab mich meinen Erinnerungen hin, hing meinen Erinnerungen nach; sie war ganz in E. versunken; ich zehre noch von der E. an diese Reise. **3. a)** *Gedanken, Andenken:* er wollte jede E. an den Krieg auslöschen; in dankbarer E. gedenken wir des Mannes, der ...; er steht bei uns in guter, angenehmer E.; behalte mich in freundlicher E.; zur E. an die Schulzeit *(Widmung eines Geschenks).* **b)** (geh.) *Gedenkzeichen:* nimm das als freundliche E. an meinen Vater; hier bewahrte sie ihre Erinnerungen auf.

erkälten: a) ⟨sich e.⟩: *sich eine Erkältung zuziehen:* ich habe mich bei dem nassen Wetter heftig erkältet; sie ist leicht, stark erkältet. **b)** ⟨sich (Dativ) etwas e.⟩ *durch Verkühlung krank machen:* ich habe mir den Magen, die Blase erkältet.

Erkältung, die: *Erkrankung der Atemwege; Katarrh:* eine leichte, schwere E.; die E. hat sich auf den Magen gelegt, ist auf den Magen geschlagen; sich (Dativ) eine E. zuziehen, holen; eine E. bekommen; Erkältungen durch Abhärtung vorbeugen; sie leidet an einer heftigen E.

erkaufen (geh.) ⟨etwas e.⟩: *durch Opfer gewinnen:* der Sieg wurde mit viel Blut erkauft; er mußte diese Erfahrung teuer e.

erkennen: **1.** ⟨jmdn., etwas e.⟩ *deutlich wahrnehmen:* eine Aufschrift e.; der Stern war gerade noch zu e.; kannst du e., ob dort jemand steht?; er erkannte die Gefahr noch rechtzeitig. **2.** ⟨jmdn., etwas e.⟩ **a)** *auf Grund bestimmter Merkmale identifizieren:* seinen Freund nicht [gleich] e.; jmdn. am Gang, an der Stimme e.; er wurde als der Täter erkannt; er gab sich zu e. *(nannte seinen Namen);* er gab sich als Deutscher/(veraltet:) als Deutschen zu e.; der Arzt erkannte die Krankheit sofort. **b)** *über jmdn., über etwas Klarheit gewinnen:* du bist erkannt *(durchschaut);* seinen Irrtum e. *(einsehen);* etwas als Fehler, als falsch e.; ich erkenne dies als meine Pflicht; wir erkannten, daß es zu spät war. **3.** (Amtsdt.) ⟨auf etwas e.⟩ *ein Urteil fällen, entscheiden:* das Gericht erkannte auf Freispruch, auf 6 Monate Gefängnis; Sport: der Schiedsrichter erkannte auf Abseits.

erkenntlich ⟨in den Verbindungen⟩ **sich erkenntlich zeigen** *(seinen Dank durch eine Gabe oder Gefälligkeit ausdrücken):* mit ihrem Geschenk wollte sie sich für unsere Hilfe e. zeigen · **jmdm. erkenntlich sein** *(jmdm. dankbar sein).*

Erkenntnis, die: **1.** *durch Erkennen gewonnene Einsicht:* diese wichtige E. setzt sich langsam durch; ihm kam die E., daß ...; neue Erkenntnisse gewinnen; ich durfte mich dieser E. nicht verschließen; nach den neuesten Erkenntnissen ist dieser Virus harmlos; er kam, gelangte zur E., zu der traurigen E., daß ... **2.** *Fähigkeit des Erkennens:* an die Grenzen der E. stoßen; (bibl.:) vom Baum der E. essen.

erklären /vgl. erklärt/: **1.** ⟨etwas e.⟩ **a)** *deutlich machen, erläutern:* etwas genau, gründlich, kurz, wissenschaftlich, allgemeinverständlich e.; ein Wort, einen Text, einen Schriftsteller e.; das läßt sich leicht [an einem Beispiel] e.; ⟨auch ohne Akk.⟩ ein Lehrer muß e. können; ⟨jmdm. etwas e.⟩ jmdm. die Elektrizität e.; er erklärte uns, was wir nun tun müssen; adj. Part.: einige erklärende Worte sagen. **b)** *begründen, deuten:* er versuchte, ihr ungewöhnliches Verhalten psychologisch zu e.; ⟨jmdm., sich etwas e.⟩ ich erkläre mir die Sache so ...; ich kann mir sein Versagen nicht e.; er erklärte mir, warum er nicht kommen könne. **c)** ⟨etwas erklärt sich; mit Umstandsangabe⟩ *etwas findet seine Erklärung:* dieser Unfall erklärt sich leicht; der hohe Preis des Grundstücks erklärt sich aus *(ist begründet in)* der guten Lage. **2.a)** ⟨etwas e.⟩ *äußern; [offiziell] mitteilen:* etwas energisch, mit Bestimmtheit, mit aller Deutlichkeit e.; etwas an Eides Statt e.; er erklärte, nicht mehr teilnehmen zu wollen; der Minister erklärte, daß die Verhandlungen fortgesetzt würden; sein Einverständnis, seinen Rücktritt, seinen Austritt aus der Partei e.; ⟨jmdm. etwas e.⟩ er erklärte mir, daß er einverstanden sei; einem Mädchen seine Liebe e. *(gestehen);* einem Lande den Krieg e. **b)** ⟨sich e.; mit Umstandsangabe⟩ *seine Haltung zum Ausdruck bringen:* erkläre dich deutlicher!; /häufig verblaßt/: sich bereit e. *(bereit sein);* sich einverstanden e. *(einverstanden sein);* sich für jmdn., gegen jmdn. e. *(für, gegen jmdn. sein);* ⟨auch ohne Umstandsangabe⟩ sie erwartete, daß ich mich endlich erklärte *(ihr meine Liebe gestände).* **3.** ⟨jmdn., sich, etwas für etwas e.⟩ *[amtlich] als etwas bezeichnen:* ich muß das für eine Lüge e.; einen Vermißten für tot e. [lassen]; jmdn. für schuldig, bankrott e.; etwas für ungültig, null und nichtig e.; der Beamte erklärte sich für nicht zuständig.

erklärlich: *verständlich:* ein erklärlicher Irrtum; ihr Verhalten ist durchaus e., wenn man ihre Situation bedenkt; etwas e. finden; das macht die Sache e.

erklärt: **a)** *sich offen bekennend; entschieden:* er ist ein erklärter Gegner der Aufrüstung. **b)** *offenkundig; ausgesprochen;* dieser Sänger ist der erklärte Liebling des Publikums; das erklärte Ziel der Bewegung war der Umsturz.

Erklärung, die: **1.** *das Erklären; Deutung, Begründung:* eine knappe, eingehende, unzureichende E.; für etwas eine E. haben, finden; ich weiß keine andere E. für diesen Vorfall; diese Antwort bedarf keiner weiteren E.; für dieses Verhalten verlange ich eine E. von Ihnen; ich mußte mich mit dieser E. zufriedengeben. **2.** *offizielle Äußerung, Mitteilung;* eine bindende, feierliche, eidesstattliche E.; eine E. abgeben.

erkranken: *krank werden:* plötzlich, leicht, schwer e.; er erkrankte an einer Grippe, an Malaria; er vertritt einen erkrankten Kollegen.

erkunden ⟨etwas e.⟩: *auskundschaften, erforschen:* das Gelände, die feindlichen Stellungen e.; militärische Geheimnisse e.

erkundigen ⟨sich e.⟩: *fragen; um Auskunft bitten:* sich nach dem Weg, nach einem Zug e.; er erkundigte sich [teilnehmend, höflich] nach ihrem Befinden; die Firma hat sich über ihn erkundigt; erkundige dich bitte, wann das Schiff ankommt; er erkundigte sich, ob Post da sei.

Erkundigung, die: *Nachfrage, Nachforschung:* unsere Erkundigungen haben nichts ergeben; [bei jmdm. über jmdn., etwas] Erkundigungen einziehen (nachdrücklich; *sich erkundigen*).

erlahmen: **a)** *müde und schwach werden:* er erlahmte schnell; seine Kräfte erlahmten; ⟨etwas erlahmt jmdm.⟩ vom langen Tragen erlahmte mir der Arm. **b)** ⟨etwas erlahmt⟩ *etwas läßt nach:* sein Eifer war bald erlahmt; das Interesse des Publikums erlahmte immer mehr.

erlangen ⟨etwas e.⟩: *gewinnen, bekommen:* die Freiheit, die absolute Mehrheit, das Übergewicht e.; dieses Verfahren hat [für die Medizin] große Bedeutung erlangt; wir konnten endlich Gewißheit über sein Schicksal e.

Erlaß, der: **1.a)** *behördliche Anordnung:* ein öffentlicher, amtlicher E.; ein E. des Ministers; einen E. herausgeben, befolgen. **b)** *das Anordnen, Verfügen:* er ist für den E. von Verordnungen zuständig. **2.** *Nachlaß, Befreiung von einer Verpflichtung:* den E. einer Schuld, einer Strafe beantragen.

erlassen: **1.** ⟨etwas e.⟩ *amtlich verkünden:* einen Befehl, ein Gesetz, eine Verordnung, eine Ver fügung e. **2.** ⟨jmdm. etwas e.⟩ *jmdn. von etwas entbinden:* ihm wurde seine Strafe, Schuld, die Steuer erlassen; man hat ihm den Rest der Strafe erlassen; es sei mir erlassen (geh.), darauf einzugehen.

erlauben: 1. ⟨jmdm. etwas e.⟩ *die Zustimmung zu etwas geben:* ich erlaubte ihm zu gehen; wir haben ihm erlaubt, die Reise mitzumachen; würden Sie mir eine Bemerkung e.? ⟨auch ohne Dativ⟩ meine Eltern würden das niemals e.; erlauben Sie, daß ich rauche?; Rauchen [ist hier] nicht erlaubt!; ⟨auch absolut⟩ erlauben Sie mal! (ugs.; *wie kommen Sie eigentlich dazu?*); Redensarten: was nicht verboten ist, das ist erlaubt; erlaubt ist, was gefällt; erlaubt ist, was sich ziemt. **2. a)** ⟨etwas erlaubt etwas⟩ *etwas läßt etwas zu:* der Stand der Arbeiten erlaubt keine Unterbrechung; ich werde kommen, wenn es meine Zeit, meine Gesundheit erlaubt. **b)** ⟨etwas erlaubt jmdm. etwas⟩ *etwas ermöglicht jmdm. etwas:* meine Mittel erlauben mir, ein Auto zu halten. **3.** ⟨sich (Dativ) etwas e.⟩ **a)** *sich die Freiheit nehmen, etwas zu tun:* er hat sich einen Scherz mit dir erlaubt; solche Frechheiten darfst du dir nicht noch einmal e.; darf ich mir eine Bemerkung, einen Vorschlag e.? **b)** *sich leisten:* er erlaubte sich eine Zigarette; diese teure Anschaffung kann ich mir nicht e.

Erlaubnis, die: *Zustimmung, Genehmigung:* jmdm. die E. zu etwas erteilen, verweigern; er ist ohne E. weggegangen; er hat den Wagen ohne die E. des Chefs, mit der E. des Chefs benutzt; um E. bitten; er bat um die E. zu rauchen.

erleben: 1. a) ⟨etwas e.⟩ *durch etwas betroffen und beeindruckt werden:* etwas Schreckliches, sehr Schönes, eine Überraschung, Enttäuschung e.; ich habe schon viel[es] erlebt, viel Schweres erlebt. **b)** ⟨jmdn., etwas e.⟩ *kennenlernen und auf sich wirken lassen:* etwas bewußt, intensiv (bildungsspr.) e.; ein Konzert, ein Fußballspiel e.; eine Landschaft, ein Abenteuer e.; ich habe diesen Schauspieler in vielen großen Rollen erlebt; so habe ich den Chef noch nie erlebt. **2.** ⟨etwas e.⟩ **a)** *an sich erfahren:* er hat einen glänzenden Aufstieg, eine Niederlage erlebt; das Stück erlebte die 50. Aufführung; ich habe dort die tollsten Sachen (ugs.) erlebt; hat man je so etwas erlebt! (ugs.) /*erstaunter, entrüsteter Ausruf*/; wer das behauptet, der kann [von mir] etwas e.! (ugs.) /*Drohung*/. **b)** *miterleben:* ich habe sein Jubiläum noch erlebt; ihren 90. Geburtstag hat sie nicht mehr erlebt; das möchte ich noch e.! * (ugs.:) **sein blaues Wunder erleben** (*eine böse Überraschung erleben*).

Erlebnis, das: *von jmdm. erlebtes Geschehen:* ein großes, nachhaltiges, aufregendes, schreckliches, trauriges, nettes E.; das E. der ersten Liebe; dieses E. hat lange nachgewirkt; diese Reise war ein E. [für mich]; ein E. haben, vergessen; seine Erlebnisse erzählen; er hatte dort ein E. mit einem jungen Mädchen; diese Reise ist mir zum E. geworden (geh.).

erledigen /vgl. erledigt/: **1. a)** ⟨etwas e.⟩ *ausführen, zu Ende führen:* einen Auftrag, ein Geschäft, eine Arbeit e.; die Formalitäten für jmdn. e.; Ihre Bestellung wird sofort erledigt; ich habe noch einiges, viel, eine Menge (ugs.) zu e.; die Sache ist erledigt! (ugs.; *darüber ist nicht mehr zu sprechen*). **b)** ⟨etwas erledigt sich⟩ *etwas klärt sich, kommt zum Abschluß:* die Sache erledigt sich hiermit, hat sich von selbst erledigt. **2.** (ugs.) ⟨jmdn. e.⟩ *besiegen, vernichten:* er hat den Gegner erledigt.

erledigt: 1. (ugs.) *erschöpft:* ich bin völlig e.; sie kam ganz e. heim. **2.** (veraltend) *nicht mehr besetzt:* ein erledigtes Amt; der Posten ist seit zwei Wochen e.

erlegen: 1. (geh.) ⟨ein Tier e.⟩ *mit einer Schußwaffe töten:* zwei Hasen e.; das erlegte Wild wird aufgebrochen. **2.** (veraltend; noch östr., schweiz.) ⟨etwas e.⟩ *zahlen:* einen Geldbetrag, die Gebühr, das Eintrittsgeld e.

erleichtern: 1. (veraltend) ⟨etwas e.⟩ *das Gewicht von etwas verringern:* das Gepäck e. **2. a)** ⟨etwas erleichtert etwas⟩ *etwas macht etwas einfacher, bequemer:* dieser Hinweis erleichtert das Verständnis; daß er mitmacht, erleichtert die Sache erheblich; ⟨etwas erleichtert jmdm. etwas⟩ ein Stipendium erleichterte ihm das Studium. **b)** ⟨jmdm., sich etwas e.⟩ *einfacher, bequemer machen:* ich wollte dir die Arbeit e.; du mußt versuchen, dir das Leben zu e. **3. a)** ⟨sich, etwas e.⟩ *von einer inneren Belastung befreien:* ich möchte mich, mein Gewissen e.; er atmete erleichtert auf; ⟨sich (Dativ) etwas e.⟩ ich will mir durch eine Aussprache, ein Geständnis das Herz, das Gewissen e.; **b)** (ugs.) ⟨sich e.⟩ *seine Notdurft verrichten:* er ging hinaus, um sich zu e. **4.** (ugs.; scherzh.) ⟨jmdn. um etwas e.⟩ *jmdm. etwas [heimlich] abnehmen:* sie erleichterten ihn um seine Brieftasche; der Betrüger hat mich um 100 Mark erleichtert.

erleiden ⟨etwas e.⟩: **1.** (geh.) *Leiden ausgesetzt sein:* er mußte viel Böses, große Schmerzen e. **2.** *Schaden zugefügt bekommen:* eine Niederlage, Schlappe (ugs.) e.; den Tod e.; die Truppe erlitt schwere Verluste; er erlitt eine Einbuße an Ansehen, Vermögen; /häufig verblaßt/ die Verhandlungen erleiden eine Unterbrechung (*werden unterbrochen*); einen Rückfall e. (*wieder krank werden*); der Dampfer erlitt Schiffbruch (*wurde durch die See zerstört, strandete*). * **[mit etwas] Schiffbruch erleiden** (*Mißerfolg haben*).

erlernen ⟨etwas e.⟩: *sich etwas durch Lernen aneignen:* ein Handwerk, eine Fremdsprache e.

erlesen (geh.): *ausgesucht, auserlesen:* erlesene Kostbarkeiten, Genüsse; erlesene Weine; wir trafen dort eine erlesene Gesellschaft.

erliegen: 1. a) ⟨jmdm., einer Sache e.⟩: *unterliegen, besiegt werden:* der feindlichen Übermacht, den Verlockungen, Versuchungen des Lebens e.; /oft verblaßt/ einer Täuschung e. (*sich täuschen [lassen]*); einem Einfluß e. (*sich beeinflussen lassen*). **b)** ⟨einer Sache e.⟩ *an etwas sterben:* er ist seinen Verletzungen, einem Versagen des Kreislaufs erlegen. * **zum Erliegen kommen** (*verschwinden; zusammenbrechen*): durch den Schneefall kam der ganze Verkehr zum Erliegen · **etwas zum Erliegen bringen** (*zum Stillstand bringen*): der Nebel brachte die Schiffahrt zum Erliegen.

erlogen ⟨in der Wendung⟩ das ist erstunken und erlogen (ugs.): *das ist eine ganz bewußte Lüge.*

erlöschen ⟨etwas erlischt⟩: **a)** *etwas hört auf zu brennen, zu leuchten:* die Kerze, das Feuer erlischt; die Lampe erlosch; der Vulkan ist erloschen; bildl. (geh.): sein Auge ist erloschen *(er ist gestorben)*. **b)** *etwas wird schwächer, läßt nach, klingt ab:* sein Haß, seine Liebe ist erloschen; jedes Gefühl für Anstand ist erloschen; mit erlöschender *(versagender)* Stimme sprechen. **c)** *etwas hört auf zu bestehen:* ein adliges Geschlecht, eine Familie erlischt *(stirbt aus)*; die Firma ist erloschen; das Konto, das Mandat, die Mitgliedschaft ist erloschen; der Anspruch erlischt nach 30 Jahren.

erlösen: 1. ⟨jmdn. e.⟩ *befreien, retten:* jmdn. aus großer Not, aus einer gefahrvollen Lage e.; erlöse uns von dem Bösen */Vaterunser/*; er wurde endlich erlöst, der Tod hat ihn von seinem Leiden erlöst (geh.; *er ist gestorben*); er sprach das erlösende *(klärende, befreiende)* Wort. **2.** (selten) ⟨etwas e.⟩ *durch Verkauf einnehmen:* er hat für den Schmuck, beim/aus dem Verkauf seiner Möbel nur wenig erlöst.

Erlösung, die: *Befreiung aus Bedrängnis:* die E. aus seiner Not, von seiner Qual, von seinen Schmerzen; der Tod war für den Kranken eine E.

ermächtigen ⟨jmdn. zu etwas e.⟩: *jmdm. ein bestimmtes Recht, eine Vollmacht erteilen:* er ist nicht zur Unterschrift, zum Abschluß eines Vertrages ermächtigt; die Regierung ermächtigte ihn, die Verhandlungen zu führen.

ermahnen ⟨jmdn. zu etwas e.⟩: *eindringlich an etwas erinnern:* jmdn. zur Pünktlichkeit, zur Vorsicht e.; ich ermahnte ihn, besonnen zu bleiben.

ermangeln: a) (geh.) ⟨einer Sache e.⟩: *etwas nicht haben:* der Vortrag ermangelte jeder Sachkenntnis. **b)** (Papierdt.) ⟨nicht e., etwas zu tun⟩ *etwas bestimmt tun:* ich werde nicht e., Sie rechtzeitig zu verständigen.

Ermangelung ⟨in der Verbindung⟩ in Ermangelung einer Sache (Papierdt.): *weil etwas fehlt:* in E. eines Besseren müssen wir mit dem Vorhandenen vorliebnehmen.

ermäßigen: a) ⟨etwas e.⟩ *senken, herabsetzen:* Beiträge, Steuern e.; für Geschwister wird das Schulgeld auf die Hälfte, um ein Drittel ermäßigt; ein Angebot zu stark ermäßigten Preisen. **b)** ⟨etwas ermäßigt sich⟩ *etwas wird niedriger, geringer:* bei Sammelbestellung ermäßigt sich der Preis um 10%.

ermessen (geh.) ⟨etwas e.⟩: *in seinem Ausmaß, in seiner Bedeutung erfassen und einschätzen:* das läßt sich leicht e., wenn ...; du kannst daran e., wie wertvoll mir diese Kritik ist.

Ermessen ⟨nur in bestimmten Wendungen⟩ **etwas in jmds. [freies] Ermessen stellen** *(etwas jmds. Entscheidung überlassen)* · **nach eigenem Ermessen** *(nach eigener Entscheidung)* · **nach menschlichem Ermessen** *(soweit man es beurteilen kann; aller Wahrscheinlichkeit nach)*.

ermitteln: a) ⟨jmdn., etwas e.⟩ *durch geschicktes Nachforschen feststellen:* den Täter e.; jmds. Aufenthaltsort, den Verbleib eines Gegenstandes e.; es läßt sich nicht e., ob und wann sie angekommen ist; Math., Statistik: einen Wert, den Durchschnitt e. *(errechnen)*; den ermittelten Wert einsetzen. **b)** (Rechtsw.) ⟨gegen jmdn. e.⟩ *die Untersuchung führen:* der Staatsanwalt ermittelt bereits gegen ihn.

ermöglichen: a) ⟨jmdm. etwas e.⟩ *jmdm. zu etwas verhelfen:* jmdm. eine Reise, einen Urlaub e.; sein Onkel ermöglichte ihm das Studium. **b)** ⟨etwas ermöglicht etwas⟩ *etwas macht etwas möglich:* die veränderte Situation ermöglichte die Aufnahme diplomatischer Beziehungen.

ermorden ⟨jmdn. e.⟩: *vorsätzlich töten:* jmdn. heimtückisch, brutal e.; er hat seine Frau aus Eifersucht ermordet; der Politiker ist von fanatischen Gegnern ermordet worden; man hat ihn e. lassen.

ermüden: 1. *müde, matt, schläfrig werden:* schnell e.; er kann stundenlang arbeiten, ohne zu e.; er war ermüdet von der langen/durch die lange Reise; ermüdet sank er aufs Bett. **2.** ⟨jmdn., etwas e.⟩ *müde, matt, schläfrig machen:* die Bahnfahrt, das viele Sprechen ermüdet mich; sein Vortrag war ermüdend.

ermuntern: 1. ⟨jmdn., etwas zu etwas e.⟩ *ermutigen; jmds. Lust zu etwas wecken;* jmdn. zur Arbeit, zu einem Entschluß e.; er sprach einige ermunternde Worte; sie blickte ihn ermunternd an. **2.** (veraltet) **a)** ⟨jmdn. e.⟩ *wach machen:* die frische Luft ermunterte ihn. **b)** ⟨sich e.⟩ *wach werden:* ich hatte Mühe, mich zu e.

ermutigen ⟨jmdn. e.⟩: *jmdm. Mut machen; jmdn. bestärken:* die Bevölkerung zum Widerstand e.; er ermutigte mich, die Arbeit fortzusetzen; ermutigende Worte; was er sagte, klang nicht gerade ermutigend.

ernähren ⟨jmdn., sich e.⟩: **1.** *mit Nahrung versorgen:* ein Kind, ein Kälbchen mit der Flasche e.; der Kranke wurde künstlich ernährt; er ernährt sich hauptsächlich von Obst *(sein Hauptnahrungsmittel ist Obst)*; das Kind ist schlecht ernährt. **2.** *für jmds. Lebensunterhalt sorgen:* er hat eine große Familie zu e.; dieser Beruf ernährt seinen Mann; von diesem Gehalt kann er sich kaum e.

ernennen: a) ⟨jmdn. zu etwas e.⟩ *jmdm. ein Amt geben:* jmdn. zum Beamten, zum Botschafter e.; er hat ihn zu seinem Nachfolger ernannt. **b)** ⟨jmdn. e.⟩ *den Inhaber eines Amtes bestimmen:* der Bundespräsident ernennt die Bundesminister.

erneuern ⟨etwas e.⟩: **1.a)** *gegen Neues auswechseln:* den Fußboden e.; die Reifen müssen erneuert werden. **b)** *wiederherstellen, renovieren:* ein Gemälde e.; das Gebäude mußte von Grund auf erneuert werden. **2.a)** *wieder beleben, wieder wirksam machen:* eine Bekanntschaft e.; wir haben die alte Freundschaft erneuert. **b)** *verlängern, wiederholen:* einen Paß, einen Vertrag e.; er erneuerte sein Versprechen.

erneut: *von neuem [auftretend]; nochmals:* ein erneuter Versuch; mit erneuter Kraft; es kam zu erneuten Kämpfen/e. zu Kämpfen zwischen den beiden Parteien; wir weisen e. darauf hin, daß ...

erniedrigen: 1. ⟨jmdn., sich e.⟩ *moralisch herabsetzen:* diese Arbeit erniedrigt ihn [zur Maschine]; durch eine solche Tat würdest du dich selbst e. **2.** (Musik) ⟨eine Note e.⟩ *um einen Halbton herabsetzen:* a wurde zu as erniedrigt.

ernst: 1. *von Ernst ergriffen; ohne Fröhlichkeit, nicht lachend:* ein ernstes Gesicht, eine ernste Miene machen; er ist ein ernster Mensch; ernste Dinge e. behandeln; ein ernstes Buch, Stück; sie wurde plötzlich e. *(sie hörte auf zu lachen)*. **2.** *eindringlich, gewichtig:* eine ernste Ermah nung; ernste Bedenken haben; ich muß einmal ein ernstes Wort mit dir reden; er nimmt seinen Beruf e. *(erfüllt ihn gewissenhaft)*. **3.** *aufrichtig; wirklich so gemeint:* das ist seine ernste Absicht; es ist ihm e. mit diesem Vorschlag; er meint es e.; diese Behauptung ist nicht [für] e. zu nehmen; das Kind will e. *(für voll)* genommen werden. **4.** *bedrohlich, gefahrvoll:* die Truppe erlitt ernste Verluste; die Lage ist sehr e.; sein Zustand ist e.; subst.: hoffentlich ist es nichts Ernstes.

Ernst, der: **1.** *ernsthafte Gesinnung oder Haltung:* ein feierlicher, ruhiger, strenger E.; der E. seiner Rede übertrug sich auf die Zuhörer; er ging mit großem E. an seine Aufgabe; er betreibt alles mit tierischem (ugs.; *sturem, humorlosem)* E. **2.** *aufrichtige Meinung, ernster Wille:* ist das dein E.? *(meinst du das wirklich so?)*; das kann doch nicht dein E. sein!; es ist mir [völlig] E./völliger E. damit; er hat allen Ernstes, in/mit vollem E. behauptet, daß ...; ich nehme seine Bemerkung nicht für E.; hast du das im E. gemeint? **3.** *[gewichtige] Wirklichkeit:* es wird E.; aus dem Spiel wurde [bitterer, blutiger] E.; den E. der Stunde fühlen; er hat den E. *(die Härte, Strenge)* des Lebens kennengelernt; (auch scherzh.:) bald kommst du in die Schule, dann beginnt der E. des Lebens. **4.** *Bedrohlichkeit, Gefährlichkeit:* jetzt erkannte er den E. der Lage. * **[mit etwas] Ernst machen** *(etwas verwirklichen, in die Tat umsetzen)*.

ernsthaft: 1. *nicht scherzend; sachlich:* ein ernsthafter Mann, Charakter; er braucht eine ernsthafte Tätigkeit; er ist mir zu e.; etwas e. meinen; e. mit jmdm. sprechen. **2.** *eindringlich, gewichtig:* eine ernsthafte Mahnung; ernsthafte Bedenken; die Arbeit zeigt ernsthafte Mängel. **3.** *wirklich so gemeint:* ein ernsthaftes Angebot; er hat ernsthafte Absichten *(er will das Mädchen heiraten)*. **4.** (selten) *sehr, gefährlich:* sie ist e. krank, erkrankt.

ernstlich: 1. *gewichtig, eindringlich:* ernstliche Bedenken haben; jmdn. e. ermahnen, bitten. **2.** *wirklich so gemeint:* das ist mein ernstlicher Wille; ich meine e., daß ... **3.** *sehr, gefährlich:* er ist e. krank, erkrankt; sein Plan kann uns nicht e. gefährden.

Ernte, die: **1.** *das Ernten:* die E. hat begonnen; bei der E. helfen; die Bauern sind bei/[mitten] in der E.; Sprichw.: ohne Saat keine E.; bildl. (geh.): der Tod hielt furchtbare, schreckliche, reiche E. **2.** *die reifen Feld- und Gartenfrüchte, die geerntet werden:* die E. einbringen, einfahren, abliefern, verkaufen; es gab dieses Jahr eine gute, reiche, schlechte E.; wir hatten nur mittlere Ernten an Getreide und Obst; das Unwetter vernichtete die ganze E. * (ugs.:) **jmdm. ist die ganze Ernte verhagelt** *(jmd. ist durch Mißerfolg niedergeschlagen)*.

ernten ⟨etwas e.⟩: *als Ertrag von Feld oder Garten einbringen:* Getreide, Obst, Kartoffeln e.; bildl.: die Früchte seiner Arbeit e.; er hat Anerkennung, Lob, Lorbeeren geerntet; er hat nur Undank, Spott geerntet; der Dirigent erntete *(bekam)* großen Applaus; Redensart: er erntet gern, wo er nicht gesät hat *(er sucht seinen Vorteil, wo andere die Mühe hatten)*; Sprichw.: wer Wind sät, wird Sturm ernten.

ernüchtern ⟨jmdn. e.⟩: **a)** *wieder nüchtern machen:* die frische Luft, der plötzliche Schreck ernüchterte ihn. **b)** *aus der Illusion in die enttäuschende Wirklichkeit zurückholen:* ihre kühle Begrüßung ernüchterte uns; ein ernüchterndes Erlebnis; seine Rede wirkte ernüchternd.

erobern: 1. ⟨etwas e.⟩ *durch eine militärische Aktion an sich bringen:* eine Festung, ein Land e. **2.** ⟨jmdn., etwas e.⟩ *für sich gewinnen:* eine Frau e.; die Industrie eroberte neue Märkte; sich (Dativ) die Sympathien der Zuhörer, die Herzen im Sturm e.

Eroberung, die: **1. a)** *das Erobern:* die E. einer Festung. **b)** *das Erlangen, Erringen:* die E. neuer Absatzmärkte. **2.** *das Eroberte:* das besiegte Land mußte alle Eroberungen herausgeben; (ugs.; scherzh.:) dieses Mädchen ist seine neueste E. * **Eroberungen machen** *(jmdn., etwas für sich gewinnen)* · (scherzh.:) **auf Eroberungen ausgehen** *(Verehrer, Frauen für sich zu gewinnen suchen)*.

eröffnen: 1. ⟨etwas e.⟩ *der Öffentlichkeit zugänglich machen:* ein Geschäft, eine Ausstellung; eine neue Verkehrslinie e. **2.** ⟨etwas e.⟩ *amtlich öffnen:* ein Testament e. **3.** ⟨etwas e.⟩ *mit etwas beginnen:* eine Sitzung, eine Diskussion e.; der Präsident eröffnete den Kongreß [um 10 Uhr]; der Ball wurde mit einer Polonaise eröffnet; eine Schachpartie e. *(die ersten Züge einleiten)*; die Feindseligkeiten e.; das Feuer [auf eine Stellung] e. *(zu schießen beginnen)*; Kaufmannsspr.: den Konkurs e.; ein Konto [bei der Bank] e. *(einrichten)*. **4.** (geh.) **a)** ⟨jmdm. etwas e.⟩ *mitteilen:* er eröffnete mir seine Absicht, seinen Plan; er eröffnete ihr, daß er auswandern wolle. **b)** ⟨sich jmdm. e.⟩ *jmdn. in eigener Sache ins Vertrauen ziehen:* er eröffnete sich seinem älteren Freunde. **5.** ⟨etwas eröffnet sich jmdm.⟩ *etwas wird jmdm. zugänglich:* in dieser Stellung eröffnen sich ihm glänzende Aussichten, Aufstiegsmöglichkeiten; eine völlig neue Welt eröffnete sich ihm.

erörtern ⟨etwas e.⟩: *eingehend besprechen; diskutieren:* eine Frage, einen Fall mit jmdm. e.; sie erörterten umständlich alle Möglichkeiten; ein Problem wissenschaftlich e. *(abhandeln)*.

Erörterung, die: *Diskussion; Untersuchung:* gründliche, endlose, fruchtlose Erörterungen; das bedarf keiner weiteren E.; er ließ sich auf keine E. ein.

erpicht ⟨in der Verbindung⟩ auf etwas erpicht sein (ugs.): *auf etwas versessen, begierig sein:* er ist aufs Geld e.; sie ist sehr darauf e., viel zu verdienen; er ist auf den Alkohol e. wie der Teufel auf eine arme Seele.

erproben ⟨jmdn., etwas e.⟩: *auf die Probe stellen:* ich will seinen Mut, seine Treue e.; das neue Verfahren muß noch erprobt werden; ein erprobtes *(bewährtes)* Mittel; er ist ein erprobter *(erfahrener)* Bergsteiger.

erquicken (geh.) ⟨jmdn., sich, etwas e.⟩: *neu beleben, stärken, erfrischen:* das Getränk erquickte ihn; der Regen hat die Erde erquickt; sie erquickten sich durch ein kühles Bad; ein erquickender Schlaf.

erraten ⟨jmdn., etwas e.⟩: *richtig vermuten, herausfinden:* jmds. Wunsch, seine Gedanken, seine Absicht erraten; du errätst es nicht; das war leicht, [nicht] schwer zu e.; sie hat den Absender richtig aus der Handschrift erraten.

erregen: **1.** ⟨jmdn., sich, etwas e.⟩ *jmds. Gefühle in Bewegung bringen; jmdn., sich aufregen:* dieser Brief erregte ihn, sein Gemüt; ich habe mich sehr darüber erregt; es erregte ihn, daß sie nicht antwortete; bildl.: der Sturm erregte die Wellen, das Meer: adj. Part.: ein erregendes Schauspiel; eine erregte Diskussion; man versuchte die erregten Gemüter, die erregte Menge zu beruhigen; sie war freudig, leidenschaftlich erregt. **2.** ⟨etwas e.⟩ *hervorrufen, bewirken:* etwas erregt Aufsehen, Staunen, Teilnahme, Mitleid, Bewunderung, Aufmerksamkeit, Mißfallen, Zorn, Neid, Haß, Verdruß, Zweifel; sein Betragen erregte Anstoß, öffentliches Ärgernis; seine Antwort erregte allgemeine Heiterkeit; ich wollte keinen Verdacht e.

Erregung, die: **1.** *das Erregen, Hervorrufen:* er wurde wegen E. öffentlichen Ärgernisses bestraft. **2. a)** *Aufregung:* der Arzt verbot mir jede E. **b)** *das Erregtsein:* eine heftige, starke, maßlose, furchtbare E.; er war, befand sich in einem Zustand höchster E.; sie geriet in E.; in größter E. trat er ins Zimmer; sie zitterte, bebte, war bleich, rot vor E.

erreichen: **1.** ⟨jmdn., etwas e.⟩: *mit ausgestrecktem Arm ergreifen:* er konnte das oberste Fach gerade noch, nicht mehr e. **2.** ⟨jmdn., etwas e.⟩ **a)** *zu jmdm., zu etwas hinkommen, gelangen:* das Ufer e.; ich erreichte den Zug, den Anschluß nicht mehr; das Telegramm, der Brief hat ihn noch rechtzeitig erreicht; der kleine Ort ist nur mit dem Auto zu e.; er hat ein hohes Alter erreicht *(ist sehr alt geworden);* ohne Fleiß ist das Klassenziel nicht zu e.; er erreicht seine Absicht nicht; das Hochwasser erreichte heute abend seinen höchsten Stand; der Zug erreichte eine Geschwindigkeit von 120 km/st; der Sturm erreichte Windstärke 10. **b)** *mit jmdm., mit etwas in Verbindung treten:* wie kann ich Sie e.?; ich bin telefonisch unter der Nummer ... zu e.; ich habe die Firma, das Büro nicht erreicht. **3.** ⟨etwas e.⟩ *durchsetzen, zustande bringen:* er hat alles erreicht, was er wollte; bei ihm wirst du [damit] nichts e.

erretten (geh.) ⟨jmdn. e.⟩: *retten:* jmdn. aus großer Not e.; ein Reich vor dem Untergang e.; er hat sie vor dem Ertrinken, er hat sie vom/vor dem Tode des Ertrinkens errettet.

errichten ⟨etwas e.⟩: *erbauen, aufrichten:* ein Gebäude, einen Turm, ein Denkmal e.; auf dem Marktplatz wurde eine Tribüne errichtet; Math.: auf einer Geraden die Senkrechte, das Lot e.; übertr.: eine Stiftung e. *(gründen).*

erringen ⟨etwas e.⟩: *im Kampf oder Wettstreit gewinnen:* den Sieg e.; einen Preis e.; Erfolge, einen Vorteil e.; diese Partei hat bei den Wahlen die Mehrheit errungen; im 100-m-Lauf errang er den 1. Platz; unser Klub will die Meisterschaft e.; ein hart errungener Sieg.

erröten: *im Gesicht rot werden:* vor Freude, Scham, Verlegenheit e.; über eine Bemerkung e.; er errötet leicht; sie errötete tief, bis in die Haarwurzeln; subst.: jmdn. mit etwas zum Erröten bringen.

Errungenschaft, die: *etwas, was durch große Anstrengung erreicht wurde:* eine E. der Forschung; die Fabrik ist mit den neuesten Errungenschaften der Technik ausgestattet.

Ersatz, der: **1. a)** *Person oder Sache, die eine andere Person oder Sache ersetzt:* ein vollwertiger, guter, ausreichender, schlechter, kümmerlicher E.; für den erkrankten Sänger mußte ein E. gefunden werden; wir brauchen E., müssen E. [be]schaffen, einen Ersatz ausfindig machen; er hat keinen brauchbaren, passenden E. zur Hand; er bekam ein neues Exemplar als E. für das beschädigte. **b)** *Entschädigung:* für einen Schaden E. fordern, verlangen; er muß für den Verlust E. leisten. **2.** (selten) *das Ersetzen:* der E. von Kohle durch Öl nimmt immer größeren Umfang an.

ersaufen: **1.** (derb) *ertrinken:* im Wasser e.; wenn der Damm bricht, müssen wir alle e. **2. a)** *überschwemmt werden:* der Acker, die Wiese ersäuft; Bergmannsspr.: der Schacht, die Grube ist ersoffen. **b)** (Techn.) *zuviel Kraftstoff bekommen:* der Motor ist ersoffen.

ersäufen ⟨jmdn., sich e.⟩: *ertränken:* junge Hunde, Katzen e.; (derb) er hat sich ersäuft *(im Wasser Selbstmord begangen).* * **etwas in/im Alkohol ersäufen** *(etwas beim Genuß von Alkohol zu vergessen suchen).*

erschallen ⟨etwas erschallt⟩: *etwas ertönt laut:* Gelächter, ein Lied erschallt; die Trompete erscholl/erschallte; der Ruf nach Freiheit ist erschallt/erschollen.

erscheinen: **1.** ⟨gewöhnlich mit Raumangabe⟩ **a)** *sichtbar werden, in jmds. Blickfeld treten:* auf dem Bildschirm, auf der Leinwand e.; die Küste erschien am Horizont; an den Obstbäumen erscheinen schon die ersten Blüten; ⟨jmdm. e.⟩ im Traum erschien ihm der Geist seines Vaters. **b)** *auftreten, sich einfinden:* als Zeuge vor Gericht e.; er erschien in Begleitung seiner Frau; er ist heute nicht zum Dienst erschienen; subst.: er dankte den Zuhörern für ihr zahlreiches Erscheinen. **2.** ⟨etwas erscheint⟩ *etwas wird herausgegeben, veröffentlicht:* eine Rede im Druck e. lassen; die Zeitschrift erscheint monatlich; sein neuer Roman ist soeben erschienen; subst.: das Buch war gleich nach [seinem] Erscheinen vergriffen. **3.** ⟨jmdm. e.; mit Artangabe⟩ *sich jmdm. in bestimmter Weise darstellen:* seine Erklärung erscheint mir unverständlich, merkwürdig, sonderbar, seltsam; es erscheint uns wünschenswert, wenn ...; ⟨auch ohne Dativ⟩ die Sache erscheint jetzt in anderem Licht *(stellt sich jetzt anders dar);* er bemüht sich, ruhig zu e. – Hochsprachlich nicht korrekt ist die Verbindung von „erscheinen" mit dem Infinitiv, also nicht: das erscheint mir nötig zu sein * (ugs.:) **auf der Bildfläche erscheinen** *([plötzlich] auftauchen, herbeikommen).*

Erscheinung, die: **1.** *wahrnehmbarer Vorgang:* eine meteorologische E.; das ist eine typische E. unserer Zeit; es ist eine bekannte, eigentümliche E., daß ...; eine E. beobachten, beschreiben, erklären; krankhafte Erscheinungen feststellen. **2.** *Gestalt:* er ist eine elegante, glänzende, stattliche E.; in ihrer äußeren E., ihrer äußeren E. nach ist sie unansehnlich. **3.** *Vision:* sie hat Erscheinungen; er starrte mich an wie eine E. * **in Erscheinung treten** *(erscheinen; sichtbar, erkennbar werden)* · (Rel.:) **Fest der Erscheinung Christi** *(Epiphanias).*

erschießen ⟨jmdn., sich e.⟩: *mit einer Schußwaffe töten:* einen Spion e.; er wurde standrechtlich, auf der Flucht, von hinten erschossen; e hat sich [mit einer Pistole] erschossen *(Selbstmord begangen);* das verletzte Pferd mußte erschossen werden. * (ugs.) **erschossen sein [wie Robert Blum]** *(am Ende seiner Kräfte, völlig erschöpft sein).*

erschlagen: a) ⟨jmdn. e.⟩ *durch einen oder mehrere Schläge töten:* er hat ihn mit einem Hammer erschlagen; der Vermißte wurde erschlagen aufgefunden: adj. Part.: ich fühle mich wie erschlagen *(sehr matt, todmüde);* nach der langen Reise waren wir ganz erschlagen; er war geradezu erschlagen *(fassungslos),* als er das hörte. **b)** ⟨etwas erschlägt jmdn.⟩ *etwas tötet jmdn. durch Herabstürzen:* herabfallende Dachziegel erschlugen einen Passanten; er wurde von einem Baum erschlagen, vom Blitz erschlagen.

erschleichen: ⟨sich (Dativ) etwas e.⟩: *sich hinterlistig verschaffen:* sich ein Amt, einen Vorteil, das Vertrauen eines Vorgesetzten e.; du hast dir diese Erbschaft erschlichen.

erschließen: 1. ⟨etwas e.⟩ **a)** *zugänglich machen:* ein Reisegebiet durch Verkehrsmittel e.; ein Gelände für die Bebauung e.; ausländische Märkte e.; übertr.: jmdm. sein Herz, ein Geheimnis e. **b)** *nutzbar machen:* neue Einnahmequellen e.; Bodenschätze e. **2.** ⟨etwas erschließt sich⟩ **a)** (geh.) *etwas öffnet sich:* die Knospe, Blüte erschließt sich. **b)** *etwas wird zugänglich, verständlich:* diese Dichtung erschließt sich sehr schwer, nur dem geduldigen Leser. **3.** ⟨etwas e.⟩ *durch logische Schlüsse ermitteln:* einen Urtext aus der Überlieferung e.; die Bedeutung eines Wortes e.; adj. Part.: eine erschlossene *(nicht belegte)* Wortform.

erschöpfen: 1.a) ⟨etwas e.⟩ *völlig verbrauchen:* seine Kräfte, Mittel, Reserven e.; adj. Part.: eine erschöpfende *(nichts auslassende)* Auskunft; ein Thema erschöpfend *(alles erfassend)* behandeln; meine Kasse, mein Lager ist erschöpft; alle Vorräte, Mittel, Möglichkeiten sind erschöpft; meine Geduld ist nahezu erschöpft. **b)** (geh.) ⟨etwas erschöpft sich in etwas⟩ *etwas geht nicht über etwas hinaus:* seine Ausführungen erschöpften sich in der Feststellung, daß ...; mein Auftrag erschöpft sich darin, die Briefe zu registrieren. **2.** ⟨jmdn., sich e.⟩ *bis zur Kraftlosigkeit ermüden:* die Anstrengung, der Marsch erschöpfte ihn völlig; er erschöpfte sich in fruchtlosen Bemühungen; adj. Part.: in völlig erschöpftem Zustand; er war vor Hunger, von der Hitze, durch die Strapazen ganz erschöpft.

erschrecken: *einen Schrecken bekommen:* **a)** heftig, furchtbar, zu Tode e.; warum erschrickst du davor?; erschrick bitte nicht, wenn ...; ich erschrak über sein Aussehen, bei dieser Nachricht; ich war ehrlich erschrocken, als ich das hörte; erschrocken sprang sie auf. **b)** (ugs.; landsch.) ⟨sich e.⟩ ich erschrak mich/erschreckte mich, als ich ihn sah; wie habe ich mich erschrocken/erschreckt!

erschrecken ⟨jmdn. e.⟩: *in Angst, Schrecken versetzen:* jmdn. heftig, zutiefst, furchtbar e.; laß das, du erschreckst ihn nur!; die Explosion erschreckte die Bevölkerung; sein Aussehen hat mich erschreckt; die Seuche nimmt erschreckende Ausmaße an; sie sieht erschreckend blaß aus; die Tauben flogen erschreckt auf.

erschüttern: 1. ⟨etwas e.⟩ **a)** *in zitternde, wankende Bewegung bringen:* das Erdbeben erschütterte die Stadt; die Luft wurde von einer Detonation erschüttert; bildl.: schwere Unruhen erschütterten den Staat. **b)** *in Frage stellen, schädigen:* einen Beweis e.; dieser Vorfall hat sein Ansehen erschüttert; meine Überzeugung, mein Glaube, Vertrauen ist erschüttert. **2.** ⟨jmdn. e.⟩ *im Innersten ergreifen:* der Tod des Freundes erschütterte ihn tief; (ugs.) ihn kann so leicht nichts e. *(aus der Fassung bringen);* eine erschütternde Nachricht; ich bin erschüttert von diesem Erlebnis; über etwas erschüttert sein; das Resultat ist nicht erschütternd (ugs.; *ohne Bedeutung*).

Erschütterung, die: **1.** *heftig rüttelnde Bewegung:* die E. des Erdbodens; durch die ständigen Erschütterungen haben sich Risse gebildet; bildl.: der Staat hat eine schwere E. durchgemacht. **2.** *tiefe Ergriffenheit:* er konnte seine E. kaum verbergen; sein Tod löste allgemeine, tiefe E. aus; stumm, weinend vor E. stand er da.

erschweren: a) ⟨etwas erschwert etwas⟩ *etwas macht etwas schwierig:* Glatteis erschwert das Fahren; seine starre Haltung erschwert die Verhandlungen; ⟨etwas erschwert jmdm. etwas⟩ der Nebel erschwerte uns die Orientierung; dein Verhalten erschwert es mir, dir zu helfen; erschwerende Umstände. **b)** ⟨jmdm., sich etwas e.⟩ *Schwierigkeiten bei etwas bereiten:* jmdm. die Arbeit, den Überblick e.; sie hat uns das Zusammenleben sehr erschwert; du erschwerst dir damit nur deine Aufgabe.

erschwinglich: *finanziell zu bewältigen:* kaum erschwingliche Preise; die Kosten für einen Urlaub sind dort noch e.

ersehen ⟨etwas aus etwas e.⟩: *erkennen, schließen:* aus deinem Brief ersehe ich, daß du ...; aus den Akten läßt sich nichts e.

ersetzen: 1. ⟨jmdn., etwas e.⟩ **a)** *für jmdn., für etwas Ersatz schaffen:* eine Glühbirne, die abgefahrenen Reifen e.; in jeder Mannschaft mußte ein Spieler ersetzt werden; bis zu einem gewissen Grade läßt sich Talent durch Fleiß e. **b)** *an die Stelle einer Person oder Sache treten:* den Verstorbenen wird niemand leicht e. können. **2.** ⟨jmdm. etwas e.⟩ *erstatten, wiedergeben:* jmdm. seine Auslagen, Kosten, einen Schaden, Verlust e.; ⟨auch ohne Dativ⟩ die Fahrtkosten werden ersetzt.

ersichtlich: *erkennbar, deutlich:* ohne ersichtlichen Grund; die Vorteile sind klar e.; es machte ihm e. Mühe zu schreiben; aus dem Brief ist e. *(kann man ersehen),* daß ...; es ist nicht e., ob er kommt.

ersinnen (geh.) ⟨etwas e.⟩: *erfinden, sich ausdenken:* eine Geschichte e.; eine Ausrede, Lüge e.; der Plan ist raffiniert ersonnen.

erspähen ⟨jmdn., etwas e.⟩: *spähend erblicken:* Wild, den Feind e.; übertr.: er erspähte (geh.; *entdeckte*) eine günstige Gelegenheit.

ersparen: 1. ⟨etwas e.⟩ *durch Sparen zusammentragen, erwerben:* ein Vermögen, einen Notpfennig e.; ich habe mir etwas Geld erspart; erspartes Geld. **2.** ⟨jmdm., sich etwas e.⟩ *Unangenehmes, eine Mühe fernhalten:* ich möchte ihm die Aufregung, den Ärger e.; diesen Vorwurf kann ich Ihnen nicht e.; du hättest dir diese Enttäuschung, die Mühe, den Verdruß e. können, wenn ...; ersparen Sie mir die Einzelheiten!; ihm ist nichts *(keine Mühe, kein Unglück)* erspart geblieben; es bleibt einem nichts erspart (ugs., iron.; *man muß auch das noch auf sich nehmen*).

Ersparnis, die: **1.** *das Ersparen; Einsparung:* der neue Entwurf bringt eine E. von mehreren tausend Mark. **2.** ⟨Plural⟩ *ersparte Summe:* er besitzt beträchtliche Ersparnisse; seine Ersparnisse angreifen, aufbrauchen, verlieren; er hat die alten Leute um alle ihre Ersparnisse gebracht.

erst ⟨Adverb⟩: **1.** *zuerst:* e. kommst du an die Reihe, dann die anderen; sprich e. mit deinem Arzt; komm e. einmal zu mir, ehe du ...; Redensarten: erst wägen, dann wagen!; erst die Arbeit, dann das Vergnügen; /abgeschwächt/ wenn du erst einmal so alt bist wie ich; wäre ich doch e. daheim!; der soll e. noch geboren werden, der das kann. **2. a)** *nicht eher als:* er kam e. um 10 Uhr; er kam e., als alles vorbei war; sie ist eben e. eingetreten; ich schreibe ihm e. nach dem Fest wieder; er kommt e. morgen. **b)** *nicht mehr als:* er ist e. 10 Jahre alt; es ist e. 9 Uhr; ich habe e. 30 Seiten gelesen; er hat e. halb soviel bekommen wie du. **c)** /steigernd, verstärkend/: er ist schon frech, aber e. sein Bruder!; was wird er e. sagen, wenn er uns so sieht!; dann ging es e. richtig los; nun e. recht! *(nun gerade!)*.

erstarren: 1. ⟨etwas erstarrt⟩ **a)** *etwas wird fest, hart:* die glühende Masse erstarrt sehr schnell; das Wasser erstarrt zu Eis; erstarrte Lava; bildl.: bei diesem grauenhaften Anblick erstarrte ihm das Blut in den Adern. **b)** (geh.) *etwas verliert jedes Leben:* ihre Unterhaltung erstarrte zu bloßen Höflichkeitsformeln; das gesellschaftliche Leben war in Konventionen erstarrt. **2.** *steif, unbeweglich werden:* meine Finger sind ganz erstarrt [vor Kälte]; er war in dem schneidenden Wind fast zu Eis erstarrt; erstarrte Glieder. **3.** *plötzlich eine starre Haltung annehmen:* er erstarrte vor Schreck, vor Entsetzen; sie blieb erstarrt sitzen; sie erstarrten in Ehrfurcht *(wurden von großer Ehrfurcht ergriffen);* sein Lächeln erstarrte. * **zur Salzsäule erstarren** *(plötzlich völlig starr werden, unbeweglich dastehen)*.

erstatten ⟨etwas e.⟩: **1.** *zurückzahlen, ersetzen:* alle Auslagen, Unkosten werden erstattet; ⟨jmdm. etwas e.⟩ die Firma erstattete ihm das Fahrgeld. **2.** (nachdrücklich; z. T. Amtsdt.) *geben, machen:* Meldung e.; einen Bericht e.; Anzeige gegen jmdn. e. *(jmdn. anzeigen);* ⟨jmdm. etwas e.⟩ der Minister erstattete dem Kanzler, dem Kabinett Bericht über seine Verhandlungen.

erstaunen: 1. ⟨etwas erstaunt jmdn.⟩ *etwas erregt Bewunderung oder Befremden bei jmdm.:* ihr Verhalten hat mich sehr erstaunt; das erstaunt mich nicht weiter *(das wundert mich nicht)*. **2.** ⟨gewöhnlich im 2. Part.⟩ *staunen, sich wundern:* sie erstaunte über diesen Bericht (veraltend); erstaunte Blicke; ich war darüber erstaunt; er sah mich erstaunt an; baß erstaunt sein (scherzh.; *sehr verwundert sein*); subst.: jmdn. in Erstaunen versetzen; das setzt mich in Erstaunen; zu meinem [großen, größten] Erstaunen ist er noch hier.

erstaunlich: 1. *Erstaunen, Bewunderung erregend:* eine erstaunliche Begebenheit, Leistung; es ist e., wie er das macht; subst.: er hat Erstaunliches geleistet. **2. a)** *sehr groß:* das Flugzeug hat eine erstaunliche Geschwindigkeit. **b)** /verstärkend/ *sehr:* er ist e. abgemagert; sie sieht e. jung aus; er kam e. schnell zurück.

erste (Ordinalzahl): **a)** *in einer Reihe oder Folge den Anfang bildend:* der e. von rechts; die ersten beiden (einer Gruppe); die beiden ersten (von zwei Gruppen), du bist nicht der e., der das sagt; das ist das e., was ich höre; als erstes *(zuerst)* möchte ich bemerken, daß ...; zum ersten, zum zweiten, zum dritten! */Ruf des Auktionators/;* die ersten Blumen; das erste Grün; er hat immer das e. Wort; du hast den ersten Zug (beim Spiel); das Kind macht schon die ersten Schritte; er muß den ersten Schritt zur Versöhnung tun; sie spielt in der Gesellschaft die e. Rolle; er hat seine e. Liebe geheiratet; ein Stern erster Größe; am ersten (1.) Juli reist er ab; die Meldung steht auf der ersten Seite; das war Liebe auf den ersten Blick; ich komme bei erster/bei der ersten *(nächsten)* Gelegenheit vorbei; im ersten Stock wohnen; im ersten Rang gewinnen; einen Prozeß in erster Instanz verlieren; der Brief kam mit der ersten Post; zum ersten Male; subst.: am Ersten [des Monats] trete ich meine Stellung an. **b)** *nach Rang und Qualität am besten:* er ist eine e. Kraft; das e. Haus, Hotel am Platze; die Strümpfe sind e. Wahl; erster Klasse fahren; zur ersten Garnitur gehören; subst.: der Erste *(Beste)* der Klasse; er ging als Erster *(als Sieger)* durchs Ziel. * **der, die, das erste beste** *(der, die, das zunächst sich Anbietende):* er ergriff die erste beste Gelegenheit · **die Erste Hilfe** *(erste, vorläufige Hilfe bei Unfällen, bis der Arzt kommt)* · (ugs.:) **die erste Geige spielen** *(die führende Rolle innehaben)* · **aus erster Hand: a)** *(aus bester Quelle, authentisch)*. **b)** *(vom ersten Besitzer):* einen Gebrauchtwagen aus erster Hand kaufen · **fürs erste** *(zunächst, vorläufig)* · **in erster Linie** *(vor allem)*.

erstehen: 1. (geh.) *auferstehen, von neuem entstehen:* Verfallenes, Vergangenes ersteht zu neuem Leben; das zerstörte Schloß war in alter Pracht erstanden. **2.** (geh.) ⟨etwas ersteht aus etwas⟩ *etwas entsteht:* aus diesem Vorfall sind Schwierigkeiten erstanden; ⟨etwas ersteht jmdm. aus etwas⟩ daraus werden uns nur Unannehmlichkeiten e. **3.** ⟨etwas e.⟩ *mit Glück, Mühe käuflich erwerben:* das Buch habe ich billig im Antiquariat erstanden; er hat noch drei Eintrittskarten erstanden.

ersteigen ⟨etwas e.⟩: *auf etwas steigen:* eine Mauer, einen Turm, einen Berg e.; bildl. (geh.): er hat die höchsten Stufen des Ruhms erstiegen.

ersteigern ⟨etwas e.⟩: *bei einer Versteigerung erwerben:* ein Gemälde, einen Barockschrank e.

erstellen (Papierdt.) ⟨etwas e.⟩: **1.** *bauen, errichten:* ein Gebäude, Wohnungen e.; das Stadion wurde aus Landesmitteln, mit Unterstützung des Bundes erstellt. **2.** *anfertigen:* ein Gutachten, einen Plan e.

erstens ⟨Adverb⟩: *als erstes, an erster Stelle:* e. möchte ich sagen, daß ..., dann ...; e. habe ich kein Geld, zweitens keine Zeit, drittens ...

erstere: *der, die, das erstgenannte von zweien:* er hatte zwei Töchter, Elke und Silke, e. verheiratete sich, letztere blieb ledig; du kannst baden oder spazierengehen, ich ziehe das e. vor.

ersticken: 1. *durch Mangel an Luft sterben:* das Kind ist an einem Pfirsichkern erstickt; er erstickte in dem engen Behälter; sie wäre fast erstickt vor Lachen *(sie mußte übermäßig lachen);* bildl.: ich ersticke in der Arbeit; er sprach mit erstickter *(vor Angst, Kummer kaum hörbarer)* Stimme. **2. a)** ⟨jmdn. e.⟩ *durch Entziehen der Luft töten:* sie erstickte den Säugling mit einem Kissen; es ist erstickend heiß. **b)** ⟨etwas e.⟩ *ausmachen, löschen:* er erstickte die Flammen mit einer Decke; übertr.: das Unkraut erstickt die Saatpflanzen *(läßt sie nicht wachsen)*; der Aufruhr wurde im Blut erstickt *(blutig niedergeschlagen)*. * **etwas im Keim[e] e.** *(etwas schon beim Entstehen unterdrücken)*.

erstklassig: *ausgezeichnet, von bester Qualität:* eine erstklassige Arbeit; Unterkunft und Verpflegung waren e.; das Hemd ist e. gearbeitet.

erstrecken: 1. ⟨etwas erstreckt sich; mit Raum- oder Zeitangabe⟩ *etwas hat eine bestimmte Ausdehnung oder Dauer:* der Wald erstreckt sich bis zur Stadt; seine Forschungen erstreckten sich über zehn Jahre. **2.** ⟨etwas erstreckt sich auf jmdn., auf etwas⟩ *etwas betrifft, bezieht sich auf jmdn., auf etwas:* seine Kritik erstreckt sich auch hierauf; die Vorschriften erstrecken sich auch auf Ausländer.

erstunken ⟨in der Wendung⟩ das ist erstunken und erlogen (ugs.): *das ist eine ganz bewußte Lüge.*

ersuchen (geh.) ⟨jmdn. um etwas e.⟩: *höflich und nachdrücklich bitten:* jmdn. um eine Gefälligkeit, um eine Aussprache e.; ich ließ ihn dringend e. zu kommen; ich ersuche Sie, mir bald Bescheid zu geben; subst. Inf.: ein Ersuchen [um schleunige Hilfe] an jmdn. richten; dies geschah auf sein Ersuchen hin.

ertappen: a) ⟨jmdn. e.⟩ *bei verbotenem Tun überraschen:* er ertappte den Schüler beim Abschreiben; der Dieb wurde [auf frischer Tat] ertappt; ein ertappter Sünder (scherzh.). **b)** ⟨sich bei etwas e.⟩ *plötzlich merken, daß man etwas [Unrechtes] denkt, etwas möchte:* er ertappte sich bei dem Gedanken, Wunsch, das Bild an sich zu bringen.

erteilen ⟨jmdm. etwas e.⟩: *zukommen lassen, zuteilen:* jmdm. einen Rat, Befehl, eine Auskunft e., einen Denkzettel e.; dem Schüler wurde ein Verweis erteilt; dem Vorstand wurde Entlastung erteilt *(er wurde entlastet)*; ⟨auch ohne Dativ⟩ er erteilt keinen Unterricht mehr *(er unterrichtet nicht mehr)*.

ertönen: a) ⟨etwas ertönt⟩ *etwas wird laut, erklingt:* Musik ertönte; seine Stimme ertönt; der Dampfer ließ seine Sirene e. **b)** (geh.) ⟨etwas ertönt von etwas⟩ *etwas wird von Klängen, von Lärm erfüllt:* der Wald ertönte von frohen Liedern, von Kindergeschrei.

Ertrag, der: **a)** *bestimmte Menge [in der Landwirtschaft] erzeugter Produkte:* die Erträge aus dem Getreidebau steigen, nehmen ab; der Acker bringt, liefert gute, reiche, magere Erträge; wir müssen den E. steigern, höhere Erträge erzielen. **b)** *Einnahme, Gewinn:* der E. eines Geschäfts, Unternehmens; seine Häuser werfen gute Erträge ab; er lebt vom E. seines Kapitals.

ertragen ⟨etwas e.⟩: *etwas Quälendes oder Lästiges hinnehmen und aushalten:* Beschwerden, Leiden e.; sie ertrug tapfer alle Schmerzen; er kann den Anblick, den Gedanken, die Ungewißheit nicht e.; sie konnte die Schande nicht länger e.; seine Launen sind kaum zu e.

erträglich: a) *so beschaffen, daß es sich aushalten läßt:* der Schmerz, die Hitze ist [noch] e.; man muß versuchen, ihr Leben erträglicher zu gestalten. **b)** *nicht besonders schlecht; mittelmäßig:* er hat dort ein erträgliches Auskommen; es ging ihm e.

ertränken ⟨jmdn., sich e.⟩ *durch Untertauchen im Wasser töten:* sie ertränkte die jungen Katzen im Teich; er hat sich [aus Liebeskummer] ertränkt. * **etwas in/im Alkohol ertränken** *(etwas beim Genuß von Alkohol zu vergessen suchen)*.

ertrinken: *im Wasser ums Leben kommen:* der Junge ertrank beim Baden; bei dem Hochwasser sind viele Menschen, ist viel Vieh ertrunken; bildl.: die Landschaft ertrank im Regen; subst. Inf.: jmdn. vor dem Tod des Ertrinkens retten.

erübrigen: 1. ⟨etwas e.⟩ *durch Sparsamkeit gewinnen; übrigbehalten:* Geld, Lebensmittel e.; einen größeren Betrag e.; können Sie etwas Zeit, eine Stunde für mich e.? *(haben Sie Zeit für mich?)*. **2.** ⟨etwas erübrigt sich⟩ *etwas ist überflüssig:* es erübrigt sich, näher darauf einzugehen; weitere Nachforschungen erübrigen sich. *(Papierdt.; veraltend:) **es erübrigt noch ...** *(es ist noch erforderlich...)*: es erübrigt noch, über folgendes zu sprechen.

erwachen (geh.): **a)** *aufwachen, wach werden:* aus dem Schlaf, aus einem Traum, aus einer tiefen Ohnmacht e.; ich bin von dem Lärm erwacht; als er erwachte, war es heller Tag; bildl.: aus seinen Träumen, aus seiner Gleichgültigkeit e.; die Natur, der Tag erwacht [zu neuem Leben]. **b)** ⟨etwas erwacht⟩ *etwas regt sich in jmdm.:* sein Gewissen erwachte; ihr Ehrgeiz, ihre Neugier ist plötzlich erwacht.

[1]erwachsen: 1. a) ⟨etwas erwächst aus etwas⟩: *etwas entsteht, entwickelt sich:* aus dieser Erkenntnis erwuchs die Forderung nach Reformen. **b)** ⟨etwas erwächst jmdm., einer Sache aus etwas⟩ *etwas ergibt sich für jmdn., für etwas:* daraus kann ihm Schaden, Nutzen e.; dem Staat erwachsen aus diesen Maßnahmen neue Ausgaben. **2.** (veraltend) *heranwachsen:* der Steckling ist zu einem kräftigen Bäumchen erwachsen.

[2]erwachsen: *dem Jugendalter entwachsen; volljährig:* er hat drei erwachsene Töchter; seine Kinder sind bald e.; er benimmt sich schon sehr e.; subst.: der Film ist nur für Erwachsene freigegeben.

erwägen ⟨etwas e.⟩: *prüfend durchdenken:* einen Vorschlag ernsthaft, reiflich, gründlich e.; der Plan wurde sorgfältig erwogen; ich erwog lange, ob ich ihm schreiben sollte; es bleibt zu e., ob ...; er erwog, den Vertrag zu kündigen.

Erwägung, die: *prüfende Überlegung:* politische nüchterne Erwägungen; Erwägungen über etwas anstellen; etwas aus gesundheitlichen Erwägungen nicht tun; in der E., daß ...; in der E. dessen, was er gesagt hat. * (nachdrücklich:) **etwas in Erwägung ziehen** *(etwas erwägen)*.

erwähnen ⟨jmdn., etwas e.⟩: *beiläufig nennen, kurz von etwas sprechen:* etwas mit keiner Silbe, mit keinem Wort, nur nebenbei e.; er hat dich in seinem Brief ausdrücklich, lobend erwähnt; davon hat er nichts, kein Wort erwähnt; ich vergaß zu e., daß ...; der Ort wird im 9. Jahrhundert zuerst erwähnt; adj. Part.: die eben, schon, vorhin, oben erwähnten Männer; wie oben, früher erwähnt, war er ...

Erwähnung, die: *das Erwähnen:* etwas findet, verdient [keine] E.; der Architekt erhielt bei dem Wettbewerb eine ehrende, ehrenvolle E.; jmds., einer Sache E. tun ⟨Papierdt.; *jmdn., etwas erwähnen*⟩; die Sache ist nicht der E. wert (geh.).

erwärmen: 1. a) ⟨etwas e.⟩ *wärmer machen:* Wasser auf 40 Grad e.; die Heizung erwärmt das Zimmer [nicht genug]; ⟨jmdm. etwas e.⟩ übertr.: der Anblick erwärmte mir das Herz *(machte mich froh)*. **b)** ⟨etwas erwärmt sich⟩ *etwas wird warm:* die Luft, die Erde erwärmt sich allmählich. **2.** ⟨sich für etwas e.⟩ *etwas sympathisch finden:* sich für einen Gedanken, eine Idee e.; ich kann mich für diese Sache nicht e.

erwarten: 1. ⟨jmdn., etwas e.⟩ *dem Eintreffen einer Person oder Sache mit Spannung entgegensehen:* etwas ungeduldig, unruhig, sehnlich e.; Besuch, Gäste, einen Freund e.; Post e.; die Kinder können die Ferien kaum e.; wir erwarten jeden Tag seine Rückkehr; ich erwarte dich um 8 Uhr am Eingang; sie erwartet ein Kind [von ihm] *(sie ist schwanger)*; **2. a)** ⟨etwas e.⟩ *für sehr wahrscheinlich halten, mit etwas rechnen:* ich habe viel Gutes zu e.; von ihm ist nichts Besseres zu e.; es steht zu e. (geh.), daß die Regierung zurücktritt; das habe, hätte ich allerdings nicht erwartet; subst. Inf.: es ist wider Erwarten *(überraschenderweise)* gut abgelaufen; der Urlaub war über Erwarten *(mehr, als man erwarten durfte)* schön. **b)** (geh.) ⟨sich (Dativ) etwas von etwas e.⟩ *sich etwas von etwas versprechen:* ich erwarte mir viel, sehr wenig von diesem Unternehmen.

Erwartung, die: **1.** *gespanntes Warten auf jmdn. oder etwas:* er war voll[er] E.; er verbrachte den Tag in gespannter, froher, freudiger, ängstlicher, banger E.; er lebt in E. des Todes. **2.** *vorausschauende Vermutung, Hoffnung:* falsche, übertriebene, hochgespannte, allzuhoch gespannte Erwartungen hegen; Erwartungen auf etwas setzen; sie hat unsere Erwartungen erfüllt, enttäuscht, nicht gerechtfertigt, übertroffen; ich sah [alle] meine Erwartungen erfüllt; das bestätigt, bestärkt meine Erwartungen, entspricht ganz meiner E.; der Minister gab der E. Ausdruck, sprach die E. aus, daß ...; er hat sich in seinen Erwartungen getäuscht; in der E. *(indem ich hoffe)*, daß ...

erwecken: 1. (geh.; veraltend) ⟨jmdn., etwas e.⟩ *aufwecken:* jmdn. aus tiefstem, vom tiefsten Schlaf e.; jmdn. vom Tode, von den Toten e. (ins Leben zurückrufen); übertr.: alte Bräuche wieder zum Leben e. *(wiederaufleben lassen)*. **2.** ⟨etwas e.⟩ *erregen, wachrufen:* Mitleid, Liebe, Sehnsucht, Furcht, Haß, Zweifel, Hoffnung e.; dieser Brief erweckte meinen Argwohn; sein Besuch erweckte wehmütige Erinnerungen in mir; das erweckt den Anschein, als ob er Bescheid wüßte, als wolle er sich der Verantwortung entziehen.

erwehren (geh.) ⟨sich jmds., einer Sache e.⟩: *jmdn., etwas abwehren, fern-, zurückhalten:* er mußte sich der beiden Angreifer, des Ansturms der Autogrammjäger e.; sie konnte sich der Tränen, eines Lächelns nicht e.; ich kann mich des Eindrucks, der Vorstellung nicht e., daß ...

erweichen: 1. ⟨jmdn., etwas e.⟩ *milde stimmen:* ich ließ mich durch seine Bitten [nicht] e.; könnte ich doch ihr Herz, ihren Sinn e.! **2.** (Fachspr.) ⟨etwas e.⟩ *weich, plastisch machen:* Lack, eine Faser e.

erweisen: 1. ⟨etwas e.⟩ *nachweisen:* etwas als falsch e.; der Prozeß hat ihre Unschuld erwiesen; es ist noch nicht erwiesen, ob er recht hat; er wurde wegen erwiesener Unschuld freigesprochen. **2.** ⟨sich e.; mit Artangabe⟩ *sich zeigen, sich herausstellen:* du hast dich als ehrenhafter Mann erwiesen; die Nachricht erwies sich als wahr, als falsch, als Irrtum; er erwies sich dankbar gegen mich; es hat sich als Fehler erwiesen, daß ... **3.** ⟨jmdm. etwas e.⟩ *zuteil werden lassen:* jmdm. Achtung e.; jmdm. einen Gefallen, eine Gunst, viel Gutes, eine Wohltat e.; damit hast du mir einen schlechten Dienst erwiesen; für eine erwiesene Freundschaft danken. *(geh.:) **jmdm. die letzte Ehre erweisen** *(zu jmds. Beerdigung gehen)*.

erweitern: a) ⟨etwas e.⟩ *ausdehnen, vergrößern:* eine Durchfahrt, einen Flugplatz e.; die Sammlung wurde durch Leihgaben erweitert; seine Kenntnisse, seinen Horizont e.; Math.: einen Bruch e. *(Zähler und Nenner mit der gleichen Zahl multiplizieren)*; adj. Part.: ein Wort im erweiterten Sinn gebrauchen. **b)** ⟨etwas erweitert sich⟩ *etwas wird weiter, größer:* der Tunnel erweitert sich zum Ausgang hin; die Pupillen, die Gefäße erweitern sich; sein Herz ist krankhaft erweitert.

erwerben: 1. a) ⟨sich (Dativ) etwas e.⟩ *[durch Arbeit] gewinnen:* sich schlecht und recht sein Brot e.; damit kannst du dir keine Reichtümer e.; durch seine Tat hat er sich großen Ruhm erworben; er erwarb sich die Achtung, das Vertrauen seiner Mitmenschen; ⟨auch ohne Dativ⟩ er hat als Unternehmer ein beträchtliches Vermögen erworben. **b)** *sich aneignen:* sich Kenntnisse, Fertigkeiten e.; ⟨auch ohne Dativ⟩ er hat sein Wissen durch ausgedehnte Lektüre erworben; adj. Part.: ein erworbener (Med.; *nicht angeborener*) Körperfehler. **2.** ⟨etwas e.⟩ *durch Verhandlung oder Kauf gewinnen:* ein Verlagsrecht, Aufführungsrecht e.; das Museum hat drei wertvolle Gemälde erworben.

erwidern ⟨etwas e.⟩: **1.** *antworten:* er erwiderte kurz, scharf, liebenswürdig, nach einiger Überlegung, daß ...; „er ist krank", erwiderte sie; darauf konnte ich nichts e.; ⟨jmdm. etwas e.⟩ sie erwiderte mir, ich könne jederzeit kommen. **2.** *auf etwas in gleicher Weise reagieren:* einen Besuch, ein Kompliment, einen Blick e.; sie erwiderte unsere Grüße; seine Liebe wurde nicht erwidert; milit.: das Feuer e. *(zurückschießen)*.

erwischen (ugs.): **1.** ⟨jmdn. e.⟩ *ertappen:* einen Dieb e.; jmdn. beim Stehlen e.; laß dich nicht e.! **2.** ⟨jmdn., etwas e.⟩ **a)** *gerade noch fassen:* einen Zipfel e.; ich erwischte ihn beim Mantel. **b.** *gerade noch erreichen:* wir haben den Bus, den Zug gerade noch erwischt; ich habe den Chef heute nicht erwischt *(nicht sprechen können)*; **c)** *glücklich, zufällig bekommen:* das beste Stück, einen Sitzplatz, eine ruhige Arbeit e. **3.** (ugs.)

⟨es erwischt jmdn.⟩ *jmd. wird von etwas betroffen, in Mitleidenschaft gezogen:* ausgerechnet einen Tag vor der Abreise muß es mich e. *(muß ich krank werden)*; den Fahrer des Pkw hat es schwer erwischt *(er ist schwer verletzt)*; zwei Soldaten hat es erwischt *(sie sind [tödlich] verwundet)*; meinen Freund hat es schwer erwischt *(er hat sich sehr verletzt)*.

erwünscht: *willkommen, angenehm:* das gab ihm die erwünschte Gelegenheit einzugreifen; du bist hier nicht e.; persönliche Vorstellung e.

Erz, das: **1.** *metallhaltige Mineralien:* E. gewinnen, abbauen, aufbereiten, waschen, verhütten; nach E. schürfen. **2.** *Bronze:* eine Glocke aus E.; er stand da wie in/aus E. gegossen.

erzählen: a) ⟨etwas e.⟩ *vortragen, mit eigenen Worten wiedergeben:* einen Witz, eine Geschichte eine Anekdote e.; erzähle keine Märchen! *(lüg nicht so!)*; ⟨jmdm. etwas e.⟩ den Kindern ein Märchen e.; ⟨auch ohne Akk.⟩ gut, spannend e. können. **b)** ⟨etwas e.⟩ *berichten:* einen Traum, den Hergang eines Unfalls e.; er hat viel von ihm, über ihn erzählt, er erzählt, daß er eine Panne gehabt habe; er kann etwas e. *(er hat viel erlebt)*; ⟨jmdm. etwas e.⟩ erzähle mir, wie alles gekommen ist; ich habe mir e. lassen, daß ...; (ugs.:) das kannst du einem anderen, deiner Großmutter e. *(das glaube ich dir nicht)*; ⟨auch ohne Akk.⟩ von einer Reise, aus seinem Leben e. **c)** ⟨jmdm. etwas e.⟩ *in vertraulicher Unterredung mitteilen:* man kann ihm alles e., was einen innerlich beschäftigt; sie erzählt alles ihrer Freundin; du darfst aber niemandem [etwas] davon e.!

Erzählung, die: **1.** *das Erzählen:* eine angefangene E. fortsetzen, vollenden; eine unterbrochene E. wiederaufnehmen; er verlor den Faden seiner E.; in seiner E. fortfahren, innehalten. **2.** */Form der erzählenden Dichtung/:* eine lange, kurze, spannende E.; eine E. schreiben; wir lesen die E. von den feindlichen Brüdern.

erzeugen ⟨etwas e.⟩: **1.** *herstellen, hervorbringen:* Waren, Maschinen e.; elektrischen Strom e.; der Boden erzeugt alles, was wir brauchen. **2.** *entstehen lassen, bewirken:* Reibung erzeugt Wärme; sein Bericht hat bei den Zuhörern nur Langeweile erzeugt; er versteht es, Spannung zu e.

Erzeugnis, das: *Produkt, Ware:* landwirtschaftliche, industrielle Erzeugnisse; diese Vase ist ein deutsches E.; seine Erzeugnisse ausstellen, vertreiben, ins Ausland liefern; übertr.: diese Gestalt ist ein E. seiner Phantasie.

erziehen: ⟨jmdn. e.⟩ *jmds. Geist und Charakter bilden und seine Entwicklung fördern:* ein Kind e.; einen Hund e.; sie wurde in einem Internat erzogen; er ist gut, streng, sehr frei, zur Sparsamkeit erzogen worden; ein gut, schlecht erzogenes Kind.

Erziehung, die: *das Erziehen:* sittliche, geistige, körperliche E.; ihm fehlt jede/jegliche E.; seinen Kindern eine gute E. geben, zuteil werden lassen, angedeihen lassen (geh.); er hat eine schlechte E. gehabt, genossen (geh.); er hat ihre E. vernachlässigt; vergiß deine gute E. nicht!; ich muß ihm Mangel an E. vorwerfen.

erzielen ⟨etwas e.⟩: *etwas Angestrebtes erreichen:* einen Gewinn, Erfolg, Überschuß e.; das Produkt konnte einen guten Preis e.; über dieses Problem konnte keine Einigung erzielt werden; er hat mit dieser Konstruktion hohe Geschwindigkeiten erzielt.

erzwingen ⟨etwas e.⟩: *durch Zwang erreichen:* eine Entscheidung e.; den Rücktritt eines Ministers e.; das Geständnis ist erzwungen worden; Liebe läßt sich nicht e.

es ⟨Personalpronomen; 3. Person Singular Neutrum Nom. und Akk.⟩: **1. a)** /vertritt ein neutrales Substantiv/: es *(das Kind)* schläft, wecke es nicht auf!; es *(das Buch)* ist spannend, ich lese es gern; /dient zur Wiederaufnahme eines herausgehobenen neutralen Substantivs/ euer Haus, war es nicht zerstört? **b)** /bezieht sich auf ein oder mehrere vorangegangene nichtneutrale Substantive oder Adjektive (Partizipien)/: ich kannte seinen Bruder, es war ein bedeutender Architekt; seine Mutter lebt noch, es ist eine tüchtige Frau; mein Vater war Arzt, ich bin es auch; er ist arm, du bist es auch; ist das nicht reizend? ja, das ist es. **c)** /bezieht sich auf einen ganzen Satzinhalt/: in der Klasse ist gestohlen worden, aber keiner will es getan haben. **2.** */bloßes formales Objekt/:* er bekommt es mit mir zu tun; er hat es gut, schlecht, bequem; er meint es gut mit dir; er hat es weit gebracht; er nimmt es mit jedem auf; sie hat es darauf abgesehen; ich bin es *(des Treibens)* müde, überdrüssig; ich bin es zufrieden. **3.** */bloßes formales Subjekt/:* **a)** /bei Witterungsimpersonalien/: es regnet; es nieselt; es hagelt; es schneit; es donnert; es friert. **b)** /bei gelegentlichem unpersönlichem Gebrauch/: es grünt und blüht; es raschelt, knistert, klopft; es pocht an die Tür; es friert mich. **c)** /bei reflexiven Verben mit Artangabe/: es trinkt sich gut aus diesem Glas; hier wohnt es sich herrlich. **d)** /bei der Darstellung eines Geschehens an sich/: es wurde gegessen und getrunken; es wird auch getanzt. **e)** /bei der Darstellung eines Zustandes oder Umstandes/: es ist Nacht; es war kalt, spät; es ist schon 12 Uhr. **4.** */bloßes Einleitewort, Vorläufer eines Satzgliedes/:* es lebe die Freiheit!; es war einmal ein König ... */Märchenanfang/*; es ereignete sich ein Unglück; es meldete sich niemand; er liebt es zu nörgeln; es ist unmöglich, sicher, wahrscheinlich, daß er kommt; es freut mich, daß du gesund bist. * **es sei denn** *(ausgenommen):* er wird den Wettkampf gewinnen, es sei denn, es passiert etwas Unvorhergesehenes/daß etwas Unvorhergesehenes passiert.

Esel, der: **1.** */ein Tier/:* ein störrischer E.; er ist bepackt, beladen wie ein E.; Redensart: der E. geht voran *(jmd. läßt einem anderen nicht den gebührenden Vortritt)*; Sprichwörter: den Sack schlägt man, den E. meint man *(die Prügel bekommt ein Unschuldiger)*; wenn es dem E. zu wohl wird, geht er aufs Eis [und bricht sich ein Bein] /geht er aufs Eis tanzen *(jmd. wird übermütig und richtet Unheil an)*. **2.** (ugs.) */Schimpfwort, bes. für einen dummen Menschen/:* so ein E.!; du bist ein richtiger E.; du alter E.!

Esse, die: → Schornstein.

essen: 1. *[feste] Nahrung zu sich nehmen:* gut e. und trinken; ordentlich, tüchtig, hastig, schnell, gierig, langsam, ausgiebig, viel, wenig, unmäßig e.; wir essen gern kräftig *(kräftige, derbe Kost)*; mit Messer und Gabel e.; wir essen *(nehmen die Mittagsmahlzeit)* um 12 Uhr; er ißt in der Kantine, im Restaurant; heute abend essen wir warm; er hat genug, [nicht] satt zu e.; Sprichwörter: selber e. macht fett; Essen und Trinken hält Leib und Seele zusammen; der Appetit kommt beim/mit dem Essen. **2.** ⟨etwas e.⟩ *etwas als Nahrung zu sich nehmen, verzehren;* Fleisch, Gemüse, ein Butterbrot, einen Apfel e.; seine Suppe e.; ich habe eine große Portion, Berge von Kuchen (ugs.), viel, kaum etwas gegessen; er ißt keinen Fisch *(er lehnt Fisch als Nahrung ab);* ich mag nichts, kann nichts e.; Redensart: mit jmdm. ist nicht gut Kirschen e. *(nicht gut auszukommen).* **3.** ⟨jmdn., sich, etwas e.; mit Artangabe⟩ *durch Essen in einen Zustand bringen:* die Schüssel, seinen Teller leer e.; er ißt mich noch arm; jetzt kannst du dich einmal satt e.; er ißt sich dick, voll an Nudeln. * **zu Abend**/(landsch.) **zu Nacht essen** *(die Abendmahlzeit einnehmen)* · **zu Mittag essen** *(die Mittagsmahlzeit einnehmen).*

Essen, das: **1.** *zur Mahlzeit zubereitete Speise:* ein warmes E.; ein bescheidenes, kärgliches, schlechtes, gutes, reichliches, kräftiges, gut bürgerliches E.; das E. wird kalt; das E. schmeckte uns nicht; [das] E. machen, kochen; das E. warm stellen, halten; sein E. hinunterschlingen; mißmutig stocherte er im E. herum; sie fielen über das E. her. **2. a)** *Einnahme einer Mahlzeit:* mit dem E. pünktlich anfangen, auf den Vater warten, schnell fertig sein; zum E. gehen; jmdn. zum E. einladen; Sprichw.: nach dem E. sollst du ruhn oder tausend Schritte tun. **b)** *offizielle, festliche Mahlzeit:* im Anschluß an den Empfang findet ein E. statt; der Konsul gab ein E. für seine Gäste; an einem E. teilnehmen.

Essig, der: /*ein saures Würzmittel*/: ein scharfer, milder E.; [einen Schuß] E. an den Salat tun; Fleisch in E. legen; der Wein ist zu E. geworden *(sauer geworden).* *(ugs.:) **es ist Essig mit etwas** *(etwas kommt nicht zustande):* mit unserem Ausflug ist es E.

Etage, die: → Stockwerk.

Etat, der: *Haushaltsplan:* unser E. für Neuanschaffungen ist erschöpft; den E. aufstellen, überschreiten; das ist im E. nicht vorgesehen; das Parlament berät über den E.

etliche ⟨Indefinitpronomen und unbestimmtes Zahlwort⟩: **1.** (veraltend) ⟨Singular⟩ *ein wenig, etwas:* ich habe noch etliches zu bemerken. **2.** (veraltend) ⟨Plural⟩ *einige, mehrere:* seitdem sind etliche Tage vergangen; dies sind die Taten etlicher guter/(selten:) guten Menschen. **3.** (nachdrücklich) *ziemlich viel:* das hat mich etliches gekostet; wir hatten noch etliche Kilometer zu gehen; er weiß etliches davon zu erzählen.

etwa ⟨Adverb⟩: **1.** *ungefähr:* e. acht Tage; ich komme in [so] e. vierzehn Tagen; der Turm ist e. dreißig Meter hoch; so e. könnte man das machen. **2.** *zum Beispiel:* wenn du dein Einkommen e. mit dem deines Freundes vergleichst, so kannst du ganz zufrieden sein; einige Städte, wie e. München, Köln, Hamburg. **3.** *vielleicht, womöglich:* hast du e. kein Geld mehr?; er ist doch nicht e. krank?; wenn er e. glaubt, damit durchzukommen, so irrt er sich. * **nicht etwa** *(durchaus nicht, keineswegs, auf keinen Fall):* er wollte das Rad nicht e. stehlen, sondern nur ausleihen; nicht e., daß ich dich vergessen hätte, aber du mußt schon noch etwas warten; er soll nicht e. denken, ich sähe das nicht! · **in etwa** /einschränkend/ *(in gewisser Hinsicht):* die Angaben der Zeugen stimmten in e. überein; das ist in e. das, was ich auch sagen wollte: Hochsprachlich nicht korrekt ist der Gebrauch von „in etwa" vor Zahlen; also nicht: es sind noch in e. 40 km.

etwaig: *eventuell:* etwaige Beschwerden sind schriftlich einzureichen; eine etwaige Krise kann sehr gefährlich werden.

etwas ⟨Indefinitpronomen⟩: **1.** /ugs.: was/ **a)** /bezeichnet eine nicht näher bestimmte Sache o. ä./: irgend e.; da klappert doch etwas; es lief e. *(ein Tier)* über den Weg; hat er e. gesagt?; ich will dir einmal e. sagen; sie hat e. (ugs.; *eine Antipathie*) gegen ihn; er hat ihr e. *(ein Leid)* [an]getan; das bringt e. ein; ich weiß e., was ihr Freude macht; ich habe e. von ihm gehört, was /(seltener:) das ich nicht glauben kann; er findet an allem e. [zu tadeln]; das ist e. [ganz] anderes; e. Schönes sehen; nun zu e. anderem!; er ist so e. *(etwas Ähnliches)* wie ein Dichter; so etwas *(ausgerechnet das)* muß mir passieren! so [et]was Dummes! /*Ausruf der Verärgerung*/; nein so [et]was! /*Ausruf des Erstaunens*/. **b)** /bezeichnet eine nicht näher bestimmte Sache, die bedeutsam erscheint/: das ist doch wenigstens e. *(besser als nichts);* aus dem Jungen wird einmal e.; er wird es noch zu e. bringen *(Erfolg haben);* sein Wort gilt e. bei der Regierung; dieser Vorschlag hat e. für sich; es will schon e. heißen, so schnell fertig zu werden. **c)** /bezeichnet einen nicht näher bestimmten Teil von etwas/: nimm dir e. von dem Geld; kann ich auch e. [davon] haben?; übertr.: er hat e. von einem Gelehrten *(etwas Gelehrtenartiges).* **2.** *ein bißchen, ein wenig:* er nahm e. Salz; kann ich noch e. Gemüse haben?; ich brauche noch e. Geld; er spricht e. Englisch; sie war e. ungeschickt; das kommt mir e. überraschend; das ist aber e. stark!; ich will noch e. lesen; der zweite Treffer saß e. darüber. * **sich** (Dativ) **etwas zugute tun** *(sich einen Genuß gönnen)* · (fam.:) **sich** (Dativ) **etwas antun** *(Selbstmord begehen).*

Etwas, das: **a)** *nicht näher bestimmtes Wesen oder Ding:* ein kleines, piependes E.; er stieß an ein spitzes, hartes E. **b)** *nicht näher bestimmte Eigenschaft:* ein gewisses, unbeschreibliches E.; sie hat das gewisse E. *(eine unbestimmbare, die Männer anziehende Eigenart).*

Eule, die: /*ein Vogel*/: im Gemäuer nisten Eulen; sie sieht aus wie eine alte Eule; Redensarten: er macht ein Gesicht wie eine E. am Mittag (ugs.; *ein verschlafenes Gesicht*); Eulen nach Athen tragen *(etwas Überflüssiges tun).*

Eva: → Adam.

ewig: 1. a) *zeitlich unendlich, unvergänglich:* der ewige Gott; die ewige Seligkeit, Verdammnis; das ewige Leben. **b)** *immer bestehend:* ewige Liebe, Treue; ewiger Schnee (auf hohen Bergen); ewiger Friede *(der auf immer gelten soll);* eine ewige *(nie abzulösende)* Rente; ewiges Schach *(Dauerschach);* der Blinde lebt in ewiger Nacht; zum ewigen Andenken, Gedächtnis; auf e.; für immer und e.; das ist e. schade (ugs.; *sehr schade*). **2.** (ugs.) **a)** *sich immer wiederholend; nicht endend, sehr lange:* laß doch dein ewiges Jammern und Klagen!; ich habe das ewige Einerlei satt; sie lebte in ewiger Angst um ihre Kinder; wir haben uns seit ewigen Zeiten nicht mehr gesehen; soll das e. so weitergehen?; das dauert ja e.; das kann doch nicht e. dauern; e. und drei Tage (scherzh.; *sehr lange*). * (kath. Rel.:) **die Ewige Lampe; das Ewige Licht** *(ständig brennende Flamme als Zeichen der Gegenwart Christi)* · (geh.; verhüll.:) **die ewige Ruhe finden; ins ewige Leben eingehen; zur ewigen Ruhe eingehen**; (scherzh.:) **in die ewigen Jagdgründe eingehen** *(sterben)*.

Ewigkeit, die: **1.** *das, was jenseits der Zeit liegt; das Ewige, Unwandelbare:* an die E. denken; von E. zu E. (bibl.). **2. a)** *sehr lange Dauer:* heute baut man nicht mehr für die E.; das soll in alle E. *(für immer)* so bleiben; die Minuten dehnten sich zu Ewigkeiten. **b)** (ugs.) *endlos scheinende Zeit:* das dauert ja wieder eine [halbe] E.; er bleibt eine E. aus; man hat sie seit einer E., seit Ewigkeiten nicht gesehen. * (geh.; verhüll.:) **in die Ewigkeit eingehen/abberufen werden** *(sterben)*.

Examen, das: *[Abschluß]prüfung:* ein leichtes, schweres E.; das mündliche, schriftliche E.; sein E. machen, bestehen, ablegen, haben (ugs.); sich auf das E. vorbereiten; er geht, steigt (ugs.) ins E., steht im E.; er ist durchs E. gefallen (ugs.), im E. durchgefallen (ugs.), durchgerasselt (ugs.).

Exempel, das (bildungsspr.): *[Lehr]beispiel:* (veraltend:) ein E. für etwas geben; sich ein E. an jmdm., an etwas nehmen. * **ein Exempel [an jmdm., mit etwas] statuieren** *(durch drastisches Vorgehen in einem Einzelfall ein abschreckendes Beispiel geben)* · **die Probe aufs Exempel machen** *(eine Behauptung an einem praktischen Fall nachprüfen)*.

Exemplar, das: *Einzelstück, Einzelwesen:* diese Giraffe ist ein besonders schönes E.; von dieser Tierart gibt es nur noch wenige Exemplare; das ist mein letztes E.; von dieser Briefmarke habe ich nur ein beschädigtes E.

Exil, das: *Verbannung; Verbannungsort:* ins E. gehen; aus dem E. zurückkehren; er lebte dort im E.

Existenz, die: **1. a)** *Vorhandensein in der Wirklichkeit:* die E. eines Staates; er wußte nichts von der E. dieses Briefes. **b)** *Dasein, Leben:* eine armselige E.; die menschliche, geistige E.; seine nackte E. retten. **2.** *materielle Lebensgrundlage:* eine auskömmliche, keine sichere E. haben; sich (Dativ) eine E. gründen, aufbauen; jmdm. eine gesicherte E. bieten; er fühlte sich in seiner E. bedroht; der Krieg hat Tausende von Existenzen vernichtet; er ringt um seine E. **3.** (abwertend) *Mensch:* in diesem Viertel treiben sich allerlei dunkle, zweifelhafte Existenzen herum; er ist eine gestrandete, gescheiterte, verkrachte (ugs.) E.

existieren: 1. *vorhanden sein:* das alte Haus existiert noch; diese Dinge existieren nur in deiner Phantasie; es existieren keine Aufzeichnungen mehr über diese Sitzung. **2.** *leben, sein Auskommen haben:* sie hat wenigstens das Nötigste, um e. zu können; von 200 Mark Rente im Monat kann man kaum e.

exklusiv (bildungsspr.): **a)** *nur einem bestimmten Personenkreis zugänglich:* ein exklusives Hotel; eine exklusive Gesellschaft; ein exklusives Interview; die Bilder wurden e. für eine Illustrierte aufgenommen. **b)** *vornehm:* sie trug ein exklusives Modellkleid; wir haben e. gespeist.

Experiment, das: **a)** *wissenschaftlicher Versuch* Experimente an, mit Tieren; das E. ist geglückt, gelungen, mißlungen; chemische Experimente machen, anstellen; jmdn. einem E. unterziehen. **b)** *gewagtes Unternehmen, unsichere Sache:* das ist ein gefährliches E.; wir wollen keine Experimente machen *(uns auf kein Risiko einlassen)*; er ist kein Freund von Experimenten.

explodieren: 1. ⟨etwas explodiert⟩ *etwas zerplatzt mit heftigem Knall:* eine Mine, eine Bombe explodiert; der Kessel ist explodiert. **2.** (ugs.) *einen heftigen Gefühlsausbruch haben:* sie explodierte vor Zorn, vor Wut, vor Lachen; als er das hörte, explodierte er *(wurde er zornig)*.

Export, der: *Ausfuhr von Waren:* der E. überwiegt den Import; der E. an Kaffee ist gestiegen; den E. [von Kraftfahrzeugen] verstärken, fördern, ankurbeln (ugs.), drosseln; diese Waren sind vorwiegend für den E. in die Schweiz, nach Übersee bestimmt.

exportieren ⟨etwas e.⟩: *nach dem Ausland ausführen:* Südfrüchte, Kaffee e.; ⟨auch ohne Akk.⟩ unsere Firma exportiert in alle Länder der Welt, vor allem nach Indien.

extra ⟨Adverb⟩: **1. a)** *gesondert, für sich:* etwas e. einpacken; das Frühstück müssen sie e. bezahlen; ⟨auch attributiv⟩ (ugs.:) du bekommst ein e. Zimmer; subst. (ugs.): etwas Extraes *(Besonderes)*. **b)** *über das Übliche hinaus; zusätzlich:* er gab ihm noch ein Trinkgeld e.; (ugs.:) ich brauche jetzt einen e. starken Kaffee. **2.** *eigens:* ich habe e. einen Kuchen für dich gebacken; er ist e. deinetwegen, e. deswegen hierhergekommen; der Schüler hat diesen Fehler e. (ugs.; *absichtlich*) gemacht.

Extrawurst, die (ugs.): *besondere Vergünstigung:* man hat ihm eine E. gebraten; er möchte, will immer eine E. haben, kriegen (ugs.); für dich gibt's keine E.

extrem (bildungsspr.): **a)** *bis an die äußerste Grenze gehend:* extreme Temperaturen; der Wagen ist e. sparsam im Verbrauch. **b)** *radikal:* er hat extreme Ansichten; er steht e. links, rechts; deine Meinung ist mir zu e.

Extrem, das (bildungsspr.): *äußerster Standpunkt, äußerste Grenze:* seine Stimmung kann sehr schnell ins andere E. umschlagen; er fällt aus/von einem E. *(einer Übertreibung)* ins andere; Redensart: die Extreme berühren sich.

Exzeß der (bildungsspr.): *Ausschreitung, Ausschweifung:* ein grober, wüster, hemmungsloser E.; alkoholische, sexuelle Exzesse; es kam zu wilden Exzessen; er arbeitet bis zum E. *(bis zur Maßlosigkeit)*.

F

F ⟨in der Wendung⟩ nach Schema F (ugs.; abwertend): *nach der alten, üblichen Regel, Vorschrift:* im Büro wird alles nach Schema F behandelt, erledigt.

Fabel, die: **1.** *lehrhafte Tierdichtung:* eine hübsche, lehrreiche F.; die F. vom Fuchs und den Trauben; wir lesen Lessings Fabeln. **2.** *Unwahres, nur Ausgedachtes:* er hat dir eine F. aufgetischt (ugs.). **3.** *Grundhandlung einer Dichtung:* die F. des Stückes ist nicht neu; der Roman hat eine recht dürftige F. * **ins Reich der Fabel gehören** *(unwahr, nicht glaubhaft sein):* diese Erzählung, Behauptung gehört ins Reich der F.

fabelhaft (ugs.): **1.** *großartig, wunderbar:* ein fabelhafter Kerl; sie mixt fabelhafte Drinks; der Sänger war einfach f.; das ist ja f.!; er arbeitet f. **2.a)** *unglaublich groß:* er besitzt ein fabelhaftes Vermögen. **b)** /verstärkend vor Adjektiven/ *sehr, überaus:* sie ist f. reich, f. elegant angezogen.

Fabrik, die: *Industriebetrieb:* eine große, moderne, schmutzige F.; eine chemische F.; eine F. gründen, bauen, übernehmen, haben, besitzen; die Fabriken sind stillgelegt; er geht in die F. *(er ist Fabrikarbeiter).*

Fach, das: **1.** *abgeteilter Raum in etwas, Unterteilung:* die Fächer im Schrank sind mit Papier ausgelegt; die Handtasche hat drei Fächer; das Glas gehört in das rechte, obere F.; der Schlüssel, die Post liegt im F. (im Hotel). **2.** *Arbeits- oder Wissensgebiet:* das ist mein besonderes, spezielles F.; er kennt, versteht, beherrscht sein F.; das schlägt nicht in mein F.; er unterrichtet in den Fächern Chemie und Biologie; er ist [ein Mann] vom F.; dieser Juwelier, dieser Sportler ist ein Meister seines Faches *(er ist sehr geschickt und erfahren).* * **unter Dach und Fach bringen** *(glücklich zum Abschluß bringen)* · **unter Dach und Fach sein** *(glücklich abgeschlossen sein).*

fachlich: *ein Fachgebiet betreffend:* fachliches Wissen, fachliche Schulung; ihm fehlen die fachlichen Grundlagen; etwas f. *(vom Fach her)* beurteilen.

Fachmann, der: *jmd., der in einem Fach Bescheid weiß:* ein geschickter, bewährter F.; geschulte Fachleute/(seltener:) Fachmänner; ein F. für Straßenbau; er ist F. auf diesem Gebiet; den F. fragen; etwas vom F. reparieren lassen; Redensart: da staunt der Laie, und der F. wundert sich *(das ist erstaunlich).*

Fackel, die: *[Holz]stab mit einer brennbaren Schicht am oberen Ende:* die F. brennt, lodert, flackert, geht aus, verlischt (geh.); eine F. anzünden, anstecken, tragen, weiterreichen; einen Raum mit Fackeln erleuchten; das Auto brannte wie eine F.; bildl. (dichter.): die F. des Krieges; die F. des Glaubens weitertragen. * **zur lebenden Fackel werden** *(mit seinen Kleidern in Flammen stehen).*

fackeln ⟨in der Verbindung⟩ nicht [lange] fackeln (ugs.): *nicht zögern, keine Umstände machen:* hier wird nicht lange gefackelt.

fad[e]: **a)** *ohne rechten Geschmack, schal:* ein fades Gericht; einen faden Geschmack im Munde haben; die Suppe ist, schmeckt f. **b)** (ugs.) *langweilig, geistlos:* ein fader Mensch, fade Witze, fades Geschwätz; er redet immer nur fades Zeug (ugs.).

Faden, der: **1.a)** *Gebilde aus gesponnenen Fasern:* ein dünner, grober, kurzer, langer, gezwirnter, seidener F.; der F. reißt, verwickelt sich, verknotet sich; die Fäden laufen zusammen, wirr durcheinander; einen F. spinnen, einfädeln, abschneiden, abreißen; den F., das Ende des Fadens verstechen, verwahren *(gegen Herausrutschen sichern);* der Arzt wird morgen die Fäden ziehen; etwas mit Nadel und F. annähen, mit einem F. umwickeln; einen Knoten in den F. machen; die Marionetten hängen an Fäden; bildl.: der F. des Gesprächs reißt ab, wird wieder aufgenommen. **b)** *Fadenförmiges:* er hat schon silberne Fäden im Haar *(einzelne graue Haare);* die Fäden des Altweibersommers; ein dünner F. Blut rann aus seinem Mund; der Leim, Sirup zieht Fäden *(fließt zäh vom Löffel).* **2.** (Seemannsspr.) /*Maßeinheit*/: der Anker liegt sechs Faden tief. * (ugs.:) **keinen trockenen Faden mehr am Leibe haben** *(völlig durchnäßt sein)* · **den Faden verlieren** *(den gedanklichen Zusammenhang verlieren)* · **etwas hängt an einem [dünnen/seidenen] Faden** *(etwas ist sehr gefährdet)* · **der rote Faden** *(der leitende Gedanke, das Grundmotiv):* das zieht sich als roter F. durch den Roman · (ugs.:) **da[von] beißt keine Maus einen Faden ab/die Maus keinen Faden ab** *(das ist unabänderlich)* · (ugs.:) **keinen guten Faden miteinander spinnen** *(schlecht miteinander auskommen)* · (ugs.:) **keinen guten Faden an jmdm. lassen** *(jmdn. gründlich schlechtmachen)* · (ugs.:) **nach Strich und Faden** *(gehörig, gründlich)* · **alle Fäden in der Hand haben/halten** *(alles überschauen und lenken)* · **alle Fäden laufen in jmds. Hand zusammen** *(jmd. überschaut und lenkt alles).*

fadenscheinig: **1.** *abgetragen, dünn:* ein fadenscheiniger Mantel; das Gewebe wird schon f., sieht ziemlich f. aus. **2.** (abwertend) *leicht durchschaubar, dürftig:* ein fadenscheiniger Vorwand; eine fadenscheinige Moral; seine Ausrede war, klang recht f.

fähig: **1.** *tüchtig:* ein fähiger Offizier; ein fähiger junger Mann; die Wirtschaft braucht fähige Köpfe. **2.** ⟨in der Verbindung⟩ zu etwas/(geh.:) einer Sache fähig sein: *imstande sein:* sie ist zu keinem Gedanken/(geh.:) keines Gedankens mehr f.; er ist zu großen Leistungen f.; diese Burschen sind zu allem f.; sie war nicht f., ein Wort zu sprechen; (scherzh.:) ich wäre jetzt zu einem Glas Schnaps f. *(könnte es gebrauchen).*

fahl (geh.): *blaß, farblos:* fahles Licht; im fahlen

Schein der Laterne; sein Gesicht war f. vor Entsetzen; der Mond glänzt, schimmert f.

fahnden ⟨nach jmdm., nach etwas f.⟩: *suchen, um zu verhaften, um zu beschlagnahmen:* die Polizei fahndet nach dem Verbrecher, nach verbotenen Büchern; übertr.: er fahndete vergeblich nach dem verschollenen Manuskript.

Fahne, die: **1.** *an einer Stange befestigtes Tuch, das die Farben eines Landes, Vereins o. ä. zeigt:* eine seidene, gestickte, zerschlissene, verblichene F.; die schwarzrotgoldene F., die F. Schwarz-Rot-Gold; die rote F. (der sozialistischen Revolution), die grüne F. [des Propheten (Mohammeds)], die schwarze F. (der Trauer); sie hißten die weiße F. (der Kapitulation); die F. weht, flattert, knattert, bauscht sich im Wind; die Fahnen wehen auf halbmast; eine F. hissen, aufziehen, [zum Fenster] hinaushängen, nieder-, einholen, einziehen, auf halbmast setzen; die F. entfalten, tragen, übergeben, schwenken, senken, einrollen; Fähnchen auf eine Landkarte stecken; die Straßen waren mit Fahnen geschmückt; bildl.: den Sieg an seine Fahnen heften; die F. der Freiheit erheben, hochhalten *(für die Freiheit kämpfen, für sie eintreten)*. **2.** (ugs.) *Alkoholdunst:* eine F. haben *(nach Alkohol riechen):* seine F. roch man drei Kilometer weit. **3.** (Druckerspr.) *Probeabzug:* die Fahnen korrigieren; er liest jeden Tag zehn Fahnen. * (hist.:) **zu den Fahnen eilen** *(im Kriege Soldat werden)* · (hist.:) **unter jmds. Fahnen fechten** *(einem Feldherrn folgen):* seine Vorfahren haben unter den Fahnen Napoleons gefochten · (hist.:) **unter der Fahne stehen** *(Soldat sein)* · (hist.:) **der Fahne folgen** *(Soldat sein)* · **etwas auf seine Fahne schreiben** *(etwas als Programm verkünden)* · **mit fliegenden Fahnen zu jmdm., zu etwas übergehen** *(seine Ansichten plötzlich und offen ändern)* · **die/seine Fahne nach dem Wind**[e] **drehen** *(sich der jeweils herrschenden Meinung anschließen)*.

Fähre, die: *Schiff zum Übersetzen über ein Gewässer:* die F. legt [am Ufer] an, legt ab, dreht sich, fährt quer über den Strom; wir setzten mit der F. über.

fahren: I. 1.a) ⟨etwas fährt⟩ *etwas bewegt sich fort* /von Fahrzeugen o. ä./: der Zug fährt; unser Auto fährt nicht; das Schiff fuhr langsam, mit Volldampf [aus dem Hafen]; die Lokomotive fährt elektrisch, mit Dampf; der Fahrstuhl ist heute morgen nicht gefahren; der Bus fährt ein Stück rückwärts, über eine Brücke, durch den Tunnel, von Berlin nach Potsdam; fährt die Straßenbahn über den Markt? *(berührt sie auf ihrer Fahrt den Markt?);* dieser D-Zug fährt nach München *(sein Bestimmungsbahnhof ist München);* wann fährt das nächste Boot? *(wann fährt es ab?);* der Triebwagen fährt *(verkehrt)* fahrplanmäßig, täglich, auf der Strecke Mannheim–Heidelberg. **b)** ⟨etwas fährt sich; mit Artangabe⟩ *etwas hat bestimmte Fahreigenschaften:* der neue Wagen fährt sich gut. **2.a)** *sich mit einem Fahrzeug o. ä. fortbewegen:* gehen wir zu Fuß, oder fahren wir?; schnell, mit großer Geschwindigkeit, wie der Teufel (ugs.) f.; er ist 80 [km/h] gefahren; rechts, links, geradeaus f.; er fährt gut, sportlich, umsichtig *(ist ein guter, sportlicher, umsichtiger [Auto]fahrer);* ich bin heute gefahren *(ich habe am Steuer gesessen);* wir fahren um 8 Uhr *(brechen um 8 Uhr auf);* man fährt *(braucht)* 2 Stunden bis Frankfurt; er ist seit 20 Jahren unfallfrei gefahren; erster Klasse f.; per Anhalter (ugs.), per Autostop (ugs.) f.; mit dem Roller, mit dem Fahrrad, mit der Bahn f.; mit/in einem Freiballon f.; in einer Kutsche f.; die Kinder sind mit dem Kettenkarussell, auf dem Riesenrad gefahren; wir fahren mit dem Bus in die Schule; in die Garage, aus dem Hof, gegen einen Baum f.; zur Arbeit f.; auf der Autobahn, in einer Schlange, Kolonne f.; ⟨jmdm., einer Sache f.; mit Raumangabe⟩ er fuhr ihm [mit dem Vorderrad] über den Fuß; der Pkw fuhr dem Lkw in die Flanke · bildl.: Christus ist gen Himmel gefahren *(zum Himmel aufgestiegen);* Sprichw.: wer gut schm[i]ert, der gut fährt *(man soll seine Unternehmungen gut vorbereiten)*. **b)** ⟨mit Raumangabe⟩ *reisen:* nach Berlin, nach England, in die Schweiz f.; in die Berge, an die See f.; ins Grüne, ins Blaue f.; wir fahren in, auf Urlaub, in die Ferien, zu den Großeltern. **c)** ⟨es fährt sich; mit Art- und Umstandsangabe⟩ *das Fahren wird von bestimmten Umständen beeinflußt:* es fährt sich gut auf der Autobahn; bei/im Nebel fährt es sich schlecht. **3.** ⟨etwas f.⟩ **a)** *sich mit einem Fahrzeug fortbewegen:* Auto, Eisenbahn f.; Rollschuh, Schi, Schlitten f.; wir wollen Kahn f.; sie ist gern Karussell gefahren. **b)** *ein Fahrzeug lenken:* einen Pkw, einen Traktor, ein schweres Motorrad f.; er hat einen Mercedes, einen Ford Taunus 17 M gefahren; er fuhr den Wagen in die Garage; ⟨auch ohne Akk.⟩ wer hat gefahren? *(wer hat den Wagen gesteuert?);* sie hat mich f. lassen *(sie hat mir erlaubt, den Wagen zu fahren)*. **c)** *einen Treibstoff benutzen:* ich fahre nur Super. **4.** ⟨etwas f.⟩ **a)** *eine Strecke fahrend zurücklegen:* einen Umweg, 500 km, eine Ehrenrunde f.; er ist/(seltener:) hat die Runde in 5:42 Minuten gefahren; ich fahre diese Strecke täglich, in 40 Minuten; ich bin diese Straße schon oft gefahren. **b)** *fahrend ausführen, bewältigen:* Kurven f.; Sport: ein Rennen f.; er hat einen Rekord, die beste Zeit gefahren; Militär: das Schnellboot fährt einen Angriff; Technik: eine Sonderschicht (in der Fabrik) f.; Filmw.: eine Aufnahme f. **5.** ⟨etwas f.; mit Artangabe⟩ *durch Fahren in einen (meist schlechten) Zustand bringen:* ein Auto schrottreif, zu Bruch, in Klump[en] (ugs.), in Grund und Boden f. **6.** ⟨jmdn., etwas f.⟩ *mit einem Fahrzeug befördern, transportieren:* Sand, Steine, Mist f.; jmdm. Kartoffeln in den Keller f.; er hat den Verletzten mit dem Auto ins Krankenhaus gefahren. **7.** ⟨mit jmdm., mit etwas /bei etwas f.; mit Artangabe⟩ *zurechtkommen, Erfolg haben:* gut, schlecht, übel mit jmdm. f.; mit dieser Methode, bei diesem Geschäft ist er gut, nicht übel gefahren. **II. 1.** ⟨mit Raumangabe⟩ *sich schnell bewegen:* erschrocken aus dem Bett, aus dem Schlaf f.; in die Kleider f.; in die Höhe f. *(aufspringen);* die Säbel fuhren aus den Scheiden; der Blitz ist in einen Baum gefahren; Jägerspr.: der Hase fährt aus dem Lager *(springt auf)*, der Fuchs fährt zu Bau; bildl.: was ist denn in dich gefahren? *(was ist mit dir los?);* ⟨auch mit dem Dativ der Person⟩ der Hund ist ihm an die Kehle gefahren; der Schreck fuhr mir in die, durch alle Glieder; blitzschnell fuhr es ihr durch den Kopf *(kam ihr der Gedanke)*, sofort abzureisen. **2.** ⟨mit etwas f.; mit Raumangabe⟩ *eine schnelle Bewegung machen:* mit dem Staubtuch über den Tisch f.; er fuhr mit der Hand in die Tasche; ⟨auch mit dem Dativ der Person⟩ jmdm./sich mit der Hand durchs Haar, über die Stirn f. *(ugs.:) **zweigleisig f.** *(für beide Seiten arbeiten):* der Spion ist seit Monaten zweigleisig gefahren · **zur See fahren** *(Seemann von Beruf sein)* · (hist.:) **ein fahrender Schüler** *(wandernder, umherziehender Student)* · **fahrendes Volk** *(Leute ohne festen Wohnsitz, Landfahrer)* · (veraltet:) **fahrende Habe** *(beweglicher Besitz)* · **fahr zur Hölle, zum Teufel!** /Verwünschung/ · (geh.; veraltet:) **in die Grube fahren** *(sterben)* · **jmdm. an den Wagen/an den Karren** (ugs.) **fahren** *(jmdm. etwas anhaben wollen)* · (ugs.:) **mit jmdm. Schlitten fahren** *(jmdn. rücksichtslos behandeln)* · (ugs.:) **die Karre in den Dreck fahren** *(eine Sache verderben, einen Schaden verursachen)* · (ugs.:) **jmdn., etwas über den Haufen fahren** *(überfahren)* · (ugs.:) **aus der Haut fahren** *(wütend werden)* · (ugs.:) **jmdm. über den Mund fahren** *(das Wort abschneiden, scharf antworten)* · **jmdm. in die Parade fahren** *(energisch entgegentreten)*.

fahrenlassen ⟨etwas f.⟩: **1.** *schnell loslassen:* die Zügel, einen Ast f.; der Dieb ließ den Sack fahren und flüchtete. **2.** *aufgeben, auf etwas verzichten:* er hat alle Hoffnungen f.

fahrig: *unruhig, hastig:* eine fahrige Bewegung machen; er hat ein fahriges Wesen; ein fahriges *(nervöses)* Kind; seine Schriftzüge sind, wirken f.

Fahrkarte, die: → Karte.

fahrlässig: *die nötige Vorsicht außer acht lassend:* fahrlässiges Verhalten; der Arbeiter war f.; er hat [grob] f. gehandelt. * (Rechtsw.:) **fahrlässige Tötung/Körperverletzung** *(durch Fahrlässigkeit verursachte Tötung/Körperverletzung)*.

Fahrrad, das: → Rad.

Fahrt, die: **1.** ⟨ohne Plural⟩ **a)** *das Fahren:* der Zug hat freie F.; das Signal steht auf F.; Abspringen während der F. ist verboten; nach drei Stunden F. waren wir dort. **b)** *Fahrgeschwindigkeit:* der Zug verlangsamt, beschleunigt seine F., ist in voller F.; das Schiff nahm F. auf *(wurde schneller)*, machte nur wenig F., kleine F. (Seemannsspr.; *fuhr langsam*); volle, halbe Fahrt voraus! (Befehl an den Maschinisten). **2.** *das Fahren zu bestimmtem Zweck oder Ziel; Reise:* eine glatte, flotte, tolle, wilde F.; die F. begann und endete am Schloß; eine F. unterbrechen; eine F. ins Gebirge unternehmen. **3.** *Wanderung:* wir haben als Jungen herrliche Fahrten gemacht, sind oft auf F. gegangen. * **eine Fahrt ins Blaue** *(Ausflugsfahrt, bei der das Ziel vorher nicht festgelegt wurde)* · (ugs.:) **in F. kommen/geraten: a)** *in Schwung, gute Stimmung geraten.* **b)** *(wütend werden)* · (ugs.:) **in F. sein: a)** *(in Schwung, guter Stimmung sein).* **b)** *(wütend sein)*.

Fährte, die: *Trittspur bestimmter Wildtiere:* eine frische, warme F.; die F. eines Hirsches; der Hund nimmt die F. auf, folgt der F.; auf eine F. kommen, stoßen; den Hund auf die F. setzen; übertr.: jmdn. auf eine falsche F. locken, auf die richtige F. bringen *(jmdm. falsche, richtige Hinweise geben)*; die Polizei ist auf der falschen F., verfolgt eine falsche F. (bei der Suche nach einem Verbrecher).

Fahrwasser, das: *Gewässerstrecke, wo Schiffe fahren können:* ein tiefes, breites, ruhiges F.; das F. freihalten, mit Bojen kennzeichnen; übertr.: die Unterhaltung geriet in politisches F. *(griff auf politisches Gebiet über)*. *(ugs.:) **in seinem/im richtigen Fahrwasser sein** *(eifrig von etwas reden oder etwas tun, was einem besonders liegt)* · (ugs.:) **in jmds. Fahrwasser schwimmen/segeln** *(die Gedanken eines andern kritiklos übernehmen)*.

fair: *anständig, den Regeln des Zusammenlebens entsprechend:* ein faires Benehmen, ein fairer Kampf; ein fairer Sportsmann; ich bin immer f. zu Ihnen, Ihnen gegenüber gewesen; das war nicht [ganz] f. von ihm; er hat sehr f. gehandelt.

Faktor, der (bildungsspr.): **1.** *mitbestimmender Umstand:* etwas ist ein entscheidender, maßgebender F.; die Faktoren der politischen Entwicklung; hier sind noch andere Faktoren im Spiel; von Faktoren bestimmt werden. **2.** (Math.): *Zahl, die multipliziert wird:* eine Summe in Faktoren zerlegen.

Fall, der: **I.** ⟨ohne Plural⟩ *Sturz, das Fallen:* ich hörte einen dumpfen F. *(das Geräusch eines Sturzes)*; im F. riß er seinen Gegner mit; übertr.: der F. *(Untergang)* Trojas; Sprichw.: Hochmut kommt vor dem F. **II. 1. a)** *Umstand, mit dem man rechnen muß:* wenn dieser F. eintritt; wenn der F. eintritt, daß ...; nehmen wir den F. an, sie hätten von dem Plan gewußt *(nehmen wir einmal an, es wäre so)*; für den schlimmsten, äußersten F.; für diesen F. habe ich vorgesorgt; in diesem, in solchem, in einem solchen Fall[e], in solchen Fällen gibt es nur eins, nur ein Mittel. **b)** *Angelegenheit, Sache; Vorkommnis:* ein ungewöhnlicher, eigenartiger, böser, trauriger, hoffnungsloser F.; ein typischer F. von Leichtsinn; dieser F. ist sonnenklar, ist kompliziert, macht mir Sorge; einen F. aufgreifen, als Beispiel anführen, zur Sprache bringen; ich komme noch auf den F. zurück. **2.** (Rechtsw.) *Straftat, Gegenstand der Untersuchung:* ein schwieriger, interessanter F.; der F. Jürgen H.; ein F. für den Staatsanwalt; dieser F. wird noch die Gerichte beschäftigen; einen F. untersuchen, aufklären; das Gericht hat den F. entschieden. **3.** (Med.) *Einzelfall einer Erkrankung:* ein leichter, schwerer, akuter F.; ein F. von Typhus; es traten mehrere Fälle von Pilzvergiftung auf; dieser Fall verlief tödlich; übertr.: wir haben zwei schwere Fälle *(schwerkranke Patienten)* auf der Station. **4.** (Sprachw.) *Kasus, Beugefall:* nach „wegen" steht der 2. Fall *(Genitiv)*. *(Physik:) **der freie Fall** *(gesetzmäßig beschleunigter Fall eines Körpers)* · (veraltet:) **einen Fall tun** *(fallen)*: er hat einen bösen, schweren F. getan · **zu Fall kommen** *(hinfallen)*: er ist im Dunkeln zu F. gekommen · **durch/über jmdn., etwas zu Fall kommen** *(gestürzt werden; vereitelt werden)*: der Minister ist durch, über diesen Skandal zu F. gekommen · **jmdn., etwas zu Fall bringen** *(stürzen; vereiteln)*: die Opposition hat das Gesetz zu F. gebracht · (ugs.:) **Knall und Fall** *(plötzlich, auf der Stelle)*: er wurde Knall und F. entlassen · **etwas ist [nicht] der Fall** *(etwas verhält sich [nicht] so)* · **den Fall setzen ...** *(als gegeben annehmen ...)* ·

für den Fall, daß ...; im Fall[e], daß ...; gesetzt den Fall, daß *(falls, wenn)* ... · **auf jeden Fall; auf alle Fälle** *(unbedingt):* du mußt ihm auf jeden F., auf alle Fälle schreiben · **auf keinen Fall** *(absolut nicht):* ich möchte auf keinen F. gesehen werden · **von Fall zu Fall** *(in jedem Einzelfall, besonders):* diese Frage muß von F. zu F. entschieden werden · (ugs.:) **etwas ist jmds. Fall** *(etwas paßt, gefällt jmdm.):* Bergsteigen? – das ist genau mein F.! · (ugs.:) **klarer Fall!** *(selbstverständlich!).*

Falle, die: **1.** *Fangvorrichtung:* die F. schlägt zu, schnappt zu; eine F. [für die Mäuse] aufstellen; Fallen stellen, legen; die F. spannen; ein Tier in, mit der F. fangen; der Fuchs ist in die F. gegangen *(hat sich gefangen);* übertr.: dieses Angebot ist nur eine [plumpe] F.; jmdm. eine F. stellen; jmdn. in eine F. locken *(durch eine List überraschen, hereinlegen);* er ist in eine F. geraten; er ist der Polizei in die F. gegangen; wir sitzen in der F. **2.** (ugs.) *Bett:* in die F. gehen, sich in die F. hauen (ugs.) *(zu Bett gehen);* er liegt schon längst in der F.

fallen: 1. a) *sich infolge der Schwerkraft abwärts bewegen:* schnell, senkrecht, lautlos f.; zu Boden f.; die Blätter fallen [von den Bäumen]; es ist Regen, Reif, Tau gefallen; der Schnee fällt in dichten Flokken; Sternschnuppen fallen; der Vorhang fällt (im Theater); das Kind fiel ins Wasser; er ist vom Rad, aus dem Bett gefallen; das Buch fiel unter, hinter den Schrank; er ließ sich 3000 Meter fallen, ehe er den Fallschirm öffnete; er ließ sich ins Gras, in einen Sessel, aufs Bett f. *(ließ sich dort nieder);* sie ließ eine Masche f. (beim Stricken); laß das Kind nicht f.!; Sprichw.: der Apfel fällt nicht weit vom Stamm; Redensart: die Würfel sind gefallen *(die Sache ist entschieden, es gibt kein Zurück);* ⟨etwas fällt jmdm.; mit Raumangabe⟩ das Messer fiel mir aus der Hand. **b)** *hinfallen, stürzen:* hart, weich, ungeschickt, unglücklich f.; vornüber, nach hinten f.; die alte Frau ist gefallen; subst.: er hat sich beim Fallen verletzt; er riß im Fallen das Tischtuch mit; gegen die Tischkante, über einen Stein, über die eigenen Füße, aufs Knie, auf die Nase f. **2. a)** *im Kampf sterben:* in dem Gefecht sind viele Soldaten gefallen; ihr Vater ist im Krieg gefallen; (geh.:) für das Vaterland f.; subst. Part.: ein Denkmal für die Gefallenen. **b)** (Jägerspr.) ⟨meist im 2. Part.⟩ *durch Krankheit eingehen:* ein gefallenes Reh; im Winter ist viel Wild gefallen. **3.** ⟨etwas fällt⟩ **a)** *etwas sinkt:* das Hochwasser fällt, ist um 1 m gefallen; der Nebel fällt; die Temperatur ist gefallen; das Barometer fällt *(es gibt schlechtes Wetter);* das Thermometer fällt *(es wird kälter).* **b)** *etwas wird im Wert geringer:* die Waren fallen im Preis; die Preise, die Aktien, die Kurse, die Papiere (an der Börse) fallen; sein Ansehen ist gefallen. **4.** ⟨etwas fällt; mit Art- oder Raumangabe⟩ **a)** *etwas hängt nach unten:* der Mantel fällt glatt, elegant; die Gardinen fallen locker; ⟨auch mit dem Dativ der Person⟩ die Haare fielen ihm auf die Schulter, ins Gesicht. **b)** (geh.) *etwas neigt sich, fällt ab:* die Felsen fallen schroff ins Tal. **5. a)** ⟨etwas fällt; mit Raumangabe⟩ *etwas gelangt, dringt irgendwohin:* das Licht fällt von oben durch ein kleines Fenster; kein einziger Sonnenstrahl fiel in die Höhle. **b)** ⟨mit Raumangabe⟩ *sich [schnell] irgendwohin bewegen:* die Tür fällt ins Schloß *(schließt sich);* sie fiel vor ihm auf die Knie *(warf sich vor ihm nieder);* feindliche Truppen waren ins Land gefallen *(eingedrungen);* ⟨jmdm. f.; mit Raumangabe⟩ jmdm. zu Füßen f. *(sich werfen);* sie fiel der Freundin um den Hals *(umarmte sie);* er fiel dem durchgehenden Pferd in die Zügel *(ergriff sie und hielt das Pferd auf);* dem Gegner in die Flanke, in den Rücken fallen *(ihn dort angreifen).* **6.** ⟨etwas fällt auf etwas⟩ *etwas trifft auf etwas:* der Schatten fällt auf die Wand; mein Blick fiel auf den Ring; übertr.: der Verdacht ist auf ihn gefallen; die Wahl fiel auf eine Frau; das Große Los ist auf die Nr. ... gefallen; der Heilige Abend fällt dieses Jahr auf einen Sonntag; Redensart: wenn Ostern und Pfingsten auf einen Tag fallen *(niemals).* **7.** ⟨in etwas f.⟩ *[plötzlich] in einen Zustand geraten:* in Trümmer f.; in Ohnmacht f.; in tiefen Schlaf f.; die Pferde fielen in Trab *(begannen zu traben);* er fiel unversehens in seinen Dialekt *(sprach im Dialekt weiter).* **8.** ⟨etwas fällt an jmdn., an etwas⟩ *etwas kommt in jmds. Besitz:* die Erbschaft fiel an seine Schwester: die Stadt ist 1919 an Italien gefallen. **9.** ⟨etwas fällt in/unter etwas⟩ *etwas gehört zu etwas, wird von etwas betroffen:* unter eine Bestimmung, unter ein Gesetz f.; diese Waren fallen nicht unter die Zollverordnung; etwas fällt in die Kompetenz der Länder; in diese Zeit fallen die Hauptwerke des Dichters. **10.** ⟨etwas fällt⟩ *etwas wird ausgesprochen:* in der Versammlung sind scharfe Worte gefallen; sein Name fiel bei den Verhandlungen. **11.** ⟨etwas fällt⟩ *etwas geschieht:* die Entscheidung wird morgen fallen; Sport: das Tor *(der Torschuß)* fiel in der 31. Minute. **12.** ⟨etwas fällt⟩ *etwas wird abgefeuert:* bei der Demonstration fielen Schüsse. **13.** ⟨etwas fällt⟩ *etwas wird beseitigt:* der Vorschlag, der Antrag ist gefallen (selten; *von der Versammlung abgelehnt worden);* diese Steuer, dieses Verbot ist gefallen *(aufgehoben worden);* das Tabu ist gefallen *(gilt nicht mehr).* **14.** (militär.) ⟨etwas fällt⟩ *etwas wird erobert:* die Festung ist heute gefallen. * (ugs.; scherzh.:) **der Groschen fällt [bei jmdm.]** *(jmd. begreift, versteht etwas endlich)* · (ugs.:) **immer [wieder] auf die Füße fallen [wie eine Katze]** *(aus allen Schwierigkeiten ohne Schaden hervorgehen)* · (ugs.:) **nicht auf den Kopf gefallen sein** *(nicht dumm sein)* · (ugs.:) **nicht auf den Mund gefallen sein** *(schlagfertig sein, gut reden können)* · **aus dem Rahmen fallen** *(vom Üblichen abweichen; nicht passen)* · **aus der Rolle fallen** *(die Beherrschung verlieren; sich ungehörig benehmen)* · (ugs.:) **aus allen Wolken fallen** *(sehr überrascht, enttäuscht sein)* · **jmdm. in den Arm fallen** *(jmdn. an etwas hindern, in einem Tun aufzuhalten suchen)* · **etwas fällt jmdm. ins Auge/in die Augen** *(etwas fällt auf, lenkt jmds. Aufmerksamkeit auf sich)* · **etwas fällt ins Gewicht** *(etwas ist ausschlaggebend, ist von großer Bedeutung)* · **jmdm. in die Hände fallen** *(in jmds. Gewalt geraten)* · **etwas fällt jmdm. in die Hände** *(etwas wird zufällig von jmdm. entdeckt, gefunden)* · (ugs.:) **mit der Tür ins Haus fallen** *(ein Anliegen unvermittelt vorbringen)* · (ugs.:) **jmdm. fällt das Herz in die Hose[n]**/(veraltet:) **in**

die Schuhe *(jmd. bekommt große Angst)* · **jmdm. in den Rücken fallen** *(sich illoyal gegen jmdn. verhalten)* · **etwas fällt jmdm. in den Schoß** *(etwas wird jmdm. mühelos zuteil)* · **bei jmdm. in Ungnade fallen** *(jmds. Gunst verlieren)* · **etwas fällt ins Wasser** *(etwas kann nicht stattfinden)* · **jmdm. ins Wort**/(selten:) **in die Rede fallen** *(jmdn. unterbrechen)* · **etwas steht und fällt mit jmdm., mit etwas** *(etwas ist auf jmdn., auf etwas angewiesen)* · (ugs.:) **unter die Räuber gefallen sein** *(von anderen unerwartet ausgenützt werden)* · (ugs.:) **etwas fällt unter den Tisch** *(etwas wird nicht beachtet, nicht berücksichtigt)* · **es fällt jmdm. wie Schuppen von den Augen** *(jmdm. wird etwas plötzlich klar)* · **jmdm. fällt eine schwere Last/eine Zentnerlast/ein Stein vom Herzen** *(jmd. ist sehr erleichtert über etwas)* · (ugs.:) **fast vom Stuhl**/(scherzh.:) **vom Stengel fallen** *(sehr überrascht sein)* · **jmdm., einer Sache zum Opfer fallen** *(das Opfer einer Person, einer Sache werden)* · **jmdm. zur Last fallen** *(jmdm. Mühe und Kosten machen)* · (ugs.:) **jmdm. auf die Nerven/auf den Wecker fallen** *(jmdm. lästig werden)* · (ugs.:) **jmdm. fällt die Decke auf den Kopf** *(jmd. fühlt sich in einem Raum beengt und niedergedrückt).*

fällen ⟨etwas f.⟩: **1.** *umhauen:* einen Baum, eine Tanne f.; wir haben Holz gefällt; übertr.: er stürzte wie vom Blitz gefällt. **2.** (militär.) *zum Angriff senken:* das Bajonett f.; mit gefälltem Bajonett vorgehen. **3.** *als gültig aussprechen:* eine Entscheidung, ein Urteil, einen Schiedsspruch f. **4.** (Chemie) *ausscheiden:* ein Salz, Metall aus einer Lösung f. * (Math.:) **ein Lot fällen** *(die Senkrechte von einem Punkt zu einer Geraden konstruieren).*

fallenlassen: 1. ⟨etwas f.⟩ *aufgeben, auf etwas verzichten:* seine Absicht, seine Pläne f. **2.** ⟨jmdn. f.⟩ *sich von jmdm. lossagen, jmdn. nicht mehr unterstützen:* der Minister hat seinen Mitarbeiter f./(selten:) fallengelassen. **3.** ⟨etwas f.⟩ *[nebenbei] äußern:* ein Wort, eine Andeutung f.; er ließ anzügliche Bemerkungen fallen.

fällig: a) *an einem bestimmten Termin zu bezahlen:* der fällige Wechsel, die fälligen Zinsen; der Betrag ist am 1. April, bis zum 1. April f. **b)** *an einem bestimmten Zeitpunkt zu erwarten:* der Schnellzug ist in 4 Minuten f. *(soll in 4 Minuten eintreffen).* **c)** *an einem bestimmten Zeitpunkt zu erledigen; erforderlich, notwendig:* die längst fällige Reform des Schulwesens; die Einlösung des Wechsels ist morgen f.; bei uns sind neue Tapeten f.; (ugs.) der Kerl ist heute abend f. (ugs.; *ist an der Reihe, ist dran*), den werde ich mir einmal vorknöpfen.

falls ⟨Konj.⟩: **a)** *im Falle, daß; wenn:* f. du Lust hast, kannst du mitkommen; f. es regnen sollte, bleiben wir zu Hause. **b)** (ugs.; hochsprachlich nicht korrekt) *für den möglichen Fall, daß:* nimm den Schirm mit, falls es regnet *(damit du bei etwaigem Regen nicht naß wirst).*

falsch: 1. *unecht, [täuschend] nachgebildet:* falsche Banknoten; falsches Geld; falsche Zähne, Haare, Perlen; eine Jacke mit falschen *(nur vorgetäuschten)* Taschen; er reist unter falschem Namen; sein Paß ist f. **2. a)** *verkehrt, nicht richtig:* ein falsches Wort, falscher Alarm; das ist das falsche Buch; einen falschen Weg, die falsche Richtung einschlagen; in den falschen Zug steigen; auf der falschen Fährte sein; deine Antwort ist f.; alle Aufgaben f. haben (ugs.; *falsch gelöst haben*); f. schreiben, sprechen, singen; etwas f. erklären, verstehen, auffassen; wir sind f. gegangen; die Uhr geht f.; da sind Sie f. informiert; Redensart: Wie man's macht, ist's f., macht man's f. **b)** *unpassend:* mit falschem Pathos reden; nur keine falsche Scham, Bescheidenheit! **c)** *unwahr:* ein falscher Eid; falsche Angaben, Versprechungen machen; er hat f. geschworen. **3. a)** *nicht aufrichtig, tückisch:* ein falscher Freund, Prophet; er ist ein falscher Hund (ugs.; *hinterhältiger Mensch*). **b)** *betrügerisch:* er treibt ein falsches Spiel mit uns; er hat falsch gewogen. **4.** (nordd. ugs.) *wütend:* als ich ihm das sagte, wurde er ganz f. [auf mich]. * (ugs.:) **falscher Hase** *(Hackbraten)* · **unter falscher Flagge segeln, fahren** *(etwas vortäuschen)* · **an den Falschen/an die falsche Adresse kommen, geraten** *(an den Unrechten kommen, abgewiesen werden)* · (ugs.:) **im falschen Zug sitzen** *(sich nicht richtig entschieden haben)* · (ugs.:) **aufs falsche Pferd setzen** *(die Lage nicht richtig einschätzen)* · (ugs.:) **mit etwas falsch liegen** *(falsche Ansichten haben, etwas falsch gemacht haben):* mit dieser Meinung liegst du völlig f. · **etwas in die falsche Kehle bekommen** *(etwas falsch verstehen und böse werden)* · (ugs.:) **mit dem falschen Bein zuerst aufgestanden sein** *(schlechter Laune sein)* · **in [ein] falsches Licht geraten** *(mißverstanden werden)* · (scherzh.:) **Vorspiegelung falscher Tatsachen** *(bewußte Irreführung)* · **ein falscher Zungenschlag** *(versehentlich falsche Ausdrucksweise)* · (ugs.:) **ein falscher Fuffziger** *(unehrlicher, scheinheiliger Mensch).*

Falsch (geh.) ⟨nur in bestimmten Wendungen⟩ **ohne Falsch sein** *(ehrlich, aufrichtig sein)* · **es ist kein Falsch an ihm** *(er ist ehrlich, untadelig).*

fälschen ⟨etwas f.⟩: *betrügerisch ändern, nachbilden:* Banknoten, Wechsel f.; eine Urkunde f.; er hat die Unterschrift geschickt gefälscht; einen gefälschten Paß vorzeigen, benutzen; die Papiere sind gefälscht.

fälschlich: *unrichtig, irrtümlich:* eine fälschliche Behauptung; etwas f. annehmen; jmdn. f. (auch: *wider besseres Wissen*) anklagen, verdächtigen.

Falte, die: **1.** *Knick in Stoff, Papier o. ä.:* eine scharfe, lose, tiefe, aufspringende F.; die Falten glätten, ausbügeln; das Kleid schlägt, wirft Falten; der Stoff fällt in weichen, fließenden Falten; übertr. (geh.): die tiefsten, geheimsten Falten des menschlichen Herzens. **2.** *vertiefte Hautlinie, Runzel:* tiefe, harte Falten; auf seiner Stirn steht eine strenge, senkrechte F.; tausend Fältchen durchziehen ihr Gesicht; sie hat schon viele Falten; die Stirn in Falten ziehen, legen.

falten: a) ⟨etwas f.⟩ *in Falten legen, zusammenlegen:* ein Tuch, ein Kleid, einen Brief f.; mit gefalteter (geh.; *gerunzelter*) Stirn nachdenken. **b)** ⟨etwas faltet sich⟩ *etwas bildet Falten, legt sich in Falten:* viele Gebirge sind dadurch entstanden, daß sich die Erdrinde gefaltet hat. * **die Hände falten** *(die Hände zusammenlegen, verschränken):* er faltet die Hände zum Gebet; sie hörte mit gefalteten Händen zu.

Falter, der: → Schmetterling.

faltig: a) *in Falten gelegt:* faltige Gewänder; der

Vorhang ist f. gerafft. **b)** *runzelig:* faltige Haut; seine Hände sind welk und f.

familiär: 1. *die Familie betreffend:* familiäre Sorgen, Schwierigkeiten; er hat seine Stellung aus familiären Gründen gekündigt. **2.** *vertraut, ungezwungen:* ein familiärer Ausdruck; der Ton im Büro war sehr f.

Familie, die: **1.a)** *Gemeinschaft von Eltern und Kindern:* eine große, kinderreiche, arme, nette F.; (iron.:) eine feine F.!; F. Meyer wohnt im Gartenhaus; eine F. gründen *(heiraten);* davon kann man keine F. ernähren; haben Sie F.? *(haben Sie Frau und Kinder?);* der Untermieter gehört schon ganz zur F.; Redensarten: das bleibt in der F. *(das kommt nicht unter fremde Leute);* das kommt in den besten Familien vor *(das ist nicht so schlimm).* **b)** *alle Verwandten; Sippe:* eine alte, adlige, ausgestorbene F.; (iron.:) die liebe F.; seine F. stammt aus Schwaben; aus guter F. sein; in eine F. einheiraten; das Gut ist schon lange in der F., in den Händen derselben F.; der Kunstsinn liegt in der F. *(vererbt sich in ihr, ist ihre Eigenart).* **2.** (Biol.) *systematische Einheit, die aus Gattungen besteht:* die F. der Rinder; der Roggen gehört zur F. der Gräser. * **die Heilige Familie** *(Jesus, Maria und Joseph)* · (geh.:) **in den Schoß der Familie zurückkehren** *(sich der Familie wieder einfügen).*

fanatisch: *sich leidenschaftlich [und rücksichtslos] für etwas einsetzend:* ein fanatischer Prediger; fanatische Begeisterung; sein Glaube ist f.; er kämpft f. für eine Reform des Strafrechts.

Fang, der: **1.a)** ⟨ohne Plural⟩ *das Fangen:* der F. von Pelztieren; die Fischdampfer laufen zum F. aus. **b)** *Beute:* der Angler trägt seinen F. nach Hause, freut sich über den guten F.; übertr.: einen guten F. tun, machen *(überraschenden Erfolg haben).* **2.** (Jägerspr.) **a)** ⟨meist Plural⟩ *Füße der Raubvögel:* die Fänge des Habichts; übertr.: was er einmal in seinen Fängen hat *(in Besitz hat),* läßt er nicht mehr los. **b)** ⟨Plural⟩ *Fangzähne der Raubtiere:* der Fuchs packt die Maus mit den Fängen. * (Jägerspr.:) **einem Wild den Fang geben** *(ein angeschossenes Wild mit der blanken Waffe töten).*

fangen: 1.a) ⟨jmdn. f.⟩ *der Freiheit berauben:* Schmetterlinge, Fische, Vögel f.; Karpfen mit der Angel, im Netz f.; er fing die Fliegen mit der Hand; der Dieb wurde gefangen *(gefaßt);* übertr. (ugs.): der Kommissar versuchte den Verdächtigen durch geschickte Fragen zu f. *(zu überführen);* (ugs.:) ich lasse mich nicht so leicht f. *(überlisten).* **b)** ⟨nur im 2. Part.⟩ *gefangennehmen:* ein gefangener Soldat; er war lange in Rußland gefangen *(in Gefangenschaft).* **c)** ⟨sich f.; mit Raumangabe⟩ *in eine Falle o. ä. geraten:* der Fuchs hat sich im Tellereisen gefangen; bildl.: er fing sich in der eigenen Schlinge, in den eigenen Worten; übertr.: der Wind fängt sich im Schornstein. **2.** ⟨etwas f.⟩ *auffangen:* der Torwart fängt den Ball. **3.** ⟨sich f.⟩ *wieder ins Gleichgewicht kommen:* er stolperte, konnte sich aber noch f.; bildl.: er hat sich wieder gefangen *(sein seelisches Gleichgewicht zurückgewonnen).* * (ugs.:) **Grillen fangen** *(grübeln, verdrießlich sein)* · **Feuer fangen: a)** *(in Brand geraten).* **b)** *(sich schnell begeistern, verlieben)* · **Fangen spielen** */Kinderspiel/* · **sich gefangen geben** *(sich gefangennehmen lassen).*

Farbe, die: **1.a)** *sichtbare Tönung eines Gegenstandes:* eine helle, lichte, dunkle, düstere, grelle, schreiende, knallige (ugs.), schillernde, giftige, frische, lebhafte, kräftige, harte, weiche, satte, stumpfe, matte, sanfte, kalte, warme F.; die Farben sind gut aufeinander abgestimmt, passen zusammen; diese Farben beißen sich (ugs.); die F. des Kleides ist rot, ist ein helles Rot; sie liebt, trägt modische, bunte Farben; sein Gesicht hat eine gesunde, blasse, welke F.; der Kranke hat die F. verloren *(ist blaß geworden),* bekommt wieder F.; drei Hefte in den Farben Blau, Rot und Grün; der Stoff spielt, schillert in allen Farben; ein Hut von grüner, unbestimmter F.; übertr.: im 2. Akt bekam ihr Spiel mehr F. *(Ausdruckskraft);* Redensart: er redet davon wie der Blinde von der F. *(ohne Verständnis).* **b)** *Buntheit:* das Fernsehen sendet schwarzweiß und in F. **2.** *Färbemittel:* echte, dicke, flüssige, schnell trocknende, gut deckende F.; diese F. ist giftig; die F. hält, blättert [von der Wand] ab, verblaßt, geht aus; die Farben laufen ineinander; Farben anreiben, mischen, [dick, dünn] auftragen, verdünnen; der Stoff nimmt keine F. an; es riecht nach [frischer] F.; er malt mit kräftigen, weichen, harten Farben; übertr.: etwas in den dunkelsten, schwärzesten, glänzendsten Farben schildern; etwas in leuchtenden, rosigen Farben ausmalen, darstellen. **3.a)** ⟨meist Plural⟩ *Symbol eines Landes, einer Vereinigung o. ä.:* die deutschen Farben sind Schwarz, Rot und Gold, Schwarz-Rot-Gold; er vertritt die Farben seines Landes, seines Vereins bei den Wettkämpfen; Fähnchen in den bayerischen Farben. **b)** *Symbol eines Begriffes:* Rot ist die F. der Liebe. **4.** *Spielkartenklasse:* eine F. aus-, anspielen; F. bedienen, bekennen. * (ugs.:) **Farbe bekennen** *(seine wahre Ansicht offenbaren)* · **die Farbe wechseln: a)** *(erbleichen).* **b)** *(seine Überzeugung ändern, zu einer anderen Partei übergehen).*

färben: 1.a) ⟨etwas f.⟩ *mit einer Farbe versehen; bunt machen:* Wolle, Garn, Papier f.; Ostereier f.; ein Kleid schwarz f.; sie hat ihr Haar blond gefärbt. **b)** (ugs.) ⟨etwas färbt⟩ *etwas färbt ab:* diese Bluse färbt [nicht]. **c)** (geh.) ⟨etwas färbt sich⟩ *etwas bekommt eine bestimmte Farbe:* das Laub färbt sich schon; der Himmel färbte sich rötlich · ihre Wangen färbten sich *(sie wurde rot).* **2.** ⟨etwas f.; meist im 2. Part.⟩ *in bestimmter Weise verändern:* er gab einen gefärbten *(nicht ganz der Wirklichkeit entsprechenden)* Bericht; er sieht alles durch eine gefärbte *(wirklichkeitsfremde)* Brille.

farbig: 1.a) *bunt:* farbige Postkarten, Tapeten; ein farbiger Druck, Stich; eine Zeichnung f. ausführen; übertr.: eine farbige *(lebhafte, anschauliche)* Schilderung. **b)** *nicht schwarz oder weiß:* farbiges Glas, farbige Stoffe; ein Mosaik aus farbigen Steinen. **2.** *keine weiße Hautfarbe habend:* die farbigen Völker, ein farbiger Amerikaner; die farbige Welt.

Färbung, die: **1.** *Art, wie etwas gefärbt ist; Tönung:* der Vogel hat eine schöne, auffallende F.; das Papier nahm eine graue F. an. **2.** *Tendenz:* er gab seinem Vortrag eine ganz bestimmte F.

Faser, die: *fadenähnliches Gebilde:* eine dünne, dicke, derbe, elastische, haltbare F.; die F. bricht, dehnt sich; Fasern verspinnen; ein Stoff aus künstlichen, synthetischen Fasern; bildl.: er hängt mit allen Fasern, mit jeder Faser seines Herzens an seinem Beruf.

Faß, das: *großer, meist bauchiger Behälter:* ein dickes, schweres, eisernes F.; ein F. aus Eichenholz; drei neue Fässer; /bei Maßangabe/: drei Fässer/Faß Bier; ein F. Wein, Heringe, Teer; das F. ist leer, ist voll, läuft über, ist undicht; das F. wird vom Wagen gerollt; ein F. anstechen, anstecken, anzapfen; ein neues Faß auflegen; er stiftet uns ein F., Fäßchen Bier; Bier [frisch] vom F.; der Wein schmeckt nach dem F.; Redensart (ugs.): das schlägt dem F. den Boden aus, (scherzh.:) die Krone ins Gesicht *(jetzt ist es genug, das ist der Gipfel der Frechheit).* * **etwas ist ein Faß ohne Boden** *(etwas ist eine Sache, in die man vergeblich immer wieder neue Mittel investiert)* · (ugs.:) **ein Faß aufmachen** *(eine ausgelassene Feier veranstalten).*

Fassade, die: *Vorderseite eines Gebäudes:* eine helle, unverputzte, vornehme, barocke F.; die F. ist verschmutzt, blättert ab; eine F. erneuern, reinigen, streichen; übertr. (abwertend): bei ihm ist alles nur F. *(äußerer Schein).*

fassen /vgl. gefaßt/: **1. a)** ⟨etwas f.⟩ *ergreifen und festhalten:* einen Hammer f.; das Messer am Griff, an der Spitze f.; er faßt das Seil mit beiden Händen; sie faßt seine Hand; er bekam den Ast zu f. *(erreichte ihn);* übertr.: die Strömung faßt das Boot *(nimmt es mit);* ⟨auch ohne Akk.⟩ der Schraubenschlüssel faßt nicht *(bewegt die Schraube nicht);* /häufig verblaßt/ einen Beschluß, Entschluß f. *(etwas beschließen, sich zu etwas entschließen);* einen Gedanken f. *(zustande bringen);* Vertrauen, Zutrauen zu jmdm., etwas f. *(gewinnen).* **b)** ⟨jmdn. f.; mit Raumangabe⟩ *ergreifen und festhalten:* jmdn. bei der Hand, am Arm f.; er faßte den Ertrinkenden an den Haaren; die Kinder hielten sich an den Händen gefaßt; übertr.: jmdn. bei seiner Ehre f. *(an jmds. Ehrgefühl appellieren);* jmdn. an/bei seiner schwachen Seite f. *(jmdn. da angreifen, wo er empfindlich ist).* **2.** ⟨mit Raumangabe⟩ *irgendwohin greifen:* in den Schnee, in Schmutz f.; nach einem Glas f.; an den heißen Ofen f.; ⟨jmdm./jmdn. f.; mit Raumangabe⟩ das Kind faßte mir/mich ins Gesicht; er faßte ihr/sie unters Kinn. **3.** ⟨etwas faßt jmdn.⟩ *etwas überkommt, befällt jmdn.:* ein Schauder faßte ihn; das Entsetzen hatte ihn gefaßt. **4.** ⟨jmdn. f.⟩ *fangen:* die Polizei hat den Dieb gefaßt; der Habicht faßt seine Beute [mit den Fängen]; faß! */Befehl an den Hund/.* **5.** (Soldatenspr.) ⟨etwas f.⟩ *als Zuteilung empfangen:* Essen, Munition, Proviant f. **6.** ⟨etwas faßt jmdn., etwas⟩ *etwas kann jmdn., etwas aufnehmen:* der Eimer faßt 10 Liter; der Saal faßt 1000 Zuschauer, konnte die Gäste kaum f. **7.** ⟨etwas f.⟩ *einfassen:* eine Perle, einen Edelstein [in Gold] f.; Glasbilder in Blei f.; eine Quelle f. *(in einen Brunnen leiten);* ein schön gefaßter Brillant. **8.** ⟨etwas f.⟩ *verstehen, begreifen:* ich fasse den Sinn dieser Worte nicht; ich kann mein Glück kaum f.; ich kann es nicht f., daß alles vorbei sein soll. **9.** ⟨etwas f.; mit Artangabe⟩ *formulieren, ausdrücken:* seine Gedanken in Worte, in Verse f.; der Satz, die Verfügung ist neu, anders, verständlicher gefaßt worden; einen Begriff weit, eng f. **10.** ⟨sich f.⟩ *seine Haltung wiedergewinnen:* er erschrak, aber er faßte sich schnell; fassen *(beruhigen)* Sie sich! * **[festen] Fuß fassen: a)** *([beim Klettern] Halt gewinnen).* **b)** *(heimisch werden, festen Boden unter die Füße bekommen)* · **Wurzel fassen** *(heimisch werden)* · (militär.:) **Schritt, Tritt fassen** *(den Gleichschritt aufnehmen)* · **etwas ins Auge fassen** *(erwägen; sich etwas vornehmen)* · **sich** (Dativ) **ein Herz fassen** *(seinen ganzen Mut zusammennehmen)* · (ugs.:) **sich an die eigene Nase fassen** *(sich um die Fehler kümmern, die man selbst macht):* faß dir/ (selten:) dich an die eigene Nase · **den Stier bei den Hörnern fassen** *(eine Sache mutig anpacken)* · **ein Übel an der Wurzel fassen** *(ein Übel von Grund auf bekämpfen)* · **die Gelegenheit beim Schopfe fassen** *(eine Gelegenheit entschlossen nutzen)* · (ugs.:) **sich** (Dat.) **an den Kopf fassen** *(etwas nicht begreifen)* · **sich kurz fassen** *(nicht viele Worte machen)* · **sich in Geduld fassen** *(geduldig abwarten).*

Fasson, die: *Form, [Mach]art:* der Hut hat keine F. mehr, hat die F. verloren; übertr. (ugs.): sie ist etwas aus der F. geraten *(rundlich geworden);* Redensart: hier kann jeder nach seiner F. *(auf seine Art)* selig werden.

Fassung, die: **1.** *Einfassung, Haltevorrichtung:* die kunstvolle F. eines Edelsteins; die Glühlampe aus der F. schrauben. **2.** *Gestaltung, Bearbeitung, Form:* die erste, ursprüngliche, endgültige F. eines Textes; der Dichter gab dem letzten Akt eine andere F.; der englische Film läuft in deutscher F. **3.** *Selbstbeherrschung, Besonnenheit:* er bewahrte, behielt [die] F.; er verlor seine F. [nicht]; er war durch nichts aus der F. zu bringen; sie rang nach F., war völlig außer F.; sich mit F. (geh.) in etwas finden.

fassungslos: *völlig verwirrt, sprachlos:* ein fassungsloses Gesicht machen; sie war f. vor Schrecken; ich war einfach f. (ugs.); f. weinen, schluchzen, vor sich hin starren.

fast ⟨Adverb⟩: *beinahe, nahezu:* f. tausend Personen waren anwesend; f. jeder kennt dieses Wort; f. wäre ich gefallen.

fasten: *(eine Zeitlang) wenig oder nichts essen:* der Kranke mußte zwei Tage f.; subst.: durch langes Fasten war sein Körper geschwächt.

faszinieren (bildungsspr.) ⟨jmdn. f.⟩: *bezaubern, [unwiderstehlich] fesseln:* diese Frau, dieser Gedanke fasziniert mich; ein faszinierendes Lächeln; er war von ihrer Stimme fasziniert.

fatal (bildungsspr.): **a)** *sehr unangenehm, peinlich:* ein fatales Gefühl; die Verwechslung ist mir sehr f.; die Lage war f., sah f. aus. **b)** *verhängnisvoll:* er hat eine fatale Neigung zum Trunk; die Sache hat sich f. ausgewirkt.

fauchen: a) *gereizt, zischend den Atem ausstoßen* /bes. von Tieren/: die Katze, der Fuchs faucht [wütend]; bildl.: die Lokomotive faucht. **b)** ⟨etwas f.⟩ *in gereiztem Ton sagen:* „Fort mit dir!" fauchte er.

faul: I. 1. *durch Fäulnis verdorben, verfault:* faules Fleisch, Obst; faules Holz; das Wasser hat einen faulen Geschmack, Geruch; er wurde mit faulen Eiern beworfen; die Fische sind f., schmecken, riechen f. **2.** (ugs.; abwertend) *schlecht, unsauber:* ein fauler Kompromiß; das ist eine ganz faule Sache; faule *(unglaubwürdige)* Ausreden; faule Witze machen; das ist alles fauler Zauber *(Schwindel)*; ein fauler *(ungedeckter)* Wechsel; ein fauler *(unsicherer)* Friede; hier ist etwas f. *(hier stimmt etwas nicht)*; es steht f. mit diesem Kaufmann, um dieses Geschäft. **II. 1.** *träge, nicht fleißig:* ein fauler Mensch, Schüler; ein faules Leben führen; (ugs.:) er hat heute seinen faulen Tag; sie ist stinkend f. (derb; *sehr faul*); er ist zu f. zum Schreiben; f. dasitzen, im Bett liegen. **2.** (ugs.; abwertend) *säumig, unwillig:* ein fauler Kunde, Schuldner. * (ugs.:) **auf der faulen Haut liegen, sich auf die faule Haut legen** *(faulenzen)* · (ugs.:) **ein fauler Kunde** *(ein verdächtiger Mensch)*; **nicht faul** *(flink, ohne zu zögern):* er, nicht f., sprang auf mich los.

faulen ⟨etwas fault⟩: *etwas wird faul, verdirbt durch Fäulnis:* das Obst fault; die Kartoffeln sind vor Nässe gefault; faulendes Stroh.

faulenzen: *träge sein, nichts tun:* er faulenzt den ganzen Tag; in den Ferien will ich einmal richtig f. *(mich ausruhen)*.

Faulheit, die: *Arbeitsunlust, Bequemlichkeit:* seine große, unbeschreibliche F.; (ugs.:) jmdm. die F. austreiben; etwas aus [reiner, purer] F. nicht tun. * (ugs.:) **vor Faulheit stinken** *(sehr faul sein)*.

faulig: *von Fäulnis befallen:* fauliges Obst; ein fauliger Geruch; das Wasser ist, schmeckt f.

Fäulnis, die: *das Faulwerden, Zersetzung:* die F. ist fortgeschritten; in F. übergehen.

Faust, die: *geballte Hand:* eine große, derbe, knochige, harte F.; seine F. schlug zu, traf den Gegner; eine F. machen; die F. ballen, öffnen; Boxen: er hat schnelle Fäuste *(er schlägt schnell)*; jmdm. die F. unter die Nase halten *(mit der Faust drohen)*; mit den Fäusten gegen die Tür trommeln; er ballte, schloß die Hand zur F. * (ugs.:) **das paßt wie die Faust aufs Auge: a)** *(das paßt überhaupt nicht)*. **b)** *(das paßt genau)* · **die Faust, die Fäuste in der Tasche ballen** *(heimlich drohen, seinen Zorn verbergen)* · **auf eigene Faust** *(selbständig, auf eigene Verantwortung):* er hat auf eigene F. gehandelt · (ugs.:) **sich** ⟨Dativ⟩ **ins Fäustchen lachen** *(heimlich, schadenfroh lachen)* · **mit der Faust auf den Tisch schlagen** *(energisch auftreten, vorgehen)* · **mit eiserner Faust** *(mit Gewalt):* der Aufstand wurde mit eiserner F. unterdrückt.

faustdick: *dick wie eine Faust, sehr dick:* eine faustdicke Geschwulst; übertr. (ugs.): das sind faustdicke *(unglaubliche)* Lügen; das ist f. *(sehr plump)* aufgetragen. * (ugs.:) **jmd. hat es faustdick hinter den Ohren** *(jmd. ist durchtrieben, gerissen)*.

Fazit, das (bildungsspr.): *Ergebnis, Schlußfolgerung:* das F. der Untersuchungen war jedesmal das gleiche; was ist das F. deiner/aus deinen Überlegungen? * **das Fazit ziehen** *(das Ergebnis zusammenfassen):* er zog das F. aus seinen Erfahrungen.

Februar, der: *2. Monat im Jahr:* ein kalter, nasser, schneereicher F.; Anfang, Ende F.; im Laufe des Monats F., des Februar[s]; er ist im F., am 3. F. geboren.

fechten: I. 1. *mit einer blanken Waffe kämpfen:* mit jmdm., gegen jmdn. f.; mit dem Säbel, mit dem Degen f.; auf Hieb, auf Stoß f.; er ficht ausgezeichnet; übertr. (hist.): er hat unter Napoleon, gegen die Türken gefochten *(als Soldat gekämpft)*. **2.** (Sport) ⟨etwas f.⟩ *in einer Fechtart, einem Kampf tätig sein:* Damen fechten nur Florett; sie fochten fünf Gänge. **II.** (ugs.; veraltend) *betteln:* an den Türen f.; er mußte f. gehen.

[1]Feder, die: **1.** *Vogelfeder:* eine schwarze, grünliche, schillernde F.; zerzauste Federn; die F. fliegt davon; etwas ist leicht wie eine F.; der Hahn sträubt, spreizt die Federn; sie zieht, rupft dem Huhn eine F. aus; Federn schleißen *(von den Kielen befreien)*; eine F. am Hut tragen; ein Kissen mit Federn stopfen; übertr. (ugs.): in die Federn kriechen *(schlafen gehen)*; er kann morgens nicht aus den Federn (ugs.; *aus dem Bett*) finden; er liegt noch in den Federn (ugs.; *im Bett*); Sprichw.: den Vogel erkennt man an den Federn. **2.** *metallene Schreibfeder:* eine spitze, weiche, goldene F.; die F. kratzt, schreibt hart, kleckst; die F. eintauchen; mit der F. schreiben; zur F. greifen; bildl. (geh.): ein Mann der F. *(Schriftsteller)*; sie schreibt eine gewandte F. *(in gewandtem Stil)*; eine spitze F. *(angriffslustig und kritisch)* schreiben, führen; das Buch stammt aus berufener F., ist aus seiner F. geflossen; der Tod hat ihm die F. aus der Hand genommen. * (ugs.:) **Federn lassen** [**müssen**] *(Schaden, Nachteile erleiden)* · **sich mit fremden Federn schmücken** *(Verdienste anderer als eigene ausgeben)*.

[2]Feder, die: *elastisches Metallstück:* eine stählerne, starke, gespannte F.; die F. spannt sich, schnellt zurück, bricht, ist ausgeleiert (ugs.; *hat keine Spannkraft mehr*); die F. aufziehen, ablaufen lassen.

Federlesen, das ⟨nur in bestimmten Wendungen⟩ **nicht viel Federlesens mit jmdm., mit etwas machen** *(keine Umstände machen, nicht zaudern)* · **ohne viel Federlesen**[**s**], **ohne langes F.** *(ohne Umstände)*.

federn: 1. *elastisch nachgeben und wieder zurückschnellen:* das Brett, das Polster, der Boden federt; der Tennisschläger federt nicht mehr; der Turner federt in den Knien; ein federnder Gang. **2.** ⟨etwas f.⟩ *mit Federung versehen:* einen Wagen federn; ⟨meist im 2. Part.⟩: das Bett ist gut, schlecht, zu hart gefedert.

Federstrich, der: *Strich mit der Schreib- oder Zeichenfeder:* er entwarf das Bild mit wenigen Federstrichen. * **mit einem/durch einen Federstrich** *(durch einen bloßen Verwaltungsakt; kurzerhand):* das kann man nicht mit einem/durch einen F. aus der Welt schaffen.

fegen: 1. (bes. nordd.) **a)** ⟨etwas f.⟩ *mit dem Besen säubern:* die Straße, Treppe, das Zimmer, den Schornstein f.; ⟨auch ohne Akk.⟩ ich muß noch f.; Redensart: jeder fege vor seiner Tür! *(kümmere sich um seine eigenen Fehler)*. **b)** ⟨etwas f.; mit Raumangabe⟩ *mit dem Besen entfernen:* den Schmutz aus dem Zimmer f.; übertr.: der Wind fegt das Laub von den Bäumen. **2.** (Jägerspr.) ⟨[etwas] f.⟩ *den Bast vom Geweih abscheuern:* der Hirsch fegt [das Geweih]. **3.** ⟨mit Raumangabe⟩ *jagen:* der Wind fegt über die Straßen, durch das Land; (ugs.) sie fegte nur so durch die Zimmer.

Fehde, die (geh.) ⟨in bestimmten Wendungen⟩ **eine Fehde mit jmdm. ausfechten** *(einen [literarischen] Streit mit jmdm. führen)* · **mit jmdm. in Fehde liegen** *(Streitigkeiten mit jmdm. haben)*.

Fehdehandschuh, der (geh.) ⟨nur in bestimmten Wendungen⟩ **jmdm. den Fehdehandschuh hinwerfen** *(jmdn. herausfordern)* · **den Fehdehandschuh aufnehmen** *(eine Herausforderung annehmen)*.

fehl ⟨in der Verbindung⟩ fehl am Platz/(selten:) am Ort sein: *falsch eingesetzt, nicht angebracht sein:* seine Vorwürfe waren [hier] f. am Platz; dein Bruder ist bei uns f. am Ort.

fehlen: 1. a) ⟨etwas fehlt⟩ *etwas ist nicht [mehr] vorhanden:* hier fehlen zwei Bücher; in der Kasse fehlen 10 Mark; ich habe das fehlende Bild gefunden; ⟨etwas fehlt jmdm.⟩ mir fehlen zehn Mark *(sind zehn Mark abhanden gekommen)* · es fehlt an allen Ekken und Enden *(es ist überall zu wenig da);* wo fehlt es? *(was ist nicht in Ordnung?);* es fehlte nicht viel, so wäre er ertrunken *(beinahe wäre er ...);* das fehlte noch, daß du jetzt krank würdest *(es wäre schlimm, wenn ...);* (geh.) es konnte nicht f. *(nicht ausbleiben)*, daß er eingeladen wurde. **b)** *nicht anwesend sein:* unentschuldigt f.; der Schüler fehlt seit einer Woche; er hat bei keiner Premiere, auf keinem Fest gefehlt. **c)** ⟨es fehlt an etwas, an jmdm.⟩ *es mangelt:* es fehlt an Geld; es fehlt an Lehrern; sie läßt es an nichts f. *(sie sorgt für alles);* er hat es an Sorgfalt, am rechten Ernst f. lassen *(er war nicht sorgfältig, nicht ernst genug);* an mir, (auch:) von meiner Seite soll es nicht f. *(ich tue das Meinige);* ⟨auch mit dem Dativ⟩ es fehlt ihnen am Nötigsten. **d)** ⟨etwas fehlt jmdm.⟩ *jmd. hat, besitzt etwas [noch] nicht:* mir fehlt das Geld für die Reise; ihm fehlt einfach noch die Erfahrung; (ugs.; iron.:) das, der hat mir gerade noch gefehlt *(das, der macht mein Unglück erst vollständig)*. **e)** ⟨jmdm. f.⟩ *von jmdm. vermißt werden:* du hast mir die ganze Zeit gefehlt; mein Auto fehlt mir sehr; nur ein Kind hat ihnen an/zu ihrem Glück gefehlt. **2.** ⟨jmdm. fehlt etwas⟩ *jmd. hat Kummer, ist krank:* was fehlt dir? *(worüber hast du zu klagen?);* mir fehlt nichts *(ich bin gesund)*. **3.** (geh.) *unrecht handeln, sich vergehen:* vergib mir, wenn ich gefehlt habe. **4.** (Jägerspr.; selten) ⟨etwas f.⟩ *nicht treffen:* er hat den Bock gefehlt. * **weit gefehlt!** *(ganz im Gegenteil!)*.

Fehler, der: **1.** *Unrichtigkeit, Irrtum:* ein grober, schwerer, leichter, leichtsinniger, [ganz] dummer, verhängnisvoller, folgenschwerer F.; grammatische, stilistische F.; F. in der Rechtschreibung; dir ist ein F. unterlaufen/(auch:) untergelaufen; in die Rechnung hat sich ein F. eingeschlichen; es war ein F. *(es war falsch)*, so schnell nachzugeben; einen F. machen, entdecken, berichtigen, korrigieren, verbessern, wiedergutmachen, übersehen; einen F. vertuschen, bemänteln, verschleiern; er beging den F., zu scharf zu bremsen; aus den Fehlern anderer lernen; die Arbeit ist frei von Fehlern, strotzt, wimmelt (ugs.) von Fehlern. **2.** *Mangel, schlechte Eigenschaft:* ein körperlicher, charakterlicher F.; seine Fehler erkennen, einsehen, ablegen; wir alle haben [unsere] Fehler; du hast den F. an dir, zu schnell aufzubrausen; Porzellan mit kleinen Fehlern.

fehlerhaft: *nicht einwandfrei:* fehlerhaftes Material; eine fehlerhafte Stelle im Gewebe; seine Aussprache ist f.; f. sprechen.

fehlgehen ⟨meist verneint⟩: **a)** *in die falsche Richtung gehen:* auf diesem Weg kannst du nicht f.; der Schuß ist fehlgegangen *(hat nicht getroffen)*. **b)** (geh.) *falsch handeln, sich irren:* ich gehe wohl nicht fehl, wenn ich Sie um Hilfe bitte?; ich glaube mit dieser Annahme nicht fehlzugehen.

Fehlgriff, der: *falsche Maßnahme:* seine Entlassung war ein F.; einen F. tun; Fehlgriffe vermeiden.

fehlschlagen ⟨etwas schlägt fehl⟩: *etwas mißlingt:* das Unternehmen, der Versuch ist fehlgeschlagen; die Operation schlug fehl; ein fehlgeschlagenes Experiment; meine Hoffnung, Erwartung schlug fehl (geh.; *wurde enttäuscht*).

Fehltritt, der (geh.): *Verstoß, Vergehen [gegen die Sitte]:* ein folgenschwerer F.; dieser F. ist nicht zu entschuldigen; einen F. tun.

Feier, die: **a)** *festliche Veranstaltung:* eine würdige, stille, erhebende, ernste, prunkvolle, gemütliche, kleine, nette F.; eine F. im Familienkreis; Feiern zum Gedächtnis, zu Ehren eines Dichters veranstalten; eine F. begehen (geh.), mitmachen; an einer F. teilnehmen; bei einer F. mitwirken, die Rede halten. **b)** ⟨mit Genitiv⟩ *feierliche Begehung:* die F. des heiligen Abendmahls; die F. seines 80. Geburtstages. * **zur Feier des Tages** *(um den Tag würdig zu begehen):* zur F. des Tages haben wir Sekt getrunken, (scherzh.:) hat er sich rasiert.

Feierabend, der: **a)** *Zeit nach der Arbeit:* den F. genießen; jmdm. einen schönen F. wünschen; eine Unterhaltung für den F. **b)** *Arbeits-, Dienstschluß:* um 17 Uhr ist F., haben wir F.; wir machen heute früher F.; der Wirt verkündete F. *(schloß das Lokal);* nach F. arbeitet er im Garten; übertr.: für mich ist F. *(ich gebe meinen Beruf auf);* (ugs.) jetzt ist aber F.! *(Schluß!; ich mache nicht mehr mit)*.

feierlich: a) *festlich, würdevoll:* ein feierlicher Augenblick; feierliche Stille; eine feierliche Ansprache, Amtshandlung; etwas mit feierlicher Miene verkünden; die Trauung war sehr f.; f. gekleidet sein; der Minister wurde f. vereidigt; (ugs.) das ist schon nicht mehr f. *(nicht mehr schön, erträglich)*. **b)** *ernst, nachdrücklich:* eine feierliche Versicherung abgeben; etwas f. versprechen, geloben.

feiern: 1. a) ⟨etwas f.⟩ *festlich, würdig begehen:* Weihnachten, eine Hochzeit, seinen Geburtstag, ein bestandenes Examen f.; etwas mit Sekt f.; eine Orgie f.; Rel.: das heilige Abendmahl, den Gottesdienst f.; Redensart: man muß die Feste f., wie sie fallen *(jede Gelegenheit nutzen)*. **b)** *in Gesellschaft fröhlich sein:* wir haben die ganze Nacht [tüchtig] gefeiert. **c)** ⟨jmdn. f.⟩ *ehren, umjubeln:* der Sänger wurde stürmisch gefeiert; sie ist eine gefeierte Schönheit. **2.** *nicht arbeiten [können]:* die Arbeiter mußten [eine Woche lang] f. * **Triumphe feiern** *(sehr großen Erfolg haben)* · (veraltet, aber noch scherzh.:) **fröhliche Urständ feiern** *(aus der Vergessenheit wiederauftauchen):* dieser alte Schauerroman feierte im Fernsehen fröhliche Urständ.

feig[e] (abwertend): **a)** *ängstlich, ohne Mut:* ein feiger Mensch, Kerl; feige Ausreden; sei nicht f.!; sich f. verstecken, zurückziehen. **b)** *heimtückisch, gemein:* ein feiger Verräter; feiges Pack; sie haben uns f. im Stich gelassen.

Feigheit, die (abwertend): *Ängstlichkeit:* seine F. hat uns alles verdorben; etwas aus F. nicht tun; vor F. fast vergehen.

Feigling, der (abwertend): *feiger Mensch:* er ist ein jämmerlicher F.; jmdn. einen F. nennen.

Feile, die: */ein Werkzeug/:* eine grobe, feine F.; die F. ansetzen; ein Metallstück mit der F. glätten; übertr.: die letzte F. an etwas legen *(etwas bis ins letzte formen und glätten).*

feilen: **1.** ⟨etwas f.⟩ *mit der Feile glätten:* der Schlosser feilt den Schlüssel [rund]. **2.** ⟨an etwas f.⟩ *etwas mit der Feile bearbeiten:* an einem Werkstück f.; übertr.: der Schüler hat lange an seinem Aufsatz gefeilt *(bessernd und glättend gearbeitet).*

feilhalten (veraltet) ⟨etwas f.⟩: *[auf dem Markt] zum Verkauf anbieten:* Gemüse, Andenken f. * (ugs.:) **Maulaffen feilhalten** *([mit offenem Mund] gaffen, müßig zuschauen).*

feilschen (abwertend): *hartnäckig um einen niedrigeren Preis handeln:* er feilscht gerne; er feilscht um jeden Groschen.

fein: **1. a)** *zart, dünn, nicht grob:* feine Fäden; ein feines Gewebe; feine Wäsche; feine Linien; ein feines *(enges)* Sieb; ein feiner Kamm; ihr Haar ist sehr f.; f. *(zierlich)* gegliederte Hände; übertr.: mit feiner Ironie, feinem *(feinsinnigem)* Humor. **b)** *klein zerteilt:* feines Mehl, Pulver; ein feiner Regen, Nebel; feine Wurst *(aus fein gehacktem Fleisch);* der Sand ist sehr f.; etwas f. mahlen, [ver]reiben, sieben. **2. a)** *von guter, bester Beschaffenheit:* feine Weine, Speisen; die feinste Marke; feines *(reines)* Gold, Silber; Äpfel von feinem Geschmack; ein feiner *(kluger, schöner)* Kopf; das ist ein feiner *(gut ausgedachter)* Plan; subst.: ich habe dir etwas Feines *(Gutes, Schönes)* mitgebracht; (ugs.:) ein feiner *(anständiger, prächtiger)* Junge, Kerl; das war nicht f. *(nicht anständig)* von dir; etwas schmeckt, riecht f.; (ugs.:) das hat er f. gemacht; fein *(schön)*, daß du gekommen bist!; etwas f. *(schön, ganz)* säuberlich abschreiben; nun sei f. still!; Redensart: klein, aber fein *(nicht groß, aber sehr gut).* **b)** *genau, scharf:* ein feines Gehör haben; ein feines Gefühl, Gespür für etwas haben; ein Instrument f. einstellen, abstimmen. **c)** *schlau, listig:* ein feiner Schachzug; mit feiner List; das ist f. ausgedacht, eingefädelt. **3.** *vornehm [aussehend]:* feines Benehmen; feine Sitten; ein feiner *(anspruchsvoller)* Geschmack; ein feiner Mann, Herr; sie ist keine feine Dame; in der feinen Gesellschaft verkehren; (iron.:) feine Leute; sie war ihm nicht f. genug, zu f.; (ugs.:) sich f. machen *(gut anziehen).* * **fein heraus sein** *(in einer glücklichen Lage sein).*

feind ⟨in der Verbindung⟩ jmdm., einer Sache feind sein (geh.): *feindlich, abgeneigt sein:* er ist allen Vergnügungen f.

Feind, der: **a)** *Gegner, Widersacher:* ein alter, erbitterter, gefährlicher F.; die äußeren und inneren Feinde des Staates; sie waren Feinde *(sie haßten sich);* er ist mein persönlicher, schlimmster, ärgster F.; sie hat viele Feinde; sich (Dativ) jmdn. zum F. machen; bibl.: liebet eure Feinde!; übertr.: er ist ein geschworener, erklärter F. des Alkohols. **b)** *feindliche Truppen:* der F. rückt heran; den F. angreifen, zurückwerfen; zum F. überlaufen. * (Rel.:) **der böse Feind** *(der Teufel)* · **Freund und Feind** *(jedermann).*

feindlich: **a)** *gegnerisch, zum Feind gehörend:* ein feindliches Land; feindliche Truppen; er steht im feindlichen Lager. **b)** *nicht freundlich gesinnt, feindselig:* die feindlichen Brüder; eine feindliche Haltung einnehmen; er ist mir, gegen mich f. gesinnt, steht mir f. gegenüber.

Feindschaft, die: *feindliche Einstellung, Gesinnung:* eine alte, erbitterte, tödliche F.; eine F. auf Leben und Tod; dadurch habe ich mir seine F. zugezogen; mit jmdm. in [offener] F. leben; Redensart: darum keine F.! *(darum wollen wir uns nicht entzweien).*

feindselig: *feindlich gesinnt, voll Haß:* eine feindselige Haltung, Gesinnung; feindselige Blicke, Handlungen; f. schweigen; sie starrte ihn f. an; sich f. gegen jmdn. zeigen (geh.).

Feindseligkeit, die: **a)** *feindselige Gesinnung:* ihr Blick verriet offene F. **b)** ⟨Plural⟩ *kriegerische Handlungen:* die Feindseligkeiten eröffnen, einstellen; bisher ist es zu keinen Feindseligkeiten gekommen.

feinfühlig: *fein empfindend, sensibel:* ein feinfühliger Mensch; sie ist sehr f.; er ging f. auf ihre Besonderheiten ein.

Feld, das: **1. a)** *nicht bebaute Bodenfläche:* ein offenes, flaches, weites F.; die Straße läuft über freies F.; übertr.: das ist ein weites F. *(darüber läßt sich viel sagen);* das steht noch im weiten F. *(ist noch ganz ungewiß).* **b)** *landwirtschaftliche Nutzfläche, Acker[stück]:* ein schmales, breites, fruchtbares, steiniges, trockenes F.; das F. liegt brach, trägt Korn, Kartoffeln; das F. bestellen, düngen, pflügen; der Bauer geht aufs F., arbeitet auf dem F.; das Korn steht noch im F. (veraltend; *ist noch nicht eingefahren*); übertr.: ein wogendes F. *(Kornfeld);* die Felder *(die Feldfrüchte)* stehen gut. **2.** (Sport) *abgegrenzte Spielfläche:* das F. ist vom Regen aufgeweicht; den Ball ins F. werfen, schlagen; die Zuschauer stürmten aufs F. **3.** *Kriegsschauplatz, Schlachtfeld:* die Truppen rücken, ziehen ins F., stehen im F.; (geh.:) er ist auf dem Felde der Ehre gefallen. **4.** *Tätigkeitsbereich:* das F. der Wissenschaft: hier steht noch ein weites, dankbares F. offen; sein F. *(sein Spezialgebiet)* ist die Kunststofforschung; er beherrscht dieses F. *(er weiß Bescheid).* **5.** (Physik) *Kraftfeld:* ein elektrisches, magnetisches F.; das F. entsteht, wird erzeugt, dehnt sich aus. **6.** *Abteilung einer Fläche:* eine Tür mit farbigen Feldern; die schwarzen, weißen Felder im Schachspiel; Wappenkunde: eine weiße Lilie im blauen F. **7.** (Sport) *geschlossene Teilnehmergruppe:* das F. startet, zieht sich auseinander, bleibt zurück; der finnische Läufer führt das F. an, löst sich vom F., schließt zum F. auf. * **das Feld behaupten** *(seine Stellung gegen die Konkurrenz halten)* · **das Feld beherrschen** *(maßgebend, allgemein anerkannt sein)* · **das Feld räumen** *(seinen Platz freigeben, weichen)* · **jmdn. aus dem Feld[e] schlagen** *(jmdn. verdrängen)* · **jmdm. das Feld überlassen** *(sich vor jmdm. zurückziehen)* · (geh.:) **gegen jmdn./etwas zu Felde ziehen** *(jmdn., etwas bekämpfen)* · (geh.:) **etwas [gegen jmdn.] ins Feld führen** *(etwas als Argument [gegen jmdn.] benutzen).*

Fell, das: *dichtbehaarte Tierhaut:* ein weiches, rauhes, sauberes, glänzendes, dichtes, struppiges, zottiges F.; einem Tier das F. streicheln, kraulen; dem Fuchs das F. abziehen; Felle trocknen, gerben; Redensarten: ihm sind die/alle Felle fortgeschwommen *(seine Hoffnungen sind zerronnen)*; man soll das F. nicht verkaufen, ehe man den Bären hat. * (ugs.:) **jmdm/jmdn. juckt das Fell** *(jmd. wird so übermütig, als wolle er Prügel haben)* · (ugs.:) **ein dickes Fell haben** *(dickfellig sein, viel Ärger vertragen können)*. (ugs.:) **jmdm. das Fell gerben** *(jmdn. verprügeln)* · (ugs.:) **jmdm. das Fell über die Ohren ziehen** *(jmdn. betrügen, ausbeuten, stark übervorteilen)* · (derb:) **das Fell versaufen** *(einen Leichenschmaus abhalten)*.

Fels[en], der: **a)** ⟨meist: Fels⟩ *festes Gestein:* harter, verwitterter, brüchiger F.; der nackte F. tritt zutage; beim Graben auf F. stoßen; Stufen in den F. hauen. **b)** ⟨meist: Felsen⟩ *Felsblock; große Masse aus festem Gestein:* ein schroffer, steiler, mächtiger, überhängender, glatter, zackiger F.; der F. fällt steil ab; einen F. sprengen, be-, ersteigen; auf einen F. klettern; er steht wie ein Fels *(unerschütterlich)* [in der Brandung].

felsenfest: *unerschütterlich:* das ist meine felsenfeste Überzeugung; er glaubt f. an den Sieg; er hat sich f. auf dich verlassen.

Fenster, das: **1. a)** *Lichtöffnung in der Wand:* ein großes, kleines, hohes, breites, rundes, vergittertes F.; erleuchtete F.; das F. geht auf die Straße [hinaus]; ein F. in die Mauer brechen, zumauern; das Zimmer hat zwei F.; die Nachbarin lag stundenlang im F.; zum F. hinaussehen; aus dem F. schauen, springen. **b)** *gerahmtes Glas in der Fensteröffnung, im Fensterflügel:* ein buntes, trübes, angelaufenes F.; das F. ist blind geworden, glänzt, klirrt, springt auf, schlägt zu; das F. öffnen, schließen, auf-, zumachen (ugs.); die F. einsetzen, aushängen, putzen; übertr.: ein Briefumschlag mit F. *(mit durchsichtigem Adressenfeld)*. **2.** (ugs.) *Schaufenster:* das F. dekorieren; ein Buch aus dem F. nehmen, ins F. legen. * **das/sein Geld zum Fenster hinauswerfen** *(Geld verschwenden, unüberlegt ausgeben)* · **zum Fenster hinaus reden: a)** *(vergeblich, erfolglos reden)*. **b)** *(für die Öffentlichkeit, mehr propagandistisch reden)*.

Ferien, die ⟨Plural⟩: **a)** *zusammenhängende Zeit, in der Schulen u. ä. geschlossen sind:* die großen F.; F. bekommen, haben; der Bundestag geht in die F. **b)** *Urlaub:* F. machen; er braucht dringend F.; die F. an der See, im Gebirge verbringen. * **Ferien vom Ich** *(das Losgelöstsein vom Alltag, von sich selbst)*.

Ferkel, das: **1.** *junges Schwein:* ein rosiges F.; das F. quiekt. **2.** */Schimpfwort für einen unsauberen oder unflätigen Menschen/:* welches F. hat denn hier gegessen?; dieses F. hat mich beleidigt.

fern: I. ⟨Adj.⟩ **1.** *weit entfernt:* ferne Länder; f. [von der Heimat] sein; das Gewitter ist noch f.; etwas von f. miterleben; ein Bild von f. betrachten; übertr.: von f. *(mit nüchterner Überlegung)* betrachtet, sieht die Sache ganz anders aus. **2. a)** *lange vergangen:* eine Geschichte aus fernen Tagen; die Zeit ist noch nicht f., als das geschah. **b)** *[weit] in der Zukunft liegend:* man wird davon noch in fernen Tagen (geh.), in ferner Zukunft reden; ich hoffe, in nicht zu ferner Zeit zu kommen; Kaufmannsspr.: Ihren ferneren *(weiteren)* Aufträgen sehen wir entgegen. **II.** ⟨Präp. mit Dativ⟩ *in der Ferne:* f. der Stadt; er lebte f. allem Trubel (ugs.). * **der Ferne Osten** *(Ostasien)* · (geh.:) **das sei fern von mir!** *([Gott] behüte!)* · **aus/von nah und fern** *(von überallher)*: die Leute strömten von nah und f. herbei.

fernbleiben ⟨einer Sache f.⟩: *nicht zu etwas hingehen:* dem Unterricht, der Schule f.; er ist unserem Klassentreffen ferngeblieben.

Ferne, die: **a)** (geh.) *Weite:* die blaue (dichter.: *weite*), abenteuerliche F.; in die F. ziehen. **b)** *große Entfernung, Abstand:* etwas aus der F. betrachten, beobachten; ein Gruß aus der F.; eine Brille für die F.; die Verwirklichung der Pläne rückte in weite Ferne; in die F. sehen, blicken. * **etwas liegt noch in weiter Ferne** *(bis dahin ist noch viel Zeit)*.

ferner: 1. ⟨Adverb⟩ *in Zukunft:* er wird den politischen Kurs auch f. selbst festlegen. **2.** ⟨Konj.⟩ *außerdem:* die Kinder brauchen neue Mäntel, f. Kleider und Schuhe; Rennsport: f. liefen ... *(nach den placierten Pferden kamen noch ...)*; übertr. (ugs.): er rangiert unter „f. liefen" *(er gehört nicht zu den Spitzenkräften)*.

fernhalten: a) ⟨jmdn., etwas f.⟩ *nicht herankommen lassen:* einen Kranken von den Kindern f.; wir haben die Sorgen von ihm ferngehalten. **b)** ⟨sich f.⟩ *fernbleiben, keine Beziehung aufnehmen:* er hält sich fern von ihr.

fernliegen ⟨etwas liegt jmdm. fern⟩: *jmd. will, denkt etwas nicht:* es hat mir ferngelegen, ihn zu beleidigen; ein solcher Gedanke liegt mir völlig fern.

fernsehen: *Fernsehsendungen ansehen:* wollen wir heute abend f.?; störe ihn nicht, er sieht gerade fern; wir haben gestern lange ferngesehen.

Fernsehen, das: *technische Einrichtung, die Bild und Ton sendet:* das F. bringt heute einen Spielfilm; habt ihr kein F.?; wir haben gestern die Eislaufmeisterschaft im F. gesehen, erlebt; das Länderspiel wird vom/im F. übertragen.

Fernseher, der (ugs.): **a)** *Fernsehapparat:* den F. einschalten. **b)** *Fernsehteilnehmer:* er ist ein eifriger F.

Fernsprecher, der: → Telephon.

fernstehen ⟨jmdm., einer Sache f.⟩: *keine Beziehung zu jmdm., etwas haben:* er hat diesem Plan, dieser Partei lange Zeit ferngestanden; er steht mir sehr fern *(ist mir innerlich fremd)*.

Ferse, die: **a)** *hinterer Teil des Fußes:* die F. tut mir weh; sich die Fersen wund laufen; jmdm. auf die Fersen treten. **b)** *Teil des Strumpfes:* der Strumpf hat ein Loch in der Ferse; die Ferse hat ein Loch. * **jmdm. auf den Fersen sein, bleiben** *(hinter jmdm. her sein, jmdn. verfolgen)* · (geh.:) **sich an jmds. Fersen heften** *(jmdm. hartnäckig folgen)* · **jmdn. auf den Fersen haben** *(einen Verfolger nicht loswerden)*.

Fersengeld ⟨in der Verbindung⟩ Fersengeld geben (ugs.): *davonlaufen, fliehen:* die Schüler gaben F.

fertig: 1. *vollendet, völlig hergestellt:* ein fertiges Kleid; eine fertige Arbeit; fertige *(fertig gekochte)* Speisen; das Essen ist f.; etwas f. kaufen; (ugs.) er ist noch nicht f. *(noch nicht ausgereift, erwachsen)*. **2.** *zu Ende:* wann bist du f.?; mit einer Arbeit f. sein, rechtzeitig f. werden; ich bin mit dem Buch f., habe das Buch f. (ugs.;

ausgelesen); mit der Flasche werden wir bald f. sein (ugs.; *sie getrunken haben*); ich kann nicht, sehr gut ohne ihn f. werden; du mußt erst f. essen. **3.** *bereit:* sie sind f. zur Abreise; bist du endlich f., daß wir gehen können?; er ist rasch mit seinen Antworten f. *(er antwortet [zu] schnell);* f.! */Ruf des Schaffners/;* Sport: auf die Plätze – f. – los! */Startkommando/.* * (ugs.:) **fertig sein** *(erschöpft sein):* nach dieser Anstrengung war ich völlig f. · (ugs.:) **mit jmdm. fertig sein** *(mit jmdm. nichts mehr zu tun haben wollen)* · **mit etwas fertig werden** *(etwas bewältigen, mit etwas ins reine kommen):* er muß zusehen, wie er damit f. wird; mit diesem Schicksalsschlag ist sie nie f. geworden · (ugs.:) **mit jmdm. fertig werden** *(sich bei jmdm. durchsetzen):* er wird mit seinen Kindern nicht f. · (ugs.:) **fertig ist die Laube/der Lack!** *(damit ist es schon geschafft)* · (ugs.:) **fix und fertig: a)** *(völlig fertig):* die Arbeit ist fix und f.; er war fix und f. zur Ausfahrt. **b)** *(völlig erschöpft):* nach dieser Sitzung war ich fix und f.; jmdn. fix und f. machen *(jmdn. ruinieren, vernichten).*

fertigbringen ⟨etwas f.⟩: *zustande bringen, zu etwas imstande sein:* er hat in kurzer Zeit viel fertiggebracht; sie bringt es nicht fertig, ihm die Wahrheit zu sagen.

Fertigkeit, die: **a)** *Geschicklichkeit:* er hat [eine] große F., wenig F. im Zeichnen; sie spielt mit einiger F. Klavier. **b)** ⟨Plural⟩ *Kenntnisse, Fähigkeiten:* dieser Beruf verlangt allerhand Fertigkeiten.

fertigmachen: 1. a) ⟨etwas f.⟩ *zu Ende bringen:* er muß die begonnene Arbeit f. **b)** ⟨jmdn., sich, etwas f.⟩: *bereitmachen:* die Kinder, sich zum Spaziergang f.; den Wagen f.; fertigmachen! */Kommando/.* **2.** ⟨jmdn. f.⟩ (ugs.) **a)** *völlig besiegen, [körperlich] erledigen:* er hat seinen Gegner fertiggemacht; übertr.: die Krankheit hat ihn ganz fertiggemacht *(erschöpft).* **b)** *scharf zurechtweisen:* der Chef hat ihn gehörig fertiggemacht.

fesch (ugs., bes. östr.): *hübsch, flott:* ein fescher junger Mann, ein fesches Mädel; das ist ein fesches *(modisches, schickes)* Kleid; das ist f.! *(schick);* f. aussehen.

[1]Fessel, die: *Band, Kette zum Fesseln:* eine starke F.; die F. drückt, schneidet ins Fleisch; Fesseln tragen; die Fesseln sprengen, abstreifen, abwerfen; dem Gefangenen Fesseln anlegen, ihn in Fesseln legen; bildl.: die Fesseln der Liebe, der Ehe; etwas als [lästige] F. empfinden.

[2]Fessel, die: */Teil des Beines/:* das Pferd hat schmale Fesseln; ein Mädchen mit schlanken Fesseln.

fesseln: 1. a) ⟨jmdn., etwas f.⟩ *so binden, daß kein Entkommen möglich ist:* einen Gefangenen f.; er wurde an Händen und Füßen gefesselt; seine Hände waren auf dem Rücken gefesselt; ⟨jmdm. etwas f.⟩ sie fesselten ihm die Hände. **b)** ⟨jmdn. an etwas f.⟩ *festbinden:* den Gefangenen an einen Pfahl f.; bildl.: die Lähmung fesselte ihn ans Bett; er war lange an den Rollstuhl gefesselt. **2.** ⟨jmdn., etwas f.⟩ *jmds. volles Interesse auf sich lenken:* sie fesselte ihn durch ihre Reize; das Buch hat mich gefesselt; adj. Part.: ein fesselnder Erzähler; ein fesselnd geschriebenes Buch; er blieb gefesselt stehen.

fest: 1. *nicht flüssig; hart:* ein fester Treibstoff; der Kranke nimmt wieder feste Nahrung zu sich; der Pudding ist noch nicht f.; übertr.: der Plan, Gedanke nimmt allmählich feste Formen, feste Gestalt an. **2.** *haltbar, stabil:* festes Holz, Gestein, Tuch, Gewebe; ein festes Haus; Kaufmannsspr.: feste *(feststehende)* Preise; Weizen ist f. *(der Börsenpreis ist unverändert hoch);* feste Schuhe; wieder auf festem Land, Boden sein; militär.: eine feste *(befestigte)* Stellung; das Material ist [sehr] f.; die Preise, Kurse sind f.; der Tisch stand nicht f. **3.** *straff, nicht locker:* ein fester Verband; ein fester Schritt, Griff; er hat einen festen Schlaf, schläft f. *(er wacht nicht leicht auf);* die Schuhe f. binden; die Tür f. schließen; seine Perücke saß nicht f.; eine Angelegenheit f. in der Hand haben, f. *(energisch)* in die Hand nehmen. **4.** *sicher, nicht zu erschüttern:* ein fester Charakter; die feste Hoffnung, Zuversicht, den festen Glauben haben, daß etwas geschieht; feste Grundsätze vertreten; er hat die feste Absicht, den festen Willen, nicht nachzugeben; ich habe seine feste *(bindende)* Zusage, sein festes Versprechen; f. an etwas glauben; von etwas f. überzeugt sein; sich etwas f. vornehmen; er hat mir f. versprochen zu kommen; wir halten f. zueinander. **5.** *ständig, dauernd:* eine feste Stellung, einen festen Wohnsitz, Beruf haben; festes Gehalt beziehen; feste Kundschaft, ein fester Kunde *(Stammkunde);* sie hat schon einen festen (ugs.) Freund; das Buch hat seinen festen Platz auf meinem Schreibtisch, (übertr.:) in der Wissenschaft; er ist f. angestellt; Kaufmannsspr.: festes *(auf bestimmte Zeit geliehenes)* Geld; die Haltung, Stimmung der Börse war f. * **festen Fuß fassen: a)** *([beim Klettern] Halt gewinnen).* **b)** *(heimisch werden, seine Stellung sichern)* · **fest im Sattel sitzen** *(in gesicherter Stellung sein)* · **festen Boden/festen Grund unter den Füßen haben** *(eine sichere Grundlage haben)* · **in festen Händen sein: a)** *(nicht verkäuflich sein).* **b)** (ugs.; *ein festes Verhältnis haben, verheiratet sein*) · **steif und fest** *(hartnäckig):* etwas steif und f. behaupten.

Fest, das: **1.** *[größere] gesellschaftliche Veranstaltung:* ein großes, schönes, lautes, gelungenes F.; das F. beginnt, nähert sich seinem Höhepunkt, zieht sich hin, geht zu Ende; ein F. feiern, begehen (geh.), geben, veranstalten, besuchen; sie feierten rauschende, glanzvolle Feste; sich auf einem F. gut unterhalten; Redensart: man muß die Feste feiern, wie sie fallen *(jede Gelegenheit nutzen).* **2.** *kirchlicher Feiertag:* die hohen Feste des Jahres; bewegliche Feste (Ostern, Pfingsten u. a.), unbewegliche Feste (Weihnachten, Mariä Himmelfahrt u. a.); frohes F.!; wir bekommen zum F. Besuch.

feste (ugs.) ⟨Adverb⟩: *tüchtig, sehr:* sie haben ihn f. verprügelt; wir haben f. mitgemacht; immer feste! */anfeuernder Zuruf/.*

festfahren ⟨sich f.; meist in den mit *haben* umschriebenen Formen⟩: *steckenbleiben, nicht weiterkommen:* der Lastwagen hat sich [im Sand] festgefahren; bildl.: die Verhandlungen haben sich festgefahren; eine festgefahrene Angelegenheit; du hast dich gründlich festgefahren (ugs.; *weißt nicht mehr aus noch ein*).

festgewurzelt ⟨in der Verbindung⟩ wie festgewurzelt: *unbeweglich, wie erstarrt:* er stand wie f. vor Schreck; sie blieb wie f. stehen.

festhalten: **1. a)** ⟨jmdn., etwas f.⟩ *nicht loslassen:* einen Dieb f.; das Steuerruder f.; den Hund am Halsband f.; er hielt meine Hände fest; übertr.: einen Brief f. *(nicht weitergeben).* **b)** ⟨jmdn., etwas f.; mit Artangabe⟩ *durch Bericht oder Bild fixieren:* ein Ereignis mit dem Zeichenstift, mit der Kamera, im Bilde f.; eine Diskussion, einen Beschluß schriftlich, protokollarisch f. **2.** ⟨sich f.⟩ *jmdn., etwas anfassen, um nicht zu fallen:* sie hielt sich am Geländer, an mir fest; ich habe mich mühsam festgehalten. **3.** ⟨an etwas f.⟩ *etwas nicht aufgeben:* er hält an seiner Meinung, Überzeugung, an seinen Grundsätzen fest; das Volk hielt starr an überlieferten Formen und Gebräuchen fest.

festigen: **a)** ⟨jmdn., etwas f.⟩ *stärken, fester machen:* den Wohlstand eines Landes f.; diese Tat festigte sein Ansehen; die Arbeit hat ihn charakterlich gefestigt; adj. Part.: eine gefestigte Persönlichkeit. **b)** ⟨sich f.⟩ *fester, stärker werden:* die Beziehungen der beiden Länder haben sich gefestigt; seine Gesundheit festigte sich (geh.) zusehends; ihr Entschluß festigte sich (geh.).

festlegen: **1.** ⟨etwas f.⟩ **a)** *verbindlich beschließen:* einen Reiseweg, die Tagesordnung f. **b)** (Kaufmannsspr.) *für längere Zeit anlegen:* Geld, Kapital f. **2.** ⟨jmdn., sich f.⟩ *verpflichten, an etwas binden:* sich auf ein Programm, eine Meinung f.; ich möchte mich noch nicht f.; er hat sich durch seine Zusage festgelegt.

festlich: *glanzvoll, einem Fest angemessen:* ein festlicher Empfang; festliche Kleidung, festlichen Schmuck anlegen; einen Geburtstag f. begehen; die Zimmer waren f. erleuchtet.

festliegen ⟨etwas liegt fest⟩: **a)** *etwas kommt nicht weiter:* das Schiff liegt auf einer Sandbank, im Hafen f. **b)** *etwas ist bestimmt, festgelegt:* der Termin liegt schon lange fest; das Kapital liegt fest *(ist nicht verfügbar).*

festmachen: **1.** ⟨etwas f.⟩ *befestigen:* ein Brett f.; das Boot am Ufer f.; er machte den Hund an der Kette fest. **2.** ⟨etwas f.⟩ *fest vereinbaren:* einen Termin f.; ich habe nichts mit ihm festgemacht; Kaufmannsspr.: ein Geschäft f. *(abschließen).* **3.** (Jägerspr.) ⟨ein Wild f.⟩ *aufspüren:* wir haben bei Neuschnee einen Marder festgemacht. **4.** (Seemannsspr.) ⟨[an etwas] f.⟩ *anlegen:* wir machten an der Boje fest; das Motorschiff macht [am Kai] fest.

festnageln: **1.** ⟨etwas f.⟩ *mit Nägeln befestigen:* ein Brett, einen Deckel f. **2.** (ugs.) ⟨etwas f.⟩ *deutlich auf etwas hinweisen:* er nagelte die Widersprüche des Redners fest. **3.** (ugs.) ⟨jmdn. f.⟩ *festlegen:* jmdn. [auf seine Behauptung, auf sein Versprechen] f.; ich lasse mich nicht f.

festnehmen ⟨jmdn. f.⟩: *verhaften:* einen Dieb, Betrüger, Verdächtigen f.; die Polizei hat bei der Razzia zehn Personen festgenommen.

festsetzen: **1.** ⟨etwas f.⟩ *bestimmen, vereinbaren:* Bedingungen, einen Termin f.; der Preis, Schaden, Streitwert wurde auf 300 DM festgesetzt; er erschien am festgesetzten Tage. **2.** ⟨jmdn. f.⟩ *in Haft nehmen:* einige der Demonstranten wurden vorübergehend festgesetzt. **3.** ⟨sich f.⟩ *haftenbleiben, sich einnisten:* der Staub setzt sich in den Falten fest; dieser Gedanke hatte sich bei ihm festgesetzt; er hat sich vor Jahren hier festgesetzt (ugs.; *niedergelassen*); militär.: der Feind hat sich im Wald festgesetzt *(verschanzt).*

festsitzen: **a)** ⟨etwas sitzt fest⟩ *etwas ist gut befestigt, haftet:* der Nagel, das Brett sitzt fest. **b)** *nicht vom Fleck kommen:* [mit dem Boot] auf einer Sandbank f.; der Dampfer saß fest; übertr. (ugs.): ich sitze bei dieser Aufgabe fest *(finde keine Lösung).*

feststehen ⟨etwas steht fest⟩: *etwas ist sicher, gewiß:* diese Tatsache steht fest; es stand fest, daß er abgereist war; fest steht, daß ...; adj. Part.: eine feststehende *(bestimmte, verbindliche)* Reihenfolge; ein feststehender *(unumstößlicher)* Brauch.

feststellen ⟨etwas f.⟩: **1.** *ermitteln:* jmds. Personalien, Geburtsort f.; einen Brandschaden f.; der Preis ließ sich nicht mehr f.; er versuchte festzustellen, woher der Brief gekommen war; ihre [Mit]schuld wurde festgestellt; es wurde einwandfrei festgestellt, daß ... **2.** *bemerken, erkennen:* ich mußte f., daß ...; er stellte plötzlich fest, daß sein Hut nicht mehr da war; es war leicht festzustellen, daß ...; ich konnte nicht f., ob er noch am Leben war. **3.** *mit Entschiedenheit sagen:* der Redner stellte fest, daß ...; ich muß hier eindeutig, mit aller Deutlichkeit f., daß ...

Festung, die (hist.): **1.** *zur Verteidigung befestigter Ort:* eine starke, uneinnehmbare, strategisch wichtige F.; die F. ist gefallen *(erobert worden);* eine F. belagern, einschließen, einnehmen, halten, übergeben, schleifen. **2.** *Haft auf einer Festung:* er hat 6 Monate F. erhalten, wurde zu 5 Jahren F. verurteilt.

fett: **1.** *viel Fett enthaltend:* fette Kost ist schwer verdaulich; das Fleisch, die Suppe ist sehr f.; du ißt zu f.; Redensart: das macht den Kohl, die Suppe auch nicht f. (ugs.; *das nützt auch nichts*). **2. a)** *dick, gut genährt:* ein fettes Schwein, eine fette Gans; fette Finger; ein fetter Bauch; eine fette *(ölige)* Stimme haben; er ist, wird dick und f.; übertr. (ugs.): davon wirst du nicht f. *(das bringt nicht viel ein);* Sprichw.: selber essen macht f. **b)** *auffällig stark und breit /von Buchstaben/:* fette Schlagzeilen, Überschriften; die wichtigsten Stellen sind f. gedruckt. **3.** *üppig, kräftig:* fetter Boden; eine fette Weide; fetter Klee; die Farben sind f. aufgetragen; übertr. (ugs.): ein fetter *(einträglicher)* Posten, eine fette *(reiche)* Erbschaft, ein fetter *(großer, nahrhafter)* Bissen; fette Beute machen. **4.** (ugs.; landsch.) *völlig betrunken:* unser Nachbar kam gestern unheimlich f. nach Hause. * (ugs.:) **ein fetter Happen/Bissen** *(gewinnbringendes Geschäft)* · **die sieben fetten und die sieben mageren Jahre** *(gute und schlechte Zeiten).*

Fett, das: **1.** *weiches Körpergewebe:* weißes, schwammiges F.; die Gans hat viel F.; F. ansetzen *(dick werden);* bildl. (ugs.): er wird noch im eigenen F. ersticken *(am Wohlleben zugrunde gehen);* laß ihn nur in seinem eigenen F. schmoren *(mit seinen selbstverschuldeten Schwierigkeiten allein fertig werden)!;* Sprichw.: F. schwimmt immer oben *(der Wohlhabende hat immer Glück).* **2.** */als Nahrungs- oder Schmiermittel dienender Stoff/:* tierische, pflanzliche, synthetische, technische Fette; frisches, ranziges F.; F. auslassen, abschöpfen, klären; etwas in schwimmendem F. backen, mit F. bestreichen, übergießen; der Braten trieft von F. * (ugs.:) **das Fett abschöpfen** *(das Beste für sich nehmen)* ·

(ugs.:) **sein Fett bekommen/kriegen** *([mit Recht] ausgescholten, bestraft werden)* · (ugs.:) **sein Fett weghaben** *(die verdiente Strafe bekommen haben).*

fettig: *fetthaltig, mit Fett beschmutzt:* eine fettige Substanz, fettiges Wasser; fettige Hände, Haare; das Papier ist f., glänzt f.

Fettnäpfchen ⟨in der Wendung⟩ bei jmdm. ins Fettnäpfchen treten (ugs.): *jmds. Unwillen erregen, es mit jmdm. verderben:* da bist du wieder einmal gehörig ins F. getreten.

Fetzen, der: *abgerissenes Stück:* ein F. Papier, Stoff, Haut; der Mantel hing ihm in F. vom Leibe; das Kleid wird bald in F. gehen (ugs.; *gänzlich zerreißen*); haut ihn, daß die F. fliegen! (ugs.); bildl.: der Vertrag ist nur noch ein F. Papier *(wird nicht mehr eingehalten).*

feucht: *ein wenig naß; Feuchtigkeit enthaltend:* ein feuchtes Tuch; feuchte Umschläge; feuchtes Wetter; feuchte Luft; eine feuchte Wohnung; er bekam vor Aufregung feuchte Hände; das geht dich einen feuchten Schmutz, Kehricht, Dreck (ugs.; *gar nichts*) an; das Gras ist f. [von Tau]; ihre Augen wurden, schimmerten f. * (ugs.; scherzh.:) **eine feuchte Aussprache haben** *(beim Sprechen stark speicheln und ungewollt spucken).*

feudal: **1.** (bildungsspr.) *vornehm, herrschaftlich:* eine feudale Wohnung, Gesellschaft; f. essen; er zeigte sich sehr f. *(großzügig).* **2.** (hist.) *das Lehnswesen, den Adel betreffend:* die feudale Staatsform des 18. Jh.s; ein feudales Regiment.

Feuer, das: **1.a)** *zum Wärmen, Kochen o. ä. entfachte Flamme:* ein loderndes, prasselndes lustiges, helles F.; das F. glimmt, glüht, flammt auf, flackert, qualmt, brennt; das F. knistert im Ofen, zischt, erlischt, geht aus, schwelt noch unter der Asche; kannst du F. machen?; das F. [im Herd, im Kamin] anmachen, entfachen (geh.), anzünden, anstecken, schüren, unterhalten, auslöschen, ausmachen, ausgießen; jmdm. F. geben (zum Anzünden einer Zigarette); haben Sie F. *(Streichhölzer)?;* sich am F. wärmen; etwas ins F. werfen; den Topf ans, aufs F. stellen, vom F. heben; etwas bei gelindem, starkem F., auf offenem F. kochen, über dem F. grillen, braten; Sprichw.: [ein] gebranntes Kind scheut das F. **b)** *Brand, Schadenfeuer:* ein schreckliches, heftiges, verheerendes F.; F.! */Ruf beim Entdecken eines Brandes/;* es war ein großes F. in der Stadt; das F. lief (geh.), sprang (geh.) von Dach zu Dach, griff um sich, erfaßte das Gebälk; in der Fabrik ist F. ausgebrochen; ein F. melden, austreten, ersticken, löschen; F. [an ein Haus] legen *([ein Haus] in Brand stecken);* das Haus wurde durch F. zerstört; im F. umkommen; gegen F. versichert sein; (hist.:) etwas mit F. und Schwert verheeren, ausrotten. **2.a)** *Glanz, Leuchten:* das F. eines Diamanten, eines Kristallglases; Augen voll F. **b)** *Begeisterung, Schwung:* das F. der Jugend, der Liebe, des Hasses; das F. der Begeisterung war erloschen; er geriet, kam [förmlich] in F., redete sich in F. *(war ganz begeistert);* dieses Pferd hat viel F. *(Temperament);* der Wein hat F. *(er regt schnell an, berauscht).* **3.** *das Schießen, Beschuß:* schweres, heftiges, anhaltendes, mörderisches F.; F.! */Kommando zum Schießen/;* das F. setzt ein, verstummt; F. geben *(feuern, schießen);* das F. eröffnen, einstellen, leiten; die Truppe kam zum erstenmal ins F.; im F. liegen, stehen, ausharren; der Angriff brach im feindlichen F. zusammen; ein Gehöft unter F. nehmen *(beschießen).* * **bengalisches Feuer** *(farbig leuchtende Flamme)* · **das olympische Feuer** *(Flamme als Symbol der Olympischen Spiele)* · **ein Gegensatz wie Feuer und Wasser** *(ein schroffer, unvereinbarer Gegensatz)* · **Feuer fangen: a)** *(in Brand geraten).* **b)** *(sich schnell begeistern, verlieben)* · (ugs.:) **jmdm. Feuer unter dem Hintern machen** *(jmdn. antreiben)* · **mit dem Feuer spielen** *(leichtsinnig eine Gefahr herausfordern)* · **zwischen zwei Feuer geraten** *(von zwei Seiten bedrängt werden)* · **Öl ins Feuer gießen** *(eine Leidenschaft, einen Streit heftiger machen)* · **etwas brennt wie Feuer** *(etwas schmerzt sehr)* · **die Hand für jmdn., für etwas ins Feuer legen** *(sich unbedingt für jmdn., etwas verbürgen)* · **für jmdn. durchs Feuer gehen** *(für jmdn. zu allem bereit sein)* · **für jmdn. die Kastanien aus dem Feuer holen** *(an Stelle und im Interesse eines andern etwas Unangenehmes tun)* · **zwei/mehrere/noch ein Eisen im Feuer haben** *(mehr als eine Möglichkeit haben)* · **Feuer und Flamme sein** *(sofort für etwas begeistert sein):* als er meinen Vorschlag hörte, war er gleich F. und Flamme.

feuern: **1.** *Feuer machen, heizen:* wir feuern mit Holz, mit Briketts, mit Öl. **2.** *schießen:* blind, scharf f.; nur ein Geschütz hatte gefeuert; der Polizist feuerte in die Luft. **3.** (ugs.) **a)** ⟨etwas f.; mit Raumangabe⟩ *schleudern:* die Tasche in die Ecke f.; er hat das Buch an die Wand gefeuert; der Mittelstürmer feuerte *(schoß)* den Ball aus vollem Lauf aufs Tor. **b)** ⟨jmdn. f.⟩ *hinauswerfen, fristlos entlassen:* man hat ihn gefeuert.

Feuerprobe, die ⟨in der Verbindung⟩ die Feuerprobe bestehen: *sich zum erstenmal in harter Praxis bewähren:* der neue Wagen hat seine F. bestanden.

Feuerwehr, die: *Organisation, Mannschaft, die Brände bekämpft:* die freiwillige, städtische F.; die F. übt, rückt aus, war sofort zur Stelle; die F. alarmieren; er ist bei der F.; er fährt, kommt heran wie die F. (ugs.; *rasend schnell*).

Feuerwerk, das: *mit Raketen o. ä. hervorgebrachte Lichteffekte am Nachthimmel:* ein buntes, prächtiges F.; ein F. abbrennen, aufsteigen lassen; das Fest endete mit einem großen F.; bildl.: seine Rede war ein F. witziger Einfälle.

feurig: **1.** (veraltend) *glühend; mit Glut, Flammen erfüllt:* ein feuriger Ofen, feurige Kohlen; ein feuriger *(feuerspeiender)* Drache. **2.** (geh.) *feuerrot:* feurige Blumen; der Himmel ist ganz f. **3.** *temperamentvoll, leidenschaftlich:* ein feuriges Pferd; ein feuriger Liebhaber, Südländer; feurige Liebe; sie warf ihm feurige Blicke zu; eine feurige *(zündende)* Rede; feuriger *(berauschender)* Wein; das Mädchen ist f.; er hat f. gesprochen. * (geh.:) **feurige Kohlen auf jmds. Haupt sammeln** *(jmdn. durch eine gute Tat beschämen)* · (ugs.; scherzh.:) **der feurige Elias** *(Dampflokomotive einer Kleinbahn):* wir sind noch mit dem feurigen Elias gefahren.

ff (ugs.): *sehr fein:* ff Wurstwaren; die Pastete war ff! → Effeff.

Fiasko, das: *Mißerfolg, Zusammenbruch:* ein militärisches, politisches F.; ein klägliches, peinliches, schmähliches F. erleiden; F. machen (ugs.); er hat mit seinem Film ein F. erlebt; die Tagung endete mit einem glatten F.; wenn keine Hilfe kommt, gibt es ein F. *(eine Katastrophe)*.

fidel (ugs.): *lustig, heiter, vergnügt:* ein fideler Bursche, ein fideles Haus *(heiterer Mensch)*, eine fidele Gesellschaft; es war ein fideles Gefängnis *(mit lockerer Zucht)*; bei uns ging es sehr f. zu.

Fieber, das: **1.** *krankhaft hohe Körpertemperatur:* ein starkes, heftiges, quälendes F.; das F. bricht aus, steigt, fällt, geht zurück; er hat F., hohes F., 40° F.; [das] F. messen; der Kranke wurde vom F. geschüttelt, sprach, phantasierte im F. **2.** *starke Erregung:* ihn hat das F. des Ehrgeizes, der Spielwut gepackt. ∗ **das gelbe Fieber** */Infektionskrankheit/*.

fieberhaft: **1.** *mit Fieber verbunden:* eine fieberhafte Erkrankung. **2.** *eifrig und mit großer Eile:* fieberhafte Aufregung, Unruhe; eine fieberhafte Tätigkeit; wir arbeiten f. an dem neuen Plan.

fieb[e]rig: *mit Fieber verbunden, Fieber anzeigend:* eine fiebrige Krankheit; fiebrige Augen; ihr Gesicht war f. gerötet; übertr.: eine fiebrige *(erregte)* Nervosität.

fiebern: **1.** *Fieber haben:* der Kranke fiebert seit Tagen; ein fieberndes Kind. **2. a)** *(vor Erwartung) sehr aufgeregt sein:* er fiebert, wenn er etwas vorhat; er fiebert vor Erregung, vor Spannung. **b)** ⟨nach etwas f.⟩ *etwas heftig verlangen:* er fiebert danach, dich kennenzulernen.

Figur, die: **1. a)** *Wuchs, Gestalt (eines Menschen):* sie hat eine gute, schöne, große, schlanke F.; er malte, photographierte ihn in ganzer F.; ein Mann von untersetzter, kleiner F. **b)** *Person (in ihrer Wirkung auf die Umgebung):* jmd. ist eine wichtige F. in der Politik; er gibt eine schlechte, komische F. ab, macht sich zur lächerlichen F. *(macht sich lächerlich)*; er hat bei seinem ersten Auftreten [k]eine gute F. *([k]einen guten Eindruck)* gemacht. **2. a)** *Bildwerk (von Menschen oder Tieren):* eine steinerne, hölzerne, bronzene F.; eine F. aus Ton, aus Porzellan; die F. einer Katze; Figuren schnitzen, modellieren, zeichnen. **b)** *Spielstein:* die F. zieht, hat gezogen; eine F. verlieren; ein Schachspiel mit kunstvollen Figuren. **c)** *literarische Gestalt:* die Figuren eines Romans, Dramas. **3.** *Gebilde aus Linien oder Flächen:* er malte Figuren aufs Papier; Math.: eine eingeschriebene, umschriebene, geometrische F. **4.** *Bewegungsfolge:* die Figuren eines Tanzes; sie lief Figuren auf dem Eis.

Film, der: **1.** *Streifen mit lichtempfindlicher Schicht für photographische Aufnahmen:* ein feinkörniger F.; der Film ist über-, unterbelichtet; einen neuen F. [in die Kamera] einlegen; den F. belichten, herausnehmen, wechseln, entwickeln lassen. **2. a)** *[künstlerisch] gestaltete Folge bewegter Lichtbilder, die auf eine Leinwand projiziert wird:* ein guter, schlechter, spannender, lehrreicher, unterhaltsamer F.; ein F. nach einer Novelle von Storm; der F. erhielt das Prädikat „wertvoll"; der F. läuft demnächst in den Kinos an, läuft schon in der dritten Woche; einen F. drehen, schneiden, kopieren, aufführen, vorführen, zeigen; sich (Dativ) einen F. ansehen; (ugs.:) in einen F. gehen; diesen F. habe ich leider verpaßt; einen Roman für den F. bearbeiten; das Drehbuch zu einem F. schreiben; an, in einem F. mitwirken; das Buch zum F. *(zu dem derzeit laufenden Film)*. **b)** *Filmwesen, -kunst:* er ist beim F. (ugs.; *er ist Filmschauspieler*); sie will zum F. (ugs.); er arbeitet für den F. **3.** *hautartige Schicht:* das Öl, der Lack bildet einen F. auf dem Metall.

filmen: **1.** ⟨[jmdn., etwas] f.⟩ *[von jmdm., etwas] Filmaufnahmen machen:* ein Autorennen f.; die Kinder beim Spielen f.; er hat im Urlaub viel gefilmt; er filmt farbig, schwarzweiß. **2.** *bei einem [Spiel]film mitwirken:* der Schauspieler filmt häufig im Ausland.

Filter, der (fachspr. meist: das): **1.** *Vorrichtung zum Absondern feinverteilter Stoffe:* ein[en] F. einsetzen, dazwischenschalten, auswechseln; die Luft passiert mehrere F., geht durch ein[en] F.; Kaffee mit dem F. aufgießen; eine Zigarette mit F. **2.** (Optik) *gefärbte Glasscheibe:* einen F. aufsetzen, mit grünem F. photographieren.

Fimmel, der (ugs.; abwertend): **a)** *übermäßige Vorliebe, Sucht:* das Briefmarkensammeln wird allmählich zu einem richtigen F. bei ihm. **b)** *verrückte, übersteigerte Vorstellung:* sie hat ja einen F. mit ihrer Tochter! *(will hoch hinaus mit ihr)*.

Finanzen, die ⟨Plural⟩: **a)** *öffentliche Mittel, Geldwesen:* die F. des Staates, der Gemeinde sind geordnet. **b)** (ugs.) *private Geldverhältnisse:* wie steht es mit deinen F.?; meine F. stehen schlecht, sind knapp.

finanziell: *das Vermögen betreffend, geldlich:* die finanzielle Lage des Staates hat sich verschlechtert; er hat finanzielle Sorgen, Schwierigkeiten; er muß aus finanziellen Gründen verzichten; sich f. an etwas beteiligen; das Unternehmen ist f. gesichert.

finden: 1. a) ⟨jmdn., etwas f.⟩ *durch Suchen oder zufällig auf jmdn., auf etwas stoßen:* ein Geldstück, den verlorenen Schlüssel f.; den Weg nach Hause f.; keinen Platz f.; ich kann das Buch nicht f.; er ist nicht, nirgends zu f.; wir haben den Fehler gefunden; einen Partner, Freund, eine Frau f.; ich habe in ihm (geh.) einen treuen Helfer gefunden; so etwas findet man selten, nicht alle Tage; man hat noch keine Spur von dem Mörder gefunden; ihre Blicke fanden sich/(geh.:) einander; die beiden haben sich gesucht und gefunden (ugs.; *sie passen zueinander*); bildl.: er fand den Weg zu den Herzen seiner Zuhörer; übertr.: er fand immer etwas zu tadeln. **b)** ⟨etwas f.⟩ *durch Überlegung auf etwas kommen:* die Lösung einer Aufgabe, eines Rätsels f.; einen Ausweg, Vorwand, eine Ausrede f.; sie fand keine Worte dafür, keine Antwort darauf; wie sollen wir die Wahrheit f.?; dabei kann ich nichts f. *(ich halte dies nicht für unerlaubt. anstößig)*. **c)** ⟨jmdn., etwas f.; mit Artangabe⟩ *in einer bestimmten Weise vorfinden:* er fand das Haus verschlossen; sie hatte ihre Mutter schlafend gefunden. **2.** ⟨sich finden⟩ *[wieder] zum Vorschein kommen, entdeckt werden:* der Brief wird sich schon f.; es fand sich niemand, der geholfen hätte; es finden sich *(es gibt)* immer wieder Leute, die darauf hereinfallen; dieses Wort findet sich nur bei Homer *(kommt nur dort vor)*; es fand sich *(stellte sich heraus)*, daß ich recht hatte. **3.** ⟨mit Raumangabe⟩ *einen Weg finden:* das Kind fand nicht mehr nach Hause; er findet morgens nicht aus dem Bett; (geh.) er fand schon früh zu unserem Verein *(schloß sich ihm an);* er hat endlich zu sich selbst gefunden *(ist zur Besinnung, Einsicht gekommen);* ⟨landsch. auch: sich f.; mit Raumangabe⟩ sie fand sich schnell zum Bahnhof. **4.** (geh.) ⟨sich f.; mit Raumangabe⟩ *sich fügen:* sich in eine Lage, Notwendigkeit f.; sie hatte sich in ihr Schicksal gefunden. **5.** ⟨etwas f.⟩ *bekommen:* sein Recht f.; Hilfe, Zeit, Ruhe, sein Auskommen f.; er fand schnell wieder Arbeit; der Redner fand viel Beifall; [ein] Obdach, [eine] Zuflucht f. *(unterkommen);* kein Ende f. können *(nicht aufhören können);* die Bücher fanden reißenden Absatz *(wurden sehr gut verkauft);* an etwas Halt f.; Gefallen, Geschmack an etwas f.; Beruhigung, Trost bei, in etwas f.; nicht die Kraft, den Mut zu etwas f.; Anklang, Anerkennung, Zustimmung, Gnade, keine Gegenliebe f.; [keinen] Glauben f.; /häufig verblaßt/ Beachtung, Berücksichtigung, Verwendung, Aufnahme f. *(beachtet, berücksichtigt, verwendet, aufgenommen werden).* **6.** ⟨jmdn., etwas f.; mit Artangabe⟩ *für etwas halten, der Meinung sein:* etwas angemessen, ratsam, skandalös, vernünftig, komisch, richtig f.; ich finde es kalt hier; ich finde das nicht schön von dir; er fand das ganz in [der] Ordnung; ich fand den Schauspieler schlecht; wie finden Sie dieses Bild? *(wie gefällt es Ihnen?);* ich finde, es ist gut gemalt; das kann ich nicht f. *(ich bin anderer Meinung).* * (ugs.:) **ein Haar in der Suppe f.** *(einen Nachteil, Fehler bei etwas entdecken, etwas auszusetzen haben)* · (ugs.:) **etwas ist ein gefundenes Fressen für jmdn.** *(etwas kommt jmdm. sehr gelegen, ist jmdm. sehr willkommen)* · **Mittel und Wege finden** *(Möglichkeiten, Methoden zur Lösung von etwas finden)* · **das/es wird sich [alles] finden: a)** *(das wird sich [alles] herausstellen).* **b)** *(das wird [alles] in Ordnung kommen)* · **in jmdm. seinen Meister finden** *(von jmdm. übertroffen, überwunden werden)* · (geh.:) **den Tod finden** *(umkommen)* · dort, bei diesem Unglück fand er den Tod · **Gehör finden** *(mit seinem Anliegen bereitwillig aufgenommen werden)* · **vor jmdm./vor jmds. Augen Gnade finden** *(jmdm. gefallen).*

findig: *klug und gewitzt; einfallsreich:* ein findiger Kopf; ein findiger Journalist, Geschäftsmann; er ist sehr f. in solchen Dingen.

Finger, der: */bewegliches Glied der Hand/:* zarte, lange, schlanke, dünne, dicke, klobige, steife, verkrüppelte, geschwollene F.; flinke, [un]geschickte Finger; das Kind hat kleine Finger; der kleine *(fünfte)* F. · der F. schmerzt, blutet; ihm fehlen zwei Finger der rechten Hand, an der rechten Hand · die Finger biegen, krümmen, spreizen, strecken; einen bösen, schlimmen *(entzündeten)* F. haben; sich (Dativ) einen F. verstauchen, einklemmen, quetschen; sie legt den F. an die Lippen, auf den Mund (um Schweigen zu gebieten); der Junge steckt die Finger in den Mund, leckt sich (Dativ) die F. ab · etwas an den Fingern abzählen; mit den Fingern rechnen; die Konzertbesucher konnte man an den Fingern abzählen *(so wenige waren da);* einen Ring an den F. stecken, am F. tragen, haben; jmdm./jmdn. auf die F. schlagen; du bekommst gleich etwas, eins *(einen Schlag)* auf die F.; ich habe mir/mich in den F. geschnitten; was er in die F. bekommt, ist bald entzwei; er hielt die Zigarette mit zitternden Fingern; mit dem F., mit Fingern auf jmdn. zeigen, weisen; Redensart (ugs.): man zeigt nicht mit nacktem F. auf angezogene Leute · jmdm. mit dem F. drohen; er ist mit dem F. in die Maschine geraten; er hielt, drehte den Bleistift zwischen den Fingern; bildl.: sich die F. (mit [vergeblichen] Gesuchen, Bewerbungen) wund schreiben; Sprichw.: wenn man dem Teufel den kleinen F. gibt, so nimmt er die ganze Hand · etwas nicht aus den Fingern lassen (ugs.; *nicht hergeben*); das ist mir durch die F. geschlüpft (ugs.; *das habe ich übersehen*); das Geld zerrann ihm unter, zwischen den Fingern *(er verstand es nicht zusammenzuhalten);* /als Maßangabe/: das Band ist einen F. lang, zwei Finger breit. * (ugs.; scherzh.:) **das sagt mir mein kleiner Finger** *(ich habe eine untrügliche Ahnung)* · (ugs.:) **jmdm./jmdn. jucken die Finger nach etwas** *(jmd. möchte etwas sehr gern haben)* · (ugs.:) **keinen Finger krumm machen** *(nichts tun).* (ugs.:) **lange/krumme Finger machen** *(stehlen)* · (ugs.:) **klebrige Finger haben** *(diebisch sein)* · **den Finger auf die [brennende] Wunde legen** *(auf ein Übel deutlich hinweisen)* · (ugs.:) **die Finger in etwas haben/ im Spiel haben** *(hinter etwas stecken)* · (ugs.:) **sich** (Dativ) **nicht gern die Finger schmutzig machen** *(eine unangenehme oder üble Sache von einem anderen erledigen lassen)* · **die Finger von etwas lassen** *(sich nicht mit etwas abgeben)* · (ugs.:) **sich** (Dativ) **die Finger verbrennen** *(Schaden erleiden, eine Abfuhr bekommen):* bei der Sache hat er sich gehörig die F. verbrannt · (ugs.:) **sich** (Dativ) **die Finger/alle zehn Finger nach etwas lecken** *(auf etwas lüstern sein)* · (ugs.:) **sich** (Dativ) **etwas an den [zehn, fünf] Fingern abzählen können** *(sich leicht denken können, leicht voraussehen können):* daß wir verlieren würden, hättest du dir an den fünf Fingern abzählen können · (ugs.:) **eine[n], zehn an jedem Finger haben** *(sehr viele Verehrer, Freundinnen haben)* · (ugs.:) **jmdm. auf die Finger sehen/gucken** *(jmdn. kontrollieren)* · (ugs.:) **jmdm. auf die Finger klopfen** *(jmdn. [warnend] zurechtweisen)* · (ugs.:) **sich** (Dativ) **etwas aus den Fingern saugen** *(frei erfinden, sich ausdenken):* diese Nachricht habe ich mir doch nicht aus den Fingern gesogen/(auch:) gesaugt! · **durch die Finger sehen** *(ein unkorrektes Verhalten absichtlich übersehen)* · (ugs.:) **sich in den Finger schneiden** *(sich [gründlich] täuschen):* wenn du meinst, die Reparatur sei billig, dann schneidest du dich gewaltig in den F. · (ugs.:) **etwas im kleinen Finger haben** *(über etwas gründlich Bescheid wissen):* die chemischen Elemente hat er im kleinen F. · **jmdm./jmdn. juckt es in den Fingern** *(jmd. möchte jmdn. ohrfeigen)* · (ugs.:) **etwas mit dem kleinen Finger machen** *(etwas ohne Mühe, nebenbei machen)* · **etwas mit spitzen Fingern anfassen** *([aus Widerwillen] vorsichtig anfassen)* · (ugs.:) **jmdn. um den [kleinen] Finger wickeln** *(jmdn. leicht lenken, beeinflussen können).*

Fingerbreit, der: *Breite eines Fingers:* er ist um zwei F. größer als ich. ∗ **keinen Fingerbreit** *(überhaupt nicht):* er hat keinen F. nachgegeben, ist keinen F. gewichen.

Fingerspitze, die: *Ende des Fingers:* die Fingerspitzen ins Wasser tauchen; etwas mit den Fingerspitzen berühren, verreiben; bildl. (ugs.): mir kribbelt es ordentlich in den Fingerspitzen (vor Ungeduld); er ist musikalisch bis in die Fingerspitzen *(durch und durch);* das muß man in den Fingerspitzen haben *(dafür muß man das richtige Gefühl haben).*

Fingerspitzengefühl, das: *feines Gefühl im Umgang mit Menschen und Dingen:* für diese schwierige Aufgabe fehlt ihm das [nötige] F.; dazu gehört ein gewisses F.; dafür braucht man F.

Fingerzeig, der: *Wink, Hinweis:* ein nützlicher F.; Fingerzeige für die Berufswahl; jmdm. einen F. geben.

finster: **1.** *[sehr] dunkel, lichtlos:* eine finstere Nacht, ein finsterer Keller; das Zimmer ist zu f. zum Arbeiten; draußen ist es, wird es schon f.; subst.: im Finstern *(in der Dunkelheit ohne Licht)* tappen; übertr.: das finstere *(unaufgeklärte)* Mittelalter; das waren finstere Zeiten; es sieht ziemlich f. (ugs.; *hoffnungslos*) aus. **2.a)** *dunkel aussehend, düster:* finstere Tannen, Wolken; das Schloß ist ein finsteres Gebäude. **b)** *unfreundlich, verdrossen:* ein finsteres Gesicht, finstere Mienen; f. blicken, aussehen; übertr.: ein finsterer *(unheimlicher, unerfreulicher)* Geselle; finstere *(böse)* Gedanken, Pläne. **3.** (abwertend) *zweifelhaft, anrüchig:* eine finstere Kneipe; finstere Existenzen; das ist eine finstere *(undurchschaubare)* Angelegenheit. ∗ **im finstern tappen** *(im ungewissen sein):* in dieser Sache tappen wir noch [völlig] im finstern.

Finsternis, die: *völlige Dunkelheit:* eine tiefe, unergründliche F.; nur eine Kerze erhellte die F.; bibl.: die Macht der F. *(des Bösen).* ∗ **eine ägyptische Finsternis** *(starkes, unerwartet hereinbrechendes Dunkel).*

Finte, die: **a)** (Fechten) *Scheinstoß, Scheinhieb:* eine F. ansetzen, anziehen. **b)** *Vorwand, List:* sein Angebot war nur eine F.; eine F. anwenden, durchschauen; auf eine F. hereinfallen; er täuschte den Gegner durch eine F.

Firma, die: **a)** *kaufmännischer oder gewerblicher Betrieb:* eine alteingesessene, angesehene F.; eine Berliner F.; die F. beschäftigt 200 Arbeiter; eine F. gründen, leiten; in/bei einer F. arbeiten. **b)** (Kaufmannsspr.) *im Handelsregister eingetragener Name eines Betriebes:* die F. lautet „Meyer & Co.“; die F. ist erloschen, wurde gelöscht; er hat seine F. geändert; das Unternehmen arbeitet unter der F. ... ∗ **in Firma** ... */bei Adressen; Hinweis auf die Dienstanschrift einer Privatperson/.*

Fisch, der: **1.** *im Wasser lebendes Wirbeltier mit Flossen und Kiemen:* ein großer, dicker, exotischer F.; tote Fische; frische, geräucherte, marinierte Fische; der F. beißt an, schnappt nach dem Köder, zappelt im Netz, springt; Redensart: [der] Fisch will schwimmen *(zum Fischgericht gehört ein Getränk)* · Fische angeln, fangen, füttern; einen F. braten, backen, kochen; Fische einlegen, einsalzen; freitags gibt's F.; gesund, munter sein, sich wohl fühlen wie ein F. im Wasser; er schwimmt wie ein F.; er ist stumm wie ein F.; bildl.: er ist ein [kalter] F. *(ein gefühlskalter Mensch).* **2.** (Astrol.)*/Tierkreiszeichen/:* ich bin [ein] F. (ugs.; *ich bin im Zeichen der Fische geboren).* ∗ (ugs.:) **das sind faule Fische** *(das sind dumme Ausreden, Lügen)* · (ugs.:) [**das sind**] **kleine Fische!** *(das sind Kleinigkeiten!)* · (ugs.:) **das ist weder Fisch noch Fleisch** *(das ist nichts Halbes und nichts Ganzes)* · (ugs.; scherzh.:) **die Fische füttern** *(sich über die Reling erbrechen).*

fischen: **a)** ⟨[etwas] f.⟩ *Fische u. ä. zu fangen suchen, fangen:* Forellen f.; wir haben zwei Stunden gefischt; mit Netzen, mit der Angel f.; in der Nordsee wird auf Kabeljau gefischt. **b)** (ugs.) ⟨jmdn., etwas aus etwas f.⟩ *herausziehen, herausholen:* ein Kind aus dem Wasser f.; bildl.: er fischt die Brocken aus der Suppe *(wählt für sich das Beste);* (ugs.:) ich fischte mir ein Taschentuch aus der Schublade. ∗ (ugs.:) **im trüben fischen** *(unklare Zustände zum eigenen Vorteil ausnutzen).*

Fisimatenten ⟨in der Verbindung⟩ Fisimatenten machen (ugs.): *faule Ausreden gebrauchen; Flausen machen:* du kommst jetzt mit, mach keine F.!

Fittich, der (dichter.): *Flügel, Schwinge:* die Fittiche des Adlers. ∗ (ugs.:) **jmdn. unter seine Fittiche nehmen** *(jmdn. beschützen, betreuen).*

fix: **1.** (ugs.) *behend, gewandt, flink:* er ist ein fixer Kerl; er ist, arbeitet sehr f.; nun mach mal ein bißchen f.!; ich will nur noch f. *(schnell)* essen. **2.** (veraltend) *feststehend:* ein fixes Gehalt; er hat fixe Gewohnheiten. ∗ **fixe Kosten** *(ständige Kosten in bestimmter Höhe)* · **eine fixe Idee** *(Zwangsvorstellung):* eine fixe Idee haben · (ugs.:) **fix und fertig: a)** *(völlig fertig):* die Arbeit ist f. und fertig; er war f. und fertig zur Ausfahrt. **b)** *(völlig erschöpft):* nach dieser Sitzung war ich f. und fertig; jmdn. f. und fertig machen *(jmdn. ruinieren).*

fixieren: **1.** ⟨etwas f.⟩ *[schriftlich] festlegen, festhalten:* einen Termin f.; die Beschlüsse wurden protokollarisch fixiert. **2.** ⟨etwas f.⟩ *festigen, haltbar machen:* eine Zeichnung f.; einen entwickelten Film f. *(lichtunempfindlich machen).* **3.** ⟨jmdn., etwas f.⟩ *scharf ansehen:* einen Punkt f.; er hat mich dauernd fixiert *(angestarrt).*

flach: **1.** *eben:* ein flacher Boden; ein flaches Gelände; die flache *(geöffnete)* Hand; mit der flachen Klinge *(nicht mit der Schneide)* schlagen; flache *(nicht steil abfallende; waagerechte)* Dächer; sich f. hinlegen; f. *(ohne Kopfkeil)* schlafen. **2.** *niedrig:* ein flaches Gebäude; Schuhe mit flachen Absätzen; eine flache *(kaum gewölbte)* Brust, Stirn. **3.** *nicht tief:* ein flaches Gewässer; ein flacher Teller; f. atmen; übertr.: er ist ein flacher *(wenig denkender)* Kopf; es war alles ziemlich f. *(oberflächlich),* was er sagte. ∗ **das flache Land** *(flach ausgedehntes Gebiet außerhalb der Stadt);* er wohnt auf dem flachen Land.

Fläche, die: **1.** *flach ausgedehnter Bereich:* eine breite, freie F.; eine F. von 1000 Quadratmetern; das Eis bildete eine spiegelglatte F. **2.** *[glatte] Außenseite, Oberfläche:* eine gekrümmte F.; der Würfel hat sechs Flächen.

Flachs, der: **1.** */eine Faserpflanze/:* F. anbauen, raufen, brechen (Landw.), hecheln (Landw.), schwingen (Landw.). 2. (ugs.) *Spaß, Neckerei:* das war nur F.; [jetzt mal] ganz ohne F. *(im Ernst);* bei dem blüht der F. *(er spaßt gern).*

flachsen (ugs.): *Unsinn reden, Spaß machen:* er hat nur geflachst.

flackern ⟨etwas flackert⟩: *etwas brennt unruhig:* die Flamme, das Feuer flackert; die Kerzen haben im Wind geflackert; übertr.: *sich unruhig bewegen:* seine Augen flackerten.

Flagge, die: *[an einer Leine befestigte] Fahne:* die deutsche, die olympische F.; die F. einer Reederei; die F. hängt auf halbmast; die F. aufziehen, [hin]aushängen, hissen/(auch:) heißen, einholen, niederholen; Seemannsspr.: die F. setzen *(aufziehen),* dippen *(zum Gruß kurz niederholen),* streichen *(zum Zeichen der Ergebung einziehen)* · heiß[t] F.! */Kommando/;* das Schiff führt die britische F., fährt unter falscher, fremder, neutraler, britischer F., unter der F. von Panama; Sport: der Rennleiter winkt den Fahrer mit der F. *(Signalfahne)* ab. * (geh.:) **die Flagge streichen** *(sich geschlagen erklären):* vor den Argumenten seiner Gegner mußte er die F. streichen · **unter falscher Flagge segeln** *(etwas vortäuschen).*

flaggen: *die Fahne[n], Flagge[n] hissen, hinaushängen:* wir flaggen heute; die öffentlichen Gebäude haben halbmast geflaggt; überall war geflaggt.

Flamme, die: 1. *hochschlagender Teil des Feuers:* eine helle, leuchtende, rote, blaue F.; die F. züngelt, leckt hoch, rußt, loht (geh.), schießt empor, lodert zum Himmel; Flammen schlagen aus den Fenstern; die Flammen löschen, ersticken; ein Gasherd mit drei Flammen *(Brennstellen);* etwas auf kleiner F. kochen; die Kerze brennt mit ruhiger F.; bildl. (geh.): die F. der Begeisterung, des Zorns, Hasses. 2. (ugs.; veraltend) *Geliebte, Freundin:* sie war damals seine F.; eine F. haben. * **etwas steht in hellen Flammen** *(etwas brennt [lichterloh]):* der Dachstuhl stand in hellen Flammen · (geh.:) **etwas geht in Flammen auf** *(etwas verbrennt völlig, wird vom Feuer zerstört):* die Scheune, das Dorf ging in Flammen auf · (geh.:) **etwas wird ein Raub der Flammen** *(etwas wird vom Feuer zerstört, vernichtet)* · **Feuer und Flamme sein** *(sofort für etwas begeistert sein).*

flammen ⟨etwas flammt⟩: 1. (veraltend) *etwas brennt:* ein Feuer flammte im Kamin. 2. (geh.) *etwas leuchtet, funkelt:* seine Augen flammten vor Zorn; flammende Röte im Gesicht haben; übertr.: *leidenschaftlich:* eine flammende Rede; er erhob flammenden Protest.

Flanke, die: 1. *weicher Seitenteil des Rumpfes:* das Pferd stand mit zitternden, fliegenden Flanken. 2.a) (militär.) *Seite einer (marschierenden oder in Stellung gegangenen) Truppe:* die Flanken sind ungeschützt; den Feind in der Flanke angreifen, fassen, ihm in die Flanke fallen. b) (veraltend) *Seite (eines Berges oder Gebäudes):* die Flanken sind bewaldet; an der F. des Schlosses steht ein Turm. 3. (Sport) *seitlicher Stützsprung:* eine F. machen; er ging mit einer F. ab. 4. (Sport) *seitliche Ballvorlage in den Strafraum des Gegners:* eine F. aufnehmen, verpassen, einköpfen, einschießen; der Rechtsaußen gab eine prächtige F.

flankieren ⟨jmdn., etwas f.⟩: *zu beiden Seiten von jmdm., von etwas stehen:* Rosenhecken flankieren den Platz; der Sarg wurde, war von Ehrenwachen flankiert; übertr.: flankierende *(unterstützende, zusätzliche)* Maßnahmen.

Flasche, die: 1. *meist zylindrisches verschließbares [Glas]gefäß:* eine dicke, schlanke, bauchige, grüne F.; eine F. Wein, Bier; zwei Flaschen *(Stahlflaschen)* Sauerstoff; die F. ist leer, voll, angebrochen, enthält Spiritus; eine F. füllen, verkorken, zustöpseln (ugs.), verschließen; eine F. entkorken, aufmachen, öffnen, leeren, austrinken; wir tranken eine F. Sekt zusammen; die F. ansetzen, an den Mund setzen, absetzen; dem Kind die F. *(Milchflasche)* geben; das Kind nimmt die F. nicht; Wein, Bier auf Flaschen ziehen, in Flaschen abfüllen; Milch in Flaschen verkaufen; Bier aus der F. trinken; ein Rehkitz mit der F. großziehen; Redensart (ugs.): er hat zu tief in die F. geguckt *(ist angeheitert, betrunken).* 2. (ugs.; abwertend) *ungeschickter, unbrauchbarer Mensch:* so eine F.!; er ist eine F. * (ugs.:) **einer Flasche den Hals brechen** *(eine Wein-, Schnapsflasche öffnen, um sie auszutrinken)* · **zur Flasche greifen** *(sich dem Trunk ergeben).*

flatterhaft (abwertend): *unbeständig, oberflächlich:* ein flatterhafter Mensch; er war mir zu f.

flattern: 1. *mit schnellen Flügelschlägen fliegen:* Schmetterlinge flatterten im Sonnenschein; ein Vogel ist gegen das Fenster geflattert; bildl.: die Blätter flattern zu Boden; da ist mir ein Brief auf den Tisch geflattert (ugs.; *[zufällig] in die Hand gekommen*). 2. ⟨etwas flattert⟩ a) *etwas wird heftig vom Wind bewegt:* die Fahnen flattern im Wind. b) *etwas bewegt sich unruhig, zittert:* seine Hände flatterten nervös; das Herz, der Puls flattert *(schlägt unruhig);* das rechte Vorderrad flattert *(läuft nicht ruhig).*

flau: a) *schwach, matt, kraftlos:* eine flaue Brise, flaue (veraltend) Farben; eine flaue (landsch.; *fade*) Suppe; die Stimmung in der Gesellschaft war f.; der Wind wird f. *(flaut ab);* Phot.: das Negativ ist f. *(kontrastarm, unterbelichtet).* b) *schwach vor Hunger, leicht übel:* ich habe ein flaues Gefühl im Magen; mir ist, wird ganz f. [zumute], ich fühle mich f. c) (Kaufmannsspr.) *lustlos, schlecht:* der Markt, die Börse ist f., eröffnete f.; Kaffee [steht] f.; die Geschäfte gehen f.; in meinem Portemonnaie sieht es f. (ugs.) aus.

Flausen, die (ugs.) ⟨Plural⟩: a) *Unsinn, närrische Einfälle:* er hat nur F. im Kopf; jmdm. die F. austreiben. b) *Ausflüchte:* das sind F.; mach mir doch keine F. vor!; mach keine F.!

Flaute, die: a) (Seemannsspr.) *Windstille:* es herrscht F.; die Boote gerieten in eine F.; wegen der F. konnten wir nicht segeln. b) (Kaufmannsspr.) *Ausbleiben der Nachfrage, lustlose Stimmung:* es herrschte eine allgemeine F.; übertr.: die Mannschaft überwand ihre F. *(Leistungsschwäche)* erst in der zweiten Halbzeit.

Flechte, die: 1. */eine Pflanze/:* der Felsen war mit Flechten überzogen, von Flechten bewachsen. 2. *Hautausschlag:* eine juckende, trockene, nasse, nässende F.; eine F. im Gesicht haben. 3. (geh.) *Zopf:* sie hat schwere, dunkle Flechten; sie trägt das Haar in einer blonden F.

flechten ⟨etwas f.⟩: **a)** *Stränge aus biegsamem Material ineinanderschlingen:* die Haare [zu Zöpfen, in Zöpfe] f.; sich (Dativ) ein Band ins Haar f.; sie flocht die Blumen zu einem Kranz. **b)** *durch Ineinanderschlingen herstellen:* einen Zopf f.; Körbe, Rohrstühle, Matten f. * (hist.:) **jmdn. aufs Rad flechten** *(auf einem radartigen Gestell hinrichten).*

Fleck (auch: Flecken), der: **1.** *beschmutzte Stelle:* ein häßlicher, dunkler, nasser, fettiger F.; der F. will nicht herausgehen; Öl macht Flecke[n]; mach dir keinen F. auf dein Kleid; einen F. entfernen, herauswaschen; seine Weste ist voller Flecke[n]; übertr.: das ist ein F. *(ein Makel)* auf seiner Ehre. **2.** *andersfarbige Stelle:* braune Flecke[n] auf der Haut; er hat von dem Sturz noch blaue Flecke[n] am Bein; das Pferd hat einen weißen F. auf der Stirn; bildl.: ein weißer F. *(ein unerforschtes Gebiet)* auf der Landkarte. **3.** (ugs.) *Punkt, Stelle* ⟨nur: Fleck⟩: der blinde, der gelbe F. im Auge; ein hübscher F., ein hübsches Fleckchen Erde; ich stehe schon eine halbe Stunde auf demselben F.; er rührte sich nicht vom F.; wir konnten den Wagen nicht vom F. bringen. **4.** (landsch.) *Flicken:* einen F. auf den zerrissenen Ärmel, auf das Loch im Schuh setzen. * (derb:) **mach dir nur keinen Fleck[en] ins Hemd!** *(stell dich nicht so an!)* · (ugs.:) **einen Fleck[en] auf der [weißen] Weste haben** *(nicht mehr unbescholten sein)* · **das Herz auf dem rechten Fleck haben** *(eine vernünftige, richtige Einstellung haben)* · **nicht vom Fleck kommen** *(mit etwas nicht vorankommen):* wir sind mit der Arbeit nicht vom F. gekommen · (ugs.:) **den Mund**/(derb:) **das Maul auf dem rechten Fleck haben** *(schlagfertig sein)* · (ugs.:) **am falschen Fleck** *(wenn es nicht angebracht ist):* sie war am falschen F. energisch · **vom Fleck weg** *(sofort):* er wollte sie vom F. weg heiraten.

Flecken → Fleck.

Flegel, der (abwertend): *grober, ungezogener Bursche:* ein unverschämter F.; er benimmt sich wie ein F.

flehen (geh.): **1.** ⟨um etwas f.⟩ *inständig und demütig bitten:* die Gefangenen flehten um Gnade, um ihr Leben; er flehte, man möge ihm helfen; adj. Part.: flehende Blicke; er hob flehend die Arme. **2.** ⟨zu jmdm., zu etwas f.⟩ *beten:* er flehte zu Gott, zum Himmel um baldige Genesung.

flehentlich (geh.): *inständig [bittend]:* eine flehentliche Bitte; er bat mich f. um Hilfe; sie sah ihn f. an.

Fleisch, das: **1.** *Muskelgewebe bei Mensch und Tier:* in der Wunde sah man das rohe *(nicht mit Haut bedeckte, wunde)* F.; der Arzt schneidet das wilde F. *(das wuchernde Bindegewebe)* weg; darunter konnte man das nackte F. sehen; auf der Bühne gab es viel F. (ugs., scherzh.; *wenig bekleidete Mädchen)* zu sehen; übertr. (bibl.): das Wort ward F. *(Gott wurde Mensch);* der Geist ist willig, aber das F. *(der Körper mit seinen Begierden)* ist schwach. **2. a)** *eßbare Teile des tierischen Körpers:* frisches, gehacktes, gepökeltes, rohes, geräuchertes F.; hartes, zähes, weiches, zartes, mürbes, fettes, mageres, schieres *(fett- und knochenfreies),* leicht angegangenes, verdorbenes F.; ein schönes Stück F.; 2 kg F.; [das] F. schneiden, klopfen, zubereiten, braten, grillen, kochen, dünsten, schmoren; er ißt, mag kein F. **b)** *weiche Teile von Früchten u. ä.:* das saftige F. des Pfirsichs; ein Pilz mit weißem, brüchigem F. * **sich ins eigene Fleisch schneiden** *(sich selbst schaden)* · (geh.:) **den Weg allen**/(auch:) **alles Fleisches gehen** *(sterben)* · (ugs.:) **vom Fleisch fallen** *(abmagern)* · (ugs.:) **das ist weder Fisch noch Fleisch** *(das ist nichts Halbes und nichts Ganzes)* · **Menschen von Fleisch und Blut** *(lebensechte, nicht nur erfundene Menschen):* die Gestalten seines Romans sind Menschen von F. und Blut · (geh.:) **sein eigen Fleisch und Blut** *(sein[e] Kind[er])* · **etwas geht jmdm. in Fleisch und Blut über** *(etwas wird jmdm. zur selbstverständlichen Gewohnheit):* diese Handgriffe sind mir in F. und Blut übergegangen.

Fleischer, der: *jmd., der berufsmäßig Vieh schlachtet und das Fleisch verarbeitet:* ihr Bruder ist F., will F. werden; wo ist hier der nächste F. *(die nächste Fleischerei)?*; er hat F. *(das Fleischerhandwerk)* gelernt; geh zum F. und hole etwas Wurst!

fleischig: *dick, viel Fleisch, Gewebe habend:* fleischige Arme; fleischige Blätter, Früchte; seine Nase ist sehr f.

Fleiß, der: *Arbeitsamkeit, beharrliches Tätigsein:* unermüdlicher, eiserner F.; sein F. wurde belohnt, hat Früchte getragen (geh.); er wendet, bietet seinen ganzen F. auf, verwendet viel F., großen F. auf diese Arbeit; etwas durch F., mit zähem F. erreichen; Sprichw.: ohne F. kein Preis! * (veraltend:) **mit Fleiß** *(absichtlich):* das habe ich mit F. unterlassen.

fleißig: a) *arbeitsam; unermüdlich tätig:* ein fleißiger Schüler, Arbeiter; an diesem Bau haben viele fleißige Hände gearbeitet; f. sein; f. lernen. **b)** *von Fleiß zeugend:* eine fleißige Arbeit, ein fleißiger Aufsatz. **c)** (ugs.) *regelmäßig, häufig:* er besucht f. das Theater; du mußt f. spazierengehen.

fletschen ⟨in der Verbindung⟩ die Zähne fletschen: *drohend die Zähne zeigen:* der Hund hat die Zähne gefletscht.

flicken ⟨etwas f.⟩: **a)** *ausbessern:* die Wäsche, eine zerrissene Hose f.; einen Fahrradreifen f.; einen Kessel f.; eine Leitung mit Draht f.; die Fischer flickten ihre Netze; er trägt geflickte Schuhe. **b)** *durch Ausbessern schließen:* ein Loch in der Schürze f. * (ugs.:) **jmdm. etwas am Zeug[e] flicken [wollen]** *(jmdm. etwas Böses antun, etwas anhängen [wollen]).*

Flicken, der: *[aufgenähtes] Stück Stoff o. ä.:* einen F. aufsetzen, einsetzen, auf den Ärmel setzen.

Fliege, die: **1.** */ein Insekt/:* eine dicke, schillernde, zudringliche, lästige F.; die Fliegen summen, brummen, schwirren um das Fleisch; eine F. fangen, verscheuchen, verjagen, totschlagen; er ist matt wie eine F. (ugs.; *völlig erschöpft*); die Menschen starben wie die Fliegen (ugs.; *in großer Zahl*), fielen wie die Fliegen um (ugs.; *vor Schwäche*); mit der [künstlichen] F. angeln; bildl.: ihn ärgert, stört die F. an der Wand *(jede Kleinigkeit);* er tut keiner F. etwas zuleide *(ist gutmütig);* Sprichw.: in der Not frißt der Teufel Fliegen *(in der Not ist man nicht wählerisch).* **2.** *Querschleife am Kragen:* deine F. sitzt schief; er trägt eine weinrote F. **3.** (ugs.) *kleines Bärtchen:* er ließ sich eine F. stehen, wachsen. * (ugs.:) **zwei Fliegen mit einer Klappe schlagen** *(einen doppelten Zweck auf einmal erreichen).*

fliegen /vgl. fliegend/: **1.** *sich mit Flügeln durch die Luft bewegen:* der Vogel flog auf den Baum; die Schwalben sind hoch, tief geflogen; Bienen fliegen von Blüte zu Blüte. **2. a)** ⟨etwas fliegt⟩ *etwas bewegt sich im freien Raum fort:* der Ballon, die Rakete fliegt sehr schnell; das Flugzeug flog über den Wolken; die Maschine fliegt über den Nordpol *(benutzt die Polarroute);* diese Maschine fliegt nach New York *(ihr planmäßiges Ziel ist New York);* der Hubschrauber fliegt *(verkehrt)* täglich auf der Strecke Wiesbaden–Frankfurt). **b)** ⟨etwas fliegt sich; mit Artangabe⟩ *etwas hat bestimmte Flugeigenschaften:* die Maschine fliegt sich gut, etwas schwer. **3. a)** *sich mit einem Luftfahrzeug fortbewegen:* fährst du mit der Bahn, oder fliegst du?; wir fliegen *(das Flugzeug ist gestartet);* ich fliege *(mein Flugzeug startet)* um 14 Uhr; man fliegt *(braucht mit dem Flugzeug)* 2 Stunden bis Köln; mit der Lufthansa f.; er fliegt schon seit Jahren *(ist schon lange Flieger);* adj. Part.: er gehört zum fliegenden Personal *(Bordpersonal).* **b)** ⟨mit Raumangabe⟩ *mit einem Luft-, Raumfahrzeug reisen:* nach Berlin, zu einem Kongreß, in den Urlaub f.; die Amerikaner sind zum Mond geflogen. **c)** ⟨es fliegt sich; mit Artangabe⟩ *das Fliegen wird von bestimmten Umständen beeinflußt:* bei Nebel fliegt es sich schlecht; es fliegt sich herrlich in dieser Maschine. **4.** ⟨etwas f.⟩ *ein Luftfahrzeug steuern, führen:* der Pilot hat die Maschine heute zum erstenmal geflogen; er fliegt eine Piper, eine DO 32. **5.** ⟨etwas f.⟩ **a)** *fliegend zurücklegen:* die Polarroute f.; er ist 20000 km geflogen; der Pilot ist/(seltener:) hat 10000 Stunden geflogen. **b)** *fliegend ausführen, bewältigen:* eine Schleife, Kurve, Platzrunde, einen Looping f.; militär.: die Jäger haben einen Angriff, drei Einsätze geflogen. **6.** ⟨jmdn., etwas f.; mit Raumangabe⟩ *mit Luftfahrzeugen befördern, transportieren:* er fliegt Medikamente nach Biafra; die Verwundeten wurden mit Hubschraubern zum Lazarett geflogen. **7.** ⟨etwas fliegt⟩ *etwas wird heftig [vom Wind] bewegt:* die Fahnen fliegen [im Wind]; ihre Haare flogen; bildl.: der Puls, Atem fliegt *(geht hastig);* sie flog *(zitterte)* am ganzen Körper. **8.** ⟨mit Raumangabe⟩ **a)** *sich schnell bewegen:* er flog *(eilte)* nach Hause; die Hand fliegt über das Papier *(schreibt eilig);* das Pferd ist nur so über die Hindernisse geflogen *(geschossen);* bildl.: ein Lächeln flog *(huschte)* über sein Gesicht; adj. Part.: in fliegender Hast; (Med.:) fliegende Hitze *(Hitzeaufwallung im Körper);* ⟨jmdm. f.; mit Raumangabe⟩ sie flog ihm an den Hals; sie waren sich in die Arme geflogen. **b)** *[weg]geschleudert werden:* ein Stein flog ins Fenster; die Funken flogen *(sprühten)* nur so; sie prügelten sich, daß die Fetzen flogen (ugs.); der Wagen ist aus der Kurve geflogen; der Brief fliegt sofort in den Papierkorb; ⟨etwas fliegt jmdm.; mit Raumangabe⟩ ein Schneeball flog ihm ins Gesicht; der Hut flog ihm vom Kopf. **c)** (ugs.) *hinfallen:* in den Graben, auf die Nase f. **9.** (ugs.) *entlassen werden, hinausgeworfen werden:* von der Schule, aus der Stellung f.; der Angestellte ist sofort geflogen. **10.** (ugs.) ⟨auf jmdn., auf etwas f.⟩ *stark angezogen werden, eine Schwäche haben:* er fliegt auf hübsche Mädchen; früher bin ich auch auf Krimis geflogen. * **fliegende Untertassen** *(unbekannte, unerklärte Flugobjekte)* · **fliegende Blätter: a)** *(lose Buchseiten).* **b)** (hist.; *Flugschriften)* · **mit fliegenden Fahnen zu jmdm., zu etwas übergehen** *(seine Ansichten plötzlich und offen ändern)* · (Sport:) **fliegender Start** *(Start aus der Bewegung heraus)* · **in die Luft fliegen** *(explodieren).*

fliegend: *ohne festen Standort, beweglich:* eine fliegende Ambulanz, eine fliegende Brücke; ein fliegender Händler.

fliehen /vgl. fliehend/: **1.** *sich [aus Furcht] eilig entfernen; davonlaufen:* die Truppen fliehen; der Verbrecher ist heimlich, bei Nacht und Nebel unbemerkt [ins Ausland] geflohen; bei Kriegsende mußten wir f. *(die Heimat verlassen);* vor dem Lärm, vor einem Unwetter f.; sie floh entsetzt vor ihm, aus der Wohnung; übertr. (dichter.): die Zeit flieht *(vergeht schnell);* adj. Part.: der geflohene *(entflohene)* Spion. **2.** (geh.) ⟨jmdn., etwas f.⟩ *meiden; vor jmdm., etwas ausweichen:* die Gesellschaft, den Lärm der Stadt f.; jmds. Gegenwart f.; übertr. (dichter.): der Schlaf flieht mich seit Tagen.

fliehend: *schräg nach hinten geneigt:* eine fliehende Stirn, ein fliehendes Kinn.

fließen /vgl. fließend/: **1. a)** ⟨etwas fließt⟩ *etwas bewegt sich gleichmäßig fort, strömt /von Flüssigkeiten/:* das Wasser fließt [aus der Leitung]; der Bach fließt langsam, träge, schnell, in Windungen durch das Tal; diese Quelle fließt nicht mehr *(ist versiegt);* Tränen flossen über ihre Wangen; das Blut floß aus der Wunde; in diesem Krieg ist viel Blut geflossen; der Sekt floß in Strömen (ugs.; *es wurde viel Sekt getrunken*); ⟨etwas fließt jmdm.; mit Raumangabe⟩ der Schweiß floß ihm von der Stirn, in den Kragen; adj. Part.: ein Zimmer mit fließendem Wasser *(mit Anschluß an die Wasserleitung);* übertr.: der Verkehr fließt ungehindert, nur stockend; der elektrische Strom fließt von plus nach minus; die Arbeit fließt (geh.; *geht gut voran*); die Gaben flossen reichlich (geh.; *es wurde viel gespendet*); die Nachrichten fließen spärlich, reichlich *(man kann wenig, viel erfahren).* **b)** ⟨etwas fließt; mit Raumangabe⟩ *etwas gelangt fließend irgendwohin:* die Isar fließt zur, in die Donau; die Elbe fließt *(mündet)* in die Nordsee; übertr.: die Gelder fließen ins Ausland; der Erlös floß in seine Tasche. **2.** ⟨etwas fließt; mit Umstandsangabe⟩ *etwas hängt nach unten, fällt in bestimmter Weise:* das Kleid fließt locker von den Schultern; ihr Haar fließt weich.

fließend: **1.** *ohne Stocken, geläufig:* ein fließender Vortrag; er antwortete in fließendem Russisch; er spricht f. Englisch; das Kind liest schon f. **2.** *ohne feste Abgrenzung:* fließende Übergänge; die Grenzen zwischen Gut und Böse sind f. **3.** *geschwungen verlaufend:* fließende Linien.

flimmern ⟨etwas flimmert⟩ *etwas glitzert, funkelt; etwas bewegt sich immer wieder aufleuchtend, unruhig:* die Sterne flimmern; das Wasser flimmert in der Sonne; die Luft, die Hitze flimmerte über der Autobahn; der abgenutzte Film flimmerte schon stark; ⟨es flimmert jmdm.; mit Raumangabe⟩ mir flimmerte es vor den Augen.

flink: *schnell und geschickt:* ein flinkes Mädchen; kleine, flinke Pferde; sie hat ein flinkes Mundwerk, noch flinke Beine; der Bursche ist f. [wie ein Wiesel]; sie ist f. bei der Hand *(immer zur Arbeit bereit);* er sprang f. über den Zaun.

Flinte, die: *Jagdgewehr mit glattem Lauf:* die F. schultern, umhängen, laden, anlegen, abschießen; er schoß auf alles, was ihm vor die F. kam; übertr. (ugs.): der soll mir nur vor die F. kommen *(mit dem werde ich abrechnen).* * (ugs.:) **die Flinte ins Korn werfen** *(den Mut verlieren).*

Flirt, der: *Liebelei:* ein harmloser, netter F.; es war nur ein F.; einen F. mit jmdm. anfangen; ich habe mit ihr einen kleinen F. gehabt.

flirten: *jmdm. [scherzend] seine Zuneigung zu erkennen geben:* sie flirtet gern [mit anderen Männern]; die beiden haben den ganzen Abend miteinander geflirtet.

flitzen (ugs.): *sich [blitz]schnell fortbewegen:* über die Straße f.; aus dem Bett f.; er ist mit seinem Wagen über die Autobahn geflitzt.

Flocke, die: *kleines, lockeres Gebilde:* Flocken von Baumwolle; dicke, nasse Flocken *(Schneeflocken);* es schneit in dichten Flocken.

Floh, der: */ein blutsaugendes Insekt/:* der F. hüpft, springt vom Laken; mich hat ein F. gebissen; Flöhe fangen, knacken (ugs.); der Hund hat Flöhe, wird von Flöhen geplagt; Redensart: ich will lieber Flöhe/einen Sack [voll] Flöhe hüten [,als diese Arbeit tun]. * (ugs.:) **jmdm. einen Floh ins Ohr setzen** *(in jmdm. einen unerfüllbaren Wunsch wecken)* · (ugs.:) **die Flöhe husten hören** *(schon aus den kleinsten Veränderungen etwas für die Zukunft erkennen wollen).*

Flosse, die: **1.** */Bewegungsorgan von Wassertieren/:* der Fisch spreizt die Flossen; übertr.: der Taucher legt die Flossen *(Schwimmflossen aus Gummi o. ä.)* an. **2.** (ugs.) *Hand:* er hat breite Flossen; gib mir deine F.!

Flöte, die: */ein Blasinstrument/:* die F./auf der F. blasen, spielen.

flöten: 1. *flötende Töne von sich geben /von Singvögeln/:* die Amsel flötet; übertr.: sie flötete *(sprach schmeichelnd)* in den süßesten Tönen. **2.** (landsch.) *pfeifen:* er flötete vergnügt vor sich hin.

flötengehen (ugs.) ⟨etwas geht flöten⟩: *etwas geht verloren, geht kaputt:* mein ganzes Geld geht dabei flöten; schon wieder sind zwei Teller flötengegangen.

Flötentöne ⟨in der Verbindung⟩ jmdm. die Flötentöne beibringen (ugs.): *jmdn. das richtige Benehmen lehren:* dir werde ich schon die [nötigen] F. beibringen!

flott: 1. (ugs.) *schnell, flink, fix:* eine flotte Verkäuferin; eine flotte Bedienung; in flottem Tempo fahren; flotte *(schwungvolle)* Musik; er macht flotte *(gute)* Geschäfte; f. arbeiten. **2.** (ugs.) *schick, hübsch:* ein flottes Mädchen; ein flotter Hut, eine flotte Krawatte; seine Freundin sieht ganz f. aus. **3.** (ugs.) *lebenslustig, unbeschwert:* ein flottes Leben führen; er hat immer f. gelebt; f. *(großzügig)* mit dem Gelde umgehen. **4.** (Seemannsspr.) *frei schwimmend:* das (auf Grund geratene) Schiff wurde, ist wieder f.; übertr. (ugs.): er hat sein Motorrad wieder f. bekommen *(fahrbereit gemacht);* er ist wieder f. *(hat wieder Geld).*

flottmachen (Seemannsspr.) ⟨etwas f.⟩: *zum Schwimmen bringen:* das Schiff konnte endlich wieder flottgemacht werden; übertr. (ugs.): er hat sein Auto wieder flottgemacht *(fahrbereit gemacht).*

Fluch, der: **1.** *böses Wort, Verwünschung:* ein derber, kräftiger, kerniger, gräßlicher F.; einen F. ausstoßen. **2.** *Unheil, Verderben:* ein F. liegt auf/über dem Land; F. über dich!; der F. erfüllte sich; Redensart: das ist der F. *(die verhängnisvolle Folge)* der bösen Tat, ...

fluchen: a) *Flüche ausstoßen:* laut, entsetzlich, unflätig, wie ein Fuhrmann (ugs.) f.; bei jeder Gelegenheit fluchte er. **b)** (veraltend) ⟨jmdm. f.⟩ *jmdn. verwünschen:* er fluchte seinen Verrätern. **c)** ⟨auf/über jmdn., auf/über etwas f.⟩ *schimpfen:* er fluchte auf seinen Chef, über das schlechte Essen.

Flucht, die: **1.** *das Flüchten:* eine hastige, überstürzte, schwierige, heimliche F.; die F. [aus dem Lager] gelang, ist geglückt; er bereitete seine F. von langer Hand vor; er war auf der F. *(er floh)* vor seinen Verfolgern; er wurde auf der F. erschossen; sie konnte sich nur durch schnelle F. auf einen Stuhl retten; sie jagten in wilder, heilloser F. davon; sie wurden von ihm in die F. getrieben, gejagt; jmdm. zur F. verhelfen; übertr.: die F. *(das Ausweichen)* in die Anonymität; die F. nach vorne antreten *(in der Not zum Angriff übergehen).* **2.** (Jägerspr.) *Sprung des Schalenwildes:* das Reh macht eine F.; der Bock ging in hohen Fluchten ab. **3.** *Reihung in gerader Linie:* die Häuser sind in einer F. gebaut; eine F. *(gerade Abfolge)* von Zimmern. * **die Flucht ergreifen** *(davonlaufen):* vor dem großen Hund ergriff der Dieb die F. · **jmdn. in die Flucht schlagen** *(jmdn. zur Flucht zwingen)* · **sein Heil in der Flucht suchen** *(fliehen, davonlaufen).*

flüchten: a) *fliehen, davonlaufen:* die Bevölkerung flüchtete vor den feindlichen Soldaten; er ist über die Grenze, ins Ausland, nach Österreich geflüchtet; die Katze flüchtet auf den Baum; der geflüchtete *(entflohene)* Verbrecher. **b)** ⟨sich f.; mit Raumangabe⟩ *sich in Sicherheit bringen:* die Kinder flüchteten sich ängstlich zur Mutter; er hat sich in die Einsamkeit geflüchtet *(zurückgezogen).*

flüchtig: 1. *flüchtend, geflüchtet:* ein flüchtiger Verbrecher; er ist [seit gestern] f.; Jägerspr.: der Hirsch ist, wird f. *(läuft schneller).* **2. a)** *schnell, kurz:* ein flüchtiger Blick, Besuch. **b)** *ungenau, oberflächlich:* eine flüchtige Arbeit; ich habe nur einen flüchtigen Eindruck von ihr; er ist zu flüchtig; er arbeitet sehr f. *(obenhin);* ein Buch f. lesen; ich kenne ihn nur f. **3. a)** *[rasch] vorübergehend:* eine flüchtige Begegnung, Bekanntschaft; flüchtige Augenblicke des Glücks. **b)** *rasch verdunstend:* ein flüchtiges Öl; Alkohol ist leicht f.

Flug, der: **1.** *das Fliegen:* den F. der Vögel, eines Flugzeugs, eines Balles beobachten; den Vogel im F. treffen; bildl. (geh.): sie konnte dem hohen F. seiner Gedanken, seines Geistes nicht folgen. **2.** *das Fliegen zu bestimmtem Zweck oder Ziel; Flugreise:* ein schöner, ruhiger, glatter, stürmischer F.; ein F. über die Alpen, von Europa nach Amerika; der F. zum Mond; einen F. antreten, beenden; auf dem F. nach Paris sein; für den F. ... einen Platz buchen; er startet zu seinem ersten Flug; Schispringen: er wurde Erster mit drei Flügen über 87, 85 und 89 m. **3.** (Jägerspr.) *Gruppe zusammengehöriger Vögel:* ein F. Tauben, Wildgänse. * [**wie**] **im Fluge** *(sehr schnell):* die Zeit verging [mir] im Fluge, wie im Fluge.

Flugblatt, das: *kurzgefaßte, in Mengen verteilte aktuelle Druckschrift:* Flugblätter drucken, verbreiten, verteilen, aus einem Flugzeug abwerfen; ein F. gegen die Regierung verfassen.

Flügel, der: **1.a)** *Flugorgan von Tieren:* die Flügel des Adlers, der Libelle; der Vogel breitet die Flügel aus, spreizt, schüttelt die Flügel; einem Vogel die Flügel stutzen, beschneiden; der Hahn schlägt mit den Flügeln. **b)** (ugs.) *Tragfläche:* das Flugzeug rutscht über den linken F. ab. **2.** *[beweglicher] Teil eines Ganzen:* der rechte, linke F. des Altars; ein F. des Fensters stand offen; die Flügel *(Hälften)* der Lunge. **3.a)** *äußerer Teil einer aufgestellten Truppe o. ä.:* der linke F. der Armee; das Gefecht begann auf dem rechten F.; bildl.: der linke F. einer Partei; Sport: über die Flügel angreifen. **b)** *seitlicher Teil eines Gebäudes:* er wohnt im linken F.; der rechte F. des Schlosses brannte völlig aus. * **die Flügel hängenlassen** *(mutlos sein)* · **jmdm. die Flügel stutzen/beschneiden** *(jmds. Tatendrang einschränken).*

²Flügel, der: *Klavier mit horizontal gespannten Saiten:* der F. ist geöffnet; am F. begleitete N. N. [den Sänger].

flügge: *gerade flugfähig geworden:* ein flügger Jungvogel; die kleinen Amseln sind noch nicht f.; übertr.: die Kinder werden bald f. *(selbständig)* werden.

Flugplatz, der: *Start- und Landeplatz für Flugzeuge:* ein militärischer, ziviler F.; einen F. anfliegen; von einem F. starten; auf einem F. zwischenlanden; auf dem F. standen mehrere Maschinen.

flugs (veraltend): *schnell, eilends:* gib mir f. Antwort!; er kam f. herbeigelaufen; f. griff er zu.

Flugzeug, das: *Luftfahrzeug mit Tragflächen:* ein einsitziges, dreistrahliges F., ein F. mit Überschallgeschwindigkeit; das F. startet, hebt ab, steigt [auf], fliegt, kreist über der Stadt, setzt zur Landung an, setzt [hart] auf; Flugzeuge brummen in der Luft; das F. trudelt, stürzt ab, ist notgelandet; ein F. konstruieren, bauen, erproben, führen, steuern; ein F. abschießen, in Brand schießen, entführen; mit dem F. reisen, fliegen. → Maschine.

Fluidum, das (bildungsspr.): *besondere Wirkung, die von einer Person oder Sache ausgeht:* ein eigenartiges, geheimnisvolles F.; diese Stadt hat ein unbestimmbares geistiges F.; von ihr geht, strahlt ein bezauberndes F. aus; er konnte sich dem F. des großen Schauspielers nicht entziehen.

Flunsch, der (ugs.): *mürrisch verzogener Mund; Schmollmund:* das Kind zieht, macht einen F.

¹Flur, der: *Vorraum, Hausgang:* ein langer, dunkler, düsterer F.; breite, helle Flure; den F. reinigen; über, durch den F. gehen; der Schrank steht auf dem/im F.

²Flur, die: **a)** (geh.) *Feld und Wiese:* blühende, anmutige Fluren; durch Feld und F. schweifen; bildl.: allein auf weiter F. *(ganz verlassen)* stehen, sein. **b)** (Verwaltung) *[Teil der] Gemarkung:* die F. bereinigen, abgrenzen; ein Acker in der Altenbacher F.

Fluß, der: **1.** *größeres fließendes Gewässer:* ein großer, tiefer, reißender, breit dahinfließender, langer F.; der F. entspringt im Gebirge, fließt, strömt, teilt sich in mehrere Arme, mündet in einen See; der F. steigt, führt Hochwasser, sinkt, hat wenig Wasser, trocknet aus; einen F. überqueren, kanalisieren, den F. hinauf-, hinabfahren; am Ufer, an der Mündung des Flusses; das Haus liegt am F.; auf dem F. fahren; im F. baden; durch den F. schwimmen; die Brücke führt über den F.; mit der Fähre über den F. setzen. **2.** (Technik) *das Schmelzen, flüssiger Zustand:* die Bronze, das Blei ist in/im F. **3.** *stetiger Fortgang, fließende Bewegung:* der F. des Verkehrs; den F. der Rede, des Gesprächs unterbrechen. * **etwas ist im Fluß** *(etwas ist im Gang, in der Entwicklung):* die Verhandlungen sind noch im F. · **etwas kommt/gerät in Fluß** *(etwas kommt in Gang, geht weiter):* die Arbeiten kamen nur allmählich in F. · **etwas in Fluß bringen** *(in Gang, Bewegung bringen):* er brachte das Gespräch wieder in F.

flüssig: 1. *nicht fest, nicht gasförmig:* flüssige Nahrung; flüssige Brennstoffe; flüssige *(verflüssigte)* Luft; Wachs f. machen; der Lack wird f. verarbeitet. **2.** *ohne Stocken, fließend:* ein flüssiger Verkehr; ein flüssiger Stil; f. schreiben, sprechen. **3.** *verfügbar:* flüssiges Kapital; flüssige Mittel, Gelder; ich bin im Moment nicht f. (ugs.; *ich habe kein Geld zur Hand*).

Flüssigkeit, die: *flüssiger Stoff:* eine helle, farblose, blaue, übelriechende F.; die F. verdunstet, schlägt sich nieder.

flüssigmachen ⟨etwas f.⟩: *verfügbar machen:* ein Kapital f.; er mußte Geld für den Ankauf f.

flüstern: a) *leise, tonlos sprechen:* sie flüsterten miteinander; nebenan wurde eifrig geflüstert; subst.: sein Flüstern konnte ich nicht verstehen; übertr. (geh.): die Bäume flüstern *(rauschen leise).* **b)** ⟨etwas f.⟩ *leise sagen:* er flüsterte, ich solle mitkommen; ⟨jmdm. etwas f.; mit Raumangabe⟩ er flüsterte mir ihren Namen ins Ohr. * (ugs.:) **jmdm. etwas flüstern** *(jmdm. tüchtig die Meinung sagen):* ich werde dir mal was f.! · (ugs.:) **das kann ich dir flüstern** *(darauf kannst du dich verlassen).*

Flut, die: **1.** *auf die Ebbe folgendes Ansteigen des Meeresspiegels:* die F. kommt, steigt; wir müssen die F. abwarten; bei F., zur Zeit der F. baden; das Schiff lief mit der F. ein. **2.** *Wassermassen:* die aufgewühlten, schmutzigen Fluten [der Donau]; die Fluten wurden eingedämmt, gingen zurück; viele Tiere sind in den Fluten umgekommen; (geh. oder scherzh.) in die kühle F. tauchen, sich in die Fluten stürzen (zum Baden). * **eine Flut von etwas** *(eine große Menge von etwas):* eine F. von Beschwerden, Protesten, Glückwünschen ergoß sich über ihn; er bekam eine F. von Briefen.

fluten: 1. (geh.) ⟨etwas flutet⟩ *etwas strömt:* das Wasser flutet über die Dämme, ist in die Schleusenkammer geflutet; übertr.: der Verkehr flutet; adj. Part.: flutendes Licht. **2.** ⟨etwas f.⟩ *unter Wasser setzen; vollaufen lassen:* ein Speicherbecken f.; das U-Boot flutet die Tanks.

Folge, die: **1.** *Auswirkung, Ergebnis:* unangenehme, unvermeidliche, verheerende, verhängnisvolle Folgen; die Folgen zeigten sich sehr schnell, werden nicht ausbleiben; die [natürliche, zwangsläufige] F. dieses Fehlgriffs war, daß ...; die Folgen seines Leichtsinns sind nicht abzusehen; etwas hat böse, schlimme Folgen, kann üble Folgen nach sich ziehen; er muß die Folgen bedenken, tragen; er starb an den Folgen eines Unfalls; für die Folgen aufkommen; etwas ohne Rücksicht auf die Folgen tun; das [Liebes]verhältnis blieb nicht ohne Folgen (verhüll.; *sie bekam ein Kind*). **2. a)** *Reihe, Abfolge:* eine F. von Bildern, Tönen; die Züge fahren in dichter F.; die Bände erscheinen in rascher F., in zwangloser F.; Schlager in bunter F.; neue F. *(Reihe einer Zeitschrift)*. **b)** *Lieferung:* die nächste F. der Zeitschrift erscheint im Juni. * **etwas hat etwas zur Folge** *(etwas führt zu etwas):* sein Ungehorsam kann Böses zur F. haben · **in der Folge; für die Folge** *(künftig; später):* ich bitte, dies für die F./in der F. zu beachten · **einer Sache Folge leisten** *(nachkommen, folgen):* er leistete der Aufforderung, Einladung F. · (veraltend:) **einer Sache Folge geben** *(etwas genehmigen):* dem Gesuch wurde F. gegeben.

folgen: 1. ⟨jmdm., einer Sache f.⟩ **a)** *nachgehen; hinter jmdm., etwas hergehen:* er ist ihm unauffällig, heimlich gefolgt; sie folgt uns auf dem Fuße, auf Schritt und Tritt; er folgte dem Vater ins Haus; nur wenige Personen folgten dem Sarge; wir folgten den Spuren im Schnee; jmdm. mit den Augen, mit den Blicken f. **b)** *[später] nachkommen:* die Familie folgte dem Vater ins Ausland; zwei Wochen später folgte sie ihrem Mann in den Tod. **c)** *mit jmdm., mit etwas gehen, sich nach jmdm., nach etwas richten:* er ist mir nicht immer, nicht in allen Stücken gefolgt; ich kann ihm darin nicht f. *(nicht zustimmen);* die Frauen folgen der Mode; wir sind seinem Beispiel, Rat, Vorschlag, seinen Anordnungen, Befehlen gefolgt; er folgt seinem Herzen, seinem Gewissen, dem gesunden Menschenverstand, seiner inneren Stimme; wir können dem Kurs der Regierung nicht weiter f. **d)** *mit Verständnis zuhören:* einem Schauspiel, Konzert andächtig f.; das Kind folgt aufmerksam, mit Interesse dem Unterricht; wir sind dem Redner gespannt gefolgt; ich konnte seinen Gedankengängen nicht f. *(konnte sie nicht verstehen)*. **2.** ⟨jmdm., einer Sache/auf jmdn., auf etwas f.⟩ *zeitlich nach jmdm., nach etwas kommen:* dem Winter/auf den Winter folgte ein nasses Frühjahr; Ludwig der Fromme folgte Karl dem Großen/auf Karl den Großen; der Sohn ist dem Vater in der Regierung gefolgt; Sprichw.: auf Regen folgt Sonnenschein; ⟨auch ohne Dativ⟩ Weiteres folgt morgen; [die] Fortsetzung folgt [in der nächsten Nummer]; er schreibt wie folgt *(folgendermaßen);* adj. oder subst. Partizip: er sprach die folgenden Worte; ich muß ihnen folgendes, das Folgende berichten; ein Brief folgenden Inhalts; am folgenden *(nächsten)* Abend; im folgenden, auf den folgenden Seiten werde ich darlegen, wie ... **3.** ⟨etwas folgt aus etwas⟩ *etwas ergibt sich, geht hervor:* aus diesen Darlegungen folgt, daß ...; was folgt daraus? **4.** ⟨jmdm. f.⟩ *folgsam sein, gehorchen:* das Kind hat der Mutter immer gefolgt; der Hund folgt mir aufs Wort.

folgern ⟨etwas aus etwas f.⟩: *den Schluß ziehen:* richtig, voreilig f.; aus seinen Worten folgerte man, daß er einverstanden sei; daraus läßt sich f., daß ...

Folgerung, die: *Gefolgertes, Schluß:* eine falsche, logische, einleuchtende, notwendige, praktische, weitgehende F.; die Folgerungen aus etwas ziehen; daraus ergibt sich die F. *(daraus folgt)* daß ...

folglich ⟨Adverb⟩: *also, infolgedessen:* ich war verreist, f. kann ich von dem Vorfall nichts wissen.

folgsam: *artig, gehorsam:* ein folgsames Kind; er ist gar nicht immer f.

Folter, die: **1.** (geh.) *Folterung:* das Geständnis wurde mit der F. erpreßt. **2.** (geh.) *Qual:* diese Musik ist eine wahre F. für mich. * **jmdn. auf die Folter spannen** *(in quälende Spannung versetzen):* nun erzähle endlich, und spann mich nicht länger auf die F.!

foltern ⟨jmdn. f.⟩: *mißhandeln [um eine Aussage zu erzwingen]:* die Gefangenen wurden gefoltert; übertr.: die Schmerzen folterten *(quälten)* ihn.

forcieren (bildungsspr.) ⟨etwas f.⟩: *mit Nachdruck betreiben, vorantreiben:* eine Entwicklung f.; der englische Läufer forcierte das Tempo; eine forcierte *(unnatürliche)* Herzlichkeit.

förderlich (geh.): *nützlich:* eine förderliche Wirkung; dieses Vorkommnis war unserer Sache/für unsere Sache wenig f.

fordern: 1. ⟨etwas f.⟩ *mit Nachdruck verlangen:* etwas energisch, unablässig, stürmisch f.; ich werde Rechenschaft, Genugtuung von ihm fordern; der Anwalt forderte Freispruch für den Angeklagten; er fordert, daß der Verhaftete sofort freigelassen wird; er hat für das Bild einen hohen Preis gefordert; bildl. (geh.): die grimmige Kälte forderte viele Opfer unter dem Wild. **2. a)** ⟨jmdn. f.⟩ *[zum Duell] herausfordern:* er hat ihn [zum Zweikampf] gefordert; jmdn. auf Pistolen f. **b)** (Sport) ⟨jmdn. f.⟩ *jmdm. höchste Leistungen abverlangen:* er, die Mannschaft wurde vom Gegner nicht gefordert; der Reiter fordert jetzt sein Pferd.

fördern: 1. ⟨jmdn., etwas f.⟩ *vorwärtsbringen, unterstützen:* er hat viele junge Künstler gefördert; er förderte unsere Arbeit tatkräftig, wesentlich, auf jede Weise, wo er nur konnte; den Handel, das Gewerbe, den Absatz f. **2.** ⟨etwas f.⟩ *aus der Erde gewinnen:* Erz, Kohle f. * **zutage fördern** *(zum Vorschein bringen)*.

Forderung, die: **1. a)** *nachdrückliches Verlangen:* eine ungerechte, strenge, übertriebene, unverschämte F.; eine sittliche F.; das ist keine unbillige (geh.) F.; seine Forderungen sind unannehmbar; eine F. erheben, geltend machen; Forderungen an jmdn. stellen; eine F. erfüllen; er mußte seine Forderungen herabschrauben; ich kann von meiner F. nicht abgehen; bildl.: die F. *(das Gebot)* der Stunde, des Tages. **b)** (Kaufmannsspr.) *finanzieller Anspruch:* die ausstehende F. beträgt 2500 DM; eine F. an jmdn., gegen jmdn. haben; jmdm. eine F. abtreten; eine F. anerkennen; eine F. einziehen, eintreiben, einklagen; eine F. bei Gericht eintragen lassen. **2.** *Herausforderung zum Duell:* jmdm. eine F. auf Pistolen, auf Säbel überbringen, schicken; die F. annehmen, zurückweisen.

Förderung, die: **1.** *aktive Unterstützung:* eine planmäßige, großzügige, intensive, gezielte F.; die F. des Nachwuchses; F. erfahren (Papierdt.; *gefördert werden*); zur F. des Fremdenverkehrs beitragen. **2.** *das Gewinnen von Bodenschätzen:* die tägliche F. beträgt 1 000 Tonnen; die F. von Kohle steigern, drosseln.

Form, die: **1.a)** *äußere Gestalt, Erscheinungsbild:* die F. dieser Vase spricht an, gefällt, erinnert an eine Frucht; der Gegenstand hat, zeigt eine runde, eckige, plumpe, häßliche, zierliche, schöne, elegante F.; die Erde hat die F. einer Kugel; einem Ding F. [und Gestalt] geben; das Kleid läßt die Formen [des Körpers] hervortreten; der Hut gerät aus der F., wird wieder in [seine] F. gebracht; das Kleid wirkt vornehm in F. und Farbe; der Wasserdampf schlägt sich in F. von Regen *(als Regen)* nieder; ein Hut in der/von der Form eines Kegels; übertr.: der Plan hat schon feste Formen angenommen; der Streit nahm häßliche Formen an. **b)** *Art der [geistigen, künstlerischen] Gestaltung; Darstellungsweise:* die innere F. der Sprache; die F. dieses Gedichts ist die Ballade; die vorgeschriebene F. der Eidesformel; etwas in leichtverständlicher, überzeugender F. vortragen; eine Darstellung in der Form eines Dialogs; das Gedicht ist nach F. und Inhalt vollendet. **c)** *Umgangsart, [festgelegte] Verhaltensweise:* die F. wahren, [nicht] verletzen, außer acht lassen; der F. genügen; ich mache den Besuch nur der F. wegen *(anstandshalber);* sich über gesellschaftliche Formen hinwegsetzen; ein Mann ohne Formen *(ohne gutes Benehmen).* **2.** (Sport) *Leistungsfähigkeit, Kondition:* der Sportler hält, verbessert, steigert seine F.; er ist heute in großer, guter, blendender F., hoch in F., gänzlich außer F.; ich muß in F. bleiben, erst wieder in F. kommen.; übertr. (ugs.): der Minister war bei der Debatte glänzend in F. **3.** *formgebendes Gehäuse, Modell:* eine F. herstellen, füllen, zerschlagen; Metall in eine F. gießen, in einer F. pressen; Kuchen in einer runden, langen F. backen; Gebäck mit Formen ausstechen. * **in aller Form** *(förmlich, feierlich):* etwas in aller F. erklären; er hielt in aller F. um ihre Hand an.

Formalität, die: **a)** *behördliche Vorschrift:* vor der Reise waren viele Formalitäten zu erledigen; er hat alle nötigen Formalitäten beachtet. **b)** *Äußerlichkeit, Formsache:* das ist nur eine F.; er hielt sich nicht mit Formalitäten auf.

Format, das: **1.** *bestimmtes Größenverhältnis:* das F. des Buches; ein Bild von kleinem, mittlerem, ansprechendem F.; ein Briefbogen im Format DIN A 5. **2.** *Bedeutung, Rang:* dieser Mann hat [kein] F. *(ist [k]eine Persönlichkeit);* ein Staatsmann von ungewöhnlichem F.

Formel, die: **a)** *fester sprachlicher Ausdruck:* eine herkömmliche, stereotype F.; die F. des Eides sprechen. **b)** *Folge von Buchstaben, Zahlen u. ä. zur Bezeichnung bestimmter Sachverhalte:* eine mathematische, chemische, physikalische F.; die F. für Wasser ist H_2O; eine F. aufstellen; mit Formeln rechnen. **c)** *[kurze] Formulierung:* die Partner fanden eine gemeinsame F.; ein Problem auf eine einfache F. bringen; etwas in eine feste F. fassen.

formell (bildungsspr.): **a)** *den äußeren Formen gemäß:* er trägt die formelle und sachliche Verantwortung; ein formeller Besuch; er hat sich f. entschuldigt. **b)** *förmlich, unpersönlich:* formelle Höflichkeit; er ist immer sehr f.; er benimmt sich sehr f. gegen mich.

formen: a) ⟨etwas f.⟩ *einer Sache eine besondere Gestalt geben:* ein Modell in/aus Ton f.; Brot f.; der Mund formt die Laute; den Ton zu einer Vase f.; adj. Part.: formende Kräfte; ihre Hände sind schön geformt. **b)** ⟨jmdn., etwas f.⟩ *innerlich bilden, prägen:* schwere Erlebnisse formten seinen Charakter, haben ihn zu einer Persönlichkeit geformt. **c)** ⟨sich f.⟩ *Gestalt gewinnen:* das Wachs formt sich unter seinen Händen.

förmlich: 1.a) *den Formen gemäß, formell:* eine förmliche Kündigung; die förmliche Übergabe der Geschäfte. **b)** *steif, unpersönlich:* ein förmliches Benehmen; er ist sehr f.; er verabschiedete sich sehr f. **2.** *regelrecht:* eine förmliche Angst ergriff ihn; er erschrak f., als er mich sah; er hat mich f. *(geradezu)* provoziert.

Förmlichkeit, die: **a)** *Äußerlichkeit:* überlebte, übertriebene Förmlichkeiten; eine leere F. **b)** *förmliches Benehmen:* alle F. beiseite lassen; er ist von einer F., die jede persönliche Beziehung erschwert.

Formular, das: *Vordruck, Formblatt:* ein amtliches F.; ein F. ausfüllen, unterschreiben.

formulieren ⟨etwas f.⟩: *in sprachliche Form bringen; in Worte fassen:* einen Beschluß, den Wortlaut eines Antrages f.; eine Frage schriftlich f.; adj. Part.: ein prägnant formulierter Vorschlag; der Satz ist schlecht formuliert.

forsch: *frisch, schneidig:* ein forscher Bursche; sie hat ein forsches Wesen; f. reden, auftreten; seine Stimme klang betont f.

forschen: a) ⟨nach jmdm., nach etwas f.⟩ *intensiv suchen:* nach den Ursachen einer Krankheit, nach dem Verbleib von Akten f.; wir haben vergeblich nach ihm geforscht; adj. Part.: forschende Blicke; jmdn. forschend ansehen, mustern. **b)** *sich um [wissenschaftliche] Erkenntnis bemühen:* in alten Papieren, in den Quellen f.; er hat unermüdlich, jahrelang geforscht.

fort ⟨Adverb⟩: **1.** *nicht anwesend; weg:* f. mit ihm!; f. damit!; [schnell] f.!; die Kinder sind schon f. *(weggegangen);* das Buch ist f. *(nicht zu finden);* wie lange waren sie f.?; wann seid ihr von zu Hause f.? (ugs.; *wann seid ihr aufgebrochen?).* **2.** *weiter:* das geht immer, den ganzen Tag so f. * **und so fort** *(und so weiter)* · **in einem fort** *(ununterbrochen)* · (veraltend:) **fort und fort** *(immerzu).*

fortbewegen: 1. ⟨etwas f.⟩ *von der Stelle bringen:* er versuchte den schweren Stein fortzubewegen. **2.** ⟨sich f.⟩ *sich vorwärts bewegen:* der Kranke kann sich nur mit Stöcken, an Krücken f.; der Lichtschein bewegte sich langsam fort.

fortbringen ⟨jmdn., etwas f.⟩: *wegbringen:* einen Kranken, ein Paket f.; hast du die Schuhe fortgebracht *(zum Schuhmacher gebracht)*?

fortfahren: 1.a) *wegfahren:* er ist um 10 Uhr fortgefahren; wir fahren heute mit dem Auto fort *(machen eine Tour).* **b)** ⟨jmdn., etwas f.⟩ *abtransportieren, mit einem Fahrzeug wegbringen:* er hat den Schrank fortgefahren. **2.** *(nach einer Unterbrechung) wieder beginnen, ein Tun fortsetzen:* in seiner Rede f.; er hat/ist in der Erzählung fortgefahren; „und dann kamen wir an", fuhr er fort; sie fuhr fort, ihn zu necken; fahre nur fort wie bisher *(mache so weiter)!*

fortführen: 1. ⟨etwas f.⟩ *fortsetzen:* eine Untersuchung, ein Verhör f.; der Sohn hat das Werk des Vaters fortgeführt. 2. ⟨jmdn., etwas f.⟩ *wegführen:* die Gefangenen f.; sie führten das Vieh mit sich fort.

Fortgang, der: 1. (geh.) *das Weggehen:* sein F. hinterließ eine schmerzliche Lücke. 2. *Voranschreiten, weiterer Verlauf:* der F. der Arbeiten wurde unterbrochen; ich wünsche Ihrer Arbeit guten F. * (nachdrücklich:) **seinen Fortgang nehmen** *(fortgesetzt werden):* die Verhandlung nahm ihren F.

fortgehen: 1. *weggehen:* schnell, heimlich, leise f.; er ist ohne Gruß fortgegangen; wir gehen bald wieder fort. 2. ⟨etwas geht fort⟩ *etwas geht weiter:* das kann nicht so f.; wie lange soll das noch f.?

fortgesetzt: *ständig wiederholt, immer wieder:* er wurde wegen fortgesetzten Betruges verurteilt; sie stört f. den Unterricht.

fortjagen ⟨jmdn. f.⟩: *vertreiben:* der Hausmeister jagt die Kinder fort; er jagte die Katze von der Milch fort.

fortkommen: 1. *wegkommen:* machen Sie, daß Sie fortkommen!; wir müssen sehen, daß wir hier fortkommen, sonst ... 2. *vorwärts-, weiterkommen:* er kommt im Leben, mit seiner Arbeit, in seinem Beruf nicht [recht] fort; subst. Inf.: das erschwerte mein F. *(meine [berufliche] Entwicklung)* 3. ⟨etwas kommt fort⟩ *etwas kommt abhanden, verschwindet:* wieviel Geld ist fortgekommen?; im Lager kommen ständig Sachen fort; ⟨etwas kommt jmdm. fort⟩ meine Uhr ist mir fortgekommen.

fortlassen: 1. ⟨jmdn. f.⟩ *weggehen lassen:* ich lasse dich nicht so bald, noch nicht fort. 2. ⟨etwas f.⟩ *auslassen:* er hat den Namen im Brief bewußt, versehentlich fortgelassen.

fortlaufen: 1. *weglaufen:* vor Wut lief er fort; die Kinder sind schnell fortgelaufen. 2. *weitergehen, fortgesetzt werden:* die Straße läuft noch einige Kilometer fort; adj. Part.: fortlaufende *(nicht unterbrochene)* Versuche; die Blätter sind fortlaufend numeriert.

fortmüssen: 1. *weggehen, abgehen müssen:* ich muß jetzt fort; das Paket muß noch heute fort. 2. (verhüll.) *sterben müssen:* er hat schon früh fortgemußt *(ist jung gestorben).*

fortnehmen ⟨jmdm. etwas f.⟩: *wegnehmen:* er hat dem Kind das Spielzeug fortgenommen.

fortpflanzen: 1. ⟨sich f.⟩ *Nachkommen hervorbringen:* er sah keinen Sinn darin, sich fortzupflanzen. 2. ⟨etwas pflanzt sich fort⟩ *etwas verbreitet sich:* das Licht pflanzt sich schnell fort; der Ruf pflanzt sich durch die Reihen fort.

fortreißen: a) ⟨jmdn., etwas f.⟩ *wegreißen:* das Hochwasser hat die Brücke fortgerissen; die Menge riß mich [mit sich] fort. b) ⟨jmdn. zu etwas f.⟩ *hinreißen:* seine Rede riß die Zuhörer zu heller Begeisterung fort.

fortschicken: a) ⟨jmdn. f.⟩ *zum Weggehen auffordern:* er hat den Bettler fortgeschickt. b) ⟨etwas f.⟩ *absenden:* hast du die Briefe schon fortgeschickt?

fortschreiten: *Fortschritte machen, sich weiterentwickeln:* die Arbeit schreitet gut, langsam, schnell fort; die Krankheit schritt unaufhaltsam fort; er ist im Englischen schon weit fortgeschritten; adj. oder subst. Part.: man erkennt den fortschreitenden *(zunehmenden)* Verfall des Körpers; Englisch für Fortgeschrittene.

Fortschritt, der: *Weiter-, Höherentwicklung:* rasche, befriedigende, erstaunliche, recht hübsche, langsame Fortschritte; der F. der Technik, in der Technik; dies ist ein F., bedeutet einen großen F. gegenüber früheren Jahren; Fortschritte erzielen; die Arbeit der Schüler macht gute Fortschritte *(kommt gut voran);* dem F. dienen; auf der Seite des Fortschritts stehen.

fortschrittlich: *für den Fortschritt eintretend, modern:* ein fortschrittlicher Mensch; seine Ideen waren der Regierung zu f.; er denkt sehr f.

fortsetzen /vgl. fortgesetzt/: 1. ⟨etwas f.⟩ *etwas Begonnenes wiederaufnehmen, weiterführen:* eine Reise, eine Fahrt, ein Gespräch, eine Arbeit f.; den Krieg f.; er stieg aus und setzte den Weg zu Fuß fort. 2. ⟨etwas setzt sich fort⟩ *etwas geht weiter, zieht sich hin:* der Wald setzt sich bis zur Grenze fort; das Gespräch hat sich bis in die Nacht fortgesetzt.

Fortsetzung, die: 1. *das Fortsetzen:* sich für eine F. der Arbeiten aussprechen. 2. *anschließender Teil, Weiterführung:* F. folgt; die F. des Romans wird in der nächsten Nummer abgedruckt; das Kriminalspiel wird in drei Fortsetzungen gesendet.

fortstehlen (geh.) ⟨sich f.⟩: *heimlich weggehen:* er stahl sich leise [aus der Gesellschaft] fort.

fortwährend: *dauernd, ständig:* das fortwährende Reden störte mich; es gab f. Streit; es regnete f.

Foto, das (ugs.): → Photographie.

Fracht, die: a) *Ladung, Frachtgut:* die F. [auf den Wagen] laden, ausladen, löschen (Seemannsspr.), umschlagen; das Schiff führt volle, nur halbe F. b) *Transportpreis für Güter:* die F. beträgt 65 DM; die F. bezahlen, stunden.

Frage, die: 1. *Äußerung, die eine klärende Antwort hervorrufen soll:* eine kluge, dumme, neugierige, peinliche, müßige F.; eine rhetorische *(nur zum Schein gestellte)* F.; das ist eine F. an die Öffentlichkeit; eine bange F. stieg in mir auf; so eine F.! *(das ist doch selbstverständlich!)* jmdm. eine F. stellen; eine F. an jmdn. haben, richten, stellen; hat noch jmd. eine F. [zu diesem Thema]?; sich (Dativ) eine F. vorlegen; eine F. überhören, weitergeben, beantworten, bejahen, verneinen; er stellte Fragen über Fragen *(sehr viele Fragen);* würden Sie mir ein paar Fragen gestatten?; er wich meiner F. aus; auf eine F. [mit Ja oder Nein] antworten; das Gespräch verlief in F. und Antwort; sich mit einer F. an jmdn. wenden; jmdn. mit Fragen überschütten. 2. *Thema, Sache, Problem:* eine schwierige, verzwickte (ugs.), wichtige, entscheidende, ungelöste, [noch] offene F.; eine politische, wirtschaftliche F.; die deutsche F.; das ist [nur] eine F. der Zeit, des Geldes, der guten Erziehung; das ist keine F. von Bedeutung; es bleibt die F., es erhebt sich die F., ob ...; diese F. beschäftigt mich schon lange; eine F. aufwerfen, anschneiden, diskutieren, klären, lösen, erledigen; einer F. nachgehen; wir kommen um diese F. nicht herum. * **das ist [noch sehr] die Frage** *(das ist noch [sehr] zweifelhaft)* · **das ist die große Frage** *(das ist ...*

sich erst noch zeigen) · **etwas ist/steht außer Frage; das ist gar keine Frage** *(etwas, das ist ganz gewiß)* · **ohne F.** *(ohne Zweifel):* das war ohne F. eine große Leistung · **etwas in Frage stellen** *(etwas anzweifeln)* · **etwas stellt etwas in Frage** *(etwas gefährdet etwas, macht etwas ungewiß):* das schlechte Wetter stellt unseren Ausflug in Frage · **jmd., etwas kommt [für jmdn., etwas] in Frage** *(jmd., etwas ist für jmdn., etwas geeignet):* er kommt für den Posten nicht in F. · (ugs.:) **etwas kommt nicht in Frage** *(etwas ist ausgeschlossen):* daß du mitgehst, kommt nicht in F.

fragen: 1. *Fragen stellen:* klug, überlegt, systematisch f.; frage doch nicht so dumm!; wo wohnen Sie, wenn ich f. darf?; da fragst du noch? *(das müßtest du doch selbst wissen);* frage lieber nicht (ugs.; *ich mag nicht davon sprechen*); Sprichwörter: wer viel fragt, kriegt viel Antwort; ein Narr fragt mehr, als zehn Weise beantworten können · fragende Blicke; jmdn. fragend ansehen. — Die umgelauteten Formen „du frägst, er frägt" und die starken Formen „ich frug" (für: ich fragte usw.) gelten hochsprachlich nicht als korrekt. **2.** ⟨etwas f.⟩ *eine Frage stellen:* [jmdn.] unvermittelt, ärgerlich, verständnislos, beiläufig, geradeheraus, erstaunt f., ob ...; was hat er gefragt?; er fragte, wie es passiert sei; ⟨jmdn. etwas f.⟩ darf ich Sie etwas f.?; er fragte ihn noch einmal, ob er mitkommen wolle; ⟨auch ohne Sachobjekt⟩ uns hat man nicht gefragt *(um unsere Meinung gefragt).* **3. a)** ⟨nach jmdm., nach etwas f.⟩ *Auskunft über jmdn., etwas verlangen:* nach dem Weg f.; er fragte, was es zu essen gebe; hat jmd. nach mir gefragt? *(wollte mich jmd. sprechen?);* ⟨jmdn. nach jmdm., nach etwas f.⟩ er fragte ihn nach seinem Namen, nach seinen Eltern. **b)** (ugs.) ⟨wegen jmds., wegen einer Sache f.⟩ *Genaueres über jmdn., über etwas wissen wollen:* er fragte wegen der Miete; ⟨jmdn. wegen jmds., wegen einer Sache f.⟩ sie hat mich wegen der alten Sachen, wegen der Hochzeit meiner Tochter gefragt. **4.** ⟨nicht nach jmdm., nach etwas f.⟩ *sich nicht um jmdn., etwas kümmern:* der Vater fragt überhaupt nicht nach den Kindern; danach frage ich nicht *(das ist mir einerlei);* er fragt nicht den Teufel (ugs.), nicht den Kuckuck (ugs.) danach, ob ... **5.** ⟨sich etwas f.⟩ *sich etwas überlegen:* ich frage mich, ob ich das tun soll; das habe ich mich auch schon gefragt. **6.** (Kaufmannsspr.) ⟨gefragt sein, (seltener:) werden; gewöhnlich mit Umstandsangabe⟩ *begehrt sein, verlangt werden:* dieses Modell ist sehr gefragt, ist/wird heute kaum noch gefragt; übertr. (ugs.): Gefühle sind hier nicht gefragt; adj. Part.: ein stark gefragter Artikel. * **da fragst du mich zuviel** *(das weiß ich auch nicht)* · (ugs.:) **jmdm. ein Loch in den Bauch fragen** *(jmdm. mit seinen Fragen lästig werden)* · **jmdn. um Rat fragen** *(einen Rat von jmdm. erbitten)* · **es fragt sich** *(es ist zweifelhaft):* es fragt sich, ob er kommt.

Fragezeichen, das: */ein Satzzeichen/:* das F. steht nach einem direkten Fragesatz; ein F. setzen; übertr.: hinter seine Behauptung muß man ein [dickes, großes] F. setzen *(sie ist unglaubwürdig);* er sieht aus wie ein F. (ugs.; *er hat eine schlechte Körperhaltung*).

fraglich: 1. *unsicher, ungewiß:* seine Zustimmung erscheint mir f.; es ist noch sehr f., ob wir kommen können. **2.** *in Frage kommend; betreffend:* das fragliche Haus war schon vermietet; alle fraglichen Personen wurden beobachtet; er war zur fraglichen Zeit nicht in Berlin.

fragwürdig: a) *bedenklich, zweifelhaft:* ein fragwürdiger Gewinn; das Angebot kam mir sehr f. vor; viele Traditionen sind heute f. geworden. **b)** *verdächtig, anrüchig:* ein fragwürdiges Subjekt (ugs.); er verkehrt in fragwürdigen Lokalen.

frank ⟨in der Verbindung⟩ frank und frei: *geradeheraus, offen:* etwas f. und frei heraussagen, erklären, zugeben.

frankieren ⟨etwas f.⟩: *(eine Postsendung) mit Briefmarken versehen, freimachen:* einen Brief, ein Päckchen f.; die Postkarte ist nicht frankiert.

französisch: *Frankreich, die Franzosen betreffend, ihnen zugehörend:* die französische Sprache; französische Weine; er spricht [gut] f. *(in französischer Sprache);* etwas [auf] f. sagen. * (ugs.:) **sich [auf] französisch empfehlen** *(heimlich [aus einer Gesellschaft] weggehen).*

frappant, (auch:) frappierend (bildungsspr.): *verblüffend, überraschend:* eine frappante Ähnlichkeit; die Ergebnisse waren f.

Fratze, die (ugs.): *häßliches, verzerrtes Gesicht:* eine scheußliche F.; [vor jmdm.] eine F. schneiden *(höhnisch das Gesicht verziehen);* er schneidet Fratzen vor dem Spiegel; er verzog das Gesicht zu einer F.

Frau, die: **1.** *erwachsene, weibliche Person:* eine junge, hübsche, schöne, kluge, stattliche, eine reife, erfahrene, liebende F.; sie ist eine ganz unscheinbare F.; ein kleines, verhutzeltes Frauchen; eine F. mit Vergangenheit; es gibt viele berufstätige Frauen; eine F. lieben, verehren, heiraten; er hat viele Frauen *(Geliebte)* gehabt; für die Gleichberechtigung der F. eintreten. **2.** *Ehefrau:* meine, deine F.; seine zukünftige, seine geschiedene F.; die F. meines Kollegen; eine F. fürs Leben; willst du meine F. werden?; [sich (Dativ)] eine F. suchen; [sich (Dativ)] eine F. nehmen *(heiraten);* er fand keine passende F.; um eine F. werben, anhalten; sie lebten wie Mann und F. zusammen; (geh.:) jmdm. seine Tochter zur F. geben; er hat eine Engländerin zur F. **3.** *Herrin:* die F. des Hauses; die junge F. (veraltet; *die Schwiegertochter im Hause);* wo ist Frauchen? (ugs.; *die Herrin des Hundes).* **4.** */als Teil der Anrede/:* F. Oberin; liebe/sehr geehrte F. Müller; sehr geehrte/sehr verehrte gnädige F.!; (geh.) Ihre F. Gemahlin, Mutter. * (veraltet:) **die weise Frau** *(Hebamme)* · (kath. Rel.:) **Unsere Liebe Frau** *(Maria).*

Fräulein, das: **1.** *unverheiratete weibliche Person:* im ersten Stock wohnt ein älteres F. **2.** */als Teil der Anrede/:* guten Tag, F. Müller!; sehr geehrtes/liebes F. Meier!; (veraltend:) gnädiges F.; (geh.) Ihr F. Tochter. **3.** (ugs.) */Anrede für eine Kellnerin, Verkäuferin/:* F., bitte zahlen!; F., was kostet dieses Kleid? * (ugs.; veraltend:) **das Fräulein vom Amt** *(Vermittlerin im Fernsprechverkehr).*

fraulich: *in der Art einer gereiften Frau:* sie ist eine frauliche Erscheinung, ein fraulicher Typ; dieses Kleid ist, wirkt sehr f.

frech: **a)** *unverschämt, ungezogen:* ein frecher Kerl; sie gab freche Antworten; das Kind ist immer so f. [zu mir]; zuletzt wurde er f. [und sagte ...]; jmdn. f. anlügen; jmdm. f. kommen *(ungehörig entgegentreten);* übertr.: etwas mit frecher Stirn *(dreist)* behaupten. **b)** *keß, herausfordernd:* eine freche Zeichnung; freche Melodien; ein frecher Bikini; sie ist f. frisiert. * (ugs.:) **frech wie Oskar/wie ein Rohrspatz** *(sehr frech).*

Frechheit, die: **1.** *Frechsein; freches Benehmen:* seine F. muß bestraft werden; er treibt die F. zu weit; er besaß die F., zu behaupten ...; das ist der Gipfel der F. **2.** *freche Äußerung oder Handlung:* das war eine unglaubliche F.; er hat sich einige Frechheiten erlaubt.

frei: **1.a)** *unabhängig, nicht gebunden:* ein freier Mann, ein freies Volk; (hist.) eine freie Reichsstadt; die freien Berufe; er ist freier Mitarbeiter an einer Zeitung; ein freier Schriftsteller; die freie *(nichtstaatliche)* Wohlfahrtspflege; ein freies Leben führen; etwas zur freien Verfügung haben; das freie Spiel der Kräfte; dies ist sein freier Wille; etwas aus freier Hand *(ohne Lineal und Zirkel)* zeichnen; Verse in freien Rhythmen *(ohne festes Metrum);* eine freie *(nicht wörtliche)* Übersetzung; hier herrscht ein freier *(natürlicher, nicht konventioneller)* Ton; sie hat sehr freie Ansichten; freie Liebe *(geschlechtliche Liebe ohne Eheschließung);* innerlich f. sein, werden; die jüngste Tochter ist noch f. *(hat noch keinen Mann);* die Werke des Dichters sind jetzt f. geworden *(können ohne Honorar nachgedruckt werden);* der Redner sprach f. *(ohne Manuskript);* f. in der Luft schweben; etwas f. *(ohne Scheu)* heraussagen; das ist alles f. erfunden *(beruht nicht auf Tatsachen);* er ist sehr f. im Gespräch *(spricht offen über sexuelle Dinge);* sie benimmt sich etwas zu f.; ich kann hier f. schalten und walten; Redensart (veraltend): ich bin so f. *(ich nehme Ihr Angebot an).* **b)** (Chemie, Physik) *nicht gebunden:* freier Sauerstoff; freie Neutronen; bei diesem Vorgang wird Stickstoff f. **2.a)** *nicht behindert, nicht beeinträchtigt:* der Zug hat freie Fahrt; vom Turm hat man freie Aussicht; der Zug hält auf freier Strecke *(außerhalb des Bahnhofs);* der Gefangene ist wieder f. *(in Freiheit)*; du mußt dich von Vorurteilen frei machen *(befreien)*; Sport: der Rechtsaußen war, stand f. *(ungedeckt).* **b)** ⟨in Verbindung mit *von*⟩ *ohne:* er ist f. von Schuld, von Sorgen, von Verpflichtungen; der Kranke ist f. von Beschwerden; die Düngemittel sind f. von schädlichen Bestandteilen. **3.a)** *offen, unbedeckt:* freies Feld; die Straße führt auf einen freien Platz; unter freiem Himmel; subst.: im Freien sitzen, übernachten; ins Freie gehen; **b)** *nicht bedeckt, unbekleidet, bloß:* er arbeitet mit freiem Oberkörper; sich f. machen *(den Oberkörper entblößen);* das Kleid läßt Arme und Schultern f. **4.a)** *unbesetzt:* ein freies Zimmer; ein freier Stuhl; ein freies Taxi; Redensart: freie Bahn dem Tüchtigen! · ist hier noch f.? *(kann ich mich hierhersetzen?);* es sind, wir haben noch zwei Betten f.; diese Stelle, dieser Posten wird bald f.; die erste Reihe muß f. bleiben; jmdm. einen Platz f. machen; Straße f.!; Bahn f.!; Boxen: Ring f.! **b)** *verfügbar:* freie [Geld]mittel; freie Zeit; er hat keine freie Stunde mehr; morgen ist f. *(wird nicht gearbeitet);* ich bin jetzt f. für dich; (ugs.) ich habe mir f. genommen; der Film ist f. *(zugelassen)* für Jugendliche ab 16 Jahren. **5.** *kostenlos:* er hat freie Verpflegung, freie Station; der Eintritt ist f.; das Paket ist f. *(frankiert)*; jeder Reisende hat 30 kg Gepäck f.; Kaufmannsspr.: Lieferung f. Haus, f. deutsche Grenze. * **freie Hand haben** *(nach eigenem Ermessen handeln können)* · **jmdm. freie Hand lassen** *(jmdn. selbständig arbeiten, wirken lassen)* · **einer Sache freien Lauf lassen** *(eine Regung, ein Gefühl nicht zurückhalten):* er ließ seiner Wut, seiner Phantasie, seinen Gefühlen freien Lauf · **auf freiem Fuß sein** *(in Freiheit sein)* · **jmdn. auf freien Fuß setzen** *(jmdn. aus der Haft entlassen)* · **aus freien Stücken** *(unaufgefordert)* · **frank und frei** *(geradeheraus, offen)* · **frei und ledig** (unbehindert) · (ugs.:) **frei von der Leber weg reden** *(ohne Scheu reden, wie man denkt)* · **frei ausgehen** *(ohne Strafe davonkommen)* · (Rechtsw.:) **freies Geleit** *(Garantie der Bewegungsfreiheit und Unverletzlichkeit):* jmdm freies Geleit zusichern · (Jägerspr.:) **in freier Wildbahn** *(im nicht eingezäunten Lebensraum des Wildes).*

Freibrief ⟨nur in festen Wendungen⟩ **etwas ist [k]ein Freibrief für etwas** *(etwas gibt [keine] Erlaubnis, etwas Unerlaubtes zu tun)* · **jmdm einen Freibrief für etwas geben/ausstellen** *(jmdm. volle Freiheit geben, etwas zu tun)* · **etwas als Freibrief für etwas ansehen/betrachten** *(etwas für seinen Zweck ausnutzen):* sie betrachtet seine Gutmütigkeit als F. für ihre Ansprüche.

Freiersfüße ⟨nur in der Wendung⟩ auf Freiersfüßen gehen (scherzh.): *sich eine Frau zum Heiraten suchen.*

freigeben: **1.** ⟨jmdn. f.⟩ *jmdm. die Freiheit [wieder]geben:* einen Gefangenen f.; sie hat ihren Verlobten freigegeben *(die Verlobung gelöst);* seine Firma gibt ihn nicht frei *(hält ihn in seiner Stellung fest).* **2.** ⟨etwas f.⟩ *nicht mehr zurückhalten, zur Verfügung stellen:* die gesperrten Auslandsguthaben sollen freigegeben werden; eine Straße für den Verkehr f.; die Zensur hat den Film freigegeben; übertr.: das große Fenster gibt den Blick auf die Berge frei *(läßt die Berge sichtbar werden);* ⟨jmdm. etwas f.⟩ er gab mir den Weg frei *(ließ mich passieren).* **3.** ⟨jmdm. f.⟩ *kurzen Urlaub geben:* der Chef gibt mir eine Stunde frei.

freigebig: *großzügig im Schenken:* ein freigebiger Mensch; er war f. gegen (veraltend) seine Freunde; übertr.: sie ist recht f. mit ihren Reizen.

freihalten: **1.** ⟨jmdn. f.⟩ *für jmdn. die Zeche bezahlen:* er hat die ganze Gesellschaft freigehalten. **2.** ⟨etwas f.⟩ **a)** *nicht besetzen, nicht versperren:* die Straße, eine Ausfahrt f. **b)** *reservieren:* einen Tisch f.; er hält mir/für mich einen Platz frei.

freihändig: **1.** *ohne technische Hilfsmittel:* f. zeichnen, modellieren. **2.** *ohne sich aufzustützen:* [stehend] f. schießen; der Radfahrer fuhr f.

Freiheit, die: **1.** *Unabhängigkeit:* die persönliche, politische, bürgerliche F.; die geistige, innere F.; die F. der Presse; die F. des Handelns, des Gewissens; Rechtsw.: die F. *(al* *gemeine Zugänglichkeit)* der Meere; seine F. bewahren, erhalten, genießen, verlieren; er will seine F. nicht hergeben; die F. erkämpfen; für die F. kämpfen, sterben; etwas in voller F. entscheiden. **2.** *Möglichkeit, sich frei und ungehindert zu bewegen:* einem Gefangenen, einem Tier die F. schenken, [wieder]geben; der Täter hat seine F. verwirkt (geh.); wieder in F. sein; ein Tier in F. setzen; er muß sich erst an die F. gewöhnen; (geh.:) jmdn. seiner F. berauben, jmdm. die F. rauben. **3.** *Vorrecht; Eigenmächtigkeit:* das ist eine dichterische F. *(eine dem Dichter erlaubte Abweichung von den Tatsachen oder Regeln);* er genießt als Künstler viele Freiheiten. * **sich** (Dativ) **die Freiheit nehmen, etwas zu tun** *(sich etwas erlauben, herausnehmen).*

reilassen ⟨jmdn. f.⟩: *aus der Haft entlassen:* einen Gefangenen, einen Vogel f.; man hat ihn gegen eine Kaution freigelassen.

reilich ⟨Adverb⟩: **1.** *allerdings* /einschränkend/: das konnte ich f. nicht wissen; er erhielt den Paß, f. nur mit Mühe. **2.** (bes. südd.) *aber gewiß* /bejahend/: hast du meinen Auftrag ausgeführt? – [ja] f.!

reimachen: **1.** ⟨etwas f.⟩ *frankieren:* einen Brief, ein Paket f. **2.a)** ⟨sich f.⟩ *sich dienstfreie Zeit nehmen:* sich für zwei Stunden f.; kannst du dich heute f.? **b)** *nicht arbeiten:* wir machen heute frei.

reisprechen ⟨jmdn. f.⟩: **a)** *für nicht schuldig erklären:* das Gericht hat den Angeklagten [wegen erwiesener Unschuld, mangels Beweises] freigesprochen; übertr.: von Eitelkeit muß man ihn f. **b)** (Handw.) *zum Gesellen erklären:* einen Lehrling f.

eistehen ⟨etwas steht jmdm. frei⟩: *etwas ist jmds. Entscheidung überlassen:* ob und wann du kommen willst, steht dir frei; es steht ihm frei, zu gehen oder zu bleiben.

eistellen: **1.** ⟨jmdm. etwas f.⟩ *jmdm. die Entscheidung in etwas überlassen:* man stellte [es] ihm frei, ob er mitkommen wollte oder nicht. **2.** ⟨jmdn. von etwas f.⟩ *für bestimmte Zwecke von seinen Pflichten befreien:* er wurde vom Dienst freigestellt, um trainieren zu können.

reitag, der: *sechster Tag der Woche:* ein schwarzer *([geschäftlich] unglücklicher)* Freitag; wir beginnen F., den 6. Mai; am F., dem 6. Mai/(auch:) den 6. Mai; er kommt nächsten/am nächsten F.; er will bis F. fertig sein. * (Rel.:) **der Stille Freitag** *(Karfreitag).*

eiwillig: *aus eigenem Antrieb, ohne Zwang:* ein freiwilliger Helfer; die freiwillige Feuerwehr; freiwillige Spenden; er ist f. mitgekommen, hat sich f. zu dem Unternehmen gemeldet; f. in den Tod gehen.

eizeit, die: **1.** *arbeitsfreie Zeit:* viel, wenig F. haben; seine F. im Garten verbringen; er opfert seine ganze F. für den Verein; sie liest viel in ihrer F. **2.** *[mehrtägige] Zusammenkunft zur Besinnung und Aussprache:* in diesem Jugendheim finden viele Freizeiten statt; eine F. veranstalten; an einer F. teilnehmen.

emd: **1.** *nicht dem eigenen Land oder Volk angehörend:* fremde Länder, Sitten; eine fremde Sprache; fremde Truppen. **2.** *einem andern gehörend: einen andern betreffend:* fremdes Eigentum; ein fremdes Haus; er mischt sich gern in fremde Angelegenheiten; das ist nicht für fremde Ohren bestimmt; etwas ohne fremde Hilfe schaffen; unter fremdem *(angenommenem)* Namen reisen. **3.a)** *unbekannt. nicht vertraut:* eine fremde Stadt; fremde Menschen; ich bin hier f. *(ich weiß hier nicht Bescheid);* diese Sache ist, bleibt mir f.; wir waren uns f. geworden; Verstellung ist ihr f. *(sie kann sich nicht verstellen);* warum tust du so f.? *(warum bist du so zurückhaltend?);* ich fühle mich hier f. **b)** *ungewohnt:* das ist ein fremder Ton an ihm; in der neuen Frisur sieht sie ganz f. aus. * **etwas geht in fremde Hände über** *(etwas wird verkauft):* das Café ist in fremde Hände übergegangen · **sich mit fremden Federn schmücken** *(Verdienste anderer als eigene ausgeben).*

[1]**Fremde,** der: **a)** *jmd., der von auswärts kommt:* im Sommer sind viele Fremde in der Stadt. **b)** *Unbekannter:* Kinder sollen nicht mit einem Fremden gehen.

[2]**Fremde,** die (geh.): *Gebiet außerhalb der Heimat:* in der F. sein, leben; in die F. ziehen, gehen; aus der F. kommen, heimkehren.

frenetisch (bildungsspr.): *stürmisch, rasend:* frenetischer Beifall, Jubel; der Sänger wurde f. gefeiert.

fressen: **1.a)** *feste Nahrung zu sich nehmen:* der Hund frißt gierig; ⟨jmdm. f.; mit Raumangabe⟩ die Tauben fressen mir aus der Hand · (derb /von Personen/:) friß nicht soviel!; er frißt für drei; er frißt wie ein Scheunendrescher *(sehr viel);* Redensart (ugs.): friß, Vogel, oder stirb! *(du hast keine andere Wahl).* **b)** ⟨jmdn., etwas f.⟩ *verzehren:* der Ochse frißt Heu; das Vieh hat nichts mehr zu f.; gib dem Hund etwas zu f.! (derb /von Personen/:) die Suppe laut schmatzend, wie ein Schwein f.; wer hat die Schokolade gefressen?; Redensart (ugs.): ich will einen Besen f., wenn ... */Beteuerung/;* Sprichwörter: was der Bauer nicht kennt, das frißt er nicht; in der Not frißt der Teufel Fliegen · (ugs.; scherzh.:) keine Angst, ich will dich nicht f. *(ich tue dir nichts zuleide);* sie hätte ihn vor Liebe f. mögen; übertr. (ugs.): Kilometer f. *(schnell über weite Strecken fahren).* **c)** ⟨jmdn., sich, etwas f.; mit Umstandsangabe⟩ *durch Fressen in einen Zustand bringen:* der Hund hat den Napf leer gefressen; (derb /von Personen/:) die Kinder fressen mich noch arm; hier kannst du dich satt, dick, rund und voll, krank f. **d)** ⟨etwas f.; gewöhnlich mit Raumangabe⟩ *durch Fressen erzeugen:* die Motten fressen Löcher in das Kleid. **2.a)** (ugs.) ⟨etwas frißt; mit Umstandsangabe⟩: *etwas greift zerstörend um sich:* der Rost frißt am Eisen: die Flammen fressen im Gebälk; adj. Part.: ein fressendes *(sich ausbreitendes)* Geschwür. **b)** (ugs.) ⟨etwas frißt jmdn., etwas⟩ *etwas verbraucht, verschlingt jmdn., etwas:* die Maschine frißt viel Öl; seine Hobbys fressen viel Geld; ihn frißt der Neid. **3.** ⟨sich in/durch etwas f.⟩ *in, durch etwas dringen:* der Wurm frißt sich ins Holz; (ugs.) der Bohrer frißt sich durch den Stein. * (ugs.; scherzh.:) **jmdm. aus der Hand fressen** *(jmdm. ganz zu Willen sein)* · (ugs.:) **jmdn., etwas gefressen haben** *(jmdn., etwas nicht leiden können)* · (ugs.:) **etwas gefressen haben** *(etwas begriffen, gelernt ha-*

ben) · (ugs.:) **jmdm. die Haare vom Kopf fressen** *(jmdn. arm essen)* · (ugs.:) **einen Narren an jmdm., an etwas gefressen haben** *(eine große Schwäche für jmdn., für etwas haben)* · (ugs.:) **jmd. hat die Weisheit [auch] nicht mit Löffeln gefressen** *(jmd. ist nicht besonders intelligent)* · (ugs.:) **jmd. glaubt/meint, die Weisheit mit Löffeln gefressen zu haben** *(jmd. hält sich für klug)* · **etwas in sich fressen** *(sich über bedrückende Erlebnisse nicht aussprechen [können])* · (ugs.:) **jmdn. zum Fressen gern haben** *(jmdn. übermäßig lieben).*

Fressen, das: *Futter:* den Tieren ihr F. geben; hat der Hund schon sein F.?; (derb/von menschlicher Nahrung/:) das war ein elendes F. * (ugs.:) **etwas ist ein gefundenes Fressen für jmdn.** *(etwas kommt jmdm. sehr gelegen, ist jmdm. sehr willkommen, weil er es für sich ausnutzen kann).*

Freude, die: **1.** *das Frohsein; Gefühl der Hochstimmung, der inneren Heiterkeit:* eine große, stürmische, wilde, rauschhafte F.; eine unerwartete, stille, heimliche F.; die F. des Wiedersehens; die F. an der Natur, über das Geschenk; F. erfaßt, überwältigt, erfüllt jmdn.; (geh.:) F. strahlt aus seinen Augen; in der Stadt herrschte große F. über den Sieg; es ist eine [rechte, wahre] F., ihm zuzuschauen; sie tanzte, daß es eine [wahre] F. war; das ist keine reine F. *(das tut, das sieht man nur ungern);* es wird mir eine F. sein, Sie zu begleiten *(ich werde Sie gerne begleiten);* Sprichw.: geteilte F. ist doppelte F. · jmdm. [eine] F. bereiten, machen, spenden, schenken, jmdm. die/eine F. gönnen, rauben, vergällen, verderben; etwas trübt, stört jmds. F.; F. zeigen; F. über etwas empfinden; er hatte seine helle F. daran; sie erlebte viel F. an ihren Kindern; etwas aus F. an der Sache, aus Spaß an der F. (ugs.; scherzh.) tun; mit kindlicher, naiver F. zuschauen; voll[er] F. stimmte er zu; sie weinte vor F., war vor F. außer sich; zur F. der Eltern wurde das Kind bald gesund. **2.** *etwas, was jmdn. erfreut:* die Freuden des Sommers, der Liebe; die kleinen Freuden des Alltags; er will die Freuden des Lebens genießen; sie lebten herrlich und in Freuden *(es ging ihnen sehr gut).* * (geh.:) **Freud und Leid** *(Glück und Unglück des Lebens):* sie hielten in Freud und Leid treu zusammen · **mit Freuden** *(beglückt, erfreut):* etwas mit Freuden sehen, tun.

freudig: **a)** *voll Freude, froh:* ein freudiges Gefühl; voller freudiger Erwartung; mit freudiger Stimme; jmdn. f. begrüßen; f. erregt, überrascht sein. **b)** *Freude bereitend:* eine freudige Nachricht, Überraschung. * (verhüllend:) **ein freudiges Ereignis** *(die Geburt eines Kindes):* alle gratulierten zum freudigen Ereignis.

freuen: **1.** ⟨sich f.⟩ *Freude empfinden:* sich ehrlich, aufrichtig, herzlich, mächtig (ugs.) f.; sich heimlich, im stillen f.; sie kann sich f. wie ein Kind; er freut sich wie ein Schneekönig (ugs.; *sehr);* da hast du dich zu früh gefreut; ich freue mich sehr, daß es dir gutgeht; wir freuen uns, Ihnen helfen zu können; ⟨sich einer Sache f.⟩ ich freue mich deines Glückes (geh.); er freut sich seines Lebens *(genießt sein Leben);* ⟨sich an jmdm., an etwas f.⟩ *seine Freude an etwas haben:* sich an [den] Blumen, an seinen Kindern f.; ich freue mich an eurem Glück; ⟨sich auf jmdn., auf etwas f.⟩ *jmdn., etwas freudig erwarten:* wir freuen uns auf unser Kind, auf deinen Besuch, auf die Ferien; ⟨sich für jmdn. f.⟩ *jmdm. etwas herzlich gönnen:* ich freue mich für dich, daß du diese Stellung bekommen hast; ⟨sich über jmdn., über etwas f.⟩ sich über einen Erfolg, über ein Geschenk f.; ich freue mich darüber, daß du mitfährst. **2.** ⟨etwas freut jmdn.⟩ *etwas macht jmdm. Freude:* das freut mich [aufrichtig]; das Geschenk freut mich sehr; es freut mich, daß du mitkommst; es soll[te] mich f., Sie recht bald bei uns zu sehen; (ugs.; iron.:) das freut einen denn ja auch!

Freund, der: **1. a)** *jmd. der einem anderen in gegenseitiger Zuneigung verbunden ist:* ein guter, vertrauter, intimer, treuer, bewährter F.; er ist mein väterlicher F.; falsche Freunde; ein alter F. unseres Hauses; unser junger F.; mein lieber, bester F.; mein F. Klaus; übertr.: meine politischen Freunde *(Gesinnungsgenossen);* er ist mein ältester, einziger F.; sie sind unzertrennliche, dicke (ugs.) Freunde; du bist mir ein schöner F.! (ugs.; iron.); mein F. ist er gewesen! (ugs.; *die Freundschaft ist vorbei);* Freunde werden; sie wurden gut Freund [miteinander] (geh.); Sprichw.: Freunde in der Not gehn hundert/tausend auf ein Lot *(in Notzeiten sind die Freunde selten);* er hat, besitzt, findet keinen F.; sich jmdn. zum Freunde machen; unter Freunden sein; /als Anrede/: wie geht's, alter F.? (ugs.); [mein] lieber F. und Kupferstecher! (ugs.); na, Freundchen? (ugs.; leicht drohend). **b)** *Liebhaber:* sie hat einen neuen F.; sie hat noch keinen festen (ugs.) F. **2.** *jmd., der jmdn., etwas besonders schätzt oder fördert:* er ist ein F. guter Musik; ein F. der Tiere; ich bin kein F. großer Worte; Verein der Freunde und Förderer des Stadttheaters. * (verhüllend:) **Freund Hein** *(der Tod)* · **Freund und Feind** *(jedermann):* er war angesehen bei F. und Feind.

freundlich: **a)** *liebenswürdig, wohlwollend:* eine freundliche Miene; ein freundliches Gesicht; ein freundliches altes Mütterchen; wir fanden freundliche Aufnahme; besten Dank für Ihr freundliches Anerbieten; mit freundlichen Grüßen Ihr ... /*Briefschluß*/; sie war immer f. zu mir/(veraltet:) gegen mich; würden Sie so f. sein, mir zu helfen?; bitte recht freundlich (Aufforderung des Photographen); f. lächeln; jmdn. f. ansehen. **b)** *angenehm, heiter [stimmend]:* freundliches Wetter; eine freundliche Wohnung, Stadt, Gegend; die Farben des Kleides sind sehr f. *(hell und ansprechend);* Kaufmannsspr.: die Haltung, Stimmung an der Börse ist f. *(günstig).*

Freundschaft, die: **1.** *Verhältnis gegenseitiger Zuneigung:* eine treue, herzliche, innige, langjährige, dicke (ugs.) F.; eine F. fürs Leben; die F. zwischen Schülern, zwischen den Völkern; das ist echte, wahre F.; unsere F. ist in die Brüche gegangen, ist eingeschlafen (ugs.), vertiefte sich; uns verbindet eine tiefe F.; mit jmdm. F. schließen, die [alte] F. erneuern; jmdm. die F. aufkündigen (geh.); alte Freundschaften bewahren; seine F. unter Beweis stellen; etwas aus F. tun; er war uns in F. verbunden (geh.); er machte mir in aller F. heftige Vorwürfe; Sprichw.: kleine Geschenke e halten die F. 2. (landsch.) *die Verwandten:* die ganze F. nahm an dem Begräbnis teil.

reundschaftlich: *auf Freundschaft gegründet:* eine freundschaftliche Gesinnung; freundschaftliche Ermahnungen; die beiden Länder unterhalten freundschaftliche Beziehungen; jmdn. f. begrüßen; er unterhielt sich f. *(wie ein Freund)* mit mir.

riede[n], der: **1.a)** *Zustand allgemeiner Ruhe und Sicherheit:* ein langer, ungestörter, ewiger F.; es ist, herrscht noch kein F.; der F. dauert nur wenige Jahre; Frieden halten, stiften; den Frieden wollen, vermitteln; [mit jmdm.] Frieden schließen; den Frieden stören, brechen; für den Frieden kämpfen; im tiefsten Frieden. **b)** *Friedensschluß:* der Westfälische F. (von 1648); ein gerechter, ehrenvoller, fauler F.; den Besiegten den Frieden diktieren; den Frieden unterzeichnen; über einen Frieden verhandeln. **2.a)** *Zustand der Eintracht, der Harmonie:* der häusliche, eheliche F.; den Frieden der Natur lieben, wiederherstellen; in Ruhe und Frieden, in Frieden und Freundschaft, in Frieden und Eintracht miteinander leben; wir müssen in Frieden miteinander auskommen, fertig werden; Sprichw.: F. ernährt, Unfriede[n] verzehrt. **b)** *Ruhe:* man hat keinen Frieden vor ihm; ich traue dem Frieden *(der scheinbaren Ruhe)* nicht; laß mich in Frieden!; er *(der Verstorbene)* ruhe in Frieden!; um des lieben Friedens willen nachgeben; zum ewigen Frieden eingehen (geh.; *sterben*). * (Rel.:) **Friede sei mit euch!** */Segensspruch/* · (geh.:) **Friede seiner Asche!** *(Friede dem Toten)!*

riedhof, der: *Begräbnisstätte:* ein großer, alter F.; der F. liegt abseits des Dorfes; er liegt auf dem F. im Norden der Stadt *(ist dort beerdigt);* auf den F. gehen.

riedlich: 1. *den Frieden liebend; nicht kriegerisch:* ein friedlicher Mensch, Charakter; ein friedliches Volk; friedliche Zeiten; eine friedliche Demonstration; der Konflikt wurde auf friedlichem Wege gelöst; sei f.! *(fange keinen Streit an!);* f. gesinnt sein; einen Streit f. beilegen. **2.** (geh.) *von Frieden erfüllt, ruhig:* ein friedliches Tal; ein friedlicher Anblick; f. schlafen; sie lebten f. nebeneinander.

rieren: 1.a) *Kälte empfinden:* das Kind friert; ich habe sehr, tüchtig, entsetzlich gefroren; sie friert sehr leicht *(ist kälteempfindlich);* an den Füßen, an den Händen f. **b)** ⟨[es] friert jmdn.⟩ *jmdm. ist kalt:* mich friert [es]; es fror ihn jämmerlich an den Händen; nicht korrekt ist der Gebrauch des Akkusativs nach „an" (an die Hände f., es friert ihn an die Hände). **c)** ⟨etwas friert jmdm./(landsch.:) jmdn.⟩ *jmd. empfindet Kälte an einem Körperteil:* die Füße frieren mir; ihm/(landsch.:) ihn fror die Nase. **2. a)** ⟨es friert⟩ *die Temperatur sinkt unter den Nullpunkt:* draußen friert es; heute nacht hat es gefroren. **b)** ⟨etwas friert⟩ *etwas erstarrt vor Kälte, wird zu Eis:* das Wasser friert; der Boden, die Piste ist knochenhart (ugs.) gefroren. * (ugs.:) **wie ein junger Hund/wie ein Schneider frieren** *(sehr frieren)* · (ugs.:) **es friert Stein und Bein** *(es herrscht starker Frost).*

risch: 1.a) *neu, noch unverdorben:* frisches Brot, Fleisch, Wasser; frische Eier; frische Butter; frische Luft schöpfen; eine frische *(erst vor kurzem entstandene)* Wunde; Bier f. vom Faß; das Obst ist [nicht mehr] f.; f. *(gerade erst)* gebackenes Brot; f. gefallener Schnee; der Zaun ist f. gestrichen; übertr.: frischen *(neuen)* Mut fassen; frische *(noch unverblaßte)* Eindrücke; die Erinnerung war noch ganz f.; das Erlebnis blieb ihm f. im Gedächtnis. **b)** *neu hergerichtet, erholt:* frische Truppen, Pferde; mit frischen Kräften; frische *(saubere)* Wäsche, ein frisches Hemd anziehen; ein frisches *(neues)* Faß Bier anstechen; die Handtücher sind ganz f.; wollen Sie sich f. machen *(säubern)*? **2.** *munter, gesund:* ein frisches Mädchen; eine frische Gesichtsfarbe, ein frisches Aussehen haben; er ist wieder f. und munter (ugs.; *wohlauf);* immer f. drauflos! (ugs.); Sprichw.: f. gewagt ist halb gewonnen. **3.** *kühl:* ein frischer Wind, Morgen; es weht ein frisches Lüftchen; du wirst dich in der frischen Luft bald erholen; es, das Wetter ist ziemlich f. heute. * (ugs.:) **jmdn. an die frische Luft setzen** *(hinauswerfen)* · **jmdn. auf frischer Tat ertappen** *(jmdn. bei einem Vergehen überraschen).*

Frische, die: *das Frischsein:* eine herbe, köstliche F.; er hat sich seine alte F. bewahrt; er feierte seinen 80. Geburtstag in voller körperlicher und geistiger F.

Friseur, der: *jmd., der berufsmäßig anderen das Haar schneidet und pflegt:* sich (Dativ) beim F. die Haare schneiden lassen; sie geht regelmäßig zum F.

frisieren: 1. ⟨jmdn., sich f.⟩ *jmdm., sich die Haare kämmen, eine Frisur machen:* ich muß mich noch f.; der Theaterfriseur hat die Künstlerin hervorragend frisiert; sie ist heute gut frisiert; eine modisch frisierte Dame. **2.** (ugs.) ⟨etwas f.⟩ *zurechtmachen, günstig verändern:* einen Bericht, eine Bilanz f. *(beschönigen);* den Motor eines Autos f. *(durch geschickte Veränderungen leistungsfähiger machen);* ein frisierter Kleinwagen.

Frist, die: *festgesetzter Zeitraum:* die F. läuft am 1. Oktober ab, ist verstrichen, ist schon überschritten; eine F. bestimmen, einhalten; eine längere Frist erbitten, bewilligen, gewähren; eine F. verlängern; wir haben nur eine F. von einigen Wochen, noch einige Wochen F.; etwas auf kurze F. (veraltend; *kurzfristig)* entleihen; etwas in bestimmter F., in kürzester F. leisten. * **[bis] zu dieser Frist** *([bis] zu diesem Zeitpunkt, Termin).*

fristen ⟨in der Verbindung⟩ sein Leben fristen (geh.): *sein Dasein mit Mühe erhalten:* er fristet kümmerlich sein Leben.

fristlos: *ohne Frist, ab sofort:* eine fristlose Kündigung; er wurde f. entlassen.

Frisur, die: *Form und Art, in der das Haar frisiert ist:* eine lockere, strenge, kunstvolle, moderne, gewagte F.; die F. legen, stecken; sie hat eine andere F., hat ihre F. geändert; der Regen hat meine F. verdorben, mir die F. zerstört.

froh: a) *von Freude erfüllt; heiter, glücklich:* ein froher Mensch; frohe Gesichter; froher Gesang; ich bin f. über unser Wiedersehen; ich bin ja so f. (ugs.; *erleichtert*), daß die Geschichte gut ausgegangen ist; (landsch.:) er ist f. um *(dankbar für)* jedes freundliche Wort. **b)** *Freude bringend:* eine frohe Kunde, Nachricht;

ein frohes Ereignis. * (Rel.:) **die Frohe Botschaft** *(das Evangelium)* · **frohes Fest!; frohe Ostern!; frohe Pfingsten!; frohe Weihnachten!** */Wunschformeln/* · **frohen Mut[e]s/frohen Sinnes sein** *(heiter gestimmt sein)* · **seines Lebens nicht [mehr] froh werden** *(keine Freude [mehr] am Leben haben).*

fröhlich: *unbeschwert froh; vergnügt, lustig:* ein fröhliches Kind; eine fröhliche Gesellschaft; fröhliche Lieder, Tänze, Feste; überall sah man fröhliche Gesichter; sie war immer f., lachte f.; die Kinder tanzten f. umher, klatschten f. in die Hände. * **fröhliche Ostern!; fröhliche Pfingsten!; fröhliche Weihnachten!** */Wunschformeln/* · (veraltet, aber noch scherzh.:) **fröhliche Urständ feiern** *(aus der Vergessenheit wiederauftauchen).*

frohlocken (geh.): *seine Freude zeigen, jubeln:* er frohlockte, als er dies erfuhr; du hast zu früh frohlockt; er frohlockte über die Niederlage seines Gegners.

fromm: 1. *von religiösem Glauben erfüllt:* ein frommer Mensch; er ist ein frommer Christ; ein frommes Leben führen; ein frommes Lied, Gebet; etwas mit frommem *(scheinheiligem)* Augenaufschlag tun; f. sein, leben; er ist im Alter f. geworden; sie tut so f. *(tut, als ob sie fromm wäre).* **2.** *brav, gutwillig:* ein frommes Pferd; er ist f. wie ein Lamm. * **ein frommer Wunsch** *(eine Illusion):* es ist ein frommer Wunsch, zu glauben, daß wir bald fertig werden · **eine fromme Lüge, ein frommer Betrug** *(eine Lüge, Täuschung zu gutem Zweck).*

frönen (geh.) ⟨einer Sache f.⟩: *sich einer Sache leidenschaftlich hingeben:* einem Laster, einer Leidenschaft f.; er hat dem Alkohol gefrönt.

Front, die: **1.a)** *Vorderseite:* die F. des Hauses ist 10 Meter lang. **b)** (militär.) *vordere Linie einer angetretenen Truppe:* die F. abschreiten, vor die F. treten, vor der F. stehen; vor einem Vorgesetzten F. machen *(sich ihm bei der Ehrenbezeigung zuwenden).* **2.** (militär.) **a)** *vorderste Kampflinie:* die F. steht, kommt in Bewegung, versteift sich; die F. zurücknehmen, verkürzen; auf breiter F. angreifen; hinter der F., zwischen den Fronten liegen; übertr.: das ist ein Kampf nach zwei Fronten *(Seiten);* klare Fronten schaffen *(die gegensätzlichen Meinungen klären);* im Kampf um die Hochschulreform stand er in vorderster F. **b)** *Kampfgebiet:* an die F. gehen; er war im Krieg stets an der F. **3.** *geschlossene Gruppe:* die F. der Kriegsgegner; eine geschlossene F. bilden; sich in eine F. einreihen. **4.** (Sport) *Spitze, Führung:* der Läufer ging in F.; eine Mannschaft in F. bringen; nach der ersten Halbzeit lagen die Gäste mit 3:0 in F. * **Front gegen jmdn., gegen etwas machen** *(sich gegen jmdn., gegen etwas wenden).*

Frosch, der: */ein Lurchtier/:* ein grüner, breitmäuliger F.; der F. springt ins Wasser; die Frösche quaken im Teich; einen F. fangen; kalt wie ein F. sein; er bläst sich auf wie ein F. *(er brüstet sich, prahlt).* * (ugs.:) **einen F. in der Kehle/im Hals haben** *(heiser sein)* · (ugs.:) **sei kein Frosch!** *(zier dich nicht so!).*

Frost, der: **1.** *Kälte, bei der Wasser gefriert:* ein leichter F.; die ersten Fröste *(Frosteinbrüche)* im Herbst; es herrscht strenger, heftiger, anhaltender F.; der F. steckt noch im Boden; dieser Baum hat F. bekommen, verträgt keinen F.; bei klirrendem, eisigem F. draußen sein; si[e] zitterte vor F.; etwas vor F. geschützt aufbewahren. **2.** *[fieberhafte] Kälteempfindung:* der Kranke wurde von heftigem F. geschüttelt.

frösteln: a) *vor Kälte leicht zittern:* er fröstelt[e] im Wind; vor Kälte, Müdigkeit, Angst f.; in Fieber f.; übertr.: der Gedanke läßt einen f[rösteln] *(schaudern).* **b)** ⟨[es] fröstelt jmdn.⟩ *jmdm. wir[d] kühl:* mich fröstelt [es]; es fröstelt uns bei dem Anblick.

frostig: 1. *sehr kalt:* frostige Luft, frostige[s] Wetter. **2.** *abweisend, unfreundlich:* eine frostig[e] Antwort; der Empfang war sehr f.; er wurd[e] f. begrüßt.

Frucht, die: **1.a)** */den Samen enthaltendes Pro[dukt] bestimmter Pflanzen/:* eine schwellend[e] (geh.), reife, giftige, ungenießbare, wohl[-] schmeckende, süße, saftige F.; die Früchte de[s] Gartens; die Früchte reifen, fallen ab; de[r] Baum setzt Früchte an, trägt keine Frücht[e] mehr; wir essen eingemachte, kandierte Früch[-] te; der Erfolg fiel ihm wie eine reife F. in de[n] Schoß; bildl.: verbotene Früchte *(Genüsse)* (veraltet:) eine F. der Liebe *(ein [uneheliches] Kind);* Sprichw.: es sind die schlechteste[n] Früchte nicht, woran die Wespen nagen. **b)** (landsch.) *Getreide:* die F. steht gut. **2.** *(unge[-] borenes Lebewesen):* die keimende F. im Mutter[-] leib. **3.** (geh.) *Ertrag, Ergebnis:* das Buch ist di[e] F. langjähriger Arbeit; das sind die Frücht[e] deines Leichtsinns, deines Ungehorsams; e[r] erntet die Früchte seines Fleißes, seiner Mühen * **etwas trägt [reiche] Frucht: a)** *(etwas i[st] [sehr] ergiebig, etwas wirft viel ab):* Der Garte[n] trägt reiche F. **b)** *(etwas bringt viel ein, hat ei[n] gutes Ergebnis):* die Verhandlungen haben end[-] lich F. getragen.

fruchtbar: 1.a) *reiche Frucht bringend:* frucht[-] bare Erde, ein fruchtbarer Baum; ein frucht[-] barer *(das Wachstum fördernder)* Regen; diese[r] Boden, dieses Land ist sehr f. **b)** *zahlreich[e] Nachkommen erzeugend, sich rasch fortpflanzend* Mäuse, Kaninchen sind sehr f.; übertr.: ein fruchtbarer *(produktiver)* Schriftsteller. **2** *ertragreich; Nutzen bringend:* eine fruchtbar[e] Phantasie; es waren fruchtbare Gespräche; e[r] machte seine Erfahrungen für die Allgemein[-] heit f. * **etwas fällt auf fruchtbaren Boden** *(e[t]was wird günstig aufgenommen, wird wirksam).*

früh /vgl. früher/: **1.** ⟨Adj.⟩ **a)** *in der Zeit noc[h] nicht weit fortgeschritten, am Anfang liegend:* a[m] frühen Morgen; in früher, frühester Kindheit der frühe *(junge)* Nietzsche; die frühe Neuzei[t] *(die ersten Jahrhunderte der Neuzeit);* die frühe[-] sten *(ältesten)* Kulturen; es ist noch f. am Tag[e] noch ganz f. **b)** *vor einem bestimmten Zeitpunk[t] liegend, eintretend o. ä., frühzeitig; vorzeitig:* ei[n] früher Winter; ein früher Tod; eine frühe *(frü[h] reifende)* Sorte Äpfel; wir werden mit einem frü[-] heren Zug fahren; Ostern ist, fällt dieses Jahr f. f., früher aufstehen; sie steht am frühesten *(zu[-] erst)* auf, ist die Früheste aus dem Bett (ugs.) das Theater fängt heute früher an; er kam dr[ei] Stunden früher zurück; er ist zu f., noch f. ge[-] nug gekommen; sie hat f. ihre Eltern verloren er fing f. an zu rauchen; Sprichw.: f. übt sich was ein Meister werden will. **2.** ⟨Adverb⟩ *mor[gen]* *gens, am Morgen:* heute f., [am] Dienstag f.; kommst du morgen f.?; er arbeitet von f. bis in die späte Nacht. * (ugs.:) **da mußt du früher aufstehen** *(dafür mußt du dir etwas Besseres einfallen lassen)* · **von früh bis spät** *(den ganzen Tag, unentwegt)* · **früher oder später** *(einmal bestimmt):* früher oder später wird er das begreifen.

Frühe, die (geh.): *Frühzeit, Anfang:* in der ersten F. des Lebens, des Tages. * (oberd.:) **in der Früh[e]** *(am Morgen):* wir haben ihn in der F. getroffen · **in aller Frühe** *(früh am Morgen):* wir brechen in aller F. auf.

früher: 1. ⟨Adj.⟩ **a)** *vergangen, zurückliegend:* in früheren Zeiten; die früheren Auflagen des Buches sind veraltet. **b)** *ehemalig:* der frühere Eigentümer; unsere früheren Feinde sind heute unsere Freunde. **2.** ⟨Adverb⟩ *ehemals, einst:* alles sieht noch aus wie f.; wir kennen uns von f. her; er war f. Buchhändler, heute ist er Journalist.

frühestens ⟨Adverb⟩: *nicht früher als:* er kommt f. am Dienstag zurück; die Brücke wird f. 1973 fertig; wir sehen uns f. in zwei Wochen wieder.

Frühling, der: *Jahreszeit zwischen Winter und Sommer:* ein zeitiger, später, warmer, milder F.; der F. kommt, naht (geh.), zieht ein (geh.); es wird F.; übertr.: *Jugend-, Blütezeit:* im F. des Lebens (dichter.) stehen; die Wirtschaft geht einem neuen F. entgegen; (iron.:) er erlebt seinen zweiten F. *(er hat sich im reifen Alter noch einmal verliebt).*

Frühstück, das: *Mahlzeit am Vormittag:* ein kräftiges, reichliches F.; das erste, zweite F.; das F. machen, bereiten (geh.); der Minister gab ein F. für seine Gäste; um 9 Uhr machen wir F., ist F. *(frühstücken wir);* ich war, saß gerade beim F., als er kam.

frühstücken: a) *das Frühstück einnehmen:* im Bett, auf dem Balkon f.; wir f. um acht [Uhr]; er hat ausgiebig gefrühstückt. **b)** ⟨etwas f.⟩ *zum Frühstück essen:* ein Schinkenbrot f.

Fuchs, der: **1.a)** */ein kleines Raubtier/:* der F. schnürt (Jägerspr.; *trabt geradeaus)* übers Feld, keckert (Jägerspr.; *stößt wütende Laute aus);* einen F. schießen, erlegen; übertr.: er ist ein alter, schlauer F. (ugs.; *ein durchtriebener Mensch*). **b)** *Fuchspelz:* sie trägt einen schönen F. **2.** *rötlichbraunes Pferd:* einen F., auf einem F. reiten; im Stall stehen zwei Füchse. **3.** (Studentenspr.) *Verbindungsstudent im ersten und zweiten Semester:* er ist noch [krasser] F.; der Bund hat drei neue Füchse. * (scherzh.:) **wo sich die Füchse/wo sich Hase und Fuchs gute Nacht sagen** *(an einem abgelegenen, einsamen Ort).*

fuchsen (ugs.) ⟨etwas fuchst jmdn.⟩: *etwas ärgert jmdn.:* seine Bemerkungen haben mich sehr gefuchst; es fuchste ihn, daß ich sein Geheimnis entdeckt hatte. **b)** ⟨sich f.⟩ *sich ärgern:* darüber habe ich mich sehr gefuchst.

Fuchtel, die (ugs.:) ⟨in bestimmten Wendungen⟩ **jmdn. unter der Fuchtel haben** *(jmdn. beherrschen)* · **unter der Fuchtel stehen** *(streng gehalten, beherrscht werden).*

Fug ⟨in der Verbindung⟩ mit Fug und Recht: *mit voller Berechtigung:* das kann ich mit F. und Recht behaupten.

¹Fuge, die: *schmaler Zwischenraum zwischen Bauteilen:* die Fugen zwischen den Steinen verschmieren; das Schiff krachte in allen Fugen. * **etwas geht/gerät aus den Fugen** *(etwas verliert den Zusammenhalt, zerbricht).*

²Fuge, die: *streng aufgebautes mehrstimmiges Musikstück:* eine F. komponieren; eine F. von Bach [auf dem Klavier] spielen.

fügen: 1. ⟨etwas f.; mit Raumangabe⟩ *[verbindend, einfügend] irgendwohin setzen:* einen Stein an/auf den anderen f.; Wort an Wort, Zeile an Zeile f.; er fügte das Brett wieder in die Tür; adj. Part. (geh.): ein fest gefügter Bau; unsere Freundschaft ist fest gefügt. **2.** (geh.) **a)** ⟨etwas f.⟩ *bewirken:* das Schicksal, der Zufall fügte es, daß wir uns begegneten; Gott wird alles zu deinem Besten f. **b)** ⟨es fügt sich⟩ *das Geschehen bringt es mit sich:* es fügte sich [gut], daß wir im gleichen Hotel wohnten. **3.** (geh.) **a)** ⟨sich f.⟩ *sich anpassen, gehorchen:* nach anfänglichem Widerstand fügte er sich; ⟨sich jmdm., einer Sache f.⟩ du mußt dich ihm f.; er hat sich seinen Anordnungen nicht gefügt. **b)** ⟨sich in etwas f.⟩ *sich schicken:* er fügte sich in die Umstände, ins Unabänderliche; sie hat sich in ihr Schicksal gefügt.

fügsam: *leicht zu leiten, gehorsam:* ein fügsames Kind; der Junge ist sehr f.

Fügung, die: **1.** (geh.) *schicksalhaftes Geschehen:* das war eine F. Gottes, des Schicksals; eine glückliche, wunderbare, seltsame F. bewahrte ihn vor dem Tode. **2.** (Sprachw.) *zusammengehörige Wortgruppe:* eine attributive F.; eine syntaktische F.

fühlbar: *merklich, spürbar:* ein fühlbarer Verlust, Mangel; in seinem Befinden trat eine fühlbare Besserung ein; das Buch füllt eine fühlbare Lücke aus.

fühlen: 1. ⟨etwas f.⟩ **a)** *körperlich spüren:* einen Schmerz f.; die Wärme des Ofens f.; sie fühlte seine Hand auf ihrem Arm; er fühlte sein Herz schlagen; ich fühle alle Knochen im Leib (ugs.; *mir tut alles weh*); ⟨auch ohne Akk.⟩ Sprichw.: wer nicht hören will, muß f. *(muß Strafe leiden).* **b)** *seelisch empfinden:* Liebe zu jmdm. f.; Mitleid mit jmdm. f.; er fühlte die Kraft in sich (geh.), das Werk zu vollenden; ich fühle [es], ich bin auf dem richtigen Wege; sie ließ ihn ihre Verachtung f.; er hat sein Ende kommen fühlen/gefühlt; er fühlt den Beruf zum Musiker in sich; adj. Part.: ein fühlendes *(mitempfindendes)* Herz. **2.a)** ⟨etwas f.⟩ *tastend prüfen, feststellen:* den Puls f.; man konnte die Beule am Kopf f.; ⟨jmdm. etwas f.⟩ der Arzt fühlte ihm den Puls. **b)** ⟨nach etwas f.⟩ *tasten:* er fühlte nach dem Lichtschalter, nach seiner Brieftasche. **3.** ⟨sich f.; mit Artangabe⟩ **a)** *einen bestimmten inneren Zustand empfinden:* sich krank, [un]wohl, elend, [un]behaglich, [un]glücklich f.; sich beleidigt, verletzt, getroffen, beschämt f.; wie fühlen Sie sich? *(wie geht es Ihnen?);* ich fühle mich hier fremd, geborgen; er fühlt sich [nicht] wohl in seiner Haut (ugs.); sie fühlt sich Mutter (geh.; *sie spürt, daß sie schwanger ist*). **b)** *sich für etwas halten:* sich schuldig f.; sich zu etwas berufen f.; sich für etwas verantwortlich f.; sich betrogen f.; sich bemüßigt, verpflichtet f., etwas zu tun; sich als Held/(veraltend:) als Helden f. **4.** (ugs.)

*

⟨sich f.⟩ *stolz sein, von etwas durchdrungen sein:* er fühlt sich in seiner neuen Würde; der fühlt sich aber! *(der ist aber eingebildet!)* * (ugs.:) **jmdm. auf den Zahn fühlen** *(jmdn. scharf und kritisch ausforschen)*.

Fühler, der: /*ein Tastorgan bestimmter Tiere*/: der Käfer hat zwei Fühler; die Schnecke zieht die Fühler ein. * (ugs.:) **seine Fühler ausstrecken** *(vorsichtig die Lage erkunden, vorsichtig Verbindung aufnehmen)*.

Fühlung, die: *Verbindung, Beziehung:* mit jmdm. F. suchen, [auf]nehmen, haben; mit jmdm. in F. kommen, sein, bleiben; wir stehen nicht mehr in F. miteinander; militär.: die Truppe hat die F. mit dem Feind verloren, ist ohne F. mit dem Feind.

führen /vgl. führend/: **1.a)** ⟨jmdn. f.⟩ *leiten:* einen Blinden [über die Straße] f.; die Mutter muß das Kind noch [an der Hand] f.; beim Einzug in die Kirche führt der Vater die Braut [zum Altar]; im Park müssen Hunde an der Leine geführt werden; beim Tanzen soll der Herr die Dame f. *(Tempo, Bewegungsrichtung bestimmen);* ⟨auch ohne Akkusativobjekt; mit Artangabe⟩ er führt (beim Tanzen) sehr sicher, elegant, nicht gut; ⟨jmdm. etwas f.⟩ der Lehrer führte dem Kind die Hand *(machte mit seiner Hand die Schreibbewegung)*. **b)** ⟨jmdn. f.; mit Raumangabe⟩ *geleiten:* eine Dame zu ihrem Tisch f.; der Chef persönlich führte uns durch den Betrieb; sie führte ihn zum Direktor; übertr.: der Lehrer wird diese Klasse zum Abitur/bis zum Abitur f. *(als Klassenlehrer unterrichten und sie auf das Abitur vorbereiten);* **c)** ⟨jmdn., etwas f.; mit Raumangabe⟩ *irgendwohin, in eine bestimmte Situation bringen:* jmdn. in ein teures Restaurant, durch sämtliche Nachtlokale f.; in der Dunkelheit führte er mich zu dem Waffenversteck; der Feind hat neue Truppen ins Gefecht, in die Kampfzone geführt *(geworfen);* übertr.: der Täter hat die Polizei, uns alle auf eine falsche Spur geführt. **2.a)** ⟨jmdm. f.; mit Raumangabe⟩ *jmdn. registriert haben:* jmdn. in einer Kartei, in einer Liste f.; bei uns wird eine Person dieses Namens nicht geführt. **b)** ⟨jmdn. f.; gewöhnlich mit Artangabe⟩ *jmdn. [pädagogisch] in bestimmter Weise behandeln, leiten:* Schüler mit fester Hand, streng, wie ein väterlicher Freund f.; er versteht es gut, junge Menschen zu f.; die Mädchen, die Jugendlichen lassen sich schwer f. **c)** ⟨sich f.; mit Artangabe⟩ *sich in bestimmter Weise verhalten:* der Gefangene hat sich gut geführt und wurde deshalb vorzeitig entlassen. **3.a)** ⟨jmdn., etwas f.⟩ *verantwortlich leiten; besitzen:* ein Geschäft, einen Betrieb, einen Modesalon f.; er führt eine Expedition, die Gruppe Planung und Organisation; die Delegation wird vom stellvertretenden Ministerpräsidenten geführt; er hat das Restaurant zehn Jahre lang geführt; adj. Part: ein gut/schlecht geführtes Hotel; das Hotel wird/ist gut/schlecht geführt; ein Regiment, eine Armee f. *(kommandieren);* ein Schiff f. *(das Kommando auf dem Schiff haben);* ⟨jmdm. etwas f.⟩ sie führt ihrem Sohn den Haushalt. **b)** ⟨jmdn., etwas f.; mit Raumangabe⟩ *[als verantwortlicher Leiter] in eine bestimmte Stellung, Situation bringen:* die Wirtschaft aus der Krise, ein Unternehmen aus den roten Zahlen f.; er führte die Firma zu internationaler Größe; der neue Trainer hat die Mannschaft zur Meisterschaft geführt; er führte das Land ins Chaos, das Volk in einen aussichtslosen Krieg, ins Elend. **4.** *an der Spitze, in Führung liegen:* die deutsche Mannschaft führt 3:2, mit 3:2 [Toren]; er führt nach Punkten, mit fünf Punkten [Vorsprung]; nach 30 Kilometern führt der japanische Läufer; das Land, das Unternehmen führt/ist führend in der Reaktortechnik; die Firma konnte ihre führende Position auf dem Weltmarkt weiter ausbauen; unsere Produkte sind führend. **5.** ⟨etwas f.; mit Artangabe⟩ *handhaben, in bestimmter Weise bewegen:* meisterlich, sehr geschickt, gekonnt den Bogen (beim Violin-, Cellospiel) f.; wie er den Pinsel führt *(wie er malt)*, daran erkennt man den Meister; die Kamera (beim Filmen) ruhig, gleichmäßig f. **6.** ⟨etwas f.; mit Raumangabe⟩ *hinbewegen:* den Löffel zum Munde f.; sie führte langsam das Glas an die Lippen und nippte; die Hand [zum Gruß] an die Mütze f.; ⟨jmdm. etwas f.; mit Raumangabe⟩ die Schwester führte dem Kranken die Tasse zum Mund. **7.a)** ⟨etwas f.; mit Raumangabe⟩ *in seinem Verlauf festlegen; anlegen:* die neue Autobahn um die Stadt f.; die Straßenbahn[linie] wird bis zum neuen Stadtteil geführt. **b)** ⟨etwas führt; mit Raumangabe⟩ *etwas verläuft in einer bestimmten Richtung, nimmt eine bestimmte Richtung:* die Bahn, die Ölleitung führt durch die Wüste ans Meer; die Telefonleitung führt am Boden entlang; der Lift führt bis zum fünften Stock; die Straße führt am Rhein entlang; die Autobahn führt [über Frankfurt] nach Hannover; eine Brücke führt über die Bucht; die Rallye führt kreuz und quer durch Europa; das Rennen führt *(erstreckt sich)* über 20 Runden; die Spur hatte in den Hafen geführt; wohin wird, soll das alles f.? *(was soll daraus werden?);* das führt eines Tages noch dahin/dazu, daß ...; es würde zu weit f., wenn wir diese Frage noch behandeln wollten; etwas führt zu weit *(etwas geht über das vertretbare Maß hinaus);* das führt so weit, daß ... *(das geschieht in so starkem Maße, daß ...)*. **c)** ⟨etwas führt jmdn.; mit Raumangabe⟩ *etwas ist Anlaß, daß jmd. irgendwohin kommt:* seine Reise führt ihn nach Afrika, durch fünf asiatische Länder; diese Frage führt uns auf ein ganz anderes Thema; was führt Sie zu mir?; übertr. (ugs.): das führt einen noch zum Wahnsinn; ein Hinweis führte die Polizei auf die Spur der Verbrecher. **8.** (Amtsdt.) ⟨etwas f.⟩ *steuern:* ein Flugzeug, einen Zug f.; er erhielt nicht die Berechtigung, einen Lkw zu f. **9.a)** ⟨etwas bei/mit sich f.⟩ *etwas bei sich haben, tragen:* er führte keine Wagenpapiere, kein Geld, kein Handwerkszeug bei sich; der Täter führt eine geladene Pistole bei/mit sich; Flugreisende dürfen nur 20 kg Gepäck mit sich f. **b)** ⟨etwas führt etwas⟩ *etwas hat etwas dabei, transportiert etwas:* der Zug führt einen Speisewagen [am Ende]; zur Zeit führt der Fluß Hochwasser, viel Geröll; das Schiff hatte eine Ladung Erz geführt; die Leitung führt keinen Strom. **c)** ⟨etwas f.⟩ *als Kennzeichen haben:* der Wagen führt das amtliche Kennzeichen ..., die Nummer ...; die Stadt führt in ihrem Wappen einen

Löwen und eine Wolfsangel. **d)** ⟨etwas f.⟩ *etwas ständig als Ware anbieten:* wir führen alle Marken; diesen Artikel führen wir nicht; das Geschäft führt nur exklusive Modelle. **e)** ⟨etwas f.⟩ *als Auszeichnung tragen:* er führt den Doktortitel; den Titel Staatsschauspieler, Kammersänger f. **10.** ⟨etwas führt zu etwas⟩ *etwas führt zu einem bestimmten Ergebnis:* das führt sicher zum Erfolg, zu einer Lösung der Frage; alle Bemühungen führten zu nichts; das führt zu nichts Gutem; die Untersuchung hat zu dem Ergebnis geführt, daß ...; das wird noch zu einer Katastrophe führen; diese Spur, der Hinweis hat zur Ergreifung des Täters geführt. **11.** ⟨etwas f.⟩ *[anlegen und fortwährend] betreuen:* eine Liste, eine [Kunden]kartei, ein Konto f.; ich habe darüber Buch geführt *(alles vermerkt, aufgezeichnet)*. **12.** /häufig verblaßt/ eine Unterhaltung f.; vorbereitende Gespräche, Verhandlungen sollen auf höchster Ebene geführt werden; Beschwerde f. *(sich beschweren);* über etwas Klage f. *(sich beklagen);* einen Prozeß gegen jmdn. f. *(prozessieren);* den Beweis f. *(beweisen);* das Protokoll f.; einen Briefwechsel f. *(korrespondieren);* den Vorsitz, die Aufsicht f.; Regie f.; das Kommando f. *(kommandieren);* ein Doppelleben, ein Leben in der Stille, einen liederlichen Lebenswandel f.; eine gute, glückliche Ehe f.; einen Kampf gegen einen Mißstand f.; das Ruder f. *(steuern);* den Degen f. (hist.; *den Degen mit sich führen [und benutzen]*). * **ein großes Haus führen** *(häufig Gäste haben und sie aufwendig bewirten)* · **ein strenges Regiment führen** *(sehr streng sein)* · **das große Wort führen** *(großsprecherisch reden)* · (bildungsspr.:) **etwas ad absurdum führen** *(etwas als sinnlos nachweisen)* · (geh.:) **jmdn. zum [Trau]altar führen** *(jmdn. heiraten)* · **etwas zu Ende führen** *(etwas fertigstellen)* · **jmdn. aufs [Glatt]eis führen** *(jmdn. irreführen, hereinlegen)* · **jmdn. hinters Licht führen** *(jmdn. täuschen)* · (ugs.:) **etwas im Schilde führen** *(etwas Unrechtes, Böses vorhaben)* · **etwas ständig im Munde führen** *(etwas dauernd sagen)* · (ugs.:) **sich** (Dativ) **etwas zu Gemüte führen** *(etwas Gutes mit Genuß essen und trinken)* · **sich** (Dativ) **etwas vor Augen führen** *(sich über etwas klarwerden);* **jmdm. etwas vor Augen führen** *(jmdm. etwas deutlich zeigen, klarmachen)*.

führend: *maßgebend, einflußreich:* führende Persönlichkeiten des politischen Lebens; er gehört, zählt zu den führenden Köpfen (ugs.) des Landes; führende Zeitungen; eine führende Rolle in der Gesellschaft spielen.

Führer, der: **1.a)** *führende, leitende Person:* ein erfahrener, entschlossener, mutiger F.; der F. einer Partei, einer Armee; er ist der geistige F. der Bewegung; jmdn. zum F. haben, bestimmen. **b)** *Person, die Führungen macht:* der F. erklärte alles sehr sachlich; wir haben uns einem F. angeschlossen. **2.** *Buch, das über etwas Auskünfte gibt:* ein ausführlicher, handlicher F. durch München, durch die Ausstellung; ein F. für die Schweiz; im F. nachlesen, nachschlagen; etwas ist nicht im F. verzeichnet.

Führung, die: **1.a)** *das Führen, Bestimmen:* eine gute, straffe, umsichtige F.; die F. eines Geschäftes, einer Expedition; es fehlt jede klare F.; die F. liegt in seinen Händen; ihm ist die F. völlig entglitten; ihm fehlt eine feste F.; die F. haben, übernehmen, in die Hand nehmen, an sich reißen, behalten, niederlegen, abgeben, aus den Händen geben; sich (Dativ) die F. aus der Hand/aus den Händen nehmen lassen; die Gruppe arbeitet unter [der] F. eines erfahrenen Fachmannes. **b)** *leitende Personengruppe:* eine kollektive F.; die F. des Konzerns soll erweitert werden; einen Posten in der F. erhalten. **2.** *Besichtigung unter einem Führer:* eine lange, interessante, kostenlose F. [durch den Dom]; die nächste F. ist um 15 Uhr, findet in zwei Stunden statt; eine F. übernehmen; sich einer F. anschließen; an einer F. teilnehmen. **3.** *führende Position; Vorsprung:* eine klare F. [auf diesem Gebiet] haben; nach zehn Runden übernahm er die F.; seine F. halten, erfolgreich verteidigen, weiter ausbauen; er hat die F. bis zum Ende des Rennens nicht mehr abgegeben; jmdm. die Führung streitig machen; bereits nach zwölf Minuten lag die Gastmannschaft mit 2:0 Toren in F.; in F. gehen. **4.** *Betragen:* wegen guter F. wurde er vorzeitig [aus dem Gefängnis] entlassen. **5.** *Handhabung:* die F. des Bogens (beim Violinspiel) verbessern. **6.** (Technik) *der die Bewegungsrichtung von etwas bestimmende Teil an Maschinen und Geräten:* die F. des Rades, des Kolbens, eines Geschosses; die Schiene dient nur als F., zur F. *(zum Führen);* die Schubstange hat keine richtige F. *(wird nicht richtig geführt)*. **7.** (Amtsdt.) *das Steuern:* er hat die Berechtigung zur F. eines Kraftfahrzeuges. **8.** *das Tragen:* ab sofort ist ihm die F. dieses Titels untersagt. **9.** *[Anlage und] Betreuung:* die F. des Klassenbuches übernehmen; es wurden Unregelmäßigkeiten bei/in der F. der [Geschäfts]bücher festgestellt.

Fülle, die: **1.** *dicke, körperliche Masse:* die körperliche F.; zur F. neigen; mit seiner ganzen F. ließ er sich in den Sessel fallen. **2.** *volle Kraft, Stärke:* die F. des Orchesterklangs, ihrer Stimme. **3.** *große Menge:* eine F. von Modellen, Möglichkeiten; die F. der Gedanken machte seinen Vortrag interessant; die F. der Darbietungen übertraf alle Erwartungen; durch die F./wegen der F. des Stoffes ist der Vorhang sehr schwer. * **in Hülle und Fülle** *(im Überfluß)*.

füllen: 1. ⟨etwas f.⟩ *vollmachen:* eine Flasche, ein Faß, einen Sack [mit Sand] f.; fülle die Wanne nicht bis oben hin, bis zum Rand; alle Flaschen werden automatisch gefüllt und verschlossen; einen Ballon mit Gas f.; der Gänsebraten, die Gans wird mit Äpfeln gefüllt; der Zahnarzt hat den Zahn zunächst gefüllt *(mit einer Füllung versehen);* die Veranstalter konnten das Stadion nicht f.; der Saal war [bis auf den letzten Platz] gefüllt; der Stoff reicht, um mehrere Bände zu f.; adj. Part.: gefüllte Paprikaschoten; gefüllte Schokolade; er hat eine [gut] gefüllte Brieftasche *(viel Geld);* subst.: ich brauche noch Material zum Füllen; übertr.: (geh.:) das füllt meine Seele, mein Herz mit Hoffnung · ⟨jmdm., sich etwas f.⟩ der Ober füllt ihm wieder das Glas; er hat sich den Bauch, den Wanst gefüllt (ugs.; *viel gegessen*). **2.** ⟨etwas in etwas f.⟩ *in etwas schütten, einfüllen:* die Kartoffeln in Säcke f.; er hat den Wein in Flaschen gefüllt. **3.** ⟨etwas füllt sich⟩

etwas wird voll: die Badewanne füllt sich langsam; das Theater, das Stadion hat sich doch noch gefüllt *(war doch noch voll besetzt);* ihre Augen füllten sich mit Tränen (geh.). **4.** ⟨etwas füllt etwas⟩ *etwas füllt etwas aus, nimmt [Platz] in Anspruch:* der Aufsatz füllt mindestens zehn Seiten; das ganze Material füllt fünf Bände; die Bücher füllen das ganze Regal.

Fund, der: **1.** *gefundener, entdeckter Gegenstand:* frühgeschichtliche Funde; ein F. aus alten Zeiten; er hat seinen F. der Polizei gemeldet. **2.** *Entdeckung:* einen entscheidenden, überraschenden F. machen.

Fundament, das: *Grundmauern eines Gebäudes:* ein F. aus Betonpfählen; das F. ist zu schwach; das F. verstärken; das F. für ein Hochhaus legen; übertr.: *Grundlage:* ein breites, sicheres, festes F. für die technische Entwicklung; die Fundamente des Staates erschüttern.

fundieren (bildungsspr.) ⟨etwas f.⟩: *untermauern:* er hat seine These mit überzeugenden Argumenten fundiert; meist adj. Part.: er hat ein wohl, gut fundiertes Wissen; ein nicht sehr gut fundiertes *(nicht finanzstarkes)* Unternehmen; seine Beweisführung war schlecht fundiert.

fünf ⟨Kardinalzahl⟩: *5:* es sind/wir sind f. Mann; wir sind zu fünft, (ugs.:) zu fünfen, (geh.:) unser f.; es ist f. [Uhr]; er wird heute f. [Jahre alt]; subst.: er hat in Latein eine Fünf geschrieben; mit der Fünf *(Straßenbahnlinie 5)* fahren. * (ugs.:) **sich** (Dativ) **etwas an den fünf Fingern abzählen können** *(sich leicht denken können, leicht voraussehen können)* · (ugs.:) **fünf gerade sein lassen** *(etwas nicht so genau nehmen)* · (ugs.:) **seine fünf Sinne nicht richtig beisammenhaben** *(verrückt sein)* · (ugs.:) **seine fünf Sinne zusammennehmen** *(gut aufpassen).*

fünfte ⟨Ordinalzahl⟩: *5.:* er ist der f.; der f. von vorne, von rechts; das f. Schuljahr; subst.: sie spielen die Fünfte *(5. Sinfonie).* * **die fünfte Kolonne** *(Sabotagetrupp)* · (ugs.:) **das fünfte Rad am Wagen sein** *(in einer Gruppe nur geduldet, nur Anhängsel sein).*

Fünfziger ⟨in der Wendung⟩ **ein falscher** Fünziger/Fuffziger (ugs.): *unehrlicher, scheinheiliger Mensch.*

Funk, der: → Rundfunk.

Funke, der: → Funke[n].

funkeln ⟨etwas funkelt⟩: *etwas glitzert; blinkt:* die Sterne funkeln am Himmel; ihre Brillanten, Brillengläser funkelten; der Wein funkelt im Glas; vom Flugzeug aus sah man die funkelnden Lichter einer Großstadt; seine Augen funkelten [vor Zorn].

funken 1. a) ⟨etwas f.⟩: *etwas per Funk übermitteln:* SOS, seine Position f.; das Raumschiff hat die ersten Meßdaten zur Bodenstation gefunkt. **b)** *als Funker tätig sein:* die Schiffsbesatzung muß f. können; er funkt mit einem selbstgebastelten Apparat. **2.** (ugs.; landsch.) ⟨etwas funkt⟩ *etwas funktioniert:* der Apparat, das Heizgerät funkt nicht [richtig]; der Laden funkt *(klappt).* **3.** (ugs.) *schießen:* die feindliche Artillerie funkte pausenlos; der Mittelstürmer hat aufs Tor gefunkt. **4.** (ugs.) ⟨es funkt⟩ *es gibt Schläge:* wenn du nicht hörst, wird es gleich funken. **5.** (selten) ⟨etwas funkt⟩ *etwas erzeugt Funken:* das Metall funkt beim Schleifen; die Bahn funkt (an der Oberleitung). * (ugs.:) **bei jmdm. hat es gefunkt** *(jmd. hat endlich begriffen).*

Funke[n], der: *sprühendes glühendes Teilchen:* ein elektrischer F.; die Funken sprühen; der F. glimmt unter der Asche; ein überspringender F. entzündete das Benzin; mit etwas Funken schlagen; etwas wird durch einen Funken entzündet; übertr.: es genügt ein F., und der offene Aufstand bricht los; der Mannschaft fehlte der zündende F.; den Funken [der Begeisterung] entfachen; ihre Augen sprühten Funken *(blitzten vor Erregung).* * **ein Funke[n] [von]** ... *(ein bißchen):* wenigstens einen F. [von] Ehrgefühl, Anstand [im Leibe] haben; kein F./kein Fünkchen Hoffnung · **arbeiten, daß die Funken sprühen/fliegen** *(sehr eifrig arbeiten).*

Funktion, die: **1.** *Amt, Stellung [in einem größeren Ganzen]:* eine wichtige, verantwortungsvolle, untergeordnete F.; seine vielen Funktionen erlauben ihm nicht, noch dieses Amt anzunehmen; er hat die F. des Kassenprüfers; er erhielt eine neue F. in der Partei; jmdm. eine bestimmte F. übertragen; jmdn. von seiner F. entbinden. **2.** *bestimmende Tätigkeit, Aufgabe:* die F. des Herzens, der Milz; die F. der Kunst in der modernen Gesellschaft; die F. von etwas stören, unterbrechen; eine F. erfüllen; ein Wort nach/in seiner F. im Satz bestimmen. **3.** (Math./Physik) *gesetzmäßige Abhängigkeit:* eine lineare, algebraische, quadratische F.; eine F., mit zwei Variablen. * **in Funktion treten/sein** *(tätig werden/sein)* · **jmdn., etwas außer F. setzen** *(jmdn., etwas handlungsunfähig machen, etwas außer Betrieb setzen).*

funktionieren ⟨etwas funktioniert⟩: *etwas arbeitet, läuft ordnungsgemäß:* die Maschine, der Staubsauger, der Anlasser beim Auto funktioniert nicht; die Zusammenarbeit hat reibungslos funktioniert; ein gut funktionierendes System.

¹für ⟨Präp. mit Akk.⟩: **1.** ⟨zur Angabe des Ziels, des Zweckes, des Nutzens⟩ f. die Olympiade trainieren; die Arbeiter streiken f. höhere Löhne; f. die Unabhängigkeit kämpfen; ein Verein f. die Förderung junger Künstler; ein Plan f. die Steigerung der Produktion; subst.: das Für und Wider erwägen **2.** ⟨zur Angabe der Bestimmung, der Zuordnung, der Zugehörigkeit, der Hinwendung⟩ das Buch ist für dich; eine Sendung f. Kinder; ein Gedeck f. zwei Personen; f. etwas keine Garantie übernehmen; ich wünsche Ihnen viel Erfolg f. Ihre Arbeit; f. diese Behauptung gibt es keine Beweise; er schreibt f. eine Zeitung; er kandidiert f. das Amt des Präsidenten; er hat f. *(zugunsten)* eine ausländische Macht Spionage getrieben; f. einen Schauspieler, f. klassische Musik f. Spanien schwärmen; er hat keinerlei Verständnis f. diese Situation; f. so etwas habe ich nichts übrig; das ist nicht f. kleine Kinder; das ist f. mich *(was mich betrifft,)* nicht dasselbe; f. uns ist damit die Angelegenheit erledigt; f. Polizei und Feuerwehr wurde Großalarm gegeben; sein Tod ist f. die Familie, f. die Firma ein schwerer Verlust; es wäre f. Sie das beste, wenn Sie auf den Vergleich eingingen. **3.** (ugs.) *gegen:* ein gutes Mittel f. Kopfschmerzen, f. Sodbrennen; das Medikament ist ausgezeichnet f. Schwindelanfälle. **4.** ⟨zur Angabe einer Meinung, Beurteilung, Bewertung o. ä.⟩ jmdn. f. ein großes Talent, f. intelligent, f. sehr begabt halten; ich halte es f. richtig, nicht f. sinnvoll, sofort eine Entscheidung zu fällen; etwas f. ungültig erklären; sie ließ den Vermißten f. tot erklären. **5.** ⟨zur Angabe eines Grundes⟩ *wegen:* sich f. sein Fehlen, f. seine gehässige Bemerkung entschuldigen; er ist f. seine [Un]zuverlässigkeit bekannt; er hat f. seinen Glauben gelitten; er ist f. seine jahrelange Tätigkeit, f. seine großen Verdienste ausgezeichnet worden; f. diese Tat wurde er zu drei Jahren Gefängnis verurteilt. **6.** ⟨zur Angabe der Vertretung, des Ersatzes von jmdm., von etwas⟩ f. jmdn. *(an jmds. Stelle)* die Arbeit, den Dienst verrichten; ich bin f. ihn eingesprungen; sie arbeitet f. zwei *(ist sehr tüchtig)*; er spricht f. *(stellvertretend für)* die ganze Belegschaft; ich spreche nur f. mich *(das ist nur meine Meinung)*; ich gebe ihnen f. das beschädigte Exemplar ein anderes. **7.** ⟨zur Angabe der Gegenleistung, des Gegenwertes⟩ etwas f. einen günstigen Preis, f. eine stattliche Summe kaufen; f. einen alten Wagen viel Geld bezahlen; was verlangt er f. diese Gefälligkeit?; f. 100 Mark erhalten Sie 98 Franc. **8.** ⟨zur Angabe eines Verhältnisses, eines Vergleichs⟩ f. sein hohes Alter ist er noch sehr rüstig; der Junge ist f. sein Alter kräftig; f. die damalige Zeit war das eine bedeutende Leistung; f. einen Ausländer spricht er vorzüglich Deutsch; das ist kein Benehmen f. einen Mann; **9.** ⟨zur Angabe einer Zeitspanne, eines Zeitpunkts⟩ f. einige Wochen verreisen; f. die Dauer von 20 Minuten; er ist f. längere Zeit arbeitsunfähig geschrieben; ich will nicht f. mein ganzes Leben unglücklich werden; das Treffen ist f. Freitag, den 20. Mai, festgelegt; Sie sind f. 11 Uhr vorgemerkt. **10.** ⟨bezeichnet in Verbindung mit zwei gleichen Substantiven das Nacheinander, die Vereinzelung⟩ Tag f. Tag *(jeden Tag)* fährt er diese Strecke; wir haben die beiden Texte Wort f. Wort verglichen; Schritt f. Schritt *(etappenweise)* vorantreiben. **11.** (ugs.) ⟨in Verbindung mit „*was*" und einem Adjektiv oder Substantiv zur Angabe der Art oder Qualität⟩ was f. ein Mann!; er hat eine neue Freundin, und was f. eine!; was f. welche möchtest du haben? * **für sich** *(allein)*: er lebt sehr f. sich · **etwas für sich behalten** *(etwas nicht weitererzählen)* · **etwas hat etwas für sich** *(etwas hat gewisse Vorzüge)* · (ugs.:) **für nichts und wieder nichts** *(völlig umsonst)* · **an und für sich** *(eigentlich, im Grunde genommen)*: er ist an und f. sich ein netter Kerl · **fürs erste** *(zunächst, vorläufig)*.

²für ⟨Adverb; in der Verbindung⟩ für und für (dicht.): *[für] immer:* für und für bewahrte sie die Erinnerung an ihn.

Furche, die: *schmale Vertiefung im Boden:* er zog [mit dem Pflug] tiefe Furchen in den Boden; in den Furchen *(tiefen Wagenspuren)* ist das Regenwasser gefroren; bildl.: ein von Furchen durchzogenes Gesicht.

Furcht, die: **1.** *Angst:* eine kindliche, [un]begründete, unerklärliche F.; die F. vor der Prüfung, vor dem Tode, vor dem Feind; plötzlich erfaßte, überfiel, ergriff, packte ihn eine große F.; eine übertriebene F. vor jmdm. haben; F. verbreiten; jmdm. F. einjagen; aus F. vor Strafe ist er davongelaufen; in ständiger F. leben; jmdn. in F. und Schrecken setzen; vor F. zittern, erblassen. **2.** (veraltend) *Ehrfurcht:* in F. vor Gott leben.

furchtbar: **1.** *sehr schlimm, schrecklich:* ein furchtbares Unwetter; ein furchtbares Unglück, Verbrechen; er leidet an einer furchtbaren Krankheit; ihn hat ein furchtbares Schicksal getroffen; die Schmerzen sind f.; der Anblick war f.; der Diktator ist f. in seiner Wut (geh.); der Verletzte war f. entstellt; er ist ein furchtbarer (ugs.; *unangenehmer*) Mensch; das ist ja f. (ugs.; *das ist ärgerlich*). **2.** (ugs.) **a)** *[unangenehm] stark, sehr groß:* eine furchtbare Hitze, Kälte; eine furchtbare Müdigkeit befiel mich. **b)** ⟨verstärkend bei Adjektiven und Verben⟩ *sehr, überaus:* alles ist f. teuer; das ist f. einfach; das ist f. nett von Ihnen; er hat sich f. blamiert; wir haben f. gelacht.

fürchten: **1. a)** ⟨sich f.⟩ *Angst haben:* sich vor der Prüfung, vor einer Auseinandersetzung, vor dem Sterben f.; ich habe mich in der Dunkelheit gefürchtet; du brauchst dich nicht zu f.; subst.: jmdn. das Fürchten lehren; das Fürchten lernen; es war zum Fürchten. **b)** ⟨jmdn., etwas f.⟩ *scheuen; vor jmdm., vor etwas Angst haben:* Unannehmlichkeiten f.; er hat noch keinen Gegner gefürchtet; den Tod f. (geh.); adj. Part.: er ist ein gefürchteter Richter; er ist allgemein gefürchtet. **c)** ⟨mit abhängigem Gliedsatz⟩ *die Befürchtung haben:* ich fürchte, es ist bereits zu spät; er fürchtete, daß seine Kleidung ihn verraten könnte; die ganze Auseinandersetzung verlief so, wie ich gefürchtet hatte; ich fürchte, Sie haben recht. **2.** ⟨für jmdn., für etwas/um jmdn., um etwas f.⟩ *sich Sorge machen:* ich fürchte für/um ihn, für/um seine Gesundheit; jetzt fürchtet er um seine Gesundheit; jetzt fürchtet er um seinen Posten, für seine Karriere. **3.** (veraltend) ⟨jmdn. f.⟩ *vor jmdm. Ehrfurcht haben:* Gott f.

fürchterlich: **1.** *sehr schlimm, schrecklich:* ein fürchterliches Unglück; eine fürchterliche Krankheit; die Schmerzen im Kreuz sind f.; der Verletzte war f. zugerichtet; er ist ein fürchterlicher (ugs.; *unangenehmer*) Mensch. **2.** (ugs.) **a)** *[unangenehm] groß, sehr stark:* eine fürchterliche Hitze. **b)** ⟨verstärkend bei Adjektiven und Verben⟩ *sehr, überaus:* es war f. kalt; sich f. betrinken; er hat sich f. blamiert. → furchtbar.

furchtsam: *ängstlich:* ein furchtsames Kind; sie ist sehr f.; du darfst dich nicht immer so f. zeigen.

Furie, die: *Rachegöttin; rasendes, wütendes Wesen:* die Furien des Krieges; wie von Furien gejagt, lief er davon; sie ist eine wahre F. (ugs.; *ein wütendes Weib*).

Fürsorge, die: **1.** *besondere [soziale] Betreuung, Pflege:* väterliche, kirchliche, öffentliche F.; ihre F. galt den elternlosen Kindern. **2. a)** *Unterstützungs-, Sozialamt:* die F. zahlt ihm eine Unterstützung; er fällt der F. zur Last. **b)** *Unterstützungsgeld:* er bekommt [monatlich 200 Mark] F.; von der F. leben.

Fürsprache, die (geh.): *Empfehlung:* er genießt die F. einer einflußreichen Persönlichkeit; bei jmdm. F. für jmdn. einlegen; auf/durch F. seines Onkels bekam er diesen Posten.

Fürst, der: *Angehöriger des hohen Adels:* die deutschen Fürsten; ein regierender F.; ein F. aus regierendem Hause; Sprichw.: gehe nie zu deinem Fürst *(Chef)*, wenn du nicht gerufen wirst. ∗ **wie ein Fürst leben** *(aufwendig leben)*.

fürstlich: **1.** *den Fürstenadel betreffend:* die fürstliche Familie; das ehemals fürstliche Schloß. **2.** *großzügig, aufwendig:* er macht immer fürstliche Geschenke; f. leben; jmdn. f. bewirten, bezahlen, belohnen.

Fuß, der: **1.** */ein Körperteil/:* ein schmaler, schlanker, zierlicher, breiter, plumper F.; der F. eines Menschen, eines Tieres; der F. ist geschwollen; große Füße haben; laufen, so weit/so schnell die Füße tragen; ich habe [mir] den F. verstaucht, vertreten, verknackst (ugs.), gebrochen; den F. auf die Erde setzen, in die Tür stellen (damit sie der andere nicht zumachen kann); ich habe im Auto ganz kalte Füße bekommen; ich werde keinen F. mehr über seine Schwelle setzen *(sein Haus, seine Wohnung nicht mehr betreten);* sich (Dativ) die Füße waschen; sie ging leichten Fußes die Treppe hinauf; ich kam noch trockenen Fußes nach Hause; Blasen an den Füßen haben; ich friere, es friert mich an den Füßen; jmdm. auf dem F. *(unmittelbar)* folgen; mit voller Wucht trat er mir auf den F.; die Mannschaft stand Gewehr bei F. (militär.); sich (Dativ) einen Splitter in den F. treten; mit den Füßen auf den Boden stampfen; über seine eigenen Füße stolpern; einen F. vor den anderen setzen; gut, schlecht zu F. sein; zu F. kommen, gehen; jmdm. zu Füßen fallen; er warf sich ihm zu Füßen und bat ihn inständig; die Studenten, zwei Hunde saßen ihm zu Füßen (geh.); ein Stock, ein Draht geriet mir zwischen die Füße. **2. a)** *tragender Teil von Gegenständen:* ein dünner, massiver F.; der F. eines Stuhles, des Schrankes; der F. des Leuchters, des Glases ist abgebrochen; die Füße sind für diese Belastung zu schwach; die Füße des Tisches absägen. **b)** *unterer Teil, Sockel:* der F. einer Säule, eines Turmes, eines Gebirges; das Haus liegt am F. des Berges; sie legten am F. des Denkmals Kränze nieder. **3.** */ein altes Längenmaß/:* das Grundstück ist 100 F. lang und 80 F. breit; ein Rohr von 50 F. Länge. **4.** (Metrik)*/Verseinheit/* der Hexameter hat sechs Füße. **5.** *Teil des Strumpfes:* den F. anstricken *(verlängern);* am F. ist ein Loch; der Strumpf hat ein Loch im F. ∗ **stehenden Fußes** *(sofort)* · **[festen] Fuß fassen: a)** *([beim Klettern] Halt gewinnen).* **b)** *(heimisch werden; festen Boden unter die Füße bekommen)* · (ugs.:) **kalte Füße bekommen** *(ein Vorhaben aufgeben, weil man Angst bekommen hat)* · **etwas hat Hand und Fuß** *(etwas ist gut durchdacht)* · (ugs.:) **etwas hat Füße bekommen** *(etwas ist verschwunden, nicht mehr zu finden)* · (ugs.:) **sich** (Dativ) **die Füße nach etwas ablaufen/wund laufen** *(viele Gänge machen, um etwas zu finden, zu erreichen)* · (ugs.:) **sich** (Dativ) **etwas die Füße vertreten** *(sich etwas Bewegung verschaffen)* · (ugs.:) **sich** (Dativ) **kalte Füße holen** *(mit etwas keinen Erfolg haben)* · **jmdm. den Fuß in/auf den Nacken setzen** *(jmdn. seine Macht fühlen lassen)* · (ugs.:) **die Füße/die Beine unter jmds. Tisch strecken** *(noch von jmdm. ernährt, unterhalten werden)* · **auf eigenen Füßen stehen** *(wirtschaftlich unabhängig sein)* · **auf freiem Fuß sein** *(in Freiheit sein)* · (Rechtsw.:) **jmdn. auf freiem Fuß belassen** *(jmdn. nicht inhaftieren)* · **jmdn. auf freien Fuß setzen** *(jmdn. freilassen)* · **auf großem Fuß leben** *(aufwendig leben)* · **mit jmdm. auf freundschaftlichem o. ä. Fuß stehen** *(mit jmdm. ein freundschaftliches o. ä. Verhältnis haben)* · **etwas steht auf schwachen/schwankenden/tönernen/wackligen** (ugs.) **Füßen** *(etwas ist nicht sicher)* · **auf festen Füßen stehen** *(eine sichere Grundlage haben)* · (ugs.:) **immer [wieder] auf die Füße fallen** *(aus allen Schwierigkeiten ohne Schaden hervorgehen)* · **mit beiden Füßen [fest] auf der Erde stehen** *(die Dinge realistisch sehen; lebenstüchtig sein)* · **etwas folgt auf dem Fuß[e]** *(etwas folgt, geschieht sofort nach etwas)* · **jmdn., etwas mit Füßen treten** *(jmdn., etwas mißachten)* · **mit Händen und Füßen reden** *(wild gestikulierend reden)* · (ugs.:) **sich mit Händen und Füßen gegen etwas wehren/sträuben** *(sich sehr heftig gegen etwas wehren)* · (ugs.:) **mit dem linken Fuß zuerst aufgestanden sein** *(schlecht gelaunt sein)* · **mit einem Fuß im Grabe stehen** *(dem Tod sehr nahe sein, in einer gefährlichen Lage sein)* · **den Boden unter den Füßen verlieren** *(die Grundlage verlieren; haltlos werden)* · **festen Boden unter den Füßen haben** *(eine sichere Grundlage haben)* · (ugs.:) **jmdm. brennt der Boden unter den Füßen; jmdm. wird der Boden unter den Füßen zu heiß** *(jmdm. wird es an seinem Aufenthaltsort zu gefährlich)* · (ugs.:) **jmdm. etwas vor die Füße werfen** *(eine Arbeit nicht mehr weiterführen)* · **jmdm. zu Füßen liegen** *(jmdn. verehren)* · (geh.:) **jmdm. etwas zu Füßen legen** *(jmdm. etwas aus Verehrung überreichen, schenken)*.

Fußboden, der: → Boden.

Fußbreit, der: *Breite eines Fußes:* keinen F. [seines Geländes] abtreten, abgeben; jeden F. seines Landes verteidigen; es wurde um jeden F. Boden hart gekämpft; übertr.: keinen F. *(kein bißchen)* von etwas abweichen, abrücken.

fußen ⟨etwas fußt auf etwas⟩: *etwas beruht auf etwas:* das Gutachten fußt auf statistischen Erhebungen; vieles fußt nur auf Tradition; etwas fußt auf einem Vertrag.

Fuß[s]tapfe, die: *Fußspur:* im neuen Schnee sind tiefe Fuß[s]tapfen. ∗ **in jmds. Fuß[s]tapfen treten** *(jmds. Vorbild folgen)*.

futsch (ugs.): *verloren, dahin:* das ganze Geld, alles ist f.; Redensart: f. ist f., und hin ist hin.

Futter, das: **I.** *Tiernahrung:* frisches, grünes, trockenes F.; F. schneiden, holen; die Tiere müssen im Winter nach F. suchen; F. in die Raufe schütten; die Pferde müssen noch ihr F. bekommen; F. für die Vögel streuen; das Vieh ist gut im F. *(ist gut genährt)*. **II.** *Stoffauskleidung:* helles, glänzendes, einfarbiges F.; ausknöpfbares F./ein F. zum Ausknöpfen; ein F. aus Seide; das F. in der Tasche ist zerrissen; das F. einnähen, einsetzen; Briefumschläge mit F.

futtern (fam.): **a)** ⟨gewöhnlich mit Artangabe⟩ *essen:* er futtert kräftig, tüchtig, wie ein Scheunendrescher. **b)** ⟨etwas f.⟩ *etwas essen:* er hat so viele Süßigkeiten gefuttert, daß er jetzt keinen Appetit mehr hat.

füttern: **I. 1. a)** ⟨jmdn. f.⟩ *jmdm. Futter geben:* die Pferde, die Kühe f.; die Schweine mit Kartoffeln f.; die Tiere im Zoo dürfen nicht gefüttert werden. **b)** ⟨etwas f.⟩ *etwas als Futter geben:* Klee, Hafer f. **2.** ⟨jmdn. f.⟩ *jmdm. die Nahrung in den Mund geben:* einen Säugling, ein Kind f.; man muß den Kranken f. **II.** ⟨etwas f.⟩ *mit einem Futter ausstatten:* das Kostüm, den Ärmel f.; den Mantel mit Pelz f.; adj. Part.: gefütterte Handschuhe; der Rock ist vollständig, ist auf Taft gefüttert; die Briefumschläge sind mit Seidenpapier gefüttert.

G

Gabe, die: **1. a)** (geh.) *Geschenk:* ein kühler Trunk ist eine G. Gottes; die Gaben *(Früchte)* der Felder. **b)** *Almosen:* eine milde, eine fromme G.; die Gaben verteilen; um eine G. bitten. **2.** *Begabung, Talent:* eine seltene, außergewöhnliche G.; seine geistigen Gaben *(intellektuellen Fähigkeiten)* nicht nutzen; er besaß die G. der Rede; sie hatte die G., sich über alles hinwegzusetzen; ein junger Mann von großen Gaben, mit glänzenden Gaben.

Gabel, die: **a)** */ein Eßgerät/:* eine kleine G.; eine G. mit zwei Zinken; mit Messer und G. essen; er spießte ein Stück Fleisch mit der G. auf, auf die G. auf. **b)** *Heu-, Mistgabel:* der Bauer lädt das Heu mit der G. auf. **c)** *Vorrichtung beim Telephon, auf der der Hörer liegt:* wütend warf er den Hörer auf die G.

gabeln ⟨sich g.⟩: *sich teilen, in verschiedene Richtungen auseinandergehen:* der Weg gabelt sich [hinter der Brücke].

gackern: *einen gackernden Laut von sich geben /von Hühnern/:* die Henne gackert, wenn sie ein Ei gelegt hat; bildl.: die Mädchen lachten und gackerten.

gaffen (abwertend): *neugierig, aufdringlich starren:* blöde, neugierig g.; alle blieben stehen und gafften auf den Fremden; die Leute standen gaffend um die Unfallstelle.

gähnen: **1.** *vor Müdigkeit, Langerweile den Mund weit öffnen und dabei tief atmen:* tief, laut, unverhohlen g.; mit aufgerissenem Mund g.; subst.: beim Gähnen die Hand vor den Mund halten; ein Gähnen unterdrücken. **2.** (geh.) ⟨etwas gähnt; mit Umstandsangabe⟩ *etwas bildet eine weite, tiefe Öffnung; klafft:* ein Abgrund, ein Loch gähnte vor ihnen; die große Grube gähnte schwarz; die Schränke gähnen leer *(sind ganz leer).* * **es war/herrschte gähnende Leere** *(es waren auffällig wenig Besucher anwesend):* im Theater herrschte gähnende Leere.

Galgen, der: **a)** (hist.) *Pfahl mit Querbalken, an den zum Tode Verurteilte gehängt wurden:* auf dem Marktplatz wurde ein G. errichtet; er wurde zum G. verurteilt, kam an den G., endete am Galgen *(wurde gehängt).* **b)** (Filmw.) *Vorrichtung, an der das Mikrophon hängt:* der G. muß näher zum Schauspieler gerückt werden. * **jmdn. an den Galgen bringen** *(jmdn. der Bestrafung ausliefern)* · **reif für den Galgen sein** *(verdienen, bestraft zu werden).*

Galle, die: **a)** *Organ im Körper, in dem sich der aus der Leber ausgeschiedene Saft sammelt:* die G. ist gereizt, entzündet; sie mußte sich an der G. operieren lassen; er hat es an der G. **b)** *Gallensaft:* G. brechen. * **bitter wie Galle** *(sehr bitter)* · **jmdm. läuft die Galle über; jmdm. kommt die Galle hoch** *(jmd. wird wütend)* · **Gift und Galle speien/spucken** *(sehr wütend sein, ausgesprochen gehässig werden).*

Galopp, der: *schnelle, auf ausgreifenden Sprüngen beruhende Gangart des Pferdes:* ein wilder, schwerfälliger, gestreckter, kurzer G.; er nahm die Hürde in fliegendem G.; G., im G. reiten; er setzte das Pferd in G. * (ugs.:) **im Galopp** *(schnell, flüchtig):* er hat den Aufsatz im G. geschrieben.

galoppieren: **a)** *im Galopp laufen, reiten:* das Pferd begann zu g.; die Reiter haben/(auch:) sind zwanzig Minuten galoppiert. **b)** ⟨mit Raumangabe⟩ *sich galoppierend fortbewegen:* über die Felder g.; wir sind durch das Waldstück galoppiert.

gang (schweiz. auch: gäng) ⟨in der Verbindung⟩ g. und gäbe sein: *allgemein üblich sein:* diese Methoden sind hier g. und gäbe.

Gang, der: **1.** *Art des Gehens:* ein aufrechter, gebückter, schneller, langsamer, jugendlicher, elastischer G.; sein G. war schwer und schleppend; er beschleunigte seinen G.; wir erkannten ihn gleich an seinem G. **2.** *das Gehen; Weg, den man macht:* ein G. durch den Park, durch das Museum; sein erster G. war, führte ihn zu seiner Frau; ich muß noch mehrere Gänge in der Stadt erledigen *(mehrere Besorgungen machen).* **3.** *Bewegung [einer Maschine]:* der Motor hat einen ruhigen, gleichmäßigen, lauten G.; den G. der Maschine überwachen, regeln; die Maschine in G. bringen, halten, setzen. **4.** *Verlauf:* der G. der Dinge, der Geschichte hat das ganz klar bewiesen; der G. der Geschäfte, der Verhandlungen ist ziemlich unbefriedigend; wir dürfen in den G. der Untersuchung nicht eingreifen. **5.** (Sport) *Abschnitt eines Kampfes:* es sind noch drei Gänge auszutragen; er war nach dem zweiten G. kampfunfähig. **6.** *Gericht bei einem Mahl:* das Festessen hatte mehrere Gänge; was gibt es als zweiten G.?; der Minister gab ein Essen mit vier Gängen. **7. a)** *langer, an den Seiten abgeschlossener Weg:* ein langer, schmaler, gedeckter G.; durch einen unterirdischen G. gelangt man ins Freie; Bergmannsspr.: die Gänge *(Adern)* des Erzes im Bergwerk. **b)** *Korridor:* ein langer, finsterer, schwach beleuchteter G.; der G. im 3. Stock; dieser G. führt in den Hof; auf den G. hinaustreten; auf/in den Gängen soll man keinen Lärm machen; die Tür schließt nach dem G. **8.** *Übersetzungsstufe bei Fahrzeugen: das* Fahrrad hat vier Gänge; den ersten G. einlegen, einschieben, herausnehmen (ugs.); vom ersten auf den zweiten G. schalten; er, das Auto fuhr im dritten G. * **etwas in Gang bringen/setzen** *(bewirken, daß etwas allmählich beginnt):* der Minister brachte die Verhandlungen in G. · **etwas in Gang halten** *(verhindern, daß etwas zum Stillstand kommt):* die Aktion konnte nur mit Mühe in G. gehalten werden · **etwas kommt in Gang** *(etwas beginnt allmählich, nach längeren Vorbereitungen)* · **etwas ist im Gang**[e]: **a)** *(etwas geschieht, geht vor sich, wird durchgeführt):* die Vorbereitungen sind noch im Gang; das Fest ist bereits in vollem Gange. **b)** *(etwas wird heimlich geplant, vorbereitet):* gegen den Minister scheint etwas im Gange zu sein · (nachdrücklich:) **etwas ist in Gang** *(etwas geht, ist in Betrieb):* die Anlage ist die ganze Nacht in G. · (geh.:) **der letzte Gang** *(Beerdigung)* · **etwas geht seinen Gang** *(etwas verläuft in gewohnter Weise):* im Betrieb geht alles seinen [alten] G.

Gängelband ⟨nur in bestimmten Wendungen⟩ **jmdn. am Gängelband führen/haben/halten** *(jmdm. dauernd vorschreiben, wie er sich zu verhalten hat):* er ließ sich nicht mehr am G. führen · **am Gängelband gehen** (in kleinlicher Weise dauernd bevormundet werden).

gängeln ⟨jmdn. g.⟩: *jmdm. dauernd vorschreiben, wie er sich zu verhalten hat:* der Sohn wollte sich nicht länger von seiner Mutter g. lassen; der Wähler läßt sich von der Partei nicht g.

gängig: **1.** *allgemein üblich, bekannt:* eine gängige Meinung; gängige Methoden, Münzen; er beherrscht die gängigsten *(am meisten gebrauchten)* Sprachen. **2.** *oft gekauft; leicht zu verkaufen:* eine gängige Ware, Sorte; diese Figuren gehören zu den gängigsten Artikeln unseres Geschäfts.

Gans, die: **1.** /*eine Geflügelart*/: eine junge, fette G.; die G. schnattert, watschelt über den Hof; Gänse hüten; eine G. füttern, mästen, nudeln, rupfen, ausnehmen, mit Äpfeln füllen, braten; Redensart: er macht ein Gesicht wie eine G., wenn's donnert (ugs.; *er macht ein verdutztes Gesicht*). **2.** (ugs.) /*Schimpfwort für eine dumme weibliche Person*/: eine neugierige, unerfahrene G.; du bist eine blöde G.!; die dummen Gänse kichern die ganze Zeit.

Gänsefüßchen, die (ugs.) ⟨Plural⟩: *Anführungszeichen:* ein Wort in G. setzen.

Gänsehaut, die: *von Kälte, Schrecken o. ä. verursachte Beschaffenheit der Haut, die der einer gerupften Gans ähnlich sieht:* er hat vor Kälte, Furcht eine G.; eine G. bekommen, kriegen (ugs.). * **jmdm. läuft eine G. über den Rücken** *(jmdm. schaudert):* bei dem Kriminalfilm lief ihm eine G. über den Rücken.

Gänsemarsch ⟨in der Verbindung⟩ im Gänsemarsch (ugs.): *in einer Linie hintereinander:* sie zogen im G. über den Marktplatz.

ganz: **1. a)** *gesamt, alle:* g. Deutschland; die ganze Welt; das ist mein ganzes Vermögen; den ganzen Sommer über war schönes Wetter; er mußte seine ganze Kraft aufbieten; in g. Europa gibt es keine schönere Stadt; der Junge ist ihr ganzer Stolz; er ist der ganze Vater (ugs.; *er ist dem Vater sehr ähnlich*); ein ganzer Kerl, Mann sein *(ein Mann sein, auf den man sich in jeder Hinsicht verlassen kann)*; /auch als Ausdruck einer Verstärkung/: die Reparatur hat ganze vier Wochen gedauert; subst.: man muß den Blick aufs Ganze richten; das Ganze im Auge haben; der Staat als Ganzes · in ganzen *(vollständigen)* Sätzen antworten; mit der ganzen *(vollen)* Wahrheit herausrücken; hochsprachlich nicht korrekt: die ganzen Leute *(alle Leute)*. **b)** (ugs.) *nur* /in Verbindung mit Kardinalzahlen/: das Buch hat ganze fünf Mark gekostet; er hat die Arbeit mit ganzen zwei Mann geschafft. **c)** *ziemlich groß, ziemlich viel:* er hat eine ganze Menge Geld verspielt. **2.** (ugs.) *heil, nicht entzwei; unbeschädigt:* sie hat kein ganzes Paar Strümpfe mehr; die Schüssel ist g.; bei der Feier sind alle Gläser g. geblieben; der Vater machte das Spielzeug wieder g. **3.** *völlig, vollkommen:* er hat den Kuchen g. aufgegessen; das Essen ist g. kalt; es ist g. still; dieses Buch ist g. *(sehr)* schlecht; sein Name ist mir g. unbekannt; er ist g. der Vater (ugs.; *er ist dem Vater sehr ähnlich*); ich habe es g. vergessen; er ist g. der Mann *(er ist sehr gut geeignet)* für diese Aufgabe; er denkt g. wie ich; er hat es g. allein geschafft. **4.** *ziemlich, aber nicht hervorragend:* das Essen hat g. gut geschmeckt; der neue Nachbar ist g. nett; der Film hat mir g. gut gefallen; das ist zwar g. schön, aber hier ist es fehl am Platz. * **von ganzem Herzen: a)** *(sehr herzlich)*. **b)** *(aus voller Überzeugung)* · **ganze Zahlen** *(nicht aus einem Bruch bestehende Zahlen)* · **auf der ganzen Linie** *(völlig):* er hat auf der ganzen Linie versagt · **ganze Arbeit leisten** *(etwas so gründlich tun, daß nichts mehr zu tun übrig bleibt)* · **im ganzen: a)** *(insgesamt):* er war im ganzen dreimal in Italien. **b)** *(alles zusammen, nicht einzeln):* er verkauft seine Bibliothek im ganzen · **im großen [und] ganzen** *(im allgemeinen, insgesamt)* · (ugs.:) **aufs Ganze gehen** *(eine Entscheidung herbeiführen wollen; alles wagen, um etwas zu erreichen)* · **etwas ist nichts Ganzes und nichts Halbes** *(etwas ist zu wenig, als daß man etwas damit anfangen könnte)* · **ganz und gar** *(völlig):* er hat g. und gar versagt · **voll und ganz** *(ohne jede Einschränkung):* ich unterstütze deine Pläne voll und g. · **ganz Ohr sein** *(gespannt zuhören):* erzähle nur, ich bin g. Ohr.

gänzlich: *völlig, ganz:* der gänzliche Zusammenbruch (selten); das ist g. überflüssig; das Haus wurde g. zerstört; er hat es g. vergessen.

gar: I. ⟨Adj.⟩ **1.** *genügend gekocht, gebraten oder gebacken:* gares Fleisch; die Kartoffeln sind g.; das Gemüse ist g.; das Huhn langsam g. kochen. **2.** (ugs.; oberd.:) *zu Ende:* das Geld ist g.; die Vorräte sind bald g. **3.** (Landw.) *die besten Voraussetzungen für das Gedeihen der Pflanzen habend:* der Boden ist g. **II.** ⟨Adverb⟩ **1.** *überhaupt:* er hat gar nichts gesagt; das ist g. nicht wahr; er gehört g. nicht zu uns; ich hätte g. zu gern teilgenommen, aber ich hatte keine Zeit; g. keine Ahnung haben; davon kann g. keine Rede sein. **2.** /*als verstärkende Partikel, z. T. ohne eigentliche Bedeutung*/: ich wollte Sie nicht kränken oder g. *(sogar)* beleidigen; g. (geh., veraltend; *sehr*) bald, schön, traurig; sie stellten gar zu *(allzu)* hohe Ansprüche; ich hätte g. zu *(allzu)* gern gewußt, was er denkt; rede doch nicht g. so (geh., veraltend; *so unmäßig*) viel; g. (geh., veraltend; *so*) mancher war von dem Anblick gerührt; der Vorfall gestern war schon unangenehm, nun g. *(erst)* der Streit heute; kommst du mit der Bahn oder g. *(etwa, vielleicht)* im eigenen Auto?; sie wird doch nicht g. *(etwa am Ende)* krank sein? * **ganz und gar** *(völlig):* das ist ganz und g. falsch.

Garantie, die: *Gewähr, Bürgschaft:* rechtliche Garantien; auf der Röhre ist noch G., auf die Röhre haben Sie noch G.; die Firma gibt, leistet für /(auch:) auf den Kühlschrank ein Jahr G.; eine G. verlangen, bieten, übernehmen; eine Uhr mit einem Jahr G.; die Reparatur fällt noch unter G., geht noch auf G. (ugs.); ich gebe dir meine G. darauf (ugs.; *ich versichere es dir*). * (ugs.:) **unter Garantie** *(ganz sicher):* du kommst unter G. zu spät.

garantieren: a) ⟨jmdm. etwas g.⟩ *jmdm. etwas zusichern:* jmdm. freien Zugang g.; wir garantieren Ihnen ein sicheres Einkommen; wenn du nicht mehr lernst, fällst du durch, das garantiere ich dir. **b)** ⟨etwas g.⟩ *die Gewähr geben für etwas:* die Verfassung garantiert die Rechte der Bürger; das Auftreten des Schauspielers garantiert ein volles Haus; adj. Part. (ugs.): *sicher:* er hat es garantiert vergessen. **c)** ⟨für etwas g.⟩ *für etwas Garantie geben, bürgen:* der Händler garantiert für die Qualität der Ware; für den Erfolg kann ich nicht g.

Garaus ⟨in der Wendung⟩ jmdm. den Garaus machen (ugs.): *jmdn. umbringen:* er hat seinem Rivalen den G. gemacht; übertr.: wir werden dieser Propaganda den G. machen *(ihr ein Ende bereiten).*

Garbe, die: **1.** *Getreidebündel:* eine G. binden; die Garben zusammentragen, aufstellen; das Getreide in/zu Garben binden. **2.** *Serie von schnell abgefeuerten Geschossen in kegelförmiger Streuung:* von der G. eines MG zerfetzt werden.

Gardine, die: *leichter Vorhang an Fenstern:* weiße, gestreifte Gardinen; die Gardinen sind bei der Wäsche eingelaufen; die G. auf-, zuziehen; Gardinen aufhängen, abnehmen, waschen, spannen; Gardinen für ein Fenster nähen. * (ugs.:) **hinter schwedischen Gardinen** *(im Gefängnis):* er sitzt hinter schwedischen Gardinen, wird noch einmal hinter schwedische Gardinen kommen.

Gardinenpredigt, die (ugs., scherzh.): *Strafpredigt der Frau an den Ehemann:* seine Frau hielt ihm eine G.

gären: 1. ⟨etwas gärt⟩ *etwas verändert sich durch chemische Zersetzung:* der Most, das Bier gärt; der Teig gärte/gor; der Wein ist/hat gegoren/(seltener:) ist/hat gegärt; gegorener *(durch Gärung verdorbener)* Saft. **2. a)** ⟨etwas gärt in jmdm., etwas⟩ *etwas brodelt, verursacht in jmdm. Unruhe:* der Haß, die Wut gärt in ihm; der Aufruhr gärte/(selten:) gor im Volk. **b)** ⟨es gärt in/unter jmdm.⟩ *es herrscht Unruhe, Unzufriedenheit in jmdm.:* im Volk, in der Menge gärte es; es gärt in ihm; unter der unterdrückten Bevölkerung hat es schon lange gegärt, bevor es zum Aufstand kam.

Garn, das: **1.** *Faden aus Fasern:* feines, dünnes G.; G. ab-, aufspulen, färben; Flachs zu G. spinnen. **2.** (Jägerspr.) *Netz:* die Jäger treiben, locken das Wild ins G. * (ugs.:) **ein Garn spinnen** *(eine unwahre, phantastische Geschichte erzählen):* der alte Kapitän spinnt wieder sein G. · **jmdm. ins G. gehen** *(auf jmds. List hereinfallen).*

garnieren ⟨etwas g.⟩: *verzieren, schmücken:* eine Torte, den Braten g.; der Tisch war mit Blumen garniert; Handw.: einen Hut g.; übertr.: er garnierte seine Rede mit lateinischen Zitaten.

garstig: a) (veraltend) *abscheulich, häßlich:* ein garstiger Geruch; das Wetter war diesen Sommer recht g.; in den Umkleideräumen roch es g. **b)** *unfreundlich, frech, ungezogen:* ein garstiges Kind; du bist aber heute sehr g. [zu mir]; sich g. benehmen.

Garten, der: *kleines Stück Land für den Anbau von Gemüse, Blumen o. ä.: ein* gepflegter, verwilderter, ländlicher, blühender, schattiger G.; öffentliche, botanische, zoologische Gärten; der Garten des Schlosses war ganz verwildert; einen G. anlegen; den G. umgraben, hegen, gießen; wir haben einen schönen G.; die Kinder spielen im G.; in den G. gehen.

Gas, das: **a)** *unsichtbarer, luftförmiger Stoff:* giftiges G.; brennende Gase; G. verdünnen, verflüssigen, einen Ballon mit G. füllen. **b)** *Stadtgas:* das G. anzünden; das G. strömt aus; mit G. kochen; die Stadtwerke haben ihm das G. gesperrt. **c)** *Treibstoff, Brennstoffgemisch beim Kraftfahrzeug:* G. geben *(das Gaspedal drücken und dadurch den Wagen beschleunigen);* G. wegnehmen; vom G. [weg]gehen; aufs G. (ugs.; *Gaspedal*) treten.

Gasse, die: *schmale Straße:* eine enge, winklige, steile, holprige G.; er wohnt in einer abgelegenen G.; er kaufte zwei Flaschen Bier über die G. (östr.; *zum Mitnehmen*); übertr.: die Spieler bildeten eine G. *(ein Spalier)* für den Schiedsrichter; er bahnte sich eine G. *(einen Weg)* durch die Menge. * (ugs.; abwertend) **Hansdampf in allen Gassen sein** *(überall dabeisein und sich auskennen).*

Gast, der: **a)** *jmd., der eingeladen wurde:* ein seltener, häufiger, ungebetener, gern gesehener, hoher, illustrer (bildungssprachl.) G.; seien Sie bitte mein G.; die Gäste, empfangen, begrüßen, bewirten, unterhalten; wir haben heute abend Gäste; der Hausherr kümmert sich um seine Gäste; bei jmdm. zu G. sein. **b)** *gastierender Künstler:* als G. auftreten; eine Aufführung mit prominenten Gästen. **c)** *Besucher eines Lokals:* wir waren die letzten Gäste; der Wirt begrüßte den Gast.

Gastfreundschaft, die: *Bereitschaft, Gäste aufzunehmen:* jmds. G. genießen, in Anspruch nehmen; jmdm. G. gewähren; ich bedanke mich für Ihre G.; er wurde mit großer G. aufgenommen.

Gatte, der: **1.** (geh.) *Ehemann:* ein zärtlicher, aufmerksamer G.; wie geht es Ihrem Gatten?; sie besuchte in Begleitung ihres Gatten das Konzert. **2.** (veraltend) ⟨Plural⟩ *Eheleute:* beide Gatten stammen aus München.

Gattin, die (geh.): *Ehefrau:* grüßen Sie bitte Ihre G.; empfehlen Sie mich Ihrer G.

Gattung, die: *Gruppe von Dingen oder Lebewesen mit gemeinsamen Merkmalen:* die drei literarischen Gattungen (Epik, Lyrik, Dramatik). Biolog.: Zuckerahorn gehört zur G. Ahorn; diese G. von Tieren ist bereits ausgestorben.

Gaul, der: **a)** (abwertend) *schlechtes Pferd:* ein alter, magerer G.; der G. trottete langsam dahin; Sprichw.: einem geschenkten G. schaut man nicht ins Maul *(ein Geschenk prüft man nicht kleinlich nach).* **b)** (westd., ugs.) *Pferd.* → Pferd.

Gaumen, der: *obere Wölbung der Mundhöhle:* der vordere, hintere G.; sein G. ist ganz trocken;

mir klebt [vor Durst] die Zunge am G.; bildl.: das kitzelt den G. *(macht Appetit);* übertr.: einen feinen G. haben *(ein Feinschmecker sein);* das schmeichelt, beleidigt den G.; das ist etwas für meinen G.! *(das schmeckt mir!)*.

Gauner, der (abwertend): *Betrüger, Schwindler:* ein schlauer, gerissener G.; dieser G. hat mich betrogen; die Polizei fängt nur die kleinen Gauner.

Gebäck, das: *kleines Backwerk:* süßes, knuspriges G.; zum Tee gab es G.; G. anbieten.

Gebälk, das: *Gesamtheit der Balken eines Bauwerks:* morsches, verkohltes G.; das G. ächzt, stürzt ein; nachts krachte es im G. * **es knistert im Gebälk** *(etwas tritt in eine kritische Phase, wird von etwas bedroht):* die Regierung wird sich nicht mehr lange halten, es knistert bereits im G.

Gebärde, die: *Bewegung, die eine Empfindung o. ä. ausdrückt:* eine auffallende, feierliche, beschwichtigende, bedauernde, verzweifelte, hilflose G.; er machte eine drohende G., als wollte er mich angreifen; er pflegt seine Reden mit Gebärden zu begleiten, durch Gebärden zu unterstreichen.

gebärden (abwertend) ⟨sich g.; mit Artangabe⟩: *sich auffällig verhalten:* sich wütend, sonderbar, wild, unvernünftig g.; er gebärdete sich wie toll, wie ein Wahnsinniger.

Gebaren, das: *auffälliges Benehmen:* ein schüchternes, auffälliges G.; der Verbrecher fiel durch sein sonderbares G. auf; sein weltmännisches G. hat mich getäuscht.

gebären ⟨[jmdn.] g.⟩: *[ein Kind] zur Welt bringen:* Zwillinge g., die Frau gebärt/(veraltend:) gebiert ihr erstes Kind; sie gebar ihrem Gatten zwei Kinder (geh.); ich wurde am 1. Mai 1970/am 1. Mai 1970 wurde ich in Berlin geboren; unter Schmerzen, ohne Komplikationen g.; diese Frau hat noch nicht geboren; die meisten Frauen g. heute im Krankenhaus; übertr. (geh.): *hervorbringen:* Haß gebiert neuen Haß; adj. Part. **a)** /zur Angabe des Mädchennamens bei einer verheirateten Frau/: Frau Marie Berger geb. Schröder; sie ist eine geborene Schröder. **b)** *von Natur aus begabt:* er ist der geborene/ein geborener Kaufmann. * **zu etwas geboren sein** *(alle Fähigkeiten haben für etwas):* er ist zum Schauspieler geboren.

Gebäude, das: *großer Bau:* ein großes, öffentliches, repräsentatives G.; das neue G. des Theaters wird nächstes Jahr fertig; alle öffentlichen Gebäude hatten geflaggt.

geben: 1. ⟨jmdm. etwas g.⟩ *schenken, spenden:* dem Bettler eine milde Gabe g.; der Vater gibt dem Kind Geld für ein Buch; der Baum gab uns Schatten (geh.); bildl.: sie gab ihm ihre ganze Liebe; ⟨auch ohne Dativ⟩ die meisten Anwesenden, Mitglieder der Gemeinde gaben etwas; Sprichw.: ein Schelm gibt mehr, als er hat; ⟨auch ohne Akk.; mit Artangabe⟩ sie gibt gern, leichten Herzens *(sie ist freigebig);* Sprichw.: wer gern gibt, fragt nicht lange; doppelt gibt, wer schnell gibt; Redensart: Geben ist seliger denn Nehmen. **2.** ⟨jmdm. etwas g.⟩ *reichen, hingeben:* dem Portier den Schlüssel, dem Gast die Speisekarte g., geben Sie mir bitte ein Pfund Butter, dieses Stück hier; sich eine Quittung g. lassen; einem Kranken das Essen, zu trinken g.; dem Gepäckträger seinen Lohn g.; dem Kind die Brust, die Flasche g.; er gab ihm zur Begrüßung die Hand; er ließ sich im Reisebüro einen Prospekt g.; jmdm. Feuer g. *(die Zigarette anzünden);* die Schwester gab dem Patienten eine Spritze; er gab der Dame den Arm, um sie zu Tisch zu führen; ⟨auch: jmdm. jmdn. g.⟩ geben Sie mir bitte Herrn Meier *(kann ich bitte Herrn Meier am Telephon sprechen?);* er gab mir seinen Bruder als Begleiter, seine Schwester zur Tischdame; Sprichw.: wenn man ihm den kleinen Finger gibt, will er gleich die ganze Hand *(er nutzt ein Entgegenkommen sofort aus)*; ⟨auch ohne Dativ⟩ Karten g. *(zum Spiel austeilen);* ⟨absolut⟩ wer gibt?; ich habe gegeben *(die Karten zum Spiel ausgeteilt)*. **3.** ⟨jmdn., etwas g.; mit Raumangabe⟩ *irgendwohin bringen, zu einem bestimmten Zweck übergeben:* den Koffer in die Gepäckaufbewahrung, das Auto zur Reparatur, in die Werkstatt g.; den Jungen in die Lehre g.; das Kind in Pflege, in die Obhut der Eltern g.; das Manuskript, den Aufsatz in Druck, zum Druck g. *(drucken lassen);* er hat das Paket zur Post gegeben. **4. a)** ⟨jmdm. etwas g.⟩ *bieten, gewähren. zukommen lassen:* jmdm. ein Autogramm, ein Interview g.; dem Kind einen Namen g.; jmdm. ein gutes Zeugnis, eine Frist, kein Pardon, Rechenschaft g.; er gab ihm die Chance, sich zu bewähren; seine Frau wollte ihm keinen Grund zu einem Streit g.; du sollst deinen kleineren Geschwistern ein gutes Beispiel g.; ich habe ihm dazu keine Veranlassung gegeben; den Gläubigern Sicherheiten g.; den Kunden Kredit, Rabatt g.; er wollte seinen Kindern eine gute Erziehung g.; jmdm. Genugtuung g.; /häufig völlig verblaßt/ jmdm. Unterricht g. *(ihn unterrichten);* jmdm. ein Zeichen g. *(ihn auf etwas aufmerksam machen);* jmdm. keine Antwort g. *(ihm nicht antworten);* er hat mir keine Aufklärung darüber gegeben *(mich darüber nicht aufgeklärt);* jmdm. einen Bericht g. *(ihm über etwas berichten);* würden Sie mir bitte Bescheid g. *(mich verständigen);* jmdm. Nachricht g. *(ihn benachrichtigen);* ich habe ihm mein Wort, das Versprechen gegeben *(ihm versprochen)*, mich um seine Kinder zu kümmern; sie hat ihm ihr Jawort gegeben *(der ehelichen Verbindung zugestimmt);* jmdm. die Versicherung g. *(ihm versichern)*, daß ...; er gab ihm den Auftrag *(beauftragte ihn)*, das Geld zu besorgen; jmdm. einen Befehl g. *(ihm etwas befehlen);* jmdm. die Erlaubnis g. *(ihm erlauben)*, etwas zu benutzen; jmdm. einen Rat g. *(ihm raten);* jmdm. einen Verweis g. *(ihn rügen);* jmdm. einen Kuß g. *(ihn küssen);* jmdm. einen Tritt g. *(ihn treten);* jmdm. einen Stoß g. *(ihn stoßen);* einem Tier den Gnadenstoß, Gnadenschuß g. *(es töten, um es nicht länger leiden zu lassen)*. **b)** ⟨jmdm., einer Sache etwas g.⟩ *verleihen:* jmdm. Mut, Hoffnung g.; die anerkennenden Worte gaben ihm neuen Schwung, Auftrieb; seinen Worten Nachdruck g.; der Autor gibt seinem Roman den letzten Schliff; er hat dem Gespräch eine andere Richtung gegeben. **5.** ⟨etwas g.⟩ *hervorbringen:* der Ofen gibt Wärme, die Kuh gibt viel Milch; diese Birne gibt zu schwaches Licht. **6.** ⟨etwas g.⟩ *veranstalten:* ein Fest, eine Party, einen Ball, eine Gesellschaft g.; die Philharmoniker gaben ein Konzert in Moskau; der Minister gab ein

Essen für den ausländischen Gast. **7.** ⟨etwas g.⟩ **a)** *darstellen, spielen:* der Schauspieler gibt in der neuen Inszenierung den Hamlet, hat die Rolle schon oft gegeben. **b)** *aufführen:* was wird heute im Theater gegeben? **8.** ⟨etwas g.⟩ *ausmachen, ergeben, werden:* zwei mal zwei gibt vier; zwei Hälften geben ein Ganzes; der Aufsatz gibt zwei Druckbogen; der Junge gibt einen guten Kaufmann; ein Wort gab das andere *(während eines Gesprächs entstand ein Streit)*. **9.** (landsch.) ⟨etwas g.; mit Raumangabe⟩ *stellen, legen, irgendwohin tun:* Zucker über die Mehlspeise g.; eine Decke auf den Tisch g.; die Wäsche in die Waschmaschine g. **10.** (landsch.) ⟨etwas g.; mit Artangabe⟩ *verkaufen:* etwas billig, zu teuer g.; der Händler gibt die Ware nur um diesen Preis. **11.** ⟨etwas von sich g.⟩ *äußern:* Unsinn, geistlose Bemerkungen, Gemeinplätze von sich g.; das Tier hat keinen Laut mehr von sich gegeben; er konnte es nicht so recht von sich g. (ugs.; *er konnte sich nicht ausdrücken*). **12.** ⟨etwas von sich g.⟩ (ugs.) *erbrechen:* der Kranke mußte alles wieder von sich geben. **13.** ⟨etwas auf etwas g.⟩ *auf etwas Wert legen; einer Sache Bedeutung beimessen:* er gibt viel, wenig auf gutes Essen; ich gebe nichts auf sein Urteil, auf diese Behauptung, auf seine Worte. **14.** ⟨sich g.; mit Artangabe⟩ *sich verhalten, benehmen:* sich gelassen, natürlich, unbefangen, witzig, freundlich, herzlich g.; er gibt sich, wie er ist; die Besatzer geben sich als Befreier; seine Art, sich zu g., machte ihn unbeliebt. **15.** ⟨etwas gibt sich⟩ *etwas hört auf, läßt nach:* die Schmerzen werden sich geben; nach der Spritze hat sich das Fieber bald gegeben. **16.** ⟨etwas gibt sich⟩ *etwas findet sich:* ich werde dich besuchen, wenn sich eine Gelegenheit gibt; mach dir keine Sorgen, es wird sich alles wieder g.; das übrige wird sich g. **17.** ⟨es gibt jmdn., etwas⟩ *jmd., etwas ist vorhanden, existiert:* es gibt einen Gott; in diesem Fluß gibt es noch viele Fische; das gibt es nicht; so etwas hat es noch nie gegeben!; /als Ausruf des Erstaunens, der Entrüstung/ so eine Gemeinheit kann, darf es doch nicht g.!; so [et]was gibt es!; (ugs.:) was gibt es denn da *(was ist denn hier los)*?; da gab es kein Entkommen *(da war kein Entkommen möglich)*; adj. Part.: etwas als gegeben *(feststehend, bekannt)* voraussetzen, annehmen; zu gegebener *(passender)* Zeit, Stunde; unter den gegebenen Umständen *(derzeit bestehenden Verhältnissen)* ist von dem Plan abzuraten; Math.: eine gegebene Größe. **18.** ⟨es gibt etwas⟩ *es wurde als Mahlzeit bereitet, kommt auf den Tisch:* was gibt es heute [zu essen, zu Mittag]?; heute mittag gibt es Schnitzel mit Salat; heute gibt es etwas besonders Gutes. **19.** ⟨es gibt etwas⟩ *es wird kommen, eintreten, geschehen:* heute gibt es noch Regen, ein Gewitter; es gibt Schnee; (ugs.:) heute wird's noch etwas g. *(es wird regnen, ein Gewitter geben)*; wenn du so unvorsichtig bist, gibt es noch ein Unglück; (ugs.:) wenn du nicht ruhig bist, gibt's was *(wirst du bestraft, bekommst du Prügel)*. **20.** (ugs.) ⟨es jmdm. g.⟩ *jmdm. gehörig die Meinung sagen; jmdn. verprügeln:* dem hat er es aber ordentlich gegeben!; ⟨ohne Akk.⟩ gut gegeben *(gut geantwortet, eine schlagfertige Abfuhr erteilt)*. * (ugs.:) **Fersengeld geben** *(aus Feigheit davonlaufen, fliehen)* · (Jägerspr.:) **Laut geben** *(etwas durch Bellen melden):* die Hunde gaben Laut · **Ruhe geben: a)** *(ruhig, still sein)*. **b)** *(nicht mehr betteln, nicht mehr mit einem Anliegen kommen)* · **den Ausschlag geben** *(entscheidend für etwas sein)* · **grünes Licht geben** *(die Erlaubnis geben, mit etwas zu beginnen)* · **jmdm. einen Korb geben** *(einen Mann abweisen, seine Werbung zurückweisen; etwas ablehnen)* · **jmdm. den Laufpaß geben** *(die Beziehungen zu jmdm. abbrechen):* sie hat ihrem Verlobten den Laufpaß gegeben · (ugs.:) **jmdm. eine Spritze geben** *(jmdn. aufmuntern)* · **jmdm. einen Wink geben** *(jmdn. andeutungsweise auf etwas aufmerksam machen)* · (veraltet:) **jmdm. die Rute geben** *(jmdn. mit Schlägen bestrafen)* · **dem Pferd die Sporen geben** *(das Pferd durch Druck mit den Sporen zu schnellerer Gangart zwingen)* · **dem Pferd die Peitsche geben** *(das Pferd mit der Peitsche zu schnellerer Gangart antreiben)* · (geh.:) **jmdm. das Geleit geben** *(jmdn. begleiten)* · (verhüll.:) **jmdm. das letzte Geleit geben** *(zu jmds. Beerdigung gehen)* · **jmdm. Brief und Siegel geben** *(jmdm. etwas fest versichern)* · **jmdm., einer Sache den Rest geben** *(jmdn. ganz zugrunde richten, etwas ganz zerstören)* · (ugs.:) **jmdm. eins aufs Dach geben** *(jmdn. zurechtweisen)* · **jmdm. schuld geben** *(jmdn. für etwas verantwortlich machen)* · **jmdm. recht geben** *(jmds. Ansicht für richtig erklären)* · **sich** (Dativ) **einen Ruck geben** *(sich zu etwas, was man nicht gerne tut, überwinden)* · **sich** (Dativ) **eine Blöße geben** *(sich bloßstellen, sich blamieren)* · **sich** (Dativ) **Mühe geben** *(sich bemühen)* · **sich** (Dativ) **den Anschein geben** *(etwas vortäuschen; so tun)* · **seinen Segen zu etwas geben** *(einer Sache zustimmen)* · **für jmdn., für etwas keinen Pfennig geben** *(jmdn., etwas aufgeben)* · **etwas gibt jmdm. einen Stich** *(etwas berührt jmdn. tief, kränkt jmdn. sehr)* · (ugs.:) **gib ihm Saures!** *(zeig's ihm!; mach ihn fertig!)* · (geh.:) **der Wahrheit die Ehre geben** *(die Wahrheit sagen, sie ehrlich bekennen)* · **etwas in Zahlung geben** *(etwas als Zahlungsmittel verwenden)* · **etwas zum besten geben** *(etwas erzählen, vortragen)* · (ugs.:) **auf etwas nichts geben** *(einer Sache keine Bedeutung beimessen)* · **viel/etwas darum geben, wenn ...** *(etwas sehr wünschen):* ich gäbe viel darum, wenn ich bei diesem Fest dabeisein könnte · **etwas ist jmdm. gegeben** *(etwas liegt jmdm.):* mir ist es nicht gegeben, die Dinge leichtzunehmen · **jmdm. etwas zu verstehen geben** *(jmdm. etwas andeuten; jmdn. auf etwas vorsichtig aufmerksam machen)* · **jmdm. etwas zu bedenken geben** *(jmdn. auf etwas, was noch genau überlegt werden muß, hinweisen)* · **etwas gibt zu denken** *(etwas ist Anlaß zur Sorge, Grund für einen Verdacht):* seine schlechten Leistungen geben nun doch langsam zu denken · **etwas verloren geben** *(mit etwas Verlorenem nicht mehr rechnen)* · **sich gefangen geben** *(sich ohne Gegenwehr gefangennehmen lassen)* · **sich geschlagen geben** *(eine Niederlage hinnehmen [müssen])* · (geh.:) **jmdm. etwas zu eigen geben** *(schenken)*.

Gebet, das: *an Gott gerichtete Bitten, Dankesworte:* ein stilles, inniges, inbrünstiges (geh.), kurzes, gemeinsames G.; ein kanonisches, liturgisches G.; das G. des Herrn (geh.; *das Vaterunser*); das G. der Mutter wurde erhört; ein G. sprechen, herunterleiern (abwertend), verrichten; jmdn. in sein G. einschließen; ich falte meine Hände zum G. * **jmdn. ins Gebet nehmen** *(jmdn. wegen wiederholter Verfehlungen eindringlich zurechtweisen).*

Gebiet, das: **1.** *Teil einer Landschaft:* ein fruchtbares G.; weite Gebiete des Landes waren überschwemmt; die Expedition hält sich zur Zeit in einem unerforschten G. auf. **2.** *Territorium, Staatsgebiet:* ein exterritoriales G.; die durch den Krieg verlorenen Gebiete; das G. des heutigen Deutschland; ein G. unterwerfen, besetzen. **3.** *Bereich, Fach:* ein schwieriges, interessantes G.; ein G. beherrschen; er ist ein Fachmann auf wirtschaftlichem, politischem G.; auf kulturellem G. wird in dieser Stadt wenig geboten; der Politiker hat auf dem G. der Sozialpolitik viel geleistet; sich für ein G. interessieren.

gebieten (geh.): **1.** ⟨etwas g.⟩ *befehlen, verlangen:* der Lehrer gebietet Ruhe, Schweigen; die Klugheit gebietet in dieser Angelegenheit besondere Vorsicht, besonders vorsichtig zu sein; er hält es für dringend geboten, die Sache schnell zu erledigen; er war eine Ehrfurcht gebietende Erscheinung; ⟨jmdm. etwas g.⟩ der König gebot ihm, sein Land nie mehr zu betreten. **2.** ⟨über etwas g.⟩ **a)** *herrschen:* der Herrscher gebot über ein großes Land. **b)** *zur Verfügung haben:* das Institut gebietet über große Mittel, um die Forschungen durchführen zu können.

gebieterisch (geh.): **a)** *herrisch, befehlend:* mit gebieterischer Stimme; er rief ihn in, mit gebieterischem Ton zu sich. **b)** *zwingend, unbedingt:* die Not fordert g., daß wir helfen.

gebildet: *große Bildung habend:* ein gebildeter Mensch, Kopf (ugs.); er ist einseitig, politisch g.; sie hielt sich für schrecklich (ugs.) g.; sich g. *(geistvoll)* unterhalten.

Gebirge, das: *zusammenhängende Gruppe von hohen Bergen:* ein hohes, schroffes, kahles, zerklüftetes, vulkanisches G.; der Kamm eines Gebirges; ein G. überschreiten; er fährt zur Erholung ins G., verbringt den Sommer im G.

geboren: → gebären.

geborgen ⟨in der Fügung⟩ sich g. fühlen/(geh.:) wissen: *sich sicher, beschützt fühlen:* sie fühlte sich bei ihrem Mann g.

Gebot, das: **1.** *Grundsatz, [moralisches] Gesetz:* ein göttliches, sittliches, moralisches G.; das höchste, oberste G. ist die Liebe; die Zehn Gebote; ein G. halten, erfüllen, übertreten. **2.** (geh.) *Befehl, Vorschrift:* ein G. ausgeben, erlassen; Gebote und Verbote; auf sein G. hin wurde das Tor geschlossen. **3.** *Erfordernis, Notwendigkeit:* ein künstlerisches, militärisches G.; das G. der Vernunft; das G. der Klugheit erfordert es, daß wir schweigen; seine Politik wird vom G. der Neutralität bestimmt; das G. der Stunde verlangt es, daß alle helfen. **4.** (Kaufmannsspr.) *Angebot:* ein höheres G. machen. * (geh.:) **etwas steht jmdm. zu Gebote** *(etwas steht jmdm. zur Verfügung):* er verfolgte sein Ziel mit allen ihm zu Gebote stehenden Mitteln.

Gebrauch, der: **1.** *Verwendung, Benutzung:* der zu häufige G. des Medikaments führt zu Gesundheitsschäden; dieser G. *(diese Verwendungsweise)* des Wortes ist neu; das Notizbuch ist für den persönlichen G. bestimmt; Flasche vor G. gut schütteln! **2.** ⟨nur im Plural⟩ *Sitten, Bräuche:* im Dorf gibt es noch alte Gebräuche. * **in Gebrauch nehmen** *(zu verwenden beginnen)* · **in/im Gebrauch haben** *(verwenden):* wir haben dieses Radio schon lange im G. · **in Gebrauch sein** *(benutzt werden):* die neue Anlage ist bereits in G. · (Papierdt.:) **außer Gebrauch setzen** *(nicht mehr gebrauchen):* eine Maschine außer G. setzen · **von etwas G. machen** *(etwas ausnutzen):* von seinem Recht G. machen; machen Sie bitte von dieser Mitteilung keinen G. *(erzählen Sie das Mitgeteilte nicht weiter)* · **etwas kommt außer Gebrauch** *(etwas veraltet).*

gebrauchen ⟨etwas g.⟩: *verwenden, benutzen:* etwas gut g. können; das alte Rad kann ich noch gut gebrauchen; er gebrauchte derbe Worte, Ausdrücke. Beachte: die Verwendung von *gebrauchen* im Sinne von „nötig haben" (Ich gebrauche mehr Geld) ist hochsprachlich nicht korrekt; adj. Part.: *bereits benutzt, nicht mehr neu:* ein gebrauchter Kinderwagen; das Handtuch ist schon g.; er hat den Wagen gebraucht gekauft. * **seine Ellbogen gebrauchen** *(sich rücksichtslos durchsetzen).*

gebräuchlich: *allgemein üblich:* ein gebräuchliches Sprichwort; diese Mode ist jetzt sehr g.

gebrechen (geh.) ⟨es gebricht jmdm. an etwas⟩: *jmdm. fehlt etwas:* es gebricht uns an Geld, an Zeit.

Gebrechen, das (geh.): *dauernder [körperlicher] Schaden:* körperliche, geistige Gebrechen; die G. des Alters; er wurde in der Kur von seinem G. geheilt; mit einem G. behaftet sein.

gebrechlich: *körperlich schwach:* ein gebrechlicher Greis; er ist alt und g.

gebrochen: 1. *mutlos, niedergeschlagen:* einen gebrochenen Eindruck machen; sie ist völlig g.; sie stand ganz g. am Grab ihres Mannes. **2.** *holprig, nicht fließend [und falsch]:* sie unterhielten sich in gebrochenem Deutsch; er spricht nur g. Englisch; g. etwas flüstern.

Gebühr, die: *für eine öffentliche Leistung zu bezahlender Betrag:* die G. für die Benutzung beträgt zehn Mark; eine G. von 20 DM / in Höhe von 20 DM festsetzen, erheben, zahlen, kassieren; diese Straße darf nur gegen G. befahren werden. * **nach G.** *(angemessen):* seine Arbeit wird nach G. bezahlt · **über G.** *(mehr als nötig, übertrieben):* der neue Roman wurde über G. gelobt; er hat mich über G. aufgehalten.

gebührend: *seinem Verdienst, Rang entsprechend:* jmdm. den gebührenden Respekt erweisen; der Gast wurde mit der gebührenden Achtung begrüßt, behandelt.

gebunden: → binden.

Geburt, die: **1.** *Entbindung:* eine leichte, schwere, normale, schmerzlose G.; sie hat die G. gut überstanden; der Verlauf der G.; sich auf die G. vorbereiten · /auf Anzeigen:/ die G. ihrer Tochter ... beehren sich anzuzeigen ...; die glückliche G. eines gesunden Stammhalters zeigen hocherfreut an ...; übertr.: die G. *(Entstehung)* der Tragödie. **2.** *Abstammung, Herkunft:* eine hohe, adlige G.; nicht die G., sondern die Leistung ist maßgebend. * **von Geburt: a)** *(der Herkunft nach):* er ist von G. Schweizer, adlig. **b)** *(seit der Geburt):* er ist von G. [an] lahm.

gebürtig: *geboren:* er ist gebürtiger Schweizer; er ist aus Berlin, aus Ungarn g.

Geburtstag, der: *Jahrestag der Geburt:* G. haben; er feiert seinen 50. G.; wir werden seinen G. festlich begehen; jmds. G. vergessen; jmdm. zum G. gratulieren, schreiben, etwas schenken; an jmds. G. denken.

Gedächtnis, das: **1.** *Erinnerungsvermögen:* ein gutes, schlechtes, schwaches, kurzes (ugs.) G. haben; mein G. läßt nach, läßt mich oft im Stich; das G. schwindet bei ihm immer mehr; wenn mich mein G. nicht täuscht, war es so. **2.** *Erinnerung:* sein G. nicht mit etwas belasten; sein G. auffrischen; sein Name war meinem G. entfallen; etwas dem G. [fest] einprägen; aus dem G. *(ohne Vorlage)* zitieren; etwas aus dem G. verlieren, tilgen; etwas im G. behalten, bewahren; sich (Dativ) jmds. Worte ins G. zurückrufen. **3.** *Andenken, Erinnerung:* dem Verstorbenen ein ehrenvolles, gutes G. bewahren; zum G. der Toten, der Opfer ein Denkmal errichten; zum G. an den toten Präsidenten wurde eine Briefmarke herausgegeben. * (ugs.:) **ein Gedächtnis wie ein Sieb haben** *(sehr vergeßlich sein).*

Gedanke, der: **1.** *etwas, was gedacht wird; Überlegung:* gute, kluge, selbständige, vernünftige Gedanken; ein ganz absurder (bildungsspr.) G.; der G. liegt mir fern, verfolgt mich, tröstet mich; seine Gedanken schweifen immer wieder ab; meine Gedanken kreisen noch um das Erlebnis; ein G. ging, schoß mir durch den Kopf (ugs.), durchzuckte mich; diese Gedanken beschäftigten ihn, bedrückten ihn, quälten ihn; mir drängt sich der G. auf, daß das Telegramm fingiert ist; einen G. fassen, aufgreifen, festhalten; Gedanken erraten; ich werde diesen Gedanken nicht mehr los; seine Gedanken sammeln, anspannen, zusammenhalten; ich kann doch nicht Gedanken lesen! (ugs.; *das kann ich doch nicht wissen!*); seine Gedanken beisammenhaben (ugs.; *konzentriert sein*); ich möchte diesen G. nicht äußern; seinen Gedanken nachhängen; sich seinen Gedanken überlassen, hingeben *(in Ruhe nachdenken);* Gedanken an jmdn., an etwas verschwenden; auf einen G. verfallen; jmdn. auf andere Gedanken bringen *(ihn ablenken);* damit du nicht auf schlimme Gedanken kommst *(nichts Dummes tust, nichts anstellst);* in Gedanken vertieft, versunken sein; ganz in Gedanken verloren sein; ich war [ganz] in Gedanken *(war gedankenverloren, habe nicht aufgepaßt);* das habe ich in Gedanken *(ohne es zu wollen, zu wissen)* getan; mit seinen Gedanken woanders, nicht bei der Sache sein *(gedankenverloren, unaufmerksam sein);* ich habe mich von dem G. leiten lassen, daß die Zölle abzubauen sind/die Zölle abzubauen; Sprichw.: Gedanken sind zollfrei; zwei Seelen und ein G.; ein guter G. kommt nie zu spät; der erste G. ist nicht immer der beste. **2.** ⟨Plural⟩ *Meinung, Ansicht:* er hat sich die Gedanken seines Lehrers zu eigen gemacht; seine Gedanken für sich behalten, verbergen; er hat seine eigenen Gedanken darüber. **3.** *Einfall; Plan, Absicht:* ein verwegener G.; das ist ein großartiger G.; da kam ihm ein rettender G.; mir schwebt ein G. vor; das bringt mich auf einen Gedanken; mit einem Gedanken umgehen *(einen Plan erwägen);* sie war von diesem Gedanken besessen, ergriffen. **4.** *Begriff, Idee:* der G. eines vereinten Europa; der G. der Freiheit. **5.** (ugs.; landsch.) *Kleinigkeit, ein wenig:* der Rock könnte um einen Gedanken kürzer sein. * **mit dem Gedanken spielen** *(etwas als möglich erwägen):* er spielt mit dem Gedanken, den Beruf zu wechseln · **sich mit dem Gedanken tragen** *(etwas vorhaben, beabsichtigen)* · **sich Gedanken [über jmdn., über etwas/wegen jmds., wegen einer Sache] machen** *(sich sorgen [um jmdn., um etwas]):* er machte sich Gedanken wegen seines Sohnes, weil er so lange nicht geschrieben hatte · **sich über etwas Gedanken machen** *(über etwas länger nachdenken):* ich muß mir darüber noch Gedanken machen, bevor ich mich entscheide · **kein Gedanke!** *(keinesfalls!):* ich habe ihn nicht provoziert, kein G.! · **der bloße Gedanke ...** *(schon wenn ich daran denke):* der bloße G. macht mich schon wütend.

gedankenlos: *unüberlegt, zerstreut:* eine gedankenlose Antwort; g. etwas sagen, tun; er reichte ihm g. die falsche Karte.

Gedeck, das: **1.** *Besteck und Teller:* ein G. für vier Personen; ein G. auflegen. **2.** *Menü:* ein G. bestellen; ich nehme G. zwei, das zweite G.

Gedeih ⟨in der Verbindung⟩ auf Gedeih und Verderb: *bedingungslos:* er ist auf G. und Verderb mit ihm verbunden; sie hielten auf G. und Verderb zusammen.

gedeihen: *gut wachsen, sich gut entwickeln:* die Kinder, Früchte, Tiere gedeihen gut; die Pflanze gedeiht nur bei viel Sonne; das Geburtstagskind wachse, blühe und gedeihe!; sein neues Werk gedeiht *(macht Fortschritte);* die Verhandlungen sind schon sehr weit gediehen; das wird ihm nicht zum Segen gedeihen (geh.; veraltend); Sprichw.: unrecht Gut gedeihet nicht.

gedenken 1. (geh.): ⟨jmds., einer Sache g.⟩ *an jmdn., an etwas denken:* seines alten Lehrers in Ehrfurcht, dankbar g.; er gedachte seines toten Vaters; ich gedenke gern jener schönen Tage; subst.: jmdm. ein gutes, freundliches G. bewahren; jmdn. in gutem G. behalten. **2.** ⟨mit Infinitiv mit *zu*⟩ *beabsichtigen:* was gedenkst du jetzt zu tun?; er hatte Gepäck bei sich, als ob er vier Wochen zu bleiben gedächte.

Gedicht, das: *sprachliches Kunstwerk in Versen, Reimen oder mit besonderem Rhythmus:* ein lyrisches, episches, dramatisches G.; Gedichte verfassen, schreiben, lesen, [auswendig] lernen, vortragen, aufsagen, interpretieren; der Dichter veröffentlichte einen Band Gedichte; eine Anthologie mit modernen Gedichten. * (ugs.:) **etwas ist ein Gedicht** *(etwas ist herrlich):* der Kuchen ist ein G.

gediegen: 1. *sorgfältig gearbeitet, solid, gut:* gediegener Schmuck; eine gediegene Einrichtung; eine gediegene Verarbeitung, Ausführung; ein gediegenes Wissen, gediegene Kenntnisse haben; er ist ein gediegener Charakter; die Möbel waren schön und g. **2.** (Bergmannsspr.) *rein:* gediegenes Gold; Erz kommt hier g. vor. **3.** (ugs.) *komisch, lustig:* sein Bruder ist eine gediegene Marke; du bist ja g.!

Gedränge, das: **a)** *das Drängen, Drängeln:* ein furchtbares, wüstes (ugs.) G.; im engen Flur herrschte, war ein lebensgefährliches G.; Sport: das dritte Tor fiel aus einem G. im Strafraum. **b)** *drängelnde Menschenmenge:* er bahnte sich einen Weg durch das G.; das Kind verlor im G. seine Mutter; der Verbrecher tauchte im G. der Straße unter, verschwand im G. * **ins Gedränge geraten/kommen** *(in [zeitliche] Schwierigkeiten kommen):* mit dem Termin ins

G. kommen; die Firma ist wirtschaftlich ins G. geraten.

gedrängt: *knapp:* eine gedrängte Übersicht.

gedrückt: *niedergeschlagen:* eine gedrückte Stimmung; nach der Niederlage war die Stimmung der Mannschaft sehr g.

gedrungen: *nicht sehr groß und ziemlich breit:* eine gedrungene Gestalt; ein Mann von gedrungenem Wuchs, mit gedrungenem Körper; sie ist ziemlich g. [gebaut], wirkt g.

Geduld, die: *ruhiges, beherrschtes Ertragen; Ausdauer:* große, zähe G.; mir fehlt dazu die G.; zu dieser Arbeit gehört große G.; keine G. [zu etwas] haben; nicht die G. verlieren; er hat meine G. auf eine harte Probe gestellt; G. lernen, üben (geh.); der Lehrer hat viel G. mit dem schlechten Schüler; ich muß Ihre G. noch etwas in Anspruch nehmen; sich mit G. wappnen (geh.); er trug seine Krankheit mit unendlicher G.; ich muß Sie noch um G. bitten; Redensart: mit Geduld und Spucke fängt man eine Mucke *(mit G. kann man vieles erreichen)*. * (geh.:) **sich in Geduld fassen** *(geduldig abwarten):* fasse dich in G., die Sache wird sich schon einrenken · (ugs.:) **jmdm. reißt die Geduld** *(jmd. wird ungeduldig und wütend)* · **eine himmlische Geduld** *(sehr große Geduld)*.

gedulden ⟨sich g.⟩: *warten:* wollen Sie sich bitte einen Augenblick g.!; du mußt dich noch ein bißchen g.

geduldig: *Geduld, Ruhe habend:* ein geduldiger Zuhörer; sie hat ein geduldiges Wesen; der Kranke ist sehr g.; seine Frau ist g. wie ein Lamm; g. warten; er ließ sich g. alles gefallen; Sprichw.: Papier ist g. *(geschrieben werden kann alles mögliche, es muß aber nicht wahr sein)*.

Geduldsfaden ⟨in der Wendung⟩ jmdm. reißt der Geduldsfaden (ugs.): *jmd. wird ungeduldig und wütend:* ich warte schon drei Stunden, jetzt reißt mir aber bald der G.

geehrt: → ehren.

geeignet: *passend; fähig zu etwas:* ein geeignetes Mittel; die Firma sucht einen geeigneten Mitarbeiter; er ist für dieses Amt nicht g.; wozu ist er g.?; er ist kaum dazu g., das Amt zu übernehmen; sich für g. halten.

Gefahr, die: *drohender Schaden, drohendes Unheil:* eine drohende, große, tödliche, ungeheure, latente (bildungsspr.) G.; G. droht, ist im Anzug (Papierdt.), zieht herauf, naht; für den Staat besteht keine G., die G. der Isolierung; dieser Mann ist keine G. für uns; überall lauerten Gefahren; eine G. heraufbeschwören, herausfordern, abwenden, bannen, beseitigen; die G. geringschätzen, verachten, scheuen; das Reh wittert die G.; er hat bei seiner Flucht große Gefahren überstanden, bestanden; in G. kommen, geraten, schweben; er hat sich unbesonnen in Gefahren begeben, gestürzt; einer G. trotzen; einer G. entrinnen, entkommen; der G. ins Auge sehen; sich (Dativ) einer G. aussetzen; die Stunde der G.; in G. sein; sich in G. befinden; der Kranke ist, befindet sich außer G. *(ist nicht mehr gefährdet)*; er beginnt das Unternehmen, auch auf die G. hin *(auch wenn er damit rechnen muß)*, daß es mißlingt; Kaufmannsspr.: etwas auf Rechnung und G. *(Risiko)* des Empfängers liefern; diese Tür nur bei G. öffnen; der Aufstieg bis zur Schutzhütte ist mit G. verbunden, ist ohne G.; Sprichw.: wer sich in G. begibt, kommt darin um. * **jmd., etwas läuft Gefahr** *(für jmdn., für etwas besteht die G.):* die Partei läuft G., das Vertrauen der Wähler zu verlieren/daß sie das Vertrauen der Wähler verliert · **auf eigene Gefahr** *(auf eigene Verantwortung):* Betreten der Baustelle auf eigene G.

gefährden ⟨jmdn., sich, etwas g.⟩: *in Gefahr bringen:* das Leben von Menschen, den Frieden g.; der Vorfall gefährdet den Fortgang der Verhandlungen; durch deinen Leichtsinn hast du dich selbst gefährdet; adj. Part.: *bedroht:* sittlich gefährdete Jugendliche; seine Stellung in der Partei ist g.

gefährlich: **a)** *Gefahr bringend:* ein gefährlicher Verbrecher; eine gefährliche Krankheit; das ist eine ganz gefährliche Kurve; sich im gefährlichen Alter befinden *(in dem Alter sein, wo akute Gefahr für die Gesundheit besteht, der Tod plötzlich auftreten kann)*; er ist ein Mann im gefährlichen Alter *(obwohl älter, noch zu Liebesabenteuern geneigt)*; die Strömung des Flusses ist für die Schiffe g.; der Weg ist mir zu g.; dieser Mann könnte mir g. werden *(in ihn könnte ich mich verlieben, von ihm könnte ich mich verführen lassen)*; g. leben. **b)** *gewagt:* ein gefährlicher Plan; auf dieses gefährliche Unternehmen, Abenteuer lasse ich mich nicht ein; sie treibt ein gefährliches Spiel.

Gefährte, der (geh.): *Kamerad:* ein treuer G.; der G. seiner Jugend; er fand bald einen neuen Gefährten.

Gefälle, das: *Grad der Neigung:* das Gelände, die Straße hat ein starkes G.; das G. des Wassers wird zur Stromgewinnung ausgenutzt; bildl.: das soziale G. in der Bevölkerung *(Unterschied in der sozialen Stellung)*. * (ugs.; scherzh.:) **ein gutes Gefälle haben** *(viel trinken können)*.

gefallen: **1.** ⟨jmdm. g.⟩ *jmdm. zusagen, für jmdn. angenehm sein:* das Bild gefällt mir; das Mädchen hat ihm [gut] gefallen; wie hat es dir in Berlin gefallen?; sein Gesundheitszustand gefällt mir nicht (ugs.; *scheint mir bedenklich*); es gefällt ihm, andere Leute zu ärgern; ⟨selten auch ohne Dativ⟩ der Film hat allgemein gefallen. **2.** (abwertend) ⟨sich (Dativ) als etwas/in etwas g.⟩ *etwas in auffallender Weise hervorkehren:* er gefiel sich als Snob, in der Rolle des Snobs; er gefiel sich in seinem Leid; der Junge gefällt sich in Kraftausdrücken. * **sich** (Dativ) **etwas gefallen lassen** *(etwas Unangenehmes, Kränkendes hinnehmen):* das lasse ich mir nicht g.!; eine solche Behandlung brauche ich mir nicht g. zu lassen; das lasse ich mir g. (ugs.; *das gefällt mir*).

¹Gefallen, der: *Gefälligkeit:* jmdm. einen G. tun; er hat mir den G. erwiesen, den Brief zur Post mitzunehmen; tu mir den G. und hör auf zu jammern! (ugs.; *hör bitte endlich auf zu jammern!*). * **jmdm. etwas zu Gefallen tun** *(für jmdn. etwas aus Gefälligkeit tun)* · (veraltend:) **jmdm. zu Gefallen reden** *(so reden, wie es jmd. gerne hört)*.

²Gefallen, das ⟨gewöhnlich in den Wendungen⟩ **Gefallen finden/haben an jmdm., an etwas** *(sich an jmdm., an etwas erfreuen):* er hatte an dem Mädchen großes G. gefunden; sie fanden G. aneinander; er hat kein G. am Fußball · (geh.:) **nach Gefallen** *(beliebig):* Gesetze können nicht einfach nach G. geändert werden.

gefällig: 1. *hilfsbereit:* ein gefälliger Mensch; er ist sehr g. und gibt bereitwillig Auskunft. 2. *Gefallen erweckend, ansprechend, angenehm:* eine gefällige Kleidung, Form, Schrift; ein gefälliges Äußeres, Wesen, Benehmen; die Einrichtung ist recht g.; die Musik ist g. *(sie geht ein);* das Haus wirkt g.; ist noch etwas g.? *(wird noch etwas gewünscht?);* Zigarette g.? *(möchten Sie eine Zigarette?)* * (ugs.:) **da/hier ist [et]was gefällig** *(da/hier geht's hoch her, ist viel los).*

Gefälligkeit, die: *kleiner Freundschaftsdienst:* jmdm. eine G. erweisen; eine G. in Anspruch nehmen; er tat es aus reiner G. *(ganz uneigennützig);* jmdn. um eine G. bitten, ersuchen.

gefälligst (ugs.) ⟨Adverb⟩ /*als Verstärkung bei Aufforderungen und Befehlen*/: mach g. die Tür zu!; warten Sie g., bis man sie ruft!

Gefangene, der: **a)** *Kriegsgefangener:* die Gefangenen arbeiten in einem Bergwerk, kehren nach Hause zurück; ein Gefangener ist entflohen; Gefangene machen, austauschen, freilassen. **b)** *Häftling:* ein politischer Gefangener; ein Gefangener ist ausgebrochen, wurde aus dem Gefängnis entlassen; bildl.: er wurde zum Gefangenen seiner Wünsche.

gefangenhalten ⟨jmdn. g.⟩: *nicht freilassen:* er wurde von den Rebellen gefangengehalten.

gefangennehmen: 1. ⟨jmdn. g.⟩ *im Krieg festnehmen:* einen Soldaten g.; der Spähtrupp wurde gefangengenommen; sie ließen sich freiwillig g. 2. ⟨jmdn., etwas g.⟩ *sehr beeindrucken, fesseln:* diese Musik, ihr Anblick nahm ihn ganz gefangen; das Problem nimmt seine Aufmerksamkeit gefangen.

Gefangenschaft, die: **a)** *Kriegsgefangenschaft:* in G. geraten; in der G. hat er viel mitgemacht; aus der G. entlassen werden; er war mehrere Jahre in G. **b)** *das Gefangensein* /meist von Tieren/: der Löwe konnte sich nicht an die G. gewöhnen; Papageien halten sich in G. meist sehr gut.

Gefängnis, das: **a)** *Gebäude für Häftlinge:* die Häftlinge gehen im Hof des Gefängnisses spazieren; er ist aus dem G. ausgebrochen; in diesem G. verbüßen 200 Häftlinge ihre Strafen; ins G. kommen *(mit Gefängnis bestraft werden);* jmdn. ins G. bringen *(veranlassen, daß jmd. mit Gefängnis bestraft wird);* er landete wieder im G., wanderte wieder ins G. *(wurde mit Gefängnis bestraft);* er ließ ihn ins G. werfen (geh.; *einsperren);* im G. sitzen *(eine Gefängnisstrafe verbüßen).* **b)** *Gefängnisstrafe:* auf Diebstahl steht G.; er hat zwei Jahre G. bekommen; die politischen Gegner wurden mit G. bedroht: dieses Vergehen wird mit G. bis zu zwei Jahren bestraft; er wurde zu zwei Jahren G. verurteilt.

Gefäß, das: 1. *kleiner Behälter:* ein tiefes, großes, irdenes, zerbrechliches G.; ein G. aus Porzellan; das G. ist voll, läuft über: etwas in ein G. füllen. 2. (Med.) *Blutgefäß:* die feinen Gefäße der Haut; die Gefäße haben sich verengt, sind verengt; ein G. bei der Operation verletzen.

gefaßt: *ruhig, beherrscht:* einen gefaßten Eindruck machen; sie war ganz g., als sie die Nachricht vom Tod ihres Mannes erhielt; der Angeklagte hörte g. das Urteil. * **auf etwas g. sein** *(auf etwas vorbereitet, eingestellt sein):* ich bin auf alles, auf das Schlimmste g. · **sich auf etwas g. machen** *(mit etwas Unangenehmem rechnen):* du kannst dich auf einen harten Kampf g. machen.

Gefecht, das: *kleiner militärischer Kampf:* ein schweres, blutiges, kurzes G.; die Demonstranten lieferten der Polizei harte Gefechte; bei dem schweren G. kamen mehrere Soldaten ums Leben; neue Truppen ins G. führen (geh.) · **jmdn. außer Gefecht setzen** *([durch eine schnelle, plötzliche Maßnahme] bewirken, daß jmd. nicht mehr handeln kann):* er hat seine Gegner gleich am Anfang der Diskussion mit überzeugenden Argumenten außer G. gesetzt · (geh.:) **etwas ins Gefecht führen** *(etwas als Argument vorbringen):* er konnte bei den Verhandlungen wichtige Gründe ins G. führen · **im Eifer/in der Hitze des Gefechts** *(in der Eile)* · **klar zum Gefecht!** /*Kommando in der Marine*/.

gefeit ⟨in der Verbindung⟩ gegen etwas gefeit sein: *vor etwas geschützt sein:* gegen Krankheit, gegen schlechte Einflüsse g. sein.

Gefilde, die (dichter.): *Landschaft, Gegend:* anmutige, ländliche G.; die himmlischen G., die G. der Seligen *(Elysium).*

geflissentlich ⟨Adverb⟩: *absichtlich:* etwas g. übersehen; er geht seinem Rivalen g. aus dem Weg.

geflügelt: *mit Flügeln versehen:* geflügelte Samen von Nadelbäumen; geflügelte Fabelwesen. * **geflügelte Worte** *(oft zitierte Aussprüche oder Sätze).*

Gefolge, das: *Begleitung einer hochgestellten Person:* das G. des Präsidenten; 30 Personen bildeten sein G.; im G. des Ministers waren mehrere hohe Beamte. * (Papierdt.:) **im Gefolge** *(als Folge, verursacht durch):* Kriege haben oft politische Umwälzungen im G.;

gefräßig (abwertend): *übermäßig viel essend:* ein gefräßiger Mensch; gefräßige Insekten; sei nicht so g.!; der Kerl ist dick, dumm und g. (ugs.; abwertend).

gefrieren ⟨etwas gefriert⟩: *etwas erstarrt infolge Kälte:* das Wasser gefriert [zu Eis]; die Schweißtropfen gefroren in seinem Gesicht; subst.: (südd.; östr.): *Speiseeis:* eine Portion Gefrorenes; bildl.: sein Lachen gefror plötzlich; ⟨etwas gefriert jmdm.⟩ ihm gefror vor Entsetzen das Blut in den Adern.

Gefüge, das: 1. *Art, wie etwas zusammengefügt ist:* das G. der Balken; Technik: das G. *(Anordnung der Bestandteile)* eines Metalls. 2. *innerer Aufbau, Struktur:* das wirtschaftliche, politische, soziale G. eines Staates.

gefügig (abwertend): *untertänig, willig:* er war ein gefügiges Werkzeug der Partei; er war immer in allen Dingen g.; er ließ sich g. abführen. * **[sich** (Dat.)**] jmdn. gefügig machen** *(jmdn. dazu bringen, daß er sich willig unterordnet):* er machte ihn sich (Dativ), seinen Wünschen durch Drohungen g.

Gefühl, das: 1. *Wahrnehmung [durch den Tastsinn]:* ein G. für warm und kalt, für glatt und rauh; ich habe vor Kälte kein G. in den Fingern. 2. *seelische Regung, Empfindung:* ein tiefes, beglückendes, erhebendes, beängstigendes, sittliches, religiöses G.; patriotische Gefühle; ein G. der Reue, der Scham, der Liebe, des Hasses; ganz G. sein (ugs.; *sehr empfindsam sein);* widerstrebende Gefühle bewegten ihn; ein G. der Furcht überkam, ergriff ihn; ein G. des Mitleids beschlich (geh.) ihn; ein G. in jmdm. wecken; ein G. verraten, unterdrücken; er zeigte nie seine Gefühle, suchte seine Gefühle zu verbergen; er hegt zärtliche Gefühle für sie (geh.); seinen Gefühlen freien Lauf lassen *(ohne Hemmung zeigen, was man fühlt)*; der Anblick beleidigte sein G.; sie folgte ihrem G.; im Aufruhr, im Widerstreit der Gefühle (geh.); etwas mit G. vortragen; sie ließ sich von ihren Gefühlen leiten; ein Film mit viel G. (abwertend; *ein sentimentaler Film*); sich von einem G. hinreißen lassen. **3.** *Ahnung:* ein dunkles, undeutliches, sicheres, ungutes G.; er hatte das G., wurde das G. nicht los, daß etwas faul sei an der Sache. * **mit gemischten Gefühlen** *(nicht unbedingt mit Freude):* er sah der Reise mit gemischten Gefühlen entgegen · (ugs.:) **das höchste der Gefühle** *(das Höchste, was man erreichen konnte):* wenn du zwei freie Tage herausschinden kannst, so ist das das höchste der Gefühle · **ein Gefühl haben für etwas** *(sich in etwas einfühlen können):* er hat ein gutes G. für Rhythmus · **etwas im Gefühl haben** *(etwas instinktiv wissen):* er hat es im G., wie schnell er auf der nassen Straße fahren darf; sie hat die richtige Menge im G.

gefühlvoll: **a)** (geh.) *empfindsam:* sie ist eine gefühlvolle Seele; sie ist sehr g. und sorgt sich um ihn; ein Gedicht g. *(ausdrucksvoll)* vortragen. **b)** *voller Gefühl, sentimental:* eine gefühlvolle Musik.

gegeben: → geben.

gegebenenfalls ⟨Adverb⟩: *wenn der betreffende Fall eintritt:* ich nenne dir einen Arzt, an den du dich g. wenden kannst.

gegen: **I.** ⟨Präp. mit Akk.⟩ **1.** /räumlich; zur Angabe einer Richtung/ **a)** *in Richtung auf:* das Blatt g. das Licht halten; er steht mit dem Rükken g. die Wand; das Fenster liegt g. die Straße (veraltet; *nach der Straße*); er wandte sich g. Süden (veraltend; *südwärts, nach Süden*). **b)** *auf etwas Entgegenkommendes zu:* der Läufer mußte g. den Wind anrennen; g. die Strömung rudern. **c)** *auf, an:* g. die Tür schlagen; der Regen trommelt g. die Scheiben; er trat ihm mit dem Stiefel g. das Schienbein. **2.** /bezeichnet einen Gegensatz, ein Angehen gegen etwas, ein Entgegenwirken/: g. einen Feind, eine Übermacht kämpfen; Schweden siegte gegen Kanada mit 4:3 Toren; etwas ist g. die Mode, g. die Vernunft, g. die Natur; du hast dich g. das Gesetz vergangen; das ist g. die Abmachungen; gegen einen Antrag stimmen. **3.** (geh.; veraltend) /bezeichnet eine Beziehung zu jmdm./ *zu, gegenüber:* g. jmdn. ehrfürchtig, höflich, hart, streng, gerecht sein. **4.** *zum Schutz vor:* eine Impfung g. die Pocken; ein Mittel g. *(zur Bekämpfung von)* Husten; sich g. Feuer *(zum Schutz vor Schaden durch Feuer)* versichern lassen; Sprichw.: gegen den Tod ist kein Kraut gewachsen. **5.** /zeitlich; bezeichnet einen ungefähren Zeitpunkt/: ich komme g. Abend zu dir; es war [so] g. 11 Uhr, als wir nach Hause kamen. **6.** *im Vergleich zu:* was bin ich g. den berühmten Mann; g. ihn ist er sehr klein. **7.** *[im Austausch] für:* die Ware g. Barzahlung liefern; er verkauft, tut es nur g. Geld. **II.** ⟨Adverb⟩ *ungefähr* /bei Zahlenangaben/: es waren g. 100 Leute anwesend.

Gegend, die: *nicht näher abgegrenztes Gebiet:* eine freundliche, [gott]verlassene, einsame G.; das ist eine der schönsten Gegenden *(Landschaften)* Österreichs; die G. um den Marktplatz ist sehr hübsch; die ganze G. *(alle Einwohner der Gegend)* spricht von dem Ereignis; er wohnt in der G. *(Nähe)* des Schlosses; ein Haus in einer vornehmen G. *(einem vornehmen Stadtteil)* haben; durch die G. spazieren *(ohne bestimmtes Ziel spazieren)*; ich fühle ein Stechen in der G. des Magens *(ungefähr dort, wo sich der Magen befindet)*.

gegeneinander ⟨Adverb⟩: *einer gegen den andern:* g. kämpfen, spielen; sie sind nett und freundlich g.; subst.: das ständige Gegeneinander von Regierung und Opposition.

Gegenliebe ⟨nur in den Wendungen⟩ Gegenliebe finden; auf Gegenliebe stoßen: *Beifall, Zustimmung finden:* er fand mit seinem Vorschlag wenig, keine G.

Gegensatz, der: *das Entgegengesetzte; Unterschied:* ein scharfer, unüberbrückbarer, diametraler (bildungsspr.) G.; der G. der Meinungen, Interessen; die Gegensätze verschärfen sich; zwischen den beiden Seiten besteht ein tiefer G.; der G. von „kalt" ist „warm"; Gegensätze überbrücken, überwinden, unterdrücken, bereinigen; du mußt dich um einen Ausgleich der Gegensätze bemühen; er steht im G. zu seiner Partei *(hat eine andere Meinung als seine Partei)*; du setzt dich in G. zur Meinung aller anderen.

gegensätzlich: *ganz verschieden; entgegengesetzt:* gegensätzliche Meinungen, Fronten; in der Partei sind ganz gegensätzliche ideologische Gruppen vereinigt; seine Leistung wurde sehr g. beurteilt.

Gegenschlag, der: *Aktion gegen jmdn., der vorher angegriffen hat:* einen G. vorbereiten, planen; zum G. ausholen.

gegenseitig: **a)** *wechselseitig:* in gegenseitiger Abhängigkeit stehen; sich g. helfen, beschuldigen. **b)** *beide Seiten betreffend:* gegenseitige Abmachungen, Vereinbarungen; die beiden haben in gegenseitigem Einverständnis gehandelt.

Gegenseitigkeit, die: *wechselseitiges Verhältnis, wechselseitige Leistungen:* der Vertrag ist auf G. begründet; unsere Feindschaft beruht auf G.

Gegenstand, der: **1.** *Ding, Körper:* ein fester, schwerer, leichter, runder G.; Gegenstände des täglichen Bedarfs; der G. ist eckig; einen G. suchen. **2. a)** *Thema:* der G. eines Gesprächs, einer Unterredung, Untersuchung; als G. seines Vortrags wählte er ein Problem aus der modernen Literatur; die Gewerkschaft machte die Löhne zum G. von Verhandlungen. **b)** *Objekt:* der G. seiner Neigung, seines Hasses; (Papierdt.:) er war G. begeisterter Kundgebungen. **3.** (östr.) *Schulfach:* Musik ist sein liebster G.

gegenstandslos: **a)** *überflüssig:* durch die Änderungen wurden die Einwände g. **b)** *grundlos:* gegenstandslose Verdächtigungen, Befürchtungen; nach seinem freiwilligen Rücktritt ist der Streit g. geworden.

Gegenteil, das: *etwas, was genau den Gegensatz zu etwas darstellt:* das äußerste G.; das ist genau, ganz, gerade das G.; das G. davon ist der Fall; das G. behaupten, beweisen; dadurch erreichst du nur das G.; etwas wendet sich, verkehrt sich in sein G.; die Stimmung schlug ins G. um; ich bin nicht nervös, [ganz] im G.! Attribuierungen wie *das genaue G.* gelten hochsprachlich als nicht korrekt (vgl. genau).

gegenteilig: *entgegengesetzt:* gegenteilige Behauptungen; er ist gegenteiliger Ansicht; das Mittel hatte gerade die gegenteilige Wirkung; das Gericht hat g. entschieden.

gegenüber ⟨Präp. mit Dativ⟩: **1.** /räumlich/ *auf der entgegengesetzten Seite:* die Schule steht g. der Kirche; er wohnt [im Haus] g. der Tankstelle; subst. (ugs.): er hatte bei Tisch ein nettes Gegenüber *(ihm g. saß ein netter Mensch).* **2.** *zu, in bezug auf:* er ist dem Lehrer g. sehr höflich; mir g. wagt er das nicht zu sagen; er ist g. allen Reformen/allen Reformen g. sehr zurückhaltend. **3.** *im Vergleich zu:* dir g. ist er groß; g. den vergangenen Jahren hatten wir viel Schnee.

gegenüberstehen ⟨jmdm. g.⟩: *gegenüber von jmdm. stehen:* die beiden Mannschaften standen sich in der Mitte des Spielfelds gegenüber; übertr.: sie standen sich kritisch, mit Mißtrauen gegenüber.

gegenüberstellen: 1. ⟨jmdm. jmdn. g.⟩ *konfrontieren:* der Angeklagte wurde dem Zeugen gegenübergestellt. **2.** ⟨jmdm., einer Sache jmdn., etwas g.⟩ *vergleichen:* Fassung A der Fassung B g.; ⟨auch ohne Präpositionalobjekt⟩ wenn man die beiden Dichter gegenüberstellt, dann ...

Gegenwart, die: **1. a)** *Zeit, in der wir gerade leben:* die Kultur, Technik, Kunst der G.; die G. genießen; in der G. leben. **b)** (Grammatik) *Präsens:* das Verb steht in der G. **2.** *Anwesenheit:* seine G. ist nicht erwünscht, ist mir lästig; befreien (geh.) Sie mich von seiner G.!; er sagte ihm in meiner G. *(in meinem Beisein)* die Meinung.

gegenwärtig: 1. *jetzt, augenblicklich:* die gegenwärtige Lage; unsere Beziehungen sind g. sehr schlecht; er befindet sich g. im Ausland. **2.** *anwesend:* der Direktor war bei der Sitzung nicht g. * (geh.:) **etwas gegenwärtig haben** *(sich an etwas genau erinnern können):* ich habe seine Worte nicht mehr g. · **etwas ist/wird jmdm. gegenwärtig** *(jmd. kann sich an etwas erinnern)* · (geh.:) **sich** (Dativ) **etwas gegenwärtig halten** *(etwas bedenken):* zum Verständnis des Werkes mußt du dir g. halten, daß ...

Gegner, der: **a)** *jmd., der jmdn., etwas bekämpft:* ein tapferer, gefährlicher, sachlicher, scharfer G.; das ist unser stärkster G.; er ist ein grundsätzlicher G. der Todesstrafe; der G. gibt sich geschlagen; den G. angreifen, besiegen, in die Flucht schlagen; er wollte seine politischen Gegner mundtot machen, ausschalten; an ihm hatte er einen überlegenen G. gefunden; er ist als G. nicht ernst zu nehmen; als G. kommt er für mich nicht in Betracht; Sport: der G. *(die gegnerische Mannschaft)* war für uns viel zu stark. **b)** *feindliche Truppen, Feind:* der G. greift auf breiter Front an; zum G. überlaufen.

gegnerisch: *zum Gegner gehörend; vom Gegner ausgehend:* die gegnerische Partei, Mannschaft; der gegnerische Angriff wurde abgewehrt.

[1]Gehalt, der: **1.** *gedanklicher, ideeller Inhalt:* der gedankliche, sittliche, dichterische G. eines Werkes; der G. einer Lehre, einer Dichtung. **2.** *Anteil eines Stoffes in einem anderen Stoff:* der G. dieses Erzes an Metall ist gering; bildl.: eine Nachricht auf ihren G. an Wahrheit prüfen.

[2]Gehalt, das: *Bezahlung der Beamten und Angestellten:* ein hohes, dickes (ugs.), festes, fixes, sicheres, anständiges G.; sein G. ist zu niedrig; die Gehälter werden erhöht, angehoben; das G. auszahlen, überweisen; er bezieht ein G. von 800 Mark; wie hoch ist Ihr G.?; er kommt mit seinem G. nicht aus; er kann von seinem G. schlecht leben.

gehalten ⟨in der Verbindung⟩ zu etwas gehalten sein (geh.): *verpflichtet sein:* die Mitglieder des Betriebes sind g., über ihre Arbeit Stillschweigen zu bewahren.

gehaltvoll: a) *nahrhaft:* eine gehaltvolle Mahlzeit, Kost; das Essen war sehr g. **b)** *inhaltlich wertvoll:* ein gehaltvolles Buch; ein gehaltvoller Vortrag.

geharnischt: 1. (hist.) *gepanzert:* ein geharnischter Reiter. **2.** *scharf, energisch:* ein geharnischter Protest, Brief, eine geharnischte Antwort; geharnischte Reden halten.

gehässig (abwertend): *in bösartiger Weise feindlich gesinnt:* ein gehässiger Mensch; eine gehässige Äußerung; gehässige Reden führen; das war g. von ihm; sei nicht so g.!; über jmdn. g. sprechen.

Gehege, das: *umzäunte Stelle, Waldgebiet für Tiere:* eine G. für die Affen; im Wald werden in einem G. Rehe gehalten; bildl. (geh.): dem G. seiner Zähne *(seinem Mund)* war eine bissige Bemerkung entschlüpft. * **jmdm. ins Gehege kommen** *(in jmds. Handeln störend eingreifen).*

geheim: *nicht öffentlich bekannt, verborgen:* eine geheime Botschaft, Kommandosache; eine geheime Wahl *(Wahl, bei der die Meinung des einzelnen Wählers nicht bekannt wird);* ein geheimer Auftrag, Nachrichtendienst; eine geheime Zusammenkunft; ein geheimer Gedanke, Kummer, Wunsch; er hatte es aus geheimer Quelle erfahren; der geheime Vorbehalt (Rechtsw.; *Reservatio mentalis*); diese Nachricht ist, bleibt g. * **im geheimen** *(von anderen nicht bemerkt):* das Fest wurde im geheimen vorbereitet · (veraltet:) **Geheimer Rat** */ein Titel/.*

geheimhalten ⟨etwas g.⟩: *nicht öffentlich bekanntgeben:* etwas ängstlich, sorgfältig, streng g.; den Ort, Termin, das Ergebnis der Verhandlungen g.; etwas vor jmdm. g.

Geheimnis, das: **1.** *etwas, was geheim bleiben soll:* ein strenges, großes, tiefes, sorgsam gehütetes, militärisches G.; dieses Vorhaben ist kein G. mehr; sie haben keine Geheimnisse voreinander, miteinander; ein G. lüften; jmdm. ein G. anvertrauen, verraten; ein G. vor jmdm. wahren, bewahren, hüten; ein G. bei sich behalten, mit ins Grab nehmen, preisgeben, ausplaudern, ausposaunen (ugs.), entlarven; nach schwierigen Überredungskünsten ließ sie sich ihr Geheimnis entreißen; ein G. mit jmdm. teilen; kein G. aus einem Plan machen; jmdn. in ein G. einweihen, ins G. ziehen (veraltet); hinter ein G. kommen; um jmds. G. wissen. **2.** *etwas Unerforschtes, noch nicht Geklärtes:* das G. des Lebens; die Geheimnisse der Natur erforschen. * **ein offenes/**(selten:) **öffentliches Geheimnis** *(etwas, was zwar allgemein bekannt ist, offiziell aber noch geheimgehalten wird):* es ist ein offenes G., daß der Kanzler zurücktreten will · **den Schleier des Geheimnisses lüften** *(ein Geheimnis enthüllen)* · (fam.:) **ein süßes Geheimnis haben** *(ein Baby erwarten).*

geheimnisvoll: *rätselhaft, voller Geheimnisse:* eine geheimnisvolle Sache, Angelegenheit; eine geheimnisvolle Miene; auf geheimnisvolle Weise verschwinden, ums Leben kommen; die Sache schien ihr sehr g.

Geheiß ⟨gewöhnlich in der Verbindung⟩ auf [jmds.] Geheiß: *auf [jmds.] Befehl, Aufforderung:* er tat es auf G. seines Vorgesetzten, auf sein G.

gehemmt: *voller Hemmungen:* einen gehemmten Eindruck machen; der Junge ist vor Fremden sehr g.

gehen: **1.** *sich aufrecht auf Füßen fortbewegen:* langsam, schnell, aufrecht, gerade, stramm, gebückt, barfuß, auf Zehenspitzen, an/auf Krükken, auf Stelzen, an jmds. Arm, eingehakt, geradeaus, im Zickzack, rückwärts aus dem Haus, über die Straße, durch den Wald, nach Norden g.; wenn ich nicht mitfahren kann, gehe ich zu Fuß; auf und ab, hin und her g.; das Kind kann noch nicht g., lernt g.; Sprichw.: der Krug geht so lange zum Brunnen, bis er bricht. **2.** ⟨mit Raumangabe⟩ **a)** *sich zu einem bestimmten Zweck an einen Ort begeben:* in die Stadt, aufs Feld, aufs Rathaus, aufs Standesamt, zur/in die Kirche g. *(den Gottesdienst besuchen);* es ist Zeit, du mußt jetzt in die Schule g.; schwimmen, tanzen, einkaufen g.; an die Luft g. *(im Freien spazierengehen);* ins Theater, Kino g.; der Läufer ging als erster durchs Ziel. **b)** *regelmäßig besuchen:* zur, in die Schule g. *(Schüler sein);* in den Kindergarten g.; auf die Universität g. **c)** *[an einer Institution] einen Beruf ergreifen, sich irgendwo Arbeit suchen:* der Jurist geht zur Verwaltung, in den Staatsdienst; in die Industrie g.; ins Kloster g. *(Nonne, Mönch werden);* zum Theater, zum Film g. *([Film]schauspieler werden);* er ging unter die Rebellen. **c)** *mit etwas beginnen, anfangen*/häufig verblaßt/: an die Arbeit g.; auf Reisen g.; in Deckung g. *(Schutz suchen);* das Manuskript geht in Druck *(wird gedruckt);* die Geschütze waren in Stellung gegangen *(aufgefahren worden).* **3.** ⟨als jmd. g.⟩ **a)** (ugs.; landsch.) *als etwas arbeiten:* als Schaffner g. **b)** (ugs.) *sich verkleiden, verkleidet irgendwohin gehen:* als Cowboy, als Zigeunerin g. **4. a)** *sich entfernen:* ich muß jetzt leider g. *(den Besuch abbrechen);* die einen kommen, die andern g.; auf und davon g.; ich habe das Ende der Vorstellung nicht abgewartet und bin nach der Pause gegangen; von dannen (veraltet) g.; er ist von uns gegangen (verhüll.; *gestorben*). **b)** *die berufliche Stellung aufgeben:* er hat gekündigt und will nächsten Monat g.; der Minister mußte g. *(war zum Rücktritt gezwungen);* der Direktor wurde gegangen (ugs., scherzh.; *entlassen*). **c)** ⟨etwas geht; mit Zeitangabe⟩ *etwas fährt [fahrplanmäßig] ab:* der Zug geht um 12.22 Uhr; der nächste Bus geht erst in zwei Stunden. **5.** (ugs.) ⟨mit jmdm. g.⟩ *jmdn. lieben und sich mit ihm oft in der Öffentlichkeit zeigen:* er geht mit meiner Schwester; die beiden sind früher miteinander gegangen. **6. a)** ⟨etwas geht⟩ *etwas funktioniert, ist in Bewegung:* die Uhr geht gut, richtig, tadellos, genau; die Maschine geht nicht; er hörte, wie die Tür ging *(geöffnet wurde);* die Klingel geht *(wird betätigt).* **b)** ⟨etwas geht⟩ *etwas geht auf:* der Teig geht; der Kuchen ist nicht gegangen. **c)** ⟨etwas geht; mit Artangabe⟩ *etwas verläuft in einer bestimmten Weise:* es geht alles nach Wunsch, wie am Schnürchen (ugs.), wie geschmiert (ugs.), drunter und drüber (ugs.); es geht alles seinen gewohnten Gang; wie geht *(lautet)* die erste Strophe des Liedes? **7.** ⟨etwas geht; mit Artangabe⟩ **a)** *etwas hat guten Umsatz, floriert:* der Laden geht gut, überhaupt nicht. **b)** *etwas wird abgesetzt, verkauft:* dieser Artikel geht sehr gut. **8. a)** ⟨etwas geht⟩: *etwas ist möglich:* das geht nicht; das geht leider nicht anders; irgendwie wird es schon g.; der Mantel muß diesen Winter noch g. (ugs.; *kann noch getragen werden*). **b)** (ugs.) ⟨etwas geht; mit Raumangabe⟩ *etwas paßt, läßt sich unterbringen:* der Schrank geht nicht in das kleine Zimmer, geht nicht durch die Tür; der dicke Mann geht nicht in den Sessel; in das Faß gehen 12 Eimer. **9. a)** ⟨etwas geht; mit Raumangabe⟩ *etwas reicht bis zu einem bestimmten Punkt, hat eine bestimmte Ausdehnung:* der Rocksaum geht bis zu den Knien; die Mauer geht um den ganzen Platz; die Zahl seiner Bücher geht in die Hunderte; ⟨auch mit dem Dativ der Person⟩ sein kleiner Bruder geht ihm nur bis an die Schultern; das Wasser geht ihm bis zum Bauch. **b)** ⟨etwas geht; mit Raumangabe⟩ *etwas ist gerichtet, führt irgendwohin:* das Fenster geht auf den Hof; alle Zimmer gehen nach der Straße. **c)** ⟨etwas geht über etwas⟩ *etwas übersteigt etwas:* das geht über seine Kräfte, über seinen Horizont. **d)** ⟨auf etwas/gegen etwas g.⟩ *sich nähern, bald sein:* es geht schon auf, gegen Mitternacht; es ging auf 8 [Uhr]; er geht auf die 60 *(wird bald 60 Jahre alt).* **10.** ⟨es geht jmdm.; mit Artangabe⟩: *jmd. befindet sich in einem bestimmten seelischen oder körperlichen Zustand:* es geht mir gut, blendend, großartig, schlecht, nicht besonders (ugs.); ihm ist es früher dreckig (derb) gegangen; wie geht es Ihnen?; es geht ihm ganz gut in seiner neuen Stellung. **11. a)** ⟨es geht um jmdn., um etwas⟩ *es handelt sich um jmdn., um etwas:* es geht um deine Familie; es geht ums Ganze, um Leben und Tod; es geht darum, daß ...; worum geht es hier? **b)** ⟨etwas geht gegen jmdn., gegen etwas⟩ *etwas ist gegen jmdn., gegen etwas gerichtet:* diese Bemerkung geht gegen dich; das geht gegen meine Ehre, gegen mein Gewissen. **c)** ⟨etwas geht nach jmdm.⟩ *jmd. ist für etwas maßgebend, bestimmt etwas:* es geht nicht immer alles nach dir; wenn es nach mir ginge, dann ... * **über Leichen gehen** *(skrupellos vorgehen)* · **jmdm./einer Sache aus dem Weg gehen** *(jmdn., etwas meiden)* · (scherzh.:) **auf Freiersfüßen gehen** *(sich eine Frau zum Heiraten suchen)* · **jmdm. vom Leibe/**(ugs.:) **von der Pelle gehen** *(jmdn. in Ruhe lassen)* · **jmdm. aus den Augen gehen** *(sich nicht mehr bei jmdm. blicken lassen)* · **mit der Zeit/Mode gehen** *(sich den Ansichten der modernen Zeit/der neuen Mode anschließen)* · (ugs.:) **mit jmdm. ins Bett gehen** *(Geschlechtsverkehr mit jmdm. haben)* · (derb; abwertend:) **auf den Strich gehen** *(Prostituierte sein)* · **etwas geht jmdm. durch Mark und Bein** *(etwas wird von jmdm. in fast unerträglicher Weise empfunden)* · **etwas geht von Mund zu Mund** *(etwas wird weitererzählt)* · (ugs.:) **es geht jmdm. an den Kragen** *(jmd. wird vom Schicksal ereilt, jmd. wird zur Verantwortung gezogen)* · (ugs.:) **es geht um Kopf und Kragen** *(es geht um das Leben, die Existenz)* · (ugs.:) **jmdm. durch die Lappen gehen** *(jmdm. entkommen)* ·

sich etwas durch den Kopf gehen lassen *(sich etwas überlegen)* · (ugs.:) **etwas geht aus dem Leim** *(etwas geht entzwei)* · **etwas geht aus den Fugen** *(etwas verliert den Zusammenhalt, zerbricht)* · (Papierdt.:) **einer Sache verlustig gehen** *(etwas verlieren)* · (ugs.:) **etwas mit sich gehen heißen/lassen** *(etwas stehlen):* er läßt/heißt bei jeder Gelegenheit alles mit sich gehen, was nicht niet- und nagelfest ist · **zu weit gehen** *(über das erträgliche Maß hinausgehen):* das geht zu weit; er ist mit seinen Forderungen zu weit gegangen · **mit jmdm. durch dick und dünn gehen** *(jmdm. ein treuer Kamerad sein)* · **an/von Bord gehen** *(das Schiff betreten/verlassen)* · **vor Anker gehen: a)** (Seemannsspr.; *den Anker auswerfen*). **b)** (ugs.; *irgendwo Rast machen, sich niederlassen)* · **in die Höhe gehen** *(wütend werden)* · (ugs.:) **geh zum Teufel/Henker/Kuckuck!** *(verschwinde!)* · (ugs.:) **vor die Hunde gehen** *(zugrunde gehen)* · **in die Luft gehen: a)** *(explodieren)* · **b)** (ugs.; *wütend werden*) · (ugs.:) **jmdm. auf den Leim gehen; jmdm. ins Garn gehen** *(auf jmds. List hereinfallen)* · **jmdm. ins Netz gehen** *(von jmdm. überlistet werden)* · **ins Wasser gehen** *(Selbstmord durch Ertränken begehen)* · (ugs.:) **am Stock gehen** *(in einer schlechten gesundheitlichen Verfassung, finanziellen Lage sein)* · (ugs.:) **jmdm. auf die Nerven gehen** *(jmdm. lästig fallen):* dein Gejammer geht, du gehst mir auf die Nerven · (ugs.:) **aufs Ganze gehen** *(eine Entscheidung herbeiführen wollen, alles wagen, um etwas zu erreichen)* · (ugs.:) **das geht auf keine Kuhhaut** *(das überschreitet das erträgliche Maß)* · **etwas geht auf jmds. Konto** *(jmd. ist für etwas verantwortlich)* · **etwas geht in Erfüllung** *(etwas wird Wirklichkeit)* · (geh.:) **jmdm. zu Herzen gehen** *(jmdn. tief berühren, beeindrucken):* die Rede ging ihm zu Herzen · (geh.:) **mit sich zu Rate gehen** *(etwas gründlich überlegen)* · (geh.:) **mit jmdm. hart/scharf ins Gericht gehen** *(über jmdn. hart urteilen)* · **einer Sache auf den Grund gehen** *(den Sachverhalt klären, erforschen)* · **zur/auf die Neige gehen** *(zu Ende gehen, alle werden):* das Faß, der Wein geht zur Neige · **jmdm. über alles gehen** *(für jmdn. das Höchste sein):* seine Familie geht ihm über alles · **jmdm. zur Hand gehen** *(jmdm. behilflich sein)* · **etwas geht jmdm. von der Hand** *(etwas fällt jmdm. leicht)* · **zugrunde gehen** *(zerstört, getötet werden)* · **bankrott/** (ugs.:) **pleite gehen** *(zahlungsunfähig werden)* · (Boxen:) **k. o. gehen** *(kampfunfähig werden)* · **in sich gehen** *(sein Gewissen prüfen)* · **vor sich gehen** *(gerade stattfinden):* was geht hier vor sich? *(was ist hier los?)*.

gehenlassen: 1. (ugs.) ⟨jmdn. g.⟩ *jmdn. in Ruhe lassen:* du sollst den kleinen Jungen, den Hund g. **2.** ⟨sich g.⟩ *sich nicht beherrschen, nachlässig sein:* zu Hause läßt er sich einfach gehen; laß dich nicht so gehen!

geheuer ⟨in der Verbindung⟩ nicht geheuer: *unheimlich:* an der alten Ruine soll es nicht g. sein *(soll es spuken);* ihm war auf dem dunklen Friedhof nicht ganz g.; wenn ich an das Wiedersehen dachte, war mir nicht ganz g. *(war mir nicht ganz wohl);* irgend etwas kam mir an dieser Sache nicht g. *(verdächtig)* vor.

Gehirn, das: **1.** *Organ im Kopf, Sitz des Bewußtseins:* das menschliche G.; das G. steuert die willkürlichen Bewegungen und Reflexe; er hat einen Tumor im G. **2.** *Verstand:* sein G. anstrengen, zermartern *(scharf nachdenken);* der Gedanke setzte sich in seinem G. fest.

gehoben: 1. *sozial auf einer höheren Stufe stehend:* ein gehobener Posten; er hat eine gehobene Position in einem Ministerium; ein Beamter des gehobenen Dienstes. **2.** *feierlich; sich über das Alltägliche erhebend:* gehobene Rede, Ausdrucksweise; bei der Feier herrschte eine gehobene Stimmung.

Gehör, das: *Fähigkeit, Töne wahrzunehmen:* ein feines, gutes, scharfes G.; das absolute G. *(Fähigkeit, die Höhe eines Tones ohne Vergleich festzustellen);* sein G. läßt nach, hat gelitten, ist sehr schlecht; sie hat eine gute Stimme, aber kein [musikalisches] G.; das G. verlieren; nach dem G. *(ohne Noten)* singen, spielen. * **um Gehör bitten** *(darum bitten, daß man angehört, beachtet wird):* darf ich die Anwesenden kurz um G. bitten? · **sich** (Dativ) **Gehör verschaffen** *(dafür sorgen, daß man angehört wird)* · **etwas zu Gehör bringen** *(vortragen)* · **jmdm. Gehör schenken** *(jmdn. anhören, auf seine Bitten eingehen)* · **Gehör finden** *(mit seinen Anliegen bereitwillig aufgenommen werden)*.

gehorchen: *jmds. Willen befolgen:* **a)** g. lernen; du sollst g.!; die Kinder haben nicht gehorcht. **b)** ⟨jmdm., einer Sache g.⟩ einem Befehl g. *(ihm nachkommen, ihn erfüllen);* er gehorcht ihm blind aufs Wort *(sofort und bereitwillig);* übertr.: der Wagen gehorchte dem Fahrer nicht mehr; das Schiff gehorcht dem Steuer.

gehören: 1. ⟨etwas gehört jmdm.⟩: *etwas ist jmds. Eigentum:* das Buch gehört mir; das Haus gehört meinem Vater; bildl.: dir will ich g. (geh.; *in Liebe verbunden sein*); dem Kind gehört ihre ganze Liebe; ihr Herz gehört einem andern *(sie liebt einen andern)*. **2.** ⟨zu jmdm., zu etwas g.⟩: *Mitglied einer Gruppe, Teil eines Ganzen sein:* das Mädchen gehört schon ganz zu unserer Familie; ich gehöre auch zu seinen Anhängern; er hatte zu den besten Spielern seiner Mannschaft gehört; der Roman gehört zu den bedeutendsten Werken der Weltliteratur. **3.** ⟨mit Raumangabe⟩: *den richtigen Platz haben, passend sein:* das Fahrrad gehört nicht in die Wohnung; diese Frage gehört nicht hierher; die Kinder g. um sieben Uhr ins Bett *(sollten um sieben Uhr im Bett sein)*. **4.** ⟨etwas gehört zu etwas⟩: *etwas ist für etwas Voraussetzung, ist für etwas nötig:* es gehört viel Mut dazu, diese Aufgabe zu übernehmen; es gehört eine große Frechheit dazu, sich so zu benehmen; dazu gehört nicht viel *(ist nicht viel Mut, Verstand erforderlich)*. **5.** ⟨etwas gehört sich⟩ *geziemt sich:* das gehört sich nicht!; es gehört sich, Älteren den Sitzplatz zu überlassen. **6.** (landsch.; bes. südd.) ⟨etwas gehört jmdm.⟩ *etwas ist für jmdn. angebracht, gebührt jmdm.:* ihm gehört eine Ohrfeige. **7.** (ugs.) ⟨jmd. gehört; mit 2. Part.⟩ *etwas sollte mit jmdm. geschehen:* der gehört eingesperrt, gehängt! * **zum alten Eisen gehören** *(nicht mehr arbeits-, verwendungsfähig sein)* · **zum eisernen Bestand gehören** *(fester, unabdingbarer Bestandteil sein)*.

gehörig: 1. *gebührend:* der gehörige Respekt; alle wahrten den gehörigen Abstand. **2.** (ugs.) ⟨verstärkend⟩ *ziemlich hoch, ziemlich stark, be-*

trächtlich; sehr: eine gehörige Strafe; wir haben ihm g. die Meinung gesagt; sie haben ihn g. verprügelt. Die Verwendung von *gehörig* im Sinne von „gehörend" (das mir gehörige Buch) gilt hochsprachlich als n i c h t korrekt.

gehorsam: a) *sich dem Willen eines Vorgesetzten unterordnend:* ein gehorsamer Untertan; der Beamte war ein gehorsamer Diener des Staates; er war seinen Anordnungen jederzeit g. (geh.); (veraltet:) gehorsamster Diener!; danke gehorsamst! */Höflichkeitsformeln/.* **b)** *folgsam, brav:* ein gehorsames Kind; Kinder müssen lernen, g. zu sein; er war seinem Vater g. (geh.).

Gehorsam, der: *Unterordnung unter den Willen des Vorgesetzten:* blinder, bedingungsloser G. [gegenüber Vorgesetzten]; wir haben uns G. verschafft; von Untergebenen G. verlangen, fordern; jmdm. den G. aufsagen (geh.), kündigen (geh.), verweigern *(nicht mehr gehorchen);* die Soldaten sind zu unbedingtem G. verpflichtet.

Geier, der: */ein Raubvogel/:* die Geier warten schon, hocken in den Bäumen. * (ugs.:) **hol dich, hol's der G.!** */Verwünschungen/.*

Geige, die: */ein Streichinstrument/:* eine alte, wertvolle G.; die G. hat einen guten Klang; G. spielen; er spielt die erste, zweite G. *(spielt auf der G. die erste, zweite Stimme);* auf der G. spielen, üben. * (ugs.:) **die erste Geige spielen** *(die führende Rolle spielen):* er will immer die erste G. spielen · **jmdm. hängt der Himmel voller Geigen** *(jmd. ist schwärmerisch glücklich, sieht froh in die Zukunft).*

geigen (ugs.) ⟨[etwas] g.⟩: *auf der Geige spielen:* sie geigt täglich drei Stunden; einen Walzer g. · * (ugs.:) **jmdm. die Meinung geigen** *(jmdm. gründlich die Meinung sagen).*

geil: 1. (veraltet, aber noch Landw.) *üppig wuchernd:* geile Pflanzen, Schößlinge; diese Triebe sind g., sie müssen entfernt werden; eine g. wuchernde Vegetation; der Boden ist g. *(zu fett).* **2.** (abwertend) *vom Geschlechtstrieb beherrscht, sexuell erregt:* ein geiler Kerl, Bock; ein geiles Lachen; er war g. auf sie; ihr Anblick machte ihn g.

Geißel, die: **1.** (oberd.) *Peitsche:* mit der G. die Pferde antreiben; ü b e r t r.: *Plage:* der Krieg ist eine G. der Menschheit. **2.** (Biol.) *Fortbewegungsorgan des Geißeltierchens:* die Bakterien können sich mit Hilfe von Geißeln fortbewegen.

geißeln: 1. ⟨sich g.⟩: *sich kasteien:* die Mönche fasteten und geißelten sich. **2.** ⟨etwas g.⟩: *anprangern, scharf tadeln:* politische Mißstände g.; der Redner geißelte die sittliche Verkommenheit. **3.** (veraltet) ⟨ein Tier g.⟩ *peitschen:* die Pferde geißeln; ü b e r t r.: *plagen, heimsuchen:* die Seuche geißelt das Volk.

Geist, der: **1.** *Verstand, Vernunft:* der menschliche G.; ein hoher, edler, freier, reger, enger, starker, überlegener, kühner, umfassender, unruhiger, lebendiger, genialer G.; sein G. ist verwirrt, gestört; sein G. schwingt sich empor (geh.); seinen G. anstrengen, anspannen, sammeln (geh.); dieses Problem beschäftigt seinen G.; er hat keinen, viel G. *(Denkvermögen, Scharfsinn);* im Geiste *(in Gedanken)* ist er bei ihr; ein Nachahmer ohne G.; ein Mann von G. *(von hohem intellektuellem Niveau);* R e d e n s a r t e n: hier, da scheiden sich die Geister *(in diesem Punkt gehen die Meinungen auseinander);* der G. ist willig, aber das Fleisch ist schwach *(oft ist zwar ein guter Vorsatz da, aber die Ausführung scheitert an der menschlichen Schwäche).* **2.** *sehr begabter Mensch:* ein genialer, erfinderischer, schöpferischer G.; er ist nur ein kleiner G. *(er ist unbedeutend);* die führenden Geister der Zeit; R e d e n s a r t (ugs., scherzh.:) große Geister stört das nicht *(das bringt jmdn. nicht aus der Ruhe).* **3.** *geistige Haltung; Gesinnung:* ein brüderlicher, sportlicher G.; der G. der Freiheit; der G. der Zeit; der Roman atmet modernen G.; in dieser Klasse herrscht ein guter, schlechter, kameradschaftlicher G.; aus seinen Äußerungen erkennt man bald, wes Geistes Kind er ist *(wie er eingestellt ist);* wir handeln in seinem G. *(wie es sein Wille gewesen wäre).* **4. a)** *überirdisches Wesen:* der Heilige G. (Rel.; *dritte göttliche Person*:) die Ausgießung, Herabkunft des Heiligen Geistes *(Pfingsten);* der böse G. *(Teufel);* der G. der Finsternis (geh.; *Teufel);* vom bösen G. geplagt, besessen sein. **b)** *Gespenst:* gute, böse Geister; in dem verfallenen Schloß gehen Geister um; der G. des Toten erschien ihm; Geister beschwören, herbeirufen; er glaubt nicht an Geister; du siehst aus wie ein G. *(siehst blaß, schlecht aus).* * (ugs., scherzh.:) **ein dienstbarer Geist** *(Dienstbote)* · (geh.:) **seinen Geist aufgeben** *(sterben)* · **von allen guten Geistern verlassen sein** *(völlig unvernünftig, konfus sein).*

Geistesblitz, der (ugs.): *plötzlicher guter Einfall:* das war ein genialer G.!; einen G. haben.

Geistesgegenwart, die: *Übersicht und Entschlossenheit bei überraschenden Vorfällen:* die G. bewahren, nicht verlieren; er hatte, fand noch die G., sofort den Strom auszuschalten; seiner G. ist es zu verdanken, daß ...; durch seine G. rettete er vielen Menschen das Leben.

geistesgegenwärtig: *Geistesgegenwart habend:* eine geistesgegenwärtige Tat, Antwort; mein Freund ist sehr g.; g. trat er auf die Bremse.

[1]**geistig:** *den Geist, Verstand betreffend:* geistige Arbeit, Anstrengung; geistige Nahrung; sich das geistige Rüstzeug für eine Tätigkeit erwerben; hohe geistige Eigenschaften, Fähigkeiten besitzen; trotz seines hohen Alters zeigt er noch große geistige Beweglichkeit, ist er noch im Vollbesitz der geistigen Kräfte; er feierte seinen Geburtstag in geistiger Frische, starb in geistiger Umnachtung; geistige Überlegenheit beweisen; (geh.:) das geistige Band zwischen zwei Völkern; die Diskutierenden verständigten sich nach hartem geistigem Ringen; das ist geistiger Diebstahl *(das Ausgeben fremder Gedanken als eigene);* geistiges Eigentum *(urheberrechtlich geschützte wissenschaftliche oder künstlerische Werke, Gedanken);* g. arbeiten; das Kind ist g. zurückgeblieben; er war g. schon ziemlich geschwächt; er war g. weggetreten (ugs.; *war nicht bei der Sache, handelte gedankenlos*).

[2]**geistig:** *alkoholisch:* geistige Getränke.

geistlich: *die Religion betreffend:* geistliche Lieder, Schriften; das geistliche Gewand; ein geistlicher Orden; der geistliche Herr *(Pfarrer);* der geistliche Stand *(die Pfarrer, Priesterstand);* der geistliche Vorbehalt (hist.; *Reservatum ecclesiasticum);* s u b s t.: Geistlicher *(Priester, Pfarrer)* sein, werden; nach einem Geistlichen verlangen. * (kath. Rel.:) **Geistlicher Rat** */ein Titel/.*

geistreich: *einfallsreich; voller Geist und Witz:* ein geistreicher Mensch; ein geistreiches Gespräch; etwas auf geistreiche Art tun; die Unterhaltung war nicht besonders g.; ein g. geschriebenes Buch; etwas g. bemerken; (iron.:) du siehst nicht gerade g. aus.!

Geiz, der (abwertend): *übertriebene Sparsamkeit:* krankhafter G.; vor lauter G. gönnte er sich nicht einmal genug zu essen.

geizen: 1. ⟨mit etwas g.⟩ *übertrieben sparsam sein:* mit dem Geld g.; übertr.: mit jeder Minute, mit der Zeit g.; sie geizt nicht mit ihren Reizen *(zeigt sie freigebig);* man soll mit Lob nicht g. **2.** (geh.; veraltet) ⟨nach etwas g.⟩: *heftig verlangen:* nach Ruhm g.

Geizhals, (auch:) Geizkragen, der (abwertend): *geiziger Mensch:* ein alter G.; er ist ein furchtbarer G.; dieser G. schenkt dir bestimmt nichts!

geizig: *übertrieben sparsam:* ein geiziger Mensch; die Alte ist sehr g.; er hält sein Geld g. zusammen.

gekleidet ⟨in der Verbindung⟩ gekleidet sein ⟨mit Artangabe⟩: *angezogen sein:* gut, einfach, vornehm, modern g. sein; er ist nach der neuesten Mode g.

gekünstelt (abwertend): *nicht natürlich:* ein gekünsteltes Benehmen, Lächeln; ihr Benehmen ist, wirkt sehr g.; g. reden.

Gelächter, das: *lautes Lachen:* ein lautes, dröhnendes, homerisches (bildungsspr.; *laut schallendes*), wieherndes G.; das G. verstummte; das G. war im ganzen Haus zu hören; G. erregen, hervorrufen; die Zuhörer brachen in schallendes G. aus; seine Worte gingen in G. unter; übertr.: *Spott, Gespött:* jmdn. dem G. der Menge preisgeben (geh.). * **zum Gelächter werden** *(ausgelacht werden)* · **jmdn. zum Gelächter machen** *(verursachen, daß jmd. verspottet wird):* er hat ihn zum G. der ganzen Stadt gemacht · **sich zum Gelächter machen** *(zulassen, daß andere über einen lachen).*

geladen (ugs.): *wütend, gereizt:* rede heute nicht mit ihm, er ist sehr g.; g. antworten; der Chef ist auf ihn besonders g.

Gelände, das: **a)** *Landschaft in ihrer natürlichen Beschaffenheit:* ein freies, dicht besiedeltes, ebenes, hügeliges, offenes, sumpfiges G.; das G. ist mit Büschen bewachsen. **b)** *größeres Grundstück:* das G. einer Fabrik, des Bahnhofs; ein G. absperren; auf dem G. der Gartenschau wird ein großer Park angelegt. **c)** (militär.) *Gebiet:* die Truppen haben G. verloren, gewonnen; das G. erkunden.

Geländer, das: *Stange o. ä. zum Schutz vor Absturz:* ein schmiedeeisernes G.; ein G. aus Holz; sich am G. festhalten; die Kinder rutschten das Geländer hinunter.

gelangen: 1. ⟨mit Raumangabe⟩ *(ein Ziel) erreichen:* ans Ziel g.; durch diese Straße gelangt man zum Bahnhof; sie sind über die Mauer ins Freie gelangt; der Brief gelangte nicht in seine Hände; das Gerücht gelangte auch zu mir, zu meinen Ohren. **2. a)** ⟨zu etwas g.; in bestimmten nominalen Fügungen⟩ *etwas erreichen, bekommen* /stark verblaßt/: zu Ehre, Ansehen gelangen *(angesehen, berühmt werden);* zur Erkenntnis g. *(erkennen);* zu Macht g. *(mächtig werden);* zur Ruhe g. *(ruhig werden);* zur Vernunft g. *(vernünftig werden);* zur Blüte g. *(einen Höhepunkt erreichen):* das geistliche Lied gelangte im 17. Jahrhundert zur Blüte. **b)** ⟨zu etwas g.; dient in nominalen Fügungen zur Umschreibung des Passivs⟩: zum Druck g. *(gedruckt werden);* zur Aufführung g. *(aufgeführt werden);* zur Ausführung g. *(ausgeführt werden);* zur Auszahlung g. *(ausgezahlt werden);* etwas gelangt zur Abstimmung *(über etwas wird abgestimmt).*

gelassen: *ruhig, gefaßt:* ein gelassener Mensch; ein gelassenes Gesicht machen; mit gelassener Zuversicht; er war, blieb ganz g., als er die traurige Nachricht erhielt; etwas g. erwarten; g. in die Zukunft sehen; er nahm die Kränkung, den Vorwurf, Verweis g. hin.

Gelassenheit, die: *Ruhe, Beherrschung:* kühle, höfliche, klare, überlegene, heitere, würdige, stolze G.; etwas mit großer, mit der nötigen G. tun, hinnehmen.

geläufig: 1. *allgemein bekannt:* eine geläufige Redensart; der Ausdruck ist [mir] ganz g. **2.** (veraltend) *fließend:* er antwortete in geläufigem Französich; er spricht g. Französisch.

gelaunt ⟨in der Verbindung⟩ gelaunt sein ⟨mit Artangabe⟩: *gestimmt, aufgelegt sein:* er ist gut, übel g.; wie ist er heute g.?; ⟨auch attributiv⟩ ein schlecht gelaunter Ober bediente ihn.

gelb: /*eine Farbbezeichnung*/: gelbe Gardinen; ein gelbes Kleid; der Dotter ist g.; die Blätter werden schon ganz g.; subst.: ein schönes, kräftiges Gelb; seine Lieblingsfarbe ist Gelb; Gelb ist die Farbe des Neides; die Verkehrsampel zeigt, steht auf Gelb; bei Gelb über die Kreuzung fahren. * (südd.:) **gelbe Rübe** *(Mohrrübe)* · **die gelbe Rasse** *(Chinesen, Japaner und Mongolen)* · **die gelbe Gefahr** *(Gefahr, daß die gelbe Rasse infolge der starken Bevölkerungszunahme sich über die ganze Erde ausbreitet)* · (Med.:) **das gelbe Fieber** /*Infektionskrankheit*/ · (Sport:) **das gelbe Trikot** *(Trikot von gelber Farbe, das der jeweilige Spitzenreiter bei Radrennen trägt)* · **die gelben Engel** *(Straßenwacht des Allgemeinen Deutschen Automobil-Clubs)* · (ugs.:) **sich grün und g. ärgern** *(sich sehr ärgern).*

Geld, das: **1.** *staatliches Zahlungsmittel in Form von Münzen oder Banknoten:* bares, falsches, hartes G.; kleines G. (ugs.; *Münzen*); großes G. (ugs.; *Banknoten*); für teures, billiges G. *(zu einem hohen, niedrigen Preis)* kaufen; er hat schweres, unheimliches (ugs.; *sehr viel*) G. verdient; schmutziges *(auf unredliche Art erworbenes)* G.; das G. rinnt ihm durch die Finger *(er gibt viel Geld aus, kann das Geld nicht zusammenhalten);* das ist hinausgeworfenes G. (ugs.; *dieses G. wurde verschwendet, unnütz ausgegeben*); das G. ist mir ausgegangen; alles G. ist futsch (ugs.; *weg*) · kein, viel G. haben; er hat G. auf der Bank; G. verdienen, machen (ugs.; *verdienen*), erwerben, herausschlagen, finden, einheimsen, scheffeln (ugs.), einstreichen (ugs.), zusammenraffen, sparen, anlegen, umtauschen, überweisen, [ein]wechseln, fälschen, unterschlagen; der Staat läßt G. prägen, schlagen; G. aufbringen, aufnehmen *(borgen)*, hereinbekommen, vom Konto abheben, auf der Post einzahlen, in etwas stecken *(investieren);* G. einkassieren, eintreiben; sein G. arbeiten lassen *(es gewinnbringend anlegen);* jmdm. G. vorschießen, vorstrecken, borgen, pumpen (ugs.); vergiß nicht, G. einzustecken; G. verlieren, einbüßen, ausgeben, bezahlen, vergeuden, verschwenden; er hat das ganze G. vertrunken, verspielt; die Kaufkraft, der Wert des Geldes; er hat es auf ihr G. abgesehen; es fehlt an G.; für G. macht er alles; viel für sein G. verlangen; was willst du mit dem G. anfangen?; er kann nicht mit G. umgehen; jmdn. um Geld bitten; er kommt um sein G.; um G. verlegen sein; schade ums G.! (ugs.; *das ist das G. nicht wert*); er lebt von seinem G.; ich weiß nicht, wie er zu G. gekommen ist *(es erworben hat)*; Redensarten: das ist nicht mit G. zu bezahlen *(das ist sehr wertvoll)*; sich für G. sehen lassen können *(ein Original sein)*; Sprichwörter: G. regiert die Welt; G. stinkt nicht; G. allein macht nicht glücklich; Zeit ist G. **2.** *größere Geldsumme [für einen bestimmten Zweck]:* staatliche, öffentliche Gelder; die Gelder wurden für den Bau der Straße bewilligt, verwendet; Gelder veruntreuen, unterschlagen. * (ugs.:) **eine Stange Geld** *(viel Geld):* das kostet eine Stange G. · (ugs.:) **hier liegt das Geld auf der Straße** *(hier kann man leicht Geld verdienen)* · (ugs.:) **am Geld hängen/kleben** *(geizig sein)* · (ugs.:) **im/in Geld schwimmen** *(sehr viel Geld haben)* · (ugs.:) **etwas läuft ins Geld** *(etwas wird auf die Dauer zu teuer)* · (ugs.:) **Geld wie Heu haben** *(sehr reich sein)* · (ugs.:) **nach Geld stinken** *(sehr reich sein)* · (ugs.:) **Geld [mit beiden Händen] auf die Straße werfen/zum Fenster hinauswerfen** *(verschwenderisch sein)* · (ugs.:) **mit dem Geld um sich werfen** *(verschwenderisch sein)* · (ugs.): **jmdm. das Geld aus der Tasche ziehen/lotsen** *(jmdn. dazu bringen, Geld auszugeben)* · **sein Geld unter die Leute bringen** *(das Geld rasch ausgeben)* · **Geld und Gut** *(der gesamte Besitz):* er verlor G. und Gut · (ugs.:) **nicht für Geld und gute Worte** *(um keinen Preis)*.

gelegen: *zu einem günstigen Zeitpunkt, passend:* zu gelegener Zeit; sein Besuch ist mir jetzt nicht g.; das Angebot kommt mir sehr g.

Gelegenheit, die: **1.** *günstiger Augenblick:* eine einmalige, seltene, gute, nie wiederkehrende, verpaßte G.; es bot sich ihm eine günstige G.; diese Reise bietet die G. zur Besichtigung der Höhlen; die G. benutzen, ausnutzen; er wollte die G. zu einem privaten Gespräch nutzen; eine G. abwarten, wahrnehmen, ergreifen, versäumen, verpassen, ungenutzt verstreichen lassen, vorübergehen lassen; bei dem Kongreß hatte er G., mit den berühmten Gelehrten zu sprechen; jmdm. G. geben, sich zu bewähren; es fehlt nicht an Gelegenheiten; er wartete nur auf eine günstige Gelegenheit, um ...; bei der, bei einer, bei der ersten besten G. will ich ihn fragen; ich werde dich bei G. *(gelegentlich)* besuchen; Sprichw.: Gelegenheit macht Diebe. **2.** *Anlaß:* ein Kleid für alle, für besondere Gelegenheiten; er erzählt bei jeder G. von seiner Reise; bei der geringsten G. fängt er an zu schimpfen. * **die Gelegenheit beim Schopfe pakken/fassen** *(eine Gelegenheit entschlossen nutzen)*.

gelegentlich: **I.** ⟨Adj.⟩ **1.** *bei passender Gelegenheit geschehend:* bei einem gelegentlichen Zusammentreffen; ich werde ihn g. fragen, ob ...; ich werde dich g. besuchen. **2.** *manchmal:* er trinkt nur g. ein Glas Bier. **II.** (Papierdt.) ⟨Präp. mit Gen.⟩ *bei; aus Anlaß:* g. seines Besuchs; er kam g. einer Tagung mit ihm ins Gespräch.

gelehrt: **a)** *wissenschaftlich umfassend gebildet:* ein gelehrter Mann; seine Frau ist sehr g.; sie spricht, tut sehr g.; ein gelehrtes Haus (ugs. *ein kluger Mensch*). **b)** *auf wissenschaftlicher Grundlage beruhend:* ein gelehrtes Buch, Gespräch; die Abhandlung ist sehr g. **c)** (ugs. *wegen wissenschaftlicher Ausdrucksweise schwer verständlich:* er drückte sich sehr g. aus, sprach g.

Geleise: → Gleis.

Geleit, das (geh.): *Begleitung von Personen zu deren Schutz oder Ehrung:* der Gast wurde mit großem G. zum Flugplatz gebracht; im G. des Präsidenten befanden sich auch motorisierte Polizisten. * (geh.:) **jmdm. das Geleit geben** *(jmdn. begleiten):* wir gaben dem Besuch bis zum Bahnhof das G. · (verhüll.:) **jmdm. das letzte Geleit geben** *(zu jmds. Beerdigung gehen)* · (Rechtsw.:) **freies/sicheres Geleit** *(Garantie der Bewegungsfreiheit und Unverletzlichkeit):* dem Gesandten wurde freies G. zugesichert, gewährt, zugesagt, versprochen.

geleiten (geh.) ⟨jmdn. g.; mit Raumangabe⟩ *begleiten:* jmdn. bis an die Tür, an seinen Platz, zum Flugplatz g.; er geleitete den Blinden über die Straße; er geleitete das Mädchen nach Hause; von der ganzen Familie geleitet, verließ sie das Zimmer. * (geh.:) **jmdn. zur letzten Ruhe geleiten** *(an jmds. Beerdigung teilnehmen)*.

Gelenk, das: **a)** *bewegliche Verbindung zwischen Knochen:* ein schmales, feines G.; steife Gelenke; die Gelenke seiner Finger krachten; der Rheumatismus befällt die Gelenke; seine Hände knackten, krachten in den Gelenken. **b)** *bewegliche Verbindung zwischen Maschinenteilen:* das G. muß geölt werden.

gelernt: *vollständig [für ein Handwerk] ausgebildet:* ein gelernter Schlosser; er ist [ein] gelernter Mechaniker.

gelind[e]: **a)** *mild, nicht streng:* er ist mit einer gelinden Strafe davongekommen. **b)** (veraltend) *schwach, nicht stark:* ein gelinder Regen; etwas bei gelindem Feuer braten; ein gelinder Schmerz; die Speise ist g. gewürzt. **c)** (veraltet) *nicht steil:* eine gelinde Anhöhe. **d)** *vorsichtig, schonend:* das ist ein gelinder Ausdruck dafür; (ugs.:) das halte ich, g. gesagt, für einen Blödsinn; das Bild ist, um es g. zu sagen, nicht ganz gelungen. **e)** (ugs.) *heftig, nicht gering:* ein gelinder Schrecken lief ihm über den Rücken; es packte ihn eine gelinde Wut.

gelingen ⟨etwas gelingt⟩: *etwas glückt, kommt mit Erfolg zustande:* es gelingt nicht, das Schiff zu bergen; der Entwurf gelang nicht; die Überraschung ist vollauf gelungen; ⟨etwas gelingt jmdm.⟩ es will mir nicht g., ihn zu überzeugen; der Kuchen ist mir gut, gar nicht gelungen; die Arbeit ist mir schlecht gelungen; subst.: wir trinken auf ein gutes Gelingen; adj. Part.: **a)** *geglückt:* ein gelungener Streich; eine gelungene Aufführung. **b)** (ugs.) *drollig, originell:* ein gelungener Kerl; er ist g., sieht g. aus.

gellen ⟨etwas gellt⟩: **a)** *etwas ertönt laut und durchdringend:* ein Pfiff gellte laut und schrill; „Hilfe!" gellte es über den Platz; er hörte eine gellende Stimme; sie rief gellend um Hilfe; ⟨etwas gellt jmdm.; mit Raumangabe⟩ der Schrei, der Lärm gellte ihm in den Ohren. **b)** *etwas ist von durchdringenden und lauten Tönen erfüllt:* sie schrie so, daß das ganze Haus gellte; ⟨etwas gellt jmdm.⟩ von dem Lärm gellten ihm die Ohren.

geloben (geh.): **a)** ⟨etwas g.⟩ *feierlich versprechen, schwören:* er gelobte Besserung; der Mönch gelobte Armut und Keuschheit; ⟨jmdm. etwas g.⟩ jmdm. Treue, Beistand g.; er gelobte ihm, immer bei ihm zu bleiben. **b)** ⟨sich (Dativ) etwas g.⟩ *sich etwas fest vornehmen:* er gelobte sich, nicht mehr zu trinken; ich habe mir im stillen gelobt, ein anderer Mensch zu werden; (bibl.:) **das Gelobte Land** *(Land der Verheißung)*.

gelöst: *innerlich entspannt:* eine gelöste Stimmung; seine Frau war, wirkte g.; g. lächeln.

gelten: 1. ⟨etwas gilt⟩ *etwas ist gültig:* die Banknote, Briefmarke, der Paß gilt nicht mehr; die Rückfahrkarte gilt 2 Monate; das soll für alle Zeiten, auf ewig g.; das Gesetz gilt für alle Bürger; was ich zu ihm gesagt habe, gilt auch für die ganze Klasse; diesen Einwand lasse ich nicht g.; das gilt nicht! *(das widerspricht den Spielregeln!)*; adj. Part.: das geltende Recht. **2.** ⟨etwas gilt etwas⟩ *etwas ist etwas wert:* die Münze gilt nicht viel; unser Geld gilt heute weniger als vor zehn Jahren; was gilt die Wette *(um welchen Betrag wollen wir wetten)?* **3.** ⟨als jmd., als etwas/für jmdn., für etwas g.⟩ *betrachtet, angesehen werden:* als/(seltener:) für klug, reich, dumm, eingebildet g.; er galt als der größte Dichter/(selten:) für den größten Dichter seiner Zeit; er gilt als Dummkopf, als guter Kamerad; es gilt als sicher, daß der Staatsbesuch im Mai stattfindet; die Mannschaft gilt als unbesiegbar. **4.** ⟨etwas gilt jmdm.⟩ *etwas ist für jmdn. bestimmt:* der Vorwurf hat ihm gegolten, nicht dir; gilt das mir? **5.** ⟨es gilt etwas⟩ **a)** *es kommt auf etwas an:* jetzt gilt es, standhaft zu sein; nun galt es, Zeit zu gewinnen; es gilt diesen Versuch. **b)** (geh.) *es geht um etwas:* es gilt mein Leben, meine Ehre, unsere Freiheit; bei dem Kampf galt es Leben oder Tod. * **etwas gelten lassen** *(etwas anerkennen):* diesen Einwand kann ich nicht g. lassen; das lasse ich mir g.! (ugs.; *das gefällt mir*) · **etwas geltend machen** *(vorbringen):* er machte seine Rechte, Ansprüche g.; gegen diesen Einwand mache ich folgendes g. · **etwas macht sich geltend** *(etwas wirkt sich aus, macht sich bemerkbar):* die erhöhten Löhne machen sich bereits in der Bilanz g.

Geltung, die ⟨gewöhnlich in den Wendungen⟩ **jmdn., etwas zur Geltung bringen** *(vorteilhaft wirken lassen):* seinen Willen, ein Kleid zur G. bringen; er will sich selbst, seine eigene Person stärker zur G. bringen · **zur Geltung kommen** *(vorteilhaft wirken):* auf der großen Bühne kam seine Stimme erst richtig zur G. · **Geltung haben** *(gültig sein, zutreffen):* die in Europa gemachten politischen Erfahrungen haben in Asien nur bedingt G. · **in Geltung sein** *(gültig sein):* das Gesetz ist noch immer in G. · **jmdm., sich, einer Sache Geltung verschaffen** *(dafür sorgen, daß jmd. oder etwas beachtet wird):* er konnte sich bei seinen Vorgesetzten G. verschaffen; dem Recht wieder G. verschaffen · **in Geltung bleiben** *(nicht abgeschafft werden)* · **an Geltung verlieren** *(nach und nach weniger gelten)*.

Gelübde, das (geh.): *feierliches [vor Gott abgelegtes] Gelöbnis:* ein G. ablegen, leisten, tun, halten, brechen, verletzen; durch ein G. gebunden sein; die Nonne wurde von den Gelübden befreit.

gelüsten (geh.) ⟨es gelüstet jmdn. nach etwas/etwas zu tun⟩: *jmd. hat ein heftiges Verlangen nach etwas:* es gelüstet mich, ihn einmal öffentlich zu blamieren; mich gelüstet es nach einem Stück Torte, nach einer Revanche; ⟨auch ohne *es*⟩ ihn gelüstete, den Raum zu betreten.

Gemach, das (geh., veraltet): *Zimmer:* ein fürstliches G.; (scherzh.:) sich in seine Gemächer zurückziehen *(sich entfernen, nicht mehr zu sprechen sein)*.

gemächlich: *bequem, gemütlich:* ein gemächlicher Spaziergang; ein gemächliches Tempo; g. wandern; sich etwas g. anschauen; ein g. fließender Fluß.

Gemahl, der (geh.): *Ehemann:* grüßen Sie bitte Ihren Herrn G.!; sie kam mit ihrem G. zum Empfang.

gemäß: 1. ⟨Präp. mit Dativ⟩ *entsprechend, zufolge:* der Vorschrift, der Vereinbarung g.; die Ausschüsse im Parlament werden g. der Stärke der Parteien besetzt; g. Artikel 21 des Grundgesetzes wurde die Partei als undemokratisch verboten. **2.** ⟨in der Verbindung⟩ jmdm., einer Sache gemäß sein: *angemessen sein; sich für jmdn. eignen:* diese Arbeit ist seiner Bildung nicht g.; das unstete Leben war ihm nicht mehr g.; ⟨auch attributiv⟩ er suchte einen ihm gemäßen Umgang, eine seinen Leistungen gemäße Arbeit.

gemein: 1. (abwertend) **a)** *niederträchtig:* ein gemeiner Mensch, Kerl, Betrüger; sie ist ein gemeines Weibsstück (derb); das ist eine gemeine Verleumdung, Lüge; er war sehr g. zu ihr, benahm sich ihr gegenüber sehr g. **b)** *unverschämt, frech, ordinär:* gemeine Redensarten, Witze, Schimpfwörter; das Mädchen hatte ein gemeines Gesicht, eine gemeine Lache. **c)** (ugs.) ⟨verstärkend bei Adjektiven und Verben⟩ *sehr:* es ist g. kalt; die Wunde brennt [ganz] g. **2.** (veraltend) *allgemein:* das gemeine Wohl; (Rechtsw.:) das gemeine Recht; die gemeinen Interessen des Volkes. **3.** *einfach, gewöhnlich:* der gemeine Mann (selten; *der Durchschnittsbürger*); der gemeine Soldat; (scherzh.:) wollen wir uns unter das gemeine Volk mischen?; Zool.: die Gemeine Garnele; Bot.: die Gemeine Quecke. * **etwas mit jmdm., mit etwas gemein haben** *(eine gemeinsame Eigenschaft haben, in bestimmter Weise zusammengehören):* seine Bilder haben mit echter Kunst nichts g.; ich will nichts mit ihm g. haben *(zu tun haben)* · (veraltend:) **sich mit jmdm. gemein machen** *(mit jmdm. in nähere Beziehung treten, sich anfreunden):* sie machte sich mit dem Kerl g.; mit solchen Leuten macht er sich nicht g. · **jmdm., einer Sache ist etwas gemein** *(mehreren Personen, Sachen ist etwas gemeinsam)*.

Gemeinde, die: **1. a)** *kleinste politische Verwaltungseinheit:* eine kleine, arme, große, reiche, dicht besiedelte, ländliche G.; die G. hat 5000 Einwohner, hat wenig Industrie; die Verwaltung, Einnahmen, Rechte, Einwohnerzahl der G.; wir leben in der gleichen G.; der Ort gehört zur G. Obernberg; übertr. (ugs.): auf die, zur G. *(zum Gemeindeamt)* gehen. **b)** *Bewohner einer Gemeinde:* die G. wählt den Bürgermeister. **2. a)** *Kirchengemeinde:* eine christliche, jüdische G.; der neue Pfarrer hat die Gemeinde übernommen. **b)** *Mitglieder einer Kirchengemeinde:* eine treue G.; die ganze G. war in der Kirche versammelt. **c)** *Teilnehmer am Gottesdienst:* die G. sang ein Lied; der Pfarrer spricht zur G. **3.** *Gruppe von Menschen mit gleichem Interesse:* der Dichter sprach vor einer kleinen, aber aufmerksamen G.

Gemeinheit, die: **a)** *niederträchtige, gemeine Gesinnung:* seine G. stößt mich ab. **b)** *gemeine Handlung, gemeine Worte:* eine bodenlose, abgründige G.; das war eine unglaubliche G.; eine G. begehen, verüben; ihm traut man keine G. zu; so eine G.!

gemeinsam: 1. *mehreren Personen oder Sachen gehörend; von mehreren zusammen unternommen:* ein gemeinsames Leben; gemeinsame Anschauungen, Aufgaben, Interessen; eine gemeinsame Politik; gemeinsame Ausflüge unternehmen; sie trafen einen gemeinsamen Bekannten; den beiden Freunden ist vieles g. *(sie stimmen in vielem überein);* das Getränk hat mit Kaffee nur die Farbe g.; Math.: der größte gemeinsame Teiler, das kleinste gemeinsame Vielfache; Wirtsch.: der Gemeinsame Markt *(Europäische Wirtschaftsgemeinschaft).* **2.** *zusammen, miteinander:* g. ins Theater gehen; etwas g. besprechen; sie gingen g. in den Tod; das Haus gehört den beiden Schwestern g. * **[mit jmdm.] gemeinsame Sache machen** *(sich mit jmdm. zusammenschließen):* er machte gemeinsame Sache mit den Gangstern · **etwas auf einen gemeinsamen Nenner bringen** *(Verschiedenes gleichartig behandeln, die Gemeinsamkeiten von verschiedenen Dingen herausstellen).*

Gemeinschaft, die: **1.** *das Zusammenleben, Verbundensein:* die eheliche G.; mit jmdm. in G. leben. **2.** *Personengruppe mit gemeinsamen Interessen, Idealen o. ä.:* eine politische, kirchliche G.; Rel.: die G. der Heiligen *(Gläubigen);* sie bildeten eine eingeschworene, verschworene, enge, unzertrennliche G.; eine G. verlassen; einer G. beitreten; er wurde aus der G. ausgeschlossen, ausgestoßen; jmdn. in eine G. eingliedern, aufnehmen. * **in Gemeinschaft mit** *(gemeinsam, zusammen mit):* der Maler veranstaltete die Ausstellung in G. mit zwei anderen Künstlern.

gemessen: a) *langsam und würdevoll:* er ging gemessenen Schrittes aus dem Haus; sein Gang war sehr g.; sich g. bewegen. **b)** (veraltend) *beherrscht, zurückhaltend:* er behandelte ihn mit gemessener Freundlichkeit, Überlegenheit; seine Begrüßung war sehr g. **c)** *angemessen, geziemend:* ein gemessener Abstand; er folgte in gemessener Entfernung.

gemünzt: → münzen.

gemustert: *mit einem Muster versehen:* gemusterte Stoffe; die Tapete ist nett gemustert.

Gemüse, das: */als Nahrungsmittel verwendete Pflanzen/:* frisches, rohes, gekochtes, gedünstetes G.; Kartoffeln und G.; als Beilage gibt es gemischtes G.; G. anbauen, ziehen, waschen, putzen, zubereiten; übertr. (ugs.; scherzh.): junges G. *(junge Leute).*

Gemüt, das: **a)** *seelische Empfindung:* ein gutes, kindliches, liebevolles, sonniges, heiteres, weiches, harmloses, goldenes G.; er besitzt, hat kein G.; etwas bewegt, erregt, beunruhigt das G.; ein Film fürs G. *(ein rührseliger Film);* da denkst du so in deinem kindlichen G.! **b)** *Mensch als empfindendes Wesen:* er ist ei ängstliches, einfaches, romantisches G.; der Vor fall erregte die Gemüter; es gelang ihm, die Ge müter zu beruhigen, beschwichtigen. * (ugs.: **sich (Dativ) etwas zu Gemüte führen: a)** *(etwas be herzigen):* er hat sich die Mahnung zu Gemüte ge führt. **b)** *(etwas Gutes mit Genuß essen oder trin ken):* heute werde ich mir eine Pizza zu Gemüt führen · (ugs.:) **ein Gemüt wie ein Veilchen/wi ein Fleischerhund haben** *(kein Gefühl für etwa haben, roh und herzlos sein)* · (ugs.:) **ein Gemü wie ein Schaukelpferd haben** *(sehr geduldig sein viel ertragen können).*

gemütlich: a) *bequem, behaglich:* eine gemüt liche Wohnung; ein gemütliches Lokal; sein Bude ist recht g., ist g. eingerichtet; mache Sie sich's g.! **b)** *nett, zwanglos:* ein gemütliches Beisammensein, ein gemütlicher Abend; es wa sehr g. bei ihm; wir unterhielten uns sehr g. **c)** *umgänglich, freundlich:* ein gemütlicher Be amter; der Chef war heute ganz g. **d)** *ruhig, ge mächlich:* er fuhr in einem gemütlichen Tempo ging g. nach Hause.

Gemütlichkeit, die: *Bequemlichkeit, Ruhe:* G ist ihm das wichtigste; G. geht ihm über alles er ist gegen jede bürgerliche G. * (ugs.:) **da hör [sich] doch die Gemütlichkeit auf!** *(das ist uner hört!)* · **in aller Gemütlichkeit** *(in Ruhe):* er tran noch in aller G. sein Bier aus.

genau: 1. ⟨Adj.⟩ **a)** *einwandfrei stimmend, zu verlässig:* eine genaue Waage, Angabe; habe Sie genaue [Uhr]zeit?; das ist g. das gleiche sich g. an etwas erinnern; der Brief wiegt g 20 Gramm; die Uhr geht g.; die Länge stimmt auf den Millimeter g.; subst.: er sagte, daß e nichts Genaues wisse. **b)** *sorgfältig; gewissenhaft gründlich:* er ist ein sehr genauer Mensch; er is in allem sehr g.; er ist in Geldsachen sehr g *(sparsam, gewissenhaft);* g. arbeiten; die Vor schriften genau[e]stens/auf das genau[e]st einhalten. **2.** ⟨Adverb⟩ *gerade, eben [noch]:* e kam g. zur rechten Zeit; das reicht g. [noch für zwei Personen; /als Ausdruck einer Ver stärkung/ g. das wollte ich sagen!; /als Aus druck der Zustimmung/ g.! *(stimmt; jawohl!)* Als nicht korrekt gilt der adjektivische Ge brauch des Abverbs; es muß heißen: g. das Ge genteil (nicht: das genaue Gegenteil) ist de Fall. * **es [mit etwas] nicht so genau nehme** *(nicht sorgfältig sein mit etwas):* er nimmt e mit der Sicherheit nicht sehr g.

genehmigen ⟨etwas g.⟩: *bewilligen, einer Sach zustimmen:* ein Gesuch g.; der Antrag ist geneh migt worden. * (ugs.; scherzh.:) **sich** (Dativ **einen genehmigen** *(ein Glas Bier, Schnaps o. ä. trinken).*

Genehmigung, die: *Bewilligung, Zustimmung* eine schriftliche, polizeiliche, behördliche G [zur Ausübung des Berufs]; eine G. einholen erhalten, sich (Dativ) verschaffen, jmdm. geben erteilen, verweigern; etwas ohne G. tun.

geneigt: 1. ⟨in der Verbindung⟩ [zu etwas] ge neigt sein: *die Neigung, die Absicht haben, be reit sein:* er ist geneigt, das Angebot anzuneh men; er ist immer zu Einwänden geneigt. **2.** ⟨i der Verbindung⟩ jmdm. geneigt sein: *jmdm wohlgesinnt, zugetan sein:* seine Vorgesetzte waren ihm nicht geneigt. * (geh.; veraltend:) **geneigter Leser** */Höflichkeitsanrede/* · (geh.; veraltend:) **jmdm. ein geneigtes Ohr leihen/schenken** *(jmdn. wohlwollend anhören)*.

genesen: **1.** (geh.) *gesund werden:* er ist von einer langen Krankheit genesen; kaum genesen, begann er schon wieder zu arbeiten. **2.** (veraltet) ⟨jmds. g.⟩ *gebären:* sie ist eines Kindes, eines gesunden Knaben genesen.

Genesung, die (geh.): *das Gesundwerden:* seine G. macht gute Fortschritte; wir wünschen baldige G.; G. suchen, finden; auf dem Weg der G. sein; auf G. hoffen.

genial: *hervorragend begabt; großartig, vollendet:* ein genialer Dichter; eine geniale Erfindung; das war ein genialer Schachzug; das Werk ist g.!; er hat das Problem g. gelöst; er ist geradezu g. begabt, veranlagt.

Genick, das: *Nacken:* ein steifes G. haben; er brach sich bei dem Sturz das G.; er schob den Hut ins G.; jmdn. am G. packen. * (ugs.:) **jmdm., einer Sache das Genick brechen** *(ruinieren)* · **etwas bricht jmdm. das Genick** *(jmd. scheitert an etwas, wird durch etwas ruiniert):* sein Leichtsinn wird ihm noch das G. brechen.

Genie, das: **1.** *überragende schöpferische Geisteskraft:* das G. Wagners; sein G. wurde schon früh deutlich. **2.** *sehr begabter, schöpferischer Mensch:* ein großes, politisches, vielseitiges G.; ein verkanntes G. (scherzh.; *jmd., von dessen besonderer Begabung man nichts weiß);* du bist ein versoffenes (ugs.) G.!

genieren: **1.** ⟨sich g.⟩ *sich schämen, sich unsicher fühlen:* er genierte sich ein wenig, sie anzusprechen; du brauchst dich vor mir nicht zu g.; sie genierte sich für ihn, seinetwegen. **2.** ⟨etwas geniert jmdn.⟩ *etwas stört jmdn.:* das geniert mich wenig!; ihre Anwesenheit genierte ihn beim Essen.

genießen ⟨etwas g.⟩: **1. a)** *mit Genuß, Vergnügen zu sich nehmen, auf sich wirken lassen:* sein Leben, seine Jugend, den Urlaub in vollen Zügen g.; die frische Luft, die Natur, die Stille g.; er hat die Flasche Wein so richtig genossen. **b)** *essen, trinken:* ich habe diesen Morgen noch nichts genossen; die Wurst können wir nicht mehr g.; die Speisen sind nicht mehr zu g.; übertr.: der Chef ist heute nicht, nur mit Vorsicht zu g. *(zu ertragen)*. **2.** *erhalten; [von etwas Vorteil, Nutzen] haben:* Unterricht, eine gründliche Ausbildung, sorgfältige Erziehung g.; /häufig verblaßt/ Achtung, Vertrauen, Verehrung g.; er genießt seinen ganz besonderen Schutz.

genug ⟨Adverb⟩: *genügend, ausreichend:* ich habe g. Geld; sie hatte schon g. Sorgen/Sorgen g. mit ihren eigenen Kindern; wir sind g. Leute, um das zu schaffen; der Schrank ist groß g.; habt ihr g. zu essen?; das ist g. für mich; das ist g. und übergenug; nicht g. damit, daß er seine Aufgaben erledigte, er half auch noch anderen; unsere Nachbarn können nicht g. kriegen *(sind raffgierig);* wir haben für heute g. gearbeitet; sie konnte sich nicht g. darin tun, das Buch zu loben; (geh.:) sie wußte nicht g. des Lobes über ihn; er ist dumm g., sich das bieten zu lassen; ich habe lange g. gewartet; er ist für diesen Posten nicht gewandt g.; ich habe g. von dieser Arbeit *(sie interessiert mich nicht mehr);* jetzt habe ich aber g.! *(jetzt ist meine Geduld zu Ende)*. * **Manns genug sein, etwas zu tun** *(etwas allein, ohne fremde Hilfe tun können)* · **sich** (Dativ) **selbst genug sein** *(auf den Umgang, die Freundschaft mit anderen verzichten)*.

Genüge, die ⟨nur in bestimmten Wendungen⟩ (geh.:) **einer Sache Genüge tun/leisten** *(etwas einhalten, einer Sache entsprechen):* den Erfordernissen der modernen Hochschule wird durch dieses Gesetz G. getan · (geh.; veraltend:) **Genüge an etwas finden/haben** *(mit etwas zufrieden sein)* · (geh.; veraltend:) **jmdm., einer Sache geschieht Genüge** *(jmds. Forderungen werden erfüllt, etwas wird in genügendem Maße beachtet):* er will so lange prozessieren, bis ihm, bis seinem Recht G. geschieht · **zur Genüge** *(in ausreichendem Maß):* die Öffentlichkeit wurde nicht zur G. informiert; /oft mit abwertendem Unterton/ die Zustände in dieser Firma kenne ich zur G.!

genügen: **a)** *genug sein, ausreichen:* das genügt fürs erste, vollkommen, kaum für unsere Zwecke; dieser Wagen genügt für uns; drei Arbeiter genügen, um die Möbel zu verladen; zwei Meter Stoff genügen nicht für ein Kleid; adj. Part.: eine genügende Entlohnung; er hat genügend Geld; /als Schulnote/ die Leistungen des Schülers wurden mit „genügend" beurteilt; ⟨etwas genügt jmdm.⟩ das genügt mir *(mehr verlange ich nicht);* seine Antwort hat mir genügt *(ich war damit zufrieden);* es genügt mir schon zu wissen, daß ...; ich lasse es mir daran/damit genügen. **b)** ⟨einer Sache g.⟩ *entsprechen, gerecht werden:* seinen Wünschen, den gesellschaftlichen Pflichten g.; er genügt den Anforderungen dieses Postens nicht.

genügsam: *anspruchslos:* ein genügsamer Mensch; er ist sehr g.; g. sein im Essen und Trinken; g. leben.

Genugtuung, die: **a)** *Wiedergutmachung:* der Beleidigte forderte, verlangte G.; sich (Dativ) G. verschaffen; jmdm. G. schulden, geben. **b)** *innere Befriedigung:* das ist mir eine G.; ich habe die G., daß meine Bemühungen zum Erfolg geführt haben; über etwas G. empfinden; ich habe diese Nachricht mit G. vernommen.

Genuß, der: **1.** *Aufnahme von Nahrung o. ä.:* übermäßiger G. von Alkohol ist schädlich; er ist nach dem G. verdorbenen Fleisches erkrankt; vom G. dieses Pilzes ist abzuraten. **2.** *Freude, Befriedigung:* kulinarische Genüsse *(Gaumenfreuden);* ein ästhetischer (bildungsspr.) G.; die Musik ist ein großer, reiner, etwas zweifelhafter G.; die Genüsse des Lebens; etwas mit G. essen, lesen. * **in den Genuß von etwas kommen** *(an einer Vergünstigung teilhaben)*.

Gepäck, das: *Koffer u. ä. als Reiseausrüstung:* leichtes G.; mein persönliches G. ist nicht schwer; das G. zum Bahnhof bringen, tragen, schaffen; das G. aufgeben, versichern, im Gepäcknetz verstauen; er reist mit wenig G.; bildl.: im G. des Ministers befanden sich keine neuen Vorschläge.

gepfeffert (ugs.): **a)** *sehr hoch:* gepfefferte Preise; die Reparaturkosten waren ganz schön g. **b)** *sehr stark, derb:* gepfefferte Witze erzählen.

gepflegt: *gut erhalten; aufmerksam behandelt:* ein gepflegtes Äußeres; sie ist eine gepflegte Erscheinung; er hat eine gepflegte Aussprache; der Park ist sehr g.; sie sieht sehr g. aus.

Gepflogenheit, die: *bewußt gepflegte Gewohnheit:* sonderbare, bürgerliche Gepflogenheiten; sich den Gepflogenheiten einer Gemeinschaft anpassen; das entspricht, widerspricht unseren Gepflogenheiten.

Gepräge, das: **1.** *Prägung:* die Münze hat, trägt ein deutliches G. **2.** (geh.) *kennzeichnendes Aussehen, Eigenart:* das äußere G.; große Staatsmänner geben, verleihen ihrer Zeit das G.

gerade: I. ⟨Adj.⟩ **1. a)** *in unveränderter [natürlicher] Richtung verlaufend, nicht krumm, nicht schief:* eine gerade Linie; ein gerader Weg; das Lineal ist nicht mehr g.; er ist g. *(aufrecht)* gewachsen; sei froh, daß du noch deine geraden *(gesunden)* Glieder hast; bildl.: seinen geraden Weg gehen *(sich nicht beirren lassen);* er stammt in gerader Linie von ... ab. **b)** *aufrichtig:* ein gerader Charakter; er ist ein gerader Mensch. **2.** *direkt:* er wohnt g. gegenüber. **II.** ⟨Adverb⟩ **1.** /zeitlich/ **a)** *in diesem Augenblick:* er ist g. hier. **b)** *unmittelbar vorher:* er ist g. gegangen. **2.** /modal; als Ausdruck einer Verstärkung/ das macht mir g. Spaß; g. du wirst gesucht; g. *(genau)* das habe ich ja sagen wollen!; g. *(ausgerechnet)* heute muß es regnen; er kam g. *(genau, eben)* zur rechten Zeit; das Geld reicht g. noch *(mit knapper Not)* für zwei Tage; er tut es nun g. *(erst recht)* nicht! * (Math.:) **eine gerade Zahl** *(eine durch zwei teilbare Zahl)* · (ugs.:) **fünf gerade sein lassen** *(etwas nicht so genau nehmen).*

Gerade, die: **a)** (Math.) *gerade Linie:* zwei Geraden/(seltener:) Gerade; durch einen gegebenen Punkt eine G. ziehen. **b)** (Sport) *gerader Teil einer Rennstrecke:* die Läufer, Pferde biegen in die G. ein.

geradeaus ⟨Adverb⟩: *ohne die Richtung zu ändern:* g. gehen, fahren, blicken, sehen; er hatte die Augen g. gerichtet.

geradebiegen ⟨etwas g.⟩: *in gerade Form bringen:* einen Draht, Stab g.; übertr. (ugs.): *einrenken:* wir werden die Geschichte, die Sache schon g.

gerädert (ugs.): *erschöpft, abgespannt:* nach der langen Fahrt war er, fühlte er sich [wie] g.; g. stieg er aus dem Wagen.

geradestehen: 1. *aufgerichtet, nicht krumm stehen:* steh g.! **2.** ⟨für etwas g.⟩ *für etwas die Verantwortung übernehmen:* für deine Entscheidung, dein Vorgehen wirst du beim Chef g. müssen; dafür werde ich schon g. * (ugs.:) **nicht mehr geradestehen können** *(betrunken sein).*

geradezu ⟨Adverb⟩: **1.** *direkt* /drückt eine Verstärkung aus/ das muß man ja g. als Betrug bezeichnen; das ist g. fürchterlich. **2.** (landsch.) *ohne Umschweife, unverblümt:* er ist immer so g.; man kann ihr das unmöglich so g. sagen; du darfst ihn nicht so g. fragen.

Gerät, das: **1.** *Apparat, Vorrichtung:* ein modernes, einfaches, empfindliches G.; elektrische, landwirtschaftliche Geräte; das G. funktioniert nicht; ein G. erfinden, entwickeln, konstruieren, herstellen, erzeugen (östr.), kaufen, anschließen, bedienen, reparieren; das G. *(Fernseh-, Rundfunkgerät)* leiser stellen; an den Geräten *(Turngeräten)* turnen. **2.** *Gesamtheit der Werkzeuge:* das G. des Schneiders; sein G. in Ordnung halten.

geraten: 1. *gelingen:* der Kuchen ist gut geraten; seine Kinder geraten *(entwickeln sich)* gut; ⟨etwas gerät jmdm.⟩ heute ist ihr das Essen nicht geraten; alles, was er begann, geriet ihm; diese Arbeit ist mir nach Wunsch geraten. **2.** ⟨mit Raumangabe⟩ **a)** *ohne Absicht irgendwohin gelangen:* in einen Sumpf, in eine unbekannte Gegend g.; wohin bin ich geraten?; der Hund geriet unter das Auto *(wurde überfahren).* **b)** *in einen bestimmten Zustand gelangen:* in Not, Verlegenheit, Zorn, Wut g.; er ist in Schulden, in Schwierigkeiten, in eine gefährliche Situation, in die Klemme (ugs.) g.; in Mißkredit, in Verruf g.; er geriet unter den schlechten Einfluß seines Freundes; die Zuschauer gerieten in einen Taumel der Begeisterung; /häufig verblaßt/ in Vergessenheit g.; *(vergessen werden);* in Verfall g. *(verfallen);* in Gefangenschaft g. *(gefangen werden);* in Rückstand/Verzug g. *(Rückstände haben);* (Papierdt.:) in Verlust g. *(verlorengehen);* in Brand g. *(zu brennen anfangen);* in Bewegung g. *(sich zu bewegen beginnen);* ins Stocken g. *(zu stocken anfangen);* ins Stottern g. *(zu stottern anfangen);* in Streit g. *(zu streiten anfangen).* **3.** ⟨nach jmdm. g.⟩ *jmdm. ähnlich werden:* der Junge gerät ganz nach dem Vater. * **außer sich geraten** *(die Selbstbeherrschung verlieren):* ich geriet außer mich/mir vor Wut · **auf die schiefe Bahn geraten** *(auf Abwege geraten, herunterkommen)* · (ugs.:) **ganz/rein aus dem Häuschen geraten** (aufgeregt werden) · **ins Hintertreffen geraten** *(überflügelt werden; hinter anderen zurückbleiben)* · **außer Rand und Band geraten/sein** *(übermütig und ausgelassen werden, sein)* · (ugs.:) **sich in die Haare geraten** *(zu streiten anfangen)* · **etwas gerät in Fluß** *(etwas kommt in Gang, geht weiter)* · (ugs.:) **an den Falschen/an die falsche Adresse geraten** *(an den Unrechten kommen, abgewiesen werden).*

Geratewohl ⟨in der Verbindung⟩ aufs Geratewohl: *in der Hoffnung, daß es gelingt; auf gut Glück:* er versuchte es aufs G.

geräumig: *viel Raum bietend:* eine geräumige Wohnung, ein geräumiges Zimmer; das Haus ist sehr g.

Geräusch, das: *unbestimmter Schall, Lärm:* ein lautes, störendes, verdächtiges, zischendes, monotones (bildungsspr.), dumpfes G.; das G. weckte ihn auf; ein seltsames G. drang an sein Ohr, ins Zimmer; das G. des Motors; ein G. hören registrieren, verursachen, machen; man konnte nicht feststellen, woher das G. kam.

gerben ⟨etwas g.⟩: *zu Leder verarbeiten:* die Haut des Tieres g.; bildl.: eine vom Wetter gegerbte Haut. * (ugs.:) **jmdm. das Fell/die Schwarte gerben** *(jmdn. verprügeln).*

gerecht: 1. *auf dem Recht beruhend, nach dem Recht:* ein gerechter Richter; eine gerechte Strafe, ein gerechtes Urteil; seine Entscheidung war g.; das ist nicht g.!; gegen jmdn. (geh.) g. sein; g. handeln, urteilen, bestrafen. **2.** *berechtigt, begründet:* eine gerechte Sache, Forderung, ein gerechter Kampf; seine Ansprüche sind g. * **in allen Sätteln gerecht sein** *(sich auf allen Gebieten auskennen)* · **jmdm., einer Sache gerecht werden** *(jmdn., etwas angemessen beurteilen, gebührend würdigen):* die Kritik ist dem Regisseur nicht g. geworden · **einer Sache gerecht werden** *(etwas bewältigen, erfüllen [kön-*

nen]): er ist der Aufgabe nicht g. geworden · (ugs.:) **den Schlaf des Gerechten schlafen** *(tief und fest schlafen)*.

Gerechtigkeit, die: **1.** *Gerechtsein, gerechtes Verhalten:* soziale G.; die G. des Richters; jmdm. G. angedeihen (geh.), widerfahren (geh.), zuteil werden (geh.) lassen; jmdm. G. verschaffen; G. fordern, üben (geh.), walten lassen (geh.); um der G. willen. **2.** (geh.) *Justiz:* die strafende G.; der Gerechtigkeit anheimfallen; der G. freien Lauf lassen; den Verbrecher den Händen der G. übergeben. **3.** (veraltet) *Erlaubnis, Berechtigung:* die G. einer Forderung. * **ausgleichende Gerechtigkeit** *(etwas, was eine ungerechte Benachteiligung gutmacht)*.

Gerede, das: *nichtssagendes Geschwätz, Klatsch:* dummes, leeres G.; es gab ein G. darüber in der Stadt; jetzt habe ich aber das alberne G. satt; du hast dich dem G. der Leute ausgesetzt; das halte ich für böswilliges G. * **jmdn. ins Gerede bringen** *(dafür sorgen, daß Nachteiliges über jmdn. geredet wird)* · **ins Gerede kommen** *(Gegenstand des Klatsches werden)*.

gereichen (geh.) ⟨etwas gereicht jmdm. zu etwas; in Verbindung mit bestimmten Substantiven⟩: diese Tat gereicht ihm zur Ehre, zum Ruhm *(ehrt ihn; bringt ihm Ehre, Ruhm ein)*; es gereicht ihm zum Heil, Nutzen, Vorteil *(es nützt ihm)*; das wird uns zum Schaden, Nachteil gereichen *(wird uns schaden)*; dieser Sessel gereicht dem Zimmer nicht zur Zierde *(paßt überhaupt nicht ins Zimmer)*.

gereizt: *erregt, verärgert:* eine gereizte Stimmung; in gereiztem Ton sprechen; er ist heute ziemlich g.; die Atmosphäre war sehr g.; g. antworten, etwas bemerken.

[1]**Gericht,** das: **a)** *Justiz, Justizbehörde:* ein unabhängiges G.; diese Affäre wird noch die Gerichte beschäftigen; das G. anrufen; der Dieb stellte sich freiwillig dem G.; der Vorsitzende des Gerichts; sich an ein G. wenden; jmdn. bei G. anzeigen; die Sache kommt vor G.; vor G. erscheinen, aussagen; vor Gericht stehen *(angeklagt sein)*, sich vor einem ordentlichen G. verantworten; mit einem Streitfall vor Gericht gehen; jmdn. vor G. bringen, ziehen. **b)** *Richterkollegium:* das G. zieht sich zur Beratung zurück; Hohes G. */Anredeformel/*. **c)** *Gerichtsgebäude:* das G. brennt, wird von der Polizei bewacht; schräg gegenüber vom G. * (geh.:) **über jmdn. Gericht halten/zu Gericht sitzen** *(über jmdn. bei Gericht verhandeln):* die Richter hielten über den Verbrecher G. · **mit jmdm. ins Gericht gehen** *(jmdn. streng zurechtweisen, über jmdn. hart urteilen):* der Redner ging mit seinen Gegnern hart, scharf ins G. · (Rel.:) **das Jüngste/Letzte Gericht** *(göttliches Gericht am Tage des Weltuntergangs)*.

[2]**Gericht,** das: *zubereitete Speise:* ein köstliches G.; erlesene Gerichte; das G. ist einfach, billig; ein G. zubereiten, bestellen, auftragen, essen; ein G. aus Früchten.

gerichtlich: *das Gericht betreffend, vom Gericht:* eine gerichtliche Verordnung, Bestimmung, Entscheidung; ein gerichtliches Einschreiten; der Vorfall wird noch ein gerichtliches Nachspiel haben; eine Vorlesung über gerichtliche Medizin belegen; jmdn. g. belangen (Amtsdt.), bestrafen; wir werden g. gegen sie vorgehen.

gerieben (ugs.; abwertend): *gerissen, durchtrieben:* ein geriebener Bursche, Betrüger; der Kerl war geriebener, als ich gedacht hatte.

gering: **1.** *wenig, klein, niedrig:* eine geringe Ausdehnung, Entfernung, Höhe; eine geringe Begabung; geringen Wert auf etwas legen; geringe Anforderungen an jmdn. stellen; Jägerspr.: ein geringer *(kleiner, junger)* Hirsch; ich befand mich in nicht geringer Verlegenheit; geringe Neigung zu etwas verspüren; das soll meine geringste Sorge sein *(das bekümmert mich am wenigsten)*; die Kosten für das Projekt sind nicht g.; die Chancen sind g.; g. gerechnet, hat er zwei Stunden zu gehen; er erwarb das Bild um ein geringes (veraltet; *für wenig Geld*). **2.** (geh.; veraltend) *sozial niedrig:* von geringer Herkunft sein. **3.** (geh.; veraltend) *schlecht, minderwertig:* eine geringe Qualität; von jmdm. g. denken. * **vornehm und gering** *(jedermann)* · **nicht im geringsten** *(überhaupt nicht):* er kümmerte sich nicht im geringsten um die Vorschriften · **den Weg des geringsten Widerstandes gehen** *(allen Schwierigkeiten ausweichen, auszuweichen suchen)* · **kein Geringerer als ...** *(sogar)*: kein Geringerer als Goethe hat das schon gesagt.

geringfügig: *nicht ins Gewicht fallend, unbedeutend:* eine geringfügige Verletzung; die Verluste waren g.; die Preise sind g. gestiegen.

geringschätzig: *verächtlich:* eine geringschätzige Bemerkung; ein geringschätziges Urteil über jmdn. fällen; jmdn. g. behandeln; er verzog g. den Mund, lächelte g.

gerinnen ⟨etwas gerinnt⟩: *etwas wird fest, klumpig:* die Milch gerinnt beim Kochen; geronnenes Blut; ⟨etwas gerinnt jmdm.; mit Umstandsangabe⟩ bildl.: ihm gerann vor Entsetzen das Blut, das Blut in den Adern.

Gerippe, das: *Skelett:* das G. eines Menschen, Tieres; du siehst ja aus wie ein wandelndes G. (ugs.; *du siehst sehr schlecht aus*); übertr.: das G. *(Gerüst)* eines Schiffes; das G. *(der inhaltliche Aufbau; Disposition)* eines Aufsatzes.

gerissen (ugs.; abwertend): *schlau und durchtrieben:* ein gerissener Betrüger, Kaufmann; /mit dem Unterton [widerstrebender] Anerkennung/ so ein gerissener Bursche!; sein Rechtsanwalt ist ziemlich g.; er wirkte sehr g., kam sich sehr g. vor.

gern, (seltener:) **gerne** ⟨Adverb⟩: **1.** *mit Vergnügen, bereitwillig und freudig:* g. verreisen, schlafen; ich möchte g. helfen; er ist überall g. gesehen *(beliebt)*; ein g. gesehener Gast; ich tu es von Herzen, herzlich, für mein Leben, liebend *(sehr)* g.; das kannst du g. tun *(ich habe nichts dagegen)*; das glaube ich g.; es ist nicht g. (ugs.; scherzh.; *absichtlich)* geschehen; [es ist] g. geschehen! /Antwort auf einen Dank/. **2.** *gewöhnlich, im allgemeinen:* er geht g. früh schlafen; Kakteen wachsen g. auf trockenem Boden. * **jmd. hat es gern, wenn ...** *(jmd. freut sich, wenn ...):* ich habe es g., wenn es schneit · **jmdn. gern haben** *(Zuneigung zu jmdm. empfinden, jmdn. mögen)* · (ugs.:) **der kann mich gern haben** *(mit dem will ich nichts mehr zu tun haben)* · **gut und gern** *(mindestens; ohne zu übertreiben):* der Schnee lag gut und g. drei Meter hoch.

Gerte, die: *dünner, biegsamer Stock:* er schnitt sich (Dativ) eine G.; sie ist schlank wie eine G.

Geruch, der: **1.** *Art, wie etwas riecht:* ein

scharfer, stechender, süßlicher, betäubender, durchdringender, scheußlicher G.; allerlei Gerüche drangen, quollen aus der Küche; ein G. nach Verbranntem durchzog das ganze Haus, verbreitete sich; übertr. (geh.): *Ruf:* sie stand in schlechtem, üblem, keinem guten G.; er kam in den G., ein Betrüger zu sein. **2.** *Fähigkeit zu riechen:* der G. ist beim Hund sehr stark ausgebildet; der Hund hat einen feinen G.

Gerücht, das: *verbreitete, aber nicht erwiesene Nachricht:* ein böses, unsinniges, unerhörtes, ärgerliches G.; schwebende, sich widersprechende Gerüchte; ein G. entsteht, taucht auf, kommt auf, verbreitet sich, geht um, geht wie ein Lauffeuer durch die ganze Stadt, verstärkt sich, dringt [bis] zu jmdm., bewahrheitet sich, bestätigt sich, verschwindet, verstummt; das ist ja nur ein G.!; ein G. aufbringen, ausstreuen, in die Welt setzen; einem G. nachgehen, entgegentreten, [keinen] Glauben schenken; es geht das G., daß der Präsident in Kürze zurücktreten will.

geruhen (geh.; veraltend) ⟨g., etwas zu tun⟩: *sich gnädig herablassen zu etwas:* seine Majestät haben geruht, ihn in Audienz zu empfangen; (scherzh.:) willst du nicht endlich g., mir zu antworten?

geruhsam: *ruhig, behaglich:* ein geruhsamer Abend; jmdm. eine geruhsame Nacht wünschen; ein geruhsames Leben führen; unser Urlaub war g.; g. seine Mahlzeit einnehmen.

gesalzen (ugs.): **a)** *sehr hoch:* eine gesalzene Rechnung; der Preis für die Reparatur war g. **b)** *grob; derb:* ein gesalzener Witz; sie gab ihm eine gesalzene *(kräftige)* Ohrfeige; jmdm. einen gesalzenen Brief schreiben.

gesamt: *vollständig, ganz:* die gesamte Familie, Belegschaft; sein gesamtes Vermögen, Eigentum.

Gesang, der: **1.** *das Singen:* schöner, mehrstimmiger, lauter G.; es waren schwermütige Gesänge; der G. der Vögel; der G. schwillt an, verklingt, verstummt; G. *(Kunst des Singens)* studieren; Unterricht in G. nehmen; sie zogen mit/(veraltend:) unter G. durch die Straßen. **2.** *Lied:* geistliche, weltliche Gesänge; die Gesänge der amerikanischen Neger; der Chor probte einen G. **3.** *Abschnitt eines Epos:* der letzte G. von Homers „Ilias" schildert Hektors Bestattung.

Gesäß, das: *Hinterteil, Sitzfläche:* ein Geschwür am G. haben; eine Spritze ins G. bekommen.

Geschäft, das: **1.** *kaufmännisches Unternehmen, Laden:* ein modernes, gutes *(empfehlenswertes)* G.; ein teures G. *(ein G. mit teuren Waren, hohen Preisen);* die Geschäfte schließen um 19 Uhr, sind schon geschlossen; ein G. gründen, eröffnen, übernehmen, führen, betreiben (veraltend). **2.** (ugs.) *Firma, in der man tätig ist; Büro:* bei uns im G. ...; ins G. gehen. **3.** *Handel, abgeschlossener Verkauf:* ein solides, gewagtes, unsauberes, zweifelhaftes G.; schwarze, anrüchige Geschäfte treiben; ein einträgliches, gutes *(gewinnbringendes)* G.; wie gehen die Geschäfte?; die Geschäfte stocken; er treibt dunkle Geschäfte; mit jmdm. Geschäfte machen, abschließen, tätigen; sich von den Geschäften zurückziehen; Redensart: G. ist G. *(wenn man Gewinne erzielen will, darf man keine Skrupel haben).* **4.** *Aufgabe; Angelegenheit, die zu erledigen ist:* dringende, wichtige Geschäfte; er hat viele Geschäfte zu besorgen, erledigen; der Minister ist mit Geschäften überhäuft, überlastet; (verhüll.:) ein großes, kleines G. *(Notdurft);* sein G. verrichten *(die Notdurft verrichten).* * **ein [gutes] Geschäft mit/bei etwas machen** *(an etwas verdienen)* · **mit jmdm. ins Geschäft kommen** *(jmdn. als Geschäftspartner gewinnen).*

geschäftig: *unentwegt tätig:* ein geschäftiger Hoteldiener; geschäftiges Treiben; der Kellner war sehr g.; g. hin und her laufen; er gab sich sehr g.

geschäftlich: *das Geschäft betreffend, dienstlich:* die geschäftlichen Interessen; geschäftliche Dinge besprechen; er ist g. tüchtig; er ist g. in München, muß g. oft nach Paris; jmdm. g. verpflichtet sein; er ist g. unterwegs, hat g. zu tun; mit jmdm. g. verkehren, verhandeln.

geschehen: **1.** ⟨etwas geschieht⟩ *etwas ereignet sich:* es ist ein Unglück geschehen; es geschah eines Tages, daß ...; so etwas geschieht überall, täglich; was ist geschehen?; das Verbrechen geschah aus Eifersucht, aus Rache; (ugs.; scherzh.:) es geschehen noch Zeichen und Wunder */Ausruf des Erstaunens, der Überraschung/;* so geschehen (veraltet, aber noch iron.; *so hat es sich ereignet)* am 1. Mai 1700; das geschieht nur aus/zur Sicherheit; er ließ es geschehen *(duldete es),* daß sie abreiste; das geschah nur in deinem Interesse; es geschah nicht mit Absicht. **2. a)** ⟨etwas geschieht jmdm.⟩ *jmdm. widerfährt, passiert etwas:* ihm ist Unrecht geschehen; es geschieht dir nichts Böses; es kann dir dabei nichts g.; das geschieht ihm ganz recht *(das hat er verdient);* er wußte nicht, wie ihm geschah; dem Kind ist bei dem Unfall nichts geschehen. **b)** ⟨etwas geschieht mit jmdm.⟩ *an jmdm. vollzieht sich etwas:* was soll mit ihm g.?; ich ließ alles mit mir g. *(wehrte mich nicht).* * **es ist um jmdn., um etwas geschehen** *(jmd., etwas ist verloren, ist dahin):* wenn du noch ein Wort sagst, ist es um dich geschehen; als er das Mädchen sah, war es um ihn geschehen *(war er rettungslos verliebt);* es ist um seine Ruhe geschehen.

Geschehen, das: *Ablauf der Ereignisse:* das G. ließ ihn kalt; ein G. mit Interesse verfolgen; wir haben nur geringen Einblick in das gegenwärtige G.

gescheit: *klug:* ein gescheiter Kerl, Kopf; ein gescheiter Einfall; er ist sehr, schrecklich (ugs.), verdammt (ugs.) g.; sie ist zu g., um diese Gefahr zu übersehen; er kommt sich (Dativ) sehr g. vor, redet sehr g.; es wäre gescheiter, nach Hause zu gehen; (ugs.:) du bist wohl nicht ganz g. *(nicht bei Verstand)!;* subst.: in dem Geschäft gibt es nichts Gescheites *(nicht das, was einem gefällt; nichts Brauchbares).*

Geschenk, das: *etwas, was man jmdm. schenkt:* ein schönes, wertvolles, kostbares, großzügiges, passendes, praktisches, sinniges (ugs.) G.; das ist ein G. des Himmels (geh.; *eine unerwartete günstige Fügung);* das G. gefällt mir gut; ein G. aussuchen, auswählen, kaufen, mitbringen, überreichen, empfangen, annehmen, erhalten; Geschenke verteilen; sich über ein G. freuen; er machte mir ein Buch zum G.; mit diesem G. habt ihr mir eine große Freude gemacht;

Sprichw.: kleine Geschenke erhalten die Freundschaft.

Geschichte, die: **1.a)** *politische, kulturelle, gesellschaftliche Entwicklung:* die englische, deutsche G.; die G. Deutschlands; die G. der Kunst, Malerei, Musik; er studiert G. *(Geschichtswissenschaft)*; der Verlauf der G.; man kann das Rad der G. nicht zurückdrehen; seine Taten gingen in die G. ein *(wurden historisch bedeutsam)*. **b)** *wissenschaftliche Darstellung einer historischen Entwicklung:* eine G. des Dreißigjährigen Krieges; er schrieb eine kurzgefaßte G. der Schweiz, des deutschen Dramas. **2.** *Erzählung, Bericht:* eine schöne, unglaubliche, spannende, interessante, traurige, lustige G.; die G. von Robinson Crusoe; die G. langweilt ihn; hier ist die G. zu Ende; eine G. erfinden, schreiben, erzählen, vorlesen, nacherzählen. **3.** (ugs.) *Angelegenheit, Sache, Begebenheit:* das ist eine üble, böse, dumme, verwickelte, verzwickte G.; das sind alte Geschichten *(das ist nichts Neues)*; das ist wieder die alte G. *(das ist hinlänglich bekannt)*; warum mußte er die alten Geschichten wieder aufwärmen?; du machst, das sind ja schöne Geschichten *(Affären, Dummheiten)*; mach keine Geschichten! *(mach keine Dummheiten; zier dich nicht!)*; mach keine langen Geschichten *(Umstände)!*; du brauchst mir die ganze G. *(das alles)* nicht noch einmal zu erzählen; wir haben von der ganzen G. nichts gewußt; die ganze G. *(alles zusammen)* kostet 5 Mark; er hat eine böse G. mit den Nieren *(ist nierenkrank)* * **Geschichte machen** *(historisch bedeutsam werden)* · **Alte Geschichte** *(Geschichte des Altertums)* · **Mittlere Geschichte** *(Geschichte des Mittelalters)* · **Neue Geschichte** *(Geschichte der Neuzeit)*.

geschichtlich: *die Geschichte betreffend:* den geschichtlichen Zusammenhang klären; der geschichtliche Hintergrund einer Dichtung; ein geschichtliches *(historisch wichtiges)* Ereignis; die Stadt war nie g. bedeutend.

Geschick, das: **a)** *Schicksal:* ein gütiges, glückliches, freundliches, launisches, trauriges, tragisches, unerbittliches G.; ihn traf ein schweres G.; sein G. ertragen, beklagen, selbst in die Hände nehmen, verfluchen; er ergibt sich in sein G. **b)** *politische, wirtschaftliche Situation, Entwicklung; Lebensumstände:* die Geschicke der Stadt; er lenkt die Geschicke des Unternehmens.

Geschick, das: **a)** *Geschicklichkeit:* politisches, diplomatisches G.; er hat zwar guten Willen, aber wenig G.; sie hat G. zu/für Handarbeiten; er hat wenig G., mit Kindern umzugehen; jmds. G. bewundern. **b)** (ugs.; landsch.) *Ordnung:* das hat kein G.; etwas wieder ins G. bringen.

geschickt: *gewandt; Geschicklichkeit habend:* ein geschickter Lehrling, Handwerker, Diplomat; er hat sehr geschickte Hände; der Minister wurde durch geschickte Fragen in die Enge getrieben; er ist sehr g. im Gitarrespielen; sich g. anstellen; er verteidigte sich sehr g.

Geschirr, das: **I.** *Gefäße für den Haushalt:* unzerbrechliches, feuerfestes, irdenes G.; G. aus Porzellan; das G. abräumen, abwaschen, spülen, abtrocknen, wegräumen, zerschlagen; sie klapperte beim Abwaschen mit dem G.; ein G. (veraltet; *Gefäß*) zum Wasserschöpfen. **II.** *Riemenzeug für Zugtiere:* dem Pferd das G. anlegen; im G. gehen *(eingespannt sein)*. * **sich ins Geschirr legen: a)** *(kräftig zu ziehen beginnen):* die Pferde legten sich ins G. **b)** *(angestrengt arbeiten):* wenn du das schaffen willst, mußt du dich tüchtig ins G. legen.

Geschlecht, das: **1.** *die beiden Arten von Lebewesen, männlich oder weiblich:* das weibliche G.; das andere G. (auch: *die Frauen*); junge Leute beiderlei Geschlechts; ein Kind männlichen Geschlechts; die Unterschiede, Merkmale der Geschlechter. **2.** *Gattung, Art:* das menschliche G. **3.** (geh.) *Generation:* die kommenden Geschlechter; das vererbt sich von G. zu G. **4.** *Familie, Stamm, Sippe:* ein altes, vornehmes G.; dieses G. ist ausgestorben; er entstammt einem adligen G.; er ist der Letzte seines Geschlechts. **5.** (Sprachw.) *Genus:* das natürliche, grammatische G.; männliches, sächliches G.; „Tafel" hat weibliches G., ist weiblichen Geschlechts. * (ugs.; scherzh.:) **das starke Geschlecht** *(die Männer)* · (ugs.; scherzh.:) **das schwache/zarte/schöne Geschlecht** *(die Frauen)*.

geschlechtlich: *sexuell:* geschlechtliche Fortpflanzung, Liebe, Ausschweifungen; mit jmdm. g. verkehren.

geschlossen: a) *einheitlich, ohne Ausnahme:* der geschlossene Abmarsch ist für 9 Uhr festgesetzt; das Parlament stimmte g. für die neue Verfassung; die Schüler blieben g. dem Unterricht fern. **b)** *zusammenhängend:* eine geschlossene Ortschaft; geschlossene Gesellschaft *(nur einem bestimmten Kreis zugängliche Veranstaltung)*; eine geschlossene Wolkendecke; das Feld, die Spitzengruppe der Läufer nähert sich g. dem Ziel; Sprachw.: ein geschlossener Vokal; Geogr.: geschlossene Gewässer *(Binnengewässer)*. **c)** *abgerundet, in sich einheitlich:* eine geschlossene Arbeit; das Buch ist eine geschlossene Leistung.

Geschmack, der: **1.a)** *Art, wie etwas schmeckt:* ein schlechter, süßlicher, bitterer G.; die Suppe hat einen kräftigen, würzigen G.; einen ekelhaften G. im Mund haben, auf den Lippen spüren. **b)** *Fähigkeit zu schmecken; Geschmackssinn:* wegen eines Schnupfens keinen Geschmack haben; der Wein ist für meinen G. zu süß; das ist ganz nach meinem G., sagt meinem G. zu. **2.a)** *Art des Geschmacks; das, was jmd. schön findet:* wir haben den gleichen G.; das ist nicht mein/nach meinem G.; sie hat mit dem Geschenk seinen G. getroffen; der G. des Barocks, des 19. Jahrhunderts; über den G. läßt sich [nicht] streiten; (ugs.; scherzh.:) die Geschmäcker sind verschieden. **b)** *Fähigkeit zu ästhetischem Urteil:* ein feiner, verfeinerter, sicherer, ausgesuchter G.; seinen G. bilden; sie hat keinen guten G., sich zu kleiden; sie hat die Wohnung mit viel G. eingerichtet. * **an etwas Geschmack finden** *(an etwas Gefallen finden)* · **auf den Geschmack kommen** *(das Angenehme an etwas langsam herausfinden und jetzt auch genießen wollen):* nachdem er von dem Wein gekostet hatte, war er auf den G. gekommen.

geschmacklos: 1. *ohne [künstlerischen] Geschmack:* ein geschmackloses Bild; das Kleid ist g.; sich g. kleiden. **2.** *unfein, taktlos:* eine geschmacklose Äußerung; die Bemerkung, der Witz war g.; er fand ihr Benehmen ziemlich g.;

sich g. benehmen. **3.a)** *(veraltend) schal:* eine geschmacklose Speise; das Essen war heute g.; etwas g. zubereiten. **b)** *ohne Geschmack:* die Arznei ist völlig g.

geschmackvoll: *mit [künstlerischem] Geschmack:* ein geschmackvolles Muster; die Ausstattung war sehr g.; sich g. kleiden.

geschmeidig: 1. *schmiegsam:* geschmeidiges Leder; ihre Haut ist sehr g.; die Haut g. machen. **2.** *gelenkig, gewandt:* ein geschmeidiger Körper; der Turner ist sehr g.; g. wie eine Katze; sich g. bewegen; die Muskeln g. machen. **3.** *anpassungsfähig, wendig:* ein geschmeidiger Diplomat, Intrigant; er ist nicht g. genug; sich g. den veränderten Umständen anpassen.

Geschöpf, das: **a)** *Lebewesen:* Geschöpfe Gottes, dieser Welt; alle Geschöpfe müssen sterben. **b)** *Person, Mensch:* ein dummes, faules, liederliches G.; du bist ein undankbares G.; sie ist ein süßes, reizendes G. *(Mädchen).* **c)** (geh.) *etwas künstlerisch, künstlich Geschaffenes:* die Geschöpfe seiner Phantasie; der Dichter stellt oft in seinen Geschöpfen sich selbst dar.

[1]Geschoß, das: *Granate, Kugel:* das G. explodiert, platzt, krepiert, verläßt das Rohr, schlägt ein, trifft ins Ziel; das G. drang ihm in den Leib, trat aus dem Oberarm wieder aus; ein G. aus dem Arm entfernen; übertr.: dieses G. *(diesen scharfen Schuß)* konnte der Torhüter nicht halten.

[2]Geschoß, das: *die in gleicher Höhe liegenden Räume eines Hauses:* das Haus hat mit Keller und Boden sechs Geschosse; er wohnt im ersten, obersten G.

geschraubt (abwertend): *gewählt und umständlich; gekünstelt:* ein geschraubter Stil; seine Sprechweise ist mir zu g.; sich g. ausdrücken.

Geschrei, das: *längeres Schreien:* ein lautes, jubelndes, klägliches G.; es erhob (geh.) sich ein fürchterliches G.; ein G. ausstoßen, erheben (geh.); es gab ein riesiges G.; mach doch kein solches G. *(so viel Aufhebens)* um diese Kleinigkeit!; in G. ausbrechen.

Geschütz, das: *schwere Schußwaffe:* ein großes, schweres, fahrbares G.; die Geschütze feuern; die Geschütze wurden in Stellung gebracht, aufgefahren, getarnt; ein G. bedienen, laden. * (ugs.:) **schweres/grobes Geschütz auffahren** *([zu] starke Gegenargumente anführen, scharf entgegentreten).*

Geschwätz, das (abwertend): *nichtssagendes, überflüssiges Gerede:* dummes, sinnloses, leeres G.; das ist nur törichtes G.!; das G. kann ich nicht mehr mit anhören; auf dieses G. brauchst du nichts zu geben.

geschweige ⟨Konj.⟩: *ganz zu schweigen von; schon gar nicht:* ich habe ihn kaum gesehen, geschweige [denn] erkannt; so etwas sagt man nicht, g. daß man es täte.

geschwind (veraltend, aber noch landsch.): *schnell:* ein geschwindes Pferd; er ist sehr g. bei der Arbeit; komm g.!; g. wie der Wind; ich will nur g. einmal nachschauen.

Geschwindigkeit, die: *Schnelligkeit:* eine große, hohe G.; die G. beträgt 100 [Stunden]-kilometer; die G. steigern, erhöhen, drosseln, verlangsamen, herabsetzen, [ab]bremsen, messen; das Flugzeug entwickelt eine enorme G.; das Schiff hat, erreicht eine G. von 28 See-meilen; er fuhr mit überhöhter G., mit einer G von 150 km/h auf der Autobahn. * (ugs.:) **mi[t] affenartiger Geschwindigkeit** *(sehr schnell).*

Geschwister, die ⟨Plural⟩: *Kinder gleiche[r] Eltern:* wir sind vier G.; ich habe zwei G. *(w[ir] sind drei Kinder);* die G. sehen sich sehr ähnlich[.] Psych., Biol. ⟨das⟩: *Geschwisterteil:* da[s] Kind wurde bei der Ankunft des neuen Ge-schwisters eifersüchtig.

geschwollen (abwertend): *hochtrabend, schwü[l]stig:* eine geschwollene Ausdrucksweise; sei[n] Stil ist g.; er redet immer furchtbar g.

geschworen ⟨gewöhnlich in der Verbindung[⟩] ein geschworener Feind: *ein unbedingter, e[r]bitterter Gegner:* er ist ein geschworener Fein[d] des Alkohols.

Geschwulst, die: *krankhafte Anschwellun[g,] Wucherung:* eine bösartige, gutartige, inne[re] G.; die Patientin hat eine G. an der Gebä[r]mutter; es bildete sich eine G.; die G. ope-rieren, entfernen.

geschwungen: *bogenförmig:* eine geschwunge[ne] Nase; die Linien sind sanft g.

Geschwür, das: *eitrige Entzündung:* ein eitrige[s] G.; das G. eitert, platzt auf, bricht auf, hei[lt] ab; er hat mehrere Geschwüre im Nacken, a[m] Rücken; es hat sich ein G. gebildet; ein G. [auf]schneiden, auf-, ausdrücken, öffnen.

Geselle, der: **1.** *Handwerker, der die Geselle[n]prüfung abgelegt hat:* ein tüchtiger G.; er arbe[i]tet als G.; einen Gesellen einstellen, entlasse[n.] **2.** *Bursche, Kerl:* ein junger, übermütige[r,] wilder, wüster, langweiliger G.; er ist ein wide[r]licher G.

gesellen: 1. ⟨sich zu jmdm./(veraltend:) jmdm[.] g.⟩ *sich jmdm. anschließen:* auf dem Heimwe[g] gesellte sich ein Bekannter zu mir; er gesell[te] sich öfter zu ihm, gesellte sich ihm öfter; Re-densart: gleich und gleich gesellt sich ger[n.] **2.** ⟨etwas gesellt sich zu einer Sache⟩ *etw[as] kommt zu etwas noch dazu:* zu den berufliche[n] Mißerfolgen gesellten sich noch familiä[re] Schwierigkeiten; dazu gesellte sich [noch] daß ...

gesellig: 1. *sich gern anderen anschließend:* ei[n] geselliges Tier; er ist eine gesellige Natur; d[er] Mensch ist ein geselliges Wesen; er ist vo[n] Natur g.; g. leben. **2.** *unterhaltsam:* ein ge-selliger Abend; geselliges Beisammensein; d[er] Abend war sehr g.; g. beisammensitzen.

Gesellschaft, die: **1.** *die unter bestimmte[n] politischen, sozialen, wirtschaftlichen Verhäl[t]nissen zusammenlebenden Menschen:* die bürge[r]liche, klassenlose G.; die G. verändern wolle[n;] die Entwicklung, Struktur der G.; er ist ei[n] nützliches Glied der menschlichen G. **2.a)** *Um[]gang, Begleitung:* das ist keine G. für mic[h;] Bücher sind seine liebste G.; sie sucht seine G. *(möchte mit ihm beisammen sein);* ich muß[te] den ganzen Abend seine G. ertragen; jmds. G. fliehen (geh.), meiden; er ist in schlechte G. ge-raten. **b)** *geselliges Beisammensein:* eine ge-schlossene G. *(nur für einen bestimmten Kre[is] zugängliche Veranstaltung);* wir haben heute G[.] eine G. geben *(veranstalten);* eine G. besuche[n;] jmdn. zu einer G. einladen; sich auf einer G. kennenlernen. **c)** *Kreis von Menschen im ge-selligen Beisammensein:* eine nette, vornehm[e] steife, bunte, gemischte, langweilige G.; die G. langweilt mich; (ugs.:) ich will von der ganzen G. *(von allen diesen Leuten)* nichts mehr wissen. **3.** *Oberschicht:* jmdn. in die G. einführen; sich in der G. zeigen; zur G. gehören; durch diesen Skandal ist er in der G. unmöglich geworden. **4.** *Vereinigung zu bestimmten Zwecken:* eine gelehrte, wissenschaftliche, literarische G.; eine G. gründen, ins Leben rufen, fördern; einer G. beitreten; kath. Rel.: die G. Jesu *(der Jesuitenorden);* Wirtsch.: das Unternehmen wird von einer G. betrieben; die G. ist in Konkurs gegangen; eine G. mit beschränkter Haftung *(Kapitalgesellschaft, bei der die Gesellschafter nur mit ihrer Einlage haften).* * **jmdm. Gesellschaft leisten** *(bei jmdm. sein und ihn unterhalten):* ich muß meinen Gästen G. leisten · (scherzh.:) **sich in guter Gesellschaft befinden** *(einen Fehler machen, den schon größere Geister begangen haben).*

gesellschaftlich: **1.** *die Gesellschaft betreffend:* gesellschaftliche Verhältnisse, Zustände; der gesellschaftliche Fortschritt; sich g. betätigen *(sich im Dienst der Allgemeinheit politisch oder sozial betätigen).* **2.** *die Umgangsformen betreffend; in der Gesellschaft üblich:* gesellschaftliche Bildung, Gewandtheit, Formen; gesellschaftlicher Zwang; er ist, macht sich g. unmöglich; seit dem Skandal ist er g. erledigt; sich g. sicher bewegen.

Gesetz, das: **1.** *rechtlich bindende Vorschrift:* ein neues, einschneidendes, umfassendes, strenges G.; die Gesetze über Ehescheidung, über Einfuhrbeschränkungen; das Gesetz stammt aus dem vorigen Jahrhundert; das G. zum Schutz der Jugend tritt am 1. Juli in Kraft, wird am 1. Juli wirksam; die Gesetze dienen dem Schutz der Demokratie; ein G. entwerfen, einbringen, beraten, geben, erlassen, bestätigen, annehmen, verabschieden, beschließen, verkünden, veröffentlichen, in Kraft setzen, in Kraft treten lassen; die Gesetze achten, befolgen, einhalten, übertreten, brechen (geh.), verletzen, mißachten, umgehen; einem G. unterliegen, unterworfen sein; dem G. ein Schnippchen schlagen (ugs.); die Bestimmungen, der genaue Wortlaut des Gesetzes; wir stehen auf dem Boden des Gesetzes; nach dem Buchstaben des Gesetzes, im Sinne des Gesetzes richten, urteilen, entscheiden; im Namen des Gesetzes!; er hat sich nicht an das G. gehalten; sich auf das G. gegen den unlauteren Wettbewerb berufen; er stellte sich außerhalb des Gesetzes; gegen die Gesetze verstoßen; sich gegen das G. vergehen; das ist ganz gegen Recht und G.; im G. *(Gesetzbuch)* nachschlagen; eine Lücke im G. finden *(einen im G. nicht berücksichtigten Fall ausnutzen);* mit dem G. in Konflikt kommen *(gegen das G. verstoßen);* mit dem G. in Einklang stehen; jmdn. nach einem bestimmten G. verurteilen, bestrafen; das G. über die Organisation der Pflichtschulen; vor dem G. sind alle gleich. **2.** *festes Prinzip, gesetzmäßige Ordnung, Folge:* das G. des freien Falles; das G. von der Erhaltung der Energie, von Angebot und Nachfrage; die Keplerschen Gesetze; es ist ein ewiges G., ein G. der Natur, daß alle Menschen sterben müssen. **3.** *Richtlinie, Regel:* ein moralisches, strenges, ungeschriebenes G.; oberstes G. der Politik ist das Wohl des Volkes; das G. des Handelns; der Dichter hat sich bewußt nicht an die Gesetze des Dramas gehalten; du mußt dir gutes Benehmen zum G. machen (geh.). *(scherzh.:) **das Auge des Gesetzes** *(die Polizei)* · **auf dem Boden des Gesetzes stehen** *(sich rechtmäßig verhalten)* · **das Gesetz der Serie** *(Wahrscheinlichkeit, daß ein bisher immer gleiches Ergebnis auch diesmal wieder zutrifft):* nach dem G. der Serie wird die Mannschaft verlieren.

gesetzlich: *laut Gesetz; rechtlich:* gesetzliche Bestimmungen; ein gesetzlicher Feiertag; Banknoten sind gesetzliche Zahlungsmittel; der gesetzliche Erbe; die Eltern sind die gesetzlichen Vertreter des Kindes; ein g. gültiges Dokument; diese Regelung ist nicht g.; zu einer Abgabe, Leistung g. verpflichtet sein; diese Marke ist g. geschützt.

gesetzt: *reif, ruhig:* ein gesetzter *(älterer)* Herr; er ist in gesetztem Alter *(nicht mehr ganz jung);* für seine Jugend ist, wirkt er sehr g.; sich g. und würdig benehmen.

Gesicht, das: **1.** *Vorderseite des Kopfes:* ein schönes, hübsches, zartes, frisches, niedliches, längliches, breites, rundes, volles, häßliches, blödes, rotes, blasses, markantes, durchgeistigtes G.; ihr G. strahlte; sein G. lief rot an; jetzt bekam ihr G. wieder Farbe; sein G. verzog sich, verkrampfte sich; das G. abwenden; er hatte sein G. dem Fenster zugekehrt; sie verbarg ihr G. an seiner Schulter; viele Falten durchzogen das G. der alten Frau; er bedeckte ihr G. mit Küssen (geh.); ich hatte mir sein G. eingeprägt *(mir sein G. gemerkt);* jmdm. ins G. sehen, schauen, starren; er blickte mir freundlich ins G.; jmdm./jmdn. ins G. schlagen; bildl. (ugs.): als ich ihn zur Rede stellte, ist er mir beinahe ins G. gesprungen *(hat er mich heftig angegriffen, beschimpft);* er lachte über das ganze G.; ein Lächeln ging über sein G.; sie hielt sich einen Spiegel vor das G.; die Hände vor das G. schlagen; übertr.: *Person, Mensch:* ein bekanntes G. *(ein Bekannter);* lauter fremde, unbekannte Gesichter. **2.** *Miene:* ein freundliches, mißmutiges, verlegenes, ängstliches, geheimnisvolles, betrübtes, verdrießliches G.; sein G. ist immer ernst; ihr G. verriet ihre Absichten; sein G. war vor Wut, Schmerz verzerrt; ein böses, beleidigtes G. machen, zeigen; mach kein so dummes G.! (ugs.); ein G. schneiden; ein schiefes (ugs.), saures (ugs.) G. ziehen; ein offizielles G. annehmen; ein anderes, neues G. aufsetzen, aufstecken; etwas an jmds. G. erraten; jmdm. etwas vom G. ablesen. **3.** *charakteristisches Aussehen:* das G. der Stadt hat sich völlig geändert; das G. eines Landes, einer Epoche; der Graphiker gab der Zeitschrift ein modernes G. **4.** (geh.; veraltend) *Sehvermögen:* sein G. wird schwächer; er hat das G. verloren *(ist erblindet).* **5.** *Vision:* Gesichte haben; sie erzählte über ihre Gesichte. * **ein langes Gesicht/lange Gesichter machen** *(enttäuscht dreinblicken)* · **ein schiefes Gesicht machen** *(mißvergnügt dreinschauen)* · (ugs.:) **ein Gesicht wie drei/sieben Tage Regenwetter machen** *(verdrießlich dreinschauen)* · **jmdm. wie aus dem Gesicht geschnitten sein** *(jmdm. sehr ähnlich sein):* er ist seinem Vater wie aus dem G. geschnitten · **etwas steht jmdm. im Gesicht geschrieben** *(etwas ist in jmds. Ge-*

sichtszügen deutlich erkennbar): die Lüge steht ihm im G. geschrieben · (Papierdt.:) **jmdm. zu Gesicht kommen** *(von jmdm. gesehen, bemerkt werden)* · **jmdm. etwas ins Gesicht sagen** *(jmdm. ohne Scheu, Schonung etwas sagen)* · **jmdm. ins Gesicht lachen** *(jmdn. herausfordernd, höhnisch lachend ansehen)* · **jmdm. ins Gesicht lügen** *(jmdn. frech anlügen)* · **jmdm. nicht ins Gesicht sehen/blicken können** *(vor jmdm. ein schlechtes Gewissen haben)* · (abwertend:) **sein wahres Gesicht zeigen** *(seine Gesinnung, seinen Charakter offen zeigen; sich nicht mehr verstellen)* · **etwas schlägt der Wahrheit ins Gesicht** *(etwas ist ganz und gar falsch, erlogen):* diese Behauptung schlägt der Wahrheit ins G. · **das Gesicht wahren/retten** *(so tun, als ob alles in Ordnung sei)* · **das Gesicht verlieren** *(sein Ansehen verlieren)* · **etwas steht jmdm. zu Gesicht** *(etwas paßt zu jmdm.):* diese beleidigende Äußerung steht Ihnen schlecht zu G. · **etwas ist ein Schlag ins Gesicht** *(etwas ist eine schwere Kränkung, Brüskierung):* für den Botschafter war es ein Schlag ins G., daß er wieder ausgeladen wurde · **etwas bekommt ein anderes Gesicht** *(etwas erscheint in einem anderen Licht)* · **den Tatsachen ins Gesicht sehen** *(realistisch denken und handeln)* · (abwertend:) **jmdn., etwas zu Gesicht bekommen** *(jmdn., etwas sehen):* der Wähler hat seinen Abgeordneten noch nie zu G. bekommen · **jmdm. einen Spiegel vor das Gesicht halten** *(jmdm. ein Gleichnis vorhalten, in dem er sein eigenes Verhalten erkennen kann)* · **das Zweite Gesicht** *(Gabe der Prophetie).*

Gesichtskreis, der: **1.** (veraltend) *überschaubarer Umkreis:* das Auto entfernte sich immer weiter, bis es aus meinem G. entschwand; übertr.: ich habe ihn ganz aus dem/aus meinem G. verloren *(ich sehe, treffe ihn nicht mehr, weiß nichts mehr von ihm);* in jmds. G. treten. **2.** (veraltet) *Horizont:* am G. sah man die Umrisse der Berge. **3.** *geistige Weite, geistiger Horizont:* ein enger, begrenzter G.; sein G. ist nicht sehr weit; seinen G. erweitern, verengen; er hat einen beschränkten G.; das liegt außerhalb meines Gesichtskreises *(entzieht sich meiner Kenntnis und Beurteilung).*

Gesichtspunkt, der: *Möglichkeit, eine Sache anzusehen und zu beurteilen:* politische, private, praktische Gesichtspunkte; das ist ein wichtiger G.; das ist [natürlich auch] ein G.; einen G. darlegen, berücksichtigen, unterschätzen, außer acht lassen; die Verhandlungen ergaben ganz neue Gesichtspunkte; unter diesem G. [betrachtet,] hat die Sache sicher einen großen Vorteil.

gesinnt ⟨in den Verbindungen⟩ **gesinnt sein** ⟨mit Artangabe⟩ *(eine bestimmte Gesinnung haben):* er ist sehr menschenfreundlich g.; ich bin anders g. als ihr; ⟨auch attributiv⟩ ein sozial gesinnter Politiker · **jmdm./**(selten:) **gegen jmdn. gesinnt sein** ⟨mit Artangabe⟩ *(gegenüber jmdm. in bestimmter Weise eingestellt sein):* jmdm. freundlich, feindlich, übel g. sein; er ist gegen sie nicht gerade gut g.; ⟨auch attributiv⟩ der ihm günstig gesinnte Chef.

Gesinnung, die: *charakterliche Haltung, Denkweise des Menschen:* eine gute, anständige, biedere, ehrliche, freundliche, feindliche, gehässige, gemeine, knechtische, freiheitliche, fortschrittliche G.; seine politische G. ist mir nicht bekannt; seine demokratische G. steh außer Zweifel; er zeigte, verbarg seine wahre G. legte eine revolutionäre G. an den Tag; seine G wechseln; an seiner G. festhalten.

gesonnen ⟨in der Verbindung⟩ zu etwas gesonnen sein: *die Absicht haben, etwas zu tun:* ic bin nicht g., meinen Plan aufzugeben; er fragt ihn, ob er g. sei, den Schaden zu ersetzen; e schien nicht g. zu kommen. Als nicht korrek gilt der Gebrauch von „gesonnen" statt „gesinnt" (z. B.: Er ist mir treu gesonnen).

gespannt: 1. *neugierig, erwartungsvoll:* gespannte Aufmerksamkeit, Erwartung; ich bi g., ob es ihm gelingt; da bin ich aber g.!; e blickte g. auf die Leinwand. **2.** *kritisch; leich in Streit übergehend:* gespannte Beziehungen zwischen den beiden Staaten herrschte ein gespanntes Verhältnis; die Situation, Lage wa schon sehr g. * (ugs.; scherzh.:) **gespannt sei wie ein Regenschirm/wie ein Flitzbogen** *(seh gespannt sein).*

Gespenst, das: *Spukgestalt:* ein wesenloses G. in dem alten Schloß geht ein G. um; du siehs aus wie ein G. *(siehst sehr schlecht, ganz bleic aus);* als G. erscheinen; nicht an Gespenster glau ben; übertr.: das G. *(die drohende Gefahr)* eine Atomkrieges, der Arbeitslosigkeit; in seinen Re den tauchten immer wieder die Gespenster de jüngsten Vergangenheit auf. * **Gespenster sehe** *(unbegründet Angst haben).*

gespenstisch: *unheimlich, düster:* ein gespenstischer Ort, eine gespenstische Landschaft; ei gespenstisches Aussehen; seine Erscheinun war geradezu g.; g. aussehen; g. zuckte ei Licht durch das dunkle Moor.

Gespinst, das: *gesponnenes Garn:* ein feines zartes, grobes, seidenes G.; das G. einer Raupe ein G. aus Glasfäden; bildl.: ein G. von Rol ren und Leitungen war im Keller zu sehen übertr.: ein G. von Heuchelei und Betrug.

Gespött, das: *Spott, Hohn:* sein G. mit jmdn treiben; jmdn, dem G. der Leute, Menge prei geben. * **jmdn. zum Gespött machen** *(veranla sen, daß jmd. von anderen verspottet wird)* · **zu Gespött werden** *(sich lächerlich machen und ve spottet werden).*

Gespräch, das: **1.** *mündlicher Gedankenaustausch:* ein freundschaftliches, scherzhafte wissenschaftliches, politisches, religiöses, geis reiches, interessantes G.; es wollte kein richtig G. aufkommen, in Gang kommen; das G. plä scherte dahin, verstummte, versiegte (geh. schlief ein (geh.); es entwickelte sich bald ei angeregtes G.; die Gespräche drehten sich u Krieg und Frieden; ich wußte im voraus, w das G. verlaufen würde; ein G. anbahne eröffnen, beginnen, anknüpfen, führen, a brechen, beenden; ich hatte mit ihm ein ve trauliches G., ein G. unter vier Augen; s brachten das G. auf die Abrüstung; sie nahme das unterbrochene G. wieder auf, setzten das fort; er konnte ihrem G. nicht folgen; Gege stand unseres Gesprächs war ...; an einem teilnehmen; wir danken für das G. /Schlu formel bei Interviews/; laß dich nicht auf/in ei G. mit ihm ein!; jmdn. in ein G. verwickeln, zi hen, verstricken (geh.); wir kamen miteinand ins G.; sie waren gerade im G.; ein G. mit jmdn führen. **2.** *Telephongespräch:* ein dienstliche privates, dringendes G.; das G. dauerte zehn Minuten, kostet 90 Pfennig, wurde unterbrochen; ein G. anmelden, vermitteln; ein G. mit Zürich *(mit einem Teilnehmer in Zürich)* führen; er wartet auf ein G. aus, mit Berlin. **3.** (ugs.) *Gesprächsstoff:* die Affäre wurde G., zum G. der ganzen Stadt.

gesprächig: *zum Erzählen aufgelegt:* ein sehr gesprächiger Herr saß uns gegenüber; er ist heute nicht besonders g.; sich g. zeigen; g. etwas erzählen.

Gesprächsstoff, der: *Themen des Gesprächs, der Unterhaltung:* ein interessanter G.; das Wetter ist ein unverbindlicher G.; der G. ging ihnen aus, war erschöpft; sie hatten genügend G.; etwas bildet, liefert einen G., gibt einen G. ab; es fehlte nicht an G.

gespreizt (abwertend): *geziert, unnatürlich:* ein gespreizter Stil; seine Ausdrucksweise ist sehr g.; rede nicht so g.!

Gestalt, die: **1. a)** *äußere Erscheinung, Statur:* eine kräftige, gedrungene, untersetzte, schlanke, schmächtige, mittlere, kleine G.; die menschliche G.; ihre G. ist sehr zierlich; von der äußeren G. auf das Wesen eines Menschen schließen; ein Mann von hagerer G. **b)** *Person, dunkle Existenz:* zwielichtige, zweifelhafte Gestalten; auf dem Hof stand eine dunkle G. **2. a)** *Persönlichkeit:* eine bedeutende, hervorragende G.; die G. Napoleons; er gehört zu den führenden Gestalten seines Landes; Karl der Große wurde zu einer legendären G. **b)** *von einem Dichter o. ä. geschaffene Figur:* eine zentrale, wichtige G. des Romans; die Gestalten des Dramas sind lebensnah dargestellt, frei erfunden. **3.** *Form:* eine längliche, runde G.; das Gebäude hat die G. eines Fünfecks; etwas ist in der ursprünglichen G. erhalten; der Staat in seiner modernen G.; Rel.: das Abendmahl in beiderlei Gestalt *(in Form von Brot und Wein);* der Teufel in G. einer Schlange; eine Lohnerhöhung in G. (Papierdt.; *in Form)* von kürzerer Arbeitszeit. * **etwas nimmt Gestalt an/gewinnt Gestalt** *(etwas wird deutlich, wird Wirklichkeit):* der Plan nimmt allmählich G. an · **einer Sache Gestalt geben/verleihen** *(etwas deutlich, wirklich werden lassen).*

gestalten: 1. ⟨etwas g.; gewöhnlich mit Artangabe⟩ *(einer Sache) eine bestimmte Form geben:* einen Stoff literarisch, künstlerisch g.; eine Wohnung bequem, gemütlich, komfortabel, behaglich, nach seinem Geschmack, seinen Wünschen g.; den Abend abwechslungsreich, nett, spannend g. **2.** ⟨sich g.; mit Artangabe⟩ *eine bestimmte Form annehmen:* der Abstieg gestaltete sich schwieriger als der Aufstieg; der Abend gestaltete sich ganz anders, als wir erwartet hatten; wie wird sich die Zukunft g.?

Geständnis, das: *Bekenntnis einer Schuld:* ein freiwilliges, umfassendes, aufrichtiges, offenes G.; das G. des Täters; ein volles G. ablegen; sein G. widerrufen; du, ich muß dir ein G. machen; jmdm. ein G. entlocken, entringen (geh.), abnötigen (geh.); dem G. wurde nicht geglaubt; sie haben mich zu diesem G. bewegt, gezwungen.

Gestank, der: *übler Geruch:* ein abscheulicher, scheußlicher, scharfer, schwefliger G.; der G. der Fabrik ist nicht mehr zu ertragen; an der Lagune kann man es vor G. nicht aushalten.

gestatten: 1. ⟨jmdm. etwas g.⟩ *erlauben, bewilligen:* jmdm. den Aufenthalt in einem Raum g.; er gestattete mir, die Bibliothek zu benutzen; ⟨auch ohne Dativ⟩ /häufig als Höflichkeitsformel/: gestatten Sie eine Frage, mein Herr?; gestatten Sie, daß ich rauche?; das Rauchen ist hier nicht gestattet; ⟨auch absolut⟩ ich werde das Fenster öffnen, wenn du gestattest; gestatten Sie? *(darf ich an Ihnen vorbei?).* **2.** (geh.) ⟨sich (Dativ) etwas g.⟩ *sich etwas leisten, sich die Freiheit nehmen zu etwas:* sich ein Vergnügen, den Luxus, gewisse Freiheiten g.; sie gestattete sich eine Zigarette; /als Höflichkeitsformel/: wenn ich mir eine Bemerkung, Frage g. darf ...; ich gestatte mir, Sie zu benachrichtigen. **3. a)** ⟨etwas gestattet etwas⟩ *etwas läßt etwas zu:* ich komme, wenn es meine Gesundheit gestattet; wenn es die Umstände gestatten, werde ich Sie besuchen. **b)** ⟨etwas gestattet jmdm. etwas⟩ *etwas ermöglicht jmdm. etwas:* mein Einkommen gestattet mir keine großen Reisen.

Geste, die: **1.** *Gebärde:* eine verächtliche, herablassende, wegwerfende, verlegene, feierliche, große, pathetische (bildungsspr.), beschwörende, sparsame, knappe G.; eine G. der Entschuldigung; seine Gesten waren übertrieben; eine abwehrende, hilflose G. machen; mit vielen Gesten sprechen, seine Worte begleiten; er bat mich mit einer einladenden G. ins Haus. **2.** *Handlung oder Mitteilung, die etwas indirekt ausdrücken soll:* eine freundliche, höfliche, noble G.; das Glückwunschtelegramm war nur eine leere G.; das Angebot war nicht ernst gemeint, sondern war als G. gedacht.

gestehen ⟨etwas g.⟩: **a)** *zugeben, bekennen:* die Tat, das Verbrechen, den Mord g.; er hat alles gestanden; ⟨auch ohne Akk.⟩ der Verbrecher hat gestanden *(ein Geständnis abgelegt).* **b)** *offen aussprechen:* ich gestehe, daß ich glücklich bin; ich muß zu meiner Schande g., daß ich es vergessen habe; offen gestanden, das Buch gefällt mir nicht; ⟨jmdm. etwas g.⟩ er hat ihr seine Liebe gestanden.

gestern ⟨Adverb⟩: **1.** *einen Tag vor heute:* g. früh, morgen, mittag, abend, nacht; g. um dieselbe Zeit; wir waren g. zu Hause; g. vor acht Tagen; du hättest g. den ganzen Tag Zeit gehabt; die Zeitung ist von g. **2.** (geh.) *früher:* die Mode von g.; deine Ideen sind von g. *(sind altmodisch);* subst.: das G. und das Heute; denke nicht mehr an das G. * (ugs.:) **nicht von gestern sein** *(aufgeweckt, modern sein).*

gestiefelt ⟨in der Verbindung⟩ gestiefelt und gespornt (ugs.): *bereit zum Aufbrechen.*

gestreift: *mit Streifen versehen:* ein gestreifter Stoff; gestreifte Tapeten; das Kleid ist blau-weiß g.; sie zieht sich gern g. an (ugs.; *liebt gestreifte Kleidung).*

gestrig: *gestern gewesen, von gestern:* der gestrige Tag; die gestrige Zeitung; ich beziehe mich auf unser gestriges Gespräch; subst.: die ewig Gestrigen *(die immer hinter der modernen Entwicklung nachhinken);* unser Gestriges (Kaufmannsspr., Papierdt.; *unser gestriges Schreiben).*

Gesuch, das: *Antrag, Eingabe an eine Behörde:*

ein G. auf/um Gewährung von Beihilfen; ein G. abfassen, aufsetzen, schreiben, schriftlich einreichen, prüfen, befürworten, zurückziehen, bewilligen, ablehnen, abschlagen, abschlägig bescheiden (Amtsdt.); Ihrem G. auf Erhöhung der Pensionsbezüge kann nicht entsprochen werden, stattgegeben werden; er richtete ein G. an die Behörde um die Baubewilligung.

gesucht: *geziert:* eine gesuchte Ausdrucksweise; sein Briefstil ist sehr g.; er drückt sich sehr g. aus.

gesund: 1. a) *in guter körperlicher und geistiger Verfassung; nicht krank:* gesunde Kinder; einen gesunden Jungen zur Welt bringen; gesunde Zähne, einen gesunden Magen haben; sie hat eine gesündere, /(seltener:) gesundere Natur als er; er entwickelt einen gesunden *(starken)* Appetit; sie ist wieder [ganz], noch nicht g.; sie sind alle g. und munter *(wohlauf);* es dauert noch einige Zeit, bis er wieder g. wird; die Arznei machte ihn wieder g.; einen Kranken g. pflegen; der Arzt hat ihn g. geschrieben *(hat ihm seine Arbeitsfähigkeit bescheinigt);* er wurde als g. [aus dem Krankenhaus] entlassen; übertr.: die Firma, das Unternehmen ist nicht g. *(ist wirtschaftlich nicht gesichert).* **b)** *von Gesundheit zeugend; frisch, blühend:* sein Gesicht hat eine gesunde Farbe; sie sieht g. aus. **2.** *die Gesundheit fördernd; zuträglich:* ein gesundes Klima; eine gesunde Lebensweise; Obst essen ist g.; die Höhenluft ist sehr g. für ihn; sie lebt sehr g.; übertr.: die Strafe ist ganz g. für dich *(ist heilsam, wird dir eine Lehre sein).* **3.** *richtig, vernünftig, normal:* gesunde Anschauungen, ein gesundes Urteil haben; das sagt mir der gesunde Menschenverstand; eine gesunde Entwicklung der Dinge; diese Preise sind nicht g.

Gesundheit, die: *gute körperliche und geistige Verfassung; Wohlbefinden:* eine blühende, unverwüstliche, robuste, eiserne, schlechte, schwache, zerrüttete G.; seine G. ist sehr angegriffen, läßt zu wünschen übrig; er ist die G. selbst *(ist sehr gesund);* das beeinträchtigt, erschüttert, schädigt die G., schadet der G., ist der G. abträglich; er erfreute sich bis ins hohe Alter bester G.; er lebt nur seiner G.; auf jmds. G. trinken *(jmdm. zutrinken);* etwas für seine G. tun; über seine G. klagen; sie war schon immer von zarter G. *(war schon immer etwas schwächlich, empfindlich).* * **Gesundheit und ein langes Leben** */Glückwunsch zum Geburtstag o. ä./.*

gesundheitlich: *die Gesundheit betreffend:* gesundheitliche Schäden, Störungen; g. geht es ihm wieder besser; dazu ist er schon g. nicht in der Lage.

gesundstoßen (ugs.) ⟨sich g.⟩: *wieder zahlungsfähig werden:* an diesem Geschäft hat er sich gesundgestoßen.

Getöse, das: *großer, anhaltender Lärm:* ein lautes, mächtiges, fürchterliches, unerträgliches, ohrenbetäubendes G.; das G. (veraltend; *das Tosen*) des Sturmes verstummte plötzlich; seine Worte gingen im G. der Brandung (veraltend; im *Tosen*) unter; das alte Auto fuhr mit großem G. los.

getragen: *langsam und feierlich:* eine getragene Melodie.

Getränk, das: *zum Trinken zubereitete Flüssigkeit:* ein erfrischendes, eisgekühltes G.; Getränke reichen, anbieten; hier gibt es kalte und warme alkoholische und alkoholfreie Getränke; er bevorzugt starke *(viel Alkohol enthaltende)* Getränke.

getrauen ⟨sich etwas g.⟩: *wagen, sich trauen:* getraust du dich/(seltener:) dir, allein durch den dunklen Wald zu gehen?; das getraut sie sich nicht.

Getreide, das: *Gesamtheit der Pflanzen, aus deren Körnern Mehl o. ä. gewonnen wird:* das G. steht dieses Jahr gut; das reife G. mähen, ernten, dreschen; das G. *(die Körner)* lagern.

getreu: 1. (veraltend) *treu, zuverlässig:* ein getreuer Freund, Diener. **2.** *genau entsprechend:* ein getreues Abbild, eine getreue Wiedergabe von etwas; etwas g. berichten, schildern; g. seinem Versprechen, seinem Wahlspruch/seinem Versprechen, seinem Wahlspruch g. handeln.

Getriebe, das: **1.** *Vorrichtung in Maschinen, die Bewegungen überträgt:* ein hydraulisches, automatisches, elektrisches G.; das G. dieses Autos ist synchronisiert; bildl.: das G. eines Staates. **2.** (geh.) *reges Treiben:* das lebhafte, bunte G. eines Marktes; sie lebten fern vom G. der Stadt. * (ugs.:) **es ist Sand im Getriebe** *(etwas ist in seinem Ablauf gestört).*

getrost: *vertrauensvoll, ruhig:* wende dich g. an ihn, er wird dir helfen.

Getue, das (ugs.; abwertend): *übertrieben, unecht wirkendes Verhalten; Gehabe:* ein albernes, widerliches, lächerliches G.; laß doch das dumme G. mit dem Kind!; der macht aber ein [großes] G. *(spielt sich auf)!*

Getümmel, das: *wildes Durcheinander, lebhaftes Treiben einer Menge:* ein wildes, beängstigendes, unbeschreibliches G.; das G. eines Kampfes; es entstand ein großes G. auf dem Fest; er traf ihn mitten im dicksten G. auf dem Bahnhofsvorplatz; sie stürzten sich ins G.

Gewächs, das: **1.** *Pflanze:* seltene, tropische Gewächse; dieses G. ist sehr empfindlich gegen Frost; der Wein, der Tabak ist eigenes G. *(eigenes Erzeugnis).* **2.** *Geschwulst:* sie hat ein G. im Unterleib; ein G. operieren.

gewählt: *gepflegt, gehoben, vornehm:* ein gewähltes Deutsch sprechen; in gewählten Worten antworten; seine Ausdrucksweise ist sehr g.; er drückt sich g. aus.

gewahr ⟨in der Verbindung⟩ jmdn., etwas jmds., einer Sache gewahr werden (geh.): *jmdn., etwas erblicken, erkennen, bemerken:* er ging an ihr vorüber, ohne sie/ihrer g. zu werden; wir wurden unseren Irrtum/unseres Irrtums schnell g.; er wurde zu spät g., daß man ihn betrogen hatte.

Gewähr, die: *Sicherheit, Garantie:* für etwas G. bieten, leisten; können Sie mir die G. geben, daß diese Angaben richtig sind?; dafür übernehme ich keine G.; die Angabe der Lottozahlen erfolgt ohne G.

gewahren (geh.) ⟨jmdn., etwas g.⟩: *erblicken, wahrnehmen:* in der Ferne gewahrten sie eine Gestalt.

gewähren: 1. (geh.) ⟨jmdm. etwas g.⟩ **a)** *erfüllen:* jmdm. ein Anliegen, ein Gesuch, eine Bitte, einen Wunsch g. **b)** *bewilligen, zubilligen:* einem Kunden eine [Zahlungs]frist, einen Aufschub, Vergünstigungen, Einblick in etwas g.; wir gewähren Ihnen auf diese Bescheinigung Rabatt einem Flüchtling Schutz, Obdach, Asyl g.; der Star gewährte den Reportern gnädig ein Interview. c) *bieten:* dieser Vertrag gewährt Ihnen manche Vorteile; ⟨auch ohne Dativ der Person⟩ diese Einrichtung gewährt große Sicherheit. 2. ⟨in der Verbindung⟩ jmdn. gewähren lassen: *jmdn. nicht in seinem Tun hindern:* laß die Kinder ruhig g.

gewährleisten ⟨etwas g.⟩: *garantieren:* den reibungslosen Ablauf von etwas g.; der Erfolg der Aktion, die Sicherheit der Mitwirkenden ist gewährleistet.

Gewahrsam ⟨nur in bestimmten Wendungen⟩ (geh.:) **etwas in Gewahrsam nehmen/haben/[be]halten** *(etwas verwahren, sicher aufbewahren):* er nimmt die Schlüssel solange in G. · (geh.:) **etwas in Gewahrsam geben/bringen** *(etwas zur Aufbewahrung, zur Obhut übergeben):* sie hat den Schmuck in sicheren G. gebracht · (geh.:) **jmdn. in Gewahrsam nehmen/bringen/setzen** *(jmdn. in Haft nehmen, verhaften):* es dauerte ein halbes Jahr, bis der Verbrecher in G. gesetzt werden konnte · (geh.:) **in Gewahrsam sein; sich in Gewahrsam befinden** *(verhaftet, in Haft sein):* er war über ein Jahr in [polizeilichem] G.

Gewalt, die: 1. *Macht und Recht, über jmdn., über etwas zu bestimmen:* die staatliche, vollziehende, priesterliche, göttliche G.; die weltliche und geistliche G.; die Trennung der Gewalten in gesetzgebende, richterliche, ausführende G.; die elterliche G. ausüben, vertreten; die G. an sich reißen; die G. über Leben und Tod haben; die G. *(Herrschaft)* über sein Fahrzeug verlieren; jmdn. in seiner G. haben; unter, in jmds. G. stehen. 2. *Zwang; unrechtmäßiges Vorgehen; rücksichtslos angewandte physische Kraft:* in diesem Staat geht G. vor Recht; brutale, rohe G. gegen jmdn. anwenden; G. [ge]brauchen, üben (geh.); G. leiden müssen; ich weiche nur der G.; etwas mit G. zu erreichen suchen; jmdn. mit G. an etwas hindern; man mußte ihn mit [sanfter] G. hinausbefördern; die Tür ließ sich nur mit G. *(gewaltsam)* öffnen. 3. (geh.) *elementare Kraft; Heftigkeit, Stärke:* die G. des Sturmes, der Flut; das Schiff war den Gewalten des Unwetters ausgeliefert; bildl.: die G. der Leidenschaft, die G. seiner Rede. * **höhere Gewalt** *(etwas Unvorhergesehenes, auf das man keinen Einfluß hat)* · **sich in der Gewalt haben** *(sich beherrschen können)* · **einer Sache G. antun** *(etwas verfälschen):* er hat in seiner Erzählung der Wahrheit, den Tatsachen, der Geschichte G. angetan · (geh.; verhüllend:) **einem Mädchen Gewalt antun** *(ein Mädchen vergewaltigen)* · **mit aller Gewalt** *(unbedingt, unter allen Umständen):* er wollte mit aller G. seinen Willen durchsetzen.

gewaltig: a) *sehr groß, stark, mächtig; riesig:* gewaltige Felsen, Bauten; gewaltige Anstrengungen, Lasten, Mengen; er ist der gewaltigste Herrscher seines Geschlechts; es herrscht eine gewaltige Kälte; (ugs.:) das ist ein [ganz] gewaltiger Irrtum; der Fortschritt der letzten Jahre ist g. b) (ugs.) ⟨verstärkend bei Verben⟩ *sehr:* sich g. irren, täuschen; der Absatz ist g. gestiegen.

Gewand, das (geh.): *[festliches, langes] Kleidungsstück:* ein prächtiges, kostbares, seidenes, wallendes, griechisches G.; der Priester legte das geistliche G. ab; ein G. anlegen, tragen; übertr.: das Buch erscheint in einem neuen G. *(in neuer Aufmachung).*

gewandt: *sicher und geschickt; wendig:* ein gewandter Tänzer; sie schreibt einen gewandten Stil; er ist g. in seinem Auftreten und weiß mit Menschen umzugehen.

gewärtig ⟨in der Verbindung⟩ einer Sache gewärtig sein (geh.): *auf etwas gefaßt sein, etwas erwarten:* er war ihres Widerspruchs, einer neuen Überraschung g.; des Schlimmsten, des Äußersten g. sein; er war g., von ihm hinausgeworfen zu werden.

Gewässer, das: *größere Ansammlung meist stehenden Wassers:* ein ruhiges, stilles, klares, dunkles, stehendes G.; die fließenden Gewässer Nordeuropas; man ging daran, die Gewässer des Landes zu regulieren.

Gewebe, das: 1. *Stoff aus sich kreuzenden Fäden:* feines, dichtes, dünnes, flauschiges, leichtes, buntes G.; das G. ist nicht strapazierfähig, haltbar genug; neue, synthetische Gewebe herstellen; bildl. (geh.): er hat sich im G. seiner eigenen Lügen verstrickt. 2. *Verband gleichartiger Körperzellen:* gesundes, krankes, totes Gewebe; das G. der Muskeln, der Knochen; das krankhafte G. wuchert; G. verpflanzen; viele Krankheiten greifen die Gewebe des Körpers an.

Gewehr, das: */eine Schußwaffe mit langem Lauf/:* das G. laden, anlegen, in Anschlag bringen, abfeuern, [ent]sichern, schultern, abnehmen, zerlegen, reinigen; mit dem G. zielen; er stand mit vorgehaltenem G. vor ihnen; sie waren alle mit automatischen Gewehren bewaffnet; (militär.:) die Mannschaft stand G. bei Fuß; militär. Kommandos: G. ab!; das G. über!; präsentiert das G.! * **Gewehr bei Fuß stehen** *(abwarten, eine abwartende, aber drohende Haltung einnehmen).*

Geweih, das: *Knochenauswüchse auf dem Kopf von Hirsch, Rehbock o. ä.:* ein starkes, ausladendes, [un]verzweigtes G.; das G. abwerfen, fegen (Jägerspr.).

Gewerbe, das: *[selbständige] berufliche Tätigkeit:* ein ehrliches, einträgliches, dunkles, schmutziges, unsauberes G.; das G. des Bäckers; Handel und G. stehen in Blüte, liegen darnieder; ein G. lernen, ausüben, [be]treiben; er ist im graphischen G. tätig; Redensart: mancher macht sich (Dativ) aus allem ein G. *(zieht aus allem einen Vorteil).* * **sich** (Dativ) **ein Gewerbe machen** *(unter einem Vorwand eine Beschäftigung in der Nähe anderer suchen, um etwas zu erfahren).*

gewerblich: *das Gewerbe betreffend, dem Gewerbe dienend:* gewerbliche Interessen, Belange; ein gewerblicher Betrieb; die Räume dienen gewerblichen Zwecken.

gewerbsmäßig: *als ein, wie ein Gewerbe [betrieben]; auf Erwerb ausgerichtet:* die gewerbsmäßige Herstellung; gewerbsmäßige Bettelei; gewerbsmäßige Unzucht *(Prostitution);* er betreibt die Sache g.

Gewerkschaft, die: *Interessenverband der Arbeitnehmer:* freie, christliche Gewerkschaften; die G. fordert höhere Löhne; eine G. gründen; einer G. beitreten, angehören; in eine G. eintreten; sich durch die G. vertreten lassen.

Gewicht, das: 1. *Schwere, Last eines Körpers:* ein geringes, großes, ansehnliches, erhebliches,

G.; das volle, eigene, zulässige G.; das spezifische G. *(Gewicht der Volumeneinheit eines Stoffes);* das angegebene G. von 5 kg stimmt; etwas hat das richtige G.; (ugs.:) der Koffer hat [aber] sein G.! *(ist ziemlich schwer);* das G. von etwas feststellen, kontrollieren; das G. verlagern; ich habe mein G. gehalten *(habe nicht zu- und nicht abgenommen);* mit seinem ganzen G. auf etwas ruhen; etwas nach G. verkaufen; er stöhnte unter dem G. des schweren Sackes. **2.** *Körper von bestimmter Schwere [der zum Wiegen dient]:* große, kleine Gewichte; die Gewichte müssen geeicht sein; die Gewichte der Uhr hochziehen; Sport: ein G. stemmen, reißen, drücken, stoßen. **3.** *Wichtigkeit, Bedeutung:* in der Partei hat seine Stimme ziemliches, großes, viel, kein G.; dieses Land bekommt immer mehr, hat kein politisches G.; einer Frage, Sache [kein] G. beimessen, beilegen, geben; sich mit dem ganzen G. seiner Persönlichkeit für etwas einsetzen; diese Frage hat an G. gewonnen; ein Umstand, von G. * **auf etwas Gewicht legen** *(etwas für wichtig halten, auf etwas Wert legen):* er legt größtes G. auf gute Umgangsformen · **etwas fällt ins Gewicht** *(etwas ist ausschlaggebend, ist von großer Bedeutung).*

gewichtig: 1. *schwer und umfangreich:* das Werk bestand aus fünf gewichtigen Bänden; er ist eine gewichtige Persönlichkeit (scherzh.; *hat einen schweren, massigen Körper).* **2.** *wichtig, bedeutend:* gewichtige Angelegenheiten, Mitteilungen, Entscheidungen, Gründe; diese Frage ist viel gewichtiger; er sagte dies sehr g. *(mit großem Nachdruck).*

gewieft (ugs.): *schlau, gerissen, findig:* ein gewiefter Bursche, Geschäftsmann; er ist zu g. für dich; in solchen Dingen ist er sehr g.

gewiegt (ugs.): *schlau, erfahren:* ein gewiegter Rechtsanwalt, Kriminalist, Taktiker.

gewillt ⟨nur in der Verbindung⟩ gewillt sein (geh.): *wollen, bereit sein:* er ist nicht g. nachzugeben.

Gewinn, der: **1.** *materieller Nutzen, Ertrag, Verdienst, Überschuß:* ein großer, beachtlicher, bescheidener, recht hübscher (ugs.) G.; ein G. von zehn Prozent; der G. lockt ihn; aus einem Geschäft G. schlagen, ziehen, erzielen; den G. einstecken (ugs.), einstreichen (ugs.); große Gewinne abschöpfen; ein Geschäft bringt G. [ein], wirft G. ab; G. und Verlust berechnen, überschlagen; er jagt nur dem G. nach; jmdn. am G. beteiligen; etwas mit G. verkaufen. **2.** *etwas, was bei einem Spiel o. ä. gewonnen wird; Preis, Treffer:* große, beträchtliche, nur kleine Gewinne einer Tombola; jedes dritte Los ist ein G., bringt einen G.; Gewinne ausschütten, auszahlen; im Lotto einen G. haben, machen (ugs.); seinen G. abholen, mit einem G. herauskommen; bei solchen Einsätzen kann man mit großen Gewinnen rechnen. **3.** *Nutzen, Vorteil, innere Bereicherung:* die Lösung dieses Problems wäre ein großer, unschätzbarer G. für die gesamte Bevölkerung; einen G. von etwas haben; ein Buch mit viel G. lesen.

gewinnen: 1. a) ⟨etwas g.⟩ *als Sieger, Gewinner beenden:* einen Kampf, einen Krieg, eine Schlacht g.; ein Rennen klar, eindeutig, sicher g.; sie haben das Spiel [mit] 2 : 1 gewonnen; ich wünschte, er würde gewinnen/er gewänne/gewönne; den Prozeß, die Wette g. **b)** *Sieger, Gewinner sein:* in einem Kampf, bei einem Spiel g.; diese Mannschaft hat verdient, nach Punkten, nur knapp gewonnen; wir müssen g. Sprichw.: wer nicht wagt, der nicht gewinnt. **2. a)** ⟨[etwas] g.⟩ *beim Spiel o. ä. einen Gewinn bekommen:* bei diesem Preisausschreiben sind mehrere Autos, Häuser und schöne Reisen zu g.; er hat 10000 Mark in der Lotterie gewonnen; ich habe noch nie gewonnen. **b)** ⟨etwas gewinnt⟩ *etwas bringt einen Gewinn:* jedes vierte Los gewinnt. **3. a)** ⟨etwas g.⟩ *durch eigene Anstrengung [und günstige Umstände] erreichen, bekommen:* Zeit, einen Vorsprung, die Oberhand, die Herrschaft über jmdn. g.; damit kann man keine Reichtümer, keinen Blumentopf (ugs.) g. *(damit erreicht man nichts);* Ansehen, Ehre, Einfluß, jmds. Liebe, Gunst, Zuneigung, Herz, Vertrauen g.; ⟨etwas gewinnt jmdm. etwas⟩ seine Hilfsbereitschaft hat ihm viele Sympathien gewonnen *(hat sie ihm eingebracht);* Redensart: wie gewonnen, so zerronnen; /häufig verblaßt/ Klarheit über etwas, Abstand von etwas, Geschmack an etwas, Lust, neuen Mut zu etwas g.; Achtung, Ehrfurcht vor jmdm. g.; allmählich gewann er immer mehr Einblick in die Verhältnisse; er gewann langsam den Eindruck, daß man ihn betrügen wollte; die Vermutung gewinnt Raum, Boden *(verstärkt sich),* daß ein Verbrechen begangen wurde; die Sache gewinnt dadurch ein neues Aussehen, Gewicht, eine besondere Bedeutung; es gewinnt den Anschein, als ob er nicht länger mitmachen wolle. **b)** (geh.) ⟨etwas g.⟩ *[mit Mühe] erreichen:* das freie Feld, das Weite g.; das Schiff gewann die hohe See, den Hafen; sie versuchten, das Ufer zu g. **c)** ⟨jmdn. g.⟩ *jmds. Mitarbeit, Unterstützung, Zuneigung erlangen; jmdn. für sich einnehmen:* die Firma konnte in letzter Zeit mehrere hervorragende Fachleute g.; jmdn. für einen Plan, eine Partei, für sich g.; in ihm hat er einen echten Freund gewonnen; jmdn. als Kunden, Mitglied g.; jmdn. zum Freund, Verbündeten g.; adj. Part.: *für sich einnehmend; angenehm, sympathisch:* ein gewinnendes Wesen; sie lächelte gewinnend. **4. a)** *sich zu seinem Vorteil verändern; sympathischer, wirkungsvoller, angenehmer werden:* sie hat in letzter Zeit sehr gewonnen; bei längerer Bekanntschaft gewinnt er sehr; das Bild hat durch den neuen Rahmen gewonnen. **b)** ⟨an etwas g.⟩ *an etwas zunehmen; etwas Bestimmtes dazubekommen:* er hat ziemlich an Ansehen, an Autorität, an Sicherheit gewonnen; das Problem gewinnt an Klarheit; das Flugzeug gewann immer mehr an Höhe. **5.** ⟨etwas g.⟩ *fördern, erzeugen, herstellen:* Kohle, Erz, Kupfer, Blei g.; Zucker aus Rüben g.; der Saft wird aus reifen Früchten gewonnen. * (geh.; veraltend) **es über sich gewinnen** *(sich überwinden):* er konnte es nicht über sich g., seinen Fehler einzugestehen · **gewonnenes Spiel haben** *(etwas, was man wollte, sein Ziel erreicht haben):* du mußt ihr nur ein paar nette Komplimente machen, dann hast du schon gewonnenes Spiel [bei ihr] · (ugs.:) **das große Los gewonnen haben** *(großes Glück, die beste Wahl getroffen haben):* mit dieser Frau hat er das große Los gewonnen · **etwas gewinnt Gestalt** *(etwas wird deutlich, wird Wirklichkeit).*

ewirr, das: 1. *verwirrtes Knäuel:* ein dichtes G. von Drähten; das Garn war zu einem unauflösbaren G. verknäult. 2. *wirres Durcheinander:* ein G. von Stimmen, von undeutlichen Lauten war zu hören; in dem G. von Straßen konnte man sich nicht zurechtfinden.

ewiß: 1. ⟨Adjektiv⟩ **a)** *nicht genauer bestimmbar; nicht näher bezeichnet:* gewisse Leute; ein gewisser Herr Müller; in gewissen Kreisen; ein gewisser Jemand; nur in gewisser, in einer gewissen Beziehung; für gewisse Fälle; zu gewissen Zeiten, in einem gewissen Alter; eine gewisse Ähnlichkeit zwischen beiden ist vorhanden; sie hat das gewisse Etwas; ohne eine gewisse *(ein bestimmtes Maß an)* Selbständigkeit kann kein Mensch leben. **b)** *sicher; ohne Zweifel bestehend, eintretend:* sie hat die [ganz] gewisse Zuversicht, daß man ihr helfen wird; eine Belohnung, eine Strafe ist ihm g.; das ist so g., wie die Nacht dem Tage folgt (geh.); so viel ist g., daß er der Dieb ist; er war seiner Sache, seines Erfolges, des Sieges, ihrer Unterstützung g.; er hat es als [ganz] g. hingestellt; er hielt es für g., daß sie kommen würde. 2. ⟨Adverb⟩ *sicherlich, bestimmt, ohne Zweifel:* du hast g. recht gehandelt; du kannst mir g. und wahrhaftig glauben; ich habe das Buch gelesen, [aber] g.!

ewissen, das: *sittliches Bewußtsein von Gut und Böse:* das menschliche, ärztliche, politische, künstlerische G.; ein feinfühliges, weites, robustes (ugs.) G.; sein G. regt sich, quält ihn; das G. schlug ihm (geh.); Sprichw.: ein gutes G. ist ein sanftes Ruhekissen; ein gutes, reines, ruhiges G. haben *(sich nicht schuldig fühlen, sich keiner Schuld bewußt sein);* ein schlechtes, böses G. haben *(sich schuldig fühlen, sich Vorwürfe machen);* sein G. entlasten, erleichtern, beruhigen, beschwichtigen, betäuben, zum Schweigen bringen, wachrütteln, erforschen; sein Verhalten verrät ein böses G.; etwas belastet jmds. G.; er hat kein G. *(er ist skrupellos);* seinem G., der Stimme, dem Ruf seines Gewissens (geh.) folgen; an jmds. G. appellieren; etwas fällt jmdm. aufs G. (veraltend; *bedrückt jmdn. sehr*); gegen Recht und G., gegen sein G. handeln; etwas mit gutem G., nach bestem G., wider besseres [Wissen und] G. tun; das kann ich vor meinem G. nicht verantworten. * **etwas auf dem Gewissen haben** *(an etwas schuld sein, etwas Böses getan haben)* · **jmdn. auf dem Gewissen haben** *(an jmds. Untergang, Tod schuld sein)* · **sich** (Dativ) **kein Gewissen aus etwas machen** *(bei einer üblen Tat keine Gewissensbisse haben)* · **jmdm. ins Gewissen reden** *(sehr ernst und eindringlich mit jmdm. reden; jmdm. Vorhaltungen machen)* · **auf Ehre und Gewissen** /*Beteuerungsformel*/: auf Ehre und G., damit habe ich nichts zu tun.

ewissenhaft: *sorgfältig, gründlich, genau:* ein gewissenhafter Beamter, Arbeiter; eine gewissenhafte Untersuchung; dieser Schüler ist sehr g.; etwas g. prüfen; einen Auftrag g. ausführen.

ewissensbisse ⟨Plural⟩: *quälendes Bewußtsein, unrecht gehandelt zu haben; Reue:* heftige G. haben, bekommen, spüren, fühlen; sich (Dativ) G. *(Vorwürfe)* wegen etwas machen; er wurde von Gewissensbissen gequält.

ewissermaßen ⟨Adverb⟩: *sozusagen, soviel wie:* er war g. gezwungen, so zu handeln; er vertritt bei ihm g. die Stelle der Eltern.

Gewißheit, die: *nicht zu bezweifelndes Wissen, Überzeugtsein von etwas:* die innere, unerschütterliche G.; die G., daß er nie mehr zurückkehren würde, war unerträglich; völlige G. über etwas haben, bekommen, erlangen; du mußt dir darüber G. verschaffen; ihr Zweifel wich allmählich einer furchtbaren G.; etwas mit G. *(Sicherheit)* annehmen, sagen; es wurde ihm allmählich zur G., er kam zu der G. (geh.), daß man ihn betrog.

Gewitter, das: *mit Blitz und Donner verbundenes Unwetter:* ein aufziehendes, schweres, heftiges, nächtliches G.; ein G. droht, kommt, zieht auf, kommt herauf, kommt näher, ist im Anzug, braut sich zusammen, zieht sich [am Himmel] zusammen, bricht los, entlädt sich, geht nieder, tobt sich aus, zieht vorüber; der Streit wirkte wie ein reinigendes, befreiendes G.; wir bekommen [heute sicher] noch ein G.; dieses Jahr gab es, hatten wir viele Gewitter; vor einem G. flüchten; übertr.: *heftige Auseinandersetzung:* ein häusliches G.

gewitzt (ugs.): *schlau:* ein gewitzter Bursche, Geschäftsmann; der ist ganz schön g.

gewogen ⟨in der Verbindung⟩ jmdm. gewogen sein (geh.): *jmdm. zugetan sein:* sie war ihm sehr, nicht g.

gewöhnen ⟨jmdn., sich an jmdn., etwas g.⟩: *auf jmdn., etwas einstellen, mit etwas vertraut machen:* den Säugling an die Flasche, an Reinlichkeit g.; die Augen müssen sich erst an die Dunkelheit g.; der Hund hat sich an seinen neuen Herrn gewöhnt; du mußt dich noch an manches, an diesen Gedanken g.; ich gewöhne mich daran, früh aufzustehen. * **an etwas gewöhnt sein** *(durch Gewöhnung mit etwas vertraut sein):* an Arbeit, an ein Klima gewöhnt sein; an diesen Ton bin ich nicht gewöhnt.

Gewohnheit, die: *zur Selbstverständlichkeit gewordene Handlung, Eigenheit; Angewohnheit:* eine gute, liebe, schlechte, üble, absonderliche G.; eine G. annehmen, ablehnen, abstreifen; seine Gewohnheiten ändern; er hat die G., nach dem Essen zu schlafen; das ist die Macht der G.!; etwas aus [alter] G., gegen seine G. tun; etwas wird jmdm. zur [festen] G.; er hat mit einer [alten] G. gebrochen (geh.).

gewöhnlich: 1. *üblich, allgemein, alltäglich:* an einem gewöhnlichen Werktag; im gewöhnlichen Leben; sie waren bei ihrer gewöhnlichen Beschäftigung; er ist nur ein gewöhnlicher Sterblicher *(ein einfacher, durchschnittlicher Mensch);* [für] g. *(im allgemeinen)* ist er sehr pünktlich; er kommt wie g. *(zur gewohnten Stunde)*. 2. *gemein, ordinär:* er ist ein ziemlich gewöhnlicher Mensch; sein gewöhnliches Gesicht störte sie; er ist sehr g., sieht g. aus, benimmt sich g.

gewohnt: *bekannt, vertraut:* die gewohnte Arbeit, Umgebung; das gewohnte Verhalten; etwas in gewohnter Weise, mit der gewohnten Gründlichkeit erledigen; er ist schwere Arbeit g. *(er hat Erfahrung darin);* er war es g. *(es war ihm selbstverständlich)*, daß alle höflich zu ihm waren; er war es g. *(es war seine feste Gewohnheit)*, pünktlich zu kommen.

Gewölbe, das: 1. *gewölbte Decke eines Raumes:* ein gotisches G.; das G. der Kapelle wird von acht Säulen getragen. 2. *Raum mit gewölbter Decke:* ein dumpfes, finsteres, düsteres, verräuchertes G.; Schritte hallten durch das G.

Gewühl, das: *wirres Durcheinander einer Menge; Gedränge:* das bunte, lärmende G. des Marktes; wir haben ihn im G. [der Menschen] aus den Augen verloren; sie stürzten sich ins G. der Tanzenden.

gewunden: *in Windungen verlaufend; verschlungen:* gewundene Gänge, Pfade; gewundene *(gedrehte)* Säulen; übertr.: *gekünstelt, mühsam:* gewundene Sätze, Reden; sich g. ausdrücken.

Gewürz, das: *Zutat zum Würzen von Speisen:* ein scharfes, mildes G.; verschiedene Gewürze an eine Speise geben; die Soße mit Gewürzen abschmecken.

geziemen (veraltend) ⟨etwas geziemt sich⟩: *etwas schickt sich, gehört sich:* er weiß nicht, was sich geziemt; es geziemt sich, älteren Leuten Platz zu machen; adj. Part.: *gebührend, wie es sich gehört:* etwas in geziemender Weise, mit geziemenden Worten sagen; jmdn. geziemend von etwas unterrichten.

Gier, die: *heftige Begierde:* eine maßlose, hemmungslose, blinde, krankhafte G.; eine wilde G. stieg in ihm hoch; seine G. nicht bezwingen, unterdrücken können; er war von unersättlicher G. nach Geld, nach Macht besessen.

gierig: *von Gier erfüllt:* gierige Blicke, Augen; mit gierigen Händen nach etwas greifen; sie war [ganz] g. auf, nach Obst; etwas g. essen, trinken, verschlingen.

gießen: **1.a)** ⟨etwas g.; mit Raumangabe⟩ *aus einem Gefäß fließen lassen:* Kaffee, Tee in eine Tasse g.; Wasser an, auf den Braten g.; Wein aus einem Krug in die Gläser g.; /mit der Nebenvorstellung des Unabsichtlichen/ er hat die Tinte über das Heft gegossen; ⟨jmdm., sich etwas g.; mit Raumangabe⟩ er hat ihr den Wein aufs Kleid gegossen. **b)** ⟨es gießt sich; mit Artangabe und Umstandsangabe⟩ *man kann in bestimmter Weise gießen:* aus diesem Krug, mit dieser Kanne gießt es sich schlecht. **2.** ⟨etwas g.⟩ *mit Wasser begießen:* die Pflanzen, die Blumen, den Garten, die Beete g.; ⟨auch ohne Akk.⟩ wenn es nicht mehr regnet, muß ich heute abend noch g. **3.** ⟨etwas g.⟩ **a)** *in eine Form fließen lassen:* Silber, Kupfer, Eisen g. **b)** *durch Guß herstellen:* Kugeln, Lettern, Glocken g.; Kerzen g.; etwas in Wachs, in Bronze g.; er stand da wie aus Erz gegossen. **4.** (ugs.) ⟨es gießt⟩ *es regnet heftig:* es goß in Strömen, wie aus Eimern. * **Öl ins Feuer gießen** *(eine Leidenschaft, einen Streit heftiger machen)* · **Öl auf die Wogen gießen** *(jmdn., etwas beruhigen)* · (ugs.:) [**sich** (Dativ)] **einen hinter die Binde gießen**; (ugs.:) **einen auf die Lampe gießen** *(reichlich Alkohol zu sich nehmen; sich betrinken).*

Gift, das: *Stoff, der eine schädliche, tödliche Wirkung hat:* ein gefährliches, sehr schnell wirkendes, tödliches, schleichendes Gift; chemische Gifte; Arsenik ist ein starkes G.; die Samen dieser Pflanze enthalten ein G.; G. mischen; G. nehmen *(sich vergiften);* jmdm. G. geben *(jmdn. vergiften);* durch G. umkommen, getötet werden; (ugs.:) das Messer schneidet wie G. *(ist sehr scharf).* * (ugs.:) **etwas ist Gift für jmdn., für etwas** *(etwas ist sehr schädlich für jmdn., etwas):* der Alkohol ist G. für dich, für dein Herz · (ugs.:) **sein Gift verspritzen** *(sich boshaft äußern)* · **Gift und Galle speien/spucken** *(sehr wütend sein, ausgesprochen gehässig werden)* · (ugs.:) **darauf kannst du Gift nehmen** *(das i[st] ganz sicher, darauf kannst du dich verlassen)* · (ugs.; scherzh.:) **blondes Gift** *(eine verführ[e]rische Blondine).*

giften (ugs.) ⟨sich g.⟩: *sich sehr ärgern:* er ha[t] sich mächtig gegiftet.

giftig: **1.** *Gift enthaltend:* giftige Pflanze[n,] Spinnen, Schlangen; giftige Dämpfe, Gase; ve[r]dorbene Wurst ist g.; dieser Pilz sieht g. au[s.] **2.a)** (ugs.) *boshaft, gehässig:* giftige Blicke, B[e]merkungen; etwas mit giftigem Spott, Lächel[n] sagen; seine Antwort war sehr g.; er wird leic[ht] g.; jmdn. g. ansehen. **b)** *grell:* ein giftiges Grü[n.]

Gipfel, der: **1.a)** *Bergspitze:* steile, bewaldet[e,] von Schnee bedeckte Gipfel; der G. ragt empo[r,] liegt im Nebel; einen G. besteigen, bezwinge[n;] auf dem G. rasten. **b)** (landsch.) *Baumspitz[e:]* der Sturm hat die Gipfel mehrerer Bäume ge[]knickt. **2.** *Höhepunkt:* der G. des Glücks, d[es] Ruhms, der Macht; die Ausgelassenheit e[r]reichte den G. um Mitternacht; der G. d[er] Dummheit, Geschmacklosigkeit; er war a[uf] dem G. der Macht angelangt. * (ugs.:) **das i[st] doch der G.!** *(das ist unerhört).*

gipfeln ⟨etwas gipfelt in etwas⟩: *etwas erreic[ht] seinen Höhepunkt, endet in etwas:* seine Au[s]führungen gipfelten in einem begeisterten Au[f]ruf, gipfelten darin, daß ...

Gitter, das: *zum Schutz o. ä. dienende, miteina[n]der verbundene Stäbe; Zaun:* ein hohes, eiserne[s,] kunstvoll geschmiedetes G.; ein G. am Fenst[er] anbringen; das Gehege ist von einem G. umg[e]ben. * (ugs.:) **hinter Gittern sitzen** *(im Gefän[g]nis sein).*

Glacéhandschuh, der: *Handschuh aus Glac[é]leder:* sie trug weiße Glacéhandschuhe. * (ugs.[:)] **jmdn. mit Glacéhandschuhen anfassen** *(jmd[n.] rücksichtsvoll, vorsichtig behandeln).*

Glanz, der: *das Glänzendsein, das Leuchten:* e[in] heller, strahlender, matter, seidiger G.; d[er] feuchte, fiebrige G. ihrer Augen; der G. d[es] Silbers, der Seide; der G. der Sterne; von de[m] goldenen Kreuz ging ein überirdischer G. a[us] (geh.); dieses Mittel gibt, verleiht (geh.) d[en] Möbeln neuen G.; der Spiegel hat seinen G. ve[r]loren; etwas strahlt in neuem G.; sie war vo[m] G. geblendet; übertr. (geh.): *Herrlichke[it,] strahlende Kraft:* der G. ihrer Schönheit; sich i[m] G. des Ruhmes sonnen; seine Stimme hat an G[lanz] verloren; ein Fest mit großem G. feiern. * (ugs.[:)] **mit Glanz** *(sehr gut, hervorragend):* ein Exame[n] mit G. bestehen · (ugs.; iron.:) **mit Glanz u[nd] Gloria** *(ganz und gar, unmißverständlich):* er i[st] mit G. und Gloria durch das Examen gefalle[n.]

glänzen: **1.** ⟨etwas glänzt⟩ *etwas strahlt Gla[nz] aus, leuchtet:* die Sterne glänzten hell; d[as] Silber, die Wasserfläche glänzte in der Sonn[e;] ihre Augen glänzten vor Freude; ihre Haa[re] sind glänzend schwarz; Sprichw.: es ist nic[ht] alles Gold, was glänzt. **2.** ⟨mit Umstandsangab[e⟩] *Bewunderung erregen; sich hervortun:* durch se[in] Wissen, durch sein Können, durch Geist, dur[ch] Schönheit g.; er glänzte in der Rolle des Hamle[t;] er glänzte besonders beim Weitsprung. * (ugs.[:)] **durch Abwesenheit glänzen** *(nicht zugegen sein[):]* er glänzte bei der Versammlung durch Abwese[n]heit.

glänzend: *sehr gut, hervorragend:* glänzen[d]

Leistungen, Ideen, Zeugnisse; eine glänzende Laufbahn, Zukunft vor sich haben; er schreibt einen glänzenden Stil; er ist ein glänzender Redner, Schauspieler, Reiter; in glänzender Verfassung, Laune, Form sein; er hat die Aufgabe g. gelöst; die beiden verstehen sich g.; es scheint ihr g. zu gehen.

Glas, das: **1.** *harter, zerbrechlicher, durchsichtiger Stoff:* dünnes, geschliffenes, gefärbtes, farbiges, trübes, milchiges, splitterfreies, feuerfestes G.; G. springt, beschlägt sich; Sprichw.: Glück und G., wie leicht bricht das. G. blasen, schleifen, pressen, ätzen, polieren; eine Wand aus G. **2. a)** *Trinkgefäß:* ein leeres, volles, farbiges, hohes, schlankes, geschliffenes Glas; ein G. voll Wasser; drei gefüllte Gläser; /bei Maßangabe/: drei Gläser/Glas Bier; ein G. guter Wein/ (geh.:) guten Wein[e]s; der Genuß eines Glas Wein[e]s/eines Glases Wein; bei einem G. gutem Wein/ (geh.:) guten Wein[e]s; mein G. ist leer; die Gläser klirrten, klangen, zerbrachen; die Gläser füllen, leeren, spülen, polieren; jmdm. ein G. [Wein] einschenken; ein Gläschen Wein trinken; sein G. austrinken; er hob sein G. und trank ihm zu; den Erfolg mit einem G./ Gläschen [Wein] begießen. **b)** *gläsernes Gefäß:* bunte Gläser standen zum Schmuck auf dem Regal; ein G. Marmelade aufmachen; sie hat mehrere Gläser [mit] Kirschen eingemacht; sie stellte die Blumen in ein G. **3. a)** (geh.) *Brille:* dunkle Gläser tragen; seine Gläser aufsetzen; er nahm sein G. ab; ich kann ohne das G. nicht lesen. **b)** *Fernglas:* durch das G. konnte er die Schiffe am Horizont erkennen; er suchte mit dem G. das Gelände ab. * (ugs.; scherzh.:) **ein Glas/Gläschen über den Durst trinken; zu tief ins Glas gucken, schauen** *(zu viel Alkohol trinken).*

gläsern: 1. *aus Glas bestehend:* gläserne Figuren, Geräte. **2.** (geh.) *starr, ausdruckslos:* ein gläserner Blick.

Glashaus, das: *Gewächshaus:* diese Blumen werden in Glashäusern gezogen; Sprichw.: wer [selbst] im G. sitzt, soll nicht mit Steinen werfen *(man soll anderen nicht Fehler vorwerfen, die man selbst hat).*

glasig: 1. *glasähnlich wirkend:* glasige Gurken, Früchte, Kartoffeln; den Speck ausbraten, bis er g. ist. **2.** *starr und trüb:* glasige Augen; mit glasigem Blick, seine Augen waren, starrten g.

glatt: 1. a) *ohne jede Unebenheit; ganz eben:* eine glatte Fläche, Bahn, Straße; glattes *(nicht lockiges)* Haar; ein glattes *(faltenloses)* Gesicht; dieses Material ist glatter/(seltener:) glätter als jenes; die Jacke ist g. rechts *(ohne Muster)* gestrickt. **b)** *rutschig, schlüpfrig:* auf dem glatten Rasen ausrutschen; es ist heute sehr g. draußen; Fische sind sehr g. **2.** *mühelos, ohne Komplikationen:* eine glatte Landung, Fahrt; das ist eine glatte Rechnung; (ugs.:) er schrieb eine glatte *(einwandfreie)* Eins; ein Geschäft g. abwickeln; wir konnten g. passieren; die Rechnung ist g. aufgegangen; es ist alles g. verlaufen, vonstatten gegangen. **3.** (ugs.) *eindeutig, offensichtlich; ohne Umstände:* das ist eine glatte Lüge; ein glatter Betrug; das ist ja glatter Wahnsinn; der Antrag wurde g. abgelehnt; er sagte es ihm g. ins Gesicht; das hätte ich g. vergessen; die Meldung ist g. erfunden; er hat es g. geleugnet; das ist g. gelogen. **4.** (abwertend) *allzu gewandt, übermäßig höflich [und dabei heuchlerisch]:* ein glatter Geschäftsmann, Diplomat; hinter seiner glatten Art verbirgt sich viel Bosheit; die Komplimente kamen ihm sehr g. von den Lippen. * **glatt wie ein Aal sein** *(nicht zu fassen sein, sich aus jeder Situation herauswinden).*

Glätte, die: **1. a)** *Ebenheit:* die G. des Spiegels, der Wasserfläche. **b)** *das Glattsein:* sei vorsichtig, daß du bei dieser G. nicht ausrutschst! **2.** (abwertend) *allzu große Gewandtheit, Höflichkeit:* die G. seines Auftretens, seiner Reden verdeckt vieles.

Glatteis, das: *dünne, glatte Eisdecke auf Straßen und Wegen:* heute ist, gibt es G.; wir haben heute G.; bei G. muß gestreut werden; es ist mit G. zu rechnen. * **jmdn. aufs Glatteis führen** *(jmdn. irreführen, hereinlegen).*

glätten: a) ⟨etwas g.⟩ *glattmachen:* einen zerknitterten Zettel, Geldschein g.; ein Brett [mit dem Hobel] g.; die Falten des Kleides g.; ⟨jmdm., sich etwas g.⟩ sie glättete dem Kind noch rasch die Haare. **b)** ⟨sich g.⟩ *glatt werden:* seine Stirn glättete sich wieder; nach dem Sturm beginnt sich das Meer zu g.; bildl.: die Wogen der Erregung haben sich wieder geglättet.

glattweg (ugs.) ⟨Adverb⟩: *einfach, ohne weiteres:* der Antrag ist g. abgelehnt worden; sie hat meine Einwände g. ignoriert.

Glatze, die: *haarlose Stelle auf dem Kopf; Kahlkopf:* seine G. glänzt; eine G. bekommen, kriegen (ugs.); er hatte schon früh eine G.; ein Mann mit G.

Glaube (selten auch: Glauben), der: **1.** *von Beweisen unabhängige, gefühlsmäßige Überzeugung; innere Gewißheit:* ein fester, tiefer, echter, starker, strenger, fanatischer, blinder, irriger G.; sein G. wuchs (geh.), wurde stärker; Redensart: der G. versetzt Berge · den Glauben an jmdn. haben, aufgeben, verlieren, verleugnen; etwas zerstört, raubt jmdm. den Glauben; der G. an das Gute im Menschen, an die Vernunft, an die Wunderkraft der Technik; jmdn. bei seinem Glauben lassen; er ließ sie in dem Glauben, daß alles in Ordnung wäre; in seinem Glauben an die Gerechtigkeit schwankend werden; von einem Glauben beseelt sein; zum Glauben an sich selbst zurückfinden. **2.** *religiöse Überzeugung; Bekenntnis, Konfession:* der christliche, jüdische, heidnische, mohammedanische, germanische G.; seinen Glauben [an Gott] bekennen, bewahren, verteidigen; an seinem Glauben festhalten; jmdn. für seinen Glauben gewinnen; für seinen Glauben einstehen, sterben müssen; jmdn. im Glauben stärken; sie starb im festen Glauben an ihren Erlöser; vom Glauben abfallen; jmdn. vom Glauben abbringen; jmdn. zu einem andern Glauben bekehren. * (nachdrücklich:) **jmdm. Glauben schenken** *(jmdm. glauben)* · (nachdrücklich:) **Glauben finden** *(geglaubt werden):* seine Erzählung fand überall Glauben · (geh.:) **des [festen] Glaubens sein** *(überzeugt sein, glauben):* er war des festen Glaubens, daß er auf dem richtigen Weg sei · **im guten/in gutem Glauben** *(im Vertrauen auf die Richtigkeit):* das Abkommen ist in gutem Glauben unterzeichnet worden · **auf Treu und Glauben** *(ohne Bedenken, voll Vertrauen):* er hat ihm die Schlüssel auf Treu und Glauben übergeben.

glauben: 1. a) ⟨etwas g.⟩ *der Meinung sein; annehmen:* ich glaubte, du seist verreist; er glaubte, daß er krank sei; hast du im Ernst geglaubt, er wollte dich betrügen?; er glaubte ihn zu kennen, ihn kommen zu hören. **b)** ⟨jmdn., sich, etwas g.; mit Umstandsangabe⟩ *wähnen, vermuten:* ich glaubte dich schon gesund, noch zu Hause, in Berlin; er glaubte sich schon verloren; ich glaubte mich allein, unbeobachtet. **2. a)** ⟨etwas g.⟩ *für wahr, richtig halten:* etwas fest, unbeirrbar g.; das glaube ich nicht; das kannst du ruhig g.; er hat die Nachricht nicht g. wollen; er glaubt alles, was sie sagt; er glaubt selbst nicht, was er redet; das kann ich von ihm nicht g. *(das traue ich ihm nicht zu);* Redensart (ugs.): wer's glaubt, wird selig *(das glaube ich nicht)* · ⟨jmdm. etwas g.⟩ sie glaubt ihm alles; ich glaube dir kein Wort. **b)** ⟨jmdm., einer Sache g.⟩ *Vertrauen, Glauben schenken; für glaubwürdig halten:* ich glaube dir; niemand wollte ihm g.; seinen Worten kann man g. **c)** ⟨an jmdn., an sich, an etwas g.⟩ *Vertrauen haben; sich auf jmdn., auf etwas verlassen:* sie glaubte unbeirrbar, vorbehaltlos an ihn; an das Gute im Menschen g.; du mußt mehr an dich selbst g. *(mußt mehr Selbstvertrauen haben).* **3. a)** ⟨an jmdn., an etwas g.⟩ *eine bestimmte religiöse Überzeugung, abergläubische Vorstellung haben:* an Gott, an Christus, an die Auferstehung, an die Unsterblichkeit g.; sie glaubt an Wunder, Träume, Gespenster. **b)** *gläubig sein:* sie glaubt fest und unerschütterlich; er konnte nicht mehr g. * **jmdn. etwas glauben machen wollen** *(jmdm. etwas einzureden versuchen):* er wollte mich g. machen, er hätte das Geld gefunden · (ugs.:) **dran glauben müssen** *(vom Schicksal ereilt werden, sterben müssen)* · (ugs.:) **das ist doch kaum/nicht zu glauben!** *(das ist unglaublich, unerhört!)* · (ugs.:) **ich glaube gar!** */Ausdruck der Überraschung, des Zweifels/.*

glaubhaft: *einleuchtend, plausibel, überzeugend:* eine glaubhafte Entschuldigung, Erklärung; sein Bericht war, klang nicht g.; etwas g. darstellen, nachweisen.

gläubig: 1. *religiös, fromm:* ein gläubiger Mensch, Christ; sie ist g.; g. beten; subst.: die Gläubigen erheben sich zum Gebet. **2.** *vertrauensvoll, vertrauensselig:* jmdn. mit gläubigem Blick ansehen; alles g. hinnehmen; zu jmdm. g. aufblicken.

Gläubiger, der: *jmd., der zu einer Schuldforderung berechtigt ist:* seine Gläubiger hinhalten, befriedigen, abfinden.

glaubwürdig: *vertrauenswürdig, glaubhaft:* ein glaubwürdiger Zeuge; eine glaubwürdige Aussage, Erklärung; diese Quelle, Nachricht ist nicht g.; etwas g. darstellen.

gleich: I. ⟨Adj.⟩ *nicht verschieden; in vielen, allen Merkmalen übereinstimmend:* die gleiche Anzahl, Größe, Farbe; das gleiche Gewicht; den gleichen Gedanken haben, das gleiche Ziel verfolgen; dem gleichen Zweck dienen, etwas auf die gleiche Weise tun; sie sind im gleichen Jahr, am gleichen Tag geboren; im gleichen Augenblick, zur gleichen Zeit eintreffen; sie wohnen im gleichen Haus; sie trugen alle gleiche Kleider; ein Dreieck mit drei gleichen Seiten hier gilt gleiches Recht für alle; sie forderten gleichen Lohn für gleiche Arbeit; Redensart gleiche Rechte, gleiche Pflichten · die beiden sind g. alt, g. groß; von einem Punkt g. weit entfernt sein; zweimal zwei [ist] g. *(macht, ergibt)* vier; die beiden Schränke sind ganz g.; er ist immer der g. *(er ist immer unverändert, er ist ausgeglichen);* subst.: ich wünsche dir das gleiche, ein Gleiches · Redensarten: man soll nicht Gleiches mit Gleichem vergelten; g und g. gesellt sich gern *(Menschen mit gleicher Gesinnung schließen sich gerne aneinander an).* **II.** ⟨Adverb⟩ *sofort, bald:* ich komme g.; ich bin g. wieder da; wir fahren g. nach dem Mittagessen ab; es muß ja nicht g. sein *(es hat noch etwas Zeit);* willst du g. still sein! er hat sich g. zwei Mäntel *(zwei Mäntel auf einmal)* gekauft; /drückt in Fragesätzen eine gewisse Ungeduld aus/: wie heißt er doch g.? **III.** (geh.) ⟨Präp. mit Dativ bei Vergleichen⟩ *wie, entsprechend:* g. einem roten Ball ging die Sonne unter; er hat sich g. seinem Vorgesetzten von der Sache distanziert. * (ugs.:) **jmdm. ist etwas gleich** *(jmdm. ist etwas gleichgültig):* es ist mir völlig g., was die anderen dazu sagen · (ugs.:) **etwas kommt auf das gleiche/aufs gleiche hinaus** *(etwas bleibt sich gleich, ist dasselbe)* (geh.:) **etwas ins gleiche bringen** *(etwas wieder in Ordnung bringen)* · **jmdm. etwas in/mit gleicher Münze heimzahlen** *(jmdm. etwas auf die gleiche üble Weise vergelten)* · **am gleichen Strang ziehen** *(dieselben Ziele verfolgen)* · **im gleichen Boot sitzen** *(demselben Schicksal ausgeliefert sein).*

gleichbleiben: a) *unverändert bleiben:* die Prüfungsbedingungen bleiben gleich; adj. Part.: mit gleichbleibender Freundlichkeit er war immer gleichbleibend ruhig. **b)** ⟨sich (Dativ) g.⟩ *sich nicht ändern:* trotz des zunehmenden Alters bist du dir gleichgeblieben es, das bleibt sich gleich *(es ist ganz gleichgültig, einerlei),* ob es mit oder ohne Absicht geschah

gleichen ⟨jmdm., einer Sache g.⟩: *sehr ähnlich sein:* er gleicht seinem Bruder im Wesen sehr die Zwillinge gleichen sich/(geh.:) einander wie ein Ei dem andern; die Absturzstelle glich einem Trümmerfeld.

gleichfalls ⟨Adverb⟩: *ebenfalls, auch:* er blieb g. stehen; er wird g. teilnehmen; danke, g. *(ich wünsche Ihnen das gleiche).*

Gleichgewicht, das: **1.** *ausbalancierter Zustand eines Körpers:* stabiles G. (Physik); das G. herstellen, halten, verlieren; er kam aus dem G. und stürzte; die beiden Körper sind im G., halten sich im G.; übertr.: *Ausgleich, Ausgewogenheit:* das politische G., das G. der Mächte ist gestört; Vorzüge und Mängel halten sich das G. *(sind gleich groß);* **2.** *innere Ausgeglichenheit* das seelische, innere, geistige, persönliche G. sein G. verlieren, wiedergewinnen, bewahren durch dieses Ereignis ist er ganz aus dem G. gekommen, geraten, ihn kann so leicht nicht aus dem G. bringen.

gleichgültig: 1. *teilnahmslos, desinteressiert* ein gleichgültiger Mensch; etwas in gleichgültigem Ton fragen; sei nicht so g.!; er blieb dabei völlig g.; er zeigte sich ihr, der Sache gegenüber ziemlich g. **2.** *belanglos, unwichtig unwesentlich:* sich über gleichgültige Dinge unterhalten; diese Mitteilung, dieser Mensch ist mir g. *(interessiert mich nicht)*; es ist mir g. *(einerlei)*, wie du das machst; er war ihr nicht g. geblieben (geh.; *sie liebte ihn*).

gleichkommen ⟨jmdm., einer Sache g.⟩: *entsprechen; gleichwertig sein:* die Äußerung kam einer Beleidigung gleich; an Fleiß kam ihm keiner gleich; niemand kommt ihm gleich *(ist ihm ebenbürtig)*.

gleichmachen ⟨jmdn., etwas g.⟩: *angleichen, nivellieren:* sie lehnten eine Weltanschauung ab, die alles, alle Menschen gleichmacht. * **etwas dem Erdboden gleichmachen** *(etwas völlig zerstören)*.

gleichmäßig: *ausgeglichen, regelmäßig, ebenmäßig:* gleichmäßige Atemzüge, Gesichtszüge, Schritte; diese Pflanzen brauchen gleichmäßige Wärme; er ist immer g. freundlich, ruhig; g. atmen; etwas g. verteilen.

Gleichmut, der: *Gelassenheit, innere Ausgeglichenheit:* heiterer, stoischer, unerschütterlicher, gespielter G.; sein G. ist zu bewundern; G. bewahren; etwas mit G. hinnehmen.

gleichmütig: *gelassen, innerlich ausgeglichen:* eine gleichmütige Haltung; g. bleiben; er nahm die Nachricht g. auf.

Gleichnis, das: *Erzählung, die etwas in einem Bild, mit einem Vergleich veranschaulicht:* das G. vom guten Hirten erzählen; ein G. gebrauchen; etwas durch ein G. zu erläutern versuchen; in Gleichnissen reden.

gleichsam (geh.) ⟨Adverb⟩: *gewissermaßen, sozusagen, wie:* der Brief ist g. eine Anklage; er nahm g. als Vertreter der Jugend an der Veranstaltung teil.

gleichstellen ⟨jmdn. g.⟩: *in gleicher Weise behandeln; auf die gleiche Stufe stellen:* es wurde beschlossen, die Arbeiter gehaltlich einander gleichzustellen, alle Arbeiter gehaltlich gleichzustellen; ⟨jmdn. jmdm./mit jmdm. g.⟩ die Arbeiter wurden den Angestellten/mit den Angestellten gleichgestellt.

Gleichung, die: *Gleichsetzung mathematischer Größen:* eine G. mit einer Unbekannten; die G. geht auf; eine G. aufstellen.

gleichzeitig: *zur gleichen Zeit [stattfindend]:* eine gleichzeitige Überprüfung aller Teile; sie rannten g. los; der Raum dient g. als Wohn- und Schlafzimmer *(dient sowohl als Wohn- als auch als Schlafzimmer)*.

Gleis, (auch:) Geleise, das: *Schienen bei Eisen-, Straßenbahn:* die Gleise werden verlegt, erneuert; Überschreiten der Gleise verboten */Aufschrift in Bahnhöfen/*; der Zug fährt auf Gleis 6 ein, fährt von Gleis 6 ab; einen Zug auf ein anderes, falsches, totes *(unbenutztes)* G. stellen; der Wagen sprang aus dem G.; übertr.: die Politik bewegt sich in ausgefahrenen Geleisen; es geht alles im alten G. weiter. * **etwas auf ein totes Gleis schieben** *(nicht benutzen, zurückstellen):* die Reformen dürfen nicht wieder auf ein totes G. geschoben werden · **etwas wieder ins [rechte] Gleis bringen** *(in Ordnung bringen)* · **wieder ins [rechte] Gleis kommen** *(wieder in den richtigen, geordneten Zustand gebracht werden)* · **aus dem Gleis bringen** *(aus der gewohnten Ordnung herausreißen)* · **aus dem Gleis kommen** *(aus der normalen, gewohnten Ordnung herausgerissen werden)*.

gleiten: a) ⟨mit Raumangabe⟩ *sich leicht und gleichmäßig [auf einer glatten Fläche] fortbewegen:* der Schlitten gleitet geräuschlos über den Schnee; die Tänzer gleiten über das Parkett; das Boot war durch das Wasser geglitten; seine Hand glitt über ihr Haar *(streichelte ihr Haar)*; übertr.: ihre Augen glitten *(schweiften)* über die Wellen. b) ⟨mit Raumangabe⟩ *sich rasch, geschmeidig und geräuschlos irgendwohin bewegen:* er glitt aus dem Sattel; er ließ sich ins Wasser g.; das Tuch glitt zu Boden; die Tür war unbemerkt ins Schloß geglitten *(hatte sich unbemerkt geschlossen)*; ⟨etwas gleitet jmdm.; mit Raumangabe⟩ das Tuch glitt ihr aus der Hand, von der Schulter, auf den Boden; übertr. Wirtsch.: gleitende *(sich den Preisen anpassende)* Lohnskala; gleitende Arbeitszeit *(Arbeitszeit, bei der Anfang und Ende innerhalb eines bestimmten Zeitraums vom Arbeitnehmer selbst bestimmt werden können)*. c) ⟨etwas gleitet; mit Artangabe⟩ *etwas ist in bestimmter Weise gleitfähig:* die Maschinenteile gleiten besser, wenn sie geölt sind.

Gletscher, der: *Eisstrom im Gebirge:* der G. schmilzt, bewegt sich langsam; der G. kalbt *(Eismassen brechen von ihm ab)*.

Glied, das: 1. *Körperglied:* schlanke, bewegliche, gelenkige, geschmeidige, gerade, krumme, gesunde Glieder; das männliche G. *(Penis)*; die Glieder der Finger, der Zehen; meine Glieder sind ganz taub, gefühllos vor Kälte; mir schmerzen alle Glieder; alle Glieder von sich strecken; sich (Dativ) ein G. verrenken; vor Schreck kein G. regen, rühren können; du wirst dir noch die Glieder brechen; sie zitterte an allen Gliedern; der Schreck fuhr ihm in, durch alle Glieder *(erfaßte ihn ganz stark)*, sitzt, steckt ihm noch in den Gliedern *(haftet ihm noch an)*; sie erwachte mit steifen Gliedern. 2. *Kettenglied:* zwei Glieder des goldenen Armbandes haben sich gelöst; das zersprungene G. der Kette durch ein neues ersetzen; bildl.: es fehlt ein G. in der Kette der Beweise; wir alle sind Glieder einer Kette. 3. *einzelner Teil eines Ganzen:* die einzelnen Glieder eines Satzes, einer Gleichung; die verschiedenen Glieder der Familie; er ist ein vollwertiges G. der menschlichen Gesellschaft. 4. *Reihe einer angetretenen Mannschaft:* nach dem ersten G. trat das zweite nach vorn; aus dem G. treten; ins G. [zurück]treten; er stand im dritten G. * **in Reih und Glied** *(in einer bestimmten, strengen Ordnung):* in Reih und G. marschieren; die Gläser standen in Reih und G. auf dem Regal · (geh.:) **bis ins dritte, vierte, ... Glied** *(bis in die dritte, vierte, ... Generation)*: er konnte seine Ahnen bis ins achte G. zurückverfolgen · (geh.:) **an Haupt und Gliedern** *(ganz, völlig, in jeder Hinsicht)*: die Kirche an Haupt und Gliedern reformieren.

gliedern ⟨etwas g.⟩: *einteilen; ordnen:* einen Aufsatz, einen Vortrag klar, gut, schlecht g.; er ist nicht imstande, seine Gedanken übersichtlich zu g.; das Buch ist in einzelne Kapitel gegliedert; eine reich gegliederte Küste (Geogr.; *eine Küste mit vielen Buchten*).

glimmen ⟨etwas glimmt⟩: *etwas glüht schwach:* das Feuer glomm/glimmte noch unter der Asche; die Zigaretten glommen/glimmten in der Dunkelheit; das Lagerfeuer hatte geglommen/geglimmt; bildl.: in seinen Augen glomm ein gefährlicher Funke; eine letzte Hoffnung glomm noch in ihr.

glimpflich: **1.** *ohne besonderen Schaden, ohne schlimme Folgen [abgehend]:* der glimpfliche Ausgang einer Sache; er ist noch g. davongekommen; das ging, lief gerade noch einmal g. ab. **2.** *mild, schonend, nachsichtig:* eine glimpfliche Strafe; g. mit jmdm. umgehen; er behandelte ihn nicht gerade g.

glitzern ⟨etwas glitzert⟩: *etwas blitzt funkelnd, glänzend auf:* hell, bunt g.; der Schnee, das Eis glitzert in der Sonne; sie war mit glitzerndem Schmuck behängt.

Glocke, die: **1.** *besonders geformter Gegenstand aus Metall, mit dem ein Klang erzeugt wird:* eine große, schwere, bronzene, volltönende G.; ein silbernes, helltönendes, bimmelndes Glöckchen; die G. läutet, tönt, schweigt, hallt; die G. schwingt; die G. schlägt acht [Uhr], läutet Sturm; wenn die G. *(Klingel)* schellt, beginnt der Unterricht; er läutet die Glocken; er zog die G. (geh.; *er läutete, klingelte*), aber niemand öffnete die Tür; eine G. gießen; der Guß einer G. **2.** *etwas, was einer Glocke in der Form ähnlich ist:* die Glocken *(Blüten)* der Narzissen; sie trug eine G. *(Hut)* aus weißem Filz; Butter und Käse unter die G. *(Glassturz)* legen. * (ugs.:) **etwas an die große Glocke hängen** *(etwas überall herumerzählen)* · (ugs.:) **wissen, was die Glocke geschlagen hat** *(über jmds. Zorn, Empörung Bescheid wissen und mit keiner Nachsicht rechnen).*

Glockenschlag ⟨in der Fügung⟩ mit dem Glockenschlag: *sehr pünktlich:* er betritt jeden Morgen mit dem G. seinen Arbeitsraum.

Glosse, die: *spöttischer Kommentar:* seine treffenden, witzigen Glossen wurden überall belacht; eine G. schreiben; du brauchst nicht über alles, zu allem deine Glossen *(abfälligen Bemerkungen)* zu machen.

glotzen (ugs.; abwertend): *starren:* dumm, blöd, mit aufgerissenen Augen g.; er glotzte verständnislos; was gibt's denn da zu g.?

Glück, das: **1.** *zufälliger, günstiger Umstand; gutes Geschick, günstige Fügung:* großes, unverdientes, blindes, launisches, wechselhaftes G.; unerhörtes G., nicht Tüchtigkeit hat ihm den Erfolg gebracht; das G. ist mit jmdm. (geh.), ist gegen jmdn. (geh.), hat sich von jmdm. abgewandt (geh.), ist jmdm. günstig (geh.), ist jmdm. gewogen (geh.), begünstigt jmdn. (geh.), lacht jmdm., winkt jmdm.; [es ist] ein G. *(es ist nur gut)*, daß dir das noch eingefallen ist; das ist dein G. *(es ist nur gut, günstig für dich)*, daß du noch gekommen bist; er hat G. gehabt *(etwas ist ihm [überraschend] gelungen)*; da hatten wir ja noch einmal G. *(das ist noch einmal gutgegangen)*; Redensarten: G. muß der Mensch haben; mehr G. als Verstand haben · ich wünsche dir zu deinem Unternehmen viel G. *(alles Gute, viel Erfolg)*; er vertraut seinem G.; er baut immer auf sein G.; er ist vom G. begünstigt. **2.** *Zustand froher Zufriedenheit, des Glücklichseins:* das echte, wahre, höchste, innere, häusliche G.; ein zartes, junges, dauerndes, kurzes, ungetrübtes, zweifelhaftes G.; das G. des jungen Paares; großes G. erfüllte ihn (geh.), war ihnen beschieden (geh.); an diesem Tag endete ihr G.; das Kind ist ihr ganzes G.; das G. ist ihm nicht in den Schoß gefallen; Sprichw.: G. und Glas, wie leicht bricht das · tiefes G. empfinden; das G. erringen wollen; sein G. verscherzen, mit Füßen treten; sein G. genießen; nichts trübte ihr G.; er hat unser G. zerstört; er konnte sein G. nicht fassen; das wird dir kein G. bringen; ein Gefühl des Glücks stieg in ihr auf; Sprichw.: jeder ist seines Glückes Schmied · sie traut dem, ihrem G. nicht; er wollte dem G. nachhelfen; dem verlorenen G. nachtrauern; ich will deinem G. nicht im Wege stehen *(tu, was du für gut, richtig hältst)*; in G. und Unglück zusammenhalten; sie konnte vor G. nicht sprechen; man soll niemanden zu seinem G. zwingen; Sprichw.: Unglück im Spiel, G. in der Liebe. * **sein Glück versuchen/probieren** *(etwas mit der Hoffnung auf Erfolg tun, unternehmen):* er versuchte sein G. beim Spiel, als Schauspieler · **sein Glück machen** *(erfolgreich sein, es zu etwas bringen):* er hat sein G. in Amerika gemacht · **bei jmdm. mit etwas Glück haben** *(bei jmdm. mit etwas Erfolg haben, etwas erreichen):* mit diesen Plänen wirst du bei ihm kein G. haben · **von Glück sagen können** *(etwas einem glücklichen Umstand verdanken):* du kannst von G. sagen, daß die Sache nicht schlimmer ausgegangen ist · **auf gut Glück** *(ohne die Gewißheit eines Erfolges):* sie sind auf gut G. losgefahren · **zum Glück** *(glücklicherweise):* zum G. hat es niemand gesehen · **Glück auf!** */Bergmannsgruß/.*

glücken ⟨etwas glückt⟩: *etwas gelingt, geht nach Wunsch:* etwas glückt gut, schlecht, etwas will nicht g.; ich hoffe, daß dieses Unternehmen glücken wird; ⟨etwas glückt jmdm.⟩ ihm glückt immer alles; die Torte ist dir wieder gut geglückt.

glücklich: **1. a)** *erfolgreich, vom Glück begünstigt; ohne Störung [verlaufend]:* der glückliche Gewinner; eine glückliche Landung, Heimkehr; ich wünsche dir eine glückliche Reise; die Geschichte hatte einen glücklichen Ausgang, endete g.; es ging alles g. vonstatten. **b)** *günstig, vorteilhaft, erfreulich:* ein glücklicher Einfall, Gedanke, Zufall, Ausdruck; er ist in der glücklichen Lage, sich das leisten zu können; die Auswahl der Bilder ist nicht sehr g.; die Zeit, der Ort, das Thema war nicht g. gewählt. **2.** *von froher Zufriedenheit, von Glück erfüllt:* eine glückliche Familie, ein glückliches Land, eine glückliche Zeit, ein glückliches Leben; er ist ein glücklicher Mensch, eine glückliche Natur; wunschlos g. sein; das junge Paar ist sehr g. über die eigene Wohnung; ich bin g. darüber, daß du es geschafft hast; ihre Zusage machte ihn g.; jmdn. g. preisen (geh.), sich g. schätzen (geh.). **3.** (ugs.) *endlich, zu guter Letzt:* jetzt ist er g. abgereist; nun hat er sich g. auch das noch verscherzt. * **eine glückliche Hand haben** *(geschickt sein, das richtige Gefühl für etwas haben).*

Glückssache (selten auch: Glücksache) ⟨in der Verbindung⟩ etwas ist Glückssache: *etwas hängt von einem glücklichen Zufall ab:* in diesem Durcheinander etwas zu finden, ist [reine] G.; (ugs.:) Denken ist G.

Glückwunsch, der: *guter Wunsch zu einem besonderen Ereignis; Gratulation:* jmdm. die herzlichsten Glückwünsche aussprechen, überbringen, übersenden, übermitteln; nehmen Sie bitte meine besten Glückwünsche entgegen; viele Glückwünsche empfangen; herzlichen G. zum Geburtstag, zum bestandenen Examen!

glühen: 1. ⟨etwas glüht⟩ *etwas leuchtet rot vor Hitze:* die Herdplatte, der Ofen glüht; die Asche glüht noch; das Eisen im Feuer glüht; der Faden der Glühbirne glüht schwach; eine glühende Nadel; bildl.: die Berge glühen im Abendschein; übertr.: *sehr heiß [und rot] sein:* ihre Wangen begannen zu g.; sein Kopf glühte vor Erregung, vor Begeisterung, vor Leidenschaft, vor Zorn; sie glühte [im Gesicht] vor Fieber; die Sonne glüht heute wieder; es herrschte glühende *(sehr große)* Hitze. **2.** (geh.) *leidenschaftliches Gefühl zeigen; erregt, begeistert sein:* er glühte in Leidenschaft, vor Eifer, für seine Idee; er glühte danach, sich zu rächen; adj. Part.: *leidenschaftlich:* glühende Liebe, Begeisterung, glühendes Verlangen, glühender Haß; ein glühender Verehrer, Anhänger einer Sache; etwas in glühenden Farben schildern; jmdn. glühend bewundern. * **[wie] auf glühenden Kohlen sitzen** *(in einer bestimmten Situation voller Unruhe sein).*

Glut, die: *glühende Masse:* die rote G. einer Zigarette; es ist keine G. mehr im Ofen; die G. glimmt unter der Asche; die G. anfachen, löschen, austreten; in die G. blasen; Kartoffeln in der G. rösten; bildl.: die G. des Abendhimmels, der Morgenröte; übertr.: die sengende G. *(Hitze)* des Sommers; die G. *(Röte)* ihrer Wangen. **2.** (geh.) *tiefes Gefühl; Leidenschaft:* die G. der Liebe, des Hasses, der Begierde, der Begeisterung; die G. seiner Blicke, seiner Worte.

Gnade, die: *Güte, Gunst, Wohlwollen:* die göttliche G.; die G. Gottes; das ist kein Verdienst, sondern eine G. des Himmels; die G. des Königs finden (geh.), erlangen (geh.), verlieren (geh.), jmdm. eine G. erweisen (geh.), gewähren (geh.); der Gefangene bat, flehte (geh.) um G. *(Nachsicht, Milde);* er wollte nicht von der G. seines Vaters abhängen, leben. * **auf Gnade und/oder Ungnade** *(bedingungslos, auf jede Bedingung hin):* sich jmdm. auf G. und Ungnade ergeben, ausliefern · **aus Gnade** [**und Barmherzigkeit**] *(aus Mitleid):* er wollte nicht aus G. und Barmherzigkeit geduldet werden · **in Gnaden** *(mit Wohlwollen):* jmdn. in Gnaden entlassen, wieder aufnehmen · (geh.:) **bei jmdm. in hohen Gnaden stehen** *(von jmdm. sehr geschätzt werden)* · **vor jmdm./ vor jmds. Augen Gnade finden** *(jmdm. gefallen)* · **Gnade vor/für Recht ergehen lassen** *(sehr nachsichtig, milde sein)* · (iron.:) **die Gnade haben** *(sich herablassen, so gnädig sein):* er hatte nicht die G., uns eintreten zu lassen.

gnaden ⟨in der Fügung⟩ gnade dir, uns Gott!; *wehe dir, wehe uns!:* wenn du das zerbrichst, dann gnade dir Gott!

gnädig: *barmherzig, nachsichtig, mild:* ein gnädiger Richter; der gnädige Gott; eine gnädige Strafe; /in der höflichen Anrede/ gnädiges Fräulein, sehr geehrte gnädige Frau; das Urteil war sehr g.; (iron.:) sei doch so g. und hilf mir!; er nickte, dankte g. *(herablassend);* da bist du noch einmal g. *(glimpflich)* davongekommen.

Gold, das: *gelblich glänzendes Edelmetall:* 24karätiges G.; olympisches G. *(Goldmedaille);* etwas glänzt, ist kostbar wie G.; ihr Haar war wie G.; G. graben, waschen; G. mit einem andern Metall legieren; die Kette ist aus reinem, purem, gediegenem G.; einen Edelstein in G. fassen; etwas mit G. überziehen; bildl.: flüssiges G. *(Erdöl);* Sprichwörter: es ist nicht alles G., was glänzt *(der Schein trügt oft);* Morgenstund' hat G. im Mund *(am frühen Morgen gelingt alles am besten).* * **treu wie Gold sein** *(sehr treu, zuverlässig sein)* · **etwas läßt sich nicht mit Gold aufwiegen** *(etwas ist unbezahlbar)* · **Gold in der Kehle haben** *(besonders schön singen können).*

golden: 1. *aus Gold bestehend:* eine goldene Münze, Medaille, Kette, Uhr; ein goldener Ring, Löffel, Becher; übertr.: die goldene *(herrliche, erstrebenswerte)* Freiheit; die goldene *(herrliche, unbeschwerte)* Jugendzeit; goldenen *(herrlichen, vielversprechenden)* Zeiten entgegengehen; goldene *(beherzigenswerte Lebensweisheit enthaltende)* Worte, Lehren, Weisheiten; er hat ein goldenes *(redliches, treues)* Gemüt, Herz, einen goldenen *(heiteren, echten) Humor.* **2.** (dichter.) *goldfarben:* die goldenen Ähren, der goldene Wein, die goldenen Sterne; ihre Haare schimmerten, glänzten g. * **den goldenen Mittelweg/die goldene Mitte wählen** *(eine rechte, die Extreme meidende Entscheidung treffen)* · **jmdm. goldene Berge versprechen** *(jmdm. übertriebene Versprechungen machen)* · **jmdm. eine goldene Brücke/goldene Brücken bauen** *(jmdm. ein Eingeständnis, das Nachgeben erleichtern)* · (geh.:) **das Goldene Kalb anbeten; um das Goldene Kalb tanzen** *(die Macht des Geldes anbeten)* · **goldene Hochzeit** *(der 50. Jahrestag der Heirat)* · **das Goldene Buch** *(das Gästebuch einer Stadt):* der Präsident trug sich in das Goldene Buch der Stadt Berlin ein · (Math.:) **der Goldene Schnitt** */bestimmtes Teilungsverhältnis einer Strecke/.*

Goldgrube ⟨in der Verbindung⟩ etwas ist eine Goldgrube (ugs.): *etwas bringt viel Gewinn, ist sehr lukrativ:* dieser Laden, das Unternehmen ist eine [wahre] G.

goldig (ugs.): *reizend, entzückend:* ein goldiges Kind; das Kleidchen ist ja g.!

Goldwaage, die ⟨in der Wendung⟩ alles, jedes Wort auf die Goldwaage legen (ugs.): **a)** *etwas wortwörtlich, übergenau nehmen:* du darfst nicht alles, was er bei dem Streit gesagt hat, auf die G. legen. **b)** *in seinen Äußerungen sehr vorsichtig sein:* bei ihm muß man jedes Wort auf die G. legen; er ist sehr empfindlich.

gönnen: 1. ⟨jmdm. etwas g.⟩ *ohne Neid zugestehen:* ich gönne ihm seinen Erfolg, sein Glück von Herzen; gönnst du mir nicht das kleine Vergnügen?; (iron.:) diesen Reinfall, diese Blamage gönne ich ihm. **2.** ⟨jmdm., sich etwas g.⟩ *zukommen lassen; sich etwas leisten:* gönne ihm doch noch einige Tage Ruhe, Erholung; die beiden gönnen sich ab und zu etwas Gutes; er gönnt sich kaum eine Pause; er gönnt ihr kein gutes Wort *(behandelt sie schlecht);* sie gönnte ihm keinen Blick *(würdigte ihn keines Blickes, beachtete ihn nicht).* * (ugs.:) **jmdm. nicht die Luft/ nicht das Schwarze unter dem Nagel gönnen** *(sehr neidisch auf jmdn. sein).*

Gosse, die: *Rinnstein:* die G. lief über, war verstopft. * (ugs.:) **in der Gosse landen/enden** *(verkommen)* · (ugs.:) **jmdn. aus der Gosse ziehen/ auflesen** *(jmdn. aus übelsten Verhältnissen herausholen)* · **aus der Gosse kommen** *(aus den übelsten Verhältnissen kommen).*

Gott, der: *höchstes überirdisches Wesen:* der liebe, gnädige, allmächtige, dreieinige, gütige, gerechte G.; heidnische Götter; die griechischen, germanischen Götter; G. Vater, Sohn und Heiliger

Geist; G., der Allmächtige; G. der Herr; der G. der Juden, der Christen; G. ist barmherzig; ich schwöre, so wahr mir G. helfe */Eidesformel/;* Sprichwörter: der Mensch denkt, G. lenkt; hilf dir selbst, so hilft dir G. · G. anbeten, anrufen, ehren, lieben, loben, preisen; G. leugnen, lästern (geh.); er dankte G. für die Errettung; das Reich Gottes; Gottes Sohn, Gottes Wort, Segen, Wille; alles steht, liegt in Gottes Hand; mit Gottes Hilfe; an G. glauben, zweifeln; auf G. vertrauen; bei G. schwören; zu G. beten, flehen (geh.); hier ruht in Gott ... */Inschrift auf Grabsteinen/.* * **grüß [dich, euch, Sie] Gott!; Gott zum Gruß!** */Grußformeln/* · (ugs.:) **großer Gott!; allmächtiger Gott!** */Ausrufe der Bestürzung, Verwunderung o. ä./* · (ugs.:) **um Gottes willen!; da sei Gott vor!; Gott behüte!** */Ausrufe des Erschreckens, der Abwehr/* · (ugs.:) **Gott sei Dank!; Gott sei gedankt/gelobt!** */Ausrufe der Erleichterung/* · (ugs.:) **in Gottes Namen** *(meinetwegen):* komm in Gottes Namen mit! · (ugs.:) **leider Gottes** *(bedauerlicherweise):* dafür ist es leider Gottes zu spät · (ugs.:) **so Gott will** *(wenn nichts dazwischenkommt):* so G. will, sehen wir uns nächstes Jahr wieder · (ugs.:) **weiß Gott** *(wahrhaftig, wirklich, gewiß):* das wäre weiß G. nicht nötig gewesen · (ugs.:) **Gott weiß** *(keiner weiß, es ist ungewiß):* G. weiß, wann er kommt; sie hat es G. weiß wem [alles] erzählt · (ugs.:) **das wissen die Götter** *(das ist ganz unbestimmt, ungewiß):* ob er je wiederkommt, das wissen die Götter · (ugs.:) **ein Bild, Anblick, Schauspiel für [die] Götter sein** *(sehr komisch, grotesk wirken):* in seinen Unterhosen war er ein Anblick für Götter · **[ganz und gar] von Gott/ von allen [guten] Göttern verlassen sein** */meist als Ausruf des Unwillens, der Mißbilligung/* · (ugs.:) **Gott und die Welt** *(alles, alle Leute):* über G. und die Welt reden; er hat G. und die Welt in Bewegung gesetzt · **wie ein junger Gott** *(jung und wohlgestalt):* er sah aus, kam daher wie ein junger G. · (scherzh.:) **wie Gott jmdn. geschaffen hat** *(nackt, völlig unbekleidet):* sie stand da, wie G. sie geschaffen hat · (ugs.:) **den lieben Gott einen guten/frommen Mann sein lassen** *(unbekümmert seine Zeit verbringen)* · (ugs.:) **leben wie Gott in Frankreich** *(im Überfluß leben)* · (ugs.:) **dem lieben Gott den Tag stehlen** *(seine Zeit unnütz verbringen)* · (abwertend:) **jmds. Gott sein** *(von jmdm. übermäßig, kritiklos geliebt werden):* er, das Geld ist ihr G.

göttlich: 1. *von Gott ausgehend, Gott zugehörend:* die göttliche Gnade, Weisheit, Allmacht, Gerechtigkeit, Ordnung; die göttliche Offenbarung; eine göttliche Eingebung, Erleuchtung; ein göttliches Gebot; nach göttlichem und menschlichem Recht; in diesem Land genießen bestimmte Tiere göttliche *(einem Gott zukommende)* Verehrung; subst.: das Göttliche im Menschen. **2.** (ugs.) *herrlich, köstlich:* seine göttliche Stimme begeisterte das Publikum; ein göttlicher Anblick; der Gedanke ist ja g.

gottverlassen (ugs.): *sehr einsam, trostlos:* eine gottverlassene Gegend, ein gottverlassenes Dorf, Nest (ugs.), Land.

gottvoll (ugs.): *sehr komisch, lächerlich, amüsant:* ein gottvoller Anblick; du hast ja einen gottvollen Hut auf; der Abend war g.; du bist ja g.! *(was denkst du dir denn?);* sich g. amüsieren.

Götze, der: *heidnische Gottheit; als Gottheit verehrte Figur:* heidnische Götzen; ein G. aus Gold. Götzen anbeten, verehren; übertr. (abwertend): das Geld ist sein G. *(Geld bedeutet ihm alles).*

Grab, das: *letzte Ruhestätte:* ein frisches, neues, altes, eingefallenes, gepflegtes, tiefes, leeres G. das G. der Mutter, eines Freundes; das G. des Unbekannten Soldaten *(Gedenkstätte für gefallene Soldaten);* ein G. graben, ausheben, schaufeln, zuschütten, zuschaufeln, bepflanzen, schmükken, pflegen, verwildern lassen, schänden; die Gräber seiner Lieben besuchen; Blumen, einen Kranz auf jmds. G. legen; im Grab[e] ruhen, seine Ruhe finden; Redensart (ugs.): jmd würde sich im Grabe herumdrehen, wenn ... *(jmd. wäre, wenn er noch lebte, entsetzt, nicht einverstanden, wenn ...).* * (dichter.:) **ein feuchtes/nasses Grab finden; sein Grab in den Wellen finden** *(ertrinken)* · (geh.:) **jmdn. zu Grabe tragen** *(jmdn. beerdigen)* · (geh.:) **etwas mit ins Grab nehmen** *(ein Geheimnis niemals preisgeben)* (ugs.:) **verschwiegen wie ein Grab sein** *(sehr verschwiegen, diskret sein)* · **mit einem Fuß/Bein im Grabe stehen;** (geh.:) **am Rande des Grabes stehen** *(dem Tod sehr nahe sein)* · (geh.:) **etwas bringt jmdn. an den Rand des Grabes** *(etwas verursacht beinahe jmds. Tod)* · **jmdn. ins Grab bringen** *(an jmds. Tod schuld sein):* der bringt mich mit seinem Gerede noch ins G.! · **sich** (Dativ) **selbst sein Grab schaufeln/graben** *(selbst seinen Untergang herbeiführen)* · (geh.:) **etwas zu Grabe tragen** *(etwas endgültig aufgeben):* einen Wunsch, seine Hoffnungen zu Grabe tragen · (geh.:) **bis über das Grab hinaus** *(für immer, für alle Zeiten):* jmdm. die Treue bewahren bis über das G. hinaus.

graben: 1. a) *Erde ausheben, umgraben:* er gräbt schon den ganzen Tag im Garten; er grub so lange, bis er auf Fels stieß; er grub einen Meter tief. **b)** ⟨etwas g.⟩ *ausheben; grabend anlegen:* eine Grube, ein Loch, ein Grab g.; einen Brunnen, Stollen [in die Erde] g.; Sprichw.: wer andern eine Grube gräbt, fällt selbst hinein ⟨sich (Dativ) etwas g.⟩ der Dachs gräbt sich einen Bau; bildl.: der Fluß hat sich ein neues Bett gegraben. **2. a)** ⟨nach etwas g.⟩ *aus der Erde zu gewinnen suchen:* nach Kohle Erz, Gold g. sie gruben vergeblich nach Wasser. **b)** ⟨etwas g.⟩ *aus der Erde gewinnen:* hier wird Torf gegraben. **3.** (geh.) ⟨etwas in etwas g.⟩ *etwas in etwas meißeln, ritzen:* eine Inschrift in einen Grabstein g.; er grub seinen Namen mit einem Messer in die Rinde; bildl.: das Alter, der Kummer hat tiefe Furchen in sein Gesicht gegraben. **4.** (geh.) **a)** ⟨etwas in etwas g.⟩ *etwas in etwas eindringen lassen:* er grub seine Zähne in den Apfel. **b)** ⟨etwas gräbt sich in etwas⟩ *etwas dringt in etwas ein:* ihre Fingernägel gruben sich in seinen Arm die Schaufeln des Baggers gruben sich in das Erdreich; bildl.: das Erlebnis hatte sich tief in sein Gedächtnis gegraben.

Graben, der: **1.** *sich in einer gewissen Länge erstreckende Vertiefung im Erdreich:* ein tiefer breiter, versumpfter G.; einen G. ausheben, verbreitern, zuschütten; Gräben zur Bewässerung ziehen; einen G. nehmen *(darüberspringen);* er ist mit dem Auto in den G. *(Straßengraben)* gefahren; im G. liegen, landen (ugs.); über einen

G. springen. **2.** *Schützengraben:* den G. besetzen, [einnehmen], aufrollen (militär.), verteidigen, räumen; sie lagen im vordersten G.

Grad, der: **1.** */Maßeinheit/:* einige, wenige, mehrere Grad[e] über Null; /bei genauer Maßangabe Plural nur: Grad/: 20 Grad Celsius, 5 Grad Kälte, 35 Grad im Schatten; draußen herrschen/(ugs. auch:) herrscht 25 Grad Wärme; der 35. G. westlicher Länge; der Winkel hat genau 45 Grad; das Thermometer zeigt minus 5 Grad/5 Grad minus/5 Grad unter Null; etwas auf 90 Grad erhitzen; Mainz liegt auf dem 50. G. nördlicher Breite; Wasser kocht bei 100 Grad; sich um 180 Grad drehen; ein Winkel von 90 Grad. **2. a)** *Rang:* einen akademischen G., den akademischen G. eines Doktors der Philosophie erwerben. **b)** *Maß, Stärke, Abstufung:* ein hoher, geringer G. von etwas; der G. der Verschmutzung, Feuchtigkeit, Helligkeit, Härte, Güte, Reife; den G. der Konzentration einer Flüssigkeit feststellen; ein Vetter dritten Grades *(ein entfernter Verwandter);* Math.: eine Gleichung zweiten, dritten Grades; Med.: eine Verbrennung ersten, zweiten, dritten, vierten Grades; bis zu einem gewissen G. übereinstimmend; das mißfällt mir in hohem, im höchsten G. *(außerordentlich).*

grade (ugs.): → gerade.

gram ⟨in der Verbindung⟩ jmdm. gram sein (geh.): *auf jmdn. böse sein:* trotz allem, man kann ihr nicht g. sein.

Gram, der (geh.): *Kummer:* ein stiller, geheimer G.; der G. zehrt, frißt, nagt an jmdm.; sich seinem G. überlassen, hingeben; sie starb aus, vor G. über den Verlust ihres Kindes; er ist vom, von G. gebeugt, von G. erfüllt.

grämen (geh.): **a)** ⟨sich g.⟩ *sehr bekümmert sein:* sie grämte sich fast zu Tode, weil er sie verlassen hatte; sie grämte sich über den Tod ihres Sohnes; er grämte sich wegen des großen Verlustes. **b)** ⟨etwas grämt jmdn.⟩ *etwas bereitet jmdm. großen Kummer:* seine Worte grämten sie sehr; es grämte ihn, daß er das Haus verkaufen mußte.

Gramm, das: */Gewichtseinheit/:* von diesem Gift genügen wenige Gramm[e]; /bei genauer Maßangabe Plural nur: Gramm/: ein Kilogramm hat 1000 Gramm; 100 Gramm Schinken kaufen; der Brief ist um 8 Gramm zu schwer.

Granate, die: *mit Sprengstoff gefülltes Geschoß:* die G. schlug ein, krepierte, heulte heran, riß ein Loch in die Wand; Granaten drehen.

Granit, der: */sehr hartes Gestein/:* ein Denkmal aus G. * (ugs.:) **bei jmdm. auf Granit beißen** *(bei jmdm. mit etwas keinen Erfolg haben, auf unüberwindlichen Widerstand stoßen).*

Gras, das: **a)** *grüne, in Halmen wachsende Pflanze:* seltene Gräser sammeln; den Namen dieses Grases kenne ich nicht. **b)** *aus Gräsern bestehende Pflanzendecke; Rasen:* hohes, üppiges, junges, saftiges, frisches, grünes, dürres, welkes G.; G. mähen, schneiden; die Kühe fressen G.; im G. liegen, sich ins G. legen; der Hang ist mit G. bewachsen; der Weg ist mit, von G. überwuchert; Redensart (ugs.): wo der hintritt/hinhaut, da wächst kein G. mehr *(er ist in seinen Handlungen, in seiner Kritik sehr massiv, rigoros).* * (ugs.; iron.:) **das Gras wachsen hören** *(schon aus den kleinsten Veränderungen etwas für die Zukunft erkennen wollen)* · (ugs.:) **über etwas wächst Gras** *(eine unangenehme Sache gerät in Vergessenheit):* darüber müssen wir erst G. wachsen lassen · (ugs.:) **ins Gras beißen** *(sterben).*

grasen: *Gras fressen, weiden:* die Kühe grasen auf der Weide; er beobachtete die friedlich grasenden Tiere.

gräßlich: 1. *abscheulich, entsetzlich, schrecklich:* ein gräßliches Verbrechen; ein gräßlicher Unfall, Anblick; die Wunde sah g. aus; die Toten waren g. verstümmelt; sein Gesicht war g. entstellt. **2.** (ugs.) **a)** *sehr schlimm, unangenehm stark:* gräßliches Wetter; ein gräßlicher Zustand; ich hatte gräßliche Angst; du bringst mich in gräßliche Verlegenheit; ich habe einen gräßlichen Schnupfen; ein gräßlicher *(unausstehlicher)* Kerl; dieser Mensch ist g. *(unerträglich).* **b)** ⟨verstärkend bei Adjektiven und Verben⟩ *sehr:* ich war g. müde, aufgeregt; hier sieht es ja g. unordentlich aus; wir haben uns dort g. gelangweilt.

Grat, der: *schmaler Gebirgsrücken:* ein schmaler, scharfer G.; den G. eines Berges entlangwandern.

Gräte, die: **1.** *Knochen des Fisches:* lange, spitze Gräten; die Gräten entfernen; eine Gräte verschlucken. **2.** (ugs.; scherzh.) *Knochen:* sich (Dativ) die Gräten brechen.

gratis ⟨Adverb⟩: *kostenlos, umsonst:* der Eintritt ist g.; etwas g. liefern; das kannst du g. bekommen.

gratulieren ⟨jmdm. g.⟩: *seine Glückwünsche aussprechen:* jmdm. schriftlich, mündlich, telegraphisch g.; jmdm. herzlich zum Geburtstag, zur Verlobung, Vermählung (geh.) g.; jmdm. zum bestandenen Examen, zu einer Beförderung g.; ⟨auch ohne Dativ⟩ es kamen viele, um zu g.; (ugs.:) darf man g.? *(hast du die Prüfung bestanden?).* * (ugs.:) **sich** (Dativ) **gratulieren können** *(über etwas froh sein können):* du kannst dir g., daß du mit heiler Haut davongekommen bist; (iron.:) wenn ich dich erwische, kannst du dir g.!

grau: */eine Farbbezeichnung/:* grauer Stoff, ein grauer Anzug, eine graue Uniform; graue Mauern; sie hat graue Augen; er hat schon graue Haare, graue Schläfen; der Himmel, das Meer ist heute ganz g.; seine Haare g. färben; er ist ganz g. geworden *(hat graue Haare bekommen);* er ist alt und g. geworden *(ist sehr gealtert);* Sprichw.: bei Nacht sind alle Katzen g. *(nachts sieht alles gleich aus, verwischen sich die Unterschiede)* · subst.: ein helles, dunkles G.; das erste [fahle] Grau des Morgens *(der Beginn der Morgendämmerung);* sie war ganz in Grau gekleidet. **2.** *trostlos, öde:* dem grauen Alltag entfliehen; eine graue Zukunft erwartet sie; alles erschien ihm g. [und öde, leer]. **3.** *weit zurückliegend; unbestimmt:* die graue Vorzeit; im grauen Altertum, in grauer Vergangenheit; das liegt alles noch in grauer Zukunft. * **grauer Star** */eine Augenkrankheit/* · **in Ehren grau geworden sein** *(bis ins Alter ein ehrbares Leben geführt haben)* · (ugs.:) **sich** (Dativ) **über etwas/um etwas/wegen einer Sache keine grauen Haare wachsen lassen** *(sich wegen etwas keine Sorgen machen)* · **alles grau in grau sehen, malen** *(alles pessimistisch beurteilen, darstellen)* · (ugs.:) **das graue Elend haben** *(sehr* *deprimiert, niedergeschlagen sein)* · **der graue Markt** *(stillschweigend geduldeter, aber eigentlich verbotener Handel mit Waren)*.

¹grauen (geh.) ⟨etwas graut⟩: *etwas dämmert:* der Morgen, der Abend graut; ein neuer Tag graut *(bricht an)*; es begann gerade zu g., als sie das Haus verließen.

²grauen (geh.) ⟨[es] graut jmdm./(seltener auch:) jmdn.⟩: *jmdm. ist angst:* mir/(seltener auch:) mich graut, wenn ich an morgen denke; bei diesem Gedanken graute ihm; vor diesem Menschen graut [es] mir; es graut mir heute schon vor der Prüfung.

Grauen, das (geh.): *Furcht, Entsetzen:* ein heimliches, leises, dunkles, ahnungsvolles, tödliches, wildes G.; ein G. ergreift, erfaßt, überläuft, überkommt, lähmt jmdn.; etwas mit G. erkennen, kommen sehen; das G. vor einer Gefahr, vor dem Krieg.

grauenhaft: 1. *gräßlich. furchtbar:* ein grauenhafter Anblick; die Verwüstungen waren grauenhaft; die Leiche war g. verstümmelt. **2.** (ugs.) *sehr schlecht, schlimm:* das ist ja eine grauenhafte Unordnung!; er hat [einfach] g. gesungen.

grausam: 1. *roh, brutal, gefühllos:* ein grausamer Mensch, Herrscher, eine grausame Strafe; es war eine grausame *(bittere)* Enttäuschung für ihn; g. gegen, zu jmdm. sein; sich g. rächen, jmdn. g. quälen; er lächelte g. **2.** (ugs.) **a)** *sehr schlimm, unangenehm stark:* eine grausame Kälte, ein grausamer Winter; ich habe grausamen Durst. **b)** ⟨verstärkend bei Adjektiven und Verben⟩ *sehr:* es war g. heiß; ich bin g. müde; wir haben uns g. gelangweilt.

grausen: 1. [es] graust jmdm./(auch:) jmdn.⟩ *jmd. empfindet Furcht, Entsetzen:* es grauste ihm/ (auch:) ihn bei dem Anblick; vor diesem Menschen graust [es] mir; mir graust [es], wenn ich an die Prüfung denke; bei diesem Gedanken, vor diesem Augenblick hatte ihm/(auch:) ihn oft gegraust. **2.** (selten) ⟨sich g.⟩ *sich ekeln, Furcht empfinden:* sie graust sich vor Spinnen.

grausig: *Entsetzen hervorrufend:* ein grausiges Verbrechen; ein grausiger Anblick; schon der Gedanke ist g.; die Leiche war g. verstümmelt. **2.** (ugs.) **a)** *sehr schlimm, unangenehm stark:* eine grausige Kälte; ich habe grausigen Hunger. **b)** ⟨verstärkend bei Adjektiven und Verben⟩ *sehr:* der Vortrag war g. langweilig; ich habe mich g. erkältet.

gravierend (bildungsspr.): *einschneidend, erschwerend, belastend:* gravierende Umstände, Tatsachen; der Verlust war [ziemlich] g.; etwas als g. ansehen, werten.

graziös (bildungsspr.): *anmutig:* ein graziöses Mädchen; eine graziöse Haltung, graziöse Bewegungen; sie ist sehr g.; g. tanzen; sich g. verbeugen.

greifbar: 1. *deutlich sichtbar; offenkundig:* der Plan hat greifbare Gestalt, greifbare Formen angenommen; greifbare Ergebnisse liegen noch nicht vor; die Sache hat greifbare Vorteile; die Erfüllung des Wunsches ist in greifbare *(unmittelbare)* Nähe gerückt; der Erfolg schien g. *(ganz)* nahe. **2.** *verfügbar, sofort lieferbar:* dieser Artikel, die Ware ist im Augenblick nicht g.

greifen: 1.a) ⟨etwas g.⟩ *nehmen, ergreifen, packen:* einen Stein g.; er griff die Maus am Schwanz und hielt sie hoch; bildl.: der Bagger greift das Erdreich · ⟨sich (Dativ) etwas g.⟩ sie griff sich ein Buch [vom Regal] und blätterte darin. **b)** ⟨mit Raumangabe⟩ *an eine bestimmte Stelle fassen:* er griff in die Tasche und zog ein Päckchen heraus; sie wollte sich festhalten, griff aber ins Leere *(fand keinen Halt)*; als er erwachte, griff er suchend um sich; er setzte sich ans Klavier und griff in die Tasten *(begann zu spielen)*; er griff nach dem Buch, nach der Flasche auf dem Tisch *(streckte seine Hand danach aus)*; das Kind greift nach der Hand der Mutter; nach diesem Buch wirst du gerne g. *(du wirst gerne darin lesen)*; ⟨jmdm., sich g.; mit Raumangabe⟩ sie griff dem Kind unters Kinn; als ihm das einfiel, griff er sich an den Kopf, an die Stirn. **c)** ⟨zu etwas g.⟩ *etwas in die Hand nehmen, um damit eine Tätigkeit zu beginnen:* er griff zu der Flasche und füllte die Gläser; der Lehrer mußte einige Male zum Stock greifen; (geh.:) es dauerte eine Weile, bevor er wieder zur Feder griff *(bevor er wieder zu schreiben begann)*; übertr.: *etwas anwenden, gebrauchen:* zu einer List, zu unerlaubten Mitteln g. **2.** ⟨jmdn. g.⟩ *fangen, gefangennehmen:* einen Dieb g.; das Kaninchen ließ sich nicht so leicht g.; den werde ich mir mal g. (ugs.; *gründlich vornehmen)*. **3.** ⟨etwas g.⟩ *anschlagen, erklingen lassen:* einige Akkorde, Töne [auf dem Klavier] g.; sie konnte mit ihrer kleinen Hand keine Oktave g. **4.** ⟨etwas greift; mit Artangabe⟩ *etwas hat eine bestimmte, gewünschte Reibung:* selbst auf glatter Straße greift dieser Reifen hervorragend; die Schraube greift nicht *(läßt sich nicht eindrehen)*. **5.** ⟨etwas greift um sich⟩ *etwas breitet sich aus:* das Feuer, die Seuche griff rasch um sich; das Gerücht griff um sich. * (ugs.:) **jmdm. [mit etwas] unter die Arme greifen** *(jmdm. in einer Notlage helfen)* · (ugs.; verhüll.:) **in die Kasse greifen** *(Geld aus der Kasse stehlen)* · (ugs.:) **[tief] in die Tasche/in den Beutel/ in den Säckel greifen müssen** *(viel zahlen müssen)* · (geh.:) **nach den Sternen greifen** *(nach etwas Unerreichbarem streben)* · **sich** (Dativ) **an den Kopf/ an die Stirn greifen** *(etwas, eine Handlung nicht begreifen können)* · **nach dem rettenden Strohhalm greifen** *(die letzte Rettungsmöglichkeit ergreifen)* · (verhüll.:) **zur Flasche greifen** *(sich dem Trunk ergeben)* · **etwas ist zu hoch/zu niedrig gegriffen** *(etwas ist zu hoch, zu niedrig geschätzt)*: die Zahl von tausend Besuchern ist sicherlich nicht zu hoch gegriffen · (ugs.:) **etwas ist aus der Luft gegriffen** *(etwas ist frei erfunden)* · **etwas ist mit Händen zu greifen** *(etwas ist offenkundig)* · **etwas ist/ liegt zum Greifen nahe** *(etwas ist ganz nahe, liegt in unmittelbarer Nähe)*: der Erfolg war, lag zum Greifen nahe · (geh.:) **etwas greift jmdm. ans Herz** *(etwas geht jmdm. nahe, rührt jmdn.)* · (geh.:) **etwas greift Platz** *(etwas breitet sich aus)*: überall hatte große Unordnung Platz gegriffen.

greis (geh.): *sehr alt:* ein greiser Mann; sie sorgte für ihren greisen Vater; er schüttelte sein greises Haupt (iron.).

Greis, der: *sehr alter Mann:* ein ehrwürdiger, rüstiger, schwacher G.; er ist schon ein richtiger G.; er hat den Gang eines Greises.

grell: a) *blendend hell:* grelles Licht, grelle Farben; das Rot ist mir zu g.; die Sonne scheint sehr g. **b)** *schrill, durchdringend laut:* grelle

Töne; die Hupe ist zu g.; ihre Stimme klang sehr g.

Grenze, die: **1.** *Trennungslinie zwischen zwei Ländern, Grundstücken o. ä.:* die politischen, geographischen, alten, neuen Grenzen eines Landes; die G. gegen/nach Norden; die deutsch-französische Grenze; die Grenzen Deutschlands; die G. zwischen Deutschland und Frankreich verläuft westlich der Stadt; Gebirge und Flüsse sind, bilden natürliche Grenzen; eine G. festsetzen, ziehen, abstecken, befestigen, berichtigen, begradigen, verrücken, sperren, öffnen, anerkennen, respektieren; die G. erreichen, überschreiten, passieren; wie ist der Verlauf der G.?; das Dorf liegt [dicht] an der G.; sie kamen an die G.; (ugs.:) sie sind schon längst über die/über der G. *(haben sie überschritten);* (abwertend:) sie haben ihn über die G. abgeschoben *(haben ihn des Landes verwiesen);* über die grüne G. gehen *(die Grenze illegal überschreiten);* übertr.: *Trennungslinie zwischen zwei Bereichen:* die G. zwischen Gut und Böse; die Grenzen sind oft fließend. **2.** *äußerstes Maß, Rahmen, Schranke:* jmdm. ist eine G. gesetzt, gesteckt, gezogen; die G. des Erlaubten, des Erträglichen, des Möglichen überschreiten; meine Geduld hat auch ihre Grenzen; alles muß seine Grenzen haben; sein Ehrgeiz, seine Wut kannte keine Grenzen; er kennt seine Grenzen *(weiß, was er leisten kann);* hier sind wir an der G. der Erkenntnis angelangt; diese Bemerkung war hart an der G. [des Erlaubten]; jmdn. in seine Grenzen verweisen; die Verluste halten sich in [engen] Grenzen.

grenzen ⟨etwas grenzt an etwas⟩: *etwas hat mit etwas eine gemeinsame Grenze, stößt an etwas:* Deutschland grenzt an Österreich; sein Grundstück grenzt an unseres; übertr.: *etwas kommt etwas fast gleich:* seine Rettung grenzt ans Wunderbare; das grenzt an Wahnsinn, an Unverschämtheit.

grenzenlos: **a)** *sehr groß:* die grenzenlose Weite des Himmels, des Meeres; grenzenloser Schmerz, Ehrgeiz, Haß; grenzenloses Vertrauen zu jmdm. haben; das Gefühl grenzenloser Einsamkeit, Leere, Angst haben; seine Leidenschaft war g. **b)** ⟨verstärkend bei Adjektiven und Verben⟩ *sehr:* grenzenlos unglücklich sein; sie verachtete ihn g.

Greuel, der: *Abscheulichkeit, Grauenerregendes; Schrecken:* die ungeheuren, furchtbaren Greuel des Krieges; G. begehen, verüben; dem G. ein Ende bereiten. * **jmdm. ein G. sein** *(jmdm. äußerst zuwider sein):* dieser Mensch, diese Arbeit ist mir ein G.

greulich: *gräßlich, scheußlich, abscheulich:* greuliche Fratzen; ein greuliches Untier; ein greuliches Verbrechen; etwas riecht g., sieht g. aus.

Griff, der: **1.** *Teil eines Gegenstandes, der zum Tragen, Halten o. ä. dient:* ein handlicher, hölzerner G.; ein G. aus Metall; der G. des Koffers, des Schirmes, des Messers ist lose; der G. *(die Klinke)* einer Tür; der G. ist abgebrochen. **2.** *das Greifen, Zupacken; Zugriff:* ein sicherer, geübter, rascher, energischer, harter G.; ein falscher G., und alles ist verdorben; ein letzter G. noch, und wir sind fertig; unerlaubte, verbotene Griffe beim Ringen anwenden; er ließ den Gegner nicht aus dem G.; er hielt ihn mit eisernem G. fest; mit einem G. *(schnell und mühelos)* hatte er die Sache wieder in Ordnung gebracht. * (ugs.:) **mit jmdm., mit etwas einen guten/glücklichen Griff tun** *(mit jmdm., mit etwas eine gute Wahl treffen):* mit dieser Sekretärin hat der Chef einen guten G. getan · (ugs.:) **etwas im Griff haben** *(etwas gut beherrschen; mit etwas gut umgehen können)* · (ugs.:) **etwas in den Griff bekommen** *(etwas meistern; lernen, mit etwas gut umzugehen)* · (ugs.; verhüllend:) **einen Griff in die Kasse tun** *(Geld aus der Kasse stehlen)* · (Soldatenspr.:) **Griffe kloppen** *(Gewehrgriffe üben).*

Grille, die: **1.** */ein Insekt/:* die Grillen zirpten im Gras. **2.** (ugs.) *wunderlicher Gedanke; Laune, Schrulle:* er hat nichts als Grillen im Kopf; ich werde ihm die Grillen schon aus-, vertreiben; warum mußt du dir immer Grillen in den Kopf setzen *(dir unnötige Sorgen machen)?* * (ugs.:) **Grillen fangen** *(grübeln, verdrießlich sein).*

Grimasse, die: *verzerrtes Gesicht, Fratze:* eine scheußliche, fürchterliche, drollige G.; Grimassen [vor dem Spiegel] machen, schneiden, ziehen; sein Gesicht zu einer G. verziehen.

grimmig: **1.** *wütend, zornig:* ein grimmiger Wärter; ein grimmiges Gesicht machen; grimmiger *(bissiger)* Humor; warum ist er so g.?; er blickte ihn g. an. **2.** *sehr groß, heftig; übermäßig:* ein grimmiger Schmerz; grimmige Kälte; grimmigen Hunger haben; es war g. kalt.

grinsen: *breit lächeln:* boshaft, schadenfroh, höhnisch, hämisch, spöttisch g.; grinse nicht so unverschämt!; er grinste übers ganze Gesicht; die Schüler grinsten heimlich über den Lehrer; subst.: ein tückisches Grinsen verzerrte sein Gesicht.

Grippe, die */eine Infektionskrankheit/:* eine schwere, leichte G.; die G. breitete sich immer mehr aus, grassierte (bildungsspr.); sich (Dativ) eine G. zuziehen; an G. erkrankt sein; mit [einer] G. im Bett liegen.

Grips, der (ugs.): *Verstand:* dazu reicht sein bißchen G. nicht aus; viel, wenig, keinen G. [im Kopf] haben; dazu muß man seinen G. schon zusammennehmen.

grob: **1. a)** *nicht fein, derb:* grobes Leinen, Tuch; grobe Säcke; grober Draht; grobes Mehl, Brot; grober Sand; grobe Gesichtszüge; die grobe *(schmutzige, schwere)* Arbeit verrichten; ein grobes *(weitmaschiges)* Sieb, Netz; dieses Gewebe ist gröber; den Kaffee g. mahlen; Gewürz g. zerkleinern, stoßen; g. gemahlenes Mehl; Seemannsspr.: grobe See *(Meer mit starkem Wellengang).* **b)** *nicht genau, nicht ins einzelne gehend; ungefähr:* einen groben Überblick über etwas geben; etwas in groben Umrissen, in groben Zügen wiedergeben; etwas nur g. unterscheiden; diese Zahl ist g. geschätzt. **2.** *groß; schlimm, arg:* ein grober Unfug; ein grober Fehler; eine grobe Lüge, Fälschung; er hat die Vorschriften g. mißachtet, das Gesetz g. verletzt. **3.** *sehr unhöflich:* ein grober Mensch, Flegel, Klotz (ugs.; *Mensch);* ein grobes Benehmen, grobe Worte, Späße, Reden; er war sehr g. gegen ihn/zu ihm; er wurde sehr g.; jmdn. g. anfahren, behandeln; (ugs.:) jmdm. g. kommen; Sprichw.: auf einen groben Klotz gehört ein grober Keil *(Grobheit muß* *mit Grobheit beantwortet werden).* ∗ (ugs.:) **grobes Geschütz auffahren** *([zu] starke Gegenargumente anführen, scharf entgegentreten)* · (ugs.:) **aus dem Gröbsten heraus sein** *(das Schwierigste überwunden haben).*

gröblich (geh.): *schlimm, grob:* eine gröbliche Verletzung der Vorschriften; gröbliche Beleidigungen; sich g. vergehen, vergreifen; jmdn. g. beschimpfen, beleidigen.

grölen (ugs.; abwertend) ⟨[etwas] g.⟩: *laut und häßlich schreien, singen:* laut, aus vollem Hals g.; die Betrunkenen grölten ein Lied nach dem andern; grölendes Lachen.

Groll, der: *unterdrückter Ärger, Zorn:* ein bitterer, böser, dumpfer, heimlicher G.; sein alter G. über diese Ungerechtigkeit war verschwunden; bei den Untergebenen sammelte sich immer mehr G. an; seinen G. verbergen, in sich hineinfressen (ugs.); einen G. auf jmdn. haben, gegen jmdn. hegen; mit G. an etwas denken; etwas ohne G. sagen.

grollen: 1. *zürnen, Groll hegen:* sie grollt schon seit Wochen; sie grollt mit ihm; ⟨jmdm. g.⟩ er wußte nicht, warum sie ihm grollte. **2.** *dumpf rollend tönen:* der Donner grollt; subst.: sie hörten das Grollen der Geschütze.

Gros, das: *Hauptmasse, Mehrheit:* das G. der Bevölkerung war dagegen; das G. der Teilnehmer war versammelt.

Groschen, der (ugs.): *Zehnpfennigstück:* ich brauche ein paar Groschen zum Telephonieren; das kostet mich keinen G. *(nichts);* er will sich nebenbei noch ein paar Groschen *(ein wenig Geld)* verdienen; Redensart: das ist allerhand für'n G. (ugs.; *das hätte ich nicht erwartet).* ∗ (ugs.; scherzh.:) **der Groschen fällt [bei jmdm.]** *(jmd. begreift, versteht etwas endlich:)* jetzt ist auch bei mir der G. gefallen.

groß: 1. a) *von beträchtlicher Größe, Ausdehnung, Menge, Zahl:* ein großes Zimmer, Haus, Grundstück, Land; eine große Stadt; große Bäume, Wälder; ein großer See; große Augen, große Hände, Füße; die große Zehe; er macht große Schritte; ein großes Format; er hat eine große Schrift; ein großer Buchstabe; der große Zeiger *(Stundenzeiger)* der Uhr; das große Licht (ugs.; *die Deckenbeleuchtung)* anmachen; etwas auf großer Flamme kochen; er hat ein ziemlich großes Vermögen; ich habe nur großes Geld *(Geld in Scheinen);* das große Einmaleins *(Zahlenreihe zwischen 10 und 20 bei der Multiplikation);* eine große Menge, Anzahl; der größere Teil *(mehr als die Hälfte)* von etwas; große Vorräte; etwas in einem größeren Kreis besprechen; eine große Familie, ein großer Haushalt; die große Masse des Volkes; er kam mit großem Gefolge; eine größere Pause machen; die großen Ferien; Musik: eine große Terz, Sexte; er ist sehr g. für sein Alter; das Paket ist zu g.; die Schuhe sind mir zu g.; er ist in letzter Zeit sehr g. geworden *(gewachsen);* jmdn. g. *(mit großen Augen)* anschauen; ein Wort g. *(mit großem Anfangsbuchstaben)* schreiben; etwas im großen *(en gros)* betreiben, kaufen; subst.: vom Kleinen auf das Große schließen; im Kleinen wie im Großen *(in allen Dingen, immer)* korrekt sein. **b)** *eine bestimmte Größe aufweisend:* ein 600 qm großes Grundstück; der größere der beiden Brüder; wie g. bist du?; du bist [einen Kopf] größer als er; er ist so g. wie du; das lange Kleid läßt sie größer erscheinen; wie g. schätzt du ihn? **2.** *erwachsen, älter:* sein großer Bruder, seine größere Schwester; sie hat schon große Kinder; wenn du g. bist, darfst du das auch; subst.: unser Großer (ugs.; *[ältester] Junge);* unser Größter (ugs.; *ältester Junge);* die Großen und die Kleinen *(die Erwachsenen und die Kinder);* wenn sich die Großen unterhalten, müssen die Kinder ruhig sein. **3.** *beträchtlich, stark, heftig:* in großer Eile sein; mit großem, größtem Vergnügen; jmdm. eine große Freude machen; es herrschte große Aufregung, großer Jubel; großen Lärm verursachen; große Irrtümer, Dummheiten, Versehen; jmdm. einen großen Schreck einjagen; sich große Mühe geben; großen Hunger, Durst, große Schmerzen haben; in der größten Kälte, im größten Regen; er ist ein großer Lügner, Feigling, Gauner, Stümper, Säufer (ugs.); sie war seine große Liebe; Redensart: die kleinen Diebe hängt man, die großen läßt man laufen · ihre Freude war g.; die Konkurrenz ist sehr g. **4.** *bedeutend, wichtig, bemerkenswert:* große Gedanken, Pläne, Taten, Aufgaben, Fragen; große *(hochtrabende)* Worte gebrauchen; einen großen Namen haben; ein großer Augenblick, Tag in seinem Leben; das ist sein großes Verdienst; er genießt großes Ansehen; eine Nachricht in großer Aufmachung bringen; ein großes Haus *(einen aufwendigen Haushalt)* führen; in großer Robe, Toilette *(in festlicher Kleidung)* erscheinen; die große *(vornehme)* Dame spielen; die große Welt *(vornehme, reiche Gesellschaft);* er ist ein großer Redner, ein großes Talent, ein großer Geist, ein großer Sohn der Stadt; (ugs.:) er ist ein großes Tier *(ein Mann in hoher, einflußreicher Position);* der große Unbekannte *(jmd., den niemand kennt und der als Täter angeblich dringend verdächtig ist);* Politik: die große Anfrage *(schriftlich gestellte und mündlich beantwortete Anfrage mit der Möglichkeit einer anschließenden Beratung)* im Parlament; subst.: Karl der Große; Sprichw.: große Ereignisse werfen ihre Schatten voraus; (ugs.:) im Improvisieren ist er [ganz] g. *(hat er große Fähigkeiten);* (ugs.:) das ist, finde ich ganz g. *(ausgezeichnet, großartig);* (ugs.:) etwas g. *(mit viel Aufwand als wichtig, bedeutsam)* ankündigen, herausbringen; (ugs.:) heute gehen wir mal [ganz] g. aus *(lassen es uns dabei etwas kosten);* subst.: [etwas] Großes leisten; er wollte etwas Großes werden; die Großen *(wichtigen, einflußreichen Persönlichkeiten)* des Landes. **5.** (ugs.) ⟨verstärkend in Verbindung mit Verben⟩ *sehr viel:* niemand freute sich g.; es lohnt nicht g., damit anzufangen; was ist da noch g. zu tun? wo wird er denn g. *(schon)* sein! ∗ (ugs.:) **großer Bahnhof** *(festlicher Empfang)* · **der Große Bär, der Große Wagen** */ein Sternbild/* · **das Große Los** *(Hauptgewinn)* · (ugs.:) **der große Teich** *(der Atlantik)* · (ugs.:) **große Augen machen** *(staunen)* · (Seemannsspr.:) **große Fahrt machen** *(schnell fahren)* · **große Stücke auf jmdn. halten** *(jmdn. sehr schätzen)* · (ugs.:) **etwas ist große Mode** *(etwas ist sehr aktuell)* · (ugs.:) **große Töne/Bogen spucken** *(sich aufspielen, sich wichtig machen)* · (ugs.:) **große Rosinen im Kopf haben** *(hochfliegende Pläne machen)* ·

auf großem Fuß leben *(sehr aufwendig leben)* · (ugs.:) **etwas an die große Glocke hängen** *(etwas überall herumerzählen)* · (ugs.:) [**ganz**] **groß herauskommen** *(sehr großen Erfolg haben):* der Schauspieler ist in letzter Zeit [ganz] g. herausgekommen · **in großen Zügen** *(nicht ins einzelne gehend):* etwas in großen Zügen berichten, darlegen, umreißen · **im großen** [**und**] **ganzen** *(im allgemeinen, insgesamt)* · **groß und klein** *(jedermann, alle).*

großartig: *hervorragend, vorzüglich, herrlich:* eine großartige Idee, Leistung; er ist ein großartiger Koch; dieser Wein ist, schmeckt g.; (ugs.:) das hat er g. gemacht; subst.: er hat Großartiges vollbracht.

Größe, die: **1. a)** *das Großsein:* allein schon die G. des Bauwerks beeindruckte die Besucher; die Blüten fielen durch ihre G. und Schönheit auf; Kürbisse von dieser, von einer solchen G. hatte er noch nie gesehen. **b)** *bestimmtes, meßbares [Aus]maß:* eine beachtliche, enorme, ungeheure G.; Math.; Physik: zwei unbekannte, gegebene, gleichartige Größen *(in Zahlen ausdrückbare Begriffe);* die G. eines Landes, eines Raumes, Gebäudes; die G. eines Kindes, seiner Füße; die G. *(Höhe)* eines Betrages, einer Summe; die G. dieses Sterns ist noch unbekannt; die G. beträgt 600 qm; die G. von etwas bestimmen, messen; Tische unterschiedlicher G.; ein Mann mittlerer G.; Steine in verschiedenen, in allen Größen; er hatte die Bücher nach der G./der G. nach geordnet; Früchte von verschiedener G.; */Norm bei Kleidern, Schuhen o. ä./:* die großen, kleineren, gängigen Größen dieser Schuhe sind ausverkauft; sie trägt G. 38; in dieser, Ihrer G. haben wir leider nichts mehr da. **2. a)** *großer innerer Wert; Bedeutsamkeit:* die menschliche, seelische, innere, echte, wahre, erhabene (geh.) G. eines Menschen; die G. des Augenblicks, der Stunde war ihnen bewußt; die G. der Gedanken, des Empfindens; ihm fehlt die wirkliche G.; er hat, besitzt G.; er bewies, zeigte in dieser Situation G. **b)** *bedeutender Mensch; Kapazität:* die geistigen Größen einer Epoche; (scherzh.:) er ist eine noch unbekannte G.; die Größen der Wissenschaft, der Kunst; er ist eine G. auf dem Gebiet der Medizin.

Großmut, die: *großzügige, edle Gesinnung; Toleranz:* er zeigte, übte (geh.) G. gegen die Besiegten.

großmütig: *großzügig, edel, tolerant:* eine großmütige Haltung, Handlung, Tat; er war sehr g. und erließ ihm die Schulden; jmdm. g. verzeihen; sich g. gegen jmdn./jmdm. gegenüber g. zeigen.

Großmutter, die: *Mutter des Vaters oder der Mutter:* sie besuchte ihre alte G.; er hat eine sehr junge G.; Redensart: das kannst du deiner Großmutter erzählen (ugs.; scherzh.; *das glaube ich dir nicht*).

großspurig (abwertend): *anmaßend, überheblich, protzig:* ein großspuriger Mensch; großspurige Reden; sein Auftreten war, wirkte sehr g.; er erzählte g. von seinen Erfolgen.

größtenteils ⟨Adverb⟩: *zum größten Teil, überwiegend:* es kamen viele Ausländer, g. [waren es] Spanier; er hat seine Aktien g. verkauft.

Großvater, der: *Vater des Vaters oder der Mutter:* dein G. ist noch sehr rüstig.

großziehen ⟨jmdn. g.⟩: *aufziehen:* sie hat vier Kinder großgezogen; ein Tier mit der Flasche g.

großzügig: 1. *nicht kleinlich, nicht engherzig; tolerant:* ein großzügiger Mensch; er ist von Natur aus g.; sein Angebot war sehr g.; er hat sich sehr g. verhalten; g. über etwas hinwegsehen. **2.** *weiträumig, im großen Stil:* eine großzügige Anlage; der Plan für die Neubauten ist recht g.; etwas g. planen, anlegen.

Grübchen, das: *kleine Vertiefung in den Wangen, im Kinn:* wenn sie lachte, zeigten sich ihre Grübchen; er hat ein G. im Kinn.

Grube, die: **1.** *Vertiefung, größeres Loch in der Erde:* eine tiefe G. ausheben, graben; eine G. abdecken; in eine G. stürzen; Sprichw.: wer andern eine G. gräbt, fällt selbst hinein. **2.** *Bergwerk, Stollen, Mine:* eine ergiebige, verfallene G.; eine G. stillegen, schließen; in die G. einfahren. * (geh.; veraltet:) **in die Grube/zur Grube fahren** *(sterben).*

grübeln: *angestrengt, oft gequält nachdenken:* er sitzt wieder stundenlang an seinem Schreibtisch und grübelt; er hat lange über dieses/über diesem Problem gegrübelt; subst.: er geriet ins Grübeln.

Gruft, die: *Grabstätte:* er wurde in der G. neben seinen Angehörigen beigesetzt.

grün: 1. */eine Farbbezeichnung/:* grünes Gras, Laub; grüne Wiesen, Wälder, Felder; grüner Salat, grüne Erbsen, Bohnen; grünes Glas; eine grüne Flasche; grüne Ölfarbe; sie trägt ein grünes Kleid; dieses Jahr werden wir grüne Weihnachten *(Weihnachten ohne Schnee)* haben; die grünen Lungen *(Parkanlagen)* einer Großstadt; die grüne Hölle *(der tropische Urwald);* ihre Augen sind g.; (ugs.:) die Ampel ist jetzt g., wir können die Straße überqueren; die Bäume werden wieder g.; etwas g. färben, anstreichen; subst.: ein helles, mattes, leuchtendes, dunkles, tiefes, sattes, giftiges Grün; das erste Grün sprießt; das frische Grün der Wiesen; Grün ist die Farbe der Hoffnung; die Farbe Grün mag sie nicht; die Ampel zeigt Grün, steht auf Grün; bei Grün darf man die Straße überqueren; die Farbe spielt ins Grüne; in Grün ist das Kleid nicht mehr vorhanden; ins Grüne *(in die Natur)* fahren; wir essen viel Grünes (ugs.; *Gemüse*); Grünes (ugs.; *Suppenkräuter*) an die Suppe tun; da vorne kommt ein Grüner (ugs.: *Polizist*). **2. a)** *unreif:* grüne Äpfel, Tomaten, grünes Obst; die Stachelbeeren sind noch g.; übertr. (abwertend): *unerfahren, ohne innere Reife:* er ist eben noch ein grüner Junge; dazu ist er noch viel zu g. **b)** *frisch, roh:* grünes Holz brennt schlecht; (landsch.:) grüner Speck; grüne *(ungesalzene)* Heringe; (landsch.:) grüne Klöße *(Klöße aus rohen Kartoffeln).* * **grüner Star** */eine Augenkrankheit/* · **grüne Hochzeit** *(Tag der Eheschließung)* · **Grüner Plan** *(Plan für Hilfsmaßnahmen in der Landwirtschaft)* · **Grüne Woche** *(landwirtschaftliche Ausstellung in Berlin)* · **grüne Welle** *(durchlaufendes Grünlicht in einer Verkehrsstraße)* · (ugs.:) **grüne Minna** *(Transportwagen der Polizei für Gefangene, Festgenommene o. ä.)* · (ugs.:) **auf keinen grünen Zweig kommen** *(keinen Erfolg haben)* · **grünes Licht geben** *(die Erlaubnis geben, mit etwas zu beginnen):* der Minister gab grünes Licht für den Bau des Staudamms · (ugs.:) **jmdn., etwas**

über den grünen Klee loben *(jmdn., etwas sehr, übermäßig loben)* · (ugs.:) **bei Mutter Grün schlafen** *(im Freien übernachten)* · **am grünen Tisch, vom grünen Tisch aus** *(in der Theorie, ohne Kenntnis der Praxis):* das wurde wieder einmal am grünen Tisch entschieden · (ugs.:) **dasselbe in Grün** *(so gut wie dasselbe)* · (ugs.:) **jmdm. nicht grün sein** *(jmdm. nicht wohlgesinnt sein)* · (ugs.:) **sich grün und blau / gelb und grün ärgern** *(sich sehr ärgern)* · (ugs.:) **jmdn. grün und gelb / grün und blau schlagen** *(jmdn. sehr verprügeln)* · (ugs.:) **jmdm. wird es grün und gelb / grün und blau vor den Augen** *(jmdm. wird übel)* · (ugs.:) **ach du grüne Neune!** */Ausruf des Erstaunens, der Mißbilligung/.*

Grund, der: **1. a)** (veraltet, aber noch landsch.) *Erde, Erdboden:* lehmiger, steiniger, sandiger, trockener, feuchter, nasser, mooriger G.; der G. ist zu schwer für diese Pflanzen; die Pflanze braucht besseren G. **b)** *Grundbesitz:* er hat seinen gesamten G. verkauft; er sitzt, wohnt, wirtschaftet auf eigenem G. [und Boden]. **2.** (dichter.; veraltend) *Erdvertiefung, kleines Tal, Senke:* ein waldiger, kühler, felsiger, lieblicher G.; die Gründe und Schluchten des Gebirges. **3. a)** *Boden eines Gewässers:* der Schwimmer suchte G., fand keinen G., hatte endlich wieder G. [unter den Füßen]; der See war so klar, daß man bis auf den G. blicken konnte; der Dampfer geriet auf [den] G.; auf dem tiefsten G. des Meeres; übertr. (geh.): *Innerstes:* im Grunde seines Herzens, seiner Seele verabscheute er diese Tat. **b)** *Boden eines Gefäßes:* auf dem G. des Bechers lag ein goldener Ring; er leerte das Glas bis auf den G. **4.** *Untergrund, Hintergrund:* der G. der Tapete, des Stoffes war blau; helle Blumen auf dunklem G.; von dem dunklen G. hob sich das Muster kaum ab. **5.** *Ursache, Motiv, Begründung:* ein guter, einleuchtender, gewichtiger, wahrer, hinreichender, vernünftiger, schwerwiegender G.; persönliche, berufliche, materielle, taktische, wirtschaftliche, politische Gründe; seine Gründe sind nicht stichhaltig, zwingend; die Gründe eines andern achten, billigen, einsehen; Gründe geltend machen, vorbringen, aufzeigen, nachweisen, aufspüren, suchen, erraten; ich habe [allen] G. anzunehmen/zu glauben, daß ...; den G., warum/weshalb etwas geschieht, nicht verstehen; die Gründe dafür, daß etwas geschieht, darlegen; dafür habe ich meine Gründe; das konnte seinen G. nur darin haben, daß ...; den G. für etwas angeben; sie suchten den G. für das Versagen der Bremsen; einen G. zum Feiern, keinen G. zum Klagen, Schimpfen haben; es besteht kein G. zur Beunruhigung, Besorgnis; es geschah aus tieferen Gründen; er hat es aus irgendeinem unerfindlichen Grunde, aus sehr praktischen Gründen getan; er mußte aus Gründen der Autorität so handeln; (ugs.:) er tat es aus dem einfachen G., weil ...; seine Behauptungen mit guten Gründen verteidigen; er hat das Kind ohne G. geschlagen. * **einer Sache auf den Grund gehen/kommen** *(den Sachverhalt klären, die wahren Ursachen einer Sache herausfinden)* · **den Grund zu etwas legen** *(die Voraussetzung, Grundlage für etwas schaffen; mit etwas beginnen):* er hat den Grund zu dieser Wissenschaft gelegt · (geh.:) **ein Schiff in den Grund bohren** *(ein Schiff versenken)* · **auf Grund** (auch:) **aufgrund** *(wegen):* auf G. einer Aussage auf G. von Versuchen schließen, daß ... · **im Grunde [genommen]** *(eigentlich):* es war im Grunde genommen nur ein Scherz · **Grund und Boden** *(Grundbesitz)* · **in Grund und Boden** *(völlig, ganz und gar; sehr, zutiefst):* jmdn. in G. und Boden verdammen; sich in G. und Boden schämen · **von Grund auf/aus** *(ganz und gar, völlig, nicht nur teilweise):* etwas von G. auf ändern, erneuern; er ist von G. aus verdorben.

gründen: 1. *etwas neu schaffen, ins Leben rufen:* eine Familie, einen Verein, einen Orden, ein Unternehmen g.; ein Dorf, eine Siedlung g.; die Stadt wurde um 1500 gegründet. **2. a)** ⟨etwas auf etwas g.⟩ *etwas als Grundlage für etwas benutzen; etwas auf etwas aufbauen:* er gründete seine Hoffnung auf ihre Aussage; die Ideen sind auf diese/(auch:) dieser Überzeugung gegründet. **b)** ⟨etwas gründet sich auf etwas⟩ *etwas stützt sich auf etwas, baut auf etwas auf:* der Verdacht gründet sich auf einige Briefe und Äußerungen; worauf gründen sich seine Ansprüche? **c)** ⟨etwas gründet auf/in etwas⟩ *etwas hat seine Grundlage in etwas:* seine Philosophie gründet auf der Überzeugung, daß ...; ihre Standhaftigkeit gründete in ihrem tiefen Glauben.

Grundlage, die: *Basis, Fundament, Voraussetzung:* die geistigen, theoretischen, gesellschaftlichen Grundlagen; die G. der Wissenschaft; die Grundlagen für etwas schaffen, erwerben; die Behauptungen entbehrten jeder G.; etwas auf eine neue G. stellen; auf breiter G. arbeiten.

grundlegend: *sehr wichtig; entscheidend, wesentlich:* ein grundlegender Unterschied; eine grundlegende Voraussetzung; er hat darüber eine grundlegende Arbeit geschrieben; die Verhältnisse haben sich inzwischen g. geändert.

gründlich: a) *sehr genau; sorgfältig, gewissenhaft:* gründliche Kenntnisse, Vorbereitungen; gründliche Arbeit leisten; er ist ein sehr gründlicher Mensch; seine Schilderung war sehr g.; er ist sehr g. in allem, was er tut; sich g. vorbereiten; g. vorgehen, nachdenken. **b)** (ugs.) ⟨verstärkend bei Verben⟩ *sehr:* da hast du dich aber g. getäuscht; den nehme ich mir mal g. vor.

grundlos: 1. *keinen festen Untergrund besitzend; aufgeweicht:* sie fuhren durch grundlosen Morast, über grundlose Straßen; die Wege waren g. und schlammig. **2.** *unbegründet; keine Ursache habend:* ein grundloser Verdacht, Argwohn; grundlose Vorwürfe, Verdächtigungen; sein Mißtrauen, ihre Furcht ist ganz g.; g. lachen, weinen.

Grundriß, der: **1.** *Zeichnung, Darstellung der Grundfläche:* der rechteckige, quadratische G. eines Hauses; den G. einer Kirche entwerfen; einen G. zeichnen. **2.** *Leitfaden; kurzgefaßtes Lehrbuch:* ein kurzer, knapper G. der deutschen Grammatik; die deutsche Literatur im G.

Grundsatz, der: *Prinzip, feste Regel, nach der jmd. handelt:* feste, gute, vernünftige, strenge, moderne, moralische Grundsätze; es ist unser G., nur beste Waren zu liefern; keine Grundsätze haben; seine Grundsätze befolgen, preisgeben; das widerspricht meinen Grundsätzen; an seinen Grundsätzen festhalten; bei seinen Grundsätzen bleiben; nach seinen Grundsätzen handeln, verfahren; von seinen Grundsätzen nicht abgehen, abweichen; er ist ein Mann mit, von Grundsätzen.

grundsätzlich: a) *einen Grundsatz betreffend, auf einem Grundsatz beruhend; prinzipiell, ohne Ausnahme:* grundsätzliche Probleme erörtern; ein grundsätzlicher Unterschied; eine Frage von grundsätzlicher Bedeutung; sich zu einer Frage g. äußern; etwas g. feststellen, ablehnen; er raucht g. nicht. **b)** *im allgemeinen, meist, eigentlich:* dagegen ist g. nichts zu sagen, wenn die anderen einverstanden sind; ich bin g. auch dafür, will aber nicht verschweigen, daß ...

Grundstein, der ⟨in den Wendungen⟩ **den Grundstein zu etwas legen: a)** *(in einem feierlichen Akt mit dem Bau eines größeren Gebäudes beginnen):* gestern wurde der G. zu der neuen Kirche gelegt. **b)** *(mit etwas Neuem den Anfang machen):* mit dieser Entdeckung legte er den G. zu einem neuen Wissenschaftszweig. * **etwas legt den Grundstein zu etwas; etwas ist der Grundstein zu etwas** *(etwas bildet den Anfang von etwas):* sein erstes Konzert war der G. zu einer großen Karriere.

Grundstock, der: *anfänglicher Bestand, Grundlage:* der G. für die Bibliothek ist bereits vorhanden; diese Summe war der G., bildete den G. für sein späteres Vermögen.

Grundstück, das: *abgegrenztes Stück Land, das jmds. Eigentum ist:* das größere G. liegt an einem Hang; ein G. kaufen, erben, verpachten; mit Grundstücken spekulieren.

grünen (geh.) ⟨etwas grünt⟩: *etwas wird grün, sprießt:* die Bäume, Wiesen grünen wieder; im Frühjahr grünt und blüht es überall; grünende Zweige, Wälder.

grunzen: *grunzende Laute ausstoßen, von sich geben:* das Schwein grunzt; übertr. (ugs.): er grunzte zufrieden.

Gruppe, die: *[als Einheit zusammengehörende] Anzahl, kleinere Menge:* eine G. Jugendlicher; eine G. landfahrender Zigeuner/(auch:) eine G. landfahrende Zigeuner; eine G. von Arbeitern, Touristen, Kindern/(auch:) eine G. Arbeiter, Touristen, Kinder; eine G. von Bäumen, stand am Haus; eine G. Soldaten lag/(auch:) lagen im nahen Wald; es bildeten sich Gruppen diskutierender Leute; der Lehrer bildete Gruppen zu je fünf Schülern; eine G. zum Photographieren [zusammen]stellen; eine G. *(militärische Einheit)* führen, befehligen; er gehört einer G. *(Interessengemeinschaft, einem Kreis, Zirkel)* literarisch interessierter Menschen an; in Gruppen zusammenstehen, etwas in, zu Gruppen zusammenstellen, nach Gruppen ordnen.

gruppieren: a) ⟨jmdn., etwas g.; gewöhnlich mit Umstandsangabe⟩ *in eine bestimmte Ordnung bringen; anordnen, zusammenstellen:* etwas neu, nach bestimmten Gesichtspunkten, in einer bestimmten Anordnung g.; sie gruppierte die Stühle um den Tisch. **b)** ⟨sich g.; gewöhnlich mit Umstandsangabe⟩ *sich in bestimmter Weise ordnen, aufstellen:* die Kinder mußten sich immer wieder neu, in den verschiedensten Anordnungen g.; sie gruppierten sich um ihren Anführer; die Häuser gruppieren sich um das Rathaus.

grus[e]lig: *furchterregend, schaurig:* eine gruselige Geschichte; ein gruseliges Erlebnis; deine Erzählung hört sich ja g. an.

gruseln: a) ⟨[es] gruselt jmdm./jmdn.⟩ *jmdm. ist unheimlich zumute, jmd. empfindet Grauen:* in der Dunkelheit gruselte [es] ihr/sie; es hat mir/mich vor diesem Anblick gegruselt; subst.: sie spürte ein leichtes Gruseln. **b)** ⟨sich g.⟩ *sich fürchten, Grauen empfinden:* die Kinder gruselten sich in dem dunklen Wald.

Gruß, der: **1.** *Worte, Gesten bei einer Begegnung, Begrüßung, Verabschiedung o. ä.:* ein freundlicher, ehrerbietiger, förmlicher, lässiger, stummer, kurzer, militärischer G.; sein G. war höflich, aber kühl; Grüße wechseln, tauschen; einen G. entbieten (geh.); jmds. G. erwidern; auf jmds. G. nicht danken; ohne G. weggehen; er reichte ihm die Hand zum G. **2.** *Worte, Zeichen der Verbundenheit, des Gedenkens o. ä., die jmdm. übermittelt werden:* jmdm. herzliche, freundliche, beste, liebe Grüße senden; jmdm. Grüße ausrichten, bestellen, [über]bringen, übermitteln; einen G. an jmdn. mitgeben, schreiben, unter einen Brief setzen, anfügen; jmdm. Grüße an jmdn., für jmdn. auftragen; sagen Sie ihm herzliche Grüße von mir; /in Grußformeln am Briefschluß/: viele, herzliche, liebe Grüße Euer ...; freundliche Grüße Ihr ...; mit freundlichem G. [verbleibe ich] Ihr ...; mit den besten Grüßen auch an Ihre ... * **Gott zum G.!** */Grußformel/.*

grüßen: 1. a) ⟨[jmdn.] g.⟩ *einen Gruß entbieten:* jmdn. freundlich, höflich, kühl, kurz, schweigend, mit einer Verbeugung g.; sie grüßten sich/(geh.:) einander nur flüchtig; er hatte zuerst, im Vorübergehen, von ferne gegrüßt. **b)** (ugs.) ⟨sich mit jmdm. g.⟩ *mit jmdm. bekannt sein:* ich grüße mich nicht mit meinen Nachbarn. **2.** ⟨[jmdn.] g.⟩ *einen Gruß übermitteln:* grüße deine Eltern herzlich, vielmals von mir!; grüß mir deinen Vater!; ich soll auch von meiner Mutter g.; dein Bruder läßt herzlich g.; bildl.: grüße die Heimat von mir!; (dichter.:) die Berge grüßten [ihn] aus der Ferne. * **grüß [dich, euch, Sie] Gott!** · (ugs.:) **grüß dich!** */Grußformeln/.*

Grütze, die: *grobgemahlene Getreidekörner:* die Enten mit G. füttern. * (Kochk.:) **rote Grütze** */eine Süßspeise/* · (ugs.:) **Grütze [im Kopf]** *(Verstand):* er hat viel, keine, kaum G. im Kopf; dazu braucht man nicht viel G.

gucken (ugs.): *sehen, schauen, blicken:* guck mal, was ich hier habe!; laß mich mal g.!; aus dem Fenster, durchs Schlüsselloch, durch ein Fernrohr g.; jmdm. über die Schulter g.; übertr.: das Taschentuch guckt aus der Tasche *(hängt heraus).* * (fam.:) **sich** (Dativ) **die Augen aus dem Kopf gucken** *(angestrengt Ausschau halten)* · (ugs.:) **jmdm. auf die Finger gucken** *(jmdn. kontrollieren)* · (ugs.:) **in die Luft/in den Mond/in die Röhre gucken** *(das Nachsehen haben)* · (ugs.:) **in alle Töpfe gucken** *(sehr neugierig sein* · (ugs.; scherzh.:) **zu tief ins Glas gucken** *(zu viel Alkohol trinken).*

gültig: *geltend, in Kraft:* ein gültiger Ausweis, Reisepaß; eine gültige Fahrkarte; ein gültiges Gesetz; die Münze ist nicht mehr g.; der Fahrplan ist ab 1. Oktober g.; einen Vertrag als g. anerkennen; eine Unterschrift für g. erklären.

Gummi: 1. ⟨das, auch: der⟩ **a)** *vulkanisierter Kautschuk:* er trug Stiefel aus G. **b)** *Klebstoff:* er hat die abgerissene Leiste mit G. wieder angeklebt. **2.** ⟨der⟩ *Radiergummi:* er hat die Fehler im Heft mit dem G. sorgfältig wegradiert.

Gunst, die: *Wohlwollen, Geneigtheit:* jmds. G. erwerben, erlangen, genießen; jmdm. seine G. schenken; jmdm. eine G. (geh.; *ein Zeichen des Wohlwollens, die Erfüllung einer Bitte*) gewähren; (geh.:) einer G. teilhaftig sein/werden; in jmds. G. stehen *(von jmdm. sehr geschätzt werden);* nach G. [und Gaben] *(nicht objektiv)* urteilen; sich um jmds. G. bemühen; bildl.: die G. des Schicksals, der Umstände, des Augenblicks. * **zu jmds. Gunsten** *(zu jmds. Vorteil):* sie hat vor Gericht zu seinen Gunsten ausgesagt.

günstig: *vorteilhaft, positiv, erfreulich:* eine günstige Gelegenheit, Wendung, Lage, Zeit; ein günstiges Urteil, Vorzeichen; günstige Bedingungen; einen günstigen Eindruck machen; er kam in einem günstigen Augenblick; in einem günstigen/im günstigsten Lichterscheinen *(einen guten, den besten Eindruck machen);* etwas in günstigem Licht darstellen, schildern *(vorteilhaft erscheinen lassen);* die Beleuchtung, das Licht ist nicht sehr g.; jetzt ist die Gelegenheit g.; etwas g. kaufen, über jmdn. g. urteilen; etwas wirkt sich g. aus; es traf sich g.; die Nachricht wurde g. *(wohlwollend)* aufgenommen; bildl.: das Glück war ihnen g. *(wohlgesinnt).*

Gurgel, die (ugs.; meist abwertend): *Kehle:* jmdm. die G. zudrücken, abschnüren; einem Tier die G. durchschneiden; jmdm. an die G. fahren, springen; er wollte mir an die G.; jmdn. an, bei der G. packen. * (ugs.:) **jmdm. die G. zuschnüren/zudrücken** *(jmdn. zugrunde richten, wirtschaftlich ruinieren)* · (ugs.:) **etwas durch die Gurgel jagen** *(etwas vertrinken).*

gurgeln: 1. *den Rachen spülen:* laut, geräuschvoll g.; er mußte dreimal täglich mit Salzwasser g. **2.** ⟨etwas gurgelt⟩ *etwas bringt einen gurgelnden Laut hervor:* in der engen Klamm gurgelten tosend die Wasser; alles versank in der gurgelnden Flut.

Gurke, die: **1. a)** */eine Salat- und Gemüsepflanze/:* Gurken anbauen; die Gurken gießen. **b)** *Frucht der Gurkenpflanze:* grüne, saure, süß-saure, eingelegte Gurken; Gurken ernten, schälen. **2.** (ugs.; scherzh.) *Nase:* der hat aber eine rote, dicke G.!

Gurt, der: *starkes, breites Band zum Halten, Tragen o. ä.:* ein G. des Fallschirms war zerrissen; sich im Auto, im Flugzeug mit einem G. anschnallen.

Gürtel, der: *festes Band o. ä., das um Taille oder Hüfte getragen wird:* ein schmaler, breiter, lederner, geflochtener G.; der G. wurde ihm zu eng; den G. umbinden, umschnallen, abnehmen; den G. weiter, enger schnallen/ machen; das Kleid wird von einem G. zusammengehalten; übertr.: ein G. *(ein Streifen, eine Zone)* von Gärten und Anlagen zog sich rings um die Stadt. * (ugs.:) **den Gürtel enger schnallen** *(sich in seinen Bedürfnissen einschränken).*

Guß, der: **1. a)** *das Gießen von Metall o. ä. in eine Form:* der G. einer Glocke, eines Denkmals; dieser G. ist nicht gelungen. **b)** *gegossener Gegenstand:* ein fehlerhafter, gelungener G.; ein G. aus Eisen; der G. ist zersprungen. **2. a)** *geschüttete, gegossene Flüssigkeitsmenge:* ein kräftiger, kalter, klatschender G. traf ihn von oben; der Arzt verordnete ihm kalte Güsse. **b)** (ugs.) *kurzer starker Regen:* ein heftiger, wolkenbruchartiger G.; sie sind in einen G. gekommen; wir wurden von einem G. überrascht. **3.** *Glasur auf Gebäck:* die Kinder haben den G. vom Kuchen heruntergegessen; eine Torte mit einem G. überziehen. * **[wie] aus einem Guß** *(in sich geschlossen, einheitlich, vollkommen):* das war eine Aufführung [wie] aus einem G.

gut /vgl. besser; vgl. beste/: **1. a)** *besonderen Ansprüchen, Zwecken entsprechend; einwandfrei in Ordnung; qualitätsvoll, hochwertig:* gute Qualität, Ware, Nahrung, Kost; ein guter Wein, Apfel, Stoff; ein gutes Messer, Gewehr, Werkzeug; ein guter Film; ein gutes Buch lesen; einen guten Witz erzählen; eine gute Leistung; gute Arbeit verrichten; das ist kein gutes Deutsch; der Anzug hat einen guten Sitz; diese Lampe gibt das beste Licht; einen guten Geschmack haben; ein gutes Gedächtnis, Gehör haben; bei guter, bester Gesundheit sein; sie hat noch gute *(gesunde, leistungsfähige)* Augen, Ohren; dazu braucht man eine gute *(gesunde, leistungsfähige)* Lunge, einen guten *(gesunden, leistungsfähigen)* Magen; er hat einen guten *(gut geformten, bedeutenden, eindrucksvollen)* Kopf; das hat schon seinen guten Sinn, Grund *(ist begründet, gerechtfertigt);* Redensarten: hier, da ist guter Rat teuer *(das ist eine schwierige Situation);* aller guten Dinge sind drei; so weit, so g.; Sprichwörter: gut Ding will Weile haben; ein guter Baum bringt gute Früchte · diese Straße ist nicht g., die andere ist besser; dieser Vorschlag ist sehr g.; ihm ist nichts g. genug *(er hat an allem etwas auszusetzen);* /häufig in Formeln der Bekräftigung o. ä./ also g.; nun g.; damit g. *(genug damit);* schon g. *(es bedarf keiner weiteren Worte mehr)* · das ist ja alles g. und schön *(schon in Ordnung, richtig)*, aber ...; etwas g. können, beherrschen; ihr macht eure Sache g.; g. gemacht!; er kann g. lesen, schreiben, singen; er spielt besser Geige als du; das kann er am besten; dazu eignet er sich besonders g.; er hört, sieht noch g.; er lernt g. *(leicht, ohne Schwierigkeiten);* das Holz brennt g.; der Anzug sitzt g.; etwas für g. befinden; /als Zensur/: sein Aufsatz wurde mit „[sehr] gut" bewertet; subst.: er ißt gern etwas Gutes; daraus kann nichts Gutes werden. **b)** *tüchtig, fähig:* ein guter Schüler, Arbeiter; eine gute Regierung, Verwaltung, Bewirtschaftung; er ist in der Schule recht/ sehr g. **c)** *wirksam, nützlich, brauchbar:* das ist ein gutes, das beste Mittel gegen Migräne; jmdm. gute Lehren geben; der Tee ist g. gegen/(auch:) für den Husten; wer weiß, wozu das g. ist; das tut nicht g. (fam.; *das ist keine brauchbare Lösung*). **d)** *geeignet, passend, günstig:* eine gute Gelegenheit nutzen; ihm fällt immer eine gute Ausrede ein; heute ist gutes Wetter zum Angeln; die Äpfel sind g. zum Kochen; der Augenblick war g. gewählt; es trifft sich g., daß du kommst; das hast du g. *(treffend)* gesagt; er hat es ihm g. gegeben (ugs.; *mit treffenden Worten seine Meinung gesagt*). **2.** *angenehm, erfreulich, positiv, vorteilhaft:* eine gute Nachricht, Mitteilung, Botschaft; sie hatten eine gute Reise, Fahrt; wir hatten gutes Wetter; er hat gute Aussichten, befördert zu werden; er lebt in guten Verhältnissen; guten Mutes sein; etwas zu einem guten Ende führen; er hat heute einen guten Tag *(Tag, an dem ihm alles gelingt);* er hat/

führt dort ein gutes *(glückliches, sorgloses)* Leben; der Eindruck, den er machte, war nicht g.; mir ist [es] heute nicht g. *(ich fühle mich körperlich nicht wohl)*; Redensart: Ende g., alles g. · er ist g. gelaunt; es geht ihnen g.; hier ist, läßt sich g. leben; er hat es g. zu Hause; es wird schon wieder g. werden; du bist g. daran (ugs.; *hast Glück*); das ging noch einmal g. aus; der Braten schmeckt, riecht g.; er sieht g. aus; diese Farbe kleidet dich, steht dir g.; das trifft sich g.; er ist noch einmal g. *(glimpflich, glücklich)* davongekommen; das Klima ist ihr g. bekommen; subst.: etwas Gutes war doch an der Sache; was bringst du Gutes?; jmdm. alles Gute wünschen; ihm ahnte nichts Gutes; das kann zu nichts Gutem führen; etwas wendet sich wieder zum Guten; etwas hat [auch] sein Gutes *(eine positive Seite)*; (iron.:) was mir da zugemutet wurde, war doch zuviel des Guten *(war zuviel)*. **3.** *reichlich, groß, viel:* eine gute Ernte, ein gutes *(ertragreiches)* Jahr; guten Appetit haben; er hat einen guten Zug (ugs.; *trinkt viel auf einmal*); einen guten *(tüchtigen)* Schluck tun; sein gutes Auskommen haben; gute Geschäfte machen; das kostet mich ein gutes Stück *(viel)* Geld; er wartete eine gute Stunde auf ihn; ein guter Liter Wasser; wir haben ein gut[es] Stück des Weges zurückgelegt; ein gut[er] Teil der Schuld lag bei ihm; das hat noch gute Weile, Wege (geh.; veraltend; *das eilt nicht*); bis dahin sind es noch g. drei Kilometer; der Sack wiegt g. einen Zentner; der Kaufmann hat g. gewogen; damit kommen wir g. aus. **4. a)** *anständig, fein, tadellos:* ein gutes Benehmen; gegen den guten Ton *(einwandfreies, feines Benehmen)* verstoßen; in der Klasse herrscht ein guter Geist; sein Name hat einen guten Ruf; ein Mädchen aus sehr gutem Haus, aus guter Familie; auf eine gute Art, Manier mit etwas fertig werden; ihr Ruf ist nicht besonders g.; sich g. benehmen, aufführen. **b)** *sittlich gut, wertvoll; der Religion, Sitte gemäß:* ein guter Mensch, Christ; ein gutes *(gutgeartetes)* Kind; sie hat ein gutes Herz; sie ist eine gute Seele (ugs.; *ein gutmütiger Mensch*); er ist ein guter Kerl (ugs.; *ist gutmütig, tut keinem etwas zuleide*); (iron.:) der gute Mann irrt, wenn er glaubt, ich lasse mir das gefallen; gute Taten, Werke vollbringen; ein gutes *(reines)* Gewissen haben; er arbeitet eifrig für die gute Sache; das Geld ist für einen guten Zweck gedacht; Sprichwörter: schlechte Beispiele verderben gute Sitten; ein gutes Gewissen ist ein sanftes Ruhekissen · sie war immer sehr g. zu den Kindern/(selten:) gegen die Kinder; dafür bin ich mir zu g. *(ich halte die Sache für schlecht und tue sie deshalb nicht)*; du hast g. und richtig gehandelt; subst.: Gutes mit Bösem vergelten; er hat viel Gutes getan; an das Gute glauben; jenseits von Gut und Böse sein. **5.** *wohlmeinend, freundlich, vertraut, gefällig:* ein guter Kamerad; sein bester Freund; gute Nachbarschaft halten; es waren gute Bekannte von ihm; er will den Hund nur in gute Hände *(in fürsorgliche Pflege)* geben; bei etwas gutem Willen *(innerer Bereitschaft)* wäre es gegangen; jmdm. g. sein (fam.; *zugetan sein*); die beiden sind wieder g. miteinander (fam.; *sind wieder versöhnt*); sei [doch bitte] so g. und nimm das Paket mit; er meint es g. mit dir; er steht g. mit ihm, kommt g. mit ihm aus; er redete ihm g. zu; subst.: er hat mir viel Gutes [und Liebes] erwiesen; sie hat mir schon oft geholfen, die Gute (fam.). **6.** (ugs.) *nicht für den Alltag; besonderen, feierlichen Anlässen vorbehalten:* die gute Stube, das gute Zimmer; der gute Anzug; die guten Sachen anziehen; das dürft ihr ins gute Heft schreiben; dieses Kleid ist nur für g. **7.** *leicht, mühelos:* das Instrument spielt sich g.; diese Ware ließ sich g. verkaufen; hinterher hat man, kannst du g. reden; du hast g. lachen *(bist nicht in meiner Lage)*; es kann g. sein *(es ist leicht möglich)*, daß er sich getäuscht hat; ich kann ihn nicht g. *(nicht so einfach)* darum bitten. * (geh.; verhüll.:) **guter Hoffnung sein** *(schwanger sein)* · **guter Dinge sein** *(gut aufgelegt sein)* · **sich** (Dativ) **einen guten Tag machen** *(sich etwas gönnen)* · **jmdm. gute Worte geben** *(jmdm. zureden; jmdn. um etwas bitten)*: er gab ihm gute Worte und versprach ihm alles mögliche, aber er ließ sich nicht erweichen · **ein gutes Wort für jmdn. einlegen** *(sich für jmdn. verwenden)* · (ugs.:) **eine gute Nase/einen guten Riecher haben** *(einen besonderen Spürsinn haben; etwas richtig einschätzen)* · (ugs.:) **kein gutes Haar an jmdm., an etwas lassen** *(jmdn., etwas sehr schlechtmachen)* · **gute Miene zum bösen Spiel machen** *(etwas wohl oder übel geschehen lassen, hinnehmen)* · (ugs.:) **es gut sein lassen** *(es dabei bewenden lassen)* · **es gut treffen** *(Glück haben)*: er hat es in seinem Urlaub [mit dem Wetter] g. getroffen; (ugs.:) **bei jmdm. gut angeschrieben sein** *(bei jmdm. in gutem Ansehen stehen)* · (ugs.:) **für etwas gut sein** *(die Voraussetzung für etwas bieten; einer bestimmten Erwartung entsprechen)*: dieser Stürmer ist immer g. für ein Tor · **gut daran tun** *(mit etwas richtig handeln)*: du tust g. daran, dich nicht zu beteiligen · **auf gut Glück** *(ohne die Gewißheit eines Erfolges)* · **zu guter Letzt** *(schließlich)* · **im guten/in gutem Glauben** *(im Vertrauen auf die Richtigkeit)* **im guten** *(friedlich, ohne Streit)*: etwas im guten sagen, regeln; im guten auseinandergehen · **gut und gern** *(mindestens; ohne zu übertreiben)*: bis dahin sind es noch g. und gern zehn Kilometer · **so gut wie** *(beinahe, fast)*: das ist so gut wie sicher · **guten Morgen!; guten Tag!; guten Abend!; gute Nacht!** /*Grußformeln*/ · (ugs.:) **mach's gut!** /*Abschiedsgruß*/ · **gut Holz!** /*Keglergruß*/ · **gut Naß!**/*Gruß der Schwimmer*/ · **gute Besserung!** /*einem Kranken geltende Wunschformel*/ · **guten Appetit!** /*Wunschformel beim Essen*/ · **kurz und gut** *(mit anderen Worten; zusammenfassend kann man sagen; reden wir nicht länger darüber)*: kurz und g., du weißt jetzt, wie die Dinge liegen, und kannst dich danach richten.

Gut, das: **1.** *Wert, Besitz:* rechtmäßiges, ererbtes, gestohlenes, herrenloses, fremdes G.; liegende, unbewegliche Güter *(Immobilien, Liegenschaften)*; bewegliche, fahrende *(veraltet)* Güter *(transportabler Besitz, wie Möbel o. ä.)*; die wahren, wirklichen, irdischen weltlichen, zeitlichen, äußeren, geistigen, inneren, ewigen, bleibenden Güter; er hat all sein G. verschleudert; Redensart: Gesundheit ist das höchste G.; Sprichwörter: unrecht G. gedeihet nicht; unrecht G. tut selten gut. **2.** *großer landwirtschaftlicher Betrieb, Bauernhof:* ein großes, kleines G. pachten, bewirtschaften; er hat das G. seines Vaters wieder in die Höhe gebracht; er lebte zurückgezogen auf seinen Gütern. **3.** *versandfertige Ware:* sperrige, leichte Güter; leicht verderbliches G.; Güter aufgeben, abfertigen, absenden, verladen, versenden, verschicken, verzollen, zu Schiff bringen, mit dem Flugzeug befördern. **4.** (veraltet) *Material:* bei diesem Bau wurde schlechtes G. verwendet; irdenes G. *(Tongeschirr);* Seemannsspr.: stehendes und laufendes G. *(das gesamte Schiffstauwerk).* * (geh.:) **nicht um alle Güter der Welt** *(auf keinen Fall, um keinen Preis)* · **Hab und Gut; Geld und Gut** *(gesamter Besitz).*

Gutachten, das: *fachmännisches Urteil:* ein medizinisches, juristisches G.; ein negatives, positives, detailliertes G.; das ärztliche G. liegt noch nicht vor; ein G. anfordern, einholen, abgeben.

gutartig: a) *nicht widerspenstig:* ein gutartiges Kind; eine gutartige Natur; das Tier ist g. **b)** *ungefährlich:* eine gutartige Geschwulst; die Krankheit ist, verlief g.

Gutdünken ⟨in der Verbindung⟩ nach Gutdünken: *nach eigenem Ermessen, beliebig:* nach G. vorgehen, handeln; das kannst du nach [deinem] eigenem G. entscheiden.

Güte, die: **1.** *Qualität, Beschaffenheit:* die bekannte, vielgepriesene G. einer Ware; die G. eines Stoffes prüfen; Waren von ausgezeichneter, mittlerer G. **2.** *Gütigsein, Freundlichkeit:* ihre große, unendliche G. beschämte ihn; die G. Gottes ist ohne Grenzen; er ist die G. selbst, die G. in Person (ugs.); seine G. gegen uns war groß; sie sah ihn voller G. an; hätten Sie die G. (geh.; *wären Sie so freundlich),* mir zu helfen?; jmdn. durch G. überzeugen; sich in G. *(ohne Streit)* einigen; mit G. kommt man [nicht] weiter; er machte ihm einen Vorschlag zur G. *(zur gütlichen Einigung).* * (ugs.:) **[ach]du meine /du liebe Güte!** */Ausruf der Verwunderung, des Erschreckens o. ä./.*

gutgläubig: *nichts Böses vermutend; voll Vertrauen:* eine gutgläubige alte Frau, ein gutgläubiger Kunde; du bist viel zu g.; sich g. auf etwas einlassen.

guthaben ⟨etwas g.⟩: *zu fordern haben:* du hast bei mir noch einiges, zehn Mark g.; in dem Geschäft hatte ich noch für fünf Mark Waren gutgehabt.

Guthaben, das: *Geldsumme, auf die man einen Anspruch hat:* Ihr G. bei uns beträgt 100 Mark; ein großes, beachtliches, kleines G.; er hat noch ein G. auf der Bank, bei der Sparkasse, bei mir; der Kontoauszug weist ein G. *(einen Überschuß der Gutschriften)* von 450 Mark auf.

gutheißen ⟨etwas g.⟩: *billigen, anerkennen:* einen Plan, Entschluß g.; das kann ich nicht g.; ich verstehe nicht, warum du so etwas gutgeheißen hast.

gütig: *voller Güte; freundlich und hilfreich:* ein gütiger Mensch; ein gütiges Herz haben; Sie sind sehr g. zu mir; er zeigte sich sehr g. gegen (veraltend) uns; sie lächelte g.; /in bestimmten veralteten Höflichkeitsformeln/: mit Ihrer gütigen Erlaubnis; erlauben Sie gütigst; verzeihen Sie gütigst.

gütlich: *ohne Streit, im guten:* eine gütliche Einigung; auf dem Wege gütlicher Verständigung; einen Streit g. beilegen, schlichten; ich habe mich g. mit ihm geeinigt. * **sich an etwas gütlich tun** *(von etwas reichlich und mit Genuß essen, trinken):* ich tat mich g. an dem Kuchen.

gutmachen ⟨etwas g.⟩: **1.** *wieder in Ordnung bringen:* einen Fehler, ein Versehen, einen Schaden [wieder] g.; das ist so schnell nicht wieder gutzumachen; ⟨etwas an jmdm. g.⟩ er hat viel an ihr gutzumachen *(er hat ihr großes Unrecht getan).* **2.** *Überschuß erzielen:* er hat bei dem Geschäft 50 Mark gutgemacht.

Gutschein, der: *Bon:* Gutscheine ausgeben, einlösen; ein G. für bestimmte Waren; ein G. im Wert von 50 Mark; ein G. über 50 Mark.

gutschreiben ⟨jmdm., einer Sache etwas g.⟩ *als Guthaben eintragen:* wir haben Ihnen, Ihrem Konto die Summe gutgeschrieben.

guttun: 1. ⟨etwas tut jmdm., einer Sache gut⟩ *etwas hat eine gute, angenehme Wirkung:* der Tee wird dir, deinem Magen guttun; ⟨auch ohne Dativ⟩ ein Schnaps tut gut bei der Kälte. **2.** (ugs.) *sich anständig aufführen, sich ordentlich benehmen:* hoffentlich tut er in der neuen Schule gut; er tut nirgends gut.

gutwillig: *guten Willen zeigend, gehorsam:* ein gutwilliges Kind; der Schüler ist zwar g., aber nicht sehr begabt; er ist g. mitgekommen.

H

Haar, das: *einzelnes Haar; Gesamtheit der Haare, Kopfhaar:* blondes, braunes, rotes, schwarzes, dunkles, helles, glänzendes, stumpfes H.; kurzes, langes, dichtes, schütteres, spärliches, volles H.; glattes, krauses, lockiges, strähniges, welliges, fettiges, trockenes H.; sein H. ist schlohweiß, wird grau; seine Haare wachsen schnell, fallen [ihm] aus; sein H. lichtet sich (geh.); ihre Haare brechen [ihr] ab; flachsblondes H. bedeckte seinen Kopf; ihre Haare saßen gut; das offene H. fiel ihr [strähnig] in, über die Stirn; seine Haare hingen ihm [unordentlich] ins Gesicht; dem Hund sträubten sich die Haare; graues H./graue Haare haben, bekommen; das H./die Haare abschneiden, auskämmen, bleichen, brennen, bürsten, eindrehen, [blond] färben, [zu einem Zopf] flechten, tönen, frisieren, kämmen, legen, machen (ugs.), ondulieren, ordnen, richten, schneiden, stutzen (ugs.), tönen, toupieren, trocknen, waschen; sich (Dativ) das H./die Haare abschneiden lassen; ich lasse mir das H./die Haare wachsen; sie trägt das H. kurz, aufgesteckt, im Knoten; er strich sich (Dativ) das

H./die Haare zurecht, zurück, aus dem Gesicht; er warf mit einem Ruck die Haare nach hinten; ich ziehe, reiße ihm ein graues H. aus; bildl. (ugs.): sich (Dativ) [vor Wut und Verzweiflung] die Haare [aus]raufen, ausreißen · jmdn. an den Haaren ziehen, zerren, reißen, bei den Haaren packen (ugs.); sich [nachdenklich] mit den Fingern durch, über das H. fahren, streichen; ein Band, eine Blume im H. tragen; eine Puppe mit echtem, künstlichem H.; Redensarten: krauses H., krauser Sinn; lange Haare, kurzer Verstand. * (ugs.:) **jmdm. stehen die Haare zu Berge** *(jmd. ist erschrocken, entsetzt)* · (ugs.:) **Haare lassen** [**müssen**] *(Schaden, Nachteile erleiden)* · (ugs.:) **Haare auf den Zähnen haben** *(schroff und rechthaberisch sein)* · (ugs.:) **ein Haar in der Suppe, in etwas finden** *(etwas an einer Sache auszusetzen, zu kritisieren haben)* · **niemandem ein/jmdm. kein Haar krümmen** [**können**] *(niemandem etwas, jmdm. nichts zuleide tun [können])* · (ugs.:) **jmdm. die Haare vom Kopf fressen** *(auf jmds. Kosten leben und ihn arm machen)* · **kein gutes Haar an jmdm., an etwas lassen** *(jmdn., etwas sehr schlechtmachen)* · (ugs.:) **sich** (Dativ) **über etwas/um etwas/wegen einer Sache keine grauen Haare wachsen lassen** *(sich wegen etwas keine Sorgen machen)* · **etwas hängt an einem Haar** *(ist sehr unsicher)* · (ugs.:) **etwas an, bei den Haaren herbeiziehen** *(etwas anführen, was nicht oder nur entfernt zur Sache gehört)* · **aufs Haar** *(ganz genau)*: die Zwillinge gleichen sich aufs Haar · (ugs.:) **sich in den Haaren liegen** *(miteinander Streit haben)* · (ugs.:) **sich in die Haare fahren/geraten/kriegen** *(in Streit geraten)* · (ugs.:) **mit Haut und Haar**[**en**] *(ganz, völlig)* · **um ein Haar: a)** *(beinahe, fast)*: um ein H. hätte er sich geschnitten. **b)** *(ganz wenig)*: dieses Auto ist nur um ein H. länger als jenes · **nicht** [**um**] **ein Haar/**[**um**] **kein Haar** *(nicht, um nichts)*: er ist [um] kein H. besser als sein Freund.

haaren: *Haare verlieren:* **a)** /von Tieren/ ⟨sich h.⟩ die Katze haart sich. **b)** die Katze haart; das Fell, der Teppich hat sehr gehaart.

Haaresbreite ⟨nur in bestimmten Wendungen⟩: **um Haaresbreite** *(äußerst knapp)*: er ist [nur] um H. dem Tod entgangen · **nicht um Haaresbreite** *(kein bißchen, nicht im geringsten)*: er wich nicht um H. von seiner Ansicht ab.

haarig: 1. *stark behaart:* haarige Beine, eine haarige Brust. **2.** (ugs.) *unangenehm, böse:* eine ziemlich haarige Geschichte, Angelegenheit; dieser Fall ist recht h.; dabei ist es h. *(schlimm)* zugegangen.

Habe, die (geh.): *Besitz, Eigentum, Vermögen:* seine ganze H. verlieren; er ist um seine einzige Habe gekommen. * **Hab und Gut** *(alles, was man besitzt)* · (Rechtsw.:) **liegende Habe** *(Grundbesitz)* · (veraltet:) **fahrende Habe** *(beweglicher Besitz)*.

haben: I. ⟨etwas h.⟩ **1.a)** *besitzen, sein eigen nennen:* ein Auto, ein Haus, einen Hund h.; viel Geld h.; (ugs.:) die haben's ja *(die haben das nötige Geld dazu)*; er hat nichts; /auch von Personen/ einen Bruder, eine Tochter, keine Eltern, Freunde h.; die Stadt hat [an die, über, um] 50 000 Einwohner; /verblaßt/ das Recht, die Pflicht h.; er hat gute Beziehungen. **b)** *über etwas verfügen:* das Haus hat zwei Ausgänge; Zeit, Muße h. **2.** (Schülerspr.) *als Lehrfach haben:* wir haben gleich Deutsch, Englisch. **3.a)** *mit etwas versehen, ausgestattet sein:* blaue Augen h. *(blauäugig sein)*, lange Beine, ein schwaches Gedächtnis, ein gutes Herz h.; Ausdauer, Energie, viel Geduld, Macht h. **b)** *von etwas ergriffen, befallen sein:* Durst h. *(durstig sein)*; Fieber h. *(fiebrig sein)*; Husten, Scharlach h.; er hat es an der Galle, auf der Brust, im Hals *(er ist krank an der Galle usw.)*. **4.** *von etwas bedrückt, erfüllt werden:* Abscheu h. *(verabscheuen)*; Angst, Sorgen, Zweifel h.; den Wunsch, die Hoffnung haben, daß ...; (ugs.:) er hat etwas *(ihn bekümmert etwas)*; was hat er nur? *(was bedrückt ihn nur?)*. **5.a)** *herrschen, [vorhanden] sein:* wir haben schönes Wetter *(es herrscht, ist schönes Wetter [bei uns])*; wir hatten eine tolle Stimmung. **b)** ⟨es h.; mit Artangabe⟩ *bei jmdm., für jmdn. in einer bestimmten Weise sein:* er hat es schwer *(es ist für ihn schwer)*; wir haben es schön zu Hause *(bei uns ist es schön zu Hause)*. **II.** (ugs., landsch.) ⟨sich h.⟩ *sich zieren, sich anstellen:* wie die sich wieder hat!; hab dich nicht so! **III. 1.** ⟨mit Infinitiv und *zu*⟩ **a)** *müssen:* er hat noch zu arbeiten, wir haben noch eine Stunde zu fahren; du hast zu gehorchen. **b)** *zu etwas berechtigt sein:* er hat hier nichts zu befehlen. **2.** ⟨etwas liegen, stehen usw. haben; mit Raumangabe⟩ *irgendwo zur Verfügung haben:* er hat ein Faß Wein in seinem Keller liegen (nicht korrekt: zu liegen). **3.a)** ⟨mit einem 2. Part.; dient der Perfektumschreibung⟩ /bei transitiven und reflexiven Verben/: er hat den Mann gesehen; ich hatte mich geschämt; /bei intransitiven Imperfektiva/: wir haben gut geschlafen; die Rose hat nur kurz geblüht; /bei Verben, die eine allmähliche Veränderung bezeichnen/: der Regen hat/(auch:) ist schnell wieder abgetrocknet; er hat/(auch:) ist gealtert; /bei Verben der Bewegung zur Kennzeichnung der Dauer/: ich habe früher viel getanzt. **b)** ⟨gehabt haben mit 2. Part.; ugs., landsch. als Zusatzumschreibung des [Plusquam]perfekts⟩ ich hatte das doch bereits gesagt gehabt; als er kam, haben wir schon gegessen gehabt *(hatten wir schon gegessen)*. * (landsch.:) **es hat** *(es gibt)*: es hat hier noch eine alte Mühle · (ugs.:) **sich haben** *(sich streiten)*: Mensch, die haben sich gestern wieder gehabt! · **zu haben sein** *(zu bekommen sein)*: Eintrittskarten sind noch zu h.; seine Tochter ist noch zu haben (ugs.; *ist noch ledig*) · **für etwas zu haben sein** *(bei etwas mitmachen, für etwas zu gewinnen sein)*: für dieses Unternehmen bin ich nicht zu h. · **etwas an sich haben** *(etwas ist jmds. Eigenart)*: das hat er so an sich · **etwas hat nichts auf sich; mit etwas hat es nichts auf sich** *(etwas bedeutet nichts)* · **etwas hat etwas für sich** *(etwas hat gewisse Vorzüge)*: diese Ansicht hat viel, wenig, einiges, nichts für sich · **etwas gegen jmdn., gegen etwas haben** *(jmdn., etwas nicht leiden können, etwas ablehnen)* · **jmdn., etwas hinter sich haben: a)** *(etwas überstanden haben)*: diese Operation hat er hinter sich. **b)** *(von jmdm. unterstützt werden)*: er hat die Hälfte der Fraktion hinter sich · (ugs.:) **etwas hat es in sich: a)** *(etwas ist schwer)*: das Klavier hat es aber in sich. **b)** *etwas hat (seine Schwierigkeiten)*: diese Rechenaufgabe hat es aber in sich. **c)** *(etwas hat starke Wirkung)*: dieser Wein hat es in sich · (ugs.:) **etwas mit jmdm. haben** *(ein Verhältnis mit jmdm. haben)* · (ugs.:) **es mit etwas haben** *(sich dauernd mit etwas beschäftigen und es überbewerten):* er hat es mit dem Photographieren · **etwas von etwas haben** *(Nutzen von etwas haben):* von dem Vortrag habe ich nichts gehabt · **etwas vor sich haben** *(etwas steht jmdm. bevor, liegt in naher Zukunft)* · (ugs.:) **ich hab's** *(mir fällt es ein, ich weiß es jetzt)* · (ugs.:) **haste was kannste; haste nicht gesehen** *(schnell):* er ist haste, was kannste davongelaufen.

Haben: → Soll.

[1]Hacke, die: *ein Gerät zur Garten- oder Feldarbeit:* den Boden mit der H. bearbeiten.

[2]Hacke, die; (seltener:) Hacken, der: **a)** (landsch.) *Ferse:* an der rechten H./am rechten Hacken eine Blase haben; er tritt mir auf die Hacken. **b)** (landsch. und Soldatenspr.) *Absatz am Schuh:* abgetretene, schiefe Hacken; die Hacken zusammenschlagen, zusammennehmen, zusammenklappen; sich auf der H. drehen. **c)** (landsch.) *Fersenteil des Strumpfes:* ein Loch in der H./im Hacken haben. * (ugs.:) **sich** (Dativ) **die Hacken nach etwas ablaufen/abrennen** *(viele Gänge machen, um etwas zu finden, zu erreichen)* · (ugs.:) **jmdm. dicht auf den Hacken sein/sitzen** *(jmdn. verfolgen, dicht hinter jmdm. sein).*

hacken: 1. ⟨etwas h.⟩ **a)** *mit einer Axt, einem Beil spalten, zerkleinern:* Holz h.; er hackte einen Berg Brennholz, die Kisten in Stücke, die Bank zu Kleinholz. **b)** *zerkleinern:* Zwiebeln h.; gehackter Spinat; subst. Part.: das Gehackte *(gehacktes Fleisch).* **c)** *mit einer Hacke locker machen:* das Beet, den Boden, den Garten h. **d)** *hackend anlegen, machen:* eine Grube h.; er hatte mit dem Absatz ein Loch in das Eis gehackt. **2.** ⟨jmdm./jmdn., sich in etwas h.⟩ *jmdn., sich mit der Axt, dem Beil an etwas verletzen:* ich habe mir/mich ins Bein gehackt. **3.** *mit dem Schnabel schlagen:* **a)** (selten) ⟨jmdn. h.⟩ ich wurde vom Papagei gehackt. **b)** ⟨nach jmdm., nach etwas h.⟩ die Dohle hackte nach ihm, nach seiner Hand. **c)** ⟨jmdm./jmdn. in etwas h.⟩ die Henne hackte mir/mich in die Hand. * (ugs.:) **Holz auf sich** (Dativ) **hacken lassen** *(sich alles gefallen lassen).*

Hacken: → **[2]Hacke.**

Hader, der (geh.): *Streit:* mit jmdm. in H. liegen.

hadern (geh.) ⟨mit etwas h.⟩: *unzufrieden sein:* er haderte mit seinem Schicksal; mit Gott h. *(Gott anklagen).*

Hafen, der: *Stelle oder Anlage, wo Schiffe anlegen können:* ein fremder, eisfreier H.; künstliche Häfen; der Londoner H.; der H. in, von London; das Schiff läuft den H. an; einen H. ausbauen, stillegen; einen sicheren H. finden; aus einem H. auslaufen; in einen H. einlaufen; im H. liegen. * (verhüll.:) **in den letzten Hafen einlaufen** *(sterben)* · (scherzh.:) **im Hafen der Ehe landen; in den Hafen der Ehe einlaufen** *(heiraten).*

Hafer, der: */eine Getreideart/:* der H. steht schlecht, ist reif; H. anbauen, ernten, füttern, säen. * (ugs.:) **jmdn. sticht der Hafer** *(jmd. ist [zu] übermütig).*

Haft, die: *Freiheitsentzug, polizeilicher Gewahrsam:* eine langjährige, leichte H.; eine H. verbüßen, absitzen (ugs.); aus der H. entfliehen; jmdn. aus der H. entlassen; in H. sitzen, sich in H. befinden; jmdn. in H. [be]halten; er wurde zu drei Tagen H. verurteilt. * **jmdn. in Haft nehmen** *(inhaftieren)*

haftbar ⟨in den festen Verbindungen⟩ **jmdn. für etwas haftbar machen** *(verantwortlich machen):* er machte ihn h. für den Verlust · **für etwas haftbar sein** *(verantwortlich sein):* er ist h. für den Schaden.

[1]haften ⟨etwas haftet⟩: *etwas sitzt fest, klebt:* Staub haftet in seinem Haar; das Etikett haftet noch nicht, endlich; ein Blumenduft haftet an ihren Kleidern; übertr.: sein Blick haftete, seine Augen hafteten an ihrem Gesicht *(er starrte sie unverwandt an);* seine bäuerliche Herkunft wird immer an ihm h. *(hängt ihm an);* dieser Eindruck haftet in der Erinnerung, im Gedächtnis *(ist dort eingeprägt).*

[2]haften ⟨für jmdn., für etwas h.⟩: *bürgen, verantwortlich sein:* die Eltern haften für ihre Kinder; die Versicherung hat für den Schaden nicht gehaftet; ⟨jmdm. für jmdn., für etwas h.⟩ er haftet mir dafür, daß sich keine Zwischenfälle ereignen.

Hagel, der: *aus Eiskörnern bestehender Niederschlag:* der H. prasselte gegen die Scheiben, zerstörte die Saat; übertr.: *eine große Menge von etwas:* ein H. von Steinen, von Drohungen.

hageln ⟨es hagelt⟩: *es fällt Hagel:* es beginnt zu h.; gestern hat es während des Gewitters gehagelt · ⟨es hagelt etwas⟩ es hagelte Taubeneier (ugs.; *es fielen taubeneigroße Hagelkörner*); übertr.: *etwas fällt in dichten Mengen herab:* Bomben hagelten auf die Stellungen *(prasselten auf sie nieder);* es hagelte Hiebe *(es gab viele Hiebe);* es hagelte Proteste wegen des Vorgehens der Polizei *(es gab viele Proteste).*

hager: *mager, knochig:* eine hagere Alte; hagere Arme; von hagerer Gestalt sein; er war, wirkte sehr hager.

[1]Hahn, der: *männliches Huhn:* ein großer, stolzer H.; die Hähne krähen; er stolziert umher wie ein H., (ugs.:) wie der H. auf dem Mist. * (ugs.:) **Hahn im Korb sein** *([als einziger Mann in einem Kreis von Frauen] Hauptperson, Mittelpunkt sein)* · (ugs.:) **kein Hahn kräht nach jmdm., nach etwas** *(niemand kümmert sich um jmdn., um etwas)* · (veraltet:) **jmdm. den roten Hahn aufs Dach setzen** *(jmds. Haus in Brand stecken)* · **der gallische/welsche Hahn** */Sinnbild Frankreichs/.*

[2]Hahn, der: **1.** *Vorrichtung zum Absperren von Rohrleitungen:* ein undichter Hahn; der Hahn tropft; alle Hähne/(fachspr. gelegentlich auch:) Hahnen abdrehen, andrehen, öffnen, schließen. **2.** *Vorrichtung zum Auslösen des Schusses:* den H. spannen.

häkeln: a) *eine Häkelarbeit machen:* die Mutter saß auf der Couch und häkelte. **b)** ⟨etwas h.⟩ *mit der Häkelnadel anfertigen:* eine Decke, Spitzen h. **c)** (ugs., landsch.) ⟨sich mit jmdm. h.⟩ *sich halb im Ernst, halb im Scherz mit jmdm. streiten:* er häkelt sich dauernd mit seiner Schwester.

Haken, der: **1.** *gebogenes Stück Metall (oder Holz) zum Aufhängen oder Festmachen von etwas:* ein eiserner H; einen H. in die Wand einschlagen; der Mantel hing an, auf einem H.; er hängte den Mantel an, auf einen H.; die Haken (aus den Ösen) lösen; Häkchen an das Kleid, an das Korsett nähen. **2.** *hakenförmiges Zeichen:* einen H. auf dem u, hinter den Namen machen. **3.** (Boxen) *Schlag mit angewinkeltem Arm:* einen rechten H.; einen kurzen H. hochreißen, schlagen. * (ugs.:) **etwas hat einen Haken** *(etwas hat eine Schwierigkeit)* · (ugs.:) **das ist/da liegt/da sitzt der Haken** *(das ist, da liegt die Schwierigkeit)* · **einen Haken schlagen** *(beim Laufen plötzlich die Richtung ändern):* der Hase schlug einen H. · (ugs.:) **mit Haken und Ösen** *(mit allen erlaubten und mit unerlaubten Mitteln):* er ist ein großartiger Fußballer, aber er spielt mit Haken und Ösen.

halb ⟨Bruchzahl⟩: **a)** *die Hälfte von etwas umfassend, zur Hälfte:* ein halbes Brot; ein halb[es] Dutzend; die Ware zum halben Preis verkaufen; mit halber Kraft (Seemannsspr.) fahren; jmdn. auf halbe Ration setzen; Musik: halbe Noten, Töne; (ugs.:) das halbe Dorf, die halbe Stadt *(viele Menschen aus dem Dorf, aus der Stadt)*; (ugs.:) die halbe Welt *(viele Menschen)*; auf halber Höhe des Berges; alle halbe/(selten:) halben Meter; auf halbem Wege; alle halbe/(selten:) halben Stunden; in einer halben Stunde; es ist, schlägt h. [eins]; es ist acht Minuten bis, nach, vor h. [acht Uhr]; [um] voll und h. jeder Stunde; die Flasche ist h. leer; er ist nur h. so fleißig wie sein Freund; es macht nur h. soviel Mühe; die Wirkung wird nur h. [so groß] sein; den Apfel nur h. essen; sich h. umdrehen, erheben; die Zeit ist schon h. um, vorbei; Sprichwörter: geteilter Schmerz ist halber Schmerz; frisch gewagt ist h. gewonnen. **b)** *unvollständig, unvollkommen, nicht richtig* ⟨häufig in Verbindung mit *nur u. ä.*⟩: nur halbe Arbeit leisten; keine halben Sachen machen; mit halber *(leiser)* Stimme; das Fleisch ist nur h. gar; die Birnen sind erst h. reif; etwas nur h. tun; ich habe den Redner, den Vortrag nur h. verstanden; er weiß alles nur h. **c)** *fast [ganz], so gut wie:* er ist ein halber Mediziner; wir waren noch halbe Kinder; das dauert schon eine halbe Ewigkeit *(sehr lange)*; h. blind irrte sie durch die Wohnung; er war schon h. drüben; sich h. zu etwas entschließen; etwas h. versprechen. * **nur noch ein halber Mensch sein** *(nicht mehr im Vollbesitz seiner Kräfte und Fähigkeiten sein)* · (ugs.; verächtlich:) **eine halbe Portion** *(ein Schwächling)* · (geh.:) **mit halbem Herzen** *(mit wenig Interesse)* · **mit halbem Ohr zuhören/hinhören** *(ohne Aufmerksamkeit hin-, zuhören)* · **sich auf halbem Wege treffen** (sich durch beiderseitiges Nachgeben einigen) · **jmdm. auf halbem Wege entgegenkommen** *(teilweise nachgeben)* · **auf halbem Wege stehenbleiben** *(etwas nicht abschließen, vollenden)* · **auf halbem Wege steckenbleiben** *(etwas nicht abschließen können, vollenden können)* · **auf halbem Wege umkehren** *(etwas aufgeben)* · **halb ... halb** *(teils ... teils):* die Zuschauer waren h. verängstigt, h. belustigt · (ugs.:) **mit jmdm. halb und halb/halbe-halbe machen** *(Gewinn und Verlust mit jmdm. zur Hälfte teilen)*.

halber ⟨Präp. mit Gen.; immer nachgestellt⟩: der Ordnung, der Form h.; er ist Geschäfte halber verreist.

halbieren ⟨etwas h.⟩: *etwas in zwei gleiche Teile teilen:* eine Apfelsine h.

halbpart ⟨Adverb; gewöhnlich in der festen Verbindung⟩ mit jmdm. halbpart machen (ugs.): *Gewinn und Verlust mit jmdm. zur Hälfte teilen.*

halbwegs ⟨Adverb⟩: **1.** (veraltend) *auf halbem Wege:* er kam mir h. entgegen. **2.** *einigermaßen:* er ist ein h. begabter Schüler; sie konnte ihn h. besänftigen. * (ugs.:) **mach's nur halbwegs!** *(übertreibe nur nicht!)*

Hälfte, die: **a)** *der halbe Teil:* die eine, schlechtere, obere, hintere H.; eine H. des Brotes; Sport: die gegnerische H. [des Spielfeldes]; [mehr als] die H. aller Indianer lebt/(seltener) leben in den Reservationen; in der ersten H. des vorigen Jahrhunderts; er bekam über die H.; je zur H. teilen; jmdn. nur zur H. *(nicht genau)* kennen. **b)** (ugs.) *einer von zwei Teilen eines Ganzen:* die kleinere, größere H. * (iron.:) **bessere Hälfte: a)** *(Ehefrau):* er stellte sie vor als seine bessere H. **b)** *(Ehemann):* sie stellte ihn vor als ihre bessere H. · (iron.:) **schönere Hälfte** *(Ehefrau)*.

Halle, die: **1.** *größeres Gebäude mit hohem, weitem Raum:* die H. dröhnte vom Lärm der Maschinen; die H. bietet Platz für drei Flugzeuge; in [der] H. 3 des Messegeländes ... Sport: er startet in diesem Winter viermal in der H. **2.** *größerer Raum in einem Gebäude; Hotelhalle:* die H. betreten; er wartet in der H. des Hotels auf ihn.

hallen ⟨etwas hallt⟩: **a)** *etwas tönt weithin, schallt:* er hörte ihre Schritte h.; ein Schuß hallte durch die Nacht, über den Fluß. **b)** *etwas hallt wider:* die kahlen Räume hallten.

hallo ⟨Interj.⟩: h.! /beim Telephonieren/; h., wer ist da?; h., wie geht es?

Hallo, das: *Geschrei, Lärm, Aufregung:* das war ein großes H.; es gab ein großes H.; jmdn. mit lautem H. begrüßen, empfangen; unter lautem H.

Halm, der: *Gras- und Getreidestengel:* geknickte Halme; die Halme beugten sich unter der Last der Ähren, richteten sich wieder auf; das Getreide auf dem H. *(vor der Ernte)* verkaufen; das Korn schießt in die Halme.

Hals, der: **1.** *Teil des Körpers zwischen Kopf und Rumpf:* ein dicker, faltiger, gedrungener, glatter, hagerer, kurzer, magerer, sehniger, schlanker, weißer, ungewaschener H.; sie hat einen schönen H.; er machte einen langen H., verrenkte sich (Dativ) fast den H.; die Leute reckten die Hälse, um alles sehen zu können; er stürzte vom Pferd und brach sich (Dativ) den H.; die Kinder flogen der Mutter weinend an den H.; bis an den H., bis zum H. im Wasser stehen; er geht immer mit bloßem, nacktem H.; jmdm. um den H. fallen, die Arme um den H. legen; übertr.: *Halsförmiges:* er nahm eine Ampulle und sägte den H. ab; auf dem H. der Sektflasche ...; seine Finger umspannten den Hals des Cellos. **2.** *Kehle:* ein entzündeter, rauher, roter, schlimmer *(kranker)*, trockener H.; mein H. tut weh, schmerzt mich/mir; jmdm. den H. durchschneiden, zudrücken; das Getränk rann eiskalt seinen H. hinunter, durch seinen Hals; (ugs.:) jmdn. am H. packen und würgen; dem Hund hängt die Zunge aus dem H.; das Herz schlug ihm bis in den H., bis zum Hals [herauf]; (ugs.:) sich einen Whisky in den H. kippen; es kratzt [ihn] im H.; die Gräte blieb ihm im Halse stecken; er hat Schmerzen im H., (ugs.:) er hat es im Hals *(hat Halsschmer-*

zen). ∗ (ugs.:) **Hals über Kopf** *(überstürzt, kopflos):* sie reisten H. über Kopf ab · **Hals- und Beinbruch!** *(viel Glück!; alles Gute!* /Wunschformel/) · (ugs.:) **sich** (Dativ) **nach jmdm., nach etwas den Hals verrenken** *(erwartungsvoll nach jmdm., nach etwas Ausschau halten)* · (ugs.:) **jmdm. den Hals abschneiden/brechen/umdrehen** *(jmdn. zugrunde richten, ruinieren)* · (ugs.:) **etwas kostet jmdn./jmdm. den Hals** *(etwas ist jmds. Verderben, ruiniert jmdn.)* · (ugs.:) **den Hals nicht voll [genug] kriegen** *(nicht genug bekommen)* · (ugs.:) **einer Flasche den Hals brechen** *(eine Wein-, Schnapsflasche öffnen, um sie auszutrinken)* · (ugs.; verstärkend:) **sich** (Dativ) **etwas an den Hals ärgern** *(sich übermäßig ärgern):* er wird sich wegen dieses Vorfalls noch die Pest, die Schwindsucht an den H. ärgern · (ugs.:) **jmdn., etwas am/auf dem Hals haben** *(für jmdn., etwas verantwortlich sein, sehr viel Mühe mit jmdm., mit etwas haben)* · (ugs.:) **sich jmdm. an den Hals werfen** *(sich jmdm. aufdrängen)* · (ugs.:) **jmdm. jmdn. auf den Hals schicken/hetzen** *(jmdn., der unerwünscht ist, zu jmdm. schicken):* er wird ihnen die Polizei auf den H. schicken · (ugs.:) **sich** (Dativ) **jmdn., etwas auf den Hals laden** *(für jmdn., mit dem man viel Arbeit und Mühe hat, die Verantwortung übernehmen; sich etwas aufbürden)* · (ugs.:) **aus vollem Hals[e]** *(sehr laut):* aus vollem Halse rufen, singen · (ugs.:) **das Wasser steht jmdm. bis zum Hals[e]** *(jmd. steckt in hohen Schulden, ist in großen Geldschwierigkeiten)* · (ugs.:) **bis über den Hals** *(völlig, total):* bis über den H. verschuldet sein, in Geschäften stecken · (ugs.:) **etwas in den falschen/unrechten/verkehrten H. bekommen** *(etwas falsch auffassen, mißverstehen [und darüber verärgert sein])* · (ugs.:) **etwas bleibt jmdm. im Hals stecken** *(jmd. kann etwas nicht über die Lippen bringen):* die Lüge blieb ihm im H. stecken · (ugs.:) **es geht um den Hals** *(es geht um das Leben, um alles)* · **sich um den/um seinen Hals reden** *(durch unvorsichtige Äußerungen sein Leben riskieren)* · (ugs.:) **jmdm. mit etwas vom Hals bleiben** *(jmdn. mit etwas verschonen, nicht belästigen):* bleib mir mit diesen Geschichten vom H. · (ugs.:) **sich** (Dativ) **jmdn., etwas vom Hals halten** *(sich mit jmdm., auf etwas nicht einlassen)* · (ugs.:) **sich** (Dativ) **jmdn., etwas vom Hals schaffen** *(jmdn., etwas loswerden)* · (ugs.:) **etwas hängt/wächst jmdm. zum Hals heraus** *(jmd. ist einer Sache überdrüssig).*

halt (oberdt.) ⟨Adverb⟩: *eben, nun einmal:* das ist h. so; da muß man h. warten.

Halt, der: **1.** *Stütze:* einen H., nach einem festen H. suchen; der Bergsteiger fand, gewann [mit den Füßen] an der Felswand keinen H.; er verlor den H. und fiel hin; das Bücherregal hat keinen H.; bildl.: sie ist sein moralischer, sittlicher H.; jeden H. verlieren; er hatte an ihr einen festen H. **2.** (geh.) *das Anhalten, Stillstand:* ein kurzer H.; der Zug fährt ohne H. durch; jmdm., einer Sache H. gebieten.

halten /vgl. gehalten/: **1.** ⟨jmdn., etwas h.⟩ *ergriffen haben und nicht mehr loslassen:* eine Last, eine Stange, das Steuerrad nicht mehr h. können; würden Sie bitte meinen Schirm, [für] einen Moment das Kind h.?; ich halte Ihnen die Tasche; ein Kind an, bei der Hand h.; einen Karton unterm Arm h.; die Mutter hielt das Baby im Arm; der Schmied hielt das glühende Eisen mit der Zange; haltet den Dieb! *(laßt ihn nicht laufen!);* er hielt *(stützte)* die Leiter ⟨jmdm. etwas h.⟩ er hielt seiner Mutter den Mantel *(half ihr in den Mantel).* **2.** ⟨jmdn., etwas h.; mit Raumangabe⟩ *jmdn., etwas in eine bestimmte Lage bringen:* das Negativ gegen das Licht, das Kind über das Taufbecken, die Zeitung vor das Gesicht h.; ⟨jmdm., sich etwas h.; mit Raumangabe⟩ jmdm. die Faust unter die Nase h.; er hielt sich die Pistole an die Schläfe. **3. a)** ⟨jmdn. h.⟩ *festhalten, zum Bleiben bewegen:* die Firma versuchte alles, um die Facharbeiter zu h.; was hält uns eigentlich noch [bei dieser Firma]?; ihn hält, es hält ihn [hier] nichts mehr; er ließ sich nicht h. **b)** ⟨etwas h.; gewöhnlich verneint⟩ *zurückhalten:* das Wasser, den Urin nicht, kaum h. können. **4.** ⟨jmdn., sich, etwas h.⟩ **a)** *erfolgreich verteidigen:* die Soldaten hielten die Stellungen; wir werden uns, die Stadt wird sich nicht mehr lange h. können. **b)** *behaupten; weiterhin behalten:* er hält den Weltrekord im Brustschwimmen; er konnte seine Stellung, sich im Betrieb nicht h. *(er hat sich nicht durchgesetzt);* er hat sich im Wettkampf, in der Prüfung gut gehalten *(hat den Anforderungen genügt);* er hat seinen Staatssekretär nicht h. können *(hat ihn fallenlassen).* **5.** ⟨sich an jmdn. h.⟩ *sich mit seinen Ansprüchen an jmdn. wenden:* in diesem Punkt halte ich mich an den Direktor; ich halte mich an ihn *(er haftet, bürgt mir dafür).* **6. a)** ⟨etwas h.⟩ *bewahren, einhalten, beibehalten:* Abstand, Kurs [auf, nach etwas], die Richtung, Schritt, Takt, das Tempo h.; den Ton, die Melodie h.; eiserne Disziplin h.; Frieden, Freundschaft mit jmdm. h.; [Sonntags]ruhe h.; der Kranke muß Diät h. **b)** ⟨etwas h.⟩ *erfüllen, befolgen, ausführen:* sein Wort, einen Schwur, einen Vertrag h.; sie haben die Gebote nicht gehalten. **c)** ⟨sich an etwas h.⟩ *sich nach etwas richten:* sich an ein Gesetz, eine Verordnung, einen Vertrag h.; ich halte mich an unsere Abmachungen. **d)** ⟨auf sich, auf etwas h.⟩ *auf sich, auf etwas besonders achten, auf etwas Wert legen:* [sehr] auf Anstand, Ehre, Sitte h.; auf seine Kleidung, sein Benehmen h.; mein Freund hält sehr auf sich. **7. a)** /verblaßt/ ⟨jmdn., sich, etwas h.; mit Umstandsangabe⟩ *in einem bestimmten Zustand lassen, einen bestimmten Zustand beibehalten, bewahren:* seine Angestellten gut, schlecht, streng h.; sich bereit h.; sie hielten sich umschlungen; sich abseits h.; etwas versteckt h.; sich aufrecht, gut, schlecht h. *(eine aufrechte usw. Körperhaltung haben);* sie hat sich gut gehalten (ugs.; *ist trotz ihres Alters noch sehr jugendlich*); sich schadlos h.; ein Land besetzt h.; er hielt die Tür verschlossen; Speisen frisch, kühl h.; die Temperatur auf 30° Celsius, das Wasser auf einer Temperatur von 30° Celsius h.; jmdn. bei guter Laune h.; sein Andenken in Ehren h.; etwas in Ordnung, instand h.; jmdn. in Bewegung, in Spannung h.; sich im Gleichgewicht h.; etwas hält sich in Grenzen; etwas unter Verschluß h.; das Zimmer ist in Weiß und Gold gehalten; ⟨jmdm., sich etwas h.; mit Artangabe⟩ ich werde mir das gegenwärtig h.; wir haben ihm seine Jugend zugute gehalten. **b)** ⟨etwas hält sich⟩ *etwas bleibt in einem bestimmten Zustand:* die Pfirsiche, die Speisen halten sich *(verderben nicht so schnell)*; die Rosen halten sich gut *(verwelken nicht so schnell)*; das Wetter wird sich halten *(wird sich nicht verändern)*. **c)** ⟨etwas hält⟩ *etwas bleibt ganz, heil, fest:* der Anzug hält [lange]; die Farbe, der Leim hält; wird das Seil h.?; der Nagel hält. **8.** ⟨an sich h.⟩ *sich beherrschen:* ich mußte an mich h., ich konnte nicht mehr an mich h. **9. a)** ⟨sich h.; mit Raumangabe⟩ *eine bestimmte Richtung einschlagen:* sich [nach] links, nach Norden h.; wir müssen uns ostwärts h. **b)** (Seemannsspr.) ⟨mit Raumangabe⟩ *zusteuern:* [mit dem Schiff] nach Norden h.; der Dampfer hält auf die Küste zu. **c)** ⟨sich h.; mit Raumangabe⟩ *eine bestimmte Position einnehmen:* er hielt sich immer an ihrer Seite, hinter ihr; das Flugzeug hielt sich auf einer Höhe von 8000 m. **10.** ⟨jmdn., etwas h.⟩ *[zu seiner Verfügung] haben, unterhalten:* Haustiere h.; er hält *(abonniert)* eine Zeitung; ⟨sich (Dativ) etwas h.⟩ ich halte mir einen Hund, Reitpferde; wir können uns kein Auto h. *(leisten)*. **11.** ⟨etwas h.⟩ *veranstalten, abhalten* /vielfach verblaßt/: eine Andacht h.; Hochzeit h. *(feiern)*; über jmdn. Gericht h. (geh.; *zu Gericht sitzen*); eine Ansprache, eine Vorlesung, eine Predigt, (selten:) Unterricht h.; er hielt Selbstgespräche; ein Mittagsschläfchen h.; der Hamster hielt seinen Winterschlaf; Rat halten (geh.; *sich beraten*); Wache h. *(auf Wache stehen, aufpassen)*; Ausschau h. *(ausschauen)*; Rast h. *(rasten)*. **12. a)** ⟨jmdn., sich, etwas für etwas h.⟩ *als etwas ansehen, betrachten:* jmdn. für tot h.; jmdn. für aufrichtig, gerissen h.; etwas für gesichert, wahrscheinlich h.; ich halte es für das beste, wenn du jetzt verreist; er hält dich für seinen Freund. **b)** ⟨etwas von jmdm., von sich, von etwas h.⟩ *eine bestimmte Meinung haben:* er hält nicht viel von ihm *(hat von ihm eine geringe Meinung)*; von etwas viel, nichts, wenig, eine ganze Menge h.; was hältst du davon? (ugs.). **c)** ⟨es h.; mit Artangabe⟩ *verfahren, machen:* wir halten es so [mit unseren neuen Mitarbeitern], daß ...; wie hältst du es mit der Steuererklärung?; Redensart: man kann es h., wie man will. **13. a)** ⟨es mit jmdm., mit etwas h.⟩ *auf jmds. Seite stehen, für etwas sein:* er hält es immer mit den Unterdrückten; ihr Mann hält es mit der Bequemlichkeit *(huldigt ihr)*. **b)** ⟨zu jmdm. h.⟩ *die Treue halten, hinter jmdm. stehen:* die meisten haben [treu] zu ihm gehalten. **14.** *haltmachen, stoppen:* das Auto, die Straßenbahn hielt; wir hielten genau vor der Tür; der Schnellzug hält nicht auf diesem Bahnhof, nur fünf Minuten, auf freier Strecke; milit.: das Ganze – halt!; halt – wer da? /*Anruf der Wache*/; halt (ugs.; *einen Augenblick bitte*), wie war das noch?; subst. Infinitiv: er konnte den Wagen nicht mehr zum Halten bringen. * **sich** (Dativ) **etwas vor Augen halten** *(sich etwas klarmachen, vorstellen)* · **jmdn. zum besten/zum Narren halten** *(jmdn. necken)* · **sich die Waage halten** *(sich ausgleichen)* · **die Bank halten** *(gegen alle Mitspieler setzen)* · (ugs.:) **jmdm. den Daumen halten** *(jmdm. Erfolg wünschen)* · (geh.:) **seine/die [schützende, helfende] Hand über jmdn. halten** *(jmdn. schützen, jmdm. helfen)* · (ugs.:) **sich** (Dativ) **vor Lachen die Seiten/den Bauch halten; sich nicht halten können vor Lachen** *(heftig lachen)* · **seinen Mund halten** *(schweigen; ein Geheimnis nicht verraten)* · **jmdn. in Schach halten** *(jmdn. nicht gefährlich werden lassen)* · (ugs.:) **jmdm. die Stange halten** *(für jmdn. eintreten)* · **große Stücke auf jmdn. halten** *(jmdn. sehr schätzen)* · (ugs.:) **... was das Zeug hält** *(in äußerstem Maße, in extremer Weise)*: er fluchte, was das Zeug hielt · **die Zügel lose/straff halten** *(milde, streng regieren, erziehen)* · **sich/etwas im Zaum[e] halten** *(sich, etwas beherrschen, zügeln)* · **sich** (Dativ) **jmdn., etwas vom Hals halten** *(sich mit jmdm., auf etwas nicht einlassen)*.

haltlos: **1.** *ohne inneren Halt, willenlos:* ein haltloser junger Mann; die Schauspielerin ist völlig h. **2.** *unbegründet, aus der Luft gegriffen:* haltlose Behauptungen; seine Beschuldigung ist völlig h.

Haltung, die: **1. a)** *Körperstellung:* eine krumme, stramme H.; H. annehmen (militär.; *strammstehen*). **b)** *Verhalten, Auftreten; Einstellung:* eine abweisende, entschlossene, gute, lässige, mutige, negative, selbstbewußte, starre, vornehme H.; eine fortschrittliche H. haben; eine einseitige, undurchsichtige H. in, zu dieser Frage einnehmen; eine drohende H. den Polizisten gegenüber beibehalten, einnehmen; eine feste H. bewahren; seine H. verlieren, wiedergewinnen; er gab in dienstlicher H. seine Anordnungen; etwas in, mit guter H. hinnehmen; um H. kämpfen. **2.** (Landw.) *das Halten:* die H. von Zuchtvieh.

hämisch: *boshaft, schadenfroh:* ein hämisches Gesicht, Grinsen; eine hämische Bemerkung über jmdn. machen; er hat eine hämische *(boshafte)* [Schaden]freude an ihrem Unglück; h. grinsen.

Hammer, der: **1.** /*ein Werkzeug*/: ein kleiner, schwerer H.; drei Hämmer lagen im Werkzeugkasten; mit einen stumpfem H. den Putz von der Wand klopfen, schlagen. **2.** (Sport) /*ein Sportgerät*/: er warf den H. über 70 m weit. * **zwischen Hammer und Amboß** *(zwischen zwei Fronten, Parteien)*: er ist, gerät zwischen H. und Amboß · **unter den Hammer kommen** *(versteigert werden)*.

hämmern: **1. a)** *mit dem Hammer schlagen, arbeiten:* er hörte ihn im Keller h. **b)** ⟨etwas h.⟩ *mit dem Hammer bearbeiten:* einen Kupferteller h.; eine gehämmerte Schale. **c)** ⟨gewöhnlich mit Raumangabe⟩ *in kurzen Abständen heftig irgendwohin schlagen:* er hämmerte auf die Tasten, auf den Klingelknopf; mit den Fäusten gegen die Tür h.; der Specht hämmerte *(klopfte)*. **d)** (ugs.) ⟨etwas h.⟩ *rhythmisch abgehackt spielen:* er hämmerte auf dem Klavier einen Boogie-Woogie. **e)** ⟨etwas hämmert⟩ *etwas schlägt, klopft stark:* das Blut hämmert in den Schläfen; der Puls hämmert; das Klavier hämmerte *(spielte laut und abgehackt)* ohne Pause; ⟨etwas hämmert jmdm.⟩ das Herz hämmerte ihm bis in den, bis zum Hals. **2.** (ugs.) ⟨jmdm. etwas in etwas h.⟩ *einprägen:* man muß ihm das immer wieder ins Bewußtsein, in seinen Kopf h.

hamstern (ugs.; abwertend) ⟨[etwas] h.⟩: **a)** *Vorräte sammeln, horten:* er hat Textilien, Lebensmittel gehamstert. **b)** *in Notzeiten zu den Bauern gehen und soviel Nahrungsmittel wie möglich kaufen:* ich habe noch nach dem Krieg lange gehamstert.

Hand, die: /*ein Körperteil*/: die rechte, linke H.; eine breite, zarte, kleine, derbe, feine, feste, knöcherne, schlaffe, weiche, fleischige H.; kalte, heiße, warme, feuchte, schweißige Hände; die flache, hohle H.; eine sichere, ruhige H.; eine beringte, manikürte H.; seine Hände waren hart und schwielig; eine H. legte sich auf seine Schulter; schmutzige, ungewaschene Hände haben; er hat noch eine H. frei; die H. [zur Abstimmung], die Hände [beschwörend] heben; Hände hoch!; die Hände sinken lassen; die Hände [zum Gebet] falten; vor Verzweiflung die Hände ringen; die Hände nach jmdm. ausstrecken; jmdm. die H., die Hände entgegenstrecken; sich zur Versöhnung die Hand geben, schütteln; jmdm. die Hand, jmds. Hand drücken; ich gebe dir die Hand darauf *(ich versichere, daß es stimmt; verspreche es fest)*; jmdm. die H. küssen; küss' die H.! /*in Wien üblicher Gruß Damen gegenüber*/; sich (Dativ) die Hände waschen, trocknen; ich wischte mir die Hände an einem Lappen ab; sich (Dativ) vor Freude die Hände reiben; sich (Dativ) die H. vor den Mund halten; er schlug die Hände über dem Kopf zusammen; die Hände in den [Hosen]taschen haben, in die [Hosen]taschen stecken; er nahm, legte die Hände an die Hosennaht, legte die Hand [zum Gruß] an die Mütze; es war so dunkel, daß man die H. nicht vor den Augen sehen konnte; es gibt nicht genug Hände *(Helfer)*, um dies alles zu schaffen; er hat beim Schreiben eine leichte, schwere, [un]sichere, unbeholfene H.; er hatte die H. voll[er] Geldscheine; ein eine H. breiter Saum; der Saum ist zwei H. breit; das Glas entfiel (geh.) seinen Händen; eine Ausgabe letzter H. *(letzte vom Autor selbst besorgte Ausgabe)*; an den Händen schwitzen; jmdn. an die H. nehmen, an der H. führen; sich an der H., an den Händen halten; auf Händen stehen [können]; jmdm. etwas aus der H., aus den Händen nehmen, schlagen; die Zigeunerin kann aus der H. lesen, wahrsagen; er gab den Schmuck nicht aus der H., aus den Händen; die Tiere sind zahm und fressen jedem aus der H.; jmdn. bei der H. nehmen; sich bei der H., bei den Händen halten, fassen; er murmelte etwas hinter der vorgehaltenen H.; etwas in der H., in den Händen haben, tragen; den Kopf in die Hände stützen; sie klatschten vor Freude in die Hände; H. in H. *(angefaßt)* gehen; sich mit erhobenen Händen ergeben; ein Mann mit stark behaarten Händen; etwas mit der H. herstellen; der Brief ist mit der H. geschrieben; den Topf mit bloßen *(ungeschützten)* Händen anfassen; jmdm. mit der Hand übers Haar streichen; er stand da mit den Händen in den Hosentaschen; sie winkte ihm mit der H.; etwas zur H. nehmen; den Handschuh von der H. streifen; die Mitteilung ging von H. zu H.; eine Studie von unbekannter H. *(von einem unbekannten Verfasser geschrieben)*; (fachspr.:) von *(mit der)* H. · Musik: eine Sonate für Klavier zu vier Händen; Sprichwörter: eine H. wäscht die andere; kalte Hände, warmes Herz; ein Sperling in der H. ist besser als eine Taube auf dem Dach; Redensart: gibt man ihm den kleinen Finger, so will er gleich die ganze H. *(er nutzt das kleinste Entgegenkommen aus)*. * **rechter, linker Hand** *(rechts, links)* · **jmds. rechte Hand sein** *(jmds. vertrauter und wichtigster Mitarbeiter sein)* · **die öffentliche Hand** *(der Staat als Verwalter öffentlichen Vermögens und als Unternehmer)*: die öffentliche H. sollte dies Projekt finanzieren · (selten:) **schlanker Hand** *(anstandslos, ohne Bedenken)*: diese Mittel wurden schlanker H. bewilligt · **jmdm. sind die Hände/Hände und Füße gebunden** *(jmd. kann nicht nach seinem Willen handeln)* · **freie Hand haben** *(nach eigenem Ermessen handeln können)* · **jmdm. freie Hand lassen** *(jmdn. selbständig arbeiten, wirken lassen)* · (ugs.:) **zwei linke Hände haben** *(bei der Arbeit ungeschickt sein)* · **eine lockere/lose Hand haben** *(dazu neigen, jmdm. schnell eine Ohrfeige zu geben)* · **eine milde/offene Hand haben** *(gern geben, freigebig sein)* · **eine [un]glückliche Hand haben** *([nicht] geschickt sein, das richtige/falsche Gefühl für etwas haben)*: er hatte bei, mit diesem Unternehmen keine glückliche H. · **[selbst] mit Hand anlegen** *(mithelfen)* · **etwas hat Hand und Fuß** *(ist gut durchdacht)* · **beide/alle Hände voll zu tun haben** *(viel zu tun haben)* · **[die] letzte Hand an etwas legen** *(etwas vollenden, abschließen)* · **die Hände in den Schoß legen** *(nichts tun)* · **Hand an sich, an jmdn. legen** *(sich, jmdn. töten)* · (geh.:) **seine/die Hand auf etwas legen** *(von etwas Besitz ergreifen)* · (geh.:) **seine/die [schützende, helfende] Hand über jmdn. halten** *(jmdn. schützen, jmdm. helfen)* · (geh.:) **seine/die [schützende, helfende] Hand von jmdm. abziehen, nehmen** *(jmdn. nicht mehr schützen, jmdm. nicht mehr helfen)* · **bei etwas die/seine Hand [mit] im Spiel haben** *(an etwas heimlich beteiligt sein)* · **für jmdn., für etwas die/seine Hand ins Feuer legen** *(für jmdn., für etwas bürgen)* · (ugs.; verstärkend:) **sich** (Dativ) **für jmdn., etwas die Hand abschlagen/abhacken lassen** *(für jmdn., für etwas bürgen)* · (geh.:) **[sich** (Dativ)**] seine Hände in Unschuld waschen** *(erklären, daß man unschuldig ist)* · **sich die Hand reichen können** *(sich gleichen, einer wie der andere sein)* · (geh.:) **jmdm. die Hand [zum Bunde] fürs Leben reichen** *(jmdn. heiraten)* · **Hand aufs Herz!** /*zur Ehrlichkeit mahnender oder Aufrichtigkeit beteuernder Ausruf*/: H. aufs Herz, stimmt das?; H. aufs Herz, es stimmt · **Politik der starken Hand** *(Machtpolitik)*: er trieb eine Politik der starken H. · **Hand!** /*Ruf der Zuschauer beim Fußballspiel, wenn ein Feldspieler den Ball mit der Hand berührt*/ · **an Hand** *(mit Hilfe, nach)*: an H. seiner, der Unterlagen, an H. von Unterlagen kam er zu diesem Schluß · (ugs.:) **jmdn. an der Hand haben** *(jmdn. als Hilfe zur Verfügung haben)* · **jmdm. etwas an die Hand geben** *(zur Verfügung stellen)* · **jmdm. an die Hand gehen** *(jmdm. helfen)* · **an Händen und Füßen gebunden sein** *(machtlos sein)* · **etwas liegt klar auf der Hand** *(ist offenkundig)* · **jmdn. auf Händen tragen** *(verwöhnen)* · **aus erster Hand: a)** *(aus bester Quelle, authentisch)*: diese Nachricht ist aus erster H. **b)** *(vom ersten Besitzer)* · **aus zweiter Hand: a)** *(von einem Mittelsmann)*: er hat die Nachricht aus zweiter Hand. **b)** *(vom zweiten Besitzer)*: er hat das Auto aus zweiter H. gekauft · **etwas [nicht] aus der Hand geben** *([nicht] von anderen erledigen lassen, [nicht] auf etwas verzichten)*: er wird die Leitung des Unternehmens nicht aus der H. geben · (ugs.;

scherzh.:) **jmdm. aus der Hand fressen** *(jmdm. zu willen sein)* · (Skat:) **[aus der] Hand spielen** *(ohne den Skat aufzuheben spielen):* ich spiele Pik H.; er spielt einen Grand aus der H. · (ugs.:) **etwas [nicht] bei der Hand haben** *([nicht] greifbar, zur Verfügung haben)* · (ugs.:) **mit etwas schnell/gleich bei der Hand sein** *(schnell zu etwas bereit sein)* · **etwas ist durch viele Hände gegangen** *(hat oft den Besitzer gewechselt)* · **in sicheren Händen sein** *(in Sicherheit sein)* · (ugs.:) **in festen Händen sein** *(ein festes Verhältnis haben, verheiratet sein)* · **etwas ist in festen Händen** *(ist unverkäuflich)* · **in gute Hände kommen** *(jmdm., der für eine gute Behandlung sorgt, anvertraut werden)* · **in guten/schlechten Händen sein/liegen** *(gut, schlecht versorgt sein, betreut werden):* bei ihm ist der Fall in guten Händen · **das Heft fest in der Hand haben** *(Herr der Lage sein)* · **alle Fäden/die Zügel [einer Angelegenheit] in der Hand haben/halten** *(alles lenken)* · **alle Trümpfe in der Hand/in [den] Händen haben/halten** *(die stärkere Position innehaben)* · **etwas gegen jmdn. in der Hand/in [den] Händen haben** *(etwas Belastendes und Nachteiliges von jmdm. wissen, was man notfalls als Druckmittel einsetzen wird)* · **jmdn. [fest] in der Hand haben** *(jmdn. in seiner Gewalt haben, jmdn. lenken können, jmds. völlig sicher sein)* · **jmdm. in die Hände fallen** *(in jmds. Gewalt geraten)* · **etwas fällt jmdm. in die Hände** *(etwas wird zufällig von jmdm. gefunden, entdeckt)* · **jmds. Händen entkommen** *(jmds. Gewalt entkommen)* · **jmdm. in die Hände arbeiten** *(jmdm. helfen)* · **jmdm. etwas in die Hand/in die Hände spielen** *(jmdm. etwas wie zufällig zukommen lassen)* · **jmdm. etwas in die Hand geben** *(jmdm. etwas zur Verfügung stellen, jmdn. mit etwas beauftragen)* · **etwas in seiner Hand haben** *(etwas in seinem Besitz, unter seiner Leitung, zur Verfügung haben)* · **etwas ist in jmds. Händen** *(etwas ist in jmds. Besitz)* · **etwas geht in jmds. Hände über** *(geht in jmds. Besitz über)* · **etwas liegt/steht in jmds. Hand** *(etwas liegt bei jmdm., in jmds. Ermessen, Verantwortung)* · **etwas in die Hand nehmen** *(die Leitung von etwas, die Verantwortung für etwas übernehmen)* · (ugs.:) **sein Herz in die Hand/in beide Hände nehmen** *(all seinen Mut zusammennehmen)* · (ugs.:) **die Beine in die Hand nehmen** *(flüchten)* · (geh.:) **sich/sein Schicksal in jmds. Hände legen** *(sich jmdm. völlig anvertrauen)* · **jmdm. etwas in die Hand versprechen** *(mit Handschlag, hoch und heilig versprechen)* · **Hand in Hand arbeiten** *(zusammenarbeiten)* · **nicht mit leeren Händen kommen** *(ein Geschenk mitbringen)* · **mit fester/starker Hand** *(streng):* er regierte mit fester H. · **mit leeren Händen** *(ohne etwas erreicht zu haben, ohne ein greifbares positives Ergebnis):* er kam von den Verhandlungen mit leeren Händen zurück · **mit vollen Händen: a)** *(verschwenderisch):* sein Geld mit vollen Händen ausgeben. **b)** *(reichlich, großzügig):* er gab den Armen mit vollen Händen · (ugs.:) **mit der linken Hand** *(nebenbei, ohne große Mühe):* das Organisatorische macht er mit der linken H. · **etwas ist mit Händen zu greifen** *(etwas ist offenkundig)* · (ugs.:) **mit den Händen/mit Händen und Füßen reden** *(heftig gestikulierend reden)* · (ugs.:) **sich mit Händen und Füßen gegen etwas wehren/sträuben** *(sich sehr heftig gegen etwas wehren)* · (geh.:) **um jmds. Hand anhalten** *(einer Frau einen Heiratsantrag machen)* · (geh.:) **[jmdn.] um jmds. Hand bitten** *(die Einwilligung der Eltern einholen, ihre Tochter zu heiraten)* · **etwas unter den Händen haben** *(etwas in Arbeit haben, mit etwas für längere Zeit beschäftigt sein)* · (ugs.:) **etwas zerrinnt/schmilzt jmdm. unter den Händen** *(etwas verringert sich, wird laufend weniger):* sein Vermögen, sein Geld schmilzt ihm unter den Händen · **etwas von langer Hand vorbereiten** *(etwas, was gegen andere gerichtet ist, gründlich vorbereiten)* · **etwas geht jmdm. [leicht, gut, flott] von der Hand** *(etwas fällt jmdm. leicht)* · **etwas läßt sich nicht von der Hand weisen/ist nicht von der Hand zu weisen** *(etwas ist offenkundig, ist nicht zu verkennen)* · **von der Hand in den Mund leben** *(die Einnahmen sofort für Lebensbedürfnisse wieder ausgeben)* · **etwas geht von Hand zu Hand** *(wechselt oft den Besitzer):* der Wechsel ging von H. zu H. · **zu Händen [von] jmdm./** (selten:) **zu jmds. Händen** *(an jmdn. persönlich /in Verbindung mit der Anschrift auf Briefen u. ä./):* zu Händen [von] Herrn ..., (selten:) des Herrn ... · **zur linken, rechten Hand** *(links, rechts)* · **zur Hand sein** *(verfügbar, greifbar sein)* · **etwas zur Hand haben** *(bereit haben)* · **jmdm. zur Hand gehen** *(behilflich sein)* · (nachdrücklich:) **jmdm. etwas zu treuen Händen übergeben** *(jmdm. etwas anvertrauen).*

Händedruck, der: *Druck der Hand bei der Begrüßung:* ein kräftiger, weicher, dankbarer, warmer H.; einen H. wechseln; er verabschiedete sich mit einem stummen H.

Handel, der: **1.** *Warenkauf und -verkauf:* ein blühender, freier, weltweiter H.; der H. zwischen den Völkern entwickelt sich gut; Handel, Industrie und Handwerk liegen danieder; einen schwunghaften H. mit etwas anfangen, betreiben; wir treiben mit diesen Ländern keinen H.; Kaufmannsspr.: H. in Textilien. **2.** *Abmachung, Vertrag:* ein guter H.; der H. kommt zustande; einen H. mit jmdm. abschließen, rückgängig machen; sich auf, in einen Handel einlassen. * (geh.:) **Handel und Wandel** *(Wirtschaft und Verkehr)* · **etwas aus dem Handel ziehen** *(etwas nicht mehr herstellen, verkaufen)* · **etwas in den Handel bringen** *(herstellen und verkaufen)* · **etwas ist im Handel** *(kann gekauft werden).*

Händel, die ⟨Plural⟩ (veraltend): *Streit:* H. mit jmdm. suchen, anfangen, haben; wir lassen uns nicht mit ihnen in H. ein; er hat ihn in H. verwickelt.

[1]**handeln: 1.** *mit etwas Handel treiben, etwas kaufen und verkaufen:* **a)** ⟨mit etwas h.⟩ mit Pferden h.; er handelte früher en détail, mit Südfrüchten; er hat en gros mit Gebrauchtwagen gehandelt; Kaufmannsspr.: er handelt in Getreide. **b)** ⟨etwas h.; gewöhnlich im Passiv; mit Artangabe⟩ Pilze wurden in der Stadt für drei Mark das Pfund gehandelt; wir handeln heute den Dollar mit 3,63 Mark. **2.** ⟨mit jmdm. h.⟩ *mit jmdm. Handel treiben, Geschäfte abschließen:* die Einwanderer handelten mit den Eingeborenen; Deutschland handelt mit Übersee. **3.** *feilschen, [über den Preis] verhandeln:* sie handelten zäh, den ganzen Vormittag über, um den Preis; wir lassen nicht mit uns h.

[2]**handeln: 1. a)** *etwas tun, unternehmen; vorgehen:* mutig, fair, wie ein Ehrenmann, gemein, rück-

sichtslos, eigenmächtig, hinter jmds. Rücken, nach freiem Ermessen, über jmds. Kopf hinweg, entschlossen, nach diesem Grundsatz h.; weise, korrekt, den Vereinbarungen gemäß, schnell, ohne zu zögern h.; ich habe in seinem Sinn[e] gehandelt; es ist höchste Zeit zu h.; es muß gehandelt werden; nicht reden, sondern h.! **b)** (geh.) ⟨an jmdm./gegen jmdn. h.; mit Artangabe⟩ *sich in bestimmter Weise jmdm. gegenüber verhalten:* niederträchtig, undankbar an jmdm., gerecht gegen jmdn. h.; er hat treulos gegen die eigene Heimat gehandelt. **2.** ⟨von etwas/über etwas h.⟩ *behandeln, zum Thema haben:* das Buch, der Aufsatz handelte von der, über die Entdeckung Amerikas; er hatte von dieser Problematik in einem Essay gehandelt. **3.** ⟨es handelt sich um jmdn., um etwas⟩ *es geht um jmdn., um etwas; es betrifft jmdn., etwas:* es handelt sich [hier, dabei] um eine wichtige Sache; es handelte sich nur noch um einige Meter; es konnte sich nur noch um Sekunden h.; worum/(ugs.:) um was handelt es sich?; um wen handelt es sich?

handfest: **a)** *kräftig, derb:* ein paar handfeste Kerle; eine handfeste Schlägerei; subst.: etwas Handfestes essen. **b)** *greifbar, exakt, genau:* eine handfeste Information besitzen; ein handfestes Programm ausarbeiten.

Handgelenk, das: *Gelenk der Hand:* ein kräftiges, schmales H.; sich (Dativ) das H. brechen, verstauchen. * (ugs.:) **aus dem Handgelenk [heraus]** *(unvermittelt, ohne Vorbereitung):* er hat das aus dem H. [heraus] getan · (ugs.:) **etwas aus dem Handgelenk schütteln/machen** *(etwas ohne Mühe, leicht und schnell machen):* der schüttelt so einen Vortrag aus dem H.

handgemein ⟨in der Verbindung⟩ handgemein werden: *sich schlagen:* nach dem Wortwechsel wurden sie [miteinander] h.

handgreiflich: **a)** (veraltet) *tätlich:* jmdm. etwas h. vergelten. **b)** (selten) *offenkundig:* eine handgreifliche Lüge. * **handgreiflich werden** *(tätlich werden).*

Handhabe, die: *Möglichkeit, Anlaß zum Handeln, zum Einschreiten:* keine H. haben, dagegen einzuschreiten; gegen jmdn. eine H. finden; er bot ihm, gab ihm die H. für Gegenmaßnahmen.

handhaben: **a)** ⟨etwas h.⟩ *richtig gebrauchen:* eine Waffe, ein Instrument h.; das Gerät ist leicht zu h. **b)** ⟨etwas h.; gewöhnlich mit Artangabe⟩ *anwenden:* eine Bestimmung streng, gedankenlos h.; wir haben es bisher immer so gehandhabt *(gehalten),* daß ...

handlich: *bequem zu handhaben:* ein handliches Beil; der Wagen ist sehr h. und wendig; das Gerät ist [in der Bedienung] h.

Handlung, die: **1.** *Tat, Aktion, Tun:* eine gute, edle, schändliche, strafbare, unbedachte H.; diese H. war dumm; unsittliche, kriegerische Handlungen begehen; eine amtliche H. durchführen, vornehmen; seine H. rechtfertigen; etwas mit einer H. bezwecken; ich lasse mich nicht zu unüberlegten Handlungen hinreißen. **2.** *Geschehen:* die H. des Romans, des Films ist frei erfunden; das Stück hat eine alltägliche H.; der Ort der H. [eines Theaterstücks]; Rel.: die heilige H. der Messe.

Handschlag, der: *Handschütteln, Handgeben:* jmdn., sich durch/mit H. begrüßen, verabschieden; jmdn. durch H. verpflichten; sie bekräftigten, besiegelten den Kauf, den Vertrag durch H. * (ugs.:) **keinen Handschlag tun** *(nichts tun).*

Handschrift, die: **1. a)** *charakteristische Schriftzüge:* eine ausgeschriebene, flüssige, saubere, [un]deutliche, unleserliche H. haben; in gut leserlicher H.; er schrieb mit seiner schönsten H. einen Beschwerdebrief. **b)** *charakteristische Merkmale:* jede Zeile des Buches verrät die eigenwillige H. der Dichterin, die persönliche H. des Künstlers. **2.** *handgeschriebenes Werk:* eine seltene H.; das Archiv besitzt Handschriften des 11. Jahrhunderts. * (ugs.:) **eine gute/kräftige Handschrift schreiben** *(kräftig zuschlagen):* der Kerl schreibt eine kräftige H.

Handschuh, der: */ein Bekleidungsstück/:* gefütterte, lange Handschuhe; zu etwas Handschuhe aus Wildleder tragen; [sich (Dativ)] die Handschuhe anziehen, überstreifen, -ziehen; keine Handschuhe anhaben; [sich (Dativ)] die Handschuhe ausziehen, abstreifen; einen H. fallen lassen, aufheben. * **jmdm. den Handschuh hinwerfen** *(jmdn. herausfordern)* · **den Handschuh aufnehmen** *(die Herausforderung annehmen).*

Handumdrehen ⟨in der Verbindung⟩ im Handumdrehen (ugs.): *mühelos, sehr schnell:* er war im H. damit fertig.

Handwerk, das: *manuell und mit Werkzeugen ausgeführte Berufstätigkeit:* ein ehrliches, freies H.; ein H. erlernen, [be]treiben, verstehen; Sprichw.: H. hat goldenen Boden · Handel, Industrie und H. lagen danieder. * **sein Handwerk verstehen** *(in seinem Beruf tüchtig sein)* (ugs.:) **jmdm. ins Handwerk pfuschen** *(sich in einem Bereich betätigen, für den ein anderer zuständig ist)* · **jmdm. das Handwerk legen** *(jmds. schlechtem Treiben ein Ende setzen):* man hat dem Betrüger jetzt das H. gelegt.

hanebüchen (ugs.): *unerhört, haarsträubend:* eine hanebüchene Frechheit, Lüge; das ist ja h.; er hat h. gelogen.

Hang, der: **1.** *abfallende Bergseite:* ein steiler, abgeholzter, waldiger H.; die grünen Hänge der Voralpen; den H. hinaufklettern, hinunterrutschen; das Haus liegt am H. **2.** *Neigung, Vorliebe:* ein H. zum Nichtstun, zum bedingungslosen Gehorsam, zum Monumentalen; einen ausgeprägten H. zur Bequemlichkeit, Unehrlichkeit, Übertreibung haben; er ist ein Mensch mit einem starken H. zum Radikalismus.

¹hängen (veraltet, noch mdal.: hangen), hing, gehangen: **1. a)** ⟨mit Raumangabe⟩ *irgendwo befestigt sein:* das Bild hängt an der Wand, über der Couch; die Hemden hängen auf der Leine zum Trocknen; Fahnen hingen aus den Fenstern; die Insassen des Autos hatten benommen in ihren Gurten gehangen; die Zweige hängen über den Zaun; die Leitungen hingen auf die Schienen *(bis auf die Schienen hinunter);* bildl.: die Nachbarn hängen *(lehnen sich)* weit aus den Fenstern; der Schüler hing *(saß ohne Haltung)* in der Bank; sie hing an seinem Hals *(umarmte ihn);* (ugs.:) er hing oft stundenlang am Telephon *(telephonierte oft stundenlang);* der Rauch der Zigaretten hing noch im Zimmer; der Wagen hängt nach einer Seite *(hat auf einer Seite Übergewicht);* übertr.: ihre Augen, ihre

Blicke hingen an ihm; ⟨selten auch ohne Raumangabe⟩ die Gardinen hängen *(sind angebracht)* · ⟨etwas hängt jmdm.; mit Raumangabe⟩ die Haare hingen *(fielen)* ihm ins Gesicht; der Anzug hing ihm am Leibe (ugs.; *paßte nicht, war zu weit*); ihm hängt der Magen [bis] in die Kniekehlen (ugs.; scherzh.; *er hat großen Hunger*). **b)** ⟨etwas hängt; mit Artangabe⟩ *etwas ist in bestimmter Weise befestigt:* etwas hängt locker, schräg, schief; der Kronleuchter hängt zu tief; die Zweige hängen voller Blüten *(sind dicht mit Blüten besetzt)*. **2. a)** ⟨etwas hängt an jmdm., an etwas⟩ *etwas ist von jmdm., von etwas abhängig:* der weitere Verlauf der Verhandlungen hängt an ihm, an seiner Geschicklichkeit; wo[ran] hängt (ugs.; *fehlt*) es denn?; alles, was drum und dran hängt (ugs.; *alles, was dazu gehört*). **b)** ⟨an jmdm., an etwas h.⟩ *jmdn., etwas gern haben und sich nicht von jmdm., von etwas trennen wollen:* seine Schüler hängen an ihm; er hängt sehr an seiner Heimatstadt, am Leben. **3.** (ugs.) **a)** ⟨bei jmdm. h.⟩ *Schulden haben:* er hängt beim Wirt. **b)** *nicht weitergehen, nicht weiterkommen:* die [Schach]partie, der Prozeß hängt noch; wo hängt *(bleibt, steckt)* der Kerl bloß? * **an jmds. Mund/Lippen hängen** *(jmdm. mit gespannter Aufmerksamkeit zuhören)* · **etwas hängt an einem Haar/an einem [seidenen] Faden** *(ist sehr unsicher, sehr gefährdet):* der Erfolg der Verhandlungen hing an einem Haar · **jmds. Herz hängt an etwas** *(jmd. möchte etwas sehr gerne haben oder behalten)* · **in der Luft hängen** *(keine feste Grundlage haben, ohne jeden Rückhalt sein):* der Plan hängt völlig in der Luft · (geh.:) **jmdm. hängt der Himmel voller Geigen** *(jmd. ist schwärmerisch glücklich)* · (geh.:) **mit Hangen und Bangen** *(mit großer Angst, voller Sorge):* sie warteten auf seine Rückkehr mit Hangen und Bangen · (ugs.:) **mit Hängen und Würgen** *(mit sehr großer Mühe):* er bestand die Prüfung mit Hängen und Würgen.

²hängen, hängte, gehängt: **a)** ⟨etwas h.; mit Raumangabe⟩ *etwas irgendwo befestigen:* er hängt das Bild an die Wand, über die Couch; sie hängte (nicht korrekt: hing) die Wäsche zum Trocknen auf die Leine; er hatte die Fahne aus dem Fenster gehängt (nicht korrekt: gehangen); bildl.: die Nachbarn hängten die Köpfe *(lehnten sich)* weit aus den Fenstern; ⟨sich h.; mit Raumangabe⟩ die Leute hängten sich *(lehnten sich)* über die Brüstung; sie hängte sich an das Seil *(ergriff es und hielt sich daran fest);* er hängte sich ans Telephon (ugs.; *rief an*); übertr.: der Detektiv hängte sich an den Verbrecher, an seine Fersen *(verfolgte ihn)* · ⟨sich jmdm. h.; mit Raumangabe⟩ sie hängte sich ihm an den Hals; ⟨jmdm., sich etwas h.; mit Raumangabe⟩ er hängt sich die Werkzeugtasche über die Schulter. **b)** ⟨etwas h.; mit Artangabe⟩ *etwas in bestimmter Weise befestigen:* häng doch das Bild nicht so schief!; er hatte den Kronleuchter zu tief gehängt. **c)** ⟨jmdn. h.⟩ *jmdn. durch Aufhängen töten:* sie wollten den Mörder h.; sie haben ihn an einen Ast gehängt; ich will mich h. lassen, wenn das nicht wahr ist (ugs.; *es ist wirklich wahr*); Sprichw.: die kleinen Diebe hängt man, die großen läßt man laufen. * (ugs.:) **jmdm. den Brotkorb höher hängen** *(jmdn. knapper halten)* · (ugs.:) **etwas an den Nagel hängen** *(aufgeben)* · (ugs.:) **etwas an die große Glocke hängen** *(etwas überall herumerzählen)* · **den Mantel nach dem Wind hängen** *(sich stets der herrschenden Meinung anpassen)* · **sein Herz an jmdn., etwas hängen** *(jmdm., einer Sache seine ganze Liebe zuwenden)*.

hängenbleiben ⟨gewöhnlich mit Raumangabe⟩: *irgendwo festhängen:* [mit dem Mantel] an einem Nagel h.; bildl.: er blieb an jeder, bei jeder Einzelheit hängen *(hielt sich bei jeder Einzelheit auf);* wir sind bei ihnen hängengeblieben (ugs.; *sind länger als beabsichtigt geblieben*); übertr.: diese Arbeit blieb an ihm, auf ihm hängen *(er mußte die Arbeit erledigen)*; der Verdacht wird an ihm hängenbleiben *(wird ihm anhängen);* es bleibt immer etwas hängen *(bleibt haften);* sie ist in der Schule zweimal hängengeblieben (ugs.; *nicht versetzt worden);* das Gelernte blieb in seinem Gedächtnis hängen *(war dort eingeprägt)*.

hängenlassen ⟨etwas h.⟩: **1.** *vergessen:* er hat den Mantel [in der Garderobe] hängenlassen/ (selten:) hängengelassen. **2.** *nach unten gesenkt lassen, halten:* die Arme, den Unterkiefer, die Unterlippe h.; er ließ die Füße vom Boot ins Wasser hängen. * (ugs.:) **den Kopf/die Ohren/ die Flügel hängenlassen** *(niedergeschlagen sein)*.

hänseln ⟨jmdn. h.⟩: *necken, foppen:* seine Mitschüler hänselten ihn dauernd wegen seiner krummen Beine; gutmütig ließ er sich h.

hantieren ⟨mit Umstandsangabe⟩: *arbeiten, tätig sein:* die Mutter hantierte am Tisch, hatte in der Küche hantiert; er hantierte mit einem Messer am Auto.

hapern (ugs.): **a)** ⟨es hapert an etwas⟩ *es fehlt, mangelt an etwas:* es hapert an Nachwuchskräften; am Geld haperte es. **b)** ⟨es hapert mit etwas/in etwas⟩ *es klappt nicht, geht nicht voran:* es hapert mit der Versorgung; in Latein hapert es bei ihm *(ist er schwach)*.

Happen, der (ugs.): *Bissen:* ein guter, fetter, riesiger H.; ein H. Schinken; er hat noch keinen H. *(nichts)* gegessen; wir wollen noch einen kleinen H. *(eine Kleinigkeit)* essen. * **ein fetter Happen** *(ein gewinnbringendes Geschäft)*.

Harke, die (bes. norddt.): *ein Gerät zur Garten- oder Feldarbeit:* mit der H. arbeiten. * (ugs.:) **jmdm. zeigen, was eine Harke ist** *(jmdm. unmißverständlich klarmachen, wie man sich die Ausführung von etwas, die Erledigung einer Arbeit denkt)*.

härmen, sich (geh.): *sich grämen, sorgen:* die Mutter härmte sich [um ihr Kind].

harmlos: a) *ungefährlich:* eine harmlose Verletzung; die Krankheit nimmt einen harmlosen Verlauf, verläuft h.; ein harmloses *(unschädliches)* Medikament. **b)** *friedlich, gutmütig:* ein harmloser Mensch; er macht einen ganz harmlosen Eindruck. **c)** *arglos, ohne böse Absicht, nicht ernst gemeint:* eine harmlose Frage, Zerstreuung; ein harmloser Witz; es war doch nur ein harmloses Spiel; er tat ganz h.; sie ist ein völlig harmloses *(naives, einfältiges)* Geschöpf; er blickte sie h. *(treuherzig)* an; es fing ganz h. *(klein)* an; es hat sich alles ganz h. *(einfach)* aufgeklärt.

Harmonie, die: **a)** *Übereinstimmung, Einklang:* die körperliche, innere, geistige, seelische H. zwischen zwei Menschen; die ewige, göttliche H. des Kosmos; die H. *(das Ebenmaß)* der Farben und Formen; diese Maßnahmen störten die soziale, politische H.; sie lebten in schönster H. *(Eintracht)* miteinander. **b)** (Musik) *Zusammenklang, Wohlklang:* eine vielstimmige H.; die H. der Töne, des Dreiklangs.

harmonieren: a) ⟨etwas harmoniert mit etwas⟩ *etwas paßt gut zu etwas:* der Hut harmonierte [gut, schlecht, nicht] mit dem Kostüm; die Farben des Bildes harmonierten nicht miteinander. **b)** ⟨mit jmdm. h.⟩ *sich gut mit jmdm. verstehen:* die Eheleute harmonieren gut miteinander.

Harn, der: → Urin.

Harnisch, der (hist.): *Ritterrüstung:* den H. anlegen. * **in Harnisch sein** *(zornig sein)* · **jmdn. in Harnisch bringen** *(zornig machen)* · **in Harnisch geraten/kommen** *(zornig werden):* er geriet über sein Benehmen allmählich in H.

harren (geh.): *auf jmdn., auf etwas warten:* **a)** ⟨jmds., einer Sache h.⟩ andere Aufgaben harrten meiner; diese Aufgabe harrt der Erledigung (Papierdt.; *ist noch nicht erledigt*); sie harrten der Dinge, die da kommen sollen. **b)** ⟨auf jmdn., auf etwas h.⟩ sie harrten auf Nachzügler.

hart: I. 1.a) *fest, nicht weich:* hartes Brot; ein hartes Bett; ein harter Bleistift *(mit harter Mine);* auf der harten Erde liegen; hartes *(kalkreiches)* Wasser; h. wie ein Brett, wie Stein; die Kartoffeln waren h. *(nicht gar);* das Leder ist, die Stiefel sind trocken und h. geworden; die Wege sind h. gefroren. **b)** *sicher, stabil:* eine harte Währung; harte Devisen; in harter D-Mark zahlen. **2.** *schwer [erträglich]:* eine harte Arbeit; ein hartes Leben; ein harter Verlust; eine harte Jugend haben; ein harter Schicksalsschlag; er hatte bei den Verhandlungen einen harten Stand; die Bedingungen sind h.; es ist für ihn sehr h., im Exil leben zu müssen; sie haben für das Geld h. gearbeitet; Redensarten: das Leben ist h. [, besonders an der Küste, besonders im Winter]; die Zeiten sind h.; harte Zeiten! **3.** *streng; unerbittlich, unbarmherzig:* ein harter Friedensvertrag; harte Gesetze; ein harter politischer Kurs; ein harter *(schockierender)* Film; eine harte Strafe; ein hartes Training; ein harter Mensch; mit harten Augen, hartem Blick, harten *(verkniffenen)* Mundwinkeln; ein hartes Herz haben; dein Urteil ist zu h.; er war h. gegen (geh.) seine Kinder; sei nicht so h. zu ihm!; jmdn. h. kontrollieren, anfassen, bestrafen; h. durchgreifen; trotz Bitten blieb er h. und kalt. **4.** *heftig, scharf:* ein harter Aufprall; es gab eine harte Auseinandersetzung; ein hartes *(mit großem Einsatz geführtes)* Spiel; Tennis: der deutsche Spieler scheiterte an dem härteren Aufschlag des Australiers; es fielen harte Worte; verzeihen Sie das harte Wort *(den starken Ausdruck);* das Bild zeigt harte Linien, eine harte Farbgebung *(ohne vermittelnde Farbtöne);* Phot.: ein hartes Negativ *(mit starkem Gegensatz zwischen Licht und Schatten);* er hat eine harte *(scharf akzentuierte)* Aussprache, Betonung; harte *(stimmlose)* Konsonanten; harte (ugs.; *hochprozentige*) Getränke, Sachen; subst.: einen Harten *(Schnaps)* trinken · der Kampf war sehr h.; jmdn. h. anfahren; jmdn. h. am Arm packen; h. aneinander geraten *(heftigen Streit bekommen);* der Mittelstürmer wurde h. genommen *(wurde scharf, brutal angegriffen);* der Fahrer bremste h.; die Kapsel ist h. auf dem Mond gelandet. * **etwas ist ein hartes/schweres Brot** *(etwas ist ein mühevoller Gelderwerb)* · (ugs.:) **etwas ist ein harter Bissen/Brocken/eine harte Nuß [für jmdn.]** *(etwas ist ein schwieriges Problem, eine unangenehme Aufgabe für jmdn.)* · (ugs.:) **an einem harten Bissen/Brocken kauen** *(eine schwere Aufgabe zu lösen versuchen)* (ugs.:) **jmdm. eine harte Nuß zu knacken geben** *(jmdn. vor eine schwere Aufgabe stellen)* · **mit harter Hand** *(streng)* · (ugs.:) **einen harten Kopf haben** *(unbeugsam sein)* · (ugs.:) **hart im Nehmen sein** *(viel vertragen)* · **hart auf hart** *(ohne Rücksicht).* **II.** ⟨Adverb⟩ *nahe, ganz dicht:* das Haus liegt h. an der [Land]straße; er fuhr h. am Abgrund vorbei; Seemannsspr.: h. am Wind[e] segeln.

Härte, die: **1.** *Festigkeit:* die H. des Eisens, Gesteins, Stahls. **2.** *Benachteiligung, Ungerechtigkeit:* soziale Härten mildern; bei den Entlassungen sollen Härten vermieden werden. **3.** *Strenge:* die H. des Gesetzes zu spüren bekommen; die H. wich aus seinem Gesicht; mit mitleidloser H. vorgehen. **4.** *Heftigkeit, Schärfe:* die H. des Kampfes.

hartnäckig: *beharrlich, unnachgiebig, eigensinnig:* ein hartnäckiger *(beharrlicher, zäher)* Bursche; eine hartnäckige *(langwierige)* Erkältung; der Antragsteller ist sehr h.; er blieb h. bei seiner Weigerung; das Gerücht hielt sich h.; h. fragen, schweigen; er weigerte sich h., ihm zu folgen.

Hase, der: */ein Tier/:* er ist furchtsam wie ein H.; der H. macht Männchen, hoppelt, schlägt einen Haken; einen Hasen verfolgen, hetzen, jagen, schießen, erlegen, abziehen, braten, essen; Sprichw.: viele Hunde sind des Hasen Tod. * (ugs.:) **ein alter Hase sein** *(Erfahrung haben, sich auskennen)* · (ugs.:) **kein heuriger Hase sein** *(ein erfahrener Mensch sein)* (Kochk.:) **falscher Hase** *(Hackbraten)* · (ugs.:) **sehen/wissen, wie der Hase läuft** *(sehen, wissen, wie es weitergeht)* · (ugs.:) **da/hier liegt der Hase im Pfeffer** *(da liegt die Ursache der Schwierigkeit)* · (ugs.:) **mein Name ist Hase [,ich weiß von nichts]** *(ich weiß nichts von der Sache; ich möchte nichts mit der Sache zu tun haben)* · (scherzh.:) **wo sich Fuchs und Hase gute Nacht sagen** *(an einem abgelegenen, einsamen Ort.)*

Hasenpanier ⟨in der Wendung⟩ das Hasenpanier ergreifen (ugs.): *fliehen.*

Haß, der: *feindselige Abneigung:* ein bitterer, ohnmächtiger, tödlicher, wilder H.; blinder, unversöhnlicher H. erfüllte ihn; kalter H. schlug ihm entgegen; der H. zwischen den Völkern; unbändigen H. auf/gegen (nicht korrekt: für, zu) jmdn., etwas erregen, säen, schüren, empfinden, im Herzen tragen, nähren; seinen H. zügeln; sich den H. der Kollegen zuziehen; er tötete ihn aus H.; von H. erfüllt, stürzte er sich auf ihn.

hassen ⟨jmdn., sich, etwas h.⟩: *Haß empfinden:* Aufregungen, Skandale h.; die beiden Brüder hatten sich glühend, erbittert, im stillen, wie die

Pest (ugs.) gehaßt; ⟨gelegentlich auch ohne Akkusativ⟩ man lehrt bereits die Kinder h.; er konnte leidenschaftlich h.

häßlich: **1.** *im Aussehen nicht schön, abstoßend:* ein häßliches Mädchen, Gesicht; ein häßliches Bild; sein Gesicht verzog sich zu einer häßlichen Grimasse; häßliche Farben, Vorstadtstraßen, Mietskasernen; sie war erschreckend h.; sie sieht wirklich h. aus; Redensart: Ärger macht h. **2.** *übel, gemein:* häßliche Ausdrücke; häßliche Worte gebrauchen, häßliche Gedanken hegen; einen häßlichen Charakter haben; er zeigte sich von seiner häßlichsten Seite; er war sehr h. zu ihr. **3.** *unangenehm, unschön:* ein häßlicher Vorfall, eine häßliche Geschichte, Sache, ein häßlicher Husten quälte ihn; das Wetter war sehr h. * **klein und häßlich** *(kleinlaut, gefügig)* · **häßlich wie die Sünde/wie die Nacht** *(sehr häßlich).*

Hast, die: *überstürzte Eile:* in, mit atemloser, größter, fliegender H.; er begab sich voller H., ohne H. zum Bahnhof.

hasten ⟨gewöhnlich mit Raumangabe⟩: *überstürzt eilen:* durch die Straßen, in das Haus, zum Stadion h.; sie hastete ziellos hin und her.

hastig: *eilig, überstürzt:* hastige Atemzüge, Schritte; er hat eine hastige Sprechweise; seine Bewegungen waren sehr h.; h. sprechen, essen, abreisen.

Haube, die: **1.** *eng anliegende Kopfbedeckung für Frauen:* eine schwarze H. tragen; eine Verkäuferin mit einem Häubchen; bildl.: die Berggipfel trugen, hatten eine weiße H. *(waren schneebedeckt).* **2. a)** *Kühler-, Motorhaube:* er stieg aus und klappte die H. auf. **b)** *Trockenhaube:* sie saß über eine Stunde beim Friseur unter der H. **c)** *Kaffeewärmer:* sie nahm die H. von der Kanne. * (ugs.; scherzh.:) **jmdn. unter die Haube bringen** *(ein Mädchen mit jmdm. verheiraten)* · (ugs.; scherzh.:) **unter die Haube kommen** *(sich verheiraten /von einem Mädchen/).*

Hauch, der: **1. a)** (geh.) *sichtbarer oder fühlbarer Atem:* man sah den H. vor dem Mund; der letzte H. *(Atemzug)* eines Sterbenden. **b)** *leichter Luftzug:* ein kalter H. wehte uns an. **c)** (geh.) *kaum wahrnehmbarer Geruch:* ein H. von Jasmin breitete sich aus. **2.** *Anflug, Andeutung, ein wenig:* einen H. *(eine dünne Schicht)* von Rouge auftragen; der H. eines Lächelns; auch der leiseste H. einer Verstimmung zwischen ihnen war geschwunden. * (geh.; verhüll.:) **den letzten Hauch von sich geben** *(sterben).*

hauchen: **1.** ⟨mit Raumangabe⟩ *Atem ausstoßen:* auf seine Brille, gegen die Scheibe h.; er hauchte in seine kalten Hände. **2.** (geh.) ⟨etwas h.⟩ *flüstern:* das Jawort h.; ⟨jmdm. etwas h.; mit Raumangabe⟩ sie hauchte ihm ins Ohr, daß sie kommen werde.

hauen: **1. a)** (ugs.) ⟨jmdn. h.⟩ *jmdn. prügeln, schlagen:* er haute den Jungen [mit dem Stock]; jmdn. grün und blau, zum Krüppel h.; die Jungen hatten sich zuerst beschimpft und dann gehauen (nicht korrekt: gehaut); ⟨jmdm. h.; mit Raumangabe⟩ er haute ihm mit der Faust ins Gesicht; ⟨jmdm. etwas h.; mit Raumangabe⟩ jmdm. eine Bierflasche auf den Kopf h., sie hauten (nicht korrekt: hieben) sich die Lappen um die Ohren. **b)** ⟨auf jmdn. h.⟩ *jmdn. mit einer Waffe schlagen:* [mit dem Schwert] auf den Angreifer h.; die Polizisten hieben (nicht korrekt: hauten) mit dem Schlagstock auf die Demonstranten. **c)** ⟨um sich h.⟩ *mit einer Waffe um sich schlagen:* er hieb/(ugs.:) haute [mit dem Degen wie wild] um sich. **2.** (ugs.) **a)** ⟨mit Raumangabe⟩ *auf etwas, gegen etwas schlagen, stoßen:* er haute (nicht korrekt: hieb) gegen die Fensterläden; sie hatte auf die Tasten gehauen, daß die Scheiben zitterten; mit dem Knie gegen das Rad, mit dem Kopf an die Wand h. *(stoßen);* er haute mit der Faust auf den Tisch. **b)** ⟨sich, etwas h.; mit Raumangabe⟩ *werfen, schleudern:* die Tasche auf die Bank h.; er haute *(warf, legte)* sich aufs Bett, in sein Auto. **3. a)** ⟨etwas h.⟩ *mit einem Werkzeug, einem Gerät machen:* ein Loch h.; sie hauten Stufen in den Fels; eine Statue in, aus Stein, Granit h.; ⟨jmdm. etwas h.; mit Raumangabe⟩ er hatte ihm ein Loch in den Kopf gehauen. **b)** ⟨etwas in etwas h.⟩ *etwas in etwas hineinschlagen:* er haute den Nagel in die Wand. **c)** ⟨etwas h.⟩ *mit einem Werkzeug, einem Gerät abschlagen:* Bäume, einen Wald h. *(fällen);* Holz h. (landsch.; *hakken);* Gras, Korn, eine Wiese h. (landsch.; *abmähen*); Bergmannsspr.: Erz h. * (ugs.:) **etwas, das Geld auf den Kopf hauen** *(es verjubeln):* er haute das ganze Geld, die 100 Mark auf den Kopf · (ugs.:) **sich aufs Ohr hauen** *(sich schlafen legen)* · (ugs.:) **auf die Pauke hauen: a)** *(ausgelassen feiern):* wir haben beim letzten Karneval mächtig auf die Pauke gehauen. **b)** *(sehr großsprecherisch sein):* wenn der bloß nicht immer so auf die Pauke hauen würde! · (ugs.:) **in die gleiche/dieselbe Kerbe hauen** *(in gleicher Weise reden, handeln)* · (ugs.:) **jmdn. übers Ohr hauen** *(betrügen)* · (ugs.:) **jmdn. in die Pfanne hauen** *(heruntermachen, vernichten)* · (ugs.:) **in den Sack hauen** *(mit etwas aufhören; nicht mehr mitmachen)* · (ugs.:) **etwas haut jmdn. vom Stuhl** *(erstaunt, überrascht jmdn. völlig).*

Haufen, (seltener:) Haufe, der: **1.** *Menge übereinanderliegender Dinge; Anhäufung:* ein großer H. Kartoffeln, Brennholz, Sand; ein H. trockenes Stroh; ein Haufen faulender Orangen/(seltener:) faulende Orangen lag/lagen auf dem Tisch; einen H. [Holz] aufschichten; er kehrte, legte, warf alles auf einen H.; es liegt alles auf einem H. *(zusammen);* das Heu auf, in Haufen setzen; der Hund machte einen großen H. *(Kot);* sie saß da wie ein Häufchen Unglück (ugs.; *unglücklich*). **2. a)** (ugs.) *eine Menge, viel:* einen schönen H. Geld verdienen, das kostet einen H. Geld; einen H. Schulden, einen H. Arbeit haben; er hat einen H. Elend gesehen; einen H. netter Freunde/nette Freunde haben; er kennt einen H. Leute; zum großen H. (veraltend; *zur Masse*) gehören. **b)** *Schar, Menge:* ein H. Neugieriger stand/standen vor der geschlossenen Tür; ein H. randalierender Halbstarker/(seltener:) randalierende Halbstarke; sie kamen in hellen (geh.: *sehr großen*) Haufen, alle auf einen/auf einem H. *(zusammen);* in einen üblen H. *(eine üble Gruppe, Bande)* hineingeraten; er war der Chef dieses Haufens; ein H. (hist.; *eine Einheit*) Landsknechte; bildl.: ein verlorener H. * (ugs.:) **etwas über den Haufen werfen** *(umstoßen, vereiteln)* · (ugs.:) **jmdn., etwas über den Haufen rennen/fahren/reiten** *(umrennen, überfahren, umreiten)* · (ugs.:) **jmdn. über den Haufen schießen/knallen** *(niederschießen).*

häufen: 1. (selten) ⟨etwas h.⟩ *in größerer Menge sammeln, türmen:* Vorräte h.; er häufte Kartoffeln auf seinen Teller; adj. Part.: *[über]voll:* ein gehäufter Eßlöffel Mehl. 2. ⟨etwas häuft sich⟩ *etwas nimmt bedeutend zu, wird mehr:* die Verbrechen h. sich; die Klagen über die Verteuerung hatten sich gehäuft.

häufig: *oft [vorkommend]:* häufige Diebstähle, Unfälle; ein sehr häufig mißverstandenes Beispiel; das Kind war h. krank; etwas kommt h. vor; er kam immer häufiger; dies Buch wird am häufigsten gekauft; er kam h. zu spät.

Haupt, das (geh.): 1. *Kopf:* ein edles H.; das H. neigen, auf die Brust [herab]sinken lassen; sein H. aufstützen; sein H. schütteln; sein weises, greises H. schütteln (ugs.; als Zeichen der Ablehnung oder Verwunderung); bedenklich sein H. wiegen; sein H. [in, vor Scham] verhüllen; Redensart: der Stolze trägt sein H. hoch; sie schlugen dem Verbrecher das H. ab; baren (selten), bloßen, entblößten Hauptes, mit barem (selten), bloßem, entblößtem H., erhobenen, gesenkten Hauptes, mit erhobenem, gesenktem H. vor jmdm. stehen; er überragte um eines Hauptes Länge die anderen; Redensart: vor einem grauen Haupte *(einem Greis)* sollst du aufstehen; übertr. (dichter.): *Gipfel:* die Häupter der Berge sind mit Schnee bedeckt. 2. *Führer, wichtigste Person:* das H. einer Familie; er war das H. der Verschwörer. ∗ (Studentenspr.:) **bemoostes Haupt** *(Student, der schon lange studiert)* · (geh.:) **ein gekröntes Haupt** *(regierender Fürst)* · (geh.:) **an Haupt und Gliedern** *(ganz, völlig, in jeder Hinsicht):* sie wollen die Kirche an H. und Gliedern reformieren; der Staat ist krank an H. und Gliedern · (geh.:) **feurige Kohlen auf jmds. Haupt sammeln** *(jmdn. durch eine gute Tat beschämen)* · (geh.:) **sich** (Dativ) **Asche aufs Haupt streuen** *(Reue zeigen)* · (geh.:) **jmdn. aufs Haupt schlagen** *(völlig besiegen, vernichten)* · (geh.:) **zu Häupten** *(oben, in Höhe des Kopfes).*

Haus, das: **1. a)** *Wohnhaus, Heim:* ein großes, kleines, mehrstöckiges, schmales, verwinkeltes H.; armselige, einfache, verkommene, saubere Häuser; feste, baufällige, moderne Häuser; ein stilles, abgelegenes H.; sein väterliches H.; das H. seiner Eltern; die Häuser sind hier sehr hellhörig; viele Häuser waren eingestürzt; neben der Tankstelle stand früher ein H.; das H. ist auf ihn, in seine Hände übergegangen; ein H. bauen, einrichten, beziehen, bewohnen; ein H. [ver]mieten, [ver]kaufen; ein H. abbrechen, ein-, niederreißen, umbauen, verputzen, renovieren; ein eigenes H. haben, besitzen; das H. verlassen; jmdm. sein H. öffnen, verbieten; die Fenster der umliegenden Häuser waren dunkel · H. an H. *(nebeneinander)* wohnen; jmdn. aus dem Haus[e] jagen; bei dieser Kälte gehe ich nicht aus dem Haus[e]; außer Haus[e] *(nicht im Hause, auswärts)* sein, essen; er führte seine Gäste durchs ganze H.; Kaufmannsspr.: Lieferung frei H.; er führte seine Gäste ins H.; im elterlichen Haus[e] wohnen; nach Haus[e] gehen, fahren, kommen; jmdn. nach Haus[e] begleiten, bringen; komm [du] nur nach Haus[e]! */Drohung/;* bildl.: ein Paket nach Haus[e] *(an seine Angehörigen)* schicken; nach einer dreijährigen Weltreise kehrte er nach Haus[e] *(in seine Heimat)* zurück; der Reichstag wurde nach Haus[e] geschickt *(wurde aufgelöst)* · der Bettler ging von H. zu H.; an diesem Abend blieb, war, saß er zu Haus[e]; er fühlt sich schon ganz [wie] zu Haus[e] *(fühlt sich wohl);* bildl.: er ist in Luxemburg zu Haus[e] *(beheimatet);* in der Lausitz ist der Brauch des Osterreitens zu Haus[e] *(wird dort ausgeübt);* man hatte ihn drei Jahre nicht gesehen, und plötzlich war er wieder zu Haus[e] *(in seinem Heimatort);* sie spielen am Sonntag zu Haus[e] *(in dem Heimatort des Vereins)* auf eigenem Platz; er ist für niemanden zu Hause *(zu sprechen)* · Redensart: mein Haus, meine Welt · übertr.: das ganze H. (ugs.; *alle Bewohner des Hauses*) lief auf die Straße. **b)** *Familie:* aus einem anständigen, bürgerlichen, guten H. stammen; der Herr des Hauses *(der Familie);* von H. aus *(von seiner Familie her)* ist er sehr begütert; ich wünsche Ihnen und Ihrem Hause (geh.) alles Gute. **c)** *Herrschergeschlecht:* das H. Davids; das H. Österreich. **d)** *Haushalt:* die Alte besorgt ihm noch das H.; ein gastfreies H. haben; ein großes H. führen *(häufig Gäste haben und sie aufwendig bewirten).* 2. *ein bestimmtes Gebäude:* H. *(Erholungsheim)* Seeblick; das Haus des Herrn *(Kirche);* er ist zur Zeit nicht im Haus[e] *(im Gebäude der Firma);* übertr.: *Firma:* er hatte die Geschäftsfreunde seines Hauses eingeladen · ein öffentliches H. (verhüll.; *Bordell*); vor leerem, ausverkauftem Haus[e] *(Theater)* spielen; übertr.: das H. *(die Besucher des Theaters)* klatschte Beifall; das H. *(Parlament)* ist beschlußunfähig; das Hohe H. *(Parlament).* 3. (ugs.; scherzh.) */Bezeichnung für eine Person/:* er ist ein gelehrtes, fideles, flottes H.; wie geht es, altes H.? ∗ **Haus und Hof** *(jmds. gesamter Besitz)* · **Haus und Herd haben** *(seinen eigenen Hausstand haben)* · (ugs.:) **jmdm. das Haus einlaufen/einrennen** *(jmdn. ständig wegen der gleichen Sache aufsuchen)* · **Häuser auf jmdn. bauen** *(jmdm. fest vertrauen)* · **das Haus hüten** *(zu Hause bleiben)* · (geh.:) **das/sein Haus bestellen** *(alle seine Angelegenheiten vor einer längeren Abwesenheit oder vor dem Tod in Ordnung bringen)* · (ugs.:) **mit der Tür ins Haus fallen** *(ein Anliegen unvermittelt vorbringen)* · (ugs.:) **ins Haus stehen** *(bevorstehen)* · **von Haus[e] aus: a)** *(seit jeher):* er war von H. aus ein Maler. **b)** *(ursprünglich):* von H aus war er Rechtsanwalt, jetzt aber ist er Syndikus bei einer Bank · **auf einem bestimmten Gebiet, in etwas zu Haus[e] sein** *(gut Bescheid wissen).*

Häuschen, das: *kleines Haus:* in einem eigenen, schönen H. wohnen. ∗ (ugs.:) **ganz/rein aus dem Häuschen sein/geraten** *(aufgeregt sein, werden)* (ugs.:) **jmdn. aus dem Häuschen bringen** *(jmdn aufregen).*

hausen: 1. (abwertend) ⟨mit Raumangabe *wohnen:* sie hausen schon lange in dieser hal verfallenen Wohnung. 2. *wüten:* der Sturm, da Unwetter hauste schlimm; Soldaten hatten i den Dörfern schrecklich gehaust; wie die Wandalen h. *(wüten und vieles zerstören).*

Hausflur, der: → ¹Flur.

Haushalt, der: 1. *gemeinsame Wirtschaft eine Familie u. ä.:* einen gemeinsamen, mustergültigen H. führen; den H. besorgen, auflösen; si hatte schon in verschiedenen Haushalten geho fen. 2. *Einnahmen und Ausgaben eines Staat* *u. ä.:* der öffentliche, staatliche H.; die Haushalte der Länder und der Gemeinden sind ausgeglichen; den H. für das kommende Jahr aufstellen, beraten.

haushalten: *sparsam wirtschaften:* mit dem Wirtschaftsgeld, den Vorräten h.; er kann nicht h.!; er hielt mit seinen Kräften nicht haus *(schonte sich nicht);* er hat mit seiner Zeit nicht hausgehalten *(hat sie nicht eingeteilt).*

haushälterisch: *sparsam:* eine haushälterische Frau; sie ist sehr h.; man mußte mit dem Wasser h. umgehen.

hausieren: *von Haus zu Haus gehen und Waren anbieten:* mit Waren h. [gehen]; subst.: Betteln und Hausieren verboten!; bildl. (abwertend) mit dieser Geschichte, mit seinen Ideen überall h. gehen.

häuslich: **1.** *das Hauswesen, die Familie betreffend:* häusliche Arbeiten; wie sind seine häuslichen Verhältnisse?; ein bißchen häusliches Glück. **2.** *am Haushalt interessiert, im Haushalt tüchtig:* sie ist ein häusliches Mädchen, unsere neue Hilfe war wirklich sehr h.; er ist nicht besonders h. *(nicht an der Familie interessiert, oft außer Hause).* * (ugs.:) **sich [irgendwo] häuslich niederlassen/einrichten** *(längere Zeit bleiben).*

Haut, die: **1. a)** *Körperhaut bei Mensch oder Tier:* eine feine, weiche, lederne, runzlige, trockene, zarte, [un]reine, fleckige, blasse H.; seine H. ist sehr empfindlich; die H. prickelte ihm vor Erregung; ihre H. rötete sich, brannte, schälte sich, ging in Fetzen herunter (ugs.); die H. war von der Sonne verbrannt, ist zu wenig durchblutet, ist aufgesprungen; sich (Dativ) die H. auf-, abschürfen, ritzen, verbrennen; die H. in der Sonne bräunen, [gegen Sonnenbrand] einölen, einreiben; die H. des Aales abziehen; Häute von Tieren gerben; die Jacke auf der bloßen H. tragen; durchnäßt bis auf die H.; Sprichw.: aus fremder H. ist gut, leicht Riemen schneiden · ein Mittel in die H. einreiben, einmassieren. **b)** *dünne [umhüllende] Schicht:* die Zwiebel hat sieben Häute; der Pfirsich war von einer festen H. umgeben; auf der Milch hatte sich eine dünne H. gebildet. **2.** (ugs.) *Person:* eine alte, ehrliche, gute H. * **nur/bloß noch Haut und Knochen sein** *(völlig abgemagert sein)* · (ugs.:) **jmdm. die Haut gerben** *(jmdn. verprügeln)* · (ugs.:) **für jmdn., für etwas seine Haut zu Markte tragen** *(für jmdn., für etwas einstehen und sich dadurch gefährden)* · (ugs.:) **sich seiner Haut wehren** *(sich verteidigen)* · (ugs.:) **auf der faulen Haut liegen; sich auf die faule Haut legen** *(nichts tun, faulenzen)* · (ugs.:) **aus der Haut fahren** *(wütend werden)* · (ugs.:) **nicht aus seiner Haut [heraus] können** *(sich nicht ändern können)* · (ugs.:) **sich in seiner Haut [nicht] wohl fühlen** *([un]zufrieden sein)* · (ugs.:) **jmdm. ist [nicht] wohl in seiner Haut** *(jmd. ist [un]zufrieden)* · (ugs.:) **nicht in jmds. Haut stecken mögen** *(nicht an jmds. Stelle, in jmds. Lage sein mögen)* · (ugs.:) **in keiner gesunden Haut stecken** *(ständig krank sein)* · **mit heiler Haut [davonkommen]** *([etwas] unverletzt, ungestraft [überstehen])* · (ugs.:) **mit Haut und Haar[en]** *(ganz, völlig)* · (ugs.:) **etwas geht/dringt [jmdm.] unter die Haut** *(etwas berührt, erregt jmdn. sehr).*

Hebel, der: **1.** */Vorrichtung zum Heben einer Last/:* ein zweiarmiger H. **2.** *Griff zum Einschalten oder Steuern:* einen H. betätigen, [her]umlegen; er drückte auf den Hebel. * (ugs.:) **irgendwo den Hebel ansetzen [müssen]** *(mit einer Sache beginnen)* · (ugs.:) **alle Hebel in Bewegung setzen** *(alle denkbaren Maßnahmen ergreifen)* · **am längeren Hebel sitzen** *(mächtiger, einflußreicher als der Gegner sein).*

heben /vgl. gehoben/: **1. a)** ⟨etwas h.⟩ *in die Höhe bewegen, bringen:* eine Last h.; die Photographen hoben ihre Kameras; der Minister hob sein Glas [in Richtung seiner Gäste] und ließ sie hochleben; die Dünung hob das Schiff [in die Höhe]; einen [verborgenen, vergrabenen] Schatz h. *(ausgraben),* ein gesunkenes Schiff h. *(bergen);* er hob bedauernd, abwehrend, ratlos beide Arme; er hob die Hand zum Schwur, salutierend an die Mütze; er hob *(reckte)* die Faust [gegen ihn] und drohte; er hob seinen [Zeige]finger [in die Höhe]; gleichmütig die Achseln, die Schultern h. *(hochziehen);* übertr.: sie hob die Augen *(blickte hoch);* sie hob den Blick zu ihm *(blickte ihn an);* er hob seine Stimme *(sprach lauter).* **b)** ⟨jmdn., etwas h.; mit Raumangabe⟩ *hochnehmen und in eine andere Lage bringen:* jmdn. auf die Bahre, über das Fensterbrett h.; er hob das Kind vom Wagen, die Tür aus den Angeln, das Fernglas vor die Augen; Sport: er hob *(schoß)* den Ball in den Strafraum, über den Torwart. **c)** ⟨etwas hebt sich⟩ *etwas geht in die Höhe:* der Vorhang hob sich; der Dampfer hob und senkte sich in der Dünung; ihre Brust hob und senkte sich vor Erregung. **d)** ⟨sich h.; mit Raumangabe⟩ *sich erheben, hochsteigen:* sie hob sich auf die Zehenspitzen; die Flugzeuge hoben sich in die Luft; Rauch hob sich in den grauen Himmel. **e)** ⟨etwas hebt sich; mit Raumangabe⟩ *etwas ragt hoch:* der Vordersteven des Schiffes hob sich aus dem Wasser; die Türme der Kathedrale hoben sich in die Nacht. **2. a)** ⟨etwas h.⟩ *verbessern, steigern:* den Geschmack, das Niveau, die Lebenshaltung h.; den Wohlstand eines Landes, den Umsatz h.; den Mut, die Stimmung heben; der dunkle Hintergrund hebt die Farbwirkung des ganzen Bildes. **b)** ⟨etwas hebt sich⟩ *etwas bessert sich, steigert sich:* sein Wohlbefinden, seine Stimmung hob sich zusehends. * (ugs.:) **einen heben** *([ein Gläschen] Alkohol trinken):* kommt, wir heben noch einen · (ugs.:) **es hebt mich, wenn ...** *(ich könnte mich erbrechen, wenn ...)* · **sich** (Dativ) **einen Bruch heben** *(sich beim Heben einen Bruch zuziehen)* · **jmdn. auf den Schild heben** *(zum Führer bestimmen)* · **etwas aus den Angeln heben** *(völlig verändern):* dieser Krieg hob die Welt aus den Angeln · **jmdn. aus dem Sattel heben** *(jmdn. aus einer einflußreichen Position hinausdrängen)* · **jmdn. in den Sattel heben** *(jmdn. in eine einflußreiche Position hineinbringen)* · **jmdn., etwas aus der Taufe heben: a)** *(Taufpate sein).* **b)** *(der Öffentlichkeit zeigen, vorstellen)* · **jmdn., etwas in den Himmel heben** *(übermäßig loben).*

Hecht, der: **1.** */ein Raubfisch/:* der H. steht an einer Stelle, räubert in einem See. **2.** (ugs.) *Kopfsprung:* er machte einen H. vom Einmeterbrett. **3.** (ugs.) *Bursche /Bezeichnung für eine männliche Person/:* das ist vielleicht ein H.!;

ein toller H.; das ist ja noch ein ganz junger H. **4.** (ugs.) *dicke, verbrauchte Luft; dicker Tabaksqualm:* Mensch, ist hier ein Hecht! * (ugs.:) **der Hecht im Karpfenteich sein** *(die führende, eine besondere Rolle spielen).*

Hecke, die: *dicht in einer Reihe stehende Sträucher:* eine niedrige, hohe H.; die Hecke [be]schneiden; der Hof war von niedrigen Hecken umsäumt; die Grundstücke sind, werden durch eine H. getrennt.

Heer, das: **1.** *Gesamtheit der Truppen, Armee:* ein stehendes, motorisiertes H.; ein H. aufstellen, auflösen; sie zogen den feindlichen Heeren entgegen. **2.** *große Menge:* ein H. von Beamten, an Ordnungskräften; ein Heer emsiger Ameisen/(seltener:) emsige Ameisen krabbelte über die Beete.

Hefe, die: **a)** */ein Gärungs-, Treibmittel/:* H. treibt; dem Teig H. zusetzen; mit H. backen. **b)** (abwertend) *unterste Schicht, Abschaum:* die H. des Volkes.

[1]Heft, das: **1.** *Schreibheft:* ein dünnes, vollgeschriebenes H.; mein H. ist voll, ich brauche ein neues; die Hefte austeilen, einsammeln; er mußte die Hefte mit den Schulaufgaben immer seinem Vater vorlegen; er schrieb den Aufsatz in das gute H. (Schülerspr.: *Heft für Klassenarbeiten*); etwas in ein H. eintragen. **2. a)** *Teil, Lieferung:* das Werk erscheint in einzelnen Heften; er hatte in H. 4 dieser Zeitschrift einen Aufsatz veröffentlicht. **b)** *dünnes Buch:* ein H. Gedichte.

[2]Heft, das (geh.): *Griff einer Stichwaffe u. ä.:* das H. des Messers, eines Werkzeugs; er stieß dem Stier den Degen bis zum H. in den Nacken. * **das Heft ergreifen/in die Hand nehmen** *(die Leitung, die Macht übernehmen)* · **das Heft aus der Hand geben** *(die Leitung, die Macht abgeben)* · **das Heft in der Hand haben/behalten** *(Herr der Lage sein)* · **jmdm. das Heft aus der Hand nehmen/winden** *(jmdm. die Leitung wegnehmen, die Macht entreißen).*

heften: 1. ⟨etwas h.⟩ *mit Fäden u. ä. locker verbinden:* ein Buch, Akten [mit einem Faden] h.; die Blätter waren geheftet; einen Saum, eine Naht h. *(mit weiten Stichen [lose] zusammennähen).* **2.** ⟨etwas h.; mit Raumangabe⟩ *etwas mit Nadeln u. ä. irgendwohin befestigen:* Zeichnungen an die Wand h.; bildl.: Ruhm und Glanz an seine Fahne heften; übertr.: sie heftete ihre Augen, ihren Blick auf/(selten:) an sein Gesicht *(starrte ihn unverwandt an);* ⟨jmdm., sich etwas h.; mit Raumangabe⟩ er heftete ihm einen Orden an die Brust. * (ugs.:) **sich an jmds. Fersen/Sohlen heften** *(hinter jmdm. her sein, jmdn. verfolgen).*

heftig: a) *stark, mit Schwung, mit Wucht, intensiv:* ein heftiger Sturm, Regen, Aufprall, Schlag; heftige Liebe, Leidenschaft; ein heftiger *(erbitterter)* Kampf; mit einer heftigen *(plötzlichen)* Bewegung wandte sie sich um; die Schmerzen sind h., wurden heftiger; h. atmen, weinen, schimpfen, sich erschrecken, sich verlieben, etwas begehren; er knallte die Tür h. ins Schloß. **b)** *jähzornig, unwillig:* sie ist unberechenbar in ihrer heftigen Art; er ist ein maßlos heftiger Mensch; sie ist sehr h.; sie wurde gleich h.

hegen (geh.): **1.** ⟨jmdn., etwas h.⟩: *behüten und pflegen:* einen Garten, den Wald h.; der Förster hegt das Wild; sie hegten und pflegten ihn wi[e] ihren eigenen Sohn. **2.** ⟨etwas h.⟩ *in sich tragen[,] empfinden, haben* /oft verblaßt/: eine stark[e] Abneigung, ein tiefes Mißtrauen gegen jmdn. h.; eine bestimmte Ansicht, Meinung von jmdm. h.; eine Schwäche für etwas h.; er hegte de[n] Wunsch nach Macht; er hegte nicht die Absich[t] *(beabsichtigte nicht)* zu kommen; sie hegten di[e] schwache Hoffnung *(hofften leise),* daß e[r] käme; schon lange hatten sie daran Zweifel ge[-] hegt *(gezweifelt).*

Hehl, das (auch: der) ⟨gewöhnlich in der feste[n] Verbindung⟩ kein[en]/nie ein[en] Hehl au[s] etwas machen: *etwas nicht verbergen, verheim[-] lichen:* er machte aus seiner Abneigung kein[en] H.; er machte keinen H. daraus, wie sehr er ih[n] verachtet.

hehr (geh.): *erhaben:* ein hehrer Anblick, Augen[-] blick; eine hehre Gestalt.

[1]Heide, die: *trockne [weite] Landschaft:* di[e] öde, unfruchtbare, blühende, grüne H.; durc[h] die H. wandern.

[2]Heide, der: *Nichtchrist:* die Heiden bekehren[;] den Heiden das Evangelium verkünden.

heikel: 1. *bedenklich, peinlich, schwierig:* ei[n] heikler Fall, eine heikle Lage, Sache; di[e] heiklen Themen wurden nicht berührt; da[s] Problem ist zu h. **2.** (landsch.) *[beim Essen] wählerisch:* sei nicht so h.!

heil: a) *unverletzt:* heile Glieder haben; er ha[t] den Unfall h. überstanden. **b)** *gesund:* das Kni[e] ist wieder h. **c)** *ganz:* heile *(nicht zerrissene)* Hemden, Anzüge; die Vase war noch h. *(un[-] zerbrochen);* die Stadt war im Kriege h. *(un[-] zerstört)* geblieben. * **mit heiler Haut** [**davonkom[-] men**] *([etwas] unverletzt, ungestraft [überstehen])*

Heil, das (geh.): *Glück:* sein H. versuchen; sei[n] H. von jmdm. erwarten, in etwas sehen; jmdm. H. und Segen wünschen; für sein H. *(Wohl)* sorgen; H. euch!; Rel.: Gott hat die Menschen zum H. *(zur ewigen Seligkeit)* bestimmt. * **Sch[i] Heil!** */Gruß der Schiläufer/* · **Petri Heil!** */Gru[ß] der Angler/* · (veraltend:) **im Jahre des Heil[s]** *(in dem betreffenden Jahr nach Christi Geburt)* **sein Heil in der Flucht suchen** *(fliehen, davon[-] laufen).*

heilen: 1. ⟨etwas heilt⟩ *etwas wird gesund:* di[e] Wunde heilt; der Riß ist ohne Komplikatione[n] von selbst geheilt. **2. a)** ⟨etwas h.⟩ *durch Be[-] handlung beseitigen:* eine Krankheit h.; er hat[te] die Entzündung durch, mit Penizillin geheil[t]. **b)** ⟨jmdn. h.⟩ *gesund machen:* einen Kranke[n] h.; er wurde in kurzer Zeit geheilt; er ist a[ls] geheilt [aus dem Krankenhaus] entlasse[n] worden; jmdn. durch Diät von einem Leide[n] h.; bildl.: sie war von ihren fixen Ideen ge[-] heilt *(befreit).*

heilig: 1. (Rel.) *zur Kirche gehörend, Heil spen[-] dend, gesegnet:* das heilige Abendmahl, d[ie] heilige Kirche, das heilige Pfingstfest, di[e] heiligen Sakramente; sie führte ein heilige[s] (veraltend; *frommes*) Leben; der heilige *(d[er] von der katholischen Kirche heiliggesprochene)* Augustinus; subst.: der, die Heilige; Augu[-] stinus ist ein Heiliger; die Heiligen anrufe[n,] bitten; um aller Heiligen willen. **2.** (geh.) *erns[t,] unantastbar:* heiliger Eifer, Zorn; das ist me[in] heiliger Ernst, seine heilige Pflicht; mein Wo[rt] ist mir h.; er schwor bei allem, was ihm h. wa[r] ihre Gefühle waren ihm h. *(wurden von ihm respektiert).* ∗ **Heiliger Abend** *(der Abend oder Tag vor dem ersten Weihnachtstag)* · (hist.:) **die Heilige Allianz** *(zwischen Rußland, Österreich und Preußen 1815 geschlossener Bund)* · (ugs.:) [**ach du**] **heiliger Bimbam!; heiliges Kanonenrohr!;** [**ach du**] **heiliger Strohsack!** */Ausrufe des Erstaunens/* · (ugs.:) [**du**] **heilige Einfalt!** */Ausruf der Verwunderung über einen einfältigen Menschen/* · (Rel.:) **der Heilige Christ** *(Christus)* · **die Heilige Dreifaltigkeit** *(Gott Vater, Sohn und Heiliger Geist)* · (Rel.:) **die Heilige Familie** *(Jesus, Maria und Joseph)* · (Rel.:) **der Heilige Geist** *(eine der drei göttlichen Personen)* · (Rel.:) **die Heilige Jungfrau** *(die hl. Maria)* · (Rel.:) **die Heiligen Drei Könige** *(die Weisen aus dem Morgenland)* · (bibl.:) **das Heilige Land** *(Palästina)* · **die Heilige Nacht** *(die Nacht zum ersten Weihnachtstag)* · **die Heilige Schrift** *(die Bibel)* · (Rel.:) **die Heilige Stadt** *(Jerusalem)* · **der Heilige Stuhl** *(das Amt des Papstes; der Vatikan)* · (kath. Rel.:) **der Heilige Vater** */Titel des Papstes/* · **ein sonderbarer Heiliger** [**sein**] *(ein merkwürdiger Mensch, ein Sonderling [sein])* · **etwas hoch und heilig versprechen/beschwören** *(etwas ganz fest, feierlich versprechen, beschwören).*

heiligen ⟨etwas h.⟩: **a)** *als heilig, als unantastbar achten; verehren:* den Feiertag h.; das ist ein geheiligtes Recht, eine geheiligte Tradition; iron.: er betrat die geheiligten Räume des Direktors. **b)** *rechtfertigen:* er versuchte, seine Maßnahmen vom Erfolg her zu h.; Redensart: der Zweck heiligt die Mittel.

heillos: *ungeheuer, sehr schlimm:* ein heilloses Durcheinander; eine heillose Unordnung, Verwirrung; er bekam einen heillosen Schrecken; er ist h. verschuldet.

heilsam: a) (veraltend) *heilend:* eine heilsame Medizin. **b)** *nutzbringend, förderlich:* heilsame Worte, eine heilsame Ermahnung, Lehre, Strafe; der Schock, diese Erfahrung war für ihn h.

Heim, das: **1.** (geh.) *Wohnung:* ein stilles, trautes, eigenes H.; das H. schmücken; jmdm. ein gemütliches H. einrichten; in ein neues H. einziehen. **2.** *Erholungs-, Pflegeheim u. ä.:* aus einem H. entlassen werden; in ein H. kommen, eingewiesen werden; in einem H. wohnen; er ist in drei Heimen gewesen.

Heimat, die: *Ort, Land, wo jmd. herkommt oder sich zu Hause fühlt:* München ist seine, unsere [zweite] H.; die alte H. wiedersehen; die H. verlieren, aufgeben müssen, verlassen; die Heimat lieben, schützen, gegen jmdn. verteidigen, im Stich lassen; er hat keine H. mehr; er hat in Deutschland eine neue H. gefunden; die H. eines Tieres, einer Pflanze; in die H. zurückkehren; sie folgte ihm in seine H.; bildl.: die geistige H. des Dichters ist ...; die ewige H. (geh.; *das Jenseits*).

heimatlich: *zur Heimat gehörend, sie betreffend:* die heimatliche Sprache; heimatlicher Boden; die heimatlichen Sitten, Berge; alles mutet mich [hier] h. *(vertraut)* an.

heimgehen: *nach Hause gehen:* wir müssen endlich h.; übertr. (dichter.): *sterben:* er ist im Alter von 87 Jahren heimgegangen.

heimisch: a) *aus der Heimat stammend, inländisch:* heimische Tiere, Pflanzen; die heimische Bevölkerung, Industrie; die heimischen Götter. **b)** *vertraut, wie zu Hause:* hier kann ich mich h. fühlen, mich h. machen; er war in dieser Stadt schnell h. geworden; diese Pflanzen sind im Gebirge h. *(zu Hause);* bildl.: er ist in dieser Wissenschaft h. *(bewandert).*

heimlich: *geheim, verborgen, unbemerkt:* eine heimliche Absprache, Vorbereitung, Zusammenkunft; ein heimliches Stelldichein; ein heimlicher Schlupfwinkel; heimliche Wege, Schätze, Sünden, Mängel; eine heimliche Liebe erfüllte sie; etwas auf heimliche Weise tun; er verfolgte die Entwicklung mit heimlichem Mißtrauen; h. kommen, verschwinden; jmdm. h. etwas zuflüstern; er traf sich h. mit ihr; er hatte sich h. Notizen gemacht.

heimsuchen ⟨jmdn., etwas h.⟩: *über jmdn., über etwas (als Unheil) kommen; überfallen, befallen:* die Feinde suchten das Land heim; er wurde vom Unglück, von einer Krankheit, von Erinnerungen, Träumen, Vorahnungen heimgesucht; ein plötzliches Unwetter, Erdbeben hatte die Gegend heimgesucht; übertr. (ugs.; scherzh.): *besuchen:* wir werden meinen Onkel heute noch heimsuchen.

Heimweh, das: *sehnsüchtiger Wunsch, zu Hause zu sein:* ein heftiges, brennendes, maßloses, starkes H. befiel, ergriff ihn; H. nach jmdm., etwas haben, bekommen, empfinden, verspüren; an/unter H. leiden; er ist, wurde vor H. krank.

heimzahlen ⟨jmdm. etwas h.⟩: *vergelten:* diese Gemeinheit habe ich ihm heimgezahlt; das wird er ihnen tüchtig, in/mit gleicher Münze, doppelt heimzahlen.

Heirat, die: *Eheschließung:* eine reiche, politische, späte H.; eine H. gutheißen; seine H. mit der reichen Witwe, die H. zwischen dem Reeder und dem Dienstmädchen erregte großes Aufsehen.

heiraten: a) *die Ehe eingehen, sich vermählen:* er will h.; sie hatten früh, jung, vor einem Jahr geheiratet; er hat gut, in eine reiche Familie geheiratet; sie hatte h. müssen *(geheiratet, weil sie ein Kind erwartete).* **b)** ⟨jmdn. h.⟩ *mit jmdm. eine Ehe schließen:* er heiratete die Tochter seines Nachbarn; sie hat ihn gegen den Willen ihrer Eltern, aus Dankbarkeit geheiratet. **c)** ⟨mit Raumangabe⟩ *jmdn. heiraten und an seinen Wohnort ziehen:* aufs Land, in die Stadt h.; sie hat nach Amerika geheiratet.

heiser: *rauh /von der Stimme/:* eine heisere Stimme; man hörte nur ein heiseres Krächzen; er war vom vielen Rauchen ganz h.; er hatte sich h. geredet; übertr.: sich h. reden *(reden und reden, um jmdm. etwas zu erklären).*

heiß: 1. *sehr warm:* heiße Luft; ein heißer Wind wehte; eine heiße Zone, Gegend; heiße Quellen; ein Paar heiße Würstchen; heiße [Asphalt]-straßen; ein heißer Tag, Sommer; ein heißes Bad nehmen; heiße Hände, einen heißen Kopf haben; es, der Tag war drückend, erstickend, glühend, hochsommerlich h.; das Wasser war kochend, siedend h.; die Suppe war noch zu h.; das Bügeleisen wurde nur langsam h.; ihm ist, wird h.; Sprichwörter: man muß das Eisen schmieden, solange es h. ist *(man muß den rechten Augenblick nützen);* nichts wird so h. gegessen, wie es gekocht wird; was ich nicht weiß, macht mich nicht h. *(berührt mich nicht).* **2.** *leidenschaftlich, heftig, erregend:* ein heißer

Kampf; ein heißes (geh.; *inbrünstiges*) Gebet; in heißer Liebe entbrannt sein; es ist sein heißer Wunsch ...; mit heißer Inbrunst, heißem Bemühen; heiße Tränen weinen (geh.; *heftig weinen*); heißen *(besten)* Dank!; heiße Musik, heiße Rhythmen; etwas h. ersehnen, wünschen; bei diesem Wettspiel ging es h. *(turbulent und erregend)* her, zu; der Sieg war h. umkämpft. * (ugs.:) **heißes Blut haben** *(leidenschaftlich sein)* · (ugs.:) **um etwas herumgehen wie die Katze um den heißen Brei** *(sich nicht trauen, etwas zu tun)* · (ugs.:) **heißer Draht** *(direkte telephonische Verbindung [zwischen den Regierungen der Großmächte], bes. für ernste Konfliktsituationen)* · (ugs.:) **ein heißes Eisen** *(eine heikle, bedenkliche Sache, mit der man sich nur ungern beschäftigt)* · (Wirtsch.:) **heißes Geld** *(fluktuierende Gelder, die in das Land mit der jeweils stabilsten Währung fließen)* · (ugs.:) **eine heiße Spur** *(für die Aufklärung eines Verbrechens wichtiger Anhaltspunkt)* · (ugs.:) **etwas ist wie, ist nur ein Tropfen auf den, einen heißen Stein** *(ist völlig unzulänglich, unzureichend, nutzlos)* · (ugs.:) **heißer Tip** *(ein für die Aufklärung eines Verbrechens wichtiger Hinweis)* · (ugs.:) **heiße Ware** *(gestohlene oder geschmuggelte Ware)* · (ugs.:) **jmdm. wird, es wird jmdm. der Boden/das Pflaster [unter den Füßen] zu heiß** *(jmdm. wird es an seinem Aufenthaltsort zu gefährlich)* · (ugs.:) **jmdn. zu heiß gebadet haben** *(jmd. ist nicht ganz bei Verstand):* dich haben sie wohl zu heiß gebadet? · (ugs.:) **jmdm. die Hölle heiß machen** *(jmdm. heftig zusetzen)* · (ugs.:) **sich** (Dativ) **über etwas die Köpfe heiß reden** *(etwas leidenschaftlich diskutieren)* · **es läuft jmdm. heiß und kalt über den Rücken; es überläuft jmdn. heiß und kalt** *(jmd. ist voll Angst, entsetzt).*

heißen: 1. ⟨mit Artangabe⟩ **a)** *den Namen haben, genannt werden:* wie heißt du?; ich heiße Peter; in Wirklichkeit hieß er Moritz; bis zur Heirat, früher hatte sie anders geheißen (nicht korrekt: gehießen); das stimmt, so wahr ich X heiße (ugs.; *das stimmt wirklich*); wenn das stimmt, heiße ich Meier, will ich ein Schuft h. (ugs.; *das stimmt sicher nicht*); wie heißt denn das Dorf, die Straße, das Land? **b)** ⟨etwas heißt⟩ *etwas lautet:* der Titel des Buches heißt „Verloren"; sein Motto heißt Geduld; es heißt *(man sagt)*, Armut sei keine Schande; in diesem Buch heißt es *(wird gesagt, steht)*, daß die Menschen frei seien. **c)** ⟨etwas heißt⟩ *etwas bedeutet etwas:* das will viel, wenig, schon etwas h.; das hieße doch, den Plan aufgeben/aufzugeben; das heißt für uns [so viel wie] warten; was heißt das schon wieder?; das heißt, [daß] er kommt; was heißt „immer"?; jetzt heißt es *(ist es nötig)*, bereit zu sein; da heißt es aufgepaßt!/aufpassen! *(da gilt es aufzupassen).* **2.** (geh.) ⟨jmdn., sich, etwas h.⟩ *nennen, bezeichnen als:* **a)** ⟨mit Gleichsetzungsakkusativ⟩: jmdn., seinen Freund einen Dummkopf, einen Lügner, h.; das heiße ich Schicksal, einen festen Schlaf; das heißt er pünktlich sein. **b)** (geh.) ⟨mit Artangabe⟩ sie hießen sich religiös, die anderen jedoch unfromm. **3.** (geh.) ⟨jmdn. etwas h.⟩ *jmdm. etwas befehlen:* er hieß die Leute warten; er hat mich kommen heißen/(seltener:) geheißen; wer hat dich geheißen, das zu tun?; ich habe es ihn nicht geheißen. * **das heißt** */als Erläuterung oder Einschränkung von etwas vorher Gesagtem/:* ich komme morgen zu dir, das heißt, wenn ich nicht selbst Besuch habe · **jmdn. willkommen heißen** *(jmdn. begrüßen)* · (ugs.:) **etwas mitgehen heißen** *(etwas entwenden).*

heißlaufen: *etwas wird durch Reibung heiß* **a)** ⟨etwas läuft heiß⟩ die Achse lief heiß, der Motor ist heißgelaufen. **b)** ⟨etwas läuft sich heiß⟩ die Achse lief sich heiß, hat sich heißgelaufen.

heiter: a) *froh, lustig, vergnügt:* ein heiteres Gemüt, Gesicht; in heiterer Laune, Stimmung sein; es war eine heitere Geschichte, ein heiterer Anblick, ein heiteres Spiel; die Sendung war sehr h.; er nimmt das Leben h.; (iron.:) das ist, wir ja h., kann ja h. werden *(da erwartet uns j einiges, das ist unangenehm).* **b)** *klar, sonnig* heiteres Wetter, ein heiterer Tag, Himmel; e war den ganzen Tag über h., h. bis wolkig * (ugs.:) **wie ein Blitz aus heiterem Himme** *(ohne Vorbereitung, plötzlich)* · **aus heiterem Himmel** *(ohne daß man es ahnen konnte),*

Heiterkeit, die: *Fröhlichkeit, Vergnügthe [und Gelächter]:* eine gelöste, kindliche, unbekümmerte, unbändige H.; die H. des Gemütes der Witz erregte, erntete (geh.) große H.; e war von einer lärmenden H.; sein Bericht tru zur allgemeinen H. bei.

heizen: a) ⟨[etwas] h.⟩ *[einen Raum] erwärmen* mit Öl, mit Koks, elektrisch h.; ab 15. September wird bei uns geheizt; das Wohnzimmer h der Saal war schlecht geheizt; einen Ofen h *(in einem Ofen Feuer machen).* **b)** ⟨etwas heizt mit Artangabe⟩ *etwas spendet in bestimmte Weise Wärme:* der Ofen heizt gut.

Held, der: **1.** *tapferer Mensch:* ein kleiner, namenloser, großer, tapferer H.; die Helden des Altertums; er hat den Verlust wie ein H. getragen die Helden werden geehrt; er war kein H. gewesen; spiel doch nicht immer den Helden (iron.:) du bist mir ein schöner, netter, rechte H.!; na, ihr beiden Helden! **2.** *Hauptperso [einer Dichtung usw.]:* ein tragischer, naiver H die Figur des Helden in der modernen Literatur; Theater: der jugendliche H. */ein Rollenfach/;* er spielt an der Bühne, in diesem Stüc den Helden (nicht korrekt: Held). * **der He des Tages sein** *(im Mittelpunkt des Interess stehen)* · (ugs.:) **kein Held in etwas sein** *(etw wenig gut können):* er ist kein H. im Rechnen.

helfen: 1. ⟨jmdm. h.⟩ **a)** *bei etwas behilfli eine Hilfe sein; jmdn., etwas unterstützen:* sic gegenseitig h.; jeder muß sich selbst h.; ihm i nicht [mehr] zu h. *(man kann ihm nicht [meh helfen);* jmdm. bereitwillig, mit Rat und Ta ein wenig h.; jmdm. im Haushalt, auf de Feld, in der Not h.; ⟨jmdm. bei etwas h.⟩ half dem Kind beim Lernen; er hat sich b dieser Arbeit h. lassen; sie hat ihm wasch helfen/geholfen; er half ihr, den Koffer zu tr gen; sie tat, als hülfe/(selten:) hälfe sie ihm r dern · ⟨jmdm. h.; mit Raumangabe⟩ jmd aufs Fahrrad *(beim Aufsteigen)*, aus dem Au *(beim Aussteigen)*, in den Mantel *(beim A ziehen)* h.; jmdm. aus der Not, der Patsc (ugs.), der Verlegenheit h. *(helfen, aus der N usw. herauszukommen);* er half ihm auf die Fäh te, Spur *(half, die Fährte zu finden)* · (ugs., ve hüll.:) ich werde, will dir h.! */Androhung ein Bestrafung/;* ich werde dir h., die Tapeten bemalen! *(du sollst doch die Tapeten nicht bemalen!)*; ⟨gelegentlich auch ohne Dativ⟩ er half, wo er nur konnte · Redensart: wem nicht zu raten ist, dem ist auch nicht zu h.; Sprichw.: hilf dir selbst, dann hilft dir Gott! **b)** *heilen, gesund machen:* dieser Arzt hat mir geholfen. **2. a)** ⟨etwas hilft⟩ *etwas nützt:* das Leugnen, das Weinen half nicht[s]; da hilft kein Sträuben; Drohungen hätten nicht geholfen; es hilft nichts, wir müssen noch heute fort; ⟨etwas hilft jmdm.⟩ was hilft das mir?; es half uns ein wenig, daß sie Russisch sprechen konnte; das hilft ihm alles nichts, nicht die Bohne (ugs.). **b)** ⟨etwas hilft⟩ *etwas ist heilsam, heilt:* nur eine Kur, Operation kann h.; das Mittel hilft sehr gut, rasch gegen Schnupfen, Magenschmerzen; ⟨etwas hilft jmdm.⟩ das Präparat hat mir nicht geholfen. * **sich** (Dativ) **nicht helfen können** *(nicht anders können; bei seiner Ansicht bleiben, etwas tun müssen):* ich kann mir nicht h., er bleibt für mich ein Angeber · **sich** (Dativ) **zu helfen wissen** *(einen Ausweg finden)* · **so wahr mir Gott helfe!** /*Eidesformel*/ · (ugs.:) **jmdm. auf die Beine helfen: a)** *(jmdm. helfen, eine Schwäche oder Krankheit zu überwinden):* die Kur hat ihm wieder auf die Beine geholfen. **b)** *(jmdn. wirtschaftlich wiederaufrichten, stärken):* das zinslose Darlehen hat der Firma wieder auf die Beine geholfen · (ugs.:) **jmdm. über den Berg helfen** *(jmdm. über die größten Schwierigkeiten hinweghelfen)* · (ugs.:) **jmdm. auf die Sprünge helfen** *(jmdm. in einer bestimmten Angelegenheit [durch Hinweise] weiterhelfen).*

hell: 1. *von lichter Farbe; von großer Helligkeit:* helle Farben; helles Licht; ein heller Schein; eine helle Glühbirne; helle Tapeten; helle Haare, helles Bier; subst.: ein kleines Helles *(kleines Glas helles Bier)* · ein helles Kleid; helles Rot, Grün; ein helles Zimmer; die Tat geschah am hellen Tag *(mitten am Tag)*; er schlief bis in den hellen Morgen *(sehr lange)*; die Räume sind sehr h. *(haben gutes Licht)*; der Himmel ist h. *(klar)*; der Mond scheint h.; das ganze Haus war hell erleuchtet; die Wand ist h. getönt; draußen wird es h. *(der Morgen dämmert)*; im Sommer bleibt es lange h. *(sind die Tage lang)*. **2.** *von hohem Ton, Klang:* eine helle Stimme; ein heller Ton; ein helles Lachen, Geläut; ihre Stimme ist, klingt h.; sie lacht sehr h. **3.** /vgl. helle/ (ugs.) *klug, aufgeweckt:* er ist ein heller Kopf, hat einen hellen Verstand. **4.** (ugs.) **a)** *sehr groß:* ein heller Wahnsinn; das Kind weinte helle Tränen *(weinte sehr)*; sie hatten ihre helle Freude an dem Kind; sie gerieten in helle Wut, Aufregung, Begeisterung; die Menschen kamen in hellen Scharen, Haufen. **b)** ⟨verstärkend bei Adjektiven und Verben⟩ *sehr:* sie waren von dem Vorschlag h. begeistert, entzückt; über diesen Unsinn mußte er h. lachen.

helle (ugs.) *schlau:* der Junge ist h.

Heller, der: /*eine alte Münze*/. * (ugs.:) **keinen/ nicht einen [roten, lumpigen, blutigen] Heller** *([gar] nichts):* er hat, besitzt keinen roten H. mehr, ich gebe nicht einen H. dafür, das ist keinen roten H. wert · (ugs.:) **bis auf den letzten Heller; auf Heller und Pfennig** *(ganz genau):* sie haben das Geld auf H. und Pfennig zurückgezahlt, bis auf den letzten H. abgerechnet.

Hemd, das: /*ein Wäsche-, Kleidungsstück*/: ein leinenes, seidenes, weißes, gestreiftes, bügelfreies, reines, frisches, sauberes, schmutziges H.; ein H. anziehen, überstreifen, tragen, aufknöpfen, ausziehen, wechseln; er trug sein Hemd über der Hose, stopfte es in die Hose; Hemden waschen, bügeln, ausbessern; er saß im H. *(nur mit einem Hemd bekleidet)* da; (ugs.; abwertend:) er wechselte seine Gesinnung wie das, wie sein H.; Sprichw.: das H. ist mir näher als der Rock. * (ugs.:) **sich das letzte/sein letztes Hemd vom Leibe reißen; das letzte/sein letztes Hemd hergeben** *(das Letzte opfern)* · (ugs.:) **kein [ganzes] Hemd [mehr] am/auf dem Leibe haben** *(völlig heruntergekommen sein)* · (ugs.:) **jmdm. das Hemd über den Kopf ziehen; jmdn. bis aufs Hemd ausziehen** *(restlos ausplündern).*

hemmen /vgl. gehemmt/ ⟨jmdn., etwas h.⟩: *verlangsamen, aufhalten, [be]hindern:* seinen Lauf, Schritt h. (geh.); den Fortgang, Fortschritt, die Entfaltung der Wirtschaft h.; jmdn. in seiner Entwicklung h.; er fühlt sich in seiner Tätigkeit gehemmt.

Hemmung, die: **1.** *innere Scheu, zaghafte Zurückhaltung, innerer Widerstand:* schwere, innere, seelische, moralische Hemmungen; seine Hemmungen überwinden, verlieren, abschütteln; ihm gegenüber hat er [keine] Hemmungen; er ist frei von Hemmungen, ohne jede H. **2.** *Behinderung:* die H. des Wachstums. **3.** /*Teil des Uhrwerks*/: die H. ist [ab]gebrochen.

Henker, der: *Scharfrichter:* jmdn. dem H. überliefern, überantworten. * (derb:) **sich den Henker um etwas scheren; den Henker nach etwas fragen** *(sich nicht um etwas kümmern)* · (derb:) **sich zum Henker scheren** *(verschwinden):* scher dich zum Henker! · (derb:) **zum Henker!** /*Fluch*/ · (derb:) **hol's der Henker!** /*Fluch*/.

her ⟨Adverb⟩: **1.** (ugs.) *hierher, in Richtung auf den Sprecher* /räumlich/: h. zu mir!; er soll sofort h.!; Bier, Geld h.!; h. damit! **2.** *zurückliegend, vergangen* /zeitlich/: das ist schon einen Monat, lange Zeit, gar nicht so lange, über fünf Jahre h.; die ganze Zeit h. (ugs., landsch.; *während der ganzen Zeit*) habe ich ihn nicht gesehen. * (ugs.:) **mit jmdm., mit etwas ist es nicht weit her** *(jmd., etwas ist unbedeutend, unzureichend)* · (ugs.:) **hinter jmdm. her sein: a)** *(nach jmdm. fahnden):* die Polizei ist schon seit langem hinter diesem Verbrecher h. **b)** *(um jmdn. werben):* er ist schon lange hinter ihr h. · (ugs.:) **hinter etwas her sein** *(etwas unbedingt haben wollen):* er ist sehr hinter diesem Buch h. · **von ... her: a)** /räumlich/: er grüßte vom Nebentisch h. **b)** /zeitlich/: von früher, von meiner frühesten Jugend h.; von alters h. *(seit langem)*. **c)** /kausal/: von der Form h. finde ich das Auto schön · **hin und her: a)** *(ohne ein bestimmtes Ziel):* er lief hin und h.; subst.: es gab, war ein ewiges Hin und Her *(Kommen und Gehen)*. **b)** *(auf alle Möglichkeiten hin):* sie überlegte hin und h. · (ugs.:) **... hin, ... her:** *(wie es auch sei):* Freund hin, Freund h., er hat mich beleidigt.

herab (geh.) ⟨Adverb; meist zusammengesetzt mit Verben⟩: *herunter, abwärts:* von den Bergen h. bis ins Tal war das Land mit Schnee bedeckt. * **von oben herab** *(herablassend, hochmütig):* sie behandelte uns, zeigte sich sehr von oben h.

herablassen /vgl. herablassend/: **1.** ⟨jmdn., sich, etwas h.⟩ *nach unten [gleiten] lassen:* das

Gitter, die Jalousien, den Vorhang h.; einen Korb an einem Seil h.; der Gefangene hat sich mit einem Strick an der Mauer herabgelassen. **2.** (iron.) ⟨sich zu etwas h.⟩ *sich schließlich zu etwas bereit finden:* werden Sie sich endlich h., meine Frage zu beantworten?

herablassend (abwertend): *gönnerhaft und arrogant:* eine herablassende Art; er sprach in herablassendem Ton; der Chef ist sehr h. zu seinen Untergebenen/gegen seine Untergebenen; h. grüßen; er behandelt ihn h.

herabsetzen: 1. ⟨etwas h.⟩ *verringern, vermindern, niedriger machen:* den Preis, die Kosten h.; die Waren wurden [im Preis] stark herabgesetzt; Waren zu herabgesetzten Preisen; mit herabgesetzter Geschwindigkeit. **2.** ⟨jmdn., etwas h.⟩ *verächtlich machen; schmälern:* jmds. Verdienste, Leistung, Fähigkeiten h.; er versuchte, seinen Gegner in den Augen der anderen herabzusetzen.

heran ⟨Adverb; meist zusammengesetzt mit Verben⟩: *an die Seite:* rechts h.!

herankommen: a) *herbeikommen, sich nähern:* die Tiere kamen dicht, bis auf wenige Meter an das Gitter heran; übertr.: endlich kamen die Ferien, kam der Urlaub heran. **b)** ⟨an jmdn., an etwas h.⟩ *zu etwas gelangen; erreichen:* an die Verantwortlichen ist nur schwer heranzukommen; an ihn ist nicht heranzukommen *(er ist unzugänglich);* leicht, gut, schwer an ein Kabel h.; er kommt an sein Geld nicht heran *(es liegt auf einem Konto fest).* * **etwas an sich herankommen lassen** *(sich in einer Sache abwartend verhalten).*

heranmachen (ugs.): **1.** ⟨sich an etwas h.⟩ *tatkräftig mit etwas beginnen:* er machte sich an die Lösung der Aufgabe, an die Arbeit heran. **2.** ⟨sich an jmdn. h.⟩ *sich jmdm. in bestimmter Absicht nähern:* sich an ein Mädchen h.; er hat sich an seinen Vorgesetzten herangemacht.

herauf ⟨Adverb; meist zusammengesetzt mit Verben⟩: *nach oben, aufwärts:* h. geht die Fahrt langsamer als hinunter.

heraufbeschwören ⟨etwas h.⟩: **1.** *in die Erinnerung zurückrufen:* die Vergangenheit h.; mit bewegten Worten beschwor er das Erlebnis ihrer Flucht herauf. **2.** *[leichtfertig] bewirken, verursachen:* eine Gefahr, einen Streit, Unheil h.; die Flugzeugentführung hat einen ernsten Konflikt heraufbeschworen.

heraufsetzen ⟨etwas h.⟩: *erhöhen, teurer machen:* die Mieten, die Preise h.

heraufziehen: 1. ⟨jmdn., etwas h.⟩ *nach oben ziehen; hochziehen:* den Eimer aus dem Brunnen h. **2.** (geh.) ⟨etwas zieht herauf⟩ *etwas naht sich, kommt heran:* ein Gewitter, ein Unwetter zieht herauf; die Nacht zieht herauf (dichter.); bildl.: Unheil, eine Gefahr zieht herauf.

heraus ⟨Adverb; meist zusammengesetzt mit Verben⟩: *von drinnen nach draußen:* aus dem Haus h. rief jemand um Hilfe; h. aus dem Bett, den Federn! (ugs.; *aufstehen!*). * (ugs.:) **heraus mit der Sprache!** *(sag, was du auf dem Herzen hast)* · **aus sich heraus** *(unaufgefordert, von sich aus):* er bot ganz aus sich h. seine Hilfe an · (nachdrücklich:) **aus ... heraus** *(aus):* er handelte aus einer Notlage h., aus bestimmten Erwägungen h. · **von innen heraus** *(aus dem Innern):* das Obst faulte von innen h.

herausbekommen: 1. ⟨etwas h.⟩ *herauslösen, entfernen:* einen Nagel aus der Wand h.; de[r] Korken war schwer herauszubekommen; si[e] versuchte vergeblich, den Flecken aus de[m] Kleid herauszubekommen. **2.** ⟨etwas h.⟩ **a)** *di[e] Lösung finden, lösen:* eine Rechenaufgabe, ei[n] Rätsel h.; er hat die Lösung nicht h. **b)** *in Erfahrung bringen:* ein Geheimnis [aus jmdm.] h. Einzelheiten über den Hergang h.; die Polize[i] konnte nicht h., wo der Unbekannte sich au[f]hält. **3.** ⟨etwas h.⟩ *zurückbekommen:* du has[t] beim Bezahlen zuwenig [Geld] h.

herausbringen: 1. ⟨jmdn., etwas h.⟩ *aus eine[m] Raum nach draußen bringen:* sie ließen sich da[s] Frühstück auf die Terrasse h. **2.** ⟨etwas h.⟩ *her[aus]bekommen, entfernen:* er brachte den Nag[el] nicht aus der Wand heraus; der Fleck ist schwe[r] [aus dem Tischtuch] herauszubringen. **3.** ⟨et[was] h.⟩ *auf den Markt, in die Öffentlichke[it] bringen:* ein neues Modell, eine neue Freimar[ken]serie h.; das Theater hat ein neues Stüc[k] herausgebracht *(inszeniert);* der Verlag brach[te] die 2. Auflage des Buches heraus; einen Au[tor] [ganz] groß h. (ugs.; *mit großem Aufwan[d] an Werbung der Öffentlichkeit bekannt machen*). **4.** (ugs.) ⟨etwas h.⟩ **a)** *lösen:* er hat die Lösun[g] der Aufgabe, des Rätsels nicht herausgebrach[t]. **b)** *herausbekommen, in Erfahrung bringen:* e[r] versuchte die Wahrheit aus ihm herauszubrin[gen]; man konnte nichts über [seinen Aufent]halt] h. **5.** (ugs.) ⟨etwas h.⟩ *sprechen, hervor[bringen]:* sie konnte vor Aufregung kein Wor[t] keinen Ton h.

herausfahren: 1. a) ⟨etwas h.⟩ *fahrend heraus[bewegen]:* den Wagen [aus der Garage] h. **b)** *sic[h] fahrend herausbewegen:* der Bauer, der Trakto[r] ist eben aus dem Hof herausgefahren. **2.** (Spor[t]) ⟨etwas h.⟩ *durch Fahren gewinnen:* einen Sie[g] h.; die Radfahrer haben unerwartet einen Vo[r]sprung h. **3.** (ugs.) ⟨etwas fährt jmdm. heraus⟩ *jmd. sagt etwas Unüberlegtes:* das vorschnell[e] Urteil war ihm [so] herausgefahren.

herausfinden: 1. ⟨jmdn., etwas h.⟩ *in eine[r] Menge ausfindig machen:* die gesuchten Gegen[stände] schnell [aus dem großen Haufen] h.; e[r] fand das Kind in dem Gewühl sofort heraus übertr.: sie haben den Fehler, die Ursache des Unglücks herausgefunden. **2.** ⟨sich h.⟩ *de[n] Weg aus etwas finden:* er fand sich nicht aus de[m] Labyrinth des Parkes heraus.

herausfordern: a) ⟨jmdn. h.⟩ *auffordern, sic[h] zum Kampf zu stellen:* er forderte seinen Neben[buhler] [zum Duell] heraus. **b)** ⟨jmdn., etwas h.⟩ *provozieren, heraufbeschwören:* eine Gefah[r] leichtfertig, tollkühn h.; Protest, Kritik h.; e[r] hat das Schicksal herausgefordert; seine Äuße[rungen] forderten alle zum Widerspruch heraus adj. Part.: ein herausforderndes Benehmen herausfordernde Blicke; sie sah ihn herausfo[r]dernd an.

herausgeben: 1. ⟨jmdn., etwas h.⟩ *zurückge[ben]:* etwas ungern, widerwillig h.; die gestohle[nen] Sachen, die Beute, das Geld h. **2.** ⟨etwas h.⟩ *veröffentlichen; verlegen:* eine Zeitung, einen Ge[dichtband] h.; seine Aufsätze wurden in Buch[form], von einem bekannten Verlag herausgege[ben]; herausgegeben von Professor ... **3.** ⟨jmdn., etwas h.⟩ *beim Bezahlen Wechselgeld zurückge[ben]:* jmdm. zuwenig, 2 Mark zuviel h.; er ga[b] mir auf 20 Mark heraus; ⟨auch ohne Objekt⟩ können sie h.? *(haben Sie kleines Geld zum Wechseln?)*; er hat falsch herausgegeben.

herausgehen: **1.** *einen Raum verlassen:* man sah ihn aus dem Haus h. **2.** (ugs.) ⟨etwas geht h.⟩ *etwas läßt sich entfernen:* der Fleck, der Schmutz, die Tinte geht nicht mehr [aus der Decke] heraus. **3.** ⟨aus sich h.⟩ *seine Hemmungen überwinden:* er geht zu wenig aus sich heraus; du mußt mehr aus dir h.

heraushaben (ugs.): **1.** ⟨jmdn., etwas h.⟩ *aus etwas entfernt haben:* endlich habe ich den Korken [aus der Flasche] heraus; er wollte den Mieter aus der Wohnung h. **2.** ⟨etwas h.⟩ *gut können, verstehen:* etwas schnell, gut h.; hast du heraus, wie man das Schloß aufbringt? **3.** ⟨etwas h.⟩ *herausbekommen haben:* das Rätsel, die Aufgabe h.; sie hatten bald heraus, wer der Dieb war. * (ugs.:) **den Bogen/den Dreh/den Trick heraushaben** *(wissen, wie man etwas machen muß)*.

heraushängen, hing heraus, herausgehangen: ⟨etwas hängt heraus⟩ *etwas hängt nach außen:* Fahnen hängen [aus den Fenstern] heraus; der Hund lief mit heraushängender Zunge; ⟨etwas hängt jmdm. h.⟩ ihm hängt das Hemd [aus der Hose] heraus. * (ugs.): **etwas hängt jmdm. zum Hals[e] heraus** *(jmd. ist einer Sache überdrüssig)*: dieses Geschwätz hängt mir zum Hals heraus.

heraushängen, hängte heraus, herausgehängt: ⟨etwas h.⟩ *nach draußen hängen:* Wäsche h.; sie hängten weiße Tücher *(als Zeichen der Kapitulation)* heraus.

herausholen: **1.** ⟨jmdn., etwas h.⟩ *aus etwas holen, herausnehmen:* die Papiere, den Ausweis h.; das Kleid [aus dem Schrank] h.; sie haben ihn aus dem Gefängnis herausgeholt *(befreit)*. **2.** (ugs.) ⟨etwas h.⟩ *abfordern; erzielen:* das Beste h.; die Sportler holten einen beachtlichen Erfolg heraus; er hat viel Geld aus dem Geschäft, bei den Verhandlungen herausgeholt; er holte das Letzte *(die höchste Leistung)* aus dem Motor heraus.

herauskehren ⟨jmdn., etwas h.⟩: *betonen, zur Schau stellen:* den Vorgesetzten, den Überlegenen h.; er kehrt gerne Würde heraus.

herauskommen: **1. a)** *einen Raum verlassen, aus einem Raum kommen:* langsam, plötzlich, unvermutet h.; er kam aus der Tür heraus; sie ist nie aus dem Haus, aus der Stadt herausgekommen *(konnte nie etwas unternehmen)*; ob er je aus dem Gefängnis h. *(entlassen werden)* wird?; aus dem Ofen kam Qualm heraus *(drang heraus)*; die ersten Knospen sind schon herausgekommen *(hervorgesprossen)*. **b)** (ugs.) ⟨aus etwas h.⟩ *überwinden:* aus den Sorgen, der Aufregung nicht h.; sie kamen aus dem Staunen nicht heraus *(staunten sehr)*. **2.** (ugs.) ⟨etwas kommt heraus⟩ *etwas wird bekannt:* schnell, niemals h.; die Sache, der Betrug, seine Pläne kamen heraus. **3.** ⟨etwas kommt heraus⟩ *etwas wird veröffentlicht:* ein Gesetz, ein neuer Fahrplan kommt heraus; ein neues Buch des Dichters kommt in diesem Jahr heraus. **4.** ⟨etwas kommt bei etwas heraus⟩ *etwas hat ein bestimmtes Ergebnis:* bei der Addition kommt eine hohe Summe heraus; übertr. (ugs.): bei der Sache, bei den Versuchen, bei dem Handel kam nur wenig, nichts heraus. **5.** *gezogen werden, gewinnen:* unser Los ist herausgekommen; ich bin im 1. Rang herausgekommen. **6.** ⟨mit etwas h.⟩ *aussprechen, äußern:* mit einem Anliegen h. * (ugs.:) **es kommt auf eins, auf dasselbe, auf das/aufs gleiche heraus** *(es bleibt sich gleich)* · (ugs.:) **[ganz] groß herauskommen** *([sehr] großen Erfolg haben)*: er kam mit dem Chanson ganz groß heraus.

herauskriegen (ugs.): → herausbekommen.

herauslocken: **1.** ⟨jmdn., etwas h.⟩ *aus etwas hervorlocken:* den Fuchs aus seinem Bau h.; die Blüten wurden durch die Sonne herausgelockt (dichter.; *zur Entfaltung gebracht*). **2.** (ugs.) ⟨jmdm./aus jmdm. etwas h.⟩ *ablisten; entlocken:* jmdm. Geld h.; er brachte es fertig, das Geheimnis aus ihm herauszulocken.

herausmachen (ugs.): **1.** ⟨etwas h.⟩ *entfernen:* Flecken aus dem Kleid h.; du mußt die Kerne aus den Kirschen h. **2.** ⟨sich h.⟩ *sich entwickeln; sich erholen:* das Kind hat sich gut, prächtig herausgemacht; er hat sich nach der Krankheit wieder gut herausgemacht.

herausnehmen: **1.** ⟨etwas h.⟩ *aus einem Behälter nehmen:* den Anzug [aus dem Koffer], das Geld [aus dem Portemonnaie] h.; übertr.: er hat das Kind aus der Schule herausgenommen *(nicht länger in die Schule gehen lassen)*; ⟨jmdm. etwas h.⟩ man hat ihm den Blinddarm herausgenommen *(operativ entfernt)*. **2.** ⟨sich (Dativ) etwas h.⟩ *sich etwas anmaßen:* sich zuviel, allerhand h.; er nahm sich Freiheiten heraus, die ihm nicht zustanden.

herausplatzen (ugs.): **a)** *plötzlich loslachen:* bei dem komischen Anblick platzte sie heraus. **b)** ⟨mit etwas h.⟩ *unvermittelt äußern:* mit einer Frage, einer Bemerkung h.; unerwartet platzte er mit seinem Entschluß heraus.

herausreißen: **1.** ⟨etwas h.⟩ *aus etwas reißen, durchreißen, entfernen:* eine Seite [aus dem Heft] h.; übertr.: ⟨jmdn. aus etwas h.⟩ jmdn. aus seiner Arbeit h.; man hat das Kind aus seiner gewohnten Umgebung herausgerissen; er versuchte ihn aus seiner Lethargie, Traurigkeit herauszureißen *(davon wegzuführen)*. **3.** (ugs.) ⟨jmdn., etwas h.⟩ *aus einer bedrängten Lage helfen:* er hat seinen Freund noch einmal h. können.

herausrücken: **1.** ⟨etwas h.⟩ *aus etwas rücken:* den Schrank aus [dem Zimmer] h. **2.** (ugs.) **a)** ⟨etwas h.⟩ *hergeben:* ungern etwas h.; er rückte nichts, keinen Pfennig heraus; sie mußten ihre Beute wieder h. **b)** ⟨mit etwas h.⟩ *aussprechen, eingestehen:* mit seinen Wünschen, mit einem Anliegen h.; er wollte nicht mit der Wahrheit h. * **mit der Sprache herausrücken** *(etwas zögernd, widerwillig erzählen)*.

herausschauen: **1.** (landsch.) **a)** *nach draußen schauen:* sie schaute zum Fenster heraus. **b)** ⟨etwas schaut heraus⟩ *etwas guckt hervor:* dein Unterrock schaut heraus. **2.** (ugs.) ⟨etwas schaut bei etwas heraus⟩ *etwas ist lohnend:* bei dem Geschäft schaut nichts heraus.

herausschlagen: **1.** ⟨etwas h.⟩ *durch Schlagen entfernen:* eine Wand h.; der Gastwirt schlägt den Spund aus dem Bierfaß heraus. **2.** (ugs.) ⟨etwas h.⟩ *erzielen, erreichen:* viel, wenig, nichts h.; eine Menge Geld, einen großen Gewinn h.; er hat aus seiner Stellung große Vorteile herausgeschlagen. **3.** ⟨etwas schlägt heraus⟩ *etwas schlägt nach außen:* Flammen schlugen aus dem Dach heraus.

heraus sein (ugs.): **1.** ⟨etwas ist heraus⟩ **a)** *etwas ist entfernt:* der Blinddarm, der Splitter ist heraus. **b)** *etwas ist hervorgekommen:* die ersten Zähne, Blüten sind heraus. **2.** ⟨aus etwas h.⟩ *hinter sich gelassen haben:* endlich waren sie aus der Stadt, aus dem Trubel heraus; übertr.: *überwunden haben; überstanden haben:* er ist jetzt aus allen Zweifeln, aus dem Dilemma heraus. **3.** ⟨etwas ist heraus⟩ **a)** *etwas ist veröffentlicht:* der neue Spielplan, der letzte Band der Ausgabe ist noch nicht heraus. **b)** *etwas ist sicher, bekannt:* es ist noch nicht heraus, wer den Posten übernimmt. * (ugs.:) **aus dem Ärgsten/ aus dem Gröbsten/aus dem Schneider heraus sein** *(das Schwierigste überstanden haben)* · **fein heraus sein** *(in einer glücklichen Lage sein).*

herausspringen: 1.a) *nach draußen springen:* aus dem fahrenden Zug, aus dem Fenster h. **b)** ⟨etwas springt heraus⟩ *etwas löst sich aus etwas:* aus der Glasscheibe ist ein Stück h. **2.** (ugs.) ⟨etwas springt bei etwas heraus⟩ *etwas ergibt sich aus etwas:* bei der Sache springt nichts, eine Menge, viel Geld [für ihn] heraus.

herausstellen: 1. ⟨jmdn., etwas h.⟩ *nach draußen stellen:* die Balkonmöbel, den Abfalleimer h. **2.** ⟨jmdn., etwas h.⟩ *hervorheben; in den Mittelpunkt rücken:* etwas klar, scharf h.; einen Anspruch, Aufgaben, Grundsätze, Ergebnisse h.; er stellte in seiner Rede die Bedeutung des Vorhabens heraus; die Kritik stellte diesen Künstler besonders heraus. **3.** ⟨etwas stellt sich heraus⟩ *etwas zeigt sich, etwas erweist sich als etwas:* etwas stellt sich schnell, nach kurzer Zeit, erst später heraus; bei der Untersuchung stellte sich seine Unschuld heraus; die Behauptung stellte sich als ein Irrtum/(veraltet:) als einen Irrtum heraus; seine Angaben haben sich als falsch herausgestellt; es stellte sich heraus, daß er die Unwahrheit gesagt hatte; es wird sich h., ob du recht hast.

herausstrecken ⟨etwas h.⟩: *nach draußen strecken:* den Arm [zum Fenster] h.; die Maus streckt den Kopf aus dem Loch heraus; ⟨jmdm. etwas h.⟩ der Junge streckte den anderen die Zunge heraus *(zeigte seine Zunge, um damit seine Verachtung auszudrücken).*

herb: 1. *leicht bitter, nicht süß:* herber Wein, ein herber Duft; dieses Parfüm ist etwas h.; h. riechen, schmecken. **2.** *schmerzlich, bitter:* eine herbe Enttäuschung, herbeKritik, herbe Worte; der Verlust war h.; h. enttäuscht werden. **3.** *streng; nicht lieblich:* ein herber Zug im Gesicht; ein herber Mund; sie hat ein herbes Wesen; eine herbe Schönheit; dieser Typ, diese Frau wirkt sehr h.

herbei ⟨Adverb; meist zusammengesetzt mit Verben⟩: *von dort nach hier, hierher:* h. mit euch, wir müssen jetzt gehen.

herbeiführen ⟨etwas h.⟩: *bewirken:* den Untergang, das Ende, den Tod, die Niederlage h.; sein Eingreifen führte eine Wende herbei; er bemühte sich, eine Aussprache zwischen den Parteien herbeizuführen.

herbeilassen (geh.) ⟨sich zu etwas h.⟩: *sich zu etwas herablassen:* sich zum Mithelfen h.; willst du dich endlich h., mir den Fall zu erklären?

herbeiziehen ⟨jmdn., etwas h.⟩: *durch Ziehen heranholen:* den Tisch, die Lampe h.; er zog sich (Dativ) einen Stuhl herbei. * (ugs.:) **etwas an/ bei den Haaren herbeiziehen** *(etwas anführen, was nicht oder nur entfernt zur Sache gehört).*

Herbst, der: **1.** *Jahreszeit zwischen Sommer und Winter:* ein früher, kalter, nasser, schöner, sonniger, nebliger, klarer, goldener (dichter.) H.; in dieser Gegend ist der H. noch sehr warm; der H. beginnt; es wird H.; im, zum H. eingeschult werden; vor [dem] H. ist nicht an die Fertigstellung zu denken; im vergangenen H./vergangenen H. waren sie in Meran; übertr. (dichter.): *Spätzeit, Zeit des Alterns:* im H. des Lebens stehen; der H. des Mittelalters. **2.** (landsch.) *Weinlese:* der H. hat begonnen, ist eingebracht.

Herd, der: **1.** *Vorrichtung, auf der gekocht wird:* ein emaillierter, elektrischer, zweiflammiger H.; ein H. mit 4 Flammen, [Koch]platten, Brennstellen; Sprichw.: eigener H. ist Goldes wert · den H. putzen, heizen, anzünden, anmachen (ugs.); sie zündete, machte (ugs.) Feuer im H. an; den Kessel auf den H. stellen; das Essen steht auf dem H.; das Essen auf dem H. haben (ugs.); sie steht den ganzen Morgen am H. (ugs.; *ist den ganzen Morgen mit Kochen beschäftigt*); den Topf vom H. nehmen. **2.** *Ausgangspunkt, Ausgangsstelle:* ein entzündlicher H.; der H. der Krankheit, einer Entzündung; sie suchten den H. des Feuers, des Brandes einzudämmen; der H. *(das Zentrum)* des Erdbebens wurde in Kleinasien angenommen; übertr.: der H. des Aufruhrs, der Unruhen. * **Haus und Herd haben** *(einen eigenen Hausstand haben)* · **am häuslichen, heimischen Herd** *(daheim).*

Herde, die: *Schar von Säugetieren gleicher Art:* eine große, stattliche H.; eine H. Rinder, Elefanten; die H. ist versprengt; die Menschen liefen durcheinander wie eine H. Schafe; eine H. hüten. * (abwertend:) **mit der Herde laufen; der Herde folgen** *(sich in seinem Tun und Denken der Masse anschließen).*

herein ⟨Adverb; meist zusammengesetzt mit Verben⟩: *von draußen nach drinnen:* h. mit euch! *(kommt herein!)*; h.! */Aufforderung einzutreten/*; Redensart (scherzh.): h., wenn's kein Schneider ist */Aufforderung einzutreten/.*

hereinbrechen: 1. ⟨etwas bricht herein⟩ *etwas dringt mit großer Gewalt herein:* Wassermassen, die Fluten brachen herein; bildl.: eine Flut von Beschimpfungen brach über den Redner herein; übertr.: eine Katastrophe, ein Unheil, ein Unglück brach [über das Land, über die Familie] herein. **2.** (dichter.) ⟨etwas bricht herein⟩ *etwas bricht an:* der Abend, die Nacht, der Winter bricht herein.

hereinfallen: 1. ⟨etwas fällt herein⟩ *etwas dringt herein:* durch ein kleines Fenster fällt Licht [in den Raum] herein. **2. a)** (ugs.) *enttäuscht, betrogen werden:* beim Kauf arg, sehr, furchtbar h.; mit dem neuen Angestellten sind sie hereingefallen. **b)** ⟨auf jmdn., auf etwas h.⟩ *sich täuschen lassen:* auf jeden Schwindel, auf einen Scherz h.; er ist auf einen Betrüger hereingefallen; darauf falle ich nicht herein.

hereinlegen (ugs.) ⟨jmdn. h.⟩: *anführen, übervorteilen:* er versuchte seine Kameraden hereinzulegen; er hatte ihn mit seinen Zusicherungen schön hereingelegt.

hereinschneien: 1. ⟨es schneit herein⟩ *es schneit in einen Raum:* es hat [durch das offene Fenster] hereingeschneit. **2.** (ugs.) *unerwartet kommen:*

er kam überraschend, mitten in der Nacht bei uns hereingeschneit.

herfallen: **a)** ⟨über jmdn., über etwas h.⟩ *angreifen, sich auf jmdn., über etwas stürzen:* unvermutet, brutal über jmdn. h.; sie waren über das friedliche Nachbarland hergefallen; sie fielen wie Tiere übereinander her; die Reporter fielen mit Fragen über ihn her *(bestürmten ihn mit Fragen);* übertr. (abwertend): *heftig kritisieren:* die Zeitungen sind über den Politiker hergefallen. **b)** ⟨über etwas h.⟩ *gierig zu essen beginnen:* über das Essen, das Futter h.; die Kinder fielen über die Schüssel mit Kirschen her.

Hergang, der: *Ablauf eines Vorgangs:* der H. des Geschehens, des Unglücks; den H. schildern; der Zeuge bemühte sich, den H. zu rekonstruieren; er konnte sich an den H. genau erinnern.

hergeben: **1.** ⟨jmdn., etwas h.⟩ *[weg]geben, herausgeben:* etwas ungern, freiwillig h.; sein Geld, seine Ersparnisse für etwas h.; sie wollte ihr Kind nicht h. *(wollte es bei sich behalten);* die Mutter hat zwei Söhne im Krieg hergegeben (verhüll.; *verloren*); sie gibt alles, ihr Letztes her *(ist sehr freigebig);* ⟨jmdm. etwas h.⟩ gib mir bitte mal die Zeitung her! *(reich mir die Zeitung!).* **2.** ⟨sich, etwas für etwas/zu etwas h.⟩ *zur Verfügung stellen:* für diese fragwürdige Sache will er sich, seinen Namen nicht h. **3.** (ugs.) ⟨etwas gibt etwas her⟩ *etwas ist ergiebig:* dieses Thema gibt viel, nichts her. * **sein Letztes hergeben** *(alle verfügbaren Kräfte einsetzen):* die Sportler gaben ihr Letztes her.

hergehen: **1.** ⟨mit Raumangabe⟩ *einhergehen:* neben jmdm., hintereinander h.; die Angehörigen gingen hinter dem Sarg her. **2.** (ugs.) ⟨es geht her; mit Artangabe⟩ *es geht in bestimmter Weise zu:* es ging laut, lustig, toll, hoch *(ausgelassen)* her; bei der Sitzung ging es heiß *(heftig)* her.

hergelaufen (abwertend): *von zweifelhafter Herkunft:* irgendein hergelaufener Mensch, Bursche.

herhaben (ugs.) ⟨jmdn., etwas h.⟩: *bekommen haben:* wo hat er das Geld, die Nachricht her?; wo hast du diese Begabung her? *(wer hat sie dir vererbt?).*

herhalten: **1.** ⟨etwas h.⟩ *herreichen:* halte bitte deine Tasse, deinen Teller her! **2.** (ugs.) ⟨zu/für etwas, als etwas h.⟩ *zu etwas benutzt werden:* etwas muß als Vorwand h.; er muß für die anderen h. *(einstehen);* ⟨auch absolut⟩ er mußte wieder h. *(als Zielscheibe des Spottes).*

herholen ⟨jmdn., etwas h.⟩: *herbeiholen:* den Arzt, ein Taxi h. * **weit hergeholt** *(nicht zur Sache gehörend, nicht schlüssig):* diese Argumente sind weit hergeholt.

Hering, der: */ein Fisch/:* grüne, gesalzene, gepökelte, geräucherte, marinierte Heringe; Heringe laichen; (ugs.; scherzh.:) sie saßen, standen in der Straßenbahn wie die Heringe *(dicht gedrängt);* er ist dünn wie ein H.; Heringe fangen, einlegen, räuchern, wässern, entgräten.

Hering, der: *Zeltpflock:* ein hölzerner H.; Heringe aus Metall; die Heringe in die Erde schlagen, einschlagen.

herkommen: **1.** *an einen bestimmten Ort kommen:* schnell, gern, einige Tage h.; komm einmal her! **2.** (ugs.) ⟨in Fragesätzen⟩ *hergenommen werden:* wo soll das Geld, wo sollen die Mittel für diese Pläne h.?

herkömmlich: *üblich:* herkömmliche Formen, Methoden, Arbeitsweisen; nach herkömmlichen Vorstellungen; die Krankheit wurde mit den herkömmlichen Mitteln behandelt.

Herkunft, die: *Abstammung:* die H. alles Lebens; die H. des Wortes ist unklar; seine H. ist zweifelhaft; er kann seine H. nicht verleugnen; Menschen niederer, bäuerlicher H.; die Waren sind englischer H. *(Ursprungs);* er ist nach seiner H. Franzose; ein Mann von einfacher H.

herleiten: **a)** ⟨etwas aus etwas, von etwas h.⟩ *ableiten; begründen:* Ansprüche, Rechte aus seiner Stellung h.; er leitet sein Geschlecht, seinen Namen von den Hugenotten her. **b)** ⟨etwas leitet sich aus etwas, von etwas her⟩ *etwas kommt, stammt aus etwas:* dieses Wort leitet sich vom Griechischen her.

hermachen (ugs.): **1.** ⟨sich über jmdn., über etwas h.⟩ *über jmdn., über etwas herfallen:* die Kinder machten sich über die Süßigkeiten her; sich über den Redner h. *(ihn [mit Worten] angreifen);* er machte sich sofort über das Buch her *(begann zu lesen).* **2.a)** ⟨mit Artangabe⟩ *eine bestimmte Wirkung haben:* das Geschenk macht etwas, viel, nicht genug her; er macht zuwenig her mit seinem bescheidenen Anzug. **b)** ⟨von jmdm., von sich, von etwas h.; mit Artangabe⟩ *Wesens machen:* von dem Buch, von dem Erfolg viel h.; von diesem Mann und seinen Fähigkeiten wird zu viel hergemacht; er macht gar nichts von sich her *(ist sehr bescheiden).*

Herr, der: **1.** *Mann:* ein junger, älterer, freundlicher, vornehmer, feiner H.; der junge H. (veraltet; *Sohn des Hausherrn*); (landsch.:) der geistliche H. *(Pfarrer);* (iron.:) ein feiner, sauberer H. *(Mensch mit fragwürdigen Eigenschaften);* ein H. im Smoking, mit Brille; die Herren forderten die Damen zum Tanz auf; ein H. möchte Sie sprechen; hier gibt es alles für den Herrn!; die Geschäftsleitung besteht aus 4 Herren; Sport: bei den Herren siegte der Australier; /in der Anrede oder Anschrift [in Verbindung mit dem Namen oder dem Titel des Angesprochenen]/: sehr geehrter, verehrter, lieber H. Schmidt; meine [sehr verehrten] Damen und Herren!; guten Tag, H. Schmidt!; guten Tag, die Herren! (fam.); der H. Doktor ist da; H. Ober, bitte noch ein Bier!; was wünschen Sie, mein H.?; was wünscht der H.?; /in höflicher Ausdrucksweise vor Verwandtschaftsbezeichnungen/: grüßen Sie bitte Ihren Herrn Vater, Bruder, Sohn, Ihren Herrn Gemahl. **2.** *Besitzer, Herrscher:* Gott der H.; der H. des Hauses; der H. der Welt *(Gott);* H. und Hund gehen spazieren; Redensart (ugs.): wie der H., so 's Gescherr · er ist H. über einen großen Besitz (geh.; *hat großen Besitz*); der H. über Leben und Tod; er duldet keinen Herrn über sich *(ordnet sich niemandem unter);* er kehrt gerne den Herrn heraus; Redensart: niemand kann zwei Herren dienen · der Eroberer machte sich zum Herrn über das Land; (ugs.:) komm zum Herrchen! */Zuruf des Besitzers an seinen Hund/.* **3.** *Gott:* den Herrn anrufen; dem Herrn danken; (scherzh.:) er ist ein großer Jäger vor dem Herrn *(ein begeisterter Jäger)* · * **Alter Herr:** **a)** (ugs.; scherzh.; *Vater*). **b)** (Sport; Studentenspr.; *ehemaliges aktives*

Mitglied): ein Spiel der Alten Herren; zum Stiftungsfest kommen die Alten Herren · **aus aller Herren Länder**/(veraltend:) **Ländern** *(von überall her)* · (ugs., scherzh.:) **die Herren der Schöpfung** *(Männer)* · (geh.:) **der Tisch des Herrn** *(Altar)* · (dichter.:) **der Tag des Herrn** *(Sonntag)* · **sein eigener Herr sein** *(selbständig sein)* · **über jmdn., über etwas Herr werden** *(mit jmdm., mit etwas fertig werden):* die Mutter wird nicht mehr H. über das Kind · **einer Sache Herr werden, sein** *(etwas bewältigen, in seiner Gewalt haben):* er ist nicht mehr H. seiner Sinne · **Herr der Lage/der Situation sein/bleiben** *(in einer kritischen Situation nicht die Kontrolle verlieren)* · **über sich, über jmdn., über etwas Herr sein** *(jmdn., sich, etwas in der Gewalt haben):* plötzlich war er nicht mehr H. über das Auto.

herrisch: *tyrannisch:* ein herrisches Wesen, Auftreten; eine herrische Frau, Person; sie hat eine herrische Art, ist sehr h.; er forderte h. sein Recht.

herrlich: *besonders schön, gut:* ein herrlicher Tag, Abend; eine herrliche Aussicht; herrliche Stoffe, Kleider; das Wetter war h.; der Wein, der Kuchen schmeckt h., sie lebten h. und in Freuden *(es ging ihnen sehr gut).*

Herrlichkeit, die: *Schönheit, Pracht:* die H. der Natur, der Welt; die Herrlichkeiten der antiken Kunst bewundern; (iron.:) die H. wird nicht lange dauern; es ist schon vorbei mit der weißen H. *(die weiße Pracht, der Schnee schmilzt schon);* ist das die ganze H.? *(ist das alles?).*

Herrschaft, die: **1.** *Macht, [Staats]gewalt:* eine absolute, unumschränkte, autoritäre, demokratische H.; die H. des Staates, der Parteien, eines Systems; die H. innehaben, ausüben, an sich reißen, sich (Dativ) anmaßen, antreten; der Diktator bemächtigte sich der H. über das Land; zur H. gelangen; unter der H. dieser Kaiser blühte das Land auf; sie waren unter spanische H. gekommen, geraten; übertr.: *Gewalt, Kontrolle:* die H. über sich, über seinen Körper verlieren; der Fahrer hatte vergeblich versucht, die H. über das Steuer zu behalten. **2.** ⟨Plural⟩ *Damen und Herren, Leute:* ältere, vornehme, anwesende Herrschaften; die Herrschaften werden gebeten, ihre Plätze einzunehmen. **3.a)** (hist.) *Landgut:* diese H. besteht aus großen Ländereien. **b)** *der Dienstherr und seine Angehörigen:* der Diener erklärte auf Befragen, daß die H. nicht zu Hause sei. * (ugs.:) **Herrschaft [noch mal]!** */Ausruf, der Ärger oder Ungeduld ausdrückt/.*

herrschen: **1.** *Herrscher sein:* allein, unumschränkt, seit Generationen h.; ein König herrscht in diesem Land, über dieses Volk; der Diktator herrschte durch Terror; die herrschende Partei. **2.** ⟨etwas herrscht; mit Umstandsangabe⟩ *etwas waltet, besteht:* überall herrschte Freude, Trauer, große Aufregung; hier herrscht reges Leben; seit Tagen herrscht in diesem Gebiet Nebel; draußen herrschen/(ugs. auch:) herrscht 30° Wärme; ⟨es herrscht etwas⟩ es herrscht Schweigen, Totenstille; es herrschte Einigkeit über die Ziele; es herrscht die Meinung, keiner werde das Ziel erreichen; es herrschte eine furchtbare Kälte in diesem Winter.

Herrscher, der: *Monarch:* ein milder, grausamer, gerechter, großer, unumschränkter H.; der H. des Landes; H. sein über ein Land, über ein Volk; als H. über ein Volk gebieten, eingesetzt werden; er spielt sich gerne als H. auf *(ist herrschsüchtig);* zum H. gekrönt werden; er machte sich zum H. über das Land.

herrühren ⟨etwas rührt von jmdm., von etwas h.⟩: *etwas hat in etwas seinen Ursprung, seine Ursache:* die Narben rühren von einer Kriegsverletzung her.

herstellen: **1.** (ugs.) ⟨sich, jmdn., etwas h.; gewöhnlich mit Raumangabe⟩ *an einen bestimmten Ort stellen:* stell dich, den Koffer [näher zu mir] her! **2.** ⟨etwas h.⟩ *produzieren, erzeugen:* etwas maschinell, synthetisch, billig, von Hand, in Serie h.; diese Waren, Maschinen, Konserven sind in Deutschland hergestellt; aus Kunststoff hergestellte Gefäße. **3.** ⟨etwas h.⟩ *zustande bringen, vermitteln:* eine telefonische Verbindung [mit einem Gesprächspartner] h.; er versuchte Kontakte zum Ausland herzustellen; endlich waren Ruhe und Ordnung h. (geschaffen).

herum ⟨Adverb; in Verbindung mit *um*⟩: **1.** *rings um jmdn., um etwas;* um den Platz h. stehen hohe Bäume; [gleich] um die Ecke h. *(ganz in der Nähe);* alle um den Kranken h. kannten seinen hoffnungslosen Zustand. **2.** (ugs.) *ungefähr:* es kostet so um 100 Mark h.; um das Jahr 1000 h.; um Weihnachten h.; er ist um 60 h. *(etwa 60 Jahre alt).*

herumdrehen: **1.** ⟨jmdn., sich, etwas h.⟩ *auf die andere Seite drehen:* sich schnell, langsam, ängstlich h.; die Matratze, die Tischdecke h.; er drehte sich [auf die andere Seite] herum; er drehte den Schlüssel [im Schloß] herum; Redensart (ugs.): jmd. würde sich im Grab herumdrehen, wenn ... *(jmd. wäre, wenn er noch lebte, entsetzt, nicht einverstanden, wenn ...).* **2.** (ugs.) ⟨an etwas h.⟩ *an etwas drehen:* er dreht dauernd am Radio, an den Knöpfen herum. * (ugs.:) **jmdm. das Wort im Munde herumdrehen** *(jmds. Aussage absichtlich gegenteilig auslegen)* · **sich auf dem Absatz herumdrehen** *(sich spontan zum Umkehren entschließen)* · **jmdm. dreht sich das Herz im Leibe herum** *(jmd. ist über etwas sehr bekümmert).*

herumdrücken (ugs.; abwertend): **1.** ⟨sich h.; mit Raumangabe⟩ *sich herumtreiben:* sich in Lokalen, auf der Straße, in einer Ecke h. **2.** ⟨sich um etwas h.⟩ *ausweichen, zu umgehen suchen:* er wollte sich um die Arbeit, um die Entscheidung h.

herumfuchteln (ugs.) ⟨mit etwas h.⟩: *mit den Händen, Armen heftige Bewegungen machen:* er fuchtelte mit den Händen, mit dem Stock [in der Luft] herum.

herumführen: **1.** (ugs.) ⟨jmdn. h.⟩ *umherführen:* er führte den Besuch [in der Stadt, in der Wohnung] herum. **2.a)** ⟨jmdn. um etwas h.⟩ *um etwas herumgeleiten:* sie wurden um das Gebäude herumgeführt bis zum hinteren Eingang. **b)** ⟨etwas um etwas h.⟩ *um etwas errichten:* sie führten eine Mauer um das Grundstück herum. **c)** ⟨etwas führt um etwas herum⟩ *etwas verläuft um etwas herum:* die Straße führt um die Stadt herum. * (ugs.:) **jmdn. an der Nase herumführen** *(jmdn. irreführen).*

herumgehen: **1.** (ugs.) ⟨gewöhnlich mit Umstandsangabe⟩ *umhergehen:* im Haus, im Garten, im Zimmer h.; im dichten Nebel sind wir im Kreis herumgegangen *(sind immer wieder an den Ausgangspunkt zurückgekommen);* übertr.: das Foto, der Pokal ging [im Kreis der Versammelten] herum *(wurde herumgereicht).* **2.** ⟨um jmdn., um etwas h.⟩ *im Kreis, im Bogen um jmdn., um etwas gehen:* ums Haus h.; der Kellner ging um den Tisch herum, um die Gläser der Gäste zu füllen. **3.** ⟨etwas geht herum⟩ *etwas vergeht:* schnell, wie im Fluge (geh.) h.; die schöne Zeit, der Urlaub ging allzu rasch herum. * (ugs.:) **etwas geht jmdm. im Kopf herum** *(etwas beschäftigt jmdn. sehr)* · (ugs.:) **um etwas herumgehen wie die Katze um den heißen Brei** *(sich nicht trauen, etwas zu tun).*

herumkommen: 1. a) ⟨um etwas h.⟩ *sich um etwas herumbewegen:* der Fahrer, das Auto kam mit großer Geschwindigkeit um die Kurve herum. **b)** (ugs.) ⟨gewöhnlich mit Umstandsangabe⟩ *an einem Hindernis vorbeikommen:* gut, schlecht, leicht h.; sie kamen mit den Möbeln nicht [um die Ecke] herum. **2.** (ugs.) ⟨um etwas h.⟩ *vermeiden können, entgehen können:* um eine Entscheidung, um eine Operation h.; um eine Erhöhung der Steuern werden wir nicht herumkommen; wir kommen um die Tatsache nicht herum, daß ... **3.** (ugs.) ⟨mit Umstandsangabe⟩ *viel reisen:* viel, weit h.; als Berichterstatter ist er in der Welt herumgekommen.

herumreißen ⟨jmdn., etwas h.⟩: *mit einem Ruck in eine andere Richtung bringen:* das Steuer [des Autos], den Wagen h.; kurz vor dem Hindernis riß er das Pferd herum. * **das Steuer herumreißen** *(den Gang einer Entwicklung ändern).*

herumreiten: 1. (ugs.) ⟨gewöhnlich mit Umstandsangabe⟩ *umherreiten:* auf der Weide h.; sie sind [den ganzen Tag im Gelände] herumgeritten. **2.** ⟨um jmdn., um etwas h.⟩ *im Kreis, im Bogen um jmdn., etwas reiten:* um den Wald h.; er ist um das Hindernis herumgeritten *(ist ihm ausgewichen).* **3.** (ugs.) **a)** ⟨auf jmdm. h.⟩ *jmdn. unablässig kritisieren:* der Chef reitet dauernd auf diesem Angestellten herum. **b)** ⟨auf etwas h.⟩ *von etwas nicht ablassen:* er reitet immer wieder auf der gleichen Frage herum.

herumtanzen: 1. (ugs.) ⟨gewöhnlich mit Umstandsangabe⟩ *umhertanzen:* die Mädchen tanzten fröhlich im Zimmer herum. **2.** ⟨um jmdn., um etwas h.⟩ *sich tanzend um jmdn., um etwas bewegen:* die Kinder sind um den Baum, um die Mutter herumgetanzt. * (ugs.:) **jmdm. auf der Nase/auf dem Kopf herumtanzen** *(mit jmdm. machen, was man will; sich von jmdm. nichts sagen lassen).*

herumtreiben (ugs.; abwertend) ⟨sich h.⟩: *untätig umherstreifen; ein ungeregeltes Leben führen:* sich beschäftigungslos h.; sie treibt sich den ganzen Tag auf der Straße, mit Männern herum.

herumwerfen: 1. (ugs.) ⟨etwas h.⟩ *umherwerfen:* die Kinder warfen ihr Spielzeug [im Zimmer] herum. **2.** ⟨sich, etwas h.⟩ *mit einem Ruck in eine andere Richtung drehen:* ruckartig den Kopf h.; einen Hebel, das Steuer [des Bootes] h.; er warf sich schlaflos [im Bett] herum *(drehte sich schlaflos von einer Seite auf die andere).* * **das Steuer herumwerfen** *(die Richtung einer Entwicklung ändern).*

herunter ⟨Adverb; meist zusammengesetzt mit Verben⟩: *von oben nach unten:* h. von der Bank!

herunterhauen (ugs.) ⟨etwas h.⟩: *schnell, aber schlecht ausführen:* eine Arbeit h.; der Brief ist heruntergehauen. * (ugs.:) **jmdm. eine [Ohrfeige] herunterhauen** *(jmdn. ohrfeigen).*

herunterkommen: 1. *nach unten kommen:* schnell, eilig, heil h.; sie kam humpelnd die Treppe herunter; komm sofort [vom Baum, von der Leiter] herunter! **2.** *in einen zunehmend schlechteren Zustand kommen:* gesundheitlich, geschäftlich, sittlich h.; er ist [durch seine Krankheit] sehr heruntergekommen; die Firma kam unter seiner Leitung herunter; adj. Part: *verkommen, verwahrlost:* ein heruntergekommenes Subjekt (abwertend); er sieht sehr heruntergekommen aus. **3.** (ugs.) ⟨von etwas h.⟩ *von etwas wegkommen:* von einer schlechten Note, Leistung h.; du mußt dich bemühen, von deiner 5 in Deutsch herunterzukommen.

herunterleiern ⟨etwas h.⟩: **1.** (ugs.) *herunterdrehen:* den Rolladen h. **2.** (ugs.; abwertend) *schlecht, eintönig hersagen, vorlesen:* ein Gebet, einen Text h.; du darfst das Gedicht nicht so h.

heruntermachen (ugs.) ⟨jmdn. h.⟩: **a)** *jmdn. ausschimpfen:* der Meister hat den Lehrling furchtbar heruntergemacht. **b)** *schlechtmachen:* der Kritiker machte den Schauspieler, Autor [in der Zeitung] herunter.

herunterrutschen: *nach unten rutschen:* die Strümpfe rutschen herunter; die Decke ist vom Tisch heruntergerutscht; das Treppengeländer, den Abhang h.; ⟨etwas rutscht jmdm. herunter⟩ dem Kind ist die Hose heruntergerutscht; ⟨jmdm. h.; mit Raumangabe⟩ Redensart: du kannst mir den Buckel h. (ugs.; *laß mich in Ruhe).*

heruntersein (ugs.) ⟨mit Artangabe⟩: *in sehr schlechter körperlicher Verfassung sein:* ziemlich, völlig [mit den Nerven] h.; nach der Krankheit war sie körperlich sehr herunter.

heruntersetzen ⟨etwas h.⟩: *herabsetzen; verringern:* die Waren im Preis h.; beim Schlußverkauf werden die Preise [stark] heruntergesetzt.

herunterwirtschaften (ugs.; abwertend) ⟨etwas h.⟩: *durch Mißwirtschaft in einen schlechten Zustand bringen:* einen Hof in kurzer Zeit h.; er hat den Betrieb schnell heruntergewirtschaftet.

hervorbringen (geh.) ⟨jmdn., etwas h.⟩: *entstehen lassen, erzeugen:* Früchte, Blüten h.; übertr.: bestimmte Laute, einen Ton auf einem Instrument h.; er konnte vor Aufregung kein Wort h. *(nicht sprechen);* diese Zeit, das Land hat große Geister hervorgebracht.

hervorgehen: a) ⟨aus etwas h.⟩ *aus etwas entstammen:* aus dieser Ehe gingen 5 Kinder hervor; der Komponist ist aus einer berühmten Musikerfamilie hervorgegangen. **b)** ⟨aus etwas h.; mit Artangabe⟩ *etwas überstehen;* siegreich, gestärkt, ohne Schaden aus etwas h.; die Partei ist als Sieger aus dem Wahlkampf hervorgegangen. **c)** ⟨etwas geht aus etwas hervor⟩ *etwas läßt sich aus etwas entnehmen:* aus dem

Brief, aus der Antwort geht hervor, daß . . .; wie aus dem Zusammenhang hervorgeht, steht es für ihn sehr schlecht.

hervorheben ⟨etwas h.⟩: *besonders betonen, herausheben:* etwas besonders, ausdrücklich, lobend h.; sein Mut verdient hervorgehoben zu werden; einzelne Wörter waren durch Fettdruck hervorgehoben *(besonders sichtbar gemacht).*

hervorlocken ⟨jmdn., etwas h.⟩: *aus etwas herauslocken:* den Feind aus seiner Stellung h.; er versuchte, die Katze mit einem Stück Wurst [unter dem Tisch] hervorzulocken. * (ugs.:) **mit etwas keinen Hund hinter dem Ofen hervorlocken [können]** *(mit etwas niemandes Interesse wecken [können], keinen Anreiz bieten [können]).*

hervorragend: *ausgezeichnet, überdurchschnittlich gut:* eine hervorragende Leistung, Qualität; er ist ein hervorragender Schauspieler; das Essen, der Wein war h.; der Apparat arbeitet, funktioniert h.; subst.: er hat Hervorragendes geleistet.

hervorrufen ⟨etwas h.⟩: *auslösen, bewirken:* Verwunderung, Erstaunen, Unbehagen, Unwillen h.; er rief durch seine Äußerung großes Mißfallen hervor; seine Worte riefen Heiterkeit bei den Zuhörern hervor; diese Krankheit wird durch ein Virus hervorgerufen.

hervortreten: 1. *heraustreten:* hinter dem Vorhang h.; eine seltsame Gestalt trat aus dem Dunkel hervor; bildl. (geh.): die Sonne trat aus den Wolken hervor. **2.** ⟨etwas tritt hervor⟩ *etwas wird sichtbar, hebt sich heraus:* etwas tritt deutlich, stark hervor; durch die Anstrengung traten die Adern an seinen Schläfen hervor; übertr.: die Ähnlichkeit der Geschwister tritt immer stärker hervor. **3. a)** ⟨mit etwas h.⟩ *mit etwas an die Öffentlichkeit treten:* der junge Autor ist jetzt mit einem Roman hervorgetreten. **b)** ⟨als jmd. h.⟩ *sich mit etwas hervortun:* diese Schauspielerin ist auch als Sängerin hervorgetreten.

hervortun ⟨sich h.⟩: *sich auszeichnen:* sich sehr, sich nicht sonderlich h.; er hat sich als Mathematiker besonders hervorgetan; er nutzte die Gelegenheit, sich vor den anderen hervorzutun *(seine Fähigkeiten zu zeigen).*

Herz, das: **1.** *Organ, das den Kreislauf des Blutes bewirkt:* ein gesundes, kräftiges, gutes, schwaches H.; das H. schlägt, klopft, pocht (geh.), hämmert, flattert; sein H. hat versagt, arbeitet nicht mehr; sein H. ist angegriffen, ist nicht in Ordnung (ugs.); ihm stockte das H. vor Schreck (geh.; *er erschrak heftig*); vor Angst schlug ihm das H. bis zum Hals [hinauf]; bildl. (dichter.): das H. wollte ihm zerspringen [vor Freude]; das H. untersuchen, abhorchen; ein H. verpflanzen, transplantieren (bildungsspr.); er hat es am Herz[en] (ugs.; *ist herzkrank*); er hat [es] mit dem Herz[en] zu tun (ugs.; *ist herzkrank*); der Mörder hatte seinem Opfer ein Messer ins H. gestochen; die Kugel traf ihn mitten ins H.; ein Kind unter dem Herzen tragen (dichter.; *ein Kind erwarten*); jmdn. ans, an sein H. drücken *(an sich drücken, umarmen);* Kochk.: [gedünstetes] H. in Burgundersoße. **2.** *gedachtes Zentrum der Empfindungen, des Gefühls; Gemüt:* ein gutes, gütiges, treues, fröhliches, warmes *(gütiges),* empfindsames, goldenes *(treues),* edles (geh. *großmütiges*), stolzes, weiches *(mitleidiges)*, kaltes *(gefühlloses)*, hartes *(mitleidloses)* H.; ein H. aus Stein *(ohne Mitempfinden);* Sprichw.: wes das H. voll ist, des geht der Mund über; etwas bewegt, ergreift, rührt die Herzen der Menschen (geh.); diese Frau hat kein H. *(ist herzlos, gefühllos);* etwas bedrückt jmdm. das H. (geh.); reinen/reines Herzens (geh.) etwas sagen können; traurigen Herzens (geh.) nahm er Abschied; im Grunde seines Herzens *(im Innersten)* dachte er anders; Redensart: man kann einem Menschen nicht ins H. sehen. **3. a)** (geh.) *Mittelpunkt, Zentrum, innerster Bereich:* die Hauptstadt ist das H. des Landes; im Herzen Europas/von Europa. **b)** *innerster Teil:* die Herzen des Salates haben die zartesten Blätter. **4.** */als Koseform in der Anrede/:* [mein] Herzchen! **5.** */Gegenstände in Herzform/:* ein H. aus Marzipan, aus Schokolade, aus Lebkuchen; sie trug ein silbernes H. am Kettchen. **6.** */eine Spielkartenfarbe/:* H. ist Trumpf; wir spielen H. * **das Herz auf dem rechten Fleck haben** *(eine vernünftige, richtige Einstellung haben)* · **etwas auf dem Herzen haben** *(ein Anliegen haben)* · **jmdm. fällt eine schwere Last/eine Zentnerlast, ein Stein vom Herzen** *(jmd. ist sehr erleichtert über etwas)* · **seinem Herzen einen Stoß geben** *(sich zu etwas überwinden):* gib doch deinem Herzen einen Stoß, und laß die Kinder mitgehen · **sich etwas [sehr] zu Herzen nehmen** *(etwas beherzigen; etwas sehr schwernehmen)* · **sich** (Dativ) **ein Herz fassen** *(seinen ganzen Mut zusammennehmen)* · (ugs.:) **jmdm. rutscht/fällt das Herz in die Hose[n]** *(jmd. bekommt große Angst)* · (geh.:) **etwas bricht jmdm. das Herz** *(etwas bekümmert jmdn. so sehr, daß er daran stirbt)* · **jmdm. dreht sich das Herz im Leibe herum** *(jmd. ist über etwas sehr bekümmert)* · **es nicht übers Herz bringen** *(zu etwas nicht fähig sein):* er brachte es nicht übers H., den Kindern das Spielzeug wegzunehmen · **ein Herz haben für jmdn.** *(Hilfsbereitschaft zeigen):* dieser Mann hatte ein H. für die Armen · **das Herz auf der Zunge haben** *(alles aussprechen, was einen bewegt)* · (ugs.:) **seinem Herzen Luft machen** *(sich bei jmdm. aussprechen über etwas, was einen ärgert)* · **jmdm. sein Herz ausschütten** *(sich jmdm. anvertrauen, ihm seine Not oder Sorgen schildern)* · (geh.:) **sich etwas vom Herzen reden** *(über etwas, was einen beschwert, mit einem anderen sprechen):* er mußte sich einmal seinen Kummer vom Herzen reden · (geh.:) **jmdm. blutet das Herz** *(jmdm. tut etwas sehr leid):* ihm blutete das H., wenn er sah, wie andere mit den wertvollen alten Büchern umgingen · (geh.:) **nicht das Herz haben, etwas zu tun** *(es nicht über sich bringen, etwas zu tun)* · (geh.:) **jmdn. ins Herz treffen** *(jmdn. mit etwas zutiefst verletzen)* · (geh.:) **etwas gibt jmdm. einen Stich ins Herz** *(etwas trifft jmdn. sehr heftig):* ihre verletzenden Worte gaben ihm einen Stich ins H. · (geh.:) **sich in die Herzen [der Menschen] stehlen** *(die Sympathie vieler gewinnen)* · **etwas ist jmdm. aus dem Herzen gesprochen** *(jmd. ist der gleichen Ansicht über etwas)* · **aus seinem Herzen keine Mördergrube machen** *(offen von etwas sprechen)* · (ugs.:) **jmdn. auf Herz und Nieren prüfen** *(jmdn. gründlich prüfen)* · (geh.:)

etwas läßt jmds. Herz höher schlagen *(etwas versetzt jmdn. in freudige Erregung)* · **jmdm. lacht das Herz im Leibe** *(jmd. ist sehr erfreut über etwas)* · **jmdm. jmdn., jmdm. etwas ans Herz legen** *(jmdm. eine Person oder Sache besonders anempfehlen)* · (geh.:) **sein Herz für etwas entdecken** *(unvermutet eine Leidenschaft, Begeisterung für etwas in sich entdecken)* · (dichter.:) **dem Zuge seines Herzens folgen** *(seinem innersten Gefühl folgen)* · (geh.:) **jmds. Herz gehört einer Sache** *(jmd. ist einer Sache ganz hingegeben):* sein ganzes H. gehört der Musik · (geh.:) **sein Herz an jmdn. verlieren** *(sich in jmdn. verlieben)* · **jmdn. ins Herz geschlossen haben** *(jmdn. sehr gern haben)* · **ein Herz und eine Seele sein** *(unzertrennlich sein)* · **jmdm. ans Herz gewachsen sein** *(jmdm. sehr lieb geworden sein)* · (geh.:) **sein Herz an jmdn., an etwas hängen** *(jmdm., einer Sache seine ganze Liebe zuwenden)* · **jmds. Herz hängt an etwas** *(jmd. möchte etwas sehr gerne haben oder behalten)* · (dichter.:) **jmdm. sein Herz schenken** *(jmdn. sehr lieben)* · (geh.:) **jmdm. das Herz schwermachen** *(jmdn. sehr traurig machen)* · (geh.:) **jmdm. ist das Herz schwer** *(jmd. ist sehr traurig)* · (geh.:) **alle Herzen im Sturm erobern** *(schnell die Sympathien aller gewinnen)* · (ugs.:) **alles, was das Herz begehrt** *(alles, was man sich wünscht)* · **Hand aufs Herz!** */zur Ehrlichkeit mahnender oder Aufrichtigkeit beteuernder Ausruf/* · (geh.:) **leichten Herzens** *(leicht; ohne daß es jmdm. schwerfällt)* · (geh.:) **schweren Herzens** *(ungern)* · (geh.:) **mit halbem Herzen** *(mit wenig Interesse)* · (geh.:) **von [ganzem] Herzen: a)** *(sehr herzlich):* ich wünsche Ihnen von [ganzem] Herzen alles Gute! **b)** *(aus voller Überzeugung)* · (geh.:) **aus tiefstem Herzen** *(aufrichtig, sehr):* er verabscheute die Tat aus tiefstem Herzen · **von Herzen gern** *(sehr gern).*

Herzenslust ⟨in der Verbindung⟩ nach Herzenslust: *so, wie jmd. mag:* in den Ferien konnten sie sich nach H. austoben.

herzhaft: 1. *kräftig:* ein herzhafter Händedruck; ein herzhaftes Lachen; er nahm einen herzhaften *(tüchtigen)* Schluck aus der Flasche; h. zugreifen. **2.** *würzig schmeckend:* ein herzhaftes Essen; das Gericht war, schmeckte sehr h.

herziehen: 1. a) (ugs.) ⟨jmdn., etwas h.⟩ *heranziehen:* den Tisch, einen Stuhl h. **b)** ⟨jmdn., etwas hinter sich h.⟩ *durch Ziehen mitführen:* einen Handwagen, einen Schlitten hinter sich h.; das Flugzeug zieht einen weißen Kondensstreifen hinter sich her. **2.** ⟨mit Raumangabe⟩ *mit jmdm., mit etwas gehen, laufen:* eine Musikkapelle zog vor dem Fackelzug her; Kinder zogen hinter, neben dem Zirkuswagen her. **3.** (ugs.) *an einen Ort [um]ziehen:* sie sind vor zwei Jahren, kürzlich hergezogen. **4.** (ugs.; abwertend) ⟨über jmdn., über etwas h.⟩ *schlecht von jmdm., von etwas sprechen:* in übler Weise über jmdn. h.; sie sind über ihren Chef, über die Nachbarn hergezogen.

herzig: *niedlich, reizend:* sie hat zwei herzige Kinder; das kleine Mädchen ist h., sieht h. aus.

Herzklopfen, das: *spürbares Klopfen des Herzens [als Zeichen von Angst]:* starkes, heftiges, rasendes H.; das Laufen verursachte ihr H.; sie hatte, bekam H. [vor Angst, Aufregung]; mit H. *(aufgeregt)* warteten sie auf die Entscheidung.

herzlich: 1. *freundlich; von Herzen kommend:* herzliche Worte, Wünsche; ein herzlicher Empfang; eine herzliche Freundschaft, Zuneigung; /in bestimmten Gruß- und Wunschformeln/: herzliche Grüße!; herzlichen Glückwunsch!; herzlichen Dank!; herzliches Beileid!; die Geschwister haben ein herzliches Verhältnis zueinander; eine herzliche *(dringende)* Bitte an jmdn. richten; (geh.:) jmdm. in herzlicher Liebe zugetan sein; sie ist sehr h. *(hat eine warmherzige Art);* jmdn. h. begrüßen, beglückwünschen; sich h. bedanken; jmdn. h. (geh.) lieben, liebhaben. **2.** ⟨verstärkend bei Adjektiven und Verben⟩ *sehr:* der Vortrag war h. langweilig, schlecht; es gab h. wenig zu essen; h. gern!; er lachte h., als er die Geschichte hörte; ich bitte Sie h., etwas leiser zu sein.

Herzschlag, der: **1.** *das Schlagen des Herzens:* ein normaler, regelmäßiger, schwacher H.; sein H. ist beschleunigt; sein H. setzte aus, stockte einige Sekunden. **2.** *plötzlicher Herzstillstand:* einen H. bekommen, erleiden (geh.); er ist einem H. erlegen (geh.); sie ist an [einem] H. gestorben; Tod durch H. * (dichter.:) **einen Herzschlag lang** *(für einen kurzen Moment).*

Hetze, die: **1.** (ugs.) *Hast:* das war eine große, schreckliche, furchtbare H.; die H. des Alltags hat sie krank gemacht; in fürchterlicher H. mußten sie ihre Koffer packen. **2.** (abwertend) *Verleumdung:* eine wilde, böse, massive H.; eine H. gegen etwas beginnen, betreiben; er wurde durch eine planvolle H. diskriminiert.

hetzen: 1. a) ⟨jmdn. h.⟩ *vor sich hertreiben, jagen:* Wild mit Hunden h.; ein Tier zu Tode h.; die Polizei hetzte den Verbrecher [durch die Straßen]; er ist ein gehetzter *(gejagter, rastloser)* Mensch. **b)** ⟨ein Tier auf jmdn. h.⟩ *losgehen lassen:* sie hetzten ihre Hunde auf die Fremden. **2.** (ugs.) **a)** *sich sehr eilen:* es war nicht nötig, daß er so gehetzt ist; sie mußten sehr h., um noch rechtzeitig zum Bahnhof zu kommen. **b)** ⟨sich h.⟩ *sich abhetzen:* sie hetzt sich den ganzen Tag, ohne sich einmal auszuruhen. **3.** (ugs.) ⟨mit Raumangabe⟩ *sich in großer Hast an einen bestimmten Ort begeben:* zum Bahnhof h.; er ist von einem Termin zum anderen gehetzt. **4.** *Haß schüren, Hetze betreiben:* er hetzte ständig; gegen seine Kollegen, gegen die gleitende Arbeitszeit h.; in den Zeitungen wurde zum Krieg gehetzt. * (ugs.:) **jmdm. jmdn. auf den Hals hetzen** *(jmdn. zu jmdm. schicken; jmdn. auf jmdn. aufmerksam machen)* · (ugs.:) **mit allen Hunden gehetzt sein** *(sehr raffiniert sein, alle Schliche kennen).*

Heu, das: *als Tierfutter verwendetes getrocknetes Gras:* nasses, duftendes H.; H. wenden, ernten, einfahren, machen (ugs.); sie [ver]füttern H.; im H. schlafen, übernachten. * (ugs.:) **Geld wie Heu haben** *(sehr reich sein).*

heucheln: a) ⟨etwas h.⟩ *vortäuschen:* Mitgefühl, Freude, Ergebenheit, Liebe, Interesse h.; sie heuchelte Erstaunen über die Vorgänge; sie sprach mit geheuchelter Liebenswürdigkeit. **b)** *sich verstellen:* du heuchelst doch, wenn du ihm immer recht gibst.

heulen: a) *klagende Laute ausstoßen:* laut, in langgezogenen Tönen h.; die Wölfe, die Hunde heulten; übertr.: der Wind heult [ums Haus]; die Sirenen heulten. **b)** (ugs.) *[laut, klagend]*;

weinen: laut, erbärmlich h.; er heulte vor Wut, vor Freude, vor Rührung. * **mit den Wölfen heulen** *(sich aus Opportunismus im Reden und Handeln der Mehrheit anschließen)* · (ugs.:) **das heulende Elend haben/kriegen** *(in einem sehr niedergeschlagenen Zustand sein)* · (ugs.:) **etwas ist zum Heulen** *(etwas ist sehr deprimierend)* · (ugs.:) **wie ein Schloßhund heulen** *(heftig weinen).*

heute ⟨Adverb⟩: **1.** *an diesem Tag:* h. ist Montag, der 10. Januar; h. gehen wir ins Theater; das geschieht nicht h. und nicht morgen *(das dauert noch eine Weile);* h. früh, morgen, mittag, abend, nacht; h. vor acht Tagen, über eine Woche, in einer Woche; h. mußte ich warten; dies ist die Zeitung von h.; ab h. ist das Geschäft durchgehend geöffnet; von h. an, seit h. läuft ein neuer Film. **2.** *in der gegenwärtigen Zeit:* h. ist vieles anders als früher; h. gibt es mehr Möglichkeiten der Heilung; die Jugend von h.; eine Frau von h.; subst.: das Heute *(die Gegenwart).* * (ugs.:) **heute oder morgen** *(in allernächster Zeit):* die Sache kann sich h. oder morgen schon ändern · (ugs.:) **von heute auf morgen** *(sehr schnell; innerhalb kurzer Zeit)* · (ugs.:) **lieber heute als morgen** *(am liebsten sofort)* · (geh.:) **hier und heute** *(sofort, ohne Verzug):* du mußt dich hier und h. entscheiden.

heutig: **1.** *von diesem Tag:* die heutige Zeitung; das heutige Programm; bis zum heutigen Tag *(bis zu diesem Tag, bis jetzt)* hat sich nichts geändert. **2.** *gegenwärtig:* die heutige Zeit, Jugend; die heutige Generation; der heutige Stand der Forschung.

Hexe, die: **1.** *Märchengestalt:* eine böse, alte H.; sie wurden von einer H. verzaubert. **2.** (hist.) *weibliche Person, der Zauberkräfte zugeschrieben werden:* Hexen verbrennen, austreiben. **3.** (ugs.:) */Schimpfwort, bes. für eine böse, zänkische Frau/:* diese alte H. soll uns in Ruhe lassen.

hexen: *zaubern:* er kann h.; ich kann doch nicht h.! (ugs.; *so schnell geht es doch nicht).*

Hieb, der: **1.** *Schlag:* ein kräftiger H.; ein H. (im Fechten) sitzt, geht fehl; einen H. auffangen, parieren, abwehren; einen H. bekommen; er versetzte (geh.) dem Pferd einen H. mit der Peitsche; auf H. fechten; beim ersten H.; Redensart: auf den ersten H. fällt kein Baum; übertr.: *spitze, boshafte Bemerkung:* er versetzte seinem politischen Gegner einen H.; er teilt gern Hiebe aus. **2.** (ugs.) ⟨Plural⟩ *Prügel:* Hiebe bekommen, beziehen (ugs.); gleich gibt es, setzt es (ugs.) Hiebe.

hier ⟨Adverb⟩: **1.** *an diesem Ort, an dieser Stelle:* das Buch muß h. sein; er wird noch einige Zeit h. bleiben; er hält sich bald h., bald dort auf; h. bin ich aufgewachsen; h. ruht in Gott ... */Inschrift auf Grabsteinen/;* h. oben, unten, vorn, hinten, drin[nen], draußen; h. herum (ugs.; *irgendwo hier)* muß das Geschäft sein; h. im Haus, h. auf Erden; ich bin nicht von h. (ugs.; *wohne nicht hier, bin nicht hier geboren);* /abgeblaßt/: *da:* h. bin ich; dieser Mantel h. gefällt mir am besten; h. hast du das Geld. * **hier und da: a)** *(an manchen Orten, Stellen):* h. und da findet man noch vereinzelte blühende Rosen an den Sträuchern. **b)** *(manchmal, hin und wieder):* wir begegnen uns h. und da auf der Straße · **von hier an** *(von diesem Zeitpunkt an)* · **hier und heute** *(sofort, ohne Verzug).*

hiesig: *hier vorhanden, von hier stammend:* di[e] hiesige Bevölkerung besteht überwiegend au[s] Bauern; die hiesigen Zeitungen haben über de[n] Fall berichtet.

Hilfe, die: **1.** *das Helfen:* gegenseitige, rasche schnelle, wirksame, fremde, finanzielle H.; H brauchen, fordern, herbeirufen; er suchte H bei der Polizei; jmdm. H. leisten, bringen; e[r] hat uns seine H. angeboten; H. in Notfällen H. für die notleidenden Völker; jmdn. um H bitten; die Frau rief, schrie um H.; er wendete, wandte sich um H. an seine Freunde; auf jmds H. angewiesen sein, hoffen; niemand kam dem Angegriffenen zu H.; jmdn. zu H. rufen. **2** *Hilfskraft:* eine zuverlässige, tüchtige, fleißige, langjährige H.; eine H. brauchen, einstellen; die Mutter bekommt endlich eine H. für den Haushalt. * **mit Hilfe** *(unter Zuhilfenahme):* e[r] öffnete die Tür mit H. eines Nachschlüssels/mi[t] H. von einem Nachschlüssel; mit H. dessen/mi[t] dessen H. formte er die Masse · **jmdn., etwa[s] zu Hilfe nehmen** *(sich jmds., einer Sache al[s] Hilfe bedienen)* · **Hilfen geben** *(Hilfestellun[g] geben in bestimmten Situationen):* der aufsicht führende Lehrer gab den Prüflingen einig[e] Hilfen · **Erste Hilfe** *(erste Hilfsmaßnahmen be[i] Unfällen):* er ist in Erster H. ausgebildet.

hilflos: **a)** *auf Hilfe angewiesen:* ein hilfloses Baby; der Verletzte war völlig h.; er ist h. wie ein kleines Kind; er lag h. auf der Erde. **b)** *verlegen, unbeholfen:* ein hilfloser Gesichtsausdruck; eine hilflose Geste; er ist, wirkt, lächelt h.; er sah sich h. im Kreise um.

Himmel, der: **1. a)** *Himmelsgewölbe, Firmament:* ein heller, klarer, blauer, fahler (geh.), grauer, strahlender, wolkenloser, bewölkter H.; der gestirnte (geh.), nächtliche H.; der H. ist bedeckt, trübe, verhangen (geh.); der H. hat sich bezogen, verdunkelt, aufgehellt; der H. klart auf; bildl.: der H. hat seine Schleusen geöffnet *(es regnet sehr stark);* den abendlichen H. betrachten; das Blau des Himmels; die Sonne steht hoch am H.; Sterne werden am H. sichtbar; den Blick gen H. (geh.; *zum Himmel)* richten; das Gebäude ragt in den H. *(erhebt sich in große Höhe);* unter freiem H. *(im Freien);* die Sonne brennt vom H. herab; Redensarten: es ist noch kein Meister vom H. gefallen *(jeder Lernende hat am Anfang Schwierigkeiten zu überwinden);* es ist dafür gesorgt, daß die Bäume nicht in den H. wachsen *(allen Dingen sind bestimmte Grenzen gesetzt)* · übertr. (geh.): sie leben unter einem milden, rauhen H. *(in einem milden, rauhen Klima);* sie wohnen unter südlichem H. *(in südlichen Breiten).* **b)** *Ort, an dem die Gottheit und die im Glauben Verstorbenen als anwesend gedacht werden:* in den H. kommen; im H. sein; der Vater im H. *(Gott).* **2.** *Gott, Schicksal:* der H. behüte, bewahre uns!; dem H. sei Dank!; (geh.:) etwas als Zeichen des Himmels betrachten. * (geh.:) **den Himmel offen sehen** *(sehr glücklich sein)* · **jmdm. hängt der Himmel voller Geigen** *(jmd. ist schwärmerisch glücklich, sieht froh in die Zukunft)* · (ugs.:) **[wie] im siebten Himmel sein, sich [wie] im siebten Himmel fühlen** *(von höchstem Glücksgefühl erfüllt sein)* · (ugs.:) **den Himmel auf Erden haben** *(es sehr gut haben):* sie hat bei ihrem Mann den H. auf Erden · **jmdm. den Himmel auf Erden**

versprechen *(das angenehmste Leben versprechen)* · (ugs.:) **das Blaue vom Himmel herunter lügen** *(ohne Hemmungen lügen)* · (ugs.:) **jmdm. das Blaue vom Himmel [herunter] versprechen** *(jmdm. ohne Hemmungen Unmögliches versprechen)* · **jmdm./für jmdn. die Sterne vom Himmel holen** *(alles für jmdn. tun)* · (ugs.:) **jmdn., etwas in den Himmel heben** *(übermäßig loben)* · (ugs.:) **Himmel und Hölle in Bewegung setzen** *(alles versuchen, um etwas zu ermöglichen)* · (ugs.:) **wie ein Blitz aus heiterem Himmel** *(ohne Vorbereitung, plötzlich)* · **aus heiterem Himmel** *(ohne daß man es ahnen konnte)* · **etwas schreit/stinkt zum Himmel** *(etwas ist skandalös)* · (ugs.:) **aus allen Himmeln fallen/stürzen** *(tief enttäuscht werden)* · (ugs.:) **Himmel noch mal!** */Ausruf, der Ärger oder Ungeduld ausdrückt/* · (ugs.:) **[ach du] lieber Himmel!** */Ausruf der Überraschung/* · (ugs.:) **[das] weiß der Himmel!** *(wer soll das wissen!)* · (ugs.:) **um Himmels willen!** */Ausruf des Erschreckens, der Abwehr/* · (derb:) **Himmel, Arsch und Zwirn/Himmel Arsch und Wolkenbruch** */Ausruf der Verärgerung/.*

himmelschreiend: *empörend:* ein himmelschreiendes Unrecht; die Mißstände, die hygienischen Verhältnisse waren h.

himmlisch: *sehr schön, wunderbar:* himmlisches Wetter; eine himmlische Stimme; heute war ein himmlischer Tag; das Kleid ist h.; sie sah h. aus. * (dichter.:) **das himmlische Licht** *(die Sonne)* · (geh.:) **die himmlischen Mächte** *(die Götter)* · (geh.:) **der himmlische Vater** *(Gott)* · (geh.:) **die himmlischen Heerscharen** *(die Engel)* · **eine himmlische Geduld** *(sehr große Geduld):* sie hat eine himmlische Geduld mit dem Kind.

hin ⟨Adverb; häufig zusammengesetzt mit Verben⟩: **1.** */drückt die Richtung auf einen Zielpunkt aus/* **a)** /räumlich/: wo willst du h.?; wo ist er h.?; bis zur Wand h. sind es 10 Meter. **b)** /zeitlich/: zum Herbst, zum Winter h. **2.** */drückt eine Erstreckung aus/* **a)** /räumlich/: die Wandernden bewegten sich an der Mauer, am Ufer h. *(entlang);* der Efeu breitet sich über die ganze Wand h. aus. **b)** /zeitlich/: über, durch viele Jahre h. lebte er hier. * **hin und wieder** *(von Zeit zu Zeit; manchmal)* · **hin und zurück** *(zu einem Ziel hin und wieder an den Ausgangspunkt zurück):* eine Fahrkarte h. und zurück lösen · **hin und her: a)** *(auf und ab, ohne bestimmtes Ziel):* er ist h. und her gegangen, gelaufen. **b)** *(auf alle Möglichkeiten hin):* sie haben h. und her überlegt, wie die Sache zu schaffen sei · **das Hin und Her** *(langes Überlegen):* nach langem H. und Her entschlossen sie sich zum Kauf · **vor sich hin** *(ohne die Umwelt zu beachten; in sich hinein):* sie sprach, murmelte, weinte, sang vor sich h. · **nach außen hin** *(äußerlich):* nach außen h. wirkte er ganz ruhig · **auf ... hin: a)** *(durch; auf Grund):* auf meinen Rat h. ging er zum Arzt; auf einen bloßen Verdacht h. wurde er verhaftet · **b)** *(im Hinblick auf):* man untersuchte die Nahrungsmittel auf Krankheitserreger h. · **auf die Gefahr hin** *(auch wenn die Gefahr besteht):* er handelte auf die Gefahr h., bestraft zu werden.

hinab (geh.) ⟨Adverb; meist zusammengesetzt mit Verben⟩: *hinunter, abwärts:* den Fluß h. bis zu seiner Mündung; alle Männer bis h. zum 16. Lebensjahr wurden eingezogen.

hinarbeiten ⟨auf etwas h.⟩: *ein bestimmtes Ziel anstreben:* mit großem Fleiß arbeitet er auf sein Examen hin.

hinauf ⟨Adverb; meist zusammengesetzt mit Verben⟩: *nach oben, aufwärts:* den Fluß h. bis zur Quelle; vom einfachen Soldaten bis h. zum höchsten Offizier.

hinaus ⟨Adverb; meist in Verbindung mit Verben⟩: *von drinnen nach draußen:* h. mit euch in die frische Luft! * **auf ... hinaus** *(für eine bestimmte Dauer):* er hat sich mit dem Vertrag auf Jahre h. festgelegt · **über ... hinaus** *(einen Zeitraum überschreitend):* er wird über Mittag h. mit der Arbeit beschäftigt sein · **darüber hinaus** *(außerdem):* er bekommt ein festes Gehalt und darüber h. Spesen für bestimmte Leistungen.

hinauslaufen: 1. *aus einem Raum nach draußen laufen:* schnell, unvermittelt, ärgerlich h.; die Kinder sind zur Tür, auf die Straße hinausgelaufen. **2.** ⟨etwas läuft auf etwas hinaus⟩ *etwas hat das Ziel; etwas kommt zu dem Ende:* ihre Verhandlungen liefen auf einen Zusammenschluß hinaus; es wird darauf hinauslaufen, daß er die Arbeit alleine machen muß. * (ugs.:) **es läuft auf eins/auf dasselbe/auf das gleiche/aufs gleiche hinaus** *(es bleibt sich gleich).*

hinausschieben: 1. ⟨jmdn., sich, etwas h.⟩ *aus einem Raum nach draußen schieben:* den Kinderwagen [aus dem Zimmer], das Auto [aus der Garage] h.; er schob sich unbemerkt zur Tür hinaus *(ging unbemerkt hinaus).* **2.** ⟨etwas h.⟩ *aufschieben, hinauszögern:* etwas lange, immer wieder, bewußt h.; die Reise, den Termin, eine Arbeit h.; er hat die Entscheidung auf unbestimmte Zeit hinausgeschoben.

hinauswerfen: 1. ⟨etwas h.⟩ *etwas aus einem Raum nach draußen werfen:* das Papier, die Abfälle zum Fenster, aus dem Zug h.; sie beschlossen, die alten Möbel hinauszuwerfen (ugs.; *nicht länger in der Wohnung zu behalten*). **2.** (ugs.) ⟨jmdn. h.⟩ **a)** *zum Verlassen eines Raumes o. ä. zwingen:* der Wirt warf den Betrunkenen hinaus; der Hausbesitzer wollte die Familie aus der Wohnung h. **b)** *entlassen:* nach einem Streit hat der Meister den Lehrling [aus seinem Betrieb] hinausgeworfen. * (ugs.:) **das/sein Geld zum Fenster hinauswerfen** *(verschwenderisch sein; Geld verschwenden, unüberlegt ausgeben).*

hinauswollen: 1. (ugs.) *einen Raum o. ä. verlassen wollen; ins Freie gehen wollen:* aus dem Haus, aus dem Zimmer h.; sie wollen ein wenig an die frische Luft hinaus. **2.** ⟨auf etwas h.⟩ *etwas Bestimmtes beabsichtigen, erstreben:* er wollte auf einen Kompromiß hinaus; ich weiß nicht, worauf er mit seinen Reden hinauswollte. * (ugs.:) **hoch hinauswollen** *(hochfliegende Pläne haben).*

hinausziehen: 1. *aus einem Raum nach draußen ziehen:* jmdn. am Arm, mit sich (Dativ) h. **2.** (geh.) *in die Ferne ziehen, wandern, reisen:* in den Ferien zogen sie in die Wälder hinaus; er ist in die Welt hinausgezogen. **3.** *an einen außerhalb liegenden Ort umziehen:* sie sind [aufs Land] hinausgezogen. **4.** (ugs.) **a)** ⟨etwas h.⟩ *hinauszögern:* etwas bewußt, lange, absichtlich h.; er hat die Entscheidung so lange hinausgezogen, bis es zu spät war. **b)** ⟨etwas zieht sich hinaus⟩ *etwas verzögert sich; etwas dauert lange:* die Fertigstellung der Wohnung zog sich wochenlang hinaus.

hinauszögern ⟨etwas h.⟩: *mit etwas warten, etwas aufschieben:* eine Entscheidung lange, von einem Tag zum anderen h.; tagelang zögerte er seine Abreise hinaus.

Hinblick ⟨in der Fügung⟩ im Hinblick auf: *mit Rücksicht auf, angesichts:* im H. auf seine Verdienste hat man ihm das Amt des Vorsitzenden angetragen.

hinbringen: 1. ⟨jmdn., etwas h.⟩ *an einen bestimmten Ort bringen:* er brachte die Bücher unverzüglich [zu ihm] hin; du brauchst nicht zum Bahnhof zu laufen, wir bringen dich [mit dem Auto] hin. 2. (ugs.) ⟨etwas h.⟩ *fertigbringen:* er bringt die Arbeit einfach nicht hin; ob er es einmal hinbringen wird, pünktlich zu sein? 3. (geh.) ⟨etwas h.; mit Artangabe⟩ *verbringen:* seine Zeit, viele Stunden, den Rest des Tages mit Arbeiten h.; er brachte viele Jahre in/mit Krankheit hin; er wußte nicht, wie er seine freie Zeit h. sollte.

hinderlich: *störend, behindernd:* ein hinderlicher Verband; die nasse Kleidung ist beim Schwimmen sehr h.; dieser Vorfall war seiner Karriere/für seine Karriere h.

hindern: 1. a) ⟨jmdn., etwas h.⟩ *behindern: aufhalten:* der Verband hinderte sie sehr bei der Hausarbeit. b) ⟨jmdn. an etwas h.⟩ *jmdm. etwas unmöglich machen; jmdn. von etwas abbringen:* der Nebel hinderte ihn, schneller zu fahren; der Lärm hinderte sie am Einschlafen; man versuchte vergeblich, ihn an seinem Vorhaben zu h.; niemand wird mich daran h., so zu handeln. 2. (veraltend) ⟨etwas h.⟩ *verhindern:* die Niederlage zu h. suchen; das abschreckende Beispiel hindert nicht, daß immer wieder Menschen auf solche Betrüger hereinfallen.

Hindernis, das: 1. *Hemmnis, Schwierigkeit:* ein großes, unüberwindliches H.; der Nebel war, bildete ein ernstliches H.; Hindernisse treten auf, stellen sich uns entgegen; Hindernisse überwinden; er stieß bei seinem Vorhaben auf viele Hindernisse; seine Konfession stellt für diese Leute ein H. dar; das war eine Reise mit Hindernissen. 2. *Hürde, Barriere:* ein hohes, schwieriges H.; ein H. aufbauen, errichten; das Pferd nahm das H. ohne Schwierigkeiten. * **jmdm. [keine] Hindernisse in den Weg legen** *(jmdm. [keine] Schwierigkeiten machen).*

hindeuten: 1. ⟨auf jmdn., auf etwas h.⟩ *hinweisen, deuten:* mit dem Finger, mit dem Zeigestock auf einen Punkt h. 2. ⟨etwas deutet auf etwas hin⟩ *etwas läßt auf etwas schließen:* alle Anzeichen deuteten auf eine akute Erkrankung hin; seine Äußerungen deuteten darauf hin, daß er verärgert war.

hinein ⟨Adverb; meist zusammengesetzt mit Verben⟩: *nach drinnen:* h. mit euch!; übertr.: in die Stille h. ertönte ein Ruf. * **in den Tag hinein leben** *(sorglos, unbekümmert um die Zukunft leben)* · (ugs.:) **ins Blaue hinein** *(ohne genauen Plan; ohne bestimmtes Ziel)* · **bis in ... hinein** *(bis weit in einen bestimmten Zeitabschnitt sich erstreckend):* er arbeitete bis tief in die Nacht h.

hineinfressen ⟨etwas in sich h.⟩: 1. (derb) *große Mengen von etwas essen:* riesige Portionen in sich hineinfressen. 2. (ugs.) *mit etwas fertig werden, ohne sich darüber auszusprechen:* er frißt allen Kummer, Ärger in sich hinein.

hineinknien (ugs.) ⟨gewöhnlich: sich in etwas h.⟩: *sich mit großem Eifer, mit Energie mit etwas befassen:* sich in die Arbeit, ins Studium h.; wenn du dich [da] hineinkniest, wirst du es bald begriffen haben.

hineinstecken: 1. ⟨etwas h.⟩ *in etwas stecken:* den Stecker in die Steckdose, den Schlüssel ins Schloß h.; sie steckte für einen Augenblick den Kopf zur Tür hinein. 2. (ugs.) ⟨gewöhnlich: etwas in etwas h.⟩ *investieren, auf etwas verwenden:* sein ganzes Vermögen in das Geschäft, in den Betrieb h.; er hat viel Mühe, Arbeit in diese Sache hineingesteckt. * (ugs.:) **seine Nase in alles hineinstecken** *(sich um Dinge kümmern, die einen nichts angehen).*

hineinversetzen ⟨sich in jmdn., in etwas h.⟩: *sich hineindenken:* sich schwer, leicht in jmdn. h.; er versuchte sich in die Lage des Angeklagten hineinzuversetzen.

hineinziehen ⟨gewöhnlich: in etwas h.⟩: 1. *durch Ziehen hineinbringen:* einen Handwagen in den Schuppen h.; er zog seinen Freund mit sich (Dativ) ins Haus hinein. 2. *an einen bestimmten Ort ziehen:* vom Land in die Stadt h.; er wollte nicht in diese Wohnung h. 3. *in etwas verwickeln:* jmdn. in einen Skandal, in einen Streit h.; wider seinen Willen wurde er [da] hineingezogen.

hinfällig: 1. *gebrechlich, schwach:* ein hinfälliger Greis; er ist sehr h. geworden. 2. *ungültig; haltlos:* die Beschuldigungen, die Pläne sind inzwischen h. geworden.

Hingabe, die: *das Sichhingeben; Opferbereitschaft:* eine schrankenlose, selbstlose, liebevolle, zärtliche, leidenschaftliche, schwärmerische H.; die H. des Arztes an die Kranken, an seine Arbeit ist bewundernswert; zu keiner H. fähig sein; er übt mit H. *(mit großem Eifer)* fünf Stunden am Tag.

hingeben (geh.): 1. ⟨etwas h.⟩ *opfern, hergeben:* alles, sein Vermögen, den letzten Pfennig h.; viele Menschen gaben für eine Idee ihr Leben hin; adj. Part.: *opferbereit:* sie pflegte die Kranken mit hingebender Liebe. 2. ⟨sich einer Sache h.⟩ a) *sich mit Eifer einer Sache widmen:* sich ganz, völlig, mit Eifer einer Sache h.; sich seinen Studien, seiner Arbeit h.; er hat sich mit Leidenschaft dem Sammeln alter Stiche hingegeben. b) *einer Sache verfallen; sich überlassen:* sich ganz dem Trunk, dem Genuß h.; sich einem Irrtum, einer Illusion, dem Schmerz, dem Kummer, der Verzweiflung h.; er gab sich der Hoffnung hin, daß ...; ich gebe mich in dieser Sache keiner Täuschung hin. 3. ⟨sich jmdm. h.⟩ *mit jmdm. intime Beziehungen haben /von der Frau/:* sie hat sich ihm hingegeben.

hingehen: 1. *an einen bestimmten Ort, zu jmdm. gehen:* ungern zu jmdm. h. 2. (geh.) a) ⟨etwas geht hin⟩ *etwas vergeht, etwas geht vorüber:* die Zeit, der Sommer geht hin. b) ⟨etwas geht über etwas hin⟩ *eine bestimmte Zeit verstreicht nach etwas:* Jahre gingen über die Ereignisse hin. 3. (geh.) ⟨etwas geht über etwas hin⟩ *etwas gleitet über etwas:* sein Blick ging über die weite Landschaft hin. 4. ⟨etwas h. lassen⟩ *etwas dulden:* etwas nicht, keinesfalls h. lassen; ⟨jmdm.

etwas h. lassen⟩ du darfst den Kindern nicht alle Unarten h. lassen. **5.** ⟨etwas geht hin⟩ *etwas ist [gerade noch] tragbar:* seine Leistungen gehen gerade noch hin; das mag h. * (ugs.:) **das geht in einem hin** *(das läßt sich gleich mit erledigen).*

hinhalten: 1. ⟨etwas h.⟩ *entgegenstrecken:* das Glas, die Hand h.; ⟨jmdm. etwas h.⟩ er hielt ihm die Zigaretten hin. **2.** ⟨jmdn. h.⟩ **a)** *auf einen späteren Zeitpunkt vertrösten:* jmdn. lange, immer wieder h.; man hat die Gläubiger mit leeren Versprechungen hingehalten. **b)** *aufhalten:* sie konnten den Gegner h., bis sie Verstärkung bekamen; hinhaltender Widerstand (militär.; *Widerstand, durch den Zeit gewonnen werden soll*). *(ugs.:) **den Kopf hinhalten** [müssen] *(für jmdn., für die Handlung eines anderen einstehen, geradestehen [müssen]).*

hinhauen (ugs.): **1.** ⟨mit Raumangabe⟩ *hinschlagen:* wo der hinhaut, da wächst kein Gras mehr. **2.** *hinfallen:* lang, der Länge nach h.; er ist ausgerutscht und furchtbar hingehauen. **3.** ⟨sich h.⟩ *sich schlafen legen:* sie waren so müde, daß sie sich gleich hingehauen haben. **4.** ⟨etwas haut hin⟩ *etwas geht gut, gelingt:* das wird hinhauen; die Sache haut schon hin. **5.** ⟨etwas h.⟩ *entmutigt aufgeben, hinwerfen:* er hat die Arbeit hingehauen. **6.** ⟨etwas h.⟩ *nachlässig machen:* einen Aufsatz schnell h.

hinken: a) *in der Hüfte einknickend oder ein Bein nachziehend gehen:* leicht, stark, ein wenig, rechts h.; seit seinem Unfall hinkt er; er hat auf, mit dem rechten Fuß gehinkt; übertr.: *nicht ganz zutreffen:* dieser Vergleich hinkt. **b)** ⟨mit Raumangabe⟩ *sich hinkend irgendwohin bewegen:* vom Spielfeld h.; nach dem Sturz ist er zum Arzt gehinkt.

hinkommen: 1. *an einen bestimmten Ort kommen:* kommst du mit hin? dort bin ich nie hingekommen; übertr. (ugs.): wo kämen wir denn hin, wenn ...? *(was würde geschehen, wenn ...?);* ⟨in Fragesätzen⟩ wo ist das Buch nur hingekommen? *(wohin ist es verschwunden?).* **2.** (ugs.) ⟨gewöhnlich: mit etwas h.⟩ *mit etwas auskommen:* mit dem Geld, mit den Vorräten h.; der Stoff war knapp, aber wir sind gerade hingekommen. **3.** (ugs.) ⟨etwas kommt hin⟩ *etwas geht gut aus:* die Sache wird schon [irgendwie] hinkommen.

hinlänglich: *genügend, ausreichend:* eine hinlängliche Menge; ein Raum von hinlänglicher Größe; jmdn. h. informieren; die Sache ist h. *(zur Genüge)* bekannt.

hinlegen: 1. ⟨jmdn., sich, etwas h.⟩ *an einen bestimmten Platz legen:* etwas schnell, vorsichtig h.; leg sofort das Messer hin!; sie legten den Verletzten hin; h.! */militär. Kommando/;* ich habe dir/für dich eine Apfelsine dort hingelegt. **2.** (ugs.) ⟨sich h.⟩ *hinfallen:* er rutschte und legte sich der Länge nach hin. **3.** (ugs.) ⟨etwas h.⟩ *bezahlen müssen:* viel Geld, eine große Summe h.; wieviel hast du dafür hingelegt, h. müssen? **4.** ⟨jmdn., sich h.⟩ *zum Ausruhen ausstrecken; schlafen legen:* sich einen Augenblick h.; er hat sich [zum Mittagsschlaf] hingelegt; die Mutter hat das Baby gerade hingelegt. **5.** (ugs.) ⟨etwas h.⟩ *zeigen, darbieten:* eine Rolle, einen Tanz, eine großartige sportliche Leistung h.

hinnehmen ⟨etwas h.⟩: *akzeptieren, sich gefallen lassen, sich mit etwas abfinden:* etwas ruhig, [still]schweigend, wortlos, geduldig, gelassen, gleichmütig, dumpf h.; eine Niederlage, sein Schicksal h.; die Partei mußte bei der Wahl große Verluste h.; etwas als unabänderlich, als Tatsache h.; er nahm die Nachricht mit Gleichmut hin; der Angeklagte nahm das Urteil ohne Widerspruch hin; er wollte die Demütigungen, Beleidigungen, Kränkungen nicht h.; er nahm alles von ihm hin.

hinreißen: a) ⟨jmdn. h.⟩ *begeistern, bezaubern:* der Sänger, die Musik riß die Zuschauer hin; mit seinem Spiel reißt er das Publikum hin; adj. Part.: eine hinreißende Frau; ein hinreißend schönes Bild; sie lauschten hingerissen. **b)** ⟨jmdn. zu etwas h.⟩ *jmdn. zu etwas bringen:* jmdn. zur Bewunderung h.; der Redner riß die Menschen zu Beifallsstürmen hin; sie ließ sich [im Zorn] dazu h., unüberlegt zu handeln. * **sich hinreißen lassen** *(die Beherrschung verlieren):* er ließ sich h. und ohrfeigte das Kind.

hinrichten ⟨jmdn. h.⟩: *das Todesurteil an jmdm. vollstrecken:* einen Verbrecher durch den Strang, auf dem elektrischen Stuhl h.

hinschlagen: 1. (selten) *irgendwohin schlagen:* er schlug noch einmal hin. **2.** (ugs.) *hinfallen:* bei Glatteis lang, der Länge nach, längelang h.; Redensart (ugs.): da schlag' einer lang hin! */Ausdruck der Verblüffung/.*

hinsein (ugs.): **1.** ⟨etwas ist hin⟩ *etwas ist entzwei:* etwas ist völlig, ganz, total (ugs.) hin; das Spielzeug, die Uhr ist hin. **2.** *von jmdm., von etwas begeistert sein:* sie waren [von dem herrlichen Anblick] ganz hin.

Hinsicht, die: *Beziehung:* in jeder, mancher, gewisser, verschiedener H.; in vieler H. hatte er recht; in wirtschaftlicher, in finanzieller H.; in Hinsicht auf *(hinsichtlich)* ...

hinsichtlich ⟨Präp. mit Gen.⟩: *bezüglich:* h. des Preises, der Bedingungen wurde eine Einigung erzielt.

hinstellen: 1. ⟨jmdn., sich, etwas h.⟩ *an eine bestimmte Stelle stellen:* etwas vorsichtig h.; stell dich gerade hin!; die Mutter stellte [den Kindern/für die Kinder] das Essen hin; der Polizist stellte sich vor ihm/vor ihn hin; übertr.: er tut seine Pflicht, wo man ihn auch hinstellt. **2.** ⟨jmdn., etwas als jmdn., als etwas h.⟩ *bezeichnen:* eine Aussage als falsch, als erlogen h.; er versucht immer, seinen Gegner als [großen] Dummkopf hinzustellen; ⟨jmdm. jmdn. als jmdn., als etwas h.⟩ man stellte ihm den älteren Bruder immer als Vorbild hin. Nach „sich hinstellen" wird heute das dem „als" folgende Substantiv gewöhnlich im Nominativ angeschlossen: er stellt sich immer als guter Christ/ (veraltend:) als guten Christen hin.

hinten ⟨Adverb⟩: *an einer zurückliegenden Stelle; an der, von der Rückseite:* die Öffnung ist h.; er sitzt h. in der letzten Reihe; du mußt dich h. anstellen *(am Ende der Schlange);* bitte h. einsteigen!; die Tücher liegen h. im Schrank; das Schlafzimmer liegt nach h. (ugs.); der Wind kommt von h. [her]; jmdn. von h. überfallen. * (ugs.:) **jmdn. am liebsten von hinten sehen** *(jmdn. nicht gerne mögen)* · (ugs.:) **hinten und vorne: a)** *(überall):* ihr Haushaltsgeld reicht h. und vorne nicht. **b)** *(in jeder Weise):* er läßt sich h. und vorne bedienen · (ugs.:) **nicht mehr**

wissen, wo hinten und vorne ist *(völlig verwirrt sein).*

hintenherum ⟨Adverb⟩: *hinten um etwas herum:* h. gehen; er ist h. *(durch den hinteren Eingang)* ins Haus gekommen; übertr. (ugs.): er hat die Geschichte h. *(auf Umwegen)* erfahren; sie haben die Sachen h. *(auf illegalem Wege)* gekauft, bekommen, besorgt.

hinter /vgl. hinterm; vgl. hinters/ ⟨Präp. mit Dativ und Akk.⟩: *auf der Rückseite von:* **a)** ⟨mit Dativ; bezeichnet die Lage⟩ h. dem Haus, h. der Tür; er versteckte sich h. einem (veraltet: einen) Baum; er trat h. dem Vorhang hervor; der Wirt steht h. der Theke; er sitzt den ganzen Tag h. *(an)* dem Schreibtisch; er saß im Konzert h. mir; etwas bis auf zwei Stellen h. *(nach)* dem Komma ausrechnen; etwas h. Glas aufbewahren; er schloß die Tür h. sich; sie gingen einer h. dem anderen; der Läufer ließ seine Konkurrenten bald h. sich *(lief ihnen davon).* **b)** ⟨mit Akk.; bezeichnet die Richtung⟩ h. den Vorhang treten; h. das Haus gehen; er stellte sich h. einen Pfeiler; der Ball ist h. die Hecke gefallen; die Soldaten zogen sich h. den Fluß zurück; die Sonne sank (geh.) h. den Horizont. * (ugs.:) **etwas hinter sich bringen** *(etwas bewältigen)* · (ugs.:) **etwas hinter sich** (Dativ) **haben** *(etwas überstanden haben)* · (ugs.:) **jmdn. hinter sich** (Dativ) **haben** *(Unterstützung, Rückendeckung durch jmdn. haben):* der Präsident hatte bei diesem Beschluß das ganze Volk h. sich · (ugs.:) **hinter jmdm. her sein: a)** *(nach jmdm. fahnden).* **b)** *(um jmdn. werben)* · (ugs.:) **hinter etwas her sein** *(etwas unbedingt haben, erreichen wollen):* er ist immer h. Antiquitäten her · **jmdn., etwas weit hinter sich lassen** *(weit übertreffen).*

Hinterbein, das: *hinteres Bein bei Tieren:* lange, kurze Hinterbeine; der Elefant richtete sich auf den Hinterbeinen auf. * (ugs.:) **sich auf die Hinterbeine setzen/stellen: a)** *(sich weigern, sich widersetzen)* · **b)** *(sich anstrengen):* wenn du es schaffen willst, mußt du dich auf die Hinterbeine setzen.

hinterbringen: I. ⟨jmdm. etwas h.⟩ *heimlich zutragen, berichten:* man hinterbrachte ihm sofort, was über ihn beschlossen worden war. **II.** (landsch.) ⟨etwas h.⟩ *hinunterschlucken [können]:* er hat keinen Bissen hintergebracht.

hintere: *sich hinten befindend:* die hinteren Zimmer, Reihen, Bänke; auf der hinteren Seite des Hauses; er kam durch den hinteren Eingang.

hintereinander ⟨Adverb; meist zusammengesetzt mit Verben⟩: **1.** /räumlich/ *einer hinter dem anderen:* sich h. aufstellen. **2.** /zeitlich/ *aufeinanderfolgend:* an drei Tagen h.; zweimal h. gewinnen; acht Stunden h. arbeiten; du mußt die Arbeiten h. *(ohne Unterbrechung)* erledigen.

hintergehen ⟨jmdn. h.⟩: *täuschen, betrügen:* er hintergeht seinen Partner auf übelste Weise; er hat seine Frau mit einer anderen hintergangen.

Hintergrund, der: **1.** *hinterer Bereich eines realen oder dargestellten Raumes:* ein heller, dunkler H.; der H. des Saales lag im Dunkel; der H. der Bühne; bei dieser Photographie ist der H. unscharf; das Gebirge bildet einen prächtigen H. für die Stadt; im H. sieht man, erkennt man eine Burg; sich vom H. abheben; übertr.: die Handlung des Theaterstücks hat einen geschichtlichen H. *(beruht auf geschichtlichen Fakten).* **2.** *Ursache, Zusammenhang:* die Sache hat politische Hintergründe; die Hintergründe eines Geschehens aufdecken, erforschen. * **in den Hintergrund treten/rücken** *(nicht mehr beachtet werden; an Bedeutung verlieren)* · **sich im Hintergrund halten** *(sich zurückhalten, nicht hervortreten)* · **jmdn., etwas in den Hintergrund drängen** *(zurückdrängen, seines Einflusses berauben)* · **im Hintergrund bleiben** *(nicht hervortreten)* · **im Hintergrund stehen** *(wenig beachtet werden)* · (ugs.:) **etwas im Hintergrund haben** *(über Reserven verfügen).*

hintergründig: *schwer zu durchschauen:* ein hintergründiges Lächeln; ein hintergründiger Humor; er lächelte h.

Hinterhalt, der: **a)** *Versteck, von dem aus man jmdm. auflauert:* im H. lauern, liegen; man versuchte vergebens, sie aus dem H. herauszulokken; jmdn. aus dem H. überfallen, erschießen. **b)** *Falle, in die man jmdn. lockt:* die Wanderer wurden in einen H. gelockt und beraubt; sie gerieten in einen H. des Feindes. * (ugs.; landsch.) **etwas im Hinterhalt haben** *(etwas in Reserve haben).*

hinterhältig: *heimtückisch:* eine hinterhältige Person; er hat eine hinterhältige Art; einen hinterhältigen Angriff führen; ... fragte er h.

hinterher ⟨Adverb; meist zusammengesetzt mit Verben⟩: *danach:* jmdm. h. recht geben; sich h. beschweren; er konnte sich h. an nichts mehr erinnern.

hinterlassen: 1. ⟨jmdn., etwas h.⟩ *nach dem Tode zurücklassen:* eine große Familie, vier unmündige Kinder h.; der Verstorbene hat ein großes Vermögen, viele Schulden hinterlassen; die hinterlassenen Schriften des Dichters; ⟨jmdm. etwas h.⟩ er hat seinen Erben keine Reichtümer hinterlassen *(vermacht).* **2.** ⟨etwas h.⟩ *beim Weggehen zurücklassen:* eine Nachricht für jmdn., einen Zettel h.; du hinterläßt immer große Unordnung; ⟨jmdm. etwas h.⟩ er hat ihm hinterlassen, daß er noch einmal zurückkomme; übertr.: *zurücklassen, hervorrufen:* Spuren h.; die Flüssigkeit hat in dem Stoff Flecke hinterlassen; er hat [bei allen] einen guten Eindruck hinterlassen.

hinterlegen ⟨etwas h.⟩: *zur Aufbewahrung geben:* Geld, Wertsachen h.; er hat sein Testament bei einem Notar hinterlegt; sie hinterlegte die Schlüssel beim Hausmeister.

hinterlistig: *heimtückisch:* ein hinterlistiger Mensch; etwas auf eine hinterlistige Weise erreichen; seine Frage war, klang h. * (ugs.; scherzh.:) **etwas zu hinterlistigen Zwecken verwenden** *(etwas als Toilettenpapier verwenden).*

hinterm: *hinter dem:* h. Haus; er sitzt den ganzen Tag h. *(am)* Schreibtisch, h. *(am)* Steuer.

Hintern, der (ugs.): *Gesäß:* jmdm. den [blanken] H. verhauen, versohlen; er ist auf den H. gefallen; setz dich auf deinen H.! *(setz dich hin!);* jmdm. in den H. treten. * (ugs.:) **sich auf den Hintern setzen** *(sehr überrascht sein):* als er die Nachricht hörte, setzte er sich auf den H. · (ugs.:) **jmdm. Feuer unter dem Hintern machen** *(jmdn. antreiben)* · (ugs.:) **Hummeln im Hintern haben** *(nicht ruhig sitzen können, voller Unrast sein)* · (ugs.; abwertend:) **jmdm. in den Hintern kriechen** *(jmdm. in würdeloser Art schmeicheln).*

hinters: *hinter das:* er ist h. Haus gegangen; jmdn. h. Licht führen *(täuschen).*

Hintertreffen ⟨nur in bestimmten Wendungen⟩ **ins Hintertreffen kommen/geraten** *(überflügelt werden; hinter anderen zurückbleiben)* · **im Hintertreffen sein** *(im Nachteil sein).*

hintertreiben ⟨etwas h.⟩: *zu vereiteln suchen:* Pläne, Vorhaben, eine Einigung der Partner h.; die Angehörigen wollten die Verbindung, die Heirat der beiden h.

Hintertür, die: *Tür an der Rückseite:* er ist durch die H. ins Haus gekommen, hereingekommen; ein Gebäude durch die H. verlassen; der Dieb ist durch die H. entkommen; man ließ ihn durch die H. hinaus. * (ugs.:) **sich** (Dativ) **eine Hintertür/ein Hintertürchen offenhalten/offenlassen** *(sich eine Möglichkeit zum Rückzug aus einer Angelegenheit offenlassen)* · (ugs.:) **durch die Hintertür wiederkommen** *(sich nicht abweisen lassen)* · (ugs.:) **etwas durch eine Hintertür wieder einführen** *(etwas unbemerkt, heimlich wieder einführen).*

hinterziehen ⟨etwas h.⟩: *unterschlagen:* Zölle h.; er wurde bestraft, weil er Steuern hinterzogen hatte.

hinüber ⟨Adverb; meist zusammengesetzt mit Verben⟩: *nach drüben:* es gab keinen Weg h.

hinüber sein (ugs.): **1.** ⟨etwas ist h.⟩ *etwas ist entzwei, unbrauchbar:* gänzlich, völlig h. sein; die Tasse ist h.; durch die schlechte Lagerung waren sämtliche Lebensmittel h. **2.** *tot sein:* er hat die Tiere so lange hungern lassen, bis sie h. waren.

hinunterschlucken ⟨etwas h.⟩: *schlucken:* etwas hastig, unzerkaut, mit Flüssigkeit h.; ein Bonbon h.; das Kind wollte die Tablette nicht h.; bildl.: seinen Ärger, seinen Zorn, seine Wut h.; er hat den Fluch hinuntergeschluckt *(nicht ausgesprochen);* übertr. (ugs.): *hinnehmen:* alles wortlos, ohne Widerrede h.

hinunterstürzen: 1. ⟨gewöhnlich mit Raumangabe⟩ **a)** *nach unten stürzen:* die Treppe, 10 m tief, vom Baugerüst, aus dem 10. Stock h. **b)** *schnell hinunterlaufen:* als die Pause begann, stürzten die Schüler die Treppe hinunter. **2.** ⟨sich h.; gewöhnlich mit Raumangabe⟩ *sich nach unten stürzen:* sie wollte sich [aus Verzweiflung] aus dem Fenster h.; er hat sich von einem Turm hinuntergestürzt. **3.** (ugs.) ⟨etwas h.⟩ *sehr hastig zu sich nehmen:* den Wein, mehrere Gläser nacheinander h.; er stürzte das Essen hinunter und verschwand wieder.

hinunterwürgen ⟨etwas h.⟩: *mit Mühe schlukken:* ein Stück trockenes Brot h.; er würgte das Essen hinunter; übertr.: *unterdrücken:* seine Wut, die Tränen h.

hinwegfegen ⟨über jmdn., über etwas h.⟩: *sich mit großer Geschwindigkeit über jmdn., über etwas hinwegbewegen:* die Brecher fegten über das Schiff hinweg.

hinweggehen: 1. (geh.) ⟨über jmdn., über etwas h.⟩ *darüber hingehen:* ein Sturm, ein Unwetter ist über das Land hinweggegangen. **2.** ⟨über jmdn., über etwas h.⟩ *sich hinwegsetzen; übergehen:* lächelnd, schweigend, taktvoll, mit Nachsicht über etwas h.; er ging über die Bemerkung, über den Scherz hinweg.

hinwegsetzen: 1. ⟨über etwas h.⟩ *über etwas hinwegspringen:* über einen Graben, ein Hindernis h. **2.** ⟨sich über etwas h.⟩ *bewußt nicht beachten, ignorieren:* sich bedenkenlos über eine Vorschrift, ein Verbot h.; er hat sich über alle Bedenken, über alle Vorurteile hinweggesetzt.

Hinweis, der: *Rat, Tip, Wink:* ein wertvoller, brauchbarer, aufschlußreicher, verläßlicher H.; das war ein deutlicher, unmißverständlicher H.; jmdm. einen H. zur Benutzung/für die Benutzung geben; einen H. bekommen; du mußt die Hinweise auf der Beschreibung genau beachten; darf ich mir den H. erlauben, daß ...; einem H. folgen.

hinweisen ⟨auf jmdn., auf etwas h.⟩: *hindeuten, hinzeigen:* das Schild weist auf den nahegelegenen Zeltplatz hin; er wies mit der Hand auf das Gebäude, auf eine Gruppe von Menschen hin; übertr.: *aufmerksam machen:* beiläufig, nachdrücklich, höflich auf etwas h.; auf einen Übelstand, auf Mißstände h.; ⟨jmdn. auf jmdn., auf etwas h.⟩ der Redner wies die Besucher auf die Gefahren hin.

hinwerfen: 1. ⟨etwas h.⟩ **a)** *an einen bestimmten Platz werfen:* seine Sachen achtlos h.; übertr.: *aus Ärger o. ä. nicht fortsetzen; aufgeben:* die Arbeit, den ganzen Kram (ugs.) h.; nach dem Zusammenstoß mit dem Chef hätte er am liebsten alles hingeworfen; ⟨jmdm. etwas h.⟩ dem Hund einen Knochen h.; er warf dem Bettler ein Geldstück hin. **b)** (ugs.) *unabsichtlich zu Boden fallen lassen:* das Hausmädchen warf das ganze Tablett hin; wirf das wertvolle Glas nur nicht hin! **2.** ⟨sich h.⟩ *sich zu Boden werfen:* sich schnell, lang (ugs.) h.; als die Schießerei begann, warfen sie sich hin. **3.** ⟨etwas h.⟩ *flüchtig entwerfen, konzipieren:* etwas schnell, mit wenigen Strichen h.; einen Plan, ein paar Zeilen h. **4.** ⟨etwas h.⟩ *sagen, bemerken:* eine Bemerkung, ein Wort, eine Frage [beiläufig] h.

Hinz ⟨in der Fügung⟩ Hinz und Kunz (ugs.): *jedermann:* diese modischen Stiefel trägt bereits H. und Kunz.

hinziehen: 1. a) *an einen bestimmten Ort ziehen:* ich werde in nächster Zeit dort hinziehen. **b)** ⟨jmdn., etwas zu sich (Dativ) h.⟩ *heranziehen, zu sich ziehen:* die Mutter zog das Kind zu sich hin; übertr.: das Heimweh zieht ihn zu den Bergen hin; es zog ihn immer wieder zu ihr hin. **2.** (dichter.) ⟨mit Raumangabe⟩ *sich über etwas hinbewegen:* Wolken, Vögel, Flugzeuge zogen am Himmel hin. **3.** ⟨etwas zieht sich hin⟩ **a)** *etwas dauert lange:* die Verhandlungen zogen sich lange, über mehrere Stunden hin; die Sitzung hatte sich hingezogen; der Beginn der Vorstellung, die Abreise zog sich hin *(verzögerte sich).* **b)** (geh.) *etwas erstreckt sich weit:* die Felder ziehen sich endlos hin; der Wald zog sich bis vor die Stadt hin.

hinzukommen: *dazukommen:* neu h.; es ist noch ein Mitarbeiter hinzugekommen; übertr.: ein erschwerender Umstand kommt noch hinzu; hinzu kommt, daß ...

hinzusetzen ⟨etwas h.⟩: *hinzufügen, ergänzen:* nach einer Weile setzte er hinzu, daß man nicht auf ihn warten solle.

hinzuziehen ⟨jmdn. h.⟩: *zu Rate ziehen:* einen Fachmann, einen Sachverständigen h.; als der Zustand des Kranken sich verschlechterte, mußte ein Facharzt hinzugezogen werden.

Hirn, das: **1.** *Gehirn:* das menschliche, tierische

H.; Kochk.: gebackenes H. **2.** (ugs.) *Verstand:* ein geschultes H.; sein H. anstrengen; er zermarterte sich das H. *(dachte angestrengt nach)*, aber der Name wollte ihm nicht einfallen; wessen H. ist das entsprungen? *(wer hat sich das ausgedacht?)*.

Hirsch, der: /*ein Tier*/: ein kapitaler H.; der H. schreit, röhrt, orgelt (Jägerspr.); ein Rudel Hirsche äst auf der Wiese.

Hirt[e], der: *jmd., der eine Herde hütet:* ein alter, treuer H.; der H. hütet die Schafe; bildl.: der Pfarrer ist der H. seiner Gemeinde. * (dichter.:) **der Gute Hirte** *(Christus)*.

hissen ⟨etwas h.⟩: *hochziehen:* eine Flagge, das Segel h.; aus Anlaß der Feierlichkeiten wurden Fahnen gehißt.

Hitze, die: *sehr große Wärme:* eine große, unerträgliche, sengende (geh.), brütende, drückende, tropische, flirrende (geh.), feuchte Hitze; es herrscht eine glühende H.; die H. machte sie müde; große H. entströmte dem Ofen; er kann H. [nicht] gut vertragen; bei der H. hatten sie keine Lust zu arbeiten; etwas bei mittlerer H. *(mäßiger Kochtemperatur)* kochen; sie standen in der H.; er leidet sehr unter der H.; Med.: fliegende H. *(Hitzeaufwallung im Körper)*. * in **der Hitze des Gefechts** *(in der Eile, in der Aufregung):* in der H. des Gefechts hatten sie die Hälfte vergessen · **[leicht] in Hitze geraten** *(sich leicht aufregen, in Zorn geraten)* · **sich in Hitze reden** *(sich sehr ereifern)*.

hitzig: a) *heftig, leicht erregbar:* ein hitziger Mensch; er ist ein hitziger Kopf; er hat ein hitziges Temperament; ein hitziges (veraltet; *hohes*) Fieber; h. sein; er wird leicht h. **b)** *leidenschaftlich:* eine hitzige Debatte; die Diskussion war h.; er antwortete, verteidigte h. seinen Standpunkt.

Hobby, das: *Steckenpferd:* ein künstlerisches, ungewöhnliches, kostspieliges H.; seine Hobbys sind Malen und Reiten; ein H. haben; das Züchten von Hunden als H. betreiben.

hobeln: 1. ⟨[etwas] h.⟩ *mit dem Hobel glätten, bearbeiten:* Bretter h.; er hobelte [an einem Balken]; Redensart: wo gehobelt wird, da fallen Späne *(man muß mit unvorhergesehenen Härten rechnen)*. **2.** ⟨etwas h.⟩ *mit einem Hobel kleinschneiden:* Gurken h.; gehobeltes Kraut.

hoch: 1. a) *von, in beträchtlicher Höhe:* ein hoher Turm, Baum, Berg; hohes Gras; ein sehr hoher Raum; ein hohes Gebäude; die höheren Gipfel lagen schon unter einer Schneedecke; er hat eine hohe Stirn; sie trägt hohe Absätze; das Kind muß hohe Schuhe *(Schuhe, die bis über die Knöchel reichen)* tragen; ein Mann von hohem Wuchs, von hoher Gestalt (geh.; *ein großer Mann*); die Mauer ist sehr h.; h. springen; der Adler, das Flugzeug fliegt h. [oben in den Wolken]; die Sonne steht h. am Himmel; h. über den Dächern der Stadt; übertr.: ein hohes Niveau; ein hoher Lebensstandard; Sprichw.: wer h. steigt, fällt tief. **b)** *eine bestimmte Höhe aufweisend, in bestimmter Höhe:* ein 1800 Meter hoher Berg; die Mauer ist zwei Meter h.; das neue Gebäude ist wesentlich höher als das alte; dieser Baum ist um einige Meter höher als der andere; der Schnee liegt einen Meter h.; er wohnt eine Treppe h. *(in der ersten Etage)*, eine Etage höher; der Ort liegt 1800 Meter h; Math: zwei h. drei (2^3). **2.** *zahlenmäßig oder mengenmäßig groß:* ein hoher Geldbetrag; eine hohe Summe; hohe Mieten; höhere Löhne fordern; ein zu hohes Gewicht; ein hoher Alkoholgehalt; er fuhr mit hoher Geschwindigkeit; hohe Temperaturen; hohes *(heftiges)* Fieber; ein hoher Blutdruck; er hat ein hohes Alter erreicht; er ist ein hoher Achtziger (ugs.; *ist weit über 80 Jahre alt*); die Unkosten, die Preise, die Gewinne sind sehr h.; er ist h. versichert; die Kosten lagen höher als erwartet. **3.** *von bestimmtem Rang; von bestimmter Bedeutung, Würde:* ein hoher Gast; hoher Besuch; ein hoher Offizier; ein höherer Beamter; der norwegische Läufer ist hoher Favorit; ein Angehöriger des hohen Adels; er ist von hoher Geburt (geh.; *von hohem Adel)*; ein Mensch von hoher Bildung; eine hohe Ehre, Auszeichnung; ein hohes Amt; ein hohes Fest; ein hoher Feiertag; eine Sache von höchster Bedeutung; er hat eine hohe *(sehr gute)* Meinung von diesem Mann; er wollte sich an höchster Stelle *(bei der obersten zuständigen Stelle)* beschweren. **4. a)** *sehr groß; äußerst:* hohe Ansprüche; zu dieser Arbeit gehört ein hohes Maß an Verantwortungsbewußtsein; er steht in hohem Ansehen; die Sache verlief zu höchster Zufriedenheit aller; sie befanden sich in höchster Gefahr; es ist höchste Zeit; die Anforderungen waren sehr h.; diese Strafe ist zu h. **b)** ⟨verstärkend bei Adjektiven und Verben⟩ *sehr:* jmdn. h. verehren; h. erfreut, h. willkommen sein; er war höchst, aufs höchste erstaunt; er rechnete ihr h. an, daß sie ihm geholfen hatte; es ist höchst wahrscheinlich, daß er erst morgen kommt; der junge Musiker ist h. begabt. **5.** *hellklingend:* eine hohe Stimme, Stimmlage; ein hoher Sopran; hohe und tiefe Töne; das hohe C; ein Lied zu h. anstimmen. * **das Hohe Haus** *(Parlament)* · (Reitsport:) **die Hohe Schule** *(bestimmte Dressurübungen)* · **höhere Schule** *(über die Grundschule hinausführende Schule)* · (veraltend:) **höhere Tochter** *(Schülerin einer höheren Schule)* · **höhere Mathematik** *(Mathematik, die über die Grundbegriffe hinausgeht)* · **auf hoher See** *(auf dem offenen Meer)* · **im hohen/im höchsten Norden** *(in den äußersten nördlichen Breiten)* · **höhere Gewalt** *(etwas Unvorhergesehenes, auf das man keinen Einfluß hat)* · **die hohe Jagd** *(Jagd auf Hochwild)* · **Hände hoch!** /*Anruf, durch den man jmdn. auffordert, sich zu ergeben*/ · **Kopf hoch!** *(nur Mut!)* · (ugs.:) **hoch hinauswollen** *(hochfliegende Pläne haben)* · **hoch im Kurs stehen** *(sehr geschätzt sein)* · (ugs.:) **etwas ist zu hoch für jmdn.**; (ugs.:) **etwas ist jmdm. zu hoch** *(jmd. begreift etwas nicht)* · **etwas ist zu hoch gegriffen** *(etwas ist zu hoch geschätzt):* diese Zahl der Beteiligten ist sicher zu h. gegriffen · (ugs.:) **etwas auf die hohe Kante legen** *(Geld sparen)* · **die Nase hoch tragen** *(eingebildet sein)* · (ugs.:) **auf dem hohen Roß sitzen** *(hochmütig, überheblich sein)* · (ugs.:) **jmdm. den Brotkorb höher hängen** *(jmdn. knapper halten)* · (ugs.:) **etwas hoch und heilig versprechen/beschwören** *(etwas ganz fest, feierlich versprechen, beschwören):* er hat h. und heilig versprochen, die Ware bis heute zu liefern · (ugs.:) **es ist/es wird höchste Eisenbahn** *(es ist, wird höchste Zeit)* (ugs.:) **... Mann hoch** *(an der Zahl):* sie kamen fünf Mann h.

Hoch, das: **1.** *Hochruf:* auf den Jubilar wurde ein dreifaches H. ausgebracht. **2.** *Gebiet mit hohem Luftdruck:* ein ausgedehntes, kräftiges H.; ein flaches H. lagert über der Nordsee; ein neues H. bildet sich aus; das H. wandert nach Osten ab.

Hochachtung, die: *besondere Achtung:* größte H. vor jmdm. haben; als Ausdruck seiner H. widmete er das Werk seinem Lehrer; jmdm. mit H. begegnen; /Grußformel am Briefende:/ Mit vorzüglicher H. ...; ... und verbleiben mit vorzüglicher H. ...

hochachtungsvoll ⟨in Grußformeln am Briefende⟩: *voller Hochachtung.*

hocharbeiten ⟨sich h.⟩: *durch Zielstrebigkeit eine höhere berufliche Stellung erlangen:* er hat sich in kurzer Zeit [vom Buchhalter zum Prokuristen] hochgearbeitet.

Hochdruck ⟨in den Wendungen⟩ **mit Hochdruck** *(äußerst intensiv):* mit H. arbeiten; die Angelegenheit wurde mit H. betrieben · **es herrscht Hochdruck** *(es wird unter größter Kräfteanspannung gearbeitet):* im Betrieb herrscht zur Zeit H.

hochfahren /vgl. hochfahrend/: *sich in Schrekken versetzt rasch erheben:* erschrocken h.; sie fuhr aus dem Schlaf hoch, als es klingelte.

hochfahrend (geh.): *stolz; andere heftig und hochmütig behandelnd:* ein hochfahrendes Wesen; er ist, benimmt sich sehr h.

hochgehen: 1. a) ⟨etwas geht hoch⟩ *etwas bewegt sich in die Höhe:* die Schranke, der Vorhang geht hoch; die Wellen gingen mächtig hoch. **b)** (ugs.; landsch.) ⟨etwas h.⟩ *hinaufgehen:* die Treppe h. **c)** *explodieren, in die Luft fliegen:* die Minen, mehrere Panzer gingen hoch; die Attentäter ließen das Botschaftsgebäude h. **2.** (ugs.) *wütend werden:* als er sah, daß niemand seine Anordnungen befolgte, ging er hoch; du mußt nicht immer gleich h. **3.** (ugs.) *von der Polizei gefaßt, aufgedeckt werden:* sie wären beinahe hochgegangen; eine Verschwörergruppe h. lassen. * (ugs.:) **da geht einem der Hut hoch** *(das macht einen wütend)* · (ugs.:) **das/es ist, um die Wände hochzugehen; da kann man doch die Wände hochgehen** *(das ist doch empörend; da kann man doch rasend werden).*

hochhalten: 1. ⟨jmdn., etwas h.⟩ *in die Höhe halten:* die Arme h.; der Vater hielt das Kind hoch, damit es im Gedränge etwas sehen konnte. **2.** ⟨etwas h.⟩ *aus Achtung bewahren:* eine alte Tradition h.

hochleben: a) ⟨in der Formel⟩ jmd. lebe hoch */Hochruf, den man auf jmdn. ausbringt/:* der Sieger lebe hoch! **b)** ⟨in der Verbindung⟩ jmdn. hochleben lassen: *einen Hochruf auf jmdn. ausbringen:* sie ließen den Jubilar h.

Hochmut, der: *unberechtigter Stolz, Überheblichkeit:* er sollte seinen geistigen H. ablegen, voll H. auf jmdn. herabsehen; von H. erfüllt sein; Sprichw.: H. kommt vor dem Fall.

hochmütig: *stolz, herablassend:* ein hochmütiges Gesicht, Wesen; eine hochmütige Miene aufsetzen; sie ist, wirkt sehr h.

hochnehmen: 1. a) ⟨etwas h.⟩ *in die Höhe halten:* die Schleppe h. **b)** ⟨jmdn. h.⟩ *auf den Arm nehmen:* sie nahm das weinende Kind hoch. **2.** (ugs.) ⟨jmdn. h.⟩ **a)** *verspotten, sich lustig machen:* ich lass' mich nicht dauernd h.; der Junge wurde von seinen Kameraden hochgenommen. **b)** *jmdm. viel Geld abnehmen:* in dem Hotel hat man uns ganz schön hochgenommen.

hochspielen ⟨etwas h.⟩: *stärker als gerechtfertigt ins Licht der Öffentlichkeit rücken:* eine Affäre, eine politische Frage h.; das Zerwürfnis ist in den Zeitungen, von der Presse hochgespielt worden.

höchst: → hoch.

höchstens ⟨Adverb⟩: **a)** *nicht mehr als; bestenfalls:* ich warte h. zehn Minuten; bei der Versammlung waren h. 200 Personen anwesend; diese Behauptung trifft h. in drei Fällen zu. **b)** *außer; es sei denn:* er geht nicht aus, h. gelegentlich ins Kino.

Hochzeit, die: *Heirat und die damit verbundene Feier:* eine große H.; die H. ist, findet im Mai statt; die H. wurde auf den 26. Januar festgesetzt; die H. ausrichten; H. feiern, machen, halten; jmdn. zur H. einladen. * **grüne Hochzeit** *(Tag der Heirat)* · **silberne Hochzeit** *(25. Jahrestag der Heirat)* · **goldene Hochzeit** *(50. Jahrestag der Heirat)* · (ugs.:) **nicht auf zwei Hochzeiten tanzen können** *(nicht an zwei Veranstaltungen zugleich teilnehmen können).*

hocken ⟨mit Raumangabe⟩: **1. a)** *in der Kniebeuge sitzen:* die Kinder hocken am/auf dem Boden; er konnte nicht länger in hockender Stellung sitzen. **b)** ⟨sich h.⟩ *sich in Hockstellung irgendwohin setzen:* ich hockte mich auf die Treppe, ins Gras. **c)** (ugs.) *irgendwo [in nachlässiger Haltung] sitzen:* sie hockte in einer Ecke des Zimmers; die Hühner hocken *(sitzen zusammengeduckt)* auf der Stange. **2.** (ugs.; abwertend) *längere Zeit an einem Ort [untätig] sitzen, sich aufhalten:* er hockt den ganzen Tag zu Hause, am/hinter dem Schreibtisch, im Wirtshaus.

Hof, der: **1.** *zu einem Gebäude gehörender [von Mauern umgebener] Platz:* ein großer, enger, dunkler H.; die Kinder spielen auf dem/im H.; das Fenster, Zimmer geht auf den H.; er stellte sein Rad im H. ab; die Zimmer liegen alle nach dem H. [hinaus]. **2.** *Bauernhof:* ein stattlicher H.; es liegen dort nur ein paar verstreute Höfe; einen H. erben, bewirtschaften, verpachten; man vertrieb ihn von seinem H.; in einen H. einheiraten. **3. a)** *Fürstenhof:* der kaiserliche, königliche H.; die europäischen Höfe; am H. leben, verkehren; bei Hof[e] Zutritt haben, eingeführt werden. **b)** *Hofstaat:* der ganze H. war um den König versammelt; H. halten *(seinen Hofstaat um sich versammeln).* **4.** ⟨in Verbindung mit Orts- und Ländernamen⟩ */Bezeichnung für einen Gasthof, ein Hotel/:* Hotel Frankfurter H.; sie übernachten im Bayrischen H. **5.** *Gestirne umgebender Nebelkreis:* der Mond hat heute einen H. * **Haus und Hof** *(jmds. gesamter Besitz):* sie haben Haus und H. verloren · **einem Mädchen den Hof machen** *(sich um die Gunst eines Mädchens bewerben).*

hoffen: *zuversichtlich darauf warten, daß etwas, was man wünscht, eintreten wird oder der Wirklichkeit entspricht:* **a)** die allmähliche Besserung seines Zustands ließ ihn wieder h.; die Schiffbrüchigen hatten kaum noch zu h. gewagt, als sie von einem Hubschrauber gerettet wurden; Sprichw.: der Mensch hofft, solange er lebt; subst.: H. und Harren macht manchen zum Narren. **b)** ⟨etwas h.⟩ man muß immer das

Beste h.; das will ich nicht h.; ich hoffe, daß du gesund bist; er hoffte, uns bald besuchen zu können; sie hatten nichts mehr zu h. *(es stand schlecht um sie)*. **c)** ⟨auf jmdn., auf etwas h.⟩ auf baldige Genesung, auf gutes Wetter h.; sie hofften auf die Freunde, auf Gott *(auf die Hilfe der Freunde, Gottes)*.

hoffentlich ⟨Adverb⟩: *ich hoffe, daß ...; wie ich hoffe:* h. mutet er sich nicht zuviel zu; du bist doch h. gesund.

Hoffnung, die: *das Hoffen, zuversichtliche Erwartung:* eine zaghafte, vage (bildungsspr.), leise H.; törichte, unberechtigte Hoffnungen; seine Hoffnungen wurden enttäuscht; worauf gründet sich deine H.?; es besteht keine H. mehr; er, das ist meine einzige H. *(durch ihn, dadurch allein erhoffe ich mir eine Änderung meiner Lage)*; es gab keine H. auf Besserung; die H. verlieren, aufgeben; alle H. fahrenlassen; er schöpfte neue H.; eine H. begraben, zu Grabe tragen *(etwas nicht mehr hoffen)*; jmdm. seine H. nehmen, rauben; mach dir keine H.! *(rechne nicht damit, daß dein Wunsch in Erfüllung geht!)*; ich gebe mich nicht der Hoffnung hin, daß ...; sie klammerte sich an diese H.; auf ihn hatten sie ihre ganze H. gesetzt; in der H., ein interessantes Stück zu sehen, ging er ins Theater; sie wiegten sich in der H., das Spiel zu gewinnen; sie hatte sich von der H. auf eine reiche Heirat blenden lassen; seine Leistungen berechtigten zu den schönsten Hoffnungen. * (geh.; verhüll.:) **guter Hoffnung sein** *(schwanger sein)*.

höflich: *anderen den Umgangsformen gemäß mit Achtung und Freundlichkeit begegnend:* ein höflicher junger Mann; in höflichem Ton mit jmdm. reden; das sind nur höfliche Redensarten; er war sehr, übertrieben h. zu mir/(veraltend:) gegen mich; h. grüßen; sich h. verbeugen.

Höflichkeit, die: **1.** *höfliches Benehmen:* die übertriebene H. des Verkäufers störte sie; jmdm. eine H. erweisen; er stimmt nur aus H. zu; er behandelte ihn mit äußerster, ausgesuchter, eisiger H.; Redensart: darüber schweigt des Sängers Höflichkeit *(darüber wird aus Takt nicht gesprochen)*. **2.** (geh.) *höfliche Redensart:* jmdm. eine H. sagen; als wir uns nach langer Zeit wieder sahen, wechselten wir einige Höflichkeiten, tauschten wir einige Höflichkeiten, tauschten wir nur Höflichkeiten aus.

Höhe, die: **1.a)** *[Maß der] Ausdehnung von unten bis oben:* die H. des Tisches, der Vase; die H. des Baumes beträgt 40 Meter; der Berg hat eine H. von über 1000 Metern; die lichte H. des Tunnels beträgt 4,5 Meter; in die H. *(nach oben)* steigen, klettern; den Arm in die H. heben; in die H. fahren *(aufspringen)*; das Kind, die Saat ist in die H. geschossen *(ist rasch gewachsen)*. **b)** *bestimmte Entfernung über dem Erdboden:* die H. eines Gestirnes messen; das Flugzeug konnte seine H. nicht halten; das Flugzeug gewann rasch an H.; aus dieser H. konnten sie den Ort kaum erkennen; die Maurer arbeiteten in schwindelnder H.; übertr.: er hat die Höhen *(Höhepunkte)* und Tiefen des Lebens kennengelernt; er steht auf der H. *(im Zenit)* des Lebens; die Zwischenhändler schraubten, trieben die Preise in die H. *(hoch)*; er hat sich aus eigener Kraft in die H. gearbeitet *(hochgearbeitet)*; der Sohn hoffte, den Betrieb wieder in die H. zu bringen *(dem Betrieb zu neuem Aufschwung zu verhelfen)*. **2.a)** *Größe, meßbare Stärke:* die H. der Temperatur, der Geschwindigkeit, des Gehalts, der Preise, des Beitrages; die H. eines Tones *(Schwingungszahl in der Sekunde)*; er erhielt einen Preis in H. von 2000 DM. **b)** *hoher Grad, Niveau:* die H. einer Leistung; diese H. hat der Schriftsteller in seinen späteren Werken nicht mehr erreicht. **3.** (Math.) *Abstand eines Punktes von der Grundfläche oder -linie:* die H. des Dreiecks; die H. des Zylinders berechnen. **4.** ⟨in Verbindung mit der Präp. *auf*⟩ *geographische Breite:* wir sind auf gleicher H. wie die Insel, auf der H. der Insel. **5.** *kleinerer Berg; Hügel, Anhöhe:* auf eine H. steigen; die Höhen des Weserberglandes. * (ugs.:) **auf der Höhe sein: a)** *(gesund [und vollleistungsfähig] sein)*: er ist geistig nicht mehr auf der H. **b)** *(über den neuesten Stand bestimmter Ereignisse unterrichtet sein)*: durch seine ausgedehnte Lektüre ist er wissenschaftlich immer auf der H. · (ugs.:) **in die Höhe gehen** *(wütend werden)*: bei dem geringsten Vorfall geht er gleich in die H. · (ugs.:) **das ist doch die Höhe!** *(das ist doch unerhört!)*.

Höhepunkt, der: *bedeutendster Teil einer Entwicklung, eines Ablaufs:* der H. des Tages, des Abends, des Festes, des Lebens; den H. überschreiten; das Spiel erreichte seinen H., näherte sich dem H.; er steht auf dem H. seines Ruhmes.

hohl: 1. *innen leer:* ein hohler Zahn; eine hohle *(taube)* Nuß; der Baum ist innen h. **2.** *eine konkave Vertiefung aufweisend; eine konkave Öffnung bildend:* ein hohler Rücken; ein hohles Kreuz; hohle *(eingefallene)* Wangen; aus der hohlen Hand trinken; durch die hohlen *(wie ein Sprachrohr gehaltenen)* Hände rufen. **3.** *tief hallend:* eine hohle Stimme; ein hohles Stöhnen; der Klang war h.; beim Klopfen klingt die Wand h.; der Kranke hustet h. **4.** (abwertend) *inhaltsarm, leer, ohne Substanz, geistlos:* hohle Reden, Phrasen; er ist ein hohler Schwätzer; was er sagt, ist h.; diese Menschen sind innerlich völlig h.

Höhle, die: **1.a)** *Hohlraum im Gestein:* eine dunkle, tiefe, enge H.; die Jungen bauten gemeinsam eine H.; in einer Höhle übernachten; der Eingang zur H. wurde verschüttet. **b)** *Behausung wilder Tiere in der Erde:* der Bär hält seinen Winterschlaf in einer H.; übertr. (abwertend): *schlechte Wohnung:* sie hausten in elenden Höhlen. **2.** *Augenhöhle:* vor Wut traten seine Augen aus den Höhlen. * (ugs.:) **sich in die Höhle des Löwen begeben/wagen** *(sich mutig an einen mächtigen oder gefährlichen Menschen wenden)*.

Hohn, der: *mit [lautem] Spott verbundene Verachtung:* beißender, bitterer, eisiger H.; er erntete nur H. und Spott; sie empfand es wie H.; er überschüttete seinen Gegner mit Spott und H.; sie behandelten ihn voll H.; sie tat es uns zum H. (veraltend; *zum Ärger*). * **etwas/das/es ist der reine/reinste Hohn** *(etwas/das/es ist vollkommen absurd)*: daß er auf der Trauerfeier für seinen schlimmsten Feind erschien, war der reinste H.

höhnisch: *spöttisch, voll Verachtung:* eine höhnische Miene, Bemerkung; sein Blick war h.; er lachte h.

hold (dichter.): *von zarter Schönheit, lieblich:* ihr holdes Angesicht; sie war h. und schön; sie lächelte h. * (scherzh.:) **die holde Weiblichkeit** *(die Frauen)* · (geh.:) **jmdm., einer Sache hold sein** *(geneigt sein):* das Glück war ihnen nicht h.

holen: 1. ⟨jmdn., etwas h.⟩ *an einen Ort gehen und von dort herbringen:* Kartoffeln, Kohlen [aus dem Keller] h.; das Brot vom Bäcker h. *(beim Bäcker einkaufen);* das Auto aus der Garage h. *(fahren);* er holte ihm/für ihn einen Stuhl; den Arzt h.; jmdn. zu Hilfe h.; jmdn. nachts aus dem Bett h. *(aufsuchen [und ihn auffordern mitzukommen]);* das Kind mußte mit der Zange *(Geburtszange)* geholt werden; /als Ausruf der Verwünschung/: der Teufel soll dich h.!; hol dich/hol's der Teufel! **2.** ⟨sich (Dativ) bei/von jmdm. etwas h.⟩ *jmdn. um eine bestimmte Hilfe bitten und sie von ihm erhalten:* sich bei jmdm. Rat, Hilfe, Beistand h.; er hat sich von ihm die Erlaubnis geholt, eine Stunde eher nach Hause zu gehen. **3.** ⟨etwas h.⟩ *gewinnen:* auf einem Wettbewerb einen Preis, eine Meisterschaft, einen Titel h.; sie holten zwei Medaillen für ihr Land; ⟨sich (Dativ) etwas h.⟩ sie holte sich den ersten Preis im Eiskunstlauf. **4.** (ugs.) ⟨sich (Dativ) etwas h.⟩ *sich etwas zuziehen:* sich eine Erkältung, eine Grippe, eine Lungenentzündung h.; bei diesem Wetter kann man sich ja den Tod h. *(kann man sich auf den Tod erkälten).* * **Atem/[tief] Luft holen** *([tief] einatmen)* · (ugs.:) **bei jmdm./da ist nicht viel zu holen** *(jmd. besitzt nicht viel)* · (ugs.:) **sich** (Dativ) **einen Korb holen** *(abgewiesen werden)* · (ugs.:) **sich** (Dativ) **einen Anschnauzer holen** *(zurechtgewiesen werden)* · (ugs.:) **sich** (Dativ) **Schläge holen** *(geschlagen werden)* · (ugs.:) **sich** (Dativ) **kalte Füße holen** *(mit etwas keinen Erfolg haben)* · (ugs.:) **sich** (Dativ) **blutige Köpfe holen** *(eine Niederlage erleiden)* · **für jmdn. die Kastanien aus dem Feuer holen** *(eine unangenehme Aufgabe für jmdn. übernehmen)* · (geh.:) **die Sterne vom Himmel holen wollen** *(Unmögliches erreichen wollen)* · (ugs.:) **wissen, wo Barthel den Most holt** *(alle Kniffe kennen).*

Hölle, die: *Ort der Verdammnis:* die Flammen, Qualen der H.; in die H. kommen *(verdammt werden);* Sprichw.: der Weg zur H. ist mit guten Vorsätzen gepflastert; übertr.: *Zustand großer Qualen:* die H. des Krieges; die grüne H. *(der tropische Urwald [des Amazonas]).* * **die Hölle auf Erden** *(etwas Unerträgliches, Grauenvolles):* das ist die H. auf Erden · **jmdm. das Leben zur Hölle machen** *(jmdm. das Leben unerträglich machen)* · (ugs.:) **jmdm. die Hölle heiß machen** *(jmdm. heftig zusetzen)* · (ugs.:) **irgendwo ist die Hölle los** *(irgendwo ist großer Aufruhr, Lärm):* in den überschwemmten Gebieten war die H. los; im Kinderzimmer ist die H. los.

höllisch: 1. *zur Hölle gehörend:* das höllische Feuer; höllische Geister. **2. a)** *außerordentlich, groß, stark:* höllische Schmerzen, Qualen; ein höllischer Spaß; das Kind hat einen höllischen Respekt, höllische Angst vor ihm. **b)** ⟨verstärkend bei Adjektiven und Verben⟩ *sehr, außerordentlich:* er ist h. gerissen, schlau; bei dieser Arbeit mußt du h. aufpassen; das tut h. weh.

holp[e]rig: 1. *uneben und dadurch schlecht befahrbar:* ein holp[e]riger Weg; das Pflaster war sehr holp[e]rig. **2.** *ungleichmäßig, stockend:* eine holp[e]rige Ansprache, Rede; die Verse sind schlecht und h.; das Kind liest h.

holpern ⟨mit Raumangabe⟩: *auf unebenem Untergrund fahren:* der Wagen holperte über die Straße, über das schlechte Pflaster.

Holz, das: **1.** *aus Bäumen und Sträuchern gewonnenes Material:* nasses, trockenes, morsches, gesundes, helles, dunkles H.; harte, weiche Hölzer *(Holzsorten);* eine Fuhre H.; er saß da wie ein Stück Holz (ugs.; *steif und stumm*); das H. ist schön gemasert; das H. knistert im Kamin; H. fällen, schlagen, hacken, sägen, stapeln; ein Lineal aus H.; etwas aus H. schnitzen; die Wände mit H. verkleiden; sie heizen mit H.; er hat das H. zu Brettern geschnitten; Sprichw.: Dummheit und Stolz wachsen auf einem H. *(wer dumm ist, der ist auch eingebildet).* **2. a)** ⟨Plural⟩ *Stämme, Bauhölzer:* lange, runde Hölzer. **b)** (Kegeln) *Kegel:* zwei H. stehen noch; er hat viel H. geschoben. **3.** (landsch. und Jägerspr.) *Wald:* das Wild zieht zu Holze. * **aus anderem/feinerem/hartem/härterem Holz geschnitzt sein** *(ein anderes/feineres/hartes/härteres Wesen haben)* · **nicht aus Holz sein** *(auf sinnliche Reize wie andere Menschen auch reagieren)* · (ugs.; scherzh.:) **Holz vor der Hütte haben** *(einen üppigen Busen haben)* · **gut Holz!** */Keglergruß/.*

hölzern: 1. *aus Holz bestehend:* ein hölzerner Stiel, Griff. **2.** *linkisch, ungewandt:* ein hölzernes Benehmen; der junge Mann war, benahm sich recht h.

Holzhammer ⟨in den Wendungen⟩ (ugs.:) **eins mit dem Holzhammer abgekriegt haben** *(geistig nicht ganz normal sein)* · (ugs.:) **jmdm. etwas mit dem Holzhammer beibringen** *(jmdm. wegen seiner Schwerfälligkeit etwas mit aller Gewalt beibringen).*

holzig: *mit harten [Holz]fasern durchsetzt:* ein holziger Stengel; der Spargel, der Kohlrabi ist h.

Holzweg ⟨nur in der Wendung⟩ **auf dem Holzweg sein** *(im Irrtum sein):* wenn du glaubst, daß sich dein Plan verwirklichen läßt, dann bist du auf dem H.

Honig, der: *von Bienen verarbeiteter Blütensaft:* flüssiger, fester H.; H. schleudern; die Bienen sammeln fleißig H. * (ugs.:) **jmdm. Honig um den Bart/ums Maul/um den Mund schmieren** *(jmdm. schmeicheln).*

Hopfen, der: */eine Nutzpflanze/:* H. anbauen, pflücken. * (ugs.:) **bei jmdm. ist Hopfen und Malz verloren** *(bei jmdm. ist alle Mühe umsonst).*

hopsen: *kleine, unregelmäßige Sprünge machen:* der Ball hopst; die Kinder hopsten vor Freude durch das Zimmer.

horchen: *sich bemühen, etwas zu hören:* angespannt, neugierig an der Wand, an der Tür h.; wir horchten, ob sich die Schritte näherten; er horchte auf die Schläge der Turmuhr.

hören: 1. a) *fähig sein, mit dem Gehör wahrzunehmen:* gut, schlecht, schwer h.; nicht h. können; er hört nur auf einem Ohr. **b)** ⟨jmdn., sich, etwas h.⟩ *mit dem Gehör wahrnehmen:* einen Lärm, einen Knall h.; die Glocken läuten h.; den Kuckuck h.; ich hörte ihn schon von weitem; vor Lärm kann man sein eigenes Wort nicht h.; er hört sich gerne reden; ich habe ihn kommen h./gehört; er hatte den Verunglückten um Hilfe rufen h./gehört; im Saal war es so still, daß man eine Stecknadel hätte zur Erde fallen h. können; ich hörte, wie sie weinte; ich habe eben sprechen gehört. **2.a)** ⟨etwas h.⟩ *anhören, in sich aufnehmen:* ein Hörspiel, eine Oper, eine Ansprache, eine Vorlesung h.; die Beichte h. (*abnehmen*/vomPriester/); Rundfunk, Radio h. *(eine Sendung im Rundfunk eingeschaltet haben und verfolgen);* ich höre mit meinem Radio ganz Europa *(kann alle europäischen Sender empfangen);* wir haben den Solisten *(das Spiel, den Vortrag des Solisten)* schon in mehreren Konzerten gehört; subst.: beim H. der Musik tauchten in ihm alte Erinnerungen auf. **b)** ⟨jmdn. h.⟩ *jmdn. sich zu etwas äußern lassen:* man muß beide Parteien h., um gerecht urteilen zu können; er wollte noch [vor der Abstimmung] gehört werden. **3.a)** ⟨auf jmdn., auf etwas h.⟩ *sich nach jmds. Worten richten:* auf jmds. Rat h.; er hatte sie gewarnt, aber sie hörten nicht auf ihn/ auf das, was er sagte. **b)** (landsch.) *gehorchen:* der Junge will absolut nicht h.; wirst du mal hören!; Sprichw.: wer nicht h. will, muß fühlen. **4.** *erfahren* **a)** ⟨etwas h.⟩ etwas Neues h.; diese Nachricht habe ich von ihm gehört; er wollte es nicht gehört haben *(gab vor, nichts davon zu wissen);* er wollte davon nichts mehr h.; ich habe seit langem nichts mehr von ihr gehört; man hat nicht viel Gutes über sie gehört; nach allem, was ich [über ihn] gehört habe, soll er ein fähiger Mann sein; wie ich höre, ist er verreist. **b)** ⟨von etwas h.⟩ er hatte von der Niederlage der Mannschaft schon gehört; man hatte wieder von heimlichen Verhaftungen gehört. **5.** ⟨etwas an etwas h.⟩ *[mit dem Gehör] feststellen, erkennen:* am Schritt hörte er, daß es sein Freund war; an ihrer Stimme konnte man h., daß sie etwas bedrückte. * **etwas nur mit halbem Ohr hören** *(bei etwas nicht zuhören und deshalb nicht genau darüber Bescheid wissen)* · **jmdm. vergeht Hören und Sehen** *(jmd. weiß nicht mehr, was mit ihm geschieht):* er raste über die Autobahn, daß uns H. und Sehen verging · (ugs.:) **die Engel im Himmel singen hören** *(seine Schmerzen fast nicht ertragen können)* · (ugs.; iron.:) **das Gras wachsen hören; die Flöhe husten hören** *(schon aus den kleinsten Veränderungen etwas für die Zukunft erkennen wollen)* · **jmd. hörte** [**etwas, davon**] **läuten; jmd. hat** [**etwas, davon**] **läuten hören/gehört** *(jmd. vermutet etwas aus Andeutungen, entnimmt etwas aus Gerüchten)* · (ugs.:) **hör mal; hören Sie mal: a)** */Formel, mit der man sich an jmdn. wendet, um ihn energisch um etwas zu bitten/:* hör mal, du mußt etwas sorgfältiger mit dem Buch umgehen. **b)** */Formel, mit der man seinen Protest ausdrückt/:* [na] hören Sie mal, wie können Sie so etwas behaupten! · (ugs.:) **hört, hört!** */Zwischenruf in Versammlungen, mit dem man sein Mißfallen bekundet/* · **etwas läßt sich hören** *(etwas ist ein guter Vorschlag, ist akzeptabel)* · [**etwas, nichts**] **von sich hören lassen** *(jmdm. [keine] Nachricht von sich geben):* ich lasse mal wieder von mir h. · [**noch**] **von jmdm. hören: a)** *(von jmdm. Nachricht erhalten):* Sie hören in den nächsten Tagen von uns. **b)** *(die Folgen seines Handelns noch von jmdm. zu spüren bekommen):* glauben Sie nicht, daß ich mir das gefallen lasse, Sie werden noch von mir h.! · (ugs.:) **etwas von jmdm. zu hören kriegen** *(von jmdm. ausgescholten werden):* als er sich noch beklagen wollte, hat er ganz schön was vom Chef zu h. gekriegt.

Hörer, der: **1.a)** *Zuhörer beim Rundfunk:* verehrte Hörer!; aus vielen Stellungnahmen konnte der Rundfunk die Meinung der Hörer erfahren. **b)** *Teilnehmer einer Vorlesung:* er ließ sich an der Universität als H. einschreiben. **2.** *Teil des Telephons, der die Hör- und Sprechmuschel enthält:* den H. abnehmen, auflegen, einhängen, hinknallen (ugs.).

Horizont, der: **1.** *Linie in der Ferne, an der sich Himmel und Erde scheinbar berühren:* den H. mit dem Fernrohr absuchen; ein Schiff erscheint am H., taucht am H. auf; die Sonne steht am H., verschwindet am H., hinter dem H.; bildl.: am politischen H. ziehen Wolken herauf *(die politische Lage droht sich zu verschlechtern).* **2.** *Gesichtskreis:* einen beschränkten, kleinen, engen, weiten H. haben; das geht über seinen H. *(übersteigt sein Auffassungsvermögen).*

Horn, das: **1.** *[gebogenes] spitzes, hartes Gebilde am Kopf bestimmter Tiere:* spitze, gerade, gebogene, gedrehte Hörner; der Stier senkte die Hörner, nahm den Torero auf die Hörner, verletzte ihn mit den Hörnern; übertr. (ugs.): **a)** *Beule an der Stirn:* das Kind ist gefallen und hat sich (Dativ) ein H. gestoßen. **b)** *großer Pikkel an der Stirn:* das H. entstellte ihn. **2.** *harte [von Tieren an den Hörnern und Hufen gebildete] Substanz:* ein Kamm, ein Schirmgriff aus H.; die Brille hat ein Gestell aus H. **3.a)** */Blasinstrument/:* [das] H. blasen; die Hörner im Orchester waren etwas zu laut. **b)** *akustisches Signalgerät an Kraftfahrzeugen:* ein elektrisches H.; die Hörner heulten; das H. ertönen lassen. * (ugs.:) **den Stier bei den Hörnern fassen/packen** *(eine Aufgabe mutig anpacken)* · (ugs.:) **jmdn. auf die Hörner nehmen** *(jmdn. hart angreifen):* der Abgeordnete brauchte sich nicht zu wundern, daß man ihn auf die Hörner nahm · (ugs.:) **jmdm. die Hörner zeigen** *(jmdm. entgegentreten)* · (ugs.:) **sich** (Dativ) **die Hörner ablaufen/abstoßen** *(durch Erfahrungen besonnener werden, sein Ungestüm in der Liebe ablegen):* er soll sich erst einmal die Hörner ablaufen, ehe er heiratet · (ugs.:) **jmdm. Hörner aufsetzen** *(den Ehemann betrügen)* · (ugs.:) **ins gleiche Horn blasen/stoßen/tuten** *(mit jmdm. der gleichen Meinung sein):* er sprach sich aus wirtschaftlichen Gründen gegen den Plan aus, und seine Freunde bliesen natürlich ins gleiche H.

Horoskop, das: *astrologische Zukunfts-, Schicksalsdeutung:* ein H. deuten; jmdm. das H. stellen *(jmds. Schicksal vorhersagen);* er glaubt nicht an Horoskope.

Hort, der: **1.** *Kindertagesstätte:* die Kinder gehen in den H., werden abends vom H. abgeholt. **2.** (geh.) *Stätte, wo etwas besonders in Ehren gehalten und gepflegt wird:* die Schweiz gilt als ein H. der Freiheit.

horten ⟨etwas h.⟩: *als Vorrat sammeln; anhäufen:* Geld, Devisen h.; in Notzeiten werden Rohstoffe, Lebensmittel gehortet.

Hose, die: *den unteren Teil des Rumpfes [und die Beine] bedeckendes Kleidungsstück:* eine helle, schwarze, wollene, kurze, lange, enge, abgetragene H.; eine H. aus Kammgarn, aus Popeline; eine H. mit Umschlägen; die H. war ihm zu weit, rutschte, saß gut, paßte nicht; eine H. schneidern; die H. anziehen, ausziehen, hochkrempeln, bügeln; die H. durchsitzen; sich (Dativ) eine neue H., ein Paar neue Hosen kaufen; (ugs.; scherzh.:) in die Hosen steigen; das Kind hat [sich (Dativ)] in die H. gemacht. * (ugs.:) **die Hosen anhaben** *(als Frau im Hause zu bestimmen haben)* · (ugs.:) **sich auf die Hosen setzen** *(fleißig lernen):* es wird Zeit, daß du dich mal gehörig auf die Hosen setzt · (ugs.:) **jmdm. die Hosen strammziehen** *(jmdn. verprügeln):* als der Vater hörte, was der Junge angestellt hatte, zog er ihm die Hosen stramm · (derb:) **sich** (Dativ) **[vor Angst] in die Hosen machen; die Hosen [gestrichen] voll haben** *(große Angst haben)* · (ugs.:) **das Herz fällt/rutscht jmdm. in die Hose** *(jmd. verliert den Mut, bekommt große Angst)* · (ugs.:) **das ist Jacke wie Hose** *(das ist einerlei).*

Hotel, das: *größeres Gasthaus für höhere Ansprüche:* ein großes, kleines, vornehmes, komfortables H.; es war das erste *(das beste)* H. am Ort; im H. übernachten; in welchem H. sind Sie abgestiegen, wohnen Sie?

hüben ⟨in den Verbindungen⟩ **hüben und drüben; hüben wie drüben** *(hier und dort, auf beiden Seiten):* h. und drüben gab es Verluste · **von hüben nach drüben** *(von hier nach dort).*

hübsch: 1. *gut aussehend, reizvoll:* ein hübsches Mädchen, Kind, Kleid; sie hat hübsche Augen; eine hübsche Wohnung; ein hübsches Städtchen; eine hübsche Melodie, Stimme; ein hübscher *(netter)* Abend, Ausflug; ein hübsches Erlebnis; sie war recht h.; den geblümten Stoff finde ich am hübschesten; es wäre doch h. *(nett),* wenn wir gemeinsam verreisen könnten; sich h. anziehen; das Zimmer war sehr h. eingerichtet; bevor sie weggingen, wollte sie sich noch h. machen *(sich umziehen und zurechtmachen);* subst. (ugs.; fam.): na, ihr beiden Hübschen */Anrede, mit der man sich jmdm. zuwendet/* · (ugs.; iron.) *unangenehm, wenig erfreulich:* das ist ja eine hübsche Geschichte, Bescherung; das kann ja h. werden *(das kann sich noch unangenehm auswirken);* subst.: da hast du dir etwas Hübsches eingebrockt! **2.** (ugs.) **a)** *beachtlich groß:* ein hübsches Vermögen; eine hübsche Summe; der Ort liegt ein hübsches Stück von hier entfernt. **b)** ⟨verstärkend bei Adjektiven und Verben⟩ *sehr, ziemlich:* der Koffer ist h. schwer; er hatte sich h. erkältet; wir waren ganz h. betrunken. **3.** (ugs.) /verblaßt in Aufforderungen und Ermahnungen/ *wie es sein soll:* immer h. der Reihe nach!; nur immer h. langsam!; sei h. still!; das wollen wir h. bleiben lassen; du mußt h. aufpassen, wenn du über die Straße gehst.

Hucke, die ⟨in bestimmten Wendungen⟩ (ugs.; landsch.:) **jmdm. die Hucke voll hauen** *(jmdn. verprügeln)* · (ugs.; landsch.:) **sich** (Dativ) **die Hucke voll lachen** *(aus Schadenfreude sehr lachen)* · (ugs.; landsch.:) **jmdm. die Hucke voll lügen** *(jmdn. sehr stark belügen).*

Hüfte, die: *seitlicher Teil des Körpers zwischen Oberschenkel und Taille:* schmale, breite Hüften; die Hände in die Hüften stützen; der Verbrecher feuerte aus der H.; sie wiegt sich beim Tanzen in den Hüften; er hatte den Arm um ihre H. gelegt.

Hügel, der: **1.** *leicht ansteigende Erhebung:* ein kleiner, kahler H.; grüne, bewaldete, sanfte Hügel; sie gingen den H. hinauf; das Haus liegt auf einem H. **2.** *Grabhügel:* auf dem alten Friedhof waren einige Hügel schon verfallen; sie ließen den H. neu bepflanzen.

Huhn, das: **1.** */eine Geflügelart/:* ein weißes, braunes H.; ein junges, fettes, gebackenes, gebratenes, gekochtes H.; das H. gackert, scharrt im Sand, legt ein Ei, brütet, gluckt; die Hühner sitzen auf der Stange; [sich (Dativ)] Hühner halten; ein H. schlachten, ausnehmen, rupfen; sie aßen H. *(Hühnerfleisch)* mit Reis; nach dem Wolkenbruch sah sie wie ein gerupftes H. aus (ugs.); sie rannte plötzlich davon wie ein aufgescheuchtes H. (ugs.); Sprichw.: ein blindes H. findet auch einmal ein Korn *(ein Dummer hat auch einmal einen guten Gedanken).* **2.** (ugs.) *Mensch:* sie ist ein komisches, närrisches, fideles H.; er ist ein dummes, verdrehtes, verrücktes, versoffenes H.; er ist zur Zeit ein lahmes, krankes H. *(ist zur Zeit krank).* * (ugs.:) **da lachen [ja] die Hühner** *(das ist so übertrieben, daß man nur darüber lachen kann)* · (ugs.:) **mit jmdm. ein Hühnchen zu rupfen haben** *(jmdn. wegen etwas zur Rechenschaft ziehen müssen).*

Hühnerauge, das: *harte, schmerzhafte Hornhautverdickung an den Zehen:* ein H. entfernen lassen, schneiden; ein Pflaster auf das H. legen. * (ugs.:) **jmdm. auf die Hühneraugen treten** *(jmdn. durch sein Verhalten an einer empfindlichen Stelle treffen).*

huldigen: 1. ⟨jmdm. h.⟩ **a)** (geh.) *seine Verehrung zum Ausdruck bringen:* das Publikum huldigte dem greisen Künstler mit langen Ovationen. **b)** (hist.) *sich jmds. Herrschaft durch einen Treueid unterwerfen:* dem König, dem Landesfürsten h. **2.** (geh.) ⟨einer Sache h.⟩ **a)** *etwas für richtig halten und sich dementsprechend verhalten:* einer Ansicht, Anschauung h.; einer Sitte, Tradition h.; sie huldigten dem Glauben an die Zukunft. **b)** *sich einer Sache hingeben:* dem Kartenspiel h.; er huldigte dem Alkohol *(trank leidenschaftlich gern).*

Hülle, die: *etwas, was einen Gegenstand oder Körper ganz umschließt:* eine durchsichtige, schützende, wärmende H.; die H. aufschneiden, abziehen; die äußere H. entfernen; die H. des Denkmals wegnehmen; die Hüllen fallen lassen *(sich entkleiden);* den Regenschirm aus der H. ziehen; er steckte den Ausweis in die H.; eine H. aus Leder, aus Plastik; eine H. für ein Buch. * (geh.; verhüll.:) **die sterbliche Hülle** *(jmds. Leichnam)* · **in Hülle und Fülle** *(im Überfluß):* sie hat Kleider und Schmuck in H. und Fülle; Arbeit gibt es hier in H. und Fülle.

hüllen: a) ⟨jmdn., sich, etwas in etwas h.⟩ *einhüllen:* Blumen in Papier h.; sie hüllte das Kind in eine Decke; die Soldaten hüllten sich in ihre Mäntel; bildl.: die Berge waren in Nebel gehüllt. **b)** ⟨etwas um jmdn., etwas h.⟩ *als Hülle um jmdn., etwas legen:* er hüllte einen Schal um sie, um ihre Schultern; ⟨jmdm., sich etwas um etwas h.⟩ er hüllte sich eine Decke um die Füße. * **sich in Schweigen hüllen** *(sich geheimnisvoll über etwas nicht äußern)* · **etwas ist in Dunkel ge-**

hüllt *(etwas ist unklar, nicht aufgeklärt):* der Beweggrund für seine Tat ist in Dunkel gehüllt.

Hummel, die: */eine plumpe, dichtbehaarte Bienenart/:* eine große, dicke H.; die H. brummt, summt, fliegt von Blume zu Blume, bestäubt die Blüten. * (ugs.:) **Hummeln im Hintern haben** *(nicht ruhig sitzen können, voller Unrast sein).*

Humor, der: *heitere und gelassene Lebensart, Frohsinn:* köstlicher, goldener, gütiger, ausgelassener, trockener, derber, gesunder, schwarzer *(makabrer)* H.; [keinen] H. haben; man soll nicht den H. verlieren; er hat keinerlei Sinn für H.; etwas mit H. aufnehmen; er hat die Sache mit H. getragen; sie ist ohne jeden H.

humorvoll: *Humor habend; mit Humor:* ein humorvoller Vorgesetzter, Lehrer; diese humorvollen Erzählungen erfreuen sich großer Beliebtheit; er ist sehr h. *(hat viel Humor);* er verstand die schwierigen Fragen h. zu behandeln.

humpeln: a) *auf einem Fuß nicht richtig auftreten können; hinken:* was ist denn mit dir, du humpelst ja; nach dem Unfall hat/ist er noch einige Zeit gehumpelt. **b)** ⟨mit Raumangabe⟩ *sich hinkend irgendwohin bewegen:* vom Spielfeld h.; er ist nach dem Sturz mühsam nach Hause gehumpelt; eine alte Frau humpelte über die Straße.

Hund, der: **1.** */ein Haustier/:* ein junger, großer, rassereiner, kluger, treuer, herrenloser, streunender, tollwütiger H.; Vorsicht, bissiger H.!; ein H. mit einem struppigen Fell, mit Hängeohren; der H. bellt, schlägt an, kläfft, gibt Laut, winselt, heult, jault, liegt an der Kette, wedelt mit dem Schwanz; der H. hat den Fremden angesprungen, gebissen; er ist treu wie ein H. (ugs.; *sehr treu*); sich (Dativ) einen H. halten; den H. spazierenführen, an der Leine führen, anleinen, loslassen; Hunde züchten, dressieren, abrichten; die Polizei hetzte die Hunde auf den Verbrecher; Redensarten: da liegt der Hund begraben (ugs.; *das ist der entscheidende, schwierige Punkt, an dem etwas scheitert*); bei diesem Wetter jagt man keinen H. vor die Tür *(es ist sehr schlechtes Wetter);* Sprichwörter: den letzten beißen die Hunde *(der letzte hat alle Nachteile);* Hunde, die [viel] bellen, beißen nicht *(jmdn., der leicht aufbraust, braucht man im Grunde nicht zu fürchten);* viele Hunde sind des Hasen Tod; kommt man über den Hund, kommt man auch über den Schwanz *(hat man das meiste oder Schwierigste geschafft, dann werden die Kräfte oder Möglichkeiten auch noch für den Rest ausreichen).* **2.** (ugs.) *Mensch, Mann:* er ist ein feiger, fauler, dummer, blöder, falscher, gemeiner H.; einem armen H. helfen; ich war damals noch ein junger H.; als er krank war, hat sich kein H. *(niemand)* um ihn gekümmert; du H.! */Schimpfwort/.* * (ugs.:) **bekannt sein wie ein bunter Hund** *(sehr bekannt sein)* · (ugs.:) **wie ein Hund leben** *(sehr ärmlich leben)* · (ugs.:) **müde sein wie ein Hund** *(sehr müde sein)* (ugs.:) **frieren wie ein junger Hund** *(sehr frieren)* · (ugs.:) **wie Hund und Katze leben** *(in ständigem Streit miteinander leben)* · (ugs.:) **jmdn. wie einen Hund behandeln** *(jmdn. sehr schlecht behandeln)* · (ugs.:) **auf dem Hund sein** *(in Not sein)* · (ugs.:) **auf den Hund kommen** *(in schlechte Verhältnisse geraten, herunterkommen)* · (ugs.:) **etwas bringt jmdn. auf den Hund** *(etwas ruiniert jmdn.):* die Nachtarbeit wird ihn noch auf den H. bringen · (ugs.:) **vor die Hunde gehen** *(zugrunde gehen)* · (ugs.:) **etwas vor die Hunde werfen** *(etwas nichtachtend wegwerfen, vergeuden)* (ugs.:) **mit allen Hunden gehetzt sein** *(sehr raffiniert sein, alle Schliche kennen)* · (ugs.:) **da liegt der Knüppel beim Hund** *(das ist die notwendige unangenehme Folge)* · (ugs.:) **es kann einen Hund jammern** *(es ist mitleiderregend, erbarmenswert):* er vegetiert dahin, daß es einen H. jammern kann · (ugs.:) **von dem nimmt kein Hund ein Stück Brot mehr** *(er ist von allen verachtet)* · (ugs.:) **mit etwas keinen Hund hinter dem Ofen hervorlocken** [**können**] *(mit etwas niemandes Interesse wecken [können] niemandem einen Anreiz bieten [können])* · (ugs.:) **das ist ein dicker Hund** *(das ist eine Ungeheuerlichkeit, etwas ganz Schlimmes).*

hundert: a) ⟨Kardinalzahl⟩ *100:* ein Saal mit h. Tischen; bis h. zählen; auf dem Platz waren einige h., an die h. (ugs.) Menschen versammelt; ich wette eins zu h. *(weiß genau)*, daß er sich morgen wieder anders entscheidet; er fuhr mit h. Sachen (ugs.; *mit hoher Geschwindigkeit*). **b)** (ugs.) *sehr viele, unzählige:* er hat sich schon in h. verschiedenen Berufen versucht; sie wußte h. Neuigkeiten zu erzählen.

Hundert, das: **a)** *Menge, Einheit von hundert Stück:* ein halbes H.; wir haben einige Hundert *(Packungen von je 100 Stück)* Büroklammern geliefert; vier von H. *(vier Prozent).* **b)** ⟨Plural⟩ *Anzahl von mehrmals hundert:* viele Hunderte fanden keinen Einlaß; Hunderte von Menschen hatten sich versammelt; er hörte das Brüllen Hunderter von verdurstenden Rindern/Hunderter verdurstender Rinder/von Hunderten [von] verdurstenden Rindern; die Summe geht in die Hunderte; das weiß unter Hunderten nicht einer.

hundertmal ⟨Adverb⟩: **a)** *100mal:* diese Strecke ist er schon über h. gefahren. **b)** (ugs.) *sehr oft, unzählige Male:* das habe ich dir doch schon h. gesagt; muß man denn h. *(immer wieder)* dasselbe sagen?; und wenn er es h. *(noch so sehr)* behauptet, ich habe das Buch nicht ausgeliehen.

hundertste ⟨Ordinalzahl⟩: *100.:* er war der hundertste Besucher der Ausstellung; die Oper wird heute zum hundertsten Male aufgeführt; das weiß nicht der Hundertste *(fast keiner).* * **vom Hundertsten ins Tausendste kommen** *(mehr und mehr vom eigentlichen Thema abkommen)*

Hundeschnauze ⟨in der Wendung⟩ kalt wie eine Hundeschnauze sein (ugs.): *gefühllos sein.*

Hüne, der: *sehr großer Mensch:* er ist ein H. [an Gestalt], ein H. von Mensch.

Hunger, der: **1.** *Verlangen zu essen:* großer, schrecklicher H.; der H. quälte ihn; H. haben, leiden; H. bekommen, fühlen (geh.); er hatte H. wie ein Bär, wie ein Wolf; er versuchte, seinen H. mit rohen Kartoffeln zu stillen; plötzlich verspürte er großen H. *(Appetit)* auf ein Schnitzel; die Kinder sterben schon vor H. *(haben sehr starken Hunger);* (ugs.:) ihm knurrte vor H. der Magen; (ugs.:) wir fallen bald um vor H.; Sprichw.: H. ist der beste Koch. **2.** *Mangel an Nahrungsmitteln, Hungersnot:* in den Nachkriegsjahren herrschte großer H.; die Bevölkerung hatte unter H. und Kälte zu leiden. **3.** (geh.) *Verlangen, Bedürfnis:* H. nach frischer

Luft und Sonne, nach guter Literatur. * (geh.; veraltend:) **Hungers sterben** *(verhungern)*.

hungern: 1. **a)** *Hunger leiden:* die Bevölkerung hungerte im Krieg; sie hat die Kinder h. lassen; sie brauchten nicht zu h.; sie hungert *(fastet)*, um abzunehmen. **b)** ⟨sich h.; mit Umstandsangabe⟩ *durch Hungern in einen bestimmten Zustand, irgendwohin bringen:* sich durchs Leben h.; sich wieder gesund h.; du hungerst dich noch zu Tode. **2.** (geh.) ⟨[es] hungert jmdn.⟩ *jmd. hat Hunger:* es hungert mich seit langem; der Kranke gab zu verstehen, daß ihn hungere. **3.** (geh.) ⟨nach etwas h.⟩ *nach etwas verlangen:* nach Macht, nach Ruhm h.; ⟨[es] hungert jmdn. nach etwas⟩ es hungerte sie nach Verständnis, nach Liebe.

Hungertuch ⟨in der Wendung⟩ am Hungertuch nagen (ugs.): *Not leiden.*

hungrig: **1.** *Hunger empfindend:* ein hungriges Kind; sie waren h. wie die Wölfe *(hatten großen Hunger)*; er war h. nach Fleisch *(hatte Hunger auf Fleisch)*; sie setzten sich h. zu Tisch; Seeluft macht h. **2.** (geh.) *verlangend:* hungrige Augen haben; ein hungriges Gesicht machen; sie war h. *(sehnte sich)* nach Mitgefühl.

Hupe, die: *Vorrichtung an Fahrzeugen, mit der akustische Signale gegeben werden können:* die H. betätigen; auf die H. drücken.

hupen: *mit der Hupe ein Signal ertönen lassen:* der Fahrer, das Auto hupte mehrmals.

hüpfen: *kleine Sprünge machen, sich hüpfend fortbewegen:* der Hase, der Vogel, der Frosch hüpft; die Kinder hüpfen auf dem Bürgersteig, durch den Garten, über den Platz, zur Tür; bildl.: der Kahn hüpfte auf den Wellen; ⟨etwas hüpft jmdm.; mit Umstandsangabe⟩ bei der Nachricht hüpfte ihm vor Freude das Herz im Leibe · subst. (Kinderspiel): Hüpfen spielen *(in aufgezeichnete Felder springen)* · (ugs.:) **das ist gehüpft/gehupft wie gesprungen** *(das ist völlig gleich, ist einerlei)*.

Hürde, die: **1.** (Sport) *Hindernis, über das der Läufer oder das Pferd springen muß:* eine H. überspringen, nehmen; er siegte über 200 Meter Hürden *(im Hürdenlauf über 200 Meter)*. **2.** (Landw.) **a)** *tragbare Einzäunung für Vieh, bes. für Schafe:* die Hürden zusammenstellen. **b)** *von Hürden eingeschlossener Weideplatz:* Schafe in die H. treiben. * **eine Hürde nehmen** *(bestimmte Schwierigkeiten überwinden)*.

Hure, die (abwertend): *Prostituierte:* sie ist zur H. geworden; er lebte unter Dieben und Huren.

hurtig: *schnell, flink:* eine hurtige Rede; in hurtigen Sprüngen lief er über die Wiese; h. laufen, arbeiten; er zog sich h. um; h., h.! */Aufforderung, sich zu beeilen/*.

huschen ⟨mit Raumangabe⟩: *sich lautlos und flink fortbewegen:* aus dem Zimmer h.; die Maus huschte bei dem Geräusch in ihr Versteck; sie huschten schnell über die Straße; bildl.: ein Lächeln huschte über ihr Gesicht.

hüsteln: *mehrmals kurz und schwach husten:* er hüstelte ärgerlich, verlegen; subst.: ein störendes Hüsteln begleitete seine Rede.

husten: **1. a)** *Luft stoßweise, krampfhaft [und laut] ausstoßen:* laut, stark, die ganze Nacht h.; er war erkältet und mußte ständig h.; subst.: im Saal war ein halb unterdrücktes Husten zu hören · bildl. (ugs.): der Motor hustet *(arbeitet stockend)*. **b)** ⟨jmdm. h.; mit Raumangabe⟩ *irgendwohin husten:* er hustete ihm ins Gesicht. **2.** ⟨etwas h.⟩ *beim Husten auswerfen:* Blut husten. **3.** (ugs.) ⟨auf etwas h.⟩ *auf etwas gerne verzichten:* auf ein Angebot h.; auf ihre Geschenke huste ich. * (ugs.:) **jmdm. etwas husten** *(nicht jmds. Wunsch entsprechend, den man als Zumutung empfindet, handeln)*..

Husten, der: *[Erkältungs]krankheit, bei der man oft und stark husten muß:* starker, chronischer, trockener, quälender H.; H. haben; ein krampfhafter H. würgte ihn; der H. klingt allmählich ab; er hat ständig unter H. zu leiden.

[1]Hut, der: */eine Kopfbedeckung/:* ein heller, schwarzer, weicher, großer, flotter, modischer, eleganter, neuer H.; ein H. mit breiter Krempe; der H. steht ihr [nicht], kleidet sie; den H. aufsetzen, abnehmen, (zum Grüßen) lüften, auf dem Kopf behalten, aufbehalten (ugs.), vor jmdm. ziehen; sich (Dativ) den H. aufstülpen, ins Gesicht, in die Stirn drücken; den H. aufs linke, rechte Ohr setzen; einen H. aufprobieren, tragen, umpressen lassen; zur Begrüßung schwenkten sie ihre Hüte; an den H. tippen; sich (Dativ) einen Strauß an den H. stecken; er war in H. und Mantel *(hatte schon Hut und Mantel angezogen)*; er winkte mit dem H.; Sprichw.: mit dem Hute in der Hand kommt man durch das ganze Land. * (ugs.:) **jmdn., etwas unter einen Hut bringen** *(jmdn., etwas in Übereinstimmung bringen)*: es ist schwierig, alle Parteien, Interessen unter einen H. zu bringen · **seinen Hut nehmen müssen** *(aus dem Amt scheiden, zurücktreten müssen)*: nach der Affäre mußte der Botschafter seinen H. nehmen · **vor jmdm., vor etwas den Hut ziehen** *(vor jmdm., vor etwas alle Achtung haben)*: vor ihm, vor seiner Leistung kann man nur den H. ziehen · (ugs.:) **Hut ab!** *(alle Achtung!, meine Anerkennung!)* · (ugs.:) **sich** (Dativ) **etwas an den Hut stecken können** *(etwas behalten können, weil es für einen andern völlig wertlos ist)*: seine Geschenke kann er sich an den H. stecken! · (ugs.:) **Spatzen unter dem Hut haben** *(beim Grüßen den Hut nicht abnehmen)* · (ugs.:) **jmdm. eins auf den Hut geben** *(jmdm. eine Rüge erteilen)* · (ugs.:) **eins auf den Hut kriegen** *(getadelt werden)* · (ugs.:) **da geht einem der Hut hoch!** *(das macht einen wütend!)* · (ugs.:) **etwas ist ein alter Hut** *(etwas ist längst nichts Neues mehr)*; diese Methode ist ein alter H.

[2]Hut, die ⟨in bestimmten Wendungen⟩ **in guter, sicherer Hut sein/stehen/sich befinden** *(in Sicherheit sein)*: bei ihnen waren die Kinder in guter H. · **in/unter jmds. Hut sein/stehen** *(unter jmds. Schutz stehen)*: sie standen unter der H. der Eltern · **jmdn. in seine Hut nehmen** *(jmdn. beschützen)* · **auf der Hut sein** *(vorsichtig sein, sich in acht nehmen)*: bei, vor ihm mußte man immer auf der H. sein.

hüten: **1.** ⟨jmdn., etwas h.⟩ *auf jmdn., etwas aufpassen; bewachen:* etwas gewissenhaft, sorgsam, wie seinen Augapfel h.; Vieh, Gänse h.; die Kinder h. (fam.); sie hatte die Briefe ihr Leben lang gehütet *(aufgehoben)*. **2.** ⟨sich vor jmdm., vor etwas h.⟩ *sich in acht nehmen, sich vorsehen:* sich vor seinen Feinden h.; hüte dich vor ihm!; er muß sich vor jeder Art von Aufregung h.; ⟨auch ohne Präpositionalobjekt⟩ ich werde mich hüten, das zu tun; verneinende Antwort: wirst du ihm auch nichts davon sagen? Ich werde mich hüten! *(auf keinen Fall)*. * **das Bett hüten müssen** *(wegen Krankheit im Bett bleiben müssen)* · **seine Zunge hüten** *(sich vor einer unbedachten Äußerung in acht nehmen)* · **wo haben wir denn schon zusammen Schweine gehütet?** *(seit wann sind wir denn so vertraut miteinander?)*.

Hutschnur ⟨in der Wendung⟩ etwas geht jmdm. über die Hutschnur (ugs.): *etwas geh[t] jmdm. zu weit:* daß er mich jetzt auch noch an pumpen wollte, das ging mir denn doch übe[r] die H.!

Hütte, die: *kleines, einfach eingerichtetes Haus*[:] eine kleine, armselige, niedrige H.; die H. de[s] Fischers; eine H. aus Holz, aus Lehm; eine H bauen; in einer H. Schutz vor einem Unwette[r] suchen; die Wanderer übernachteten in einer H im Gebirge.

I

i, I, das: */Buchstabe/:* ein großes I; ein kleines i; das Wort wird nur mit i, nicht mit ie geschrieben; I wie Ida (beim Buchstabieren). * **das Tüpfelchen auf dem i** *(der letzte Rest zur Vollkommenheit):* bei dieser Arbeit fehlt nicht das Tüpfelchen auf dem i · (ugs.:) **i bewahre! i wo!** *(durchaus nicht, keineswegs):* i bewahre, ich bin nicht enttäuscht!

ich ⟨Personalpronomen; 1. Person Singular Nom.⟩: i. für meinen Teil hätte mich anders entschieden; es waren alles Menschen wie du und i. *(wie jedermann);* i., der sich immer um Ausgleich bemüht/der i. mich immer um Ausgleich bemühe, bin bei beiden Parteien gleichermaßen unbeliebt; subst.: *die eigene Person, das Selbst:* sein zweites, anderes I.; man muß lernen, das eigene I. zurückzustellen.

ideal: *den höchsten Vorstellungen entsprechend; vollkommen:* ein idealer Urlaubsort; er war der ideale Darsteller für diese Rolle; als Ehemann ist er nicht gerade i.; die Voraussetzungen, Bedingungen waren i.; das Haus liegt geradezu i. *(hat eine äußerst günstige, schöne Lage)*.

Ideal, das: **1.** *Inbegriff von etwas Vollkommenem; Traumbild:* ein unerreichbares I.; ein I. an Schönheit; sie ist das I. einer Gattin. **2.** *höchstes erstrebtes Ziel; Idee, die man verwirklichen will:* ein hohes I.; bürgerliche Ideale; das I. der Freiheit; Ideale verblassen mit der Zeit; sein I. war ein eigenes Haus; seine Ideale verraten; keine Ideale mehr haben; einem I. nachstreben; für ein I. eintreten; die Jugend bekennt sich nicht mehr zu den Idealen von früher.

Idee, die: **1.a)** *Gedanke; Vorstellung:* eine neue, revolutionäre I.; eine I. aufgreifen, verfechten, vertreten, entwickeln, weiterführen, verwirklichen, in die Tat umsetzen; sich an eine I. klammern; auf jmds. Ideen nicht eingehen; sich in eine I. verrennen; von einer I. nicht loskommen; er zeigte sich von ihrer I. begeistert. **b)** *Einfall:* eine gute, nette, glänzende I.; das ist eine [gute] I.!; das ist keine schlechte I. *(das könnte man wirklich tun);* er hat ausgefallene Ideen; ich habe eine I. *(weiß, was wir tun könnten);* er hat mich erst auf diese I. gebracht; wie kam sie denn auf die I., plötzlich zu verreisen?; uns kam plötzlich die I. zu einem Fest. **2.** (bildungsspr.) *Gedanke, der jmdn. in seinem Denken und Handeln bestimmt:* marxistische Ideen; die I. der Freiheit in Schillers Dramen; für eine I. eintrete[n,] kämpfen, sich opfern; er bekannte sich zu[r] europäischen I. * **eine fixe Idee** *(eine Zwangs[-]vorstellung):* er leidet an einer fixen I. · (ugs.:) **das ist eine Idee von Schiller** *(das ist ein gute[r] Vorschlag)* · **eine Idee** *(etwas, ein wenig):* di[e] Hose ist [um] eine I. zu lang · (ugs.:) **keine Ide[e] von etwas haben** *(etwas nicht im geringste[n] wissen)*.

Igel, der: **1.** */ein mit Stacheln bedecktes Tier/:* ei[n] stachliger I.; sich zusammenrollen wie ein I. **2.** (ugs.) *widerborstiger Mensch:* er ist ein richtiger I.

ignorieren (bildungsspr.) ⟨jmdn., etwas i.⟩ *nicht beachten:* er hat ihn, seine Aufforderun[g] ignoriert; sie versuchte zu i., daß er sich um si[e] bemühte.

ihr ⟨Personalpronomen⟩: **1.** ⟨2. Person Plura[l] Nom.⟩: i. folgt den anderen; warum habt i[hr] nicht geschrieben?; I. Lieben! */Anrede im Brief/*. **2.** ⟨3. Person Singular Femininum Dativ⟩ ich habe es i. gesagt.

Illusion, die (bildungsspr.): *Einbildung, falsch[e] Hoffnung:* verlorene Illusionen; es ist eine I. wenn du glaubst, dieses Mittel könne etwas nützen; Illusionen haben; sich (Dativ) keine Illusionen [über etwas] machen; jmdm. seine Illusionen nehmen, rauben, zerstören, zunichte machen; sie ließ ihm die I., daß ...; sich einer I hingeben; jmdn. aus allen Illusionen reißen sich in der I. wiegen, daß ...; ein Mensch ohn[e] Illusionen; das hat ihn gründlich von seiner Illusionen geheilt.

im: *in dem:* im Bett liegen; im Zimmer sitzen im Frühling; ein halbes Pfund Wurst im Stüc[k] *(nicht aufgeschnitten);* im allgemeinen, im große[n] und ganzen; ich bin im Bilde.

imitieren (bildungsspr.) ⟨jmdn., etwas i.⟩ *nachahmen, nachmachen:* jmds. Gang, Bewegungen, Sprache i.; adj. Part.: *nicht echt; nachgemacht:* imitiertes Leder.

immer: I. ⟨Adverb⟩: **1.a)** *sich häufig wiederholend, sehr oft; stets, ständig:* er spart i. und ha[t] doch nichts; sie ist i. in Eile; schon i. wollte ic[h] einmal nach Paris; er ist i. nicht *(nie)* zu Hause er ist nicht i. zu Hause *(manchmal außer Haus)* er bleibt i. und ewig (ugs.; *für alle Zeit*) arm lebe wohl auf i. *(für alle Zeit);* er war für i. ruiniert. **b)** *nach und nach* /drückt aus, daß etwa[s] mit der Zeit ständig zunimmt/: er wird i. größer, reicher, unverschämter; er steigt i. höher; das Leiden wird i. schlimmer. **2. a)** *jedesmal:* i. wenn er kam, freuten wir uns; sie mußten i. wieder von vorn anfangen; wenn etwas los ist, ist er i. dabei; die beiden streiten sich i. wieder; er ist i. der Dumme (ugs.; *hat jedesmal durch andere den Schaden*). **b)** (ugs.) *jeweils:* die Patienten lagen i. zu viert in einem Zimmer; die Schüler stellten sich i. zwei und zwei nacheinander auf; er nahm i. zwei Stufen (der Treppe) auf einmal. **3.** /verallgemeinernd in Verbindung mit Interrogativpronomen und häufig mit *auch*/: ich werde ihn zur Rede stellen, wo i. *(überall, wo)* ich ihn treffe; was auch i. *(alles, was)* du tust ... **II.** ⟨Modalpartikel⟩: **1. a)** /als Verstärkung von *noch*/: sie ist noch i. nicht da, kommt noch i. nicht/i. noch nicht; frech darfst du zu ihm nicht sein, er ist i. noch *(schließlich)* dein Vorgesetzter. **b)** /als Verstärkung von *nur* in Imperativsätzen/: laß ihn nur i. kommen! **2.** *nur* **a)** /als Verstärkung eines Grades/ nimm davon, soviel du i. kannst. **b)** (ugs.) /zu Beginn einer kurzen Aufforderung/: i. mit der Ruhe!; i. langsam voran!; i. der Nase nach *(geradeaus)!* * (geh.; verhüll.:) **die Augen für immer schließen** *(sterben)*.

immerfort (selten) ⟨Adverb⟩ *immerzu:* du sollst nicht i. nörgeln und quengeln!; er starrte sie i. an.

immerhin ⟨Adverb⟩: **a)** *wenigstens, auf jeden Fall:* wenn du meinst, daß du Erfolg hast, versuch es i.!; sein Aufsatz reicht zwar noch nicht aus, i. spürt man, daß sich der Schüler Mühe gegeben hat; wenn die Behandlung auch nicht sehr schmerzhaft ist, so ist sie i. unangenehm. **b)** *schließlich:* wie kannst du so von ihm sprechen, er ist i. dein Vater.

immerzu ⟨Adverb⟩: *ständig, immer wieder:* er ist i. krank; du sollst mich nicht i. unterbrechen; i. diese Nörgelei!

impfen ⟨jmdn. i.⟩: *Impfstoff zuführen:* Kinder gegen Pocken, gegen Scharlach i.; sie hatten das Kind nicht i. lassen.

imponieren (bildungsspr.) ⟨jmdm. i.⟩: *großen Eindruck machen; Bewunderung bei jmdm. hervorrufen:* jmdm. durch sein Wissen, durch seine Kenntnisse i.; seine Haltung hat mir imponiert; ⟨auch ohne Dativ⟩ der Sportler imponierte durch seine Leistungen; an ihm imponierte vor allem seine Tapferkeit; ein imponierender Mann, Lebenswille; es war i., wie er sich für die Sache einsetzte.

Import, der: *Einfuhr von Waren aus dem Ausland:* der I. ist höher als der Export, übersteigt den Export; die Importe beschränken.

importieren ⟨etwas i.⟩: *aus dem Ausland einführen:* Südfrüchte [aus Spanien] i.; Kapital in ein Land, nach Deutschland i.; einen Film i.; importierte Zigaretten; bildl. (bildungsspr.): die Schlagersängerin war aus Skandinavien importiert.

Impuls, der (bildungsspr.): **a)** *Anstoß, Anregung:* entscheidende, kräftige, fruchtbare, künstlerische Impulse gingen von dieser Bewegung aus; einem Gespräch neue Impulse geben; durch ihn erhielt die Forschung wichtige Impulse; von ihm erhoffte man sich neue Impulse für die Europapolitik. **b)** *Antrieb, innere Regung:* einem I. nachgeben, folgen.

imstande ⟨in der Verbindung⟩ zu etwas imstande sein: *fähig, in der Lage sein:* zu einer großen Leistung ist er nicht mehr i.; das Kind ist durchaus i., seine Schularbeiten allein zu machen.

in /vgl. im und ins/ ⟨Präp. mit Dativ und Akk.⟩: **1.** /räumlich/ **a)** ⟨mit Dativ; zur Angabe der Lage, des Bereichs, einer Stelle, an der jmd. oder etwas von etwas umgeben ist⟩ in Berlin, in der Stadt leben; er ging in der gleichen Richtung weiter; die Kinder waren in der Schule *(hatten Unterricht)*; diese Verse stehen in der Ilias. **b)** ⟨mit Akk.; zur Angabe der Richtung⟩ sich in einen Sessel setzen; in das Zimmer, in das Haus gehen; in die Schweiz fahren; Sie müssen in diese Richtung gehen; die Punkte sind noch in die Zeichnung einzutragen; die Kinder gehen schon in die Schule *(sind schon Schüler)*; er trat in die Partei ein; die Kosten für das Projekt gehen in die Hunderttausende *(betragen mehrere 100 000 Mark)*. – Manche Verben (z. B. eintragen, aufnehmen, einkehren) können in Verbindung mit „in" sowohl mit dem Akkusativ als auch mit dem Dativ verbunden werden. **c)** ⟨mit Dativ oder Akk.; zur Angabe eines Bezuges⟩ in allem Bescheid wissen; in [der] Mathematik ist er sehr gut; er handelt in (Kaufmannsspr.; *mit*) Konserven; in diesem Punkt stimme ich Ihnen zu; er ist sehr tüchtig in seinem Beruf; er ist von Beruf Helfer in Steuersachen; ich konnte mich nur schwer in ihn, in seine Lage hineinversetzen. **2.** /zeitlich/ **a)** ⟨mit Dativ; zur Angabe eines Zeitpunktes oder Zeitraumes⟩ in dieser Zeit; in der Frühe; in der Jugend; in *(während)* der nächsten Woche werde ich Sie besuchen; in *(nach Ablauf)* einer Woche wird er die Arbeit wiederaufnehmen; sein Geburtstag ist heute in vierzehn Tagen. **b)** ⟨mit Akk.; [mit vorangehendem *bis*]⟩ die Bauarbeiten werden sich bis in den Herbst hinziehen; seine Erinnerungen reichen [bis] in die frühe Kindheit zurück. **3.** ⟨mit Dativ; zur Angabe der Art und Weise⟩ in deutsch; in dieser Größe, in allen Farben; in derselben Art; in großer Zahl; in Mengen, in Scharen; etwas in Holz schnitzen; in Pantoffeln, in Hemdsärmeln *(ohne Jackett)* umherlaufen; sich in Schwierigkeiten befinden; in ihrer Angst *(aus Angst)* lief sie zum Arzt; zu dem Fest kam sie in Weiß *(erschien sie in einem weißen Kleid)*; in Wirklichkeit, in Wahrheit verhält sich die Sache anders. **4.** /unabhängig von räumlichen, zeitlichen oder modalen Vorstellungen/ ⟨mit Dativ oder Akk.; stellt eine Beziehung zu einem Objekt her⟩ sich in jmdm. täuschen; sich in jmdn. verlieben; er willigte sofort in unseren Vorschlag ein. * **in sich gehen** *(sein Gewissen prüfen, über seine Fehler nachdenken)* · (ugs.:) **etwas hat es in sich: a)** *(etwas ist schwer):* das Klavier hat es aber in sich. **b)** *(etwas hat seine Schwierigkeiten, ist schwer zu verwirklichen, durchzuführen):* diese Rechenaufgabe hat es in sich. **c)** *(etwas hat starke Wirkung):* dieser Wein hat es in sich.

inbegriffen: *eingeschlossen, bei der Berechnung berücksichtigt:* der Preis für die Miete ist zwar hoch, dafür sind aber alle Nebenkosten i.; [die] Bedienung [ist] i.

indem ⟨Konj.⟩: **1.** /kausal/ *dadurch, daß:* man

ehrte den Schriftsteller, i. man ihn in die Akademie der Künste wählte. **2.** (veraltend) /temporal/ *während:* i. er sprach, öffnete sich die Tür; i. sie ihm die Hand reichte, bat sie ihn, Platz zu nehmen.

indessen: 1. ⟨Adverb⟩ **a)** /adversativ/ *jedoch, aber:* man machte ihm mehrere Angebote, er lehnte i. alles ab; seine Ausführungen stießen auf großes Interesse, i. forderten sie an mehreren Stellen zum Widerspruch heraus. **b)** *unterdessen, inzwischen:* es hatte i. begonnen zu regnen; du kannst i. anfangen. **2.** ⟨Konj.⟩ /temporal/ *während:* i. er las, unterhielten sich die anderen.

indirekt (bildungsspr.): *nicht direkt; über einen Umweg:* indirekte Beleuchtung *(bei der man die Lichtquelle selbst nicht sieht);* indirekter Einfluß; indirekte Steuern; Sport: indirekter Freistoß; Sprachw.: die indirekte *(nicht wörtliche)* Rede; jmdn. i. auf etwas aufmerksam machen; er hat ihn i. dazu gezwungen.

Industrie, die: *[Gesamtheit der] Betriebe, in denen Produkte entwickelt und hergestellt werden:* die metallverarbeitende, chemische I.; eine I. aufbauen, irgendwo ansiedeln; dort gibt es kaum I.; die Stadt hat heute eine bedeutende I.; er arbeitet in der I., wird später einmal in die I. gehen *(in der Industrie tätig sein).*

ineinander ⟨Adverb⟩: **a)** *einer in den anderen, in sich gegenseitig:* die Fäden sind i. verwoben. **b)** *einer im anderen, in sich gegenseitig:* sie gingen ganz i. auf *(waren ganz einer für den anderen da).*

Inflation, die: *Geldentwertung:* eine schleichende, steigende I.; durch die I., in der I. verloren sie ihr ganzes Vermögen.

infolge ⟨Präp. mit Gen.⟩/ *zur Angabe eines Geschehens als Ursache für etwas/:* i. der Überschwemmung gab es zahlreiche Obdachlose; i. dichten Schneetreibens konnte die Maschine nicht starten; ⟨mit von-Anschluß⟩ i. von Massenerkrankungen ist der Betrieb nicht voll arbeitsfähig.

Information, die (bildungsspr.): **a)** ⟨ohne Plural⟩ *das Informieren, Unterrichtung:* eine einseitige, umfassende, sachliche I.; der Bericht sorgt für eine gründliche I. des Lesers; zu Ihrer I. teilen wir Ihnen mit, daß der Vortrag heute ausfällt. **b)** *Auskunft, Nachricht:* eine vertrauliche I., falsche, verläßliche Informationen; eine I. bestätigen; Informationen erhalten, sammeln, weitergeben, auswerten; nach seinen Informationen ist alles reibungslos abgelaufen; Datenverarbeitung: Informationen eingeben, speichern, abrufen.

informieren (bildungsspr.): **a)** ⟨jmdn. i.⟩ *unterrichten, in Kenntnis setzen:* jmdn. umfassend, ausreichend, in aller Kürze über die neuesten Ereignisse, über die politische Lage i.; soweit ich informiert bin, haben sich keine Änderungen ergeben; nach Ansicht informierter Kreise ist ein Treffen der Außenminister geplant. **b)** ⟨sich i.⟩ *sich unterrichten, sich* (Dativ) *Kenntnis verschaffen:* sich über die Preise i.; der Präsident informierte sich an Ort und Stelle über das Ausmaß der Katastrophe.

Inhalt, der: **1. a)** *etwas, was in einem Gefäß, in einer Umhüllung enthalten ist:* der I. einer Flasche, eines Pakets; den I. der Tasche ausschütten; sie hat die Schachtel mitsamt dem I. weggeworfen. **b)** *Größe einer umschlossenen Fläche eines umschlossenen Raumes:* der I. des Glase beträgt *(das Glas faßt)* 0,6 Liter; die Schüle berechneten den I. eines Dreiecks. **2.** *das, wa in etwas ausgedrückt oder dargestellt wird:* de wesentliche I.; der I. eines Dramas, eines Briefes, eines Gesprächs; ein Leben ohne I. *(ei unausgefülltes Leben);* den I. einer Rede wieder geben; der Film hat die Darstellung einer Eh zum I. *(enthält die Darstellung einer Ehe).*

Initiative, die (bildungsspr.): *Antrieb zum Handeln; Entschlußkraft:* politische I.; die privat I. in der Wirtschaft; [keine] I. haben, besitzen entwickeln; die I. ergreifen *(aktiv werden)* seiner I. war es zu verdanken, daß ...; es fehl an I.; auf seine I. hat man sich zu einigen Ände rungen entschlossen; sie handelten aus eigener I

inklusive: 1. ⟨Präp. mit Gen.⟩ *einschließlich inbegriffen:* i. aller Gebühren; i. des Portos ⟨ein stark dekliniertes Substantiv im Singula bleibt ungebeugt, wenn es ohne Artikel ode Attribut steht⟩ i. Porto; ⟨im Plural mit Dativ wenn der Gen. nicht erkennbar ist⟩ i. Getränken. **2.** ⟨Adverb⟩ *einschließlich:* die Messe is bis zum 20. März i. geöffnet.

inkognito (bildungsspr.): *unter fremdem Namen; unerkannt:* er blieb, reiste i.; subst.: da I. *(den Decknamen)* wahren, lüften.

innehaben ⟨etwas i.⟩: *bekleiden, verwalten:* ein Stellung, einen Posten, einen Rang, ein Amt i. er hatte den Lehrstuhl für Psychologie an de Universität inne.

innehalten: 1. (geh.) *mit einer Tätigkeit fü kurze Zeit aufhören, etwas unterbrechen:* in eine Bewegung, in der Arbeit, im Lesen i.; an diese Stelle hielt der Vortragende einen Augenblick inne; sie hatte schon die Türklinke in der Hand als sie wieder innehielt. **2.** (veraltend) ⟨etwas i.⟩ *einhalten:* die Trauerzeit i.

innen ⟨Adverb⟩: *auf der Innenseite:* der Beche ist i. vergoldet; i. (Sport; *auf der Innenbahn*) laufen; das Fenster geht nach i. auf; sie wollten die Kirche auch von i. besichtigen; übertr.: das Bedürfnis nach einer Veränderung de Lage muß von i. heraus kommen.

innere: a) *sich innen befindend:* die inneren Bezirke der Stadt; die inneren Organe; er ist Facharzt für innere Krankheiten *(Internist),* die inneren *(innenpolitischen)* Angelegenheiten eines Landes; subst.: in das Innere des Landes vordringen. **b)** *innen, im geistig-seelischen Bereich vorhanden und wirkend:* innere Spannungen; der innere Mensch; der innerste Kern einer Sache; das innere *(geistige)* Auge sieht weiter; einen inneren Widerstand empfinden die innere Freiheit besitzen, sich anders zu entscheiden; auf die innere Stimme hören; seiner innersten Überzeugung nach handeln; subst.: dabei wußte er in seinem Inneren, daß dieser Fall aussichtslos war; ihm konnte man sein Innerstes offenbaren. * **die Innere Mission** /*ein Organisation der evangelischen Kirche*/.

innerhalb: 1. ⟨Präp. mit Gen.⟩ **a)** *im Bereich, in:* i. des Hauses, der Landesgrenzen; übertr.: i. der Familie. **b)** *während:* i. der Arbeitszeit. **c)** *im Verlauf von, binnen:* i. dreier Monate den Wechsel einlösen; i. eines Jahres muß der Bauplatz bebaut werden; ⟨mit Dativ, wenn der Gen. formal nicht zu erkennen ist⟩ i. fünf Monaten. **2.** ⟨Adverb⟩ *im Verlauf von, binnen:* i. von zwei Jahren.

innerlich: a) *im Inneren:* ein Medikament zur innerlichen Anwendung *(zum Einnehmen).* **b)** *im geistig-seelischen Bereich [auftretend]:* innerliche Hemmungen; ein i. gefestigter Mensch; er war i. unbeteiligt; i. stand er auf der Gegenseite. **c)** *verinnerlicht, tief veranlagt:* ein innerlicher Mensch.

innewohnen ⟨etwas wohnt einer Sache inne⟩: *etwas ist in etwas enthalten:* selbst dem Bösen wohnt ein tiefer Sinn inne; auch der Wahnsinn hat eine ihm innewohnende Logik.

innig: a) *herzlich; tief empfunden:* eine innige Liebe; meine innigsten Glückwünsche; sie liebten sich i. **b)** *eng [und unauflöslich]:* die chemischen Stoffe gehen eine innige Verbindung ein; das Fernsehen ist i. mit dem Alltagsleben vieler Menschen verknüpft.

Innung, die: *Vereinigung von Handwerkern:* die I. der Fleischer, Schuhmacher. * (ugs.:) **die ganze Innung blamieren** *(einen Kreis von Menschen, dem man zugehört, durch sein Verhalten bloßstellen).*

in petto ⟨in der Wendung⟩ etwas in petto haben (ugs.): *etwas in Bereitschaft haben, vorhaben.*

ins: *in das:* ein Buch i. Regal stellen; i. Theater gehen; bis i. nächste Jahr hinein.

insbesondere ⟨Adverb⟩: *vor allem, besonders:* diese Maßnahme des Staates kam i. den Bauern zugute.

Insel, die: *von Wasser umgebenes Stück Land:* eine einsame I.; die I. Helgoland; die Friesischen Inseln; die Inseln sind der Küste vorgelagert; die Schiffbrüchigen konnten sich auf eine I. retten; sie leben dort wie auf einer I. *(ganz für sich);* bildl.: eine I. des Friedens.

insgesamt ⟨Adverb⟩: *im ganzen, zusammengenommen:* er war i. 10 Tage krank; die Kosten für die Möbel betrugen i. über 5000 Mark.

insofern: 1. ⟨Adverb⟩ *in dieser Hinsicht:* i. hat er recht; ⟨als Korrelat zu *als* in Vergleichssätzen⟩ eine spätere Urlaubszeit ist i. günstiger, als dann die Schulferien in den meisten Ländern zu Ende gegangen sind. – Der Ersatz von „als" durch „weil" oder „daß" nach „insofern" gilt hochsprachlich als nicht korrekt. **2.** ⟨Konj.⟩ **a)** /in Verbindung mit *als*/: er hatte Glück, i. als er schon ein Quartier bestellt hatte. **b)** *falls, soweit:* das Publikum, i. es nicht vorher den Saal verlassen hatte, applaudierte stark.

insoweit: 1. ⟨Adverb⟩ *in dieser Hinsicht:* i. hat er recht; ⟨als Korrelat zu *als* in Vergleichssätzen⟩: diese Fragen sollen nur i. berührt werden, als sie im Zusammenhang mit dem Thema stehen. – Der Gebrauch von „weil" oder „daß" nach „insoweit" gilt hochsprachlich als nicht korrekt. **2.** ⟨Konj.⟩ **a)** /in Verbindung mit *als*/: er kann unabhängig entscheiden, i. als er im Rahmen der allgemeinen Bestimmungen bleibt. **b)** *falls, in dem Maße wie:* i. es möglich ist, wird man ihm helfen.

inspirieren (bildungsspr.) ⟨jmdn. zu etwas i.⟩: *anregen; künstlerisch beflügeln:* eine historische Gestalt, ein Ereignis inspirierte ihn zu seinem Roman; ⟨auch ohne präpositionalen Anschluß⟩ diese Begegnung hat den Autor offensichtlich inspiriert.

instand ⟨in den Verbindungen⟩ **etwas instand halten** *(in gebrauchsfähigem Zustand halten):* ein Haus i. halten · **etwas instand setzen** *(gebrauchsfähig machen, reparieren):* eine Maschine i. setzen · (veraltend:) **etwas setzt jmdn. instand** *(etwas gibt jmdm. die Möglichkeit zu etwas:* die Erbschaft hat ihn instand gesetzt, ein Haus zu bauen.

inständig: *eindringlich, flehentlich:* eine inständige Bitte; sie hofften i. auf eine Änderung ihrer Lage.

Instanz, die: **a)** (bildungsspr.) *zuständige Behörde, Stelle:* eine übergeordnete I.; staatliche, politische Instanzen; sich an eine höhere I. wenden; die Sache muß erst durch alle Instanzen gehen. **b)** (Rechtsw.) *verhandelndes Gericht:* die unteren Instanzen; die dritte I. hat wie die erste entschieden; in der zweiten I. *(gerichtlichen Verhandlung)* hat er den Prozeß gewonnen.

Instinkt, der (bildungsspr.): **a)** *natürlicher Antrieb zu bestimmten Verhaltensweisen:* triebhafte, dumpfe, wiedererwachte Instinkte; Kriege rufen die niederen Instinkte *(schlechten Triebe)* im Menschen wach; das Tier läßt sich von seinem I. leiten. **b)** *richtiges, untrügliches Gefühl:* der politische I. eines Volkes; sein I. sagte ihm, daß es besser sei, nicht zu widersprechen; er hatte den richtigen I. dafür.

instinktiv (bildungsspr.): *dem Instinkt, dem richtigen Gefühl folgend:* die instinktive Flucht eines Tieres; ihre Abneigung war rein i.; er hatte i. richtig gehandelt.

Instrument, das: **1.** *Gerät für wissenschaftliche oder technische Arbeiten:* medizinische, optische Instrumente; ein I. ablesen; übertr. (bildungsspr.): *Sache, deren man sich wie eines Werkzeuges bedient:* die Armee, die Kirche als ein I. des Staates. **2.** *Musikinstrument:* ein wertvolles I. besitzen; ein I. stimmen; er spielt, beherrscht mehrere Instrumente.

intelligent (bildungsspr.): *mit Intelligenz begabt, klug:* ein intelligenter Mensch; der Schüler ist sehr i.; die ausländische Mannschaft spielte i. und schnell.

interessant: 1. *Interesse erregend; fesselnd:* ein interessanter Vortrag; ein interessanter Mensch; das Buch war sehr i.; er versteht es, i. zu erzählen; sie will sich i. machen *(will die Aufmerksamkeit auf sich lenken).* **2.** (Kaufmannsspr.) *vorteilhaft:* ein interessantes Modell, Angebot; dieser Stoff ist sehr i.

Interesse, das: **1.** *geistige Anteilnahme:* sein besonderes I. gilt der Malerei; sein I. hatte nachgelassen, hatte sich erschöpft (geh.), war erloschen, war erwacht; das I. der Öffentlichkeit erregen, auf etwas lenken; jmdm., einer Sache I. entgegenbringen; haben Sie I. [daran], eine Waschmaschine zu kaufen *(wollen Sie eine Waschmaschine kaufen)?*; er hat den Artikel mit großem I. gelesen; sie hatten diese Entwicklung mit besonderem I. *(mit besonderer Aufmerksamkeit)* verfolgt; er hat [geringes, kein, lebhaftes, offenkundiges] I. an dieser Sache *(ist daran interessiert);* er nimmt I. daran *(ist daran interessiert);* er zeigte starkes I. für unsere Arbeit *(interessierte sich dafür);* sich aus I. etwas ansehen; diese Veranstaltung ist für uns nicht von I. *(interessiert uns nicht).* **2.** *Neigung:* persönliche, geistige Interessen; sie hatten viele gemeinsame, sehr gegensätzliche Interessen. **3.** *Bestrebung, Absicht; Nutzen, Vorteil:* private, geschäftliche Interessen; die Interessen der Gemeinschaft; ihre Interessen laufen zum großen Teil parallel; jmds. Interessen vertreten, wahrnehmen; es gelang nicht, die gegensätzlichen Interessen zusammenzuführen, auszugleichen; diese Bestrebungen laufen unseren Interessen zuwider (geh.); das liegt in deinem eigenen I. *(ist dein Nutzen);* er hat gegen seine eigenen Interessen gehandelt, gegen die Interessen der Firma verstoßen.

interessieren: 1. ⟨sich für jmdn., für etwas i.⟩ **a)** *Interesse zeigen, Anteilnahme bekunden:* sie interessiert sich für moderne Malerei, für Pferderennen; niemand interessierte sich für ihn *(kümmerte sich um ihn)* · adj. Part.: er ist ein interessierter *(geistig aufgeschlossener)* Mensch; sie sind politisch interessiert. **b)** *sich nach etwas erkundigen; etwas beabsichtigen, anstreben:* sie interessierten sich für die Teilnahme am Wettbewerb, für den Preis des Grundstücks, für das Grundstück; das Fernsehen interessiert sich bereits für die junge Schauspielerin *(will sie engagieren).* **2.a)** ⟨jmdn. i.⟩ *jmds. Interesse wecken:* der Fremde interessierte ihn; der Fall begann mich zu i.; das hat mich nicht interessiert. **b)** ⟨jmdn. für etwas/an etwas i.⟩ *zu gewinnen suchen:* jmdn. für ein Projekt, an einem Projekt i.; er hat ihn für seine Pläne interessiert; er versuchte, ihn an der Finanzierung zu i. * **an jmdm., an etwas interessiert sein** *(Interesse bekunden, haben wollen):* an einem Problem i. sein; er ist an dem Mädchen i.; das Geschäft ist daran i., möglichst viel zu verkaufen.

international: *mehrere Staaten umfassend, über den Rahmen eines Staates hinausgehend:* ein internationales Abkommen; ein internationaler Kongreß *(ein Kongreß mit Teilnehmern aus mehreren Staaten);* das Publikum war i.; er ist i. *(in vielen Teilen der Welt)* bekannt.

intim (bildungsspr.): **1.a)** *vertraut, eng:* ein intimer Freund; ein intimer Kreis; wir sind sehr i. *(eng befreundet);* nach der zweiten Flasche wurden sie langsam i. miteinander. **b)** *sexuell:* er hat intime Beziehungen zu ihr unterhalten; sie ist i. mit ihm zusammen gewesen. **2.** *ganz persönlich, verborgen, geheim:* intime Vertraulichkeiten; auch seine Freunde waren nicht in seine intimen Angelegenheiten eingeweiht. **3.** *gemütlich:* ein intimes Theater, Lokal; intime Beleuchtung. **4.** *genau:* eine intime Kenntnis; er ist ein intimer Kenner dieser Verhältnisse; dieses Milieu kannte er am intimsten.

intus ⟨nur in bestimmten Verbindungen⟩ (ugs.:) **etwas intus haben: a)** *(etwas zu sich genommen haben, im Magen haben).* ich habe schon vier Brötchen, einige Schnäpse i. **b)** *(etwas begriffen haben)* · (ugs.:) **einen intus haben** *(angetrunken sein).*

Inventar, das (bildungsspr.): *Gesamtheit der Einrichtungsgegenstände, Vermögenswerte und Schulden:* das I. eines Hauses, eine Betriebes; Landw.: lebendes und totes I. *(Vieh und Einrichtungsgegenstände).*

Inventur, die (Kaufmannsspr.): *Bestandsaufnahme eines Betriebes:* I. machen; am 3. Januar ist das Geschäft wegen I. geschlossen.

inwendig (veraltend): *im Inneren; auf der Innenseite:* die Äpfel waren i. faul. * **etwas in und auswendig kennen** *(etwas gründlich studier[t] haben, sehr gut kennen).*

inzwischen ⟨Adverb⟩: **a)** *unterdessen* /gibt an, daß etwas in der abgelaufenen Zeit geschehe[n] ist/: i. ist das Haus fertig geworden. **b)** *während dessen* /gibt an, daß etwas gleichzeitig mit etwa[s] anderem geschieht/: ich muß noch arbeiten, du kannst i. einkaufen gehen. **c)** *bis dahin* /gibt an, daß etwas bis zu einem zukünftigen Zeitpunkt geschieht/: die Expedition findet erst in zwe[i] Jahren statt, i. bereiten sie sich aber scho[n] darauf vor.

I-Punkt, der: *Punkt auf dem i:* einen I. setzen * **bis auf den I-Punkt** *(bis ins letzte, ganz genau)* es mußte bei ihm alles bis auf den I. geregel[t] sein.

irden: *aus Ton gefertigt:* irdene Waren; irdene Geschirr.

irdisch (geh.): *zum Dasein auf der Welt gehörend:* die irdischen Güter; das irdische Leben irdische Freuden; i. gesinnt *(in seinem Denken auf die Welt bezogen)* sein; subst.: diese[r] Glanz hatte nichts Irdisches an sich. * (scherzh.:) **den Weg alles Irdischen gehen** *(aufhören zu existieren, dahingehen).*

irgend ⟨Adverb⟩: **1.** ⟨vor *jmd., etwas* oder *so ein*⟩ /zur Verstärkung der Unbestimmheit/: i. jmd hatte im Abteil seinen Schirm vergessen; i. etwas war nicht in Ordnung; es ist wieder i. so ein (ugs.) Vertreter vor der Tür. **2.** ⟨zur Verstärkung in Gliedsätzen, die meist durch *wenn, wo, wie, was, wer* eingeleitet werden⟩ *unter irgendwelchen Umständen; irgendwie:* bitte komm, wenn es dir i. möglich ist; er unterstützte sie, solange er i. konnte; sie feierten die ganze Nacht, ohne auf die Nachbarn i. (geh.) Rücksicht zu nehmen.

Ironie, die: *versteckter Spott:* eine feine, leise I. die I. aus jmds. Worten heraushören; etwas mit I. sagen, hinzufügen; ich meine das ohne jede I. seine Antwort war voll beißender I.; bildl.: die I. des Lebens, der Geschichte; es war eine I des Schicksals, daß ...

ironisch: *versteckt spottend; voller Ironie:* ein ironischer Mensch; eine ironische Bemerkung sie ist immer sehr i.; sie lächelte i.

irr[e]: a) *verstört, wie wahnsinnig:* ein irrer Blick; irre Reden führen; er war i. vor Angst sie lächelte i. vor sich hin; das Auto fuhr mit irrer (ugs.; *unvernünftig hoher*) Geschwindigkeit; subst.: das ist doch ein [armer] Irrer *(bedauernswerter Mensch);* sie arbeitet wie eine Irre *(sehr schnell, sehr viel).* **b)** *geistesgestört:* ein irrer Patient; er war i.; man hielt ihn für i. * **irre werden** *(in seiner Auffassung unsicher werden):* durch das Gespräch mit ihm war ich allmählich i. geworden · **an jmdm., an etwas irre werden** *(das Vertrauen zu jmdm., in etwas verlieren):* sie sind an ihm, an ihrem Glauben i. geworden.

¹Irre, der: *Geisteskranker:* wie ein Irrer lachen aus der Anstalt sind mehrere Irre verschwunden

²Irre, die ⟨in bestimmten Verbindungen⟩ **in die Irre gehen** *(sich verlaufen):* in dem unbekannten Gelände sind sie in die I. gegangen; übertr.: *sich irren:* Sie gehen mit Ihrer Annahme völlig in die I. · **jmdn. in die Irre führen/locken** *(auf einen falschen Weg führen, locken)*; er hat die

Fremden in die I. geführt, gelockt; übertr.: *irreführen:* man darf sich durch seine Reden nicht in die I. führen lassen.

irreführen ⟨jmdn. i.⟩: *zu einer falschen Annahme verleiten:* jmdn. durch falsche Angaben i.; eine irreführende *(mißverständliche)* Auskunft.

irregehen: (geh.; veraltend) *sich verirren:* auf diesem Weg kannst du nicht i.; übertr.: *sich irren:* er ist mit seinem Verdacht irregegangen.

irreleiten ⟨jmdn. i.⟩: *auf einen falschen Weg führen, falsch leiten:* der Dieb wollte die Polizei i.; irregeleitete Post. übertr.: *irreführen, erzieherisch falsch leiten:* jmdn. durch falsche Angaben i.; ein irregeleitetes Kind.

irremachen ⟨jmdn. i.⟩: *von seiner Absicht abbringen:* er wird mich nicht irremachen; laß dich nicht i.; diese Erlebnisse hatten ihn in seinem Glauben irregemacht.

irren: **1.** *falscher Meinung sein:* **a)** ⟨sich i.⟩ ich habe mich gründlich geirrt; ich kann mich [auch] i. *(ich weiß es nicht genau);* wenn ich mich nicht irre, so habe ich Sie schon hier gesehen; in diesem Punkt irrt er sich. **b)** jeder kann mal i.; er ist der neue Chef, wenn ich nicht irre; Redensart: I. ist menschlich. **c)** ⟨sich in jmdm., in etwas i.⟩ *für jmdn., für etwas anderes halten:* sich im Datum, in der Hausnummer i.; sich in der Person i.; ich habe mich anscheinend in dir geirrt *(getäuscht).* **d)** ⟨sich um etwas i.⟩ *sich verrechnen:* der Verkäufer hat sich um 50 Pfennig geirrt. **2.** ⟨mit Raumangabe⟩ *rastlos umherziehen:* durch die Straßen i.; sie irrten von einem Ort zum andern; bildl.: seine Augen irrten suchend durch den Saal *(schweiften suchend im Saal umher).*

irrig: *falsch, nicht zutreffend:* eine irrige Ansicht, Auffassung; seine Auslegung war i., wurde ihm als i. nachgewiesen; es ist i. anzunehmen, daß die Bestimmung noch in diesem Jahr geändert wird.

irritieren ⟨jmdn. i.⟩ (bildungsspr.): *verwirren, unsicher machen, stören:* der Spiegel, das Licht irritierte das Kind; er irritierte ihn mit seiner Frage; sie wurde durch die ständigen Unterbrechungen irritiert; irritiert von dem Lärm, öffnete er das Fenster.

Irrsinn, der: **1.** (veraltend) *Wahnsinn:* er glaubt sich dem I. nahe. **2.** *Unsinn:* es wäre I., sich wegen einer Lappalie mit ihm zu überwerfen; so ein I.!

irrsinnig: **1.a)** *wahnsinnig:* i. sein, werden; subst.: in seinen Augen war etwas Irrsinniges. **2.** (ugs.) **a)** *sehr groß, stark:* ein irrsinniger Krach; ein irrsinniges Tempo; er hat irrsinnigen Hunger. **b)** ⟨verstärkend bei Adjektiven und Verben⟩ *sehr, außerordentlich:* es war i. komisch; im Saal waren i. viel Menschen; er freute sich i.

Irrtum, der: *falsche Meinung, Selbsttäuschung; Versehen:* ein großer, kleiner, verhängnisvoller, folgenschwerer, schwerer I.; diese Annahme, Vermutung war ein I., hat sich als ein I. herausgestellt; ihm ist ein I. unterlaufen; einen I. begehen; jmdm. einen I. nachweisen; seinen I. zugeben, einsehen; Irrtümer beseitigen; einem I. unterliegen; seine Behauptung beruhte auf einem I.; in diesem Fall handelt es sich um einen I.; es war schwer, ihn von seinem I. zu überzeugen. * **im Irrtum sein; sich im Irrtum befinden** *(sich irren).*

irrtümlich: *auf einem Irrtum beruhend:* eine irrtümliche Entscheidung; er hat die Rechnung i. *(versehentlich)* zweimal bezahlt.

J

ja ⟨Adverb⟩: **1.a)** */Äußerung der Zustimmung auf eine Frage/:* kommst du? ja! ; subst.: ein zögerndes, aufrichtiges, eindeutiges Ja. **b)** */in Ausrufen/:* ja natürlich, gewiß, freilich!; o ja! **2.** */Äußerung des Zweifels an der voraufgegangenen Aussage eines andern oder vorsichtige Bekräftigung der eigenen Aussage/:* es wird schon klappen, ja?; du bleibst noch ein paar Tage, ja? **3.a)** *doch:* du kennst ihn ja; ich habe es ja gewußt; er kommt ja immer zu spät; es ist ja nicht weit bis dorthin; es kann ja nicht immer so bleiben. **b)** *wirklich:* es schneit ja; du siehst ja ganz bleich aus. **c)** *zwar:* ich will es dir ja geben, aber gerne tue ich es nicht. **4.** *auf jeden Fall:* das soll er ja lassen; sieh es dir ja an!; tu es ja nicht *(auf keinen Fall)!* **5.** */gibt eine Steigerung an/:* ich schätze ihn, ja ich verehre ihn. **6.** */zur Anreihung eines Satzes/:* ja, das waren glückliche Stunden; ja, das wird kaum möglich sein. * **ja [zu etwas] sagen** *(einer Sache zustimmen)* · (ugs.:) **zu allem ja und amen sagen** *(mit allem einverstanden sein).*

Jacke, die: *den Oberkörper bedeckendes Kleidungsstück:* eine taillierte J.; die J. anziehen, überziehen, ausziehen, anbehalten, über die Schulter nehmen; der Junge ist aus der J. herausgewachsen; sie trug ein Kleid mit passender J. * (ugs.:) **jmdm. die Jacke voll hauen** *(jmdn. verprügeln)* · (ugs.:) **die Jacke voll kriegen** *(verprügelt werden)* · (ugs.:) **das ist Jacke wie Hose** *(das ist einerlei).*

Jackett, das: *zum Herrenanzug gehörende Jacke:* Hose und J.; das J. hat kurze Revers; er hat das J. ausgezogen.

Jagd, die: **1.** *das Jagen von Wild:* die J. auf Hasen, Hirsche; Jägerspr.: die hohe J. *(J. auf Hochwild);* Jägerspr.: die niedere J. *(J. auf kleines Wild);* die J. beginnt, geht auf (Jägerspr.; *beginnt);* eine J. abhalten, veranstalten; sie machten J. auf Rebhühner *(jagten Rebhühner);* sie wollten auf die J. *(zum Jagen)* gehen; auf der J. sein; sie kamen von der J. **2.** *Jagdrevier:* eine J. pachten; er besitzt eine J. **3.** *Verfolgung:* eine wilde J. auf den Verbrecher begann, entspann sich; sie beteiligten sich an der J. auf den Dieb; es wurde J. auf ihn gemacht *(er wurde verfolgt);* die J. *(das gierige Streben)* nach dem Glück, nach Geld und Ämtern beherrscht viele Menschen.

Jagdgründe ⟨in der Wendung⟩ in die ewigen Jagdgründe eingehen (scherzh.): *sterben:* nun ist er auch in die ewigen J. eingegangen.

jagen: 1. a) ⟨ein Tier j.⟩ *Wild verfolgen, um es zu fangen oder zu töten:* Hasen j.; er jagte einen großen Elefantenbullen; ⟨auf ein Tier/nach einem Tier j.⟩ (Jägerspr.): nach einem Hirsch, auf einen Hirsch j. **b)** *auf die Jagd gehen:* er jagt zur Zeit in Afrika. **2.** ⟨jmdn. j.⟩ *verfolgen, hetzen:* einen Flüchtling, einen Verbrecher j.; ein Pferd zu Tode j.; übertr.: die politischen Ereignisse jagten ihn ruhelos durch Europa; die Ereignisse jagten sich/(geh.:) einander *(folgten schnell aufeinander);* ein gejagter Mensch. **3.** (ugs.) ⟨jmdn., etwas j.; mit Raumangabe⟩ *treiben: vertreiben:* die Eindringlinge aus dem Land j.; er jagte die Tiere in den Stall; jmdn. aus dem Haus j.; jmdn. aus dem Bett j. *(zum Aufstehen veranlassen).* **4.** (ugs.) ⟨jmdm., sich etwas in etwas/durch etwas j.⟩ *einen spitzen Gegenstand heftig stoßen:* jmdm. ein Messer in den Leib j.; sie jagte sich bei der Arbeit eine Nadel, eine Schere durch die Hand; der Arzt jagte ihm eine Spritze in den Arm. **5.** ⟨mit Raumangabe⟩ *sich schnell und mit Heftigkeit bewegen:* er ist auf dem Rad zum Bahnhof gejagt; die Autos jagen über die Rennstrecke; die Wolken jagen am Himmel; adj. Part.: *äußerst schnell:* in jagender Eile; mit jagenden Pulsen. **6.** ⟨nach etwas j.⟩: *gierig streben:* nach Abenteuern, nach dem Glück, nach Genuß, Titeln, Orden j.; er jagte sein Leben lang nach Ruhm. * **jmdn. in die Flucht jagen** *(jmdn. zur Flucht zwingen)* · (ugs.:) **jmdn. zum Teufel jagen** *(jmdn. vertreiben)* · (ugs.:) **sich nicht ins Bockshorn jagen lassen** *(sich nicht einschüchtern lassen)* · (ugs.:) **jmdn. mit etwas jagen können** *(jmdm. ist etwas zuwider):* mit diesem Kuchen kannst du mich j. · (ugs.:) **sich** (Dativ) **eine Kugel durch den Kopf jagen** *(sich erschießen)* · (ugs.:) **etwas in die Luft jagen** *(etwas sprengen):* die Partisanen haben mehrere Häuser in die Luft gejagt · (ugs.:) **etwas durch die Kehle/durch die Gurgel jagen** *(etwas vertrinken):* er hat seinen ganzen Lohn durch die Kehle gejagt.

jäh (veraltend): **a)** *plötzlich [und heftig]:* ein jäher Gedanke, Schreck, Tod; die Feier fand ein jähes Ende; ein jäher Schmerz durchzuckte ihn; j. überfiel ihn die Furcht. **b)** *steil [abstürzend]:* ein jäher Abgrund, Felsen; eine jähe Tiefe; die Steilküste fiel an dieser Stelle besonders j. ab.

Jahr, das: **1.** *Zeitraum von 365 Tagen:* ein trockenes, dürres J.; ein ganzes, volles, halbes J.; das neue, alte J.; dieses, das laufende, vergangene, vorige, künftige, kommende J.; ein schönes, schweres, erlebnisreiches J.; die Jahre gingen dahin, vergingen wie im Flug; ich habe mehrere Jahre im Ausland verbracht; jmdm. ein gutes, gesundes, frohes J. wünschen; ⟨Akk. als Zeitangabe⟩ sie kommen jedes zweite J. hierher; all die Jahre [hindurch] hatte sie auf die Rückkehr des Sohnes gewartet · das geschah im Anfang der dreißiger Jahre; die Herstellung ist auf Jahre hinaus gesichert; binnen J. und Tag *(innerhalb eines Jahres);* im Jahre 1000 vor, nach Christus, Christi Geburt; J. für J., J. um J. *(alljährlich);* nach Jahren sind wir uns zufällig wieder begegnet; seit mehreren Jahren; vor Jahren; heute vor einem J.; von J. zu J. wird es besser; während der ersten Jahre hatte er es schwer auf der Schule; zwischen den Jahren (landsch.; *in der Zeit zwischen Weihnachten und Neujahr).* **2.** *Lebensjahr:* ein verlorenes Jahr; die sorglosen Jahre der Jugend; die Jahre schwinden dahin; er ist 8 Jahre [alt]; er wirkt jünger als seine Jahre *(wirkt jünger, als er ist),* ich fühle meine Jahre *(mein Alter);* er hat 30 Jahre auf dem Buckel (scherzh.; *er ist 30 Jahre alt);* der Beamte hat seine Jahre voll *(hat die zur Pensionierung benötigten Dienstjahre abgeleistet),* er ist hoch an Jahren gestorben *(war sehr alt, als er starb);* ein Mann in den besten Jahren; in jungen, jüngeren, späteren, reiferen Jahren; die Jugend wird mit den Jahren *(mit zunehmendem Alter)* vernünftiger; Kinder über 8 Jahre; Jugendlichen unter 18 Jahren ist der Zutritt untersagt; ein Kind von 8 Jahren; Jugendlichen bis zu 18 Jahren ist der Zutritt verboten. * **in die Jahre kommen** *(älter werden, ins gesetzte Alter kommen)* · (geh.:) **bei Jahren sein** *(nicht mehr [ganz] jung sein)* · **die sieben fetten und die sieben mageren Jahre** *(gute und schlechte Zeiten)* · **nach/vor Jahr und Tag** *(nach/vor langer Zeit)* · **seit Jahr und Tag** *(schon immer)* · **etwas auf Jahr und Tag wissen** *(etwas ganz genau, in den Einzelheiten wissen).*

Jahrgang, der: **a)** *die im gleichen Jahr geborenen Menschen:* der J. 1953 wurde gemustert; es wurden auch die jüngsten Jahrgänge zum Militär eingezogen; welcher J. sind Sie *(welchem Jahrgang gehören Sie an)?* **b)** *aus einem bestimmten Jahr stammender Wein:* er hat einen guten J. im Keller liegen; sie tranken einen Beaujolais, J. 1957 *(aus dem Jahr 1957).* **c)** *in einem Jahr erschienene Nummern einer Zeitung oder Zeitschrift:* ein J. der Berliner Zeitung; die Zeitschrift ist jetzt im 20. J.; der Aufsatz steht in der „Zeitschrift für deutsche Sprache“, J. 1967, Heft 2.

Jahrhundert, das: *Zeitraum von hundert Jahren:* das ausgehende neunzehnte J.; das J. der Entdeckungen, der Aufklärung; im Laufe der Jahrhunderte; dieser Irrtum wurde J. auf J., durch die Jahrhunderte, von J. zu J., von einem J. zum anderen fortgeschleppt; ein neues J. beginnt; Ende des 19. Jahrhunderts; dieses Werk stammt aus dem 17. J.

jährlich: *in jedem Jahr [erfolgend, fällig]:* der jährliche Ertrag; ein jährliches Einkommen von über 20000 DM; zur Zeit wächst die Produktion um j. etwa 10%.

Jahrmarkt, der: *einmal oder mehrmals im Jahr stattfindender Markt [mit Karussells und Schaustellungen]:* im Mai ist in unserer Stadt J.; auf den J. gehen; etwas auf dem J. kaufen; bildl.: der J. *(Tummelplatz)* der Eitelkeiten.

Jakob ⟨in der Wendung⟩: etwas ist [nicht] der wahre Jakob (ugs.): *etwas ist [nicht] das Richtige:* Kranksein im Urlaub ist auch nicht der wahre J.

Jalousie, die: *Vorrichtung am Fenster als Schutz gegen Sonnenlicht:* die Jalousien herab-, herunterlassen, hochziehen; er konnte durch die Jalousien die Straße beobachten.

ammer, der: **a)** *weinerliches Klagen:* der J. [um die verlorene Habe] war groß; sie ver-sank in lautlosem J. **b)** *Elend, zu beklagender Zustand:* der J. der Kreatur; es ist ein wahrer J., diese Armut mit ansehen zu müssen; es ist ein J. *(es ist schade)*, daß ... ; es ist der alte J. mit ihm *(es steht wieder schlecht um ihn)*; es wäre ein J. *(schade)* um die neuen Schuhe, wenn sie durch den Regen aufgeweicht würden. * **ein Bild des Jammers bieten/sein** *(jämmerlich aussehen):* der Garten bot ein Bild des Jammers.

immerlich: a) *klagend, großen Jammer ausdrückend:* ein jämmerliches Geschrei; sein Weinen war, klang j. **b)** *elend, beklagenswert:* ein jämmerliches Leben führen; sein Dasein war j.; sich j. blamieren; sie sind j. umgekommen. **c)** *ärmlich, dürftig und schlecht:* jämmerliche Verhältnisse; die Kinder waren j. angezogen. **d)** (abwertend) *erbärmlich:* das Stück ist ein jämmerliches Machwerk; was für ein jämmerlicher Kerl!; die Bezahlung der Hilfskräfte war j.; die Schauspieler spielten j. e) ⟨verstärkend bei Adjektiven und Verben⟩ *sehr:* es war j. kalt; ihn fror j.

mmern: 1.a) *weinerlich, unter Seufzen und Stöhnen Schmerzen, seinen Kummer mitteilen:* das kranke Kind jammerte in seinem Bettchen; sie jammerte den ganzen Tag, weil sie ihr Geld verloren hatte; hör endlich auf zu j.! **b)** ⟨nach jmdm., nach etwas j.⟩ *jammernd verlangen:* die Verwundeten jammerten nach Wasser. **c)** ⟨über jmdn., über etwas /um jmdn., um etwas j.⟩ *bejammern, beklagen:* sie jammerte laut über den Tod ihrer beiden Kinder; er hatte um den schweren Verlust gejammert. **2.** (geh.; veraltend) ⟨jmd., etwas jammert jmdn.⟩ *jmd., etwas erregt jmds. Mitleid, tut jmdm. leid:* die alte Frau, ihr Zustand jammerte ihn; es jammerte ihn nicht einmal, daß die Trennung bereits vollzogen war. * (ugs.:) **es kann einen Hund jammern** *(es ist mitleiderregend, erbarmenswert):* er wird von ihnen behandelt, daß es einen Hund j. kann.

anuar, der: *erster Monat des Jahres:* ein kalter, aber sonniger J.; Anfang J.; im Laufe des Monats J., des Januar[s].

psen (ugs.): *mit geöffnetem Mund nach Atem ringen:* nach Luft j.; er konnte kaum noch j.

uchzen: *in laute Freudenrufe ausbrechen:* vor Freude j.; das Publikum jauchzte vor Begeisterung.

ulen: *laut, klagend heulen:* der verprügelte Hund jaulte; bildl.: der Wind jaulte in der Takelage.

wort, das: *Einwilligung des Mädchens in die Heirat:* sie gab ihm ihr J.; er erhielt ihr J.

e: I. ⟨Adverb⟩: **1.** ⟨gibt eine unbestimmte Zeit an⟩: **a)** *überhaupt einmal:* wer hätte das je gedacht!; wer weiß, ob ihm das je gelingen wird; er ist der merkwürdigste Mensch, der mir je begegnet ist. **b)** *irgendwann:* sie war schöner als je zuvor. **2.** ⟨vor Zahlwörtern⟩ *jeweils:* sie erhielten je zwei Stück; je ein Exemplar des Buches wurde an die Bibliotheken verschickt. **3.** ⟨in Verbindung mit *nach*⟩ *jeweils durch etwas bedingt:* je nach den Umständen, Verhältnissen; je nach Lust und Laune stellte er sich an die Staffelei und malte. **II.** ⟨Präp. mit Akk.⟩ *pro:* die Zahl der Einwohner in diesem Land beträgt rund 200 je Quadratkilometer; der Beitrag beträgt 20 DM je angefangenen Monat; ⟨ein Substantiv bleibt oft ungebeugt, wenn es ohne Begleitwort folgt⟩ die ermäßigten Reisekosten betrugen nur 70 DM je Student. **III.** ⟨Konj.⟩ **1.** ⟨in Verbindung mit *desto, um so, je* (veraltend); setzt zwei Komparative zueinander in Beziehung⟩: je eher, desto besser; je länger, je lieber; je älter er wird, um so bescheidener wird er. **2.** ⟨in Verbindung mit *nachdem*⟩ *einem bestimmten Umstand entsprechend:* er kann im Lager oder im Vertrieb arbeiten, je nachdem wie geschickt er ist; je nachem es uns dort gefällt, werden wir unseren Urlaub verlängern. * **seit/von je; seit eh und je** *(solange man denken, sich erinnern kann)* · **wie eh und je** *(wie immer)*.

²je: 1. ⟨in Verbindung mit *ach, o* als Ausruf des Bedauerns, Erschreckens⟩: ach je, wie schade!; o je, was wird er dazu sagen! **2.** ⟨Adverb; leitet in Verbindung mit *nun* einen Satz ein, der eine einschränkende Äußerung enthält⟩: *nun ja:* je nun (geh.), wenn ich das früher gewußt hätte, hätte ich mich vielleicht anders entschieden.

jedenfalls ⟨Adverb; im Anschluß an etwas zuvor Gesagtes⟩ *auf jeden Fall:* es ist j. besser, wenn er nicht soviel trinkt; es bleibt j. bei dem vereinbarten Termin.

jeder, jede, jedes ⟨Indefinitpronomen und unbestimmtes Zahlwort⟩: /bezeichnet alle einzelnen von einer Gesamtheit/: jeder beliebige; jeder einzelne; jeder Schüler; jede Veränderung macht sich sofort bemerkbar; [ein] jeder von uns (geh.) muß helfen; jeder, der sich hierfür entscheidet, sollte es sich vorher genau überlegen; man muß jede Gelegenheit benutzen; am Anfang jedes/jeden Jahres; er geht jeden Sonntag zur Kirche; die Straßenbahn fährt jede (ugs.; *alle*) zehn Minuten; der Zug muß jeden Augenblick *(sogleich)* kommen; jedem der Kinder schenkte er eine Kleinigkeit; er erinnert sich noch jedes einzelnen, eines jeden von euch; er war bar jedes/jeden Mitgefühls; auf jeden Fall; auf jede Art und Weise; in jeder Hinsicht; zu jeder Stunde *(immer)*; Redensarten: jedem das Seine; jeder nach seinem Geschmack; Sprichw.: jeder kehre vor seiner Tür *(jeder bringe seine eigenen Angelegenheiten in Ordnung)*. * **alles und jedes** *(alles ohne Ausnahme):* er kümmert sich um alles und jedes.

jedermann ⟨Indefinitpronomen und unbestimmtes Zahlwort⟩: *jeder [ohne Ausnahme]:* das weiß doch j. * **etwas ist nicht jedermanns Sache** *(etwas gefällt nicht jedem):* Feiern dieser Art sind nicht jedermanns Sache.

jederzeit ⟨Adverb⟩: *immer, zu jeder Zeit:* er ist j. bereit, dir zu helfen.

jedoch ⟨Konj. oder Adverb; gibt einen Gegensatz an⟩: *aber, doch:* die Sonne schien, es war j. kalt/(selten:) j. war es kalt; ich rief mehrmals bei ihm an, er war j. nicht zu erreichen.

jeher ⟨in der Verbindung⟩ seit/von jeher: *solange man denken kann:* ich habe ihn von j. nicht ausstehen können; es war alles so geblieben, wie man es seit j. kannte.

jemals ⟨Adverb⟩: *überhaupt einmal, irgendwann:* es ist nicht sicher, ob er j. kommt; er bestritt, ihn j. gesehen zu haben.

jemand ⟨Indefinitpronomen; bezeichnet eine

beliebige, nicht näher bestimmte Person⟩: [irgend] j. hat es mir erzählt; es wollte Sie j. sprechen; war schon j. da?; das war j. Fremdes; haben Sie j./jemanden getroffen?; du meinst wohl j./jemanden anders; j./jemandem eine Gefälligkeit zu erweisen, fiel ihr äußerst schwer; er wollte nicht länger jemandes Feind sein.

jener, jene, jenes ⟨Demonstrativpronomen⟩ */weist auf ein vom Sprecher entfernteres Wesen oder Ding hin/:* **1.** ⟨attributiv⟩ jener Mann dort; ich möchte nicht dieses, sondern jenes Bild; in jenen Tagen; es waren jene (verstärkend; *die*) Dinge, die sie so sehr liebte. **2.** ⟨alleinstehend⟩ dieser war ein Tatmensch, jener ein Träumer; all jenem stand er hilflos gegenüber. * **dieses und jenes** *(mancherlei)* · **dieser und jener** *(mancher).*

jenseits: 1. ⟨Präp. mit Gen.⟩ *auf der anderen Seite:* j. des Flusses. **2.** ⟨Adverb⟩ *auf der anderen Seite:* j. vom Rhein; j. von Gut und Böse sein.

Jenseits, das: *Bereich des Lebens nach dem Tode:* an ein Leben im J. glauben; auf ein besseres J. hoffen. * (ugs.:) **jmdn. ins Jenseits befördern** *(jmdn. töten).*

jetzt ⟨Adverb⟩: **a)** *in diesem Augenblick, nun:* ich gehe j.; j. ist es zu spät; bis j. habe ich noch keine Nachricht erhalten; von j. an; j. gleich; j. gerade; was [soll ich] j. [tun]?; j. oder nie! **b)** (ugs.; landsch.) ⟨in Fragesätzen⟩ *wohl:* von wem mag j. der Brief sein?

jeweils ⟨Adverb⟩: *immer, jedesmal:* er kommt j. am ersten Wochentag; er muß j. die Hälfte abgeben; j. fünf Kinder treten zur Untersuchung vor.

Joch, das: **1.** *Geschirr zum Anspannen von Zugtieren:* die Rinder ins J. spannen. **2.** (geh.) *Last, die jmdm. auferlegt ist:* ein schweres J.; das J. der Fremdherrschaft; jmdm. ein J. auferlegen; ich habe mir dieses J. freiwillig aufgebürdet; ein Land mit Waffengewalt unter das J. zwingen; das Volk versuchte sich von dem fremden J. zu befreien. * **ins Joch von etwas eingespannt sein** *(die Last von etwas tragen müssen):* sie waren ins J. der täglichen Arbeit eingespannt · **sich einem Joch/unter ein Joch beugen** *(sich jmdm. einer Sache unterwerfen):* sie wollten sich unter niemandes J. beugen.

johlen: *wild schreien und lärmen:* die Menge grölte und johlte; johlende Kinder; die Rotte zog singend und johlend durch die Straßen.

Jota ⟨in der Verbindung⟩ [nicht] ein/um ein Jota: *[nicht] das geringste; [nicht] im geringsten:* er will nicht ein J. von seinem Anspruch aufgeben; sie weigerten sich, auch nur [um] ein J. nachzugeben.

jovial: *betont wohlwollend; leutselig:* er ist ein jovialer Chef; er war, grüßte sehr j.

Jubel, der: *das Jubeln:* lauter J. brach los; die Kinder brachen über die Geschenke in J. aus; sie begrüßten den Vater mit großem J.

Jubeljahr ⟨in der Wendung⟩ alle Jubeljahre [einmal] (ugs.): *äußerst selten:* das kommt höchstens alle Jubeljahre einmal vor.

jubeln: *seine Freude laut und lebhaft äußern:* laut, vor Freude [über etwas] j.; du hast zu früh gejubelt; er wurde jubelnd begrüßt * (ugs.; iron.:) **jmdm. etwas unter die Weste jubeln: a)** *(jmdm. ohne daß er es merkt, etwas aufbürden):* sie überlegten, wie sie ihm die unangenehme Aufgabe am besten unter die Weste j. könnten. **b)** *(jmdm. etwas anlasten):* der Einbrecher wollt[e] sich den Raubüberfall nicht unter die Weste [jubeln] lassen.

Jubiläum, das: *[festlich begangener] Jahrest[ag] eines Ereignisses:* die Firma feierte ihr hunder[t]jähriges J.; der älteste Mitarbeiter unseres Be[triebes] hat, begeht heute sein fünfundzwanzi[g]jähriges J.; bei, zu seinem J., aus Anlaß sein[es] Jubiläums erhielt er eine hohe Geldprämie.

jucken: 1. a) ⟨etwas juckt⟩ *etwas ist von eine[m] Juckreiz befallen:* mein Rücken juckt; die nac[h]wachsende Haut juckte fürchterlich. **b)** ⟨etw[as] juckt⟩ *etwas verursacht einen Juckreiz:* d[er] Schweiß, das Pulver juckte auf seiner Hau[t]; das Zeug juckt aber. **c)** ⟨etwas juckt jmdm[./] jmdn.⟩ die Finger jucken mir/mich; ihm/ih[n] juckt der Rücken: ⟨auch: es juckt jmdn.⟩ [es] juckt mich an den Fingern; Sprichw.: wen [es] juckt, der kratze sich *(wem etwas nicht paßt, d[er] tue etwas dagegen)* · adj. Part.: er rieb sich d[ie] juckenden Augen. **2.** (ugs.) **a)** ⟨etwas juc[kt] jmdn.⟩ *etwas reizt jmdn.:* ihn juckte nur d[as] Geld; was juckt mich das *(das kümmert mi[ch] nicht).* **b)** ⟨es juckt jmdn., etwas zu tun⟩ *es g[e]lüstet jmdn., etwas zu tun:* es juckte ihn, vo[n] dem Vorfall zu erzählen. **3.** (ugs.) ⟨sich j.⟩ *si[ch] kratzen:* er hat sich blutig gejuckt; der Hu[nd] juckt sich. * (ugs.:) **jmdm./jmdn. juckt das Fe[ll]** *(jmd. wird so übermütig, als wolle er Prügel h[a]ben)* · **jmdm./jmdn. juckt es in den Beinen** *(jm[d.] möchte tanzen)* · **jmdm./jmdn. juckt es in d[en] Fingern** *(jmd. möchte jmdn. ohrfeigen).*

Jugend: 1. *Zeit des Jungseins:* die frühe J.; ei[ne] sorglose J.; ihn entschuldigt seine J.; seine [J.] genießen; er verlebte seine J. auf dem Land[e]; in ihrem Gespräch ließen sie die gemeinsame [J.] wieder aufleben; in meiner J.; seit frühester J[.]; sie ist schon über ihre erste J. hinaus *(sie h[at] ihre J. schon hinter sich);* von J. auf *(von sein[en] Jugendjahren an);* sie wollten etwas von ihrer [J.] haben. **2.** *die Jugendlichen; junge Leute:* d[ie] studentische, europäische, moderne J.; die re[i]fere J. (auch scherzh. für: *die älteren Jahrgänge*) die J. tanzte bis in die Nacht; sie suchten dur[ch] ihre Parolen die J. zu gewinnen; Unbekümmer[t]heit ist ein Vorrecht der J.; die J. von heu[te] denkt sehr selbständig; Sprichw.: J. ken[nt] hat keine Tugend. **3.** *Jugendlichkeit:* sie hat si[ch] (Dativ) ihre J. erhalten.

jugendlich: 1. *jung; für Jugendliche typisch:* d[ie] jugendlichen Zuschauer, Käufer; jugendlic[he] Kraft; mit jugendlichem Übermut stürzte [er] sich in das Abenteuer. **2.** *jung wirkend:* ei[ne] jugendliche Erscheinung; er war, sah noch se[hr] j. aus.

Jugendliche, der: *junger Mensch zwischen de[m] 14. und ungefähr 20. Lebensjahr:* ein Jugen[d]licher war auch in die Schlägerei verwickel[t]; Jugendliche [unter 18 Jahren] haben kein[en] Zutritt; die Verbrechen Jugendlicher haben [in] der letzten Zeit zugenommen; dieser Film [ist] für Jugendliche ab 16 Jahren (ugs.), über [16] Jahre freigegeben.

Juli, der: *siebenter Monat des Jahres:* ein heiße[r,] verregneter J.; die Ferien beginnen im J.; [im] Laufe des Monats J., des Juli[s].

jung: 1.a) *ein jugendliches Alter habend:* e[in] junges Mädchen; eine junge Frau; ein jung[er] Mann; junge Leute; sie ist schon eine jun[ge]

Dame; er ist das jüngste von ihren vier Kindern; er ist schon in jungen Jahren *(sehr früh)* selbständig geworden; sie sieht jünger aus, als sie ist; (ugs.; scherzh.:) sie ist siebzehn Jahre j. *(alt);* sie hat j. geheiratet; subst.: die Jungen und die Alten; sie ist nicht mehr die Jüngste *(ist schon älter);* mein Jüngster *(jüngster Sohn);* Sprichwörter: j. gewohnt, alt getan; j. gefreit hat niemand gereut; wie die Alten sungen, so zwitschern die Jungen. **b)** *jugendlich:* er ist auch im Alter noch j. geblieben; ich fühle mich noch j.; Sport erhält j. **2.** *erst seit kurzem bestehend, neu, frisch:* ein junges Unternehmen; eine junge Ehe; der junge Tag (geh.; *der Morgen*); junges Laub; junge Erbsen, Kartoffeln, junges Gemüse (auch ugs. übertr. für: *junge Leute*); die jüngsten *(letzten)* Ereignisse; sein jüngstes *(letztes)* Werk; sie sind j. *(erst seit kurzem)* verheiratet. * **alt und jung** *(jedermann)* · **von jung auf** *(seit früher Jugend)* · (dichter.:) **ein junges Blut** *(ein junger Mensch)* · **jüngere Beine haben** *(besser laufen oder stehen können als eine ältere Person)* · (Rel.:) **das Jüngste Gericht** *(göttliches Gericht am Tage des Weltuntergangs)* · (Rel.:) **der Jüngste Tag** *(Tag des Jüngsten Gerichts).*

[1]Junge, der: **1.a)** *Kind männlichen Geschlechts:* ein großer, kleiner, guter, artiger, hübscher, lieber, verwöhnter, verzogener, schmutziger, wilder, kräftiger, dummer J.; armer J.; viele Jungen/(ugs.:) Jungens/(ugs.:) Jungs; was haben die Jungen angestellt?; in der Klasse sind 12 Jungen und 8 Mädchen. **b)** (fam.) *Sohn:* wir haben drei Jungen; seine Frau hat einen Jungen bekommen *(zur Welt gebracht).* **c)** (ugs.) *junger Mann:* er war ein netter J.; unsere Jungen *(unsere Mannschaft)* schlugen sich tapfer. **2.** (Kartenspiel; ugs.) *Bube:* alle vier Jungen ausspielen. * (ugs.:) **die blauen Jungs** *(die Matrosen)* · (ugs.; abwertend:) **ein schwerer Junge** *(ein Verbrecher)* · **alter Junge!** */vertraulichen Anrede für einen erwachsenen Mann/* · (ugs.:) **Junge, Junge!** */Ausruf des Staunens/* · (ugs.:) **jmdn. wie einen dummen Jungen behandeln** *(jmdn. behandeln, wie es sich nicht gehört).*

[2]Junge, das: *junges [gerade geborenes] Tier:* die Jungen füttern; unsere Katze hat drei Junge bekommen; er verschenkte ein Junges.

Jünger, der: *Anhänger, Schüler:* die zwölf Jünger [Jesu]; ein J. Nietzsches; (geh.:) ein J. der Wissenschaft, der Kunst; er ist ein echter J. seines Meisters.

Jungfer ⟨in der Verbindung⟩ eine alte Jungfer: *eine unverheiratet gebliebene weibliche Person:* sie war eine alte J.

Jungfrau, die: **1.** *Mädchen, das [noch] keine geschlechtlichen Beziehungen gehabt hat:* sie war noch J.; Rel.: die J. Maria *(die Mutter Jesu);* Redensart: zu etwas kommen wie die J. zum Kind (ugs.; *ohne eigenes Zutun, durch Zufall*). **2.** (Astrol.) */ein Tierkreiszeichen/:* ich bin [eine] J. (ugs.; *bin im Zeichen der Jungfrau geboren*).

Junggeselle, der: *Mann, der [noch] nicht geheiratet hat:* ein echter, eingefleischter, begehrter J.; er hat es sich geschworen, J. zu bleiben.

Jüngling, der (geh.): *junger Mann:* ein schüchterner, unreifer, feuriger J.; der J. forderte sie zum Tanzen auf.

Juni, der: *sechster Monat des Jahres:* ein warmer, verregneter J.; der J. war dieses Jahr noch ziemlich kühl; im Laufe des Monats J., des Juni[s].

Juwel, das: **1.** ⟨auch: der⟩ *Schmuckstück, wertvoller Edelstein:* ein kostbares, seltenes J.; funkelnde Juwelen; sie trägt viele Juwelen. **2.** *Kostbarkeit:* das Neckartal ist ein landschaftliches J.; unsere Hausgehilfin ist ein J. *(ist sehr tüchtig).*

Jux, der (ugs.): *Spaß, Scherz:* das war nur ein J.; ich mache [mir] gern einen J.; man darf die Sache nicht nur als J. betrachten; er hat es nur aus J. *(zum Spaß)* gesagt.

K

Kabel, das: **1.** *isolierte elektrische Leitung:* ein dreiadriges K.; das rote K. mit dem Minuspol verbinden; der Monteur hat das K. verlegt und angeschlossen. **2.** *kräftiges Drahtseil:* die Förderkörbe hängen an starken Kabeln. **3.** (veraltend) *[Übersee]telegramm:* ein K. schicken; wir erhielten ein K. von unserem Korrespondenten in Amerika.

Kabinett, das: **1.** (veraltend) *kleiner Raum, Privatgemach:* er hatte den Vormittag in seinem K. verbracht. **2.** *Regierungsgremium, Ministerrat:* ein konservatives, liberales K.; ein K. bilden, vereidigen, stürzen, umbilden; der Regierungschef stellte sein neues K., die Mitglieder seines Kabinetts vor; eine Vorlage im K. beraten.

Kachel, die: *keramische Platte:* bemalte, glasierte Kacheln; eine K. ist von der Wand gefallen; der Flur ist mit Kacheln (landsch.; *Fliesen*) ausgelegt.

kacheln ⟨etwas k.⟩: *mit Kacheln aus-, verkleiden:* wir lassen das Bad, die Wände k.; die Küche ist gekachelt.

Kadaver, der: **1.** *[verwesende] Tierleiche:* ein angeschwemmter, aufgetriebener K.; einen K. verscharren; Fliegen umschwärmten den K. eines Hundes. **2.** (ugs.; abwertend) *[verbrauchter, abgemergelter] Körper:* man muß seinem [alten] K. täglich neue Strapazen zumuten.

Kadi, der (ugs.; scherzh.): *Richter:* er wollte gleich zum K. laufen *(prozessieren);* die Polizei schleppte, zitierte den Kraftfahrer vor den K.; sei vorsichtig, sonst kommst du noch vor den K. *(vor Gericht).*

Käfer, der: */ein Insekt/:* ein brauner, golden glänzender K.; ein K. läuft, krabbelt über den Weg; Käfer brummen, surren, fliegen, schwirren durch die Luft; er sammelt K.; übertr. (ugs.): sie ist ein netter, reizender K. *(ein nettes, reizendes Mädchen).*

Kaff, das (ugs.; abwertend): *langweilige Kleinstadt, armseliges Dorf:* ein ödes, trostloses K.; wir haben drei Jahre in diesem K. gelebt; wo ist in diesem K. etwas los?

¹Kaffee, der: **1.** *Kaffeepflanze, -strauch:* K. anbauen, [an]pflanzen. **2. a)** *bohnenförmige Samen des Kaffeestrauchs:* [un]gerösteter, brasilianischer K.; K. ernten, exportieren, rösten, brennen, mahlen. **b)** *geröstete, [gemahlene] Kaffeebohnen:* ein halbes Pfund K. kaufen; ich nehme einen Teelöffel K. mehr pro Tasse. **3.** *Getränk aus gemahlenen Kaffeebohnen:* heißer, schwarzer, starker, dünner, koffeinfreier K.; K. mit Milch und Zucker; Kochk.: K. verkehrt *(mehr Milch als K.)* · der K. setzt sich, muß noch ziehen; wenn ich so einen Quatsch höre, kommt mir gleich der K. hoch (ugs.; *wird mir schlecht*); K. kochen, machen, bereiten, aufbrühen, aufgießen, filtern, trinken, anbieten; eine Tasse K./duftender K./(geh.:) duftenden Kaffees; es gibt K. und Kuchen; ich muß erst einmal einen Schluck K. trinken. **4.** *Frühstück oder Nachmittagsmahlzeit:* K. trinken; nach dem K. gehen wir spazieren; er ist ohne K. *(ohne gefrühstückt zu haben)* aus dem Haus gegangen; wir waren zum K. bei unserer Tante *(zu einem gemütlichen Zusammensein beim Nachmittagskaffee)*. * (ugs.:) **das ist [alles] kalter Kaffee** *(das ist längst bekannt, uninteressant)*.

²Kaffee, (gewöhnlich:) Café, das: *Kaffeehaus:* sich im K. treffen; wir sind ins K. gegangen.

Käfig, der: *umgitterter Raum für gefangengehaltene Tiere:* ein runder K.; den K. saubermachen; ein Tier in den K. sperren; er hält viele Vögel im K. *(Bauer)*.

kahl: *nackt, entblößt [von sonst vorhandenem Bewuchs], leer:* ein kahler Kopf, Schädel; kahle *(unbelaubte)* Zweige, Äste; kahle *(unbewaldete)* Berge, Felsen; kahle *(schmucklose)* Wände; die Bäume sind, werden k.; das Zimmer wirkte k. *(schlecht möbliert)* und ärmlich.

Kahn, der: **1.** *kleines, flaches und plumpes Boot:* der K. schwankt, schaukelt; K. fahren; er stakte den K. über den See; wir sind mit dem K. zum Fischen gerudert. **2.** *breites, flaches Schiff zur Beförderung von Lasten:* ein schwerfälliger K.; der K. wurde mit Kohle beladen; der Schlepper zog zwei schwerbeladene Kähne flußaufwärts. **3.** (ugs.; abwertend) *Schiff:* mit diesem K. werden wir noch alle absaufen. **4.** (Soldatenspr.) *Arrest, Gefängnis:* der Rekrut hat drei Tage K. bekommen; er sitzt im K. **5.** (landsch.; scherzh.) *Bett:* in den K. gehen, steigen; marsch, in den K.!

Kaiser, der: */Herrscher[titel]/:* der K. von Österreich; der K. hat abgedankt; er wurde zum K. gekrönt; Redensart: er ist dort, wo [auch] der K. zu Fuß hingeht *(auf der Toilette)*; Sprichw.: wo nichts ist, hat [selbst] der K. sein Recht verloren. * **sich um des Kaisers Bart streiten** *(sich um etwas Nichtiges streiten)*.

Kakao, der: **1.** *Samen des Kakaobaums:* K. ernten, rösten, mahlen. **2.** *aus Kakaobohnen hergestelltes Pulver:* entölter K.; ich kaufe ein halbes Pfund K.; sie rührte den K. in die kochende Milch. **3.** *aus Kakaopulver hergestelltes Getränk:* süßer, heißer K.; K. kochen, trinken; eine Tasse K. * (ugs.:) **jmdn. durch den Kakao ziehen** *(veralbern, lächerlich machen)*.

Kalb, das: **1.** *junges Rind:* ein kleines, neugeb renes K.; die Kälber tollen auf der Weide ur her; ein K. schlachten. **2.** (ugs.) */Schimpfw für einen dummen Menschen/:* du K.! * (ugs. **Augen machen/glotzen wie ein [ab]gestochen Kalb** *(dümmlich, verwundert dreinblicken)* (geh.:) **das Goldene Kalb anbeten; um das Gold ne Kalb tanzen** *(die Macht des Geldes anbeter*

Kalender, der: **1.** *Datumsverzeichnis:* ein neu ewiger, immerwährender K.; der Hundertjäh ge K.; der K. hat leere Seiten für Eintragunge den K. *(das Kalenderblatt)* abreißen; etwas i K. notieren, vermerken, nachschlagen. **2.** *Ze rechnung:* der altrömische, chinesische, Julia sche, Gregorianische K. * **sich** (Dativ) **etwa einen Tag im Kalender [rot] anstreichen** *(si etwas besonders merken)*.

Kalk, der: *weißer mineralischer Stoff:* gebran ter, [un]gelöschter K.; im Teekessel hat sich abgesetzt; das Wasser enthält [viel] K.; brennen, löschen; die Wände mit K. *(Kalkm tel)* bewerfen; weiß, blaß wie K. sein, werd *(bleich sein, werden)*. * (ugs.:) **bei jmdm. ries [schon] der K.** *(er wird alt, senil)*.

kalkulieren <[etwas] k.>: **1.** *[die Kosten] v anschlagen; berechnen:* knapp, scharf, vorsicht großzügig k.; die Gestehungskosten, die Fer gungszeiten, die Produktmengen k.; wir hab die Endpreise so niedrig wie möglich kalkulie das Projekt ist auf zwanzig Millionen Mark k kuliert worden. **2. a)** *vorausberechnen, erwäg* rasch, blitzschnell k.; in dieser Sache hat richtig, falsch kalkuliert; ich habe dieses Risi kalkuliert. **b)** (ugs.; selten) *vermuten:* ich kalk liere, er hat jetzt ausgespielt.

kalt: 1. a) *von niedriger Temperatur, Kälteem findungen erregend:* ein kalter Winter, Luftzu mit kaltem Wasser duschen; das wirkte wie kalter Wasserstrahl *(ernüchternd)*; ein kal Bad nehmen; kalte Umschläge machen; d Wetter ist, bleibt k.; heute ist es sehr, eisig der Fußboden ist immer k.; die Wohnung, d Zimmer ist k. *(nicht oder schlecht geheizt)*; kalte Miete, die Miete beträgt k. *(ohne Heizun kosten)* hundertzwanzig Mark; ich schlafe me k. *(im ungeheizten Zimmer)*; bildl.: kalte *(u behagliche, einen Stich ins Bläuliche aufweisen* Farben; eine kalte *(unbehaglich wirken* Pracht; die Räume wirken k. *(ungemütlich)*. *ohne Körperwärme:* eine kalte Nasenspitze; k te Hände, Füße haben; mir ist, wird k. *(ich fr re, beginne zu frieren)*. **2.** *nicht [mehr] warm o heiß, abgekühlt:* kalte Getränke, Speisen; Suppe, das Essen ist, wird schon k.; Eis Rohre k. biegen; eine Flasche Bier, Wein stellen *(kühlen)*; (ugs.:) wir essen heute abe k. *(kalte Speisen)*. **3.** *[noch] nicht erhitzt, e zündet:* ein kalter Ofen; der Motor ist noch *(hat noch nicht seine Betriebstemperatur)*; raucht die Pfeife k. *(unangezündet)*. **4. a)** *o Gefühl[säußerung], nüchtern:* ein kalter V stand; mit kalter Berechnung; eine kalte *(fr de)* Frau; dies erklärte er ganz k. und unbe ligt. **b)** *kein Mitgefühl zeigend, unfreundlich, weisend:* ein kalter Empfang, Abschied; sie h te kalte Augen und eine kalte Stimme; er grüßte uns mit kalter Miene; sie blickten k und argwöhnisch. **5.** *ein eisiges Gefühl, Sch der erregend:* kaltes Grausen, kalte Furcht;

packte kalte Wut; kalter Angstschweiß stand auf seiner Stirn; es überläuft, durchrieselt mich k. * (ugs.:) **kalte Füße bekommen** *(ein Vorhaben aufgeben, weil man Angst bekommen hat)* · **jmdm. eine kalte Dusche verabreichen** *(seine Begeisterung dämpfen)* · **kalte Küche** *(Zubereitung kalter Mahlzeiten)* · **kaltes Büfett** *(angerichtete kalte Speisen)* · **die kalte Mamsell** *(Kaltmamsell; Angestellte, die kalte Speisen zubereitet und anrichtet)* · **kalte Ente** *(bowlenartiges Getränk)* · (ugs.:) **das ist [alles] kalter Kaffee** *(das ist längst bekannt, uninteressant)* · **ein kalter Schlag** *(Blitz, der nicht gezündet hat)* · **ein kalter Krieg** *(politischer Zwist ohne offene Feindseligkeiten)* · **auf kaltem Wege,** (ugs.:) **auf die kalte Tour** *(unauffällig, ohne Gewaltanwendung):* etwas auf kaltem Wege, auf die kalte Tour erreichen, erobern · **kaltes Blut bewahren** *(sich beherrschen, kaltblütig bleiben)* · **jmdm. die kalte Schulter zeigen** *(verächtlich behandeln, abweisen)* · (ugs.:) **kalt wie eine Hundeschnauze sein** *(gefühllos, ohne jedes Mitempfinden sein)* · **es läuft jmdm. [heiß und] kalt über den Rücken** *(er ist voll Angst, entsetzt).*

kaltblütig: 1. a) *beherrscht, unerschrocken:* ein kaltblütiger Mensch; k. sein, bleiben; der Gefahr k. ins Auge sehen. **b)** *skrupellos:* jmdn. k. ermorden, zugrunde richten. **2.** (Biol.) *wechselwarm:* Eidechsen sind k., kaltblütige Tiere.

Kälte, die: **1.** *Mangel an Wärme, niedrige Temperatur, Frost:* eine eisige, grimmige, starke, beißende, schneidende K.; die K. ist mörderisch (ugs.); ist das eine K. heute!; es herrscht strenge, sibirische K.; die Kälte dringt selbst durch die Kleidung; wir haben 15 Grad K.; diese Maschine erzeugt K.; die Fliesen strömen K. aus; vor K. zittern, bibbern (ugs.); bei dieser K. kann man nicht arbeiten. **2.** *Unfreundlichkeit:* er empfing mich mit eisiger K.

kaltlassen ⟨etwas läßt jmdn. kalt⟩: *etwas macht keinen Eindruck auf jmdn.:* sein Pathos läßt mich kalt; ihre Tränen ließen ihn völlig kalt.

kaltmachen (ugs.) ⟨jmdn. k.⟩: *töten:* ich mach dich kalt!; der Bandenchef wollte ihn k. lassen.

kaltschnäuzig (ugs.): *ungerührt, unverschämt:* ein kaltschnäuziges Auftreten, Benehmen; der Bursche ist ganz schön k.; er fertigte ihn k. ab.

kaltstellen (ugs.) ⟨jmdn. k.⟩: *seines Einflusses berauben, entmachten:* der Minister, einer der Direktoren wurde kaltgestellt.

Kamel, das: **1.** */ein Wüstentier/:* ein einhöckriges, zweihöckriges K.; das K. beladen; wir ritten auf Kamelen. **2.** (ugs.; abwertend) */Schimpfwort für einen dummen Menschen/:* du K.!; so ein altes K.!

Kamerad, der: *Gefährte:* ein guter, treuer, erprobter K.; einen Kameraden/(nicht korrekt:) Kamerad im Stich lassen; sie sind alte Kameraden; seine Frau war ihm ein guter K. *(Lebensgefährte).*

Kameradschaft, die: *vertrauensvolles Verhältnis von Kameraden zueinander:* eine gute, herzliche, schlichte K.; K. schließen, halten; aus K. handeln; es herrscht eine Atmosphäre der K.

kameradschaftlich: *wie ein Kamerad; aus Kameradschaft:* ein kameradschaftliches Verhältnis; die norwegischen Sportler sind sehr k.; er klopfte ihm k. auf die Schulter.

Kamin, der: **1.** (bes. südd.) *Schornstein:* der K. raucht; den K. kehren; aus den Kaminen auf den Dächern quoll Rauch. **2.** *offene Feuerstätte mit Rauchfang:* wir saßen am K., um den K.; im K. brennt ein Feuer. **3.** (Bergsteigen) *Zwischenraum, Schacht zwischen Felsen:* ein schwieriger K.; wir haben den K. durchklettert.

Kamm, der: **1.** *Gebrauchsgegenstand zum Kämmen der Haare:* ein feinzinkiger K.; der K. ist aus Horn, Zelluloid; sich einen K. *(Zierkamm)* ins Haar stecken; ich fuhr mir mit dem K. durchs Haar; da herrscht eine schöne Ordnung, bei denen liegt der K. auf/bei der Butter (iron.); auf dem K. blasen; einige Zähne aus dem K. ausbrechen. **2.** *fleischiger Hautlappen am Hühnerkopf:* der Hahn hatte einen krausen, fleischigen, roten K.; dem Truthahn schwillt der K. **3.** *der Nacken bei [Schlacht]tieren:* der K. des Schweines, Rindes; ich habe ein Pfund K. gekauft. **4.** *langgestreckter Gipfel, Gipfellinie:* der K. des Berges, des Gebirges; auf den Kämmen der Wogen, Wellen; wir gingen die Kämme der Dünen entlang: * **jmdm. schwillt der Kamm: a)** *(jmd. wird übermütig, ist eingebildet).* **b)** *(jmd. gerät in Zorn)* · **alles über einen Kamm scheren** *(alles gleich behandeln und dabei wichtige Unterschiede nicht beachten).*

kämmen: a) ⟨jmdn., sich, etwas k.⟩ *frisieren, die Haare mit dem Kamm glätten:* er kämmt sich; die Mutter kämmt das Kind; das Mädchen stand vor dem Spiegel und kämmte ihr Haar; ⟨jmdm., sich etwas k.⟩ ich hatte mir gerade die Haare gekämmt; er ließ sich das Haar in die Stirn k. **b)** ⟨jmdm., sich etwas aus etwas k.⟩ *kämmend entfernen:* ich muß mir erst einmal den Mörtelstaub aus dem Haar k.

Kammer, die: **1. a)** *[nicht heizbarer] Nebenraum:* etwas in der K. abstellen; eine Wohnung aus Stube, K. und Küche; das Dienstmädchen schläft in der K.; die Rekruten wurden auf der K. (militär.; *Bekleidungsraum*) eingekleidet. **b)** *Hohlraum:* die rechte K. des Herzens. **2.** *[gesetzgebende, Recht sprechende] Körperschaft:* die erste, zweite K., die beiden Kammern des Parlaments; er wurde in die K. für Strafsachen des Oberlandesgerichts berufen; die Sache wurde vor der K. verhandelt. * (scherzh.:) **im stillen Kämmerlein** *(für sich allein).*

Kampf, der: **1. a)** *[handgreifliche] Auseinandersetzung mit einem [persönlichen] Gegner:* ein harter, zäher, erbitterter, ungleicher K.; ein ideologischer K.; ein K. aller gegen alle, Mann gegen Mann; der K. mit einem, gegen einen wohlgerüsteten Gegner; der K. zwischen den Geschlechtern; ein K. mit den [bloßen] Fäusten; ein K. auf Leben und Tod, auf Biegen oder Brechen; der K. beginnt, entspinnt sich (geh.), ruht; einen K. wagen, beginnen, führen, ausfechten, bestehen, abbrechen, fortsetzen, aufgeben, beendigen, für sich entscheiden; den K. aufnehmen, annehmen, eröffnen, verloren geben; sich dem K. stellen, sich auf einen K. einlassen; es kommt zum K.; jmdn. im K. besiegen, überwinden; er hat mich zum K. herausgefordert; er ist aus dem K. als Sieger hervorgegangen; bildl.: der Kampf mit dem Unwetter, gegen die Unbilden der Witterung. **b)** *kriegerische Auseinandersetzung, Gefecht:* ein blutiger, heißer, heroischer, hartnäckiger, sinnloser K.;

ein K. mit feindlichen Streitkräften, gegen einen überlegenen Gegner; der K. tobt um die Stadt, um den Brückenkopf; in den K. ziehen; er ist im K. gefallen. **c)** *sportlicher Wettkampf:* ein fairer, spannender K.; er hat in diesem Jahr mehrere Kämpfe bestritten; die Mannschaften lieferten sich heiße Kämpfe. **2.** *innerer Zwiespalt:* seelische, innere Kämpfe durchstehen, ausfechten; nach langem K. mit sich selbst hat er sich entschieden. **3. a)** ⟨in Verbindung mit der Präp. *für*⟩ *Einsatz aller Kräfte, um etwas zu verwirklichen, zu verteidigen:* der K. für eine bessere Zukunft, für das Vaterland; wir dürfen im K. für einen gerechten Frieden nicht nachlassen. **b)** ⟨in Verbindung mit der Präp. *gegen*⟩ *Anstrengungen, Maßnahmen zur Verhinderung oder Beseitigung einer Sache:* der K. gegen den Hunger, gegen die Ausbeutung; die Verbraucher wurden zum K. gegen den Preisauftrieb aufgerufen. **c)** ⟨in Verbindung mit der Präp. *um*⟩ *Einsatz aller Mittel, um etwas zu erlangen:* der K. um den Sieg, um höhere Löhne; der K. ums Dasein; der K. um die Freiheit war verloren.

kämpfen: 1. a) *gegen einen Gegner vorgehen, sich [handgreiflich] mit jmdm. auseinandersetzen:* verbissen, wie ein Löwe, wie ein Verzweifelter k.; er hatte gegen ihn, mit ihm bis zur Erschöpfung gekämpft; sie kämpften miteinander auf Leben und Tod; bildl.: der Schwimmer kämpfte mit den Wellen, gegen die Strömung; wir haben mit vielen/gegen viele Schwierigkeiten zu k.; er kämpfte mit dem/gegen den Schlaf *(versuchte wach zu bleiben);* sie kämpfte mit den Tränen, mit der Rührung *(versuchte sie zu unterdrücken)* · ⟨einen Kampf k.⟩ er kämpfte einen verzweifelten, aussichtslosen Kampf. **b)** *gegen einen Feind im Krieg vorgehen, sich militärisch mit jmdm. auseinandersetzen:* die Soldaten kämpften erbittert, bis zum letzten Mann, bis zum letzten Blutstropfen, Schulter an Schulter, auf verlorenem Posten, um jeden Fußbreit Boden, für das Vaterland; an der vordersten Front, auf der anderen Seite k.; die Division kämpfte gegen eine erdrückende Übermacht; die kämpfende Truppe. **c)** *sich im sportlichen Wettkampf messen, den Sieg zu erringen suchen:* die Mannschaft kämpfte fair, zäh, verbissen, bis zum Umfallen; gegen den Tabellenführer, den Europameister k. **2.** ⟨mit sich (Dativ) k.⟩ *sich zu einem Entschluß durchringen:* ich kämpfe [noch] mit mir, ob ich daran teilnehme. **3. a)** ⟨für etwas k.⟩ *sich für etwas einsetzen, etwas mit allen Kräften zu erreichen suchen:* für die Freiheit, für die Gleichberechtigung, für seinen Glauben k.; wir kämpfen für ein geeintes Europa. **b)** ⟨gegen etwas k.⟩ *gegen etwas angehen, etwas mit allen Kräften zu beseitigen, zu verhindern suchen:* gegen den Krieg, gegen die Unterdrückung k.; die Mannschaft kämpft gegen den Abstieg. **c)** ⟨um etwas k.⟩ *mit allen Mitteln zu erreichen suchen, um etwas ringen:* um mehr Selbständigkeit, Anerkennung k.; die Mutter kämpfte um ihr Kind; der Arzt hat vergeblich um das Leben des Patienten gekämpft.

kampieren ⟨mit Raumangabe⟩: *sein Lager aufschlagen, behelfsmäßig, notdürftig wohnen:* unter freiem Himmel, auf freiem Feld k.; in einer Hütte k.; wir haben drei Monate lang in Notunterkünften kampiert; er mußte auf den alten Sofa k. *(schlafen).*

Kanal, der: **1.** *[künstlicher] Wasserlauf, Wasserstraße:* einen K. planen, graben, bauen; viel Kanäle durchziehen das Land; er hat den K *(Ärmelkanal)* durchschwommen; der Hafen is durch einen K. mit dem Meer verbunden. 2 *Abwasserleitung:* der K. ist verstopft; infolg des anhaltenden Regens liefen die Kanäle über **3.** *Nachrichtenweg:* geheime, dunkle, diploma tische Kanäle; es galt, diese Information in di richtigen Kanäle zu leiten. **4.** (Rundf.) *Fre quenzbereich beim Fernsehen:* das dritte Pro gramm kann auf K. sieben empfangen werden ∗ (ugs.:) **den Kanal voll haben** *(einer Sache über drüssig sein)* · (ugs.:) **sich** (Dat.) **den Kanal voll laufen lassen** *(sich betrinken).*

Kandare, die: *Gebißstück am Pferdezaum:* ei nem Pferd die K. anlegen; die K. scharf anzie hen; er ritt das Pferd auf K. ∗ **jmdn. an die Kan dare nehmen; [bei] jmdm. die Kandare anziehe** *(jmds. Freiheit einschränken)* · **jmdn. an de Kandare haben/halten** *(jmdm. keine Freihei lassen).*

kandidieren (bildungsspr.): *sich zur Wahl stel len, sich bewerben:* für das Parlament, für da Amt des Präsidenten, für unsere Partei, gege einen Mitbewerber k.; er ist nicht bereit, erneu zu k.

Kanne, die: *[ein Gefäß]:* eine K. Kaffee; dre Kannen Milch, mit Milch; ein Kännchen Milch Sahne; die K. ausgießen, [nach]füllen; die Kan nen *(Blechkannen)* scheuern, reinigen; wir ha ben das Bier in der K. geholt. ∗(Studenten spr.:) **in die Kanne steigen** *(sein Bier austrinke [müssen]).*

Kanone, die: **1.** *Artilleriegeschütz:* die Kanone donnern, feuern; Kanonen gießen; Kanone auffahren; eine K. laden, richten, abfeuern. 2 (ugs.) *Könner; sportliche Größe:* er ist ein [große] K. auf diesem Gebiet; als Rennfahre ist er eine K. **3.** (ugs.; scherzh.) *Revolver:* la die K. fallen!; gebt die Kanonen her! ∗**mit Ka nonen nach/auf Spatzen schießen** *(gegen Kleini keiten mit zu großem Aufwand vorgehen)* · (ugs **unter aller Kanone** *(sehr schlecht, unter aller Kri tik):* sie spielten unter aller K.; diese Arbeit is unter aller K.

Kante, die: **1.** *Schnittlinie zweier aneinande stoßender Flächen:* eine scharfe, spitze, stumpf abgerundete K.; ich habe mich an der K. de Tisches gestoßen. **2.** *Rand, Begrenzung:* ein schmale, breite K.; die Tischdecke hatte eine K aus Spitzen. ∗ (ugs.:) **an allen Ecken und Kante** *(überall)* · (ugs.:) **etwas auf die hohe Kante lege** *(Geld sparen).*

Kanthaken ⟨in der Wendung⟩ jmdn. beim/a Kanthaken nehmen/kriegen (ugs.): *sich jmd vornehmen, jmdn. für etwas verantwortlich ma chen und zurechtweisen:* der kriegt immer mic beim/am K.

Kantonist ⟨in der festen Verbindung⟩ ein un sicherer Kantonist (ugs.): *ein nicht verläßliche unzuverlässiger Mensch:* unser Verbindung mann ist ein, gilt als unsicherer K.

Kanzel, die: **1.** *erhöhte Stelle in der Kirche, vo der der Geistliche seine Predigt hält:* eine reich g schnitzte K.; die K. besteigen, von der K. hera predigen; etwas von der K. herab verkünde der Pfarrer stand auf der K. **2.** *Raum für den Piloten im Flugzeug:* die Besatzungen kletterten in die Kanzeln.

Kanzler, der: *Premierminister, Regierungschef:* den K. ernennen; der K. bestimmt die Richtlinien der Politik; welche Partei stellt den K.?

Kapelle, die: *kleine Kirche; kleiner, abgeteilter Altarraum:* die K. mit Blumen schmücken; sie betete in der K.

Kapelle, die: *kleines Unterhaltungsorchester:* es spielen zwei Kapellen zum Tanz; die K. spielte einen Walzer; er spielt in dieser K. [Trompete].

kapern: 1. ⟨etwas k.⟩ *auf See erbeuten:* ein Schiff k. **2.** (ugs.) ⟨jmdn. k.⟩ *für sich gewinnen, mit Beschlag belegen:* er will dich nur für seinen Plan k.; sie hat sich einen Millionär gekapert *(ihn dazu gebracht, sie zu heiraten).*

Kapital, das: *Vermögen, Geld, das Gewinn abwirft:* stehendes, fixes, festes, flüssiges, eingefrorenes, umlaufendes, variables K.; ein bescheidenes, ausreichendes, sicheres K.; das K. fließt ins Ausland ab; das K. verzinst sich gut; sein K. [gut, gewinnbringend] anlegen; das K. in ein Geschäft stecken, aus dem Betrieb ziehen, angreifen; wir müssen K. aufnehmen; K. zurückzahlen; die Gesellschaft erhöht ihr K.; vom K. zehren, leben; er ist an mehreren Kapitalien/Kapitalen beteiligt; bildl.: geistiges K. *(Kenntnisse);* sein ganzes K. waren seine beiden starken Hände. * **aus etwas Kapital schlagen** *(etwas zu seinem Vorteil ausnutzen).*

kapitalistisch: *auf dem Kapitalismus beruhend:* ein kapitalistischer Staat; ein kapitalistisches Wirtschaftssystem; die kapitalistische Gesellschaftsordnung; gegen die kapitalistische Ausbeutung kämpfen; dieser Staat ist k., wird k. regiert; k. denken.

Kapitel, das: *Abschnitt eines Textes:* das erste, zweite K.; ein langes, kurzes K.; ich habe erst ein K. des Romans gelesen; im dritten K. befaßt sich der Autor mit der Frage ...; übertr.: *Abschnitt:* ein trauriges, trübes K. der deutschen Geschichte; ein dunkles K. seines Lebens; das ist ein wunderliches K. *(Angelegenheit, Fall);* das ist ein anderes K. *(gehört in einen anderen Zusammenhang).* * **etwas/das ist ein Kapitel für sich** *(eine Angelegenheit, über die sich viel sagen ließe).*

kapitulieren: 1. *sich ergeben:* die Truppen kapitulieren; der Stützpunkt hat kampflos kapituliert. **2.** (bildungsspr.) *aufgeben:* vor einer Aufgabe, vor den Schwierigkeiten k.; ich habe an dieser Stelle einfach kapituliert.

Kappe, die: **1.** *[schirmlose] Mütze:* eine sportliche K.; die K. [schief] aufsetzen, in die Stirn ziehen; Sprichwörter: gleiche Brüder, gleiche Kappen; jedem Narren gefällt seine K. **2.** *runder, verstärkter Teil des Schuhs:* die K. drückt; der Schuh ist an der K. etwas eng. * (ugs.:) **etwas auf seine [eigene] Kappe nahmen** *(die Verantwortung für etwas übernehmen).*

kaputt (ugs.): **1.** *defekt, entzwei:* die Uhr, die Tasse, der Fernseher ist k.; bildl.: die Firma ist k. *(bankrott).* **2.** *erschöpft:* ich bin ganz, völlig k.; meine Augen sind total k. Der attributive Gebrauch gilt hochsprachlich als nicht korrekt: das kaputte Klavier; kaputtene Schuhe.

kaputtgehen (ugs.): *defekt werden, entzweigehen:* die Jacke geht an den Ärmeln kaputt; das Glas ist kaputtgegangen; bildl.: am Radikalismus kann die Demokratie k. *(zugrunde gehen).*

kaputtmachen (ugs.): **1.** ⟨etwas k.⟩ *defekt, unbrauchbar machen:* das Spielzeug, die Lampe k. **2. a)** ⟨jmdn. k.⟩ *körperlich, wirtschaftlich zugrunde richten:* die Sorgen haben ihn kaputtgemacht; der Großhandel macht die kleinen Kaufleute kaputt. **b)** ⟨sich k.⟩ *sich verbrauchen, seine Kräfte für etwas vergeuden:* jahrelang hat er sich für die Firma kaputtgemacht; mach dich doch nicht kaputt!

karg (geh.): *wenig, ärmlich, gering, dürftig:* ein karger Lohn; karge Reste; karger *(nicht sehr fruchtbarer)* Boden; das Land wird nach Norden zu karger/(seltener:) kärger; k. antworten, lächeln; er ist immer k. *(sparsam)* mit Anerkennung.

kargen (geh.) ⟨mit etwas k.⟩: *sparsam sein, geizen:* mit Trinkgeld k.; [nicht] mit Worten, mit Gefühlen k.; er kargt nie mit Lob.

kärglich (geh.): *ärmlich, armselig, kümmerlich:* eine kärgliche Mahlzeit; ein kärglicher Rest; in kärglichen Verhältnissen leben; das Hotelzimmer war k. eingerichtet.

kariert: 1. *gewürfelt, mit Karos gemustert:* ein karierter Stoff; er trägt ein kariertes Hemd; das Papier ist k. **2.** (ugs.) *ungereimt, dumm:* rede doch nicht so k.!

Karikatur, die: *Spottzeichnung:* eine politische K.; eine freche K. des Ministers; er zeichnet Karikaturen; er wirkte wie eine K.

Karo, das: **1.** *Viereck, Vierecksmuster:* ein Stoff, ein Schulheft mit Karos. **2.** */eine Spielkartenfarbe/:* K. ansagen, spielen; er spielte K. aus. * (ugs.:) **Karo trocken; Karo einfach** *(trockenes Brot).*

Karre, die: **1.** *[hölzerner] ein- oder zweirädriger Wagen mit Handgriffen:* die K. schieben, ziehen; etwas auf die K. laden; wir holten drei Karren [voll] Sand. **2.** (ugs.; abwertend) *[altes] Fahrzeug:* schieb mal die K. *(Fahrrad)* aus dem Weg; die K. *(Auto)* springt nicht an; wir haben die alte K. verkauft. * (ugs.:) **die Karre in den Dreck fahren** *(eine Sache verderben)* · (ugs.:) **die Karre aus dem Dreck ziehen** *(eine verfahrene Angelegenheit bereinigen, etwas wieder in Ordnung bringen)* · **die Karre ist [total, vollständig] verfahren** *(etwas ist völlig in Unordnung, in einer ausweglosen Situation).*

Karren, der (bes. südd.): *hölzerner Wagen [mit Deichsel]:* den K. beladen; das Pferd zieht den K.; er spannte das Pferd vor den K. * (ugs.:) **den Karren [einfach] laufen lassen** *(sich nicht um etwas kümmern)* · **jmdn. vor seinen Karren spannen** *(für seine Zwecke benutzen, für seine Interessen einsetzen)* · (ugs.:) **jmdm. an den Karren fahren** *(jmdm. etwas anhaben wollen).*

Karriere, die: *beruflicher Aufstieg, Erfolg:* eine steile, große, blendende, politische K.; seine K. verfolgen, ruinieren, beenden; diese Affäre schadete seiner K. * **Karriere machen** *(beruflich aufsteigen).*

Karte, die: **1. a)** *Blatt aus dünnem Karton für Eintragungen:* eine K. DIN A6; eine K. aus der Kartei ziehen; die K. stechen *(die Lohn-, Steckkarte von der Kontrolluhr abstempeln lassen).* **b)** *Postkarte:* eine K. schicken; du brauchst ihm nur eine kurze (ugs.) K. zu schreiben; er schickte eine K. aus dem Urlaub. **2.a)** *Eintrittskarte:* eine teure, billige Karte; eine K. zu 5 Mark; Karten für das Theater, für ein Konzert besorgen, vorbestellen, reservieren lassen, an der Abendkasse abholen; es gibt keine Karten mehr. **b)** *Fahrtausweis:* eine K. 2. Klasse nach Berlin; eine K. am Schalter lösen; die Karten vorzeigen, kontrollieren, entwerten; der Schaffner locht, knipst (ugs.) die Karten; mit dieser K., auf diese K. kann man nicht 1. Klasse fahren. **c)** *Lebensmittelkarte:* etwas auf Karten kaufen; das gab es damals nur auf K. **3.** *Spielkarte:* eine K. ausspielen; er hat gute, schlechte Karten; die Karten mischen, austeilen, geben, auflegen, anlegen, aufdecken; wir haben Karten gespielt. **4.** *gedruckte Mitteilung, Anzeige:* sie schickten zu ihrer Verlobung, ihrer Hochzeit Karten; wir müssen ihnen eine K. *(Gratulations-, Beileidskarte)* senden; er hinterließ seine K. *(Besuchskarte)*. **5.** *Landkarte:* eine politische, eine physische/physikalische K. von Europa; die K. lesen, studieren; einen Ort auf der K. suchen; nach der K. sind es noch fünf Kilometer. **6.** *Speisekarte:* eine reichhaltige K.; der Kellner bringt die K.; nach der K. speisen, essen. * **die/seine Karten aufdecken** *(seine wahren Absichten, Pläne enthüllen)* · **alles auf eine Karte setzen** *(bei einer einzigen Chance alles riskieren)* · **mit verdeckten/offenen Karten spielen** *(heimlich/ohne Hintergedanken, Nebenabsichten handeln)* · **sich** (Dat.) **nicht in die Karten sehen**/(ugs.:) **gucken lassen** *(seine Absichten geheimzuhalten wissen)* · **jmdm. die Karten legen**/(landsch.:) **schlagen** *(aus den Spielkarten wahrsagen)*.

Kartoffel, die: **1.** */eine Ackerpflanze/:* frühe, späte Kartoffeln *(Pflanzensorten);* Kartoffeln anbauen, anpflanzen, hacken, häufeln; Redensart (ugs.): 'rin in die Kartoffeln, 'raus aus den/aus die Kartoffeln *(mal lautet die Anordnung so, dann genau umgekehrt)*. **2.** *Kartoffelknolle:* alte, neue, gesunde, feste, mehlige, glasige, süßliche Kartoffeln; die Kartoffeln sind gar, weich, noch hart; Kartoffeln stecken, legen, ernten, einkellern, schälen, kochen, reiben, dämpfen, braten, pellen, mit der Gabel zerdrücken; Rindfleisch mit Kartoffeln; Sprichw.: der dümmste Bauer hat die dicksten, größten Kartoffeln. **3.** (ugs.; scherzh.) *knollige Nase:* der hat aber eine K. im Gesicht! **4.** (ugs.; scherzh.) *[Taschen]uhr:* meine K. geht wieder nach. **5.** (ugs.; scherzh.) *großes Loch:* du hast schon wieder eine K. im Strumpf.

Karton, der: **1.** *dünne Pappe:* ein Blatt weißer K./(geh.:) weißen Kartons; K. schneiden; wir haben das Bild auf K. aufgezogen. **2.** *Behälter aus Pappe:* ein bunter K.; einen K. auspacken; die Strümpfe sind in Kartons verpackt; ich habe zwei Kartons Seife gekauft.

Käse, der: **1.** *aus geronnener Milch hergestelltes Nahrungsmittel:* frischer, scharfer, weicher, vollfetter K.; der K. ist [noch nicht] durch (ugs.), gut durchgezogen; K. machen; ein Butterbrot mit K.; etwas mit K. überbacken; Redensart: K. schließt den Magen *(bildet den Abschluß einer Mahlzeit)*. **2.** (ugs.; abwertend) *Unsinn:* das ist doch alles K.; er redet doch nur K. [daher]. * (ugs.:) **das ist ein Käse!**; **[so ein] verdammter Käse!** */Ausruf der Enttäuschung; Fluch/*.

Kaserne, die: *Truppenunterkunft:* die K. bewachen; in die K. einrücken; die Kompanie marschierte zur K. zurück.

käsig: **1.** *geronnen; wie Käse:* ein käsiger Belag; eine käsige Masse; die Milch wird durch den Zusatz von Labferment k. **2.** *bleich:* ein käsiges Gesicht; seine Hautfarbe war k.

Kasse, die: **1.a)** *Geldkassette; Laden-, Registrierkasse:* die K. öffnen, verschließen; der Ausverkauf brachte gefüllte Kassen; Waren bitte an der K. zahlen!; die Filialleiterin sitzt an der K.; er legte den Geldschein in die K.; übertr.: *Bargeldbestand:* die K. stimmt bei ihm immer; die K. führen, prüfen; gemeinsame K. führen, machen *(Ausgaben gemeinschaftlich bestreiten);* auf getrennte K. verreisen. **b)** (Kaufmannsspr.) *Barzahlung:* wir liefern gegen K., bitten um K.; zahlbar rein netto K. *(in bar ohne Abzug)*. **2.** *Ein- oder Auszahlungsschalter:* die K. ist schon geschlossen; Geld an der K. einzahlen, abholen. **3.a)** *Sparkasse, Bank:* seine Ersparnisse zur K. bringen; Geld auf der K. haben; die K. hat mir einen Kredit bewilligt. **b)** *Krankenkasse:* die K. zahlt nur wenig; die K. hat alle Kosten übernommen; die Kur geht auf K. (ugs.; *wird von der Krankenkasse bezahlt*); ich bin [nicht] in der K. * (Kaufmannsspr.:) **Kasse machen** *(abrechnen)* · (ugs.:) **jmdn. zur Kasse bitten** *(jmdm. Geld abfordern)* · (ugs.:) **gut/schlecht/knapp bei Kasse sein** *(reichlich/wenig Geld haben)* · (ugs. verhüllend:) **in die Kasse greifen**; **einen Griff in die Kasse tun** *(Geld aus der Kasse stehlen)* · **etwas reißt ein** [**großes, gewaltiges**] **Loch in die Kasse** *(kostet viel Geld)*.

kassieren: **1.a)** ⟨etwas k.⟩ *einen zur Zahlung fälligen Betrag einziehen:* Geld, den Monatsbeitrag, die Miete, das Zeitungsgeld k.; er hat zwei Mark kassiert; ⟨auch ohne Akkusativ⟩ der Gasmann kommt morgen k.; der Kellner hat schon kassiert. **b)** (ugs.) ⟨jmdn. k.⟩ *jmdm. einen fälligen Betrag abverlangen:* der Kassierer hat die Vereinsmitglieder immer pünktlich kassiert. **2.a)** (ugs.) ⟨etwas k.⟩ *gewinnen, einstreichen:* hohe Gewinne, Prämien k.; er kassierte für seine Schrift ein ansehnliches Honorar. **b)** (ugs.) ⟨etwas k.⟩ *erringen, für sich buchen:* Lob, Anerkennung k.; wir haben einen Prestigeerfolg kassiert. **c)** (ugs.) ⟨etwas k.⟩ *einstecken müssen, hinnehmen müssen:* Strafpunkte, ein Tor k.; unsere Mannschaft hat eine Niederlage kassiert. **3.** (ugs.) **a)** ⟨etwas k.⟩ *wegnehmen, sich aneignen, beschlagnahmen:* der Konzern versucht, die kleineren Betriebe zu k.; die Polizei kassierte seinen Führerschein. **b)** ⟨jmdn. k.⟩ *gefangennehmen:* die Besatzung eines Vorpostens k.; der letzte der Bankräuber wurde gestern kassiert. **4.a)** (Rechtsw.) ⟨etwas k.⟩ *für nichtig erklären:* ein Urteil k.; eine höhere Instanz hat diese Entscheidung kassiert. **b)** ⟨etwas k.⟩ *streichen, widerrufen:* Forderungen k.; die vorgesehenen Planstellen wurden wegen des Geldmangels kassiert.

Kastanie, die: **1.** *Kastanienbaum:* eine hohe, alte K.; die Kastanien blühen; eine Allee von Kastanien; in unseren Wäldern wachsen viel Kastanien. **2.a)** *Marone, eßbare Frucht der Edelkastanie:* heiße Kastanien; Kastanien rösten; eine Tüte Kastanien kaufen. **b)** *ungenießbare, braune, glänzende Frucht der Roßkastanie:* im Herbst sammeln die Kinder Ka stanien. * **für jmdn. die Kastanien aus dem Feuer holen** *(eine unangenehme Aufgabe für jmdn. übernehmen)*.

Kasten, der: **1. a)** *[rechteckiger] Behälter:* ein hölzerner K.; ein K. aus Blech; der K. steht offen, ist verschlossen; das Kästchen war mit Samt ausgeschlagen; einen K. *(Schubkasten, Schublade)* aufziehen; Münzen in Kästen/(selten:) Kasten aufbewahren; sie nahm die Geige aus dem K., legte sie wieder in den K. **b)** (ugs.) *Briefkasten:* der K. wird morgen früh geleert; einen Brief in den K. stecken, werfen, zum K. bringen. **c)** *Flaschenbehälter:* wir haben einen K. Bier bestellt; die Flaschen werden in Kästen geliefert. **2.** (ugs.; abwertend) **a)** *[altes oder plumpes] Fahrzeug:* es ist zwar ein alter K. *(Schiff)*, aber noch seetüchtig; wir werden den alten K. *(das alte Auto)* verkaufen; der Kapitän fährt schon zwanzig Jahre auf diesem K. *(Schiff)*. **b)** *plumpes, häßliches Gebäude:* die Mietskasernen sind scheußliche Kästen. **c)** (ugs.; abwertend) *kastenförmiges Gerät:* der K. *(Radio)* plärrt unentwegt; mach den K. *(das Radio-, Fernsehgerät)* aus!; er klimpert dauernd auf dem K. *(Klavier)* herum; endlich hatte ich alle Motive im K. *(Kamera)*. **3.** (Soldatenspr.) *Arrest, Haft:* der Schütze kriegte vier Tage K. **4.** (ugs.; Sport) *Tor:* im K. stehen *(als Torwart spielen)*; in der letzten Minute knallte er ihm den Ball in den K. **5.** (Sport) */ein Turngerät/:* wir machten Übungen, turnten am K. * (ugs.:) **etwas auf dem Kasten haben** *(fähig sein, viel können)*.

katastrophal: *verheerend, entsetzlich, verhängnisvoll:* eine katastrophale Wirkung, Niederlage; dort herrschen katastrophale Zustände; die Folgen der Krise waren k.; der Streik hat sich k. ausgewirkt.

Katastrophe, die: *Unheil, Verhängnis; Zusammenbruch:* eine wirtschaftliche, politische K.; eine schreckliche K. brach herein; eine K. verursachen, heraufbeschwören, herbeiführen, verhindern; ein Volk in eine K. stürzen; es kam zu einer K.

Kategorie, die (bildungsspr.): *Klasse, Gattung:* jmdn. in eine K. einreihen, in/unter eine K. einordnen; das gehört [nicht] in diese K./zu dieser K., fällt unter eine andere K.; er gehört nicht zu der K. von Menschen, die Angst vor der eigenen Courage bekommen.

kategorisch (bildungsspr.): *unbedingt, ohne Einschränkung, ohne Widerspruch zu dulden:* eine kategorische Feststellung; kategorische Behauptungen; er hat meinem Vorschlag ein kategorisches Nein entgegengesetzt; etwas k. fordern, erklären, ablehnen.

Kater, der: **1.** *männliche Katze:* ein schwarzer K.; er streicht wie ein verliebter K. um sie herum. **2.** (ugs.) *schlechte Verfassung, Stimmung nach alkoholischen Ausschweifungen:* einen K. haben; ich wachte, stand mit einem fürchterlichen K. auf.

Katze, die: */ein Haustier/:* eine graue, getigerte, wildernde, herumstreunende, zugelaufene K.; die K. putzt sich, leckt sich, schnurrt, spielt, kratzt, faucht, miaut, macht einen Buckel; die K. hat eine Maus gefangen; jmd. ist falsch, flink, geschmeidig wie eine K.; zäh wie eine K. sein; sie spielt mit ihm wie die K. mit der Maus; Redensart: das hat die K. gefressen (ugs.; *das ist verschwunden*); Sprichwörter: die K. läßt das Mausen nicht; bei Nacht sind alle Katzen grau; wenn die K. fort ist, tanzen die Mäuse [auf dem Tisch]. * (ugs.:) **um etwas herumgehen wie die Katze um den heißen Brei** *(sich nicht trauen, etwas zu tun)* · (ugs.:) **die Katze im Sack kaufen** *(etwas ungeprüft übernehmen, kaufen [und dabei übervorteilt werden])* · (ugs.:) **die Katze aus dem Sack lassen** *(seine Absicht, ein Geheimnis preisgeben)* · (ugs.:) **sich vertragen/leben wie Hund und Katze** *(sich ständig zanken)* · **der Katze die Schelle umhängen** *(eine gefährliche, schwierige Aufgabe als einziger übernehmen)* · (ugs.:) **Katz und Maus mit jmdm. spielen** *(jmdn. hinhalten, allzulange auf eine [letztlich doch negative] Entscheidung warten lassen)* · (ugs.:) **etwas/das ist [alles] für die Katz** *(etwas ist vergeblich, nutzlos)*.

Katzenjammer, der (ugs.): *niedergeschlagene Stimmung, Ernüchterung nach einem Rausch:* einen K. haben; er ist mit einem K. aufgewacht.

Katzensprung (ugs.) ⟨in bestimmten Verbindungen⟩: *eine nur kleine Entfernung:* das war nur ein K.; bis zu ihm, [bis] nach Frankfurt ist es nur ein K.; sie wohnen einen K. von hier.

kauen: a) ⟨[etwas] k.⟩ *Speisen o. ä. mit den Zähnen zerkleinern:* gut, gründlich, langsam, bedächtig k.; mit vollen, mit beiden Backen (ugs.) k.; das Brot, das Fleisch k.; er kaut Tabak; der Weinprüfer kaut den Wein *(prüft seinen Geschmack unter Kaubewegungen)*; Redensart: gut gekaut ist halb verdaut. **b)** ⟨an etwas, auf etwas k.⟩ *etwas benagen:* an dem, auf dem Bleistift k.; er kaute an einem Grashalm; sie kaute nervös an den, auf den Lippen; kau nicht immer an den Nägeln!; bildl.: *sich mit etwas abplagen:* an einem Problem k.; an diesem Verlust wird er noch lange zu k. haben. * **[die] Nägel kauen** *(gewohnheitsmäßig die Fingernägel durch Abbeißen verunstalten)* · **die Worte kauen** *(langsam, schwerfällig sprechen)*.

kauern: 1. ⟨mit Raumangabe⟩ *zusammengekrümmt hocken:* am Boden, in einem Gebüsch k.; der Bettler kauerte am Weg. **2.** ⟨sich k.; mit Raumangabe⟩ *sich niederhocken, ducken:* die Kinder kauern sich hinter den Busch; der Hase kauert sich in die Ackerfurche; bildl.: die Häuser kauern sich in die Talmulde.

Kauf, der: **1.** *das Erwerben einer Sache gegen Bezahlung:* ein guter, günstiger, vorteilhafter K.; der K. eines Autos; ein K. auf Raten; einen K. abschließen, rückgängig machen, tätigen (gespreizt); jmdn. zum K. anreizen, ermuntern; das Grundstück steht zum K. [aus]; er hat uns das Bild zum K. angeboten. **2.** (geh.) *Kaufobjekt:* ich habe meinen K. wieder umgetauscht. * **etwas in Kauf nehmen** *(sich mit etwas im Hinblick auf andere Vorteile abfinden)* · (geh.; veraltend:) **leichten Kaufs** *(mit nur geringem Schaden)*: diesmal ist er leichten Kaufs davongekommen.

kaufen: 1. a) ⟨etwas k.⟩ *für Geld erwerben:* etwas billig, teuer, fast umsonst, um viel Geld (veraltend) k.; einen Kühlschrank auf Raten, auf Abzahlung, auf Stottern (ugs.) k.; diesen Anzug hat er von der Stange *(als Konfektionsware)* gekauft; das habe ich für billiges, teures

Geld (ugs.) gekauft; dieses Fabrikat wird viel gekauft; wir kaufen uns ein Zelt; ich kaufe dir/ für dich einen Mantel; Redensart (ugs.): dafür kaufe ich mir nichts, kann ich mir nichts k. *(damit kann ich nicht viel anfangen, das nützt mir nichts).* **b)** ⟨mit Raumangabe⟩ *einkaufen:* wir k. nur im Fachgeschäft; ich kaufe immer bei ihm, im Laden um die Ecke; dort kaufe ich nicht mehr. **2.** (ugs.) ⟨jmdn. k.⟩ *bestechen, durch Bestechung gewinnen:* Stimmen (für eine Wahl), einen Beamten k.; die Werkspione hatten den Pförtner gekauft. **3.** (ugs.) ⟨sich (Dativ) jmdn. k.⟩ *vornehmen, zur Rede stellen:* den werde ich mir mal kaufen.

Käufer, der: *jmd., der etwas kauft, Kunde:* ein kritischer, schnell entschlossener K.; als K. auftreten; für dieses Objekt haben wir einen K. gesucht, hat sich noch kein K. gefunden; einen K. an der Hand haben.

käuflich: a) *gegen Geld erhältlich:* diese Gegenstände sind [nicht] k.; etwas k. erwerben; übertr.: käufliche Liebe *(Prostitution);* käufliche Mädchen *(Prostituierte)* standen an der Ecke. **b)** *bestechlich:* ein Teil der Beamten erwies sich als k.

Kaufmann, der: **a)** *[selbständig] Handeltreibender:* ein guter, tüchtiger, versierter, selbständiger K.; er ist gelernter K.; er hatte die Art des königlichen Kaufmanns (veraltend; *war wie ein Kaufherr alten Stils).* **b)** (ugs.) *Krämer, Lebensmitteleinzelhändler:* wir kaufen beim K. an der Ecke; ich gehe nur noch schnell zum K.

kaufmännisch: *zum Kaufmann[sgewerbe] gehörend:* ein kaufmännischer Lehrling, Angestellter; sie lernen kaufmännisches Rechnen; er ist k. veranlagt.

kaum ⟨Adverb⟩: **1. a)** *fast gar nicht:* ich habe k. geschlafen; ich kenne ihn k.; das spielt k. eine Rolle. **b)** *nur mit Mühe, schwer:* das ist k. zu glauben; er konnte es k. erwarten; ich werde k. fertig. **c)** *vermutlich nicht:* sie wird k. zustimmen; das dürfte k. möglich sein; er wird k. noch kommen. **2.** *gerade, soeben:* er war k. aus der Tür, als der Anruf kam; k. war er dort, wollte er schon wieder umkehren. **3.** ⟨in Verbindung mit *daß*⟩ **a)** *gerade, als:* ich hatte das Gebäude besichtigt, k. daß ich in der Stadt angekommen war; der Regen war, k. daß er angefangen hatte, schon vorüber. **b)** *gerade so, daß noch:* an allem herrschte Mangel, k. daß wir genug zu essen hatten.

Kaution, die: *als Sicherheit hinterlegter Geldbetrag:* [eine] K. stellen, leisten, hinterlegen, zahlen; er hat die K. verfallen lassen; sie wurden gegen K. aus der Haft entlassen.

Kauz, der: **1.** */eine Eulenart/:* ein Käuzchen schreit; der Ruf des Kauzes gilt als unheilbringend. **2.** *Sonderling:* ein schrulliger, seltsamer, wunderlicher, komischer, origineller K.; er war einer der stadtbekannten Käuze.

Kavalier, der: **1.** *höflicher, taktvoller Mensch (besonders Damen gegenüber):* ein galanter, vollendeter K.; den K. spielen; Redensart: der K. genießt und schweigt. **2.** (ugs.) *Freund, Liebhaber:* sie hat einen flotten K.; ihr K. wartet vor der Tür. * **ein Kavalier der alten Schule** *(ein Mann, der sich durch ausgesuchte Höflichkeit auszeichnet).*

keck: *unternehmungslustig, forsch; dreist:* ein kecker Bursche; er war ziemlich k., gab dem Chef eine kecke Antwort; sie trug ein keckes *(flottes)* Hütchen; sie hatten die Hüte k. *(verwegen)* aufs Ohr gesetzt.

Kegel, der: **1.** */ein geometrischer Körper/:* ein spitzer, stumpfer, gerader, schiefer K.; der Rauminhalt eines Kegels wird aus Grundfläche und Höhe berechnet. **2.** *[hölzerne] Figur im Kegelspiel:* K. spielen; die Kegel aufstellen er hat alle Kegel umgeworfen. * (scherzh.:) **mit Kind und Kegel** *(mit der ganzen Familie)* er kam mit Kind und K. angereist.

kegeln: *Kegel spielen:* er geht jeden Freitag k.

Kehle, die: **a)** *Vorderteil des Halses:* jmdm. die K. durchschneiden; der Hund wäre ihm bei der kleinsten Bewegung an die K. gefahren, gesprungen. **b)** *Schlund, Kehlkopf:* eine trockene, ausgedörrte, empfindliche, entzündete K.; meine K. schmerzt; er schrie sich (Dativ) die K. heiser er hat eine rauhe K. *(ist heiser);* der Bissen geriet mir in die falsche K. *(in die Luftröhre)* * **aus voller Kehle** *(lauthals):* sie sangen, schrien lachten aus voller K. · **etwas schnürt jmdm. die Kehle zu/zusammen** *(verursacht ein Gefühl starker Beklemmung)* · **sich** (Dativ) **die Kehle aus dem Hals schreien** *(anhaltend laut schreien [müssen])* · **jmdm. das Messer an die Kehle setzen** *(jmdn. unter Druck setzen, zu etwas zwingen)* · **jmdm. steht das Wasser bis an die/ bis zur Kehle** *(er ist in [finanzieller] Bedrängnis)* · **es geht jmdm. an die Kehle** *(jmdm. droht Gefahr)* · **etwas in die falsche Kehle bekommen** *(etwas falsch verstehen und böse werden)* · **etwas bleibt jmdm. in der Kehle stecken** *(jmd. kann vor Schreck, Überraschung nicht weiter sprechen):* das Wort, der Satz blieb ihm in der K. stecken · (ugs.:) **sich** (Dativ) **die Kehle anfeuchten/ölen/schmieren** *(Alkohol trinken)* · (ugs.:) **eine trockene Kehle haben** *([immer] durstig nach Alkohol sein)* · (ugs.:) **etwas durch die Kehle jagen** *(vertrinken);* er hat sein ganzes Vermögen durch die K. gejagt · **jmd. hat Gold in der Kehle** *(er kann als Sänger viel Geld verdienen).*

[1]**kehren** (bes. südd.): **a)** ⟨etwas k.⟩ *mit dem Besen säubern:* das Zimmer, den Boden, die Straße k.; ⟨auch ohne Akk.⟩ in dieser Woche muß ich k. *(Treppen-, Flurreinigung besorgen).* **b)** ⟨etwas k.; mit Raumangabe⟩ *mit dem Besen entfernen:* den Schnee vom Bürgersteig k. * **mit eisernem Besen kehren** *(rücksichtslos Ordnung schaffen).*

[2]**kehren: a)** ⟨etwas k.; mit Raumangabe⟩ *irgendwohin drehen, wenden:* die Taschen nach außen k.; das Unterste zuoberst k. *(alles auf den Kopf stellen, durcheinanderbringen).* **b)** (geh.) ⟨etwas kehrt sich gegen jmdn., gegen etwas⟩ *etwas richtet sich gegen jmdn., etwas:* das Böse, das der Mensch tut, kehrt sich meist gegen ihn selbst diese Politik kehrt sich zwangsläufig gegen die Einheit Deutschlands. * **sich nicht an etwas kehren** *(sich nicht um etwas bekümmern):* er kehrt sich nicht an das Gerede der Leute · **jmdm. einer Sache den Rücken kehren** *(sich von jmdm. von etwas abwenden, abkehren)* · **alles zum Guten Besten kehren** *(alles glücklich enden lassen)* (geh.:) **die Waffen gegen sich selbst kehren** *(sich erschießen)* · (geh.:) **in sich gekehrt** *(versunken*

nach innen gewandt): er saß ganz in sich gekehrt da.

Kehrseite, die: **a)** *ungünstige Seite, nachteiliger Aspekt:* Absatzschwierigkeiten sind die K. der Expansion; Redensart: das ist die K. der Medaille *(das Nachteilige an einer an sich vorteilhaften Sache).* **b)** (scherzh.) *Rücken:* jmdm. die K. zudrehen, zuwenden.

kehrtmachen: *sich umdrehen, umkehren:* ich mußte auf halbem Wege k., weil ich etwas vergessen hatte; er machte kurz entschlossen kehrt. * **auf dem Absatz kehrtmachen** *(spontan umkehren).*

keifen (abwertend): *mit schriller Stimme, schreiend schimpfen:* ununterbrochen, vor Wut k.; die Marktfrau keifte mit den Kunden.

Keil, der: **1.** */ein Werkzeug zum Spalten von Holz o. ä./:* einen Spalt mit einem K. erweitern; die Holzfäller trieben Keile in den Baumstamm; Sprichw.: auf einen groben Klotz gehört ein grober K. *(Grobheit muß mit Grobheit beantwortet werden).* **2.** *keilförmiger Hemmschuh:* einen K. vor, hinter, unter das Rad legen; wir haben den Wagen durch Keile/mit Keilen gegen Wegrollen gesichert. **3.** *keilförmiges Gebilde:* sie hat einen K. *(keilförmiges Stück Stoff)* im Rücken des Mantels eingesetzt. * **einen Keil zwischen zwei Personen treiben** *(zwei Befreundete, Verbündete auseinanderbringen):* durch seine Intrigen gelang es ihm, einen K. zwischen die beiden Freunde zu treiben.

Keile, die (ugs.): *Prügel:* er bekam, bezog K., kriegte tüchtige K.; sie drohten ihm K. an; da setzte es gehörige K.

keilen ⟨sich k.⟩: *sich prügeln:* die Jungen keilten sich auf dem Schulweg.

Keim, der: **1. a)** *sprießender Pflanzentrieb:* junge, zarte, grüne Keime; die Kartoffeln bilden schon Keime aus; bildl.: *Ursprung, erstes Anzeichen:* den K. des Untergangs in sich tragen. **b)** (Biol.) *Embryo:* der werdende K. wird durch die Plazenta ernährt. **2.** (Biol.) *Krankheitserreger:* resistente, virulente Keime; die Keime werden durch Sterilisation abgetötet. * **etwas im Keim[e] ersticken** *(etwas schon beim Entstehen unterdrücken).*

keimen ⟨etwas keimt⟩: *etwas beginnt zu sprießen:* die Weizenkörner, Bohnen, Kartoffeln keimen; zur Malzherstellung läßt man die Gerste k.; bildl. (geh.): die Liebe, die Hoffnung auf Frieden keimt in den Herzen der Menschen; keimende Leidenschaften.

kein ⟨Indefinitpronomen⟩: **a)** *nicht [irgend]ein:* das ist k. Vergnügen; ich habe k. Geld, keine Zeit; k. Mensch (ugs.; *niemand*) kümmert sich darum; k. Ort ist so schön wie dieser; kein Lebenszeichen von sich geben; keine ruhige Minute mehr haben; das waren keine guten Aussichten; keine Angst, kein Mitgefühl kennen; der Angeklagte zeigte keine Reue; keine (ugs.; *noch nicht einmal*) sechzehn Jahre alt sein; der Ort liegt keine (ugs.; *noch nicht einmal*) drei Kilometer entfernt. **b)** *niemand, nichts:* keiner will die Arbeit tun; ich kenne keinen; keine kann das so gut wie sie; keines von beiden trifft zu; Geld habe ich kein[e]s (ugs.; *nicht*).

keinerlei ⟨unbestimmtes Zahlwort⟩: *keine Art von:* k. Anstalten machen; das zeigte k. Wirkung; man geht damit k. Verpflichtungen ein.

keinesfalls ⟨Adverb⟩: *überhaupt nicht:* ein Visum ist k. erforderlich; ich habe das k. angenommen.

keineswegs ⟨Adverb⟩: *durchaus nicht:* diese Ansicht ist k. richtig; ich habe das k. vergessen.

Keks, der, (auch:) das: *kleines, trockenes, haltbares Gebäck:* mit Schokolade überzogene Kekse; nimm dir noch einen K.!; einen K. knabbern.

Kelch, der: **1. a)** *glockenförmiges Trinkglas mit Stiel:* der Champagner perlte in den geschliffenen Kelchen; bildl.: er leerte den bitteren K. des Leidens bis auf den Grund, bis zur Neige (geh.; *es blieb ihm nichts erspart*). **b)** (Rel.) *Abendmahlsgefäß:* der Priester hebt den K. **2.** *grüne Blatthülle, die die Blüte umschließt:* die Blumen öffneten ihre Kelche. * **der Kelch geht an jmdm. vorüber** *(jmdm. bleibt etwas Schweres erspart).*

Keller, der: *unterirdischer [Vorrats]raum, Grundgeschoß eines Hauses:* ein feuchter, dumpfer, muffiger, geräumiger, tiefer, dunkler K.; der Wirt tischte auf, was Küche und K. boten *(alle nur erdenklichen Speisen und Getränke);* die Kohlen aus dem K. holen; in den K. gehen, hinabsteigen; etwas in den K. stellen, bringen.

Kellner, der: *Angestellter, der in einem Restaurant o. ä. die Gäste bedient:* ein [un]höflicher, aufmerksamer, freundlicher K.; den K., nach dem K. rufen; der K. notierte die Bestellungen.

kennen: 1. ⟨jmdn., sich, etwas k.⟩ *über jmdn., über etwas Bescheid wissen, mit jmdm., mit etwas vertraut sein, sich auskennen:* etwas gut, gründlich, oberflächlich, flüchtig, nur vom Hörensagen, genau, von Grund auf k.; die Welt, das Leben, seine Heimat k.; ich kenne mich selbst gut genug; wie ich ihn kenne, tut er genau das Gegenteil; wenn er das so gut kennt wie ich; wir k. ihn nur als zuverlässigen Menschen *(haben keine anderen Erfahrungen mit ihm gemacht);* ich kenne ihn, seine Schwächen und Vorzüge genau; da kennst du mich aber schlecht (ugs.; *schätzt du mich falsch ein*); von diesem Schriftsteller kenne ich nichts *(habe ich nichts gelesen).* **2. a)** ⟨etwas k.⟩ *[zu nennen] wissen:* jmds. Namen, Alter k.; ich kenne den Grund für sein Verhalten; kennst du ein gutes Restaurant?; ich kenne ein gutes Mittel gegen Schnupfen. **b)** ⟨jmdn. k.⟩ *wissen, wer jmd. ist:* ihn kennt jedes Kind; ich kenne ihn nicht, nur dem Namen nach; hier kennt jeder jeden. **3.** ⟨jmdn. k.⟩ *jmdn. kennengelernt haben, mit ihm bekannt sein:* wir k. uns/(geh.:) einander schon; ich kannte ihn von früher; er kennt mich persönlich; die beiden kannten sich schon lange. **4.** ⟨etwas k.; in bestimmten Verbindungen⟩ *gelten lassen:* kein Maß, kein Ziel, keine Grenzen, keine Unterschiede k.; sie kennen kein Mitleid, kein Erbarmen, keine Rücksicht, keine Gnade; er kennt kein größeres Vergnügen als das Kartenspiel; sie kannte keine Hemmungen. **5.** ⟨etwas k.⟩ *wissen, daß es etwas gibt; von etwas Kenntnis haben:* in diesem Land kennt man keinen Winter; die Eingeborenen kennen keine festen Behausungen. **6.** ⟨jmdn., etwas an etwas k.⟩ *[wieder]erkennen:* ich kenne ihn am Gang, an der Stimme. * **etwas in- und auswendig kennen** *(etwas gründlich studiert haben, sehr gut kennen)* · (ugs.:) **etwas wie seine Hosentasche/wie seine Westentasche kennen** *(sich sehr gut in etwas auskennen)* ·

(ugs.:) **seine Pappenheimer kennen** *(bestimmte Menschen mit ihren Schwächen kennen und wissen, was man von ihnen zu erwarten hat)* · **sich nicht mehr kennen** *(außer sich sein):* sie kannte sich nicht mehr vor Empörung.

kennenlernen ⟨jmdn., etwas k.⟩: *mit jmdm., mit etwas bekannt, vertraut werden:* jmdn. näher, gut, intim k.; die Welt, das Leben, die Gegend k.; wir haben sie neulich kennengelernt *(ihre Bekanntschaft gemacht);* ich wollte seine Ansicht k.; ich lernte ihn von einer ganz neuen Seite kennen; du wirst mich [noch] k.! (ugs.; *dich werde ich mir noch gehörig vornehmen*).

Kenntnis, die: **a)** *das Wissen um etwas, das Kennen einer Sache:* die eingehende, richtige, [un]genaue K. der Materie; nach meiner K. der Gesetze ... **b)** *[fachliches] Wissen, Erfahrung [auf einem bestimmtem Gebiet]:* besondere, begrenzte, lückenhafte, ausreichende Kenntnisse haben; Kenntnisse anhäufen, sammeln, gewinnen, vermitteln; er hat sich gute Kenntnisse auf dem Gebiet der/in Mathematik erworben; sich (Dativ) einige medizinische Kenntnisse aneignen; seine K. von Berlin ist erstaunlich; überdurchschnittliche Kenntnisse auf dem Gebiet des Verlagswesens, in Betriebsstatistik sind erforderlich; es fehlt ihm noch an Kenntnissen. * (nachdrücklich:) **Kenntnis von etwas nehmen** *(Notiz von etwas nehmen)* · **etwas zur Kenntnis nehmen** *(eine Information über etwas entgegennehmen; etwas anhören, ohne sich dazu zu äußern):* er nahm diese Anordnung [lediglich] zur K. · (nachdrücklich:) **jmdn. von etwas in Kenntnis setzen** *(jmdn. über etwas unterrichten)* · (nachdrücklich:) **etwas zur Kenntnis bringen** *(etwas [allgemein] bekanntgeben):* dies wird öffentlich, dienstlich zur K. gebracht · **etwas entzieht sich jmds. Kenntnis** *(jmd. weiß über etwas nichts).*

Kennzeichen, das: **1.** *Merkmal:* ein auffälliges, sicheres, besonderes K.; ein K. des Genies; die Krankheit hat untrügliche Kennzeichen. **2.** *an Fahrzeugen angebrachte Kennzahl, Nationalitätsbezeichnung o. ä.:* das polizeiliche K. eines Fahrzeugs; ein Wagen mit ausländischem K.

kennzeichnen: 1. ⟨etwas k.⟩ *mit einem Kennzeichen versehen:* Gefahrenstellen k.; die einzelnen Teile sind in der Reihenfolge ihres Zusammenbaus gekennzeichnet. **2.** ⟨etwas kennzeichnet jmdn., sich, etwas⟩ *etwas charakterisiert jmdn., etwas, ist für etwas bezeichnend:* diese Ideen k. das neunzehnte Jahrhundert; seine Tat kennzeichnet ihn als mutigen Menschen; diese Rücksichtslosigkeit kennzeichnet sich selbst *(spricht für sich selbst);* sein Denken kennzeichnet sich durch logische Schärfe; dieser Zug ist kennzeichnend für ihn.

kentern ⟨etwas kentert⟩: *auf dem Wasser umschlagen, umkippen:* das Boot kentert; der Frachter ist im Sturm gekentert.

Kerbe, die: *Einschnitt [im Holz]:* eine K. in den Stock schneiden, machen; der Türrahmen war mit Kerben verziert. * (ugs.:) **in dieselbe/die gleiche Kerbe hauen/schlagen** *(die gleiche Auffassung vertreten und dadurch jmdn. unterstützen).*

Kerbholz ⟨in der Wendung⟩ etwas auf dem Kerbholz haben (ugs.): *etwas Unrechtes, eine Straftat begangen haben:* er hat viel, manches auf dem K.

Kerker, der: **a)** *Gefängnis, Verlies:* jmdn. in den K. stecken, werfen; er mußte lange im K. schmachten (geh.). **b)** (östr.) *Zuchthaus:* er wurde zu zehn Jahren schwerem K./(geh.:) schweren Kerkers verurteilt.

Kerl, der: **a)** *Mannsperson:* ein großer, kräftiger, gesunder, tüchtiger K.; er erwies sich als ganzer K. *(stand seinen Mann);* jeder sah, was für ein K. in ihm steckte. **b)** *durch bestimmte [meist positive] Eigenschaften charakterisierter Mensch:* ein guter, anständiger, aufrichtiger, netter, feiner, kluger, patenter (ugs.), toller K.; sie ist ein lieber K. **c)** (abwertend) *übles Subjekt:* ein widerlicher, gemeiner, grober, unsympathischer, roher, brutaler K.; ich kann den K. nicht leiden; schmeißt die Kerle/(ugs.:) Kerls hinaus!

Kern, der: **1. a)** *[hartschaliger] Samen in einer Frucht:* der K. der Pflaume, des Pfirsichs; die schwarzen Kerne des Apfels. **b)** *das Innere des hartschaligen Fruchtkerns:* der K. der Nuß; die Mandeln haben süße, bittere Kerne; Sprichwörter: wer den Kern essen will, muß die Nuß knacken; in einer rauhen Schale steckt oft ein guter/süßer K. **2. a)** *das Innere, Zentrum:* der K. der Stadt; der K. der Zelle teilt sich zuerst; die Kerne des Atoms spalten, verschmelzen. **b)** *Wesen einer Sache:* das ist der Kern des Problems, der Frage; zum K. eines Anliegens, einer Sache, seiner Ausführungen kommen; diese Behauptung hat, birgt einen wahren K.; mit dieser Feststellung hat er den K. der Sache getroffen; der Vorschlag hat einen guten, brauchbaren K., ist in seinem K. brauchbar. * **in jmdm. steckt ein guter Kern** *(jmd. hat gute entwicklungsfähige Anlagen).*

kernig: *urwüchsig, kräftig, kraftvoll:* ein kerniger Mann; er hat eine kernige Natur; ein kerniger Ausspruch, Fluch.

Kerze, die: **1.** *Wachs-, Stearinlicht:* die K. brennt, flackert, knistert, tropft, verzehrt sich, ist niedergebrannt; die Kerzen brennen herab; Kerzen ziehen; die Kerzen anzünden, anstecken, auslöschen; dem Heiligen, für den Altar eine K. stiften; ihr Leben verlosch still wie eine K.; bildl.: die weißen Kerzen *(Blütenstände)* der Kastanien. **2.** *Zündkerze:* die Kerzen auswechseln, erneuern. **3.** *[eine Turnübung]:* kannst du die K. machen?

keß: *flott, nicht scheu, unbekümmert und ein bißchen frech:* ein kesser Junge; kesse Antworten geben; sie ist etwas zu k.; k. auftreten.

Kessel, der: **1. a)** *Kochgefäß für Flüssigkeiten:* ein eiserner, emaillierter K.; ein K. voll Wasser, mit Wasser; ein K. aus Aluminium; der K. kocht, brodelt, summt, pfeift; den Kessel aufsetzen, auf den Herd stellen; die Wäsche im K. kochen. **b)** *großer, zur Aufnahme von Flüssigkeiten bestimmter Metallbehälter:* das Bier wird in kupfernen Kesseln gebraut; die Masse wird in großen Kesseln unter Umrühren erhitzt. **c)** *Anlage zur Dampf-, Heißwassererzeugung:* der K. der Lokomotive; alle Kessel stehen unter Dampf; der K. unserer Zentralheizung muß nachgesehen werden; den K. anheizen; das Feuer unter den Kesseln (des Schiffs) löschen. **2.** *von Bergen ringsum umgebenes Tal:* die Stadt liegt im K.; im Sommer ist es in diesem K. oft unerträglich schwül. **3. a)** (Jägerspr.) *von Jägern und Treibern gebildeter Kreis bei der Treibjagd:* der K. verengte sich immer mehr; einige Hasen sind dem K. ent kommen. **b)** *Gebiet, in dem feindliche Kräfte eingeschlossen sind:* einen K. bilden, den K. schließen; die Armee wurde im K. aufgerieben.

Kesseltreiben, das: *systematische Hetz-, Verleumdungskampagne:* ein erbittertes K. begann, wurde in Gang gesetzt; reaktionäre Kreise veranstalteten ein regelrechtes K. gegen ihn.

Kette, die: **1. a)** *Reihe von beweglichen, ineinanderhängenden [metallenen] Gliedern:* stählerne Ketten; die K. klirrt, scheppert (ugs.); um den Baumstamm wurde eine K. gelegt; die K. *(Sicherungskette)* vorlegen, vor die Tür legen; den Hund an die K. legen; den Anker an der K. hochziehen; die Gefangenen in Ketten legen; die Sträflinge waren mit Ketten aneinandergeschmiedet; bildl.: die Ketten abwerfen, zerbrechen, zerreißen, sprengen, abstreifen, abschütteln *(sich freimachen, die Freiheit erringen);* Technik: *Antriebskette:* die K. ölen; die Nokkenwelle wird von einer K. angetrieben. **b)** *Schmuckkette:* eine kostbare, zweireihige, silberne, goldene K.; eine K. aus Perlen, aus Korallen, aus Bernstein; sie trug eine K. um den Hals; der Rektor hatte die K. (Amtskette) angelegt. **2.** *ununterbrochene Reihe:* eine lange, endlose K. von Fahrzeugen; die K. der Berge; ihre Erinnerungen bildeten eine lückenlose K.; die K. der Geschlechter, Generationen; die K. von Ursachen und Wirkungen läßt sich kaum überblicken. **3.** (Technik) *die Längsfäden in einem Gewebe:* K. und Schuß; die Fäden der K.; sie zog die K. am Webstuhl auf. **4.** (Jägerspr.) *Schar von Hühnervögeln:* eine K. Rebhühner flog auf.

ketten ‹jmdn. an jmdn., etwas, sich k.›: *[unlöslich] binden:* es ist ihr gelungen, ihn völlig an sich zu k.; ich will mich nicht ganz und gar an ihn, dieses Unternehmen k.

keuchen: a) *schwer, mit pfeifenden Tönen atmen:* schwer, vor Anstrengung, atemlos k.; er keuchte unter der Last; keuchend blieb er endlich stehen; mit keuchendem Atem, mit keuchender Brust blieb er liegen; bildl.: die Lokomotive keuchte *(machte ein keuchendes Geräusch)* auf der bergigen Strecke. **b)** ‹mit Raumangabe› *schwer atmend sich fortbewegen:* sie keuchten über den Berg.

Keule, die: **1. a)** *Schlagwaffe mit einem verdickten Ende:* die Eingeborenen schlugen den Forscher mit Keulen tot; Sprichw.: große Keulen schlagen große Beulen. **b)** */ein Sportgerät/:* Keulen schwingen. **2.** *[Hinter]bein bei Geflügel und Wild:* eine dicke, fleischige, gebratene K.; in der Gefrierfleischabteilung gibt es Keulen von Gänsen, Puten und Hasen.

keusch: *rein, züchtig:* ein keusches Mädchen; keusche Gedanken; sie ist k. wie eine Nonne; k. leben; bildl. (geh.): auf den Hängen lag das keusche Weiß des ersten Schnees.

kichern: *leise, in hohen Tönen lachen:* die jungen Mädchen fingen an zu k.; die Alte kicherte boshaft.

¹Kiefer, der: *Schädelknochen, der die Zähne trägt, untere Gesichtspartie:* ein kräftiger, zahnloser, vorspringender K.; er hatte die Kiefer fest aufeinandergebissen.

²Kiefer, die: */ein Nadelbaum/:* eine hohe, verkrüppelte K.; die Holzfäller fällten einige Kiefern.

Kieker ‹in der Wendung› jmdn. auf dem Kieker haben (ugs.): *es auf jmdn. abgesehen haben:* der Chef scheint mich auf dem K. zu haben.

¹Kiel, der: *unterster, mittlerer Längsteil eines Schiffes:* wir sind, das Schiff ist mit dem K. auf Grund geraten. * (Schiffsbau:) **etwas auf Kiel legen** *(mit dem Bau eines Schiffes beginnen):* dort wird ein Frachter auf K. gelegt.

²Kiel, der: **a)** *Schaft der Vogelfeder:* die Federn der Jungvögel haben noch weiche Kiele. **b)** (veraltet) *Gänsefeder zum Schreiben:* einen K. zuschneiden; der K. kratzte über das Papier.

Kielwasser, das (Seemannsspr.): *Fahrspur hinter einem Schiff:* das K. strudelt, schäumt; unser Boot tanzte im K. des Dampfers auf und nieder. * **in jmds. Kielwasser segeln/schwimmen** *(jmdm. aus Unselbständigkeit in allem folgen).*

Kilo, das (ugs.): */Kurzw. für Kilogramm/:* ich möchte ein K. Zucker; sie wiegt 60 K.

Kilogramm, das: */eine Gewichtseinheit/:* das Neugeborene wiegt 3,5 K.; ein K. Kartoffeln wird/werden geschält.

Kilometer, der: **1.** */ein Längenmaß/:* nach Frankfurt sind es 50 K.; ich mußte drei K. bis zur nächsten Tankstelle laufen; der Wagen erreicht eine Höchstgeschwindigkeit von 190 Kilometer[n] pro Stunde. **2.** (ugs.:) *Stundenkilometer /ein Geschwindigkeitsmaß/:* im Stadtgebiet sind nur 50 K. erlaubt; er fuhr mit mehr als 100 Kilometer[n]. **3.** *Strom-, Streckenkilometer:* der Unfall ereignete sich bei K. 568.

Kind, das: **1.** *noch nicht erwachsener Mensch:* ein kleines, [un]artiges, gesundes, aufgewecktes, begabtes, frühreifes, unschuldiges, verzogenes, verwöhntes, ungezogenes, schwieriges, unausstehliches, zurückgebliebenes, verwahrlostes K.; ein elfjähriges K.; ein K. von drei Jahren; halbwüchsige Kinder; die Kinder spielen, toben, tollen umher; er war schon als K. sehr still; damals, als wir noch Kinder waren; sie ist kein K. mehr *(schon erwachsen);* er freut sich wie ein K.; sie ist noch ein großes K. *(wirkt noch nicht erwachsen);* das weiß, kann [doch] jedes K. *(das ist sehr einfach);* bildl.: das K. im Manne *(der Spieltrieb im Erwachsenen);* jmdn. wie ein kleines K. behandeln; jmdn. von K. an/von K. auf *(seit seiner Kindheit)* kennen; Redensarten: das ist nichts für kleine Kinder *(geht dich nichts an);* wie sag' ich's meinem Kinde *(wie bringe ich jmdm. etwas am geschicktesten bei);* Kinder und Narren sagen die Wahrheit; Messer, Gabel, Scher' und Licht taugt für kleine Kinder nicht; Sprichwörter: [ein] gebranntes K. scheut das Feuer; aus Kindern werden Leute. **2.** *Nachkomme, Sohn, Tochter:* das erste, zweite K.; ein leibliches (geh.), [un]eheliches, angenommenes K.; er ist das einzige K.; ihre Kinder sind schon groß, erwachsen, verheiratet; das K. wächst auf, heran; wir haben zwei Kinder; sie schenkte (geh.) ihm vier Kinder; Kinder erziehen; sie wollte ihn aufziehen wie ein eigenes K.; (geh.:) einfacher Leute K. sein; bildl.: er ist ein K. seiner Zeit, des 19. Jahrhunderts; wir sind alle Kinder Gottes; sie ist ein Berliner K. *(stammt aus Berlin);* ein K. der Liebe *(uneheliches K.);* dies ist das jüngste K. meiner Muse (scherzh.; *Kunstwerk*); du bist gleich ein K. des Todes! */scherzh. Drohung/;* Redensarten: ein K. [ist] kein K.; Kinder sind ein Geschenk Gottes; Kinder sind armer Leute

Reichtum; die Kinder können nichts für ihre Eltern; Sprichwörter: kleine Kinder treten der Mutter auf die Schürze, große aufs Herz; kleine Kinder, kleine Sorgen — große Kinder, große Sorgen; besser das K. weint jetzt, als die Eltern künftig. **3.** *kleines [neugeborenes] Lebewesen:* ein neugeborenes, totgeborenes K.; ein K. wird geboren, kommt zur Welt, kommt an; ein K. zeugen, erwarten, haben wollen, gebären, bekommen, kriegen (ugs.), zur Welt bringen (geh.), in die Welt setzen (ugs.), austragen, abtreiben; ein K. unter dem Herzen tragen (dichter.: *ein Kind erwarten*); das K. nähren, stillen, entwöhnen, wickeln, trockenlegen, füttern; einer Frau ein K. machen (ugs.; *sie schwängern*), andrehen (ugs.); das K. im Mutterleib untersuchen; er ist der Vater meines Kindes; mit einem K. gehen *(schwanger sein);* einem Kind das Leben schenken (geh.); sie wurde von einem gesunden K. entbunden; Redensart: das K. muß doch einen Namen haben *(etwas bedarf einer Motivierung, wird als Vorwand genannt);* wir werden das Kind schon [richtig] schaukeln (ugs.; *wir werden es schon schaffen, die Sache in Ordnung bringen*). **4.** */vertrauliche Anrede [gegenüber jüngeren weiblichen Personen]/:* mein [liebes] K.!; Kinder, laßt uns weitergehen! * **das Kind mit dem Bade ausschütten** *(das Gute mit dem Schlechten verwerfen)* · (ugs.:) **jmdm. ein Kind in den Bauch reden** *(jmdm. etwas einreden)* · **etwas/das Kind beim rechten Namen nennen** *(etwas ohne Beschönigung aussprechen)* · **unschuldig wie ein neugeborenes Kind sein** *(völlig unschuldig sein)* · (ugs.:) **etwas ist ein totgeborenes Kind** *(etwas hat keine Aussicht auf Erfolg, ist aussichtslos)* · **jmdn. an Kindes Statt annehmen** *(jmdn. adoptieren)* · (scherzh.:) **Weib und Kind** *(Familie):* für Weib und K. sorgen; er hat Weib und K. · (scherzh.:) **mit Kind und Kegel** *(mit der ganzen Familie)* · (ugs.:) **bei jmdm. lieb Kind sein** *(in jmds. Gunst stehen)* · (ugs.:) **sich bei jmdm. lieb Kind machen** *(sich bei jmdm. einschmeicheln)* · ..., **wes Geistes Kind jmd. ist** *(wie jmds. Sinnesart, sein Denken ist).*

Kinderspiel ⟨in den Verbindungen⟩ **etwas ist ein Kinderspiel** (ugs.): *etwas ist sehr leicht:* diese Aufgabe ist für dich [doch nur] ein K. · **etwas ist kein Kinderspiel** (ugs.): *etwas ist sehr schwierig.*

Kinderstube, die: *im Elternhaus erworbene Umgangsformen:* er hat eine gute, schlechte K.; das ist ein Zeichen schlechter K.; sein Benehmen verrät keine gute K., zeugt von guter K.; seine [gute] K. nicht verleugnen können.

Kindesbeine ⟨in der Wendung⟩ von Kindesbeinen an: *von frühester Jugend an:* wir kennen uns, wir sind Freunde von Kindesbeinen an.

Kindheit, die: *Zeit von der Geburt bis zur Jugend:* eine frohe, sorglose, unbeschwerte, traurige, entbehrungsreiche K.; seine K. war sehr glücklich; er hatte eine schwere K.; sie hat ihre K. auf dem Lande verbracht; von K. an, von K. auf; seit meiner K. bin ich an Sparen gewöhnt; in, während meiner K. ...

kindisch (abwertend): *albern:* ein kindisches Benehmen, Verhalten, Spiel; ein kindisches Vergnügen an etwas haben; mit kindischer Freude versucht er uns zu ärgern; mancher wird im Alter k.; sei nicht so k.!; sich k. benehmen.

kindlich: *in der Art eines Kindes; naiv:* ei kindliches Gesicht, Aussehen, Wesen, Gemüt mit kindlicher Neugier, Naivität; in kindlichen Alter *(als Kind);* sie hat eine kindliche Handschrift; eine k. reine Seele haben; das Mädche sieht noch etwas, recht k. aus; seine Stimm klingt noch k.; sich k. über etwas freuen.

Kinn, das: *unterster Teil des menschlichen Gesichtes:* ein rundes, breites, vorstehendes, spitzes, kantiges, glattes, bärtiges, energisches, brutales K.; das K. anziehen; das K. auf, in die Hand stützen; er rieb sich [nachdenklich] da K.; er traf ihn genau am K.; die Geige ans K. setzen; er schlug ihm gegen das K.

Kino, das: **1.** *Filmtheater:* ein kleines, modernes, klimatisiertes K.; das K. war heute leer, gut besetzt; das K. füllt sich allmählich, leert sich; morgen wechselt das K. das Programm; was wird zur Zeit im K. gespielt, gegeben? **2.** *Vorstellung:* das K. ist ausverkauft, beginnt um 20.30 Uhr, dauert lange; das K. ist aus (ugs.), ist erst um 22 Uhr zu Ende; wir waren gestern im K.; ins K. gehen; nach dem K. treffen wir uns.

Kippe, die: **1.** (ugs.) *Rest einer gerauchten Zigarette:* die K. hat ein Loch in den Tisch gebrannt; die brennende K. wegwerfen, auf dem Boden austreten; Kippen aufheben, sammeln, in der Pfeife rauchen; der Aschenbecher ist voller Kippen. **2.** (Turnen) *Auf-, Stemmschwung:* eine K. am Reck, Barren machen. **3.** (Bergmannsspr.) *Abraumhalde:* auf die K. fahren. * (ugs.:) **auf der Kippe stehen** *(gefährdet sein):* die Firma steht auf der K. *(die Firma droht Bankrott zu machen);* der Schüler steht auf der Kippe *(es ist fraglich, ob der Schüler die Prüfung besteht, ob er versetzt wird);* mit dem Kranken steht es auf der K. *(der Kranke ist in Lebensgefahr).*

kippen: 1. a) ⟨gewöhnlich mit Umstandsangabe⟩ *sich neigen [und umfallen, herunterfallen]:* Vorsicht, der Schrank kippt; der Wagen kippt auf die/zur Seite; er ist vom Stuhl gekippt; der Reiter kippte beinahe vom Pferd. **b)** ⟨etwas k.⟩ die Kiste k.; wenn wir den Schrank k., bekommen wir ihn durch die Tür. **2.** ⟨etwas k.; mit Umstandsangabe⟩ *durch Schräghalten des Behälters ausschütten:* Müll in die Grube k.; er hat den Sand auf die Straße, die Steine vom Lastwagen gekippt. **3.** (ugs.) ⟨etwas k.⟩ *Alkohol schnell, mit einem Zug trinken:* einen Kirsch, einen Schnaps, einen Doppelten k.; er hat ein Glas nach dem anderen gekippt. **4.** (ugs.) ⟨etwas k.⟩ *nicht zu Ende rauchen:* nach einigen Zügen kippte er die Zigarette. * (ugs.:) **aus den Latschen/Pantinen kippen: a)** *(ohnmächtig werden):* während der Hitze ist er mehrmals aus den Latschen, Pantinen gekippt. **b)** *(die Fassung verlieren):* bei dieser Nachricht bin ich fast aus den Latschen, Pantinen gekippt · (ugs.:) **einen kippen** *(Alkohol trinken).*

Kirche, die: **1.** *Gebäude für den Gottesdienst:* eine alte, moderne, berühmte, romanische, gotische, katholische, evangelische K.; diese K. ist dem heiligen Paulus geweiht, ist eine Sehenswürdigkeit; eine K. bauen, [ein]weihen, besichtigen. **2.** *Gottesdienst:* die K. beginnt um 10 Uhr, ist zu Ende, ist aus (ugs.); morgen ist keine K.; heute war die K. voll *(sehr gut besucht);* aus der K. kommen; jeden Sonntag in die K. gehen; bist du heute schon in der K. gewesen? **3.** *christliche Glaubensgemeinschaft:* die katholische, evangelische, reformierte, römische, griechische K.; kath. Rel.: alleinseligmachende, heilige K.; der orthodoxen K. angehören; die K. verfolgen, reformieren; aus der K. austreten; (geh.:) in den Schoß der K. zurückkehren *(sich wieder der Kirche anschließen);* von der K. abfallen; Trennung zwischen K. und Staat. * **die Kirche im Dorf lassen** *(etwas im vernünftigen Rahmen belassen)* · **mit der Kirche ums Dorf fahren** *(einen unnötigen Umweg machen).*

Kirchenlicht ⟨in der Wendung⟩ kein [großes] Kirchenlicht sein (ugs.): *nicht sehr intelligent, klug sein.*

kirchlich: a) *die Kirche betreffend, zur Kirche gehörend, von ihr ausgehend:* kirchliche Ämter, Bauwerke, Besitzungen, Schriften; kirchliche Feiertage *(Feiertage mit religiöser Grundlage [an denen nicht gearbeitet wird]);* kath. Rel.: der Josefstag ist ein kirchlicher, k. gebotener Feiertag; von kirchlicher Seite unterstützt werden. **b)** *nach den Formen, Vorschriften der Kirche vorgenommen:* kirchliche Trauung; sich k. trauen lassen.

kirre ⟨in der Verbindung⟩ jmdn. kirre machen, kriegen (ugs.): *jmdn. dazu bringen, daß er nachgibt; jmdn. gefügig machen.*

Kirsche, die: **a)** *Frucht des Kirschbaumes:* helle, süße, wurmige, wilde Kirschen; Kirschen mit Steinen; die Kirschen sind reif, schmecken sauer; Kirschen ernten, pflücken, einkochen, entsteinen; Redensart: mit jmdm. ist nicht gut Kirschen essen *(mit jmdm. ist nicht gut auszukommen).* **b)** *Kirschbaum:* die Kirschen blühen schon.

Kissen, das: *mit weichem Material gefüllte Hülle als Polster:* ein flaches, rundes, gesticktes K.; mit Federn, mit Schaumgummi gefüllte Kissen; ein K. aus Samt; das K. ist zu hart; die Kissen aufschütteln; sich (Dativ) ein K. unterschieben; dem Kranken ein K. unter den Kopf legen; auf einem K. sitzen; der Schmuck lag auf einem kleinen roten K.; in die Kissen zurücksinken.

Kiste, die: **1.** *rechteckiger Behälter [aus Holz]:* eine leere, stabile, schwere K.; eine K. Zigarren, voll Äpfel; die K. brach auseinander; die K. zunageln, öffnen, aufbrechen; etwas in eine K. packen; wir haben die Bücher in eine/in einer K. verpackt; übertr. (ugs.): die Frau hat eine stramme K. *(ein strammes Hinterteil).* **2.** (ugs.) *Fahrzeug:* eine alte K.; die K. *(das Auto)* fährt noch 120 km/h; die K. *(das Boot)* ist beinahe umgekippt; der Pilot stieg erschöpft aus seiner K. *(aus seinem Flugzeug).* **3.** (ugs.) *Sache, Angelegenheit:* das ist eine alte K. *(altbekannte Sache);* das ist eine faule K. *(bedenkliche Sache);* das ist eine schwierige K. *(das ist schwierig);* die K. schon schmeißen *(die Sache schon in Ordnung bringen).*

Kitsch, der: *künstlerisch wertlose, übertrieben sentimentale, geschmacklose Sache:* literarischer, musikalischer K.; der Film ist reiner, primitivster K., ist ein fürchterlicher K.; heute gilt, empfindet man diese Art als K.; sie hat ihre Wohnung mit allerlei religiösem K. ausgestaltet; die Unterscheidung zwischen K. und Kunst ist oft schwer.

Kitt, der: **1.** *weiche Masse zum Ausfugen, Binden o. ä.:* der K. wird hart, bröckelt vom Fensterrahmen ab; Ritzen mit K. verschmieren; übertr.: Geld ist kein K. *(kein Bindemittel)* für eine Ehe. **2.** (ugs.; abwertend) *Kram:* was kostet der ganze K.? * (ugs.:) **rede nicht solchen K.!** *(rede nicht solchen Unsinn).*

Kittchen, das (ugs.): *Gefängnis:* kaum war er, kam er aus dem K., begann er wieder zu stehlen; im K. sein, sitzen; jmdn. ins K. bringen, stecken; ins K. kommen, wandern.

kitten: a) ⟨etwas k.⟩ *[mit Kitt] zusammenkleben, befestigen:* eine Vase, eine Tasse k.; eine gekittete Schale; ich muß das Fenster, die Scheibe neu k.; übertr.: *heil machen:* wir versuchten vergeblich, die Ehe, die Freundschaft zu k. **b)** ⟨etwas k.⟩ *[mit Kitt] verschmieren:* einen Riß, einen Bruch [sauber] k. **c)** ⟨etwas an etwas k.⟩ *[mit Kitt] ankleben:* den Griff, das abgebrochene Stück an die Kanne k.

Kittel, der: *mantelartiges Kleidungsstück für die Arbeit:* ein blauer, gestärkter K.; der K. ist völlig verschmutzt, frisch gewaschen; einen K. anziehen, übers Kleid ziehen, überziehen; den K. ausziehen; der Arzt trägt einen weißen K.

kitz[e]lig: 1. *gegen Kitzeln empfindlich:* eine kitz[e]lige Stelle unter der Achsel; er ist [an den Zehen] sehr k. **2.** (ugs.) *schwierig, heikel:* eine kitz[e]lige Situation, Frage; dieser Fall ist ziemlich k.; die Sache wurde für ihn sehr k. *(unangenehm, bedenklich).*

kitzeln: a) ⟨etwas kitzelt⟩ *etwas verursacht einen Kitzelreiz:* die Wolle kitzelt; die Kohlensäure kitzelt in der Nase; das kitzelt ja fürchterlich. **b)** ⟨jmdn., etwas k.⟩ *so berühren, daß ein Kitzelreiz hervorgerufen wird:* jmdn., jmds. Zehen, jmdn. an den Zehen k.; das Haar kitzelt mich [am Hals]; sie kitzelte ihn mit einem Strohhalm in der Nase; subst.: ein ständiges Kitzeln verspüren. **c)** (ugs.) ⟨etwas kitzelt jmdn., etwas⟩ *etwas reizt, stachelt jmdn., etwas an:* der Gedanke, auf Abenteuer auszugehen, kitzelte uns; solche Äußerungen kitzelten seine Eitelkeit; es kitzelte mich *(ich hatte den Drang),* ihm die Meinung zu sagen; etwas kitzelt den Gaumen *(etwas regt den Appetit besonders an, schmeckt sehr gut).*

klaffen ⟨etwas klafft⟩: *etwas liegt [weit] offen, bildet eine Öffnung:* Risse, Löcher klaffen in den Wänden; vor uns klaffte ein Abgrund *(tat sich ein Abgrund auf);* eine klaffende Wunde; bildl.: zwischen unseren Auffassungen klaffte ein tiefer Widerspruch.

kläffen: *in schrillen Tönen bellen:* der Dackel kläffte, als ich den Garten betrat; nur kläffende Hunde störten die Stille; übertr. (ugs.): seine Wirtin kläffte *(schimpfte, keifte)* fürchterlich, als er betrunken nach Hause kam.

Klage, die: **1.** (geh.) *das Klagen, Jammern:* eine verzweifelte K.; die stille, stumme K. der Mutter über den Tod ihres Kindes; unsere K. um den Verstorbenen; bittere Klagen ausstoßen; in laute Klagen ausbrechen; sich in endlosen Klagen ergehen. **2.** *Beschwerde:* die Klagen über die Jugendlichen werden häufiger; in letzter Zeit kamen mehrere Klagen über die schlechte Bedienung, wegen dauernder Störungen; es wurden keine neuen Klagen laut; man hört laufend Klagen über schlechte Qualität; laut über etwas K. führen; Klagen vorbringen; Anlaß, Grund zur K. geben; keinen Anlaß, Grund zur K. haben. **3.** *das Geltendmachen eines Anspruchs durch ein gerichtliches Verfahren:* eine gerichtliche, verfassungsrechtliche K.; eine K. auf Zahlung der Schulden, auf Feststellung eines Rechtsverhältnisses; die K. ist zulässig; die K. *(das Verfahren)* läuft [noch]; eine K. [über]prüfen, entscheiden, abweisen, zurückweisen; er hat die K. zurückgezogen, zurückgenommen; eine K. *(Klageschrift)* abfassen, einreichen, beantworten; eine K. *(ein Verfahren)* [gegen jmdn.] anstrengen, führen; [gegen jmdn.] K. erheben *(ein Verfahren einleiten);* das Gericht hat der K. stattgegeben.

Klagelied ⟨in der Wendung⟩ ein Klagelied über jmdn., über etwas anstimmen, singen: *seine Unzufriedenheit mit jmdm., mit etwas jammernd zum Ausdruck bringen.*

klagen: 1. a) *jammern:* sie weinte und klagte fast den ganzen Tag; mit klagender Stimme; subst.: sein ständiges Klagen regte uns auf. **b)** (geh.) ⟨um jmdn., um etwas k.⟩ *um jmdn., um etwas jammern; beklagen:* er klagt um den Tod seines besten Freundes, um seine verlorene Heimat. **c)** ⟨über jmdn., über etwas k.⟩ *sich beklagen, sich beschweren:* über die unwürdige Behandlung, über den unverschämten Hausverwalter k.; sie hatte nie darüber geklagt, daß ...; er klagt über [ständige] Schmerzen im Magen *(er sagt, daß er [ständig] Schmerzen im Magen habe).* **2.** *einen Prozeß anstrengen, führen:* er will [gegen die Firma] k., wenn der Vertrag nicht erfüllt wird; auf Schadenersatz, Pfändung k.; die klagende Partei, Seite. * **jmdm. sein Leid, seine Not klagen** *(sich bei jmdm. über sein Leid, seine Not aussprechen)* · **dem Himmel/Gott sei's geklagt** *(leider)* · (ugs.) **ich kann nicht klagen** *(ich bin zufrieden /Antwort auf die Frage „Wie geht es Ihnen?"/).*

Kläger, der: *jmd., der gegen jmdn. klagt:* K. sein; er tritt als K. auf; den K. vor Gericht vertreten; mit dem K. einen Vergleich schließen; Sprichw.: wo kein K. ist, ist auch kein Richter.

kläglich: a) *klagend, jammervoll:* ein klägliches Geschrei; die Katze miaute k.; das Kind weinte k. **b)** *beklagenswert, elend, jämmerlich:* das Haus befand sich in einem kläglichen Zustand; eine klägliche Rolle spielen; er nahm ein klägliches Ende. **c)** *gering, geringwertig, dürftig:* ein kläglicher Rest; ein klägliches Ergebnis; das war eine klägliche Leistung; was bei der Sache herauskam, war [ziemlich] k. **b)** *in beschämender Weise:* er hat k. versagt; seine Bemühungen sind k. gescheitert.

Klamauk, der (ugs.; abwertend): *Lärm, Krach:* ein fürchterlicher K.; die Schüler machen in der Klasse K.; mach nicht so viel K.! *(mach von dieser geringfügigen Sache nicht so viel Aufhebens);* um den Film wird viel K. *(Reklamewirbel)* gemacht; in dem Stück ist viel/ist vieles K. (Filmw., Theater: *turbulenter Blödsinn*).

klamm: 1. *steif vor Kälte:* klamme Finger haben; ich bin k., meine Finger sind [ganz] k. vor Kälte. **2.** *feuchtkalt:* klamme Wäsche; die Betten waren k., fühlten sich k. an.

Klammer, die: **1.** *Gegenstand, mit dem etwas zusammengehalten oder festgemacht wird:* die Klammern *(an der Wunde)* abnehmen, entfernen; die Balken werden durch eiserne Klammern zusammengehalten; die Wäsche auf der Leine mit Klammern festmachen. **2.** *Schriftzeichenpaar, das Anfang und Ende eines eingeschobenen Textes kennzeichnet:* runde, eckige, spitze Klammern; etwas in Klammer[n] setzen; Erklärungen stehen in Klammern. Math.: löse zuerst die K. auf *(rechne zuerst das, was in der Klammer steht).*

klammern: 1. ⟨etwas k.⟩ *etwas mit Hilfe von Klammern schließen:* der Arzt hat die Wunde geklammert. **2.** ⟨etwas an etwas k.⟩ *etwas mit einer Klammer an etwas festmachen:* einen Zettel, eine Notiz an das Buch k. **3.** ⟨sich an jmdn., an etwas k.⟩ *sich ängstlich, krampfhaft an jmdm., etwas festhalten:* sich an das Geländer, an ein Boot k.; bildl.: sich an eine Hoffnung k.; sich an das Leben k. *(am Leben hängen);* er klammert sich an sein Elternhaus, an seinen Freund *(sucht bei ihm Halt)* · * **sich an jeden Strohhalm klammern** *(in jeder kleinen Sache Hoffnung suchen).*

Klamotten, die (ugs.; abwertend): **1.** (landsch.) *Gesteinsbrocken:* die Kinder warfen mit Klamotten. **2.** *derber Spaß, Schwank:* das Stück droht zur K. abzusinken. **3.** ⟨Plural⟩ *Kleider:* alte, schäbige Klamotten; pack deine Klamotten *(Kleider, Sachen)* und verschwinde!; zwei Tage bin ich nicht aus den Klamotten gekommen *(ich war zwei Tage ununterbrochen im Dienst, Einsatz);* diese alten Klamotten *(das alte Zeug)* kannst du wegwerfen.

Klang, der: **1.** *das [Er]klingen:* der K. der Glocken weckte mich auf; unter den Klängen der Orgel; unter den Klängen der Nationalhymne wurde der Sieger geehrt. **2.** *Art des Klingens; Art, wie der Ton empfunden wird:* ein heller, tiefer, schriller, metallischer, harter, lieblicher K.; der weiche, warme K. ihrer Stimme; Glocken haben einen reinen, harmonischen K.; das Orchester hat einen vollen K.; das Radio hat einen dunklen K.; jmdn. am K. der Stimme erkennen; übertr.: sein Name hat einen/keinen guten K. *(Ruf);* seine Worte hatten einen bitteren K. *(Unterton).* **3.** ⟨Plural⟩ *Musik:* aus dem Saal drangen altbekannte, moderne Klänge, drangen Klänge von Mozart; nach den Klängen eines Walzers tanzen. * **mit Sang und Klang: a)** (veraltet; *mit Gesang und Musik*). **b)** (ugs.; *ganz und gar*) · (ugs.:) **ohne Sang und Klang** *(ohne viel Aufhebens).*

Klappe, die: **1.** *bewegliche Vorrichtung zum Schließen einer Öffnung:* die K. einer Klarinette; die K. am Fenster, am Briefkasten, an der Manteltasche; die K. am Ofen fiel, schlug zu; die K. ist, steht offen; die K. öffnen, schließen, herunterlassen; jmdm. die Klappen (von der Achsel, von der Uniform) reißen; Filmw.: die K. fällt */Zeichen für den Beginn der Filmaufnahmen/.* **2.** (ugs.) *Bett:* in die K. gehen; sich früh in die K. legen, hauen. * (ugs.:) **zwei Fliegen mit einer Klappe schlagen** *(einen doppelten Zweck auf einmal erreichen)* · (ugs.; abwertend:) **eine große Klappe haben; die große Klappe schwingen; die Klappe aufreißen** *(großsprecherisch sein, angeben)* · (ugs.:) **die/seine Klappe halten** *(still sein, nichts mehr sagen)* · (ugs.:) **jmdm. eins auf die Klappe geben** *(jmdm. eine herunterhauen).*

klappen: 1. ⟨etwas k.; mit Raumangabe⟩ *in eine bestimmte Richtung bewegen:* den Deckel nach oben, nach unten k.; wegen des scharfen Windes hat er den Kragen in die Höhe geklappt; die Augenlider auf und nieder k. **2. a)** *ein schlagendes Geräusch verursachen:* seine Stiefel klappen auf dem Steinboden; man hört die Fensterläden k.; die Kinder klappen mit den Türen. **b)** ⟨etwas klappt; mit Raumangabe⟩ *etwas schlägt gegen etwas:* die Fensterläden klappen an die Wand, gegen die Mauer. **3.** (ugs.:) ⟨etwas klappt⟩ *etwas gelingt wie geplant:* alles hat [großartig] geklappt; etwas klappt wie am Schnürchen *(etwas läuft genau nach Plan ab);* wir hoffen, daß es mit dem Termin klappt *(daß der Termin nicht geändert werden muß);* das Zusammenspiel klappt noch nicht *(ist noch nicht gut);* der Laden klappt (ugs.; *alles [ver]läuft planmäßig*). * **etwas kommt zum Klappen** *(etwas kommt zur [positiven] Entscheidung).*

klappern: 1. *klapperndes Geräusch von sich geben, verursachen:* die Mühle klappert; die Störche klapperten mit dem Schnabel; sie klappert mit dem Geschirr in der Küche; etwas klappert am Auto; ihre Absätze klappern auf den Treppen; die Sekretärin klappert (ugs.; *schreibt*) auf der Schreibmaschine; (ugs.:) mit den Augen k. *(kokettieren);* er klappert vor Angst mit den Zähnen; seine Zähne klappern vor Kälte; ⟨etwas klappert jmdm.⟩ ihm klappern die Zähne vor Kälte. **2.** ⟨mit Raumangabe⟩ *sich mit einem klappernden Geräusch irgendwohin bewegen:* der Wagen klapperte durch die holprigen Straßen.

klapprig: **a)** *alt, wackelig und klappernd:* ein klappriger Wagen; ein klappriges Klavier; der Bus sieht ziemlich k. aus. **b)** (ugs.) *mager und [alters]schwach:* ein klappriger Gaul; trotz der Erholung bin ich noch etwas k.; er ist recht k. geworden.

Klaps, der: *leichter Schlag auf den Körper:* ein leichter, kräftiger, freundschaftlicher, aufmunternder K.; jmdm. einen K. geben; das Kind bekam einen K. auf den Popo. * (ugs.:) **einen Klaps haben** *(nicht ganz normal, verrückt sein)* · (ugs.:) **einen Klaps bekommen, kriegen** *(verrückt werden).*

klar: **1. a)** *durchsichtig, rein, nicht trübe:* klares Wasser; ein klarer Gebirgsbach; klare *(reine, unvermischte)* Farbe; klare *(ungetrübte)* Sicht haben; klare Augen; mit klarem *(nicht durch Beeinflussung, Vorurteile getrübtem)* Blick die Dinge betrachten; die Nacht, die Luft, der Himmel ist k. *(frei von Wolken, von Nebel);* etwas ist k. wie Kristall; das Wetter scheint k. zu werden, zu bleiben; der Mond scheint heute nacht ganz k. *(ist nicht verdeckt);* übertr.: keinen klaren Kopf mehr haben *(nicht mehr richtig denken können);* der Kranke ist nur zeitweise bei klarem *(vollem)* Bewußtsein; Redensart: das ist [doch] k. wie Kloßbrühe/wie dicke Tinte (ugs.; *das versteht sich von selbst*); subst.: einen Klaren *(Schnaps)* bestellen, trinken. **b)** *rein:* sie hat eine klare Stimme. **2. a)** *deutlich, fest umrissen, eindeutig, unmißverständlich:* eine klare Frage, Antwort, Auskunft; (ugs.:) das ist ein klarer Fall *(das versteht sich von selbst);* klare Entscheidungen treffen; er schreibt einen klaren Stil; der Arbeit fehlt die klare Linie; ein klares *(bestimmtes)* Ziel vor Augen haben; sich ein klares Bild von etwas machen; klare Vorstellungen von etwas haben; für klare *(geordnete)* Verhältnisse sorgen; Sport: einen klaren *(beträchtlichen)* Vorsprung haben; mit einem klaren Ergebnis *(mit größerem Punkte-, Torvorsprung)* gewinnen; ist alles k.? *(wurde alles verstanden?);* (ugs.:) das ist [doch ganz] k. *(darüber brauchen wir nicht zu reden);* (ugs.:) na, k.! *(selbstverständlich);* ihm ist nicht k. *(er hat nicht begriffen),* worauf es ankommt; etwas ist k. erkennbar; eine Tendenz zeichnet sich [ganz] k. ab; eine Entwicklung k. voraussehen; etwas k. und deutlich *(unmißverständlich)* sagen; Sport: jmdn. k. besiegen; er war seinem Gegner k. überlegen. **b)** *klug, vernünftig:* er ist ein klarer Kopf (selten); er hat einen klaren Verstand *(er ist klug);* ich kann heute keine klaren Gedanken fassen *(nicht scharf denken).* **3.** *bereit:* das Schiff, Flugzeug ist k. zum Einsatz, zur Abfahrt; alle Boote sind k.; ist alles k. zum Start?; Seemannsspr.: k. Schiff [zum Gefecht]! **4.** (landsch.) *fein, nicht grob:* klarer Zucker, Sand. * **einen klaren Kopf bewahren** *(nicht nervös werden, die Übersicht behalten)* · **jmdm. klaren Wein einschenken** *(jmdm. die volle [unangenehme] Wahrheit sagen)* · **etwas ist klipp und klar** *(etwas ist völlig klar)* · **etwas klipp und klar sagen** *(etwas mit aller Deutlichkeit sagen)* · **sich über etwas klar/im klaren sein** *(wissen, welche Folgen eine Entscheidung oder Tätigkeit haben wird)* · (Seemannsspr.:) **klar Schiff machen** *(das Schiff saubermachen).*

klären: **1. a)** ⟨etwas k.⟩ *klar, sauber machen; reinigen:* Abwässer k.; das Gewitter klärt die Luft. **b)** ⟨etwas klärt sich⟩ *etwas wird klar:* das Wasser, die Flüssigkeit klärt sich. **2. a)** ⟨etwas k.⟩ *Unklarheiten, Mißverständnisse, Zweifel beseitigen:* eine Frage, einen Sachverhalt, einen Tatbestand k.; die Schuldfrage, die Unfallursache muß noch geklärt werden; ein einwandfrei geklärter Fall. **b)** ⟨etwas klärt sich⟩ *etwas wird klar, kommt zur [Auf]lösung:* die strittigen Fragen haben sich geklärt; schließlich hat sich alles noch geklärt; die Meinungen beginnen sich zu k.; **3.** (Sport) *eine Gefahr vor dem Tor beseitigen:* der Verteidiger konnte mit letztem Einsatz, auf der Linie k.

Klarheit, die: **1.** *das Ungetrübtsein; Helligkeit:* die K. der Nacht, des Himmels; der Wein ist von einer wunderbaren K. **2.** *Deutlichkeit, klare Erkennbarkeit; Schärfe:* die K. seiner Rede, seiner Formulierungen beeindruckte; darüber besteht K. *(das wurde verstanden);* völlige K. *(vollständige Aufklärung)* suchen, verlangen; wir müssen hier K. *(klare Verhältnisse)* schaffen, für K. sorgen; sich über etwas K. verschaffen.

klarmachen: **1.** ⟨jmdm., sich etwas k.⟩ *jmdm., sich etwas deutlich, verständlich machen:* ich habe ihm meinen Standpunkt klargemacht; wie soll ich Ihnen das k.?; ich mache Ihnen den Unterschied am besten an einem Beispiel klar; ich muß mir die Situation erst noch [richtig] k.; man kann sich nicht oft genug k., daß ... **2.** (Seemannsspr.) ⟨etwas k.⟩ *einsatzbereit machen:* Boote, Schiffe k.

klarsehen: *[das Wesentliche] erkennen:* er sah bei den Verhandlungen sofort klar, worum es ging; jetzt sehe ich in dieser Sache endlich klar,

klarstellen ⟨etwas k.⟩: *klären, richtigstellen:* eine Sache, einen Sachverhalt k.; etwas ein für allemal k.; wir müssen von vornherein k., daß ...

Klärung, die: **1.** *das Reinigen:* die K. der Abwässer. **2.** *Klarstellung, Aufklärung:* eine K. des Problems; eine sofortige, schnelle K. wünschen, verlangen; die Aussprache ergab, brachte noch keine K., hat zur K. der Mißverständnisse beigetragen.

Klasse, die: **1.a)** *Gruppe von Schülern:* eine gute, große, ruhige, wilde, gemischte *(aus Jungen und Mädchen bestehende)* K.; die K. hat 30 Schüler, besteht aus 30 Schülern; die K. macht einen Ausflug; die Schule hat zur Zeit 20 Klassen; eine K. übernehmen, [zum Abitur] führen, [in Deutsch] unterrichten. **b)** *Schuljahr:* er ist zwei Klassen über, unter mir; er besucht die vierte K., geht in die vierte K.; eine K. überspringen, wiederholen; in den höheren, oberen Klassen Fächer wählen können. **c)** *Klassenzimmer:* die K. erhält neue Möbel; der Lehrer betritt die K.; in der K. stehen 20 Bänke. **2.a)** *Gesellschaftsschicht:* die unterdrückte, herrschende, besitzende, bürgerliche, kapitalistische K.; die oberen Klassen *(Schichten)* der Gesellschaft; die K. der Arbeiter, der Werktätigen; der K. der Besitzlosen angehören. **b)** *Größenordnung, Leistungsgruppe:* ein Wagen der mittleren, gehobenen K. *(ein größerer Pkw mit leistungsstarkem Motor);* er besitzt den Führerschein K. 4; Sport: er ist Meister aller Klassen; ein Springen der Klasse Sa gewinnen. **c)** *Preis-, Qualitätsgruppe:* er fährt erste[r], zweite[r] K.; ein Abteil erster K.; der Patient liegt dritter K. [im Krankenhaus]; ein Hotel, eine Reise zweiter K., der zweiten K., der K. 2 buchen; in 5 Klassen werden Gewinne ausgezahlt. **d)** *Rang:* er ist Legationsrat erster K.; er erhielt den Verdienstorden erster K. **e)** (bildungsspr.) *Abteilung:* die philologisch-historische K. der Akademie; er leitet die K. für Medizin. **f)** (Biol.) *Gruppe von Lebewesen oder Dingen mit gemeinsamen Merkmalen:* die K. der Edelhölzer, Wirbeltiere; in Klassen einteilen; der Wal gehört zur/in die K. der Säugetiere. **3.** *Güte, Qualität:* ein Künstler, eine Mannschaft erster K.; das Hotel war allerbeste K. *(hervorragend);* der Spieler ist eine K. für sich, ist ganz große K.; das Länderspiel, die Nationalmannschaft war heute einfach K. (ugs.; *war ausgezeichnet*); K.! (ugs.; *phantastisch*).

klassisch: 1.a) *die Antike betreffend:* das klassische Altertum; die klassischen Sprachen; klassische Philologie *(Griechisch und Latein)* studieren. **b)** *die Klassik betreffend, im Sinne der Klassik:* klassische Dichter, Dichtungen; klassisches Ballett; klassische Musik spielen; ein Drama in klassischem Stil; übertr.: das klassische Zeitalter *(der Höhepunkt in der Entwicklung)* des Pferdesports. **2.** *vollendet, vorbildlich, mustergültig:* eine klassische Formulierung; ein klassischer *(gewichtiger, einwandfreier)* Zeuge; sie spricht ein klassisches Französisch; eine Frau von klassischer Schönheit; dieser Fall ist geradezu k. *(ist ganz typisch);* das ist ja k. (ugs.; *großartig*); etwas k. formulieren. **3.** *traditionell:* die klassische Nationalökonomie; die klassische Lehre der Gewaltenteilung; der klassische Nationalbegriff.

Klatsch, der (ugs.; abwertend): *[gehässiges] Gerede:* das ist doch alles nur K.!; K. herumtragen, verbreiten; sich nicht um den K. kümmern; etwas gibt Anlaß zum K.

klatschen: 1.a) ⟨etwas klatscht⟩ *etwas verursacht ein klatschendes Geräusch:* es hat mächtig geklatscht, als er ins Wasser fiel; er gab ihm eine Ohrfeige, daß es nur so klatschte. **b)** ⟨etwas klatscht; mit Raumangabe⟩ *etwas trifft klatschend auf, schlägt klatschend gegen etwas:* der Regen klatscht gegen das Fenster, auf das Dach; die nassen Segel klatschten gegen die Masten. **c)** (ugs.) ⟨etwas k.; mit Raumangabe⟩ *etwas werfen, so daß es knallt:* der Schüler hat den Schwamm an die Wand geklatscht; den Mörtel an die Wand k.; in seiner Wut hätte er das Buch am liebsten an die Wand geklatscht. **2.a)** ⟨[etwas] k.⟩ *Beifall spenden, applaudieren:* zurückhaltend, lange, stürmisch, im Takt k.; einige Abgeordnete der Opposition klatschten; das Publikum klatschte viel Beifall; ⟨jmdm. etwas k.⟩ die Zuhörer klatschten dem Solisten begeisterten Beifall. **b)** ⟨etwas k.⟩ *durch Klatschen angeben:* den Takt, Rhythmus k. **c)** ⟨mit Raumangabe⟩ *klatschend wohin schlagen:* in die Hände k.; ⟨jmdm., sich k.; mit Raumangabe⟩ er klatschte sich vor Freude auf die Schenkel; er hat ihm auf die Schulter geklatscht. **3.** (ugs.) **a)** *über jmdn. reden:* die Frau hat den ganzen Morgen mit der Nachbarin geklatscht; sie haben über die neuen Mieter geklatscht. **b)** (landsch.) ⟨jmdm. etwas k.⟩ *verraten:* er hat dem Lehrer sofort alles geklatscht.

Klaue, die: **1.** *Zehe, Kralle eines Tieres:* die Klauen des Adlers, des Löwen; das Tier hat scharfe Klauen; übertr. ⟨Plural⟩: jmdm. in die Klauen *(in jmds. Gewalt)* fallen, geraten; sie befreiten ihn aus den Klauen *(aus der Gewalt)* der Gangster. **2.** (ugs.; abwertend) *Handschrift:* er hat eine unleserliche, fürchterliche K.

klauen (ugs.) ⟨[etwas] k.⟩: *stehlen:* ein Fahrrad, Geld k.; er wurde verhauen, weil er geklaut hat; ⟨jmdm. etwas k.⟩ jemand hat mir das Heft geklaut.

Klausel, die: *einschränkender Zusatz in einem Vertrag:* eine geheime K.; eine K. anwenden, in einen Vertrag einbauen.

Klavier, das: */ein Musikinstrument mit Tasten/:* ein schön klingendes, altes K.; das K. ist [völlig] verstimmt; das K. stimmen; K. spielen, spielen lernen, üben; am K. sitzen; am K.: Wilhelm Backhaus; den Sänger am/auf dem K. begleiten; auf dem K. improvisieren; etwas auf dem K. spielen, vortragen; Kompositionen für zwei Klaviere.

kleben: 1. ⟨etwas k.; gewöhnlich mit Raumangabe⟩ *etwas mit Klebstoff befestigen:* Plakate, Tapeten k.; eine Marke auf den Brief k.; Photos in ein Album k.; ⟨auch ohne Akk.⟩ ich habe immer [Versicherungsmarken] geklebt *(Sozialversicherungsmarken gesammelt und aufgeklebt).* **2.a)** ⟨etwas klebt; mit Artangabe⟩ *etwas hat eine bestimmte Klebkraft:* dieser Leim, das Material klebt gut, schlecht, wie Pech. **b)** ⟨etwas klebt⟩ *etwas haftet:* die Tapete, das Plakat klebt noch nicht; das Pflaster klebt sehr fest an/auf der Haut; ⟨etwas klebt jmdm.; mit Raumangabe⟩ bei der Hitze kleben einem die Kleider am Körper; übertr.: mir klebt die Zunge am

Gaumen (ugs.; *ich habe großen Durst*); an seinen Händen, Fingern klebt Blut (geh.; *er ist ein Mörder*); an dieser Arbeit klebt viel Schweiß *(diese Arbeit hat viel Mühe gekostet)*; am Geld k. *(geizig sein)*; er klebt an seinem Posten *(will ihn nicht aufgeben)*; [zu sehr] an Äußerlichkeiten, Einzelheiten k. *(auf Äußerlichkeiten, Einzelheiten [allzu] großen Wert legen)*; er klebt heute wieder *(sitzt wieder lange)* im Wirtshaus. * (ugs.:) **Tüten k.** *(im Gefängnis sitzen)* · (ugs.:) **jmdm. eine k.** *(jmdm. eine Ohrfeige geben)*.

klebenbleiben: *an etwas Klebrigem haften, hängenbleiben:* die Fliege ist am Leim klebengeblieben; übertr. (ugs.): der Schüler ist [in der Klasse] klebengeblieben *(nicht versetzt worden)*.

klebrig: *so beschaffen, daß es klebt oder daß etwas daran klebt:* klebrige Finger haben; das Papier ist k.; sein Haar fühlt sich k. *(fettig)* an.

kleckern (ugs.): **a)** *durch Verschütten von etwas Flüssigem Flecken machen:* beim Essen, beim Malen k.; kleckere nicht so! **b)** ⟨etwas k.; mit Raumangabe⟩ *verschütten, tropfen lassen:* Farbe über das Tischtuch k.; das Kind hat Suppe auf den Boden gekleckert. **c)** ⟨etwas kleckert; mit Raumangabe⟩ *etwas fällt tropfenweise auf etwas:* hier ist etwas Farbe, Soße auf die Decke gekleckert. **d)** (ugs.) ⟨etwas kleckert⟩ *etwas geschieht, verläuft langsam, tropfenweise:* es kleckert nur so /Antwort auf die Frage: Wie geht das Geschäft?/; die Bestellungen kommen nur kleckernd herein.

Klecks, der: *Fleck:* auf dem Tischtuch ist ein großer K.; einen K. machen; der K. läßt sich nur schwer entfernen.

Klee, der: */eine Grünpflanze/:* weißer, roter K.; K. säen, schneiden; die Kühe mit K. füttern. * (ugs.:) **jmdn., etwas über den grünen Klee loben** *(übermäßig loben)*.

Kleeblatt, das: *Blatt der Kleepflanze:* ein vierblättriges K. suchen, finden; übertr. (ugs.): die drei Freunde bilden ein unzertrennliches K. *(pflegen eine enge Freundschaft)*; das ist ja ein sauberes K.! *(Trio)*.

Kleid, das: **1.** *Oberbekleidungsstück für Frauen:* ein altes, abgetragenes, modernes, buntes, ausgeschnittenes, schulterfreies, ärmelloses, [hoch]geschlossenes, kurzes, langes, enganliegendes, zweiteiliges, leichtes, sommerliches, dünnes, seidenes, warmes, festliches, billiges K.; ein K. aus Seide, aus Wolle, in Blau, zum Durchknöpfen; das K. wirkt sportlich, trägt sich gut; dieses K. steht dir am besten; ein K. zuschneiden, anfertigen, [selbst] nähen, kaufen, anprobieren, kürzer machen, ändern, reinigen, lange tragen, anhaben, ausziehen, ablegen; ich lasse mir das K. machen, anfertigen, arbeiten; ein K. auf den Bügel hängen; bildl.: die Stadt hat zum Jubiläum ein festliches K. angelegt; die Landschaft trägt ein weißes K. *(liegt unter Schnee)*. **2.** (veraltend, aber noch landsch.) ⟨Plural⟩ *Kleidung:* die Kleider kleben mir am Körper; seine Kleider lüften, ablegen; schnell in die Kleider fahren, schlüpfen; jmdm. die Kleider vom Leib reißen; ich bin zwei Tage nicht aus den Kleidern gekommen *(ich war zwei Tage ununterbrochen im Dienst, Einsatz)*; Sprichw.: Kleider machen Leute *(schöne Kleidung fördert das Ansehen der Person)*.

kleiden /vgl. gekleidet/: **1.** ⟨etwas kleidet jmdn.⟩ *etwas steht jmdm., paßt zu jmdm.:* dieser Mantel, diese Farbe, dieses Muster kleidet mich; der neue Hut kleidete sie gut, ausgezeichnet, vorteilhaft. **2.** ⟨jmdn., sich k.; mit Artangabe⟩ *jmdn., sich in bestimmter Weise anziehen:* sie kleidet das Kind hübsch, zweckmäßig; er kleidet sich modern, sportlich, auffällig, nach der neuesten Mode, wie ein Künstler; sie versteht sich richtig zu k.; sie kleidet sich meist in Schwarz; bildl.: die Wiesen und Wälder kleiden sich in neues Grün. **3.** ⟨etwas in etwas k.⟩ *etwas in eine bestimmte Form bringen:* er kleidet seine Gefühle, seine Gedanken in schöne Worte.

kleidsam: *gut kleidend:* ein kleidsames Kostüm; eine kleidsame Tracht, Frisur; der Mantel ist sehr k.

Kleidung, die: *Gesamtheit der Kleidungsstücke:* leichte, warme, zweckmäßige K. tragen; sich neue K. für den Winter kaufen; für K. viel Geld ausgeben.

klein: 1. *von geringer Ausdehnung, Größe, Zahl:* ein kleines Zimmer, Haus, Land; ein kleiner Laden; der Raum hat kleine Fenster; er fährt einen kleinen Wagen; der kleine Finger; er hat kleine Hände; er machte kleine Schritte; eine Politik der kleinen Schritte *(der Teilerfolge)*; er hat eine sehr kleine Frau; ein kleines Format; er hat eine kleine Schrift; das kleine Einmaleins *(Zahlenreihe von 1 bis 10 bei der Multiplikation)*; den kleineren Teil von etwas nehmen; etwas nur in kleinen Mengen abgeben; etwas auf kleiner Flamme kochen; ein kleines Gehalt haben; das ist nur eine kleine Summe; kein kleines Geld *(Kleingeld)* haben; ein kleiner Haushalt; etwas in kleinem Kreis besprechen; eine kleine Zahl treuer Anhänger; eine kleine Weile, einen kleinen Augenblick warten müssen; eine kleine Pause machen; Politik: die kleine Anfrage *(schriftlich gestellte und schriftlich beantwortete Anfrage)* im Parlament; Sprichw.: kleine Geschenke erhalten die Freundschaft; Redensart: kleine Ursache, große Wirkung · ein k. bißchen/ein kleines bißchen *(ein wenig)*; ein k. wenig *(etwas)*; ich bin [einen Kopf] kleiner als er; er ist von uns allen der kleinste; für sein Alter ist er noch [recht] k.; (ugs.:) k., aber oho! *(von kleiner Gestalt, aber energisch, selbstbewußt)*; der Koffer ist für diese Reise zu k.; die Schuhe sind [mir] zu k. [geworden]; mein Konto wird immer kleiner; Redensart: k., aber fein *(nicht groß, aber sehr gut)* · du mußt dich k. machen, um hineinzukommen; ein Wort k. schreiben; subst.: im Kleinen wie im Großen *(in allen Dingen, immer)* korrekt sein; er ist bis ins kleinste *(bis ins Detail)* genau; vom Kleinen auf das Große schließen; der Rock ist um ein kleines *(ein Stückchen)* zu kurz. **2.** *von geringem Ausmaß, Grad; nicht stark, schlimm:* eine kleine Erkältung; jmdm. einen kleinen Schreck einjagen; mir ist ein kleines Mißgeschick passiert; jmdm. eine kleine Freude machen *(jmdn. mit einer Kleinigkeit erfreuen)*; der Unterschied ist sehr k. **3.** *jung, nicht erwachsen:* meine kleine Schwester; er benimmt sich wie ein kleiner Junge; er gibt sich gern mit kleinen (ugs.; *jungen*) Mädchen ab; die Kinder sind alle noch k.; subst.: unser Kleiner (ugs.; *Junge*); unsere Kleine (ugs.; *Tochter*); das ist unser Kleinster (ugs.; *jüngster Sohn*); sie hat etwas Kleines (ugs.; *ein Kind*) bekommen; die Kleine (ugs.; *das kleine Kind, das junge Mädchen*) lachte herzlich; er besucht seine Kleine (ugs.; *Freundin*); die Kleinen und die Großen *(die Kinder und die Erwachsenen)*. **4.** *unbedeutend, bescheiden, wenig geachtet:* ein kleiner Angestellter; er ist noch ein kleiner Student; ein kleiner *(kleinbürgerlich denkender)* Geist; die Ansichten des kleinen Mannes *(des einfachen, nicht vermögenden Bürgers)*; er ist ein Kind kleiner *(nicht vermögender)* Eltern, Leute; in kleinen *(beschränkten)* Verhältnissen leben. * (ugs.:) **das sind kleine Fische** *(das sind Kleinigkeiten)* · (Seemannsspr.:) **kleine Fahrt machen** *(langsam fahren)* · **groß und klein** *(jedermann)* · **etwas kurz und klein schlagen** *(etwas völlig kaputtmachen)* · **klein beigeben** *(ohne lautes Murren nachgeben)* · (ugs.:) **[ganz] klein werden** *(kleinlaut werden)* · (ugs.:) **klein anfangen** *(von der untersten Stufe, ohne Vermögen beginnen)* · **von klein auf** *(von Kindheit an)*.

Kleingeld, das: *Geld in Münzen zum Bezahlen kleiner Beträge oder zum Herausgeben:* ich habe kein K. [bei mir]; [sich] etwas K. einstecken; iron.: für ein eigenes Haus fehlt mir noch das nötige K.

Kleinigkeit, die: *kleine, unbedeutende Sache:* ich muß noch einige Kleinigkeiten kaufen, besorgen; jmdm. eine K. schenken *(ein kleines Geschenk machen)*; ich muß noch eine K. (ugs.; *ein bißchen*) essen; sich eine K. (ugs.; *etwas Geld*) nebenher verdienen; den Schrank um eine K. (ugs.; *um ein Stückchen*) zur Seite schieben; das ist für dich eine K. *(eine leicht zu lösende Aufgabe)*; sich an Kleinigkeiten *(an unwichtigen Dingen)* stoßen; sich nicht mit Kleinigkeiten *(unwichtigen Einzelheiten)* abgeben; sich um jede K. *(Einzelheit)* selbst kümmern müssen.

kleinkriegen (ugs.): **a)** ⟨jmdn. k.⟩ *jmdn. gefügig machen:* ich werde ihn schon noch k.; er ist so schnell nicht kleinzukriegen; ich lasse mich nicht k. **b)** ⟨etwas k.⟩ *etwas zerkleinern, unbrauchbar machen:* ich kriege den Holzklotz nicht klein; das Spielzeug hat er schon kleingekriegt *(kaputtgemacht)*; er hat das ganze Vermögen schon kleingekriegt *(aufgebraucht, durchgebracht)*; der Apparat ist nicht kleinzukriegen *(ist sehr stabil)*.

kleinlaut: *nicht mehr so großsprecherisch wie vorher:* kleinlaute Antworten; k. werden; die Fragen des Staatsanwalts machten ihn k.

kleinlich: *engstirnig, pedantisch, ohne jede Großzügigkeit:* er ist ein kleinlicher Mensch; sei doch nicht so k.; ich habe mich noch nie k. gezeigt.

kleinmachen ⟨etwas k.⟩: *zerkleinern:* Holz, den alten Schrank k.; übertr. (ugs.): er hat das ganze Geld, Vermögen kleingemacht *(durchgebracht)*; kannst du 100 Mark k.? *(wechseln?)*; ⟨auch: jmdm. etwas k.⟩ können Sie mir 100 Mark k.?

Klemme, die: **1.** *Spange, Klammer:* etwas an mehreren Klemmen festmachen; die Haare mit einer K. feststecken; ich habe die einzelnen Blätter mit einer K. zusammengeheftet. **2.** (ugs.) *unangenehme Situation, [geldliche] Notlage:* jmdm. aus der K. helfen; sich geschickt aus der K. ziehen; in die K. geraten, kommen; er ist, sitzt, befindet sich in einer augenblicklichen K.

klemmen: 1. ⟨etwas k.; mit Raumangabe⟩ *etwas dazwischen-, festdrücken:* ein Polster in die Tür k.; er hat die Bücher unter den Arm geklemmt; ⟨auch: sich (Dativ) etwas k.; mit Raumangabe⟩ er klemmte sich den Schirm unter den Arm. **2.** *durch Quetschen verletzen:* **a)** ⟨sich k.⟩ ich habe mich [an der Tür] geklemmt. **b)** ⟨sich (Dativ) etwas k.⟩ ich habe mir den Daumen in der Schublade geklemmt. **3.** ⟨etwas klemmt⟩ *etwas läßt sich nicht, kaum bewegen:* die Autotür, die Schublade klemmt. **4.** (ugs.) ⟨etwas k.⟩: *stehlen:* eine Armbanduhr, 5 Mark k.; ⟨jmdm. etwas k.⟩ er hat ihm die Brieftasche geklemmt.

Klette, die: *runde, mit Widerhaken besetzte Frucht der Klette:* die Kinder bewarfen sich, den Vater mit Kletten; sie hängen an ihm wie die Kletten *(mögen ihn sehr gern)*; die beiden halten, hängen zusammen wie die Kletten *(sind unzertrennlich)*.

klettern: *sich an etwas klammernd hocharbeiten, vorwärtsbewegen:* er kann gut, wie ein Affe k.; an den Stangen, über den Zaun, auf das Dach, vom Baum k.; der Boxer kletterte in den Ring; wir sind heute drei Stunden geklettert; wir sind auf den höchsten Berg geklettert; der Pilot kletterte aus seiner Maschine; übertr.: *steigen:* das Thermometer ist [um 10 Grad] geklettert; die Preise sind ziemlich geklettert. * (ugs.:) **das ist, um auf die Bäume zu klettern** */Ausruf des Ärgers, der Empörung/*.

Klima, das: *für ein Gebiet bestimmendes, typisches Wetter:* ein mildes, warmes, rauhes, feuchtes, tropisches K.; das K. in den Tropen; das K. bekommt mir nicht, macht mir sehr zu schaffen; ein K. nicht vertragen; übertr.: *Atmosphäre, Stimmung:* das geistige, politische, wirtschaftliche K. hat sich geändert; ein günstiges K. für Verhandlungen; ein K. des Vertrauens schaffen; das K. verbessern, verderben, vergiften.

klimpern (ugs.): **1.** *ein klingendes Geräusch von sich geben, verursachen:* mit dem Geld in der Tasche, mit Münzen k.; er hat dauernd mit den Schlüsseln geklimpert. **2.** (ugs.; abwertend) **a)** *wahllos Töne hervorbringen:* auf dem Klavier k. **b)** ⟨etwas k.⟩ *etwas schlecht spielen:* er klimperte die Melodie, den Schlager auf dem Klavier.

Klinge, die: *schneidender Metallteil eines Werkzeuges:* eine scharfe, stumpfe, verrostete, blanke K.; die K. des Messers, des Degens, des Schwertes; die K. schleifen, schärfen; die K. *(Rasierklinge)* wechseln; eine neue K. *(Rasierklinge)* einlegen; eine gute K. schlagen *(gut fechten)*. * (geh.:) **etwas mit der Klinge ausfechten/austragen** *(im Kampf entscheiden)* · **eine scharfe Klinge führen** *(in Diskussionen ein harter, schwerer Gegner sein)* · **die Klingen kreuzen** *(eine Auseinandersetzung haben)* · (ugs.:) **jmdn. über die Klinge springen lassen** *(jmdn. zugrunde richten)*.

Klingel, die: *Vorrichtung zum Läuten:* eine helle, laute, elektrische K.; die K. funktioniert nicht, ist kaputt (ugs.); die K. betätigen, abstellen; auf die K. *(den Klingelknopf)* drücken.

klingeln: 1. *die Klingel betätigen:* kurz, leise, stürmisch k.; der Radfahrer klingelte ununterbrochen; die Kinder klingeln an allen Haustüren; bitte dreimal k.; beim Hausmeister k. und das Paket abgeben. **2. a)** ⟨etwas klingelt⟩ *etwas läßt Klingeln ertönen:* das Telephon hat mehrmals geklingelt. **b)** ⟨es klingelt⟩ *ein Klingelzeichen ertönt:* es hat geklingelt; es klingelte zur Arbeit, zur Frühstückspause. **3.** ⟨jmdm./nach jmdm. k.⟩ *durch Läuten herbeirufen:* dem Diener, dem Ober k.; sie hat nach dem Dienstmädchen geklingelt. * **Sturm klingeln** *(heftig klingeln)* · **jmdn. aus dem Bett/aus dem Schlaf klingeln** *(jmdn. durch Läuten aufwecken und aus dem Bett holen):* er hat den Arzt aus dem Schlaf geklingelt · (ugs.:) **jetzt hat es aber geklingelt** *(jetzt ist meine Geduld am Ende).*

klingen: 1. ⟨etwas klingt⟩ *etwas gibt einen Klang von sich, [er]tönt:* während der Fahrt k. die vielen Glöckchen an den Schlitten; die Glocken klingen hell, sehr dunkel, dumpf; sie ließen die Gläser k. *(sie stießen häufig an);* das Klavier klingt verstimmt; die Münze klingt nicht echt; seine Stimme klang heiser, etwas belegt, kühl; dieser Vorname klingt sehr schön; eine Sonate war durch den Saal geklungen; übertr. subst.: sie verstand es, in ihm eine Saite zum Klingen zu bringen *(ein Gefühl, eine Empfindung zu wecken);* Metrik: klingender *(zweisilbiger)* Reim. **2.** ⟨etwas klingt; mit Artangabe⟩ *etwas erscheint, hört sich in bestimmter Weise an:* das klingt rätselhaft, wunderbar, tröstlich, grausam, ganz einfach; so unglaublich dies alles klingt, es geschah wirklich so; seine Worte klangen wie ein Vorwurf, wie ein Scherz; seine Rede hatte herausfordernd geklungen; es könnte unbescheiden k., aber ... * (veraltend:) **mit klingendem Spiel** *(mit Militärmusik)* · (ugs.:) **jmdm. klingen die Ohren** *(jmd. spürt, daß er in seiner Abwesenheit gelobt oder getadelt wird)* · **in/mit klingender Münze bezahlen** *(bar bezahlen)* · **etwas in klingende Münze umsetzen** *(etwas zu Geld machen).*

klipp ⟨in der Verbindung⟩ klipp und klar: *völlig klar:* die Sache ist k. und klar; etwas k. und klar *(etwas mit aller Deutlichkeit)* sagen.

Klippe, die: *Felsen im oder am Meer:* die K. fällt steil ab, ragt weit ins Meer hinaus; das Schiff lief auf eine K. [auf], zerschellte an den Klippen; übertr.: *größere Schwierigkeit:* er konnte bei den Verhandlungen die [gefährlichen] Klippen geschickt umgehen, umschiffen, überwinden; an dieser K. ist das Unternehmen gescheitert.

klirren: *ein klirrendes Geräusch von sich geben, verursachen:* die Ketten, Waffen, Sporen klirrten; von der Explosion hatten die Fensterscheiben geklirrt; er schlug so fest auf den Tisch, daß die Gläser klirrten; adj. Part.: klirrender Frost, klirrende Kälte *(sehr strenger Frost, Kälte, bei der unter den Tritten das Eis klirrt und der Schnee knirscht).*

klitschig: *nicht ganz durchgebacken; klebrig:* klitschiges Brot; der Kuchen ist k.

klobig: *grob, unförmig:* ein klobiger Tisch; klobige Quadern; eine klobige Gestalt; klobige Finger haben; diese Schuhe sind mir zu k., sie wirken [etwas] k.; übertr.: ein klobiger *(grober, ungesitteter)* Mensch; ein klobiges *(ungeschicktes)* Benehmen haben; sich k. *(ungeschickt)* ausdrücken.

klönen (nordd.; ugs.): *plaudern:* die Mädchen k. oft; wir haben noch bis Mitternacht geklönt.

klopfen: 1. a) ⟨mit Umstandsangabe⟩ *mehrmals leicht gegen etwas schlagen:* an die Wand, an das Barometer k.; mit dem Stock auf den Boden, gegen die Tür k.; er klopfte an das Glas, um sich Gehör zu verschaffen; der Specht klopft *(schlägt mit dem Schnabel gegen den Baumstamm);* ⟨jmdn./jmdm. k.; mit Raumangabe⟩ er klopfte seinem/(seltener:) seinen Freund auf die Schulter. **b)** *anklopfen:* leise, kräftig, vorsichtig k.; hast du schon geklopft?; bitte dreimal k.; klopfe am/an das Fenster, wenn die Tür verschlossen ist. **c)** ⟨es klopft⟩ *jmd. klopft an die Tür:* es hat geklopft, sieh nach, wer da ist. **2. a)** ⟨etwas k.⟩ *etwas durch Schlagen reinigen:* ich habe den Teppich, die Matratzen geklopft. **b)** ⟨etwas von etwas, aus etwas k.⟩ *durch Schlagen entfernen:* den Staub von der Hose k.; er klopfte die Asche aus der Pfeife; ⟨mit dem Dativ der Person⟩ er klopfte ihm den Schnee vom Mantel. **c)** ⟨etwas k.⟩ *durch Schlagen weich machen:* die Mutter hat das Fleisch, das Schnitzel mehrmals geklopft. **3.** ⟨etwas in etwas k.⟩ *in etwas schlagen:* einen Nagel, einen Haken in die Wand k. **4.** ⟨etwas klopft⟩ *etwas gibt ein gleichmäßig schlagendes Geräusch von sich:* mein Herz klopft; der Motor klopft *(gibt unsaubere Geräusche von sich);* mit [vor Aufregung] klopfendem Herzen in die Prüfung gehen; subst.: das Klopfen des Pulses kontrollieren. **5.** ⟨etwas k.⟩ *etwas durch Schlagen deutlich machen:* den Takt k.; er hat die Melodie mit den Fingern auf das Pult geklopft. * **jmdn. aus dem Schlaf klopfen** *(jmdn. aus dem Schlaf wecken und aus dem Bett holen)* · (ugs.:) **jmdm. auf die Finger/Pfoten klopfen** *(jmdn. [warnend] zurechtweisen)* · (ugs.:) **bei jmdm. auf den Busch klopfen** *(bei jmdm. gezielt auf etwas anspielen und etwas zu erfahren versuchen).*

kloppen (ugs.) ⟨sich k.⟩: *sich verprügeln:* wir haben uns in der Schule gekloppt. * (Soldatenspr.:) **Griffe kloppen** *(Gewehrgriffe üben)* · **Skat kloppen** *(Skat spielen).*

Klops, der: *Kloß aus gemahlenem Fleisch:* Königsberger Klopse; heute gibt es Klopse in Kapernsoße.

Klosett, das: → Toilette.

Kloß, der: **a)** *aus Teig geformte Kugel:* rohe, grüne *(aus rohen Kartoffeln hergestellte)* Klöße; Klöße aus Semmeln, aus Grieß, aus Fleisch; Klöße kochen; heute gibt es Klöße mit Sauerbraten; er sprach, als ob er einen K. im Hals hätte *(er sprach mit würgender Stimme).* **b)** (veraltend) *Klumpen:* ein K. Erde, Lehm; aus nassem Sand einen K. formen.

Kloster, das: **1.** *Wohn- und Arbeitsstätte von Mönchen oder Nonnen:* ein altes, säkularisiertes (bildungsspr.), neu besiedeltes, berühmtes K.; das K. hat eine berühmte Bibliothek; das K. stammt aus dem 9. Jahrhundert, wurde im 12. Jahrhundert gegründet, wurde im 19. Jahrhundert aufgehoben; die Klöster schließen, bestehen lassen. **2.** *Gemeinschaft der Mönche oder Nonnen:* das K. verlassen; ins K. gehen, eintreten; jmdn. ins K. aufnehmen, stecken.

Klotz, der: *eckiges Stück aus Holz, Stein o. ä.:* ein schwerer K.; einen K. spalten; Klötze unter etwas schieben; Sprichw.: auf einen groben K. gehört ein grober Keil *(Grobheit muß mit Grobheit beantwortet werden);* etwas in Klötze, zu Klötzen schneiden; das Kind spielt mit Klötzen *(Bauklötzen);* er steht da wie ein K. *(steif, hölzern);* er liegt da, schläft wie ein K. *(ohne sich zu rühren);* übertr. (ugs.): er ist ein [grober] K. *(ein ungehobelter Mensch).* * (ugs.:) **jmdm. ein Klotz am Bein sein** *(für jmdn. ein Hemmnis sein)* · (ugs.:) **sich** (Dativ) **einen Klotz ans Bein binden** *(sich mit etwas eine Last aufbürden)* · (ugs.:) **einen K. am Bein haben***(eine Last haben).*

¹Kluft, die: **1.** (veraltend) *tiefer Riß, Spalt:* Klüfte überspringen; in eine tiefe K. fallen, stürzen. **2.** *scharfer Gegensatz:* die wirtschaftlich-soziale K. zwischen Ost und West; zwischen den Parteien, Weltanschauungen besteht eine tiefe, fast unüberbrückbare K.; eine K. zwischen den beiden tat sich auf; die K. zwischen Regierung und Volk überwinden.

²Kluft, die (ugs.): *kennzeichnende [Arbeits]kleidung:* die K. des Flugpersonals; die Schüler des Internats erhalten neue Kluften; sich in seine gute K. werfen *(seinen guten Anzug anziehen).*

klug: a) *mit Verstand, mit scharfem Denkvermögen begabt; schlau:* ein kluger Schüler; er ist ein kluger Mensch, ein kluger Kopf; das Kind hat kluge *(Klugheit verratende)* Augen; er ist sehr, ungewöhnlich k.; subst.: sie ist von allen die Klügste. **b)** *vernünftig, sinnvoll:* ein kluger Rat; eine kluge Politik treiben; kluge Reden halten; das war eine kluge Entscheidung; wenn du k. bist, warte ab; (ugs.:) der ist wohl nicht recht k. *(er ist wohl verrückt);* sein Verhalten war nicht k.; es ist das klügste *(am klügsten)* zu schweigen; er hätte k. daran getan, sofort nach Hause zu gehen; diese Methode halte ich nicht für k.; Sprichwörter: durch Schaden wird man k.; der Klügere gibt nach. * (ugs.:) **aus etwas nicht klug werden** *(etwas nicht verstehen);* (ugs.:) **aus jmdm. nicht klug werden** *(jmdn. nicht richtig einschätzen, nicht durchschauen können).*

Klugheit, die: **a)** *scharfes Denkvermögen, Intelligenz:* das zeugt von großer K.; er zeichnet sich durch ungewöhnliche K. aus. **b)** *kluges Verhalten, Umsicht:* die K. des Staatsmannes; aus K. gab er zunächst dazu keine Erklärung ab. **c)** (meist iron.) ⟨Plural⟩ *kluge Bemerkungen:* deine Klugheiten kannst du dir sparen.

klugreden (ugs.): *etwas besser wissen:* er kann nur k., von der Sache aber versteht er nichts.

klumpen ⟨etwas klumpt⟩: *etwas bildet Klumpen:* das Mehl klumpt beim Anrühren.

Klumpen, der: *zusammenklebende Masse:* ein K. Blei, Gold, Lehm; Klumpen bilden; sich zu Klumpen ballen; unsere Hände waren zu unförmigen Klumpen geschwollen. * (ugs.:) **in/zu Klumpen hauen, schlagen, fahren** *(kaputtmachen, zerstören).*

knabbern: a) ⟨etwas k.⟩ *etwas essen, indem man immer wieder eine Kleinigkeit davon abbeißt:* Kekse, Salzstangen, Nüsse k.; etwas zum Wein zu k. haben. **b)** ⟨an etwas k.⟩ *an etwas nagen:* die Hasen knabbern an den Rüben. * **an etwas zu knabbern haben** *(sich an etwas schwertun).*

Knabe, der: **1.** (geh.) *Sohn, Junge:* ein aufgeweckter K.; einen Knaben gebären; sie hat einem Knaben das Leben geschenkt; eine Schule für Knaben leiten. **2.** (ugs.; scherzh.) *[älterer] Mann:* er ist ein fröhlicher K.; [na,] wie geht's, alter K.? /vertrauliche Anrede/; der K. ist mir zu arrogant; wir werden dem Knaben mal auf den Zahn fühlen.

knacken: 1. ⟨etwas knackt⟩ *ein knackendes Geräusch von sich geben, verursachen:* der Boden, die Treppe, das Bett knackt; das frische Holz knackt im Feuer; es knackt im Radio, in der [Telefon]leitung; er knackte ungeduldig mit den Fingern. **2.** ⟨etwas k.⟩ **a)** *aufknacken:* Nüsse, Kerne k. **b)** (Soldatenspr.; ugs.) *zerdrücken:* Läuse, Wanzen k. **c)** (ugs.:) *gewaltsam aufbrechen:* einen Tresor k. * (ugs.:) **jmdm. eine harte Nuß zu knacken geben** *(ein schwieriges Problem aufgeben)* · (ugs.:) **eine harte Nuß zu knacken haben** *(eine schwierige Aufgabe zu lösen haben).*

Knacker, der (ugs.; abwertend): *alter, gebrechlicher Mann:* dieser alte K.; er ist ein alter K. geworden.

Knacks, der: **1.** *knackender Laut:* es gab, machte einen K., als das heiße Wasser in das Glas gegossen wurde; beim Sprung hörte ich deutlich den K. im Fußgelenk. **2.** (ugs.; landsch.) *Sprung:* die Tasse hat einen K. **3.** (ugs.) *Schädigung, Schaden:* er hat seit einiger Zeit einen gesundheitlichen, seelischen K. weg; ich habe mir im Krieg den K. geholt; die Ehe hat durch die Streitereien einen K. bekommen, gekriegt *(ist nicht mehr ganz in Ordnung);* das hat ihrer Freundschaft einen tiefen K. versetzt.

Knall, der: *kurzes, scharfes, sehr lautes Geräusch:* ein heller, heftiger, scharfer, harter, dumpfer K.; der K. eines Schusses, einer Explosion; mit einem K. die Tür zuwerfen; übertr. (ugs.): es gab einen großen K. *(Skandal).* * (ugs.:) **Knall und Fall** *(plötzlich, auf der Stelle):* er wurde K. und Fall entlassen · (ugs.:) **einen Knall haben** *(verrückt sein).*

Knalleffekt, der (ugs.): *Pointe:* der K. bei der Sache ist, daß ...; das ist ja der K.

knallen: 1. *einen Knall von sich geben, verursachen:* die Peitsche knallt; wir hörten Schüsse k.; die Sektkorken knallten pausenlos; mit der Tür, mit den Absätzen k. **2.** (ugs.) *schießen:* **a)** ⟨mit Raumangabe⟩ in die Luft k.; er hat wild um sich geknallt; Sport: der Mittelstürmer knallte an die Latte. **b)** ⟨etwas k.; mit Raumangabe⟩ aus Wut hat er mehrere Kugeln durch die Scheibe geknallt; Sport: aus vollem Lauf knallte der Mittelstürmer den Ball ins Netz; ⟨auch mit dem Dativ der Person⟩ der Bankräuber knallte dem Angestellten zwei Kugeln in den Bauch. **3.** (ugs.) **a)** ⟨mit Raumangabe⟩ *gegen etwas prallen:* der Beifahrer ist gegen die Windschutzscheibe, mit dem Kopf auf das Pflaster geknallt; der Wagen knallte gegen die Leitplanke. **b)** ⟨etwas k.; mit Raumangabe⟩ *etwas mit Wucht werfen:* er knallte das Paket, das Geld auf den Tisch; die Bücher in die Ecke k.; ⟨auch: jmdm. etwas k.; mit Raumangabe⟩ das Zimmermädchen knallte ihr den Koffer vor die Füße. **4.** (ugs.) *brennend, heiß scheinen:* die Sonne knallt heute fürchterlich; ⟨jmdm. k.; mit Raumangabe⟩ die Sonne hat ihm auf den Kopf geknallt. **5.** (ugs.) ⟨es knallt⟩ *es gibt Schläge:* nimm dich in acht, sonst knallt's. * (ugs.:) **jmdn. über den Haufen knallen** *(jmdn. niederschießen)* · (ugs.:) **jmdm. eine knallen** *(jmdm. eine Ohrfeige geben)* · (ugs.:) **jmdm. eins, einen, eine vor den Latz knallen** *(jmdm. von vorn einen Hieb versetzen, einen Schlag geben).*

knallig (ugs.): *grell, auffallend:* eine knallige Farbe; ein knalliges Rot; der Stoff wirkt ziemlich k.

knapp: 1. *eng, fest anliegend:* ein knapper Pullover; eine k. sitzende Hose; die Schuhe sind [mir] zu k. **2. a)** *klein, gering, bescheiden:* ein knappes Taschengeld; die Portionen sind k.; die Lebensmittel, die Vorräte sind k. geworden; meine Zeit ist k. *(ich habe wenig Zeit);* mit der Zeit, mit Geld k. sein *(wenig Zeit, Geld haben);* du darfst nicht zu k. messen. **b)** *etwas weniger, nicht ganz:* ein knappes Pfund Butter; ich fahre eine knappe Stunde; der Junge ist jetzt k. ein Jahr alt; k. ein halbes Jahr wohne ich hier. **c)** *schwach, nicht überzeugend:* ein knapper Sieg; er wurde mit knapper Mehrheit gewählt. **3.** *sehr kurz, nur das Wesentliche erfassend:* eine knappe Information; etwas in knappen Sätzen berichten; der Bericht ist recht k.; das Referat soll nicht zu k. ausfallen. **4.** *sehr nahe; dicht:* das Flugzeug fliegt k. unter der Schallgrenze; er schoß k. am Tor vorbei; das Kleid endet k. über dem Knie; er entging nur k. dem Tode *(er ist noch einmal davongekommen).* * **mit knapper [Mühe und] Not** *(gerade noch):* er hat es mit knapper Mühe und Not geschafft · (ugs.:) **knapp bei Kasse sein** *(wenig Geld haben).*

knarren ⟨etwas knarrt⟩: *etwas gibt ein knarrendes Geräusch von sich:* die Tür, die Treppe, das Bett knarrt; er hat eine knarrende Stimme.

Knast, der (ugs.): **a)** *Haftstrafe:* er bekam fünf Monate K.; jmdm. ein Jahr K. aufbrummen. **b)** *Gefängnis:* jmdn. in den K. schicken; im K. sein, sitzen. * (ugs.:) **Knast schieben** *(eine Gefängnisstrafe verbüßen).*

knattern ⟨etwas knattert⟩: *etwas gibt ein knatterndes Geräusch von sich:* die Motorräder k.; man hörte die Maschinengewehre k.; die Fahnen knatterten im Wind.

Knäuel, der oder das: *zu einer Kugel aufgewickelter Faden:* ein unentwirrbarer/unentwirrbares K.; ein K. Wolle; ein[en] K. [auf]wickeln, entwirren; übertr.: die Menschen standen in Knäueln vor den Eingängen.

Knauf, der: *Griff in Form einer Kugel oder eines Knopfes:* ein hölzerner, metallener K.; der K. an der Haustür ist abgebrochen.

knauserig (ugs.; abwertend): *übertrieben sparsam, geizig:* ein knaus[e]riger Mensch; er ist sehr k.; sei nicht so k.!

knausern (ugs.; abwertend): *sehr sparsam sein:* im Urlaub knausert er nie; mit dem Geld, mit dem Material k.

knautschen (ugs.): **a)** ⟨etwas k.⟩ *zusammendrücken, knüllen:* das Papier, die Zeitung k.; das Kleid darf man nicht k. **b)** *Falten bilden:* das Kleid, der Stoff knautscht [leicht].

knebeln ⟨jmdn. k.⟩: *jmdm. einen Knebel in den Mund stecken und ihn am Sprechen und Schreien hindern:* die Bankräuber fesselten und knebelten die Angestellten; übertr.: die Regierung versucht die Presse, die oppositionellen Gruppen zu k. *(zum Schweigen zu bringen).*

Knecht, der (veraltet): *Gehilfe eines Bauern:* auf dem Bauernhof arbeiten drei Knechte; er arbeitet als K.; übertr.: ein K. Gottes.

knechten ⟨jmdn., etwas k.⟩: *unterdrücken:* sich nicht k. lassen; die Bevölkerung k.; das geknechtete Volk erhob sich.

Knechtschaft, die: *Unfreiheit, Unterwerfung:* jmdn. aus der K. befreien; ein Volk in die K. führen, stürzen; in völliger K. leben.

kneifen: 1. a) ⟨jmdn. k.⟩ *Haut, Fleisch so zusammendrücken, daß es schmerzt:* hör endlich auf, mich dauernd zu k.!; ⟨jmdm./(seltener:) jmdn. k.; mit Raumangabe⟩ er kniff ihr/sie in den Arm. **b)** ⟨etwas kneift⟩ *etwas verursacht einen kneifenden Schmerz:* das Gummiband kneift; das Wasser war so kalt, daß es kniff. **2.** ⟨etwas k.; mit Raumangabe⟩ *irgendwo einklemmen:* der Hund kniff den Schwanz zwischen die Beine und lief davon. **3.** (selten) ⟨etwas k.⟩ *zusammenpressen:* die Augen k. **4.** (ugs.; abwertend) *sich jmdm. nicht stellen; sich vor etwas drücken:* er kneift vor dem Chef, vor der Aussprache; im entscheidenden Moment hat er wieder gekniffen.

Kneipe, die: **1.** (ugs.; abwertend): *[einfache] Gaststätte:* eine finstere, schmutzige, verrufene K.; in die K. gehen; er sitzt dauernd in der K.; in einer K. hängenbleiben. **2.** (Studentenspr.) *Treffen zum Trinken und Singen:* die Studenten hatten ihre K.

kneten ⟨etwas k.⟩: **a)** *eine weiche Masse drükkend bearbeiten:* Teig k.; der Masseur knetet *(walkt)* kräftig meine Bauchmuskeln. **b)** *etwas aus einer weichen Masse formen:* eine Figur [aus Wachs, Ton, Lehm] k.

Knick, der: *Stelle, wo etwas scharf gebogen ist:* das Papier, das Blech hat einen K.; die Straße macht einen K. * (ugs.:) **einen Knick im Auge/in der Optik haben: a)** *(schielen).* **b)** *(nicht richtig sehen können).*

knicken: 1. a) ⟨etwas k.⟩ *etwas scharf biegen:* einen Draht k.; der Sturm hat dicke Bäume geknickt; den Papierbogen zweimal k.; bitte nicht k.! **b)** ⟨etwas knickt⟩ *etwas biegt sich scharf um:* die starken Balken knickten wie Strohhalme. **2.** ⟨jmdn., etwas k.⟩ *niederdrükken:* ihre Reaktion hat ihn, seinen Stolz sehr geknickt; er macht einen ganz geknickten Eindruck.

knick[e]rig (ugs.; abwertend): *sehr sparsam, geizig:* ein knick[e]riger Mensch; er ist immer sehr, furchtbar k.

Knicks, der: *kurzes Kniebeugen zur Begrüßung älterer oder höhergestellter Personen:* das Kind machte einen artigen, tiefen K. [vor dem Pfarrer].

Knie, das: **1.** *Gelenk zwischen Ober- und Unterschenkel:* ein rundes, spitzes, geschwollenes K.; das K. wurde steif; ihm zittern die Knie vor Angst; das K. vor dem Altar beugen; die Knie durchdrücken; sich das K. aufschlagen; auf das K./auf die Knie fallen; sie fiel, warf sich vor ihm auf die Knie; die Kinder rutschten auf den Knien; in die Knie sinken; mit wankenden, schlotternden Knien; sich eine Decke über die Knie legen; das Kleid reicht bis zum K.; übertr.: der Fluß macht, bildet ein K. *(knieförmige Biegung).* **2.** *gebogenes Stück:* das K. am Ofenrohr; ein K. einsetzen. * (geh.:) **jmdn. auf/in die Knie zwingen** *(jmdn. besiegen, unterwerfen)* · (ugs.:) **vor jmdm. in die Knie gehen** *(vor jmdm. Angst haben und seine Grundsätze aufgeben)* · (ugs.:) **jmdn. übers Knie legen** *(jmdm. eine Tracht Prügel geben)* · (ugs.:) **in den Knien weich werden** *(große Angst bekommen)* · (ugs.:) **etwas**

übers Knie brechen *(etwas übereilt erledigen, entscheiden)*.

kniefällig ⟨in den Wendungen⟩ (hist.:) **kniefällig werden:** *einen Kniefall tun:* er wurde vor der Königin k. · **kniefällig bitten:** *flehentlich bitten.*

knien: 1.a) *auf den Knien liegen:* während des Gottesdienstes, vor dem Altar, im Beichtstuhl k.; sie kniete am Bett ihres todkranken Mannes. **b)** ⟨sich k.⟩ *sich auf die Knie niederlassen:* sie mußte sich k., um unter dem Schrank saubermachen zu können; er kniete sich neben mich. **2.** ⟨sich in etwas k.⟩ *sich intensiv mit etwas beschäftigen:* ich werde mich in die Arbeit, in diesen Vorgang, in den Fall knien.

Kniff, der: **1.** *Falte, Knick:* einen K. in das Papier machen; in dem Rock sind mehrere Kniffe. **2.** (ugs.) *Trick, Kunstgriff:* unerlaubte Kniffe anwenden; er kennt alle Kniffe; den K. [noch nicht] heraushaben; hinter einen Kniff kommen.

knifflig: *schwierig, kompliziert:* eine knifflige Sache, Situation; ein kniffliges Unterfangen; er stellt immer ziemlich knifflige Fragen; die Aufgabe ist mir zu k.

knipsen (ugs.): **1.** ⟨[jmdn., etwas] k.⟩ *photographieren:* ich habe im Urlaub sehr viel geknipst; er hat uns am Strand, aus dem fahrenden Zug geknipst; ein Bild k.; mit diesem Film kann ich noch drei Farbfotos k. *(aufnehmen, machen).* **2.** ⟨etwas k.⟩ *etwas lochen [und dadurch entwerten]:* eine Fahrkarte k. **3.** *einen knipsenden Laut von sich geben:* er knipste dauernd mit den Fingernägeln. **4.** (landsch.) ⟨etwas k.; mit Raumangabe⟩ *etwas mit dem Finger wegschießen:* der Junge knipste den Kirschkern vom Tisch.

knirschen: *ein knirschendes Geräusch von sich geben, verursachen:* der Schnee, der Sand knirscht [unter unseren Schritten]; die Stiefel knirschen auf dem Kiesweg; mit den Zähnen k.; mit knirschenden Zähnen *(wütend)*, knirschend vor Zorn verließ er den Raum.

knistern: *ein knisterndes Geräusch von sich geben, verursachen:* das Feuer, das Holz [im Feuer], das Papier knistert; während der Vorstellung knisterte dauernd jemand mit Papier; übertr.: es herrschte eine knisternde *(gespannte, prickelnde)* Atmosphäre, Spannung. * **es knistert im Gebälk** *(etwas geht vor sich, tritt in eine kritische Phase, wird von etwas bedroht):* bei der Firma knistert es im Gebälk.

knobeln: 1. *durch Würfeln entscheiden:* wir haben geknobelt, wer zahlen muß; mit den Kollegen um einen Kasten Bier k. **2.** (ugs.) *nach der Lösung einer schwierigen Aufgabe suchen:* wir haben lange geknobelt, wie man die Sache vereinfachen kann; an dieser Aufgabe habe ich lange geknobelt.

Knöchel, der: *vorspringender Knochen am Fuß- oder Fingergelenk:* der K. ist gebrochen; ich habe mir den K. verstaucht; sie hat zarte, feine, feste, kräftige Knöchel; das lange Kleid geht, reicht [ihr] bis zum K.; bis an, bis über die Knöchel im Schlamm versinken.

Knochen, der: **1.** *einzelner Bestandteil des Skeletts:* zierliche, weiche, harte, kräftige, feste Knochen; mir tun sämtliche Knochen (ugs.; *Glieder*) weh; seine müden Knochen (ugs.; *Glieder*) ausruhen; der K. ist gebrochen, ist gut zusammengewachsen; sich einen K. [an]brechen; der Hund nagt an einem K.; die Wunde geht bis auf den K.; aus den Knochen eine gute Suppe kochen; der Schreck fuhr ihm in die Knochen; er hat kein Mark in den Knochen *(ist nicht stark)*; ein Pfund Fleisch mit/ohne Knochen. **2.** (ugs.) ⟨Plural⟩ *Glieder:* seine Knochen bewegen; reißen Sie die Knochen zusammen! *(stehen Sie stramm!)*; mir sitzt, steckt noch eine Grippe in den Knochen *(haftet mir noch an)*. *(ugs.:) **elender Knochen** /*Schimpfwort*/ · (ugs.:) **nur/bloß noch Haut und Knochen sein** *(völlig abgemagert sein)* · (ugs.:) **bis auf die Knochen** *(völlig, durch und durch):* wir waren naß bis auf die Knochen; er hat sich bis auf die Knochen blamiert; er ist Militarist bis auf die Knochen.

knochig: *kräftige, deutlich hervortretende Knochen habend:* ein knochiges Gesicht; knochige Hände haben; er ist ein k. gebauter Typ.

Knödel, der (südd.): → Kloß.

Knopf, der: **1.** *kleines Verschluß- oder Zierstück an Kleidungsstücken:* ein runder, flacher, lederner, überzogener, blanker K.; Knöpfe aus Perlmutter; der K. ist ab (ugs.), ist auf (ugs.), ist zu (ugs.); ein Knopf ist abgerissen; mir ist der K. [am Mantel] abgegangen (ugs.), abgesprungen; einen K. verlieren, annähen; den K. auf-, zumachen, öffnen, schließen. **2.** *Vorrichtung zum Ein- und Ausschalten von Geräten oder Anlagen:* der K. der Klingel, für das Licht; den K./auf den K. drücken; ein Druck auf den K. genügt, und die Maschine läuft. **3.** *Knauf, kugeliges Ende:* der K. am Spazierstock; der K. einer Turmspitze. **4.a)** (ugs.; abwertend) *[kleiner, alter] Mensch:* er ist ein komischer, ulkiger, altmodischer K. **b)** (ugs.) *[kleines] Kind:* die kleinen Knöpfe haben sich versteckt. * (ugs.:) [sich (Dativ)] **etwas an den Knöpfen abzählen** *(eine Entscheidung von etwas Zufälligem abhängig machen)*.

Knopfloch, das: *Loch zum Durchstecken eines Knopfes:* das K. ist ausgerissen; Knopflöcher [aus]nähen, umstechen; er trägt ein Trauerband im K.; sich (Dativ) eine Blume ins K. stecken; übertr.: ihm scheint die Neugier, die Lebenslust aus allen Knopflöchern. * (ugs.:) **aus sämtlichen/allen Knopflöchern platzen** *(zu dick geworden sein)* · (ugs.; scherzh.:) **mit einer Träne im Knopfloch** *(scheinbar gerührt)*.

knorrig: *krummgewachsen, mit vielen verwachsenen Ästen:* knorrige Eichen, Weiden; die Bretter sind ganz k. *(bestehen aus Holz mit vielen Ästen)*; k. ragen die Äste in den Himmel; übertr.: er hat ein knorriges *(rauhes, grobes)* Wesen.

Knospe, die: *noch nicht aufgegangene Blüte:* feste, dicke, schwellende Knospen; die Knospen öffnen sich, sprießen [hervor], entfalten sich, springen auf, brechen auf, blühen auf, gehen auf, platzen auf (ugs.); der Baum setzt Knospen an, treibt Knospen.

knoten ⟨etwas k.⟩: *einen Knoten machen:* das Ende der Schnur k.; das Seil ist [fest] geknotet.

Knoten, der: **1.** *feste Schlinge:* ein fester K.; der K. hält, zieht sich zusammen, lockert sich, geht auf; der K. der Krawatte sitzt schief; einen K. machen, schlingen (selten), lösen, [nicht] aufbekommen (ugs.), [nicht] aufkriegen (ugs.); in die Schnur einen K. machen; [sich (Dativ)] einen K. in das, ins Taschentuch machen (um etwas nicht zu vergessen); sie trägt einen K. *(sie hat das Haar knotenförmig zusammengesteckt);* sie trägt das Haar/die Haare in einem K.; sie hat das Haar zu einem K. aufgesteckt; übertr.: der K. der Handlung in diesem Theaterstück ist leicht geschürzt *(die Handlung ist nicht sehr verwickelt);* die Sache hat einen K. (ugs.; *bei der Sache stimmt etwas nicht*). **2.** *Verdickung:* der K. am Weinstock, an Grashalmen; die Gicht verursacht Knoten an den Fingern. **3.** (Seemannsspr.) */Geschwindigkeitsmaß bei Schiffen/:* das Schiff läuft, macht 20 Knoten, fährt mit 25 Knoten; es hat eine Höchstgeschwindigkeit von 35 Knoten. * **den [gordischen] Knoten durchhauen** *(eine schwierige Aufgabe verblüffend einfach lösen)* · (ugs.:) **bei jmdm. ist der Knoten endlich gerissen/geplatzt** *(jmd. hat endlich etwas verstanden).*

Knüller, der (ugs.): *Sache sensationeller Art:* diese Nachricht, dieser Film, dieser Wagen ist ein [toller, echter] K.

knüpfen: 1. ⟨etwas k.⟩ *etwas durch Verschlingen von Fäden herstellen:* Netze, Teppiche k.; einen Knoten k. (selten; *machen*); übertr.: die Freundschaftsbande enger k. **2. a)** ⟨etwas an etwas k.⟩ *etwas mit etwas [gedanklich] verbinden:* an etwas Hoffnungen, Erwartungen k.; ich knüpfe daran die Bedingung, daß ... **b)** ⟨etwas knüpft sich an etwas⟩ *etwas verbindet sich mit etwas:* an meine Zeit im Ausland knüpfen sich viele schöne Erinnerungen.

Knüppel, der: *kurzer, dicker Stock:* ein K. aus Hartgummi; die Polizei trieb die Demonstranten mit Knüppeln auseinander; da möchte man am liebsten mit dem K. dreinschlagen (ugs.; *mit Gewalt Ordnung schaffen*); Fliegerspr.: *Steuerknüppel:* der Pilot umklammerte den K. * (ugs.:) **jmdm. Knüppel zwischen die Beine werfen** *(jmdm. Schwierigkeiten machen).*

knurren: 1. *einen knurrenden Laut von sich geben:* der Hund knurrt, wenn man ihm zu nahe kommt; mein Magen knurrt [vor Leere]; ⟨etwas knurrt jmdm.⟩ ihm knurrt der Magen. **2.** (ugs.) **a)** *murren:* er knurrte über die neue Anordnung; knurrend zog er sich in sein Zimmer zurück. **b)** ⟨etwas k.⟩ *etwas murrend, brummend sagen:* er hat immer etwas zu k.; „Nächstens kommst du pünktlich!" knurrte er.

knusprig: 1. *frisch gebacken mit leicht platzender Kruste:* knuspriges Gebäck; die Brötchen sind k.; die Gans ist schön k. gebraten. **2.** (ugs.) *jung, frisch:* ein knuspriges Mädchen; als wir noch jung und k. waren.

Knute, die (hist.): *Riemenpeitsche:* mit der K. schlagen; übertr.: *Gewaltherrschaft:* die K. zu spüren bekommen; unter jmds. K. stehen, leben, seufzen.

k. o. ⟨in den Wendungen⟩ **k. o. gehen** (Boxen) *(kampfunfähig werden)* · **jmdn. k. o. schlagen** (Boxen) *(jmdn. kampfunfähig schlagen)* · **k. o. sein: a)** (Boxen) *(kampfunfähig sein).* **b)** (ugs.; *völlig ermüdet, erschöpft sein*).

Koch, der: *jmd., der berufsmäßig kocht:* ein berühmter, ausgezeichneter K.; er lernt K., will K. werden; Sprichwörter: viele Köche verderben den Brei *(eine Sache, bei der viele Personen mitreden, wird nicht gut);* Hunger ist der beste Koch *(wenn man Hunger hat, ist man in den Speisen nicht so wählerisch).*

kochen: 1. ⟨etwas k.⟩ **a)** *durch Kochen, mit kochendem Wasser zubereiten:* Kaffee, Tee k.; ich muß bis zwölf Uhr das Essen, das Gemüse gekocht haben; Sprichw.: nichts wird so heiß gegessen, wie es gekocht wird *(in Wirklichkeit ist es nicht so schlimm, wie es zuvor den Anschein hatte).* **b)** *sieden und dadurch gar, weich machen:* Fleisch, ein Ei, Kartoffeln, Erbsen k.; den Inhalt des Beutels auf kleiner Flamme fünf Minuten k.; Teer k. *(durch Erhitzen flüssig und verwendbar machen).* **c)** *durch starkes Erhitzen von Schmutz befreien:* Wäsche, Windeln k.; die Handtücher müssen gekocht werden. **2.** *Speisen zubereiten:* die Mutter steht in der Küche und kocht; sie kocht gerne, gut, pikant, für zwei Tage, für die ganze Familie; Redensart: hier wird auch nur mit Wasser gekocht *(hier wird in der gleichen Weise gearbeitet wie anderswo).* **3.** ⟨etwas kocht⟩ *etwas hat den Siedepunkt erreicht; etwas ist in Siedetemperatur:* das Wasser, die Milch, die Suppe kocht [noch nicht]; Klöße in kochendes Wasser legen; er hat sich mit kochend heißem Wasser verbrüht; übertr.: Ärger, Haß kocht in ihm *(hielt ihn in Erregung);* es kocht in/(seltener:) bei jmdm. (ugs.; *jmd. ist furchtbar wütend*); er kocht vor Wut, Eifersucht (ugs.; *er ist rasend vor Wut, Eifersucht*); subst.: er hat mit seiner Entscheidung die Volksseele zum Kochen gebracht *(große Empörung beim Volke ausgelöst).*

Köder, der: *Lockspeise zum Fangen von Tieren:* einen K. [für Ratten] auslegen, auswerfen; die Fische wollen nicht an/auf den K. beißen; nach dem K. schnappen; übertr. (ugs.): *Lockmittel:* dieses Angebot ist nur ein K.; man hat das Mädchen nur als K. benutzt.

ködern ⟨ein Tier k.⟩: *ein Tier mit einem Köder anlocken:* er ködert die Fische mit Regenwürmern; übertr. (ugs.): *mit Versprechungen zu gewinnen suchen:* er versucht uns [mit einem guten Vertrag] zu k.

Koffer, der: *tragbarer Behälter für die Reise:* ein leichter, schwerer, großer, stabiler, handlicher, farbiger K.; ein K. aus Leder; ein K. mit doppeltem Boden; wir müssen noch die Koffer [aus]packen, zum Bahnhof bringen, tragen, schleppen; ich werde den K. aufgeben. * (ugs.:) **die Koffer packen** *(weggehen, verschwinden)* · (ugs.:) **aus dem Koffer leben** *(dauernd unterwegs sein).*

Kohl, der: **1.** (bes. nordd.) **a)** */eine bestimmte Gemüsepflanze/:* K. [an]bauen, pflanzen. **b)** *Gericht aus Kohl:* Kohl kochen; heute gibt es K.; er ißt gerne K.; Redensart: das macht den K. auch nicht fett (ugs.; *das nützt auch nichts*). **2.** (ugs.) *Unsinn:* das ist doch alles K.; er redete fürchterlichen K. * (ugs.:) **seinen K. bauen** *(zurückgezogen leben)* · (ugs.:) **alten Kohl aufwärmen** *(eine alte Geschichte vorbringen).*

Kohldampf ⟨in der Wendung⟩ Kohldampf schieben/haben (ugs.): *Hunger haben.*

Kohle, die: **1.** *steinartiger, schwarzer Brennstoff:* die Kohlen glühen noch; K. abbauen, fördern, auf Halde legen; Kohle[n] [an]fahren, liefern, einkellern, aus dem Keller holen; Seemannsspr.: Kohle[n] bunkern, trimmen; Teer aus K. herstellen, gewinnen; bildl.: weiße K. *(Elektrizität).* **2.** (ugs.) ⟨Plural⟩ *Geld:* die Kohlen verdienen; [Hauptsache,] die Kohlen stimmen (ugs.; *die Bezahlung ist gut*). * (geh.:) **feurige Kohlen auf jmds. Haupt sammeln** *(jmdn. durch eine gute Tat beschämen)* · [**wie**] **auf glühenden Kohlen sitzen** *(in einer bestimmten Situation voller Unruhe sein)*.

[1]**kohlen:** **1.** ⟨etwas kohlt⟩ *etwas schwelt:* das Holz, der Docht der Kerze kohlt. **2.** (Seemannsspr.) *Kohlen als Eigenbedarf laden:* das Schiff lief den nächsten Hafen an, um zu k.

[2]**kohlen** (ugs.): *etwas sagen, was nicht stimmt, Unsinn reden:* der hat ganz schön gekohlt.

kokett: *gefallsüchtig:* ein kokettes Mädchen; ein koketter Gang; mit einem koketten Lächeln sah sie mich an; sie ist, benimmt sich sehr k.

kokettieren: **1.** *flirten:* sie kokettiert gern; während des Tanzens kokettierte sie mit einem anderen. **2.** ⟨mit etwas k.⟩ *mit etwas liebäugeln:* schon seit längerer Zeit kokettiert er mit dem Gedanken, ein Haus zu kaufen; sie kokettiert mit einem Pelzmantel. **3.** ⟨mit etwas k.⟩ *sich mit etwas interessant machen:* er kokettiert dauernd mit seinem Alter.

[1]**Koks,** der: **1.** *beim Entgasen der Kohle entstehender Brennstoff:* den glühenden K. löschen; bei der Gaserzeugung K. gewinnen; K./mit K. heizen; den Kessel mit K. beschicken. **2.** (ugs.) *Geld:* der hat viel K. **3.** (ugs.; landsch.) *Unsinn:* so ein K.!; das ist doch alles K.

[2]**Koks,** der (ugs.): */Kurzform für Kokain/:* er handelte heimlich mit K.

Kolben, der: **a)** *beweglicher zylindrischer Maschinenteil:* der K. einer Pumpe; im Motor hat sich der K. festgefressen (ugs.). **b)** *Pflanzenkolben:* der K. des Schilfrohrs; die gelben Kolben des Maises leuchteten auf den Feldern. **c)** *Gewehrkolben:* die Soldaten schlugen die Tür mit dem K. ein. **d)** (Chemie) *zylindrisches Glas:* die Assistentin erhitzte die Flüssigkeit im K. auf dem Bunsenbrenner. **e)** (ugs.) *dicke Nase:* er hat einen mächtigen, leuchtend roten K. im Gesicht.

Kolleg, das (bildungsspr.): → Vorlesung.

Kollege, der: *jmd., mit dem man beruflich zusammenarbeitet:* ein junger, netter, angenehmer, beliebter, tüchtiger, [un]sympathischer K.; er ist ein alter, früherer K. von mir; sie sind Kollegen; K. kommt gleich; das ist unter Kollegen nicht üblich; Herr K.! */mündliche Anrede/;* Liebe Kollegen! */Anrede/.*

kollegial: *sich wie ein Kollege verhaltend; freundschaftlich:* ein kollegiales Verhalten zeigen; jmdm. in kollegialer Weise helfen; das war nicht sehr k. von dir.

Koller ⟨in der Wendung⟩ einen Koller bekommen, kriegen (ugs.): *einen Wutanfall bekommen.*

kollern: → kullern.

kollidieren (bildungsspr.): **1.** *zusammenstoßen:* vor der Küste ist im Nebel ein Tanker mit einem Frachtschiff kollidiert; auf der Autobahn kollidierten mehrere Fahrzeuge. **2.** *in Konflikt geraten:* er ist mit dem Gesetz, mit dem Strafgesetzbuch kollidiert; an dieser Stelle kollidierten Privatinteressen und öffentliches Interesse. **3.** ⟨etwas kollidiert⟩ *etwas überschneidet sich:* die beiden Vorlesungen, Termine k. [miteinander]; sein Besuch hat/ist mit einer Besprechung kollidiert.

Kollision, die (bildungsspr.): **1.** *Zusammenstoß von Fahrzeugen:* im dichten Nebel gab es mehrere Kollisionen; eine K. haben; er hat eine K. gerade noch vermeiden können; bei der K. kenterte das Schiff; es kam zur K. **2.** *Konflikt, Widerstreit:* die K. der Standpunkte, der Interessen, der Kompetenzen; es kam zu einer K. zwischen ihm und mir. * **mit dem Gesetz in K. geraten/kommen** *(mit dem Gesetz in Konflikt kommen; gegen das Gesetz verstoßen)*.

Kolonne, die: **a)** *geschlossene Gruppe:* eine lange, motorisierte K. von Polizisten; eine K. von zwanzig Lastwagen; die K. löst sich auf; eine K. bilden; in Kolonnen marschieren; in Kolonne[n] fahren; sich in die K. einordnen. **b)** (ugs.) *große Menge, lange Reihe:* endlose Kolonnen von Zahlen; die Kolonnen der Zuschauer strömten ins Stadion. **c)** *Gruppe von Arbeitern:* eine K. von Bau-, Gleisarbeitern. * (militär.:) **die fünfte Kolonne** */Spionage- und Sabotagetrupp/*.

Koloß, der: *mächtiges, schweres Gebilde:* das Denkmal ist ein häßlicher K.; das Reich war ein K. auf tönernen Füßen *(konnte jeden Augenblick zusammenbrechen)*; er wirkt wie ein K. *(er hat eine riesige Figur)*.

kolossal: **1.** *riesig, wuchtig:* ein kolossales Schloß; die Kirche hat eine kolossale Kuppel. **2.** (ugs.) *sehr groß:* kolossales Glück haben; ich bekam einen kolossalen Schrecken; er hat eine kolossale Dummheit begangen; wir hatte alle kolossalen Hunger. **3.** (ugs.) ⟨verstärkend vor Adjektiven und Verben⟩ *sehr:* ich habe mich k. gefreut; die Partei hat k. an Macht gewonnen.

Kombination, die: **1.** (bildungsspr.) *zweckbestimmte [gedankliche] Verbindung, Vermutung:* eine geistreiche, scharfsinnige, verfehlte K.; die Kombinationen erwiesen sich als falsch; Kombinationen anstellen; die Presse war auf Kombinationen angewiesen. **2. a)** *Zusammenstellung, Kopplung:* die K. von Buchstaben, Farben; die Gruppe erweist sich als gute K. aus Theoretikern und Praktikern. **b)** *Zusammenstellung von Zahlen und Buchstaben als Schlüssel für Spezialschlösser:* ich kenne die K. **3. a)** *Herrenkleidung aus Hose und andersfarbigem Sakko:* er trägt eine modische, schicke K. **b)** *Kluft:* der Mechaniker, der Pilot streifte seine K. ab. **4.** (Sport) *Zusammenwirken, -spiel:* viele Kombinationen klappten (ugs.) nicht; die Kombinationen sind viel zu durchsichtig, zu breit angelegt; flüssige, gefällige, meisterliche Kombinationen; nach einer herrlichen K. zwischen den Stürmern fiel das erste Tor. * (Sport:) **alpine Kombination** *(Verbindung von Abfahrtslauf und Slalom)* · (Sport:) **nordische Kombination** *(Verbindung von Sprung- und Langlauf)*.

kombinieren: **1.** ⟨etwas k.⟩ *etwas zusammenstellen, -fügen; koppeln:* Zahlen k.; verschiedene Farben [zu einem Muster] k.; zwei Entwürfe, Systeme [miteinander] k. **2.** (bildungsspr.) *aus etwas Schlüsse ziehen; schlußfolgern:* richtig, falsch, voreilig k.; er muß noch k. lernen. **3.** (Sport) ⟨mit Artangabe⟩ *planmäßig zusammenwirken, -spielen:* die Stürmer kombinierten schnell, hervorragend, zu eng.

Komfort, der: *Erleichterung und Bequemlichkeit bietende Einrichtung; Service:* bescheidener, hoher, neuester, modernster K.; das Hotel bietet allen K.; auf höchsten K. Wert legen; mit allem K. ausgestattet sein.

Komik, die: *von einer Situation oder Handlung ausgehende erheiternde Wirkung:* unfreiwillige

K.; sein Auftreten entbehrte nicht einer gewissen K. (geh.), war von unwiderstehlicher K.

komisch: **1.** *belustigend, erheiternd:* eine komische Erzählung, Geschichte, Rolle; die komische Oper */eine Operngattung/;* sie spielt in dem Stück die komische Alte */eine bestimmte Theaterrolle/;* er macht eine komische Figur; sein Aussehen war sehr k., wirkte k.; ich finde das gar nicht k. *(nicht zum Lachen).* **2.** *merkwürdig, eigenartig, sonderbar:* er ist ein komischer Mensch, Kauz (ugs.); ein komisches Gefühl haben; er vertritt [etwas] komische Ansichten; sei doch nicht immer so k.!; das kommt mir k. vor; ich finde die ganze Sache k.

kommandieren: **1.a)** ⟨jmdn., etwas k.⟩ *befehligen:* eine Kompanie k.; er kommandiert die sechste Flotte. **b)** ⟨jmdn. k.; mit Raumangabe⟩ *abkommandieren:* jmdn. an die Front, zu einer anderen Abteilung, in eine andere Gruppe, zu einem Lehrgang k. **c)** ⟨etwas k.⟩ *anordnen:* den Rückzug k.; die Polizei kommandierte: „Straßen räumen". **2.** (ugs.) ⟨[jmdn.] k.⟩ *im Befehlston Anweisungen geben:* er kommandiert gern [seine Mitarbeiter]; ich lasse mich [von dir] nicht k.

Kommando, das: **a)** *Befehl:* ein kurzes, scharfes, militärisches K.; das K. ertönt; das K. geben; er brüllte das K. über den Hof; alles hört auf mein K.!; etwas auf K. tun. **b)** *Befehlsgewalt:* das K. [über eine Einheit] haben, übernehmen, an jmdn. übergeben; die Division steht unter dem K. von ... **c)** *kleinere Truppeneinheit für Sonderaufgaben:* in der Nacht zerstörte ein K. die Radaranlage; einem K. angehören; zu einem K. gehören.

kommen: **1.a)** *sich auf jmdn., auf etwas zu bewegen; ankommen, eintreffen:* meine Eltern sind vor einer Stunde gekommen; ich komme heute nach dem Dienst sofort nach Hause; ich komme von der Arbeit, aus dem Theater, vom Spaziergang; er kommt immer pünktlich, rechtzeitig, regelmäßig; einen Augenblick bitte, ich komme gleich!; sie kamen als letzte, gleichzeitig, zusammen, unangemeldet, mit ihren Frauen; er kam in Begleitung eines Herrn, mit dem Wagen; zu Fuß k.; gesprungen, gelaufen kommen; kommen Sie noch etwas näher zur Bühne; du darfst dem Feuer nicht [zu] nahe k.; die Zuschauer k. von allen Seiten, aus allen Richtungen, Gegenden; viele Gäste k. aus dem Ausland, aus allen Herren Ländern; die Bahn muß jeden Augenblick k.; der nächste Bus kommt in einer halben Stunde; der Zug kommt aus Richtung München, kommt aus München; er macht alles [so], wie es gerade kommt *(anfällt, eintrifft);* zur Zeit kommen laufend Beschwerden, Zuschriften, neue Vorschläge; die Antwort kam spontan, wie aus der Pistole geschossen; seine Reue kam zu spät; s u b s t.: hier herrscht ein ständiges Kommen und Gehen; ü b e r t r.: meine Wünsche k. aus ganzem, vollem Herzen; seine Äußerungen k. aus voller Überzeugung; ⟨in Verbindung mit lassen⟩ *veranlassen, daß jmd. kommt oder etwas gebracht wird:* einen Arzt, die Handwerker k. lassen; er ließ seine Möbel aus Skandinavien k.; er hat sich (Dativ) einen Kasten Bier, ein Taxi k. lassen; ⟨jmdm. k.⟩ er, das kommt mir [un]gelegen, unpassend; soll mir [ja] keiner [mehr] k., soll mir nicht wieder einer k. und sagen, das sei besser für mich! **b)** *erscheinen, teilnehmen:* ich weiß nicht, ob ich komme, ob ich k. kann; wir werden vielleicht, bestimmt, auf jeden Fall k.; er ist bisher immer regelmäßig zum Training gekommen; ich werde zu Ihrem Vortrag, zu Ihrem Geburtstag kommen. **c)** ⟨zu jmdm. k.⟩ *jmdn. besuchen:* wann k. Sie einmal [zum Essen] zu uns?; ich komme gerne einmal zu Ihnen; ein Vertreter will morgen zu mir k. **d)** (ugs.) ⟨jmdm. k.; mit Artangabe⟩ *in bestimmter Weise jmdm. entgegentreten, sich aufführen:* jmdm. dumm, frech, grob k.; so lasse ich mir nicht k.; so können Sie mir nicht k. **e)** (ugs.) ⟨jmdm. mit etwas k.⟩ *sich [in belästigender Weise] an jmdn. wenden:* komme mir nicht schon wieder damit!; k. Sie mir nicht immer mit derselben Geschichte. **f)** ⟨auf jmdn./auf etwas k.⟩ *entfallen:* auf einen Arbeitslosen k. fünf offene Stellen; bereits auf jeden vierten Einwohner kommt ein Auto. **2.** *an der Reihe sein, folgen:* wer kommt zuerst, als Nächster?; jetzt komme ich [an die Reihe]; Sie k. vor mir, nach mir; nach den Nachrichten kommt der Wetterbericht; das Schlimmste kommt [erst] noch. **3.a)** ⟨etwas kommt⟩ *etwas naht/kommt langsam heran, steht bevor; ereignet sich, tritt ein:* die Flut kommt; heute kommt noch ein Gewitter; der Winter kommt jetzt mit Riesenschritten; sein letztes Stündchen ist gekommen *(er wird bald sterben);* den [richtigen] Zeitpunkt für gekommen halten; man weiß nie, wie alles kommt *(sich entwickelt);* es mag k., was will, wie es will; das mußte ja k. *(das war vorauszusehen);* das habe ich schon lange k. sehen *(erwartet);* R e d e n s a r t: ein Unglück kommt selten allein; a d j. P a r t.: am kommenden *(nächsten)* Mittwoch; in der kommenden *(nächsten)* Nacht, Woche; er gilt als der kommende *(sich im Aufstieg befindende)* Mann in der Partei; diese Aufgabe bleibt kommenden *(künftigen)* Generationen, Geschlechtern vorbehalten. **b)** ⟨etwas kommt über jmdn.⟩ *etwas befällt, erfaßt jmdn.:* [die] Angst, [das] Entsetzen, [der] Ekel kam über ihn; plötzlich kam eine völlige Mutlosigkeit über sie. **c)** ⟨es kommt zu etwas⟩ *es ereignet sich etwas [nach längerer Entwicklung]:* es kommt bald zum Streit, zum offenen Bruch [zwischen den beiden]; wenn jetzt nichts geschieht, kommt es bald zum Krieg; es kam zu seiner Entlassung, zum Prozeß; wir wissen noch nicht, wie es zu dem Unfall gekommen ist. **4.** ⟨etwas kommt⟩ *etwas tritt hervor, taucht auf:* bei dem warmen Wetter k. die ersten Blüten; die Kirschen, die Tulpen k. erst später; bei dem Kind k. die ersten Zähne; ⟨etwas kommt jmdm.⟩ vor Freude kamen ihm die Tränen; ihm kamen nachträglich Bedenken; mir kam plötzlich der Gedanke, die Sache selbst zu machen. **5.** ⟨mit Umstandsangabe⟩ *herrühren, herstammen:* man fragt sich, woher das viele Geld kommt; ich weiß nicht, aus welcher Quelle diese Information kommt; seine Krankheit kommt vom vielen Rauchen; woher kommt es, daß du plötzlich so glücklich bist?; das kommt davon (ugs.; *das ist die Folge*). **6.a)** ⟨mit Raumangabe⟩ *gelangen:* [sicher] ans Ufer, ans Ziel k.; in einigen Minuten k. wir nach München; wie komme ich [von hier] zum Flugplatz?; mit der Straßenbahn kommt man am schnellsten in die Innenstadt; auf unserer Rückreise k. wir über/durch München; wir kommen selten ins Theater; in was für ein [zweifelhaftes] Hotel bin ich hier gekommen?; ich komme kaum noch aus dem Haus, aus dem Bau (ugs.), an die frische Luft, bis vor die Tür *(ich habe keine Zeit mehr zum Ausgehen);* übertr.: ich bin zwei Tage nicht aus den Kleidern gekommen *(ich war zwei Tage ununterbrochen im Dienst, Einsatz);* zu einer Einigung k. *(sich einig werden);* wir kommen zum Abschluß der Beratungen; ich komme morgen an ein neues Kapitel; ich weiß nicht, ob ich heute noch an die Arbeit komme; es kommt noch dahin/soweit, daß wir kein Geld mehr haben. **b)** ⟨mit Raumangabe⟩ *irgendwo aufgenommen, untergebracht, eingestellt werden:* in die Schule, in/aufs Gymnasium k.; er kam ins Krankenhaus, in ein Heim, ins Gefängnis, ins Zuchthaus; vor Gericht k. *(angeklagt werden);* er kommt bald zum Militär; nächsten Monat kommt er zur/in die Hauptverwaltung nach München *(wird er zur Hauptverwaltung versetzt);* in den Himmel, in die Hölle k.; der Aufsatz kommt in den zweiten Band; auf die erste Seite kommt ein Bild; der Schrank kommt zwischen Tür und Fenster *(wird zwischen Tür und Fenster aufgestellt).* **c)** ⟨unter etwas k.⟩ *überfahren werden:* unter ein Auto, unter den Zug k.; er ist unter die Straßenbahn gekommen und war sofort tot. **d)** ⟨mit Raumangabe⟩ *in einen bestimmten Zustand, in eine bestimmte Lage geraten:* in eine schwierige Lage k.; er kam in höchste Gefahr, in Not, in Verlegenheit; in Wut k. *(wütend werden);* in Fahrt, in Stimmung, in Schwung k.; zum Stillstand, zum Stehen, ins Stocken kommen; der gesamte Verkehr kam durch den starken Nebel zum Erliegen. **e)** ⟨mit Raumangabe und Infinitiv mit *zu*⟩ *zwischen jmdn./etwas geraten:* unter den Schrank, unter das Fahrzeug zu liegen k.; ich kam zwischen die beiden Minister zu sitzen. **7.** ⟨zu etwas k.⟩ *etwas gewinnen, erreichen:* zu Geld, Erfolg, zu großen Ehren k.; wenn du so weitermachst, kommst du im Leben zu nichts; ich weiß nicht, wie ich zu dieser Ehre komme; wie komme ich dazu? (ugs.; *warum soll gerade ich das tun?*); ich bin zu der Erkenntnis gekommen, daß es so besser ist. **8.** ⟨um etwas k.⟩ *etwas verlieren, nicht mehr haben, nicht mehr genießen:* er ist um sein Vermögen, um seine Ersparnisse, um sein ganzes Geld gekommen; durch die lange Besprechung bin ich um die Mittagspause gekommen; um seinen Schlaf k. *(keine Zeit zum Schlafen haben).* **9.** ⟨mit Raumangabe⟩ *auf etwas stoßen, etwas entdecken:* hinter jmds. Pläne, Schliche (ugs.) k.; hinter die Wahrheit, hinter ein Geheimnis k.; ich kam in diesem Buch auf einige Lücken, an einige schwache Stellen; wie kommst du darauf? *(auf diesen Gedanken?);* er kam plötzlich auf den Gedanken, eine Reise zu machen; ich komme nicht mehr auf seinen Namen *(ich erinnere mich nicht mehr daran);* wie kamen wir auf dieses Thema?; später k. wir noch einmal auf diesen Punkt zu sprechen; das Gespräch kam zufällig auf diese Frage. **10.** (ugs.) ⟨etwas kommt; mit Umstandsangabe⟩ *etwas kostet:* wie hoch kommt der Stoff, die Reparatur?; die ganze Angelegenheit, das Projekt kommt auf etwa 10000 Mark; wenn es hoch kommt *(im Höchstfall)*, kostet alles etwa 1000 Mark. ∗ **etwas kommt jmdn.**/(seltener:) **jmdm. teuer zu stehen** *(für etwas muß jmd. große Unannehmlichkeiten hinnehmen)* · **sich etwas zuschulden kommen lassen** *(etwas anstellen; gegen etwas verstoßen)* · **auf jmdn. nichts kommen lassen** *(jmdn. anderen gegenüber in Schutz nehmen)* · **es [nicht] bis zum Äußersten kommen lassen** *([nicht] eine offene Auseinandersetzung riskieren)* · **jmdm. zugute kommen** *(sich für jmdn. positiv auswirken)* · **abhanden kommen** *(verlorengehen, plötzlich verschwinden)* · **an den Richtigen** (iron.)/**an den Falschen/an die falsche Adresse kommen** *(an den Unrechten geraten, abgewiesen werden)* · **etwas kommt an den Tag/ans [Tages]licht** *(etwas wird bekannt)* · (ugs.:) **auf den Hund kommen** *(herunterkommen)* · **auf seine Kosten/seine Rechnung kommen** *(zufriedengestellt werden)* · **jmdm., einer Sache auf die Spur kommen** *(herausfinden, was jmd. tut; etwas aufdecken)* · **auf die schiefe Bahn/Ebene kommen** *(auf Abwege geraten, herunterkommen)* · (ugs.:) **auf keinen grünen Zweig kommen** *(im Leben keinen Erfolg haben)* · **jmdm. aus den Augen kommen** *(keine Verbindung mehr mit jmdm. haben)* · **aus der Mode kommen** *(nicht mehr gängig, aktuell sein)* · **außer Atem kommen** *(vor Anstrengung kaum noch atmen können)* · **in Betracht/in Frage kommen** *(als Möglichkeit berücksichtigt werden)* · **etwas kommt in Gang/in Fluß/ins Rollen** *(etwas beginnt allmählich nach längeren Vorbereitungen)* · **jmdm. in die Quere kommen: a)** (ugs.; *jmdn. zufällig treffen*). **b)** *(jmdm. in den Weg kommen, vor das Fahrzeug geraten).* **c)** *(jmds. Arbeit, Plan stören)* · **jmdm. ins Gehege kommen** *(in jmds. Pläne oder Handeln störend eingreifen)* · **ins Gerede kommen** *(zum Gegenstand des Klatsches werden)* · **ins Gedränge kommen** *(in [zeitliche] Schwierigkeiten geraten)* · **mit etwas in Konflikt kommen** *(gegen etwas verstoßen)* · **etwas kommt [wieder] in Ordnung/ins Lot/ins [rechte] Gleis** *(etwas wird wieder in den richtigen, geordneten Zustand gebracht)* · **in Verzug kommen** *(zeitlich in Rückstand geraten)* · (Papierdt.:) **in Wegfall kommen** *(wegfallen)* · (ugs.:) **ins Hintertreffen kommen** *(überflügelt werden)* · **mit jmdm. ins Geschäft kommen** *(jmdn. als Geschäftspartner gewinnen)* · **etwas kommt ins reine** *(etwas wird geklärt, in Ordnung gebracht)* · **mit jmdm. ins reine kommen** *(mit jmdm. einig werden)* · **mit sich ins reine kommen** *(sich selbst klar werden)* · **etwas kommt über jmds. Lippen** *(etwas wird geäußert)* · **jmdm. unter die Augen kommen** *(sich bei jmdm. sehen lassen)* · **unter den Hammer kommen** *(versteigert werden)* · (ugs.:) **unter die Räder kommen** *(völlig herunterkommen)* · (ugs.; scherzh.:) **unter die Haube kommen** *(sich verheiraten)* · (ugs.:) **vom Hundertsten ins Tausendste kommen** *(mehr und mehr vom eigentlichen Thema abkommen)* · (ugs.:) **vom Regen in die Traufe kommen** *(von einer schlechten Situation in die andere geraten)* · **nicht vom Fleck** (ugs.)/**nicht von der Stelle kommen** *(nicht vorwärtskommen)* · **zu sich kommen** *(das Bewußtsein wiedererlangen)* · **zu kurz kommen** *(benachteiligt werden)* · **[nicht] zu Wort kommen** *(in einer Diskussion [k]eine Gelegenheit zum Sprechen finden)* · **etwas kommt jmdm. zu Ohren** *(jmd. erfährt etwas [Ne-*

gatives, Überraschendes]) · **jmdm. zu Gesicht kommen** *(von jmdm. gesehen, bemerkt werden)* · **zu Fall kommen** *(vereitelt werden)* · **zu einem Entschluß kommen** *(sich entschließen)* · **zu Schaden kommen** *(verletzt werden)* · **zum Tragen kommen** *(sich auswirken)* · **zum Zug[e] kommen** *(entscheidend aktiv werden können)* · (nachdrücklich:) **zur Ausschüttung, zur Verteilung kommen** *(verteilt werden)* · (Papierdt.:) **zur Auslieferung kommen** *(ausgeliefert werden)* · (nachdrücklich:) **zur Anwendung/zum Einsatz kommen** *(angewendet, eingesetzt werden)* · (nachdrücklich:) **zur Entfaltung kommen** *(sich entfalten)* · **zur Sprache kommen** *(in einer Diskussion angeschnitten werden)* · **zur Vernunft kommen** *(vernünftig werden)*.

Kommentar, der (bildungsspr.): *Erläuterung, Stellungnahme zu einem Text, Ereignis o. ä.:* ein kurzer, ausführlicher, kritischer K.; nach den Nachrichten folgt der K.; kein K.!; K. überflüssig!; das bedarf keines Kommentars; der Minister enthielt sich jedes/jeden Kommentars; er lehnte jeden K. ab, gab keinen K. zum Wahlergebnis; etwas ohne K. berichten; Wissensch.: der K. zum Strafgesetzbuch; einen K. zu einem Gesetz herausgeben; im K. nachschlagen.

kommentieren (bildungsspr.) ⟨etwas k.⟩: *eine Erklärung, Stellungnahme zu etwas abgeben:* die Regierungserklärung wurde lebhaft, ausführlich, recht unterschiedlich kommentiert; Wissensch.: das neue Steuergesetz k.; eine kommentierte Ausgabe von Goethes Faust.

Kommiß, der (ugs.): *Militär:* wir waren beide beim K.; das haben wir beim K. gelernt.

Kommission, die: *Ausschuß [von beauftragten Personen]:* eine ständige, gemischte K.; eine K. aus Vertretern aller Parteien; die K. tritt zusammen, nimmt ihre Arbeit auf, tagt; eine K. bilden, einsetzen, mit der Untersuchung des Falles beauftragen; einer K. angehören; die Pläne werden zur Zeit innerhalb der K. beraten. * (Kaufmannsspr.:) **etwas in Kommission nehmen/geben/haben** *(etwas in Auftrag nehmen/geben/haben)*.

kommunistisch: *auf dem Kommunismus beruhend:* die kommunistische Regierungsform, Weltanschauung, Revolution; die kommunistischen Parteien Europas; dieses Land ist k., wird k. regiert. * **das Kommunistische Manifest** *(für den Kommunismus grundlegende Schrift von Marx und Engels)*.

Komödie, die: **1.** (Theater) *Lustspiel:* die griechische K.; eine K. schreiben; eine K. von ... aufführen. **2.** (ugs.; abwertend) *theatralisches Gebaren, Verstellung:* das ist doch alles nur K.!; ich habe die K. gleich durchschaut. * **Komödie spielen** *(etwas vortäuschen)*.

kompetent (bildungsspr.): *zuständig:* ein kompetentes Urteil *(das Urteil eines Fachmannes)*; an kompetenter Stelle fragen; er ist dafür [nicht] k.

Kompetenz, die (bildungsspr.): *Zuständigkeit[sbereich], Befugnis:* die alleinige K.; seine Kompetenzen reichen dazu nicht aus; er hat keine K.; seine Kompetenzen überschreiten; jmds. K. bestreiten; das übersteigt meine K., liegt außerhalb meiner K.; diese Angelegenheit fällt in die K. des Innenministeriums.

komplett: 1. *vollständig, vollzählig:* eine komplette Ausrüstung; die Firma bietet ein komplettes Lkw-Programm an; eine k. eingerichtete Wohnung; meine Sammlung ist jetzt k.; jetzt sind wir k. (ugs.; *jetzt sind wir alle zusammen, jetzt haben wir alles beisammen*); der Wagen kostet k. *(mit allem Zubehör)* 10000 Mark. **2.** (ugs.) *völlig:* das ist kompletter Wahnsinn; er ist ein kompletter Idiot; du bist k. verrückt.

Komplex, der: **1.** *[zusammenhängender] Bereich:* ein K. von Fragen; dieser ganze K. *(die ganze Gebäudegruppe)* ist für Ministerien bestimmt; aus dem weiten Feld der Reaktortechnik wollen wir einen K. herausgreifen. **2.** (Psych.) *seelisch bedrückende, negative Vorstellung in bezug auf sich selbst:* er ist, steckt voller Komplexe; einen K. haben, verdrängen, abreagieren; an Komplexen leiden; das wird bei ihm zum K.

Kompliment, das: *Schmeichelei:* ein schönes, ehrliches, unverbindliches K.; mein K.! *(meine Bewunderung!)*; er machte der Dame des Hauses Komplimente. * (ugs.:) **nach Komplimenten fischen** *(darauf aus sein, Komplimente zu erhalten)*.

komplizieren (bildungsspr.): **a)** ⟨etwas k.⟩ *erschweren:* das kompliziert den Fall außerordentlich; wir wollen die Sache nicht unnötig k. **b)** ⟨etwas kompliziert sich⟩ *etwas verwickelt sich:* dieser Fall kompliziert sich immer mehr.

kompliziert: 1. *schwer, schwierig; verwickelt:* eine komplizierte Aufgabe, Frage; Med.: ein komplizierter Armbruch · der Fall ist [äußerst] k., wird immer komplizierter; der Apparat ist k. zu bedienen. **2.** *schwer zu behandeln, zu leiten:* ein komplizierter Mensch; sie hat ein sehr kompliziertes Wesen.

Komplott, das (ugs. auch: der): *Verschwörung, Anschlag:* ein K. [gegen jmdn.] schmieden; das K. wurde rechtzeitig aufgedeckt, enthüllt; in ein K. gegen jmdn. verwickelt sein.

Kompromiß, der (selten auch: das): *Übereinkunft durch gegenseitige Zugeständnisse:* ein annehmbarer, guter, fauler (ugs.) K.; ein K. bahnt sich an, zeichnet sich ab; er geht auf keinen K. ein; mit jmdm. einen K. eingehen, schließen, aushandeln; einem K. zustimmen; sich auf einen K. einigen; zu [k]einem K. bereit sein; es kam zu einem K. zwischen den Tarifpartnern.

kondolieren (bildungsspr.) ⟨jmdm. k.⟩: *sein Beileid aussprechen:* ich habe ihm zum Tode seines Vaters kondoliert.

Konferenz, die: *beratende Versammlung; Tagung:* eine wichtige, internationale, politische K.; eine K. anberaumen, abhalten, abbrechen, vertagen; er ist Vorsitzender der K.; an einer K. teilnehmen; der Direktor ist zur Zeit in einer K.

Konfession, die (Rel.): *Glaubensgemeinschaft:* die christlichen Konfessionen; er gehört keiner K. an.

Konflikt, der (bildungsspr.): **a)** *Streit, Auseinandersetzung:* ein bewaffneter, militärischer, ideologischer K.; der K. kann sich leicht zu einem Krieg ausweiten; einen K. heraufbeschwören, auslösen, schlichten, beilegen; in einen K. eingreifen; in der Parteiführung kam es zum offenen K. über die Wahlrechtsfrage. **b)** *innerer Widerstreit, Zwiespalt:* ein seelischer

K.; schwere innere Konflikte durchmachen; das bringt mich in einen ernsthaften K. mit meinem Gewissen. * **mit etwas in Konflikt kommen/geraten** *(gegen etwas verstoßen)*.

konform ⟨in der Verbindung⟩ konform gehen: *übereinstimmen:* in dieser Frage gehe ich mit ihnen k.; unsere Ansichten gehen nicht k.

konfus: *verworren; durcheinander:* er redet konfuses Zeug; seine Pläne sind ziemlich k.; er ist heute ganz k.; k. antworten; dieser hektische Betrieb macht mich völlig k.

König, der: **1.** */Herrscher[titel]/:* die preußischen Könige; der K. von Schweden; er wurde zum K. gekrönt; bildl.: der K. der Wüste *(der Löwe);* der K. der Lüfte *(der Adler);* er ist der ungekrönte K. *(die dominierende Person)* der Unterwelt, unter den Leichtathleten; bei uns ist der Kunde K. *(die bestimmende Person);* Sprichw.: unter den Blinden ist der Einäugige K. · K. Fußball regiert an jedem Wochenende. **2. a)** */Figur beim Schach/:* den K. matt setzen. **b)** */Figur beim Kegelspiel/:* den K. umwerfen. **c)** */Spielkarte/:* den K. ausspielen.

Königin, die: **1.** */Herrscher[titel]/:* die K. von England; die K. *(das fruchtbare Weibchen)* eines Bienenvolkes; bildl.: sie war die K. *(der glanzvolle Mittelpunkt)* des Festes. **2.** */Figur beim Schach/:* die K. schlagen.

königlich: 1. *dem König gehörend:* die königliche Familie; das königliche Schloß; ein königlicher *(vom König ausgehender)* Erlaß; Königliche Hoheit */Anrede eines Kronprinzen/;* übertr.: königliche *(großzügige)* Geschenke; das königliche Spiel *(Schach)*. **2.** (ugs.) *außerordentlich:* es war ein königliches Vergnügen; er freute sich k.; wir haben uns k. amüsiert.

Konjunktur, die (bildungsspr.): *wirtschaftliche Gesamtlage, Entwicklungstendenz:* eine [un]günstige, steigende, überhitzte, rückläufige K.; die K. beleben, fördern, ankurbeln (ugs.), anheizen (ugs.), dämpfen, bremsen; übertr.: die augenblickliche K. *(günstige Situation)* ausnutzen.

konkret (bildungsspr.): **1.** *gegenständlich, wirklich, nicht abstrakt:* sich an die konkreten Dinge halten; bild. Kunst: die konkrete Malerei; er malt k.; Sprachw.: ein konkretes Substantiv *(einen Gegenstand bezeichnendes Hauptwort)*. **2.** *anschaulich, greifbar, genau:* ein konkretes Beispiel; konkrete Pläne, Vorwürfe, Anhaltspunkte; konkrete Angaben machen; etwas nimmt konkrete Formen an; die Verhandlungen gingen ohne konkrete Ergebnisse zu Ende; du mußt dich konkreter ausdrücken.

Konkurrenz, die: **1.** *Wettbewerb:* eine scharfe, erbarmungslose K.; auf diesem Gebiet ist die K. groß, herrscht eine ungeheure K.; wir machen ihm, uns selbst damit K.; mit jmdm. in K. treten, stehen, liegen. **2.** *einzelner Konkurrent oder Gesamtheit der Konkurrenten:* die K. ist, verkauft billiger; die K. fürchten; ich kaufe bei der K.; zur K. gehen, abwandern. **3.** (Sport) *Wettkampf:* er hat schon mehrere internationale Konkurrenzen gewonnen; außer K. starten *(teilnehmen, ohne gewertet zu werden)*.

konkurrieren (bildungsspr.): **a)** ⟨um etwas k.⟩ *um etwas kämpfen:* er konkurrierte mit ihm um den Posten des Parteivorsitzenden. **b)** ⟨mit jmdm., mit etwas k.⟩ *Konkurrenz machen:* dieser Wagen konkurriert mit bereits gut eingeführten Marken; mit diesen Preisen können wir nicht k.

Konkurs, der (Kaufmannsspr.): *Zahlungsunfähigkeit und Verfahren zur Befriedigung der Gläubiger eines Unternehmens:* den K. anmelden, beantragen, eröffnen, durchführen, abwickeln; der K. konnte abgewendet werden, wurde [mangels Masse] abgewiesen; die Firma hat K. gemacht, ist in K. gegangen, geraten.

können: I. a) ⟨etwas k.⟩ *fähig, in der Lage sein etwas zu erledigen, zu leisten; etwas beherrschen:* er kann etwas, viel, alles, gar nichts; was kann er eigentlich?; der Schüler kann das Gedicht immer noch nicht [auswendig]; er kann [gut] Russisch; diese Übungen habe ich früher alle gekonnt; adj. Part.: seine Arbeiten sind, wirken gekonnt; subst.: sein Können beeindruckte uns alle. **b)** ⟨mit Artangabe⟩ *in bestimmter Weise zu etwas fähig sein; nur so in der Lage sein:* ich kann nicht anders; wenn es sein muß, kann ich auch anders; er lief, was er konnte, so schnell, wie er konnte. **c)** *Kraft haben:* kannst du noch?; nach der zehnten Runde konnte der Läufer nicht mehr und gab auf. **II.** ⟨mit Infinitiv⟩ **a)** *imstande sein, vermögen:* er kann [gut] reden, turnen, Auto fahren; wer kann mir das erklären?; ich habe nicht kommen k.; sie konnte vor Schmerzen nicht aufstehen, nicht schlafen; ich konnte das nicht mehr aushalten, [mit] ansehen; nichts mit jmdm., mit etwas anfangen k.; sich nicht beherrschen k.; etwas nicht erwarten k.; über etwas frei verfügen k.; der Boxer kann viel einstecken; das Flugzeug kann bis zu 300 Passagiere aufnehmen; hier kann kein Wasser eindringen. **b)** *dürfen:* das kannst du [meinetwegen] tun; so etwas kannst du doch nicht machen; Sie können hier telefonieren; kann ich jetzt gehen?; (ugs.) wir können uns gratulieren, daß alles so gut verlaufen ist; du kannst mich gern haben (ugs.; *laß mich damit in Ruhe*). **c)** *möglich sein:* das Paket kann verlorengegangen sein; du kannst das Geld auch verloren haben; der Arzt kann jeden Augenblick kommen; die Verhältnisse können sich schnell ändern; mir, uns kann keiner! (ugs.; *mir, uns kann niemand etwas vormachen, vorhalten*). * **nicht aus seiner Haut [heraus] können** *(seine unangenehmen Charaktereigenschaften nicht ablegen, überwinden, sich nicht ändern können)* · (ugs.:) **sich kaum noch auf den Beinen halten können** *(sehr müde sein)* · (ugs.:) **nicht bis drei zählen können** *(dumm sein)* · (ugs.:) **kein Wässerchen trüben können** *(sehr ruhig, brav sein)* · (ugs.:) **jmdm. [nicht] das Wasser reichen können** *(jmds. Leistung [bei weitem nicht] erreichen)* · **sich auf etwas keinen Vers machen können** *(etwas nicht verstehen)* · (ugs.:) **etwas im Schlaf können** *(etwas sehr gut auswendig können)* · **für etwas nichts können** *(an etwas keine Schuld haben)*.

konsequent (bildungsspr.): **a)** *folgerichtig:* konsequentes Handeln; er blieb nicht k.; seine Entscheidung ist nicht k. **b)** *zielstrebig, entschlossen:* die konsequente Weiterführung einer Untersuchung; sein Ziel k. verfolgen; seinen Standpunkt k. vertreten; Sport: der Stürmer wurde k. *(scharf, genau)* gedeckt.

Konsequenz, die (bildungsspr.): **a)** *Folgerichtigkeit, Schlüssigkeit:* seiner Argumentation fehlt noch die letzte K.; etwas entwickelt sich mit logischer K. **b)** *Zielstrebigkeit, Beharrlichkeit:* ein Ziel mit äußerster, eiserner, unbeirrbarer, bewundernswerter, aller K. verfolgen; sich mit letzter K. für etwas einsetzen. **c)** *Folge, Auswirkung:* die Wahlniederlage ist die natürliche K. einer/aus einer verfehlten Parteipolitik; als letzte K. bleibt ...; aus diesem Ereignis ergeben sich wichtige militärische, politische Konsequenzen; die Konsequenzen sind noch nicht abzusehen; die praktischen Konsequenzen einer Sache bedenken; das hat unangenehme Konsequenzen; alle Konsequenzen tragen müssen, auf sich nehmen; den Kampf bis zur letzten K. führen. * **aus etwas die Konsequenzen ziehen** *(aus einer Niederlage, aus einer negativen Auswirkung die Folgerungen für zukünftiges Handeln ziehen)* · **die Konsequenzen ziehen** *(einen gemachten Fehler einsehen und seinen Posten zur Verfügung stellen):* der Minister hat die Konsequenzen gezogen.

konservativ (bildungsspr.): *am Hergebrachten, Traditionellen festhaltend; wenig fortschrittlich:* die konservativen Kräfte; eine konservative Haltung, Gesinnung, Partei; eine konservative Bauweise; seine Ansichten sind k.; er ist k. eingestellt; sich k. *(nicht modisch, modern)* kleiden.

Konserve, die: **1.** ⟨meist Plural⟩ *haltbar gemachtes Nahrungsmittel:* Konserven in Gläsern, in Dosen; Konserven schnell verbrauchen, kühl lagern; er lebt hauptsächlich von Konserven. **2.** *Tonband-, Plattenaufnahme:* eine Sendung, Musik aus der K.

konservieren (bildungsspr.) ⟨etwas k.⟩: **1.** *haltbar, dauerhaft machen:* Lebensmittel, Blutplasma k.; Fisch durch Einfrieren k.; Obst in Dosen k. **2.** *durch besondere Pflege, Behandlung erhalten:* ein Gemälde k.; bildl.: sie hat ihre Jugend, ihr jugendliches Aussehen gut konserviert.

konstant (bildungsspr.): *gleichbleibend, unverändert:* eine konstante Größe; für eine konstante Temperatur sorgen; der Druck ist k.; er hat sich k. *(hartnäckig)* geweigert zu unterschreiben. * (abwertend) **mit konstanter Bosheit** *(immer wieder, boshaft und beharrlich).*

Konstellation, die (bildungsspr.): **1.** (Astron.) *Stellung der Gestirne zueinander:* die K. der Gestirne beobachten. **2.** *Zusammentreffen bestimmter Umstände; Lage:* eine günstige K.; es ergab sich eine gänzlich neue politische K.; die K. hat sich verschoben.

konstruieren (bildungsspr.) ⟨etwas k.⟩: **a)** *entwerfen, bauen:* eine Brücke, ein Flugzeug, ein Auto k.; Geom.: ein Dreieck k. *(nach Angaben zeichnen);* Sprachw.: der Satz ist richtig konstruiert *(entsprechend den grammatischen Regeln gebaut).* **b)** *künstlich bilden:* man will hier bewußt einen Gegensatz k.; das Beispiel ist, wirkt konstruiert *(gekünstelt, unwirklich).*

Konstruktion, die: **1.a)** *Entwurf, Entwicklung [und Herstellung]:* die K. des Triebwerks war sehr schwierig; ein Flugzeug modernster K. *(Bauart);* der Unfall ist auf einen Fehler in der K. zurückzuführen; Geom.: die K. eines Dreiecks; Sprachw.: die K. des Satzes ist richtig. **b)** *konstruierter Gegenstand:* eine großartige, einfache, komplizierte K.; das neue Theater ist eine K. aus Stahl und Glas; die mächtige, stählerne K. des Eiffelturmes überragt Paris. **2.** *gedankliches, begriffliches Gefüge:* juristische, philosophische Konstruktionen.

konsultieren (bildungsspr.) ⟨jmdn., etwas k.⟩: *zu Rate ziehen, befragen:* einen Anwalt, einen Arzt, einen Experten k.; dazu muß ich ein Wörterbuch k.

Kontakt, der: **1.** *persönliche Verbindung:* persönlicher, gesellschaftlicher K.; es fehlte der K. zwischen Schauspielern und Publikum; er hatte Kontakte zum Geheimdienst; mit jmdm. K. aufnehmen, herstellen, gewinnen, halten; der Politiker sucht, verliert den K. mit dem Volk; wir sind, stehen, bleiben in ständigem K. [miteinander]; ich habe keinen K. mehr mit ihm. **2.** *Berührung:* die Drähte haben keinen K.; die Kontakte *(die Metallteile an der Berührungsstelle)* sind verschmutzt.

Konto, das: *Bankguthaben:* ein laufendes K. *(ein Konto ohne lange Kündigungsfrist);* bei einer Bank ein K. eröffnen, einrichten, unterhalten, haben, besitzen; das K. aufheben, löschen, auflösen; wir haben Ihr K. belastet; ich habe mein K. ausgeglichen, überzogen, sperren lassen; wir haben den Betrag Ihrem K. gutgeschrieben; einen Betrag von einem auf das andere K. überweisen; das Geld auf ein K. einzahlen; ich habe nichts mehr auf dem K.; jede Firma führt Konten für die Lieferanten und Kunden. * **etwas geht/kommt auf jmds. Konto** *(jmd. ist für etwas verantwortlich):* der Wahlsieg der Partei geht auf sein K.

Kontor, das: **1.** (veraltend) *Dienstraum:* ein enges K.; er sitzt in seinem K. **2.** (hist.) *Niederlassung im Ausland:* er arbeitet bei einem K. der Firma. * (ugs.:) **etwas ist ein Schlag ins Kontor** *(etwas ist eine unangenehme Überraschung).*

Kontrast, der (bildungsspr.): *[starker] Gegensatz:* ein starker, scharfer, deutlicher, schwacher K.; der K. zwischen Arm und Reich; sein Lebensstil steht in auffallendem K. zu seinem Einkommen.

Kontrolle, die: **1.** *Nachprüfung, Überwachung, Aufsicht:* eine flüchtige, scharfe, strenge K.; die K. der Sicherheitseinrichtungen; eine genaue K. anordnen, vornehmen; die Kontrollen wurden erheblich verschärft; die K. über den ganzen Luftverkehr ausüben; jmdn., etwas einer genauen K. unterziehen; die Maschinen unterliegen einer ständigen K. durch die Gewerbepolizei; der Motor läuft zur K. **2.** *Gewalt, Herrschaft:* der Fahrer hat die K. über das Fahrzeug verloren; er verlor niemals die K. über sich *(die Selbstbeherrschung);* das Spiel ist [völlig] der K. des Schiedsrichters entglitten; einen Brand, ein Feuer, einen Aufstand unter K. haben, halten.

kontrollieren: 1. ⟨jmdn., etwas k.⟩ *nachprüfen, untersuchen; überwachen, beaufsichtigen:* den Paß, die Ausweise, das Gepäck, die Reisenden [auf, nach Waffen] k.; der Lehrer kontrolliert die Schüler bei der Arbeit; jmdn. heimlich k.; ich lasse mich nicht [von dir] k.; ich lasse regelmäßig den Reifendruck, den Ölstand k.; adj. Part.: die kontrollierte Abrüstung. **2.** (bildungsspr.) *beherrschen, entscheidend beeinflussen:* die Presse k.; der Konzern kontrolliert fast den gesamten europäischen Markt.

Kontroverse, die (bildungsspr.): *heftige Auseinandersetzung:* eine kleine, heftige, private K.;

diese Äußerung löste eine K. aus; mit jmdm. eine K. haben; es kam zwischen ihnen zu einer K.

konventionell (bildungsspr.): **1.** *herkömmlich, nicht modern:* konventionelle Begriffe; die konventionellen *(nicht atomaren)* Waffen; die Bauweise ist ganz k.; die Streitkräfte sind nur k. *(nicht mit Atomwaffen)* ausgerüstet; sich k. kleiden. **2.** *förmlich:* konventionelle Höflichkeit; sich k. benehmen; sie plauderten k.

Konversation, die (bildungsspr.): *Gespräch, gepflegte Unterhaltung:* eine lebhafte, geistreiche, unterhaltsame, langweilige K.; es entspann sich eine gepflegte K.; [mit jmdm.] K. in Französisch machen, treiben.

Konzentration, die (bildungsspr.): **1.** *Ansammlung, Zusammenballung:* eine starke K. militärischer Verbände, von Truppen; durch K. Zeit und Geld sparen. **2.** *geistige Anspannung, höchste Aufmerksamkeit:* Autofahren verlangt ständige K.; mangelnde K. ist gefährlich; seine K. läßt nach; ich habe keine K., finde nicht genügend K.; er kämpft, arbeitet mit äußerster, ungeheurer K. **3.** (Chemie) *Gehalt einer Lösung an gelöstem Stoff:* eine geringe, hohe, starke K.; die K. der Säure feststellen; etwas nur in schwacher K. verwenden.

konzentrieren (bildungsspr.): **1.** ⟨jmdn., etwas k.⟩ *zusammenziehen, -ballen:* Truppen [an der Grenze] k.; alle wichtigen Antriebsteile sind um den Motorblock konzentriert [worden]. **2.a)** ⟨sich k.⟩ *alle seine Gedanken, seine ganze Aufmerksamkeit auf etwas richten:* er konzentriert sich zu wenig; du mußt dich mehr k.; ich kann mich heute nicht richtig k.; er konzentriert sich ganz auf die Prüfung; adj. Part.: *angespannt, ganz aufmerksam:* ganz konzentriert arbeiten; er dachte konzentriert [über diese Frage] nach. **b)** ⟨etwas konzentriert sich auf jmdn., auf etwas⟩ *etwas ist auf jmdn., auf etwas gerichtet:* die Ermittlungen der Polizei haben sich jetzt auf zwei verdächtige Personen konzentriert. **c)** ⟨etwas auf jmdn./auf etwas k.⟩ *etwas auf jmdn./auf etwas richten:* Strahlen auf einen Punkt k.; er hat seine ganze Kraft auf die Erreichung dieses Ziels konzentriert. **3.** (Chemie) *anreichern:* eine Säure k.; der Saft ist konzentriert; konzentrierte Schwefelsäure.

Konzept, das (bildungsspr.): **1.** *stichwortartiger Entwurf, Rohfassung:* das K. einer Rede, eines Aufsatzes; ein K. ausarbeiten, machen; er las vom K. ab. **2.** *Plan, Programm:* es fehlt ein klares K.; die Partei hat ein vernünftiges außenpolitisches, wirtschaftliches K. * **jmdn. aus dem Konzept bringen** *(jmdn. verwirren)* · **aus dem Konzept kommen** *(unsicher werden, den Faden verlieren)* · **jmdm. das Konzept verderben** *(jmds. Plan durchkreuzen)* · **etwas paßt jmdm. nicht ins Konzept** *(etwas kommt jmdm. ungelegen).*

Konzert, das (Musik): **1.** *musikalische Aufführung:* ein festliches, öffentliches, geistliches K.; ein K. für wohltätige Zwecke; das K. ist bereits ausverkauft, ist auf den nächsten Sonntag verlegt worden; das K. findet in der Philharmonie statt, beginnt um 20 Uhr; ein K. geben; wegen Erkrankung des Künstlers müssen wir das K. absagen; ins K. gehen; bildl.: im K. *(Zusammenspiel)* der Großmächte spielt das Land keine Rolle. **2.** *Komposition für [Solo und] Orchester:* die Brandenburgischen Konzerte von J. S. Bach; ein K. für drei Klaviere und Orchester.

Konzession, die: **1.** (Kaufmannsspr.) *Genehmigung zur Ausübung eines Gewerbes:* jmdm. die K. erteilen, verweigern, entziehen; die K. für etwas haben; um die K. nachsuchen; sich um die K. bemühen. **2.** (bildungsspr.) ⟨meist Plural⟩ *Zugeständnis:* [jmdm.] Konzessionen machen; er ist zu keinen Konzessionen bereit; manches ist als K. an den Zeitgeschmack zu betrachten.

koordinieren (bildungsspr.) ⟨etwas k.⟩: *zusammenfassen und aufeinander abstimmen:* Pläne, Projekte k.; die Programme müssen besser [miteinander] koordiniert werden.

Kopf, der: **1.** *der das Gehirn enthaltende Körperteil:* ein dicker, runder, eckiger, großer, schmaler, ausdrucksvoller, kahler K.; der Kopf eines Tieres; mein K. ist schwer, heiß, benommen; mir dröhnt, brummt (ugs.) der K. [von dem Lärm]; sein K. sank ihm auf die Brust; den K. bewegen, drehen, wenden, abwenden, heben, beugen, [grüßend, zum Gruß] neigen, senken, einziehen, [in die Höhe] recken, vorstrecken, zurückwerfen; er stützt den K. gedankenvoll in die Hände; einen roten K. bekommen; den Kopf aus dem Fenster strecken, durch die Tür stecken; da kann man nur noch [vor Verwunderung] den K., mit dem K. schütteln; er kratzte sich (Dativ) verlegen den K.; sich (Dativ) den K. waschen; ich habe mir den Kopf an der Dekke [an]gestoßen; Redensart: jmdm. nicht [gleich] den Kopf abreißen *(jmdn. nicht so schlimm behandeln, wie er erwartet hat)* · er ist einen [ganzen] K. größer als ich; ein Stein traf das Kind am K.; er hat am K. eine Platzwunde; sich verlegen am K. kratzen; die Zuschauer standen K. an K. *(dicht gedrängt);* einen Hut auf den K. setzen; etwas auf dem K. tragen; der Turner, das Bild steht auf dem K.; auf den K. des flüchtigen Verbrechers wurde eine hohe Belohnung ausgesetzt; ich mache das nicht, und wenn du dich auf den K. stellst (ugs.); sich (Dativ), jmdm. eine Kugel durch den K., in den K. jagen, schießen; mit dem K. nicken, wackeln; einen Pullover, sich (Dativ) die Bettdecke über den K. ziehen; ich konnte über alle Köpfe hinwegsehen; jmdm. das Haus über dem K. anzünden *(während dieser darin ist);* er überragt uns alle um einen [ganzen] K.; einen Verband um den K. tragen; dem Kranken ein Kissen unter den K. legen; der starke Wind riß ihm den Hut vom K.; sie war von Kopf bis Fuß in Pelz gekleidet; jmdn. von Kopf bis Fuß mustern; der Wein, das Blut steigt ihm zu Kopf[e]; bildl.: die Schüler saßen mit rauchenden Köpfen (ugs.; *sehr angestrengt*) über ihren Aufgaben; sie arbeiteten, daß [ihnen] die Köpfe rauchten (ugs.; *sehr angestrengt*); sie steckten die Köpfe zusammen *(sie berieten),* sich die Köpfe heiß reden *(lebhaft, bis zur Ermüdung reden, diskutieren);* den K. oben behalten (ugs.; *mutig bleiben*). **2.a)** *Person von bestimmter Intelligenz, Veranlagung:* er ist ein aufgeweckter, heller (ugs.), kluger, gescheiter, findiger, eigenwilliger K.; er ist der K. *(die treibende Person)* des Unternehmens, der K. *(der Anführer)* der Rebellen; die besten Köpfe des Landes arbeiteten an dem Projekt mit; er gehört zu den führenden, einflußreichsten, markantesten (bildungsspr.) Köpfen. **b)** *Verstand, Wille:* er hat seinen K. *(er ist eigensinnig);* er hat einen eigensinnigen K. *(er ist dickköpfig);* seinen K. anstrengen; keinen klaren K. mehr haben *(nicht mehr klar denken können);* du mußt nicht immer deinen K. *(Willen)* durchsetzen; etwas [noch frisch] im K. haben (ugs.; *[noch genau] wissen; sich an etwas [noch gut] erinnern*); vieles, vielerlei Dinge im K. haben *(an vieles denken müssen);* etwas im K. behalten *(sich etwas merken);* Redensart: was man nicht im K. hat, das muß man in den Beinen haben *(wenn man etwas vergißt, muß man einen Weg zweimal machen)* · ein anderer Gedanke hat in seinem K. keinen Platz mehr; ich weiß nicht, was in ihren Köpfen vorgeht *(was sie denken);* diese Idee spukt schon lange in den Köpfen verschiedener Leute (ugs.; *wird von verschiedenen Leuten vorgetragen*); es muß nicht immer nach deinem K. *(Willen)* gehen. **3.** *Einzelperson innerhalb einer größeren Menge:* die Menge war einige tausend Köpfe stark; man schätzte die Zahl der Demonstranten auf etwa 600 Köpfe; auf den K. jedes Mitglieds *(pro Mitglied)* entfällt ein Gewinn von 50 Mark; eine Familie mit fünf Köpfen; das Einkommen pro K. der Bevölkerung ist gestiegen. **4.** *oberer Teil von Dingen, Dinge in Form eines Kopfes:* ein K. Kohl, Salat; der K. einer Nadel, eines Nagels, eines Knochens, eines Berges; die Köpfe der Blumen, der Disteln, des Mohns; der K. eines Briefbogens, eines Titelblattes, einer Buchseite; die Zeitung erhält einen neuen K.; die Blumen ließen bald die Köpfe hängen *(wurden schnell welk);* am K. *(oberen Ende)* des Tisches Platz nehmen; Stecknadeln mit bunten Köpfen. * (ugs.:) **Köpfchen, Köpfchen!** *(Ideen muß man haben)* · (ugs.; scherzh.:) **Köpfchen muß man haben** *(Ideen muß man haben)* · **nicht wissen, wo einem der Kopf steht** *(sehr viel Arbeit haben)* · **einen klaren Kopf bewahren** *(nicht nervös werden, die Übersicht behalten)* · **seinen Kopf aufsetzen** *(widerspenstig werden)* · **den Kopf voll haben** *(an vieles zu denken haben)* · (ugs.:) **den Kopf hängenlassen** *(mutlos sein)* · **den Kopf verlieren** *(kopflos werden)* · (ugs.:) **den Kopf unter dem Arm tragen** *(sehr krank sein)* · (ugs.:) **jmdm. den Kopf verdrehen** *(jmdn. verliebt machen)* · (ugs.:) **jmdm. den Kopf waschen** *(jmdn. scharf zurechtweisen)* · (ugs.:) **seinen Kopf riskieren; Kopf und Kragen riskieren/wagen/aufs Spiel setzen/verlieren** *(das Leben, die Existenz aufs Spiel setzen, verlieren)* · (ugs.:) **den Kopf hinhalten** [**müssen**] *(für etwas geradestehen [müssen])* · **sich** (Dativ) **den Kopf/die Köpfe zerbrechen** *(in einer schwierigen Frage nach einer Lösung suchen):* darüber haben wir uns schon lange den K./die Köpfe zerbrochen · (ugs.:) **sich** (Dativ) **den Kopf einrennen** *(nicht zum Ziel kommen)* · **jmds. Kopf fordern** *(jmds. Entlassung fordern)* · **den Kopf in den Sand stecken** *(eine Gefahr nicht sehen wollen, der Realität ausweichen)* · (ugs.:) **jmdm. den Kopf zurechtsetzen/zurechtrücken** *(jmdn. zur Vernunft bringen)* · (ugs.:) **jmdn.** [**um**] **einen Kopf kürzer/kleiner machen** *(jmdn. köpfen)* · **sich an den Kopf fassen/greifen** *(etwas nicht begreifen)* · (ugs.:) **jmdm. etwas an den Kopf werfen** *(jmdm. etwas direkt und frech sagen)* · (ugs.:) **den Nagel auf den Kopf treffen** *(den Kernpunkt einer Sache erfassen)* · (ugs.:) **etwas auf den Kopf stellen: a)** *umkrempeln; das Unterste zuoberst kehren:* die Kinder haben das ganze Haus auf den Kopf gestellt. **b)** *(verdrehen):* er stellte alle Tatsachen auf den K. · (ugs.:) **jmdm. fällt die Decke/die Bude auf den Kopf** *(jmd. fühlt sich in einem Raum beengt und niedergedrückt)* · (ugs.:) **jmdm. auf dem Kopf herumtanzen/herumtrampeln** *(mit jmdm. machen, was man will; sich von jmdm. nichts sagen lassen)* · (ugs.:) **sich** (Dativ) **nicht auf den Kopf spucken lassen** *(sich nichts gefallen lassen)* · (fam.; scherzh.:) **jmdm. auf den Kopf spucken können** *(größer sein als der andere)* · (ugs.:) **nicht auf den Kopf gefallen sein** *(nicht dumm sein)* · **jmdm. etwas auf den Kopf zusagen** *(jmdm. etwas direkt, unverblümt sagen)* · **aus dem Kopf** *(auswendig; ohne Vorlage):* etwas aus dem K. wissen, aufschreiben, vortragen, sagen können · (ugs.:) **etwas geht/will jmdm. nicht aus dem Kopf** *(etwas beschäftigt jmdn. dauernd)* · (fam.:) **sich** (Dativ) **die Augen aus dem Kopf sehen/gucken** *(angestrengt Ausschau halten)* · **sich** (Dativ) **die Augen aus dem Kopf weinen** *(sehr weinen)* · **sich** (Dativ) **die Augen aus dem Kopf schämen** *(sich sehr schämen)* · (ugs.:) **sich** (Dativ) **etwas aus dem Kopf schlagen** *(ein Vorhaben aufgeben):* den Gedanken kannst du dir aus dem K. schlagen · **sich** (Dativ) **etwas durch den Kopf gehen lassen** *(sich etwas überlegen)* · (ugs.:) **etwas schießt jmdm. plötzlich durch den Kopf** *(etwas fällt jmdm. plötzlich ein)* · (ugs.:) **etwas geht jmdm. im Kopf herum** *(etwas beschäftigt jmdn. sehr)* · **sich** (Dativ) **etwas in den Kopf setzen** *(etwas unbedingt tun wollen)* · **etwas steigt jmdm. in den Kopf/zu Kopf** *(etwas macht jmdn. eingebildet)* · **im Kopf rechnen** *(rechnen, ohne aufschreiben zu müssen)* · (ugs.:) **Augen im Kopf haben** *(etwas durchschauen, beurteilen können)* · (ugs.:) **keinen Grips/Stroh im Kopf haben** *(dumm sein)* · (ugs.:) **Grips/Grütze im Kopf haben** *(intelligent sein)* · (ugs.:) **Flausen/große Rosinen im Kopf haben** *(große, hochfliegende Pläne haben)* · (ugs.:) **Grillen im Kopf haben** *(seltsame Einfälle haben)* · (ugs.:) **etwas geht/will mir nicht in den Kopf, geht mir nicht in den Kopf hinein** *(etwas verstehe ich nicht)* · (ugs.:) **mit dem Kopf durch die Wand wollen** *(Unmögliches erzwingen wollen)* · (ugs.:) **Hals über Kopf** *(plötzlich, überstürzt)* · (ugs.:) **die Hände über dem Kopf zusammenschlagen** *(entsetzt sein)* · **etwas über jmds. Kopf** [**hin**]**weg entscheiden** *(etwas entscheiden, ohne den Betroffenen, den Beteiligten zu fragen)* · (ugs.:) **jmdm. über den Kopf wachsen: a)** *(jmdm. nicht gehorchen):* der Sohn ist seinen Eltern schon längst über den K. gewachsen. **b)** *(von jmdm. nicht mehr bewältigt werden):* die Arbeit wächst ihm über den K. · (ugs.:) **bis über den Kopf in etwas stecken** *(tief, völlig in etwas geraten sein)* · (ugs.:) **es geht um Kopf und Kragen** *(es geht um das Leben, um die Existenz)* · (ugs:) **jmdm. die Haare vom Kopf fressen** *(jmdn. arm essen)* · (ugs.:) **ein Brett vor dem Kopf haben** *(begriffsstutzig sein)* · **jmdn. vor den Kopf stoßen** *(jmdn. kränken, verletzen)* · (ugs.:) **wie vor den Kopf geschlagen sein** *(vor Überraschung wie gelähmt sein).*

köpfen: 1. ⟨jmdn. k.⟩ *den Kopf abschlagen:* den Mörder k.; übertr.: Rüben k.; der Tabak wird geköpft *(die Herztriebe werden ausgebrochen).* 2. (Fußball) ⟨[etwas] k.⟩ *den Ball mit dem Kopf weiterleiten:* wuchtig k.; er köpfte [den Ball] über die Latte, ins Tor.

kopflos: *ohne Überlegung, verwirrt:* ein kopfloser Mensch; die Leute waren völlig k.; er rannte k. hin und her.

kopfscheu ⟨in den Wendungen⟩ **jmdn. kopfscheu machen** *(jmdn. stutzig und vorsichtig, jmdn. ängstlich machen)* · **kopfscheu werden** *(verwirrt, unsicher werden).*

Kopfschmerz, der ⟨meist Plural⟩: *Schmerz im Kopf:* der K. ist weg, geht nicht weg; heftige, rasende Kopfschmerzen haben; eine Tablette gegen Kopfschmerzen nehmen. * (ugs.:) **sich** (Dativ) **über etwas/wegen etwas [keine] Kopfschmerzen machen** *(sich über etwas [keinen] Kummer machen)* · (ugs.:) **etwas macht/bereitet jmdm. Kopfschmerzen** *(etwas bereitet jmdm. Sorgen).*

Kopfschütteln, das: *Kopfbewegung als Ausdruck der Verwunderung:* sein Verhalten erregte, verursachte allgemeines K., löste K. aus.

kopfstehen: 1. (selten) *auf dem Kopf stehen:* die Turner stehen in einer Reihe kopf. 2. *bestürzt sein:* als diese Entscheidung bekanntgegeben wurde, standen wir alle kopf.

kopfüber ⟨Adverb⟩: *mit dem Kopf voraus:* er fiel k. ins Wasser, vom Pferd, die Treppe hinunter; übertr.: er stürzte sich k. *(voller Tatendrang)* ins Abenteuer.

Kopfzerbrechen, das (ugs.): *angestrengtes Nachdenken:* die Lösung dieses Problems verursacht, erfordert, verlangt einiges, viel, beträchtliches K. * **sich** (Dativ) **über etwas [kein] Kopfzerbrechen machen** *(sich über etwas [keinen] Kummer machen)* · **etwas macht/bereitet jmdm. Kopfzerbrechen** *(etwas macht jmdm. Sorgen).*

Kopie, die (bildungsspr.:) 1. *Abschrift; Ablichtung:* eine amtlich beglaubigte K.; die K. eines Vertrages; eine K. anfertigen; von dem Film wurden mehrere Kopien *(Abzüge)* hergestellt. 2. *originalgetreue Nachbildung:* eine ausgezeichnete, schlechte, raffinierte K. von etwas; das Gemälde ist nur eine K., nicht das Original; übertr.: er ist nur eine billige K. seines Chefs.

kopieren (bildungsspr.): **a)** ⟨etwas k.⟩ *von etwas eine Kopie anfertigen:* einen Brief k. (hist.; *abschreiben*); ein Gemälde k. *(nachmalen);* einen Film k. *(von einem Film Abzüge herstellen);* der junge Schriftsteller kopiert in seinem ersten Werk Kafka *(benutzt Kafkas Werke als Vorlage).* **b)** ⟨jmdn. k.⟩ *jmdn. täuschend ähnlich nachahmen:* die Schüler kopieren den Lehrer.

[1]**Koppel,** das: *[zur Uniform gehörender] Gürtel:* ein breites, ledernes K.; das K. umschnallen, ablegen, putzen.

[2]**Koppel,** die: *eingezäunte Weide:* die Pferde weiden auf der K., in der K.

[3]**Koppel,** die: *Gruppe zusammengebundener Tiere:* eine K. Jagdhunde.

koppeln: 1. ⟨Tiere k.⟩ *zusammenbinden:* die Hunde werden gekoppelt. 2. ⟨etwas k.⟩ *verbinden:* die Astronauten k. die Raumschiffe; Elektrotechnik: die Stromkreise werden gekoppelt; ⟨etwas mit etwas k.⟩ ich kann das Tonband mit dem Radio k.; übertr.: den Kauf mit bestimmten Bedingungen k. 3. (Sprachw.) ⟨etwas k.⟩ *durch Bindestriche verbinden:* bei Aneinanderreihungen werden die einzelnen Wörter [durch Bindestriche] gekoppelt.

Korb, der: 1. *[geflochtener] Behälter:* ein geflochtener K.; Körbe aus Draht; ein K. für Eier; ein ganzer K. Äpfel/ voll, voller Äpfel /bei Maßangabe/ das Fischereischiff löscht 9000 Korb Fisch; einen K. benutzen (im Selbstbedienungsladen); beim Landen des Ballons wurde der K. beschädigt; die Wäsche in den K.; das Baby in das Körbchen legen; Redensart (fam.): husch, husch ins Körbchen *(schnell ins Bett).* 2. *korbähnliches Gebilde beim Korbballspiel:* er warf den Ball am K. vorbei, in den K.; die Mannschaft erzielte zwölf Körbe *(Korbwürfe).* * (ugs.:) **jmdm. einen Korb geben** *(einen Mann abweisen, seine Werbung zurückweisen; etwas ablehnen)* · (ugs.:) **einen Korb erhalten** *(von einem Mädchen, von einer Frau zurückgewiesen werden)* · (ugs.:) **Hahn im Korb sein** *([als] einziger Mann in einem Kreis von Frauen; Hauptperson, Mittelpunkt sein).*

Korken, der: *Flaschenverschluß:* der K. ist zu groß; die Korken (von Sektflaschen) knallen lassen; den K. nicht herausbekommen, [heraus] ziehen; eine Flasche mit einem K. verschließen.

[1]**Korn,** das: 1. *Samenkorn:* die Körner des Weizens, vom Mais; die Vögel picken die Körner auf; Sprichw.: ein blindes Huhn findet auch einmal ein K. *(einem Unfähigen gelingt auch einmal etwas)* · die Tauben mit Körnern füttern. 2. *Brotgetreide:* das K. ist reif, steht hoch; K. anbauen, mähen, einfahren, dreschen, mahlen. 3. *kleines Teilchen, Stückchen:* einige Körner Salz, Zucker fielen auf den Boden; im Objektiv sind ein paar Körnchen [Staub]. 4. **a)** (Geol.) *Struktur:* Marmor, Sandstein, von grobem, feinem K.; das K. des Materials feststellen, bestimmen. **b)** (Phot.) der Film hat feines K. *(eine feine Rasterung).* 5. *Teil der Visiereinrichtung:* das K. ist durch einen Ring geschützt; Kimme und K. nehmen *(visieren, zielen);* ein Wild aufs K. nehmen *(anvisieren).* * (ugs.:) **die Flinte ins Korn werfen** *(den Mut verlieren)* · (ugs.:) **jmdn. aufs Korn nehmen** *(jmdn. scharf beobachten; mit jmdm. etwas vorhaben):* der Chef hat ihn aufs K. genommen · (ugs.:) **etwas aufs Korn nehmen** *(etwas scharf kritisieren)* · **von echtem Schrot und Korn** *(von rechtem, festem, solidem Charakter).*

[2]**Korn,** der (ugs.): *Kornschnaps:* er bestellte zwei K. und ein Bier.

Körper, der: 1. *Leib, Gestalt eines Menschen oder Tieres:* ein gesunder, kräftiger, starker, durchtrainierter, schwacher K.; der menschliche, weibliche K.; sie hat einen knochigen K.; seinen K. stählen, abhärten, pflegen, massieren lassen; sein K. wurde vom Fieber geschüttelt; das Kleid liegt eng am K. an; er zittert, friert, fliegt am ganzen K.; die Einheit von K. und Geist. 2. **a)** *Stoff:* ein fester, flüssiger, gasförmiger, chemischer, elastischer K.; ein K. mit noch unbekannten Eigenschaften. **b)** *geometrische Figur:* ein geometrischer, unregelmäßiger K.; den Rauminhalt, die Fläche eines K. berechnen.

körperlich: *den Körper betreffend:* körperliche Anstrengungen, Schmerzen, Gebrechen; die körperliche Ertüchtigung, Entwicklung, Schönheit, Liebe; schwere körperliche Arbeiten verrichten; alle Spieler sind in guter körperlicher Verfassung; diese Tätigkeit ist k. sehr anstrengend.

korrekt (bildungsspr.): *richtig, fehlerfrei, einwandfrei:* korrektes Benehmen; ein korrekter *(sich vorschriftsmäßig verhaltender)* Beamter; die Formulierung ist k.; ein Wort k. aussprechen; immer k. *(der Situation entsprechend; ordentlich)* gekleidet sein; sich k. verhalten.

Korrespondenz, die (bildungsspr.): *[geschäftlicher] Briefwechsel:* rege, langwierige, geschäftliche, private K.; eine ausgedehnte K. [mit jmdm.] haben, führen; seine K. erledigen; ich stehe mit ihm in K.

korrespondieren (bildungsspr.): **1.** ⟨mit jmdm. k.⟩ *mit jmdm. in Briefwechsel stehen:* er korrespondiert mit Fachleuten in der ganzen Welt; wir korrespondierten schon lange miteinander; ⟨auch ohne Präpositionalobjekt⟩ die Anwälte korrespondieren seit zwei Jahren in dieser Angelegenheit; wir korrespondieren in französischer Sprache; adj. Part.: er ist korrespondierendes *(auswärtiges und nicht an allen Sitzungen teilnehmendes)* Mitglied. **2.** ⟨etwas korrespondiert mit etwas⟩ *etwas entspricht einer Sache, stimmt mir ihr überein:* der Tendenz zur Konzentration korrespondiert die Schwächung der kleineren Handwerksbetriebe; ⟨auch ohne Präpositionalobjekt⟩ in diesem Punkt korrespondieren unsere Ansichten.

korrigieren (bildungsspr.): **a)** ⟨jmdn., sich, etwas k.⟩ *verbessern, berichtigen:* ein Ergebnis k.; er hat seine Meinung korrigiert; ich muß mich k., die Sache ist etwas anders; der Kurs des Raumschiffes braucht nicht korrigiert zu werden. **b)** ⟨etwas k.⟩ *durchlesen und Fehler berichtigen:* einen Text k.; der Lehrer hat die Hefte, die Aufsätze noch nicht korrigert.

koscher ⟨in der Wendung⟩ etwas ist nicht [ganz] koscher (ugs.): *etwas ist nicht [ganz] in Ordnung.*

kostbar: *von hohem Wert:* ein kostbares Geschenk; kostbare Kleider, Stoffe, Gemälde, Teppiche, Möbel; sie trägt kostbaren Schmuck; das Diadem ist sehr k.; übertr.: willst du dein kostbares Leben aufs Spiel setzen?; die Zeit, jeder Augenblick ist k. *(muß genutzt werden).*

¹kosten: *den Geschmack feststellen, versuchen:* **a)** ⟨etwas k.⟩ die Suppe k.; den neuen Wein, etwas von dem neuen Wein k.; jmdm. etwas zu k., zum Kosten geben; übertr. (geh.): *genießen:* alle Freuden des Lebens. k · ⟨auch ohne Akk.⟩ die Köchin kostete noch einmal. **b)** ⟨von etwas k.⟩ von der Suppe k.; von diesem Salat habe ich noch nicht gekostet.

²kosten: **1.** ⟨etwas kostet etwas⟩ *etwas hat einen bestimmten Preis:* der Anzug kostet 200 Mark, viel Geld, nicht viel; was kostet ein Pfund, dieses Paar, dieser Teppich?; wieviel kostet $^1/_4$ Pfund davon?; das kostet nicht die Welt (ugs.; *das ist nicht so teuer);* übertr.: *etwas macht etwas notwendig, erfordert etwas:* diese Arbeit kostet viel Mühe, Schweiß, Nerven (ugs.); das wird noch einen schweren Kampf kosten; der Krieg hat viele Menschenleben gekostet. **2.** ⟨etwas kostet jmdn. etwas⟩ *etwas verlangt von jmdm. einen bestimmten Preis:* das Haus kostet mich 100000 Mark, ein Vermögen, viel Geld *(habe ich dafür zu bezahlen, aufzuwenden);* das hat mich nicht viel gekostet; übertr.: *etwas verlangt von jmdm. etwas:* der Umzug kostet mich zwei Urlaubstage; das hat mich nur ein Lächeln, nur einen Anruf gekostet; es hat mich Überwindung gekostet, ihn zu begrüßen; ⟨in einigen Fällen seltener auch: etwas kostet jmdm. etwas⟩ das kann ihn/(seltener:) ihm das Leben, den Kopf, den Kragen k.; sein Zögern hat ihn/(seltener:) ihm den Sieg gekostet; dieser Fehler kann dich/(seltener:) dir die Stellung k. *(wegen dieses Fehlers kannst du die Stellung verlieren);* Redensart: das wird dich/(seltener:) dir nicht [gleich] den Kopf k. *(das wird nicht [gleich] so schlimm werden).* * (ugs.:) **koste es/es koste, was es wolle** *(um jeden Preis, unbedingt)* · (ugs.:) **sich** (Akk./seltener: Dativ) **eine Sache etwas kosten lassen** *(für eine Sache großzügig Geld ausgeben).*

Kosten, die ⟨Plural⟩: *finanzielle Ausgaben:* hohe, große, erhebliche, außerordentliche, geringe, wenig K.; die K. der Reise; die K. des Verfahrens trägt die Staatskasse; die Kosten für eine Kur sind mir zu hoch; ich habe auf der Reise keine Kosten (selten für: *Unkosten*) gehabt; die entstehenden K. veranschlagen, berechnen, ersetzen, erstatten, vergüten; ich bestreite die laufenden K. von meinem Gehalt; die Kosten aufbringen, tragen, übernehmen; die Einnahmen decken nicht einmal die K.; die Getränke gehen auf meine K. *(Rechnung);* für alle K. selbst aufkommen müssen; etwas ist mit großen K. verbunden. * **auf seine Kosten kommen** *(zufriedengestellt werden)* · **auf jmds. Kosten: a)** *(von, mit jmds. Geld):* er lebt auf K. seiner Eltern. **b)** *(zum Nachteil, Schaden von jmdm., von etwas):* er macht seine Witze immer auf K. anderer; das geht auf K. der Qualität.

köstlich: **1.** *prächtig, herrlich, ausgezeichnet:* eine köstliche *(wohlschmeckende)* Speise, Frucht; k. frische Sahne; die Luft ist einfach k.; das Getränk schmeckt k.; wir haben uns k. amüsiert. **2.** *amüsant, heiter und entzückend:* eine köstliche Geschichte; ein köstlicher Einfall; die Aufführung war einfach k.

Kostüm, das: **1.** *Damenkleidungsstück aus Rock und Jacke:* ein elegantes, französisches K.; das K. ist, wirkt sportlich, trägt sich gut. **2.** *Verkleidung:* auf dem Maskenball trug er ein schönes K.; das K. eines Bajazzos; sich (Dativ) ein K. leihen, anfertigen; die nächste Theaterprobe ist in Kostümen. **3.** *historische Kleidung:* mittelalterliche Kostüme; ein K. aus der Zeit des Barocks.

kotzen (derb): *sich erbrechen:* während der Fahrt mußte er k.; er kotzte wie ein Reiher; subst. (derb): da kann man das große Kotzen kriegen/ es ist zum Kotzen */Ausrufe der Verärgerung/.*

krabbeln: **1.** ⟨gewöhnlich mit Raumangabe⟩ *sich kriechend fortbewegen:* ein Käfer krabbelte an der Wand, unter den Teppich; das Kind fängt an zu k., krabbelt schon, krabbelt auf allen vieren; die Kinder sind schon ins Bett gekrabbelt. **2.** (ugs.) **a)** ⟨etwas krabbelt⟩ *etwas verursacht einen Kitzelreiz:* der neue Pullover krabbelt; das Zeug krabbelt auf der Haut. **b)** ⟨jmdn. k.⟩ *kitzeln:* hör auf, mich zu k.; er krabbelte sie an den Zehen, im Nacken.

Krach, der: **1.** *Lärm:* hier ist, herrscht ein unerträglicher K.; die Maschine macht einen fürchterlichen K.; ich kann den K. nicht mehr hören, ertragen; unter großem K. stürzte das Haus zusammen; vor lauter K., vom vielen K. nicht schlafen können. **2.** (ugs.) *Streit:* in der Familie gibt es oft K.; mit jmdm. K. haben, bekommen, anfangen, kriegen (ugs.); K. machen (ugs.); zwischen den Brüdern kam es wegen des Autos zum K. **3.** (Wirtsch.) *Preissturz, Bankrott:* an der Börse gab es einen großen K. * (ugs.:) **Krach schlagen** *(laut schelten, sich laut beschweren)* · (ugs.:) **mit Ach und Krach** *(mit Mühe und Not, gerade noch).*

krachen: 1. ⟨etwas kracht⟩ *etwas gibt ein krachendes Geräusch von sich, verursacht es:* das Bett kracht; die Dielen krachten unter unseren Schritten; ein gewaltiger Donnerschlag krachte; in der Ferne hörte man Schüsse k.; bei jeder Bewegung krachte es im Gelenk; eben hat es gekracht *(eben kam es zu einem Fahrzeugzusammenstoß);* er begann die Arbeit mit so viel Energie, daß es nur so krachte (ugs.); das Brett ist gekracht (ugs.; *durchgebrochen*); subst.: unter fürchterlichem Krachen stürzte das Gerüst ein; in diesem Land kommt es bald zum Krachen (ugs.; *zum Krieg*). **2.** ⟨mit Raumangabe⟩ *mit Krach gegen etwas prallen:* der Wagen krachte gegen die Leitplanke, an die Mauer. **3.** (ugs.) ⟨sich k.⟩ *miteinander Streit haben:* kracht ihr euch schon wieder?; wir haben uns gekracht.

krächzen: a) *krächzende Laute von sich geben:* die Raben, die Krähen krächzen; er war erkältet und konnte nur noch k.; der Lautsprecher krächzte. **b)** ⟨etwas k.⟩ *krächzend hervorbringen:* ein paar unverständliche Worte k.

kraft ⟨Präp. mit Genitiv⟩: *auf Grund:* k. des Gesetzes; k. meines Amtes; es liegt ein Beschluß vor, k. dessen solche Zuschüsse gewährt werden können.

Kraft, die: **1.** *körperliche Stärke, Leistungsfähigkeit, Energie, Willensstärke:* körperliche, jugendliche, herkulische (bildungsspr.) Kräfte; ihm fehlt, versagt die K.; seine Kräfte erlahmen, schwinden; die Kräfte lassen bei ihm nach, verlassen ihn; in ihm steckt eine ungeheure K.; seine K. erproben; er hat seine K., seine Kräfte überschätzt; bei dieser Arbeit kannst du deine überschüssigen Kräfte abreagieren, loswerden (ugs.); keine K. in den Knochen haben (ugs.; *schwach sein*); im Urlaub neue Kräfte sammeln; seine ganze K. für etwas aufbieten, verwenden, einsetzen; alle Kräfte anspannen, zusammennehmen, mobilisieren (bildungsspr.); ich hatte nicht mehr die K. aufzustehen; der Erfolg gab ihm neue Kräfte; du darfst deine Kräfte nicht vergeuden, verzetteln; dieser Posten übersteigt seine Kräfte, nimmt seine ganze K. in Anspruch; die Sorge um das Kind verlieh ihr ungeahnte Kräfte, verzehrte, verbrauchte ihre Kräfte; im Vollbesitz seiner körperlichen und geistigen Kräfte sein; unter Aufbietung aller Kräfte wurde das Projekt zu Ende geführt; der viele Ärger zehrt an ihren Kräften; an K. zunehmen; das gestrandete Schiff konnte sich aus/(seltener:) mit eigener Kraft befreien; aus eigener K. schafft er das nicht mehr; bei Kräften sein, bleiben; du mußt dich bei Kräften halten; ich werde alles tun, was in meiner K., in meinen Kräften steht *(ich werde mein möglichstes tun);* mit letzter K. schleppte er sich in seine Wohnung; die Turbine läuft mit halber K. *(Leistung);* das Schiff fährt mit halber K. (Seemannsspr.; *Geschwindigkeit);* mit seinen Kräften haushalten; mit neuer K., mit neuen Kräften an die Arbeit gehen; mit vereinten Kräften *(in gemeinsamer Anstrengung)* etwas erreichen; jmdm. nach [besten] Kräften *(soweit es möglich ist)* helfen; das geht über meine K./über meine Kräfte; über ungeheure K./Kräfte verfügen; er strotzt vor/(auch:) von K.; übertr.: seelische, sittliche, moralische, überirdische Kräfte; die militärische, wirtschaftliche K. eines Landes; elektrische, magnetische Kräfte; die K. des Geistes, der Sprache, des Ausdrucks, einer Idee; die ungebändigten Kräfte der Natur; er ist die treibende K. in der Firma; die Sonne hat im Herbst noch viel K. *(Strahl-, Erwärmungskraft);* das Spiel der Kräfte; mit elementarer K. zum Ausbruch kommen; über geheimnisvolle, übernatürliche, schöpferische Kräfte verfügen. **2. a)** *Arbeitskraft, Mitarbeiter:* eine neue, erste, zuverlässige K.; sie ist eine tüchtige K.; ich suche eine weitere K. für die Buchhaltung; wir stellen mehrere weibliche Kräfte ein; mit allen verfügbaren Kräften etwas erledigen. **b)** ⟨Plural⟩ *Einfluß ausübende Personen mit bestimmter Geisteshaltung:* die fortschrittlichen, liberalen (bildungsspr.), konservativen (bildungsspr.), reaktionären (bildungsspr.) Kräfte in der Partei; hier sind Kräfte am Werk, die ...; die Regierung will alle revolutionären (bildungsspr.) Kräfte im Staat, in der Armee neutralisieren (bildungsspr.), ausschalten. * **außer Kraft** *(ungültig)* · **in Kraft** *(gültig)* · (ugs.:) **ohne Saft und Kraft** *(fad, ohne rechten Gehalt).*

kräftig: 1. *voller Kraft:* ein kräftiger Stammhalter, Bursche, Mann; er hat kräftige Arme; nach einem kräftigen Schlag sprang die Tür auf; das Kind ist k.; übertr.: kräftige *(gut entwickelte)* Stauden; die Pflanzen sind schon recht k. *(widerstandsfähig);* eine kräftige *(gehaltvolle, würzige, nahrhafte)* Suppe; ein kräftiges *(nahrhaftes)* Brot, Futter; ein kräftiger *(starker, intensiver)* Geruch; ein kräftiges *(großes)* Hochdruckgebiet; kräftige *(intensive, leuchtende)* Farben; ein kräftiges *(deutliches, auffälliges)* Muster; es weht ein kräftiger Wind; eine kräftige Sprache sprechen *(eine derbe Ausdrucksweise haben);* er benutzt immer kräftige *(derbe)* Ausdrücke. **2.** *überaus stark, heftig:* k. zuschlagen; er schüttelte allen k. die Hand; es hat heute k. geschneit; die Preise sind k. gestiegen; dem Alkohol k. zusprechen *(viel Alkohol trinken);* jmdm. k. *(hart und deutlich)* seine Meinung sagen.

Kragen, der: *den Hals umschließender Teil eines Kleidungsstückes:* ein hoher, enger, steifer, abstehender, halsferner, weißer, schmutziger K.; der K. ist [mir] zu eng; der K. des Mantels ist mit Pelz besetzt; die Kragen/(südd.:) Krägen lassen sich abnehmen, ausknöpfen; den K. stärken, offen tragen, hochstellen; Redensart: das wird dich/(seltener:) dir nicht [gleich] den Kragen kosten *(das wird nicht [gleich] so schlimm werden).* * (ugs.:) **jmdm. platzt der Kragen** *(jmd. wird wütend)* · (ugs.:) **dem könnte/möchte ich den Kragen umdrehen!** */scherzhafte Drohung/* · (ugs.:) **Kopf und Kragen riskieren/wagen/aufs Spiel setzen/verlieren** *(das Leben, die Existenz* *aufs Spiel setzen, verlieren)* · **etwas kostet jmdn./** (seltener:) **jmdm. den Kragen** *(etwas kostet jmdn. das Leben, die Existenz)* · **jmdn. am/beim Kragen nehmen/packen** *(zur Rede stellen):* der Chef packte ihn gleich am K. · (ugs.:) **jmdm. an den Kragen wollen** *(jmdn. ruinieren wollen)* · (ugs.:) **es geht jmdm. an den Kragen** *(jmd. wird zur Verantwortung gezogen, wird von seinem Schicksal ereilt)* · (ugs.:) **es geht um Kopf und Kragen** *(es geht um das Leben, um die Existenz).*

Krähe, die: */ein Vogel/:* eine K. krächzt, schreit, streicht über das Feld; Sprichw.: eine K. hackt der anderen kein Auge aus *(Berufs-, Standesgenossen unterstützen sich gegenseitig).*

krähen: *einen Krählaut von sich geben:* der Hahn hat schon gekräht; Sprichw.: wenn der Hahn kräht auf dem Mist, ändert sich das Wetter, oder es bleibt, wie es ist; übertr.: das Kind kräht vor Vergnügen; er spricht mit krähender Stimme. * (ugs.:) **kein Hahn kräht nach jmdm., nach etwas** *(niemand kümmert sich um jmdn., um etwas).*

Kralle, die: *Zehenspitze bestimmter Tiere:* stumpfe, spitze, scharfe, starke Krallen; die Krallen des Adlers; das Tier zeigt die, seine Krallen, zieht die Krallen ein; die Katze hielt eine Maus in den Krallen; übertr.: jmdn. aus den Krallen des Todes retten. * (ugs.:) **jmdm. die Krallen zeigen** *(jmdm. zeigen, daß man sich nichts gefallen läßt)* · (ugs.:) **etwas in die Krallen bekommen** *(etwas in die Gewalt bekommen).*

Kram, der (ugs.; abwertend): **a)** *[wertlose] Gegenstände, Stücke; Sachen, Zeug:* das ist alles alter, unnützer K.; was liegt denn hier für K. herum?; räume den K. endlich weg! **b)** *Sache, Angelegenheit:* ich will den ganzen K. schnell erledigen; mach doch deinen K. allein!; er hat mir den K. vor die Füße geworfen *(führt meinen Auftrag nicht aus, macht eine Arbeit nicht weiter);* ich lasse mir nicht in meinen K. hineinreden; ich möchte mit dem K. nichts zu tun haben. * (ugs.:) **etwas paßt jmdm. nicht in den Kram** *(etwas kommt jmdm. ungelegen)* · **nicht viel Kram/keinen Kram machen** *(keine Umstände machen).*

kramen (ugs.): **a)** ⟨nach etwas k.⟩ *nach etwas wühlend suchen:* ich habe nach alten Photographien [im Archiv] gekramt. **b)** ⟨mit Raumangabe⟩ *irgendwo suchend wühlen:* ich habe im Keller, auf dem Boden, in den Akten gekramt; er kramte in seiner Tasche [nach Kleingeld]. **c)** ⟨etwas aus etwas k.⟩ *mühsam hervorholen:* endlich kramte er den Schlüssel aus der Tasche.

Krampf, der: **a)** *schmerzhaftes Sichzusammenziehen der Muskeln:* ein heftiger, furchtbarer K.; der K. löste sich allmählich; einen K. bekommen, kriegen (ugs.), im Bein haben; jmd. wird von Krämpfen gepackt, befallen, geschüttelt; er wand sich in Krämpfen. **b)** (ugs.) *verkrampftes, sinnloses Tun, Verhalten:* das ist doch alles K.; alle seine Bemühungen wurden zum K.

krampfhaft: 1. *krampfartig:* in krampfhafte Zuckungen verfallen; sie brach in ein krampfhaftes Lachen aus. **2.** *verbissen:* er machte krampfhafte Anstrengungen, sie einzuholen; sich k. um etwas bemühen; ich habe k. *(angestrengt)* nachgedacht, wie man das machen kann; er hielt sich k. *(mit äußerster Anstrengung)* am Geländer fest; er hält k. an alten Formen fest.

Kran, der: *fahr- und drehbares Transportgerät:* ein hoher, schwerer, fahrbarer K.; Kräne/(fachspr.:) Krane mit weitem Ausleger; der K. stürzte um; einen K. aufstellen, einsetzen.

krank: *eine Krankheit habend, nicht gesund:* ein kranker Mann; kranke Tiere, Pflanzen, Bäume; einen kranken Zahn, ein krankes Herz haben; Jägerspr.: krankes *(angeschossenes)* Wild; das Kind ist [seit einem Monat] k.; auf den Tod *(lebensgefährlich)* k. sein; er ist k. an Leib und Seele; er wurde schwer k.; er ist an der Leber k. *(erkrankt);* er sieht k. *(angegriffen, leidend)* aus; er fühlt, stellt sich k.; er spielt k. (ugs.); sich k. melden; k. zu/im Bett liegen; k. darniederliegen (veraltet; noch scherzh.); jmdn. k. schreiben *(jmds. Arbeitsunfähigkeit bescheinigen);* der dauernde Ärger, die vielen Sorgen machen ihn ganz k. *(unterhöhlen seine Gesundheit, nehmen ihn mit);* vor Sehnsucht, vor Heimweh, vor Liebe k. *(bedrückt, niedergeschlagen, leidend)* sein. * (ugs.:) **sich krank lachen** *(sehr viel lachen)* · (veraltend:) **nach jmdm. k. sein** *(sich nach jmdm. sehnen).*

Kranke, der: *jmd., der krank ist:* der K. braucht [völlige] Ruhe, hat viel leiden müssen; Kranke pflegen, betreuen, heilen; eine Anstalt für unheilbar, unheilbare Kranke.

kränkeln: *schwach und dauernd leicht krank sein:* der alte Mann kränkelt seit einiger Zeit; sie beginnt zu k., fängt zu k. an.

kranken ⟨etwas krankt an etwas⟩: *etwas leidet unter einem Mangel, Nachteil:* die Firma krankt an der schlechten Organisation; das Projekt krankt daran, daß man von Anfang an falsch geplant hat.

kränken: a) ⟨jmdn. k.⟩ *seelisch verletzen, beleidigen:* diese Äußerung hat ihn [sehr] gekränkt; er fühlt sich [in seiner Eitelkeit] schwer, tief gekränkt; ich wollte ihn damit nicht k.; jmds. Ehre k.; das ist für mich sehr kränkend; er zog sich gekränkt zurück; sein gekränkter Stolz läßt diesen Schritt nicht zu. **b)** (landsch.; veraltend) ⟨sich über jmdn., über etwas k.⟩ *sich grämen:* kränke dich doch nicht über ihn, über sein Gerede. * (ugs.:) **die gekränkte Leberwurst spielen** *(sich [in harmlosen Situationen] als der Beleidigte aufspielen).*

Krankenhaus, das: *Einrichtung zur Heilung von Kranken:* ein modernes, allgemeines, städtisches, katholisches K.; das K. ist voll belegt, ist überbelegt, hat 400 Betten; ein K. leiten; er ist Chefarzt eines Krankenhauses; er ist Chirurg an/in einem K.; er wurde aus dem K. entlassen, im K. operiert; jmdn. ins K. einliefern, bringen; er liegt seit drei Wochen im K.; er arbeitet in einem K.

Krankenschwester, die: → Schwester.

krankfeiern (ugs.): *wegen [angeblicher] Krankheit fehlen:* er hat eine Woche [lang] krankgefeiert.

krankhaft: a) *auf Erkrankung beruhend:* ein krankhafter Zustand, Trieb; es wurden krankhafte Veränderungen an der Wirbelsäule festgestellt; k. veränderte Knochen. **b)** *übersteigert; krankhafte Züge aufweisend:* krankhafte Eifersucht; er leidet an krankhaftem Ehrgeiz; seine Neugier ist schon k.; er ist k. eitel.

Krankheit, die: *Störung der normalen Körperfunktionen, Leiden:* eine leichte, schwere, langwierige, bösartige, schleichende, akute (bildungsspr.), chronische (bildungsspr.), ansteckende K.; die K. klingt ab, ist im Abklingen; die K. muß richtig ausheilen; einer K., gegen eine K. vorbeugen; an einer K. leiden, sterben; gegen diese K. gibt es noch kein geeignetes Mittel; jmdn. von einer K. heilen; von einer K. genesen, sich von einer K. erholen; sich vor ansteckenden Krankheiten schützen; übertr.: das ist eine K. *(eine negative Erscheinung)* unserer Zeit.

kränklich: *anfällig; nicht recht gesund:* ein kränkliches Aussehen haben; er ist alt und k.; das Kind wirkt k.

Kranz, der: **1.** *in der Form eines großen Ringes geflochtene Blumen, Zweige o. ä.:* ein K. aus Tannenzweigen und roten Nelken; ein großer K. mit Schleife; einen K. binden, winden, flechten; er legte am Denkmal einen K. nieder; dem Sieger den K. *(den Siegerkranz)* umhängen; die Braut trägt K. *(den Brautkranz)* und Schleier; das Grab ist mit Kränzen geschmückt, bedeckt; bildl.: ein K. Feigen; ein K. von Anekdoten; die Stadt ist von einem K. von Seen umgeben. **2.** *kranzförmiger Kuchen:* ein Stück K.; einen K. backen.

kraß: *sehr auffällig, extrem:* ein krasser Fall von Korruption; er ist ein krasser Egoist; er gewann das Rennen als krasser Außenseiter; etwas steht zu etwas in krassem Gegensatz; die Unterschiede sind sehr k.; er pflegt sich immer recht k. *(sehr deutlich)* auszudrücken.

kratzen: 1.a) ⟨jmdn., sich k.⟩ *mit den Nägeln, Krallen ritzen:* sich versehentlich k.; die Katze hat mich am Arm gekratzt. **b)** *die Nägel, Krallen gebrauchen:* Vorsicht, die Katze kratzt; das Mädchen kratzte und biß, um sich zu verteidigen. **2.** *wegen eines Juckreizes leicht kratzen, auf der Haut herumreiben:* **a)** ⟨jmdn., sich k.⟩ kratz mich bitte mal [am Rücken]!; Sprichw.: wen's juckt, der kratze sich *(wem etwas nicht paßt, der tue etwas dagegen);* er kratzte sich am Kopf, hinter dem Ohr; das Kind hat sich wund gekratzt; übertr.: das Lob hat ihn mächtig gekratzt (landsch.; *hat ihm Befriedigung verschafft*). **b)** ⟨jmdm., sich etwas k.⟩ ich kratzte mir verlegen den Schädel; er hat sich die Haut rot gekratzt. **3.a)** ⟨etwas kratzt⟩ *etwas scheuert und juckt:* der neue Pullover kratzt fürchterlich [auf der Haut]; der Wein kratzt im Hals; ⟨etwas kratzt jmdn.⟩ die Wolle kratzt mich [an den Armen]; der Rauch kratzte ihn im Hals; subst.: ich spüre ein leichtes Kratzen im Hals. **b)** (ugs.) ⟨etwas kratzt jmdn.⟩ *etwas stört, beunruhigt jmdn.:* das braucht dich nicht zu k.; die Sache kann mich gar nicht k. **4.a)** ⟨etwas kratzt⟩ *etwas reibt, scheuert mit der Spitze, mit der scharfen Seite auf etwas:* die Feder kratzt; die Nadel kratzte auf der Grammophonplatte. **b)** ⟨mit Raumangabe⟩ *ein kratzendes Geräusch hervorbringen:* der Hund kratzte an der Tür und wollte herein; übertr.: *schlecht spielen:* er kratzte auf seiner Geige. **5.** ⟨etwas in etwas k.⟩ *einritzen:* seinen Namen, ein Zeichen in die Wand k. **6.** ⟨etwas aus etwas/von etwas k.⟩ *kratzend entfernen:* die Asche aus dem Ofen k.; er kratzte mit dem Schaber das Eis von der Scheibe. **7.** (ugs.; landsch.) ⟨[etwas] k.]⟩ *stehlen:* er hat die Sachen im Umkleideraum gekratzt. * (ugs.:) **die Kurve kratzen** *(sich davonmachen)* · (ugs.:) **sich** (Dativ) **den Bart kratzen** *(sich rasieren).*

[1]kraulen ⟨jmdn., etwas k.⟩: *mit den Finger[n] zärtlich kratzen:* die Katze k.; er hat den Hun[d] am Hals gekrault; ⟨jmdm. etwas k.⟩ das Kin[d] krault dem Großvater den Bart, dem Dacke[l] das Fell.

[2]kraulen: a) *im Kraulstil schwimmen:* er kan[n] gut k.; er hat gekrault; ich habe/(auch:) bi[n] zwei Stunden gekrault; er ist über den See durch die Bucht gekrault. **b)** ⟨etwas k.⟩ *etwa[s] kraulend zurücklegen:* ein paar Bahnen k.; er hat (auch:) ist die 400 Meter in 4,21 Minuten ge[-] krault.

kraus: a) *faltig, wellig, gekringelt:* krauses Haar er zog die Stirn in krause Falten; die Nase k[raus] ziehen. **b)** *verworren:* eine krause Schrift, kraus[e] Gedanken haben; er führte krause Reden *(re[-] dete völlig unklar);* sein Vortrag war ziemlich k[raus].

kräuseln: a) ⟨etwas kräuselt sich⟩ *etwas leg[t] sich in kleine Falten, etwas ringelt sich:* mei[n] Haar kräuselt sich bei Feuchtigkeit; das Wasse[r] des Sees kräuselt sich leicht. **b)** ⟨etwas k.⟩ *i[n] kleine Falten legen:* den Stoff k.; der Wind kräu[-] selte die Wasseroberfläche; hochmütig, spöt[-] tisch kräuselte sie die Lippen; die Nase k.

krausen ⟨etwas k.⟩: *kräuseln:* die Nase k.; adj[.] Part.: sich mit gekrauster Stirn etwas anhören ein Kleid mit leicht gekraustem Rock.

Kraut, das: **1.** *das Grüne, die Blätter bestimmte[r] Pflanzen:* das K. entfernen, abschneiden, ver[-] brennen, als Futter verwerten. **2.** *Heil-, Würz[-] pflanze:* heilende, heilsame (veraltend) Kräuter er kennt jedes K.; Kräuter sammeln, trocknen ein Tee, ein Heilmittel aus verschiedenen Kräu[-] tern. **3.** (bes. südd.) *Kohl*: K. anbauen; gern K essen. **4.** (ugs.; abwertend) *Tabak:* er raucht ei[n] fürchterliches K.; das K. stinkt entsetzlich * **etwas schießt ins Kraut: a)** *etwas wächst üppi[g] wuchernd):* die Rüben sind ins K. geschossen. **b** *(etwas breitet sich übermäßig aus):* der Tourismu[s] ist mächtig ins K. geschossen. · (ugs.:) **gege[n] jmdn./gegen etwas ist kein K. gewachsen** *(gege[n] jmdn./gegen etwas kommt man nicht an, gibt e[s] kein Mittel)* · (ugs.:) **wie Kraut und Rübe[n] [durcheinander]** *(völlig durcheinander).*

Krawall, der: **a)** *Aufruhr:* nach der Kundge[-] bung entstand ein großer K.; die Krawall[e] dauern noch an; bei der Demonstration kam e[s] zu Krawallen; wegen der Krawalle mußte di[e] Versammlung abgebrochen werden. **b)** *Lärm* bis der Lehrer kam, machte die Klasse gro[-] ßen K.

Krawatte, die: → Schlips.

Kreatur, die: **1.** *Lebewesen, Geschöpf:* eine arm[e] geplagte, hilflose K.; alle K. sehnt sich nac[h] Regen. **2.** (abwertend) *verachtenswerter Mensch* er ist eine elende, armselige K.; solche Krea[-] turen findet man überall.

Krebs, der: **1.** */ein Krustentier/:* Krebse fange[n] kochen, essen; er ist rot wie ein K. **2.** *gefährlich[e] Geschwulst:* der K. wuchert; er hat K., leidet a[n] K.; der K. wurde bei ihm zu spät erkannt; a[n] K. erkrankt sein; seine Eltern sind an K. ge[-] storben. **3.** (Astrol.) */Tierkreiszeichen/:* ich bi[n] [ein] K. (ugs.; *ich bin im Zeichen des Krebs[es] geboren*).

Kredit, der (bildungsspr.): **1.** *Darlehen:* ein zin[s-] loser, [un]verzinslicher, [un]kündbarer, priva[-] ter, öffentlicher K.; langfristige Kredite a[n] Entwicklungsländer; ein K. [in Höhe] vo[n]

10000 Mark; einen K. eröffnen, sichern, in Anspruch nehmen, kündigen, sperren; er hat bei
seiner Bank einen K. aufgenommen; jmdm.
einen K. zu einem günstigen Zinssatz geben,
gewähren, einräumen; etwas auf K. kaufen.
2. *[finanzielle] Vertrauenswürdigkeit:* [bei jmdm.]
K. haben, genießen; er hat seinen moralischen K.
verspielt, verloren; er hat sich (Dativ), das hat
ihm im Ausland großen politischen K. verschafft;
etwas bringt jmdn. um allen K.

reide, die: *Schreib-, Zeichenstift aus Kalkstein
u. ä.:* ein Stück K.; die K. ist naß, ist abgebrochen; er hat etwas mit Kreide an die Tafel
geschrieben. * (ugs.:) **bei jmdm. in der Kreide
stehen/sein** *(bei jmdm. Schulden haben):* er steht
bei uns tief, mit 100 Mark in der K.

reieren (bildungsspr.) ⟨etwas k.⟩: *etwas Neues
entwerfen, entwickeln:* einen neuen Stil, eine neue
Mode k.; der Minirock wurde in England kre-
iert.

reis, der: 1. *runde, in sich geschlossene Linie:*
einen K. malen, zeichnen; mit dem Zirkel einen
K. schlagen, beschreiben; den Inhalt, den Umfang eines Kreises berechnen; die beiden Kreise
schneiden sich; bildl.: Kinder bilden einen K.,
stehen in einem K. um den Lehrer, formieren
sich zu einem K.; im K. sitzen; sich im K. drehen, bewegen; das Flugzeug zog mehrere Kreise
über der Stadt und drehte dann ab; auf der
Sitzung wurde ein ganzer K. *(eine ganze Reihe)*
von Einzelfragen behandelt; Redensart: der
K. *(die Beweiskette)* schließt sich. 2. *Gruppe von
Personen gleicher Interessen, gleichen Ranges
u. ä.:* ein geselliger, exklusiver (bildungsspr.)
K.; kirchliche, militärische Kreise; einflußreiche
Kreise üben Druck auf die Regierung aus; aus
gut unterrichteten Kreisen in der Hauptstadt
war zu erfahren, daß ...; in politischen, in fachlichen Kreisen gilt er als Experte; im familiären,
vertrauten K.; so etwas *(so ein Fehltritt)* kommt
in den besten Kreisen *(in der vornehmsten Gesellschaft)* vor; er ist in weiten Kreisen der Bevölkerung sehr beliebt; im K. der Familie, der
Seinen; eine Feier in kleinem, im engsten K.;
er verkehrt in den besten Kreisen *(in der vornehmen Gesellschaft)* dieser Stadt; er hat Verbindung zu Kreisen der Unterwelt. 3. *Verwal-
tungsbezirk:* die Gemeinden des Kreises gründen
einen Zweckverband; der Ort gehört zum K. ...
etwas zieht Kreise *(etwas betrifft immer mehr
Personen oder Gruppen)* · **sich im Kreis bewe-
gen/drehen** *(immer wieder auf dasselbe zurückkommen)* · **jmdm. dreht sich alles im Kreis**
(jmdm. ist schwindlig).

reischen: *schrille, grelle Töne von sich geben:*
die Mädchen kreischten (hochspr. nicht korrekt:
krischen) [vor Vergnügen, in höchsten Tönen];
man hörte einen Papageien k.; die Tür kreischt
in den Angeln; adj. Part.: mit kreischenden
Bremsen hielt der Wagen vor meinem Haus.

reisel, der: 1. *rotierender Körper:* den K. tanzen lassen; der Junge spielt mit dem K. 2. *Ver-
kehrsknoten mit Kreisverkehr:* einen K. durchfahren; den K. verlassen.

eisen ⟨mit Raumangabe⟩: *sich auf einer
Kreisbahn bewegen:* die Erde kreist um die Sonne; das Raumschiff kreiste zwei Tage [lang] um
den Mond; das Flugzeug hat/ist 30 Minuten
über der Stadt gekreist; die Geier kreisen in der
Luft; das Blut kreist *(fließt im Kreislauf)* in den
Adern; bildl.: die Flasche [in der Runde] k.
lassen *(herumreichen);* das Gespräch, die Diskussion kreiste nur um diese eine Frage; seine
Gedanken kreisten ständig um dieses Mädchen.

Kreislauf, der: a) *Blutzirkulation:* sein K. ist
[nicht] in Ordnung, ist zusammengebrochen;
der K. hat bei ihm versagt; er hat einen schwachen K.; den K. anregen, ankurbeln (ugs.); das
belastet nur den K.; ein Mittel für den K. b)
zum Ausgangspunkt zurückkehrende Bewegung:
der ewige K. des Lebens; der K. des Wassers.

Krem, die /vgl. Creme/: *[schaumige] Süßspeise:*
eine süße K.; K. rühren, aufkochen, zubereiten.

Krempel, der (ugs.; abwertend): *unnützes Zeug,
wertlose Dinge, Sachen:* er bewahrt viel K. auf;
den alten K. wegwerfen; was kostet der ganze
K.?; pack den K. in einen Koffer; bildl.: jmdm.
den K. vor die Füße werfen *(einen Auftrag nicht
ausführen; nicht mehr weitermachen).*

krepieren: 1. *bersten, explodieren:* die Granaten
krepierten vor dem Graben; er wurde von einem
krepierenden Geschoß getötet. 2. (derb)
verenden, elend sterben: ihm sind zwei Pferde
krepiert; er ist auf dem Rückmarsch krepiert.

Krethi ⟨in der Verbindung⟩ Krethi und Plethi
(ugs.): *jedermann; alle möglichen Leute:* sie will
sich nicht mit K. und Plethi zusammensetzen.

kreuz ⟨in der Verbindung⟩ kreuz und quer:
planlos, hin und her: er fuhr mit dem Auto k.
und quer durch die Gegend.

Kreuz, das: 1.a) *Zeichen aus zwei sich [recht-
winklig] kreuzenden Linien:* ein K. zeichnen;
an einer Stelle ein K. machen; etwas mit einem
K. kennzeichnen. b) *Kreuz als [christliches]
Symbol:* das lateinische, griechische, russische
K.; an der Wand hing ein goldenes K.; auf dem
Altar steht ein großes K. mit Korpus; im Zeichen des Kreuzes *(im Zeichen, im Geiste Christi).*
c) (hist.) *kreuzförmiger Galgen:* jmdn. ans K.
hängen, nageln, schlagen; er hat den Tod am K.
erlitten, ist am K. gestorben; den Gekreuzigten
vom K. nehmen. d) *auferlegtes Leiden, Bürde:*
sein K. auf sich nehmen (geh.; *sein Leid tragen*);
Gott hat ihm ein schweres K. auferlegt (geh.);
sein K. [geduldig] tragen (geh.); es ist ein K.
mit ihm (ugs.; *es ist zum Jammern mit ihm*); mit
jmdm./mit etwas sein K. haben *(seine Mühe,
seine Not haben).* e) */eine Spielkartenfarbe/:* K.
König; K. ist Trumpf; K. sticht; er spielt K.
aus. f) *Kreuzung von Autobahnen:* ich fahre bis
zum Frankfurter K.; die Zu- und Abfahrt wird
zu einem K. ausgebaut. g) (Musik) *Erhöhungs-
zeichen:* vor der Note steht ein K.; E-Dur hat
vier Kreuze; ein K. auflösen. 2. *unterer Teil
des Rückens:* ein hohles K.; mein K. ist steif;
mir tut das K. weh; sich das K. verrenken; ich
habe Schmerzen im K.; es im K. haben (ugs.;
Kreuzschmerzen haben). * **das Rote Kreuz** */eine
Sanitätsorganisation/* · **das Eiserne Kreuz** */ein
Orden/* · (kath. Rel.:) **das K. machen/schlagen**
(das Kreuzzeichen machen) · (ugs.:) **ein Kreuz
[hinter jmdm./hinter etwas her] machen** *(sehr
froh sein, daß jmd. endlich fortgegangen, daß etwas erledigt ist)* · (ugs.:) **aufs Kreuz fallen** *(sehr
erstaunt sein):* wir sind, als wir den Preis hörten,
fast, beinahe aufs K. gefallen · (ugs.:) **jmdn. aufs
Kreuz legen** *(jmdn. übervorteilen)* · (ugs.:) **jmdm.
etwas aus dem Kreuz leiern** *(von jmdm. etwas*

nur mit viel Mühe erhalten) · (ugs.; landsch.:) **mit jmdm. übers Kreuz sein, stehen** *(zu jmdm. ein gespanntes Verhältnis haben)* · (ugs.:) **zu Kreuze kriechen** *(unter demütigenden Umständen nachgeben müssen)*.

kreuzen: 1. ⟨etwas k.⟩ *schräg übereinanderlegen:* die Arme k.; er saß mit gekreuzten Beinen gemütlich im Sessel. **2. a)** ⟨etwas k.⟩ *treffen und überschneiden, schneiden:* ich habe mehrmals seinen Weg gekreuzt; die Straße kreuzt nach 100 Metern die Bahn; bildl.: ihre Blicke kreuzten sich mehrmals; übertr.: unsere Ansichten, Interessen kreuzen sich *(stehen sich entgegen)*. **b)** ⟨jmdn., etwas k.⟩ *sich zur gleichen Zeit in entgegengesetzter Richtung bewegen und irgendwo treffen:* die Briefe müssen sich gekreuzt haben; die Züge kreuzen sich zwischen Mannheim und Heidelberg. **3.** (Biol.) ⟨jmdn., etwas k.⟩ *paaren:* verschiedene Tulpenarten k.; man hat den Esel mit einem Pferd gekreuzt. **4.** (Seemannspr.) **a)** *gegen den Wind segeln:* die Boote müssen k. **b)** ⟨mit Raumangabe⟩ *hin und her fahren:* das Luxusschiff kreuzt in der Karibischen See.

Kreuzfeuer ⟨in den Wendungen⟩ **ins Kreuzfeuer geraten; im Kreuzfeuer stehen:** *von allen Seiten angegriffen werden:* er geriet ins K. der Kritik, der Presse; er stand im K. der Journalisten, der Photographen.

Kreuzung, die: **1.** *Schnittpunkt mehrerer Straßen:* eine enge, gefährliche, große K.; die K. ist unübersichtlich; an der nächsten K. müssen wir rechts abbiegen; die K. frei machen. **2. a)** *das Paaren verschiedener Gattungen, Rassen:* die K. der beiden Pflanzensorten führte zur Qualitätsverbesserung. **b)** *Ergebnis des Kreuzens:* das Maultier ist eine K. zwischen Esel und Pferd.

kribbelig (ugs.): *unruhig, nervös:* ein kribbeliger Junge; ich bin schon ganz k.; vom langen Warten wurde er ganz k.

kribbeln: 1. (ugs.) ⟨es kribbelt jmdm.; mit Raumangabe⟩ *es juckt jmdn.:* es kribbelt mir in der Nase, auf der Haut; ihm kribbelte es in den Fingern, in den Fingerspitzen *(er war ganz ungeduldig)*. **2.** ⟨in der Verbindung mit krabbeln⟩ *sich auf vielen Beinchen schnell fortbewegen:* es kribbelt und krabbelt wie in einem Ameisenhaufen.

kriechen: 1. a) ⟨gewöhnlich mit Umstandsangabe⟩ *sich auf einer Fläche langsam fortbewegen:* hier kriecht eine Raupe, eine Schnecke; der Hund kroch in seine Hütte; die Soldaten müssen auf dem Bauch k.; das Kind kriecht auf allen vieren; bildl. (ugs.): wir sind gestern schon früh ins Bett gekrochen *(gegangen)*; unter die Bettdecke k. *(schlüpfen)*; ich wäre am liebsten in ein Mauseloch gekrochen *(hätte mich aus Scham o. ä. dort verborgen, wo mich niemand findet)*. **b)** *sich langsam fortbewegen:* der Zug kriecht; der Verkehr kommt nur kriechend voran. **2.** (ugs.) ⟨vor jmdm. k.⟩ *sich unterwürfig gegenüber jmdm. benehmen:* er kriecht vor seinen Vorgesetzten. * (ugs.:) **jmdm. auf den Leim kriechen** *(auf jmdn. hereinfallen)* · (ugs.:) **zu Kreuze kriechen** *(unter demütigenden Umständen nachgeben müssen)*.

Krieg, der: *militärische Auseinandersetzung:* ein langer, schwerer, blutiger, schrecklicher, verlustreicher K.; ein schmutziger *(nicht offiziell erklärter vorwiegend von Guerillas und besonders grausam geführter)* K.; der K. zu Wasser, z Lande und in der Luft; der K. ist verloren, is zu Ende, ist aus (ugs.); der K. hat das Land ve wüstet; der K. zwischen den benachbarte Staaten dauert schon zwei Jahre [lang], se zwei Jahren; K. führen; [jmdm.] den K. e klären; das Attentat hat den K. ausgelöst; e nen K. anfangen, beginnen, verhindern, verme den, abwenden; den K. beenden; die Aufstä dischen haben den K. in das Nachbarland hi eingetragen; einen K. gewinnen, überstehe überleben; die Gefahr eines neuen Krieg heraufbeschwören; am K. teilnehmen, verdi nen; nicht mehr aus dem K. heimkehren *(i K. gefallen sein)*; sich aus dem K. heraush ten; für den K. rüsten *(die Rüstung für de Krieg vorantreiben)*; die Länder stehen, leb [miteinander] im K.; viele Soldaten sind i K. gefallen, umgekommen; ein Land in de K. stürzen; in Krieg und Frieden; in den K ziehen; im K. bleiben (ugs.; *im K. umkommen* einen Staat in den K. hineinziehen, hineinre ßen; zum K. hetzen, treiben; es wird bald zu K. kommen; zum K. rüsten *(sich auf den K vorbereiten)*.

kriegen (ugs.): **1.** ⟨jmdn., etwas k.⟩ *bekomme erhalten:* Briefe, Post, Geld, ein Paket k.; vo jmdm. eine Nachricht, eine Auskunft, eine Hinweis k.; wir kriegen unser Gehalt a Monatsende; sie hat ein Kind gekriegt; di Katze kriegt Junge; eine Krankheit, eine Schnupfen, einen Anfall, einen [elektrische Schlag k.; du kriegst etwas Schönes zum G burtstag; wir kriegen anderes Wetter, Rege Schnee; ich habe in dem Geschäft nichts me gekriegt; Prozente, einen Rabatt k.; ich ha zwei Spritzen [in den Arm] gekriegt; keine A beit, keine Stellung, keinen Platz, keine Kart k.; ⟨häufig verblaßt⟩ Besuch, Gäste k.; kei [telefonische] Verbindung mit jmdm. k.; d wirst damit Schwierigkeiten k.; mit jmdr Streit k.; [von den vielen Sorgen] graue Haa k.; Angst, Heimweh k.; einen roten Kopf k Lust k.; eine Ohrfeige, eine Tracht Prügel, e paar hinter die Ohren, Dresche (ugs.) k.; sie h endlich einen Mann gekriegt; etwas geschenk geschickt, vorgesetzt, mitgeteilt, geliefert k etwas zu essen, zu trinken, zu kaufen k.; i habe allerhand zu sehen gekriegt; etwas in d Hände, in die Finger k. *(aus Versehen erhalten* von etwas Kenntnis kriegen *(etwas erfahren* etwas zu Gesicht k. *(sehen, auf etwas stoßen* festen Boden unter die Füße k.; einen falsch Eindruck k.; du kriegst es gleich mit mir zu t *[Androhung einer Bestrafung]*; es mit der Ang zu tun k. *(ängstlich werden)*; ich kriege diese A beit allmählich satt. **2.** ⟨jmdn. k.⟩ *erwischen:* w werden die beiden Burschen schon kriegen; kannst das tun, aber laß dich nicht k. **3.** ⟨sich k *heiraten:* zum Schluß haben sie sich doch no gekriegt. * (ugs.:) **sein Fett kriegen** *([mit Rech ausgescholten, bestraft werden)* · (ugs.:) **etw über sich kriegen** *(sich überwinden, etwas tun)* · (ugs.:) **eine/eins aufs Dach kriegen** *(hef zurechtgewiesen werden)* · **etwas in die falsc Kehle kriegen** *(etwas falsch verstehen und b werden)* · (ugs.:) **etwas in den Griff kriegen** *(etu meistern; mit etwas umzugehen lernen)* · (ugs **sich in die Haare kriegen** *(in Streit geraten)*.

kriegerisch: **a)** *kampfeslustig,* kriegerische Stämme; einen kriegerischen Anblick bieten; sie sahen ziemlich k. aus. **b)** *militärisch:* kriegerische Auseinandersetzungen, Verwicklungen.

Kriegsbeil ⟨in den Wendungen⟩ **das Kriegsbeil ausgraben** (ugs.; scherzh.; *einen Streit beginnen*) · **das Kriegsbeil begraben** (ugs.; scherzh.; *einen Streit beenden*).

Kriegsfuß ⟨in den Wendungen⟩ **mit jmdm. auf dem Kriegsfuß stehen/leben** (ugs.; *mit jmdm. länger Streit haben*) · **mit etwas auf dem Kriegsfuß stehen** (ugs.; *etwas schlecht, etwas nicht beherrschen*): er steht mit der Rechtschreibung auf dem K.

Krippe, die: **1.** *Futtertrog:* das Wild geht an die K., sammelt sich an der K.; Rel.: das Jesuskind lag in einer K.; übertr.: *einträglicher Posten:* er sitzt an der K.; er will keinen anderen an die K. lassen. **2.** *Betreuungsstätte für Kleinkinder:* die Gemeinde richtet eine K. ein; die Mutter gibt, bringt das Kind tagsüber in eine K.

Krise, die: **a)** *gefährliche Situation:* eine gefährliche, politische, geistige, seelische K.; die K. in der Partei dauert an; eine K. überwinden, aus der K. herauskommen; in eine K. geraten; die Wirtschaft steckt in einer K.; er hat das Unternehmen in eine schwere K. gestürzt. **b)** (Med.) *kritischer Wendepunkt bei einem Krankheitsverlauf:* die K. tritt erst heute nacht ein; er hat die K. überwunden, gut überstanden.

Kristall, der: *fester, regelmäßig geformter Körper:* natürlicher K.; Kochsalz bildet würfelförmige Kristalle; an der Gefäßwand schlagen sich Kristalle nieder.

Kristall, das: **a)** *geschliffenes Kristallglas:* handgeschliffenes K.; eine Vase, Gläser aus K. **b)** *Gefäße, Behälter o. ä. aus Kristall:* sie hat wertvolles K. in der Vitrine stehen; zur Hochzeit schenken wir ihr K.

Kritik, die: **1. a)** *fachliche Beurteilung, Besprechung:* eine gerechte, objektive (bildungsspr.), positive (bildungsspr.), wohlwollende, schonungslose, scharfe K.; die K. in der Zeitung ist sachlich, zutreffend, vernichtend; die K. des Konzerts/über das Konzert schreiben; der Künstler erhielt, bekam überall gute Kritiken; etwas einer K. unterziehen; der Film kam in, bei der K. noch gut weg (ugs.; *wurde noch gut kritisiert*). **b)** *Gruppe der Kritiker:* die K. ist einhellig der Meinung, daß ...; etwas wird von der K. kaum beachtet. **2.** *Bemängelung, Tadel:* seine K. stört mich nicht; an jmdm., an etwas K. üben (*etwas auszusetzen haben*); dieser Mann stößt beim Volk auf heftige K.; sich jeder K. enthalten. * (ugs.:) **unter jeder Kritik sein** (*sehr schlecht sein*).

kritisch: **1.** *[fachlich] streng beurteilend; scharf prüfend:* ein kritischer Bericht, Beitrag; er ist ein kritischer Leser; jmdn. mit kritischen Blikken, Augen ansehen; Phil.: der kritische Apparat (*Lesarten und Verbesserungen eines Textes*); kritische (*nach den Methoden der Textkritik geschaffene*) Ausgabe; der Kommentar ist sehr k.; er ist sehr k. veranlagt; sich mit etwas k. auseinandersetzen. **2.** *entscheidend, einen Wendepunkt bedeutend:* jetzt kommt der kritische Augenblick; die Verhandlungen haben einen kritischen Punkt erreicht; der Prozeß nimmt eine kritische Wendung; die kritischen Jahre (*die Wechseljahre einer Frau*); in das kritische Alter kommen. **3.** *gefährlich:* der Fahrer geriet in eine kritische Situation; der Kranke befindet sich in einer kritischen Phase; die Angelegenheit wird für ihn jetzt k.; der Zustand des Patienten ist sehr k. * (Physik:) **etwas wird kritisch** (*etwas erreicht den Punkt, wo eine Kettenreaktion ausgelöst wird*): der Reaktor wird k.

kritisieren: **1.** ⟨etwas k.⟩ *fachlich besprechen, beurteilen:* eine Aufführung, ein Konzert k.; er hat das Buch gut, abfällig kritisiert; ⟨selten auch ohne Akk.⟩ er kritisiert immer sehr scharf. **2.** ⟨jmdn., etwas k.⟩ *bemängeln, tadeln:* ich kritisiere, daß ...; er hat immer an allem etwas zu k.; die Entscheidung wurde im In- und Ausland scharf kritisiert.

kritteln (ugs.): *mäkeln, kleinlich kritisieren:* er hat an allem, über alles zu k.

kritzeln: **a)** ⟨gewöhnlich mit Raumangabe⟩ *wahllos Striche und Schnörkel zeichnen:* das Kind kritzelt [mit einem Farbstift] auf ein, auf einem Stück Papier. **b)** ⟨etwas k.; mit Raumangabe⟩ *etwas flüchtig, klein und schlecht leserlich irgendwo hinschreiben, undeutlich hinzeichnen:* eine Telephonnummer in sein Notizbuch k.; er kritzelte einige Bemerkungen an den Rand.

Krokodilstränen ⟨in der Wendung⟩ Krokodilstränen vergießen (ugs.): *heuchlerisch weinen.*

Krone, die: **1. a)** *auf dem Kopf getragener Schmuck als Zeichen der Herrscherwürde:* eine schwere, mit Edelsteinen besetzte K.; die dreifache K. des Papstes; die K. der deutschen Kaiser; sich (Dativ) die K. aufsetzen, aufs Haupt setzen; der Kaiser legte die K. nieder (*dankte ab*). **b)** *Herrscherhaus:* die englische K.; er vertritt die K.; Macht und Rechte der K.; im Dienst der K. stehen. **2.** *oberster Teil, Spitze:* die K. des Baumes ist abgebrochen; sich (Dativ) eine K. (*Zahnkrone*) aus Gold machen lassen. **3.** *das Höchste:* der Mensch ist die K. der Schöpfung; Biathlon halten manche für die K. des Schilaufs; diese Tat war die K. der Dummheit. **4.** */Währungseinheit/:* er zahlte drei Kronen dafür; was macht der Betrag in schwedischen Kronen? * (ugs.:) **einen in der Krone haben** (*leicht betrunken sein*) · (ugs.:) **jmdm. ist etwas in die Krone gefahren** (*jmd. ist verstimmt*) · (ugs.:) **etwas setzt einer Sache die Krone auf** (*etwas ist die Höhe, ist nicht mehr zu überbieten*) · **jmdm. wird kein Stein/keine Perle aus der Krone fallen** (*jmd. vergibt sich nichts*).

krönen: **1.** ⟨jmdn. k.⟩ *jmdm. die Krone aufsetzen und die mit ihr verbundene Macht übertragen:* der Papst krönte die deutschen Kaiser in Rom; er hat sich selbst gekrönt; jmdn. zum König, zum Kaiser k.; alle gekrönten Häupter nahmen an der Hochzeit teil; Sport: man krönte den Sieger mit einem großen Kranz. **2.** ⟨etwas k.⟩ *eindrucksvoll abschließen:* eine Burg krönt den Gipfel des Berges; diese Arbeit krönt das Lebenswerk des Künstlers; er krönte seine sportliche Laufbahn mit dem Olympiasieg; etwas ist von Erfolg gekrönt (*etwas wird erfolgreich abgeschlossen*).

Krönung, die: **1.** *das Krönen:* die feierliche K. zum deutschen Kaiser fand im Lateran statt; die K. vornehmen, vollziehen. **2.** *glanzvoller Höhepunkt, Abschluß:* der Olympiasieg ist, bildet die K. seiner sportlichen Laufbahn.

Kröte, die: **1.** */ein Tier/:* sich vor Kröten ekeln; ein kunstvoller Brunnen mit wasserspeienden Kröten. **2.** (ugs.) **a)** *freches, kleines Mädchen:* so eine freche K.; sie ist eine richtige kleine K. **b)** */Schimpfwort für eine bösartige weibliche Person/:* seine Frau ist eine giftige, alte K. **3.** (ugs.) ⟨Plural⟩ *Geld:* sich ein paar Kröten verdienen; die letzten Kröten für etwas ausgeben.

Krücke, die: **1.** *Stütze für Gehbehinderte:* er braucht, hat zwei Krücken; er geht an/(selten:) auf Krücken. **2.** *Griff (am Stock o. ä.):* sie traf ihn mit der K. des Schirms am Kopf. **3.** (ugs.) */Schimpfwort für einen untüchtigen Menschen/:* er wollte die Krücken nur ein bißchen auf Vordermann bringen.

Krug, der: **1.** *Gefäß für Flüssigkeiten:* ein irdener, steinerner K.; ein K. Wasser; ein K. voll Wein; Sprichw.: der K. geht so lange zum Brunnen, bis er bricht *(eine fragwürdige Angelegenheit nimmt eines Tages ein böses Ende);* den K. füllen; der Wein wird in Krügen serviert. **2.** (landsch.) *Gasthaus, Schenke:* in den K. gehen; den ganzen Tag sitzt er im K.

krumm: 1. *gebogen, verbogen:* eine krumme Linie; sie hat krumme Beine; ein k. gewachsener Baum, Ast; sein Rückgrat, ihre Nase ist ganz k.; die Nägel, die Schienen sind k. und schief; mit zunehmendem Alter wird er immer krummer/(landsch.:) krümmer; vom vielen Arbeiten k. und lahm sein, werden; sitze nicht so k. da!; jmdn. k. und lahm schlagen *(jmdn. zusammenschlagen).* **2.** (ugs.) *unzulässig, fragwürdig:* krumme Wege gehen; er macht keine krummen Geschäfte; ein krummes Ding, krumme Dinger drehen; er versucht jetzt, die krumme Tour zu reiten; etwas auf die krumme Tour machen. * (ugs.:) **etwas geht krumm** *(etwas endet mit einem Mißerfolg)* · (ugs.:) **sich krumm und schief lachen** *(heftig lachen)* · (ugs.:) **keinen Finger krumm machen** *(nichts tun)* · (ugs.:) **einen krummen Rücken/Buckel machen/den Rücken/Buckel krumm machen** *(sich unterwürfig zeigen, benehmen)* · (derb:) **krummer Hund** */Schimpfwort/.*

krümmen: 1. ⟨etwas k.⟩ *biegen, krumm machen:* die Finger, den Rücken k.; adj. Part. (Geom.): eine gekrümmte Linie, Fläche. **2.** ⟨sich k.; mit Umstandsangabe⟩ *sich winden:* sich vor Lachen, sich vor Schmerzen k.; er krümmte sich wie ein Wurm; Sprichw.: was ein Häkchen werden will, krümmt sich beizeiten.

krummnehmen (ugs.) ⟨etwas k.⟩: *übelnehmen:* nimm mir meine Äußerung bitte nicht krumm!

Krüppel, der: *mißgestalteter Mensch:* er ist nur noch ein K.; jmdn. zum K. schlagen, schießen; der Unfall machte ihn zeitlebens zum K.

Kruste, die: *hart gewordene [Außen]schicht, Oberfläche:* die harte, schwarze K. *(Rinde)* des Brotes abschneiden; der Braten hat eine schöne, gleichmäßige K. *(Rinde);* Weinbrandbohnen mit K. *(harter Zuckerschicht);* eine K. von Blut und Dreck bedeckte, überzog sein Gesicht.

Kübel, der: *Bottich:* ein K. Wasser; ein K. mit Abfällen; den K. [aus]leeren; Essen in Kübeln transportieren; bildl. (ugs.): einen K. von Bosheit, Schmutz, Verleumdung über jmdn., über jmdm. ausgießen *(über jmdn. schlecht reden).* * (ugs.:) **es gießt [wie] mit/aus/in Kübeln** *(es regnet sehr stark).*

Küche, die: **1.** *Raum zum Kochen:* eine kleine, helle, freundliche, geräumige K.; die K. ist mo dern eingerichtet; er hilft seiner Frau in der K. Wohnung mit drei Zimmern, K. und Bad bildl.: er hat alles aufgetischt, was K. un Keller zu bieten haben *(er hat die Gäste reic bewirtet).* **2.** *Kücheneinrichtung:* eine K. mit alle technischen Neuerungen; die K. war teuer; ein K. kaufen, anschaffen. **3.** *Art der Speise, des Zu bereitens:* bürgerliche, französische, Wiener K. es gibt warme und kalte K. bis 22 Uhr; das Ho tel ist wegen seiner vorzüglichen K. bekannt * (ugs.:) **in Teufels Küche kommen** *(in ein schlimme Situation geraten).*

Kuchen, der: *größeres Gebäck:* ein frischer, alte trockener K.; ein K. mit Schokolade; der K ist klitschig; einen K. anrühren, backen, an schneiden; ein Stück K. essen; jmdn. zu Kaffe und K. einladen.

Kuckuck, der: **1.** */ein Vogel/:* der K. ruft. **2** (ugs.) *Siegel des Gerichtsvollziehers:* bei ihn klebt der K. an/auf allen Möbeln. * (ugs.: **der Kuckuck ist los** ⟨mit Raumangabe⟩ *(es geh drunter und drüber)* · (veraltend:) **den Kuckuc nicht mehr rufen, schreien hören** *(den nächste Frühling nicht mehr erleben)* · (ugs.:) **etwas is zum Kuckuck** *(etwas ist verloren)* · (ugs.:) **de Kuckuck hat's gesehen; [das] weiß der Kuckuck hol dich der Kuckuck/der Kuckuck soll dich ho len; zum Kuckuck nochmal** */Äußerungen eine Verärgerung; Flüche/.*

Kuckucksei ⟨in der Wendung⟩ jmdm. ei Kuckucksei ins Nest legen: *jmdm. etwas zu schieben, was sich dann als unangenehm, schlec erweist.*

Kugel, die: **1.** *völlig runder Körper:* eine schwe re, durchsichtige K.; eine K. aus Holz, Glas; d K. rollt; die K. hat einen Durchmesser von 2 cm; die Erde ist eine K.; er photographierte d leuchtende K. des Mondes; den Baum mit bu ten Kugeln *(Weihnachtskugeln)* schmücke Kegeln: die K. werfen, schieben; Sport: stieß die K. über 18 m. **2.** (ugs.) *[kugelförmige Geschoß:* die K. verfehlte ihr Ziel, traf i Schwarze; die Kugeln pfiffen, sausten uns u die Ohren; die K. streifte ihn am Arm, dran ihm in die Brust; sich (Dativ) eine K. in/durc den Kopf schießen, jagen (ugs.); er wurde vo einer K. tödlich getroffen. **3.** (ugs.) *Fuß-, Han ball:* die [braune] K. zappelte im Netz. * (ugs. **eine ruhige Kugel schieben** *(sich bei der Arbe nicht sehr anstrengen; keine anstrengende Arbe haben).*

kugeln: a) ⟨mit Raumangabe⟩ *rollen:* er stürz und kugelte über die Bretter; ein paar Stei kugelten vom Förderband; ⟨jmdm. k.; m Raumangabe⟩ der Hase überschlug sich u kugelte ihm vor die Füße. **b)** ⟨sich k.; m Raumangabe⟩ *sich rollend, wälzend bewegen:* d Kinder kugelten sich im Schnee. * (ugs.:) **si k. vor Lachen** *(heftig lachen)* · (ugs.:) **etwas i zum Kugeln** *(etwas ist sehr lustig).*

Kuh, die: **1.** *weibliches Rind:* eine braun schwarzbunte, gescheckte, tragende K.; die K kalbt, gibt keine Milch; die Kühe füttern, me ken, auf die Weide treiben; Redensarte dastehen wie die Kuh vorm neuen Tor (ug *völlig ratlos*); dastehen wie die Kuh, wenn donnert (ugs.; *völlig verdutzt*); übertr. (ugs.): betrachtet ihn, den Posten als melkende/(lan sch.:) milchende K. *(als Stelle, wo viel zu holen ist).* 2. (ugs.) */Schimpfwort für eine [dumme] Frau/:* seine Schwester ist eine alte, blöde K.

Kuhhandel, der (ugs.; abwertend): *Feilschen, kleinliches Aushandeln:* einen K. um die Ministerposten treiben; sich auf keinen K. einlassen.

Kuhhaut ⟨in der Wendung⟩ etwas geht auf keine Kuhhaut (ugs.): *etwas ist unerhört.*

kühl: 1. *mäßig warm:* ein kühler Tag, Abend, Wind; kühles Wetter; kühle Meeresluft; ein kühles Bad nehmen; ein kühles Bier trinken; das Zimmer ist k.; heute nacht wird es k.; mir ist es k. *(ich friere etwas);* der Wein dürfte etwas kühler *(noch mehr gekühlt)* sein; für die Jahreszeit ist es zu k.; Lebensmittel k. lagern. 2. *nicht herzlich, zurückhaltend, frostig:* ein kühler Empfang; sie ist ein kühler Typ; die Gespräche fanden in kühler Atmosphäre statt; mit einem kühlen Blick betrachtete er uns; seine Begrüßung, der Ton seiner Rede war recht k.; er hat die Nachricht ziemlich k. aufgenommen; der Brief ist sehr k. gehalten. 3. *nüchtern, frei von Gefühlen:* er ist ein kühler Rechner, Geschäftsmann; kühle Überlegungen anstellen. * **einen kühlen Kopf bewahren** *(nicht nervös werden, nicht die Übersicht verlieren).*

Kühle, die (geh.): 1. *kühler Zustand:* die K. der Nacht, des Raumes. 2. *Zurückhaltung, Frostigkeit:* er wurde mit großer K. empfangen.

kühlen: a) ⟨etwas k.⟩ *etwas kühl machen:* Wein, Bier, die Milch k.; gut gekühlte Getränke; einen Motor mit Luft, mit Wasser k.; er kühlte seine Hände unter dem Wasserhahn; übertr.: seinen Zorn, seine Rache k.; ⟨jmdm., sich etwas k.⟩ ich kühlte mir das fiebrige Gesicht mit einem nassen Lappen. b) ⟨etwas kühlt⟩ *etwas verbreitet, strahlt Kühle aus:* die Lederpolster kühlen; der Umschlag kühlte angenehm. * (ugs.:) **sein Mütchen an jmdm. kühlen** *(jmdn. seinen Ärger, Zorn fühlen lassen).*

kühn: a) *mutig; Mut zeigend:* kühne Taucher, Bergsteiger; eine kühne Tat; mit einem kühnen Sprung rettete er sich; jeder von ihnen ist sehr k. b) *Kühnheit erkennen lassend:* ein kühner Gedanke; eine kühne Konstruktion; in k. *(gewagt)* geschwungenen Linien führt die Brücke über die Schlucht; er hat eine k. *(eindrucksvoll)* gebogene Nase; meine kühnsten *(phantasievollsten)* Träume wurden übertroffen; dein Plan erscheint mir ziemlich k. c) *dreist, unverfroren:* kühne Behauptungen; sie war so k., nach seinem Gehalt zu fragen.

Kühnheit, die: a) *Mut:* eine Tat von unglaublicher, beispielloser K. b) *gewagte, eindrucksvolle Art:* die K. seiner Gedanken, seines Entwurfs; das Werk beeindruckt durch die K. des Ausdrucks/im Ausdruck. c) (selten) *Unverfrorenheit:* die K. dieser Behauptungen ist unerhört.

Kulisse, die: 1. (Theater) *Bühnendekoration:* Kulissen malen; die Kulissen auf-, abbauen, auf die Bühne schieben, in der Pause wechseln; übertr.: das ist doch alles nur K. *(Vortäuschung);* hinter den Kulissen *(im Hintergrund)* agieren. 2. *äußerer Rahmen:* die vollbesetzten Stadionränge, die 80000 Zuschauer bildeten eine großartige K. für das Spiel. * **einen Blick hinter die Kulissen werfen** *(die Hintergründe einer Sache kennenlernen).*

kullern (ugs.): 1. ⟨mit Raumangabe⟩ *rollen:* das Geldstück kullerte unter den Tisch; die Äpfel kullerten über die Dielen; ⟨jmdm. k.; mit Raumangabe⟩ Tränen waren ihr über das Gesicht gekullert. 2. ⟨etwas k.⟩ *in rollende Bewegung versetzen:* Steine in die Tiefe k.

Kult, der (bildungsspr.): 1. *religiöse Verehrungsform:* ein heidnischer, frühchristlicher K.; der K. der orthodoxen Kirche. 2. (abwertend) *übertriebene Verehrung:* das ist ein nicht mehr zu ertragender K.; mit dem Sportler wird ein wahrer, regelrechter K. getrieben.

kultivieren (bildungsspr.) /vgl. kultiviert/ ⟨etwas k.⟩: 1. a) (veraltend) *urbar machen:* Land, den Boden, ein Moor k. b) *anpflanzen:* man versucht, in diesem Gebiet Reis zu k. 2. *besonders pflegen:* eine Freundschaft, sein Aussehen k.; er kultiviert ganz bewußt seinen Lebensstil; adj. Part.: ein kultivierter *(gepflegter, vornehmer)* Herr; er hat einen kultivierten *(verfeinerten)* Geschmack; eine kultivierte Sprache haben; seine Stimme ist sehr kultiviert *(ausgebildet und gepflegt);* kultiviert speisen.

Kultur, die (bildungsspr.): 1. *Gesamtheit der geistigen, gestaltenden Leistungen von Menschen[gruppen]:* die antike, deutsche, abendländische K.; die primitiven Kulturen Afrikas; die K. der Griechen; ein Volk von hoher K. 2. a) *Ausbildung, Pflege:* seine Stimme hat viel K. b) *Bildung, verfeinerte Lebensformen:* er hat K.; er hat Sinn für K.; er ist ein Mensch mit/ohne K. 3. (Landw.) a) *Bodenbearbeitung:* die K. des Bodens verbessern; ein Stück Land in K. nehmen. b) *Anbau:* das Klima läßt hier die K. von bestimmten Getreidesorten nicht zu. c) *das Gepflanzte:* die Kulturen stehen gut; das Unwetter richtete bei/in den Kulturen große Schäden an. 4. (Biol.) *Zucht:* Kulturen (von Bakterien) anlegen.

Kummer, der: *seelischer Schmerz, Gram:* ein nagender, quälender K.; ein geheimer K. bedrückt sie, zehrt an ihr; K. haben; sie empfindet großen K. über den Wegzug ihrer Eltern; seinen K. betäuben, in/im Alkohol ertränken (ugs.); jmdm. K. machen, bereiten, verursachen; die Frau wurde aus K. über ihren Sohn ganz krank; vor K. fast vergehen, sterben; übertr.: das macht mir keinen/wenig K. *(das regt mich nicht auf);* sich über etwas keinen K. machen *(sich über etwas keine großen Gedanken machen);* ich bin [an] K. gewöhnt *(mir macht so eine negative Überraschung nicht viel aus);* zu meinem großen K. *(zu meinem Bedauern)* kann ich nicht mitfahren.

kümmerlich: 1. *ärmlich, armselig:* ein kümmerliches Dasein; in kümmerlichen Verhältnissen leben; sein Leben k. fristen. 2. *gering, dürftig, unzulänglich:* kümmerliche Reste; ein kümmerlicher Lohn; die Portionen sind k.; das Ergebnis, die Ausbeute ist k. gewesen. 3. *klein und schwächlich:* ein kümmerlicher Brustkorb; er war ein kümmerliches Männchen.

kümmern: 1. ⟨sich um jmdn./um etwas k.⟩ *sich einer Person/einer Sache annehmen:* sich um die Kinder, um die Gäste, um das Gepäck, um den Haushalt k.; kümmere [du] dich darum, daß alles klappt; ich muß mich hier um alles [selbst], um jeden Dreck (ugs.) k.; um Politik hat sie sich noch nie gekümmert *(sich* *noch nie damit befaßt, beschäftigt);* wer wird sich um dieses Geschwätz k.? (ugs.; *wer wird sich über das Geschwätz aufregen?*). **2.** ⟨etwas kümmert jmdn.⟩ *etwas betrifft jmdn., geht jmdn. etwas an:* das soll mich wenig k.; die Zustände brauchen dich nicht zu k.; was kümmern mich all die vielen Streitereien.

¹Kunde, der: *Käufer, Auftraggeber:* ein alter, langjähriger, guter, treuer, anspruchsvoller, unverschämter K.; er ist mein bester K./einer meiner besten Kunden; bei uns ist der K. König *(die bestimmende Person);* die Kunden bleiben weg, wandern ab; neue Kunden werben, gewinnen; er hat der Konkurrenz viele Kunden weggezogen; den Kunden zufriedenstellen; er bedient jeden Kunden zuvorkommend; einen Kunden besuchen, beliefern, beraten; Dienst am Kunden; ich gehöre, zähle zu seinen ältesten Kunden. **2.** (ugs.) *Bursche, Kerl:* er ist ein übler K.

²Kunde, die (veraltend): *Botschaft, Nachricht:* gute, sichere, traurige K.; von jmdm./von etwas K. erhalten, bekommen; ich habe frohe K. für euch/bringe euch frohe K.; der Welt von etwas K. geben *(die Welt auf etwas aufmerksam machen).*

kundgeben (veraltend) ⟨etwas k.⟩: *mitteilen:* seine Meinung, seine Ansichten k.; ⟨jmdm. etwas k.⟩ er hat uns seine Pläne noch nicht kundgegeben.

Kundgebung, die: *öffentliche Massenveranstaltung:* eine öffentliche, machtvolle, eindrucksvolle K. für die Freiheit, gegen den Krieg; die Kundgebungen des 1. Mai, am 1. Mai; die K. findet auf dem Marktplatz statt; eine K. veranstalten, abhalten, verbieten, stören; an einer K. teilnehmen; auf einer K. sprechen.

kündigen: 1. ⟨etwas k.⟩ *etwas zu einem bestimmten Termin für nicht mehr bestehend erklären:* Gelder bei der Bank, eine Hypothek, das Arbeitsverhältnis, einen [Miet]vertrag k.; die Gewerkschaften haben die Tarife gekündigt; ⟨jmdm. etwas k.⟩ der Hausbesitzer hat mir zum 30. Juni die Wohnung *(den Mietvertrag dafür)* gekündigt. **2. a)** ⟨jmdm. k.⟩ *jmds. Arbeitsverhältnis für beendet erklären* /vom Arbeitgeber aus gesehen/: die Firma kündigte mehreren Mitarbeitern [zum nächsten Quartalsende]; ⟨hochsprachlich nicht korrekt: jmdn. k.⟩ die Firma hat nach dem Streit beide Angestellte sofort gekündigt; eine Arbeitnehmerin, die ein Kind erwartet, darf nicht gekündigt werden. **b)** *sein Arbeitsverhältnis für beendet erklären* /vom Arbeitnehmer aus gesehen/: ich habe gestern [mündlich, schriftlich] gekündigt; die Köchin hat zum/(veraltend:) für den Ersten gekündigt.

Kündigung, die: *das Kündigen eines vertraglichen Verhältnisses:* die fristgerechte, fristlose K.; die K. war übereilt, überstürzt; die K. aussprechen, zurücknehmen, anfechten; jmdm. die K. *(die schriftliche) Mitteilung)* zustellen, überreichen; er hat die K. der Firma nicht angenommen; das Gericht erklärte die K. für ungesetzlich; von der K. Abstand nehmen.

Kundschaft, die: *Gesamtheit der Kunden:* die K. ist unzufrieden, bleibt weg, geht zur Konkurrenz; er hat seine K. verärgert.

künftig: 1. ⟨Adj.⟩ *kommend, in der Zukunft liegend, später:* künftige Generationen, Geschlechter, Zeiten; mein künftiger Wohnort, Arbeitsplatz; das ist Helgas künftiger Mann; er will sein künftiges Leben besser gestalten. **2.** ⟨Adverb⟩ *von nun an, zukünftig:* k. sollen solche Fälle nicht mehr vorkommen; ich möchte Sie bitten, k. besser darauf zu achten, daß ...

Kunst, die: **1.** *Bereich künstlerischen Wirkens, künstlerisches Schaffen; Gesamtheit aller künstlerischen Schöpfungen:* die antike, moderne, zeitgenössische, abstrakte K.; die bildende K. *(Malerei, Bildhauerei);* darstellende K. *(Theater;* auch: *bildende Kunst);* angewandte K.; die K. des Mittelalters; die K. Picassos; K. und Wissenschaft; die K. fördern; sich der K. widmen; er befaßt, beschäftigt sich viel mit K.; von [der] K. allein kann man nicht leben; das ist keine K. mehr, hat nichts mehr mit K. zu tun, sondern ist reiner Kitsch. **2.** *besonderes Können, Geschick:* die ärztliche K./die K. des Arztes reichte hier nicht mehr aus; das ist alles nur unnütze, brotlose K. *(die Arbeit bringt nichts ein);* die K. des Fechtens, des Reitens; Selbstbeherrschung ist eine schwere K.; Politik ist die K. des Möglichen; alle Künste der Verführung spielen lassen, anwenden; die K. zu lesen, zu schreiben; die ganze K. besteht darin, daß ...; an dieser Aufgabe kannst du alle deine Künste erproben, zeigen, beweisen; der Magier zeigte seine ganze K.; die Zirkuslöwen führten ihre Künste *(Kunststücke)* vor. * **die Schwarze Kunst: a)** *(die Magie).* **b)** *(der Buchdruck)* (hist.) **die Sieben Freien Künste** *(die antiken und mittelalterlichen Grundwissenschaften)* · (ugs.:) **etwas ist keine Kunst** *(etwas ist leicht)* · (ugs.:) **was macht die Kunst?** *(wie geht es?)* · **nach allen Regeln der Kunst** *(in jeder Hinsicht, Beziehung)* · **mit seiner Kunst am Ende sein** *(nicht mehr weiterwissen).*

Kunstgriff, der: *Kniff, Trick:* das war ein genialer, unerlaubter K.; er wandte verschiedene Kunstgriffe an; jmdm. einen K. zeigen.

Künstler, der: **1.** *jmd., der künstlerisch tätig ist:* ein großer, echter, wahrer, begabter, eigenwilliger, genialer K.; er ist freier, freischaffender, bildender, darstellender, ausübender K.; der K. erhielt viel Beifall; das Theater verpflichtete junge, namhafte Künstler; er sah die Welt mit den Augen eines Künstlers. **2.** *jmd., der auf einem Gebiet besonders geschickt ist, Könner:* er ist ein [wahrer] K. in seinem Fach, im Schlittschuhlaufen, im Kartenspielen.

künstlerisch: *im Sinne der Kunst; die Kunst betreffend:* künstlerische Ideale, künstlerische Freiheit, Gestaltung, Darstellung, Form, Ausbildung, Eingebung, Laune; künstlerisches Schaffen; ein künstlerischer Beruf; er bewies künstlerischen Geschmack; eine k. vollendete/eine vollendete künstlerische Leistung; die künstlerische Ausstattung eines Buches; er hat eine künstlerische Ader *(ist künstlerisch veranlagt);* ein k. empfindender Mensch; das Gemälde ist k. nicht sehr wertvoll; die Art der Darstellung ist ausgesprochen k.

künstlich: a) *nicht natürlich:* ein künstliches Auge, Gebiß; künstliche Blumen, Haare; ein künstlicher See; künstliche Befruchtung; bei künstlicher Beleuchtung, bei künstlichem Licht arbeiten müssen; der Patient wird k. ernährt sich k. (ugs.; *ohne Grund, übertrieben*) aufregen. **b)** *gekünstelt, unnatürlich:* mit künstlicher Heiterkeit; seine große Freundlichkeit war nur, wirkte k.

Kunststück, das: *mit großer Geschicklichkeit vorgetragene Übung, Dargebotenes:* ein akrobatisches K.; die Zirkusleute zeigten tolle Kunststücke; das ist kein K. (ugs.; *das ist nicht schwer*); K. (ugs.; *keine große Leistung*), vorwärtszukommen, wenn man einflußreiche Freunde hat.

kunterbunt: a) *bunt, vielfarbig:* k. bemalte Ostereier. **b)** *abwechslungsreich, gemischt:* ein kunterbuntes Programm zusammenstellen; sein Leben ist ziemlich k.; hier geht es k. *(sehr lebhaft) zu.* **c)** *völlig:* hier herrscht ein kunterbuntes Durcheinander; es liegt alles k. durcheinander.

Kupfer, das: **1.** */ein Metall/:* reines K.; K. ist ein guter Stromleiter; das K. setzt Patina an, wird grün; K. fördern, abbauen; ein Kessel aus K.; das Dach wird mit K. verkleidet. **2.** *Gegenstand aus Kupfer:* das K. putzen, polieren.

Kur, die: *Heilbehandlung in einem Heim:* eine vierwöchige, anstrengende K.; jede K. sollte mindestens drei Wochen dauern; die K. war erfolgreich, hat nichts genützt; jmdm. eine K. verordnen; die Kasse hat die K. genehmigt; eine K. [gegen etwas] beantragen, machen; eine K. abbrechen müssen; sich einer K. unterziehen; sie fährt, geht jedes Jahr zur, in K. nach ... * (ugs.:) **jmdn. in die Kur nehmen** *(jmdn. bearbeiten).*

kurieren ⟨jmdn., sich, etwas k.⟩: → heilen.

kurios: *seltsam, merkwürdig:* ein kurioser Einfall, Gedanke; er ist ein kurioser Bursche; der Fall ist wirklich k.; die Sache kommt mir k. vor.

Kurs, der: **1.** *Richtung, Route:* den K. ändern, wechseln, beibehalten; einen neuen, falschen K. einschlagen, fliegen, fahren; die Mondsonde hält präzise den K. ein; das Schiff nimmt, hält K. nach Westen, auf Land; das Schiff, das Flugzeug geht auf K., ist vom K. abgekommen, abgewichen; übertr.: außenpolitisch einen anderen K. einschlagen; der Minister verfolgt einen harten K. **2.** *Lehrgang:* ein dreimonatiger, sprachlicher K.; ein K. in Englisch, in Stenographie, für Anfänger, für Fortgeschrittene; die Kurse der Volkshochschule beginnen im Oktober; alle Kurse sind bereits besetzt; einen K. abhalten, leiten, besuchen, mitmachen; ich nehme an einem K. teil, melde mich für den zweiten K., zu dem zweiten K. an; er ist in einem K. speziell für diese Arbeit ausgebildet worden. **3.** *Börsenkurs:* ein hoher, stabiler K.; die Kurse steigen, fallen, bleiben fest, geben nach, bröckeln ab, ziehen an, erholen sich, bessern sich. * **hoch im Kurs stehen** *(sehr angesehen sein)* · **etwas außer Kurs setzen** *(etwas für ungültig erklären)* · **etwas ist [nicht mehr] im Kurs** *(etwas ist [nicht mehr] gültig).*

kursieren (bildungsspr.) ⟨etwas kursiert⟩: *etwas ist in Umlauf:* seit einiger Zeit kursieren falsche Banknoten; in der Stadt kursieren die wildesten Gerüchte über die beiden; die Zeitschrift in der Firma, bei der Belegschaft k. lassen.

Kursus, der (bildungsspr.) *Lehrgang:* → Kurs.

Kurve, die: **1.** (Geom.) *gebogene Linie:* eine Kurve zeichnen; der Plan zeigt die K. der/für die Stahlproduktion; die K. klettert steil nach oben, fällt; die ballistische K. *(Bahn)* berechnen. **2.** *Biegung eines Verkehrsweges:* eine scharfe, enge, unübersichtliche, erhöhte K.; die Straße hat einige gefährliche Kurven/verläuft in mehreren Kurven; eine K. schneiden, voll ausfahren, sicher durchfahren, nehmen; er kam als erster aus der K. heraus; aus der K. getragen werden, fliegen (ugs.); sich in die K. legen *(beim Rad-, Motorradfahren).* **3.** ⟨Plural⟩ (ugs.) *ausgeprägte Formen beim weiblichen Körper:* aufregende Kurven haben. * (ugs.:) **die Kurve kratzen** *(sich davonmachen)* · (ugs.:) **die K. [noch nicht] heraushaben** *(noch [nicht] den richtigen Weg zur Lösung wissen).*

kurz: 1. a) *von geringer Länge, Ausdehnung, Entfernung:* ein kurzer Ärmel, Mantel; sie trägt sehr kurze Röcke; er hat ein zu kurzes Bein; kurzes Gras; eine kurze Pfeife; eine kurze Schnur; ein kurzer Zug *(Zug mit wenigen Wagen);* eine kurze *(aus wenigen Ziffern bestehende)* [Telefon]nummer; eine kurze Straße; wir müssen noch ein kurzes Stück laufen; etwas ist nur auf kurze Entfernung zu erkennen; das Pferd am kurzen Zügel führen; er läuft nur kurze Strecken (Sport: *Strecken bis 400 m);* das ist die kürzeste Verbindung zum Flughafen; das Seil ist [viel] zu k.; ich muß einige Kleider kürzer machen; sie trägt ihr Haar k. [geschnitten]; kurz vor dem Ziel stürzte er; k. hinter dem Ort zweigt eine Straße ab; Sprichwörter: Lügen haben kurze Beine *(werden schnell entdeckt);* lange Haare, kurzer *(wenig)* Verstand. **b)** *knapp, nicht ausführlich:* ein kurzer Brief; eine kurze Darstellung; etwas in kurzen Worten sagen; das Protokoll ist sehr k. abgefaßt. **2.** *von geringer Dauer; von geringer zeitlicher Ausdehnung:* ein kurzer Besuch, Urlaub, Vortrag; eine kurze Pause, Frist; ein Vertrag, Kredit mit kurzer Laufzeit; eine kurze/eine k. gesprochene Silbe; er hat ein kurzes Gedächtnis (ugs.; *vergißt etwas schnell*); die Zeit ist für diese Arbeit zu k.; die Tage werden jetzt wieder kürzer; sein Leben war k. *(er ist früh gestorben);* die Freude währte nur k.; k. unterbrechen, verschnaufen (ugs.), aufblicken; fasse dich k.! *(telephoniere nicht so lange!);* um es k. *(bündig)* zu sagen, er ist ein Lump; mach die Sache k., mach es k.! (ugs.; *erzähle, schildere die Sache mit wenigen Worten!*); eine Sache k. abtun *(schnell erledigen);* etwas nur k. andeuten, schreiben; die Sitzung wurde ganz k. *(kurzfristig)* angesetzt; k. *(schnell)* entschlossen reiste er ab; es ist k. vor Mitternacht; er kam k. vor/nach mir nach Hause. **3.** *knapp und unfreundlich:* kurze Antworten geben; sie war heute sehr k. zu mir; er hat jeden k. abgefertigt; k. angebunden (ugs.; *unfreundlich und abweisend*) sein. **4.** *also, mithin /zusammenfassend/:* ich bezahlte mit meinem letzten Groschen, k., ich war völlig pleite. * (ugs.:) **jmdn. [um] einen Kopf kürzer machen** *(enthaupten)* · **mit jmdm./mit etwas kurzen Prozeß machen** *(ohne Umstände, ohne Rücksicht auf Einwände mit jmdm., mit etwas verfahren)* · **zu kurz kommen** *(zu wenig bekommen, benachteiligt werden)* · (ugs.:) **den kürzeren ziehen** *(benachteiligt werden; unterliegen)* · (ugs.:) **etwas kurz und klein schlagen** *(etwas zerschlagen)* · (ugs.:) **kurz vor Toresschluß/vor Ladenschluß** *(im letzten Augenblick)* · **binnen kur-**

zem *(innerhalb kurzer Zeit)* · **über kurz oder lang** *(nach einer gewissen Zeit)* · **vor/seit kurzem** *(vor/seit nicht langer Zeit)* · **kurz und gut** *(mit anderen Worten; zusammenfassend kann man sagen):* ich hatte unterdessen Holz, Nägel und Werkzeug besorgt, k. und gut, ich wollte den Zaun erneuern.

Kürze, die: **1.** *geringe räumliche Ausdehnung:* die K. der Transportwege; bei der K. der Strecke können keine hohen Geschwindigkeiten gefahren werden. **2.** *kurze Dauer:* die K. der Zeit erlaubt keine langen Diskussionen. **3.** *Knappheit:* die K. des Ausdrucks/im Ausdruck ist der Stil des Autors. Redensart: in der K. liegt die Würze *(eine knappe Darstellung ist besser als eine ausführliche).* * **in Kürze** *(bald):* der Film läuft in K. an.

kürzen ⟨etwas k.⟩: **1.** *kürzer machen:* den Rock, das Kleid, einen Ärmel [um einige Zentimeter] k.; ich muß den Draht, die Leitung noch etwas k.; ⟨jmdm., sich etwas k.⟩ er mußte den Rekruten die Haare etwas k.; übertr.: den Aufsatz, den Vortrag k.; eine gekürzte Fassung der Rede; der Abdruck ist stark gekürzt. **2.** *verringern:* die Ausgaben, Gehälter, Zuschüsse k.; einige Posten müssen gekürzt werden, um den Haushaltsplan auszugleichen; Math.: man kann den Bruch noch weiter k. *(vereinfachen).*

kurzerhand ⟨Adverb⟩: *rasch und ohne langes Überlegen:* eine Bitte, ein Gesuch k. ablehnen, entscheiden; er ist k. in Urlaub gefahren.

kurzhalten (ugs.) ⟨jmdn. k.⟩: *jmdm. wenig Geld geben und ihn damit gängeln:* die Eltern haben den Sohn [bis zum Abitur] kurzgehalten.

kürzlich ⟨Adverb⟩: *vor nicht langer Zeit:* wir haben k. davon gesprochen; erst k. war ich bei ihm, habe ich ihn gesehen; nicht korrekt: die kürzlichen Vereinbarungen, Meinungsverschiedenheiten usw.

kurzsichtig: 1. *nur auf kurze Entfernung gut sehend:* er hat kurzsichtige Augen; er ist [schon von Kindheit an] stark, hochgradig k.; sie blinzelte ihn k. *(aus kurzsichtigen Augen)* an. **2.** *nicht weitblickend, nicht vorausschauend:* eine kurzsichtige Politik treiben; in diesem Fall wa er, handelte er sehr k.

kurztreten (ugs.): *mit seinen Kräften, Mittel haushalten, sich vorsichtig zurückhalten:* se meiner schweren Krankheit muß ich k., de Staat muß bei den Ausgaben k., um die Kon junktur zu dämpfen; nach dem Mißerfolg tra er etwas kürzer.

Kurzweil, die (veraltend): *Zeitvertreib:* allerl K. treiben; etwas nur zur/aus K. machen, tu

kuschen ⟨[sich] k.⟩: *ruhig sein und gehorchen* **a)** der Förster befahl seinem Hund zu k.; kusch übertr. (ugs.): bei seinen Vorgesetzte kuscht er immer. **b)** ⟨sich k.⟩ der Hund kuscht sich nicht; kusch dich!; übertr. (ugs.): er hatt sich immer vor seiner Frau gekuscht.

Kuß, der: */liebkosende Berührung mit den Lip pen/:* der erste, ein heimlicher, zarter, herzliche inniger, langer, heftiger, leidenschaftliche scharfer (ugs.), heißer (ugs.) K.; ein K. zur Ve söhnung; er gab ihr einen K. [auf den Mund] die Mutter drückte dem Kind einen K. auf di Stirn; jmdm. einen K. rauben (geh.), stehle (geh.); mit jmdm. Küsse tauschen (geh.); er be deckte ihr Gesicht mit Küssen.

küssen: *einen Kuß geben; liebkosend mit de Lippen berühren:* **a)** ⟨jmdn., etwas k.⟩ jmd leidenschaftlich, stürmisch, zärtlich, innig herzlich, flüchtig, kühl k.; er küßte ihren Mund sie küßte das Kind mehrmals auf die Stirn; si küßten sich [lange und heiß]; vor Freude de Heimatboden k.; der Priester küßte das Kreuz ⟨jmdm. etwas k.⟩ er küßte ihr die Han **b)** ⟨mit Umstandsangabe⟩ gut k.; sie küß gerne, hat noch nie geküßt.

Kußhand, die: *Andeutung eines Kusses:* jmdm eine K. zuwerfen. * (ugs.:) **mit Kußhand** *(seh gern):* er nahm das Geld mit K.

Küste, die: **a)** *Meeresufer:* eine felsige, flache steile K.; die atlantische K. Frankreichs; die K ist stark zerklüftet; sich der K. nähern; an der K entlangfahren; auf die K. zusteuern; vor der K kreuzen. **b)** *Küstengebiet:* die K. hat ein milde Klima; er lebt an der K.

L

labil (bildungsspr.): **a)** *unstet, leicht beeinflußbar:* ein labiler Mensch; er hat einen labilen Charakter; er ist sehr l. **b)** *anfällig, nicht widerstandsfähig:* er hat eine labile Gesundheit; sein Kreislauf, sein Organismus ist l.; die Patientin sieht recht l. aus.

laborieren (bildungsspr.) ⟨an etwas l.⟩: **1.** *sich mit einem Leiden herumplagen:* er laboriert noch an seiner alten Knöchelverletzung, an einer Lungenentzündung. **2.** *sich mit etwas abmühen:* er laboriert an seiner Erfindung.

[1]**Lache,** die: *Pfütze:* nach dem Gewitter waren, standen auf dem Weg große Lachen.

[2]**Lache,** die (ugs.): *Art des Lachens:* eine unangenehme, komische, alberne L.; sie hat eine häßliche L.; eine gellende L. anschlagen.

lächeln: 1. *leicht und lautlos lachen:* freundlich zufrieden, gütig, boshaft, verlegen, ironisch spöttisch, mitleidig, nachsichtig l.; bei diese Äußerung des Redners lächelte er verschmitz **2.** ⟨über jmdn., über etwas l.⟩ *sich amüsieren* jeder lächelt über ihn, über seine schrullige Eigenheiten. **3.** ⟨etwas lächelt jmdm.⟩ *etwa ist jmdm. günstig:* das Glück, der Erfolg lächelt ihm.

Lächeln, das: *leichtes, stilles Lachen:* ein ge winnendes, rätselhaftes, strahlendes, verführe risches L.; ein L. ging über ihr Gesicht (geh. erhellte ihr Gesicht; sie hatte nur ein süffisante (bildungsspr.) L. für ihn übrig.

lachen: 1. *ein Lachen zeigen, in Lachen au brechen:* gezwungen, herzlich, laut, hellau schrill, unbändig, unbekümmert, fröhlich, triumphierend, hämisch, spöttisch, verächtlich, frech, schadenfroh, verstohlen, dumm, vor Freude l.; wenn ich ihn frage, lacht er nur; er kann über jeden blöden Witz l.; du hast, kannst gut l. *(du bist nicht in meiner Lage);* über diese Geschichte mußte ich noch am nächsten Tag l.; er lacht über das ganze Gesicht, aus vollem Halse, lauthals; wir mußten so l., daß uns die Tränen kamen; er lachte in sich hinein, leise vor sich hin; jmdn. l. machen *(zum Lachen reizen);* Sprichw.: wer zuletzt lacht, lacht am besten *(wer noch keinen Erfolg, Vorteil hatte, kann zum Schluß auch noch erfolgreich sein);* bildl.: die Sonne, der Himmel lacht *(strahlt);* der Erfolg lacht *(stellt sich ein);* ⟨etwas lacht jmdm.⟩ ihm lacht das Glück *(er ist vom Glück begünstigt).* **2.** ⟨über jmdn./über etwas l.⟩ *sich lustig machen:* alle Kollegen lachen über ihn; darüber kann man nur noch l. * **die lachenden Erben** *(die an einer Erbschaft teilhabenden Personen)* · **der lachende Dritte** *(jmd., der aus der Auseinandersetzung zweier Personen einen Nutzen zieht)* · **mit einem lachenden und einem weinenden Auge** *(teils erfreut, teils betrübt)* · **Tränen lachen** *(heftig lachen, daß einem die Tränen kommen)* · (ugs.:) **sich krumm und schief/scheckig lachen** *(heftig lachen)* · (ugs.:) **sich** (Dativ) **(einen Ast/einen Bruch lachen** *(sehr lachen)* · (ugs.:) **sich** (Dativ) **[eins] ins Fäustchen lachen** *(heimlich, schadenfroh lachen)* · (ugs.:) **irgendwo nichts zu lachen haben** *(es irgendwo nicht leicht haben, hart angefaßt werden)* · (ugs.:) **da lachen [ja] die Hühner** *(das ist so übertrieben, daß man nur darüber lachen kann)* · (ugs.:) **das wäre doch gelacht, wenn ...** *(man müßte ja lachen, wenn etwas nicht getan werden könnte oder nicht gelänge)* · (ugs.:) **daß ich nicht lache** *(das ist ja lächerlich)* · **jmdm. lacht das Herz im Leibe** *(jmd. ist sehr erfreut über etwas)* · **jmdm. ins Gesicht lachen** *(jmdn. herausfordernd, höhnisch lachend ansehen)* · **da, hier gibt es nichts zu lachen** *(die Sache ist sehr ernst)* · **jmdm. ist nicht zum Lachen** *(jmd. ist nach einer Enttäuschung in ernster Stimmung).*

Lachen, das: *durch strahlende Miene und Ausstoßen von Lauten ausgedrückte Freude, Heiterkeit:* ein breites, unangenehmes, herzhaftes, herzliches, kindliches, vergnügtes, freundliches, befreiendes, verlegenes, künstliches, sardonisches (bildungsspr.; *krampfhaftes*) L.; sein dreckiges (ugs.) L. ärgerte uns; jmdm. ist das L. vergangen *(jmd. ist nach einer unangenehmen Überraschung gedrückt);* ein L. überkam (geh.) ihn, schüttelte ihn; ich konnte das L. nicht mehr unterdrücken; ich konnte mir das L. nicht verbeißen (ugs.; *ich mußte lachen*); er hat das L. verlernt *(er ist ernst, traurig geworden);* das Weinen steht/ist ihm näher als das L.; dir wird das L. [schon] noch vergehen (ugs.; *du wirst noch zur Rechenschaft gezogen*); wir kamen aus dem L. nicht [mehr] heraus (ugs.; *wir hatten sehr viel zu lachen*); in heftiges L. ausbrechen; sich vor L. nicht mehr halten können/den Bauch halten (ugs.; *sehr lachen*); ich konnte nicht mehr vor L. (ugs.; *ich mußte heftig lachen*); sich vor L. biegen, kugeln, wälzen, schütteln, ausschütten (ugs.; *heftig lachen müssen*); die Leute schrien vor L., starben, platzten [beinahe] vor L. (ugs.; *mußten sehr heftig lachen*); jmdn. zum L. reizen, bringen. * **etwas ist zum Lachen** *(über etwas kann man nur lachen).*

Lacher ⟨in der Wendung⟩ die Lacher auf seiner Seite haben: *durch witzig-geistreiche Bemerkungen zurückhaltend eingestellte Personen plötzlich für sich gewinnen.*

lächerlich (abwertend): **1.** *komisch wirkend [und zum Lachen reizend]; nicht ernstzunehmen:* ein lächerliches Auftreten; er gibt eine lächerliche Figur ab (ugs.; *man kann über ihn nur lachen*); die Aufmachung ist, wirkt [geradezu] l.; das ist ja l. *(albern; zum Lachen);* ich finde das alles l.; jmdn., etwas [vor jmdm.] l. machen *(dazu beitragen, daß man sich über jmdn., über etwas lustig macht; über jmdn., über etwas vor anderen abfällig sprechen);* damit machst du dich nur l. *(blamierst du dich);* ich komme mir in diesem Kleid, in dieser Haltung [ganz] l. vor; subst.: etwas ins Lächerliche ziehen *(etwas lächerlich machen).* **2.** *geringfügig, unbedeutend:* ein lächerlicher Anlaß; eine lächerliche Kleinigkeit; alles/der Preis ist geradezu l. **3.** (ugs.) ⟨verstärkend⟩ *sehr:* ein l. niedriges Einkommen; er verdient l. wenig; Gemüse ist zur Zeit l. billig.

Lächerlichkeit, die: *Kleinigkeit, Geringfügigkeit:* solche Lächerlichkeiten kümmern mich nicht; dieser Betrag ist für ihn eine L. Sprichw.: L. tötet. * **jmdn. der Lächerlichkeit preisgeben** *(jmdn. zum Gegenstand des allgemeinen Spottes machen).*

lachhaft ⟨in der Wendung⟩ etwas ist lachhaft: *etwas ist, erscheint lächerlich:* diese Behauptung ist einfach l.

Lack, der: *[farbiger] Überzug auf Flächen:* ein farbloser, glänzender L.; der L. trocknet sofort; der L. auf dem Auto ist sehr dünn, ist stumpf, blättert ab, platzt ab; L. mit einem Pinsel auftragen; der L. wird [in die Karosserie] eingebrannt; etwas mit L. [be]streichen, überziehen. * (ugs.:) **fertig ist der Lack** *(damit ist es schon geschafft).*

lackieren: 1. ⟨etwas l.⟩ *etwas mit Lack überziehen:* ein Brett, Möbel l.; das Auto ist frisch, neu lackiert; die Nägel l. *(mit Nagellack bestreichen);* ⟨auch: jmdm., sich etwas l.⟩ ich lasse mir die Fingernägel mit Perlmuttlack l. **2.** (ugs.) ⟨jmdn. l.⟩ *jmdn. hereinlegen:* sie haben ihn ganz schön lackiert; subst.: wenn er das macht, [dann] bin ich der Lackierte.

[1]**laden** /vgl. geladen/: **1.a)** ⟨etwas lädt etwas⟩ *etwas nimmt etwas zum Transport auf:* der Zug hat Kohlen, Maschinen geladen; das nächste Schiff lädt Autos für Amerika; der Lkw hat [fast eine Tonne] zu viel geladen. **b)** (selten) ⟨etwas l.⟩ *mit etwas beladen:* den Lkw noch am Abend, morgen früh l.; die Waggons, die Lastzüge werden mit modernen Kränen in kürzester Zeit geladen; subst.: zum Laden brauchen wir mindestens ein Stunde. **c)** ⟨jmdn., etwas auf etwas, in etwas l.⟩ *zum Transport auf/in etwas füllen, legen, packen o. ä.:* den Teer in Kesselwagen l.; man lud den Verletzten auf eine Bahre; die Polizei hat einige Demonstranten auf Lastwagen geladen und abtransportiert; übertr.: du hast eine große Verantwortung, Schuld auf dich geladen *(dir aufgebürdet)* · ⟨jmdm. etwas auf etwas l.⟩ er hat mir einen Sack Kartoffeln auf die Schultern geladen.

2. ⟨etwas l.⟩ **a)** *mit Munition versehen:* die Gewehre, die Geschütze l.; die Pistole war scharf geladen. **b)** (Physik) *mit elektrischer Energie versehen:* einen Akku[mulator] l.; die Anode ist positiv, die Kathode ist negativ geladen; Elektronen sind negativ geladene Elementarteilchen; übertr.: er ist geradezu mit Energie geladen *(er ist voller Tatendrang);* die Verhandlungsatmosphäre war zunächst mit Mißtrauen, mit Nervosität geladen. * (ugs.:) **sich** (Dativ) **jmdn., etwas auf den Hals l.** *(für jmdn., mit dem man viel Arbeit und Mühe hat, die Verantwortung übernehmen; sich etwas aufbürden)* · (ugs.:) **[schief] geladen haben** *(betrunken sein).*

[2]**laden:** **1.** (veraltet) ⟨jmdn. l.⟩ *einladen:* sie lädt/(landsch.:) ladet uns zum Tee; wir haben heute Gäste geladen; ein Vortrag vor geladenen Gästen. **2.** (Rechtsw.) ⟨jmdn. l.; gewöhnlich mit Umstandsangabe⟩ *vorladen:* jmdn. vor Gericht, zur Verhandlung l.; das Gericht hat mich [als Zeugen] geladen.

Laden, der: **1.a)** *Verkaufsraum, Geschäft:* ein kleiner, moderner, teurer, gut sortierter L.; ein L. mit/zur/(selten:) für Selbstbedienung; ein L. für Haushaltwaren; der L. geht gut, schlecht, ist eine Goldgrube (ugs.; *wirft großen Gewinn ab*); der L. öffnet um 8 Uhr, macht um 8 Uhr auf (ugs.), wird um 8 Uhr geöffnet, aufgemacht (ugs.); die Läden schließen heute um 18 Uhr, machen um 18 Uhr zu (ugs.); einen L. eröffnen, aufmachen (ugs.); meine Frau arbeitet, steht (ugs.; *arbeitet*) den ganzen Tag im L. **b)** (ugs.) *Betrieb, geschäftliches Leben:* der L. läuft, klappt nicht; wenn der Kundendienst nicht besser wird, kann er seinen L. bald zumachen (ugs.); am liebsten würde ich den ganzen L. hinschmeißen (ugs.), hinwerfen *(die Arbeit sofort aufgeben).* **2.** *Fensterladen:* Läden aus Holz, Metall; der L. kann ausgestellt werden *(kann so schräg gestellt werden, daß Licht ins Zimmer fällt);* die Läden öffnen, schließen, herunterlassen. * (ugs.:) **den Laden schmeißen: a)** *(ein Geschäft führen, den Betrieb leiten):* seine Frau schmeißt den ganzen L. **b)** *(eine Aufgabe schaffen, bewältigen):* wir werden den L. schon schmeißen.

[1]**Ladung,** die: **1.** *Transportgut:* eine schwere, gefährliche, wertvolle L.; eine L. Holz; die L. eines Lkw, eines Schiffes; die L. ist in Bewegung geraten, ist verrutscht, hat sich verlagert; die L. löschen *(beim Schiff).* **2.** *bestimmte Sprengstoffmenge:* eine geballte L. *(aus gebündelten Handgranaten);* eine L. Dynamit; übertr. (ugs.): *größere Menge:* eine L. Wasser, Dreck abbekommen.

[2]**Ladung,** die: (Rechtsw.) *Vorladung:* an den Mitangeklagten erging die L. schon vor Wochen; eine gerichtliche L. erhalten; die L. eines Zeugen verlangen; er ist der L. nicht gefolgt.

Lage, die: **1.** *geographischer Ort in bezug auf die weitere Umgebung:* eine ausgezeichnete, verkehrsgünstige L.; die geographische L. des Landes ist für den Handel entscheidend; die L. am Hang; die hohe L. des Ortes ist für den Kranken nicht gut; die Villa hat eine schöne, sonnige, ruhige L.; der Weinberg hat eine gute L.; das (ugs.; *dieser Wein*) ist aber eine gute L. **2.** *Art des Liegens:* eine senkrechte, horizontale, schiefe L.; der Kranke hat keine bequeme L., ist, befindet sich nicht in der richtigen L.; die Feuerwehr befreite den Verunglückten aus sei[ner] mißlichen Lage; etwas in die richtige L[age] bringen. **3.** *gegenwärtige Situation, Umstände:* eine gute, günstige, vorteilhafte, unangenehme, mißliche, verzweifelte, verzwickte, bedenkliche, unsichere, aussichtslose L.; die wirtschaftliche, militärische L. ist ernst, kritisch, gespannt, prekär (bildungsspr.), ist besser geworden, hat sich verschlechtert, hat sich zugespitzt; die L. der Dinge erfordert es, daß ...; er hat die L. sofort erfaßt, überblickt, überschaut; das militärische Eingreifen schuf eine völlig neue L.; wir müssen erst die rechtliche K. klarstellen; in eine gefährliche L. geraten; jmdn., sich [selbst] in eine peinliche L. bringen; ich bin in der glücklichen L., dir diesen Gefallen tun zu können *(ich kann dir diesen Gefallen tun);* er ist, befindet sich in keiner beneidenswerten L.; wir sind in gleicher, in der gleichen L. wie ihr; ich bin nicht in der L., die Rechnung sofort zu bezahlen *(ich kann die Rechnung nicht sofort bezahlen);* ich werde wohl nie in die L. kommen, mir so etwas leisten zu können; versetze dich [einmal] in meine L.; stelle dir [einmal] meine L. vor; nach L. der Dinge *(nach den Gegebenheiten)* war nichts anderes zu erwarten. **4.** *Schicht:* einige Lagen Papier abwechselnd eine L. Sand und eine L. Isolierstoff. **5.** *Tonhöhe:* die obere, mittlere, untere L. der menschlichen Stimme; die erste, zweite L. auf den Saiteninstrumenten; in der tiefen L. ist seine Stimme voll und sicher. **6.** (ugs.) *Runde:* eine L. Bier ausgeben, bestellen, spendieren, (ugs.), schmeißen (ugs.); wer muß die nächste L. zahlen? * (ugs.:) **die Lage peilen** *(auskundschaften, wie die Dinge liegen)* · **Herr der Lage sein/bleiben** *(in einer kritischen Situation nicht die Kontrolle verlieren).*

Lager, das: **1.a)** *[behelfsmäßige] Unterkunft für eine größere Anzahl von Menschen:* das L. besteht aus zwölf Baracken; die Truppen schlugen vor der Stadt ihr L. auf; ein L. einrichten, räumen, auflösen; er will in den Ferien an einem L. *(Freizeit in einem Ferienlager)* teilnehmen; er ist aus dem L. *(Gefangenenlager)* ausgebrochen; das Leben im L. ist hart; die Obdachlosen werden in Lager eingewiesen, in einem L. untergebracht; die Flüchtlinge leben schon monatelang in Lagern; ins L. *(Ferienlager)* fahren, gehen, ziehen. **b)** (veraltend) *Schlafstätte:* ein einfaches, bequemes, hartes L.; sich ein L. auf Stroh, auf einer Luftmatratze bereiten (geh.); ich habe noch kein L. für die Nacht [gefunden]; die Krankheit warf ihn wochenlang aufs L. (veraltend; *fesselte ihn wochenlang an das Bett*). **2.** *Gruppe von Personen, Staaten o. ä. mit gleicher [politischer] Anschauung:* das östliche, sozialistische L.; er ist ins andere, feindliche, westliche L. übergewechselt; das Land wird sich keinem der beiden L. anschließen; die Partei ist in zwei Lager gespalten. **3.** *Vorratsraum für Waren:* ein großes, reichhaltiges L.; das L. ist leer, ist im Freien; die Lager/(Kaufmannsspr. auch:) Läger räumen, auffüllen; sich ein L. an, von Vorräten anlegen; er beaufsichtigt das L., hat das L. unter sich *(leitet das Lager)* · Lieferung ab, frei L.; das Ersatzteil haben wir nicht ständig auf/(Kaufmannsspr. auch:) am L.; Waren auf L. nehmen, legen; im L. nachsehen, ob etwas vorhanden ist. **4.** (Technik) *stützende*

Maschinenteil: die L. sind heißgelaufen; das L. ölen; an der Maschine wurden alle L. [aus]gewechselt. **5.** (Geol.) *Rohstoffquelle:* ein reiches, ergiebiges L. von Eisenerz; ein L. abbauen. * (ugs.:) **etwas auf Lager haben** *(etwas parat haben):* er hat immer einen Witz auf L.

lagern: 1.a) (veraltend) ⟨sich l.; mit Raumangabe⟩ *sich [zum Ausruhen] niederlegen:* sich im Gras /(seltener:) in das Gras, unter einem Baum/ (seltener:) unter einen Baum l.; die Kinder lagerten sich [im Kreis] um das Lagerfeuer. **b)** ⟨mit Raumangabe⟩ *das Lager aufschlagen:* die Truppen lagerten am Fluß, vor der Stadt. **2.** ⟨jmdn., etwas l.; mit Umstandsangabe⟩ *zum Zweck des [Aus]ruhens entsprechend legen:* den Verletzten flach l.; du mußt das Bein hoch l. **3.a)** ⟨mit Umstandsangabe⟩ *[auf Lager] liegen:* die Butter, das Fleisch lagert in Kühlhäusern; der Wein hat zehn Jahre gelagert *(gelegen, um ganz reif zu werden);* Medikamente müssen kühl und trocken l.; übertr.: dicker Nebel, eine brütende Hitze lagert über der Gegend; der Fall ist anders gelagert *(liegt anders).* **b)** ⟨etwas l.; gewöhnlich mit Umstandsangabe⟩ *auf Lager legen:* Holz, Waren, Lebensmittel trocken l.; was kostet es, wenn Sie die Einrichtungen l.?

lahm: a) *wie gelähmt; nicht richtig zu bewegen:* ein lahmes Bein, Kreuz; der eine Flügel des Vogels ist l.; er ist auf dem linken Bein, von Geburt an in der Hüfte l.; man wird vom langen Sitzen ganz l. *(steif);* l. gehen *(hinken);* übertr.: eine lahme *(unzureichende)* Ausrede, Entschuldigung, Erklärung. **b)** (ugs.) *langsam, temperamentlos:* er ist ein lahmer Kerl, eine ganz lahme Ente; ein lahmer *(schleppender)* Geschäftsgang; lahme *(langweilige)* Witze; sei nicht so l!.; du hast heute aber l. *(ohne Schwung)* gespielt; die Unterhaltung war ziemlich l. *(langatmig, langweilig).*

lahmen: *lahm sein, gehen:* das Pferd lahmt [an/auf der rechten Hinterhand].

lähmen ⟨etwas lähmt jmdn., etwas⟩: *etwas macht jmdn., etwas unbeweglich:* er wurde durch den Unfall zeitlebens gelähmt; er ist [seit zwei Jahren] an beiden Beinen gelähmt; nach dem Schlaganfall war seine ganze linke Seite gelähmt; übertr.: der Bürgerkrieg lähmte das gesamte wirtschaftliche Leben des Landes; vor Angst wie gelähmt sein; lähmendes Entsetzen erfaßte die Zuschauer.

lahmlegen ⟨etwas l.⟩: *zum Erliegen bringen:* der Nebel legte den ganzen Verkehr lahm; der Streik hatte den Betrieb, die Produktion lahmgelegt.

Laie, der: *Nichtfachmann:* auf diesem Gebiet bin ich völliger, blutiger (ugs.) L.; das versteht nur der gebildete L.; Redensart: da staunt der L., und der Fachmann wundert sich *(das ist erstaunlich).*

lakonisch (bildungsspr.): *kurz und treffend:* eine lakonische Antwort, Auskunft geben; er beantwortete die Frage in lakonischer Kürze; „Abgelehnt!" sagte er l.

lallen: *stammeln, undeutlich reden:* **a)** das Kind lallt; er war so betrunken, daß er nur noch lallte. **b)** ⟨etwas l.⟩ er lallte unverständliche Worte.

Lamm, das: *junges Schaf:* weiße Lämmer; sie ist geduldig, sanft, unschuldig wie ein L.

Lampe, die: **1.** *Beleuchtungskörper:* eine gedämpfte, grelle, schwenkbare L.; die L. *(Grubenlampe)* des Bergarbeiters; die L. brennt, blendet, leuchtet zu schwach; plötzlich gingen alle Lampen aus; die L. ein-, ausschalten, an-, ausknipsen, an-, ausmachen; im Schein der L.; mit einer L. leuchten; unter der L. sitzen. **2.** (Technik) *Glühlampe:* die L. ist durchgebrannt; die L. auswechseln; ich werde jetzt eine stärkere L. einsetzen; (kath. Rel.:) **die Ewige Lampe** *(ständig brennende Flamme als Zeichen der Gegenwart Christi)* · (ugs.:) **einen auf die Lampe gießen** *(reichlich Alkohol trinken).*

lancieren (bildungsspr.): **1.a)** ⟨jmdn., etwas l.⟩ *fördern, bekannt machen:* ein einflußreicher Geschäftsmann lanciert den jungen Künstler; ein Produkt als Markenartikel l. **b)** ⟨jmdn., etwas l.; mit Raumangabe⟩ *in eine höhere Position, irgendwohin bringen:* er hat seinen Neffen in den Vorstand lanciert; er lancierte die Nachricht in die Presse.

Land, das: **1.** *Ackerland, [nutzbares] Gelände[stück]:* [un]fruchtbares, steiniges, gutes, ergiebiges, ertragreiches, sumpfiges L.; das L. liegt brach; ein Stück L., fünfzig Hektar L. kaufen; das L. bebauen, bestellen, bewässern, urbar machen; der Bauer besitzt viel L.; dem Meer L. abgewinnen; ein Haus mit einem größeren Stück unbebautem L./(geh.:) unbebauten Landes erwerben. **2.** *Festland:* Land in Sicht! */Seemannsruf/;* die Halligen melden „Land unter!"; wir haben endlich wieder festes L. unter den Füßen; einige Schiffbrüchige erreichten schwimmend das L.; an L. gehen; die Schiffsbesatzung kommt nicht an L.; er setzte den Fuß als erster an L.; etwas wird an L. geschwemmt, gespült; das Tier lebt im Wasser und auf dem L.; zu Wasser, zu Lande und in der Luft. **3.** *Gebiet, Landschaft:* ein flaches, ebenes, hügeliges, gebirgiges, blühendes, dünn besiedeltes L.; das weite, offene L.; das L. ist zum Meer hin offen/öffnet sich zum Meer hin; aus, in deutschen Landen (poet.); durch die Lande ziehen, reisen; übertr.: Brasilien ist das L. meiner Träume *(ich möchte gerne nach Brasilien reisen oder dort wohnen).* **4.** *ländliches Gebiet außerhalb der Großstädte:* auf dem Land[e] wohnen, leben, seine Ferien verbringen; aufs L. ziehen; sie ist, stammt vom Land[e]; vom L. in die Stadt ziehen; über Land fahren. **5.a)** *Staat:* ein europäisches, demokratisches, sozialistisches, neutrales, fremdes, unerschlossenes, reiches L.; Redensart: andere Länder, andere Sitten · in allen Landen (poet.; *überall*); in fernen Landen (poet.); die sechs Länder der EWG; das L. ist, wurde unabhängig, erhielt die Unabhängigkeit; ein L. besetzen, überfallen, okkupieren (bildungsspr.), völkerrechtlich anerkennen; ich will L. und Leute kennenlernen; er wurde des Landes verwiesen; einem L. den Krieg erklären; außer Landes (geh.) gehen; in ein L. eindringen, einfallen, einmarschieren, reisen. **b)** *Glied eines Bundesstaates; Bundesland:* das L. Baden-Württemberg; die Länder der Bundesrepublik Deutschland; Bund, Länder und Gemeinden; das L. gibt, gewährt einen Zuschuß; Kultur und Bildung ist Sache der Länder, fällt in die Kompetenz der Länder. * (bibl.:) **das Heilige Land** *(Palästina)* · **das Land der aufgehenden Sonne** *(Japan)* · **das Land der tausend Seen**

(Finnland) · **das Land der unbegrenzten Möglichkeiten** *(USA)* · **Land ist in Sicht** *(Möglichkeiten zur Überwindung einer großen Schwierigkeit zeichnen sich ab und wecken Hoffnungen)* · (abwertend:) **jmd. ist eine Unschuld vom Lande** *(Mädchen, das vom Land stammt und kein großstädtisches, gewandtes Auftreten hat)* · **jmdn., etwas an Land ziehen** *(jmdn., etwas für sich gewinnen)* · **aus aller Herren Länder**/(veraltend:) **Ländern** *(von überall her)* · (geh.:) **etwas geht/zieht ins Land** *(etwas vergeht, verstreicht):* viele Jahre waren ins L. gegangen.

landen: **1. a)** (selten) *anlegen:* das Schiff ist pünktlich gelandet. **b)** *auf die Erde niedergehen, aufsetzen:* das Flugzeug, der Pilot ist sicher, glatt gelandet; wegen Nebels nicht l. können; wir sind wohlbehalten, glücklich, pünktlich in Frankfurt gelandet *(angekommen);* das Raumschiff ist auf dem Mond weich gelandet *(ist nicht zerschellt);* subst.: die Passagiere müssen sich beim L. anschnallen. **2.** ⟨jmdn., etwas l.⟩ *an Land bringen; aus der Luft absetzen:* Truppen [an der Küste] l.; die Alliierten haben hinter den feindlichen Linien Fallschirmjäger gelandet. **3.** (ugs.) ⟨mit Raumangabe⟩ *irgendwohin kommen, geraten:* in einer Ecke l.; der Fahrer, der Wagen geriet ins Schleudern und landete in/auf einem Acker; er hätte sich nicht träumen lassen, daß er im Krankenhaus, im Zuchthaus landet; er ist jetzt bei unserer Firma gelandet; alle anonymen Briefe l. sofort im Papierkorb *(werden sofort in den Papierkorb geworfen);* nach drei Niederlagen landete der Verein auf Platz 11. **4. a)** (Boxen) ⟨etwas l.; mit Raumangabe⟩ *anbringen:* er landete einen schweren Haken am Kinn seines Gegners. **b)** (ugs.) ⟨etwas l.⟩ *zustandebringen, erringen:* einen eindrucksvollen Sieg l.; im Lotto landete er einen Volltreffer *(hat er alles richtig getippt).* * (ugs.:) **einen Coup/Schlag landen** *(ein großes, kühnes Unternehmen erfolgreich durchführen)* · (scherzh.:) **im Hafen der Ehe landen** *(heiraten)* · (ugs.:) **bei jmdm. nicht landen** *(von jmdm. abgewiesen werden):* er ist bei ihr nicht gelandet.

Landkarte, die: → Karte.

landläufig: *allgemein verbreitet:* das ist die landläufige Ansicht; im landläufigen *(üblichen)* Sinne; nach landläufiger Meinung ist es so.

ländlich: *bäuerlich, nicht großstädtisch:* eine ländliche Gegend, Gemeinde; sich in ländlicher Einsamkeit, Stille erholen; dort geht es noch recht l., sittlich *(brav und bieder)* zu.

Landschaft, die: **a)** *Gegend [von bestimmtem Gepräge]:* eine herrliche, bezaubernde, malerische, öde, düstere L.; die spanische L.; die L. der Karpaten; eine L. von einzigartigem Reiz; die L. hat ihre Bewohner geprägt; die Menschen dieser L./in dieser L. sind sehr verschlossen; der moderne Bau paßt sehr gut in die L.; übertr.: ein solches Manöver paßt nicht in die politische L. *(ist fehl am Platze).* **b)** *Gemälde, das eine Landschaft darstellt:* eine romantische, stimmungsvolle L.; eine L. von C. D. Friedrich.

Landung, die: **1.** *Ankunft, Aufsetzen eines Flugzeuges o. ä.:* eine harte, weiche L.; die L. der Maschine verzögert sich; die L. ging glatt vonstatten; man muß sich während der L. anschnallen; zur L. ansetzen; das Flugzeug wurde zur L. gezwungen. **2.** *Absetzen von Truppen, Material:* die L. der Truppen erfolgte im Schutze der Dunkelheit.

[1]lang: **1. a)** *von größerer Ausdehnung in einer Richtung:* ein langer Mantel, Rock; eine lange [Unter]hose; ein Kleid mit langem Ärmel; auf dem Ball sah man nur lange Kleider *(Abendkleider);* lange Strümpfe *(im Gegensatz zu Kniestrümpfen);* sie hat lange Arme; lange Haare; einen langen Hals machen (ugs.; *sich sehr strekken, um etwas sehen zu können);* ein langer Zug; lange Transportwege; eine lange *(aus vielen Ziffern bestehende)* [Telefon]nummer; eine lange Straße; der Schlauch ist l. genug; die Strecke ist länger, als ich dachte; ich muß einige Kleider länger machen; sie trägt das Haar l. **b)** *von bestimmter Länge:* das Seil ist fünf Meter l.; die Aschenbahn ist 400 Meter l.; der Teppich ist [um] einen halben Meter zu l.; er ist [fast] so l. wie breit (ugs.; *sehr dick*). **c)** *ausgedehnt, ausführlich:* ein langer Brief, Artikel; der Aufsatz ist viel zu l. [geworden, geraten (ugs.)]. **d)** *groß gewachsen:* er ist ein langer Bursche, Lulatsch (ugs.), Laban (ugs.), eine lange Latte (ugs.). **2. a)** *von größerer Dauer, von größerer zeitlicher Ausdehnung:* ein langer Vortrag, Urlaub; eine lange Ruhepause; lange/längere Zeit habe ich nichts von ihm gehört; das ist eine lange Zeit *(ein großer Zeitraum);* seit längerer Zeit kommt er nicht mehr; eine lange/l. gesprochene Silbe; nach langer, schwerer Krankheit starb unser lieber Großvater; endlich fiel der l. *(seit langem)* erwartete Regen; l. anhaltender Beifall; das wird heute wieder eine lange Nacht *(wir werden heute wieder [fast] die ganze Nacht hindurch arbeiten, feiern o. ä.);* an den langen Winterabenden spielen wir Schach; nach langem Überlegen kam ich zu diesem Entschluß; die Sitzung war heute l.; jetzt werden die Tage wieder länger; je länger, je lieber; ich kann das alles nicht [mehr] länger mit ansehen. **b)** *von bestimmter Dauer:* ich mußte zwei Stunden l. warten; den ganzen Winter l. trainierten wir in der Halle; einen Augenblick l. *(kurze Zeit)* war er ohne Besinnung; mein Leben l. *(nie)* werde ich das vergessen. * (ugs.:) **lange Finger machen** *(stehlen)* · **ein langes Gesicht/lange Gesichter machen** *(enttäuscht dreinblicken)* · (ugs.:) **jmdm. eine lange Nase machen**/(landsch.:) **zeigen**/(landsch.:) **drehen** *(jmdn. verspotten)* · (ugs.:) **mit langer Nase abziehen** *(unverrichteter Dinge, enttäuscht weggehen)* · (ugs.:) **eine lange Leitung haben** *(schwer begreifen)* · **auf lange Sicht** *(auf die Dauer)* · (ugs.:) **etwas auf die lange Bank schieben** *(etwas nicht gleich erledigen; aufschieben)* · **etwas von langer Hand vorbereiten** *(etwas, was gegen andere gerichtet ist, gründlich vorbereiten)* · **lang und breit/des langen und breiten** *(sehr ausführlich)* · **jmdm. wird die Zeit lang** *(jmdm. wird es langweilig)* · **seit langem** *(seit langer Zeit)* · **über kurz oder lang** *(nach einer gewissen Zeit).*

[2]lang: → entlang.

langatmig: *weitschweifig [und ermüdend]:* langatmige Reden; seine Predigt war sehr l.; etwas l. erzählen, erklären.

lange ⟨Adverb⟩: **a)** *zeitlich besonders ausgedehnt, entfernt:* die Sitzung hat heute l. gedauert; wie l. dauert es noch?/wie l. noch? (ugs.); er ließ mich l. warten; bleibe nicht so l. fort; es ist schon l., noch nicht l. her, daß wir darüber gesprochen haben; er kann l. warten, bis ich das bezahle, bis ich ihn anrufe *(ich habe keine Lust, ich bin nicht geneigt, das zu bezahlen, ihn anzurufen)*; ich habe heute l. geschlafen; er hat dreimal so l. dazu gebraucht wie ich; es wird nicht mehr l. dauern, und es kommt zum Krieg; er wird nicht mehr l. mitmachen (ugs.; *er wird bald sterben*); was fragst du noch l.? *(so viel)*. **b)** ⟨in Verbindung mit „nicht"⟩ *bei weitem:* das ist [noch] l. nicht alles, nicht das Schlimmste.

Länge, die: **1.** *Ausdehnung in einer Richtung:* L., Breite und Höhe eines Zimmers; ein Seil von 10 Meter/(auch:) Metern L.; etwas der L. nach *(entsprechend der Längsachse)* legen, falten, durchsägen; die Straße ist in einer L./auf einer L. von einem Kilometer nur einseitig befahrbar; wir liefern die Stücke in/mit verschiedenen Längen; der deutsche Achter gewann mit einer halben L. *(Bootslänge)* [Vorsprung]; mit einigen Längen *(mit beträchtlichem)* Abstand kamen die anderen Pferde ins Ziel; er wurde mit einer [ganzen] L./um eine [ganze] L. geschlagen; jmd./etwas wächst in die L. *(wird sehr groß)*; er ist in seiner ganzen L. hingefallen. **2.** *geographische Lage, Position:* die geographische L. bestimmen; die Stadt, die Insel liegt [auf, unter] 15 Grad östlicher L. **3.** *zeitliche Ausdehnung; Dauer:* die L. des Films, der Sendung; einen Vortrag von rund einer Stunde L. halten. **4.** ⟨Plural⟩ *langatmiger Abschnitt:* der Roman hat viele Längen, weist manche Längen auf. * (ugs.:) **auf die Länge** *(auf die Dauer)* · **etwas zieht sich in die Länge** *(dauert länger als erwartet)* · **etwas in die Länge ziehen** *(etwas verzögern)*.

langen (ugs.; landsch.): **1.** ⟨mit Raumangabe⟩ **a)** *mit der Hand erreichen; greifen können:* bis zur Decke, weit über den Zaun l. können; er langt bis zum obersten Regalfach. **b)** *irgendwohin greifen, fassen:* in den Korb l.; er langte in die Tasche und holte zehn Mark heraus; er hat in die Kasse gelangt *(Geld gestohlen)*; er langte nach der Flasche; ⟨jmdm., sich l.; mit Raumangabe⟩ sie langte ihm an den schmerzenden Arm. **2.** ⟨etwas l.⟩ *[in die Hand] nehmen, packen, ergreifen:* ein sauberes Glas [aus dem Schrank] l.; ⟨jmdm., sich etwas l.⟩ sich einen Teller l.; ich langte ihm das Buch aus dem Regal; übertr. (ugs.): den Burschen werde ich mir [schon] noch l. *(gründlich vornehmen)*. **3. a)** *genügen, ausreichen:* die Vorräte langen [noch] bis zum Monatsende; der Stoff langt nicht [für ein Kleid]; drei Männer langen für diese Arbeit. **b)** ⟨mit etwas l.⟩ *auskommen:* mit dem Brot langen wir bis morgen. **4.** ⟨etwas langt; mit Raumangabe⟩ *etwas erstreckt sich bis zu einem bestimmten Punkt:* das Kleid langt gerade bis zum Knie; der Vorhang langt bis zum Boden; ⟨etwas langt jmdm.; mit Raumangabe⟩ der Mantel langt mir/ihm fast bis zum Knöchel. * (ugs.:) **jmdm. langt es** *(jmds. Geduld ist zu Ende)*: jetzt langt mir's aber! · (ugs.:) **jmdm. eine langen** *(jmdm. eine Ohrfeige geben)*.

länger: → [1]lang.

Lang[e]weile, die: *Gefühl der Eintönigkeit:* eine entsetzliche, tödliche L.; ihn plagt die L.; er verspürt L.; ich kann die L. nicht mehr ertragen; er tut das aus reiner L./aus Langerweile; vor L./vor Langerweile gähnen, fast einschlafen, sterben, vergehen.

länglich: *schmal und von gewisser Länge:* ein länglicher Kasten, Tisch; er hat ein längliches Gesicht; das Gebäude, das Zimmer ist [mehr] l.

Langmut, die (geh.): *große Geduld:* seine L. ist bewundernswert, ist jetzt zu Ende; gegenüber jmdm. L. üben; du darfst seine L. nicht mit Schwäche verwechseln; etwas mit viel, mit großer L. ertragen.

längs: 1. ⟨Präp. mit Genitiv/(seltener:) mit Dativ⟩ *entlang:* l. des Flusses; die Wälder l. der Straße; l. den Gärten des Palastes. **2.** ⟨Adverb⟩ *der Längsachse nach:* den Schrank l. stellen; den Baumstamm l. durchsägen.

langsam: a) *mit geringer Geschwindigkeit:* ein langsamer Walzer; ein langsames Tempo; er ging mit langsamen Schritten; etwas macht langsame Fortschritte/macht l. Fortschritte; der Zug fährt l.; das geht [mir] alles viel zu l.; die Zeit verging l.; immer schön l.! (ugs.; *immer mit der Ruhe!*). **b)** umständlich schwerfällig: ein langsamer Schüler, Mitarbeiter; er ist seiner ganzen Veranlagung nach etwas l.; sie ist l. [in/bei der Arbeit]. **c)** *allmählich; mit der Zeit:* l. wurde ihm klar, worum es ging; es wird l. Zeit, daß du dich darum kümmerst; etwas kommt l. aus der Mode.

längst ⟨Adverb⟩: **a)** *schon lange:* der Brief ist l. abgeschickt; das ist l. bekannt; das hättest du mir l. sagen können. **b)** ⟨in Verbindung mit „nicht"⟩ *bei weitem:* das ist l. nicht alles; im Lokal ist es l. nicht so gemütlich wie im Garten.

Langweile, die: → Langeweile.

langweilen: a) ⟨jmdn. l.⟩ *jmdm. Langeweile bereiten:* der Redner, die Aufführung, der Film hat uns alle gelangweilt; er langweilte mich mit seinen dummen Geschichten; wir standen gelangweilt herum. **b)** ⟨sich l.⟩ *Langeweile haben:* ich habe mich [bei der Geburtstagsfeier] sehr gelangweilt.

langweilig: *Langeweile verursachend; eintönig:* ein langweiliger Vortrag, Abend; er ist ein langweiliger *(temperamentloser)* Mensch; die Feier war furchtbar l.; auf der Party war es zum Sterben *(sehr)* l.

langwierig: *lange dauernd [und schwierig verlaufend]:* eine langwierige Krankheit; man erwartet langwierige Verhandlungen; der Prozeß war l.

Lanze, die (hist.): *Stoßwaffe eines Ritters:* jmdn. mit der L. durchbohren. * **für jmdn. eine Lanze brechen/einlegen** *(für jmdn. eintreten)*.

Lappalie, die: *Belanglosigkeit:* Anlaß des Streites war eine L.; ich gebe mich nicht mit Lappalien ab; er regt sich über Lappalien auf; sich wegen einer L. streiten.

Lappen, der: **1.** *Stück Stoff; Fetzen:* ein alter, öliger, schmutziger, feuchter L.; ein altes Hemd als Lappen verwenden, zu Lappen zerschneiden; etwas mit einem L. säubern, abreiben, blank polieren; übertr. (ugs.): *Geldschein:* er blätterte einige Lappen auf den Tisch. **2.** *lappenartiges Hautstück, lappenförmiges Organ:* am Hals der Truthähne befinden sich zwei Lappen. * (ugs.:) **jmdm. durch die Lappen gehen** *(jmdm. entkommen, entgehen)*.

läppisch (abwertend): *kindisch, albern:* ein läppisches Spiel; er hat nur läppische Einfälle; sei nicht so l.; diese Erklärung ist einfach l.; du hast dich [ziemlich] l. benommen.

Lapsus, der (bildungsspr.): *Fehler, Versehen:* ein kleiner, peinlicher L.; ausgerechnet ihm passierte der L. mit der falschen Anrede; einen L. begehen.

Lärm, der: *starkes, unangenehmes Geräusch; Radau:* ein entsetzlicher, ohrenbetäubender, unbeschreiblicher L.; der L. der Motoren; der L. ist unerträglich, nicht zu ertragen; hier herrscht ein solcher L., daß man sein eigenes Wort nicht mehr versteht; der L. wird stärker, schwillt an, dringt durch die Wände; macht keinen solchen L.; den L. bekämpfen; bei diesem L. kann ich nicht mehr schlafen; ich werde durch diesen/von diesem L. noch krank; übertr.: um den Filmstar, um diese Angelegenheit wird viel zu viel L. *(Aufhebens, Rummel)* gemacht. * **Lärm schlagen** *(Aufmerksamkeit erregen).*

lärmen: a) *Lärm machen:* die Schüler lärmen auf dem Schulhof; eine lärmende Menge zog durch die Straße. **b)** ⟨etwas lärmt⟩ *etwas ertönt sehr laut und unangenehm:* die Musik lärmte stundenlang; das Radio lärmte in/aus den Häusern.

Larve, die: **1.** (veraltend, aber noch landsch.) *Maske:* eine L. aufsetzen, tragen, abnehmen; sich, sein Gesicht hinter einer L. verstecken; bildl.: er erscheint in der L. des Biedermannes. **2.** (Zool.) *Insekt in der frühen Entwicklungsstufe:* die L. eines Käfers; die L. ist aus dem Ei [aus]geschlüpft.

lasch (ugs.): **1.** *lässig, schlaff:* lasche Bewegungen; er hat einen laschen Gang; sei nicht immer so l.; übertr.: er hat recht lasche *(keine klaren und festen)* Anschauungen. **2.** (landsch.): *fade; nicht stark gewürzt:* eine lasche Suppe; das Essen ist ein bißchen l.; schmeckt l.

lassen: 1. a) ⟨etwas l.⟩ *unterlassen:* laß das!; laß die Spielerei, diese Bemerkungen!; er kann das Trinken, das Spielen nicht l.; tu, was du nicht l. kannst; zuletzt wußte er nicht mehr, was er tun und l. sollte; zuerst wollte ich ihn anzeigen, aber dann habe ich es doch gelassen; Sprichw.: die Katze läßt das Mausen nicht. **b)** ⟨von etwas l.⟩ *ablassen, etwas nicht weiterhin tun:* nicht vom Spielen, vom Alkohol l.; auch im Alter kann er vom Sport nicht ganz l. **c)** ⟨von jmdm. l.⟩ *jmdn. aufgeben, sich von jmdm. trennen:* die Eltern wollen, daß ihr Sohn endlich von dem Mädchen läßt. **2.** ⟨etwas l.; mit Raumangabe⟩ *zurücklassen, ablegen:* ich lasse meine Tasche, mein Auto zu Hause; das Gepäck habe ich am Bahnhof gelassen *(aufbewahrt);* ich lasse das Kind nicht allein in der Wohnung; die Tiere nachts auf der Weide lassen; lassen Sie [mir/für mich] bitte noch etwas Kaffee in der Kanne; wo hast du denn den Schlüssel, das Geld gelassen?; übertr. (ugs.): ich habe in dem Geschäft heute viel Geld gelassen *(viel Geld ausgegeben, viel gekauft).* **3.** ⟨jmdm. etwas l.⟩ *überlassen:* ich kann dir das Buch bis morgen l.; ich lasse Ihnen meinen Ausweis als/zum Pfand; der Vater hat dem Sohn den Wagen für den Urlaub gelassen; billiger kann ich Ihnen das Gerät nicht l. *(abtreten, verkaufen);* ich lasse dir die Freiheit, mitzufahren. **4.** ⟨jmdn., etwas l.; mit Raumangabe⟩ *veranlassen oder zulassen, daß jmd., etwas irgendwohin gelangt; hinein-, herauslassen:* keinen Fremden in die Wohnung l.; die Tier[e] aus dem Stall, auf die Weide l.; es wird niemand vorzeitig in den Saal gelassen; Wasse[r] in die Wanne l.; ich habe das Wasser aus de[r] Wanne gelassen; wir müssen zuerst das Öl au[s] dem Kessel l.; ⟨jmdm. etwas l.; mit Raumangabe⟩ er hat mir die Luft aus den Reifen gelassen. **5.** ⟨jmdn., etwas l.; mit Umstandsangabe⟩ *jmdn., etwas in einem bestimmten Zustand halten, so bleiben lassen:* jmdn. in Ruhe, in Frieden, bei/in seinem Glauben, ungeschoren, zufrieden, unbehelligt, ohne Aufsicht l.; etwas so l., wie es ist; etwas in der Schwebe, unangetastet l.; wir wollen es dabei l.; wi[r] haben alles beim alten gelassen; einen Brief ungeschrieben l.; man läßt das alles ganz bewußt im dunkeln; sie lassen uns im ungewissen. **6** ⟨jmdn., sich, etwas l.; mit Infinitiv⟩ *veranlassen, zulassen:* jmdn. rufen, kommen, warten l.; de[n] Wagen waschen l.; laß dich [durch ihn, dadurch] nicht verführen; lassen Sie mal wieder [etwas] von sich hören; er läßt sich häufig verleugnen; den Jungen etwas Vernünftiges lernen l.; [sich (Dativ)] die Speisekarte bringen l.; [sich (Dativ)] etwas in der Wohnung, im Auto einbauen l.; ich habe mir einen Kostenvoranschlag machen l.; das Licht brennen l.; jmdn. hängen l. *(durch den Strang hinrichten);* ihr Benehmen läßt mich annehmen, daß ...; etwas springen l. (ugs.; *etwas spendieren*); ich lasse mich davon nicht abhalten; ⟨jmdm., sich etwas l.; mit Infinitiv⟩ ich lasse mir das nicht wegnehmen; sich nicht helfen l.; sich nicht zu etwas bewegen l.; er läßt sich nichts/nicht das Geringste anmerken; er hat es sich nicht nehmen lassen, selbst zu kommen; jmdm. etwas ausrichten, mitteilen, bringen l. **7.** ⟨sich l.; mit Infinitiv; gewöhnlich mit Umstandsangabe⟩ *die Möglichkeit zu etwas bieten:* das Material läßt sich gut bearbeiten; die Tür hat sich nicht mehr öffnen l.; er ließ sich leicht beeinflussen, beeindrucken; so etwas läßt sich nur eine gewisse Zeit aushalten; ich glaube, das läßt sich [irgendwie] machen, arrangieren (bildungsspr.) nicht [mehr] umgehen; hier läßt es sich leben *(hier kann man gut leben).* * **Wasser lassen** *(urinieren)* · (ugs.:) **Haare/Federn lassen [müssen]** *(Schaden, Nachteile erleiden)* · **sein Leben lassen** *(umkommen)* · **jmdn. zur Ader lassen: a)** (veraltend) *(Blut abzapfen).* **b)** (scherzh.) *(Geld abnehmen)* · **jmdn. im Stich lassen** *(jmdn. verlassen; jmdm. nicht helfen)* · **etwas im Stich lassen** *(etwas aufgeben, zurücklassen)* · **etwas läßt jmdn im Stich** *(etwas versagt):* das Gedächtnis hat mich im Stich gelassen · **jmdn., etwas weit hinter sich lassen** *(jmdn., etwas weit übertreffen)* · **jmdn., etwas aus dem Spiel lassen** *(jmdn., etwas nicht in eine Diskussion, in einen Streit o. ä. hineinziehen)* · **jmdn., etwas nicht aus dem Auge/aus den Augen lassen** *(jmdn., etwas scharf beobachten)* · (ugs.:) **die Katze aus dem Sack lassen** *(seine Absicht, ein Geheimnis preisgeben)* · **kein gutes Haar an jmdm., an etwas lassen** *(jmdn., etwas sehr schlechtmachen)* · **etwas dahingestellt sein lassen** *(etwas nicht weiter diskutieren)* · (ugs.:) **es gut sein lassen** *(es dabei bewenden lassen)* · **es sich wohl sein lassen** *(etwas genießen)* · **etwas läßt sich hören** *(etwas ist ein guter Vorschlag, ist akzeptabel)* · **laß dir das gesagt sein!** *(merke dir* *das!)* · **sich** (Dativ) **etwas nicht nehmen lassen** *(nicht versäumen, etwas [selbst] zu tun).*

ässig: *ungezwungen, nachlässig:* eine lässige *(schlaffe)* Haltung; mit lässiger Handbewegung schob er das Geschenk beiseite; seine Spielweise ist sehr l.; l. rauchen; l. im Sessel sitzen, an der Wand lehnen.

.ast, die: **1.** *Gegenstand von größerem Gewicht:* eine leichte, schwere, drückende, wertvolle L.; du bist eine süße L. (ugs.; scherzh.; *ich trage dich gern*); eine L. abwerfen, [auf]laden, bewegen, heben, schleppen, tragen; ich habe ihm die L. abgenommen; die Lasten mit einem Kran befördern; ein Aufzug für schwere Lasten; unter der L. *(der erdrückenden Vielzahl)* der Beweise gestand er. **2.** *Bürde; finanzielle, seelische Belastung:* die L. des Amtes, des Alters; das ganze Leben war für ihn Mühe und L.; ihn drückt die L. der Verantwortung; mit dieser Aufgabe hat er sich eine schwere L. auferlegt, aufgebürdet; eine große L. auf sich nehmen; jetzt ist ihr eine L. vom Herzen, von der Seele genommen; ich bin mir selbst zur L. **3.** ⟨Plural⟩ *finanzielle Verpflichtungen:* soziale, steuerliche Lasten; die Lasten für die Verteidigung; die militärischen Lasten steigen jedes Jahr; auf dem Grundstück liegen erhebliche Lasten *(rechtliche Verbindlichkeiten).* * **jmdm. zur Last fallen/werden** *(jmdm. Mühe und Kosten machen)* · **jmdm. etwas zur Last legen** *(jmdm. die Schuld an etwas geben)* · (Kaufmannsspr.:) **etwas geht zu jmds., zu einer Sache Lasten** *(etwas wird jmdm., einer Sache als zu zahlender Betrag angerechnet):* die Reparatur geht zu Lasten des Fahrers, seines Kontos.

asten ⟨etwas lastet auf jmdm., auf etwas⟩: *etwas liegt als Last auf jmdm., auf etwas:* auf dem Grundstück lastet eine größere Hypothek; der Verdacht, die Verantwortung hat auf ihm gelastet; diese Schuld wird noch schwer auf dir lasten; adj. Part.: eine lastende *(drückende)* Hitze, Schwüle.

Laster, das: **1.** *zur Gewohnheit gewordene Ausschweifung:* ein gefährliches L.; Trunksucht ist ein verhängnisvolles L.; viele Laster haben; das L. fliehen (geh.); Sprichw.: Müßiggang ist aller Laster Anfang · er hat sich diesem L. hingegeben; einem L. frönen (geh.), verfallen sein; das Spielen wurde ihm zum L. **2.** (ugs.) *sehr großer Mensch:* er ist ein langes L.

ästern: a) ⟨über jmdn., über etwas l.⟩ *abfällig sprechen, spotten:* wir haben über ihn, über seine Heirat gelästert. **b)** (veraltet) ⟨jmdn., etwas l.⟩ *schmähen:* er hat Gott, den Namen Gottes, den Glauben gelästert.

ästig: *unbequem, unangenehm, beschwerlich:* ein lästiger Mensch; eine lästige Aufgabe, Pflicht; das Kind war ihr l.; bei der Wärme ist mir der Mantel l.; jmdm. l. fallen, sein.

Latein, das: *die lateinische Sprache:* L. lernen, sprechen; klassisches L. schreiben; Unterricht in L. * **mit seinem Latein am Ende sein** *(nicht mehr weiterwissen).*

Laterne, die: **1.** *[Stand]leuchte im Freien:* eine stark leuchtende, schwache L.; vor dem Haus hing, stand eine schmiedeeiserne L.; die Laternen brennen die ganze Nacht; eine L. anstecken, anzünden, auslöschen; unter einer L. parken. **2.** (Bauw.) *türmchenartiger Abschluß einer Kuppel:* die Decke in der L. ist ausgemalt. * (ugs.:) **jmdn., etwas mit der Laterne suchen können** *(jmdn., etwas von der Art selten finden, antreffen).*

Latschen, der (ugs.) ⟨meist Plural⟩: **a)** *einfacher Hausschuh:* er läuft den ganzen Tag in Latschen herum. **b)** *ausgetretener Schuh:* diese Latschen kannst du jetzt nicht mehr tragen; übertr.: etwas paßt zusammen wie ein Paar alte Latschen. * (ugs.:) **aus den Latschen kippen: a)** *(ohnmächtig werden).* **b)** *(die Fassung verlieren).*

Latte, die: **1. a)** *schmales, längliches Holzscheit:* verfaulte Latten [des Zaunes, am Zaun] ersetzen; eine L. an-, festnageln; ein Verschlag aus Latten und Brettern; übertr.: er ist eine lange L. *(ein großer Mensch).* **b)** (Sport) *Querlatte:* die L. blieb liegen, ist heruntergefallen (beim Springreiten); er übersprang, riß die L. (beim Hoch-, Stabhochsprung). **c)** (Sport) *Querbalken beim Tor:* er schoß an, gegen, über die L. **2.** (ugs.) *Menge, große Anzahl, viel:* eine L. Schulden haben; das ist eine ganze, lange L. Vorstrafen.

lau: 1. *weder warm noch kalt:* ein lauer Abend, Wind; die Nacht, das Wetter ist l.; die Suppe, der Kaffee ist l.; das Wasser darf nur l. sein; etwas l. trinken; übertr.: das Geschäft, die Nachfrage ist l. *(flau).* **2.** *unentschieden, unentschlossen:* eine laue Haltung, Kritik; das Interesse war l. *(schwach, mäßig)*; sich l. verhalten.

Laub, das: *Gesamtheit der Blätter von Bäumen:* frisches, dichtes, grünes, herbstliches, trockenes L.; das L. raschelt, verfärbt sich, fällt von den Bäumen; das L. zusammenkehren; die Bäume bekommen wieder L.; die Bäume sind noch ohne L.

Laube, die: *[offenes] Gartenhaus:* in fast jedem Schrebergarten steht eine L.; eine L. bauen; in der L. sitzen. * (ugs.:) **fertig ist die Laube!** *(damit ist es schon geschafft!).*

Lauer ⟨in den Wendungen⟩ **auf der Lauer liegen/sein** *(einen bestimmten Augenblick abpassen, um etwas zu tun)* · **sich auf die Lauer legen** *(auf einen bestimmten Augenblick gespannt warten, um etwas zu tun).*

lauern ⟨auf jmdn., auf etwas l.⟩: *gespannt auf jmdn., auf etwas warten:* auf eine gute Gelegenheit, auf den Briefträger l.; die Katze lauert auf die Maus; er lauert nur darauf, daß ich einen Fehler mache; ⟨auch ohne Präpositionalobjekt; mit Raumangabe⟩ der Mittelstürmer lauert am Strafraum; bildl.: er glaubt, überall lauern Gefahren · adj. Part.: einen lauernden Blick haben.

Lauf, der: **1. a)** *das Laufen:* sein L. wurde immer schneller; er kam in eiligem L. daher; plötzlich im L. an-, innehalten; er war von dem L. völlig erschöpft. **b)** *Wettlauf im Sport:* zweiter L. der Vorrunde; er gewann den L. in neuer Rekordzeit; an einem L. teilnehmen. **2.** *Gang, Ablauf, Fortgang:* das ist der L. der Geschichte, der Dinge, der Welt; das Verfahren, den Prozeß in seinem L. nicht beeinflussen; im Lauf[e] des Tages, der Zeit, des Lebens, des Jahrhunderts. **3.** *Weg, Verlauf:* der L. des Flusses; dem L. des Baches folgen; am oberen, unteren L. des Rheins. **4.** *das Arbeiten, Inbetriebsein:* den L. der Maschine prüfen; der Motor hat einen rauhen, unruhigen L. **5.** *Rohr von Schußwaffen:* ein verrosteter Lauf; der L. des Gewehrs ist gezogen; den L.

(der Pistole) reinigen. **6.** (Musik) *schnelle Tonfolge:* ein Stück mit schnellen, schwierigen Läufen spielen. **7.** *Bein des Wildes und Hundes:* die Läufe des Hasen; das Tier hatte sich die beiden hinteren Läufe gebrochen. * **einer Sache freien Lauf lassen** *(eine Regung, ein Gefühl nicht zurückhalten)* · **etwas nimmt seinen Lauf** *(etwas ist im Gange und nicht mehr aufzuhalten):* das Verhängnis nahm seinen L.

laufen: 1. *sich schnell auf den Beinen fortbewegen, rennen:* wie der Wind, wie ein Wiesel, was die Beine hergeben (ugs.; *sehr schnell*) l.; sie waren in panischer Angst ins Freie gelaufen; schnell zur Tür l.; so lauf doch! *(beeile dich!);* der Sprinter ist phantastisch, elegant gelaufen; die Pferde liefen im Galopp; mit jmdm. um die Wette l. **2. a)** *sich auf den Beinen fortbewegen:* das Kind kann noch nicht l.; der Kleine läuft schon [tüchtig]; der Verunglückte muß erst wieder l. lernen; er läuft noch sehr unsicher. **b)** *zu Fuß gehen; spazierengehen, wandern:* ich werde heute nicht fahren, sondern l.; nach Hause l.; wir sind im Urlaub viel, jeden Tag fünf Stunden gelaufen; vor Schmerzen nicht mehr l. können; [schnell einmal] zum Bäcker, zur Post l.; wir sind in zwanzig Minuten von hier zum Bahnhof gelaufen; von der Haltestelle aus sind es noch fünf Minuten zu l.; wir müssen noch etwa eine halbe Stunde l. (um ans Ziel zu kommen). **c)** (ugs.) ⟨mit Umstandsangabe⟩ *[aus Gewohnheit] irgendwohin gehen:* sie läuft dauernd ins Café; er ist zu jedem Fußballspiel gelaufen *(hat es besucht).* **3.** ⟨etwas l.⟩ **a)** *eine Strecke laufend zurücklegen:* zehn Kilometer, eine Ehrenrunde l.; ich bin diese Strecke täglich gelaufen; der Sprinter ist/(seltener:) hat die 100 m in 10,0 Sekunden gelaufen. **b)** (Sport) *etwas im Wettlauf erreichen:* er hat einen neuen Rekord, die beste Zeit gelaufen; er ist 10,0 Sekunden gelaufen. **c)** *sich auf etwas fortbewegen:* Rollschuhe, Schi l.; ich laufe am liebsten Schlittschuhe; der Kran läuft auf Schienen. **4. a)** ⟨sich l.; mit Artangabe⟩ *sich durch Laufen in einen bestimmten Zustand bringen:* ich habe mich müde, hungrig gelaufen. **b)** ⟨sich (Dativ) etwas l.⟩ *durch Laufen etwas erhalten:* ich habe mir Blasen [an den Füßen/an die Füße] gelaufen. **5.** ⟨es läuft sich; mit Art- und Raumangabe⟩ *das Laufen wird von bestimmten Umständen beeinflußt:* auf diesem Weg im Hochgebirge läuft es sich schlecht. **6. a)** ⟨etwas läuft⟩ *etwas fließt, strömt:* das Wasser läuft *(fließt aus der Leitung);* der Käse beginnt zu l. (ugs.; *wird weich und flüssig*); das Regenwasser lief durch die Decke, über den Hof in den Gully; ⟨etwas läuft jmdm.; mit Raumangabe⟩ ihr liefen die Tränen über das Gesicht; der Schweiß ist ihm von der Stirn gelaufen. **b)** ⟨etwas läuft⟩ *etwas läßt etwas ausfließen, austreten:* der Wasserhahn läuft *(ist undicht, tropft);* das Faß, der Kessel läuft noch immer *(ist noch immer leck);* das Ohr läuft (ugs.; *sondert Sekret ab*). **7. a)** ⟨etwas läuft; mit Zeitangabe⟩ *etwas ist gültig:* der Vertrag läuft zwei Jahre [lang], über zwei Jahre; das Abkommen läuft nur noch bis zum Jahresende. **b)** ⟨etwas läuft; mit Raumangabe⟩ *etwas wird geführt, ist eingetragen:* das Auto läuft auf den Namen ...; das Projekt läuft unter dem Decknamen ...; das Konto läuft unter der Nummer... die Rechnung läuft auf die Firma ... **8.** (ugs.) ⟨etwas läuft⟩ *etwas ist im Gange, nimmt einen bestimmten Verlauf:* der Antrag, die Bewerbung läuft *(ist eingereicht);* der Prozeß läuft noch; ich muß erst sehen, wie die Sache läuft; das Geschäft lief nicht so, wie man erwartet hatte; etwas kann so oder so l.; er läßt alles einfach l. *(kümmert sich um nichts);* der Laden läuft *(klappt)* auch ohne ihn. **9.** ⟨etwas läuft⟩ *etwas funktioniert, arbeitet, ist in Betrieb:* die Kamera, das Tonband, der Fernsehapparat läuft *(ist eingeschaltet);* das Radio läuft manchmal stundenlang; der Motor läuft ruhig, rauh, laut, nicht einwandfrei, nicht sauber (ugs.), auf vollen Touren, mit halber Kraft; die Uhr läuft wieder; der Zähler läuft zu schnell. **10.** ⟨etwas läuft; mit Raumangabe⟩ *etwas bewegt sich:* die Erde läuft um die Sonne; das Seil läuft über Rollen; der Faden läuft *(rollt)* von der Spule; die Finger des Pianisten liefen leicht und flink über die Tasten; ein Gemurmel lief durch die Reihen; ein Zittern lief *(ging, breitete sich aus)* durch ihren Körper; ⟨etwas läuft jmdm.; mit Raumangabe⟩ ein Schauder lief ihm über die Haut; [vor Grauen] lief es mir eiskalt über den Rücken. **11.** ⟨etwas läuft; mit Umstandsangabe⟩ *etwas wird vorgeführt:* der Film läuft in allen Kinos, seit Freitag, schon in der dritten Woche; die Sendung, das Interview lief im dritten Programm; etwas ist über den Bildschirm gelaufen (ugs.; *etwas wurde im Fernsehen gezeigt*). **12.** ⟨etwas läuft; mit Raumangabe⟩ *etwas fährt irgendwohin:* der Zug läuft in die Halle; der Frachter läuft aus dem Hafen; im Nebel sind mehrere Schiffe auf Grund gelaufen *(haben sich festgefahren);* ein Schiff läuft vom Stapel *(wird in der Werft zu Wasser gelassen).* **13.** ⟨etwas läuft; mit Umstandsangabe⟩ *etwas verläuft:* die Bahn[strecke] läuft rechts des Rheins, auf der rechten Rheinseite; die Linien, Straßen laufen parallel; übertr.: der Vortrag läuft mit der Vorlesung parallel *(findet gleichzeitig statt).* * **Spießruten laufen: a)** (hist.) *(zur Bestrafung zwischen zwei Reihen Soldaten hindurchlaufen und von ihnen mit Ruten geschlagen werden).* **b)** *(vielen neugierigen, schadenfrohen Blicken ausgesetzt sein)* · **Amok laufen** *(in einem Anfall von Geistesgestörtheit umherlaufen und blindwütig töten)* · **jmd., etwas läuft Gefahr ...** *(für jmdn., für etwas besteht die Gefahr ...)* · (ugs.:) **sich** (Dativ) **die Füße nach etwas wund laufen** *(viele Gänge machen, um etwas zu finden, zu erreichen)* · **von Pontius zu Pilatus laufen** *(wegen eines Anliegens von einer Stelle zur anderen gehen, geschickt werden)* · (ugs.:) **jmdm. läuft die Nase** *(jmd. hat einen starken Schnupfen)* · (ugs.:) **jmdm. in die Arme laufen** *(jmdm. zufällig begegnen)* · **gegen etwas Sturm laufen** *(gegen etwas Geplantes heftig protestieren und agieren)* · **jmdm. ist eine Laus über die Leber gelaufen** *(jmd. ist verärgert, ist schlecht gelaunt)* · (ugs.:) **etwas läuft wie am Schnürchen/wie geschmiert** *(etwas funktioniert, verläuft ausgezeichnet)* · (ugs.:) **etwas läuft ins Geld** *(etwas wird auf die Dauer zu teuer)* · (ugs.:) **das Rennen ist gelaufen** *(die Sache ist erledigt)* · **vom Band laufen: a)** *(vom Tonband gespielt werden).* **b)** *(auf dem Fließband hergestellt werden)* · (ugs.:) **unter „ferner liefen" ankommen/rangieren** *(nicht zur Spitze, sondern zur großen Masse gehören).*

laufend: a) *ständig, dauernd; sich immer wie-*

derholend: die laufenden Ausgaben, Geschäfte, Arbeiten; ein laufendes Konto (Kaufmannsspr.; *ein Konto ohne Kündigungsfrist*) haben; mit jmdm. in laufender Rechnung (Kaufmannsspr.; *Rechnung, die zu bestimmten Zeiten ausgeglichen wird*) stehen; der/(seltener:) das laufende Meter *(ein Meter vom großen Stück)* kostet ...; er kann nicht mehr die laufenden Kosten decken; die Produktion ist l. gestiegen. Beachte: der adverbiale Gebrauch von „laufend" kann stilistisch unschön sein, wenn das Subjekt eine Person ist, z. B.: er verkauft seine Artikel laufend. **b)** *gegenwärtig:* das laufende Jahr; am Achten des laufenden Monats; die laufende Nummer der Zeitschrift, einer Serie. * (ugs.:) **am laufenden Band** *(ununterbrochen)* · **auf dem laufenden sein/bleiben** *(immer über das Neueste informiert sein)* · **jmdn. auf dem laufenden halten** *(jmdn. ständig informieren)* · **mit etwas auf dem laufenden sein** *(etwas sofort erledigt haben; nicht in Rückstand sein)*.

Läufer, der: **1.** (Sport) **a)** *Leichtathlet, der läuft:* er gehört zu den schnellsten Läufern der Welt. **b)** *Verbindungsmann zwischen Sturm und Verteidigung:* er spielt [als] rechter L. **2.** *Figur beim Schach:* den L. schlagen. **3.** *langer, schmaler Teppich:* ein dicker, schwerer, roter L.; der L. ist zwanzig Meter lang; den L. [im Gang, Flur] ausrollen.

Lauffeuer ⟨in der Wendung⟩ etwas verbreitet sich/breitet sich aus wie ein Lauffeuer: *etwas spricht sich rasend schnell herum.*

Laufmasche, die: → Masche.

Laufpaß ⟨in der Wendung⟩ jmdm. den Laufpaß geben: *die Beziehung zu jmdm. abbrechen.*

Laune, die: **a)** *vorübergehende Gemütsstimmung:* frohe, heitere, schlechte, beschwingte L.; jmdm. [mit etwas] die L. verderben; übler/übelster L. sein; jmdn. bei [guter] L. halten; in guter, glänzender L. sein; diese Nachricht hat ihn in gute L. versetzt; seine L. an jmdm. auslassen; übertr.: das war nur eine L. *(Einfall)* von ihm. **b)** ⟨Plural⟩ *wechselnde Stimmungen:* sie hat [keine] Launen; jmds. Launen mit Geduld ertragen; die Familie hat unter seinen Launen sehr zu leiden; bildl.: die Launen *(Unwägbarkeiten)* des Schicksals, des Glückes, des April. * **nach Lust und Laune** *(ganz, wie es beliebt):* dort kannst du dich nach Lust und L. austoben.

launig: *witzig, humorvoll:* ein launiger Einfall; er hielt eine launige Rede; etwas in, mit launigen Worten sagen; l. schreiben.

launisch (abwertend): *voller Launen:* ein launischer Mensch; er ist [sehr] l.; er ist als l. bekannt; übertr.: der April ist sehr l.

Laus, die: *[ein Insekt]:* Läuse haben, knacken (ugs.). * (ugs.:) **jmdm. ist eine Laus über die Leber gelaufen/gekrochen** *(jmd. ist verärgert, ist schlecht gelaunt)* · (ugs.:) **jmdm., sich eine Laus in den Pelz setzen** *(jmdm., sich durch etwas Ärger und Unannehmlichkeiten bereiten)*.

lauschen: 1. *heimlich mithören:* an der Wand l.; ich merkte, daß er an/hinter der Tür lauschte. **2. a)** ⟨jmdm., einer Sache l.⟩ *aufmerksam zuhören:* das Publikum lauschte andächtig dem Redner, der Musik. **b)** ⟨auf etwas l.⟩ *genau auf etwas hören, achten:* auf jmds. Schritte l.; auf die Musik l.

lausen: 1. ⟨jmdn., sich l.⟩ *bei jmdm., bei sich Läuse suchen:* der Hund laust sich; die Affen lausen ihre Jungen. **2.** (ugs.) ⟨jmdn. l.⟩ *jmdm. Geld abnehmen:* wir haben ihn gestern beim Skatspiel tüchtig gelaust. **3.** (ugs.) ⟨jmdn. l.⟩ *jmdn. einer Leibesvisitation unterziehen:* die Gefangenen wurden tüchtig gelaust. * (ugs.:) **ich denke/dachte, mich laust der Affe!** *(das überraschte mich!)*.

lausig (ugs.): **1.** (abwertend) *unangenehm, schlecht:* das ist eine lausige Angelegenheit, Arbeit; es kommen lausige *(schlechte)* Zeiten; die paar lausigen *(schäbigen)* Pfennige kannst du behalten. **2.** *sehr [groß]:* eine lausige Kälte; das tut l. weh; etwas kostet l. viel Geld.

¹laut: a) *weithin hörbar:* eine laute Stimme; lautes Weinen; laute Schritte; das Radio ist zu l. eingestellt; der Motor ist, läuft l.; etwas l. und deutlich sagen; l. lesen, singen; bitte lauter [sprechen]!; übertr. (ugs.): er wird immer gleich l. *(steigert vor Erregung seine Stimme);* so etwas darf man nicht l. *(offen, öffentlich)* sagen. **b)** *geräuschvoll; voller Lärm:* eine laute Straße; eine laute Wohnung *(Wohnung, in der man unangenehm stark die Geräusche aus Nachbarwohnungen hört);* die Gegend ist mir zu l.; die Kinder sind l. *(machen Lärm);* seid bitte nicht so l.! * (geh.:) **etwas wird laut** *(etwas wird in der Öffentlichkeit bekannt)*.

²laut ⟨Präp. mit Gen. und Dativ⟩: *nach Angabe des/der ...; entsprechend:* l. Gesetz, Befehl; l. amtlicher Mitteilung; l. Radio Athen; l. unseres Schreibens/unserem Schreiben; l. Erlassen des Ministeriums.

Laut, der: **1.** *Geräusch, Ton:* seltsame, geheimnisvolle Laute; kein L. war zu hören; der Vogel gab keinen L. von sich. **2.** *menschlicher [Sprach]laut:* ein kurzer, ein lang, offen gesprochener, fremder *(einer anderen Sprache angehörender)* L.; unverständliche, unartikulierte Laute hervorbringen, ausstoßen; einen L. bilden, [in bestimmter Weise] aussprechen. * (Jägerspr.:) **Laut geben** *(etwas durch Bellen melden)*.

lauten: 1. ⟨etwas lautet; mit Artangabe⟩ *etwas hört sich in bestimmter Weise an:* das Gutachten lautet gut, verlockend, besorgniserregend. **2. a)** ⟨etwas lautet⟩ *etwas hat einen bestimmten Wortlaut:* der Satz, der Text lautet [folgendermaßen]; wie lautet das sechste Gebot, der genaue Wortlaut? **b)** ⟨etwas lautet auf etwas⟩ *etwas hat einen bestimmten Inhalt:* die Anklage lautet auf fahrlässige Tötung; das Urteil lautete auf zwei Jahre Gefängnis; die Papiere lauten auf meinen Namen *(sind auf meinen Namen ausgestellt)*.

läuten: 1. a) ⟨etwas läutet⟩ *etwas ertönt:* alle Glocken in der Stadt läuten zur Feier; jeden Tag läutet es um 12 Uhr. **b)** ⟨etwas/zu etwas l.⟩ *etwas durch Läuten anzeigen:* die Glocke läutete 11 Uhr; Feuer, Sturm l. (hist.; *durch Läuten Alarm geben*). **c)** ⟨etwas l.⟩ *etwas ertönen lassen:* der Küster läutet die Glocke[n]; die Glocken werden jetzt elektrisch geläutet. **2.** (landsch.) **a)** ⟨etwas läutet⟩ *etwas klingelt:* der Wecker hat geläutet; ich lasse das Telephon mehrmals l. **b)** ⟨es läutet⟩ *ein Klingelzeichen ertönt:* es hat geläutet; es läutet zur Arbeit, zur Frühstückspause. **c)** *klingeln:* kurz, leise, stürmisch l.; bitte dreimal l.! **d)** ⟨jmdm./nach jmdm. l.⟩ *jmdn. durch Läuten herbeirufen:* der Krankenschwester, nach der Bedienung l. * **Sturm läuten** *(heftig läuten)* · **jmd. hörte [etwas davon] läuten; jmd. hat [etwas, davon] läuten hören/gehört** *(jmd. vermutet etwas auf Grund von Andeutungen; entnimmt etwas aus Gerüchten).*

lauter: I. ⟨Adj.⟩ (geh.): **1.** *rein, unvermischt:* Schmuck aus lauterem Gold; übertr.: er sprach, sagte die lautere Wahrheit. **2.** *aufrichtig:* ein lauterer Charakter; ein Mensch von lauterer Gesinnung; seine Absichten sind bestimmt l. **II.** ⟨Adverb⟩ (ugs.): *rein, nichts als:* das sind l. Lügen; er tut das aus l. Langweile; l. dummes Zeug reden. * (ugs.:) **den Wald vor lauter Bäumen nicht sehen: a)** *(das Gesuchte nicht sehen, obwohl es vor einem liegt).* **b)** *(vor lauter Einzelheiten das große Ganze nicht erkennen).*

läutern (geh.) ⟨jmdn., sich l.⟩: *innerlich reifer machen:* die Krankheit hat ihn, sein Wesen geläutert; seit dem Unglück ist er geläutert; er hat sich noch immer nicht geläutert.

lauthals ⟨Adverb⟩: *aus vollem Halse:* l. singen, lachen.

lavieren (bildungsspr.) ⟨mit Raumangabe⟩: *sich geschickt hindurchwinden:* er laviert [geschickt] zwischen Ost und West, zwischen den Machtblöcken.

Lawine, die: *abstürzende Schneemasse:* eine L. geht nieder, donnert zu Tal; die L. verschüttete die Straße, einige Häuser, riß mehrere Personen mit sich [in die Tiefe], begrub alles unter sich; von einer L. erfaßt, verschüttet werden; übertr.: *große Menge, Fülle:* eine L. von Angeboten, Zuschriften ist bei uns eingegangen.

lax: *nachlässig, ohne feste Grundsätze:* eine laxe Auffassung, Moral; seine Haltung ist [sehr] l. *(weich, unentschlossen);* etwas l. *(nicht streng, nicht genau)* handhaben.

leben: 1. *am Leben sein; existieren:* seine Eltern leben noch; der Verunglückte lebte nicht mehr, als der Arzt kam; das Kind hat bei der Geburt gelebt; er hat nicht lange gelebt *(ist früh gestorben);* sie wollte nicht mehr länger l.; nicht mehr lange zu l. haben *(todkrank sein);* jmdn. l. lassen *(nicht töten);* nicht l. und nicht sterben können *(zerschlagen sein, sich sehr krank fühlen);* das stimmt, so wahr ich lebe */veraltende Beteuerungsformel/;* er lebte im 15. Jahrhundert, von 1864 bis 1923, fast 80 Jahre; adj. Part.: die noch lebenden Nachkommen; der Täter soll gefaßt werden, lebend oder tot; lebende *(echte)* Blumen; der lebende *(für den Stoffwechsel wichtige)* Organismus; Rechtsspr.: das lebende Inventar *(der Viehbestand eines Hofes);* eine lebende *(heute noch gesprochene)* Sprache; bildl.: das Bild, die Statue lebt [förmlich, gleichsam] *(ist sehr ausdrucksvoll);* übertr.: *lebendig sein, fortbestehen:* die Hoffnung lebt in ihr; der Dichter, sein Name, sein Andenken lebt in seinen Werken. **2.** ⟨mit Umstandsangabe⟩ *seinen ständigen Wohnsitz haben; registriert sein:* in der Stadt, auf dem Lande l.; er lebt [seit zwei Jahren, schon zwei Jahre lang] in München; illegal, unter einem falschen Namen l.; hier läßt es sich gut l. *(ständig wohnen);* übertr.: er lebt in der Vergangenheit, in einer Traumwelt. **3.** ⟨von etwas l.⟩ *sich von etwas ernähren, seinen Lebensunterhalt bestreiten:* von Gemüse l.; von den Zinsen, von seiner Hände Arbeit l.; von der Rente allein kann ich nicht l.; von seinen Eltern, von jmds. Gnade und Barmherzigkeit l.; von der Liebe, von Einbildungen kann man nicht l.; von Luft und Liebe l. (ugs.; *sich keine Gedanken darüber machen, wovon man lebt*); Redensart: das ist zum Leben zu wenig, zum Sterben zu viel. **4. a)** ⟨mit Artangabe⟩ *in bestimmter Weise sein Leben verbringen:* einsam, zurückgezogen, ohne Sorgen, kümmerlich, armselig, wie ein Mönch, einfach, sparsam, [un]gesund, diät, üppig, flott (ugs.), enthaltsam, unmoralisch, christlich l.; sie lebt von ihrem Mann getrennt; sie leben in kleinen, in geordneten Verhältnissen, im Wohlstand, im Überfluß; herrlich und in Freuden l.; über seine Verhältnisse, auf großem Fuß (ugs.), in Saus und Braus (ugs.; *aufwendig*) l.; **b)** ⟨etwas l.⟩ *verbringen:* ein glückliches, eintöniges, trauriges Leben l.; er lebt sein eigenes Leben. **c)** ⟨in etwas l.⟩ *sich befinden:* mit jmdm. in Frieden, Streit l.; übertr.: er lebt in dem Glauben, in der Vorstellung, in dem Wahn, man wolle ihm schaden. **5.** ⟨jmdm., einer Sache/für jmdn., für etwas l.⟩ *sich widmen, sich ganz hingeben:* sie lebt nur für ihre Kinder, für ihre Familie; er lebt für die Wissenschaft, für seine Idee; nur seinem Beruf, der Musik l. * **wie er leibt und lebt** *(in seiner ganz typischen Art)* · **leben und leben lassen** *(jmdm. den Lebensstil zugestehen, den man sich selbst zuerkennt)* · (ugs.:) **wie Hund und Katze leben** *(in ständigem Streit miteinander leben)* · **auf großem Fuß leben** *(aufwendig leben)* · **in wilder Ehe leben** *(ohne standesamtliche Trauung mit jmdm. leben)* · **von der Hand in den Mund leben** *(die Einnahmen sofort für Lebensbedürfnisse wieder ausgeben)* · **jmd., etwas lebe!** */Wunschformel/:* es lebe die Freiheit!; lang lebe der König! · (ugs.:) **es von den Lebenden nehmen** *(einen hohen, überhöhten Preis verlangen).*

Leben, das: **1. a)** *das Lebendigsein, Existieren, Dasein:* das L. der Menschen, Tiere, Pflanzen, eines Volkes, Staates; das L. ist vergänglich (geh.); sein L. hängt [nur] an einem seidenen Faden; das L. genießen, sein L. verlieren, wegwerfen *(nicht sinnvoll gestalten);* das L./Leib und L. für jmdn., für etwas wagen, einsetzen, hingeben (geh.), opfern (geh.); jmdm./jmds. L. retten; viele mußten im Krieg ihr L. lassen *(sind im Krieg umgekommen);* nur ihm verdanke ich das/mein L.; das L. künstlich verlängern; das L. aufs Spiel setzen; jmdm. das L. schwer, sauer, zur Hölle machen; viele konnten nur das nackte L. *(nur sich und keine Habe)* retten; er hat sein L. verwirkt; die Entstehung, Erhaltung, Bedrohung, Zerstörung des [menschlichen] Lebens; der Sinn, der Wert, die Freuden des Lebens; den Ernst des Lebens kennenlernen; die Kraft des Lebens schwindet dahin; du kannst dich des Lebens freuen; seines Lebens nicht mehr froh werden; zeit seines Lebens; (geh.:) des Lebens überdrüssig, müde sein; die Tage seines Lebens sind gezählt *(er lebt nicht mehr lange);* sich seines Lebens nicht mehr sicher fühlen; am L. hängen *(nicht sterben wollen);* am L. sein, bleiben; ein Kampf auf L. und Tod; freiwillig aus dem L. scheiden *(Selbstmord begehen);* für jmds. L. fürchten; der Arzt hat den Bewußtlosen wieder ins L. zurückgerufen; mit dem L. davonkommen; etwas mit dem L. bezahlen [müssen]; mit dem L. spielen *(ein ge-*

fährliches Risiko eingehen); er ist mit seinem L. für seine Überzeugung eingetreten; er hat mit dem L. abgeschlossen; Rel.: der Herr über L. und Tod *(Gott)* · er rannte vor den Verfolgern um sein L.; um sein L. bangen, fürchten, kämpfen; bei einem/durch einen Betriebsunfall ist er ums L. gekommen; er hat der Firma zu neuem L. verholfen; der Wille zum L.; er schwebt zwischen L. und Tod; übertr.: das Gemälde hat L. *(viel lebendige Ausstrahlung);* die Aufführung hatte kein L. *(wirkte nicht lebendig, war nicht voller Schwung).* **b)** *Lebensform, Lebensweise:* ein einfaches, einsames, ruhiges, geselliges, geordnetes, geregeltes, vernünftiges, gesichertes, zügelloses, liederliches, ausschweifendes, sorgenfreies, sorgloses, glückliches, freies, ungebundenes, trostloses, trauriges, elendes, erbärmliches, aufregendes, unstetes, bewegtes, arbeitsreiches, harmonisches, anständiges, frommes, beschauliches, christliches, bürgerliches L.; das L. als Artist ist hart; das L. in der Stadt, auf dem Land[e]; ein L. in Wohlstand, in Frieden und Freiheit; sein L. ist vorbildlich, unmoralisch, verpfuscht; das L. eines Einsiedlers; ein L. wie im Paradies führen; sein L. ändern; ein neues L. anfangen, beginnen *(einen anderen Lebenswandel führen);* ich konnte das L. hier nicht länger ertragen; er macht sich (Dativ) das L. angenehm, bequem, etwas zu leicht; unser L. heute wird von der Technik bestimmt, geprägt. **c)** *Lebenszeit, Lebensdauer:* ein kurzes, langes L.; das L. vergeht schnell; das ganze L. hindurch/durchs ganze L.; sein L. lang arbeiten; L. *(Lebensgang)* und Werk des Dichters; auf ein erfolgreiches, erfülltes (geh.) L. zurückblicken; er hatte es im L. immer sehr schwer gehabt; ich habe das zum ersten Mal in meinem L. gesehen. **2. a)** *Lebensalltag, Lebenswirklichkeit:* das tägliche L.; das L. geht trotz des Unglücks weiter; ihn hat das L. geprägt; das L. verlangt Opfer; diese Geschichte hat das L. geschrieben; das L. meistern; man muß das L. nehmen, wie es ist; am L. verzweifeln, zerbrechen; das Thema des Romans ist aus dem L. gegriffen; für das L. lernen; er ist im L. zu kurz gekommen; im L. seinen Mann stehen *(den Lebenskampf bestehen);* sich im L. bewähren; etwas ist nach dem L. geschrieben. **b)** *Gesamtheit der Vorgänge und Regungen innerhalb eines Bereiches:* das gesellschaftliche, künstlerische, wirtschaftliche L. einer Stadt; im L. des Sports, im öffentlichen L. stehen. **3.** *pulsierende Betriebsamkeit, Treiben:* das L. auf den Straßen; auf dem Markt herrscht reges L.; er hat L. in das Haus, in die Bude (ugs.) gebracht; es ist kein Hauch, Funke, keine Spur von L. *(Unternehmungslust)* mehr in ihm. * **das süße Leben** *(Leben in Luxus und ohne Arbeit)* · (ugs.:) **nie im Leben/im Leben nicht** *(niemals, unter keinen Umständen)* · **sich** (Dativ) **das Leben nehmen** *(Selbstmord begehen)* · (ugs.:) **wie das blühende Leben aussehen** *(sehr gesund aussehen)* · (geh.:) **jmdm. das Leben schenken** *(ein Kind gebären)* · (ugs.:) **für sein Leben gern** *(sehr gern)* · **sich durchs Leben schlagen** *(sich mühsam im Daseinskampf behaupten)* · (geh.:) **jmdm. die Hand [zum Bunde] fürs Leben reichen** *(jmdn. heiraten)* · (geh.:) **den Bund fürs Leben schließen** *(heiraten)* · **etwas ins Leben rufen** *(etwas gründen)* · **ins Leben treten** *(sich konstituieren)* · (geh.:) **seinem Leben ein Ende machen/setzen** *(Selbstmord begehen)* · **sein Leben teuer verkaufen** *(alles tun, um in einem Kampf zu überleben, sich erbittert wehren)* · (geh.:) **jmdm. nach dem Leben trachten** *(jmdn. umbringen wollen).*

lebendig: 1. *mit Leben erfüllt, nicht tot:* lebendige Junge zur Welt bringen; keine lebendige Seele (veraltend; *niemand*) war zu finden; bei lebendigem Leibe verbrennen; die steifen Beine werden langsam wieder l.; schafft ihn herbei, l. oder tot!; davon wird der Tote nicht mehr l. (ugs.); wir kamen uns hier wie l. begraben vor; sich mehr tot als l. fühlen; übertr.: lebendige *(wirkende)* Kraft; lebendige *(echte)* Wirklichkeit; ein lebendiges *(anschauliches)* Beispiel für etwas geben; der lebendige *(bestimmende)* Glaube, Geist; etwas wird [wieder] l. *(etwas taucht wieder aus der Vergessenheit auf);* etwas bleibt l. *(etwas bleibt deutlich in Erinnerung).* **2.** *lebhaft:* er hat eine lebendige Phantasie; das Kind ist sehr l. * (ugs.:) **es von den Lebendigen nehmen** *(einen hohen, überhöhten Preis verlangen).*

Lebensart, die: **1.** *gewandtes, ansprechendes Benehmen:* er hat keine L.; jmdm. L. beibringen; ein Mann von feiner L. **2.** *die Art zu leben:* die französische L.; er hat [nicht] die richtige L.

Lebensgefahr, die: *tödliche Gefahr:* bei dem Verletzten besteht akute (bildungsspr.) L.; Achtung L.!; außer L. sein; in L. sein, schweben; das Berühren der Stromleitung ist mit L. verbunden (besser: ist lebensgefährlich); jmdn. unter [eigener] L. retten.

Lebenslage, die: *Situation im Leben:* jede L. meistern; er war, zeigte sich jeder L. gewachsen; sich in jeder L./in allen Lebenslagen zu helfen wissen.

Lebenslauf, der: *[schriftliche] Darstellung des [beruflichen] Lebensweges:* ein ausführlicher, handgeschriebener L.; einen kurzen L. schreiben; den Bewerbungsunterlagen einen L. beifügen.

Lebenslicht ⟨in der Wendung⟩ jmdm. das Lebenslicht ausblasen (ugs.): *jmdn. töten.*

lebensmüde: *ohne Willen zum Leben:* l. sein; du bist wohl l.? (scherzh.; *willst du dich umbringen?*).

Lebensstandard, der: *Höhe der Aufwendungen für das tägliche Leben:* einen hohen L. haben; der L. steigt [langsam]; den L. steigern; ein Land mit sehr niedrigem L.

Lebensunterhalt, der: *Mittel zum täglichen Leben:* er verdiente seinen L. als Zeitungsträger, mit Bücherschreiben; seinen L. aus/von den Mieteinnahmen bestreiten; die Eltern sorgen für seinen L.; nur das Nötigste für den/zum L. haben.

Lebenszeichen, das: *Anzeichen dafür, daß jmd. noch lebt:* der Verunglückte gab nur schwache Lebenszeichen, kein L. [mehr] von sich; übertr.: wir haben noch [immer] kein L. *(keine Nachricht)* von ihm.

Lebenszeit, die: *Dauer des Lebens:* Beamter auf L.; eine Rente auf L. beziehen; auf L. angestellt sein; der Sportler wurde auf L. gesperrt.

Leber, die: *für den Stoffwechsel wichtiges Körperorgan:* die L. ist geschwollen, entzündet; er hat es mit der L. [zu tun] (ugs.; *er ist leberkrank*); die Funktion der L. ist gestört; Kochk.: gebratene, gebackene L. mit Apfelringen und Zwiebeln; übertr.: der Zorn, der Ärger fraß ihm an der L. (ugs.; *schadete seiner Gesundheit*); etwas muß von der L. herunter (ugs.; *etwas soll nicht länger verschwiegen werden*). * (ugs.:) **frisch/frei von der Leber weg reden/sprechen** *(ohne Scheu reden, wie man denkt)* · (ugs.:) **jmdm. ist eine Laus über die Leber gelaufen/gekrochen** *(jmd. ist verärgert, ist schlecht gelaunt)*.

Leberwurst, die: */eine Wurstsorte/:* grobe, feine, hausgemachte L.; eine Schnitte mit L. * (ugs.:) **die gekränkte/beleidigte Leberwurst spielen** *(sich [in harmlosen Situationen] als der Beleidigte aufspielen)*.

lebhaft: 1. *lebendig, temperamentvoll; viel Bewegung habend:* ein lebhafter Mensch, Geist; lebhafte Bewegungen; er hat ein sehr lebhaftes Wesen; eine lebhafte *(angeregte)* Diskussion führen; die Kinder sind l.; etwas l. schildern, erzählen; sich sehr l. unterhalten; ich bedaure l.; nun aber l.! (ugs.; *vorwärts!*); übertr.: jmd. hat etwas in lebhafter *(deutlicher)* Erinnerung; davon kann ich mir lebhafte *(klare)* Vorstellungen machen. **2.** *rege:* eine lebhafte *(verkehrsreiche)* Straße; eine lebhafte diplomatische Tätigkeit entfalten; lebhaftes Interesse an jmdm., an etwas zeigen; der Handel, die Nachfrage ist l. **3.** *kräftig, etwas auffällig:* lebhaftes Grün, Rot; die Krawatte ist mir zu l.; das Stoffmuster wirkt recht l.

leblos: *[wie] tot:* ein lebloser Körper; er lag wie l. da.

Lebtag ⟨in den Verbindungen⟩ (ugs.:) **mein Lebtag** *(immer):* daran werde ich mein L. denken · (ugs.:) **mein Lebtag nicht** *(nie, niemals):* das wirst du dein L. nicht sehen.

Lebzeiten ⟨Plural; in der Verbindung⟩ bei/zu Lebzeiten: *während des Lebens:* zu/bei meinen L.; schon zu/bei L. der Eltern hat er den Hof überschrieben bekommen.

lechzen (geh.) ⟨nach etwas l.⟩: *auf etwas begierig sein:* nach Wasser, nach Kühlung l.; er lechzte nach Rache; bildl.: die Erde, die Natur lechzt nach Regen.

leck: *undicht:* ein leckes Faß; der Tank ist l.; das Schiff schlug l., wurde l. geschlagen.

Leck, das: *undichte Stelle (besonders bei Schiffen):* ein L. im Bug; das Schiff hat ein großes L. [bekommen]; der Tanker hat in den Frachter ein L. geschlagen; das L. provisorisch abdichten.

[1]**lecken: a)** ⟨jmdn., etwas/an jmdm., an etwas l.⟩ *mit der Zunge über jmdn., über etwas fahren:* die Katze leckt ihre Jungen; das Kind leckte Eis, am Eis; Wild leckt gerne Salz; der Hund leckte an mir, an meiner Hand; ⟨jmdm., sich etwas l.⟩ der Hund leckte mir die Hand; der Kater leckt sich das Fell; wie geleckt (ugs.; *sehr sauber*) aussehen. **b)** ⟨sich (Dativ) etwas von etwas l.⟩ *durch Lecken etwas entfernen:* das Kind leckte sich das Blut von der Wunde. * (derb:) **leck mich am Arsch!** *(laß mich in Ruhe!)* · (ugs.:) **sich** (Dativ) **die Finger nach etwas lecken** *(auf etwas lüstern sein)* · (ugs.:) **Blut geleckt haben** *(Gefallen an etwas finden)*.

[2]**lecken** ⟨etwas leckt⟩: *etwas ist undicht:* der Tank, das Schiff leckt; der Kühler hat geleckt.

lecker: *gut schmeckend, appetitlich zubereitet:* ein leckerer Bissen; ein leckeres Gericht; das schmeckt l.; die Torte sieht l. aus.

Leder, das: **1.** *gegerbte Tierhaut:* weiches, glattes, genarbtes, echtes L.; etwas ist zäh wie L.; L. verarbeiten, färben, pflegen; Kleider aus L.; diese Tasche haben wir auch in L.; ein Buch in L. *(in einen Ledereinband)* binden; das Fenster mit einem L. *(Ledertuch)* abreiben. **2.** (ugs.) *Fußball:* das L. nach vorn treiben, schlagen; der Torwart konnte das L. nicht festhalten. * **zuschlagen, was das Leder hält** *(heftig zuschlagen)* · (ugs.; veraltend:) **jmdm. das Leder gerben** *(jmdn. verprügeln)* · **jmdm. ans Leder wollen** *(jmdn. angreifen wollen)* · (veraltend:) **jmdm. auf dem Leder knien** *(jmdn. zwingen)*.

ledern: 1. *aus Leder:* lederne Handschuhe; ein lederner Einband; eine lederne *(wie gegerbt aussehende)* Haut haben; das Fleisch ist l. *(zäh wie Leder)*. **2.** (ugs.): *langweilig:* ein lederner Mensch; sein Vortrag war ziemlich l.

ledig: *nicht verheiratet:* ein lediger junger Mann; eine ledige Mutter; ein lediges (veraltend; *uneheliches*) Kind; die Tochter ist noch l.; l. bleiben *(nicht heiraten)*. * **los/frei und ledig** *(unbehindert)* · (geh.:) **einer Sache ledig sein** *(von einer Sache frei sein)*.

lediglich ⟨Adverb⟩: *nur:* ich berichte l. Tatsachen; er verlangte l. sein Recht.

leer: a) *ohne Inhalt; nichts enthaltend:* ein leeres Glas, Faß; eine leere Kiste, Tasche; ein leerer *(hungriger)* Magen; ein leeres *(von den Vögeln verlassenes)* Nest; der Flug durch den leeren Raum *(durch den Kosmos)*; das Zimmer, die Kanne, der Tank ist l.; die Gegend ist wüst und l. *(unbewohnt)*; zwei Seiten sind noch l. *(unbeschrieben, unbedruckt)*; einen Laden l. *(ohne Einrichtung)* mieten; die Wohnung steht schon lange l. *(ist unbewohnt)*; viele Plätze, Stühle, Bänke blieben l. *(unbesetzt)*; etwas l. machen, trinken; die Maschine, der Motor läuft l. *(gibt keine Leistung ab)*; übertr.: leere Köpfe *(Menschen ohne großen Verstand)*; leeres *(sinnloses)* Gerede; das sind alles leere *(nicht glaubhafte)* Ausreden, Ausflüchte; leere *(unbegründete)* Behauptungen; leere *(nichtssagende)* Worte, Phrasen, Begriffe; sein Leben war l. *(ohne tieferen Sinn, Inhalt)*. **b)** *kaum gefüllt, schwach besetzt:* leere Straßen; das Kino, die Bahn war l.; vor leerem Haus, vor leeren Rängen, Bänken *(vor einem kleinen Publikum)* sprechen, spielen. * (ugs.:) **leeres Stroh dreschen** *(viel Unnötiges, Unsinniges reden)* · **mit leeren Händen** *(ohne etwas erreicht zu haben, ohne ein greifbares Ergebnis)* · **nicht mit leeren Händen kommen** *(ein Geschenk mitbringen)* · (geh.; veraltend:) **leer an etwas sein** *(wenig von etwas haben):* sein Leben war l. an Freuden.

Leere, die: *das Leersein:* die L. des Zimmers, des Weltalls; im Saal, im Stadion war gähnende L. *(es war kaum jmd. gekommen)*; übertr.: eine große, erschreckende geistige L.; die L. der Gedanken, seines Daseins, in seinem Leben.

leeren: a) ⟨etwas l.⟩ *etwas leer machen:* ein Faß, den Mülleimer, den Briefkasten l.; das Glas auf jmdn./auf jmds. Wohl l.; er hat den Krug mit einem Zug, auf einmal geleert; wir haben gestern einige Flaschen Wein geleert (ugs.; *ausgetrunken*); bildl. (geh.): er hat den Kelch bis auf den

Grund, bis zur Neige geleert *(das Leid voll ertragen)*. **b)** ⟨etwas leert sich⟩ *etwas wird leer:* langsam leerte sich der Saal, das Stadion; an der nächsten Station wird sich der Zug leeren. * (ugs.:) **jmdm. die Taschen leeren** *(jmdm. Geld abnehmen)*.

Leerlauf, der: *Getriebestufe, bei der ein Motor läuft, ohne Arbeit zu leisten:* im L. den Berg hinunterfahren; in den L. gehen (ugs.; *den Gang herausnehmen*); übertr.: in diesem Betrieb gibt es viel L. *(unnötige, nutzlose Arbeitsgänge)*.

legal (bildungsspr.): *gesetzlich zulässig, rechtmäßig:* ein legaler Vorgang; etwas auf legalem Weg, mit legalen Mitteln anstreben; das Vorgehen ist l.; etwas l. erreichen.

legen: 1. ⟨jmdn., etwas l.⟩ *bewirken, daß jmd., etwas liegt:* den Kranken ganz flach l.; Weinflaschen sollen gelegt werden; Wäsche l. *(nach dem Waschen von der Leine nehmen und zusammenlegen);* Sport: er hat seinen Gegenspieler gelegt (ugs.; *zu Fall gebracht*); er legte seinen Gegner mit einem Wurfgriff *(brachte ihn beim Ringen auf die Matte)*. **2.** ⟨jmdn., etwas l.; mit Raumangabe⟩ *jmdn., etwas irgendwohin tun:* etwas in das Regal, in ein Fach, in die Schublade l.; ein Tuch auf den Tisch, die Wäsche in den Schrank, Brot in den Korb l.; Kohlen auf Halden l. *(lagern);* noch ein Gewicht auf/in die Waagschale l.; etwas in Wasser, in den Kühlschrank l.; den Geldbeutel unter das Kopfkissen l.; Bretter über eine Grube l.; den Hammer, den Bohrer, den Halter aus der Hand l.; er hat ein Pflaster auf, über die Wunde gelegt; man legt nicht die Füße auf den Tisch; das Kind an die Brust l. *(es stillen);* sie legt ihren Kopf an seine Schultern; ⟨jmdm., sich etwas l.; mit Raumangabe⟩ sich ein paar Kisten Wein in den Keller l.; der Priester legt ihm die Hand auf die Stirn; er legte ihr den Mantel um die Schultern; dem Verletzten ein Kissen unter den Kopf l. **3.a)** ⟨sich l.; mit Raumangabe⟩ *sich irgendwohin [zum Ausruhen] niederlegen:* sich aufs, ins Bett l.; zu Bett l. *(schlafen gehen);* sich an den Strand, in den Sand, auf die Terrasse, in die Sonne, auf den Bauch, auf die Seite l.; er hat sich für eine halbe Stunde auf die Couch gelegt. **b)** ⟨etwas legt sich; mit Raumangabe⟩ *etwas geht nieder und verharrt irgendwo:* der Nebel legt sich auf, über die ganze Stadt; ⟨etwas legt sich jmdm.; mit Raumangabe⟩ der Qualm, die rauhe Luft legt sich mir auf die Bronchien; übertr.: das legt sich mir schwer auf die Brust *(das bedrückt mich)*. **c)** ⟨sich l.; mit Raumangabe⟩ *sich neigen:* das Schiff legt sich auf die Seite; der Motorradfahrer legt sich mächtig in die Kurve. **4.** ⟨etwas legt sich⟩ *etwas vermindert sich, verschwindet:* der Wind, der Sturm legt sich [allmählich]; die Begeisterung, Erregung, Aufregung, der Zorn hatte sich schnell gelegt. **5.** ⟨sich auf etwas l.⟩ *sich auf etwas konzentrieren:* sich auf ein bestimmtes Fachgebiet l.; er will sich weitgehend auf Autoverkauf l.; er legt sich aufs Bitten *(versucht durch ständiges Bitten etwas zu erreichen)*. **6.** ⟨etwas l.⟩: **a)** *ver-, an-, auslegen:* Schienen, Gleise, Rohre, eine Leitung, ein Kabel, Bretter, Dielen, Platten, Fliesen, das Fundament, den Grundstein für die neue Kirche l.; der Teppich[boden] wird von Wand zu Wand gelegt; überall sind Schlingen, Minen gelegt; ⟨jmdm., sich etwas l.⟩ ich lasse mir das Haar l. **b)** (landsch.) *pflanzen:* Kartoffeln, Erbsen, Bohnen l. **7.** ⟨[etwas] l.⟩ *[ein Ei] hervorbringen:* die Hühner legen gut; die Henne hat jeden Tag ein Ei gelegt. **8.** /häufig verblaßt/: den Hund an die Kette l. *(festbinden);* jmdn. in Ketten, Fesseln l. *(fesseln);* Schiffsbau: ein Schiff auf Kiel l. *(zu bauen beginnen);* Feuer l. *(etwas in Brand stecken)*. * **einer Sache etwas zugrunde legen** *(etwas für etwas zur Grundlage nehmen)* · **die Axt an etwas legen** *(etwas beseitigen wollen)* · (ugs.:) **sich aufs Ohr legen** *(sich schlafen legen)* · (ugs.:) **sich auf die faule Haut legen** *(nichts tun)* · **sich auf die Lauer legen** *(auf einen bestimmten Augenblick gespannt warten, um etwas zu tun)* · **jmdm. etwas zur Last legen** *(jmdm. die Schuld an etwas geben)* · **etwas auf Eis legen** *(vorläufig nicht weiterbearbeiten)* · **sich in die Ruder/sich in die Riemen/ins Zeug legen** *(sich anstrengen; mit großem Einsatz etwas machen)* · **sich [für jmdn.] ins Mittel legen** *(sich [für jmdn.] einsetzen)* · **etwas in Schutt und Asche legen** *(zerstören und niederbrennen)* · **jmdm. die Karten legen** *(jmdm. aus den Spielkarten wahrsagen)* · **jmdm. das Handwerk legen** *(jmds. schlechtem Treiben ein Ende setzen)* · **den Finger auf die Wunde legen** *(auf ein Übel deutlich hinweisen)* · **die Hände in den Schoß legen** *(nichts tun; untätig sein)* · **Hand an sich, an jmdn. legen** *(sich, jmdn. töten)* · **auf etwas Wert legen** *(an etwas besonders interessiert sein)* · **etwas an den Tag legen** *(etwas überraschend erkennen lassen)* · **etwas in jmds. Hände legen** *(jmdm. etwas zur Weiterführung, Erledigung übertragen)* · **jmdm. etwas in den Mund legen** *(jmdn. auf eine bestimmte Antwort hinlenken)* · **jmdm. jmdn., etwas ans Herz legen** *(jmdm. etwas besonders anempfehlen)* · **jmdm. Steine, [keine] Hindernisse in den Weg legen** *(jmdm. [keine] Schwierigkeiten machen)* · (ugs.:) **etwas auf die hohe Kante legen** *(Geld sparen)*.

Legion, die: **1.** (hist.) */eine Truppeneinheit/:* die römischen Legionen. **2.** *große Zahl:* eine Legion von Autofahrern; die Zahl der Besucher, ihre Zahl ist L.

legitim (bildungsspr.): **a)** *rechtmäßig, [durch ein Gesetz] begründet; zulässig:* er ist legitimer Herrscher; ein legitimer Anspruch; etwas mit legitimen Mitteln erreichen; das Verfahren ist l.; etwas nicht für l. halten. **b)** *ehelich:* legitime Nachkommen [des Fürstenhauses]; das Kind ist nicht l.

Lehm, der: *klebrige Masse aus Sand und Ton:* gelber, rötlicher L.; L. klebt an den Schuhen; Ziegel aus L. brennen; im L. steckenbleiben.

lehnen: 1. ⟨mit Raumangabe⟩ *schräg gegen etwas gestützt stehen:* das Fahrrad, die Leiter lehnt an der Wand; der Inhaber lehnt in der Tür seines Ladens. **2.a)** ⟨sich, etwas l.; mit Raumangabe⟩ *an etwas anlegen:* er lehnt sich an/gegen die Säule, die Leiter, an/gegen die Wand. **b)** ⟨sich über etwas l.⟩ *sich über etwas beugen:* er lehnt sich weit über das Geländer, über die Brüstung; nicht aus dem Fenster lehnen!

Lehre, die: **1.a)** *Gedanken-, Glaubenssystem; Weltanschauung:* die christliche L.; eine neue, falsche, irrige L.; die L. der Kirche, Buddhas, Kants; eine L. ablehnen, angreifen, verteidigen;

einer L. anhängen; für eine L. eintreten; er wendet sich gegen die herrschende L. **b)** *Lehrmeinung, System von Lehrsätzen:* die Newtonsche L.; die L. vom Schall; eine L. aufstellen, beweisen. **2.** *allgemeine Lebensweisheit, -erfahrung:* eine harte, bittere, notwendige L.; das soll dir eine L. *(Warnung)* sein; aus etwas eine L. *(Folgerung für künftiges Verhalten)* ziehen; eine L. annehmen, befolgen; jmdm. eine heilsame L. *(Mahnung)* erteilen; sie hat mir eine gute L./gute Lehren *(Ermahnungen)* mit auf den Weg gegeben. **3.** *Ausbildungszeit von Lehrlingen:* eine dreijährige L.; die L. dauert zwei Jahre; er hat eine gute L. durchgemacht; bei/zu einem Handwerker, Künstler in die L. gehen, kommen; er will seinen Sohn zu mir in die L. geben, schikken; nach der L. zu einer anderen Firma gehen. * (ugs.:) **bei jmdm. noch in die Lehre gehen können** *(von jmdm. noch etwas lernen können).*

lehren /vgl. gelehrt/: **1.a)** *Unterricht geben, dozieren, Vorlesungen halten:* bis zum 70. Lebensjahr l.; seit seinem Unfall lehrt Professor X nicht mehr; er lehrt an einer höheren Schule, nur noch in der Oberstufe. **b)** ⟨etwas l.⟩ *in etwas Unterricht geben:* er lehrt Deutsch, Mathematik. **c)** ⟨jmdn./(auch:) jmdm. etwas l.⟩ *jmdm. etwas beibringen:* jmdn. lesen, tanzen, schwimmen l.; jmdn./(auch:) jmdm. das Lesen, Tanzen, Schwimmen l.; er hat uns das Fürchten l. wollen; dich werde ich noch Gehorsam, gehorchen l.; sie lehrte die Kinder/(selten:) den Kindern malen; er hat ihn reiten gelehrt/(selten:) lehren; er lehrte ihn ein Pferd satteln/er lehrte ihn, ein Pferd zu satteln; er lehrte ihn, ein/(selten:) einen Freund des Volkes zu sein; er hat uns gelehrt, immer kritisch zu sein; mir ist das/ich bin das in der Schule nicht gelehrt worden. **2.** ⟨etwas lehrt etwas⟩ *etwas läßt etwas deutlich werden:* die Geschichte lehrt, daß nichts endgültigen Bestand hat; das wird die Zukunft lehren; ⟨etwas lehrt jmdn./(seltener:) jmdm. etwas⟩ die Praxis hat uns gelehrt *(gezeigt)*, daß man nicht alle Entwicklungen vorausberechnen kann.

Lehrer, der: **a)** *jmd., der Unterricht erteilt:* ein junger, guter, erfahrener L.; er ist L. für Französisch, an einem Gymnasium; der L. ist sehr streng; er will L. werden; die Klasse bekam einen neuen L.; wir hatten ihn als L. in Biologie; jmdn. als/zum L. ausbilden. **b)** *[berühmter] Lehrmeister:* Heisenberg war sein L.; er hatte mehrere berühmte Lehrer.

Lehrgeld ⟨in den Wendungen⟩ **Lehrgeld geben/Lehrgeld zahlen** [**müssen**] *(Erfahrungen durch Mißerfolg, Schaden gewinnen)* · **sich** (Dativ) **das L. zurückgeben lassen** [**können**] (ugs.): *(wenig gelernt haben):* du kannst dir dein L. zurückzahlen lassen.

lehrreich: *wirkungsvolle Belehrung vermittelnd:* ein lehrreicher Vortrag, Film; das Experiment war sehr l.; für mich war es l. zu erfahren, daß ...

Lehrstuhl, der: *planmäßige Stelle eines Hochschullehrers:* ein L. für vergleichende Sprachwissenschaft; der L. ist frei, vakant (bildungsspr.); neue Lehrstühle schaffen, errichten, einrichten; einen L. an der Universität Wien innehaben, neu besetzen, übernehmen; die Zahl der Lehrstühle erhöhen; man hat ihm einen Ruf auf den L. für Geschichte erteilt.

Leib, der: **1.** *Körper, Rumpf:* ein schöner, statt licher, kräftiger, kranker L.; sie salbten seine L.; Redensart: Essen und Trinken hält L und Seele zusammen · am ganzen L. zittern schwitzen, frieren; er sparte sich das Geld ar eigenen Leibe ab *(er gönnte sich nichts);* bei le bendigem L./(geh.:) lebendigen Leibes verbren nen; diese Krankheit steckte ihr schon lange in L. *(trägt sie schon lange in sich);* übertr.: etwa am eigenen Leibe *(an sich selbst)* verspüren erfahren; keine Ehre, kein Ehrgefühl im Leib *(in sich)* haben; /in Verbindung mit *Leben*/: L und Leben *(alles)* wagen, einsetzen; es besteh Gefahr für L. und Leben *(Lebensgefahr).* **2** *Bauch, Unterleib:* ein dicker, aufgetriebener voller L.; er hat sich (Dativ) den L. vollgeschla gen (ugs.; *sehr viel gegessen*); gut bei Leibe sei (ugs.; *wohlgenährt sein*); noch nichts [Ordent liches] im L. haben/in den L. bekommen habe *(noch nichts gegessen haben);* er ging ohne eine Bissen im L. in den Dienst; mir geht's im L herum (ugs.; *ich habe Leibschmerzen*); jmdm einen Schlag in, vor den L. geben. * (geh.:) **ge segneten Leibes sein** *(schwanger sein)* · (ugs.: **sich** (Dativ) **alles an den Leib hängen** *(alle Geld für Kleidung und Aufmachung ausgeben)* **etwas ist jmdm.** [**wie**] **auf den Leib geschriebe** *(etwas ist genau passend für jmdn.)* · (ugs.: **kein** [**ganzes**] **Hemd** [**mehr**] **am/auf dem Leib** [e **haben** *(völlig heruntergekommen sein)* · (ugs.: **sich** (Dativ) **die Lunge aus dem Leib schreie** *(sehr laut reden, schreien müssen)* · **jmdm lacht das Herz im Leibe** *(jmd. ist über etwas seh erfreut)* · **mit Leib und Seele** *(mit Begeisterung)* er ist mit L. und Seele Lehrer, bei der Sach · **sich** (Dativ) **jmdn., etwas vom Leibe halte** *(jmdn., etwas von sich fernhalten)* · **jmdm. vo Leibe bleiben/gehen** *(jmdn. in Ruhe lassen)* (ugs.:) **jmdm. auf den Leib rücken** *(jmdn. mi etwas bedrängen)* · **einer Sache zu Leibe gehen, rücken** *(eine üble Sache vom Ursprung her zu beseitigen suchen).*

Leibeskräfte ⟨Plural; in der Verbindung⟩ aus, nach Leibeskräften: *mit voller Kraft:* er schrie, sang aus/nach L.

leibhaft (selten): → leibhaftig.

leibhaftig: *in eigener Gestalt; wirklich und wahrhaftig:* er ist ein leibhaftiger Teufel, Satan; er ist es l.; ich sehe ihn l. vor mir; plötzlich stand er l. vor uns; subst.: er jagte davon, als ob der Leibhaftige *(der Teufel)* hinter ihm her sei.

leiblich: **1.** *körperlich:* leibliche Schönheit; für jmds. leibliches Wohl sorgen; er sah es mit seinen leiblichen (veraltend; *eigenen*) Augen. **2.** *unmittelbar verwandt:* sein leiblicher Sohn, Bruder.

Leiche, die: *toter Menschenkörper:* eine verstümmelte, halb verweste L.; eine L. sezieren (bildungsspr.), obduzieren (bildungsspr.), exhumieren (bildungsspr.), öffnen, ausgraben, aufbahren; mehrere Personen konnten nur noch als Leichen geborgen werden; er gleicht einer [wandelnden] L./sieht aus wie eine L. *(sieht sehr schlecht, bleich, wie ein Toter aus).* * **über Leichen gehen** *(skrupellos vorgehen)* · (ugs.:) **nur über meine Leiche** *(nur gegen meinen entschiedenen Widerstand).*

Leichnam, der (geh.): *Leiche:* er ist [nur noch] ein lebendiger L. *(ein völlig verfallener Mensch);*

einen L. aufbahren; jmd. gleicht einem wandelnden L. *(sieht sehr bleich, wie ein Toter aus)*.

leicht: 1. a) *von geringem Gewicht, nicht schwer:* ein leichter Koffer; ein leichtes Paket; ein leichtes Gewicht; die Eimer aus Kunststoff sind leichter; sie ist l. wie eine Feder; dieses Material wiegt l.; übertr.: leichtes *(nicht derbes)* Schuhwerk; ein leichter *(locker gewebter)* Stoff; ein leichtes *(dünnes, luftiges, nicht auftragendes)* Kleid; leichte *(sommerliche, nicht warme)* Kleidung; leichte *(leicht gepanzerte)* Panzer; leichte *(mit kleinem Kaliber schießende)* Waffen; leichte *(mit leichten Geschützen ausgerüstete)* Artillerie; das Haus ist zu l. *(nicht massiv genug)* gebaut; die Mädchen waren alle l. bekleidet *(hatten wenig und dünne Kleidungsstücke an);* die Soldaten waren nur l. bewaffnet *(hatten nur leichte Waffen bei sich)*. **b)** *nicht schwerfällig, beweglich, geschickt:* eine leichte Hand, einen leichten Gang haben; er machte sich leichten Fußes (veraltend; *behende*) auf den Weg; der Schüler hat eine leichte *(rasche)* Auffassungsgabe; sie tanzt sehr l. **2.** *nicht stark; schwach, geringfügig, mäßig; ein wenig:* ein leichter Wind, Regen, Seegang; eine leichte Brise, Dünung; nachts herrscht noch leichter Frost; ein leichtes [Erd]-beben; eine leichte Schwäche, Ermüdung, Verstimmung, Enttäuschung; leichtes Fieber, Unwohlsein; einen leichten Ekel vor etwas haben; eine leichte Störung; ein leichter Anfall; eine leichte Gehirnerschütterung; ein leichter Schlaf; etwas mit einem leichten Unterton von Kritik sagen; einen leichten Tadel anbringen; etwas mit einem leichten Lächeln hinnehmen; leichte *(gewisse)* Zweifel an etwas haben; jmdm. einen leichten Schlag, Stoß geben; der Schaden, die Verletzung ist l.; er ist l. krank, erkältet, betrunken; etwas ist l. ranzig, angefault; etwas ist nur l. gewürzt, gesalzen, gebraten; der Stoff hat sich l. verfärbt; l. schleudern, schwanken; das Fenster l. öffnen; sie lächelte l.; heute nacht hat es l. geschneit. **3.** *bekömmlich, von geringem Gehalt:* leichte Kost, Speisen; er raucht nur leichte Zigarren; der Wein ist l.; das Essen ist l. [verdaulich]; übertr.: *nicht anspruchsvoll, unterhaltend:* leichte Unterhaltung, Musik, Lektüre. **4.** *mühelos, ohne Schwierigkeiten, einfach:* eine leichte Arbeit; das ist keine leichte Aufgabe; er hat einen leichten *(nicht anstrengenden)* Posten, Dienst; sie hatte noch nie ein leichtes Leben; es wird kein leichter Kampf, kein leichtes Spiel; einen leichten Tod haben; die Frage, Antwort ist l.; das Examen, die Prüfung war gar nicht so l.; die Frage ist l. zu beantworten; sein Geld l. verdienen; das ist leichter gesagt als getan; Redensart: das ist l. gesagt, aber schwer getan · etwas läßt sich l. handhaben; der Vortrag ist l. verständlich; du hast/kannst l. reden, lachen *(du bist nicht in meiner Lage);* das Problem läßt sich l. lösen; du kannst dir l. ausrechnen, was das bedeutet; er hat es im Leben nicht l. gehabt. **5.** *schnell, unversehens:* etwas l. vergessen; er wird immer l. böse, ist l. beleidigt, verärgert; die Markierung kann man l. übersehen; das passiert mir nicht so l. *(so bald, ohne weiteres)* wieder; das kann l. daneben, ins Auge gehen, schiefgehen; es ist l. (ugs.; *durchaus*) möglich; daß er heute nicht kommt. **6.** (ugs.) *moralisch freizügig:* ein leichtes Mädchen; eine leichte Dame; ein leichtes Leben führen. * **mit leichter Zunge** *(unbedacht)* · **die leichte Muse** *(die heitere, unterhaltende Kunst)* · **mit jmdm., mit etwas leichtes Spiel haben** *(mit jmdm., mit etwas schnell fertig werden)* · **keinen leichten Stand haben** *(sich gegen starken Widerstand durchsetzen müssen)* · **etwas auf die leichte Achsel/Schulter nehmen** *(etwas nicht genügend ernst nehmen)* · **etwas von der leichten Seite nehmen** *(sich über etwas keine großen Sorgen machen)* · **jmdm. ist/wird es leichter** *(jmd. fühlt sich wieder wohler):* jetzt ist es mir wieder leichter [im Magen] · (ugs.:) **jmdn. um ... leichter machen** *(jmdm. Geld abnehmen):* er hat mich um 20 Mark leichter gemacht.

leichtfallen ⟨etwas fällt [jmdm.] leicht⟩: *etwas macht [jmdm.] keine Schwierigkeiten:* es fällt ihm leicht, sich rasch umzustellen; hier fällt die Entscheidung wirklich nicht leicht.

leichtfertig: a) *unüberlegt:* leichtfertige Worte, Äußerungen; er ist ein leichtfertiger *(unüberlegt handelnder)* Mensch; diese Handlungsweise ist sehr l.; l. sein Leben aufs Spiel setzen. **b)** (veraltend) *moralisch freizügig:* ein leichtfertiges Leben führen; sie ist etwas l.

leichtmachen ⟨es jmdm., sich l.⟩: *jmdm., sich wenig Mühe machen:* du machst es dir leicht; man hat es dem Täter leichtgemacht, an das Geld heranzukommen!

Leichtsinn, der: *Unüberlegtheit; unvorsichtige, sorglose Haltung:* ein beispielloser, bodenloser, unverantwortlicher, sträflicher L.; sein L. wurde ihm zum Verhängnis, ist durch nichts zu entschuldigen; etwas aus L. tun; das sagst du in deinem jugendlichen L. (ugs.; *in deiner Unerfahrenheit*).

leichtsinnig: *sorglos, unbedacht, ohne viel Ernst:* ein leichtsinniger Mensch; sie ist viel zu l.; sein Geld l. ausgeben; er hat sein Leben l. aufs Spiel gesetzt.

Leid, das: *Kummer, tiefer Schmerz:* ein bitteres, schweres, unermeßliches L.; daraus soll niemandem ein L. werden; Sprichw.: geteiltes L. ist halbes L. · sie teilten Freud und L. miteinander; jmdm. sein L. klagen; es soll dir kein L. *(nichts Böses)* geschehen, angetan werden, zugefügt werden; viel L. erfahren/ertragen müssen; alles L. geduldig ertragen; in/vor L. vergehen. * (geh.:) **sich** (Dativ) **ein Leid**/(veraltet:) **ein Leids antun** *(Selbstmord begehen)* · **etwas tut**/(veraltet:) **ist jmdm. leid** *(jmd. bedauert, bereut etwas):* es tut mir leid, daß ich nicht kommen kann/wenn ich Sie gekränkt habe · **jmd. tut jmdm. leid** *(jmd. hat mit jmdm. Mitleid):* die Mutter tut mir wirklich leid · **jmdn., etwas leid sein** *(jmds., einer Sache überdrüssig sein)*.

leiden: 1. a) *Schmerzen aushalten:* lange, viel, schwer l.; bei dieser Krankheit mußte er furchtbar l.; Rel.: Christus hat für uns gelitten; adj. Part.: einen leidenden Gesichtsausdruck haben; er ist schon seit langer Zeit leidend; leidend aussehen. **b)** ⟨an etwas l.⟩ *an etwas erkrankt sein:* an einer unheilbaren Krankheit, an Krebs, an Schwermut l. **c)** ⟨unter jmdm., unter etwas l.⟩ *Kummer, Unangenehmes zu ertragen haben, Schweres durchmachen:* unter Schlaflosigkeit l.; unter den Auswirkungen des Krieges hat die Bevölkerung am meisten zu l.; unter der großen Hitze, Kälte l.; unter jmds. Launen l. **d)** (geh.)

⟨etwas l.⟩ *aushalten:* Durst, Hunger, Not, Unrecht l.; wir litten großen Mangel an wichtigen Lebensmitteln. **2.a)** ⟨jmdn. l.; mit *können* und Artangabe⟩ *sympathisch finden:* jmdn. gut, nicht l. können; er hat mich noch nie l. können. **b)** ⟨etwas nicht l.; mit *können*⟩ *etwas nicht ausstehen können:* ich kann diese Geheimniskrämerei, dieses Benehmen nicht, auf den Tod nicht l. **3.** (geh.) ⟨etwas nicht l.⟩ *etwas nicht zulassen:* ich leide das, so etwas nicht; er hat nicht gelitten, daß wir uns dort treffen; diese Arbeit leidet keine Unterbrechung, hat keinen Aufschub gelitten. **4.** ⟨etwas leidet durch/unter etwas⟩ *etwas nimmt durch etwas Schaden:* die Firma leidet unter der schlechten Führung; die Möbel können durch die/unter der Feuchtigkeit l.; durch diese Affäre hat sein Ansehen erheblich gelitten. * **etwas leidet Schaden** *(etwas wird beschädigt).*

Leiden, das: **a)** *lang dauernde [schwere] Krankheit:* ein körperliches, organisches (bildungsspr.), chronisches (bildungsspr.) L.; ein altes L. macht ihm wieder zu schaffen; wie das L. Christi (ugs.; *sehr elend*) aussehen; an einem unheilbaren L. sterben; nach langem, schwerem L. starb ... **b)** ⟨Plural⟩ *Elend, Qualen:* die Leiden der Bevölkerung; das sind die Freuden und Leiden des Lebens.

Leidenschaft, die: *heftiges Verlangen; starke Gefühlserregung:* eine wilde, unglückliche, verhängnisvolle, furchtbare, gefährliche, entfesselte L.; die L. des Spielens; die politische L. trieb ihn früh zur Parteiarbeit; seine L. riß ihn fort (geh.); eine glühende, heftige L. *(Zuneigung)* zu jmdm. empfinden; seine L. zügeln, bändigen; Leidenschaften aufrühren, erregen, entflammen, anstacheln, schüren; seine L. für etwas entdecken; seiner L. freien Lauf lassen, nachgeben; sich seiner L. hingeben; etwas aus L. tun; etwas mit viel L. betreiben; von stürmischer L. erfaßt werden; frei von Leidenschaften, von jeder L. sein.

leidenschaftlich: 1. *voller Leidenschaft:* eine leidenschaftliche Frau; ein leidenschaftlicher Haß, Protest, Aufruf; eine leidenschaftliche Zuneigung, Liebe [zu jmdm.], ein leidenschaftliches Verlangen nach etwas haben; ein leidenschaftlicher Kämpfer für die Freiheit; er ist immer sehr l.; sich für etwas l. einsetzen; etwas l. verteidigen, fordern, bekämpfen; jmdn. l. lieben, küssen. **2.** *begeistert:* ein leidenschaftlicher Autofahrer, Jäger, Sammler; l. [gern] Tennis spielen; er ißt l. *(sehr)* gern Torte.

leider ⟨Adverb⟩: *bedauerlicherweise:* ich kann l. nicht kommen; das ist l. nicht möglich; l. [Gottes]! */Ausruf des Bedauerns/.*

leidig: *unangenehm, lästig:* eine leidige Sache, Angelegenheit; ein leidiger Zufall; das ist ein leidiger (veraltend; *schlechter*) Trost; wenn nur das leidige *(lästige)* Geld nicht wäre!

leidlich: *erträglich, annehmbar:* eine leidliche *(mittelmäßige)* Stimme; leidliche Kenntnisse in Englisch haben; er spielt l. [gut] *(einigermaßen [gut])* Klavier; mir geht es [so] l. *(einigermaßen erträglich).*

Leidtragende, der: *Verwandter, guter Bekannter eines Verstorbenen:* die Leidtragenden folgten dem Sarg. * **der Leidtragende sein** *(jmd. sein, der die negativen Folgen von etwas zu tragen hat).*

Leidwesen ⟨in der Verbindung⟩ zu meinem Leidwesen: *zu meinem Bedauern.*

Leier, die: *antikes Musikinstrument:* die L. spielen; Apoll mit der L. * (ugs.:) **die alte/gleiche/dieselbe Leier** *(die alte Sache, Angelegenheit):* jetzt kommt er wieder mit der alten L.

leiern: 1. (selten) ⟨etwas l.; mit Raumangabe⟩ *etwas mit einer Winde befördern:* den Eimer aus dem Brunnen l. **2.** ⟨[etwas] l.⟩ *gleichförmig und deshalb langweilig vortragen:* Gebete, Verse l.; er hat beim Vortrag des Gedichts zu sehr, entsetzlich geleiert. * (ugs.:) **jmdm. etwas aus den Rippen/aus dem Kreuz leiern** *(von jmdm. etwas nur mit viel Mühe erhalten):* er hat mir 10 Mark aus dem Kreuz geleiert.

leihen: 1. ⟨jmdm. etwas l.⟩ *jmdm. etwas unter dem Versprechen der Rückgabe geben:* er hat mir Geld, das Buch [bis Ende der Woche] geliehen; übertr.: jmdm. seinen Beistand l. *(helfen),* sein Vertrauen l. *(vertrauen);* leihen Sie mir bitte Ihre Aufmerksamkeit, Ihr Ohr! *(hören Sie mir bitte zu!)* **2.** ⟨sich (Dativ) etwas l.⟩ *mit dem Versprechen der Rückgabe von jmdm. nehmen:* sich 20 Mark, etwas Mehl, eine Briefmarke l.; ⟨auch ohne Dativ⟩ den Wagen habe ich geliehen.

Leim, der: *Klebstoff:* ein dünner, fester, zähflüssiger L.; L. anrühren; etwas mit L. festkleben. * (ugs.:) **etwas geht aus dem Leim** *(etwas geht entzwei)* · (ugs.:) **jmdm. auf den Leim gehen, kriechen** *(auf jmdn., jmds. Trick hereinfallen)* · (ugs.:) **jmdn. auf den Leim führen/locken** *(jmdn. überlisten, hereinlegen wollen).*

leimen: 1. ⟨etwas l.⟩ *etwas mit Leim zusammenfügen:* einen Tisch, zerbrochenes Spielzeug [wieder] l.; der Stuhl ist schlecht geleimt. **2.** (ugs.) ⟨jmdn. l.⟩ *jmdn. hereinlegen, betrügen:* er hat ihn gehörig geleimt; subst.: jetzt ist er der Geleimte.

Leine, die: *kräftige, längere Schnur:* die Leine *(Wäscheleine)* ziehen, spannen; Wäsche auf die L. hängen, von der L. nehmen; den Hund an der L. haben, führen, an die L. nehmen; Seemannsspr.: die Leinen *(Taue)* losmachen, loswerfen. * (ugs.:) **jmdn. an der Leine haben/halten; an die Leine legen** *(jmdn. in der Gewalt haben und lenken können)* · (ugs.:) **Leine ziehen** *(verschwinden, sich davonmachen).*

Leinwand, die: **1.** */eine Stoffart/:* echte, grobe L.; eine L. (zum Malen) spannen, leimen, grundieren; auf L. malen. **2.** *Projektionswand für Filme und Dias:* die L. flimmert; es flimmert auf der L.; wie gebannt auf die L. sehen; er erscheint oft auf der L. *(spielt oft in Filmen mit);* jmdn., etwas von der L. kennen *(in Filmen kennengelernt haben).*

leise: 1. *nur wenig hörbar; nicht laut:* eine leise Stimme; ein leises Lachen, Flüstern, Rauschen; leise Schritte, Tritte; auf leisen Sohlen *(ohne Geräusche)* hereinkommen; der Motor ist, läuft l.; das Radio leiser stellen; l. sprechen, [an die Tür] klopfen. **2.a)** (meist geh.) *schwach:* ein leiser Duft, Wind, Wellenschlag; wir spürten nicht den leisesten Hauch; einen leisen Schlaf haben *(bei jedem Geräusch aufwachen);* es regnete l.; etwas l. berühren; sie streichelte ihm l. das Haar. **b)** *schwach, gering, nicht sonderlich bedeutend:* eine leise Ahnung, Vermutung, Andeutung, Anspielung, Enttäuschung, Hoffnung; ich habe das leise Gefühl, daß ...; ein leiser Verdacht; ein leises Staunen; nicht den leisesten Zweifel [an etwas] haben; einen leisen Ekel, Widerwillen verspüren; er hat nicht die leiseste Ahnung davon.

leisten: **1.** ⟨etwas l.⟩ **a)** *etwas schaffen, vollbringen:* er leistet etwas, viel, wenig, Außerordentliches, Erstaunliches, fast Übermenschliches; gute politische Arbeit l. *(verrichten);* auf diesem Gebiet hat er noch nichts geleistet; ich leiste *(mache)* nur ganze Arbeit; zehn Überstunden l. *(machen).* **b)** *nutzbare Kraft erbringen:* der Motor leistet 80 PS, zu wenig; die Maschine leistet diese Arbeit nicht *(ist für diese Arbeit, Belastung zu schwach).* **c)** /verblaßt/: Beistand, Hilfe l. *(helfen);* bei jmdm. Abbitte l. *(jmdn. um Verzeihung bitten);* Gehorsam, Folge l. *(gehorchen, einer Sache nachkommen);* Widerstand l. *(sich widersetzen);* [jmdm.] Ersatz l. *([jmdm.] etwas ersetzen);* Gewähr, Garantie l. *(garantieren);* einen Eid, Meineid, den Offenbarungseid l. *(schwören);* (Papierdt.:) Verzicht l. *(verzichten);* (Papierdt.:) eine Anzahlung l. *(einen Betrag anzahlen);* (Papierdt.:) eine Unterschrift l. *(unterschreiben);* (Papierdt.:) [an jmdn.] eine Zahlung l. *(zahlen).* **2.** ⟨sich (Dativ) etwas l.⟩ **a)** *sich etwas gönnen; etwas finanziell ermöglichen können:* sich einen neuen Anzug, einen schönen Urlaub, eine große Reise l.; von dem Gehalt kann ich mir kein Auto l. **b)** *sich etwas herausnehmen:* sich eine Frechheit, eine böse Entgleisung l.; was er sich schon alles geleistet hat; ich kann es mir nicht l., den Beruf zu vernachlässigen. * **einer Sache Vorschub leisten** *(durch sein Verhalten etwas von vornherein begünstigen)* · **jmdm. Gesellschaft leisten** *(bei jmdm. sein und ihn unterhalten)* · **jmdm. einen guten Dienst/gute Dienste leisten** *(jmdm. von Nutzen sein).*

Leisten, der: **a)** *Formstück für die Schuhherstellung:* Leisten verschiedener Größe; Sprichw.: Schuster, bleib bei deinem L. *(tue nicht etwas oder rede nicht über etwas, wovon du nichts verstehst)!* **b)** *Schuhspanner:* Leisten in die Schuhe legen, schieben; Schuhe auf Leisten spannen. * (ugs.:) **alles über einen Leisten schlagen** *(alles gleich behandeln und dabei wichtige Unterschiede nicht beachten).*

Leistung, die: **1.a)** *Leistungsfähigkeit:* die L. muß noch verbessert werden; das beeinträchtigt die L. der kleinen Betriebe. **b)** (Technik) *nutzbare Arbeitskraft:* der Motor hat, bringt eine L. von 150 PS; die L. der Maschine drosseln, steigern, erhöhen, voll ausnutzen. **2.** *das Geleistete; getane, hervorgebrachte körperliche, geistige Arbeit:* eine gute, ausgezeichnete, hervorragende, erstaunliche, unbefriedigende, schwache, schlechte, mangelhafte L.; das ist keine besondere L.; eine große sportliche, technische L.; die Leistungen sind besser geworden; nur die L. entscheidet; ich möchte seine Leistungen nicht schmälern, aber ...; dadurch werden die Leistungen gesteigert, erhöht, beeinträchtigt. **3.** ⟨meist Plural⟩ *finanzielle Aufwendungen für jmdn.:* die sozialen Leistungen einer Firma, der Krankenkasse; zu einer L. verpflichtet sein.

leiten: **1.** ⟨jmdn., etwas l.⟩ *verantwortlich führen:* eine Arbeitsgruppe, eine Schule, einen Betrieb, ein Unternehmen l.; eine Sitzung, eine Diskussion l.; der Botschafter leitet die Verhandlungen; adj. Part.: leitender Angestellter, Beamter, Ingenieur; er hat eine leitende Stellung, Funktion. **2.a)** ⟨jmdn. l.; mit Raumangabe⟩ *jmdn. irgendwohin führen, gelangen lassen:* jmdn. ins Zimmer l.; mein Instinkt, ein Gefühl leitete mich an die richtige Stelle; verschiedene Umstände leiteten uns zu diesem Entschluß; ⟨selten auch ohne Akk.⟩ dieser Hinweis leitete auf die richtige Spur; adj. Part.: der leitende Gedanke war ...; es fehlt die leitende Hand. **b)** ⟨sich von etwas l. lassen⟩ *nach einem bestimmten Gedanken handeln:* sich nur von wirtschaftlichen Gesichtspunkten l. lassen; ich habe mich immer von der Vorstellung l. lassen, daß so etwas nicht möglich ist. **3.** ⟨etwas l.; mit Raumangabe⟩ *in eine bestimmte Bahn bringen, irgendwohin lenken:* Erdöl, Gas durch Rohre l.; der Bach wird durch einen Kanal, in ein anderes Bett geleitet. **4.** (Technik) ⟨etwas leitet etwas⟩ *etwas läßt etwas hindurchgehen, führt etwas weiter:* Metalle leiten Strom, Elektrizität, Wärme; ⟨auch ohne Akk.⟩ Kupfer leitet gut. * **etwas in die Wege leiten** *(etwas anbahnen).*

[1]**Leiter,** der: **1.** *leitende Person:* ein kluger, geschickter, umsichtiger L.; er ist L. einer Expedition, eines Unternehmens, einer Schule; einen neuen L. einstellen, berufen; jmdn. zum L. von etwas machen, befördern, ernennen. **2.** (Technik) *Energieträger:* es gibt gute und schlechte Leiter; etwas wirkt als L.

[2]**Leiter,** die: *Vorrichtung mit Sprossen zum Steigen:* eine hohe, ausziehbare L.; eine L. aus Metall; die L. ist, steht nicht sicher; die L. anstellen, anlegen (selten), an die Wand lehnen; auf der L. stehen; auf die L. steigen; die Bewohner wurden über eine L. *(Feuerwehrleiter)* ins Freie gebracht; von der L. fallen; bildl.: er ist auf der L. des Erfolges eine Stufe höher gestiegen.

Leitung, die: **1.a)** *das Führen:* eine strenge, straffe, lockere, zielbewußte L.; die L. der Firma übernehmen; jmdm. die L. von etwas übertragen, anvertrauen; er wurde mit der L. der Expedition betraut. **b)** *leitende Person; Führungsgruppe:* die technische, kaufmännische L.; das Geschäft wird unter neuer L. weitergeführt, steht unter neuer L. **2.** (Technik) **a)** *Rohrleitung:* eine L. für Wasser, Gas, Fernheizung; die L. ist undicht, gebrochen, geplatzt; die L. verläuft unterirdisch; die L. wird bis an die Küste geführt. **b)** *Stromleitung:* die Leitung steht unter Hochspannung; die L. unter [Ver]putz legen; L. nicht berühren! **c)** *Telefonleitung:* die L. ist besetzt, frei, überlastet, unterbrochen, gestört, tot (ugs.; *gibt kein Zeichen*); eine L. anzapfen, an-, abklemmen, durchschneiden, [aus der Wand, aus dem Anschluß] herausreißen; es ist jmd. in der L. (ugs.; *jmd. hört mit*); gehen Sie aus der L. * (ugs.:) **eine lange Leitung haben** *(schwer begreifen).*

Lektion, die (bildungsspr.): **1.** *Abschnitt eines Lehrbuches; Unterrichtspensum:* die dritte, vorletzte L. [in Französisch]; eine L. behandeln, durchnehmen, wiederholen; das Buch umfaßt, hat dreißig Lektionen; seine L. lernen; er kann seine L. [gut]. **2.** (veraltend) *Unterrichtsstunde:* wir hatten heute die vierte L. [in Physik]; eine L. vorbereiten. **3.** *Zurechtweisung, einprägsame Lehre:* eine gründliche, bittere L.; jmdm. eine L. geben, erteilen; diese Niederlage dürfte eine heilsame L. für die Mannschaft sein.

Lektüre, die (bildungsspr.): **a)** *Lesestoff:* gute, unterhaltende, langweilige, englische L.; das ist keine passende L. für dich; sich für den Urlaub mit L. versorgen. **b)** *das Lesen:* bei der L. des Buches fiel mir auf, daß ...; jmdm. etwas zur L. empfehlen.

lenken: 1. ⟨etwas l.⟩ *steuern, eine bestimmte Richtung geben:* einen Wagen, ein Fahrrad l.; er lenkte das Auto nach rechts, um einen Zusammenstoß zu vermeiden; seine Schritte heimwärts l.; übertr.: das Gespräch auf ein anderes Thema, in eine andere Richtung l.; seinen Blick auf jmdn. l.; den Verdacht auf jmdn. l.; seine Aufmerksamkeit, jmds. Gedanken auf etwas l.; ⟨auch ohne Akk.⟩ mit einer Hand, sehr sicher l.; laß mich mal l.!; übertr.: die Wirtschaft, eine Demokratie, die Sprache l.; die ganze Presse ist gelenkt. **2.** ⟨jmdn. l.⟩ *leiten, führen:* man muß das Kind l.; er läßt sich schwer l.; es fehlt ihm/bei ihm die lenkende Hand.

Lenz, der: **1.** (dichter.) *Frühling:* der holde L.; der L. hält [seinen] Einzug; übertr.: der L. *(die Jugend)* des Lebens; er ist, steht noch im L. des Lebens. **2.** (scherzh.) ⟨Plural⟩ *Jahre:* sie zählt erst zwanzig Lenze. * (ugs.:) **einen [sonnigen] Lenz haben/schieben** *(nichts arbeiten).*

lernen /vgl. gelernt/: **1. a)** *sich Wissen, Kenntnisse aneignen:* gut, schlecht, gerne, leicht, schnell, schwer l.; er sitzt bis in die Nacht hinein und lernt; man kann nie genug l.; Sprichwort: nicht für die Schule, sondern für das Leben lernen wir. **b)** ⟨etwas l.⟩ *sich etwas aneignen, einprägen:* eine Sprache, Französisch, ein Gedicht, Vokabeln l.; etwas auswendig l.; lesen, schreiben, rechnen, schwimmen, tanzen, kochen, Stenographie und Schreibmaschineschreiben l.; Auto fahren l.; Geige, Klavier, ein Instrument spielen l.; ich muß noch l., Englisch zu sprechen; ich habe schnell [zu] arbeiten gelernt; wir haben gelernt, selbständig zu sein; von/bei ihm kannst du noch etwas l.; wo habt ihr das gelernt?; er lernt's nie/wird es nie lernen/(ugs.; *er versteht es nicht, er ist ungeschickt*). **2.** ⟨etwas l.⟩ *[ein Handwerk] erlernen:* einen Beruf l.; er hat Bäcker, Koch, Schlosser, Kaufmann gelernt; ⟨auch ohne Akk.⟩ er muß drei Jahre l. *(die Ausbildungszeit beträgt drei Jahre);* er lernt noch *(ist noch in Ausbildung);* Redensart: etwas will gelernt sein *(man muß etwas viel geübt haben, wenn man es beherrschen will);* gelernt ist gelernt *(wenn man etwas gelernt hat, kann man etwas leicht machen).* **3.** ⟨etwas lernt sich; mit Artangabe⟩ *etwas läßt sich in bestimmter Weise lernend bewältigen:* der Text, die Rolle lernt sich leicht. Die Verwendung von *lernen* an Stelle von *lehren* (Ich habe ihn schreiben gelernt) ist nicht korrekt.

Lesart, die: **a)** *Formulierung, Wortlaut:* eine andere, abweichende L.; die Lesarten miteinander vergleichen. **b)** *Darstellung, Auslegung:* eine falsche, die amtliche, offizielle L.; ich kenne eine ganz andere L.

¹lesen: 1. ⟨[etwas] l.⟩ *etwas Geschriebenes, einen Text mit den Augen und dem Verstand erfassen:* l. lernen; das Kind kann schon l.; laut, leise, schnell, langsam, deutlich, stockend, flüchtig, aufmerksam l.; viel *(viel Literatur),* gerne l.; ein gern gelesener Roman, Schriftsteller; jeden Abend im Bett l.; in einem Buch l.; hier ist zu l *(steht geschrieben),* daß ...; einen Satz, die Zeitung, einen Roman, einen Bericht l.; Noten eine Partitur l.; wir lesen das Drama mit verteilten Rollen; eine Nachricht in der Zeitung l. ich habe in dem Protokoll gelesen, daß er/we den Unfall verschuldet hat; lies doch mal an Aushang, ob der Betriebsausflug stattfindet wo hast du das gelesen?; seine Handschrift ist schlecht zu l. *(entziffern);* etwas nicht mehr l *(entziffern)* können; am liebsten liest er Goethe moderne Autoren; der Text ist so zu lesen *(zu verstehen, zu interpretieren),* daß ...; Politik ein Gesetz l. *(vor dem Parlament beraten)* Druckerspr.: Korrekturen, Fahnen l. *(neu gesetzten Text auf seine Richtigkeit durchlesen),* kath. Rel.: eine Messe l. *(den Gottesdienst halten);* übertr.: Gedanken l. *(erraten)* können. **2** ⟨[etwas] aus etwas l.⟩ *vorlesen:* aus eigener Werken l.; der Dichter las einige Abschnitte aus einer unbekannten Novelle. **3.** ⟨etwas in/aus etwas l.⟩ *etwas einer Sache entnehmen, erkennen:* aus jmds. Zeilen einen Vorwurf, gewisse Zweifel l.; in seiner Miene, in seinen Zügen konnte man die Verbitterung l.; aus seinem Blick, Gesicht war deutlich zu l., was er dachte. **4.** ⟨etwas liest sich; mit Artangabe⟩ *etwas hinterläßt einen bestimmten Eindruck:* das Buch liest sich leicht, flüssig, schwer; der Bericht las sich wie ein Roman. **5.** ⟨[etwas] l.⟩ *eine Vorlesung halten:* zweimal in der Woche, insgesamt sechs Stunden l.; er liest [über] neueste Geschichte, [über] moderne Lyrik. * (ugs.:) **jmdm. die Leviten lesen** *(jmdn. gehörig tadeln, zurechtweisen).*

²lesen ⟨etwas l.⟩: **a)** *sammeln:* Ähren, Beeren, Trauben l. **b)** *verlesen, Schlechtes aussondern:* Erbsen, Linsen, Mandeln, Rosinen l.; Salat l *(die äußeren schlechten Blätter entfernen).*

Lesung, die: **1.** *das Vorlesen vor einem Publikum:* die L. aus der Heiligen Schrift; der Dichter hält eine L., kommt zu einer L.; eine L. veranstalten. **2.** (Politik) *parlamentarische Beratung:* das Gesetz wurde in dritter L. angenommen, verabschiedet.

Lethargie, die (bildungsspr.): *geistige Trägheit; Interesselosigkeit:* aus seiner L. erwachen; jmdn. aus seiner L. reißen, aufrütteln; in eine gefährliche L. [ver]fallen.

letzte: 1. *das Ende einer [Reihen]folge bildend:* das letzte Haus [in der Straße]; der letzte Buchstabe des Alphabets; das ist das letzte Glas, das ich trinke; am letzten Tag des Monats, des Jahres; ich sage [dir] das zum letzten Mal[e]; die letzte Möglichkeit; das ist mein letztes *(äußerstes)* Angebot; zum letzten *(äußersten, schlimmsten)* Mittel greifen; mit letzter Kraftanstrengung *(unter Aufbietung aller Kräfte)*; subst.: er ist der letzte/er ist, wurde letzter, kam als letzter ins Ziel; du bist der letzte, dem ich es sage *(dir würde ich es am allerwenigsten sagen)*; er ist Letzter/der Letzte *(dem Range nach)* in der Hierarchie; das Erste und das Letzte *(Anfang und Ende)*; der Letzte *(letzte Tag)* des Monats; er ist der Letzte seines Geschlechts; ein Letztes habe ich noch zu sagen; bis zum Letzten *(Äußersten)* gehen; Sprichw.: den letzten beißen die Hunde; die Letzten werden die Ersten sein · übertr.: jmdm. einen letzten Wunsch erfüllen *(vor seinem Tod);* etwas ist jmds. letzte Hoffnung; für jmdn. die letzte Rettung sein; das rührt an die letzten *(tiefsten)* Geheimnisse; im letzten Moment *(ganz knapp vor dem Eintreten von etwas)*. **2.** *vergangen; unmittelbar vor dem jetzigen Ereignis, Zeitpunkt:* den letzten Urlaub verbrachten wir am Mittelmeer; bei meinem letzten Besuch war er verreist; [am] letzten Sonntag; in der letzten Nacht, im letzten Jahr; in letzter Zeit/in der letzten Zeit kam so etwas weniger vor; in der letzten Sitzung, beim letzten Mal[e], letztes Mal haben wir darüber gesprochen. **3.** *restlich:* mein letztes Geld; die letzten Pfennige, Groschen für etwas ausgeben; etwas bis auf den letzten Heller (ugs.; *vollständig*) bezahlen; das sind die letzten Exemplare. * (ugs.; scherzh.:) **der Letzte der/der letzte Mohikaner** *(derjenige, der von vielen übriggeblieben ist)* · (Rel.:) **das Letzte Gericht** *(göttliches Gericht am Tage des Weltuntergangs)* · (kath. Rel.:) **die Letzte Ölung** */ein Sakrament/* · (kath. Rel.:) **die Letzten Dinge** *(Sammelname für Tod, Gericht, Himmel, Hölle)* · **der Letzte Wille** *(Verfügung im Testament)* · **der letzte Schrei** *(die neueste Mode)* · (ugs.:) **der letzte Dreck** *(jede Kleinigkeit)* · **letzte Wahl** *(einfachste, billigste Qualität)* · **letzten Endes** *(schließlich, letztlich, im Grunde)* · **das letzte Wort haben/behalten** *(immer noch einmal dagegenreden)* · **etwas ist jmds. letztes Wort** *(etwas ist jmds. äußerstes Entgegenkommen)* · **etwas ist nicht der Weisheit letzter Schluß** *(etwas ist noch nicht die beste, sinnvollste Lösung)* · **in den letzten Zügen liegen: a)** *(mit dem Tode ringen)*. **b)** (scherzh.; *kurz vor der Fertigstellung stehen*) · **[die] letzte Hand an etwas legen** *(etwas vollenden)* · (verhüll.:) **seine letzte Reise antreten** *(sterben)* · (geh.; verhüll.) **jmdm. das letzte Geleit geben; jmdm. die letzte Ehre erweisen** *(zu jmds. Beerdigung gehen)* · **jmds. letztes Stündlein hat geschlagen** *(jmd. liegt im Sterben)* · **am, zum letzten** *(zuletzt)* · **bis aufs letzte** *(völlig, total)* · **bis ins letzte** *(genau)* · **bis zum letzten** *(sehr)* · **fürs letzte** *(zuletzt)* · **sein letztes [für jmdn., für etwas] geben** *(all seine Kräfte und Mittel einsetzen)*.

letztens ⟨Adverb⟩: **1.** *vor kurzem, kürzlich:* l. habe ich dort etwas gekauft; wir haben l. schon darüber gesprochen. **2.** *zuletzt, schließlich:* erstens habe ich kein Geld, zweitens ist die Sache nicht so wichtig, und l. bin ich nicht daran interessiert.

letztlich ⟨Adverb⟩: *schließlich:* l. hängt alles von dir ab; das läuft l. auf das gleiche hinaus.

Leuchte, die (Technik): *Lampe:* moderne Leuchten. * **eine Leuchte sein** *(ein großer Geist, kluger Kopf sein):* er war keine große L.; er ist eine große L. der Wissenschaft.

leuchten: 1. a) *Licht irgendwohin fallen lassen, werfen:* mit einer Taschenlampe l.; in den Keller, unter den Schrank, in alle Winkel des Hauses l.; ⟨jmdm. l.; mit Raumangabe⟩ er leuchtete ihm direkt ins Gesicht. **b)** ⟨jmdm. l.⟩ *den Weg erhellen:* würdest du mir bitte mal l.? **2.** ⟨etwas leuchtet⟩ *etwas strahlt, glänzt, funkelt:* die Kerze, die Lampe, das Feuer leuchtet; die untergehende Sonne leuchtet am Horizont; die Sterne, einige Lichter leuchteten in der Nacht; ihre Augen leuchten vor Freude; mit leuchtenden Augen zusehen; leuchtende *(helle und kräftige)* Farben; übertr.: ein leuchtendes *(nachahmenswertes)* Beispiel, Vorbild; ein leuchtendes *(klares)* Ziel vor Augen haben; aus ihren Augen leuchtete *(strahlte)* das Glück; der Herr lasse sein Antlitz l. über dir */Gebetstext/*. * (ugs.:) **sein Licht leuchten lassen** *(sein Können, Wissen zeigen)*.

leugnen ⟨etwas l.⟩: *abstreiten:* seine Schuld, seine Mittäterschaft, eine Tat l.; er leugnet nicht, den Mann gesehen zu haben/daß er den Mann gesehen hat; seine Intelligenz hat niemand geleugnet *(bestritten)*; ich kann nicht l. *(ich gebe gerne zu)*, daß es mir gut geht; es war nicht zu l. *(es stand eindeutig fest)*, daß das Geld fehlte; ⟨auch ohne Akk.⟩ *seine Schuld abstreiten:* er leugnet weiterhin hartnäckig; subst.: alles Leugnen half ihm nichts.

Leumund, der: *Ruf:* einen guten, üblen L. haben; sein L. ist schlecht.

Leute, die ⟨Plural⟩: **1.** *Menschen:* junge, alte, reiche, arme, vornehme, ehrliche, ordentliche, kleine, kluge, tüchtige, nette, brave L.; L. vom Bau, von Rang und Namen; hört mal her, L.! (ugs.); L., das wird ja noch was geben (ugs.); was werden die L. [dazu] sagen?; Sprichw.: aus Kindern werden L. (*aus Kindern werden Erwachsene*); Redensart: wir sind geschiedene L. (ugs.; *wir haben nichts mehr miteinander zu tun*) · ich will Land und L. kennenlernen; Sprichw.: Kleider machen L. · im Gerede, Geschrei der L. sein; etwas ist in aller L. Munde; jmdn. bei den Leuten ins Gerede, in Verruf bringen; hier ist es nicht wie bei armen Leuten (ugs.; *wir haben alles*); er versteht, weiß mit Leuten umzugehen; du mußt dich öfter unter den Leuten *(in der Öffentlichkeit)* zeigen; vor allen Leuten *(vor aller Öffentlichkeit)*. **2.** *Untergebene; Personal:* keine L. *(Arbeitskräfte)* haben, bekommen; die L. richtig einsetzen; er behandelt seine L. gut; der Offizier hat ein gutes Verhältnis zu seinen Leuten. **3.** (landsch.) *Verwandte:* die jungen L. *(das junge Ehepaar)* haben eine eigene Wohnung; ich fahre zu meinen Leuten. * (ugs.:) **unter die Leute kommen** *(Zeit zum Ausgehen haben)* · (ugs.:) **sein Geld unter die Leute bringen** *(sein Geld rasch ausgeben)* · **etwas unter die Leute bringen** *(dafür sorgen, daß etwas bekannt wird)*.

leutselig: *wohlwollend freundlich; umgänglich:* ein leutseliger Vorgesetzter; er ist recht l.; l. mit jmdm. sprechen.

Leviten ⟨in der Wendung⟩ jmdm. die Leviten lesen (ugs.): *jmdn. gehörig tadeln, zurechtweisen.*

licht: 1. (geh.) *voller Licht; hell erleuchtend:* der lichte Morgen; lichte Wohnungen, Räume, Straßen; der Einbruch geschah am lichten Tag; es wird l. **2.** *hell und freundlich wirkend:* ein lichtes Blau; ich liebe lichte Farben. **3.** (geh.) *dünn bewachsen, nicht dicht [stehend]:* eine lichte Stelle im Wald; lichter Baumbestand; lichte *(weite)* Maschen; die Häuser stehen l.; sein Haar wird immer lichter *(er hat Haarausfall)*. **4.** *von der einen zur anderen Begrenzungsfläche gemessen:* die lichte Weite, Höhe einer Brücke; das Rohr hat eine lichte Weite von 130 Zentimetern.

Licht, das: **1.** *natürliche oder künstliche Helligkeit, Leuchtkraft:* starkes, schwaches, helles, strahlendes, blendendes, gedämpftes, warmes, weiches, mildes, kaltes, fahles, bleiches, weißes, farbiges, elektrisches, natürliches L.; das Licht des Tages, der Sonne, einer Kerze, einer [Glüh]-lampe; das grelle Licht blendet, stört, fällt durch ein kleines Fenster, schräg in den Flur; nur künstliches L. erhellt den Raum; Sprichwort: wo [viel] L. ist, ist auch [viel] Schatten · L. machen *(die Beleuchtung einschalten);* etwas ans, ins L., gegen das L. halten; ich habe gegen das L. photographiert; jmdm. das L. [weg]nehmen, im L. stehen; etwas bei L. *(bei Tageslicht)* betrachten; das Gemälde hängt nicht im richtigen Licht, hat nicht das richtige Licht; im vollen L. stehen, erscheinen, sich zeigen; ins L. treten; übertr.: das L. des Geistes, der Erkenntnis, der Vernunft, der Wahrheit. **2. a)** *Lichtquelle, Lampe:* die tausend Lichter, Tausende von Lichtern einer Großstadt; das L. ist an, brennt, geht aus, ist aus; die Lichter spiegeln sich auf dem See; das L. andrehen, anknipsen, anmachen, anschalten, ausdrehen, ausknipsen, ausschalten, ausmachen. **b)** *Kerze:* das L. flackert, brennt ruhig, verlischt; die Lichter/(veralt.; dichter.:) Lichte anzünden, auslöschen, ausblasen, auspusten; die Lichter [des Christbaumes] aufstecken. **3.** (Malerei) *hellste Stelle:* der Maler setzte [dem Bild, im Bild] einige Lichter auf; an der einen oder anderen Stelle fehlt noch ein L. **4.** (Jägerspr.) ⟨meist Plural⟩ *Auge des Wildes:* helle, funkelnde Lichter; die Lichter des Rehs, des Hirsches. * (kath. Rel.:) **das Ewige Licht** *(ständig brennende Flamme als Zeichen der Gegenwart Christi)* · **grünes Licht geben** *(die Erlaubnis geben, etwas zu beginnen, in Angriff zu nehmen)* · (ugs.:) **jmd. ist kein großes Licht** *(jmd. ist nicht sehr intelligent)* · (geh.:) **das Licht der Welt erblicken** *(geboren werden)* · (ugs.:) **jmdm. geht ein Licht auf** *(jmd. versteht, durchschaut plötzlich etwas)* · (ugs.:) **sein Licht leuchten lassen** *(sein Können, Wissen zeigen)* · **Licht in etwas bringen** *(eine dunkle Angelegenheit aufhellen)* · **das Licht scheuen** *(etwas zu verbergen haben)* · **sein Licht [nicht] unter den Scheffel stellen** *(seine Leistungen, Verdienste [nicht] aus Bescheidenheit verbergen)* · **etwas wirft ein bezeichnendes Licht auf jmdn., auf etwas** *(etwas ist für etwas bezeichnend)* · (ugs.:) **jmdm. ein Licht aufstecken** *(jmdn. aufklären)* · **etwas ans Licht bringen/ziehen/zerren** *(etwas an die Öffentlichkeit bringen)* · **etwas kommt ans Licht** *(etwas wird bekannt)* · (ugs.:) **bei Licht besehen** *(genauer betrachtet):* bei L. besehen, ist die Sache nicht so schlimm · **jmdn. hinters Licht führen** *(jmdn. täuschen)* · (ugs.:) **sich** (Dativ) **selbst im Licht stehen** *(sich selbst schaden)* · **jmdn., sich, etwas ins rechte Licht rücken/setzen/stellen** *(möglichst vorteilhaft erscheinen lassen)* · **etwas in rosigem L., im rosigsten Licht sehen/darstellen** *(etwas sehr positiv beurteilen)* · **etwas in einem milderen Licht sehen** *(etwas nicht mehr für so schlimm halten)* · **in einem guten, günstigen, schlechten o. ä. Licht erscheinen/sich zeigen/stehen** *(einen guten, günstigen, schlechten o. ä. Eindruck machen).*

Lichtbild, das: → Photographie.

Lichtblick, der: *Hoffnungsschimmer:* das ist ein [kleiner] L.; diese Begegnungen gehörten zu den wenigen Lichtblicken in seinem Leben.

¹lichten: 1. ⟨etwas l.⟩ *etwas dünner, durchsichtiger machen:* den Baumbestand, das Unterholz l. **2.** ⟨etwas lichtet sich⟩ *etwas wird dünner, durchsichtiger, weniger:* der Wald lichtet sich; nur langsam lichtete sich der Nebel; sein Haar lichtet sich immer mehr *(er hat Haarausfall)*; bildl.: die Reihen der Soldaten hatten sich stark gelichtet *(viele waren gefallen).* **3.** ⟨etwas lichtet sich⟩ *etwas wird heller:* das Dunkel lichtete sich; bildl.: die Polizei hofft, daß sich das Dunkel bald l. wird *(der Fall aufgeklärt wird).*

²lichten (Seemannsspr.) ⟨etwas l.⟩: *hochziehen:* die Anker l.

Lid, das: *Augenlid:* das obere, untere L.; entzündete, gerötete Lider; die Lider sind schwer; mir fallen vor Müdigkeit fast die Lider zu; seine Lider zuckten; er senkte, schloß die Lider.

lieb /vgl. lieber/: **1. a)** *liebevoll, herzlich:* ein liebes Wort; jmdm. viele liebe Grüße senden; das ist zu l. von dir; würden Sie so l. sein und auf mein Gepäck achten/mir beim Aussteigen helfen? **b)** *liebenswert, freundlich:* er ist ein lieber Mensch; sie hat ein liebes Gesicht, ein liebes Wesen; seine Frau ist sehr l. **c)** *artig:* ein liebes Kind; sei schön l.!; willst du jetzt l. sein? **2.** *angenehm, willkommen:* Sie sind uns stets ein lieber Gast, ein lieber Besuch; es wäre mir [sehr] l., wenn ...; es ist mir viel lieber, wenn ...; je länger, je lieber; am liebsten würde ich hier bleiben. **3.** *geliebt, geschätzt:* die liebe Mutter; unsere lieben Eltern; meine liebe Frau; der liebe Gott; er ist mir l. und wert, l. und teuer; wenn dir dein Leben l. ist, dann verschwinde!;/iron. oder verblaßt/: die lieben Verwandten; die liebe Verwandtschaft; das liebe Geld; ich habe das wie das liebe Brot *(sehr)* nötig; die liebe Sonne scheint wieder; um des lieben Friedens willen; das weiß der liebe Himmel *(ich weiß es nicht)* · subst.: mein Lieber; Liebster!; meine Liebe!; Liebste!/vertrauliche Anreden/. * (kath. Rel.:) **Unsere Liebe Frau** *(Maria)* · (ugs.:) **den lieben langen Tag** *(den ganzen Tag)* · (ugs.:) **seine liebe [Müh und] Not mit jmdm., mit etwas haben** *(sehr viele Schwierigkeiten haben)* · (ugs.:) **bei jmdm. lieb Kind sein** *(in jmds. Gunst stehen)* · (ugs.:) **sich bei jmdm. lieb Kind machen** *(sich bei jmdm. einschmeicheln)* · (fam.:) **jetzt hat die liebe Seele Ruh** *(jetzt ist nichts mehr da, nun braucht niemand mehr zu drängeln; nun ist endlich Schluß)* · (ugs.:) **[ach] du lieber Himmel!; [ach] du lieber Gott!; [ach] du liebe Zeit!; [ach] du liebe Güte!; [ach] du liebes bißchen!** */Ausrufe der Überraschung o. ä./.*

liebäugeln ⟨mit etwas l.⟩: **a)** *etwas gern haben, erreichen wollen:* er liebäugelt schon lange mit einem Sportwagen. **b)** *mit einem Gedanken spielen:* er hat schon lange damit, mit dem Gedanken geliebäugelt, die Stellung zu wechseln.

Liebe, die: **1.** *starkes [inniges] Gefühl der Zuneigung:* starke, blinde, eifersüchtige, leidenschaftliche, feurige, freie, geschlechtliche, eheliche, körperliche, sinnliche, innige, [un]glückliche, standhafte, glühende, heiße, heimliche, verborgene, kindliche, reine, treue, platonische (bildungsspr.; *nur geistige*), tiefe, zärtliche, mütterliche, geschwisterliche, christliche, göttliche L.; Gottes L. *(mitfühlende Liebe, Barmherzigkeit)* und Güte; die L. der Eltern; die erste L.; L. auf den ersten Blick; die L. zum Kind, zu Frau und Familie, zum Leben, zu Gott, zur

Heimat, zur Kunst, zur Wahrheit, zum Beruf; die L. ist [in jmdm.] erwacht, hat ihn ergriffen; die L. ist erkaltet (geh.), erloschen (geh.), erstorben (geh.), vergangen; ihre L. ist noch lebendig, frisch wie am ersten Tag; Sprichw.: alte L. rostet nicht; die L. [des Mannes] geht durch den Magen; L. macht blind · (geh.:) seine ganze L. *(sein ganzes Interesse)* gilt, gehört der Eisenbahn; L. zu etwas haben, zeigen; L. erwecken, empfinden, fühlen; jmds. L. erwidern, zurückweisen; seine L. vor jmdm. verbergen, verheimlichen; L. [für jmdn.] im Herzen hegen (geh.), tragen (geh.), nähren (dichter.); jmdm. seine L. beweisen, gestehen, erklären, zu erkennen geben; jmdm. L. schwören; ein Kind der L. *(ein uneheliches Kind)*; etwas mit [viel] L. tun; jmdn. mit L. umgeben (geh.); in L. erglühen (geh.), entbrennen (geh.); bei jmdm. um L. werben. **2.** (ugs.) *Freundlichkeit:* jmdm. eine L. erweisen; tu mir die L. an und gehe zu ihm; Redensart: eine L. ist der anderen wert. **3.** (ugs.) *geliebte Person:* seine erste L.; sie ist eine alte L. *(frühere Geliebte)* von mir; zu seiner ersten L. zurückkehren. * (geh.:) **etwas mit dem Mantel der Liebe zudecken** *(nachsichtig in Vergessenheit geraten lassen)*.

lieben: a) ⟨jmdn., etwas l.⟩ *innige Zuneigung zu jmdm., zu etwas empfinden:* [jmdn.] feurig, glühend, heimlich, innig, zärtlich, leidenschaftlich, heiß, abgöttisch (abwertend), inbrünstig, treu, unerwidert, hemmungslos, eifersüchtig, tyrannisch, [un]glücklich, wahnsinnig l.; ein Mädchen, eine Frau, einen Mann, die Menschen, seine Eltern, Kinder, die Heimat, das Vaterland, sein Volk, Gott, die Freiheit, die Gerechtigkeit, sein Leben l.; Sprichw.: was sich liebt, das neckt sich · sie lieben sich/(geh.:) einander; die beiden lieben sich nicht/haben sich noch nie geliebt (ugs.; iron.; *können sich nicht leiden/haben sich noch nie gemocht*); adj. Part.: eine liebende, viel geliebte Frau; dein dich liebender Mann; geliebter Freund! /veralt.; geh.; *freundschaftliche Anrede*/. **b)** ⟨etwas l.⟩ *etwas gern haben, tun; eine Vorliebe für etwas haben:* klassische Musik, die Natur, Blumen, Tiere l.; sie hat schon immer schöne Kleider, schnelle Wagen, einen gewissen Luxus geliebt; einen guten Wein l.; seine Bequemlichkeit [über alles] l.; diese Pflanzen lieben viel Feuchtigkeit, einen sandigen Boden; er liebt [es] zu scherzen; liebend (ugs.; *sehr*) gern; er liebt es nicht *(sieht es nicht gern, duldet es nicht)*, unterbrochen zu werden.

liebenswürdig: *freundlich, sehr herzlich [und zuvorkommend]:* ein liebenswürdiger Mensch; er hat ein liebenswürdiges Wesen; ich danke Ihnen für Ihre liebenswürdige Einladung; jmdm. einige liebenswürdige Worte sagen; das ist sehr l. von Ihnen; seien Sie bitte so l. und ...; wollen Sie bitte so l. sein und ... /*höfliche Aufforderung*/.

Liebenswürdigkeit, die: **1.** *betonte Höflichkeit, Freundlichkeit:* seine L. war auffallend; würden Sie die L. haben/hätten Sie die L., mir den Teller zu reichen?; sie war von auffallender, betonter, ausnehmender L. [zu mir]; er konnte von überwältigender, entwaffnender L. sein. **2.** (iron.) *Grobheit:* jmdm. einige Liebenswürdigkeiten sagen, an den Kopf werfen (ugs.); haben Sie noch mehr [solche] Liebenswürdigkeiten für mich?

lieber ⟨Adverb⟩: **a)** *vorzugsweise:* er trinkt l. Bier; ich würde l. mit dem Auto fahren; l. heute als morgen. **b)** *besser; klugerweise:* ich hätte l. warten, wegbleiben sollen; gehe l. nach Hause! *(es ist besser, wenn du nach Hause gehst)*.

Liebesmühe ⟨in der Wendung⟩ etwas ist vergebliche/verlorene Liebesmühe: *etwas ist umsonst, vergeblich.*

liebevoll: *zärtlich besorgt; von Liebe erfüllt:* liebevolle Behandlung, Pflege; einen Kranken, ein Kind l. betreuen; jmdn. l. ansehen, umarmen; man hat die Altstadt in liebevoller Arbeit, l. *(mit viel Mühe und Sorgfalt)* wieder aufgebaut.

liebhaben ⟨jmdn. l.⟩: *jmdn. gern haben, lieben:* ich habe ihn liebgehabt; man kann, muß die Kleinen einfach l.

Liebhaber, der: **1. a)** *Verehrer, Geliebter:* ein zärtlicher, aufmerksamer, leidenschaftlicher, feuriger, verschmähter L.; er ist ihr L.; sich (Dativ) einen L. anschaffen; sie hat einen L. **b)** (Theater) /*ein Rollenfach*/: den jugendlichen L./die Rolle des Liebhabers spielen; er wechselte vom L. ins Charakterfach. **2.** *besonderer Interessent, Freund:* ein L. alter Bücher, von schönen Teppichen; das ist ein Wagen für Liebhaber.

liebkosen ⟨jmdn. l.⟩: *jmdn. zärtlich streicheln:* die Mutter hat ihr Kind geliebkost/(auch:) liebkost; der Reiter streichelte liebkosend sein Pferd.

lieblich: a) *anmutig, voller Liebreiz, entzückend:* ein liebliches Kind, Mädchen; sie hat ein liebliches Gesicht; eine liebliche Landschaft; es bot sich ein lieblicher Anblick; von lieblicher Gestalt sein; l. aussehen; sie war l. anzusehen. **b)** *angenehm:* der liebliche Duft der Blumen, des Flieders, des Bratens; man hörte liebliche Klänge; eine l. klingende Melodie; der Wein ist schmeckt l. *(leicht, aber doch würzig)*. **c)** (ugs.; iron.) *unangenehm, unerfreulich:* sie hat ja eine liebliche *(schlechte)* Laune; das ist ja l. *(eine schöne Überraschung)*.

Liebling, der: **a)** *jmd., der von jmdm. besonders geliebt wird:* der Sohn ist der L. der Mutter, ist Mutters L.; guten Tag, [mein] L. /*fam. Anrede*/. **b)** *jmd., der jmds. Sympathie, Gunst genießt:* er ist der L. des Chefs, des Lehrers; der Spieler wurde zum L. des Publikums; bildl.: ein L. des Glücks, der Götter.

Lied, das: *vertonter [dichterischer] Text:* ein ernstes, heiteres, fröhliches, ergreifendes, schwermütiges, inniges, altes, volkstümliches, frivoles (bildungsspr.), geistliches, weltliches, religiöses L.; Lieder ohne Worte; das L. hat mehrere Strophen, wird mehrstimmig gesungen; ein L. anstimmen, singen, schmettern, ausdrucksvoll vortragen; ein Programm mit slawischen Liedern und Tänzen. * (ugs.:) **etwas ist das alte/gleiche/dasselbe L.** *(es hat sich nichts geändert)* · (ugs.:) **etwas ist das Ende vom Lied** *(etwas bildet den enttäuschenden Ausgang von etwas)* · **von etwas ein Lied singen können/zu singen wissen** *(über etwas aus eigener unangenehmer Erfahrung berichten können)*.

liederlich: 1. *nicht sorgfältig:* eine liederliche Kleidung, Frisur; jmd. macht einen liederlichen Eindruck; seine Frau ist l.; die Arbeit ist l. [gemacht]; die Wohnung sieht sehr l. aus. **2.** *leichtfertig [und verkommen]:* ein liederlicher Mensch, Patron (ugs.), Zeisig (ugs.); in eine liederliche Gesellschaft geraten; einen liederlichen Lebenswandel führen.

liefern: **1.** *[eine bestellte Ware] bringen oder schicken:* **a)** ⟨etwas l.⟩ Möbel, Ersatzteile, Zubehör l.; wir liefern die Waren ins Haus, frei Keller, per Bahn, pünktlich, in vierzehn Tagen; die Firma liefert diese Ausführung nur ins Ausland; ⟨jmdm. etwas l.⟩ wir liefern unseren Kunden nur erstklassige Ware. **b)** ⟨mit Umstandsangabe⟩ sofort, schnell, langsam, stockend l.; direkt ab Fabrik l.; das Werk kann zur Zeit, zum vereinbarten Termin nicht l.; die Firma liefert *(verkauft)* in alle Länder der Erde. **2.** ⟨etwas l.⟩ *hergeben, bieten, hervorbringen:* das Land liefert Rohstoffe; der Urwald liefert wertvolle Hölzer; der Boden liefert begehrte Minerale; die Bienen liefern den Honig; die Maschine liefert 1000 Exemplare pro Stunde; ⟨jmdm. etwas l.⟩ die vielen Flüsse und Seen liefern dem Land die notwendige Energie. **3.** ⟨etwas l.⟩ *etwas beibringen, vorlegen:* einen Beweis [für etwas] l.; die Vergangenheit liefert genug Beispiele dafür. * **eine gute/schlechte Partie liefern** *(gut, schlecht spielen)* · **jmdm. eine Schlacht/ein Treffen liefern** *(gegen jmdn. [hart] kämpfen)* · **jmdn. ans Messer liefern** *(jmdn. durch Verrat zu Fall bringen)* · (ugs.:) **geliefert sein** *(ruiniert, verloren sein).*

Lieferung, die: **1.** *das Liefern:* pünktliche, termingerechte L.; die L. erfolgt in vier Wochen, verzögert sich um eine Woche; L. sofort; die L. ankündigen, verschieben, quittieren; L. nur gegen bar; bei L. bar bezahlen; die Rechnung ist innerhalb acht Tagen nach L. zu bezahlen. **2.** *zu liefernde, gelieferte Ware:* eine lang erwartete L.; eine L. steht noch aus; die L. entsprach nicht der Bestellung, unseren Erwartungen; die L. ist unterwegs, ist eingetroffen; die L. kontrollieren, beanstanden, zurückschicken. **3.** *Teil einer nicht auf einmal erscheinenden größeren Publikation:* die erste L. ist erschienen; man kann die Lieferungen einzeln kaufen; etwas erscheint in Lieferungen.

liegen /vgl. gelegen/: **1. a)** ⟨gewöhnlich mit Umstandsangabe⟩ *in [fast] waagrechter Lage sein:* flach, ausgestreckt, zusammengerollt, krumm, ganz ruhig, auf dem Rücken/Bauch, auf der Seite, in der Sonne, im Schatten, am Strand, im Sand l.; gerne hart, weich l.; der Kranke muß l. *(darf nicht aufstehen);* sie lag [nackt] im Bett; wach l. *(nicht schlafen [können]);* auf den Knien l. *(knien);* um diese Zeit habe/(landsch.:) bin ich schon im Bett gelegen *(war ich nicht mehr auf);* mein Vater liegt schon seit drei Wochen [mit einer Lungenentzündung] im, zu Bett *(ist krank und kann nicht aufstehen);* drei Personen lagen tot, [schwer] verletzt auf der Straße; er kam unter das Auto zu l. *(wurde überfahren);* der Kopf des Kranken muß hoch, tief l.; er lag an ihrer Brust; der Schispringer lag fast waagrecht in der Luft; der Wagen liegt gut, sicher *(hat eine gute, sichere Straßenlage);* ⟨jmdm. l.; mit Raumangabe⟩ nach dem Sieg lagen sich die Spieler in den Armen. **b)** ⟨mit Raumangabe⟩ *begraben sein:* in der Familiengruft, auf einem Soldatenfriedhof, in fremder Erde (geh.) l.; hier liegen seine Eltern. **2.** ⟨mit Raumangabe⟩ *sich befinden; sein:* im Schrank, im Keller, im Tresor l.; auf dem Boden liegen teure Teppiche; die Bücher lagen auf dem Tisch; auf den Bergen liegt noch Schnee; das Originalschreiben liegt bei der Firma; die Leitung liegt unter der Erde; der Eingang liegt auf der Rückseite; in der Stadt liegen zwei Garnisonen; auf der Reede, in der Werft, am Kai l.; Millionen Tonnen Kohle liegen auf Halde; ich habe 50 Flaschen Wein [im Keller] liegen *(habe sie vorrätig, verfüge über sie);* ständig im Wirtshaus l. (ugs.; veraltend; *dort sein und trinken*); das Schriftstück liegt bei den Akten; dazwischen liegen drei Tage; etwas liegt noch in weiter Ferne, in der Zukunft, im Ungewissen; die Betonung liegt auf der zweiten Silbe; etwas liegt außerhalb der Wahrscheinlichkeit; so etwas lag nicht in meiner Absicht; in seinen Worten lag ein Vorwurf *(war darin enthalten);* darin liegt eine große Gefahr; um seinen Mund hatte /(landsch.:) war ein spöttisches Lächeln gelegen. **3.** ⟨mit Umstandsangabe⟩ *eine bestimmte [geographische] Lage haben:* verkehrsgünstig, zentral, ruhig, malerisch, mitten im Wald l.; München ist an der Isar gelegen; der Ort liegt fast 1000 m hoch; die Insel liegt 3° westlicher Länge; wir ließen das Schloß rechts l. *(fuhren so daran vorbei, daß es rechter Hand lag);* das Zimmer liegt nach vorn, zur Straße, nach Süden; adj. Part.: ein idyllisch liegendes Schloß; ein einsam gelegener Bauernhof; Rechtsspr.: liegende Güter *(Liegenschaften)* haben. **4. a)** ⟨etwas liegt; mit Raumangabe⟩ *etwas obliegt jmdm., ruht auf jmdm.:* die ganze Arbeit, die alleinige Entscheidung, Verantwortung liegt bei ihm; etwas liegt in jmds. Gewalt; es liegt ganz allein bei dir, wie es gemacht wird; das liegt im Ermessen des Beamten; die Schuld an dem Unfall wird schwer auf ihm l. **b)** ⟨etwas liegt; mit Raumangabe⟩ *etwas hat sich über etwas ausgebreitet:* eine furchtbare Schwüle, brütende Hitze, dichter Nebel lag über der Stadt; ein herber Duft hatte/(landsch.:) war über der Landschaft gelegen. **c)** ⟨etwas liegt jmdm.; mit Raumangabe⟩ *etwas verursacht jmdm. ein drückendes Gefühl:* der Salat liegt mir [schwer] im Magen; es lag mir wie Blei in den Gliedern. **5.** ⟨jmdm. l.⟩ *jmdm., jmds. Art entsprechen:* diese Arbeit, Rolle, Aufgabe liegt ihm [ausgezeichnet]; er hat mir noch nie gelegen; solche Geschäfte, Methoden liegen mir nicht; es liegt mir nicht, mich dauernd anzupreisen. **6.** ⟨mit Raumangabe⟩ *rangieren; eine Stufe, einen Platz einnehmen:* an erster Stelle, auf dem fünften Tabellenplatz, in Führung, im Rückstand, weit an der Spitze l.; die Preise liegen unter den Selbstkosten, weit über dem Durchschnitt; gut im Rennen l. *(eine günstige Position haben).* **7.** ⟨etwas liegt an jmdm., an/in etwas⟩ *seine Ursache in jmdm., in etwas haben:* das liegt an der schlechten Verarbeitung; an mir soll es nicht l. *(ich will kein Hindernis sein);* die Unfallursache dürfte an/in einem technischen Fehler l.; daß das so ist, liegt in der Natur der Sache *(ist in der Sache selbst zu suchen).* **8.** ⟨etwas liegt; mit Artangabe⟩ *etwas verhält sich in bestimmter Weise:* die Verhältnisse liegen [etwas] anders; ich weiß noch nicht genau, wie die Dinge wirklich liegen; die Angelegenheit scheint schwieriger zu l. als ursprünglich angenommen. **9.**

⟨jmdm. liegt an jmdm., an etwas⟩ *jmd. ist an jmdm., an etwas interessiert:* mir liegt an einer Erneuerung des Vertrages, an seiner Mitarbeit; ihr liegt nichts an ihm *(sie will nichts von ihm wissen);* es hat mir vor allem daran gelegen, jedes Risiko zu vermeiden; ⟨auch mit Akk.⟩ ihm liegt viel, nichts, etwas an der Erledigung der Angelegenheit. **10.** /häufig verblaßt/unter Feuer, Beschuß l. *(ständig beschossen werden);* im Hinterhalt l. *(lauern);* dauernd im Fenster l. *(aufgestützt aus dem offenen Fenster schauen);* mit jmdm. im Wettbewerb, in scharfer Konkurrenz l.; in Ketten l. *(gefesselt sein);* der Hund liegt an der Kette *(ist angebunden);* in Trümmern l. *(zerstört sein);* im Sterben liegen *(bald sterben);* völlig am Boden l. *(total geschlagen, am Ende sein);* in Scheidung l. *(die Ehescheidung anstreben);* vor Anker l. * **etwas liegt einer Sache zugrunde** *(etwas ist die Grundlage, die Ursache für etwas)* · **etwas liegt jmdm. am Herzen** *(jmd. ist um etwas besonders besorgt, bemüht)* · **auf der Lauer liegen** *(einen bestimmten Augenblick abpassen, um etwas zu tun)* · **etwas liegt klar auf der Hand** *(etwas ist offenkundig)* · **etwas liegt jmdm. auf der Zunge: a)** *(etwas fällt jmdm. nicht ein, obwohl er es deutlich in der Erinnerung hat).* **b)** *(jmd. möchte etwas Kritisierendes sagen, unterläßt es dann aber)* · **etwas liegt im argen** *(etwas befindet sich in Unordnung)* · (ugs.:) **sich in den Haaren liegen** *(miteinander Streit haben)* · (ugs.:) **jmdm. in den Ohren liegen** *(jmdm. durch ständiges Bitten zusetzen)* · **etwas liegt jmdm. im Blut** *(jmd. hat für etwas eine angeborene Begabung)* · **jmdm. auf der Tasche liegen** *(von jmdm. ernährt, unterhalten werden)* · **hier liegt das Geld auf der Straße** *(hier kann man leicht Geld verdienen).*

liegenbleiben: 1. *nicht aufstehen:* ich bleibe noch eine halbe Stunde [im Bett] liegen. **2.** ⟨etwas bleibt liegen⟩ *etwas wird vergessen:* in der Bahn bleiben sehr viele Dinge liegen; ist hier ein Schirm liegengeblieben? **3.** (ugs.) *wegen einer Panne nicht weiterkönnen:* ich bin, der Wagen ist [mit einem Motorschaden, wegen einer defekten Ölleitung] auf der Autobahn liegengeblieben. **4.** (ugs.) ⟨etwas bleibt liegen⟩: **a)** *(etwas wird nicht fortgeführt):* die Arbeit ist wegen meiner Krankheit liegengeblieben. **b)** *(etwas wird nicht abgesetzt, verkauft):* von dieser Ware ist bei uns viel liegengeblieben; viele Exemplare sind liegengeblieben.

liegenlassen ⟨etwas l.⟩: **1.** *etwas vergessen:* er hat den Schirm [im Restaurant] liegenlassen/(seltener:) liegengelassen. **2.** *dort lassen, wo etwas ist; so lassen, wie es ist:* die Sachen auf dem Boden l.; ich habe die Arbeit einige Tage liegenlassen/(seltener:) liegengelassen; der überraschte Einbrecher hat alles liegen- und stehenlassen und ist geflüchtet. * **jmdn. links liegenlassen** *(jmdn. bewußt nicht beachten).*

lila: */eine Farbbezeichnung/:* eine lila Blume; das Kleid ist l.; etwas l. färben; die Flexion des attributiven Adjektivs (ein lila[n]es Kleid) gilt hochsprachlich als n i c h t korrekt.

lind (geh.): *sanft, mild:* ein linder Regen; an einem linden Frühlingstag; der Wind ist l., weht l. über die Terrasse.

lindern ⟨etwas l.⟩: *etwas mildern, erträglich machen:* das Elend l.; die Tabletten haben die Schmerzen nicht gelindert; die schlimmste Not konnte vorerst gelindert werden; eine [die Schmerzen, das Fieber] lindernde Spritze.

Linderung, die: *Milderung, Verminderung:* die Tabletten schafften etwas L., bewirkten eine L. der Schmerzen, verhalfen zur L. der Schmerzen; jmdm. L. verschaffen; das Geld soll zur L. der Not im Katastrophengebiet verwendet werden.

Lineal, das: */ein Zeichengerät/:* das L. anlegen; etwas mit dem L. unterstreichen, ziehen; b i l d l.: er geht, als hätte er ein L. verschluckt *(er geht aufrecht und steif).*

Linie, die: **1. a)** *längerer Strich:* eine gerade, krumme, gebogene, gestrichelte, gepunktete L.; parallele Linien; die Linien sind nur schwach zu erkennen; eine L. [mit dem Lineal] ziehen, zeichnen, nachziehen; Schreibpapier mit Linien; ü b e r t r.: die ersten Linien (geh.; *Falten*) des Alters werden in ihrem Gesicht sichtbar; die Linien *(kleinen Furchen)* der Hand deuten; auf die schlanke Linie *(Figur)* achten. **b)** *Markierungsstreifen auf Straßen:* die durchgehende L. darf nicht berührt, überfahren werden; an, bei der unterbrochenen L. darf überholt werden. **c)** (Sport) *Begrenzungslinie eines Spielfeldes:* der Ball hat die L. überschritten *(ist im Aus);* an der L. *(Außenlinie)* entlangstürmen; auf der L. *(Torlinie)* abwehren, klären, retten; keiner brachte den Ball über die L. *(ins Tor);* den Ball über die L. [ins Aus] schlagen. **d)** *Reihe, Flucht, Front:* die Schüler bildeten eine L., stellten sich in einer L. auf; die feindliche L. durchbrechen; an der vordersten L. *(Front)* kämpfen; hinter den Linien *(Front)* Sabotage treiben; die Häuser stehen in einer L.; in vorderster L. *(an der vordersten Front)* kämpfen; in vorderster L. *(im Vordergrund, mit an der Spitze)* stehen. **e)** (Seemannsspr.) *Äquator:* die L. kreuzen, überschreiten, passieren. **2.** *Verkehrsstrecke, Verkehrsverbindung:* die L. 8 fährt nach Neustadt, zum Flugplatz, bis zum Bahnhof, über den Marktplatz, nur werktags; diese L. ist am stärksten befahren, beflogen; die L. 10 endet am Bahnhof; eine L. einstellen, aufgeben, stilllegen; eine neue L. einrichten; er fährt die L. Schloß–Stadion, auf der L. 8 *(ist als Fahrer, Schaffner dort eingesetzt);* auf den innerdeutschen Linien werden die modernsten Flugzeuge eingesetzt. **3.** *[geistige] Richtung, Ebene:* die geistige, politische L. [einer Gruppe]; eine gemäßigte, radikale, liberale L. vertreten, verfolgen; eine gemeinsame L. suchen; sich auf eine einheitliche L. festlegen; etwas läßt keine klare L. erkennen; dem Parteiprogramm, der Arbeit fehlt die klare L.; etwas bewegt sich auf der gleichen L. *(Ebene);* von der L. abweichen. **4.** *genealogische Reihe; Verwandtschaftszweig:* die männliche, weibliche L.; die ältere, jüngere L. eines Geschlechts; diese L. ist ausgestorben; er gehört einer anderen L. an; in gerader, direkter L. von jmdm. abstammen; in auf-, absteigender L. * **in eine Sache Linie bringen** *(einer Sache Format geben)* · **auf der ganzen L.** *(völlig):* er hat auf der ganzen L. versagt · **in erster Linie** *(zuerst)* · **in zweiter L.** *(nach etwas anderem, als weniger wichtig).*

link: 1. *auf der linken Seite befindlich:* die linke Hand; das linke Bein, Auge, Ohr; am linken

Ufer; auf der linken Straßenseite gehen; subst.: er streckt ihm die Linke *(linke Hand)* entgegen; er saß zur Linken *(an der linken Seite)* des Gastgebers; Boxen: der Boxer traf seinen Gegner mit einer blitzschnellen Linken *(Schlag mit der linken Hand)*. **2.** *innen oder unten befindlich, nicht sichtbar:* die linke Seite eines Stoffes, einer Tischdecke. **3.** *politisch progressiv:* der linke Flügel der Partei; subst.: die gemäßigte, äußerste Linke *(linker Flügel)*. * **linker Hand** *(links)* · **zur linken Hand** *(links)* · (ugs.:) **mit dem linken Bein/Fuß zuerst aufgestanden sein** *(schlecht gelaunt sein)* · (ugs.:) **zwei linke Hände haben** *(bei der Arbeit ungeschickt sein)* · (ugs.:) **mit der linken Hand** *(nebenbei)*.

linkisch: *ungeschickt, unbeholfen:* ein linkischer Mensch; er ist etwas l.; sich l. benehmen.

links ⟨Adverb⟩: **1.** *auf der linken Seite:* l. vom Eingang, vom Fenster; l. stehen, gehen, fahren, überholen; bei der Fahrt einen Ort l. liegen lassen; an der nächsten Ecke l. einbiegen; l.-um!, l. schwenkt-marsch!, die Augen l. */militär. Kommandos/;* du mußt dich mehr l. halten *(links bleiben);* sie strickt zwei rechts, zwei l. *(zwei Rechtsmaschen, zwei Linksmaschen im Wechsel);* Redensart: nicht mehr wissen, wo rechts und l. ist *(völlig verwirrt sein)* · sich nach l. drehen; von rechts nach l. verlaufen; ein Auto kommt von l.; ⟨vereinzelt auch als Präp. mit Gen.⟩ l. des Ufers, des Rheins, der Straße. **2.** *mit der Innen- oder Unterseite nach außen:* ein Hemd l. tragen; du hast die Decke l. aufgelegt. **3.** (ugs.) *mit der linken Hand:* l. schreiben, essen, arbeiten; er ist l. *(er ist Linkshänder)*. **4.** *sozialistisch, fortschrittlich:* l. stehen, denken; er ist ganz, weit l. orientiert. * **jmdn. links liegenlassen** *(jmdn. bewußt nicht beachten)*.

Lippe, die: *fleischiger Rand des menschlichen Mundes:* schmale, dünne, dicke, breite, wulstige, volle, aufgeworfene, aufgeplatzte, feuchte, trockene, blutleere, blasse, [kirsch]rote Lippen; meine Lippen sind aufgesprungen, rauh, geschwollen; ihre Lippen bebten (geh.), zuckten; die Lippen zusammenkneifen, zusammenpressen, schminken, nachziehen, rot anmalen (ugs.); [sich (Dativ)] die Lippen anfeuchten; er ließ die Lippen hängen (ugs.; *er schmollte*); sie kräuselte, schürzte (geh.) verächtlich, spitzte die Lippen; er küßte sie auf die Lippen; ich mußte mir auf die Lippen beißen, um nicht zu lachen; sein Kuß brannte ihr auf den Lippen; [sich (Dativ)] mit der Serviette über die Lippen fahren; der Taubstumme liest viel von den Lippen ab; übertr.: an jmds. Lippen hängen *(jmdm. aufmerksam und konzentriert zuhören);* die Frage drängt sich auf die Lippen, ob ...; das Wort erstarb ihm auf den Lippen *(er hörte plötzlich auf zu sprechen);* kein Wort soll über meine Lippen kommen *(ich werde nichts sagen);* etwas nicht über die Lippen bringen *(etwas nicht zu sagen wagen);* etwas fließt, geht jmdm. leicht von den Lippen *(jmd. sagt, erzählt etwas ohne große Bedenken)*. * (ugs.:) **eine [dicke] Lippe riskieren** *(vorlaut sein; sehr herausfordernd reden)*.

List, die: *Trick; raffiniertes Täuschungsmanöver:* eine teuflische L.; eine L. ersinnen, anwenden, durchschauen; auf eine L. hereinfallen; zu einer L. greifen. * (ugs.:) **mit List und Tücke** *(mit viel Geschick und Schläue)*.

Liste, die: **1.** *Verzeichnis:* eine lange, ausführliche L.; eine L. der Teilnehmer, der Preise, der Modelle; die L. ist unvollständig; eine L. aufstellen, führen, ergänzen, vervollständigen; jmdn., etwas auf die L. setzen; jmdn., etwas in eine/(seltener:) in einer L. eintragen; etwas in der L. ankreuzen, abhaken; jmdn., etwas in eine L. aufnehmen, in einer L. führen; der Name wurde in/aus der L. gestrichen. **2.** *Wahlliste:* wählt L. zwei!; die Partei stellt ihre L. auf, zusammen. * **die schwarze Liste** *(Aufstellung verdächtiger Personen):* jmd. kommt auf die schwarze L.

listig: *schlau, durchtrieben:* ein listiger Plan; er ist ein listiger Bursche (ugs.); listige Augen haben; er ist l. wie ein Fuchs; l. vorgehen.

Litanei, die (kath. Rel.): *längeres Wechselgebet zwischen Priester und Gläubigen:* die Lauretanische L.; eine L. beten, singen; übertr. (abwertend): *Kette, Reihe:* eine ganze L. von Beschwerden; eine [endlose] L. *(Kette von Wünschen, Klagen)* herbeten, herunterbeten, vortragen, vorbringen. * (ugs.:) **die alte/die gleiche/dieselbe Litanei** *(die alte Sache, Angelegenheit)*.

Liter, der, (auch:) das: **1.** */Maß für Flüssigkeiten/:* zwei Liter Milch; Beutelinhalt in zwei Liter kochendes Wasser gießen; mit drei Liter, (seltener:) Litern Wein komme ich aus. **2.** (Technik) *Volumen:* ein 2,5-Liter-Motor; der Kessel hat einen Rauminhalt von 1000 Litern; der Motor hat einen Hubraum von 6,3 Litern.

Literatur, die: **a)** *Gesamtheit des künstlerischen Schrifttums:* schöne, unterhaltende, klassische, moderne, zeitgenössische, dramatische, deutsche L.; die L. des Expressionismus, der Franzosen; das Buch zählt, gehört zur L.; jmd., etwas ist in die L. eingegangen *(wurde Gestalt, Thema der Literatur)*. **b)** *[fachliches] Schrifttum über ein Thema, ein Gebiet:* die einschlägige, wissenschaftliche, medizinische L.; die L. über dieses Problem, zu diesem Thema ist umfangreich; die L. kennen, lesen, zusammenstellen, zitieren, in einer Fußnote angeben; etwas nur aus der L. kennen.

Lizenz, die (bildungsspr.): *rechtlich erteilte Genehmigung:* eine staatliche, zeitlich befristete L.; eine L. der Firma ...; die L. *(der Lizenzvertrag)* läuft ab; eine L. erwerben; er hat eine L. als Trainer; jmdm. die L. zum Betreiben eines Gewerbes, die L. für eine Gaststätte erteilen, ausstellen, entziehen; etwas in L. herstellen, ohne L. tun.

Lob, das: *Anerkennung; positive Beurteilung:* ein volles, hohes, überschwengliches, rückhaltloses, ehrliches L.; das L. des Lehrers ermunterte ihn; Gott sei L. und Dank: **a)** *(Formulierung in Gebeten)*. **b)** (ugs.) */Ausruf der Erleichterung/:* jmdm. uneingeschränktes L. erteilen, spenden (geh.), zollen (geh.); ein L. erhalten, bekommen, kriegen (ugs.); er verdient [ein] L. für seinen Fleiß; des Lobes voll sein (geh.), voll des Lobes sein über jmdn.; er hat mit L. nicht gegeizt; über jedes, über alles L. erhaben sein.

loben ⟨jmdn., etwas l.⟩: *etwas würdigen, sich anerkennend über jmdn., über etwas äußern:* der Lehrer lobte den Schüler [für seine gute Arbeit, wegen seines ordentlichen Betragens]; jmdn. öffentlich, überschwenglich, uneingeschränkt, rückhaltlos, zurückhaltend l.; Sprichw.: man soll den Tag nicht vor dem Abend l. *(man soll erst das Ende abwarten und etwas nicht voreilig positiv beurteilen)* · jmdn., etwas lobend erwähnen. * (kath. Rel.:) **gelobt sei Jesus Christus** */Grußformel/* · **das lobe ich mir!** *(so ist es gut, richtig)* · (ugs.:) **jmdn., etwas über den grünen Klee/über den Schellenkönig loben** *(jmdn., etwas übertrieben loben)*.

Loblied ⟨in der Wendung⟩ ein Loblied auf jmdn., auf etwas anstimmen/singen: *sehr loben.*

Loch, das: **1.** *Öffnung; schadhafte Stelle, Bruchstelle; Vertiefung:* ein großes, rundes L.; da ist ein L. in der Decke; die Löcher sind tief; ein L. graben, [in die Wand] bohren, [ins Eis] schlagen, stopfen, zuschütten, zuschmieren, ausfüllen; ein L. im Zahn haben; mit der Zigarette ein L. in den Teppich brennen; sich (Dativ) ein L. in die Hose reißen; durch ein L. im Zaun schauen, gucken, kriechen; die Maus verkroch sich in ihr L. *(Erdloch)*; bildl. (ugs.): dieser Kauf hat ein [großes, böses] L. in den [Geld]beutel gerissen, gefressen *(hat viel Geld gekostet)*; ein Loch stopfen *(ein Defizit, Schulden beseitigen)*; er machte das eine L. zu und ein anderes auf *(er machte neue Schulden, um alte zu tilgen)*; übertr. (ugs.): das Zimmer ist ein elendes, furchtbares, feuchtes L.; die Wohnungen sind die reinsten Löcher *(sehr klein)*. **2.** (ugs.) *Gefängnis:* ins L. kommen; jmdn. ins L. stecken. * (derb:) **saufen wie ein Loch** *(sehr viel Alkohol trinken)* · (ugs.:) **jmdm. ein Loch/Löcher in den Bauch reden** *(pausenlos auf jmdn. einreden)* · (ugs.:) **jmdm. ein Loch/Löcher in den Bauch fragen** *(jmdm. mit seinen Fragen lästig werden)* · (ugs.:) **ein Loch in die Luft gucken** *(geistesabwesend sein, träumen)* · (ugs.:) **ein Loch/Löcher in die Wand stieren** *(starr, geistesabwesend irgendwohin schauen)* · (ugs.:) **ein Loch in die Luft schießen** *(nicht treffen)* · (ugs.:) **jmdm. zeigen, wo der Zimmermann das Loch gelassen hat** *(jmdn. hinauswerfen)* · (ugs.:) **auf dem letzten Loch pfeifen** *(mit seiner Kraft, seinem Können am Ende sein)* · (ugs.:) **der Wind pfeift [jetzt, hier] aus einem anderen Loch** *(es herrscht ein schärferer Ton, Ordnung; es werden strengere Maßnahmen ergriffen)*.

lochen ⟨etwas l.⟩: *mit einem Loch versehen und dadurch kennzeichnen:* der Schaffner hat die Fahrkarte zweimal gelocht.

Locke, die: *geringelte, stark gewellte Haarsträhne:* blonde, natürliche Locken; die Locken fielen ihr ins Gesicht; Locken haben, tragen; sich (Dativ) Locken legen; sich (Dativ) die Locken abschneiden; [sich (Dativ)] mit der Hand durch die Locken fahren; das Haar in Locken legen.

¹locken: a) ⟨etwas l.⟩ *in Locken legen:* das Haar [etwas, leicht] l.; ⟨jmdm., sich etwas l.⟩ er läßt sich die Haare l.; adj. Part.: sie hat [von Natur aus] gelocktes Haar. **b)** ⟨etwas lockt sich⟩ *etwas kräuselt sich:* ihr Haar lockt sich [wenn es feucht wird].

²locken: a) ⟨jmdn. l.⟩ *anlocken:* den Hund mit einer Wurst l.; die Henne lockt die Küken; mit Werbung Käufer l.; solche Angebote können mich nicht l.; es lockte *(reizte)* ihn, an der Fahrt teilzunehmen. **b)** ⟨jmdn. l.; mit Raumangabe⟩ *durch Rufe, Zeichen, Versprechungen o. ä. bewegen, an eine bestimmte Stelle zu kommen oder zu gehen:* den Fuchs aus dem Bau l.; er lockte den Hamster in den Käfig; jmdn. zu einer anderen Firma l.; jmdn. auf eine falsche Fährte, in einen Hinterhalt l.; er will mich nur in eine Falle l. *(mich hereinlegen)*; bildl.: die Sonne hatte uns ins Freie gelockt · adj. Part.: *verlockend:* eine lockende Aufgabe; die lockende Ferne.

löcken ⟨in der Wendung⟩ wider den Stachel löcken (geh.): *sich gegen etwas sträuben, widerspenstig sein.*

locker: 1. a) *wackelnd, nicht festsitzend:* ein lockerer, l. sitzender Zahn; die Schraube, der Nagel ist, sitzt l., ist l. geworden; ich muß den Knoten erst l. machen. **b)** *nicht festgefügt, durchlässig:* lockerer Boden; lockeres Erdreich; lockeres Gewebe; das Haar ist, liegt l.; l. stricken, häkeln. **c)** *nicht starr, straff, gespannt:* eine lockere Haltung; l. *(nicht verkrampft)* hinter dem Steuer sitzen; ein Gesetz, Vorschriften l. handhaben; das Seil l. lassen; er hält die Zügel l. * **eine lockere Hand haben** *(dazu neigen, jmdm. schnell eine Ohrfeige zu geben)* · (ugs.:) **bei jmdm. ist eine Schraube locker** *(jmd. ist nicht ganz normal)*.

lockerlassen (ugs.): *nicht nach-, aufgeben:* wir dürfen jetzt nicht l.; er läßt [mit seiner Forderung] nicht locker.

lockermachen (ugs.) ⟨etwas l.⟩: *hergeben, herausrücken:* er will dafür ein paar Mark l.; ich versuche, bei ihm 50 Mark lockerzumachen *(ihn zu bewegen, 50 Mark zu geben)*.

lockern: a) ⟨etwas l.⟩ *etwas locker machen:* eine Schraube, Stange, ein Seil, den Gürtel l.; du mußt die Muskeln l. *(entspannen)*; übertr.: die [scharfen] Vorschriften, Bestimmungen, Gesetze l. *(liberaler fassen)*. **b)** ⟨etwas lockert sich⟩ *etwas beginnt zu wackeln:* der Zahn, die Schraube lockert sich; ein Schutzblech hat sich gelockert; übertr.: die Sitten haben sich gelockert *(sind freier geworden)*; unsere Beziehungen haben sich etwas gelockert *(sind nicht mehr so eng)*.

lockig: *Locken habend, bildend:* ein lockiges Kind; lockige Haare haben; sein Haar ist sehr l.

Lockung, die: *Versuchung:* jmds. Lockungen widerstehen; er erlag ihren Lockungen.

Lockvogel, der (abwertend): *jmd., der jmdn. anlockt:* die Bardame war ein L., entpuppte sich als L.; ein Mädchen als L. benutzen; die Kripo setzte sie als L. auf ihn an.

lodern ⟨etwas lodert⟩: *etwas brennt in heftiger Bewegung:* das Feuer lodert im Kamin, hat hell gelodert; die Flammen haben/sind aus dem Dachstuhl, zum Himmel gelodert *(geschlagen)*; übertr.: Haß, Fanatismus loderte aus seinen Augen; mit lodernder Begeisterung mitmachen.

Löffel, der: **1.** */ein Eßgerät/:* silberne, verchromte Löffel; ein L. für die Bratensoße; hier fehlt noch ein L.; die Suppe ist so dick, daß [fast] der L. darin steckenbleibt; Löffel spülen, putzen, polieren; den L. zum Mund führen, ablecken; man nehme zwei Löffel [voll] Zucker; dreimal täglich 50 Tropfen auf einen L. Zucker; etwas mit dem L. essen. **2.** (Jägerspr.) *Ohr des Hasen:* der Hase stellte, spitzte die Löffel. * (ugs.:) **die Löffel spitzen** *(aufmerksam zuhören)* · (ugs.:) **die Löffel aufsperren** *(aufpassen, zuhören)* · (ugs.:) **jmdm. eins/ein paar hinter die Löffel geben** *(jmdn. ohrfeigen)* · (ugs.:) **eins/ein paar hinter die Löffel bekommen, kriegen** *(geohrfeigt wer-*

den) · (ugs.:) **sich** (Dativ) **etwas hinter die Löffel schreiben** *(sich etwas gut merken)* · (ugs.:) **jmdn. über den Löffel balbieren/barbieren** *(jmdn. in plumper Form betrügen)* · (ugs.:) **jmd. hat die Weisheit** [**auch**] **nicht mit Löffeln gefressen** *(jmd. ist nicht besonders intelligent)* · (ugs.:) **jmd. glaubt/meint, die Weisheit mit Löffeln gefressen zu haben** *(jmd. hält sich für klug)*.

löffeln ⟨etwas l.⟩: *etwas mit dem Löffel essen:* er löffelte still und mißmutig seine Suppe. * (ugs.:) **jmdm. eine löffeln** *(jmdn. ohrfeigen)*.

logisch: 1. *der Logik entsprechend; folgerichtig:* ein logischer Schluß; eine logische Folgerung aus etwas ziehen; diese Überlegung ist nicht l.; etwas l. durchdenken, begründen. **2.** (ugs.) *selbstverständlich, klar:* das ist doch l.; daß so etwas nicht in Frage kommt, ist wohl l.

lohen (geh.): *lodern:* die Flammen haben zum Himmel geloht; übertr.: aus ihren Augen lohte das Feuer der Begeisterung.

Lohn, der: **1.** *Arbeitsentgelt für Arbeiter:* ein hoher, niedriger, kärglicher (geh.), tariflicher L.; der wöchentliche L. beträgt ...; Löhne und Preise steigen; die Löhne auszahlen, drücken (ugs.), kürzen, senken; die Löhne werden rückwirkend, ab 1. Januar um 7% erhöht; eine Erhöhung der Löhne verlangen; ein Streik für höhere Löhne. **2.** *Dank oder Vergeltung für etwas:* ein [un]verdienter, gerechter, [über]reichlicher L.; das ist ein schlechter L. für seine Mühen; Sprichw.: Undank ist der Welt L. · er wird schon noch seinen L. *(seine Strafe)* bekommen; etwas um Gottes L. tun *(etwas tun, ohne etwas dafür zu verlangen)*. * (veraltend:) **in Lohn und Brot nehmen** *(anstellen, Arbeit geben)* · (veraltend:) **in Lohn und Brot stehen** *(angestellt sein, feste Arbeit haben)* · (veraltend:) **jmdn. um Lohn und Brot bringen** *(jmdm. seine Arbeit, seine Erwerbsquelle nehmen)*.

lohnen: 1. *etwas ist etwas wert, bringt Nutzen:* **a)** ⟨etwas lohnt⟩ die Arbeit, Mühe, der Einsatz lohnt; es lohnt nicht, darüber zu sprechen; eine lohnende Arbeit, Aufgabe; das ist ein lohnendes Ziel. **b)** ⟨etwas lohnt sich⟩ der Fleiß, der ganze Aufwand hat sich doch gelohnt; ich glaube, daß sich das lohnt. **c)** ⟨etwas lohnt etwas⟩ *etwas rechtfertigt etwas:* der mögliche Erfolg lohnt die weite Reise; das lohnt die Mühe/(geh.; veraltend:) der Mühe nicht. **2.** ⟨jmdm. etwas l.; mit Artangabe⟩ *jmdm. etwas danken:* er hat dir deine Hilfe, deine treue Mitarbeit schlecht, übel, nicht, nur mit Undank gelohnt.

Lorbeer, der: **1.** */immergrüner Baum/:* der L. wächst vorwiegend am Mittelmeer. **2. a)** *Lorbeerblatt [als Gewürz]:* etwas ist mit L. gewürzt. **b)** *Lorbeerkranz:* einen L. in der Hand halten; den Kopf der Figur schmückt ein L. * **blutiger Lorbeer** *(im Krieg errungener Ruhm)* · **Lorbeeren pflücken/ernten** *(Lob ernten, Erfolg haben)* · (ugs.:) [**sich**] **auf seinen Lorbeeren ausruhen** *(sich nach Erfolgen nicht mehr anstrengen)* · **mit etwas keine Lorbeeren pflücken/ernten** *(mit etwas keinen Eindruck machen, keinen Ruhm gewinnen)*.

los /vgl. lose/: **1.** ⟨Adj.⟩ *[ab]getrennt:* der Knopf ist l. *(abgerissen)*; der Hund ist von der Leine l. **2.** ⟨Adverb⟩ **a)** *vorwärts!; schnell fort! /deutliche Aufforderung zu sofortigem Tun/:* nichts wie l.!; nun aber l.!; [l.,] l., mach schon, lauf schon, beeile dich. **b)** *weg:* l. vom Reich, vo[n] Rom (hist.); das Volk will l. von der Zentralre[-]gierung. * (ugs.:) ⟨mit Raumangabe⟩ **es ist et[-]was los** *(irgendwo ist großer Betrieb, geschieh[t] Ungewöhnliches):* in dem Lokal, bei ihm z[u] Hause ist immer etwas l. · (ugs.:) **es ist imme[r] etwas los** *(es passiert immer etwas)* · (ugs.:) **etwa[s] los haben** *(sehr begabt sein, etwas können, ve[r-]stehen)* · (ugs.:) **mit jmdm., mit etwas ist nicht[s] nicht viel los** *(etwas taugt nichts/nicht viel; jmd. ist nicht/nicht recht zu etwas brauchbar, ist i[n] schlechter körperlicher oder seelischer Verfas[-]sung)* · (ugs.:) **jmdn., etwas los sein** *(von jmdm. von etwas befreit sein)* · **los und ledig** *(unbe[-]hindert)*.

Los, das: **1. a)** *gekennzeichneter Zettel und die da[-]mit gefällte Zufallsentscheidung:* das L. muß ent[-]scheiden; die Lose mischen; ein L. ziehen; etwa[s] durch das L. entscheiden, gewinnen. **b)** *Lotterie[-]anteil[schein]:* ein halbes, ganzes L. [der Klassen[-]lotterie]; jedes zweite L. gewinnt; alle Lose wa[-]ren Nieten; mein L. ist jetzt gezogen worden ein L. kaufen, erwerben; auf das L. tausen[d] Mark gewinnen; der Haupttreffer fiel auf da[s] L. Nr. ... **2.** (geh.) *Schicksal:* ein bitteres, hartes schweres, beneidenswertes L.; kein leichtes L. haben; jmdm. war ein glückliches L. beschie[-]den; sein hartes L. geduldig [er]tragen; das L. der Gefangenen, Flüchtlinge erleichtern. * **da[s] Große Los** *(der Hauptgewinn)* · **mit jmdm., mi[t] etwas das Große Los ziehen** *(mit jmdm., mit et[-]was großes Glück haben, eine gute Entscheidun[g] getroffen haben)*.

losbrechen: 1. ⟨etwas l.⟩ *etwas abbrechen:* ein[-]zelne Stücke, Eisschollen l. **2.** ⟨etwas bricht los⟩ *etwas tritt, setzt plötzlich ein:* ein Gewitter, Un[-]wetter, ein Sturm ist losgebrochen [wie noch nie]; nach gewisser Zeit brach ein unglaubliche[r] Jubel, ein Tumult, ein Gelächter los.

[1]löschen ⟨etwas l.⟩: **1. a)** *nicht weiterbrennen las[-]sen, ersticken:* die Kerzen l. **b)** (geh.) *ausma[-]chen:* das Licht, die Scheinwerfer l. **c)** *stillen* seinen Durst l.; heißer Tee löscht herrlich de[n] Durst; ein Feuer l.; der Brand konnte mi[t] Schaumlöschgeräten schnell gelöscht werden Kalk l. *(nach dem Brennen mit Wasser übergie[-]ßen)*. **2.** *beseitigen, tilgen:* eine Eintragung i[n] das/im [Straf]register l.; die Firma wurde in Handelsregister gelöscht; eine Hypothek, ein[e] Schuld, ein Konto, einen Posten [im Buch] l. einen Text [auf der Tafel], eine Aufnahme [au[f] dem Tonband] l.; das Tonband, den Film l. *(vo[n] einer Aufnahme frei machen)*; die Schmach ist ge[-]löscht. **3.** *durch Absaugen trocknen:* die Tinte l. das Löschpapier löscht [die Tinte] *(saugt)* schlecht.

[2]löschen ⟨etwas l.⟩: *etwas ausladen:* eine Fracht l.; hier wird Erdöl gelöscht; das Schiff kan[n] seine Ladung in kürzester Zeit l.

lose /vgl. los/: **1.** *nicht fest verbunden; locker:* ei[n] loser Nagel, Bolzen; lose Blätter; l. aufgesteckte Haare; ein l. [zusammen]gebundenes Bündel hier sind alle Schrauben l.; der Knopf am Man[-]tel ist, hängt l. *(droht abzufallen)*; die Jacke, da[s] Kleid, der Pullover wird l. *(nicht eng anliegend)* getragen; etwas l. zusammenbinden, heften übertr.: in losen *(aufgelockerten)* Gruppen bei[-]einanderstehen; lose Zusammenschlüsse, Be[-]ziehungen; die einzelnen Szenen hängen nur l.

zusammen. **2.** *nicht fest verpackt:* lose Ware; Zigarren l. *(einzeln)* verkaufen; das Geld l. *(nicht im Geldbeutel)* in der Tasche tragen. **3.** (ugs.) *leichtfertig; keck:* ein loses Mädchen; er ist ein loser Mensch, Vogel (ugs.); einen losen Mund, ein loses Mundwerk, Maul (ugs.), eine lose Zunge haben; lose Reden führen; jmdm. einen losen *(frechen)* Streich spielen. * (ugs.:) **bei jmdm. ist eine Schraube los**[e] *(jmd. ist nicht ganz normal).*

·sen: *durch das Los entscheiden:* um die beiden Eintrittskarten l.; wir wollen l., wer die Arbeit übernimmt.

·sen /vgl. gelöst/: **1.** ⟨etwas l.⟩ *losmachen, etwas lockern [und abtrennen]:* einen Stein [aus der Mauer], eine Briefmarke [vorsichtig] vom Kuvert, das Fleisch vom Knochen l.; er hat das Boot von der Vertäuung gelöst; den Gürtel, die Fesseln, einen Knoten l. *(aufmachen);* er löste seine Hand aus ihrer *(machte sie frei);* den Haarknoten, die Haare l.; er hat zu früh die Bremse[n] gelöst *(gelockert und damit die Bremswirkung aufgehoben);* dieses Mittel löst *(entfernt)* jeden Schmutz; übertr.: die Spritze hat den Krampf, die Verkrampfung gelöst *(beseitigt).* **2.a)** ⟨etwas löst sich⟩ *etwas wird lose, lockert sich [und geht ab]:* der Bolzen löst sich aus der Verankerung, aus der Halterung; einige Platten haben sich gelöst; der Einband, der Lack, die Tapete löst sich allmählich; übertr.: der Krampf, die Verkrampfung, die Erstarrung, die Spannung löste sich [nur langsam]. **b)** ⟨sich aus etwas/von jmdm., von etwas l.⟩ *sich freimachen, befreien, trennen:* sich aus einer Verpflichtung, von Verbindlichkeiten l.; er löste sich aus ihren Armen, aus ihrer Umarmung; sich von der Partei, von seinen Freunden l.; sich nur schwer von Vorurteilen, von der Tradition l. [können]. **3.a)** ⟨etwas l.⟩ *auflösen, klären:* ein [Kreuzwort]rätsel, eine Aufgabe, ein Problem l.; diese Schwierigkeit hat er schnell, glänzend, brillant, auf verblüffend einfache Weise gelöst; so einfach läßt sich diese Sache nicht l.; Math.: eine Gleichung [mit zwei Unbekannten] l. **b)** ⟨etwas löst sich⟩ *etwas löst sich auf, klärt sich:* die Angelegenheit hat sich von selbst gelöst. **4.** ⟨etwas löst sich⟩ *etwas geht los:* ein Schuß löste sich [unbeabsichtigt]. **5.** ⟨etwas l.⟩ *auflösen, annullieren:* einen Vertrag, ein Verhältnis, eine Verbindung l.; er hat die Verlobung [wieder] gelöst; die Ehe in gegenseitigem Einvernehmen l. **6.** ⟨etwas l.⟩ *einen Berechtigungsschein kaufen:* eine Fahrkarte, eine Eintrittskarte l.; ich habe den Zuschlag erst im Zug gelöst; [bereits] gelöste Karten behalten ihre Gültigkeit. **7.a)** ⟨etwas in etwas l.⟩ *auflösen:* etwas in Säure l.; täglich eine Tablette, in Wasser gelöst, einnehmen. **b)** ⟨etwas löst sich in etwas⟩ *etwas löst sich auf, zergeht:* dieses Mittel löst sich nicht in Wasser; in scharfer Säure löst sich der Kunststoff. * **etwas löst jmdm. die Zunge/jmds. Zunge** *(etwas bringt jmdn. zum Reden):* der Wein hatte seine Zunge gelöst.

·sfahren (ugs.): **1.** *abfahren, starten:* wir fahren morgen früh los; er stieg in sein Auto und fuhr los. **2.** ⟨auf jmdn. l.⟩ *auf jmdn. losgehen:* wütend auf einen Gegner l.; plötzlich fuhr ein Hund auf mich los.

·sgehen (ugs.): **1.** *aufbrechen:* wir müssen jetzt l., wenn wir nicht zu spät kommen wollen; bildl.: geh [mir] los *(laß mich in Ruhe)* mit deinen Sonderwünschen! **2.** (ugs.) ⟨etwas geht los⟩ *etwas beginnt:* das Spiel geht pünktlich, um 20 Uhr los; wann ist das Kino, die Vorstellung losgegangen?; hoffentlich geht es jetzt bald los; auf, es geht los/los geht's; plötzlich ging ein furchtbares Geschrei, Pfeifkonzert los. **3.a)** ⟨auf etwas l.⟩ *auf etwas zugehen:* auf ein Ziel l. **b)** ⟨auf jmdn. l.⟩ *auf jmdn. in feindlicher Absicht losstürzen:* mit dem Messer auf jmdn. l.; die Spieler gingen aufeinander los. **4.** ⟨etwas geht los⟩ **a)** *etwas gibt einen Schuß ab, wird abgefeuert:* ein Gewehr, ein Revolver geht los. **b)** *etwas löst sich:* ein Schuß ging los. **c)** *etwas explodiert:* eine Handgranate geht los; plötzlich ist die Bombe, die Mine losgegangen. **5.** ⟨etwas geht los⟩ *etwas geht ab, löst sich:* der Knopf ist losgegangen.

loskommen (ugs.): **1.** *weg-, fortkommen:* von zu Hause nicht rechtzeitig l.; das Flugzeug kam nicht vom Boden los; alle Fahrer sind beim Start gut losgekommen. **2.** ⟨von jmdm., von etwas l.⟩ *sich lösen, trennen:* er kommt von dem Mädchen nicht mehr los; von seinen Schulden, von einer Verpflichtung, von diesem Gedanken einfach nicht l.

loslassen: **1.a)** ⟨jmdn., etwas l.⟩ *nicht mehr festhalten:* sie hat das Kind losgelassen, weil es allein gehen wollte; jmds. Hand, die Tür, das Steuer l.; laß mich los; übertr.: einen Menschen nicht mehr l. *(an sich zu binden suchen);* das Buch, diese Frage läßt ihn nicht mehr los *(beschäftigt ihn stark, fesselt ihn)* · adj. Part.: er war heute wie losgelassen (landsch.; *ausgelassen, übermütig*). **b)** ⟨ein Tier l.⟩ *frei laufen lassen:* den Hund [von der Kette] l. **2.** (ugs.) ⟨jmdn. auf jmdn., auf etwas l.⟩ *jmdn. [nach seiner Ausbildung] sich irgendwo betätigen lassen:* jmdn. als Arzt auf die Menschen, auf die Menschheit l.; diesen Kerl haben sie auf unsere Schule losgelassen. **3.** (ugs.) ⟨etwas l.⟩ *von sich geben:* eine Rede l. *(halten);* ein paar Witze l. *(zum besten geben);* einen geharnischten Brief an jmdn. l. *(schreiben, abschicken);* eine Propagandaschrift l. *(verfassen).*

loslegen (ugs.): *stürmisch anfangen, etwas zu tun; ungestüm zu sprechen, zu arbeiten beginnen:* [nun] legen Sie [mal] los!; er legte sofort, mächtig [mit der Arbeit] los; wenn er loslegt *(zu reden beginnt)*, hört er [so schnell] nicht mehr auf; Mensch, hat der losgelegt! *(seinem Ärger Luft gemacht, geschimpft!).*

losreißen: **a)** ⟨etwas l.⟩ *ab-, herausreißen:* ein Brett, ein Stück Tapete, Plakate l. **b)** ⟨sich l.⟩ *sich gewaltsam lösen:* das Pferd, das Kind, das Boot hat sich losgerissen; der Hund hat sich von der Leine losgerissen; übertr.: ich konnte mich von diesem Anblick nicht mehr l.

lossagen ⟨sich von jmdm., von etwas l.⟩: *sich von jmdm., von etwas trennen:* sich von seinen Eltern, von der Partei l.; er hat sich von seiner Vergangenheit losgesagt.

losschießen: **1.** (ugs.) **a)** *sich schnell in Bewegung setzen:* die Boote schießen los; beim Startschuß schoß er los und übernahm sofort die Führung. **b)** ⟨auf jmdn., auf etwas l.⟩ *auf jmdn., auf etwas zustürzen:* als er mich sah, schoß er auf mich los; das Tier schoß blitzschnell auf die

Beute los. **2.** (ugs.) *zu sprechen beginnen:* schieß endlich [mit deinem Bericht] los!

losschlagen (ugs.): **1.** ⟨etwas l.⟩ *durch Schlagen lösen, entfernen:* einen Haken, ein Brett, das Eis, den Verputz [von der Wand] l. **2.** ⟨auf jmdn. l.⟩ *auf jmdn. einschlagen:* er schlug auf mich los; die Streitenden schlugen mit Knüppeln aufeinander los. **3.** *angreifen:* man rechnet damit, daß der Feind jeden Augenblick losschlägt; ganz überraschend schlugen die Rebellen los. **4.** *absetzen, verkaufen:* er konnte alle Bestände, Waren noch [billig] l.

lossteuern ⟨auf jmdn., auf etwas l.⟩: *sich direkt auf jmdn., auf etwas zubewegen:* das Schiff ist auf den nächsten Hafen losgesteuert; auf einen Bekannten l.; der Stürmer steuerte [mit dem Ball] energisch auf das Tor los; übertr.: entschlossen, besessen auf ein Ziel l.; sie steuerten auf einen Krieg los.

Losung, die: **1.** *Leitwort, Parole:* politische, militärische Losungen; die L. des Tages; unsere L. ist, lautet ...; etwas als L. ausgeben. **2.** (militär.) *Kennwort:* die L. nennen, ausgeben, fordern; jmdn. an der L. erkennen; nach der L. fragen. **3.** (Jägerspr.) *Kot des Hundes und Wildes:* der Jäger fand L. von Wild, Füchsen.

Lösung, die: **1.a)** *das Lösen, Bewältigen einer [schwierigen] Aufgabe:* die L. ist schwierig, sehr kompliziert; mit der L. einer Aufgabe beschäftigt sein; über der L. eines Problems sitzen. **b)** *Auflösung, Ergebnis:* eine einfache, überraschende, elegante, saubere (ugs.) L.; das ist des Rätsels L.; diese L. ist ausgezeichnet, falsch, nicht die beste; eine L. suchen, finden; die richtige L. auf einer Postkarte einschicken; auf keine bessere L. kommen; nach einer anderen L. suchen. **2.** *das Aufheben; Beseitigung:* die L. einer Verlobung; von einer L. der gesellschaftlichen Beziehungen abraten. **3.** (Chemie) *Verteilung eines Stoffes in einem anderen:* eine wäßrige, hochprozentige, gesättigte L.; eine chemische L. herstellen. * (Chemie:) **etwas geht in Lösung** *(etwas löst sich auf).*

loswerden (ugs.): **1.** ⟨jmdn., etwas l.⟩ *sich von jmdm., etwas befreien:* einen Vertreter nicht, nur mit Mühe, endlich l.; so schnell werden Sie mich nicht los; den Gedanken, Eindruck, die Vorstellung nicht l., daß ... **2.** ⟨etwas l.⟩ *etwas verkaufen, absetzen:* ich werde diese Ware kaum los; diese Artikel sind wir reißend losgeworden. **3.** ⟨etwas l.⟩ *abgenommen bekommen:* Geld beim Kartenspiel l.; in dem Geschäft bin ich viel Geld losgeworden *(habe ich viel Geld ausgegeben).*

losziehen (ugs.): **1.** *weggehen; sich auf den Weg machen:* zu einem Vergnügen l.; wir sind noch am Abend losgezogen. **2.** ⟨gegen jmdn. l.⟩ *über jmdn. schimpfen:* er zog mächtig gegen seine Verwandtschaft, gegen seine Nachbarn los.

Lot, das: **1.** *Senkblei:* die Mauer war, stand nicht [ganz] im L.; die Wassertiefe mit dem L. messen; die Wand genau nach dem L. errichten. **2.** (Geom.) *Senkrechte:* das L. [auf eine Gerade] fällen; das L. errichten. **3.** (veraltet) */ein Maß/:* ein L. Salz, Kaffee; Sprichw.: Freunde in der Not gehn hundert/tausend auf ein L. *(in Notzeiten sind die Freunde selten).* * **etwas ist [nicht] im Lot** *(etwas ist [nicht] in Ordnung)* · **etwas wieder ins [rechte] Lot bringen** *(etwas bereinigen; wieder in Ordnung bringen).*

löten ⟨etwas l.⟩: **a)** *etwas mit Hilfe von g[e]schmolzenem Metall verbinden, schließen:* e[in] Loch l.; die Bruchstelle muß gelötet werde[n]; den Henkel an die Kanne l. **b)** *durch Löten rep[a]rieren:* einen Topf, ein Rohr l.

lotsen: a) ⟨etwas l.; gewöhnlich mit Rauma[n]gabe⟩ *durch ein unübersichtliches, schwierig[es] Gebiet leiten:* ein Schiff in den Hafen, durch d[en] Kanal l.; alle Schiffe müssen gelotst werde[n]; das Flugzeug an seinen Standplatz l.; übertr[.:] er hat mich sicher durch die Innenstadt gelots[t]. **b)** (ugs.) ⟨jmdn. l.; mit Raumangabe⟩ *jmd[n.] dazu bewegen, irgendwohin mitzugehen:* er lots[te] mich noch in seine Wohnung, in ein Nachtloka[l]. * (ugs.:) **jmdm. das Geld aus der Tasche lots[en]** *(jmdn. dazu bringen, Geld auszugeben).*

Lotterie, die: *Glücksspiel mit Lossystem:* [... der] L. spielen; er hat 3000 Mark in der L. g[e]wonnen. * (ugs.:) **etwas ist die reinste Lotter[ie]** *(etwas ist reiner Zufall).*

Löwe, der: **1.** */ein Raubtier/:* ein dressierter L.[;] der L. schlägt, reißt ein Tier; wie ein [hungr...]ger] L. (ugs.; *sehr laut*) brüllen; wie ein gereizt[er] L. auf jmdn. losgehen; wie ein L./wie die Löwe[n] *(sehr verbissen)* kämpfen; einen Löwen jage[n,] erlegen; einen Löwen im Wappen führen; Ja[gd] auf Löwen machen; von einem Löwen angefa[l]len werden; übertr.: er ist der L. *(Held)* d[es] Tages, war der L. *(Star)* des Abends, der Gesel[l]schaft. **2.** (Astrol.) */ein Tierkreiszeichen/:* i[ch] bin [ein] L. (ugs.; *ich bin im Zeichen des Löwe[n] geboren*). * (ugs.:) **sich in die Höhle des Löw[en] begeben** *(sich mutig an einen mächtigen o[der] gefährlichen Menschen wenden).*

Luchs, der: */ein Raubtier/:* ein L. lauert in d[er] Nähe; Augen, Ohren wie ein L. haben (ugs[.;] *ungewöhnlich gut sehen, hören*); wie ein L. (ugs[.;] *scharf*) aufpassen.

Lücke, die: *Stelle, wo etwas fehlt; Zwischenraum:* eine große, schmale L.; hier klafft noch eine L[.;] eine L. im Gebiß haben; die L. im Zaun beseit[i]gen; noch eine L. für weitere Bücher lassen; [in] dieser Straße werden jetzt die letzten Lück[en] *(Baulücken)* geschlossen; eine L. im Etat sto[p]fen (ugs.; *einen finanziell noch offenen Posten a[b]decken*); der Stürmer entdeckte eine L. in d[er] gegnerischen Abwehr; übertr.: sein Wissen h[at] einige Lücken; sein Tod hinterläßt eine fü[hl]bare, spürbare, schmerzliche L. [im Verein]; der Krieg hat viele Lücken gerissen; dies[es] Buch füllt eine Lücke, schließt eine fühlba[re,] echte, wirkliche L.; eine L. im Gesetz *(ein[en] noch nicht erfaßten Fall)* ausnutzen.

Lückenbüßer, der: *jmd., der für jmdn. einspri[n]gen muß:* er ist immer nur [der] L.; als L. di[e]nen; den L. spielen müssen, können.

Luder, das: **1.** (ugs.) **a)** (abwertend) *gerisse[ne] [weibliche] Person:* so ein unverschämtes, fr[e]ches, falsches L.; sie ist ein ganz gemeines L[.;] jetzt hat das L. mich schon wieder hereingeleg[t;] das Mädchen ist ein kleines Luder. **b)** *bemitle[i]denswerte Person:* er, sie ist [auch nur] ein arm[es] L.; [so] ein dummes L., vertraut sein ganz[es] Geld diesem Ganoven an. **2.** (Jägerspr.) *A[as] zum Anlocken:* der Falke wurde mit einem [L.] gelockt.

Luft, die: **1.** */ein gasförmiges Element; Atm[o]sphäre/:* gute, reine, frische, saubere, rauh[e,] sauerstoffarme, schlechte, stickige, warme, ve[...]

brauchte L.; flüssige, verflüssigte L.; die L. ist feucht, ganz trocken, gut temperiert; hier ist eine L. zum Schneiden (ugs.; *ist die Luft sehr schlecht*); mit zunehmender Höhe wird die L. dünner; es weht ein frisches, angenehmes Lüftchen *(Wind)*; die L. erwärmt sich nur langsam; der Wohnung fehlt Licht und L.; das Gewitter hat die L. gereinigt; frische L. ins Zimmer [herein]lassen; die verbrauchte L. absaugen; der Reifen, Schlauch hat zu wenig L., hält die L. nicht mehr; die L. (ugs.; *den Luftdruck*) prüfen, kontrollieren, nachsehen [lassen]; die L. aus den Reifen, aus dem Ballon lassen; der Motor wird mit L. gekühlt; etwas mit L. füllen; von der L. allein kann man nicht leben; übertr.: *Platz, Raum:* jetzt gibt es L. *(jetzt wird es leerer, jetzt gibt es Platz)*; sich (Dativ) etwas L. *(Spielraum, Bewegungsfreiheit)* verschaffen; etwas schafft wieder etwas L. *(gibt etwas mehr Möglichkeiten)*; zwischen den Büchern, zwischen Wand und Schrank etwas L. *(Zwischenraum)* lassen; in die L. *(ins Leere)* greifen. **2.** *Atem[luft]:* plötzlich blieb ihm [vor Schreck] die L. weg; die L. anhalten; der zu enge Kragen schnürte ihm die L. ab; keine L. mehr bekommen; tief L. holen; nach L. ringen, schnappen (ugs.). **3. a)** *freier Raum außerhalb von Häusern:* viel an die L. *(ins Freie)* gehen; sich viel in der frischen L. *(im Freien)* aufhalten. **b)** *freier Raum über dem Erdboden, Lufthülle:* Truppen aus der L. versorgen *(den Nachschub mit Fallschirmen vom Flugzeug abwerfen)*; bei der Explosion flogen Autos durch die L.; etwas in die L. *(in die Höhe)* werfen; vor Freude in die L. springen; in die L. schauen, gucken (ugs.); frei sein wie der Vogel in der L.; das Flugzeug erhebt sich, steigt in die L./in die Lüfte; zur Warnung in die L. schießen. * (ugs.:) **die Luft ist rein/sauber** *(es besteht keine Gefahr, niemand lauert)* · (ugs.:) **es ist/herrscht dicke Luft** *(es ist ungemütlich, es droht etwas zu passieren)* · (ugs.:) **Luft für jmdn. sein** *(für jmdn. nicht existieren, von jmdm. nicht beachtet werden)* · (ugs.:) **jmdn. wie Luft behandeln** *(jmdn. nicht beachten)* · (ugs.:) **seinem Herzen Luft machen** *(sich bei jmdm. aussprechen über etwas, was einen ärgert)* · (ugs.:) **halt die Luft an!** *(hör auf!, sei still!)* · **mit jmdm. die gleiche Luft atmen** *(in derselben Umgebung, z. B. am selben Arbeitsplatz sein)* · **frische Luft in etwas bringen** *(neue Impulse geben, Schwung in etwas bringen)* · (ugs.; scherzh.:) **gesiebte Luft atmen** *(im Gefängnis eine Strafe abbüßen)* · (ugs.:) **jmdn. an die [frische] Luft setzen** *(jmdn. hinauswerfen)* · (ugs.:) **etwas ist aus der Luft gegriffen** *(etwas ist frei erfunden)* · (ugs.:) **in die Luft gucken** *(das Nachsehen haben)* · **in die Luft fliegen/gehen** *(explodieren)* · **etwas in die Luft jagen** (ugs.) /**sprengen** *(durch Sprengen zerstören, beseitigen)* · (ugs.:) **jmdn. in der Luft zerreißen** *(jmdn. vernichtend kritisieren)* · **etwas liegt in der Luft** *(etwas steht bevor)* · **in der Luft hängen** *(keine feste Grundlage haben, ohne Rückhalt sein)* · (ugs.:) **[schnell/leicht] in die Luft gehen** *([schnell] böse, wütend werden)* · **etwas hat sich in Luft aufgelöst** *(etwas ist spurlos verschwunden)*.

lüften ⟨etwas l.⟩: **1.** *einer Sache frische Luft zuführen:* die Wohnung, das Zimmer, die Kleider, die Betten [gründlich] l.; ⟨auch ohne Akk.⟩ wir müssen hier einmal gut l. **2.** *etwas leicht anheben, wegschieben:* den Vorhang, den Hut [zum Gruß] l.; sie hat ihren Schleier gelüftet; bildl.: die Maske, den Schleier l. *(sich zu erkennen geben)*; das Dunkel, den Schleier, ein Geheimnis l. *(etwas enträtseln)*. * **den Schleier [des Geheimnisses] lüften** *(ein Geheimnis enthüllen)*.

luftig: 1. *viel Luft habend, durchlassend:* ein luftiger Bau; luftige *(leichte und luftdurchlässige)* Kleider; ein luftiges Plätzchen; sich in luftiger Höhe *(hoch oben)* befinden, bewegen; er hat sich recht l. *(leicht)* angezogen. **2.** (ugs.) *leichtsinnig, unzuverlässig:* er ist ein luftiger Bursche, Geselle. **3.** (ugs.) *nicht ernst zu nehmend:* eine luftige Erklärung, Begründung; seine Pläne sind mir zu l.

Lug ⟨in der Verbindung⟩ Lug und Trug: *List, Täuschung:* es ist alles nur L. und Trug; jmd. ist, steckt voll[er] L. und Trug.

Lüge, die: *bewußt falsche Aussage:* eine freche, raffinierte, gemeine, faustdicke (ugs.), handgreifliche (ugs.; *offenkundige*), plumpe L.; eine wohlmeinende, verzeihliche, fromme *(in guter Absicht gemachte)* L.; das ist eine ausgemachte, glatte L.; bei ihr ist jedes [zweite] Wort eine L.; lauter, nichts als Lügen; Sprichwörter: Lügen haben kurze Beine *(die Wahrheit wird schnell bekannt)*; L. vergeht, Wahrheit besteht · jmdn. einer L. überführen; jmdn. der L. zeihen (geh.), bezichtigen, beschuldigen, verdächtigen; sich in Lügen verstricken; um eine L. nicht verlegen sein. * **jmdn., etwas Lügen strafen** *(nachweisen, daß jmd. lügt, daß etwas nicht wahr ist; widerlegen)*: das Ergebnis der Untersuchung straft alle Gerüchte Lügen.

lügen: a) *bewußt die Unwahrheit sagen:* du lügst; [schon] wenn er den Mund auftut, lügt er *(er lügt immer)*; ich müßte l., wenn ich behaupten wollte, daß ...; Sprichwörter: wer lügt, der stiehlt; wer einmal lügt, dem glaubt man nicht, und wenn er auch die Wahrheit spricht. **b)** ⟨etwas l.⟩ *etwas Falsches bewußt für wahr ausgeben:* er hat das alles gelogen; das ist gelogen. * (ugs.:) **jmdm. die Hucke voll lügen** *(jmdn. unglaublich belügen)* · (ugs.:) **lügen, daß sich die Balken biegen; wie gedruckt lügen** *(unglaublich lügen)*.

Lümmel, der (ugs.; abwertend): *ungezogener, frecher Bursche:* du bist ein L.; sich wie ein L. benehmen, aufführen.

Lump, der (ugs.; abwertend): *Mensch von niedriger Gesinnung:* er war ein großer, gemeiner, abgefeimter L.; die Lumpen haben mir das Geld gestohlen; du L.!

lumpen (ugs.; abwertend): *liederlich leben:* er hat in letzter Zeit viel gelumpt. *(ugs.:) **sich nicht lumpen lassen** *(sehr großzügig, freigebig sein)*.

Lumpen, der: **a)** *[abgerissenes] Stück Tuch, Stoffetzen:* ein alter, schmutziger, öliger L.; Lumpen sammeln. **b)** (ugs.; abwertend) ⟨Plural⟩ *Kleidung, Kleider:* jmdm. die Lumpen vom Leib reißen; in Lumpen gehen, herumlaufen. * (ugs.:) **jmdn. aus den Lumpen schütteln** *(jmdn. heftig tadeln)*.

lumpig (ugs.; abwertend): **a)** *niederträchtig, gemein:* eine lumpige Gesinnung; das war l. [von ihm]; sich [jmdm. gegenüber, gegen jmdn.] l.

benehmen. **b)** (selten) *zerlumpt:* lumpige Kleider; ganz l. herumlaufen. **c)** *kümmerlich:* ein lumpiges Gehalt; um ein paar lumpige Groschen feilschen; jmdn. l. bezahlen.

Lunge, die: */für die Atmung wichtiges Organ/:* eine kräftige, starke, gute, gesunde, schwache L.; die L. ist gefährdet, angegriffen; die L. röntgen; schone deine L.! (ugs.; *rede nicht soviel!*); er raucht auf L./über die L./(selten:) durch die L. *(inhaliert den Rauch);* übertr.: Grünflächen sind die Lungen der [Groß]stadt. * (Med.:) **eiserne Lunge** *(Apparat zur künstlichen Beatmung)* · (ugs.:) **eine gute Lunge haben** *(kräftig schreien können)* · (ugs.:) **sich** (Dativ) **die Lunge aus dem Hals/Leib schreien** *(sehr laut reden, schreien)* · (ugs.:) **aus voller Lunge singen/schreien** *(sehr laut singen, schreien).*

Lunte, die: **1.** (hist.) *Zündmittel:* eine rauchende, glimmende L.; die L. anzünden, an etwas legen. **2.** (Jägerspr.) *Schwanz des Fuchses:* der Fuchs ließ die L. hängen. * (ugs.:) **Lunte riechen** *(etwas schon vorher merken; Gefahr wittern)* · **die Lunte ans Pulverfaß legen** *(einen schwelenden Konflikt zu einem offenen Streit werden lassen).*

Lupe, die: *Vergrößerungsglas:* eine scharfe, stark vergrößernde L.; etwas nur mit, unter der L. lesen können; eine Briefmarke durch die L., mit der L. betrachten. * (ugs.:) **jmdn., etwas [scharf] unter die Lupe nehmen** *(jmdn., etwas [scharf] kontrollieren, beobachten)* · (ugs.:) **jmdn., etwas mit der Lupe suchen können** *(jmdn., etwas von dieser Art selten finden, antreffen).*

Lust, die: **1.** *Freude, Wohlgefallen:* es war eine wahre L., ihm zuzusehen; da kann einem die ganze L. vergehen; die L. an etwas verlieren; L. an dem Anblick, an einer Sache haben, finden; seine schlechte Laune hat mir die ganze L. an der Fahrt genommen. **2.** *Wunsch, Verlangen, Begierde:* unreine, fleischliche, weltliche, sündige Lüste; die L., die Lüste des Fleisches; eine wilde L. überkam, erfaßte ihn plötzlich; keine [rechte, besondere], nicht die geringste L. haben/verspüren, etwas zu tun; ich habe große die größte L., dorthin zu fahren; das kannst d machen, [ganz] wie du L. hast; ich habe jetz wieder L. dazu; seine L. befriedigen, zügeln; e ist ein Sklave seiner Lüste; er frönt seiner L. seinen Lüsten. * **nach Lust und Laune** *(ganz wi es beliebt):* dort kannst du dich nach L. un Laune austoben.

lüstern: *von großem [sexuellen] Verlangen er füllt:* lüsterne Augen, Blicke; eine lüsterne Neu gier; lüsterne Gedanken haben; lüsterne Späß machen; auf Erdbeeren, nach Schokolade sein; er ist ganz l. darauf, das zu tun.

lustig: 1. a) *fröhlich, vergnügt, witzig:* lustig Leute; eine lustige Gesellschaft; lustige Ge schichten, Streiche; die lustige Person */ein Theaterrolle/;* er ist ein lustiger Bursche (scherzh.:) Bruder Lustig; es war ein lustige Abend; du bist heute so l.; es war [auf de Party] sehr l., ging ganz l. zu; es war l., de Affen zuzusehen; (iron.:) das ist, wird ja l kann ja l. *(schlimm, unangenehm)* werden; sic über jmdn., über etwas l. machen *(amüsieren* subst.: mir ist etwas Lustiges eingefallen. **b** *munter:* nun aber l. an die Arbeit; nur immer [zu]; das Feuer brennt l.; die Bedienung unte hielt sich l. weiter, als der Kunde das Geschä betrat. **2.** (ugs.) *nach etwas verlangend:* da kannst du machen, wie, solange du l. bist; tu mach, wozu du l. bist.

luxuriös (bildungsspr.): *sehr komfortabel ausge stattet; verschwenderisch:* eine luxuriöse Woh nung, Einrichtung; ein luxuriöses Hotel; ei luxuriöses Leben führen; sein Lebensstil ist seh l.; der Wagen ist l. ausgestattet.

Luxus, der (bildungsspr.): *übertriebener, kos spieliger Aufwand; Verschwendung:* ein une hörter, unwahrscheinlicher L.; das ist der einz ge L., den ich mir leiste; diesen L. kann ich m nicht erlauben; den L. lieben; etwas für rein L. halten; im L. leben; ein Leben ohne L.

M

Mache, die (ugs.): *Machart; Technik [eines literarischen Produkts]:* das Stück *(Drama)* zeigt eine geschickte M. * (ugs.:) **etwas ist Mache** *(etwas ist vorgetäuscht):* diese Versprechungen, ihre Krankheiten sind nichts als, nur, reine, pure, bloße, bewußte M. · (ugs.:) **etwas in der Mache haben** *(an etwas arbeiten)* · (ugs.:) **jmdn. in der Mache haben: a)** *(jmdn. zu etwas bewegen wollen).* **b)** *(jmdn. ausschelten).*

machen: 1. a) ⟨etwas m.⟩ *herstellen; [an]fertigen:* ein Kleid, ein Paar Schuhe m.; ich werde mir einen Anzug m. lassen; Holz m. *(durch Zerkleinern Brennholz gewinnen);* Klöße, Wurst, Wein m.; Essen m. *(bereiten);* Kaffee, Tee m. *(kochen, aufbrühen);* von einem Negativ, von einer Druckplatte einen Abzug m.; sein Testament m. *(verfassen);* Redensart (ugs.): nun mach aber [endlich] einen Punkt! *(jetzt ist es aber genug!)* · einen Strich m. *(ziehen);* ein Punkt m. *(setzen);* Feuer m. *(anzünden);* Lic m. *(anschalten).* **b)** ⟨etwas m.⟩ *hervorbringe schaffen, verursachen, bewirken, hervorrufen:* e Geräusch m.; Seeluft macht Appetit; diese A beit macht viel Staub; Sprichw.: eine Schwa be macht noch keinen Sommer · ⟨jmdm., si etwas m.⟩ du wirst dir dadurch viele Freund Feinde m.; das macht mir schlaflose Nächte /verblaßt/: Musik m. *(musizieren);* Geschrei r *(schreien);* die Katze macht miau *(miau* Lärm m. *(lärmen);* Geld m. *(Geld verdiener* Beute m. *(etwas erbeuten);* Gefangene m. *(Sold ten gefangennehmen);* Platz m. *(Platz schaffe aus dem Weg gehen);* Luft m. *(Platz schaffen* Quartier m. *(für jmdn. eine Unterkunft besc gen);* Heu m. *(durch Abmähen einer Wiese H gewinnen);* einen guten Eindruck auf jmdn.

(jmdn. positiv beeindrucken); etwas macht Spaß *(bereitet Vergnügen);* einen Preis m. *(in einem Wettbewerb einen Preis erhalten);* Schulden m. *(sich verschulden);* keine Umstände m. *(schnell entschlossen handeln);* ⟨jmdm., sich etwas m.⟩ jmdm. Konkurrenz m. *(eine Konkurrenz für jmdn. darstellen);* sich jmdn. zum Feind m. *(durch sein Verhalten jmds. Feindschaft hervorrufen);* sich einen guten Tag m. *(nicht arbeiten, sich vergnügen);* sich [k]einen Begriff/[k]eine Vorstellung von etwas m. können *(sich etwas [nicht] vorstellen können);* sich ein Vergnügen daraus m., jmdn. zu ärgern *(jmdn. gern ärgern);* sich [allerlei, zuviel, müßige] Gedanken m. *([viel, zuviel, unnötigerweise] über etwas nachdenken);* sich Illusionen über etwas m. *(Illusionen in bezug auf etwas haben);* sich Sorgen m. *(sich sorgen);* jmdm. Sorge[n], Angst, Kummer, Lust, Mühe, Schmerz, Verdruß, Vergnügen m. *(jmdm. Sorge[n], Angst, Kummer, Lust, Mühe, Schmerz, Verdruß, Vergnügen bereiten);* jmdm. Hoffnungen m. *(jmdn. hoffen lassen);* jmdm. Mut m. *(jmdn. ermutigen);* er hat seinem Namen Ehre, Schande gemacht *(er hat seinem Namen Ehre, Schande eingebracht);* adj. Part.: eine gemachte *(geheuchelte)* Empörung; **c)** ⟨etwas m.⟩ *ausführen:* eine Arbeit, Schularbeiten m.; er hat alles ganz allein gemacht; er will seine Sache in Zukunft besser m.; der Turner machte eine Übung am Reck; unter dem, darunter, unter diesem Preis macht er es nicht; /verblaßt/: den Anfang m. *(anfangen);* einen Sprung m. *(springen);* [aus, vor Freude] einen Luftsprung m. *([aus, vor Freude] in die Luft springen);* die ersten Schritte m. *(gehen lernen);* große, lange Schritte m. *(weit ausschreiten);* Halt m. *(anhalten);* einen Spaziergang m. *(spazierengehen);* eine Reise m. *(verreisen);* einen Angriff m. *(angreifen);* Konversation m. (bildungsspr.; *sich in Gesprächen unterhalten [können]*); den Haushalt m. *(die im Haushalt anfallende Arbeit erledigen);* ein Spiel m. *(spielen);* ein Schläfchen m. (fam.; *einen kurzen Schlaf halten*); eine Beobachtung m. *(etwas beobachten);* eine Bemerkung m. *(etwas bemerken);* Einwände m. *(etwas einwenden);* [unangenehme] Erfahrungen m. *(etwas [Unangenehmes] erfahren);* einen Versuch m. *(etwas versuchen);* Experimente m. *(experimentieren);* eine Entdeckung m. *(etwas entdecken);* eine Erfindung m. *(etwas erfinden);* einen Entwurf m. *(etwas entwerfen);* einen Plan, Pläne m. *(etwas planen);* Fortschritte m. *(fortschreiten, vorankommen);* eine, die Probe [aufs Exempel] m. *(etwas prüfen);* Gebrauch von etwas m. *(etwas gebrauchen);* einen Einschnitt m. *(etwas einschneiden, unterbrechen);* einen Knicks m. *(knicksen);* jmds. Bekanntschaft m. *(mit jmdm. bekannt werden);* mit jmdm. Frieden m. *(mit jmdm. Frieden schließen);* mit jmdm. einen Vertrag m. *(mit jmdm. einen Vertrag schließen);* ein Gesetz m. *(ein Gesetz ausarbeiten, beschließen);* eine Eingabe m. *(sich mit einem Anliegen o. ä. schriftlich an die zuständige Stelle wenden);* Dummheiten, Geschichten (ugs.), Zicken (ugs.), Sperenzchen/Sperenzien (ugs.), Kinkerlitzchen (ugs.), Unsinn, Streiche m. *(sich töricht benehmen);* einen Fehler, Schnitzer (ugs.) m. *(etwas nicht richtig tun, sich bei etwas irren);* Spaß, Ulk, einen Witz m. *(etwas nicht ernst meinen);* Ausflüchte m. *(sich herausreden);* Winkelzüge m. *(nicht offen vorgehen);* eine Ausnahme m. *(die Regel durchbrechen);* [k]einen Unterschied m. *(jmdn., etwas [nicht] besonders behandeln);* Schluß, ein Ende mit etwas m. *(etwas beenden);* Hochzeit m. *(heiraten);* ein Fest, eine Party m. *(veranstalten);* Propaganda, Reklame m. *(für etwas werben);* Pause m. *(pausieren);* Feierabend m. *(für den jeweiligen Tag zu arbeiten aufhören);* Schicht m. *(während einer Dienstschicht arbeiten);* mit jmdm. ein Geschäft m. *(abschließen);* Karriere m. *(beruflich schnell vorwärtskommen);* (ugs.:) einen Rückzieher m. *(von seinen Forderungen abgehen);* einen Überschlag m. *(etwas überschlagen, pauschal berechnen);* eine Kur m. *(sich einer Kur unterziehen);* einen Umweg m. *(sich auf einem Umweg irgendwohin begeben);* etwas macht einen Bogen *(verläuft in einer Biegung);* einen Abstecher m.; einen Seitensprung, Seitensprünge m. *(den [weiblichen] Ehepartner betrügen);* Kartenspiel: einen Stich m. *(stechen);* ⟨jmdm., sich etwas m.⟩ jmdm. Meldung m. *(jmdm. etwas melden);* jmdm. eine Mitteilung m. *(jmdm. etwas mitteilen);* sich eine Notiz, Notizen m. *(sich etwas notieren);* jmdm. ein Geschenk, etwas zum Geschenk m. *(jmdm. etwas schenken);* jmdm. ein Kompliment, Komplimente m. *(jmdn. bewundern; jmdm. seine Anerkennung aussprechen);* jmdm. [große] Versprechungen m. *(viel versprechen);* jmdm. einen Vorschlag m. *(etwas vorschlagen);* einem Mädchen einen Antrag m. *(die Ehe antragen);* jmdm. einen Vorwurf, Vorwürfe m. *(etwas vorwerfen);* jmdm. [große] Aussichten m. *(eröffnen);* jmdm. Konzessionen, Zugeständnisse m. *(etwas zugestehen);* jmdm. den Prozeß m. *(gegen jmdn. prozessieren);* jmdm. ein Zeichen m. *(jmdm. durch ein Zeichen etwas andeuten).* **d)** ⟨etwas m.⟩ *eigene Körperteile in einen bestimmten Zustand versetzen:* einen Buckel, ein verdrießliches, dummes, freundliches Gesicht m.; einen langen Hals m. *(den Hals [neugierig] recken)* · /verblaßt/: das Kind macht kleine Augen (ugs.; *das Kind ist müde*); du wirst [große, verwunderte] Augen m. (ugs.; *du wirst staunen*). **2. a)** ⟨jmdn., sich, etwas m.; mit Artangabe⟩ *[beabsichtigt] in einen bestimmten Zustand o. ä. bringen:* Heide urbar m.; ein Tier zahm m.; eine Hose, einen Anzug enger m.; etwas nur noch schlimmer m.; etwas verständlich, begreiflich, deutlich, unbrauchbar m.; jmdn. lächerlich, mürbe, nervös, geneigt, gefügig, arm, elend, satt, unglücklich, glücklich, unsicher, stutzig, zugänglich m.; sich beliebt, unbeliebt, verhaßt m.; ⟨jmdm., sich etwas m.; mit Artangabe⟩ jmdm. etwas zugänglich m.; er möchte mir den Film madig machen (ugs.; *als schlecht hinstellen*); machen Sie es sich bitte bequem!; man kann es nicht allen recht m.; ich habe es mir bei der Arbeit angenehm gemacht · /verblaßt/: jmdn. wahnsinnig m. (ugs.; *jmdn. aus der Fassung bringen*); etwas macht jmdn. noch ganz krank *(zermürbt jmdn. völlig);* jmdn. auf etwas aufmerksam m. *(auf etwas hinweisen);* jmdn. verantwortlich m. *(zur Verantwortung ziehen);* jmdn. unschädlich m. *(jmds. schädigenden Einfluß unterbinden);* jmdn. ausfindig m. *(endlich finden, erkennen);* sich bemerkbar m. *(in Erscheinung treten, wahrgenommen werden);* sich unsichtbar m. *(verschwinden);*

sich wichtig m. *(sich aufspielen)*; sich nützlich m. *(bei etwas helfen)*; sich verständlich m. *(ausdrücken, was man sagen will)*; sich rar m. *(sich selten sehen lassen [weil man sich gern wichtig machen möchte])*; sich mausig m. (ugs.; *frech werden*); sich um etwas verdient m. *(sich* [Dativ] *auf einem bestimmten Gebiet Verdienste erwerben)*; etwas unmöglich m. *(etwas verhindern)*; das Unmögliche möglich m. *(etwas unerreichbar Erscheinendes verwirklichen)*; etwas rückgängig m. *(etwas zurückziehen)*; Geld locker m. (ugs.; *Geld zur Verfügung stellen*); bestimmte Rechte, mildernde Umstände geltend m. *(beanspruchen, für jmdn., für sich in Anspruch nehmen)*; bei Gericht einen Prozeß anhängig m. *(einleiten)*; eine Flasche, einen Teller leer m. *(leeren)*; etwas schriftlich m. *(schriftlich niederlegen)*; Plätze, Stühle frei m. *(räumen)*; jmdm. das Leben schwer, sauer m. *(das Leben erschweren)*; Sprichw.: Liebe macht blind. **b)** ⟨etwas m.⟩ *in einen geeigneten Zustand, in Ordnung bringen:* das Bett, die Betten, das Zimmer m.; ⟨jmdm., sich etwas m.⟩ jmdm. die Haare m.; ich muß mir die Zähne m. *(instand setzen)* lassen; er hat mir das Auto sofort gemacht *(repariert)*. **3.** (ugs.; verhüllend) *seine Notdurft verrichten:* klein, groß m.; andauernd mußte er m.; der Kranke machte ins Bett; ⟨jmdm., sich m.; mit Raumangabe⟩ er machte sich in die Hosen; der Vogel hat ihm auf den Hut gemacht. **4.** ⟨etwas m.⟩ *tun, anstellen:* jmdn. m. lassen, was er will; etwas kurz m. *(schnell erledigen)*; ich weiß nicht, was ich m. soll; was machst du *(womit beschäftigst du dich)* jetzt?; er kann m., was er will, er kommt nicht vorwärts; bei ihnen dürfen die Kinder alles m.; da ist nichts mehr zu m.; was willst du mit der Schere m.?; was soll ich mit dir ungezogenem Kind m.?; Redensart: mit mir könnt ihr es machen *(nach Belieben verfahren)* · ⟨auch ohne Akk.⟩ laß mich nur m.! *(überlaß die Angelegenheit nur mir!)*; /verblaßt/: was macht deine Mutter? *(wie geht es deiner Mutter?)*; was macht deine Arbeit? *(wie kommst du mit deiner Arbeit voran?)*; /Abschiedsgruß/: mach's gut! *(laß es dir gut gehen!)*; /Bekräftigung/: gemacht! *(einverstanden!)*. **5.** ⟨etwas macht etwas⟩ *etwas ergibt etwas:* acht mal zwei macht sechzehn; hundert Pfennige machen eine Mark; das macht *(beträgt, kostet)* [zusammen] 6,80 DM. **6.** (ugs.) ⟨jmdn. m.⟩ **a)** *eine bestimmte Funktion übernehmen, etwas Bestimmtes sein:* den Vermittler, Schiedsrichter m.; er hat immer den Handlanger gemacht; /verblaßt/: eine traurige Figur m. *(unglücklich aussehen)*; eine gute Figur m. *(einen vorteilhaften Eindruck erwecken)*. **b)** *herausbringen; jmdm. eine Karriere ermöglichen:* einen Künstler, Schriftsteller m.; dieser Regisseur hat den Schauspieler gemacht. **7.** ⟨jmdn., etwas aus jmdm., aus sich m.; etwas aus etwas m.⟩ *werden, entstehen lassen:* einen tüchtigen Menschen aus jmdm. m.; es steckt nicht viel in ihm, aber er weiß etwas aus sich zu m. *(weiß seine bescheidenen Fähigkeiten geschickt zu nutzen)*; er ist nicht das, was die Leute aus ihm m. *(von ihm halten)*; aus dem Stoffrest hat sie einen Lampenschirm gemacht; die Schale ist aus Holz gemacht *(besteht aus Holz)*; daraus ließ sich nichts m. *(das ließ sich nicht verwerten)*; der Regisseur hat viel aus dem schwachen Stück gemacht *(herausgeholt)*; übertr.: kein Geheimnis, kein[en] Hehl, ni ein[en] Hehl aus etwas m. *(etwas offen sagen)*; Redensart: aus der Not eine Tugend m. **8** ⟨jmdn., etwas zu jmdm., zu etwas m.⟩ *z jmdm., zu etwas werden lassen:* jmdn. zum Mär tyrer, Gefangenen, Sklaven m.; jmdn. zu einer toleranten Menschen m.; die verheerende Waldbrände machten das Land zur Wüste *(ver wüsteten das Land)*; ⟨sich (Dativ) etwas zu et was m.⟩ sich etwas zur Aufgabe, zum Geset (geh.) m.; du mußt dir Pünktlichkeit zur Rege zur Pflicht m. **9.** ⟨jmdn. m.; mit Infinitiv⟩ *tu lassen:* das machte die Leute aufhorchen; e wollte uns glauben m., daß er krank sei; da macht mich lachen. **10.** ⟨sich an etwas m.⟩ *m einer Tätigkeit beginnen:* sich an die Arbeit, an Kochen m.; es wird Zeit, daß ich mich an Abendbrot mache *(daß ich das Abendbrot bere te)*. **11.** (ugs.) *sich beeilen:* mach, daß du ferti wirst!; na, mach schon!; ich mache ja scho **12.** (ugs.) ⟨in etwas m.⟩ *auf einem bestimmte Gebiet, in einer bestimmten Branche tätig sein* in Management m.; er macht in Lederware *(verkauft Lederwaren)*; übertr.: er macht zu Zeit in Großzügigkeit *(gibt sich zur Zeit sel großzügig)*. **13. a)** ⟨etwas macht sich; mit Ar angabe⟩ *etwas paßt in einer bestimmten Weis* der Hut macht sich gut zu ihrem Kleid; di Pflanze macht sich sehr schön auf dem Büche bord. **b)** ⟨sich m.⟩ *sich gut entwickeln:* der Leh ling macht sich; du hast dich in letzter Zeit sel gut gemacht; die Sache macht sich. **14.** (ugs ⟨mit Raumangabe⟩ *irgendwohin ziehen:* nac Berlin, nach Köln m.; nach dem Krieg mach ten wir in die Stadt. * (ugs.:) **das macht nich** *(das ist nicht schlimm)* · (ugs.:) **was macht d Kunst?** *(wie geht es?)* · (ugs.:) **[es] nicht meh lange machen** *(bald sterben müssen)* · **jmd mundtot machen** *(jmds. Widerspruch unte drücken; jmdn. mit seiner gegensätzlichen Me nung nicht zu Wort kommen lassen)* · **etwas zu nichte/zuschanden machen** *(etwas zerstören)* **um es kurz zu machen** *(mit kurzen Worten)* **[keine] Anstalten/Miene machen, etwas zu tu** *(sich [nicht] anschicken, etwas zu tun)* · **nic viel Federlesens machen** *(keine Umstände m chen; nicht zaudern)* · (ugs.:) **lange Fing machen** *(stehlen)* · (ugs.:) **keinen Finger krum machen** *(nicht das geringste tun)* · **Geschich machen** *(historisch bedeutsam werden)* · **e langes Gesicht/lange Gesichter machen** *(en täuscht dreinblicken)* · **sein Glück mach** *(erfolgreich sein; es zu etwas bringen)* · (Kau mannsspr.:) **Kasse machen** *(abrechnen)* · **St tion machen** *(sich während einer Reise f kurze Zeit irgendwo aufhalten)* · (ugs.:) **Katze wäsche machen** *(sich nicht gründlich waschen)* (fam.:) **Aa machen**; (verhüll.:) **sein großes G schäft machen** *(seine Notdurft verrichten)* (fam.:) **Pipi machen**; (verhüll.:) **sein klein Geschäft machen**; (ugs., scherzh.:) **einen Bac ein Bächlein machen** *(urinieren)* · (fam.:) **bit bitte machen** *(durch mehrmaliges Zusamme schlagen der Hände eine Bitte ausdrücken)* (fam.:) **ein Bäuerchen machen** *(aufstoßen, rü sen)* · (ugs.:) **jmdn. einen Kopf kürzer mach** *(jmdn. köpfen)* · (ugs.:) **den wilden Mann m chen** *(unbeherrscht, [ohne Berechtigung] wüte *ein; toben)* · **ein Tier macht Männchen** *(ein Tier ält sich aufrecht auf den Hinterpfoten)* · (ugs.:) **ine gute Partie machen** *(einen vermögenden Eheartner bekommen)* · **Proselyten machen** *(andere ür die eigene Überzeugung gewinnen)* · (ugs.:) **as Rennen machen** *(gewinnen; andern den Rang blaufen)* · (ugs.:) **mach keine Sachen!** (/Ausruf les Erstaunens/: *was du nicht sagst!*) · **Schluß nachen: a)** *(aufhören; Feierabend machen).* **b)** ugs.; *sich das Leben nehmen)* · **die Nacht um Tage machen** *(sich nicht schlafen legen, urchfeiern, durcharbeiten)* · (ugs.:) **Schmus nachen** *(viel reden, um von etwas abzulenken)* · ugs.:) **Sprüche machen** *(hochtrabend reden; rahlen)* · (ugs.:) **keine großen Sprünge machen können** *(sich nicht viel leisten können)* · **seinen Weg machen werden** *(im Leben vorwärtskomnen werden)* · (ugs.:) **Wind/Buhei machen** *prahlen, übertreiben, viel Aufheben[s] machen)* · ugs.:) **lange Zähne machen** *(nicht essen wollen)* · fam.:) **jmdm. angst und bange machen** *(jmdn. n Angst versetzen)* · (ugs.:) **jmdm. [lange] Beine nachen** *(jmdn. fortjagen; jmdn. antreiben, sich chneller zu bewegen)* · **etwas macht böses Blut** *etwas erregt Unwillen)* · (ugs.:) **jmdm. Dampf nachen** *(jmdn. antreiben)* · (derb:) **mach dir nur einen Fleck ins Hemd!** *(stell dich nur nicht so n!)* · (ugs.:) **jmdm. den Garaus machen** *(jmdn. öten)* · **sich** (Dativ) **ein Gewerbe machen** *(unter inem Vorwand eine Beschäftigung in der Nähe nderer suchen, um etwas zu erfahren)* · **einem Mädchen den Hof machen** *(sich um die Gunst ines Mädchens bewerben)* · (ugs.:) **jmdm. die Hölle heiß machen** *(jmdm. heftig zusetzen)* · **mdm. eine Szene machen** *(heftige Vorwürfe mahen)* · (ugs.:) **seinem Herzen Luft machen** *(sich ei jmdm. aussprechen über etwas, was einen rgert)* · (ugs.:) **jmdm. den Mund wäßrig nachen** *(jmds. Verlangen erregen)* · **sich** (Dativ) **inen Namen machen** *(berühmt werden)* · (ugs.:) **mdm. eine lange Nase machen** *(jmdn. verpotten)* · **jmdm. zu schaffen machen** *(jmdm. orgen bereiten)* · **sich** (Dativ) **irgendwo zu chaffen machen** *(an einer bestimmten Stelle ine Beschäftigung suchen)* · **sich** (Dativ) **etwas unutze machen** *(etwas ausnutzen)* · **sich [k]eien Vers auf etwas machen können** *(etwas nicht] verstehen)* · **sich auf den Weg machen** *losgehen)* · **sich auf die Reise machen** *(abreisen)* · ugs.:) **sich auf die Beine/auf die Sprünge/auf ie Socken machen** *(schnell aufbrechen, wegehen)* · **aus seinem Herzen keine Mördergrube machen** *(offen von etwas sprechen)* · **ich** (Dativ) **wenig/nichts aus jmdm., aus twas machen: a)** *(keinen Gefallen an jmdm., an twas finden).* **b)** *(sich nicht über etwas ärgern)* · **ich** (Dativ) **kein Gewissen aus etwas machen** *bei einer schlechten Tat keine Gewissensbisse aben)* · (ugs.:) **sich aus dem Staub[e] machen** *sich rasch und heimlich entfernen)* · (ugs.:) **nicht issen, was man aus jmdm., aus etwas machen oll** *(nicht wissen, wie man jmdn., etwas beurteien soll)* · (ugs.:) **sich bei jmdm. lieb Kind manen** *(sich bei jmdm. einschmeicheln)* · (ugs.:) **ein gutes] Geschäft mit/bei etwas machen** *(an etwas erdienen)* · (ugs.:) **jmdm. einen Strich durch die Rechnung machen** *(jmds. Plan durchkreuzen)* · ugs.:) **sich für etwas stark machen** *(sich sehr für twas einsetzen)* · **gegen jmdn., gegen etwas Front machen** *(sich gegen jmdn., gegen etwas wenden)* · (ugs.:) **[mit jmdm., mit etwas] reinen Tisch machen** *(etwas in Ordnung bringen)* · **[mit etwas] Ernst machen** *(etwas verwirklichen, in die Tat umsetzen)* · **mit jmdm., mit etwas kurzen Prozeß machen** *(energisch, ohne Rücksicht auf Einwände mit jmdm., etwas verfahren)* · **mit etwas Staat machen** *(mit etwas prunken)* · **etwas mit etwas machen** *(mit einem bestimmten Prädikat bestehen):* er hat sein Abitur, das Examen mit Eins gemacht · (ugs.:) **es mit jmdm. machen können** *(nach Belieben mit jmdm. verfahren)* · (ugs.:) **die Rechnung ohne den Wirt machen** *(ohne Erfolg handeln, weil man sich des Einverständnisses der letztlich maßgeblichen Person nicht versichert hat)* · (ugs.:) **sich** (Dativ) **über etwas/wegen etwas [keine] Kopfschmerzen machen** *(sich über etwas [keinen] Kummer machen)* · (ugs.:) **einen Bogen um jmdn., um etwas machen** *(jmdn., etwas meiden)* · (ugs.:) **einen Strich unter etwas machen** *(etwas vergessen sein lassen)* · **durch etwas viel von sich reden machen** *(durch etwas bei allen bekannt werden)* · **viel Wesen[s]/Aufheben[s], kein Wesen/Aufheben von etwas machen** *(einer Sache [keine] große Bedeutung beimessen)* · (geh.:) **sich** (Dativ) **etwas zu eigen machen** *(sich etwas aneignen; etwas erlernen, übernehmen)* · **gute Miene zum bösen Spiel machen** *(etwas wohl oder übel hinnehmen, geschehen lassen)* · (ugs.:) **etwas zu Geld machen** *(etwas verkaufen, um Geld in die Hand zu bekommen)* · (ugs.:) **den Bock zum Gärtner machen** *(den Ungeeignetsten mit einer Aufgabe betreuen)* · **jmdn. zum Gelächter/zum Gespött [der Leute] machen** *(veranlassen, daß jmd. von anderen ausgelacht, verspottet wird)* · (derb:) **jmdn. zur Schnecke/zur Sau/zur Minna machen** *(jmdn. gehörig tadeln)* · (ugs.:) **etwas macht sich bezahlt** *(etwas lohnt sich, lohnt den Aufwand)* · (ugs.:) **ein gemachter Mann sein** *(in wirtschaftlich gesicherten Verhältnissen leben).*

Machenschaften, die ⟨Plural⟩ (abwertend): *hinterhältige Unternehmungen, um ein Ziel, einen persönlichen Vorteil zu erreichen:* unsaubere, unlautere, betrügerische, dunkle M.; üble M. waren gegen ihn im Gange; jmds. M. verabscheuen; er durchschaute ihre M. nicht.

Macht, die: **1.** *Kraft, Einfluß:* eine geringe, große M.; seine ganze M. aufbieten; sie wollen alles tun, was in ihrer M. steht *(was sie irgend können)*; er war mit aller M. *(mit aller ihm zur Verfügung stehenden Kraft)* bemüht, das Unglück zu verhindern; sie stemmten sich mit aller M. gegen jede Neuerung; er übte eine unwiderstehliche M. auf/über sie aus. **2.** *Gewalt, Herrschaft, Befehlsgewalt:* die weltliche, geistliche M.; seine M. ist gebrochen; die M. ergreifen, übernehmen, in Händen haben; bestimmte politische Gruppen haben die M. über die Volksmassen errungen; seine M. behaupten; jmdn. seine M. fühlen lassen; der Mißbrauch der M.; an die M. *(zur Herrschaft)* gelangen; an der M. sein, bleiben *(die Herrschaft haben, behalten);* jmdn. von der M. fernhalten; die Generäle haben dem Diktator zur M. verholfen; bildl.: die M. des Geldes, der Verhältnisse, der Gewohnheit; Redensart: Wissen ist M. **3.** *Großstaat:* die verbündeten Mächte; die beiden Staaten gelten als unüberwindliche Mächte. **4.** *etwas, was über besondere Kräfte, Mittel, über besonde-*

ren Einfluß verfügt: eine geistige M.; geheimnisvolle Mächte; die himmlischen Mächte; die Mächte der Finsternis; dunkle Mächte sind am Werk; er steht mit bösen Mächten im Bunde.

mächtig: 1. *Macht, Gewalt habend; einflußreich:* ein mächtiger Staat; ein mächtiges Reich; die Unternehmer waren sehr m.; der Herrscher wurde den Fürsten zu m. **2. a)** *großen Umfang habend; sehr stark:* eine mächtige Eiche; mächtige Felsblöcke; eine mächtige *(kraftvolle, weittragende, sehr laute)* Stimme; er hatte einen mächtigen Kopf, eine mächtige Mähne, mächtige Schultern. **b)** (ugs.) *sehr groß, beträchtlich:* er hatte mächtigen Hunger; er hatte einen mächtigen Bammel *(große Angst);* er hatte mächtigen Dusel *(sehr viel Glück).* **c)** (ugs.) ⟨verstärkend bei Adjektiven und Verben⟩ *sehr:* er war m. groß; es gab m. viel zu tun; ich habe mich m. gefreut; er hat m. getobt, gebrüllt. * (geh.:) **einer Sache mächtig sein** *(etwas beherrschen):* er war des Englischen nicht m. · (geh.:) **seiner selbst/seiner Sinne nicht mehr/kaum noch mächtig sein** *(sich nicht mehr, kaum noch in der Gewalt haben; die Beherrschung verlieren).*

Machtwort, das ⟨in der Wendung⟩ ein Machtwort sprechen: *als Vater, Vorgesetzter o. ä. eine unwiderrufliche Entscheidung treffen:* der Chef soll doch endlich ein M. sprechen.

Mädchen, (auch:) Mädel, das: **1. a)** *Kind weiblichen Geschlechts:* ein blondes, liebes, böses, faules, fleißiges, dummes, niedliches [kleines] M.; das M. ist in der letzten Zeit sehr gewachsen; in dieser Grundschule werden Jungen und Mädchen gemeinsam unterrichtet. **b)** (fam.) *Tochter:* bei uns ist ein M. angekommen; wir haben ein M. bekommen; er ist Vater von drei Mädchen. **2.** *jüngere unverheiratete weibliche Person:* ein schönes, hübsches, schlankes, reizendes, bezauberndes, natürliches, charmantes, reiches, kluges, törichtes, albernes. leichtsinniges, unerfahrenes, frühreifes, verdorbenes, ordentliches, unbescholtenes, unberührtes [junges] M.; sie ist noch mehr M. als Frau; sie ist ein spätes M. (ugs.; *eine nicht mehr junge, immer noch unverheiratete Frau*); er fühlte sich am wohlsten im Kreise junger Mädchen. **3.** (ugs.) *Freundin:* kein M. haben; er hat sich mit seinem M. getroffen, sich von seinem M. getrennt. **4.** *Hausangestellte:* unser M. hat heute seinen freien Tag; ein M. haben, einstellen, fristlos entlassen; dem M., nach dem M. läuten; sie fanden kein M. für ihren kinderreichen Haushalt; sie haben dem M. gekündigt. * (ugs.:) **Mädchen für alles** *(Hilfskraft für alle anfallenden Arbeiten).*

Made, die: *fußlose Insektenlarve:* in den Himbeeren krabbeln Maden; der Käse ist voller Maden. * (ugs.:) **leben wie die Made im Speck** *(im Überfluß leben).*

madig: *von einer oder mehreren Maden durchsetzt oder verdorben:* madiges Obst, Fleisch; der Käse ist m. * (ugs.:) **jmdn. madig machen** *(jmdn. herabsetzen, schlechtmachen)* · (ugs.:) **jmdm. etwas madig machen** *(jmdm. etwas verleiden).*

Magen, der: *Organ zum Aufnehmen und Verdauen der Nahrung:* ein guter, schlechter, schwacher, kranker, empfindlicher, voller, leerer M.; mein M. streikt *(ist überfüllt);* der M. knurrt; ihm tat der M. weh; (ugs.:) ihm knurr der M. *(er hatte Hunger);* Med.: jmdm. den] auspumpen · du mußt einen gesunden M. habe wenn du das verträgst; man mußte dem M. wi der etwas anbieten *(mußte vorsichtig wieder was zu sich nehmen);* jmdn. am M. operiere eine Medizin auf nüchternen M. einnehmen; d Aufregung ist ihm auf den M. geschlagen *(h sich negativ auf den Magen ausgewirkt);* nich im M. haben *(noch nichts gegessen haben);* mir i ganz flau (ugs.) im M.; die Erbsen liegen mir w Blei (ugs.) im M., liegen mir noch im M. *(si noch nicht verdaut);* mit knurrendem M. zu Be gehen; Redensarten: die Augen sind größ als der M. *(man tut sich mehr auf, als man ess kann);* lieber den M. verrenken, als dem W etwas schenken; und das auf nüchternen M (ugs.; *das auch noch!*); Sprichw.: die Lie [des Mannes] geht durch den M. * (ugs.:) **jmd dreht sich der Magen um** *(jmd. findet etwas widerlich, daß ihm schlecht werden könnte)* · (ugs **jmdm. [schwer] im Magen liegen** *(jmdm. sehr schaffen machen)* · (ugs.:) **jmdn. im Magen hab** *(jmdn. nicht leiden können).*

mager: 1. a) *wenig Fleisch und Fett an d Knochen habend; dünn:* ein magerer Mensc magere Arme; er ist zu m.; das Kind sieht schreckend m. aus. **b)** *fettarm:* mageres Fleisc er darf nur magere Kost essen; dieser Schink ist magerer als der andere. **2.** (geh.) *wer fruchtbar:* magere Felder; der Boden ist m. *dürftig:* eine magere Ernte, Ausbeute; ein m gerer Gewinn; das Ergebnis war allzu m.

magisch: a) *die Magie betreffend:* magisch Denken; magische Praktiken; ein magisch Quadrat *(quadratisches Zahlenschema mit stimmten Gesetzmäßigkeiten);* sie glaubten magische Kräfte. **b)** *wie ein Zauber wirken* eine magische Wirkung ging von ihm aus; sei Anziehungskraft war geradezu m.; übert (ugs.): magische Beleuchtung. * (Rundf.:) **m gisches Auge** *(Abstimmanzeigeröhre des Run funkgerätes).*

Mahl, das (geh.): *Essen, Mahlzeit:* ein einfach frugales (bildungsspr.), ländliches, reichlich üppiges, opulentes (bildungsspr.), lukullisch (bildungsspr.) M.; ein M. bereiten, herrichte einnehmen, verzehren; man servierte ihnen e festliches M.; sich zum M. [nieder]setzen.

mahlen ⟨etwas m.⟩: *körnige o. ä. Substanz sehr kleine Teile zerkleinern:* Getreide, Ko Kaffee, Salpeter, Pfeffer m.; Mehl grob, fein r sie kaufte ein Pfund gemahlenen Kaffee; ⟨au ohne Akk.⟩ der Müller, die Mühle mah Sprichw.: wer zuerst kommt, mahlt zuer bildl.: die [Auto]räder mahlen im Sande *(gr fen nicht);* er kaute mit mahlenden Kief *(sehr langsam).*

Mahlzeit, die: *regelmäßig eingenommenes Esse* eine reichliche, kärgliche M.; eine warme *(ein warmes Gericht enthaltende Mahlzeit);* ei M. einnehmen, hinunterschlingen, beenden, r jmdm. teilen; gesegnete M. wünschen; l ihnen gab es drei Mahlzeiten am Tage. * (ugs **Mahlzeit!** */Gruß am Mittag/* · (ugs.; scherzh **prost Mahlzeit!** *(das kann ja gut werden!).*

Mähne, die: *dichtes, langes Haar am Kopf u Hals bestimmter Tiere:* die M. des Löwen; d Pferd hat eine lange M.; mit fliegender M übertr. (ugs.): der greise Dichter schüttelte seine M.; eine lange M. ist heute kein Privileg der Künstler mehr.

nahnen: **a)** ⟨jmdn. m.⟩ *an eine Verpflichtung erinnern:* jmdn. brieflich, auf offener Karte m.; einen Schuldner mehrmals m.; jmdn. wegen eines Versäumnisses m.; adj. Part.: er sprach mahnend auf die Kinder ein *(ermahnte die Kinder);* ⟨auch ohne Akk.⟩ übertr.: dieser Vorfall mahnt *(erinnert [mich] warnend)* an ähnliche Ausschreitungen; adj. Part.: eine mahnende Stimme [in seinem Innern]. **b)** ⟨jmdn. zu etwas m.⟩ *auffordern:* jmdn. zur Mäßigkeit, zur Beschränkung, zum Aufbruch, zur Ruhe, zur Geduld, zur Selbstbeherrschung m.; sie mahnten ihn immer eindringlicher, etwas zu tun/daß er etwas tue; ⟨auch ohne Akk.⟩ übertr.: die hereinbrechende Dämmerung mahnte *(veranlaßte uns)* zur Eile.

Mai, der: *fünfter Monat des Jahres:* ein kühler, verregneter, sonniger M.; Anfang/Ende M.; im Laufe des Monats Mai/des Mai[es]; er hat am ersten M. Geburtstag; am Ersten Mai *(staatlichen Feiertag der Arbeitnehmer)* gab es zahlreiche Kundgebungen der Gewerkschaften; Sprichw.: M. kühl und naß füllt dem Bauer Scheuer und Faß.

mäkeln (ugs.; abwertend): *nörgeln:* er hat immer etwas zu m.; er mäkelt dauernd am, beim Essen.

mal: **1.** */Ausdruck der Multiplikation/:* vier m. zwei ist acht. **2.** (ugs.) *einmal:* wann besuchst du uns wieder m.?; laß m. wieder von dir hören!

Mal, das: **1.** (meist geh.) *kennzeichnender Fleck, Verfärbung in der Haut:* ein blaues M.; das braune M. leuchtete auf der weißen Haut; sie hatte ein M. am linken Bein; von dem Sturz hatte er Male/(selten:) Mäler an der Stirn; bildl. (geh.): er trug das M. eines Mörders auf seiner Stirn. **2.** *als Markierung aufgestellter Gegenstand:* der Schlagballspieler hat das M. berührt. **3.** (geh.; veraltend): *Denkmal, Mahnmal:* zum Gedächtnis an die Opfer der Katastrophe wurde ein M. errichtet. **4.** *Zeitpunkt eines [sich wiederholenden] Geschehens:* das, dieses eine M. nur; ein anderes M.; [k]ein einziges M.; ein oder mehrere Male; nächstes M./das nächste M. wäre es einfacher gewesen; es ist das erste M., daß ich diese Stadt besuche; es war das erste und [zugleich] das letzte M. *(etwas wird nicht wiederholt);* er hat es etliche, einige, mehrere, unzählige, [so] viele, ein paar Male *(ein paarmal),* ein paar Dutzend Male *(ein paar dutzendmal)* versucht; das habe ich schon manches [liebe]/manch liebes M. gedacht, beim ersten, zweiten M. ist es ihm schon geglückt, gab es einen gewaltigen Krach; ein M. über das andere, um das/ums andere; unter drei Malen gewinnt er zweimal; ich habe dir das jetzt zum zehnten, x-ten, soundsovielten, letzten Mal[e] gesagt; das geschah zu wiederholten Malen. * **mit einem Mal**[e] *(plötzlich):* mit einem M. war er wie ausgewechselt · **von Mal zu Mal** *(jedesmal in fortschreitendem Maße):* der Läufer wird von M. zu M. schneller.

malen: **1.** **a)** ⟨etwas m.⟩ *mit Pinsel und Farbe darstellen:* ein Bild, Gemälde, Stilleben, Porträt, eine Landschaft m.; bildl.: er malte die Buchstaben *(schrieb sehr langsam, übertrieben sorgfältig).* **b)** ⟨jmdn., etwas m.⟩ *mit Pinsel und Farbe künstlerisch darstellen; abmalen:* jmdn. in Lebensgröße m.; er hat den Staatsmann gemalt; er hat die Landschaft gemalt; bildl.: der Herbst malt *(färbt)* die Wälder bunt; übertr.: er malt die Zukunft allzu rosig *(sieht die Zukunft allzu optimistisch).* **2.** *mit Pinsel und Farbe künstlerisch oder handwerklich tätig sein:* auf Glas, in Öl mit Wasserfarben m.; er malt nach einer Vorlage, nach einem Muster, Modell, nach der Natur, nach dem Leben; mein Freund malt *(er ist Maler)* **3.** ⟨etwas m.⟩ *streichen; Farbe auftragen:* die Fenster, Türen m.; der Besitzer hat die Fassade m. lassen; ⟨jmdm., sich etwas m.⟩ sie malte (ugs.; *schminkte*) sich die Lippen. **4.** ⟨etwas malt sich; mit Raumangabe⟩ *etwas drückt sich in jmds. Gesicht aus:* auf seinem Gesicht, Antlitz malte sich Entsetzen. * (ugs.) **den Teufel an die Wand malen** *(Unheil heraufbeschwören).*

malerisch: **1.** *die Malerei betreffend; für die Malerei typisch:* ein malerisches Talent; dieses Aquarell war, wirkte viel malerischer; das Bild ist m. gesehen. **2.** *so schön, daß die betreffende Sache zum Malen geeignet wäre:* ein malerischer Winkel; der Anblick war sehr m.; der Ort liegt m. an einem Berghang.

Malheur, das (ugs.): *kleines [peinliches] Mißgeschick:* ein angeborenes M. (geh.; *körperliches Gebrechen*); da ist ihm ein [kleines] M. passiert; das ist doch kein M. *(nicht so schlimm)!* * (ugs.:) **Stück Malheur** *(unmoralischer, verwahrloster Mensch):* seine Tochter ist ein Stück M.

Malz, das: *zum Keimen gebrachtes Getreide, das u. a. bei der Herstellung von Bier verwendet wird:* M. rösten, dörren. * (ugs.:) **bei jmdm. ist Hopfen und Malz verloren** *(bei jmdm. ist alle Mühe umsonst).*

[1]man ⟨Indefinitpronomen⟩: *die betreffende[n] Person[en]:* wegen solcher Kleinigkeit hätte m. sich nicht so aufzuregen brauchen; wenn einem nicht wohl ist, bleibt m. besser zu Hause; m. kann nie wissen, wozu es gut ist; m. spricht *(die Leute sprechen)* schon darüber; m. trägt das heute *(das ist jetzt Mode)*; m. *(es)* klopft; so etwas tut m. *(ein wohlerzogener, anständiger Mensch)* nicht; eine Stunde später saß m. *(saßen wir, sie)* nebeneinander; m. *(jeder)* möchte doch gern recht lange jung bleiben; er sieht einen *(mich)* an, als hätte m. *(ich)* was verbrochen.

[2]man ⟨Adverb⟩ (ugs.; nordd.): *nur:* na, denn m. los!; er soll m. ruhig sein!

manch ⟨Indefinitpronomen und unbestimmtes Zahlwort⟩: **a)** ⟨Singular⟩ *eine einzelne Person oder Sache unter mehreren:* mancher Beamte/m. ein Beamter; manches schöne/m. schönes Kleid; die Ansicht manches/m. eines Gelehrten; auf Grund manchen/(seltener:) manches Mißverständnisses; in manchem schwierigen/m. schwierigem Fall; so manche Stadt; so mancher mußte das erleben!; m. einer/mancher macht in der Großstadt üble Erfahrungen; gar manches ist wahr geworden, was unmöglich schien; ich habe mich schon so manches Mal *(öfter)* gewundert; in mancher Beziehung hast du recht. **b)** ⟨Plural⟩ *etliche, einige:* manche schöne/schönen Aussichten; manche ältere/älteren Leute; manche der, von den, unter den Verletzten; manche [Menschen] sind anderer Meinung; manche hundert Mark mußte er dafür opfern; die Straße ist an manchen Stellen beschädigt; an manchen Stellen ist das Gewebe schon brüchig.

mancherlei ⟨unbestimmtes Gattungszahlwort⟩: 1. *verschiedene unterschiedliche Dinge, Arten o. ä. umfassend:* m. Käse; m. bedeutende Ereignisse. 2. *manches:* sie diskutierten über m.

manchmal ⟨Adverb⟩: *öfter, aber nicht regelmäßig; ab und zu:* ich treffe ihn m. auf meinem Weg ins Büro; m. will es mir scheinen, als ob ...

Mandel, die: 1. /*eine Frucht*/: bittere, süße, gebrannte *(geröstete)* Mandeln; sie hackte, rieb Mandeln. 2. /*Organ am Gaumen und im Rachen*/: geschwollene, entzündete, dicke Mandeln; die Mandeln waren leicht gerötet; er ließ sich (Dativ) die Mandeln herausnehmen.

¹Mangel, der: 1. *[teilweises] Fehlen von etwas, was man braucht:* überall herrscht, besteht M. an Arbeitskräften; M. an Mut, Pflichtgefühl, Nahrung, Arbeit, Vorbereitung; M. *(nicht das genügende Maß)* an Selbstvertrauen haben; einen M. ausgleichen, stark empfinden; sie brauchten keinen M. *(keine Not)* zu leiden; er wurde aus M., wegen Mangels an Beweisen freigesprochen; seine Äußerungen zeugten von einem M. an Verständnis. 2. *Unzulänglichkeit, Fehler:* an der Maschine traten später größere Mängel auf/in Erscheinung; die Mängel beseitigen, beheben; die Arbeit hat, zeigt einige Mängel; ich bin bereit, über die Mängel hinwegzusehen.

²Mangel, die: /*ein Gerät zum Glätten von Wäsche*/: sie benutzte eine M. in ihrem Haushalt. * (ugs.:) **jmdn. durch die Mangel drehen** *(jmdn. hart herannehmen, ihm sehr zusetzen)*.

mangelhaft: *nicht den Anforderungen entsprechend, schlecht:* eine mangelhafte Leistung; die Qualität, Verpackung ist m.; die Reparatur ist m. ausgeführt.

mangeln (geh.): a) ⟨es mangelt an jmdm., an etwas⟩ *jmd., etwas ist nicht oder nur in unzureichendem Maß vorhanden:* es mangelt an allem, an Geld, an Nahrungsmitteln, an Arbeitskräften; er läßt es an Einsicht, an gutem Willen, an Arbeitseifer m. *(zeigt keine Einsicht, keinen guten Willen, keinen Arbeitseifer)*; ⟨es mangelt jmdm. an jmdm., an etwas⟩ es mangelt uns an Hilfskräften; es mangelt ihm noch an Bildung, Erfahrung, Mut, Entschlossenheit, Sicherheit, Zeit, am rechten Willen; adj. Part.: ein Zeichen mangelnder Lebensenergie; seine mangelnde Menschenkenntnis. b) ⟨etwas mangelt jmdm., einer Sache⟩ *etwas Wichtiges ist bei jmdm., etwas nicht vorhanden:* dir mangelt der rechte Ernst; dieser Arbeit mangelt jede Sorgfalt.

mangels (Amtsdt.) ⟨Präp. mit Gen.⟩: *aus Mangel an:* m. der notwendigen Geldmittel; m. eines eigenen Büros; m. eindeutiger Beweise; ⟨bei alleinstehenden stark deklinierten Substantiven mit Dativ⟩ er wurde m. Beweisen freigesprochen.

Manie, die: *krankhafte Sucht; Besessenheit:* es ist eine M. von ihm, im Dunkeln am Fenster zu stehen; das ist bei ihm schon zur M. geworden, hat sich zur M. entwickelt.

Manier, die: 1. *Art, Stil:* die leichte, grobe, gesuchte, betonte M. eines Künstlers; er gewann auch seinen dritten Kampf in überzeugender M.; so bist du ihn wenigstens auf gute M. *(Art und Weise)* losgeworden. 2. *Art [sich zu benehmen]; Umgangsformen:* gute, feine, schlechte Manieren; das ist aber keine M. (ugs.; *das ge hört sich nicht*)!; er hat keine Manieren; der muß man erst noch Manieren beibringen.

manipulieren (bildungsspr.; abwertend ⟨jmdn., etwas m.⟩: *durch bewußte Beeinflus sung in eine bestimmte Richtung lenken:* Sprach m.; die Meinung des Volkes wird durch die Pres se manipuliert; die Menschen werden heutzu tage oft manipuliert; manipulierte Bedürfnisse

Mann, der: 1. *erwachsene Person männliche Geschlechts:* ein junger, alter, betagter, kranke [vom Schicksal] geschlagener, gut aussehende kluger, gelehrter, berühmter, großer, hervor ragender, frommer, höflicher M.; er ist ein gan zer M.; er hat sich als M. bewährt; sei ein M *(zeige dich als mutiger Mann!)*; er ist ein M. de raschen Entschlüsse, auf der Höhe der Jahre in den besten Jahren, von vornehmer Gesin nung; für solche Arbeiten benötigen wir eine kräftigen M.; das ist das Kind im Manne *(de Spieltrieb des Mannes)*; die Kompanie kämpf bis zum letzten M. *(Soldaten)*; Redensarten ein M., ein Wort; selbst ist der M.; ein alte M. ist doch kein D-Zug (ugs., *kann sich nich so schnell bewegen, wie es gewünscht wird*) · /ve blaßt/: der gemeine M. *(die einfachen Leute* der dritte M. *(Partner)* im Kartenspiel; ei freier M. *(jmd., der selbst über sich bestimme kann)*; ein M. der Tat *(jmd., der zu gegeben Zeit etwas unternimmt)*; ein M. des Todes *(jmd der dem Tode nahe ist)*; ein M. der Feder *(ei Literat)*; ein M. der Wissenschaft *(ein Wisse schaftler)*; ein M. des Volkes, aus dem Vol *(jmd., der mit dem Volk eng verbunden ist un dessen Vertrauen hat)*; ein M. von Geist, Cha rakter, Format, hohem Einfluß *(jmd., der Geis Charakter, Format, hohen Einfluß hat)*; ein M von Rang und Würden *(eine hochstehende Pe sönlichkeit)*; er ist für uns der geeignete, richtig M. *(Mitarbeiter)*; Seemannsspr.: M. üb Bord! /*Notruf, wenn jmd. vom Schiff ins Wass gefallen ist*/; Seemannsspr.: alle Mann a Bord! *(alle sind anwesend!)*; Seemannsspr alle Mann an Deck! /*Aufforderung, sich an De zu begeben*/; morgen fahren wir alle Mann [hoch (ugs.; *alle zusammen*) nach München; sie sta den dicht gedrängt, M. an M. *(einer am and ren)*; sie traten alle freiwillig vor, M. für M. *(e ner nach dem andern)*; die Kosten betragen Mark pro M. *(für jeden)*. 2. *Ehemann:* ihr [ve storbener, geschiedener, erster, zweiter] M als/wie M. und Frau *(wie Eheleute)* leben; eine M. haben *(verheiratet sein; von der Frau)*; eine M. finden *(einen Mann kennenlernen und heir ten)*; sie stellt uns ihren M. vor; grüßen Sie bit Ihren M.!; sie lebte von ihrem M. getrennt; s hat ihn auch ohne Vermögen zum M. genomme *(geheiratet)*. * (ugs.:) **der kleine Mann** *(jmd., d finanziell nicht besonders gut gestellt ist)* · (ugs. **der böse/schwarze Mann** /*Schreckgestalt f Kinder*/ · (Bergmannsspr.:) **der tote Mann** *(d abgebauten Teile einer Grube)* · (ugs.; scherzh. **den toten Mann machen** *(sich ohne Bewegu auf dem Rücken im Wasser treiben lassen)* · **d Mann des Tages** *(jmd., der gegenwärtig das ö fentliche Interesse auf sich zieht)* · **der Mann a der Straße** *(der den Durchschnitt der Bevölkeru repräsentierende Bürger)* · **der Mann im Mo** *(aus den Mondflecken gedeutete Sagengestalt)* ein Mann von Welt *(jmd., der gewandt im Auftreten ist)* · (ugs.:) **[mein lieber] Mann!** */Ausruf des Erstaunens/* · (ugs.:) **Mann Gottes!** */ärgerliche oder warnende Anrede/:* M. Gottes, stell dich nicht so an!; M. Gottes, wollen Sie denn Ihr Leben aufs Spiel setzen? · **wie ein Mann** *(geschlossen, spontan, einmütig):* sie protestierten dagegen wie ein M. · (ugs.:) **ein gemachter Mann sein** /nur von männlichen Personen/ *(wirtschaftlich in gesicherten Verhältnissen leben)* · (ugs.:) **ein toter Mann sein** /nur von männlichen Personen/ *(erledigt sein, keine Zukunftsaussichten haben)* · **ein Mann von Wort sein** /nur von männlichen Personen/ *(ein Mensch sein, auf den man sich verlassen kann)* · **[nicht] der Mann/Manns genug sein, etwas zu tun** *(etwas allein, ohne fremde Hilfe [nicht] tun können)* · (ugs.:) **den lieben Gott einen guten/frommen Mann sein lassen** *(unbekümmert seine Zeit verbringen)* · (ugs.:) **den starken Mann markieren/mimen** *(so tun, als ob man sich besonders stark fühlte)* · (ugs.:) **den wilden Mann spielen/machen** *(unbeherrscht [ohne Berechtigung] wütend sein; toben)* · **seinen Mann stellen/stehen** *(sich bewähren, tüchtig sein):* sie mußte schon früh im Leben ihren M. stehen · (ugs.:) **wohl einen kleinen Mann im Ohr haben** *(anscheinend nicht ganz normal sein)* · **seinen Mann gefunden haben** /nur von männlichen Personen/ *(einen ebenbürtigen Gegner gefunden haben)* · **dieser Beruf ernährt seinen Mann** *(dieser Beruf bringt jmdm. genügend Geld ein)* · (ugs.:) **der erste Mann an der Spritze sein** *(zu sagen, zu bestimmen haben)* · **wenn Not am Mann ist** *(im Notfall)* · (ugs.:) **etwas an den Mann bringen: a)** *(seine Ware verkaufen).* **b)** *(im Gespräch etwas anbringen):* er wollte die neuesten Geschichten, Witze unbedingt an den M. bringen · (ugs.:) **jmdn. an den Mann bringen** *(verheiraten):* sie hat ihre Tochter endlich an den Mann gebracht · (ugs.:) **mit Mann und Maus untergehen** *(untergehen, ohne daß einer gerettet wird):* das Schiff ging, sie gingen mit M. und Maus unter · **von Mann zu Mann** *(ehrlich; ohne Beschönigung):* ein Gespräch von M. zu M.; nun laß uns mal [ein Wort] von M. zu M. darüber reden.

Männchen, das: **1.** *kleiner Mann:* ein altes, verhutzeltes M. **2.** *männliches Tier:* die Männchen haben im Gegensatz zu den Weibchen ein buntes Gefieder. * **ein Tier macht Männchen** *(ein Tier hält sich aufrecht auf den Hinterpfoten).*

mannhaft: *tapfer, mutig:* ein mannhafter Entschluß; mannhaften Widerstand leisten; sein Verhalten war sehr m.; er tritt m. dafür ein.

männlich: 1. *zum Geschlecht gehörend, das Nachkommen zeugen kann:* ein Kind männlichen Geschlechts; ein männlicher Erbe, Nachkomme; die männliche Linie des Adelsgeschlechts; das männliche Glied; das männliche Tier *(das Männchen);* männliche *(Staubgefäße tragende)* Pflanzen, Blüten; Sprachw.: dieses Substantiv hat männliches Geschlecht *(ist ein Maskulinum);* dasselbe Wort ist im Französischen m.; Metrik: ein männlicher *(stumpfer)* Reim. **2.** *dem Mann entsprechend:* männliche Kleidung; ein männliches Gesicht, Auftreten, Wesen, Benehmen; männliche Haltung, Kraft, Stärke, Energie; ein männlicher Entschluß; das war nicht m. *(eines Mannes würdig)* [gehandelt].

Mannschaft, die: **a)** *Gruppe von Sportlern, die gemeinsam einen Wettkampf bestreiten:* die siegreiche M.; die Mannschaften laufen [ins Stadion] ein; ihre M. stieg in die Oberliga auf; eine M. aufstellen, ändern; bildl.: der neue Regierungschef und seine M. *(Mitarbeiter).* **b)** *Besatzung eines Schiffes o. ä.:* die M. auf dem Deck antreten lassen; das Schiff ging mit der ganzen M. unter. **c)** *alle Soldaten einer militärischen Einheit ohne Offiziere:* Mannschaften und Offiziere wurden in der Gefangenschaft getrennt; er hielt eine Rede vor versammelter M.

Manöver, das: **1.** *größere Übung eines Heeres:* im Raum ... finden Manöver statt; ein M. abhalten; die Truppen nehmen an einem M. teil, gehen, ziehen ins M. **2.** (abwertend) *geschicktes Handeln, Ausnutzen von Personen oder Situationen:* ein raffiniertes, plumpes, betrügerisches, durchsichtiges M.; durch geschickte Manöver erreichte er sein Ziel. **3.** *Geschicklichkeit erfordernde Bewegung, Richtungsänderung eines Fahrzeugs:* das Schiff konnte seine Manöver nicht mehr ausführen; er überholte das vor ihm fahrende Auto mit einem gefährlichen M.

Manschette, die: **1.** *[steifer] Ärmelaufschlag:* steife, frisch gestärkte, abgestoßene Manschetten; die Manschetten waren nicht mehr sauber, nicht mehr heil; sie bügelte die Manschetten. **2.** *nach außen abstehende zierende Umhüllung aus Papier:* die M. eines Biedermeiersträußchens; sie kaufte eine M. für die Geburtstagstorte; wünschen Sie eine M. um den Blumentopf? **3.** (Sport) *Würgegriff beim Ringen:* eine M. ansetzen. * (ugs.:) **vor jmdm., vor etwas Manschetten haben** *(vor jmdm., vor etwas Angst haben).*

Mantel, der: **1.** *über der eigentlichen Kleidung getragenes Kleidungsstück [als Witterungsschutz]:* ein dicker, warmer, leichter, schwerer, grauer, dunkler, wollener M.; der M. paßt nicht, kleidet mich [nicht]; einen M. kaufen, machen lassen; den M. anziehen, umhängen, ausziehen, ablegen, an der Garderobe abgeben; jmdm. den M. halten *(zum Anziehen);* er trug den M. offen; er half mir aus dem, in den M. *(war mir beim Ausziehen, Anziehen behilflich);* er ging mit offenem *(nicht zugeknöpftem)* M. **2.** *als Schutz dienende Umkleidung:* der M. einer Glocke, eines Ofens, einer Walze; der M. des Fahrradreifens, Autoreifens muß erneuert werden. * **etwas mit dem Mantel der christlichen Nächstenliebe zudecken** *(jmds. Fehler großzügig übersehen)* · **den Mantel/das Mäntelchen nach dem Wind hängen** *(sich stets der herrschenden Meinung anpassen)* · **einer Sache ein Mäntelchen umhängen** *(etwas bemänteln, als harmlos hinstellen).*

Mappe, die: **1.** *zusammenklappbare Hülle zum Aufbewahren von Papieren:* die Programme, Fotos lagen gesammelt in einer M.; sie legte ihre Zeugnisse in eine M. **2.** *Schultasche:* eine schwere M.; seine M. öffnen, schließen; der Schüler stellte seine M. neben sich auf den Boden, nahm seine M. unter den Arm.

Märchen, das: *Wunder und Zauberei als Handlungselemente einbeziehende Geschichte, Erzählung:* französische, russische Märchen; Grimms Märchen; es klingt wie ein M., ist aber wahr; die Großmutter erzählte den Kindern ein M., liest ihnen Märchen vor; sie las eines der Märchen aus 1001 Nacht; übertr. (ugs.): *Lügengeschichte:* erzähle mir nur keine Märchen; und das M. soll ich dir auch noch glauben?

märchenhaft: 1. *in seiner Art wie ein Märchen, an ein Märchen erinnernd:* eine märchenhafte Erzählung; diese Oper enthält märchenhafte Elemente; das Bühnenbild war, wirkte etwas zu m. 2. a) *zauberhaft schön:* der Anblick einer märchenhaften Landschaft; den Abschluß des Festes bildete ein märchenhaftes Feuerwerk; der Flug über die Alpen war einfach m. b) (ugs.) *ungewöhnlich, großartig, unglaublich:* die märchenhafte Entwicklung der Technik, des Verkehrs; seine Aussichten waren m.; sie ist m. schön, tanzt m.

[1]**Mark,** die: *Einheit der deutschen Währung:* die Deutsche M.; die M. aufwerten, abwerten; hundert Pfennige machen, geben eine M.; der Eintritt kostet zwei Mark; ich habe meine, die letzte M. ausgegeben; er muß mit jeder M. rechnen *(hat wenig Geld).*

[2]**Mark,** die (hist.): *Grenzland:* die M. Brandenburg; die Marken des Reiches.

Mark, das: *Knochenmark:* das M. aus den Knochen lösen. * (ugs.:) **[kein] M. in den Knochen haben** *([nicht] sehr kräftig sein)* · (ugs.:) **etwas geht, dringt jmdm. durch Mark und Bein** *(etwas wird von jmdm. in fast unerträglicher Weise empfunden):* dieses Geräusch, diese Musik, der Schreck ging mir durch M. und Bein · **jmdn. bis ins Mark treffen** *(jmdn. tief verletzen):* du hast, deine gedankenlose Äußerung hat sie bis ins M. getroffen · (ugs.:) **jmdm. das Mark aus den Knochen saugen** *(jmdn. ausbeuten).*

markant: *stark ausgeprägt:* ein markantes Gesicht, Kinn, Profil; eine markante Erscheinung, Persönlichkeit; er hat eine markante Schrift; sein Stil ist, wirkt sehr m.

Marke, die: 1. a) *Schein, kleiner Gegenstand aus Metall, der als Ausweis dient oder zu etwas berechtigt:* jmdm. eine M. aushändigen; eine M. sorgfältig aufbewahren; der Hund trägt eine M. am Hals; der Kriminalbeamte zeigte ihm seine M. *(Erkennungsmarke);* in den ersten Nachkriegsjahren konnte man nur auf Marken *(Bezugsmarken)* kaufen, essen; für diese M. erhält man in einigen Gasthäusern ein Mittagessen; die Garderobe wird nur gegen eine M. ausgegeben. b) *Briefmarke:* zehn Marken zu/à 30 [Pfennig], bitte!; eine M. zum Freimachen des Briefes; er klebte die M. auf den Brief. 2. *unter einem bestimmten Namen hergestellte Warensorte:* eine [im Handel] führende M.; dieser Wein ist eine gute, feine M.; was für eine M. wünschen Sie?; diese M. führen wir nicht; er raucht nur eine besondere M.; übertr. (ugs.): *eigenartiger Mensch:* das ist [vielleicht] eine [komische] M.! 3. *von einem Ausgangspunkt gemessener Punkt:* an der Brückenmauer waren die Marken über die verschiedenen Hochwasserstände abzulesen; der Sportler verbesserte die alte M. um wenige Zentimeter.

markieren: 1. ⟨etwas m.⟩ *kennzeichnen:* einen Weg m.; eine Stelle mit einem/(selten:) durch einen Strich m.; er markierte das Spielfeld mit Fähnchen. 2. (Sport) ⟨jmdn. m.⟩ *genau decken:* der Verteidiger markiert den Linksaußen messerscharf (ugs.) 3. (ugs.) ⟨jmdn., etwas m.⟩ *vortäuschen, spielen:* einen Zusammenbruch m.; der Taschendieb markiert den harmlosen Gast; der Bettler markierte Blindheit; er markiert den Dummen *(stellte sich dumm);* Theater: *bei einer Probe andeuten, nicht voll ausspielen:* der Schauspieler markiert die Rolle nur · ⟨auch ohne Akk.⟩ markier doch nicht! *(mach uns doch nichts vor!).*

Markstein, der: *Wendepunkt:* dieses Ereignis war ein M. der Geschichte.

Markt, der: 1. *Marktplatz:* am M. wohnen; die Menge strömte auf dem M. zusammen. 2. *regelmäßig stattfindender Handel mit Waren auf einem dafür vorgesehenen Platz:* mittwochs und sonnabends ist M., wird hier M. abgehalten; den M. besuchen; seine Waren auf den M. fahren; Vieh auf den M. treiben; jeden Sonnabend geht sie auf den/zum M.; ich ging noch über den M. *(über den Platz, auf dem gerade Markt abgehalten wurde)* und sah viele Verkaufsstände mit Obst; ich habe dir etwas vom M. mitgebracht; die Bauern fahren zum Markt in die Stadt. 3. a) *Angebot und Nachfrage in bezug auf Waren, Kauf und Verkauf; Warenverkehr:* der innere M. muß gestärkt, belebt werden; (Kaufmannsspr.:) der M. ist erschöpft, liegt danieder *(es liegt kein Angebot mehr vor);* (Kaufmannsspr.:) der M. ist übersättigt *(das Angebot ist größer als die Nachfrage);* (Kaufmannsspr.:) den Markt drücken *(viel und billig verkaufen);* diese Ware ist nicht, fehlt auf dem M., ist nicht am Markt *(wird nicht angeboten, nicht gehandelt);* die Baumwolle wurde in großen Mengen auf den M. gebracht, geworfen *(in den Handel gebracht);* dieser Artikel ist ganz vom M. verschwunden *(aus dem Handel gekommen).* b) *Absatzgebiet:* für diese Waren ist Amerika der beste M.; Japan eroberte sich für seine Waren immer neue Märkte. * **der Gemeinsame Markt** *(die Europäische Wirtschaftsgemeinschaft)* · **der schwarze Markt** *(der illegale Markt)* · **der graue Markt** *(stillschweigend geduldeter, aber eigentlich verbotener Handel mit bestimmten Waren)* · (ugs.:) **für jmdn., für etwas seine Haut zu Markte tragen** *(für jmdn., für etwas einstehen und sich dadurch gefährden).*

Marotte, die: *eigenartige Gewohnheit; Schrulle:* es ist eine M. von ihm, nie ohne Schirm auszugehen; jmdm. eine M. abzugewöhnen, auszutreiben versuchen; er legte diese M. nie ab.

marsch ⟨Interj.⟩: a) */militärisches Kommando loszumarschieren/:* m., m.!; im Gleichschritt m.!; rechts, links schwenkt – m.; kehrt – m. b) *los! /Aufforderung wegzugehen/:* m., fort m., ins Bett!

[1]**Marsch,** der: 1. *Fortbewegung [einer Truppe] zu Fuß über eine längere Strecke:* das war ein weiter M.; einen langen M. hinter sich haben; einen M. machen *(marschieren);* jmdn. in M. setzen *(jmdn. veranlassen loszumarschieren, loszugehen);* ich setze mich gleich in M. *(gehe gleich los);* sie waren von dem anstrengenden M. ermüdet. 2. *Musikstück, das im Takt dem Marschieren entspricht:* ein M. ertönt; einen M. komponieren; die Kapelle spielte flotte Märsche. * (ugs.) **jmdm. den Marsch blasen** *(jmdn. ausschelten).*

[2]**Marsch,** die: *flaches Land am Meer mit sehr fruchtbarem, fettem Boden:* die schleswig-holsteinischen Marschen; Kühe weiden auf der M.

marschieren: 1. *in geschlossener Reihe und gl*

[glei]chem Schritt gehen: im Gleichschritt m.; die Soldaten marschierten über die Brücke, aus der Stadt; sie waren wochenlang marschiert; übertr.: *wandern, zu Fuß gehen:* er ist heute schon drei Stunden marschiert; die beiden marschierten in die Kneipe (ugs.). 2. (Sport) *unbeirrbar vorwärtsgehen, den Sieg anstreben:* von der zweiten Runde an marschierte der Weltmeister.

Marter, die (geh.): *Peinigung, Qual:* Marter[n] leiden, erdulden, ertragen; jmdm. körperliche, seelische M. bereiten, zufügen; sie starben unter Martern.

martern: a) ⟨jmdn. m.⟩ *foltern, physisch quälen:* einen Menschen grausam, zu Tode m. **b)** (geh.) ⟨jmdn., sich m.⟩ *jmdm., sich seelische Qual bereiten:* jmdn. mit Vorwürfen m.; Zweifel marterten ihn; ich habe mich mit diesen Vorstellungen lange gemartert.

Märtyrer, der: *jmd., der für seinen [christlichen] Glauben, seine Überzeugung leidet [und stirbt]:* die christlichen Märtyrer; als M. sterben; ein M. einer Idee werden *(sich für eine Idee opfern);* sie haben ihn zum M. gestempelt, gemacht, werden lassen.

Martyrium, das: *schweres Leiden [und Tod] um des [christlichen] Glaubens, der Überzeugung willen:* das M. Christi, der Heiligen; sie nahmen das M. auf sich; übertr.: sie hatte bei diesem Mann ein M. *(Furchtbares)* erleiden, erdulden, durchmachen müssen; ich habe ein wahres M. hinter mir; die Ehe war ein einziges M.

März, der: *dritter Monat des Jahres:* ein sonniger, aber kalter M.; Anfang, Ende M. lag noch Schnee; im Laufe des Monats M./des M. hatten wir die ersten warmen Tage.

Masche, die: **1.** *Schlinge in einer Strick- oder Häkelarbeit, in einem Netz oder Drahtgeflecht:* die Maschen eines Kettenhemds; an ihrem Strumpf läuft eine M.; Maschen aufnehmen, abnehmen, abketten; eine M. [beim Stricken] fallen lassen, aufheben; der Fisch war durch die Maschen des Netzes geschlüpft; bildl.: der Schwindler schlüpfte durch die Maschen *(Lücken)* des Gesetzes. **2.** (ugs.) *Kunstgriff; Lösung für ein Problem; Trick:* das ist eine tolle M., die M.!; das ist seine M.; er hat inzwischen schon wieder eine neue M.; die neueste M. war ...

Maschine, die: **1.** *Vorrichtung, Apparat, der selbständig eine Arbeit leistet:* eine neue, moderne, einfache, komplizierte M.; landwirtschaftliche Maschinen; die M. läuft, ist in Betrieb, arbeitet, steht still; er arbeitet wie eine M. *(rein mechanisch und schafft dabei viel);* eine M. in Betrieb setzen, ölen, putzen, pflegen, warten, anwerfen, anstellen, abstellen, bedienen, einschalten, ausschalten; eine M. erfinden, konstruieren, bauen, montieren, reparieren; das Zeitalter der M.; der Mensch wird zur M. degradiert *(wird nicht mehr als denkendes Wesen gewürdigt);* übertr. (ugs.): das ist aber eine M. *(eine dicke Frau)!* **2. a)** *Flugzeug:* eine M. der Lufthansa; die M. startet, landet um 12 Uhr; die M. wurde bei der Bauchlandung leicht beschädigt; die M. nach Paris hat Verspätung; er bestieg, nahm, benutzte die fahrplanmäßige M. nach Rom. **b)** *Motorrad:* eine schnelle M.; eine M. mit Beiwagen; er fährt eine schwere M. **3. a)** *Schreibmaschine:* auf der M. klappern; auf die M. hauen (ugs.; *maschineschreiben*); warum hast du den Brief nicht auf der, mit der M. geschrieben?; einen Bogen in die M. spannen; der Chef diktierte ihr mehrere Briefe in die M. **b)** *Nähmaschine:* eine Naht mit der M. nähen; das einfache Kinderkleid konnte sie auch ohne M. nähen.

Maske, die: **1. a)** *künstliche Hohlgesichtsform aus Pappe, Holz o. ä.:* eine M. tragen, vorbinden, umbinden; die M. ablegen, abnehmen; er sammelt afrikanische Masken; übertr.: hier zeigt sich das Laster ohne M. *(unverhüllt);* er betrog ihn unter der M. der Freundschaft *(während er Freundschaft vortäuschte).* **b)** *Aufmachung des Schauspielers:* M. machen; seine M. war bestürzend echt; eine ausgezeichnete M. haben. **2.** *maskierte Person:* diese Rokokodame war eine der schönsten Masken des Festes. * **die Maske fallen lassen/von sich werfen** *(sein wahres Gesicht zeigen; seine Verstellung aufgeben)* · **jmdm. die Maske vom Gesicht reißen** *(jmdn. entlarven; jmdn. zwingen, sein wahres Gesicht zu zeigen)* · **etwas ist nur Maske** *(etwas ist nur Verstellung, Heuchelei):* seine Liebenswürdigkeit war nur M.

maskieren: a) ⟨jmdn., sich m.⟩ *hinter einer Maske verstecken, mit einem Maskenkostüm verkleiden:* sich als Königin der Nacht m.; drei maskierte Gestalten. **b)** ⟨etwas m.⟩ *hinter etwas verbergen:* er verstand es, seine eigentlichen Gedanken, Pläne, Ziele zu m.

Maß, das: **1. a)** *Einheit oder Gegenstand, mit dem man messen kann:* deutsche Maße und Gewichte; das M. für die Bestimmung der Länge ist der Meter; das M. anlegen; nach englischen M. ist das ... **b)** *Literkrug:* ein/(oberdt.:) eine M. Bier bestellen; ein M. füllen; wieviel Maß hat er getrunken? **2.** *durch Messen ermittelte Zahl, Größe:* die Maße des Zimmers; der Schneider, der Schuhmacher hat mein M./meine Maße; ein Anzug nach M. *(ein eigens für jmdn. nach seinen Körpermaßen angefertigter Anzug).* **3.** *Ausmaß:* er führte die Kritik auf das rechte M. zurück; in vollem Maße; in demselben, in gleichem Maße *(ebenso)* wie früher; in besonderem, gewissem Maße; in zunehmendem Maße *(immer mehr, immer stärker);* in höherem, stärkerem Maße *(mehr, stärker)* als jemals; in höchstem Maße; er genoß mein Vertrauen in reichem Maße; seine Anschuldigungen gingen über das übliche M. weit hinaus; er verfügt über ein angemessenes M. an, von Bildung; der Chef brachte den Angestellten ein hohes M. von Vertrauen entgegen. * **ein gerüttelt Maß von/an etwas** *(sehr viel Unangenehmes):* sie hat ein gerüttelt M. an Sorgen, von Arbeit · **das Maß ist voll** *(jetzt ist die Geduld zu Ende)* · **etwas macht das Maß voll** *(etwas geht über die Grenze des Erlaubten hinaus)* · **weder Maß noch Ziel kennen** *(maßlos sein)* · **[jmdm.] Maß nehmen** *(jmds. Körpermaße feststellen):* der Schneider nahm [ihm] M. für den neuen Anzug; er ließ sich M. nehmen · (ugs.:) **jmdn. Maß nehmen** *(jmdn. hart herannehmen)* · **mit zweierlei Maß messen** *(unterschiedliche Maßstäbe anlegen und dadurch ungerecht sein)* · **mit Maßen** *(maßvoll)* · **ohne Maß und Ziel** *(maßlos)* · **über die/über alle Maßen** *(außerordentlich).*

Masse, die: **1.** *ungeformter, breiiger Stoff:* eine zähe, weiche, harte, klebrige M.; eine M. zum Gießen, Formen; das Erdinnere ist teilweise eine glühend flüssige M.; die wogenden Massen *(Fleischmengen)* ihres Körpers; der Gießer formt die M. 2. *große Menge:* eine M. (ugs.; *sehr viel*) Geld; ich habe eine M. (ugs.; *sehr viele*) Bekannte getroffen; er hat daran eine ganze M. (ugs.; *sehr viel Geld*) verdient; die M. muß es bringen *(nur die große Menge des Verkauften kann die Unkosten decken);* wahre Massen *(Menschenmengen)* strömten zum Sportplatz; die Arbeiter kamen in Massen *(Scharen);* der Täter verschwand in der M., verstand es, in der M. unterzutauchen. 3. *großer Teil der Bevölkerung, in der es keine Individualität mehr gibt:* die urteilslose, namenlose M.; die breite M. des Volkes; die Massen sind in Bewegung geraten; die M. jubelte dem Diktator zu; er hat die Massen hinter sich; die Sängerin ist der Liebling der Massen; diese Hefte und Illustrierten sind auf den Geschmack der Masse[n] abgestimmt; er wollte nicht in der grauen M. untergehen *(wollte sich seine Individualität bewahren);* 4. (Rechtsw.) *Konkurs-, Erbmasse:* das Konkursverfahren wurde mangels M. eingestellt. * (ugs.; abwertend:) **nicht die Masse sein** *(nicht viel wert sein):* sein Auftritt war auch nicht die M.

maßgebend, maßgeblich: *das Handeln oder Urteilen anderer bestimmend:* eine maßgebende, maßgebliche Ansicht, Meinung; maßgebende, maßgebliche Persönlichkeiten; sein Urteil ist für mich nicht m. *(ich erkenne sein Urteil nicht an);* er ist an diesem Unternehmen m. *(entscheidend)* beteiligt.

maßhalten: *mäßig sein, ein vernünftiges Maß einhalten:* im Essen, Trinken, Sport m.; die Jugend kann selten m.

massieren ⟨jmdn., etwas m.⟩: *durch Massage behandeln:* jmds. Arme, Beine, Kopfhaut m.; einen Sportler vor dem Wettkampf m.; der Arzt massierte das Herz des Patienten; ⟨jmdm. etwas m.⟩ der Masseur hat ihm den Rücken massiert.

massig: 1. *groß und schwer:* ein massiger Baum; seine Erscheinung war, wirkte m. *(er war, wirkte sehr dick);* er saß m. am Schreibtisch 2. (ugs.:) *sehr viel:* hier gibt es m. Arbeit; er hat m. Geld.

mäßig: a) *das richtige Maß einhaltend; nicht zu stark:* eine mäßige Wärme; mäßige Preise; ein mäßiges Tempo; er war sehr m. in seinen Forderungen; der Verbrauch war durchaus m.; m. leben *(in allem maßhalten);* er trinkt und raucht m. b) (abwertend) *mittelmäßig, schwach:* eine mäßige Begabung; seine Leistungen sind nur m.; mir geht es [gesundheitlich] m. *(schlecht).*

mäßigen (geh.): a) ⟨etwas m.⟩ *ins rechte Maß bringen:* den Schritt, die Geschwindigkeit m.; mäßige deinen Zorn, deine Ansprüche!; er kann sein Temperament nicht m.; adj. Part.: eine gemäßigte Politik. b) ⟨sich m.⟩ *sich bezähmen, zurückhalten, beherrschen:* mäßige dich beim, im Essen und Trinken!; man muß lernen, sich zu m. c) ⟨etwas mäßigt sich⟩ *etwas schwächt sich ab:* die Hitze hat sich etwas gemäßigt.

massiv: 1. a) *keinen anderen Stoff enthaltend:* massives Gold; der Schrank ist m. Eiche *(ist ganz aus Eichenholz).* b) *keine Zwischen- oder Hohlräume enthaltend; fest, stabil:* eine massive Statue; dieser Osterhase ist aus massiver Schokolade; das Haus wirkt durchaus m., ist m. gebaut; der Ring mit dem großen Stein ist mir zu m. *(wuchtig).* 2. *grob, allzu deutlich:* eine massive Beleidigung, Drohung, Forderung; seine Kritik war ziemlich m.; der Mann wurde sehr m. *(aus fallend):* er hat ihn m. *(heftig)* angegriffen.

maßlos: a) *nicht das richtige Maß einhaltend unmäßig, ungeheuer [groß, stark]:* maßlose An sprüche, Forderungen; ein maßloser Zorn, Är ger; maßlose Beleidigungen, Beschimpfungen er geriet in eine maßlose Wut, Erregung; sein Erbitterung, seine Gier war m.; er ist m. in sei nen Reden. b) ⟨verstärkend bei Adjektiven un Verben⟩ *äußerst, sehr:* er ist m. eifersüchtig; e übertreibt m.

Maßnahme, die: *Handlung, Anordnung, di etwas bewirken soll:* eine vorläufige, provisori sche, vorausschauende, vorsorgliche M.; [die ge eigneten] Maßnahmen zur Verhütung von Un fällen ergreifen, treffen; diese M. hat sich be währt, erwies sich als richtig; er war ihren Maß nahmen zuvorgekommen.

maßregeln ⟨jmdn. m.⟩: *tadeln, zurechtweisen durch bestimmte Maßnahmen strafen:* einen Be amten m.; ich lasse mich nicht dauernd von ihn m.

Maßstab, der: 1. *Verhältnis zwischen der nach gebildeten und der natürlichen Größe:* was für ei nen M. hat diese Karte?; die Karte ist im M 1:100000, 1:250000 gezeichnet. 2. *vorbildhaft Norm, nach der jmds. Handeln, Leistung beur teilt wird:* die Maßstäbe seines Handelns; hie ist ein strengerer M. erforderlich *(hier muß ma strenger urteilen);* den M. für jmdn., für etwa abgeben; an seine Leistungen muß man einen hohen M. anlegen *(seine Leistungen darf ma streng beurteilen);* ich will mir deine Leistunge zum M. nehmen. 3. *Stab, Stahlband zum Messen* der Handwerker arbeitet mit dem M.

maßvoll: *das rechte Maß einhaltend; zurückhal tend:* ein maßvolles Benehmen, Auftreten; sein Forderungen waren durchaus m.; er urteilt äußerst m.

[1]Mast, der: 1. *Holzstamm oder Stahlrohr zur Be festigung von Segeln oder Ladebäumen:* in den schweren Sturm brach, splitterte der M.; di Masten der Schiffe ragten hoch empor; den M des Segelbootes aufrichten, umlegen, kappen 2. *Träger von elektrischen Leitungen oder Anten nen:* Masten aufstellen; die Antenne ist an ei nem M. befestigt. 3. *Fahnenmast:* der Sturm hatte viele Maste geknickt; die Fahne weht an M., geht am M. hoch, wird am M. hochgezogen

[2]Mast, die: *das Mästen:* die M. von Schweinen Gänsen, Enten; sie verwenden Körner zur M.

mästen ⟨ein Tier m.⟩: *durch Füttern fett, dic machen:* Gänse, Hähne, Schweine m.; übertr (ugs.): sie mästet ihre Kinder *(gibt ihnen zu vie zu essen);* ich will mich doch nicht m. *(ich wil doch vom Essen nicht möglichst dick werden)!*

Material, das: 1. *Rohstoff, Werkstoff:* gutes brauchbares, schlechtes M.; M. zum Bauen Heizen; ein M. auf seine Haltbarkeit prüfen der Sänger hat ein gutes M. *(gute stimmlich Voraussetzungen);* das Haus ist aus gutem M gebaut; Bahnw.: das rollende M. *(die Fahr zeuge der Eisenbahn).* 2. *Unterlagen, Stoffsamm lung:* M. zusammenstellen; jmdm. das M. fü literarische Arbeiten liefern, zustellen; die Ver teidigung fand entlastendes M., konnte entla stendes M. beibringen.

Materie, die: 1. *Substanz oder Stoff unabhängi vom Aggregatzustand:* organische, anorganisch

M. **2.** (Philos.) **a)** *Urstoff im Gegensatz zur Form:* es kommt hier nicht auf die Form, sondern auf die M. an. **b)** *Stoffliches, Körperhaftes im Gegensatz zu Leben, Seele, Geist:* tote *(unbeseelte)* M.; die Philosophie stellt Geist und M. gegenüber; die Herrschaft des Geistes über die M. **3.** *Stoff eines Themas:* eine interessante, trockene, schwierige, schwer zu behandelnde, bearbeitende M.; der Vortragende beherrschte die M.; sich mit einer M. beschäftigen.

materiell: 1. *stofflich, gegenständlich:* er versuchte, sich diese überirdische Erscheinung m. zu erklären. **2.** *finanziell, wirtschaftlich:* die materiellen Grundlagen für den neuen Plan wurden geschaffen; der materielle Wert *(der reine Marktwert)* des Bildes ist gering; jmdm. materielle Hilfe gewähren; jmdn. m. unterstützen; m. steht er sich gut. **3.** (abwertend) *auf Besitz, wirtschaftlichen Vorteil bedacht; unempfänglich für geistige Werte:* ein materieller Mensch; sie sind ziemlich m. [eingestellt].

mathematisch: a) *zur Mathematik gehörend:* mathematische Gesetze; mathematisches Denken. **b)** (bildungsspr.) *präzise, unumstößlich:* die Mondfinsternis trat mit mathematischer Genauigkeit ein; dieser Konflikt war mit mathematischer Sicherheit vorauszusagen.

matt: 1. a) *müde und schwach, erschöpft:* eine matte Fliege; er war, fühlte sich ganz m. nach der Krankheit; sie waren m. von der Anstrengung, vor Hunger und Durst. **b)** *schwach:* ein mattes Lächeln; er sprach mit matter Stimme; eine matte Regierung; sein Puls ging sehr m. **2.** *nur schwach leuchtend oder glänzend:* mattes Licht; ein mattes Blau; mattes Gold; matte *(glanzlose)* Augen; ein mattes *(glanzloses)* Papier, Glas; die Farben waren, wirkten sehr m. *(gedämpft).* **3.** *nicht überzeugend oder befriedigend:* eine matte Entschuldigung; matte Worte; der Schluß der Rede war, klang sehr m.; Kaufmannsspr.: die Börse schloß m. *(flau).* * **jmdn. matt setzen: a)** (Schachspiel: *jmdn. besiegen*). **b)** *(jmdm. jede Möglichkeit zum Handeln nehmen)* · **matt sein** (Schachspiel: *besiegt sein*): er war in drei Zügen m.

Matthäi ⟨in der Wendung⟩ bei jmdm. ist Matthäi am letzten (ugs.): *jmd. ist gesundheitlich, wirtschaftlich am Ende.*

Mauer, die: *Wand aus Steinen, Beton o. ä.:* eine hohe, dicke, massive, alte, bröckelige M.; die Chinesische M. *(gegen die Hunnen errichtete Schutzmauer im Norden Chinas);* er steht, sie standen wie eine M. *(unerschütterlich fest);* eine M. bauen, errichten, einreißen; hohe geistliche Würdenträger halten sich zur Zeit in den Mauern unserer Stadt (geh.; *in unserer Stadt*) auf; bildl.: ihn umgab eine M. des Schweigens; er stand vor einer M. aus Haß und Verachtung.

mauern: 1. ⟨[etwas] m.⟩ *durch das Zusammenfügen von Steinen mit Mörtel errichten, bauen:* mit diesem Verfahren kann man auch bei starkem Frost m.; einige Wände des Hauses mußten neu gemauert werden. **2. a)** (Fußballspiel) *sich auf die Verteidigung beschränken:* in der zweiten Spielhälfte hat die Mannschaft fast nur noch gemauert. **b)** (Kartenspiel) *trotz guter Karten kein Spiel wagen:* er hat schon wieder gemauert.

Maul, das: **1.** *zur Nahrungsaufnahme bestimmte Öffnung im Schädel von Tieren:* das M. der Kuh; das M. aufreißen, aufsperren; das Pferd hat Schaum vor dem M. Sprichwörter: einem geschenkten Gaul sieht/guckt man nicht ins Maul; es fliegen einem keine gebratenen Tauben ins Maul; du sollst dem Ochsen, der da drischt, nicht das Maul verbinden *(man soll dem, der die Arbeit macht, auch etwas zukommen lassen).* **2.** (derb; abwertend) *Mund:* er hat ein breites, plumpes M.; mach, sperr mal das M. auf, damit ich dir in den Hals sehen kann!; er kann auch das M. nicht voll genug kriegen *(kann nicht beim Essen maßhalten);* ich habe bald keinen Zahn mehr im M.; sie saßen mit gierig schmatzenden Mäulern beim Essen; übertr.: er hat zehn Mäuler *(Personen)* zu ernähren. * (derb:) **ein großes Maul haben** *(übertreiben, vorlaut sein)* · (derb:) **ein grobes/böses/gottloses/ungewaschenes Maul haben** *(sehr frech, gotteslästerlich reden)* · (derb:) **das Maul halten** *(schweigen; ein Geheimnis nicht verraten)* · (derb:) **das Maul hängen lassen; ein schiefes Maul ziehen** *(unzufrieden, beleidigt sein)* · (derb:) **das Maul aufsperren** *(sehr erstaunt sein)* · (derb:) **das Maul brauchen** *(sich durch Reden zu wehren wissen)* · (derb:) **das Maul aufmachen/auftun** *(etwas sagen, reden, sprechen)* · (derb:) **das Maul aufreißen/voll nehmen** *(prahlen, aufschneiden, großtun)* · (ugs.:) **das Mäulchen schon nach etwas spitzen** *(etwas gern [zu essen] haben wollen)* · (derb:) **jmdm. das Maul verbieten** *(jmdm. untersagen, seine Meinung zu äußern)* · (derb:) **jmdm. das Maul stopfen** *(jmdn. zum Schweigen bringen)* · (derb:) **sich** (Dativ) **das Maul verbrennen** *(sich durch unbedachtes Reden schaden)* · (derb:) **sich** (Dativ) **über jmdn. das Maul zerreißen** *(schlecht über jmdn. sprechen)* · (derb:) **dem Volk/den Leuten aufs Maul schauen** *(beobachten, wie sich die Leute auf der Straße ausdrücken, und diese Erfahrungen nutzen)* · (ugs.:) **jmdm. Brei/Honig ums Maul schmieren** *(jmdm. schmeicheln).*

Maulaffen ⟨in der Wendung⟩ Maulaffen feilhalten (ugs.): *([mit offenem Mund] gaffen, müßig zuschauen:* wenn ihr doch nur M. feilhaltet, brauchen wir euch nicht.

maulen (ugs.): *aus Ärger über etwas unfreundlich, mürrisch sein:* die Leute standen herum und maulten.

Maus, die: **1.** */ein Nagetier/:* eine M. nagt, knabbert am Käse, raschelt im Laub, piept, geht in die Falle; flink wie eine M., still wie ein Mäuschen sein; Sprichwörter: mit Speck fängt man Mäuse; wenn die Katze aus dem Haus ist, tanzen die Mäuse · die Katze spielt mit der M.; **2.** (ugs.) *Liebste* /als Kosename/: süße kleine M.; mein Mäuschen! **3.** (landsch.) *Daumenballen:* ich habe mich in die M. geschnitten. **4.** (ugs.) ⟨Plural⟩ *Geld:* keine Mäuse haben; diese Mäuse habe ich mir aber sauer verdient. * (ugs.:) **weiße Maus** *(Verkehrspolizist)* · (ugs.:) **weiße Mäuse sehen** *(Wahnvorstellungen haben)* · (ugs.:) **Katz und Maus mit jmdm. spielen** *(jmdn. hinhalten, allzulange auf eine [letztlich doch negative] Entscheidung warten lassen)* · (ugs.:) **mit Mann und Maus untergehen** *(untergehen, ohne daß einer gerettet wird)* · (ugs.:) **da[von] beißt die Maus keinen Faden ab** *(das ist unabänderlich)* · (ugs.:) **da möchte ich Mäuschen sein** *(das möchte ich im Verborgenen mit anhören).*

mausen: **1.** (selten) ⟨ein Tier maust⟩ *ein Tier fängt Mäuse:* die Katze maust; Sprichw.: die Katze läßt das Mausen nicht. **2.** (fam.) ⟨etwas m.⟩ *stehlen:* der Junge hat wieder Äpfel gemaust.

mausern: **1.** *ein Tier wechselt die Federn* **a)** ⟨sich m.⟩: die Vögel mausern sich im Sommer. **b)** die Hühner mausern. **2.** (ugs.) ⟨sich m.⟩ *sich überraschenderweise zu einem selbstbewußten Menschen entwickeln:* du hast dich ganz schön gemausert.

mausig ⟨in der Wendung⟩ sich mausig machen (ugs.): *sich frech und vorlaut zu etwas äußern:* du darfst dich hier nicht m. machen.

mechanisch: **1.** *von einer Maschine bewirkt, angetrieben; automatisch:* ein mechanischer Webstuhl; an die Stelle reiner Handarbeit treten immer mehr mechanische Verfahren; dieser Artikel wurde m. *(maschinell)* hergestellt. **2.** *gewohnheitsmäßig, gedankenlos:* eine mechanische Bewegung; mich stört der mechanische Ablauf der Veranstaltung; m. antworten, etwas tun; sie sagte das Gedicht ganz m. auf.

meckern: **1.** *meckernde Laute von sich geben:* die Ziege meckert; die alte Frau lachte meckernd. **2.** (abwertend) *nörgeln:* er hat immer etwas zu m.; hör auf zu m.!; sie meckerten über die langweilige Arbeit.

Medaille, die: *Plakette zum Andenken an etwas oder als Auszeichnung für eine Leistung:* eine goldene, silberne, bronzene M.; eine M. schneiden, prägen, gießen; bei dem Wettbewerb, im Reiten erhielten sie eine M., bekamen sie eine M. verliehen; ihr Land gewann die meisten Medaillen auf der letzten Olympiade. Redensart: das ist die Kehrseite der Medaille *(das ist das Nachteilige an einer an sich vorteilhaften Sache).*

Meer, das: *zusammenhängende Wassermasse[n] auf der Erdoberfläche:* das weite, hohe, unendliche, stürmische, tosende, aufgewühlte, stille, glatte, bewegte M.; die Meere befahren; am M. leben; ans M. fahren; die Sonne steigt aus/über dem M. auf; über das M. fliegen; auf das offene M. hinausfahren; im M. baden, schwimmen; die Sonne versinkt ins/im M., sinkt ins M. *(geht am Meereshorizont unter);* die Stadt liegt 2000 Meter über dem M. *(Meeresspiegel);* übertr. (geh.): *sehr große Menge von etwas:* das M. der Sterne, der Leidenschaften, der Zeit, der Ewigkeit; ein M. von Licht, von Tönen; alles versank in einem M. von Blut und Tränen.

Mehl, das: *Nahrungsmittel zum Backen von Brot o. ä.:* feines, grobes M.; das M. klumpt, ist stickig, muffig (ugs.); aus M. und Butter machte sie eine Schwitze für das Gemüse.

mehr: **I.** ⟨Indefinitpronomen⟩ **1.** /drückt aus, daß etwas über etwas Bestimmtes hinausgeht/: m. als die Hälfte; m. als genug; noch m. verlangen; was willst du [noch] m.?; man soll nicht m. versprechen, als man halten kann; das schmeckt nach m. (ugs.; *davon möchte man mehr essen*); er hat sich um m. als das Doppelte verrechnet; ich gehe diesmal mit m. Hoffnung hin; er hat m. Geld, als du denkst; die Beweise haben den Verdacht m. als gerechtfertigt; das ist m. als schlimm; das Ergebnis der Konferenz war m. als mager *(war äußerst mager);* Redensart: je m. er hat, je m. er will; Sprichw.: je m. Geld, desto m. Sorgen. **2.** /drückt aus, daß jmd. wichtiger, bedeutender als jmd. ist/: er ist auch nicht m. als wir; du hältst dich wohl für m. als andere! **II.** ⟨Adverb⟩ **1.** *in höherem, stärkerem Maße:* m. lang als breit; ich friere m. als du; du mußt m. achtgeben; m. tot als lebendig kam er an; er übt jetzt eine ihm m. zusagende Tätigkeit aus; er ist m. Gelehrter als Künstler; er ist mir m. denn je verhaßt; der Baum steht m. links, m. rechts, m. nach der Mitte zu; er ist m. geschätzt als sein Vorgänger; nichts ist mir m. zuwider als Schmeichelei. **2.** ⟨in Verbindung mit einer Negation⟩ *sonst, außerdem* /drückt aus, daß ein Geschehen, ein Zustand, eine Reihenfolge nicht fortgesetzt wird/: niemand, keiner m.; kein Wort m. *(hör[t] auf zu reden)!;* es bleibt nichts m. übrig; sie wußte sich nicht m. zu helfen; du bist kein Kind m. *(bist groß, reif genug).* **3.** (landsch.) ⟨in Verbindung mit *nur*⟩ *noch:* ich habe nur m. fünf Mark. * (geh.; verhüll.:) **nicht mehr sein** *(gestorben sein)* · (ugs.:) **nicht mehr werden** *(aus dem Staunen nicht herauskommen, seine Fassung nicht wiedererlangen):* als ich ihm das erzählte, ist er [bald, fast] nicht mehr geworden · **... und was der Sachen [noch] mehr sind** *(und was es sonst noch an etwas gibt):* ... und was der Verdrießlichkeiten noch m. waren · **mehr und mehr** *(immer mehr):* er hat sich in letzter Zeit m. und m. zurückgezogen · **mehr oder minder/weniger** *(im großen ganzen):* m. oder weniger waren alle einer Meinung.

mehren (geh.): **a)** ⟨etwas m.⟩ *größer machen, vermehren:* den Besitz m.; diese Erfolge mehrten seinen Ruhm. **b)** ⟨etwas mehrt sich⟩ *etwas häuft sich, wird zahlreicher:* in letzter Zeit mehren sich die Anfragen, warum ...

mehrere ⟨Indefinitpronomen und unbestimmtes Zahlwort⟩: **a)** *einige, ein paar:* mehrere [unbekannte] Personen; mehrere Male; (veraltet:) die mehreren Zuschauer; eine Gleichung mit mehreren Unbekannten lösen; er war m. Tage unterwegs; mehrere seiner Freunde sagten ab; mehrere kamen zu spät, beschwerten sich. **b)** *nicht nur ein oder eine; verschiedene:* dieses Wort hat m. Bedeutungen; dieser Text läßt m. Auffassungen zu.

Mehrheit, die: **a)** *der größere Teil einer bestimmten Anzahl, Menge:* die überwiegende Mehrheit des Volkes hat sich dafür entschieden; bei der Mehrheit der Fälle handelte es sich um leichte Erkrankungen. **b)** *Stimmenmehrheit bei Wahlen, Abstimmungen o. ä.:* eine große, knappe, geringe M.; für das Gesetz hat sich eine M. gefunden; die [parlamentarische] M. haben, besitzen, erringen, gewinnen, verlieren; er konnte die M. der Stimmen auf sich vereinigen; er berief sich auf die M.; er wurde mit überwältigender M. gewählt. * (Politik:) **absolute Mehrheit** *(Mehrheit, die mehr als 50% der stimmberechtigten Stimmen umfaßt)* · (Politik:) **einfache/relative Mehrheit** *(Mehrheit, die weniger als 50% der stimmberechtigten Stimmen umfaßt)* · (Politik:) **qualifizierte Mehrheit** *(Zweidrittelmehrheit der stimmberechtigten Stimmen).*

mehrmals ⟨Adverb⟩: *mehrere Male, wiederholt, mehrfach:* er hat schon m. angerufen.

meiden ⟨jmdn., etwas m.⟩: *aus dem Wege gehen, sich fernhalten:* einen Menschen, seine Gesellschaft, sein Haus m.; sie haben sich/(geh.:) einander lange Zeit gemieden; auf ihrer Fahrt mieden sie die überfüllten Autobahnen; er mu dieses Land m. *(darf nicht einreisen);* er meidet den Alkohol *(trinkt keinen Alkohol);* er muß alle fetten Speisen m. *(darf nichts Fettes essen);* bildl. (geh.): das Glück, der Schlummer meidet mich.

mein ⟨Possessivpronomen⟩: **a)** *mir gehörend; zu mir gehörend:* m. Haus, m. Auto; einer meiner Söhne/von meinen Söhnen; das ist nicht meine Aufgabe; meiner Ansicht nach, meines Erachtens ist das falsch; /in der Anrede/: meine Damen und Herren; mein liebes Kind; mein lieber Freund · das ist und bleibt m.; das ist nicht dein Buch, sondern meines/das meine; Redensarten: was m. ist, ist auch dein; klein aber m.; subst.: ich werde das Meine *(meinen Anteil)* dazu beitragen; die Meinen *(meine Angehörigen).* **b)** *bei mir zur Gewohnheit, Regel geworden; von mir gewöhnlich benutzt:* meine Straßenbahn muß gleich kommen; ich habe heute meinen Spaziergang noch nicht gemacht; ich muß noch meine Tabletten nehmen. * (ugs.; verhüll.:) **mein und dein verwechseln/nicht unterscheiden können** *(stehlen).*

meinen: 1. a) ⟨etwas m.⟩ *glauben, annehmen; der Meinung sein, seine Meinung äußern:* ich meinte, er hätte recht/daß er recht hätte; ich meine, es wäre das beste, wenn wir jetzt gingen; meinst du dieser Strafe entgehen zu können?; er meinte: „... das reicht nicht"/„... das reicht nicht", meinte er; man sollte m., daß ihm das einleuchten müßte; meinst du das im Ernst?; was meinst du dazu?; sie meinte, sie müßte [vor Scham] in die Erde sinken; er meint, wunder was er könne (ugs.); Redensart: das will ich m.! (ugs.; *natürlich ist das so!)* · ⟨auch ohne Akk.⟩ ich meine ja nur [so] (ugs.; *es war ja nur ein Vorschlag).* **b)** (selten) ⟨jmdn., sich in etwas m.⟩ *wähnen, vermuten:* er meinte sich im Recht. **2.** ⟨jmdn., sich, etwas m.⟩ *im Sinn haben:* du warst [mit dieser Bemerkung] nicht gemeint; ich meinte eigentlich mich; ich meine das große Haus, nicht das kleine; was meinst du damit?; er meinte wohl schon das Richtige. **3. a)** ⟨etwas m.; mit Artangabe⟩ *mit einer bestimmten Absicht, Einstellung sagen oder tun:* so habe ich es, so war es nicht gemeint; seine Worte waren gut, ehrlich gemeint; ich habe es doch nicht böse gemeint. **b)** ⟨es mit jmdm. m.; mit Artangabe⟩ *sich jmdm. gegenüber in bestimmter Weise verhalten:* es gut, redlich mit jmdm. m.; er meint es nicht ehrlich mit ihr; bildl. (ugs.): die Sonne meint es heute gut mit uns *(scheint sehr kräftig).*

meinetwegen ⟨Adverb⟩: **1.** *um meinetwillen:* sie taten dies alles m.; bemühe dich m. nicht. **2.** (ugs.) *von mir aus:* m. kannst du gehen; m.! *(ich habe nichts dagegen!).*

Meinung, die: **1.** *Ansicht, Überzeugung:* eine vernünftige, irrige, gegenteilige, weitverbreitete, vorgefaßte M.; die allgemeine, öffentliche M.; die M. der Leute, der Allgemeinheit; das ist meine ganz private M.; was ist Ihre M.?; hier gehen die Meinungen auseinander; er hat keine eigene M.; seine M. vertreten, verfechten, äußern, aussprechen, vorbringen, ändern, aufgeben; ich teile deine M., lasse deine M. gelten; er duldete keine andere M.; er hat sich (Dativ) ihre M. zu eigen gemacht; ich habe mir eine M. darüber gebildet; sie tauschten ihre Meinungen aus; ich bin darüber anderer M. als du; ich bin der gleichen M. wie du; er ist der M. *(er glaubt),* daß ...; wir sind einer M. *(stimmen in unserer Ansicht überein);* der M. eines anderen beistimmen, beipflichten; auf einer M. bestehen, beharren; mit seiner M. nicht zurückhalten; nach meiner M./meiner M. nach hat er unrecht; von der früheren M. abkommen; nicht von seiner M. lassen. **2.** *Urteil, Achtung:* er hat eine, keine hohe M. von ihr; sie hatten alle eine gute, schlechte M. von diesem Werk; sie bekam langsam eine bessere M. von ihm; er ist in ihrer M. gestiegen, gesunken. * (ugs.:) **jmdm. die Meinung sagen** *(jmdm. gegenüber unmißverständlich seinem Mißfallen, Unwillen Ausdruck geben).*

Meise, die: /*ein Singvogel*/: auf dem Fensterbrett sitzt eine M. * (ugs.:) **eine Meise haben** *(verrückt sein):* du hast wohl 'ne M.?

meist ⟨Adverb⟩: *fast regelmäßig; gewöhnlich:* er geht m. diesen Weg; m. kommt er zu spät; die Gäste sind m. Studenten.

meiste ⟨Indefinitpronomen und unbestimmtes Zahlwort⟩: *den größten Teil einer Menge oder Anzahl betreffend, ausmachend:* die meisten Leute, Gäste gingen nach Hause; er hat das meiste Geld; die meiste Zeit des Jahres ist er auf Reisen; der meiste (ugs.; *größte)* Teil war verdorben; die meisten seiner Bilder hat er verkauft; das meiste [davon] habe ich vergessen; die meisten verließen spontan den Saal; er hat das meiste geboten. * **am meisten: a)** *(sehr viel, mehr als alle anderen):* er hat am meisten Zeit; er kann am meisten. **b)** *(ganz besonders, vor allem):* darüber habe ich mich am meisten gefreut.

meistens ⟨Adverb⟩: *meist:* er macht seine Reisen m. im Sommer.

Meister, der: **1.** *Handwerksmeister:* M. sein, werden; der M. bildet die Lehrlinge aus, lernt sie an; er ist bei einem guten M., geht bei einem guten Meister in die Lehre; /ugs., scherzh. als vertrauliche Anrede an einen Unbekannten/: na, M., was haben Sie auf dem Herzen? **2.** *hervorragender Könner auf einem bestimmten Gebiet:* die alten, klassischen Meister (der Malerei); ein berühmter, moderner M.; er ist ein wahrer M. in seinem Fach; er ist ein M. des Fußballspiels, im Fußballspiel; er ist ein M. im Verdrehen der Worte (iron.); von welchem M. stammt dieses Bild?; Sprichwörter: Übung macht den Meister; es ist noch kein Meister vom Himmel gefallen. **3.** (Sport) *Sieger bei einem Meisterschaftswettkampf:* der amerikanische M. im Weitsprung, im Kugelstoßen; diese Mannschaft wird dieses Jahr deutscher M. * **Meister vom Stuhl** *(Präsident einer Freimaurerloge)* · **Meister Lampe** /*Bezeichnung für den Hasen in der Fabel, im Märchen*/ · **Meister Petz** /*Bezeichnung für den Bären in der Fabel, im Märchen*/ · **in jmdm. seinen Meister finden** *(auf jmdn. treffen, der einem überlegen ist).*

meistern (geh.) ⟨etwas m.⟩: *beherrschen, bewältigen, überwinden:* Schwierigkeiten, eine Arbeit, eine Aufgabe m.; sein Fach m.; er hat seine Erregung, seine Angst gemeistert; sie konnte ihre Zunge nicht m. *(war sehr schwatzhaft);* er hat sein Leben nicht gemeistert *(ist gescheitert).*

Meisterschaft, die: **1.** *großes Können, vollendete Beherrschung von etwas:* seine M. auf diesem Gebiet ist unbestritten, zeigte sich bei dieser Gelegenheit; er spielte mit gewohnter, großer, vollendeter, unerreichter M.; er hat es in dieser Kunst zu wahrer M. gebracht. **2.** (Sport) **a)** *sportlicher Kampf um den Meistertitel:* die deutschen Meisterschaften im Eiskunstlauf finden im Januar statt, werden im Januar ausgetragen; an einer M. teilnehmen. **b)** *durch sportlichen Kampf erworbener Meistertitel:* die M. im Zehnkampf anstreben, gewinnen, erwerben, erringen, verteidigen, verlieren; sie kämpften um die M. im Schwergewicht.

melancholisch (bildungsspr.): *traurig, schwermütig, trübsinnig:* ein melancholischer Mensch; ein melancholischer Blick; melancholische Augen; ein melancholisches Lied, Gedicht; er war, wurde ganz m.; sie waren m. gestimmt.

melden: 1. ⟨etwas m.⟩ *als Nachricht bekanntgeben, mitteilen:* der Korrespondent, die Zeitung, der Rundfunk meldete neue Unruhen; wie die Presseagentur meldet; der Wetterbericht hat starke Schneefälle gemeldet. **2.** ⟨jmdn., sich, etwas m.⟩ *anmelden, [dienstlich] anzeigen; jmds., seine Anwesenheit, Teilnahme, Mitarbeit o. ä. anzeigen:* sich polizeilich m. *(anmelden);* einen Vorfall, einen Unfall m.; er hat ihn bei der Polizei gemeldet *(angezeigt):* er wird sich freiwillig [zum Wehrdienst] m.; du solltest dich am besten krank m.; er ist als vermißt gemeldet; auf die Anzeige hin haben sich viele Bewerber gemeldet; er meldete sich zum Dienst, zur Prüfung; zu dem Rennen haben sich viele Teilnehmer, wurden bedeutende Namen gemeldet; ich habe einige Male geläutet, aber es hat sich niemand gemeldet *(es hat niemand darauf reagiert);* er ließ sich von der Sekretärin beim Chef m.; er hat sich zu Wort gemeldet *(angezeigt, daß er etwas sagen will);* der Schüler meldet sich häufig *(nimmt rege am Unterricht teil);* er wird sich schon melden, wenn er Hunger hat (fam.; *er wird es schon sagen*); ⟨jmdm. etwas m.⟩ sie meldete den Schüler dem Direktor; einen Verkehrsunfall der Polizei m.; er hat uns die Ankunft der Besucher nicht gemeldet. **3.** (ugs.) ⟨etwas meldet sich⟩ *etwas macht sich bemerkbar:* mein Magen, der Hunger meldet sich; bei ihm meldet sich schon das Alter. * (ugs.:) **nichts zu melden haben** *(keinen Einfluß, nichts zu sagen haben).*

Meldung, die: **1.** *Nachricht:* eine aktuelle, wichtige, sensationelle, unglaubliche, unbestätigte, amtliche M.; die Meldungen überstürzten sich; eine M. jagte die andere; die letzten Meldungen über die Verhandlungen sind, lauten günstiger; hier ist noch eine M. vom Sport; eine M. verbreiten, bringen, drucken, veröffentlichen, [im Radio, Fernsehen] durchgeben, weitergeben, bestätigen, wiederholen; Meldungen hören, lesen, auffangen, abfangen, erhalten; den letzten Meldungen nach/nach den letzten Meldungen hat sich die Lage gebessert; unbestätigten Meldungen zufolge ... **2.** *dienstliche Mitteilung, Anzeige:* M. machen, erstatten; welche Stelle hat die M. entgegengenommen? **3.** *Anmeldung, Bereiterklärung:* zu den Wettkämpfen sind viele Meldungen bekannter Sportler eingegangen; seine M. abgeben, zurückziehen; alle Meldungen wurden angenommen; er hat seine freiwillige M. bereut.

melken: a) ⟨[ein Tier] m.⟩ *einem milchgebenden Tier die Milch entnehmen:* eine Ziege, ein Schaf, die Kühe m.; die Bäuerin melkt gerade, melkte/(auch:) molk, hat gemolken/(auch:) gemelkt mit der Hand, mit der Melkmaschine, elektrisch m.; übertr. (ugs.): den haben sie aber tüchtig gemolken *(ausgenutzt, ihm Geld abgelockt).* **b)** ⟨etwas in etwas m.⟩ *Milch in ein Gefäß melken:* sie melkten die Milch in einen Eimer, in Bottiche; er trank frisch gemolkene Milch. **melkende Kuh: a)** *(Kuh, die Milch gibt).* **b)** (ugs.) *(gute Einnahmequelle)* · (ugs.:) **den Bock melken** *(etwas Unsinniges tun).*

Melodie, die: *singbare, in sich geschlossene Tonfolge:* eine einfache, hübsche, heitere, leise, zarte, leichte, zärtliche, einschmeichelnde, sich wiederholende, alte, neue M.; die M. eines Liedes, eines Schlagers; es erklingen bekannte Melodien aus Oper und Operette; diese M. gefällt mir, geht mir nicht aus dem Kopf, verfolgt mich; die Melodie zu einem Text suchen, finden, komponieren; eine M. singen, spielen, pfeifen; sie summte eine M. vor sich hin; bildl. (geh.): die eintönige M. der Regentropfen.

Menge, die: **1. a)** *bestimmte Anzahl, bestimmtes Quantum:* davon ist nur noch eine gewisse, begrenzte, verschwindende M. vorhanden; die doppelte M. an Nitrat; eine geringe M. dieses Giftes/von diesem Gift ist schon tödlich; eine kleine M. Zucker, Mehl, Milch verwenden; die Angabe der M. ist erforderlich; das Mittel darf nur in kleinen Mengen zugesetzt werden. **b)** *große Anzahl, großes Quantum; Masse:* eine M. faule Äpfel/fauler Äpfel/von faulen Äpfeln; eine M. Äpfel lag/lagen unter dem Baum; eine M. Menschen, Männer, Frauen, Kinder, junge Leute wartete/warteten auf der Straße; die M. muß es bringen *(der große Umsatz muß den Gewinn bringen);* er hat eine [ganze] M. Geld; er hat Geld die M. (ugs.; *viel Geld*); ich habe dort eine M. Leute kennengelernt, bin dort mit einer M. Leute zusammengetroffen; es gab Kuchen in M.; es waren Käufer in [großen] Mengen da. **2.** *Menschenmenge:* auf den Straßen drängte sich eine unübersehbare, gaffende, bunte, fröhliche, jubelnde M.; die wütende, aufgepeitschte, johlende M. drängte vorwärts; die M. wälzt sich heran, ergießt sich in die Straßen, weicht zurück; die M. feierte ihn; die große M. *(die meisten, der größte Teil)* ist dafür; ein Gefühl der Erleichterung ging durch die M.; ich konnte in der M. kaum vorwärtskommen; wir waren ganz von der M. eingeschlossen. * (ugs.:) **eine Menge** *(viel):* von ihm kannst du eine M. lernen; er bildet sich eine M. darauf ein · (ugs.:) **jede Menge** *(sehr viel, soviel man will):* es sind noch jede M. Vorräte, Äpfel da · (ugs.:) **in rauhen Mengen** *(in großer Menge, Zahl):* die Ware ist in rauhen Mengen verschoben worden.

mengen: 1. a) ⟨etwas m.⟩ *mischen, vermengen:* den Teig m.; Mehl und Wasser zu einem Teig m.; Wein mit Wasser m.; Rosinen unter den Teig m. **b)** ⟨etwas mengt sich mit etwas⟩ *etwas mischt sich mit etwas:* der Geruch des frischen Brotes mengte sich mit dem des Kaffees; ⟨auch ohne Präpositionalobjekt⟩ in dem Laden mengten sich die verschiedensten Gerüche. **2.** (ugs.) ⟨sich in etwas m.⟩ *sich einmischen:* menge dich nicht in seine Angelegenheiten.

¹Mensch, der: *menschliches Lebewesen; Person:* ein normaler, durchschnittlicher, alltäglicher, sonderbarer, merkwürdiger, wunderlicher, unberechenbarer, undurchsichtiger, anormaler (bildungsspr.), nervöser, verdrehter (ugs.), alberner, kindischer, bescheidener, einfacher, anspruchsloser, zurückhaltender, passiver (bildungsspr.), empfindlicher, reizbarer, aufgeregter, ruhiger, besonnener, ernster, gerader, charakterfester, unnachgiebiger, starrköpfiger, träger, fauler, schwerfälliger, gleichgültiger, unbeholfener, linkischer, praktischer, geschickter, erfolgreicher, berühmter, bedeutender, einflußreicher, kluger, gescheiter, geistvoller, genialer, künstlerischer, [künstlerisch] begabter, außergewöhnlicher, fleißiger, strebsamer, aktiver, vitaler (bildungsspr.), lebhafter, fröhlicher, heiterer, glücklicher, lustiger, vergnügter, ausgeglichener, guter, gütiger, gutmütiger, lieber, weichherziger, selbstloser, anständiger, angenehmer, liebenswerter, höflicher, taktvoller, rücksichtsloser, egoistischer, unerzogener, grober, derber, ungehobelter M.; große, kleine, dicke, untersetzte, dünne, schlanke, magere, gesunde, sportliche, kranke, alte, heranwachsende, schöne, häßliche Menschen; er ist ein ganz verkommener M.; sie ist ein M. mit Initiative, ohne feste Grundsätze; er ist ein M. von leichter Auffassungsgabe; ich bin auch nur ein M.! (ugs.; *ich mache auch Fehler; man kann nichts Unmögliches von mir verlangen*); dieser M. ist mir nicht sympathisch, macht einen guten Eindruck; der M. ist ein vernunftbegabtes Wesen; jeder M. hat Fehler; M. und Tier *(Menschen und Tiere)* litten unter der Hitze; es ist kaum zu glauben, was ein M. aushalten kann; von Zeit zu Zeit braucht der M. Entspannung · /als ugs. Ausruf, der eine emotional gefärbte Äußerung einleitet/ M., war das eine Hitze!; M., das ist ja großartig!; Redensarten: alle Menschen müssen sterben; Glück muß der M. haben; Sprichw.: der M. denkt, Gott lenkt · einen Menschen lieben, verehren, schätzen, verachten, betrügen, verraten, hintergehen, bekämpfen, verfolgen, fürchten, verwunden, töten, pflegen, heilen; Redensart: man muß die Menschen nehmen, wie sie sind · einem Menschen helfen, glauben, mißtrauen; diesem Menschen ist nicht zu helfen; auf diesen Menschen kann man sich nicht verlassen; wie konntest du nur für einen solchen Menschen bürgen; man muß sich mit diesen Menschen verständigen, aussprechen; er sucht, pflegt, meidet den Umgang mit anderen Menschen; er will unter Menschen sein; Sprichw.: des Menschen Wille ist sein Himmelreich. * **kein Mensch** *(niemand)* · (ugs.:) **Mensch Meier!** */Ausruf des Erstaunens/* · (ugs.:) **kein Mensch mehr sein** *(völlig erschöpft, am Ende sein)* · **nur noch ein halber Mensch sein** *(nicht mehr im Vollbesitz seiner Kräfte und Fähigkeiten sein)* · **ein neuer Mensch werden** *(sich wandeln, zu seinem Vorteil verändern)* · **eine Seele von Mensch/von einem Menschen sein** *(sehr gutmütig sein)* · **von Mensch zu Mensch** *(vertraulich, privat)*.

[2]**Mensch,** das (derb): */Schimpfwort, bes. für eine liederliche Frau/:* so ein dreckiges M.!; wer weiß, wo sich dieses M. wieder herumtreibt.

Menschengedenken ⟨in der Verbindung⟩ seit Menschengedenken: *soweit man sich zurückerinnern kann; seit eh und je:* ein solches Hochwasser hat es hier seit M. nicht gegeben.

Menschengestalt ⟨in der Wendung⟩ ein Teufel/Satan in Menschengestalt sein (geh.): *sehr böse, niederträchtig, heimtückisch sein.*

menschenmöglich ⟨in der Wendung⟩ das menschenmögliche tun: *alles tun, was irgend möglich, denkbar ist:* sie haben das m. getan, aber er war nicht mehr zu retten.

Menschenseele ⟨in der Verbindung⟩ keine Menschenseele: *niemand, nicht ein einziger Mensch:* unterwegs begegnete uns keine M.

Menschheit, die: *Gesamtheit der Menschen, Menschengeschlecht:* die Geschichte der M.; Krieg ist eine Geißel der M.; dies geschah zum Wohl der M., um der M. zu helfen; diese Leute gehören zum Abschaum (geh., abwertend) der M.; das ist ein Verbrechen an der M.; damit hat er sich Verdienste um die M. erworben.

menschlich: **1.** *den Menschen betreffend, ihm zugehörend, für ihn charakteristisch, seiner Art gemäß:* der menschliche Körper, Geist; die menschliche Natur; ein menschliches Geschöpf, Wesen *(ein Mensch)*; das menschliche Leben; die menschliche Gesellschaft; menschliche Schwächen und Fehler; er suchte menschliche Wärme; die menschliche Vollkommenheit anzweifeln; nach göttlichem und menschlichem Recht; der Unfall ist auf menschliches Versagen zurückzuführen; hier kommt jede menschliche Hilfe zu spät; daß er so gehandelt hat, ist nur m., ist m. verständlich; sie sind sich (Dativ) in letzter Zeit m. *(persönlich, privat)* nähergekommen; Redensart: Irren ist m.; übertr. (ugs.): jetzt sieht es hier doch wieder einigermaßen m. *(ordentlich)* aus. **2.** *human, tolerant:* ein menschlicher Vorgesetzter, Chef; das ist ein menschlicher Zug an ihm; er schien keiner menschlichen Regung fähig; diese Handlungsweise war nicht sehr m.; hier ist er nicht m. verfahren, hat er nicht m. gehandelt. * **nach menschlichem Ermessen** *(soweit man es beurteilen kann; aller Wahrscheinlichkeit nach)* · (ugs.; scherzh.:) **ein menschliches Rühren fühlen** *(den Drang fühlen, seine Notdurft zu verrichten)*.

Menschlichkeit, die: *menschliche, humane Gesinnung:* jmdm. aus reiner, bloßer M. helfen; ein Verbrechen gegen die M.

merken: **1.** ⟨etwas m.⟩ *wahrnehmen, bemerken:* jmds. Absicht, einen Betrug m.; er merkt alles, nichts; man merkte es sofort an seiner Verlegenheit; ich habe es auf den ersten Blick, habe nichts davon gemerkt; er merkte nicht, daß man ihn betrogen hat; er läßt es niemanden m.; sie ließ ihn nicht das Geringste m., ließ ihn merken, wie sehr er sie gekränkt hatte; merkst du was? (ugs.; *erkennst du die Absicht?*); du merkst aber auch alles (ugs.; iron.; *das ist doch längst bekannt; hast du es jetzt auch gemerkt, begriffen?*). **2.** ⟨sich (Dativ) jmdn., etwas m.⟩ *im Gedächtnis behalten:* sich eine Anschrift, eine Regel, einen Namen m.; ich kann mir diesen Titel nicht m.; ich habe mir den Straßennamen nicht gemerkt; es ist leicht, sich diese Zahl zu merken/(ugs. auch:) diese Zahl ist leicht zu merken; den Namen des Schauspielers/diesen Schauspieler wird man sich m. müssen *(er wird noch Karriere machen, noch von sich reden machen)*; ich werde mir das für die Zukunft merken; ich werd' mir's merken (ugs.; *bei entsprechender Gelegenheit werde ich es dir heimzahlen*); merke dir das! (ugs.;

laß dir das gesagt sein!). * (ugs.:) **sich** (Dativ) **nichts merken lassen** *(sich nichts anmerken lassen).*

merklich: *spürbar, sichtlich:* ein [kaum] merklicher Unterschied, Fortschritt; es ist m. kühler geworden; sein Zustand hat sich m. gebessert.

Merkmal, das: *kennzeichnende Eigenschaft; Kennzeichen:* ein charakteristisches, typisches, bezeichnendes, hervorstechendes M.; besondere Merkmale aufweisen, besitzen; er hat keine besonderen Merkmale, ist ohne besondere Merkmale; an diesem M. hat sie ihn erkannt.

merkwürdig: *eigenartig, seltsam, ungewohnt:* ein merkwürdiger Mensch; eine merkwürdige Geschichte, Begebenheit, Erscheinung; ein merkwürdiges Ereignis; eine merkwürdige Unruhe erfaßte sie; das ist eine ganz merkwürdige Vorstellung, Idee; ein m. süßlicher Geruch machte sich bemerkbar; sein Verhalten war sehr m.; das ist sehr m., finde ich sehr m.; er verhielt sich recht m.; subst.: ich habe heute etwas Merkwürdiges erlebt.

Messe, die: **1. a)** *katholischer Gottesdienst:* die heutige M.; eine stille, feierliche M.; die M. begann; die M. halten, lesen, zelebrieren (bildungsspr.); die M. besuchen, hören; an der M. teilnehmen; zur M. gehen. **b)** *Vertonung des liturgischen Textes der Messe:* eine M. von Mozart einstudieren, singen, aufführen. **2. a)** *Industrieausstellung:* die M. findet in jedem Herbst statt; die M. war gut besucht; wir fahren dieses Jahr wieder zur M. **b)** (landsch.) *Jahrmarkt:* er kaufte den Kindern auf der M. Luftballons.

messen /vgl. gemessen/: **1. a)** ⟨etwas m.⟩ *mit einem Maß ermitteln:* die Größe, Länge, Breite, Höhe von etwas m.; jmds. Brustumfang m.; die Meerestiefe m.; mit einem Thermometer die Temperatur, Wärme [des Wassers] m.; die Geschwindigkeit, die Zeit mit der Stoppuhr m.; die Spannung, den Luftdruck m.; der Arzt maß den Blutdruck des Patienten; er maß die Entfernung mit den Augen (geh.; *schätzte sie*). **b)** ⟨jmdn., sich, etwas m.⟩ *in seinen Maßen, seiner Größe bestimmen:* etwas genau, gründlich, exakt, nur ungefähr, grob m.; ein Brett mit dem Bandmaß, Zollstock m.; Flüssigkeiten mißt man nach Litern; er hat sich, die Kinder [mit dem Metermaß] gemessen; übertr.: alle müssen mit gleichem Maß gemessen werden *(müssen in gleicher Weise beurteilt, behandelt werden).* **2.** ⟨etwas m.⟩ *eine bestimmte Größe, ein bestimmtes Maß haben:* er mißt 1,85 m; er mißt 5 cm mehr als du; das Grundstück mißt 600 m². **3. a)** (geh.) ⟨sich mit jmdm. m.⟩ *in einem Wettstreit o. ä. seine Fähigkeiten, Kräfte mit denen eines anderen vergleichen:* er wagte nicht, sich [in einem Kampf] mit seinem Herausforderer zu messen. **b)** ⟨jmdn., etwas an jmdm., an etwas m.⟩ *den gleichen Maßstab anlegen; mit jmdm., etwas vergleichen:* du darfst ihn nicht an seinem älteren Bruder m., darfst seine Fähigkeiten nicht an denen seines Bruders m.; gemessen an seinen früheren Leistungen, war dies eine Enttäuschung. **4.** (geh.) ⟨jmdn. m.; mit Umstandsangabe⟩ *jmdn. abschätzend ansehen, betrachten:* er maß den Fremden prüfend von oben bis unten; sie maßen sich/einander mit wütenden Blicken. * **mit zweierlei Maß messen** *(unterschiedliche Maßstäbe anlegen und dadurch ungerecht sein)* · **mit jmdm. seine Kräfte messen** *(i einem Wettkampf o. ä. feststellen, wer stärker besser ist)* · **sich mit jmdm.** [**an/in etwas**] **nich messen können** *(jmdm. in einer bestimmten Hin sicht nicht gleichkommen).*

Messer, das: *aus Klinge und Griff bestehende Gerät:* ein scharfes, spitzes, stumpfes, schartiges, kurzes, langes, breites, feststehendes, rostiges, blankes, rostfreies M.; ein M. blitzte im Scheinwerfer; das M. putzen, schärfen, wetzen abziehen; das M. ziehen; er stieß, rannte, jagte (ugs.) ihm das M. in die Brust; der Griff, das Heft, die Schneide, Klinge, Spitze, der Rücken eines Messers; mit dem M. etwas abschneiden, zerkleinern; er spielte mit dem M. * **jmdm. das Messer an die Kehle setzen** *(jmdn. unter Druck setzen, zu etwas zwingen)* · **jmdn. ans Messer liefern** *(jmdn. durch Verrat zu Fall bringen)* · **jmdm** [**erst, selbst**] **das Messer in die Hand geben** *(seinem Gegner selbst die Argumente liefern)* · **etwas steht auf des Messers Schneide** *(etwas kann sich so oder so entscheiden)* · (ugs.:) **bis aufs Messer** *(mit allen Mitteln; bis zum äußersten):* es war ein Kampf, sie bekämpften sich bis aufs M.

Messung, die: *das Messen:* eine genaue M. ergab, daß man sich verrechnet hatte; Messungen vornehmen, durchführen.

Metall, das: */ein chemischer Grundstoff/:* ein weiches, hartes M.; Gold und Silber sind edle Metalle; das flüssige M. in Formen gießen; M. aus dem Erz herausschmelzen; M. bearbeiten, drehen, walzen, schweißen, härten, veredeln.

metallen: 1. *aus Metall hergestellt:* metallene Gefäße, Geräte. **2.** *hart klingend:* ein metallener Klang.

metallisch: 1. *aus Metall bestehend:* ein metallischer Leiter für elektrischen Strom; ein metallischer Überzug. **2. a)** *metallartig:* ein metallischer Glanz; die Flügel der Libelle glänzten, schimmerten m. **b)** *hart klingend:* ein metallischer Klang; seine Stimme klingt m.

Meter, der (auch: das): */ein Längenmaß/:* ein M. hat hundert Zentimeter; drei M. Stoff reichen/(seltener:) reicht für dieses Kleid aus; der Schnee liegt einen M. hoch; die Mauer ist zehn M. lang und zwei M. hoch; der See ist hier fünf M. tief; sie rückten M. für M./M. um M. vor; in hundert M. Höhe; den Stoff nach dem M. berechnen; man mißt heute nach Metern; ein Zaun von zwei M. Höhe; in einer Entfernung von etwa zwanzig Metern/(auch:) M.

Methode, die: *Arbeits-, Verfahrensweise; Vorgehen, System:* eine unfehlbare, zuverlässige, sichere, praktische, neuartige, fortschrittliche, veraltete, komplizierte, umständliche, direkte unmittelbare, besondere, spezielle M.; eine wissenschaftliche, physikalische, mathematische M.; diese M. ist sehr einfach, hat sich bewährt, durchgesetzt; eine neue M. anwenden, einführen; er hat M. *(Planmäßigkeit, sinnvolle Ordnung)* in dieses Unternehmen gebracht; sein Vorgehen hat M. *(geschieht nach einem wohldurchdachten Plan);* er hat so seine M. (ugs.; *sein eigenes Verfahren*); mit solchen sinnlosen Methoden wird jeder Betrieb ruiniert; er arbeitet nach einer anderen M.; er wollte von der neuen M. nichts wissen.

Methusalem ⟨in der Verbindung⟩ alt wie Methusalem (ugs.): *sehr alt.*

Meute, die: **1.** *Hundemeute:* die M. wurde zur Jagd losgekoppelt, losgelassen. **2.** (abwertend) *Schar, Horde:* die M. der Verfolger wurde immer größer; die M. der Journalisten umringte den Politiker.

Meuterei, die: *Aufstand gegen Vorgesetzte:* auf dem Schiff brach eine M. aus; in der Armee, unter den Soldaten entstand eine M.; man versuchte, die M. mit allen Mitteln niederzuschlagen, zu unterdrücken.

meutern: 1. *den Gehorsam verweigern; sich auflehnen:* die Schiffsmannschaft, die Besatzung meuterte; die meuternden Gefangenen. **2.** (ugs.) *schimpfen, murren, aufbegehren:* du brauchst nicht bei jeder Gelegenheit gleich zu m.

Miene, die: *Gesichtsausdruck:* eine freundliche, liebenswürdige, ernste, heitere M.; offene, verschlossene Mienen; seine M. verfinsterte sich (geh.), verdüsterte sich (geh.), klärte sich auf (geh.); eine finstere M. aufsetzen; er zog, machte eine saure *(verdrossene, unfreundliche)* M.; er verzog keine M. *(blieb unbewegt);* er hörte mit düsterer, eisiger M. zu. * **Miene machen, etwas zu tun** *(sich anschicken, etwas zu tun)* · **gute Miene zum bösen Spiel machen** *(etwas wohl oder übel hinnehmen, geschehen lassen).*

mies (ugs.; abwertend): *schlecht, übel:* er hat heute miese Laune; das ist ein mieser Laden; die Bezahlung ist m.; die Sache sieht m. aus.

[1]Miete, die: *Mietpreis:* eine hohe, niedrige M.; kalte M. (ugs.; *Miete ohne Heizungskosten*); warme M. (ugs.; *Miete einschließlich Heizungskosten*); die M. ist fällig; die Mieten sind gestiegen; unsere M. beträgt 350 Mark [monatlich]; die M. vorauszahlen, überweisen, schuldig bleiben; eine überhöhte M. für ein Zimmer, für eine Wohnung zahlen müssen; er hat im Theater einen Platz in M. (selten; *abonniert*); sie wohnen schon seit zwanzig Jahren bei ihm in/zur M. *(haben schon seit zwanzig Jahren bei ihm eine Mietwohnung).*

[2]Miete, die: *Grube zur Aufbewahrung von Feldfrüchten:* eine M. [auf dem Feld] anlegen; die M. öffnen, aufmachen; Kartoffeln, Rüben in die M. legen.

mieten ⟨etwas m.⟩: *gegen Bezahlung die Berechtigung erwerben, etwas zu benutzen:* eine Wohnung, einen Laden, eine Garage, ein Auto, ein Boot m.; er fährt einen gemieteten Wagen; ⟨jmdm., sich etwas m.⟩ er mietete sich für drei Monate ein kleines Haus an der See.

Milch, die: **1. a)** *von bestimmten weiblichen Säugetieren stammende weißliche, fetthaltige Flüssigkeit, die sehr nahrhaft ist:* frische, gekochte, kondensierte, saure, dicke M.; fette M. *(Milch, auf der sich viel Rahm absondert);* M. von der Kuh, von der Ziege; die M. ist geronnen; du mußt aufpassen, daß die M. nicht anbrennt, überkocht, überläuft; die M. anwärmen, erhitzen, [ab]kochen, sauer werden lassen, abrahmen, entrahmen; er trinkt gern M.; seine Kühe geben sehr viel M.; den Teig mit M. anrühren. **b)** *Muttermilch:* sie konnte das Kind nicht stillen, weil sie zu wenig M. hatte. **2.** *milchiger Pflanzensaft:* die M. des Löwenzahns; sie tranken die M. der Kokosnuß. * **aussehen wie Milch und Blut** *(ein sehr gesundes, frisches Aussehen haben).*

Milchmädchenrechnung ⟨in der Verbindung⟩ etwas ist eine Milchmädchenrechnung (ugs.): *etwas ist ein Trugschluß, eine verkehrte Rechnung.*

mild[e]: 1. a) *sanft, lau, lind; nicht rauh:* mildes Klima, Wetter; milde Luft; milde Winde; mildes Licht; der Abend war sehr m.; die Sonne schien recht m. **b)** *nicht scharf, nicht streng:* eine milde Seife; ein mildes Waschmittel; milde Zigaretten; eine milde Sorte; der Käse hat einen milden Geschmack, ist, schmeckt sehr m. **2.** *gütig, nachsichtig, verständnisvoll; nicht streng:* milde Worte; jmdn. mit mildem Blick ansehen; ein milder Richter, Erzieher; eine milde Gabe *(aus Barmherzigkeit gegebene Spende; Almosen);* die Strafe ist sehr m., ist m. ausgefallen; das Gericht hat m. geurteilt; ich konnte ihn nicht milder stimmen; m. gesagt, gesprochen, ausgedrückt, war sein Verhalten eine Taktlosigkeit.

Milde, die: **1.** (geh.) **a)** *das Fehlen der Rauheit; Lindheit, Sanftheit:* die M. des Klimas, der Luft tat ihr wohl; die Farben verschwammen in der M. des Abendlichts. **b)** *das Fehlen der Schärfe, der Strenge:* in der Werbung wird die M. dieser Zigarette besonders hervorgehoben. **2.** *Güte, Nachsicht:* große, väterliche, unverdiente M.; die M. des Lehrers, des Richters; deine M. gegen ihn war nicht angebracht; M. walten lassen; er versuchte es noch einmal mit M.

mildern: a) ⟨etwas m.⟩ *milder, geringer machen:* eine Strafe, ein Urteil m.; ihre Worte milderten seinen Zorn; das Mittel milderte *(linderte)* den Schmerz nur kurze Zeit. **b)** ⟨etwas mildert sich⟩ *etwas wird milder, geringer:* sein Zorn, der Schmerz milderte sich allmählich; die Gegensätze zwischen ihnen haben sich gemildert. * (Rechtsw.:) **mildernde Umstände** *(Umstände, die das Strafmaß herabsetzen).*

Milieu, das (bildungsspr.): *Umweltsbedingungen, Umwelt, Lebenskreis:* das soziale, gesellschaftliche M., in dem man lebt; er kennt, schildert das M. der Ganoven sehr genau; sie kommt, stammt aus einem kleinbürgerlichen M.; er ist in einem ärmlichen M. aufgewachsen.

[1]Militär, das: *Wehrmacht, [Heer]wesen:* das französische M.; gegen die Demonstranten wurde [das] M. eingesetzt; das M. behielt die Oberhand; er ist beim M.; er ist vom M. entlassen worden; er muß zum M. *(muß Soldat werden).*

[2]Militär, der (bildungsspr.): *[hoher] Offizier:* an dem Putsch beteiligten sich führende, hohe Militärs.

militärisch: *das Militär betreffend; soldatisch, kriegerisch:* militärische Einrichtungen, Operationen, Geheimnisse, Erfolge; eine militärische Ausbildung; einen militärischen Befehl ausführen; jmdm. militärische Ehren erweisen; sein Gang, seine Haltung, seine Gesinnung ist [ausgesprochen] m.; er grüßte m.

Million, die: */Zahlsubstantiv/:* eine halbe M.; eine dreiviertel M.; 0,8 Millionen Mark; eine M. Menschen war/waren auf der Flucht; Millionen *(Millionen Menschen)* wurden obdachlos; eine M. neuerbaute Häuser/neuerbauter Häuser; die Verluste der Firma gehen in die Millionen *(Millionen Mark);* ein Defizit von 2,1 Millionen [Mark].

minder: *weniger gut; geringer:* eine mindere Qualität, Sorte; mindere Waren; Stoffe von minderer Güte; das sind Fragen minderen Ranges, von minderer Bedeutung. * **nicht minder**

(ebenso; nicht weniger): diese letzte Kurve war nicht m. gefährlich [als die vorhergehenden] · **mehr oder minder** *(im großen ganzen; verhältnismäßig):* sie beteiligten sich mit mehr oder m. großem Eifer; alle waren mehr oder m. einer Meinung.

Minderheit, die: *zahlenmäßig unterlegene Gruppe:* eine religiöse, nationale M.; die M. im Parlament; er vertritt in der Hauptversammlung der Aktionäre die M.; sie waren, blieben bei der Abstimmung in der M. *(waren, blieben zahlenmäßig unterlegen).*

mindern (geh.): **a)** ⟨etwas m.⟩ *kleiner, geringer machen; vermindern:* er versuchte, die Not der Betroffenen zu m.; der Zwischenfall minderte die allgemeine Freude keineswegs. **b)** ⟨etwas mindert sich⟩ *etwas verringert, verkleinert sich:* nur langsam minderte sich seine Heftigkeit.

minderwertig: *schlecht; von geringer Qualität:* minderwertige Waren, Produkte; sie haben für die Konserven minderwertiges Fleisch verwendet; er ist ein ganz minderwertiges Subjekt *(ein schlechter, übler Mensch);* das Material ist m.

Minderzahl ⟨in der Verbindung⟩ in der Minderzahl sein: *zahlenmäßig unterlegen sein:* die Weißen sind dort in der M.

mindeste (veraltend): *geringste, wenigste, kleinste:* er hat nicht die mindesten Aussichten, Sieger zu werden; sie tat es ohne den mindesten Zweifel, ohne die mindeste Angst; sie versteht nicht das mindeste *(gar nichts)* vom Kochen; ihm trauten sie das mindeste *(am wenigsten)* zu; das ist das mindeste *(das wenigste)*, was man von ihm verlangen kann. * **nicht im mindesten** *(gar nicht, nicht im geringsten):* das berührt mich nicht im mindesten · **zum mindesten** *(wenigstens, mindestens, zumindest):* er hätte sich zum mindesten entschuldigen müssen.

mindestens ⟨Adverb⟩: *wenigstens, zumindest:* du hättest dich m. entschuldigen müssen; es waren m. *(nicht weniger als)* drei Täter.

Mine, die: **1.** *unterirdischer Gang, Stollen; Erzlager:* die M. ist nicht mehr ergiebig; eine M. erschließen, stillegen; die Gefangenen mußten in den Minen arbeiten. **2.** *Sprengkörper:* eine M. explodiert, geht hoch (ugs.); Minen legen, vergraben, suchen, sprengen, entschärfen; eine M. werfen; auf eine M. treten, fahren; das Schiff lief auf eine M.; das Gelände wurde nach versteckten Minen abgesucht. **3.** *Bleistift-, Kugelschreibermine:* eine neue, schwarze, rote M.; die M. des Bleistifts bricht dauernd; die M. meines Kugelschreibers ist leer; du mußt eine andere M. in den Kugelschreiber einlegen, einsetzen. * (ugs.:) **eine Mine legen** *(eine Intrige spinnen)* · (ugs.:) **alle Minen springen lassen** *(alle verfügbaren Mittel anwenden).*

minimal (bildungsspr.): *sehr klein, sehr gering, winzig:* ein minimaler Vorteil, Vorsprung, Erfolg; ein minimaler Unterschied; minimale Forderungen; die Beteiligung war m.; er hat bei dem Geschäft m. *(mindestens, wenigstens)* 3000 Mark verdient.

Minimum, das (bildungsspr.): *Mindestmaß, -wert, -menge:* ein M. an Sicherheit, Vertrauen erwarten; diese Sache erfordert nur ein M. an Kraft, Einsatz, Material; wir konnten die Ausgaben auf ein M. reduzieren.

Minister, der: *Mitglied der Regierung, das ein bestimmtes Ressort verwaltet:* ein ehemaliger M. der M. des Inneren *(Innenminister)*, des Äußeren *(Außenminister);* der M. für Verkehr; er is M. ohne besonderen Geschäftsbereich; der M ist zurückgetreten; einen M. ernennen, vereidigen, angreifen, stürzen; er wurde zum M. ernannt.

minus: 1. ⟨Konj.⟩ *weniger:* sieben m. vier ist macht drei. **2.** (Kaufmannsspr.) ⟨Präp. mi Gen.⟩ *abzüglich:* der Betrag m. der übliche Abzüge. **3.** ⟨Adverb⟩ **a)** *unter dem Nullpunkt* die Temperatur beträgt m. 5 Grad, ist auf m 5 Grad gesunken. **b)** (Physik) *negativ:* der Stron fließt von plus nach m.

Minute, die: **1.** *Zeitraum von 60 Sekunden:* ein halbe, knappe, ganze, volle M.; M. um M. verging, verstrich; es blieben ihm nur noch fünf wenige, ein paar Minuten; es ist jetzt elf Uh und zwanzig Minuten; du sollst mich nicht all fünf Minuten stören; er mußte zehn Minuten warten; ich kam drei Minuten zu spät; ich hatt mich um zehn Minuten verspätet. **2.** *Augenblick, kurze Zeitspanne:* die Minuten der Ungewißheit wurden ihr zur Qual; jede freie M. nutzen; hast du eine M., einige Minuten Zeit fü mich?; er wartet immer bis zur letzten M./bi auf die letzte M.; in der nächsten M. war e bereits verschwunden; in den entscheidende Minuten war er nicht da; er kommt immer i letzter M. **3.** (Math.) */eine Winkeleinheit/* ein Winkel von 45 Grad, 21 Minuten, 10 Sekunden. * **auf die Minute** *(pünktlich):* er kam au die M.

mir: → dir.

mischen: 1. a) ⟨etwas m.⟩ *vermischen, vermengen, mengen:* eins ins andere m.; Farben, Arzne m.; Gift m. *(zubereiten);* hast du die Karten schon gemischt?; Wein und Wasser m.; Wei mit Wasser m.; Wasser in den Wein, unter de Wein m.; einen Cocktail [aus den verschiedensten Zutaten] m. *(mixen);* ⟨auch ohne Akk. wer muß m. *(die Spielkarten mischen)?* · adj Part.: gemischtes *(aus verschiedenen Sorte zubereitetes)* Gemüse; gemischter *(aus verschiedenen Sorten zusammengestellter)* Salat; ein [bunt] gemischte *(aus Menschen verschiedenste Herkunft bestehende)* Gesellschaft; ein gemischter *(aus Frauen- und Männerstimmen bestehender)* Chor; Tennis: ein gemischtes *(aus weiblichen und männlichen Spielern zusammengesetztes)* Doppel. **b)** ⟨etwas mischt sich mit etwas⟩ *etwas vermischt, vermengt sich mit etwas* Öl mischt sich nicht mit Wasser; ⟨auch ohne Präpositionalobjekt⟩ Öl und Wasser mischen sich nicht. **2. a)** ⟨sich in etwas m.⟩ *sich einmischen:* er mischt sich in alles, in fremde Angelegenheiten; ich wollte mich nicht in euer Gespräch m. **b)** ⟨sich unter jmdn., unter etwas m.⟩ *sic in eine Menge begeben:* er mischte sich unter da Volk, unter die Menge, unter die Zuschauer * **mit gemischten Gefühlen** *(nicht unbedingt mi Freude).*

Mischung, die: **1.** *das Mischen, Vermengen* durch die M. der beiden Farben entstand ei dunkles Grün. **2.** *Gemisch, Gemenge:* eine M 2:3; eine bunte M. Toffees; eine neue M. au verschiedenen Kaffeesorten, Tabaken; übertr.: sein Verhalten war eine seltsame M. au Jovialität und Arroganz.

miserabel: *sehr schlecht, erbärmlich; völlig unzulänglich:* ein miserables Leben führen; er hat eine miserable Handschrift; er schreibt ein miserables Deutsch, einen miserablen Stil; das ist ein ganz miserabler Kerl; seine Leistungen sind m.; er hat sich m. benommen; es geht ihm m.; sie fühlt sich m.

mißachten ⟨etwas m.⟩: *nicht beachten, nicht befolgen:* die Gesetze, jmds. Rat, Wunsch, Verbot m.; er hat meine Warnung mißachtet.

Mißbehagen, das: *unangenehmes Gefühl; Unbehagen:* ein heftiges M. empfinden; ein tiefes M. erfüllte ihn; seine Worte bereiteten ihm offensichtliches M.

mißbilligen ⟨etwas m.⟩: *ablehnen; nicht einverstanden sein:* eine Ansicht, jmds. Entschluß, Absicht m.; sein Verhalten ist entschieden zu m.; die Regierung hat die Ausschreitungen mißbilligt; er schüttelte mißbilligend den Kopf.

Mißbrauch, der: *unerlaubter, nicht richtiger Gebrauch:* ein M. hat sich eingeschlichen, eingebürgert, eingenistet; er treibt M. mit seiner Stellung, Macht; Mißbräuche aufdecken, abschaffen, beseitigen, ausrotten; er empörte sich gegen einen solchen M.; er tat es unter M. seines Amtes; der Arzt warnte vor dem M. von Medikamenten.

mißbrauchen: 1. a) ⟨etwas m.⟩ *nicht richtigen, unerlaubten Gebrauch von etwas machen:* ein Recht, seine Macht m.; er hat ihre Güte, ihr Vertrauen mißbraucht. **b)** ⟨jmdn. für etwas/zu etwas m.⟩ *jmdn. in eigennützigem Interesse zu etwas verleiten:* er hat ihn für seine Zwecke mißbraucht; du hast dich von ihm zu einer sehr fragwürdigen Sache m. lassen. **2.** (geh.) ⟨jmdn. m.⟩ *vergewaltigen:* ein Mädchen, ein Kind m.

missen (geh.) ⟨jmdn., etwas m.; in Verbindung mit einem Modalverb⟩: *entbehren; ohne jmdn., ohne etwas nicht auskommen:* sie mußten damals alle Annehmlichkeiten m.; diesen Mitarbeiter können wir leicht, nur schwer m.; ich möchte diese Erfahrungen, Erlebnisse nicht m.

Mißerfolg, der: *mißlungene Unternehmung, Fehlschlag:* die Veranstaltung war ein M.; einen M. haben, erleiden, hinnehmen [müssen], verschulden; diesen M. hast du dir selbst zuzuschreiben; eine Reihe von Mißerfolgen.

mißfallen (geh.) ⟨jmdm. m.⟩: *nicht gefallen:* der Film, der Roman mißfiel ihr; dein Benehmen mißfällt mir sehr.

Mißfallen, das: *das Nichteinverstandensein; Ablehnung, Unzufriedenheit:* seine Unbeherrschtheit erregte allgemeines M.; er äußerte ohne Scheu sein M. über ihr Verhalten; mit seinem M. nicht zurückhalten, nicht hinter dem Berg halten (ugs.; *es offen äußern*).

Mißgeschick, das: *Unglück, unglücklicher Vorfall, Pech:* jmdm. passiert, widerfährt ein M.; ihr M. [mit der zerbrochenen Vase] ärgerte sie selbst am meisten; er hatte das M., der Dame auf den Fuß zu treten; vom M. verfolgt werden; er dachte über sein M. nach.

mißglücken ⟨etwas mißglückt⟩: *etwas glückt nicht, mißrät:* der erste Versuch mißglückte; ein mißglücktes Unternehmen; ⟨etwas mißglückt jmdm.⟩ der Kuchen ist mir leider mißglückt.

Mißgriff, der: *Fehlgriff, Fehler:* die Wahl dieses Mannes war ein M., stellte sich als M. heraus; einen M. tun, machen.

mißhandeln ⟨jmdn. m.⟩: *in roher Weise züchtigen, behandeln:* ein Kind, ein Tier m.; der Wärter wurde bestraft, weil er die Gefangenen mißhandelt hatte; übertr. (scherzh.): stundenlang mißhandelte sie das Klavier *(spielte sie sehr schlecht darauf)*.

Mission, die: **1.** (bildungsspr.) *Auftrag, Aufgabe:* eine schwierige, heikle, dringende, gefährliche, delikate (bildungsspr.), diplomatische, politische M.; seine M. ist erfüllt, gescheitert, beendet; eine M. übernehmen, erfüllen; er ist in geheimer M. nach Paris abgereist; er wurde mit einer besonderen M. betraut. **2.** (bildungsspr.) **a)** *diplomatische Vertretung:* die fremden Missionen, die Missionen fremder Staaten in der Hauptstadt. **b)** *mit einem bestimmten Auftrag ins Ausland entsandte Gruppe von Personen:* eine M. entsenden; er leitet die deutsche M. bei den Olympischen Spielen. **3.** (Rel.) *Verbreitung des christlichen Glaubens:* die äußere M. *(Mission unter Nichtchristen)*, die innere M. *(Mission unter Christen)*; M. treiben; in der M. tätig sein, arbeiten. * **die Innere Mission** /*eine Organisation der evangelischen Kirche*/.

Mißklang, der: *Dissonanz:* das Klavierspiel brach plötzlich mit einem M. ab; übertr.: *Unstimmigkeit:* das Fest, die Freundschaft endete mit einem M.

Mißkredit ⟨in bestimmten Wendungen⟩ **jmdn., etwas in Mißkredit bringen** *(jmdn., etwas in Verruf bringen)* · **in Mißkredit geraten/kommen** *(in Verruf kommen, an Ansehen verlieren)*.

mißlich: *unangenehm, peinlich:* mißliche Verhältnisse; in einer mißlichen Lage sein; dieser Umstand ist sehr m.; es steht m. um sein Geschäft.

mißlingen ⟨etwas mißlingt⟩: *etwas gelingt nicht, glückt nicht:* ein Versuch, Vorhaben, Unternehmen mißlingt; der Aufsatz ist mißlungen; ein mißlungenes Werk; ⟨etwas mißlingt jmdm.⟩ das Porträt ist dem Maler mißlungen.

mißmutig: *schlecht gelaunt; verdrossen:* ein mißmutiger Mensch, Blick; ein mißmutiges Gesicht machen; er war ziemlich m., blickte sie m. an; schließlich gingen sie m. nach Hause.

mißraten ⟨etwas mißrät⟩ *etwas gerät nicht, mißglückt:* die Zeichnung, das Bild ist mißraten; ⟨etwas mißrät jmdm.⟩ der Braten ist mir diesmal mißraten; adj. Part.: ein mißratenes (geh.; *schlecht erzogenes, schwieriges*) Kind.

Mißstand, der: *Übelstand; schlimmer Zustand:* ein unerträglicher, übler, schlimmer M.; verschiedene Mißstände in der Verwaltung haben sich herausgestellt, wurden sichtbar, offenkundig; Mißstände aufdecken, anprangern, abschaffen, beseitigen; er wies mit Nachdruck auf diesen M. hin.

Mißstimmung, die: *Verstimmung; Störung des guten Einvernehmens:* eine allgemeine, tiefgehende, leichte, leise M.; es kam keine M. auf; die M. in der Regierung wurde immer stärker, verschwand; die Nachricht verbreitete, erzeugte, erregte M. unter den Gästen; der Abend endete ohne jede M.

Mißton, der: *unharmonischer Ton:* die Saite zerriß mit einem schrillen M.; übertr.: *Unstimmigkeit, Mißstimmung:* er brachte einen peinlichen M. in die Unterhaltung.

mißtrauen ⟨jmdm., einer Sache m.⟩: *nicht*

trauen, Argwohn hegen: er mißtraut jedem, den er nicht kennt; sie mißtraute seinen Worten, Versprechungen; er hat diesem Frieden, dieser Ruhe mißtraut; ich mißtraue mir selbst, meinem Gedächtnis.

Mißtrauen, das: *Argwohn, Skepsis:* ein großes, tiefes, begründetes M.; sein M. war unbegründet; M. erfüllte ihn; M. erwachte in ihm; sein M. wuchs, nahm zu, wurde immer größer, schwand; M. gegen jmdn. haben, hegen (geh.); etwas verursacht, weckt, erregt jmds. M., ruft jmds. M. hervor; es gelang ihr, sein M. zu zerstreuen; sie sah ihn mit unverhohlenem M. an.

mißtrauisch: *argwöhnisch, voller Mißtrauen:* ein mißtrauischer Mensch; seine mißtrauischen Blicke folgten ihren Bewegungen; er ist sehr m.; langsam wurde er m.; er sah ihr m. nach.

Mißverhältnis, das: *nicht richtiges, nicht passendes Verhältnis:* zwischen seinen Forderungen und der von ihm geleisteten Arbeit besteht ein großes, krasses, ausgesprochenes, schreiendes M.; das M. in der Größe der beiden Ehepartner ist ziemlich auffällig; sein Gewicht steht im M. zu seiner Größe.

Mißverständnis, das: *unbeabsichtigtes falsches Auslegen, Verstehen:* das muß doch ein M. sein; da liegt sicher ein M. vor; hier ist ein M. entstanden, eingetreten; ein M. aufklären, berichtigen, beseitigen, aus der Welt schaffen (ugs.); er versuchte, das M. zwischen den beiden auszuräumen; einem M. vorbeugen, entgegentreten, begegnen (geh.); die ganze Sache beruht auf einem M.

mißverstehen ⟨jmdn., etwas m.⟩: *falsch verstehen, unabsichtlich falsch auslegen:* er mißverstand mich; du hast mich, meine Frage mißverstanden; die Bemerkung war nicht mißzuverstehen; er fühlte sich mißverstanden; er stellte die mißverstandene Äußerung richtig; er lehnte in nicht mißzuverstehender Weise *(klar und deutlich)* ab; er machte eine nicht mißzuverstehende *(eindeutige)* Handbewegung.

Mist, der: **1.** *[mit Stroh o. ä. vermischter] Kot von Tieren:* eine Fuhre M.; der M. dampfte; M. laden, fahren, abladen, ausbreiten, streuen; der Hahn stand auf dem Mist *(Misthaufen)*; Redensart: Kleinvieh macht auch M. *(etwas Großes kann auch aus vielen kleinen Dingen entstehen)*; Sprichw.: wenn der Hahn kräht auf dem M., ändert sich das Wetter, oder es bleibt, wie es ist. **2.** (ugs.) */abwertender Ausdruck für etwas Lästiges, Unsinniges o. ä.; häufig in Ausrufen des Unwillens/:* das ist doch alles M.!; so ein M.!; verdammter M.!; rede, mache keinen M.!; ich habe mit dem [ganzen] M. nichts zu schaffen. * (ugs.:) **etwas ist nicht auf jmds. Mist gewachsen** *(etwas stammt nicht von jmdm., ist nicht von jmdm. selbst erarbeitet)*.

mit: **I.** ⟨Präp. mit Dativ⟩ **1. a)** *gemeinsam, zusammen mit:* ich gehe m. dir nach Hause; er tanzte m. ihr; m. ihm und ohne ihn/m. und ohne ihn; er wurde m. ihm zur gleichen Zeit fertig; sie wohnt m. ihren Eltern zusammen; er unterhielt sich angeregt m. ihm; er kämpfte m. ihm *(gegen ihn)*. **b)** *versehen mit, in Verbindung mit:* ein Topf m. Deckel; ein Motorrad m. Beiwagen; Nudeln m. Eiern oder ohne Eier/Nudeln mit oder ohne Eier. **c)** *einschließlich, samt:* er mußte das Kapital m. Zinsen zurückzahlen; das Essen kostet m. Bedienung sechs Mark; m. mir waren es fünf 15. Mai m. (landsch.; *bis einschließlich*) 15. Juni **2.** */gibt den Begleitumstand an/:* sie kleidet sich m. Geschmack; ich höre das m. Vergnügen, m. Bedauern; er sagte das m. Berechnung, m. Recht m. etwas Glück wirst du es schon schaffen; m. sechs Jahren *(im Alter von sechs Jahren)* kam e in die Schule; du immer mit deinen Ausreden (ugs.; *du hast doch immer Ausreden)*. **3.** *betreffend:* m. seinem Plan, m. seiner Arbeit kommt e nicht voran; er zögerte etwas m. seiner Antwort m. seiner Zustimmung; m. seiner Reise hat e nicht geklappt (ugs.); was ist los m. dir? (ugs.) wie steht es m. ihm, m. seiner Arbeit? **4.** *in bezug auf etwas, auf jmdn.* ⟨oft als Teil eines präpositionalen Attributs⟩: du mit deinem kranken Fuß. **5.** *mittels, mit Hilfe von:* er öffnete di Tür, das Schloß m. einem Schlüssel; sie schreib lieber m. Bleistift; er kommt erst mit dem nächsten Zug; den Fleck kannst du m. Wasser entfernen; m. anderen Worten ... *(anders ausgedrückt ...)*. **II.** ⟨Adverb⟩ **1.** *auch, außerdem noch:* das ist dabei m. zu berücksichtigen; di Kosten sind m. berechnet; du könntest ruhi einmal m. anfassen (ugs.); da war Verrat m. im Spiel. **2.** (ugs.) ⟨in Verbindung mit einem Superlativ⟩ er ist mit der beste Schüler *(einer de besten Schüler)* seiner Klasse; es ist m. da schönste Gebäude *(eines der schönsten Gebäude* der Stadt. * **mit der Zeit** *(allmählich)*: m. de Zeit gewöhnt man sich daran.

mitbringen: **a)** ⟨etwas m.⟩ *beim Kommen [al Geschenk] bringen:* ein Brot vom Bäcker m. bringen Sie das nächste Mal Ihren Ausweis mit! die Arbeitskleidung ist mitzubringen; sie hat i die Ehe viel mitgebracht *(eine große Mitgift bekommen)*; sie brachte jedem /für jedes der Kinder ein Geschenk mit; hast du mir/für mich auch etwas mitgebracht?; bildl. (scherzh.): ihr hab aber schlechtes Wetter mitgebracht; bring auch gute Laune mit, wenn ihr kommt!; übertr.: er bringt für diese Stellung gar nichts mi *(ist dafür nicht befähigt)*. **b)** ⟨jmdn. m.⟩ *als [un erwarteten] Gast zu jmdm. bringen:* bringst du heute wieder jemanden zum Essen mit?; e brachte ein paar Freunde mit auf die Party.

miteinander ⟨Adverb⟩: **a)** *einer mit dem andern* wir kommen gut m. aus; wo seid ihr denn m. bekannt geworden? **b)** *gemeinsam, zusammen:* wi gehen m. nach Hause.

mitfahren: *gemeinsam mit jmdm. fahren, reisen:* wollen Sie [mit mir, in meinem Auto] m.?

mitfühlen ⟨etwas m.⟩: *jmds. Gefühle verstehen, Mitleid, Verständnis haben:* er fühlte ihren Kummer, ihr Unglück mit, konnte ihren Schmerz m.; adj. Part.: *teilnahmsvoll:* mitfühlende Worte sprechen; ein mitfühlende Herz haben; er war, zeigte sich sehr mitfühlend

mitgeben ⟨jmdm. jmdn., etwas m.⟩ *mit auf den Weg geben:* du mußt den Kindern noch etwas zu essen, Geld für die Reise m.; ich gebe euch jmdn. mit, der den Weg kennt; bildl. jmdm. eine Warnung auf den Weg m.; übertr. er hat seinen Kindern eine gute Erziehung mitgegeben *(zuteil werden lassen)*.

Mitgefühl, das: *Anteilnahme, Mitleid:* tiefes echtes, lebhaftes M.; sein M. trieb ihn, den Armen zu helfen; M. haben, zeigen; sein Zustand erweckte das M. der andern; darf ich Ihnen mein aufrichtiges M. aussprechen? */Beileidsbezeigung/;* seinem M. Ausdruck geben; er ist ohne jedes M.

mitgehen: 1. *gemeinsam mit jmdm. gehen:* darf ich m.?; in den Zoo würde er auch gern m.; wenn du willst, kannst du m.; Redensart: mitgegangen, [mitgefangen,] mitgehangen. **2.** (ugs.) *begeistert, hingerissen sein:* wenn er auftritt, geht das Publikum immer mit; die Klasse geht beim Unterricht nicht mit. * (ugs.:) **etwas mitgehen lassen/heißen** *(etwas entwenden).*

Mitglied, das: *Angehöriger einer [organisierten] Gruppe, Gemeinschaft:* ein treues, langjähriges, altes M.; die Mitglieder eines Vereins, Klubs, einer Partei; M. in einem Verein sein, werden; ordentliches M. einer Vereinigung sein; er ist M. des Bundestages, des Landtages; die Mitglieder versammelten sich im Klubhaus; sich als M. [an]melden, einschreiben lassen, einer Partei beitreten; er ist eines unserer jüngsten Mitglieder.

mithalten: *sich beteiligen, mitmachen:* bei dem Gelage hielt er tüchtig, tapfer mit; bei diesem Tempo kann ich nicht m.

mithören ⟨etwas m.⟩: *[heimlich] gleichzeitig hören:* die Polizei hört das Gespräch mit; wir haben das Konzert am Radio mitgehört; ⟨auch ohne Akk.⟩ Vorsicht, es hört jemand mit!

mitklingen ⟨etwas klingt mit⟩: *etwas ist gleichzeitig herauszuhören:* in ihren Worten klangen Neid und Haß mit.

mitkommen: 1. *mitgehen, jmdn. begleiten:* kommst du mit ins Kino?; ich habe noch so viel Arbeit, daß ich nicht m. kann. **2.** (ugs.) *verstehen; folgen können:* da komme ich beim besten Willen nicht mit; du mußt langsamer diktieren, sonst komme ich nicht mit; unsere Tochter kommt jetzt in der Schule gut mit.

mitkönnen (ugs.): **1.** *mitgehen können:* ich kann heute nicht mit in die Stadt. **2.** *begreifen können:* das ist mir zu hoch, da kann ich nicht mit.

Mitleid: das: *Mitgefühl, innere Anteilnahme:* großes, tiefes, echtes M. sprach aus seinen Worten; er war voller M.; er hatte, fühlte M. mit ihm; er kannte, empfand kein M.; sie erregte das M. ihrer Nachbarn; er tat es aus reinem M.

mitleidig: *voller Mitleid; teilnahmsvoll:* er ist eine mitleidige Seele; er tat es aus mitleidigem Herzen; m. half er dem Alten; (iron.:) er lächelte m., als er die Ergebnisse seines Konkurrenten sah.

mitmachen: 1.a) ⟨etwas m.⟩ *an etwas teilnehmen:* einen Kurs m.; ich habe den Ausflug nicht mitgemacht. **b)** (ugs.) *gemeinsam mit anderen etwas tun:* machst du mit?; er hat bei allen Spielen mitgemacht; die Gewerkschaften machen nicht mit *(geben nicht ihre Zustimmung);* übertr.: der Großvater macht nicht mehr lange mit *(wird bald sterben).* **2.** (ugs.) ⟨etwas m.⟩ *durchmachen, erleiden:* Furchtbares, Schreckliches m.; sie haben im Krieg viel mitgemacht.

mitnehmen: 1. ⟨jmdn., etwas m.⟩ *mit sich nehmen:* du mußt den Regenschirm m.; kannst du den Brief zur Post m.?; auf diese Wanderung nehmen wir die Kinder nicht mit; übertr.: er muß aus dieser Unterhaltung die Überzeugung m., daß er unrecht hat. **2.a)** (ugs.) ⟨etwas m.⟩ *[nebenher, zusätzlich] kaufen:* ich nehme noch drei Pfund Äpfel mit; die Radieschen sind sehr billig, da nehme ich gleich zwei Bund mit. **b)** (ugs.; verhüll.) ⟨etwas m.⟩ *stehlen, entwenden:* er hat aus verschiedenen Gaststätten Gläser, Aschenbecher, Bestecke mitgenommen. **3.** (ugs.) ⟨etwas m.⟩ *rasch genießen, besichtigen:* er nimmt alles mit, was ihm geboten wird; auf der Rückreise können wir diesen Ort, dieses Museum noch mitnehmen. **4.** ⟨etwas nimmt jmdn. mit⟩ *etwas ermüdet jmdn., strengt jmdn. an:* diese Aufregung, das Erlebnis nahm sie furchtbar mit; er sah sehr mitgenommen *(erschöpft, heruntergekommen)* aus; er war von dem Lauf sehr mitgenommen.

mitreden: *seine Meinung zu etwas äußern; an einer Entscheidung beteiligt sein:* mußt du denn überall m.?; die Arbeiter wollen im Betrieb m.; da, hier, bei dieser Sache kannst du überhaupt nicht m. *(davon verstehst du nichts).* * (ugs.:) **auch ein Wort/ein Wörtchen mitzureden haben** *(bei einer Entscheidung nicht übergangen werden können).*

mitreißen: 1. ⟨jmdn., etwas m.⟩ *mit sich reißen:* er wurde von der Strömung mitgerissen. **2.** *begeistern, hinreißen:* der Schauspieler riß alle mit; sein Spiel, seine Rede hatte alle Zuhörer mitgerissen; es war eine mitreißende Aufführung.

mitspielen: 1. a) *sich am Spiel anderer beteiligen:* darf ich bei euch m.?; der Fußballer kann wegen seiner Verletzung heute noch nicht m.; in welchem Film hat sie denn noch mitgespielt *(mitgewirkt, eine Rolle gehabt)?* **b)** *etwas gemeinsam mit anderen tun, sich beteiligen:* die Gewerkschaften werden nicht m., haben bei den Plänen der Regierung nicht mitgespielt. **2.** ⟨etwas spielt bei etwas mit⟩ *etwas ist bei etwas mit von Bedeutung, ist unter anderem Ursache für etwas:* bei diesem Plan spielten die verschiedensten Erwägungen mit; hierbei spielten viele Gründe mit. **3.** ⟨jmdm. m.; mit Artangabe⟩ *in übler Weise behandeln; Schaden zufügen:* er hat der Frau übel mitgespielt; ihm wurde [vom Schicksal] schlimm, arg, hart mitgespielt.

mitsprechen: 1. ⟨etwas m.⟩ *etwas mit anderen gemeinsam sprechen:* die Eidesformel m.; alle sprachen das Gebet mit. **2.** *seine Meinung zu etwas äußern; mitreden:* er will überall m.; da, hierbei kannst du überhaupt nicht m. *(davon verstehst du nichts).*

mittag ⟨Adverb⟩: *am Mittag:* gestern, heute, morgen m.; er kommt erst am Montag m. zurück.

¹Mittag, der: **1.** *Mittagszeit:* ein sonniger, heißer, glühender M.; es geht auf M. zu; gegen M.; vor M. ist er nicht zu sprechen; über M./den M. über ist er nicht im Büro; er schlief bis zum M.; ⟨Akk. als Zeitangabe⟩ einen, diesen, manchen M.; er geht jeden M., mehrere Mittage in der Woche in ein Restaurant essen; ⟨Gen. als Zeitangabe⟩ des Mittags (geh.; *mittags*); eines [schönen] Mittags *(an einem nicht näher bestimmten Mittag);* übertr. (geh.): er steht im M. des Lebens *(ist in den besten Jahren).* **2.** (ugs.) *Mittagspause:* sie haben später M. als wir; die Handwerker machen jetzt M. **3.** (dichter.; veraltend) *Süden:* gegen M.; die Sonne steht im M. * **zu Mittag essen** *(die Mittagsmahlzeit einnehmen).*

²Mittag, das (ugs.): *Mittagessen:* das M. ist fertig; M. kochen, machen; wollen wir zusammen

M. essen?; was gibt es zu M.?; in einer Stunde gibt es M.

Mittagessen, das: *mittags eingenommene Mahlzeit:* ein einfaches, üppiges, ausgedehntes M.; das M. ist fertig, steht auf dem Tisch; mit dem M. auf jmdn. warten; vor, nach dem M.; jmdn. zum M. einladen.

mittags ⟨Adverb⟩: *zur Mittagszeit, am Mittag:* m. [um] 12 Uhr/[um] 12 Uhr m.; Montag m.: montags m.; von morgens bis m.

Mitte, die: **a)** *mittlerer Teil, mittleres Stadium von etwas; Zentrum:* die genaue, ungefähre M.; das ist ziemlich, fast die M. des Weges; die M. des Kreises; M. Mai, M. des Monats; er ist jetzt M. Fünfzig/der Fünfziger *(etwa 55 Jahre alt);* er hat das Buch nur bis zur M. gelesen; in der M. des Raumes stand ein Tisch; der Ort liegt etwa in der M. zwischen den beiden großen Städten; in der M. des Jahres; er ging in der M. *(zwischen den anderen);* wir nahmen ihn in die M. *(zwischen uns);* von der M. der Decke herab hing eine Lampe. **b)** *Kreis, Gruppe von Menschen:* einer aus ihrer M. ist gewählt worden; wir freuen uns, Sie in unserer M. zu begrüßen, zu sehen; der Tod hat ihn aus unserer M. gerissen (verhüll.; *er ist gestorben*). * **die goldene Mitte wählen** *(eine rechte, die Extreme meidende Entscheidung treffen)* · (ugs.:) **ab durch die Mitte!** *(schnell fort!; los, vorwärts!).*

mitteilen: 1. ⟨jmdm. etwas m.⟩ *Kenntnis von etwas geben, informieren:* jmdm. etwas brieflich, schriftlich, mündlich, vertraulich, im Vertrauen, in aller Form, schonend m.; seiner Freundin ein Geheimnis, eine Neuigkeit m.; teile mir gleich mit, wo du wohnst; wir müssen Ihnen leider m., daß ...; ⟨auch ohne Dativ⟩ der Termin wird noch rechtzeitig mitgeteilt. **2.** (geh.) ⟨sich jmdm. m.⟩ *sich jmdm. anvertrauen:* du hättest dich ihr gleich m. sollen; schließlich hat er sich seinen Eltern mitgeteilt; ⟨auch ohne Dativ⟩ er kann sich nicht, nur schlecht m. *(ist kontaktarm).* **3.** (geh.) ⟨etwas teilt sich jmdm., einer Sache mit⟩ *etwas geht auf jmdn., auf etwas über:* die Wärme des Ofens teilte sich der Umgebung allmählich mit; die Stimmung hatte sich den Besuchern mitgeteilt.

Mitteilung, die: *Benachrichtigung, Nachricht, informierende Äußerung:* eine kurze, geheime, vertrauliche, überraschende, traurige, freudige, angenehme, schriftliche, mündliche M.; diese Mitteilung war sehr unangenehm für ihn, überraschte ihn; eine amtliche M. [an die Presse] herausgeben, hinausgehen lassen; ich möchte Ihnen M. machen, daß ...; eine M. bekommen, empfangen, erhalten; er hat diese wichtige M. nicht weitergegeben.

Mittel, das: **1.** *etwas, was das Erreichen eines Zieles ermöglicht:* ein gutes, richtiges, sicheres, unfehlbares, wirksames, schlechtes, gewaltsames M.; das äußerste, letzte M.; drastische, erlaubte Mittel; dieses M. ist untauglich; dies ist das beste M., ihn daran zu hindern; ihm ist jedes M. recht *(er geht rücksichtslos vor),* um sein Ziel zu erreichen; ein M., alle Mittel versuchen; ein wirksames M. anwenden; er ließ kein M. unversucht; Redensart: der Zweck heiligt die Mittel; er ist in der Wahl seiner Mittel nicht wählerisch; das war ein Versuch mit unlauteren Mitteln; er bekämpfte ihn mit allen Mitteln; er versuchte es mit allerlei Mittelchen (ugs; *nich einwandfreien Methoden, Tricks);* über geeig nete Mittel nachdenken; er griff schließlich zun äußersten M. **2.** *Heilmittel, Medikament:* ei wirksames, unschädliches, schmerzstillende M.; beruhigende, stärkende Mittel; ein M. für gegen den Husten, gegen Kopfschmerzen; sich (Dativ) ein M. verschreiben lassen; Sie müsse das M. dreimal täglich einnehmen. **3.** ⟨Plural *Geldmittel:* bedeutende, große, geringe, be schränkte, verfügbare, flüssige *(verfügbare)* Mit tel; dafür sind große Mittel erforderlich, vorge sehen; dafür fehlen uns die Mittel; seine M. er lauben ihm das; er hat seine Mittel alle aufge braucht; sie war nicht ganz ohne Mittel; si standen ohne Mittel da; er verfügt über einige über die nötigen Mittel. **4.** (Math.) *Mittelwert* das arithmetische, geometrische M.; das M. er rechnen; die Temperatur betrug im M. *(in Durchschnitt)* +12° C. * **Mittel zum Zweck sein** *(Person oder Sache sein, deren man sich für sein Zwecke bedient)* · **Mittel und Wege suchen/finde** *(Möglichkeiten, Methoden zur Lösung von etwa suchen/finden)* · (veraltend:) **sich [für jmdn.] in Mittel legen** *(sich [für jmdn.] einsetzen; vermit teln).*

mittelmäßig: *durchschnittlich, mäßig; nicht be sonders gut:* mittelmäßige Leistungen; eine mit telmäßige Qualität; eine mittelmäßige Bega bung; seine Bilder sind sehr m.; er mal zeichnet, schreibt, singt, spielt nur m.

Mittelpunkt, der: **1.** *Punkt in der Mitte eine Kreises, einer Kugel:* der M. der Erde; den M eines Kreises bestimmen; die Linien laufen in M. zusammen. **2.** *im Zentrum des Interesse stehende Person oder Sache:* die Stadt ist de geistige, künstlerische M. des Landes; der Jubi lar war der M., bildete den M., stand im M. de Festes; diese Frage steht augenblicklich im M des Interesses *(ist die augenblicklich am meiste interessierende Frage);* er stellte dieses Proble in den M. *(machte es zum Hauptgegenstand)* sei nes Vortrages.

mittels (Papierdt.) ⟨Präp. mit Gen.⟩: *mit, mi Hilfe von, durch:* m. elektrischer Energie; m [eines] Drahtes (daneben alltagssprachlich m. Draht); ⟨mit Dativ, wenn der Gen. forma nicht zu erkennen ist oder wenn ein weitere starkes Substantiv im Gen. Singular hinzutritt⟩ m. Drähten; m. Vaters neuem Rasierapparat

Mittelweg, der: *zwischen zwei Extremen vorhan dene Möglichkeit:* der M. ist oft der beste; eine M. suchen, finden. * **den goldenen Mittelwe wählen** *(eine rechte, die Extreme meidende En scheidung treffen).*

mitten ⟨Adverb⟩: *in der Mitte:* die Schüsse brach m. entzwei; m. auf dem Tisch; m. auf de Straße; m. im Zimmer; m. im See liegt eine In sel; er wachte m. in der Nacht auf; es war m. i der Woche, m. im Winter; die Kugel traf ihn m ins Herz *(genau ins Herz);* er stand m. unter sei nen Freunden *(stand im Kreis seiner Freunde)* übertr.: er war gerade m. in der Arbeit *(wa sehr beschäftigt).*

Mitternacht, die: *Zeitpunkt um 12 Uhr nachts* es ist, schlägt M.; er hat bis M. gearbeitet; ge gen, nach, um M.; der Schlaf vor M. ist de beste.

mittlere: 1. *in der Mitte von mehreren befindlich.*

die drei mittleren Finger; die mittelste von fünf Säulen; er wohnt im mittleren der drei Häuser. **2.** *durchschnittlich:* eine mittlere Geschwindigkeit, Temperatur, Größe; er ist in mittlerem Alter/(geh.:) mittleren Alters; ein mittlerer *(mittelgroßer)* Betrieb; ein mittleres *(mittelgroßes)* Einkommen; die mittlere *(zwischen unterem und gehobenem Dienst liegende)* Beamtenlaufbahn; ein mittlerer Beamter *(Beamter, der die mittlere Beamtenlaufbahn eingeschlagen hat).* * **mittlere Reife** *(Abschluß der Mittelschule oder der Untersekunda)* · **Mittlere Geschichte** *(Geschichte des Mittelalters)* · **der Mittlere Osten** *(die südasiatischen Gebiete vom Iran bis Birma).*

mittlerweile ⟨Adverb⟩: *in der Zwischenzeit, unterdessen:* viele Länder haben m. den Vertrag unterzeichnet; m. hatte auch er begriffen, daß ...

Mittwoch, der: *vierter Tag der Woche:* wir beginnen M., den 13. April; am M., dem 13. April/(auch:) den 13. April; er kommt nächsten/am nächsten M.; bis M. sind wir fertig.

mitunter ⟨Adverb⟩: *manchmal, bisweilen:* m. konnte er amüsant sein; sie fühlte sich m. alt und krank.

mitwirken: *mit anderen zusammen zu etwas beitragen; mitmachen, mitspielen:* an, bei der Aufklärung eines Verbrechens, bei der Ausführung eines Planes m.; er wirkte bei dem Konzert als Sänger mit; subst: er ist durch ihr Mitwirken, ohne ihr Mitwirken zu dieser Stellung gelangt; die Mitwirkenden *(die mitwirkenden Künstler)* erhielten viel Beifall.

Mitwirkung, die: *das Mitwirken:* wir haben uns seine M. gesichert; wir rechnen auf Ihre M.; ich verzichte auf seine M.; unter M. namhafter Künstler.

mitzählen: 1. *gleichzeitig mit anderen zählen:* zähle doch bitte zur Kontrolle einmal mit. **2.** ⟨jmdn., etwas m.⟩ *berücksichtigen, auch zählen:* die Abwesenden auch m.; es waren fünfzig Teile, die beschädigten nicht mitgezählt. **3.** (ugs.) *von Bedeutung sein; mitgerechnet, berücksichtigt werden:* kleine Spenden zählen auch mit; in solchen Fragen zählt er gar nicht mit.

mixen ⟨etwas m.⟩: *durch Mischen herstellen:* einen Cocktail m..

Möbel, das: *Einrichtungsgegenstand, Möbelstück:* neue, moderne, alte, wertvolle, kostbare, geschnitzte, polierte, gestrichene, lackierte Möbel; dieser Sessel, Schrank ist ein häßliches M.; Möbel kaufen, aussuchen; sie wollen sich (Dativ) neue Möbel anschaffen; die Möbel umstellen, ausräumen, rücken.

mobil: 1. (bildungsspr.; veraltend) *beweglich:* mobile Gegenstände; diese Möbel sind sehr leicht und m.; Kaufmannsspr.: mobiles Vermögen, Kapital. **2.** *kampfbereit, gerüstet:* mobile Truppen, Reserven; die Truppen sind m.; das Heer wird m. gemacht. **3.** (ugs.) *rüstig, munter, beweglich:* eine noch recht mobile alte Dame; er ist wieder m. *(wohlauf).* * (ugs.:) **jmdn. mobil machen** *(jmdn. auf die Beine bringen, aufscheuchen):* schon in aller Frühe hat er uns m. gemacht.

möblieren ⟨etwas m.⟩: *mit Möbeln ausstatten; einrichten:* es ist nicht einfach, eine Wohnung geschmackvoll zu m.; adj. Part.: *eingerichtet:* ein möbliertes Zimmer mieten; ein möblierter (ugs.; scherzh.; *in einem möblierten Zimmer wohnender)* Herr; die Zimmer, die sie vermietet, sind alle möbliert; sie vermietet [ihre Zimmer] nur möbliert; sie wohnen möbliert *(in einem möblierten Zimmer, in einer möblierten Wohnung).*

Mode, die: **1.** *Zeitgeschmack, Brauch, Gepflogenheit:* es ist jetzt M., den Urlaub im Süden zu verbringen; das ist, wäre ja eine ganz neue Mode! (ugs.; *so etwas dulde ich nicht*); wir wollen doch keine neuen Moden einführen (ugs.; *es soll bleiben, wie es war*); dieser Schriftsteller ist aus der M. [gekommen], ist sehr in M. [gekommen]. **2.** *Kleidermode:* eine neue, schöne, tragbare, verrückte (ugs.) M.; die neueste, herrschende M.; diese M. ist nicht sehr kleidsam, wird sich nicht lange halten; die M. schreibt das vor; eine neue M. aufbringen; jede Mode mitmachen; der M. gehorchen, folgen; mit der M. gehen; sie kleidet sich nach der neuesten M.

Modell, das: **1. a)** *kleine plastische Ausführung eines geplanten Objekts:* das M. eines Denkmals, einer Siedlung; das M. für das geplante Sportzentrum wurde vom Stadtrat gebilligt; ein M. entwerfen, schaffen, einreichen, vorlegen; der Künstler hat das M. *(die Urform)* der Plastik in Gips gegossen. **b)** *Muster, vorbildliche Form:* das M. eines neuen Hochschulgesetzes; das ist eines von mehreren denkbaren Modellen für diese Reform. **2.** *Typ, Ausführungsart eines Fabrikats:* das neueste M. einer Automobilfirma; dieses Fernsehgerät ist ein uraltes M.; die Firma stellt ihre neuen Modelle vor. **3.** *Modellkleid:* ein Pariser M.; dieses Kleid ist ein M.; die neuesten Modelle aus der Frühjahrskollektion vorführen, zeigen; sie trug ein M. eines bekannten Modeschöpfers, aus einem bekannten Modehaus. **4. a)** *jmd., der als Vorbild für das Werk eines Künstlers dient:* sie war sein liebstes M.; sie war das M., diente ihm als M. für viele seiner Bilder und Plastiken; der Künstler suchte ein neues M. **b)** *Fotomodell:* sie war M., hat eine Zeitlang als M. gearbeitet. * **[jmdm.] Modell stehen** *(Modell eines Künstlers sein).*

[1]modern: *faulen, vermodern:* das Holz modert im Keller; ein moderndes Gerippe.

[2]modern: a) *der Mode entsprechend; modisch:* ein modernes Kleid; eine moderne Frisur; diese Möbel sind nicht mehr m.; sie haben sich ganz m. eingerichtet; sie kleidet sich m.; der Anzug ist m. geschnitten. **b)** *zeitgemäß, heutig; aufgeschlossen, fortschrittlich:* die moderne Zeit; ein moderner Lebensstil; moderne Ansichten haben; der moderne Mensch, Christ; sie ist eine moderne Frau; die moderne Literatur, Musik, Malerei; ihre Arbeitsmethoden sind m.; sie sind in Erziehungsfragen sehr m.; m. eingestellt sein, denken, handeln; subst.: die Moderne *(moderne Richtung)* in der Literatur.

modisch: *betont modern:* ein modischer Mantel, ein modisches Hütchen, eine modische Handtasche; sein Anzug war etwas zu m.; sie kleidet sich sehr m.

Modus, der: **1.** (bildungsspr.) *Art und Weise, Form:* einen vernünftigen, brauchbaren M. für die gemeinsame Arbeit finden; einen M. zur Verständigung suchen; sich auf einen bestimmten M. einigen; der Wettkampf wird nach einem festgesetzten M. ausgetragen, durchgeführt. 2. (Sprachw.) *Aussageweise des Verbs:* die Modi des Verbs; in welchem M. steht das Verb dieses Satzes? * (bildungsspr.:) **Modus vivendi** *(Übereinkunft, Verständigung, die ein erträgliches Zusammenleben ermöglicht).*

mögen: **1.** ⟨jmdn., etwas m.⟩ **a)** *sympathisch finden, gut leiden können, gern haben:* diesen Lehrer mochten sie alle; sie mag den Alten gern; sie mochte besonders sein stilles Wesen; ihre Arroganz hatte er nie gemocht; die beiden mögen sich/(geh.:) einander (ugs.; *lieben sich*). **b)** *nach seinem Geschmack finden; eine Vorliebe für jmdn., für etwas haben:* mögen Sie Jazz?; ich mag seine Bilder, diesen Maler nicht; sie mag es, frühmorgens spazierenzugehen; er mag gern Süßigkeiten *(ißt sie gern).* **2.** ⟨mit Infinitiv⟩ **a)** *können:* es mag sein, daß er es nicht richtig verstanden hat; es wollte nicht reichen, man mochte rechnen, wie man wollte; wie mag das geschehen sein?; wer mag das sein?; er mag etwa vierzig Jahre alt sein *(er ist schätzungsweise vierzig Jahre alt);* es mochten wohl dreißig Leute sein *(es waren schätzungsweise dreißig Leute);* /mit dem Nebensinn der Einräumung/: mag kommen, was da will, ich bleibe; sie mag tun, was sie will, es ist ihm nicht recht. **b)** *dürfen:* wenn ihm das Bild so gut gefällt, mag er es sich (Dativ) nehmen; mag er nur reden *(von mir aus darf, kann er reden),* ich mache mir nichts daraus. **c)** *sollen:* damit mag alles vergessen sein; er mag ruhig kommen, ich fürchte ihn nicht; wozu mag das gut sein?; ⟨häufig im 1. Konjunktiv als Ausdruck eines Wunsches⟩ möge er glücklich werden!; möge Dir das neue Lebensjahr viel Glück und Erfolg bringen! **d)** *wollen:* ich mag nicht länger warten; er mochte nicht nach Hause gehen; er hat den Speck nicht essen mögen (nicht korrekt: gemocht); ⟨häufig im 2. Konjunktiv als höfliche Ausdrucksweise an Stelle von *wollen*⟩ ich möchte es ihm nicht sagen; er möchte nicht, daß sie es erfährt; sie möchte gern ein neues Kleid haben. **e)** ⟨im 2. Konjunktiv⟩ */dient zur Kennzeichnung eines irrealen Wunsches/:* möchte er es doch endlich einsehen!; möchte es doch wieder Sommer sein!

möglich /vgl. möglichst/: *denkbar, erreichbar, ausführbar:* man muß alle möglichen Fälle erwägen; er hatte alle möglichen *(vielerlei, mancherlei)* Bedenken; er schoß 198 von 200 möglichen Ringen; es wurden alle nur möglichen Maßnahmen getroffen; der Gedanke an ein mögliches Ende der Beziehungen beunruhigte ihn; ein solcher Fall wäre durchaus m.; das ist leicht m. (nicht korrekt: das kann leicht m. sein); morgen wäre es leichter, besser, eher m. (nicht korrekt: morgen wäre es möglicher); [das ist doch] nicht möglich! *(das kann doch nicht sein);* komme sofort, wenn es [dir] m. ist/wenn du es m. machen kannst/wenn es sich m. machen läßt *(wenn du es einrichten kannst);* wo m. *(wenn es möglich ist),* wird sein Wunsch erfüllt; er versuchte, das Unmögliche m. zu machen *(Unmögliches zu vollbringen);* ich komme sobald wie/als m. *(sobald ich es ermöglichen kann);* so gut, viel, weit, lange, spät wie/(auch:) als m.; er hat schon alles mögliche *(vielerlei, mancherlei)* versucht, unternommen; sie hat das mögliche *(alles, was in ihren Kräften stand)* getan; subst.: Mögliches und Unmögliches, nur das Mögliche verlangen; im Rahmen des Möglichen; alles Mögliche *(alle Möglichkeiten)* bedenken.

Möglichkeit, die: **a)** *das Möglichsein; möglicher Weg, mögliche Methode:* das ist die einzige letzte M.; es besteht die M. *(es kann sein)* daß ...; diese M. besteht immer noch; daraus ergeben sich neue Möglichkeiten, den Plan auszuführen; es bietet sich die M., den Bau zu erhalten; es gibt, ich sehe keine andere M., ihm zu helfen; es läßt sich keine bessere M. finden; alle Möglichkeiten erwägen, versuchen; jede M. offenlassen; er gab ihm die M. *(Chance)* seinen Fehler gutzumachen; in diesem Beruf hat er mehr Möglichkeiten *(Aussichten, Chancen),* etwas zu werden; ich zweifle nicht an dieser M.; er soll den Arm nach M. *(möglichst soweit es möglich ist)* nicht bewegen; er wollte von der sich bietenden M. keinen Gebrauch machen. **b)** *etwas, was möglicherweise eintritt möglicher Fall:* ich habe auch diese M. bedacht einkalkuliert; man muß mit allen Möglichkeiten mit der M. des Verrates, des Mißerfolgs rechnen * **das Land der unbegrenzten Möglichkeiten** *(USA)* · (ugs.:) **ist es die Möglichkeit!; ist denn das die Möglichkeit!** */Ausruf der Überraschung/*

möglichst ⟨Adverb⟩: **a)** ⟨in Verbindung mit Adjektiven⟩ *so ... wie möglich:* er soll m. schnell kommen; m. genau arbeiten; fassen Sie sich bitte m. kurz; er will m. viel Geld verdienen. **b)** *nach Möglichkeit:* die Sendung soll m. noch heute zur Post; er suchte eine Wohnung m. mit Balkon.

Mohikaner ⟨in der Verbindung⟩ der Letzte der/der letzte Mohikaner (ugs.; scherzh.): *derjenige, der von vielen übriggeblieben ist.*

mollig (fam.): **1.** *rundlich:* ein molliges Mädchen; sie ist ganz schön m.; seine Frau ist in letzter Zeit recht m. geworden. **2.** *behaglich warm:* ein molliges Stübchen, Bett; eine mollige Decke; eine mollige Wärme; hier ist es m [warm].

[1]**Moment,** der: **a)** *Zeitraum von sehr kurzer Dauer, Augenblick:* ein kleiner, kurzer M.; er zögerte einen M.; hast du einen M. Zeit?; es dauert nur noch einen M.; einen M. bitte! M. mal! (ugs.; *halte mal inne!*); für einen M sah er sie in der Menge. **b)** *Zeitpunkt:* jetzt ist der richtige, geeignete, große, entscheidende M. gekommen; den rechten M. für etwas wählen, verpassen; im gegebenen, nächsten M.; er hat es im unpassendsten M. gesagt; vor diesem M. hatte er sich gefürchtet. * **im Moment** *(jetzt momentan)* · **jeden Moment** *(schon im nächsten Augenblick, sofort)* · **einen lichten Moment haben: a)** *(vorübergehend bei klarem Verstand sein)* **b)** (scherzh.; *einen guten Einfall haben*).

[2]**Moment,** das: *Gesichtspunkt, Merkmal, Faktor:* ein wichtiges, entscheidendes, psychologisches M.; die Angst war das auslösende M für diese Tat; ein bedeutsames M. übersehen nicht berücksichtigen; die Untersuchung brachte keine wesentlichen neuen Momente.

Monat, der: *zwölfter Teil eines Jahres:* ein ganzer M.; dieser, der vorige, der nächste M. der schönste M. des Jahres; Monate und Jahre vergingen; das Kind ist acht Monate alt; e hat mehrere Monate im Ausland verbracht; /Akk. als Zeitangabe/ zwei Monate lang; alle drei Monate, jeden dritten M. besuchte er sie; sie wartete viele Monate · am Anfang, gegen Ende des Monats; Ihr Schreiben vom 4. dieses Monats (Amtsdt.; Abk.: d. M.); die Vorstellung ist auf Monate hinaus ausverkauft; er ist für drei Monate verreist; M. für M.; die Frau ist im vierten M. (ugs.; *ist im vierten Monat schwanger*); in den nächsten Monaten; nach zwei Monaten; heute vor einem M. traf sie ein; er wurde zu sechs Monaten [Gefängnis] verurteilt.

monatlich: *jeden Monat [wiederkehrend, fällig]:* eine monatliche Rente, Unterstützung, Zahlung, Kündigung; ein monatliches Gehalt; die Beiträge werden m. erhoben; die Zeitschrift erscheint [einmal] m.

Mond, der: **a)** *die Erde umkreisender Himmelskörper:* zunehmender, abnehmender, wechselnder M.; der helle, bleiche (dichter.), silberne (dichter.), goldene (dichter.), stille (dichter.) M.; der M. ist [noch nicht] aufgegangen, ist voll, nimmt zu, scheint, steht am Himmel, verdunkelt sich, zieht durch die Wolken (dichter.); der M. hat heute einen Hof; der Hund bellt den M. an; die Rakete umkreist den M.; das Licht, der Schein, der Schimmer (geh.) des Mondes; die Scheibe des Mondes (geh.), die Sichel des Mondes (geh.); die der Erde abgewandte Seite des Mondes; das erste, letzte Drittel des Mondes; die Oberfläche, die Krater des Mondes; eine Rakete auf den M. schießen; das Raumschiff ist sicher auf dem M. gelandet, setzt auf dem M. auf, startet zum M. **b)** (Astron.) *einen Planeten umkreisender Himmelskörper:* der Mars hat zwei Monde. **2.** (dichter.) *Monat:* viele Monde waren vergangen. * (ugs.:) **den Mond anbellen** *(heftig schimpfen, ohne damit etwas zu erreichen)* · (ugs.:) **auf/hinter dem Mond leben** *(nicht wissen, was in der Welt vorgeht)* · (ugs.:) **hinter dem Mond zu Hause**/(landsch.:) **daheim sein** *(rückständig sein)* · (ugs.:) **in den Mond gucken** *(das Nachsehen haben)* · (ugs.:) **etwas in den Mond schreiben** *(etwas als verloren betrachten)* · (ugs.:) **die Uhr geht nach dem Mond** *(die Uhr geht ungenau, falsch).*

Mondschein, der: *Licht, Schein des Mondes:* ein Spaziergang bei M. * (ugs.:) **der kann mir im Mondschein begegnen** *(er soll mich in Ruhe lassen, ich will nichts mehr mit ihm zu tun haben).*

Montag, der: *zweiter Tag der Woche:* wir eröffnen M., den 5. Mai; am M., dem 21. März/ (auch:) den 21. März; er kommt nächsten/am nächsten M.; er will bis M. fertig sein. * (ugs.:) **blauer Montag** *(Montag, an dem man der Arbeit fernbleibt).*

montieren: a) ⟨etwas m.⟩ *aus Einzelteilen zusammenbauen, aufbauen:* eine Maschine, ein Gerüst, eine technische Anlage m. **b)** ⟨etwas m.; mit Raumangabe⟩ *an einer bestimmten Stelle anbringen, installieren:* eine Lampe an die/an der Decke m.; er hat die Antenne auf das/auf dem Dach montiert.

Moor, das: *sumpfiges Gebiet:* ein weites, schilfreiches, gefährliches, tückisches (geh.), trügerisches (geh.) M.; Sumpf und M.; M. und Heide; das M. urbar machen, trockenlegen, abbrennen; im M. steckenbleiben, versinken, umkommen.

Moos, das: **1.** *Moospflanze:* grünes, weiches, schwellendes (geh.; veraltend), feuchtes M.; die Steine haben M. angesetzt; im M. liegen; die Baumstämme sind ganz mit M. überzogen; der Waldboden ist mit/von M. bedeckt. **2.** (ugs.) *Geld:* er hat ziemlich viel M.; hast du noch M.? * (ugs.:) **Moos ansetzen** *(alt werden).*

Moral, die: **1.** *sittliches Verhalten; Sittlichkeit:* die natürliche, christliche, bürgerliche M.; eine doppelte, brüchige M.; hier herrscht eine strenge M.; die M. sinkt, steigt, hat sich gelockert; die M. heben, verbessern; gegen die geltende, herrschende M. verstoßen. **2.** *Disziplin, Zucht:* die M. der Truppe; die M. in deiner Mannschaft ist gut, schlecht, ungebrochen, angeknackt (ugs.). **3.** *Nutzanwendung, Lehre:* die M. der Geschichte, einer Fabel, eines Märchens.

moralisch: a) *die Moral betreffend, der Moral entsprechend; sittlich:* die moralische Verpflichtung . . .; der moralische Zerfall eines Volkes; moralische Bedenken, Einwände; ein Buch von hohem moralischem Wert; moralischen Druck, Zwang ausüben; seine Antwort war eine moralische Ohrfeige *(scharfe Zurechtweisung, die jmdn. innerlich trifft);* er ist ein m. hochstehender Mensch; sein Verhalten war m. einwandfrei; er fühlte sich dazu m. verpflichtet. **b)** *sittlich gut; sittenstreng:* ein moralisches Leben; ein moralischer Mensch; sie ist, handelt in allem immer sehr m.; die alte Dame war m. entrüstet. * (ugs.:) **einen Moralischen haben** *(nach einem Rausch Gewissensbisse haben, Reue empfinden).*

Morast, der: *sumpfiger Boden; Schlamm:* tiefer M.; das Auto blieb im M. stecken; übertr. (geh.): er watet immer im M. *(spricht immer über unanständige, schmutzige Dinge).*

Mord, der: *vorsätzliche Tötung aus niedrigen Beweggründen:* ein heimtückischer, grausamer, gemeiner, raffiniert ausgeklügelter M.; es war vorsätzlicher M., M. im Affekt; ein M. war geschehen; der M. an diesem Mädchen wurde nie aufgeklärt; einen M. planen, begehen, verüben; jmdn. zu einem M., zum M. anstiften; Anklage auf M., wegen Mordes erheben. * (ugs.:) **es gibt Mord und Totschlag** *(es gibt heftigen Streit):* wenn du das wirklich tust, gibt es M. und Totschlag · (ugs.:) **das ist ja [der reine, reinste] Mord!** *(das ist entsetzlich, gefährlich, eine Zumutung).*

morden: a) *einen Mord begehen:* kaltblütig m.; im Krieg haben sie geplündert und gemordet. **b)** ⟨jmdn. m.⟩ *ermorden, umbringen:* unschuldige Kinder m.; Millionen waren im Krieg sinnlos gemordet worden.

Mörder, der: *jmd., der einen Mord begangen hat:* der M. sein; der M. wurde zu lebenslänglicher Freiheitsstrafe verurteilt; er ist zum M. geworden.

Mördergrube ⟨in der Wendung⟩ aus seinem Herzen keine Mördergrube machen: *offen von etwas sprechen.*

mörderisch (ugs.): *sehr heftig, stark; fürchterlich:* eine mörderische Hitze; er fuhr in einem mörderischen Tempo; das Gedränge war einfach m.; der Kleine hat beim Arzt m. geschrien.

Mores ⟨in der Wendung⟩ jmdn. Mores lehren (ugs.): *jmdm. die Meinung sagen, jmdn. energisch zurechtweisen:* dich werde/will ich M. lehren.

morgen ⟨Adverb⟩: **1.** *am folgenden, kommenden Tag:* m. ist Sonntag; Redensarten: m. ist auch [noch] ein Tag; m., m. nur nicht heute, sagen alle faulen Leute · m. verreisen wir; das geschieht nicht heute und nicht m. *(das dauert noch eine Weile);* m. früh, mittag, nachmittag, abend; m. in einer Woche, in vierzehn Tagen; m. um diese, um dieselbe, um die gleiche Zeit treffen wir uns wieder; m. am Tage, gleich m. werden wir es machen; er hat ihn auf m. vertröstet; bis m. muß das erledigt werden; das sind eure Aufgaben für/(bes. nordd.:) zu m. **2.** *in der [nächsten] Zukunft:* m. wird man ganz andere Methoden anwenden; das ist vielleicht die Mode, der Stil von m.; subst.: das Morgen *(die [nächste] Zukunft).* **3.** *am Morgen:* gestern, heute m.; er wird erst am Montag m. dort ankommen. * (ugs.:) **von heute auf morgen** *(sehr schnell; innerhalb kurzer Zeit)* · (ugs.:) **lieber heute als morgen** *(am liebsten sofort).*

Morgen, der: **I. 1.** *Tagesanfang, Vormittag:* ein schöner, klarer, heller, frischer, heiterer, sonniger, strahlender, warmer, kühler, kalter, winterlicher, nebliger, trüber, unfreundlicher M.; ein M. im August; es wird schon M.; der M. bricht an (geh.), dämmert (geh.), graut (geh.), naht (dichter.), zieht herauf (dichter.), leuchtet (dichter.), kündigt sich im Osten an (dichter.); den M. erwarten, herbeisehnen, verschlafen; er verbrachte den ganzen M. im Bett; ⟨Akk. als Zeitangabe⟩ einen, diesen, manchen M.; den folgenden, nächsten M. erwachte er sehr früh; er ging jeden M. spazieren · ⟨Gen. als Zeitangabe⟩ des Morgens (geh.; *morgens*), des Morgens früh (geh.; *frühmorgens*); eines [schönen] Morgens *(an einem nicht näher bestimmten Morgen)* · die Nacht weicht dem M. (dichter.); früh, zeitig, spät am M.; am frühen, späten M.; am anderen, nächsten, folgenden M.; an einem schönen M.; bis gegen M.; bis in den [hellen, hellichten] M.; M. für M.; gegen M. wachte er auf; vom M. bis zum Abend; während des ganzen Morgens trällerte sie; übertr. (geh.): *Anfang, Frühzeit:* der M. der Freiheit; am M. des Lebens. **2.** (dichter.; veraltend) *Osten:* gegen M. *(nach Osten, ostwärts).* **II.** */ein Feldmaß/:* er hat noch ein paar, zehn Morgen Land dazugekauft. * **guten Morgen!** */Grußformel/* · (geh.:) **schön/frisch wie der junge Morgen** *(jugendfrisch, schön und strahlend).*

morgendlich: **a)** *dem Morgen gemäß; wie am Morgen:* die morgendliche Stille, Stimmung; alles war m. frisch. **b)** *in die Morgenzeit fallend, am Morgen geschehend:* die morgendliche Fahrt in die Stadt.

Morgenluft, die: *frische Luft des Morgens:* die kühle, frische M.; es war ein Genuß, in der M. zu wandern. * (ugs.:) **Morgenluft wittern** *(die Möglichkeit zu einem Vorteil sehen).*

Morgenrot, das: *rote Färbung des Himmels bei Sonnenaufgang:* ein leuchtendes, kräftiges, schwaches M.; übertr. (geh.): *Anfang, Anbruch:* das M. der Freiheit, einer schöneren Zukunft.

morgens ⟨Adverb⟩: *am Morgen, am Vormittag:* m. [um] 8 Uhr/[um] 8 Uhr m.; Montag m.; montags m.; das Lokal hat/ist m. geschlossen; von m. bis mittags.

morgig: *vom folgenden, kommenden Tag:* die morgige Zeitung; das morgige Programm; das entscheidet sich am morgigen Tag *(morgen).*

Morpheus ⟨in der Verbindung⟩ in Morpheus' Armen (geh.): *in ruhigem und zufriedenem Schlaf.*

morsch: *faul, brüchig:* morsches Holz; eine morsche Brücke; ein morsches Dach; die Balken sind schon ganz m.; bildl.: das morsche Staatsgefüge.

Most, der: *unvergorener Obstsaft:* der M. gärt; M. bereiten, machen (ugs.); er trinkt gern M.; * (ugs.:) **wissen, wo Barthel den Most holt** *(alle Kniffe kennen).*

Mostrich, der (bes. nordd.): → Senf.

Motiv, das (bildungsspr.): **1.** *Beweggrund, Ursache:* ein politisches, religiöses M.; das M. dieser Tat, für diese Tat war Eifersucht; es gibt kein vernünftiges, überzeugendes, zwingendes M. für diese Tat; das M. eines Verbrechens suchen, finden; ich kenne seine wahren Motive nicht; etwas aus eigennützigen Motiven [heraus] tun; ohne erkennbares M. handeln. **2.** *charakteristisches [Teil]thema, Inhaltselement:* ein literarisches, künstlerisches, musikalisches M.; das M. der bösen Fee im deutschen Märchen; dieses M. taucht in seinen Bildern immer wieder auf; das M. kehrt in der Oper mehrmals wieder. **3.** *zur künstlerischen Gestaltung anregender Gegenstand:* der Maler bevorzugt ländliche Motive; er suchte nach einem geeigneten M. zum Photographieren.

motivieren (bildungsspr.) ⟨etwas m.⟩: *begründen:* eine Handlung politisch, religiös, weltanschaulich m.; wie will er sein Verhalten, sein Vorgehen, diese Tat m.?

Motor, der: *Antriebsmaschine:* ein schwacher, starker, schwerer, hochgezüchteter M.; der M. eines Schiffs, eines Autos, einer Waschmaschine; der M. ist noch kalt, ist schon warm, kocht, setzt aus, bleibt stehen, blockiert, streikt (ugs.), ist abgesoffen (ugs.), springt [gut] an, läuft ruhig, läuft auf vollen Touren, arbeitet einwandfrei, funktioniert gut, brummt, dröhnt, singt, klopft, heult, heult auf, tuckert (ugs.); der M. dieses Wagens leistet 40 PS, hat einen Hubraum von 1485 ccm, macht 5200 Umdrehungen in der Minute, verbraucht viel Benzin; einen M. anlassen, anstellen, anschalten, einschalten, abstellen, ausschalten; den M. eines Wagens warmlaufen lassen, hochjagen, schonen, strapazieren, abwürgen, auseinandernehmen, waschen, überholen, reparieren; einen M. auswechseln; neue Motoren/(auch:) Motore einbauen; übertr.: *treibende Kraft:* er ist der eigentliche M. des Unternehmens.

Motte, die: */ein Insekt/:* die Motten haben die Kleidungsstücke zerfressen; in den Pelz sind Motten gekommen (ugs.); Motten vernichten; eine M. jagen; die Verbrecher werden von der Stadt angezogen wie die Motten vom Licht; ein Mittel gegen Motten. * (ugs.:) **die Motten haben** *(an Lungentuberkulose leiden)* · (ugs.:) **du kriegst die Motten!** */Ausruf des Erstaunens/*

Motto, das: *Leitgedanke, Wahlspruch:* dieser Spruch ist sein M.; ein M. haben; sich (Dativ) etwas als M. wählen; jedes Kapitel trug ein M.; er lebt, handelt, arbeitet nach diesem M.; der Abend stand unter dem M. „Dem Menschen dienen".

Mücke, die: */ein Insekt/:* die Mücken spielen, schwärmen, tanzen, surren, umschwirren das Licht; eine M. hat mich gestochen; er versuchte, die Mücken zu fangen; sie wurden von Mücken geplagt. * (ugs.:) **eine Mücke machen** *(sich davonmachen, verschwinden)* · **aus einer Mücke einen Elefanten machen** *(etwas unnötig aufbauschen).*

Mucken ⟨in bestimmten Wendungen⟩ (ugs.:) **[seine] Mucken haben** *(eigensinnig, launisch sein; seine Launen haben)* · (ugs.:) **etwas hat seine Mucken** *(etwas funktioniert nicht recht, macht Schwierigkeiten)* · (ugs.:) **jmdm. die Mucken austreiben** *(jmdn. dazu bringen, seinen Eigensinn, Trotz, Widerstand aufzugeben).*

mucksen, (auch:) mucken (ugs.): **1.** *sich rühren, einen Laut von sich geben:* **a)** sie hat beim Zahnarzt nicht gemuckst. **b)** ⟨sich m.⟩ daß ihr euch nicht muckst! **2.** *murren, aufbegehren:* **a)** die Schüler muckten. **b)** ⟨sich m.⟩ keiner wagte es mehr, sich zu m.

müde: a) *schlafbedürftig, schläfrig:* die müden Kinder zu Bett bringen; die müden Augen fielen ihm zu; er war so m., daß er sofort einschlief; ich bin zum Umfallen (ugs.; *sehr*) m.; er sank m. ins Bett. **b)** *erschöpft, ermattet, abgespannt, geschwächt:* ein müder Arbeiter, Wanderer; seine müden Glieder, seinen müden Körper ausruhen; sie waren müde von der Arbeit; seine Füße waren m. vom vielen Laufen; sich m. arbeiten; das viele Sprechen hat ihn m. gemacht; sie kamen m. von ihrem Ausflug zurück; er hat das Pferd müde geritten; übertr.: mit müder *(matter und leiser)* Stimme sprechen; er hat müde *(glanzlose und von Müdigkeit zeugende)* Augen; er wehrte mit einer müden *(schwachen, resignierenden)* Geste ab. * **jmdn., etwas/**(geh.:) **jmds., einer Sache müde sein** *(jmds., einer Sache überdrüssig sein)* · **nicht müde werden, etwas zu tun** *(nicht aufhören, etwas zu tun).*

Müdigkeit, die: *das Müdesein, Schlafbedürfnis:* eine große, tiefe, bleierne M. kam über ihn (geh.), legte sich auf seine Augen (geh.); M. verspüren; die M. überwinden; gegen die M. ankämpfen; von der M. übermannt werden; vor M. umsinken, einschlafen. * (ugs.:) **[nur] keine Müdigkeit vorschützen!** *(keine Ausflüchte!; nur weitermachen!).*

muffig (ugs.): **1.** *faulig, modrig; dumpf riechend:* muffiges Stroh; hier ist eine muffige Luft; die muffigen Kleider müssen gelüftet werden; das Mehl ist m.; im Keller riecht es sehr m.; übertr.: *kleinbürgerlich, engherzig:* muffige Anschauungen. **2.** *mürrisch, verdrießlich:* er ist ein muffiger Kerl; mache, ziehe nicht immer so ein muffiges Gesicht!; warum ist er heute so m.?; er sitzt m. in der Ecke.

Mühe, die: *Anstrengung, Strapaze, Arbeit:* große, schwere, unendliche, unbeschreibliche, vergebliche, verlorene *(vergebliche)* M.; das ist eine kleine, leichte M.; die täglichen Mühen, die Mühen des Tages, des Lebens; die M. hat sich gelohnt; mit einer Arbeit viel, wenig, keine M. haben; sie hat viel M. mit den Kindern; er hatte alle M. *(er mußte alles mögliche tun, unternehmen),* die Kinder zu beruhigen; er hatte Mühe *(es kostete ihn einige Anstrengung),* die Sache wieder in Ordnung zu bringen; das würde mir viel M. machen, bereiten; etwas verursacht, kostet Mühe; er scheute keine M., ließ sich keine M. verdrießen (geh.), die Angelegenheit zu regeln; er machte, nahm sich (Dativ) die M., alles noch einmal zu prüfen; er hat viel M. [und Zeit] darauf verwendet; ich will ihm die M. ersparen; es lohnt die M./(geh.:) der M. nicht; diese M. hättest du dir sparen können; spar dir die M.! *(es ist zwecklos; du erreichst nichts);* machen Sie sich (Dativ) bitte keine M. *(keine Umstände)!;* er hat es mit M., ohne M. geschafft; er hat sein Ziel nach vielen Mühen erreicht; nach des Tages Last und Mühen (geh.) ... * **sich** (Dativ) **Mühe geben** *(sich bemühen, anstrengen):* gib dir keine Mühe, du schaffst es doch nicht; sie haben sich mit der Vorbereitung viel M. gegeben · **etwas ist der/**(auch:) **die Mühe wert** *(etwas lohnt sich)* · **mit Müh und Not** *(nach langem Bemühen; gerade noch):* wir fanden mit Müh und Not noch einen Platz.

mühen (geh.) ⟨sich m.⟩: *sich anstrengen, bemühen, plagen:* sie mühte sich sehr, es ihnen recht zu machen; er hat sich sehr gemüht, aber es ist ihm nicht geglückt; er mußte sich mit dieser Arbeit ernstlich m.

Mühle, die: **1. a)** *Anlage zum Zermahlen von Getreide:* eine alte, verfallene, idyllisch gelegene M.; die M. ist noch in Betrieb, geht, klappert; die M. dreht sich *(ihre Flügel drehen sich);* Sprichwörter: Gottes Mühlen mahlen langsam [aber trefflich klein/(ugs.:) aber sicher]; wenn die M. steht, kann der Müller nicht schlafen · bildl. (ugs.): der Antrag ist in die M. der Verwaltung geraten. **b)** *Gerät zum Zermahlen von Kaffee, Pfeffer o. ä.:* die M. drehen; Kaffee in die M. schütten; sie mahlt die Gewürze mit der M. **2.** (ugs.; abwertend) *Fahrzeug:* das ist eine dolle M.; willst du mit deiner alten M. noch eine solche Reise machen? **3.** */ein Brettspiel/:* die Kinder spielen M. * (ugs.:) **etwas ist Wasser auf jmds. Mühle** *(etwas unterstützt jmds. Ansichten, Absichten).*

mühsam: *beschwerlich, anstrengend:* eine mühsame Arbeit; ein mühsames Amt, Leben; das ist ein mühsamer Weg; das ist mir zu m.; etwas nur m. erreichen; sich m. fortbewegen; sie kamen in dem hohen Schnee nur m. vorwärts.

mühselig: *mühsam, lästig; viel Geduld, Sorgfalt erfordernd:* das ist eine sehr mühselige Arbeit, ein mühseliges Leben; die Versuchsanordnung ist sehr m.

Mulde, die: **1.** *leichte Bodenvertiefung, Senke:* mit Wasser gefüllte Mulden; sich in einer M. verstecken; das Haus liegt in einer Mulde. **2.** *großes, längliches Gefäß; Trog:* den Teig aus der M. nehmen; das Fleisch liegt noch in der M. * (ugs.:) **es regnet/gießt wie mit Mulden** *(es regnet sehr stark).*

Müll, der: *Haushaltsabfälle:* der M. fault, stinkt, liegt herum; heute wird der M. weggefahren; der Hund wühlte im M.; das kommt alles in den M., zum M.; etwas in den M. werfen.

mulmig (ugs.): *unbehaglich, bedenklich, gefährlich:* das ist eine [ganz] mulmige Sache, Situation; als es m. wurde, verließ er eilig das Lokal; ihm wurde plötzlich m. zumute.

Mumm ⟨in der Wendung⟩ Mumm [in den Knochen] haben (ugs.): **a)** *Kraft haben:* der kann das Faß nicht anheben, weil er keinen, zu wenig, nicht viel M. [in den Knochen] hat. **b)** *Energie, Tatkraft, Schneid haben:* wenn du nur etwas mehr M. [in den Knochen] hättest, könntest du die Aufgabe leicht bewältigen.

Mund, der: *Lippen, Mundöffnung:* ein großer, schöner, weicher, voller, schwellender (geh.), sinnlicher, häßlicher, schiefer, breiter, zahnloser, eingefallener, welker, blasser, bleicher (geh.), rosiger (geh.), roter, lächelnder, lachender, offener, geschlossener M.; ein harter, spöttischer, bitterer (geh.) M.; sein M. war ganz wund; ihr Mund verzog sich zu einem spöttischen Lächeln; der Mund des Kranken zuckte, bewegte sich, öffnete sich; vor Staunen blieb ihm der M. offenstehen; Sprichw.: wes das Herz voll ist, des geht der M. über · den Mund öffnen, aufmachen, aufreißen, schließen, spitzen, verziehen, zusammenkneifen; den M. abwischen, [aus]spülen; er küßte ihren M.; sie hielt ihm den M. zu; die Säure zog ihm den Mund zusammen; er hat sich mit der heißen Suppe den [ganzen] M. verbrannt; stopf dir doch den M. nicht so voll! (ugs.; *iß nicht so gierig!*); Redensart (scherzh.): du hast wohl deinen Mund zu Hause gelassen? *(warum bist du so schweigsam?)* · er küßte sie auf den M.; sie legte den Finger auf den M.; das höre ich aus deinem M. *(von dir)* zum ersten Mal; das Kind steckt den Daumen in den M.; er hörte mit offenem M. zu; man spricht nicht mit vollem M.; sie hat einen herben Zug um den M.; der Kranke hatte Schaum vor dem M.; er führte dem Kranken den Löffel zum Mund; bildl.: sie hat vier hungrige Münder zu stopfen *(vier Kinder zu versorgen);* übertr. (geh.): der gefräßige, feurige M. *(Öffnung)* des Ofens; der metallene M. der Glocken. * (ugs.:) **Mund und Nase aufsperren** *(sehr überrascht sein)* · (ugs.:) **den Mund aufreißen/voll nehmen** *(aufschneiden, prahlen, großtun)* · (ugs.:) **einen großen Mund haben** *(ein Prahler sein; prahlen, vorlaut sein)* · (ugs.:) **den Mund auf dem rechten Fleck haben** *(schlagfertig sein)* · **den Mund aufmachen/auftun** *(etwas sagen, reden)* · (ugs.:) **den Mund halten** *(schweigen; ein Geheimnis nicht verraten)* · (ugs.:) **reinen Mund halten** *(nichts verraten)* · (ugs.:) **sich** (Dativ) **den Mund fusselig reden** *(vergeblich reden, um jmdn. von etwas zu überzeugen)* · (ugs.:) **sich** (Dativ) **den Mund verbrennen** *(sich durch unbedachtes Reden schaden)* · **jmdm. den Mund öffnen** *(jmdn. zum Reden bringen)* · **jmdm. den Mund verbieten** *(jmdm. untersagen, seine Meinung zu äußern)* · (ugs.:) **jmdm. den Mund stopfen** *(jmdn. zum Schweigen bringen)* · (ugs.:) **jmdm. den Mund wäßrig machen** *(jmdn. zum Genuß von etwas reizen)* · **sich** (Dativ) **etwas am/vom Mund[e] absparen** *(unter Entbehrungen sparen)* · **an jmds. Mund hängen** *(jmdm. mit gespannter Aufmerksamkeit zuhören)* · (ugs.:) **nicht auf den Mund gefallen sein** *(schlagfertig sein, gut reden können)* · (ugs.:) **jmdm. das Wort aus dem Mund nehmen** *(vorbringen, was ein anderer gerade sagen wollte)* · **jmdm. das Wort im Munde [her]umdrehen** *(jmds. Aussage absichtlich falsch, gegenteilig auslegen)* · **ein Wort viel, dauernd im Mund führen** *(ein Wort oft gebrauchen, anwenden)* · (ugs.:) **jmdm. läuft das Wasser im Mund zusammen** *(jmd. bekommt großen Appetit auf etwas)* · (ugs.:) **jmdm. die Bissen im Mund/in den Mund zählen** *(jmdn aus Sparsamkeit das Essen nicht gönnen)* · **aller Munde sein** *(sehr bekannt, populär sein* der Künstler, das Ereignis ist zur Zeit in all Munde · **in aller Leute Munde sein** *(viel bered werden, Gegenstand des Klatsches sein):* er, sei Mißgeschick war damals in aller Leute Munde (ugs.:) **etwas in den Mund nehmen** *(etwas au sprechen):* ein solches Wort würde sie nie in de M. nehmen · **jmdm. etwas in den Mund lege** *(jmdn. auf eine bestimmte Antwort hinlenken)* **von der Hand in den Mund leben** *(die Einnah men sofort für Lebensbedürfnisse wieder ausg ben)* · (ugs.:) **mit dem Mund vorneweg sein** *(vo laut sein)* · (ugs.:) **jmdm. nach dem Mund r den** *(jmdm. zu Gefallen reden)* · (ugs.:) **jmdn über den Mund fahren** *(jmdm. das Wort abschne den, jmdm. scharf antworten)* · (ugs.:) **jmdn Brei/Honig um den Mund schmieren** *(jmdn schmeicheln)* · **etwas geht von Mund zu Mun** *(etwas wird durch Weitererzählen verbreitet)* (ugs.:) **[sich** (Dativ)**] kein Blatt vor den Mun nehmen** *(offen seine Meinung sagen).*

munden (geh.) ⟨etwas mundet jmdm.⟩: *etwa schmeckt jmdm. gut:* die Speisen mundeten alle trefflich; hat es dir gemundet?; der Wein mun det ihm nicht [recht]; sie haben sich den K chen m. lassen; ⟨auch ohne Dativ der Person das mundet aber [gut]!

münden: a) ⟨etwas mündet in etwas⟩ *etwa strömt, fließt in etwas hinein:* der Fluß münde ins Meer; der Neckar mündet bei Mannheir in den Rhein; übertr.: alle diese Problem scheinen in dieselbe große Frage zu münder **b)** ⟨etwas mündet; mit Raumangabe⟩ *etwa endet an einer bestimmten Stelle, läuft an eine bestimmten Stelle aus:* die Straßen münden all auf diesen/(auch:) diesem Platz; der Gan mündete in eine/(auch:) einer großen Halle hinter einer dieser Türen müßte die Treppe n

mündig: *volljährig:* noch nicht m. sein; in die sem Land wird man mit 21 Jahren m.; e wurde [vorzeitig] für m. erklärt.

mündigsprechen ⟨jmdn. m.⟩: *für mündig er klären:* die beiden Jugendlichen wurden mün diggesprochen.

mündlich: *gesprächsweise, nicht schriftlich:* ei mündlicher Gedankenaustausch; mündlich Vereinbarungen, Verfahren; eine mündlich Prüfung; die Zusicherungen waren nur m. etwas m. vereinbaren, verhandeln; jmdm. etwa m. mitteilen; alles andere m.!

mundtot ⟨in der Verbindung⟩ jmdn. mundto machen: *jmdm. jede Möglichkeit nehmen, sein Meinung kundzutun:* die unbequemen Kritike des Systems wurden m. gemacht.

Mündung, die: **1.** *Flußmündung:* an der M. is der Fluß am breitesten. **2.** *Gewehr-, Kanonen mündung:* die Mündungen der Gewehre rich teten sich auf ihn.

Mundwerk ⟨in bestimmten Wendungen (ugs.:) **jmds. Mundwerk steht nicht still** *(jmd redet ununterbrochen)* · (ugs.:) **ein gutes/flinkes großes/freches/böses/loses o. ä. Mundwerk ha ben** *(sehr gewandt, schnell, großsprecherisch frech o. ä. reden).*

munkeln (ugs.): *im geheimen reden, erzählen:* i der ganzen Stadt wird über sie gemunkelt man munkelt schon lange von dieser Sache man munkelt so allerlei; Redensart: im Dunkeln ist gut munkeln.

munter: **a)** *lebhaft, fröhlich, frisch, lebendig:* ein munteres Kind; ihre munteren Augen; ein munteres Lied pfeifen; sie waren alle in munterer Laune; die Kinder waren vergnügt und m., tollten m. umher; der Kranke ist wieder [gesund und] m. *(wohlauf).* **b)** *wach:* er war in aller Frühe schon m.; langsam wurden sie wieder m.; der Kaffee hält uns m., macht uns wieder m.

Münze, die: **1.** *aus Metall hergestelltes Geldstück:* eine kleine, große, kupferne, goldene, echte, falsche, unechte, alte, verfallene, ungültige, vollwertige, minderwertige, abgegriffene M.; inländische, ausländische, fremde Münzen; eine M. aus Gold; diese M. ist sehr wertvoll; eine M. verliert ihren Wert, an Wert, wird ungültig; Münzen prägen, schlagen, fälschen; neue, falsche Münzen in Umlauf setzen; Münzen einziehen, außer Kurs setzen, aus dem Verkehr ziehen; er sammelt Münzen; eine Handvoll wertloser Münzen; eine Sammlung von Münzen. **2.** *Geldprägestelle:* das Geld wird in der M. geprägt. * **etwas für bare Münze nehmen** *(etwas ernsthaft glauben)* · **in/mit klingender Münze bezahlen** *(bar bezahlen)* · **jmdm. etwas in/mit gleicher Münze heimzahlen** *(jmdm. etwas auf die gleiche üble Weise vergelten).*

münzen ⟨in der Wendung⟩ etwas ist auf jmdn. gemünzt: *jmd. ist mit etwas gemeint, etwas spielt auf jmdn. an:* seine Bemerkung war auf dich gemünzt.

mürbe: **1.a)** *zart, weich, locker:* mürbes Gebäck, Fleisch, Obst; der Kuchen, der Braten ist sehr m.; das Fleisch m. klopfen. **b)** *leicht zerfallend, morsch, brüchig:* mürbes Holz; die Segel, die Taue sind m. **2.** (ugs.) *widerstandslos:* völlig m. sein; jmdn. m. machen; die haben mich nicht m. gekriegt.

murmeln: **1.** ⟨etwas m.⟩ *leise und undeutlich vor sich hin sprechen:* er murmelte ein paar unverständliche Worte [vor sich hin] und ging; was murmelst du da [in deinen Bart]?; subst.: man hörte nur ein leises Murmeln. **2.** (geh.) *ein murmelndes Geräusch von sich geben, verursachen:* sie hörten den Bach m.

murren: *aufbegehren; seine Unzufriedenheit äußern:* ständig m.; er murrte gegen die Befehle des Vorgesetzten, über das schlechte Essen; subst.: er ertrug alles ohne Murren.

mürrisch: *verdrießlich, schlecht gelaunt:* ein mürrischer Mensch; ein mürrisches Gesicht machen; warum ist der Alte immer so m.?; er sagte, tat es ziemlich m.

Mus, das: *aus gekochtem Obst o. ä. hergestellter Brei:* M. kochen, rühren, essen; sie schüttete Gemüse und Kartoffeln zusammen und rührte, zerquetschte das Ganze zu M. (landsch.; *zu einem Brei*); wir wurden in der Straßenbahn fast zu M. zerquetscht.

Muse, die: *eine der neun griechischen Göttinnen der Künste:* die M. der Musik, der Tanzkunst; in dem Tempel waren alle neun Musen dargestellt. * **die leichte Muse** *(die heitere, unterhaltende Kunst)* · (scherzh.:) **die zehnte Muse** *(das Kabarett)* · (scherzh.:) **jmdn. hat die Muse geküßt** *(jmd. fühlt sich zum Dichten angeregt, hat einen dichterischen Einfall).*

Musik, die: **1.a)** *Tonkunst:* die klassische, moderne M.; geistliche, weltliche, atonale, elektronische M.; die M. des Barocks; M. geht ihm über alles; M. lieben, studieren; er interessiert sich für M., hat nichts übrig für M. **b)** *Musikstück, musikalische Weisen:* aus dem Lautsprecher ertönte laute, wilde, beschwingte, leise, heitere, zarte, gedämpfte M.; die M. brach ab, setzte wieder ein, drang bis auf die Straße; er hört gern leichte, schräge (ugs.), gute, schwere, klassische M.; er schreibt, komponiert die M. zu diesem Film; diese Kapelle macht gute M. *(spielt gut);* Redensart: der Ton macht die M. · einen Text in M. setzen *(vertonen).* **2.** (ugs.) *Musikkapelle:* die M. marschiert an der Spitze des Zuges; die M. kommt; er bestellte Bier für die M. * (ugs.:) **etwas ist Musik/klingt wie Musik in jmds. Ohren** *(etwas ist für jmdn. sehr erfreulich, angenehm)* · **Musik im Blut haben** *(angeborene Musikalität besitzen).*

musikalisch: **1.** *die Musik betreffend:* eine gute musikalische Darbietung; eine musikalische Einlage; seine Interessen liegen mehr auf musikalischem Gebiet; eine musikalische Veranlagung, Begabung; er ist m. begabt. **2.** *musikbegabt:* ein musikalischer Mensch; er spielte mit musikalischem Ausdruck; er ist [sehr, außergewöhnlich, nicht] m.; er singt, spielt, dirigiert sehr m. **3.** *klangvoll:* das Italienische ist eine musikalische Sprache.

Muskel, der: *Bewegungsorgan:* kräftige, trainierte, starke, gut ausgebildete Muskeln; die Muskeln der Arme spannten sich, traten hervor, spielten, vibrierten; durch dieses Training werden alle Muskeln beansprucht; jeden M. [an]spannen; die Muskeln entspannen, massieren; die Läuferin hat sich (Dativ) einen M. gezerrt; er hat Muskeln *(er ist kräftig, stark).*

Muße, die: *Ruhe, Zeit:* dazu fehlt mir die M.; [Zeit und] M. zu etwas finden, brauchen, haben; etwas in [aller] M. tun; er betrachtete die Bilder mit M.

müssen ⟨mit Infinitiv⟩: **a)** *gezwungen sein; nicht umhin, nicht anders können:* ich habe es tun m. (nicht korrekt: gemußt); er muß jeden Morgen um 6 Uhr aufstehen; ich muß jetzt gehen; es war eine große Leistung, das muß man sagen; sie muß heiraten *(heiratet, weil sie ein Kind erwartet)* · (ugs.:) ⟨auch ohne Infinitiv⟩ ich muß noch zur Post *(muß noch zur Post gehen);* nun muß ich aber an die Arbeit *(muß mit der Arbeit beginnen);* das Kind muß mal (verhüll.; *muß seine Notdurft verrichten).* **b)** *sollen:* das mußt du nicht tun; so etwas mußt du nicht sagen; das müßtet ihr eigentlich wissen. **c)** */drückt aus, daß etwas nötig ist, getan werden muß/:* ich muß ihn unbedingt wieder einmal besuchen; du mußt seine Einladung annehmen; muß das ausgerechnet heute sein?; der Brief muß noch heute abgeschickt werden. **d)** */drückt eine logische Notwendigkeit, eine Wahrscheinlichkeit aus/:* so muß es gewesen sein, es gibt keine andere Erklärung; das mußte ja so kommen; es muß geregnet haben; er muß jeden Augenblick kommen; sie muß es vergessen haben, sonst wäre sie schon hier; es müßte jetzt eigentlich läuten. **e)** */dient dem Ausdruck einer Feststellung, für die man sich nicht verbürgt/:* das Konzert muß aber schön gewesen sein; er muß sehr reich sein; zwischen den beiden muß eine heftige Auseinandersetzung stattgefunden haben. **f)** ⟨im 2. Konjunktiv⟩ */drückt aus, daß etwas erstrebenswert, wünschenswert ist/:* so müßte es immer bleiben; man müßte noch einmal von vorn anfangen können; viel Geld müßte man haben!

müßig (geh.): **1.** *untätig, beschäftigungslos:* müßige Hände; ein müßiges Leben führen; sie ist nie m.; m. herumstehen. **2.** *unnütz, überflüssig:* müßige Reden, Klagen; sich müßige Gedanken machen; das ist eine ganz müßige Frage; es ist m., sich länger darüber zu streiten.

Muster, das: **1.** *Vorlage, Modell:* etwas dient als Muster für etwas; ein M. nacharbeiten, kopieren; sie hat das Kleid nach einem M. gearbeitet; übertr.: *Vorbild:* er ist ein M. an Fleiß; sie ist das M. einer guten Hausfrau; sie hat ihm ihren ersten Mann immer als M. hingestellt; an ihm kannst du dir ein M. nehmen. **2.** *Zeichnung, Verzierung, Dessin:* ein großes, kleines, hübsches, modernes, auffälliges, ausgefallenes, aufdringliches M.; das M. einer Tapete, eines Stoffes; neue Muster entwerfen, zeichnen; ein M. häkeln, stricken, sticken. **3.** *Warenprobe, Probestück:* die neuesten Muster anfordern, prüfen, vorlegen; der Vertreter zeigte einige Muster der neuen Ware, Produktion; Kaufmannsspr.: M. ohne Wert *(Warenprobe als Postsendung).*

mustergültig: *vorbildlich, nachahmenswert:* eine mustergültige Ordnung; ein mustergültiger Haushalt; die Disziplin ist m.; der Betrieb ist m. geführt, organisiert.

musterhaft: *mustergültig, ausgezeichnet:* ein musterhafter Schüler; eine musterhafte Haltung; sein Einsatz war m.; er hat sich m. benommen.

mustern ⟨jmdn., etwas m.⟩: **1.** *prüfend betrachten:* jmdn. abschätzend, kühl, spöttisch, unverhohlen, dreist, von oben bis unten, von Kopf bis Fuß m.; sie musterte die Vorübergehenden mit neugierigem Blick; einen Raum, eine Ware eingehend m.; die Truppen m. (militär.; *besichtigen, inspizieren*). **2.** (militär.) *auf Wehrdiensttauglichkeit untersuchen:* er, dieser Jahrgang wird nächstes Jahr gemustert.

Mut, der: *Kühnheit, Unerschrockenheit:* ein großer, bewundernswerter, fester, starker, kühner (geh.), schwacher, geringer M.; frischer Mut zur Tat; der M. zum Leben; sein M. wuchs, stieg, sank, schwand; dazu fehlt ihm der M.; der M. verließ ihn; nur M.! */ermunternder Zuspruch/:* M. bekommen, haben, fassen, beweisen, zeigen; jmds. Mut erproben; all seinen Mut zusammennehmen; für etwas M. aufbringen; etwas macht, gibt jmdm. [neuen] M., stärkt, erweckt (geh.) jmds. M. wieder; das nahm ihm allen M.; jmdm. M. machen, zusprechen *(jmdn. ermutigen);* sie machten sich gegenseitig M.; den M. verlieren, sinken lassen *(verzagen);* er war voll unbezähmbaren Mutes (geh.), war von unbezähmbarem M. erfüllt (geh.). * (geh.:) **guten, frohen, frischen o. ä. Mutes sein** *(zuversichtlich, fröhlich gestimmt sein).*

Mütchen ⟨in der Wendung⟩ sein Mütchen an jmdm. kühlen (ugs.): *jmdn. seinen Ärger, Zorn fühlen lassen.*

mutig: *Mut habend; unerschrocken:* ein mutiger Mensch; eine mutige Tat; ein mutiges Wor[t]; Vorgehen; sie ist sehr m., hat m. gehandel[t]; er trat m. für die Sache der Freiheit ein; d[er] Herausforderer griff m. an.

mutmaßlich (geh.): *vermutlich, wahrscheinlich[:]* der mutmaßliche *(in Verdacht stehende)* Tät[er] wurde gefaßt; die Lage wird sich m. noch ve[r]schlechtern.

¹Mutter, die: *Frau, die ein oder mehrere Kind[er] geboren hat:* die leibliche, echte, eigene M.; d[ie] liebe, gute M.; eine besorgte, nachsichtige, gut[e,] gütige, strenge, böse, schlechte M.; ledige Mü[t]ter; Frauen und Mütter; Vater und M. *(Eltern[);]* kath. Rel.: die M. Gottes *(Maria, die Mutt[er] Jesu);* seine M. ist gestorben; sie ist M. vo[n] fünf Kindern; sie wird M. *(ist schwanger);* s[ie] fühlt sich M. (geh.; *fühlt, daß sie schwanger ist[)];* sie war zu den Kindern wie eine M., war besorg[t] wie eine M.; das Mädchen ist ganz die M. (ugs[.;] *sieht seiner Mutter sehr ähnlich*); Redensart[:] Vorsicht ist die M. der Weisheit/(ugs.:) de[r] Porzellankiste · dem Kind die M. ersetzen[,] seinem Kind wieder eine Mutter geben; grüße[n] Sie Ihre [Frau] M.!; der M. nacharten, nach[]schlagen; der Geburtstag der M./Mutters Ge[]burtstag; er hängt sehr an seiner M.; er hat e[s] dort wie bei seiner M.; sie schlägt, artet nac[h] der M. * (Soldatenspr.:) **die Mutter der Kompa[]nie** *(der Hauptfeldwebel)* · (ugs.:) **bei Mutte[r] Grün schlafen** *(im Freien übernachten).*

²Mutter, die: *Schraubenmutter:* die Mutter müssen fester angezogen werden; eine M. ha[t] sich gelockert.

Mutterfreuden ⟨in den Wendungen⟩ (geh.:) **Mutterfreuden entgegensehen** *(ein Kind erwar[]ten)* · (geh.:) **Mutterfreuden genießen** *(ein Kin[d] geboren haben).*

mütterlich: **1.** *der Mutter zugehörend, von de[r] Mutter kommend:* das mütterliche Geschäf[t,] Erbe; die mütterliche Linie, Seite; er hat di[e] mütterliche Warnung, den mütterlichen Ra[t] in den Wind geschlagen. **2.** *in der Art eine[r] Mutter; liebevoll und fürsorglich:* eine mütter[]liche Frau; sie wollte seine mütterliche Freun[]din sein; mütterliche Fürsorge, Zärtlichkeit[;] sie, ihre Art ist sehr m.; sie nahm die fremde[n] Kinder m. auf, nahm sich ihrer m. an.

Muttermilch, die: *Milch der Mutter:* das Kin[d] bekommt M., wird mit M. ernährt. * **etwas mi[t] der Muttermilch einsaugen** *(etwas von frühest[er] Jugend an lernen, erleben).*

mutterseelenallein (ugs.): *ganz, völlig allein[:]* er stand m. da; sie war m. auf dieser Welt.

Mutwille, der: *Übermut; boshafte Absicht:* da[s] war reiner M.; sein M. ist bestraft worden[;] seinen Mutwillen an jmdm. auslassen; er ha[t] die Fensterscheiben aus bloßem Mutwillen ein[]geworfen.

mutwillig: *aus Übermut, boshafter Absicht; vor[]sätzlich:* eine mutwillige Beschädigung, Zer[]störung fremden Eigentums; er hat seine Spiel[]sachen m. kaputtgemacht (ugs.).

Mütze, die: */eine Kopfbedeckung/:* eine ge[]strickte, wollene, warme, weiche, rote, bunt[e] M.; eine M. mit Schirm, mit einer Quaste; di[e] M. ist ihm zu groß, zu klein, paßt; diese M[.] steht dir gut; die M. aufsetzen, aufziehe[n] (landsch.), abnehmen, vom Kopf nehmen, vo[r] jmdm. ziehen, auf dem Kopf behalten, aufbe[halten]

halten (ugs.); die M. ins Gesicht ziehen, aufs linke Ohr setzen; eine M. aufprobieren, tragen; bildl.: die Zaunpfähle hatten, trugen alle Mützen *(Schneekappen)*. * (ugs.:) **etwas, eins auf die Mütze bekommen/kriegen** *(getadelt werden)*.

mysteriös (bildungsspr.): *rätselhaft, geheimnisvoll:* ein mysteriöser Vorfall, Zwischenfall, Anruf, Brief; er ist unter mysteriösen Umständen verschwunden; der Mordfall ist, bleibt sehr m.; die Sache wird immer mysteriöser, begann, endete äußerst m.

N

na ⟨Interj.⟩ (ugs.): na!; na, na, na! /*Ausdruck des Ärgers*/; na ja!; na und?; na, wird's bald?; na, warum denn nicht!; na gut; na schön! /*Ausdrücke der Zustimmung*/; na, so was! /*Ausdruck des Erstaunens*/; na, wer kommt denn da?; na, ich danke! /*Ausdruck der Ablehnung*/; na, dann/denn nicht!; na also!; na, und ob! /*Ausdruck der Bekräftigung*/; na endlich! /*Ausdruck der Ungeduld*/; na, wie geht's denn?; na warte! /*Drohung*/; na, was soll denn das heißen?; na, siehst du!; na, da haben wir's ja!

nach: I. ⟨Präp. mit Dativ⟩ **1.** /räumlich; *zur Angabe der Richtung*/: n. oben, unten, hinten, vorn; n. außen, n. innen; n. links; von oben n. unten; von links n. rechts; n. drüben; n. der Seite; n. Norden; von Osten n. Westen; n. Hause gehen, kommen; n. Amerika fliegen; der Zug fährt von Hamburg n. München; er griff n. seinem Hut; das Zimmer geht n. der Straße; das Wasser spritzte n. allen Richtungen; übertr.: n. dem Arzt schicken; n. Reichtum streben; sich n. Ruhe sehnen; nach den Verunglückten suchen; er ist auf der Suche n. einer anderen Stellung; er hat sich n. allen Seiten hin abgesichert; n. außen hin *(äußerlich)* wirkte er ruhig. **2.** /*zur Angabe der Reihenfolge*/: einer n. dem anderen ging aus dem Saal; er betrat n. der Dame das Lokal; bitte, n. Ihnen! /*höfliche Aufforderung, vorauszugehen*/; er ist n. Ihnen an der Reihe, dran (ugs.); übertr.: er kommt im Rang gleich n. dem Präsidenten. **3.** *zeitlich später; [unmittelbar] im Anschluß an; nach Ablauf von:* nach dem Essen; n. Tisch *(nach dem Essen)*; 1000 Jahre n. Christus *(nach Christi Geburt)*; n. der Kirche (ugs.; *nach dem Gottesdienst*); n. diesem Zeitpunkt; n. 1945; n. dem Krieg; n. Jahr und Tag *(nach vielen Jahren)*; einen Tag n. seiner Rückkehr; n. drei Wochen *(drei Wochen später)*; n. Ablauf von ...; n. [wenigen] Stunden; n. Weihnachten; n. langer, kurzer Zeit; er starb n. langem, schwerem Leiden; n. einer Weile; n. vieler Mühe; n. langem Hin und Her einigten sie sich auf diesen Bewerber; n. allem, was geschehen ist, ...; Sprichw.: n. getaner Arbeit ist gut ruhn. **4.** *gemäß, entsprechend:* jmdn. n. Leistung bezahlen; etwas n. Gewicht verkaufen; etwas n. Maß arbeiten; Kochk.: Hering n. Art des Hauses, n. flämischer Art · die Bücher n. Verfassern ordnen; etwas läuft n. bestimmten Regeln ab; n. dem geltenden Recht wird er bestraft; n. Belieben; [ganz] n. Wunsch; n. Bedarf; n. Artikel 1 des Grundgesetzes; n. Maßgabe seines Vermögens *(entsprechend seinem Vermögen)*; n. Kräften *(soweit es möglich ist)*; n. Vermögen *(so gut es geht)*; n. Lage der Dinge ... *(so, wie die Sache steht)*; n. bestem Wissen und Gewissen; n. Vorschrift; n. menschlichem Ermessen; n. altem Brauch; er ist Italiener n. Herkunft (geh.); er ist immer n. der Mode gekleidet; n. dieser Theorie; n. Kant *(gemäß Kants Philosophie)*; n. meinem Dafürhalten; n. meiner Erinnerung; die Sache war nicht n. seinem Sinn; n. meiner Meinung, Ansicht/meiner Meinung, Ansicht n.; aller Voraussicht, aller Wahrscheinlichkeit n.; allem/dem Anschein n. *(anscheinend)*; der Größe n. antreten; der Sage n.; seinem Wesen, seiner Natur n. ist er eher ruhig als lebhaft; seiner Sprache n. *(nach seiner Sprache zu urteilen)* ist er ein Schwabe; dem Sinn n. hat er folgendes gesagt ...; ich kenne ihn nur dem Namen n. *(nur seinen Namen, nicht ihn persönlich)*; eine Geschichte n. dem Leben *(nach einer wirklichen Begebenheit)*; er spielt n. Noten, n. dem Gehör; er malt n. der Natur; sie schreibt n. Diktat. **II.** ⟨Adverb⟩ /*in einer Aufforderung*/: mir n.! *(folge mir, folgt mir!)*. * **nach und nach** *(allmählich)*: n. und n. füllte sich der Saal · **nach wie vor** *(noch immer)*: er arbeitet n. wie vor in diesem Betrieb.

nachäffen (abwertend) ⟨jmdn., etwas n.⟩: *nachahmen, nachmachen:* die Kinder äffen den Lehrer nach; jmdn. in seinen Bewegungen n.

nachahmen ⟨jmdn., etwas n.⟩: *genauso tun wie ein anderer; imitieren:* etwas ist schwer, leicht nachzuahmen; einen Künstler, den Meister, die Natur n.; einen Vogelruf, jmds. Sprechweise n.; er versuchte, die Handschrift seines Bruders nachzuahmen *(zu kopieren)*; die Schüler ahmten den Lehrer nach.

Nachahmung, die: **a)** *das Nachahmen:* die N. eines Vogelrufs; man verstand die Kunst als bloße Nachahmung der Natur; sein Betragen soll euch nicht zur N. dienen (geh.; *sollt ihr nicht nachmachen*); etwas regt jmdn. zur N. an; [jmdm.] etwas zur N. empfehlen (geh.); N. verboten! **b)** *Nachbildung, Kopie:* eine geglückte, vollendete, ausgezeichnete N.

nacharbeiten: 1. ⟨etwas n.⟩ *nachbilden:* ein Muster, ein Modell n. **2.** ⟨etwas n.⟩ *überarbeiten:* die aus der Maschine kommenden Stücke müssen [mit der Hand] nachgearbeitet werden. **3.** ⟨etwas n.⟩ *nachholen:* versäumte Arbeitszeit, zwei Stunden n.; wir müssen einen halben Tag n., um die Versäumnisse wieder wettzumachen. **4.** ⟨jmdm., einer Sache n.⟩ *sich nach jmdm., etwas als Vorbild richten:* der Lehrling arbeitet dem Meister, einer bestimmten Vorlage nach.

Nachbar, der: **a)** *jmd., der unmittelbar neben einem wohnt, sitzt:* ein freundlicher, hilfsbereiter N.; guten Tag, Herr N.!; die lieben (iron.) Nachbarn; er ist mein N. [am Tisch]; wir sind Nachbarn geworden; wir haben neue Nachbarn bekommen; sie haben sehr laute Nachbarn *(Nachbarn, die viel Lärm machen);* der Garten, das Grundstück des Nachbarn/(seltener:) Nachbars; in Nachbars Garten (veraltend; *im Garten des Nachbarn*); bei Nachbars (ugs.; *bei den Nachbarn*); mit den Nachbarn befreundet sein, verkehren, sprechen. **b)** *angrenzendes Land, Nachbarland:* unsere westlichen, östlichen Nachbarn; der N. Frankreich.

nachbarlich: a) *dem Nachbarn gehörend:* das nachbarliche Haus, Grundstück, Anwesen; der nachbarliche Garten, Hof. **b)** *den Nachbarn betreffend:* das nachbarliche Verhältnis; sie pflegen gute nachbarliche Beziehungen.

Nachbarschaft, die: **a)** *die räumliche Nähe zu jmdm., zu etwas; Umgebung:* bei der Wohnungssuche die N. von Fabriken zu vermeiden suchen; sie spielen mit den Kindern aus der N.; er wohnt in der N.; sie ist in unsere N. gezogen; in unserer nächsten, in unmittelbarer N. explodierte eine Bombe; übertr. (geh.): dieses Verhalten gehört in die N. von Hochstapelei. **b)** *nachbarliches Verhältnis:* sie halten [eine] gute N.; auf [eine] gute N.! /*Wunschformel*/. **c)** *Gesamtheit der Nachbarn:* die N. kauft bei ihm ein; die ganze N. spricht davon, hat das Geschrei gehört; die Sache hat sich bei der N. herumgesprochen.

nachdem ⟨Konj.⟩: **1.** ⟨temporal⟩ **a)** *als:* n. er gegangen war, fiel ihm ein, daß er etwas Wichtiges vergessen hatte; n. er gegessen hatte, legte er sich eine Weile hin; er legte sich, n. er gegessen hatte, eine Weile hin; n. er eine Stunde in der Kälte gestanden hatte, begann er zu frieren. **b)** *nach dem Zeitpunkt, als ...:* [erst] lange n. er gegangen war, bemerkte er den Verlust seines Portemonnaies; gleich, unmittelbar n. sie angerufen hatten, waren sie aufgebrochen; ein Jahr n. er entlassen worden war, hatte er noch keine Arbeit. **2.** (veraltend; aber noch landsch.) ⟨temporal, mit kausalem Nebensinn⟩ *weil, da:* n. sich die Sache verzögert hatte, hatten viele das Interesse daran verloren. **3.** ⟨in Verbindung mit je⟩ *es richtet sich danach [wie, ob, wann, wer u. a.]:* wir werden eine Woche bleiben oder zwei, je n., wie das Wetter ist/je n., wann wir eine Möglichkeit zur Rückfahrt haben; je n. das Wetter ist, bleiben wir noch länger.

nachdenken: *sich in Gedanken intensiv mit jmdm., mit etwas beschäftigen:* **a)** ⟨über jmdn., über etwas n.⟩ lange, intensiv, angestrengt, gründlich, ernsthaft über etwas n.; er dachte über seine Erlebnisse, über eine Frage, ein schwieriges Problem, über den Tod, über die Menschen nach; er dachte [darüber] nach, ob seine Entscheidung richtig gewesen sei; ⟨auch ohne Präpositionalobj.⟩ denk mal [scharf] nach, es wird dir schon wieder einfallen; er dachte einen Augenblick nach; er sagte, ohne nachzudenken, daß er es nicht wisse; je länger er nachdachte, um so schwieriger erschien ihm die Frage; subst.: er war in tiefes Nachdenken versunken; trotz angestrengten Nachdenkens fand er keine Lösung für das Problem. **b)** (geh.; veraltend) ⟨jmdm., einer Sache n.⟩ er dach diesen Fragen lange nach.

nachdenklich: a) *nachdenkend, überlegend;* *Gedanken versunken:* er ist ein nachdenklich Mensch, Kopf; ein nachdenkliches Gesicht, ei nachdenkliche Miene machen; er blickte n. a dem Fenster, vor sich hin; n. dreinschaue schweigen, aussehen; n. den Kopf schütteln als er die Sache erfuhr, wurde er n. *(stutzte und begann darüber nachzudenken);* die Sac machte, stimmte ihn n. *(veranlaßte ihn, si Gedanken darüber zu machen).* **b)** (veralten *zum Nachdenken anregend:* eine nachdenklic Geschichte.

[1]**Nachdruck,** der: **a)** *das Nachdrucken, d nochmalige Drucken eines Textes:* N. [auch au zugsweise] verboten!; N. nur mit Genehm gung des Verlages, nur mit Quellenangabe g stattet. **b)** *nachgedrucktes Werk, Neudruck:* d N. ist schon wieder vergriffen; es gibt mehre Nachdrucke von diesem Buch.

[2]**Nachdruck,** der: *besonderes Gewicht, besonde Betonung:* seinem Wunsch, einer Forderung b sonderen N. verleihen (geh.); N. auf etwas lege etwas mit [allem] N. *(mit großer Eindringlic keit)* sagen, fordern, hervorheben, betonen; m N. *(nachdrücklich, eindringlich)* auf etwas hi weisen; er hat sich mit N. gegen die herrsche den Sitten gewandt.

nachdrücklich: *entschieden, mit Nachdruc* eine nachdrückliche Forderung, Ermahnung etwas n. fordern, verlangen; jmdn. n. auffo dern, etwas zu tun; er bestand n. auf seine Wünschen; jmdn. n. vor etwas warnen, auf e was hinweisen.

nacheifern ⟨jmdm., einer Sache n.⟩: *einem Vo bild nachstreben:* die kleineren Geschwist suchten dem großen Bruder nachzueifern.

nacheinander ⟨Adverb⟩: **a)** *in kurzen räum lichen Abständen; einer hinter dem anderen:* s betraten n. den Saal; die Passagiere kamen aus der Tür. **b)** *in kurzen zeitlichen Abstände* die Flugzeuge starteten kurz n.; n. kündigt drei Mitarbeiter ihre Stellung. **c)** *einer nach de anderen, wechselseitig:* sie versprachen, n. schauen *(aufeinander zu achten).*

nachempfinden: a) ⟨etwas n.⟩ *sich so in jmd hineinversetzen, daß man das gleiche empfind wie er:* jmds. Schmerz, Freude, Trauer, Ve zweiflung n.; ⟨jmdm. etwas n.⟩ er konnte ih sein Entsetzen über die Ereignisse gut n. ⟨etwas n.⟩ *nachgestalten:* ein Gedicht, ein Kuns werk n.; ⟨jmdm., einer Sache etwas n.⟩ die Dichtung ist Goethe nachempfunden.

Nachfolge, die: *Nachfolgerschaft:* die weiblich männliche N. auf dem Thron; man weiß no nicht, wer seine N. als künstlerischer Leiter d Oper antreten wird; die Frage der N. in d Führung der Partei beraten, regeln.

Nachfolger, der: *jmd., der einem anderen einer bestimmten Position nachfolgt:* der N. i Amt, auf dem Thron; er hat, findet keinen N einen N. wählen, einsetzen; einen N. einarbe ten, in sein Amt einführen; sie suchen einen g eigneten N. für diese Position; von seinem abgelöst werden; jmdn. zu seinem N. mache ernennen, berufen.

nachforschen: a) *etwas zu ermitteln suchen:* la ge, vergebens, überall n.; sie forschten nach, w sich der Beschuldigte aufgehalten hatte. **b)** (geh.) ⟨jmdm., einer Sache n.⟩ *nachgehen, Nachforschungen anstellen:* den Gründen, Ursachen, den Ereignissen, einem Geheimnis n.; sie forschten neugierig seiner Herkunft nach.

Nachforschung, die: *das Nachforschen, Ermittlung:* eine gründliche, eifrige, umfassende N.; die [polizeilichen] Nachforschungen waren, blieben, verliefen ergebnislos; sie stellten Nachforschungen an, um die Ursachen seines Verschwindens herauszufinden; man hielt vergebliche Nachforschungen.

Nachfrage, die (Kaufmannsspr.): *das Fragen, Verlangen der Käufer nach einer bestimmten Ware:* große, starke, lebhafte, geringe N.; die N. nach diesem Artikel ist groß, gering, läßt nach, nimmt zu, steigt, sinkt, geht zurück; es herrscht keine N. in diesen Waren; nach solchen Luxusgegenständen besteht zur Zeit wenig N.; je größer die N., desto teurer die Ware; die N. übersteigt das Angebot; die Preise richten sich nach Angebot und N. * (meist iron.:) **danke der gütigen] N./für die [gütige] N.!** /*Dankesformel; auf die Frage nach dem Befinden*/.

nachfühlen ⟨etwas n.; gewöhnlich in Verbindung mit *können*⟩: *nachempfinden; verstehen:* jmds. Schmerz, Trauer, Freude n. [können]; das kann ich n.!; ⟨jmdm. etwas n.; gewöhnlich in Verbindung mit *können*⟩ ich kann dir deinen Zorn [über die Vorfälle] gut n.

nachgeben: 1. (ugs.) ⟨jmdm. etwas n.⟩ *zusätzlich geben, nachreichen:* er ließ sich vom Ober noch Gemüse n.; würden Sie mir bitte noch etwas n.? **2.** ⟨etwas gibt nach⟩ *etwas weicht vor einem Druck zurück, hält nicht stand:* der Boden, das Erdreich gab [bei jedem Tritt] nach; die Leiter gab nach *(blieb nicht fest stehen);* das Band gibt nach *(hat die Spannung verloren);* seine Knie gaben nach *(wurden kraftlos);* Bankw., Wirtsch.: die Kurse, die Preise geben nach *(fallen, sinken);* ⟨etwas gibt einer Sache nach⟩ die Staumauer hat dem Wasserdruck nachgegeben. **3. a)** *seinen Widerstand gegen etwas aufgeben, sich einem fremden Willen beugen:* er gibt nie nach; kannst du nicht ein einziges Mal n.!; die Mutter gibt zuviel nach *(ist zu nachgiebig, zu wenig streng);* nach langem Hin und Her gab er schließlich nach *(erklärte er sich einverstanden);* Sprichw.: der Klügere gibt nach · ⟨jmdm., einer Sache n.⟩ er gab dem Drängen, den Bitten der anderen nach; sie gibt den Kindern zu oft nach *(ist zu nachgiebig).* **b)** ⟨einer Sache n.⟩ *sich einer Sache überlassen, einer Sache erliegen:* der Müdigkeit, einer Schwäche, einer Verlockung, seinem Zorn, seiner Laune n. **4.** ⟨jmdm. etwas in etwas/an etwas n.⟩ *nachstehen:* er gibt seinen Kameraden im Schwimmen nichts nach; an Fleiß, an Eifer gibt er keinem etwas nach.

nachgehen: 1. ⟨jmdm., einer Sache n.⟩ *folgen:* der Fährte, der Spur eines Tieres n.; sie gingen dem Wimmern nach und fanden ein verletztes Tier; er war dem Mädchen, dem Fremden nachgegangen; übertr.: *verfolgen:* die Polizei ging den Hinweisen nach. **2.** ⟨einer Sache n.⟩ **a)** *ausüben, betreiben:* seiner Arbeit, seinem Tagewerk (geh.), seinen Studien, seinem Beruf, seinen Geschäften n.; er geht nur seinem Vergnügen nach *(sucht nichts als das Vergnügen).* **b)** *etwas zu ergründen, aufzuklären suchen:* einer Frage, einem Problem, einer Vermutung, einem Gedanken n.; dieser Sache muß man genauer n. **3.** ⟨etwas geht jmdm. nach⟩ *etwas beschäftigt jmdn. im Geiste:* seine Worte, die Erlebnisse des Tages gingen ihr noch lange nach. **4.** ⟨etwas geht nach⟩ *etwas bleibt zurück:* die Uhr geht [eine Viertelstunde] nach.

nachgelassen: *hinterlassen:* nachgelassene Werke, Schriften, Arbeiten.

Nachgeschmack, der: *von einer Speise im Mund zurückbleibender Geschmack:* ein unangenehmer, bitterer N.; der Fisch hatte einen tranigen N., einen N. von Tran; bildl.: die Sache hatte bei vielen einen unangenehmen N. hinterlassen *(wurde noch nachträglich als unangenehm empfunden).*

nachgiebig: a) (selten) *weich, nachgebend:* nachgiebiger Boden; nachgiebiges Material. **b)** *sich fremdem Willen leicht fügend, anpassend:* er wird von einer allzu nachgiebigen Mutter verwöhnt; die Eltern sind zu n. den Kindern gegenüber; nichts vermochte ihn n. zu machen, zu stimmen.

nachhaltig: *tiefergreifend, lange nachwirkend:* eine nachhaltige Besserung; die Behandlungsmethode hatte eine nachhaltige Wirkung; die Aufführung hat einen nachhaltigen *(tiefen)* Eindruck hinterlassen; etwas wirkt sich n. aus; die Sache hat ihn n. beeinflußt.

nachhängen ⟨einer Sache n.⟩: *sich einer Sache überlassen, hingeben:* seinen Gedanken, Erinnerungen n.

nachhelfen ⟨jmdm., einer Sache n.⟩ *jmdm. helfen; etwas unterstützen, beschleunigen, vorantreiben:* der Entwicklung, dem Fortgang der Arbeiten n.; bildl.: er hatte dem Glück [ein wenig] n. wollen *(hatte es [mit unerlaubten Mitteln] herbeizwingen wollen);* ⟨auch ohne Dativ⟩ du mußt ein bißchen n., damit es schneller geht; bei ihm muß man immer [kräftig] n. *(ihn antreiben).*

nachher ⟨Adverb⟩: **a)** *später; in näherer, nicht genau bestimmter Zukunft:* wir haben n. eine Freistunde; n. gehen wir spazieren; das kann ich n. noch machen; bis n.! /ugs.; *Gruß bei der Verabschiedung, der ein baldiges Wiederzusammentreffen folgen wird*/. **b)** *hinterher, danach:* n. weiß man alles besser als vorher; ob die Entscheidung richtig war, wirst du erst n. feststellen können.

nachholen: 1. ⟨jmdn., etwas n.⟩ *nachträglich an einen bestimmten Ort holen:* seine Familie, seine Frau an den neuen Arbeitsort n.; sie haben ihre Möbel nachgeholt. **2.** ⟨etwas n.⟩ *Versäumtes wettmachen, nachträglich machen:* etwas schnell, in kurzer Zeit n.; er hat viel, eine Menge nachzuholen; das Abitur, eine Prüfung, versäumte Arbeitszeit n.; übertr.: er hat viel Schlaf nachzuholen; er wollte seine Jugend n. *(nachholen, was er in der Jugend versäumt hatte).*

nachjagen: 1. ⟨jmdm., einer Sache n.⟩ *schnell verfolgen:* der Hund jagt dem Hasen nach; die Polizei ist [mit Autos] den Verbrechern nachgejagt; die Kinder jagten dem Ball nach *(liefen schnell hinter ihm her);* übertr.: einer Illusion, einem Phantom (bildungsspr.), dem Geld n.; er ist sein Leben lang dem Erfolg nachgejagt *(hat ihn mit allen Kräften erstrebt).* **2.** (ugs.) ⟨jmdm., einer Sache etwas n.⟩ *eilig hinterherschicken:*

man hat ihm, dem Brief ein Telegramm nachgejagt.

nachkommen: **1.a)** *später kommen, folgen:* ihr könnt schon vorgehen, wir werden [gleich, bald, später, in einer Stunde] nachkommen; es sind noch zwei Kinder nachgekommen *(nach bereits vorhandenen Kindern geboren worden);* man weiß nicht, was bei dieser Sache noch nachkommt *(welche Komplikationen es möglicherweise noch gibt);* Sprichw.: das dicke Ende kommt nach. **b)** ⟨jmdm., einer Sache n.⟩ *hinterherkommen, folgen:* sie sahen, daß die Leute ihnen nachkamen; ich glaube, es ist uns niemand nachgekommen; adj. Part.: mehrere nachkommende Fahrzeuge wurden in Auffahrunfälle verwickelt. **2.** ⟨mit etwas n.⟩ *Schritt halten, folgen können:* sie kommen mit der Arbeit, mit der Produktion gerade noch nach; ⟨auch ohne Präpositionalobj.⟩ bei diesem Tempo kamen sie nicht mehr nach; die Kinder kamen beim Diktat nicht nach. **3.** ⟨einer Sache n.⟩ *Folge leisten, entsprechen:* einer Anordnung, Aufforderung, Forderung, Bitte, Pflicht n.; wir werden ihrem Wunsch [selbstverständlich, pünktlich, gewissenhaft] nachkommen; du mußt deinen Verpflichtungen n.

Nachlaß, der: **1.** *Hinterlassenschaft eines Verstorbenen:* der künstlerische, literarische N. *(die nachgelassenen Werke eines Schriftstellers);* den N. ordnen, verwalten, eröffnen (Rechtsspr.); er betreut den N. des Dichters; Schriften aus dem N. eines verstorbenen Gelehrten herausgeben; in seinem N. fanden sich wichtige Dokumente. **2.** (Kaufmannsspr.) *Preisnachlaß, Ermäßigung:* einen N. [auf die Preise] gewähren, bekommen, fordern.

nachlassen: **1.a)** ⟨etwas läßt nach⟩ *etwas wird geringer, schwächer:* der Regen, der Sturm, die Hitze hat nachgelassen; der Schmerz, das Fieber läßt [an Heftigkeit] nach; sein Gedächtnis, sein Gehör hat sehr nachgelassen *(ist schlechter geworden);* meine Augen lassen nach *(die Sehkraft wird schwächer);* die Spannkraft läßt mit höherem Alter nach; die Wirkung des Medikaments läßt nach; die Spannung, der Druck läßt nach; die Leistungen des Schülers haben nachgelassen *(sind zurückgegangen);* die Qualität dieser Erzeugnisse läßt immer mehr nach; das Geschäft läßt nach (ugs.; *wird schlechter, bringt weniger Gewinn*); das Interesse der Käufer läßt nach; subst.: er beklagt das Nachlassen seiner Kräfte. **b)** (ugs.) *(in seinen Leistungen) schlechter werden:* er hat in letzter Zeit [in seinen Leistungen] sehr nachgelassen. **2.** (Kaufmannsspr.) ⟨etwas n.⟩ *[teilweise] erlassen:* der Kaufmann hat keinen Pfennig, die Hälfte des Preises/die Hälfte vom Preis nachgelassen. **3.** ⟨etwas n.⟩ *lockern:* das Seil, den Zügel n. * (ugs.:) **[du] Schreck, laß nach!** */Ausruf des Erschreckens, des Entsetzens/.*

nachlässig: **a)** *unordentlich, nicht sorgfältig:* eine nachlässige Arbeit; nachlässiges Personal; der Schüler ist, arbeitet sehr n. **b)** *unachtsam, sorglos:* er geht sehr n. mit seinen Sachen um. **c)** *salopp, ungepflegt:* sein Stil, sein Deutsch ist sehr n.; er geht immer etwas n. gekleidet.

nachlaufen ⟨jmdm., einer Sache n.⟩: *eilig folgen, hinterherlaufen:* der Hund läuft seinem Herrn nach; die Kinder liefen der Mutter [in den Garten] nach; die Kinder sind dem Zirkuswagen bis vor die Stadt nachgelaufen *(habe[n] ihn begleitet);* bildl.: er läuft einer Illusio[n] nach; diese Kleider laufen sich nach (ugs.; *sin[d] recht häufig zu sehen*); übertr. (ugs.): eine[m] Mädchen n. *(aufdringlich um es werben);* in d[er] Stadt laufen ihm alle Mädchen nach *(werfe[n] sich ihm an den Hals);* wenn ihr nicht wollt, w[ir] laufen euch nicht nach *(drängen uns nicht auf*

nachmachen (ugs.): **1.** ⟨etwas n.⟩ *nachhole[n]* du mußt diese Arbeit n. **2.** ⟨jmdn., etwas n.⟩ *nachahmen, kopieren:* die Schüler machten d[en] Lehrer nach; er kann Tierstimmen n.; Kind[er] machen alles nach *(gucken sich alles ab);* übertr.: Banknoten n. *(fälschen);* nachgemacht[e] *(künstliche)* Blumen; ⟨jmdm. etwas n.⟩ das ha[st] du mir nachgemacht *(hast du von mir abgesehen)* das soll ihm mal einer n.! *(darin soll es ihm e[in] anderer erst einmal gleichtun).*

nachmittag ⟨Adverb⟩: *am Nachmittag:* gester[n], heute, morgen n.; er kommt am Montag n[.]; von morgen n. an ist das Büro geschlossen.

Nachmittag, der: *die Zeit von Mittag bis zu[m] Beginn des Abends:* ein sonniger, trüber, regn[e]rischer, langweiliger, schöner, reizender N.; [e]s war schon später N.; ein N. im Dezember; s[ie] hat heute ihren freien N.; er verbringt sei[ne] Nachmittage im Café; ⟨Akk. als Zeitabgab[e]⟩ jeden N.; den ganzen N. [über, hindurch]; s[ie] saß viele Nachmittage im Park; ⟨Gen. als Zei[t]angabe⟩ eines [schönen] Nachmittags (ugs.; *a[n] einem Nachmittag*) traf sie ein; er kommt [frü]zeitig, spät] am N.; am [frühen, zeitigen, sp[ä]ten] N.; bis zum N.; seit diesem N.; vom N. a[n]; vor N. kann er nicht kommen; während d[es] Nachmittags.

nachmittags ⟨Adverb⟩: *am Nachmittag:* n. u[m] 16 Uhr/um 16 Uhr n.; Montag n.; montags n[.] das Amt hat/ist n. geschlossen; n. zwischen [...] und 15 Uhr; bis n.; von n. an.

Nachnahme, die: *Postsendung, die eine Wa[re] enthält, deren Gegenwert der Empfänger bei d[er] Zustellung bezahlen muß:* eine N. einlösen; d[er] Briefträger hat eine N. für dich; eine Sendu[ng] als, per, mit, unter N. schicken.

nachprüfen ⟨etwas n.⟩: *auf seine Richtigk[eit] hin prüfen, kontrollieren:* das Gewicht, die A[n]gaben, die Richtigkeit n.; Aussagen auf ihr[en] Wahrheitsgehalt hin n.; ob die Sache stimm[t] läßt sich schwer n.

Nachrede, die (Rechtsw.): *verleumderisc[he] Äußerung, Verleumdung:* üble N. über jmd[n.] führen, verbreiten; in üble N. kommen; [er] wurde wegen übler N. verklagt.

Nachricht, die: **1.a)** *Botschaft, Kunde, Mitt[ei]lung:* eine gute, wichtige, zuverlässige, versp[ä]tete, bestürzende, eilige, [un]angenehme, auf[re]gende N.; die N. von seinem Tode traf alle seh[r]; das sind schlechte, traurige, schlimme Nac[h]richten!; seine letzte N. kam aus dem Auslan[d]; [eine] N. bringen; eine N. überbringen, m[it]bringen, empfangen (geh.); er hat uns [heut[e]] N. gegeben *(mitgeteilt)*, daß er erst in einer W[o]che zurückkomme; er hat noch keine N. ge[ge]ben *(sich noch nicht gemeldet);* eine N. hinterl[as]sen, zurücklassen; wir haben N. bekommen, [er]halten; auf N. warten; wir waren lange Z[eit] ohne N.; wir haben seit Wochen keine N. v[on] ihm. **b)** *Meldung, Information:* eine [un]sicher[e] alsche, unverbürgte, aktuelle (bildungsspr.) N.; die neueste N. ist ...; örtliche, politische, vermischte Nachrichten; Nachrichten aus aller Welt; eine N. vom Sport; eine N. geht ein, trifft ein, sickert durch, ist überholt; eine N. abdrucken, aufbauschen; Nachrichten einziehen, einholen, dementieren (bildungsspr.), bekanntgeben, weiterleiten; eine N. in der Presse veröffentlichen; nicht in die Öffentlichkeit dringen lassen, unterdrücken; eine N. durch das Fernsehen verbreiten; die Nachrichten sperren *(Information unterbinden);* sich Nachrichten über etwas beschaffen. **2.** ⟨Plural⟩ *Nachrichtensendung in Rundfunk oder Fernsehen:* die Nachrichten haben nichts über die Ereignisse gebracht, haben ausführlich darüber berichtet; [die] Nachrichten einstellen, hören, sehen; Nachrichten senden; der Sender strahlt Nachrichten aus; das wurde in den letzten Nachrichten gesagt.

achruf, der: *Worte der Würdigung für einen Verstorbenen:* ein ehrender, herzlicher N.; heute ist/steht ein N. [auf den Verstorbenen] in der Zeitung; jmdm. einen N. widmen (geh.); die Zeitung brachte einen N.; einen N. in die Zeitung setzen; jmds. Verdienste in einem Nachruf würdigen.

achsagen: 1. ⟨etwas n.⟩ *nachsprechen:* das Kind sagt alle Wörter, die man ihm vorspricht, nach. **2.** ⟨jmdm. etwas n.⟩ *etwas über jmdn. sagen, von jmdm. behaupten:* man sagt ihm Hochmut, Geiz, Übles, große Fähigkeiten nach; man sagt ihm nach, er habe vor Jahren einmal im Gefängnis gesessen; man kann ihm nichts n. *(man hat keine Handhabe, ihn zu verdächtigen);* das darfst du dir nicht n. lassen *(nicht zulassen, daß man so von dir spricht).*

achschauen: → nachsehen.

achschlagen: 1. a) ⟨etwas n.⟩ *(in einem Buch) aufsuchen, nachlesen:* eine Textstelle, ein Zitat n.; du mußt alle Vokabeln [im Wörterbuch] n.; ⟨auch ohne Akk.⟩ aus dem Kopf weiß ich das nicht, ich muß erst n. **b)** (ugs.) ⟨etwas n.⟩ *ein Buch auf etwas Bestimmtes hin durchsehen:* er hat das Lexikon nachgeschlagen, aber er hat nichts über dieses Thema gefunden. **c)** ⟨in etwas n.⟩ *nachsehen, nachlesen:* er hat im Lexikon, im Wörterbuch nachgeschlagen und sich über die Bedeutung des Wortes informiert. **2.** (geh.) ⟨jmdm. n.⟩ *nach jmdm. geartet sein:* der Sohn ist seiner Mutter nachgeschlagen.

achschrift, die: **1.** *nach einem Vortrag o. ä. angefertigte Niederschrift:* die N. einer Rede, eines Vortrags; eine N. anfertigen. **2.** *einem Schreiben angefügter Zusatz:* eine N. machen; er hat seinem Brief eine längere N. angefügt.

achsehen: 1. ⟨jmdm., einer Sache n.⟩ *mit den Blicken folgen:* jmdm. traurig, betrübt n.; den abreisenden Gästen, den Schiffen n. **2.** *nach jmdm., nach etwas sehen, nachforschen:* sieh einmal nach, wo die Bücher sind!; ich wollte n., ob jemand an der Tür ist. **3.** ⟨etwas n.⟩ *nachlesen, nachschlagen:* ein Wort, eine Vokabel [im Wörterbuch] n. **4.** ⟨etwas n.⟩ *auf Fehler hin durchsehen:* jmds. Arbeiten n.; die Mutter sah die Wäsche [auf auszubessernde Stellen hin] nach; ⟨jmdm. etwas n.⟩ seinem Jungen die Schularbeiten n. **5.** ⟨jmdm. etwas n.⟩ *etwas hingehen lassen, nicht rügen:* jmdm. alles, vieles, zuviel, nichts n.; sie sieht ihren Kindern alle Unarten nach.

Nachsehen, das ⟨in den Wendungen⟩ **das Nachsehen haben** *(den Nachteil haben, der Betrogene sein)* · **jmdm. bleibt das Nachsehen** *(jmd. ist der Benachteiligte).*

nachsenden ⟨etwas n.⟩: *nachschicken:* die Post n.; bitte n.! /Aufschrift auf Postsendungen, die dem Adressaten nachgesandt werden sollen/; ⟨jmdm. etwas n.⟩ bitte senden Sie mir die Sachen an meinen Urlaubsort nach.

nachsetzen: 1. ⟨jmdm., einer Sache n.⟩ *nacheilen, verfolgen:* die Polizei setzte dem flüchtenden Dieb nach. **2.** (selten) ⟨einer Sache etwas n.⟩ *vor etwas anderem zurückstellen:* die Erfüllung eigener Wünsche setzte er dem Wohl der Gemeinschaft nach.

Nachsicht, die: *Geduld, Verständnis:* N. üben *(nachsichtig sein);* er kannte keine N. *(war unnachsichtig, hart);* mit jmdm. N. haben; wir behandelten ihn mit N.; man betrachtete diesen Fehltritt mit N.; ich bitte um N.!

nachsichtig: *Nachsicht übend, geduldig:* eine nachsichtige Behandlung, Beurteilung; nachsichtige Eltern; er war immer n. gegen dich; jmdn. n. behandeln, beurteilen; er lächelte n.

Nachspiel, das: **1.** *als Abschluß vorgetragenes Musikstück:* ein N. auf der Orgel spielen. **2.** *Folgen:* es gab ein unangenehmes, ein gerichtliches N.; die Sache wird noch ein N. haben *(sie wird noch einmal aufgegriffen und einem Urteil ausgesetzt werden);* die Vorgänge blieben nicht ohne N.

nachspüren ⟨jmdm., einer Sache n.⟩: *auf die Spur zu kommen suchen, zu entdecken suchen:* einem Geheimnis, einem Verbrechen n.; er spürte dem Unbekannten, jmds. Vergangenheit, Verhältnissen nach.

nächst (geh.; veraltend) ⟨Präp. mit Dativ⟩: **a)** /räumlich/ *unmittelbar neben; bei:* n. den Häusern beginnt das freie Feld. **b)** *neben, außer:* n. dem Vater war ihr der Bruder der vertrauteste Mensch.

nächste: 1. *am nächsten gelegen; räumlich als erstes folgend:* die n. Stadt ist 50 Kilometer entfernt; der n. (ugs.; *kürzeste*) Weg führt durch die Wiesen; an der nächsten Tankstelle müssen wir tanken; er ging ins n. Geschäft (ugs.; *in das erste, das er fand*), um sich etwas zum Essen zu kaufen. **2.** *nächststehend, sehr vertraut:* die nächsten Verwandten, Angehörigen, Freunde; subst.; Sprichw.: jeder ist sich selbst der Nächste. **3.** *zeitlich [unmittelbar] folgend; kommend:* die n. Generation; die nächsten [drei] Tage; nächsten Montag/am nächsten Montag; bei nächster/bei der nächsten Gelegenheit *(sobald sich Gelegenheit bietet);* nächstes Jahr, im nächsten Jahr; fürs n. *(für die nächste Zeit)* haben sie keinen Bedarf mehr; im nächsten Augenblick *(sofort danach);* in der nächsten Zeit wird er nicht hier sein; er setzte sich in den nächsten Zug (ugs.; *in den Zug, der als nächster abfuhr*). **4.** *in der Reihenfolge kommend; folgend:* die n. Strophe; das nächste Kapitel; das nächste Mal/nächstes Mal; der n. [Patient], bitte!; das n., was sie kaufen wollen, ist ein Auto; wer kommt als nächster [an die Reihe]?; als nächstes will er sich eine Kamera kaufen; bis nächstes Mal!/bis zum nächsten Mal! /*Formel bei der*

Verabschiedung/. * **der, die, das nächste beste** *(der, die, das erste sich Anbietende).*

nachstehen: 1. ⟨jmdm. n.⟩ *hinter jmdm. zurückstehen:* er mußte seinen Geschwistern immer n. **2.** ⟨etwas steht nach; gewöhnlich nur im 1. Part.⟩ *etwas steht hinter etwas, folgt etwas:* die nachstehenden Bemerkungen, Ausführungen; nachstehendes ist zu beachten; im nachstehenden können Sie lesen ... **3.** ⟨jmdm. an etwas/in etwas n.⟩ *nicht gleichkommen:* jmdn. an Intelligenz, an Klugheit, an Schlagfertigkeit nicht n.; er steht den anderen in nichts nach.

nachstellen: 1. (geh.) ⟨jmdm. jmdn./einer Sache etwas n.⟩ *vor jmdm., vor etwas bevorzugen:* er stellt dem Wein alle anderen Getränke nach. **2.** ⟨etwas n.⟩ **a)** *neu einstellen:* die Bremsen, die Kupplung n. **b)** *zurückstellen:* er hat die Uhr nachgestellt. **3.** (geh.) ⟨jmdm. n.⟩ *verfolgen:* dem Wild n.; die Katze stellt den Vögeln nach; übertr. (ugs.): er stellte den Mädchen nach *(war hinter ihnen her).*

nachsuchen (Amtsdt.) ⟨um etwas n.⟩: *bitten:* um Unterstützung, um Steuererlaß n.; um eine Audienz, um eine Genehmigung n.; der Minister suchte um seine Entlassung nach.

nacht ⟨Adverb⟩: *in der Nacht:* gestern, heute n.; Montag n.; bis heute n. wird er zurück sein.

Nacht, die: *der späte Abend; Zeitspanne zwischen dem Einbruch der Dunkelheit und der Morgendämmerung:* eine dunkle, finstere, stockdunkle (ugs.), stockfinstere (ugs.), mondhelle, sternenlose (dichter.), klare, sternklare (dichter.), kalte, laue, schwüle N.; eine unruhige, durchwachte, durchzechte, durchtanzte N.; die vorige, vergangene, kommende N.; eine N. im Juni; draußen war schwarze N. *(es war sehr dunkel);* die Nächte sind schon kühl; es wird N. *(die Nacht bricht an);* die N. kommt, sinkt hernieder (dichter.), zieht herauf (dichter.), bricht an (geh.); die N. durchschwärmen, durchzechen, durchfeiern; der Patient hatte eine schlechte N.; jmd., etwas bereitet jmdm. eine schlaflose N. *(regt jmdn. so sehr auf, daß er nicht schlafen kann);* die N. im Freien verbringen; im Schutz, bei Einbruch der N.; ⟨Akk. als Zeitangabe⟩ eine, diese, manche, jede N.; viele Nächte; die halbe N.; zwei Nächte lang; sie kamen die ganze N. nicht zur Ruhe; ⟨Gen. als Zeitangabe⟩ des Nachts (geh.; *nachts*); eines Nachts (geh.; *in einer nicht näher bestimmten Nacht*) war die Katze plötzlich verschwunden; Sprichw.: bei N. sind alle Katzen grau · er kam spät in der N. nach Hause; bis in die späte N./ bis spät in die N. [hinein]; sie fuhren durch die N.; für eine N. ein Quartier bestellen; N. für N.; in der nächsten, kommenden, letzten, vergangenen N.; in der N. von Montag auf Dienstag; in der N. auf/ zum Montag; er wachte mitten in der N. auf; sie fuhren in die N. hinaus; über N. bleiben; er kommt nicht vor der N. zurück (landsch.; *nicht vor Anbruch der Dunkelheit*); während der N.; zur N. (dichter.; *für die Nacht*); bildl. (dichter.): die Nacht des Todes, des Wahnsinns. * **eine italienische Nacht** *(Abendgesellschaft im Freien)* · **die Heilige Nacht** *(die Nacht zum ersten Weihnachtstag)* · **die Zwölf Nächte** *(vom 25. Dezember bis zum 6. Januar)* · **gute Nacht!** */Grußformel/:* bevor sie ins Bett gingen, sagten sie allen gute N., wünschten sie allen eine gute N. · (ugs.:) **na, dann gute N.!** */Ausruf der Enttä[u]schung/* · (scherzh.:) **wo sich die Füchse/wo si[ch] Fuchs und Hase gute Nacht sagen** *(abgelege[n] in einer einsamen Gegend)* · **die Nacht zum Ta[g] machen** *(sich nicht schlafen legen, durchfeier[n], durcharbeiten)* · (ugs.:) **sich** (Dativ) **die Nacht u[m] die Ohren schlagen** *(wegen etwas nicht zum Schl[a]fen kommen)* · **Tag und Nacht** *(zu jeder Ze[it], unaufhörlich)* · **ein Unterschied wie** [**zwische[n]** **Tag und Nacht** *(ein sehr großer Unterschied)* · **schwarz wie die Nacht** *(tiefschwarz, sehr du[n]kel)* · **häßlich wie die Nacht** *(sehr häßlich)* · **b[ei] Nacht und Nebel** *(heimlich [bei Nacht])* · **üb[er] Nacht** *(ganz plötzlich, unerwartet)* · (landsch.) **zu Nacht essen** *(die Abendmahlzeit einnehmen)*

Nachteil, der: *Beeinträchtigung, Schaden:* e[in] beträchtlicher, erheblicher, geringer, großer N[.]; finanzielle, materielle, wirtschaftliche Nachteil[e;] es ist ein N., daß ...; jmdm. entstehen, erwac[h]sen Nachteile aus etwas; etwas erweist sich a[ls] N.; die Sache hat den [einen] N., daß ...; ein[en] N. durch etwas/von etwas haben; einen N. [in] Kauf nehmen; er hat die Vor- und Nachtei[le] gegeneinander abgewogen; dieser Vertr[ag] brachte ihm nur Nachteile; er ist, befindet si[ch] [den andern gegenüber] im N.; jmdn. in N. se[t]zen *(benachteiligen);* etwas gereicht (geh.) [z]u jmds. N., jmdm. zum N.

nachteilig: *schädlich, abträglich, ungünstig:* e[t]was hat nachteilige Folgen; die Sache wirk[t] sich n. [für ihn] aus; subst.: es ist nichts Nac[h]teiliges über ihn bekannt.

Nachtigall, die: */ein Singvogel/:* die N. sing[t,] flötet, schlägt (dichter.); sie singt wie eine N[.] Redensart (ugs.): N., ich hör' dir trapsen *(i[ch] merke, worauf die Sache hinausläuft);* Sprichw[.:] was dem einen sin Uhl *(seine Eule)*, ist dem a[n]dern sin N. * (geh.:) **die Nachtigall singen lehr[en] wollen** *(einen Meister seines Fachs belehren w[ol]len).*

nächtigen (geh.) ⟨mit Raumangabe⟩: *schlafe[n,] übernachten:* in einem Gasthof, in einer Scheu[ne,] im Freien, unter freiem Himmel n.

nächtlich: a) (meist geh.) *der Nacht (der Nac[ht]zeit, der Nachtstimmung) gemäß; wie in d[er] Nacht:* die nächtliche Stille, Ruhe; den näch[t]lichen Frieden stören; die nächtlichen Straße[n;] am nächtlichen Himmel. **b)** *in der Nacht sta[tt]findend:* er beschwerte sich über die nächtlic[he] Ruhestörung.

nachtragen: 1. ⟨jmdm. etwas n.⟩ *hinterhertr[a]gen:* jmdm. den Koffer, das Gepäck n.; sie ist [so] vergeßlich, man muß ihr alles n. **2.** ⟨etwas n.⟩ **a)** *nachträglich eintragen:* Zahlen, Daten n.; [ei]nen Posten in der Rechnung n.; einen Namen [in] die Liste n.; er wollte in seinem/seinen Aufsa[tz] noch einiges n. **b)** *nachträglich sagen, hinzuf[ü]gen:* er meldete sich zu Wort, weil er noch etw[as] n. wollte; ich habe noch etwas nachzutragen. [3.] ⟨jmdm. etwas n.⟩ *lange übelnehmen:* jmdm. se[in] Verhalten, eine Äußerung lange n.; ⟨auch oh[ne] Dativ⟩ er trägt nichts, nie nach *(ist nicht na[ch]tragend);* adj. Part.: er ist sehr nachtragen[d.]

nachts ⟨Adverb⟩: *in der Nacht:* n. um 3 [Uh[r]] um 3 Uhr n.; er kam n. spät/spät n. nach Ha[u]se; Montag n.; montags n.; n. fahren, arbeit[en,] nicht schlafen können; das Lokal ist bis 1 U[hr] n. geöffnet.

nachweinen (selten) ⟨jmdm., einer Sache n[.]

ıachtrauern, den Verlust bedauern:* er weint seiıer alten Stellung nicht nach. * (ugs.:) **jmdm., ·iner Sache keine Träne nachweinen** *(jmdm., ·iner Sache nicht nachtrauern).*

Iachweis, der: *Beweis:* der unwiderlegbare, ınwiderlegliche N.; der N. seiner Unschuld ist ·icht geglückt, gelungen; den N. für etwas er·ringen, führen, liefern *(etwas nachweisen).*

ıchweisen: 1. ⟨etwas n.⟩ *beweisen; das Vor·andensein von etwas eindeutig feststellen:* etwas chlüssig, streng wissenschaftlich, unwiderlegich n.; etwas läßt sich leicht, schwer, überhaupt ·icht n.; er konnte seine Unschuld nicht n.; die Richtigkeit einer Behauptung n.; im Körper vurden Spuren des Giftes nachgewiesen; er ıußte seine Staatsangehörigkeit n. *(einen Vachweis darüber erbringen);* ⟨jmdm., etwas n.⟩ ·mdm. einen Fehler, eine Mitschuld, einen Irrum n.; man konnte ihm nichts n. *(ihn keiner Schuld überführen).* **2.** ⟨jmdm. etwas n.⟩ *verıitteln:* jmdm. eine Arbeit, ein Quartier n.

achwuchs, der: **1.** (fam.) *Nachkommenschaft, Kind[er]:* ein zahlreicher N.; der N. der Familie tellte sich vor; sie erwarten, bekommen N. *(ein Baby);* bei ihnen hat sich N. eingestellt *(ein Kind ist angekommen).* **2.** *die nachwachsenden ungen [Arbeits]kräfte:* der akademische N.; in iesen Berufen fehlt der N., fehlt es an N. **3.** *das Vachwachsen:* bei Anwendung dieses Mittels ist ein N. *(der Haare)* zu befürchten.

ıchziehen: 1. ⟨jmdm., einer Sache n.⟩ **a)** *hin·rherlaufen:* die Kinder sind der Kapelle nachezogen. **b)** *einem anderen folgend an den gleihen Ort ziehen:* die Mutter zog ihrer Tochter ach Berlin nach. **2.** ⟨etwas n.⟩ *hinter sich herehen:* seit seinem Unfall zieht er ein Bein, ei·en Fuß nach. **3.** *nachzeichnend durch Farbe her·orheben, betonen:* die Linien, Umrisse, Kontuən [mit Tusche] n.; die Lippen n.; ⟨jmdm., ch etwas n.⟩ sie hat sich die Augenbrauen achgezogen. **4.** ⟨etwas n.⟩ *nochmals anziehen:* ie Schrauben müssen nachgezogen werden. **5.** etwas n.⟩ *von neuem ziehen, nachzüchten:* es ıußten Setzlinge nachgezogen werden. **6.** (ugs.) nit etwas n.⟩ *mit etwas einem Vorbild folgen:* ie Industrie zog mit Preiserhöhungen nach; ie Gewerkschaften haben mit ihren Forderunən nachgezogen; ⟨auch ohne Präpositionalobj.⟩ e zogen sofort nach.

acken, der: *Genick:* ein kurzer, speckiger ıgs.), feister, gedrungener N.; den N. beugen; ən N. ausrasieren, (mit dem Rasiermesser) ubern; er hat einen steifen N. *(kann den Kopf icht bewegen);* dem Ochsen das Joch auf den N. gen; er schob den Hut, die Mütze in den N.; ən Kopf in den N. legen, werfen *(zurückbeuən);* die Locken fielen ihm bis in den N.; bildl. eraltend): er hat einen unbeugsamen, störschen N. *(ist ein unbeugsamer, störrischer Iensch).* * **den Nacken steifhalten** *(sich nicht ıterkriegen lassen)* · **jmdm. den Nacken steifen** *·mdm. moralische Unterstützung gewähren)* · **ıdm. den Fuß auf/in den Nacken setzen** *(jmdn. ine Macht fühlen lassen)* · **jmdm. im Nacken ·zen** *(jmdn. bedrängen)* · **die Angst sitzt jmdm. ı Nacken** *(jmd. hat große Angst)* · **jmdm. sitzt r Schalk/der Schelm im Nacken; jmd. hat den halk/den Schelm im Nacken** *(jmd. ist ein ·aßvogel, ist zu Späßen aufgelegt).*

nackt, (ugs. auch:) nackend: **1.** *unbekleidet, unbedeckt:* nackte Arme, Beine, Füße; er arbeitet mit nacktem Oberkörper; die Kinder waren n./(ugs.:) nackend; die jungen Tiere sind noch n. [und bloß] (ohne Gefieder oder Fell); n. /(ugs.:) nackend baden; sich n. /(ugs.:) nackend ausziehen; sie lagen [fast völlig] n./(ugs.:) nackend in der Sonne; bildl.: er hat ein nacktes *(bartloses)* Kinn; der nackte *(unbewachsene)* Fels; auf dem nackten *(bloßen)* [Fuß]boden, der nackten *(bloßen)* Erde schlafen; nackte *(kahle)* Bäume, Sträucher, Äste; die nackten *(schmucklosen)* Wände; die winzigen Lebewesen kann man mit nacktem Auge *(ohne Lupe o. ä.)* erkennen; übertr.: das ist die nackte *(unverfälschte)* Wahrheit; die nackten *(unverfälschten)* Tatsachen; sie konnten nur das nackte Leben retten *(nichts als das Leben);* in diesem Land herrscht die nackte *(große)* Armut; der nackte *(reine)* Egoismus; die nackte *(große)* Angst überfiel sie; subst.: die Darstellung des Nackten in der Kunst.

Nadel, die: **1.** *dünner, spitzer Gegenstand (bes. Nähnadel):* eine spitze, feine, dünne, dicke, große, lange, kurze, stumpfe, rostige, verbogene N.; eine N. mit kleinem Öhr; eine Nadel zum Stopfen, zum Sticken; die N. ist abgebrochen; die N. einfädeln *(den Faden in die Nadel einfädeln);* sich an einer N. stechen, verletzen; den Faden in die N. *(Nähnadel)* einfädeln; die N. *(den Tonarm des Plattenspielers)* aufsetzen; etwas mit einer N., mit Nadeln anstecken, feststecken, befestigen; die Haare mit Nadeln aufstecken; er hat sich mit einer N. gestochen; sie häkelt mit einer feinen N. *(Häkelnadel);* eine Masche ist von der Nadel *(Stricknadel)* gefallen. **2.** *Anstecknadel:* eine goldene, silberne N.; eine N. anstecken; er trägt eine N. am Revers. **3.** *Zeiger eines Meßinstruments:* die Nadel des Kompasses zeigt nach Norden; die N. steht still, dreht sich, zittert. **4.** *Radiernadel:* das hier ist mit der kalten Nadel gearbeitet. **5.** *Tannennadel:* der Tannenbaum verliert die Nadeln, wirft die Nadeln ab, hat kaum noch Nadeln; der Waldboden ist mit Nadeln bedeckt. * **so still sein, daß man eine Nadel fallen hören kann** *(so still sein, daß nicht das geringste zu hören ist)* · **etwas ist so voll, daß keine Nadel zur Erde/zu Boden fallen kann** *(etwas ist sehr voll, überfüllt).*

Nadelstich, der ⟨in den Wendungen⟩ **jmdm. Nadelstiche versetzen** *(jmdn. durch boshafte Bemerkungen kränken)* · **Politik der Nadelstiche** *(Politik der Provokation).*

Nagel, der: **1.** *Metall- oder Holzstift, mit dessen Hilfe etwas befestigt wird:* ein langer, kurzer, dikker, dünner, rostiger, krummer N.; ein N. aus Eisen, aus Holz; der N. hält, sitzt fest, hat sich gelockert; ein N. steht heraus, ragt heraus, sieht, guckt (ugs.) aus dem Brett hervor; einen N. einschlagen, in die Wand schlagen, krumm einschlagen; einen N. aus dem Holz herausziehen; Nägel schmieden; ein Bild an einem N. aufhängen; er ist in einen N. getreten; eine Kiste mit langen Nägeln zunageln; Schuhe mit Nägeln. **2.** *Fingernagel, Zehennagel:* lange, kurze, gepflegte, lackierte, abgebrochene, eingewachsene, abgebissene, abgekaute (ugs.) Nägel; ein N. bricht ab, wächst nach, löst sich, ist vereitert, hat sich entzündet; die Nägel schneiden, lackieren, färben, säubern, wachsen lassen, abbeißen; das Kind kaut die Nägel ab (ugs.), kaut an den Nägeln. * (ugs.:) **ein Nagel zu jmds. Sarg sein** *(jmdm. viel Kummer bereiten)* · (ugs.:) **den Nagel auf den Kopf treffen** *(den Kernpunkt einer Sache erfassen)* · (ugs.:) **Nägel mit Köpfen machen** *(etwas richtig anfangen)* · (ugs.:) **etwas an den Nagel hängen** *(aufgeben):* er hat seinen Beruf, sein Studium an den N. gehängt · (ugs.:) **etwas brennt jmdm. auf den Nägeln** *(etwas ist sehr dringlich):* die Arbeit brannte ihm auf den Nägeln · (ugs.:) **sich** (Dativ) **etwas unter den Nagel reißen** *(sich etwas aneignen, [unrechtmäßig] an sich nehmen)* · (ugs.:) **jmdm. nicht das Schwarze unter dem Nagel gönnen** *(jmdm. nichts gönnen, sehr neidisch sein).*

nageln: 1. a) *Nägel einschlagen:* er nagelt in der Werkstatt; man hört ihn n. **b)** ⟨etwas n.; mit Raumangabe⟩ *mit Nägeln irgendwo befestigen:* ein Brett an die Wand, auf die Tür, über die Ritze n. **c)** ⟨etwas n.⟩ *mit einem Silbernagel zusammenfügen:* der Knochen mußte genagelt werden. **2.** ⟨etwas n.⟩ *mit Nägel beschlagen:* Schuhe n.; er trägt genagelte Stiefel.

nagen: 1. a) *mit den Zähnen nagend abbeißen, fressen:* Mäuse, Hamster nagen gern; bildl. (geh.): der Hunger nagt in den Eingeweiden. **b)** ⟨an etwas n.⟩ *etwas benagen:* der Hund nagt an einem Knochen; die Wespen haben an den Früchten genagt; er nagte an einem Stück Brot; er nagt vor Verlegenheit an seiner Unterlippe; bildl.: die Brandung nagt an der Küste. **c)** ⟨etwas von etwas n.⟩ *abnagen:* er nagte das Fleisch von den Knochen; die Tiere haben vor Hunger die Rinde von den Bäumen genagt. **2.** ⟨etwas nagt an jmdm., an etwas⟩ *etwas quält jmdn. beständig, zerstört etwas nach und nach:* Kummer, Zweifel, Sorge, das Heimweh nagt an ihm; die seelische Belastung nagt an seiner Gesundheit; Gram nagt an ihrem Herzen (dichter). * (ugs.:) **am Hungertuch nagen** *(Not leiden)* · (ugs.:) **nichts zu nagen und zu beißen haben** *(nichts zu essen haben).*

nah[**e**]/vgl. nächste/: **1.** *nicht weit entfernt:* die nahe Stadt; der nahe Wald; er kennt nur die nähere Umgebung des Ortes; ein n. gelegener Ort; die Äpfel hingen zum Greifen n. *(sehr nahe);* sie blieb dem Kranken n. *(hielt sich in seiner Nähe auf);* von dort aus ist es näher zum Zentrum; dieser Weg ist näher (ugs.; *kürzer*); das Hotel steht n. am Strand; geh nicht zu n. àn das Gitter heran! **2.** *bald erfolgend, eintretend:* die nahe Abreise, der nahe Abschied, Tod; in naher Zukunft ist keine Besserung zu erwarten; das Ende der Ferien ist n.; der Herbst ist schon n.; Rettung, Hilfe war n.; er ist n. an den Achtzig *(fast achtzig Jahre alt);* etwas steht n. bevor. **3.** *eng, vertraut:* nahe verwandt; die nähere Verwandtschaft; das sind nähere Bekannte von ihm; selbst seine nähere Umgebung *(die Menschen in seiner Nähe)* wußte nichts von seinen Plänen; sie stehen in naher Verbindung miteinander; sie haben nähere Beziehungen zueinander; n. mit jmdm. verwandt, befreundet sein; jmdn. näher kennen, kennenlernen. **4.** *eingehend, genau:* nähere Auskünfte, Erkundigungen einholen; er ist nicht näher auf die Sache eingegangen; subst.: alles Nähere *(Genauere)* werden Sie noch erfahren. * **der Nahe Osten** *(der Vordere Orient)* · **nahe daran sein, etwas zu tu** *(beinahe etwas tun)* · **einer Sache nahe sein** *(fa von etwas überwältigt werden):* dem Untergan dem Weinen, den Tränen, einer Ohnmacht, de Verzweiflung, dem Untergang n. sein · **aus/vo nah und fern; aus/von fern und nah** *(von übe allher)* · **von nahem** *(aus der Nähe).*

nahe (geh.) ⟨Präp. mit Dativ⟩: *in der Nähe:* der Stadt, dem Fluß; übertr.: n. dem Wah sinn/dem Wahnsinn n. stürzte er sich aus de Fenster.

Nähe, die: *geringe Entfernung:* die N. der F briken stört ihn; jmds. N. *(Nahesein)* such (geh.); er fühlte die N. (geh.; *das Herannahe* des Todes; etwas aus der N. betrachten; s braucht eine Brille für die N.; sie wohnen in d N. der Stadt, in unmittelbarer N. des Sees, nächster N. des Sees; in die N. kommen; si in jmds. N. aufhalten; er möchte seine Kind immer in der N. haben; das Unglück hat si [ganz] hier in der N. zugetragen; er wollte d Buch in greifbarer N. *(so nahe, daß er es schn greifen konnte)* liegen haben; übertr.: aus d N. betrachtet *(genau besehen)*, ist die Sache ga anders; der Urlaub ist in die N./in greifbare gerückt *(herangerückt).*

nahegehen ⟨etwas geht jmdm. nahe⟩: *etw berührt jmdn. sehr schmerzlich:* das Unglü sein Tod ging allen sehr nahe.

nahelegen: 1. ⟨jmdm. etwas n.⟩ *empfehlen, direkt auffordern:* man hat ihm nahegelegt, v seinem Amt zurückzutreten. **2.** ⟨etwas legt was nahe⟩ *etwas veranlaßt zu etwas:* die V gänge legen den Verdacht, die Vermutung, d Schluß, den Gedanken nahe, daß alles nur ei geschickte Täuschung war.

naheliegen ⟨etwas liegt nahe⟩: *etwas ist lei einzusehen:* die Vermutung, der Verdacht, d Gedanke liegt nahe; es ist naheliegend, zu d sem Schluß zu kommen; aus naheliegend Gründen konnte er nichts sagen.

nahen (geh.): **a)** (veraltend) ⟨sich n.⟩ *sich n hern, herankommen:* eine Gestalt naht sic Schritte nahten sich; ⟨sich jmdm., einer Sac n.⟩ **er nahte sich dem Mann mit einer Bitte. b)** ⟨ was naht⟩ *etwas rückt zeitlich in unmittelb Nähe:* der Winter, der Morgen naht; sie sa die Katastrophe, die Gefahr n.; der Tag des A schieds nahte; ein nahendes Unwetter vertr sie.

nähen: 1. *eine Näharbeit machen:* sauber, dentlich, exakt n.; diese Schneiderin näht g sie näht gerne; sie hat heute den ganzen [mit der Maschine, mit der Hand] genäht; Mädchen soll n. lernen; Redensart: dopp genäht hält besser. **2. a)** ⟨etwas n.⟩ *durch hen herstellen:* ein Kleid, eine Naht n.; sie den Saum [mit großen, mit kleinen Stichen] näht; du kannst das nicht mit weißem Garn sie hat sich/für sich eine Bluse [aus einem t ren Stoff] genäht. **b)** ⟨etwas an etwas, auf etw n.⟩ *durch Nähen an etwas befestigen:* die Knö den Kragen an das Kleid n.; sie nähte eine B te auf die Schürze. **3.** *Hautgewebeteile durch hen wieder zusammenfügen:* **a)** ⟨etwas n.⟩: e Wunde n. **b)** (ugs.) ⟨jmdn. n.⟩ sie mußte gen werden.

näher: → nahe.

näherbringen: 1. ⟨jmdm. etwas n.⟩ *verstä*

:cher machen: er bemühte sich, den Schülern len schwierigen Stoff näherzubringen. 2. ⟨etvas einer Sache n.⟩ *voranbringen:* mit dieser Entdeckung wurde das Problem der Lösung ähergebracht.

iherkommen ⟨jmdm. n.⟩: *mit jmdm. vertauter werden:* jmdm. persönlich, innerlich, nenschlich n.; sie sind sich/(geh.:) einander in etzter Zeit nähergekommen.

ihern: 1. ⟨sich n.⟩ *näher kommen, herankomnen:* sich rasch, langsam, vorsichtig n.; die Tiee näherten sich bis auf wenige Meter; Schritte äherten sich; das Unwetter nähert sich mit roßer Geschwindigkeit; ⟨sich jmdm., einer Sahe n.⟩ sie näherten sich dem Ziel ihrer Reise; bertr.: der Sommer nähert sich dem Ende; r nähert sich den Achtzig *(wird bald achtzig ahre alt).* **2.** ⟨sich jmdm. n.⟩ *jmds. Bekanntchaft zu machen suchen:* er versucht sich dem Iädchen zu n.

ihertreten ⟨einer Sache n.⟩: *genauer prüfen, ich vertraut machen:* einem Plan, Vorschlag n.

ahestehen: a) ⟨jmdm. n.⟩ *befreundet, vertaut sein:* jmdm. freundschaftlich, innerlich .; er hat ihm sehr nahegestanden; die beiden tanden sich/(geh.:) einander nicht besonders ahe. **b)** ⟨jmdm., einer Sache n.⟩ *mit jmdm., mit twas sympathisieren:* er steht dieser Gruppe nae; die dieser Partei nahestehenden Zeitungen auschten den Vorfall auf.

ahezu ⟨Adverb⟩: *fast, so gut wie:* die Sitzung auerte n. 5 Stunden; n. keiner blieb verschont; s war n. unmöglich, den Redner zu verstehen.

ihren: 1. ⟨jmdn., sich, etwas n.⟩ *ernähren:* ich gut, schlecht n.; Sprichw.: bleibe im Lane und nähre dich redlich! · die Bewohner nähen sich in der Hauptsache von Reis; sie nährt as Kind mit Brei; die Mutter nährt ihr Kind elbst *(stillt es);* sie kann das Kind nicht n. *icht stillen);* die ganze Familie ist gut genährt *wohlgenährt);* übertr.: er nährt sich *(erwirbt einen Lebensunterhalt)* von, mit seiner Hände rbeit; dieses Land nährt seine Bewohner nur ärglich *(bietet nur kärgliche Lebensbedingungen).* . ⟨etwas nährt⟩ *etwas ist nahrhaft:* Zucker ährt sehr; diese Kost nährt nicht übermäßig. . ⟨etwas n.⟩ *hegen, aufkommen lassen:* den Veracht, die Hoffnung, den Argwohn, jmds. Groll, Iaß n.; er nährte lange Zeit den Wunsch, eines ages ein Haus zu bauen. * (geh.:) **eine Schlange m Busen nähren** *(einem Unwürdigen Gutes ereisen).*

hrhaft: *nährstoffreich:* nahrhafte Kost, peisen; Kohlehydrate sind sehr n.

ahrung, die: *alles zur Ernährung Dienende; peise und Trank:* gesunde, gute, kräftige, eichliche, kärgliche, ausreichende, fettreiche, este, flüssige, tierische, pflanzliche N.; die enschliche N.; die N. zubereiten; der Kranke immt nicht genügend N. zu sich; die N. vereigern; die Tiere finden in dem verschneiten Vald keine N. mehr; etwas dient jmdm. als, ır N.; jmdn. mit N. versorgen; bildl.: etwas t jmds. geistige N. * **durch etwas/mit etwas ner Sache Nahrung geben** *(etwas bestärken):* : gibt mit seinem Verhalten ihrem Mißtrauen nmer neue N. · **etwas findet/bekommt durch ndn., durch etwas Nahrung** *(etwas wird beärkt, unterstützt durch jmdn., etwas).*

Naht, die: **a)** *durch Zusammennähen entstandene Verbindungsstelle:* eine einfache, doppelte, gerade, schiefe N.; die N. ist geplatzt, ist aufgegangen; eine N. nähen, auftrennen, bügeln, steppen. **b)** *durch Zusammenschweißen entstandene Verbindungsstelle:* die N. an dem Behälter ist undicht geworden, aufgeplatzt; die Nähte werden geschweißt. * (ugs.:) **jmdm. auf den Nähten knien** *(jmdn. heftig bedrängen)* · (ugs.:) **aus den/aus allen Nähten platzen** *(zu dick werden, unmäßig zunehmen).*

naiv: a) *kindlich, natürlich, ungekünstelt:* eine naive Freude; naiver Stolz; ein naives Glück; er handelt mit naiver Unbekümmertheit. **b)** *einfältig, arglos, töricht:* ein naiver Mensch; eine naive Frage, Antwort; sie macht einen etwas naiven Eindruck; du bist n. zu glauben, die Sache sei wirklich so gewesen; es ist naiv von dir anzunehmen, ...; deine Frage ist reichlich n.; er wirkt ein wenig n.; die Antwort klang sehr n. * **den Naiven/die Naive spielen** *(so tun, als ob man von einer bestimmten Sache nichts wüßte; sich dumm stellen).*

Name (selten auch: Namen), der: *Bezeichnung eines Lebewesens oder Dinges, durch die es sich von anderen unterscheidet; Eigenname, Gattungsname:* ein alter, bekannter, berühmter, klangvoller *(berühmter)*, seltener, häufiger N.; das ist ein schöner, ausgefallener, mehrsilbiger, leicht zu behaltender N.; der richtige, falsche, angenommene N.; die Namen der Anwesenden, der Toten; mein Name ist Maier *(ich heiße Maier);* wie ist ihr [werter] N., bitte?; wie war doch gleich Ihr N.? (ugs.); sein N. fiel im Zusammenhang mit diesen Vorgängen; sein N. wurde nicht genannt; den Namen Gottes anrufen, loben, preisen; jmds. Namen feststellen, ermitteln, kennen; seinen Namen nennen, angeben, ändern, verschweigen; sie haben dem Kind einen ausgefallenen Namen gegeben; sie suchen nach einem N. für ihr Kind; sie haben noch keinen N. für ihr Kind; Redensarten: N. ist Schall und Rauch; Schwachheit, dein N. ist Weib!; das Kind muß doch einen Namen haben *(etwas bedarf einer Motivierung)* · die Fremde wollte nicht ihren Namen sagen; sie trägt seinen Namen; seinen Namen unter etwas setzen; er kann nicht einmal seinen Namen schreiben; jmds. Namen rufen; einen anderen Namen annehmen; damit hat er seinem Namen keine Ehre gemacht *(hat sich blamiert);* seinen Namen beflekken (geh.), besudeln (geh.); er wollte seinen [guten] Namen nicht für diese Sache hergeben *(wollte nicht mitmachen, nicht als dafür mit verantwortlich gelten);* er hat für dieses Unternehmen nur den Namen hergegeben *(ist nur formal, nicht aktiv daran beteiligt);* als Künstler hat er sich einen anderen Namen beigelegt, zugelegt; der Hund hört auf den Namen *(hat den Namen, heißt)* Ajax; das Konto lautet auf den Namen seiner Frau *(läuft auf den Namen seiner Frau);* die Kinder werden nicht bei/mit ihren eigentlichen Namen gerufen; du mußt mit dem [vollen] Namen unterschreiben; mit seinem Namen zeichnen (Amtsspr.); mit seinem Namen für etwas bürgen; ein Mann mit Namen *(namens)* Maier; nach jmds. Namen fragen, forschen; er ist mir nur dem Namen nach bekannt *(ich kenne nur seinen Namen, kenne ihn* *nicht persönlich);* er reist unter falschem Namen. * (ugs.:) **mein Name ist Hase [,ich weiß von nichts]** *(ich weiß nichts von der Sache; ich möchte nichts mit der Sache zu tun haben)* · **sich** (Dativ) **einen Namen machen** *(berühmt werden)* · **etwas/das Kind beim rechten Namen nennen** *(etwas ohne Beschönigung aussprechen)* · (ugs.:) **in Gottes Namen** (*meinetwegen;* Ausdruck der [widerstrebenden] Zustimmung) · **in drei Teufels Namen** */ein Fluch/* · **in jmds., in einer Sache Namen** *(im Auftrag):* im Namen des Volkes, des Gesetzes; im Namen meiner Familie.

namens: **I.** ⟨Adverb⟩ (veraltend) *mit Namen:* ein Mann n. Maier. **II.** ⟨Präp. mit Gen.⟩ *im Namen, im Auftrag:* n. der Regierung, der Familie Glückwünsche aussprechen.

namentlich: **I.** ⟨Adjektiv⟩ *mit Namensnennung:* eine namentliche Abstimmung; die Anwesenden n. *(mit Namen)* aufrufen; die Mitarbeiter sind n. aufgeführt. **II.** ⟨Adverb⟩ *besonders:* alle litten unter der Kälte, n. die Sportler aus Afrika; die Straße ist sehr glatt, n. wenn es geregnet hat/n. dann, wenn es geregnet hat.

namhaft: **a)** *bekannt, berühmt:* ein namhafter Künstler, Gelehrter: ein Konzert mit namhaften Solisten. **b)** *groß, nennenswert:* ein namhafter Betrag; er spendete eine namhafte Summe; es besteht kein namhafter Unterschied zwischen beiden. * (Papierdt.:) **jmdn., etwas namhaft machen** *(jmdn., etwas [be]nennen, ausfindig machen):* der Urheber, Täter wurde n. gemacht.

nämlich: **I.** ⟨Adjektiv⟩ (veraltend) *der-, die-, dasselbe:* die nämlichen Leute; an dem nämlichen Tage; er ist noch immer der nämliche. **II.** ⟨Adverb⟩ **1.** *und zwar:* es gibt vier Jahreszeiten, n. Frühling, Sommer, Herbst, Winter. **2.** *denn:* er wußte nichts von der Sache, er war n. verreist; es ist n. so, daß man nur mit Ausweis Zutritt hat.

Narbe, die: *sichtbare Spur einer verheilten Wunde:* eine große, kleine, tiefe, [kaum] sichtbare, frische, häßliche, rote N.; die N. schmerzt, brennt, spannt; eine N. bildet sich; es ist keine auffällige N. zurückgeblieben; er hat eine N. über dem rechten Auge; die Wunde hat eine unschöne N. hinterlassen; sein Arm ist mit Narben bedeckt.

Narr, der: (abwertend) *törichter Mensch:* er ist ein eitler, aufgeblasener, gutmütiger N.; */auch als Schimpfwort/:* du alter N.!; du bist ein N. *(bist töricht)*, ihm immer wieder zu glauben; ich müßte ein vollkommener N. sein, das zu tun; Sprichwörter: ein N. kann in einer Stunde mehr fragen, als zehn Weise in einem Jahr beantworten können; Kinder und Narren reden die Wahrheit; jedem Narren gefällt seine Kappe. * (ugs.:) **einen Narren an jmdm., an etwas gefressen haben** *(für jmdn., für etwas eine große Schwäche haben)* · **jmdn. zum Narren haben/halten** *(jmdn. necken).*

narren (geh.) ⟨jmdn. n.⟩: *zum besten haben:* eine Fata Morgana, ein Spuk narrte sie.

närrisch: **1.** *verrückt, skurril; lächerlich:* ein närrischer Einfall, ein närrischer Mensch, Kauz, Kerl (ugs.); ein närrischer Aufzug *(Erscheinung);* bist du n. (ugs.; *nicht recht bei Verstand*), so etwas zu machen?; sie sind ganz n. (ugs.; *glücklich*) mit ihrem Kind; sie waren ganz n. (ugs.; *außer sich*) vor Freude. **2.** *faschingsmäßig:* das närrische Treiben; die närrische Zeit *(Ze des Faschings).*

naschen: **a)** *aus Naschsucht essen:* die Kind naschen gern, den ganzen Tag; wer hat vo dem Pudding, an dem Kuchen genascht Sprichw.: Naschen macht leere Taschen. ⟨etwas n.⟩ *aus Naschsucht verzehren:* Süßi keiten n.

Nase, die: */Geruchsorgan/:* eine große, dick knollige (ugs.; *dicke*), lange, spitze, breit stumpfe, schmale, gerade, gebogene, edle, höc rige, scharfe, rote, fleischige N.; ein kleines Nä chen; jmdm. läuft die N. (ugs.; *jmd. hat Schnu fen*); jmdm. blutet die N.; die Nase ist ve stopft; die Kinder drücken sich die Nasen pla an der Schaufensterscheibe; bei dem Gestar hielten sie sich (Dativ) die Nasen zu; sich die reiben; sich die Nase putzen, schneuzen (lan sch., sonst geh., veraltend), schnauben (lan sch.); das Kind ist auf die N. gefallen *(hingefa len);* er setzte seine Brille auf die N. (ugs.); mußt durch die N. atmen; du darfst nicht in d N. bohren; der scharfe Geruch stieg ihnen in d N.; übertr.: du hast eine gute N. *(einen scha fen Geruchssinn);* sie streckte die N. aus de Fenster *(guckte zum Fenster hinaus);* jmdm. d Tür vor der N. zuschlagen *(unmittelbar vor de Gesicht zuschlagen, jmdn. schroff an der Tür a weisen);* der Zug, die Bahn, der Bus fuhr ih vor der Nase *(unmittelbar vor dem Erreiche* weg. * (ugs.:) **jmdm. paßt/gefällt jmds. Na nicht** *(jmd. mag jmdn. nicht leiden)* · (ugs.:) **ei gute/feine Nase [für etwas] haben** *(einen besond ren Spürsinn haben; etwas richtig einschätzen,* (ugs.:) **[von etwas, von jmdm.] die Nase v haben** *(jmds., einer Sache überdrüssig sein)* (ugs.:) **seine Nase in etwas, in alles stecken** *(si um etwas kümmern, was einen nichts angeht; se neugierig sein)* · (ugs.:) **nicht weiter sehen a seine Nase** *(sehr engstirnig sein)* · **die Nase ho tragen** *(eingebildet sein)* · **die Nase rümpfen** *(a Ausdruck der Mißbilligung die Nase krausziehen* (ugs.:) **sich** (Dativ) **die Nase begießen** *(kräft Alkohol trinken)* · (fam.:) **eine Nase hab** *(Schleim aus der Nase hervortreten lassen):* d Kind hat eine N. · (ugs.:) **die/seine Nase in e Buch stecken** *(eifrig in einem Buch lesen; le nen)* · (ugs.:) **jmdm. eine Nase drehen** *(jmd auslachen)* · (ugs.:) **jmdm. eine lange Nase m chen** *(jmdn. verspotten)* · (ugs.; scherzh.:) **etw beleidigt die/jmds. Nase** *(etwas riecht schlecht* (ugs.:) **Mund und Nase aufsperren** *(sehr übe rascht sein)* · (ugs.:) **immer der Nase nach** *(ge deaus)* · (ugs.:) **jmdm. etwas an der Nase ans hen** *(etwas aus jmds. Miene ablesen)* · (ugs **sich an die eigene Nase fassen** *(sich um die Fehl kümmern, die man selber macht)* · (ugs.:) **jmd an der Nase herumführen** *(jmdn. irreführen* (ugs.:) **jmdm. etwas auf die Nase binden** *(jmdr der es nicht zu wissen braucht, etwas erzählen* (ugs.:) **jmdm. auf der Nase herumtanzen** *(m jmdm. machen, was man will; sich von jmd nichts sagen lassen)* · (ugs.:) **jmdm. eins auf d Nase geben** *(jmdn. zurechtweisen)* · (ugs **jmdm. die Würmer aus der Nase ziehen** *(du vieles Fragen etwas von jmdm. zu erfahren s chen)* · (ugs.:) **etwas sticht jmdm. in die Na** *(etwas gefällt jmdm. so sehr, daß er es hab möchte)* · (ugs.:) **jmdn. mit der Nase auf etw**

stoßen (jmdn. deutlich auf etwas hinweisen) · (ugs.:) **immer mit der Nase vorn sein** *(vorwitzig sein)* · (ugs.:) **[nicht] nach jmds. Nase sein** *(jmdm. [nicht] gefallen)* · (ugs.:) **pro Nase** *(pro Person)* · **sich** (Dativ) **den Wind um die Nase wehen lassen** *(die Welt und das Leben kennenlernen)* · (ugs.:) **jmdm. jmdn. vor die Nase setzen** *(überordnen, als Vorgesetzten geben)* · (ugs.:) **jmdm. jmdn., etwas vor der Nase wegschnappen** *(jmdn., etwas für sich nehmen, ehe ein anderer, der daran interessiert war, sich entschlossen hat)* · (ugs.:) **etwas vor der Nase haben** *(etwas in unmittelbarer Nähe haben).*

nas[e]lang ⟨nur in der Fügung⟩ alle nas[e]lang (ugs.): *fortwährend, ständig:* alle n. hat er andere Wünsche.

Nasenstüber, der ⟨in den Wendungen⟩ (veraltend:) **jmdm. einen Nasenstüber geben/versetzen** *(jmdn. zurechtweisen)* · (veraltend:) **einen Nasenstüber bekommen** *(zurechtgewiesen werden).*

naß: a) *von Feuchtigkeit durchtränkt, bedeckt:* nasse Kleider, Schuhe, Strümpfe; nasse Haare; nasses Gras; sie hatten nasse Füße; nasse Farbe! /auf einem Warnschild/ *(Vorsicht, frisch gestrichen!);* die Tafel mit einem nassen Schwamm abwischen; sich mit [von Tränen] nassen Augen verabschieden; er war völlig, durch und durch (ugs.; *völlig*), triefend, bis auf die Haut, zum Auswringen n.; sie sind vom Regen tüchtig n. geworden; seine Stirn war n. von Schweiß; er war noch nasser als die anderen; die Straße war n. vom Regen; die Farbe ist noch n. *(ist noch nicht getrocknet);* der Schnee ist n. *(halb getaut);* die Wäsche fühlt sich noch n. an; du hast dich n. gemacht; das Kind hat sich, das Höschen, die Windeln n. gemacht; subst.: edles Naß (geh.; *Wein*); du darfst nicht im Nassen *(in der Nässe)* herumlaufen. **b)** *regenreich, verregnet:* ein nasser Sommer; nasses Wetter; das Frühjahr war in diesem Jahr sehr n. * **gut Naß!** /*Gruß der Schwimmer*/ · (ugs.; landsch.:) **für naß** *(umsonst; ohne Eintrittsgeld)* · (geh.:) **ein nasser Tod** *(Tod durch Ertrinken)* · (dichter.:) **ein nasses Grab finden** *(ertrinken)* · (ugs.:) **noch naß hinter den Ohren sein** *(noch zu unreif sein, um mitreden zu können).*

Nation, die: *Staat, Volk:* die deutsche, französische N.; die europäischen, afrikanischen Nationen; eine starke, mächtige, friedliebende, junge N. * **die Vereinten Nationen** *(überstaatliche Organisation zur Erhaltung des Weltfriedens):* die Vollversammlung der Vereinten Nationen einberufen.

national: a) *die Nation, den Staat betreffend:* die nationale Selbständigkeit, Unabhängigkeit; die nationalen Interessen wahren; die Niederlage wurde als nationales Unglück empfunden; ein nationaler Gedenktag; etwas auf nationaler Ebene *(innerstaatlich)* regeln. **b)** *patriotisch:* eine nationale Partei; n. denken, fühlen, handeln.

Natur, die: **1.** *die den Menschen umgebende Welt, soweit sie ohne sein Zutun entstanden ist:* die unbelebte, unberührte, unverfälschte, unerforschte, wilde, blühende, erwachende (dichter.) N.; durch die Industrieanlagen wurde die N. verschandelt (ugs.), verunstaltet; die N. erforschen, beobachten, beschreiben; sie genießen in ihrem Urlaub die N.; sie suchen die einsame N.; die Kräfte, Geheimnisse, Wunder der N.; das Studium der N. betreiben; diese Tiere, Pflanzen gedeihen nur in freier N. *(wild lebend);* sie gingen hinaus in Gottes freie N. (geh., veraltend); er zeichnet nach der N. *(nicht nach einer Vorlage, nicht nach der Phantasie);* Kaufmannsspr.: Möbel in Birke N.; bildl. (geh.): die N. hat sie stiefmütterlich behandelt *(sie ist nicht sehr hübsch, hat ein Gebrechen);* im Buch der N. lesen (geh.). **2. a)** *angeborene Eigenart, Beschaffenheit; Anlage, Wesen:* die menschliche N. ist unberechenbar; die männliche, weibliche, tierische N.; die göttliche N. Christi; in dieser Situation zeigt sich seine wahre N. *(seine wirkliche Einstellung, Denkungsart);* er hat eine gesunde, kräftige, eiserne (ugs.; *gesunde*), leicht erregbare N.; sie hat eine gute N. (ugs. *ist nicht empfindlich*); sie hat eine glückliche N. *(ein glückliches Naturell);* er kann seine N. nicht verleugnen *(bleibt sich selbst treu);* dieses Verhalten ist seiner innersten N. zuwider, entspricht nicht seiner N.; er ist seiner N. nach ein Choleriker; er handelt gegen seine N. *(gegen sein innerstes Wesen);* von N. [aus] ist er gutmütig; er ist bescheiden von N. *(seinem Wesen nach).* **b)** *Mensch:* er ist eine fröhliche, gesellige, ängstliche, ernste, problematische (bildungsspr.), faustische (bildungsspr.), kämpferische, schöpferische N.; die beiden sind gänzlich verschiedene Naturen. **3.** *Art:* Fragen grundsätzlicher, allgemeiner N.; das Thema ist komplizierter N.; die Verletzung war nur leichter N. * **etwas geht jmdm. gegen/wider die Natur** *(etwas widerstrebt jmdm.)* · **etwas liegt in der Natur der Sache** *(etwas erklärt sich aus dem Wesen, aus der Beschaffenheit einer Sache)* · **etwas wird jmdm. zur zweiten Natur** *(jmd. hat sich etwas völlig zu eigen gemacht).*

natürlich: 1. ⟨Adj.⟩ **a)** *von der Natur hervorgebracht, in der Natur vorkommend; nicht künstlich:* eine natürliche Begabung; eine natürliche Auslese, Zuchtwahl; die natürliche Hautfarbe, Haarfarbe; das sind natürliche Blumen, keine künstlichen; ein natürlicher *(nicht künstlich angelegter)* See; ein natürliches Bedürfnis befriedigen; das ist ein ganz natürlicher Wunsch; das ist nur die natürliche Folge des Tuns; der See bildet die natürliche Grenze des Landes; das ist der natürliche Verlauf, Ablauf der Krankheit; das Standbild zeigt den Reiter in natürlicher Größe; Sprachw.: das natürliche Geschlecht eines Wortes; Rechtsw. (veraltend): ein natürlicher *(unehelicher)* Sohn des Fürsten. **b)** *ungekünstelt, unverbildet, ungezwungen:* er ist ein sehr natürlicher Mensch; ein natürliches Mädchen; sie hat ein sehr natürliches Wesen, eine natürliche Art; eine natürliche *(einfache)* Lebensweise; sie hat eine natürliche Anmut, einen natürlichen Charme; das Bild, die Photographie ist sehr n. *(wirkt nicht gekünstelt, stimmt mit der Natur überein);* sie ist, wirkt, spricht sehr n. **c)** *selbstverständlich:* das ist doch die natürlichste Sache von der Welt; es ist nur [zu] n., daß er so handelt; nichts ist natürlicher als das; es wäre das natürlichste/am natürlichsten, wenn ...; subst.: das ist das Natürlichste, was man sich denken kann. **2.** ⟨Adverb⟩ *zweifelsohne, selbstverständlich:* n. werde ich kommen; er kam n.

wieder zu spät; n. [mache ich mit]! ∗ (Rechtswesen:) **natürliche Person** *(eine Person als Rechtsträger).*

Nebel, der: *Trübung der Luft durch zahllose kleinste Wassertropfen:* feuchter, kalter, nasser, leichter, dichter, dicker (ugs.), undurchdringlicher, herbstlicher N.; ziehende Nebel; N. fällt, senkt sich herab (geh.); der Nebel zerreißt, weicht, steigt [auf], hebt sich, verdichtet sich, wird dichter; N. hängt (geh.), schwebt (geh.) über dem Tal; N. lagert (geh.) über dem See; N. hüllt die Berge ein (geh.); plötzlich kam N. auf; N. liegt über dem Land; der N. verursachte mehrere Verkehrsunfälle; die Sonne zerteilt den N.; sie haben sich im N. verirrt; die Lampe schimmerte durch den N.; Schwaden von N.; das ganze Tal war von N. erfüllt (geh.); die Schiffahrt ruht wegen N.; etwas fällt aus wegen N. (ugs.; *findet nicht statt*). ∗ **bei Nacht und Nebel** *(heimlich [bei Nacht]).*

nebelhaft: *verschwommen, undeutlich:* die Sache liegt noch in nebelhafter Ferne; die Geschichte ist etwas n. *(unklar).*

neben ⟨Präp. mit Dativ und Akk.⟩: **1. a)** ⟨mit Dativ zur Angabe der Lage⟩ *seitlich von:* der Schrank steht n. der Tür; sie wohnen n. uns; sie saß im Konzert n. ihm. **b)** ⟨mit Akk. zur Angabe der Richtung⟩ *seitlich daneben, an die Seite von:* er stellte sich n. ihn; sie setzt sich n. das Kind. **2.** ⟨mit Dativ⟩ *außer:* n. diesen Dingen habe ich noch einige Geschenke zu besorgen; er betreibt n. seinem Beruf noch eine kleine Landwirtschaft. **3.** ⟨mit Dativ⟩ *verglichen mit:* n. diesem Sänger verblassen alle anderen; n. ihm kann er nicht bestehen.

nebenan ⟨Adverb⟩: *benachbart, unmittelbar daneben:* im Haus n. wohnt eine französische Familie; sie spielen mit den Kindern von n. (ugs.; *von der n. wohnenden Familie*).

nebenbei ⟨Adverb⟩: **1.** *nebenher, außerdem:* er arbeitet noch n. als Übersetzer; diese Arbeit macht er n. **2.** *beiläufig:* er hat das nur n. gesagt, erwähnt, festgestellt; [ganz] n. [bemerkt] wäre es gar nicht möglich, so zu verfahren.

nebeneinander ⟨Adverb; meist zusammengesetzt mit Verben⟩: **a)** *einer neben dem anderen, zusammen:* hier leben Menschen aller Hautfarben friedlich n. **b)** *gleichzeitig:* er hat eine Weile zwei Berufe n. ausgeübt; in der Ausstellung sieht man Modernes und Antikes n.

neblig: *von Nebel erfüllt:* ein nebliger Tag; nebliges Wetter; draußen ist es sehr n.

necken: *durch nicht böse gemeinte kleine Sticheleien ärgern, zum Scherz reizen:* **a)** ⟨jmdn. n.⟩ du darfst ihn nicht immerzu n.; die beiden nekken sich/(geh.:) einander gern; Sprichw.: was sich liebt, das neckt sich · man neckt ihn mit seiner neuen Freundin, wegen seiner Haare. **b)** ⟨sich mit jmdm. n.⟩ er neckt sich immer mit ihr.

negativ: **1.** *verneinend, ablehnend:* ein negativer Bescheid; eine negative Einstellung zu einer Sache haben; die Antwort, die Kritik war n.; er steht n. zu der neuen Regierung. **2.** *ungünstig, schlecht:* eine negative Entwicklung; negative Aussichten; ein negatives Zeichen, Anzeichen; die negativen Seiten der Angelegenheit; das Ergebnis der Verhandlungen war n.; man beurteilt die Lage sehr n.; sich n. auswirken **3. a)** (Math.) *kleiner als Null:* eine negative Zahl; da Ergebnis der Gleichung ist n. **b)** (Physik) *nic positiv:* der negative Pol; eine negative Ladung n. geladen sein. **4.** (Med.) *keinen krankhafte Befund aufweisend:* eine negative Reaktion; di Untersuchung verlief n.

nehmen: **1. a)** ⟨jmdn., etwas n.⟩ *mit der Han ergreifen, fassen:* er nahm den Hammer [in d Hand/zur Hand] und schlug den Nagel ein; e nahm seinen Mantel und ging; nimm das Buc und stell es wieder an seinen Platz!; er nahr *(ergriff)* die dargebotene Hand. **b)** ⟨jmdn., e was n.⟩ *in seinen Besitz nehmen:* sie hat zw Stücke Kuchen genommen; nehmen Sie eine Z garette?; du hast zuviel genommen; sie hat da Kleid nicht genommen *(gekauft);* die Diebe ha ben nur das Bargeld genommen (verhüll.; *ge stohlen*); einen Mann, eine Frau n. *(heiraten* jmdn. zur Frau/zum Mann nehmen *(heiraten* kein [Trink]geld, keine Geschenke n. *(anne men);* nehmen Sie meinen herzlichen Dan (geh.; *nehmen Sie entgegen*); Redensart: Ge ben ist seliger als Nehmen; ⟨jmdm., sich jmdn etwas n.⟩ du darfst dir noch ein Stück Schok lade n.; er hat sich eine Frau genommen *(h geheiratet).* **c)** ⟨jmdn. n.⟩ *engagieren:* eine [Put hilfe, einen [Rechts]anwalt n.; ⟨sich (Dati jmdn n.⟩ er hat sich einen Anwalt, einen Ve treter genommen. **d)** ⟨etwas n.⟩ *verwenden:* s nimmt nur Butter zum Kochen; zum Nähe weißen Zwirn nehmen; man nehme: fünf Eier, e halbes Pfund Mehl, ... **e)** ⟨jmdn., etwas n.; m Raumangabe⟩ *an eine bestimmte Stelle bringe* Fracht an Bord n.; das Kind auf den Arm, a den Schoß n.; eine Last auf den Rücken n.; nahm sie in den Arm *(umarmte sie);* das Kin nimmt alles in den Mund; die beiden Söhne na men die Mutter in die Mitte *(gingen rechts u links von ihr);* er nahm seine Tasche unter d Arm; Redensart: woher n. und nicht stehler **f)** ⟨jmdn., etwas aus/von etwas n.⟩ *herausne men, fortnehmen, entfernen:* Geschirr aus de Schrank, Geld aus dem Portemonnaie n.; die Mu ter nahm das Baby aus dem Wagen; die Gläs vom Tisch, den Hut vom Kopf n.; übertr sie haben das Kind aus der Schule genomm *(lassen es nicht länger die Schule besuchen).* ⟨jmdm. jmdn., etwas n.⟩ *wegnehmen:* der T hat ihm die Frau genommen; der Neubau h uns die ganze Aussicht genommen; übertr jmdm. den Glauben, die Hoffnung, die Illusi n.; du hast mir alle Sorge genommen *(mich d von befreit);* jmdm. den Spaß, die Freude, d Lust [an etwas] n. *(verderben);* das nimmt d Sache den ganzen Reiz. **2.** ⟨etwas n.⟩ *benutze* die Straßenbahn, den Omnibus, das Flugzeu das Schiff, den Wagen n.; er nahm den nächst Zug, um schnell zu Hause zu sein; wir nehm ein Taxi. **3.** ⟨etwas n.⟩ **a)** *verlangen, forder* der Kaufmann nimmt heute eine Mark für d Äpfel; er hat für die Fahrt 10 Mark genomme was nehmen Sie für die Stunde? **b)** *in A spruch nehmen, sich geben lassen:* Unterrich [Nachhilfe]stunden in Latein n.; er hat Urlau einen freien Tag genommen; (ugs.) ⟨sich (Dati etwas n.⟩ ich werde mir einen Tag Urlaub ne men. **4.** ⟨etwas n.⟩ *einnehmen, dem Körper z führen:* Tabletten, eine Medizin, [eine] Arzn n.; sie nimmt die Pille (ugs.; *Antibabypill* er hat Gift genommen *(mit Hilfe von Gift Selbstmord begangen)*. **5.** (geh.) ⟨etwas n.⟩ *zu sich nehmen:* er nimmt das Frühstück um 10 Uhr; die Gläubigen haben das Abendmahl genommen *(das Altarsakrament empfangen)*. **6.** ⟨etwas zu sich n.⟩ *essen:* nur eine Kleinigkeit, keine Speise (geh.) zu sich n.; der Kranke hat noch nichts zu sich genommen. **7.** ⟨jmdn. zu sich n.⟩ *bei sich aufnehmen:* die alte Mutter, ein Waisenkind zu sich n. **8.a)** ⟨etwas für etwas n.⟩ *als etwas ansehen, betrachten:* etwas für ein gutes Zeichen, für ein günstiges Omen (bildungsspr.) n.; wir wollen den guten Willen für die Tat n.; er hat den Scherz für Ernst genommen. **b)** ⟨jmdn., sich, etwas n.; mit Artangabe⟩ *in bestimmter Weise auffassen, betrachten:* etwas [sehr] ernst, [zu] leicht, schwer, tragisch n.; du nimmst alles, dich selbst zu wichtig; man kann ihn, sein Gerede nicht ernst n.; das darfst du nicht wörtlich n.; er nimmt es nicht so genau *(ist nicht so exakt);* Redensart: wie man's nimmt (ugs.; *man kann die Sache verschieden auffassen*); du mußt diesen Menschen n., wie er ist *(darfst ihm seine Eigenart nicht verübeln);* er nimmt alles, wie es kommt *(nimmt die Dinge mit Gelassenheit)*. **9.** ⟨etwas an sich n.⟩ *verwahren, aufbewahren:* würden Sie bitte die Unterlagen an sich n.?; er hat die liegengebliebenen Sachen, Schlüssel an sich genommen. **10.** ⟨etwas auf sich n.⟩ *übernehmen, sich aufbürden:* ich nehme die Verantwortung auf mich; er hat es auf sich genommen, den Plan auszuführen. **11.** ⟨etwas n.⟩ *überwinden, bezwingen:* ein Hindernis, eine Hürde n.; das Auto nahm den Berg, die Steigung im dritten Gang; die Stellungen des Feindes wurden [im Sturm] genommen *(erobert)*. * **Abschied nehmen** *(sich vor einer längeren Trennung verabschieden)* · (geh.:) **etwas nimmt seinen Anfang** *(etwas fängt an)* · (Papierdt.:) **Anlaß nehmen, etwas zu tun** *(sich veranlaßt fühlen, sich erlauben, etwas zu tun)* · **einen [neuen] Anlauf nehmen** *([neu] ansetzen)* · (Sport:) **Anlauf nehmen** *(anlaufen)* · **Anstoß an etwas nehmen** *(etwas mißbilligen)* · **Anteil an etwas nehmen: a)** *(sich an etwas beteiligen):* er nahm an dem Gespräch nur wenig Anteil. **b)** *(sich für etwas interessieren):* er nimmt noch lebhaften Anteil an allem Geschehen. **c)** *(Anteilnahme zeigen, Mitgefühl haben):* ich nehme herzlichen Anteil an ihrem schweren Verlust · **etwas nimmt einen Aufschwung** *(etwas entwickelt sich aufwärts)* · **ein Bad nehmen** *(baden)* · (ugs.:) **kein Blatt vor den Mund nehmen** *(offen seine Meinung sagen)* · **etwas nimmt ein/kein Ende** *(will [nicht] aufhören)* · **etwas nimmt ein böses/kein gutes Ende** *(etwas geht böse aus)* · **sich die Freiheit nehmen, etwas zu tun** *(sich etwas erlauben, herausnehmen)* · (geh.:) **Gelegenheit nehmen, etwas zu tun** *(die Gelegenheit benutzen, etwas zu tun)* · **die Gelegenheit beim Schopfe nehmen** *(eine Gelegenheit, einen günstigen Augenblick entschlossen nutzen)* · (ugs.:) **darauf kannst du Gift nehmen!** *(das ist ganz sicher; darauf kannst du dich verlassen)* · (nachdrücklich:) **Kenntnis von etwas nehmen** *(Notiz von etwas nehmen)* · **etwas nimmt seinen Lauf** *(etwas ist im Gange und nicht mehr aufzuhalten)* · **sich** (Dativ) **das Leben nehmen** *(Selbstmord begehen)* · **[jmdm.] Maß nehmen** *(jmds. Körpermaße feststellen)* · (ugs.:) **den Mund voll nehmen** *(prahlen, aufschneiden)* · **Notiz von jmdm., von etwas nehmen** *(jmdm., einer Sache Aufmerksamkeit schenken)* · **jmds. Partei/für jmdn. Partei nehmen** *(jmds. Standpunkt verteidigen)* · **Platz nehmen** *(sich setzen)* · **an jmdm. Rache nehmen** *(sich an jmdm. rächen)* · **Reißaus nehmen** *(aus Angst schnell davonlaufen)* · **[auf jmdn., auf etwas] Rücksicht nehmen** *(rücksichtsvoll sein, schonen)* · (geh.:) **an etwas Schaden nehmen** *(in etwas beeinträchtigt werden)* · (geh.:) **den Schleier nehmen** *(Nonne werden)* · **einer Sache die Spitze/den Stachel nehmen** *(einer Sache das Verletzende, die Schärfe, die Hauptwirkung nehmen)* · **zu etwas Stellung nehmen** *(seine Meinung zu etwas sagen)* · **für jmdn., für etwas/gegen jmdn., gegen etwas Stellung nehmen** *(sich für oder gegen jmdn. oder etwas aussprechen)* · **jmdm. den Wind aus den Segeln nehmen** *(einem Gegner den Grund für sein Vorgehen oder die Voraussetzungen für seine Argumente nehmen)* · (geh.:) **Wohnung nehmen** *(Quartier beziehen; absteigen)* · (geh.:) **das Wort nehmen** *(zu reden beginnen)* · (ugs.:) **jmdm. das Wort aus dem Mund[e] nehmen** *(vorbringen, was ein anderer auch gerade sagen wollte)* · **sich** (Dativ) **Zeit für jmdn., für etwas nehmen** *(sich eingehend mit jmdm., mit etwas befassen)* · **seine Zuflucht zu etwas nehmen** *(etwas als letzte Möglichkeit ansehen):* er nahm seine Zuflucht zu Lügen · **jmdn. an die Kandare nehmen** *(jmds. Freiheit einschränken)* · **etwas auf sich nehmen** *(etwas übernehmen):* mit der Betreuung des Kindes hast du eine schwere Verantwortung auf dich genommen · (ugs.:) **jmdn. auf den Arm nehmen** *(jmdn. zum besten haben)* · (ugs.:) **etwas auf seine [eigene] Kappe nehmen** *(die Verantwortung für etwas übernehmen)* · **etwas auf die leichte Schulter/Achsel nehmen** *(etwas nicht genug beachten, nicht ernst genug nehmen)* · (ugs.:) **jmdn. aufs Korn nehmen** *(jmdn. scharf beobachten; mit jmdm. etwas vorhaben)* · (ugs.:) **etwas aufs Korn nehmen** *(etwas scharf kritisieren)* · **jmdn. beim Wort nehmen** *(in Anspruch nehmen, was jmd. angeboten, versprochen hat)* · **etwas für bare Münze nehmen** *(etwas ernsthaft glauben)* · **etwas in acht nehmen** *(etwas vorsichtig, sorgsam behandeln)* · **sich in acht nehmen** *(vorsichtig sein, aufpassen)* · **etwas in Angriff nehmen** *(mit etwas beginnen)* · **etwas zum Anlaß nehmen** *(Gelegenheit nehmen, etwas zu tun)* · **jmdn., etwas in Anspruch nehmen** *(jmdn., etwas beanspruchen)* · **etwas in Arbeit nehmen** *(mit der Anfertigung beginnen)* · **jmdn., etwas in Augenschein nehmen** *(jmdn., etwas genau und kritisch betrachten)* · **jmdn., etwas für etwas in Aussicht nehmen** *(jmdn., etwas für etwas vorsehen)* · **etwas in Aussicht nehmen** *(etwas planen, beabsichtigen)* · **etwas in Besitz nehmen** *(Besitz von etwas ergreifen)* · **etwas in Betrieb nehmen** *(mit etwas zu arbeiten beginnen)* · (nachdrückl.:) **jmdn., etwas in Empfang nehmen** *(jmdn., etwas empfangen)* · **jmdn. ins Gebet nehmen** *(jmdn. wegen wiederholter Verfehlungen eindringlich zurechtweisen)* · **etwas in Gebrauch nehmen** *(zu verwenden beginnen)* · (geh.:) **jmdn. in Gewahrsam nehmen** *(jmdn. in Haft nehmen, inhaftieren)* · (geh.:) **etwas in Gewahrsam nehmen** *(etwas verwahren, sicher aufbewahren)* · **jmdn. in Haft nehmen** *(jmdn. inhaftieren)* ·

etwas in die Hand nehmen *(die Leitung von etwas, die Verantwortung für etwas übernehmen)* · **etwas in Kauf nehmen** *(sich mit etwas im Hinblick auf andere Vorteile abfinden)* · (ugs.:) **etwas ins Schlepptau nehmen** *(etwas mit einem Tau ziehen)* · (ugs.:) **jmdn. ins Schlepptau nehmen** *(jmdm. helfen und ihn mit sich ziehen)* · **jmdn. in Schutz nehmen** *(jmdn. einem anderen gegenüber verteidigen)* · (ugs.:) **jmdn., etwas [scharf] unter die Lupe nehmen** *(jmdn., etwas [scharf] kontrollieren, beobachten)* · (ugs.:) **jmdn. unter seine Fittiche nehmen** *(jmdn. beschützen, betreuen)* · (ugs.:) **die Beine unter den Arm/unter die Arme nehmen** *(schnell fortlaufen; sich beeilen, um rechtzeitig irgendwohin zu kommen)* · (ugs.:) **es von den Lebendigen nehmen** *(einen hohen, überhöhten Preis verlangen)* · **sich etwas [sehr] zu Herzen nehmen** *(etwas beherzigen; etwas sehr schwer nehmen)* · **etwas zur Kenntnis nehmen** *(eine Information über etwas entgegennehmen; etwas anhören, ohne sich dazu zu äußern)* · (ugs.:) **hart sein im Nehmen** *(viel vertragen)* · (ugs.; scherzh.:) **vom Stamme Nimm sein** *(gerne alles nehmen, was man bekommen kann)* · **es [mit etwas] nicht so genau nehmen** *(nicht sorgfältig sein mit etwas)* · **im Grunde genommen** *(eigentlich)* · **im ganzen genommen** *(im großen und ganzen)* · (ugs.:) **jmdn. zu nehmen wissen** *(jmdn. richtig zu behandeln verstehen)* · **sich** (Dativ) **etwas nicht nehmen lassen** *(darauf bestehen, in bestimmter Weise zu handeln, etwas Bestimmtes zu tun).*

Neid, der: *Mißgunst:* heftiger N.; der blasse *(sehr großer)* N. sprach aus seinen Worten; Redensarten (ugs.): das ist der N. der Besitzlosen *(das sagen nur diejenigen, die selbst nichts haben);* nur kein N.!; Sprichw.: der N. gönnt dem Teufel nicht die Hitze in der Hölle · der N. frißt, nagt an ihm; N. empfinden (geh.); sein Reichtum erregt, erweckt viel N.; etwas mit N. betrachten; alle sahen ihn voll N. an; sie waren von N. erfüllt (geh.); sie platzte fast vor Neid (ugs.; *war sehr neidisch*). * **das muß ihm/ihr der Neid lassen** *(das muß man, wenn auch widerwillig, anerkennen)* · **blaß/gelb/grün vor Neid werden** *(heftigen Neid empfinden).*

neiden (geh.) ⟨jmdm. etwas n.⟩: *mißgönnen:* jmdm. seinen Erfolg, seinen Gewinn n.; man neidete ihm sein Glück.

neidisch: *mißgünstig, von Neid erfüllt:* neidische Freunde, Nachbarn, Geschwister; sie folgten ihm mit neidischen Blicken; er ist n. auf meinen Erfolg; die Kinder sind immer n. aufeinander; wenn man diesen Reichtum sieht, kann man schon n. werden *(Neid empfinden);* etwas n. betrachten, mustern.

Neige, die (geh.; selten): *Rest einer Flüssigkeit in einem Gefäß:* die N. im Glas stehenlassen; die N. austrinken, weggießen; er hat sein Glas bis zur N. *(völlig)* ausgetrunken, geleert. * (geh.:) **etwas geht auf die/zur Neige** *(etwas geht zu Ende, wird alle):* die Vorräte gehen langsam zur N.; der Tag geht auf die/zur N. · (geh.:) **bis zur Neige** *(bis zum Ende):* sie mußten die Angst bis zur bitteren N. auskosten.

neigen /vgl. geneigt/: **1.** (geh.) ⟨sich, etwas n.⟩ *[herab]beugen; senken:* den Kopf zum Gruß, als Zeichen der Demut n.; sich nach vorn, nach links n.; den Körper nach der Seite n.; der Zeiger der Waage neigt sich nach unten; die Mutter neig sich über das Kind, über das Bett des Kindes er neigte *(verneigte)* sich ehrfurchtsvoll vor de Toten, vor dem Altar; die Bäume neigen ih Zweige bis zur Erde; die Zweige neigten sich zu Erde; übertr. (dichter.): der Tag, das Jahr ha sich geneigt *(seinem Ende zugeneigt).* **2.** ⟨etwa n.⟩ *schräg halten:* das Glas, die Flasche n **3.** ⟨etwas neigt sich⟩ *etwas fällt schräg ab:* da Gelände neigt sich hier nach Norden; eine geneig te Fläche. **4.** ⟨zu etwas n.⟩ **a)** *für etwas anfälli sein, einen Hang zu etwas haben:* er neigt zu Er kältungen, zur/zu Korpulenz, zur/zu Schwer mut; ein zum/zu Jähzorn neigender Mann. **b)** *z etwas tendieren:* zu der Ansicht, der Auffassun n.; man neigt heute allgemein dazu, die Sach milder zu beurteilen.

Neigung, die: **1.** *das Neigen:* er verabschiedet sich mit einer N. des Kopfes. **2.** *das Geneigtsei das Schrägabfallen:* die N. des Geländes, de Hanges, der Straße, des Turmes beträgt 1 Grad. **3. a)** *Hang, Disponiertsein:* eine N. zu Trunk, zur Korpulenz; er hatte eine N. zu ständigen Kritisieren; niemand vermochte sein N. zu teilen *(war gleicher Meinung);* er hatt verspürte, zeigte wenig N. *(wenig Lust),* diese Plan zuzustimmen; Börse: die Papiere habe N. zu steigen *(tendieren zum Steigen);* Chemie dieser Stoff hat große N., sich mit Chlor zu ve binden. **b)** *Anlage, Vorliebe:* künstlerische, mus kalische Neigungen; jmds. N. zur Schauspiel rei unterstützen; er hat etwas abseitige Neigu gen; seinen Neigungen leben. **4.** *Zuneigun Sympathie:* jmds. N. erwacht (geh.); er gewan ihre N.; sie erwiderte seine N. nicht; er faßt sehr schnell N. zu ihr; er fühlte eine große N zu diesem Mädchen.

nein ⟨Adverb⟩: **1. a)** */Äußerung der Ablehnun auf eine Frage/:* kommst du? n.!; n., danke subst.: sein N. klang etwas zaghaft; ein ei deutiges N.; Sprichw.: ein N. nur rechten Ze erspart viel Widerwärtigkeit · er antwortete m einem klaren, deutlichen N.; viele Wähler h ben mit N. gestimmt. **b)** */in Ausrufen/:* n.!; n n.!; aber n.!; ach n.!; o n.!; n., so etwas!; doch!; n., niemals!; n. und abermals n.!; **2.** *vie mehr /gibt eine Steigerung an/:* das ist ei schwierige, n. unlösbare Aufgabe; er schätz ihn, n. er verehrte ihn. **3.** */zur Anreihung ein Satzes/:* n., das kann ich nicht glauben; n., d ist ja unmöglich. * (fam.:) **nicht nein sagen kö nen** *(zu gutmütig sein)* · **nein [zu etwas] sag** *(etwas ablehnen).*

nennen: 1. a) ⟨jmdn., etwas n.; mit Gleichse zungsakkusativ⟩ *den Namen geben, bezeichne rufen:* wie wollt ihr das Kind n.?; sie heißt Ge trud, aber man nennt sie Trude; die Kinder ne nen sie Mutter; damals nannte man ihn ein Helden; diesen König nannte man „den Gr ßen"; man nennt diese Stoffe Drogen; das nen ich *(das ist)* wirklich eine Überraschung; m nannte ihn Johann nach seinem Großvater; ist das, was man einen Angeber nennt *(er ist e Angeber).* **b)** ⟨sich n.; mit Gleichsetzungsnom nativ/(seltener:) mit Gleichsetzungsakkusati *sich bezeichnen als:* sich freier Schriftsteller n er nennt sich Christ/einen Christen; er nennt si dein Freund; dieses Lokal nennt sich großart Bar. **c)** ⟨jmdn. bei etwas/mit etwas n.⟩ *rufe* *nsprechen:* jmdn. mit dem Namen, bei seinem Vornamen n. **2.** ⟨jmdn., etwas n.⟩ *anführen, angeben:* er, sein Name wurde [nicht] genannt; die Teilnehmer wurden namentlich genannt; besonders genannt sei ...; er ist an erster Stelle im Zusammenhang mit dem Bombenanschlag zu n.; die genannten Personen sollen sich melden; ⟨jmdm. jmdn., etwas n.⟩ nennen Sie mir bitte Ihren Namen!; können Sie mir den Preis der Waren n.?; jmdm. den Grund für etwas n.; können Sie mir ein gutes Hotel, einen guten Arzt n.? **3.** ⟨jmdn., sich, etwas n.; mit Artangabe⟩ *bezeichnen:* etwas schön, gut, vorbildlich n.; man kann sie nicht hübsch n.; das nenne ich tollkühn; er nennt ihn du; das nennst du schön?; wenn Sie das so nennen wollen; wie nennt man dieses Verfahren? * **etwas/das Kind beim rechten Namen nennen** *(etwas ohne Beschönigung aussprechen)* · (geh.; veraltend:) **jmdn., etwas sein eigen nennen** *(jmdn., etwas haben, besitzen)*.

Nenner, der (Math.): *die unter dem Bruchstrich stehende Zahl:* Zähler und N.; der N. eines Bruchs; den gemeinsamen N. suchen; Brüche auf einen, den gleichen, denselben N. bringen. * **etwas auf einen [gemeinsamen] Nenner bringen** *(etwas in Übereinstimmung bringen):* es ist schwer, die verschiedenen Interessen auf einen N. zu bringen.

Nerv, der: **1.** *Nervenfaser:* der N. liegt frei; den N. [im Zahn] abtöten, ziehen, freilegen. **2.** ⟨Plural⟩ *nervliche Konstitution:* starke, gute, eiserne (ugs.), schwache, aufgepeitschte Nerven; für diese Arbeit hast du keine Nerven *(du bist dafür nervlich nicht geeignet);* seine Nerven sind völlig zerrüttet, haben versagt; die Nerven gingen ihm durch (ugs.; *versagten ihm*); seine Nerven waren zum Zerreißen gespannt *(er war in einem Zustand äußerster Anspannung);* er kennt keine Nerven (ugs.; *ist nicht empfindlich*); Sie müssen versuchen, die Nerven zu behalten *(nicht nervös zu werden);* der Lärm zerrt an meinen Nerven; völlig mit den Nerven fertig sein (ugs.), herunter sein (ugs.), am Ende sein (ugs.). * (ugs.:) **Nerven haben** *(unverschämt sein; Unmögliches fordern):* du hast [ja] Nerven, das kann ich doch nicht alleine tragen! · (ugs.:) **den Nerv haben, etwas zu tun** *(den Mut, die Frechheit haben, etwas zu tun)* · (ugs.:) **Nerven haben wie Drahtseile/wie Stricke** *(sehr gute Nerven haben)* · (ugs.:) **jmdm. den letzten Nerv töten** *(jmdn. durch sein Verhalten belästigen, nervös machen)* · **die Nerven verlieren** *(die Ruhe, die Beherrschung verlieren)* · (ugs.:) **etwas geht jmdm. an die Nerven** *(etwas geht jmdm. sehr nahe)* · (ugs.:) **jmdm. auf die Nerven fallen/gehen** *(jmdm. lästig werden)*.

nervös: 1. *vom Nervensystem ausgehend:* ein nervöser Reflex; nervöse Zuckungen; die Krankheit, der Schmerz ist [rein] n. bedingt; etwas wird n. *(durch bestimmte Nerven)* gesteuert. **2.** *reizbar, erregt, unruhig:* nervöse Unruhe, Spannung, Hast, Gereiztheit; er ist ein sehr nervöser Mensch; der Mann ist sehr n.; er wird immer nervöser; die ständige Unruhe macht ihn ganz n.; er wirkt sehr n.; er rauchte n., trommelte n. mit den Fingern auf dem Tisch.

Nessel, die: *Brennessel:* sich an Nesseln brennen. * (ugs.:) **sich [mit etwas] in die Nesseln setzen** *(sich Unannehmlichkeiten zuziehen):* mit dieser Äußerung hast du dich aber in die Nesseln gesetzt.

Nest, das: **1.** *Brutstätte der Vögel, Bau bestimmter Tiere:* ein kunstvoll gebautes, kleines, leeres N.; ein N. aus Zweigen; das N. der Amsel; ein N. voll Eier, voll kleiner Mäuse; die Kinder haben ein N. gefunden, entdeckt, ausgenommen, ausgehoben; die Vögel bauen, verlassen ihre Nester; der Vogel, das Huhn sitzt auf dem N.; ein Vögelchen ist aus dem N. gefallen; vier Eier lagen im N.; übertr.: *Schlupfwinkel:* ein N. von Schmugglern ausheben; als die Polizei kam, war das N. leer. **2.** (fam.) *Bett:* heraus mit euch aus dem N.!; alle liegen noch im N.; ins N. gehen. **3.** (ugs.) *kleine Ortschaft:* ein kleines, stilles, ödes, langweiliges, dreckiges (ugs.), gottverlassenes (ugs.) N.; in diesem N. gibt es nicht mal ein Café. * **das eigene/sein eigenes Nest beschmutzen** *(schlecht über die eigene Familie, das eigene Land sprechen)* · (ugs.:) **sich ins warme/ins gemachte Nest setzen** *(in gute Verhältnisse einheiraten)* · **jmdm. ein Kuckucksei ins Nest legen** *(jmdm. etwas zuschieben, was sich dann als unangenehm, schlecht erweist)*.

nett: a) *freundlich, liebenswürdig, angenehm:* ein netter Mensch; das sind sehr nette Leute; er, sie ist ein netter Kerl (ugs.; *ist sehr nett*); ein netter Kreis; mein Freund ist sehr n.; die Leute waren sehr n. zu ihm; das ist aber riesig (ugs.), furchtbar (ugs.) n. von dir; das war aber gar nicht n.; seien Sie bitte so n., und reichen Sie mir das Buch; n., daß du anrufst; subst.: er wollte ihr was Nettes sagen. **b)** *hübsch, ansprechend:* ein nettes Städtchen, Häuschen, Lokal; das Kleid ist sehr n.; sie sieht n. aus mit dieser Frisur; in diesem Restaurant sitzt man sehr n.; das machst du ganz n. (ugs.; *gut*); subst.: ich habe etwas Nettes erlebt · (iron.:) das sind ja nette Aussichten, Zustände; das ist ja eine nette Bescherung, Sache, Geschichte; die Sache hat ihn ein nettes *(nicht geringes)* Sümmchen gekostet; das kann ja n. werden (ugs.; *das sind ja schlimme Aussichten*)!

Netz, das: **1. a)** *Fangnetz:* ein enges, weitmaschiges, grobes, dichtes, altes, zerissenes N.; ein N. voll Fische; die Netze reißen; ein N. knüpfen, flicken, ausbessern; Netze auswerfen, ausbringen, schleppen, stellen, spannen, ziehen; das N. zum Trocknen ausbreiten, aufhängen; die Maschen des Netzes; Fische zappelten im N.; er fängt Schmetterlinge mit dem N.; bildl.: er versuchte das N. ihrer Lügen zu zerreißen; er hat überall seine Netze ausgeworfen *(knüpft vielerlei Verbindungen zugleich)*. **b)** (Sport) *netzartiges Band, das zwei Spielfelder voneinander trennt:* der Ball hat das N. berührt; am N. sein; ans N. gehen; er hat den Ball ins/übers N. geschlagen. **c)** *Einkaufsnetz:* sie packte alle Sachen ins N.; mit dem N. einkaufen gehen. **d)** *Gepäcknetz:* den Koffer ins N. legen. **e)** *Haarnetz:* sie trägt ein N. überm Haar. **2.** *Spinnengewebe:* das N. der Spinne; die Spinne sitzt, hockt, lauert in ihrem N. **3.** *netzartiges System, verzweigte [technische] Anlagen:* ein weitverzweigtes, dichtes, weltumspannendes, unentwirrbares N.; ein N. von Adern, Schienen, Drähten; ein N. von Kanälen durchzieht das Land. * **sich im eignen Netz/in den eignen Netzen verstricken** *(sich durch seine üblen Machenschaften selbst in eine* *ausweglose Lage bringen)* · **jmdm. ins Netz gehen** *(von jmdm. überlistet werden).*

neu: a) *vor kurzer Zeit entstanden, hergestellt; noch nicht gebraucht:* ein neues Haus; neue Kleider, Schuhe; ein ganz neues Auto; das Geldstück ist ganz n.; auf dem neuesten Stand sein; der Mantel sieht noch [wie] n. aus; etwas [auf] n. herrichten; subst.: öfter mal was Neues; Altes und Neues; das Neueste vom Neuen. **b)** *bisher nicht vorhanden, nicht bekannt, neuartig:* eine völlig neue Methode, Erfindung; eine neue Ära (bildungsspr.); ein neues Zeitalter ist angebrochen; er kleidet sich nach der neu[e]sten Mode; ein neues Modell; neue Wege gehen *(neue Methoden anwenden);* das ist ein neuer Gesichtspunkt; ein neuer Rekord; einer Sache einen neuen Sinn, eine neue Wendung geben; das ist ein neues Mittel; neue Tänze lernen; das ist eine neue Seite seines Wesens; er fühlt sich wohl in der neuen Umgebung; das neueste ist, daß . . . ; subst.: das ist das Neu[e]ste auf dem Markt; das Neue an der Sache ist, . . . ; was gibt es Neues?; allem Neuen ablehnend gegenüberstehen; er hat auf seiner Reise viel Neues gesehen, erfahren. **c)** *Vorhergegangenes ablösend; anders:* er hat ein neues Auto, eine neue Stellung; sie haben einen neuen Lehrer, Kollegen; die Waren haben neue Preise; sie hat jetzt einen neuen Namen; neuen Mut schöpfen; ein neuer Tag beginnt; sie hat eine neue Frisur; er hat neue Freunde gefunden; eine neue Flasche Wein auf den Tisch stellen; eine neue Seite, Zeile beginnen; das neue *(eben angebrochene)* Jahr; ein glückliches neues Jahr wünschen; zu Anfang der neuen *(gerade beginnenden)* Woche; etwas n. *(noch einmal)* bearbeiten, ordnen, anfertigen; das Haus wurde n. verputzt *(mit einem neuen Putz versehen);* er ist n. zu der Gruppe hinzugekommen; subst. (ugs.): das ist der Neue *(der neue Mitarbeiter, Schüler, Kollege o. ä.).* **d)** *noch nicht lange zurückliegend; aktuell:* die neu[e]sten Nachrichten, Meldungen; die neueren *(nicht klassischen)* Sprachen; in neuerer Zeit; seit neu[e]stem arbeitet er als Reporter; er ist n. hier (ugs.; *kennt sich noch nicht aus);* das Paar ist n. vermählt. **e)** *von diesem Jahr; frisch:* neue Kartoffeln; neue Heringe; neuen Wein trinken. * **Neues Testament** */Teil der Bibel/* · **die Neue Welt** *(Amerika)* · **Neue Geschichte** *(Geschichte der Neuzeit)* · **Neuere Geschichte** *(Geschichte seit der Französischen Revolution)* · **Neueste Geschichte** *(Geschichte der letzten Jahrzehnte)* · **ein neuer Mensch werden/sein** *(sich wandeln, zu seinem Vorteil verändern/verändert haben)* · (ugs.:) **etwas ist jmdm. neu** *(etwas ist jmdm. bisher nicht bekannt gewesen):* daß man jetzt auch sonntags hier einkaufen kann, ist mir n. · **aufs neue** *(erneut)* · **auf ein neues** *(noch einmal von vorn)* · **von neuem** *(nochmals, von vorn).*

neuerdings ⟨Adverb⟩: **1.** *seit kurzer Zeit:* er fährt n. im eignen Auto; sie kleidet sich n. sehr auffällig. **2.** (veraltend) *erneut, nochmals:* er wollte nicht n. um Hilfe bitten.

neugeboren: *gerade geboren:* ein neugeborenes Kind; nach dem Bad fühlten sie sich wie n. *(sehr erfrischt);* subst.: die Neugeborenen durften nur hinter einer Glasscheibe betrachtet werden.

Neugier (auch: Neugierde), die: *Verlangen, etwas [Neues] zu erfahren, zu wissen:* kindlich brennende (geh.), unverhohlene *(nicht verborg ne),* lebhafte, maßlose N.; wissenschaftlich sexuelle N. *(Wißbegierde);* die N. *(Wißbegierd* des Forschers; ihn plagt die N.; seine N. befri digen, stillen, zügeln, verbergen; keine N. ze gen; etwas reizt, weckt, erregt [jmds.] N.; jmd N. anstacheln; als er von den Vorgängen hört packte ihn die N.; er kam aus reiner (ugs.), pu rer (ugs.; *bloßer*) N.; vor N. platzen (ugs.; *se neugierig sein*).

neugierig: *von Neugier erfüllt; Neugier au drückend:* ein neugieriger Blick; neugierige Fr gen stellen; sie waren von neugierigen Mensche umringt; er ist sehr, schrecklich (ugs.) n.; s nicht so n.!; alle waren sehr n. (ugs.; *sehr g gespannt*) auf den Ausgang des Wettbewerb jmdn. n. betrachten; n. fragen; seine Wor machten uns n., ließen uns n. werden *(weckte unsere Neugier);* subst.: eine Gruppe Neugier ger stand an dem Bretterzaun.

Neuheit, die: **1.** *das Neusein:* das ist der Re der N. *(der Reiz, der von etwas Neuem ausgeht* **2.** *etwas Neues, ein neues Produkt:* eine techn sche, wissenschaftliche N.; das ist die letzte N im Bereich der Hutmode; auf der Messe gab e viele Neuheiten zu sehen.

Neuigkeit, die: *neue Nachricht; Begebenheit, d gerade erst bekannt wird:* eine interessante, au regende, unerhörte N.; sie brachte viele Neui keiten aus der Stadt mit; woher hast du dies N.?; eine N. mitteilen, erzählen, jmdm. voren halten; er hatte uns mancherlei Neuigkeiten z berichten.

neulich ⟨Adverb⟩: *vor kurzer Zeit:* er hat mir erzählt, daß ...; n., als ich ihn sah, sagte er .. n. morgens; er hat den Schrecken von n. noc nicht überwunden. Hochsprachlich nicht korrek ist der attributive Gebrauch: der neuliche Be such von dir.

neun ⟨Kardinalzahl⟩: *9:* es waren n. Personen die n. Musen; wir waren zu neunt/(ugs.:) z neunen/(geh.:) unser n.; es ist n. [Uhr]; um [Punkt] n.; es schlägt eben n.; viertel vor/nac n.; halb n.; er kommt gegen n.; er wird, ist heut n. [Jahre alt]; die Mannschaft gewann n. z vier; subst.: eine Neun *(Spielkarte)* ausspie len; die Neun *(Straßenbahn Linie 9)* fährt zum Bahnhof. * (ugs.:) **ach, du grüne Neune!** */Aus ruf des Erstaunens, der Mißbilligung/* · (Kege spiel:) **alle neun[e]!** */Ausruf, wenn alle Kegel au einen Wurf gefallen sind/.*

neunzig ⟨Kardinalzahl⟩: *90:* er wird n. [Jahr alt]; es waren n. [Personen] anwesend; n., mit n (ugs.; *90 Stundenkilometer*) fahren.

neutral: 1. *unparteiisch, unabhängig; keinem Staatenbündnis angehörend:* ein neutrales Land ein neutraler Staat; auf neutralem Boden zusam mentreffen; er nimmt eine neutrale Haltun ein; er wurde als neutraler Beobachter zu de Konferenz entsandt; das Land war, blieb im zweiten Weltkrieg n. *(trat nicht in den Krie ein);* er verhielt sich völlig, absolut n. *(ergri nicht Partei);* sein Bericht, sein Urteil war gan n. *(frei von Parteilichkeit);* subst.: die Neutra len *(die neutralen Länder).* **2.** *nicht auffällig un darum zu allem passend:* eine neutrale Farbe Form, Tapete; die Krawatte hat ein neutrale Muster; die Farbe der Vorhänge muß n. sein

.a) (Chemie) *weder basisch noch sauer reagie-end:* eine neutrale Lösung; der Stoff verhält sich hemisch n. **b)** *weder positiv noch negativ reagie-end:* neutrale Elementarteilchen.

icht ⟨Adverb⟩: /*drückt eine Verneinung aus*/: ch n.!; ich kann n. kommen; kennst du mich n. mehr?; er wird n. so bald/so schnell wiederkommen; das ist etwas noch n. Dagewesenes; /*in Ausrufen*/ n.!, n. doch!; nur n.!; n. zu glauben!; n. zu sagen!; was es n. alles gibt!; was du n. sagst!; warum n.! (ugs.; *man kann's ja mal probieren!*); n. möglich! *(das kann doch nicht sein!)*; /*in Aufforderungen*/: bitte n. füttern, n. berühren, n. werfen!; /*verstärkt*/: [ganz und] gar n.; durchaus n.; n. im mindesten, im geringsten; warum n. gar?; n. nur; n. allein; n. mehr und n. weniger; /*in Wortpaaren*/: n. nur ..., sondern auch; n. ... noch (geh.; *weder ... noch*); /*als Bekräftigung*/: es ist doch schön hier, n. [wahr]? /*als doppelte Verneinung*/: sie ist n. ungeschickt *(ist recht geschickt)*; hochsprachlich nicht korrekt: du darfst n. aufstehen, ehe/bevor du nicht fertig bist · /*in Fragesätzen, die eine positive Antwort herausfordern*/: willst du nicht auch kommen, mitgehen? * (ugs.:) **nicht die Bohne** *(überhaupt nicht)* · (ugs.:) **im Leben nicht** *(niemals; unter keinen Umständen)*: das stimmt im Leben nicht · (ugs.:) **nicht [so] ohne sein: a)** *(nicht so harmlos sein, wie man annehmen könnte)*: eine Fahrt in diesem kleinen Boot ist n. ohne. **b)** *(nicht so schlecht sein, wie man annehmen könnte)*: der Neue ist gar n. so ohne.

ichtig: a) (geh.) *wertlos:* nichtige Dinge; nichtiger Tand; alles erschien ihm n. **b)** *ungültig:* ein nichtiger Grund, Einwand; einen Vertrag für n. erklären. * (nachdrücklich:) **null und nichtig** *(ungültig)*.

ichts ⟨Indefinitpronomen⟩: **a)** *nicht das mindeste, geringste:* n., gar n., so gut wie n. zu essen haben; es war so dunkel, daß sie n. sahen; aus dem Vorhaben ist n. geworden; er macht sich n. aus Alkohol; er stellt n. vor (ugs.; *ist unscheinbar*); er hatte nichts von diesem Vortrag (ugs.; *der Vortrag bot ihm wenig Interessantes*); er hat mit dieser Sache n. zu tun; die Sache ist n. weniger als einfach *(sehr schwierig)* gewesen; n. gegen deine Pläne, aber ... (ugs.). **b)** *keine Sache:* n. ist so leicht, als alles zu kritisieren; es ist n. unangenehmer als ...; er wollte alles oder n. haben; es soll dir an n. fehlen; auf n. Appetit haben; sie unterscheiden sich durch n.; jmdn. für n. achten (geh.; *geringschätzen*); er ist für n. zu begeistern; er ist mit n. zufrieden; das Geschenk sieht nach n. aus (ugs.; *fällt nicht genug ins Auge*); ich weiß von n. *(weiß nichts von der Sache)*; er redet von n. anderem als von seinen Plänen; vor lauter Arbeit zu n. anderem kommen (ugs.); das führt zu n. (ugs.; *hat keinen Sinn*); dieses Gerät ist zu n. nütze (ugs.; *taugt zu nichts*); er hatte sonst n., weiter n. bei sich; sie haben mit ihm n. als *(nur)* Ärger; n. von alledem trifft zu; es war n. von Bedeutung, von Belang; er hat n. dergleichen gesagt; Sprichwörter: wer n. hat, kann n. geben; aus n. wird n.; von n. kommt n. **c)** *nicht etwas:* n. Genaueres, Näheres wissen; das ist nichts Besonderes; subst.: sie haben das aus dem Nichts geschaffen, aufgebaut. * **das macht nichts** *(das ist nicht schlimm)* · (ugs.:) **nichts für jmdn. sein** *(nicht zu jmdm. passen; nicht für jmdn. taugen)*: dieses Klima, dieses Mädchen ist nichts für dich · **jmdm. bleibt nichts anderes übrig, als ...** *(jmd. hat keine andere Möglichkeit, als ...)* · **nichts zu verlieren haben** *(alles riskieren können)* · **auf jmdn. nichts kommen lassen** *(jmdn. anderen gegenüber in Schutz nehmen)* · (ugs.:) **irgendwo nichts zu suchen haben/nichts verloren haben** *(irgendwo stören, nicht hingehören)* · (ugs.:) **irgendwo nichts zu lachen haben** *(es irgendwo nicht leicht haben, hart angefaßt werden)* · (veraltend:) **nichts für ungut** /*Entschuldigungsformel*/ · (ugs.:) **mir nichts, dir nichts** *(einfach so; ohne nähere Erklärung)* · (ugs.:) **auf etwas nichts geben** *(einer Sache keine Bedeutung beimessen)* · (ugs.:) **für nichts und wieder nichts** *(völlig umsonst, vergeblich)* · **für jmdn., für etwas nichts übrig haben** *(für jmdn., für etwas kein Interesse/keine Sympathie haben)* · **mit jmdm., mit etwas nichts zu tun haben wollen** *(sich von jmdm., von etwas distanzieren)* · (ugs.:) **nichts wie** *(schnell, schleunigst)*: n. wie weg, hin, heim, 'raus! · **vor dem/vor einem Nichts stehen** *(alles verloren haben)*.

nicken: 1.a) *den Kopf [mehrmals] kurz senken und heben:* beifällig, zustimmend, verständig, freundlich, nachdenklich, bedeutungsvoll n.; er nickte stumm mit dem Kopf; als Antwort nickte sie nur; bildl. (dichter.): die Blumen, Ähren, die Federn auf dem Hut nickten im Wind *(bewegten sich leicht auf und nieder)*. **b)** (geh.) ⟨etwas n.⟩ *durch Nicken ausdrücken:* Zustimmung n.; ⟨jmdm. etwas n.⟩ er nickte dem Redner Beifall. **2.** (fam.) *schlafen:* nach dem Essen nickte er ein wenig.

nie ⟨Adverb⟩: *zu keiner Zeit, niemals:* n. mehr!; n. wieder!; jetzt oder n.!; fast n.; das war noch n. da!; [das habe ich noch] n. gehört!; das schaffst du n.; eine n. wiederkehrende Gelegenheit; das Interesse war n. größer als heute, ist so groß wie [noch] n. [zuvor]; Redensart: besser spät als n. * (ugs.:) **nie und nimmer; nie im Leben** *(niemals)*.

nieder: I. ⟨Adjektiv⟩ **1.** (landsch.) *niedrig:* ein niederer Schemel; niederes Gebüsch; die Mauer ist sehr n., ist ihm zu n. **2.** *gesellschaftlich tiefer stehend; von geringem Rang:* der niedere Adel; die niedere Geistlichkeit; niedere Beamte; er war von niederer Herkunft; übertr. (geh.): niedere *(geringgeachtete)* Arbeiten verrichten müssen. **3.** (Biol.) *auf einer niedrigen Entwicklungsstufe stehend:* niedere Tiere, Pflanzen. **4.** *primitiv; sittlich tiefstehend:* niedere Triebe; die niedersten Instinkte wecken; diese Völker stehen auf einer niederen Kulturstufe. **II.** ⟨Adverb; meist in Verbindung mit Verben⟩ *hinunter, abwärts, zu Boden:* n. [mit ihm]!, n. mit den Waffen! * (selten:) **auf und nieder: a)** *(auf und ab)*: die Zweige schwankten auf und n. **b)** *(hin und her)*: er ging im Zimmer auf und n. · (veraltend:) **hoch und nieder** *(jedermann)* · (geh.:) **das Auf und Nieder** *(der Wechsel; das wechselnde Schicksal)*.

niederbrennen: 1.a) *durch Brand völlig zerstört werden:* das Haus, der Hof brannte [bis auf die Grundmauern] nieder. **b)** *herunterbrennen:* die Kerze, das Feuer ist niedergebrannt. **2.** ⟨etwas n.⟩ *in Brand stecken und völlig verbrennen lassen:* ein Dorf n.; ⟨jmdm. etwas n.⟩ sie haben uns das Haus niedergebrannt.

niederdrücken: 1. ⟨jmdn., etwas n.⟩ *nach unten, zu Boden drücken:* jmdn. auf den Stuhl n.; der Regen hat das Getreide niedergedrückt; der Wind drückte die Flammen nieder. 2. ⟨etwas drückt jmdn. nieder⟩ *etwas deprimiert jmdn.:* die Nachricht, der Mißerfolg, sein Gesundheitszustand drückte ihn nieder; es herrschte eine niedergedrückte Stimmung; er ist seit einigen Tagen sehr niedergedrückt.

Niedergang, der (geh.): *Verfall, Untergang:* ein unaufhaltsamer N.; der N. der Kultur, der Moral, der Sitten.

niedergehen: 1. *landen:* der Ballon ging, er ging mit dem Ballon über einem Waldstück nieder; die Raumkapsel ging sicher auf dem Wasser nieder. 2. ⟨etwas geht nieder⟩ **a)** *etwas fällt mit Heftigkeit nieder:* ein heftiger Regen, ein Wolkenbruch ging [auf die Stadt, über dem Land] nieder; bildl.: ein furchtbarer Bombenhagel war über die/über der Stadt niedergegangen. **b)** (selten) *etwas senkt sich herab, fällt:* der Vorhang ging nieder.

niedergeschlagen: *sehr traurig, deprimiert:* er macht einen niedergeschlagenen Eindruck; er war, wirkte sehr n.

Niedergeschlagenheit, die: *das Niedergeschlagensein:* große, tiefe N. befällt jmdn.

Niederlage, die: 1. *das Besiegtwerden in einem Kampf:* eine schwere, demütigende, schmähliche N.; die N. war vernichtend; die N. *(die verlorene Schlacht)* von Waterloo; eine N. erleiden, erleben, einstecken [müssen], hinnehmen [müssen]; jmdm. eine N. beibringen, zufügen, bereiten; Sport: die Mannschaft erlebte eine furchtbare N., hat sich von ihrer N. erholt; übertr.: der Politiker erlebte eine persönliche N., wollte sich seine N. nicht eingestehen. 2. *Aufbewahrungsort, Lager:* Waren aus der N. holen, in die N. schaffen. 3. *Niederlassung:* die Firma hat hier eine N.

niederlassen: 1. (veraltend) ⟨jmdn., etwas n.⟩ *herunterlassen:* die Fahne, eine Last n.; der Verwundete wurde an einem Seil niedergelassen. 2.**a)** ⟨sich n.⟩ *sich setzen:* kommt herein und laßt euch nieder; sich am Tisch, auf dem Boden/auf den Boden, in einem Sessel/in einen Sessel n.; die Tauben hatten sich auf der Dachrinne niedergelassen; die Gläubigen ließen sich auf die Knie nieder *(knieten nieder)*. **b)** ⟨sich n.; mit Raumangabe⟩ *sich irgendwo ansiedeln, seßhaft werden:* die Firma hat sich in München niedergelassen; er hat sich als Arzt, als Rechtsanwalt [in Berlin] niedergelassen. * (ugs.:) **sich [bei jmdm.] häuslich niederlassen** *(längere Zeit bleiben)*.

niederlegen: 1. ⟨etwas n.⟩ *aus der Hand, auf den Boden legen; hinlegen:* das Werkzeug, den Hammer, eine Last n.; legt eure Tornister auf dem Boden/auf den Boden nieder; am Grab des Verstorbenen wurden Kränze niedergelegt; übertr.: die Soldaten legten die Waffen nieder *(kämpften nicht weiter)*. 2. ⟨etwas n.⟩ *abbrechen:* Mauern, ein Gebäude n.; bildl.: die Revolution wollte die Schranken zwischen den Ständen n. 3. ⟨etwas n.⟩ *aufgeben; von etwas zurücktreten:* sein Amt, das Kommando, die Macht, die Regierung n.; der Abgeordnete hat sein Mandat niedergelegt; die Metallarbeiter haben die Arbeit niedergelegt *(sind in den Ausstand getreten)*. 4. ⟨jmdn., sich n.⟩ *zur Ruhe legen, hinlegen:* sich zur Ruhe, zum Schlafen n.; sie hat sich ein wen[ig] [auf das Bett/auf dem Bett] niedergelegt. 4. ⟨e[twas] n.⟩ *schriftlich festhalten:* etwas [hand]schriftlich n.; Gedanken, Forschungsergebniss[e] in einem Aufsatz n.

niederprasseln ⟨etwas prasselt nieder⟩: *etw[as] fällt mit Heftigkeit nieder:* Regen, Hagel prasse[lt] [auf die Felder] nieder; übertr.: Vorwürfe, B[e]schuldigungen, Schimpfwörter prasselten a[uf] ihn nieder.

niederreißen ⟨etwas n.⟩: *einreißen, abreißen:* ein Haus, eine Mauer, einen Zaun, ein Hindernis n.; ganze Straßenzüge wurden niedergerissen, um für die neuen Bauten Platz zu schaffen; bildl.: die Revolution versuchte alle Schranke[n] der Standesunterschiede niederzureißen.

Niederschlag, der: 1. *aus der Atmosphäre au[f] die Erde niederfallende Feuchtigkeit o. ä.:* leichte[r], schwerer, starker, heftiger, geringer, häufige[r], radioaktiver N.; N. in Form von Schnee; N[.] fällt, wird gemessen; es wurden Niederschläg[e] gemeldet. 2. *Bodensatz:* ein N. setzt sich auf den Boden des Gefäßes, der Flasche ab. 3. *Ausdruck:* seine Worte waren der N. seiner Verärgerung; di[e] veränderten gesellschaftlichen Verhältnisse fan[den] in neuen Gesetzen ihren N. 4. (Boxen) *de[n] Boxer zu Boden zwingender Schlag:* sich vo[n] einem N. nicht mehr erholen.

niederschlagen /vgl. niedergeschlagen/: 1[.] ⟨jmdn.; etwas n.⟩ *[durch einen Schlag] z[u] Boden strecken:* einen Angreifer n.; er hat seine[n] Gegner mit einem Fausthieb niedergeschlagen; bildl.: der Regen hat das Getreide niedergeschlagen *(zu Boden gedrückt)*. 2. ⟨etwas n.⟩ **a)** *niederwerfen, gewaltsam unterdrücken:* eine[n] Aufstand, eine Revolte, eine Verschwörung n[.] **b)** (Rechtsw.) *einstellen:* ein Verfahren, eine[n] Prozeß n. 3. ⟨etwas n.⟩ *senken:* die Augen, di[e] Blicke n. 4. ⟨etwas schlägt sich nieder⟩ *etwa[s] setzt sich ab:* der Nebel schlägt sich als Ta[u] nieder; die Feuchtigkeit, der Dampf hat sic[h] an den Wänden niedergeschlagen. 5. ⟨etwa[s] schlägt sich in etwas nieder⟩ *etwas findet in etwa[s] seinen Ausdruck:* die maßlose Enttäuschun[g] schlägt sich in seinen Worten nieder; seine Er[]fahrungen haben sich in seinen Büchern niedergeschlagen. 6. (Chemie) ⟨etwas n.⟩ *ausfällen[,] ausscheiden:* einen chemischen Stoff aus eine[r] Lösung n.

niederschmettern: 1. ⟨jmdn., etwas n.⟩ *heftig[,] brutal niederschlagen:* jmdn. mit einem Faustschlag n. 2. ⟨jmdn. n.⟩ *heftig erschüttern, mutlo[s] machen:* die traurige Nachricht hatte sie niedergeschmettert; adj. Part.: *entmutigend:* ei[n] niederschmetterndes Ergebnis; niederschmetternde Tatsachen; diese Erkenntnis war n.

niederstrecken (geh.): 1. ⟨jmdn. n.⟩ *durc[h] einen Schlag oder Schuß zu Fall bringen:* der Verbrecher wurde von einem Polizisten durch mehrere Schüsse niedergestreckt. 2. ⟨sich n.⟩ *sic[h] hinlegen; sich ausstrecken:* er streckte sich müd[e] auf das Bett/auf dem Bett nieder.

Niedertracht, die (geh.): *niedrige, gemeine Ge[]sinnung; Bosheit:* was für eine N.!; solche N[.] hatte ihm niemand zugetraut; er ist zu solche[r] N. nicht fähig.

niederträchtig: 1. *niedrig, böse, gemein:* ein[e] niederträchtige Gesinnung, Tat, Verleumdung[,] Gemeinheit, Geschichte; ein niederträchtige[r]

Mensch, Kerl (ugs.); das ist n. von dir; jmdn. n. behandeln; subst.: so etwas Niederträchtiges!; 2. (ugs.) **a)** *[unangenehm] groß, sehr stark:* eine niederträchtige Kälte; die Schmerzen waren n. **b)** ⟨verstärkend bei Adjektiven und Verben⟩ *sehr:* es war n. kalt; wir haben n. gefroren.

niederwerfen: 1. ⟨etwas n.⟩ *unterdrücken; niederschlagen:* einen Aufstand, eine Revolte, einen Angriff n. **2.** ⟨sich n.⟩ *sich auf den Boden, auf die Knie werfen:* er warf sich [vor dem Altar] nieder. **3.** (geh.) ⟨etwas wirft jmdn. nieder⟩ *etwas macht jmdn. bettlägerig:* eine schwere Krankheit, ein Fieber hatte ihn [aufs Krankenlager] niedergeworfen.

niedlich: *klein und zierlich, hübsch:* ein niedliches Mädchen; niedliche kleine Hunde, Kätzchen; ein niedliches Kleidchen, Mützchen; das Baby ist sehr n.; das Kind sieht sehr n. aus.

niedrig: 1. *von, in geringer Höhe:* ein niedriges Haus, Gebäude; die Zimmer haben niedrige Decken, Türen, Fenster; ein niedriger Raum; ein niedriger Tisch; niedriges Gras; er hat eine niedrige Stirn; Schuhe mit niedrigen Absätzen; Sträucher von niedrigem Wuchs; ein niedriger Wasserstand; dieser Hügel ist am niedrigsten; das Bild hängt zu n.; das Flugzeug flog sehr n.; der Kranke liegt mit dem Kopf zu n.; dieser Ort liegt niedriger *(tiefer)* als die anderen. **2.** *zahlenmäßig oder mengenmäßig gering:* niedrige Preise; ein niedriger Betrag, Zinssatz; eine niedrige Summe; ein niedriger Einsatz beim Spiel; eine niedrige *(kleine)* Zahl; niedrige Löhne, Mieten; mit niedriger Geschwindigkeit fahren; niedrige Temperaturen; der Kurs der Wertpapiere ist n.; die Unkosten lagen niedriger, als befürchtet wurde. **3.** *von geringem gesellschaftlichem, entwicklungsmäßigem Rang:* ein Mensch von niedriger Herkunft, Geburt; er ist von niedrigem Stand; auf einem niedrigen Niveau stehen; niedrige (veraltend; *geringgeachtete*) Arbeiten verrichten müssen; niedriges (veraltet; *ungebildetes, einfaches*) Volk; hoch und n. (veraltet; *jedermann, ohne Ansehen des Standes*). **4.** *sittlich tiefstehend, gemein:* ein niedriger Charakter; eine niedrige Gesinnung, Handlungsweise; aus niedrigen Beweggründen handeln; die niedrigsten Instinkte wurden geweckt; n. handeln; jmdn. n. einschätzen. * (veraltend:) **etwas niedriger hängen** *(etwas der allgemeinen Verachtung preisgeben).*

niemals ⟨Adverb⟩: *zu keiner Zeit, nie:* das mache ich n. wieder, n. mehr; das hatte er noch n. gesehen, gehört; das hätte ich n. geglaubt; n.! /ugs.; *Ausruf der Ablehnung*/.

niemand ⟨Indefinitpronomen⟩: *keiner, kein Mensch:* n. will es gewesen sein; das macht ihm n. nach; das weiß n. besser als du; es war n. da, der ihm Auskunft geben konnte; n. außer ihm war zu Hause; n. außer ich selbst; ich habe sonst n./n. sonst/(ugs.:) weiter n. gesehen; n. ander[e]s als du; er wollte n. anders/niemanden anders/n. anderen um sich haben; er wollte n./(geh.:) niemanden sehen; er war niemandes Feind; er hat niemandem etwas gesagt; du sollst mit n. Fremdem/Fremdes sprechen; er hat mit niemandem reden wollen; er hat mit n. anders/mit n. anderem gesprochen; er hat sich über niemanden geäußert; er hat sich von niemandem verabschiedet.

Niere, die: *harnbildendes Organ:* die rechte, linke N.; empfindliche Nieren; seine Nieren schmerzen, sind entzündet, sind geschrumpft, haben versagt; die Nieren blockieren, arbeiten nicht mehr; die Funktion der Nieren prüfen; er hat es an den Nieren (ugs.; *ist nierenkrank*); er hat es mit den Nieren zu tun (ugs.; *ist nierenkrank*); Kochk.: saure Nieren · * (ugs.:) **etwas geht jmdm. an die Nieren** *(etwas greift jmdn. sehr an, regt jmdn. sehr auf)* · (ugs.:) **jmdn. auf Herz und Nieren prüfen** *(jmdn. gründlich prüfen).*

nieseln ⟨es nieselt⟩: *es regnet leicht:* es nieselt heute den ganzen Tag.

niesen: a) *durch einen Schleimhautreiz verursacht, Luft krampfartig durch die Nase ausstoßen:* er niest laut, heftig, kräftig; er hat mehrmals n. müssen, geniest; subst.: beim Niesen flog ihm das Gebiß aus dem Mund. **b)** ⟨jmdm. n.; mit Raumangabe⟩ *in eine bestimmte Richtung niesen:* er nieste dem Kind ins Gesicht.

[1]Niete, die: *Bolzen zum Verbinden von Metallteilen:* Nieten in den Schiffsrumpf schlagen, hämmern, einziehen; Blechteile mit Nieten verbinden.

[2]Niete, die: **1.** *Los, das nicht gewinnt:* das Los war eine N.; er hatte eine N. [gezogen]. **2.** (ugs.) *jmd., der zu nichts taugt; Versager:* er ist eine N.; mit dieser N. kann man nichts anfangen.

nieten ⟨etwas n.⟩: **1.** *mit Nieten verbinden, befestigen:* Bleche, Eisenplatten n. **2.** *Nägel mit Köpfen versehen:* Nägel n.

niet- und nagelfest ⟨in der Verbindung⟩ [alles] was nicht niet- und nagelfest ist (ugs.): *alles, was man mitnehmen, wegtragen kann:* die Einbrecher nahmen mit, was nicht niet- und nagelfest war.

Nimbus, der (bildungsspr.): **1.** *Heiligenschein, Strahlenkranz:* die Nimbusse der Heiligenfiguren waren aus Blattgold. **2.** *besonderes Ansehen, Ruf:* er hat den N., umgibt sich mit dem N. der Unfehlbarkeit; er steht im N. der Heiligkeit.

nimmer ⟨Adverb⟩: **1.** (geh., veraltend:) *niemals:* er wird n. zurückkehren. **2.** (landsch.) *nicht mehr, nicht länger:* er will's n. machen. * (verstärkend:) **nie und nimmer; nun und nimmer[mehr]** *(niemals).*

Nimmerwiedersehen ⟨in der Verbindung⟩ auf Nimmerwiedersehen (ugs.): *für immer:* eine Reihe meiner Bücher ist auf N. verschwunden.

nippen: *nur wenig, in kleinen Schlucken trinken:* sie nippt meist nur [am Wein, am Glas, von den Speisen].

nirgends ⟨Adverb⟩: *an keinem Ort, an keiner Stelle, nirgendwo:* er war n. zu finden; er fühlt sich n. so wohl wie dort; er hält es n. lange aus; n. sonst gibt es eine so große Auswahl; er geht n. hin. * (ugs.:) **überall und nirgends** *(nirgendwo, an keinem Ort):* er ist überall und n. zu Hause.

Niveau, das (bildungsspr.): **1.** *Höhenstufe, Stand:* Straße und Bahnlinie haben das gleiche N.; das N. des Flusses heben, senken; das Grundstück liegt 10 m über, unter dem N. der Straße; übertr.: die Preise haben das höchste N. des Vorjahres erreicht. **2.** *Bildungsstand, Rang; Qualitätsstufe:* ein hohes, niedriges, gutes, überdurchschnittliches, geringes N.; das geistige N. eines Menschen; das künstlerische N. einer Veranstaltung; das N. einer Zeitung; etwas hat [ein gewisses] N.; er hat wenig, kein N. *(ist* *geistig anspruchslos, ohne Bildung);* das N. halten, heben, senken; etwas entspricht nicht dem N. der Hörer, Leser; die Debatte zeugte von dem hohen N. der Teilnehmer; etwas bewegt sich auf einem niedrigen N.; ein Werk von beachtlichem N.; diese Arbeit war unter seinem N.

nobel: 1. (geh.) *großmütig, edeldenkend; anständig:* ein nobler Mensch, Mann, Charakter; eine noble Gesinnung, [Denkungs]art; das war eine noble Geste; sein Verhalten war sehr n.; er hat sich in dieser Angelegenheit wenig n. verhalten, gezeigt. **2.** (ugs.) *großzügig, freigebig:* ein nobles Trinkgeld, Geschenk; er zeigt sich immer sehr n.; sie waren n. bewirtet worden.

noch ⟨Adverb⟩: **1.a)** *bis zu diesem Zeitpunkt, bis jetzt:* er ist n. nicht zurück; das wußte ich [bis jetzt] noch nicht; er ist immer n./n. immer krank; du bist n. zu klein; bist du noch da, wenn ich zurückkomme?; weißt du n., wie das war?; das hat es n. nie gegeben; das war n. nie da! (ugs.); du hast noch Zeit/n. hast du Zeit; n. ist es nicht zu spät. **b)** *zu einem zu erwartenden Zeitpunkt; irgendwann:* er wird schon n. kommen; ich werde es dir noch mitteilen; du wirst es noch einmal bereuen. **c)** *nicht später als:* n. vor kurzer Zeit; n. am gleichen Tag; n. vor [dem] Abend; n. heute soll er zurückkommen; übertr.: er erreichte den Zug gerade noch *(kurz vor der Abfahrt).* **2.** *außerdem; zusätzlich:* das ist n. größer, schöner, besser; er will n. mehr haben; das ist n. einmal *(doppelt)* so groß; wer war denn n. da?; n. eins wollte ich sagen; wünschen Sie n. etwas?; n. ein Bier, bitte!; er hat noch viel Arbeit; was gibt es n.?; ich möchte n. etwas sagen; bitte, n. einmal *(wiederholen)!;* der Junge ist n. gewachsen; auch das n.! /ugs.; *Ausruf der Verzweiflung*/; n. dazu hatte er kein Geld mehr; n. ein Wort! /*in drohendem Ton hervorgebrachte Aufforderung, nicht weiter zu sprechen*/. **3.** /*in Wortpaaren, die eine Verneinung ausdrücken*/: weder ... noch: sie hatten weder Zeit n. Geld für diese Sache · nicht ... noch (geh.): nicht Weg n. Steg war in der Dunkelheit zu erkennen; (geh.) nicht er n. seine Frau, n. seine Kinder. * (ugs.:) **das wäre ja noch schöner!** *(das kommt gar nicht in Frage)* · (ugs.:) **noch zu haben sein** *(noch ledig sein).*

nochmals ⟨Adverb⟩: *noch einmal:* etwas n. sagen, schreiben, überdenken; ich sage dir n., daß du das nicht tun sollst.

Nord, der: **1.a)** *Norden:* N. und Süd; der Wind kommt aus N., dreht nach N.; von N. nach Süd. **b)** /*Bezeichnung für den nördlichen Stadtteil*/: Wiesbaden (Nord). **2.** (dichter.) *Nordwind:* es bläst ein scharfer, eisiger N.

Norden, der: **1.** *durch den Nordpunkt bestimmte Himmelsrichtung:* im N. erheben sich hohe Berge; der Kompaß zeigt nach N.; das Zimmer geht, liegt, blickt (geh.) nach N. *(nach der Nordseite);* die Straße verläuft von N. nach Süden. **2.a)** *im Norden liegendes Gebiet:* der äußerste, hohe N.; der N. des Landes; er wohnt im N. der Stadt. **b)** *nördliche Länder:* der kalte, neblige N.; der N. ist ein lohnendes Reiseland; die Flora des Nordens; eine Fahrt in den N.

nördlich: I. ⟨Adj.⟩ **1.a)** *in nördlicher Himmelsrichtung befindlich:* die nördliche Halbkugel; der nördliche Himmel; 50 Grad nördlicher Breite. **b)** *im Norden liegend:* der nördliche Teil des Landes; die nördlichen Gebiete; die Stad liegt weiter n. **c)** *im skandinavischen Raum befindlich:* die nördlichen Länder, Völker; a nördlichen Gestaden (geh.). **2.** *von Norden kommend; nach Norden gerichtet:* ein nördliche Wind; der Gebirgszug verläuft in nördliche Richtung; sie steuern nördlichen Kurs. **II** ⟨Präp. mit Gen.⟩ *im Norden:* n. der Alpen, de Elbe; n. der Stadt; (selten:) n. Münchens. **III** ⟨Adverb⟩ *im Norden:* n. von München; n. vo diesem Gebirgszug breitet sich ebenes Land aus

nörgeln: *beständig an allem Kritik üben; mäkeln:* er muß immer n.; er nörgelt den ganze Tag; nörgelnde Kritik üben.

normal: 1. *der Norm entsprechend; üblich:* ei normales Gewicht, Maß; eine normale Weite Größe; eine normale Funktion; normale Verhältnisse; ein normaler Geisteszustand; eine normale Herztätigkeit; auf normalem Weg läß sich das nicht erreichen; bei, unter normale Umständen; dieser Zustand, diese Reaktion is nicht n.; Puls, Herzschlag, Atmung des Patienten sind n.; n. funktionieren; die Sache is [ganz, völlig, durchaus] n. verlaufen. **2.** *geistig gesund:* ein nicht ganz normales Kind; de Junge ist [geistig] nicht [ganz] n.; der Patien wirkt zeitweise völlig n.; du bist wohl nicht n.! (ugs.; *bist wohl nicht ganz richtig im Kopf*) bist du noch n.? (ugs.; *noch zurechnungsfähig?*)

not ⟨in der Verbindung⟩ etwas ist/tut not (geh.) *etwas ist nötig, ist erforderlich:* Eile, Hilfe tut n. das, was n. gewesen wäre, wurde versäumt.

Not, die: *Notlage, Bedrängnis, Gefahr:* große schwere, bittere, drückende N.; innere, seelische, leibliche N.; Nöte des Alters, des Alltags es herrscht große N.; die N. drängt ihn, treibt ihn zu dieser Handlungsweise; N. leiden, kennen, fühlen, kennenlernen, erfahren; jmds. N lindern, mildern, erleichtern, beheben; die N bekämpfen; er klagte uns seine N.; in Zeiten der N.; jmdm. in der Stunde der N. beistehen er hat aus tiefster N. so gehandelt; du hast mich aus großer N. gerettet; gegen die N kämpfen; in N. sein, geraten, kommen, leben; in höchster N. wandte er sich an die Öffentlichkeit; jmdm. in der, in seiner N. helfen; sie leiden schwer unter der N.; Sprichwörter: N. macht erfinderisch; N. lehrt beten; N. macht aus Steinen Brot; N. bricht Eisen; N. kennt kein Gebot; wenn die N. am größten, ist Gottes Hilf' am nächsten; in der N. schmeckt jedes Brot; in der N. frißt der Teufel Fliegen; Freunde in der Not gehn hundert/tausend auf ein Lot; spare in der Zeit, so hast du in der Not! * **wenn Not am Mann ist** *(im Notfall)* · (ugs.:) **seine [liebe] Not mit jmdm., mit etwas haben** *(große Mühe, Schwierigkeiten haben)* · **damit hat es keine Not** *(das eilt nicht)* · **der Not gehorchend** *(gezwungenermaßen)* · **aus der Not eine Tugend machen** *(einer unangenehmen Sache das Beste abgewinnen)* · (ugs.:) **jetzt/da ist Holland in Not** *(jetzt ist Hilfe dringend nötig)* · **in Nöten sein** *(in großer Verlegenheit, Bedrängnis sein)* · **mit Müh und Not** *(nach langem Bemühen; gerade noch)* · **mit genauer/mit knapper Not** *(gerade noch)* · **ohne Not: a)** *(ohne Schwierigkeiten):* die Reise läßt sich ohne N. verschieben. **b)** *(ohne zwingenden Grund):* ohne N. greife ich diese Vorräte nicht an.

Notdurft, die ⟨in der Wendung⟩ die/seine Notdurft verrichten (geh.): *Darm [und Blase] entleeren:* der Kranke durfte nur aufstehen, um seine N. zu verrichten.

notdürftig: *mangelhaft, nicht ausreichend:* notdürftige Bekleidung; eine notdürftige Behausung; etwas n. ausbessern, flicken; die Flüchtlinge waren nur n. untergebracht; von diesem Lohn kann die Familie nur n. leben.

Note, die: **1.a)** *Tonzeichen:* eine ganze, halbe N.; Noten schreiben, lesen, lernen, stechen; beim Spielen mehrere Noten überspringen; ein Gedicht in Noten setzen *(vertonen)*. **b)** ⟨Plural⟩ *Notenblatt; Notentext:* die Noten an das Orchester verteilen; die Noten studieren; sie singt, spielt nach Noten; er kann nicht ohne Noten spielen. **2.** *Zensur, Beurteilung:* eine gute, schlechte, befriedigende, mangelhafte N.; seine N. in Latein ist schlecht; er hat mäßige Noten bekommen; dieser Lehrer gibt schlechte Noten, hat die N. des Schülers gedrückt; er hat die Note „gut" bekommen; seine Noten verbessern; die Noten ins Klassenbuch eintragen; bei dem Schüler besteht ein großer Unterschied zwischen mündlichen und schriftlichen Noten. **3.** *Banknote:* falsche, gefälschte Noten; Noten drucken, fälschen, aus dem Verkehr ziehen, außer Kurs setzen; die Bundesbank gibt neue Noten heraus. **4.** *schriftliche Mitteilung im diplomatischen Verkehr zwischen Staaten:* eine diplomatische N.; die N. enthielt bestimmte Forderungen; Noten austauschen, wechseln; eine Note überreichen. **5.** *Eigenart, Gepräge:* eine festliche, sportliche, männliche, persönliche, eigene, besondere N.; die Zusammenkunft hatte eine private N.; durch die gemusterte Tapete bekommt der Raum eine neue N. * (ugs.:) **es geht wie nach Noten** *(es geht gut voran)*.

Notfall, der: *plötzlich eintretende Notsituation:* wenn der N. eintritt, daß ...; wir haben für Notfälle vorgesorgt; Vorräte für den N.; Hilfe in Notfällen; nur im äußersten N. *(wenn es keine andere Möglichkeit gibt)* ist er bereit einzuspringen.

notieren: 1. ⟨jmdn., etwas n.⟩ *aufschreiben, um es nicht zu vergessen; vormerken:* etwas genau, sorgfältig, in Stichworten n.; den Namen, jmds. Adresse, die Zahlen n.; jmds. Geburtstag im Kalender n.; der Polizist hat die Autonummer, den Fahrer notiert; ich werde Sie für die Teilnahme notieren; ⟨jmdm., sich jmdn., etwas n.⟩ ich habe mir deine Telefonnummer [auf einem Zettel] notiert. **2.** (Börsenw.) **a)** ⟨etwas notiert etwas⟩ *die Börse setzt den Kurs fest:* die Börse notiert die Kurse; diese Aktien wurden heute schwächer, mit 140 notiert. **b)** ⟨etwas notiert⟩ *etwas hat einen bestimmten Kurs:* diese Chemieaktien notieren zur Zeit hoch, tief; dieses Papier, die Anleihe notiert 98.

nötig: *erforderlich, notwendig:* die nötigen Mittel; nötige Vorbereitungen; die nötigen Kleider; nicht die nötige Ruhe haben; es fehlt ihm am nötigen Ernst; etwas sehr, dringend, bitter *(sehr)* n. haben; Erholung, Hilfe n. haben *(dringend brauchen)*; dieses Kind hat es am nötigsten von allen (ugs.; *bedarf der Hilfe, der Zuwendung o. ä. am dringendsten*); du hast es wohl nicht mehr n. zu arbeiten? (ugs.); er hat es manchmal n. (ugs.; *es ist zuweilen notwendig*), daß man ihm die Meinung sagt; das Kind hat es sehr n. (ugs.; *muß dringend seine Notdurft verrichten*); du hast es gerade n. (ugs.; *es steht dir gar nicht an*), so über die anderen zu lachen; Hilfe ist unbedingt, dringend n.; alles, was zum Leben n. ist; wenn es n. ist, werde ich den Arzt rufen; es wäre nicht n. gewesen, daß ...; etwas n. brauchen; etwas [nicht] für n. befinden; etwas für n. halten, erachten (geh.), erklären; er hat es nicht für n. gefunden *(sah keinen Grund)*, sich zu entschuldigen; wenn n. *(nötigenfalls)*, komme ich sofort; subst.: alles Nötige veranlassen; bei diesen Leuten fehlt es am Nötigsten; sich auf das Nötigste beschränken.

nötigen: a) ⟨jmdn. zu etwas n.⟩ *jmdn. heftig drängen, auffordern, etwas zu tun:* jmdn. zum Essen n.; sie haben uns zum Bleiben genötigt; man nötigte ihn, Platz zu nehmen; sein Gesundheitszustand nötigte *(zwang)* ihn, seine Ämter aufzugeben; er war genötigt, seinen Besitz zu verkaufen; ich sehe mich genötigt, Sie zu größerer Vorsicht zu ermahnen; ⟨auch ohne Präpositionalobjekt⟩ laß dich nicht immer n.! **b)** ⟨jmdn. n.; mit Raumangabe⟩ *nachdrücklich an einen bestimmten Platz bitten:* jmdn. auf einen Stuhl, ins Zimmer n.

Nötigung, die: *Zwang:* etwas als N. empfinden; Rechtsw.: er wurde wegen [schwerer] N. *(gewaltsamer Einwirkung auf jmds. freien Willen)* verurteilt, bestraft.

Notiz, die: **1.** *kurze schriftliche Aufzeichnung, Vermerk:* wichtige, kurze, flüchtige Notizen; eine N. am Rand des Schriftstücks; er hat bei dem Vortrag eifrig Notizen gemacht; sich (Dativ) einige, ein paar Notizen machen; das Blatt war mit Notizen bedeckt. **2.** *kurze Zeitungsmeldung:* eine kurze, kleine N. in der Presse, in der Zeitung; die Zeitung brachte über den Fall nur eine knappe N. * **Notiz von jmdm., von etwas nehmen** *(jmdm., einer Sache Aufmerksamkeit schenken)*.

Notlage, die: *schwierige [finanzielle] Lage:* eine wirtschaftliche, finanzielle N.; jmds. N. ausnutzen; sie kamen aus dieser N. nicht heraus; sie sind, befinden sich in einer N.; die lange Krankheit hat ihn in eine Notlage gebracht.

notlanden: *eine Notlandung vornehmen:* die Maschine, das Flugzeug mußte n.; der Pilot ist auf einem Acker notgelandet.

Notwehr, die (Rechtsw.): *Abwehr eines rechtswidrigen Angriffs:* es war nicht Mord, sondern N.; er hat aus, in N. gehandelt; der Polizist hat den Verbrecher in N. getötet.

notwendig: 1. *nötig, erforderlich:* die notwendigen Mittel; notwendige Anschaffungen; notwendige Maßnahmen; es fehlt der notwendige Platz, Raum; die notwendigen Unterlagen beschaffen; die notwendigen Schritte unternehmen; er bringt nicht die notwendigen Voraussetzungen mit; etwas ist sehr, dringend, unumgänglich n.; etwas ist politisch, finanziell n.; Reformen werden immer notwendiger; etwas macht etwas n.; jmdn., etwas n. *(dringend)* brauchen; eine Änderung hat sich als n. erwiesen; etwas als n. ansehen; etwas für n. halten, erklären; subst.: alles/das Notwendige veranlassen; es fehlt ihnen am Notwendigsten;

sich auf das/aufs Notwendigste beschränken. **2.** *zwangsläufig:* das ist die notwendige Folge dieses Leichtsinns; der Versuch mußte n. mißlingen. * **ein notwendiges Übel** *(etwas Unangenehmes oder Lästiges, das sich jedoch nicht umgehen läßt).*

Notwendigkeit, die: *das Notwendigsein, Erfordernis:* eine bittere *(große)*, innere N.; die N. der Zusammenarbeit; die N. von Reformen; es besteht nicht die geringste N., so zu handeln; die N. von etwas erkennen, einsehen.

November, der: *elfter Monat des Jahres:* ein nebliger, kalter N.; er kommt Anfang, Ende N.; er ist seit N. hier; er hat im N. Geburtstag.

Nu ⟨in der Verbindung⟩ im Nu/in einem Nu (ugs.): *sehr schnell, in einem Augenblick:* ich bin im N. wieder da; die Sache war in einem N. erledigt.

nüchtern: 1. a) *ohne schon etwas gegessen und getrunken zu haben:* auf nüchternen *(leeren)* Magen trinken, rauchen, ein Medikament einnehmen; Redensart (ugs.): das ist zuviel auf nüchternen Magen · [noch] n. sein; das Mittel ist morgens n. zu nehmen. **b)** *nicht durch Alkoholgenuß beeinträchtigt:* der Fahrer war ganz, völlig, nicht mehr n.; er ist fast nie, nur selten n. *(ist fast immer betrunken);* er muß erst wieder n. werden. **2. a)** *schmucklos, karg:* ein nüchterner Stil, Raum, Bau; nüchterne Fassaden, Wände; die Wohnung ist sehr n. [eingerichtet]; der Raum wirkt ein wenig n. **b)** *sachlich; trocken, phantasielos:* ein nüchterner [Verstandes]mensch, Rechner; eine nüchterne Einschätzung der Lage; ein nüchterner Bericht; nüchterne Zahlen, Tatsachen; seine Art ist [mir] zu n.; etwas n. beurteilen, betrachten. **3.** (landsch.) *fad, ohne Geschmack:* nüchterner Kartoffelbrei; die Suppe ist, schmeckt sehr n.

Nudel, die: **1.** /*eine Mehlspeise*/: gebackene Nudeln; Nudeln kochen, essen; Nudeln mit Tomatensoße. **2.** (ugs.) *Mensch:* eine lustige, komische, ulkige N.; sie ist eine dicke N.

null ⟨Zahlwort⟩: *0:* n. *(keinen)* Fehler, Punkte; es herrscht eine Temperatur von n. Grad; es ist n. Uhr (Amtsdt.; *12 Uhr nachts*); drei weniger drei ist [gleich] n.; Werte von n. bis 10; n. Komma neun *(0,9);* das Spiel steht zwei zu n. *(2:0);* subst.: die Ziffer, der Wert Null; eine Null malen, schreiben; eine Null an die Zahl anhängen; das Thermometer steht auf Null; eine Zahl mit drei Nullen; Temperaturen über/unter Null. * (ugs.:) **eine [absolute/reine/vollkommene] Null** *(ein ganz unfähiger Mensch)* · (ugs.:) **Nummer Null** *(Toilette)* · **die Stunde Null** *(Zeitpunkt, an dem etwas völlig neu beginnt)* · **etwas ist gleich Null** *(etwas ist ohne Ergebnis):* der Erfolg dieser Behandlung war gleich N. · (nachdrücklich:) **null und nichtig** *(ungültig):* die Verträge wurden für n. und nichtig erklärt · (ugs.:) **in Null Komma nichts** *(sehr rasch)* · (ugs.:) **etwas sinkt unter Null** *(etwas verschlechtert sich sehr):* seine Stimmung sank unter N.

Nullpunkt, der: *Gefrierpunkt:* die Temperatur ist auf den N. abgesunken, ist über den N. angestiegen. * **absoluter Nullpunkt** *(tiefste denkbare Temperatur)* · **den Nullpunkt erreichen; auf dem Nullpunkt ankommen** *(ganz negativ werden, einen absoluten Tiefpunkt erreichen):* die Stimmung hatte den N. erreicht.

Nummer, die: **1. a)** *Zahl, mit der etwas gekennzeichnet wird; Kennzahl:* eine hohe, niedrige, laufende N.; eine Münchener N. *(Autonummer)*; die angegebene N. stimmt nicht; die N. des Hauses *(Hausnummer)*, des [Lotterie]loses *(Losnummer)*, des [Hotel]zimmers *(Zimmernummer);* das Haus N. 24; das Los hat die N. 50231; welche N. *(Telefonnummer)* haben Sie? geben Sie mir bitte die N. *(Telefonnummer)* 312711; unter welcher N. *(Telefonnummer)* sind Sie zu erreichen?; bildl.: hier bist du nur eine N. *(wirst du nicht beachtet, nicht menschenwürdig behandelt).* **b)** *Zeitschriften-, Zeitungsnummer:* eine einzelne N., alle Nummern eines Jahrgangs; der Artikel stand in einer älteren, in der letzten N.; die Reihe wird in der nächsten N. fortgesetzt. **c)** *Programmnummer:* eine glanzvolle, sensationelle, schlechte N.; die beste N. ist eine Pferdedressur; eine N. proben, einstudieren. **2.** *Größe:* eine kleine N.; er braucht eine größere N.; Handschuhe N. 7; Ihre N. haben wir nicht vorrätig. **3.** (ugs.) *Person:* er ist eine komische, ulkige, verrückte, fidele N.; er ist eine N. für sich *(ein seltsamer Mensch)*. **4.** (ugs.; verhüllend) *Koitus:* eine N. machen, schieben (derb); nach, vor der N. * (ugs.:) **Nummer Null** *(Toilette)* · (ugs.:) **[bei jmdm.] eine große/dicke/gute Nummer haben** *(sehr geschätzt, angesehen sein)* · (ugs.; iron.:) **auf Nummer Sicher sein/sitzen** *(im Gefängnis sitzen)* · (ugs.:) **auf Nummer Sicher gehen** *(nichts unternehmen, ohne sich abzusichern).*

nun: I. ⟨Adverb⟩: **a)** *jetzt, in diesem Augenblick:* n. ist es zu spät; bist du n. zufrieden? n. endlich konnte sie ruhig schlafen; ich werde n. nicht mehr länger warten; n. reicht's aber /ugs.; *Ausruf des Unmuts*/; n. komm doch endlich!; von n. an soll es besser werden; n., wo, (geh.:) da es ihm wieder besser geht, will er nicht länger zu Hause bleiben; n. gerade /*Ausruf des Widerspruchs*/; was n.?; da steht er n. und weiß nicht weiter. **b)** *eben:* er wollte es n. einmal nicht haben; es ist n. mal nicht anders. **c)** *also:* n. ja, so ist es nicht; n. gut! n. denn!; n., meinetwegen! /*Ausdruck des Einverständnisses*/; n., wie geht's?; je n. (geh. *nun also*), wenn ich das gewußt hätte, wäre ich mitgekommen. **II.** (geh.; veraltend) ⟨Konj.⟩ *da, weil:* n. die schöne Zeit zu Ende geht, bleibt nur zu wünschen, daß ... * (verstärkend:) **nun und nimmer[mehr]** *(niemals).*

nur: I. ⟨Adverb⟩: **1.** *bloß, lediglich, nicht anders als;* es ist n. ein Teil vom Ganzen; das ist n. Einbildung; ich habe n. wenig Zeit; ich bin auch n. ein Mensch! *(ich mache auch Fehler, man kann nichts Unmögliches von mir verlangen);* er spielt n. noch selten Klavier; es sind n. mehr (landsch.; *nur noch*) drei Tage Zeit, ich tue das n. ungern; das wäre n. zu wünschen; da kann man n. staunen; ich wollte n. sagen, daß ich nicht kommen kann; er ist n. einer unter vielen; er bleibt n. bis morgen; er siegte mit n. einem Meter Vorsprung. **2.** *ausschließlich, allein, nichts als:* er will n. dort bleiben, wo es ihm gefällt; n. [dann,] wenn ...; n. noch heute; n. dies wollte er haben; n. so läßt sich das erklären; es regnete, hagelte n. so (ugs.; *sehr*); er stürzte, daß es n. so krachte (ugs.; *er stürzte ganz furchtbar*); der Chef hat ihn angepfiffen, daß es nur so rauschte (ugs.; *hat ihn heftig zurechtgewiesen*); n. aus Mitleid; n. für Mitglieder; n. gegen bar; n. nach Vereinbarung; /in dem Wortpaar/: nicht n. ..., sondern auch: das Mädchen ist nicht n. hübsch, sondern auch begabt. **3.** *irgend, überhaupt, immer:* alles, was n. möglich ist; die Kinder bekommen alles, was sie n. wollen; er soll n. kommen!; n. Mut!; n. ruhig Blut!; /in Verbindung mit *noch* vor Komparativen/: er wurde n. noch frecher, zurückhaltender, wütender. **II.** ⟨Konj. oder Adverb⟩ *jedoch, allerdings, aber:* sie ist hübsch, n. müßte sie schlanker sein.

Nuß, die: **1.** */eine Frucht/:* eine leere, hohle, taube, harte, ölige N.; welsche Nüsse (veraltend; *Walnüsse*); Sprichw.: Kümmernisse sind die härtesten Nüsse · vergoldete Nüsse an den Weihnachtsbaum hängen; Nüsse ernten, [ab]schlagen, schwingen *(vom Baum herunterschlagen)*, von der Schale befreien; eine N. knacken, aufmachen; das Eichhörnchen knabbert eine N./an einer N.; Eis mit Nüssen. **2.** (ugs.) */Schimpfwort, bes. für einen dummen Menschen/:* er ist eine doofe N., eine taube N. * (ugs.:) **etwas ist eine harte Nuß [für jmdn.]** *(etwas ist ein schwieriges Problem, eine unangenehme Aufgabe für jmdn.)* · (ugs.:) **jmdm. eine harte Nuß zu knacken geben** *(jmdm. ein schwieriges Problem aufgeben)* · (ugs.:) **eine harte Nuß zu knacken haben** *(eine schwierige Aufgabe zu lösen haben)*.

nütze ⟨in der Wendung⟩ [zu] etwas nütze sein: *[zu] etwas taugen, brauchbar sein:* er hat das Gefühl, zu nichts mehr n. zu sein; dieses Material ist noch zu etwas n.

nutzen (auch, bes. südd.:) nützen: **1.** ⟨etwas nutzt⟩ *etwas hilft, ist von Nutzen:* das Mittel nutzt [gar nichts, etwas, viel, wenig, kaum, nicht im geringsten]; was nutzen alle Ermahnungen, wenn du nicht darauf hörst; alle Bemühungen haben nichts genutzt; Lügen nutzt nichts; es nutzt alles nichts (ugs.; *wir können nicht länger ausweichen*), wir müssen jetzt aufbrechen; das Medikament nutzt bei Kopfschmerzen/gegen Kopfschmerzen; wozu soll das alles n.?; ⟨jmdm., einer Sache n.⟩ wem soll das n.?; das nutzt niemandem; es nutzt ihm nichts mehr; seine Sprachkenntnisse nutzten ihm sehr; kann ich Ihnen n. *(nützlich sein)*?; das nutzt dem Fortgang der Arbeit. **2.** ⟨etwas n.⟩ **a)** *Nutzen aus etwas ziehen, ausbeuten:* den Boden, die Bodenschätze, den Erzreichtum des Landes n.; man nutzt die Wasserkraft der Flüsse zur Stromerzeugung. **b)** *ausnutzen, in bestimmter Weise gebrauchen:* etwas weidlich, sparsam, klug, geschickt, häufig n.; seinen Einfluß, einen Vorteil, alle Möglichkeiten n.; den günstigen Augenblick, die Zeit, die Gunst der Stunde (geh.) n.; Sprichw. (bildungsspr.): nutze den Tag! · etwas für seine Zwecke n.; er nutzt jede freie Minute zum Training; er nutzt jede Gelegenheit, sich hervorzutun.

Nutzen, der: *Vorteil, Gewinn, Profit:* ein großer, geringer, bedeutender, allgemeiner, kleiner N.; der N. [von] dieser Einrichtung ist gering; das hat wenig praktischen N.; N. bringen, stiften (geh.), tragen, abwerfen; welchen N. versprichst du dir davon?; er sucht überall seinen N.; N. von etwas haben; N. aus etwas ziehen; er hat das Buch mit N. gelesen; etwas mit N. [wieder] verkaufen, absetzen; sich mit einem geringen N. begnügen; es wäre von N., wenn ...; seine Sprachkenntnisse waren ihm sehr, kaum von N.; eine Stiftung zum N. der Allgemeinheit.

nützlich: *Nutzen bringend, brauchbar:* nützliche Tiere; eine nützliche Erfindung, Einrichtung; man schenkte ihnen viele nützliche Dinge; er ist ein nützliches Glied der Gesellschaft; der Hinweis war [mir] sehr n. *(von Nutzen)*; du warst mir bei dieser Arbeit sehr n. *(hast mir sehr geholfen)*; der Kompaß hat sich unterwegs als sehr n. erwiesen; er versuchte sich [uns] n. zu machen *([uns] zu helfen)*; subst.: sie wollten bei ihrem Aufenthalt in der Stadt das Angenehme mit dem Nützlichen verbinden.

nutzlos: *vergeblich, ohne Nutzen:* nutzlose Anstrengungen, Versuche; ein nutzloses Unterfangen; es ist völlig n., das zu probieren; die Bemühungen waren ganz n.; du solltest deine Gesundheit nicht n. *(ohne wirklichen, zwingenden Grund)* aufs Spiel setzen.

O

o ⟨Interj.⟩: o weh!; o Gott!; o welche Freude!; o wäre er doch schon hier!; o ja!; o nein!; o nicht doch!

O ⟨in der Wendung⟩ das A und O: *die Hauptsache, das Wesentliche, der Kernpunkt:* Sport ist das A und O in seinem Leben.

Oase, die: *fruchtbare Stelle mit Wasser und Pflanzen in der Wüste:* sie übernachteten in einer O.; übertr.: *[stiller] Ort der Erholung:* dieser Park ist eine [wahre] O. in der verkehrsreichen Stadt.

ob: I. ⟨Konj.⟩ **1.** ⟨zur Einleitung eines indirekten Fragesatzes⟩ /als Ausdruck der Ungewißheit über einen bestimmten Tatbestand/: sie fragte, ob er schon da sei; ich weiß nicht, ob die Zeit dafür günstig ist; er ist neugierig, ob es geklappt hat; es wäre interessant[,] zu erfahren, ob er über das Geld verfügt; sie wollte nachsehen, ob die Tür geschlossen war; [ich bin im Zweifel,] ob ich gehe, ob ich lieber bleibe? **2.** ⟨in Verbindung mit *als* zur Einleitung einer irrealen vergleichenden Aussage⟩: er blickte ihn an, als ob er ihn erst jetzt sähe; sie verhielten sich so, als ob nichts passiert sei. **3.** (veraltend) ⟨in Verbindung mit *auch* zur Einleitung eines Konzessivsatzes⟩ *selbst wenn:* er hält an seiner Überzeugung fest, ob er sich dadurch auch neue Feinde schafft. **4. a)** in

Verbindung mit *oder*⟩ *sei es [daß]:* sie mußten sich fügen, ob es ihnen paßte oder nicht; ob in diesem Land oder in einem andern: sie hatten überall mit den gleichen Schwierigkeiten zu kämpfen. **b)** ⟨in Verbindung mit *ob*⟩ *sei es, handele es sich um:* ob arm, ob reich, alle müssen sterben; ob morgens, ob abends, er hatte immer gute Laune. **5.** ⟨in Verbindung mit *und*⟩ /als Ausdruck einer selbstverständlichen Bejahung/: kennst du dieses Buch? und ob [ich das kenne]! **II.** ⟨Präp.⟩ **1.** (geh.; veraltend) ⟨mit Gen., (selten auch:) Dativ⟩ *wegen, über:* jmdn. ob seines Leichtsinns tadeln; seine Freunde haben ihn ob seiner Hilfsbereitschaft geschätzt. **2.** (veraltet) ⟨mit Dativ⟩ *oberhalb, über:* Rothenburg ob der Tauber; das Land ob der Enns *(Oberösterreich)*. * (ugs.:) **so tun, als ob** *(etwas vorgeben und andere damit täuschen)*.

Obacht ⟨in der Wendung⟩ auf jmdn., auf etwas Obacht geben/haben: *achten, aufpassen:* auf die Kinder, auf den Verkehr O. geben; ⟨auch ohne Präpositionalobjekt⟩ hab O.!

Obdach, das: *Unterkunft:* kein O. haben; sie hatten hier ein O. gesucht und gefunden; niemand wollte ihnen O. geben, gewähren (geh.).

obdachlos: *keine Wohnung [mehr] habend:* obdachlose, verwaiste Kinder; durch die Überschwemmungen sind viele Menschen o. [geworden]; die Flüchtlinge zogen o. von Ort zu Ort.

oben ⟨Adverb⟩: **a)** *an einer höher gelegenen Stelle, in der Höhe; über jmdm., über etwas:* o. links, o. rechts; stell die Gläser bitte o. in den Schrank; er steht o. auf der Leiter; dort o. auf dem Dach; hoch o. auf dem Berg; nach o. *(ins obere Stockwerk)* gehen; der Taucher kommt nicht mehr nach o.; von o. *(aus der Höhe; aus dem oberen Stockwerk)* kommen; bildl.: er hat mich von o. bis unten *(sehr gründlich)* gemustert; übertr.: siehe o.! *(weiter vorn im Text)*; wie o. *(vorher im Text)* schon erwähnt. **b)** (ugs.) *an übergeordneter Stelle, bei den Vorgesetzten:* die da o. haben doch keine Ahnung; er scheint o. sehr beliebt zu sein; der Befehl kommt von o. **c)** (ugs.) *im Norden, an der Küste:* o. ist das Klima viel rauher; wir haben auch ein paar Jahre da o. gelebt. * (ugs.:) **nicht wissen, was oben und was unten ist** *(durch Überforderung ganz durcheinander sein)* · (ugs.:) **etwas steht jmdm. bis hier/da oben** *(jmd. ist einer Sache überdrüssig)* · **den Kopf oben behalten** *(die Ruhe, die Überlegung bewahren; den Mut behalten)* · **sich oben halten** *(alle Schwierigkeiten überwinden):* das kleine Unternehmen hat sich trotz der ungünstigen Wirtschaftslage o. gehalten · **von oben herab** *(verächtlich):* er hat ihn von o. herab angesehen, behandelt · (ugs.:) **oben ohne** *(mit unbedeckter Brust* /von Frauen/*)*.

obenan ⟨Adverb⟩: *an der Spitze, an erster Stelle:* er saß an der Tafel o.; sein Name steht in der Liste o.; übertr.: unter den Sehenswürdigkeiten Münchens steht das Deutsche Museum ganz o.

obenauf ⟨Adverb⟩: *über allem anderen, zuoberst, als oberstes:* die Jacke liegt o.; o. ins Paket legte sie den Brief; übertr.: der Patient ist wieder o. *(gesund und munter)*; er ist immer o. *(immer guter Laune)*.

obendrein ⟨Adverb⟩: *überdies, noch dazu:* er verlangte Schadenersatz, o. wollte er Schmerzensgeld; er hat mich o. ausgelacht.

obenhin ⟨Adverb⟩: *flüchtig, oberflächlich:* etwa o. tun, ansehen, sagen; er antwortete nur o *(ohne auf die Frage, Sache einzugehen)*; sein Frau hatte die Frage ganz o. *(beiläufig)* gestellt

Ober, der: *Kellner:* ein höflicher, vielbeschäf tigter, mürrischer O.; der O. nahm ihre Be stellung auf; Herr O., ein Bier bitte!; der O bringt die Speisekarte, das Essen, räumt de Tisch ab; den O., nach dem O. rufen.

obere: **a)** *sich oben befindend:* die oberen Wol kenschichten; drücken Sie bitte den oberen Knopf!; die Städte an der oberen Elbe; ir oberen Stockwerk. **b)** *dem Rang nach übe anderen stehend:* die oberen Schulklassen subst.: die Oberen *(Vorgesetzten, Vorsteher)* * **die oberen Zehntausend** *(die reichste, vornehm ste Gesellschaftsschicht)*.

Oberfläche, die: *Gesamtheit der Flächen, di einen Körper von außen begrenzen:* eine rauhe harte, glatte, blanke, polierte O.; die O. eine Kugel, der Erde; er ist nicht wieder an die O *(obere Begrenzungsfläche des Wassers)* gekommen Abfälle schwimmen auf der O.; bildl.: das Ge spräch plätscherte an der O. dahin *(ging nicht i die Tiefe)*; seine Gedanken bleiben an der O *(dringen nicht in das Problem ein)*.

oberflächlich: **1.a)** *am Äußeren haftend; nich tief gehend:* ein oberflächlicher Mensch; ober flächliche Witze; er ist sehr o. veranlagt. **b)** *flüch tig, nicht gründlich:* eine oberflächliche Zufalls bekanntschaft; eine oberflächliche Betrachtung für diese Arbeit ist er zu o.; etwas o. behandeln ein Buch o. lesen; ich kenne ihn nur o.; ich hab mich nur o. damit beschäftigt. **2.** *sich an de Oberfläche der Haut befindend:* ein frischer ober flächlicher Bluterguß; die Wunde ist nur o.; e hat sich o. verletzt.

oberhalb: **I.** ⟨Präp. mit Gen.⟩ *über; höher al etwas gelegen:* er band den Arm o. des Ellbogen ab; die Burg liegt o. des Dorfes; sie besaßen ei Haus o. der Elbe, o. Heidelbergs; die Frostgren ze liegt o. 1800 Meter. **II.** ⟨Adverb in Verbin dung mit *von*⟩ *über etwas, höher als etwas gelegen* das Schloß liegt o. von Heidelberg.

Oberhand ⟨in bestimmten Wendungen⟩ **di Oberhand gewinnen/bekommen/erhalten** *(sic als der Stärkere erweisen; sich gegen jmdn., etwa durchsetzen):* sowie er abreiste, bekamen sein Verleumder wieder die O.; schließlich gewan die Lebensfreude wieder die O. · **die Oberhan haben** *(der Stärkere sein)* · **die Oberhand behalte** *(der Stärkere bleiben)*.

Oberhaupt, das: *führende, leitende Person:* da O. des Staates, der Gemeinde, der Familie; de Papst ist das O. der katholischen Kirche.

oberste: **a)** *ganz oben, sich an der äußersten Spit ze befindend:* auf der obersten Stufe stehen **b)** *höchste (dem Rang, der Bedeutung nach):* da ist das oberste Gesetz; er verkehrt in den ober sten Kreisen.

Oberwasser ⟨in den Wendungen⟩ (ugs.: **Oberwasser bekommen** *(in eine günstige Lag kommen):* beim Spiel bekam er bald wieder O. (ugs.:) **Oberwasser haben** *(im Vorteil sein, [wie der] obenauf sein)*.

obgleich ⟨Konj.⟩: *obwohl, wenn auch; ungeachtet der Tatsache, daß:* er kam sofort, o. er nicht iel Zeit hatte; o. es ihnen selbst nicht sehr gut ging, halfen sie den Flüchtlingen; der Fahrer, o. ngetrunken, hatte keine Schuld.

bhut, die: *schützende Aufsicht, Fürsorge:* sich mds. O. anvertrauen; sich in jmds. O. befinden; ei ihm sind die Kinder in guter O.; sie gaben hr Kind in die O. der Großeltern/bei den Großltern in O. *(vertrauten ihr Kind den Großeltern n);* sie nahmen die Waise in ihre O. *(betreuten ie Waise);* mit 30 Jahren stand er noch unter lterlicher O.

Objekt, das: **1.** (bildungsspr.) *Gegenstand, mit lem etwas geschieht oder geschehen soll:* ein wertvolles, brauchbares O.; ein O. unter der Lupe etrachten; ein größeres O. *(ein Grundstück, inen Wertgegenstand)* zu verkaufen haben; um welches O. handelt es sich denn?; Redensaren: ein Versuch am untauglichen O. *(vergeblicher Versuch, jmdn. für etwas zu gewinnen);* die Tücke des Objekts *(überraschenderweise bei etwas auftretende Schwierigkeit);* übertr.: die Hochschulreform ist das O. seiner Studie; sie nachten ihn zum O. ihrer politischen Aggressivität. **2.** (Sprachw.) *Satzergänzung:* das O. in inem Satz bestimmen.

bjektiv (bildungsspr.): *sachlich, nicht von Gefühen und Vorurteilen bestimmt:* ein objektives Ureil; objektive Argumente; eine objektive Untersuchung, Prüfung eines Falles fordern; der Schiedsrichter ist sehr o.; man muß versuchen, lie Dinge o. zu sehen.

bliegen (geh.): **a)** ⟨einer Sache o.⟩ *sich widnen; ausüben:* er liegt seinem Beruf mit Hingabe ob/obliegt seinem Beruf mit Hingabe; anstatt seinen gesellschaftlichen Pflichten obzuliegen, zog er sich ins Privatleben zurück. **b)** ⟨etwas obliegt jmdm.⟩ *etwas fällt jmdm. als Aufgabe zu:* lie Beweislast liegt der Anklagebehörde ob/ obliegt der Anklagebehörde; ihr hatten schon früh viele Pflichten obgelegen.

Obolus, der (bildungsspr.; scherzh.): *kleiner Beirag, Spende:* seinen O. entrichten, beisteuern; er reichte dem Museumsdiener seinen O.

bschon (geh.) ⟨Konj.⟩: *obwohl:* er beklagte sich nicht, o. er große Schmerzen litt.

bskur (bildungsspr.): *nicht näher bekannt, nicht vertrauenswürdig, unbekannt, zweifelhaft:* ein obskurer Schriftsteller; eine obskure Kneipe; eine obskure Zeitschrift; die Sache war reichlich o., kam mir etwas o. vor.

Obst, das: *eßbare [saftige] Früchte von Bäumen und Sträuchern:* frisches, saftiges, [un]reifes, eingemachtes, rohes, gedörrtes O.; O. ist gesund; O. abnehmen, pflücken, ernten, auflesen, schälen, einkochen, einmachen; es roch nach fauligem O.; Redensart: [ich] danke für Obst und Südfrüchte *(das möchte ich nicht, davon möchte ich nichts wissen).*

bszön (bildungsspr.): *unanständig, schamlos:* obszöne Witze, Lieder, Filme; er ist o.; diese Abbildungen wirkten o.

bwohl ⟨Konj.⟩: *obgleich:* o. ich ihm wiederholt geschrieben habe, hat er bis heute nicht geantwortet; er hat das Paket nicht mitgenommen, o. ich ihn ausdrücklich darum gebeten hatte; sie trat, o. schwer erkältet, auf.

Ochse, der: **a)** *kastriertes männliches Rind:* ein abgemagerter, fetter O.; Ochsen vor den Pflug spannen; einen Ochsen am Spieß braten; sie pflügen noch mit Ochsen. **b)** (ugs.) */Schimpfwort, bes. für eine dumme männliche Person/:* so ein O.!; da müßte ich doch ein [schöner, rechter] O. sein, wenn ich das ohne Bezahlung machen würde. * (ugs.:) **dastehen wie der Ochs am/ vorm Berg** *(völlig ratlos sein, sich nicht zu helfen wissen):* vor jeder neuen Aufgabe steht er da wie der O. vorm Berg.

ochsen (Schülerspr.): **a)** *angestrengt lernen:* hart, schwer o.; er ochste für das Examen. **b)** ⟨etwas o.⟩ *sich etwas geistig aneignen, etwas lernen:* den ganzen Nachmittag hat er Mathematik geochst.

öde (auch: öd): **a)** *menschenleer, verlassen, einsam:* eine öde Gegend; im Herbst ist der Strand ö.; Markt und Straßen lagen ö. da. **b)** *unfruchtbar, wild und unbebaut:* ödes Land; sie fuhren durch öde Gebiete. **c)** *langweilig:* das öde Einerlei des Alltags; ihr Leben war, verlief ziemlich ö.

Öde, die: **a)** *Einsamkeit, Verlassenheit der Landschaft:* die winterliche Ö.; eine von unendlicher Ö. erfüllte Landschaft. **b)** *Leere, Langeweile:* er fühlte eine seltsame Ö. im Kopf; er versuchte, der Ö. seines Lebens durch alle möglichen Ablenkungen zu entgehen; in ihrem Kreis hatte sich eine allgemeine geistige Ö. ausgebreitet.

oder ⟨Konj.; häufig in Verbindung mit *entweder*⟩ /gibt an, daß von zwei oder mehreren Möglichkeiten nur eine in Frage kommt; stellt eine Möglichkeit zur Wahl/: das eine o. das andere; heute o. morgen; alles o. nichts; so o. so; [entweder] du o. ich; es mag neun o. zehn Uhr gewesen sein; entweder er o. ihr seid daran schuld; er o. ihr, irgend jemand hat sich getäuscht; du bist doch der gleichen Ansicht, o.? *(nicht wahr?);* etwas muß geschehen, o. die Katastrophe wird unvermeidlich *(sonst, andernfalls wird die Katastrophe unvermeidlich).*

Ofen, der: **a)** *Vorrichtung zum Heizen eines Raumes:* der O. ist warm, noch kalt, heizt [sich] gut, brennt schlecht, raucht, rußt, hat einen ordentlichen Zug; Redensart: jetzt ist der O. aus! (ugs.; *jetzt ist Schluß, meine Geduld ist zu Ende*); den O. anstecken, anzünden, ausgehen lassen, heizen, zuschrauben; der Großvater saß am O.; Feuer im O. anmachen; bildl.: hinterm O. hocken *(ein Stubenhocker sein).* **b)** (landsch.) *Teil des Herdes, in dem gebacken und gebraten wird; Backofen:* den Kuchen aus dem O. nehmen. * (ugs.:) **mit etwas keinen Hund hinter dem Ofen hervorlocken** [**können**] *(mit etwas niemandes Interesse wecken [können], niemandem einen Anreiz bieten [können]).*

offen: 1.a) *frei zugänglich, nicht geschlossen oder verschlossen; nicht bedeckt:* ein offenes Fenster; der Künstler trat mit offenem Jackett auf; mit offenem Mund atmen; offener Wein *(vom Faß);* ein offenes *(aufgeschlagenes)* Buch; ein offener Wagen *(ein Wagen ohne Verdeck);* ein offenes Grab; offene Beine *(ohne heilende Schicht);* eine offene Wunde; Fleisch am offenen Feuer braten; die Halle ist an den Seiten o.; der Brief ist noch o.; die Bluse war am Hals o.; die Schranken waren o. *(hochgelassen);* an der Bluse ist ein Knopf o. *(nicht zugeknöpft);* dieser Laden hat auch am Sonntag o. (ugs.; *ist auch am Sonntag geöffnet*); übertr.: ein offenes *(frei zugängliches)* Turnier; die Teilnahme am Pokalwettbewerb ist für alle Mannschaften o.; Kaufmannsspr.: offenes

Konto *(Girokonto)*; Sprachw.: offene *(auf Vokal ausgehende)* Silbe; offener *(mit größerer Mundöffnung gesprochener)* Vokal · er hatte das Buch o. vor sich liegen. **b)** *frei, nicht begrenzt:* das offene Meer; auf offener See; der Zug hielt auf offener Strecke; der Garten ist nach dem Feld zu o. *(ohne Zaun)*; die Bergkette lag o. vor seinen Augen da. **c)** *frei, nicht besetzt, noch zu vergeben:* offene Stellen; diese Stelle ist noch o. **d)** *unerledigt; noch nicht entschieden:* eine offene Frage *(ein ungelöstes Problem)*; eine offene [Schach]partie *(mit ungewissem Ausgang)*; das Spiel war völlig o. *(konnte von jeder Mannschaft gewonnen werden)*; die Antwort ist noch o. *(steht noch aus)*; Kaufmannsspr.: eine offene *(noch nicht bezahlte)* Rechnung. **e)** *frei sichtbar, unverhüllt; unverhohlen:* zum offenen Widerstand aufrufen; zwischen beiden Ländern ist es zum offenen Bruch gekommen; etwas liegt o. da; das Erz tritt o. zutage. **2.** *nichts von seinem Innern verbergend, ehrlich, aufrichtig:* ein offener Mensch; ein offener Blick; ein offenes Bekenntnis; eine offene Aussprache; sie ist o. und ehrlich; o. antworten; etwas o. sagen, gestehen, bekennen; o. gestanden, ich habe es auch geglaubt; sie hat ihre Mitschuld o. zugegeben; darf ich o. meine Ansicht, Meinung sagen? **3.** *aufgeschlossen, empfänglich:* mit offenen Sinnen durch die Welt gehen; er ist für alle Eindrücke o., ist allen Neuerungen gegenüber o. * **auf offener Szene** *(während der Aufführung):* der Darsteller erntete Beifall auf offener Szene · **auf offener Straße** *(mitten im Verkehr, öffentlich):* er wurde auf offener Straße überfallen · **offene Türen einrennen** *(gegen gar nicht vorhandene Widerstände kämpfen):* mit seinem Plan rennt er offene Türen ein · **Politik der offenen Tür** *(Handel mit Staaten aus verschiedenen politischen Lagern)* · **Tag der offenen Tür** *(Tag, an dem Behörden und öffentliche Einrichtungen vom Publikum besichtigt werden können)* · **Haus der offenen Tür** *(Treffpunkt, Heim der Jugend)* · **ein offenes Haus führen** *(häufig Gäste haben)* · **jmdn. mit offenen Armen aufnehmen** *(jmdn. gern bei sich aufnehmen)* · **eine offene Hand haben** *(freigebig sein; gern etwas geben)* · **Offene Handelsgesellschaft** /Abk.: OHG/ *(Gesellschaft, in der jeder Teilhaber mit seinem Vermögen haftet)* · **ein offener Brief** *(Brief an eine Person oder Institution, der gleichzeitig in einer Zeitung veröffentlicht wird)* · **ein offenes Geheimnis** *(etwas, was offiziell noch geheimgehalten wird, aber bereits allgemein bekannt ist)* · **mit offenen Karten spielen** *(etwas offen tun; ohne Hintergedanken, Nebenabsichten handeln)* · **die Welt mit offenen Augen betrachten; mit offenen Augen in die Welt blicken/durch die Welt gehen** *(alles unvoreingenommen betrachten, um daraus zu lernen)* · **mit offenen Augen ins Unglück rennen** *(eine deutlich erkennbare Gefahr nicht erkennen wollen)* · (ugs.:) **mit offenen Augen schlafen** *(nicht aufpassen)* · **die Augen offen haben** *(aufmerksam sein)* · **bei jmdm. ein offenes Ohr finden** *(jmdn. finden, der bereit ist, sich mit einem vorgebrachten Anliegen zu befassen)* · **mit offenem Mund dastehen** *(sehr erstaunt sein)*.

offenbar: 1. *deutlich erkennbar:* ein offenbarer Irrtum; ein offenbares Bedürfnis; seine Absicht ist o. *(deutlich)* geworden; dadurch wird o., wie ...; dieses Dokument macht o., daß ... 〈Adverb〉 *anscheinend:* o. ist etwas dazwische[n] gekommen; ich habe mich o. geirrt.

offenbaren: 1. 〈jmdm. etwas o.〉 *bisher Verbo[r]genes oder Unbekanntes mitteilen; enthüllen, b[e]kennen:* jmdm. ein Geheimnis, seine Schuld o[.] dieser Forscher hat der Wissenschaft neue E[r]kenntnisse offenbart; 〈auch ohne Dativ〉 [er] hoffte, bei dieser Gelegenheit seinen Herzen[s]wunsch o. zu können. **2. a)** 〈sich o.〉 *sich zeige[n], sich äußern:* er offenbarte sich als großes Erzä[h]lertalent; seine politische Überzeugung offe[n]barte sich deutlich in der Haltung, die er in g[e]wissen Fragen einnahm; 〈sich jmdm. o.〉 Go[tt] hat sich in Christus den Menschen offenbart; i[m] Traum offenbarte sich ihm ein neues Lebe[n]. **b)** 〈etwas o.〉 *zeigen, zu erkennen geben:* in dies[er] Situation offenbarte sie ihr wahres Wesen; d[ie] jüngsten Entscheidungen der Geschäftsleitun[g] offenbaren die Schwierigkeiten, in denen sich d[ie] Firma befindet. **3.** 〈sich jmdm. o.〉 *sich jmdn[.] anvertrauen; jmdm. erzählen, was einen bedrück[t]:* er hat sich seinem Freund offenbart; 〈auch ohn[e] Dativ〉 endlich offenbarte sie sich und teilte i[h]m Geheimnis mit.

offenbleiben 〈etwas bleibt offen〉: **a)** *etwa[s] bleibt geöffnet:* das Fenster muß o. **b)** *etwa[s] bleibt ungelöst, ungeklärt:* die Entscheidung, d[ie] Frage ist offengeblieben; offen blieb, wer de[n] Brand gelegt hatte.

offenhalten: 1. 〈etwas o.〉 *geöffnet halten:* d[ie] Tür o.; er hielt den Mund, beide Augen weit [o.] **2. a)** 〈etwas o.〉 *für den Publikumsverkehr ge[]öffnet halten:* die Kaufleute halten ihre Läde[n] bis 18 Uhr offen. **b)** (selten) *für den Publikum[s]verkehr geöffnet sein:* das Hotel pflegte bis ei[ne] Uhr nachts offenzuhalten. **3.** 〈sich (Dativ) et[]was o.〉 *sich vorbehalten:* er hielt sich offen, d[ie] Schuldigen zu bestrafen; ich muß mir dies[e] Möglichkeit o. * (ugs.:) **die Hand offenhalte[n]** *(Trink-, Bestechungsgeld haben wollen)* · **sic[h] (Dativ) den Rückzug offenhalten** *(sich an etwa[s] in der Weise binden, daß man die Möglichke[it] hat, wieder davon Abstand zu nehmen)*.

offenherzig: *unverhohlen innerste Gedanke[n] oder persönliche Dinge mitteilend:* eine offenhe[r]zige Natur; ein offenherziges Gespräch, Ge[]ständnis; ein offenherziges (ugs.; scherzh.; *tie[]fes*) Dekolleté; er war recht o.; sie antwortet[e] mir o. auf alle Fragen.

offenkundig: *deutlich erkennbar:* eine offenkun[]dige Lüge; offenkundige Beweise; es war o[.], daß er uns betrügen wollte; er hätte ganz [o.] noch gerettet werden können; er hat es o. ge[]macht, hat es o. werden lassen (veraltend; *ha[t] es bekanntgemacht*).

offenlassen 〈etwas o.〉: **1.** *geöffnet lassen, nich[t] schließen:* das Fenster, die Tür o. **2.** *nicht bele[]gen, nicht ausfüllen:* eine Stelle, drei Zeilen o[.] **3.** *unentschieden lassen:* eine Frage o.; in seinem Gesicht lag ein Zug, der offenließ, ob es Aner[]kennung oder Ironie war. * **etwas läßt eine[n] Wunsch/Wünsche offen** *(etwas befriedigt nich[t] vollkommen):* die Aufführung ließ trotz kost[]spieligem Aufwand viele Wünsche offen.

offensichtlich: *deutlich erkennbar; eindeutig:* ein offensichtlicher Irrtum; eine offensichtlich[e] Notlüge; es war o., daß ihre Parolen von de[r] Mehrheit der Wähler gebilligt wurden.

Offensive, die: *Angriff, Angriffsschlacht:* eine O. gegen die abgefallenen Truppen; eine O. planen, einleiten, beginnen, abfangen, auffangen; der Feind, die gegnerische Mannschaft ging zur O. über *(griff an).*

offenstehen: 1. ⟨etwas steht offen⟩ **a)** *etwas ist geöffnet:* das Fenster, die Tür steht offen; der Mantel steht am Hals offen. **b)** *etwas ist nicht besetzt, ist leer:* offenstehende Stellen. **c)** *etwas ist nicht bezahlt:* auf dem Konto stehen noch zwei Rechnungen offen. **2.** ⟨etwas steht jmdm. offen⟩ *etwas ist zur Nutzung für jmdn. da:* der Zutritt zu der Veranstaltung steht allen Bürgern offen; den jungen Menschen stehen noch alle Möglichkeiten offen.

öffentlich: a) *allen zugänglich, für die Öffentlichkeit bestimmt; für alle hörbar und sichtbar:* eine öffentliche Sitzung, Verhandlung, Versteigerung; die Veranstaltung, Prüfung war ö.; ö. *(in der Öffentlichkeit, vor allen Leuten)* auftreten, verhandeln, reden; etwas ö. bekanntgeben; sie hat ihn ö. geohrfeigt. **b)** *der Öffentlichkeit, dem Staat gehörend [und allen Menschen zur Verfügung gestellt]:* ein öffentlicher Platz; ein öffentlicher Fernsprecher; öffentliche Anlagen, Einrichtungen; die öffentlichen Gebäude hatten geflaggt; öffentliche Gelder; den Wohnungsbau mit öffentlichen Mitteln fördern; Rechtsw.: eine öffentliche *(von der Behörde ausgestellte)* Urkunde. **c)** *die Allgemeinheit betreffend:* das öffentliche Recht; das öffentliche Wohl; die öffentliche Meinung beeinflussen; gegen die öffentliche Ordnung verstoßen. * **die öffentliche Hand** *(der Staat als Verwalter öffentlichen Vermögens und als Unternehmer)* · (verhüll.:) **ein öffentliches Haus** *(Bordell)* · (Rechtsw.:) **Erregung öffentlichen Ärgernisses** *(Verletzung des normalen sittlichen Gefühls durch eine unzüchtige Handlung).*

Öffentlichkeit, die: **1.** *Gesamtheit von Menschen als ein Bereich, in dem etwas allgemein bekannt und allen zugänglich ist:* die Ö. erfährt, weiß nichts von diesen Dingen; die Ö. ist aufgebracht; die Ö. für etwas interessieren, ansprechen, informieren, zu etwas aufrufen, täuschen, irreführen, ausschließen; wir brauchen die Ö. nicht zu scheuen; das Verfahren fand unter Ausschluß der Ö. statt; sich an die Ö. wenden; der Autor war zunächst mit mehreren Hörspielen an die Ö. getreten *(in der Öffentlichkeit bekannt geworden);* es darf nichts von diesen Vorgängen an die, in die Ö. dringen; man hat ihr Privatleben in die Ö. gezogen, gebracht; sie wollten ihre Probleme nicht vor aller Ö. *(vor allen Leuten)* besprechen; es gelang ihnen nicht, ihr Privatleben vor der Ö. zu verbergen. **2.** (selten) *das Öffentlichsein:* die Ö. der Rechtsprechung. * **die Flucht in die Öffentlichkeit antreten** *(die Öffentlichkeit unterrichten, um etwas durchzusetzen oder zu verhindern):* der Minister trat die Flucht in die Ö. an.

offiziell: a) *amtlich [verbürgt]:* eine offizielle Mitteilung, Nachricht; von offizieller Seite wurde bekannt, daß ...; das Wahlergebnis ist noch nicht o. **b)** *feierlich, förmlich:* eine offizielle Feier; der Empfang war sehr o.; jmdn. offiziell einladen; sie haben ihre Verlobung o. bekanntgegeben.

offiziös: *halbamtlich; nicht verbürgt:* die offiziöse Presse; man bekundete o. gewisse Vorbehalte gegenüber einer Fortsetzung der bisherigen Politik; o. wurde bekannt, daß ...

öffnen: a) ⟨etwas ö.⟩ *aufmachen; zugänglich machen:* die Augen, den Mund, die Hand ö.; die Tür, die Schleuse, das Fenster, die Ventile an einer Maschine ö.; das Schloß, den Schrank mit einem Nachschlüssel ö.; der Laden wird um 8 Uhr geöffnet; das Museum ist von 9 bis 12 Uhr geöffnet; sie öffnete den Brief *(riß, schnitt den Umschlag auf);* hier ö.! /Aufschrift auf Warenpackungen/; ein Glas, eine Flasche, eine Dose, eine Kiste [mit dem Brecheisen] ö.; die Leiche wurde geöffnet, um die Todesursache festzustellen; ⟨jmdm. etwas ö.⟩ man mußte ihm mit Gewalt den Mund öffnen; er öffnete ihr die Tür · ⟨auch ohne Akk.⟩ *die Tür öffnen, Einlaß gewähren:* ein junges Mädchen öffnete und ließ uns ein; der Hausherr hatte [uns] geöffnet. **b)** ⟨etwas öffnet sich⟩ *etwas tut sich auf, geht auf, wird zugänglich:* die Augen, die Lippen des Kranken öffneten sich ein wenig; nachdem sich das schwere Tor geöffnet hatte, konnten wir eintreten; die Blüte öffnete sich; Sesam, öffne dich! /Zauberformel, auch ugs. Redensart, wenn sich endlich etwas öffnet/. * **jmdm. die Augen öffnen** *(jmdn. darüber aufklären, wie unerfreulich etwas in Wirklichkeit ist)* · **jmdm. den Blick für etwas öffnen** *(jmds. Interesse, Verständnis für etwas wecken)* · **jmdm. den Mund öffnen** *(jmdn. zum Reden bringen)* · **einer Sache Tür und Tor öffnen** *(etwas Übles sich ausbreiten lassen):* damit war der Willkür Tür und Tor geöffnet.

Öffnung, die: **1.** *das Öffnen:* die Ö. einer Leiche; die Ö. des Zugangs zu den Universitäten für alle Volksschichten ist noch nicht verwirklicht; Politik: die Ö. einer Partei nach links *(die Koalition mit linksgerichteten Parteien).* **2.** *offene Stelle an einem Gegenstand; Lücke, Loch:* eine große, enge, schmale, weite, runde Ö.; die Ö. eines Schornsteins; diese Ö. dient dem Ein- und Ausstieg; die Öffnungen versperren, zumauern; aus einer Ö. in der Wand strömte Wasser.

oft ⟨Adverb⟩: **a)** *viele Male, häufig:* er war o. bei uns [zu Besuch]; ich habe ihn schon o. gesehen; er wird noch o. warten müssen; ich habe ihm [nur] zu o. geglaubt; er hat ihn schon so o. gewarnt; wie oft bist du dort gewesen?; ich habe es dir o. genug gesagt; er war öfter im Theater als ich; je öfter man diesen Text liest, desto unverständlicher wird er; die Schmerzen vergehen o. *(in vielen Fällen)* von allein; das läßt sich o. *(in vielen Fällen, meist)* gar nicht entscheiden. **b)** *in kurzen Zeitabständen:* die Linie 3 fährt, verkehrt o.

öfter ⟨Adverb⟩: *mehrmals; häufig:* er geht ö. allein spazieren; sie ist schon ö. bei uns gewesen; der Gesangverein veranstaltet ö. Konzerte.

ohne: I. ⟨Präp. mit Akk.; gibt an, daß jmd., etwas nicht mit jmdm., etwas versehen ist⟩: ein Kind o. Eltern; mit [Kindern] und o. Kinder; mit und o. ihn; er geht gern o. Hut; ich bin ganz o. Mittel, o. einen Pfennig Geld; etwas o. Absicht, o. Erlaubnis tun; diese Arbeit war o. Nutzen; er ist o. jedes Schamgefühl; alle o. Ausnahme; das ist o. jeden Zweifel richtig; er wollte das nicht o. seine Frau entscheiden; sei nur o. Sorge!; die Feier ist o. alle Zwischenfälle verlaufen. **II.** ⟨Konj. in Verbindung mit *daß* oder mit *zu* und Infinitiv〉/gibt an, daß etwas bei etwas fehlt/: er hat mich besucht, o. daß ich ihn eingeladen habe; er nahm das Geld, o. zu fragen; er ging, o. ein Wort zu sagen. * **ohne weiteres: a)** *(ohne Schwierigkeiten):* er bekam die Stelle o. weiteres. **b)** *(ohne Bedenken):* du kannst die Kinder doch nicht so o. weiteres allein lassen · **ohne Not: a)** *(ohne Schwierigkeiten).* **b)** *(ohne zwingenden Grund)* · (ugs.:) **nicht** [**so**] **ohne sein: a)** *(nicht so harmlos sein, wie man annehmen könnte):* eine eitrige Blinddarmentzündung ist nicht so o. **b)** *(besser, nicht so schlecht sein, wie man annehmen könnte):* dein Vorschlag ist gar nicht o.

ohnehin (geh.) 〈Adverb〉: *sowieso:* sieh dich vor, du bist o. schon erkältet.

Ohnmacht, die: **1.** *Schwächeanfall mit Bewußtlosigkeit:* eine O. umfing (geh.), überkam sie (geh.); er war, fühlte sich einer O. nahe; der Mann lag in tiefer O.; er erwachte aus der O. **2.** *Machtlosigkeit:* die politische, wirtschaftliche O. eines Landes; ein Gefühl menschlicher O. übermannte, lähmte ihn; seine O. eingestehen, hinter übermäßiger Strenge zu verbergen suchen. * **in Ohnmacht fallen**/(geh.:) **sinken** *(ohnmächtig werden).*

ohnmächtig: 1. *durch einen Schwächeanfall vorübergehend ohne Bewußtsein:* eine ohnmächtige Frau; sie wurde plötzlich o.; der alte Mann war o. umgefallen. **2.** *machtlos:* ohnmächtige Wut; die Bevölkerung war o. gegenüber den Maßnahmen der totalitären Regierung; o. mußten sie zusehen, wie sich das Feuer ausbreitete.

Ohr, das: /*Hörorgan*/: kleine, große, lange, abstehende, anliegende, erfrorene Ohren; mein linkes O. läuft (ugs.; *sondert Sekret ab*); seine Ohren waren von der Kälte ganz rot; die Ohren brausen mir, sausen mir, schmerzen mir, gellen mir noch vom Lärm; gute, schlechte Ohren haben; er hat Ohren wie ein Luchs *(hört ungewöhnlich gut, hört alles)*; sich (Dativ) die Ohren zuhalten, verstopfen; er neigte das O. zu dem Sprechenden; er legte das O. an die Wand; ein seltsames Geräusch traf sein O.; auf dem linken, rechten O., auf beiden Ohren taub sein, schwer hören; den Hut schief aufs O. setzen; der Lehrer zog den Jungen am O., an den, bei den Ohren; er kratzte sich [aus Verlegenheit] hinter den Ohren; er steckte den Bleistift hinters O.; er sagte, flüsterte, wisperte mir etwas ins O.; der Schrei gellte ihm in den Ohren; diese Bemerkungen mögen ihm wenig angenehm in den Ohren geklungen haben *(mögen wenig angenehm für ihn zu hören gewesen sein);* der Wind pfiff uns um die Ohren; er haute ihm das Buch [links und rechts] um die Ohren. * (ugs.:) **ein feines Ohr für etwas haben** *(ein feines Empfinden für etwas haben):* er hat ein feines O. dafür, ob man so denkt, wie man redet · (ugs.; selten:) **lange Ohren machen** *(neugierig lauschen):* wir wollen die Sache lieber woanders bereden, die da drüben machen schon lange Ohren · (ugs.:) **jmdm. die Ohren langziehen** *(jmdn. wegen etwas tadeln [während man ihn an den Ohren zieht])* · (ugs.:) **mit den Ohren schlackern** *(vor Überraschung sprachlos sein)* · **von einem Ohr zum andern strahlen** *(sich sehr freuen)* · **bei jmdm. ein geneigtes/offenes/williges Ohr finden** *(jmdn. finden, der bereit ist, sich mit einem vorgebrachten Anliegen zu befassen)* · (geh.:) **um ein geneigtes Ohr bitten** *(um wohlwollendes Anhören bitten)* · [**vor jmdm.**] **seine Ohren verschließen** *(jmds. Bitten gegenüber unzugänglich sein)* · **auf diesem/dem Ohr nicht, schlecht hören** *(von einer Sache nichts wissen wollen):* ich soll ihr schon wieder die Arbeit machen, aber auf dem O. höre ich schlecht · **tauben Ohren predigen** *(mit seinen Ermahnungen nichts erreichen)* · **mit halbem Ohr zuhören/hinhören** *(ohne rechte Aufmerksamkeit zuhören)* · **ganz Ohr sein** *(gespannt zuhören)* · (ugs.:) **die Ohren auftun/aufmachen/aufsperren** *(genau auf etwas hören)* · (ugs.:) **die Ohren spitzen** *(aufmerksam lauschen, horchen)* · (ugs.:) **die Ohren steifhalten** *(nicht den Mut verlieren):* halte du wenigstens die Ohren steif und laß dich nicht unterkriegen! · (ugs.:) **die Ohren hängenlassen** *(niedergeschlagen sein)* · (ugs.:) **jmdm. klingen die Ohren** *(jmd. spürt, daß er in seiner Abwesenheit gelobt oder getadelt wird)* · (geh.:) **jmdm. sein Ohr leihen** *(jmdm. zuhören)* · **etwas im Ohr haben** *(etwas innerlich hören; sich an etwas erinnern):* ihre Worte hatte er noch im Ohr · **nicht seinen Ohren trauen** *(völlig überrascht sein):* ich traute meinen Ohren nicht, als er sagte, er sei befördert worden · (ugs.:) **sich aufs Ohr legen** *(sich schlafen legen)* · (ugs.:) **auf den Ohren sitzen** *(auf das, was jmd. sagt, nicht achten; nicht hören)* · (ugs.:) **jmdm. eins/ein paar hinter die Ohren geben** *(jmdn. ohrfeigen)* · (ugs.:) **eins/ein paar hinter die Ohren bekommen** *(geohrfeigt werden)* · (ugs.:) **noch nicht trocken hinter den Ohren sein** *(noch zu unreif sein, um mitreden zu können)* · (ugs.:) **sich** (Dativ) **etwas hinter die Ohren schreiben** *(sich etwas gut merken, damit man sich nicht wieder einen Tadel zuzieht):* schreibt euch das hinter die Ohren! · (ugs.:) **es faustdick hinter den Ohren haben** *(sehr verschlagen sein)* · (ugs.:) **jmdm. in den Ohren liegen** *(jmdm. durch ständiges Bitten zusetzen)* · (ugs.:) **jmdm. die Ohren voll jammern** *(jmdn. durch sein Klagen belästigen)* · (ugs.:) **jmdm. einen Floh ins Ohr setzen** *(in jmdm. einen unerfüllbaren Wunsch wecken)* · (ugs.:) **bis über die/bis über beide Ohren verliebt sein** *(sehr verliebt sein)* · (ugs.:) **bis über die/über beide Ohren in Schulden stecken** *(völlig verschuldet sein)* · (ugs.:) **jmdn. übers Ohr hauen** *(jmdn. betrügen)* · (ugs.:) **jmdm. das Fell über die Ohren ziehen** *(jmdn. betrügen, stark übervorteilen)* · (ugs.:) **sich** (Dativ) **die Nacht um die Ohren schlagen** *(wegen etwas nicht zum Schlafen kommen):* mit diesen Problemen habe ich mir die ganze Nacht um die Ohren geschlagen · (ugs.:) **sich** (Dativ) **den Wind um die Ohren wehen/pfeifen lassen** *(die Welt und das Leben kennenlernen)* · (ugs.:) **viel um die Ohren haben** *(sehr viel zu tun haben)* · **etwas kommt jmdm. zu Ohren** *(jmd. hört etwas [Negatives, Überraschendes])* · (ugs.:) **etwas geht zum einen Ohr hinein, zum andern wieder hinaus** *(etwas wird sogleich wieder vergessen)* · **etwas geht ins Ohr** *(etwas klingt gefällig und prägt sich leicht ein):* diese Musik geht ins O. · **etwas ist nichts für zarte Ohren** *(ist nicht zum Erzählen vor weiblichen Zuhörern geeignet)* · **etwas ist nichts für fremde Ohren** *(Fremde sollen etwas nicht hören)* · **etwas klingt für jmds. Ohr in einer bestimmten Weise** *(etwas klingt für jmdn. in einer bestimmten Weise):* für süddeutsche, für unsere Ohren klingt die hannoversche Aussprache des st und sp geziert · **etwas bleibt jmdm. im Ohr** *(jmd. vergißt etwas nicht)* · **jmds. Ohr hat sich getäuscht** *(jmd. hat nicht richtig gehört)* · (ugs.:) **die Wände haben Ohren** *(hier kann alles mit angehört, belauscht werden)* · (ugs.:) **Watte, Dreck in den Ohren haben** *(nicht hören wollen):* sag mal, hast du Watte in den Ohren? · (ugs.:) **wohl einen kleinen Mann im Ohr haben** *(wohl nicht ganz normal sein)* · (ugs.:) **wo hat jmd. seine Ohren?** *(hört jmd. nicht, was man sagt?):* ich habe es doch deutlich erklärt, wo hast du denn deine Ohren?

ohrenbetäubend (nachdrücklich): *unerträglich laut:* ein ohrenbetäubendes Geschrei, Geheul; der Lärm in der Maschinenhalle war o.; er schrie o.

Ohrfeige, die: *Schlag mit der flachen Hand auf die Backe:* eine schallende O.; jmdm. eine O. geben, verabreichen; er holte zu einer O. aus.

ohrfeigen ⟨jmdn. o.⟩: *jmdm. eine Ohrfeige geben:* er hat sie vor allen Leuten geohrfeigt; die beiden Frauen ohrfeigten sich/(geh.:) einander; für diese Dummheit hätte er sich [selbst] o. mögen.

ökonomisch (bildungsspr.): **a)** *die Wirtschaft betreffend:* ökonomische Probleme, Prinzipien; eine ökonomische Krise; die Entwicklungsländer müssen ö. gestärkt werden. **b)** *wirtschaftlich; sparsam:* ökonomische Gesichtspunkte, Faktoren waren in diesem Fall entscheidend; das ist nicht ö.; sie haben ihre Mittel sehr ö. verwendet.

Oktober, der: *zehnter Monat des Jahres:* ein warmer, stürmischer O.; Anfang/Ende O.; im Laufe des Monats Oktober/des Oktobers; im O. färbt sich das Laub bunt.

Öl, das: */fettige Flüssigkeit/:* pflanzliche, tierische Öle; Chemie: fette, ätherische Öle · reines, klares, kaltgeschlagenes (Fachspr.) Öl; das Öl brennt; dieser Wein ist wie Öl; Öl pressen, schlagen (Fachspr.); Öl auf die Wunden träufeln; das Öl des Autos wechseln; Öl nachfüllen; Fische in Öl braten, backen; er malt in Öl *(malt Ölgemälde);* Salat mit Öl und Zitrone, mit Essig und Öl anmachen; sich gegen Sonnenbrand mit Öl einreiben; die Maschine mit Öl schmieren; sie heizen mit Öl. * **Öl ins Feuer gießen** *(einen Streit, eine Leidenschaft heftiger machen, jmds. Erregung noch verstärken):* mit seinen Bemerkungen hat er nur Öl ins Feuer gegossen · **Öl auf die Wogen gießen** *(jmdn., etwas beruhigen, besänftigen).*

ölen ⟨etwas ö.⟩: *mit Öl einreiben, schmieren:* eine Maschine, ein Schloß, ein Uhrwerk ö.; den Fußboden ö.; Vorsicht, frisch geölt!; ⟨jmdm., sich etwas ö.⟩ vor dem Sonnenbad ölte er sich die Schultern. * (ugs.:) **etwas geht wie geölt** *(etwas verläuft glatt, reibungslos):* heute ging alles wie geölt · (ugs.:) **wie ein geölter Blitz** *(sehr schnell):* er lief wie ein geölter Blitz.

Omen, das (bildungsspr.): *Vorzeichen:* das ist ein gutes, schlechtes, böses O. für unseren Plan; etwas als ein glückliches O. ansehen; nimm den Namen als gutes O.!

Omnibus, der: *Kraftwagen mit vielen Sitzen zur Beförderung von Personen:* ein überfüllter O.; der O. hält hier nicht; den O. verpassen, versäumen; auf den O. warten; eine Haltestelle für Omnibusse; wir fahren mit dem O.

Onkel, der: **a)** *Bruder oder Schwager der Mutter oder des Vaters:* mein O. hat mir das Studium ermöglicht; O. Karl hat es mir gesagt; einige Onkel und Tanten waren eingeladen; seinen O. besuchen. **b)** (ugs.)*/Bezeichnung für einen [bekannten] männlichen Erwachsenen/:* ein alter, freundlicher O.; schon manchem Kind ist ein sogenannter guter O. zum Verhängnis geworden; sag dem O. guten Tag! * (ugs.:) **dicker Onkel** *(großer Zeh)* · (ugs.:) **über den Onkel gehen** *(einwärts gehen).*

Oper, die: **1. a)** *musikalisches Bühnenwerk:* eine komische, dramatische O.; eine O. von Verdi; morgen wird eine O. gegeben, aufgeführt, gespielt; eine O. komponieren, inszenieren, dirigieren, hören; das Vorspiel zum dritten Akt der O. „La Traviata"; sie sangen Arien aus verschiedenen Opern. **b)** *Opernvorstellung:* die O. endet um 23 Uhr; nach der O. gingen sie noch in ein Restaurant. **2. a)** *Opernhaus:* die O. wurde nach dem Krieg wieder aufgebaut, restauriert; die O. ist heute geschlossen; sie trafen sich in der O.; ich warte vor der O. **b)** *Unternehmen, das Opern aufführt:* eine städtische, private O.; wir haben in Berlin eine ausgezeichnete O.; sie will an die, zur Oper gehen *(als Sängerin an der Oper tätig sein).*

Operation, die: **1.** *chirurgischer Eingriff:* eine schwere, leichte, komplizierte O.; eine kosmetische O.; die O. ist gelungen; eine O. ausführen, durchführen, vornehmen; eine O. überstehen; er mußte sich einer O. unterziehen. **2.** (bildungsspr.) **a)** *militärisches Unternehmen:* militärische, taktische Operationen; die O. ist gelungen, fehlgeschlagen; eine O. leiten. **b)** *Handlung, Unternehmung:* bei ihren Operationen wurde die Partei von bestimmten Gruppen der Bevölkerung unterstützt. **3.** (bildungsspr.) *Rechenvorgang:* er ist imstande, Operationen mit mehrstelligen Zahlen im Kopf zu vollziehen.

operieren: 1. ⟨jmdn., etwas o.⟩ *bei jmdm., an etwas einen ärztlichen Eingriff vornehmen:* einen Kranken o.; der Krebs muß sofort operiert werden; er ist am Magen operiert worden; er läßt sich von einem Spezialisten o.; ⟨auch ohne Akk.⟩ der Chef wird o.; der Arzt hatte schon den ganzen Tag operiert. **2.** *militärische Operationen durchführen:* die Truppen operieren zur Zeit mit einer Stärke von 80 000 Mann. **3.** (bildungsspr.) **a)** *in einer bestimmten Weise handeln, vorgehen:* diese Partei operiert auf Grund konkreter politischer Zielsetzungen; sie haben gemeinsam gegen ihn operiert. **b)** ⟨mit etwas o.⟩ *mit etwas umgehen, arbeiten:* die Arbeiter operierten mit schweren Maschinen; sie operieren bei ihren Überlegungen mit falschen Größen.

Opfer, das: **1.** *Gabe, Geschenk an eine Gottheit:* ein O., ein Tier als O. [am Altar] darbringen; den Göttern Opfer bringen; sie glaubten, die Götter durch Opfer zu versöhnen. **2.** *durch persönlichen Verzicht mögliche Hingabe von etwas zugunsten eines anderen:* für die Verwirklichung des Plans sind weitere Opfer nötig; alle Opfer waren vergeblich; jmds. O. dankbar annehmen; viele Opfer an Geld und Zeit bringen; jmdm., sich große Opfer auferlegen; diese Arbeit verlangt persönliche Opfer; er hätte ihnen nicht das kleinste O. gebracht; ich habe schwere Opfer auf mich nehmen müssen; die Eltern scheuen keine Opfer für ihre Kinder. **3.** *jmd.,* *der durch etwas ums Leben kommt oder Schaden erleidet:* die O. einer Lawine, eines Verkehrsunfalles; (ugs.; scherzh.:) Sie sind also das arme O. *(Sie hat man sich also für diese unangenehme Sache ausgesucht);* das Unglück, die Überschwemmung forderte viele Opfer; übertr.: der Bauernhof wurde ein O. der Flammen; er wurde das O. einer Täuschung, seiner Habgier, der Trunksucht, der Verhältnisse. * **[jmdm.] etwas zum Opfer bringen** *(jmdm. etwas opfern):* er brachte der Partei seine Überzeugung zum O. · **jmdm., einer Sache zum Opfer fallen** *(das Opfer einer Person, einer Sache werden):* das Kind war einem Verbrecher zum O. gefallen.

opfern: **1.** ⟨etwas o.⟩ *einer Gottheit als Opfer darbringen:* ein Lamm o.; ⟨jmdm. etwas o.⟩ auch Menschen wurden im Altertum der Gottheit geopfert; dem Gott wurde am Altar ein Widder geopfert; ⟨auch ohne Akk.⟩ sie opferten ihren Göttern. **2.** ⟨etwas o.⟩ *zugunsten eines anderen, einer Sache hingeben:* Geld, seine Zeit, seine Gesundheit, sein Leben für etwas o.; im Krieg wurden Tausende sinnlos geopfert; er hat den Zielen/für die Ziele der Partei seine persönlichen Interessen geopfert. **3.** ⟨sich für jmdn., für etwas/(geh.:) jmdm., einer Sache o.⟩ **a)** *sein Leben für etwas hingeben, ganz einsetzen:* sich für andere, für seine Familie o.; diese Männer opferten sich für ihre Zeit; er hat sich völlig seinem Beruf geopfert. **b)** *an Stelle eines anderen etwas Unangenehmes auf sich nehmen:* ich habe mich geopfert und den Brief für ihn geschrieben. * (ugs.; scherzh.:) **Neptun opfern** *(seekrank werden und sich übergeben).*

Opposition, die (bildungsspr.): **1.** *gegensätzliche Stellungnahme; Gegensatz, Widerstand:* eine aktive O.; es hat sich eine starke O. gebildet; in verschiedenen Kreisen der Bevölkerung regte sich O.; O. machen (ugs.), treiben *(opponieren);* etwas aus bloßer O. tun; sich gegen eine starke O. durchsetzen müssen; in der O. verharren; nach den Wahlen ging die Regierungspartei in die O. *(wurde sie zur Gegenpartei);* zu etwas in O. stehen. **2.** *alle Parteien, die gegen die Politik der Regierung stehen:* die politische, [außer]parlamentarische O.; eine liberale, unproduktive O.; aus den Reihen der O.; der Regierungschef erklärt sich zur Zusammenarbeit mit der O. bereit. **3.** (Astron.) *Gegenstellung:* Jupiter und Mars stehen in O.; Venus steht in O. zur Sonne.

Optimist, der: *lebensbejahender Mensch, der alles von der guten Seite sieht:* ein unverbesserlicher, unverwüstlicher O.; O. bleiben; du bist vielleicht ein O. *(du glaubst etwas, was sich nicht erreichen läßt)!*

optimistisch: *lebensbejahend, zuversichtlich:* ein optimistischer Grundzug bestimmt sein Wesen; seine Antwort war sehr o.; ich bin in dieser Angelegenheit durchaus o.; etwas o. beurteilen.

optisch: **1.** *die Optik, die Technik des Sehens betreffend:* optische Instrumente; neue optische Entwicklungen; o. vergrößernde Geräte. **2.** *die Wirkung auf den Betrachter betreffend:* der optische Zauber der Landschaft; die optischen Nuancen des Filmes liegen in der genauen Zeichnung des kleinstädtischen Milieus; der Raum wirkt o. nicht. * **eine optische Täuschung** *(eine Täuschung des Auges, die durch die Eigenart des menschlichen Sehens bedingt ist).*

orange: */eine Farbbezeichnung/:* eine orange (hochsprachlich nicht korrekt: orangene) Blüte; das Tuch ist o.; sie ließ ihre Schuhe o. färben.

Orchester, das: *gemeinsam spielende Gruppe von Musikern mit verschiedenen Instrumenten:* ein kleines, großes O.; das O. besteht aus 90 Musikern, spielt in voller Besetzung, probt, bricht ab; ein O. dirigieren, verstärken; die Mitglieder eines Orchesters; im O. spielen; mit einem O. auf Tournee gehen.

Orden, der: **1.** *[religiöse] Gemeinschaft mit bestimmten Regeln:* der Deutsche O.; einen O. stiften, gründen, auflösen, verbieten; einem O. angehören, beitreten; Mitglied eines Ordens sein, werden; aus einem O. austreten; er ist aus dem O. ausgeschlossen, ausgestoßen worden; in einen O. eintreten. **2.** *Abzeichen für besondere Verdienste:* einen O. stiften, erhalten, bekommen, tragen, anlegen, ablegen; jmdm. einen O. verleihen, anheften, an die Brust heften, umlegen; seine Brust war mit vielen Orden geschmückt; er wurde mit einem O. ausgezeichnet.

ordentlich: **1. a)** *auf Ordnung haltend:* er ist ein sehr ordentlicher Mensch; in seiner Arbeit ist er sehr o. **b)** *geordnet, wie es sich gehört:* ein ordentliches Zimmer; er war o. gekleidet; die Bücher o. ins Regal stellen; auf dem Schreibtisch sah es sehr o. aus. **2.** *anständig, rechtschaffen:* eine ordentliche, alteingesessene Familie; ein ordentliches Leben führen; man merkt ziemlich bald, ob die Leute o. und ehrlich sind. **3.** *nach einer bestimmten Ordnung eingesetzt; planmäßig; regelrecht:* ein ordentliches Gericht; ein ordentlicher Arbeitsvertrag; ein ordentliches Mitglied des Vereins; er war ordentlicher Professor der Philosophie. **4.** (ugs.) **a)** *richtig; wie man sich etwas wünscht, vorstellt:* ohne Musik ist das kein ordentliches Fest; der Fußballplatz hatte einen ordentlichen Rasen; das Wasser muß vorher o. gekocht haben; ich war o. *(geradezu)* gerührt. **b)** *gehörig, tüchtig:* er nahm einen ordentlichen Schluck; mir ist o. warm dabei geworden; greif nur o. zu!; an dem Gemüse hat er o. verdient. **c)** *[ganz] gut:* ein ordentliches Mittel; sein Aufsatz war recht o.; er hat seine Arbeit ganz o. gemacht.

ordinär: **1.** *gemein, niedrig, unfein:* eine ordinäre Person, Redensart; er war, benahm sich ziemlich o.; o. lachen. **2.** *alltäglich, gewöhnlich:* eine ordinäre Kiste; er aß nur einen ordinären Hering; das Buch kostet o. (veraltend; *regulär*) sieben Mark.

ordnen: **1. a)** ⟨etwas o.⟩ *in eine bestimmte Ordnung, Reihenfolge, in einen [richtigen] Zusammenhang bringen:* eine Bücherei, Papiere, Blumen in der Vase o.; Blumen zu einem Strauß o. *(zusammenstellen, anordnen);* etwas nach der Größe, die Stichwörter nach dem Alphabet, die Belege chronologisch o.; bildl.: seine Gedanken o.; er wollte seine Angelegenheiten selbst o. *(regeln);* bei gutem Willen ließe sich alles leicht o.; adj. Part.: er lebt in geordneten *(klar überschaubaren)* Verhältnissen. **b)** ⟨sich o.⟩ *sich in einer bestimmten Ordnung, Reihenfolge aufstellen, sich formieren:* sich zum Festzug o.; der Demonstrationszug ordnet sich; übertr.: alles hatte sich sinnvoll geordnet *(zusammengefügt).*

2. ⟨etwas o.⟩ *in Ordnung bringen:* sie ordnete ihre Haare.

Ordnung, die: **1.a)** *[durch Ordnen hergestellter] geregelter Zustand:* eine musterhafte, peinliche O.; (iron.:) hier herrscht ja eine schöne O.! *(ein furchtbares Durcheinander);* O. muß sein!; er liebt die O.; sich an O. gewöhnen müssen; auf O. halten, sehen, achten; er ist peinlich auf O. bedacht; sie hat ihre Kinder zur O. erzogen, angehalten; Sprichw.: O. ist das halbe Leben. **b)** *geordnetes, geregeltes Leben:* die Polizei hält Ruhe und O. aufrecht, stellt Ruhe und O. wieder her; ich will Ihre häusliche O. nicht stören; im Heim hat er wenigstens seine O.; ein Kind braucht seine O. *(einen geregelten Tagesablauf);* durch die unvorhergesehenen Ereignisse kam er völlig aus seiner O., wurde er völlig aus seiner O. herausgerissen; irgendeiner muß doch für O. sorgen *(dafür sorgen, daß alles seinen geregelten Gang geht);* die Menschen hier leben in einer festen O. **c)** *Anordnung, Gruppierung:* man kann die Stücke in beliebiger O. neu zusammenstellen; das kehrt in regelmäßiger O. *(Reihenfolge)* wieder. **2.** *Regelung, Gesetz:* die öffentliche, sittliche O.; bei Ihnen herrscht eine strenge O. *(Zucht, Disziplin);* der O. gemäß; er fragte nur der O. halber *(um der Ordnung zu genügen);* du hältst dich an keine O.; das verstößt gegen die göttliche, gegen jede O.; das ist gegen die O. *(ordnungswidrig).* **3.a)** *Abteilung:* die O. der Raubtiere; Tiere und Pflanzen werden in Klassen, Ordnungen eingeteilt. **b)** *Klasse in einem System:* eine Straße erster, zweiter O.; er will kein Bürger zweiter O. *(minderen Ranges)* sein. * **Ordnung in etwas bringen; Ordnung schaffen/machen** *(etwas ordnen):* sie versuchten, in diesen Wust von Papieren O. zu bringen; hier mußte erst einmal O. geschaffen/gemacht werden · **etwas in Ordnung halten; Ordnung halten** *(den geordneten Zustand von etwas aufrechterhalten):* du hältst deine Kleider gut, schlecht in O.; er kann keine O. halten · **etwas in Ordnung bringen: a)** *(notwendige Arbeiten an etwas ausführen [und es wieder benutzbar machen]):* er bringt mir den Garten in O.; er hat das Fahrrad wieder in O. gebracht. **b)** *(regeln, bereinigen):* ich werde die Angelegenheit in O. bringen · **etwas kommt** [**wieder**] **in Ordnung** *(etwas wird wieder in den geordneten Zustand gebracht, geregelt):* die Sache kommt bestimmt in O. · (ugs.:) **etwas geht in Ordnung** *(etwas wird ordnungsgemäß erledigt):* die Sache, Ihre Bestellung geht in O. · **das ist** [**nicht**] **in Ordnung** *(das ist [nicht] richtig)* · **etwas ganz in** [**der**] **Ordnung finden** *(etwas für gut, angebracht, richtig halten):* ich fand das ganz in O., daß sie sich entschuldigte · **da ist etwas nicht in Ordnung** *(da stimmt etwas nicht)* · **es/alles ist in schönster, bester Ordnung** *(alles ist, wie es sein soll)* · **jmdn. zur Ordnung rufen** *(jmdn. offiziell zur Disziplin ermahnen):* der Bundestagspräsident rief den Abgeordneten mehrmals zur O. · (ugs.:) **jmd. ist in Ordnung** *(jmd. ist ein tüchtiger Mensch, mit dem man gut zusammenarbeiten kann)* · (ugs.:) **erster Ordnung** *(von besonders schlimmer Art, furchtbar):* das war eine Blamage, ein Reinfall erster O.

Organ, das: **1.** *Körperteil, der innerhalb des Ganzen eine bestimmte Aufgabe erfüllt:* ein krankes O.; die lebenswichtigen, inneren Organe; seine Organe waren gesund; die Lunge ist das O. für die Atmung; wichtige Organe sind nicht verletzt worden; ein O. verpflanzen. **2.** *Stimme:* ein lautes, schwaches, angenehmes O.; dein schrilles O. ist ein Scheidungsgrund!; er hat ein durchdringendes O. **3.** *Zeitung, Zeitschrift einer politischen oder gesellschaftlichen Vereinigung:* dieses Blatt ist das O. des Vereins, der Partei, des Vorstandes; wie heißt das amtliche O. der Regierung?; unser O. erscheint wöchentlich. **4.** *Institution oder Behörde, die bestimmte Aufgaben ausführt:* die Organe der Justiz, der staatlichen Verwaltung; er ist nur noch ausführendes O. *(Beauftragter)* des Diktators. * **ein/kein Organ für etwas haben** *(einen/keinen Sinn für etwas haben, [kein] Verständnis für etwas haben)* · **jmdm. fehlt das/jedes Organ für etwas** *(jmd. hat keinen Sinn, kein Verständnis für etwas).*

Organisation, die: **1.a)** *das Organisieren:* eine gute, reibungslose O.; die O. des Gastspiels liegt in den Händen von ...; das ist eine Frage der O.; mit der O. hat es nicht geklappt (ugs.); es hängt alles von der richtigen O. ab. **b)** *Aufbau, Gliederung:* die staatliche O.; die innere O. der Kirche; die O. der Gemeinden, der Polizei; man strebt eine Straffung der äußeren O. des Schulwesens an. **2.** *Gruppe, Verband mit bestimmten politischen oder gesellschaftlichen Zielen:* politische, internationale Organisationen; eine anonyme, revolutionäre O.; eine O. gründen, leiten; einer O. angehören; sie schlossen sich in einer O. zusammen.

organisch: 1. *ein Organ betreffend:* ein organischer Fehler; sein Leiden war o.; er ist o. gesund. **2.a)** *der belebten Natur angehörend:* organische Stoffe. **b)** *die Verbindungen des Kohlenstoffs betreffend:* die organische Chemie; organische Verbindungen, Säuren. **3.** *naturgemäß, seiner inneren Ordnung entsprechend:* der organische Zusammenhang; die Gliederung, der Aufbau war nicht o.; das Kleinklavier fügt sich o. in die übrige Einrichtung ein; die Eigentumsbildung wird sich auf Grund des neuen Gesetzes o. entwickeln.

organisieren: 1. ⟨etwas o.⟩ *aufbauen, einrichten, planmäßig in Gang setzen:* eine Party, eine Ausstellung, einen Aufstand, die Abwehr o.; er hatte für sie die Flucht organisiert; der Betriebsausflug war schlecht organisiert. **2.** (ugs.) ⟨etwas o.⟩ *[nicht ganz rechtmäßig] beschaffen:* Zigaretten, einige Tafeln Schokolade o.; er versuchte, für seine Kameraden ein Frühstück zu o.; ich habe mir/für mich ein paar Sachen organisiert. **3.a)** ⟨jmdn., etwas o.⟩ *in einer Organisation zusammenfassen, zusammenschließen, formieren:* diese Partei suchte auch die Bevölkerung auf dem Lande zu o.; die Geheimpolizei neu, straffer o.; adj. Part.: organisierte Arbeiter, Verbände, Gruppen; sie waren bereits gewerkschaftlich organisiert. **b)** ⟨sich o.⟩ *sich in einer Organisation zusammenschließen:* die meisten Betriebsangehörigen haben sich inzwischen organisiert.

Orgel, die: */ein Musikinstrument/:* eine große, gewaltige, mechanische, elektrische O.; die O. setzt ein, ertönt, braust, dröhnt; eine O. bauen, aufstellen, intonieren (bildungsspr.), einweihen; er spielt sehr gut O.; er hat die Choräle auf der O. begleitet.

Orgie, die (bildungsspr.): *zügelloses, ausschwei-*

fendes Fest: eine wilde, wüste, zügellose O.; Orgien feiern, veranstalten. * **etwas feiert Orgien** *(etwas bricht in aller Deutlichkeit hervor und tobt sich aus):* ihr Haß gegen die Kirche feierte wahre Orgien.

orientieren: **1.** ⟨sich o.⟩ *eine Richtung suchen, sich zurechtfinden:* sich nach Einbruch der Dunkelheit, im Schnee nicht mehr o. können; sich nach der/an der Karte, nach den/an den Sternen o.; er konnte sich im Nebel an Hand der Karte nur schwer o. **2.** (bildungsspr.) **a)** ⟨jmdn. über etwas o.⟩ *informieren, unterrichten:* jmdn. über eine Unterredung o.; man hatte ihn noch nicht darüber orientiert, was inzwischen passiert war; er war bereits über den Inhalt des Schreibens orientiert; er ist über die augenblickliche Lage schlecht, falsch orientiert; ⟨auch ohne Akk.⟩ die Kritiker orientieren über neue Tendenzen in der Literatur. **b)** ⟨sich über etwas o.⟩ *sich informieren, Erkundigungen einziehen:* sich über einen Vorfall, über den Stand der Verhandlungen o.; ich habe mich bereits orientiert, warum es nicht weitergeht. **3.** (bildungsspr.) ⟨sich an etwas o.⟩ *sich nach etwas richten:* sich an bestimmten Leitbildern, an den Wünschen der Kunden o.; die Kurse orientierten sich nur wenig an der Situation des deutschen Geldmarktes; adj. Part.: sie waren keineswegs einseitig orientiert; einzelne Maßnahmen waren wahlstrategisch orientiert; politisch orientierte Gruppen in der Bevölkerung. **4.** (ostd.) **a)** ⟨jmdn., etwas auf etwas o.⟩ *hinlenken:* jmds. Tätigkeit auf bestimmte Aufgaben o.; einige Betriebe orientieren ihre Mitarbeiter darauf, ihren Urlaub zu keiner ausgesprochenen Urlaubszeit zu nehmen; ⟨auch ohne Akk.⟩ *auf die Bedeutung von etwas hinweisen:* sie orientierten besonders auf Probleme der Qualifizierung. **b)** ⟨sich auf etwas o.⟩ *etwas zu verwirklichen trachten:* mancher Betrieb wird sich nicht sofort auf industriemäßige Produktion o.; sie haben sich konsequent auf die neuen Ansprüche orientiert.

original: **1.** *echt, nicht nachgemacht:* o. Schweizer Käse; dieser Stoff ist o. englisch. **2.** *direkt, unmittelbar:* die Feierlichkeiten werden im Fernsehen o. übertragen.

Original, das: **1.** *ursprüngliches, echtes Stück; Urbild, Urtext:* das O. befindet sich im Louvre; eine Abschrift des Originals anfertigen; einen Text im O. lesen; die Vase ist ein O. aus dem 18. Jahrhundert. **2.** (ugs.) *durch Eigenarten auffallender Mensch:* ein Berliner O.; er ist ein richtiges O.

originell: **1.** (bildungsspr.) *geistig selbständig, schöpferisch:* ein origineller Kopf; eine wenig originelle Argumentation; seine These war o.; er interpretierte das Werk sehr o. **2.** *eigenartig, durch Selbständigkeit und Witz auffallend:* ein origineller Einfall; das Kind ist, zeichnet sehr o.; etwas sehr o. vortragen.

Orkan, der: *stärkster Sturm:* ein O. bricht los, erhebt sich, tobt; ein furchtbarer O. hat das Land verwüstet; der Sturm schwoll zum O. an; bildl.: ein O. des Beifalls, der Begeisterung, der Entrüstung tobte durch den Saal.

Ort, der: **1.** *Platz, Stelle:* ein windgeschützter, gespenstischer O.; ein O. des Friedens, der Verdammnis; O. und Zeit stehen noch nicht fest; O. und Stunde bestimmen; an geweihtem O.; an öffentlichen Orten *(auf Straßen, Plätzen)* bin ich hier am rechten O.?; die Zange lieg nicht an ihrem O.; ihr müßt alles wieder an sei nen O. legen, stellen; der Verbrecher ist an de O. der Tat zurückgekehrt; die Einheit von O und Zeit ist in diesem Drama streng gewahrt **2.** *geschlossene Siedlung; Dorf, Stadt:* ein größe rer, kleiner, berühmter O.; unser Lager befin det sich am O. *(nicht außerhalb des Ortes);* au ihrer Wanderung kamen sie durch mehrer Orte; wir wohnten mitten im Ort.; sie verbrach ten ihren Urlaub in einem O. an der See; so et was ist im ganzen O. nicht zu haben; übertr. der ganze O. *(alle Menschen im Ort)* lacht dar über. * (Math.:) **geometrischer Ort** *(Bezeichnun für alle Punkte mit der gleichen geometrische Eigenschaft):* den geometrischen O. bestimmen (Astron.:) **astronomischer Ort** *(durch zwei Koor dinaten an der Himmelskugel bestimmte Lag eines Gestirns)* · (ugs.:) **das stille Örtchen** *(Toilet te)* · **an Ort und Stelle** *(an der dafür vorgesehene Stelle):* die ausgeliehenen Gemälde sind wiede an O. und Stelle · **am angegebenen**/(veraltend: **angezogenen Ort** (Abkürzung: a. a. O.; *in den bereits genannten Buch*): am angegebenen Ort Seite 124 · **an einem dritten Ort** *(außerhalb de Wohnung oder des Arbeitsplatzes):* sie trafen sic an einem dritten O. · **höheren Ort**[e]s *(bei eine höheren Dienststelle):* über den Antrag wird be reits höheren Orts verhandelt · **etwas ist fehl am Ort** *(etwas ist unangebracht)* · **hier/das ist nich der Ort zu etwas** *(es ist jetzt nicht die Gelegenheit etwas Bestimmtes zu tun):* hier ist nicht der O. z langen Erläuterungen.

örtlich: **1.** *auf eine bestimmte Stelle beschränkt* eine örtliche Betäubung; die Betäubung wa nur ö. *(beschränkte sich auf die zu operierend Stelle);* der Patient wurde ö. betäubt. **2.** *auf ei nen bestimmten Ort beschränkt:* örtliche Zusam menschlüsse; ö. begrenzte Kampfhandlungen das ist ö. *(in den einzelnen Orten)* sehr verschie den.

Öse, die: *winzige Öffnung; Schlinge, kleine Ring aus Metall zum Einhaken:* den Faden nich in die Ö. bekommen; das Kleid wird mit Hake und Ösen geschlossen.

Ost, der: **1. a)** *Osten:* die Eisenbahnlinie ver läuft von O. nach West. **b)** */Bezeichnung de östlichen Stadtteils/:* Wien (Ost). **2.** (dichter.) *Ostwind:* es wehte ein eisiger O.

Osten, der: **1.** *Himmelsrichtung, in der die Sonn aufgeht:* im O. geht die Sonne auf; es dämmert lichtet sich (geh.) im O. *(der Morgen dämmert)* das Zimmer geht nach O.; von O. kam ein neue Kälteeinbruch. **2. a)** *im Osten liegendes Gebiet* der O. des Landes ist sehr fruchtbar; di Flüchtlinge hatten im O. ihren Besitz verloren **b)** *im Osten liegender kommunistischer Machtbe reich; Ostblock:* der O. sah den Zeitpunkt fü neue Verhandlungen noch nicht gekommen der O. will den Westen wirtschaftlich einholen im O. sind die meisten Betriebe verstaatlich worden. * **der Nahe Osten** *(der Vordere Orient)* **der Mittlere Osten** *(die südasiatischen Gebiet von Iran bis Birma)* · **der Ferne Osten** *(Ostasien)*

Ostern, das und (als Plural:) die: *Fest der Auf erstehung Christi:* weiße Ostern *(Ostern mi Schnee);* O. fällt diesmal spät, ist dieses Jah früh; frohe Ostern!; wir hatten ein schönes O., schöne Ostern (selten; *Oster[feier]tage*); Redensart: wenn O. und Pfingsten auf einen Tag fallen *(niemals);* vorige, letzte Ostern waren sie in Paris; nächstes Jahr O./nächstes Jahr zu O./ (selten:) nächste Ostern werden wir auch verreisen; bis O. sind es noch vier Wochen; er wurde kurz nach O. aus dem Krankenhaus entlassen; vor O. ließen sie ihre Wohnung neu tapezieren; sie haben sich zu O. verlobt.

östlich: I. ⟨Adj.⟩ **1. a)** *in östlicher Himmelsrichtung befindlich:* der östliche Himmel; 15 Grad östlicher Länge. **b)** *im Osten liegend:* der östliche Teil des Landes, der Stadt; die Stadt liegt weiter ö. **c)** *den Ostblock betreffend; zum kommunistischen Machtbereich gehörend:* die östlichen Machthaber; diese Staaten waren ö. orientiert. **2.** *von Osten kommend, nach Osten gerichtet:* ein östlicher Wind; sie fuhren in östlicher Richtung. **II.** ⟨Präp. mit Gen.⟩ *im Osten:* die Grenze verläuft ö. des Flusses. **III.** ⟨Adverb⟩ *im Osten:* der Ort liegt ö. von Hamburg.

Ovation, die (bildungsspr.): *Huldigung durch Beifall:* die Ovationen nahmen kein Ende; jmdn. mit Ovationen begrüßen, feiern; sie brachten dem Künstler Ovationen dar; jmdm. eine herzliche O. entgegenbringen.

Ozean, der: *Meer zwischen den Kontinenten, Weltmeer:* den O. durchqueren, überfliegen; diesseits, jenseits des Ozeans; sie fliegen über den O. * **der Stille Ozean** *(Pazifik)* · **der Atlantische Ozean** *(Atlantik)* · **der Indische Ozean** *(zwischen Indien und Afrika liegender Ozean)*.

P

paar ⟨Indefinitpronomen; in Verbindung mit *ein, die, diese*⟩ *einige, wenige:* ein p. Leute standen noch herum; ich hole mir ein p. Bücher; die[se] p. Mark!; warte doch die p. Minuten!; wir kommen in ein p. Tagen zurück; ich bedanke mich mit ein p. Zeilen; nach ein p. Jahren wird hier alles anders aussehen.

Paar, das: **1.** *zwei zusammengehörende Personen; Mann und Frau:* ein verliebtes junges P.; die beiden sind, bilden ein ungleiches P.; das ist ein unzertrennliches P./Pärchen; die Paare drehen sich im Kreise; die beiden werden wohl ein P. *(werden wohl heiraten);* wir werden das Pärchen *(Liebespaar)* nicht stören. **2.** *zwei zusammengehörende Dinge (auch Tiere):* ein P. Ohrringe; ein neues P. Schuhe/ein P. neue Schuhe; ein P. seidene/(selten:) seidener Strümpfe; bitte ein P. Würstchen!; ein P. Ochsen; ein P. Schuhe kostet/kosten 40 Mark; ein P. Handschuhe kaufen; ich habe mir vier P. (ugs.; *vier*) Unterhosen gekauft; Mensch, hat die ein P. Augen! (ugs.; *zwei wunderschöne, hinreißende Augen*); mit einem P. Schuhe[n] kommst du nicht aus. * (veraltend:) **die Gegner, Feinde zu Paaren treiben** *(in die Flucht schlagen)*.

paaren: 1. a) ⟨Tiere p.⟩ *zur Begattung zusammenbringen; kreuzen:* der Züchter paart bestimmte Arten von Tieren. **b)** ⟨sich p.⟩ *sich begatten*/von Tieren/: die meisten Tiere paaren sich im Frühjahr. **2. a)** ⟨etwas mit etwas p.⟩ *zusammenstellen, verbinden, vereinen:* sie paarte Höflichkeit mit einer gewissen Gefühlskälte; er zeigte Zurückhaltung, mit Hochmut gepaart/gepaart mit Hochmut; man hat zwei ungleiche Mannschaften miteinander gepaart. **b)** ⟨etwas paart sich mit etwas⟩ *etwas verbindet sich, vereint sich mit etwas:* in ihr paarte sich Boshaftigkeit mit Grausamkeit.

Pacht, die: **a)** *länger befristete Überlassung zur Nutzung gegen regelmäßiges Entgelt:* die P. [für das Geschäft] läuft ab; die P. kündigen, verlängern; sie haben die P. erneuern lassen; etwas in P. geben, nehmen, haben. **b)** *Betrag, den man für etwas Gepachtetes regelmäßig zahlt:* eine hohe, niedrige P.; die P. zahlen, erhöhen, senken; die P. wurde jährlich abgeführt.

pachten ⟨etwas p.⟩: *in Pacht nehmen:* ein Gut, eine Jagd, einen Acker p. * (ugs.:) **als ob jmd. etwas gepachtet hätte** *(als ob jmd. etwas für sich allein in Anspruch nehmen könnte):* sie tut so, als ob sie die Schlauheit gepachtet hätte.

[1]Pack, der: *Bündel, Packen:* ein P. Zeitungen, Briefe, Bücher, Wäsche; sie nahm den P. von der Erde auf und legte ihn in den Schrank. * (ugs.:) **mit Sack und Pack** *(mit allem, was man besitzt)*.

[2]Pack, das (abwertend): *Gesindel, Pöbel:* freches, rohes P.; so ein P.!; mit solchem P. darfst du dich nicht abgeben; Sprichw.: P. schlägt sich, P. verträgt sich.

Päckchen, das: *kleines Paket:* ein P. packen, zuschnüren, zur Post bringen, aufgeben, an seinen Freund schicken; etwas als P. schicken; jmd. hat für Sie ein P. abgegeben; Redensart: jeder hat sein P. zu tragen *(jeder hat seine Sorgen)*.

packen: 1. ⟨etwas p.⟩ **a)** *zusammenlegen, zusammenbinden und in einem Behälter unterbringen:* seine Sachen p.; Bücher in die Mappe, Kleider in den Koffer p.; er hat alle Waren in das Auto gepackt. **b)** *einen Behälter mit bestimmten Sachen füllen:* die Koffer, eine Kiste p.; ⟨auch ohne Akk.⟩ ich muß noch p.; hast du schon gepackt? **2. a)** ⟨jmdn., etwas p.⟩ *mit festem Griff fassen, ergreifen:* jmdn. plötzlich, brutal p. und hinauswerfen; er packte den Kerl an der Kehle; sie packte seine Hand. **b)** ⟨etwas packt jmdn.⟩ *etwas erfüllt jmdn., ergreift Besitz von jmdm.:* mich packte das Entsetzen; Angst, Schauder, Schrekken hat sie gepackt. **c)** ⟨etwas packt jmdn.⟩ *etwas ergreift jmdn., bewegt jmdn. innerlich:* das Theaterstück hat mich gepackt; plötzlich spürte ich, wie es ihn packte; den hat es ganz schön gepackt (ugs.; *der hat sich sehr verliebt*); adj. Part.: ein packender *(fesselnder)* Vortrag; eine packende *(mitreißende, fesselnde)* Erzählung. **3.** (ugs.) *weggehen, sich davonmachen:* los, pack dich!; die haben sich gerade gepackt. * (ugs.:) **die Koffer/seine Sieben-**

sachen packen *(weggehen, verschwinden)* · (ugs.:) **sich in Watte packen lassen** *(allzu empfindlich sein)* · (ugs.:) **den Stier bei den Hörnern packen** *(eine Aufgabe mutig anfassen).*

Packung, die: **1.** *eine bestimmte Ware umgebende Hülle:* eine angebrochene P.; eine P. Zigaretten, Pralinen; die P. war leer; eine P. aufreißen, vorsichtig öffnen, aufmachen (ugs.); eine neue P. anbrechen; er nahm eine Zigarette aus der P. **2.** *feuchter Umschlag:* kalte, warme Packungen; der Arzt hat ihm Packungen verordnet. **3.** (Technik) *Dichtung:* die Rohre haben eine gute P. **4.** (Sport; ugs.) *hohe Niederlage:* unsere Mannschaft hat eine anständige P. bekommen.

paddeln: *sich in einem kleinen Boot mit dem Paddel fortbewegen:* sie sind die Mosel stromabwärts gepaddelt; wir haben/(auch:) sind gestern lange gepaddelt.

paffen ⟨etwas p.⟩: **a)** *heftig [in einzelnen Zügen stoßweise] rauchen:* eine Zigarette nach der anderen p.; er paffte eine dicke Zigarre; ⟨auch ohne Akk.⟩ er pafft den ganzen Tag. **b)** *den Rauch ausstoßen, ohne zu inhalieren; den Rauch rasch einziehen und kräftig wieder ausstoßen:* er paffte mächtige Rauchwolken aus seiner Pfeife; er paffte die ersten Züge mit Behagen; ⟨auch ohne Akk.⟩ er raucht nicht, er pafft nur.

Paket, das: **1. a)** *etwas, was [zum Versenden mit der Post, zum Versand] verpackt ist:* ein kleines, großes, schweres P.; ein P. Knäckebrot, Streichhölzer, Seifenpulver; das P. enthielt Bücher und Spielzeug für die Kinder; ein P. packen, verschnüren, versiegeln, frankieren, aufgeben, schicken, auf die Post bringen, [von der Post] abholen, zustellen, auspacken, öffnen; ich habe meinen Eltern ein P. geschickt; was war in dem P. drin (ugs.)? **b)** *Packen, Bündel:* er sortierte die einzelnen Blätter des Pakets; er hatte die Manuskripte zu einem P. zusammengeschnürt. **2.** *gesammelte Vorschläge zu einem politischen Thema:* aus den Arbeiten dieser Kommission ist das P. zur Südtirolfrage entstanden; dieses P. wird morgen behandelt werden.

Pakt, der: *Vertrag, Bündnis:* ein fester P.; Fausts P. mit dem Teufel; ein militärischer P. zwischen drei Staaten; einen P. mit jmdm. schließen; einer der beiden Partner hat den P. gebrochen, nicht gehalten; einem P. beitreten, angehören.

Palme, die: **1.** */ein tropischer Baum/:* Palmen gedeihen in unserem Klima nicht; von einem Urlaub unter Palmen am Meer träumen. **2.** (bildungsspr.) *Preis für einen errungenen Sieg:* ihm gebührt die P.; jmdm. die P. zuerkennen; er hat die P. verdient; zwei gleichwertige Mannschaften kämpften um die P. *(um den Sieg).* ∗ (ugs.:) **jmdn. auf die P. bringen** *(jmdn. sehr erzürnen, wütend machen):* mit solchen Fragen konnte man ihn auf die P. bringen · (ugs.:) **auf der Palme sein** *(wütend, empört sein)* · (ugs.:) **von der Palme herunterkommen** *(sich wieder beruhigen):* nun komm schon herunter von der P.!

Panik, die: *[in einer Menschenmenge] durch plötzliche Gefahr hervorgerufene Angst mit völlig unüberlegten Reaktionen:* eine P. brach unter den Passagieren des brennenden Schiffes aus; eine P. vermeiden, verhüten, auslösen; in P. geraten; die Zuschauer wurden von P. ergriffen.

panisch (bildungsspr.): *wild, von Panik bestimmt:* panische Angst; panisches Entsetzen; sich p. fürchten.

Panne, die: **a)** *technischer Schaden:* eine P. am Motorrad beheben, reparieren; der Wagen hatte; sie hatten unterwegs eine P.; mit einer P. auf der Autobahn liegenbleiben. **b)** (ugs.) *Mißgeschick, Fehler:* in seinem Vortrag passierte ihm eine P.; sollten bei der Durchführung irgendwelche Pannen eintreten, müssen sie sofort behoben werden; eine P. erleben.

Pantoffel, der: *leichter, flacher Hausschuh ohne Fersenteil:* warme, bequeme Pantoffeln; wo sind meine Pantoffeln?; Pantoffeln tragen; die Pantoffeln anziehen, ausziehen; er geht in Pantoffeln. ∗ (ugs.:) **den Pantoffel schwingen** *(den Ehemann beherrschen)* · (ugs.:) **unter dem Pantoffel stehen** *(von der Ehefrau beherrscht werden)* · (ugs.:) **unter den Pantoffel kommen** *(unter die Herrschaft der Ehefrau kommen).*

Panzer, der: **1.** *Rüstung:* der P. des Ritters; einen P. tragen; den P. anlegen, umschnallen, ablegen; mit einem Hieb durchschlug er den P. seines Gegners; übertr.: sie konnte den P. *(die Schutzhülle)*, der ihn, sein Herz umgab, nicht durchdringen. **2.** *harte Schutzhülle bestimmter Tiere:* der P. des Krebses; ein P. aus Chitin schützt den Käfer gegen Feinde. **3.** *Panzerung:* der P. eines Fahrzeugs, eines Schiffes. **4.** *gepanzertes Kampffahrzeug mit Kettenrädern:* leichte, schwere Panzer; Panzer rollen vor, stoßen vor; die Panzer walzten alles nieder, was sich ihnen in den Weg stellte; einen P. abschießen, knakken (Soldatenspr.); sie wurden von einem P. überrollt.

Papier, das: **1.** *dünnes Material aus Fasern, das vorwiegend zum Beschreiben oder zum Verpacken dient:* weißes, buntes, weiches, steifes, feines, grobes, rauhes, glattes, handgeschöpftes, satiniertes (fachspr.; *geglänztes, geglättetes*), holzfreies, bedrucktes, [un]beschriebenes, sauberes, schmutziges P.; ein Blatt P.; das Dokument war von diesem Augenblick an nur noch ein Fetzen P. *(war wertlos);* ein Stück P. abreißen; das Buch ist auf schlechtem P. gedruckt; etwas in P. einwickeln, einschlagen; Sprichw.: P. ist geduldig *(geschrieben werden kann alles mögliche, es muß aber nicht wahr sein).* **2.** *Schriftstück:* ein Berg von Papieren hatte sich auf seinem Schreibtisch angehäuft; das P. *(Schriftstück, Dokument politischen Inhalts)* war von beiden Staatschefs unterzeichnet, ist vorzeitig veröffentlicht worden; ein P. abheften; seine Papiere *(Briefe, Dokumente, Manuskripte)* ordnen; er hatte alle Papiere vernichtet; er kramt gern in seinen Papieren. **3.** (Geldw.) *Wertpapier:* ein mündelsicheres, festverzinsliches, gutes, schlechtes, wertloses P.; die Papiere sind gestiegen, gefallen; Papiere [an]kaufen, verkaufen, abstoßen. **4.** *Ausweis, Personaldokument, Unterlagen:* seine Papiere waren nicht in Ordnung; er hatte seine Papiere verloren, keine Papiere bei sich; der Beamte verlangte die Papiere; darf ich mal Ihre Papiere sehen?; lassen Sie sich ihre Papiere geben (ugs.; *die Entlassungspapiere geben; Sie sind entlassen*); ich kann mir meine Papiere holen (ugs.; *die Entlassungspapiere holen; ich bin entlassen*). ∗ **etwas zu Papier bringen** *(etwas aufschreiben, schriftlich niederlegen* · **etwas aufs Papier werfen** *(etwas entwerfen* *skizzieren):* die ersten Takte seiner Komposition hatte er schon aufs P. geworfen · **etwas steht nur auf dem Papier** *(etwas ist zwar [schriftlich] festgelegt, aber nicht verwirklicht):* ihre Ehe existierte nur noch auf dem P.

Papierkorb, der: *Behälter für Papierabfälle:* der P. ist voll, läuft schon über, quillt über; den P. [ent]leeren; etwas in den P. werfen; Werbesendungen wandern meistens in den P. *(werden meistens weggeworfen).*

Pappe, die: *dem Papier ähnliches, steifes Material, das meist als Verpackung verwendet wird:* feste, dicke, dünne, steife P.; P. schneiden; ein Bild auf P. aufkleben; der Deckel des Buches war aus P.; die Fenster waren mit P. vernagelt. * (ugs.:) **nicht von Pappe sein** *(stark, kräftig und nicht zu unterschätzen sein):* die gegnerische Mannschaft war auch nicht von P.; der Schlag, den er von ihm erhielt, war nicht von P.

Pappenheimer ⟨in der Wendung⟩ seine Pappenheimer kennen (ugs.): *bestimmte Menschen mit ihren Schwächen kennen und wissen, was man von ihnen zu erwarten hat:* der Lehrer kennt seine P. ganz genau; ich kenne doch meine P.

Pappenstiel ⟨in den Wendungen⟩ (ugs.:) **das ist kein Pappenstiel** *(das ist keine Kleinigkeit):* drei Operationen hintereinander, das ist kein P. · (ugs.:) **keinen Pappenstiel wert sein** *(nichts wert sein):* ihr Radio ist keinen P. wert · (ugs.:) **für einen Pappenstiel** *(sehr billig):* den Gebrauchtwagen hat er für einen P. gekauft.

Papst, der: *Oberhaupt der katholischen Kirche:* die Kardinäle wählen den P.; das Dogma von der Unfehlbarkeit des Papstes; die Ansprache P. Pauls VI. *(des Sechsten)*/des Papstes Paul VI. *(des Sechsten);* er wurde zum P. gekrönt; Redensart: in Rom gewesen sein und nicht den P. gesehen haben *(die Hauptsache versäumt haben).* * **päpstlicher sein als der Papst** *(strenger, genauer sein als nötig).*

Parade, die: **1.** *Vorbeimarsch militärischer Einheiten:* am 1. Mai findet in Moskau eine große P. statt, wird eine große P. abgehalten; der Präsident nahm die P. ab. **2.** *Abwehr, Gegenstoß [beim Sport]:* eine glänzende P.; mit einer tollkühnen P. wehrte der Torhüter den Ball zur Ecke ab. * **jmdm. in die Parade fahren** *(jmdm. energisch entgegentreten):* in der Diskussion ist er ihm gehörig in die P. gefahren.

Paragraph, der: *numerierter Abschnitt in einem größeren Schriftstück, bes. in einem Gesetz:* ein verstaubter, unmenschlicher P.; einen Paragraphen ändern, beseitigen, abschaffen; er kennt anscheinend diesen Paragraphen nicht; der Wortlaut des Paragraphen ist mir nicht bekannt; ⟨vor Zahlen auch endungslos⟩ Paragraph 1 der Straßenverkehrsordnung kennen; gegen Paragraph 4/gegen den Paragraphen 4 verstoßen; nach Paragraph 8; unter P. 117/unter dem Paragraphen 117 des Bürgerlichen Gesetzbuches ist zu lesen ...

parallel: a) *an allen Stellen in gleichem Abstand zueinander verlaufend:* parallele Straßen; die Linien sind p.; der Weg verläuft p. zum Rhein. **b)** (bildungsspr.) *gleichzeitig; zeitlich neben etwas anderem:* zwei parallele Handlungen in einem Roman; p. zu ihrer Ausbildung als Tänzerin nahm sie Schauspielunterricht.

Parallele, die: **1.** *in gleichem Abstand zu einer anderen verlaufende Linie:* zu einer Linie die P. ziehen; der Schnittpunkt zweier Parallelen liegt im Unendlichen. **2.** (bildungsspr.) *Entsprechung, vergleichbares Ereignis:* eine geschichtliche, biologische P.; es drängte sich ihnen die P. zur Gegenwart auf; das ist eine verblüffende P. zu meiner Beobachtung; der Fall ist ohne P. in der Geschichte. * **jmdn., etwas mit jmdm., mit etwas in Parallele setzen/stellen** *(jmdn., etwas mit jmdm., etwas gleichsetzen):* einige Wissenschaftler haben Sokrates mit Kant in P. gestellt.

parat (bildungsspr.) ⟨Adverb⟩: *zur Verfügung, bereit:* eine Antwort, ein Beispiel p. haben; ich habe diesen Vorgang nicht mehr p. *(nicht mehr im Gedächtnis).*

Pardon, der (geh.; veraltend): *Verzeihung, Gnade:* jmdm. keinen P. geben, gewähren; die Soldaten kannten kein P. *(schonten niemand);* auf P. hoffen; er bat vergeblich um P.; */häufig als Formel der Entschuldigung/:* P., würden Sie mich bitte vorbeigehen lassen?

parieren: 1. ⟨etwas p.⟩ *einen Angriff des Gegners abwehren:* einen Hieb, einen Stoß p.; der Torwart hat den Schuß glänzend pariert; übertr.: *sich gegen etwas zur Wehr setzen:* er war in der Lage, jede Frage, jeden Angriff aus dem Publikum zu p. **2.** *gehorchen:* blind, aufs Wort p.; die Kinder haben zu p.; ⟨jmdm., einer Sache p.⟩ sie parierten ihm, seinen Weisungen nicht mehr. **3.** ⟨ein Tier p.⟩ *im Tempo zügeln, zum Stehen bringen:* der Reiter parierte das Pferd vor dem Graben.

Park, der: *[angelegte] größere Grünfläche mit Bäumen und Sträuchern:* ein großer, alter P.; sie gingen im P. spazieren.

parken ⟨[etwas] p.⟩: *[ein Fahrzeug] vorübergehend abstellen:* vor dem Haus p.; hier kann ich eine Stunde lang p.; wo kann ich meinen Wagen p.?; subst.: Parken verboten!

Parkett, das: **1.** *Fußboden aus kleinen, in bestimmter Ordnung verlegten Brettern:* ein glattes, spiegelndes P.; das P. abziehen, versiegeln, bohnern; sich (Dativ) P. legen lassen; er ist auf dem P. ausgerutscht; bildl.: er konnte sich auf dem internationalen P. *(im internationalen politischen und gesellschaftlichen Bereich)* sicher bewegen. **2.** *zu ebener Erde liegender Teil eines Zuschauerraumes:* P. nehmen, sitzen; sie haben Plätze im P.; übertr.: das P. *(Publikum im Parkett)* applaudierte. * (ugs.:) **eine kesse Sohle aufs Parkett legen** *(mit schwungvollen Schritten [unter Bewunderung der Anwesenden] tanzen).*

Parole, die: **1.** *Kennwort, Losungswort:* eine geheime P.; eine P. ausgeben; kennst du die P.? **2.** *Schlagwort, Wahlspruch:* kommunistische Parolen; in allen Lebenslagen Haltung, das war, so lautete seine P.; Parolen verbreiten; etwas als P. zum 1. Mai ausgeben, zur P. machen.

Paroli ⟨in der Wendung⟩ jmdm. Paroli bieten (veraltend): *jmdm. gewachsen sein und ihm wirksam Widerstand leisten.*

Partei, die: **1.** *Vereinigung von Personen zur Verwirklichung gleicher politischer Ziele:* die politischen Parteien; eine bürgerliche, konservative, fortschrittliche P.; eine P. gründen, führen, auflösen, verbieten; eine bestimmte P. wählen; die P. wechseln; einer P. angehören, beitreten, seine Stimme geben; sich einer P. anschließen; Kandidat einer P. sein; aus einer P.

austreten; er wurde aus der P. ausgeschlossen; in eine P. eintreten; der Abgeordnete ist zu einer anderen P. übergetreten. **2.** *einer der beiden Gegner im Rechtsstreit; einer von zwei Vertragspartnern:* streitende Parteien; die P. des Klägers, des Beklagten *(der Kläger, der Beklagte);* die Parteien zu einem Vergleich bringen; es mit keiner P., mit beiden Parteien halten; von jmds. Partei sein *(auf jmds. Seite stehen);* er wollte sich zu keiner P. schlagen *(wollte auf niemandes Seite treten).* **3.** *einer von mehreren Mietern in einem Haus:* in unserem Haus wohnen zehn Parteien. * **Partei sein** *(parteiisch sein, von vornherein auf jmds. Seite stehen):* du bist in dieser Sache P. · **jmds. Partei/für jmdn. Partei ergreifen/nehmen** *(jmds. Standpunkt verteidigen)* · **über den Parteien stehen** *(unparteiisch sein)* · **bei der falschen Partei sein** *(zu den Verlierern gehören und in seinen Erwartungen enttäuscht werden).*

parteiisch: *nicht neutral, nicht objektiv:* eine parteiische Einstellung, Haltung; der Schiedsrichter war, zeigte sich p.

parteilich: **1.** *die Partei betreffend:* parteiliche Interessen; die parteilichen Grundsätze werden davon nicht berührt. **2.** (ostd.) *für die Arbeiterklasse Partei nehmend:* ein Programm p. durchführen. **3.** (veraltend) *parteiisch:* ein parteiliches Urteil.

Partie, die: **1.** *Teil, Abschnitt, Ausschnitt aus einem größeren Ganzen:* die untere P. des Gesichtes; sie photographierten die schönsten Partien der Landschaft; die Erzählung zerfällt in drei gleich lange Partien. **2.** *Durchgang, Runde bei bestimmten Spielen:* eine P. gewinnen, verlieren; eine gute, schlechte P. liefern *(gut, schlecht spielen);* sie spielten eine P. Schach, Tennis. **3.** *Rolle in einem gesungenen [Bühnen]werk:* die P. der Tosca singen; für diese P. ist er nicht geeignet. **4.** (Kaufmannsspr.) *Posten:* eine P. Hemden, Wolle. * **mit von der Partie sein** *(bei etwas mitmachen; sich an etwas beteiligen)* · **eine gute Partie sein** *(viel Geld mit in die Ehe bringen)* · **eine gute Partie machen** *(einen vermögenden Ehepartner bekommen).*

Party, die: → Feier.

Paß, der: **1.** *amtlicher Ausweis zur Legitimation einer Person:* der P. ist seit einem halben Jahr abgelaufen, ist ungültig, war auf den Namen Meier ausgestellt; einen P. beantragen, ausgestellt bekommen; den P. vorzeigen, kontrollieren; sie mußte ihren P. verlängern lassen. **2.** *Gebirgspaß:* der P. liegt 2300 m hoch; die Pässe der Alpen sind verschneit, gesperrt, nur mit Schneeketten zu passieren. **3.** (Sport) *[genaues] Weiterleiten des Balles an einen Spieler der eigenen Mannschaft:* ein weiter, wunderbarer P.; sein P. kam nicht an, erreichte den Gegner; seine Pässe sind gefürchtet; einen P. annehmen, aufnehmen. * **einem Botschafter die Pässe zustellen** *(einem Botschafter das Agrément entziehen).*

passen: **1. a)** ⟨etwas paßt⟩ *etwas ist für den Träger in Größe und Schnitt richtig:* das Kleid, der Hut, der Mantel paßt gut; die Stiefel passen nicht; ⟨etwas paßt jmdm.⟩ meine Sachen paßten ihm wie angegossen. **b)** ⟨zu jmdm., zu etwas p.⟩ *für jmdn., für etwas geeignet sein; auf jmdn., auf etwas abgestimmt sein, so daß beide miteinander harmonieren:* der elegante Hut paßt gut zu ihrem Nachmittagskleid; die beiden Eheleut[e] passen nicht zueinander; er paßt nicht zu[m] Pfarrer (veraltend; *eignet sich nicht für den Be[ruf] des Pfarrers*); adj. Part.: er trägt zum An[zug] die passende Krawatte; er findet immer di[e] passenden Worte. **c)** ⟨etwas paßt; mit Raum[angabe]⟩ *etwas läßt sich irgendwo anbringen, ein[fügen], unterbringen:* der Deckel paßt nicht au[f] den Topf; das Auto paßt gerade noch in di[e] Parklücke; der Koffer hatte nicht unter di[e] Couch gepaßt. **d)** ⟨jmdm. p.⟩ *jmdm. recht, ange[nehm] sein:* der neue Mann paßt dem Che[f] nicht; dein Benehmen paßt mir schon lang[e] nicht; würde Ihnen mein Besuch morgen aben[d] p.?; um 15 Uhr paßt es mir gut. **2.** ⟨etwas p. mit Raumangabe⟩ *passend machen, einfügen:* die Bolzen in die Bohrlöcher p. **3.** (ugs.; land[sch.]) ⟨sich p.⟩ *sich gehören:* so ein Benehme[n] paßt sich nicht **4.** (Kartenspiel) *ein Spiel aus[lassen] [müssen]:* ich passe; er hat schon zwei[]mal gepaßt; übertr.: *eine Frage nicht beantwor[ten] können:* da muß ich p., das weiß ich nicht; i[n] der Prüfung hat er mehrmals gepaßt. **5.** (Sport) *den Ball an einen Spieler der eigenen Mannscha[ft] weiterleiten:* der Verteidiger paßte [zum Stür[mer]. * (ugs.:) **etwas paßt jmdm. nicht in de[n] Kram** *(etwas kommt jmdm. ungelegen)* · (ugs.) **das könnte jmdm. so passen** *(das hätte jmd. wo[hl] gern, um sich einen Vorteil zu verschaffen):* e[r] hofft, uns auf diese Weise auszuschalten; da[s] könnte ihm so p.! · (ugs.:) **das paßt wie die Faus[t] aufs Auge: a)** *(das paßt überhaupt nicht).* **b)** *(da[s] paßt genau)* · **[nicht] in die Welt passen** *(sic[h] [nicht] im Leben durchsetzen können).*

passieren: **1.** ⟨etwas passiert⟩ *etwas Unange[nehmes], Ungewolltes geschieht, ereignet sich:* ei[n] Unglück, etwas Furchtbares, etwas Seltsame[s] ist passiert; was ist hier passiert?; er tut [so] als ob nichts passiert sei; das ist seit zwei Jah[ren] nicht mehr passiert *(vorgekommen);* ⟨etwa[s] passiert jmdm.⟩ mir ist eine Panne passiert; seid vorsichtig, daß euch nichts passiert *(zu[]stößt);* wenn mir etwas passiert (ugs.; verhüll. *wenn ich unerwartet zu Tode kommen sollte*), be[]nachrichtigt meine Frau; so etwas ist mir i[n] meinem ganzen Leben noch nicht passiert *(be[]gegnet);* ihm kann nichts p. *(er hat sich gesichert).* **2. a)** ⟨etwas p.⟩ *vorüberfahren, überschreiten, überqueren:* eine Stadt, einen Fluß, eine Brück[e] p.; der Zug hatte gerade die Grenze passiert; übertr.: der Film hat die Zensur passiert *(i[st] durch die Zensur gegangen);* ⟨auch ohne Akk.⟩ *durch eine Grenze gelassen werden:* diese War[e] passiert zollfrei; der Beamte ließ ihn p. *(lie[ß] ihn ungehindert über die Grenze).* **b)** ⟨jmdn. etwas p.⟩ *an jmdm., an etwas vorbeigehen:* di[e] Pförtnerloge, die Wachtposten p. **3.** ⟨etwas p.⟩ *durch ein Sieb rühren:* die Erbsensuppe p.; di[e] Kartoffeln wurden passiert.

passiv: *untätig; ohne Beteiligung oder Interesse:* sie ist eine passive Natur; er war, verhielt sich i[n] dieser Angelegenheit völlig p. * **passives Mit[]glied** *(zahlendes Mitglied, ohne sich durch eigen[e] Tätigkeit zu beteiligen)* · **passives Wahlrech[t]** *(Recht, gewählt zu werden)* · **passiver Widerstan[d]** *(Widerstand durch Nichtbefolgung)* · **passive Be[]stechung** *(Annahme von Bestechungsgeldern)* (Wirtsch.:) **passive Handelsbilanz** *(Bilanz, be[i] der die Einfuhrwerte die Ausfuhrwerte eines Lan[des]*

des übersteigen) · **passiver Wortschatz** *(Wortschatz, den man kennt, aber nicht benutzt).*

Pate, der: *Taufzeuge, der sich mit um die religiöse Erziehung des Kindes kümmern soll:* jmds. P. sein; sie haben bei ihm P. gestanden *(sind seine Paten);* jmdn. zum Paten nehmen; er hatte einen Freund seines Vaters zum Paten. * (ugs.:) **bei etwas Pate gestanden haben** *(bei etwas [durch sein Werk, Wirken] von Einfluß gewesen sein):* bei diesem Drama hat offenbar Büchner P. gestanden.

patent (ugs.): *tüchtig; geschickt; großartig:* ein patentes Mädchen; das ist eine patente Methode; etwas ist ganz p.; er hat die Aufgabe p. gelöst.

Patent, das: **1.** *[Urkunde über das] Recht, eine Erfindung allein zu verwerten:* das P. ist erloschen; ein P. verfallen lassen, anmelden, erteilen, verletzen; auf eine Maschine ein P. haben, bekommen; er wollte seine Erfindung zum P. anmelden. **2.** *Ernennungsurkunde:* er hat sein P. als Kapitän, für Küstenschiffahrt erhalten.

Pathos, das (bildungsspr.): *leidenschaftlicher Gefühlsausdruck:* ein falsches, unechtes, übersteigertes, hohles P.; Schillersches P.; er sprach die Verse voller P., mit übertriebenem P.

Patient, der: *Kranker in ärztlicher Behandlung:* ein schwieriger, geduldiger P.; der P. ist bettlägerig, darf aufstehen; ich bin P. von/bei Dr. ...; der P. wurde als geheilt entlassen; einen Patienten behandeln, operieren, ins Krankenhaus einweisen; dem Patienten geht es besser.

Patsche ⟨in den Wendungen⟩ (ugs.:) **in der Patsche sitzen/stecken** *(in einer Notlage, in großer Verlegenheit sein)* · (ugs.:) **jmdm. aus der Patsche helfen; jmdn. aus der Patsche ziehen** *(jmdn. aus einer Notlage, Verlegenheit befreien).*

patzig (abwertend): *unhöflich und kurz angebunden:* eine patzige Antwort; ein patziger junger Bursche; sie war sehr p. zu der alten Dame; antworte, komm mir nicht so p.!

Pauke, die: */ein Musikinstrument/:* die P. schlagen. * (ugs.:) **mit Pauken und Trompeten** *(ganz und gar):* er ist mit Pauken und Trompeten durchgefallen · (ugs.:) **auf die Pauke hauen:** **a)** *(ausgelassen feiern).* **b)** *(sehr großsprecherisch sein).*

pauken (ugs.): **1. a)** *intensiv lernen:* er paukt fürs Examen. **b)** ⟨etwas p.⟩ *sich etwas intensiv geistig aneignen, einlernen:* ich muß noch Vokabeln, Mathematik p. **2.** *laut Klavier spielen:* wie der da wieder paukt!

Pause, die: **1.** *Unterbrechung einer Tätigkeit [um auszuruhen]:* eine kurze, lange P.; eine schöpferische P.; nach der zweiten Unterrichtsstunde ist [die] große P.; im Gespräch trat plötzlich eine P. ein; es folgt jetzt eine P. von zehn Minuten (im Programm); eine P. einlegen, einschieben; [eine kurze] P. machen; während der P. gingen die Theaterbesucher im Foyer spazieren. **2.** *mitkomponierte Pause in einem Musikstück:* die Pausen einhalten; hier hat die zweite Geige eine P. von drei Takten/drei Takte P.

Pech, das: **1.** */dunkler teerartiger Stoff/:* etwas mit P. verkleiden, dicht machen. **2.** (ugs.) *Ereignis, das für jmdn. einen Rückschlag bedeutet; Mißgeschick:* es war ein furchtbares P., daß er jetzt krank wurde; so ein P.!; dein P. *(du bist selbst daran schuld),* wenn du nicht aufpaßt; sie hat im Leben immer P. *(Unglück)* gehabt; er ist vom P. verfolgt. * **wie Pech und Schwefel zusammenhalten** *(fest und unerschütterlich zusammenhalten).*

Pechsträhne, die (ugs.): *Folge von Fällen, in denen man Unglück hat:* die P. reißt nicht ab; wir haben eine P.

pedantisch: *kleinlich, übertrieben genau und umständlich:* ein pedantischer Beamter; er ist sehr p.; p. rechnete er alles noch einmal nach.

peilen ⟨etwas p.⟩: *mit einem bestimmten Gerät die Richtung, die Wassertiefe feststellen:* den Standort, die Umgebung p.; mit Ultraschallwellen ist es gelungen, Eisberge unter Wasser zu p. * (ugs.:) **die Lage peilen** *(auskundschaften, wie die Dinge liegen)* · (ugs.:) **etwas über den Daumen peilen** *(etwas nur ungefähr schätzen).*

Pein, die (geh.; veraltend): *quälender Schmerz:* schwere P.; P. leiden; seine Schuld bereitete, verursachte ihm P.; du machst ihr und anderen das Leben zur wahren P.

peinigen (geh.) ⟨jmdn., etwas p.⟩: *quälen, quälenden Schmerz verursachen:* jmdn. bis aufs Blut, zu Tode p.; sie war von Schmerzen gepeinigt; ihn peinigt die Vorstellung, womöglich schuld am Tod eines Menschen zu sein.

peinlich: **1.** *unangenehm, in Verlegenheit bringend:* eine peinliche Frage; ein peinliches Gefühl; ein peinlicher Augenblick; peinliche *(beschämende)* Vorkommnisse; man unterzog ihn einem peinlichen *(sehr strengen)* Verhör; p. überrascht sein; die Situation war p.; das ist mir p.; es ist mir furchtbar p., Ihnen zu gestehen, daß ...; ihr Benehmen berührt, wirkt p. **2.** *genau, sorgfältig:* bei ihm herrscht eine peinliche Ordnung; das Gepäck wurde p. *(sehr genau)* untersucht; gewisse Fragen wurden p. vermieden. **3.** (hist.) *unter Anwendung von Folter an Leib und Leben gehend:* das peinliche Gericht; eine peinliche Befragung.

Peitsche, die: *aus einem Stiel und einem Riemen bestehender Gegenstand zum Schlagen:* eine lange P.; die P. schwingen; mit der P. knallen; er hat den Hund mit der P. geschlagen, dem Hund eins mit der P. gegeben; bildl.: sie arbeiten nur, wenn sie die P. im Rücken fühlen *(nur unter Zwang).* * **dem Pferd die Peitsche geben** *(das Pferd mit der Peitsche zu schnellerer Gangart antreiben)* · **mit Zuckerbrot und Peitsche** *(mit Milde und Strenge):* jmdn. mit Zuckerbrot und P. erziehen, behandeln.

peitschen: **1.** ⟨*jmdn., ein Tier p.*⟩ *mit der Peitsche schlagen:* die Pferde p.; übertr.: der gefangene Hai peitscht mit der Schwanzflosse das Meer; die Stürme peitschen das Meer. **2.** ⟨etwas peitscht; mit Raumangabe⟩ *etwas trifft klatschend auf etwas auf, schlägt an etwas:* der Regen, der Wind peitscht ans Fenster; ⟨etwas peitscht jmdm.; mit Raumangabe⟩ der Regen peitschte ihm ins Gesicht.

pekuniär (bildungsspr.): *das Geld betreffend, finanziell:* pekuniäre Verluste, Opfer, Schwierigkeiten; p. geht es ihnen jetzt etwas besser.

Pelle, die (landsch., bes. nordd.): *dünne Schale, Haut:* die P. von der Wurst abziehen; dem Hering die P. abziehen; sie kochte die Kartoffeln mit der, in der P. * (ugs.:) **jmdm. auf die Pelle rücken** *(jmdn. mit etwas bedrängen)* · (ugs.:)

jmdm. auf der Pelle sitzen; jmdm. nicht von der Pelle gehen *(sich jmdm. aufdrängen).*

pellen (landsch., bes. nordd.) ⟨etwas p.⟩: *die Pelle abziehen:* Kartoffeln p. * (ugs.:) **wie aus dem Ei gepellt sein** *(sehr sorgfältig gekleidet sein).*

Pelz, der: **a)** *[für die Kleidung verwendetes] Fell bestimmter Tiere:* ein leichter, schwerer, echter, zottiger, dichter, dicker P.; der P. des Bären; etwas mit P. besetzen; der Mantel war mit P. gefüttert. **b)** *Kleidungsstück aus Pelz; Pelzmantel:* einen P. einmotten, fachmännisch aufbewahren, ändern lassen; sie trug einen weiten, eleganten P.; sie hüllte sich in ihren P. * (ugs.:) **jmdm. auf den Pelz rücken** *(jmdn. mit etwas bedrängen)* · (ugs.:) **jmdm., sich eine Laus in den Pelz setzen** *(jmdm., sich durch etwas Ärger und Unannehmlichkeiten bereiten)* · (ugs.:) **jmdm. eins auf den Pelz brennen** *(jmdn. anschießen)* · (ugs.:) **sich** (Dativ) **die Sonne auf den Pelz scheinen lassen** *(sich sonnen).*

Pendel, das: *an einem Punkt aufgehängter, hin und her schwingender länglicher Körper:* das P. schwingt gleichmäßig, steht still; das P. der Uhr anstoßen; bildl.: nach der Zeit des Wohlstands schlug das P. nach der entgegengesetzten Seite aus.

pendeln: 1. *hin und her schwingen:* die Lampe pendelte ein wenig; er ließ den Kopf p. **2.** *[zur Arbeit] zwischen zwei Orten hin- und herfahren:* seit mehreren Jahren p.; er ist fast täglich zwischen Bonn und Bochum gependelt. **3.** *schwanken:* zwischen Extremen, Gegensätzen haltlos hin und her p.

penetrant (bildungsspr.): **a)** *durchdringend:* ein penetranter Geruch, Geschmack; der Duft war allzu p.; das Essen schmeckte p. nach einem bestimmten Gewürz. **b)** *unangenehm stark ausgeprägt, aufdringlich:* ein penetranter Realismus; seine Rechthaberei war derart p., daß sie einem auf die Nerven ging; sie haben die Angelegenheit p. ausgewalzt.

Penne, die: (ugs.) → Schule.

pennen (ugs.): *schlafen:* bis mittags, tief und fest, in einer Scheune p.; er pennt sogar während des Unterrichts.

Pension, die: **1.** *Ruhegehalt:* eine hohe, niedrige, kleine, gute P.; [eine] P. beziehen, bekommen; die P. kürzen, aufheben, entziehen; er lebt jetzt von seiner P. **2.** *Fremdenheim mit festen Mahlzeiten:* eine saubere, nette, ruhige, einfache, bürgerliche P.; in einer P. wohnen; sich in einer P. anmelden; sie haben ihre Gäste in einer P. untergebracht. * **in Pension gehen** *(in den Ruhestand treten)* · **jmdn. in Pension schicken** *(in den Ruhestand versetzen)* · **volle Pension** *(Unterkunft und volle Verpflegung)* · **halbe Pension** *(Unterkunft mit Frühstück und einer warmen Mahlzeit).*

pensionieren ⟨jmdn. p.⟩: *jmdn. in den Ruhestand versetzen:* mit 65 Jahren wird man pensioniert; er hat sich vorzeitig p. lassen.

Pensum, das (bildungsspr.): *in einem bestimmten Zeitraum zu erledigende Arbeit:* ein hohes, niedriges P.; sein P. erledigen, schaffen; der Lehrer hatte zum Teil noch das P. vom vergangenen Schuljahr nachzuholen.

per ⟨Präp. mit Akk.⟩: **1.** *mittels, mit, durch /in bezug auf die Art der Beförderung/:* p. Bahn, Post, Schiff, Auto, Flugzeug; einen Brief p. Eilboten schicken. **2.** (Kaufmannsspr.) *für, zu:* p. sofort; die Ware ist p. ersten Januar zu liefern. **3.** (Kaufmannsspr.) *je, pro:* die Gebühren betragen 1,10 DM p. eingeschriebenen Brief. * **per Adresse** *(bei) /in Briefanschriften/:* Herrn Wilhelm Meyer p. Adresse Familie Walter Kraus · **per procura** *(in Vollmacht)* · (ugs.:) **per pedes** *(zu Fuß)* · (ugs.:) **mit jmdm. per du sein** *(sich mit jmdm. duzen)* · (ugs.:) **per Anhalter reisen/fahren** *(Autos anhalten und sich mitnehmen lassen).*

perfekt: 1. *vollendet, vollkommen [ausgebildet]:* eine perfekte Köchin, Hausfrau; er ist ein perfekter Ehemann; diese Maschine ist technisch p.; sie ist p. in Stenographie und Schreibmaschine; er spricht p. Englisch. **2.** *abgemacht, abgeschlossen, gültig:* ein perfekter Vertrag; das Abkommen ist p. [geworden]; mit diesem Tor war die Niederlage p. *(besiegelt);* ich habe den Kauf p. gemacht.

Periode, die: **1.** (bildungsspr.) *durch bedeutsame Ereignisse oder Persönlichkeiten bestimmter Zeitabschnitt:* eine historische, geologische P.; eine P. sozialer Umwälzungen; etwas leitet eine neue P. ein. **2.** *Menstruation:* die monatliche P.; die P. ist ausgeblieben, eine Woche zu früh gekommen; die P. haben. **3.** (Sprachw.) *Satzgefüge; Satzgebilde:* er baut zu lange Perioden.

periodisch (bildungsspr.): *regelmäßig, in bestimmten Zeitabständen [auftretend]:* die periodische Wiederkehr der Jahreszeiten; eine p. erscheinende Zeitschrift; p. auftretende Krankheiten.

Perle, die: **1.** *als Schmuck verwendete kleine Kugel aus Perlmutter, Glas, Holz o. ä.:* [un]echte, kostbare, imitierte, matte, glänzende, bunte Perlen; Perlen suchen, fischen, züchten; Perlen herstellen, aufreihen, fassen; Perlen aus Glas, Elfenbein, Holz anfertigen; sie tauchten nach Perlen; sie hat Zähne wie Perlen; Redensart: Perlen bedeuten Tränen; übertr.: *besonders wertvolles Exemplar von etwas:* die Kirche ist eine P. der mittelalterlichen Baukunst; das Werk gehört zu den Perlen deutscher Dichtung. **2.** *perlenähnliche Gebilde; Bläschen:* die Perlen im Sekt; der Schweiß stand ihm in Perlen auf der Stirn; sie mußte noch ihre Perlen *(Arznei in Form von Perlen)* einnehmen. **3.** (ugs.; scherzh.) *tüchtige Hausgehilfin:* sie ist eine P.; unsere P. haben wir schon seit über zehn Jahren. * **jmdm. fällt keine Perle aus der Krone** *(jmd. vergibt sich nichts)* · **Perlen vor die Säue werfen** *(Unwürdigen etwas Wertvolles anbieten, vorsetzen).*

perlen: 1. ⟨etwas perlt; mit Raumangabe⟩ **a)** *etwas fließt, rollt in Perlen herab:* das Naß perlt von den Felswänden; Tränen perlten über ihre Wangen; ⟨jmdm. perlt etwas; mit Raumangabe⟩ der Schweiß perlt ihm von der Stirn; bildl.: perlende Läufe auf dem Klavier; sie begleitete ihre Worte mit Kaskaden perlenden Gelächters. **b)** *etwas bildet sich perlförmig, erscheint in Perlen:* der Tau perlt auf der Blüte; auf seiner Stirn perlten Schweißtropfen; ⟨jmdm. perlt etwas; mit Raumangabe⟩ der Schweiß perlt ihm auf der Stirn. **2.** ⟨etwas perlt⟩ *etwas schäumt in Bläschen, moussiert:* der Sekt perlt.

Person, die: **1.** *Mensch [als individuelles geistiges Wesen]:* eine tüchtige, hochgestellte, wichtige, kluge, fragwürdige, gefährliche, unbekannte, bestimmte P.; jede P. *(jeder)* zahlt eine

Mark; Personen sind bei dem Brand nicht umgekommen; im ganzen Haus war keine P. *(niemand)* zu finden; in der Fabel treten Tiere als Personen auf; die P. des Kanzlers *(der Kanzler)* soll nicht in die Erörterungen hineingezogen werden; man muß die P. vom Amt, von der Sache unterscheiden, trennen; die Familie besteht aus fünf Personen; eine Serienhaus für sechs Personen; du hast dich in der P. geirrt; beide Ämter sind in einer P. vereinigt *(werden von einem Menschen verwaltet)*; der Eintritt kostet pro P. eine Mark; eine Gesellschaft von 20 Personen; der Angeklagte wurde zur P. vernommen *(mußte Angaben über sich machen)*; übertr.: die drei göttlichen Personen *(Wesenheiten; Gott Vater, Sohn und Heiliger Geist)*. **2.** *äußere Gestalt, Erscheinung:* eine große, starke, robuste, stattliche P.; er ist klein von P.; ich kenne ihn von P. *(vom Aussehen)*. **3.** *Figur in einem Drama, Film o. ä.:* die Personen der Handlung: ...; die Personen in einem Roman; er trat nur als stumme P. *(Statist)* auf. **4.** *Frau, junges Mädchen:* eine hübsche, reizende, häßliche, alberne, gescheite P.; so eine hergelaufene P.; er heiratete eine junge, reiche P. **5.** (Sprachw.) *Träger eines Geschehens; eine der drei Verbformen:* die erste P. *(Sprechender)*; die zweite P. *(Angesprochener)*; die dritte P. *(Besprochener)*; das Verb steht in der zweiten P. Plural, Präsens. * **jmd. in [eigener] Person** *(jmd. selbst)* · **etwas in Person sein** *(die Verkörperung von etwas sein)*: er ist die Gutmütigkeit, Ehrlichkeit in P. · (Rechtsw.:) **juristische Person** *(Anstalt, Körperschaft, die rechtlich wie eine natürliche Person behandelt wird)* · **ohne Ansehen der Person** *(ohne Rücksichtnahme auf jmdn.)* · **ich für meine Person** *(was mich betrifft)*.

persönlich: **1.** *jmds. eigene Person, die ureigensten Angelegenheiten betreffend, privat:* eine persönliche Ansicht, Meinung; ein persönlicher Angriff; wenn ich mir eine persönliche Bemerkung erlauben darf ...; das sind meine persönlichen Angelegenheiten, ist mein persönlicher Vorteil; persönliches Eigentum; persönliche Gründe anführen; etwas in persönliche *(eigene)* Verantwortung übernehmen; er ist persönliche Bestzeit gelaufen; du hast nur dein persönliches Vergnügen, Interesse im Sinn; das Gespräch war sehr p. *(vertraulich)*; Sprachw.: persönliches Fürwort *(Personalpronomen)*. **2.** *durch keinen anderen vertreten, in eigener Person, selbst:* persönliche Anwesenheit; persönliches Erscheinen erwünscht; sich p. vorstellen; sich p. um etwas kümmern; er kam p.; jmdn. p. kennen. * **etwas persönlich nehmen/auffassen** *(etwas als Angriff auf sich, als Beleidigung auffassen)* · **persönlich werden** *(jmdn. angreifen, beleidigen)*.

Persönlichkeit, die: **1.** *Gesamtheit der besonderen Eigenschaften, die einem Menschen sein individuelles Gepräge geben:* die menschliche P.; eine eigenwillige künstlerische P.; die P. respektieren; die eigene P. entwickeln; wir fördern die freie Entfaltung der P. **2.** *in sich gefestigter, reifer Mensch besonderer Prägung [der entsprechendes Ansehen genießt]:* eine einflußreiche, wichtige, hochgestellte, dynamische (bildungsspr.) P.; er ist eine P.; zu der Veranstaltung waren einige bedeutende Persönlichkeiten des öffentlichen Lebens erschienen.

Perspektive, die: **1.** *Darstellung räumlicher Verhältnisse in der Bildebene mit scheinbarer Verkürzung der Entfernung:* beim Zeichnen muß man auf die P. achten; die P. des Bildes, der Bühne. **2.** (bildungsspr.) **a)** *Standpunkt, von dem aus etwas gesehen wird:* aus seiner P. sah das Problem ganz anders aus. **b)** *Zukunftsaussicht:* die Ausführungen des Ministers eröffnen neue Perspektiven für die Wirtschaft.

Pessimist, der: *jmd., der immer die schlechten Seiten des Lebens sieht und das Schlimmste annimmt:* er ist ein großer, hoffnungsloser P.

pessimistisch: *immer nur Schlechtes, Mißerfolg erwartend:* ein pessimistischer Mensch; er ist von Natur aus p.; etwas p. beurteilen; über die Erfolgschancen äußerte er sich sehr p.

Pest, die: *durch den Pestbazillus hervorgerufene Seuche:* die P. brach aus, verbreitete sich, entvölkerte ganze Landstriche; der P. zum Opfer fallen; sie wurden von der P. hingerafft. * (ugs.:) **etwas stinkt wie die Pest** *(etwas riecht unerträglich schlecht)* · (ugs.:) **jmdm. die Pest an den Hals wünschen** *(jmdm. alles Schlechte wünschen)*.

Pfad, der: *schmaler Weg:* ein schmaler, steiler, ebener, überwachsener P.; der P. läuft quer durch den Garten, führt durch die Wiesen; sie kamen auf einen einsamen P. * **ein dorniger Pfad** *(mit vielen Schwierigkeiten verbundene Verfolgung eines Ziels)* · (geh.:) **auf dem Pfad der Tugend wandeln** *(tugendhaft sein)* · **auf ausgetretenen Pfaden wandeln** *(keine eigenen Einfälle haben)* · **die ausgetretenen Pfade verlassen** *(vom üblichen Schema abweichen)* · (geh.:) **krumme Pfade/auf krummen Pfaden wandeln; vom Pfad der Tugend abweichen** *(etwas Unrechtes tun)*.

Pfahl, der: *langer Gegenstand aus Holz oder Metall zum Einrammen in die Erde:* ein morscher P.; die Pfähle des Steges sind bemoost; einen P. zuspitzen, einschlagen, eintreiben, einrammen; in sumpfigem Gelände ruhen die Häuser auf Pfählen. * **ein Pfahl im Fleische** *(etwas Peinigendes, was jmdn. nicht zur Ruhe kommen läßt)*.

Pfand, das: *Gegenstand, Geldbetrag, der als Sicherheit für eine Schuld, Forderung dient:* ein P. geben, einlösen, herausgeben; für eine Flasche P. bezahlen; ist auf den Flaschen P.?; etwas als/zum P. geben, nehmen; etwas als P. zurücklassen; was soll das P. in meiner Hand? */Formel beim Pfänderspiel/*; etwas gegen P. leihen; bildl.: er gab ihr den kostbaren Ring als ein P. *(ein Zeichen, einen Beweis)* seiner Liebe.

pfänden: **a)** ⟨jmdn. p.⟩ *jmds. Eigentum als Sicherheit für einen Gläubiger gerichtlich beschlagnahmen:* einen säumigen Zahler p. [lassen]. **b)** ⟨etwas p.⟩ *als Sicherheit für einen Gläubiger gerichtlich beschlagnahmen:* der Gerichtsvollzieher hat die Möbel, das Auto gepfändet.

Pfanne, die: *zum Braten verwendeter flacher Behälter mit Stiel:* eine schwere, große, flache P.; Fisch in der P. braten, backen; Fett in die P. tun; sie schlug ein paar Eier in die P. * (ugs.:) **etwas auf der Pfanne haben** *(etwas vorhaben, in Bereitschaft haben)* · (ugs.:) **jmdn. in die Pfanne hauen** *(heruntermachen, [durch seine Kritik] erledigen, vernichten)*.

Pfeffer, der: **1.** *Pfefferstrauch:* P. anbauen, [an]pflanzen. **2.** *Samenkörner des Pfefferstrauches:* schwarzer, weißer, gemahlener, gestoßener, ganzer P.; der P. brennt auf der Zunge; P. ans Essen tun. * (ugs.:) **da liegt der Hase im Pfeffer** *(da liegt die Ursache der Schwierigkeit)* · (ugs.:) **hingehen/bleiben, wo der Pfeffer wächst** *(bei jmdm. nicht erwünscht sein)* · **Pfeffer und Salz** *(grau-braun-weißes Stoffmuster):* ein Anzug in P. und Salz.

pfeffern /vgl. gepfeffert/: **1.** ⟨etwas p.⟩ *mit Pfeffer würzen:* Speisen p.; das Schnitzel war zu stark gepfeffert; **2.** (ugs.) ⟨etwas p.; mit Raumangabe⟩ *[aus Zorn] mit Wucht irgendwohin werfen:* die Bücher in die Ecke p.; sie hätte das Glas am liebsten an die Wand gepfeffert.

Pfeife, die: **1.** *röhrenartiger Gegenstand, mit dem durch Blasen ein heller, schriller Ton erzeugt wird:* die P. des Schiedsrichters, des Zugführers ertönt; die Jungen schnitzten sich (Dativ) Pfeifen aus Weidenzweigen. **2.** *Tabakspfeife:* eine lange, kurze P.; die P. ist kalt geworden, ausgegangen; die P. stopfen, anzünden, in Brand stecken, anrauchen, ausklopfen, reinigen; er raucht nur noch P.; er zog seine P. aus der Tasche; er zog an seiner P. * (ugs.:) **nach jmds. Pfeife tanzen** *(willenlos alles tun [müssen], was jmd. von einem verlangt).*

pfeifen: 1. a) *mit dem Mund einen hellen, schrillen Ton hervorbringen:* laut, schrill, leise, auf den Fingern, durch die Zähne, vor sich hin p.; am Schluß des Stückes, der Aufführung, des Konzerts wurde heftig gepfiffen *(gab man seinem Mißfallen durch Pfiffe Ausdruck);* ⟨jmdm. p.⟩ der Jäger pfeift seinem Hund *(veranlaßt seinen Hund, auf seine Befehle zu achten);* Redensart (ugs.; scherzh.): Gott sei's getrommelt und gepfiffen! *(Gott sei Dank!).* **b)** *mit einer Pfeife ein Signal, ein Zeichen geben:* der Zugführer pfeift, und der Zug fährt ab; der Schiedsrichter pfiff falsch *(traf eine falsche Entscheidung),* pfiff Foul *(rügte einen Verstoß gegen die Regeln).* **c)** ⟨ein Tier, etwas pfeift⟩ *ein Tier, etwas bringt ein pfeifendes Geräusch hervor:* Drosseln, Murmeltiere pfeifen; sein Atem, der Wind pfeift; pfeifende Geräusche; ⟨etwas pfeift jmdm.; mit Raumangabe⟩ die Kugeln pfiffen ihm um die Ohren. **2.** ⟨etwas p.⟩ **a)** *durch Pfeifton hervorbringen:* ein Lied, eine Melodie p. **b)** (Sport) *mit der Signalpfeife leiten:* ein norwegischer Schiedsrichter wird morgen das Spiel pfeifen. * (ugs.:) **auf dem letzten Loch pfeifen** *(mit seiner Kraft, mit seinem Geld am Ende sein)* · (ugs.:) **auf etwas pfeifen** *(an etwas überhaupt nicht interessiert sein und ohne weiteres darauf verzichten können):* auf ihre Geschenke pfeife ich · (ugs.:) **sich** (Dativ) **eins pfeifen** *(den Unbeteiligten spielen)* · (ugs.:) **jmdm. etwas pfeifen** *(nicht tun, was jmd. will)* · (ugs.; landsch.:) **einen pfeifen** *(Alkohol trinken, rasch hinunterstürzen)* · (ugs.:) **der Wind pfeift [jetzt, hier] aus einem anderen Loch** *(es herrscht ein schärferer Ton, Ordnung; es werden strengere Maßnahmen ergriffen)* · (ugs.:) **das pfeifen die Spatzen von den Dächern** *(das ist längst kein Geheimnis mehr, jeder weiß davon).*

Pfeil, der: **1.** *als Geschoß verwendeter Stab mit Spitze:* ein stumpfer, spitzer, scharfer, gefiederter, vergifteter P.; der P. schnellt von der Sehne, fliegt durch die Luft, fällt nieder, sitzt, trifft, erreicht das Ziel, bohrt sich in die Brust; einen P. schnitzen, spitzen, aus dem Köcher ziehen; den P. auflegen, abschießen; schnell wie ein P.; mit P. und Bogen; bildl.: Amors P.; Pfeile des Spottes. **2.** *Zeichen, das eine Richtung angibt:* ein roter P.; der P. zeigt nach Norden; sie gingen in Richtung des schwarzen Pfeils weiter. * **alle seine Pfeile verschossen haben** *(keine Gegengründe oder -mittel mehr haben).*

Pfeiler, der: *eckige Stütze zum Tragen von Teilen eines größeren Bauwerks:* ein starker, dicker, hoher, niedriger, steinerner, hohler P.; der eiserne P. einer Brücke; ein P. aus Beton; die Pfeiler tragen die Decke; das Gewölbe wurde durch Pfeiler gestützt; bildl.: die Richter waren die wichtigsten Pfeiler der alten Ordnung.

Pfennig, der: *kleinste Einheit der deutschen Währung in Form einer Münze:* hundert Pfennige sind, machen eine Mark; ein Brötchen kostet zehn Pfennig/(seltener:) Pfennige; keinen P. *(kein Geld)* haben; hast du ein paar einzelne Pfennige?; zwei Briefmarken à 30 Pfennig; er war ohne einen P. *(ohne alles Geld);* Sprichw.: wer den P. nicht ehrt, ist des Talers nicht wert. * (ugs.:) **auf Heller und Pfennig** *(ganz genau)* · (ugs.:) **auf den Pfennig sehen; jeden Pfennig [dreimal] umdrehen** *(sehr sparsam sein; geizig sein)* · **mit dem Pfennig rechnen müssen** *(wenig Geld ausgeben können; sparen müssen)* · **für jmdn., für etwas keinen Pfennig geben** *(jmdn., etwas aufgeben; der Meinung sein, daß jmd. nicht mehr lange lebt, etwas keine Zukunft hat)* · **keinen Pfennig wert sein** *(nichts wert sein)* · (ugs.:) **nicht für fünf Pfennig** *(kein bißchen; nicht im geringsten):* ich habe nicht für fünf P. Lust dazu.

Pferd, das: **1.** */ein Reit- und Zugtier/:* ein leichtes, schweres, junges, altes, edles, rassiges, feuri-ges, wildes, gezähmtes, bockiges, braunes, gescheckte P.; das P. geht, zieht, trabt, galoppiert, rennt, tänzelt, bäumt sich [auf], wiehert, schnauft, dampft, schlägt aus, stürzt, scheut, geht durch; er arbeitet wie ein P. *(schwer)* Pferde halten, züchten; die Pferde füttern, tränken, putzen, striegeln; ein P. zureiten, [zuschanden] reiten, [auf]zäumen, anschirren, ein-, an-, ausspannen, satteln, besteigen, lenken, führen; der Reiter nimmt das P. vor den Hindernis neu auf, versammelt das P. (Reitsport); jmdn. aufs P. heben, setzen; aufs P steigen, sich schwingen; einen Wagen mit Pfer den bespannen; vom P. steigen, fallen, stürzen absitzen; auf dem Photo sitzt, ist er hoch zu P. Redensarten (ugs.): immer sachte mit de jungen Pferden! *(nicht so heftig, nicht so von eilig!);* das hält ja kein P. aus *(das ist unerträg lich).* **2.** */ein Turngerät/:* über das P. springen sie turnen am P. **3.** *Springer /eine Schachfigur* durch den ungeschickten Zug hat er ein P. ver loren. * (ugs.:) **das Pferd beim/am Schwanz au zäumen** *(eine Sache verkehrt anfangen)* · (ugs. **mit jmdm. kann man Pferde stehlen** *(jmd. mac alles mit, ist ein guter Kamerad)* · (ugs.:) **d Pferde scheu machen** *(jmdn. irritieren, irrem chen)* · (ugs.:) **aufs falsche/richtige Pferd setze** *(die Lage falsch, richtig einschätzen)* · (ugs **keine zehn Pferde bringen jmdn. irgendwohi dahin, etwas zu tun** *(jmd. tut etwas unter kein Umständen, geht unter keinen Umständen irgen wohin):* keine zehn Pferde bringen mich dahi mit ihnen gemeinsame Sache zu machen · (ugs **jmdm. gehen die Pferde durch** *(jmd. verliert d*

Selbstbeherrschung) · (ugs.:) **das beste Pferd im Stall** *(der tüchtigste Mitarbeiter)*.

ferdefuß, der ⟨in den Wendungen⟩ (ugs.:) **twas hat einen Pferdefuß** *(etwas hat einen Nacheil, eine unangenehme Seite)* · (ugs.:) **bei etwas schaut der Pferdefuß heraus/hervor, kommt der Pferdefuß zum Vorschein** *(bei etwas zeigt sich die vahre, schlechte Absicht)*.

fiff, der: **1.** *durch Pfeifen entstehender [kurzer] chriller Ton:* ein leiser, gellender, lauter, wilder, chriller, langgezogener P.; nach dem Foul ertönte der P. des Schiedsrichters; auf den P. des Schiedsrichters warten; einen P. ausstoßen, hören; die Worte des Redners gingen größtenteils in Pfiffen unter. **2.** (ugs.) *besonderer Reiz iner Sache:* der Einrichtung fehlt noch der etzte P.; das ist ein Hut mit P. **3.** (ugs.; veraltend) *Kunstgriff:* jeden P. kennen; er hat den P. heraus.

fifferling, der; */ein Pilz/:* sie sind in den Wald egangen, um Pfifferlinge zu suchen. * (ugs.:) **keinen/nicht einen Pfifferling** *(kein bißchen, überhaupt nicht[s]):* das ist keinen P. wert; er kümmert sich nicht einen P. darum, wie es seinem Bruder geht.

fiffig: *schlau; wissend, wie man etwas verwirklichen kann:* ein pfiffiger Junge, Bursche, Kerl, Bauer; er machte ein pfiffiges Gesicht; er ist p.; venn du dich p. anstellst, wird dir die Überraschung gelingen.

fingsten, das und (als Plural:) die: *Fest der Ausgießung des Heiligen Geistes:* frohe Pfingsten!; wir hatten ein schönes P./schöne Pfingsten (selten; *Pfingst[feier]tage*); P. ist dieses Jahr zeitig, fällt diesmal früh; diese Pfingsten vollen wir verreisen; er besuchte uns kurz nach, vor P.; sie haben zu P. geheiratet.

flanze, die: **1.** *Gewächs aus Wurzeln, Stiel oder Stamm und Blättern:* eine kräftige, empfindliche, immergrüne, genügsame P.; die P. wächst wild, wird [im Garten, im Zimmer] gezogen, treibt [Blüten], wuchert, blüht, trägt Früchte, welkt, geht ein, stirbt ab; eine P. bestimmen; sie gießt die Pflanzen; die Wiederkäuer ernähren sich von Pflanzen; bildl.: sein Glaube war erst eine zarte P. **2.** (ugs.; abwertend) *ungeratene, eigenartige Person:* das ist eine richtige P.; sie ist eine Berliner P. *(eine schlagfertige, waschechte Berlinerin)*.

flanzen: 1. ⟨etwas p.⟩ *zum Anwachsen mit den Wurzeln in die Erde setzen:* einen Baum, Sträucher, Blumen, Kohl, Salat p.; auf diesem Beet/auf dieses Beet wollen wir Astern p. **2. a)** (ugs.) ⟨sich p.; mit Raumangabe⟩ *sich breit irgendwohin setzen:* sie pflanzte sich sofort in den Sessel, auf die Couch. **b)** ⟨etwas auf etwas p.⟩ *aufpflanzen:* sie pflanzten die Trikolore auf das Verwaltungsgebäude.

flaster, das: **1.** *fester Straßenbelag aus Steinen:* gutes, schlechtes, holpriges P.; P. legen; das P. erneuern; wegen Tiefbauarbeiten mußte das P. aufgerissen werden. **2.** *Textilstreifen mit Mullauflage, der zum Schutz von Wunden auf die Haut geklebt wird:* das P. hält gut, hat sich gelöst; ein P. auflegen; der Arzt klebte ihm, machte (ugs.) ihm ein P. auf die entzündete Stelle; sie erneuerte das P.; bildl.: sie verlangte eine hübsche Summe als P. auf ihre Wunde *(als Entschädigung);* man gab ihm ein Geschenk als P. *(als Trost)*. * (ugs.:) **ein Ort ist ein teures Pflaster** *(in einem Ort ist das Leben teuer):* Düsseldorf ist ein teures P. · (ugs.:) **ein Ort ist ein gefährliches/heißes Pflaster** *(in einem Ort ist es gefährlich zu leben):* Chicago ist ein heißes P. · (ugs.:) **Pflaster treten** *(durch die Stadt gehen, in der Stadt herumgehen [müssen])*.

pflastern ⟨etwas p.⟩: *mit Pflastersteinen belegen:* die Straße wird gepflastert; Sprichw.: der Weg zur Hölle ist mit guten Vorsätzen gepflastert.

Pflaume, die: **1. a)** *Frucht des Pflaumenbaums:* eine blaue, gelbe, reife, weiche P.; frische, madige, gekochte, gedörrte, getrocknete Pflaumen; sie schüttelten Pflaumen. **b)** *Pflaumenbaum:* die Pflaumen blühen bald. **2.** (ugs.; abwertend) *schwacher Mensch, der alles mit sich machen läßt:* so eine P.!; du bist vielleicht eine P.

Pflege, die: **a)** *Betreuung:* eine gute, aufopfernde, liebevolle P.; sie übernahm die P. ihres kranken Vaters; das Kind braucht P.; bei jmdm. in P. sein; sie haben den Jungen in P. gegeben, genommen. **b)** *Behandlung zur Erhaltung eines guten Zustandes:* die P. des Körpers, der Haut, der Hände, des Haares, der Gesundheit; diese Blumen erfordern nicht viel P.

pflegen: 1. a) ⟨jmdn. p.⟩ *betreuen:* ein Kind, einen Kranken p.; sie pflegte ihre alte Mutter. **b)** ⟨sich, etwas p.⟩ *zur Erhaltung eines guten Zustands behandeln:* seinen Körper, die Haut, das Haar, die Nägel p.; den Rasen p.; etwas hegen und p. *(besonders sorgsam mit etwas umgehen);* die Künste und Wissenschaften p. *(fördern);* du mußt dich mehr p. *(mußt mehr für deine Gesundheit, dein Äußeres tun);* adj. Part.: *von sorgfältiger Pflege zeugend:* ein gepflegtes Äußeres; eine gepflegte Sprache *(eine Sprache in gutem Stil);* der Garten ist sehr gepflegt. **2.** ⟨etwas p.⟩ *sich aus innerer Neigung mit etwas beschäftigen:* Freundschaften, Geselligkeit, Musik p.; sie pflegten/(veraltet:) pflogen kaum Umgang mit andern Menschen. **3.** ⟨mit Infinitiv⟩ *die Gewohnheit haben, etwas zu tun:* er pflegt zum Essen Wein zu trinken; sie pflegen um zehn Uhr nach Hause zu gehen; ... wie sie es immer gepflegt/(veraltend:) gepflogen hatten. * (ugs.:) **seinen Bauch pflegen** *(gut essen)* · (veraltend:) **der Ruhe pflegen** *(ruhen)*.

Pflicht, die: *etwas, was man tun muß; Aufgabe, die man erfüllen muß:* eine schwere, ernste, selbstverständliche, angenehme P.; bürgerliche, gesellschaftliche, berufliche, amtliche Pflichten; eine P. der Dankbarkeit; die P. der Eltern; die P. ruft; es ist deine P. zu arbeiten; die P. fordert, verlangt, daß ...; Pflichten haben, auf sich nehmen, übernehmen; jmdm. eine P., etwas als P. auferlegen; seine P. kennen, erfüllen, tun, versäumen, vergessen, vernachlässigen; etwas als seine P. empfinden, ansehen, betrachten, anerkennen; sie wollen nur Rechte, aber keine Pflichten haben; der P. genügen, gehorchen *(tun, was seine P. ist);* seiner P. nachkommen, zuwiderhandeln; du entziehst dich deinen Pflichten; die Erfüllung der ehelichen Pflichten; jmdn. seiner P. entheben (geh.); du entledigst dich deiner Pflichten sehr nachlässig; jmdn. an seine P. erinnern; etwas nur aus P. *(nicht gern oder freiwillig)* tun; es für seine P. halten, jmdn. zu warnen; es mit den Pflichten nicht so genau nehmen; mit der P. im Widerstreit stehen (geh.); nach P. und Gewissen handeln; sich über seine P. hinwegsetzen; sich nicht um seine Pflichten kümmern; jmdn. von seiner P. lossprechen; er machte es sich zur P., jeden Tag ein Kapitel der schwierigen Lektüre zu lesen; Redensart: gleiche Rechte, gleiche Pflichten. * **etwas ist jmds. Pflicht und Schuldigkeit** *(etwas ist jmds. selbstverständliche Pflicht).*

Pflock, der: *zugespitztes dickes Stück Holz, das eingeschlagen wird, um daran etwas zu befestigen:* einen P. zuspitzen, einschlagen; Vieh auf der Weide an Pflöcken festbinden, an Pflöcke binden; sie befestigten das Zelt an, mit Pflöcken. * (ugs.:) **einige/ein paar Pflöcke zurückstecken** *(geringere Forderungen, Ansprüche stellen).*

pflücken ⟨etwas p.⟩: *Früchte, Blüten vom Zweig, Stengel abbrechen:* Äpfel, Kirschen, Erdbeeren, Bohnen, Blumen, Hopfen, Baumwolle, Tee p.; sie pflückte einen großen Strauß Heidekraut. * **Lorbeeren pflücken/ernten** *(Lob ernten, Erfolg haben)* · **mit etwas keine Lorbeeren pflücken/ernten** *(mit etwas keinen Eindruck machen, keinen Ruhm gewinnen).*

Pflug, der: *Ackergerät, mit dem die Erde umgegraben wird:* den P. schärfen, führen; das Pferd, der Traktor zieht den P.; hinter dem P. gehen. * (geh.:) **etwas ist unter dem Pflug** *(etwas wird bestellt, beackert).*

pflügen ⟨[etwas] p.⟩: *einen Acker mit dem Pflug bearbeiten:* den Acker, das Feld p.; mit Ochsen, Pferden, dem Traktor p.; der Acker war frisch gepflügt.

Pforte, die: **1.** *kleiner Eingang; Tür zum Garten, Hof, Vorplatz eines Hauses:* eine kleine, enge P.; die P. quietschte; die P. aufstoßen, öffnen, schließen; sich an der P. des Klosters, des Krankenhauses melden; sie gingen durch die hintere P.; bildl.: die Pforten der Hölle. **2.** ⟨in geographischen Namen⟩ *Talsenke:* die Burgundische P.; die Westfälische P. * (geh.:) **seine Pforten schließen** *(den Betrieb einstellen):* das Theater mußte im letzten Jahr seine Pforten schließen.

Pfosten, der: *kurze runde oder eckige Stütze [aus Holz]:* der P. des Bettes, der Tür; die Tür wurde in zwei starke Pfosten eingehängt; er spannte den Draht von P. zu P.; Sport: *Torpfosten:* nur den P. treffen; der Ball prallte an den P., vom P. ins Aus.

Pfote, die: **1.** *in Zehen gespaltener Tierfuß:* die linke, rechte P. des Hundes; der Hund gibt P./Pfötchen; die Katze leckt sich (Dativ) die Pfoten; der Hund saugt an den Pfoten; die Katze fällt immer auf die Pfoten. **2.** (ugs.; abwertend) **a)** *Hand:* nimm deine Pfoten da weg!; er soll sich erst die Pfoten waschen, ehe er hereinkommt. **b)** *schlechte Handschrift:* der schreibt vielleicht eine P.! * (ugs.:) **sich** (Dativ) **die Pfoten verbrennen** *(Schaden erleiden, eine Abfuhr bekommen):* bei der Sache hat er sich gehörig die Pfoten verbrannt · (ugs.:) **sich** (Dativ) **etwas aus den Pfoten saugen** *(etwas frei erfinden; sich etwas ausdenken)* · (ugs.:) **jmdm. auf die Pfoten klopfen** *(jmdn. [warnend] zurechtweisen)* · (ugs.:) **jmdm. eins auf die Pfoten geben** *(jmdm. auf die Finger schlagen).*

pfui ⟨Interj.; häufig in Verbindung mit andern Wörtern⟩: */Ausdruck des Abscheus, Mißfallens/:* p. Teufel!; p. Spinne!; p. sagen, rufen; p., wie das stinkt!; p., ist das gemein!; p., schäme dich! subst.: man hörte ein lautes P. aus der Meng

Pfund, das: **1.** */Gewichtseinheit/:* ein halbes, gar zes, volles P.; ein P. Butter; er hat wieder einig Pfund zugenommen; ich wiege 120 P.; der Pre eines Pfundes Fleisch/(auch:) eines Pfund Fle sches; wieviel Äpfel gehen auf ein P.? /bei ge nauer Maßangabe nur: *Pfund/* zwei P. Zucke er wiegt 120 P.; ein P. Bohnen wird/(gelegen lich auch:) werden auf kleiner Flamme gekocht zwei P. Kalbsleber werden gebraten; fünf I sind zu viel für ein Päckchen. – Das Prädikat i diesen Fällen in die Singularform zu setzen, gi hochsprachlich als nicht korrekt. **2.** */britisch Währungseinheit/:* zwanzig Schilling sind ein I Sterling; er zahlte in P., mit englischen Pfur den. * (geh.; veraltend:) **sein Pfund vergrabe** *(seine Fähigkeiten nicht ausnutzen)* · (geh.:) **m seinem Pfunde wuchern** *(seine Begabung kl anwenden).*

pfuschen (ugs.): *schlechte Arbeit leisten:* bei de Reparatur hat er gepfuscht. * (ugs.:) **jmdn ins Handwerk pfuschen** *(sich in einem Berei betätigen, für den ein anderer zuständig ist).*

Phantasie, die: **a)** *Einbildungskraft, Erfir dungsgabe:* eine starke, krankhafte, wilde, ve dorbene, ausschweifende, blühende, schöpfe rische P.; die jugendliche, kindliche, dichter sche P.; an dieser Geschichte entzündete sic seine P.; P. haben; du hast aber P. *(übertreib in deiner Phantasie);* Musik erregt, beflügelt d P.; diese Bilder regen die P. des Kindes an; se ner P. die Zügel schießen lassen, freien La lassen; ein Spiel, Gebilde, Erzeugnis der P.; d ist nur in deiner P. so. **b)** *nicht der Wirklichke entsprechende Vorstellung; Einbildung:* seine E lebnisse waren alles fieberhafte Phantasien.

phantasieren: 1. *in krankem Zustand wirr r den:* die Fieberkranke phantasierte die gan Nacht. **2.** ⟨von etwas p.⟩ *von etwas Gewünsc tem oder Befürchtetem sprechen und es sich Gedanken ausmalen:* der Junge phantasier immer von einem Auto; er phantasiert sch wieder vom Weltuntergang; ⟨auch ohne Pr positionalobjekt⟩ phantasierst du bloß, od sagst du die Wahrheit? **3.** ⟨auf etwas p.⟩ *oh Noten und nach eigenen Gedanken spielen:* phantasierte auf dem Klavier.

phantastisch: 1. a) *begeisternd, großartig:* e phantastischer Mensch, Plan; sie hat eine pha tastische Figur; das Buch, der Film, der G danke ist p.; sie sieht p. aus, tanzt, kocht p.; hat sich p. erholt. **b)** (ugs.) *unglaublich, ung heuerlich:* das Flugzeug erreichte eine phantast sche Geschwindigkeit; die Preise sind p. [g stiegen]. **2.** *unwirklich; unheimliche, seltsar Züge aufweisend; märchenhaft:* phantastisc Geschichten; das klingt reichlich p.

Phase, die: **1.** (bildungsspr.) *Abschnitt ein Entwicklung; Stadium:* eine neue, kritisch spannende P.; die einzelnen Phasen eines B wegungsvorganges, des Stierkampfes; die Ve handlungen sind in eine entscheidende P. g treten. **2.** (Astron.) *Erscheinungsform ein Himmelskörpers:* die Phasen des Mondes, d Venus.

Photographie, die: **1.** *Lichtbild:* eine undeu liche, retuschierte, signierte, vergilbte P.; d P. zeigt sie als junges Mädchen; eine P. rahm lassen; sie machten einige Photographien. **2.** *Verfahren zur Herstellung durch Licht erzeugter Bilder:* die Kunst der P.; die P. in diesem Film war sehr gut *(die Bilder dieses Films hatten eine hohe Qualität).*

·hotographieren: a) *eine Photographie machen:* mit Teleobjektiv p.; im Urlaub photographiert er gern; er kann sehr gut p. **b)** ⟨jmdn., etwas p.⟩ *mit dem Photoapparat aufnehmen:* Kinder, eine Landschaft, ein Gebäude p.; sich p. lassen; die Bilder waren übereinander photographiert. **c)** ⟨sich p.; mit Artangabe⟩ *sich in einer bestimmten Weise zum Photographieren eignen:* dieses Modell photographiert sich gut, schlecht.

'hrase, die: **1.** (bildungsspr.) *leere Redensart:* eine leere, alberne, dumme, nichtssagende, hohle, eitle, beliebte P.; Phrasen machen, dreschen (ugs.); seine Rede bestand zum größten Teil aus Phrasen; du darfst dich nicht mit Phrasen abspeisen lassen. **2.** (veraltend) *Redewendung:* sie drückte sich in eleganten Phrasen und blumenreichen Metaphern aus.

'ickel, der: *durch Entzündung hervorgerufene Erhebung auf der Haut:* einen P. ausdrücken; Pickel bestrahlen, mit Puder behandeln; das Gesicht war durch Pickel entstellt, mit Pickeln übersät; er hatte das Gesicht voller Pickel.

'ickel, der: **a)** *Spitzhacke:* mit einem P. die Mauer, den Bürgersteig aufschlagen. **b)** *Eispickel:* der P. dient dem Bergsteiger zum Stufenschlagen.

iepen: *helle feine Töne ausstoßen:* die jungen Vögel piepen im Nest. * (ugs.:) **bei dir/dem piept's wohl?** *(du bist/der ist wohl nicht recht bei Verstand)* · (ugs.:) **etwas ist zum Piepen** *(etwas ist zum Lachen).*

'ik, das: */eine Spielkartenfarbe/:* sie spielen P.

'ik, der ⟨nur in der Wendung⟩ einen Pik auf jmdn. haben (ugs.): *jmdn. aus bestimmten Gründen nicht leiden können:* der Lehrer hat [wegen seines vorlauten Wesens] einen P. auf ihn.

ikant: 1. *scharf, würzig:* eine pikante Soße; ein Wein mit einem pikanten Bukett; der Käse war, schmeckte sehr p. **2.** *zweideutig:* ein pikantes Abenteuer; pikante Geschichten, Witze; diese Anekdote war reichlich p. **3.** (veraltend) *reizvoll:* ein pikantes Gesicht; er fand diesen Typ sehr p.

ke, die ⟨in der Wendung⟩ von der Pike auf dienen/lernen: *einen Beruf von Grund auf erlernen:* er hat das Hotelfach von der P. auf gelernt.

ken, (auch:) piksen (ugs.) ⟨jmdn. p.⟩: *stechen:* er hat ihn mit einer Nadel gepikt; ich habe mich an den Rosen gepikt; ⟨auch ohne Akk.⟩ die Nadeln des Tannenbaums piken.

ikiert (bildungsspr.): *gereizt und leicht beleidigt:* ein pikiertes Gesicht machen; jetzt war sie p.; sich p. abwenden; p. entgegnete er, er habe keine Zeit.

latus: → Pontius.

lle, die: **a)** *Medikament in Kugelform:* Pillen drehen *(durch eine Rollbewegung herstellen);* Pillen verordnen, verschreiben, nehmen, schlucken; jmdm. Pillen gegen eine, für eine bestimmte Krankheit geben. **b)** (ugs.) *Antibabypille:* viele Frauen nehmen regelmäßig die P.; für, gegen die P. sein. * (ugs.:) **die bittere Pille schlucken** *(mit etwas Unangenehmem fertig werden):* sie mußten die bittere P. schlucken, daß die Preise inzwischen stark erhöht worden waren · (ugs.:) **jmdm. eine bittere Pille zu schlucken geben** *(jmdm. etwas Unangenehmes sagen, zufügen)* · (ugs.:) **etwas ist eine bittere Pille für jmdn.** *(es ist sehr schwer für jmdn., mit etwas fertig zu werden):* die Kündigung war eine bittere P. für ihn · (ugs.:) **jmdm. eine bittere Pille versüßen** *(jmdm. etwas Unangenehmes erleichtern).*

Pilz, der: */eine Pflanze/:* ein eßbarer, schädlicher, giftiger P.; krankheitserregende Pilze; Pilze suchen, sammeln, putzen, zubereiten, schmoren; einen P. bestimmen; sie gehen in die Pilze (ugs.; *gehen Pilze sammeln*). * **etwas schießt wie Pilze aus der Erde/aus dem Boden** *(etwas entsteht rasch in großer Zahl):* die neuen Gebäude schossen wie Pilze aus der Erde.

Pinsel, der: **1.** *[Holz]stab mit eingesetzten Borsten zum Malen oder Reinigen:* ein dicker, feiner, spitzer P.; den P. eintauchen, auswaschen, reinigen; mit dem P. einen Strich ziehen; sie entfernte den Staub mit einem P.; übertr.: das Bild ist mit leichtem, kühnem P. gemalt; einen Maler an seinem P. *(an seiner Malweise)* erkennen. **2.** (ugs.:) *einfältiger Mensch [der andern Schwierigkeiten bereitet]:* so ein langweiliger, alberner P.!; wie sich dieser P. wieder anstellt!

pinseln: 1. (ugs.) **a)** *mit dem Pinsel malen:* die Kinder pinselten eifrig in ihren Malbüchern. **b)** ⟨etwas p.; mit Raumangabe⟩ *mit dem Pinsel auftragen, hinschreiben:* die Nummern waren übersichtlich auf die Säcke gepinselt. **2.** ⟨etwas p.⟩ **a)** (ugs.) *anmalen, anstreichen:* er hatte den Lampenfuß blau gepinselt. **b)** *mit einem Medikament bestreichen:* der Arzt pinselte die entzündeten Mandeln [mit Jod].

Pionier, der: **1.** (militär.) *Angehöriger der Pioniertruppe:* die Pioniere bauten eine Brücke, eine Straße, einen Flugplatz, einen Stützpunkt. **2.** *Wegbereiter:* er war ein P. der elektronischen Datenverarbeitung; er zählte zu den Pionieren auf dem Gebiet der Herzchirurgie. **3.** (ostd.) *Angehöriger einer Organisation für Kinder:* er ist bei den, gehört zu den Pionieren.

Pistole, die: */eine Schußwaffe/:* die P. geht los, schießt schlecht; die P. laden, entsichern, abdrücken, reinigen, auf jmdn. richten; jmdm. die P. auf die Brust setzen; jmdn. auf Pistolen *(zum Pistolenduell)* fordern; mit der P. auf jmdn. zielen, schießen; man hatte ihn mit vorgehaltener P. bedroht. * **jmdm. die Pistole auf die Brust setzen** *(jmdn. zu einer Entscheidung zwingen)* · (ugs.:) **wie aus der Pistole geschossen** *(prompt, ohne jedes Zögern):* die Antworten kamen wie aus der P. geschossen.

placieren, (auch:) plazieren: **1.** ⟨jmdn., sich, etwas p.; mit Raumangabe⟩ *an einen bestimmten Platz bringen, setzen, stellen:* er placierte seinen Besucher in einen Sessel; sie hatten sich am unteren Tischende placiert; an allen Ausgängen wurden Soldaten placiert *(aufgestellt).* **2.** (Kaufmannsspr.) ⟨etwas p.; mit Raumangabe⟩ *Kapital unterbringen, anlegen:* sie placierten ihr Geld im Grundstückswesen. **3.** (Sport) ⟨etwas p.; mit Raumangabe⟩ *werfen, schlagen, schießen:* der Tennisspieler placierte die Bälle genau in die Ecken; der Torwart konnte den placierten Schuß nicht halten. **4.** (Sport) ⟨sich p.⟩ *einen Preis, einen der ersten Plätze erringen:* er konnte sich nicht p.; im Slalom hatten sich unsere Teilnehmer hervorragend placiert.

plädieren: **a)** (Rechtsw.) ⟨auf etwas p.⟩ *im Plädoyer fordern:* der Verteidiger plädierte auf Freispruch; der Staatsanwalt plädierte auf zwei Jahre Gefängnis. **b)** (bildungsspr.) ⟨für etwas p.⟩ *eintreten, stimmen für:* er plädierte für die Annahme des Gesetzes, für die Beibehaltung des jetzigen Zustandes.

Plage, die: *etwas, was jmdn. belästigt, quält:* eine schreckliche, schlimme, unerträgliche P.; die vielen Wespen im September sind eine P.; sie hat ihre P. mit den Kindern; jede P. auf sich nehmen, ertragen; die Lärmbelästigung wird zur P., wächst zur P. aus.; dies alles macht ihm das Leben zur P.

plagen: **1.** ⟨jmdn. p.⟩ *quälen, jmdm. zusetzen:* die Kinder plagen die Mutter den ganzen Tag, sie solle mit ihnen in den Zirkus gehen; mich plagt die Hitze, der Durst, der Hunger, der Husten; ihn plagte der Zweifel; dich plagt wohl die Neugier *(du bist wohl neugierig)?;* sie wird von Neid geplagt *(ist neidisch).* **2.** ⟨sich p.⟩ *sich abmühen:* die Mutter plagt sich von früh bis spät; sie hat sich ihr Leben lang für andere geplagt; er muß sich für das bißchen Geld recht p.; ich plage mich schon lange mit meiner Erkältung *(versuche schon lange vergeblich, meine Erkältung loszuwerden).*

Plakat, das: *öffentlicher Anschlag [zu Werbezwecken]:* ein großes, buntes, künstlerisch wertvolles, aufreizendes P.; das P. preist die neueste Zigarettenmarke an, lädt zu einer Sportveranstaltung ein, fordert zur Pockenschutzimpfung auf; Plakate entwerfen, drucken, ankleben, befestigen, herunterreißen, anbringen.

Plan, der: **1.** *Überlegung zur Verwirklichung eines Ziels; Vorhaben:* ein kühner, undurchführbarer, weitgreifender, wohldurchdachter, kluger, raffinierter, boshafter, heimtückischer P.; ein P. nimmt feste Formen an, gefällt jmdm., geht durch, wird genehmigt, gutgeheißen, für gut befunden, gelingt, scheitert, schlägt fehl; einen P. ersinnen, ausdenken, aushecken (ugs.), aufstellen, entwickeln, entwerfen, prüfen, diskutieren, ausführen, durchführen, verwirklichen, fallenlassen, aufgeben, verwerfen, geheimhalten, verraten, durchkreuzen, hintertreiben, stören, vereiteln; Pläne machen, schmieden, wälzen (ugs.); seine eigenen Pläne verfolgen; ich ließ mir seinen P. durch den Kopf gehen; er hatte sich (Dativ) einen teuflischen P. zurechtgelegt; ich habe noch keine festen Pläne für unsere Reise; einem P. zustimmen; voller Pläne stecken; sich für die Erfüllung eines Planes *(eines Betriebs-, Volkswirtschaftsplanes)* einsetzen; das paßte nicht in seinen P.; ich trage mich mit neuen Plänen; wir fragten sie nach ihren weiteren Plänen; man hatte inzwischen von diesem P. abgesehen, Abstand genommen. **2.** *Entwurf:* der P. des jungen Architekten wurde preisgekrönt, ausgeführt; einen P. für ein Theater entwerfen, einreichen; beim Wiederaufbau des Schlosses hat man sich genau an die alten Pläne gehalten. **3.** *Übersichtskarte:* ein P. im Maßstab 1:5 000; haben sie einen P. von Berlin?; die Straße war nicht in den P. eingezeichnet. * **Grüner Plan** *(Plan der Bundesregierung für Hilfsmaßnahmen in der Landwirtschaft)* · **einen Plan fassen** *(etwas Bestimmtes pl[anen])* · **etwas steht auf dem Plan** *(etwas ist g[eplant]):* für den Künstler steht als nächstes ein[e] Tournee durch die Bundesrepublik auf dem P. **auf den Plan treten** *(erscheinen):* mit ihm tr[at] ein gefährlicher Gegner auf den P. · **etwas ru[ft] jmdn. auf den Plan** *(etwas fordert jmdn. heraus):* diese Bemerkung rief ihn zur Entgegnung a[uf] den P.

planen ⟨etwas p.⟩: *genaue Pläne für ein Vorh[a]ben machen:* eine Reise, neue Unternehmunge[n,] einen Anschlag p.; jeder seiner Schritte wa[r] sorgfältig geplant; die Stadt plant, Industr[ie] anzusiedeln; hast du schon etwas für heu[te] abend geplant *(hast du dir schon etwas für heu[te] abend vorgenommen)?;* ⟨auch ohne Akk.⟩ sie pl[a]nen immer lange im voraus.

planschen: *sich in flachem Wasser stark spr[it]zend rasch bewegen:* die Kinder planschten i[m] Schwimmbecken, vorn am Ufer.

plappern: **a)** *viel und schnell in naiver Wei[se] reden:* den ganzen Weg plapperte die Klei[ne] ohne Pause. **b)** ⟨etwas p.⟩ *plappernd von si[ch] geben, äußern:* plappere nicht soviel Unsinn; w[as] so ein Kind alles plappert!

plastisch: **1.a)** *die Plastik betreffend:* in dies[er] Halle sind die plastischen Arbeiten Barlac[hs] ausgestellt. **b)** *in der Art der Plastik, dreidime[n]sional:* ein plastischer Film; die Architekturm[a]lereien wirken p. **2.** *anschaulich; deutlich herv[or]tretend, erkennbar:* eine plastische Darstellun[g;] die Sprache dieses Schriftstellers ist sehr p.; i[ch] sehe das alles p. vor mir. **3.** *modellierbar, for[m]bar:* plastisches Material; diese Kunststoffe sin[d] nicht plastisch. **4.** (Med.) *die operative Formu[ng] betreffend:* die plastische Chirurgie.

platonisch: **1.** *von Plato herrührend:* die Plat[o]nischen Schriften. **2.a)** *unsinnlich, geistig-se[e]lisch:* eine platonische Liebe; die Beziehung[en] zwischen ihnen waren rein p.; sie liebte ihn nur [p.] **b)** (bildungsspr.) *zu nichts verpflichtend, wirkung[s]los:* der Diplomat gab zu diesen Fragen nur ei[ne] platonische Erklärung ab.

plätschern: *ein plätscherndes Geräusch veru[r]sachen, von sich geben:* der Bach, der Springbru[n]nen plätschert; die Kinder plätscherten im seic[h]ten Wasser; subst.: er hörte nachts das P. d[es] Regens.

platt: **1.** *flach, breitgedrückt:* eine platte Stir[n,] Nase; platte Füße; er schläft auf der platt[en] Erde; wir wohnen auf dem platten Lan[d] *(nicht in der Stadt);* vorne spitz und unten p[latt;] er legte sich p. auf den Boden. **2.** *geistlos:* ei[ne] platte Erfindung, Lüge; ein plattes Gesich[t.] * (ugs.:) **platt sein** *(völlig überrascht, verblü[fft] sein):* als er diese Nachricht hörte, war er p[latt.] (ugs.:) **einen Platten haben** *(eine Reifenpan[ne] haben).*

Platte, die: **1.** *dünnerer, wie eine Fläche wirke[n]der Gegenstand aus hartem Material:* die gläser[ne] P. eines Tisches; Platten aus Metall, Holz, Ste[in,] Elfenbein; eine P. gießen, schmieden, poliere[n,] bearbeiten; an der Stelle wurde eine P. *(Geden[k]platte, -tafel)* angebracht; auf der P. *(Grabplat[te])* stand der Name des Dichters; etwas mit Pla[t]ten verkleiden; der Fußboden wurde mit bu[n]ten Platten belegt. **2.** *Schallplatte:* eine P. m[it] 33 Umdrehungen; die P. ist zerkratzt, ist abg[e]laufen; eine P. auflegen, hören, umdrehen, la[ut] en lassen, spielen; das Konzert wurde auf P. aufgenommen *(von dem Konzert wurde eine Schallplattenaufnahme gemacht)*; der Dichter hat Auszüge aus seinem Roman auf P. gesprochen *(für eine Schallplattenaufnahme gelesen)*. **3.** *photographische Platte:* die P. ist über-, unterbelichtet, verdorben; eine P. einlegen, belichten, entwickeln; wir haben das Geschehen auf die P. gebannt *(es aufgenommen)*. **4.a)** *größerer Teller, auf dem Speisen gereicht werden:* eine P. mit Käse, Rauchfleisch, Ölsardinen, Geflügelsalat; sie belegte die P. mit Kuchen. **b)** *auf einem größeren Teller angerichtete verschiedene Fleisch-, Käsesorten, Salate:* eine hübsch garnierte P.; sie half ihr beim Zusammenstellen und Anrichten der Platten. **5.** (ugs.) *Glatze:* er bekam frühzeitig eine P. * **kalte Platte** *(kaltes Gericht mit Aufschnitt und Salaten)* · (ugs.:) **ständig die alte Platte laufen lassen** *(immer dasselbe erzählen)*.

plätten (landsch.): → bügeln.

Platz, der: **1.** *freie, noch nicht belegte Stelle; Möglichkeit der Unterbringung:* im Wagen ist noch P.; für etwas P. schaffen; jmdm., für jmdn. P. machen *(jmdn. sitzen oder vorbeigehen lassen)*; der Wagen bietet vier Personen bequem P.; ich habe keinen P. mehr für neue Bücher; ich finde schon P.; laß P. frei, offen für spätere Zusätze!; dieser Schrank nimmt zuviel P. ein, nimmt mir den ganzen P. weg. **2.** *Stelle, Standort:* ein windgeschützter P.; ein nettes, lauschiges Plätzchen; der P. ist hier sehr beengt; das Radio wird auch noch seinen P. finden; bei uns haben die Möbel ihren festen P.; die Bücher stehen nicht an ihrem P.; er weicht nicht von seinem P.; Sport: auf die Plätze, fertig, los! /*Startbefehl beim Laufen*/. **3.** *Sitzplatz:* ein guter, schlechter, numerierter P.; vierte Reihe, P. zwölf; ist hier noch ein P. frei?; einen P. belegen, einnehmen *(sich setzen)*, verlassen, für jmdn. freihalten; Plätze für eine Vorstellung bestellen, reservieren lassen, bezahlen; die Plätze wechseln, tauschen, räumen; seinen P. suchen, nicht finden können; sich (Dativ) einen P. sichern; jmdm. einen P. anweisen, zuweisen; jmdm. seinen P. anbieten; auf einen P. gehen; jmdn. um einen P. bitten; die Anwesenden erhoben sich von ihren Plätzen; er sprach vom P. aus, ohne ans Rednerpult zu gehen. **4.** *Stellung, Position, Rang:* seinen P. ausfüllen, behaupten, verlieren; den ersten P. einnehmen; er war der rechte Mann am rechten P. *(er war der richtige Mann für diese Stellung)*; er war nicht am richtigen P. *(er war nicht richtig eingesetzt)*; er hat ihn von seinem P. verdrängt; Sport: er belegte den zweiten P. *(wurde Zweiter im sportlichen Wettkampf)*; auf P. wetten, setzen (beim Pferderennen). **5. a)** *umbaute freie Fläche:* ein quadratischer, runder, länglicher, verkehrsreicher P.; vor dem Schloß ist ein großer P.; alle Straßen und Plätze werden bewacht; der P. war noch unbelebt, füllte sich allmählich; die Stadt hat sehenswerte Plätze; alle Straßen münden auf diesen/(auch:) diesem P.; auf diesem P. wurden politische Versammlungen abgehalten; er kam gerade über den P. **b)** *Sportplatz, Spielfeld:* der P. ist nicht bespielbar, ist gesperrt; unser Tennisclub hat zwölf Plätze; sie spielten heute auf einem nassen, aufgeweichten P.; der Schiedsrichter stellte den Spieler wegen eines Fouls vom P. *(ließ ihn wegen eines Fouls nicht mehr mitspielen)*. **6.** *Ort:* das erste Hotel am P.; die wichtigsten Plätze für Baumwollhandel sind Bremen und Hamburg; sie verkauften die Waren vom P. weg *(von der Lagerstelle aus)*. * **Platz nehmen** *(sich setzen)* · **jmdm. Platz machen** *(jmdm. seine Stellung überlassen)*: die alten Dirigenten sollten lieber jüngeren P. machen · **nicht/fehl am Platz sein** *(falsch eingesetzt, nicht angebracht sein)* · (geh.:) **etwas greift Platz** *(etwas breitet sich aus)*: Nachlässigkeit, Mutlosigkeit griff unter ihnen P. · **etwas hat in etwas keinen Platz** *(etwas paßt nicht in etwas hinein)*: diese Erklärung hat in seinem System keinen P. · (Sport:) **jmdn. auf die Plätze verweisen** *(siegen, wodurch die Konkurrenten auf die weniger guten Plätze kommen)* · **jmds. Platz ist bei jmdm.** *(jmd. gehört zu jmdm.)*: in einer solchen Lage ist sein P. bei der Familie · **bitte, behalten Sie Platz!** *(bitte, bleiben Sie sitzen!)* · **ein Platz an der Sonne** *(Glück und Erfolg im Leben)*: alle streben nach einem P. an der Sonne.

platzen: 1. ⟨etwas platzt⟩ *etwas wird durch Druck von innen [mit einem Knall] auseinandergerissen:* die Granate, die Bombe, der Dampfkessel, das Rohr, der Schlauch, die Seifenblase, der Luftballon, der Autoreifen ist geplatzt; ⟨etwas platzt jmdm.⟩ bei dem Lärm kann einem das Trommelfell p.; die Hose, eine Naht ist mir geplatzt *(aufgeplatzt)*. **2.** (ugs.) ⟨etwas platzt⟩ *etwas nimmt ein plötzliches Ende, entwickelt sich nicht wie geplant:* das Unternehmen ist geplatzt, nachdem den Beteiligten das Geld ausging. **3.** (ugs.) ⟨vor etwas p.⟩ *von etwas ganz erfüllt, ergriffen sein:* vor Wut, Neid, Stolz p. *(sehr wütend, neidisch, stolz sein)*. * (ugs.:) **aus allen Nähten platzen** *(zu dick werden, unmäßig zunehmen)* · (ugs.:) **jmdm. platzt der Kragen** *(jmd. wird wütend)* · **jmdm. ins Haus platzen** *(jmdn. unerwartet besuchen, ohne daß man willkommen ist)*: ein unangenehmer Besuch platzte uns ins Haus.

plaudern: a) ⟨mit jmdm. p.⟩ *sich mit jmdm. gemütlich und zwanglos unterhalten:* mit dem Nachbarn, mit seinem Freund p.; nach dem Theater plauderten wir noch miteinander eine Stunde bei einem Glas Wein; ⟨auch ohne Präpositionalobjekt⟩ sie plauderten über ihre Reiseerlebnisse, von alten Zeiten. **b)** *in unterhaltendem Ton erzählen, sprechen:* sie wußte lebhaft, unbefangen, lustig zu p.; er plauderte über die verschiedensten Themen. * **aus der Schule plaudern** *(interne Angelegenheiten Außenstehenden erzählen)*.

plazieren: → placieren.

pleite ⟨nur in den Verbindungen⟩ (ugs.:) **pleite sein** *(zahlungsunfähig sein, kein Geld mehr haben)*: er war wieder völlig p. · (ugs.:) **pleite gehen** *(zahlungsunfähig werden, bankrott gehen)*: das Geschäft geht sicher bald p.

Pleite, die (ugs.): **a)** *Bankrott; Konkurs:* nach der P. machte er mit dem Geld seiner Frau ein neues Geschäft auf. **b)** *Enttäuschung; negativer Ausgang einer Sache:* das ist eine schöne P.!; das gibt eine große, völlige P. * (ugs.:) **Pleite machen** *(Bankrott machen)*: sie haben mit ihrem Geschäft P. gemacht.

Plethi: → Krethi.

plötzlich: *unerwartet, überraschend:* ein plötzlicher Kälteeinbruch; ein plötzlicher Einfall; eine plötzliche Wendung; es war, kam für sie alles etwas p. *(zu schnell, unvermittelt);* p. fing es an zu regnen; er starb ganz p.; (ugs.:) los, ein bißchen p. *(vorwärts, schneller)!*

plump: a) *dick, unförmig:* ein plumper Mensch; er hat einen plumpen Körper; plumpe Hände; seine Finger, Beine sind dick und p. **b)** *ungeschickt, schwerfällig:* ein plumper Gang; plumpe Bewegungen; der Sprung war sehr p.; der Käfer fiel p. auf den Rücken; sich p. ausdrücken. **c)** *aufdringlich, taktlos:* plumpe Vertraulichkeiten; seine Schmeicheleien sind sehr p.; sich jmdm. p. nähern. **d)** *ungeschickt, leicht durchschaubar:* eine plumpe Falle; ein plumper Betrug; mit so plumpen Mitteln wirst du nichts erreichen; der Schwindel ist viel zu p., als daß er nicht sofort erkannt würde.

plumpsen (ugs.) ⟨mit Raumangabe⟩: *[mit einem Plumps] fallen:* die Tasche plumpste auf den Boden; ich bin ins Wasser geplumpst.

Plunder, der (abwertend): *Kram:* alter, wertloser P.; sie hebt allen P. auf.

plündern ⟨jmdn., etwas p.⟩: *überfallen und ausrauben:* ein Geschäft, Häuser, Kirchen p.; die Soldaten hatten die Stadt geplündert; übertr.: den Weihnachts-, Christbaum p. *(die aufgehängten Süßigkeiten abnehmen und essen);* wir haben die Speisekammer geplündert (scherzh.; *alles Eßbare zusammengesucht und tüchtig gegessen);* ⟨auch ohne Akk.⟩ die Truppen haben nicht geplündert.

plus: 1. ⟨Konj.⟩ *und:* drei plus vier ist, macht sieben. **2.** ⟨Präp. mit Gen.⟩ (bes. Kaufmannsspr.) *zuzüglich:* der Betrag p. der üblichen Sondervergütungen; das Kapital p. der ersparten Zinsen; er verdient monatlich 1000 Mark p. Spesen. **3.** ⟨Adverb⟩ **a)** *über dem Nullpunkt:* die Temperatur beträgt p. 5 Grad. **b)** (Physik) *positiv:* der Strom fließt von p. nach minus.

Plus, das: **1.** (Kaufmannsspr.) *Gewinn:* ein P. in der Kasse haben; er hat in diesem Jahr ein P. von 2000 Mark gemacht. **2.** *Vorteil, Übergewicht:* ein großes, erhebliches P.; der Platzvorteil ist, bedeutet für unsere Mannschaft ein leichtes P.; dies muß als P. für ihn gebucht werden.

Pöbel, der (abwertend): *undisziplinierte, ungebildete Volksmasse:* der gemeine, entfesselte, blutgierige P.; der P. zog johlend durch die Straßen, erstürmte das Gefängnis; jmdn. der Wut des Pöbels ausliefern, preisgeben (geh.).

pochen: 1. (dichter.) **a)** *klopfen:* an die Tür, gegen die Wand p. **b)** *anklopfen:* leise, kräftig p.; er hatte schon einige Male gepocht. **c)** ⟨es pocht⟩ *jmd. klopft an die Tür:* es hatte gepocht. **d)** ⟨etwas pocht⟩ *etwas schlägt:* mein Herz pochte vor Angst; ⟨etwas pocht jmdm. mit Raumangabe⟩ ihm pochte das Blut in den Schläfen. **2.** (geh.) ⟨auf etwas p.⟩ *sich auf etwas energisch berufen:* auf sein Geld, sein Recht p.; er pochte energisch auf seinen Vertrag.

poetisch (bildungsspr.): **a)** *die Dichtkunst betreffend:* ein poetisches Prinzip; die poetische Entwicklung; er hat eine poetische Ader (scherzh.; *hat die Veranlagung zum Dichter*). **b)** *gehoben, dichterisch, stimmungsvoll:* eine poetische Sprache; seine Ausdrucksweise ist mir zu p.; p. erzählen; sich p. ausdrücken.

Pointe, die: *geistreicher, überraschender Höhepunkt:* eine überraschende, geistreiche, amüsante, gute P.; wo bleibt, worin liegt denn die P.?; der Witz hat keine richtige P.; sich (Dativ) ei P. ausdenken; eine P. richtig bringen; die P. ve derben, vorwegnehmen, verbauen (ugs.), ve masseln (ugs.), vergessen.

Pol, der: **1.** *Nord-, Südpol:* die beiden Pole d Erde, Planeten; den P. überqueren; der Fl von Kopenhagen nach San Francisco führt üb den P. **2.** *Magnetpol:* der positive, negative P gleiche Pole stoßen sich ab, ungleiche zieh sich an. **3.** (Elektrotechnik) *Anschlußpunkt b Stromquellen:* die Pole einer elektrischen Batt rie; einen Draht am positiven P. anschließe **4.** (Math.) *Punkt mit besonderer Bedeutung:* d P. einer Kugel. **5.** *etwas extrem Gegenüberstehe des, mit dem aber eine Wechselbeziehung besteh* Lebensfreude und Tod sind die beiden Pole d Barocks. * **der ruhende Pol** *(jmd., von dem Ru ausgeht, der die Übersicht behält):* sie ist der r hende P. in der Familie.

polar: 1. *den Pol betreffend, arktisch:* die pola Fauna; eine polare Kälte; Luftmassen polare Ursprungs (Meteor.). **2.** (bildungsspr.) *gege sätzlich; nicht vereinbar:* polare Gegensätze; ih Ansichten, Charaktere sind p. entgegengesetz

polieren ⟨etwas p.⟩: *blank, glänzend reibe* etwas fein, auf Hochglanz p.; einen Tisch, d Parkettboden, Metall, das Auto p.; ⟨jmdm sich etwas p.⟩ ich poliere mir die Schuh bildl. (ugs.): diesen Aufsatz mußt du noch e was p. *(stilistisch überarbeiten);* adj. Part.: p lierte Möbel, Steine, Flächen. * (derb:) **jmd die Fresse/die Schnauze polieren** *(jmdm. ins G sicht schlagen).*

Politik, die: **1.** *Maßnahmen zur Führung ein Staates:* die innere, äußere, auswärtige, [inter nationale P.; eine kluge, geschickte, erfolgre che, verfehlte, verhängnisvolle, gescheitert gefährliche, falsche P.; eine demokratisch friedliche P.; die deutsche, amerikanische P die P. der Bundesregierung, des Kremls; ein P. der Stärke, der Entspannung, des Ausgleich des europäischen Gleichgewichts; Redensar [die] P. verdirbt den Charakter · eine P. auf we te Sicht; aktive Politik betreiben; eine neue I einschlagen, treiben, verfolgen, unterstütze sich aus der P. zurückziehen; sich für P. inte essieren, in die P. eines anderen Staates einm schen; in die P. eintreten; in der P. tätig sei von P. nichts wissen wollen. **2.** *Methode, etw durchzusetzen; berechnendes Verhalten:* es i seine P., nach allen Seiten gute Beziehungen z unterhalten; was er tut, ist doch alles nur P er treibt eine planvolle, hinterlistige P. der B stechung. * **Politik der offenen Tür** *(Handel m Staaten aus verschiedenen politischen Lagern).*

politisch: *die Politik betreffend:* politische Bü cher, Nachrichten; politische Prozesse, Verbr chen, Parteien, Größen; die politische Gesi nung, Überzeugung, Schulung, Erziehung; pol tische Geographie, Geschichte; die politisch Lage; nach Ansicht der politischen Beobacht ...; im politischen Leben stehen *(aktiv in d Politik tätig sein);* die politischen Wirklichke ten, Möglichkeiten, Hintergründe, Grundlage ein politischer Häftling *(aus politischen Grü den Gefangener);* seine politische Zuverlässi keit steht außer Zweifel; er spielt eine p. übe ragende Rolle; die politischen Wissenschafte folgenschwere politische Fehler; p. tätig, erfal ren, geschult, interessiert, zuverlässig sein; seine Rede war rein p. *(verfolgte nur partei-, machtpolitische Zwecke)*; diese Entscheidung war nicht sehr p. *(war politisch unklug)*; p. handeln, vorgehen; sich p. betätigen; jmdn. p. unterstützen, kaltstellen (ugs.); Redensart: [ein] politisch Lied, [ein] garstig Lied *(politische Betätigung ist immer korrupt)*; subst. (ugs.): er ist ein Politischer *(politischer Häftling)*.

olizei, die: *Institution, die für öffentliche Sicherheit sorgt:* eine gute, umsichtige, schlechte P.; die geheime, politische P.; die P., dein Freund und Helfer; die P. regelt den Verkehr, schreitet ein, greift ein, geht gegen die Demonstranten vor, feuert in die Menge; die P. hebt einen Gangsterring aus, beschlagnahmt die Waffen, fahndet nach dem Verbrecher, nimmt ihn fest, verhaftet, verhört ihn; die P. untersucht die Brandstelle, trifft an der Unfallstelle ein; die P. rufen, verständigen, holen; die P. gegen jmdn. einsetzen; jmdm. die P. auf den Hals hetzen (ugs.), schicken (ugs.); sich der P. stellen; die Archive der P.; ein Trupp berittener P.; sich bei der P. melden; Ärger mit der P. haben; sich von der P. abführen lassen. * (ugs., scherzh.:) **dümmer sein, als die Polizei erlaubt** *(sehr dumm sein)*.

olizeilich: *von der Polizei durchgeführt:* polizeiliche Vorschriften, Ermittlungen; polizeiliches Vorgehen, Einschreiten; unter polizeilicher Überwachung, Bewachung, Bedeckung, Aufsicht, Kontrolle stehen; die polizeiliche Meldepflicht; ein p. überführter Täter; etwas ist p. verboten; die Straße ist p. gesperrt; sich p. *(bei der Polizei)* melden.

olizist, der: *Angehöriger der Polizei:* ein berittener P.; die Polizisten regeln den Verkehr, schreiten gegen die Demonstranten ein, prügeln mit Gummiknüppeln.

olster, das: *dicke, weiche Unterlage:* ein weiches, hartes, tiefes P.; die Polster der Stühle sind beschädigt; die Polster neu beziehen; sich in die Polster zurücklehnen, zurückfallen lassen; bildl. (ugs.): sie hat ein schönes P. *(Fettpolster)*; übertr.: er besitzt ein ausreichendes finanzielles P. *(finanzielle Reserven)*.

olstern ⟨etwas p.⟩: *mit Polster versehen:* einen Sessel gut, weich p.; etwas mit Seegras, Roßhaar, Schaumgummi p.; die Sitze des Wagens, die Türen zum Zimmer des Direktors sind gepolstert; gepolsterte *(mit Watte o. ä. vergrößerte)* Schultern; bildl. (ugs.): sie ist gut gepolstert *(ziemlich dick)*; übertr.: für ein solches Geschäft muß man gut gepolstert sein *(viel Geld [als Reserve] haben)*.

oltern: 1. a) *dumpf lärmen:* draußen polterte es; die Familie über uns poltert den ganzen Tag; ein polternder Lärm; die Tür fiel polternd zu. **b)** ⟨mit Raumangabe⟩ *sich geräuschvoll fortbewegen, irgendwohin bewegen:* der Karren polterte über das holprige Pflaster; Schritte polterten durch die Räume; die Steine poltern vom Wagen, auf den Boden. **2. a)** ⟨etwas p.⟩ *laut scheltend sagen, äußern:* „... und was hat das mit mir zu tun?" polterte er aufgebracht. **b)** *laut scheltend sprechen, seine Meinung äußern:* der Großvater poltert gern. **3.** (ugs.) *Polterabend feiern:* heute abend wird bei uns gepoltert.

ompös (bildungsspr.): *übertrieben prächtig:* eine pompöse Villa; ein pompöser Rahmen; eine pompöse Aufmachung; die Ausstattung des Films ist sehr p.; p. wohnen.

Pontius ⟨in der Wendung⟩ von Pontius zu Pilatus laufen: *wegen eines Anliegens von einer Stelle zur anderen gehen, geschickt werden.*

populär: 1. *im Volk beliebt, weithin bekannt:* ein populärer Politiker, Sportler, Schauspieler, Künstler; ein populärer Schlager; der Minister ist im Volk nicht p.; die Sendereihe im Fernsehen machte den Schauspieler sehr p.; er wurde gleich durch seinen ersten Film p. **2.** *volkstümlich, gemeinverständlich:* eine populäre Darstellung, Schreibweise, Ausdrucksweise; das Buch ist nicht p. genug; sich p. ausdrücken; p. reden, schreiben. **3.** *von der Masse des Volkes gewünscht; dem Volk willkommen:* populäre Maßnahmen; die Entscheidung der Regierung ist nicht p.; der Minister hat nicht p. gehandelt.

Popularität, die: *Beliebtheit:* große, geringe, ungeheure P.; seine P. steigt; wenig P. genießen, gewinnen; seine P. als Politiker verlieren, einbüßen, verscherzen; der Künstler erfreute sich großer P.; nach P. streben.

Portemonnaie, das: *Geldbörse:* ein ledernes P.; das P. einstecken, herausziehen, öffnen, vergessen, verlieren; er hat kein Geld im P.

Portion, die: *zugeteilte Menge [von Speisen]:* eine kleine, große, ausreichende P.; eine P. Kartoffeln, Schlagsahne, Eis; für das Kind genügt eine halbe P.; die Portionen in der Kantine sind sehr klein; er ißt zwei Portionen, die doppelte P.; kann ich noch eine P. Butter bekommen?; das Essen in Portionen ausgeben; bildl. (ugs., scherzh.): er ist nur eine halbe Portion *(er ist unscheinbar und schmächtig)*; übertr. (ugs.): *eine gehörige, große Menge:* dazu gehört eine tüchtige P. Humor, Glück, Mut, Frechheit.

Porto, das: *Postgebühr:* das P. für den Brief beträgt 50 Pfennig; wie hoch ist das P. für einen Eilbrief?; die Karte kostet 0,20 DM P.; [das] P. zahlt [der] Empfänger; das P. nachzahlen, entrichten, einkassieren; hatten Sie Auslagen für Porti/Portos?; die Kosten einschließlich Verpackung und P. betragen ...

Porzellan, das: **a)** *keramisches Erzeugnis:* P. brennen, bemalen. **b)** *Porzellangeschirr:* gutes, feines, dünnes, gewöhnliches, echt Meißner, chinesisches, altes, wertvolles P.; P. zerbrechen, zerschlagen; die Vase ist aus echtem P. *(Markenporzellan)*; sie ist wie aus P. *(sehr zart, zierlich)*. * (ugs.:) **Porzellan zerschlagen** *(durch plumpes, ungeschicktes Reden oder Handeln Unheil anrichten)*: durch diese unpopuläre Maßnahme würden wir unnötig P. zerschlagen.

Pose, die: **I.** *unnatürliche, gekünstelte Haltung:* eine edle, theatralische (bildungsspr.), erhabene, elegante, verlogene P.; die Pose des Schauspielers; die P. Napoleons, eines Diktators einnehmen; sie stand in einer anmutigen P. vor dem Publikum; er gefällt sich in der P. des strahlenden Siegers. **II.** (Sportfischerei) *Schwimmer, Bißanzeiger:* die P. schwimmt, tanzt auf dem Wasser, meldet einen Anbiß.

Position, die: **1.** *Stellung, Posten:* eine hohe, bevorzugte, gehobene, gute, günstige, einträgliche, gesicherte, schlechte, niedrige P.; eine führende, verantwortliche P.; die gesellschaftliche, berufliche, politische P.; die P. des Ministers ist gefährdet, in Frage gestellt, geschwächt; eine starke P. gegenüber jmdm. haben; sich (Dativ) eine P. schaffen, erarbeiten; jmdm. eine zentrale P. einräumen; seine P. halten, festigen, wahren; jmds. P. erschüttern; die P. räumen, verlieren, aufgeben müssen; in eine P. kommen, gelangen. **2.a)** *Standort, Lage:* die P. eines Schiffes, Flugzeuges; eine vorgesehene P. erreichen; die P. ermitteln, bestimmen, durchgeben; übertr.: die gegenwärtige politische P. eines Staates; er bezieht die P. von 1945 *(geht vom Stand des Jahres 1945 aus)*. **b)** (milit.) *Stellung:* eine strategisch wichtige P. **c)** (Sportspr.) *Platz, Rang [während des Wettkampfes]:* seine P. behaupten, verteidigen; er sicherte sich eine gute P. für den Endspurt; 100 Meter vor dem Ziel liegt er an, in zweiter P.; er kämpfte in aussichtsloser P. weiter. **3.** (Geldw., Kaufmannsspr.) *Einzelposten:* die Positionen des Zolltarifs; die einzelnen Positionen des Haushaltsplanes wurden durchgesprochen, überprüft, gekürzt; einige Positionen wurden gestrichen.

positiv: 1. (bildungsspr.) *zustimmend, bejahend:* ein positiver Bescheid; eine positive Haltung, Einstellung gegenüber etwas; die Antwort, das Gutachten, die Kritik war p.; er steht p. zur neuen Regierung. **2.** (bildungsspr.) *vorteilhaft, gut:* die Wirtschaft zeigt eine positive Entwicklung; ein positiver *(brauchbarer)* Vorschlag; die Aussichten, Chancen sind p.; das Ergebnis kann als p. gewertet werden. **3.** (bildungsspr.) *ein Ergebnis bringend; Erfolg habend:* die Verhandlungen wurden zu einem positiven Abschluß geführt; Med.: die Untersuchung verlief p. *(eine Krankheit wurde festgestellt)*. **4.** (bildungsspr.) *sicher, genau, tatsächlich:* positive Kenntnisse; das ist p.; ich weiß es p.; subst.: ich weiß auch nichts Positives. **5.a)** (Math.) *größer als Null:* eine positive Zahl. **b)** (Physik) *nicht negativ:* eine positive Ladung, Elektrizität; der positive Pol, Anschluß. * (Rechtsw.:) **das positive Recht** *(das gesetzte Recht* /Gegensatz: Naturrecht/*)*.

Positur, die ⟨gewöhnlich in der Wendung⟩ sich in Positur werfen/stellen/setzen: *eine gekünstelte, würdevolle Haltung einnehmen:* er warf sich vor der Kamera in P.

Possen, der (veraltend): *Unsinn, Streich:* Possen treiben; jmdm. etwas zum P. tun; laß die Possen! * (ugs.:) **Possen reißen** *(Streiche machen)*.

Post, die: **a)** *öffentliche Institution zur Beförderung von Briefen usw.:* er arbeitet bei der P., ist bei der P. angestellt; eine Zeitung durch die P. beziehen; etwas mit der P. befördern, schicken. **b)** *Postsendung:* die erste, letzte, eingegangene P.; ist P. für mich da?; heute kommt keine P. mehr, kommt die P. aber spät; die P. geht heute noch ab; die P. aufgeben, befördern, austragen, zustellen, abholen, in Empfang nehmen; mit gleicher P. *(zugleich aufgegeben, aber als getrennte Sendung)* schicke ich dir das Buch zurück. **c)** *Postamt:* die P. ist offen, geschlossen, wird um 8 Uhr geöffnet; auf die, zur P. gehen; etwas auf die P. geben, tragen, auf der P. aufgeben, aufliefern; etwas bei der P. einzahlen; ein Paket von der P. holen. **d)** (hist.) *Postkutsche:* die P. fährt ab; mit der P. reisen. **e)** (veraltet) *Nachricht:* ich bringe gute, traurige P.

Posten, der: **1.** *berufliche Stellung:* ein guter, gutbezahlter, einträglicher P.; einen P. zu ve geben haben; einen P. suchen, finden, ergatter (ugs.), aufgeben, verlieren; er hat bei der Firn den P. eines Buchhalters (hochsprachlich nich korrekt: den P. *als* Buchhalter); einem P. nich gewachsen sein; sich auf einem P. bewähre sich um einen ausgeschriebenen P. bewerbe **2.a)** *einzelner Betrag einer Rechnung:* einzel Posten stehen noch aus; die verschiedenen P sten prüfen, zusammenrechnen, addieren. *bestimmte Warenmenge:* einen größeren Strümpfe bestellen; wir haben noch einen ga zen P. auf Lager, abzugeben. **3.** *militärisc Wache:* ein einfacher, vorgeschobener P.; d Posten stellen; Posten ausstellen; P. beziehe den P. ablösen, wechseln, einziehen, verdoppel verstärken, aufgeben; auf P. stehen; auf P. zi hen; auf seinem P. aushalten, bleiben. * **Post stehen** *(Wache halten)* · **auf verlorenem Post stehen/kämpfen** *(in aussichtsloser Lage sein)* (ugs.:) **auf dem Posten sein** *(körperlich in gut Verfassung sein):* ich bin nicht ganz auf dem I na, bist du wieder auf dem P.?

postieren ⟨jmdn., sich p.; mit Raumangabe *[als Posten] aufstellen:* eine Wache am Einga p.; die Reporter postierten sich vor der Tribün an den Kreuzungen sind Polizisten postier

Postkarte, die: → Karte.

poussieren (ugs., veraltend): **1.** *mit jmdm. fl ten:* **a)** ⟨mit jmdm. p.⟩ er poussiert mit sein Sekretärin; ⟨auch ohne Objekt⟩ sie poussie gern. **b)** ⟨jmdn. p.⟩ er poussiert das Mädche **2.** ⟨jmdn. p.⟩ *umschmeicheln:* der Händ poussierte den Kunden; du mußt deinen Ch mehr p.

Pracht, die: *glanzvolle Ausstattung:* eine groß überirdische, kalte, falsche P.; die vergange P. wirkt heute nicht mehr; die P. des Saales überwältigend; eine ungeheure P. entfalte sich; der König entfaltete an seinem Hof ei unvergleichliche P.; sie zeigte sich in voller I ein Schloß von einmaliger P. * (ugs.:) **daß es ei Pracht ist** *(hervorragend):* er wedelt den Be hinunter, daß es eine P. ist · (ugs.:) **es ist ei wahre Pracht** *(es ist herrlich):* es ist eine wah P., wie er diese Arbeit geschafft hat.

prächtig: a) *prunkvoll, herrlich:* prächtige Kl der; eine prächtige Wagenauffahrt; sie ist ei prächtige Erscheinung; die Ausstattung war anzusehen. **b)** *sehr nett, hervorragend:* ein präc tiger Mensch; wir hatten im Urlaub prächtig Wetter; Berlin ist eine prächtige Stadt; er l eine prächtige Arbeit vorgelegt; seine Leistu war p.; diese Angelegenheit hast du p. gerege du hast dich p. gehalten.

prägen: 1. ⟨etwas p.⟩ *Schrift, Muster o. ä. etwas pressen:* Münzen p.; Silber, Kupfer [Münzen] p.; er ließ das Staatswappen auf Münzen p.; schlecht, klar, scharf geprägte Mü zen; geprägtes Leder. **2.** ⟨jmdn., etwas p.⟩: *f men, das typische Aussehen verleihen:* die Lar schaft prägt den Menschen; die Kirche wu von der Kultur des römischen Reiches geprä **3.** ⟨etwas p.⟩ *neu, erstmals formulieren:* Begri neue Wörter p.; das Wort „Kommunismu wurde um 1830 in Pariser revolutionären sellschaften geprägt. * **etwas prägt sich jmd tief ins Gedächtnis** *(etwas macht auf jmdn. tie Eindruck, bleibt jmdm. unvergeßlich)*.

rägnant (bildungsspr.): *kurz und gehaltvoll, enau und treffend:* eine prägnante Antwort; etwas mit prägnanter Kürze sagen; seine Formulierungen sind p.; sich p. ausdrücken.

rägung, die: **1.** *geprägtes Bild:* eine saubere, schöne, gefällige, deutliche, künstlerische P.; die P. ist zu flach. **2.** *Eigenart, Art:* Demokratie schweizerischer P.; Sozialismus skandinavischer P.; eine Persönlichkeit von eigener, starker P.; das moderne Bürgertum erhielt von der Französischen Revolution seine Prägung.

rahlen: *eigene Vorteile oder Vorzüge übermäßig betonen:* gerne p.; hör bloß auf zu p.!; mit seinem Reichtum, mit seinen Erfolgen p.

raktisch: **I. 1.** *auf die Praxis bezogen:* praktische Erfahrungen, Ergebnisse, Anwendungsmöglichkeiten; die praktische Durchführung eines Prinzips; im praktischen Leben läßt sich das nicht verwirklichen. **2.** *zweckmäßig, gut zu handhaben:* eine praktische Erfindung, Einrichtung; dieser Büchsenöffner ist wirklich sehr p. **3.** *geschickt; für die Praxis begabt:* ein praktischer Mensch; er hat einen praktischen Verstand; ihr Mann ist in allen Dingen sehr p.; der Junge ist p. veranlagt. **4.** *tatsächlich, wirklich, greifbar:* praktische Schwierigkeiten, Erfolge. **II.** (ugs.) ⟨Adverb⟩ *in der Tat, so gut wie:* der Sieg ist ihm p. nicht mehr zu nehmen; mit ihm hat man p. keine Schwierigkeiten; sie macht p. alles. * **praktischer Arzt** *(ein alle Krankheiten behandelnder, nicht spezialisierter Arzt).*

rall: **1.** *straff, dick, fest:* pralle Schenkel, Muskeln, Arme, Brüste; pralle Tomaten, Kirschen; ein praller Sack, Luftballon; bildl.: sein pralles *(breites, derbes)* Lachen · die Brieftasche war p. gefüllt; der Reifen fühlt sich p. an; der Raum war p. gefüllt mit Menschen; der Pullover, die Bluse saß p. auf ihr. **2.** *direkt, ungehindert auffallend, scheinend:* das pralle Licht; in, an der prallen Sonne verblassen die Farben; in der prallen Sonne, im prallen Sonnenschein liegen.

rämie, die: **1.** *Belohnung, Sondervergütung:* eine außerordentliche, staatliche P.; eine P. für besondere Leistungen; eine P. aussetzen, gewähren, verlangen, erhalten, bekommen; die Mannschaft forderte für den Sieg höhere Prämien. **2.** *ausgeloster Geldbetrag:* folgende Prämien werden ausgeschüttet; zusätzliche Prämien im Lotto auslosen. **3.** *Versicherungsgebühr:* die P. für die Kfz.-Versicherung ist [am 1. des Monats] fällig, wurde erhöht; die P. festsetzen.

rämiieren, (auch:) prämieren ⟨jmdn., etwas p.⟩: *mit einem Preis auszeichnen:* einen Künstler, einen Film p.; der beste Entwurf wird mit 1 000 Mark prämiiert.

ranger, der (hist.): *Schandpfahl:* der Verbrecher wurde an den P. gestellt. * **jmdn., etwas an den Pranger stellen** *(öffentlich anprangern):* die Zeitung stellte die korrupten Praktiken mancher Firmen an den P. · **am Pranger stehen; an den Pranger kommen** *(öffentlich angeprangert werden).*

räparieren: **1.** ⟨etwas p.⟩ **a)** *haltbar machen:* einen Vogel, eine Pflanze, einen Leichnam p. **b)** (Biol., Med.) *zu Lehrzwecken zerlegen:* Muskeln p. **2. a)** (veraltend) ⟨etwas p.⟩ *(Lehrstoff) vorbereiten:* ich muß noch Latein, ein Kapitel Geschichte p. **b)** ⟨sich p.⟩ *sich vorbereiten:* sich gut, schlecht, nicht genügend, gewissenhaft p.; du hast dich für morgen, für die Schule, auf den Unterricht noch nicht präpariert.

Präsent, das (geh.): *Geschenk:* ein wertvolles P.; jmdm. ein P. machen, überreichen, schikken; jmdm. etwas zum, als P. geben.

präsentieren: **1.** ⟨jmdm. etwas p.⟩ *darbieten, überreichen, vorlegen:* jmdm. ein Glas Wein, ein Geschenk p. (selten); jmdm. einen Wechsel p.; ich werde ihm eine gesalzene Rechnung p.; bildl.: die Rechnung wird ihm schon noch präsentiert werden *(dafür wird er büßen müssen).* **2.** ⟨sich jmdm. p.; mit Artangabe⟩ *sich zeigen, sich vorstellen:* er präsentierte sich den Fernsehern als neuer Regierungschef; die Landschaft hatte sich ihm in voller Schönheit präsentiert; ⟨auch ohne Dativ⟩ der Kleine präsentierte sich in seiner vollen Größe. **3.** (militär.) **a)** *Ehrenbezeigung erweisen:* der Posten, die Ehrenkompanie präsentierte. **b)** ⟨etwas p.⟩ *zum Erweisen der Ehrenbezeigung vor sich halten:* präsentiert das Gewehr! */militär. Kommando/.*

Präsentierteller, der ⟨in den Wendungen⟩ (ugs.:) **auf dem Präsentierteller sitzen** *(auf einem Platz sitzen, an dem man von allen gesehen wird)* (ugs.:) **sich auf den Präsentierteller setzen** *(sich so setzen, daß man von allen gesehen wird).*

prasseln: **1.** ⟨etwas prasselt⟩ *etwas gibt ein prasselndes Geräusch von sich, verursacht ein prasselndes Geräusch:* die Holzscheite prasselten; im Ofen prasselte ein munteres Feuer. **2.** ⟨etwas prasselt; mit Raumangabe⟩ *etwas schlägt mit prasselndem Geräusch auf, prallt prasselnd gegen, an etwas:* der Regen prasselt auf das Dach; der Hagel prasselte gegen, an die Fenster; bildl.: Fragen, Vorwürfe prasselten auf den Redner; prasselnder Beifall.

Praxis, die: **1. a)** *gewerbliches Unternehmen des Arztes, Anwalts:* eine schöne, große, gutgehende P.; seine P. geht gut, schlecht; er hat eine P. als Rechtsanwalt eröffnet; eine P. aufmachen, ausüben, übernehmen, aufgeben, verkaufen. **b)** *Arbeitsräume des Arztes, des Anwalts:* die P. säubern, renovieren; er hat die P. bereits verlassen; zum Arzt in die P. kommen. **2. a)** *berufliche Tätigkeit:* er hat mehrere Jahre P. in seinem Beruf; er konnte in seiner langjährigen P. viele Erfahrungen sammeln; das lernt man erst durch die P. **b)** *tätige Auseinandersetzung mit der Wirklichkeit:* ob es sich bewährt, wird die P. zeigen, lehren, ergeben; er ist ein Mann der P. *(ein praktisch veranlagter, erfahrener Mann);* in der P. sieht das ganz anders aus; in der P. stehen; das stimmt mit der P. überein; der Gegensatz zwischen Theorie und P.

präzis, (auch:) präzise: *genau:* eine präzise Antwort, Auskunft; er hat ganz präzise Vorstellungen, Wünsche; die Angaben waren nicht p. genug; die Zündung muß p. erfolgen; p. arbeiten.

predigen: **1.** *eine Predigt halten:* gut, packend, eindringlich, schlecht, langweilig p.; der Pfarrer predigt über eine Bibelstelle, gegen die Heuchelei; wer predigt heute? **2.** (ugs.) ⟨etwas p.⟩ *zu etwas mahnen:* Buße, Moral, Mut und Entschlossenheit p.; ⟨jmdm. etwas p.⟩ dem Volk Toleranz, Vernunft p.; wie oft habe ich euch das nicht schon gepredigt! * **tauben Ohren predigen** *(mit seinen Ermahnungen nichts erreichen).*

Predigt, die: *größere religiöse Ansprache:* eine erbauliche, gehaltvolle, packende, zu Herzen gehende, langweilige, fade, trockene, schlechte P.; eine P. ausarbeiten, memorieren (bildungsspr.), auswendig lernen, halten, hören, nachschreiben; in die, zur P. gehen; während der P.; übertr. (ugs.): seine ewigen Predigten *(Mahnreden)* gehen mir auf die Nerven.

Preis, der: **1.** *Geldwert [einer Ware]:* hohe, niedrige, stabile, feste, ortsübliche, erschwingliche, mäßige, günstige, erträgliche, stark reduzierte, überhöhte, saftige (ugs.), gepfefferte (ugs.), unverschämte, unerhörte, zivile *(niedrige)* Preise; die landwirtschaftlichen Preise; der P. der Ware ist angemessen; für Lebensmittel gelten ab 1. 6. neue Preise, werden neue Preise wirksam; die Preise steigen, ziehen an, schlagen auf, klettern, schnellen in die Höhe, erreichen eine ungewöhnliche Höhe, liegen hoch, schwanken, sinken, stürzen, fallen, purzeln (ugs.), geben nach, erholen sich, haben sich eingependelt; der P. für dieses Modell beträgt 100 Mark · einen zu hohen P. nennen, fordern, verlangen, nehmen; einen hohen P. haben; er hat bei dem Geschäft einen schönen P. erzielt; er kann den vollen P. für die Kur nicht bezahlen; ich zahle dafür jeden P.; die Preise erhöhen, aufschlagen, hochtreiben, in die Höhe treiben, halten, ändern, drücken, senken, herabsetzen, abbauen, niedrig halten, unterbieten; den Preis vorschreiben, gestalten, bestimmen, festsetzen; der Hersteller erhält nicht den vollen P.; er hat dem Freund einen besonderen, billigen P. gemacht *(von ihm weniger verlangt)*; den P. in die Landeswährung umrechnen; er konnte den P. auf 10000 Mark herabdrücken, herunterhandeln · sie sieht beim Einkaufen nie auf den P.; etwas sinkt, steigt im P., geht im P. zurück; der Händler geht mit dem P. herunter; über einen P. verhandeln; übertr.: er wollte ihm das Leben retten, auch um den P. seines eigenen Lebens (nicht korrekt: ...um den P. des Verlustes seines eigenen Lebens)· etwas um jeden P., unter dem P. verkaufen, losschlagen (ugs.); Rabatt, Prozente, eine Ermäßigung vom P. abziehen; zu jedem, zu höchsten Preisen kaufen; er hat das Auto zu einem günstigen Preis erstanden; Sprichw.: wie der P., so die Ware. **2.** *Siegespreis:* ein wertvoller, hoch dotierter P.; der erste, zweite P.; als P. sind in dem Rennen 10000 Mark ausgesetzt; einen P. stiften, ausschreiben; jmdn. den P. zuerkennen, zusprechen, geben; die Preise überreichen; der Architekt, der Entwurf hat einen P. bekommen, errungen (geh.), gemacht (ugs.), davongetragen (ugs.); der Dichter erhielt den Preis der Stadt Bremen für sein jüngstes Stück; jmdn., etwas mit einem P. auszeichnen; sich um einen P. bewerben; um den P. kämpfen; Sprichw.: ohne Fleiß kein P. **3.** (dichter.) *Lob:* P. und Dank!; Gott dem Herrn Lob und P. singen. ∗ (ugs.:) **um keinen Preis** *(auf keinen Fall)* · (ugs.:) **um jeden Preis** *(unbedingt)*: wir müssen um jeden P. siegen · **hoch**/(selten:) **gut im Preis stehen** *(beim Verkauf hohen Gewinn bringen)*.

preisen (geh.) ⟨jmdn., etwas p.⟩: *rühmen, loben:* Gott p.; die Nachkommen werden uns darum p.; er pries sich als guter Lehrer/(veraltend:) als guten Lehrer; ⟨jmdm. jmdn., etwas p.⟩ nicht alles, was dir als richtig gepriesen wird, ist gut. ∗ **jmdn./sich glücklich preisen** *(jmdn./sich glücklich nennen)*: du kannst dich glücklich p., daß du noch nie krank warst.

preisgeben: 1. ⟨jmdn., etwas jmdm., einer Sache p.⟩ *vor jmdm., vor etwas nicht mehr schützen, ausliefern:* die Bevölkerung dem Elend p.; ... wurde dem Gelächter der Menge, der Lächerlichkeit preisgegeben; die Bauten waren der Zerstörung preisgegeben; ⟨ohne Dativ⟩ er gab seine Gefährten ohne Skrupel preis. **2.** ⟨etwas p.⟩ *verraten, aufgeben:* ein Geheimnis, die Namen der Komplicen, einen Plan, seine Grundsätze p., seine Ehre, seinen Körper p. (geh.); er hat die Ziele der Revolution preisgegeben; ⟨jmdm. etwas p.⟩ der Wissenschaftler gab seine Entdeckung der Öffentlichkeit nicht preis. **3.** (geh., veraltend) **a)** ⟨sich jmdm. p.⟩ *sich hingeben:* sie gibt sich den Männern für Geld preis. **b)** ⟨sich einer Sache p.⟩ *aussetzen:* du darfst dich nicht der Kälte p.

prekär (bildungsspr.): *schwierig, heikel:* eine prekäre Situation; die wirtschaftlichen Verhältnisse sind recht p., werden immer prekärer.

prellen: 1. ⟨jmdn., sich, etwas p.⟩ *heftig stoßen, verletzen:* sich an der Schulter p.; bei dem Unfall wurde sein Arm geprellt; ⟨sich (Dativ) etwas p.⟩ ich habe mir den Fuß geprellt. **2.** (ugs.) ⟨jmdn. p.⟩ *um etwas bringen; übervorteilen:* Käufer, Kunden p.; er hat seine Freunde tüchtig geprellt; jmdn. um den Lohn, um den Erfolg p.; das Volk um sein Recht p. **3.** (Jägerspr.; hist.) ⟨ein Tier p.⟩ *im Prelltuch immer wieder emporwerfen und wieder auffangen:* einen Fuchs p. ∗ (ugs.:) **die Zeche prellen** *(seine Rechnung im Gasthaus nicht bezahlen)*.

Presse, die: **1. a)** *Gesamtheit der Zeitungen und Zeitschriften:* die einheimische, inländische, ausländische P.; die unabhängige, parteigebundene, linke P.; die P. berichtete ausführlich über den Vorfall, brachte den Vorfall sehr groß, als Schlagzeile; die französische P. meldet, daß ...; die P. beeinflussen wollen, unterdrücken; etwas der P. mitteilen, übergeben; die Freiheit der P. verteidigen; im Spiegel der P.; sein Name wurde in der P. oft genannt; er ist von der P. *(er ist Journalist)*. **b)** *Beurteilung in der Presse, Presseecho:* eine gute, schlechte P.; die Aufführung hatte, bekam (selten) eine freundliche P.; der Schauspieler war mit seiner P. zufrieden. **2.** *Maschine, die etwas durch Pressen herstellt:* eine hydraulische P.; eine P. für Karosserien; die Zeitung hat te gerade die P. verlassen, kommt frisch aus der P.; etwas durch die P. laufen lassen; das Buch ist noch in, unter der P.; Beeren, Trauben in der, mit der P. zu Saft verarbeiten. **3.** (ugs., abwertend) *Privatschule:* er ist durchgefallen und geht jetzt in eine P.

pressen: 1. ⟨etwas p.⟩ **a)** *[mit hohem Druck] zusammendrücken:* Pflanzen, eine Blume [in einem Buch] p.; Papier, Bücher, Tuch p.; adj. Part.: ein gepreßtes *(verkrampftes, mühsam hervorgebrachtes)* Stöhnen; ... fragte er gepreßt, mit gepreßter Stimme. **b)** *durch [Zusammen]drücken herstellen, gewinnen:* Wein, Most p.; in dieser Halle werden die Karosserien gepreßt. **c)** ⟨etwas aus etwas p.⟩ *ausdrücken, herauspressen:* den Saft aus der Zitrone p. **2.** ⟨jmdn., sich, etwas p.; mit Raumangabe⟩: *irgendwohin drücken:* den Saft durch ein Tuch, in ein Gefäß p.; die Hände vor das Gesicht, den Kopf an d...

Fensterscheibe p.; die Kleider in den Koffer p.; ich preßte mich an die Hauswand, um nicht gesehen zu werden; er preßte sie beim Tanzen eng an sich; bildl.: er versucht immer, alles in sein System zu p. **3.** (veraltend) ⟨jmdn. p.⟩ *unterdrücken:* die Bevölkerung p. **4.** ⟨jmdn. zu etwas p.⟩ *zwingen:* die Zivilisten werden zum Kriegsdienst gepreßt.

rickeln: a) ⟨etwas prickelt⟩ *etwas juckt, kitzelt:* seine Hände prickelten; er bürstete sich, bis seine Haut prickelte; ⟨etwas prickelt jmdm.⟩ die Hand prickelte ihm; ⟨es prickelt jmdm. mit Raumangabe⟩ es prickelte ihm in den Fingerspitzen; unter unserer Haut prickelte es erwartungsvoll; adj. Part.: ein prickelndes Gefühl; der prickelnde *(erregende)* Reiz der Neuheit; subst.: etwas Prickelndes für den Gaumen. **b)** ⟨etwas prickelt⟩ *etwas verursacht ein prickelndes Gefühl:* die Kohlensäure prickelt [in der Nase]; ⟨etwas prickelt jmdm.; mit Raumangabe⟩ der Sekt prickelte ihm in der Nase.

rima (ugs.): *ausgezeichnet, wunderbar:* ein p. Mittagessen; er ist ein p. Kerl, Kamerad; das ist eine p. Ware, Qualität; p. neue Schallplatten; der Wein ist p.; er ist p., auf ihn kann man sich verlassen; mir geht es p.!

rimitiv: 1. *nicht zivilisiert:* primitive Völker, Kunst, Musik; die Kultur der Ureinwohner ist noch sehr p.; Biol.: primitive *(in der Entwicklung weniger fortgeschrittene)* Vögel, Arten; Psych.: primitive Mentalität *(Verhalten und Denken der Naturvölker)*. **2.** *notdürftig, einfach:* eine primitive Hütte, Bude; primitive Verhältnisse, Mittel; ein ganz primitives Gerät; seine Wohnung ist ziemlich p.; p. essen, wohnen. **3.** *ungebildet, roh, nicht verfeinert:* ein primitiver Mensch, Kerl; eine primitive Regung; er ist unwahrscheinlich p.

rinzip, das (bildungsspr.): *Grundsatz, Grundlage:* ein vernünftiges, starres, politisches, staatliches, demokratisches P.; überlebte, veraltete Prinzipien/(selten:) Prinzipe; Politik: das föderalistische, zentralistische P.; das P. der Gewaltenteilung, der Nichteinmischung; es ist mein P., auch andere Meinungen gelten zu lassen; ein P. aufstellen, befolgen, durchbrechen, umstoßen, verwirklichen, zu Tode reiten (ugs.), überspitzen; einem P. treu bleiben; auf einem P. beharren, herumreiten (ugs.); die Maschine beruht auf einem einfachen P.; etwas aus P. tun *(nur wegen des Prinzips, nicht aus sachlichen Gründen)*; im P. *(grundsätzlich)* bin ich dafür; nach einem P. handeln; die Verteilung erfolgt nach dem P., daß ...; ein Mann mit, von Prinzipien *(ein Mann, der seine Grundsätze nicht leicht aufgibt)*; er geht von seinem P. nicht ab; ein Streit um Prinzipien; ich habe es mir zum P. gemacht, nie mit Alkohol im Blut zu fahren.

rinzipiell (bildungsspr.): *grundsätzlich:* eine prinzipielle Frage, Entscheidung; ich bin p. dafür, dagegen; etwas prinzipiell klären, ablehnen.

Prise, die: *kleine [pulverförmige, körnige] Menge:* eine P. Salz; er nahm eine P. Tabak aus der Dose; mit einer P. Paprika abschmecken.

Prise, die (Seemannsspr.): *Beute:* ein Schiff als P. erklären; eine P. machen.

rivat: a) *persönlich, ureigen:* meine private Meinung; dies sind meine privaten Angelegenheiten. **b)** *vertraulich:* um ein privates Gespräch bitten; die Äußerung war nur p.; das sage ich dir ganz p. **c)** *familiär:* er liebt die private Atmosphäre; wir verkehren auch p. *(außerhalb des Arbeitsplatzes)* miteinander; sie hat ihren Sohn p. *(in einem Privatquartier)* untergebracht. **d)** *nicht öffentlich:* die private Wirtschaft; eine private Schule; etwas dient privaten Interessen; der Eingang ist p.; das Projekt ist p. finanziert worden; etwas p., an P. *(an private Kunden)*, von P. an P. verkaufen.

pro ⟨Präp. mit Akk.⟩: *für, je:* der Preis beträgt 20 Mark p. Stück; Eintritt p. Person 2 Mark; das kostet p. Kopf, p. Mann *(für jeden)* 10 Mark; die sozialen Leistungen p. männlichen Angestellten betragen ...; 100 km p. Stunde; subst.: das P. und das Kontra.

Probe, die: **1.** *Übung, Vorbereitung einer Aufführung:* eine lange, anstrengende P.; die Proben für die Uraufführung haben bereits begonnen; eine P. ansetzen, abhalten, leiten, unterbrechen, absagen, verlassen; einer P. beiwohnen; er erschien zu spät zur P. **2.** *Muster [zur genaueren Prüfung]:* eine P. Kaffee, Tee, Wein; eine P. liegt bei; hier ist eine P. seiner Handschrift; er untersuchte eine P. der Flüssigkeit; geben Sie mir eine P. mit; übertr.: eine P. seines Könnens, seiner Tapferkeit, seiner Kunst, von seinen Fähigkeiten; eine P. geben, ablegen, zeigen. **3.** *Prüfung, Kontrolle:* eine P. vornehmen, bestehen, überstehen; auf eine Rechnung die P. machen; etwas einer P. unterziehen; ich lasse es auf eine P. ankommen; in, bei einer P. [gut, schlecht] bestehen. * **jmdn. auf die Probe stellen** *(jmds. Charakterfestigkeit prüfen)* · **etwas auf die Probe/auf eine harte Probe stellen** *(etwas übermäßig beanspruchen):* sie stellte seine Geduld oft auf die P. · **auf Probe** *(versuchsweise):* einen Angestellten auf P. einstellen · **die Probe aufs Exempel machen** *(eine Behauptung an einem praktischen Fall nachprüfen)*.

proben: a) ⟨etwas p.⟩ *für eine Aufführung [ein]lernen:* eine Szene, eine Aufführung, Symphonie p.; den ersten Akt müssen wir morgen noch einmal p. **b)** *für eine Aufführung üben:* das Ensemble probt schon sechs Wochen für diese Inszenierung; der Regisseur probt intensiv, täglich mit den Schauspielern.

probieren: 1. ⟨etwas p.⟩ *kosten, prüfen:* den Wein, die Speisen p.; ich muß p., ob die Suppe genug gesalzen ist. **2.** ⟨etwas p.⟩ *versuchen:* ich werde p., ob der Motor anspringt; habt ihr schon probiert, ob es geht?; Sprichw.: Probieren geht über Studieren. **3.** ⟨etwas p.⟩ *prüfen; auf Eignung testen:* neue Schuhe p.; ich habe das Medikament, dieses Haarwuchsmittel noch nicht probiert. **4.** (Theater; ugs.) *für eine Aufführung üben:* das Ensemble probiert schon fleißig.

Problem, das: *zu lösende Aufgabe; schwierige Frage:* ein ernstes, großes, schwieriges, vielerörtertes, ungelöstes P.; ein soziales, menschliches P.; die technischen Probleme der Raumfahrt; das ist kein P. *(keine Schwierigkeit)* für mich; ein P. taucht auf, stellt sich ein; das größte P. liegt darin, daß ...; der Straßenverkehr ist ein ernstes P. für die Stadtverwaltung, stellt ein ernstes P. dar; ein P. anschneiden, angehen, anpacken, aufrollen, aufwerfen, behandeln, erläutern, lösen; einem P. ausweichen; an ein P. herangehen; jmdn. mit seinen Problemen belästigen; sich mit einem P. auseinandersetzen, beschäftigen, befassen; vor einem P. stehen; das stellt mich vor unerwartete Probleme; etwas wird zum P.

problematisch (bildungsspr.): **a)** *schwierig:* ein problematischer Mensch; eine problematische Natur; diese Frage ist sehr p.; jetzt wird es p. **b)** *zweifelhaft, fragwürdig, unsicher:* eine problematische Vereinbarung; eine endgültige und dauerhafte Lösung ist unter diesen Umständen sehr p.

Produkt, das: → Erzeugnis.

Produktion, die: **a)** *Herstellung:* die industrielle, landwirtschaftliche P.; die laufende, tägliche P. von Autos; die P. läuft, kommt ins Stocken, bricht zusammen; die P. planen, erhöhen, steigern, ankurbeln, stoppen, umstellen; der Arbeiter steht, arbeitet in der P. **b)** *das Produzierte, Erzeugnisse:* bei dem Brand wurde die P. des letzten Jahres vernichtet.

produzieren: 1. ⟨etwas p.⟩ *herstellen:* Waren, Stahl, Lebensmittel p.; die Industrie produziert mehr, als sie absetzen kann; ⟨auch ohne Akk.⟩ schnell, billig, rationell, nach dem Bedarf p. **2.** (ugs.) ⟨etwas p.⟩ *machen, hervorbringen:* eine Verbeugung, Entschuldigung p.; die Kapelle produzierte großen Lärm. **3.** (ugs.) ⟨sich p.⟩ *sich auffällig verhalten, zeigen:* sich auf der Bühne, als Clown p.; wenn Besuch da ist, produziert sich unsere Kleine immer.

Profil, das: **1.** *Seitenansicht [des Gesichts]:* ein scharfes, scharfgeschnittenes, schönes, charaktervolles, klassisches, griechisches P.; das P. eines Menschen; jmdm. das P. zuwenden, zeigen; jmdn. im P. malen, photographieren. **2.** (bildungsspr.) *ausgeprägte Eigenart:* das P. eines Politikers, einer Partei; er besaß P., hatte sein persönliches P.; der Mann hat [kein] P.; ein Mann mit P.; an P. gewinnen, verlieren. **3.** *Riffelung, Kerbung bei Reifen, Sohlen:* ein gutes, breites, hohes, starkes P.; das P. an den Reifen ist schon ganz abgefahren; die Profile der Schuhe hinterließen deutliche Spuren im Schnee; deine Reifen haben nur noch ein schwaches, dünnes P., haben kein P. mehr. **4. a)** (Technik) *Umriß, Querschnitt:* das P. des Hochofens, des Eisenträgers, einer Straße; Flugw.: ein symmetrisches P. *(senkrechter Querschnitt der Tragfläche).* **b)** (Geogr.) *senkrechter Schnitt durch die Erdoberfläche:* ein geologisches P.; ein P. durch die Alpen.

Profit, der: *Gewinn, Nutzen:* ein hoher, kleiner, geschäftlicher P.; der ganze P. ging wieder verloren; P. machen (ugs.), haben, ziehen, herausschlagen (ugs.); den P. berechnen, sichern; er ist nur auf P. bedacht, auf P. aus; mit P. arbeiten.

Prognose, die: *Voraussage:* eine ärztliche P.; eine gute, günstige, optimistische, schlechte, düstere, gewagte, vorsichtige, richtige, falsche P.; die P. über den Krankheitsverlauf traf ein, erfüllte sich; eine P. stellen, wagen.

Programm, das: **1.** *Folge von Darbietungen; vorgesehener Ablauf einer Veranstaltung; das Dargebotene, Darbietungen:* ein gutes, schlechtes, buntes, abwechslungsreiches, erlesenes (geh.), künstlerisches, sorgfältig ausgewähltes P.; das P. einer Tagung, der Olympischen Spiele; das P. des Abends; das P. wechselt oft; das P. zusammenstellen, aufstellen, veröffentlichen, abändern, einhalten; das Kabarett bringt ein neues P.; etwas auf das P. setzen; auf dem P. stehen Werke von Mozart; etwas neu ins P. aufnehmen; Rundf.: das erste, zweite P.; ein P. ausstrahlen, empfangen können; durch das P. führt [als Conférencier] N. N. ... **2.** *Programmheft, -zettel:* ein schön gestaltetes P.; das P. kostet 50 Pfennig; ein P. kaufen. **3.** *Grundsätze, Plan:* ein politisches, wirtschaftliches, weltanschauliches P.; das kulturelle P. der Stadtverwaltung; das P. einer Partei; ein P. zur Bekämpfung des Hungers in Afrika; ein P. entwickeln, verfechten, vertreten, erfüllen. **4** (Technik) *Aufgabe für einen Computer:* ein P. zu einer Aufgabe schreiben; dem Computer ein P. eingeben, vorgeben. * **nach Programm** *(wunschgemäß, programmgemäß):* das Spiel begann für die Mannschaft ganz nach P. · **etwas steht auf jmds. Programm** *(etwas wurde von jmdm. beabsichtigt, eingeplant):* für heute stehen einige Einkäufe auf dem P.

Projekt, das (bildungsspr.): *Vorhaben, Plan:* ein großes, interessantes, kühnes, phantastisches, teures P.; diese Autobahnbrücke ist ein gigantisches P.; ein P. vorbereiten, entwerfen, reifen lassen, durchführen, ausführen, realisieren, aufgeben, verwerfen (geh.), fallenlassen; sich mit einem P. beschäftigen, tragen.

Prokura, die (Kaufmannsspr.): *Handlungsvollmacht:* jmdm. P. erteilen, geben; er besitzt, hat P.; er hat die volle P.; seine P. verlieren; er ist Abteilungsleiter mit P.

prompt: 1. ⟨Adj.⟩ *unverzüglich, rasch:* eine prompte Auskunft, Bedienung, Arbeit; seine Antwort war, kam p.; p. helfen; etwas p. erledigen; p. antworten. **2.** ⟨Adverb⟩ *wie erwartet, natürlich:* er fiel p. auf die Lüge herein; was er befürchtet hatte, traf p. ein; als wir spazierengehen wollten, regnete es p.

Propaganda, die: *intensive [politische] Werbung:* eine geschickte, wirkungsvolle, kostspielige, marktschreierische P.; die kommunistische P.; das ist doch alles nur P.; für eine Aktion P. machen *(werben);* P. treiben, entfalten (geh.)

propagieren (bildungsspr.) ⟨etwas p.⟩: *für etwas Propaganda machen:* einen Standpunkt, eine Meinung p.; den Fortschritt p.; eine allgemeine Krankenversicherung wurde als Ziel der Verhandlungen propagiert.

pros[i]t (ugs.): */Zuruf, besonders beim Trinken und zu Neujahr/:* p. Neujahr!; p. allerseits!; subst.: ein P. dem Gastgeber, der Gemütlichkeit, auf den edlen Spender. * (ugs.; scherzh.:) **prost Mahlzeit!** *(das kann ja gut werden!).*

Protest, der: **1.** *heftiger Widerspruch, Einspruch:* ein scharfer, geharnischter, heftiger, energischer, zorniger, empörter, flammender (geh.), leidenschaftlicher, formeller P.; ein stummer P. *(Protest durch Schweigen);* ein verzweifelter P. gegen die ungerechte Behandlung; es hagelte Proteste; die Proteste nutzten nichts, drangen nicht durch; P. erheben, einlegen, einreichen, anmelden; allen Protesten zum Trotz trat die Bestimmung in Kraft; aus P. der Sitzung fernbleiben; etwas gegen jmds.

'. durchsetzen; er verließ unter P. das Lokal. :. (Geldw.) *Annahmeverweigerung von Schecks . ä.:* einen Wechsel zu P. gehen lassen.

rotestieren: a) ⟨gegen jmdn., gegen etwas .⟩ *sich auflehnen:* gegen die unwürdige Beıandlung, die niedrigen Renten p.; ich prote-tiere dagegen, daß ich hier festgehalten werde. **)** *Protest erheben:* schwach, entschieden, heftig p.; er protestierte vor aller Öffentlichkeit; r hat wegen der Verzögerung protestiert.

rotokoll, das: **1.** *Niederschrift, schriftliche Zuammenfassung:* ein polizeiliches P.; ein geaues, sorgfältiges P. über die Verhandlungen; las P. führen; ein P. anfertigen, aufsetzen, ufnehmen, vorlesen, genehmigen, unterschrei-)en; etwas ins P. aufnehmen, im P. festhalten. **2.** *diplomatisches Zeremoniell:* der Chef des Pro-:okolls; das P. des Staatsbesuchs festlegen, ındern, mit der ausländischen Botschaft ab-prechen; er ist der erste Mann im P. der Bunlesrepublik. * **etwas zu Protokoll geben**/(sel-:en:) **bringen** *(aussagen, damit es im Protokoll estgehalten wird):* er gab alles, was er gesehen ıatte, zu P. · **etwas zu Protokoll nehmen** *(im Protokoll festhalten):* die Aussagen aller Zeugen wurden zu P. genommen.

rotzen (ugs.) ⟨mit etwas p.⟩: *prahlen:* er protzt mit seinem vielen Geld, mit seinen Erfolgen.

rovinz, die: **1.** *Verwaltungsgebiet:* eine reiche, ruchtbare, überseeische P.; die spanischen, niederländischen Provinzen; die P. Bozen; das alte Preußen war in Provinzen eingeteilt. **2.** (meist abwertend) *Hinterland, rückständige Gegend:* die Stadt, die Gegend ist finsterste, hinterste (ugs.) P.; die P. denkt oft anders als die Stadt; auf die P. herabsehen; er kommt aus der P.; in der P. leben, wohnen.

rovisorisch: *behelfsmäßig, vorläufig:* eine provisorische Einrichtung, Unterkunft; eine provisorische Regierung, Maßnahme, Lösung; das ist alles nur p.; etwas p. reparieren, regeln.

rovozieren (bildungsspr.): **a)** ⟨jmdn., etwas p.⟩ *herausfordern, reizen:* den Lehrer, Redner p.; die Demonstranten wollten die Polizei p.; er ließ sich zu beleidigenden Äußerungen p.; ⟨auch ohne Akk.⟩ der Dichter wollte nur p. **b)** ⟨etwas p.⟩ *[durch eine Provokation] hervorrufen:* einen Skandal, Krach, Angriff p.; damit hat er nur das Gegenteil provoziert.

'rozent, das: *der hundertste Teil:* die Partei erhielt 42 P. der Stimmen; der Schnaps enthält 60 P. Alkohol; der Händler gibt, gewährt 10 P. Rabatt; für ein Darlehen 8 P. [Zinsen] zahlen müssen; in diesem Geschäft bekomme ich auf alle Waren 10 P. *(10 Prozent Rabatt),* bekomme ich Prozente *(Rabatt, Preisermäßigung);* etwas in Prozenten ausdrücken.

rozentual: *nach Prozenten gerechnet:* prozentuale Beteiligung; er ist am Gewinn, an diesem Unternehmen p. beteiligt.

'rozeß, der: **1.** *Gerichtsverfahren:* ein politischer, aufsehenerregender P.; der P. wird zu seinen Gunsten entschieden, geht glücklich aus; gegen jmdn. einen P. anstrengen, einleiten, führen, gewinnen, verlieren; einen P. an den Hals kriegen (ugs.); mit jmdm. einen P. haben; mit jmdm. im P. liegen; in einem P. unterliegen; er will es deswegen zum P. kommen lassen; mit jmdm. in einen P. verwickelt werden, sein; Sprichw.: besser ein magerer Vergleich als ein fetter P. **2.** *Entwicklung, Vorgang:* ein geschichtlicher, mechanischer, chemischer P.; ein langwieriger, rückläufiger P.; der Untergang des Römischen Reiches vollzog sich als langsamer, unabänderlicher P.; ein P. der Auflösung, Zersetzung; einen P. beschleunigen. * **jmdm. den Prozeß machen** *(gegen jmdn. bei Gericht Klage erheben)* · (ugs.:) **mit jmdm., mit etwas kurzen Prozeß machen** *(energisch, ohne Rücksicht auf Einwände mit jmdm., etwas verfahren).*

prozessieren ⟨gegen jmdn./mit jmdm. p.⟩: *einen Prozeß führen:* er prozessierte jahrelang gegen seinen früheren Geschäftspartner; er prozessiert mit der Stadt wegen des Geländes.

prüde (abwertend): *übertrieben schamhaft, zimperlich:* ein prüder Mensch; ihre Ansichten in erotischen Dingen sind sehr p.; etwas p. verschweigen, verheimlichen.

prüfen: 1. ⟨jmdn., etwas p.⟩ *untersuchen:* die Qualität eines Materials, die Sicherheit der Seilbahn, die Anwesenheit der Schüler, die Einnahmen und Ausgaben p.; Kaufmannsspr.: die Bücher p. · etwas auf seine Reinheit, Beschaffenheit, Tragfähigkeit, Richtigkeit p.; den Schmuck auf seine Echtheit p.; der Sportler wurde auf seine Reaktionsfähigkeit geprüft; es muß geprüft werden/zu p. ist, ob ...; adj. Part.: sie sah ihn prüfend, mit prüfenden Blicken an. **2.** ⟨jmdn. p.⟩ *jmds. Wissen, Fähigkeit feststellen:* einen Schüler, Lehrling p.; einen Studenten in Anatomie p.; ⟨auch ohne Akk.⟩ streng, milde, scharf p.; bei der Reifeprüfung wird schriftlich und mündlich geprüft; adj. Part.: ein geprüfter Elektrotechniker. **3.** (geh.) ⟨sich p.⟩ *sich selbst zu erkennen suchen:* du mußt dich ernstlich p., ob du für diese Aufgabe geeignet bist. **4.** ⟨jmdn. p.; mit Artangabe⟩ *Belastungen aussetzen, mitnehmen:* das Schicksal hat ihn hart geprüft; er ist in seinem Leben schwer geprüft worden. * (ugs.:) **jmdn. auf Herz und Nieren prüfen** *(jmdn. gründlich prüfen).*

Prüfung, die: **1.** *Untersuchung, Erprobung:* eine genaue, gründliche, sorgfältige, kleinliche, unvoreingenommene, sachliche P.; eine P. der Angaben vornehmen, anstellen; ich muß mir eine eingehende P. des Falles vorbehalten; er versprach ihm eine gewissenhafte P. seines Gesuchs; wir müssen den Fall einer genauen P. unterziehen, unterwerfen; bei genauerer P. stellten sich an der Maschine Mängel heraus; nach nochmaliger P. kamen wir zu dem Entschluß ... **2.** *Examen:* eine schwere, leichte, strenge, schriftliche, mündliche P.; die P. beginnt um 10 Uhr; eine P. ansetzen, anberaumen, machen (ugs.), abnehmen, abhalten, ablegen, bestehen, gut überstehen; wenn ich diese P. hinter mir habe, bin ich mit dem Studium fertig; ich werde mich der P. unterziehen; sich auf eine P. vorbereiten; für eine P. lernen; bei, in der P. durchfallen, nicht durchkommen, durchrasseln (ugs.); durchfliegen (ugs.), durchsausen (ugs.); durch die P. fallen (ugs.); in die P. steigen (ugs.), sich zu einer P. anmelden; zur P. antreten. **3.** (geh.) *Schicksalsschlag, Heimsuchung:* eine schwere, harte, furchtbare P.; diese P. blieb mir nicht erspart, überstieg meine Kraft; eine P. überstehen.

Prügel, der: **1.** (landsch.) *Stock, Knüppel:* ein starker, dicker P.; er griff nach seinem P.; mit einem P. bewaffnet sein. **2.** ⟨Plural⟩ *Schläge:* Prügel verdienen, beziehen, bekommen, austeilen; für diese Frechheit mußte er die schlimmsten Prügel seines Lebens einstecken; bei ihm gab es oft Prügel; Sprichw.: Prügel sind keine Beweise. * (ugs.:) **eine Tracht Prügel** *(eine gehörige Anzahl Schläge):* er hat eine gehörige, ordentliche Tracht Prügel bekommen.

Prügelknabe, der (ugs.): *Sündenbock:* er ist immer der P.; den Prügelknaben für jmdn. abgeben; ich will nicht zum Prügelknaben für die Fehler meiner Vorgänger gemacht werden.

prügeln: 1. a) ⟨jmdn. p.⟩ *schlagen:* einen Hund p.; jmdn. mit einem Stock windelweich (ugs.) p.; die Schüler prügeln sich/(geh.:) einander auf dem Schulweg; ⟨ohne Akk.⟩ er prügelt grundsätzlich nicht. **b)** ⟨sich mit jmdm. p.⟩ sie prügelte sich mit ihrer Nachbarin; er prügelte sich mit seinem Freund um das Mädchen; ⟨auch ohne Präpositionalobjekt⟩ sie hatten sich um die besten Plätze geprügelt. **2.** ⟨jmdn. p.; mit Raumangabe⟩ *prügelnd irgendwohin treiben:* sie prügelten ihn aus dem Lokal, über den Hof.

Prunk, der: *glanzvoller Aufwand:* großer, leerer P.; P. entfalten; eine Revue mit unvorstellbarem P. ausstatten.

psychisch (bildungsspr.): *seelisch:* psychische Krankheiten, Störungen, Hemmungen; ein psychischer Vorgang; er steht, arbeitet unter psychischem Druck; er ist p. krank; seine Schlaflosigkeit ist p./p. bedingt; das Erlebnis hat sich p. ausgewirkt.

publik (bildungsspr.) ⟨in den Verbindungen⟩ **etwas ist/wird publik** *(etwas ist/wird allgemein bekannt):* die Sache ist längst p.; die Rücktrittspläne des Ministers sind vorzeitig p. geworden · **etwas publik machen** *(etwas öffentlich bekanntmachen):* das Ergebnis wurde aus taktischen Gründen vorzeitig p. gemacht.

Publikum, das: **1.** *Zuhörer, Zuschauer:* ein aufgeschlossenes, dankbares, interessiertes, zufriedenes, kritisches, murrendes P.; das P. verfolgte die Aufführung mit großem Interesse, applaudierte lange; der Schriftsteller eroberte sich, verlor sein P. *(seine Leserschaft)*, hat ein festes, treues P.; der Dichter las vor einem sachverständigen P.; es gab Pfiffe aus dem P.; der Autor saß mitten im P., wurde vom P. gefeiert. **2.** *Gesamtheit der Gäste:* das P. eines Lokals, eines Kurortes; hier verkehrt nur gutes P.; das P. ist dort sehr gemischt. * **sein Publikum finden** *(beim Publikum Gefallen finden):* das Buch wird sein P. finden.

Pudel, der: */eine Hunderasse/:* ein kleiner, weißer P.; Redensart: das ist des Pudels Kern *(das ist die eigentliche Ursache)*. * (ugs.:) **wie ein begossener Pudel** *(kleinlaut, beschämt):* er stand da, schlich davon wie ein begossener P.

Puder, der: *feines Pulver:* feiner, talkumhaltiger P.; P. auftragen, auflegen, auf/über eine Wunde streuen.

pudern ⟨jmdn., sich, etwas p.⟩: *mit Puder bestäuben:* ein Kind, die Wunde, die Füße p.; sie hat sich stark gepudert; ⟨jmdm., sich etwas p.⟩ sie puderte sich das Gesicht, die Nase.

[1]**Puff,** der (ugs.): *Stoß:* ein grober, leichter P.; jmdm. einen P. geben, versetzen; Schläge und Püffe/(seltener:) Puffe bekommen; es setz[t] Püffe; Püffe aushalten, austeilen; übertr.: [e]r kann schon einige Püffe vertragen, aushalte[n] *(er ist nicht empfindlich)*.

[2]**Puff,** der (ugs.): *Bordell:* in den P. gehen.

Pulle, die (bes. nordd.; ugs.): → Flasche.

Puls, der: **a)** *Druckschwankung der Schlagader[n]:* ein schwacher, schneller, fliegender, jagende[r], leichter, [un]regelmäßiger P.; der P. geh[t], schlägt, hämmert, hüpft (ugs.), klopft, jag[t], pocht, stockt, wird schwächer, setzt aus. **b)** *Anzahl der Pulsschläge pro Minute:* den P. me[s]sen, zählen; ich fühlte mir den P. **c)** *Stelle a[m] Handgelenk, an dem man den Puls fühlt:* an de[n] nach dem P. greifen.

pulsieren, (auch:) pulsen ⟨etwas pulsiert⟩: **a)** *lebhaft fließen, strömen:* das Blut pulsiert in de[n] seinen Adern. **b)** *lebendig, in ständiger Bew[e]gung sein:* in den Straßen der Stadt pulsiert d[er] Verkehr; das Leben in der Großstadt pulst Ta[g] und Nacht; er sehnte sich nach der pulsierende[n] Großstadt.

Pulver, das: **1. a)** *fein gemahlener Stoff:* ein fe[i]nes, weißes, trockenes P.; ein P. ausstreuen; etwas zu P. verreiben, mahlen. **b)** *pulverförm[i]ges Medikament:* ein schmerzstillendes P.; ei[n] P. gegen Kopfschmerzen; das P. wirkt se[hr] schnell; ein P. bereiten, mischen, in ein Geträn[k] schütten, in Wasser auflösen; ein P. verordnen, verschreiben, einnehmen, schlucken. **c)** *Schie[ß]pulver:* schwarzes, kleinkörniges, grobkörnige[s] P.; das P. entzündet sich, blitzt auf, ist feuc[ht] geworden; das P. trocken halten; Redensar[t] (ugs.): er hat das P. nicht erfunden *(er ist nic[ht] besonders klug)* · das Gewehr mit P. und Blei la[den]. **2.** (ugs.) *Geld:* er hat nicht genug P.; m[ir] ist das P. ausgegangen. * (ugs.:) **keinen Schu[ß] Pulver wert sein** *(nicht das geringste wert sein)*; (ugs.:) **sein Pulver verschossen haben** *(alle Arg[u]mente, Beweise zu früh vorgebracht haben)*.

Pulverfaß, das ⟨nur in bestimmten Wendu[n]gen⟩ **auf einem Pulverfaß sitzen** *(in großer G[e]fahr sein)* · **den Funken ins Pulverfaß schleu[dern]; die Lunte ans Pulverfaß legen** *(eine[n] schwelenden Konflikt zu einem offenen Streit we[r]den lassen)* · **der Funke im Pulverfaß sein** *(au[s]lösendes Moment für einen Krach, Streit sein)*; **einem Pulverfaß gleichen** *(in einer so kritische[n] Spannung sein, daß jederzeit ein Krieg ausbr[e]chen kann):* der Nahe Osten gleicht einem P.

Pump der (ugs.) ⟨nur in bestimmten Wendu[n]gen⟩ **einen Pump aufnehmen** *(Geld leihen)* · **a[uf] Pump** *(mit geborgtem Geld):* er lebt auf P.; etw[as] auf P. nehmen, kaufen.

Pumpe, die: *Maschine zum Befördern von Flü[s]sigkeiten o. ä.:* eine starke, elektrische P.; die [P.] wird noch mit der Hand betätigt.

pumpen: 1. ⟨etwas p.; mit Raumangabe⟩ *m[it] einer Pumpe irgendwohin befördern:* Luft in de[n] Fahrradschlauch p.; Wasser aus dem Kelle[r], aus dem Schiff p.; bildl.: er hat Millionen [in] das Unternehmen gepumpt · ⟨auch absolut⟩ d[ie] Maschine pumpt zu langsam. **2.** (ugs.) **a)** ⟨jmdn. etwas p.⟩ *jmdm. etwas leihen, borgen:* jmdn. Geld, ein Buch p.; kannst du mir 10 Mark p.? der Wirt will ihm nichts mehr p. **b)** ⟨sich (Da[tiv]) etwas p.⟩ *sich etwas ausborgen, leihen:* ic[h] habe mir einen Schirm gepumpt; er pump[t] sich bei, von seinem Freund 10 Mark.

unkt, der: **1. a)** *kleiner Fleck:* ein runder P.; das Kleid hat schwarze Punkte; der Adler schwebte als kaum erkennbarer P. hoch in der Luft. **b)** *punktförmiges Zeichen:* am Ende eines Satzes steht ein P.; einen P. setzen, machen; du hast den P. auf dem i vergessen; Redensart (ugs.): nun mach aber [endlich] einen P.! *(jetzt ist es aber genug!)*; Musik: die Note hat einen P. *(nach der Note steht als Verlängerungszeichen ein Punkt)*. **2.** *Ort, Stelle:* der höchste P. Deutschlands ist der Gipfel der Zugspitze; dieser Platz ist einer der schönsten Punkte der Alpenwelt; den Blick starr auf einen P. lenken, gerichtet haben; Math.: ein trigonometrischer P. *(Vermessungspunkt)*; der Kreis ist der geometrische Ort aller Punkte, die vom Mittelpunkt den gleichen Abstand haben · übertr.: hier ist der P. erreicht, wo meine Geduld zu Ende ist; das ist ein schwacher P. in seiner Beweisführung; auch in seiner Vergangenheit gab es einen dunklen P.; das ist ein wunder P. bei ihm *(da ist er sehr empfindlich)*; in diesem P. ist er sehr empfindlich. **3. a)** *Gegenstand, Thema [von Verhandlungen o. ä.]:* ein wichtiger, vordringlicher, heikler, strittiger, fraglicher, kritischer P.; verschiedene Punkte seines Vortrags erregten starke Bedenken; einen P. berühren, erörtern, besprechen; einige Punkte wurden aus Zeitmangel zurückgestellt; in gewissen Punkten war er nicht zu überzeugen; in wesentlichen Punkten stimmten wir überein; über einen P. verhandeln, sich besprechen, sich einigen; eine Tagesordnung von zwanzig Punkten. **b)** *Abschnitt [eines Textes o. ä.]:* sie gingen die einzelnen Punkte des Vertrags gemeinsam durch; ich ließ mir den Vertrag P. für P. *(in allen Einzelheiten)* erklären; der Entwurf mußte in einigen Punkten geändert werden. **4.** (Sport) *Bewertungseinheit bei Wettkämpfen:* er erreichte, erzielte 210 Punkte; 5200 Punkte genügten für den Titel im Fünfkampf; die dänische Mannschaft führte, siegte mit 26 Punkten vor der deutschen; Boxen: den Gegner nach Punkten besiegen, schlagen; er führte, verlor nach Punkten. **5.** (Druckerspr.) */typographisches Maß/:* der Setzer berechnet Schriftgröße und Zeilenabstand nach Punkten; zwischen den einzelnen Abschnitten 2 Punkt Zwischenraum lassen. **6.** ⟨in der Verbindung⟩ Punkt + Uhrzeitangabe: *genau um:* das Spiel beginnt P. 15 Uhr; ich werde Punkt/(schweiz., östr.:) punkt 15 Uhr da sein. * **etwas ist der springende Punkt** *(etwas ist das Entscheidende, das Wichtigste bei etwas)* · (ugs.:) **ohne Punkt und Komma reden** *(in einem fort, ohne Ende reden)* · **der tote Punkt: a)** *(Stelle, an der es nicht weitergeht):* die Verhandlungen sind auf einem toten P. angekommen. **b)** *(Zustand stärkster Ermüdung):* ich muß erst den toten P. überwinden · **der neuralgische Punkt** *(etwas, wobei es immer wieder zu Schwierigkeiten kommen kann):* das Stück Mannheim–Frankfurt ist der neuralgische P. im deutschen Autobahnnetz.

ünktlich: *den Zeitpunkt genau einhaltend:* ein pünktlicher Mensch; wir bitten um pünktliche Lieferung der Ware; er ist stets p.; p. ins Büro gehen; die Raten p. zahlen; die Termine p. einhalten; er kam p. auf die Minute wie immer; der Vortrag beginnt p. um 20 Uhr.

Pünktlichkeit, die: *das Pünktlichsein:* große, lobenswerte, militärische P.; seine P. läßt zu wünschen übrig; er legt viel wert auf P.; jmdn. zur P. erziehen; Redensart: P. ist die Höflichkeit der Könige.

Puppe, die: **1. a)** *Nachbildung eines Kindes als Spielzeug:* eine große, schöne P.; sie hat die P. zum Geburtstag bekommen; ein Kind wie eine P. aufputzen; noch mit Puppen spielen. **b)** *Marionette:* die P. tanzt, springt; die Puppen führen *(bewegen)*; übertr.: er ist nur eine willenlose P. *(ist nur ein willenloses Werkzeug)* in der Hand der Parteibonzen. **2.** (ugs.) *Mädchen:* eine blonde, hübsche, kesse (ugs.), tolle (ugs.), süße (ugs.) P.; die P. sieht nett aus; bringst du deine P. mit? **3.** */letztes Entwicklungsstadium der Insekten/:* die Raupe verwandelt sich in eine P. **4.** (landsch.) *zusammengestellte Getreidegarben:* die Garben in Puppen setzen; das Getreide steht in Puppen. * (ugs.:) **bis in die Puppen** *(sehr lange):* bis in die Puppen aufbleiben, schlafen · (ugs.:) **die Puppen tanzen lassen: a)** *(es hoch hergehen lassen; ausgelassen sein)*. **b)** *(sehr wütend sein)*.

pur: a) *rein, nicht vermischt:* pures Gold; purer Wein; den Whisky p. trinken. **b)** *bloß, nichts anderes als; völlig:* das ist purer Zufall; das ist ja purer Wahnsinn; er sagte die pure Wahrheit; etwas aus purer Höflichkeit tun.

purzeln ⟨mit Raumangabe⟩: *irgendwohin fallen [und sich dabei überschlagen]:* die Kinder purzelten in den Schnee, aus der Tür; die Äpfel waren auf den Boden gepurzelt.

Puste, die (ugs.): *Atem:* ihm ging die P. aus, verging die P.; er verlor die P.; ich habe keine P. mehr; ich bin von dem schnellen Lauf ganz aus der P., außer P. * **jmdm. geht die Puste aus: a)** *(jmd. kommt außer Atem, ist mit seiner Kraft am Ende)*. **b)** *(jmd. kommt in finanzielle Schwierigkeiten)*.

pusten (ugs.; landsch.): **1. a)** ⟨mit Raumangabe⟩ *irgendwohin blasen:* ins Feuer p.; er pustete aus Leibeskräften in die Trompete; ⟨jmdm. p.; mit Raumangabe⟩ er pustete ihm ins Gesicht. **b)** ⟨etwas p.; mit Raumangabe⟩ *durch Blasen irgendwohin bewegen, bringen:* den Staub vom Tisch p.; ⟨jmdm. etwas p.; mit Raumangabe⟩ er pustete ihr das Haar von der Schulter; puste mir doch nicht dauernd den Rauch ins Gesicht. **2.** (ugs.) *schwer atmen, schnaufen:* wenn er ein paar Treppen gestiegen ist, muß er schon p.

Putsch, der: *Absetzung einer Regierung durch Waffengewalt:* ein mißglückter, schlecht vorbereiteter P.; der P. gegen die Militärregierung ist mißlungen, zusammengebrochen; einen P. anzetteln, unternehmen, zerschlagen, blutig ersticken; sich an einem P. beteiligen; der Diktator ist durch einen P. an die Macht gekommen.

putschen: *einen Putsch unternehmen:* die Armee hat geputscht.

Putz, der: **1.** *Mauerbewurf aus Mörtel:* der P. blättert ab, fällt ab, bröckelt ab, hält nicht; den P. erneuern. **2.** (veraltet) *Aufputz, modische Aufmachung:* sie erschien in vollem P., gibt das ganze Geld für P. aus.

putzen: 1. ⟨etwas p.⟩ *reinigen:* die Fenster, Spiegel, Türklinken, das Besteck, Silber p.; das Fahrrad blank p.; das Gemüse, den Salat p.; du hast deine Schuhe noch nicht geputzt; ein Pferd p.; das gedroschene Getreide, der Samen muß vor der Aussaat geputzt werden; ⟨jmdm., sich etwas p.⟩ dem Kind die Nase p.; du mußt dir die Zähne p.; er putzte sich geräuschvoll die Nase. **2.** (veraltet) **a)** ⟨jmdn., sich p.⟩ *schmükken, schön kleiden:* die Mutter konnte ihre Tochter nicht genug p.; das Mädchen putzt sic gern. **b)** ⟨etwas putzt etwas⟩ *etwas zier schmückt etwas:* die Schleifchen putzen da Kleid sehr.

putzig (ugs.): *drollig:* ein putziges Tier; di putzige kleine Person gefiel mir; das ist ab p.!; das Kleid sieht recht p. aus.

Q

Quadrat, das: **1.** *Rechteck mit vier gleich langen Seiten:* ein großes Q. zeichnen; die Fläche eines Quadrats berechnen. **2.** *zweite Potenz einer Zahl:* eine Zahl ins Q. erheben; etwas wächst, nimmt ab im Q. der Entfernung; zwei zum Q. ist vier.

Qual, die: *Schmerz, Leid:* große, fürchterliche, höllische, arge, heftige, unsagbare Qualen; körperliche, seelische Qualen; die Qualen des Gewissens, des Zweifels; Qualen leiden, ertragen, empfinden, ausstehen, durchstehen; jmdm. eine Q. bereiten, zufügen; jmds. Qualen mildern, erleichtern, lindern; jmdn. von seiner Q. befreien, erlösen; der Hunger, die Hitze wurde zur Q.; Sprichw.: wer die Wahl hat, hat die Q. *(es ist oft schwer, sich zwischen mehreren Möglichkeiten zu entscheiden).*

quälen: 1.a) ⟨jmdn. q.⟩ *jmdm. körperlichen oder seelischen Schmerz zufügen:* ein Tier unnötig, grausam q.; sie quälten ihr Opfer unmenschlich, bis aufs Blut, zu Tode; der Gedanke, die Vorstellung, die Frage quälte ihn; adj. Part.: quälende Ungewißheit; ein quälender Husten; ein gequältes Lächeln; er blickte gequält drein. **b)** ⟨jmdn. mit etwas q.⟩ *lästig fallen, zusetzen:* jmdn. mit Vorwürfen q.; die Kinder quälten die Mutter mit dem Wunsch, ins Kino gehen zu dürfen. **2.** ⟨sich q.⟩ *sich abmühen:* der Kranke quälte sich bei jeder Bewegung; er quält sich Tag und Nacht mit diesem Problem. **3.** ⟨sich q.; mit Raumangabe⟩ *sich mühsam irgendwohin bewegen:* das Auto quälte sich über den Berg; er quälte sich durch den Schnee.

qualifizieren: 1.a) (Sport) ⟨sich q.⟩ *die für die Teilnahme an etwas geforderte Leistung erbringen:* vier Mannschaften haben sich qualifiziert; sich für die Olympischen Spiele q.; durch den Sieg über Schottland qualifizierte sich Deutschland für die Fußballweltmeisterschaft. **b)** (bildungsspr.) ⟨sich q.⟩ *sich weiterbilden, den Befähigungsnachweis erbringen:* er besucht einen Kurs, um sich für einen besseren Posten zu q.; er hat sich zum Facharbeiter qualifiziert. **2.** ⟨etwas qualifiziert jmdn. als etwas, für/zu etwas⟩ *etwas erweist, daß jmd. für etwas geeignet ist:* seine Erfahrung qualifiziert ihn für diesen, zu diesem Posten; seine alte Tätigkeit qualifiziert ihn als Interpreten; adj. Part.: *befähigt:* ein qualifizierter Mitarbeiter; qualifizierter Nachwuchs; eine qualifizierte *(sehr gute)* Arbeit; er ist für diese Aufgabe besonders qualifiziert. **3.** (bildungsspr.) ⟨jmdn., etwas als etwas q.⟩ *beurteilen, einstufen:* der Sachverständige, das Gutachten qualifizierte die Tat nicht als Mord, sor dern als Totschlag; er wurde als begabter Sär ger qualifiziert. * (Politik:) **qualifizierte Meh heit** *(Zweidrittelmehrheit der stimmberechtigte Stimmen)* · (Rechtsw.:) **ein qualifiziertes Verge hen** *(Vergehen, das durch erschwerende Grün härter bestraft, als Verbrechen gewertet wird).*

Qualität, die: **a)** *Güteklasse, Beschaffenhei* gute, schlechte, geringe, mittlere, mindere, her vorragende, erstklassige Q.; das ist Q.!; Q., nich Quantität; diese Ware ist erste, zweite Q.; wen Sie Q. *(Waren von guter Qualität)* kaufen wo len...; auf Q. achten, sehen; ein Stoff von beste Q.; der Name der Firma bürgt für Q.; Sprachw die Q. *(Klangfarbe)* eines Vokals. **b)** *[gute] An lage, Vorzug:* künstlerische, menschliche, geist ge, politische Qualitäten; der Mann hat kein besonderen Qualitäten.

qualmen: 1.a) ⟨etwas qualmt⟩ *etwas rauch* der Ofen, der Schornstein, Kamin qualmt; nac dem Brand blieben von dem Gebäude nur qual mende Mauerreste übrig. **b)** ⟨es qualmt; mi Raumangabe⟩ *es entwickelt sich irgendu Qualm:* in der Küche qualmt es. **2.** (ugs.) **a** ⟨etwas q.⟩ *etwas rauchen:* eine Zigarette, Pfeif q. **b)** *[stark] rauchen:* er qualmt den ganzen Tag

Quantität, die: *Menge, Anzahl:* eine größere Q einer Ware/von einer Ware nehmen, kaufen; e kommt nicht so sehr auf Q. an, sondern au Qualität; Sprachw.: die Q. *(Länge oder Kürze* der Vokale.

Quarantäne, die: *räumliche Absonderung al Schutz vor Ansteckung:* die Q. über das Schi verhängen; die Q. aufheben; jmdn. der Q. un terwerfen; das Schiff liegt in Q.; die Bewohne des Hauses wurden unter Q. gestellt.

Quark, der: **1.** */ein weißer, weicher Käse/:* Q. is eine nahrhafte Speise; er ißt gern Q.; Q. zube reiten, anrühren; Sprichw.: getretner Quar wird breit, nicht stark. **2.** (ugs.) *unbedeutend Angelegenheit:* seine Nase in jeden Q. stecken sich über jeden Q. aufregen; ich muß mich hie um jeden Q. kümmern. * (ugs.:) **von etwa einen Quark verstehen** *(von etwas nicht da geringste verstehen)* · (ugs.:) **so ein Quark!** *(s ein Unsinn!).*

Quartier, das: *Unterkunft:* ein schönes, ange nehmes, gutes, billiges, freundliches, einfaches schlechtes, feuchtes, primitives Q.; hast d schon ein Q.?; ein Q. für eine Nacht suchen, fin den, sich (Dativ) besorgen; sein Q. wechseln ein neues Q. beziehen; bei jmdm. Q. nehmen die Soldaten in die Quartiere einweisen; jmdn ins Q. nehmen. * (militär.:) **Quartier machen** *(Unterkünfte besorgen)* · (militär.:) **in Quartier liegen** *(einquartiert sein):* die Kompanie lag in einer Schule in Q.

uasi ⟨Adverb⟩: *gleichsam, sozusagen:* die beiden sind q. verlobt.

uasseln (ugs.; abwertend): → quatschen.

Quatsch, der (ugs.; abwertend): *Unsinn:* Q. reden, erzählen, verzapfen (ugs.); mach nicht solchen Q.!; das ist ja Q.!; ach Q.!

uatschen: **1.** (ugs.; abwertend) **a)** *unnützes, überflüssiges Zeug reden:* quatscht nicht dauernd!; ihr sollt während des Unterrichts nicht q. **b)** ⟨etwas q.⟩ *von sich geben, erzählen:* dummes Zeug, Unsinn q. **2.** (landsch.) ⟨etwas quatscht⟩ *etwas gibt ein bestimmtes Geräusch von sich:* der sumpfige Boden quatschte unter seinen Füßen; bei jedem Tritt quatschte es.

Quecksilber, das: */ein Metall/:* das Q. im Thermometer ist gefroren; bildl.: sie ist das reine Q. (ugs.; *sie ist sehr lebendig*); er hat Q. im Leib (ugs.; *kann nicht ruhig sitzen, ist sehr unruhig*).

Quelle, die, (dichter. auch:) Quell, der: **1.** *Stelle, an der das Wasser aus der Erde dringt:* eine klare, reine, kalte, kühle, heiße, warme, schwefelhaltige, unversiegbare Q.; die Quellen der Donau, des Rheins; die Q. bricht hervor, fließt, sickert, tröpfelt, rinnt, sprudelt, versickert. trocknet ein, vertrocknet, versiegt, wird verschüttet; wir erfrischten uns an einer Q. im Wald. **2.a)** *Ausgangspunkt, Ursprung:* die Q. des Lebens, der Jugend, aller Leiden, allen Glücks; die Q. der Weisheit, des Wissens; er ist eine stete Q. der Heiterkeit; die Quellen seines Reichtums flossen immer spärlicher; die Ölvorkommen sind die Q. des Wohlstands in diesem Land; ich kenne, habe eine gute Q. *(günstige Einkaufsmöglichkeit)*, kann dir eine gute Q. nennen; neue Quellen für die Energieversorgung erschließen. **b)** *Stelle, von der eine Information, das Wissen über etwas ausgeht:* eine zuverlässige, verläßliche Q.; sprachliche, geschichtliche Quellen erforschen, benutzen, zitieren, herausgeben; die Quellen studieren; Nachrichten aus amtlicher, geheimer, sicherer Q.; etwas aus erster Q. haben, wissen, erfahren; er verfügt über geheime Quellen. * **an der Quelle sitzen** *(etwas aus erster Hand erfahren oder beziehen können)* · **aus trüben Quellen schöpfen** *(sein Wissen, seine Informationen von unzuverlässigen, zweifelhaften Stellen holen)*.

[1]**quellen:** **1.** ⟨etwas quillt; mit Raumangabe⟩ *etwas dringt hervor:* schwarzer Rauch quillt aus dem Schornstein; Blut quoll aus seiner Wunde; bildl. (geh.): die Vorstellungen quellen aus den Tiefen des Unbewußten; ⟨jmdm. quillt etwas; mit Raumangabe⟩ vor Zorn quollen ihm fast die Augen aus dem Kopf. **2.** ⟨etwas quillt⟩ *etwas schwillt, wird größer:* Erbsen, Reis, Bohnen quellen, wenn sie im Wasser liegen; die Tür klemmt, weil das Holz gequollen ist; ⟨jmdm. quillt etwas⟩ ihm quoll der Bissen im Mund.

[2]**quellen** ⟨etwas q.⟩: *im Wasser weichen lassen:* Erbsen, Bohnen q.; sie hat die Kartoffeln gequellt.

quengeln (ugs.): *weinerlich reden, betteln; nörgeln:* das Kind quengelt den ganzen Tag.

quer ⟨Adverb⟩: *der Breite nach; rechtwinklig, schräg die Längsrichtung kreuzend:* er ging q. über die Straße, durch den Park; das Auto stand q. auf der Brücke; er schlenderte q. durch die Stadt. * **kreuz und quer** *(planlos, hin und her)*.

Quere, die ⟨in den Wendungen⟩ **jmdm. in die Quere kommen**/(seltener:) **geraten, laufen: a)** (ugs.; *jmdn. zufällig treffen*): er ist mir in die Q. gekommen, gelaufen. **b)** *(jmdm. in den Weg kommen; vor das Fahrzeug geraten):* er hütete sich, mir in die Q. zu geraten. **c)** *(jmds. Arbeit, Plan stören):* wenn mir nichts in die Q. kommt, bin ich morgen mit dem Aufsatz fertig · (veraltet:) **in die Kreuz und in die Quere** *(kreuz und quer):* wir liefen in die Kreuz und in die Q.

quetschen: **1.** ⟨etwas q.⟩ *zusammendrücken, pressen:* Kartoffeln [zu Brei], Trauben, Beeren q. **2.a)** ⟨etwas q.; mit Raumangabe⟩ *irgendwohin drücken:* die Nase an/gegen die Fensterscheibe q. **b)** ⟨sich q.; mit Raumangabe⟩ *sich unter Anwendung von Kraft irgendwohin bewegen:* er quetschte sich aus dem Saal; sie hatte sich in die volle Bahn gequetscht. **3.** *sich durch Quetschen verletzen:* **a)** ⟨sich q.⟩ ich habe mich gequetscht. **b)** ⟨jmdm., sich etwas q.⟩ ihm wurden beide Beine gequetscht; ich habe mir den Fuß gequetscht.

quieken: *einen hellen, schrillen Ton von sich geben:* die Schweine, Ferkel quiekten; die Mädchen quiekten vor Aufregung; subst. (ugs.): das ist ja zum Quieken *(sehr lustig, zum Lachen)*.

quietschen: **a)** *einen hohen, unangenehmen Ton von sich geben:* die Tür, das Schloß quietschte; die Bremsen quietschten, und der Wagen stand. **b)** (ugs.) *quieken, schreien:* die Kinder quietschten vor Vergnügen.

Quirl, der: **1.** */ein Küchengerät/:* die Suppe wird mit dem Q. gerührt; die Zutaten mit einem Q. zu einem Teig verrühren; bildl. (ugs.): du bist ein rechter Q. *(lebhafter Mensch)*. **2.** (Botanik; landsch.) *Wirtel:* an jedem Knoten der Schachtelhalme entspringt ein Q. von Ästen.

quitt (ugs.) ⟨in bestimmten Wendungen⟩ **mit jmdm. quitt sein: a)** *(gegenüber jmdm. keine Verbindlichkeiten mehr haben)*. **b)** *(mit jmdm. nichts mehr zu tun haben wollen, fertig sein):* ich bin mit ihm q.; so, jetzt sind wir q. · **mit jmdm. quitt werden** *(mit jmdm. ins reine kommen)* · (landsch.:) **jmdn., etwas quitt sein** *(jmdn., etwas los sein):* ich bin froh, daß ich diesen Mann, diese Sache endlich q. bin.

quittieren: **1.** ⟨etwas q.⟩ *bestätigen:* den Empfang der Sendung, des Geldes q.; eine Rechnung q. *(die Bezahlung der Rechnung bestätigen)*; ⟨auch ohne Akk.⟩ würden Sie bitte q.?; er quittierte auf der Rückseite [der Rechnung]. **2.** (veraltend) ⟨etwas q.⟩ *aufgeben:* den Dienst q. **3.** ⟨etwas mit etwas q.⟩ *beantworten; auf etwas reagieren:* er quittierte die Vorwürfe mit einem hämischen Grinsen, lächelnd, mit einem Achselzucken.

Quittung, die: **1.** *Empfangsbescheinigung:* jmdm. eine Q. über 100 Mark ausstellen, schreiben, geben; bei Umtausch der Ware ist die Q. mitzubringen, vorzuweisen. **2.** *Antwort, Strafe:* das ist die Q. für euer Benehmen, für euren Leichtsinn; er hat seine Q. bekommen.

R

Rabatt, der: *Preisnachlaß:* ein kleiner, geringer, großer R.; einen R. gewähren, geben; in diesem Geschäft bekommst du, gibt es (ugs.) auf alle Waren 10% R., einen R. von 10%.

Rabe, der: */ein schwarzer Vogel/:* der R. krächzt, schreit, kreischt; er ist schwarz, gefräßig, stiehlt wie ein Rabe; /auch als Schimpfwort/ du R.!; (landsch.:) du Räbchen *(Schlingel)!* * **ein weißer Rabe** *(eine ganz seltene Ausnahme).* → Vogel.

rabiat: *roh und rücksichtslos:* ein ganz rabiater Kerl; r. werden; er hat ihn r. hinausgeschmissen.

Rache, die: *Vergeltung eines erlittenen Unrechts:* eine schnelle, grausame, glühende (geh.), heiße (geh.), grimmige, blutige, fürchterliche R.; seine Rache war furchtbar; das war die R. für seine Gemeinheit; R. fordern, schwören, planen; seine R. *(Rachsucht)* stillen (geh.), kühlen (geh.), befriedigen (geh.); die Stunde der R. ist gekommen; (geh.:) der Gott der R.; (geh.:) jmdn., etwas seiner R. zum Opfer bringen; auf R. sinnen; nach R. verlangen, dürsten (geh.), schreien (geh.); er drohte ihm mit seiner R., falls er gegen ihn aussage; Redensart: R. ist süß/(ugs.; scherzh.:) ist Blutwurst. * **an jmdm. Rache nehmen** *(sich an jmdm. rächen)* · (geh.:) **Rache üben** *(sich rächen).*

Rachen, der: **a)** *hinter der Mundhöhle gelegene Erweiterung des Schlundes:* der R. ist entzündet, ist gerötet, schmerzt; eine Entzündung des Rachens; dem Kranken den R. pinseln; (ugs.; landsch.:) halt den R.! *(sei still!);* bildl. (geh.): die R. *(die unendliche Tiefe)* der Hölle. **b)** *Maul, Schlund:* der Rachen des Löwen; das Krokodil riß den Rachen auf. * **jmdm. etwas in den Rachen werfen** *(jmdm. etwas geben, überlassen, um ihn fürs erste zufriedenzustellen)* · (ugs.:) **jmdm.,** (selten:) **einer Sache etwas aus dem Rachen reißen** *(etwas vor jmdm., etwas noch retten; etwas entwinden, entreißen)* · (ugs.:) **jmdm. den Rachen stopfen** *(jmdn. zum Schweigen bringen; befriedigen)* · (derb:) **den Rachen nicht voll genug kriegen können** *(immer unzufrieden sein).*

rächen: a) ⟨jmdn., sich r.⟩ *jmdm., sich für ein erlittenes Unrecht Genugtuung verschaffen:* er wollte seinen ermordeten Freund r.; sich bitter, fürchterlich, auf grausame Art r.; ich werde mich an ihm r.; er wird sich für diese Beleidigung r.; sie rächten sich an den Feinden für die Grausamkeiten im Krieg. **b)** ⟨etwas r.⟩ *durch Rache vergelten:* eine Beleidigung, Kränkung, ein Verbrechen r.; er hat den Tod des Freundes an den Mördern gerächt/(veraltet, noch scherzh.:) gerochen. **c)** ⟨etwas rächt sich⟩ *etwas zieht unangenehme Folgen nach sich:* sein Leichtsinn, die Vernachlässigung der Wunde rächte sich; die Mißstände werden sich rächen; im Alter wird es sich rächen, daß du dich jetzt so leicht anziehst.

Rad, das: **1.** *kreisförmiger, sich drehender Teil einer Maschine, eines Fahrzeugs:* ein R. läuft, schleift, dreht sich [zu schnell], steht still, surrt; die Räder des Wagens quietschen, eiern (ugs.); das vordere, hintere R. ist gebrochen; die Räder des Autos rollten, gingen über ihn hinweg; bei Glatteis greifen die Räder nicht richtig; die Räder des Wagens austauschen, wechseln; ein R. am Auto montieren, auswuchten (Technik); der Arbeiter kam in die Räder der Maschine; unter die Räder des Wagens; er liegt unter den Rädern; übertr.: das R. der Zeit, der Geschichte läßt sich nicht zurückdrehen. **2.** *Fahrrad:* ein stabiles, altmodisches, klappriges (ugs.) R.; sein R. hat vier Gänge; das R. schieben, an die Mauer [an]lehnen, besteigen, laufen lassen, wenden, abschließen; er hat ein neues R. bekommen; sich aufs R. schwingen (ugs.); er setzte sich auf das R. und fuhr davon. * **ein Rad schlagen: a)** *(eine Turnübung machen, bei der man sich seitlich überschlägt).* **b)** *(die Schwanzfeder aufstellen):* der Pfau schlägt ein R. · (ugs.:) **unter die Räder kommen/geraten** *(völlig herunterkommen)* · (ugs.:) **das fünfte Rad am Wagen sein** *(in einer Gruppe nur geduldet, nur Anhängsel sein)* · (ugs.; landsch.:) **bei jmdm. ist ein Rad locker, bei jmdm. fehlt ein Rad** *(jmd. ist nicht ganz normal)* · (hist.:) **jmdn. aufs Rad binden/flechten** *(auf einem radartigen Gestell hinrichten).*

radebrechen ⟨[etwas] r.⟩: *eine fremde Sprache nur mangelhaft sprechen:* „... haben ich nicht gesehen", radebrechte er; er radebrecht Deutsch; er versuchte in Russisch zu r.

radeln (ugs.): *mit dem Rad fahren:* in den großen Ferien wollen wir nach Holland r.

rädern: → gerädert.

radfahren: 1. *mit dem Fahrrad fahren:* als Ausgleichssport fährt er Rad; ich bin seit vielen Jahren nicht mehr radgefahren. **2.** (ugs.) *die Untergebenen unterdrücken und dabei nach oben sehr unterwürfig sein:* Mensch, fährt der R.!

radieren: 1. (Kunst) ⟨etwas r.⟩ *auf eine Kupferplatte einritzen:* ein Bild r. **2.** *mit einem Radiergummi o. ä. zu tilgen versuchen:* r. müssen; ihr sollt in euren Heften nicht r.; an dieser Stelle, an diesem Wort ist radiert worden; bildl.: er ging so scharf in die Kurve, daß seine Reifen [das Pflaster] radierten; übertr.: er versuchte, am Ergebnis der Untersuchung zu r. *(es zu ändern, zu beschönigen).*

Radiergummi, der: → Gummi.

radikal: a) *vollständig, gründlich und ohne Rücksichtnahme; hart, rücksichtslos:* eine radikale Änderung; er ist in allem sehr r.; etwas r. ändern, abschaffen, beseitigen, vereinfachen. **b)** *extrem, übersteigert:* eine radikale Einstellung, Politik, Partei; radikale Elemente; das Programm der Partei ist äußerst r.; r. denken, gesinnt sein.

Radio, das (ugs. und schweiz. auch: der): **a)** *Rundfunk, Sender:* R. Luxemburg sendet, bringt Musik; R. hören *(bei einer Rundfunksendung zuhören);* das Fußballspiel wird im R. übertragen; ich habe im R. eine interessante Sendung gehört; er hört die Nachrichten von R. Zürich. **b)** *Rundfunkempfänger:* ein neues, modernes, altes R.; sein R. spielt, dudelt (ugs.) den ganzen Tag; unser R. ist kaputt (ugs.); das R. einschalten, anstellen, andrehen, abdrehen, abstellen, abschalten, ausschalten; das R. auf Zimmerlautstärke stellen, leiser stellen; aus dem R. drang, ertönte Tanzmusik; eine Sendung, Oper vom R. auf Tonband aufnehmen.

affen: 1. ⟨etwas r.⟩ *in Falten legen, zusammenhalten:* das lange Kleid r.; sie raffte ihre Röcke und lief davon; adj. Part.: geraffte Vorhänge, Gardinen. **2. a)** ⟨etwas r.⟩ *geizig anhäufen:* Geld r.; Reichtümer wurden zu Bergen gerafft. **b)** ⟨etwas r.; mit Raumangabe⟩ *gierig, schnell an sich nehmen [und irgendwohin tun]:* sie raffte ihre Kleider in den Koffer und reiste ab; der Dieb raffte die kostbarsten Stücke an sich und verstaute sie in den Taschen.

affiniert: *durchtrieben; schlau ausgedacht:* ein raffinierter Geschäftsmann, Betrüger; ein raffinierter Plan, Schachzug; diese Frau ist überaus r.; seine Taktik ist sehr r.; etwas r. einfädeln (ugs.), sich ausdenken.

age, die (ugs.) ⟨nur in den Wendungen⟩ **jmdn. in Rage bringen** *(wütend machen)* · **in Rage kommen/geraten** *(wütend werden)* · **in der Rage** *(in der Aufregung, in der Eile):* in der R. hat er den Schirm vergessen.

agen ⟨mit Raum- oder Artangabe⟩: *sich hoch erheben; höher, länger sein als etwas:* die Türme ragen stolz zum Himmel; ringsum ragten gefährliche Klippen aus dem Wasser; vor uns ragten majestätisch die Berggipfel.

ahm, der (landsch.): *Sahne:* süßer, saurer, dicker R.; R. [von der Milch] abschöpfen; R. über etwas gießen; etwas mit R. zubereiten. * (ugs.:) **den Rahm abschöpfen** *(das Beste für sich nehmen; den größten Vorteil für sich selbst herausholen).*

ahmen ⟨etwas r.⟩: *mit einem Rahmen versehen:* ein Bild, eine Fotografie r. lassen.

ahmen, der: **a)** *Einfassung [eines Bildes, Fensters o. ä.]:* ein einfacher, hölzerner, goldener, geschmackvoller, kostbarer, heller R.; der R. paßt nicht zum Bild, erdrückt das Gemälde, erhöht die Wirkung; den R. putzen, streichen; ein Bild aus dem R. nehmen; übertr.: der historische Saal gab der Veranstaltung einen stilvollen R.; das ist nur in weltweitem R. verständlich. **b)** *Gestell zum Spannen von Stoff:* eine Stickerei in den R. [ein]spannen. **c)** *Maschinen-, Fahrzeuggestell:* dieses Fahrrad hat einen starken R. * **im Rahmen** *(im Bereich):* im R. des Möglichen *(soweit es möglich ist);* er hielt sich im R. der ihm zugewiesenen Aufgaben; diese Frage läßt sich im R. eines kurzen Aufsatzes nicht erschöpfend behandeln · **im Rahmen bleiben** *(das übliche Maß nicht überschreiten)* · **aus dem Rahmen fallen; nicht in den Rahmen passen** *(vom Üblichen abweichen, außergewöhnlich sein)* · **den Rahmen sprengen** *(sich nicht an das gewohnte Maß, die gewohnte Form halten).*

akete, die: **a)** *durch Rückstoß fortbewegter Flugkörper:* eine dreistufige, mehrstufige, interkontinentale R.; die R. zündet, hebt ab, steigt, erreicht eine bestimmte Höhe, ist in die vorausberechnete Bahn eingetreten; die R. explodiert, verglüht beim Eintritt in die Erdatmosphäre; eine R. an die Startrampe fahren, starten; eine R. um die Erde, zum Mond, in den Weltraum schießen, schicken (ugs.); eine R. steuern; der Zerstörer ist mit den modernsten Raketen ausgerüstet. **b)** *Feuerwerkskörper:* eine R. abbrennen, abschießen; eine R. steigt in den Himmel, schießt, zischt empor (geh.); der Wagen braust ab wie eine R. (ugs.; *unheimlich schnell*), ist eine R. (ugs.; *fährt unheimlich schnell*).

rammen: 1. ⟨etwas r.; mit Raumangabe⟩ *mit Wucht irgendwohin treiben:* einen Pfahl, Stamm in die Erde r.; sie haben die Eisenröhre in den Boden gerammt. **2.** ⟨jmdn., etwas r.⟩ *in die Seite fahren, gegen etwas fahren und beschädigen:* ein Schiff r.; der Omnibus hat die Straßenbahn gerammt; der Fahrer des Wagens wurde beim Überholen von hinten gerammt.

Rampe, die: **1.** *vorderer Bühnenrand:* an, vor die R. treten; der Schauspieler verbeugte sich an der R. **2.** *Verladerampe:* das Vieh wurde an, auf der R. verladen. **3.** *Raketenbasis:* feste, fahrbare Rampen; sie bauten eine R. für Mittelstreckenraketen.

Rampenlicht, das (Theater): *vordere Lampenreihe des Bühnenbodens:* das R. einschalten. * **im Rampenlicht [der Öffentlichkeit] stehen/sein** *(in der Öffentlichkeit wirken und daher von ihr beachtet werden)* · **das Rampenlicht scheuen** *(nicht gern öffentlich auftreten).*

'ran (ugs.): → heran.

Rand, der: **1.** *Umgrenzung, Abschluß:* der Rand des Brunnens, einer Wiese; wir lagerten uns am Rand des Waldes, des Weges, eines Baches; er wohnt am R. der Stadt; an den Rändern der Rabatte standen Rosenbüsche; aus dem R. des Glases ist ein Stück herausgebrochen; die Tasse, Kanne nicht bis zum R. füllen; bildl.: er brachte ihn an den R. des Abgrunds, Verderbens, Wahnsinns; seine Drohungen brachten ihn an den R. der Verzweiflung; an den R. des Untergangs kommen, geraten; er steht am R. des Ruins; am R. des Grabes stehen *(todkrank sein).* **2.** *nicht beschriebener äußerer Streifen:* der obere, untere, linke, rechte, innere, äußere R.; ein schmaler, breiter R.; der R. des Heftes, der Buchseite, der Karte; du mußt einen breiten R., fünf Zentimeter, 20 Anschläge R. lassen; die wichtigsten Stellen am R. anstreichen; etwas an den R. schreiben, auf dem R. notieren; ein Briefbogen, Umschlag mit schwarzem R. **3.** *sichtbare, zurückgebliebene Stelle:* er hatte rote, dunkle Ränder um die Augen; die Wassertropfen hatten Ränder auf dem Kleid hinterlassen; der heiße Topf hat auf der Tischplatte einen Rand hinterlassen; das Mittel entfernt Schmutzflecke ganz ohne Rand. * (ugs.:) **außer Rand und Band geraten/sein** *(übermütig und ausgelassen werden/sein)* · (ugs.:) **den/seinen Rand halten** *(ruhig sein):* halt endlich den/deinen R.! · (ugs.:) **mit etwas zu Rande kommen** *(etwas schaffen, meistern, bewerkstelligen)* · **am Rande** *(beiläufig, nebenbei):* er hat das nur so am R. erwähnt, bemerkt · **etwas liegt am Rande** *(etwas ist nicht sehr wichtig)* · **das versteht sich am Rande** *(das ist selbstverständlich).*

randalieren: *lärmen, Radau machen:* die Jugendlichen begannen zu r.; die Menge zog randalierend durch die Straßen.

Rang, der: **1.** *berufliche, gesellschaftliche Rangstufe:* ein hervorragender, hoher, niedriger R.; den ersten, zweiten, höchsten R. einnehmen; einen R. innehaben, bekleiden (geh.); einen R. verleihen, zuerkennen, behaupten, verlieren; den gleichen R. wie jmd., den R. über, unter jmdm. haben; er wollte mir den R. streitig machen; er hat den R., ist, steht im R. eines Generals; mit jmdm. um den R. streiten. **2.** *große Bedeutung, hohes Ansehen:* ein gesellschaftliches Ereignis ersten Ranges; er ist ein Mann ohne R. und Namen; ein Gelehrter, Sänger von [hohem] R. **3.** *Stockwerk im Theater o. ä.:* einmal erster R. *(eine Karte im ersten Rang),* bitte!; unser Theater hat drei Ränge; sie spielten vor leeren, überfüllten Rängen; wir nehmen einen Platz auf dem, im zweiten R. **4.** *Gewinnklasse im Lotto, Toto:* auf die einzelnen Ränge entfallen folgende Gewinne ...; im ersten R. gab es keine Gewinner, hat niemand gewonnen, gibt es, zahlt das Lotto 500000 Mark. * **jmdm. den Rang ablaufen** *(jmdn. übertreffen).*

rangieren: **1. a)** ⟨etwas r.⟩ *auf ein anderes Gleis schieben:* den Zug, die Wagen r.; der Lokführer rangierte die letzten Waggons auf das Abstellgleis. **b)** *Wagen auf ein anderes Gleis schieben:* der Lokführer rangiert; die Schranken blieben längere Zeit geschlossen, weil hier ein Güterzug rangierte. **2.** (ugs.) ⟨mit Raumangabe⟩ *einen bestimmten Rang innehaben:* die Mannschaft rangiert an zweiter Stelle, auf dem zweiten Tabellenplatz, unter „ferner liefen" (ugs.); er rangiert im Dienstalter hinter mir.

rank ⟨gewöhnlich in der Verbindung⟩ r. und schlank: *hoch aufgewachsen, schlank:* ein ranker und schlanker Kerl; sie ist r. und schlank.

Ränke, die ⟨Plural⟩ (geh.; veraltend): *Machenschaften, Intrigen:* heimliche, hinterlistige R.; Ränke schmieden *(ausdenken, ersinnen);* auf R. sinnen; voller Ränke stecken.

ranken ⟨sich r.⟩: *sich emporwinden:* der Efeu rankt sich um den Stamm; adj. Part.: rankende Pflanzen, Gewächse.

Ranzen, der (nordd.): *auf dem Rücken getragene [Schul]tasche:* den R. packen; einen R. auf dem Rücken tragen; du mußt das Heft noch in den R. stecken; er hat alles in seinem R. verpackt. * (ugs.:) **sich** (Dativ) **den Ranzen voll schlagen** *(übermäßig viel essen)* · (ugs.:) **jmdm. den Ranzen voll hauen** *(jmdn. verprügeln).*

ranzig: *verdorben* /von Fett/: ranziges Fett, Öl; die Butter ist r., schmeckt leicht r.

Rappe, der: *schwarzes Pferd:* einen Rappen reiten; der Wagen wurde von Rappen gezogen. * (ugs.:) **auf Schusters Rappen** *(zu Fuß).*

rar: *knapp, selten:* rare Waren, Artikel; ein rares Exemplar; diese Briefmarken sind sehr r.; gute Filme sind r. geworden. * (ugs.:) **sich rar machen** *(sich nur selten sehen lassen):* warum machst du dich so r.?

rasant (ugs.): **a)** *sehr schnell:* eine rasante Entwicklung; ein rasantes Tempo; ein rasanter Aufstieg, Fortschritt; er fährt einen rasanten Sportwagen; seine Karriere war r.; der Fahrer fuhr r. in die Kurve. **b)** *attraktiv:* sie ist eine rasante Frau; seine neue Freundin ist einfach r.

rasch: *schnell:* ein rasches Tempo; ein rasch Entschluß; er hat rasche Fortschritte gemach sie hat eine rasche Auffassungsgabe; er ist ei rascher Kopf (ugs., landsch.; *hat eine schnel Auffassungsgabe*); sie hat ein rasches Mun werk (ugs., landsch.; *sie spricht schnell und viel* die Kinder kamen in rascher Folge; er ging m raschen Schritten auf die Tür zu; er geht, läu sehr r.; er kam r. herbei; Redensart (geh.): tritt der Tod den Menschen an · diese Leben mittel verderben r.; er handelt zu r. *(zu wen überlegt);* [mach] r.! *(beeil dich!);* die Zeit ve ging viel zu r.; er soll so r. wie möglich zurück kommen. * (ugs.:) **mit etwas rasch bei der Han sein** *(schnell zu etwas bereit sein):* er ist sehr bei der Hand mit seinem Urteil.

rascheln: *ein raschelndes Geräusch hervorbrin gen, von sich geben:* Mäuse rascheln im Laub; di Blätter hatten im Wind geraschelt; er hört etwas r.; er raschelte mit dem Papier.

rasen: **1.** (ugs.) **a)** *sehr schnell fahren oder lau fen:* wild, unsinnig r.; er ist gerast, um noc den Zug zu erreichen; der Betrunkene rast mit seinem Auto durch die Stadt, über die Auto bahn; ein Sturm rast über das Land; übertr.: die Zeit rast; sein Herz, sein Puls raste; adj. Part.: *sehr schnell, sehr groß; sehr:* in rasende Eile; das Feuer breitete sich mit rasender Ge schwindigkeit aus; alles ging r. schnell. **b)** ⟨mi Raumangabe⟩ *mit großer Geschwindigkeit a etwas prallen:* an einen Baum r.; er ist gegen de Pfeiler gerast. **2.** *außer sich sein; wüten, tobe* die Zuschauer rasten; das Publikum raste [vo Begeisterung]; er raste vor Schmerzen, Zor Wut, Eifersucht; im Fieber r.; seine Wort machten sie rasend; übertr.: ein Sturm, ei Unwetter raste in dieser Nacht; adj. Part. *sehr groß, sehr:* rasende Schmerzen; er ist rasen eifersüchtig.

Rasen, der: *angelegte Grasfläche:* grüner, fri scher, verdorrter, geschnittener, kurzer R.; de R. ist sehr gepflegt; R. säen, anlegen; R. *(Ra senstücke)* abheben, ausstechen; den R. schnei den, mähen, niedertreten, zertrampeln (ugs. kurz halten; bitte den R. nicht betreten!; si setzte sich auf den R.; auf dem R. sitzen, liegen die Kinder liefen über den R.; übertr. (Sport) die beiden Mannschaften begegneten sich zum ersten Mal auf dem R. *(Spielfeld).* * (dichter. verhüllend:) **jmdn. deckt der kühle/grüne Rase** *(jmd. ist tot, verstorben)* · (dichter.; verhüllend: **unter dem/unterm grünen Rasen ruhen** *(im Grab ruhen, gestorben sein).*

rasieren: **1.** ⟨jmdn., sich r.⟩ *mit einem Rasier messer oder -apparat die Barthaare entfernen* sich naß, trocken r.; sich täglich, sorgfältig schlecht r.; du mußt dich noch r.; er läßt sic [vom, beim Friseur] r.; er rasiert sich noch mi einem Messer; er ist immer gut, sauber, tadel los rasiert. **2. a)** ⟨etwas r.⟩ *von Haaren befreien* den Nacken r.; ⟨jmdm., sich etwas r.⟩ man ha den Gefangenen den Kopf rasiert; sie rasier sich die Beine. **b)** ⟨etwas r.⟩ *abrasieren:* de Bart r.; ⟨jmdm., sich etwas r.⟩ man hat ihn die Haare an Armen und Beinen rasiert. **c** ⟨jmdm., sich etwas r.⟩ *durch Rasieren hervor bringen:* er hat sich eine Glatze rasiert. **3.** (ugs. ⟨jmdn. r.⟩ *übertölpeln, betrügen:* er hat uns be diesem Handel ganz schön rasiert.

aspeln ⟨etwas r.⟩: *mit einer Raspel zerkleinern:* Möhren, Äpfel, Gurken r.; geraspelte Schokolade. * (ugs.:) **Süßholz raspeln** *(jmdm. in aufdringlicher Form schmeicheln).*

asse, die: **a)** *Gruppe von Menschen, die ihrer Herkunft, ihren körperlich-geistigen Merkmalen nach zusammengehören:* die weiße, gelbe R.; einer anderen, fremden R. angehören. **b)** *Tier-, Pflanzenrasse:* eine reine, gute R.; ein Tier von edler R.; eine R. verbessern, züchten; Rassen kreuzen.

asseln: 1. a) *ein rasselndes Geräusch von sich geben, verursachen:* [Anker]ketten rasseln; der Kranke atmete rasselnd; der Portier rasselte mit dem Schlüsselbund. **b)** ⟨mit Raumangabe⟩ *sich rasselnd fortbewegen:* ein Wagen rasselt über das Pflaster. **2.** (ugs.) ⟨durch etwas r.⟩ *eine Prüfung nicht bestehen:* er ist durch die Prüfung, durch das Examen gerasselt. * **mit dem Säbel rasseln** *(mit Gewaltanwendung, Krieg drohen).*

assig: *mit ausgeprägten, klassischen Zügen, attraktiv:* eine rassige Erscheinung; rassige Gesichtszüge; sie ist eine rassige Frau; übertr.: dieses Parfüm hat eine rassige Note.

Rast, die: *Ruhepause:* eine kurze, ausgedehnte, verdiente R.; sie machten ein paar Minuten R.; er gönnt sich, seinen Helfern keinen Augenblick R.; eine kurze Zeit der R.; bei, während der R. schlief er ein wenig; (dichter.:) die schöne Aussicht lädt zur R. * **ohne Rast und Ruh** *(ohne sich Ruhe zu gönnen, ruhelos).*

asten: *Rast halten, sich ausruhen:* eine Weile, ein wenig, eine halbe Stunde r.; Sprichw.: wer rastet, der rostet · sie rasteten auf ihrer Fahrt in einem Gasthaus, im Grünen, am Waldrand; nach der Arbeit r. * **nicht ruhen und rasten** *(keine Ruhe geben):* er ruhte und rastete nicht, bis er sein Ziel erreicht hatte.

Rat, der: **1.** *Empfehlung, Ratschlag:* ein guter, freundlicher, verständiger, weiser, wohlmeinender, ehrlicher R.; das war ein schlechter R.; Redensarten: hier, da ist guter R. teuer; kommt Zeit, kommt R.; Sprichw.: R. nach Tat kommt zu spät; guten R. soll man nicht auf alle Märkte tragen; der Alten R., der Jungen Tat macht Krummes grad · dein R. hat mir genützt, geholfen; mein R. ist [der], ...; jmdm. einen R. geben; R. suchen *(jmdn. um einen Rat bitten);* einen R. befolgen; R. *(einen Ausweg, Hilfe)* wissen, schaffen; ich wußte mir keinen R. [mehr]; einen R. einholen, erbitten, erteilen, annehmen, beherzigen; er verschmähte (geh.) jeden R.; ich holte mir R./(veraltend:) Rats bei ihm; sie folgte, gehorchte seinem R.; des Rates bedürfen; sie hörte nicht auf den R. ihres Vaters; auf den R. des Arztes hin ließ er sich operieren; sie handelte gegen den R. der Eltern; jmdn. um R. angehen, bitten; er fragte [mich] um R. **2.** *Ratsversammlung, beratende Körperschaft:* der engere, weitere R.; der R. der Stadt, der Gemeinde; der R. tagt, beschließt etwas, berät über etwas; der R. wird einberufen, angerufen, gewählt; in den R. gehen, aus dem R. kommen; beim, vom R. wurde beschlossen, daß ...; im R. sitzen. **3.** *Mitglied einer beratenden Körperschaft:* er ist R. geworden; er wurde als R. abgewählt; Sprichw.: wenn die Räte vom Rathaus kommen, sind sie klüger als zuvor · er wurde zum R. gewählt, berufen. **4.** */Teil eines Titels/:* Wissenschaftlicher R.; Geheimer R.; kath. Rel.: Geistlicher R. *(geh.:) **jmdn., etwas zu Rate ziehen** *(jmdn., etwas befragen):* du mußt einen Fachmann, ein Wörterbuch zu Rate ziehen · (geh.:) **mit sich zu Rate gehen** *(etwas gründlich überlegen)* · **mit Rat und Tat** *(tatkräftig):* er stand ihr mit R. und Tat bei · (geh.:) **Rat halten** *(sich beraten).*

Rate, die: *Teilbetrag einer zu zahlenden Summe:* die erste, zweite, letzte R.; kleine, bequeme (ugs.), feste Raten; die nächste R. ist fällig; die Raten pünktlich [be]zahlen, abführen, einhalten; auf Raten kaufen; etwas in Raten bezahlen; er ist mit einer R. im Rückstand, in Verzug.

raten: 1. a) ⟨jmdm. r.⟩ *jmdn. beraten, jmdm. einen Rat geben:* jmdm. gut, schlecht, richtig, zum Besten r.; da kann ich dir nur schwer, nicht r.; ihm ist nicht zu r. [und zu helfen]; er läßt sich nicht r.; laß dir r.!; er wußte sich nicht mehr zu r.; Redensarten: wem nicht zu r. ist, dem ist auch nicht zu helfen; r. ist leichter als helfen. **b)** ⟨jmdm. etwas r.⟩ *jmdm. einen bestimmten Rat geben:* was rätst du mir?; nimm dich zusammen, das rat' ich dir!/das laß dir geraten sein! */drohende Mahnungen/;* er riet ihm, sofort zum Arzt zu gehen; der Arzt hat ihm geraten, viel zu schwimmen; ⟨auch ohne Dativ⟩ das möchte ich auch geraten haben */drohende Mahnung/.* **c)** ⟨jmdm. zu jmdm., zu etwas r.⟩ *durch seinen Rat zu etwas bewegen:* wozu rätst du mir?; er riet ihm zur Vorsicht; man hat ihm zu diesem Arzt geraten. **2.** ⟨jmdn., etwas r.⟩ *erraten:* die richtigen Bilder, Wörter, Zahlen r.; er hat das Rätsel geraten *(seine Lösung herausgefunden);* rate mal (ugs.), wer das gesagt hat!; das rät niemand; ⟨auch ohne Akk.⟩ da ich es nicht weiß, muß ich r.; Redensart (ugs.): dreimal darfst du raten (auch iron.; *das könntest du selbst wissen).*

rationell (bildungsspr.): *sparsam, wirtschaftlich, zweckmäßig:* eine rationelle Methode; die Produktion rationeller machen; r. arbeiten, wirtschaften, verfahren; etwas r. ausnutzen.

ratlos: *keinen Rat wissend; hilflos:* ein ratloses Gesicht machen; sie war völlig r.; sie sah ihn r. an; er stand den Vorgängen r. gegenüber.

ratsam: *empfehlenswert, zweckmäßig:* ein nicht ratsames Verhalten; es ist r., einen Regenmantel mitzunehmen; etwas erscheint jmdm. r.; er hielt es für r., schnell zu handeln.

Ratschlag, der: *Rat, Empfehlung:* ein guter, vernünftiger, weiser, gutgemeinter R.; jmdm. Ratschläge geben, erteilen; sie wollte keine Ratschläge annehmen; sie hörte nicht auf den R. ihres Vaters.

Rätsel, das: **1.** *Rateaufgabe:* ein schwieriges, leichtes, einfaches R.; Rätsel raten, lösen; die Kinder gaben einander Rätsel auf; die [Auf]lösung des Rätsels mit Spannung erwarten. **2.** *Geheimnis:* ein großes, dunkles, ewiges, ungelöstes R.; das R. des Todes; das R. löste sich, klärte sich auf; er spricht, redet in Rätseln *(man versteht nicht, was er meint).* * **jmd., etwas ist/bleibt jmdm. ein Rätsel** *(jmd., etwas ist für jmdn. unbegreiflich)* · **jmdm. Rätsel aufgeben** *(für jmdn. unbegreiflich sein)* · **vor einem R. stehen** *(etwas nicht begreifen können).*

rätselhaft: *unerklärlich: geheimnisvoll:* rätselhafte Vorgänge; ein rätselhaftes Lächeln; die

Bücher sind auf rätselhafte Weise abhanden gekommen; die Geschichte ist mir, erscheint mir r.

rätseln: *eine Lösung, Erklärung suchen:* er rätselte lange, wie ihr Verhalten zu erklären sei.

Ratte, die: **1.** */ein Nagetier/:* eine fette R.; Ratten nagen, pfeifen, huschen durch den Keller; eine R. fangen, totschlagen; die Ratten wurden bekämpft, vertilgt, vergiftet; Redensart: die Ratten verlassen das sinkende Schiff *(die Unzuverlässigen ziehen sich von einem vom Unglück bedrohten Menschen oder Unternehmen zurück);* das Holz war von Ratten zernagt, angeknabbert. **2.** (ugs.) */Schimpfwort für einen widerlichen Menschen/:* er ist eine widerliche R.; diese R. hat uns verraten.

rattern: **a)** ⟨etwas rattert⟩ *etwas bringt ein ratterndes Geräusch hervor:* Maschinen rattern; der Motor rattert; ein Maschinengewehr hatte kurz gerattert. **b)** ⟨mit Raumangabe⟩ *sich ratternd fortbewegen:* er rattert mit seinem alten Auto ins Grüne; die Wagen sind über das Pflaster, durch die Straßen gerattert.

Raub, der: **1.** *das Rauben:* ein schwerer R.; einen R. begehen, verüben; die Bande lebt, ernährt sich vom R.; er wurde wegen Raubes angeklagt, verurteilt. **2.** *Beute:* den R. untereinander teilen; die Polizei hat den Banditen ihren R. wieder abgejagt (ugs.); diese Tiere gehen nachts auf R. aus *(sie jagen nachts ihre Beute).* * (geh.:) **etwas wird ein Raub der Flammen** *(etwas wird durch Feuer zerstört, vernichtet).*

Raubbau, der: *extreme wirtschaftliche Nutzung, die den Bestand von etwas gefährdet:* ein unverantwortlicher R.; R. am Wald; R. treiben; der Waldbestand wurde durch R. fast völlig vernichtet; übertr.: das ist R. an deinen Kräften; er treibt R. mit seiner Gesundheit.

rauben: **1.** ⟨jmdn., etwas r.⟩ *gewaltsam wegnehmen; entführen:* Geld, Schmuck [aus der Kassette] r.; das Kind des Fabrikanten wurde geraubt; der Wolf hat ein Schaf geraubt; ⟨jmdm. jmdn., etwas r.⟩ bei dem Einbruch wurden ihm alle Wertsachen geraubt; bildl. (scherzh.): er hat dem Mädchen einen Kuß geraubt; ⟨auch ohne Akk.; in Verbindung mit einem anderen Verb⟩ die umherziehenden Horden raubten und plünderten. **2.** (geh.) ⟨jmdm. etwas r.⟩ *jmdn. um etwas bringen:* jmdm. die Freiheit, die Ehre, die Hoffnung, die Ruhe r.; die Sorgen haben ihm den Schlaf, den Appetit geraubt; die hohen Bäume rauben uns die Aussicht.

Räuber, der: *jmd., der einen Raub begeht; Bandit:* ein gefährlicher, gefürchteter, bekannter R.; Räuber machen die Gegend unsicher, haben ihn überfallen; der R. wurde gefangen, festgenommen, dingfest gemacht; er ist einer Horde von Räubern in die Hände gefallen. * (ugs.:) **unter die Räuber gefallen sein** *(von anderen unerwartet ausgenutzt werden).*

Rauch, der: *Qualm, der bei der Verbrennung entsteht:* dichter, dicker, schwarzer, blauer, beißender, scharfer R.; der R. der Zigarette, der Pfeife; R. von Zigarren; R. steigt auf, steigt senkrecht in die Höhe, quillt hervor, zieht ab, breitet sich aus; aus dem Schornstein kommt dünner R.; R. wälzt sich in dichten Schwaden heran; über dem Feuer entwickelt sich R.; der R. beißt mir/beißt mich in die Augen; der R. beißt in die/in den Augen; Sprichw.: kein R. ohne Flamme *(alles hat seine Ursache)* · das Zimmer war voller R.; den R. *(Zigaretten-, Zigarrenrauch)* einatmen, einziehen, inhalieren (bildungsspr.), ausstoßen, durch die Nase blasen; alles roch, schmeckte nach R.; mehrere Menschen sind im R. erstickt; Wurst und Fleisch, Fische in den R. *(Rauchfang)* hängen. * **etwas geht in Rauch und Flammen auf** *(etwas verbrennt völlig, wird durch Feuer zerstört)* · **etwas geht in Rauch auf; etwas löst sich in Rauch auf** *(etwas wird zunichte, verflüchtigt sich):* alle ihre Pläne haben sich in R. aufgelöst · (geh.:) **etwas ist Schall und Rauch** *(etwas ist vergänglich, bedeutungslos).*

rauchen: **1. a)** ⟨etwas raucht⟩ *etwas läßt Rauch austreten:* der Vulkan, der Kohlenmeiler, der Schutthaufen raucht; der Schornstein, der Kamin, der Ofen raucht; bildl.: er arbeitet, daß, bis ihm der Kopf raucht *(sehr angestrengt);* der Kopf raucht mir. **b)** ⟨es raucht; mit Raumangabe⟩ *es entwickelt sich Rauch an einer bestimmten Stelle:* es raucht in der Küche. **2. a)** *Tabak genießen, Raucher sein:* viel, wenig, stark, kalt r.; er raucht über die Lunge/(ugs.:) auf Lunge/(selten:) durch die Lunge, in kleinen Zügen; sie raucht wie ein Schlot (ugs.; *sehr viel*); rauchst du?; er raucht nicht und trinkt nicht; sie hat sich vorgenommen, nicht mehr zu r.; subst.: R. verboten!; du mußt das Rauchen einstellen. **b)** ⟨etwas r.⟩ *etwas Bestimmtes rauchen:* einen guten, billigen Tabak r.; sie rauchen Haschisch, Opium; Zigarren r.; er raucht Pfeife; er raucht nur eine bestimmte Marke; er raucht heute eine Zigarette nach der anderen. * (ugs.:) **gleich raucht's** *(gleich bricht ein Donnerwetter los).*

räuchern ⟨etwas r.⟩: *in den Rauch hängen und dadurch haltbar machen:* Wurst, Schinken, Fische r.; geräucherter Speck.

räudig: *von Räude befallen:* ein räudiger Hund; räudige Pferde, Schafe; bildl. (geh.): er ist ein räudiges Schaf *(er verdirbt seine Umgebung durch seinen schlechten Einfluß).*

'rauf (ugs.): → herauf.

raufen: **1.** ⟨etwas r.⟩ *rupfen, ausraufen:* Flachs r.; Pflanzen, Unkraut [aus den Beeten] r. (landsch.); ⟨sich (Dativ) etwas r.⟩ bildl.: sie raufte sich die Haare [vor Entsetzen]. **2.** *sich balgen:* **a)** ⟨mit jmdm. r.⟩ er hat mit seinem Freund gerauft; miteinander r.; ⟨auch ohne Präpositionalobjekt⟩ die Jungen raufen schon wieder; hört endlich auf zu r.! **b)** ⟨sich mit jmdm. r.⟩ er hat sich mit einem Mitschüler gerauft; ⟨auch ohne Präpositionalobjekt⟩ sie raufen sich; habt ihr euch gerauft?

rauh: **1.** *uneben, nicht glatt:* eine rauhe Oberfläche, Wand; rauhes Papier, ein rauhes Gewebe; rauher Putz; bildl.: dieser Mann hat eine rauhe Schale *(er wirkt schroff, ist es aber eigentlich nicht seinem Wesen nach);* eine rauhe *(aufgesprungene)* Haut, rauhe Lippen; durch die Kälte sind die Hände r. *(rissig)* geworden; der Stein fühlt sich r. an. **2.** *etwas heiser:* eine rauhe Kehle; einen rauhen Hals haben; seine Stimme klingt etwas r. **3. a)** *scharf, nicht mild:* rauher Wind; rauhe Luft; rauhes Wetter; das Klima, der Winter ist hier sehr r. **b)** *unwirtlich:* eine rauhe Gegend; ein rauhes Gebirge. **4.** *barsch, schroff; grob:* ein rauhes Wesen, rauhe Männer, Gesellen; dort herrscht ein rauher Ton; in diesem Kreis herrschen rauhe *(rüde)* Sitten; seine Art ist r., aber herzlich; man hat ihn zu r. angefaßt. * (ugs.:) **in rauhen Mengen** *(in großer Menge, Zahl).*

Raum, der: **1.** *umbaute Fläche, Zimmer:* ein großer, kleiner, riesiger, hoher, niedriger, leerer, ungenügend möblierter, kahler, heller, freundlicher, gemütlicher R.; ein R. mit guter Akustik; ein R. zum Arbeiten; dieser R. ist bewohnt, ist nicht heizbar; der R. ist sehr schön; das Haus hat 10 Räume; einen R. betreten, verlassen, einrichten, möblieren; sie besichtigten alle Räume des Hauses; er hat einen R. im Keller gemietet, mit Möbeln ausgestattet; die Fenster des Raumes gehen zur Straße; sie gingen durch die Räume; der Tisch steht mitten im R.; er trat in einen großen R.; sie hausten in überfüllten, verräucherten Räumen; nicht öffnen in geschlossenen Räumen! **2.** *Weltraum:* der unermeßliche, weite, kosmische, luftleere R.; die unendlichen Räume; R. und Zeit; mit Raketen in den R. vordringen, vorstoßen. **3.** *Gebiet, Bereich:* der süddeutsche, westeuropäische R.; der R. Köln; im R. Köln; aus dem R. Köln; übertr.: der politische, geistige R.; der R. der Kirche. **4.** *Platz:* es ist kein R. mehr da für die Bücher; viel, wenig R. beanspruchen, brauchen, benötigen, einnehmen; R. finden, schaffen; sie haben nur beschränkten R.; du mußt am Rand des Blattes genügend R. lassen für Anmerkungen; viele Familien leben hier auf engem/engstem R. *(in großer Enge)* zusammen. * (geh.:) **einer Sache Raum geben** *(etwas sich entfalten, entwickeln lassen):* einem Gedanken, einer Erkenntnis, einer Vorstellung R. geben · **etwas steht im Raum** *(etwas muß noch gelöst, erledigt werden):* dieses Problem, die Frage steht noch im R. · **etwas im Raum stehen lassen** *(etwas unerledigt lassen):* der Redner ließ die Frage im R. stehen.

räumen: a) ⟨etwas r.⟩ *unter Zwang verlassen:* das Haus, die Wohnung, den Saal, die Quartiere r.; die Stellungen mußten geräumt werden; sie mußten ihre Plätze r., als die Besitzer der Eintrittskarten kamen; bitte schnellstens die Kreuzung r.!; das Zimmer soll bis zum 1. 12. geräumt werden; ⟨auch ohne Akk.⟩ wir müssen r. **b)** ⟨etwas r.; mit Raumangabe⟩ *an einen bestimmten Platz bringen:* etwas vom Tisch, aus dem Schrank, auf die Seite, beiseite, zur Seite, aus dem Weg r.; sie haben die Möbel in ein anderes Zimmer geräumt. **c)** ⟨etwas r.⟩ *leer machen:* den Saal, die ganze Stadt, die vom Einsturz bedrohten Häuser r.; die Polizei räumte die Straßen von Demonstranten; der Gehweg muß vom Schnee geräumt werden; die Firma hat ihr Lager geräumt. **d)** ⟨etwas r.⟩ *beseitigen, entfernen:* der Schnee, der Schutt muß geräumt werden. * **das Feld räumen** *(seinen Platz freigeben; weichen)* · **[jmdm.] etwas aus dem Weg räumen** *(etwas beseitigen):* er hat ihr alle Schwierigkeiten aus dem Weg geräumt · (ugs.:) **jmdn. aus dem Weg räumen** *(jmdn. ausschalten, umbringen).*

Raupe, die: *Larve eines Schmetterlings:* eine haarige R.; die R. frißt das Grün ab, verpuppt sich, spinnt sich ein, kriecht über das Blatt. * (ugs.:) **Raupen im Kopf haben** *(seltsame Einfälle haben)* · (ugs.:) **jmdm. Raupen in den Kopf setzen** *(jmdn. auf törichte Gedanken bringen).*

raus (ugs.): → heraus.

Rausch, der: **1.** *Umnebelung der Sinne durch Alkohol oder durch bestimmte Drogen:* ein leichter, schwerer, ordentlicher (ugs.), gehöriger (ugs.) R.; einen R. haben; sich einen R. antrinken, kaufen (ugs.), holen (ugs.); er lag auf einer Bank und schlief seinen R. aus; er ist aus seinem R. aufgewacht; in seinem R. wußte er nicht, was er sagte. **2.** *ekstatischer Zustand, Sinnestaumel:* ein wilder, blinder R.; ein R. der Begeisterung, der Leidenschaft, der Liebe; der R. des Erfolges, des Sieges; der R. der Geschwindigkeit hatte ihn gepackt; im ersten R. war er wie geblendet.

rauschen: 1. ⟨etwas rauscht⟩ *etwas verursacht ein rauschendes Geräusch, gibt ein rauschendes Geräusch von sich:* das Wasser, die Flut, das Meer, der Wald, der Wasserfall rauscht; die Bäume, die Blätter rauschen im Wind; der Wind rauscht in den Zweigen; es rauscht in der [Telephon]leitung; die Seide der Gewänder, die Gewänder rauschten; adj. Part.: rauschender Beifall, ein rauschendes Finale; rauschende *(laute, prunkvolle)* Feste feiern; subst.: man hört das Rauschen des Regens. **2.** ⟨etwas rauscht; mit Raumangabe⟩ *etwas bewegt sich mit rauschendem Geräusch fort:* das Boot rauscht durch das Wasser; ein Düsenflugzeug war über den Platz gerauscht. **3.** (ugs.) ⟨mit Raumangabe⟩ *rasch und mit auffälligem Gehabe gehen:* sie rauschte majestätisch durch den Saal, aus dem Raum.

räuspern ⟨sich r.⟩: *leicht husten:* sich laut, kräftig, verlegen r.; er räusperte sich einige Male, bevor er zu sprechen begann; bildl. (ugs.): er hat sich nicht geräuspert *(hat sich nicht bemerkbar gemacht).*

reagieren: *auf etwas ansprechen, eine Reaktion zeigen:* schnell, langsam, falsch, vernünftig, gelassen, richtig, lebhaft, prompt (ugs.), heftig r.; er reagierte mit Spott; die Instrumente haben sofort reagiert; Chemie: die Lauge reagiert basisch *(zeigt eine basische Reaktion);* er reagierte sauer auf die Bemerkung (ugs.; *war ärgerlich darüber*); sie reagierten nicht auf das Zeichen, auf den Brief; jeder Körper reagiert anders auf das Medikament.

Reaktion, die: **1.** *das Reagieren, Gegenwirkung, Antworthandlung:* eine spontane (bildungsspr.), unerwartete, besonnene, krankhafte, negative, rasche, [blitz]schnelle R.; seelische Reaktionen; seine erste R. war Verblüffung; die R. der Zuhörer auf das Wahlprogramm war positiv; eine R. auslösen, beobachten; er zeigte keinerlei R. **2.** (Chemie) *Ablauf einer chemischen Stoffumsetzung:* eine chemische R. setzt ein, findet statt, läuft ab, vollzieht sich. **3.** *fortschrittsfeindliche Kräfte in der Politik:* die R. übt ihren Einfluß aus; die R. wird heftig bekämpft.

real (bildungsspr.): **a)** *stofflich, gegenständlich:* reale Werte; die reale Welt; reale Kräfte, Grundlagen. **b)** *realitätsbezogen:* reale Interessen; er hat ein reales Verhältnis zur Macht; seine Vorstellungen sind r.; er denkt r.

realisieren (bildungsspr.) ⟨etwas r.⟩: **1.** *verwirklichen:* Pläne, Ideen, ein Programm r.; dieses Vorhaben war technisch noch nicht zu r. **2.** (Wirtsch.) *in Geld umsetzen:* Gewinne r. **3.** *klar erkennen, begreifen:* sie realisierten nicht, daß ihr Verhalten sehr ungerecht war.

realistisch (bildungsspr.): **a)** *wirklichkeitsnah:* eine realistische Darstellung; der Film ist ganz r.; r. malen, schreiben. **b)** *nüchtern, ohne Illusion:* eine realistische Betrachtungsweise, Einstellung,

Politik; er ist ein realistischer Geschäftsmann; r. denken; er sieht, beurteilt die Dinge r.

rebellieren (bildungsspr.): *sich auflehnen, empören:* die Arbeiter, die Bauern r.; die Soldaten wagten gegen den Befehl zu r.; übertr.: nach dem schweren Essen rebellierte sein Magen.

Rechen, der (bes. südd.): → Harke.

Rechenschaft ⟨nur in bestimmten Wendungen⟩ **jmdm. Rechenschaft schulden/schuldig sein** *(verpflichtet sein, jmdm. gegenüber seine Handlungen zu begründen)* · **[jmdm., sich über etwas] Rechenschaft geben/ablegen** *([jmdm., sich selbst gegenüber] sein Handeln rechtfertigen)* · **jmdn. [für etwas] zur Rechenschaft ziehen** *(jmdn. [für etwas] verantwortlich machen)* · **Rechenschaft verlangen/fordern** *(verlangen, daß jmd. sein Handeln rechtfertigt).*

rechnen: 1. a) *eine Rechnung ausführen:* schnell, richtig, schriftlich, im Kopf, auf der Tafel r.; er rechnet mit dem Rechenschieber, mit der Maschine; sie rechnen mit Zahlen, mit Buchstaben, bis hundert; der Lehrer rechnet mit den Kindern; die Schüler können, lernen r.; gut, hoch, knapp, rund *(ungefähr)* gerechnet, braucht er für den Weg eine Stunde; subst.: wir haben heute Rechnen. **b)** ⟨etwas r.⟩ *eine Rechenaufgabe lösen:* eine Aufgabe, eine Gleichung mit zwei Unbekannten r. **2.** (ugs.) *mit Geld sparsam umgehen, sparsam sein:* sie rechnen sehr; sie müssen r., um mit ihrem Geld auszukommen; sie rechnen mit jedem Pfennig. **3.** ⟨etwas r.⟩ *berechnen:* Zinsen, Porto, Provision r.; man rechnet bei diesem Gericht 200 g Fleisch pro Person. **4. a)** ⟨mit jmdm., mit etwas r.⟩ *in seine Erwägungen einbeziehen, erwarten:* mit jmdm., mit jmds. Besuch r.; er rechnet mit einem Erfolg, mit einem Sieg; die Meteorologen rechnen mit einem strengen Winter; du mußt mit allem, mit dem Schlimmsten r. **b)** ⟨auf jmdn., auf etwas r.⟩ *sich auf jmdn., auf etwas verlassen:* auf ihn, auf seine Hilfe kannst du nicht r.; er rechnete auf einen Sieg *(war von einem Sieg überzeugt).* **5. a)** ⟨jmdn., sich, etwas zu jmdm., zu etwas r.⟩ *zählen, dazurechnen:* die Ausgaben für Kleidung zu den festen Kosten r.; man rechnet ihn zu den größten deutschsprachigen Dichtern. **b)** ⟨zu jmdm., zu etwas r.⟩ *zu jmdm., zu etwas gehören:* die Affen rechnen zu den Primaten; er rechnet zu den bekanntesten Dirigenten seiner Zeit.

Rechnung, die: **1.** *Rechenaufgabe:* eine schwierige, schwere R.; die R. ist richtig, falsch, ist nicht aufgegangen. **2.** *schriftliche Kostenforderung:* eine große, kleine, hohe, niedrige, gepfefferte (ugs.), gesalzene (ugs.), unverschämte, unbezahlte R.; Kaufmannsspr.: laufende R.; die R. beträgt 50 Mark; die R. liegt bei; eine R. schreiben, schicken, bezahlen, begleichen (geh.), vorlegen; eine R. anfordern; sich (Dativ) die R. geben lassen; um die R. bitten; etwas auf die R. setzen *(auf der Rechnung aufführen);* das geht auf meine R. *(wird von mir bezahlt);* man hat ihm eine hohe R. aufgemacht (ugs.), präsentiert *(zur Zahlung vorgelegt);* Kaufmannsspr.: er hat seine Arbeit nicht in R. gestellt *(nichts dafür gefordert);* etwas auf R. *(gegen Rechnung, nicht gegen bar)* bestellen, liefern, senden; die Lieferung der Waren erfolgt auf R. und Gefahr des Empfängers *(der Empfänger trägt dafür die Haftung);* schreiben Sie den Betrag auf die, auf meine R.!; Waren für fremde R., für R. eines Dritten kaufen *(im Auftrag eines anderen);* er arbeitet für eigene R. *(in eigener Verantwortung).* ∗ (ugs.:) **jmdm. einen Strich durch die Rechnung machen** *(jmds. Pläne durchkreuzen)* · (ugs.:) **die Rechnung ohne den Wirt machen** *(ohne Erfolg handeln, weil man sich des Einverständnisses der letztlich maßgeblichen Person nicht versichert hat)* · **die Rechnung geht [nicht] auf** *(etwas führt [nicht] zu dem gewünschten Ergebnis)* · **jmdm., einer Sache Rechnung tragen** *(jmdn., etwas gebührend berücksichtigen)* · **etwas in Rechnung stellen/ziehen** *(etwas berücksichtigen, einkalkulieren)* · (geh.:) **über etwas Rechnung legen** *(über etwas Rechenschaft geben)* · **auf eigene Rechnung** *(auf eigenes Risiko)* · (ugs.:) **auf seine Rechnung kommen** *(zufriedengestellt werden)* · (ugs.:) **jmdm. eine Rechnung aufmachen** *(jmdm. Gegenforderungen stellen)* · **nach jmds. Rechnung** *(nach jmds. Ermessen).*

[1]**recht: 1.** *auf der rechten (Gegensatz: linken) Seite befindlich:* die rechte Hand; das rechte Bein, Auge, Ohr; die rechte Seite *(Oberseite)* des Stoffes; am rechten Ufer; auf der rechten Straßenseite gehen; subst.: er streckte ihm die Rechte *(rechte Hand)* entgegen; er saß zur Rechten *(an der rechten Seite)* des Gastgebers · Boxen: der Boxer traf seinen Gegner mit einer blitzschnellen Rechten *(Schlag mit der rechten Hand).* **2.** *konservativ:* der rechte Flügel der Partei; subst.: die gemäßigte Rechte *(konservative Partei).* ∗ **rechter Hand** *(rechts)* · **zur rechten Hand** *(rechts)* · **jmds. rechte Hand sein** *(jmds. vertrauter und wichtigster Mitarbeiter sein)* · Math.: **rechter Winkel** *(Winkel von 90°)*

[2]**recht: 1. a)** *richtig, geeignet:* der rechte Weg; das ist nicht der rechte Ort, der rechte Zeitpunkt für dieses Gespräch; du kommst gerade im rechten Augenblick, zur rechten Zeit; er ist der rechte Mann für diese Aufgabe; er hat die rechten Worte gefunden; du bist auf der rechten Spur *(hast das Richtige erkannt);* er ist aus seiner rechten Ordnung gekommen; Sprichw.: wer nicht kommt zur rechten Zeit, der muß essen, was übrigbleibt · so ist es r.!; ist schon r.!; r. so */Äußerung der Zustimmung/;* du kommst mir gerade r.! */Äußerung des Unmuts/;* ganz r. */Äußerung der Zustimmung/;* du kommst gerade r., um mit uns essen zu können; du kommst mir gerade r.! */Äußerung des Unmuts über ein unzumutbares Ansinnen/;* es ist nicht r. von dir, so zu sprechen; ihm kann man nichts r. machen *(er ist immer unzufrieden);* verstehen Sie mich r ... *(fassen Sie das Gesagte nicht falsch auf)*, wenn ich Sie r. verstanden habe, ...; wenn ich r. unterrichtet bin, ...; wenn man es r. besieht, ...; bin ich hier r. *(auf dem richtigen Weg)?;* ich verstehe seine Einstellung nicht r.; ich denke, ich höre nicht r.! (ugs.; *das kann doch wohl nicht stimmen!*); die Wunde will nicht r. heilen; man wird nicht r. klug aus diesem Menschen; du bist nicht r. gescheit, nicht r. bei Trost (ugs.; *nicht ganz richtig im Kopf*); Sprichwörter: tue r. und scheue niemand!; allen Menschen r. getan, ist eine Kunst, die niemand kann; subst.: er hat mit seinem Geschenk das Rechte getroffen *(ausgewählt);* er tut immer das Rechte; er weiß, kann nichts Rechtes; sie ist nicht die

Rechte *(die richtige Frau)* für ihn; aus dem Jungen wird nichts Rechtes; er hat nichts Rechtes gelernt; (iron.:) du bist mir der Rechte!; da bist du an den Rechten gekommen, geraten (iron.; *da hast du dich an den Falschen gewandt*). **b)** *wirklich, echt:* ein rechter Jammer; er gibt sich rechte Mühe; sie hatten keine rechte Lust, etwas zu unternehmen; er hat kein rechtes Vertrauen zu den Leuten. **2.** ⟨leicht verstärkend bei Adjektiven und Verben⟩ *ziemlich, ganz:* r. schönes Wetter; ein r. gutes Ergebnis; er war r. zufrieden; die Sache war r. schwierig; das Wetter war r. gut; sei r. herzlich gegrüßt. * **jmdn., sich, etwas ins rechte Licht setzen/stellen/rücken** *(jmdn., sich, etwas möglichst vorteilhaft erscheinen lassen)* · **etwas geht nicht mit rechten Dingen zu** *(etwas ist merkwürdig, unerklärlich; etwas ist auf unredliche Weise geschehen)* · **etwas/das Kind beim rechten Namen nennen** *(etwas ohne Beschönigung aussprechen)* · **nach dem Rechten sehen** *(sich überzeugen, ob alles in Ordnung ist)* · (ugs.:) **alles, was recht ist** *(das muß man zugeben):* er ist — alles, was r. ist — ein kluger Kopf · **das/es geschieht jmdm. recht** *(daran ist jmd. selbst schuld)* · **recht daran tun** *(mit etwas richtig handeln):* er hat r. daran getan, den Antrag zurückzuziehen · **jmdm. etwas recht machen** [**können**] *(etwas zu jmds. Zufriedenheit machen [können])* · **schlecht und recht; mehr schlecht als recht** *(mit großer Mühe, Anstrengung)* · **etwas ist** [**nur**] **recht und billig** *(etwas ist in Ordnung, ist gerecht)* · (ugs.:) **erst recht** *(um so mehr; gerade):* wir werden jetzt erst r. die Mißstände anprangern · **jmdm. recht sein** *(jmdm. angenehm sein, jmdm. zusagen)* · (ugs.:) **es soll mir recht sein** *(ich bin einverstanden)*.

Recht, das: **1. a)** *sittliche Norm, Rechtsordnung, Gesamtheit der Gesetze:* das menschliche, göttliche, ewige R.; ein ungeschriebenes, gesetztes, positives R.; das bürgerliche, öffentliche, römische, deutsche, internationale, kanonische R.; hier gilt gleiches R. für alle; Redensart: R. muß R. bleiben · das R. vertreten, unparteiisch handhaben; das R. beugen, brechen, vergewaltigen, verletzen, verdrehen (ugs.), mißachten, mit Füßen treten (geh.; *mißachten*); Sprichw.: wer die Macht hat, hat das R. · auf dem Boden des Rechts stehen (geh.; *das geltende Recht nicht verletzen*); nach dem geltenden R. ist er schuld; er hat gegen das R., wider R. und Gesetz verstoßen; Redensart: Gewalt geht vor R. **b)** *Rechtswissenschaft:* das R., die Rechte studieren; er ist Doktor der Rechte, beider Rechte. **2.** *Anspruch, Berechtigung, Befugnis:* ein verbrieftes, angestammtes, unveräußerliches R.; das elterliche R.; du hast nicht nur Rechte, sondern auch Pflichten; Redensart: gleiche Rechte, gleiche Pflichten; Sprichw.: zuviel R. hat manchen Herrn gemacht zum Knecht · das R. des Vaters, der Eltern; das R. des Stärkeren; das R. eines Volkes auf Selbstbestimmung; ältere, frühere Rechte besitzen, haben; du hast nicht das R., so zu sprechen; fremde Rechte verletzen; sein R. fordern; der Körper verlangt sein R. auf Schlaf; jmdm. das, ein R. geben, verleihen, gewähren, zusprechen, verweigern, versagen (geh.), absprechen, entziehen, übertragen; jmdm. ein R. einräumen; sich (Dativ) das R., sich (Dativ) alle Rechte vorbehalten; seine Rechte geltend machen; jmds. Rechte antasten, anfechten; sich (Dativ) ein R. anmaßen; sich (Dativ) das R. nehmen; ein R. verwirken; sein R. bekommen, behaupten, erzwingen; Sprichw.: wo nichts ist, hat [selbst] der Kaiser sein R. verloren · er besteht auf seinem R., macht von seinem R. Gebrauch; man hat die Sache für R. erkannt, erklärt; er ist in die Rechte seines verstorbenen Bruders getreten; der Anwalt hat ihm zu seinem R. verholfen; /verblaßt und in Kleinschreibung/: recht bekommen, erhalten, kriegen (ugs.), behalten; recht haben; jmdm. recht geben. * (ugs.:) **etwas ist jmds. Recht** *(jmd. hat das Recht):* sich zu beschweren ist sein [gutes] R. · **Gnade vor/für Recht ergehen lassen** *(nachsichtig, milde sein)* · **Recht sprechen** *(ein richterliches Urteil fällen)* · (geh.:) **etwas ist** [**nicht**] **Rechtens** *(etwas ist [nicht] rechtmäßig):* die Sache ist nicht R. · **auf sein Recht pochen** *(auf seinem Recht mit Nachdruck bestehen)* · **im Recht sein** *(recht haben in einem Streitfall)* · **mit Fug und Recht** *(mit voller Berechtigung)* · **mit/zu Recht** *(mit Berechtigung):* er hat sich mit R., zu R. über die schlechte Behandlung beschwert; sein Anspruch besteht zu R. *(ist berechtigt)* · **von Rechts wegen** *(eigentlich)* · **zu seinem Recht kommen** *(gebührend berücksichtigt werden)*.

rechten (geh.) ⟨mit jmdm. r.⟩: *streiten:* sie rechten immerzu miteinander; er rechtet mit seiner Frau um jeden Pfennig; ⟨auch ohne Präpositionalobjekt⟩ mußt du immer r.?

rechtfertigen: a) ⟨jmdn., sich, etwas r.⟩ *gegen einen Vorwurf verteidigen:* jmdn., jmds. Verhalten nachträglich r.; es wird dir nicht gelingen dich in diesem Fall zu r.; deine Ausfälle, Rüpeleien sind durch nichts zu r. *(zu entschuldigen)*. **b)** ⟨etwas r.⟩ *als berechtigt erscheinen lassen:* der neue Mitarbeiter, sein Erfolg rechtfertigt das in ihn gesetzte Vertrauen; unser Mißtrauen war nicht gerechtfertigt *(berechtigt)*.

Rechtfertigung, die: *nachträgliche Begründung; Verteidigung:* die R. der Ausgaben, eines Verhaltens; von jmdm. R. verlangen, fordern; er hatte nichts zu seiner R. vorzubringen; zu meiner R. möchte ich sagen ...

rechthaberisch: *starr auf einer Meinung beharrend:* er hat eine rechthaberische Art, ein rechthaberisches Wesen; sie ist ein rechthaberischer Mensch; du bist zu r.; r. auf seiner Meinung beharren.

rechtlich: a) (veraltend) *redlich, rechtschaffen:* er ist ein rechtlicher Mensch; er handelt, denkt, urteilt r. **b)** *dem geltenden Recht gemäß, gesetzlich:* eine rechtliche Entscheidung; vom rechtlichen Standpunkt aus betrachtet, ...; dieses Vorgehen ist r. nicht zulässig.

rechtmäßig: *zu Recht bestehend, legal:* rechtmäßiger Besitz; eine rechtmäßige Forderung; einen rechtmäßigen Anspruch haben; er ist der rechtmäßige Besitzer, Thronfolger, Erbe; das Vorgehen war nicht r.; er hat die Sache als r. hingestellt.

rechts ⟨Adverb⟩: **1.** *auf der rechten Seite:* r. vom Eingang, vom Fenster; r. stehen, gehen, fahren; bei der Fahrt einen Ort r. liegen lassen; in die nächste Straße r. einbiegen; das Haus liegt weiter r.; r. vor links/*Vorfahrtsregel*/ · r. – um!; r.

schwenkt – marsch!; Augen r.! /*militär. Kommandos*/; du mußt dich mehr r. halten *(rechts bleiben)*; sie strickte eins r., eins links *(eine Rechtsmasche und eine Linksmasche im Wechsel)*; Redensart: nicht mehr wissen, wo r. und links ist *(völlig verwirrt sein)* · sich nach r. drehen; sich von r. nach links wenden; ⟨vereinzelt auch als Präp. mit Gen.⟩ r. des Ufers, des Rheins, der Straße. **2.** *national, konservativ, reaktionär:* r. stehen; er ist ganz r. orientiert.

rechtschaffen: 1. *ehrlich, redlich:* ein rechtschaffener Mann, Mensch; er ist, handelt r.; subst.: etwas Rechtschaffenes lernen. **2. a)** (geh.) *groß:* von der Arbeit hat er einen rechtschaffenen Hunger, Durst mitgebracht. **b)** (geh.) ⟨verstärkend bei Adjektiven und Verben⟩ *sehr:* er war r. müde; er hat sich r. geplagt, abgemüht.

Rechtsweg, der (Rechtsw.) ⟨in bestimmten Wendungen⟩ **den Rechtsweg gehen/beschreiten/einschlagen** *(in einer Sache das Gericht in Anspruch nehmen)* · **etwas auf dem Rechtsweg entscheiden** *(etwas durch gerichtliches Urteil entscheiden)* · **der Rechtsweg ist ausgeschlossen** *(eine gerichtliche Entscheidung ist ausgeschlossen)* · **unter Ausschluß des Rechtsweges** *(ohne daß eine gerichtliche Entscheidung in Frage käme)*.

rechtzeitig: *früh genug, zum richtigen Zeitpunkt:* eine rechtzeitige Anmeldung, Vorbereitung, Hilfe; er war r. da; etwas r. sagen; die Krankheit ist nicht r. erkannt worden; sie müssen r. gehen, aufbrechen, kommen.

recken: 1. ⟨sich, etwas r.⟩ *strecken:* den Hals, die Glieder r.; sie reckte den Kopf in die Höhe, aus dem Fenster; nach dem Aufstehen reckten und streckten sich die Kinder; bildl. (dichter.): der Baum reckt seine Zweige in den Himmel. **2.** (landsch.) ⟨etwas r.⟩ *[glatt]ziehen:* Wäsche vor dem Bügeln r.

Rede, die: **1.** *Ansprache:* eine kurze, lange, langweilige, interessante, glänzende, geistreiche, wohldurchdachte, schöne, erbauliche, temperamentvolle, mitreißende, zündende, feierliche, salbungsvolle, bedeutende, bemerkenswerte, scharfe, glühende, flammende (geh.), öffentliche R.; die R. des Bürgermeisters, des Vorsitzenden; eine R. an das Volk; seine R. war zu weitschweifig, fand großen Beifall; eine R. halten, schwingen (ugs.; *halten*), ausarbeiten, [an]hören, ablesen, schließen, unterbrechen; ... und damit schloß er seine R.; gleich zu Beginn seiner R. ...; zum Ende seiner R. kommen; er ist in seiner R. steckengeblieben; mit seiner R. beginnen. **2. a)** ⟨Plural⟩ *Äußerungen, Worte:* hochtrabende, vorlaute, freche, unbotmäßige (geh.), gehässige, großspurige, üble, gotteslästerliche (geh.), verfängliche, wunderliche, lockere (ugs.), lose (geh.) Reden; er hat wieder mal große (ugs.) Reden geführt; das Essen war von fröhlichen Reden begleitet (geh.); er gibt nichts auf die Reden *(das Geschwätz)* der Leute; er kümmert sich nicht um ihre Reden. **b)** *das Reden, Gespräch:* die R. kommt auf jmdn., auf etwas *(es wird von jmdm., von etwas gesprochen)*; [das ist] meine R.! (ugs.; *das sage ich doch immer*)!; Sprichw.: eines Mannes R. *(Aussage)* ist keines Mannes R., man soll sie billig hören beede · er brachte die R. *(lenkte das Gespräch)* auf ein heikles Thema; er schnitt dem Sprecher die R. ab *(hinderte ihn am Weitersprechen)*; (geh.:) dieser Mann hat, besitzt die Gabe der R.; (geh.:) er beherrscht die Kunst der R.; Redensarten: was ist der langen R. kurzer Sinn?; Herr, dunkel war der R. Sinn · der Dialog besteht aus R. und Gegenrede; er blieb bei seiner R. (geh.; *änderte seine Meinung nicht*); er spricht in freier, in gehobener R. **c)** (Sprachw.) die direkte *(wörtliche)* R.; die indirekte *(nicht wörtliche)* R.; die erlebte R. *(Form der Prosadarstellung)*; er schreibt in gebundener R. *(in Versen)*, in ungebundener R. *(in Prosa)*. * (ugs.:) **große Reden schwingen** *(prahlerisch reden)* · **jmdn. zur R. stellen** *(jmdn. auf etwas ansprechen und Auskunft von ihm verlangen)* · **jmdm. Rede [und Antwort] stehen** *(alle Fragen beantwortend sich rechtfertigen)* · **jmdm. in die Rede fallen** *(jmdn. unterbrechen)* · **etwas verschlägt jmdm. die Rede** *(etwas macht jmdn. sprachlos)* · **etwas ist nicht der Rede wert** *(etwas ist ohne Bedeutung)* · **von jmdm., von etwas ist die Rede** *(über jmdn., über etwas wird gesprochen)* · (ugs.:) **von etwas kann keine Rede sein** *(etwas trifft absolut nicht zu)*.

reden: 1. a) *sich in Worten äußern; sprechen:* viel, wenig, laut, leise, [un]deutlich, ununterbrochen, ständig, in einem fort (ugs.), wirr, leichtfertig r.; ihr sollt nicht dauernd r. *(schwatzen)*; laß doch die Leute r. *(negativ über jmdn., über etwas sprechen, klatschen)*; du kannst ohne Scheu r.; laß ihn doch zu Ende r. *(ausreden)*!; laß ihn doch r.! *(laß ihn doch sagen, was er will!)*; er konnte vor Schreck nicht r.; du hast gut, leicht r. (ugs.; *du bist nicht in meiner Lage*); es wird [viel] geredet *(negativ über jmdn., über etwas gesprochen, geklatscht)*; Redensart: wenn die Wände r. könnten! *(in diesen Räumen hat sich manches abgespielt)*; Sprichw.: Reden ist Silber, Schweigen ist Gold. **b)** ⟨gewöhnlich mit Umstandsangabe⟩ *eine Rede halten:* wer wird heute abend r.?; der Redner hat frei *(ohne Konzept)*, gut, flüssig, langweilig, lange, kurz geredet; er redet mit Pathos (bildungsspr.); er redet schon [seit] zwei Stunden; der Minister redete in einer Parteiversammlung, im Fernsehen, über den Rundfunk, vor Studenten, zum Volk (geh.). **c)** ⟨sich r.; mit Artangabe⟩ *sich durch Sprechen in einen bestimmten Zustand bringen:* sich heiser, zornig r. **d)** ⟨mit jmdm. r.⟩ *ein Gespräch führen, diskutieren:* ich muß einmal mit ihm r.; er hat offen mit ihm über die Sache geredet; mit diesem Menschen kann man nicht r. *(er ist unverträglich, eigensinnig)*; sie reden nicht mehr miteinander *(sie sind böse miteinander)*; mit dir rede ich nicht mehr!; er redet oft mit sich selbst *(er führt Selbstgespräche)*; so, in diesem Ton lasse ich nicht mit mir r. *(diesen Ton verbitte ich mir)*. **e)** ⟨über jmdn., über etwas/von jmdm., von etwas r.⟩ *sich unterhalten; über jmdn., von jmdm. oder etwas sprechen:* man redet über dich; die ganze Stadt redet von dem bevorstehenden Jubiläum; niemand redet mehr von den Ereignissen; reden wir nicht mehr darüber/davon! *(die Sache soll abgetan sein)*; sie haben gerade von dir geredet. **2.** ⟨etwas r.⟩ *etwas vorbringen, sagen:* einige Worte, kein Wort, keinen Ton (ugs.), keine Silbe (ugs.) r.; er redet oft Unsinn, Blödsinn (ugs.), Quatsch (ugs.), Blech (ugs.; *Unsinn*), Kohl (ugs.; *Unsinn*), dummes Zeug (ugs.); er redet große Worte; er hat Gutes, Böses, Schlechtes über dich geredet.

* (ugs.:) **reden, wie einem der Schnabel gewachsen ist** *(freiheraus, ungeniert reden)* · (ugs.:) **große Töne reden** *(sich aufspielen, sich wichtig machen)* · **gegen eine Wand/gegen eine Mauer reden** *(jmdn. vergebens von etwas zu überzeugen suchen)* · (ugs.:) **reden wie ein Wasserfall/wie ein Buch** *(sehr viel, unaufhörlich reden)* · (ugs.:) **sich um den Hals/sich um Kopf und Kragen reden** *(durch unvorsichtige Äußerungen sein Leben riskieren)* · (ugs.:) **sich** (Dativ) **den Mund fusselig reden** *(vergeblich reden, um jmdn. von etwas zu überzeugen)* · (geh.:) **jmdm., einer Sache das Wort reden** *(sich sehr für jmdn., für etwas einsetzen)* · **jmdm. ins Gewissen reden** *(ernst und eindringlich mit jmdm. reden; jmdm. Vorhaltungen machen)* · (ugs.:) **frisch/frei von der Leber weg reden** *(ohne Scheu reden, wie man denkt)* · **in den Wind/ins Leere reden** *(reden, ohne daß man Gehör findet)* · (ugs.:) **sich** (Dativ) **etwas von der Seele reden** *(sich über einen Kummer aussprechen)* · (ugs.:) **jmdm. ein Loch/Löcher in den Bauch reden** *(pausenlos auf jmdn. einreden)* · (ugs.:) **mit den Händen/mit Händen und Füßen reden** *(heftig gestikulierend reden)* · (ugs.:) **jmdm. nach dem Mund reden** *(jmdm. zu Gefallen reden)* · (ugs.:) **noch ein Wörtchen mit jmdm. zu reden haben** *(sich mit jmdm. über etwas auseinandersetzen müssen)* · (ugs.:) **mit jmdm. deutsch/Fraktur reden** *(jmdm. die Meinung sagen)* · **von sich reden machen** *(Aufmerksamkeit erregen)* · (ugs.:) **mit sich reden lassen** *(bereit sein, über etwas zu diskutieren; zu Zugeständnissen bereit sein)* · (ugs.:) **über etwas läßt sich reden** *(über etwas kann man diskutieren)* · (geh.:) [**nicht viel**] **Redens von sich, von einer Sache machen** *(kein großes Gerede von sich, von etwas machen).*

Redensart, die: *häufig gebrauchte [nichtssagende] Phrase:* eine dumme, alberne, abgedroschene, nichtssagende R.; das waren bloße Redensarten; er hat mich mit Redensarten *(leeren Versprechungen)* abgespeist; er macht die Leute mit Redensarten besoffen (ugs.; *redet heftig auf sie ein, bis er sie überzeugt hat*); eine Sammlung von Sprichwörtern und Redensarten.

redlich: 1. *rechtschaffen, ehrlich:* er ist ein redlicher Mann, Mensch; redliches Bemühen; eine redliche Denkungsart, Gesinnung; sein redlicher Sinn verbot ihm das; er ist nicht r.; r. denken, handeln; er meint es r. [mit ihm]; er hat sich r. durchs Leben geschlagen; er hat sich die Sache r. verdient; Sprichw.: bleibe im Lande und nähre dich r.! **2. a)** *sehr groß:* er hat sich redliche Mühe gegeben. **b)** ⟨verstärkend bei Adjektiven und Verben⟩ *sehr:* sich r. bemühen, plagen; nach der schweren Arbeit war er r. müde.

Redner, der: *jmd., der eine Rede hält:* ein guter, gewandter, großer, gewaltiger, berühmter R.; er ist kein R. (ugs.; *er hat nicht die Gabe zu reden*); den R. unterbrechen, zur Ordnung rufen, [nicht] ausreden lassen.

reell: a) *ehrlich, zuverlässig:* ein reeller Geschäftsmann, Kaufmann; reelle Geschäfte; er ist nicht r.; in diesem Laden werden Sie r. bedient! **b)** *wirklich, echt:* eine reelle Chance; Math.: reelle Zahlen *(rationale und irrationale Zahlen).*

Referenz, die (bildungsspr.): *Empfehlung:* gute, ausgezeichnete Referenzen [aufzuweisen] haben; Referenzen verlangen; er verfügt über gute Referenzen; du kannst ihn als R. *(Person, auf die man sich als Bürgen berufen kann)* angeben, nennen.

referieren: a) (bildungsspr.) ⟨über etwas r.⟩ *[zusammenfassend] berichten:* über ein Thema, über ein Buch r.; er hat auf der Tagung über neue Untersuchungsergebnisse referiert. **b)** (bildungsspr.; selten) ⟨etwas r.⟩ *darstellen:* er hat die Ergebnisse referiert.

reflektieren: 1. (bildungsspr.) ⟨etwas r.⟩ *zurückwerfen:* der Spiegel, das Glas reflektiert das Licht; der See reflektierte die Sonnenstrahlen. **2.** (bildungsspr.) ⟨über etwas r.⟩ *über etwas nachdenken:* er hat lange über dieses Problem reflektiert. **3.** (ugs.) ⟨auf etwas r.⟩ *nach etwas streben:* auf jmds. Geld r.; er reflektiert schon lange auf das Amt des Vorsitzenden.

Reform, die (bildungsspr.): *Neuordnung, Umgestaltung von Bestehendem:* radikale, einschneidende, soziale Reformen; eine R. der Partei; eine R. an Haupt und Gliedern (geh.); die R. der Universitäten verlangen, fordern, einleiten, durchführen; etwas bedarf (geh.) der Reformen.

reformieren (bildungsspr.) ⟨etwas r.⟩: *durch Reformen verändern:* die Kirche, die Partei, die Gesetzgebung r.; vieles in den Universitäten muß reformiert werden.

rege: a) *geschäftig, betriebsam:* ein reger Betrieb, Verkehr; eine rege Teilnahme; es herrschte ein reges Treiben auf den Straßen; der Handel war in dieser Zeit sehr r. **b)** *lebhaft, beweglich:* eine rege Einbildungskraft; eine rege Phantasie; sein Geist ist sehr r.; der Jubilar ist körperlich und geistig noch sehr r.

Regel, die: **1.** *Richtschnur, Vorschrift:* allgemeine, einfache, schwierige Regeln; die Regeln der Rechtschreibung, der Grammatik, des Spiels; die Regeln eines Ordens; die Regeln des Umgangs, der Höflichkeit, der Staatskunst; Redensart: keine R. ohne Ausnahme · eine R., Regeln aufstellen, beachten, befolgen, übertreten, verletzen, außer acht lassen; eine R. lernen, anwenden, kennen; Redensart: Ausnahmen bestätigen die R. · sich an eine R. halten; das ist gegen die R.; du darfst nicht gegen Regeln verstoßen; er hat sich das frühe Aufstehen zur R. gemacht; er duldet keine Abweichung von der R. **2.** (ugs.) *Monatsregel:* die monatliche R. kommt, bleibt aus, setzt ein; die R. haben, bekommen. * (geh.:) **in der Regel** *(normalerweise):* in der R. kommt er um fünf Uhr nach Hause · **nach allen Regeln der Kunst** *(in jeder Hinsicht, Beziehung).*

regelmäßig: a) *gleichmäßig:* regelmäßige [Gesichts]züge; ein regelmäßiges Gesicht; eine regelmäßige Lebensweise. **b)** *einer bestimmten Ordnung entsprechend, in einer bestimmten zeitlichen Aufeinanderfolge [wiederkehrend]:* er ist ein regelmäßiger Gast hier; er braucht sein regelmäßiges Essen; r. wiederkehren, auftreten, teilnehmen; er treibt r. Sport; er kommt r. (ugs.; *immer*) zu spät.

regeln: a) ⟨etwas r.⟩: *ordnen, in Ordnung bringen:* eine Frage, Angelegenheit [für jmdn.] r.; etwas streng, vernünftig r.; er versucht vergeblich, seine Finanzen zu r.; der Polizist, eine Ampel regelt den Verkehr an dieser Straßenkreuzung; die Nachfolge ist durch Gesetz geregelt;

er wird die Sache mit dem Vorgesetzten regeln; adj. Part.: ein geregeltes Leben; geregelte Verhältnisse; er geht keiner geregelten Tätigkeit nach. **b)** ⟨etwas regelt sich⟩ *etwas kommt in Ordnung, erledigt sich:* die Sache hat sich [von selbst] geregelt.

regelrecht: *richtig; in vollem Maße:* ein regelrechtes Verfahren; eine regelrechte Schlägerei; das war ein regelrechter Reinfall; er war r. betrunken.

regen (geh.) ⟨sich, etwas r.⟩: *bewegen:* nach dem Sturz konnte er sich nicht mehr [rühren und] r., konnte er kein Glied mehr r.; der Kranke, der Schlafende regte sich nicht; es regte sich kein Blatt an den Bäumen; kein Lüftchen regte sich an dem heißen Tag; übertr.: Widerspruch regte sich *(wurde wach)* unter den Zuhörern; sein Gewissen, eine Hoffnung regte sich *(wurde wach);* er hat sich nicht geregt *(nicht bemerkbar gemacht, nichts unternommen);* er regte keinen Finger *(blieb untätig);* Sprichw.: sich r. bringt Segen. * (geh.:) **sich nicht regen können** *(keine Handlungsfreiheit haben; eingeengt sein):* sein Verdienst ist so gering, daß er sich nicht r. kann.

Regen, der: *Niederschlag in Form von Wassertropfen:* ein warmer, lauer, kalter, leichter, starker, heftiger, dünner, feiner, sanfter (geh.), tropischer, kurzer, anhaltender R.; der R. beginnt, hört auf, hält an, läßt nach, rinnt über das Dach, klatscht/schlägt gegen die Scheiben, trommelt auf das Dach, prasselt auf das Pflaster, rauscht, rieselt, strömt, trieft aus seinem Haar; es fielen 20 mm R.; es wird bald R. geben; das Blätterdach hat den R. abgehalten; der Boden hat den R. aufgesaugt; bei strömendem R.; der Hut hat durch den R. seine Fasson verloren; wir sind in den R. gekommen; der Schnee ist in R. übergegangen; es sieht nach R. aus; das ausgedörrte Land lechzt (dichter.) nach R.; vom R. überrascht werden; Redensart: auf R. folgt Sonnenschein; bildl.: ein R. von Blumen, von Konfetti. * (ugs.:) **aus dem/vom Regen in die Traufe kommen** *(aus einer unangenehmen oder schwierigen Lage in eine noch schwierigere hineinkommen).*

Regenwetter, das: *schlechtes Wetter mit Regen:* es herrscht seit Tagen R.; du mußt dort mit R. rechnen. * (ugs.:) **ein Gesicht wie drei/sieben Tage Regenwetter machen** *(verdrießlich dreinschauen).*

Regie, die: **a)** (Theater) *künstlerische Leitung:* er hat bei dem Film, dem Theaterstück R. geführt; er hatte die R.; die Anweisungen der R. befolgen; er filmte unter der R. von ... **b)** (bildungsspr.) *Leitung, Verwaltung:* er hat die R. in dem Betrieb übernommen; sie haben das Geschäft jetzt in eigener R.

regieren: **1.a)** *herrschen:* gut, streng, lang, mild, weise, gerecht, demokratisch, diktatorisch, despotisch (bildungsspr.), lange Zeit, viele Jahre glücklich r.; der Kaiser, König, Herrscher regierte von ... bis ...; er regierte durch Terror, mit Gewalt; über ein großes Reich r.; ein regierendes Haus, Adelsgeschlecht; ein demokratisch regiertes Land; übertr.: Frieden, Sicherheit, Not, Elend regiert in diesem Land. **b)** ⟨jmdn., etwas r.⟩ *beherrschen:* ein Land, Volk, einen Staat r.; der Diktator wollte die Welt r. **2.** (selten) ⟨etwas r.⟩ *in der Gewalt haben:* er konnte das Fahrzeug, das Steuer nicht mehr r. **3.** (Sprachw.) ⟨etwas regiert etwas⟩ *etwas fordert einen bestimmten Fall:* dieses Verhältniswort, dieses Verb regiert den 4. Fall.

Regierung, die: **1.** *Herrschaft:* die R. dieses Herrschers brachte das Land in große Not; eine segensreiche R. ausüben; der König hatte bereits als Kind die R. angetreten, übernommen; einen Mann, eine Partei an die R. bringen. **2.** *Gesamtheit der Minister, die die Macht in einem Land ausüben:* eine starke, schwache, legale, demokratische, sozialistische R.; die amtierende R. des Landes; die R. *(das Kabinett)* Adenauer; die R. ist zurückgetreten; eine neue R. bilden; eine R. berufen, einsetzen, unterstützen, angreifen, stürzen, absetzen; er gehört der R. nicht mehr an; er ist in die R. eingetreten.

Regiment, das: **1.** *Truppenteil:* ein R. steht, liegt in einer Stadt; ein R. kommandieren, führen; der Kommandeur des Regiments; einem berühmten R. angehören; bei einem R. stehen (veraltend), dienen (veraltend). **2.** *Herrschaft:* ein strenges, mildes, humanes (bildungsspr.) R.; das R. antreten, an sich reißen; das Volk litt unter dem harten R. des Fürsten. * **das Regiment führen** *(bestimmen, herrschen):* die Mutter führt zu Hause das R. · **ein strenges Regiment führen** *(sehr streng sein).*

Region, die (bildungsspr.): *Bereich:* die R. des ewigen Schnees; die Tierwelt der alpinen R. * (geh.:) **[immer] in höheren Regionen schweben** *(in einer Traumwelt leben).*

Register, das: **1.a)** *alphabetisch geordnetes Verzeichnis in Büchern:* ein vollständiges, ausführliches R. anfertigen, zusammenstellen; dieses Buch enthält ein R.; am Ende des Atlasses befindet sich ein R. **b)** *amtliches Verzeichnis rechtlicher Vorgänge:* das R. des Standesamtes; eine Eintragung im R. löschen; etwas ins R. eintragen. **2.** *Orgelregister:* ein R., alle Register ziehen. * **andere Register ziehen** *(einen nachdrücklicheren Ton anschlagen).*

registrieren (bildungsspr.) ⟨jmdn., etwas r.⟩. **a)** *in ein Register, in eine Kartei eintragen; verzeichnen, vermerken:* Personen, Fahrzeuge r.; es wurden während des Feiertags viele Unfälle registriert; die Instrumente registrieren alle Temperaturschwankungen; ⟨auch ohne Akk.⟩ die Kasse registriert automatisch. **b)** *wahrnehmen, feststellen:* Tatsachen, alle Vorgänge aufmerksam r.; sein Erscheinen wurde von allen registriert; etwas mit Befriedigung r.

regnen ⟨es regnet⟩: *es fällt Regen:* es regnet stark, heftig, leise, unaufhörlich, ununterbrochen, viel, in Strömen, wie mit Eimern (ugs.); hier regnet es oft, häufig; es fängt an, hört auf zu r. · ⟨es regnet etwas⟩ es regnete große Tropfen; übertr. (ugs.): es regnete Proteste, Vorwürfe *(es gab viele Proteste, Vorwürfe).* * (ugs.:) **es regnet Bindfäden** *(es regnet sehr stark).*

regnerisch: *zu Regen neigend, leicht regnend:* ein regnerischer Tag; regnerisches Wetter; gestern war es sehr r.

regulär: *üblich, vorschriftsmäßig:* den regulären Preis bezahlen; etwas r. erwerben, kaufen.

regulieren (bildungsspr.) ⟨etwas r.⟩: *regeln, in eine bestimmte Ordnung bringen:* die Temperatur, die Lautstärke, den Wasserstand r.; der Flußlauf ist reguliert worden *(in eine bestimmte Bahn* *gebracht worden);* die Uhr muß reguliert *(wieder richtig eingestellt)* werden.

egung, die: *Gefühlsregung:* eine verborgene, schwache R.; eine R. des Mitleids fühlen; einer R. des Herzens folgen; keiner R. fähig sein.

eh, das: /*ein Tier*/: das R. fiept (Jägerspr.; *gibt einen Lockton von sich*), schreckt (Jägerspr.; *läßt Warnlaute hören*); Rehe äsen auf dem Feld; das Mädchen ist scheu, schlank, wie ein R.

eiben /vgl. gerieben/: **1.a)** ⟨etwas r.⟩ *kräftig über etwas hinfahren, scheuern:* den Tisch, den Fußboden, den Topf mit einem Scheuertuch r.; den Stoff, die Wolle darf man nicht r. *(beim Waschen nicht heftig darüber hinfahren);* die Messer, die Bestecke müssen mit Sand [blank] gerieben werden; ⟨auch ohne Akk.⟩ du mußt kräftig r.! **b)** ⟨etwas von/aus etwas r.⟩ *etwas durch Reiben von etwas entfernen:* einen Fleck aus dem Kleid r.; den Schmutz von der Tischplatte r.; ⟨sich (Dativ) etwas aus etwas r.⟩ er hatte sich den Schlaf aus den Augen gerieben. **2.** ⟨jmdm., sich etwas r.⟩ *mit einer streichenden Bewegung über etwas hinfahren:* sich die Nase, die Hände r.; er rieb sich die Augen vor Müdigkeit; sie rieb dem Kranken den Rücken mit einem Tuch. **3.** ⟨etwas reibt⟩ *etwas scheuert in unangenehmer Weise:* der Kragen reibt; die Schuhe reiben an den Fersen; ⟨etwas reibt jmdn., etwas⟩ das Halsband reibt den Hund am Hals. **4.a)** ⟨sich r.⟩ *sich scheuern:* das Pferd reibt sich an der Mauer *(um einen Juckreiz zu vertreiben);* /mit der Nebenvorstellung des Unabsichtlichen/: ich habe mich an dem Reibeisen gerieben. **b)** ⟨sich (Dativ) etwas r.⟩ *sich etwas durch Reiben verletzen:* sie hat sich die Hände [wund] gerieben. **5.** ⟨etwas r.⟩ *durch Reiben zerkleinern:* Kartoffeln, Käse, Nüsse r.; der Kuchen war mit geriebenen Mandeln bestreut. * (ugs.:) **jmdm. etwas unter die Nase reiben** *(jmdm. etwas unverblümt sagen)* · (ugs.:) **sich an jmdm. reiben** *(mit jmdm. nicht auskommen)* · (ugs.:) **sich die Hände reiben** *(Schadenfreude empfinden).*

eich: 1. *vermögend, wohlhabend, begütert:* ein reicher Mann; reiche Leute, eine reiche Witwe; das reichste Mädchen der Stadt; ein reiches Land; eine reiche *(große)* Erbschaft machen; er ist sehr, schwer (ugs.), klotzig (ugs.) r.; er ist über Nacht r. geworden; diese Geschäfte haben ihn r. gemacht. **2.a)** *luxuriös, kostbar:* die reiche Ausstattung eines Hauses; reicher Schmuck; die Einrichtung war r., aber wenig geschmackvoll; der Altar war r. geschmückt. **b)** *ergiebig; reichhaltig, üppig:* eine reiche Ernte, Ausbeute; reiche Erzvorkommen, Ölquellen, Bodenschätze; ein reiches Mahl; jmdn. r. beschenken, belohnen; das Buch ist r. bebildert. **c)** *groß, umfassend, vielfältig:* eine reiche Fülle, Auswahl; die reichen Eindrücke einer Reise; reiche Kenntnisse, Erfahrungen; in reichem *(hohem)* Maße. * (veraltend:) **arm und reich** *(alle Menschen ohne Unterschied)* · **an etwas reich sein** *(viel von etwas besitzen, haben, enthalten):* der Wald ist r. an Wild.

Reich, das: *großer, mächtiger Staat; großes Herrschaftsgebiet:* ein großes, mächtiges R.; das R. Karls des Großen; das Deutsche R., das Britische R., das Heilige Römische R. Deutscher Nation; Kaiser und R.; ein R. errichten; bildl.: das himmlische R., das R. Gottes; übertr.: *Bereich, Gebiet:* das R. der Künste, der Wissenschaft; das R. der Träume; das R. der Frau.

reichen: 1. ⟨jmdm. etwas r.⟩ **a)** *entgegenhalten, geben:* er reichte ihm das Buch; sie reichten sich/(geh.) einander die Hand [zur Begrüßung, zur Versöhnung]; der Geistliche reichte den Gläubigen das Abendmahl. **b)** (geh.) *anbieten:* sie reichte den Gästen Erfrischungen, Getränke; ⟨auch ohne Dativ der Person⟩ die Getränke wurden an der Bar gereicht. **2.a)** *genügen, ausreichen:* die Vorräte reichen nicht bis zum Monatsende; der Stoff reicht [für ein Kleid]; das muß für uns beide reichen; drei Männer reichen für den Möbeltransport; das Seil reicht *(ist lang genug).* **b)** (ugs.) ⟨mit etwas r.⟩ *auskommen:* mit dem Brot reichen wir noch bis morgen. **3.** ⟨mit Raumangabe⟩ *sich bis zu einem bestimmten Punkt erstrecken:* er reicht mit dem Kopf bis zur Decke; die Zweige des Baumes reichen [bis] in den Garten des Nachbarn; so weit der Himmel reicht; ⟨etwas reicht jmdm.; mit Raumangabe⟩ das Wasser reichte uns bis an die Hüften, bis zu den Knien. * (ugs.:) **jmdm. [nicht] das Wasser reichen können** *(jmds. Leistung [bei weitem nicht] erreichen)* · **sich** (Dativ) **die Hand reichen können** *(sich gleichen; einer wie der andere sein)* · (ugs.:) **jmdm. reicht es** *(jmds. Geduld ist zu Ende):* jetzt reicht's mir aber! · **so weit das Auge reicht** *(so weit man sehen kann).*

reichlich: a) *in großer Menge, in reichem Maße [vorhanden]:* reichliche Geschenke; eine reichliche Kost; ein reichliches Trinkgeld; eine reichliche *(gute)* Stunde war vergangen; es ist noch r. *(sehr viel, genügend)* Platz; vor r. *(gut)* einem Jahr; r. *(etwas mehr als)* hundert Mark; die Portionen sind r.; jmdn. r. beschenken, belohnen; das ist r. gewogen, gerechnet; Fleisch ist noch r. vorhanden. **b)** (ugs.) ⟨verstärkend bei Adjektiven⟩ *sehr, ziemlich:* er kam r. spät; eine r. langwierige Arbeit; das Kleid ist r. kurz.

Reichtum, der: **1.** *großer Besitz an Geld, an wertvollen Dingen:* der persönliche, große R. eines Menschen; die Reichtümer eines Landes; die Reichtümer der Erde *(Bodenschätze);* R. bildet sich, mehrt sich, vergeht, zerfließt in nichts; sein R. ermöglicht ihm ein bequemes Leben; R. erwerben, besitzen; Reichtümer sammeln, aufhäufen, vergeuden; (ugs.:) damit kann man keine Reichtümer erwerben *(daran ist nichts zu verdienen);* zu R. kommen; übertr.: der innere, seelische R. eines Menschen. **2.** *Fülle, Reichhaltigkeit:* der R. der Gedanken, Einfälle; der R. an materiellen und geistigen Gütern; der R. an Formen und Farben war überraschend.

reif: 1. *voll entwickelt; im Wachstum vollendet:* reifes Obst; reife Kirschen, Äpfel; die Früchte sind noch nicht r.; das Getreide wird r.; bildl.: er brauchte nur die reife Frucht zu pflücken *(der Erfolg der Sache fiel ihm ohne eigene Bemühung zu);* übertr.: das Geschwür ist r. *(für einen Eingriff weit genug entwickelt).* **2.a)** *erfahren, innerlich gefestigt:* ein reifer Mann, eine reife Frau; im reiferen Alter, in den reiferen Jahren *(in einem Alter, in dem man bereits Erfahrung gesammelt hat)* urteilt man anders; die Jungen und Mädchen sind noch nicht r., wenn sie die Schule verlassen; er ist für diese Aufgabe, zu diesem Amt noch nicht r. [genug]. **b)** *ausgewo-*

gen, durchdacht, genügend vorbereitet: eine reife Arbeit, ein reifes Urteil; reife Gedanken; (iron.:) das war eine reife Leistung; die Arbeit ist r. für die/zur Veröffentlichung; für die Verwirklichung dieser Idee ist die Zeit noch nicht r. * **reif [für etwas] sein** *(für etwas bestimmt sein, mit etwas an der Reihe sein):* r. für den Urlaub, für das Irrenhaus, für die Pensionierung sein; der ist bald r. *(als Opfer an der Reihe).*

[1]**Reif,** der: *gefrorener Tau:* starker R. liegt auf den Wiesen; es ist R. gefallen (geh.); die Zweige sind mit R. bedeckt, von R. überzogen.

[2]**Reif,** der: *ringförmiges Schmuckstück:* ein goldener, mit Edelsteinen besetzter, kostbarer R.; ein schmaler R. umspannte ihr Handgelenk; sie zog den R. (geh.; Ring) vom Finger.

Reife, die: **1.** *das Reifen, Vollendung des Wachstums:* die R. des Obstes; während der R. brauchen die Trauben viel Sonne; Obst im Zustand der R. ernten; die Erdbeeren kommen zur R. *(werden reif);* die Äpfel zur R. bringen *(reifen lassen).* **2.** *Vollendung der körperlichen, seelischen Entwicklung:* die innere, seelische, sittliche R.; die R. des Geistes; die R. *(Ausgewogenheit)* der Gedanken; er besitzt noch nicht die nötige R.; das Zeugnis der R. (auf einer höheren Schule) erlangen. * **mittlere Reife** *(Abschluß der Mittelschule oder der Untersekunda).*

[1]**reifen: 1. a)** ⟨etwas reift⟩ *etwas wird reif:* das Obst, die Ernte ist gereift; die Tomaten reifen schlecht. **b)** ⟨etwas reift etwas⟩ *macht etwas reif:* die Sonne reift Obst und Wein. **2. a)** *sich entwickeln; an Erfahrung gewinnen:* zum Manne r.; die Erfahrungen des Krieges haben die Jugend schneller reifen lassen; ein gereifter Mann; das Kind ist früh gereift. **b)** ⟨etwas reift⟩ *etwas entwickelt sich, gewinnt Gestalt:* eine Idee, ein Plan reift; Entscheidungen müssen r.; langsam reifte in ihm der Gedanke auszuwandern; seine Ahnung war zur Gewißheit gereift.

[2]**reifen** ⟨es reift⟩: *es entsteht Reif:* heute nacht hat es gereift.

Reifen, der: **1.** *größerer ringförmiger Gegenstand:* ein hölzerner, eiserner R.; ein R. aus Stahl; Reifen um Fässer, Räder legen; R. *(Spielreifen)* treiben, werfen, fangen; der Hund sprang durch einen brennenden R. **2.** *Auto-, Fahrradreifen:* schlauchlose Reifen; der linke, vordere R. ist geplatzt, hat ein Loch; die Reifen sind abgefahren; einen R. wechseln.

reiflich: *gründlich, eingehend:* sich nach reiflicher Überlegung, Erwägung zu etwas entschließen; sich etwas r. überlegen.

Reigen, der (veraltet): *Rundtanz:* einen R. tanzen, aufführen; übertr.: ein bunter R. *(Folge)* von Melodien. * (geh.:) **den Reigen anführen/eröffnen** *(mit etwas den Anfang machen):* er eröffnete den R. der Ansprachen · (geh.:) **den Reigen [be]schließen** *(bei etwas der letzte sein).*

Reihe, die: **1.** *Anzahl von Personen oder Dingen, die in gerader Linie neben- oder hintereinander geordnet sind:* eine lange, kurze, enggeschlossene, lückenlose, fortlaufende R.; die erste, zweite, dritte, letzte R. *(Stuhlreihe im Theater o. ä.);* die Reihen lichteten sich *(immer mehr Anwesende gingen);* fünfte R./R. fünf; Math.: arithmetische, geometrische, steigende, fallende, [un]endliche Reihen · eine lange R. hoher Bäume/(seltener auch:) hohe Bäume/von hohen Bäumen; eine R. Häuser/von Häusern; d Reihen der Theatersitze; eine R. von ac Mann; eine R. bilden; am Anfang, am End am Schluß der R.; in einer R. stehen; in dr Reihen antreten; sie marschierten in Reihe zu dreien. **2.** *Anzahl, Menge:* eine ganze, lan R. schöner Tage/(seltener auch:) schöne Tag eine R. von Jahren war/waren vergangen; eir [ganze] R. Mitarbeiter hatte/hatten gekündig sie stellten eine R. Fragen/von Fragen; d Land trat erst vor wenigen Jahrzehnten in d R. *(in den Kreis)* der Kulturstaaten ein; sei Taschenbuch ist in dieser R. *(Buchreihe)* e schienen. * **in Reih und Glied** *(in einer bestimm ten strengen Ordnung)* · **der Reihe nach; nach d Reihe** *(einer nach dem andern):* die nächsten d Reihe nach vortreten! · **an der Reihe sein; an d Reihe kommen** *(als nächster abgefertigt, beha delt werden)* · **die Reihe ist an jmdm.** *(jmd. ist d nächste, der handeln muß)* · **außer der Reih** *(außerhalb der Reihenfolge, zwischendurch)* · **einer Reihe mit jmdm. stehen** *(jmdm. im Ra gleichkommen, ebenbürtig sein)* · **sich in ein Reihe mit jmdm. stellen** *(sich im Rang m jmdm. gleichstellen, sich jmdm. für ebenbürt halten)* · (ugs.:) **aus der Reihe tanzen** *(sich nic einordnen; eigene Wege gehen)* · (ugs.:) **aus d Reihe kommen** *(verwirrt werden, in Unordnu geraten)* · (ugs.:) **nicht in der Reihe sein** *(g sundheitlich nicht auf der Höhe sein)* · (ugs.:) **die Reihe bringen** *(in Ordnung bringen; wied gesund machen)* · (ugs.:) **wieder in die Reih kommen** *(wieder in Ordnung kommen; wied gesund werden)* · (ugs.:) **bunte Reihe mache** *(sich so gruppieren, daß jeweils eine männlich und eine weibliche Person nebeneinandersitzen,*

reihen: 1. ⟨etwas auf etwas r.⟩ *auf etwas ne beneinanderfügen:* Perlen auf eine Schnur r. **2** ⟨etwas reiht sich an etwas⟩ *etwas folgt auf e was, schließt sich an etwas an:* ein Fest reiht sich ans andre. **3.** ⟨etwas r.⟩ *mit großen Stiche heften:* den Stoff, das Futter, den Saum, eine Rock r.

Reim, der: *gleich klingender Ausgang zweie Verse:* ein stumpfer oder männlicher, ein klin gender oder weiblicher R.; ein gleitender od reicher R.; ein [un]reiner R.; einsilbige, zwei silbige Reime; Reime bilden, schmiede (scherzh.); einen R. auf ein bestimmtes Wo suchen, finden; ein Wort steht im R.; eine Text in Reime bringen. * (ugs.:) **sich** (Dativ **seinen Reim auf etwas machen** *(sich seine eig nen Gedanken über etwas machen)* · (ugs.:) **sic** (Dativ) **keinen Reim auf etwas machen könne** *(etwas nicht verstehen).*

reimen: 1. a) ⟨etwas r.⟩ *in Reimform bringen* ein Wort auf ein anderes r.; er reimte „grüßen" mit „sprießen"; gereimte Fabeln, Erzählungen die Verse sind gut, schlecht, ungenau gereimt **b)** *Reime, Verse machen:* er kann gut r. **2.** ⟨et was reimt sich⟩ *etwas bildet einen Reim, kling gleich:* die beiden Wörter reimen sich; „klein reimt sich auf „fein"; übertr. (ugs.): das reim sich nicht *(das stimmt nicht miteinander überein,*

'rein (ugs.): → herein.

rein: I. ⟨Adj.⟩ **1. a)** *unvermischt, ohne fremd Bestandteile:* reiner Wein; reiner Alkohol; rein Seide, Wolle; reines Schmalz, Weizenmehl; rei nes Gold, Silber, Kupfer; ein reiner Marmor der Ring ist r. golden; das Wasser war [ganz] r. und klar; einen Stoff chemisch r. herstellen. **b)** *unverfälscht, echt:* eine reine Rasse, Abstammung; reiner Adel; die reine Lehre der Kirche; die reine Wahrheit; ein reines *(fehler-, akzentfreies)* Deutsch sprechen; reine *(klare)* Gesichtszüge; das Instrument hat eine reine Stimmung *(ist exakt gestimmt)*; reine *(theoretische)* und angewandte Mathematik; seine Aussprache war nicht ganz r. *(akzentfrei)*; der Chor singt, klingt nicht r. *(nicht genau in der Tonhöhe)*. **c)** (ugs.) *völlig, richtig, ausgesprochen, bloß:* das war reiner Zufall, reines Glück; es war ein reines, das reinste Wunder; es war reiner, der reine Hohn; etwas aus reiner Gutmütigkeit tun; ihre Empörung war eine reine *(nichts als eine)* Komödie; er ist der reinste Akrobat *(ist sehr wendig, geschickt)*; es bleibt ein reiner Überschuß *(Überschuß ohne weitere Abzüge)* von zehn Mark. **2.** *sauber, frei von Unreinigkeit:* reine Wäsche; ein reines Hemd; etwas nur mit reinen Händen anfassen; einen reinen Teint, eine reine Haut haben; die Bettücher waren r. wie frischgefallener Schnee; die Kleider r. machen; die Wohnung r. halten. **3.** *frei von Schuld, unschuldig:* ein reines Gewissen, Herz haben; reine Gedanken; reine Liebe; ein reines Gemüt; eine reine *(unberührte)* Jungfrau; er ist r. (veraltet; *frei*) von Schuld; Redensart: dem Reinen ist alles r. **II.** ⟨Adverb⟩ **a)** *ausschließlich, nur:* eine r. private Angelegenheit; etwas r. sachlich beurteilen; aus r. menschlichen Gründen. **b)** (ugs.) *geradezu, ganz, gänzlich:* das ist r. aus der Luft gegriffen, r. erfunden; es ist r. zum Verrücktwerden; das habe ich r. vergessen; er wußte aber auch r. *(überhaupt)* gar nichts. * **reinsten Wassers/von reinstem Wasser** *(ausgesprochen, durch und durch):* er ist ein Demokrat reinsten Wassers · (ugs.:) **reinen Tisch/reine Wirtschaft machen** *(etwas bereinigen, in Ordnung bringen)* · **jmdm. reinen Wein einschenken** *(jmdm. die volle [unangenehme] Wahrheit sagen)* · (ugs.:) **eine reine Weste haben** *(nichts Unehrenhaftes getan haben)* · (ugs.:) **reinen Mund halten** *(nichts verraten)* · (ugs.:) **die Luft ist rein** *(es besteht keine Gefahr)* · **etwas ins reine schreiben** *(von etwas eine Reinschrift machen)* · **etwas ins reine bringen** *(etwas klären, in Ordnung bringen)* · **etwas kommt ins reine** *(etwas wird geklärt, in Ordnung gebracht)* · **mit etwas ins reine kommen** *(sich über etwas klar werden)* · **mit etwas im reinen sein** *(sich über etwas im klaren sein)* · **mit jmdm. ins reine kommen** *(mit jmdm. einig werden)* · **mit jmdm. im reinen sein** *(mit jmdm. einig sein)* · **mit sich ins reine kommen** *(Klarheit über etwas, eine bestimmte Einstellung zu etwas gewinnen)*.

Reinfall, der (ugs.): *unangenehme Überraschung:* das war ein böser R.; mit dem Gebrauchtwagen haben wir einen tüchtigen R. erlebt.

reinigen: 1. ⟨jmdn., sich, etwas r.⟩ *säubern, von Schmutz o. ä. befreien:* die Straße, das Zimmer, die Schuhe gründlich r.; ein Kleid chemisch r. lassen; er reinigte sich von Kopf bis Fuß; der Tee soll das Blut r.; ⟨jmdm., sich etwas r.⟩ du mußt dir zuerst die Hände r.; bildl.: ein reinigendes Gewitter *(eine Auseinandersetzung, die Unstimmigkeiten beseitigt)*. **2.** ⟨sich von etwas r.⟩ *sich von etwas befreien:* sich von einer Schuld, von einem Verdacht r.

reinlich: 1. a) *Sauberkeit liebend:* ein reinlicher Mensch; Katzen sind reinliche Tiere; sie ist sehr r. **b)** *sehr sauber:* ein reinliches Zimmer; reinliche Straßen, Häuser; ihre Kleidung ist immer sehr r.; sie waren r. gekleidet. **2.** *sehr genau, gründlich:* eine reinliche Scheidung der Begriffe; die Bestandteile müssen r. getrennt werden.

reinwaschen ⟨jmdn., sich r.⟩: *von etwas, was einem zur Last gelegt wird, befreien:* sich von einem Verdacht, von einer Schuld r.; auch die Aussagen seiner Kollegen konnten ihn nicht r.

[1]Reis, der: **a)** */eine Nutzpflanze/:* R. anbauen, pflanzen, ernten. **b)** */Früchte dieser Nutzpflanze/:* geschälter, polierter R.; der R. ist trocken, körnig, noch nicht gar; R. kochen; Kochk.: Huhn auf R.

[2]Reis, das: **a)** *Pfropfreis:* ein junges R. auf einen Wildling pfropfen. **b)** *dünner Zweig:* ein Bündel Reiser; Reiser sammeln; Sprichw.: viele Reiser machen einen Besen.

Reise, die: *längere Fahrt zu einem entfernteren Ort:* eine lange, weite, angenehme, beschwerliche R.; eine R. ins Ausland, nach Rom; eine R. im Auto, mit der Eisenbahn, zu Schiff; eine R. zur See (geh.); eine Reise zur Erholung; die R. war sehr schön; wohin geht die R.?; die R. dauert fünf Stunden; eine R. vorhaben, planen; vorbereiten, machen, unternehmen, antreten, die R. unterbrechen, beenden; jmdm. eine glückliche, gute R. wünschen; jmdn. auf die R. schicken; was hast du auf der R. alles gesehen?; von einer R. zurückkehren; Vorbereitungen zur R. treffen; übertr. (ugs.): wir wissen nicht, wohin die R. geht *(wie sich die Dinge entwickeln werden)*. * **auf Reisen gehen** *(verreisen)* · **sich auf die Reise machen** *(eine Reise antreten)* · **auf Reisen sein** *(unterwegs, verreist sein)* · (verhüllend:) **seine letzte Reise antreten** *(sterben)* · (ugs.:) **eine Reise machen** *(sich durch die Einnahme eines Rauschgifts in einen Rauschzustand versetzen)*.

reisen: *eine Reise machen:* schnell, bequem, allein, in Gesellschaft, unter fremdem Namen, inkognito (bildungsspr.) r.; dienstlich, geschäftlich, zum Vergnügen r.; mit dem/(veraltet:) zu Schiff r.; mit dem Auto, mit dem Flugzeug, mit der Eisenbahn r.; an die See, aufs Land, ins Bad, in die Ferien, in Urlaub, in die Schweiz, nach Italien r.; sie sind gestern zu ihren Kindern gereist; sie reisten von Berlin über Köln nach Paris; er ist in seinem Leben viel gereist *(hat viele Reisen unternommen)*. * (ugs.:) **auf eine bestimmte Tour/Masche reisen** *(auf bestimmte Weise etwas zu erreichen, sich Vorteile zu verschaffen suchen)*.

Reisende, der: **1.** *Fahrgast:* ein müder Reisender, zwei verspätete Reisende; die Reisenden werden gebeten, ihre Plätze einzunehmen; alle Reisenden/(selten auch:) Reisende stiegen aus. **2.** *Vertreter:* er ist Reisender für eine große Firma; ein Reisender in Elektroartikeln *(in der Elektrobranche)*; biete versiertem Reisenden gute Verdienstmöglichkeiten.

Reißaus ⟨in der Verbindung⟩ Reißaus nehmen: *aus Angst schnell davonlaufen:* als er den großen Hund sah, nahm er [schnell] R.

reißen/vgl. gerissen/: **1. a)** ⟨etwas r.⟩ *durch gewaltsames Ziehen auseinandertrennen:* Stoff nach dem Faden r.; das Packpapier läßt sich schlecht r.; vor Wut riß er den Brief mittendurch. **b)** ⟨etwas in etwas r.⟩ *in einzelne Teile zerreißen:* etwas in Stücke, Fetzen r.; sie riß den Stoff in einzelne, schmale Bahnen. **2.** ⟨etwas in etwas r.⟩ *etwas durch Reißen o. ä. in etwas hervorrufen:* die Bombe hat einen Trichter in den Boden gerissen; wer hat das Loch in den Stoff gerissen?; ⟨jmdm., sich etwas in etwas r.⟩ der Hund hat ihm ein Loch in die Hose gerissen. **3. a)** ⟨sich r.⟩ *sich verletzen, sich ritzen:* ich habe mich [am Stacheldraht] gerissen. **b)** ⟨sich (Dativ) etwas r.; mit Raumangabe⟩ *sich als Verletzung beibringen:* sich eine Wunde am Bein r.; ich habe mir an dem Nagel eine klaffende Wunde gerissen. **c)** ⟨sich (Dativ) etwas r.; mit Artangabe⟩ *sich verletzen:* sich die Finger blutig r. **4.** ⟨etwas reißt⟩ *etwas zerreißt:* paß auf, daß der Faden, die Schnur, das Seil nicht reißt; das Papier reißt leicht; die Zimmerdecke ist gerissen *(hat einen Riß, Risse bekommen);* ⟨etwas reißt jmdm.⟩ mir ist das Schuhband gerissen; bildl.: jetzt reißt mir aber bald der Geduldsfaden, die Geduld *(jetzt ist meine Geduld aber bald zu Ende).* **5. a)** ⟨jmdn., etwas r.; mit Raumangabe⟩ *von einer bestimmten Stelle wegreißen:* einen Zweig vom Baum r.; er riß das Kind aus den Armen der Mutter; ⟨jmdm., sich jmdn., etwas r.; mit Raumangabe⟩ er hat mir den Brief aus den Händen gerissen; der Wind riß ihm den Hut vom Kopf; er riß sich die Kleider vom Leib; adj. Part.: die Ware fand reißenden *(schnellen)* Absatz; übertr.: ihre Worte rissen ihn aus seinen Gedanken; aus dem Zusammenhang gerissen, ist der Satz nicht verständlich. **b)** ⟨sich r.; mit Raumangabe⟩ *sich von einer bestimmten Stelle losreißen; sich aus etwas befreien:* sie riß sich aus seinen Armen; der Hund hat sich von der Kette gerissen. **c)** (Sport) ⟨[etwas] r.⟩ *beim Sprung die Latte herunterreißen:* er hat [die Latte] bei zwei Metern gerissen. **6.** ⟨jmdn., etwas r.; mit Raumangabe⟩ *mit Gewalt an eine bestimmte Stelle ziehen, zerren:* sie rissen ihn ins Auto; er riß ihn zu Boden, in die Höhe; der Strudel hat das Boot in die Tiefe gerissen; adj. Part.: ein reißender *(wilder)* Strom; übertr.: sein Leichtsinn hat ihn ins Verderben gerissen. **7.** ⟨an etwas r.⟩ *mit Gewalt ziehen, zerren:* der Hund riß [heftig, wütend] an der Leine; er riß ungeduldig an der Klingelschnur. **8.** ⟨etwas an sich r.⟩ *sich einer Sache bemächtigen:* die Herrschaft, die Macht, die Führung an sich r.; übertr.: er will immer das Gespräch an sich r. *(möchte immer selbst reden).* **9.** (ugs.) ⟨sich um jmdn., um etwas r.⟩ *durchaus haben, besitzen wollen:* sie rissen sich alle um die Eintrittskarten; die Agenturen reißen sich um diesen Sänger. **10.** ⟨ein Tier r.⟩ *jagen und durch Bisse töten:* der Wolf hat ein Schaf gerissen; adj. Part.: reißende *(wilde)* Tiere; ein reißender Wolf. **11.** (Sport) ⟨etwas r.⟩ *in bestimmter Weise stemmen:* er reißt 280 kg. * (ugs.:) **Witze/Possen reißen** *(Witze, Possen machen)* · **[innerlich] hin und her gerissen werden/sein** *(sich nicht entscheiden können)* · **jmdm. die Maske/den Schleier vom Gesicht reißen** *(jmdn. entlarven)* · (ugs.:) **wenn alle Stränge/Stricke reißen** *(wenn es keine andere Möglichkeit mehr gibt)* · (ugs.:) **sich** (Dativ) **etwas unter den Nagel reißen** *(sich etwas aneignen, [unrechtmäßig] an sich nehmen).*

reiten: 1. a) *sich auf einem Reittier, bes. au einem Pferd sitzend fortbewegen:* langsam schnell, scharf, [im] Galopp, Trab, Schritt r. er reitet ohne Sattel; er kann, lernt r.; er ist (seltener auch:) hat früher viel, gerne geritten auf einem Pferd, Esel, Kamel r.; die Hexe rit auf einem Besen; sie sind auf die Jagd, durch die Wälder, nach Hause, übers Feld geritten **b)** ⟨etwas r.⟩ *reitend zurücklegen:* wir reiten heute einen andern Weg; ich bin heute zwanzi Kilometer geritten. **c)** ⟨etwas r.⟩ *reitend absolvieren:* [die] Hohe Schule, ein Turnier r.; e hat/ist schon mehrere Rennen geritten. **d)** ⟨es reitet sich; mit Artangabe und Umstandsangabe⟩ *man kann in bestimmter Weise reiten:* be diesem Wetter reitet es sich gut. **2. a)** ⟨ein Tier r.⟩ *ein bestimmtes Reittier haben, benutzen* er reitet einen Schimmel; er hat ein junges Pferd geritten. **b)** ⟨ein Tier r.; mit Raumangabe⟩ *ein Tier reitend an einen bestimmten Ort bringen:* e hat das Pferd auf die Weide, in die Schwemme *(ins Wasser)* geritten. **3. a)** ⟨ein Tier, sich r.; mit Artangabe⟩ *durch Reiten in einen bestimmten Zustand bringen:* er hat sein Pferd, sich müde geritten; er hat den schönen Rappen zuschanden (geh.) geritten. **b)** ⟨sich (Dativ) etwas r.; mit Artangabe⟩ *so reiten, daß ein Körperteil in einen bestimmtem Zustand gerät:* er hat sich das Gesäß wund geritten. **c)** ⟨sich (Dativ) etwas r.⟩ *sich durch Reiten etwas zuziehen:* er hat sich Schwielen geritten. * (ugs.:) **jmdn., etwas über den Haufen reiten** *(jmdn., etwas umreiten)* · (ugs.:) **jmdn. in die Tinte reiten** *(jmdn. in große Verlegenheit bringen)* · (ugs.:) **jmdn. reitet der Teufel** *(jmd. folgt einer schlechten Eingebung)* · (ugs.:) **sein Steckenpferd reiten** *(sich seiner Liebhaberei widmen).*

Reiter, der: *jmd., der reitet:* ein guter, schlechter, tüchtiger, tollkühner, verwegener R.; der R. ist gestürzt. * **spanische Reiter** *(Absperrung aus Stacheldraht).*

Reiz, der: **1.** *äußere oder innere Einwirkung auf einen Organismus:* ein starker, schwacher, leichter, mechanischer, chemischer Reiz; das Licht übt einen R. auf das Auge aus; auf einen R. ansprechen, reagieren. **2.** *angenehme Wirkung; Zauber, Verlockung:* ein großer, unwiderstehlicher R. ging von dem Gemälde aus; die weiblichen Reize; der R. des Fremdartigen, des Verbotenen, der Neuheit; einen R. ausüben; etwas erhöht den R., hat keinen R. für jmdn., hat seinen R. für jmdn. verloren; sie zeigt ihre Reize; ich kann der Sache keinen R. abgewinnen; sie ist sich ihrer Reize bewußt; er ist den Reizen dieser Frau verfallen.

reizen /vgl. reizend, gereizt/: **1.** ⟨jmdn., etwas r.⟩ *ärgern, herausfordern, provozieren:* er hat ihn sehr, schwer (ugs.), aufs äußerste gereizt; die Kinder reizten den Hund; seine Worte reizten ihre Neugier; jmdn. zum Zorn, zum Widerspruch r. **2.** ⟨etwas reizt etwas⟩: *etwas wirkt auf einen Organismus ein, greift ihn an:* das grelle Licht, der Rauch hat seine Augen gereizt; das scharfe Gewürz reizt die Schleimhäute. **3.** ⟨jmdn., etwas r.⟩ *eine angenehme Wirkung auslösen; verlocken, bezaubern:* der Duft der Speisen reizte die Eßlust, den Gaumen, den Magen; das Neue reizt ihn; ihn reizt die Gefahr, das Abenteuer; es reizte mich, ihn zu ärgern; das reizt mich nicht;

sie reizt die Männer, das Verlangen der Männer. 4. (Skat) ⟨[etwas] r.⟩ *durch das Nennen höherer Zahlen das Spiel in die Hand bekommen:* er reizte [bis] 46, einen Grand; was, wie hoch hat er gereizt?

eizend: *Wohlgefallen erweckend; nett, entzückend:* ein reizendes Mädchen, Kind, Gesicht, Bild, Kleid; ein reizender Ort; (ugs.; iron.:) das ist ja eine reizende Bescherung *(eine unangenehme Überraschung);* es ist r., daß du mir helfen willst; das ist r. von dir; das Haus ist r. gelegen.

ekeln ⟨sich r.⟩: *sich mit Behagen dehnen und strecken:* er rekelte sich im Sessel, in der Sonne.

eklame, die: *Werbung:* eine geschmackvolle, marktschreierische, kostspielige R.; für ein Gerät R. m.; er macht überall für seinen Arzt R. (ugs.; *empfiehlt ihn als tüchtig*); er macht mit seinem Auto überall R. (ugs.; *gibt damit an, brüstet sich damit*).

eklamieren ⟨etwas r.⟩: *beanstanden; sich über etwas beschweren:* eine verlorengegangene Sendung r.; er hat die schlechte Ausführung der Arbeit reklamiert; die Spieler reklamierten Abseits; ⟨auch ohne Akk.⟩ ich habe wegen der Sendung bei der Post reklamiert.

ekord, der: *höchste bisher erreichte [sportliche] Leistung:* ein beachtlicher, ungewöhnlicher R.; einen R. [in einer sportlichen Disziplin] aufstellen, erringen, erzielen, halten, innehaben, brechen, schlagen, verbessern, überbieten; einen R. egalisieren (bildungsspr.), einstellen *(die gleiche Höchstleistung wie ein anderer erzielen).*

elativ (bildungsspr.): **a)** *einem bestimmten Verhältnis entsprechend; nicht absolut gültig:* der relative Wert des Geldes; das ist ein relativer Begriff; es ist alles r. **b)** ⟨vor Adjektiven⟩ *verhältnismäßig, vergleichsweise:* es geht mir r. gut. * **relative Mehrheit** *(einfache Mehrheit).*

eligion, die: *Glaubensrichtung, Gottesverehrung, Glaube:* die christliche, buddhistische R.; die heidnischen Religionen; sie durften ihre R. nicht ausüben; er ist ein Mensch ohne R.

eligiös: *die Religion betreffend:* religiöse Handlungen, Vorschriften; religiöse Gesinnung, Erziehung; religiöse Zweifel haben; religiöse Schwärmer; sie ist sehr r. *(gläubig);* sie waren alle r. erzogen worden.

empeln (Sport) ⟨[jmdn.] r.⟩: *mit dem Körper stoßen:* der Spieler hat [seinen Gegner] gerempelt.

endezvous, das (veraltend): *Treffen, Verabredung:* ein R. verabreden, einhalten, verpassen; er hat ein R. mit ihr; er mußte zu einem R.; Raumfahrt: das R. gelang bereits während des ersten Erdumlaufs.

ennen: 1.a) *schnell laufen:* schnell, mit großen Sätzen r.; er rannte, so schnell er konnte, zur Polizei; er ist wie ein Wiesel über den Platz gerannt. **b)** (ugs.; abwertend) ⟨mit Raumangabe⟩ *sich zu einem bestimmten Zweck irgendwohin begeben:* dauernd ins Kino r.; sie rennt wegen jeder Kleinigkeit zum Arzt. **2.** ⟨an, gegen jmdn., gegen etwas r.⟩ *an jmdn., an etwas prallen, stoßen:* er war so in Gedanken versunken, daß er gegen einen Laternenpfahl rannte; er ist mit dem Kopf an, gegen die Wand gerannt. **3.a)** ⟨sich (Dativ) etwas r.; mit Raumangabe⟩ *sich durch Anstoßen eine Verletzung zuziehen:* er hat sich ein Loch in den Kopf gerannt. **b)** (ugs.; landsch.) ⟨sich r.⟩ *sich stoßen [und sich dabei verletzen]:* er hat sich [an der scharfen Kante] gerannt. **4.** ⟨jmdm., sich etwas r.; mit Raumangabe⟩ *jmdm. eine Stichwaffe in den Körper stoßen:* er rannte ihm das Messer in die Brust. * (ugs.:) **jmdn., etwas über den Haufen rennen** *(jmdn., etwas umrennen)* · **ins Unglück/in sein Verderben rennen** *(durch unvernünftiges Handeln sein eigenes Unglück verschulden).*

Rennen, das: *Wettkampf im Laufen, Reiten, Fahren:* ein schnelles, spannendes, totes *(unentschiedenes)* R.; ein R. mit Hindernissen; morgen findet ein R. statt; ein R. veranstalten, abhalten; er ist ein großes R. gelaufen, geritten, gefahren; ein R. gewinnen, verlieren; an einem R. teilnehmen; für ein R. melden; sein Pferd lag gut im R. * (ugs.:) **das Rennen aufgeben** *(sich nicht länger an etwas beteiligen)* · (ugs.:) **das Rennen ist gelaufen** *(die Sache ist erledigt)* · (ugs.:) **das Rennen machen** *(gewinnen; andern den Rang ablaufen).*

renovieren ⟨etwas r.⟩: *erneuern, instandsetzen:* ein Haus, eine Fassade, eine Kirche r.; sie haben ihr Geschäft r. lassen.

Rente, die: *Einkommen aus einer Versicherung oder aus Vermögen:* eine hohe, niedrige, angemessene, lebenslängliche R.; [eine] R. beantragen, bekommen, beziehen; jmdm. eine R. aussetzen, zahlen; ihre R. wurde gekürzt, erhöht, angehoben.

rentieren ⟨etwas rentiert sich⟩: *etwas bringt Gewinn, lohnt sich:* die hohen Ausgaben rentieren sich nicht; das Geschäft hat sich rentiert.

Reparatur, die: *Instandsetzung, Ausbesserung:* eine große, teure R.; eine R. ausführen.

reparieren ⟨etwas r.⟩: *instand setzen, ausbessern:* den Motor r.; er hat das Türschloß schlecht repariert; ich muß die Uhr r. lassen.

repräsentieren (bildungsspr.): **1.** *in der Öffentlichkeit auftreten:* er versteht zu r.; er muß in seinem neuen Amt viel r. **2.a)** ⟨jmdn., etwas r.⟩ *jmdn., etwas vertreten:* er repräsentiert eine der führenden Firmen; diese Regierung repräsentiert nicht das Volk. **b)** ⟨etwas repräsentiert etwas⟩ *etwas ist etwas wert, stellt etwas dar:* das Grundstück repräsentiert einen Wert von mehreren tausend Mark.

Reserve, die: **1.** *Ersatz, Vorrat, Rücklage:* seine Reserven angreifen [müssen], verbrauchen; etwas als R. zurücklegen. **2.** *Ersatztruppe, Ersatzmannschaft:* die [letzten] Reserven herausholen, einsetzen, in den Kampf werfen; er spielt bei der R. **3.** *Zurückhaltung:* sich [keine, zuviel R.] auferlegen; aus seiner R. heraustreten; er versuchte, ihn aus seiner R. herauszulocken. * (Wirtsch.:) **stille Reserven** *(in der Bilanz nicht erscheinende Geldrücklagen).*

reservieren ⟨etwas r.⟩: *zurücklegen, aufheben; belegen, freihalten:* die Theaterkasse hat zwei Plätze reserviert; der Tisch ist für uns reserviert; sie hat mir/für mich die Ware reserviert.

reserviert (bildungsspr.): *zurückhaltend:* sie hat eine sehr reservierte Art, ist sehr r.; sich r. verhalten.

Resignation, die (bildungsspr.): *das Resignieren:* müde, dumpfe, wehmütige R.; R. erfaßte, ergriff, erfüllte ihn.

resignieren (bildungsspr.): *aufgeben; sich entmutigt abfinden:* trotz vieler Enttäuschungen resignierte er nicht.

Resolution, die (bildungsspr.): *Entschließung, Beschluß:* eine R. aufsetzen, [ab]fassen, veröffentlichen, überreichen; sie schickten die R. an die Regierung.

Respekt, der (bildungsspr.): *Achtung, Ehrerbietung:* vor jmdm. [großen] R. haben, bekommen; jmdm. R. zollen (geh.); den [nötigen] R. verweigern; den, allen R. vor jmdm. verlieren; er wird sich schon den nötigen R. verschaffen; bei allem R. vor seiner Leistung muß man doch sagen, daß ...; mit R. von jmdm. sprechen.

respektieren (bildungsspr.) ⟨jmdn., etwas r.⟩: *achten, schätzen, anerkennen:* jmdn., die Gesetze, jmds. Meinung, Motive, Entscheidungen r.

Ressort, das (bildungsspr.): *Amts-, Geschäftsbereich:* das R. eines Ministers; das ist mein R. *(hier lasse ich mir nicht hineinreden);* ein bestimmtes R. verwalten; etwas gehört in, zu jmds. R.

Rest, der: *etwas, was übrigbleibt:* ein kleiner, unansehnlicher, unbedeutender, trauriger (ugs.) R.; der letzte R.; es sind nur noch schäbige (ugs.) Reste vorhanden, übrig; der R. des Tages *(die letzten Stunden des Tages)* verging schnell; zuerst müssen die Reste *(Speisereste)* gegessen werden; wir verkaufen billige Reste *(Stoffreste);* den Rest [des Weges] *(die letzte Wegstrecke)* müssen wir laufen; er ist mir noch einen R. [der Rechnung] *(Restbetrag)* schuldig geblieben; die Division geht ohne R. *(ohne daß eine Zahl übrigbleibt)* auf; Redensarten: der R. ist Schweigen; (scherzh.) der R. ist für die Gottlosen. * (ugs.:) **jmdm., einer Sache den Rest geben** *(jmdn. ganz zugrunde richten, etwas ganz zerstören)* · (ugs.:) **sich** (Dativ) **den Rest holen** *(ernstlich krank werden).*

restlich: *übrigbleibend, noch vorhanden:* die restliche Summe wird er auf das Konto überweisen; die restlichen Arbeiten erledige ich später.

restlos: *völlig, ohne Rest:* etwas r. verbrauchen, die Angelegenheit wurde r. aufgeklärt; er war r. (ugs.; *sehr*) glücklich, begeistert.

Resultat, das (bildungsspr.): *Ergebnis, Erfolg:* das R. der Rechnung stimmte; der Versuch erbrachte kein [befriedigendes] R.; die Untersuchung blieb ohne R.

retten: a) ⟨jmdn., sich, etwas r.⟩ *aus einer Gefahr befreien, vor Schaden bewahren; in Sicherheit bringen:* einen Ertrinkenden, die Schiffbrüchigen, die Verunglückten r.; man hat die wertvollen Gemälde gerettet; er konnte sich im letzten Augenblick noch r.; jmdn. aus dem Feuer, aus der Gefahr, vor einer drohenden Gefahr, vor dem Absturz r. [können]; der Arzt konnte das Kind nicht mehr r. *(konnte nicht verhindern, daß es starb);* ⟨jmdm. etwas r.⟩ er hat mir das Leben gerettet; adj. Part.: ein rettender *(Hilfe, die Lösung bringender)* Gedanke, Einfall. **b)** ⟨sich r.; mit Raumangabe⟩ *sich an einen bestimmten Ort flüchten:* sie retteten sich [vor dem Regen] unter das schützende Dach. * **sich vor etwas nicht mehr zu retten wissen/nicht mehr retten können** *(mit etwas überhäuft werden)* · **rette sich, wer kann!** */gewöhnlich scherzh. als Warnruf vor etwas Unangenehmem/* · (ugs.:) **der rettende Engel** *(jmd., der in einer unangenehmen Situation unerwartet Hilfe bringt)* · (ugs.:) **bist du noch zu retten?** *(bist du vollkommen verrückt, ist dir noch zu helfen?).*

Rettung, die: *Befreiung aus Gefahr; Hilfe:* jed R. kam zu spät; du bist meine letzte R. (fam. *nur du kannst mir noch helfen*); jmdm. R. brin gen; an seine R. denken; auf R. hoffen.

Reue, die: *Zerknirschung; tiefes Bedauern:* echte tiefe, ernstliche, lebhafte, bittere (geh.) Reue deine R. kommt zu spät; R. fühlen, verspüren zeigen; er empfand R. über seine Tat.

revanchieren ⟨sich r.⟩: **a)** *sich rächen:* für sein Bosheiten werde ich mich später revanchieren **b)** *sich erkenntlich zeigen:* wir haben uns für ihr Einladung noch nicht revanchiert.

revidieren (bildungsspr.) ⟨etwas r.⟩: *überprü fen [und ändern]:* die Kasse r.; die bisherige Po litik muß revidiert werden; er hat seine Mei nung revidiert.

Revision, die (bildungspr.): *Überprüfung [un Änderung]* die R. der Kasse vornehmen Rechtsw.: R. beantragen, einlegen; die R. be gründen, zulassen, verwerfen, zurückweisen.

Revolte, die (bildungsspr.): *Aufstand, Aufruh* eine R. bricht aus, wird unterdrückt, niederge schlagen, niedergeworfen; er hat die R. ange führt, sich an der R. beteiligt.

Revolution, die: **1.** *gewaltsamer Umsturz der be stehenden Ordnung:* eine blutige, soziale, prole tarische R.; die R. bricht aus, siegt, scheiter wird niedergeschlagen; eine R. ausrufen; d Ziele einer R. **2.** *Aufhebung, Umwälzung bishe geltender Maßstäbe:* die industrielle, technisch R.; etwas führt eine R. der Moral herbei.

Rezept, das: **1.** *Arzneiverordnung:* ein R. aus schreiben; der Arzt hat mir ein R. geschrieben das R. muß in der Apotheke erst angefertig werden. **2.** *Back-, Kochanweisung:* ein gutes, a tes R.; ein R. ausprobieren; übertr. (ugs.) *Mittel:* ich weiß ein gutes R. gegen die Lange weile.

Rhythmus, der: *bestimmte Gesetzmäßigkeit de Ablaufs von Tönen, Bewegungen o. ä.:* der R einer Komposition, eines Gedichtes; übertr. der stampfende Rhythmus der Maschinen; de R. von Tag und Nacht; im R. der Zeit.

richten: 1.a) ⟨sich, etwas r.; mit Raumangabe *in eine bestimmte Richtung bringen, lenken:* de Scheinwerfer auf jmdn. r.; die Geschütze gege den Feind r.; die Segel nach dem Wind r.; da Schiff, den Kurs eines Schiffes nach Norden r. der Kranke konnte sich nur mühsam in die Hö he r.; seine Augen, den Blick in die Ferne r. übertr.: sein Augenmerk auf jmdn., auf etwa r.; all sein Tun, seine Pläne, Wünsche auf ei bestimmtes Ziel r. **b)** ⟨etwas an jmdn., an etwa r.⟩ *vorbringen, äußern; adressieren:* Bitten, Au forderungen, Mahnungen, eine Rede an jmdn r.; er richtete sein Gesuch an die zuständige Be hörde; die Frage war an dich gerichtet. **2.a)** ⟨et was richtet sich; mit Raumangabe⟩ *etwas wen det sich in eine bestimmte Richtung:* die Schein werfer richteten sich plötzlich alle auf eine Punkt; ihre Augen richteten sich in die Ferne übertr.: sein ganzes Streben richtete sich au ein einziges Ziel. **b)** ⟨etwas richtet sich gege jmdn., gegen etwas⟩ *etwas wendet sich gege jmdn., gegen etwas:* seine Kritik richtet sich ge gen die Politik der Regierung; gegen wen richte sich Ihr Verdacht? **3.a)** ⟨sich nach jmdm. nach etwas r.⟩ *sich entsprechend verhalten, sic anpassen:* sich nach jmds. Vorbild, nach jmds

Wünschen, nach den Vorschriften r.; ich richte mich ganz nach dir. **b)** ⟨etwas richtet sich nach etwas⟩ *etwas hängt von etwas ab:* die Abfahrt der Schiffe richtet sich nach den Gezeiten; das richtet sich nach dem Wetter. **4.** ⟨etwas r.⟩ *richtig einstellen:* eine Antenne r.; hast du die Uhr gerichtet? **5.** ⟨etwas r.⟩ *zurechtmachen, vorbereiten:* den Tisch, die Zimmer, die Betten [für die Gäste] r.; ich habe euch das Frühstück gerichtet; er hat alles für die Reise gerichtet. **6.** (geh.) *urteilen; ein Urteil abgeben:* streng, gerecht, unparteiisch, gnädig r.; wir haben in dieser Angelegenheit, über diesen Menschen nicht zu r. **7.** (geh.; veraltend) ⟨jmdn., sich r.⟩ *hinrichten, mit dem Tod bestrafen:* der Mörder wurde gerichtet; er hat sich selbst gerichtet. * **jmdn., etwas zugrunde richten** *(jmdn., etwas ruinieren, vernichten, verderben).*

:ichter, der: *Jurist, der das Richteramt ausübt:* ein gerechter, gnädiger, milder, strenger, kluger, weiser R.; der R. hat ihn freigesprochen; einen R. als befangen ablehnen; jmdn. vor den R. bringen, schleppen (ugs.); vor dem R. stehen; jmdn. zum R. bestellen, wählen, nehmen; sich zum R. über jmdn., über etwas aufwerfen *(jmdn., etwas verurteilen; abschätzig über jmdn., über etwas urteilen);* Sprichw.: wo kein Kläger ist, da ist auch kein R.

ichtig: I. ⟨Adjektiv⟩ **1.** *stimmend, zutreffend; wahr, nicht falsch:* der richtige Weg, die richtige Fährte; eine richtige Antwort, Lösung, Auskunft, Voraussetzung, Ahnung, Erkenntnis; er ist auf der richtigen Seite; seine Rechnung war r. *(fehlerlos);* das ist unzweifelhaft r.; zwischen ihnen ist etwas nicht r. *(nicht in Ordnung);* ich finde das nicht r., halte das nicht für r.; etwas r. beurteilen, erklären, verstehen; ein Wort r. schreiben, übersetzen; etwas r. machen, wissen; du hast die Tür nicht r. zugemacht; etwas r. messen, wiegen; die Uhr geht r.; das ist genau das richtige *(das ist richtig)* für mich; subst.: er hat das Richtige getroffen. **2.** *geeignet, passend, günstig:* den richtigen Zeitpunkt wählen, verpassen; der richtige Mann am richtigen Platz; etwas am richtigen Ende anfassen *(in geeigneter Weise, geschickt anpacken);* etwas ins richtige Licht rücken; ich halte es für r., für das richtigste, wenn wir jetzt gehen; der Ort für dieses Gespräch ist nicht r. gewählt; subst.: er hat nichts Richtiges gelernt; für diese Arbeit ist er der Richtige *(der geeignete Mann).* **3.a)** *wirklich, tatsächlich, echt:* das ist nicht sein richtiger Name; es war lange kein richtiger Winter mehr; die Kinder spielen mit richtigem Geld; er ist noch ein richtiges Kind; er ist ein richtiger Junge; sie ist nicht die richtige Mutter (ugs.; *sie ist die Stiefmutter*) der Kinder. **b)** (ugs.) ⟨verstärkend bei Adjektiven und Verben⟩ *sehr heftig; völlig, ganz und gar:* es war r. gemütlich, nett bei Euch; es ist r. kalt geworden. **II.** ⟨Adverb⟩ *in der Tat, wahrhaftig, tatsächlich:* sie sagte, er komme sicher bald, und r., da trat er in die Tür; er hat doch r. die falsche Nummer gewählt. * (ugs.:) **nicht ganz r. [im Kopf] sein** *(nicht ganz bei Verstand, nicht ganz normal sein)* · (ugs.:) **auf das richtige Pferd setzen** *(die Lage richtig einschätzen)* · (ugs.:) **im richtigen Fahrwasser sein** *(eifrig von etwas reden oder etwas tun, was einem besonders liegt).*

Richtigkeit, die: *das Richtigsein:* die R. des Ausdrucks, der Sprache; die R. der Maße prüfen; die R. einer Abschrift bescheinigen, bestätigen; mit dieser Anordnung hat es seine R. *(sie ist richtig);* an der R. von etwas zweifeln; etwas auf seine R. prüfen.

richtigstellen ⟨etwas r.⟩: *berichtigen:* einen Irrtum, eine falsche Behauptung r.

Richtlinie, die: *Anweisung, Vorschrift:* Richtlinien erlassen, geben, empfangen, beachten, einhalten; er hat sich nicht an die Richtlinien gehalten.

Richtschnur, die: *Grundsatz, Leitsatz:* dieser Ausspruch war die R. seines Handelns, diente ihm als R.; das Recht zur R. seines Lebens machen.

Richtung, die: **1.** *Ausrichtung, das Gerichtetsein auf ein bestimmtes Ziel:* die R. einer Straße, einer Bahn, eines Flusses; das ist die falsche R.; eine R. einschlagen, einhalten; die R. ändern, wechseln; eine andere R. nehmen; der Pfeil zeigt die R. an; jmdm. die R. zeigen; aus allen Richtungen herbeieilen; in eine andere, in die entgegengesetzte R. gehen; sie flogen in nördlicher R. *(nach Norden);* sie bewegten sich in R. [auf] Berlin; Kanäle durchziehen das Land nach allen Richtungen; übertr.: einem Gespräch eine bestimmte R. geben *(es auf ein bestimmtes Thema bringen);* der erste Versuch, der in dieser R. *(auf dieses Ziel hin)* unternommen wird; das ist in jeder R. *(Hinsicht)* verkehrt; sich nach keiner R. hin *(in keiner Weise, überhaupt nicht)* binden, festlegen. **2.** *geistige Strömung, Bewegung:* eine politische, künstlerische R.; die vielfältigen Richtungen in der Kunst; eine bestimmte R. vertreten.

riechen: 1.a) ⟨etwas r.⟩ *durch den Geruchssinn wahrnehmen:* ein bestimmtes Parfüm besonders gern r.; ich rieche den Duft der Blumen; er hat das Gas zuerst gerochen; ich kann Knoblauch nicht r. *(kann den Geruch nicht ausstehen).* **b)** ⟨an etwas r.⟩ *den Geruch von etwas feststellen wollen:* an einer Rose, an einem Pulver, an einer Flüssigkeit r. **2.a)** *einen [unangenehmen] Geruch verbreiten:* Käse, Fisch riecht; er riecht aus dem Mund; diese Blumen riechen nicht. **b)** ⟨mit Artangabe⟩ *einen bestimmten Geruch haben:* etwas riecht gut, schlecht, unangenehm, übel, streng, scharf, stark, [wie] angebrannt; hier riecht es nach Gas; sie roch nach einem billigen Parfüm. * (ugs.:) **jmdn. nicht riechen können** *(jmdn. unausstehlich finden)* · (ugs.:) **etwas nicht riechen können** *(etwas nicht ahnen, im voraus nicht wissen können)* · (ugs.:) **Lunte/den Braten/den Speck riechen** *(etwas schon vorher merken; Gefahr wittern).*

Riecher, der ⟨in der Wendung⟩ einen guten, den richtigen Riecher haben (ugs.): *einen besonderen Spürsinn haben; etwas richtig einschätzen.*

Riegel, der: **1.** *Verschlußvorrichtung:* ein hölzerner, eiserner R.; der R. knarrt, klirrt; den R. an der Tür vor-, zu-, auf-, zurückschieben; den R. vorlegen. **2.** *unterteiltes, stangenartiges Stück:* ein R. Schokolade; einen R. Seife kaufen. * **hinter Schloß und Riegel** *(im Gefängnis; ins Gefängnis):* jmdn. hinter Schloß und R. bringen; setzen; er sitzt schon drei Jahre hinter Schloß und R. · **einer Sache einen Riegel vorschieben** *(etwas unterbinden).*

[1]Riemen, der: *Lederstreifen (bes. als Gürtel):* ein breiter, schmaler, langer R.; der R. ist gerissen, vom Rad gesprungen; einen R. um etwas schnallen; etwas mit Riemen festschnallen. * (ugs.:) **den Riemen enger schnallen** *(sich in seinen Bedürfnissen einschränken)* · (ugs.:) **sich am Riemen reißen** *(sich zusammennehmen, sich sehr anstrengen).*

[2]Riemen, der: *Ruder:* die Riemen einlegen, einziehen; sie legten sich in die Riemen *(ruderten tüchtig).* * (ugs.:) **sich in die Riemen legen** *(eine Arbeit kräftig anpacken; etwas mit großem Einsatz machen).*

Riese, der: *Märchen- oder Sagengestalt von übernatürlicher Größe:* in diesem Märchen muß der Held mit einem Riesen kämpfen; bildl.: er ist ein R. *(ist sehr groß);* er ist ein R. an Geist, Gelehrsamkeit *(er ist sehr klug, gelehrt);* die Riesen *(die höchsten Berge)* der Alpen.

rieseln ⟨etwas rieselt⟩: *etwas rinnt, fließt, fällt leicht und stetig:* das Wasser rieselt über die Steine; der Kalk rieselte von den Wänden; er ließ den Sand durch die Finger r.; der Regen, Schnee rieselt [schon seit Stunden]; bildl.: Angst, ein Schauder rieselte ihm durch alle Glieder, über den Rücken.

riesig: a) *sehr groß, gewaltig:* ein riesiges Bauwerk; eine riesige Gestalt; etwas nimmt riesige Ausmaße an; der Turm war, wirkte r. **b)** (ugs.) ⟨verstärkend bei Adjektiven und Verben⟩ *sehr, überaus:* es war r. interessant; ich habe mich r. gefreut.

rigoros (bildungsspr.): *unerbittlich, streng:* rigorose Maßnahmen ergreifen; er, sein Vorgehen war sehr r.; r. durchgreifen.

Rind, das */ein Haustier/:* die Rinder brüllen, grasen; Rinder züchten; die Aufzucht von Rindern.

Rinde, die: *Baumrinde, Borke:* eine rauhe, rissige glatte, gefleckte R.; die R. vom Stamm ablösen, abschälen; übertr.: *Kruste:* die R. des Brotes, Käses.

Ring, der: **1.** *Fingerring:* ein goldener, silberner, massiver, kostbarer, brillantenbesetzter R.; ein R. mit einem großen Stein; der R. blitzte an ihrem Finger; einen R. [am Finger] tragen; sich (Dativ) einen R. anstecken; einen R. vom Finger ziehen, abstreifen. **2.** *ringförmiges Gebilde:* beim Spiel einen R. bilden; einen R. um jmdn. schließen; der Raucher blies Ringe in die Luft; der Baum zählt so viele Jahre, wie sein Querschnitt Ringe zeigt; der ins Wasser geworfene Stein läßt an seiner Oberfläche Ringe entstehen; sie hat dunkle, blaue, schwarze Ringe *(Schatten)* um die Augen; er schoß zehn Ringe *(in den zehnten Ring)* auf der Schießscheibe; Sport: */ein Turngerät/:* an den Ringen turnen; übertr.: die Händler haben sich zu einem R. *(Kartell)* zusammengeschlossen. **3.** *Boxring:* den R. betreten; den R. als Sieger verlassen; als erster im Ring erscheinen; in den R. treten, klettern; R. frei zur dritten Runde! * (geh.:) **der Ring schließt sich** *(etwas findet seinen Abschluß):* der R. der Beweise, Ermittlungen schließt sich · (geh.; selten:) **die Ringe tauschen/wechseln** *(heiraten).*

ringen: 1. ⟨mit jmdm. r.⟩ *unter Anwendung bestimmter Körpergriffe mit jmdm. kämpfen:* er ringt mit einem starken Gegner; ⟨auch ohne Präpositionalobjekt⟩ er ringt *(er ist Ringer);* bildl. (geh.): er rang mit dem Tode *(war tod krank);* sie rang mit den Tränen *(konnte da Weinen kaum unterdrücken);* er schien [inne lich] mit einem Problem zu r. *(sich damit au einanderzusetzen).* **2.** (geh.) ⟨nach etwas r.⟩ *sic angestrengt um etwas bemühen; heftig nach etwa streben:* nach Atem r.; er hat nach Worten Fassung gerungen. **3. a)** ⟨etwas r.⟩ *[zusammen pressend] winden:* sie rang verzweifelt die, ih Hände; ⟨jmdm. etwas r.; mit Raumangabe er rang ihm das Messer, die Pistole aus d Hand. **b)** (geh.) ⟨etwas ringt sich; mit Raum angabe⟩ *etwas entringt sich:* ein Seufzer ra sich aus seiner Brust.

rings ⟨Adverb⟩: *auf allen Seiten, rundherum:* d Ort ist r. von Bergen umgeben; sich r. im Kre umsehen; rings um den Park lief eine Mauer.

ringsumher ⟨Adverb⟩: *im Kreis herum:* e blickte r., aber niemand war zu sehen.

Rinne, die: *Rille; Rohr, durch das Wasser abflie* der Regen hat tiefe Rinnen in den Boden gegr ben; das Wasser fließt durch eine R. ab.

rinnen ⟨etwas rinnt⟩: **1.** *etwas fließt langsa und stetig:* der Regen rinnt [vom Dach]; Bl rann in einem dünnen Faden aus der Wu de; Tränen rannen über ihre Wangen; sie li das Wasser durch die Finger rinnen; ⟨etw rinnt jmdm.; mit Raumangabe⟩ der Schwe rann ihm von der Stirn; bildl.: das Geld rin ihm [nur so] durch die Finger *(er gibt viel Ge aus, kann das Geld nicht zusammenhalten).* **2.** *e was ist undicht:* der Topf, das Faß, die Gießka ne rinnt.

Rippe, die: **1.** *bogenförmiger Knochen des Bru korbs:* sich (Dativ) bei einem Sturz eine R. br chen, quetschen; man kann bei ihm alle Ri pen zählen (ugs.; *er ist sehr mager*); er hat nich auf den Rippen (ugs.; *er ist sehr mager*); der Mö der hat seinem Opfer ein Messer in die Ripp gestoßen, gejagt (ugs.); er stieß ihm/ihn in d Rippen *(gab ihm einen Stoß in die Seite).* **2.** *h vortretende Blattader:* die Rippen des Blatte bei dem Salat muß man die Rippen herausschne den. **3.** (Bauw.) *Rippenbogen:* die Rippen d Gewölbes. * (ugs.:) **sich** (Dativ) **etwas nicht a den Rippen schneiden/schlagen können**; (ugs. **etwas nicht durch die Rippen schwitzen könn** *(nicht wissen, wo man etwas hernehmen soll).*

Risiko, das: *Wagnis, Gefahr:* ein großes R.; d R. ist gering; die Sache ist kein R.; ein R. eing hen, übernehmen; du trägst das R. *(die Vera wortung);* er fürchtet das R. bei der Sache; d Risiken/die Risikos bedenken; das geht a eigenes R. *(auf eigene Verantwortung).*

riskant: *gewagt, gefährlich:* ein riskantes Unte nehmen; die Sache, der Plan ist, erscheint n sehr r.

riskieren: ⟨etwas r.⟩ **a)** *aufs Spiel setzen:* vi wenig, nichts, alles, das Äußerste, seine Stellu seinen Kopf r.; bei der Sache hast du unnö dein Leben riskiert. **b)** *wagen:* ein Wort r.; m muß auch einmal etwas r.; sie riskierte ein za haftes Lächeln. * (ugs.:) **ein Auge riskieren** *(nen verstohlenen Blick auf jmdn., auf etwas w fen)* · (ugs.:) **eine [dicke] Lippe/einen groß Rand riskieren** *(vorlaut sein; sehr herausforder reden)* · (ugs.:) **Kopf und Kragen riskieren** *(d Leben, die Existenz aufs Spiel setzen).*

Riß, der: **1.** *durch Reißen o. ä. entstandene klaffe* *de Stelle:* ein großer, kleiner, tiefer R.; ein R. im Stoff, im Gestein, im Felsen, im Glas, in der Haut; in der Decke, in der Wand, im Boden waren, zeigten sich Risse; der R. hat sich vertieft; die Glasur hat Risse bekomen; einen R. flicken, beseitigen, leimen, verkitten, verschmieren; bildl.: ihre Freundschaft hatte einen R. bekommen; die Risse in dem Bündnis wurden mühsam geleimt, gekittet; zwischen ihren Anschauungen klafft ein tiefer R. **2.** (Bauw.) *Zeichnung:* einen R. von einem Gebäude zeichnen, machen (ugs.).

issig: *Risse aufweisend:* rissige Rinde, Borke; rissiges Mauerwerk; rissiger Boden; ihre Hände sind r. *(aufgesprungen);* das Leder wird r.

Ritt, der: *das Reiten:* ein langer, kurzer, weiter, scharfer, anstrengender R.; in einem wilden R. jagten sie über die Felder. * (ugs.; scherzh.:) **in einem Ritt** *(auf einmal):* die Kinder haben die Schokolade in einem R. aufgegessen.

itterlich: **1.** *den Ritterstand betreffend:* das ritterliche Leben. **2.** *anständig, fair:* sich im ritterlichen Kampf messen. **3.** *zuvorkommend, höflich:* ein ritterliches Verhalten; ein ritterlicher Mann; er ist immer sehr r.; r. bot er der Dame den Arm.

Ritze, die: *schmale Spalte:* eine schmale, tiefe R.; Ritzen in den Türen, im Fußboden; Ritzen entstehen; die Ritzen verstopfen, verschmieren; der Wind pfeift durch die Ritzen; in, zwischen den Ritzen hatte sich Schmutz angesammelt; die Kinder haben durch die Ritzen geguckt.

itzen: **a)** ⟨etwas r.⟩ *mit Einkerbungen versehen:* Glas [mit einem Diamanten] r. **b)** ⟨etwas r.; mit Raumangabe⟩ *einschneiden, eingraben:* ein Zeichen in das Holz r.; er hat seinen Namen in die Rinde, in die Bank geritzt. **c)** ⟨jmdn., sich, etwas r.⟩ *eine rißartige Verletzung beibringen:* sich [an einem Dorn, an einem Nagel] r.; er hat sich mit einer Nadel [an der Hand] geritzt; ⟨jmdm. etwas r.⟩ die Dornen ritzten ihm die Haut an den Beinen. * (ugs.:) **[die Sache ist] geritzt** *(einverstanden!).*

obust: *kräftig; widerstandsfähig:* ein robustes Kind; sie ist eine robuste Natur; übertr.: das Material, der Motor ist sehr r.

öcheln: *schwer, hörbar atmen:* der Kranke, der Sterbende röchelte; er atmete röchelnd.

ock, der: **1.** *Damenrock:* ein kurzer, langer, weiter, enger, kniefreier, knöchellanger, glockiger, gerader, ausgestellter, plissierter, karierter, schwarzer R.; der R. paßt [nicht], sitzt gut, ist zu knapp (ugs.), muß gekürzt, verlängert werden; der R. flattert ihr um die Beine; den R. anziehen, ausziehen; den R. schürzen (geh.: *heben, raffen*). **2.** *Jacke, Jackett für Männer:* ein heller, dunkler, warmer, dicker (ugs.), dünner (ugs.), abgetragener, abgelegter, schäbiger, sommerlicher R.; der grüne R. des Jägers; der feldgraue R. des Soldaten; der R. sitzt gut; den R. anziehen, ausziehen, ablegen, auf-, zuknöpfen.

ockzipfel ⟨in den Wendungen⟩ (ugs.:) **sich an jmds. Rockzipfel/sich jmdm. an den Rockzipfel hängen; an jmds. Rockzipfel/jmdm. am Rockzipfel hängen** *(unselbständig sein; sich immer in jmds. Nähe aufhalten):* die Kinder hängen der Mutter immer am R.

odeln: *Schlitten fahren:* die Kinder haben/sind im Winter viel gerodelt; sie rodelten ins Tal.

oden ⟨etwas r.⟩: *urbar machen:* Wald, Land r.; große Gebiete wurden gerodet.

roh: **1.** *ungekocht, noch nicht zubereitet:* rohes Obst, Fleisch; rohe Milch, roher Schinken, Klöße aus rohen Kartoffeln; in rohem Zustand; Kochk.: rohe Klöße *(Klöße aus ungekochten Kartoffeln)* · das Fleisch ist noch [ganz] r. *(noch nicht gar);* Leber gerne r. essen. **2.** *unbearbeitet; unfertig:* rohes Material, roher Stein; rohes Holz; rohe Felle; rohe Diamanten; ein r. *(grob)* gezimmerter Tisch; die Bretter, Balken sind noch r.; eine Plastik aus dem rohen [Stein o. ä.] arbeiten, meißeln; übertr.: nach roher *(ungefährer)* Schätzung; die Arbeit ist im rohen *(in großen Zügen)* fertig. **3.** *wund, nicht [mehr] von Haut bedeckt:* an der Schürfwunde war das rohe Fleisch zu sehen. **4.** *unkultiviert, grob, brutal:* rohe Sitten, Begierden, Kräfte; ein roher Mensch; er hat das Schloß mit roher Gewalt aufgebrochen; er ist sehr r. *(herzlos; ohne Feingefühl);* faß das Kind nicht so r. an! * (ugs.:) **jmdn. wie ein rohes Ei behandeln** *(jmdn. mit großer Vorsicht behandeln).*

Rohr, das: **I.a)** *Schilf:* um den See wächst R.; er schwankte beim Gehen wie ein R. [im Wind]; Wasservögel nisten im R.; Matten aus R. flechten; das Dach des Häuschens ist mit R. gedeckt; Sprichw.: wer im R. sitzt, hat gut Pfeifen schneiden. **b)** *Peddigrohr:* Stühle, Körbe aus R. **II.** *zylindrischer Hohlkörper:* ein dickes, langes, enges, dickwandiges, nahtloses R.; ein Rohr ist geplatzt, geborsten (geh.); das Rohr des Ofens glüht; die Rohre der Geschütze waren auf die Stadt gerichtet; ein Rohr der Wasserleitung ist verstopft; Rohre legen, verlegen; Abgase, Rauch durch Rohre ableiten; die Schlachtschiffe schossen, feuerten aus allen Rohren.

Röhre, die: **a)** *zylindrisches Gefäß, Rohr:* eine dünne, gläserne R.; Röhren aus Eisen, aus Ton; ein Röhrchen mit Tabletten. **b)** *Radio-, Fernsehröhre:* eine R. ist durchgebrannt, kaputt (ugs.); diese R. hat eine lange Lebensdauer; eine R. auswechseln, ersetzen, prüfen; ein Radio mit fünf Röhren; er sitzt den ganzen Abend vor der R. (ugs.; *vor dem Fernsehapparat*). **c)** (selten) *Backröhre:* das Essen in die R. stellen; etwas in der R. braten. * (ugs.:) **in die Röhre gucken** *(leer ausgehen; das Nachsehen haben).*

Rohrspatz ⟨in der Wendung⟩ schimpfen wie ein Rohrspatz (ugs.): *aufgebracht schimpfen.*

[1]Rolle, die: **1. a)** *etwas, was in Form einer Walze auf-, zusammengerollt ist:* eine dicke, große R.; eine R. Garn, Zwirn, [Toiletten]papier, Draht; eine R. Geldstücke; eine R. [auf]wickeln; etwas von einer R. abwickeln. **b)** *Rad, Kugel oder Walze, worauf etwas rollt oder gleitet:* der Sessel hat Rollen aus Nickel; ein Schrank, Tisch auf Rollen; eine Kiste, schwere Lasten auf Rollen transportieren, bewegen; das Seil des Flaschenzugs läuft über Rollen. **2.** */eine Turnübung/:* eine, die Rolle machen; eine R. am Barren ausführen.

[2]Rolle, die: **a)** *von dem Schauspieler zu verkörpernde Gestalt:* eine kleine, tragende, schwierige, dankbare, unbedeutende R.; diese Rolle liegt ihm; eine R. übernehmen, besetzen; Rollen ausschreiben, verteilen, tauschen; er spielt die R. des jugendlichen Liebhabers, des Schurken; die Rolle ist diesem Schauspieler auf den Leib geschrieben; er spielt die R. gut, überzeugend; er trat in diesem Stück in einer großen R. auf;

bildl. (geh.): das Schicksal hatte ihm eine andere Rolle zugedacht. **b)** *Rollentext:* seine R. lernen, studieren; er spricht die R. des Richters in dem Hörspiel; sie lasen den Text mit verteilten Rollen. * **aus der Rolle fallen** *(die Beherrschung verlieren; sich ungehörig benehmen)* · **gern eine Rolle spielen mögen/wollen** *(großes Geltungsbedürfnis haben)* · **etwas spielt** [**bei jmdm., bei etwas**] **eine Rolle** *(etwas ist [für jmdn., für etwas] wichtig)* · **jmd. spielt bei etwas eine Rolle** *(jmd. hat an einer Sache in bestimmter Weise teil):* er hat bei den Vorgängen eine wichtige, verhängnisvolle, zweideutige R. gespielt · (geh.:) **sich in seine Rolle finden** *(sich mit seiner Lage abfinden, fertig werden)* · **seine Rolle ausgespielt haben** *(keine Bedeutung mehr haben)* · **sich in seiner Rolle gefallen** *(sich auf seine Position etwas einbilden)* · **sich in jmds. Rolle versetzen** *(sich in jmds. Situation hineindenken).*

rollen: 1. ⟨etwas rollt⟩ **a)** *etwas bewegt sich [fort], indem es sich um sich selber dreht:* die Kugel, der Ball, der Würfel, das Rad rollt; übertr.: die Sache rollt *(geht vorwärts).* **b)** ⟨mit Raumangabe⟩ *etwas bewegt sich rollend an einen bestimmten Ort:* der Ball rollte auf die Straße, unter den Tisch, ins Tor, ins Aus; Tränen rollten *(liefen)* über ihr Gesicht; in seinen Adern rollt (dichter.; *fließt*) feuriges, blaues Blut; ⟨jmdm. rollt etwas; mit Raumangabe⟩ das Geldstück ist ihm unter den Schrank gerollt. **c)** ⟨mit Raumangabe⟩ *[langsam] fahren:* das Flugzeug rollt auf die Startbahn; langsam rollt der Zug aus der Bahnhofshalle; Panzer sind durch die Straßen gerollt. **2.** ⟨jmdn., sich, etwas r.; gewöhnlich mit Raumangabe⟩ *rollend fortbewegen:* das Faß [in den Keller] r.; sie mußten einen Felsblock zur Seite r.; der Hund rollte sich *(bewegte sich)* auf den Bauch, am Boden. **3. a)** ⟨etwas r.⟩ *zusammenrollen:* einen Teppich, Papier r.; er hat Mantel und Zeltbahn gerollt. **b)** ⟨etwas rollt sich⟩ *etwas rollt sich zusammen, biegt sich:* das Papier, der Teppich hat sich an den Rändern gerollt. **4.** *im Kreise bewegen:* **a)** ⟨etwas r.⟩ den Kopf r.; sie rollte [wütend] die Augen. **b)** ⟨mit etwas r.⟩ sie rollte mit den Augen. **5.** (landsch.) ⟨etwas r.⟩ *mangeln:* die Wäsche, Bettücher r. **6.** ⟨etwas r.⟩ *ausrollen:* den Teig, Nudeln r. **7.** (Seemannsspr.) ⟨etwas rollt⟩ *etwas schlingert:* das Schiff rollt in der schweren See. **8.** ⟨etwas rollt über etwas⟩ *etwas geht über etwas hinweg:* ein Brecher rollte über das Schiff, über das Deck. **9.** ⟨etwas rollt⟩ *etwas bringt ein rollendes Geräusch hervor:* der Donner, das Echo hat gerollt; subst.: man hörte das Rollen der Geschütze. * (ugs.:) **etwas/den Stein ins Rollen bringen** *(eine Angelegenheit in Gang bringen)* · (ugs.:) **etwas/der Stein kommt ins Rollen** *(eine Angelegenheit kommt in Gang)* · (ugs.:) **Köpfe rollen** *(eine größere Zahl von Personen verlieren ihre Stellungen, werden abgesetzt o. ä.).*

Roman, der: *größeres literarisches Prosawerk:* ein guter, historischer, utopischer, satirischer, spannender, langweiliger, unterhaltender R.; der R. spielt in der Zeit des letzten Krieges; der R. beschreibt das Leben der Indianer; einen R. schreiben, verfassen, veröffentlichen, verfilmen, lesen; er könnte einen R. schreiben über seine Erlebnisse *(er hat viel erlebt);* sein Leben gleicht einem R.; er arbeitet an einem R übertr. (ugs.): erzähl mir keine Roman *(bleib bei der Wahrheit!);* er hat einen ganzen erzählt *(viel geschwatzt).*

romantisch: 1. *der Romantik angehörend, zug hörend:* die romantische Malerei, Poesie; die r mantische Schule *(Dichterschule).* **2. a)** *schwä merisch veranlagt, von Gefühlen bestimmt:* e romantischer Mensch; eine romantische Natu die Geschichte ist sehr r.; der junge Mann wir ein wenig r. **b)** *stimmungsvoll; malerisch:* ei romantische Gegend, Landschaft, Burgruin das Tal mit seinen Schluchten war ganz r.

rosa: *blaßrot:* ein r. Kleid; ein rosa/(nicht ko rekt: rosa[n]es) Tuch; subst.: helles Rosa.

Rose, die: */eine Blume/:* eine rote, langstielige R ein Strauß duftender Rosen/(seltener:) dufte de Rosen; die R. ist aufgeblüht; R. schneide Sprichw.: keine R. ohne Dornen. * (ugs. **nicht auf Rosen gebettet sein** *(kein einfache leichtes Leben haben).*

rosig: 1. *mit rötlichem Schimmer:* ein rosiges G sicht; eine rosige Haut; das Baby sieht ganz aus. **2.** (ugs.) *positiv, angenehm:* er schilderte d Zustände in rosigem, rosigstem Licht, in d rosigsten Farben; er ist heute nicht in rosig *(in schlechter)* Laune; unsere Lage ist nicht die Sache sieht nicht r. aus.

Rosine, die: *getrocknete Weinbeere:* im Kuch sind Rosinen. * (ugs.:) **große Rosinen im Ko haben** *(hochfliegende Pläne haben)* · **die** [**beste größten**] **Rosinen** [**aus dem Kuchen**] **herau picken/herausklauben** *(aus etwas das Beste f sich herausholen).*

Roß, das: **1.** (dichter.) *Pferd:* ein edles, feurig R.; sie schwangen sich auf ihre Rosse/(ugs. Rösser. **2.** (ugs.; abwertend) */Schimpfwort/:* ein dummes R. * **hoch zu Roß** *(reitend; Pferde)* · (ugs.:) **auf dem hohen Roß sitze sich aufs hohe Roß setzen** *(hochmütig, übe heblich sein).*

[1]Rost, der: *gitterartige Vorrichtung:* der R. Ofen ist durchgebrannt; Asche fällt durch d R.; Würste auf dem R. *(Bratrost)* braten.

[2]Rost, der: *durch Feuchtigkeitseinwirkung herv gerufener Belag auf Eisen:* R. setzt sich an, bild sich, zerfrißt das Eisen; der R. muß entfer werden; etwas vom R. befreien; Sprichw.: frißt Eisen, Sorge den Menschen.

rosten ⟨etwas rostet⟩: *etwas setzt Rost an:* Eis rostet schnell, leicht; das Werkzeug ist/(auch hat gerostet; Sprichwörter: alte Liebe rost nicht; wer rastet, der rostet.

rösten ⟨etwas r.⟩: *durch Hitzeeinwirkung brä nen:* Kartoffeln, Toast, Kaffee r.; sie röst Weißbrot im Toaster.

rostig: *von Rost bedeckt:* rostige Messer, Näg die Gartengeräte sind r. geworden.

rot: 1. */eine Farbbezeichnung/:* rote Farbe, Tint roter Mohn; rote Rosen; rote Johannisbeere rotes Gold *(Rotgold);* rote Backen, Wang (geh.); rote Lippen; sie hat noch rötere/(selt ner:) rotere Haare als ihre Schwester; er beka vor Aufregung einen roten Kopf *(wurde rot Gesicht);* sie hatte rote Augen vom Weine eine [vom Trinken] rote Nase; rote Blutkörpe chen; ihr Kleid war r.; nach dem Sonnenb war sie r. wie ein Krebs; er war r. vor Wut; v Verlegenheit wurde er r. bis über die Ohr (ugs.); vor Zorn ist der Chef r. angelaufen (ugs.; *bekam er einen roten Kopf*); der Abendhimmel leuchtet r.; ein Kleid r. färben; einen Fehler r. anstreichen; sich die Augen r. weinen *(heftig weinen)*; Sprichw.: heute r., morgen tot; subst.: ein schönes, helles, dunkles, kräftiges R.; die Farbe Rot; ihre Lieblingsfarbe ist Rot; Rot *(Rouge)* auflegen; bei Rot *(roter Ampel)* über die Straße gehen; die Ampel steht auf Rot; der Raum ist ganz in Rot gehalten. **2.** (ugs.) *sozialistisch:* rote Literatur; er ist ziemlich r., ist r. angehaucht; subst.: der ist ein Roter. * (ugs.:) **rot werden** *(sich schämen und dabei einen roten Kopf bekommen)* · (ugs.:) **ein rotes Tuch für jmdn. sein; wie ein rotes Tuch auf jmdn. wirken** *(jmdn. zum Zorn reizen)* · (veraltet:) **jmdm. den roten Hahn aufs Dach setzen** *(jmds. Haus anzünden)* · (Wirtsch.:) **rote Zahlen** *(Verluste, Fehlbetrag)*: die Firma ist in die roten Zahlen gekommen, steht in den roten Zahlen · **sich** (Dativ) **etwas/einen Tag im Kalender rot anstreichen** *(sich etwas besonders merken)* · **der rote Faden** *(der leitende Gedanke, das Grundmotiv)* · (ugs.:) **keinen roten Heller** *(gar nichts)*: die Sachen sind keinen roten Heller wert · (Kochk.:) **rote Grütze** */eine Süßspeise/* · **rote Rübe; rote Bete** */ein Gemüse/* · **das Rote Kreuz** */eine Sanitätsorganisation/*.

Röte, die: *rote Färbung:* eine blasse, tiefe, fiebrige, brennende R.; die R. der Wangen (geh.) wirkte krankhaft; eine R. flog über sein Gesicht, stieg ihm ins Gesicht; ihr Gesicht war vor Scham von einer glühenden R. übergossen (geh.); eine sanfte R. färbte den Abendhimmel.

röten (geh.): **a)** ⟨etwas rötet etwas⟩: *etwas färbt etwas rot, etwas läßt etwas rot werden:* die Sonne, die Kälte rötete sein Gesicht; der scharfe Wind hat seine Haut, seine Backen gerötet; das Feuer des Brandes rötete den Himmel; adj. Part.: *rot entzündet:* gerötete Augen; sein Hals war gerötet. **b)** ⟨etwas rötet sich⟩ *etwas wird rot, nimmt eine rote Färbung an:* sein Gesicht rötete sich in der kalten Luft.

Route, die: *festgelegte Wegstrecke:* die kürzeste R. fliegen, fahren, einschlagen; sie haben ihre R. geändert, eingehalten.

Routine, die: *durch Übung, Erfahrung gewonnene Fertigkeit:* jmdm. fehlt noch die R.; große R. haben; über genügend, über langjährige R. verfügen; diese Untersuchungen gehören zur R.; diese Arbeit ist für uns zur R. geworden *(sie wird fast mechanisch ausgeführt)*.

routiniert: *über große Routine verfügend:* ein routinierter Sprecher; sehr r. sein; der Schauspieler hat die Rolle zu routiniert gespielt.

Rübe, die: **1.** */eine Futterpflanze/:* Rüben pflanzen, [an]bauen, ziehen, hacken, ernten, ausmachen (ugs.), [ver]füttern. **2.** (ugs.; scherzh.) *Kopf:* bei der Schlägerei hat er eins auf die R. bekommen. * (derb:) **jmdm. die Rübe abhacken** *(jmdn. enthaupten)* · (ugs.:) **wie Kraut und Rüben [durcheinander]** *(völlig durcheinander, ungeordnet)* · (ugs.:) **freche Rübe** *(frecher Mensch)* · (südd.:) **gelbe Rübe** *(Mohrrübe)* · **rote Rübe** */ein Gemüse mit verdickter, innen roter Wurzel/*.

ruchbar ⟨in der Verbindung⟩ etwas wird ruchbar (geh.): *etwas wird bekannt:* als seine Taten r. wurden, flüchtete er ins Ausland.

Ruck, der: *kurze, heftige Bewegung:* ein heftiger, starker, kräftiger R.; plötzlich gab es einen R.; der Zug setzte sich mit einem leichten R. in Bewegung; er stand mit einem R. auf; bildl.: die Wahlen ergaben einen R. *(eine Verschiebung)* nach links, nach rechts. * (ugs.:) **sich** (Dativ) **einen Ruck geben** *(sich zu etwas, was man nicht gerne tut, überwinden)*.

rücken: 1. a) ⟨etwas r.⟩ *an einen anderen Platz schieben:* einen Schrank, einen Tisch r.; sie rückten die Möbel an die Wand, zur Seite, nach rechts; sie rückte die Lampe in ihre Nähe; die schwere Kiste ließ sich nicht [von der Stelle] r.; übertr.: die Verwirklichung der Pläne ist in weite Ferne gerückt. **b)** ⟨an etwas r.⟩ *etwas durch Rücken [hin und her] bewegen:* er hat an dem Zeiger der Uhr gerückt; verlegen rückte er an seiner Krawatte. **c)** ⟨mit etwas r.⟩ *sich mit etwas [hin und her] bewegen:* die Kinder, die Zuschauer rückten mit den Stühlen. **2.** ⟨mit Raumangabe⟩ *sich [mit einem Ruck] in eine bestimmte Richtung bewegen:* können Sie ein wenig nach rechts, nach vorn, zur Seite r.?; der Zeiger der Uhr rückte auf 12. **3.** ⟨mit Raumangabe⟩ *irgendwohin ziehen, sich begeben:* die Truppen, die Soldaten rücken ins Feld, ins Manöver, an die Front; übertr.: Weihnachten rückt näher *(kommt heran)*; er ist an die Stelle des pensionierten Kollegen gerückt *(hat seine Stellung eingenommen)*. * (ugs.:) **jmdm. auf den Leib/auf den Pelz/auf die Pelle rücken** *(jmdn. mit etwas bedrängen)* · (ugs.:) **jmdm. auf die Bude rücken** *(jmdn., mit dem man etwas zu bereinigen hat, aufsuchen)*.

Rücken, der: *Rückseite, (bei Tieren) Oberseite des Rumpfes:* ein breiter, schmaler, krummer, gebeugter (geh.) R.; der R. tut ihm weh, schmerzt ihm/ihn (geh.); dem Kranken den R. einreiben; er stand so, daß er den anderen den R. zudrehte; demonstrativ kehrte er den Kollegen den R. *(wendete sich ab)*; die Katze krümmte ihren R.; er ist auf den verlängerten R. (ugs., scherzh.; *das Gesäß*) gefallen; er ließ sich die Sonne auf den R. brennen (ugs.); auf den R. fallen; auf dem R. liegen; sich auf den R. drehen; er stellte sich mit dem R. zur Wand; die Sonne im R. haben; zum erstenmal auf dem R. eines Pferdes sitzen; ein Schauder lief ihm über den R., lief über seinen R.; man band dem Gefangenen die Hände auf den R.; übertr.: der R. *(die Rückenpartie)* der Jacke war zu schmal; der Schatten des Flugzeugs wanderte über die Rükken der Berge *(Bergrücken)*; der R. ihrer Nase *(Nasenrücken)* ist sehr schmal; der R. des Messer *(Messerrücken)*; über den R. ihrer Hand *(Handrücken)* floß Blut; der R. des Buches *(Buchrücken)* hat eine Goldprägung. * (ugs.:) **einen breiten Rücken haben** *(viel Kritik vertragen)* · **mit dem Rücken zur Wand** *(aus sicherer Position)* · (ugs.:) **[fast] auf den Rücken fallen** *(sehr verwundert, sehr entsetzt sein)* · (ugs.:) **jmdn., etwas im Rücken haben** *(sich auf eine Person, auf Besitz stützen können)* · (ugs.:) **jmdm. den Rücken stärken/steifen** *(jmdm. Mut machen, ihn moralisch unterstützen)* · **jmdm., einer Sache den Rücken wenden/kehren** *(sich von jmdm., von etwas abwenden, abkehren)* · **den Rücken wenden** *(kurz weggehen, sich abwenden)*: kaum hatte die Mutter den Rücken gewandt, da hatten die Kinder schon wieder etwas angestellt · **es läuft**

jmdm. [heiß und] kalt über den Rücken/den Rücken herunter *(jmd. ist voll Angst, ist entsetzt)* · sich den Rücken freihalten *(sich sichern)* · jmdm. den Rücken beugen/brechen *(jmdn. unterwürfig machen)* · hinter jmds. Rücken *(heimlich, ohne jmds. Wissen)* · (ugs.:) schon viele, eine bestimmte Zahl von Jahren auf dem Rücken haben *(schon alt sein, ein bestimmtes Alter haben):* er hat schon 70 Jahre auf dem R. · (ugs.:) einen krummen Rücken machen *(unterwürfig sein)* · jmdm. in den Rücken fallen *(sich illoyal gegen jmdn. verhalten).*

Rückfall, der: *erneutes Auftreten [einer Krankheit]; Wiederholung:* ein schlimmer, schwerer R.; er hat [nach der Lungenentzündung] einen R. bekommen, erlitten (geh.); man muß einen R. befürchten; ein R. *(Zurückfallen)* in alte Gewohnheiten; Rechtsw.: Diebstahl im R.

rückfällig: *die gleiche Straftat noch einmal, wiederholt begehend:* ein rückfälliger Verbrecher; der Betrüger ist nach kurzer Zeit r. geworden.

Rückgang, der: *das Zurückgehen; Verringerung:* ein empfindlicher, merklicher, spürbarer R.; ein R. der Geburtenziffer, der Verbrechen; Rückgänge zu verzeichnen haben; die Firmen hatten in ihrem Umsatz Rückgänge zu verzeichnen.

rückgängig ⟨in der Verbindung⟩ etwas rückgängig machen: *für ungültig erklären:* eine Bestellung, eine Zusage, ein Geschäft r. machen; die Verlobung wurde r. gemacht.

Rückgrat, das: *Wirbelsäule:* er hat ein verbogenes R.; bei dem Sturz hat er sich das R. verletzt, gebrochen; man hat bei ihm eine Verkrümmung des Rückgrats festgestellt; bildl.: der Bergbau ist das R. dieses Landes *(die Grundlage seiner wirtschaftlichen Existenz);* übertr.: *innere, charakterliche Festigkeit:* er hatte, zeigte, besaß, bewies [kein] R.; er ist ein Mensch ohne R. * (ugs.:) jmdm. das Rückgrat stärken *(jmdn. moralisch unterstützen, ihm beistehen)* · (ugs.:) jmdm., einer Sache das Rückgrat brechen *(jmdn., etwas zu Fall bringen, vernichten).*

Rückhalt, der: *Unterstützung:* ein finanzieller, moralischer, innerer R.; einen R. finden, brauchen, bieten; den R. verlieren; er hat in seiner Familie einen starken R. * ohne Rückhalt *(ganz offen, ohne Vorbehalt):* er bekannte ohne R., daß er ein Gegner dieses Vorhabens sei.

Rückkehr, die: *Heimkehr:* eine glückliche, späte, unerwartete R.; die R. in die Heimat, nach München; man wartet auf die R. des Schiffes; nach, vor, bei seiner R.; jmdn. zur R. bewegen; übertr.: sie hatten mit seiner R. *(seinem Zurückkehren)* in die Politik nicht gerechnet.

Rückschlag, der: 1. *Rückstoß:* der R. des Gewehrs, der Pistole. 2. *negative Entwicklung:* schwere, wiederholte Rückschläge; einen geschäftlichen R. erleben, erleiden (geh.); es gab immer wieder Rückschläge bei, in seiner Arbeit.

Rücksicht, die: 1. *Berücksichtigung der Gefühle, Interessen o. ä. eines anderen:* keine R. kennen; in seinem Alter darf er wohl R. verlangen; sie übten keinerlei R.; er hatte es nicht an R. fehlen lassen; mit R. auf ihre schwierige Lage; er geht ohne R. auf andere vor. 2. ⟨Plural⟩ *Interessen, Gründe:* gesellschaftliche, geschäftliche, finanzielle Rücksichten bewogen ihn, so zu handeln. * [auf jmdm., auf etwas] Rücksicht nehme *(rücksichtsvoll sein, schonen):* nimm doch Rüc sicht auf seine Gesundheit, auf die Möbel! (ugs.:) ohne Rücksicht auf Verluste *(rücksicht los; um jeden Preis).*

rücksichtslos: *ohne jede Rücksicht:* ein rüc sichtsloser Mensch; sei nicht so r.!; sein Ve halten, sein Benehmen war sehr r.; man hat i r. hinausgewiesen.

Rücksprache, die ⟨nur in bestimmten We dungen⟩ mit jmdm. Rücksprache nehmen/ha ten *(etwas mit jmdm. besprechen)* · nach Rüc sprache mit ... *(nach Besprechung mit ...).*

Rückstand, der: 1. *zurückbleibender Rest, B densatz:* ein chemischer R.; ein Gefäß von Rüc ständen säubern; Rückstände von Pflanze schutzmitteln feststellen. 2. *Schulden:* Rüc stände eintreiben, bezahlen. 3. *Verzug:* suchte den R. aufzuholen; er ist mit sein Zahlungen in R. geraten, gekommen; er ist, befindet sich mit seiner Arbeit im R.

rückständig: *nicht fortschrittlich:* ein rückstä diger Betrieb; er ist allzu r. in seinen Ansichte du denkst zu r.

Rücktritt, der: *Abdankung, Verzicht auf e Amt:* der R. des Kabinetts, der Regierung; hat seinen R. eingereicht, erklärt *(ist zurück treten);* sie forderten, erzwangen den R. d Parteivorsitzenden; man zwang den Minis zum R.

rückwärtig: *auf, an der Rückseite lieger* rückwärtige Räume, Zimmer; den rückwär gen Eingang, die rückwärtige Tür benutze übertr.: rückwärtige *(im Hinterland liegen* Stellungen beziehen.

rückwärts ⟨Adverb⟩: a) *zurück:* einen Schr r. machen; mit dem Auto r. einparken. b) *dem Rücken voran:* r. die Leiter hinunterstieg er ging r. durch die Tür, aus dem Zimmer.

Rückweg, der: *Heimweg, Weg zurück an Ausgangspunkt:* ein langer, beschwerlicher die Kinder fanden den R. nicht mehr; (ge gegen 5 Uhr traten sie den R. an; sie versuch dem Feind den R. zu verlegen, abzuschneid (ugs.:) wir müssen uns auf den R. machen; wollten auf dem R. vorbeikommen. * (ge jmdm. den Rückweg verlegen, abschnei *(jmdm. die Möglichkeit nehmen, von etwas rückzutreten).*

Rückzieher, der ⟨in der Wendung⟩ ei Rückzieher machen (ugs.): *ein Versprechen rückziehen.*

Rückzug, der: *das Sichzurückziehen, Zurü weichen vor dem Gegner:* ein eiliger, überstü ter, geordneter R.; den R. antreten, deck sichern; der Feind ist in vollem, im vollen auf dem R. starben viele Soldaten.

rüde: *grob, ungesittet:* ein rüdes Benehmen; e rüde Sprache; ein rüder Kerl; sein Ton sehr r.

Rudel, das: *Gruppe bestimmter Tiere:* ein Wildschweine, Hirsche, Wölfe; diese Tiere ten meist im R. *(in größerer Anzahl)* übertr.: *Schar:* ein R. von Kindern tumm sich auf dem Spielplatz.

Ruder, das: 1. */Teil des Ruderbootes, mit des Hilfe es fortbewegt wird/:* eingelegte Ruder; R. war gebrochen; die Ruder auslegen, ein hen, streichen *(gegen die Fahrtrichtung stemm* *ım zu bremsen);* die Sportler legten sich in die Ruder *(ruderten kräftig).* **2.** *Steuer eines Schif- es:* das R. führen; der Steuermann hat das R. ibernommen, steht, sitzt am R.; Seemanns- ·pr.: das Schiff läuft aus den Rudern *(gehorcht 'em Steuer nicht mehr);* bildl.: dieser Staats- nann hält das R. des Staates fest in der Hand. ∗ (ugs.:) **ans Ruder kommen/gelangen** *(an die Macht kommen)* · (ugs.:) **am Ruder sein/bleiben** *(die Macht innehaben, behalten)* · (ugs.:) **sich in lie Ruder legen: a)** *(kräftig rudern).* **b)** *(eine Ar- eit kräftig anpacken).*

ıdern: 1. a) *sich in einem Ruderboot fortbewe- en, den Rudersport betreiben:* er rudert [gerne]; r hat, ist in seiner Freizeit viel gerudert; zu 'ieren/zu viert r.; er versuchte vergebens gegen lie Strömung zu r.; um die Wette r. **b)** ⟨jmdn., twas r.⟩ *rudernd fortbewegen:* wer wird das Boot rudern?; der Fährmann hat die Fremden nit seinem Boot ans andere Ufer gerudert. **c)** ⟨etwas r.⟩ *rudernd zurücklegen:* eine große Strecke, 3 Meilen r. **2.** ⟨mit etwas r.⟩ *Ruderbe- vegungen ausführen:* die Ente rudert mit ihren Füßen; er rudert *(schlenkert)* beim Gehen mit len Armen.

uf, der: **1.** *das Rufen; Schall der Stimme:* ein auter, schallender, anfeuernder R.; der R. des Wächters; der R. des Kuckucks, des Käuz- hens; ein R. ertönt, erschallt (geh.); die Rufe vurden leiser, verstummten; gellende Rufe lurchbrachen (geh.) die Stille, waren zu hören; Rufe vernehmen (geh.), hören, überhören, nicht 'erstehen; auf seinen R. hin erschien eine Per- on am Fenster; (geh.:) sie brachen in den R. ıus: „Er lebe hoch!"; bildl. (geh.): der R. der Glocken; dem R. *(der Stimme)* des Herzens, des Gewissens, des Schicksals folgen/gehorchen; ler R. *(die Forderung)* nach Freiheit, Gerech- igkeit wurde immer lauter. **2.** *Leumund; Re- omee:* der R. dieses Hotels ist ausgezeichnet; in großer R. ging dem Künstler voraus; sein R. als bedeutender Forscher drang weit über lie Grenzen des Landes; Redensart: er ist esser als sein R. *(man verkennt ihn)* · einen chlechten, zweifelhaften R. haben; er genießt geh.) einen ungewöhnlichen R.; er hat sich in urzer Zeit einen großen R. erworben (geh.); mit etwas, durch etwas] seinen R. aufs Spiel etzen, gefährden; dieses Geschäft erfreut sich geh.) eines besonderen Rufs; diese Handlun- en schaden seinem R.; sind seinem R. abträg- ich; in einen üblen R. kommen; in keinem gu- en R. stehen; er hat sich, er hat ihn in einen iblen R. gebracht; (geh.:) er steht in dem R. ines Denunzianten. **3.** *Berufung in ein Amt:* in ehrenvoller R.; der Professor bekam, erhielt inen R. an eine berühmte Universität; an mdn. ergeht (geh.) ein R.; er hat den R. an lie neue Hochschule angenommen. **4.** *Telefon- ummer:* Taxizentrale R. 3 37 00.

ıfen: 1. a) *einen Ruf, seine Stimme ertönen assen:* laut, mit kräftiger Stimme r.; ein Vogel, ler Kuckuck ruft; eine Stimme rief von ferne; r rief um Hilfe; bildl.: die Glocken rufen zum Gottesdienst; der Gong ruft zum Essen; die Pflicht, die Arbeit ruft *(die Arbeit verlangt ge- an zu werden).* **b)** ⟨sich r.; mit Artangabe⟩ *lurch Rufen etwas bewirken:* er hat sich heiser erufen. **2.** ⟨nach jmdm., nach etwas r.⟩ *ru- fend nach jmdm., nach etwas verlangen:* das Kind ruft nach der Mutter; der Gast rief nach der Be- dienung; er rief nach einem Glas Wasser. **3.** ⟨jmdn., etwas r.⟩ *herbeirufen:* den Arzt, die Po- lizei, ein Taxi r.; die Mutter ruft die Kinder zum Essen, ins Zimmer, zu sich; sie rief [sich (Da- tiv)] die Nachbarin zu Hilfe; der Doktor wur- de zu einem Patienten gerufen; er wurde an ihr Krankenbett gerufen; bildl.: Geschäfte riefen ihn nach Hause *(verlangten, daß er sich nach Hause begab);* übertr.: er versuchte, sich die Vorgänge ins Gedächtnis zu r. *(sie sich wieder zu vergegenwärtigen);* er rief ihm die Ereignisse ins Gedächtnis *(erinnerte ihn daran).* **4.** ⟨etwas r.⟩ *ausrufen; mit lauter Stimme sagen:* seinen Namen r.; er rief: „Auf Wiedersehen!"; aus dem Zimmer rief es: „Herein!". **5. a)** ⟨jmdn. r.; mit Gleichsetzungsakkusativ⟩ *mit einem be- stimmten Namen nennen:* sie riefen das Kind Häschen. **b)** (geh.) ⟨jmdn. bei etwas, mit etwas r.⟩ *jmdn. mit seinem Namen anreden, anspre- chen:* er rief ihn bei seinem, mit seinem Namen. ∗ (ugs.:) **jmdm. wie gerufen kommen** *(gerade im rechten Augenblick kommen)* · (dichter.:) **jmdn. zu den Waffen rufen** *(jmdn. zum Militärdienst einziehen)* · **etwas ins Leben rufen** *(gründen).*

Rüffel, der (ugs.): *scharfe Zurechtweisung:* einen R. bekommen, einstecken; er ist schnell bereit, Rüffel auszuteilen.

Rüge, die: *Tadel, Verweis:* eine scharfe, ernste, versteckte, leise R.; eine R. erhalten, bekom- men, aussprechen; der Lehrer hat dem Schüler wegen seines vorlauten Benehmens, für seine Frechheit eine R. erteilt.

rügen ⟨jmdn., etwas r.⟩: *scharf tadeln:* jmdn., etwas scharf r.; Mängel, ein Verhalten r.; man rügte ihn wegen seiner Voreiligkeit; seine Un- pünktlichkeit wurde gerügt; der Vorgesetzte fragte in rügendem Ton.

Ruhe, die: **1.** *Stille, Schweigen:* nächtliche, sonn- tägliche R.; in dem Haus herrschte vollkom- mene, absolute R.; die R. der ländlichen Natur; die R. des Friedhofs; R., bitte!; endlich war R. eingetreten; es herrscht wieder R.; ihr müßt jetzt R. halten (ugs.; *ihr müßt euch ruhig ver- halten*); der Lehrer verstand es nicht, sich (Da- tiv) R. *(Disziplin)* zu verschaffen; sie ermahnte, verwies die Kinder zur R.; bildl.: es herrschte R. vor dem Sturm *(gespannte Atmosphäre vor einem explosiven Ereignis).* **2. a)** *das [Aus]- ruhen, Entspannung; Schlaf:* notwendige, kurze R.; R. suchen; der Arzt hat ihm unbedingte R. verordnet; er gönnt sich keine R.; er braucht R. nach der anstrengenden Arbeit; der R. be- dürfen (geh.); der R. pflegen (geh.); nach der Anstrengung hatte er ein großes Bedürf- nis nach R., sehnte er sich (geh.) nach R.; sich zur R. legen, begeben (geh.; *sich schlafen legen*). **b)** *Ruhelage, Stillstand:* der Körper, das Pendel befindet sich in R. **3.** *Gelassen- heit, [innerer] Frieden; Ungestörtsein:* eine un- erschütterliche, eiserne, steinerne, unheimliche, innere, heitere, beschauliche, olympische (bil- dungsspr.), majestätische (geh.), stoische (bil- dungsspr.) R.; die R. bewahren, verlieren; R. ausstrahlen; er möchte seine R. haben; jmds. R. stören; endlich hatte er R. vor ihm, vor dem Lärm *(wurde er nicht mehr von ihm, davon ge- stört);* endlich hatte er R. gefunden; die Frage ließ ihm keine R. *(beunruhigte ihn sehr);* die Kinder ließen der Mutter keinen Augenblick R. *(störten sie fortwährend);* laß mir meine R.!, laß mich [endlich] in R.!; er möchte in R. und Frieden leben; sich zur R. zwingen; jmdn. zur R. kommen lassen; der Gedanke an das Mädchen, an die Prüfung raubte ihm (geh.) seine R.; er läßt sich durch nichts aus der R. bringen; sie kam [vor Sorgen] nicht zur R.; du kannst die Arbeit in R. fertig machen; etwas in aller Ruhe *(ohne sich zu erregen)* sagen; Redensart: R. ist die erste Bürgerpflicht. * **Ruhe geben: a)** *(ruhig, still sein):* wollt ihr mal R. geben! **b)** *(nicht mehr betteln, mit einem Anliegen kommen):* die Kinder gaben keine R. · (geh.; verhüll.:) **jmdn. zur letzten Ruhe betten/bringen** *(jmdn. zu Grabe tragen)* · (geh.; verhüll.:) **die ewige Ruhe finden; zur ewigen Ruhe eingehen** *(sterben)* · (ugs.:) **die Ruhe weghaben** *(durch nichts zu erschüttern sein)* · **die Ruhe selbst sein** *(in einer schwierigen Situation völlig ruhig und beherrscht sein)* · **ohne Rast und Ruh** *(rastlos)* · **sich zur Ruhe setzen** *(aus dem Arbeitsprozeß ausscheiden, sich pensionieren lassen)* · (fam.:) **jetzt hat die liebe/arme Seele Ruh!** *(jetzt ist nichts mehr da, nun braucht niemand mehr zu drängeln; nun ist endlich Schluß)* · (ugs.:) **immer mit der Ruhe!** *(nicht so hastig, immer langsam!)* · **angenehme Ruh**[e]! */Wunschformel/.*

ruhen: 1. a) *ausruhen; schlafen:* nach der Arbeit ein wenig, eine Stunde, auf dem Sofa, im Lehnsessel r.; (geh.:) ich wünsche wohl, gut zu r.!; du mußt r., um wieder Kräfte zu sammeln; Sprichwörter: nach getaner Arbeit ist gut ruhn; nach dem Essen sollst du ruhn oder tausend Schritte tun · er ruht nicht eher *(ist nicht eher zufrieden)*, bis man ihm seinen Wunsch erfüllt hat; bildl.: der Acker ruht *(wird zeitweise nicht bebaut);* die Arbeit ruht *(es wird nicht gearbeitet; es wird gestreikt);* an Feiertagen ruht der Verkehr in der Stadt fast völlig *(gibt es wenig Autoverkehr);* der Vertrag ruht vorübergehend *(ist außer Kraft);* die Waffen r. (geh.; *es wird [vorübergehend] nicht gekämpft*); übertr. (geh.): im Grabe ruhen *(gestorben sein);* viele Soldaten ruhen in fremder Erde *(sind in einem fremden Land begraben);* auf diesem Friedhof ruhen viele Opfer des Krieges; hier ruht [in Gott] ... */Grabinschrift/;* ruhe sanft! */Grabinschrift/.* **b)** ⟨es ruht sich; mit Artangabe und Umstandsangabe⟩ *man kann in bestimmter Weise ruhen:* auf diesem Sofa, nach der Arbeit ruht es sich gut. **2.** ⟨etwas ruht; mit Raumangabe⟩ **a)** *etwas liegt auf etwas, etwas stützt sich auf etwas:* das Gewölbe ruht auf mächtigen Pfeilern; ihre Hände ruhten in ihrem Schoß; bildl. (geh.): die ganze Last der Verantwortung ruht auf seinen Schultern; übertr.: er ist ein in sich ruhender Mensch. **b)** *etwas liegt in etwas, ist in etwas aufbewahrt:* der Schmuck ruht in einer Schatulle; die Akten ruhen im Tresor. **3.** ⟨etwas ruht auf jmdm., auf etwas⟩ **a)** *etwas ist auf jmdn., auf etwas geheftet, gerichtet:* sein Blick ruhte auf dem Bild; ihr Auge ruhte wohlgefällig auf ihren Kindern. **b)** (geh.) *etwas liegt, etwas lastet auf jmdm., auf etwas:* ein Fluch, ein Segen ruht auf diesem Haus; auf ihm ruht der Verdacht, das Geld unterschlagen zu haben. * **nicht ruhen und rasten** *(keine Ruhe geben):* er ruhte und rastete nicht, bis er sein Ziel erreicht hatte · **der ruhende Pol** *(jmd., von de Ruhe ausgeht, der in einer bestimmten Situati die Übersicht behält):* die Mutter ist der ruhen Pol in der Familie.

Ruhestand, der: *Zeit nach dem Ausscheiden a dem Dienst:* in den [wohlverdienten] R. trete man hat ihn in den R. versetzt; er lebt, ist se einem Jahr im R.

ruhig: I. ⟨Adj.⟩: **a)** *still; frei von Lärm und U ruhe:* ein ruhiges Zimmer; eine ruhige Wohnun eine ruhige Gegend; ruhige Mieter, Nachba haben; dieses Haus, Hotel ist sehr r.; wollt i endlich r. sein! *(aufhören zu lärmen oder zu spr chen!);* ihr sollt r. sitzen bleiben; die Pensi liegt ruhig; ihr müßt euch etwas ruhiger verha ten. **b)** *geruhsam, ohne Störung:* ruhige Tag Wochen verbringen; ruhige Zeiten; sie führe haben ein ruhiges Leben; die Mutter hatte kei ruhige Minute, nachdem die Kinder fort ware sie führten ein ruhiges Gespräch; er hat hi einen ruhigen Posten (ugs.; *eine wenig anstre gende Arbeit);* r. plaudernd saßen sie im Zimme **c)** *gelassen, ohne Aufregung:* ein ruhiger Mensc Beamter (ugs.; *ein gleichmütiger Mensch*); e ruhiges Wort miteinander sprechen; jmdn. m ruhigem Blick anschauen; er sprach mit ruhig Stimme; er braucht bei seiner Arbeit eine ruhi *(sichere)* Hand; das kann man mit ruhigem G wissen/(geh.:) ruhigen Gewissens sagen; bei ru ger Überlegung muß man sagen ...; sei ru *(unbesorgt)*, es wird dir nichts geschehen!; s sahen r. *(ohne Teilnahme oder Protest)* zu, w der Junge geprügelt wurde; einer Gefahr r. Auge blicken; bildl.: die See ist r. *(ohne st ken Seegang);* das Geschäft ist zur Zeit r. (*wird nicht viel umgesetzt).* **II.** ⟨Adverb⟩ (ug *ohne Bedenken, durchaus:* du kannst ihm das sagen, geben; man kann r. darüber spreche * (ugs.:) [**nur**] **ruhig Blut!** *(nur keine Auf gung!)* · **ruhig**[es] **Blut bewahren** *(in einer a regenden Situation Ruhe bewahren)* · (ugs.:) **ei ruhige Kugel schieben** *(keine anstrengende A beit haben; sich bei der Arbeit nicht sehr anstre gen).*

Ruhm, der: *hohes Ansehen:* großer, unvergän licher, unsterblicher, künstlerischer, verdiente vergänglicher, nichtiger R.; der R. hat ihn hoc mütig gemacht; R. erwerben, erlangen, davo tragen, genießen, ernten (ugs.), einheimsen (ugs diese Tat, dieser Erfolg hat ihm R. eingebrac eingetragen; der Künstler hat seinen R. üb lebt; (geh.:) in etwas R. suchen; diese Erf dung begründete seinen R.; er sonnt sich in s nem R.; zu R. und Ehren gelangen, kommen; ist auf dem Gipfel seines Ruhmes angelangt; Zeitungen waren des Ruhmes voll über ihn (ge *rühmten ihn über die Maßen*). * (ugs.; iron **sich nicht** [**gerade**] **mit Ruhm bekleckern** *(ni gerade erfolgreich sein).*

rühmen: a) ⟨jmdn., etwas r.⟩ *überschwengl loben, preisen:* er rühmte das Essen dieses I kals; man rühmt seine Großmut, seine Inte genz, ihre Schönheit; er rühmte an diesem La strich die Milde des Klimas; er wurde wegen s ner Tapferkeit gerühmt; er rühmte seinen Ko gen als einen tüchtigen Arbeiter; jmdn. rü mend erwähnen; etwas rühmend hervorheb **b)** ⟨sich einer Sache r.⟩ *etwas Bestimmtes v sich behaupten, für sich in Anspruch nehm* sich einer Tat r.; er hat sich nie seines Erfolges gerühmt; er kann sich r., niemals mit dieser Partei sympathisiert zu haben; ⟨sich als jmd./(veraltend:) als jmdn. r.⟩ er rühmte sich als ehrlicher Mensch/(veralt.:) als ehrlichen Menschen.

rühmlich: *rühmenswert:* eine rühmliche Tat; sein Sohn hat kein rühmliches Ende genommen; dieses Verhalten ist nicht sehr r. für ihn.

rühren: 1. a) ⟨[etwas] r.⟩ *umrühren:* den Brei r.; der Teig muß eine halbe Stunde gerührt werden; du mußt r., damit die Milch nicht anbrennt; er rührte mit dem Löffel im Tee. **b)** ⟨etwas in etwas r.⟩ *unter Rühren hinzufügen:* Mehl in die Soße r. **2.** ⟨sich, etwas r.⟩ *bewegen:* die Glieder, die Arme, die Beine r.; vor Kälte konnte er die Finger kaum r.; in dem engen Kleidungsstück konnte er sich kaum r.; damit man ihn nicht bemerkte, rührte er sich nicht; sich nicht vom Fleck (ugs.), nicht von der Stelle, nicht vom Platz r.; rührt euch! /*militär. Kommando*/; kein Lüftchen rührte sich *(es war völlig windstill)*; das Tier rührte sich nicht mehr *(war bewegungslos, war tot)*; übertr.: *sich anstrengen:* du mußt dich mehr r., wenn du vorankommen willst. **3.** (geh.) ⟨an etwas r.⟩ *berühren, anfassen:* nicht an die zerbrechlichen Gegenstände r.; übertr.: *im Gespräch berühren, erwähnen:* an einen Kummer, eine schmerzliche Erinnerung r.; seine Fragen rühren an schwierige Probleme; wir wollen nicht mehr an die/an der Sache r. **4.** ⟨etwas rührt jmdn.⟩ *etwas trifft jmdn.:* der Schlag (ugs.; *Schlaganfall*) hat ihn gerührt; er dachte, es rühre ihn der Schlag, als er die Nachricht hörte; er war wie vom Schlag gerührt *(sehr erschrocken, sprachlos)*, als er von der Sache hörte. **5.** ⟨jmdn., etwas r.⟩ *innerlich berühren; Rührung bewirken:* seine Worte, der Gesang der Kinder rührten die Zuhörer [zu Tränen]; er rührte die Menschen, die Herzen der Menschen; es rührte ihn nicht *(ließ ihn völlig gleichgültig)*, daß man über ihn schimpfte; er war über den freundlichen Empfang, den man ihm bereitete, [sehr, zu Tränen] gerührt; adj. Part.: *ergreifend:* eine rührende Geschichte, Szene; ein rührendes Bild; ein rührender Anblick; er sorgt rührend für seine Eltern. **6.** (geh., veraltend) ⟨etwas r.⟩ *ein bestimmtes Instrument spielen:* die Leier, die Harfe, die Trommel r.; bildl. (ugs.): die [Werbe]trommel, die Reklametrommel für jmdn., für etwas r. *(für jmdn., für etwas große Reklame machen)*. * (ugs.:) **keinen Finger rühren** *(untätig bleiben, sich nicht anstrengen)* · (ugs.:) **ohne einen Finger zu rühren** *(ohne sich anzustrengen)* · (ugs.:) **keine Hand rühren** *(nichts tun; nicht helfen)* · (ugs.:) **wie vom Donner gerührt** *(überrascht, erschreckt)* · (ugs.; scherzh.:) **ein menschliches Rühren fühlen** *(den Drang fühlen, seine Notdurft zu verrichten)* · (ugs.:) **sich nicht rühren können** *(finanziell, wirtschaftlich sehr eingeengt sein)*.

rührig: *eifrig, geschäftig:* ein rühriger Mensch, Geschäftsmann; die Partei entfaltete vor den Wahlen eine rührige Tätigkeit; er ist sehr r.

rührselig (abwertend): *gefühlvoll, sentimental:* eine rührselige Geschichte; ein rührseliges Theaterstück; die Stimmung war r.

Rührung, die: *Ergriffenheit:* R. überwältigte ihn, überkam ihn (geh.); auf den Gesichtern der Zuhörer spiegelte sich R.; R. empfinden, hervorrufen, erwecken; plötzlich wurde sie von R. übermannt; etwas mit R. betrachten; sie weinte vor R.; vor R. konnte er kein Wort sagen.

Ruin, der: **a)** *Niedergang, Verfall:* ein wirtschaftlicher, finanzieller, moralischer R.; der R. des Geschäftes war nicht aufzuhalten; das Land, das Unternehmen geht dem R. entgegen. **b)** *Verderben:* dieser Fehlschlag war sein R.; der Alkohol ist sein R.; du bist noch mein R. (ugs.; *du richtest mich zugrunde*)!

Ruine, die: *Überreste eines [historischen] Bauwerks:* eine malerische, efeubewachsene, von Gras überwucherte R.; von dem Schloß steht nur noch eine R.; die R. einer alten Burg besuchen; die Ruinen *(Trümmer)* des Krieges sind verschwunden; die zerstörte Stadt bestand nur noch aus Ruinen; bildl. (ugs.): eine menschliche R. *(ein körperlich völlig verfallener Mensch)*; er ist nur noch eine R.

ruinieren ⟨jmdn., sich, etwas r.⟩: *sehr schaden, zugrunde richten:* jmdn., sich wirtschaftlich, finanziell, gesundheitlich r.; der Alkohol ruinierte seine Gesundheit; mit dem vielen Rauchen wirst du dich r.; ⟨jmdm., sich etwas r.⟩ bei dem Marsch durch den Regen hat sie sich ihre Schuhe völlig ruiniert (ugs.; *verdorben*); adj. Part.: ein ruinierter Mann; er ist r.

'rum: → herum.

Rummel, der (ugs.): **1.** *hektischer, lauter Betrieb:* in den Geschäften, am Strand, auf dem Markt herrschte eine fürchterlicher R.; sie waren froh, als der R. der Feiertage vorbei war; er hatte den R. gründlich satt; er wollte den R. nicht mehr mitmachen. **2.** *Rummelplatz, Vergnügungspark:* auf den R. gehen; die Kinder waren heute auf dem R. * (ugs.:) **der ganze Rummel** *(alles zusammen)*: er verkaufte den ganzen R. · (ugs.:) **den Rummel kennen/verstehen** *(etwas gründlich kennen)* · (ugs.:) **[großen] Rummel um jmdn., um etwas machen** *(großes Aufhebens um jmdn., um etwas machen)*.

rumoren (ugs.): *poltern, lärmen:* die Pferde rumorten im Stall; es rumort auf dem Speicher; bildl.: es rumorte in seinem Magen; übertr.: *Unruhe hervorrufen:* diese Frage rumort wieder einmal in den Köpfen der Menschen.

rumpeln (ugs.): **a)** *ein rumpelndes Geräusch hervorbringen:* auf dem Boden rumpelte etwas; es rumpelt in seinem Magen; übertr.: es rumpelt draußen (landsch.; *es donnert*). **b)** ⟨mit Raumangabe⟩ *sich rumpelnd fortbewegen:* der Wagen rumpelte über das Pflaster.

Rumpf, der: *Leib ohne die Glieder:* der R. des Menschen, der Puppe, des Tieres; R. beugt, streckt! /*turnerische Kommandos*/; übertr.: *mittlerer Teil, Körper eines Schiffes oder Flugzeugs:* der R. des Flugzeugs, des Schiffes war durchgebrochen, aufgerissen; die Frachtgüter werden im R. des Schiffes verstaut.

rümpfen ⟨in der Verbindung⟩ die Nase rümpfen: *mißbilligend die Nase in Falten ziehen:* sie rümpften die Nase über das Essen.

rund: I. ⟨Adj.⟩ **1.** *kreisförmig, kugelförmig:* ein runder Tisch, Teller, Kuchen; ein rundes Fenster, Beet; eine runde Säule *(mit einem runden Querschnitt)*; ein runder Kopf; ein rundes Kinn; das Kind machte runde Augen *(guckte verwundert, staunend)*; die Erde ist r.; durch die Frisur wirkt ihr Gesicht r. **2.** *rundlich, füllig:* runde Arme, Schultern, Knie; das Kind hat runde

Bäckchen; sie ist dick und r. geworden. **3.** (ugs.) *voll, ganz:* der Bau hat eine runde Million gekostet; er hat für die Arbeit runde drei Jahre gebraucht; ein rundes Dutzend; er hat die runde *(stattliche)* Summe von tausend Mark gefordert; eine runde *(abgerundete, aufgerundete)* Zahl. **4.** *vollkommen, ausgewogen:* ein runder Ton, Klang; der Wein hat einen runden Geschmack. **II.** (ugs.) ⟨Adverb⟩ *ungefähr:* er hat r. 100 Mark ausgegeben; in r. einem Jahr wird er fertig sein. * (ugs.:) **es geht rund** *(es ist viel Betrieb; es gibt viel Arbeit)* · **rund um etwas** *(ringsum, im Kreise):* ein Flug r. um die Welt · (ugs.:) **rund um die Uhr** *(24 Stunden lang).*

Runde, die: **1. a)** *Gesellschaft, Kreis von Menschen:* eine große, heitere R.; eine R. von Skatspielern; sie saßen in fröhlicher R.; er wurde in ihre R. aufgenommen; niemand in der R. kannte den Fremden. **b)** (geh.) *Umkreis:* sie standen auf dem Turm und schauten in die R.; er kannte alle Dörfer in der R. **2.** *Rundgang:* er machte eine R. durch die Stadt, durch den Garten; der Posten, der Wächter macht, beginnt, geht seine R. **3. a)** *Durchgang auf einem Rundkurs:* eine R. laufen, fahren; die Fahrer drehen (ugs.; *fahren*) R. um R. **b)** *zeitliche Einheit beim Boxen:* die letzte R. ging an den farbigen Boxer; er hat in der dritten R. verloren, aufgegeben, gesiegt; in der zweiten R. schied er aus; ein Kampf über mehrere Runden; der Boxer ist knapp über die Runden gekommen. **c)** *Durchgang in einem Wettbewerb:* die Mannschaft ist in der dritten R. der Meisterschaft ausgeschieden. **4.** *Lage für die ganze Runde der Anwesenden:* eine R. Bier, Schnaps; eine R. bezahlen, geben, spendieren (ugs.), werfen (ugs.), schmeißen (ugs.); die nächste R. mußt du ausgeben. * (ugs.:) **etwas macht die Runde: a)** *(etwas wird überall bekannt):* das Gerücht hatte in kurzer Zeit in der Stadt die R. gemacht. **b)** *(etwas wird im Kreise herumgereicht):* der Pokal machte die Runde · (ugs.:) **über die Runden kommen** *(Schwierigkeiten meistern)* · (ugs.:) **etwas über die Runden bringen** *(etwas zustande, zu einem guten Ende bringen).*

runden (geh.) ⟨etwas rundet sich zu etwas⟩: *etwas vollendet sich:* die Teile r. sich zu einem Ganzen; es dauerte eine Weile, bis sich die Eindrücke zu einem geschlossenen Bild rundeten; ⟨auch ohne Präpositionalobjekt⟩ das Jahr rundet sich *(geht zu Ende).*

Rundfunk, der: *Institution, die Nachrichten, Musik u. a. durch Funk überträgt; Radio:* der deutsche, schweizerische R.; der R. bringt eine Sendung, überträgt ein Konzert; der R. sendet Nachrichten; er hört R. *(hat das Rundfunkgerät eingeschaltet);* eine Meldung im R. hören; die Bundestagsdebatte wird vom R. übertragen; der Präsident hat im R. gesprochen; die Schreckensmeldung wurde durch den R. verbreitet; er wandte sich über den R. an die Bevölkerung; er ist (ugs.) beim R., ist beim R. angestellt; er arbeitet beim R., für den R.

rundheraus ⟨Adverb⟩: *ohne Umschweife, direkt:* etwas r. sagen, erklären, fordern, verbieten; er hat das Ansinnen r. abgelehnt.

rundlich: *füllig; von annähernd runder Form:* eine kleine, rundliche Frau; ein rundliches Kinn; sie ist ein wenig r. [geworden].

rundweg ⟨Adverb⟩: *entschieden, ohne zu zögern* etwas r. ablehnen, abschlagen; er hat die Frag r. verneint.

'runter: → herunter.

Runzel, die: *Falte in der Haut:* zahlreiche Run zeln bedecken das Gesicht der Greisin; Runzel auf der Stirn, auf der Haut haben.

runzeln: a) ⟨etwas r.⟩ *in Falten ziehen:* unmu tig, nachdenklich runzelte er die Stirn, d Brauen; mit gerunzelter Stirn dreinblicken. **b** ⟨etwas runzelt sich⟩ *etwas bekommt Runzeln* die Haut r. sich.

runz[e]lig: *mit Falten, Runzeln bedeckt:* ei runz[e]liges Gesicht; runzlige Haut; er ist seh r. geworden.

rupfen: a) ⟨ein Tier r.⟩ *die Federn ausrupfen* Gänse, Enten r.; sie sieht aus wie ein gerupfte Huhn; übertr. (ugs.): man hat ihn tüchtig ge rupft *(man hat ihm viel Geld abgenommen).* **b** ⟨etwas r.⟩ *[in einzelnen Büscheln] ausreißen* Gras, Unkraut r. **c)** (landsch.) ⟨jmdn. an etwa r.⟩ *an etwas reißen, ziehen:* er rupfte den Mit schüler an den Haaren. * (ugs.:) **mit jmdm. ei Hühnchen zu rupfen haben** *(jmdn. wegen etwa zur Rechenschaft ziehen müssen).*

ruppig: *grob, unhöflich:* ein ruppiger Mensch ein ruppiger Ton; er hat eine ruppige Art; er is sehr r.; r. antworten.

Ruß, der: *Kohlenstoff, der sich bei der Verbren nung niederschlägt:* R. setzt sich ab; den R. au dem Ofen[rohr] entfernen; der Kamin ist, sitz voll R.; sein Gesicht war von, mit R. ver schmiert.

Rüssel, der: **1.** */röhrenförmiges Organ verschie dener Tiere/:* ein langer R.; der R. des Elefanten Insekten haben Rüssel; die Wildschweine wüh len mit dem R. die Erde auf. **2.** (derb) *Nas* nimm deinen R. weg!

rußen ⟨etwas rußt⟩: *etwas bildet Ruß:* der Ofen die Lampe rußt.

rüsten: 1. *sich bewaffnen, seine militärisch Stärke vermehren:* eilig, mit Macht, um die We te r.; die Staaten rüsten zum Krieg, für einen neuen Krieg; der Feind war schlecht, stark hoch gerüstet; bis an die Zähne gerüstet sein übertr.: bist du für die Auseinandersetzun gerüstet? **2.** *vorbereiten, bereitmachen:* **a)** ⟨sic r.⟩ sich zum Aufbruch, zum Gehen, zur Abreis r.; die Stadt rüstet sich zum Heimatfest. **b)** ma rüstet bereits zum Abmarsch. **c)** (geh.; vera tend) ⟨etwas r.⟩ die Hausfrau rüstete ein Mah ein Nachtlager für die Gäste.

rüstig: *körperlich noch leistungsfähig, frisch:* ein rüstige alte Dame; er ist ein rüstiger Sechzige (ugs.); er ist [für sein Alter] noch sehr r.; e schritt r. (geh.; veraltend; *kraftvoll*) aus.

Rüstung, die: **1.** *das Rüsten, militärische Vorbe reitung:* die militärische R.; eine kostspielig konventionelle (bildungsspr.), nukleare (bi dungsspr.) R.; die R. verschlingt große Sum men; die R. beschränken, kontrollieren; de Wettlauf der Rüstungen; große Summen für d R. ausgeben, in die R. stecken (ugs.). **2.** *Schutz kleidung der Ritter im Mittelalter:* eine R. tragen die R. anlegen (geh.); der Ritter sitzt in voll R. zu Pferd.

Rute, die: **1.** *Gerte, Stock:* jmdn. mit einer R schlagen, züchtigen; er bekam vom Weih nachtsmann ein paar mit der R. **2.** *Wünsche* *rute:* die R. hat ausgeschlagen; er geht mit der R. *(ist Wünschelrutengänger)*. **3.** (landsch.; veraltend) *Feldmaß:* der Acker hat 100 Ruten.

rutschen: a) ⟨mit Umstandsangabe⟩ *gleiten, sich gleitend fortbewegen:* vom Stuhl, aus dem Sattel, zur Seite r.; er ist dauernd auf seinem Platz hin und her gerutscht; der Schnee rutscht vom Dach; sein Hemd ist aus der Hose gerutscht; **b)** *ausrutschen:* er ist [auf der vereisten Straße mit dem Wagen] gerutscht. **c)** (ugs.) *rücken:* kannst du ein wenig r.?; rutsch mal! **d)** *herunterrutschen:* die Brille, der Rock rutscht; das Essen, das trockene Brot rutscht nicht (ugs.; *es läßt sich schwer hinunterschlucken*); ⟨jmdm. r.; mit Raumangabe⟩ die Mütze rutschte ihm vom Kopf. **e)** (ugs.) *fahren:* er ist übers Wochenende nach München gerutscht.

rütteln: a) ⟨jmdn., etwas r.⟩ *heftig schütteln:* jmdn., etwas heftig r.; er rüttelte ihn am Arm, an der Schulter; man mußte ihn aus dem Schlaf r. **b)** ⟨etwas rüttelt⟩ *etwas bewegt sich heftig hin und her:* der Wagen hat auf dem Pflaster sehr gerüttelt. **c)** ⟨an etwas r.⟩ *etwas heftig hin und her bewegen:* er rüttelte ungeduldig an der Tür, vor Wut am Gitter, Zaun; der Sturm rüttelt an den Fensterläden; übertr.: an dem Vertrag, dem Beschluß darf nicht gerüttelt werden *(er darf nicht angetastet werden)*; daran ist nicht, gibt es nichts zu r. *(das ist unabänderlich)*. * (geh.:) **ein gerüttelt Maß von/an** *(sehr viel Unangenehmes):* sie hat ein gerüttelt Maß von/an Arbeit zu bewältigen.

S

Saal, der: *großer Raum für Versammlungen, Feste o. ä.:* ein großer, hoher, heller, festlich geschmückter S.; der S. war bei diesem Konzert überfüllt, bis auf den letzten Platz gefüllt; einen S. [für eine Veranstaltung] mieten; den S. betreten, verlassen; sie gingen langsam durch den S.; übertr.: der S. *(die Menschen im Saal)* tobte vor Begeisterung.

Saat, die: **a)** *das Säen; Aussaat:* frühe, späte S.; mit der S. beginnen; es ist Zeit zur S. **b)** *Saatgut:* die S. geht auf; die S. in die Erde bringen; bildl.: die S. des Bösen war aufgegangen; Redensart: wie die S., so die Ernte. **c)** *junges Getreide:* die [junge] S. steht gut; die Saat ist ausgewintert, ist erfroren.

Säbel, der: */Hiebwaffe mit gekrümmter Klinge/:* der blanke S.; ein leicht gekrümmter S.; den S. ziehen, zücken, schwingen; mit dem S. kämpfen. * **mit dem Säbel rasseln** *(mit Gewaltanwendung, Krieg drohen)*.

Sabotage, die: */planmäßige Störung/:* S. planen, begehen, treiben; man vermutete S.; man überführte ihn der S.; etwas vor/gegen S. schützen.

sabotieren ⟨etwas s.⟩: *Sabotage treiben; vereiteln, hintertreiben:* einen Plan, die weiteren Untersuchungen s.; einige Mitarbeiter sabotierten die Anordnungen des Leiters.

Sache, die: **1.** *Angelegenheit; Geschehen, Unternehmen:* eine gute, ehrliche, gerechte, große, wichtige, schwere, schlechte, böse, unangenehme, schlimme, mißliche, lästige, peinliche, langwierige, gefährliche, verlorene, verzweifelte S.; das ist die leichteste, einfachste S. von der Welt; das ist eine andere S., eine S. für sich; das war eine abgekartete (ugs.; *vorher verabredete*) S.; das ist eine tolle (ugs.; *großartige*) S.; das ist S. des Taktes, des Vertrauens; das ist seine S. *(das geht nur ihn an, das muß er entscheiden)*; das ist nicht jedermanns S. *(das liegt nicht jedem)*; die S. ist die *(es handelt sich darum)*, daß ...; was sind denn das wieder für Sachen! (ugs.; *was soll denn das wieder heißen!*); die S. steht gut, schlecht, geht schief (ugs.; *mißlingt*); die S. hat geklappt (ugs.; *es ist alles gut verlaufen*); die S. macht sich [noch] (ugs.; *geht [noch] gut*), steigt (ugs.; *kommt zustande*); die S. verhielt sich ganz anders; die S. schwebt noch, ist noch in der Schwebe; jede S. hat zwei Seiten; eine S. verfolgen, verfechten, vertreten, verteidigen, entscheiden, verloren geben, wieder fallenlassen; eine S. erledigen, schmeißen (ugs.; *durchführen*), deichseln (ugs.; *in Ordnung bringen*); eine [schwierige] S. erst beschlafen (ugs.; *eine Nacht zum Überlegen vergehen lassen*); eine S. in bestimmter Weise beurteilen; er sieht die S. ganz anders an; er sieht die S. der Freiheit in Gefahr; er versteht seine S. *(er kann etwas auf seinem Gebiet)*; er macht seine S. gut *(er erledigt ordentlich, was ihm aufgetragen wurde)*; er machte ihre S. zu seiner eigenen *(er setzt sich für ihre S. sehr ein)*; Rechtsw.: eine S. [bei Gericht] anhängig machen *(vor Gericht bringen)* · sich in den Dienst einer großen, guten S. stellen; einer S. überdrüssig sein, werden; sich einer S. annehmen; nach Lage der S. *(so, wie die Dinge liegen)*; den Hergang einer S. erzählen; das liegt in der Natur der S. *(ist in der Sache selbst begründet)*; einer S. auf den Grund gehen; ich traue der S. nicht; an dieser S. ist etwas Wahres; bei solchen Sachen muß man sehr vorsichtig sein; für eine gute S. kämpfen, spenden; in eine unangenehme S. verwickelt sein; misch dich nicht in Sachen, die dich nichts angehen!; in dieser S. möchte ich nichts unternehmen; er sagte noch ein Wort in eigener S. *(zu einer Angelegenheit, die ihn selbst betraf)*; Sprichw.: in eigener Sache kann niemand Richter sein · in Sachen des Geschmacks *(in bezug auf den Geschmack)* läßt sich nicht streiten; Rechtsw.: die Akten in Sachen *(in dem Rechtsstreit)* Meyer [gegen Müller] · mit dieser S. habe ich nichts zu tun; um eine S. herumreden; um diese S. brauchst du dich nicht zu kümmern; es steht gut um die S.; die Person von der S. trennen; etwas von einer S. wissen; sich (Dativ) ein Bild von der S. machen; er versteht etwas von der S. *(er hat auf diesem Gebiet gute Kenntnisse)*; zu dieser S. äußere ich mich nicht; das gehört nicht zur S. *(zum Thema)*; kommen wir zur S. *(zum eigentlichen Thema)!*; er wurde vom Richter zur S. *(zu dem Rechtsfall)* vernommen; er tut das aus Liebe zur S. *(aus Freude an dieser Beschäftigung, aus Idealismus)*. 2. *Gegenstand, Ding:* kleine, wertvolle, gute, schöne, neue, teure, preiswerte Sachen; er hatte seine besten Sachen *(Kleider)* an; es gab feine, gute Sachen *(Speisen)* zu essen; du mußt deine Sachen *(die dir gehörenden Dinge, deine Kleider)* besser in acht nehmen; du mußt diese Sachen *(Briefe, Päckchen o. ä.)* zur Post bringen; sie hat die alten Sachen *(Möbel, Kleider)* verkauft. * (ugs.:) **scharfe Sachen** *(hochprozentige alkoholische Getränke)* · [**mit jmdm.**] **gemeinsame Sache machen** *(sich mit jmdm. [zu einer üblen Tat] verbinden)* · **seiner Sache sicher/gewiß sein** *(von der Richtigkeit seiner Meinung, Handlungsweise überzeugt sein)* · **nicht** [**ganz**] **bei der Sache sein** *(zerstreut sein)* · **etwas tut nichts zur Sache** *(etwas ist nebensächlich):* der Name tut nichts zur Sache · (ugs.:) **mit ... Sachen** *(mit einer Geschwindigkeit von ... Stundenkilometern):* er fuhr mit 150 Sachen über die Autobahn · (ugs.:) **das ist so eine Sache** *(das ist eine heikle Angelegenheit, ist schwer zu entscheiden)* · (ugs.:) **mach** [**keine**] **Sachen!** */Ausruf des Erstaunens/*.

sachlich: 1. *eine Sache betreffend, der Sache nach:* ein sachlicher Unterschied, Irrtum; etwas ist s. richtig, falsch; rein s. ist dagegen nichts einzuwenden. **2.** *nicht von Gefühlen und Vorurteilen bestimmt; objektiv:* eine sachliche Bemerkung, Kritik; ein sachliches Urteil; etwas in sachlichem Ton sagen; es fällt ihm schwer, s. zu bleiben, seine Meinung s. vorzubringen.

Sachlichkeit, die: *unvoreingenommene Haltung; Objektivität:* große, unbeirrbare, unbestechliche S.; jmds. S. schätzen; seine Äußerungen zeichneten sich durch S. aus.

sacht, (ugs. auch:) sachte: *behutsam, vorsichtig, sanft:* sich mit sachten Schritten nähern; etwas mit sachter Hand berühren; ein s. ansteigendes Gelände; etwas s. anfassen, berühren, streicheln; du mußt [ganz] s. gehen; er hat sich ganz s. gedrückt (ugs.; *hat sich heimlich, unbemerkt davongeschlichen*); sachte, sachte! (ugs.; *nur langsam!, nicht so stürmisch!*).

Sachverhalt, der: *Tatbestand; Stand der Dinge:* den wahren, eigentlichen S. kennen, erfahren, aufklären; jmdm. den S. mitteilen, darlegen.

Sack, der: *Behälter aus Stoff, Papier o. ä.:* ein voller, leerer, schwerer, leichter, großer, offener S.; ein S. Kartoffeln, Kaffee, Getreide, Reis; drei gefüllte Säcke; /bei Maßangabe/: drei Säcke/Sack Mehl; der S. ist voll, ist geplatzt, hat ein Loch; einen S. zubinden, ausschütten, wiegen, tragen; Säcke flicken; etwas in einen S. stecken, stopfen, schütten; hier ist es dunkel wie in einem S. (ugs.; *sehr dunkel*); bildl. (ugs.): er kam mit einem [ganzen] S. voll Neuigkeiten *(mit sehr vielen Neuigkeiten)*. Redensarten: lieber einen S. [voll] Flöhe hüten, als diese Arbeit tun; man schlägt den S. und meint den Esel. **2.** (derb) *Hodensack:* sich (Dativ) den S. einklemmen. **3.** (ugs.; abwertend) */Schimpfwort für eine männliche Person/:* so ein blöder, lahmer, trauriger S.!; weiterarbeiten, ihr faulen Säcke! * (ugs.:) **schlafen wie ein Sack** *(tief schlafen)* · (ugs.:) **voll sein wie ein Sack** *(sehr betrunken sein)* · (ugs.:) **die Katze im Sack kaufen** *(etwa ungeprüft übernehmen, kaufen [und dabei über vorteilt werden])* · (ugs.:) **die Katze aus dem Sack lassen** *(seine Absicht, ein Geheimnis preisgeben)* (ugs.:) **mit Sack und Pack** *(mit allem, was ma besitzt):* mit S. und Pack abziehen, auswandern (veraltend:) **in Sack und Asche gehen** *(Buße tun)* · (ugs.:) **jmdn. in den Sack stecken** *(jmdm überlegen sein)* · (ugs.:) **etwas im S. haben** *(etwa sicher haben)* · (ugs.:) **in den Sack hauen** *(m etwas aufhören; nicht mehr mitmachen)* · (ugs.: **habt ihr daheim Säcke an den Türen** [**hängen**] *(kannst du die Tür nicht zumachen?)*.

Säckel, der ⟨in bestimmten Wendungen⟩ (ugs.: [**tief**] **in den Säckel greifen müssen** *(viel bezahlen müssen)* · (ugs.:) **sich** (Dativ) **den Säckel füllen** *(sich bereichern)*.

Sackgasse, die: *Straße, die nur eine Zufahrt hat* wir waren in eine S. gefahren und mußten des halb wenden; übertr.: *schwierige Lage, aus weglose Situation:* in eine S. geraten; sich in ein S. verrennen; in einer S. stecken.

säen ⟨etwas s.⟩: *Samen in die Erde bringen, aus streuen:* Korn, Weizen, Hafer, Gerste s.; Salat Radieschen s.; übertr. (dichter.): *zu etwas den Keim legen:* Haß, Mißtrauen, Unfrieden, Zwie tracht s.; Sprichw.: wer Wind sät, wir Sturm ernten. * **wie gesät** *(in großer Menge):* di Kastanien lagen umher wie gesät · **dünn gesä sein** *(selten sein, nicht häufig vorkommen)*.

Saft, der: **a)** *im Pflanzengewebe enthaltene Flüs sigkeit:* der S. steigt in die Bäume; den S. vo Birken abzapfen; die Bäume stehen im S.; Re densart: Blut ist ein ganz besondrer S. **b** *Fruchtsaft:* der S. der Äpfel, Birnen, Trauben der S. der Reben (geh.; *Wein*); der S. von Ka rotten, Tomaten ist gesund; den S. der Frücht auspressen, einkochen, mit Wasser verdünnen einen S. zubereiten; er trank ein Glas S. **c** *Fleischsaft:* beim Braten des Fleisches ist zuvie S. ausgetreten; Fleisch im eigenen S. dünsten zubereiten. * (ugs.:) **ohne Saft und Kraft** *(fad ohne rechten Gehalt):* ein Mensch ohne S. un Kraft; die Suppe ist ohne S. und Kraft · (ugs.: **jmdn. im eigenen/in seinem eigenen Saft schmoren lassen** *(jmdm. nicht beistehen)*.

saftig: *viel Saft enthaltend:* saftige Früchte, Bir nen, Orangen; das saftige Gras, Grün der Wie sen; übertr. (ugs.): eine saftige *(kräftige)* Ohr feige, Grobheit; eine saftige *(hohe)* Rechnung der Witz war ganz schön s. *(derb)*.

Sage, die: *Erzählung, die an historische Ereig nisse anknüpft:* deutsche, antike Sagen; alte mündlich überlieferte Sagen eines Landes; di Sagen der Völker; die S. erzählt, berichtet daß ...; Sagen lesen, erzählen, sammeln, auf zeichnen; ein Band mit Sagen. * **es geht di Sage, ...** *(man erzählt sich, ...)*: es geht die S., e habe ein großes Vermögen geerbt.

Säge, die: **1.** */ein Werkzeug/:* eine scharfe stumpfe S.; die S. schärfen, schränken. **2.** (ugs. abwertend) */Schimpfwort für eine Person, di einem auf die Nerven geht/:* Mensch, ist das ein S. * **Singende Säge** */ein Musikinstrument/*.

sagen: 1. a) ⟨etwas s.⟩ *[aus]sprechen, äußern* etwas freundlich, bescheiden, liebevoll, lang sam, schnell, herablassend, vorwurfsvoll, mür risch, zornig, brüsk, geradeheraus, laut, leise vor sich hin, im Flüsterton, im Scherz, aus Bos heit, ohne Übertreibung s.; ein paar Worte, nichts, kein Wort s.; was hast du eben gesagt?; so etwas sagt man nicht; er sagt, was er denkt, wie es ist; er sagt, er habe ihn nicht gefunden/daß er ihn nicht gefunden habe; er sagte: „Ich kann morgen nicht kommen"/„Ich kann morgen nicht kommen", sagte er/„Ich kann", sagte er, „morgen nicht kommen"; er sagte „vielen Dank" zu der Dame und ging; sie sagte zu dem Herrn: „Ich muß jetzt gehen"; hat er etwas zu dir gesagt?; /häufig verblaßt oder formelhaft/ guten Morgen, guten Tag, gute Nacht, auf Wiedersehen, Lebewohl s.; die Wahrheit, seine Meinung s.; sag mal, kennst du ihn?; sag, wer du bist; wer kann s. *(wissen)*, was geschehen wird?; das kann ich vorher nicht s. *(wissen);* das mußte einmal gesagt werden; was soll man dazu sagen? *(wie soll man das beurteilen?);* was werden die Leute dazu sagen? *(wie wird es in der Öffentlichkeit beurteilt werden?);* die beiden sagen du zueinander *(duzen sich);* was sagst du dazu? *(was hältst du davon?);* es ist nicht zu s. *(zu beschreiben)*, wie er sich gefreut hat; sie waren alle sehr erfreut, was sage ich *(ja sogar vielmehr)*, begeistert [waren sie]; was ich noch s. wollte *(übrigens):* ...; darüber ist, wäre viel zu s.; davon hat er nichts gesagt *(erwähnt);* er weiß auf alles etwas zu s. *(zu erwidern);* der Brief, die Urkunde, die Schrift sagt darüber nichts; ⟨auch ohne Akkusativ⟩ ich müßte lügen, wenn ich anders sagte; ..., wenn ich so s. darf *(wenn der Ausdruck gestattet ist);* sie hat so etwas – wie soll ich s. *(mich ausdrücken)?;* wie ich schon sagte; wie [oben] gesagt; ich habe nur so gesagt *(das war nicht so ernst gemeint);* beiläufig, nebenbei, im Vertrauen, unter uns gesagt *(bemerkt)*, ich halte ihn für einen Betrüger; damit ist viel, wenig, nichts gesagt *(das bedeutet viel, wenig, nichts);* das ist bald, leicht, rasch gesagt *(erzählt);* das ist wohl nicht zu viel gesagt *(nicht übertrieben);* Redensart: das ist leichter gesagt als getan; ich habe es, zu meiner Schande sei es gesagt *(ich muß es gestehen)*, ganz vergessen; subst.: das Gesagte bleibt unter uns; ich nehme von dem Gesagten nichts, kein Wort zurück. **b)** ⟨jmdm. etwas s.⟩ *mitteilen; jmdn. etwas wissen lassen:* jmdm. etwas beiläufig, halblaut, heimlich, [ganz] offen, in aller Offenheit, im guten *(friedlich, ohne Streit)* s.; jmdm. etwas ins Ohr s.; was ich dir jetzt sage, mußt du für dich behalten; ich konnte ihm nur s., daß der Chef nicht da sei; ⟨häufig verblaßt⟩ jmdm. Schmeicheleien, Bissigkeiten, Bosheiten s.; jmdm. Dank s. (geh.; *sich bei jmdm. bedanken*); jmdm. die, seine Meinung s. *(ihn ausschimpfen);* du hast mir nicht die Wahrheit gesagt *(hast mich belogen);* es fiel mir nicht leicht, das kann ich dir s. *(versichern);* wem sagst du das! *(das weiß ich selbst sehr gut);* ich habe ihm s. *(ausrichten)* lassen, er solle erst morgen kommen; ich habe mir s. lassen *(man hat mir erzählt)*, daß ...; bildl.: der Spiegel sagt ihr, daß sie schön ist; mein Gefühl sagt mir, daß das richtig war. **c)** ⟨etwas s.⟩ *behaupten, mit Bestimmtheit aussprechen:* ich sage: „Du warst dort!"; der Junge sagt aber, du wärst dort gewesen; sagen Sie das nicht!; wie du nur so etwas sagen kannst!; das will ich nicht s.; ich habe nichts gesagt, was ich nicht beweisen kann; das sagen Sie, ich bin anderer Meinung; Sie können s., was Sie wollen, Sie werden mich nicht überzeugen; sie ist hübsch, ich möchte fast s., schön; mir gegenüber war er immer sehr freundlich, das kann ich nicht anders s.; da soll noch einer s., daß er nicht geizig ist!; ich will nichts gesagt haben; dagegen ist nichts zu s.; was wollen Sie damit s.?; ich kann dasselbe von mir s. **2.** ⟨etwas sagt etwas⟩ *etwas hat einen bestimmten Sinn, ist bedeutungsvoll, wichtig:* ihr Blick sagte viel; sein Gesicht sagte alles; das sagt [gar] nichts, hat nichts zu s.; ⟨etwas sagt jmdm. etwas⟩ dieses Bild sagt mir nichts; haben uns die Werke dieses Künstlers heute noch etwas zu sagen? * **jmdm. etwas ins Gesicht sagen** *(jmdm. ohne Scheu, ohne Schonung etwas sagen)* · (ugs.:) **etwas zu sagen haben** *(Befehlsgewalt, großen Einfluß haben):* er hat in der Firma einiges, viel, nichts zu s. · (ugs.:) **jmdm. nichts zu sagen haben** *(nicht berechtigt sein, jmdm. Befehle zu erteilen)* · (ugs.:) **sich** (Dativ) **nichts sagen lassen** *(eigensinnig sein)* · **sich** (Dativ) **von jmdm. nichts sagen lassen** *(sich von jmdm. nichts vorschreiben, nicht raten lassen)* · (ugs.:) **sich** (Dativ) **das nicht zweimal sagen lassen** *(von einem Angebot sofort Gebrauch machen)* · **laß dir das gesagt sein!** *(merke dir das!)* · **von Glück sagen können** *(etwas einem glücklichen Umstand verdanken)* · (ugs.:) **was Sie nicht sagen!** */Ausruf der Überraschung/* · (ugs.:) **sagen wir** *(schätzungsweise, ungefähr):* wir treffen uns, sagen wir, gegen fünf Uhr · (ugs.:) **sage und schreibe** *(tatsächlich; wahrhaftig):* er hat doch sage und schreibe hundert Mark dafür verlangt · **es ist nicht gesagt** *(es ist nicht sicher):* es ist nicht gesagt, daß er heute noch kommt · **mit Verlaub zu sagen** *(wenn der Ausdruck gestattet ist):* das ist, mit Verlaub zu sagen, eine Gemeinheit! · **gesagt – getan** *(den Worten folgte unmittelbar die Tat).*

sägen ⟨etwas s.⟩: *mit der Säge zerschneiden:* Holz s.; er sägte den Baumstamm in mehrere Teile; ⟨auch ohne Akk.⟩ er sägt *(arbeitet mit der Säge)* draußen auf dem Hof.

sagenhaft: 1. *dem Bereich der Sage angehörend:* ein sagenhafter König von Kreta; die Darstellung ist eher s. als historisch. **2.** (ugs.) **a)** *unglaublich, ungeheuer; sehr groß:* ein sagenhafter Reichtum; eine sagenhafte Unordnung; das ist ja s. **b)** ⟨verstärkend vor Adjektiven und Verben⟩ *sehr:* das Kleid was s. teuer; er gibt s. an.

Sahne, die: **a)** *Rahm:* süße, saure S.; S. abschöpfen, schlagen; Kaffee mit Zucker und S. **b)** *Schlagsahne:* ein Stück Torte mit S.

Saison, die: *für bestimmte Bereiche besonders wichtiger Abschnitt des Jahres:* eine gute, schlechte S.; die S. geht zu Ende; jetzt beginnt die S. für derartige Artikel; mit diesem Konzert, Theaterstück wurde die S. eröffnet; außerhalb der S., nach der S. ist es hier sehr still; in der S., während der S. sind die Preise höher.

Saite, die: *Instrumentensaite:* die Saiten der Geige, der Harfe, des Klaviers; die Saiten tönen, erklingen; eine S. [auf der Geige] ist geplatzt, gerissen, zerrissen; Saiten aufziehen, spannen, stimmen; die Saiten streichen, zum Erklingen bringen; die Saiten im Klavier werden angeschlagen, die Saiten im Cembalo werden angerissen; bildl. (geh.): eine S. in jmds. Herz anschlagen. * (ugs.:) **andere/strengere Saiten aufziehen** *(strenger vorgehen).*

Sakrament, das (Rel.): *Gnadenmittel:* die katholische Kirche kennt sieben Sakramente; ein S. empfangen, austeilen, spenden. * (derb:) **Himmel, Herrgott, Sakrament!** /*Fluch*/.

Salat, der: **1.** /*eine Gartenpflanze*/: der S. ist geschossen; S. pflanzen, anbauen, ernten, waschen; sie kaufte zwei Köpfe S. auf dem Markt. **2.** /*ein kaltes Gericht*/: grüner, gemischter, italienischer S.; es gab verschiedene Salate; den S. [mit Essig und Öl] anmachen, abschmecken; Bockwurst mit S. *(Kartoffelsalat).* * (ugs.:) **da haben wir den Salat!** /*Ausruf des Verärgertseins über etwas Mißglücktes*/.

Salbe, die: *Heilmittel in Form einer schmierfähigen Masse:* S. auftragen, verreiben; er strich eine S. auf die Wunde.

salben (hist.) ⟨jmdn., etwas s.⟩: *mit Öl weihen:* er wurde zum König, Kaiser gesalbt; ⟨jmdm., sich etwas s.⟩ sie salbten ihm die Hände.

Saldo, der (Bankw.): *Differenzbetrag zwischen Soll und Haben eines Kontos:* ein S. zu unseren Gunsten, Lasten; ein S. in Höhe von 500 Mark; der S. beträgt 500 Mark; einen S. feststellen, aufstellen, ziehen, bestätigen, anerkennen, gutschreiben, auf neue Rechnung vortragen; per S. *(auf Grund des Saldos).* * (ugs.:) **per Saldo** *(im Endeffekt):* das ist per S. dasselbe.

salopp: *nachlässig, ungezwungen, lässig:* saloppe Kleidung, Haltung; saloppe Ausdrucksweise, Schreibweise; sein Auftreten, sein Stil ist sehr s.; sich s. kleiden.

Salto, der: *Sprung mit Überschlag:* einen doppelten, dreifachen S. machen; mit einem S. ins Wasser springen.

Salz, das: **1.** /*eine chemische Verbindung*/: neutrales, saures S.; die Gewinnung von Salzen. **2.** *Kochsalz:* feines, grobes, feuchtes S.; eine Prise, Messerspitze S.; S. an die Speisen, in die Suppe tun (ugs.); du hast das S. vergessen; Fleisch in S. legen *(einsalzen);* eine Speise mit S. abschmecken, bestreuen; Sprichw.: S. und Brot macht Wangen rot; bildl.: das S. der Ironie, der Weisheit. * (bildungsspr.:) **attisches Salz** *(geistreicher Witz)* · **nicht das Salz zum Brot/zur Suppe haben** *(Mangel, Not leiden)* · **jmdm. nicht das Salz in der Suppe gönnen** *(sehr mißgünstig sein).*

salzen /vgl. gesalzen/ ⟨etwas s.⟩: *mit Salz würzen:* die Speisen, das Essen s.; die Suppe ist stark, zu wenig, kaum gesalzen; gesalzenes/ (selten auch:) gesalztes Fleisch.

salzig: *nach Salz schmeckend; viel Salz enthaltend:* salziges Fleisch, Wasser; salzige Tränen; ich habe einen salzigen Geschmack auf der Zunge; die Suppe ist, schmeckt s.

Salzsäule ⟨in der Wendung⟩ zur Salzsäule erstarren: *plötzlich völlig starr werden, unbeweglich dastehen.*

Samen (geh., seltener auch: Same), der: **1.** *Samenkorn, Samenkörner:* runde, schwarze, geflügelte Samen; der S. keimt, geht auf, wächst, treibt; S. gewinnen, beizen, säen; der Gärtner züchtet [den] S. verschiedener Pflanzen; bildl. (dichter.): der S. des Guten, der Zwietracht. **2.** *Keimzellen von Mensch und Tier:* der S. ergießt sich.

sammeln: 1. ⟨etwas s.⟩ *zusammentragen, -lesen:* Beeren, Pilze, Holz, Ähren s.; das Eichhörnchen sammelt Vorräte für den Winter; Abfälle, Lumpen s.; sie sammelten das Regenwasser i Eimern *(ließen es sich dort sammeln);* übertr Material, Stoff für eine Abhandlung s.; Gedic te, Novellen, Aufsätze s. *(zum Zweck der Ve öffentlichung zusammentragen);* Belege, Zita für etwas s. *(zum Nachweis für etwas zusamme tragen);* Unterschriften, Stimmen, Gutachten *(sich von andern geben lassen, einholen);* ad Part.: die gesammelten Werke *(das Gesam werk)* eines Dichters; die Aufsätze sind gesar melt *(in einer Sammlung)* erschienen. **2.a)** ⟨e was s.⟩ *eine Sammlung von bestimmten [we vollen] Dingen anlegen:* Briefmarken, Münze Bücher, Gemälde, Kupferstiche, Altertümer s er sammelt schon seit zehn Jahren Schmette linge. **b)** ⟨an etwas s.; mit Umstandsangab *Mühe, Zeit darauf verwenden, eine Sammlu zu vervollständigen:* er sammelt mit Leide schaft, schon lange, seit zehn Jahren an seine Briefmarken. **3.a)** ⟨etwas s.⟩ *etwas für eine guten Zweck von andern erbitten, sich geben la sen:* Geld, Kleider, Almosen, Spenden [für d Armen] s. **b)** *eine Sammlung durchführen:* d Kinder sammeln für das Rote Kreuz. **4.** ⟨etw s.⟩ *anhäufen:* er hat viele Reichtümer, Schätz viel Geld gesammelt; übertr.: neue Kräft Kenntnisse, Erfahrungen s. **5.a)** ⟨jmdn., etw s.⟩ *versammeln, vereinigen:* ein Heer, Trupp s.; er sammelte seine Anhänger um sich. **b** ⟨sich s.⟩ *zusammenkommen; sich versammel* die Teilnehmer sammelten sich auf dem Plat nachdem die Demonstranten sich gesamme hatten, zogen sie vor die Botschaft. **c)** ⟨etw sammelt sich⟩ *etwas strömt, kommt zusamme vereinigt sich:* es hat sich genügend Regenwa ser gesammelt; die Lichtstrahlen sammeln sic im Brennpunkt der Linse. **6.** ⟨sich, etwas s *sich konzentrieren:* bei dem Lärm fiel es ih schwer, sich, seine Gedanken zu s.; er wa wirkte sehr gesammelt *(ruhig, konzentriert, g faßt).* * (geh.:) **feurige Kohlen auf jmds. Hau sammeln** *(jmdn. durch eine gute Tat beschämen*

Sammlung, die: **1.a)** *das Sammeln, Zusamme stellen:* die S. von Stoff, Material für sein ne estes Werk macht Fortschritte; die S. von Zit ten, Belegen, Aufsätzen anregen, veranlasse **b)** *in einem oder mehreren Bänden gesammel Schriften:* eine vollständige, lückenhafte S. d Aufsätze, Essays eines Schriftstellers; eine von Gedichten, Novellen, Erzählungen, Bri fen. **2.a)** *Gesamtheit von gesammelten Gege ständen:* eine reiche, kostbare, wertvolle, dür tige S.; eine private, öffentliche, staatliche S die S. ist sehr lückenhaft, unvollständig; eine von Gemälden, Kunstschätzen besitzen, ve kaufen, versteigern, schätzen; er hat eine S. vo Schmetterlingen angelegt. **b)** *Aufbewahrungso für gesammelte Gegenstände, Museum:* die städt sche S. bringt, zeigt antike Möbel; die S. ist he te geschlossen; die S. besuchen. **3.** *Geldsamm lung, Spendenaktion:* die S. [er]brachte, erga einen Betrag von 100000 Mark; eine S. für da Rote Kreuz, zu wohltätigen Zwecken vera stalten; bei der S. ist nicht viel zusammeng kommen. **4.** *das Gesammeltsein; Konzentratio* zu dieser Arbeit fehlt mir die nötige, innere

Samstag, der (bes. südd. und westd.): → Son abend.

samt ⟨Präp. mit Dativ⟩: *einschließlich; mit:* da

Schloß s. Schlüssel; der Fürst s. seinem Gefolge; das Haus s. allem Inventar wurde verkauft. * **samt und sonders** *(alle ohne Ausnahme):* sie wurden s. und sonders verhaftet.

Samthandschuh, der: → Glacéhandschuh.

sämtlich ⟨Indefinitpronomen und unbestimmtes Zahlwort⟩: **1.** ⟨Singular: sämtlicher, sämtliche, sämtliches⟩ *ganz, gesamt, all:* sämtliches Schöne; sämtliches vorhandene Eigentum; der Verlust sämtlicher vorhandenen Energie; mit sämtlichem gesammelten Material. **2.** ⟨Plural: sämtliche; unflektiert: sämtlich⟩ *jeder [von diesen], alle:* sämtliche Gefangenen /(seltener auch:) Gefangene; sämtliche anwesenden/(seltener auch:) anwesende Bürger; angesichts sämtlicher vorhandener/(seltener auch:) vorhandenen Bücher; sie waren s. erschienen.

Sand, der: *aus feinen Gesteinskörnern bestehende Masse:* feiner, grober, weißer, gelber, nasser, trockener S.; der S. des Meeres, des Ufers, der Dünen, der Wüste, der Steppe; der S. (am Strand) war sehr heiß; S. graben, fahren, sieben, (bei Glatteis) streuen; das Schiff ist auf S. *(auf eine Sandbank)* geraten; die Kinder spielen im S.; der Fluß verliert sich, verläuft im S.; etwas mit S. *(Scheuersand)* putzen, scheuern, reinigen. * (ugs.:) **jmdm. Sand in die Augen streuen** *(jmdm. etwas vormachen, jmdn. täuschen)* · (ugs.:) **den Kopf in den Sand stecken** *(eine Gefahr nicht sehen wollen, der Realität ausweichen)* · **etwas verläuft im Sand**[e] *(etwas bleibt erfolglos)* · (geh.:) **auf Sand gebaut haben** *(sich auf etwas Unsicheres verlassen)* · (ugs.:) **es ist Sand im Getriebe** *(etwas ist in seinem Ablauf gestört)* · (ugs.:) **wie Sand am Meer** *(zahllos, im Überfluß):* in diesem Wald gibt es Pilze wie S. am Meer.

sanft: a) *zart, mild, weich; angenehm:* sanfte Klänge, Töne, Farben; ein sanftes Licht; ein sanfter Wind, Hauch, Regen; ein sanftes Lüftchen; das sanfte Rauschen der Bäume; sanfte Augen, ein sanfter Blick; ein sanfter *(ruhiger)* Schlaf; ihre Stimme war, klang s.; s. lächeln; s. *(ruhig, friedlich)* schlafen; er ist s. entschlafen (geh.; *friedlich gestorben*); ruhe sanft! /*Grabinschrift*/; Sprichw.: ein gutes Gewissen ist ein sanftes Ruhekissen. **b)** *sacht, behutsam, vorsichtig:* eine sanfte Berührung, Bewegung; ein sanfter Händedruck; etwas mit sanfter Hand, mit sanften Händen berühren; mit sanfter Gewalt; sanfte Ermahnungen, Vorwürfe; seine Worte waren nicht gerade s.; einen sanften Zwang, Druck ausüben; jmdn. s. streicheln, behandeln. **c)** *freundlich, ruhig, friedfertig:* ihr sanftes Wesen, Herz, Gemüt; er war s. wie ein Lamm (ugs.; *sehr friedfertig, verträglich*). **d)** (geh.) *nicht steil; wenig ansteigend:* ein sanfter Hügel, Anstieg; der Pfad führte in sanften Windungen nach oben; die Anhöhe steigt s. an, fällt s. ab.

Sang ⟨in den Wendungen⟩ **mit Sang und Klang: a)** (veraltet; *mit Gesang und Musik*). **b)** (ugs.) *(ganz und gar, eindeutig):* er ist mit S. und Klang durchgefallen. * (ugs.:) **ohne Sang und Klang** *(ohne viel Aufhebens)*.

Sänger, der: *jmd., der singt:* ein schlechter, guter, begabter, begnadeter, berühmter S.; die Sänger eines Chores; ich bin kein [guter] S. *(ich kann nicht [gut] singen);* jmdn. zum S. ausbilden; Redensart: da/darüber schweigt des Sängers Höflichkeit *(darüber wird aus Takt nicht gesprochen);* bildl.: die gefiederten Sänger, die Sänger des Waldes *(Vögel)*.

sanglos ⟨in der Verbindung⟩ sang- und klanglos (ugs.): *ohne Aufhebens:* er ist sang- und klanglos verschwunden.

Sarg, der: *Totenschrein:* ein einfacher, hölzerner, prunkvoller S.; der S. war mit Blumen geschmückt; der S. wurde in die Erde gesenkt. * (ugs.:) **ein Nagel zu jmds. Sarg sein** *(jmdm. viel Kummer bereiten)*.

satt: 1. *nicht hungrig:* ein satter Magen; die satten Gäste lehnten sich zufrieden zurück; bist du s. [geworden]?; davon werde ich nicht s.; diese Speise macht schnell s.; sich s. essen; das Baby hat sich s. getrunken; die Kinder sind heute kaum s. zu kriegen (ugs.; *sie wollen immer noch mehr essen*); die Familie hatte nicht s. zu essen *(hatte nicht genug zu essen, zum Leben);* übertr.: ein sattes *(selbstzufriedenes)* Lächeln; ein satter Schuß (ugs.; *Volltreffer*); er konnte sich daran nicht s. sehen, hören *(konnte nicht genug davon sehen, hören)*. **2.** *kräftig, leuchtend, tief:* satte Farben, Farbtöne; ein sattes Grün, Rot. * (ugs.:) **jmdn. satt haben** *(jmds. überdrüssig sein, ihn nicht mehr leiden können)* · (ugs.:) **etwas satt haben/sein** *(etwas leid sein, nicht mehr länger dulden)* · (ugs.): **etwas satt bekommen/kriegen** *(einer Sache überdrüssig werden)* · (ugs.:) **nicht satt werden, etwas zu tun** *(nicht müde werden, etwas zu tun, etwas immer wieder tun):* er wurde nicht s., ihn zu loben.

Sattel, der: **a)** *Reitsattel:* ein lederner S.; der S. rutscht, sitzt zu weit vorn; den S. auflegen, an-, fest-, abschnallen, abnehmen; das Pferd warf ihn aus dem S.; jmdn. aus dem S., in den S. heben; jmdm. in den S. helfen; sich in den S. schwingen; der Reiter hing im S.; sich im S. halten; er könnte stundenlang im S. sitzen *(reiten);* mit, ohne S. reiten; vom S. fallen; übertr.: *etwas Sattelähnliches:* sie zogen über den S. des Gebirges *(durch die Senke des Bergrückens);* der S. der Nase *(Nasenwurzel)*. **b)** *Fahrzeugsattel:* der S. des Fahrrads, des Motorrads; der S. ist für mich zu niedrig; den S. höher stellen. * **in allen Sätteln gerecht sein** *(sich auf allen Gebieten auskennen, zu allem zu gebrauchen sein)* · **jmdm. in den Sattel helfen; jmdn. in den Sattel heben** *(jmdn. in eine einflußreiche Position hineinbringen)* · **fest im Sattel sitzen** *(eine gute, sichere Stellung haben)* · **sich im Sattel halten** *(sich gegen Angriffe behaupten)* · **jmdn. aus dem Sattel heben** *(jmdn. aus einer einflußreichen Position drängen)*.

sattelfest: *auf einem Gebiet sicher, gut beschlagen:* ein sattelfester Reiter, Sänger; er war in der Prüfung nicht ganz s.

satteln ⟨ein Tier s.⟩: *einem Tier den Sattel auflegen:* er sattelte sein Pferd; er ließ die Pferde s. * **für etwas gesattelt sein** *(gut vorbereitet sein)*.

sättigen: 1. a) ⟨etwas sättigt⟩ *etwas macht satt:* die dicke Suppe sättigt sehr, ist sehr sättigend. **b)** ⟨jmdn. s.⟩ *jmds. Hunger stillen:* die Mahlzeit hat uns alle gesättigt; bildl.: die Neugier, das Verlangen, den Ehrgeiz s. *(befriedigen)*. **2.** ⟨sich s.⟩ *seinen Hunger stillen:* sich an, mit Brot s.; habt ihr euch gesättigt? **2.** (Chemie) ⟨etwas s.⟩ *einer Lösung so viel von einer Substanz zusetzen, wie sie aufnehmen kann:* eine Säure s.; die Lösung ist gesättigt; bildl.: der Markt ist mit Ware gesättigt.

sattsam (geh.) ⟨Adverb⟩: *zur Genüge, hinlänglich:* das ist s. bekannt, erörtert; wir haben s. Grund, es zu glauben.

Satz, der: **1.** *sprachliche Sinneinheit:* ein einfacher, erweiterter, zusammengesetzter, mehrgliedriger, langer, unvollständiger, verkürzter, elliptischer, abhängiger, selbständiger, eingeschobener S.; ein vernünftiger, treffender, überflüssiger S.; der S. ist falsch; einen S. bilden, bauen, zerlegen; einen S. niederschreiben, noch einmal überlesen; Sätze formen, vollenden, sorgfältig aufbauen, aneinanderreihen; er hatte sich alle Sätze vorher zurechtgelegt; das Kind kann noch keine vollständigen Sätze sprechen; wiederholen Sie bitte den letzten Satz; eine Rede mitten im S. abbrechen; ihr sollt in ganzen Sätzen reden, antworten!; er stammelte in abgerissenen Sätzen. **2.** *Behauptung, These, Lehrsatz:* der S. des Pythagoras; dieser S. ist, bleibt unbewiesen; einen S. aufstellen, annehmen, begründen, beweisen; einem S. widersprechen. **3.** (Druckerspr.) **a)** *das Setzen eines Textes:* der S. schreitet voran; das Buch ist, befindet sich im S. *(wird gesetzt)*; das Werk geht in [den], zum S. **b)** *abgesetzter Text:* der S. ist unsauber; den S. einschmelzen, stehenlassen, korrigieren; ein Abzug des Satzes; es sind Fehler im S. **4.** (Musik) **a)** *in sich abgeschlossener Teil eines Musikstücks:* der erste S. eines Klavierkonzertes; eine Symphonie in vier Sätzen. **b)** *Stimmführung eines Musikstücks:* ein strenger, reiner, polyphoner S.; sie sangen den Choral in einem vierstimmigen S. **5.** (Sport) *Spielabschnitt:* er gewann den ersten S., mußte aber den zweiten abgeben; der Australier gewann in drei Sätzen. **6.** *bestimmte Anzahl zusammengehörender Dinge:* ein S. Töpfe, Schüsseln, Bohrer, Gewichte, Stempel, Bälle, Kegel; einige Sätze seiner Briefmarkensammlung sind nicht komplett; Jägerspr.: ein S. *(Wurf)* Hasen. **7.** *gesetztes Maß, übliche Norm:* das ist der übliche, vereinbarte S.; einen bestimmten S. an Reisespesen haben, nicht überschreiten dürfen. **8.** *Bodensatz:* der S. des Kaffees; der Wein hat [viel] S.; sie spülte den S. aus der Tasse. **9.** *großer Sprung:* er machte einen S. zur Seite; in/mit drei Sätzen war er an der Tür.

Satzung, die: *festgesetzte Vorschrift; Statut:* die Satzungen des Vereins; eine neue S. aufstellen.

sauber: 1. a) *rein, nicht schmutzig:* saubere Wäsche, Kleider; ein sauberes Hemd, Taschentuch; ein sauberes Glas, Besteck; das darfst du nur mit sauberen Händen, Fingern anfassen; das Zimmer, die Stadt ist sehr sauber; ein Glas s. ausspülen; sie hat die Scheiben sehr s. geputzt. **b)** *ordentlich, sorgfältig:* eine saubere Schrift, Arbeit; s. gekleidet sein; sie führt ihre Hefte sehr s. **2.** *anständig, einwandfrei:* ein sauberer Mensch, Charakter; eine saubere Haltung; ich fürchte, die Sache ist nicht [ganz] s.; (ugs.; iron:) du bist mir ja ein sauberer Freund!; (ugs.; iron:) eine saubere Gesellschaft.

sauberhalten ⟨etwas s.⟩: *rein, in Ordnung halten:* das große Haus ist nicht leicht sauberzuhalten.

Sauberkeit, die: **1. a)** *das Saubersein, Reinlichkeit:* die S. läßt zu wünschen übrig; bei ihr herrscht Ordnung und S.; auf S. achten; es blinkt alles vor S. **b)** *Ordentlichkeit, Sorgfältigkeit:* er lobte die S. ihrer Schrift, Arbeit. **2.** *Anständigkeit:* die S. seines Charakters, des Denkens; die S. der Geschäftsführung.

säuberlich: *sorgfältig; gewissenhaft:* eine säuberliche Schrift; etwas s. abschreiben, verpacken; sie legte die Kleider s. aufeinander.

saubermachen ⟨etwas s.⟩: *reinigen, von Schmutz befreien:* sie hat die Wohnung, das Zimmer, den Boden saubergemacht; ⟨sich (Dativ) etwas s.⟩ du mußt dir zuerst die Schuhe s.; ⟨auch absolut⟩ wir müssen noch s.

säubern (geh.) ⟨jmdn., sich, etwas s.⟩: *reinigen, von Schmutz befreien:* das Zimmer, den Tisch, das Geschirr s.; seine Kleider, sich vom Schmutz s.; die Schuhe mit der Bürste s.; die Wunde muß zuerst sorgfältig gesäubert werden; ⟨sich (Dativ) etwas s.⟩ er hat sich die Fingernägel gesäubert · übertr.: ein Land von Feinden, eine Stadt von Verbrechern s.

sauer: *Säure enthaltend, nach Säure schmeckend; nicht süß:* saure Äpfel, Trauben, Bonbons; saurer Wein; saure *(dick gewordene)* Milch, Sahne; saure *(mit Säure zubereitete)* Gurken, Bohnen, Linsen, Heringe; saurer *(an säurehaltigen Stoffen reicher, feuchter)* Boden; Chemie: saure *(nicht basische)* Stoffe, Salze, Gesteine; Essig ist s.; das Brot ist mir zu s.; das Essen ist s. geworden *(verdorben)*, riecht s.; ein Gericht s. zubereiten, kochen; jmdm. stößt es s. auf; Chemie: s. *(nicht basisch)* reagieren; Redensart: jmdm. sind die Trauben zu s. *(jmd. verzichtet auf etwas Unerreichbares, gibt vor, es nicht zu wollen)*. **2. a)** (ugs.) *verdrießlich, ärgerlich:* ein saures Gesicht, eine saure Miene machen; er war, wurde s., als er das hörte; er ist sehr s. auf dich; er reagierte ziemlich s. **b)** *mühsam, beschwerlich, unangenehm:* eine saure Arbeit, Pflicht; ein saures Amt; er hat sich das Geld s. verdient, erworben; die Arbeit ist ihm sehr s. geworden, kam ihn s. an *(ist ihm schwergefallen, hat ihm viel Mühe gemacht)*. * **in den sauren Apfel beißen** *(etwas Unangenehmes notgedrungen tun)* · **es sich** (Dativ) **sauer werden lassen** *(sich abmühen, sich große Mühe geben)* · (ugs.:) **etwas stößt jmdm. sauer auf** *(etwas hat für jmdn. üble Folgen)* · (ugs.:) **gib ihm Saures!** *(zeig's ihm!; mach ihn fertig!)*.

säuerlich: *ein wenig sauer:* ein säuerliches Getränk, eine säuerliche Soße; etwas hat einen säuerlichen Geschmack; die Bonbons sind, schmecken s.; übertr.: sie machte ein säuerliches *(verdrießliches)* Gesicht; sie lächelte s. *(gezwungen, mißvergnügt)*.

saufen: a) ⟨[etwas] s.⟩ *Flüssigkeit zu sich nehmen:* das Pferd säuft [einen Eimer] Wasser; die Kühe müssen noch s.; dem Vieh zu s. geben (derb/von Personen/:) Bier, Schnaps s.; er säuft aus der Flasche; dieser Mensch trinkt nicht, er säuft *(trinkt viel)*. **b)** (derb) *trunksüchtig sein:* ihr Mann säuft; die saufen beide; er hat früher gesoffen. **c)** (derb) ⟨jmdn., sich s.; mit Artangabe⟩ *durch übermäßigen Alkoholgenuß in einen bestimmten Zustand bringen:* sich krank, dumm s.; er hat sich zu Tode gesoffen; du säufst mich noch arm. * (derb:) **saufen wie ein Loch/Schlauch** *(sehr viel Alkohol trinken)* · (derb:) **jmdn. unter den Tisch/zu Boden saufen** *(mehr Alkohol vertragen als ein anderer)*.

saugen: a) ⟨etwas s.⟩ *in sich hineinziehen, ein-*

ziehen: Saft aus einer Frucht, Gift, Blut aus einer Wunde s.; die Bienen saugen den Honig aus den Blüten; das Baby sog/saugte gierig die Milch aus der Flasche; die Wurzeln saugen die Feuchtigkeit aus dem Boden; hast du im Zimmer schon [den] Staub gesaugt *(mit dem Staubsauger entfernt)?* **b)** ⟨etwas saugt sich; mit Artangabe⟩ *etwas saugt sich voll:* der Schwamm hat sich voll Wasser gesogen/gesaugt. **c)** ⟨an etwas s.⟩ *lutschen, saugend ziehen:* das Baby saugt an seinem Daumen; er sog/saugte bedächtig an seiner Tabakspfeife. * (ugs.:) **sich** (Dativ) **etwas aus den Fingern saugen** *(etwas frei erfinden, sich etwas ausdenken).*

säugen ⟨jmdn. s.⟩: *Muttermilch saugen lassen:* das Kind s.; die Kuh hat das Kalb gesäugt.

Säugling, der: → Baby.

Säule, die: *Rundpfeiler:* eine dicke, dünne, schlanke, hohe, steinerne S.; eine ionische, dorische, korinthische, toskanische, griechische S.; Säulen aus Marmor; die S. ist geborsten (geh.); die Säulen tragen, stützen das Dach; er stand da wie eine S. *(fest und unbeweglich);* das Dach ruht auf Säulen, wird von Säulen getragen, gestützt; bildl.: er ist eine S. *(Stütze)* der Wissenschaft, der Technik; die Säulen der modernen Gesellschaft; übertr.: die Truppen rückten in zwei großen Säulen *(Kolonnen)* vor.

Saum, der: *durch Umschlag befestigter Stoff, Rand:* ein breiter, schmaler S.; ein falscher S. *(als Saum angesetzter Stoffstreifen);* der S. des Kleides, des Rockes ist abgerissen; den S. stecken, bügeln, heften, nähen; übertr. (geh.): am S. *(Rand)* des Waldes; ein schmaler, leuchtender S. *(Streifen)* am Horizont.

[1]**säumen** ⟨etwas s.⟩: **1.** *mit einem Saum versehen:* sie hat das Kleid, den Rock, das Taschentuch gesäumt. **2.** *einfassen, umgeben:* Sträucher und Bäume säumen den Weg; viele Zuschauer säumten die Straße.

[2]**säumen** (geh.): *zögern, zaudern:* du darfst nicht länger s.; sie kamen, ohne zu s.; subst.: sie machten sich ohne Säumen auf den Weg.

säumig (geh.): *langsam, nachlässig:* ein säumiger Schuldner, Zahler; ein säumiger Schüler; er ist s. mit der Rückzahlung, Ablieferung.

Säure, die: **1.** */eine chemische Verbindung/:* eine schwache, starke, ätzende S.; S. ätzt; hierbei entsteht S.; er hat zuviel S. *(Magensäure)* im Magen. **2.** *saurer Geschmack:* die S. des Essigs; der Wein hat zuviel S.

Saus ⟨in der Wendung⟩ in Saus und Braus leben (ugs.): *ein verschwenderisches Leben führen.*

säuseln (geh.) ⟨etwas säuselt⟩: *etwas rauscht leise, weht leicht:* der Wind, es säuselt in den Zweigen; die Blätter, Bäume säuseln [im Wind]; übertr. (abwertend): *leise und süßlich reden:* ich weiß nicht mehr, was sie alles gesäuselt hat.

sausen: 1.a) ⟨etwas saust⟩ *etwas bringt ein sausendes Geräusch hervor:* der Sturm saust in den Bäumen; in seinen Ohren, in der Muschel sauste es; ⟨etwas saust jmdm.; mit Raumangabe⟩ das Blut hat ihm in den Ohren gesaust; es sauste ihm im Kopf; subst.: man hörte das Sausen des Windes. **b)** ⟨etwas saust jmdm.⟩ *jmd. empfindet einen unangenehmen Druck im Kopf o. ä.:* jmdm. sausen die Ohren; vor Anstrengung sauste ihm der Kopf. **2.** (ugs.) **a)** ⟨etwas saust⟩ *bewegt sich schnell mit sausendem Geräusch:* die Schwungräder sausten; der Propeller begann zu s.; die Peitsche sauste [durch die Luft]. **b)** ⟨mit Raumangabe⟩ *sich schnell fortbewegen, irgendwohin bewegen:* der Wagen sauste durch die Stadt, um die Ecke, auf mich zu; er sauste zum Bahnhof; er ist in den Graben gesaust *(gefallen);* bildl. (ugs.): er ist durch die Prüfung, durchs Examen gesaust *(gefallen).* * (ugs.:) **etwas sausen lassen** *(auf etwas verzichten):* das Konzert muß ich heute s. lassen.

schaben: a) ⟨etwas aus/von etwas s.⟩ *durch Schaben entfernen:* er schabte den Lack von dem Brett; sie schabte das Fleisch vom Knochen; er schabte den Rest aus der Schüssel. **b)** ⟨etwas s.⟩ *durch Schaben von der äußeren Schicht befreien:* Rüben, Karotten s.; ⟨jmdm., sich etwas s.⟩ er schabte (ugs.; *rasierte*) sich das Kinn.

Schabernack, der: *Streich, Neckerei:* S. treiben, machen; jmdm. einen S. spielen; sich (Dativ) einen S. ausdenken.

schäbig (abwertend): **1.** *armselig, ärmlich, abgenutzt:* ein schäbiger Hut, Mantel, Rock; er wohnte in einem kleinen, schäbigen Zimmer; seine Kleider waren schon ziemlich s.; er war s. gekleidet. **2.a)** *kleinlich, geizig:* ein schäbiger Mensch, Geizhals (ugs.); der Lohn war sehr s.; sie wurden recht s. bezahlt. **b)** *gemein, erbärmlich, niederträchtig:* er ist ein ganz schäbiger Kerl; eine schäbige Handlungsweise; das war sehr s. von ihm; er hat sie sehr s. behandelt.

Schablone, die: *Vorlage, Muster:* eine S. verwenden; sich an die S. halten; mit, nach einer S. arbeiten; übertr. (geh.): er denkt nur in Schablonen *(in übernommenen Vorstellungen, erstarrten Formen).*

Schach, das: **a)** *Schachspiel:* er spielt gerne S.; mit jmdm. eine Partie S. spielen. **b)** *den König unmittelbar bedrohende Stellung beim Schachspiel:* S. bieten; ein S. geben (selten); ein S. decken; aus dem S. ziehen; im S. stehen; S. [dem König]! */Warnung an den Gegner/.* * **jmdm. Schach bieten** *(jmdn. in seine Schranken weisen)* · **jmdn. in Schach halten** *(jmdn. nicht zur Ruhe kommen, nicht gefährlich werden lassen).*

schachmatt: 1. (Schach) *besiegt:* s.!; der Gegner war s. **2.** (ugs.) *müde, erschöpft:* sich s. fühlen; nach dieser Anstrengung waren wir alle ganz s. * **jmdn. schachmatt setzen: a)** (Schach) *(jmdn. im Schachspiel besiegen).* **b)** (ugs.) *(jmdn. ausschalten, ihm jede Möglichkeit zum Handeln nehmen).*

Schacht, der: **1.** */hoher, schmaler Hohlraum/:* dies ist der S. für den Fahrstuhl; einen S. [für einen Brunnen] ausheben, ausmauern. **2.** (Bergmannsspr.) *senkrechte Grube:* einen S. [ab]sinken, senken, [ab]teufen.

Schachtel, die: **1.** *dünnwandiger Behälter mit Deckel:* eine leere, volle, mit Andenken gefüllte S.; eine S. Streichhölzer, Zigaretten, Kekse, Pralinen; eine S. öffnen, anbrechen, anreißen (ugs.); etwas in eine S. tun, in einer S. aufbewahren. **2.** (ugs.) */Schimpfwort, bes. für eine ältere Frau/:* so eine alte S.!

Schachzug, der: *geschicktes Vorgehen:* das war ein kluger, geschickter, diplomatischer, genialer, raffinierter S.

schade ⟨in bestimmten Wendungen⟩ **etwas ist schade** *(etwas ist nicht erfreulich, ist sehr bedauerlich):* [es ist] s., daß du nicht kommen kannst ·

es ist schade um jmdn., um etwas *(es ist ein Jammer um jmdn., um etwas)*: um das schöne Kleid ist es s.; um ihn ist es nicht s.! · **für etwas zu schade sein** *(für etwas zu gut sein)*: für diese Arbeit ist der Anzug zu s.; dafür bin ich mir zu s. *(dafür gebe ich mich nicht her)*.

Schädel, der: **a)** *Knochengerüst des Kopfes:* nur der blanke S. war noch vorhanden; der S. eines Menschen, eines Affen; der Stein hatte ihm den S. zertrümmert, gespalten. **b)** (ugs.) *Kopf:* ein dicker, runder, kahler S.; jmdm. brummt (ugs.), dröhnt der S.; er hat sich (Dativ) den S. gestoßen; jmdm. den S. einschlagen; jmdm. eins auf/über den S. geben, hauen *(ihn auf den Kopf schlagen)*. * (ugs.:) **einen dicken/harten Schädel haben** *(sehr eigensinnig, unbeugsam sein)* · (ugs.:) **einen hohlen Schädel haben** *(dumm sein)* · (ugs.:) **sich den Schädel einrennen** *(mit seinem Eigensinn übel ankommen)*.

schaden ⟨jmdm., sich, einer Sache s.⟩: *schädlich, nachteilig sein:* diese Tat schadet ihm, seinem Ansehen, seiner Beliebtheit; das viele Lesen schadet deinen Augen; du hast dir damit selbst am meisten geschadet; das schadet ihm, seiner Entwicklung nicht; das schadet ihm nichts (ugs.; *geschieht ihm ganz recht*); es kann nicht s. *(ist sicher gut, besser)*, ihn zu benachrichtigen; das schadet fast gar nichts (ugs.; *ist nicht schlimm*).

Schaden, der: **1. a)** *Verlust, Wertminderung:* ein kleiner, unbedeutender, geringer, großer, ungeheurer, empfindlicher S.; es entstanden unübersehbare Schäden; es erwuchs ihm ein größerer S.; der S. traf ihn hart; der S. beträgt 1000 Mark, beläuft sich auf 1000 Mark; S. anrichten, verursachen, stiften; jmdm., einer Sache S. zufügen; einen S. aufdecken, verhüten, verhindern; S. erleiden, davontragen; einen S. [ab]schätzen, ersetzen, tragen, wiedergutmachen; für den S. aufkommen, Ersatz leisten, bürgen, haften. **b)** *Beschädigung, teilweise Zerstörung; Defekt:* das Haus weist einige Schäden auf; einen S. am Auto haben; einen S. ausbessern, reparieren, beheben; der Hagel hat gewaltige Schäden angerichtet. **2.** *Nachteil:* es ist dein eigener S.; es soll dein S. nicht sein *(ich werde dich dafür belohnen)*; das ist kein S. für ihn *(das ist ihm nützlich)*; davon hat er weder S. noch Nutzen, mehr S. als Nutzen; er mußte mit S. verkaufen; es ist nicht zu deinem S., gereicht dir nicht zum S. (Papierdt.; *schadet dir nicht*); du kommst dabei nicht zu S. (Papierdt.; *wirst dabei nicht benachteiligt*); Sprichwörter: wer den S. hat, braucht für den Spott nicht zu sorgen; durch S. wird man klug. **3.** *körperliche Beeinträchtigung; Verletzung:* er hat bei dem Unfall einen S. am Bein davongetragen, erlitten, sich (Dativ) einen S. zugezogen; er hat von Geburt an einen S. am Auge. * (geh.:) **an etwas Schaden nehmen** *(in etwas beeinträchtigt werden)*: er hat an seiner Gesundheit Schaden genommen · **zu Schaden kommen** *(sich bei etwas verletzen)* · (ugs.:) **ab/fort/weg mit Schaden!** *(Schluß damit, sei es wie es wolle!)*.

Schadenersatz (Amtsdt. auch: Schadensersatz), der: *Wiedergutmachung, Ausgleich:* S. fordern, leisten, ablehnen, verweigern; er klagte auf S.

Schadenfreude, die: *boshafte Freude über das Mißgeschick anderer:* er lachte voller S.; er beobachtete die Vorgänge mit einer gewissen S.

schadenfroh: *voller Schadenfreude:* mit schadenfrohen Blicken; sei nicht so s.!; er lachte s.

schadhaft: *beschädigt, defekt:* schadhafte Stellen ausbessern, flicken; schadhafte Stücke auswechseln; das Dach war schon ziemlich s., wird überall s.

schädigen ⟨jmdn., etwas s.⟩: *Schaden zufügen:* diese Handlungsweise hat ihn, seinen Ruf, sein Ansehen ziemlich geschädigt; das schädigt deine Gesundheit, deine Augen; durch sein Verhalten schädigt er die Interessen der andern.

schädlich: *Schaden verursachend:* schädliche Tiere; schädliche Stoffe, Zusätze; das hat keine schädlichen Folgen für dich; das ist s. für die Gesundheit; etwas wirkt sich s. aus.

schadlos ⟨in der Wendung⟩ sich an jmdm., an etwas schadlos halten: *sich für etwas auf Kosten anderer entschädigen:* für seine Einbußen wollte er sich an mir s. halten; sie hielten sich an der Schokolade s. *(aßen tüchtig davon)*.

Schaf, das: **1.** */ein Haustier/:* ein zottiges S.; geduldig, sanft, furchtsam wie ein S.; die Schafe blöken, grasen; Schafe halten, züchten, hüten, weiden, austreiben, scheren; Sprichw.: ein räudiges Schaf steckt die ganze Herde an. **2.** (ugs.) */Schimpfwort, bes. für einen dummen Menschen/:* du bist ein großes, dummes S.! * **das schwarze Schaf sein** *(sich nicht einordnen, unter anderen unangenehm auffallen)* · **die Schafe von den Böcken scheiden/trennen** *(die Guten von den Bösen trennen)* · (ugs.:) **sein Schäfchen scheren/ins trockene bringen** *(sich wirtschaftlich sichern; großen Gewinn einheimsen)*.

¹schaffen, schuf, hat geschaffen: **1.** (geh.) ⟨jmdn., etwas s.⟩ *hervorbringen, [schöpferisch] gestalten:* ein Werk s.; der Künstler hat ein neues Bild, eine Plastik geschaffen; Gott schuf den Menschen; der schaffende Mensch, Geist; subst.: Freude am, beim Schaffen; das gesamte, reiche, dichterische Schaffen *(Werk)* eines Künstlers. **2.** ⟨etwas s.⟩ *herstellen, bewirken, zuwege bringen:* gute Voraussetzungen, Bedingungen für etwas s.; zu diesem Zweck mußte eine ganze Reihe von neuen Stellen, Einrichtungen geschaffen werden; wir müssen Raum, Platz s., um alles unterzubringen; ⟨sich (Dativ) etwas s.⟩ wir müssen uns mehr Raum s.; er hat sich Vorräte, ein gutes Vermögen geschaffen; /verblaßt/: Ruhe, Ordnung, Hilfe s.; er weiß Rat, Abhilfe zu s. * (scherzh.:) **wie Gott jmdn. geschaffen hat** *(nackt, völlig unbekleidet)* · **für jmdn., für etwas/zu jmdm., zu etwas wie geschaffen sein** *(für jmdn., für etwas besonders geeignet sein)*: er ist für die Stelle wie geschaffen.

²schaffen, schaffte, geschafft: **1.** ⟨etwas s.⟩ *herstellen, bewirken, zuwege bringen:* dieser Umstand schaffte erst die Voraussetzung für das Gelingen; ⟨sich (Dativ) etwas s.⟩ wir haben uns mehr Raum geschafft; er schaffte sich viele Vorräte, ein großes Vermögen · /verblaßt/: er schaffte sofort Ruhe, Ordnung, Abhilfe. **2. a)** ⟨etwas s.⟩ *bewältigen, mit etwas fertig werden:* er kann seine Arbeit allein nicht mehr s.; er hat heute viel geschafft; schaffst du das noch bis heute abend?; wenn wir uns beeilen, schaffen wir es vielleicht noch; das schafft er nie!; er hat die Prüfung nicht geschafft *(ist durchge-*

fallen); beim dritten Versuch schaffte *(erreichte)* er die neue Rekordhöhe; wir haben es geschafft *(unser Ziel erreicht).* **b)** (ugs.) ⟨jmdn. s.⟩ *fertigmachen, erschöpfen:* diese Arbeit hat mich geschafft; der schafft jeden mit seiner Fragerei. **3.** ⟨jmdn., etwas s.; mit Raumangabe⟩ *an einen bestimmten Ort bringen:* die alten Sachen müssen in den Keller geschafft werden; wer schafft die Pakete zur Post?; sie schafften die Kisten aus dem Wege, zur Seite; er schaffte die gewünschten Sachen zur Stelle; sie schafften die Verwundeten ins Lazarett; die Verbrecher wurden ins Zuchthaus geschafft. **4.** (landsch., bes. südd.) *arbeiten, tätig sein:* fleißig, unermüdlich, von morgens bis abends s.; er hat im Garten, auf dem Feld geschafft; er schafft bei der Post *(ist dort berufstätig).* * **jmdm. zu schaffen machen** *(jmdm. Schwierigkeiten, Mühe, Sorgen bereiten)* · **sich** (Dativ) **zu schaffen machen: a)** *(arbeiten, sich beschäftigen):* was machst du dir an meinem Schreibtisch zu schaffen *(was tust du dort)?* **b)** *(eine Tätigkeit, Arbeit vortäuschen):* um das Gespräch zu belauschen, machte sie sich im Nebenzimmer zu schaffen · **mit jmdm., mit etwas [nichts] zu schaffen haben** *(mit jmdm. mit etwas [nichts] zu tun haben)* · **etwas auf die Seite/beiseite schaffen** *(etwas heimlich, unauffällig wegbringen)* · (ugs.:) **jmdn. beseite schaffen** *(jmdn. umbringen)* · **etwas aus der Welt schaffen** *(etwas in Ordnung bringen, beseitigen)* · (ugs.:) **sich** (Dativ) **jmdn., etwas vom Hals schaffen** *(jmdn., etwas loswerden).*

schäkern: *Spaß treiben, scherzen:* er schäkerte mit der Kellnerin.

schal: *abgestanden, fade:* schales Bier; das Getränk war, schmeckt s.; übertr.: *geistlos, langweilig:* ein schaler Witz, Spaß; das Leben kam ihm s. und leer vor.

Schal, der: *langes, schmales Halstuch:* ein weißer, dicker, gestrickter, wollener, seidener, warmer, leichter, duftiger S.; beide Schale/Schals waren zerrissen; sich (Dativ) einen S. umbinden, umlegen, umschlingen; den S. ablegen, abbinden; ich schlang, wickelte mir einen S. um den Hals.

Schale, die: **1.** *feste äußere Hülle:* eine harte, rauhe, dicke, weiche, glatte, dünne, grüne, trockene, bittere S.; die Schalen der Bananen, Orangen, Äpfel, Nüsse; die S. des Eies ist gesprungen; am Strand lagen viele Schalen von Muscheln; die S. umschließt, schützt die Frucht; die S. wird rissig, fällt ab; die S. abziehen, entfernen; das Küken hat die S. des Eies gesprengt; Kartoffeln mit der S. kochen; Sprichw.: in einer rauhen S. steckt oft ein guter Kern. **2.** *flaches, offenes Gefäß:* eine kostbare, silberne S.; die beiden Schalen einer Waage; eine S. aus Ton, Glas; eine S. für Zucker, Marmelade, Milch; auf dem Tisch stand eine S. mit Obst, Blumen; er trank eine S. (landsch.; *Tasse*) Kaffee; sie reichte den Tee in kleinen Schalen; bildl.: die S. [der Waage] senkte sich zu seinen Gunsten; (dichter.:) er goß die S. des Zorns, des Spottes über ihm/ihn aus. * (ugs.:) **sich in Schale werfen/schmeißen** *(sich besonders fein, festlich anziehen).*

schälen: 1. a) ⟨etwas s.⟩ *von der äußeren Hülle befreien:* Kartoffeln s.; eine Banane, eine Orange. einen Apfel s.; die Baumstämme s.; diese Eier lassen sich schlecht s.; geschälte Nüsse, Mandeln. **b)** ⟨etwas von etwas s.⟩ *von etwas loslösen, abschälen:* die Rinde vom Baum s.; sie schälte sorgfältig die Schale von den Kartoffeln. **c)** ⟨etwas aus etwas s.⟩ *aus etwas herauslösen:* ein Ei aus der Schale s.; übertr. (scherzh.): sich aus den Kleidern, aus dem Mantel s. *(die Kleider, den Mantel ablegen).* **d)** ⟨etwas schält sich; mit Artangabe⟩ *etwas läßt sich in bestimmter Weise schälen:* die Mandarinen schälen sich gut, leicht. **2. a)** ⟨etwas schält sich⟩ *die obere Hautschicht löst sich ab:* nach dem Sonnenbrand schälte sich seine Haut, die Haut auf seinem Rücken. **b)** ⟨sich s.⟩ *die obere Hautschicht verlieren:* ihr Gesicht, ihre Nase, ihr Rücken schälte sich; er schält sich an den Beinen, auf der Nase.

Schalk, der: *Spaßvogel:* er ist ein großer S. * **jmdm. sieht/schaut/guckt** (ugs.) **der Schalk aus den Augen; jmdm. sitzt der Schalk im Nakken; jmd. hat den Schalk im Nacken** *(jmd. ist ein Spaßvogel, ist zu Späßen aufgelegt).*

Schall, der: **a)** *alles Hörbare:* der S. pflanzt sich fort, breitet sich aus; die Luft, das Wasser trägt den S. [weit]; die Lehre vom S. *(Akustik).* **b)** *lauter Klang, Ton; Geräusch, Laut:* ein heller, dumpfer S.; der S. der Trompeten, der Trommeln; der S. seiner Stimme drang an ihr Ohr; der S. seiner Schritte verhallte, verklang; den S. der Glocken hören; etwas fällt mit lautem S. zu Boden. * **etwas ist leerer Schall** *(etwas ist nichtssagend, bedeutungslos).*

schallen ⟨etwas schallt⟩: **a)** *etwas tönt, klingt auf:* etwas schallt laut, hell, dumpf, dröhnend, weithin; die Glocken schallten über die Felder; lautes Gelächter schallte/(seltener:) scholl aus dem Nebenraum; er schlug die Tür ins Schloß, daß es schallte; schallender Beifall; eine schallende Ohrfeige; er lachte schallend; ⟨etwas schallt jmdm., mit Raumangabe⟩ das Geschrei der Kinder schallte ihm [noch] in den Ohren. **b)** *etwas ist von schallenden Tönen erfüllt:* sie schrien, daß das ganze Haus schallte.

schalten: 1. ⟨etwas s.⟩ *einen Schalter o. ä. betätigen; in Gang bringen; einstellen:* die Heizung auf „warm", ein Kraftwerk aufs Netz s.; ⟨auch ohne Akk.⟩ an diesem Hebel muß man s. **2. a)** *den Gang wechseln:* hart, ohne Gefühl s.; in den 2. Gang s.; beim Anfahren muß man s. **b)** ⟨etwas schaltet sich, mit Artangabe⟩ *etwas läßt sich in bestimmter Weise schalten:* der Wagen schaltet sich gut, leicht, schlecht. **3.** (ugs.) *begreifen, reagieren:* er schaltet schnell, langsam; da hast du wieder einmal nicht richtig, rechtzeitig geschaltet; bis er wieder geschaltet hatte, war alles vorbei. **4.** ⟨mit Artangabe⟩ *in bestimmter Weise verfahren, handeln:* willkürlich s.; er kann mit dem Geld frei, nach Gutdünken s. * **schalten und walten** *(nach eigener Entscheidung verfahren, handeln).*

Schalter, der: **1.** *Vorrichtung zum Ein-, Ausschalten o. ä.:* der S. funktioniert nicht, ist kaputt (ugs.); einen S. andrehen, anknipsen, anmachen (ugs.), ausdrehen, ausmachen (ugs.); einen S. auswechseln, einbauen, ausbauen; den S. des Heizgerätes reparieren; am S. drehen. **2.** *Platz zur Kundenabfertigung:* der S. für die Paketabfertigung ist/hat schon geschlossen; die Schalter öffnen, schließen; Fahrkarten am S. kaufen; am, vor dem S. warteten viele Leute.

Scham, die: **1.** *Schamgefühl; das Sichschämen:* brennende, mädchenhafte S.; falsche *(ungerechtfertigte)* S.; nur keine falsche S.! (ugs.; *zier dich nicht!*); ihn überkam, überfiel eine leise S.; S. empfinden, besitzen, zeigen; er hat keine S. [im Leib]; seine S. überwinden, ablegen, verlieren, abtun (geh.); ein Gefühl der S. stieg in ihm auf; etwas aus S. verschweigen; etwas ohne S. sagen, tun; vor S. rot werden; ich hätte vor S. vergehen, in die Erde versinken können. **2.** (geh.) *äußere Geschlechtsteile:* die S. bedecken, verhüllen.

schämen ⟨sich s.⟩: *Scham empfinden:* sich sehr, zutiefst, entsetzlich, zu Tode *(sehr)*, in Grund und Boden *(sehr)* s.; sich vor jmdm., vor sich selbst s.; du solltest dich s., das zu sagen!; du solltest dich was (ugs.) s.!; pfui, schäme dich!; ⟨sich wegen jmds., wegen etwas/für jmdn., für etwas/(geh.:) jmds., einer Sache s.⟩ er schämt sich wegen seines Versagens/für sein Versagen/seines Versagens.

Schamgefühl, das: *Scham; Fähigkeit, Scham zu empfinden:* kein S. haben, besitzen, kennen; jmds. S. verletzen; ganz ohne S. sein.

schamhaft: *voll Scham; verschämt:* ein schamhaftes Bekenntnis; etwas s. gestehen, zugeben; sie hat den Vorfall s. verschwiegen.

schamlos: a) *unverschämt, frech:* ein schamloser Betrug; eine schamlose Frechheit; seine Forderungen sind geradezu s.; sich s. bereichern; s. lügen. **b)** *unanständig, unsittlich:* schamlose Worte, Gebärden; sie ist eine schamlose Person; sein Verhalten war s.; sich s. benehmen.

Schande, die: *etwas, dessen man sich schämen muß, Unehre:* eine große, arge, ungeheure, ewige S.; das ist doch keine S.; es ist eine [wahre] S. *(ist unerhört)*, daß er euch nicht geholfen hat; es ist eine [Sünde und] S. *(ist empörend)*, wie er sich verhalten hat; es ist, wäre keine S. *(nicht schlimm)*, wenn ...; die Aufführung war so schlecht, daß es eine S. war; er hat seiner Familie, seinem Namen S. gemacht; ich will dir diese S. ersparen, diese S. nicht antun; Sprichw.: der Horcher an der Wand hört seine eigne Schand' · jmdn. in S. bringen (geh.), vor S. bewahren; etwas gereicht jmdm. zur S. (gespreizt; *ist eine Schande für jmdn.*); zu meiner S. muß ich gestehen *(es ist mir unangenehm, gestehen zu müssen)*, daß ... * **mit Schimpf und Schande** *(unter unehrenhaften Bedingungen):* er wurde mit Schimpf und S. davongejagt.

schänden: a) ⟨etwas s.⟩ *verunstalten, entweihen:* eine Kirche, ein Grab, ein Denkmal s. **b)** (geh.) ⟨etwas s.⟩ *entehren:* mit dieser Tat hat er das Ansehen, den Namen der Familie geschändet; Redensart: Arbeit schändet nicht. **c)** (geh.) ⟨jmdn. s.⟩ *vergewaltigen:* ein Mädchen, eine Frau s.

schändlich: 1. *niederträchtig, gemein, unehrenhaft:* schändliche Taten, Absichten, Lügen; ein schändlicher Betrug, Verrat; ein schändliches Leben führen; ein schändliches Ende nehmen; es ist s., wie er sie behandelt; wir wurden s. betrogen, belogen. **2.** (ugs.) **a)** *sehr schlecht:* es ist schändliches Wetter; sie mußten für einen schändlichen Lohn arbeiten. **b)** ⟨verstärkend bei Adjektiven und Verben⟩ *sehr:* das Kleid war s. teuer; wir haben uns s. geärgert.

Schandtat ⟨in der Wendung⟩ zu jeder Schandtat bereit sein (scherzh.): *alles mitmachen; bereit sein, alles zu tun.*

Schanze, die: **1.** (hist.) *Verteidigungsanlage.* die S. stürmen. **2.** *Sprungschanze:* diese S. läßt keine großen Weiten zu; jetzt verläßt der letzte Springer die S., geht der letzte Springer über die S.; er kam gut von der S. ab. * (geh.; veraltend:) **sein Leben für jmdn., für etwas in die Schanze schlagen** *(sein Leben aufs Spiel setzen).*

Schar, die: *größere Anzahl; Menge, Gruppe:* eine S. Reiter; eine S. Hühner, Gänse; Scharen von Menschen strömten herbei; eine S. von Kindern folgte ihnen; S. auf S., S. um S. zogen die Festteilnehmer vorbei; sich in Scharen drängen; die Vögel flogen in großen Scharen gegen Süden; die Leute kamen in hellen (ugs.; *großen*) Scharen.

scharen: a) ⟨sich um jmdn. s.⟩ *sich um jmdn. versammeln:* die Schüler scharten sich um den Lehrer. **b)** (geh.) ⟨jmdn. um sich s.⟩ *um sich versammeln, als Anhänger gewinnen:* er verstand es, die Jugend um sich zu s.

scharf: 1. *gut geschliffen, schneidend; spitz:* ein scharfes Messer, Beil, Schwert, Instrument; ein Messer mit scharfer Schneide; der Hund hat scharfe Zähne, ein scharfes Gebiß; scharfe Dornen; scharfe Kanten, Ecken; die Klinge ist nicht s. genug; die Axt schärfer machen (ugs.; *schärfen*); Redensart: allzu s. macht schartig; übertr.: eine scharfe *(spitz zulaufende)* Kurve, Biegung; es wehte ein scharfer *(schneidender, rauher)* Wind. **2. a)** *stark gewürzt:* scharfer Senf, Essig, Meerrettich; eine scharfe Soße, Suppe; ein scharfer Geschmack; scharfe (ugs.; *hochprozentige*) Getränke, Schnäpse, Sachen (ugs.); das Gulasch ist ziemlich s.; das Essen war zu s. *(stark)* gewürzt; etwas schmeckt s. **b)** *ätzend, beißend:* eine scharfe Lauge; ein scharfer Geruch; die Säure roch sehr s. **3. a)** *heftig, hitzig, schnell, mit großem Einsatz:* ein scharfer Kampf; schärfsten Widerstand leisten; ein scharfer Ritt, Gang; in scharfem Trab reiten; s. reiten, fahren; er mußte s. bremsen. **b)** *streng, hart, heftig, schonungslos:* eine scharfe Kritik, Bemerkung, Antwort, Zurechtweisung, Auseinandersetzung, Aussprache; ein scharfes Urteil; ein scharfer Verweis; scharfe Reden führen; schärfsten Protest einlegen, erheben; scharfer Hohn, Spott; zu den schärfsten Mitteln, Maßregeln greifen; er verurteilte diese Tat in der schärfsten Form; er war, wurde sehr s. gegen ihn; er tadelte ihn sehr scharf, aufs schärfste; jmdn. s. kritisieren; jmdn. s. bewachen; s. durchgreifen, vorgehen; jmdm. s. widersprechen; einer Auffassung s. entgegentreten; die Konkurrenz zwingt dazu, sehr s. *(genau)* zu kalkulieren; er war s. hinter der Sache her; subst. (ugs.): das ist ein ganz Scharfer. **4. a)** *fein ausgebildet, stark, genau:* scharfe Augen, ein scharfes Gehör haben; eine scharfe Brille; dafür ist das Fernglas nicht s. genug. **b)** *ausgeprägt; klar, genau:* einen scharfen Verstand haben; einen scharfen Blick, ein scharfes Auge für etwas haben *(etwas scharfsinnig erkennen)*; das hat er mit scharfem Blick *(schnell und genau)* durchschaut; das müssen wir einmal schärfer ins Auge fassen *(genauer betrachten, beobachten)*; da muß ich erst einmal s. nachdenken *(genau überlegen)*; einen Gedanken s. *(deutlich)* herausarbeiten, umreißen; eine Frage, ein Problem s. beleuchten *(klar darstellen)*. **5. a)** *sehr deutlich, klar:* scharfe Umrisse, Linien, Ränder; die Photographie, Aufnahme ist nicht sehr s.; die Kamera s. einstellen; der Turm hob sich s. vom Horizont ab. **b)** *stark hervortretend [und streng]; markant:* sie hatte scharfe Gesichtszüge, eine scharfe Nase; sein Gesicht war sehr s. geschnitten. **6.** *durchdringend, grell:* scharfe Töne; eine scharfe Stimme; plötzlich ertönte ein scharfes Zischen. **7.** *bissig, auf den Mann dressiert:* ein scharfer [Wach]hund; sei vorsichtig, der Köter (ugs.) ist s.! **8.** *mit richtiger, echter Munition:* scharfe *(richtige)* Munition; scharfe Schüsse, Patronen; das Gewehr ist s. geladen; Achtung, hier wird s. geschossen! **9.** (ugs.) *sinnlich, geil:* er ist ein scharfer Junge, Bock (derb); seine Freundin ist sehr s. * **eine scharfe Klinge führen** *(in Diskussionen ein harter, schwerer Gegner sein)* · (ugs.:) **eine scharfe Zunge haben** *(boshaft sein; spitze, böse Bemerkungen machen)* · (ugs.:) **auf jmdn., auf etwas scharf sein** *(jmdn., etwas heftig begehren)*.

Schärfe, die: **1.** *das Scharfsein; Schneidefähigkeit:* die S. eines Werkzeugs, des Messers, der Klinge prüfen; übertr.: die S. *(Rauheit)* des Windes, der Luft. **2. a)** *das Gewürztsein; scharfer Geschmack:* die S. einer Speise, des Essigs. **b)** *Ätzkraft:* die S. der Säure. **3.** *Heftigkeit, Strenge, Härte:* die S. einer Kritik, eines Urteils; die S. seiner Worte, seines Tones verletzte sie; ihn trifft die ganze S. des Gesetzes; er vermied in der Diskussion jede S.; enthielt sich jeder S.; seine Artikel haben an S. verloren; er drückte sich absichtlich mit einer gewissen S., ohne jede S. aus. **4.** *Genauigkeit, Stärke:* die S. seines Gehörs, der Augen, des Gedächtnisses hat nachgelassen; die S. *(durchdringende Klarheit)* seines Verstandes imponierte ihr. **5.** *Klarheit, Deutlichkeit:* die S. der Umrisse, der Linie; die S. der Photographie läßt zu wünschen übrig. **6.** *das Durchdringende; Grellheit:* die S. eines Tones; ihre Stimme hat in der Höhe an S. verloren.

schärfen: 1. ⟨etwas s.⟩ *scharf machen, schleifen:* ein Messer, eine Axt, eine Sense, eine Klinge s. **2. a)** ⟨etwas s.⟩ *verfeinern, verbessern, ausbilden:* etwas schärft die Sinne; den Verstand, das Urteil, die Kräfte des Geistes; das Sprachgefühl s.; das häufige Hören dieser Musik hat sein Gehör geschärft; er hat durch die vielen Reisen seinen Blick, sein Auge für diese Dinge geschärft; ⟨jmdm. etwas s.⟩ er versuchte, seinen Schülern den Geist zu s. **b)** ⟨etwas schärft sich⟩ *etwas verfeinert sich, bildet sich aus:* sein Blick, sein Sinn für Schönheit hat sich allmählich geschärft.

scharfmachen (ugs.) ⟨jmdn. s.⟩: *aufhetzen:* er hat alle Leute gegen ihn scharfgemacht.

Scharfsinn, der: *Fähigkeit, klar und logisch zu denken:* ich bewundere deinen S.; er hat die Aufgabe mit großem S. gelöst.

scharfsinnig: *mit Scharfsinn begabt; auf Scharfsinn beruhend:* ein scharfsinniger Denker; eine scharfsinnige Folgerung; die Deutung des Textes ist sehr s.; er hat das Problem, die Aufgabe s. gelöst.

scharmant: → charmant.

scharren: 1. a) *geräuschvoll kratzen, schaben:* das Pferd scharrte mit den Hufen; der Hund scharrt an der Tür; die Hühner haben auf dem Mist, im Boden [nach Würmern] gescharrt; die Studenten scharrten während der Vorlesung mehrmals *(drückten durch Scharren ihr Mißfallen aus)*. **b)** ⟨etwas s.⟩ *scharrend bearbeiten:* die Pferde scharrten den Boden vor Ungeduld. **2. a)** ⟨etwas s.⟩ *durch Scharren herstellen:* sie scharrten ein Loch [in die Erde]. **b)** ⟨jmdn., etwas s.; mit Raumangabe⟩ *durch Scharren an einen bestimmten Ort bringen:* er scharrte das Laub zur Seite, auf einen Haufen; sie haben den Toten einfach in die Erde gescharrt.

Scharte, die: *schadhafte Stelle in einer Schneide:* das Messer, die Klinge, der Hobel, die Sense hat Scharten bekommen. * (ugs.:) **eine Scharte [wieder] auswetzen** *(einen Fehler wiedergutmachen)*.

Schatten, der: *vom [Sonnen]licht nicht getroffene dunklere Fläche:* ein dunkler, grauer, kühler, erfrischender, wohltuender S.; die Schatten der Häuser, der Bäume; abends werden die Schatten länger; Licht und S. sind auf dem Bild gut verteilt; etwas wirft einen S.; der Baum gibt, spendet genügend S.; sie suchten den S. auf; mach mir keinen S. *(geh mir aus dem Licht)!*; eine dunkle Gestalt löste sich aus dem S. *(Dunkel)*; im S. des Waldes; im S. sitzen; 25 Grad im S. *(25 °C Lufttemperatur)*; aus der Sonne in den S. gehen; er legte sich, stellte seinen Stuhl in den S.; Sprichwörter: wo [viel] Licht ist, ist auch [viel] S.; große Ereignisse werfen ihre Schatten voraus; ein krummer Stecken wirft keinen geraden S.; bildl.: ein S. flog, huschte über ihr Gesicht *(einen Augenblick lang blickte sie ernst, traurig drein)*; ein S. war auf ihre Freude gefallen *(etwas hatte ihre Freude getrübt)*; ein S. *(Makel)* liegt auf seiner Vergangenheit; es liegt auch nicht der S. eines Beweises, eines Verdachts vor *(es gibt auch nicht den geringsten Anhaltspunkt für einen Beweis, Verdacht)*; (dichter.:) der S. des Todes lag auf ihm *(sein Tod kündigte sich an)*; übertr.: sie hatte [dunkle, blaue] Schatten *(Ringe)* unter den Augen. * **jmdm. wie ein Schatten folgen** *(jmdm. überallhin folgen; ihn nicht aus den Augen lassen)* · **[nur noch] der/ein Schatten seiner selbst sein: a)** *(stark abgemagert, sehr schwächlich sein)*. **b)** *(in seiner Leistung sehr nachgelassen haben)* · **sich vor seinem eigenen Schatten fürchten** *(sehr ängstlich sein)* · **in jmds. Schatten stehen** *(wegen eines andern nicht zur Geltung kommen, keine Beachtung finden)* · **jmdn., etwas in den Schatten stellen** *(jmdn., etwas bei weitem übertreffen)* · **nicht über seinen Schatten springen können** *(nicht gegen sein eigenes Wesen handeln können)* · (dichter.:) **Reich der Schatten** *(Totenreich)*.

Schattendasein, das: *das Unbeachtetsein; vergessenes Dasein:* [nur noch] ein S. führen; aus seinem S. heraustreten.

Schattenseite, die: **1.** *schattige Seite:* das Zimmer liegt auf der S. des Hauses. **2.** *Nachteil, Kehrseite:* das sind die Schattenseiten dieses Planes, Vorhabens; die Sache hat auch ihre Schattenseiten; etwas hat mehr Licht- als Schattenseiten *(hat mehr Vor- als Nachteile)*;

sie hat immer auf der S. des Lebens gestanden.

Schattierung, die: **1.** *Darstellung des Schattens:* bei dieser Zeichnung sind die Schattierungen etwas zu dunkel, zu kräftig. **2.** *Nuance, Abstufung:* alle Schattierungen vom hellsten bis zum dunkelsten Rot; Farben aller/in allen Schattierungen; der Stoff, die Tapete ist uns eine S. zu dunkel; übertr.: Vertreter, Politiker aller Schattierungen *(Richtungen)* waren anwesend.

schattig: *im Schatten liegend, schattenspendend:* eine schattige Veranda, Laube; sich ein schattiges Plätzchen suchen; hier ist es s.

Schatz, der: **1. a)** *Anhäufung von Kostbarkeiten:* ein alter, verborgener, sagenhafter S.; einen S. eingraben, vergraben, ausgraben, heben *(ausgraben);* nach einem S., nach Schätzen graben; er gäbe es nicht für alle Schätze der Welt *(um keinen Preis)* her; übertr.: ein Land voll verborgener Schätze *(wertvoller Dinge, Kulturgüter o. ä.);* ein reicher S. *(eine große Fülle)* an/von Erfahrungen, Kenntnissen, Erinnerungen. **b)** ⟨Plural⟩ *kostbarer Besitz; Geldvorräte:* er hat im Laufe seines Lebens viele Schätze gesammelt, angehäuft, erworben. **2.** (veraltet, aber noch als Kosenamen) *Liebste[r]:* S./Schätzchen, gib mir bitte die Zeitung!

schätzen: 1. a) ⟨jmdn., etwas s.⟩ *ungefähr bestimmen; veranschlagen, taxieren:* Grundstücke, ein Vermögen, einen Nachlaß, den Wert von etwas, etwas nach seinem Wert s.; eine Entfernung, eine Strecke s.; man schätzte den Schaden auf tausend Mark; jmds. Alter s.; ich schätze ihn auf dreißig Jahre; ich schätze, er ist dreißig Jahre; ich hätte ihn für älter, jünger geschätzt; es wird, hoch geschätzt, dreißig Mark gekostet haben. **b)** (ugs.) ⟨etwas s.⟩ *vermuten, meinen:* ich schätze, er kommt morgen nicht/daß er morgen nicht kommt. **2.** ⟨jmdn., etwas s.⟩ *für wertvoll halten; achten, würdigen:* jmdn., etwas sehr, besonders, nicht [besonders] s.; jmds. Zuverlässigkeit, jmdn. wegen seiner Zuverlässigkeit s.; bestimmte Eigenschaften an jmdm., an etwas s.; du wirst das auch noch s. lernen; er weiß deinen Rat, dein Entgegenkommen zu s.; er ist ein sehr geschätzter Mitarbeiter.

Schau, die: **1. a)** *Ausstellung:* etwas auf einer S. zeigen, vorführen. **b)** *unterhaltende Darbietung; Show:* die S. läuft noch bis Ende des Monats; der Star stellte in seiner neuen S. wieder prominente Gäste vor. **2. a)** (geh.) *das Schauen, Erleben; Vision:* eine mystische, religiöse S.; die S. der Farben in einem Rausch. **b)** *Blickwinkel, Aspekt:* er sieht das Problem aus einer andern, aus seiner S. [heraus]; das Thema ist hier in ganz neuer S. dargestellt. * **etwas zur Schau stellen** *(ausstellen, öffentlich zeigen)* · **etwas zur Schau tragen** *(nach außen hin zeigen):* eine freundliche Miene, Zuversicht, gemachte Ruhe zur S. tragen · (ugs.:) **eine Schau abziehen** *(sich in Szene setzen)* · (ugs.:) **jmdm. die Schau stehlen** *(jmdn. um die erwartete Beachtung, Wirkung bringen)* · (ugs.:) **das ist eine/ist ja die Schau!** *(das ist ja großartig!)* · (ugs.:) **eine Schau machen** *(angeben, sich aufspielen).*

Schauder, der: *Gefühl des Grauens, des Abscheus, der Ehrfurcht o. ä.; Frösteln:* ein plötzlicher, ehrfürchtiger S.; ein S. der Angst, des Entsetzens; ein S. überfiel, ergriff, schüttelte ihn, lief ihm über den Rücken.

schauderhaft: a) *abscheulich, widerwärtig:* ei schauderhaftes Wetter; eine schauderhaft Kälte, Hitze; er hat eine schauderhafte Schrift er spricht ein schauderhaftes Französisch; de Anblick war s.; er sah s. aus. **b)** (ugs.) ⟨ve stärkend bei Adjektiven und Verben⟩ *seh* s. frieren; wir mußten s. lange warten.

schaudern: a) *einen Schauder empfinden; frösteln:* sie schauderte, als sie in die Nacht hinaus trat; er schauderte vor Entsetzen, vor Kälte bei diesem Gedanken; subst.: sie wandte sich mit Schaudern ab. **b)** ⟨jmdm./jmdn. schaudert⟩ *jmd. empfindet Furcht, Entsetzen o. ä.* ihm/ihn schauderte bei dieser Vorstellung; mi schaudert vor diesem Menschen; ⟨es schauder jmdn.⟩ es schauderte sie, wenn sie an dies Nacht zurückdachte.

schauen: 1. a) (selten) ⟨mit Artangabe⟩ *i einer bestimmten Weise dreinschauen:* finste beschämt, traurig, verwundert s.; er hatt ausgesprochen böse geschaut. **b)** ⟨mit Raumangabe⟩ *seinen Blick irgendwohin richten:* vorwärts, ratlos hin und her, nach allen Seiten zur Seite, um sich, nach oben, auf etwas, au dem Fenster s.; sie schaute verwirrt zu Boden er hatte immer wieder nervös auf die Uhr ge schaut; bildl.: besorgt in die Zukunft s. *(m Sorgen an sie denken);* übertr.: *hervorschauen zu sehen, zu erkennen sein:* die Sonne schaut *(schien)* wieder durch die Wolken; der Zor schaut aus seinen Augen; aus der Tasch schaute ein schmutziges Taschentuch; ⟨jmdm s.; mit Raumangabe⟩ jmdm. in die Augen, in Gesicht s. **c)** (landsch., bes. südd.) *sehen* schau [mal], so mußt du es machen!; ich hab geschaut *(nachgesehen, Ausschau gehalten)* aber nichts entdecken können; schau *(sieh zu)* daß du fertig wirst! **2.** (dichter.) ⟨etwas s. *den Anblick von etwas erleben:* das Antlit Gottes s.; das Land der Träume s.; nach lange Haft schaute er wieder das Licht der Sonne. **3** (landsch.) ⟨nach jmdm., nach etwas s.⟩ *sic um jmdn., um etwas kümmern:* sie schaute nach dem Kranken; die Nachbarin schau während unserer Abwesenheit nach den Blumen. * (fam.:) **sich die Augen aus dem Kop schauen** *(angestrengt Ausschau halten)* · **dem To ins Auge schauen** *(in Lebensgefahr sein)* · (ugs.: **jmdm. auf die Finger schauen** *(jmdn. kontrollieren)* · (ugs.; scherzh.:) **zu tief ins Glas schaue** *(zu viel Alkohol trinken)* · (ugs.:) **schau, schau** *(sieh mal einer an!).*

Schauer, der: **1.** *Gefühl der Ehrfurcht; Gruseln Frösteln:* ein ehrfürchtiger, frommer S. erfüllt ihn; ein kalter S. überlief, überrann (geh.) ihn lief ihm den Rücken hinunter, lief, rieselte ihr über den Rücken. **2.** *Regenschauer,* ein kurzer heftiger S.; der Wetterbericht hat gewittrig Schauer angesagt.

schauerlich: 1. *grausig; furchterregend; un heimlich:* ein schauerliches Unglück, Verbrechen; eine schauerliche Geschichte; der Anblick war s.; der Wind heulte s.; die Schritte hallten s. von den Gewölben wider. **2.** (ugs.) **a)** *sehr schlecht:* es war eine schauerliche Aufführung; sie haben s. gespielt. **b)** ⟨verstärkend vo Adjektiven und Verben⟩ *sehr:* es war s. kalt wir haben s. gefroren.

schauern: a) *einen Schauer verspüren; frösteln*

sie schauerte vor Entsetzen, Schrecken, vor Kälte, bei diesem Anblick. **b)** ⟨[es] schauert jmdm./jmdn.⟩ *jmd. verspürt einen Schauer, fröstelt:* mir/mich schauert schon bei dem Gedanken; es schauerte ihm/ihn, wenn er daran dachte.

chaufel, die: *Gerät zum Schaufeln; Schippe:* zwei Schaufeln [voll] Kohlen, Sand; er warf eine S. Erde auf die Asche; die S. in die Hand nehmen; etwas auf die S. nehmen; etwas mit S. und Besen beseitigen; übertr.: schaufelförmiges Gebilde: die Schaufeln eines Wasserrades, einer Turbine; die Schaufeln (Jägerspr.; *das Geweih*) eines Damhirsches, eines Elches.

chaufeln: a) *mit einer Schaufel arbeiten, hantieren:* er hat so lange geschaufelt, bis die Kohlen im Keller waren; die Kinder schaufelten mit ihren Schippen im Sand. **b)** ⟨etwas s.⟩ *durch Schaufeln irgendwohin befördern:* Getreide s.; nach den starken Schneefällen mußten wir den ganzen Tag Schnee s. *(wegräumen);* er schaufelte die Kohlen in den Keller, den Sand aus der Grube. **c)** ⟨etwas s.⟩ *durch Schaufeln herstellen, anlegen:* ein Grab, eine Grube, einen Graben s. * **sich** (Dativ) **selbst sein Grab schaufeln** *(selbst seinen Untergang herbeiführen).*

chaukel, die: *Vorrichtung zum Schaukeln:* die S. schwang hin und her; eine S. aufstellen, anbringen; die S. anstoßen, in Bewegung setzen; er setzte das Kind auf, in die S.

chaukeln: 1.a) *auf der Schaukel schwingen, wippen:* die Kinder schaukelten auf dem Hof; laßt doch den Kleinen auch einmal s.! **b)** *in schaukelnder, wippender Bewegung sein:* das Boot, der Kahn schaukelt sehr, auf den Wellen; der Korb schaukelte am Seil; du sollst nicht immer mit dem Stuhl s. **2.** ⟨jmdn., sich, etwas s.⟩ *in schaukelnde, wippende Bewegung versetzen:* die Wiege s.; ein Kind in der Wiege, auf den Knien s.; er schaukelte sich in der Hängematte; Redensart (ugs.): wir werden das Kind schon schaukeln *(wir werden es schon schaffen, die Sache in Ordnung bringen).*

chaum, der: *aus Luftbläschen bestehende Masse:* weißer, flockiger, dichter, sahniger S.; der S. der Seife, der Wellen, des Bieres; am Wasserfall bildet sich, entsteht S.; der S. ist zergangen, verschwunden; der S. trat ihm auf die Lippen, vor den Mund; dem Pferd flog der S. vom Maul; er trank den S. vom Bier ab; den S. abschöpfen; Eiweiß zu S. schlagen; Sprichw.: Träume sind Schäume. * (ugs.:) **Schaum schlagen** *(prahlen, angeben).*

chäumen ⟨etwas schäumt⟩: *etwas bildet, entwickelt Schaum:* die Seife schäumt gut; das Bier schäumte im Glas; die Brandung schäumte; übertr.: er schäumte *(war außer sich)* vor Wut, Zorn, Erregung.

chauplatz, der: *Ort, an dem sich etwas abspielt:* der S. der Handlung, des Kriegsgeschehens; dieses Haus war der S. des Verbrechens; den S. wechseln; auf dem S. erscheinen; übertr.: er hat sich vom S. [der Welt] *(ins Privatleben)* zurückgezogen.

chaurig: 1. *gruselig, unheimlich:* ein schauriger Ort; eine schaurige Geschichte; das Geheul der Wölfe war s., klang s. durch die Nacht. **2.** (ugs.) *sehr schlecht:* eine schaurige Handschrift; sie hat heute s. gesungen.

Schauspiel, das: **1.** *Theaterstück:* ein historisches S.; ein S. von Goethe; ein S. in, mit drei Akten; ein S. schreiben, aufführen, inszenieren; sich (Dativ) ein S. ansehen; ein S. besuchen; in ein S. gehen. **2.** *Anblick, Ereignis, Vorgang:* ein überwältigendes, grandioses (bildungsspr.), herrliches, packendes S. bot sich ihren Augen; es war ein aufregendes, dramatisches, klägliches, trauriges S.; dieses S. wollte er sich (Dativ) nicht entgehen lassen; wir wollen doch den Leuten kein S. geben *(unsere Auseinandersetzung nicht vor anderen austragen)* · (ugs.:) **ein Schauspiel für [die] Götter sein** *(sehr komisch, grotesk wirken).*

Schauspieler, der: *Darsteller:* ein großer, begabter, genialer, routinierter, erfahrener, guter, schlechter S.; er ist S., will S. werden; die Schauspieler verbeugten sich, ernteten viel Beifall; der S. wurde stürmisch gefeiert; übertr.: du bist ein guter S. *(kannst dich gut verstellen).*

Scheck, der: *Zahlungsanweisung an eine Bank:* ein ungedeckter, weißer S.; ein S. über 200 Mark; die Schecks/(seltener auch:) Schecke waren gedeckt; einen S. [aus]schreiben, einlösen, sperren lassen; einen S. auf jmdn., auf eine Firma ausstellen; er hat mit einem S. bezahlt.

scheckig: *gefleckt:* ein scheckiges Pferd; das Kälbchen war s. * (ugs.:) **sich scheckig lachen** *(heftig lachen).*

scheel: *mißgünstig, mißtrauisch [blickend]:* scheele Augen machen; jmdn. mit scheelen Augen, Blicken betrachten; sein Blick war s.; jmdn. s. ansehen.

Scheffel, der ⟨in der Wendung⟩ sein Licht [nicht] unter den Scheffel stellen: *seine Leistungen, Verdienste [nicht] aus Bescheidenheit verbergen.*

scheffeln ⟨etwas s.⟩: *in großen Mengen einnehmen, sammeln, aufhängen:* Geld, Reichtümer s.; sie hat bei den Wettkämpfen die Medaillen nur so gescheffelt (ugs.; *hat viele gewonnen*).

Scheibe, die: **1.a)** *flache, meist runde oder ovale Platte:* eine metallene S.; eine S. aus Kunststoff wurde auf die Schraube gesteckt; die [goldene] S. (geh.; *runde Fläche*) des Mondes. **b)** *Schießscheibe:* die S. treffen, verfehlen; auf die/nach der S. *(Schießscheibe)* schießen. **2.** *abgeschnittenes, dünnes Stück:* eine große, dicke, dünne S. Brot; einige Scheiben Wurst, Käse; einen Apfel, den Schinken in Scheiben schneiden. **3.** *Glasscheibe:* blanke, schmutzige, blinde Scheiben; die Scheiben blitzten, blinkten, glänzten [vor Sauberkeit]; die S. ist zerbrochen, hat einen Sprung; die Scheiben sind beschlagen, zugefroren; eine S. einsetzen, einziehen, einkitten; sie putzte, rieb die Scheiben blank; eine S. einschlagen, einwerfen; der Wind fuhr durch die zerbrochenen Scheiben. * (ugs.:) **sich** (Dativ) **von jmdm., von etwas eine Scheibe abschneiden [können]** *(sich an jmdm., an etwas ein Beispiel nehmen [können]).*

Scheide, die: **1.** *Hülle für die Klinge scharfer Waffen:* das Schwert aus der S. ziehen, in die S. stecken. **2.** *Vagina:* die weibliche S.; eine Entzündung der S. **3.** (veraltend) *Grenze, Trennungslinie:* die S. zweier Gemarkungen; übertr. (geh.): er stand an der S. zwischen Leben und Tod.

scheiden: 1.a) ⟨etwas von etwas s.⟩ *trennen, absondern:* Erz von taubem Gestein s.; die faulen Äpfel von den guten s. **b)** ⟨jmdn., etwas in etwas s.⟩ *einteilen:* man schied die Bewohner nach ihrer Vorbildung in verschiedene Gruppen. **c)** ⟨etwas scheidet jmdn.⟩ *etwas trennt, unterscheidet jmdn.:* ihre unterschiedliche Erziehung scheidet die beiden [voneinander]; wir sind durch unsere gegensätzlichen Ansichten geschieden. **d)** ⟨etwas scheidet sich⟩ *etwas trennt sich, geht auseinander:* bei dieser Frage schieden sich die Meinungen, die Ansichten; hier scheiden sich die Wege; Redensart: hier/da scheiden sich die Geister *(in diesem Punkt gehen die Meinungen auseinander)*. **2.a)** ⟨etwas s.⟩ *gesetzlich für ungültig erklären:* die Ehe wurde nicht sofort geschieden. **b)** ⟨jmdn. s.⟩ *jmds. Ehe gesetzlich für ungültig erklären:* der Richter hat die Eheleute nicht geschieden; sie wollen sich s. lassen; sie will sich nicht von ihrem Mann s. lassen; sie sind geschieden; er ist schuldig *(als schuldiger Teil)* geschieden; eine geschiedene Frau. **3.** (geh.) *Abschied nehmen; [auseinander]gehen:* wir müssen jetzt leider s.; sie schieden mit einem freundlichen Gruß, als Freunde, in Unfrieden [voneinander]; aus dem Dienst, aus dem Amt s. *(seinen Dienst, sein Amt aufgeben)*; Sprichw.: Scheiden bringt Leiden; bildl. (dichter.): der scheidende *(zu Ende gehende)* Tag; im Licht der scheidenden *(untergehenden)* Sonne. * **die Spreu vom Weizen scheiden** *(das Schlechte vom Guten trennen)* · **die Schafe von den Böcken scheiden** *(die Guten von den Bösen trennen)* · **geschiedene Leute sein** *(nichts mehr miteinander zu tun haben wollen)* · (geh.:) **aus der Welt/aus dem Leben scheiden**; (geh.; veraltend:) **von hinnen scheiden** *(sterben)*.

Scheidung, die: **1.** *das Scheiden, Trennen:* die S. der Bewerber in verschiedene Gruppen. **2.** *Ehescheidung:* die S. [der Ehe] verlangen, beantragen, einreichen, erlangen; die S. verweigern, ablehnen; der Richter sprach die S. aus; sie bestand auf S.; in S. leben, liegen; in die S. einwilligen; mit S. drohen.

Schein, der: **1.** *Lichtschein:* der freundliche, warme, matte, schwache S. der Lampe; der grelle S. der Sonne; der milde, silberne S. des Mondes, der Sterne; der flackernde S. eines Zündholzes; der S. der Straßenlaterne fiel ins Zimmer; die Scheinwerfer gaben, warfen einen hellen S., sandten einen hellen S. aus; sie saßen beim trüben S., im düstern S. einer Kerze. **2.** *äußerer Eindruck, Anschein:* das ist alles leerer, bloßer, schöner S.; der S. trügt; der S. ist, spricht gegen ihn; den äußeren S. retten, wahren, aufrechterhalten; er erweckte, gab sich den S. eines Ehrenmannes; er ließ sich durch den S. täuschen, blenden; nur dem Schein[e] nach hat sich nichts verändert; er nahm das Angebot nur zum S. *(nicht wirklich)* an; man muß unterscheiden zwischen S. und Wirklichkeit, zwischen S. und Sein. **3.** *Bescheinigung, Urkunde:* der S. ist verfallen; einen S. ausstellen, ausfüllen, unterschreiben, abzeichnen; er mußte den S. vorzeigen; mit diesem S. konnte er die Grenze passieren. **4.** *Geldschein, Banknote:* ein ganz neuer, zerknitterter S.; es sind falsche Scheine im Umlauf; er hatte nur große Scheine *(Scheine von hohem Wert)* in der Tasche; einen S. wechseln lassen; geben Sie mir den Betrag bitte in kleinen Scheinen!

scheinbar: *nur dem Scheine nach [bestehend] in Wirklichkeit nicht vorhanden:* scheinbar Gründe, Einwände; mit scheinbarer Ruhe, Ge lassenheit, Aufmerksamkeit, mit scheinbaren Interesse zuhören; das ist nur ein scheinbare Widersinn, Widerspruch; seine Ruhe war nu s.; die Zeit stand s. still.

scheinen: 1.a) ⟨etwas scheint⟩ *etwas gibt Licht Helligkeit von sich:* die Lampe schien hell, trübe matt; der Mond scheint; die Sterne haben di ganze Nacht geschienen. **b)** ⟨etwas scheint; mi Raumangabe⟩ *etwas läßt Licht, Helligkeit irgend wohin fallen:* die Sonne scheint auf den Balkon durchs Fenster; ⟨etwas scheint jmdm.; mi Raumangabe⟩ die Sonne schien ihm ins Ge sicht. **2.** ⟨mit Inf. mit *zu*⟩ *den Anschein erwek ken, den Eindruck machen:* er scheint reich glücklich, traurig, krank, gesund zu sein; e scheint der richtige Mann dafür zu sein; da schien die beste Lösung zu sein; er schien sie z kennen; ein Krieg schien unvermeidlich [zu sein]; ⟨auch ohne Inf. mit *zu*⟩ sie sind reicher als es scheint; es scheint, daß er sich geirrt hat er hat scheint's (ugs.; *offenbar, so scheint es* nichts dafür übrig · ⟨jmdm. s.; mit Inf. mit *zu*⟩ das scheint mir ganz natürlich, unumgänglich unangebracht zu sein; er schien mir betrunken zu sein; die Arbeit schien ihm nicht der Mühe wert [zu sein]; ⟨auch ohne Inf. mit *zu*⟩ wie mi scheint, hat er das alles erfunden; das ist alles nicht wahr, scheint mir.

scheinheilig: *hinterhältig, unaufrichtig:* ein scheinheiliges Wesen; ein scheinheiliger Bursche; sie machte ein scheinheiliges Gesicht *(tat als ob sie nichts wüßte)*; sie ist mir zu s.; sei, tu nicht so s.!; er antwortete ganz s., es sei alles in Ordnung.

Scheinwerfer, der: *Lampe, die einen weitreichenden Lichtstrahl aussendet:* die Scheinwerfe eines Leuchtturmes; die Scheinwerfer suchten den Himmel ab; die Scheinwerfer auf-, abblenden, ausschalten; vom Licht des Scheinwerfers getroffen, geblendet werden; in den Kegel des Scheinwerfers kommen, geraten.

Scheit, das: *Holzscheit:* lange, grobe, verkohlte Scheite; ein paar Scheite Holz aufs Feuer legen Scheite aufstapeln, zu einem Haufen aufschichten; Holz in Scheite hacken.

Scheitel, der: **1.a)** *Haarscheitel:* ein gerader, genau gezogener S.; der S. ist schief; den S. ziehen; einen S. haben, tragen; er hat, trägt den S. rechts, links, in der Mitte. **b)** (dichter.) *Haupthaar:* ein brauner, lockiger, glänzender, kahler S.; sein S. war ergraut. **2.** *höchster Punkt:* der S. einer Wölbung, einer Kurve, eines Bogens; die Sonne stand im S. ihrer Bahn (dichter.). * **vom Scheitel bis zur Sohle** *(durch und durch, ganz und gar)*: er ist ein Gentleman vom S. bis zur Sohle.

scheitern: 1. (veraltend) ⟨etwas scheitert⟩ *etwas zerschellt, läuft auf Klippen o. ä. auf:* das Schiff ist im Sturm, an den Felsen, auf einem Riff gescheitert. **2.a)** *keinen Erfolg haben, nicht an sein Ziel kommen:* er ist mit seinem Plan gescheitert; er scheiterte an der Hartnäckigkeit seiner Gegner; er ist [im Leben] gescheitert *(hat Schiffbruch erlitten)*; er ist eine gescheiterte Existenz; Sport: die deutsche Mannschaft scheiterte an Italien [mit] 3:4. **b)** ⟨etwas scheitert⟩ *etwas mißlingt, schlägt fehl:* alle seine Hoffnungen, Pläne, Bemühungen, Unternehmungen sind gescheitert; auch der letzte Versöhnungsversuch scheiterte; der Verkauf scheiterte an seinem Einspruch; subst.: das Unternehmen war von vornherein zum Scheitern verurteilt.

Schelle, die: **1.** (landsch.) **a)** *kleine Glocke:* an der Narrenkappe waren viele Schellen angebracht; die Kühe hatten Schellen umhängen; die S. [an der Haustür] ziehen; an der S. ziehen. **b)** *Klingel:* eine S. ist kaputt; die Kinder drückten auf die Schellen und rannten weg. **2.** (ugs.; landsch.) *Ohrfeige:* du kriegst gleich ein paar kräftige, ordentliche Schellen; Schellen bekommen, austeilen. * **der Katze die Schelle umhängen** *(eine gefährliche, schwierige Aufgabe als einziger übernehmen).*

schellen (landsch.): → klingeln, läuten.

Schelm, der: *Spaßvogel:* er ist ein großer S.

schelmisch: *neckisch, schalkhaft:* ein schelmischer Blick, ein schelmisches Lächeln, eine schelmische Antwort; sie lachte s., sah ihn s. an.

Schelte, die (selten): *harte, strafende Worte; Vorwürfe, Tadel:* es gibt S.; er hat S. bekommen; er fürchtete sich vor S.

schelten: **1.** (geh. oder landsch.) **a)** *sich schimpfend, mit lauten, heftigen Worten äußern:* er hat gescholten, weil ihm niemand geholfen hat; er hat auf ihn, mit ihm gescholten; er schalt über sie, über ihre Unpünktlichkeit. **b)** ⟨jmdn., etwas s.⟩ *mit lauten, heftigen Worten tadeln:* er hat mich gescholten, weil ich zu spät kam; sie schalt sein Betragen, schalt ihn wegen seines Betragens. **2.** (geh.) ⟨jmdn., sich, etwas s.⟩ *herabsetzend heißen; beschimpfen als:* **a)** ⟨mit Gleichsetzungsakkusativ⟩: er schalt ihn einen Dummkopf, einen Narren. **b)** ⟨mit Artangabe⟩ er hat ihn unehrlich, dumm gescholten.

Schema, das (bildungsspr.): **a)** *Ordnung, Plan, Vorlage:* verschiedene Schemas/Schemata/ (auch:) Schemen aufstellen; an ein S. gebunden sein; sich bei seiner Arbeit an ein S. halten, nach einem S. richten; sich in ein S. fügen. **b)** *Entwurf, Skizze, Zeichnung:* ein S. von etwas entwerfen. * (ugs.:) **nach Schema F** *(nach der alten, üblichen Vorschrift; mechanisch, ohne Überlegung):* das geht hier alles nach Schema F.

schematisch (bildungsspr.): **1.** *einem Schema entsprechend:* eine schematische Darstellung, Zeichnung; etwas s. darstellen, wiedergeben. **2.** *mechanisch, ohne eigenes Denken:* das ist eine ganz schematische Arbeit, Tätigkeit; etwas s. tun; er führte die Anweisung rein s. aus.

Schenkel, der: **1.** *Oberschenkel:* stramme, kräftige, muskulöse, dicke, dünne, magere S.; der Betreuer massierte den Spielern die S.; er schlug sich lachend auf die S. **2.** *eine der beiden Geraden, die einen Winkel bilden:* die beiden Schenkel des Winkels sind gleich lang; den S. eines Zirkels auf das Papier aufsetzen.

schenken: **1.** ⟨jmdm. etwas s.⟩ *zum Geschenk machen:* jmdm. ein Buch, Blumen, eine Uhr, ein Schmuckstück s.; was schenkst du ihm zum Geburtstag, zu Weihnachten?; ich lasse mir nichts s.; ⟨auch ohne Dativ⟩ immer Krawatten s.; die Kette hat sie geschenkt bekommen; sie möchte nichts geschenkt haben; das Kleid würde ich nicht einmal geschenkt haben wollen, nehmen *(es gefällt mir überhaupt nicht);* das ist geschenkt [noch] zu teuer *(taugt überhaupt nichts);* das ist ja [halb] geschenkt! *(ist sehr preiswert);* Redensart (ugs.): geschenkt ist geschenkt; Sprichw.: einem geschenkten Gaul sieht/schaut/guckt man nicht ins Maul; /häufig verblaßt/: jmdm. seine Gunst, Freundschaft, Liebe, Teilnahme s.; jmdm. Glauben, Vertrauen s.; einer Nachricht, einem Gerücht keinen Glauben s.; du mußt ihm Aufmerksamkeit, Beachtung s.; schenke mir einen Augenblick Gehör; sie schenkte mir einen Blick. **2.** ⟨jmdm., sich etwas s.⟩ *erlassen, ersparen:* die Strafe hat man ihm geschenkt; den Weg dorthin, die letzten Kapitel des Buches schenkte er sich; den Besuch des Museums kannst du dir s. *(er lohnt sich nicht);* ihr ist [im Leben] nichts geschenkt worden *(sie hat es nicht leicht gehabt).* **3.** ⟨etwas in etwas s.⟩ *einschenken:* er schenkte Bier in die Gläser; sie schenkte den Kaffee, Tee in Tassen. * (geh.:) **jmdm. das Leben schenken** *(ein Kind gebären)* · (dichter.:) **jmdm. sein Herz schenken** *(jmdn. sehr lieben).*

Schenkung, die (Rechtsw.): *Übertragung von Eigentum auf einen andern:* eine S. machen, annehmen, ausschlagen.

Scherbe, die: *Stück von einem zerbrochenen Gefäß, einer zerbrochenen Scheibe o. ä.:* die Scherben der Kanne liegen am Boden; Sprichw.: Scherben bringen Glück · bei dem Streit hat es Scherben gegeben; die Scherben zusammenkehren, auflesen, kitten; die Scherben einer Ausgrabung ordnen, zusammensetzen; sich an einer Scherbe schneiden, verletzen; die Vase ist in Scherben gegangen *(zerbrochen);* er hat die Schüssel in Scherben geschlagen *(absichtlich zerbrochen);* bildl.: die Scherben ihres Glücks.

Schere, die: **1.** */ein Schneidwerkzeug/:* eine scharfe, spitze, stumpfe S.; die S. schleifen; Stoff, Papier mit der S. schneiden. **2.** */ein Greifwerkzeug bestimmter Tiere/:* die Scheren eines Hummers, Skorpions; der Krebs hat ihn mit seinen Scheren gezwickt. **3. a)** */eine Turnübung/:* er ging mit einer S. vom Barren ab. **b)** */ein Griff beim Ringen o. ä./:* er nahm den Gegner in die S.

¹scheren, schor, geschoren: **a)** ⟨jmdn., sich, etwas s.⟩ *durch Abschneiden von Haaren o. ä. befreien:* Hunde, Schafe s.; er ließ sich den Kopf [kahl] s.; er hat den Rasen, die Hecken, Sträucher geschoren; Felle, Teppiche, Tuch s.; ⟨jmdm., sich etwas s.⟩ er hat sich den Kopf geschoren. **b)** ⟨etwas s.⟩ *abschneiden:* die Haare, den Bart [kurz] s.; er schor die Wolle [von den Schafen]; ⟨jmdm., sich etwas s.⟩ wer hat dir denn die Haare geschoren? **c)** ⟨jmdm., sich etwas s.⟩ *durch Abschneiden hervorbringen:* er hat sich eine Glatze geschoren. * **alles über einen Kamm scheren** *(alles gleich behandeln und dabei wichtige Unterschiede nicht beachten).*

²scheren, scherte, geschert: **1. a)** ⟨sich um jmdn., um etwas s.⟩ *sich um jmdn., um etwas kümmern:* er scherte sich nicht um ihn, um sein Wohlergehen; er hat sich nicht den Teufel (ugs.; *überhaupt nicht*) um die Anordnungen geschert. **b)** (veraltend) ⟨etwas schert jmdn.⟩ *etwas stört jmdn., geht jmdn. an:* das hat ihn wenig, nicht im geringsten geschert; was schert mich sein Lebenswandel? **2.** ⟨sich s.; mit Raumangabe⟩ *sich irgendwohin begeben:* er soll sich an die Arbeit, ins Bett s. ∗ (derb.:) **scher dich zum Teufel/zum Kuckuck/zum Henker!** *(verschwinde gefälligst und laß mich in Ruhe!).*

Schererei, die: *Schwierigkeit, Unannehmlichkeit:* das gibt nur unnötige Scherereien; ich habe mit euch nichts als Scherereien; wir werden Scherereien bekommen; das machte ihm allerhand Scherereien.

Scherflein ⟨in der Wendung⟩ sein Scherflein [zu etwas] beitragen/beisteuern/geben/spenden (geh.:) *eine Kleinigkeit zu etwas beisteuern.*

Scherz, der: *Spaß, Witz, Streich:* ein alberner, grober, derber, gewagter, plumper, harmloser, gutmütiger, gelungener, netter S.; es war doch nur [ein] S.; ist das S. oder Ernst?; dieser S. ging zu weit; der S. hatte sie belustigt, verstimmt, geärgert; einen S. machen; du darfst seine Scherze nicht ernst nehmen; er läßt sich schon einen S. gefallen; solche Scherze mag ich nicht, verbitte ich mir; er hat sich einen S. mit dir erlaubt; auf einen S. eingehen; etwas aus, im, zum S. sagen *(nicht ernst meinen);* es war im S. gesagt, aber im Ernst gemeint; etwas regt zu Scherzen an; er ist heute nicht zu Scherzen aufgelegt. ∗ **seine Scherze über jmdn., über etwas machen** *(sich über jmdn., über etwas lustig machen)* · **seinen Scherz/seine Scherze mit jmdm. treiben** *(jmdn. necken, verspotten)* · (ugs.:) **Scherz beiseite;** (ugs.:) **ohne Scherz** *(im Ernst):* nun aber mal S. beiseite, hat er das wirklich gesagt? · (ugs.:) **mach keinen Scherz/keine Scherze!** */Ausruf des Erstaunens/.*

scherzen: *einen Scherz, Scherze machen:* sie scherzten den ganzen Abend; er scherzte mit den Kindern; ich scherze nicht *(ich meine es ernst);* Sie scherzen wohl! *(das kann nicht Ihr Ernst sein!).*

scheu: *ängstlich, furchtsam; nicht zutraulich:* ein scheues Kind, Mädchen; ein scheues Reh; scheues Wild; ein scheuer Blick; sie hat ein scheues *(zurückhaltendes, schüchternes)* Wesen; der Vogel ist sehr s.; er schaute sich s. um; das Pferd wurde s. *(unruhig).* ∗ (ugs.:) **die Pferde scheu machen** *(jmdn. irritieren, irremachen).*

Scheu, die: *ängstliche, scheue Zurückhaltung; Hemmung, Zaghaftigkeit:* eine ehrfurchtsvolle, abergläubische, angeborene, alte S.; seine S. ablegen, überwinden, unterdrücken; sie hat die S. vor diesem Menschen verloren; sie hatte, empfand keine S., dies zu tun; er schwieg aus S.; er tat es mit einer gewissen S., ohne jede S.

scheuen: 1. a) ⟨etwas s.⟩ *fürchten; vor etwas zurückschrecken:* er scheute die Entscheidung, die Aussprache, die Öffentlichkeit; eine Gefahr, einen weiten Weg nicht s.; er hatte keine Arbeit, Mühe, keine Opfer, Kosten gescheut, um ihnen zu helfen; Sprichwörter: [ein] gebranntes Kind scheut das Feuer; tue recht und scheue niemand! **b)** ⟨sich vor etwas s.⟩ *Hemmung, Angst, Bedenken haben; zurückschrecken:* er scheute sich vor der Wahrheit; er scheute sich [davor], ihm die Wahrheit zu sagen; sie hat sich gescheut, ihn um Hilfe zu bitten. **2.** *wild werden, zurückschrecken, durchgehen:* die Pferde haben [vor der Lokomotive] gescheut; er versuchte das scheuende Pferd zu beruhigen. ∗ **das Licht scheuen** *(etwas zu verbergen haben).*

scheuern: 1. a) ⟨etwas s.⟩ *durch heftiges Reiben reinigen, saubermachen:* den Fußboden, die Dielen [mit Sand und Seife] s.; sie scheuerte die Töpfe mit einer Bürste; ⟨auch ohne Akk.⟩ du mußt kräftig, tüchtig, fest s., damit der Boden sauber wird · ⟨sich (Dativ) etwas s.⟩ er scheuerte sich die Hände mit Sand. **b)** ⟨etwas von etwas s.⟩ *durch heftiges Reiben entfernen:* den Schmutz von den Dielen s.; sie hat die Farbe von der Wand gescheuert. **2.** *etwas reibt in unangenehmer, lästiger Weise:* **a)** ⟨etwas scheuert⟩ der Kragen scheuert; die Schuhe scheuern an den Fersen. **b)** ⟨etwas scheuert jmdn., etwas⟩ der Riemen scheuert mich [an der Schulter]; ⟨etwas scheuert jmdm. etwas⟩ das Armband hat ihr die Haut [rot] gescheuert. **3.** ⟨sich, etwas s.⟩ *heftig reiben:* das Schwein scheuert sich [an der Wand]; /mit der Nebenvorstellung des Unabsichtlichen/: er hat sich am Knie [wund] gescheuert; ⟨sich (Dativ) etwas s.⟩ das Tier scheuert sich den Rücken an einem Baum; /mit der Nebenvorstellung des Unabsichtlichen/: ich habe mir das Knie [wund] gescheuert. ∗ (ugs.:) **jmdm. eine scheuern** *(jmdm. eine Ohrfeige geben).*

Scheunendrescher ⟨in der Wendung⟩ essen wie ein Scheunendrescher (ugs.): *sehr viel, mit großem Appetit essen.*

scheußlich: a) *abscheulich, widerlich, abstoßend:* ein scheußlicher Anblick; ein scheußliches Wetter; ein scheußliches *(verabscheuenswürdiges)* Verbrechen; dieses Gebäude ist s.; die Suppe schmeckt s. **b)** (ugs.) ⟨verstärkend bei Adjektiven und Verben⟩ *sehr:* es war s. kalt; er hat sich s. erkältet.

Schi, der: *Schneeschuh:* seine Schier/(selten auch:) Schi sind ganz neu; er läuft, fährt schon lange S.; ich habe mir den linken S. gebrochen; die Schier anschnallen, wachsen, spannen; auf den Schiern stehen. ∗ **Schi Heil!** */Gruß der Schiläufer/.*

Schicht, die: **1.** *flächenhafte Ausdehnung eines Stoffes; Lage:* eine dünne S. Sand, Staub bedeckte den Boden; die unteren, oberen, höheren Schichten der Luft; Schichten von Nebel, Wolken; eine S. Kohle wechselte mit einer S. Erz. **2.** *Gesellschaftsschicht:* die führende S.; die begüterten, mittellosen, oberen Schichten; die verschiedenen Schichten der Bevölkerung; in allen Schichten der Gesellschaft, des Staates. **3. a)** *Arbeitsabschnitt, nach dem die Belegschaft jeweils wechselt:* die erste S. dauert von 6 bis 2 Uhr; S. arbeiten; die S. verkürzen, wechseln; es wurde in drei Schichten gearbeitet; er ging zur S. **b)** *in einer Schicht arbeitende Gruppe:* die zweite S. ist eben eingefahren.

schichten ⟨etwas s.⟩: *in Schichten aufeinanderlegen:* Holz, Ziegel, Steine s.; sie schichteten die Bretter zu einem Stapel.

schick: *modisch reizvoll, elegant:* ein schicker Mantel, eine schicke Tasche, ein schickes Hütchen; ein schickes *(schick gekleidetes)* Mädchen; das Kleid war ihr nicht s. genug; sie ist immer s. angezogen.

schicken: 1. a) ⟨jmdm., einer Sache/an jmdn., an etwas etwas s.⟩ *zuschicken, übersenden, zukommen lassen:* jmdm. Blumen, einen Brief, ein Paket, einen Gruß s.; man schickte dem Institut eine Probe; er hat das Telegramm an uns, an unsere Adresse geschickt; ⟨auch ohne Dativ oder ohne Präpositionalobjekt⟩ dein Bruder hat heute Blumen, ein paar Zeilen, endlich ein Lebenszeichen geschickt. **b)** ⟨etwas s.; mit Raumangabe⟩ *an einen bestimmten Ort senden:* er hat das Paket nach Berlin geschickt; die Waren werden ins Haus geschickt. **2.a)** ⟨jmdn. s.⟩ *entsenden:* eine Abordnung, seinen Vertreter s.; am schnellsten geht es, wenn Sie einen Boten s.; wer hat dich denn geschickt?; ⟨jmdm. jmdn. s.⟩ ich schicke Ihnen ein Mädchen, das Ihnen helfen kann. **b)** ⟨jmdn. s.; mit Raumangabe⟩ *jmdn. veranlassen, sich an einen bestimmten Ort zu begeben:* er schickte seinen Sohn in die Stadt, zum Arzt, zum Bäcker, zum Einkaufen, nach Hause; sie hat die Kinder in die Betten, ins/zu Bett geschickt; /häufig verblaßt/: sie schickt ihre Söhne in die höhere Schule, auf die Universität; er wurde in die Verbannung geschickt. **c)** ⟨jmdn. etwas s.⟩ *jmdm. etwas auftragen; jmdn. etwas tun heißen:* er hat ihn einkaufen, schlafen geschickt; er hat ihn geschickt, mir zu helfen; sie schickte das Kind Brot kaufen. **d)** ⟨nach jmdm. s.⟩ *jmdn. rufen, holen lassen:* nach dem Arzt, nach der Hebamme s.; man hatte schon nach einem Priester geschickt. **3.a)** ⟨sich in etwas s.⟩ *sich in etwas fügen:* es fiel ihm schwer, sich in die neuen Verhältnisse, in diese Umstände, Gegebenheiten zu fügen; er schickte sich schließlich in das Unvermeidliche; du mußt dich in diese Ordnung schicken. **b)** ⟨etwas schickt sich⟩ *etwas gehört sich, ziemt sich:* das Tragen solcher Kleidung schickt sich dort nicht; es schickt sich nicht, daß du das tust; bei Tisch, in Gesellschaft, für dich schickt sich das nicht; er wußte nicht, ob sich das schickte. * **jmdn. in den April schicken** *(jmdn. am 1. April zum besten halten)* · (ugs.:) **jmdn. in die Wüste schicken** *(jmdn. entlassen)* · (ugs.:) **jmdn. zum Teufel/zum Kuckuck schicken** *(jmdn. verwünschen)* · (ugs.:) **jmdm. jmdn. auf den Hals schicken** *(jmdn., der unerwünscht ist, zu jmdm. schicken)*.

schicklich (veraltend): *anständig, angemessen, angebracht:* ein schickliches Benehmen; eine schickliche Antwort; es ist nicht s., jmdn. so anzustarren; er überlegte, wie er sich am schicklichsten aus der Sache ziehen könne.

Schicksal, das: **1.** *Vorsehung, Fügung, Schicksalsmacht:* das blinde, grausame, unerbittliche S.; das S. hat ihn bevorzugt, hat es gut mit ihm gemeint, hat ihn dazu bestimmt; das S. nahm seinen Lauf; das S. herausfordern; die Gunst, die Macht, die Wege des Schicksals; etwas dem S. überlassen, anheimstellen (geh.); dem S. entgegentreten; er wollte dem S. aus dem Wege gehen; etwas vom S. erwarten; vom S. heimgesucht, ereilt werden (geh.), geschlagen sein. **2.** *Geschick, Los:* ein schweres, trauriges, schlimmes, merkwürdiges, sonderbares S.; sein S. war besiegelt, hatte sich erfüllt (geh.), entschieden; ein schweres S. durchmachen, durchkämpfen, ertragen; sein S. hinnehmen, annehmen, tragen; jmds. S. beklagen; etwas berührt ein fremdes S., entscheidet jmds. S.; man erfährt, erlebt manchmal die seltsamsten Schicksale; trotz aller Unbilden des Schicksals; er folgte seinem S.; er wird seinem S. nicht entgehen; an jmds. S. schuld haben; sich gegen das S. aufbäumen; sich in sein S. ergeben; in jmds. S. eingreifen; sich mit seinem S. aussöhnen, abfinden; mit seinem S. hadern (geh.); über jmds. S. beschließen; er hat sich über sein S. erhoben; übertr.: was wird das S. dieser Unternehmungen sein? * **Schicksal spielen** *(etwas zu lenken, in die Wege zu leiten suchen)* · **jmdn. seinem Schicksal überlassen** *(jmdn. im Stich lassen)*.

schieben: 1.a) ⟨jmdn., etwas s.⟩ *durch Drücken fortbewegen, befördern:* einen Karren, den Kinderwagen s.; er mußte das Fahrrad s.; sie schoben die schwere Kiste über den Flur; ⟨auch ohne Akk.⟩ du mußt fester, kräftiger s. **b)** ⟨jmdn., sich, etwas s.; mit Raumangabe⟩ *schiebend vorwärts bewegen, irgendwohin bewegen:* etwas nach oben, nach unten, nach links, nach rechts, nach vorn, nach hinten, in die Mitte, zur Seite s.; das Brot in den Backofen s.; den Stuhl an den Tisch s.; er schob den Hut in den Nacken, die Hände in die Taschen; sie hat den Riegel vor die Tür geschoben; er schob sich durch die Menge; übertr.: der Läufer schob sich *(setzte sich)* an die Spitze des Feldes; er muß immer geschoben werden (ugs.; *er macht nichts von sich aus*); er wurde über die Grenze geschoben (ugs.; *wurde des Landes verwiesen*); er schiebt die Schuld, seine Fehler gern auf andere *(macht andere dafür verantwortlich)*; sie schoben die Verzögerung auf das schlechte Wetter; er versucht, die Last, die Sache, alles von sich zu s. (ugs.; *abzuwälzen*); etwas von einem Tag auf den andern s. (ugs.; *verschieben*). **2.** (ugs.) **a)** *unsaubere Geschäfte, Schwarzmarktgeschäfte machen:* er hat in der Nachkriegszeit [viel] geschoben; er schiebt mit Zigaretten, mit Kaffee. **b)** ⟨etwas s.⟩ *betrügerisch mit etwas umgehen:* Waren, Gelder s.; er hat Wechsel geschoben. * (ugs.:) **Kegel schieben** *(kegeln)* · (ugs.:) **Kohldampf schieben** *(Hunger haben)* · (ugs.:) **Knast schieben** *(eine Gefängnisstrafe verbüßen)* · (ugs.:) **Wache schieben** *(den Wachdienst versehen)* · (ugs.:) **eine ruhige Kugel schieben** *(keine anstrengende Arbeit haben; sich bei der Arbeit nicht sehr anstrengen)* · (ugs.:) **etwas auf die lange Bank schieben** *(etwas nicht gleich erledigen; aufschieben)* · (ugs.:) **jmdm. etwas in die Schuhe schieben** *(jmdm. die Schuld für etwas zuschreiben)* · **sich in den Vordergrund schieben** *(Aufmerksamkeit erregen wollen; sich vordrängen)*.

Schieber, der: **1.** *verschiebbarer Verschluß:* den S. öffnen; du mußt den S. am Ofen zumachen, vor die Öffnung schieben. **2.** (ugs.) *Bettpfanne:* der Kranke verlangte nach dem S. **3.** (ugs.) *jmd., der unerlaubte, unsaubere Geschäfte macht:* er war einer der größten Schieber in der Nachkriegszeit.

Schiebung, die: **a)** *unerlaubtes, unsauberes Geschäft:* Schiebungen machen; er hat seinen Reichtum durch Schiebungen erworben. **b)** *ungerechtfertigte Bevorzugung, Begünstigung:* die Zuschauer riefen: „S.!“; er ist durch S. in dieses Amt gekommen.

schief: 1. *von der richtigen Lage, Stellung abweichend; nicht gerade; schräg, krumm:* eine schiefe Mauer; eine schiefe Ebene; einen schiefen Mund, Hals, eine schiefe Schulter haben; schiefe *(abgetretene)* Absätze; der Turm ist s.; der Tisch steht s.; das Bild hängt s.; er hält den Kopf s.; der Baum ist s. gewachsen; sie hat sich den Hut s. aufgesetzt; übertr.: er machte, zog ein schiefes *(mißmutiges, verdrossenes)* Gesicht; er warf ihm einen schiefen *(gehässigen, scheelen)* Blick zu; er hat mich [ganz] s. *(gehässig, scheel)* angesehen. **2.** *teilweise falsch, nicht ganz zutreffend, nur halb richtig:* ein schiefes Urteil; das war ein schiefer Vergleich; schiefe Bilder gebrauchen; deine Darstellung gibt ein [ganz] schiefes Bild von der Sache; etwas s. beurteilen, sehen. * **etwas in einem schiefen Licht sehen** *(etwas falsch beurteilen)* · **etwas kommt/gerät in ein schiefes Licht; etwas erscheint in einem schiefen Licht** *(etwas wird falsch beurteilt)* · **etwas wirft ein schiefes Licht auf jmdn., auf etwas** *(auf Grund von etwas wird jmd., etwas falsch beurteilt)* · **auf die schiefe Ebene/Bahn geraten/kommen** *(auf Abwege geraten; herunterkommen)* · (ugs.:) **sich krumm und schief lachen** *(heftig lachen).*

schiefgehen (ugs.) ⟨etwas geht schief⟩: *etwas gelingt nicht, mißglückt:* die Sache wäre beinahe, fast schiefgegangen; es kann nichts s.; nur Mut, es wird schon s. (iron.; *wird schon gelingen*).

schielen: 1. *eine fehlerhafte Augenstellung haben:* das Kind schielt; er schielt auf einem, auf dem linken Auge. **2.** (ugs.) **a)** ⟨mit Raumangabe⟩ *heimlich, verstohlen irgendwohin schauen:* der Schüler schielte auf das Heft seines Nachbarn; er schielte nach links und nach rechts, ob man es gesehen habe; er schielte über die Zeitung hinweg zu ihr. **b)** ⟨nach etwas s.⟩ *etwas haben wollen, erstreben:* nach einem Posten s.; das Kind schielte nach der Schokolade.

Schiene, die: **1. a)** *Fahrschiene für bestimmte Fahrzeuge:* die Schienen waren gelockert, verbogen, aufgerissen; Schienen [für die Straßenbahn] legen; diese Fahrzeuge sind an Schienen gebunden, fahren, rollen auf Schienen; der letzte Wagen ist aus den Schienen gesprungen *(ist entgleist).* **b)** *Gleitschiene:* dieser Teil der Anlage gleitet auf, in der S. hin und her; die Vorhangrollen laufen in einer S. **2.** *Stützschiene:* eine S. anlegen; der gebrochene Arm wurde in Schienen gelegt.

schienen ⟨etwas s.⟩: *mit einer Schiene stützen:* das gebrochene Bein mußte geschient werden.

schier (veraltend, aber noch landsch.): **I.** ⟨Adj.⟩ *rein, pur, unvermischt:* schieres Gold; etwas in schierer Butter braten; schieres Fleisch *(Fleisch ohne Fett und Knochen);* übertr.: das hat er aus schierer Bosheit getan. **II.** ⟨Adverb⟩ *beinahe, fast:* er hat mich s. zur Verzweiflung gebracht; das ist s. unmöglich.

schießen: 1. a) *eine Schußwaffe bedienen, abfeuern:* gut, schlecht, sicher, genau, zu hoch, zu tief, zu weit, zu kurz, in die Luft s.; scharf *(mit richtiger Munition)* s.; mit Schrot s.; mit Pfeil und Bogen, mit einem Revolver s.; wild um sich, aufs Geratewohl s.; auf jmdn., auf einen Hasen, nach jmdm., auf die Scheibe, auf/nach Tontauben s.; aufs/ins Blatt s. (Jägerspr.; *Wild durch Schulterschuß töten*); Redensart (ugs.): so schnell schießen die Preußen nicht *(nicht so ungeduldig; so schnell geht es nicht).* **b)** ⟨etwas schießt; mit Artangabe⟩ *etwas hat eine bestimmte Schießeigenschaft:* das Gewehr, die Flinte schießt gut. **c)** ⟨jmdm., sich/jmdn., sich s.; mit Raumangabe⟩ *durch einen Schuß verletzen:* er hat ihm/ihn durch die Wade, er hat sich ins Bein geschossen. **d)** ⟨etwas s.; mit Raumangabe⟩ *auf ein bestimmtes Ziel abschießen, abfeuern:* er schoß die Kugel in die Luft, den Pfeil aufs Dach; er hatte die Harpune in den Rücken des Wals geschossen; ⟨jmdm., sich etwas s.; mit Raumangabe⟩ er schoß ihm die Kugel durch, in die Brust, ins Herz; er hat sich eine Kugel durch, in, vo[r] den Kopf, in, vor die Stirn, in die Schläfe ge[schossen]; bildl.: sie schoß wütende Blicke au[f] ihn; übertr.: er schoß den Ball *(beförderte ih[n] mit dem Fuß)* ins Tor, ins Netz, an den Pfosten. **e)** ⟨etwas in etwas s.⟩ *durch Schießen verursachen, hervorrufen:* er hat mehrere Löcher in di[e] Scheibe geschossen; er hat ein Loch in die Luf[t] geschossen; (scherzh.; *hat das Ziel verfehlt*). **f)** ⟨etwas s.⟩ *durch einen Schuß, durch Schüss[e] erzielen:* er hat [auf der Schießscheibe] ein[e] Zwölf geschossen; er hat 150 Ringe geschossen; er wollte an der Schießbude eine Rose s.; übertr.: der Verteidiger hat bereits zwei Tore geschossen; er wollte mit seiner neuen Kamera noch ein paar Bilder, Aufnahmen s. *(machen).* **g)** ⟨ein Tier s.⟩ *durch Schießen töten, erlegen:* einen Bock s.; den Hasen mit Schrot s.; die Jagdgäste haben viel Wild geschossen. **2. a)** ⟨mit Raumangabe⟩ *sich sehr schnell bewegen:* die Schwalben schießen durch die Luft; das Motorboot ist [pfeilschnell] durch das Wasser geschossen; er schoß um die Ecke, kam um die Ecke geschossen; bei diesen Worten schoß er [von seinem Stuhl, von seinem Platz] in die Höhe *(sprang er auf);* das Blut schoß aus der Wunde *(quoll stark hervor);* ⟨etwas schießt jmdm.; mit Raumangabe⟩ das Blut schoß ihm aus Mund und Nase; die Tränen schossen ihr in die Augen *(kamen ihr schnell);* vor Entrüstung, Zorn schoß ihm das Blut ins Gesicht; bildl.: ein Gedanke schoß ihm durch den Kopf, in den Sinn. **b)** *sehr schnell wachsen:* die Saat schießt aus der Erde; der Junge ist im letzten Jahr mächtig [in die Höhe] geschossen; das Unkraut schießt; der Salat ist geschossen *(hat einen Samenstand gebildet);* übertr.: überall schießen neue Häuser aus dem Boden. **3.** (ugs.) ⟨etwas s.⟩ *[vorteilhaft] kaufen, erstehen:* das Kleid habe ich billig im Ausverkauf geschossen. * **mit Kanonen nach/auf Spatzen schießen** *(gegen Kleinigkeiten mit zu großem Aufwand vorgehen)* · (ugs.:) **jmdn. über den Haufen schießen** *(jmdn. niederschießen)* · (ugs.:) **einen Bock schießen** *(einen Fehler machen)* · (ugs.:) **wie aus der Pistole geschossen** *(prompt, ohne jedes Zögern)* · **etwas schießt ins Kraut: a)** *(etwas wächst üppig wuchernd):* die Rüben sind ins Kraut geschossen. **b)** *(etwas breitet sich übermäßig aus):* die Mißstände sind hier ziemlich ins Kraut geschossen · **etwas schießt wie Pilze aus der Erde** *(etwas entsteht rasch, in großer Zahl)* · [**jmdm., einer Sache**] **die Zügel schießen lassen** *(die Disziplin lockern; einer Sache freien Lauf lassen)* · (ugs.:) **etwas schießen lassen** *(etwas aufgeben, auf etwas verzichten)* · (ugs.:) **etwas geht aus wie das Hornberger Schießen** *(etwas endet ergebnislos)* · (ugs.:) **etwas ist zum Schießen** *(etwas ist sehr komisch, zum Lachen).*

Schiff, das: **1.** *größeres Wasserfahrzeug:* ein schönes, großes, stolzes, schnelles, modernes, altes, abgetakeltes S.; Seemannsspr.: klar S. *(manövrier-, gefechtsbereites S.);* das S. läuft vom Stapel, liegt im Hafen, kreuzt vor dem Hafen, sticht in See, läuft einen Hafen an, geht vor Anker (Seemannsspr.), liegt, reitet vor Anker (Seemannsspr.), legt [am Kai] an; das S. schaukelt, schlingert, stampft (Seemannsspr.), trimmt (Seemannsspr.; *liegt vorn oder hinten höher*); das

S. treibt steuerlos auf dem Wasser, ist leck, läuft [auf ein Riff] auf, scheitert (veraltend; *zerschellt*); das S. wird gerammt, bricht auseinander, neigt, legt sich auf die Seite, sackt ab, geht unter, sinkt; das S. zeigt die Flagge (Seemannsspr.); das S. geriet in einen Sturm; Seemannsspr.: S. voraus! /*Warnruf der Bordwache*/; ein S. besteigen, befrachten, entern, kapern, chartern, versenken, abwracken, heben; ein S. bauen, auf Kiel legen (Schiffsbau; *zu bauen beginnen*), auflegen (Schiffsbau; *zu bauen beginnen*), vom Stapel lassen; ein S. trimmen (Seemannsspr.; *in die richtige Schwimmlage bringen*); Redensart: die Ratten verlassen das sinkende S. *(die Unzuverlässigen ziehen sich von einem vom Unglück bedrohten Menschen oder Unternehmen zurück)* · die Taufe, der Stapellauf eines Schiffes; an Bord, von Bord eines Schiffes gehen; bildl.: das S. des Staates; das Schifflein des Lebens. **2.** *Kirchenschiff:* die Kirche hat drei Schiffe, ist in drei Schiffe geteilt. * Seemannsspr.: **klar Schiff machen** *(das Schiff saubermachen)*.

Schiffbruch, der: *schwerer Schiffsunfall:* der Dampfer hat S. erlitten. * **[mit etwas] Schiffbruch erleiden** *(Mißerfolg haben, scheitern):* das Unternehmen hat S. erlitten.

Schikane, die: **1.** *böswillig bereitete Schwierigkeit:* das ist doch alles S.!; er war den Schikanen seines Vorgesetzten ausgesetzt. **2.** (Sport) *in eine Autorennstrecke eingebauter Abschnitt, der zur Herabsetzung der Geschwindigkeit zwingt:* die Fahrer gehen in die S. * (ugs.:) **mit allen Schikanen** *(mit allem, was dazu gehört, mit allem Komfort)*.

schikanieren ⟨jmdn. s.⟩: *jmdm. in böswilliger Weise Schwierigkeiten bereiten:* er schikaniert seine Untergebenen; er wollte sich nicht länger von ihr s. lassen.

¹Schild, der: *Schutzwaffe:* runde, spitze Schilde; die Schilde heben; sich mit dem S. decken. * **jmdn. auf den Schild heben/erheben** *(jmdn. zum Führer bestimmen)* · (ugs.:) **etwas im Schilde führen** *(etwas Unrechtes, Böses vorhaben)*.

²Schild, das: *Hinweis-, Aushängeschild; Erkennungszeichen:* die vielen Schilder am Straßenrand verwirrten ihn; ein S. an der Tür, am Koffer anbringen; ein S. aushängen, an der Tür befestigen, entfernen; ein S. beschriften; der Gepäckträger hatte ein kleines S. an der Mütze, an der Jacke; auf dem S. stand der Preis, sein Name.

schildern ⟨etwas s.⟩: *ausführlich darstellen, berichten:* etwas anschaulich, lebhaft, weitschweifig, in bunten Farben s.; einen Vorgang, seine Erlebnisse mit bewegten Worten s.; er schilderte, wie er empfangen worden war; ⟨jmdm. etwas s.⟩ er schilderte uns seine Eindrücke von der Reise.

schillern ⟨etwas schillert⟩: *etwas glänzt in verschiedener Stärke, in wechselnden Farben:* das auf dem Wasser schwimmende Öl schillerte [bunt]; schillernde Seifenblasen; übertr.: diese Sache schillert etwas *(ist nicht ganz eindeutig, durchsichtig)*; sie hat ein schillerndes Wesen *(einen undurchsichtigen, zwiespältigen Charakter)*.

¹Schimmel, der: *Schimmelpilz:* auf der Marmelade ist S., hat sich S. gebildet; das Brot war mit S. bedeckt.

²Schimmel, der: *weißes Pferd:* einen S., auf einem S. reiten; die Kutsche wurde von Schimmeln gezogen; jmdm. zureden wie einem kranken/lahmen S. *(ihm sehr zureden)*.

schimm[e]lig: *mit Schimmel bedeckt:* schimmeliges Brot; der Käse ist schon ganz s.

schimmeln ⟨etwas schimmelt⟩: *etwas wird schimmelig:* das Brot fängt schon an zu s.

Schimmer, der: *matter Schein, Glanz:* ein schwacher, matter, rötlicher, heller S.; der S. des Goldes, der Perlen; der S. der Sterne; sie saßen beim friedlichen S. der Lampe, der Kerzen. * (ugs.:) **keinen [blassen]/nicht den leisesten Schimmer von etwas haben** *(keine Ahnung von etwas haben)*.

schimmern ⟨etwas schimmert⟩: *etwas leuchtet, glänzt matt:* die Sterne schimmern [am Himmel]; das Licht schimmerte durch die Bäume; schimmernde Seide, Perlen.

Schimpf, der (geh.): *Schande, Schmach, Demütigung:* jmdm. einen S. antun, zufügen; einen S. erleiden, erdulden, ertragen; er wollte diesen S. nicht auf sich sitzen lassen. * **mit Schimpf und Schande** *(unter unehrenhaften Bedingungen)*.

schimpfen: 1. a) *seinem Ärger mit heftigen Worten Ausdruck geben:* laut, kräftig, heftig, tüchtig, mächtig (ugs.), fortgesetzt, ständig, immerzu, in einem fort s.; er fluchte und schimpfte; er hat sehr auf dich geschimpft; er schimpfte über seinen Vorgesetzten, über die herrschenden Verhältnisse; subst.: mit [deinem] Schimpfen erreichst du gar nichts. **b)** ⟨mit jmdm./(landsch.:) jmdn. s.⟩ *schelten, ausschimpfen:* die Mutter schimpft mit dem Kind; er schimpfte ihn, weil er zu spät kam. **2. a)** (geh.) ⟨jmdn., sich, etwas s.; mit Gleichsetzungsakkusativ⟩ *herabsetzend heißen, beschimpfen als:* er schimpfte ihn einen Taugenichts; er schimpfte sich [selbst] einen Narren. **b)** (ugs.) ⟨sich s.; mit Gleichsetzungsnominativ⟩ *vorgeben, etwas zu sein:* er schimpft sich selbständiger Kaufmann, freier Mitarbeiter. * (ugs.:) **schimpfen wie ein Rohrspatz** *(sehr, aufgebracht schimpfen)*.

Schimpfwort, das: *Wort, Ausdruck, mit dem man jmdn., beschimpft:* ein derbes, grobes, ordinäres, saftiges (ugs.; *derbes*) S.; das S. ist ihm so herausgerutscht (ugs.); er gebraucht gerne Schimpfwörter, wirft mit Schimpfwörtern um sich; er überschüttete ihn mit einer Flut von Schimpfwörtern.

schinden: 1. ⟨jmdn. s.⟩ *quälen, peinigen, grausam behandeln:* er schindet seine Untergebenen, das Vieh; der Aufseher schindete/(selten:) schund grausam die Gefangenen. **2.** (ugs.) ⟨sich s.⟩ *sich plagen, abmühen:* sie hat sich ihr Leben lang geschunden [und geplagt]; er hat sich bei dieser Arbeit, damit sehr s. müssen. **3.** (ugs.) ⟨etwas s.⟩ *gewinnen, herausschlagen:* er wollte Zeit s.; er versuchte ein paar Zigaretten zu s.; er hat das Fahrgeld, Eintrittsgeld geschunden *(nicht bezahlt)*. **4.** ⟨ein Tier s.⟩ *das Fell abziehen:* der Abdecker schindet das Pferd, das Vieh. * (ugs.:) **Eindruck schinden** *(die Aufmerksamkeit auf sich lenken, um andere zu beeindrucken)*.

Schindluder ⟨in der Wendung⟩ mit jmdm., mit etwas Schindluder treiben (ugs.): *jmdn., etwas übel behandeln:* er treibt S. mit seinen Untergebenen, mit seiner Gesundheit.

Schinken, der: **1.** *Keule, bes. vom Schwein:* roher, gekochter, geräucherter, frischer, saftiger, fetter, magerer S.; die Schinken hängen noch im Rauchfang, in der Räucherkammer; sie kaufte ein Pfund S.; Brötchen mit S. belegen. **2.** (derb) *Oberschenkel, Gesäß:* du kriegst gleich was auf den S. **3.** (ugs.; abwertend) **a)** *großes, dickes Buch:* ein teurer S.; solche Schinken lese ich nicht. **b)** *großes Gemälde:* ein S. von Rubens; an der Wand über dem Sofa hing ein gräßlicher S. **c)** *langer, aufwendiger Film; wertloses Theaterstück:* diesen S. werde ich mir nicht ansehen. * (ugs.:) **mit der Wurst nach dem Schinken werfen** *(mit kleinem Einsatz Großes zu gewinnen, zu erreichen suchen).*

Schippe, die: *Schaufel:* er warf eine S. [voll] Sand auf die Asche; mit der S. Sand schaufeln; die Kinder spielen mit Eimer und S. * (ugs.:) **eine Schippe/ein Schippchen machen** *(unwillig die Unterlippe vorschieben)* · (ugs.:) **jmdn. auf die Schippe nehmen** *(jmdn. necken, foppen).*

schippen ⟨etwas s.⟩: *schaufeln:* Sand s.; sie haben den ganzen Tag Schnee geschippt *(weggeräumt);* er schippte den Sand in den Eimer.

Schirm, der: **1. a)** *Regenschirm:* ein kleiner, zierlicher altmodischer S.; einen S. mitnehmen; den S. öffnen, aufmachen, aufspannen, zuklappen, zumachen, schließen; sie hat ihren S. vergessen, verloren, stehenlassen; ich muß den S. neu beziehen lassen. **b)** *Sonnenschirm:* er stellte den S. auf der Terrasse auf; sie saßen unter bunten Schirmen. **2.** *Lampenschirm:* der S. der Lampe ist zerbrochen; die Lampe hat einen S. aus Glas, aus Seide. **3.** *Mützenschirm:* der S. der Mütze ist mit Stoff bezogen; er zog den S. seiner Mütze tief in die Stirn.

Schlacht, die: *heftiger Kampf zwischen größeren militärischen Einheiten:* eine große, heiße, mörderische, blutige, entscheidende, unentschiedene, verlorene S.; die S. bei, an den Thermopylen, die S. auf dem Lechfeld; die S. im Teutoburger Wald; die S. um, von Verdun; die S. wütete, tobte heftig; eine S. schlagen, gewinnen, verlieren; er hat diese S. mitgemacht (ugs.); im Getümmel, Gewühl der S.; an einer S. teilnehmen; in die S. ziehen, gehen; Truppen in die S. führen; er ist in der S. gefallen; übertr.: der Politiker hat diese S. verloren *(ist unterlegen).* * **jmdm. eine Schlacht liefern** *(gegen jmdn. [hart] kämpfen).*

schlachten ⟨ein Tier s.⟩: *zur Herstellung von Nahrung fachgerecht töten:* ein Schwein, einen Ochsen s.; er schlachtete ein Huhn; ⟨auch ohne Akk.⟩ der Metzger schlachtet wöchentlich zweimal.

Schlachter, (auch:) Schlächter, der: → Fleischer.

Schlacke, die: **1.** *Verbrennungsrückstände:* die S. aus dem Hochofen entfernen; mancher Koks läßt wenig S. zurück; die Öfen, Kessel wurden von [der] S. gereinigt. **2.** *Stoffwechselrückstände:* die Zellen geben ihre Schlacken in die Gewebsflüssigkeit ab; mit diesem Mittel sollte der Körper von Schlacken gereinigt werden; bildl.: er hatte sich innerlich von allen Schlacken der Vergangenheit befreit.

Schlaf, der: *Zustand der Ruhe, in dem die körperlichen Funktionen herabgesetzt sind:* ein bleierner, schwerer, tiefer, unruhiger, leichter, fester, gesunder, erquickender, traumloser S.; der S. überfällt, überkommt, übermannt, überwältigt jmdn.; der S. kam über ihn; der S. hat ihn gestärkt, hat ihn seinen Ärger vergessen lassen den S. herbeisehnen, verscheuchen; den ver säumten S. nachholen; keinen Schlaf finde *(nicht einschlafen können);* ein Schläfchen (fam. machen, halten; sich (Dativ) den S. aus de Augen reiben *(sich die Augen reiben, um munte zu werden);* er hat einen guten, gesunden S.; e braucht nur sechs Stunden S.; aus dem S. erwa chen, emporfahren; jmdn. aus dem S.. reiße rütteln; in tiefem S., im tiefstem S. liegen; im S überrascht werden; ein Kind in den S. singen wiegen; in S. sinken; durch etwas um seinen S kommen; seine Worte haben mich um den S gebracht; Redensart: den Seinen gibt's de Herr im S. *(mancher kommt zu etwas, ohne sic anstrengen zu müssen).* * (ugs.:) **den Schlaf de Gerechten schlafen** *(tief und fest schlafen)* · (ugs.: **etwas im Schlaf tun/können** *(etwas mühelos, gan sicher tun/können):* er konnte das Gedicht im S

Schläfe, die: *zwischen Auge und Ohr liegend Partie des Kopfes:* ihm hämmerten, pochten di Schläfen; er ist bereits an den Schläfen ergraut er tötete sich durch einen Schuß in die S.; si hatte, verspürte einen Druck in den Schläfen ein Herr mit grauen Schläfen.

schlafen: **a)** *sich im Zustand des Schlafes befin den:* fest, tief, leise [un]ruhig, traumlos, mi offenem Mund s.; im Stehen s.; im Bett liege und s.; s. *(zu Bett)* gehen; sich s. legen; die Kin der s. *(ins Bett)* schicken; er hatte die letzt Nacht nur drei Stunden geschlafen; in diese Bett schläft man gut; schlafen Sie gut, wohl! [haben Sie] gut geschlafen?; (ugs.:) sie gehe mit den Hühnern *(sehr früh)* s.; sie hat sich ge sund geschlafen *(ist durch viel Schlafen gesun geworden);* das Kind stellte sich schlafend, al die Mutter das Zimmer betrat; darüber will ic noch s. *(eine Nacht vergehen lassen, bevor ic mich entscheide);* bildl.: der See, die Natur, di Stadt schläft *(ist ganz ruhig);* übertr.: der Er folg seines Gegners hat ihn nicht s. *(ruhen)* las sen. **b)** *übernachten, sein Bett haben:* bei Freun den, im Hotel, in der Scheune, im Freien, auf de Erde, auf dem Fußboden, auf der Couch s.; al lein, zu zweit s.; bei offenem Fenster s. **c)** (ver hüll.) ⟨mit jmdm. s.⟩ *geschlechtlich verkehren* sie hat mit ihm geschlafen. **d)** (ugs.) *unaufmerk sam sein, nicht aufpassen:* habt ihr wieder ge schlafen, als ich euch die Formel erklärte?; de Lehrer merkte genau, daß einige Schüler in de letzten Stunde geschlafen hatten. * (ugs.:) **wi ein Murmeltier/wie eine Ratte/wie ein Sack/wi ein Stein schlafen** *(tief schlafen).*

schlaff: **a)** *nicht gespannt, nicht straff; lose hän gend:* ein schlaffes Seil; ihre Haut wurde imme schlaffer; die Saiten waren zu s. gespannt; di Segel hingen s. herunter. **b)** *kraftlos, schlapp* mit schlaffen Knien ging er zur Tür; seine Han war s.; der Kranke saß s. im Lehnstuhl.

Schlafittchen ⟨nur in der Wendung⟩ jmdn beim/am Schlafittchen packen/kriegen (ugs.) *jmdn. fassen und für eine geringe Verfehlung zu Rechenschaft ziehen.*

schläfrig: **a)** *schlafbedürftig; einen müden Ein druck machend:* ein schläfriges Kind; schläfrig Augen; sie war, wurde s. von der Spritze; da Wetter machte ihn s. **b)** *langsam und träge; lang weilig:* schläfrige Bewegungen; ein schläfrige *(langweiliger, eintöniger)* Tag; die Stimme de

Redners war, klang s. *(einschläfernd);* du betreibst die Sache viel zu s.

chlaftrunken: *vom Schlaf noch ganz benommen:* sie macht noch einen schlaftrunkenen Eindruck; der kleine Junge war noch s. beim Erwachen; er sah mich s. an.

chlag, der: **1.** *hartes Auftreffen mit der Hand oder einem Gegenstand; Hieb:* ein starker, schwacher, kräftiger, leichter, schmerzender, tödlicher S.; ein S. auf die Schulter, auf den Kopf, ins Gesicht; ein S. mit der Hand, mit dem Stock, mit dem Gewehrkolben; Schläge austeilen *(schlagen);* jmdm. einen S. versetzen; einen S. abwehren; ihr bekommt gleich Schläge *(eine Tracht Prügel)!;* einem S. ausweichen. **2.a)** *den Körper treffender Stromstoß:* er hat an der Steckdose einen S. bekommen. **b)** *Blitzschlag:* ein zündender, kalter S.; ein S. folgte dem anderen. **3.** *Schlaganfall:* der S. hat ihn getroffen. **4.** *in mehr oder weniger regelmäßigen Stößen erfolgende Bewegung:* die Schläge des Herzens; der S. der Wellen; die Schläge des Ruders, des Pendels; er fühlte die ungleichmäßigen Schläge seines Pulses. **5.** *durch Schlagen hervorgerufener Ton:* der S. der Turmuhr, der Trommel, der Pauke; der S. *(Gesang)* der Nachtigall, der Wachtel, der Finken; er kam S. acht (ugs.; *als es acht Uhr schlug)*. **6.** *Autotür:* der Chauffeur, Portier öffnete, schloß den S. **7.** (ugs.) *Portion Essen:* ein S. Grütze, Suppe; er verlangte noch einen S. **8.** (Landw.) *der Fruchtfolge unterliegendes Ackerstück:* ein S. Weizen, Kartoffeln; sie hatten drei große Schläge Erdbeeren zu ernten. **9.** *Wesensart:* ein Beamter alten Schlags; ein Mensch seines Schlages; sie waren beide vom gleichen S. * (ugs.:) **mit einem Schlag** *(plötzlich):* mit einem S. wurde der junge Autor berühmt · (ugs.:) **Schlag auf Schlag** *(in rascher Folge, rasch nacheinander):* die schlechten Nachrichten, die Fragen kamen S. auf S. · (ugs.:) **keinen Schlag tun** *(nichts tun, arbeiten)* · (ugs.:) **etwas auf einen Schlag tun** *(zwei Dinge gleichzeitig erledigen)* · **jmdm. einen Schlag versetzen** *(jmdn. durch seine Handlungsweise enttäuschen)* · **zum entscheidenden Schlag ausholen; einen vernichtenden Schlag führen** *(den Gegner durch seinen Angriff vernichten)* · **etwas ist ein Schlag ins Gesicht** *(etwas ist eine schwere Kränkung, Brüskierung):* diese Bemerkung war ein S. ins Gesicht · (ugs.:) **etwas ist ein Schlag ins Kontor** *(etwas ist eine unangenehme Überraschung):* diese Nachricht war ein S. ins Kontor · **etwas ist ein Schlag ins Wasser** *(etwas ist ergebnislos):* diese Aktion war ein S. ins Wasser · **etwas ist ein [harter/schwerer] Schlag für jmdn.** *(etwas ist für jmdn. ein großer Verlust)* · (ugs.:) **jmdn. rührt/trifft der Schlag** *(jmd. ist überrascht, entsetzt)* · (ugs.:) **jmd. ist wie vom Schlag gerührt/getroffen** *(jmd. ist fassungslos)*.

chlagartig: *plötzlich und schnell:* eine schlagartige Veränderung der Lage ist nicht zu erwarten; es erfolgten s. mehrere Razzien.

chlagen /vgl. schlagend/: **1.a)** ⟨jmdn. s.⟩ *jmdm. Schläge versetzen; prügeln:* ein Kind, einen Hund, ein Tier s.; den Schüler mit der Hand, mit dem Stock s.; er hat seinen Freund geschlagen; die beiden haben sich heftig geschlagen. **b)** ⟨sich mit jmdm. s.⟩ *sich prügeln:* er hat sich mit einem Klassenkameraden geschlagen. **c)** ⟨jmdn., sich, etwas s.; mit Umstandsangabe⟩ *jmdn. durch Schläge in einen bestimmten Zustand bringen:* jmdn. blutig, bewußtlos, zu Boden, windelweich, krumm und lahm, grün und blau, zum Krüppel s.; er hat alles in Stücke, Scherben, kurz und klein geschlagen. **2.** *eine Schlagbewegung ausführen; einen Schlag irgendwohin setzen:* **a)** ⟨mit Raumangabe⟩ nach jmdm. s.; gegen die Tür s.; mit dem Hammer dreimal auf den Grundstein s.; er schlug wild um sich; er hatte wütend mit der Faust auf den Tisch geschlagen; ⟨jmdm., sich s.; mit Raumangabe⟩ er schlug sich an die Stirn, vor die Brust. **b)** ⟨jmdm./(seltener:) jmdn. s.; mit Raumangabe⟩ jmdm./(seltener:) jmdn. auf die Hand, auf die Finger, ins Gesicht s.; er schlug ihm/(seltener): ihn wohlwollend auf die Schulter. **c)** ⟨etwas s.; mit Raumangabe⟩ die Hände vors Gesicht s.; ⟨jmdm. etwas s.; mit Raumangabe⟩ jmdm. den Schirm auf den Kopf s.; der Lehrer schlug dem Schüler das Heft um die Ohren. **3.** ⟨mit Raumangabe⟩ *gegen etwas prallen; treffen:* er schlug gegen die Wand, mit dem Kopf auf den Boden; die Wellen schlagen ans Ufer, gegen das Schiff; der Regen schlägt heftig gegen das Fenster; die Segel schlugen gegen die Masten; ⟨etwas schlägt jmdm.; mit Raumangabe⟩ der Rolladen schlug ihm an den Arm; übertr.: diese Nachricht ist mir auf den Magen, aufs Gemüt geschlagen. **4.** ⟨etwas s.; mit Raumangabe⟩ *durch Schläge verursachen:* Löcher ins Eis, einen Durchbruch durch die Wand s.; ⟨jmdm. etwas s.⟩ er hat ihm ein Loch in den Kopf geschlagen. **5.a)** ⟨etwas s.; mit Raumangabe⟩ *durch einen Schlag etwas irgendwohin befördern:* einen Nagel in die Wand, durch das Brett s.; Pfähle, Pflöcke in den Boden s.; Sport: den Ball ins Aus s.; Eier in die Pfanne, in die Suppe s. *(aufschlagen und einlaufen lassen);* die Kartoffeln wurden durch ein Sieb geschlagen; Schuhe auf/über den Leisten s. *(spannen);* der Adler schlug die Fänge in sein Opfer *(packte sein Opfer fest mit den Krallen)*. **b)** ⟨jmdm. etwas aus, von etwas s.⟩ *mit einem Schlag entfernen:* jmdm. das Buch aus der Hand s.; er hat ihm den Hut vom Kopf geschlagen. **6.** ⟨jmdn., etwas an etwas s.⟩ *anbringen, befestigen:* Plakate an die Wände s.; Rel., hist.: Christus wurde ans Kreuz geschlagen. **7.** ⟨etwas über etwas s.⟩ *etwas über etwas legen, decken:* ein Decke, Plane über etwas s.; ein Bein über das andere s. **8.** ⟨etwas schlägt; mit Raumangabe⟩ *etwas dringt, bewegt sich irgendwohin:* Flammen schlagen aus dem Haus, gegen den Himmel; der Blitz hat in den Baum geschlagen; fremde Laute waren an sein Ohr geschlagen (geh.). **9.** ⟨etwas s.⟩ *fällen:* Bäume, Holz s.; ein frisch geschlagener Weihnachtsbaum. **10.a)** ⟨etwas schlägt; mit Raumangabe⟩ *etwas bewegt sich heftig hin und her:* der Fensterladen schlägt im Wind, schlägt dauernd hin und her. **b)** ⟨mit etwas s.⟩ *mit etwas heftige Bewegungen ausführen:* der Vogel schlägt mit den Flügeln; er schlug im Wasser heftig mit den Beinen. **11.** ⟨etwas s.⟩ **a)** (Studentenspr.) *ausführen:* eine Mensur s.; schlagende Verbindungen. **b)** *etwas bilden:* einen Kreis, einen Bogen [mit dem Zirkel] s. **c)** *mit bestimmten Bewegungen etwas angeben:* den Takt, Rhythmus s. **12.** ⟨etwas s.⟩ **a)** *ein Instrument in bestimmter*

Weise spielen: die Trommel, Pauke, Laute s. **b)** *bestimmte Töne auf einem Instrument hervorbringen:* einen Wirbel [auf der Trommel] s. **13. a)** ⟨etwas um etwas s.⟩ *etwas als Hülle um etwas legen:* ein Tuch um die Schultern s.; Packpapier um etwas s. **b)** ⟨etwas in etwas s.⟩ *etwas in etwas einwickeln:* etwas in Zeitungspapier, in ein feuchtes Tuch s. **14. a)** ⟨etwas schlägt⟩ *etwas erklingt:* die Uhr schlägt [falsch, richtig, genau]; übertr.: die Stunde der Wahrheit, der Rache hat geschlagen. **b)** ⟨etwas schlägt etwas⟩ *etwas zeigt durch einen Ton etwas an:* es/die Uhr schlägt neun Uhr, Mitternacht; adj. Part.: ich habe eine geschlagene (ugs.; *volle*) Stunde gewartet. **15.** *auf besondere Weise singen /von Vögeln/:* Finken, Wachteln, Nachtigallen schlagen. **16.** ⟨etwas schlägt⟩ *etwas arbeitet mit dumpfen Stößen:* der Puls schlägt schwach, schnell, unregelmäßig; sein Herz hat aufgehört zu s.; ⟨jmdm. schlägt etwas⟩ mir schlug vor Aufregung das Herz bis zum Hals; übertr.: ihm schlug das Gewissen. **17. a)** ⟨jmdn. s.⟩ *jmdn. besiegen:* den Gegner, den Feind s.; jmdn. mit seinen eigenen Waffen s. *(ihn mit denselben Mitteln, die er anwendet, besiegen);* unsere Mannschaft hat die Schotten mit 3 : 0 Toren, (ugs.:) 3 : 0 geschlagen; mit seinen Preisen hat er die ganze ausländische Konkurrenz geschlagen; sich geschlagen geben, bekennen. **b)** ⟨sich s.; mit Artangabe⟩ *in bestimmter Weise kämpfen:* er, die Mannschaft hat sich tapfer, gut, wacker geschlagen. **c)** ⟨sich mit jmdm. s.⟩ *sich duellieren:* er hat sich mit seinem Rivalen geschlagen. **d)** (ugs.) ⟨sich um etwas s.⟩ *um etwas kämpfen:* die Leute haben sich um die Eintrittskarten, um die besten Plätze, um die Waren geschlagen. **18.** (geh.) ⟨jmdn. s.⟩ *schwer treffen, strafen:* Gott hat ihn geschlagen; ein vom Schicksal geschlagener Mann. **19. a)** ⟨etwas s.⟩ *durch einen Zug aus dem Spiel bringen:* ich habe seinen Turm mit der Dame geschlagen. **b)** (Schach) ⟨mit Artangabe⟩ *einen bestimmten Spielweg haben:* die Bauern ziehen gerade, schlagen aber schräg. **20.** ⟨etwas s.⟩ *etwas bis zum Steifwerden rühren:* Sahne, Eiweiß [zu Schnee] s. **21.** ⟨etwas s.⟩ *etwas prägen:* Münzen s. **22.** ⟨nach jmdm. s.⟩ *ähnlich sein:* er schlägt ganz nach dem Vater, nach seiner Mutter. **23. a)** ⟨etwas zu etwas s.⟩ *hinzufügen:* das Erbteil wurde zu ihrem Besitz geschlagen; dieses Gebiet wurde zu Bayern geschlagen. **b)** ⟨etwas auf etwas s.⟩ *etwas übertragen:* alle Unkosten, Steuern auf den Verkaufspreis, auf die Ware s. * **Alarm schlagen** *(alarmieren, aufmerksam machen)* · **aus der Art schlagen** *(anders als die übrigen Familienmitglieder sein)* · **[wie] mit Blindheit geschlagen sein** *(etwas Wichtiges nicht sehen, erkennen)* · **Brücken schlagen** *(über Trennendes hinweg Verbindungen schaffen):* mit dem Kulturaustausch sollen Brücken zwischen den Nationen geschlagen werden · (Boxen:) **jmdn. k. o. schlagen** *(jmdn. kampfunfähig machen)* · **für jmdn., für etwas eine Bresche schlagen** *(gegen einen Widerstand durchsetzen, fördern)* · **sich an die Brust schlagen** *(Reue empfinden, sich seine Fehler vorhalten)* · (ugs.:) **jetzt schlägt's [aber] dreizehn!** *(das geht aber zu weit, jetzt ist Schluß damit)* · **etwas schlägt in jmds. Fach** *(etwas gehört, fällt in jmds. Bereich, in dem er sich auskennt)* · (ugs.:) **zwei Fliegen mit einer Klappe schlagen** *(einen doppelten Zwe[ck] auf einmal erreichen)* · **jmdn. in die Fluc[ht] schlagen** *(jmdn. zur Flucht zwingen):* den Fein[d] in die Flucht s. · **etwas schlägt einer Sache i[ns] Gesicht** *(etwas spottet einer Sache):* dieser B[e]richt schlägt der Wahrheit ins Gesicht · **wi[s]sen, was die Uhr/die Glocke/die Stunde g[e]schlagen hat** *(über jmds. Zorn, Empörung B[e]scheid wissen und mit keiner Nachsicht rechnen)* · **einen Haken schlagen** *(beim Laufen plötzlich d[ie] Richtung ändern)* · **aus etwas Kapital schlage[n]** *(etwas zu seinem Vorteil ausnutzen)* · **in die gle[i]che/dieselbe Kerbe schlagen** *(die gleiche Auffa[s]sung vertreten und dadurch jmdn. unterstützen)* · (ugs.:) **sich** (Dativ) **etwas aus dem Kopf schlage[n]** *(ein Vorhaben aufgeben)* · (ugs.:) **wie vor de[n] Kopf geschlagen sein** *(vor Überraschung unfäh[ig] sein zu denken, wie gelähmt sein)* · (ugs.:) **Kra[c]h schlagen** *(laut schelten, sich laut beschweren)* · (kath. Rel.:) **das Kreuz schlagen** *(das Kreuzze[i]chen machen)* · **Lärm schlagen** *(Aufmerksamke[it] erregen)* · (ugs.:) **sich durchs Leben schlage[n]** *(sich mühsam im Daseinskampf behaupten)* · (ugs.:) **alles über einen Leisten schlagen** *(all[es] gleich behandeln und dabei wichtige Unterschie[de] nicht beachten)* · (ugs.:) **sich** (Dativ) **die Nac[ht] um die Ohren schlagen** *(wegen etwas nicht zu[m] Schlafen kommen)* · **ein Rad schlagen: a)** *(ein[e] Turnübung machen, bei der man sich seitli[ch] überschlägt).* **b)** *(die Schwanzfedern aufstellen)* der Pfau schlägt ein Rad · **alle Rekorde schla[]gen** *(alles übertreffen)* · (hist.:) **jmdn. zum Ri[t]ter schlagen** *(jmdn. in den Ritterstand erheben)* · (ugs.:) **Schaum schlagen** *(prahlen, angeben)* · **eine Schlacht schlagen** *(in einer Schlacht gege[n] den Feind kämpfen)* · (ugs.:) **jmdm. ein Schnipp[]chen schlagen** *(durch seine Klugheit jmds. Ve[r]folgung entgehen; jmds. Absichten durchkreu[]zen)* · **mit der Faust auf den Tisch schlage[n]** *(energisch auftreten, vorgehen)* · **sich auf d[ie] andere/zur anderen Seite schlagen** *(sich seine[r] Überzeugung nach jmdm., einer Gruppe anschlie[]ßen)* · (ugs.:) **sich [seitwärts] in die Büsche schla[]gen** *(heimlich verschwinden)* · (ugs.:) **über di[e] Stränge schlagen** *(übermütig werden)* · **jmd[s.] letzte Stunde/letztes Stündlein hat geschlage[n]** *(jmd. liegt im Sterben)* · (Bergmannsspr. **schlagende Wetter** *(explosive Gemische vo[n] Grubengas als Ursache von Grubenunglücken)* · (ugs.:) **etwas in den Wind schlagen** *(etwa[s] Gutgemeintes nicht beachten):* sie hat unsere[n] Rat, alle Warnungen in den Wind geschla[]gen · **etwas schlägt einer Sache Wunden** *(e[t]was fügt einer Sache großen Schaden zu):* de[r] Krieg hatte der Stadt schwere Wunden ge[]schlagen · **Wurzeln schlagen: a)** ⟨etwas schläg[t] Wurzeln⟩ *(etwas bildet Wurzeln aus und wächst)* der Baum, die Pflanze hat Wurzeln geschlage[n]. **b)** (ugs.) *(allzu lange stehend warten müssen)* wir schlugen schon Wurzeln, bis sie endlic[h] kam. **c)** *(sich einleben, eingewöhnen):* es dauert[e] lange, bis sie in der neuen Umgebung Wurzel[n] s. konnte.

schlagend: *stichhaltig, überzeugend:* ein schla[]gender Vergleich; das ist ein schlagender Be[]weis; etwas s. widerlegen.

Schlager, der: **a)** *[international bekanntes] leichtes [sentimentales] kurzlebiges Erfolgslie[d]* einen S. singen, spielen, komponieren; sie hörte[n] den ganzen Tag Schlager. **b)** *etwas Zugkräftiges, was großen Erfolg hat, sich gut verkauft:* diese Ware ist ein S.; das Theaterstück war der S. der Saison.

Schlägerei, die: *Streit, bei dem sich die beiden Parteien gegenseitig verprügeln:* eine S. anfangen; es kam zu einer wilden, wüsten (ugs.) S.

schlagfertig: *immer zu einer treffenden Antwort fähig; voller Schlagfertigkeit:* ein schlagfertiger Redner; eine schlagfertige Antwort; er ist sehr s.; sie versteht es, s. zu antworten.

Schlaglicht, das ⟨in der Wendung⟩ etwas wirft ein bezeichnendes Schlaglicht auf etwas: *etwas ist bezeichnend für etwas:* dieser Plan wirft ein bezeichnendes S. auf seine Denkweise.

Schlagseite, die ⟨in der Wendung⟩ Schlagseite haben: **a)** (Seemannsspr.) *sich durch Wassereinbruch auf die Seite legen):* das Schiff hat S. **b)** (ugs.; *betrunken sein und schwanken*).

Schlagwort, das: *formelhafter Ausdruck für eine Idee, ein Programm:* das S. „Zurück zur Natur"; das S. von der Neuen Sachlichkeit; ein S. bei der Hand haben; mit Schlagworten um sich werfen.

Schlagzeile, die: *auffällige Überschrift eines Zeitungsartikels:* die Zeitungen brachten diese Sensation in großen Schlagzeilen. * **Schlagzeilen machen** *(über die Presse in der Öffentlichkeit besonderes Aufsehen erregen):* die Nachricht machte Schlagzeilen.

Schlamm, der: *schmutzige, dickflüssige Mischung aus Erde und Wasser:* den S. aufwühlen; die Füße aus dem S. ziehen; bis an, bis über die Knöchel im S. waten; im S. versinken, steckenbleiben; sie reinigten sich, ihre Schuhe vom S.

Schlamperei, die (ugs.): *Unordnung, Nachlässigkeit:* eine S. aufdecken; keine Schlampereien einreißen lassen, dulden; jetzt ist aber Schluß mit der S.!

schlampig (ugs.): *auffallend unordentlich; überaus nachlässig:* eine schlampige Frau; einen schlampigen Eindruck machen; ihr Haushalt ist sehr s.; der Mechaniker hatte s. gearbeitet.

Schlange, die: **1.** */ein Tier/:* eine giftige, harmlose S.; listig, falsch wie eine S. sein; sie züngelte wie eine S.; die S. zischt, gleitet über den Boden, richtet sich auf, ringelt sich zusammen; bei ihren Ausreden windet sie sich wie eine S. **2.** (abwertend) *Schimpfwort für eine falsche, heimtückische Frau:* sie ist eine richtige S.; diese S. hatte ihn betrogen. **3.** *lange Reihe von Wartenden:* es bildete sich schnell eine S.; vor den Läden standen lange Schlangen; sich ans Ende der S. stellen; sie reihten sich in die S. ein. * (geh.:) **eine Schlange am Busen nähren** *(einem Unwürdigen Gutes erweisen)* · **Schlange stehen** *(anstehen).*

schlängeln: 1. a) ⟨sich s.; mit Raumangabe⟩ *sich in Windungen bewegen:* die Blindschleiche, die Ringelnatter schlängelt sich durchs Gebüsch; übertr.: sie schlängelten sich durch die Menge nach vorn. **b)** ⟨etwas schlängelt sich; mit Raumangabe⟩ *etwas verläuft in einer Schlangenlinie:* der Fluß schlängelt sich durch das Tal, durch die Wiesen; der Zug schlängelte sich durch die Landschaft. **2.** (ugs.) ⟨sich aus etwas s.⟩ *sich mit Geschick aus etwas befreien:* er schlängelte sich aus der Affäre.

schlank: *hoch und schmal gewachsen oder geformt:* eine schlanke Gestalt, Figur; ein schlanker junger Mann; ein Mädchen von schlankem Wuchs; Obst ist gut für die schlanke Linie *(Schlankheit);* ein schlanker Hals; schlanke Hände, Arme, Beine; ein schlankes Reh; schlanke Pappeln, Birken, Säulen; sie ist s. wie eine Tanne *(sehr schlank);* das Kleid macht dich s. *(läßt dich schlank erscheinen);* man muß sich s. machen, um in der überfüllten Straßenbahn aneinander vorbeizukommen.

schlankweg (ugs.) ⟨Adverb⟩: *ohne Zögern:* er hat meinen Vorschlag s. abgelehnt.

schlapp: a) *kraftlos, schwach, matt:* einen schlappen Eindruck machen; ich bin, fühle mich s.; übertr.: *nachgiebig:* eine schlappe Haltung in einer Frage annehmen. **b)** *locker, schlaff:* die nasse Fahne hing s. am Mast.

Schlappe, die (ugs.): *Niederlage:* eine S. erleiden, einstecken müssen; sie hofften, dem Feind eine S. beizubringen, zuzufügen; der Ausgang des Prozesses brachte ihm eine schwere S.

schlappmachen (ugs.): *am Ende seiner Kräfte sein und nicht durchhalten:* viele Sportler machten wegen der großen Hitze schlapp; du darfst jetzt nicht s.!

schlau: 1. *intelligent und geschickt; klug, gewitzt:* ein schlauer Junge, Bursche, Betrüger; ein schlauer Kopf *(Mensch);* er ist ein schlauer Fuchs (ugs.; *Mensch*), Hund (derb; *Mensch*); so ein schlaues Aas! (derb; *Mensch*)!; eine schlaue Idee; einen schlauen Plan aushecken; (iron.:) sie tut immer sehr s.; (iron.:) das war sehr s. *(dumm, ungeschickt)!;* das hat er s. angefangen, angestellt, angepackt. **2.** (ugs.:) *angenehm, behaglich:* sich (Dativ) ein schlaues Leben machen; ich fühle mich ganz s. hier, dabei. * (ugs.:) **aus jmdm., etwas nicht schlau werden** *(nicht wissen, wie man jmdn., etwas einzuschätzen hat):* aus dir, aus deinen Worten kann ich beim besten Willen nicht s. werden.

Schlauch, der: **1. a)** *biegsame Röhre [aus Gummi]:* der S. am Wasserhahn, am Gasherd ist entzwei, undicht; einen S. aufrollen, an eine Leitung anschließen; er sprengte mit dem S. den Rasen. **b)** *Fahrrad-, Autoschlauch:* der S. hat ein Loch, ist kaputt (ugs.); einen S. aufpumpen, reparieren, kleben, flicken. **2.** (ugs.) *langer, schmaler Raum:* der dunkle S. des Korridors; das Zimmer ist ein S. * (ugs.:) **etwas ist ein Schlauch** *(etwas ist langwierig und mit Schwierigkeiten verbunden)* · (ugs.:) **wie ein Schlauch saufen** *(viel Alkohol trinken).*

schlauchen (ugs.) ⟨etwas schlaucht jmdn.⟩: *etwas beansprucht jmdn. sehr stark:* die Arbeit, das Training hat uns ganz schön geschlaucht.

schlecht: 1. *in Qualität und Art nicht gut, den Erwartungen nicht entsprechend; minderwertig, mangelhaft:* schlechte Ware, Arbeit; eine schlechte Leistung, Ernte; schlechtes Wasser, Bier, Essen; schlechter Wein; schlechte *(verbrauchte)* Luft; schlechtes *(regnerisches)* Wetter; schlechtes Deutsch; eine schlechte *(unleserliche)* Schrift; das ist ein schlechter *(kein wirklicher)* Trost; die Straßen sind in schlechtem Zustand; eine schlechte *(keine regelmäßige)* Verdauung haben; schlechte *(nicht die nötigen)* Umgangsformen besitzen; das Fleisch ist s. geworden *(ist verdorben);* der Gedanke, der Vorschlag, das ist nicht s. *(ist gut brauchbar);* s. sehen, hören; sich s. bei etwas unterhalten

(Langeweile verspüren); sie hat ihre Schularbeiten s. gemacht; die Sitze sind s. gepolstert; du bist s. *(nicht richtig)* unterrichtet; die Gaben sind s. *(ungerecht)* verteilt worden; das Geschäft geht s. *(es wird wenig verkauft);* er sieht s. *(elend, abgespannt)* aus; er staunte nicht s. *(wenig)*, als wir kamen; wir benötigen zehn Flaschen Wein, s. *(knapp)* gerechnet. **2.** *ungünstig, nicht glücklich, schlimm:* eine schlechte Nachricht; schlechte Zeiten; das ist ein schlechtes Zeichen; ein schlechter Eindruck; eine schlechte Stimmung, Laune; jmdm. einen schlechten Dienst erweisen; das wird eines Tages ein schlechtes Ende nehmen; er war s. beraten, in diesem Moment nachzugeben; er hat seine Untergebenen, das geliehene Buch s. behandelt; seine Sache steht s.; es steht s. um den Patienten; er hat es bei seinen Pflegeeltern sehr s.; es geht ihm s. *(er ist nicht gesund, hat finanzielle Schwierigkeiten);* du darfst nicht s. über ihn reden, von ihm denken; das Essen ist ihm s. bekommen; das wird ihm s. bekommen *(sich übel für ihn auswirken);* wir sind s. dabei weggekommen *(haben weniger als erhofft erhalten);* heute paßt es [mir], geht es s. *(ist es ungünstig, habe ich keine Zeit).* **3.** *unangenehm:* eine schlechte Angewohnheit, Eigenart; ein schlechter Geruch; das Essen schmeckt s. **4.** *böse; charakterlich, moralisch nicht gut:* ein schlechter Mensch, Charakter; einen schlechten Ruf haben; in schlechtem Ruf stehen; er ist durch diesen Umgang s. geworden; er hat s. an ihm gehandelt; subst.: er hat nichts Schlechtes im Sinn. **5.** *körperlich unwohl, übel:* mir ist ganz s.; ihm ist nach dem Essen s. geworden; bei diesem Geschwätz kann einem ja s. werden. **6.** *schwerlich, kaum:* dort kann ich s. absagen; diese Bitte kannst du ihm s. abschlagen; damit ist er nur s. zurechtgekommen. * (ugs.:) **bei jmdm. schlecht angeschrieben sein** *(bei jmdm. in schlechtem Ansehen stehen)* · (ugs.:) **etwas ist nicht von schlechten Eltern** *(etwas hat Format):* die Ohrfeige war nicht von schlechten Eltern · **schlecht und recht; mehr schlecht als recht** *(so gut es geht; mit großer Mühe):* er hat sich s. und recht, mehr s. als recht durchs Leben geschlagen · **schlecht auf jmdn. zu sprechen sein** *(jmdn. nicht leiden können; über jmdn. verärgert sein)* · **es bei jmdm., irgendwo schlecht treffen** *(bei jmdm., irgendwo in wenig günstige Verhältnisse kommen).*

schlechterdings ⟨Adverb⟩: *ganz und gar, durchaus:* es war mir s. unmöglich, früher dazusein; es war s. *(geradezu)* alles erlaubt.

schlechthin ⟨Adverb⟩: *geradezu, ganz einfach, überhaupt:* sein Verhalten war s. unverschämt; Shakespeare gilt als der Dramatiker s.

schlechtmachen ⟨jmdn., etwas s.⟩: *herabsetzen; Nachteiliges über jmdn., über etwas sagen:* sie hat mich bei ihm schlechtgemacht; er macht überall die Produkte der Konkurrenz schlecht.

schlecken (landsch.) ⟨etwas s.⟩: **a)** *lecken:* die Katze schleckt die Milch; die Kinder schleckten Eis; ⟨auch ohne Akk.⟩ laß mich auch mal [am Eis] s.! **b)** *naschen:* die Kinder schlecken gern Süßigkeiten.

schleichen: **1.** *sich leise und langsam fortbewegen:* **a)** die Schnecke schleicht; er schlich auf Zehenspitzen, um die Kinder nicht zu wecken; der Dieb ist ums Haus geschlichen; die Katze schleicht durch den Flur; der Fuchs schleicht nach Beute; bildl.: die Zeit schleicht *(vergeht nur langsam)* · adj. Part.: *verborgen; sich fast unbemerkt entwickelnd:* eine schleichende Inflation; ein schleichendes Fieber. **b)** ⟨sich s.; mit Raumangabe⟩ er schlich sich ins Haus. **2.** ⟨mit Raumangabe⟩ *sich mit schleppenden Schritten fortbewegen:* sie schlichen müde nach Hause; er kam über den Hof geschlichen.

Schleier, der: *Kopf oder Gesicht verhüllendes, durchsichtiges Gewebe:* den S. anstecken, ablegen, lüften, hochnehmen, vor dem Gesicht zurückschlagen; die Braut trug einen S.; ich sehe alles wie durch einen grauen S.; bildl.: der S. der Nacht; der dunkle S. der Zukunft. * (geh.:) **den Schleier nehmen** *(Nonne werden)* · **einen Schleier vor den Augen haben** *(undeutlich sehen)* · **den Schleier des Vergessens/der Vergessenheit über etwas breiten** *(etwas Unangenehmes, was man verziehen hat, vergessen sein lassen)* · **den Schleier** [**des Geheimnisses**] **lüften** *(ein Geheimnis enthüllen).*

schleierhaft ⟨in der Verbindung⟩ jmdm. ist/bleibt etwas s. (ugs.): *jmdm. ist, bleibt etwas rätselhaft, unerklärlich:* der Sinn seiner Worte blieb mir s.; wie er das fertiggebracht hat, ist mir heute noch s.

Schleife, die: **1. a)** *geschlungene Verknüpfung der Enden einer Schnur, eines Bandes:* eine S. binden, machen, lösen, aufziehen; er band die S. an seinem Schuh auf. **b)** *zu einer bestimmten Form geschlungenes Band:* eine S. im Haar tragen; statt einer Krawatte trug er eine S.; er bestellte einen Kranz mit S. **2.** *kreisförmig gekrümmte Kurve:* die Straße, der Fluß macht eine S.; das Flugzeug zieht, macht Schleifen.

[1]schleifen ⟨etwas s.⟩: **1. a)** *schärfen:* ein Messer, Beil, eine Schere, Sense s.; ein scharf geschliffener Dolch. **b)** *die Oberfläche von Glas o. ä. in bestimmter Form bearbeiten:* Edelsteine, Glas, Kristall s.; Brillengläser s.; adj. Part.: eine rund geschliffene Glasscheibe; übertr.: *ausgefeilt, formvollendet:* geschliffene Dialoge, Sätze. **2.** (ugs.) ⟨jmdn. s.⟩ *übertrieben hart ausbilden, aus Schikane drillen:* die Rekruten wurden so geschliffen, daß einige zusammenbrachen.

[2]schleifen: **1.** ⟨jmdn., etwas s.; meist mit Raumangabe⟩ *über den Boden hinweg ziehen:* Holzstämme an den Fluß, Kisten in den Keller s.; jmdn. an/bei den Haaren zum Henker s.; er hatte den Ohnmächtigen ins Freie geschleift; das Auto schleifte den Überfahrenen noch 50 m weit; übertr. (ugs.): *überreden, irgendwohin mitzukommen:* er schleifte ihn ins Kino, von Lokal zu Lokal. **2.** ⟨etwas schleift; meist mit Raumangabe⟩ *etwas berührt durch seine Bewegung den Boden o. ä.:* ihre Mäntel schleiften auf dem/am Boden, durch den Staub; das Schutzblech schleift am Reifen. **3.** ⟨etwas s.⟩ *niederreißen, dem Erdboden gleichmachen:* die Feinde schleiften die Festung, die Mauern der Stadt. * **die Zügel schleifen lassen** *(weniger streng sein).*

Schleim, der: *Produkt der Schleimdrüsen:* S. absondern; er hustete blutigen S.

schleimig: **1.** *aus Schleim zusammengesetzt; schleimartig:* schleimiger Auswurf; die Schnecke zog eine schleimige Spur über das Blatt. **2.** *un-*

terwürfig, kriecherisch, schmierig: er ist ein schleimiger Mensch, Geselle.

schlemmen: **a)** *gut, reichlich und ausgiebig essen [und trinken]:* sie saßen im Restaurant und schlemmten; die Gäste schlemmten auf der Hochzeit. **b)** ⟨etwas s.⟩ *genießerisch verzehren:* sie schlemmten Austern.

schlendern: *gemächlich gehen:* langsam, vergnügt, ohne Ziel durch die Straßen s.; ich bin durch den Hafen geschlendert.

Schlendrian, der (ugs.): *gewohnheitsmäßige, träge Art, Arbeitsweise:* am alten S. festhalten; aus seinem S. nicht herauskommen.

schlenkern: **1.** *etwas nachlässig hin und her schwingen:* **a)** ⟨mit etwas s.⟩ sie schlenkerten mit den Armen, Beinen; schlenkere nicht so mit dem Eimer! **b)** ⟨etwas s.⟩ die Arme, die Füße s.; er schlenkerte seine Handschuhe, eine Zeitung in der Hand; er schlenkerte *(schleuderte)* die Pantoffeln von den Füßen, in die Luft. **2.** *sich schwingend hin und her bewegen:* der Wagen begann in der Kurve zu s.; der Maxirock schlenkerte ihr um die Beine.

Schleppe, die: *am Boden nachschleifender Teil eines festlichen Kleides:* eine lange, seidene, rauschende S.; die S. heben, über den Arm nehmen, hochraffen; die jüngsten Nichten trugen die S. der Braut.

schleppen: **1. a)** ⟨etwas s.⟩ *mit großer Anstrengung tragen:* eine Last, schwere Säcke s.; Kisten in den Keller, auf den Boden s.; er schleppte seinen Koffer zum Bahnhof; bildl. (ugs.): du hast den alten Mantel jetzt lange genug geschleppt *(getragen)*. **b)** ⟨etwas schleppt etwas⟩ *etwas zieht etwas hinter sich her:* Netze (beim Fischen) s.; ein Dampfer schleppt die Lastkähne stromaufwärts. **c)** ⟨sich mit etwas s.⟩ *sich mit einer Last abmühen:* ich schleppe mich allein mit dem vielen Gepäck; ⟨auch ohne Präpositionalobjekt⟩ ich habe mich halb zu Tode geschleppt. **2. a)** ⟨sich s.; mit Raumangabe⟩ *sich mit großer Anstrengung irgendwohin bewegen:* sie schleppte sich in die Küche; der Kranke schleppte sich mühsam zum Bett; adj. Part.: *schwerfällig:* ein schleppender Gang; übertr.: eine schleppende Redeweise, Unterhaltung; ein schleppender Gesang; Kaufmannsspr.: der Absatz ist schleppend. **b)** ⟨etwas s.⟩ *mühsam fortbewegen:* er konnte seine Beine kaum noch s. **c)** (ugs.) ⟨jmdn. s.; mit Raumangabe⟩ *wider seinen Willen irgendwohin bringen, mitnehmen:* die Diebe wurden vor den Richter geschleppt; er schleppte seine Gäste von einer Sehenswürdigkeit zur anderen. **d)** ⟨etwas schleppt sich; mit Raumangabe⟩ *etwas zieht sich hin:* der Prozeß schleppt sich nun schon ins dritte Jahr. **3.** ⟨etwas schleppt⟩ *etwas hängt auf den Boden herab:* der Mantel, das Kleid schleppt.

Schlepptau, das ⟨in der Wendung⟩ ins Schlepptau nehmen: **a)** ⟨etwas ins Schlepptau nehmen⟩ *(mit einem Tau ziehen):* das Schiff wurde von einem größeren Dampfer ins S. genommen. **b)** (ugs.) ⟨jmdn. ins Schlepptau nehmen⟩ *(jmdm. helfen und ihn mit sich ziehen):* die begabten Schüler mußten die schwächeren ins S. nehmen.

schleudern: **1.** ⟨etwas s.⟩ **a)** *mit Schwung, mit Wucht werfen:* einen Ball s.; er hat den Diskus 50 m weit geschleudert; eine Flasche über Bord s.; er schleuderte das Buch in die Ecke, auf den/zu Boden; der Sturm hat das Dach der Laube in den Garten geschleudert. **b)** *in einer Schleuder, Zentrifuge bearbeiten:* Honig s.; die Wäsche wurde in der Waschmaschine geschleudert. **2.** ⟨etwas schleudert⟩ *etwas rutscht mit heftigem Schwung aus der Spur:* das Auto schleuderte [nach links]; subst.: der Wagen geriet, kam [auf dem nassen Asphalt] ins S. * **jmdm. etwas ins Gesicht/an den Kopf schleudern** *(jmdm. etwas direkt und frech sagen):* er hat ihm seine Meinung ins Gesicht geschleudert.

schleunig: *sehr schnell, so schnell wie möglich:* mit schleunigen Schritten; schleunige Hilfe tut not; er muß s. zurückkehren; dieser Beamte muß schleunigst verschwinden *(seines Amtes enthoben werden)*; er hielt es für besser, schleunigst zu verschwinden.

Schleuse, die: *Anlage zum Schleusen von Schiffen:* die Schleusen eines Flusses, Kanals; die Schleusen öffnen, schließen, sperren; das Schiff fährt in die S. bildl.: die Schleusen seiner Beredsamkeit öffnen; der Himmel öffnet seine Schleusen *(es regnet heftig)*.

schleusen: **a)** ⟨etwas s.⟩ *durch eine Schleuse bringen:* ein Schiff s. **b)** ⟨jmdn., etwas s.; mit Raumangabe⟩ *irgendwohin bringen, geleiten:* Flüchtlinge durch ein Lager s.; eine Wagenkolonne durch den Verkehr zum Bahnhof s.

Schliche, die ⟨Plural⟩ (ugs.): *listiges Vorgehen:* er kennt alle S.; wer hatte ihn auf ihre S. aufmerksam gemacht? * (ugs.:) **jmdm. auf die/hinter jmds. Schliche kommen** *(jmds. Methoden durchschauen)*.

schlicht: *einfach:* ein schlichtes Kleid; eine schlichte Mahlzeit; eine schlichte Rede; schlichte Leute; er hat ein schlichtes *(bescheidenes)* Wesen; er ist natürlich und s.; sie kleidet sich s.

schlichten ⟨etwas s.⟩: **1.** *einen Streit durch Vermittlung beenden:* einen Streit, Streitigkeiten, eine Angelegenheit s.; die Sache ist vor dem Friedensrichter geschlichtet worden; er griff schlichtend in ihre Auseinandersetzung ein. **2.** (Handw.) *glätten:* Holz, Metall, Leder s.; das Garn wurde für den Webstuhl geschlichtet.

schließen/vgl. geschlossen/: **1.** ⟨etwas s.⟩ *bewirken, daß etwas nicht mehr offen ist; zumachen:* eine Tür, die Fenster, Läden, einen Schrank, Koffer, Kasten, Deckel, die Augen, den Mund s.; eine Flasche [mit einem Korken] s.; sie half ihr, das Kleid zu s. *(die Knöpfe, den Reißverschluß des Kleides zuzumachen)*. **2. a)** ⟨etwas s.⟩ *nicht mehr geöffnet halten; den Betrieb von etwas einstellen:* ein Geschäft vorläufig s.; der Fleischer schließt seinen Laden mittwochs schon um 13 Uhr; die Schulen wurden wegen Ansteckungsgefahr geschlossen; die Post, der Schalter ist geschlossen; heute geschlossen! /*Schild an Geschäften, auf Ämtern o. ä.*/. **b)** ⟨etwas schließt⟩ *etwas stellt den Betrieb ein, ist nicht mehr geöffnet:* die Schulen schließen für vier Wochen; die Geschäfte schließen um 18 Uhr; der Bäcker *(die Bäckerei)* hat über Mittag geschlossen. **3. a)** ⟨etwas schließt sich⟩ *etwas geht zu:* die Blüten haben sich bereits geschlossen; die Tür hatte sich inzwischen wieder geschlossen; die Wunde hat sich noch nicht geschlossen *(ist noch nicht zugewachsen)*. **b)** ⟨etwas schließt; mit Artangabe⟩ *etwas geht in einer* *bestimmten Weise zu:* die Tür schließt gut, schlecht, schwer, nicht, von selbst; der Deckel schließt nicht richtig. **4. a)** ⟨jmdn., etwas in etwas s.⟩ *einschließen:* Geld in einen Kasten s.; der Gefangene wurde in eine Zelle geschlossen; bildl.: jmdn. in die Arme s. *(umarmen).* **b)** ⟨etwas an etwas s.⟩ *anschließen befestigen:* er schloß sein Fahrrad an das Geländer, den Hund an die Kette. **5.** ⟨etwas s.⟩ **a)** *ausfüllen, zumachen:* eine Lücke im Zaun s.; bildl.: dieses Buch schließt eine Lücke; ein Loch im Staatshaushalt s. **b)** *durch das Schließen einer Lücke o. ä. fertigstellen, nutzbar machen:* einen Damm s.; einen Stromkreis s. **6.** ⟨etwas s.⟩ *abschließen, eingehen:* mit jmdm. einen Vertrag, Bund, Vergleich, Kompromiß, ein Bündnis, Frieden s.; eine Ehe s. *(eingehen);* wir schlossen Freundschaft mit ihm. **7.** ⟨etwas s.⟩ *beenden:* eine Sitzung, Versammlung, Debatte, einen Brief s.; er schloß seine Rede mit folgenden Worten: ...; ⟨auch ohne Akk.⟩ er schloß *(beendete seinen Vortrag)* mit einem Zitat. **8.** ⟨etwas aus etwas s.⟩ *folgern:* das läßt sich [nicht] ohne weiteres aus seinen Worten, aus seinem Verhalten, aus den Anzeichen s.; daraus kann man s., daß...; ⟨auch: von etwas auf etwas s.⟩ du schließt von dir auf andere. **9.** ⟨etwas schließt mit etwas⟩ *etwas endet mit etwas:* der Prozeß schloß mit einem Freispruch; der Brief schloß mit einem freundlichen Gruß an die Familie. **10.** ⟨etwas schließt sich an etwas⟩ *etwas folgt auf etwas:* daran schloß sich ein Unterhaltungsprogramm; an den Vortrag schloß sich eine Diskussion. * (fam.:) **jmdn. ins Herz geschlossen haben** *(jmdn. sehr gern haben)* · (geh.; verhüll.:) **die Augen [für immer] schließen** *(sterben)* · **der Kreis schließt sich** *(ein Verdacht bestätigt sich immer mehr)* · **etwas schließt etwas in sich** *(etwas enthält noch etwas anderes):* diese Aussage schließt einen Widerspruch in sich.

schließlich ⟨Adverb⟩: *am Ende, zum Schluß; letzten Endes:* s. gab er nach; s. waren auch die letzten Gäste gegangen; ich bin ihm nicht böse, s. ist er nicht schuld an meinem Mißgeschick; (ugs.:) s. und endlich sind wir übereingekommen, die Reise zu verschieben.

Schliff, der: **1.** *das Geschliffensein in bestimmter Art:* der S. von Edelsteinen; das Glas hat einen feinen, schönen S. **2.** *gute Umgangsformen:* ihm fehlt jeder S.; jmdm. S. beibringen; er hat keinen S. **3.** *letzte Vollendung; endgültige Form:* dadurch kriegt die Sache erst [ihren] S.; die Mannschaft erhielt durch ihn den S. für das Länderspiel; er muß seinem Aufsatz noch den letzten S. geben.

schlimm: 1. *sich nachteilig auswirkend; übel, ungünstig:* ein schlimmer Fehler; eine schlimme Nachricht, Situation, Lage, Erfahrung, Vorbedeutung; schlimme Zustände, Zeiten; die Sache nahm eine schlimme Wendung; das nimmt noch einmal ein schlimmes Ende; sie haben ihm einen schlimmen Streich gespielt; es war nicht so s., wie ich fürchtete; das konnte schlimmer kommen [als es wirklich war]; [das ist] desto, um so schlimmer; das schlimmste war, daß er den Ernst der Lage völlig verkannte; der Streit ging s. aus; es steht s. mit ihm, um ihn; subst.: es gibt Schlimmeres als diesen Kummer; das Schlimmste *(Äußerste)* fürchten; sich auf das Schlimmste gefaßt machen; das Schlimmste haben wir hinter uns; wenn es zum Schlimmsten kommt, bin ich immer noch da, um euch zu helfen. **2.** *charakterlich, moralisch schlecht:* er ist ein schlimmer Bursche; er hat schlimme Gedanken; subst. (ugs.): du bist [mir] ja ein ganz Schlimmer! **3.** *krank, entzündet:* eine schlimme Hand, einen schlimmen Finger haben.

Schlinge, die: **a)** *leicht aufzuziehende, ineinander geschlungene Schnur:* die S. ist aufgegangen, gerissen; eine S. machen, zuziehen, lockern, aufziehen; er trug den Arm in der S. **b)** /ei[n] *Fanggerät/:* Schlingen legen; ein Hase hatte sich in der S. gefangen; es ist bei Strafe verboten, Tiere in der S. zu fangen. * **den Kopf au[s] der Schlinge ziehen** *(sich im letzten Augenblic[k] aus einer gefährlichen Lage befreien)* · **sich in de[r] eigenen Schlinge fangen** *(andern etwas antu[n] wollen und sich selbst dabei schaden)* · **den Ko[pf] in die Schlinge stecken** *(sich in Gefahr begeben)* **[bei jmdm.] die Schlinge zuziehen** *(das letzte tu[n] um jmdn. zu fassen).*

[1]schlingen: 1. a) ⟨etwas um jmdn., um etwa[s] s.⟩ *um jmdn., um etwas legen, binden:* eine[n] Schal, ein Tuch um den Hals, um die Schulter[n] s.; einen Bindfaden um ein Päckchen s.; si[e] schlang die Arme um ihn, um seinen Hals; ⟨sich (Dativ) etwas um etwas s.⟩ er schlan[g] sich den Zügel ums Handgelenk. **b)** ⟨etwas in/durch etwas s.⟩ *in/durch etwas winden:* Papierschlangen ins Haar s.; ⟨jmdm., sich etwa[s] in, durch etwas s.⟩ sie schlang sich Bänder in[s] Haar, durch das Kleid. **c)** ⟨etwas zu etwas s.⟩ *zu etwas binden, verknüpfen:* das Haar zu einem Knoten s. **d)** ⟨etwas s.⟩ *durch Verknüpfen he[r]stellen:* einen Knoten s. **2.** ⟨etwas schlingt sic[h] um etwas⟩ *etwas legt, windet sich um etwa[s]:* dichter Efeu schlingt sich um den Baum; ih[re] Arme schlangen sich um seinen Hals.

[2]schlingen (abwertend) ⟨[etwas] s.⟩: *gierig un[d] hastig essen:* schling nicht so!; er schlang sein[e] Suppe.

schlingern (Seemannsspr.) ⟨etwas schlingert⟩ *etwas schaukelt durch den Seegang um die Läng[s]achse:* das Schiff schlingerte auf der stürm[i]schen, hochgehenden See; übertr.: die Eisen[bahn]wagen schlingern auf den ausgefahrene[n] Geleisen.

Schlips, der: *Krawatte:* ein seidener S.; einen S[.] kaufen, auswählen, verschenken; einen S. tragen, binden, umbinden, festziehen, abbinden, ablegen, abnehmen; er faßte ihn am S. * (ugs.[:]) **jmdm. auf den Schlips treten** *(jmdn. beleidigen)*[:] mit deiner Bemerkung hast/bist du ihm tüchti[g] auf den Schlips getreten · (ugs.:) **sich** (Dativ) **auf den Schlips getreten fühlen** *(sich beleidig[t] fühlen).*

Schlitten, der: **1.** /*ein Fahrzeug mit Kufen*/: ei[n] mit Pferden bespannter S.; S. fahren; sich au[f] den S. setzen; die Kinder rodelten auf/mit ih[]ren Schlitten den Hang hinunter; übertr. (ugs.; abwertend): *Auto:* dieser S. fährt noc[h] über 100. **2.** (Technik) /*verschiebbarer Teil a[n] Maschinen*/: der S. der Schreibmaschine; da[s] Werkstück wird in den S. der Hobelmaschin[e] eingespannt. * (ugs.:) **mit jmdm. Schlitten fah[]ren** *(jmdn. hart und rücksichtslos behandeln).*

schlittern: *auf den Schuhen über das Eis gleiten*

rutschen: die Kinder hatten den ganzen Nachmittag geschlittert, waren über den gefrorenen Bach geschlittert; bildl.: das Auto schlitterte auf der regennassen Straße.

chlittschuh, der: *unter dem Schuh befestigte Stahlkufe, mit der man auf dem Eis läuft:* [jmdm., sich] die Schlittschuhe anschnallen, anschrauben, abschnallen; die Kinder laufen S.

chlitz, der: **a)** *längliche, schmale Öffnung; Spalt:* ein S. in einem Tor; er schob die Zeitung durch den S. des Briefkastens; seine Augen wurden zu schmalen Schlitzen. **b)** *Einschnitt in einem Kleidungsstück; Hosenschlitz:* sein Schlitz ist auf (ugs.), steht offen; er knöpfte seinen S. zu; das Abendkleid hatte einen langen seitlichen S.

Schloß, das: *Vorrichtung zum Verschließen:* das S. einer Tür, an einem Kasten, an einem Schrank; das S. schließt nicht, ist verrostet; ein S. einsetzen, anbringen, aufbrechen, reparieren; das ist nicht der richtige Schlüssel für dieses S.; der Schlüssel steckte im S.; die Tür fiel ins S. *(schlug zu).* * **hinter Schloß und Riegel** *(im Gefängnis; ins Gefängnis).*

Schloß, das: *Wohngebäude von Fürsten, Adligen:* ein altes, verfallenes S.; das Berliner S.; S. Gottorp; das S. von Mannheim; die Schlösser der Loire; ein S. restaurieren, abreißen, wieder aufbauen; sie besichtigten das S. * **ein Schloß im Mond** *(etwas, was nur in der Einbildung besteht).*

chlot, der: **1.** *Schornstein:* rauchende Schlote; die Schlote rauchen *(die Fabriken arbeiten)* wieder; (ugs.) wie ein Schlot rauchen/qualmen *(sehr stark rauchen).* **2.** (ugs.:) *ungehobelter Mensch:* so ein S.!; er ist ein S., aber wir brauchen ihn.

chlottern: 1. *heftig zittern:* sie schlotterte am ganzen Leib; schlotternd vor Angst, Kälte traten sie näher; ⟨etwas schlottert jmdm.⟩ die Glieder, die Knie schlotterten ihm vor Angst, Kälte, Fieber. **2.** ⟨etwas schlottert; mit Raumangabe⟩ *etwas hängt lose und weit um den Körper:* die Kleider schlottern um seinen Leib; ⟨etwas schlottert jmdm.; mit Raumangabe⟩ der Mantel schlotterte ihm um den mageren Körper, am Leib.

chlucht, die: *sehr tiefes, enges Tal:* unten in der S. rauschte ein reißender Fluß; er stürzte sich in die S.

chluchzen: *in heftigen Stößen weinen:* laut, herzzerreißend s.; schluchzend berichtete sie von dem schrecklichen Unfall; subst.: er brach in heftiges S. aus; ihre Worte wurden immer wieder von S. unterbrochen; bildl.: die schluchzenden Geigen *(das sentimentale Geigenspiel)* der Zigeuner.

chluck, der: *mit einem Mal geschluckte Flüssigkeitsmenge:* ein kleiner, großer, tüchtiger, kräftiger S.; einen S. nehmen, tun; gib mir einen S. Wasser, Kaffee!; gib mir einen S. zu trinken!; der Kranke trank in kleinen Schlucken.

chlucken: 1. ⟨etwas s.⟩ *vom Mund in den Magen bringen:* einen Bissen, eine Tablette s.; bei dieser Arbeit muß man viel Staub s.; er hat beim Schwimmen Wasser geschluckt; bildl.: er hat schon viel s. (ugs.; *hinnehmen*) müssen; der Konzern hat die kleinen Unternehmen geschluckt *(in sich aufgenommen, mit sich vereinigt);* die Modernisierung hat viel Geld geschluckt *(gekostet).* **2.** *Schluckbewegungen machen:* vor Halsschmerzen konnte er kaum s. * (ugs.:) **die bittere Pille schlucken** *(mit etwas Unangenehmem fertig werden)* · (ugs.:) **jmdm. eine bittere Pille zu schlucken geben** *(jmdm. etwas Unangenehmes sagen, zufügen).*

schludern (ugs.; abwertend): *unordentlich arbeiten:* bei deinen Hausaufgaben hast du geschludert; er hat [bei der Arbeit] geschludert.

Schlummer, der: *leichter [friedlicher] Schlaf:* ein leichter, erquickender S.; aus unruhigem S. auffahren; in ruhigem S. liegen; nach kurzem S. erwachte er.

schlummern: *leicht [und friedlich] schlafen:* das Kind schlummerte sanft; bildl.: wer weiß, was noch für Fähigkeiten in ihm schlummern *(sich in ihm entfalten können);* schlummernde Talente.

Schlund, der: **1.** *unterer Teil des Rachens:* ein enger, weiter, trockener S.; er hatte sich den S. verbrannt; ihm ist eine Gräte im S. steckengeblieben. **2.** (dichter.) *Abgrund, gähnende Tiefe:* der S. eines Kraters, des Meeres, der Hölle.

schlüpfen: 1. ⟨mit Raumangabe⟩ *sich schnell und geschmeidig [durch eine enge Öffnung] bewegen:* unter die Decke s.; das Küken schlüpft aus dem Ei; er schlüpfte durch die Tür, wieder in sein Versteck; bildl.: der Schwindler schlüpfte durch die Maschen des Gesetzes. **2. a)** ⟨in etwas s.⟩ *etwas schnell überziehen:* in einen Mantel, in die Kleider, Handschuhe, Schuhe, Pantoffeln s.; er schlüpfte zur Anprobe in den Anzug. **b)** ⟨aus etwas s.⟩ *etwas schnell ausziehen:* er schlüpfte aus den Schuhen.

schlüpfrig: a) *feucht und glatt:* schlüpfrige Wege; ein schlüpfriger Boden; die Schlange, der Aal hat eine schlüpfrige Haut; paß auf, der Weg ist hier s.! **b)** *anstößig, zweideutig:* schlüpfrige Reden, Witze; die Schilderung ist manchmal etwas s.; diese Szenen machen den Roman s.

schlurfen ⟨mit Raumangabe⟩: *gehen, indem man die Füße über den Boden schleifen läßt:* er schlurfte in Pantoffeln zur Tür, durch das Zimmer; die alte Frau schlurfte nach Hause; schlurfende Schritte.

schlürfen: a) ⟨etwas s.⟩ *geräuschvoll [und mit Genuß] in kleinen Schlucken trinken:* die Suppe, den Kaffee s.; er schlürfte behaglich seinen Wein; übertr.: *genießen:* sie schlürften in vollen Zügen die Waldluft. **b)** *schlürfende Laute von sich geben:* er schlürft immer beim Essen; schlürf nicht so!

Schluß, der: **1.** *Ende, Abschluß:* ein plötzlicher, unerwarteter, überraschender S.; der S. des Buches ist unverständlich; S. für heute!; und damit S.!; nun ist aber S.! */Aufforderung, mit etwas aufzuhören, als Ausdruck des Ungehaltenseins/;* er hat kürzlich mit dem Rauchen S. gemacht; am /zum S. des Jahres; am S. des Zuges befinden sich die Kurswagen nach Saarbrücken; er war am S. seiner Ausführungen angelangt; gegen, nach, vor, [bis] zum S. der Vorstellung; sie blieben bis zum S. *(bis zuletzt);* damit komme ich zum S. meines Vortrages; zum/am S. der Debatte sprach er nochmals. **2.** (Handw.) *dichtes Schließen:* die Türen, Fenster haben einen guten S. **3.** *Folgerung; Ergebnis einer Überlegung:* ein logischer, richtiger S.; das ist ein, kein zwingender S.; der S. ist allzu kühn; einen falschen, voreiligen S. aus etwas ziehen; das läßt weitreichende Schlüsse zu; zu diesem S. kamen die meisten Konferenzteilnehmer; Redensart: das ist der Weisheit letzter S. * **Schluß machen: a)** *(aufhören; Feierabend machen, seine Tagesarbeit beenden).* **b)** (ugs.; *sich das Leben nehmen*) · **mit jmdm. Schluß machen** *(ein Liebesverhältnis, eine Freundschaft lösen).*

Schlüssel, der: *Gegenstand zum Schließen und Öffnen eines Schlosses:* ein passender, verrosteter S.; der S. dreht sich, steckt im Schloß, liegt unter der Fußmatte; einen S. anfertigen, zufeilen, umdrehen, abziehen, steckenlassen, einstecken, verlieren, ins Schloß stecken, [im Schloß] abbrechen; jmdm. einen S. aushändigen; der Baumeister übergibt dem Bauherrn die Schlüssel des fertigen Gebäudes; der Bart des Schlüssels ist abgebrochen; übertr.: **a)** *Mittel zum Verständnis:* dieser Brief war der S. für ihr/zu ihrem Verhalten; er glaubt, daß er allein den S. zu dieser Wahrheit besitzt. **b)** *Chiffrenschlüssel:* ohne S. ist dieses Telegramm nicht zu lesen. **c)** *Verteilerschlüssel:* der S. für die Aufteilung der Steuern auf Länder und Gemeinden. **d)** *Notenschlüssel:* in welchem S. ist die Melodiestimme geschrieben?

Schlüsselstellung, die: *beherrschende, zentrale Position:* eine S. innehaben; die Autoindustrie nimmt die S. der amerikanischen Wirtschaft ein; jmdn. in eine S. bringen, einsetzen.

schlüssig: *überzeugend, zwingend:* schlüssige Beweise, Folgerungen; die Beweiskette war s. * **sich** (Dativ) **schlüssig sein** *(entschlossen sein):* ich bin mir noch immer nicht s., ob ich es tun soll · **sich** (Dativ) **schlüssig werden** *(sich entscheiden):* er kann sich nicht [darüber] s. werden.

Schlußpunkt, der ⟨in der Wendung⟩ einen Schlußpunkt unter/hinter etwas setzen: *etwas Unangenehmes endgültig beendet sein lassen:* sie wollten einen S. unter das Vergangene, Gewesene setzen.

Schlußstrich, der ⟨in der Wendung⟩ einen Schlußstrich unter etwas ziehen: *etwas Unangenehmes endgültig beendet sein lassen:* man sollte einen S. unter die Sache ziehen.

Schmach, die: *Erniedrigung, Schande:* dieser Friede ist eine S. für jeden Patrioten; es ist eine S. und Schande, wie sie behandelt werden; S. erleiden, ertragen, erdulden; jmdm. eine S. antun, zufügen; etwas als S. empfinden; er konnte die S. nicht länger ertragen.

schmachten (geh.): **a)** *Qualen leiden:* die Gefangenen schmachten schon lange unschuldig hinter Kerkermauern; sie schmachten vor Hunger, Durst, Hitze. **b)** ⟨nach jmdm., nach twas s.⟩ *sich heftig sehnen:* nach der Geliebten, nach Hilfe, nach einem Tropfen Wasser, nach einem Trunk s.; bildl.: das Land schmachtet nach Regen; adj. Part.: ein schmachtender *(hingebungsvoller)* Blick.

schmächtig: *klein, schmal und schwächlich:* ein schmächtiger Junge; von schmächtiger Gestalt sein; sie ist für ihr Alter zu s.

schmackhaft: *gut schmeckend:* schmackhafte Speisen; das Essen war s. [zubereitet]. * (ugs.:) **jmdm. etwas schmackhaft machen** *(jmdm. etwas als annehmbar oder erstrebenswert darstellen).*

schmähen (geh.) ⟨jmdn. s.⟩: *mit verächtlich Reden beleidigen:* seinen Gegner s.; man schmä te ihn als Ketzer.

schmählich: *Schmach zufügend; schändlich:* ei schmähliche Behandlung; ein schmähliche Fiasko (bildungsspr.); er hat dabei eine schmä liche Rolle gespielt; sein Ende war s.; sie hab ihn s. im Stich gelassen; ich habe mich s. g täuscht.

schmal: 1. *nicht besonders breit, von geringer Bre te:* ein schmaler Weg, Steg; eine schmale Brück Tür; ein schmales Fenster; ein schmales Gesich sie hat schmale Hände, Füße, Hüften; sie ve suchten, den See an der schmalsten/(seltene schmälsten Stelle zu durchschwimmen; er h ein schmales *(dünnes)* Bändchen Gedichte ve öffentlicht; dieses Zimmer ist noch schmale schmäler; du bist s. *(sehr dünn)* geworden; sieht s. *(blaß und elend)* aus. **2.** (geh.) *gerir karg:* ein schmales Einkommen; schmale Kos die Rente war nur s.

schmälern ⟨etwas s.⟩: *verringern, verkleiner* jmds. Erfolg, Verdienste, Rechte s.; Bäun schmälern den Ertrag der Weideflächen; ⟨jmdı etwas s.⟩ niemandem soll das Vergnügen g schmälert werden.

Schmalhans ⟨in der Wendung⟩ bei jmdm./i gendwo ist Schmalhans Küchenmeister (ugs *jmd. kann aus finanziellen Gründen nicht v Geld auf das Essen verwenden:* in ihrer kind reichen Familie ist S. Küchenmeister.

Schmalz, das: *ausgelassenes tierisches Fett:* auslassen, auskochen; Pfannkuchen werden S. gebacken; sie brät mit S.; bildl. (ugs.): Schlager mit viel S. *(voller Sentimentalität);* singt immer mit S. *(kitschig-gefühlvoll).*

schmalzig (ugs.): *allzu gefühlvoll; sentiment* eine schmalzige Stimme; das Lied war s.; sang viel zu s.

Schmarren, der: **a)** (landsch.) *[eine Mehlspeis* einen S. zubereiten, essen. **b)** (ugs.) *wertlo geistiges Produkt:* das Theater-, Musikstück w ein vollendeter S.; einen solchen S. würde i mir nicht ansehen; das geht dich einen S. *(geht dich gar nichts an).*

schmatzen: *schmatzende Laute von sich gebe* beim Essen s.; du sollst nicht s.!

schmausen: a) *mit großem Genuß essen [u trinken]:* wir mußten zusehen, wie sie schma sten. **b)** ⟨etwas s.⟩ *mit Genuß verzehren:* die F milie schmauste ihre Weihnachtsgans.

schmecken: 1. ⟨etwas s.⟩ *den Geschmack v etwas feststellen:* wenn ich Schnupfen ha schmecke ich nichts; man schmeckt das Gewü in der Suppe deutlich; sie schmeckten das S des Meeres auf den Lippen; schmeck *(probie* mal, ob das Fleisch genügend gesalzen i **2. a)** ⟨etwas schmeckt; mit Artangabe⟩ *etw ruft einen bestimmten Geschmack hervor:* ei Speise schmeckt süß, bitter, sauer, schlecht, a angebrannt; das schmeckt [gut]; der W schmeckt nach [dem] Faß, nach dem Korke das Fleisch schmeckt nach mehr (ugs.; *schme so gut, daß man mehr davon essen möchte*). **b)** ⟨ was schmeckt jmdm.; meist mit Artangab *etwas mundet jmdm.:* das Essen schmeckte il [gut]; es schmeckt mir ausgezeichnet; er l es sich (Dativ) s.; dem Kranken wollte d Haferschleim nicht so recht s.; Redensar wenn es am besten schmeckt, soll man aufhören; übertr. (ugs): die Arbeit schmeckt *(ge-ällt)* ihm nicht; die Sache schmeckt nach Betrug *(offensichtlich steckt ein Betrug hinter der Sache)*.

chmeichelei, die: *Äußerung, mit der man jmdm. schmeichelt:* jmdm. Schmeicheleien sagen, zuflüstern; auf Schmeicheleien hereinfallen; sie versuchten, durch Schmeicheleien seine Gunst zu erringen.

chmeichelhaft: *ehrend; das Ansehen, Selbstbewußtsein hebend:* ein schmeichelhaftes Lob, Angebot; seine Worte waren nicht sehr s. für sie; diese Äußerung klang nicht gerade s.

chmeicheln: **1.** ⟨jmdm., einer Sache s.⟩ **a)** *jmds. Vorzüge in übertriebener Weise hervorheben:* allen Leuten s.; du mußt seiner Eitelkeit s. *(durch Schmeicheln entgegenkommen);* solche Ansichten schmeicheln der Menge; er schmeichelte ihr, sie sei eine große Künstlerin; ich schmeichle mir, das gut gemacht zu haben; ⟨auch ohne Dativ⟩ sie versteht zu s., wenn sie etwas haben will · adj. Part.: sie bat ihn schmeichelnd; ich fühlte mich, war sehr geschmeichelt *(geehrt).* **b)** *schöner machen, darstellen, als jmd., etwas ist:* der Maler hat ihr auf dem Bild geschmeichelt; das Foto schmeichelt ihr; der Hut schmeichelt ihr, ihrem Gesicht *(paßt sehr gut zu ihr, zu ihrem Gesicht);* adj. Part.: das Bild ist entschieden geschmeichelt *(zu vorteilhaft).* **2.** ⟨sich in etwas s.⟩ *sich jmds. Wohlwollen erschleichen:* er hat sich in ihr Herz geschmeichelt.

chmeißen (ugs.): **1. a)** ⟨jmdn., sich, etwas s.; mit Raumangabe⟩ *werfen:* jmdn. ins Wasser, über Bord s.; ein Glas an die Wand s.; er hat sich auf das Bett geschmissen; der Mörder schmiß die Waffe in einen Teich; ⟨jmdm. etwas s.; mit Raumangabe⟩ er schmiß ihm einen Aschenbecher an den Kopf. **b)** ⟨mit etwas s.⟩ *werfen:* er hat mit Steinen [nach mir] geschmissen; sie schmissen mit Schneebällen nach den Passanten. **2.** ⟨etwas s.⟩ *ausgeben, spendieren:* eine Lage, eine Runde Bier s. **3.** ⟨etwas s.⟩ *verderben, zum Mißerfolg führen:* seine Rolle s.; er hat die ganze Aufführung, Vorstellung geschmissen. * (ugs.:) **den Laden/die Sache schmeißen** *(eine Aufgabe schaffen, bewältigen* · (ugs.:) **jmdm. etwas vor die Füße schmeißen** *(sich weigern, etwas weiterzuführen, zu erledigen)* · (ugs.:) **sich jmdm. an den Hals schmeißen** *(sich jmdm. aufdrängen)* · (ugs.:) **mit [dem] Geld um sich schmeißen** *(verschwenderisch sein).*

hmelz, der: **1.** *Glasur, Emaille:* Metall mit S. überziehen. **2.** *oberste Zahnschicht:* der S. der Zähne schimmert weiß, ist beschädigt. **3.** *weicher Glanz:* der S. der Jugend ist verblaßt; er hatte eine Stimme mit/von wunderbarem S.

hmelzen/vgl. schmelzend/: **1.** ⟨etwas schmilzt⟩ *etwas wird unter Einfluß von Wärme flüssig:* das Blei schmilzt; das Eis, der Schnee ist [an der Sonne] geschmolzen; bildl.: unsere Zweifel waren geschmolzen *(geschwunden);* sein hartes Herz, sein harter Sinn, sein Trotz schmolz allmählich *(er gab allmählich nach).* **2.** ⟨etwas s.⟩ *durch Wärme flüssig machen:* Erz, Eisen, Metall s.; geschmolzenes Blei, Wachs.

hmelzend: *weich, warm:* eine schmelzende Stimme; der Gesang der Nachtigall ist, klingt s.

hmerz, der: *quälende körperliche oder seelische Empfindung:* ein rasender, stechender, brennender, furchtbarer, schrecklicher, bohrender, wilder, lästiger, heftiger, flüchtiger, dumpfer S.; körperliche, seelische Schmerzen; der S. der Enttäuschung; die Schmerzen sind ganz plötzlich ausgebrochen; die Schmerzen peinigten, überwältigten, überfielen sie; seine Schmerzen vergingen, klangen ab, ließen nach, wurden schwächer; (ugs.:) S., laß nach! */Ausruf der Verwunderung, des Unwillens/* · Schmerzen haben, spüren, fühlen, [er]leiden, [er]dulden, ertragen, auf sich nehmen, verbergen, lindern; er empfand tiefen S. über ihre Unaufrichtigkeit; er hat sich (Dativ) die Schmerzen verbissen; Redensart (ugs.): hast du sonst noch Schmerzen *(noch andere schwer erfüllbare Wünsche)?* · ich gab mich meinem S. *(Kummer)* hin; sein Tod erfüllte uns mit S.; er erkannte mit Schmerzen/voller S. *(mit Bedauern),* daß alle Ermahnungen nichts nützten; jmdn. mit Schmerzen *(sehnlichst)* erwarten; der Künstler arbeitete zuletzt ständig unter Schmerzen; er war fast wahnsinnig vor S.; sie stöhnten, vergingen fast vor Schmerzen.

schmerzen: **1.a)** ⟨etwas schmerzt⟩ *etwas tut weh:* der Zahn, die Wunde schmerzt. **b)** ⟨etwas schmerzt jmdm./jmdn.⟩ *etwas verursacht jmdm. körperlichen Schmerz:* mir/mich schmerzt die Schulter; die Füße haben mir/mich geschmerzt; der Kopf schmerzte ihm/ihn von den vielen Eindrücken. **2.** ⟨etwas schmerzt jmdn.⟩ *etwas erfüllt jmdn. mit Kummer:* sein schroffes Verhalten, der Verlust, dieser Gedanke schmerzte sie sehr; es schmerzt mich, daß er mir nicht vertraut; ⟨auch ohne Akk.⟩ eine solche Erkenntnis schmerzt natürlich.

schmerzhaft: *körperlichen Schmerz verursachend:* eine schmerzhafte Wunde, Krankheit; die Operation war sehr s.; das Erleben trat immer wieder s. in ihr Bewußtsein.

schmerzlich: *seelischen Schmerz verursachend:* ein schmerzlicher Verzicht, Verlust; eine schmerzliche Erfahrung, Wahrheit; ein schmerzliches *(sehnsüchtiges)* Verlangen; es war sehr s. für sie; es ist mir s. (geh.; *es tut mir sehr leid*), dir das sagen zu müssen; das hat mich s. getroffen; sie war s. davon berührt *(es bereitete ihr Kummer);* er wurde s. *(sehr)* vermißt.

schmerzlos: *keinen körperlichen Schmerz verursachend:* eine schmerzlose Behandlung, Geburt; die Operation war, verlief fast s.; er ließ sich den Zahn s. ziehen. * (ugs.:) **kurz und schmerzlos** *(ohne viel Umstände):* die Besprechung verlief kurz und schmerzlos.

Schmetterling, der: */ein Insekt/:* ein bunter, gelber S.; Schmetterlinge flattern, gaukeln (geh.) über den Blumen; sie sammeln Schmetterlinge.

schmettern: **1.** ⟨jmdn., etwas s.; mit Raumangabe⟩ *mit Wucht irgendwohin schleudern, schlagen:* ein Glas an die Wand s.; der Fahrer wurde gegen den Pfeiler geschmettert; ein Stein schmetterte ihn zu Boden; er schmetterte die Tür ins Schloß *(schlug sie mit Wucht zu);* ⟨jmdm. etwas s.; mit Raumangabe⟩ er schmetterte ihm die Flasche auf den Kopf. **2.a)** ⟨etwas schmettert⟩ *etwas schallt laut:* die Trompeten schmetterten; schmetternde Fanfaren. **b)** *laut singen:* die Vögel schmetterten; ein schmetternder Tenor. **c)** ⟨etwas s.⟩ *laut erklingen lassen:* die Rekruten schmetterten ein Lied. * (ugs.:) **einen schmettern** *(Alkohol trinken)*.

Schmied, der: *Handwerker, der Eisen bearbeitet:* der S. beschlägt die Pferde [mit Hufeisen]; Sprichw.: jeder ist seines Glückes S.

Schmiede, die: *Werkstattbetrieb des Schmiedes:* sie brachten ihre Pferde zum Beschlagen in die S. * (ugs.:) **vor die rechte Schmiede gehen** *(sich an die richtige Stelle wenden)*.

schmieden ⟨etwas s.⟩: **a)** *aus glühendem Metall mit einem Hammer formen:* ein Hufeisen, Nägel, eine Klinge s. **b)** *in glühendem Zustand mit einem Hammer bearbeiten:* er schmiedete das Eisen zu einer Klinge; Sprichw.: man muß das Eisen s., solange es heiß ist *(man muß den rechten Augenblick nutzen)*; übertr.: Pläne schmieden *(Pläne entwerfen)*; (geh.:) Ränke schmieden *(etwas ersinnen, um jmdm. zu schaden)*; (scherzh.:) Verse schmieden *(schlecht dichten)*.

schmiegen ⟨sich s.; mit Raumangabe⟩: *sich dicht an jmdn., an etwas legen:* das Kind schmiegt sich an die Mutter, in ihre Arme; das Kleid schmiegt sich an den Körper; sie saß, in die Sofaecke geschmiegt, und las; bildl.: das Haus schmiegt sich an den Hang.

Schmiere, die (ugs.): **1. a)** *Fett zum Schmieren:* mit S. den Wagen, die Achse einfetten. **b)** *klebrige, schmutzige Masse:* das ausgelaufene Öl bildet auf der Straße eine gefährliche S.; was für eine S. hast du denn am Ärmel? **2.** *primitives Theater; Wanderbühne:* er begann seine Laufbahn an einer S. * (ugs.:) **[bei etwas] Schmiere stehen** *(bei etwas Unerlaubtem aufpassen und warnen, wenn jmd. kommt)*.

schmieren: 1. ⟨etwas s.⟩ *mit Fett oder Öl leicht gleitend machen:* eine Achse, einen Wagen s. **2. a)** ⟨etwas s.; mit Raumangabe⟩ *auf etwas streichen:* Butter auf das Brot, Sonnenöl auf die Haut, Salbe auf die Wunde, Lehm in die Fugen s.; ⟨jmdm., sich etwas s.; mit Raumangabe⟩ er schmierte sich Pomade ins Haar. **b)** ⟨etwas s.⟩ *bestreichen:* Butterbrote, Brötchen s.; sie schmierten den Kindern, für die Kinder Brote mit Leberwurst. **3.** (ugs.; abwertend) **a)** ⟨etwas s.⟩ *unsauber schreiben, sudeln:* etwas ins Heft s.; sie haben Parolen an die Wände geschmiert; ⟨auch ohne Akk.⟩ der Schüler schmiert fürchterlich. **b)** ⟨etwas schmiert⟩ *etwas macht Flecken, macht alles unsauber:* der Kugelschreiber, die Feder, das Kohlepapier schmiert. **4.** (ugs.; abwertend) ⟨jmdn. s.⟩ *bestechen:* man hat den Beamten, den Gefängniswärter [mit Geld] geschmiert. * (ugs.:) **etwas geht wie geschmiert** *(etwas geht reibungslos, ohne Schwierigkeiten)* · (ugs.:) **jmdm. Brei/Honig um den Bart/ums Maul/um den Mund schmieren** *(jmdm. schmeicheln)* · (ugs.:) **jmdm. etwas aufs Butterbrot schmieren** *(jmdm. etwas als Vorwurf überdeutlich sagen)*: immer wieder schmiert sie mir aufs Butterbrot, worauf sie alles meinetwegen verzichten mußte · (ugs.:) **jmdm. eine schmieren** *(jmdm. eine Ohrfeige geben)*.

schmierig: 1. *voller Schmiere; klebrig, schmutzig:* eine schmierige Schürze; meine Hände sind ganz s.; seine Jacke sieht immer s. aus; übertr.: er hat schmierige *(unsaubere, zweifelhafte)* Geschäfte gemacht. **2.** (ugs.) *widerlich-freundlich:* ein schmieriger Kerl; er lächelte s.

Schminke, die: *kosmetisches Mittel zum Färben der Haut; Make-up:* die S. verläuft; S. auftragen, auflegen, abwaschen, entfernen.

schminken ⟨jmdn., sich, etwas s.⟩: *Schmink auftragen:* einen Schauspieler vor dem Auftri s.; sie hatte sich leicht, kräftig geschminkt; s schminkte nur die Lippen; ⟨jmdm., sich etwa s.⟩ sie schminkte sich das Gesicht.

schmissig (ugs.): *schwungvoll, flott:* schmissig Musik; die Zeichnung war s.; die Kapelle spielt s.

Schmöker, der (ugs.; abwertend): *Buch:* ei alter, dicker S.; er liest schon wieder so eine S.

schmökern (ugs.): **a)** *sich in unterhaltsame Lek türe vertiefen:* wahllos s.; er schmökerte in alte Zeitschriften. **b)** ⟨etwas s.⟩ *lesen:* sie schmöke gern Kriminalromane.

schmollen (fam.): *aus Unwillen über jmdn. ge kränkt schweigen:* mit jmdm. s.; adj. Part schmollende Zurückhaltung; sie verzog schmo lend den Mund.

schmoren: a) ⟨etwas s.⟩ *anbraten und mit wen Wasser gar kochen:* sie schmorte Fleisch, eine Braten. **b)** ⟨etwas schmort⟩ *etwas wird nach de Anbraten mit wenig Wasser gar gekocht:* d Fleisch schmort im Topf; eine Ente, Gans, d Braten schmorte im Herd; bildl. (ugs.): sie h ben in der Sonne geschmort. * (ugs.:) **jmd. schmoren lassen** *(jmdm. zuerst nicht aus sein Verlegenheit helfen)* · (ugs.:) **etwas schmoren la sen** *(etwas liegenlassen, noch nicht bearbeiten)*: ließ den Antrag erst einmal schmoren.

Schmu, der ⟨in der Wendung⟩ Schmu mache (ugs.): *bei etwas betrügen, nicht ganz ehrlich sei* im Spiel, mit dem Trinkgeld S. machen.

schmuck (geh.): *von strahlend sauberem Äußere hübsch:* ein schmuckes Mädchen, Paar, Schi eine schmucke Tracht; das Haus war, wirk durch den neuen Anstrich noch schmucker.

Schmuck, der: **1.** *am Körper getragene schmü ckende Gegenstände:* silberner, goldener, kostb rer, wertvoller, alter, ererbter S.; S. besitze tragen, anlegen, umtun; den S. ablegen, verwa ren, versichern [lassen]; alten S. umarbeiten la sen; du darfst dich nicht mit soviel S. behäng (ugs.). **2.** *schmückende Ausstattung:* der gärtn rische S. eines Ortes; die Stadt zeigte sich im der Fahnen; die prächtige Balkonbepflanzu trug zum S. des Hauses bei.

schmücken: a) ⟨jmdn., sich, etwas s.⟩ *festli herrichten, ausstatten; verschönern:* ein Haus, d Straßen mit Girlanden, den Weihnachtsbau mit Lametta s.; die Braut s.; die kleinen Mä chen schmückten sich mit Blumenkränzen; d Tafel war reich, festlich geschmückt. **b)** ⟨etw schmückt jmdn., etwas⟩ *etwas dient als Schmu für jmdn., für etwas; etwas verschönert jmd etwas:* ein paar Erinnerungsstücke schmück seinen Schreibtisch; ein großer Diama schmückte ihren Hals; adj. Part.: ein schmü ckendes Beiwort; auf schmückendes Beiwe verzichten. * **sich mit fremden Federn schmü ken** *(Verdienste anderer als eigene ausgeben)*.

Schmuggel, der: *illegale Ein- oder Ausfuhr v. zollpflichtigen Waren:* S. treiben; den S. bekäm fen; beim S. ertappt werden; sie lebten vom

schmuggeln: a) ⟨etwas s.⟩ *mit etwas Schmug treiben:* Diamanten, Kaffee s.; sie schmuggelt Waffen; ⟨auch ohne Akk.⟩ hier an der Gren schmuggeln alle. **b)** ⟨jmdn., sich, etwas s.; mit Raumangabe⟩ *heimlich über die Grenze, durch eine Kontrolle oder Sperre bringen:* etwas ins Lager s.; er mußte versuchen, ihn aus dem Haus zu s., bevor man Verdacht schöpfte; mit einer Bahnsteigkarte schmuggelte er sich in den Alpenexpreß.

chmunzeln: *belustigt, verständnisvoll, befriedigt in sich hinein lächeln:* freundlich, selbstgefällig s.; er schmunzelte über meine Bemerkung; ein schmunzelndes Gesicht machen; subst.: ein wohlgefälliges Schmunzeln verklärte sein Gesicht.

chmutz, der: *verunreinigender Stoff; Dreck:* der S. der Straße; den S. zusammenkehren, auffegen, aufwischen, abwaschen, von den Schuhen abkratzen, von den Fensterscheiben wischen; die Handwerker haben großen S. in der Wohnung hinterlassen; diese Arbeit macht keinen S.; in den S. fallen; er war über und über mit S. bedeckt; du mußt dich vom S. reinigen; vor S. starren. * **jmdn. mit Schmutz bewerfen** *(jmdn. verleumden)* · **etwas in den Schmutz ziehen/treten** *(etwas verleumden, herabsetzen):* jmds. guten Namen in den Schmutz ziehen, treten · **Schmutz und Schund** *(minderwertige geistige Produkte, die einen schlechten Einfluß ausüben).*

hmutzen ⟨etwas schmutzt⟩: *etwas nimmt Schmutz an:* das weiße Kleid, der helle Stoff schmutzt leicht, schnell.

hmutzig: 1. *mit Schmutz behaftet, unsauber:* schmutzige Hände, Füße, Kleider; schmutzige Wäsche; schmutzige *(Schmutz verursachende)* Arbeit; ein schmutziges Gesicht; der frisch gewaschene Pullover war schon wieder s.; sich nicht gern s. machen *(sich nicht gern an praktischen Arbeiten beteiligen);* du hast deinen Anzug s. gemacht; übertr.: schmutzige *(unklare, nicht reine)* Farben. **2.** *unanständig:* schmutzige Worte, Reden; ein schmutziger Witz; ein schmutziges Lachen; schmutzige *(unredliche)* Geschäfte; ein schmutziger *(ungerechtfertigter, unmoralischer)* Krieg; seine Gesinnung war s. (ugs.:) **schmutzige Wäsche [vor anderen Leuten] waschen** *(mißliche private Angelegenheiten vor anderen ausbreiten)* · (ugs.:) **sich** (Dativ) **nicht gern die Finger schmutzig machen** *(sich nichts zuschulden kommen lassen, sich an keiner ungesetzlichen Sache beteiligen).*

hnabel, der: **1.** *den Vögeln zur Nahrungsaufnahme dienendes, längliches, spitzes Gebilde:* ein langer, spitzer, krummer, harter, starker, dicker, breiter S.; den S. [weit] aufsperren, aufreißen; den S. wetzen; mit dem S. nach etwas hacken. . (ugs.) *Mund:* sperr, mach mal deinen S. auf! (ugs.:) **den Schnabel halten** *(still sein):* halt den S.! · (ugs.:) **den Schnabel aufmachen/aufsperren** *(etwas sagen, zu etwas nicht länger schweigen):* mach den S. auf, wenn dir etwas nicht paßt! · (ugs.:) **reden, wie einem der Schnabel gewachsen ist** *(freiheraus, ungeziert sprechen)* · (ugs.:) **sich** (Dativ) **den Schnabel verbrennen** *(etwas Unvorsichtiges sagen und sich damit schaden)* · (ugs.:) **seinen Schnabel an anderen Leuten wetzen** *(boshaft über andere sprechen).*

nalle, die: *Vorrichtung zum Schließen von Gürteln, Taschen u. a.:* eine S. öffnen, schließen, auf-, zumachen; die Schuhe wurden seitlich mit einer S. geschlossen.

schnallen ⟨jmdn., etwas s.; mit Raum- oder Artangabe⟩: *mit einer Schnalle befestigen:* den Rucksack auf den Rücken, eine Decke seitlich auf den Koffer s.; einen Gürtel enger s.; der Patient wurde auf den Operationstisch geschnallt. * (ugs.:) **den Gürtel/Riemen enger schnallen** *(sich in seinen Bedürfnisse einschränken).*

schnalzen: *ein schnalzendes Geräusch hervorbringen:* mit den Fingern, mit der Peitsche s.; er schnalzte vor Vergnügen mit der Zunge.

schnappen: 1. ⟨etwas schnappt; mit Raumangabe⟩ *etwas führt eine schnelle [unerwartete] Bewegung aus:* die Tür schnappte ins Schloß; der Deckel ist von der Büchse geschnappt; das Brett schnappt in die Höhe. **2.** ⟨nach jmdm., nach etwas s.⟩ *mit dem Maul zu fassen suchen:* der Hund schnappt nach der Wurst; die Gans hat nach meinem Finger, nach mir geschnappt. **3.** (ugs.) **a)** ⟨sich (Dativ) etwas s.⟩ *schnell ergreifen:* ich schnappte mir Mantel und Hut; er schnappte sich die Mappe und rannte die Treppe hinunter; schnappt euch einen Zettel und rechnet mit! **b)** ⟨jmdn. s.⟩ *ergreifen, festnehmen:* die Polizei hat den Dieb geschnappt. * (ugs.:) **frische Luft schnappen** *(ins Freie gehen, um an der Luft zu sein)* · (ugs.:) **nach Luft schnappen** *(nach Atem ringen)* · (ugs.:) **jetzt hat's aber geschnappt!** *(jetzt ist meine Geduld zu Ende!).*

schnarchen: *im Schlaf mit offenem Mund und geräuschvoll ein- und ausatmen:* leicht, laut, pfeifend s.; er schnarcht so stark, daß ich nicht schlafen kann.

schnattern: *schnatternde Laute von sich geben:* Enten, Gänse schnattern; bildl.: er schnatterte *(zitterte)* vor Kälte; übertr.: *eifrig schwatzen:* die junge Frau schnattert den ganzen Tag.

schnauben: 1. *heftig und geräuschvoll durch die Nase atmen:* laut und vernehmbar s.; die Pferde stampften und schnaubten [durch die Nüstern]; er schnaubte/(geh.:) schnob durch die Nase; bildl.: ein kleines Auto kam schnaubend angefahren. **2.** *sich schneuzen:* **a)** er schnaubte laut in sein Taschentuch. **b)** ⟨sich s.⟩ sie schnaubte sich umständlich. * **sich** (Dativ) **die Nase schnauben** *(sich schneuzen)* · **vor Wut/Zorn/Entrüstung schnauben** *(sehr wütend/zornig/entrüstet sein)* · **nach Rache schnauben** *(auf Rache aussein).*

schnaufen: *schwer und geräuschvoll atmen:* kurzatmig, unruhig s.; beim Treppensteigen schnauft er stark; er war so gerannt, daß er kaum noch s. *(atmen)* konnte.

Schnauze, die: **1.** *vorspringende Nasen-Mund-Partie bestimmter Tiere:* eine lange, spitze S.; die S. des Hundes ist kalt, feucht. **2.** (derb) *Mund:* mach mal deine S. auf!; eins, einen Schlag auf die S. kriegen. **3.** *vorderste Fläche eines Fahrzeugs* /besonders in bezug auf Autos/: die S. eines Flugzeugs; die S. seines Wagens wurde eingedrückt. **4.** (landsch.) *Ausguß eines Gefäßes; Tülle:* S. und Henkel der Kanne sind abgebrochen. * (derb:) **die Schnauze halten** *(still sein, nicht mehr reden):* halt die S.! · (derb:) **die Schnauze aufmachen** *(etwas sagen)* · (derb:) **eine große Schnauze haben** *(großsprecherisch sein, prahlen)* · (derb:) **jmdm. in die Schnauze schlagen; jmdm. die Schnauze polieren/lackieren** *(jmdm. ins Gesicht schlagen)* · (derb:) **die Schnauze voll haben** *(einer Sache überdrüssig sein)* ·

(derb:) **etwas frei nach Schnauze machen** *(etwas ohne Vorbereitung, ohne Plan tun).*

Schnecke, die: **1.** */ein Kriechtier/:* eine S. kriecht über den Weg, am Boden; die Schnecken von den Salatblättern abnehmen; er ist langsam wie eine S. **2.** *Teil des inneren Ohres:* er wurde an der S. operiert. **3.** *Teil am Ende des Halses eines Streichinstruments:* die Geigenwirbel sitzen unterhalb der S. **4.** */ein Hefegebäck/:* Schnecken backen; sie kaufte drei Schnecken. **5.** *über den Ohren schneckenförmig angesteckte Flechten:* sie trägt Schnecken. * (ugs.:) **jmdn. zur Schnecke machen** *(jmdn. heruntermachen, ausschimpfen).*

Schneckentempo, das (ugs.): *sehr langsames Tempo:* im S. arbeiten; der Verkehr war so stark, daß wir nur im S. vorwärts kamen.

Schnee, der: **1.** *flockenförmiger Niederschlag aus Eiskristallen:* frisch gefallener, dichter, weicher, nasser, festgetretener, vereister, verharschter, pappiger, schmutziger S.; weiß wie S.; gestern fiel[en] zehn Zentimeter S.; der S. fällt in großen, dichten Flocken; S. bedeckt das Land; es lag hoher S.; der S. knirschte unter ihren Sohlen; S. fegen, [weg]räumen; unsere Vorräte schmolzen wie S. an der Sonne *(schwanden rasch dahin);* den S. vom Mantel abklopfen; durch den S. stapfen; die Kinder spielten im S.; die Hütte lag im ewigen S. und Eis. **2.** *steif geschlagenes Eiweiß:* sie rührte den S. von drei Eiern an den Teig; Eiweiß zu S. schlagen.

Schneekönig, der ⟨in der Wendung⟩ sich freuen wie ein Schneekönig (ugs.): *sich sehr freuen.*

Schneid, der, (oberd. auch:) die (ugs.): *mit einem forschen Elan verbundener Mut:* [keinen] S. haben; sie brachten nicht den S. auf, sich offen zu uns zu bekennen.

Schneide, die: *die scharfe Seite eines Gegenstandes zum Schneiden:* eine scharfe, stumpfe, blanke, schartige S.; die S. eines Messers, einer Rasierklinge, Schere, Axt, Sense; die S. schärfen. * **etwas steht auf des Messers Schneide** *(etwas kann sich so oder so entscheiden).*

schneiden: 1. ⟨etwas s.⟩ **a)** *[mit dem Messer] zerteilen, aufschneiden:* Brot, Zwiebeln, eine Torte in Stücke, Schinken [in Würfel], den Braten, Wurst [in Scheiben] s.; Bretter, Papier, Glas s.; Stämme werden zu Brettern geschnitten. **b)** *[mit dem Messer] abtrennen, abschneiden:* eine Probe vom Stoff, Zweige von Bäumen, Blumen, Rosen s.; Getreide, Gras mit der Sichel s.; die Mutter schnitt den Kindern eine Scheibe Brot; er hat die Scheiben sehr dünn, dick geschnitten; subst., bildl.: die Luft ist zum S. *(ist verräuchert, verbraucht).* **2.** ⟨etwas s.⟩ **a)** *beschneiden, kürzen, stutzen:* Obstbäume, Sträucher, Hecken s.; ⟨jmdm., sich etwas s.⟩ sich die Nägel s.; ich habe mir das Haar [kurz] s. lassen. **b)** *durch Schnitte zurechtmachen:* einen Film, ein Tonband s. **c)** *abkürzen, nicht ausfahren:* der Fahrer schnitt die Kurve. **3. a)** ⟨jmdn., sich s.⟩ *jmdm., sich eine Schnittwunde beibringen:* der Friseur hat mich [versehentlich] geschnitten; ich habe mich am Glas, mit der Klinge geschnitten; ⟨jmdm., (seltener:) jmdn., sich s.; mit Raumangabe⟩ ich schnitt mir/mich in den Finger; er hat mir/mich mit der Schere versehentlich in die Haut geschnitten. **b)** ⟨jmdn., etwas s.⟩ *operieren:* einen vereiterten Finger, ein Geschwür s.; er mußte geschnitten werden. **4.** ⟨etwas s.⟩ **a)** *schnitzen, mit einem Schneidwerkzeu herstellen:* einen Stempel s.; Figuren, Linien Holz, Stahl, Stein s.; er schnitt seinen Name in die Rinde; der alte Mann schnitt den Kinder für die Kinder Pfeifen aus Weiden. **b)** *mit de Gesicht hervorbringen, machen; formen:* ei Fratze, Grimasse, spöttische Miene, Gesicht s. **c)** ⟨geschnitten sein; mit Artangabe⟩ *einer bestimmten Form gebildet, zugeschnitt sein:* ihr Gesicht ist schön geschnitten; mand förmig geschnittene Augen; ein weit geschnitt ner Mantel. **5.** ⟨etwas s.⟩ *einem Ball ein Drall geben:* beim Billard, [Tisch]tennis d Ball s. **6.** ⟨jmdn. s.⟩ *bewußt nicht beachten:* w wir neulich eine Meinungsverschiedenheit ha ten, schneidet er mich. **7. a)** ⟨etwas schneide mit Artangabe⟩ *etwas hat bestimmte Schnei eigenschaften:* das Messer, die Schere schneid gut, scharf, schlecht, nicht. **b)** ⟨etwas schneid jmdm.; mit Raumangabe⟩ *etwas dringt in jmd ein und verletzt ihn mit einem Schnitt:* das Mess schnitt ihm in die Hand; bildl.: die Kälte, d Wind schnitt ihm ins Gesicht; adj. Part eine schneidende Kälte; ein schneidender Win heute ist es schneidend kalt; schneidend Hohn, Spott; er sprach in einem schneidend *(äußerst scharfen, unfreundlichen)* Ton zu sein Untergebenen. **8.** ⟨etwas schneidet etwas⟩ *was kreuzt, trifft auf etwas:* 100 m weiter schn det der Weg die Bahnlinie; die zwei Gerad schneiden sich in diesem Punkt. * (ugs.:) **si in den Finger schneiden** *(sich [gründlich] tä schen)* · (ugs.:) **sich ins eigene Fleisch schneid** *(sich selbst schaden)* · **jmdm. wie aus dem G sicht geschnitten sein** *(jmdm. sehr ähnli sehen)* · (veraltend:) **jmdm. die Cour schneid** *(jmdm. den Hof machen).*

Schneider, der: *jmd., der im Anfertigen v Oberbekleidung ausgebildet ist:* einen Anzug, Kostüm, einen Mantel beim, vom S. mache anfertigen lassen. * (ugs.:) **wie ein Schneid frieren** *(sehr frieren)* · (ugs.:) **aus dem Schneid sein: a)** (Kartenspiel; *mehr als 30 Punkte habe* **b)** *(die [größten] Schwierigkeiten überwund haben).* **c)** *(älter als 30 Jahre sein).*

schneidern ⟨etwas s.⟩: *ein Kleidungsstück a fertigen:* einen Anzug, ein Kostüm s.; die Kleid, diese Bluse habe ich [mir] selbst g schneidert; ⟨auch ohne Akk.⟩ sie schneide *(ist als Schneiderin tätig)* schon seit Jahren die Nachbarschaft.

schneidig: *forsch; wagemutig:* ein schneidig Offizier, Fechter, Turner; ein schneidiges A treten; eine schneidige Attacke; der Mars war s.; er hat sich s. gewehrt.

schneien ⟨es schneit⟩: *es fällt Schnee:* es h [heute nacht] geschneit; es schneit ununt brochen, in dichten Flocken; ⟨es schneit etwa es schneit große Flocken; bildl.: die Blü schneiten von den Bäumen; es schneit Blüte blätter. * (ugs.:) **jmdm. ins Haus schneien/ schneit kommen** *(jmdn. überraschend besuche*

schnell: *durch große Geschwindigkeit geken zeichnet; mit großer Geschwindigkeit; geschwi rasch:* eine schnelle Drehung, Bewegung; schnelles Tempo; ein schnelles Pferd, Au eine schnelle Bedienung; mit schnellem Bl etwas erfassen; schnelle Schritte näherten si der Tür; er war schneller als alle andern;

kommen, gehen, laufen, zupacken, eingreifen, sprechen, urteilen; er eilte s. wie der Blitz, wie der Wind, wie ein Pfeil davon; er lief, so s. die Füße ihn trugen, zum Bahnhof; die Nachricht verbreitete sich s.; der Puls geht s.; die Zeit vergeht s.; (ugs.:) mach s. *(beeile dich)!;* s. entschlossen griff er zu; du mußt dich s. *(in kurzer Zeit)* entscheiden; so s. wie möglich; möglichst s.; ich kam schneller an, als ich dachte; du wirst mit Güte schneller zum Ziel kommen als mit Strenge; er soll das schnellstens erledigen. * (ugs.:) **auf die Schnelle** *(schnell [und flüchtig]):* etwas auf die S. erledigen · (ugs.:) **von der schnellen Truppe sein** *(nicht umständlich sein).*

schnellen: **1.** ⟨mit Raumangabe⟩ *sich schnell und heftig bewegen:* er schnellte von seinem Sitz; die Fische schnellten aus dem Wasser; die Preise schnellten in die Höhe; die Temperatur schnellte von 20 auf 27°. **2.** ⟨jmdn., sich, etwas s.; mit Raumangabe⟩ *mit großer Geschwindigkeit [von einem Punkt fort]bewegen:* die Feder schnellt den Bolzen nach vorn; er schnellte sich auf dem Sprungbrett in die Höhe.

schneuzen: **1. a)** ⟨sich s.⟩ *sich die Nase putzen:* sich geräuschvoll, kräftig, heftig s.; sie schneuzte sich in ihr Taschentuch. **b)** ⟨etwas s.⟩ *putzen, säubern:* er schneuzte seine Nase; ⟨sich (Dativ) etwas s.⟩ er schneuzte sich die Nase mit den Fingern. **2.** (veraltet) ⟨etwas s.⟩ *den abgebrannten Docht wegschneiden:* eine Kerze s.

schniegeln: → geschniegelt.

Schnippchen, das ⟨in der Wendung⟩ jmdm. ein Schnippchen schlagen (ugs.): *jmds. Absichten durchkreuzen; durch seine Klugheit jmds. Verfolgung entgehen:* er hat der Polizei ein S. geschlagen.

schnippisch: *kurz angebunden und respektlos-ungezogen:* ein schnippisches Mädchen; sie hat ein schnippisches Wesen; eine schnippische Antwort; sie war sehr s. zu der älteren Dame; s. antworten.

Schnitt, der: **1. a)** *das Schneiden:* einen S. [ins Holz, Fleisch, in den Stoff] machen; ein Geschwür mit einem S. öffnen. **b)** *Einschnitt; Schnittwunde:* ein tiefer S.; der S. ging tief ins Fleisch. **2.** *das Mähen:* der erste, zweite S. des Grases; der zu späte S. des Getreides. **3. a)** *Form eines Kleidungsstücks:* der tadellose S. des Anzugs; der S. des Mantels gefällt mir; ein Kleid nach neuestem S. **b)** *Schnittmuster:* einen S. ausradeln; kannst du mir den S. zu diesem Kleid leihen? **c)** *Form, in der etwas gebildet ist:* der S. des Gesichtes, der Augen; er hat eine Nase von feinem, griechischem S. **4.** *glattgeschnittener Rand:* der S. eines Buches; der S. *(Schliff)* eines Edelsteins. **5.** *Bearbeitung eines Films oder einer Tonbandaufzeichnung:* harte Schnitte; sie besorgte den S. des Films, Hörspiels. **6.** */eine technische Zeichnung/:* einen S. durch ein Werkstück, Maschinenteil anfertigen. **7.** (ugs.) *Durchschnitt:* er fuhr die 44 Runden mit einem S. von 150 km in der Stunde. * (Math.:) **der Goldene Schnitt** */bestimmtes Teilungsverhältnis einer Strecke/.*

Schnitte, die: *Scheibe Brot:* belegte Schnitten; er aß eine S. mit Wurst.

schnittig: *sportlich elegant [gebaut]:* ein schnittiges Boot, Auto; der Wagen ist s. [gebaut].

Schnitzel, das: **1.** *gebratene [panierte] Scheibe Fleisch vom Kalb oder Schwein:* ein Wiener, Pariser S.; ein S. klopfen, panieren, braten. **2.** *kleines Stück Papier, das in den Abfall kommt:* ein S. vom Boden aufheben; er zerriß den Brief in lauter kleine Schnitzel.

schnitzen ⟨etwas s.⟩: *durch Schneiden aus Holz formen:* eine Figur, ein Kruzifix [aus, in Holz] s.; geschnitzte Möbel; ⟨auch ohne Akk.⟩ er schnitzt gern. * **aus anderem/feinerem/hartem/härterem Holz geschnitzt sein** *(ein anderes/feineres/hartes/härteres Wesen haben).*

Schnitzer, der (ugs.): **a)** *ärgerlicher Fehler:* einen S. machen; ohne den S. am Schluß wäre die Lateinarbeit sehr gut gewesen. **b)** *Fauxpas:* mit seiner Bemerkung hat er sich heute auf der Gesellschaft einen groben S. geleistet.

schnöde (geh.): **a)** *voller Verachtung; aus Geringschätzigkeit gemein:* eine schnöde Antwort; die Zurechtweisung war sehr s.; jmdn. s. behandeln, im Stich lassen; sie haben seine Gebefreudigkeit s. mißbraucht. **b)** *erbärmlich, schändlich:* der schnöde Mammon; ein schnöder Gewinn; schnöde Habgier, Selbstsucht, Angst; für/um schnödes Geld.

schnüffeln: **1.** *die Luft hörbar in die Nase ziehen, um etwas riechen zu können:* der Hund schnüffelt an der Tasche. **2.** (ugs.) *spionieren:* in fremden Briefen, Zimmern s.; du hast wohl wieder geschnüffelt?

Schnupfen, der: *Entzündung der Nasenschleimhäute:* [den] S. haben; sich bei etwas den, einen S. holen; an chronischem S. leiden; er hat ihn mit seinem S. angesteckt.

schnuppe ⟨in der Wendung⟩ etwas ist jmdm. schnuppe (ugs.; abwertend): *etwas ist jmdm. gleichgültig:* ob du mitkommst oder nicht, das ist mir völlig s.

schnuppern: **a)** *durch kurzes, stärkeres Einziehen von Luft etwas riechen wollen:* das Pferd, der Hund schnuppert [an meiner Hand]. **b)** ⟨etwas s.⟩ *riechen:* er schnupperte die frische Druckfarbe.

Schnur, die: **a)** *Bindfaden; Kordel:* eine dicke, dünne S.; goldene Schnüre und Tressen; ein langes Stück S.; eine S. lösen, aufbinden; eine S. um ein Paket binden; Perlen auf eine S. ziehen; er umwickelte das Paket mit einer S. **b)** *Zuleitung an elektrischen Geräten:* die S. muß repariert werden. * (ugs.; landsch.:) **über die Schnur hauen** *(übermütig werden)* · (ugs.:) **etwas geht wie am Schnürchen** *(etwas läuft reibungslos ab)* · (ugs.:) **etwas wie am Schnürchen können/wissen** *(etwas sicher beherrschen, auswendig wissen):* er kann das Gedicht wie am S.

schnüren: **1. a)** ⟨etwas s.⟩ *mit einer Schnur fest zubinden:* ein Paket, ein Bündel, die Schuhe s.; sie schnürte das Mieder; ⟨jmdm. etwas s.; mit Raumangabe⟩ sie schnürten dem Gefangenen die Hände auf den Rücken. **b)** ⟨etwas um etwas s.⟩ *fest binden:* einen Strick um den Koffer s. **c)** (veraltend) ⟨sich s.⟩ *ein Mieder anlegen:* sich fest, zu stark s.; sie hatte sich geschnürt. **2.** (Jägerspr.) *sich mit hintereinandergesetzten Läufen fortbewegen:* der Fuchs, der Wolf schnürt [über das Feld]. * (ugs.:) **sein Bündel schnüren** *(sich reisefertig machen, aufbrechen).*

schnurren: *ein schnurrendes Geräusch von sich geben, verursachen:* die Katze schnurrte; das

Spinnrad, die Maschine, das Rad schnurrt.

[1]**Schock,** der: *starke seelische Erschütterung durch ein Ereignis:* der Tod ihres Kindes war ein schwerer S. für sie; einen [leichten] S. erleiden, bekommen; einen S. nicht überwinden können; jmdm. einen S. versetzen; (ugs.:) einen S. fürs ganze Leben weghaben; das hat ihm einen S. gegeben.

[2]**Schock,** das: *Anzahl von 60 Stück:* ein S. Eier kostet/kosten 15 Mark; mit drei S. Eiern; übertr. (ugs.): *eine Menge, viele:* ein S. Leute standen schon beisammen; sie hat ein ganzes S. Kinder.

schockieren (bildungsspr.) ⟨jmdn. s.⟩: *bei jmdm. Anstoß erregen und Bestürzung hervorrufen:* er schockierte das Publikum mit seinem neuesten Film; ihre Kleidung, ihr Verhalten hat uns alle schockiert.

schofel (ugs.): *schäbig, gemein:* eine schofle Gesinnung; das war s. von ihm; er hat sich ihm gegenüber sehr s. benommen.

Scholle, die: **1.** *flaches Stück Erde:* beim Graben bröckelten die trockenen Schollen auseinander; der Geruch der frisch umgebrochenen Schollen; übertr. (geh.): *Grund und Boden, Erde:* die heimatliche S.; auf eigener S. sitzen; sie klebten an der S. **2.** *flaches Stück Eis:* Schollen trieben, schwammen auf dem Fluß, stauten sich vor der Brücke. **3.** /*ein Fisch*/: zum Mittag gab es S.

schon ⟨Adverb⟩: **1.** *früher als erwartet; bereits:* s. lange, längst; s. wieder, immer; willst du s. gehen?; [du bist] s. zurück?; ich muß s. um 6 Uhr aufstehen; wenn er nur, doch s. käme! **2.** *zum entsprechenden Zeitpunkt:* ich werde es dir s. sagen, wenn es nötig ist; es wird s. wieder besser werden. **3.** *endlich:* nun rede doch s.!; jetzt höre s. auf zu schimpfen. **4.** *allein, bloß; ohne daß etwas anderes nötig wäre:* s. der Gedanke ist ein Unrecht; dieser Ausweis genügt s. **5.** *ohnehin:* die Reise ist s. teuer genug; die Straße konnte s. von Personenwagen nicht befahren werden, von Lastwagen aber s. gar *(erst recht)* nicht. **6.** *wohl; an und für sich; auch:* das wird s. stimmen; das ist s. möglich; was ändert das s.? *(das ändert auch nichts)*; was kann sie s. wollen? *(ich wüßte nicht, was sie wollen könnte)*; (ugs.:) [na,] wenn s. *(das macht doch nichts)!* **7.** ⟨in Verbindung mit *wenn*⟩ *überhaupt:* wenn hier s. etwas frisch gestrichen werden muß, dann die Küche.

schön: 1. *positiv auf das ästhetische Empfinden wirkend; von vollendeter Gestalt:* eine schöne Frau; ein schönes Mädchen, Kind, Tier; ein schöner Mann, Jüngling; schöne Augen, Hände, Beine, Füße; schönes Haar; eine schöne Stimme; schöne Kleider, Schuhe; ein schöner Anblick; eine schöne Aussicht, Gegend, Landschaft; ein schöner Park; schöne Möbel, Bilder, Gebäude; ein schönes Konzert; sie ist auffallend, außergewöhnlich, berauschend s.; der Blumenstrauß sah sehr s. aus; sie hat sehr s. *(ansprechend)* Klavier gespielt; das riecht, schmeckt s. (hochsprachlich korrekt: *gut*); subst.: sie hat einen ausgeprägten Sinn für das Schöne; sie war die Schönste von allen; das ist das Schönste, was ich je gesehen habe; er suchte mehr über die unbekannte Schöne *(Frau)* zu erfahren; (fam.:) na, ihr beiden Schönen *(ihr beiden)*, wie gefällt es euch hie draußen?; übertr. /*Aufforderung an klein Kinder*/: gib die schöne *(rechte)* Hand! **2.** *klar nicht trübe:* schönes Wetter; ein schöner Tag Morgen; eine schöne Fernsicht; heute ist es das Wetter s.; die Sonne scheint nicht mehr s s. wie in der ersten Urlaubswoche. **3.** *ange nehm:* eine schöne Zeit; ein schönes Erlebnis ein schöner Ausflug; ein schöner Tod *(ein To ohne große Qualen)*; das sind nichts als schön *(schmeichlerische, leere)* Worte; alles war i schönster Harmonie; hier ist es s.; es wäre noch viel schöner, wenn er jetzt bei uns sein könnte der Stoff fühlt sich s. [weich] an; ich hatte mi alles so s. gedacht, aber nun ist wieder nicht daraus geworden; Redensart: das ist zu s. um wahr zu sein; seine Erwartungen habe sich aufs schönste bestätigt. **4.** *gut, erfreu lich; anständig; wie es sich gehört:* ein schöne Charakterzug; das ist ein schöner Zug an ihm das war nicht s. von dir; der Wein ist s. klar er hat ihr gegenüber nicht s. gehandelt; /*i Ermahnungen und Beschwichtigungen, bes. ge genüber Kindern*/: sei s. brav!; paßt s. auf! immer s. warten, ruhig bleiben, langsam fahren /*lobende Anerkennung gegenüber Kindern*/: da habt ihr s. gemacht; /*in Dankes- und Gruß formeln*/: schöne *(herzliche)* Grüße, Empfeh lungen; schönsten Dank!; danke, bitte s. *(sehr)* er läßt s. grüßen, danken; /*in Formeln der Be kräftigung*/: [also, nun] s. *(gut, einverstanden)!* s., ich werde es erledigen; s. und gut, ich werd dir deinen Anteil auszahlen lassen. **5.** *beträcht lich:* eine schöne Leistung, Summe; ein schö ner Erfolg, Gewinn; er hat ein schönes Ge schäft gemacht; die Reise hat mich ein schöne (ugs.) Stück Geld gekostet; er hat ein schöne *(hohes)* Alter erreicht; er ist s. (ugs.; *sehr*) dumm, wenn er das macht; dabei habe ich mi s. (ugs.; *ziemlich*) weh getan; er ist s. (ugs.; *ge hörig, sehr*) von ihm betrogen worden; d wirst dich noch s. (ugs.; *sehr*) wundern; ich mußte dort ganz s. (ugs.; *ziemlich viel*) arbeiten **6.** (iron.) *schlecht, unangenehm:* du bist mir ei schöner Fahrer!; das ist ja eine schöne Ge schichte, Neuigkeit, Bescherung *(Sache)*; da sind schöne Aussichten!; das wird ja imme schöner *(schlimmer, merkwürdiger)* [mit dir] subst.: da hast du etwas Schönes angerichtet * **das schöne Geschlecht** *(die Frauen)* · **die schö nen Künste** *(Dichtung, bildende Kunst, Musik)* **eines schönen Tages** *(eines Tages, irgendwan einmal)* · **jmdm. schöne Augen machen** *(jmdn verführerisch ansehen, flirten)*: sie machte ihm schöne Augen · (ugs.:) **das wäre ja noch schöner** *(das kommt gar nicht in Frage!)*.

schonen: a) ⟨jmdn., etwas s.⟩ *rücksichtsvoll, be hutsam behandeln; nicht strapazieren:* eine Schwachen s.; sie schonten selbst Frauen un Kinder nicht; ich muß meine Gesundheit, mein Kräfte, Augen s.; seine Kleider, seine Sachen s. dieses Seifenpulver schont die Wäsche; wie lang wollt ihr ihn noch s. *(noch nicht gegen ihn vorge hen)?*; adj. Part.: *behutsam:* eine schonend Behandlung; auf möglichst schonende Weise man versuchte, ihm die traurige Nachrich schonend beizubringen. **b)** ⟨sich s.⟩ *Rücksich auf seine Gesundheit nehmen:* er muß sich nac der Operation noch einige Wochen s. *(mu*

Rücksicht auf seine Gesundheit nehmen); du solltest dich mehr s.

chönheit, die: **a)** *das Schönsein; schönes Aussehen:* eine große, strenge, klassische, strahlende überwältigende, hinreißende, makellose, geistige, sinnliche S.; die S. der Natur genießen, besingen; diese Landschaft entfaltet ihre S. eigentlich erst im Herbst; der S. huldigen; jmdn. durch seine S. bezaubern, für sich einnehmen; ihr Gesicht war von einer ebenmäßigen S. **b)** *schöne Frau:* sie ist eine vollendete, berühmte S. **c)** *Sehenswürdigkeit; schöne Stelle einer Landschaft:* wir haben auf unserer Reise die Schönheiten des Landes, der Stadt kennengelernt.

chönheitsfehler, der: *nicht ins Gewicht fallender Makel:* dein Vorschlag hat nur einen [kleinen] S.

chonung, die: **1.a)** *schonende Behandlung; Pflege:* S. der Gesundheit; sein Zustand verlangt S.; jmdn., etwas mit S. behandeln. **b)** *Nachsicht, Rücksichtnahme:* das Gesetz kennt keine S.; wenn er das getan hat, gibt es keine S. mehr; auf keine S. rechnen können; sie baten, flehten vergebens um S. **2.** *eingezäunter Forstbezirk mit jungem Baumbestand:* eine S. anlegen; Betreten der S. verboten! */Aufschrift auf Hinweisschildern im Wald/.*

chopf, der: *Kopfhaar:* ein wuscheliger (ugs.) S.; er faßte, nahm ihn beim S. * **die Gelegenheit beim Schopfe packen/fassen/greifen/nehmen** *(eine Gelegenheit, einen günstigen Augenblick entschlossen nutzen).*

chöpfen ⟨etwas s.⟩: *mit einem Gefäß oder mit der Hand aufnehmen:* Wasser aus der Quelle, aus dem Fluß, aus dem Brunnen [mit der hohlen Hand] s.; er schöpfte die Suppe mit dem Eimer aus dem Kessel; bildl.: er gibt nicht an, aus welcher Quelle er [sein Wissen] geschöpft hat; übertr.: Atem, frische Luft s.; [neue] Hoffnung, [neuen] Mut, [neue] Kraft s. *([wieder] hoffen können; Mut, Kraft bekommen);* Verdacht s. *(einen Verdacht haben).* * **wieder Luft schöpfen können** *(sich wieder freier fühlen)* · **aus dem vollen schöpfen** *(alles reichlich zur Verfügung haben).*

chöpfer, der: *Hervorbringer, Gestalter:* er war der S. vieler bedeutender Kunstwerke; wer ist der S. dieses Denkmals?; Gott ist der S. aller Dinge, Himmels und der Erde; Rel.: der [allmächtige, ewige] S. *(Gott);* er sollte seinem S. danken, daß er noch lebt; (ugs.:) danke deinem S., daß ich das nicht gesehen habe, sonst wäre es dir schlecht gegangen.

chöpfer, der: *Schöpfkelle:* sie rührte die Suppe vor dem Auffüllen noch einmal mit dem S. um.

höpferisch: *etwas Neues schaffend, gestaltend:* ein schöpferischer Mensch, Geist, Kopf; schöpferische Kräfte, Phantasie entfalten; dieses Werk verrät eine schöpferische Natur, Anlage; er wartet auf den schöpferischen Augenblick *(auf die Zeit, in der ihm ein Einfall für sein Werk kommt);* er wollte eine schöpferische Pause einlegen *(eine Pause einlegen, um sich durch neue Ideen inspirieren zu lassen);* er ist nicht s. [veranlagt]; er ist s. *(künstlerisch)* tätig.

höpfung, die: **1.** *die erschaffene Welt:* die Wunder der S.; der Mensch als die Krone der S. **2.** *Kunst]werk:* der Altar zählt zu den bedeutendsten Schöpfungen der mittelalterlichen Plastik; diese Einrichtungen sind seine S. *(gehen auf ihn zurück).* * (ugs.; scherzh.) **die Herren der Schöpfung** *(die Männer).*

Schornstein, der: *über das Dach hinausragender Abzugskanal für Rauch:* die Schornsteine ragen in die Luft, rauchen, qualmen; der S. wurde gereinigt, gefegt. * (ugs.:) **etwas in den Schornstein schreiben** *(etwas als verloren betrachten):* das Geld kannst du in den S. schreiben · **sein Geld zum Schornstein hinausjagen** *(sein Geld sinnlos vergeuden)* · **der Schornstein raucht wieder** *(das Geschäft hat wieder einen Aufschwung genommen)* · (ugs.:) **der Schornstein raucht von etwas** *(durch eine bestimmte Tätigkeit wird das nötige Geld verdient):* von irgend etwas muß der S. ja rauchen.

[1]**Schoß,** der: *Pflanzentrieb:* junge, erste Schosse; die Bäume haben neue Schosse bekommen, getrieben.

[2]**Schoß,** der: **1.** *beim Sitzen durch Oberschenkel und Leib gebildeter Winkel:* sich auf jmds. S., jmdm. auf den S. setzen; auf jmds. S. sitzen; die Mutter hat das Kind auf dem S.; sie nahm das Kind auf den S.; das Kind klettert der Mutter auf den S.; komm auf meinen S.!; sie legte ihre Hände in den S.; er legte seinen Kopf in ihren S.; bildl. (geh.): das Ergebnis fiel ihm wie eine/als reife Frucht in den S. *(er brauchte sich nicht dafür anzustrengen).* **2.** (dichter.) *Mutterleib:* sie trägt ein Kind in ihrem S.; bildl. (geh.): der fruchtbare S. der Erde; im S. *(im Innern)* der Erde; die Dinge liegen noch im S. der Zukunft; übertr. (geh.): er ist in den S. *(in die Geborgenheit)* der Familie, der Kirche zurückgekehrt. **3.** *unterhalb der Taille sitzender Teil bestimmter Kleidungsstücke:* ein Frack mit langen Schößen; er lief mit fliegenden Schößen (scherzh.; *sehr schnell).* * **die Hände in den Schoß legen** *(nichts tun, untätig sein)* · **wie in Abrahams Schoß** *(wohlgeborgen)* · **etwas fällt jmdm. in den Schoß** *(etwas wird jmdm. mühelos zuteil).*

schräg: 1. *nach einer Seite hin geneigt, nicht gerade:* eine schräge Fläche, Linie, Wand; in schräger Richtung verlaufen; das Zimmer ist s. *(hat eine schräge Wand);* sie hat s. stehende Augen; er wohnt s. gegenüber; du mußt das Glas s. halten; etwas steht, liegt s.; die Sonnenstrahlen fallen s. ins Zimmer; er ging s. über die Straße. **2.** (ugs.) *rhythmisch und wild:* schräge Musik. * (ugs.; abwertend:) **ein schräger Vogel** *(ein zwielichtiger Mensch).*

Schramme, die: *Kratzer:* eine tiefe, blutige S.; die Tür, die Tischplatte hat mehrere Schrammen; er hat bei dem Sturz einige Schrammen abbekommen, abgekriegt (ugs.).

Schrank, der: */ein Möbelstück/:* ein eichener, eingebauter, voller (ugs.) Schrank; den S. öffnen, abschließen, aufbrechen, ausräumen; einen S. zusammenbauen, aufstellen, aufschlagen (landsch.), abschlagen (landsch.); einen alten S. aufarbeiten; etwas aus dem S. nehmen, in den S. stellen; die Wäsche in den S. räumen; die Gläser stehen im S., auf dem S.; übertr. (ugs.): *großer, breitschultriger Mann:* er ist ein S. * (ugs.; abwertend:) **nicht alle Tassen im Schrank haben** *(nicht richtig bei Verstand sein).*

Schranke, die: **1.** *Absperrung, Barriere:* die Schranken der Rennbahn, des Kampfplatzes; die Schranken (des Bahnübergangs) öffnen, schließen, herunterlassen, aufziehen, hochziehen; der Wagen durchbrach die geschlossene S.; eine tobende Menge hat die Schranken überstiegen, übersprungen, niedergerissen; der Übergang ist durch Schranken geschützt; bildl. (geh.): er muß sich vor den Schranken des Gerichts verantworten. 2. *gesetzte Grenzen:* die Schranken der Konvention, des Taktes, des Anstandes; zwischen ihnen fielen Schranken; die Schranken übertreten, überspringen, überschreiten, niederreißen; er erlegt sich keinerlei Schranken auf *(ist hemmungslos, ohne Beherrschung);* keine Schranken mehr kennen *(hemmungslos sein);* Schranken zwischen sich und anderen errichten; seinem Freiheitsdrang waren enge Schranken gezogen, gesetzt. * **etwas hält sich in Schranken** *(etwas übersteigt nicht das erträgliche Maß)* · **etwas in Schranken halten** *(etwas begrenzen)* · (geh.:) **jmdn. in die/in seine Schranken weisen** *(jmdn. zur Mäßigung auffordern)* · (geh.:) **jmdn. in die Schranken fordern** *(jmdn. zur Auseinandersetzung fordern)* · (geh.:) **für jmdn., für etwas in die Schranken treten** *(für jmdn., für etwas entschieden eintreten, kämpfen).*

Schraube, die: 1. *Metallstift mit Gewinde:* die S. sitzt fest, hält nicht, hat sich gelockert, ist lose; eine S. lösen, anziehen, festziehen, hineindrehen; ein Blech mit Schrauben befestigen. 2. *Schiffsschraube:* eine zweiflüglige S.; die S. beginnt sich zu drehen; der Ertrunkene war in die S. geraten (ugs.). 3. (ugs.) /*Schimpfwort für eine weibliche Person*/: diese alte S.! * (ugs.:) **bei jmdm. ist eine Schraube los[e]/locker** *(jmd. ist nicht ganz normal)* · **eine Schraube ohne Ende** *(eine Angelegenheit, die zu keinem Abschluß kommt)* · (ugs.:) **die Schraube überdrehen** *(mit einer Forderung o. ä. zu weit gehen).*

schrauben /vgl. geschraubt/: 1. ⟨etwas s.; mit Umstandsangabe⟩ *drehen, drehend befestigen:* etwas fester, loser s.; den Deckel auf das Glas s.; eine Glühbirne in die Lampe s.; ein Schild an die Tür s. 2. ⟨sich s.; mit Raumangabe⟩ *sich [drehend] bewegen:* das Flugzeug, der Vogel schraubt sich in die Höhe. 3. (ugs.) ⟨etwas s.; mit Raumangabe⟩ *erhöhen:* die Preise wurden in die Höhe, ständig höher geschraubt.

Schreck, der: → Schrecken.

schrecken: 1. a) (geh.): ⟨jmdn. s.⟩ *erschrecken, ängstigen:* Träume, Geräusche schreckten sie; mit Drohungen kannst du mich nicht s. b) ⟨jmdn. aus etwas s.⟩ *aufschrecken:* du hast mich [mit dem Lärm] aus dem Schlaf, aus meinen Gedanken, Träumen geschreckt. 2. ⟨etwas s.⟩ *mit kaltem Wasser begießen, abschrecken:* Eier, den Braten s. 3. (Jägerspr.) *einen Angstlaut ausstoßen:* das Reh schreckte.

Schrecken, (auch:) Schreck, der: 1. *Erschrekken, Furcht:* ein heftiger, großer, wilder, jäher (geh.), panischer (bildungsspr.), tödlicher, mächtiger (ugs.), ungeheurer (ugs.), unheimlicher (ugs.), freudiger, heimlicher S.; ein S. befällt, ergreift, packt, durchzuckt, lähmt, erfüllt (geh.) jmdn.; der S. fuhr ihm in die Glieder, in die Knochen (ugs.); der S. lag ihr noch in den Gliedern; Furcht und Schrecken breiteten sich aus (geh.); einen S. bekommen, kriegen (ugs.), erleben, fühlen; jmdm. einen S. einflößen (ugs.), einjagen (ugs.); die Nachricht rief Schrecken hervor, verbreitete Schrecken; er versuchte vergebens der Sache ihren Schrekken zu nehmen (geh.; *sie als weniger bedrohlic erscheinen zu lassen*); jmdn. in Schrecken ve setzen *(ängstigen);* etwas erfüllt jmdn. m Schrecken (geh.; *ängstigt jmdn.*); etwas m Schrecken feststellen, wahrnehmen; sie sin bei dem Unfall mit dem Schrecken *(ohne Ve letzung)* davongekommen; sie war bleich, star wie gelähmt vor Schreck; vor S. erstarren, zi tern; sie mußten sich vom ersten S. erholer der Gedanke hat für sie nichts von seiner Schrecken verloren (geh.; *war nach wie v schreckenerregend für sie*). 2. (geh.) ⟨Plural⟩ *da Schreckenerregende:* die Schrecken des Kriege des Alters; die Schrecken des Meeres. * **ein End mit Schrecken** *(ein schreckliches, schlimmes E de)* · (ugs.:) **ach du [mein] Schreck!**; (ugs.:) **[d Schreck laß nach!** /*Ausrufe des Erstaunens, d Entsetzens*/.

schreckhaft: *leicht erschreckend:* ein schrec haftes Kind; sie ist sehr s.

schrecklich: 1. a) *furchtbar, in den Folgen se schlimm:* eine schreckliche Nachricht, En deckung, Überraschung; eine schrecklich Krankheit, Plage; schreckliche Qualen; ei schreckliches Unglück, Erlebnis; die Unglück stelle bot einen schrecklichen Anblick; er stie schreckliche Drohungen aus; es gab ei schreckliches Erwachen; es waren schrecklich Tage; der Trinker nahm ein schreckliches End er kam auf schreckliche Weise ums Leben; d Anblick war s.; der Vater war s. in seine Zorn (geh.; *furchtrregend*); das ist ja s (ugs.; *sehr dumm, unangenehm*); der Tote w s. anzusehen. b) (ugs.) *unausstehlich, unerträ lich:* ein schrecklicher Mensch; er hat schrec liche Launen; du bist s.; es ist s. mit dir, imm willst du anders!; es ist mir s. *(sehr unang nehm)*, ihm das sagen zu müssen. 2. (ugs.) a *sehr groß:* eine schreckliche Hitze, Kälte; s hatte schreckliche Furcht; draußen ist e schrecklicher Lärm. b) ⟨verstärkend bei A jektiven und Verben⟩ *sehr:* es ist s. heiß, kal sie war s. traurig, allein; er ist s. eitel; sie h sich s. gelangweilt; es dauerte s. lange; sie h sich s. gefreut; s. gerne!

Schrei, der: *in einem Affekt hervorgebrachte unartikulierter Laut:* ein lauter, gellende schriller, wilder, kurzer, erstickter, gräßliche wütender, markerschütternder, spitzer S.; d Schreie der Verletzten; der heisere S. der Möw ein S. der Überraschung, der Wut; ein S. w zu hören, ertönte (geh.), verhallte, zerriß d Stille (dichter.); einen S. ausstoßen, unterdrü ken; übertr. (geh.): der S. nach Brot, na Rache. * **der letzte Schrei** *(die neueste Mode* sie ist nach dem letzten S. gekleidet.

schreiben: 1. a) ⟨[etwas] s.⟩ *eine Folge von Schri zeichen, Zahlen auf einer Unterlage hervorbri gen:* schön, schlecht, ordentlich, wie gestoche [un]leserlich, [un]deutlich, orthographisch ric tig, groß, klein, schnell, unbeholfen, unsauber s die Kinder lernen s.; er kann weder lesen no s.; mit dem Bleistift, mit dem Kugelschreibe mit Tinte s.; er hat [den Brief] mit der Ha geschrieben; sie schreibt perfekt auf der, m der Maschine; [etwas] auf ein Blatt Papier s Buchstaben, Wörter, Sätze, Zahlen, Noten s sie schreibt 280 Silben in der/pro Minute; kann nicht einmal seinen Namen s. b) ⟨etw schreibt; mit Artangabe⟩ *etwas hat bestimmte Schreibeigenschaften:* der Bleistift schreibt weich, hart, gut; diese Tinte schreibt viel zu blaß. **c)** ⟨es schreibt sich; mit Artangabe und Umstandsangabe⟩ *man kann in bestimmter Weise schreiben:* es schreibt sich gut mit dieser Feder, auf diesem Papier. **2. a)** ⟨etwas s.⟩ *niederschreiben, verfassen, abfassen:* einen Brief, eine Karte, einen Wunschzettel, ein Rezept, ein Gesuch, eine Beschwerde s.; er schreibt Romane, Gedichte; das Buch ist in einer verständlichen Sprache, in einem guten Stil geschrieben; er hat ein Buch, einen Bericht über Afrika geschrieben. **b)** ⟨an etwas s.⟩ *mit der Abfassung, Niederschrift von etwas beschäftigt sein:* an einem Roman, an seinen Memoiren s.; er schreibt schon lange an seiner Examensarbeit. **3.** *in einer Art schriftlich formulieren:* **a)** ⟨mit Artangabe⟩ er schreibt gut, schlecht, lebendig, anschaulich, interessant, überzeugend, langweilig, flüssig; er schreibt seine Korrespondenz englisch; er schreibt seine Briefe in gutem Deutsch. **b)** ⟨etwas s.⟩ einen guten, persönlichen Stil, eine geschliffene Prosa, eine gewandte Feder (geh.) s.; er schreibt gutes, schlechtes Deutsch. **4.** ⟨etwas s.⟩ *schriftlich verbreiten:* er hat die Wahrheit, Unwahrheit, lauter Märchen, Lügen, Unsinn geschrieben. **5.** *schriftstellerisch tätig sein:* mein Freund schreibt; er schrieb aus innerem Zwang; er schreibt für die Zeitung, für den Rundfunk, in einem Magazin; er schreibt über die Luftverschmutzung, über die Ameisen *(behandelt diese Themen);* er hat gegen den Krieg in Asien geschrieben *(sich schriftlich dagegen gewandt);* subst.: er hat großes Talent zum Schreiben. **6.** ⟨[etwas] s.⟩ *eine schriftliche Nachricht senden:* die Verwandten haben [aus dem Urlaub einen Brief, eine Ansichtskarte] geschrieben; er hat postlagernd, anonym, lange nicht, unter einer Deckadresse geschrieben; er hat nichts von dem Vorfall, über den Vorfall geschrieben *(mitgeteilt, berichtet);* ⟨jmdm./an jmdn., an etwas [etwas] s.⟩ er hat mir [einen Brief] geschrieben; er hat an das Finanzamt [einen Beschwerdebrief] geschrieben; du hast lange nicht an deine Eltern geschrieben; die Freunde schreiben sich/(geh.) einander von Zeit zu Zeit; er hat mir nur wenig von dir, von der Sache geschrieben *(mitgeteilt, berichtet);* er schrieb mir *(unterrichtete mich, berichtete mir)* über dich, über deine Pläne; er schrieb seinen Eltern um Geld *(bat sie schriftlich darum).* **7.** (fam.) ⟨sich mit jmdm. s.⟩ *mit jmdm. in brieflicher Verbindung stehen:* ich schreibe mich mit ihm seit vielen Jahren. **8.** ⟨jmdn. s.; mit Artangabe⟩ *jmdm. schriftlich einen bestimmten Gesundheitszustand bescheinigen:* der Arzt hat ihn gesund, krank, arbeits[un]fähig geschrieben. **9.** (ugs.) ⟨sich s.; mit Artangabe⟩ *in bestimmter Weise geschrieben werden:* er, sein Name, das Wort Thron schreibt sich mit „th". **10.** (veraltend) ⟨sich s.; mit Artangabe⟩ *heißen:* er schreibt sich Müller; weißt du, wie er sich schreibt? **11.** (veraltend) ⟨etwas s.⟩ *als Datum haben:* wir schreiben, man schreibt das Jahr 1812; den wievielten schreiben wir heute? **12.** ⟨etwas auf etwas s.⟩ *eintragen, verbuchen:* einen Betrag auf das Konto, die Rechnung s. * (ugs.:) **sich (Dativ) die Finger wund schreiben** *(viel schreiben)* · **etwas ins reine schreiben** *(von etwas eine Reinschrift machen)* · **etwas in den Wind/(ugs.:) in den Schornstein/(ugs.:) in den Mond schreiben** *(etwas als verloren betrachten)* · **etwas auf seine Fahne schreiben** *(etwas als Programm verkünden)* · (geh.:) **etwas ist/steht in den Sternen geschrieben** *(etwas ist noch im Ungewissen)* · (ugs.:) **sich** (Dativ) **etwas hinter die Ohren schreiben** *(sich etwas gut merken, damit man sich nicht wieder einen Tadel zuzieht)* · **etwas steht jmdm. an der/auf der Stirn/im Gesicht geschrieben** *(etwas ist in jmds. Gesichtszügen deutlich erkennbar)* · **jmdm. etwas auf den Leib schreiben** *(etwas für eine bestimmte Person verfassen, komponieren):* der Komponist hat dem Sänger diese Rolle auf den Leib geschrieben · **etwas ist jmdm. [wie] auf den Leib geschrieben** *(etwas ist genau passend für jmdn.)* · (ugs.:) **sage und schreibe** *(tatsächlich, wahrhaftig).*

Schreiben, das: *Brief, Schriftstück:* ein dienstliches S.; ein S. abfassen, aufsetzen; in dem S. ging es um ...; wir danken für Ihr S.; auf Ihr S. antworten wir Ihnen folgendes .. ; ein S. an die Behörde richten.

schreien /vgl. schreiend/: **1. a)** *mit übermäßig lauter Stimme rufen oder sprechen:* wütend, laut s.; du brauchst nicht so zu s., ich verstehe dich doch; er schrie mit erregter Stimme; die Kinder schrien nach der Mutter, nach Brot; übertr. (geh.): das Volk schrie nach Rache *(forderte Rache)* · die Bedrohten schrien um Hilfe; ⟨jmdm. etwas s.; mit Raumangabe⟩ er schrie ihm ins Gesicht, er sei ein Lügner. **b)** *seine Stimme ertönen lassen:* die Kuh, der Papagei, das Käuzchen schreit; subst.: man hörte das Schreien der Möwen. **c)** *laut weinen:* kläglich, stundenlang s.; das Baby hat [die ganze Nacht] geschrien. **d)** ⟨etwas s.⟩ *übermäßig laut ausrufen:* Hilfe, hurra s.; entsetzt schrie er: „Halt!" **2. a)** *unartikulierte Schreie ausstoßen:* laut, mörderisch (ugs.), durchdringend, hysterisch, schrill, gellend s.; sie schrien vor Angst, Schmerz, Freude, Begeisterung; die Zuhörer schrien vor Lachen (ugs.; *lachten sehr laut*); wie ein Berserker *(sehr laut)*, wie ein gestochenes Schwein (ugs.; *sehr laut*), wie am Spieß (ugs., *sehr laut*) s.; sie schrien aus Leibeskräften (ugs.; *so laut sie konnten*); laut schreiend liefen die Kinder davon. **b)** ⟨sich s.; mit Artangabe⟩ *sich durch Schreien in einen bestimmten Zustand bringen:* sie haben sich auf dem Fußballplatz heiser, müde geschrien. * (ugs.:) **Zetermordio schreien** *(laut um Hilfe schreien)* · **etwas schreit zum Himmel** *(etwas ist skandalös)* · (ugs.:) **etwas ist zum Schreien** *(etwas ist sehr komisch, ist zum Lachen).*

schreiend: **1.** *kraß:* ein schreiendes Unrecht, Mißverhältnis; die Aussage steht in schreiendem Widerspruch zur Wirklichkeit. **2.** *grell:* schreiende Farben, Muster; die Plakate sind schreiend bunt.

schreiten: **1.** (geh.): *langsam und feierlich gehen:* würdevoll, feierlich s.; langsam schritt er zum Ausgang; durch den Saal, über den Teppich, über die Bühne s.; sie schritten zu Tisch; hinter dem Sarg s. **2.** (gespreizt) ⟨zu etwas s.⟩ *mit etwas beginnen:* zur Wahl s.; jetzt müssen wir zur Tat s.

Schrift, die: **1.** *Schriftzeichen, Lettern:* die deutsche, gotische, lateinische, griechische, kyrillische S.; beim Druck dieses Buches wurden verschiedene Schriften *(Schriftarten)* verwendet. **2.** *Handschrift:* eine [un]leserliche, schöne, regelmäßige, kleine, große, [un]deutliche, [un]ordentliche, steile, schräge S.; diese S. ist schwer zu lesen, zu entziffern; seine S. verstellen; er versuchte die S. zu deuten. **3.** *Schreiben, Eingabe:* eine S. abfassen, aufsetzen, überreichen, weiterleiten. **4.** *Abhandlung:* eine umfangreiche, berühmte, philosophische S.; sämtliche Schriften, die gesammelten Schriften des Verfassers; Schriften philosophischen Inhalts; eine S. über verschiedene Anbaumethoden; eine S. herausgeben, veröffentlichen, drucken. **5.** (veraltend) *Bibel:* die S. auslegen, erläutern, erklären; den Predigttext der S. entnehmen; das steht in der S. * **die Heilige Schrift** *(die Bibel).*

schriftlich: *in geschriebener Form:* eine schriftliche Mitteilung, Bestätigung, Nachricht, Einladung; die schriftliche Überlieferung eines Volkes; er macht die schriftlichen Arbeiten (ugs.; *den Schriftwechsel*); er hat die schriftliche Prüfung bestanden; etwas s. niederlegen, beantworten, mitteilen; du mußt die Sache s. machen (ugs.; *schriftlich festlegen*); s. rechnen; hast du das s. (ugs.; *hast du dafür eine schriftliche Bestätigung*)?; Redensart (ugs.): das kann ich dir s. geben *(dessen kannst du sicher sein);* subst.: haben Sie etwas Schriftliches in der Hand (ugs.; *eine schriftliche Unterlage*)?

schrill: *von unangenehm hellem, durchdringendem Ton:* ein schriller Ton, Schrei; eine schrille Stimme; ein schrilles Lachen; die Klingel ist sehr s.; sie lachte s.; übertr.: es kam ein schriller Mißton in die Debatte.

schrillen ⟨etwas schrillt⟩: *etwas bringt einen schrillen Ton hervor:* die Klingel, die Alarmglocke, das Telephon schrillt [durch das Haus].

Schritt, der: **1.** *das Ausschreiten mit einem Bein beim Gehen:* große, kleine, lange, ausgreifende, leichte, schwere, trippelnde, schnelle, zügige, polternde, federnde, leise, kräftige, unhörbare, schlurfende (ugs.), schleppende, forsche, rasche Schritte; die noch unsicheren Schritte des Kindes; eilige Schritte wurden hörbar, näherten sich; sein S. stockte (geh.; *er blieb stehen*); er hat einen raschen S. *(er geht rasch);* er verlangsamte, beschleunigte, verhielt (geh.) seinen S., seine Schritte; einen S. zurücktreten; man hörte, vernahm (geh.) seinen S. im Zimmer; bitte treten Sie einen S. näher; ein paar Schritte gehen (ugs.; *spazierengehen*); er lenkte (geh.) seine Schritte zum Bahnhof; er machte, tat (geh.) einen S. zur Seite; Freude beflügelte (geh.) seine Schritte; das Kind hat die ersten Schrittchen gemacht *(es beginnt zu laufen);* Sprichw.: nach dem Essen sollst du ruhn oder tausend Schritte tun · er kam zaghaften, gemessenen, beschwingten Schrittes (geh.) herbei; mit schwankenden Schritten gehen; mit feierlichen Schritten durchmaß (geh.) er den Saal; mit wenigen Schritten war er an der Tür; nach einigen Schritten blieb er stehen; Sprichw.: S. vor S. kommt auch zum Ziel. **2.** */langsame Gangart [von Pferden]/:* den S. wechseln; S. fahren *(langsam fahren);* im S. fahren, reiten; das Pferd geht im S. **3.** *Handlung, Maßnahme:* ein entscheidender, leichtfertiger, bedeutsamer, gewagter, unüberlegter S.; er hat sich alle weiteren Schritte vorbehalten; Schritte unternehmen, einleiten, veranlassen; diesen S. hätte er nicht tun sollen; er hat sich zu einem ernsten S. entschlossen. **4.** */Längenmaß/:* er stand nur ein paar, wenige Schritte von uns entfernt; in hundert S./Schritten Entfernung; man erkennt das Schild auf hundert S./Schritte Entfernung. **5.** *Hosenlänge vom Beinansatz bis zur Taille:* der S. der Hose ist zu kurz; die Hose ist im S. zu lang, spannt im S. * **mit jmdm., mit etwas Schritt halten: a)** *(im gleichen Tempo gehen können):* du mußt langsamer gehen, die Kinder können nicht mit dir S. halten. **b)** *(einer Entwicklung folgen, nicht hinter ihr zurückbleiben):* die Industrie muß sich immer bemühen, mit der Konkurrenz S. zu halten · (ugs.:) **jmdm. drei Schritte vom Leib bleiben** *(jmdm. nicht zu nahe kommen)* · (ugs.:) **sich** (Dativ) **jmdn., etwas vom Leibe halten** *(jmdn., etwas von sich fernhalten)* · (ugs.:) **einen [guten] Schritt am Leibe haben** *(schnell gehen)* · **der erste Schritt** *(der Anfang)* · **den ersten Schritt tun** *(mit etwas beginnen)* · **den zweiten Schritt vor dem ersten tun** *(nicht folgerichtig handeln)* · (ugs.:) **keinen Schritt machen, tun können** *(keine Handlungs-, Bewegungsfreiheit haben)* · **noch einen Schritt weiter gehen** *(noch mehr tun, noch entschiedener sein bei etwas)* · **auf Schritt und Tritt** *(überall, überallhin)* **Schritt um Schritt** *(mehr und mehr)* · **Schritt für Schritt** *(allmählich).*

schroff: 1. *steil [abfallend oder aufragend]:* schroffe Felsen, Klippen; die Felswand stürzt s. in die Tiefe, ragt s. auf. **2. a)** *barsch, abweisend:* ein schroffes Wesen, Benehmen, Verhalten; er hat eine schroffe Art; eine schroffe Antwort; er war sehr s.; jmdm. s. begegnen; jmdn. s. behandeln; er hat mich sehr s. abgefertigt, abgewiesen; eine Sache s. ablehnen. **b)** *jäh, unvermittelt:* ein schroffer Übergang; die Übergänge sind zu s.; seine Aussage steht in schroffem *(entschiedenem)* Gegensatz zu der seines Bruders; er wandte sich s. ab.

schröpfen: 1. ⟨jmdn. s.⟩ *Blut aus dem Körper absaugen:* er mußte geschröpft werden. **2.** (ugs.) ⟨jmdn. s.⟩ *jmdm. auf unredliche Weise Geld abnehmen:* er wurde bei dem Handel gehörig, ordentlich geschröpft.

Schrot, das: **1.** */eine Gewehrmunition/:* mit S. schießen; er hat den Hasen mit einer Ladung S. zur Strecke gebracht. **2.** *grobgemahlenes Getreide:* Getreide zu S. mahlen; das Brot ist aus S. hergestellt; das Vieh wird mit S. gefüttert. * **von echtem Schrot und Korn** *(von rechtem, festem, solidem Charakter):* er ist ein Mann von echtem S. und Korn.

Schrott, der: *Metallabfälle; unbrauchbar gewordene Gegenstände aus Metall:* S. sammeln, verkaufen, lagern; er handelt mit S.; Berge von S. bildl. (ugs.): das ist alles nur S. *(unbrauchbares Zeug);*

schrubben (ugs.) ⟨sich, etwas s.⟩: *durch kräftiges Reiben oder Bürsten säubern:* den Boden, den Flur, die Küche s.; nach der Arbeit hat sie sich im Bad von oben bis unten geschrubbt ⟨jmdm., sich etwas s.⟩ sie hat dem Kind den Rücken geschrubbt.

Schrulle, die (abwertend): **1.** *Eigenheit; ver*

rückte Idee: merkwürdige Schrullen haben; er hat die S., ...; setz ihm keine Schrullen in den Kopf; er hat nichts als Schrullen *(närrische Einfälle)* im Kopf; er hat den Kopf voller Schrullen. **2.** */Schimpfwort für eine verschrobene Frau/:* die alte S.!

schrumpfen ⟨etwas schrumpft⟩: **a)** *etwas zieht sich zusammen [und bekommt eine faltige Oberfläche]:* das Obst schrumpft; die Kartoffeln schrumpfen im Frühjahr; das Gewebe ist geschrumpft. **b)** *etwas wird weniger, etwas nimmt ab:* der Vorrat, das Kapital schrumpft.

Schub, der: **1.** *das Schieben:* ein kräftiger S. beförderte die Kiste in den Laderaum; das Triebwerk erzeugt einen gewaltigen S.; die Rakete wird durch S. *(Schubkraft)* angetrieben; alle neun Kegel auf einen S. treffen. **2.** *Personengruppe, die gleichzeitig an einen bestimmten Ort gebracht wird; Menge von etwas:* der erste S. von Menschen ist schon in den Saal hineingekommen; die Zuschauer wurden nur in Schüben hineingelassen; er war beim ersten S. * (Gaunerspr.:) **per Schub** *(zwangsweise):* sie wurden per S. an die Grenze gebracht · (Gaunerspr.:) **jmdn. auf den Schub bringen** *(jmdn. zwangsweise abschieben).*

Schublade, die: *herausziehbarer Kasten in einem Möbelstück:* die S. klemmt; die S. aufziehen; etwas aus der S. nehmen, holen; sie legte die Wäsche in die oberste S.

Schubs, der (ugs.): *Stoß:* jmdm. einen S. geben; mit einem kräftigen S. setzte er das Fahrzeug in Bewegung.

schubsen (ugs.) ⟨jmdn., etwas s.⟩: *einen Schubs geben, stoßen:* die Kinder schubsten sich; jmdn. zur Seite, durch die Tür s.; er hat seinen Mitschüler ins Wasser geschubst.

schüchtern: a) *scheu, zurückhaltend:* ein schüchternes Kind, Mädchen; ein schüchterner Liebhaber; eine schüchterne Geste; der Junge ist, wirkt sehr s.; sie lächelte, fragte s. **b)** *vorsichtig, zaghaft:* ein schüchterner Versuch; ein s. geäußerter Wunsch; er wagte sich nur s. hervor mit seiner Bitte.

Schuft, der (ugs.; abwertend): */Schimpfwort für einen gemeinen, niederträchtigen Menschen/:* der S. hat ihn übervorteilt; er ist ein gemeiner, elender S.; dieser S.!; ich halte ihn für einen S.

schuften (ugs.): *schwer, hart arbeiten:* er mußte tüchtig s.; er hat sein Leben lang geschuftet.

Schuh, der: **1.** *Fußbekleidung:* der rechte, linke S.; ein schöner S.; neue, modische, elegante, derbe, dicke, schwere, einfache, bequeme, flache, warme, gefütterte, hochhackige (ugs.), ausgeschnittene, spitze, zerrissene, ausgetretene, saubere, staubige Schuhe; Schuhe aus Leder, mit Spangen, mit hohen Absätzen; Schuhe nach Maß; ein paar Schuhe für den Abend; die Schuhe sind naß, sind zu groß, zu eng, sind mir zu plump; diese Schuhe passen mir nicht; die Schuhe drücken [mich]; Redensart: umgekehrt wird ein S. draus *(die Sache ist gerade umgekehrt);* Schuhe kaufen, anprobieren, ausziehen, tragen, anhaben (ugs.), säubern, putzen, einfetten, abbürsten, besohlen, flicken, ausbessern, machen (ugs.; *reparieren*), schieftreten, spannen; er zerreißt (ugs.) viele Schuhe; sich (Dativ) andere Schuhe anziehen; in die Schuhe schlüpfen (ugs.); in alten Schuhen umherlatschen (ugs.). **2.** (veraltend) */ein Längenmaß/:* die Wände waren sechs S. dick. * (ugs.:) **jmdm. etwas in die Schuhe schieben** *(jmdm. die Schuld für etwas zuschieben)* · (ugs.:) **wissen, wo jmdn. der Schuh drückt** *(wissen, was jmdn. bedrückt)* · **das habe ich mir längst an den Schuhen abgelaufen** *(diese Erfahrung habe ich längst gemacht, das kenne ich schon).*

Schuhsohle, die: → Sohle.

Schulbank, die: *Sitzpult für Schüler:* er drückt noch die S. (ugs.; *er geht noch zur Schule*); er ist so groß, daß er nicht mehr in die S. paßt; sie haben zusammen auf einer S. gesessen *(sind zusammen zur Schule gegangen).*

schuld ⟨in den Verbindungen⟩ **schuld sein** *(die Schuld haben):* er war selbst s. an seinem Unglück · **schuld an etwas haben** *(für etwas verantwortlich sein):* er hat s. an dem Versagen · **jmdm. schuld geben** *(jmdn. für etwas verantwortlich machen):* alle gaben ihm s. an dem Zwischenfall.

Schuld, die: **1.** ⟨ohne Plural⟩ *sittliches Versagen, Verschulden; Verantwortung für ein Handeln:* eine schwere, nicht zu tilgende, moralische, geheime, persönliche S.; die S. liegt bei ihm, fällt auf ihn; es ist meine S., daß die Sache so endete; seine S. leugnen, bestreiten, eingestehen, sühnen (geh.), einsehen, bekennen (geh.), zugeben; die S. auf sich nehmen; er versuchte, die S. auf andere abzuwälzen, zu schieben; er sucht die S. immer bei anderen, nicht bei sich selbst; ihn trifft keine S. *(er ist nicht schuldig);* jmdm. die S. geben, zuschreiben, zumessen (geh.), zuschieben (ugs.); er hat, trägt (geh.) die S. an dem Zerwürfnis; er hat eine schwere S. auf sich geladen (geh.); er häufte mit seinen Taten S. auf S. (geh.); sie hat ihre S. mit dem Leben bezahlt (geh.); man konnte ihm seine S. nicht nachweisen; er war sich keiner S. bewußt; ein Gefühl der S. belastete ihn; er versuchte sich von seiner S. reinzuwaschen; sich frei von S. fühlen; er wurde von aller S. freigesprochen; niemand glaubte an seine S. **2.** *Zahlungsverpflichtung:* eine alte, vergessene, verjährte S.; eine S. von tausend Mark; bildl. (geh.): die S. der Dankbarkeit · Schulden haben, machen (ugs.), eintreiben, einklagen, einziehen, einfordern; er hat mehr Schulden als Haare auf dem Kopf (ugs.; *sehr viele Schulden*); er hat ihm seine S. erlassen; eine S. anerkennen, löschen, tilgen; seine Schulden bezahlen, begleichen (geh.), abzahlen, abtragen; Sprichw.: wer seine Schulden bezahlt, verbessert seine Güter · er ist in Schulden geraten (ugs.), hat sich in Schulden gestürzt *(große Schulden gemacht);* für jmds. Schulden bürgen, gutsprechen; das Haus ist frei von Schulden. * (ugs.:) **tief/bis über die/bis über beide Ohren in Schulden stekken** *(völlig verschuldet sein)* · (geh.:) **[tief] in jmds. Schuld stehen** *(jmdm. sehr zu Dank verpflichtet sein).*

schulden ⟨jmdm. etwas s.⟩: **a)** *zu zahlen haben:* jmdm. Geld, eine größere Summe, einen Betrag von hundert Mark s.; du schuldest mir noch etwas. **b)** *jmdm. etwas schuldig sein:* jmdm. Dank, Dankbarkeit, eine Antwort, eine Erklärung s.; er schuldet uns Rechenschaft.

schuldig: 1. *die Schuld haben:* die schuldige Person; der schuldige Teil *(derjenige, der die Schuld trägt);* er ist nicht s.; des Todes s. sein (geh.; veraltend; *den Tod verdienen*); er bekannte sich, fühlte sich s.; jmdn. s. sprechen; er hat sich des Betrugs s. gemacht (geh.; *einen Betrug begangen*); er wurde des Totschlags s., für s. befunden; an jmdm., an etwas s. werden (geh.; *in bezug auf jmdn, auf etwas Schuld auf sich laden*); er ist s. *(als schuldiger Teil)* geschieden; Rechtsw.: auf s. erkennen *(schuldig sprechen);* subst.: wer ist der Schuldige? **2. a)** *gebührend, geziemend:* die schuldige Rücksicht, Achtung; der schuldige Dank; jmdm. den schuldigen Respekt zollen (geh.); den schuldigen Gehorsam leisten. **b)** *zu geben verpflichtet:* er ist ihm 50 Mark s.; sie sind ihm das Geld s. geblieben *(haben es nicht bezahlt);* was bin ich Ihnen s.? (ugs.; *was habe ich zu bezahlen?*); übertr.: jmdm. Dank, Gehorsam, Achtung, Rechenschaft s. sein; er ist ihm den Beweis für seine Behauptung s. geblieben; du bist ihm eine Antwort s.; das ist er seiner Stellung s. * **[jmdm.] keine Antwort schuldig bleiben** *(nicht um eine Antwort verlegen sein; sich seiner Haut zu wehren wissen):* in der Debatte bleibt er keine Antwort s. · **jmdm. nichts schuldig bleiben** *(zurückschlagen, sich seiner Haut wehren).*

Schuldigkeit, die ⟨nur in bestimmten Wendungen⟩ **seine Schuldigkeit tun** *(das tun, was von einem erwartet wird)* · **etwas ist jmds. Pflicht und Schuldigkeit** *(etwas ist jmds. selbstverständliche Pflicht).*

schuldlos: *ohne Schuld:* er war s.; man hat ihn s. *(unschuldig)* verurteilt; sich s. fühlen; s. geschieden sein, werden.

Schuldner, der: *jmd., der einem anderen einen Geldbetrag schuldet:* ein säumiger S.; er ist mein S.; übertr.: ich bin Ihr S. *(bin in Ihrer Schuld, Ihnen zu Dank verpflichtet).*

Schule, die: **1.** *Schulgebäude:* eine große, neue, moderne S.; die S. ist alt, ist zu klein; die S. liegt am Stadtrand; eine neue S. bauen; die Kinder haben die S. betreten, verlassen. **2.** *Lehranstalt:* eine höhere, private, öffentliche, staatliche, katholische S.; eine S. für taubstumme Kinder; diese S. ist gut, sehr fortschrittlich; eine S. besuchen, verlassen; die S. durchlaufen, absolvieren (bildungsspr.); er hat die S. nicht zu Ende gemacht (ugs.; *nicht bis zum Abschluß besucht*); er ist in einer privaten S.; in/(ugs.:) auf die höhere Schule gehen; er schickt seine Kinder in die höhere S.; einen Schüler in die S. aufnehmen, aus der S. ausschließen; er kommt in diesem Jahr in die S. *(wird eingeschult);* er ist vor dem Abitur von der S. abgegangen; er hat seine Kinder in eine exklusive Schule gegeben (geh.); er wurde der S. verwiesen (geh.); er ist Lehrer an einer S.; er ist an die S., zur S. gegangen (ugs.; *ist Lehrer geworden*); er geht noch in die S. *(ist noch Schüler);* er ist mit ihm in die S. gegangen (ugs.; *ist sein Schulkamerad*); wir sind zusammen in die S. gegangen (ugs.; *wir waren in der gleichen Schulklasse*); jmdn. von der S. weisen; er ist von der S. geflogen; übertr.: die ganze Schule *(Gesamtheit der Schüler und Lehrer)* nahm an der Feier teil. **3.** *Unterricht:* die S. beginnt um acht Uhr, fängt um acht Uhr an (ugs.), ist um ein Uhr aus (ugs.); heute ist keine S. (ugs.); die S. ist aus (ugs.); morgen haben wir keine S. (ugs.); er hat die S. geschwänzt (ugs.); er hält S. (ugs.; *er unterrichtet*); die Kinder sind [noch] in der S., sind in die S./zur S. gegangen; übertr.: er ist bei den großen Tragikern in die S. gegangen *(hat viel von ihnen gelernt);* er ist in eine harte S. gegangen, hat eine harte S. durchgemacht *(hat eine harte Schulung durchgemacht).* **4.** *künstlerische oder wissenschaftliche Richtung:* eine philosophische S.; die florentinische, flämische S. *(Malerschule);* er kommt aus der S. Dürers, ist aus der Dürerschen S. hervorgegangen, gehört zur Dürerschen S. * **aus der Schule plaudern** *(interne Angelegenheiten Außenstehenden mitteilen)* · **etwas macht Schule** *(etwas findet Nachahmer)* · (ugs.:) **hinter die Schule gehen** *(den Unterricht absichtlich versäumen)* · (Reitsport:) **die Hohe Schule** *[bestimmte Dressurübungen]* · **ein Kavalier der alten Schule** *(ein Mann, der sich durch ausgesuchte Höflichkeit auszeichnet).*

schulen ⟨jmdn., etwas s.⟩: *ausbilden, üben, trainieren:* jmdn. politisch, gründlich s.; Funktionäre, das Personal, Vertreter s.; durch Lektüre seinen Geist s.; die Mitarbeiter müssen psychologisch geschult sein; er hat ein geschultes *(geübtes)* Auge, Ohr; ein geschulter Blick, Verstand; eine geschulte Stimme; ein geschultes Urteil; das Land verfügt über eine glänzend geschulte Truppe.

Schüler, der: **1.** *Jugendlicher, der eine Schule besucht:* ein guter, mittelmäßiger, schlechter, fleißiger, fauler, braver, aufmerksamer S.; die Schüler der Oberprima, dieser Schule; er war, wurde sein bester S.; ein ehemaliger S. von ihm; einen S. tadeln, loben, aufrufen, nicht versetzen, gut beurteilen, benachteiligen; das Verhältnis von Lehrer und S. **2.** *jmd., der von einem anderen lernt, bei einem Lehrer, Professor studiert:* ein Schüler Dürers, Max Plancks, von Röntgen; dieser Dramatiker ist ein S. der Griechen *(hat sie studiert und ihre Erkenntnisse übernommen).* * (hist.:) **ein fahrender Schüler** *(wandernder, umherziehender Student).*

Schulgeld, das: S. bezahlen müssen; er ist von der Zahlung des Schulgelds befreit. * (ugs.:) **sich das Schulgeld zurückgeben lassen [können]** *(die Schule ohne Nutzen besucht haben; dumm sein).*

Schulter, die: **1.** *Teil des Rumpfes, mit dem die Arme bzw. die Vorderfüße der Säugetiere durch ein Gelenk verbunden sind:* schmale, breite, runde, eckige, schwache, zarte, kräftige, hagere, abfallende, gebeugte, schiefe, gerade Schultern; die rechte, linke S.; ihre Schultern zuckten; die S. schmerzt mir/mich; bedauernd zog sie die Schultern hoch; die Schultern hängen lassen, sinken lassen, heben, senken, einziehen, zusammenziehen; er zuckte fragend die Schultern; er hat sich an der S. verletzt; jmdm. auf die S. klopfen, schlagen, an den Schultern fassen, packen; den Arm um jmds. S. legen; sie legte ein Tuch um ihre Schultern; er faßt sie um die S.; er stand da mit hängenden Schultern; sie hängte [sich] den Mantel über die S.; der Vater nahm das müde gewordene Kind auf die S.; er lud sich (Dativ) einen Sack auf die Schultern; in der Begeisterung hoben sie den Sportler auf ihre Schultern; sie stießen sich mit den Schultern an; der Junge reicht der Mutter schon bis zur, bis an die S.; er hat lem Schulkameraden über die S. geguckt; Ringen: er zwang ihn, legte ihn auf die Schulter; bildl.: die ganze Arbeitslast lag auf seinen Schultern. **2.** *Schulterteil eines Kleidungsstücks:* die linke S. sitzt nicht; das Jackett ist n den Schultern zu eng, zu weit; ein Mantel mit wattierten Schultern. * **Schulter an Schulter: a)** *(dichtgedrängt):* die Menschen standen S. an S. **b)** *(gemeinsam):* sie kämpften S. an S. · **jmdm. die kalte Schulter zeigen** *(jmdn. verächtlich behandeln, abweisen)* · **auf beiden Schultern [Wasser] tragen** *(zwei Parteien gerecht werden wollen)* · **etwas auf die leichte Schulter nehmen** *(etwas nicht genug beachten, nicht ernst genug nehmen)* · **jmdn. über die Schulter ansehen** *(jmdn. verachten, verächtlich behandeln)* · **auf jmds. Schultern stehen** *(sich auf jmds. Lehren, Forschungen stützen).*

chultern ⟨etwas s.⟩: *auf die Schulter nehmen:* ein Gewehr, eine Last s.

chulung, die: *Ausbildung:* eine strenge, fachliche, systematische, mangelhafte, politische S.; die Stimme verrät eine gute S.; er hat eine gründliche S. durchgemacht, erfahren (geh.).

chund, der (ugs.): *schlechtes, wertloses Zeug:* das ist doch alles S.; er wollte uns S. verkaufen. * **Schmutz und Schund** *(minderwertige, geistige Produkte, die einen schlechten Einfluß ausüben).*

chuppe, die: **a)** *Hautgebilde auf der Körperoberfläche von Fischen, Reptilien u. a.:* die glänzenden Schuppen des Fisches. **b)** *kleines Hautteilchen, das von der Kopfhaut abgestoßen wird:* trockene, fettige Schuppen; er hat Schuppen [auf dem Kopf, auf dem Jackett]; ein Mittel gegen Schuppen. * **es fällt jmdm. wie Schuppen von den Augen** *(jmdm. wird etwas plötzlich klar).*

chüren (geh.) ⟨etwas s.⟩: *zum Aufflammen bringen, anfachen:* die Glut, das Feuer, den Brand s.; übertr.: *anstacheln:* Argwohn, Groll, Zorn, Haß s.

chürfen: 1. a) ⟨etwas s.⟩ *Bodenschätze fördern:* Kohle, Erz s. **b)** ⟨nach etwas s.⟩ *nach Bodenschätzen graben:* hier wird nach Kohle, nach Uran, nach Erzen geschürft. **2.** ⟨jmdm., sich etwas s.⟩ *durch Scheuern verletzen:* sie hat sich bei dem Sturz die Haut am Arm geschürft.

churke, der (abwertend): */Schimpfwort für einen gemeinen, niederträchtigen Menschen/:* dieser S.!; er ist ein ausgemachter S.

chürze, die: *Kleidungsstück, das zum Schutz gegen Schmutz getragen wird:* eine frische, saubere, bunte, weiße S.; eine S. voll Obst; die S. ist schmutzig; eine S. umbinden, vorbinden, an-, ausziehen, tragen; die S. abbinden, ablegen; die Kinder klammerten sich an die S. der Mutter; sie wischte ihre Hände an der S. ab. * **der Mutter an der Schürze hängen** *(unselbständig sein)* · (ugs.:) **hinter jeder Schürze herlaufen** *(allen Mädchen nachlaufen).*

chürzen: 1. (veraltend) ⟨etwas s.⟩ *heben, raffen:* beim Treppensteigen schürzte sie den Rock. **2.** (geh.) ⟨etwas s.⟩ *knüpfen, schlingen:* ein Knoten s.; er hat das Seil zu einem Knoten geschürzt; bildl.: der Knoten der Handlung ist geschürzt *(der Konflikt der dramatischen Handlung ist auf seinem Höhepunkt).* **3.** (geh.) *aufwerfen:* die Lippen s.; ein hochmütig geschürzter Mund.

chuß, der: **1. a)** *das Schießen:* ein scharfer, blinder, gezielter S.; ein S. auf die Scheibe, mit der Pistole, aus einem Gewehr; ein S. fällt, knallt, kracht (ugs.); einen S. abgeben *(schießen);* er traf das Tier auf den ersten S.; er kam nicht zum S. *(kam nicht zum Schießen);* es folgte S. auf S.; er brachte den Keiler mit einem S. zur Strecke. **b)** *Geschoß:* Schüsse peitschten über das Feld; /bei Mengenangaben/: 10 Schuß Munition · ein S. geht fehl, geht los, ging daneben (ugs.), traf [ins Schwarze]; ein S. löste sich aus dem Jagdgewehr; der S. traf ihn mitten ins Herz; einen S. abgeben, abfeuern; er hat einen S. *(Schußwunde)* im Knie; er bekam einen S. *(eine Schußverletzung)* in den Arm. **2.** (Ballsport) **a)** *das kräftige Schleudern eines Spielballs:* ein S. ins Tor; er beförderte den Ball mit einem S. ins Netz. **b)** *der geschossene Ball:* der S. ging an die Latte, ins Tor. **3.** *Schußfaden:* man unterscheidet beim Weben Kette und S. **4.** *kleine zugesetzte Menge:* der Soße einen S. Rotwein zusetzen; Tee mit einem S. Rum; er trinkt Weiße mit S. *(Weißbier mit einem Zusatz von Fruchtsaft);* übertr.: seine Rede war mit einem S. Humor gewürzt; er hat einen S. Leichtsinn im Blut. * (ugs.:) **keinen Schuß Pulver wert sein** *(überhaupt nichts wert sein)* · (ugs.:) **weit vom Schuß sein** *(außerhalb des Gefahrenbereichs sein)* · **ein Schuß ins Schwarze** *(ein Treffer)* · (fam.:) **einen Schuß machen** *(kräftig wachsen):* der Junge hat einen S. gemacht · (ugs.:) **jmdm. einen Schuß vor den Bug geben** *(jmdn. nachdrücklich warnen)* · (ugs.:) **in/im Schuß** *(in Ordnung):* die Wohnung ist gut in S.; er ist augenblicklich nicht gut im S. *(nicht gesund);* sie hat ihre Sachen gut in S., müßte sie besser in S. halten, bringen; etwas kommt wieder in S.

Schüssel, die: *Gefäß, bes. für Speisen:* eine flache, tiefe, runde, emaillierte, silberne S.; eine dampfende S. auf den Tisch bringen; eine S. Gemüse; eine S. aus Glas, aus Porzellan; eine S. mit Kartoffeln, voll Obst; ein Satz Schüsseln; die S. füllen, leeren, leer essen (ugs.); der Hund hat die S. ausgeleckt; sie haben den Rest aus der S. gegessen; etwas in eine S. füllen.

Schuster, der: *Schuhmacher:* seine Schuhe zum S. bringen; Sprichw.: S., bleib bei deinem Leisten! * (ugs.:) **auf Schusters Rappen** *(zu Fuß).*

Schutt, der: *Bauschutt, Gesteinstrümmer, Abfälle:* mehrere Kubikmeter S.; S. abladen verboten!; S. wegfahren, wegräumen. * **etwas in Schutt und Asche legen** *(etwas zerstören und niederbrennen)* · **in Schutt und Asche liegen** *(zerstört und niedergebrannt sein).*

schütteln: a) ⟨jmdn., etwas s.⟩ *heftig hin und her bewegen:* jmdn. heftig, kräftig s.; sie schüttelte das Kind, bis es wach war; er schüttelte bedächtig, ratlos, verwundert den Kopf; der Wind schüttelt die Bäume, die Zweige; sie schüttelte ihre Locken; der Löwe schüttelte seine Mähne; Böen schüttelten das Flugzeug; wir haben die Äpfel geschüttelt *(vom Baum heruntergeschüttelt);* die Medizin vor Gebrauch s.!; man hat ihn aus dem Schlaf geschütttelt; er war von Angst geschüttelt; ⟨jmdm. etwas s.⟩ er schüttelte ihm freundlich die Hand *(begrüßte ihn mit Handschlag).* **b)** ⟨sich s.⟩ *schaudern:* sich nach einem Schnaps, vor Ekel s.; sie schüttelten sich vor Lachen. * (ugs.:) **[sich (Dativ)] etwas aus dem Ärmel/aus den Ärmeln schütteln** *(etwas mit*

Leichtigkeit schaffen) · **den Staub von den Füßen schütteln** *(eine Stadt o. ä. [für immer] verlassen).*

schütten: 1. ⟨etwas s.; mit Raumangabe⟩ *gießen:* die Milch aus der Kanne, Wasser in den Ausguß s.; er hat das Futter in den Trog geschüttet; den ganzen Abfall auf einen Haufen s.; /mit der Nebenvorstellung des Unabsichtlichen/: sie hat den Kaffee auf die Tischdecke geschüttet; ⟨jmdm., sich etwas s.; mit Raumangabe⟩ sie hat sich den Wein aufs, übers Kleid geschüttet. 2. (ugs.) ⟨es schüttet⟩ *es regnet in Strömen:* es schüttet seit Stunden.

Schutz, der: a) *Beistand, Hilfe:* mütterlicher, männlicher, polizeilicher, militärischer S.; jmdm. S. bieten, gewähren (geh.), [ver]leihen (geh.), zusichern, versagen (geh.); die Kinder suchten S. bei der Mutter; er genießt den S. des Gesetzes; sie befahlen, empfahlen sich dem S. Gottes (geh.; *vertrauten sich Gottes Schutz an*); der Flüchtling begab sich (geh.) in den, unter den S. der Polizei; übertr.: die Verbrecher entkamen im S., unter dem S. der Dunkelheit. b) *Sicherung, Sicherheit:* ein sicherer, wirksamer S. gegen Erkältungen; ein Mittel zum S. gegen, vor Ansteckung; Maßnahmen zum S. der Bevölkerung; die Bäume boten ihnen S. vor dem Regen; er trug warme Kleidung zum S. gegen die Kälte. * **jmdn. in Schutz nehmen** *(jmdn. einem anderen gegenüber verteidigen).*

schützen: a) ⟨jmdn., sich, etwas s.⟩ *bewahren, verteidigen:* die Bevölkerung, das Land, das Eigentum s.; das Gesetz schützt die Bürger; Gott schütze dich! */eine Wunschformel/;* sich gegen Ansteckung s.; sie wollten die Tiere vor dem Verhungern s.; der Name des Fabrikats ist [gesetzlich] geschützt *(darf nicht von anderen verwendet werden);* sie waren froh, als sie ein schützendes Dach überm Kopf hatten; sie suchten einen [gegen Wind] geschützten Platz. b) ⟨etwas schützt vor etwas, gegen etwas⟩ *etwas bewahrt vor etwas:* das Medikament schützt vor Erkältungen; der Mantel schützt gegen die Kälte; Unkenntnis schützt nicht vor Strafe; Sprichw.: Alter schützt vor Torheit nicht. * (geh.:) **seine schützende Hand über jmdn. halten** *(jmdn. schützen, jmdm. helfen).*

schwach: 1. *kraftlos, matt, entkräftet; nicht widerstandsfähig:* ein schwaches Kind; eine schwache Gesundheit, Konstitution haben; er hat schwache Augen, Nerven, eine schwache Lunge; sie konnte nur mit schwacher *(leiser)* Stimme sprechen; der Patient ist sehr s.; sie wird körperlich immer schwächer; er ist noch s. auf den Beinen (ugs.; *nach der Krankheit noch nicht wieder bei Kräften*); sein Herz, sein Puls ist s.; mir wird s. (fam.; *übel*); alt und s., krank und s., klein und s. sein; übertr.: eine schwache Regierung; er machte nur schwache Versuche, sich zu vertreidigen; einen schwachen Willen haben; der Wind ist heute s. *(nicht lebhaft);* wenn ich daran denke, wird mir ganz s. (ugs.; *packt mich ein Entsetzen*); nur nicht s. werden! (ugs.; *nicht wankend werden*); die Mutter ist zu s. *(zu nachgiebig),* um die Kinder richtig zu erziehen. 2. *dünn, von geringer Belastbarkeit:* schwache Mauern; ein schwaches Brett; ein schwacher Träger, Draht, Faden; der Ast ist zu schwach; die Eisdecke ist noch s. 3. *gering, mäßig:* schwacher Beifall; nur eine schwache Hoffnung haben; der Bericht gibt nur einen schwachen Eindruck, ein schwaches Bild von den Vorgängen; schwache Erfolge; ein schwacher Trost; ein schwaches Lob; das war eine schwache (ugs.) Leistung; es gibt nur schwache Anzeichen von Besserung; bei dem schwachen *(schlechten)* Licht kann man nicht lesen; er ist ein schwacher Schüler *(seine Leistungen sind schlecht);* die Nachfrage war s.; die Glühbirne ist zu s. *(hat eine zu geringe Wattzahl);* das Geschäft, die Börse ist zur Zeit s. *(es herrscht eine geringe Nachfrage).* 4. *nicht zahlreich:* eine schwache Beteiligung; Rennsport: ein schwaches Feld *(geringe Beteiligung beim Rennen);* das Konzert, die Darstellung war nur s. besucht; das Land ist nur s. besiedelt. 5. a) *nicht konzentriert, nicht gehaltvoll:* schwacher Kaffee, Tee; eine schwache Lauge, Salzlösung; ein schwaches Gift; die Dosis des Medikamentes war zu s. b) *nicht gewichtig, von geringer geistiger Substanz:* ein schwaches [Theater]stück; ein schwächeres Werk des Malers; diese Argumente sind sehr s. 6. (Sprachw.) */Art der Beugung/:* ein schwaches Verb; Substantiv; die schwache Beugung; dieses Verb wird s. konjugiert, gebeugt. * **etwas steht auf schwachen Füßen/Beinen** *(etwas ist nicht sicher, nicht gut begründet):* seine Behauptung steht auf schwachen Füßen · (ugs.:) **etwas ist jmds. schwache Seite:** a) *(jmd. kann etwas nicht besonders gut):* Mathematik ist seine schwache Seite. b) *(jmd. hat eine Schwäche für etwas):* Süßigkeiten sind seine schwache Seite · (ugs.:) **jmds. schwache Stelle** *(der Punkt, an dem jmd. besonders verletzlich ist):* du hast ihn mit dieser Bemerkung an seiner schwachen Stelle getroffen · (ugs.:) **in einer schwachen Stunde** *(in einem Augenblick, in dem jmd. keine Widerstandskraft hat)* · (ugs.; scherzh.:) **das schwache Geschlecht** *(die Frauen)* · (ugs.:) **schwach auf der Brust sein** a) *(anfällige Atmungsorgane haben).* b) *(wenig Geld haben).*

Schwäche, die: 1. *mangelnde Kraft, Zustand der Kraftlosigkeit:* eine körperliche, geistige, allgemeine S.; eine S. der Nerven; eine S. *(Schwächezustand)* befällt, überkommt jmdn.; er hat die S. überwunden; keine S. zeigen; er ist vor S. umgefallen, zusammengebrochen. 2. *charakterlicher Mangel, Fehler:* eine charakterliche, menschliche, verzeihliche S.; jmds. S. ausnutzen; jeder Mensch hat seine Schwächen; jmdm. seine S. verzeihen; er kannte seine Schwächen; einer S. nachgeben, widerstehen. 3. *Mangel, nachteilige Eigenschaft:* eine entscheidende S. dieser Methode ist ihre Kompliziertheit; das Buch hat Schwächen. 4. *Vorliebe, Neigung:* deine S. für Schokolade ist bekannt; er hat eine S. für sie (ugs.; *mag sie gern*).

schwächen: a) ⟨jmdn., sich, etwas s.⟩ *schwach machen, die Körperkräfte vermindern:* das Fieber, der Blutverlust schwächte ihn; die Krankheit hat seinen Körper geschwächt; seine Gesundheit ist geschwächt; er hat sich durch dauernde Überanstrengung geschwächt; übertr.: den Gegner durch fortgesetzte Angriffe s. b) ⟨etwas schwächt etwas⟩ *etwas setzt etwas herab:* jmds. Ansehen, Macht s.; dieser Fehlschlag schwächte seine Position *(machte sie schwächer).*

Schwachheit, die: *das Schwachsein:* die S. des

Körpers; Redensarten: S., dein Name ist Weib!; bilde dir nur keine Schwachheiten ein! *(glaube nur nicht, daß deine Wünsche in Erfüllung gehen!)*.

schwächlich: *körperlich, gesundheitlich schwach:* ein schwächliches Kind; der Junge ist körperlich s.

Schwamm, der: **1.** *zum Säubern gebrauchtes, Wasser aufsaugendes [poröses] Gebilde:* ein trockner, nasser, feuchter S.; der S. saugt sich voll; den S. ausdrücken; die Schüler wischen die Tafel mit dem S. sauber; er wäscht sich mit einem S. **2.** */ein Pilz/:* Schwämme suchen, sammeln, trocknen; in diesem Haus ist der S. *(ein Schimmelpilz)*. * (ugs.:) **Schwamm drüber!** *(reden wir nicht mehr darüber!)* · (ugs.; scherzh.:) **sich mit dem Schwamm frisieren können** *(eine Glatze haben)*.

Schwan, der: */ein großer Wasservogel/:* ein stolzer S.; die Schwäne schwimmen auf dem Teich, kommen ans Ufer, steigen ans Land. * (ugs.:) **mein lieber Schwan: a)** */Ausruf des Erstaunens/*. **b)** */ironische Anrede/*.

schwanen ⟨etwas schwant jmdm.⟩: *jmd. hat ein beunruhigendes Vorgefühl von etwas:* ihm schwante nichts Gutes.

Schwang ⟨in der Wendung⟩ etwas ist im Schwang[e] *(etwas ist üblich, ist in Mode):* diese Ausdrucksweise ist sehr im Schwange.

schwanger: *ein Kind erwartend:* eine schwangere Frau; s. sein, werden; sie ist im vierten Monat s.; mit einem Kind s. gehen. * (ugs.:) **mit etwas schwanger gehen** *(sich mit etwas im Geiste beschäftigen)*.

schwängern (geh.; veraltend) ⟨jmdn. s.⟩: *jmdn. schwanger machen:* eine Frau, ein Mädchen s. * **etwas ist mit etwas geschwängert** *(etwas ist mit etwas erfüllt):* die Luft war mit dem Duft der blühenden Bäume geschwängert; eine mit Feindseligkeit geschwängerte politische Atmosphäre.

schwanken: 1. a) *sich heftig [hin und her] bewegen; wanken:* die Waage schwankt [auf und nieder]; sie schwankte und wäre fast gestürzt; die Zweige, Äste, Baumwipfel schwanken leicht, heftig im Wind [hin und her]; der Boden hatte unter seinen Füßen geschwankt; er ging mit schwankenden Schritten; er ist ein schwankendes Rohr (dichter.; *er ist unsicher in seinen Entschlüssen*); übertr.: die Preise, die Kurse schwanken *(werden bald höher, bald geringer)*; eine schwankende *(nicht stabile)* Gesundheit. **b)** ⟨mit Raumangabe⟩ *sich schwankend fortbewegen, irgendwohin bewegen:* der Betrunkene schwankte aus der Kneipe über die Straße. **2.** *unschlüssig sein:* lange, einen Augenblick s.; er schwankte, ob er fahren oder zu Hause bleiben sollte; zwischen Hoffnung und Resignation, zwischen Zorn und Mitleid s.; er ist sehr schwankend in seinen Entschlüssen; der Vorfall machte ihn schwankend; subst.: nach anfänglichem Schwanken ...; ins Schwanken kommen, geraten.

Schwankung, die: *das Schwanken, Unbeständigkeit:* heftige, geringe, vorübergehende Schwankungen; Schwankungen der Stimmung, der Laune; das Barometer zeigt keinerlei S.; die Kurse sind starken Schwankungen unterworfen, ausgesetzt.

Schwanz, der: **1.** *Verlängerung der Wirbelsäule bei bestimmten Tieren:* ein langer, buschiger S.; der S. des Vogels, des Fisches, des Hundes; bildl.: der S. des Flugzeugs, des Kometen, des Papierdrachens; die Kinder bildeten den S. *(Schluß)* des Festzugs · der Fasan hat einen prächtigen S.; dem Hund den S. kupieren; der Hund klemmt den S. ein, wedelt mit dem S.; Tiere soll man nicht am, beim S. fassen, packen, ziehen; er hat der Katze auf den S. getreten; die Bachstelze wippt mit dem S.; Redensarten: da beißt sich die Katze in den S. *(Ursache und Wirkung bedingen sich wechselseitig)*; das trägt die Katze auf dem S. fort *(das ist sehr wenig)*. **2.** (derb) *männliches Glied.* * (ugs.:) **das Pferd beim/am Schwanz aufzäumen** *(etwas verkehrt anfangen)* · (ugs.:) **den Schwanz einziehen** *(bei etwas nachgeben)* · (ugs.:) **den Schwanz hängenlassen** *(bedrückt, traurig sein)* · (ugs.:) **jmdm. auf den Schwanz treten** *(jmdn. beleidigen)* · (Studentenspr.:) **einen Schwanz machen/bauen** *(einen Teil des Examens nicht bestehen)* · (ugs.:) **kein Schwanz** *(niemand)*.

schwänzen (ugs.) ⟨etwas s.⟩: *mit Absicht versäumen:* den Unterricht, die Schule, die Vorlesung s.; ⟨auch ohne Akk.⟩ er hat heute geschwänzt.

schwären (geh.) ⟨etwas schwärt⟩: *etwas eitert:* die Wunde schwärt; eine schwärende Wunde.

Schwarm, der: *größere Zahl sich zusammen fortbewegender Tiere:* ein S. Bienen, Mücken, Krähen; ein S. junger/junge Heringe; ein S. von Insekten; einen S. *(Bienenschwarm)* einfangen; übertr.: *Schar:* ein S. Kinder, von Kindern folgt dem Zirkuswagen; sie hat immer einen ganzen S. von Anbetern um sich. * (ugs.:) **jmd., etwas ist jmds. Schwarm** *(jmd. ist von einer Person oder Sache sehr begeistert, sehr angetan):* dieser Sänger ist der S. aller Teenager.

schwärmen: 1. *ausfliegen, sich im Schwarm bewegen:* die Bienen schwärmen jetzt; Mücken schwärmten im Sonnenschein. **2.** *sich herumtreiben:* sie waren die ganze Nacht durch die Stadt geschwärmt. **3. a)** ⟨für jmdn., für etwas s.⟩ *sehr angetan sein:* er schwärmt für Blondinen; die Teenager schwärmen für diese Art von Musik; sie hat früher für große Hüte geschwärmt. **b)** *begeistert reden:* er schwärmt wieder; sie schwärmten von den herrlichen Gemälden; subst.: er gerät leicht ins Schwärmen.

Schwarte, die: **1.** *dicke, harte Haut am Fleisch:* eine dicke, geräucherte S.; die S. kann man nicht kauen. **2.** (ugs.; abwertend) *[dickes] Buch:* dicke, alte Schwarten; eine S. lesen, kaufen. * (ugs.:) **jmdm./jmdn. juckt die Schwarte** *(jmd. wird so übermütig, als wolle er Prügel haben)* · (ugs.:) **jmdm. die Schwarte gerben** *(jmdn. verprügeln)* · (ugs.:) **bis [jmdm.] die Schwarte kracht** *(sehr viel):* er muß arbeiten, bis ihm die S. kracht.

schwarz: 1. */eine Farbbezeichnung/:* schwarze Haare; ein schwarzes Kleid; eine schwarze Krawatte; schwarze Schuhe; bildl.: schwarze Diamanten *(Steinkohle)*; sein Gesicht war s. von Ruß; sie ist s. gekleidet; ein Kleidungsstück s. färben; der Stoff ist [weiß und] s. gestreift, gemustert; subst.: ein tiefes, glänzendes Schwarz; sie trägt gerne Schwarz *(schwarze Kleider)*; das kleine Schwarze *(festliche schwarze Kleid)*; sie war in Schwarz gekleidet; Schwarze

(Neger) und Weiße leben hier friedlich nebeneinander; er hat ins Schwarze *(beim Schießen in den innersten schwarzen Kreis)* getroffen. **2.** *sehr dunkel:* schwarze Kirschen; schwarzer Pfeffer; schwarzes Brot; schwarzer Kaffee *(Kaffee ohne Milch);* die schwarzen Bewohner des Landes *(die Neger);* schwarzer Tee *(Tee aus den Blättern des Teestrauchs);* die schwarze Rasse *(die Neger);* eine schwarze Nacht (geh.; *eine sternlose Nacht*); der Kaffee ist s. *(ist sehr stark);* seine Hautfarbe ist s.; der Kuchen ist s. geworden (ugs.; *ist beim Backen verbrannt*); ganz s. verbrannt kamen sie aus dem Winterurlaub (ugs.; *sehr braun geworden*). **3.** (ugs.) *schmutzig:* schwarze Hände, Fingernägel; der Kragen ist ganz s.; du bist s. an der Nase; du hast dich s. gemacht. **4.** (ugs.) *katholisch:* eine schwarze Partei; hier sind alle Leute s.; subst.: ein Schwarzer. **5.** *böse, unheilvoll:* schwarze Gedanken, Pläne; ein schwarzer Verdacht; eine schwarze Tat; schwarzer *(makabrer)* Humor; er hat eine schwarze Seele; dies war ein schwarzer Tag für ihn *(ein Unglückstag);* ein schwarzer Freitag *(ein [geschäftlich] unglücklicher Freitag).* **6.** (ugs.): *illegal:* schwarze Geschäfte; etwas s. kaufen; er ist s. über die Grenze gegangen. * **jmdm. wird es schwarz vor [den] Augen** *(jmd. wird ohnmächtig)* · (ugs.:) **sich schwarz ärgern** *(sich sehr ärgern)* · **aus schwarz weiß machen [wollen]** *(etwas völlig anders darstellen, als es wirklich ist)* · (Kartenspiel, ugs.:) **schwarz werden** *(keinen Stich bekommen)* · (ugs.:) **jmd. kann warten, bis er schwarz wird** *(jmd. wartet umsonst)* · (ugs.:) **etwas ist schwarz von jmdm., von etwas** *(etwas ist voll von jmdm., besät von etwas)* · **etwas in den schwärzesten Farben malen/darstellen/schildern** *(etwas pessimistisch sehen und entsprechend darstellen)* · (ugs.:) **schwarz auf weiß** *(schriftlich)* · (ugs.:) **jmdm. nicht das Schwarze unter dem Nagel gönnen** *(sehr neidisch auf jmdn. sein)* · **ins Schwarze treffen** *(das Richtige, Entscheidende treffen)* · **Schwarzer Peter** */ein Kartenspiel für Kinder/* · **jmdm. den Schwarzen Peter zuspielen/zuschieben** *(etwas Unangenehmes von sich auf einen anderen abwälzen)* · **das schwarze Schaf sein** *(sich nicht einordnen, unter anderen unangenehm auffallen):* er ist das schwarze Schaf in der Familie · **das Schwarze Brett** *(Anschlagbrett)* · **der schwarze Markt** *(der illegale Markt)* · **die Schwarze Kunst: a)** *(die Magie).* **b)** *(der Buchdruck)* · **der Schwarze Erdteil** *(Afrika)* · **der Schwarze Tod** *(die Pest)* · (fam.:) **der schwarze Mann** */eine Schreckgestalt für Kinder/* · **die schwarze Liste** *(Aufstellung verdächtiger Personen)* · (Wirtsch.:) **schwarze Zahlen** *(Gewinne):* die Firma hofft bald wieder in die schwarzen Zahlen zu kommen.

schwarzarbeiten (ugs.): *ohne gesetzliche Erlaubnis arbeiten:* an den Samstagen arbeitet er häufig s.

schwarzsehen (ugs.): **1. a)** *etwas pessimistisch beurteilen, einschätzen:* er sieht immer, nur schwarz. **b)** ⟨für jmdn., für etwas s.⟩ *sich Sorgen um jmdn., um etwas machen:* für den Kandidaten, für ein Vorhaben, für das Gelingen der Arbeit s.; für deine Urlaubspläne sehe ich schwarz. **2.** *ohne die erforderliche Genehmigung einen Fernsehapparat benutzen:* er sieht schwarz.

schwatzen, (landsch. auch:) schwätzen: **1. a)** *viel [und für andere störend] reden, sich unter halten:* laut, unaufhörlich, stundenlang s.; si schwatzen den ganzen Morgen und stören de Unterricht; er schwatzt über etwas, was e nicht versteht; fröhlich schwatzend gingen si über die Straße. **b)** (ugs.; abwertend) ⟨etwas s. *reden:* Überflüssiges, Unverständliches, Un sinn, dummes Zeug s. **2.** (abwertend) *klatschen* sie schwatzt hemmungslos; laß sie nur schwat zen!; man schwatzt über dich.

Schwebe ⟨nur in bestimmten Wendungen **sich in der Schwebe halten: a)** *(in einem Schwe bezustand verharren):* die Waage hält sich in de S. **b)** *(unentschieden bleiben):* der Zustand de Kranken hält sich in der S. · **etwas ist, befinde sich [noch] in der Schwebe** *(etwas ist noch unent schieden)* · **etwas bleibt in der Schwebe** *(etwa bleibt offen, bleibt unentschieden)* · **etwas in de Schwebe lassen** *(etwas nicht entscheiden, etwa offenlassen).*

schweben: 1. a) *sich in der Luft, in einer Flüs sigkeit in der Schwebe halten, ohne zu Boden z sinken:* sie hatten das Gefühl zu s.; der Adle schwebt hoch in der Luft; der Verunglückt schwebte über dem Abgrund, zwischen Him mel und Erde; am Himmel schweben klein Wölkchen; ein Ballon hat in geringer Höh über den Häusern geschwebt; in der Flüssigkei schweben kleine Partikelchen; bildl. (dich ter.): ein Lächeln schwebte auf ihren Lippen übertr.: *sein, sich befinden:* in Angst, in tau send Ängsten s.; er schwebte zwischen Furch und Hoffnung, in Lebensgefahr. **b)** ⟨mit Raum angabe⟩ *sich in der Luft langsam, kaum merk lich fortbewegen:* nach unten, in die Höhe s.; ei Ballon ist über die Stadt geschwebt; Schmetter linge schweben von Blüte zu Blüte. **2.** ⟨etwa schwebt⟩ *etwas ist noch nicht abgeschlossen:* di Sache, der Prozeß schwebt noch; man wollt nicht in das schwebende Verfahren eingreifen * (geh.:) **[immer] in höheren Regionen/Sphären schweben** *(in einer Traumwelt leben)* · **etwa schwebt jmdm. vor Augen** *(etwas ist jmdm. deut lich in Erinnerung).*

schwedisch ⟨in der Wendung⟩ hinter schwedischen Gardinen (ugs.): *im Gefängnis:* er war saß lange hinter schwedischen Gardinen.

Schwefel, der: */ein chemisches Element/:* roher, raffinierter S. * **wie Pech und Schwefel zusammenhalten** *(fest und unerschütterlich zusammenhalten).*

Schweif, der (geh.): *Schwanz:* ein langer, buschiger S.; der S. des Pferdes, des Löwen; der Hund wedelt mit dem S.; bildl.: der S. des Kometen.

schweifen: 1. (Handwerk) ⟨etwas s.⟩ *eine gebogene Gestalt geben:* Bretter s.; adj. Part.: geschweifte Möbel, Stuhlbeine. **2.** (geh.) ⟨mit Raumangabe⟩ *umherschweifen:* durch die Stadt, durch Wiesen und Felder s.; Redensart: warum/wozu in die Ferne s.?; übertr.: seine Blicke schweiften über die Köpfe der Menschen; er ließ seine Gedanken s.

schweigen: *still sein, nicht sprechen:* lange, erschrocken, betrübt, betroffen, ratlos, beharrlich, betreten, beschämt, verlegen, hartnäckig s.; der Redner, der Angeklagte, die Stimme schwieg; die Vögel schweigen; schweigen Sie!; er schwieg einen Augenblick; aus Höflichkeit, aus Angst s.; sie schwiegen vor Staunen, vor

Schreck; der Angeklagte schweigt auf alle Fragen *(äußert sich nicht dazu)*; er schwieg über seine Erfahrungen, von seinen Entdeckungen, zu den Vorwürfen; die Arbeit ist oberflächlich, von den Irrtümern ganz zu s. *(die Irrtümer nicht einmal berücksichtigt)*; übertr.: die Musik, der Lärm schweigt; seit heute schweigen die Waffen *(wird nicht mehr gekämpft)*; die Zeitungen haben zu den Ereignissen geschwiegen; es herrschte schweigende Zustimmung; Redensart: da/darüber schweigt des Sängers Höflichkeit *(darüber wird aus Takt nicht gesprochen)*. * **schweigen wie ein Grab** *(absolut verschwiegen sein)*.

Schweigen, das: *Zustand des Nichtsprechens; Stille:* ein lastendes, bedrückendes, eisiges, betretenes, peinliches, tödliches, verlegenes, betroffenes, dumpfes, beredtes S.; es herrschte tiefes S.; ein S. trat ein; Sprichwörter: Reden ist Silber, S. ist Gold; S. zur rechten Zeit übertrifft Beredsamkeit · S. bewahren, fordern; endlich hat er das, sein S. gebrochen *([wieder] zu sprechen begonnen)*; jmdm. S. auferlegen; nach längerem S. hat er sich wieder gemeldet. * **sich in Schweigen hüllen** *(sich geheimnisvoll über etwas nicht äußern, keine Auskunft geben)* · **jmdn., etwas zum Schweigen bringen** *(verstummen lassen, mundtot machen)*.

schweigsam: *wortkarg, nicht gesprächig, still:* ein schweigsamer Mensch; er ist, wirkt sehr s.; er saß s. in einer Ecke.

Schwein, das: **1.** */ein Haustier/:* ein fettes, dickes S.; das S. frißt, grunzt, schnüffelt, quiekt; er blutet wie ein S. (derb; *heftig*); sie haben sich benommen wie Schweine *(sehr schlecht)*; ein S. mästen, füttern, züchten, schlachten, abstechen. **2.** (derb) */Schimpfwort, bes. für einen schmutzigen oder unanständigen Menschen/:* du S.!; dieses S. hat mich betrogen; er ist ein armes S. *(ein bedauernswerter Mensch)*. * (derb:) **kein Schwein** *(niemand)*: das begreift, kapiert kein S.; kein S. war da · **wo haben wir denn schon zusammen Schweine gehütet?** *(seit wann sind wir denn so vertraut miteinander?)* · (ugs.:) **Schwein haben** *(Glück haben)*.

Schweinehund, der (derb): */Schimpfwort, bes. für einen gemeinen, verächtlichen Menschen/:* du S.!; er ist ein S. * (ugs.:) **den inneren Schweinehund überwinden** *(seine Feigheit, seine Schwäche überwinden)*.

Schweinerei, die (derb, abwertend): **a)** *Zustand von Unsauberkeit:* wer hat diese S. hier hinterlassen? **b)** *Gemeinheit, üble Machenschaft:* diese Handlungsweise ist eine große S.; S.! */Ausruf der Verärgerung/.* **c)** *moralisch Verwerfliches:* es passierten allerhand Schweinereien in dem Lager.

Schweiß, der: **1.** *Drüsenabsonderung auf der Körperoberfläche:* der kalte S. stand ihm auf der Stirn; der S. läuft ihm übers Gesicht, rinnt ihm von der Stirn; S. trat auf seine Stirn; der S. brach ihm aus, brach ihm aus allen Poren; S. strömt ihm über den Körper; er trocknete, wischte sich den S. ab; die Arbeit hat [ihn] viel S. gekostet *(war sehr mühsam)*; sein Körper war mit S. bedeckt; sein Haar war von S. verklebt; sein Gesicht glänzt vor/von S.; das Pferd war naß von S.; seine Kleider rochen nach S.; bei der Arbeit kam er, geriet er in S.; er war in S. gebadet *(schwitzte sehr)*; übertr. (geh.): *Mühe:* an diesem Werk hängt viel S. **2.** (Jägerspr.) *Blut:* das Tier hat viel S. verloren. * **im Schweiße meines Angesichts** *(unter großer Anstrengung)*.

schweißen: 1. ⟨[etwas] s.⟩ *durch Erhitzen verschmelzen, fest verbinden:* Rohre, Metallteile, Schienen s.; der Schlosser schweißt in der Werkstatt. **2.** (Jägerspr.) *Blut verlieren:* das verletzte, angeschossene Tier hat geschweißt.

schwelen: 1. ⟨etwas schwelt⟩ *etwas brennt glimmend, ohne offenes Feuer:* der Brand, das Holz, das Feuer schwelt; es schwelt unter der Asche; schwelende Trümmer; übertr. (geh.): *untergründig:* schwelender Haß; eine schwelende Feindschaft. **2.** ⟨etwas s.⟩ *unter Luftabschluß erhitzen:* Koks, Kohlen s.; Rasen s. *(langsam verbrennen)*.

schwelgen (geh.): **1.** *üppig essen und trinken:* die Gäste schwelgten und praßten. **2.** ⟨in etwas s.⟩ *sich an etwas begeistern:* in Gefühlen s.; die Freunde schwelgten in Erinnerungen.

Schwelle, die: **1.** *Türschwelle:* eine hohe S.; über die S. treten, stolpern; er blieb auf der S. stehen; er wagte nicht, den Fuß über die S. des Hauses zu setzen; er darf uns nicht mehr über die S. kommen *(unser Haus, unsere Wohnung nicht mehr betreten)*; Sprichw.: der Schritt über die S. ist der schwerste; bildl.: etwas bleibt unterhalb der S. des Bewußtseins *(wird nicht bewußt)*; übertr. (geh.): *Grenze, Beginn:* er steht an der S. des Todes; an der S. des 19. Jahrhunderts. **2.** *Eisenbahnschwelle:* hölzerne, eiserne Schwellen; Schwellen legen, auswechseln; die Schienen liegen auf Schwellen. **3.** *leichte Bodenerhebung:* eine S. im Boden.

[1]**schwellen,** schwellte, geschwellt ⟨etwas schwellt etwas⟩: *etwas bauscht etwas:* der Wind schwellt die Segel, die Vorhänge; bildl. (geh.): Mut, Freude, Stolz schwellte seine Brust.

[2]**schwellen,** schwoll, geschwollen /vgl. geschwollen/ ⟨etwas schwillt⟩: *etwas schwillt an, nimmt an Umfang zu:* die Beine, Füße, Adern schwellen; sein Hals ist stark geschwollen; die Knospen beginnen zu s. (geh.; *prall zu werden*); er hat geschwollene Mandeln, eine geschwollene Backe; ⟨etwas schwillt jmdm.⟩ nach dem Sturz schwoll ihm das Knie; bildl. (geh.): das Herz, die Brust schwoll ihm vor Freude; übertr.: *etwas wächst an:* der Bach schwoll immer mehr, zu einem reißenden Strom; adj. Part.: schwellende *(üppige)* Formen, Lippen; ein schwellendes *(weiches, dickes)* Moospolster. * **jmdm. schwillt der Kamm: a)** *(jmd. wird übermütig, eingebildet)*: nach seinem Erfolg schwoll ihm der Kamm. **b)** *(jmd. gerät in Zorn)*: als er die Verleumdungen hörte, schwoll ihm der Kamm.

schwenken: 1. ⟨etwas s.⟩ *hin und her schwingen:* Tücher, Fahnen s.; er schwenkte seinen Hut [in der Hand]; winkend schwenkten sie die Arme über ihren Köpfen. **2. a)** ⟨mit Raumangabe⟩ *eine Schwenkung machen, die Richtung ändern:* um die Ecke, in eine Seitenstraße, in eine andere Richtung s.; rechts, links schwenkt – marsch! */milit. Kommando/.* **b)** ⟨etwas s.⟩ *in eine andere Richtung bringen:* die Kamera, den Kran s.; der Hebel muß nach links geschwenkt werden. **3.** (landsch.) ⟨etwas s.⟩ *[aus]spülen;*

Gläser, Geschirr s.; die Wäsche in klarem Wasser s. **4.** (Kochk.) ⟨etwas in etwas s.⟩ *hin und her drehen:* die Kartoffeln in Fett s.; in Butter geschwenkte Nudeln.

Schwenkung, die: *Drehung, Richtungsänderung:* eine unvermutete, scharfe S.; die Kolonne machte eine S. nach links, um 90 Grad; eine S. vollziehen; bildl.: er hat eine S. gemacht *(seine Meinung, Einstellung völlig geändert).*

schwer: 1. a) *von großem Gewicht; massig:* ein schwerer Koffer, Korb, Stein; eine schwere Last, Bürde; das Paket hat ein schweres Gewicht; schweres Gepäck; ein schwerer Schrank; schwere Schuhe; ein schwerer Mantel; der Regen fiel in schweren Tropfen; ein schwerer *(dicker, guter)* Stoff; eine schwere *(kostbare)* Seide; ein Armband aus schwerem *(massivem)* Gold; ein schwerer (ugs.; *dicker*) Mann; ein schweres Pferd; ein schwerer Wagen *(ein großer Wagen mit starkem Motor);* schwere Panzer, Geschütze; schwere *(mit schweren Waffen ausgerüstete)* Artillerie, Kavallerie, Reiterei; die Kiste, Tasche ist s., ist s. wie Blei (ugs.; *sehr schwer*); seine Kleider waren s. von Nässe; die Äste sind s. von Früchten *(tragen viele Früchte);* seine Beine, Glieder wurden ihm s. *(lastend, müde);* der Wagen hat s. geladen, ist s. beladen; seine Hand lag s. auf meiner Schulter; er hat an seinem Gepäck s. zu tragen; du darfst nicht so s. heben, tragen; die Bankräuber waren s. bewaffnet *(trugen mehrere gefährliche Waffen bei sich);* übertr.: ein schwerer *(nährstoffreicher)* Boden; eine schwere See *(Sturzwelle);* ein schweres *(intensives, stark duftendes)* Parfüm; das Haus hat schweres Geld gekostet (ugs.; *war sehr teuer*); sein Wort, Urteil, Rat wiegt s. *(hat großes Gewicht, gilt etwas).* **b)** *ein bestimmtes Gewicht aufweisend:* ein 10 Pfund schwerer Fisch; der Sack ist einen Zentner s.; wie s. ist das Paket?; du bist zu s. (ugs.; *hast ein zu großes Gewicht*); wie s. bist du? *(wieviel wiegst du?);* der Korb ist schwerer als die Tasche; übertr. (ugs.): ein mehrere Millionen schwerer *(besitzender)* Geschäftsmann. **2.** *nicht leicht verdaulich, nicht gut verträglich:* schweres Essen; ein schwerer Wein; das fette Fleisch war ihm zu s.; die Speisen lagen ihm s. im Magen. **3.** *schwerfällig, unbeholfen, mühsam:* er hat einen schweren Gang; sie hörte seine schweren Schritte auf der Treppe; er schrieb mit schwerer Hand; er sprach mit [vom Alkohol] schwerer Zunge; übertr.: das Kind lernt, begreift s.; die Sache ging ihm s. ein (ugs.); er faßt s. auf. **4.a)** *hart, beschwerlich, mühevoll; mit Mühe:* ein schwerer Dienst; ein schweres Amt; sie hat eine schwere Aufgabe, Arbeit übernommen; sie hatte eine schwere Geburt; ein schweres Leben, Schicksal; sie hat schwere *(lastende)* Sorgen; ein schwerer Tod; ein schweres Ende; er starb nach schwerem Leiden; sie haben schwere Zeiten durchgemacht; Sprichw.: aller Anfang ist s. · die Arbeit wurde ihr zu s.; sie hat es s.; er muß s. arbeiten; die kleine Schrift ist s. zu lesen; er ist s. zu überzeugen; dieses Material ist s. zu verarbeiten; die Tür, der Deckel läßt sich nur s. öffnen, geht nur s. auf (ugs.); er kann sich nur s. mit dem Gedanken befreunden; du bist nur s. zu verstehen *(du sprichst zu leise, zu undeutlich);* der Kranke atmet s.; subst.: er hat das Schwerste überstanden; sie hat Schweres durchgemacht. **b)** *schlimm, arg; heftig, sehr stark:* eine schwere Krankheit; schwere Depressionen; ein schweres Verbrechen, Unrecht; schwere *(harte, strenge)* Strafen; eine schwere Enttäuschung; ein schwerer Verdacht, Verlust, Unfall; eine schwere Beleidigung; ein schweres Gewitter, Unwetter; jmdm. schweren Schaden zufügen; eine schwere Schuld auf sich laden; s. stürzen, verunglücken; er ist s. krank, verwundet, verletzt; die Krankheit macht ihm s. zu schaffen (ugs.); der Verlust traf sie s.; er wurde s. *(streng, hart)* bestraft. **c)** *schwierig, nicht einfach:* eine schwere Frage, Prüfung; ein schweres Problem; Deutsch ist eine schwere Sprache; es war ein schwerer Tag für sie; die Aufgabe, das Thema war zu s. für die Schüler; schwere Musik; ein schwerer *(nicht leicht zu besteigender)* Gipfel; es ist s. zu sagen, was daraus wird; das kann man nur s. begreifen, verstehen; sich nur s. entschließen, losreißen, trennen können; die Frage ist s. zu beantworten; Redensart: das ist leicht gesagt, aber s. getan! **5.** (ugs.) *sehr:* er ist s. reich; er ist s. betrunken; er hat s. geladen *(ist sehr betrunken);* ich mußte s. aufpassen; er mußte für seine Frechheit s. büßen; ich werde mich s. hüten, so etwas zu behaupten; er hat sich s. blamiert; das will ich s. hoffen. ∗ (geh.:) **schweren Herzens** *(ungern)* · (ugs.; abwertend:) **ein schwerer Junge** *(Gewaltverbrecher)* · (geh.:) **jmds. schwere Stunde** *(Zeitpunkt der Entbindung)* · (Chemie:) **schweres Wasser** *(Wasserstoff-Deuterium-Verbindung)* · (Bergmannsspr.:) **schwere Wetter** *(ungenügend Sauerstoff enthaltende Grubenluft)* · **etwas ist ein schwerer Schlag für jmdn.** *(etwas ist für jmdn. ein großer Verlust, ist für ihn schwer zu verkraften)* · (ugs.:) **schweres Geschütz auffahren** *([zu] starke Gegenargumente anführen, scharf entgegentreten)* · (ugs.:) **schwer von Begriff sein** *(nicht rasch begreifen)* · (geh.:) **jmdm. ist das Herz schwer** *(jmd. ist sehr traurig).*

Schwere, die: *das Schwersein, Gewicht:* er klagte über [bleierne] S. der Glieder; eine S. lag in seinen Gliedern, lag ihm in den Gliedern; übertr.: *Gewichtigkeit, Ausmaß:* die S. der Verantwortung, der Schuld, des Vergehens; das Gericht wandte das Gesetz in seiner ganzen S. *(Härte, Strenge)* an.

schwerfallen ⟨etwas fällt jmdm. schwer⟩: *etwas bereitet jmdm. Schwierigkeiten, macht jmdm. Mühe:* die Arbeit fiel ihm ausgesprochen, sichtbar, reichlich schwer; es ist ihm schwergefallen, dieses Urteil auszusprechen.

schwerfällig: *langsam, unbeholfen, träge:* schwerfällige Bewegungen; er ist ein etwas schwerfälliger Mensch; er ist dick und s.; s. gehen, aufstehen; übertr.: er ist s. im Denken; er sprach, antwortete s.

Schwergewicht, das: **1.** */Gewichtsklasse im Sport/:* er wurde Weltmeister im S. **2.** *Gewicht, Nachdruck:* das S. verlagern; das S. liegt auf der Frage ...; man legte das S. auf eine gute Organisation.

schwerhalten (geh.) ⟨etwas hält schwer⟩: *etwas ist schwierig:* es wird s., jemanden zu finden, der diese Arbeit übernehmen will; Ersatz zu bekommen dürfte s.

schwerhörig: *schlecht hörend:* ein schwerhöriger alter Mann; er ist s.; er stellte sich bei meinen Bitten s. *(er wollte sie nicht erfüllen)*.

chwerlich ⟨Adverb⟩: *kaum:* er wird s. heute schon kommen; das dürfte s. stimmen.

chwermachen ⟨jmdm., sich etwas s.⟩: *jmdm. sich große Mühe, Kummer machen; erschweren:* er macht sich und anderen das Leben schwer; mach es mir doch nicht so schwer! * (geh.:) **jmdm. das Herz schwermachen** *(jmdn. sehr traurig machen)*.

chwermütig: *düster-traurig, voller Schwermut:* ein schwermütiger Mensch; eine schwermütige Stimmung; ein schwermütiger Blick; sie sangen schwermütige Lieder; sie ist seit ihrer Jugend s. *(von Schwermut befallen);* nach dem Tod ihres Kindes wurde sie s.

chwernehmen ⟨etwas s.⟩: *als schwierig, als schlimm empfinden:* alles, alle Dinge, einen Tadel s.; du darfst das nicht so s.

chwerpunkt, der (Physik): *Massenmittelpunkt:* der S. der Kugel; den S. berechnen, bestimmen, verlagern; einen Gegenstand in seinem S. aufhängen, unterstützen; übertr.: *Hauptgewicht, wichtigster Punkt:* der S. des Interesses, der Politik, der Arbeit; der S. seines Schaffens lag auf der, bei der Bildhauerei; den S. auf etwas legen; den S. seines Wirkens bildete die soziale Arbeit.

chwert, das (hist.): *Hiebwaffe der Ritter im Mittelalter:* ein blankes, rostiges, scharfes, schartiges, stumpfes, breites, zweischneidiges S.; ein S. tragen, führen, schwingen; das S. umhängen, ergreifen, ziehen, zücken, in die Scheide stecken; der Ritter gürtete (geh.) sein S.; sie kreuzten die Schwerter (geh.; *kämpften miteinander mit dem Schwert*); mit gezogenem S. auf jmdn. eindringen; etwas mit Feuer und S. *(mit Brandschatzen und Morden)* ausrotten, verheeren; er wurde mit dem S., durch das S. hingerichtet. * **etwas ist ein zweischneidiges Schwert** *(etwas hat sowohl eine gute als auch eine schlechte, gefährliche Seite)* · (bildungsspr.:) **das Schwert des Damokles hängt/schwebt über jmdm.** *(jmd. ist in einer ständigen Gefahr)*.

chwertun ⟨sich s.; ugs.⟩: *mit etwas Schwierigkeiten haben:* du tust dich/dir schwer [mit dieser Arbeit].

chwerwiegend: *gewichtig; von großer Tragweite:* eine schwerwiegende Entscheidung; ein schwerwiegender Entschluß; er hatte schwerwiegendere, noch schwerer wiegende Gründe.

chwester, die: **1.** *Kind weiblichen Geschlechts in einer Geschwisterreihe:* die ältere, jüngere, große (fam.), kleine (fam.), leibliche, verheiratete S.; sie ist seine S.; sie hat [noch] zwei Schwestern; Hans hat ein Schwesterchen bekommen; grüßen Sie bitte Ihre [Frau] S., Ihr Fräulein S.!; sie gleicht sehr ihrer S. **2.** *Krankenschwester:* S. werden, sein; S. Anna hat Nachtdienst; sie arbeitet als S.; der Patient ruft, verlangt nach der S.; sie wurde von einer freundlichen S. gepflegt. **3.** *Angehörige eines geistlichen Ordens:* die Schwestern eines bekannten Ordens; das Krankenhaus wird von geistlichen Schwestern geleitet.

chwierig: **1.** *schwer zu lösen, kompliziert, nicht leicht:* eine schwierige Aufgabe, Arbeit; ein schwieriges Unternehmen, Experiment, Problem, Thema; eine schwierige Lektüre; die Verhandlungen waren, gestalteten sich s.; es war s., ihn zu überzeugen; die Situation wurde immer schwieriger *(heikler)*. **2.** *schwer zu behandeln, zu leiten:* ein schwieriger Mensch, Charakter; ein schwieriges Kind; er ist sehr s.; im Alter wurde er immer schwieriger.

Schwierigkeit, die: *Hemmnis, schwierige Situation, Komplikation:* eine große, unlösbare, ernstliche, unnötige, unüberwindliche, unerwartete, unvorhersehbare, erhebliche S.; das ist, hierin liegt die S.; die Schwierigkeiten häuften sich, nahmen zu; Schwierigkeiten haben sich eingestellt; dem Plan stehen beträchtliche Schwierigkeiten entgegen; etwas bereitet ernsthafte, technische Schwierigkeiten; jmdm. Schwierigkeiten machen, in den Weg legen; die Schwierigkeiten überwinden, beheben, aus dem Weg räumen; die Sache hat ihre S.; er hat geschäftliche, finanzielle Schwierigkeiten; es gab Schwierigkeiten mit der Behörde; darin sehe ich keine S.; etwas ist mit Schwierigkeiten verbunden, verknüpft; er hat mit Schwierigkeiten zu kämpfen; auf Schwierigkeiten stoßen; in Schwierigkeiten kommen, geraten (ugs.); jmdn. in Schwierigkeiten bringen.

schwimmen: **1.** *sich [mit Armen und Beinen rudernd] im Wasser fortbewegen:* gut, schnell s.; auf dem Rücken, auf der Seite, im Schmetterlingsstil s.; er ist/hat im vergangenen Sommer viel geschwommen; er schwimmt wie ein Fisch *(sehr gut)*, wie eine bleierne Ente (ugs., scherzh.; *schlecht; gar nicht*); stromaufwärts, stromabwärts, mit dem Strom, gegen den Strom s.; das Kind kann [noch nicht] s.; er ist heute s. gewesen; er schwamm ans andere Ufer, zur Insel, über den Fluß, durch den See; in dem Becken schwimmen Goldfische; er schwimmt weit draußen; bildl. (dichter.): er schwamm in einem Meer von Glück; übertr.: *fahren:* die Schiffe dieses Reeders schwimmen auf allen Weltmeeren · subst.: Schwimmen ist ein gesunder Sport. **2.** ⟨etwas s.⟩ **a)** *eine Strecke schwimmend zurücklegen:* 100 m s.; er ist die Strecke in 48 Sekunden geschwommen. **b)** (Sport) *etwas in einem Wettschwimmen erreichen:* er hat/ist einen neuen Rekord, eine gute Zeit geschwommen. **3. a)** ⟨auf etwas, in etwas s.⟩ *auf, in einer Flüssigkeit treiben:* ein Toter schwamm im Wasser; die Wrackteile waren/(selten:) hatten auf dem Wasser geschwommen; auf der Milch schwimmt eine Fliege; die Kinder ließen Schiffchen auf dem Wasser s.; adj. Part.: schwimmende Inseln; schwimmende *(auf Seetransport befindliche)* Frachten; ein schwimmendes Hotel; etwas in schwimmendem Fett braten. **b)** ⟨etwas schwimmt⟩ *etwas sinkt im Wasser nicht unter:* Holz, Öl, Kork schwimmt [auf Wasser]. **4.** (ugs.) ⟨etwas schwimmt⟩ *etwas ist überschwemmt, ist ganz naß:* der Fußboden, die Küche schwimmt; der Boden schwamm vor Nässe, von vergossenem Öl. **5.** (ugs.) *unsicher werden, etwas nicht beherrschen:* der Schauspieler schwamm bei der Generalprobe; der Redner begann zu s. * (ugs.:) **etwas schwimmen lassen** *(auf etwas verzichten):* er hat alle seine Pläne s. lassen · (ugs.:) **ins Schwimmen kommen/geraten** *(die Sicherheit verlieren)* · (ugs.:) **im/in Geld schwimmen** *(sehr viel Geld haben)* · (geh.:)

in seinem Blut schwimmen *(in einer Blutlache liegen)* · (geh.:) **in Tränen schwimmen** *(heftig weinen)* · **in jmds. Kielwasser schwimmen** *(jmdm. aus Unselbständigkeit in allem folgen)* · **mit dem Strom schwimmen** *(sich der herrschenden Meinung anschließen)* · **gegen/wider den Strom schwimmen** *(sich der herrschenden Meinung entgegenstellen)* · **es schwimmt jmdm. vor** [**den**] **Augen** *(jmd. wird schwindlig)*.

Schwindel, der: **1.** *Gleichgewichtsstörung:* ein jäher (geh.), leichter, heftiger S.; ein plötzlicher S. erfaßte ihn, packte ihn, überkam ihn (geh.); es war nur ein vorübergehender S.; einen S. haben, bekommen; von S. befallen werden; er leidet zeitweise an, unter S. **2.** (ugs.) *Betrug:* das ist der reinste, ein ausgemachter, aufgelegter, unerhörter S.; das ist alles S., nichts als S.!; so ein S.!; der S. kam heraus; den S. aufdecken; den S. kenne ich! *(darauf falle ich nicht herein!);* er fällt auf jeden S. herein *(läßt sich leicht betrügen)*. * (ugs.:) **der ganze Schwindel** *(alles, das Ganze):* was kostet der ganze S.?; ich will von dem ganzen S. nichts mehr hören, wissen.

schwind[e]lig: *von Schwindel ergriffen, taumelig:* er ist, wird leicht s.; ihm war, wurde ganz s. [vom Wein]; die rasche Bewegung der Achterbahn machte sie s.

schwindeln: 1. a) ⟨jmdm./(seltener auch:) jmdn. schwindelt⟩ *jmd. ist schwindlig:* mir schwindelt; mich schwindelt; bei dem Blick in die Tiefe schwindelte ihm/ihn; es schwindelt mir vor den Augen; bildl.: der Gedanke machte ihn s. **b)** ⟨etwas schwindelt⟩ *etwas ist von Schwindel ergriffen:* mein Kopf schwindelt; ⟨etwas schwindelt jmdm.⟩ der Kopf schwindelt mir; adj. Part.: *schwindelerregend:* in schwindelnder Höhe; in schwindelnde Tiefen, Abgründe. **2.** (ugs.) **a)** *lügen:* er schwindelt gerne; da hast du doch geschwindelt. **b)** ⟨etwas s.⟩ *etwas sagen, was nicht der Wahrheit entspricht:* das ist alles geschwindelt; das hast du doch geschwindelt. **3.** ⟨sich s.; mit Raumangabe⟩ *durch einen Betrug, durch eine Täuschung irgendwohin gelangen:* er schwindelte sich durch alle Kontrollen, in den Saal.

schwinden (geh.) ⟨etwas schwindet⟩: **a)** *etwas nimmt ab, vermindert sich:* die Vorräte, sein Geld, sein Vermögen schwindet; die Kräfte des Patienten schwanden immer mehr; Handw.: Holz, Ton, Metall schwindet · der Ton schwindet manchmal *(wird leiser);* übertr.: sein Mut, seine Hoffnung schwindet; er spürte die Angst s. **b)** *etwas vergeht:* die Zeit schwindet; die Jahre schwanden; ⟨etwas schwindet jmdm.⟩ das Bewußtsein schwand ihm; ihm schwanden die Sinne *(er wurde ohnmächtig)*. **c)** *etwas verschwindet nach und nach:* die Erinnerung an die Ereignisse schwand allmählich [aus seinem Gedächtnis]; das Lächeln schwand aus seinem Gesicht; subst.: sein Einfluß ist im Schwinden [begriffen] · ⟨etwas schwindet jmdm. aus etwas⟩ sein Name ist mir aus dem Gedächtnis geschwunden.

schwindlig: → schwind[e]lig.

schwingen /vgl. geschwungen/: **1.** ⟨etwas s.⟩ *mit Schwung hin und her bewegen, schwenken:* Fahnen, Fackeln s.; die Waffen, die Peitsche, eine Keule, einen Hammer s.; die Priester schwangen das Weihrauchgefäß über dem A tar. **2.** ⟨sich s.; mit Raumangabe⟩ *sich mit e nem Schwung an eine bestimmte Stelle beweger* sich aufs Fahrrad, auf sein Pferd, auf den Fal rersitz s.; er schwang sich in den Sattel; er ha sich über den Zaun geschwungen; der Vog schwang sich in die Luft, in die Lüfte (dichter. von Zweig zu Zweig; bildl. (geh.): die Brück schwingt sich *(spannt sich)* über den Fluß. **a)** *sich schwingend oder vibrierend bewegen:* da Pendel, die Magnetnadel schwingt; die Schau kel schwang durch das Zirkuszelt; Sport: ar Reck, an den Ringen s.; Schisport: er schwing elegant zu Tal *(fährt mit großen Schwüngen ab)* subst.: der Anschlag der Taste bringt di Saite zum Schwingen. **b)** (geh.) ⟨etwa schwingt; mit Raumangabe⟩ *etwas ist [noch gegenwärtig [als Nachklang]:* die Klänge, sein Worte schwangen noch im Raum; ein Vorwu schwang in ihrer Stimme. **4.** (Landw.) ⟨etwa s.⟩ *von den Holzresten befreien:* Flachs s * (ugs.:) **den Pantoffel schwingen** *(den Ehe mann beherrschen)* · (ugs.:) **eine Rede schwin gen** *(eine Rede halten)* · (ugs.:) **große Rede schwingen** *(prahlerisch reden)* · (ugs.:) **di große Klappe schwingen** *(sehr angeben)* · (ugs.: **das Zepter schwingen** *(die Herrschaft haben)* (ugs.; scherzh.:) **das Tanzbein schwingen** *(tan zen)* · (ugs.:) **den Besen schwingen** *(kehren fegen)* · (veralt.:) **die Gläser/die Becher schwin gen** *(zechen)*.

Schwingung, die: *das Schwingen, Vibration* die S. der Luft, einer Membrane; Schwingun gen breiten sich aus; eine S. erzeugen, messen berechnen; das Pendel in S. bringen, versetzen halten; die Saite kommt, gerät in S.; übertr. *Regung:* seelische Schwingungen wahrnehmen

Schwips, der (ugs.): → Rausch.

schwirren: a) *ein schwirrendes Geräusch her vorbringen:* die Mücken schwirren; die Sehne de Bogens schwirrte. **b)** ⟨etwas schwirrt; mi Raumangabe⟩ *etwas fliegt mit schwirrendem Ge räusch:* Käfer, Insekten schwirren durch di Luft; Pfeile sind um seinen Kopf geschwirrt bildl.: Gerüchte schwirrten durch die Stadt ⟨etwas schwirrt jmdm.; mit Raumangabe Kugeln schwirrten ihm um die Ohren; bildl. Namen, Gedanken schwirrten *(gingen)* ih durch den Kopf. **c)** ⟨etwas schwirrt von et was⟩ *etwas ist von etwas erfüllt:* die Stad schwirrt von Gerüchten, von Nachrichte über den Vorfall. **d)** ⟨etwas schwirrt jmdm.⟩ *etwas dröhnt jmdm.:* der Kopf schwirrt ihm vo Namen, Zahlen, von den vielen Eindrücken.

schwitzen: 1. *Schweiß absondern:* wie ei Tanzbär (ugs.; *sehr heftig*), wie ein Affe (ugs. *sehr heftig*), wie ein Schwein (derb; *sehr heftig* s.; er schwitzte vor Aufregung, vor Angst, vo Anstrengung; am Kopf, am ganzen Körper, un ter den Achseln s.; er hat bei der Arbeit seh geschwitzt; du mußt einmal tüchtig s. *(ein Schwitzkur machen);* er war ganz geschwitz (ugs.; *mit Schweiß bedeckt*); die Füße, Händ schwitzen; schwitzende Menschen; subst.: in Schwitzen kommen, geraten; bildl. (ugs.) er schwitzt augenblicklich im Examen *(befin det sich in der unangenehmen Situation de Examens)*. **2.** ⟨sich s.; mit Artangabe⟩ *sich durch Schwitzen in einen bestimmten Zustan* *bringen:* er hat sich ganz naß geschwitzt. **3.** ⟨etwas schwitzt⟩ *auf der Oberfläche von etwas sammelt sich Feuchtigkeit, setzt sich etwas ab:* die Wände, Mauern schwitzen; die Bäume schwitzen *(sondern Harz ab)*. **4.** (Kochk.) ⟨etwas s.⟩ *in Fett bräunen:* Mehl s. * (ugs.:) **Blut [und Wasser] schwitzen** *(große Angst haben)* · (ugs.:) **etwas nicht durch die Rippen schwitzen können** *(nicht wissen, wo man etwas hernehmen soll)*.

schwören /vgl. geschworen/: **1. a)** ⟨etwas s.⟩ *[als Schwur] leisten:* einen [feierlichen, heiligen, falschen] Eid s.; er hat einen Meineid geschworen; die Soldaten schworen den Fahneneid; ich schwöre es [so wahr mir Gott helfe] /*Eidesformel*/; ich möchte s., daß er es gewesen ist (ugs.; *ich bin ganz sicher*). **b)** *etwas durch Eid, durch einen Schwur bekräftigen:* feierlich, öffentlich, falsch, leichtfertig, leichtsinnig s.; vor Gericht, mit erhobener Hand s.; er schwor auf die Bibel. **2. a)** ⟨etwas s.⟩ *geloben:* Rache, ewige Treue s.; er schwor, das nie wieder zu tun; ⟨jmdm., sich etwas s.⟩ jmdm. Freundschaft, ewige Liebe, Rache, den Tod s.; sie schworen sich/(geh.:) einander ewige Treue; ich habe mir geschworen, das nie wieder zu tun. **b)** ⟨etwas s.⟩ *nachdrücklich versichern:* ich schwöre, daß ich nichts davon gewußt habe; er schwor bei Gott, bei allen Heiligen, bei seiner Ehre, unschuldig zu sein; ich schwöre bei allem, was mir heilig ist, daß ...; ⟨jmdm. etwas s.⟩ ich schwöre dir, daß ich das Buch nicht weggenommen habe. **3.** ⟨auf jmdn., auf etwas s.⟩ *auf jmdn., auf etwas vertrauen:* er schwört auf seinen Arzt, auf dieses Mittel. * (ugs.:) **beim Barte des Propheten schwören** *(feierlich beteuern)* · (ugs.:) **Stein und Bein schwören** *(etwas nachdrücklich beteuern)*.

schwül: 1. *drückend, feuchtheiß:* ein schwüler Tag; schwüles Wetter; ein schwüler Sommer; die Luft war s.; es ist sehr s. heute. **2.** *beklemmend, bang:* eine schwüle Atmosphäre; die Stimmung war s.; ihm wurde s. zumute. **3.** *sinnlich:* schwüle Träume, Phantasien; ein schwüler Blick.

Schwüle, die: **1.** *drückende Hitze:* eine drükkende, lastende, dumpfe, gewittrige S. herrschte; die S. der Luft, des Tages; durch die S. war die Hitze besonders unerträglich. **2.** *dumpf-sinnliche Atmosphäre:* die S. des Lokals, der Stimmung, der Beleuchtung.

Schwulität, die (ugs.): *Verlegenheit, unangenehme Lage:* in [großen] Schwulitäten sein; er befand sich in einer S., geriet in eine S.; du hast ihn in Schwulitäten gebracht.

schwülstig: *überladen, aufgeschwellt:* ein schwülstiger Stil, Ausdruck; ein schwülstiger *(in schwülstigem Stil schreibender)* Schriftsteller; eine schwülstige Redeweise, Sprache, Wendung; er schreibt, spricht allzu s.

Schwung, der: **1. a)** *schwingende Bewegung:* dem Pendel einen S. geben; ein Rad, eine Schaukel in S. setzen, in S. halten; einen Stein mit einem S. von sich schleudern; das Rad in seinem S. anhalten; die Schiläufer kommen in eleganten Schwüngen den Hang heruntergesaust; der Reiter setzt in kühnem S. *(Sprung)* über den Graben. **b)** *mitreißende Kraft, Elan:* dichterischer, rednerischer S.; ihm, seiner Rede fehlte aller S.; er hat viel, keinen, kein bißchen (ugs.) S.; er verstand der Sache S. zu geben; er hat endlich S. in die Sache gebracht. **2.** *Linienführung:* der S. der Linien, der Bögen. **3.** (ugs.) *Menge, Anzahl:* ein S. Bücher, Teller; er kam mit einem S. Zeitungen unterm Arm zur Tür herein. * (ugs.:) **etwas in Schwung bringen** *(etwas beleben, richtig in Gang bringen):* er hat das Geschäft, die Firma wieder in S. gebracht · (ugs.:) **jmd. kommt in Schwung** *(jmd. wird lebhaft):* er kommt nur ganz langsam in S. · (ugs.:) **etwas kommt in Schwung** *(etwas beginnt zu florieren, etwas kommt in Gang):* die Geschäfte kamen allmählich wieder in S. · (ugs.:) **etwas ist in Schwung** *(etwas floriert, etwas ist lebhaft im Gange)*.

schwungvoll: *voll Schwung, Bewegung:* schwungvolle Bewegungen; eine schwungvolle Handschrift; schwungvolle Arabesken; übertr.: *mitreißend:* ein schwungvoller Vortrag; eine schwungvolle Rede; er sprach sehr s.

Schwur, der: *Eid, feierliches Versprechen:* ein feierlicher, heiliger S.; heiße *(leidenschaftliche)* Schwüre; einen S. leisten, halten, brechen, verletzen (geh.); er hat den S. getan *(bei sich geschworen)*, niemals mehr zu trinken; die Hand zum S. erheben, aufheben; eine Aussage durch einen S. bekräftigen.

sechs ⟨Kardinalzahl⟩: *6:* wir waren s. Mann; sie waren zu sechst /(ugs.:) zu sechsen/(geh.:) unser s.; es ist s. [Uhr]; der Junge wird heute s. [Jahre alt]; Sprichw.: wo s. essen, wird auch der siebente satt; subst.: eine Sechs schreiben, würfeln. → acht.

sechste ⟨Ordinalzahl⟩: *6.:* das s. Schuljahr; der sechste Januar; * **einen sechsten Sinn für etwas haben** *(besonders intuitiv begabt sein, etwas ahnen)*.

¹See, der: *größeres stehendes Binnengewässer:* ein großer, kleiner, tiefer, blauer, klarer, stiller, leuchtender S.; der See war spiegelglatt; der S. ist zugefroren; in den Wäldern versteckt liegen träumende Seen; einen S. durchschwimmen; Finnland, das Land der tausend Seen; auf einem S. rudern, segeln; im S. schwimmen, baden; sie sind mit einem Boot, Dampfer über den See gefahren.

²See, die: **1.** *Meer:* eine stürmische, tobende, aufgewühlte S.; die S. war bewegt, ging hoch, wogte, lag ruhig; Schiffe durchpflügten (dichter.; *durchfuhren*) die S.; im Urlaub waren sie an der, reisten sie an die See; auf S. bleiben (verhüll.; *den Seemannstod sterben*); selbst bei ruhiger S. ist das Baden an dieser Stelle gefährlich. **2.** *[Sturz]welle:* schwere, grobe Seen gingen über das Schiff, über Bord. * **auf hoher/ offener See** *(draußen auf dem Meer)* · **in See stechen** *(aufs Meer hinausfahren, den Hafen verlassen)* · **zur See fahren** *(Seemann von Beruf sein)* · **Kapitän zur See** /*dem Oberst entsprechender Dienstgrad bei der Marine*/.

Seegang, der: *Wellengang:* wir hatten auf der Überfahrt hohen S.; trotz starken, schweren Seegangs schlingerte das Schiff kaum.

Seele, die: **1.** *im religiösen Sinn unsterblicher Teil des Menschen:* die Seelen der Verstorbenen, die armen Seelen im Fegefeuer; seine Seele retten, läutern; die S. erlösen; der Mensch besitzt, hat eine [unsterbliche] S.; er hat seine S.

dem Teufel, dem Bösen verschrieben; die Unsterblichkeit der S.; dabei wirst du keinen Schaden an deiner S. leiden; für die armen Seelen beten. **2.** *Gesamtheit der geistigen Kräfte und Empfindungen; Gemüt:* eine zarte, empfindliche, kindliche, verletzliche, unruhige, zerrissene, gespaltene S.; S. lag in ihrem Blick, sprach aus jeder ihrer Bewegungen; die S. des Kindes liegt offen vor den Eltern; Redensart: zwei Seelen wohnen, ach, in meiner Brust · mir fiel es schwer auf die S., daß ich mich so lange nicht um sie gekümmert hatte; der Kummer, eine Schuld lag schwer auf seiner S.; in jmds. S. blicken, lesen können; die Worte schnitten ihr [wie Schwerter] in die S.; sie ist ein Mensch mit viel S. *(mit starker Empfindung);* sie spielte ohne S. *(ohne innere Beteiligung).* **3.** *Mensch:* sie ist eine gute, treue S.; eine durstige S. sein (ugs.; *gern Alkohol trinken);* sie sind verwandte Seelen *(sind wesensverwandt);* Redensart: zwei Seelen und ein Gedanke *(zwei Menschen denken dasselbe)* · keine S. war weit und breit zu sehen; die Gemeinde zählt einige tausend Seelen (veraltend). * **aus/in tiefster Seele; in der Seele** *(zutiefst):* jmdm. aus tiefster S. danken; das tat mir in der S. weh · **eine Seele von Mensch/von einem Menschen sein** *(sehr gutmütig sein)* · **die Seele einer Sache sein** *(die wichtigste Person für den Erfolg eines Unternehmens sein):* die alte Chefin war die S. des Geschäftes · **ein Herz und eine Seele sein** *(unzertrennlich sein und keinerlei Zwist untereinander haben)* · (geh.:) **seine Seele aushauchen** *(sterben)* · **eine schwarze Seele haben** *(ein böser Mensch sein)* · **mit ganzer Seele; mit Leib und Seele** *(ganz und gar; mit Begeisterung):* er ist mit ganzer S. Lehrer, bei seiner Arbeit · **jmdm. die Seele aus dem Leib fragen** *(jmdn. alles Erdenkliche fragen)* · **sich** (Dativ) **die Seele aus dem Leib reden** *(sehr eifrig reden, um jmdn. für etwas zu gewinnen)* · **jmdm. etwas auf die Seele binden** *(jmdm. etwas besonders einschärfen)* · (ugs.:) **jmdm. auf der Seele knien** *(jmdn. drängen, etwas zu tun)* · **etwas brennt jmdm. auf der Seele** *(jmd. hat einen dringenden Wunsch):* es brannte ihr auf der S., ihm die gute Nachricht mitzuteilen · **jmdm. aus der Seele sprechen** *(das sagen, was jmd. auch empfindet)* · (ugs.:) **hinter etwas her sein wie der Teufel hinter der armen Seele** *(auf etwas furchtbar erpicht sein)* · **sich** (Dativ) **etwas von der Seele reden/schreiben** *(sagen, schreiben, was einen bedrückt, und sich dadurch Erleichterung verschaffen)* · (fam.:) **jetzt hat die liebe/arme Seele Ruh** *(jetzt ist nichts mehr da, nun braucht niemand mehr zu drängeln; nun ist endlich Schluß, kehrt endlich Ruhe ein).*

seelisch: *das Gefühl, Gemüt, Empfinden betreffend:* seelische Leiden, Schmerzen, Kämpfe, Belastungen; eine seelische Läuterung; unter seelischem Druck stehen; das seelische Gleichgewicht verlieren, wiederfinden; die Krankheit hatte seelische Ursachen, war s. bedingt; diese Erlebnisse haben das Kind s. stark beeinflußt.

Segel, das: */am Mast des Segelbootes angebrachtes Tuch/:* die Segel klarmachen, aufziehen, setzen, hissen, reffen, einziehen, bergen, einholen, herunterholen, beisetzen (Seemannsspr.); der Wind schwellt, bläht die Segel Seemannsspr.: die Segel streichen *(einholen)* unter Segel gehen *(abfahren);* das Boot fuhr mi vollen Segeln über den See. * (geh.:) **di Segel streichen** *(seinen Widerstand aufgeben)* **jmdm. den Wind aus den Segeln nehmen** *(einen Gegner den Grund für sein Vorgehen oder di Voraussetzungen für seine Argumente nehmen)* **mit vollen Segeln** *(mit aller Kraft, mit ganzen Einsatz):* mit vollen Segeln ging er auf sein Zie los · **das ist Wind in jmds. Segel** *(das komm jmds. Absichten entgegen).*

segeln: **1.** *mit einem Segelboot fahren; mit Segelr vor dem Wind treiben:* gut, schlecht s.; gegen den mit dem, vor dem, hart am Wind s.; unter eng lischer Flagge s.; auf der (hohen) See, auf den Meer, nach Afrika s.; die Jacht segelte auf de Höhe von Dover; wir haben/sind diesen Sommer viel gesegelt; sie sind über den See gesegelt bildl.: diese Publikationen segelten unter dem Namen Literatur *(erweckten den Anschein, Literatur zu sein).* **2.** ⟨etwas s.⟩ **a)** *segelnd zurückle gen:* eine bestimmte Route s.; wir sind über 40(Meilen gesegelt; bildl.: die Opposition wäre einen anderen Kurs gesegelt. **b)** *segelnd ausführen, absolvieren:* eine Regatta s. **3.** *schwebend gleiten, fliegen:* der Adler segelt hoch in der Luft durch die Lüfte (geh.); die Wolken segeln am Himmel; er segelte über das Eis. **4.** (ugs.) **a)** ⟨aus, von etwas s.⟩ *fallen:* er segelte aus de Hängematte, von der Couch. **b)** ⟨durch etwas s.⟩ *etwas nicht bestehen:* er ist durchs Examen gesegelt. * **in jmds. Kielwasser segeln** *(jmdm aus Unselbständigkeit in allem folgen).*

Segen, der: **1.** *erbetene oder erteilte [göttliche] Gunst:* der göttliche, väterliche, päpstliche S. jmdm. den Segen geben, spenden, erteilen; über jmdn., etwas den S. sprechen; den S. erhalten bekommen; der Priester gab den S. mit dem Allerheiligsten, mit der Monstranz; es läutet zum S. (bei der Messe). **2.** *Glück; Erfolg:* der S der Arbeit, Ernte; auf seiner Arbeit ruht kein S. *(er hat nur Mißerfolge);* diese Erfindung ist ein wahrer, kein reiner S.; eine ordentliche Putzfrau ist ein S. *(eine Wohltat)* für den Haushalt; [es ist] ein S., daß du wenigstens mit der gröbsten Arbeit fertig bist; ihre Lehrer wünschten ihnen Glück und S. auf ihrem weiteren Lebensweg; Sprichwörter: an Gottes S. ist alles gelegen; sich regen bringt S. * (ugs.:) **der ganze Segen** *(alles, was jmdm. gegen seinen Willen zuteil wird):* die Stricke rissen, und der ganze S. kam herunter · (ugs.:) **seinen Segen zu etwas geben** *(in etwas einwilligen)* · (ugs.:) **meinen/unseren Segen hat jmd.** *(von uns, von uns aus kann jmd. etwas Bestimmtes tun).*

segnen: **1.** ⟨jmdn., etwas s.⟩ *jmdm., einer Sache den Segen geben:* der Pfarrer segnet die Gemeinde, das Brautpaar, die Fluren; die Eltern segneten ihre Kinder; Gott segne dich, dein Werk!; der Pfarrer hob, breitete segnend die Hände: */Wunschformel/:* gesegnetes Fest!; gesegnete Mahlzeit!; übertr.: er starb im gesegneten (geh.; *hohen)* Alter von 85 Jahren; einen gesegneten *(großen)* Appetit, gesegneten *(tiefen)* Schlaf haben. **2.** (geh.) ⟨etwas s.⟩ *preisen; glücklich sein über:* ich segne deinen Entschluß, die Sache endlich zu bereinigen; er segnete den Tag, an dem er ihr begegnet war. * (geh.:) **das Zeit-**

liche segnen *(sterben);* /auch von Sachen/: meine Tasche hat das Zeitliche gesegnet (ugs.; scherzh.; *ist völlig entzwei und nicht mehr brauchbar*) · **mit etwas gesegnet sein** *(mit etwas Angenehmem reichlich versehen sein):* mit Glücksgütern gesegnet sein; die Ehe war mit Kindern gesegnet · (geh.:) **gesegneten Leibes sein** *(schwanger sein).*

sehen: 1. a) ⟨meist mit Artangabe⟩ *mit dem Auge wahrnehmen:* gut, schlecht, scharf, weit s.; er kann nicht mehr ohne Brille s.; er kann wieder s. *(ist von seiner Blindheit geheilt worden); /Ausruf der Überraschung/:* sehe ich recht?; subst.: ich kenne ihn nur vom S. *(kenne ihn nicht persönlich).* **b)** ⟨mit Raumangabe⟩ *den Blick irgendwohin richten; blicken:* auf den Bildschirm, aus dem Fenster, durchs Schlüsselloch, in die Sonne s.; in den Spiegel s. *(sich im Spiegel betrachten);* nicht links noch rechts, nach oben, nach unten, [nach] rückwärts, [nach] vorwärts, zu Boden, zum Himmel s.; durch die Brille, durch das Fernrohr s.; */Verweis in einem Text/:* siehe Seite 115; siehe oben (Abk.: s. o.), siehe unten (Abk.: s. u.); morgens kann er kaum aus den Augen s. *(kann er vor Müdigkeit kaum die Augen offenhalten);* bildl.: gelassen, sorgenvoll in die Zukunft s. *(an die Zukunft denken);* man kann niemandem ins Herz s. *(nicht wissen, was jmd. denkt);* übertr.: das Boot sah *(ragte)* nur ein Stück aus dem Wasser; ⟨jmdm. s.; mit Raumangabe⟩ jmdm. [tief] in die Augen s.; er versuchte beim Skat seinem Nachbarn in die Karten zu s.; er konnte mir nicht in die Augen, ins Gesicht s., weil er ein schlechtes Gewissen hatte. **2. a)** ⟨jmdn., etwas s.⟩ *als vorhanden feststellen, bemerken; erblicken:* jmdn. schon von weitem, nur flüchtig, im Büro, vom Fenster aus s.; die Berge waren gut, kaum, nur verschleiert, verschwommen zu s.; meine Augen sind so überanstrengt, daß ich alles doppelt sehe; ich sehe es [un]deutlich, verwundert, mit Staunen; wo hast du ihn gesehen?; man hat ihn zuletzt beim Verlassen seiner Wohnung gesehen; ich sah ihn kommen; ich habe ihn davonlaufen s./(selten:) gesehen; wann sehen *(treffen)* wir uns?; ich freue mich, Sie zu s.; wir sehen ihn häufig bei uns [zu Besuch]; ich sehe ihn [in der Erinnerung] noch deutlich vor mir; den möchte ich sehen *(den gibt es nicht),* der das alles kann!; von ihm war [weit und breit] nichts mehr zu s. *(er war nicht mehr sichtbar);* adj. Part.: er war bei ihnen gern gesehen; ein gern gesehener Gast; bildl.: seinen Weg vor sich s. *(eine klare Vorstellung von seinem Lebensweg haben);* den Tod vor Augen s. *(im Moment glauben, daß das Ende gekommen ist);* übertr.: sie sah *(wähnte)* ihren Sohn schon als großen Künstler; er sah sich schon als der neue/(selten:) den neuen Chef, schon in leitender Stellung, am Ziel angelangt; er sah sich betrogen, getäuscht, enttäuscht. **b)** ⟨etwas s.⟩ *sich etwas ansehen; betrachten:* ein Spiel, einen Film, ein Theaterstück, einen Sonnenuntergang s.; er macht große Reisen, um die Welt zu s.; er hat schon viel von der Welt gesehen; da gibt es nichts [Besonderes] zu s.; es gibt dort nicht viel zu s. *(kaum Sehenswürdigkeiten);* das ist nur für Geld zu s. *(zu besichtigen).* **c)** ⟨jmdn. s.; mit Artangabe/etwas s.⟩ *erleben:* wir haben ihn selten so fröhlich gesehen; noch nie haben wir eine so große Begeisterung gesehen; ihr habt ihn in Not gesehen und habt ihm nicht geholfen. **d)** ⟨sich s.; mit Umstandsangabe⟩ *sein:* wir sehen uns genötigt, gezwungen, veranlaßt, das Haus zu verkaufen; ich sah mich nicht in der Lage, ihm zu helfen. **3. a)** ⟨etwas s.⟩ *merken, feststellen:* überall nur Fehler s.; der Arzt sah, daß er nicht mehr helfen konnte; ich sehe schon, so ist das nicht zu machen; wie ich sehe, ist hier alles in Ordnung; wir sahen *(fanden)* unsere Wünsche alle erfüllt, unsere Erwartungen enttäuscht. **b)** ⟨etwas s.: mit Artangabe⟩ *beurteilen:* alles negativ, falsch, verzerrt s.; die Verhältnisse nüchtern s.; die Dinge s., wie sie sind; wir müssen diese Tat im richtigen Zusammenhang sehen; adj. Part.: menschlich gesehen *(im Hinblick auf die menschlichen Beziehungen),* fühle ich mich bei ihnen viel wohler. **c)** ⟨jmdn., etwas s.⟩ *erkennen, erfassen:* das Wesen, den Kern einer Sache s.; er sieht in ihm nur den Gegner; er sah darin nichts Befremdliches; er sieht die Zusammenhänge nicht; er hat in seinem Roman einige Figuren gut gesehen. **d)** ⟨etwas s.⟩ *überlegen; prüfen:* s., ob es einen Ausweg gibt; ich will s., was sich tun, machen läßt; ich will s., ob er sich täuschen läßt, ob er die Wahrheit gesagt hat. **4.** ⟨nach jmdm., nach etwas s.⟩ *sich um jmdn., um etwas kümmern:* nach den Kindern, nach dem Kranken s.; sieh bitte mal nach den Kartoffeln, ob sie schon gar sind!; wir müssen nach weiteren Möglichkeiten für den Absatz unserer Waren s. **5.** ⟨auf etwas s.⟩ *auf etwas achten, bedacht sein:* er sieht nur auf seinen Vorteil, aufs Geld; wir müssen s., daß die Bestimmungen eingehalten werden. * **sieh da!** */Ausruf der Überraschung/* · **siehst du [wohl]!** */Ausdruck der Bestätigung einer Ansicht, Befürchtung, Hoffnung/:* siehst du, jetzt ist uns der Zug weggefahren! · (ugs.:) **hast du nicht gesehen** *(sehr schnell und plötzlich):* hast du nicht gesehen, war er verschwunden · **jmdm. vergeht Hören und Sehen** *(jmd. weiß nicht mehr, was mit ihm geschieht):* wir wurden im Auto so herumgeschleudert, daß uns Hören und S. verging · (ugs.:) **doppelt sehen** *(betrunken sein)* · (ugs.:) **etwas sieht jmdm. ähnlich** *(paßt zu jmdm., ist jmdm. zuzutrauen):* daß er dich wieder die ganze Arbeit allein machen läßt, sieht ihm ähnlich · **sich an etwas nicht satt sehen können** *(etwas Schönes nicht genug betrachten können)* · **sich bei jmdm. sehen lassen** *(jmdn. besuchen):* laß dich mal wieder bei uns s.! · **sich sehen lassen können** *(Fähigkeiten haben, hervorragend sein):* diese Leistung kann sich s. lassen · **sich mit etwas sehen lassen können** *(stolz auf etwas sein dürfen)* · **sich irgendwo, bei jmdm. nicht mehr sehen lassen dürfen/sollen/können** *(irgendwo nicht mehr hingehen, jmdm. nicht mehr unter die Augen treten dürfen/sollen/können)* · (ugs.:) **etwas nicht mehr sehen können** *(etwas nicht mehr leiden können)* · **Gespenster sehen** *(unbegründet Angst haben)* · (ugs.:) **weiße Mäuse sehen** *(Wahnvorstellungen haben)* · **bessere Zeiten/Tage gesehen haben** *(früher in guten, besseren wirtschaftlichen Verhältnissen gelebt haben)* · **den Himmel offen/(ugs.:) voller Baßgeigen sehen** *(sehr glücklich sein)* · **etwas [nicht] gern sehen** *(etwas [nicht] gern haben):* meine Eltern sahen diese Freundschaft nicht gern · **etwas kommen**

sehen *(etwas Schlimmes voraussehen):* ich habe das Unglück kommen s./(selten:) gesehen · **sehenden Auges** *(leichtsinnigerweise, obwohl jmd. eine Gefahr kommen sieht)* · (ugs.:) **jmdm. auf die Finger sehen** *(darauf achten, daß jmd. tatsächlich das tut, was er soll)* · **etwas sieht jmdm. aus den Augen** *(jmd. ist etwas in starkem Maße):* ihm sieht die Dummheit, der Übermut aus den Augen · (ugs.:) **durch die Finger sehen** *(ein unkorrektes Verhalten absichtlich übersehen)* · **alles durch eine schwarze Brille sehen** *(Pessimist sein)* · **alles durch eine rosa[rote] Brille/im rosigsten/günstigsten Licht/von der besten Seite sehen** *(Optimist sein)* · **einer Sache ins Auge sehen** *(etwas Unangenehmem gefaßt entgegensehen):* er sah der Gefahr, der Entwicklung gelassen ins Auge · **sich** (Dativ) **nicht in die Karten sehen lassen** *(seine wahren Absichten zu verbergen wissen)* · **nach dem Rechten sehen** *(sich überzeugen, ob alles in Ordnung ist)* · (ugs.:) **den Wald vor [lauter] Bäumen nicht sehen: a)** *(das Gesuchte nicht sehen, obwohl es vor einem liegt).* **b)** *(vor lauter Einzelheiten das große Ganze nicht erkennen).*

Sehne, die: **1.** *Strang, der Muskeln und Knochen miteinander verbindet:* straffe, schlaffe Sehnen; die S. am Fuß liegt bloß, ist gerissen; ich habe mir eine S. gezerrt, überdehnt. **2.** *Strang zum Spannen des Bogens:* die S. am Bogen, an der Armbrust; die S. straffen, spannen; der Pfeil schnellte von der S. **3.** (Math.) *Strecke, die zwei Punkte einer Kurve verbindet:* eine S. zeichnen.

sehnen ⟨sich nach jmdm., nach etwas s.⟩: *Sehnsucht haben:* sich nach Ruhe, nach der See, nach dem Gebirge s.; ich sehnte mich im stillen nach ihr; er sehnte sich nach seiner Familie; ich sehne mich danach, mich wieder einmal mit dir zu unterhalten; sehnendes Verlangen, Heimweh; subst. (geh.): stilles, heißes Sehnen.

sehnig: **1.** *mit Sehnen durchsetzt:* sehniges Fleisch; das Steak ist sehr s. **2.** *durch Training kraftvoll:* sehnige Arme; eine sehnige Gestalt; sein Körper war straff und s.

sehnlich: *sehnsüchtig:* es ist mein sehnlichster Wunsch; wir haben dich sehnlich[st] erwartet.

Sehnsucht, die: *starkes Verlangen:* eine verzehrende, glühende, unaussprechliche, unstillbare, dumpfe, heftige. leidenschaftliche, ruhelose S.; unbewußte, heimliche, stille Sehnsüchte; er hatte S. nach seiner Familie, nach der alten Umgebung; S. [er]wecken, empfinden; der Gedanke daran erfüllte ihn mit S.; sie wurde von S. ergriffen, gequält, verzehrt; ich verging, starb fast vor S.

sehnsüchtig: *von Sehnsucht erfüllt, voller Sehnsucht:* ein sehnsüchtiges Verlangen; s. nach jmdm. ausschauen; er wurde s. erwartet.

sehr ⟨Adverb⟩: *in großem, hohem Maße; besonders:* s. arm, reich, hübsch, schön, betrübt, traurig, erfreut, beschäftigt, angestrengt, angespannt sein; das ist s. freundlich, nett, liebenswürdig von Ihnen; s. schön! s. gut!; er hat die Prüfung mit [der Note] „s. gut" bestanden; er wäre s. wohl imstande gewesen, die Arbeit rechtzeitig zu beenden; er ist zu s. verbittert, um noch gerecht urteilen zu können; er war mit seiner Zahlung s. im Rückstand; [ich] danke s.; bitte s.!; */Briefanfang/:* s. geehrte/verehrte Frau Krause!; */Briefschluß/:* Ihr s. ergebener Wilhelm Schmidt; */Anrede an ein Publikum/:* s. verehrte Anwesende!; meine s. geehrten/verehrten Damen und Herren!

seicht: **1.** *flach, ohne tiefes Wasser:* ein seichter Bach; ein seichtes Gewässer; seichte Stellen im See; der Fluß, Teich ist s. **2.** (abwertend) *anspruchslos, oberflächlich:* ein seichtes Gespräch, seichtes Geschwätz, Gerede; ein seichter Roman; diese Lektüre ist mir zu s.; die Unterhaltung plätscherte s. dahin.

Seide, die: **a)** */eine Stoffart/:* rohe, reine, bunte, buntbedruckte, matte, knitterfreie, japanische S.; die S. rauscht, knistert; ihr Haar ist wie S.; ihre Haut ist weich wie S.; S. tragen; die Bluse ist aus S.; der Mantel ist auf/mit S. gefüttert; sie war in Samt und S. *(kostbar)* gekleidet. **b)** *seidenes Garn:* sie näht, strickt, häkelt mit S.

seiden: *aus Seide bestehend, hergestellt:* ein seidenes Kleid, Tuch, Kissen; eine seidene Bluse, Schleife, Krawatte; sie trägt seidene Unterwäsche. * **etwas hängt an einem seidenen Faden** *(etwas ist sehr gefährdet):* die Sache, sein Leben hing an einem seidenen Faden.

seidig: *wie Seide wirkend:* ein seidiger Pelz; seidiges Haar; das Fell ist weich und s.; der Stoff schimmert s. *(wie Seide).*

Seife, die: */ein Waschmittel/:* duftende, parfümierte, hautpflegende, kosmetische, überfettete S.; grüne Seife *(Schmierseife);* die S. schäumt stark, kaum; S. kochen, bereiten, herstellen, sieden; ein Stück S.; ich wusch mir die Hände gründlich mit Wasser und S.

Seifensieder, der ⟨in der Wendung⟩ jmdm. geht ein Seifensieder auf (ugs.): *jmd. versteht, durchschaut plötzlich etwas.*

seihen ⟨etwas s.⟩: **a)** (landsch.) *sieben:* Sand, Mehl s. **b)** (veraltend) *durchseihen:* Milch, Suppe, Tee s.

Seil, das: *aus Fasern oder Drähten zusammengedrehte starke Schnur:* das S. [des Bergsteigers, des Seiltänzers] ist gerissen; ein S. knoten, befestigen, drehen; Seile spannen; am S. gehen, sich festhalten, einen Gletscher überqueren, etwas an, mit einem S. hochziehen; auf dem S. tanzen; mit Seilen klettern; die Kinder springen, hüpfen über das S. * (ugs.:) **auf dem S. tanzen** *(sich in einer unsicheren Lage befinden).*

[1]sein: **1. a)** ⟨mit Artangabe⟩: *sich in einem bestimmten Zustand befinden; eine bestimmte Eigenschaft haben:* er war sehr freundlich; du bist wohl nicht gescheit?; er ist wieder gesund; wie alt bist du?; ich bin 15 [Jahre alt]; er ist in den Sechzigern *(ist zwischen 60 und 70 Jahre alt);* er ist in Gefahr, ohne Schuld; wie ist der Wein?; der Wein ist gut; die Rose ist schön; das Wetter ist schlecht; der Fluß ist gefroren; die Geschichte ist sehr merkwürdig; das ist toll (ugs.), unerhört!; gern für sich *(allein)* s.; nicht bei sich *(ohnmächtig)* s.; er ist des Diebstahls schuldig; ich bin den Streit/des Streites müde; sie ist zu allem fähig; es ist *(verhält sich)* nicht so, wie du meinst; das kann doch nicht wahr s.!; das wird [wohl] so s. **b)** ⟨jmdm. ist [es]; mit Artangabe⟩ *jmd. fühlt sich in einer bestimmten Weise:* mir ist [es] übel, schlecht; ist dir wieder besser? **2.** ⟨mit Gleichsetzungsnominativ⟩ */drückt eine Identität oder Zuordnung aus/:* er ist Bäcker; er ist ein Künstler; er ist durch und durch Berliner; er ist ein Schuft; die Katze ist ein Haustier; das ist eine Gemeinheit, Frechheit! **3.a)** ⟨mit Raumangabe⟩ *sich irgendwo befinden; sich irgendwohin begeben haben:* in der Stadt, im Büro, zu Hause s.; er ist zur Zeit in Hamburg, im Ausland, [nicht] hier; er ist in Urlaub; sie waren essen *(haben sich zum Essen fortbegeben);* er ist bei der Arbeit. **b)** ⟨mit Raumangabe⟩ *irgendwoher stammen:* er ist aus gutem Hause, aus guter Familie, aus Österreich, aus Berlin; die Bilder sind aus der Mannheimer Kunsthalle. **c)** ⟨es ist; mit Zeitangabe oder Substantiven, die einen Zeitbegriff ausdrücken⟩ */gibt eine bestimmte Zeit an/:* es ist 19 Uhr, ein Uhr nachts; es ist Abend, schon spät; es war noch früh am Morgen; es war [im Jahre] 1945. **4.a)** ⟨im Infinitiv; mit Modalverben⟩ *geschehen:* das darf, soll, muß nicht s.!; muß das s.?; es braucht nicht sofort zu s. · es sei *(es möge geschehen)!;* ich bin mit dem Plan nicht einverstanden, es sei denn, daß zwei wichtige Punkte geändert werden. **b)** ⟨etwas ist; mit Zeitangabe⟩ *etwas geht vor sich, ereignet sich:* das letzte große Erdbeben war dort im Sommer 1964; die Kapitulation war Anfang Mai 1945. **c)** ⟨etwas ist; mit Zeit- oder Raumangabe⟩ *etwas findet statt:* der Vortrag, die Premiere ist heute abend, übermorgen, am 18. Mai; das Konzert war im Freien. **5.** *existieren, Wirklichkeit sein:* Gott ist; er ist *(lebt)* nicht mehr; alles, was war, ist und s. wird; was nicht ist, kann noch werden; ist irgend etwas *(gibt es irgend etwas Besonderes, irgendeinen Grund zur Beunruhigung)?;* das war einmal *(das ist längst vorbei); /Märchenanfang/:* es war einmal ein König ...; wenn er nicht gewesen wäre, wäre alles anders gekommen; unsere Freundschaft ist gewesen *(besteht nicht mehr);* adj. oder subst. Part.: Karl Hansen, ein gewesener *(ehemaliger)* Kapitän; Gewesenem *(Vergangenem)* soll man nicht nachtrauern; subst.: S. und Schein; das vollkommene, wahre S.; der Ursprung, das Ende allen Seins. **6.** ⟨einer Sache s.⟩ *haben, vertreten:* ich bin der Auffassung, daß ...; ich bin nicht deiner Ansicht. **7.** ⟨mit Infinitiv mit *zu*⟩ **a)** */entspricht einem mit „können" umschriebenen Passiv/:* er ist durch niemanden zu ersetzen *(kann durch niemanden ersetzt werden);* das ist nicht mit Geld zu bezahlen; der Schmerz ist kaum zu ertragen; die Arbeit war ohne weiteres zu schaffen. **b)** */entspricht einem mit „müssen" umschriebenen Passiv/:* inzwischen Verzogene sind aus der Liste zu streichen *(müssen aus der Liste gestrichen werden);* am Eingang ist der Ausweis vorzulegen. **8.** ⟨mit einem 2. Part.; dient der Perfektumschreibung⟩ /bei intransitiven Verben/: der Zug ist eingetroffen; er ist gestorben; /bei Verben, die eine allmähliche Veränderung bezeichnen/: der Regen ist/(auch:) hat schnell wieder abgetrocknet; er ist/(auch:) hat gealtert; /bei Verben der Bewegung zur Kennzeichnung der Ortsveränderung/: wir sind [über den See] gerudert; er ist in Urlaub gefahren; /bei transitiven Verben zur Bildung des Passivs/: der Antrag ist abgelehnt [worden]. * (ugs.:) **etwas sein lassen** *(etwas unterlassen; mit etwas aufhören):* laß das lieber s.! · (ugs.:) **es sein** *(etwas getan haben; der Schuldige sein):* er war es; nachher will es keiner gewesen s. · (ugs.:) **nichts sein** *(es im Leben zu nichts gebracht haben)* · **es ist an jmdm., etwas zu tun** *(jmd. muß etwas tun):* es ist an ihm, sich um eine Verständigung zu bemühen · (ugs.:) **mit jmdm. ist etwas** *(jmdm. fehlt etwas)* · (ugs.:) **jmdm. ist nicht nach etwas** *(jmdm. steht nicht der Sinn nach etwas):* mir ist heute nicht nach Feiern · **jmdm. ist, als ob ...** *(jmd. hat das Gefühl, als ob ...):* mir ist, als ob ich ein Geräusch gehört hätte · (ugs.:) **nicht so sein** *(sich großzügig, nachsichtig zeigen):* eigentlich solltest du nichts erhalten, aber ich will mal nicht so s. · **sei dem/dem sei, wie ihm wolle** *(ob es sich nun so oder so verhält)* · **sei's drum** *(es macht nichts):* sei's drum, mir bleibt trotzdem noch genug · **das wär's** *(das reicht; das ist alles, was ich sagen, haben wollte, was getan werden mußte)* · (ugs.:) **des Teufels sein** *(einen verrückten Einfall haben).*

[2]sein ⟨Possessivpronomen; 3. Person Singular Maskulinum und Neutrum⟩: s. Vater; seiner Meinung nach; einer seiner Brüder/von seinen Brüdern; er hat wieder seine *(die gewohnten)* Tabletten vergessen; der Graben war seine drei Meter (ugs.; *war drei Meter*) breit; alles, was s. ist (geh.; *was ihm gehört*); das Buch ist seines; ich hatte mein Werkzeug vergessen und benutzte seines/(geh.:) das seine; alles zu seiner *(zur passenden)* Zeit; /in Titeln/: Seine Exzellenz, Hoheit, Majestät; subst.: er feierte Weihnachten bei den Seinen *(seinen Angehörigen);* sie wurde die Seine (geh.; *seine Frau*); man muß jedem das Seine lassen *(soll niemandem streitig machen, was ihm gebührt).*

seinerzeit ⟨Adverb⟩: *damals, früher:* diese Vorschrift gab es s. noch nicht; von diesem Buch war s. viel die Rede.

seinesgleichen ⟨Pron.⟩: *jmd., etwas von seiner Art, seinem Rang:* er verkehrt nur mit s. * **etwas hat nicht/sucht seinesgleichen** *(etwas ist nicht zu überbieten).*

seinetwegen ⟨Adverb⟩: **a)** *um seinetwillen:* wir haben s. die Fahrt verschoben. **b)** *von ihm aus:* s. könnten wir heute schon abreisen, sagte er.

seit: I. ⟨Präp. mit Dativ⟩: *von einem bestimmten Zeitpunkt, Ereignis an:* s. dem zweiten Weltkrieg; s. langer Zeit; s. kurzem, langem, heute, gestern; s. wann bist du hier?; s. vier Uhr, s. zwei Stunden warte ich auf dich. **II.** ⟨temporale Konj.⟩ *seitdem:* er fährt kein Auto mehr, s. er den Unfall hatte; s. ich hier bin, fühle ich mich wohler; es ist noch nicht so lange her, s. man dieses Gerät kaufen kann.

seitdem: I. ⟨temporale Konj.⟩ *von einem bestimmten Zeitpunkt an:* s. ich weiß, wie er wirklich denkt, traue ich ihm nicht mehr. **II.** ⟨Adverb⟩ *von dem vorher genannten Ereignis, Augenblick an:* ich habe ihn s. nicht mehr gesehen.

Seite, die: **1.a)** *Grenzfläche eines Gegenstandes:* die rechte, linke, vordere, hintere, obere, untere, äußere, innere S.; die Seiten eines Würfels; das Paket war auf allen Seiten mit der Anschrift versehen. **b)** *rechter, linker Teil eines Gegenstandes, eines Raumes, einer Fläche:* die linke, rechte S. der Straße, des Tales, Flusses; die gegenüberliegende S. des Hafens; etwas auf die S. *(aus dem Weg)* stellen, räumen, schaffen; auf die S. gehen *(nach links oder rechts ausweichen);* das Schiff legte sich auf die S.; auf beiden, zu beiden Seiten des Bahnhofs *(links und rechts vom, vor dem Bahnhof)* sie traten, gingen zur S. *(beiseite).*

c) *Richtung:* der Wagen wich nach der falschen, verkehrten S. aus; die Menschen gingen nach allen Seiten auseinander; von allen Seiten strömten die Leute zusammen; sie sah mich von der S. *(aus seitlicher Richtung)* an. **2.** *rechter oder linker Teil des Körpers zwischen Achselhöhle und Hüfte; Flanke:* die linke, rechte S.; sich (Dativ) vor Lachen die Seiten halten; S. an S. *(nebeneinander);* sich nicht gern an jmds. S. *(mit jmdm.)* zeigen; auf der S. liegen, schwimmen; sich im Schlaf auf die [linke, rechte] S. drehen; die Hände in die Seite stemmen; er hat Stiche in der S. **3.** *einer anderen gegenüberliegende Fläche:* die beiden Seiten des Papiers, einer Münze, eines Blattes, des Tuches, Stoffes; das Buch hat 150 Seiten; eine neue S. in der Zeitung aufschlagen, beginnen; die Zeitung brachte die wichtige Nachricht gleich auf der ersten S.; die Anmerkung steht auf S. 215. **4.a)** (Math.) *Grenzlinie einer Fläche:* die Seiten eines Dreiecks berechnen. **b)** *Abstammungslinie:* er hat diese Begabung von der mütterlichen S. **5.a)** *Charakterzug:* diese S. an ihm war mir neu; jeder Mensch hat gute, schlechte Seiten; von dieser S. kannte ich ihn noch nicht *(dieser Zug an ihm war mir noch unbekannt);* uns gegenüber zeigte er sich stets von seiner besten S. *(zeigte er nur seine besten Eigenschaften).* **b)** *Aspekt, Standpunkt:* die technische S. des Problems; die juristische S. einer Aktion; einer Sache eine neue, allem die beste S. abgewinnen; dieser Vorfall hat auch seine guten Seiten; man muß versuchen, die Dinge von der leichten, heiteren S. zu nehmen, anzusehen. **6.** *gegnerische Partei; andere Person oder Gruppe:* die andere S. zeigte sich sehr unnachgiebig; beide Seiten sind an Verhandlungen interessiert; er erhielt von verschiedenen Seiten *(Personen, Firmen)* Angebote; ich werde von meiner S. *(von mir aus)* nichts unternehmen; von anderer, dritter, offizieller, unterrichteter S. erfahren wir, wird uns mitgeteilt, daß ...; das kann von keiner S. *(von niemandem)* bestritten werden; von dieser S. ist nichts zu befürchten; von kirchlicher S. *(von der Kirche)* wurden keine Einwände erhoben. * (ugs.:) **jmds. grüne Seite** *(jmds. linke Seite):* setz dich, komm an meine grüne S.! · (ugs.:) **etwas ist jmds. schwache Seite:** **a)** *(jmd. kann etwas nicht besonders gut):* Rechnen ist seine schwache S. **b)** *(jmd. hat eine Schwäche für etwas):* Rauchen ist meine schwache S. · (ugs.:) **etwas ist jmds. starke Seite** *(jmd. kann etwas besonders gut):* Zeichnen ist seine starke S.; (iron.:) Offenheit ist nicht seine stärkste S. *(er ist nicht immer offen und ehrlich)* · **etwas hat zwei Seiten** *(etwas Positives enthält auch etwas Negatives)* · **jmdn. jmdm./etwas einer Sache an die Seite stellen** *(jmdn. jmdm./etwas einer Sache gleichstellen):* wir stellen ihn seinem Bruder an die S.; dem ist nichts an die S. zu stellen · (ugs.:) **etwas auf die Seite schaffen** *(etwas heimlich, unauffällig wegbringen)* · (ugs.:) **jmdn auf die Seite schaffen** *(jmdn. umbringen)* · (ugs.:) **etwas auf die Seite legen** *(etwas sparen)* · **auf jmds., auf einer bestimmten Seite stehen/sein** *(seiner Überzeugung nach zu jmdm., zu einer bestimmten Gruppe gehören):* auf der gegnerischen S. sein, stehen · **auf jmds. Seite treten; sich auf jmds. Seite schlagen** *(sich seiner Überzeugung nach jmdm., einer Gruppe anschließen):* er schlug sich auf die S. der Revolutionäre · **jmdn. auf seine Seite ziehen** *(jmdn. für seine Absichten, Pläne gewinnen)* · **jmdm. nicht von der Seite gehen /weichen** *(jmdn. nicht verlassen)* · (ugs.:) **jmdn. von der Seite ansehen** *(jmdn. geringschätzig behandeln)* · **jmdm. zur Seite springen** *(jmdm. beispringen, helfen)* · **jmdm. [mit Rat und Tat] zur Seite stehen** *(jmdm. helfen, beistehen)* · **auf seiten** *(auf der Seite, bei):* auf s. der Verbraucher herrscht Erbitterung · **von seiten** *(von der Seite, von):* von s. der Opposition kamen keine Einwände.

Seitenblick, der: *Blick von der Seite mit einem bestimmten Ausdruck:* jmdm. einen kurzen, schelmischen, ironischen S. zuwerfen; mit einem S. auf die Kinder *(in Anbetracht der Kinder)* brachen sie das Gespräch ab.

Seitenhieb der: *eigentlich nicht zum Thema gehörende kritische Bemerkung:* mit einem deutlichen S. auf die Opposition schloß er seine Rede.

seitens ⟨Präp. mit Gen.⟩: *von seiten; von jmdm., der beteiligt, betroffen ist:* s. der Belegschaft wurden keine Einwände erhoben; s. meines Klienten erkläre ich, daß ...

Seitensprung, der: *erotisches Abenteuer außerhalb einer festen Bindung:* das war nur ein kleiner S.; einen S. machen.

seither ⟨Adverb⟩: *von einer gewissen Zeit an [bis heute]:* ich habe ihn im April gesprochen, doch s. habe ich keine Verbindung mehr mit ihm. – Nicht korrekt ist die Verwendung von *seither* im Sinne von „bisher".

seitlich: I. ⟨Adj.⟩ *auf, an der Seite [befindlich]:* die seitliche Begrenzung der Straße; bei seitlichem *(von der Seite kommendem)* Wind begann der Wagen zu schlingern; das Schild ist s. angebracht. **II.** ⟨Präp. mit Gen.⟩ *an [der Seite von] etwas:* sie gingen s. des Flusses spazieren; das Haus liegt s. der Bahn. **III.** ⟨Adverb⟩ *an [der Seite von] etwas:* die Bahnstrecke verläuft hier s. vom Rhein.

seitwärts ⟨Adverb⟩: *nach der Seite hin:* sich s. halten; einen Schritt s. machen; das Haus liegt mehr s. * (ugs.:) **sich seitwärts in die Büsche schlagen** *(heimlich verschwinden).*

Sektion, die (bildungsspr.): **1.** *Leichenöffnung:* eine S. vornehmen; durch die S. wurde die Todesursache festgestellt. **2.** *Abteilung; Gruppe eines Vereins:* die S. München des Alpenvereins.

Sekunde, die: **1.** */eine Zeiteinheit/:* 10 Minuten und 15 Sekunden; die Sekunden verstrichen, verrannen; eine Minute hat 60 Sekunden; man muß jede S. ausnutzen; es dauert nur eine S. *(nur ganz kurze Zeit);* er kam auf die S. genau; ich bin in einer S. *(gleich)* wieder da. **2.** (Musik) *Intervall von einem ganzen oder halben Ton:* eine S. auf dem Klavier anschlagen; er sang das Lied eine S. tiefer. **3.** (Math.) */eine Winkeleinheit/:* ein Winkel von 45 Grad, 21 Minuten, 10 Sekunden.

selbe: → derselbe.

selbst, (auch:) selber: **I.** ⟨Demonstrativpron.⟩ */drückt aus, daß keine andere Person oder Sache gemeint ist als die betreffende/:* der Vater, der Minister, Gott s. *(in eigener Person);* das muß ich s. tun, machen, wissen; er ist gar nicht mehr er s. *(ist geistig und körperlich so heruntergekommen, daß man ihn gar nicht mehr zu erkennen glaubt);* er ist die Zuverlässigkeit s. *(in Per-*

son); sie muß sich s. *(persönlich)* entscheiden; sie würde sich damit nur s. betrügen, belügen; erkenne dich selbst!; mir tut es s. leid; mir war s. nicht wohl bei der Sache; ich war mir s. überlassen; ich war mir meiner selbst kaum bewußt; du hast dich wohl mit dir s. unterhalten?; man muß eine Sache um ihrer selbst willen tun; von s. *(allein, ohne Mitwirkung von außen)* wäre ich nie darauf gekommen; das versteht sich von s.; das kommt schon von s.; vor lauter Terminen komme ich gar nicht mehr zu mir s. *(finde ich keine Zeit mehr zur Selbstbesinnung);* subst.: mein besseres Selbst *(Ich);* sein zweites Selbst; unser wahres Selbst; Redensart: selbst ist der Mann *(man soll nicht auf die Hilfe anderer warten);* Sprichwörter: jeder ist sich (Dativ) selbst der Nächste; selber essen macht fett. **II.** ⟨Adverb⟩ *sogar:* selbst die Bitten der Mutter konnten sie nicht bewegen; selbst mit Geld war er nicht dafür zu gewinnen; ich nehme das nicht, selbst *(auch dann nicht)* wenn ich dafür bestraft werde.

selbständig: a) *aus eigener Fähigkeit, Initiative handelnd; ohne fremde Hilfe ausgeführt:* das ist eine selbständige Arbeit; er ist für sein Alter schon sehr s.; er kann hierbei s. handeln, entscheiden; er hatte gelernt, s. zu denken. **b)** *unabhängig:* eine selbständige Stellung, Tätigkeit; er will s. sein; sich s. machen *(einen eigenen Betrieb eröffnen);* die Radkappe hat sich s. gemacht (ugs., scherzh.; *hat sich gelockert, ist verlorengegangen*).

Selbstbeherrschung, die: *Fähigkeit, sich zu beherrschen:* S. üben; er hat seine S. verloren.

selbstbewußt: *von seinem Wert und seinen Fähigkeiten überzeugt:* eine selbstbewußte Frau; er, sein Benehmen war ziemlich s.; er trat sehr s. auf.

Selbstbewußtsein, das: *das Überzeugtsein von seinem Wert und seinen Fähigkeiten:* ihr S. war nicht stark ausgeprägt, schwand durch diese Mißerfolge immer mehr; großes S. haben; der Vorfall erschütterte sein S.

selbstgefällig: *seine Zufriedenheit mit den eigenen Vorzügen und Leistungen gegenüber anderen besonders betonend:* eine selbstgefällige Miene aufsetzen, zur Schau tragen; der junge Mann ist sehr s.; s. in den Spiegel blicken.

Selbstgespräch, das: *Gespräch mit sich selbst, Monolog:* er führte, hielt oft lange Selbstgespräche.

selbstlos: *nicht auf den eigenen Vorteil bedacht, uneigennützig:* selbstlose Liebe; jmdn. in selbstloser Weise unterstützen; sie ist sehr s.; sie hat s. gehandelt, verzichtet.

Selbstmord, der: *Tötung der eigenen Person; Freitod:* S. begehen, verüben; die Zahl der Selbstmorde hat zugenommen; er hat durch S. geendet, seinem Leben durch S. ein Ende gemacht; übertr.: eine solche Theorie zu vertreten wäre wissenschaftlicher S.; das ist ja der reinste S. *(eine überaus törichte Handlung)!*

selbstredend ⟨Adverb⟩: *selbstverständlich:* das ist s. ein Irrtum; du kommst doch mit? s.!

selbstsicher: *von der Richtigkeit seines Tuns überzeugt; seiner Wirkung sicher:* ein selbstsicherer Geschäftsmann; er ist sehr, allzu s.; sie tritt sehr s. auf.

selbsttätig: a) *automatisch funktionierend:* eine selbsttätige Absperrvorrichtung; die Maschine schaltet sich s. aus. **b)** *selbst mitarbeitend; aktiv:* er hat selbsttätigen Anteil an dem Unternehmen; die Schüler wollten s. bei der Zensurenverteilung mitwirken.

selbstverständlich: I. ⟨Adj.:⟩ *keiner besonderen Erklärung oder Begründung bedürfend:* selbstverständliche Wahrheiten, Tatsachen; er behandelte uns mit selbstverständlicher Liebenswürdigkeit; es ist [für mich] s., daß ich sie jetzt nicht allein lasse. **II.** ⟨Adverb⟩ *zweifelsohne, natürlich:* s. hast du recht; s. komme ich mit, wenn ich Zeit habe; kommst du heute? s.!

selig: 1. (Rel.) *nach dem Tode des ewigen Lebens teilhaftig:* er hat ein seliges Ende gehabt; bis an mein seliges Ende; ihr seliger *(verstorbener)* Vater/(veraltend auch:) ihr Vater s.; er ist s. entschlafen; Gott hab' ihn s.!; der Glaube allein macht s.; subst.: (ugs.:) ihr Seliger *(ihr verstorbener Mann);* Myth.: die Gefilde der Seligen *(Elysium).* **2.** *sehr glücklich:* selige Stunden, Wonnen, Zeiten; das Kind war s. unterm Weihnachtsbaum; er war s., daß er die Prüfung bestanden hatte; Redensart: geben ist seliger denn nehmen · s. lächeln. **3.** (ugs.) *leicht betrunken:* er war schon s.; sie wankten s. von der Feier nach Hause.

Seligkeit, die: **1.** (Rel.) *das ewige Leben:* die ewige S. gewinnen, verlieren; in die ewige S. eingehen *(des ewigen Lebens teilhaftig werden).* **2.** *Glück, Freude:* ihre S. war unbeschreiblich; alle Seligkeiten des Erdendaseins auskosten; in S. schwimmen (ugs.; *sehr selig sein*); voller S. sein; sie verging fast vor S.

selten: I. ⟨Adjektiv⟩ **1.** *in kleiner Zahl vorkommend, nicht häufig:* seltene Vögel, Tiere, Pflanzen; ein seltenes Exemplar; ein seltener Gast; das ist ein ganz seltener Fall; er ist ein Mensch von seltenen *(außergewöhnlichen)* Gaben; er besitzt die seltene Gabe des Zuhörens; er ist ein seltener Vogel (ugs.; *seltsamer Mensch, sonderbarer Kauz*); wahre Freunde sind s.; seine Besuche bei uns sind s. geworden *(er besucht uns nicht mehr oft).* **2.** (ugs.) ⟨verstärkend bei Adjektiven⟩ *besonders:* ein s. schönes Paar; die Aufführung war s. gut. **II.** ⟨Adverb⟩ *in großen Zeitabständen; so gut wie nie:* er kommt leider nur s. zu uns; wir sehen ihn s.; solch ein Mensch begegnet einem s.; nur noch s. spielt sie Geige; es kommt nicht s. vor, daß...

Seltenheit, die: **a)** *seltenes Vorkommen:* diese Pflanzen stehen wegen ihrer S. unter Naturschutz. **b)** *etwas selten Vorkommendes:* die Ausgabe letzter Hand der Werke Goethes ist heute eine S.; solche Treue ist eine S.; es ist schon eine S., daß ...; er hat in seiner Sammlung viele Seltenheiten *(seltene Exemplare).*

Seltenheitswert ⟨in der Verbindung⟩ Seltenheitswert haben: *selten sein:* gute Aktionen des Torwarts hatten S.

seltsam: *vom Üblichen abweichend und nicht recht begreiflich; merkwürdig:* ein seltsamer Mensch; seltsame Geschichten, Erlebnisse; ein seltsames Gefühl; ihre Stimme klang s. weich; das ist s.; er war alt und s. geworden; mir war s. zumute; sich s. benehmen; das kommt mir s. vor; sein Verhalten berührte mich s.; subst.: mir ist etwas Seltsames passiert.

Semester, das: **a)** *Studienhalbjahr an einer*

Hochschule: das S. beginnt, geht zu Ende, ist zu Ende; vor seinem Medizinstudium hatte er drei Semester Jura studiert; im achten S. stehen. **b)** (Studentenspr.) ⟨in Verbindung mit bestimmten Adjektiven⟩ *jmd., der eine bestimmte Anzahl von Semestern studiert hat:* er ist schon ein höheres, älteres S.; jüngere Semester werden ins Oberseminar noch nicht aufgenommen, ∗ (ugs.; scherzh.:) **ein höheres/älteres Semester sein** *(nicht mehr jung sein).*

Semmel, die (landsch.): *Brötchen:* weiche, harte, frische, knusprige, geriebene Semmeln; der Bäckerjunge trug jeden Morgen Semmeln aus. ∗ (ugs.:) **etwas geht weg wie warme Semmeln** *(etwas verkauft sich leicht).*

senden: **1. a)** ⟨jmdm. jmdn., etwas s.⟩ *zuschicken, jmdm. übermitteln:* jmdm. ein Paket, eine Ansichtskarte, Blumen s.; sie sandten/sendeten ihm Grüße und Glückwünsche; dich hat mir der Himmel gesandt *(du kommst im rechten Augenblick);* ⟨auch ohne Dativ⟩ ein Telegramm s.; er hat den Brief per Eilboten gesendet/gesandt. **b)** ⟨mit Raumangabe⟩ *irgendwohin schicken, gelangen lassen:* Truppen in ein Katastrophengebiet s.; die Sonne sendete/sandte heiße Strahlen zur Erde. **2.** ⟨etwas s.⟩ *durch Funk oder Fernsehen übertragen:* Notrufe s.; das Fernsehen sendete eine Aufnahme von den Festspielen; der Rundfunk hat eben die Tagesnachrichten, eine Suchmeldung gesendet.

Sender, der: *technische Anlage, die Funk- und Fernsehsendungen o. ä. ausstrahlt:* der S. ist gestört, wird von einem anderen überlagert, fällt wegen Reparaturarbeiten aus; ein anderer S. schlägt durch; auf welcher Frequenz arbeitet der S. von Norddeich?; die angeschlossenen Sender kommen mit eigenem Programm wieder; einen überseeischen S. gut, schlecht empfangen; einen S. stören; auf einen anderen S. umschalten; der Bundespräsident spricht über alle Sender; der Boxkampf wird von allen Sendern übernommen, gebracht, ausgestrahlt.

Sendung, die: **1.** *gesandte Menge von Waren:* eine neue S. von Apfelsinen ist eingetroffen; eine S. empfangen; wir bestätigen den Empfang der S. **2. a)** *wichtiger Auftrag:* die politische S. einer Partei; eine diplomatische S. des Außenministers. **b)** *Bestimmung, die jmd. in sich fühlt:* er glaubte an seine S. als Dichter, als Retter der Menschheit. **3.** *Übertragung durch Rundfunk oder Fernsehen:* eine bunte S.; der Schulfunk bringt eine S. für das 8. Schuljahr; morgen gibt es, läuft eine S. über das Leben in Afrika; wir konnten die S. zum 200. Geburtstag von Kleist nicht hören, nicht empfangen.

Senf, der: **1.** */eine Pflanze/:* der S. hat leuchtend gelbe Blüten; auf einigen Feldern wurde S. angebaut. **2.** *aus Senfsamen gewonnenes, scharfes, breiiges Gewürz:* er liebt scharfen, milden S.; er aß ein Würstchen mit S. ∗ (ugs.:) **überall seinen Senf dazugeben müssen** *(ungefragt zu allem seine Meinung äußern)* · (ugs.:) **einen langen Senf machen** *(unnötiges Gerede machen):* mach keinen langen S.!

Senge, die (ugs.): → Prügel.

sengen: **1.** ⟨etwas sengt⟩ *etwas fängt an zu glimmen, ohne Feuer zu fangen:* sie bügelte den Rock zu heiß, so daß der Stoff sengte; adj. Part.: er lag in der sengenden *(brennend heißen)* Sonne. **2.** ⟨etwas s.⟩ *die Haare o. ä. ab brennen:* ein gerupftes Huhn s. ∗ **sengend un brennend** *(alles niederbrennend).*

senken: **1. a)** ⟨etwas s.⟩ *abwärts bewegen, sinken lassen:* den Kopf, die Arme, den Blick s. sie senkten die Fahnen zur Ehrung der Gefallenen; er stand mit gesenktem Haupt da; e hielt seinen Kopf immer noch gesenkt; übertr.: die Augen s. (geh.). **b)** ⟨jmdn., etwas s. mit Raumangabe⟩ *hinabgleiten lassen:* de Sarg ins Grab, den Toten in die Erde s.; di Angel ins Wasser, Schößlinge in die Erde s. der Baum senkt seine Wurzeln in den Boden bildl. (dichter.): durch verderbliche Einflüss war schon der Keim des Bösen in sein Herz ge senkt worden. **2.** ⟨etwas s.⟩ **a)** *niedriger, tiefe machen:* den Wasserspiegel s.; *Bergmannsspr.* einen Schacht s. *(in die Tiefe führen).* **b)** *ge ringer machen:* die Preise, Löhne, Steuern s. die Zahl der Arbeitslosen ist wieder gesenk worden; sie senkte die Stimme *(sprach leiser)* **3.** ⟨etwas senkt sich⟩ *etwas bewegt sich ab wärts:* der Förderkorb senkt sich; die Äst senkten sich unter der Last des Schnees; bildl (dichter.): die Nacht senkt sich auf die Erde erquickender Schlaf senkt sich auf die Augen **4.** ⟨etwas senkt sich⟩ *etwas wird niedriger:* de Wasserspiegel, Boden, Grund, das Haus, di Mauer hat sich gesenkt; jenseits des Walde senkt sich die Straße.

senkrecht: *im rechten Winkel zu etwas, gerad von oben nach unten oder umgekehrt verlaufend* eine senkrechte Wand, Linie; die beiden Schenkel des rechten Winkels stehen s. aufeinander fast s. stieg der Felsen an; das Flugzeug stürzt s. ab; bleiben Sie s. (ugs., scherzh.; *fallen Si nicht hin*)! ∗ (ugs.:) **das ist das einzig Senk rechte** *(das ist das einzig Richtige)* · (ugs.: **immer** [**schön**] **senkrecht bleiben!** *(immer Hal tung,-Fassung bewahren!)*

Sensation, die: *aufsehenerregendes Ereignis* die Rede war eine politische S.; ihre Hochzei war die S. des Tages; das Publikum verlang Sensationen.

sensationell: *aufsehenerregend:* eine sensationelle Nachricht, Idee, Aufmachung; der Prozeß nahm eine sensationelle Wendung; sein Fähigkeiten sind s. (ugs.; *außergewöhnlich hervorragend*); s. wirken.

Sense, die: *Gerät zum Mähen von Gras oder Getreide:* die S. dengeln *(schärfen);* er mähte sein Wiese mit der S. ∗ (ugs.:) [**jetzt ist/aber**] **Sense** *(jetzt ist es aber genug!).*

sensibel: *empfindsam, feinfühlig:* ein sensible Kind; er hat sensible Nerven; sie ist, wirk sehr s.

sentimental: *übertrieben gefühlvoll:* ein sentimentaler Film; sie ist in ihren Briefen imme etwas s.; sie sang sehr s.

September, der: *neunter Monat des Jahres.* ein warmer, sonniger, milder S.; Anfang S. am Ende des Monats S./des September[s].

Serie, die: *Reihe bestimmter gleichartiger Dinge oder Geschehnisse:* eine S. von Briefmarken eine ganze S. von Verbrechen; durch den Nebe gab es eine S. von Unfällen; diese Bildbände erscheinen in einer S., als S.; der Artikel wird in S. *(serienmäßig)* hergestellt; das neue Auto geht am 1. März in S. *(Serienanfertigung).*

eriös: **a)** *vertrauenerweckend; zuverlässig:* ein seriöser älterer Herr; diese Firma ist, wirkt durchaus s. **b)** *ernsthaft:* ein seriöser Schauspieler; nur seriöse Käufer, Bewerber wollen sich melden; dieses Angebot war bestimmt s.

ervieren: **1. a)** *bei Tisch bedienen:* er serviert nicht an diesem Tisch, nicht mehr in diesem Lokal. **b)** ⟨etwas s.⟩ *eine Speise auftragen:* Sie können die Suppe s.; ⟨jmdm. etwas s.⟩ man servierte ihnen eine Eisbombe als Nachspeise. **2. a)** (Tennis) *aufschlagen:* der Australier serviert. **b)** (Sport) ⟨jmdm. etwas s.⟩ *zuspielen:* er servierte dem Linksaußen den Ball, eine herrliche Vorlage.

essel, der: *bequeme, gepolsterte Sitzgelegenheit:* ein S. mit, ohne Armlehnen; sich in einen S. setzen; er machte es sich (Dativ) im S. bequem.

eßhaft: **a)** *einen festen Wohnsitz habend:* viele Nomaden sind zur seßhaften Lebensweise übergegangen; er ist nach vielen Jahren endlich s. geworden; sie haben sich inzwischen s. *(ansässig)* gemacht. **b)** *gerne an einem festen Wohnsitz bleibend:* sie waren seßhafte Leute; er war nicht sehr s. [veranlagt].

etzen /vgl. gesetzt/: **1. a)** ⟨sich s.⟩ *eine sitzende Stellung einnehmen; sich hinsetzen; Platz nehmen:* jmdn. auffordern, sich zu s.; er hat sich gesetzt; setz dich!; sich bequem, aufrecht s.; sich an den Tisch, ans Fenster, auf einen Stuhl, auf seinen Platz, aufs Pferd, auf seine vier Buchstaben (ugs.), ins Gras, ins Licht, in die Sonne, in den Schatten, in die Ecke, in den Wagen, neben jmdn., unter einen Baum, zu jmdm. s.; sie setzten sich zu Tisch *(zum Essen an den Tisch);* /verblaßt/: sich an jmds. Stelle s. *(jmdn. von seinem angestammten Platz verdrängen und sich seine Rechte anmaßen);* sich in den Besitz von etwas s. *(sich etwas aneignen);* es verstehen, sich bei jmdm. in Gunst zu s. *(sich jmds. Gunst zu verschaffen);* sich ins Unrecht s. *(durch sein Verhalten nicht mehr berechtigt sein, das Recht zu verteidigen);* sich mit jmdm. in Verbindung, ins Benehmen, Einvernehmen s. *(sich an jmdn. wenden und sich mit ihm verständigen);* sich in Marsch s. *(losmarschieren);* der Zug setzt sich in Bewegung *(fuhr an).* **b)** ⟨etwas setzt sich⟩ *etwas sinkt in etwas nach unten:* der Niederschlag aus der Lösung hat sich gesetzt; die Lösung setzt *(klärt)* sich; der Kaffee muß sich erst s. *(der Kaffeegrund muß sich nach dem Brühen erst am Boden sammeln);* das Erdreich setzt *(senkt)* sich. **c)** ⟨etwas setzt sich; mit Raumangabe⟩ *etwas dringt irgendwohin:* die Giftstoffe setzen sich unter die Haut; Staub, Geruch setzt sich *(dringt)* in die Kleider. **2.** ⟨jmdn., etwas s.; mit Raumangabe⟩ *einen bestimmten Platz geben; an eine bestimmte Stelle bringen:* einen Stuhl an den Tisch, alles an Ort und Stelle s.; den Becher (zum Trinken) an den Mund s.; ein Kind auf einen Stuhl, auf den Schoß, aufs Töpfchen (fam.) s.; einen Topf aufs Feuer, den Hut auf den Kopf s.; das Huhn (zum Brüten) auf die Eier s.; Karpfen (zur Vermehrung) in einen Teich s.; der Gast wurde in die Mitte, neben die Dame des Hauses gesetzt; /verblaßt/: jmdn. an die Luft s. (ugs.; *hinauswerfen, aus der Wohnung weisen*); etwas an die Stelle von etwas s. *(etwas durch etwas anderes ersetzen);* jmdn. auf freien Fuß s. *(freilassen);* (ugs.:) jmdn. auf die Straße s. *(die Wohnung räumen lassen);* ein Schiff auf Grund s. *(auflaufen lassen);* jmdn. auf schmale Kost s. *(jmdm. wenig zu essen geben);* seine Hoffnung, sein Vertrauen auf jmdn., auf etwas s. *(auf jmdn., etwas hoffen, vertrauen);* einen hohen Preis auf jmds. Kopf s. *(für jmds. Ergreifung aussetzen);* etwas auf den Spielplan, auf die Tagesordnung s. *(aufführen, behandeln wollen);* den Feind außer Gefecht s. *(kampfunfähig machen);* etwas außer Betrieb s. *(nicht mehr benutzen, stillegen);* etwas außer Kraft s. *(aufheben, für ungültig erklären);* Banknoten außer Kurs s. *(aus dem Verkehr ziehen; einziehen);* jmdn. in Freiheit s. *(freilassen);* (ugs.:) ein Kind in die Welt s. *(zeugen);* jmdn. in Kenntnis s. *(informieren);* jmdn. in die Lage s., etwas zu tun *(jmdm. etwas ermöglichen);* jmdn. durch etwas in Erstaunen s. *(erstaunen);* etwas in die Zeitung s. *(in der Zeitung abdrucken lassen);* etwas ins Werk s. *(beginnen, ausführen);* etwas in Szene s. *(bewerkstelligen);* etwas in Tätigkeit, in Gang, in Betrieb s. *(anlaufen, arbeiten lassen);* etwas in Musik s. *(vertonen);* etwas in einem Text in Klammern s. *(einklammern);* etwas zu etwas in Beziehung s. *(auf etwas beziehen, mit etwas vergleichen);* ein Gerücht in die Welt s. *(aufbringen);* Banknoten in Umlauf s. *(einführen);* Zweifel in etwas s. *(etwas bezweifeln);* keinen Fuß mehr über jmds. Schwelle s. *(jmds. Haus nicht mehr betreten);* etwas unter Wasser s. *(von Wasser überschwemmen lassen);* seinen Namen unter etwas s. *(etwas unterschreiben);* keinen Fuß mehr vor die Tür s. *(nicht mehr aus dem Haus gehen);* die Worte gut zu s. wissen *(zu reden verstehen);* ⟨jmdm., einer S. etwas s.⟩ einer Sache eine Grenze, Grenzen, Schranken s. *(das Ausmaß von etwas begrenzen);* jmdm. eine Frist s. *(bestimmen);* einer Sache ein Ende, Ziel s. *(etwas beenden, zunichte machen)* · sich (Dativ) ein Ziel s. *(sich etwas vornehmen).* **3.** ⟨etwas s.⟩ **a)** *pflanzen:* Radieschen, Blumen s.; diese Bäume wurden vor 10 Jahren gesetzt. **b)** *in einer bestimmten Form aufstellen, lagern:* Getreide in Puppen s.; Holz, Briketts s. *(schichten, stapeln);* Brettspiel: einen Stein s.; ⟨auch ohne Akk.⟩ du mußt s.; er hat noch nicht gesetzt. **c)** *herstellen und aufstellen:* einen Herd, einen Ofen s.; ⟨jmdm. etwas s.⟩ man hat ihm einen Grabstein, ein Denkmal gesetzt *(errichtet).* **d)** *an einem Mast aufziehen; aufstecken:* den diplomatischen Stander s.; Seemannsspr.: Positionslaternen s.; vor der Ausfahrt werden die Segel gesetzt. **e)** *beim Schreiben verwenden:* einen Punkt, ein Komma s.; er setzt überhaupt keine Satzzeichen; seinen Namen unter etwas s. *(unterschreiben).* **f)** (Druckerspr.) *für den Druck bereitmachen:* Lettern, Schrift, ein Manuskript [mit der Hand, mit der Maschine] s. **g)** *bei einer Wette, einem Glücksspiel einsetzen:* ein Pfand s.; er setzte seine Uhr zum, als Pfand; beim letzten Rennen hatte er sein ganzes Geld auf ein Pferd gesetzt; ⟨auch ohne Akk.⟩ er setzt immer auf dasselbe Pferd; übertr.: ich setze auf ihn *(glaube an seinen Erfolg, an seinen Sieg, schenke ihm mein Vertrauen).* **4.** ⟨über etwas s.⟩ *springen:* das Pferd setzt über den Graben, über ein Hindernis; er setzt über den Zaun, Deich; militär.: die Truppen setzten über *(überschritten)* den Fluß. * **jmdm. das Messer an die Kehle setzen** *(jmdn. erpressen, durch Drohungen zwingen)* · **sich nicht mit jmdm. an einen Tisch setzen** *(jmdn. nicht als ebenbürtig anerkennen)* · **jmdm. die Pistole auf die Brust setzen** *(jmdn. zu einer Entscheidung zwingen)* · **alles auf eine Karte setzen** *(bei einer einzigen Chance alles riskieren)* · **etwas aufs Spiel setzen** *(etwas [leichtfertig] riskieren, einer Gefahr aussetzen)* · (ugs.:) **aufs falsche/richtige Pferd setzen** *(die Lage falsch/richtig einschätzen)* · (ugs.:) **sich aufs hohe Pferd/Roß setzen** *(hochmütig, überheblich sein)* · **sich zur Wehr setzen** *(sich wehren, verteidigen)* · (ugs.:) **sich [tüchtig] auf den Hosenboden setzen müssen** *(fleißig sein müssen)* · (veraltend:) **jmdm. den roten Hahn aufs Dach setzen** *(jmdm. das Haus anzünden)* · **jmdn. außer Gefecht setzen** *(jmdm. die Möglichkeit zu handeln nehmen)* · **sich, seine Fähigkeiten ins rechte Licht setzen** *(sich, seine Fähigkeiten möglichst vorteilhaft erscheinen lassen)* · **sich in Positur setzen** *(eine gekünstelte, würdevolle Haltung einnehmen)* · **sich in Szene setzen** *(mit etwas Eindruck zu machen versuchen; sich wichtig machen)* · (ugs.:) **sich ins warme Nest setzen** *(in gute Verhältnisse einheiraten)* · (ugs.:) **sich in die Nesseln setzen** *(sich Unannehmlichkeiten machen)* · **sich** (Dativ) **etwas in den Kopf setzen** *(etwas unbedingt tun wollen)* · (ugs.:) **alle Hebel in Bewegung setzen** *(alle denkbaren Maßnahmen ergreifen)* · **Himmel und Hölle in Bewegung setzen** *(alles versuchen, um etwas zu ermöglichen)* · (ugs.:) **jmdn. in den Sattel setzen** *(jmdm. eine Ausgangsstellung für sein Fortkommen verschaffen)* · (ugs.:) **jmdm. einen Floh ins Ohr setzen** *(in jmdm. einen unerfüllbaren Wunsch wecken)* · **etwas in Brand setzen** *(etwas anzünden)* · **jmdn. unter Druck setzen** *(jmdn. bedrängen, erpressen)* · **jmdm. den Stuhl vor die Tür setzen** *(jmdn. gehen heißen; jmdm. kündigen)* · **sich zur Ruhe setzen** *(aus dem Arbeitsprozeß ausscheiden, sich pensionieren lassen)* · **sich zwischen zwei Stühle setzen** *(sich zwei gebotene Möglichkeiten entgehen lassen)* · **jmdn. matt setzen: a)** (Schachspiel: *jmdn. besiegen*). **b)** *(jmdm. jede Möglichkeit zu handeln nehmen)* · **den Fall setzen ...** *(als gegeben annehmen ...)*: setzen wir den Fall, daß er recht hat; gesetzt den Fall, dir passiert etwas, was soll dann werden? · (ugs.:) **es setzt Hiebe/Schläge/Prügel/etwas** *(es gibt Prügel)*.

Seuche, die: *sich schnell ausbreitende, gefährliche, ansteckende Krankheit:* eine verheerende S.; eine S. fordert viele Todesopfer, greift um sich, breitet sich aus, wütet, wird bekämpft, eingedämmt, erlischt (geh.); viele starben an der S.; bildl.: die S., Fremdwörter zu gebrauchen, ist weit verbreitet; (ugs.:) das ist ja die reinste S.!

seufzen: *als Ausdruck von Kummer oder Erleichterung einmal schwer hörbar ausatmen:* sie seufzte tief, als sie an den Abschied dachte; seufzend willigte sie ein; bildl.: unter einem Druck, Joch s. *(leiden)*.

Seufzer, der: *[klagender] Laut, der durch hörbares Ausatmen hervorgebracht wird:* ein stummer, lauter, tiefer, schwerer S.; ein S. entrang (geh.) sich ihm; einen S. ausstoßen, unterdrükken; mit einem S. der Erleichterung ging er.

sexuell: *den Geschlechtstrieb, das Geschlechtsl ben betreffend; geschlechtlich:* das sexuelle Ve halten der Bevölkerung; die Kinder wurde schon früh s. aufgeklärt.

sich: 1. ⟨Reflexivpronomen 3. Person Singul und Plural Dativ oder Akk.⟩ sie überließen di beiden s. selbst; setzen Sie s. bitte!; am näch sten Tag rächte sich der Mann/rächte d Mann s./rächte er s. auf grausame Weise; hörte den Fremden die Treppe zu s. herau kommen; er läßt gern andere für sich arbeiten **2.** ⟨reziprokes Pronomen⟩/drückt eine Wechse beziehung aus/ *einander:* sie begegneten s. v dem Rathaus; sie küßten s.; sie teilten di Beute unter s.; sie trösteten s. gegenseitig. Der Gebrauch von „s. einander" gilt als nich korrekt. **3.** */in formelhaften Verbindungen/* e fragt s., ob ... *(es ist nicht ohne weiteres siche ob ...)*; hier lebt es s. gut *(hier kann man g leben)*; [das] versteht sich! *(das ist klar, selbs verständlich!)*; das läßt sich hören *(das ist ei beachtlicher Erfolg)*; jmd., etwas macht s. *(m jmdm., mit einer Sache geht es voran)*. * **etwa an sich** *(etwas in seinem Wesen, in seiner eigen lichen Bedeutung)*: das Ding, das Sein an s. **an [und für] sich** *(eigentlich)*: an s. war de Ring nicht viel wert, aber er war ein Ander ken · **von sich aus** *(aus eigenem Antrieb)*.

Sichel, die: *Werkzeug mit stark gebogener Kling zum Schneiden von Gras o. ä.:* die S. rauscht; di S. wetzen, schärfen; Gras mit der S. schneiden er hat sich an der, mit der S. verletzt; bildl. die S. des Mondes.

sicher: I. ⟨Adj.⟩ **1.** *gefahrlos; nicht durch ein Gefahr bedroht:* ein sicherer Weg; ein sichere Aufenthalt; ich war nirgends s.; dort konnte e vor Feinden, Angriffen, Überfällen, Diebstal s. sein; Redensart: s. ist s. *(lieber zuviel Vor sicht als zuwenig)* · in früherer Zeit lebte ma auch nicht sicherer. **2.** *zuverlässig:* ein sichere Geleit; eine sichere Nachricht haben; ein siche rer Beweis; ein sicheres Ergebnis; das ist ei sicheres Zeichen dafür, daß ...; eine sicher *(gesicherte)* Stellung; er hat ein sicheres *(feste* Einkommen; er ist nicht s. (ugs.; *er zahlt unte Umständen nicht*); er fährt sehr s. *(gut)*. **3.** *nich irrend:* er hat ein sicheres Urteil, einen sichere *(guten)* Geschmack; er ist ein sicherer Schütze der Zahnarzt hat eine sichere Hand *(hat sein Hand völlig unter Kontrolle)*; er war in der Prü füng vollkommen s. *(wußte auf alle Fragen rich tig zu antworten)*; der Schüler hatte das Musik stück sehr s. einstudiert *(spielte es fehlerfrei)* **4.** *keine Hemmungen spüren lassend, selbstbe wußt:* er hat ein sicheres Auftreten; er ist, wirk sehr s. **5.** *feststehend; gewiß:* wir rechnen mi einem sicheren Sieg des Favoriten; seine Nieder lage ist s.; soviel ist s., daß er ein Dieb ist Redensart (ugs.): das ist so sicher wie da Amen in der Kirche *(das ist ganz gewiß)* **II.** ⟨Adverb⟩ *wahrscheinlich, sicherlich; mi Sicherheit, ohne jeden Zweifel:* er kommt ganz s. er wird es s. tun; s. hast du dich geirrt; */Aus druck der Bestätigung/:* s.! * **[sich** (Dativ) **jmds., einer Sache sicher sein** *(sich fest au jmdn., auf etwas verlassen; von etwas überzeu sein)*: ich bin mir, meiner selbst nicht mehr s. er war des Erfolgs, ihrer Zustimmung s.; d bist deiner Sache vielleicht etwas zu s.; sin

Sie ganz s., daß er es so gemeint hat? · **seines Lebens nicht sicher sein** *(Angst um sein Leben haben müssen)* · **etwas ist jmdm. sicher** *(jmd. kann fest mit etwas rechnen):* dieses Geld ist uns s.; der Untergang war ihm s. · (ugs.:) **langsam aber sicher** *(allmählich)* · (ugs.; iron.:) **auf Nummer Sicher sein/sitzen** *(im Gefängnis sitzen)* · (ugs.:) **auf Nummer Sicher gehen** *(nichts unternehmen, ohne sich abzusichern).*

icherheit, die: **1.** *das Sichersein vor Gefahr oder Schaden:* unsere S. ist gefährdet, bedroht; in S. sein, sich befinden; er brachte sich, die Menschen, das Vieh in S.; die Polizei sorgte für die S. der Bevölkerung. **2.** *Gewißheit:* bei diesem Stoff haben Sie die S., daß er sich gut waschen läßt; etwas mit S. erwarten; das läßt sich [nicht] mit S. *(Bestimmtheit)* behaupten; darauf kannst du mit tödlicher S. rechnen. **3.** *das Freisein von Fehlern und Irrtümern; Zuverlässigkeit:* die S. seines Urteils; sie hat eine große S. in allen Fragen des Geschmacks; mit nachtwandlerischer S. *(ohne den geringsten Fehler zu machen)* löste er alle Prüfungsaufgaben. **4.** *Gewandtheit; Selbstbewußtsein:* er hat wenig S. in seinem Benehmen, Auftreten; er hat an S. gewonnen; sie bewegt sich mit völliger S. in der neuen Umgebung. **5.** *Bürgschaft:* die S. eines Schuldners, einer Forderung; gewisse Sicherheiten geben, leisten; eine S. für einen Kredit fordern; sein Gehalt diente der Bank als S. * **sich in Sicherheit wiegen** *(irrtümlicherweise glauben, nicht in Gefahr zu sein).*

icherlich ⟨Adverb⟩: *wahrscheinlich; mit Sicherheit:* du hast die Anzeige s. gelesen; s. kannst du mir darüber Auskunft geben.

ichern: 1. ⟨jmdn., sich, etwas s.⟩ *sicher machen; vor einer Gefahr schützen:* jmdn., sich gegen/vor Verlust s.; sich gegen eine/vor einer Gefahr s.; sich beim Bergsteigen durch ein Seil s.; er hat das Fahrrad durch ein Schloß gesichert *(so daß es nicht gestohlen werden kann);* er hat sich nach allen Seiten *(gegen Einwände, die von den verschiedenen Seiten kommen könnten)* gesichert; das Land sichert *(befestigt)* seine Grenzen; das Gesetz soll die Rechte der Menschen s. *(garantieren);* adj. Part.: sie lebten in gesicherten Verhältnissen *(ihre wirtschaftliche Lage war nicht gefährdet);* seine Zukunft war gesichert *(er brauchte sich in finanzieller Hinsicht keine Sorgen um seine Zukunft zu machen).* **2.** ⟨jmdm., sich etwas s.⟩ *verschaffen:* sich einen Sitzplatz, Karten für ein Konzert, seinen Anteil an etwas, das Vorkaufsrecht s.; er hat sich den Meistertitel gesichert; er wollte seinem Sohn die Geschäftsnachfolge s.; das sichert ihm meine Dankbarkeit (geh.). **3.** (Jägerspr.) *wittern, horchen* /vom Wild/: die Tiere sicherten, bevor sie aus dem Wald traten.

Sicherung, die: **1.** *das Sichern; Schutz:* die S. der Nachfolge, Rechte; die S. einer Kolonne übernehmen; die Zerstörer wurden zur S. des Verbandes eingesetzt. **2. a)** *Schutzvorrichtung:* das Gewehr hat eine S. **b)** *Stromsicherung:* eine S. für 25 Ampere; die S. ist durchgebrannt, kaputt (ugs.); eine neue S. eindrehen.

Sicht, die: **1.** *Möglichkeit, in die Ferne zu sehen:* eine gute, klare S.; eine S. von 100 Metern; die S. betrug bei starkem Nebel nur 20 Meter; die S. öffnete sich, besserte sich, verschlechterte sich; wir hatten schlechte S.; bildl.: aus seiner S. *(wie er es sah)* war die Sache sehr schwierig. **2.** (Kaufmannsspr.) *das Vorzeigen, Vorlage:* auf/bei S.; zehn Tage nach S. zahlbar. * **in Sicht sein/kommen** *(auftauchen, sichtbar werden):* ein Flugzeug, Schiff kam in S.; */Ausruf an Bord eines Schiffes, wenn Land zu sehen ist/:* Land in S.! · **auf lange/kurze Sicht** *(für lange, kurze Zeit, Dauer):* etwas auf lange S. planen; ein Wechsel auf kurze, lange S.

sichtbar: a) *mit den Augen wahrnehmbar; erkennbar:* die sichtbare Welt; durch die Färbung wurden die Bazillen im mikroskopischen Präparat s.; der Fleck auf dem Kleid war deutlich s. *(zu sehen).* **b)** *deutlich [erkennbar], sichtlich, offenkundig:* sichtbare Fortschritte machen; der Zustand des Kranken hatte sich s. gebessert.

sichten ⟨etwas s.⟩: **1.** *in größerer Entfernung wahrnehmen; erspähen:* ein Schiff, Land s.; sie hatten feindliche Flugzeuge am Himmel gesichtet. **2.** *durchsehen und ordnen:* Papiere, jmds. Nachlaß s.; er sichtete das Material für seine Arbeit.

sichtlich: *offenkundig; merklich:* er hatte sichtliche Schwierigkeiten mit der Aussprache; die Arbeit bereitete ihm sichtliche Freude, Mühe, Anstrengung; er war s. erleichtert; er war s. erfreut über diese Mitteilung.

sickern ⟨etwas sickert; mit Raumangabe⟩: *etwas fließt langsam und spärlich:* das Regenwasser sickert in die Erde; das Blut ist durch den Verband gesickert; übertr.: auf unbekannten Wegen ist der Inhalt der Geheimbesprechungen in die Presse gesickert *(gelangt).*

sie ⟨Personalpronomen⟩: **1.** ⟨3. Person Singular Nom. und Akk.⟩: s. liest gerade die Zeitung; ich werde s. fragen; subst.: eine S. (ugs.; *ein weibliches Wesen, eine Frau*). **2.** ⟨3. Person Plural Nom. und Akk.⟩ s. beide; s. gehen spazieren; (ugs.:) s. haben *(man hat)* mir meine Uhr gestohlen.

Sie ⟨Personalpronomen 3. Person Plural als Höflichkeitsanrede für eine oder mehrere Personen⟩ haben S. alles besorgen können?; sie sagen S. zueinander.

Sieb, das: *Gerät, mit dem feste Stoffe von einer Flüssigkeit oder Stoffe verschiedener Beschaffenheit voneinander getrennt werden:* ein löcheriges, feines, grobes S.; Sand, Kies auf ein S. schaufeln; etwas durch ein S. rühren, schütten, schlagen; sie goß den Kaffee durch ein S. * (ugs.:) **ein Gedächtnis wie ein Sieb haben** *(sehr vergeßlich sein).*

[1]**sieben: 1.** ⟨etwas s.⟩ *durch ein Sieb schütten:* Mehl, Sand s. **2.** (ugs.) *aus einer Anzahl von Personen die Unfähigen oder Ungeeigneten ausscheiden:* bei der Auswahl, unter den Bewerbern wurde sehr gesiebt.

[2]**sieben** ⟨Kardinalzahl⟩: *7:* die s. Wochentage; die s. Bitten des Vaterunsers; die s. Worte Jesu am Kreuz; die sieben Todsünden; die s. Weltwunder; die S. Freien Künste; wir sind zu s./siebt; (geh.:) es waren ihrer s.; es ist s. [Uhr]; er ist, wird heute s. [Jahre alt]; subst.: die Sieben ist eine heilige Zahl. * **die sieben fetten und die sieben mageren Jahre** *(gute und schlechte Zeiten)* · (ugs.:) **mit jmdm. um sieben Ecken verwandt sein** *(mit jmdm. sehr weitläufig verwandt sein)* · **etwas ist jmdm./für jmdn. ein Buch mit sieben Siegeln** *(etwas bleibt jmdm. dunkel und*

unverständlich) · **in sieben Sprachen schweigen** *(sich zu nichts äußern)* · (ugs.:) **eine böse Sieben** *(ein zanksüchtiges Weib).* → acht.

siebente/ (auch, bes. südd.:) siebte ⟨Ordinalzahl⟩: *7.:* er ist der s.; das Buch steht in der siebenten/siebten Reihe von unten; er geht in die s. Klasse; subst.: heute ist der Siebente/ Siebte; sie spielten die Siebente *(7. Sinfonie)* von Beethoven. * (ugs.:) **sich** [**wie**] **im siebten Himmel fühlen** *(äußerst glücklich sein).*

siedeln ⟨meist mit Raumangabe⟩: *sich ansässig machen; eine Siedlung gründen:* viele Bauern haben in der fruchtbaren Gegend gesiedelt.

sieden: 1. ⟨etwas siedet⟩ *etwas ist bis zum Siedepunkt erhitzt; etwas kocht:* das Wasser siedet bei 100°; die Eier haben 5 Minuten gesiedet/gesotten *(in siedendem Wasser gelegen);* sie verbrühte sich mit siedend heißem Wasser; bildl.: er siedete vor Wut *(war äußerst wütend);* mir siedet das Blut, wenn ich diese Ungerechtigkeit sehe. **2.** (südd.; östr.) ⟨etwas s.⟩ *in kochendem Wasser gar machen:* Kartoffeln, Fische, Kaffee, Eier s.; sie sotten/siedeten Krebse; adj. Part.: gesottener Fisch; subst.: es gab jeden Tag Gesottenes und Gebratenes.

Siedlung, die: **a)** *Ort, an dem sich Menschen angesiedelt haben:* hier gab es schon in früherer Zeit menschliche Siedlungen; sie besichtigten die Siedlungen der Indianer. **b)** *außerhalb gelegener Ortsteil mit meist gleichartigen, einfachen Häusern:* eine S. planen, bauen; er wohnt in einer S. am Rande der Stadt.

Sieg, der: *erfolgreicher Ausgang eines Kampfes, Wettstreits o. ä.:* ein glorreicher, ruhmreicher, glücklicher, überwältigender, eindrucksvoller, leichter, schwerer, knapper, blutiger S.; der S. war schwer erkämpft, teuer erkauft; ein S. über den Gegner, über die Mitbewerber; einen S. erringen, davontragen; jmdm. den S. entreißen; seine sportliche Laufbahn mit einem S. krönen; um den S. kämpfen; bildl.: jmdm. den S. entreißen *(jmdn. besiegen);* den S. an seine Fahnen heften (geh.; *siegen*); von S. zu S. schreiten *(ständig siegen);* wir haben der Wahrheit zum S. verholfen; übertr.: ein diplomatischer, moralischer S.; der S. der Freiheit, des Guten; einen S. über sich selbst erringen.

Siegel, das: **a)** *Siegelstempel:* das S. auf etwas drücken; einem Brief das S. aufdrücken. **b)** *auf ein Schriftstück o. ä. geprägtes [amtliches] Zeichen:* das S. der Stadt, der Universität; ein S. anbringen, aufbrechen; eine Urkunde mit dem päpstlichen S. * **unter dem Siegel der Verschwiegenheit** *(streng vertraulich):* er hatte mir das Geheimnis unter dem S. der Verschwiegenheit anvertraut · **etwas ist jmdm./für jmdn. ein Buch mit sieben Siegeln** *(etwas bleibt jmdm. dunkel und unverständlich)* · **jmdm. Brief und Siegel geben** *(jmdm. etwas versichern, garantieren).*

siegen: *in einem Kampf, Wettstreit o. ä. der Stärkere sein, den Gegner überwinden:* im Kampf, im Streit, im sportlichen Wettkampf s.; über jmdn. s.; unsere Mannschaft hat diesmal gesiegt *(gewonnen);* übertr.: die Wahrheit wird schließlich doch siegen; wann siegt endlich einmal die Vernunft?; bei ihr siegte das Gefühl über den Verstand.

Sieger, der: *jmd., der einen Sieg errungen hat; Gewinner:* der gekrönte, lorbeergeschmückt triumphierende S.; aus einem [Wett]kampf a S. hervorgehen; S. im Endspiel wurde die kan dische Mannschaft; die Sieger ehren; die Z schauer jubelten dem S. zu.

Siele, die ⟨in der Wendung⟩ in den Sielen ste ben (geh.): *mitten in der Arbeit vom Tode erei werden:* der Schauspieler ist in den Sielen ge storben.

Signal, das: **a)** *[Warn]zeichen mit einer feste Bedeutung:* optische, akustische, militärisch Signale; das S. zum Angriff, Rückzug, zur Al fahrt geben; ein S. beachten, übersehen, übe hören. **b)** *Eisenbahnverkehrszeichen:* das S. stel auf „Halt", auf „Freie Fahrt"; halt, wenn da S. ertönt!; das S. hochziehen; bei dem Unglüc hatte der Zugführer das S. überfahren *(nicht b achtet).*

Silbe, die: *kleinste Lauteinheit innerhalb ein Wortes:* eine offene, geschlossene, kurze, lang [un]betonte S.; die Silben zählen, trennen; für S. buchstabieren; (ugs.:) Silben verschlucke *(nicht deutlich sprechen);* man konnte jede deutlich verstehen; er hat das Vorkommnis m keiner Silbe erwähnt; ein Wort nach Silben tren nen.

Silber, das: **1.** *grau-weißes Edelmetall:* reine glänzendes, mattes, legiertes S.; Geräte, Beche Schalen aus/von [getriebenem] S.; der Leucht wurde mit S. überzogen; Sprichw.: Reden is S., Schweigen ist Gold. **2.** *Geschirr, Bestecke o. ä aus Silber:* das S. muß geputzt werden; die Ein brecher hatten das ganze S. gestohlen. **3.** (ve altend) *Hartgeld:* er konnte nur in S. herausg ben; er bezahlte mit S.

silbern: 1. *aus Silber bestehend:* silberne Beche Schalen, Löffel, Medaillen, Münzen, Uhren, Mes ser und Gabeln. **2.** *hell, weiß [wie Silber]:* da silberne Licht des Mondes; ihr Haar war, glänz te s.; übertr.: ihr silbernes Lachen erfüllte de Raum. * **silberne Hochzeit** *(25. Wiederkehr d Hochzeitstages)* · **Silberner Sonntag** *(vorletzt Sonntag vor Weihnachten).*

Silberstreifen, der ⟨in der Wendung⟩ Silbe streifen am Horizont: *Zeichen beginnender Be serung:* in der Wirtschaftskrise zeichnete sic ein S. am Horizont ab, war ein S. am Horizo zu sehen.

Silhouette, die (bildungsspr.): *Umrisse von et was, was sich von einem Hintergrund abhebt:* da Denkmal ragt als dunkle S. in den Abendhim mel; man sah in der Ferne die S. der Berge.

simpel: *einfach, primitiv:* simple Leute; de Lehrer stellte ganz simple Fragen; diese Erklä rung ist s.; er fragt immer sehr s. *(einfältig)*

singen: 1.a) *seine Stimme im Gesang ertöne lassen:* gut, schlecht, [un]sauber, falsch, zwei stimmig, mehrstimmig, vom Blatt, auswendig wie eine Nachtigall, mit/ohne Ausdruck, zu Laute, zur Gitarre s.; ich kann in dieser Tonlag nicht s.; er hat früher in einem Chor gesungen auf dem Dach singt eine Amsel; er spricht mi singendem Tonfall; Sprichwörter: wo ma singt, da laß dich ruhig nieder, böse Menschе haben keine Lieder; wie die Alten sungen, s zwitschern [auch] die Jungen; übertr.: die Tele graphendrähte singen. **b)** ⟨etwas s.⟩ *hören lassen vortragen:* eine Arie, ein Solo, ein Duett s.; ei Lied im Chor *(gemeinsam)* s.; wer singt de

Baß *(die Baßpartie)?;* Sprichw.: wes Brot ich ess', des Lied ich sing'. **c)** ⟨etwas s.⟩ *als Stimmlage haben:* Sopran, Alt, Baß s. **3.a)** ⟨sich s.; mit Artangabe⟩ *sich durch Singen in einen bestimmten Zustand bringen:* ich habe mich ganz heiser gesungen. **b)** ⟨etwas singt sich; mit Artangabe⟩ *etwas ist in einer bestimmten Weise zum Singen geeignet:* dieses Lied singt sich leicht; es singt sich schön im Wald. **4.** (Gaunerspr.) *jmdn., etwas preisgeben, verraten:* er hat bei der Polizei gesungen. * **ein Kind in den Schlaf singen** *(ein Kind durch Singen zum Einschlafen bringen)* · (ugs.:) **von etwas ein Lied singen können/zu singen wissen** *(über etwas aus eigener unangenehmer Erfahrung berichten können)* · (ugs.:) **etwas ist jmdm.** [**auch**] **nicht an der Wiege gesungen worden** *(jmd. erlebt eine unerwartete Veränderung seiner Lebensumstände)* · **jmds. Lob singen** *(jmdn. sehr, bei allen Leuten loben):* er singt überall das Lob seines Schülers · (ugs.:) **die Engel im Himmel singen hören** *(bei etwas starken Schmerz empfinden)* · (ugs.:) **hör auf zu singen!** *(sei endlich still!)* · **Singende Säge** */ein Musikinstrument/.*

sinken: **1.** *sich langsam abwärts bewegen:* die Waagschale sinkt; die Sonne beginnt zu s.; gegen Mittag sank der Nebel; der Ballon sank, sie mußten Ballast abwerfen; das Schiff ist gesunken *(untergegangen);* die Arme s. lassen; den Kopf auf die Brust, die Hände in den Schoß s. lassen; an jmds. Brust, auf die Knie, auf die/zur Erde, auf den/zu Boden, in jmds. Arme s.; er wäre vor Scham am liebsten in den Boden gesunken; nach dem anstrengenden Tag sind wir gestern abend gleich ins Bett gesunken *(früh zu Bett gegangen);* ⟨jmdm. s.; mit Raumangabe⟩ jmdm. an die Brust, zu Füßen s.; der Kopf war ihm auf die Brust gesunken. · bildl.: in Schlaf s. *(einschlafen);* in Ohnmacht s. *(ohnmächtig werden);* in Schutt und Asche, in Trümmer s.; den Mut s. lassen *(mutlos werden);* er ist in meiner Achtung gesunken *(hat an Ansehen bei mir verloren);* jmd. ist tief gesunken *(moralisch verkommen).* **2.** ⟨etwas sinkt⟩ *etwas wird niedriger, verliert an Höhe:* das Hochwasser beginnt zu s.; die Temperatur ist gesunken; der Wasserspiegel sank um 5 Meter. **3.** ⟨etwas sinkt⟩ *etwas wird geringer, verliert an Wert:* die Preise, die Kurse sind gesunken; der Wert des Grundstücks ist gesunken; jmds. Hoffnung, Vertrauen, Ansehen, Einfluß sinkt *(schwindet);* seine Stimmung sank unter Null (ugs.; *wurde immer schlechter).*

Sinn, der: **1.** *Fähigkeit der Wahrnehmung und Empfindung; Sinnesorgan:* die fünf Sinne; wache, empfindsame, abgestumpfte, stumpfe Sinne; etwas erregt die Sinne; etwas schärft, beschäftigt den S.; Tiere haben oft schärfere Sinne als der Mensch; er war seiner Sinne nicht mehr mächtig, nicht mehr Herr seiner Sinne *(außer sich);* äußere Eindrücke nehmen wir mit den Sinnen wahr. **2.** *Bewußtsein; Gedächtnis:* jmdm. vergehen, schwinden die Sinne *(jmd. verliert das Bewußtsein);* jmds. Sinne verwirren sich *(jmd. kann nicht mehr klar denken);* der Alkohol umnebelte seine Sinne; etwas aus dem Sinn verlieren; das habe ich nicht im S. behalten; Sprichw.: aus den Augen, aus dem S. **3.** *Gefühl für etwas; Verständnis:* der S. für Humor, Tradition, Pünktlichkeit, Ordnung und Sauberkeit fehlte ihm völlig; er hat einen ausgeprägten ästhetischen S.; dafür habe ich keinen S. **4.** *Sinnesart; Denkungsart:* sein harter S. ließ das nicht zu; einen stolzen, edlen S. haben; seinen S. ändern; anderen Sinnes werden (geh.; *seine Meinung ändern*); ich bin mit ihm eines Sinnes (geh.; *gleicher Meinung*); offenen Sinnes *(aufgeschlossen)* alles in sich aufnehmen; frohen Sinnes *(froh gestimmt)* fuhr er in Urlaub; Sprichw.: viele Köpfe, viele Sinne. **5.** *Bedeutung; geistiger Gehalt; Ziel und Zweck:* der S. eines Wortes; der S. des Lebens; S. und Wert von Dichtung und Kunst; was ist der S. dieser Arbeit?; der S. seiner Rede blieb mir unklar; der eigentliche S. der Handlung bleibt verborgen; den S. einer Rede richtig erkennen; einen S. in eine Textstelle, ein Gleichnis hineinlegen; er hat den S. meiner Worte nicht erfaßt; er hat seinen Ausführungen einen anderen S. unterschoben; im wahrsten, tiefsten, besten, eigentlichen, weiteren, eigenen Sinn[e] des Wortes; Kritik im weitesten Sinn[e]; etwas in einem ganz bestimmten Sinn[e] meinen, sagen, verstehen; in einem tieferen Sinn[e] ist alles vergeblich gewesen; in dem, in diesem Sinn[e] habe ich an ihn geschrieben; er hat dem Gesetz in jedem Sinn[e] *(in jeder Hinsicht)* genügt; er zitierte dem Sinn[e] nach *(nicht dem Wortlaut nach, sondern gab nur den Inhalt des Zitates wieder);* dem Sinn[e] nach kann das nur heißen, daß... * **jmdm. steht der Sinn nach etwas** *(jmd. ist zu etwas aufgelegt, hat Lust zu etwas):* ihm stand nicht der S. nach Feiern · **einen sechsten Sinn für etwas haben** *(besonders intuitiv begabt sein, etwas ahnen)* · **etwas hat keinen/wenig/nicht viel Sinn** *(etwas ist nicht/wenig vernünftig oder sinnvoll; etwas ist zwecklos)* · (ugs.:) **seine fünf Sinne zusammennehmen** *(aufpassen, sich konzentrieren)* · (ugs.:) **seine fünf Sinne nicht beisammenhaben; nicht bei Sinnen sein** *(nicht bei Verstand sein, Unsinniges sagen, tun)* · **sich** (Dativ) **etwas aus dem Sinn schlagen** *(einen Plan aufgeben)* · **etwas kommt jmdm. aus dem Sinn** *(etwas wird von jmdm. vergessen und nicht weiter verfolgt):* sein ursprüngliches Vorhaben war ihm ganz aus dem Sinn gekommen · **etwas geht/fährt jmdm. durch den Sinn; etwas kommt jmdm. in den Sinn** *(etwas fällt jmdm. ein)* · **etwas liegt jmdm. im Sinn** *(jmd. denkt immer an etwas)* · **etwas im Sinn haben** *(etwas vorhaben)* · **in jmds. Sinne; nach jmds. Sinn** *(wie jmd. es möchte oder will):* das war im Sinne seines Vaters gehandelt; das ist ganz nach meinem S.; Redensart: das ist nicht im Sinne des Erfinders · **das ist nicht der Sinn der Sache** *(das ist nicht der Zweck, die Absicht)* · **ohne Sinn und Verstand** *(ohne Überlegung)* · **von Sinnen sein** *(außer sich sein).*

sinnen (geh.): **1.a)** ⟨über etwas s.⟩ *nachdenken:* darüber s., wie man jmdm. helfen kann; er sinnt darüber, wie er es am besten einrichten könnte; ⟨auch ohne Präpositionalobjekt⟩ er sann und sann, aber es fiel ihm kein Ausweg ein; adj. Part.: sinnend stand er am Fenster; subst.: alles Sinnen und Grübeln nützt nichts mehr. **b)** ⟨auf etwas s.⟩ *nach etwas trachten; die Gedanken intensiv auf etwas richten:* auf Abhilfe, auf neue Mittel und Wege, auf eine List s.; er sann auf Rache; subst.: all ihr Sinnen und Trachten ging dahin, an das Geld heranzukommen. **2.** (veraltend) ⟨etwas s.⟩ *planen, vorhaben:* Verderben, Verrat s.; er sinnt nichts Gutes. * **gesonnen sein, etwas zu tun** *(die Absicht haben, gewillt sein, etwas zu tun):* ich bin nicht gesonnen nachzugeben.

sinnig (ugs.; scherzh.): *sinnvoll sein sollend, aber unpassend:* ein sinniger Vers, Spruch; sein Geschenk war wieder sehr s. [ausgedacht].

sinnlich: **1.** *mit den Sinnen wahrnehmbar:* eine sinnliche Wahrnehmung, Empfindung, Erfahrung, Anschauung, Darstellung; bestimmte Strahlen sind s. nicht wahrnehmbar. **2.** *auf den Sinnengenuß ausgerichtet oder darauf hindeutend; erotisch:* sinnliche Augen, Bewegungen, Regungen, Begierden; sinnliche Liebe; sinnliches Verlangen; er ist eine sinnliche Natur; ihr Mund ist sehr s.; er ist s. *(sexuell)* leicht erregbar; er liebte sie rein s.

sinnlos: *unvernünftig; unsinnig, ohne Sinn und Verstand:* sinnloses Geschwätz; unzusammenhängende, sinnlose Reden; sinnlose Grausamkeit; er hat das Kind in sinnloser Wut geschlagen; der Versuch ist völlig s.; es ist s., auf ihn zu hoffen; er war s. *(völlig)* betrunken.

sinnvoll: *einen Sinn habend; vernünftig:* eine sinnvolle Arbeit; diese Entscheidung ist nicht sehr s.; der Raum war s. aufgeteilt.

Sippe, die: *Gruppe der Blutsverwandten:* die ganze S. versammelte sich zum Geburtstag der Großmutter; der Stamm gliedert sich in Sippen; übertr. (ugs.; abwertend): die ganze S. *(Gesellschaft, Bande)* ist mir verhaßt.

Sippschaft, die: (ugs.; abwertend): *Verwandtschaft:* sie reiste mit ihrer ganzen S. an; übertr.: diese verlogene S. *(Bande);* es war im ganzen eine äußerst verdächtige S. *(Gesellschaft).*

Sirene, die: **1.** *Gerät, das einen lauten, heulenden Ton als Warnung oder Signal hervorbringt:* die S. heult; vor dem Alarm gingen die Sirenen; die S. des Schiffes ertönte. **2.** (Myth.) */ein Fabelwesen der griechischen Sage/:* die Sirenen lockten ihre Opfer durch betörenden Gesang; übertr.: er erlag den Lockungen dieser S. *(Verführerin).*

Sitte, die: **1.** *Brauch, feste Gewohnheit, Tradition:* eine schöne, gute, heimatliche, althergebrachte, uralte S.; die Sitten und Gebräuche eines Volkes; S. und Brauch; in den Dörfern kennt man noch viele alte Sitten; wir wollen auch heute nicht mit dieser S. brechen; Redensart: andere Länder, andere Sitten. **2.a)** *sittliches Verhalten:* Zucht und S.; Anstand und S. verletzen; Verfall und Verrohung der Sitten; das lockert die Sitten, verstößt gegen alle guten Sitten/die gute S. **b)** *Benehmen, Manieren:* sie achten, sehen bei ihren Kindern auf gute Sitten; er war ein Mensch mit/von sonderbaren, vornehmen, feinen, guten Sitten. **3.** (ugs.) *Sittenpolizei:* sich bei der S. melden müssen. * **etwas ist Sitte** *(etwas ist üblich):* bei uns ist es S., an Silvester Karpfen zu essen.

sittlich: *den Forderungen der Ethik, Moral entsprechend oder auf sie bezogen:* die sittliche Natur des Menschen; sittliche Forderungen; das sittliche Weltbild einer Epoche; der Glaube an eine sittliche Weltordnung; der sittliche Wert eines Menschen, einer Handlung; seine sittliche Entrüstung war groß; ein Mensch ohne jeden sittlichen Halt; es geht dort ländlich, s. *(brav und bieder)* zu; die Schule soll die Kinder s. erziehen.

Situation, die: *Lage; besondere Umstände:* eine schwierige, gefährliche, verfahrene, heikle, peinliche, fürchterliche (ugs.) S.; die gegenwärtige geistige, politische, wirtschaftliche S.; die S. ist verzweifelt, kritisch, brenzlig (ugs.); es ergab sich eine gespannte S.; die S. spitzt sich immer mehr zu; die S. erfassen, beherrschen, überblikken, klären, meistern, retten; die psychologische S. berücksichtigen; man muß sich der veränderten S. anpassen; er fühlte sich, war der S. gewachsen; er blieb Herr der S.; einen Ausweg aus einer komplizierten S. suchen, finden; jmdn. in eine unwürdige S. bringen; er hat sich in eine ausweglose S. begeben; in dieser S. hätte er gar nicht anders handeln können; sie wurden in einer verfänglichen S. überrascht.

Sitz, der: **1.a)** *Sitzfläche:* S. und Lehne des Sessels sind gepolstert; die Sitze müssen neu bezogen werden; er legte seinen Mantel auf den S. im Auto. **b)** *Sitzplatz:* ein S. ist noch frei; sein S. ist leer [geblieben]; zwei Sitze belegen, freihalten; darf ich Ihnen meinen S. anbieten?; er hat sich einen Stein als S. ausgesucht; die Gäste nehmen ihre Sitze ein; die Anwesenden erhoben sich von den Sitzen. **c)** *Platz mit Stimmberechtigung:* er hatte S. und Stimme im Rat, in der Hauptversammlung; die Partei erhielt, hatte 40 Sitze im Parlament; sie verlor 5 Sitze an die Opposition. **2.** *Ort, an dem sich eine Institution o. ä. dauernd befindet:* diese Stadt ist S. eines Amtsgerichts, der Regierung, eines Bischofs; der S. des Unternehmens ist [in] Berlin; die Vereinten Nationen haben ihren S. in New York; übertr.: die Seele gilt als S. des Gefühls, der Empfindungen. **3.** *sitzende Haltung:* der Reiter hat einen guten, schlechten S. **4.** *Paßform eines Kleidungsstücks:* der S. mußte noch korrigiert werden; der Anzug hat einen guten, schlechten, keinen [guten] S.; sie trug ein Kostüm von tadellosem S. * (ugs.:) **auf einen Sitz** *(ohne Unterbrechung, hintereinander):* auf einen S. trank er fünf Glas.

sitzen: **1.** *sich auf einem Sitz niedergelassen haben:* [auf einem Stuhl] weich, bequem, schlecht s.; mit gekreuzten, übereinandergeschlagenen Beinen s.; vor Schmerzen nicht s. und nicht liegen können; sie kann nicht still, ruhig s.; ich habe/(oberd.:) bin den ganzen Tag gesessen; das Mädchen blieb beim Tanz s. *(wurde nicht zum Tanz aufgefordert);* am Tisch, Ofen, Kamin, Fenster, auf einer Bank, in einem Sessel, im Zimmer, im Gras, um den Tisch, unter einem Baum, mitten unter den Kindern, vor dem Fernsehapparat, zu jmds. Füßen, hoch zu Pferd, zwischen lauter Fremden s.; du sollst auf deinem Platz s. bleiben; er kam auf einen harten Stuhl, neben mich zu s.; im Sattel s.; die Henne sitzt auf den Eiern; /verblaßt/: sie saßen beim Kaffee *(tranken gerade Kaffee),* bei Tisch *(waren beim Essen),* beim Kartenspiel *(spielten Karten);* ich habe fast zwei Stunden beim Friseur gesessen *(mein Besuch beim Friseur dauerte fast zwei Stunden);* sie sitzen im Café, Wirtshaus, Wartesaal *(halten sich dort auf);* er saß über den Büchern *(las, studierte eifrig),* über seiner Examensarbeit *(war sehr mit seiner Examensarbeit beschäftigt);* sie sitzt den ganzen Tag zu Hause *(begibt sich sehr selten nach draußen, unter Menschen)* · ⟨jmdm.

s.⟩ für ihr Porträt hat sie dem Maler gesessen; adj. Part.: er hat eine sitzende Tätigkeit *(muß bei seiner Tätigkeit sitzen);* subst.: den ganzen Tag bin ich noch nicht zum Sitzen gekommen; Sprichw.: wer im Glashaus sitzt, soll nicht mit Steinen werfen. **2. a)** ⟨etwas sitzt; mit Raumangabe⟩ *etwas befindet sich an einer bestimmten Stelle, ist an einer bestimmten Stelle befestigt:* der Knopf sitzt an der falschen Stelle; an dem Zweig sitzen mehrere Blüten; im Kopf des Schneemannes saßen zwei Kohlestückchen als Augen; ⟨etwas sitzt jmdm.; mit Raumangabe⟩ der Hut saß ihm schief auf dem Kopf; übertr.: der Schreck, die Angst saß ihm noch in den Gliedern *(hatte ihn noch nicht verlassen).* **b)** (ugs.) ⟨mit Raumangabe⟩ *an einem [entfernten oder entlegenen] Ort leben:* er sitzt zur Zeit in Afrika; er sitzt in einem kleinen Dorf. **c)** (ugs.) *sich in Haft befinden:* er sitzt seit drei Jahren; er sitzt im Gefängnis, hinter schwedischen Gardinen (ugs.); er hat drei Jahre gesessen. **d)** ⟨mit Raumangabe⟩ *Mitglied in einer Versammlung, einem Gremium o. ä. sein:* er sitzt im Parlament, Ausschuß, Vorstand. **3.** ⟨etwas sitzt⟩ *etwas paßt:* der Anzug sitzt [gut, tadellos]; das Kleid sitzt wie angegossen *(sehr gut);* das Kostüm sitzt nicht; adj. Part.: eine schlecht sitzende Krawatte. **4.** ⟨etwas sitzt⟩ **a)** *etwas haftet im Gedächtnis:* was er gelernt hat, sitzt. **b)** *etwas trifft richtig:* die Ohrfeige saß; das, der Hieb, der Schuß hat gesessen; jeder Handgriff sitzt *(wird richtig ausgeführt).* **5.** *brüten:* die Henne sitzt. * **etwas sitzt tiefer** *(etwas Unangenehmes hat einen tieferen Grund):* das Übel, seine Krankheit, sein Kummer sitzt tiefer · **am längeren Hebel sitzen** *(mächtiger, einflußreicher als der Gegner sein)* · (ugs.:) **einen sitzen haben** *(betrunken sein)* · **an der Quelle sitzen** *(etwas aus erster Hand erfahren oder beziehen können)* · (ugs.:) **auf dem hohen Roß/Pferd sitzen** *(eingebildet sein, sich etwas Besonderes dünken)* · **[wie] auf [glühenden] Kohlen sitzen** *(in einer bestimmten Situation voller Unruhe sein)* · (ugs.:) **auf dem Trockenen sitzen** *(in Verlegenheit, handlungsunfähig sein)* · (ugs.:) **auf den Ohren sitzen** *(auf das, was jmd. sagt, nicht achten; nicht hören)* · (ugs.:) **in einem Boot sitzen** *(gemeinsam eine schwierige Situation bewältigen müssen)* · **im goldenen Käfig sitzen** *(sehr reich sein, aber wenig persönliche Freiheit haben)* · (ugs.:) **im falschen Zug sitzen** *(sich nicht richtig entschieden haben)* · (ugs.:) **in der Patsche/Tinte sitzen** *(in einer mißlichen Situation sein)* · **über jmdn. zu Gericht sitzen** *(sich über jmdn. erheben und ihn verurteilen).*

sitzenbleiben (ugs.): **1.** *nicht in die nächste Schulklasse versetzt werden:* er war so faul, daß er zweimal sitzenblieb; der Junge blieb schon in der Sexta sitzen. **2.** *nicht geheiratet werden:* die älteste Tochter blieb sitzen. **3.** ⟨auf etwas s.⟩ *keinen Käufer finden:* der Kaufmann ist auf seiner Ware sitzengeblieben.

sitzenlassen (ugs.) ⟨jmdn. s.⟩: **1.** *ein Mädchen nicht heiraten:* schließlich hat er sie sitzenlassen/(seltener:) sitzengelassen. **2. a)** *vergeblich warten lassen:* wir waren heute verabredet, aber er hat mich sitzenlassen/(seltener:) sitzengelassen. **b)** *im Stich lassen:* ich kann ihn doch jetzt nicht s. **3.** *nicht in die nächste Schulklasse versetzen:* man hat ihn zwei Jahre vor dem Abitur sitzenlassen/(seltener:) sitzengelassen.

Sitzfleisch, das ⟨in der Wendung⟩ kein Sitzfleisch haben (ugs.): *keine Ausdauer haben:* der Junge hat kein S.

Sitzung, die: **1.** *Versammlung, in der über etwas beraten wird; Konferenz:* eine öffentliche, geheime, wichtige, entscheidende, ergebnislose, langweilige, lange, ausgedehnte S.; die S. zieht sich in die Länge, dauert zwei Stunden, fällt aus, ist zu Ende, findet am Mittwoch, dem 25. Juni, in Berlin statt; eine S. anberaumen (Amtsdt.), ansetzen, abhalten, eröffnen, unterbrechen, schließen, vertagen; er hatte nicht an der letzten S. teilgenommen. **2. a)** *das Sitzen für ein Porträt:* er gewährte dem Künstler zwei Sitzungen. **b)** *zahnärztliche Behandlung:* die Wurzelbehandlung erforderte mehrere Sitzungen.

Skandal, der: **1.** *Ärgernis und großes Aufsehen erregendes Geschehen:* es gibt einen S., wenn er das erfährt!; einen S. machen, heraufbeschwören, vermeiden; er war in einen S. verwickelt; manche Zeitungen leben von Skandalen; es kam zu einem häßlichen S.; diese Zustände wachsen sich allmählich zu einem [richtigen] S. aus. **2.** (ugs.; landsch.) *Lärm, Krach:* die Schüler machten einen furchtbaren S. * **etwas ist ein Skandal** *(etwas ist unerhört):* es ist ein Skandal, wie man uns behandelt.

skandalös: *Empörung hervorrufend, unglaublich, unerhört:* skandalöse Zustände; die Behandlung hier ist s.; sie hat sich s. benommen.

Skat, der: **1.** */ein Kartenspiel/:* S. spielen; sie droschen (ugs.; *spielten*), klopften (ugs.; *spielten*) S. **2.** *die zwei im Skatspiel zur Seite gelegten Karten:* den S. aufnehmen, hereinnehmen, auf den Tisch, zur Seite legen; den S. liegen lassen *(aus der Hand spielen);* im S. lag ...; ich habe im S. zwei Asse gefunden.

Skelett, das: **1.** *Knochengerüst:* ein menschliches S.; das S. eines Säugetieres; bildl. (ugs.): er ist das reinste S.; er ist zum S. abgemagert *(er ist sehr mager).* **2. a)** *tragendes Gerüst:* das S. des Hochhauses steht schon. **b)** *Grundriß:* das S. eines Wirtschaftsplanes.

Skepsis, die (bildungsspr.): *Haltung, in der man nichts ungeprüft hinnehmen will:* seine angeborene S. bewahrte ihn vor leichtfertigen Entschlüssen; er hatte eine gesunde S. gegenüber lautstarken Proklamationen; sie betrachteten des Warenangebot mit, voller S.

skeptisch: *zweifelnd, zunächst mißtrauisch und zögernd:* eine skeptische Einstellung, Haltung; er machte ein skeptisches Gesicht; da bin ich noch s. *(zweifle ich noch);* er stand unseren Plänen s. gegenüber; sie betrachteten, beurteilten die Sache äußerst s.

Ski, der: → Schi.

Skizze, die: **1.** *[als Entwurf dienende] Zeichnung in winzigen Strichen:* eine flüchtige S.; die S. einer Landschaft, eines Tieres; eine S. anfertigen, machen, entwerfen, [leicht] hinwerfen; er machte eine S. von dem Gebäude. **2. a)** *Aufzeichnung in Stichworten:* für den zweiten Teil seines Romans hatte er nur Skizzen hinterlassen. **b)** *kurze literarische Darstellung in erzählerischer Form:* eine S. schreiben; er nannte seinen Reisebericht „Italienische Skizzen".

skizzieren ⟨etwas s.⟩: **1.** *mit wenigen Strichen zeichnen:* unterwegs skizzierte er mehrere Gebäude. **2. a)** *in großen Zügen darstellen; umreißen:* er skizzierte den Inhalt des Buches. **b)** *sich für etwas Notizen machen; entwerfen:* er skizzierte den Text für seine Ansprache.

Sklave, der: *Mensch ohne jede Freiheit und Rechte, der einem anderen als Eigentum gehört:* viele Neger wurden als Sklaven verkauft; Sklaven halten, kaufen, befreien, freilassen; jmdn. wie einen Sklaven behandeln; mit Sklaven handeln; sie haben ihn zum Sklaven gemacht; übertr.: er ist der Sklave seiner Leidenschaften, Lüste, der Gewohnheit, seiner Arbeit, der Ereignisse *(ist ihnen völlig unterworfen).*

Skrupel, der: *Bedenken, Zweifel:* es kamen ihm Skrupel; ihn quälten [keine] Skrupel; seine Skrupel waren rasch verflogen; er hatte, kannte keine Skrupel; ich mache mir darüber keine Skrupel; sich mit [moralischen] Skrupeln quälen, herumschlagen; er hat es ohne jeden S. getan.

so: I. ⟨Adverb⟩ **a)** */alleinstehend; als Frage, die Erstaunen ausdrückt oder als abschließende Bemerkung/:* er will nächste Woche verreisen; – so *(wirklich)?;* so, diese Arbeit wäre getan; so, ich gehe jetzt. **b)** *auf diese Weise, in dieser Form:* so habe ich es mir gedacht, vorgestellt, so habe ich es gewollt; so ist es richtig; recht so!; so [und nicht anders] muß man das machen; so ist es nicht gewesen; dem ist nicht so; so meinte sie das auch; so steht also die Sache!; ach, so ist das!; das ist nun einmal so; sie spricht einmal so, einmal so, bald so, bald so; er spricht so, daß ihn jeder verstehen kann; es ist mir so *(ich habe den Eindruck),* als wäre ...; er hat sich so verhalten, wie man es von ihm erwartet hatte; sie will sich so *(in ihrem augenblicklichen Zustand)* nicht zeigen; das habe ich nur so (ugs.; *ohne etwas Besonderes damit zu meinen*) gesagt; es hat nur so (ugs.; *sehr laut*) geknallt; der Wagen sauste nur so (ugs.; *sehr schnell*) dahin; er ist so (ugs.; *ohne zu bezahlen*) ins Kino gekommen; wir haben auch so (ugs.; *ohne zusätzliche Arbeit*) schon genug zu tun. **c)** *in solchem Maße, Grade; derartig:* einen so hohen Turm hatte er noch nie gesehen; ich wußte nicht, daß er so krank war; ich bin nicht so dumm, das zu glauben; das ist nicht so schlimm; es war nicht so leicht, sein Vertrauen zu gewinnen; die Preise sind so niedrig, daß jeder die Ware bezahlen kann; sie war so erschrocken, daß sie nicht sprechen konnte; warum kommt er so spät?; er wird nicht so bald wiederkommen; sei doch bitte so gut, so freundlich und hilf mir tragen; er kam so schnell wie/so schnell als möglich/; als konjunktionale Einheit mit *daß/:* sie war sehr krank, so daß sie nicht kommen konnte; /beim Vergleich; in Verbindung mit *wie/:* er ist so *(ebenso, genauso)* groß wie du; etwas ist so hart wie Stein *(sehr hart),* so weiß wie Schnee *(schneeweiß).* **d)** (ugs.) ⟨pronominal⟩ *solch:* so ein Haus hätte ich auch gerne; so ein schönes Lied!; so eine Frechheit!; das sind so Sachen!; was soll man mit so einem Kerl (ugs.) anfangen?; das ist auch so einer! *(Menschen dieser Art kennen wir schon);* so etwas [Schönes] habe ich noch nie gesehen; so etwas von Frechheit ist mir noch nicht begegnet! **e)** *etwa, ungefähr:* e war so gegen, um Mitternacht; es waren so an um hundert Personen; ich mache mir so mein Gedanken darüber; er machte so seine Plän er hat es so ziemlich *(in etwa)* verstanden; war so recht *(ganz)* nach seinem Geschmack er hat sich noch so leidlich *(einigermaßen gu* aus der Sache gezogen. **II.** ⟨Konj.⟩ **a)** (geh *also, deshalb, demnach:* er war nicht da, s konnten wir ihn nicht sprechen; du hast es ge wollt, so trage die Folgen; so bist du also imme noch nicht dort gewesen? **b)** (geh.) *also, nur* so komm doch endlich!; so hör mir doch einma zu! **c)** (veraltet) *wenn, falls:* wir sehen uns wi der, so es das Schicksal will. * (ugs.:) **nicht s sein wollen** *(sich großzügig, nachsichtig zeigen* du hättest die Strafe zwar verdient, aber ic will nicht so sein · (ugs.:) **so siehst du aus!** *(d stellst du dir so vor!; da irrst du dich aber!* ich soll das allein machen? – so siehst du aus! **so gut wie** *(beinahe, fast):* das ist so gut w sicher · (ugs.:) **so oder so** *(in jedem Fall):* e muß das Geld so oder so zurückzahlen · **un so weiter** *(und so fort)* · (ugs.:) **so la la** *(e nigermaßen, nicht besonders gut):* es geht ih so la la · **so, so** */gleichgültige Antwort/.*

sobald ⟨Konj.⟩: *sofort wenn:* er will anrufe s. er zu Hause angekommen ist.

Socke, die: *kurzer Strumpf:* wollene, [hand]ge strickte, dicke, bunte Socken; ein Paar Socken die Socken sind zerissen; S. stricken, wasche stopfen; du hast ein Loch in der [linken] * (ugs.:) **sich auf die Socken machen** *(schne aufbrechen)* · (ugs.:) **jmdm. auf den Socken se** *(jmdn. verfolgen)* · (ugs.:) **[ganz] von de Socken sein** *(sehr überrascht, erstaunt sein).*

soeben ⟨Adverb⟩: *gerade; in diesem Augenblic* das Buch ist s. erschienen; soeben hat de Freund angerufen.

sofern ⟨Konj.⟩: *wenn, falls; vorausgesetzt, da,* wir werden kommen, s. es euch paßt.

sofort ⟨Adverb⟩: *gleich, unverzüglich, auf d Stelle:* das muß s. erledigt werden; komm s. he

sofortig: *sofort geschehend, stattfindend:* m sofortiger Wirkung; die sofortige Abreise wa unumgänglich.

Sog, der: *saugende Kraft, Strömung:* der S. de Wassers riß das Boot fort; in den S. der Pr peller, der Schiffsschraube geraten; er wurd vom S. der Maschine erfaßt; übertr.: er g riet in den S. *(Einflußbereich)* der Großstadt.

sogar ⟨Adverb⟩: *auch, überdies; in unerwartet Weise:* er hat uns s. mit dem Auto abgehol er kam s. selbst mit; s. *(selbst)* er hat sich da über gewundert.

sogleich ⟨Adverb⟩: *sofort:* als die Gäste ank men, wurden sie s. in ihre Zimmer geführt.

Sohle, die: **1. a)** *Fußsohle:* seine Sohlen ware mit Blasen bedeckt; er hat sich einen Dorn i die Sohle getreten; sie lief mit nackten Sohle durchs Gras. **b)** *Schuhsohle, Strumpfsohle:* dick dünne, haltbare Sohlen; Sohlen aus Leder, a Gummi; die Sohlen sind durchgelaufen, habe Löcher, sind zerrissen; neue Sohlen auf d Schuhe machen, nageln, kleben. **2. a)** *Bode eines Tales, eines Flusses o. ä.:* die S. ein Flusses, Grabens, Kanals; die S. des Tales i mehrere Kilometer breit. **b)** (Bergmannsspr *Grubensohle, Stollen:* der Grubenbrand ist a der vierten S. ausgebrochen. * (ugs.:) **eine kesse Sohle aufs Parkett legen** *(mit schwungvollen Schritten [unter Bewunderung der Anwesenden] tanzen)* · (ugs.:) **sich** (Dativ) **die Sohlen [nach etwas] ablaufen/wund laufen** *(viele Gänge machen, um etwas zu finden, zu erreichen)* · (ugs.:) **sich an jmds. Sohlen heften** *(ständig in jmds. Nähe sein, bleiben)* · (ugs.:) **das habe ich mir längst an den Sohlen abgelaufen** *(diese Erfahrung habe ich längst gemacht, das kenne ich schon)* · (ugs.:) **es brennt jmdm. unter den Sohlen** *(die Zeit drängt sehr)* · **auf leisen Sohlen** *(leise, unbemerkt):* er war auf leisen Sohlen davongeschlichen · **vom Scheitel bis zur Sohle** *(durch und durch; ganz und gar).*

ohn, der: *unmittelbarer männlicher Nachkomme:* ein ehelicher, unehelicher, natürlicher (veraltet; *unehelicher*), legitimer S.; ein wohlgeratener, liebevoller, ungeratener S.; der älteste, jüngste, einzige S.; sein eigener, erstgeborener, zweitgeborener S.; der S. des Hauses *(der erwachsene Sohn einer Familie);* er ist der S. Hans Maiers/ist Hans Maiers S./ist der S. von Hans Maier; Vater und S. sehen sich sehr ähnlich; er ist der echte S. seines Vaters, ganz der S. seines Vaters *(ist seinem Vater sehr ähnlich);* sie haben einen S. bekommen; grüßen Sie Ihren [Herrn] S.; übertr.: die Söhne (geh.; *Bewohner*) der Wüste, der Berge; er ist der größte S. *(der berühmteste Einwohner)* seiner Stadt.

olang[e] ⟨Konj.⟩: *für die Dauer, während:* s. du Fieber hast, mußt du im Bett bleiben; /verneint mit konditionaler Nebenvorstellung/: s. du nicht alles aufgegessen hast, darfst du nicht vom Tisch aufstehen.

olch ⟨Demonstrativpron.; solcher, solche, solches; solche; unflektiert: solch⟩: *derartig; so beschaffen, so geartet; so groß:* [ein] solcher Glaube; [eine] solche Handlungsweise; [ein] solches Vertrauen; solche Taten; ein solcher Tag/solch ein Tag; ich habe solchen Hunger, solche Kopfschmerzen; bei solchem Herzklopfen; mit solchen Leuten kann man nicht verkehren; die Taten eines solchen Helden/(selten:) die Taten solches Helden; die Wirkung solchen/(seltener:) solches Sachverhalts; alle solche Anweisungen; all solcher Spuk; solcher feine/(selten:) feiner Stoff; ein solcher feiner Stoff/solch ein feiner Stoff; solches herrliche Wetter; bei solchem herrlichen Wetter/(selten:) herrlichem Wetter; bei einem solchen herrlichen Wetter; bei solch herrlichem Wetter, bei solch einem herrlichen Wetter; die Tatsache solcher schlechten/(auch:) schlechter Beeinflussung; bei solcher intensiven/(auch:) intensiver Sonneneinstrahlung; solche prachtvollen/(auch:) prachtvolle Bauten; solch prachtvolle Bauten; der Wert solcher alten/(auch:) alter Bücher; der Wert solch alter Bücher; solches Schöne/solch Schönes; mit solchem Schönen, mit solch Schönem; solche Armen/(auch:) Arme; die Hütten solcher Armen; es kamen Musikkenner und solche, die sich dafür hielten; die Sache als solche *(an sich)* wäre nicht so schlimm, aber ...

old, der: *Bezahlung für Soldaten:* S. auszahlen, zahlen, empfangen; heute gibt es S. * **in jmds. S. stehen** *(für jmdn. arbeiten, in jmds. Dienst stehen).*

Soldat, der: ein ausgebildeter, gedienter, einfacher, gemeiner (veraltet; *einfacher*) S.; ein guter, tapferer S.; S. sein, werden; viele Soldaten fielen, wurden verwundet; Soldaten einberufen, einziehen, ausbilden; das Grab[mal] des unbekannten Soldaten *(Gedenkstätte für gefallene Soldaten);* er ist bei den Soldaten (ugs.), er kommt zu den Soldaten (ugs.; *rückt ein*).

solidarisch (bildungsspr.): *gemeinsam; übereinstimmend; füreinander einstehend:* eine solidarische Verpflichtung eingehen; in solidarischer Übereinstimmung handeln; s. handeln; er fühlte sich, erklärte sich s. mit ihm.

solid[e]: 1. *haltbar, gediegen; zuverlässig:* eine solide Arbeit; solide Waren; ein Paar solide Schuhe; ein solides Geschäft, eine solide Firma; ein solides (ugs.; *kräftiges*) Mittagessen; der Stoff ist sehr s.; die Möbel sind s. gearbeitet. **2.** *gefertigt, maßvoll; nicht ausschweifend:* ein solider Mensch; einen soliden Lebenswandel führen; er ist, lebt sehr s.

Soll, das: **1.** *Arbeitssoll; vorgeschriebene Produktionsmenge:* das S. ist zu hoch, liegt bei 100 Stück am Tag; das S. wurde erhöht; er hat sein S. nicht erfüllt. **2.** (Kaufmannsspr.) *Schuldseite eines Kontos:* etwas im S. buchen, ins S. eintragen. * (Kaufmannsspr.:) **Soll und Haben** *(die beiden Seiten der Bilanz).*

sollen ⟨mit Infinitiv⟩: **1. a)** *verpflichtet, gehalten sein; müssen:* du sollst sofort nach Hause kommen; wir hätten daran denken sollen; ich hätte zur Post gehen sollen; er sagte, ich solle nicht auf ihn warten; es hat so sein sollen; so soll es sein; was soll ich hier tun?; du sollst *(darfst)* doch nicht mit ihm sprechen!; das hättest du nicht tun sollen (nicht korrekt: gesollt); ich soll dir sagen *(bin beauftragt, dir zu sagen)*, daß du um fünf Uhr kommen kannst; warum soll ich mich damit abquälen?; da soll jemand nicht grob werden (ugs.; *da hat man doch Grund genug, grob zu werden*); der soll mir nur kommen! *(dem werde ich es zeigen!);* ⟨ugs. auch ohne Infinitiv⟩ ich habe zu ihm gesollt *(kommen sollen);* das hast du nicht gesollt *(nicht tun sollen).* **b)** *mögen:* damit soll alles vergessen sein; die Bitte soll dir gewährt sein; er soll mir willkommen sein; es soll *(wird)* nicht wieder vorkommen; das soll mir lieb, angenehm sein *(ist mir lieb, angenehm);* du sollst es haben *(wirst es bekommen);* was soll das bedeuten? *(was mag das zu bedeuten haben?);* wozu soll das gut sein? *(was nutzt das, wozu dient das?);* ⟨auch ohne Infinitiv⟩ was soll ich hier?; was soll das? **2.** ⟨im 2. Konjunktiv⟩ *eigentlich müssen:* das sollte sie doch wissen; er sollte sich schämen; ich sollte eigentlich böse sein; man sollte meinen, er hätte es nun verstanden; es sollte mich wundern, wenn ...; das sollte man *(dürfte man eigentlich)* nie tun. **3.** (geh.) ⟨im 2. Konjunktiv⟩ *jmdm., einer Sache beschieden sein:* er sollte die Heimat nicht wiedersehen; es sollten ihm auf dieser Reise noch manche Abenteuer begegnen; dem Unternehmen sollte kein Erfolg beschieden sein. **4.** ⟨im 2. Konjunktiv⟩ */dient dem Ausdruck einer Bedingung, Einräumung/:* sollte es regnen, dann bleiben wir zu Hause; sollte der Fall eintreten, daß der Plan mißlingt, dann ...; **5.** ⟨im 2. Konjunktiv⟩ */dient in einer Frage dem Ausdruck eines Zweifels an* *etwas/:* sollte das wahr sein? *(ist das wirklich wahr?);* sollte er doch recht haben? *(sollte es wirklich so sein, daß er doch recht hat?)* sollte das sein Ernst sein? **6.** */dient dem Ausdruck einer Feststellung, für die man sich nicht verbürgt/:* das Konzert soll sehr schön gewesen sein; laut Wetterbericht soll es heute regnen; er soll sehr reich sein; sie soll geheiratet haben. * (ugs.:) **der Kuckuck/der Teufel soll dich holen!** */Fluch/.*

somit ⟨Konj.⟩: *also, folglich:* er war nicht dabei, s. konnte er nicht darüber berichten.

Sommer, der: *Jahreszeit zwischen Frühling und Herbst:* ein langer, kurzer, schöner, heißer, trockener, verregneter, nasser, kühler, früher, später S.; in diesem Jahr will es überhaupt nicht S. werden, ist es spät S. geworden; der S. kommt, beginnt; wir verleben schon den zweiten S. an der See; den S. über; einen [ganzen] S. lang; Sprichw.: eine Schwalbe macht noch keinen S. · er fährt im S. in Urlaub; er geht im S. und im Winter/S. wie Winter *(das ganze Jahr über)* schwimmen; bildl. (geh.): *Höhepunkt:* der S. des Lebens.

sommerlich: *dem Sommer entsprechend:* sommerliches Wetter; sommerliche Hitze; es ist schon s. warm; sie war s. *(leicht)* gekleidet.

Sonde, die: **1.** *stab- oder röhrenförmiges Instrument für bestimmte Untersuchungen o. ä.:* die S. in den Magen einführen; er wurde mit der S. ernährt. **2.** *Flugkörper mit Meßgeräten:* die S. ist in eine Umlaufbahn um den Mars eingeschwenkt.

sonderbar: *merkwürdig, eigenartig, seltsam:* ein sonderbarer Mensch, Gast, Kauz (ugs.), Heiliger (ugs. *merkwürdiger Mensch*); ein sonderbares Erlebnis, Ereignis, Gefühl; sein Benehmen war s.; das ist sehr, höchst, mehr als s.; er ist heute, manchmal so s.; das finde ich sehr s. von ihm; er benahm sich so s.

sonderlich ⟨nur verneint gebraucht⟩: **a)** *besonders groß:* die Arbeit machte ihm keine sonderliche Freude; seine Mahnungen blieben ohne sonderliche Wirkung. **b)** ⟨verstärkend bei Adjektiven und Verben⟩ *sehr, besonders:* er hat sich nicht s. gefreut; er ist nicht s. klug, geschickt; es geht ihr heute nicht s. [gut].

¹sondern ⟨Konj.⟩: *vielmehr; im Gegensatz dazu:* er zahlte nicht sofort, s. überwies den Betrag durch die Bank; das ist nicht grün, s. blau; nicht er hat es getan, s. sie; /in dem Wortpaar/: nicht nur ... sondern auch.

²sondern (geh.) ⟨von jmdm., von etwas s.⟩: *trennen, scheiden:* die kranken Tiere von den gesunden s.; sie sonderte die faulen Früchte von den guten; adj. Part.: *einzeln, für sich:* diese Fragen müssen wir gesondert behandeln.

sondieren (ugs.) ⟨etwas s.⟩: *vorsichtig vorfühlen, erkunden:* das Gelände, die Lage, die Stimmung in der Öffentlichkeit s.; sie sondierten [bei den Abgeordneten], wer für das Amt in Frage käme.

Sonnabend, der (bes. nordd.): *siebter Tag der Woche; Samstag:* ein verkaufsoffener S.; ein langer S. (ugs.; *Sonnabend, an dem die Geschäfte auch nachmittags geöffnet sind);* wir schließen S., den 21. März; am S., dem 4. März/(auch:) den 4. März; er kommt nächsten/am nächsten S.

Sonne, die: **1.** *Licht und Wärme spendende Himmelskörper:* die helle, leuchtende, strah lende, goldene (dichter.) S.; die heiße, glühend brennende, sengende S.; die untergehend sinkende S.; die liebe (fam.) S.; S. und Mond die S. geht [im Osten] auf, steht hoch [am Him mel], im Zenit, im Westen, hat ihren höchste Stand erreicht, geht [blutrot] unter, sink neigt sich (geh.), vollendet ihren Lauf (dich ter.), versinkt hinter dem Wald, im Meer, hin ter dem/am Horizont; die S. scheint, strahl leuchtet, wärmt, brennt [unbarmherzig sticht, sengt, glüht; die Sonne schimmer funkelt durch die Zweige; die S. ist bedeck verschleiert, durchdringt den Nebel, brich durch die Wolken, kommt hinter den Häuser hervor, spiegelt sich im Wasser; die S. blend mich; Redensarten: es gibt nichts Neu unter der S.; die S. bringt es an den Tag Sprichw.: wenn die S. scheint, erbleicht d Mond · die S. durch ein gefärbtes Glas betrach ten; er ließ sich die S. auf den Rücken scheine das Licht, die Klarheit der S.; in der erste Halbzeit spielten sie gegen die S., in der zwe ten mit der S. im Rücken; bildl.: Frau S die S. lacht, blickt durch die Wolken; heu meint es die S. gut (ugs.; *heute ist es sehr sonni recht warm).* **2.** *Licht und Wärme, Sonne schein:* die S. hat ihn gebräunt, hat sein Ha gebleicht; Wind und S., Regen und S. haben se ne Haut gegerbt; sie kann viel, keine S. vertr gen; der Balkon hat keine, wenig, viel, d ganzen Tag S.; die Pflanzen brauchen viel S er kommt wenig an die S. *(kommt wenig hina ins Freie);* die Masse schmilzt wie Butte Schnee an der S. *(sehr schnell);* geh mir bit aus der S.!; in der S. sitzen, liegen; wir setze legen uns in die S.; etwas in der S. bleichen; ließ sich in, von der S. trocknen; er ließ sich i von der S. braten (ugs.; *ließ sich bräunen*). * e **Platz an der Sonne** *(Glück und Erfolg im L ben)* · (geh.:) **unter der Sonne** *(auf der Erde* er war der glücklichste Mensch unter der S.

sonnen: **1. a)** ⟨etwas s.⟩ *der Sonne aussetze* sie sonnte die Betten auf dem Balkon. **b)** ⟨si s.⟩ *ein Sonnenbad nehmen:* wir haben uns a der Wiese, am Strand gesonnt. **2.** (geh.) ⟨sich etwas s.⟩ *etwas selbstzufrieden genießen:* er son te sich in seinem Glück, Erfolg, Ruhm.

Sonnenschein, der: *das Scheinen der Sonn* der S. lockte die Menschen ins Freie; sie ging bei S. und Regen spazieren; sie saßen im helle wärmenden S.; Redensart: auf Regen folgt

sonnig: *voll Sonnenschein; reich an Sonne:* e sonniges Zimmer, ein sonniger Tag; im son gen Süden; das Wetter war s.; hier ist es mir s.; übertr.: *heiter, fröhlich:* ein sonniges W sen, Gemüt haben; er ist ein sonniger Mensc

Sonntag, der: *erster Tag der Woche:* ein erh samer, ruhiger S.; die Ausstellung wird S., d 5. Mai eröffnet; eines [schönen] Sonntags; a S., dem 6. April/(auch:) den 6. April; er kom nächsten/am nächsten S.; das Lokal ist Sonn- und Feiertagen, an Sonn- und Werktag geöffnet; bis S. fertig sein; Redensart: es nicht alle Tage S. * **Kupferner Sonntag** *(dritt ter Sonntag vor Weihnachten)* · **Silberner Son tag** *(vorletzter Sonntag vor Weihnachten)* · **Gold ner Sonntag** *(letzter Sonntag vor Weihnachten)*

sonst: 1. ⟨Adverb⟩ **a)** *außerdem; darüber hinaus:* haben sie s. noch Fragen?; das weiß s. niemand, s. keiner außer ihm; er hat s. nichts gesagt; willst du s. noch was (ugs.)?; er denkt, er ist s. wer (ugs.; *er wäre etwas Besonderes*). **b)** *anders:* wer s. hätte das/wer hätte das s. so gut schreiben können?; was willst du s. machen? **c)** *in anderen Fällen; bei anderer Gelegenheit; für gewöhnlich:* der s. so freundliche Mann war heute mürrisch; du bist doch s. nicht so empfindlich; es ist s. viel kälter hier; hier ist noch alles wie s. *(wie immer)*. **d)** *andernfalls:* ich mußte ihm helfen, weil er s. zu spät gekommen wäre. **2.** ⟨Konj.⟩ *im anderen Falle:* ich mußte ihm helfen, s. wäre er zu spät gekommen; er flüchtete, s. wäre es ihm schlecht ergangen. * (ugs.:) **sonst noch was!** *(das fehlte gerade noch!)*.

Sopran, der (Musik): **1.** *hohe Frauen- oder Knabenstimme:* ein heller, klarer, schöner S.; die Sängerin hat einen sehr hohen S.; sie singt S. **2.** *Sopranistin:* der S. war indisponiert.

Sorge, die: **1.** *Kummer, Besorgnis, Bedrückung:* große, schwere, quälende, drückende, trübe, bange Sorgen; Sprichw.: kleine Kinder, kleine Sorgen, große Kinder, große Sorgen · Sorgen quälen, plagen, drücken ihn, lasten auf ihm, lassen ihm keine Ruhe; die S. um das kranke Kind machte sie traurig; deine S. war unnötig; seine größte S. war, daß die Sache nicht schnell genug erledigt würde; das sind Sorgen! (auch iron.); Sorgen haben; die Sorgen vergessen, vertreiben, verscheuchen, abschütteln; diese S. bin, wäre ich los (ugs.); er versuchte, seine Sorgen im Alkohol zu ertränken; sein Zustand machte, bereitete ihr Sorgen; du machst dir unnötige Sorgen; ich teile deine Sorgen *(Bedenken)* nicht; ich habe keine S. *(keine Bedenken, Zweifel)*, daß er das Examen besteht; keine S. *(nur ruhig)*, das schaffen wir schon; sie macht sich Sorgen um ihn, um seine Zukunft; mache dir darum, darüber, deswegen keine Sorgen!; deine Sorgen möchte ich haben! (ugs.; iron.; *deine Sorgen sind doch geringfügig, du übertreibst das alles*); Sprichw.: Borgen macht Sorgen · dieser Sorgen bin ich nun enthoben (geh.), ledig (geh.); er kommt aus den Sorgen nicht heraus; in großer S.; voller S., ohne S., frei von Sorgen in die Zukunft blicken; sie war in S. um ihn; sein Zustand erfüllte sie mit [großer] S. **2.** *Fürsorge; Mühe:* die S. für ihre Familie forderte alle ihre Kräfte; man sollte ihr diese S., die S. dafür abnehmen; laß das nur meine S. sein! *(das erledige ich schon)*; das ist meine erste, größte S. *(darum werde ich mich in erster Linie kümmern)*; das ist seine S. *(darum muß er sich kümmern)*. * (geh.:) **für etwas Sorge tragen** *(für etwas sorgen; sich um etwas kümmern)*.

sorgen: 1. ⟨sich um jmdn., um etwas/(seltener auch:) wegen jmds., wegen einer Sache s.⟩ *sich Sorgen machen, ängstigen:* sie sorgt sich sehr um ihn, um seine Zukunft, um seine Gesundheit; du brauchst dich deswegen nicht zu s. **2.** ⟨für jmdn., für etwas s.⟩ *sich um jmdn., um etwas kümmern, bemühen; Sorge tragen:* gut, vorbildlich, schlecht für jmdn. s.; für seine Familie, für die Erziehung, die Zukunft der Kinder s.; er sorgt für den Kranken *(versorgt ihn)*?; für Arbeit, Essen und Trinken, Erholung s.; für Ruhe und Ordnung s.; er will dafür s., daß alles rechtzeitig fertig ist; er sorgt nur für sich; es ist gut für sie gesorgt *(sie braucht sich um ihre Zukunft keine Sorgen zu machen)*; Sprichwort: es ist dafür gesorgt, daß die Bäume nicht in den Himmel wachsen.

Sorgfalt, die: *Genauigkeit, Gewissenhaftigkeit:* S. auf etwas verwenden; einer Sache S. angedeihen lassen (geh.); du hast es an der nötigen S. fehlen lassen.

sorgfältig: *gewissenhaft, genau; mit großer Sorgfalt:* er ist ein sorgfältiger Mensch; eine sorgfältige Arbeit, Schrift; er ist, arbeitet sehr s.; etwas s. vorbereiten; er geht nicht sehr s. mit seinen Sachen um.

sorgsam: *sorgfältig und behutsam:* die sorgsame Betreuung, Pflege des Kranken; s. mit etwas umgehen; er hat das Geheimnis s. *(streng)* gehütet.

Sorte, die: *bestimmte Art, Qualität:* die teuerste, erste, beste, schlechteste, billigste S.; eine gute, mittlere S. Äpfel; davon gibt es feinere und gröbere Sorten, Sorten in allen Preislagen; verschiedene Sorten von Birnen; Stoffe aller Sorten/in allen Sorten; übertr. (abwertend): mit dieser S. Menschen möchte ich nichts zu tun haben.

sortieren ⟨etwas s.⟩: *nach Art, Güte o. ä. ordnen:* Waren, Papiere s.; sie sortierte das Obst nach seiner Qualität; die Mutter sortiert die Wäsche in den Schrank.

soundso (ugs.) ⟨Adverb⟩: *in nicht näher bezeichneter Weise; unbestimmt wie:* er war s. lange nicht mehr da; das habe ich dir schon s. *(sehr)* oft gesagt.

souverän (bildungsspr.): **1.** *selbständig, unabhängig:* ein souveräner Staat; ein souveräner *(unumschränkter)* Herrscher; das Land ist, wurde s.; er regierte, herrschte s. *(unumschränkt)*. **2.** *überlegen und sicher:* eine souveräne Beherrschung der fremden Sprache; sein souveränes Spiel begeisterte alle; er war, wirkte sehr s.; er beherrschte sein Gebiet, seinen Stoff s.

soviel: 1. ⟨Konj.⟩ *wieviel auch immer:* s. ich auch arbeitete, ich wurde nie fertig; s. ich weiß *(soweit mir bekannt ist)*, kommt er morgen. **2.** ⟨Adverb⟩ *in dem[selben] Maße:* er hat [halb, doppelt, noch einmal] s. gearbeitet wie du; du mußt ihm s. wie/als möglich helfen; ⟨auch pronominal⟩ s. *(dieses)* für heute.

soweit: 1. ⟨Konj.⟩ *in dem Maße wie:* s. ich weiß, kommt er morgen; es wird klappen, s. sich die Dinge überblicken lassen. **2.** ⟨Adverb⟩ *im allgemeinen, insgesamt; bis hierher:* es geht ihm s. gut; das ist s. alles in Ordnung; ich bin s. einverstanden. * **soweit wie/als möglich** *(im Rahmen des Möglichen)*: wir werden es s. wie/als möglich vorbereiten · (ugs.:) **soweit sein** *(fertig, bereit sein)*: gib mir Bescheid, wenn du s. bist; es ist bald s.

sowie ⟨Konj.⟩: **1.** *und auch:* wissenschaftliche und technische Werke s. schöne Literatur. **2.** *sobald:* s. sie ihn erblickte, lief sie davon.

sowieso ⟨Adverb⟩: *ohnehin:* den Brief kann ich mitnehmen, ich gehe s. zur Post; das s.! *(das versteht sich von selbst)*.

sowohl ⟨in den Wortpaaren⟩ **sowohl ... als [auch]; sowohl ... wie [auch]** *(und)*/betont nachdrücklicher das gleichzeitige Vorhandensein,

Tun o. ä./: er spricht s. Englisch als [auch] Französisch; s. er wie [auch] sie war/waren erschienen.

sozial: a) *die menschliche Gesellschaft; die gesellschaftliche Stellung betreffend:* soziale Fragen, Bestrebungen, Verhältnisse, Mißstände; die soziale Revolution; das soziale Ansehen dieses Berufes ist gering; er fordert soziale Gerechtigkeit. **b)** *das Gemeinwohl betreffend; der Allgemeinheit dienend:* soziale Arbeit leisten; soziale Einrichtungen, Leistungen; s. gesinnt sein; er empfindet, denkt, handelt s.

Sozialismus, der: *sozialistische Gesellschafts- und Wirtschaftsordnung:* wissenschaftlicher, christlicher, praktischer, nationaler S.; der utopische S.; für den S. arbeiten; im S. leben.

sozusagen ⟨Adverb⟩: *gewissermaßen:* das Problem hat sich s. selbst gelöst.

spachteln: 1. ⟨etwas s.⟩ *mit dem Spachtel an etwas arbeiten:* die Mauerfugen s.; der Boden muß noch gespachtelt werden. **2.** (ugs.) **a)** *mit Appetit essen:* die Kinder spachteln ganz schön. **b)** ⟨etwas s.⟩ *mit Appetit verzehren:* sie haben die Äpfel alle gespachtelt.

spähen ⟨mit Raumangabe⟩: *suchend blicken, ausschauen:* in die Ferne, um die Ecke s.; nach etwas s.; sie spähte aus dem Fenster.

Spalier, das: **1.** *Lattengerüst für Pflanzen:* er zieht Obstbäume am S. **2.** *von Menschen gebildete Doppelreihe:* zu jmds. Ehren ein S. bilden, S. stehen; er ging, schritt (geh.) durch das S.; er führte sie durch das S.

Spalt, der: *schmale, längliche Öffnung; schmaler Zwischenraum:* in dem Holzblock klaffte ein tiefer S., klafften mehrere Spalte; durch die Mauer ging ein häßlicher S.; ein S. im Eis; die Tür einen S. offenlassen; die Augen einen S. breit öffnen; er schaute durch einen S. im Zaun.

Spalte, die: **1.** *Riß, Spalt in einem festen Material:* in dem Mauerwerk zeigte sich eine tiefe, breite Spalte; aus den Spalten der Erde drang Dampf. **2.** *Druckspalte:* die Buchseite hat zwei Spalten; der Beitrag füllte drei Spalten; der Artikel war eine S. lang; das Buch war in drei Spalten *(dreispaltig)* gesetzt.

spalten: 1. a) ⟨etwas s.⟩ *gewaltsam zerteilen; in Teile zerschlagen:* er spaltet das Holz, die Klötze mit einem Beil; dieses Holz läßt sich leicht, gut, schwer s.; Frost und Hitze haben den Fels gespalten/gespaltet; ein vom Blitz gespaltener Baum; Chemie: eine chemische Verbindung s.; Physik: Atomkerne s.; übertr.: er spaltet wieder einmal Haare, Worte, Begriffe *(treibt Wortklauberei)* · adj. Part.: Schlangen haben eine gespaltene Zunge; das Kind hat einen gespaltenen Rachen *(Wolfsrachen)*, eine gespaltene Lippe *(Hasenscharte)*; Psych.: gespaltenes Bewußtsein */eine Geisteskrankheit/*; ⟨jmdm. etwas s.⟩ ein Säbelhieb hatte ihm den Schädel gespalten. **b)** ⟨etwas spaltet sich; mit Artangabe⟩ *etwas läßt sich in bestimmter Weise spalten:* dieses Holz spaltet sich gut, leicht, schwer, schlecht. **c)** ⟨etwas spaltet sich⟩ *etwas reißt auf, zerteilt sich:* durch den Frost hat sich das Mauerwerk gespalten/gespaltet; ihre Haare, Fingernägel spalten sich. **2. a)** ⟨etwas s.⟩ *uneinig machen; die Einheit von etwas zerstören:* er versuchte die Partei zu s.; das Volk war in Parteien gespalten. **b)** ⟨etwas spaltet sich⟩ *etwas trennt sich, wird uneinig:* seine Anhängerschaft hat sich gespalten; die Partei spaltete sich in verschiedene Lager. * **mit gespaltener Zunge reden** *(doppelzüngig reden)*.

Spaltung, die: *Trennung, Entzweiung:* die S. des Landes; es kam zu einer S. der Partei.

Span, der: *Holz-, Metallspan:* feine, dünne, grobe Späne; die Späne lagen auf dem Boden, fielen auf den Boden der Werkstatt; die Späne wegfegen, wegpusten, aufsammeln; Redensart: wo gehobelt wird, da fallen Späne. * (ugs.:) **arbeiten, daß die Späne fliegen** *(sehr eifrig, tüchtig arbeiten)*.

spanisch: *Spanien, die Spanier betreffend, ihnen zugehörend:* die spanische Sprache; spanische Trauben, Apfelsinen; er spricht [gut] s. *(beherrscht die spanische Sprache)*; etwas [auf] s. sagen. * **spanische Wand** *(Klappwand)* · **spanische Reiter** *(Absperrung aus Stacheldraht)* · (ugs.:) **etwas kommt jmdm. spanisch vor** *(etwas erscheint jmdm. seltsam, verdächtig)*.

Spanne, die: **1.** */ein altes Längenmaß/:* eine S. hoch, lang, breit. **2.** *Abstand, Unterschied:* die S. zwischen Einkaufs- und Verkaufspreis; wir haben nur noch eine kleine S. Zeit (geh.).

spannen /vgl. spannend, gespannt/: **1. a)** ⟨etwas s.⟩ *straff ziehen:* die Saiten einer Geige, Gitarre s.; den Geigenbogen *(die Haare des Geigenbogens)* s.; das Fell der Pauke, Trommel s.; einen Bogen, eine Armbrust s.; du mußt das Seil, die Sehne des Bogens fester s.; übertr.: ihre Nerven waren zum Zerreißen gespannt *(sie war im Zustand höchster Anspannung)*, du darfst deine Erwartungen nicht zu hoch s *(darfst nicht zu viel erwarten)*. **b)** ⟨etwas s.⟩ *straf befestigen:* ein Seil, Fäden s.; die Mutter spannt die Wäscheleine; Gardinen s. *(durch Spanner in die richtige Form bringen)*; eine Plane übe einen Wagen s.; der Maler spannt die Leinwand auf den Rahmen. **c)** ⟨etwas spannt sich *etwas wird straff, fest:* man sah, wie sich sein Muskeln spannten; die Haut über ihren Bakkenknochen spannte sich. **d)** ⟨etwas in etwa s.⟩ *einspannen:* einen Bogen Papier in di Schreibmaschine s.; er hat das Werkstück i den Schraubstock gespannt. **e)** ⟨etwas s. *zum Auslösen bereitmachen:* das Gewehr, di Pistole s.; den Hahn eines Revolvers, den Ab zug s.; er spannte den Verschluß seines Fot apparates. **2.** ⟨etwas spannt⟩ *etwas ist sehr en* das Gummiband, der Rock spannt [ein wenig die Jacke spannt über dem Rücken, unter de Armen. **3.** ⟨ein Tier s.; mit Raumangabe⟩ *a spannen:* ein Pferd an, vor den Wagen s.; spannt den Ochsen an den Pflug. **4.** (geh.) ⟨e was spannt sich über etwas⟩ *etwas wölbt si über etwas, führt über etwas hinweg:* ein blau Himmel spannte sich über uns; ein Regenb gen spannt sich über den Himmel; die Brüc spannt sich über den Fluß, über das Tal. (ugs.) **a)** ⟨auf jmdn., auf etwas s.⟩ *ungedul erwarten:* er hat schon lange auf diese Erbscha gespannt; sie spannen darauf, daß er abreis sie spannte den ganzen Abend auf ihn. **b)** ⟨a etwas s.⟩ *genau aufpassen:* sie spannten auf des seiner Worte. * (geh.:) **den Bogen zu str spannen** *(zu hohe Anforderungen stellen)* · **jmd auf die Folter spannen** *(jmdn. in quälende Spa nung versetzen)*.

annend: *große Spannung weckend; fesselnd:* ine spannende Erzählung; der Roman ist ußerst s.; er erzählte sehr s.; mach's nicht so .! (ugs.; *halte uns nicht so lange in Spannung!*); er macht's aber s.! *(macht, erzählt etwas sehr mständlich).*

annung, die: **1. a)** (selten) *das Spannen, Straffziehen:* durch S. von Seilen wurde der latz abgesperrt. **b)** *das Gespannt-, Straffsein:* ie S. der Saiten hatte nachgelassen; das Seil ielt die S. nicht aus und riß. **c)** *Spannungsruck:* die S. eines Gewölbes, einer Brücke; die cheibe ist gesprungen, weil die S. zu groß war. . *Stromstärke:* die elektrische S. sinkt, steigt, ißt nach, fällt ab; die S. messen, erhöhen, herbsetzen, verändern, regeln; die Leitung hat ine S. von 220 Volt. **3. a)** *gespannte Erwartung, Ungeduld:* im Saal herrschte eine große, atemose, ungeheure S.; die S. stieg [aufs höchste], uchs, erreichte den Höhepunkt, war auf dem Iöhepunkt; allmählich ließ die S. nach; etwas rregt, erweckt (geh.) S., erhöht die S.; er veretzte, hielt die Leute in S.; sie saßen in erwarungsvoller S. auf ihrem Platz; er las das Buch nit wachsender S.; sie erwarteten ihn mit, voll . **b)** *innere Anspannung, Erregung:* die [innere] . war unerträglich, löste sich allmählich, ließ ach; er befand sich in einem Zustand der S. **c)** *espanntes Verhältnis, Unstimmigkeit:* in letzter eit bestand, herrschte eine gewisse S. zwischen hnen; die Spannungen zwischen den beiden taaten konnten allmählich überwunden, verindert werden; der Streit der Brüder führte u Spannungen innerhalb der ganzen Familie.

aren: 1. a) *Geld zurücklegen, Ersparnisse mahen:* er hat sich vorgenommen zu s.; sie spart chon seit einigen Jahren, bei einer Bank, bei iner Bausparkasse; er spart auf, für ein Auto; ie spart für ihre Kinder; Sprichw.: spare in er Zeit, so hast du in der Not!; subst.: die Bürer wurden zum Sparen aufgerufen. **b)** ⟨etwas .⟩ *zurücklegen, erübrigen:* er hat jetzt 500 Iark, eine größere Summe gespart; wenn er geug Geld gespart hat, will er sich ein Auto kauen; ⟨sich (Dativ) etwas s.⟩ er hat sich schon iel Geld gespart. **c)** *sparsam sein, haushalten:* r kann nicht s.; sie spart am unrechten Ort; er part mit jedem Pfennig (ugs.; *ist ziemlich eizig*); übertr.: er sparte nicht mit Lob *lobte viel).* **2.** *einsparen; nicht ausgeben, verrauchen müssen:* **a)** ⟨etwas s.⟩ sie hat dabei chon eine ganze Menge Geld gespart; sie waen gezwungen, Strom, Gas, Material zu s.; Sprichw.: was man spart vom Mund, fressen Katz und Hund; übertr.: dadurch hat er Zeit, Iühe, Arbeit, Kräfte gespart. **b)** ⟨an etwas s.⟩ ie versuchte am Haushaltsgeld zu s.; sie spart ogar am Essen; bei dem Essen war an nichts espart worden *(es war sehr üppig).* **3.** ⟨sich Dativ) etwas s.⟩ **a)** *ersparen; vermeiden:* du parst dir viel Ärger, wenn du ihm aus dem Veg gehst; die Mühe, den Weg hätten wir uns . können. **b)** *unterlassen:* spare dir deine Benerkungen, Worte!; deine Ermahnungen, Ratchläge kannst du dir s.

ärlich: *kümmerlich, dürftig, kärglich:* spärche Nahrung; eine spärliche Ausbeute; spärche Reste; ein spärlich besiedeltes Gebiet; sein pärlicher Haarwuchs machte ihm Kummer; die Vegetation war sehr s.; die Geldmittel kamen, flossen nur sehr s.; das Zimmer war s. beleuchtet; der Vortrag war recht s. besucht; sie war nur s. *(wenig)* bekleidet.

sparsam: *haushälterisch; nicht verschwenderisch:* eine sparsame Hausfrau; ein sparsamer *(wirtschaftlicher)* Verbrauch; sie ist, lebt, wirtschaftet sehr s.; wir müssen s. mit dem Heizöl umgehen; übertr.: er machte von der Erlaubnis nur s. *(nur wenig)* Gebrauch.

spartanisch: *streng, einfach:* eine spartanische Erziehung; ein spartanischer Lebensstil; spartanische *(große)* Strenge, Einfachheit; sie leben s.; er wurde s. erzogen.

Spaß, der: **1.** *Scherz:* ein gelungener, harmloser, alberner, derber, schlechter, dummer (ugs.) S.; es war doch nur [ein] S.; ist das S. oder Ernst?; das ist kein S. mehr; Redensart (ugs.): S. muß sein! · dein S. geht zu weit; hier, da hört [für mich] der S. auf *(das geht [mir] zu weit);* er macht gern einen S., Späße; er hat doch nur S. gemacht (ugs.; *hat es nicht ernst gemeint*); er läßt sich gern einen S. gefallen; er hat sich (Dativ) einen S. mit dir erlaubt; aus dem S. war auf einmal Ernst geworden; etwas aus, im, zum S. sagen *(nicht ernst meinen);* er ist heute nicht zu Späßen aufgelegt. **2.** *Vergnügen, Freude:* der S. mit dem neuen Spielzeug dauerte nicht lange; mir ist der S. vergangen *(ich habe keine Lust mehr);* er hatte seinen S. an dem Spiel der Kinder; das machte ihm großen, diebischen (ugs.) S.; laß ihm doch den S.!; ich wünsche dir für heute abend viel S.; er hat ihnen den S. verdorben, versalzen (ugs.; *verdorben*). * **seinen Spaß mit jmdm. treiben** *(jmdn. necken, verspotten, aufziehen)* · **keinen Spaß verstehen: a)** *(humorlos sein).* **b)** *(nicht mit sich spaßen lassen; etwas ernst nehmen):* in Gelddingen versteht er keinen S. · **sich** (Dativ) **einen Spaß daraus machen, etwas zu tun** *(etwas mit einer gewissen Boshaftigkeit tun):* er machte sich einen S. daraus, die Vorübergehenden zu erschrecken · (ugs.:) **mach keine Späße!** */Ausruf des Erstaunens/* · (ugs.:) **Spaß beiseite!**; (ugs.:) **ohne Spaß!** *(im Ernst!)* · (ugs.:) **etwas ist ein teurer Spaß** *(etwas verursacht übermäßige Ausgaben).*

spaßen (veraltend): *Späße machen, scherzen:* er spaßte den ganzen Abend [mit den Kindern]; er spaßte über alles; ich spaße nicht *(ich meine es ernst);* Sie spaßen wohl! *(das kann nicht Ihr Ernst sein!)* · **mit jmdm. ist nicht zu spaßen; jmd. läßt nicht mit sich spaßen** *(bei jmdm. muß man sich vorsehen)* · **mit etwas ist nicht zu spaßen, darf man nicht spaßen** *(etwas muß ernst genommen werden).*

spaßig: *zum Lachen reizend, komisch, drollig:* eine spaßige Geschichte, ein spaßiges Erlebnis erzählen; er hat einen spaßigen Namen; das ist sehr s.; er ist, erzählt sehr s.; subst.: gestern habe ich etwas Spaßiges erlebt, gesehen.

spät /vgl. später/: **a)** *in der Zeit schon weit fortgeschritten:* am späten Abend; bis in die späte Nacht; er kam zu später Stunde (geh.; *sehr spät*); im späten Sommer (geh.); im späten Mittelalter *(in den beiden letzten Jahrhunderten des Mittelalters);* die Werke des späten *(alten)* Goethe; es ist schon s. am Abend, schon ziemlich s.; es ist gestern ziemlich s. geworden; wie s. ist es? *(wieviel Uhr ist es?);* Redensart: je später der Abend, desto schöner die Gäste. **b)** *nach dem üblichen, erwarteten Zeitpunkt eintretend, geschehend o. ä.:* ein spätes Frühjahr; eine späte *(spät reifende)* Sorte Äpfel; ein später *(einige Generationen später geborener)* Nachkomme des letzten Kaisers; ein spätes Glück; ein spätes Mädchen (scherzh.; *älteres Fräulein*); späte *(verspätete)* Reue, Einsicht, Besinnung; wir werden mit einem späteren Zug fahren; dazu ist es jetzt zu s.; Ostern ist, liegt, fällt dieses Jahr s.; s., später aufstehen; du kommst s., später als sonst, zu s.; er kam ein paar Minuten später; Sprichw.: ein guter Rat kommt nie zu s. * **von früh bis spät** *(den ganzen Tag; unentwegt)* · **früher oder später** *(einmal bestimmt)*.

später: **I.** ⟨Adj.⟩ **a)** *zukünftig, kommend:* in späteren Zeiten, Jahren; spätere Generationen werden den Nutzen davon haben. **b)** *künftig:* der spätere Eigentümer hat das Haus umgebaut; damals lernte er seine spätere Frau kennen. **II.** ⟨Adverb⟩ *zu einem in der Zukunft liegenden Zeitpunkt:* s. wollen sie sich ein Haus bauen; das wirst du s. noch lernen; wir sehen uns s. noch; er vertröstete ihn auf s.

spätestens ⟨Adverb⟩: *nicht später als:* er kommt s. am Freitag zurück; wir sehen uns s. morgen, in einer Woche.

Spatz, der: */ein Vogel/:* ein junger, frecher, dreister S.; die Spatzen lärmen, tschilpen, plustern sich auf; Sprichw.: besser ein S. in der Hand als eine Taube auf dem Dach. * (fam.:) **wie ein Spatz essen** *(sehr wenig essen)* · (ugs.:) **das pfeifen die Spatzen von den Dächern** *(das ist längst kein Geheimnis mehr, jeder weiß davon)* · (ugs.:) **Spatzen unter dem Hut haben** *(beim Grüßen den Hut nicht abnehmen)* · **mit Kanonen nach/auf Spatzen schießen** *(gegen Kleinigkeiten mit zu großem Aufwand vorgehen)*.

spazierengehen: *einen Spaziergang machen:* in einem Park, im Wald s.; er geht jeden Tag spazieren; sie sind spazierengegangen.

Spaziergang, der: *Gang im Freien:* unser sonntäglicher S.; der tägliche S. bekommt ihm gut; wir haben einen weiten S. gemacht; auf seinen Spaziergängen nimmt er den Hund mit.

Speck, der: *Fettgewebe:* frischer, gebratener, geräucherter, gesalzener, grüner (landsch.; *ungesalzener und ungeräucherter*) S.; fetter, magerer, durchwachsener S.; S. räuchern, braten, ausbraten; das Schwein setzt S. an; du hast in letzter Zeit ganz schön S. angesetzt (ugs.; *hast ziemlich zugenommen*); Kochk.: Eier mit S.; Sprichw.: mit S. fängt man Mäuse. * (ugs.:) **den Speck riechen** *(etwas schon vorher merken; Gefahr wittern)* · (ugs.:) **ran an den Speck!** *(los, an die Arbeit!)* · (ugs.:) **leben wie die Made im Speck** *(im Überfluß leben)* · (ugs.:) **mit Dreck und Speck** *(schmutzig, ungesäubert, ungewaschen)*: sie aßen die Erdbeeren mit Dreck und S.

Speer, der: **a)** */eine Waffe/:* die Eingeborenen töteten die Tiere mit Speeren. **b)** */ein Sportgerät/:* er warf, schleuderte den S. 75 Meter weit.

Speiche, die: **1.** */Teil des Rades/:* eine S. des Vorderrades ist gebrochen, verbogen; eine neue S. einsetzen, einziehen. **2.** */einer der beiden Unterarmknochen/:* Elle und S.; der Arzt hat festgestellt, daß die S. gebrochen ist.

Speichel, der: *Absonderung der Speicheldrüsen:* der S. lief ihm aus dem Mund; sie feuchtete di Briefmarke mit S. an.

speichern ⟨etwas s.⟩: *lagern, ansammeln:* Ge treide, Lebensmittel, Vorräte [in Lagerhäu sern] s.; elektrische Energie s.; der Kachelofe hat Wärme für die ganze Nacht gespeicher der Computer speichert die Daten.

speien (geh.): **1.** ⟨mit Raumangabe⟩ *spucken* er hat auf die Erde gespie[e]n; ⟨jmdm. s. mit Raumangabe⟩ ich könnte ihm ins Gesicht s **2. a)** *sich übergeben:* in der Nacht mußte da Kind heftig speien. **b)** ⟨etwas s.⟩ *erbrechen:* e hat Blut, Galle gespie[e]n. **c)** ⟨etwas s.⟩ *vo sich geben:* der Artist speit Feuer; der Vulka hat Feuer und Lava gespie[e]n; die Figuren de Brunnens speien Wasser; bildl. (dichter.): di Geschütze spie[e]n Tod und Verderben. * **Gi und Galle speien** *(sehr wütend sein, ausgesproche gehässig werden)*.

Speise, die (geh.): *zubereitete Nahrung; Gerich* eine süße, saure, kalte, warme, gut zubereitet wohlschmeckende, schmackhafte, leckere, köst liche, nahrhafte, sättigende S.; versalzene, un genießbare, verdorbene, angebrannte Speiser Speisen und Getränke waren einbegriffen; ein S. zubereiten, aufwärmen, würzen, abschmek ken, kosten; sie trug die Speisen auf; sie kostet versuchte von allen Speisen.

Speisekarte (auch: Speisenkarte), die: *Ve zeichnis der in einem Lokal angebotenen Speiser* eine reichhaltige S. hing aus, lag in der Gast stätte aus; die S. verlangen; Herr Ober, die S bitte!; etwas auf die S. setzen; das Gericht steh nicht auf der S., wurde auf der S., von der S. ge strichen; wollen Sie nach der S. essen?

speisen: **1.** (geh.) *essen:* üppig, ausgiebig, gut schlecht, warm, kalt s.; sie speisten gemeinsam in einer Gaststätte, zu Hause; zu Mittag, z Abend s.; haben Sie schon gespeist?; ic wünsche wohl zu s.!; ⟨selten auch: etwas s. was wollen Sie heute s.? **2.** (geh.) ⟨jmdn. s.⟩ *z essen geben; verpflegen:* Hungrige, Arme s.; i dem Lager mußten täglich etwa 300 Persone gespeist werden. **3.** ⟨etwas s.⟩ *versorgen:* ein Lichtanlage mit elektrischem Strom, eine Dampfkessel mit Wasser s.; der See wird au einem, durch einen, von einem Fluß gespeist.

Spektakel, der (ugs.): *Lärm, Krach:* die Kinde machten [einen] großen, heillosen S.; wenn e das erfährt, gibt es einen riesigen S. *(Streit)*.

Spekulation, die: **1.** (Wirtsch.) *risikoreiche Geldgeschäft:* eine verfehlte, geglückte, glück liche S.; er hat sein Vermögen durch gewagt Spekulationen verloren. **2.** *Mutmaßung, Übe legung, Berechnung:* seine S. ging dahin, daß .. man stellte Spekulationen an, ob der Minist zurücktreten würde oder nicht; er verliert sic in Spekulationen.

spekulieren: **1.** (Wirtsch.) *risikoreiche G schäfte machen*: er spekuliert an der Börse; e hat mit seinem Vermögen, mit Grundstücke spekuliert. **2.** (ugs.) ⟨auf etwas s.⟩ *bei sich fe mit etwas rechnen:* auf diese Erbschaft hat e schon lange spekuliert; bei diesen Plänen sp kulierte man auf die Instinkte der Masse.

Spende, die: *freiwillige Gabe:* eine große, gro zügige, reiche, kleine S.; Spenden an Geld, fü wohltätige Zwecke; es gingen viele Spende ein; Spenden sammeln, geben, nehmen, em fangen (geh.), verteilen, austeilen; um eine S. bitten.

penden ⟨etwas s.⟩: *als Spende geben, schenken:* Geld, Almosen (veraltend) s.; er spendete eine größere Summe für die Verunglückten; ⟨auch ohne Akk.⟩ sie haben reichlich gespendet; übertr. (geh.): *[als Wohltat] geben, erweisen:* jmdm. Beifall, Anerkennung, [ein] Lob s.; Freude, Trost s.; der Kamin spendete eine behagliche Wärme; Rel.: das Abendmahl, den Segen s. *(austeilen).*

pendieren (ugs.) ⟨etwas s.⟩: *für andere bezahlen; stiften:* den Wein hat er spendiert; ⟨jmdm. etwas s.⟩ er spendierte den Kindern ein Eis; er hat uns noch nie etwas spendiert.

perling, der: → Spatz.

perre, die: **1. a)** *Absperrung:* in den Straßen wurden Sperren errichtet, gebaut; die Sperren mußten wieder weggeräumt werden. **b)** *Bahnsteigsperre:* die S. öffnen, schließen; an der S. auf jmdn. warten; die anderen sind schon durch die S. gegangen. **2.** *Verbot, Sperrfrist:* eine S. aufheben; über die Einfuhr dieser Ware ist eine S. verhängt worden. * (ugs.:) **eine Sperre haben** *(begriffsstutzig sein; nicht begreifen).*

perren: 1. a) ⟨etwas s.⟩ *absperren, versperren:* einen Zugang, Durchgang, eine Einfahrt, eine Brücke, eine Straße für den Verkehr, einen Paß s.; die Grenzen sind gesperrt; der Hafen, der Fluß ist für größere Schiffe gesperrt. **b)** ⟨etwas s.⟩ *verbieten, untersagen:* die Zufuhr, Einfuhr, den Handel s.; die Ausfuhr dieser Ware ist gesperrt; ⟨jmdm. etwas s.⟩ den beiden Mitarbeitern wurde der Urlaub für ein halbes Jahr gesperrt. **c)** ⟨etwas s.⟩ *die Benutzung, den Gebrauch von etwas verhindern, unterbinden:* die Bank hat sein Konto gesperrt; ⟨jmdm. etwas s.⟩ dem Mieter wurde das Gas, das Licht, das Wasser, das Telephon gesperrt. **d)** (Sport) ⟨jmdn. s.⟩ *die Teilnahme an einem Spiel, an einem Wettkampf untersagen:* der Verband hat den Spieler für ein ganzes Jahr gesperrt. **2.** ⟨jmdn. in etwas s.⟩ *einsperren:* den Vogel in den Käfig, die Tiere in den Stall s.; sie sperrte die Kinder in ein Zimmer; er wurde ins Gefängnis, in eine Einzelzelle gesperrt. **3.** ⟨sich s.⟩ *sich sträuben, widersetzen:* er sperrte sich gegen diesen Vorschlag, gegen diese Arbeit; sie sperrt sich gegen alles; warum mußt du dich s.? **4.** (landsch.) ⟨etwas sperrt⟩ *etwas schließt nicht richtig:* die Tür, das Fenster sperrt; die Falten sperren *(klaffen zu sehr).* **5.** (Druckerspr.) ⟨etwas s.⟩ *mit größeren Zwischenräumen versehen:* diese Wörter sind zu s.; gesperrter Satz, Druck; der Text ist gesperrt gedruckt.

pesen, die ⟨Plural⟩: *im Dienst o. ä. entstehende Unkosten, Auslagen:* hohe, geringe S.; S. machen, haben; die S. tragen, zahlen, übernehmen, aufrechnen, teilen; die S. bekommt er vom Betrieb ersetzt; nach Abzug der S. verbleiben noch fünfzig Mark.

pezialisieren ⟨sich s.⟩: *sich auf ein bestimmtes Fachgebiet o. ä. festlegen:* nach dem Studium will er sich s.; die Buchhandlung hat sich auf das Sachbuch spezialisiert.

peziell: *besondere, genau:* spezielle Wünsche, Angaben; das ist sein spezielles Gebiet; in diesem speziellen Falle; er ist sein spezieller Freund (auch iron.); **auf ihr spezielles Wohl!** (ugs.; */Trinkspruch/*); wir wollen s. dieses Problem behandeln; du s./s. du *(gerade du)* solltest das wissen.

Sphäre, die (bildungsspr.): *Bereich, Wirkungs-, Gesellschaftskreis:* die politische, wissenschaftliche S.; aus seiner S. heraustreten; in seiner S. bleiben. * (geh.:) **[immer] in höheren Sphären schweben** *(in einer Traumwelt leben).*

spicken: 1. ⟨etwas s.⟩ *mit Speckstreifen versehen:* der Koch spickte den Braten; ein gespickter Hasenrücken. **2.** ⟨etwas mit etwas s.⟩ *reichlich mit etwas versehen:* er spickte seine Rede mit Zitaten; die Arbeit war mit Fehlern gespickt; er hatte eine gespickte (ugs.; *mit viel Geld gefüllte*) Brieftasche eingesteckt. **3.** (ugs.) ⟨jmdn. s.⟩ *bestechen:* er hatte den Beamten vorher ordentlich gespickt. **4.** (ugs.) *heimlich abschreiben, abgukken:* der ehrgeizige Schüler ließ seinen Nachbarn nicht s.; gib zu, daß du gespickt hast.

Spiegel, der: **1.** *glatte, spiegelnde Fläche aus Glas oder Metall:* ein ovaler, runder, rechteckiger, geschliffener, gerahmter S.; ein blinder, trüber, beschlagener S.; der S. ist zerbrochen, hat einen Sprung; Redensart: der S. sagt die Wahrheit; einen S. aufhängen, aufstellen; er zog einen kleinen S. aus der Tasche; den S. befragen (geh.); in den S. schauen, sehen, blicken, gucken (ugs.); sich im S. betrachten, besehen; sie stand vor dem S., trat vor den S.; bildl.: die Kunst ist ein S. ihrer Zeit. **2.** *Wasserspiegel:* der S. des Meeres, des Sees glänzte in der Sonne. **3. a)** *seidener Rockaufschlag:* die Spiegel des Fracks, der Smokingjacke glänzten. **b)** *Tuchbesatz an Uniformkragen:* der Offizier hatte gelbe Spiegel am Uniformkragen. **4.** (Jägerspr.) *heller Fleck am Hinterteil von Reh, Hirsch u. a.:* der S. des Gamsbocks tritt im dunklen Winterhaar mehr hervor als im hellen Sommerhaar. **5.** *farbiger, schillernder Fleck an den Flügeln von Enten:* der Enterich hatte bunte Spiegel. * **jmdm. den Spiegel vorhalten** *(jmdn. deutlich auf seine Fehler hinweisen)* · (ugs.:) **sich** (Dativ) **etwas hinter den Spiegel stecken können** *(etwas beherzigen müssen).*

spiegeln: a) ⟨sich in etwas s.⟩ *als Spiegelbild erscheinen:* die Vorübergehenden spiegelten sich in den Fensterscheiben; die Sonne spiegelt sich im Wasser; übertr.: in seinen Briefen spiegelt sich der Geist der Zeit. **b)** ⟨etwas spiegelt etwas⟩ *etwas wirft das Spiegelbild von etwas zurück:* die Fensterscheibe spiegelt dein Bild; übertr.: seine Bücher spiegeln die Not des Krieges. **c)** ⟨etwas spiegelt⟩ *etwas glänzt:* der Fußboden in allen Zimmern spiegelte [vor Sauberkeit]; das Bild war schlecht zu erkennen, weil das Glas zu sehr spiegelte; spiegelnde Scheiben; die spiegelnde Fläche des Sees.

Spiel, das: **1. a)** *Unterhaltungsspiel:* ein lustiges, unterhaltsames, lehrreiches S.; die Spiele der Kinder; Spiele für Erwachsene; das S. macht viel Spaß; ein S. anregen, machen, arrangieren, spielen; dieses S. *(diese Partie)* habe ich gewonnen, verloren; er hat das S. gemacht *(gewonnen);* ich gebe das S. auf, gebe das S. verloren; Redensart: Trumpf ist die Seele des Spiels · sich an einem S. beteiligen; an einem S. teilnehmen; bei einem S. mitmachen, zuschauen; wer ist noch im S. *(ist noch nicht ausgeschieden)?;* sich mit einem S. die Zeit vertreiben; er lernt alles wie im S. *(sehr leicht, spielend);* die Arbeit wird ihm zum S. *(fällt ihm nicht schwer).* **b)** *Glücksspiel:* ein falsches, betrügerisches, hohes, gewagtes S.; dieses S. ist, wird verboten; machen Sie Ihr S.! *(machen Sie Ihren Einsatz!; setzen Sie!);* dem S. verfallen sein; er hat sein Geld beim S. verloren, hat kein Glück im S.; Sprichw.: Unglück im S., Glück in der Liebe. **c)** *sportliche Veranstaltung; Kampf von Mannschaften:* ein faires, spannendes, hartes S.; das S. ist noch nicht entschieden, steht 3 : 1, mußte abgebrochen werden; das S. findet bereits heute abend statt, wird in München ausgetragen; die Mannschaft muß nur noch zwei Spiele machen, absolvieren (bildungsspr.); einem S. zusehen; Zuschauer bei einem S. sein. **2.** *aus mehreren Teilen bestehendes Ganzes, das zum Spielen bestimmt ist:* das S. ist nicht mehr vollständig; sie holte einige Spiele herbei, stellte das S. auf dem Tisch auf; ich habe euch ein paar neue Spiele mitgebracht; er kaufte ein S. Karten; übertr.: ein S. *(Satz)* Stricknadeln, Saiten. **3.** *künstlerische Darbietung, Vortragsart:* das gute, schlechte, natürliche, manierierte (bildungsspr.) S. eines Schauspielers; das ausgewogene, verinnerlichte, brillante, temperamentvolle S. des Pianisten; dem S. des Geigers, der Geige lauschen (geh.); sie begeisterte die Zuhörer mit ihrem S. **4.** *einfaches Bühnenspiel:* ein mittelalterliches S.; geistliche Spiele; ein S. für Laien; das S. geht zu Ende; ein S. einstudieren, proben, aufführen. **5.** *unregelmäßige, nicht durch einen Zweck bestimmte Bewegung:* das S. ihrer Hände, Finger; das S. seiner Muskeln; das lebhafte S. ihrer Augen; das S. der Wellen, der Blätter im Wind; sie betrachteten das S. der Lichter, der Farben; übertr.: das freie S. *(Zusammenwirken)* der Kräfte. **6.** *nicht ernst gemeintes, unverbindliches, willkürliches Tun, Treiben:* das ist doch alles nur S., ist für ihn nur ein S.; ein S. mit der Liebe; das war ein S. mit dem Leben *(war lebensgefährlich);* das war ein abgekartetes S. (ugs.; *war heimlich vereinbart*); du darfst das S. nicht zu weit treiben; er treibt, spielt ein gefährliches, ein gewagtes S.; er treibt nur sein S. mit ihr *(meint es nicht ernst mit ihr);* Redensart: genug des grausamen Spiels! *(hören wir auf damit!);* übertr.: ein S. des Schicksals, des Zufalls *(ein vom Schicksal, vom Zufall bestimmtes Geschehen);* das ist ein seltsames S. der Natur *(etwas, was von der Norm abweicht).* * **Olympische Spiele** *(Olympiade)* · **das Spiel ist aus** *(die Sache ist verloren)* · **das Spiel hat sich gewendet** *(die Sache hat sich verändert, zum Schlechten gewendet)* · **etwas ist ein Spiel mit dem Feuer** *(etwas ist gefährlich, riskant)* · **gewonnenes Spiel haben** *(sein Ziel erreicht haben)* · **mit jmdm., mit etwas leichtes Spiel haben** *(mit jmdm., mit etwas leicht fertig werden)* · **[mit jmdm.] ein falsches/doppeltes Spiel treiben** *(unehrlich handeln, mit jmdm. verfahren)* · **ein offenes Spiel spielen** *(ehrlich handeln)* · **jmds. Spiel durchschauen** *(jmds. Absichten erkennen)* · **jmdm. das/sein Spiel verderben** *(jmds. Pläne durchkreuzen)* · **das Spiel verloren geben** *(eine Sache als aussichtslos aufgeben)* · **etwas aufs Spiel setzen** *(etwas [leichtfertig] riskieren, einer Gefahr aussetzen)* · **etwas steht auf dem Spiel** *(etwas ist in Gefahr)* · **jmdn., etwas aus dem Spiel lassen** *(jmdn., etwas nicht in etwas hineinziehen)* · **aus dem Spiel bleiben** *(nicht einbezogen werden)* · **[mit] im Spiel sein** *(mitwirken eine gewisse Rolle spielen)* · **bei etwas die/sein Hand [mit] im Spiel haben** *(an etwas heimlic beteiligt sein)* · **jmdn., etwas ins Spiel bringe** *(jmdn. mitwirken lassen, etwas zur Wirkun kommen lassen)* · **gute Miene zum bösen Spie machen** *(etwas wohl oder übel hinnehmen, ge schehen lassen).*

spielen /vgl. spielend/: **1.a)** ⟨etwas s.⟩ *ein Un terhaltungsspiel o. ä. ausführen:* Skat, Halma Dame, [eine Partie] Schach, Karten s.; die Kin der spielen Ball, Blindekuh; wir spielen ver stecken/Versteck[en]; Kartenspiel: du hät test Trumpf, eine andere Farbe s. *(ausspielen* müssen. **b)** *sich mit einem Unterhaltungsspiel o ä. beschäftigen:* mit Puppen, mit dem Ball, in Sand s.; die Kinder spielen miteinander; ih dürft noch eine Weile s.; geht noch ein wenig s.! spielende Kinder; bildl.: der Wind spielte mi ihren Haaren. **c)** ⟨sich s.; mit Artangabe⟩ *durc Spielen in einen bestimmten Zustand gelangen* die Kinder haben sich müde, hungrig gespielt **2.a)** ⟨etwas s.⟩ *bei einem bestimmten Glücks spiel mitwirken:* Lotto, Toto, Roulett s. **b)** *sic bei Glücksspielen beteiligen:* niedrig, hoch, mi hohen Einsätzen, riskant s.; in der Lotterie, in Lotto, in einer Spielbank s.; wir haben erfahren daß er spielt *(Spieler ist).* **3.a)** ⟨etwas s.⟩ *sich a einem bestimmten sportlichen Spiel beteiligen einen bestimmten Sport treiben:* er spielt gut, her vorragend Tennis; Fußball, Handball, Eishok key, Tischtennis s.; mittwochs gehen sie imme Faustball s. **b)** *einen sportlichen Wettkampf, ei Spiel austragen:* die Mannschaft hat heute gut schlecht, enttäuschend gespielt; man hat ih selten so hervorragend s. sehen; um Punkte, ur einen Pokal s.; sie müssen heute gegen eine de stärksten Mannschaften s. **c)** ⟨es spielt sich; mi Artangabe und Umstandsangabe⟩ *man kann i bestimmter Weise spielen:* auf nassem Boden, be solchem Wetter spielt es sich schlecht. **4.a)** ⟨et was s.⟩ *ein Musikinstrument beherrschen:* er spiel gut, nur mittelmäßig, schlecht [und recht] Kla vier; sie spielt schon seit einigen Jahren Geige Flöte, Gitarre; das Kind soll ein Instrument s lernen. **b)** ⟨etwas s.⟩ *auf einem Musikinstrumen hervorbringen:* eine Etüde, eine Sonate [auf den Klavier] s.; er spielt am liebsten Jazz; sie spiel ten [Werke von] Bach und Mozart; die Kapell spielte einen Marsch; das Radio spielte *(im Ra dio hörte man)* beliebte Melodien. **c)** ⟨mit Um standsangabe⟩ *musizieren:* auswendig, vom Blatt, ohne Noten, nach dem Gehör s.; sie spiel ten vierhändig, an zwei Flügeln; auf der Geig s.; zur Unterhaltung, zum Tanz s.; das Orche ster spielt *(konzertiert)* morgen in München übertr.: bei ihm spielt (ugs.; *läuft*) den ganze Tag das Radio. **5.a)** ⟨etwas s.⟩ *auf der Bühn künstlerisch gestalten, darstellen:* eine Rolle, ein kleine Rolle, die Hauptrolle in einem Stück s. sie spielte die Ophelia überzeugend, sehr diffe renziert (bildungsspr.); er spielt den jugendl chen Liebhaber. **b)** ⟨etwas s.⟩ *aufführen:* ei Drama, [Theater]stück, eine Oper, Operett s.; was wird heute im Kino, im Theater gespielt? das Stadttheater spielt heute „Hamlet"; über tr.: ich möchte wissen, was hier gespielt wir (ugs.; *vor sich geht*). **c)** ⟨mit Umstandsangabe *als Darsteller auftreten; eine Rolle gestalter* sie spielte gut, eindringlich; er spielt nur noch an großen Bühnen; dieser Schauspieler hat sich in letzter Zeit [ganz] nach vorne gespielt *(ist durch sein Spiel berühmt geworden)*. **6.** ⟨etwas spielt; mit Umstandsangabe⟩ *etwas handelt, geht vor sich, spielt sich ab:* der Roman spielt um die Jahrhundertwende; die Oper spielt in Spanien. **7.** ⟨etwas s.⟩ *vortäuschen:* er spielt immer den großen Herrn, den Überlegenen; sie spielt gern die Naive, die große Dame; er spielte den Gekränkten, Beleidigten *(war [scheinbar] gekränkt, beleidigt)*; er spielt den Unschuldigen *(will es nicht gewesen sein)*; adj. Part.: *geheuchelt, vorgetäuscht:* gespieltes Interesse, gespielte Anteilnahme; seine Überlegenheit, Zuversicht war nur gespielt. **8. a)** ⟨etwas spielt; mit Raumangabe⟩ *etwas bewegt sich unregelmäßig, ohne bestimmten Zweck:* der Wind spielt in den Zweigen; das Sonnenlicht spielte auf dem Waldboden; der Edelstein spielt *(schimmert)* in allen Farben; ein Lächeln spielte um ihre Lippen *(zeigte sich auf ihrem Gesicht)*. **b)** ⟨etwas spielt in etwas⟩ *etwas geht in seiner Färbung in einen bestimmten anderen Farbton über:* ihr Haar spielt ins Rötliche; das Blau ihres Kleides spielt ins Grünliche. **9.** ⟨mit jmdm., mit etwas s.⟩ *sein Spiel treiben:* sie spielte [nur] mit ihm, mit seinen Gefühlen; man soll nicht mit der Liebe s.; er hat mit dem Leben gespielt; er spielt gern mit Worten *(liebt das Wortspiel)*; übertr.: die Natur spielt manchmal wunderlich, seltsam; wie das Leben so spielt. **10.** ⟨etwas s. lassen⟩ *wirksam werden lassen, einsetzen, ins Spiel bringen:* als alles nichts nützte, ließ er seine Beziehungen, Verbindungen, sein Geld s.; sie ließ alle ihre Künste, ihre Reize, ihren ganzen Charme s. * **Komödie/Theater spielen** *(etwas vortäuschen)* · **Schicksal/Vorsehung spielen** *(etwas zu lenken, in die Wege zu leiten suchen)* · (bildungsspr.:) **va banque spielen** *(ein großes Risiko eingehen, alles aufs Spiel setzen)* · **etwas spielt [bei jmdm., bei etwas] eine Rolle** *(etwas ist [für jmdn., für etwas] wichtig)* · **jmd. spielt bei etwas eine Rolle** *(jmd. hat an einer Sache in bestimmter Weise teil)*: er hat dabei eine wichtige, klägliche Rolle gespielt · (ugs.:) **die erste Geige spielen** *(die führende Rolle innehaben)* · (ugs.:) **den wilden Mann spielen** *(unbeherrscht, [ohne Berechtigung] wütend sein; toben)* · **jmdm. einen Streich spielen** *(jmdn. hereinlegen)* · **jmdm. etwas in die Hand/in die Hände spielen** *(jmdm. etwas wie zufällig zukommen lassen)* · **sich in den Vordergrund spielen** *(sich unauffällig in eine günstige Position bringen, drängen)* · **jmdn. an die Wand spielen**: **a)** *(einen anderen durch gutes Spiel weit übertreffen)*. **b)** *(jmds. Einfluß durch geschickte Manöver ausschalten)* · **mit verdeckten/offenen Karten spielen** *(etwas heimlich/offen tun)* · **mit dem Gedanken spielen** *(etwas als möglich erwägen)*: er spielt mit dem Gedanken, ein Haus zu bauen.

spielend: *leicht, ohne Mühe:* eine Aufgabe s. bewältigen; s. mit einer Arbeit fertig werden; das Auto nahm die Steigung s.; der Apparat ist s. leicht *(sehr leicht)* zu handhaben.

Spieler, der: **1.** *jmd., der an einem [sportlichen] Spiel o. ä. teilnimmt:* ein guter, fairer, schlechter S.; die besten Spieler kamen in die Auswahlmannschaft. **2.** (abwertend) *jmd., der dem Glücksspiel verfallen ist:* ein leidenschaftlicher hemmungsloser S.; er ist als S. bekannt.

Spielerei, die: *nicht ernst zu nehmende, nicht sinnvolle Betätigung:* laß doch die S. [an diesem Apparat]; das sind doch alles Spielereien; übertr.: das Tragen dieser Last war für ihn [nur] eine S. *(Kleinigkeit)*.

Spielraum, der: *Bewegungsfreiheit:* genügenden, ausreichenden, keinen S. haben; mehr S. brauchen; jmdm. freien S. lassen, gewähren, einräumen, zugestehen.

Spielregel, die: *Regel, die den Spielablauf bestimmt:* die S. beachten, einhalten; gegen die Spielregeln verstoßen; er hat sich nicht an die S. gehalten.

[1]Spieß, der: **1.** *Stoßwaffe:* die Landsknechte waren mit Spießen bewaffnet; er brüllte, schrie wie am S. (ugs.; *sehr laut*). **2.** *Bratspieß:* den S., den Braten am S. drehen; wir haben Fleisch, ein Ferkel am S. gebraten. **3.** (Druckerspr.) *hochstehendes Blindmaterial im Schriftsatz:* die vielen Spieße machen das Druckbild unsauber. * (ugs.:) **den Spieß umdrehen/umkehren** *(mit der gleichen Methode seinerseits angreifen)*.

[2]Spieß, der (Soldatenspr.): *Hauptfeldwebel:* der S. ließ die Kompanie antreten.

spießig (abwertend): *spießbürgerlich:* spießige Ansichten haben; er ist mir zu s.; sie ist immer ziemlich s. gekleidet.

Spinne, die: */ein insektenähnliches Tier/:* eine große, giftige S.; die S. spinnt, webt ihr Netz, sitzt, lauert im Netz; Sprichw.: S. am Morgen [bringt] Kummer und Sorgen, S. am Abend erquickend und labend. * (ugs.:) **pfui Spinne!** */Ausruf des Abscheus, Ekels/*.

spinnen: **1.** ⟨[etwas] s.⟩ **a)** *Fasern zu Fäden drehen:* [etwas] grob, fein s.; Garn, Wolle, Flachs s.; sie hat früher noch am Spinnrad, mit der Hand gesponnen; Sprichw.: es ist nichts so fein gesponnen, es kommt doch ans Licht der Sonnen. **b)** *Fäden erzeugen:* die Seidenraupe spinnt einen Kokon; die Spinne hat einen Faden, ihr Netz gesponnen; bildl.: ein Lügengewebe, ein Netz von Lügen s. *(viel Lügen verbreiten)*. **2.** (landsch.) *schnurren:* die Katze lag spinnend am Ofen. **3.** (ugs.) *verrückte Ideen haben, nicht recht gescheit sein:* du darfst ihn nicht ernst nehmen, der spinnt; du spinnst wohl? * (ugs.:) **ein Garn spinnen** *(eine unwahre, phantastische Geschichte erzählen)* · (ugs.:) **keinen guten Faden/keine Seide miteinander spinnen** *(schlecht miteinander auskommen)*.

Spion, der: **1.** *jmd., der Spionage treibt:* er ist S. für eine fremde Macht; einen S. überführen; man hat ihn als S. entlarvt. **2. a)** *Guckloch in der Tür:* bevor sie öffnete, schaute sie immer durch den S. **b)** (veraltend) *Beobachtungsspiegel am Fenster:* sie sitzt den ganzen Tag am S.

Spionage, die: *Auskundschaftung von Staatsgeheimnissen o. ä. für eine fremde Macht:* er trieb S. im Auftrag einer ausländischen Macht; beide wurden unter dem Verdacht der S. verhaftet, standen unter dem Verdacht der S.; der Offizier wurde der S. überführt, wegen S. bestraft.

spionieren: **a)** *Spionage treiben:* er hat für eine ausländische Macht spioniert. **b)** *heimlich, aus Neugier überall herumsuchen, nachforschen:* er spioniert im Betrieb, in allen Schreibtischen.

spitz: **1. a)** *mit einer scharfen Spitze versehen;*

nicht stumpf: spitze Nadeln, Nägel, Pfeile, Dornen; ein spitzes Messer; die Zähne dieser Tiere sind sehr s.; der Bleistift ist nicht s. genug. **b)** *immer schmaler werdend und [wie] in einem Punkt endend:* spitze Türme, Giebel; sie trug spitze Schuhe, ein Kleid mit einem spitzen Ausschnitt; sie hat eine spitze Nase, ein spitzes Kinn; Math.: ein spitzer Winkel *(ein Winkel von weniger als 90°);* der Turm ist s., läuft [oben] s. zu. **2.** *anzüglich, boshaft, bissig:* spitze Bemerkungen; sie führt gern spitze Reden; eine spitze Feder *(kritisch und angriffslustig)* schreiben; sie kann sehr s. sein; er wurde sehr s., antwortete s. **3.** (fam.) *schmal, kränklich:* er hat ein ganz spitzes Gesicht bekommen; sie ist nach der Krankheit recht s. geworden; du siehst aber s. aus. * (ugs.:) **eine spitze Zunge haben** *(boshaft sein; bissige, anzügliche Bemerkungen machen)* · **etwas mit spitzen Fingern anfassen** *(etwas [aus Widerwillen] vorsichtig anfassen).*

Spitze, die: **I. 1.a)** *spitzes, scharfes Ende von etwas:* die S. eines Messers, Schwertes, Pfeils, Speers, einer Nadel; die S. des Bleistifts ist abgebrochen. **b)** *immer schmaler werdender und [wie] in einem Punkt endender Teil von etwas:* die S. eines Turmes, Giebels; die Spitzen der Felsen; er nahm eine Zigarre und schnitt die S. ab. **2.a)** *das vordere Ende, das Vorderste, Anfang; erste Stelle:* die S. des Heeres; das deutsche Boot hat die S. übernommen; der Verein steht, liegt jetzt an der S. [der Tabelle]; das junge Pferd setzte sich an die S. [des Feldes], konnte sich lange an der S. [des Feldes] behaupten. **b)** *das obere Ende, das Oberste:* die S. des Gebäudes, des Mastes; endlich erreichten sie die S. *(den höchsten Punkt, Gipfel)* des Berges; übertr.: an der S. des Staates, einer Verschwörung stehen. **3.** ⟨Plural⟩ *führende, einflußreiche Persönlichkeiten:* die Spitzen der Gesellschaft, der Partei, von Kunst und Wissenschaft hatten sich versammelt. **4.** *boshafte Bemerkung, Anspielung:* das war eine S. gegen dich; seine Rede enthielt einige Spitzen. **5.** (ugs.) *Spitzengeschwindigkeit:* die S. dieses Wagens liegt bei 160 km; dieses Auto fährt, schafft 200 km S. **6.** (Wirtsch.) *bei einer Aufrechnung übrigbleibender Betrag:* die Spitzen beim Umtausch von Aktien; es bleibt eine S. von zwanzig Mark. **II.** *kunstvolles durchbrochenes Gewebe:* eine kostbare, echte, geklöppelte S.; Brüsseler Spitzen; Spitzen knüpfen, weben, wirken, häkeln, stricken; das Kleid ist mit Spitzen besetzt. * **einer Sache die Spitze nehmen/abbrechen** *(einer Sache das Verletzende, die Schärfe, Hauptwirkung nehmen)* · (veraltend:) **jmdm., einer Sache die Spitze bieten** *(jmdm., einer Sache mutig entgegentreten)* · **etwas auf die Spitze treiben** *(etwas zum Äußersten treiben).*

spitzen: 1. ⟨etwas s.⟩ *spitz machen:* den Bleistift, die Farbstifte s.; sie spitzte die Lippen, den Mund. **2.** (ugs.) *sich Hoffnungen machen, reflektieren auf etwas:* **a)** ⟨auf etwas s.⟩ er spitzt auf den Posten des Direktors. **b)** ⟨sich auf etwas s.⟩ sie spitzten sich alle auf eine Einladung; darauf hatte er sich schon lange gespitzt. * (ugs.:) **die Ohren spitzen** *(aufmerksam lauschen).*

spitzfindig: *übertrieben genau, haarspalterisch:* spitzfindige Unterschiede machen; spitzfindige Untersuchungen, Betrachtungen anstellen; er, diese Erklärung ist mir zu s.

spitzkriegen (ugs.) ⟨etwas s.⟩: *herausbekommen, merken:* er hat den Schwindel gleich spitz gekriegt; er hatte längst spitzgekriegt, daß ma ihn hereinlegen wollte.

Splitter, der: *spitzes, scharfkantiges Bruchstück* ein S. von Glas, Holz, Metall; die Splitter eine Granate, Bombe; der S. eitert heraus; sich eine S. einreißen, einziehen (landsch.); ich habe mi einen S. in den Finger gestoßen, gerissen; er ha einen S. im Fuß; sie versuchte den S. herauszu ziehen, zu entfernen; das Glas zerbrach in viel [kleine] Splitter [und Scherben].

splittern ⟨etwas splittert⟩: **a)** *etwas bildet Splitter:* das Holz splittert; diese Sperrholzplatte haben zu sehr gesplittert. **b)** *in Splitter zerbrechen, zerspringen:* die Scheibe ist bei dem Auf prall gesplittert.

Sporn, der ⟨meist Plural⟩: *am Stiefelabsatz befestigtes Rädchen o. ä. zum Antreiben des Reittieres:* seine Sporen klirrten; die Sporen an schnallen; Sporen tragen; er gab dem Pferd di Sporen, drückte dem Pferd die Sporen in di Weichen. * **sich** (Dativ) **die Sporen verdiene** *(ersten Erfolg, erste Anerkennung erringen).*

Sport, der: **1.a)** *körperliche Ertüchtigung; Leibesübungen:* du mußt mehr S. treiben; die Wett kämpfe boten, brachten, zeigten guten S. *(gut sportliche Leistungen);* sie hat kein Interesse a S., hat viel, nichts übrig für S. **b)** *Sportart:* Ten nis ist ein schöner, anstrengender S.; einen S ausüben, betreiben, pflegen. **2.** (ugs.) *Zeitvertreib, Hobby, Vergnügen:* Briefmarkensammel ist ein teurer S.; Photographieren war scho immer sein S.; jeder hat so seinen S.; das mach er nur aus, zum S. *(Spaß).* * (ugs.:) **sich** (Dativ **einen Sport daraus machen, etwas zu tun** *(etwa mit einer gewissen Boshaftigkeit tun).*

sportlich: 1. a) *den Sport betreffend:* sportlich Wettkämpfe, Leistungen, Neigungen, Interes sen; er hat seine sportliche Laufbahn beendet du mußt dich mehr s. betätigen. **b)** *[durc Sport] trainiert; kräftig und schlank:* eine sport liche Erscheinung, Gestalt; er hat eine sportlich Figur; sie ist, wirkt sehr s. **2.** *fair:* eine sportli che Haltung, Auffassung; ein sportliches Ve halten, Benehmen; das war sehr s. von ihm; e hat s. gehandelt. **3.** *einfach und zweckmäßig i Form oder Schnitt; flott:* ein sportliches Kleid Kostüm; ein sportlicher Anzug; eine sportlich Armbanduhr, Tasche; der Hut ist, wirkt sehr s

Spott, der: *das Verspotten, Verhöhnen, Sich-lu stig-Machen:* gutmütiger, leichter, scharfer, bei ßender S.; [seinen] S. mit jmdm., mit etwas trei ben; er erntete nur Hohn und S.; zum Schade hatte er auch noch den S.; Gegenstand des Spot tes sein (geh.; *verspottet werden*); er war dem S preisgegeben (geh.); Sprichw.: wer den Scha den hat, braucht für den S. nicht zu sorgen.

spötteln (geh.): *sich lustig machen, witzeln:* e spöttelte über den Eifer der anderen.

spotten: 1. a) *sich mit Spott äußern:* er spotte gern, ist immer bereit zu s.; du hast leicht s **b)** ⟨über jmdn., über etwas/(geh., veraltend jmds., einer Sache s.⟩ *verspotten:* sie spotte über ihn, über seine Angst/(geh., veraltend seiner, seiner Angst. **2.** (geh.) **a)** ⟨einer Sach s.⟩ *etwas nicht ernst nehmen; sich über etwa hinwegsetzen:* die Bergsteiger spotteten de drohenden Gefahr. **b)** ⟨etwas spottet ein ache⟩ *etwas entzieht sich einer Sache:* diese Vorgänge spotten jeder Vorstellung, aller rationalen Erklärung; die Verhältnisse dort spotten jeder Beschreibung *(sind sehr schlimm).*

pöttisch: *leicht boshaft, voll Spott:* ein spöttisches Lächeln; spöttische Bemerkungen, Reden; ein spöttisches Gesicht machen; jmdn. mit spöttischen Blicken betrachten; er ist ein spöttischer Mensch; er lächelte s.

prache, die: **1.** *Fähigkeit des Sprechens:* die menschliche S.; er hat durch den Schock die S. verloren; der Schreck nahm, raubte (geh.) ihm die S.; sie hat nach dem Unfall die S. nur langsam wiederbekommen, wiedererlangt (geh.). **2. a)** *Art des Sprechens; Redeweise:* eine flüssige, unbeholfene S.; er hat eine angenehme S.; seine S. war, klang rauh; seiner S. nach ist er Norddeutscher; man erkennt ihn an seiner S. **b)** *Ausdrucksweise; Stil:* eine einfache, nüchterne, natürliche, schlichte, kunstlose, schöne, gehobene, gewählte, gepflegte, gesuchte, gekünstelte, gezierte, geschraubte S.; die S. der Poesie, des Dichters; die S. des täglichen Lebens, des Alltags; die S. einer Epoche; die S. des Volkes; die S. *(Zeichensprache)* der Taubstummen; eine S. ist sehr reich an Bildern; er spricht eine ungelenke, ungehobelte S.; er ist ein Meister der S.; das ist ein Wort aus der Sprache der Jäger; übertr. (geh.): *Ausdrucksform:* die S. des Herzens, der Leidenschaft, der Wahrheit; die S. der Musik, der Kunst. **3.** *Sprachsystem; Muttersprache:* die deutsche, englische, französische, griechische, lateinische S.; germanische, romanische, slawische, afrikanische Sprachen; verwandte Sprachen; alte, neuere Sprachen; eine tote *(heute nicht mehr gesprochene)* S.; eine lebende *(heute noch gesprochene)* S.; Deutsch ist eine schwere, schwierige S.; diese S. ist leicht zu erlernen; eine fremde S. lernen, studieren, beherrschen, sprechen, verstehen, radebrechen; er kann (ugs.; *spricht*) mehrere Sprachen; der Wortschatz, die Grammatik, das System einer S.; einen Text aus einer S. in die andere übersetzen; in einer fremden S. sprechen; sie unterhielten sich in japanischer S. * **jmdm. bleibt die Sprache weg** *(jmd. ist sehr überrascht, weiß nicht, was er sagen soll)* · (geh.:) **etwas verschlägt/raubt jmdm. die Sprache** *(etwas überrascht jmdn. aufs höchste, so daß er zunächst nichts sagen kann)* · **die Sprache auf etwas bringen** *(ein bestimmtes Thema anschneiden; das Gespräch auf etwas lenken)* · **die gleiche Sprache sprechen/reden** *(die gleiche Einstellung, das gleiche Niveau haben und sich daher leicht verständigen können)* · **etwas spricht/redet eine andere Sprache** *(etwas drückt etwas anderes, Gegensätzliches aus)* · **eine deutliche Sprache [mit jmdm.] sprechen/reden** *([jmdm.] etwas offen und energisch sagen)* · **etwas spricht/redet eine deutliche Sprache** *(etwas drückt etwas sehr deutlich aus, zeigt etwas sehr genau)* · (scherzh.:) **in sieben Sprachen schweigen** *(sich zu nichts äußern)* · **mit der Sprache herausrücken** *(etwas zögernd, widerwillig erzählen)* · (ugs.:) **heraus mit der Sprache!** *(sag, was du auf dem Herzen hast!)* · **etwas zur Sprache bringen** *(die Erörterung eines Themas herbeiführen)* · **etwas kommt zur Sprache** *(etwas wird erörtert, wird Gegenstand eines Gesprächs).*

sprachlich: *die Sprache betreffend:* sprachliche Kenntnisse, Eigenheiten; ein sprachlicher Fehler; das ist s. falsch, richtig; der Aufsatz ist s. und sachlich gut.

sprachlos: *sehr überrascht, erschrocken:* sprachloses Erstaunen, sprachlose Überraschung spiegelte sich in ihrem Gesicht; er war s. vor Entsetzen, Schreck[en], als er das sah; sie sah ihn s. an; das ist unglaublich, ich bin einfach s. *(ich finde keine Worte mehr).*

Sprachrohr, das: *der Lautverstärkung dienende, trichterförmige Blechröhre:* er rief das Boot durch das S. an; übertr.: sie ist nur sein S. *(sie redet kritiklos seine Meinung nach);* dieses Blatt ist das S. der Partei *(vertritt nachdrücklich die Meinung der Partei);* er machte sich zum S. dieser Sache *(trat öffentlich für sie ein).*

sprechen: 1. a) *sich mit Worten äußern, ausdrücken:* leise, laut, deutlich, langsam, schnell, hoch, tief, heiser, fließend, stockend, stammelnd, unartikuliert, mit zitternder Stimme, durch die Nase s.; er spricht mit französischem Akzent; gewandt, überlegt, klug, weise (geh.), einfach, schlicht, unbedacht, töricht (geh.) s.; sie sprach sehr gewählt, gepflegt, geziert, natürlich, in ernstem Ton; er spricht viel, wenig, oft, selten; englisch, französisch, in einer fremden Sprache s.; er verstand nichts, weil sie russisch sprachen; das Kind lernt, kann schon s., spricht schon wie ein Erwachsener; er wollte einen Papagei s. lehren; vor Schreck, Befangenheit konnte sie nicht s.; er sprach vor sich hin, wie im Fieber; du hast im Traum, im Schlaf gesprochen; darauf kommen wir noch zu s.; ich spreche aus Erfahrung *(weiß das aus eigener Erfahrung);* du sprichst in Rätseln *(ich verstehe nicht, was du meinst);* ganz allgemein gesprochen, so kann das nicht weitergehen; subst.: das lange Sprechen strengt ihn an; er war nicht zum Sprechen zu bringen. **b)** ⟨mit jmdm. s.⟩ *mit jmdm. ein Gespräch führen, sich unterhalten:* er spricht gerade mit seinem Chef; die Frauen sprachen lange miteinander [auf der Treppe]; ich habe noch nicht mit ihm über dich, über deinen Fall, wegen der Wohnung s. können; er hat mit ihm von der Sache gesprochen; so kannst du mit mir nicht s. *(diesen Ton verbitte ich mir);* er sprach mit sich selbst *(führte Selbstgespräche);* mit diesem Menschen kann man nicht s. *(er ist unverträglich, eigensinnig).* **c)** ⟨über jmdn., über etwas/von jmdm., von etwas s.⟩ *berichten, erzählen; sich unterhalten:* er hat gerade über dich, über deine Angelegenheit gesprochen; wir sprachen auch von euch; er sprach davon, daß er verreisen wolle; sprechen wir nicht mehr darüber! *(die Sache soll erledigt sein);* (geh.) ⟨jmdm. von jmdm., von etwas s.⟩ man hat mir von Ihnen bereits gesprochen. **d)** ⟨über jmdn., über etwas/von jmdm., von etwas s.; mit Artangabe⟩ *eine bestimmte Meinung äußern; urteilen:* gut, schlecht über jmdn., von jmdm. s.; er hat nachteilig über deine Arbeit gesprochen. **2.** ⟨gewöhnlich mit Umstandsangabe⟩ *eine Rede, Ansprache o. ä. halten:* öffentlich, frei s.; der Redner hat gut, schlecht, lange, nur kurz gesprochen; er spricht im Fernsehen, im Rundfunk, über den Rundfunk; wer spricht denn heute abend?; er sprach vor einer großen Zuhörerschaft, zu den Studenten, über ein interessantes Thema. **3.** ⟨etwas s.⟩ **a)** *etwas äußern, sagen:* er sprach nur ein paar Worte, Sätze; er hat noch kein Wort gesprochen; ein deutliches, offenes Wort s.; da hast du ein wahres Wort gesprochen *(das ist ganz richtig);* das Kind kann schon ganze Sätze s.; ein Gebet, den Segen s.; ein Gedicht s. *(rezitieren).* **b)** *eine Sprache beherrschen:* er spricht gut, fließend, perfekt (ugs.) Englisch; sie spricht ein gutes Französisch, mehrere Sprachen; er spricht Mundart, Dialekt. **4.** ⟨jmdn. s.⟩ *die Möglichkeit zu einem Gespräch mit jmdm. haben:* jmdn. privat, geschäftlich s. wollen; wann kann ich Sie s.?; ich bin heute nicht [für ihn] zu s.; wir sprechen uns noch! *(die Angelegenheit zwischen uns ist noch nicht erledigt).* **5. a)** (geh.) ⟨etwas spricht⟩ *etwas macht sich bemerkbar, meldet sich:* da hat sein Gewissen gesprochen; ihr Herz, ihr Gefühl sprach; sie ließ ihr Herz s. *(ließ sich in ihrer Haltung von ihrem Gefühl leiten).* **b)** ⟨etwas spricht aus etwas⟩ *etwas wird an etwas deutlich erkennbar:* aus ihren Augen, aus ihren Zügen sprach Angst; aus seinen Worten sprach Stolz. **c)** ⟨etwas spricht für jmdn., für etwas/gegen jmdn., gegen etwas⟩ *etwas ist ein positives, negatives Kennzeichen für jmdn., für etwas:* dieser Umstand spricht für ihn, für seine Unschuld; vieles spricht gegen diesen Plan. * (ugs.:) **sprechen, wie einem der Schnabel gewachsen ist** *(freiheraus, ungeziert sprechen)* · (ugs.:) **frei von der Leber weg sprechen** *(ohne Scheu reden, wie man denkt)* · **jmdm. aus der Seele sprechen** *(das sagen, was jmd. auch empfindet)* · **schlecht/nicht gut auf jmdn. zu sprechen sein** *(jmdn. nicht leiden können; über jmdn. verärgert sein)* · **Recht sprechen** *(ein richterliches Urteil fällen)* · **jmdn. schuldig sprechen** *(jmdn. verurteilen)* · **etwas spricht für sich** [**selbst**] *(etwas besagt allein schon viel, bedarf keiner weiteren Erklärung)* · (ugs.:) **etwas spricht Bände** *(etwas ist sehr aufschlußreich, sagt alles).*

Sprechstunde, die: *Zeit, in der jmd. dienstlich zu sprechen ist:* der Arzt hat heute keine S.; in die S. gehen; zur S. kommen.

spreizen: 1. ⟨etwas s.⟩ *auseinanderstrecken:* die Beine, die Arme, die Finger, die Zehen s.; der Vogel spreizte die Flügel *(breitete sie aus);* bildl.: der Baum spreizt seine Äste [in den Himmel]. **2.** ⟨sich s.⟩ *sich geziert, affektiert benehmen:* er macht sich lächerlich, weil er sich gar zu sehr spreizt; adj. Part.: *geziert, gestelzt:* eine gespreizte Ausdrucksweise; gespreizte Reden halten; sie drückte sich sehr gespreizt aus.

sprengen: 1. a) ⟨etwas s.; mit Raumangabe⟩ *eine Flüssigkeit über etwas spritzen:* sie sprengte Wasser auf die Wäsche, über die Wäsche. **b)** ⟨etwas s.⟩ *etwas besprengen, bespritzen:* die Wäsche s.; den Rasen, die Straße, die Beete s.; du mußt die Blumen noch etwas s. **2.** ⟨etwas s.⟩ **a)** *aufsprengen, gewaltsam öffnen:* seine Fesseln, Ketten s.; sie sprengten das Tor mit Beilhieben; das Wasser hat die Eisdecke gesprengt; bildl. ⟨etwas sprengt jmdm. etwas⟩: die Aufregung sprengte ihm fast die Brust; übertr.: eine Versammlung s. *(gewaltsam auflösen);* der Spieler hat die [Spiel]bank gesprengt *(zahlungsunfähig gemacht).* **b)** *auseinandersprengen; mit Sprengstoff zerstören:* eine Brücke, ein Gebäude, einen Turm s.; ein Schiff in die Luft s der Felsen mußte gesprengt werden; ⟨auch ohne Akk.⟩ im Steinbruch wird heute gesprengt. **3.** (veraltend) ⟨mit Raumangabe⟩ *scharf reiten:* die Reiter sprengten über die Brücke, über die Felder, aus dem Tor. * **den Rahmen sprengen** *(sich nicht an das gewohnte Maß, die gewohnte Form halten).*

Spreu, die: *Getreideabfall:* die S. wurde in Säcke gefüllt; plötzlich waren alle verflogen wie [die] S. im Wind. * **die Spreu vom Weizen trennen/sondern** *(das Wertlose vom Wertvollen trennen).*

sprichwörtlich: a) *in der Art eines Sprichwortes:* sprichwörtliche Redensarten, Wendungen. **b)** *allgemein bekannt wie ein Sprichwort:* sprichwörtliches Glück, Pech; seine Freigebigkeit ist schon s. [geworden].

sprießen ⟨etwas sprießt⟩: *etwas wächst hervor, empor, keimt, treibt:* überall sprossen die Blumen, sind die Knospen gesprossen.

springen: 1. a) *sich mit den Füßen vom Boden wegschnellen; sich mit einem Sprung, mit Springen fortbewegen:* hoch, weit, aus dem Stand, mit Anlauf, in die Höhe, zur Seite, über ein Hindernis, über einen Graben s.; auf die [fahrende] Straßenbahn, aufs Pferd, ins Boot, ans Land s.; aus dem Fenster, durchs Fenster, aus dem Zug, [mit dem Fallschirm] aus dem Flugzeug, über Bord ins Wasser, in die Tiefe s.; die Katze sprang vom Dach; die Kinder sprangen *(hüpften)* über die Wiese, durch den Garten; du bist an der Reihe, ich bin/habe bereits gesprungen *(habe meinen Sprung bereits absolviert);* übertr.: der Ball sprang *(hüpfte, schnellte)* über das Tor, in den Nachbargarten; der Zeiger der Uhr sprang *(rückte)* gerade auf Zwölf. **b)** (Sport) ⟨etwas s.⟩ *[im Wettkampf] mit einem Sprung erreichen:* eine große Weite, einen neuen Rekord s.; er ist im Stabhochsprung 5,20 m gesprungen; er ist/(seltener:) hat die 5,20 m zweimal hintereinander gesprungen. **2.** (ugs.) *schnell laufen, eilen:* als sie ihn kommen sah, sprang sie schnell ins Haus; spring doch mal schnell zum Bäcker! **3.** ⟨etwas springt aus etwas⟩ *etwas spritzt, sprudelt, sprüht hervor:* das Blut sprang aus der Wunde (geh.); hier springt eine Quelle aus dem Boden (geh.); aus dem Stein sprangen Funken. **4. a)** ⟨etwas springt von etwas⟩ *etwas löst sich plötzlich ab:* der Knopf sprang von der Jacke. **b)** ⟨etwas springt aus etwas⟩ *etwas löst sich ruckartig aus etwas heraus:* aus der Halterung s.; die Achse ist aus dem Lager gesprungen; der letzte Wagen sprang aus den Schienen. **5.** ⟨etwas springt⟩ **a)** *etwas bekommt einen Sprung, Riß, wird rissig:* Porzellan springt leicht; die Schüssel, der Topf, die Glasscheibe ist gesprungen; die Saite auf der Geige ist gesprungen *(zerrissen).* **b)** (geh.) *etwas öffnet sich, platzt auf:* die Knospen, die Samenkapseln des Mohns sind gesprungen. * (ugs.:) **vor Freude** [**fast bis**] **an die Decke springen** *(sich sehr freuen)* · **jmdm. zu Seite springen** *(jmdm. beispringen, helfen)* · (geh.:) [**für jmdn., für etwas**] **in die Bresche springen** *(einspringen, eintreten)* · (ugs.:) **jmdn. über die Klinge springen lassen** *(jmdn. zugrunde richten)* · (ugs.:) **etwas springen lassen** *(etwa* spendieren) · (ugs.:) **alle Minen springen lassen** *(alle verfügbaren Mittel anwenden)* · **etwas springt [jmdm.] ins Auge, in die Augen** *(etwas fällt auf, lenkt jmds. Aufmerksamkeit auf sich)* · **etwas ist der springende Punkt** *(etwas ist das Entscheidende, Wichtigste bei etwas)* · (ugs.:) **das ist gehüpft/gehupft wie gesprungen** *(das ist völlig gleich, ist einerlei)*.

Spritze, die: **1. a)** *Gerät zum Spritzen:* der Feuerwehrmann steht bei der S.; die Feuerwehr rückte mit drei Spritzen aus. **b)** *Injektionsspritze:* eine S. auskochen, reinigen, desinfizieren. **2.** *Einspritzung, Injektion:* der Arzt gab ihm eine S.; er bekam eine S. gegen Wundstarrkrampf; sie braucht jetzt keine Spritzen mehr. * (ugs.:) **der erste Mann an der Spritze sein** *(der wichtigste Mann sein; zu bestimmen haben)*.

spritzen: 1. a) ⟨etwas s.; mit Raumangabe⟩ *Flüssigkeit in Form von Tropfen oder Strahlen irgendwohin schleudern:* die Feuerwehrleute spritzten Wasser und Schaum auf das brennende Haus, ins Feuer; ⟨jmdm. etwas s.; mit Raumangabe⟩ die Kinder spritzten uns Wasser ins Gesicht. **b)** ⟨jmdn., etwas s.⟩ *übersprühen, besprengen:* den Garten, den Rasen, die Straße s.; er spritzte die Vorübergehenden [mit Wasser]; der Bauer hat die Bäume gespritzt *(mit einem Schädlingsbekämpfungsmittel übersprüht)*; er ließ sein Auto [neu] s. *(lackieren)*. **2.** ⟨etwas spritzt⟩ *etwas spritzt in Tropfen auseinander, sprudelt plötzlich hervor:* das Fett hat gespritzt; das Wasser ist nach allen Seiten gespritzt; ⟨jmdm. spritzt etwas; mit Raumangabe⟩ das Blut ist ihm ins Gesicht gespritzt. **3. a)** ⟨etwas s.⟩ *etwas injizieren:* der Arzt hat Morphium gespritzt; ⟨auch ohne Akk.⟩ diese Schwester spritzt am besten; der Chefarzt spritzte selbst; ⟨jmdm., sich etwas s.⟩ was hat dir denn der Arzt gespritzt? **b)** (ugs.) ⟨jmdn., sich s.⟩ *eine Injektion geben:* der Zuckerkranke muß sich jeden Tag s. **4.** ⟨etwas s.⟩ *mit Mineralwasser versetzen:* spritzen Sie den Wein bitte!; er trank einen gespritzten Apfelsaft. **5.** (ugs.) *sich sehr eilen; schnell laufen:* wenn der Chef winkt, spritzt er [nur so]; er ist zum Bahnhof gespritzt.

Spritzer, der: *durch Spritzen entstandener kleiner Fleck:* er hat von dem vorüberfahrenden Auto ein paar Spritzer abbekommen.

spritzig: a) *begeisternd, witzig, geistreich:* ein spritziges Theaterstück; eine s. geschriebene Reportage; die Musik war sehr s. **b)** *prickelnd, feurig:* ein spritziger Wein. **c)** *schnell, sportlich:* ein spritziges Auto; der Motor ist sehr s.

spröde: 1. *brüchig, ungeschmeidig:* sprödes Metall; Glas ist ein sprödes Material, ein spröder Stoff; ihre Haut, ihr Haar ist von der Sonne ganz s. geworden; übertr.: *schwer zu gestalten, zu bearbeiten:* der Stoff zu dem geplanten Theaterstück war, erwies sich als sehr s. **2.** *herb, abweisend:* ein sprödes Wesen haben; sie war, tat, zeigte sich, verhielt sich [ziemlich] s.

Sprosse, die: *Leiterstufe:* an der Leiter fehlen ein paar Sprossen, ist eine S. gebrochen; bildl.: er hat die höchste S. seiner Laufbahn erreicht.

Spruch, der: **1.** *kurzer, einprägsamer, lehrhafter Satz:* ein alter, frommer, schöner, bekannter, weiser S.; Sprüche aus der Bibel lernen, aufsagen, hersagen; diesen S. wollte er beherzigen. **2.** (ugs.) ⟨Plural⟩ *alberne Reden:* seine Sprüche gehen mir allmählich auf die Nerven; laß doch endlich diese [dummen, albernen] Sprüche! **3.** *Urteilsspruch, Richterspruch:* der S. des Gerichts, der Geschworenen; einen S. fällen. * (ugs.:) **Sprüche machen** *(hochtrabend reden; prahlen)* · (ugs.:) **sein Sprüchlein hersagen/herbeten** *(etwas Bestimmtes immer wieder sagen, vorbringen)*.

spruchreif ⟨in der Verbindung⟩ etwas ist [noch nicht] spruchreif: *etwas ist [noch nicht] reif zur Entscheidung.*

sprudeln ⟨etwas sprudelt⟩: *etwas schäumt über, quillt hervor, bildet Blasen, Strudel:* das Wasser sprudelt (beim Kochen); der Quell ist aus dem Felsen gesprudelt; bildl.: die Worte sprudelten nur so aus seinem Mund, von seinen Lippen.

sprühen: 1. ⟨etwas s.; mit Raumangabe⟩ *zerstäuben:* er sprühte Wasser über die Pflanzen, auf die Blätter; ⟨jmdm., sich etwas s.⟩ sie sprühte sich Spray aufs Haar. **2. a)** ⟨etwas sprüht⟩ *etwas stiebt auseinander:* die Funken sprühten [nach allen Seiten, aus dem Ofen]; es sprüht (ugs.; *es regnet fein*); bildl. (geh.): aus seinen Augen sprühte jugendliches Feuer; übertr.: der Diamant sprühte *(funkelte)* in allen Farben; ein sprühendes *(lebhaftes, überquellendes)* Temperament; sie war in sprühender *(ausgelassener)* Laune. **b)** ⟨etwas sprüht etwas⟩ *etwas gibt etwas in kleinen Teilchen von sich:* das Feuer sprüht Funken; bildl. (geh.): seine Augen sprühten Feuer, Blitze *(blitzten, funkelten)*.

Sprung, der: **1.** *das Springen, Sich-vom-Boden-Wegschnellen; Satz:* ein hoher, weiter, gewaltiger, zu kurzer S.; ein S. aus dem Stand, mit Anlauf; ein S. über einen Graben, aus dem Fenster, in die Tiefe; einen S. machen, wagen; er tat einen kleinen S. zur Seite; das Pferd, der Hund vollführte wilde Sprünge; Redensart: die Natur macht keine Sprünge *(in der Natur entwickelt sich alles kontinuierlich)*; er eilte in, mit großen Sprüngen davon; mit einem S. war er auf der anderen Seite; die Raubkatze duckte sich zum S., setzte zum S. an; übertr.: bis dorthin ist es nur ein kleiner S. (ugs.; *ist es nicht weit*); die neue Stellung bedeutet für ihn einen großen S. nach vorn; den Sprüngen *(Gedankensprüngen)* in seiner Argumentation konnte sie nicht folgen; der Schauspieler machte einen S. *(übersprang eine Stelle)*. **2.** *Riß, schmaler Spalt:* in der Scheibe war ein S.; die Tasse, das Glas, die Schüssel hat einen S., hat einen S. bekommen; die Mauer wies viele [Risse und] Sprünge auf. **3.** (Jägerspr.) *Rudel:* ein S. Rehe. **4.** (Landw.) *Begattung bei bestimmten Tieren:* der Hengst wurde zum S. zugelassen. * **ein Sprung ins Dunkle/Ungewisse** *(ein Wagnis)* · **den Sprung wagen** *(sich zu etwas Riskantem entschließen)* · (ugs.:) **keine großen Sprünge machen können** *(sich nicht viel leisten können)* · (ugs.:) **immer auf dem Sprung sein** *(immer in Eile sein)* · (ugs.:) **auf dem Sprung sein/stehen** *(im Begriffe sein)* · (ugs.:) **sich auf die Sprünge machen** *(schnell weggehen)* · (ugs.:) **jmdm. auf die Sprünge helfen** *(jmdm. [durch Hinweise] weiterhelfen)* · (ugs.:) **auf einen Sprung** *(für kurze Zeit)*: ich komme auf einen Sprung vorbei · (ugs.:) **jmdm. auf/hinter die Sprünge kommen** *(herausfinden, was jmd. tut).*

sprunghaft: 1. *unausgeglichen, unstet:* ein sprunghaftes Wesen; sein sprunghaftes *(nicht folgerichtiges)* Denken erschwert die Verständlichkeit seiner Ausführungen; er ist zu s. **2.** *rasch und plötzlich:* eine sprunghafte Entwicklung; ein sprunghafter Anstieg der Preise; seine Leistung hat sich s. gesteigert.

Spucke, die (ugs.): *Speichel:* er hat die Briefmarke mit S. angefeuchtet; Sprichw.: mit Geduld und S. fängt man eine Mucke *(mit Geduld kann man manches erreichen).* ∗ (ugs.:) **jmdm. bleibt die Spucke weg** *(jmd. ist sehr überrascht, weiß nicht, was er sagen soll).*

spucken: a) *Speichel auswerfen, von sich geben:* auf den Boden s.; na, dann wollen wir mal in die Hände s. (ugs.; *wollen wir anfangen, tüchtig zupacken*); ⟨jmdm. s.; mit Raumangabe⟩ sie spuckte ihm ins Gesicht. **b)** ⟨etwas s.⟩ *durch den Mund von sich geben, auswerfen:* Blut, Schleim s.; ⟨jmdm. etwas s.; mit Raumangabe⟩ er spuckte ihm den Kirschkern mitten ins Gesicht. ∗ (ugs.:) **große Töne/Bogen spucken** *(sich aufspielen, sich wichtig machen)* · **Gift und Galle spucken** *(sehr wütend sein, ausgesprochen gehässig werden)* · (ugs.:) **jmdm. in die Suppe/Schüssel spucken** *(jmdm. einen Plan verderben)* · (fam.; scherzh.:) **jmdm. auf den Kopf spucken können** *(größer sein als der andere)* · (ugs.:) **sich** (Dativ) **nicht auf den Kopf spucken lassen** *(sich nichts gefallen lassen).*

Spuk, der: *Gespenstererscheinung:* der S. begann um Mitternacht; die Reiter flogen wie ein S. an ihm vorbei; übertr.: die Kinder machen ja wieder einen tollen S. (ugs.; *Lärm*).

spuken: *als Geist sein Unwesen treiben:* der Geist des Schloßherrn soll hier s.; in diesem Haus spukt es *(gibt es Geistererscheinungen);* übertr.: dieser Aberglaube spukt *(lebt, hält sich)* noch immer unter den Leuten, in den Köpfen vieler Menschen. ∗ (ugs.:) **bei jmdm. spukt es** [**im Kopf**] *(jmd. ist nicht ganz bei Verstand, nicht ganz normal).*

spülen: 1. a) ⟨etwas s.⟩ *mit Wasser reinigen:* die Gläser, das Geschirr s.; ⟨auch ohne Akk.⟩ *Geschirr abwaschen:* nach dem Essen spült sie immer gleich. **b)** ⟨etwas s.⟩ *ausspülen:* du hast die Wäsche nicht lange genug gespült; ⟨jmdm., sich etwas s.⟩ sich den Mund mit [Mund]wasser s. **c)** ⟨etwas aus etwas s.⟩ *herausspülen:* sie spülte die Seife aus der Wäsche, aus den Haaren. **d)** *die Wasserspülung betätigen:* du hast vergessen zu s. **2.** ⟨etwas spült jmdn., etwas; mit Raumangabe⟩ *etwas treibt, schleudert jmdn., etwas irgendwohin:* die Wogen spülten die Schiffstrümmer, den Toten, den Leichnam ans Land; er wurde über Bord gespült.

Spur, die: **1. a)** *Abdruck im Boden, im Schnee:* eine deutliche, tiefe, frische, kaum erkennbare S.; die breite, schmale S. eines Rades, eines Schlittens; die Spuren eines Tieres, von Hasen; die Spuren führten aufs Feld, in den Wald; der Hund nahm die S. des Wildes auf; der Wind hat die Spuren im Schnee verweht; einer S. [im Schnee] folgen, nachgehen. **b)** *verbliebenes Zeichen, Merkmal; Überrest:* von dem Täter fehlt jede Spur; seine Spuren haben sich verloren; die richtige S. verfolgen, aufnehmen; eine S. suchen, finden, entdecken, haben; kein[e] Spuren hinterlassen; alle Spuren [einer Tat, eines Verbrechens] verwischen, tilgen, löschen (geh.); der S. eines Verbrechens folgen, nachgehen; der Hinweis führte auf die S. des Verbrechers; die Polizei war dem Täter bereits au[f] der S. *(hatte Anhaltspunkte, Hinweise, die z[u] ihm führten);* sie versuchte vergeblich, ihn von dieser S. abzubringen, abzulenken; übertr.: die Spuren ehemaliger Schönheit, des Alters; ihr Gesicht zeigte deutlich Spuren der Anstrengung; die Sorgen hatten ihre Spuren be[i] ihm hinterlassen, waren nicht ohne Spuren a[n] ihm vorübergegangen. **2.** *sehr kleine Menge, Kleinigkeit:* in der Lösung fand er eine S. de[s] gesuchten Elements; an der Suppe fehlt noch eine S. Salz, Pfeffer; übertr.: keine S. von Taktgefühl; keine S. von Müdigkeit zeigte sich bei ihm. **3. a)** *Schienenspurweite:* in diesem Land hat die Eisenbahn eine breitere S. **b)** *markierte Fahrbahn auf der Straße:* die S. wechseln; in der S. bleiben; die Straße hat dre[i] Spuren. **c)** *korrekter Geradeauslauf eines Wagens:* die S. des Autos ist nicht in Ordnung, stimmt nicht; der Wagen hält nicht die S.; beim Bremsen gerät der Wagen aus der S. ∗ (ugs.:) **eine heiße Spur** *(ein für die Aufklärung eines Verbrechens wichtiger Anhaltspunkt)* (ugs.:) **keine Spur;** (ugs.:) **nicht die Spur** *(überhaupt nicht[s])* · **jmdn. auf die** [**richtige**] **Spur bringen** *(jmdm. Hinweise geben, die ihm weiterhelfen)* · **jmdm., einer Sache auf die Spur kommen** *(herausfinden, was jmd. tut; etwas aufdecken)* · **auf der richtigen/falschen Spur sein** *(etwas Richtiges/Falsches vermuten)* · **in jmds. Spuren treten; in jmds. Spuren wandeln** *(jmds. Vorbild folgen).*

spuren: 1. ⟨etwas spurt⟩ *etwas hält genau die Spur:* der Wagen spurt einwandfrei; der Schi spurt nicht gut. **2.** (ugs.) *sich gut einfügen; einordnen:* wenn er nicht spurt, wird er entlassen.

spüren: 1. ⟨etwas s.⟩ *verspüren, fühlen, merken:* einen Schmerz, Müdigkeit, keinen Hunger s.; spürst du schon etwas, eine Wirkung, eine Linderung?; ich spürte, wie/daß der Boden unter meinen Füßen nachgab; er spürte eine Erregung in sich aufsteigen; sie spürte die lange Bahnfahrt doch sehr *(war davon sehr ermüdet, angegriffen);* er hat sie seine Verärgerung nicht s. lassen; von Kameradschaft war dort nicht viel zu s.; das wirst du noch am eigenen Leib[e] s. *(an dir selbst erfahren).* **2.** (Jägerspr.) ⟨ein Tier s.⟩ *die Spur eines Tieres suchen, aufnehmen:* die Hunde spüren das Wild.

spurlos: *ohne eine Spur zu hinterlassen:* sein spurloses Verschwinden erregte Aufsehen; diese Erlebnisse sind nicht s. an ihr vorübergegangen; mein Schirm ist s. verschwunden.

sputen (veraltend, aber noch landsch.) ⟨sich s.⟩: *sich eilen:* es ist schon spät, wir müssen uns s.

Staat, der: **1.** *politische Organisation eines Volkes; Staatsgebilde, Staatswesen:* ein selbständiger, unabhängiger, souveräner, neutraler, friedliebender S.; benachbarte Staaten; die sozialistischen Staaten; S. und Kirche; einen S. im Staate bilden; einen neuen S. aufbauen; den S. schützen, verteidigen; einen S. anerkennen; im Interesse, zum Wohl des Staates; er war eine Stütze des Staates; etwas von Staats wegen verfügen. **2.** (ugs.) *kostbare, festliche Kleidung:* sie trug ihren feinsten S., hatte ihren ganzen, gesamten S. angelegt, erschien in vollem S. * (ugs.:) **etwas ist ein [wahrer] Staat** *(etwas ist großartig, eindrucksvoll)* · (ugs.:) **viel Staat machen** *(großen Aufwand treiben)* · (ugs.:) **mit etwas Staat machen** *(mit etwas prahlen, angeben)* · (ugs.:) **nur zum Staat** *(nur um Eindruck zu machen, nicht zum Gebrauch):* der Flügel steht nur zum S. da.

Stab, der: *Stange, Stock:* der S. des Hirten; ein S. aus Eisen, Holz; die Stäbe des Gitters, am Käfig sind verbogen; der Dirigent hob den S. *(Taktstock);* hast du ein Stäbchen (ugs.; *eine Zigarette*) für mich?; Sport: er hatte beim ersten Sprung die Latte mit dem S. gerissen. * (geh.:) **den Stab über jmdn. brechen** *(jmdn. verdammen, völlig verurteilen).*

Stab, der: *Gruppe verantwortlicher Mitarbeiter:* der wissenschaftliche, technische S. eines Betriebes; ein S. von Mitarbeitern; der General kam mit seinem ganzen S.; ein Offizier vom S.; er wurde zum S. [des Regiments] versetzt.

stabil: a) *haltbar, fest:* ein stabiler Schrank; die Stühle sind sehr s.; das Haus ist s. gebaut. **b)** *widerstandsfähig, kräftig:* eine stabile Gesundheit; sie ist nicht sehr s. **c)** *beständig, dauerhaft:* eine stabile Regierung; die Währung ist s.

Stachel, der: *stechende Spitze:* die Stacheln des Brombeerstrauchs, der Kakteen; die Stacheln des Igels; der S. *(das Stechorgan)* einer Biene, Wespe; der S. war tief eingedrungen; er versuchte den S. herauszuziehen, zu entfernen; übertr. (geh.): der S. *(Anreiz, treibende Kraft)* des Ehrgeizes; den S. *(das Quälende)* der Reue, des Zweifels, des erlittenen Unrechts spüren. * (geh.:) **wider den Stachel löcken** *(sich gegen etwas sträuben; widerspenstig sein).*

stach[e]lig: *voller Stacheln:* ein stacheliger Kaktus, Zweig; eine stachelige Frucht; ein stacheliges Tier; sein Bart war ganz s.; übertr.: stachelige *(spitze, schnippische)* Reden.

Stadium, das: *Entwicklungsstufe; Stand:* die Verhandlungen sind in ein neues S. getreten.

Stadt, die: *größere geschlossene Siedlung:* eine kleine, große, schöne, malerische, häßliche, übervölkerte, verkehrsreiche S.; die S. Köln; die S. hat sich in letzter Zeit sehr verändert; eine S. besuchen, besichtigen; eine S. gründen, aufbauen; im Zentrum, am Rande einer S. wohnen; die Bürger, Einwohner, Bewohner einer S.; im Weichbild der S. *(im eigentlichen Stadtgebiet);* er hielt sich nicht lange in den Mauern unserer S. (geh.; *in unserer Stadt*) auf; vor den Toren (geh.; *außerhalb*) der S.; sie kommt, stammt aus der S.; die Leute aus der S.; in die S. ziehen; in die S. (ugs.; *in die City, ins Einkaufszentrum*) gehen, um einzukaufen; er ist in S. und Land *(überall)* bekannt; übertr.: die ganze S. *(alle Einwohner der Stadt)* war auf den Beinen; er arbeitet bei der S. (ugs.; *bei einer städtischen Behörde*).

städtisch: a) *die Stadt, die Stadtverwaltung betreffend; zur Stadt gehörend:* städtische Beamte, Behörden, Verkehrsmittel, Bauten; städtische Anlagen; die Schule ist s.; das Altersheim wird s. verwaltet. **b)** *nach Art der Städter; nicht ländlich:* die städtische Lebensweise; ihr Benehmen, ihre Kleidung ist s.; sie kleidet sich s.

staffeln: 1. a) *stufenweise ordnen, abstufen:* Preise, Gebühren, Steuern s.; das Gehalt der Beamten ist nach Dienstjahren gestaffelt. **b)** ⟨etwas staffelt sich⟩ *etwas stuft sich ab, ist stufenweise geordnet:* die Beamtengehälter staffeln sich. **2.** ⟨etwas s.⟩ *stufenweise hintereinander aufstellen, anordnen:* die Armee, die Abwehr (der Mannschaft) war tief gestaffelt.

Stahl, der: *schmiedbares Eisen:* legierter, rostfreier, hochwertiger S.; S. ausglühen, härten, walzen, schmieden, anlassen (fachspr.; *elastisch, zäh machen*), vergüten (fachspr.; *härten und zäh machen*); die Masse ist hart wie S.; bildl.: er hat Nerven aus S., wie S. *(hat gute Nerven);* übertr. (geh.): getroffen, durchbohrt vom tödlichen S. *(Dolch, Schwert)*, sank er nieder.

stählen ⟨etwas, sich s.⟩: *abhärten, kräftigen, widerstandsfähig machen:* er hat seinen Körper, seine Muskeln, sich durch Sport gestählt.

stählern: *aus Stahl:* stählerne Waffen, Ketten; das stählerne Gerüst des Hochbaues; bildl.: stählerne *(sehr harte, kräftige)* Muskeln, Arme; sein stählerner *(unbeugsamer, starker)* Wille.

Stall, der: **1.** *Raum für Tiere, Vieh:* zu dem Haus gehören mehrere Ställe [für Kühe, Pferde]; die Wohnung sah aus wie ein S. (ugs.; *war sehr schmutzig*), war der reinste S. (ugs.; *war schmutzig, verfallen, dunkel*); einen S. anbauen; den S. säubern, ausmisten; Redensart: das Pferd wittert den S. *(jmd. ist froh, daß er bald nach Hause kommt und die Anstrengung ein Ende hat);* die Pferde aus dem S. holen; die Kühe in den S. treiben; bildl. (ugs.): den S. müssen wir mal tüchtig ausmisten *(hier müssen wir Ordnung schaffen).* **2.** (ugs.) *Rennstall, Gestüt:* dieser S. nimmt an dem Rennen nicht teil; das Pferd stammt auch aus seinem S.; übertr. (ugs.): die drei ersten Rennwagen kommen alle aus demselben S. *(von derselben Firma).* * (ugs.:) **das beste Pferd im Stall** *(der tüchtigste Mitarbeiter).*

Stamm, der: **1.** *Baumstamm:* ein schlanker, dicker, knorriger S.; der S. der Eiche war hohl; einen S. schälen, zersägen; eine Hütte aus rohen Stämmen; Sprichw.: der Apfel fällt nicht weit vom S. *(jmd. ist in den negativen Anlagen den Eltern sehr ähnlich).* **2.** *Volksstamm; Geschlecht:* die germanischen Stämme; er war der Letzte seines Stammes; sie waren eines Stammes [und Geschlechts] (geh.). **3.** (Landw.) *bestimmter Tierbestand:* ein S. Bienen; er verkaufte einen S. Hühner *(Hahn und Hennen).* **4.** *fester Bestand; Grundstock:* der S. einer Belegschaft, eines Heeres; das Haus hat einen [festen] S. von Gästen, Besuchern; der Spieler gehört zum S. der Mannschaft. **5.** (Sprachw.) *Wortstamm:* S. und Flexionsendung eines Wortes, Verbs. **6.** (ugs.) *Stammessen:* der S. ist heute besonders zu empfehlen; bringen sie mir bitte einen S. * (ugs.; scherzh.:) **vom Stamme Nimm sein** *(gerne alles nehmen, was man bekommen kann).*

stammeln: 1. ⟨etwas s.⟩ *undeutlich, stockend hervorbringen:* er stammelte verlegen eine Entschuldigung; sie stammelte ein paar Worte, die ich nicht verstand. **2.** (Med.) *bestimmte Laute, Lautverbindungen fehlerhaft sprechen:* das Kind, der Patient stammelt.

stammen: a) ⟨mit Raumangabe⟩ *seinen Ur-*

sprung, seine Herkunft haben: er stammt aus Bayern, aus einer alten Familie; die Pflanze stammt aus Amerika; woher stammt eigentlich dieses Wort, diese Sitte? **b)** ⟨etwas stammt aus etwas/von jmdm.⟩ *etwas rührt aus etwas, von jmdm. her:* die Urkunde stammt aus dem 13. Jahrhundert; der Schmuck stammte aus dem Besitz ihrer Familie; das Haus stammt noch von meinen Großeltern.

stämmig: *kräftig, fest gebaut; untersetzt:* ein stämmiger Junge; ein stämmiger Körper, Wuchs; ein stämmiges Pferd; der Sportler ist sehr s., ist s. gebaut.

stampfen: **1. a)** ⟨mit etwas s.⟩ *heftig, schwer auftreten:* er stampfte [vor Zorn, Ungeduld] mit dem Fuß; das Pferd stampfte mit seinen Hufen [auf die Erde]. **b)** ⟨mit Raumangabe⟩ *sich stampfend fortbewegen:* durch den Schnee, übers Feld s.; er stampfte durchs Zimmer, daß die Möbel wackelten. **c)** ⟨etwas s.⟩ *durch Stampfen angeben, deutlich machen:* er stampfte [mit dem Fuß, mit beiden Füßen] den Takt zum Tanz. **2.** ⟨etwas stampft⟩ **a)** *etwas arbeitet mit regelmäßigen, wuchtigen Stößen:* die Maschinen, Motoren stampften; subst.: er hörte das Stampfen der Maschinen. **b)** (Seemannsspr.) *etwas bewegt sich in der Längsrichtung heftig auf und nieder:* das Schiff stampfte. **3.** ⟨etwas s.⟩ **a)** *durch Stoßen zerkleinern:* Kartoffeln [zu Brei] s.; etwas zu Pulver s.; sie stampfte die Gewürze in einem Mörser. **b)** *feststampfen:* Lehm, Sand [mit den Füßen] s. * **etwas aus dem Boden stampfen** *(etwas hervorzaubern, aus dem Nichts hervorbringen).*

Stand, der: **1.** *das Stehen:* er hatte auf dem schmalen Gerüst keinen guten, sicheren S.; er sprang aus dem S. *(ohne Anlauf);* übertr.: er hat bei seinem/gegen seinen Vorgesetzten einen schweren, harten, keinen leichten S. *(kann sich bei ihm nur schwer durchsetzen, behaupten).* **2. a)** *Standplatz:* der S. des Jägers, Schützen, Beobachters; die Pferde waren noch in ihren Ständen *(Boxen).* **b)** *Verkaufsstand, Bude:* jeder Händler hat [in der Halle, auf dem Markt] seinen festen S.; er besuchte auf der Messe die Stände verschiedener Firmen, Verlage. **3. a)** *Stellung, Höhe:* der S. des Mondes, der Sterne [am Himmel]; er prüfte den S. des Wassers [im Dampfkessel], des Thermometers; er richtete sich nach dem S. der Sonne. **b)** *Lage, Situation; Zustand, Verfassung:* der S. der Geschäfte, des Wettkampfs, des Spiels; der neu[e]ste S. der Forschung; der augenblickliche S. der Aktien, der Papiere ist gut, zufriedenstellend; den S. seines Vermögens überprüfen; bei diesem S. der Dinge würde ich das nicht empfehlen; der Wagen ist gut im Stand[e]/in gutem Stand[e] *(ist in gutem Zustand);* das setzt mich in den S. *(ermöglicht es mir),* die Reise doch noch zu machen; hier wurde nach dem heutigen, neu[e]sten S. der Forschung verfahren. **4.** *Berufsstand, Gesellschaftsschicht:* der geistliche, weltliche S.; die niederen, höheren, gebildeten Stände; der S. der Arbeiter; bitte Name und S. *(Familienstand)* angeben; er ist ein Mann von [vornehmem, hohem] S. (veraltend). * (geh.:) **in den Stand der [heiligen] Ehe treten** *(heiraten).*

standhaft: *fest beharrend; unerschütterlich:* ein standhafter Mensch; er war, blieb s. trotz aller Versuchungen; sie ertrug s. ihr Unglück.

standhalten: **1.** ⟨jmdm., einer Sache s.⟩ *erfolgreich widerstehen; aushalten:* den Angriffen des Gegners [nur mühsam] s.; er hat allen Versuchungen standgehalten; die Brücke hielt jeder Belastung stand; ⟨auch ohne Dativ⟩ die Truppen hielten stand, bis die Verstärkung kam. **2.** ⟨etwas hält einer Sache stand⟩ *etwas kann vor etwas bestehen:* diese Behauptungen halten einer näheren Prüfung nicht stand.

ständig: *dauernd, fortwährend:* sein ständiger Aufenthalt, Wohnsitz; seine ständige Wohnung, Anschrift; sein ständiges Einkommen; ein ständiger Ausschuß; eine ständige Ausstellung; er ist [ein] ständiges Mitglied der Gesellschaft, Körperschaft; er stand unter ständigem Druck; sie leben in ständiger Feindschaft; wir haben s. Ärger mit ihm; der Verkehr auf den Straßen wächst s., nimmt s. zu. * (verhüll.:) **ständiger Begleiter** *(Liebhaber, fester Freund).*

Standpauke ⟨in der Wendung⟩ jmdm. eine Standpauke halten (ugs.): *jmdm. Vorwürfe machen, ins Gewissen reden.*

Standpunkt, der: **1.** (selten) *Beobachtungsplatz, Standort:* der erhöhte S. bot eine gute Aussicht; von diesem S. aus kannst du alles beobachten. **2.** *Einstellung, Meinung, Auffassung:* ein richtiger, vernünftiger, falscher, überwundener S.; dieser S. ist doch längst überholt; jmdm. seinen S. darlegen, erklären; jmds. S. begreifen, verstehen; du vertrittst einen S., den ich nicht teile; er hat sich (Dativ) deinen S. zu eigen gemacht; es kommt ganz auf den S. an; er steht auf dem S., stellt sich auf den S., daß er dazu nicht verpflichtet sei; er beharrt auf seinem S., geht von seinem S. nicht ab, ist von seinem S. nicht abzubringen; vom S. des Arbeiters aus ist diese Forderung verständlich. * (ugs.:) **jmdm. den Standpunkt klarmachen** *(jmdm. gründlich die Meinung sagen).*

Stange, die: **1.** *langer Stab aus Holz oder Metall:* eine lange, dicke, dünne S.; die Würste hingen an, auf einer S.; die Tänzerinnen übten an der S. *(dem Übungsgerät für das Ballett);* die Hühner sitzen auf ihren Stangen; er stieß den Kahn mit der S. ab; übertr. (ugs.; abwertend): sie ist eine lange, dürre S. *(große, dünne Person).* **2.** *stangenförmiges Gebilde:* eine S. Zimt, Lakritze; eine S. *(mehrere stangenförmig verpackte Schachteln)* Zigaretten; Schwefel in Stangen. **3.** (Jägerspr.) **a)** *Stamm des Geweihs von Hirsch und Rehbock:* die Stangen tragen die Enden und die Krone des Geweihs. **b)** *Schwanz von Fuchs und Wolf.* * (ugs.:) **eine Stange Geld** *(viel Geld)* · (ugs.:) **eine Stange angeben** *(sehr prahlen)* · (ugs.:) **jmdm. die Stange halten** *(jmdn. in Schutz nehmen, für ihn eintreten)* · (ugs.:) **jmdn. bei der Stange halten** *(jmdn. veranlassen, nicht aufzugeben, bei etwas zu bleiben)* · (ugs.:) **bei der Stange bleiben** *(etwas nicht aufgeben, bei etwas bleiben)* · (ugs.:) **von der Stange** *(nicht nach Maß gearbeitet):* sie kauft alles, ihre Kleider von der S.

stänkern: **1.** (scherzh.) *die Luft verpesten:* er stänkert mit seiner Tabakpfeife. **2.** (ugs.) *Unfrieden stiften, Streit suchen:* er stänkert im Betrieb mit den Kollegen.

Stapel, der: *aufgeschichteter Stoß, Haufen:* ein

S. Holz, Wäsche, Bücher; der ganze S. Kisten kippte um; einen S. [auf]schichten. * (Seemannsspr.:) **etwas auf S. legen** *(mit dem Bau eines Schiffes beginnen)* · (Seemannsspr.:) **etwas läuft vom Stapel** *(ein Schiff wird zu Wasser gelassen)* · **etwas vom Stapel lassen: a)** (Seemannsspr.) *(ein Schiff zu Wasser lassen).* **b)** (ugs.) *(etwas, was komisch o. ä. wirkt, von sich geben):* er ließ eine launige Ansprache vom S.

stapeln: 1. ⟨etwas s.⟩: *zu einem Stapel aufschichten:* Bücher, Wäsche, Waren im Lager s.; er stapelte die Kisten auf einen Haufen. **2.** ⟨etwas stapelt sich⟩ *etwas häuft sich an:* die unerledigte Post stapelte sich auf seinem Schreibtisch.

stapfen ⟨mit Raumangabe⟩: *langsam, mit schweren Schritten gehen:* müde stapften sie durch den Schnee, übers Feld.

[1]Star, der: */ein Vogel/:* die Stare pfeifen, plustern sich auf.

[2]Star, der: **a)** *Film-, Bühnenstar:* ein S. der Stummfilmzeit; sie ist ein S. geworden; sie hat die Allüren eines Stars. **b)** (ugs.) *berühmte, glanzvolle Persönlichkeit:* er ist der S. seiner Partei; in der Mannschaft spielen mehrere Stars; sie war der S. des Abends.

[3]Star, der: */eine Augenkrankheit/:* er hat den S.; den S. operieren. * **grauer Star** */eine Augenkrankheit/* · **grüner Star** */eine Augenkrankheit/* · (ugs.:) **jmdm. den Star stechen** *(jmdm. die Augen über etwas öffnen).*

stark: 1. *viel Kraft besitzend, kräftig:* ein starker Mann, Bursche; ein starkes Pferd; er hat starke Muskeln, Knochen; er packte mit starken Armen zu; er rief mit starker *(lauter)* Stimme; ein starker *(leistungsfähiger)* Motor; er ist sehr, ungeheuer, unheimlich (ugs.) s.; der Junge ist groß und s. geworden; übertr.: *gefestigt, unerschütterlich:* starke Nerven; er hat einen starken Willen, Glauben; s. sein im Glauben; du mußt jetzt s. bleiben *(darfst nicht wankend werden).* **2. a)** *mächtig, zahlreich:* eine starke Partei; ein starkes Heer, Aufgebot, Gefolge; die Beteiligung war sehr s. **b)** *eine bestimmte Anzahl aufweisend:* eine etwa 50 Mann starke Bande; wie s. ist die Auflage des Buches? **3. a)** *sehr gut, tüchtig, bedeutend:* ein starker Gegner, Spieler; die Mannschaft bot eine starke Leistung; dieser Roman ist sein stärkstes Buch; in Mathematik ist er nicht sehr s.; er spielte heute besonders s. **b)** *groß, beträchtlich:* starken Eindruck machen; einen starken Einfluß ausüben; etwas findet starken Widerhall, Beifall; das ist eine starke Übertreibung, Zumutung; er ist ein starker Raucher, Esser, Trinker *(raucht, ißt, trinkt viel);* die Nachfrage war diesmal besonders s. **c)** *heftig, intensiv:* starker Regen, Frost, Wind; starke Kälte, Hitze; starke Schneefälle; ein starker Druck; starkes Licht; eine starke Erkältung; ein starker Schnupfen; er hatte starke Schmerzen; es herrschte starker Verkehr auf den Straßen; die Rauchentwicklung war so s., daß er nichts mehr sehen konnte. **4.** ⟨verstärkend⟩ *in starkem Maße, außerordentlich; sehr, viel:* s. beschäftigt, in Anspruch genommen, verschuldet sein; ein s. wirkendes Mittel; das Land ist s. besiedelt; die Blumen duften s.; es hat s. geregnet; er trinkt, raucht s.; ich habe dich s. im Verdacht, es doch getan zu haben; es geht s. auf Mitternacht (ugs.; *ist bald Mitternacht*); er ist s. in den Vierzigern (ugs.; *weit über vierzig Jahre*). **5. a)** *dick, umfangreich:* starke Mauern, Bretter, Sohlen; starkes Tuch, Papier, Garn; starke Äste; etwas mit starken Stricken festbinden; Kleider für stärkere (verhüll.) Damen; diese Pappe ist [viel] zu s.; er ist in letzter Zeit etwas s. (verhüll.) geworden. **b)** *eine bestimmte Dicke, einen bestimmten Umfang aufweisend:* eine 20 cm starke Wand, Mauer; der Band, das Buch ist 500 Seiten s. **6.** *gehaltvoll, konzentriert, kräftig:* starker Kaffee, Tee; starke Zigarren; ein starkes Gift; der Schnaps ist ziemlich s., ist mir zu s. **7.** (Sprachw.) *eine bestimmte Beugungsart betreffend:* ein starkes Verb, Substantiv; die starke Beugung; dieses Verb wird s. konjugiert. * (ugs.; scherzh.:) **das starke Geschlecht** *(die Männer)* · (ugs.:) **etwas ist jmds. starke Seite** *(jmd. kann etwas besonders gut)* · (ugs.:) **den starken Mann markieren/mimen** *(sich so benehmen, als wäre man besonders stark, tüchtig)* · (ugs.:) **etwas ist ein starkes Stück;** (ugs.:) **etwas ist starker Tobak;** (ugs.:) **etwas ist stark** *(etwas ist eine Unverschämtheit, ist unerhört)* · (ugs.:) **sich für etwas stark machen** *(sich für etwas sehr einsetzen).*

Stärke, die: **1.** *Kraft:* männliche, jugendliche S.; die S. eines Mannes, eines Stieres; die S. seiner Muskeln, Arme, Fäuste; die S. *(Leistungsfähigkeit)* eines Motors; übertr.: *Festigkeit, Unerschütterlichkeit:* die S. ihres Glaubens hat ihr geholfen. **2. a)** *Macht:* die wirtschaftliche, militärische S. eines Landes; die S. einer Partei, der Gewerkschaft. **b)** *Anzahl, zahlenmäßige Größe:* die S. der Armee, Flotte wurde verringert; die Kompanie hat eine S. von hundert Mann; Angaben über die S. der einzelnen Schulklassen. **3. a)** *Grad, Größe, Intensität:* die S. des Druckes, des Lichtes; die S. der Empfindung, der Leidenschaft; die S. der Beteiligung ließ nach; **b)** *Heftigkeit:* die S. des Sturmes, der Regenfälle; die S. des Verkehrs nahm zu; der Lärm nahm an S. zu; es war ein Orkan von ungeheurer S. **4.** *besondere Fähigkeit; Vorteil:* die entscheidende S. dieses Spielers ist seine Schnelligkeit; Mathematik ist nicht seine S. *(in Mathematik ist er nicht besonders begabt);* darin zeigt sich, liegt die S. der Mannschaft. **5.** *Dicke, Durchmesser:* die S. der Mauern, Balken; die S. des Papiers, des Leders, des Stoffes; die S. eines Seiles, Kabels; die S. eines mittleren Baumes, Astes, Stammes; die S. der Scheibe beträgt etwa 2 cm; Fäden in verschiedener S., in verschiedenen Stärken; Bretter von verschiedener S. **6.** *Gehalt, Konzentration:* die S. des Kaffees, Alkohols, Giftes; die S. der Säure wurde bestimmt, kontrolliert, gemessen. **7. a)** *pflanzlicher Vorratsstoff:* S. aus Kartoffeln, Reis, Weizen; die S. wird durch Gärung in Zucker verwandelt. **b)** *Stärkemittel:* Wäsche, den Kragen mit S. behandeln.

stärken: 1. ⟨sich s.⟩ *sich durch Essen, Trinken erfrischen:* nach dem langen Marsch stärkten sie sich [durch einen/mit einem Imbiß]. **2.** ⟨etwas stärkt jmdn., etwas⟩ *etwas kräftigt, festigt jmdn., etwas:* der Schlaf, die Gebirgsluft hat ihn gestärkt; das tägliche Training stärkte ihren Körper; sie nahm ein stärkendes Mittel; Redensart: Arbeit stärkt die Glieder; übertr.: diese Nachricht stärkt sein Selbstgefühl. **3.** ⟨etwas s.⟩ *mit Stärke steif machen:* Wäsche, Kragen und Manschetten s.; das Hemd ist gestärkt. * (ugs.:) **jmdm. den Rücken/das Rückgrat stärken** *(jmdn. moralisch unterstützen, ihm Mut machen, beistehen).*

starr: 1. *steif, unbeweglich, unelastisch:* starre Seide; das Papier ist zu s.; meine Finger sind s. vor Kälte, Frost; der Tote lag s. auf der Bahre; vor Schrecken, Entsetzen, Staunen stand sie s. da *(konnte sie sich nicht bewegen).* **2.** *unbewegt, stier:* mit starrem Blick, mit s. geöffneten Augen sah sie auf den Toten; er blickte s. vor sich hin. **3.** *nicht abwandelbar:* starre Gesetze, Regeln; ein starres Prinzip; sein starrer *(unbeugsamer)* Sinn; die beiden Teile sind s. miteinander verbunden.

starren: 1. ⟨mit Raumangabe⟩ *mit starrem Blick schauen:* in die Luft, ins Wasser, ins Dunkle s.; alle starrten erstaunt, [wie] gebannt auf den Fremden; ihre Augen starrten ins Leere; ⟨jmdm. s.; mit Raumangabe⟩ er starrte ihr ins Gesicht. **2.** ⟨mit Raumangabe⟩ *herausragen, emporragen:* aus allen Fenstern starrten Gewehrläufe; die kahlen Äste starrten in den Himmel. **3.** ⟨vor/von etwas s.⟩ *von etwas ganz bedeckt, voll sein:* er, seine Kleidung, das Zimmer starrte vor Schmutz; von Waffen s.

starrsinnig (abwertend): *eigensinnig, unbeugsam:* ein starrsinniger alter Mann; sein Vater war sehr s.; s. beharrte er auf seiner Meinung.

Start, der: **1.a)** *das Starten:* ein gelungener, geglückter, mißglückter S.; sein S. war nicht besonders gut, glücklich; erst der dritte S. gelang, klappte (ugs.); er hatte einen guten S.; den S. üben, trainieren; nach, vor dem S.; sein Pferd führte vom S. an; er gab mit seiner Pistole das Zeichen zum S.; übertr.: er hatte bei seiner Arbeit einen schlechten S. *(Anfang).* **b)** *Stelle, von der aus gestartet wird; Startlinie:* die Läufer versammelten sich am S., gingen an den S.; der Titelverteidiger war nicht am S. *(nahm nicht am Wettkampf teil).* **2.a)** *Abflug:* der S. des Flugzeugs verzögert sich; der S. der Rakete glückte, war mißglückt; den S. verzögern, verschieben, verbieten, untersagen, freigeben. **b)** *Startplatz:* das Flugzeug rollte zum S. * (Sport:) **fliegender Start** *(Start aus der Bewegung heraus).*

starten: 1. *den Wettlauf, das Rennen, die Fahrt beginnen:* zur letzten Etappe s.; die Läufer, Pferde, Rennwagen starten [zur gleichen Zeit]; der Titelverteidiger wird morgen nicht s. *(wird nicht am Wettkampf teilnehmen).* **2.** *abfliegen:* unser Flugzeug startet um 11 Uhr, ist pünktlich gestartet; wir konnten wegen des Nebels nicht s. **3.** ⟨etwas s.⟩ *in Gang setzen; abfahren, abfliegen lassen:* eine Rakete, einen Satelliten, die Maschine s.; du kannst den Motor schon s. *(anlassen);* übertr. (ugs.): *beginnen:* ein neues Unternehmen, eine Expedition s.

Station, die: **1.** *Haltestelle; Bahnstation:* wie heißt die nächste S.?; wieviel Stationen sind es noch, müssen wir noch fahren?; der Zug hält nicht auf/an jeder S.; auf/bei der nächsten S. müssen wir aussteigen, umsteigen; kath. Rel.: die vierzehn Stationen *(Haltepunkte)* des Kreuzweges; übertr.: die wichtigsten Statio nen *(Abschnitte)* seines Lebens. **2.** *Kranken-hausabteilung:* die chirurgische, innere S.; au welcher S. liegt der Patient?; er wurde auf S. verlegt. **3.** *Beobachtungs-, Sendestelle:* eine meteorologische S.; eine S. am Nordpol errichten er ist der Leiter dieser S., arbeitet auf dieser S. das Programm wird von einer anderen S. gesendet. * **freie Station haben** *(freie Unterkun und Verpflegung haben)* · **Station machen** *(sic während einer Reise für kurze Zeit aufhalten).*

statt: 1. ⟨Präp. mit Gen.⟩ *an Stelle:* s. seine Freundes kam sein Bruder; er kam s. meiner sie trug ein Kopftuch s. eines Hutes (hoch sprachlich nicht korrekt: s. einem Hut); ic dachte, er würde arbeiten, s. dessen lag er in Bett; ⟨mit Dativ, wenn der Gen. formal nich zu erkennen ist oder wenn ein weiteres starke Substantiv im Gen. Sing. hinzutritt⟩ s. Hüte trägt sie Kopftücher. **2.** ⟨Konj.⟩ *anstatt; un nicht:* er legte sich ins Bett, s. zu arbeiten/(ver altend:) s. daß er arbeitete; er gab das Gel mir s. ihm; die Nachricht ist an mich s. a dich gekommen.

Statt ⟨nur in bestimmten Wendungen⟩ **a jmds. Statt** *(an jmds. Stelle):* mein Brude kommt an meiner S. · **an Eides Statt** *(wie wen man vereidigt worden wäre)* · (Kaufmannsspr.: **an Zahlungs Statt** *(an Stelle einer Zahlung)* **jmdn. an Kindes Statt annehmen** *(jmdn. adop tieren).*

Stätte, die (geh.): *Stelle, Platz, Ort:* eine gast liche, ungastliche, geweihte, heilige, historische denkwürdige S.; eine S. der Erholung, de Grauens; er mußte die liebgewordene S., di S. seines Wirkens verlassen; er besuchte di Stätten seiner Kindheit.

stattfinden ⟨etwas findet statt⟩: *etwas geh vonstatten, wird veranstaltet:* die Aufführung findet heute abend, erst morgen, in der Aula statt die Versammlung hat stattgefunden; (nich korrekt: die stattgefundene Versammlung).

stattgeben (Papierdt.) ⟨einer Sache s.⟩: *etwa bewilligen, erfüllen:* man hat dem Antrag statt gegeben; sie wollte seiner Bitte nicht s.

statthaft ⟨in der Verbindung⟩ etwas ist nich statthaft: *etwas ist verboten, nicht gestattet:* da Eingreifen der Polizei war nicht s.

stattlich: a) *hochgewachsen, von großer, kräfti ger Statur:* ein stattlicher Mann; er ist ein stattliche Erscheinung; er ist, wirkt recht s **b)** *ansehnlich, imponierend, bemerkenswert:* ei stattliches Gebäude, Haus; er besitzt ein stattliche Sammlung von Gemälden, Brief marken; sie hat eine stattliche Summe in Lotto gewonnen; die Anzahl der Gäste wa recht s. [geworden].

statuieren ⟨in der Wendung⟩ [an jmdm., mi etwas] ein Exempel statuieren (bildungsspr.) *ein abschreckendes Beispiel geben.*

Statur, die: *Gestalt, Wuchs:* eine untersetzte mittlere, kleine, große S.; er hat die S. seine Vaters; er ist von kräftiger S.

Staub, der: *aus feinsten Teilchen bestehend Substanz, pulverförmiger Schmutz:* feiner, dichter, dicker, heller, grauer, radioaktiver S.; de S. der Straße; mir ist S. in die Augen geflogen überall lag S. [auf den Sachen]; der S. ist in die Poren gedrungen; der Wind wirbelt de

S. auf; der Regen hat den S. weggespült; wir mußten viel S. einatmen, schlucken; den S. von den Möbeln entfernen, wischen, saugen; hast du schon S. gewischt?; er war völlig mit S. bedeckt; alles war von S. bedeckt; die Pflanzen waren grau von S. * **den Staub von den Füßen schütteln** *(eine Stadt o. ä. [für immer] verlassen)* · (ugs.:) **Staub aufwirbeln** *(Unruhe schaffen, Aufregung bringen)* · (ugs.:) **sich aus dem Staub[e] machen** *(sich rasch und heimlich entfernen)* · (geh.; veraltend:) **jmdn., etwas in den Staub/durch den Staub ziehen, zerren** *(jmdn., etwas verunglimpfen)* · (geh.; veraltend:) **vor jmdm. im Staub kriechen**; (geh.; veraltend:) **sich vor jmdm. in den Staub werfen** *(sich jmdm. unterwerfen)* · (geh.; verhüll.:) **[wieder] zu Staub werden** *(sterben)*.

stauben ⟨etwas staubt⟩: *etwas gibt Staub von sich:* die Straße staubte; bei dieser Trockenheit staubt es sehr.

stäuben: a) ⟨etwas stäubt⟩ *etwas zerstiebt in kleinste Teilchen, wirbelt wie Staub umher:* sie fuhren so rasch, daß der Schnee stäubte; der Springbrunnen stäubte [auf den Parkweg]. **b)** ⟨etwas s.⟩ *etwas Pulverförmiges über etwas streuen, verteilen:* sie stäubte Mehl auf das Kuchenblech, Staubzucker über den Kuchen.

staubig: *mit Staub bedeckt, voll Staub:* die staubigen Schuhe, Kleider abbürsten; sie vermieden die staubige Straße; hier ist es sehr s.

stauen: 1. a) ⟨etwas s.⟩ *am Weiterfließen hindern, sich ansammeln lassen:* das Wasser des Flusses, einen Fluß s.; Med.: der Arzt hat das Blut durch Abbinden der Vene gestaut. **b)** ⟨sich s.⟩ *sich ansammeln, ins Stocken geraten:* überall staute sich das Wasser; an den Brückenpfeilern hat sich das Eis gestaut; die Menschenmenge staute sich in den Straßen, vor dem Tor; übertr.: der Zorn, Ärger hatte sich in ihm gestaut. **2.** (Seemannsspr.:) *seefest verladen, unterbringen:* Ladung, Warenballen s.

staunen: *sich sehr wundern, sich beeindruckt, verwundert zeigen:* er staunte, daß sie schon da war; ich staune, wie schnell du das geschafft hast; über ihn, über diese Leistung kann man nur s.; da staunst du [wohl]! *(das hättest du nicht gedacht, erwartet);* Redensart (ugs.): da staunt der Laie [und der Fachmann wundert sich] *(das hätte man nicht erwartet);* die staunenden Zuschauer, Kinder; sie sahen staunend zu; subst.: ein grenzenloses Staunen stand ihm im Gesicht; Staunen erregen, hervorrufen; er kam aus dem Staunen nicht mehr heraus; er nahm es mit Staunen zur Kenntnis. * (ugs.:) **Bauklötze[r] staunen** *(sehr staunen)*.

stechen: 1. a) ⟨jmdn., sich s.⟩ *durch einen Stich verletzen:* eine Wespe, Biene hat ihn gestochen; sich [an den Dornen, mit der Nadel] s. **b)** ⟨mit Raumangabe⟩ *irgendwo hineinstechen:* er stach [mit dem Messer] mehrmals in den Strohsack; ⟨jmdm./(auch:) jmdn., sich in etwas s.⟩; die Wespe stach ihr/sie ins Bein; ich habe mir/mich in den Finger gestochen. **c)** ⟨jmdm., sich etwas in etwas s.⟩ *etwas durch einen Stich hervorrufen:* er hat ihr Löcher [für die Ohrringe] in die Ohrläppchen gestochen. **d)** ⟨nach jmdm. s.⟩ *durch einen Stich zu verletzen suchen:* er hat in seiner Wut [mit dem Messer] nach ihm gestochen. **2.** *die Fähigkeit haben, mit einem Stich zu verletzen:* Disteln stechen; sei vorsichtig, die Biene sticht!; übertr.: die Sonne stach *(schien unangenehm heiß);* adj. Part.: *in unangenehmer Weise durchdringend:* stechende Augen, ein stechender Blick; ein stechender Geruch. **3.** ⟨ein Tier s.⟩ *ein Tier durch einen Stich töten:* Schweine, Kälber s. **4.** ⟨etwas s.⟩ *durch Stechen loslösen, herauslösen:* Rasen, Torf s.; sie ging in den Garten, um Spargel zu s. **5.** ⟨etwas in etwas s.⟩ *einritzen, gravieren:* ein Bild in Kupfer, in Stahl s.; sie schreibt wie gestochen *(sehr sauber und gleichmäßig)*. **6.** *(Kartenspiel)* ⟨[etwas] s.⟩ *durch eine höhere Karte an sich bringen:* er hat das As gestochen; er sticht mit Trumpf; Herz sticht. **7.** (Sport) *einen Wettkampf bei gleicher Leistung nach einer bestimmten Wettkampfordnung entscheiden:* weil drei Reiter ohne Fehler blieben, muß gestochen werden; subst.: er kam ins Stechen. **8.** *die Stechuhr betätigen:* er vergaß heute morgen zu s. **9.** ⟨etwas sticht in etwas⟩ *etwas geht in einen andern Farbton über:* ihr Haar, diese Farbe sticht ins Rötliche. **10.** ⟨es sticht jmdn./jmdm. in etwas⟩ *jmd. verspürt an einer bestimmten Stelle einen schmerzhaften Stich:* es sticht mich/mir in der Seite, im Rücken; adj. Part.: sie hatte stechende *(heftige, stichartige, bohrende)* Schmerzen in der Brust; subst.: er spürte ein Stechen *(einen stechenden Schmerz)* in der Seite. * **in See stechen** *(aufs Meer hinausfahren, den Hafen verlassen)* · (ugs.:) **in ein Wespennest stechen** *(eine heikle Angelegenheit berühren)* · (ugs.:) **jmdm. den Star stechen** *(jmdm. die Augen über etwas öffnen)* · (ugs.:) **etwas sticht jmdm. ins Auge/in die Augen/in die Nase** *(etwas gefällt jmdm. so sehr, daß er es haben möchte)* · (ugs.:) **jmdn. sticht der Hafer** *(jmd. ist [zu] übermütig)* · (ugs.:) **wie von der Tarantel gestochen** *(plötzlich; wie besessen):* wie von der Tarantel gestochen, sprang er auf · (ugs.:) **das ist nicht gehauen und nicht gestochen** *(das ist nichts Richtiges, nichts Halbes und nichts Ganzes)* · (ugs.:) **auf Hauen und Stechen** *(bis zum Äußersten)*.

[1]**stecken,** steckte, gesteckt: **1.** ⟨etwas s.; mit Raumangabe⟩ *etwas irgendwohin tun, hinein-, daran-, darauf-, darunterschieben:* die Kerze auf den Leuchter s.; den Schlüssel ins Schloß, ins Schlüsselloch, das Schwert in die Scheide, den Stecker in die Steckdose s.; einen Brief in den Umschlag s.; die Hände in die Tasche s.; stecke nicht immer den Finger in den Mund!; er steckte den Kopf ins Wasser; er hat den Brief in den [Brief]kasten gesteckt *(eingeworfen);* der Vogel steckt den Kopf unter die Flügel; ⟨auch: jmdn. in etwas s.⟩ sie steckte den Jungen ins Bett (fam.; *brachte ihn zu Bett*); der Tobsüchtige mußte in eine Zwangsjacke gesteckt werden; er wurde ins Gefängnis gesteckt (ugs.; *eingesperrt*); ⟨jmdm., sich etwas s.; mit Raumangabe⟩ er steckte ihr den Ring an den Finger; ich mußte mir Watte in die Ohren s.; sie steckte sich eine Blume ins Haar; er hat sich eine Zigarette ins Gesicht gesteckt (ugs.; scherzh.). **2. a)** ⟨etwas s.⟩ *mit Nadeln zusammenhalten:* den Saum s.; das Kleid ist nur gesteckt; sie hat ihr Haar in die Höhe, zu einem Knoten gesteckt. **b)** ⟨etwas an etwas s.⟩ *mit einer Nadel o. ä. an etwas befestigen, anheften:* sie steckte die Blume, Brosche an das Kleid; ⟨jmdm., sich etwas an etwas s.⟩

er hat sich das Edelweiß an den Hut gesteckt. **3.** ⟨etwas s.⟩ *zum Keimen in die Erde bringen:* Erbsen, Bohnen, Rüben, Pflanzen s.; habt ihr die Kartoffeln schon gesteckt? * **sich** (Dativ) **ein Ziel stecken** *(sich etwas Bestimmtes vornehmen)* · **etwas in Brand stecken** *(etwas anzünden)* · **etwas in etwas stecken** *(etwas in etwas investieren, anlegen):* er hat schon manche Summe, viel Geld in dieses Unternehmen gesteckt · (ugs.:) **jmdm. etwas stecken** *(jmdm. etwas heimlich mitteilen)* · (ugs.:) **es jmdm. stecken** *(jmdm. die Meinung sagen)* · (ugs.:) **den Kopf in den Sand stecken** *(eine Gefahr nicht sehen wollen, sich der Realität entziehen)* · (ugs.:) **die/seine Nase in etwas stecken** *(sich um etwas kümmern, was einen nichts angeht; sehr neugierig sein)* · (ugs.:) **die/seine Nase in ein Buch stecken** *(eifrig in einem Buch lesen, lernen)* · (ugs.:) **etwas in die eigene Tasche stecken** *(etwas für sich behalten, unterschlagen)* · (ugs.:) **jmdn. in die Tasche stecken** *(jmdm. sehr überlegen sein)* · (ugs.:) **sich** (Dativ) **etwas hinter den Spiegel stecken können** *(etwas beherzigen müssen)* · (ugs.:) **sich hinter jmdn. stecken** *(sich von jmdm. helfen lassen)* · (ugs.:) **sich hinter etwas stecken** *(sich um etwas kümmern, sich einer Sache annehmen).*

[2]**stecken,** steckte/(geh.:) stak, gesteckt: **1.** ⟨mit Raumangabe⟩ *sich in etwas befinden, an einer bestimmten Stelle festsitzen, befestigt sein:* der Ring steckt am Finger; die Brosche steckt an deinem Kleid; der Braten steckt am Spieß, auf dem Spieß; der Schlüssel steckt im Schloß; das Buch hat ihnter dem Schrank gesteckt; die Kugel steckte/stak noch in der Wunde; das Messer steckt in der Scheide; der Pfahl steckt [fest] in der Erde; er hat, läßt immer die Hände in den Taschen s.; seine Füße steckten/staken in Pantoffeln *(er trug Pantoffeln);* das Kind steckt (ugs.; *liegt)* schon im Bett; die Zeichnung hat zwischen den Büchern gesteckt; wo steckt (ugs.; *ist)* denn der Junge schon wieder?; ⟨auch absolut⟩ der Schlüssel steckt *(ist nicht abgezogen);* übertr.: in dem Aufsatz steckt viel Arbeit *(es wurde viel Arbeit, Mühe darauf verwendet);* in der Arbeit stecken *(sind)* viele Fehler; wir stekken noch mitten in der Arbeit *(haben noch sehr viel zu tun);* in ihm scheint eine Krankheit zu s. *(er scheint krank zu werden).* **2.** ⟨etwas steckt; mit Artangabe⟩ *etwas ist voll von etwas, bedeckt mit etwas:* das Kleid steckt noch voller Nadeln; übertr.: die Arbeit steckt voller Fehler *(in der Arbeit sind viele Fehler);* er steckt voller Witz, Einfälle, Bosheit *(er ist sehr witzig, einfallsreich, boshaft).* * (ugs.:) **in jmdm. steckt etwas** *(jmd. ist begabt, befähigt)* · (ugs.:) **etwas steckt noch in den Kinderschuhen** *(etwas ist noch im Anfangsstadium)* · (ugs.:) **nicht in jmds. Haut stecken mögen** *(nicht an jmds. Stelle, in jmds. Lage sein mögen)* · (ugs.:) **tief/bis über die/bis über beide Ohren in Schulden stecken** *(völlig verschuldet sein)* · (ugs.:) **mit jmdm. unter einer Decke stecken** *(mit jmdm. insgeheim die gleichen schlechten Ziele verfolgen).*

Stecken, der (landsch.): *Stock:* er hat die Kühe mit einem S. auf die Weide getrieben. * (ugs.:) **Dreck am Stecken haben** *(sich etwas haben zuschulden kommen lassen).*

steckenbleiben: 1. *festsitzen, sich nicht weiterbewegen können:* der Wagen ist [im Schnee, in Schlamm] steckengeblieben; wir sind unter wegs steckengeblieben; ⟨jmdm. bleibt etwa stecken; mit Raumangabe⟩ die Gräte ist ihm im Hals steckengeblieben. **2.** (ugs.) *nicht weiter sprechen können, den Faden verlieren:* er ist [in seinem Vortrag] einige Male steckengeblieben * (ugs.:) **etwas bleibt jmdm. im Hals stecken** *(jmd. kann etwas nicht über die Lippen bringen)* (ugs.:) **jmdm. bleibt der Bissen im Hals stecken** *(jmd. erschrickt sehr [so daß er nicht weiter essen kann]).*

steckenlassen ⟨etwas s.⟩: *etwas an der Stelle, an der es steckt, belassen:* er ließ den Schlüssel stekken; laß dein Geld nur stecken! (ugs.; *ich bezahle für dich).*

Steckenpferd: 1. */ein Kinderspielzeug/:* die Kinder reiten auf dem S. **2.** *Liebhaberei, Hobby:* sein S. ist Briefmarkensammeln.

Stecknadel, die: *Nadel mit Kopf:* die S. ins Nadelkissen stecken; eine Schleife mit Stecknadeln anheften, befestigen. * **so still sein, daß man eine Stecknadel fallen hören kann** *(so still sein daß nicht das geringste zu hören ist)* · **etwas is so voll, daß keine Stecknadel zu Boden/zur Erde fallen kann** *(etwas ist sehr voll, überfüllt)* (ugs.:) **jmdn., etwas wie eine Stecknadel suchen** *(jmdn., etwas lange überall suchen)* · (ugs.:) **eine Stecknadel im Heuhaufen/im Heuschober suchen** *(etwas Aussichtsloses beginnen, tun).*

Steg, der: **1. a)** *schmale Brücke:* über den Bach führte ein S.; das Boot legte am S. *(Landungssteg)* an. **b)** (veraltet) *Weg, Pfad:* alle Stege waren verschneit. **2.** */Teil eines Saiteninstruments/:* die Saiten des Cellos laufen über den S * **Weg und Steg** *(alle Wege; die ganze Gegend)* er kennt hier Weg und S.

Stegreif ⟨in der Verbindung⟩ aus dem Stegreif: *ohne Vorbereitung, ohne vorherige Probe:* er hielt seine Rede aus dem S.

stehen: 1. a) *sich in aufrechter Haltung, Stellung [auf den Füßen] befinden:* gerade, aufrecht, hoch aufgerichtet, krumm, schief, gebückt, breitbeinig, bequem, [stock]steif, unbeweglich, still, reglos, wie angewurzelt, auf den Zehenspitzen, in straffer Haltung s.; sie standen dicht gedrängt, in Reih und Glied, wie eine Mauer; das Kind kann schon [allein] s.; er stand etwas abseits; Sport: der Stürmer stand abseits *(in Abseitsstellung)* · sie stand am Ufer; der Schrank steht an der Wand; wir standen lange an der Haltestelle, im Regen; in der Straßenbahn, während der Fahrt mußten wir s. *(hatten wir keinen Sitzplatz);* die Flaschen stehen im Schrank, die Bücher im Regal; er war froh, wieder auf festem Boden, auf sicherem Grund zu s.; er hat/(südd.:) ist auf der Leiter gestanden; wenn die Bank noch unter dem Baum stünde/(auch:) stände ...; viele Neugierige standen um den Verunglückten; er stand unter der Dusche; er trägt diesen Hut, wo er geht und steht *(wo immer er sich aufhält);* so wahr ich hier stehe */Beteuerungsformel/;* er steht den ganzen Tag an der Maschine *(arbeitet im Stehen an der Maschine);* sie konnte vor Müdigkeit kaum noch [auf den Füßen] s.; nach dem Sturz kam er glücklich wieder auf die Füße zu s.; subst.: das lange Stehen ermüdet; er muß seine Arbeit im Stehen erledigen; ⟨jmdm., sich s.; mit Raumangabe⟩ du stehst mir im Weg; du stehst dir [selbst] im Licht. **b)** ⟨etwas steht; mit Umstandsangabe⟩ *etwas ist vorhanden, erbaut, errichtet, hingestellt, gewachsen:* das Haus steht schon lange, steht leer, steht unbenutzt; das Getreide steht dieses Jahr gut; im letzten Jahr standen hier noch Bäume; in dieser Fabrik stehen die modernsten Maschinen; der Teller, das Glas, das Essen, der Wein steht auf dem Tisch; der Wagen steht geschützt, unter einem Baum, Dach; er hat einen großen Schrank, Ofen im Zimmer stehen (nicht korrekt: zu stehen). **2.** ⟨mit Raumangabe⟩ *sich befinden, sein:* der Feind steht an der Grenze; er steht auf der Höhe seines Ruhms; er steht im dritten Dienstjahr, in einem Amt; er steht im Rang über ihm; er steht vor großen Aufgaben, Schwierigkeiten; du stehst auf der falschen Seite *(hast dich für die falsche Partei entschieden);* wo steht er denn? (landsch.; *wo ist er beschäftigt?*); die Sonne steht [hoch] am Himmel; auf den Straßen stand das Wasser; weite Gebiete standen unter Wasser *(waren überflutet);* hast du noch etwas [Geld] auf deinem Konto s.?; der Artikel steht auf der ersten Seite, in der Zeitung; was steht auf dem Programm?; davon steht nichts in dem Vertrag; das Gericht steht nicht auf der Speisekarte; das steht schon in der Bibel geschrieben; die Mannschaft steht jetzt [in der Tabelle] auf dem zweiten Platz; der Weltrekord steht auf 9,9 Sekunden; in ihren Augen standen Tränen; ein grenzenloses Staunen stand in seinem Gesicht (geh.; *zeigte sich auf seinem Gesicht*); ⟨jmdm. steht etwas; mit Raumangabe⟩ Schweißtropfen standen ihm auf der Stirn; Schaum stand ihm vor dem Mund. **3.** ⟨etwas steht⟩ *etwas steht still, ist nicht in Bewegung, in Betrieb:* er wartete, bis die Maschine, der Wagen, der Motor, das Rad stand; deine Uhr steht ja; subst.: endlich konnte das Pferd, das Auto zum Stehen gebracht werden; adj. Part.: stehendes *(nicht fließendes)* Wasser, Gewässer; eine stehende *(unverändert wiederkehrende)* Redensart. **4.a)** ⟨etwas steht; mit Artangabe⟩ *etwas weist einen bestimmten Stand auf:* die Flut steht hoch; das Wasser stand sehr niedrig; das Spiel steht 2 : 1, unentschieden; die Sache steht nicht gut. **b)** ⟨es steht mit jmdm., mit etwas/um jmdn., um etwas; mit Artangabe⟩ *es ist in bestimmter Weise um jmdn., um etwas bestellt:* es steht nicht zum besten mit ihm, mit seiner Gesundheit; es steht schlecht um ihn, um seine Geschäfte; ⟨auch ohne Präpositionalobjekt⟩ wie steht's? (ugs.; *wie geht es dir?*). **c)** ⟨etwas steht, mit Raumangabe⟩ *etwas ist in eine bestimmte Richtung gerichtet, ist in einer bestimmten Stellung:* der Wind steht nach Norden; der Zeiger steht auf zwölf; das Barometer steht heute auf „veränderlich"; die Rauchfahne stand senkrecht in die Höhe. **5)** (ugs.) ⟨etwas steht vor etwas⟩ *etwas ist so mit etwas bedeckt, getränkt o. ä., daß es ganz steif ist:* die Hose steht ja vor Schmutz; das Hemd steht vor Stärke. **6.** ⟨etwas steht jmdm.⟩ *etwas kleidet jmdn., paßt zu jmdm.:* das Kleid steht dir schlecht, nicht [besonders]; wie steht mir der Hut?; die Farbe stand ihr besonders gut zu Gesicht. **7.** ⟨etwas steht bei jmdm.⟩ *etwas hängt von jmdm. ab, ist in jmds. Ermessen gestellt:* die Entscheidung darüber steht [ganz] bei Ihnen; es steht bei dir, anzunehmen oder abzulehnen; ob wir gleich fahren oder noch warten, steht bei dir. **8.** ⟨auf etwas steht etwas⟩ *etwas wird mit etwas geahndet, bestraft:* auf Mord steht in vielen Ländern die Todesstrafe; auf ein solches Verbrechen steht Gefängnis. **9.a)** ⟨zu jmdm. s.⟩ *jmdm. beistehen, zu jmdm. halten:* in Notzeiten zu jmdm. s.; er steht auch jetzt noch zu ihm. **b)** ⟨zu etwas s.⟩ *etwas einhalten:* du mußt zu deinem Versprechen, zu deinem Wort s. **10.a)** ⟨zu jmdm., zu etwas s.; mit Artangabe⟩ *eine bestimmte Einstellung zu jmdm., zu etwas haben:* wie stehst du denn zu ihm, zu dieser Sache, Angelegenheit? **b)** ⟨sich mit jmdm. s.; mit Artangabe⟩ *ein bestimmtes Verhältnis zu jmdm. haben:* er steht sich nicht besonders gut mit seiner Schwiegermutter. **11.** (ugs.) ⟨sich s.; mit Artangabe⟩ *in bestimmten Verhältnissen sein:* er steht sich gut, er steht sich auf 2000 Mark monatlich *(verdient 2000 Mark)*. **12.** (ugs.) ⟨auf jmdn., auf etwas s.⟩ *für jmdn., für etwas eine besondere Vorliebe haben; jmdn., etwas besonders mögen, schätzen:* sie steht immer noch auf Walzer; er steht besonders auf blonde Frauen, auf Blond. **13.** (ugs.) ⟨etwas steht⟩ *etwas ist fertig, abgeschlossen:* die Aufführung steht; die Rede, der Aufsatz muß bis morgen s. **14.** (geh.) ⟨es steht; mit Infinitiv mit „zu" und abhängigem Gliedsatz⟩ *man muß, darf, kann mit erwas rechnen:* es steht zu fürchten, daß er den Eingriff nicht überlebt; es steht zu hoffen, daß alles planmäßig verläuft. **15.** (Skispringen) ⟨etwas s.⟩ *einen Sprung stehend zu Ende bringen:* der beste Springer stand [einen Sprung von] 96 Meter; er konnte den Sprung nicht s. **16.** /häufig verblaßt/: er steht mit seiner Meinung allein; auf dem Boden der Tatsachen s. *(realistisch sein);* der Akkusativ steht *(folgt)* auf die Frage „wen?" oder „was?"; seine Worte stehen stellvertretend für die Meinung vieler; hier müssen alle für einen s. *(einstehen);* es stand Behauptung gegen Behauptung, Meinung gegen Meinung *(die Behauptungen, Meinungen waren gegensätzlich);* mit jmdm. in Briefwechsel, Verbindung, Fühlung s. *(mit jmdm. Briefwechsel, Verbindung, Fühlung haben);* ich werde tun, was in meiner Kraft, in meinen Kräften steht *(werde mein möglichstes tun);* er steht im, in dem Verdacht *(wird verdächtigt)*, gestohlen zu haben; er steht in keinem guten Ruf *(hat keinen guten Leumund);* etwas steht noch in seinen Anfängen *(ist noch im Anfangsstadium);* etwas steht im, in Einklang mit etwas *(stimmt mit etwas überein);* etwas steht im, in Widerspruch zu etwas *(etwas widerspricht einer Sache);* bei jmdm. in hohem Ansehen, in jmds. Gunst s. *(von jmdm. sehr geschätzt werden);* im Dienst einer guten Sache s. *(sich für etwas Gutes einsetzen);* bei jmdm. im Dienst, in jmds. Dienst[en] s. (veraltend; *bei jmdm. angestellt sein);* die Vernunft steht über allem *(hat den höchsten Rang);* er steht über den Dingen, über der Sache *(ist darüber erhaben);* er glaubt hoch über allen andern zu s. *(glaubt mehr zu sein als die andern);* der Kessel steht unter Druck *(ist einem von innen wirkenden Druck ausgesetzt);* er steht sehr unter Druck *(ist in großer Bedrängnis);* etwas steht unter Strafe *(wird bestraft);* er stand unter dem Schutz der Polizei *(wurde von ihr beschützt);* sie standen unter seinem Befehl *(wurden von ihm befehligt);* er steht sehr unter ihrem Einfluß *(wird sehr von ihr beeinflußt);* er stand unter dem Einfluß einer Droge, von Alkohol *(war der Wirkung einer Droge, von Alkohol ausgesetzt);* die Veranstaltung stand unter dem Motto ... *(hatte das Motto ...);* unter Anklage, vor Gericht s. *(vor Gericht angeklagt sein);* jmdm. zur Verfügung s. *(von jmdm. in Anspruch genommen, gebraucht werden können);* etwas steht zur Diskussion, zur Debatte *(wird in einer Diskussion, in einer Debatte erörtert);* etwas steht zur Wahl *(wird zur Auswahl angeboten);* das Haus steht schon mehrere Wochen zum Verkauf *(wird schon mehrere Wochen zum Kauf angeboten).* * **etwas kommt jmdn.**/(seltener:) **jmdm. teuer zu stehen** *(etwas hat für jmdn. üble Folgen)* · **das steht auf einem anderen Blatt** *(das gehört nicht in diesen Zusammenhang)* · **etwas steht und fällt mit jmdm., mit etwas** *(etwas ist auf jmdn., auf etwas angewiesen)* · (ugs.:) **jmdm. stehen die Haare zu Berge** *(jmd. ist sehr erschrocken, entsetzt)* · **jmdm. steht der Sinn nach etwas** *(jmd. ist zu etwas aufgelegt, hat Lust zu etwas)* · (ugs.:) **das Wasser steht jmdm. bis zum Halse** *(jmd. steckt in hohen Schulden, ist in großen Geldschwierigkeiten)* · (geh.:) **etwas steht jmdm. zu Gebote** *(etwas steht jmdm. zur Verfügung)* · **am Pranger stehen** *(öffentlich angeprangert werden)* · (ugs.:) **auf dem Sprunge stehen** *(im Begriff sein)* · **etwas steht auf des Messers Schneide** *(etwas kann sich so oder so entscheiden)* · **auf einer/auf der gleichen Stufe stehen** *(den gleichen Rang haben, gleichwertig sein)* · **auf verlorenem Posten stehen** *(in aussichtsloser Lage sein)* · **etwas steht auf dem Spiel** *(etwas ist in Gefahr)* · **auf festen Füßen stehen** *(eine sichere Grundlage haben)* · **auf eigenen Füßen/Beinen stehen** *(wirtschaftlich unabhängig sein)* · **mit beiden Füßen/Beinen [fest] auf der Erde stehen** *(die Dinge realistisch sehen; lebenstüchtig sein)* · **mit jmdm. auf freundschaftlichem/gutem Fuße stehen** *(mit jmdm. ein freundschaftliches, gutes Verhältnis haben)* · **etwas steht auf schwachen/schwankenden**/(ugs.:) **wackligen/tönernen Füßen** *(etwas ist nicht sicher, nicht gut begründet)* · **etwas steht außer Frage** *(etwas ist ganz gewiß)* · **hinter jmdm. stehen** *(auf jmds. Seite sein und ihm beistehen)* · **etwas steht hinter etwas** *(etwas wird von etwas bestimmt, getragen):* hinter diesem Ausspruch steht eine ganze Philosophie · **hoch im Kurs stehen** *(sehr geschätzt sein)* · **mit einem Fuß im Grabe stehen** *(dem Tode sehr nahe sein, in einer gefährlichen Lage sein)* · (ugs.:) **sein, wie jmd., etwas im Buch[e] steht** *(etwas ganz typisch sein)* · **etwas steht in Blüte** *(etwas blüht)* · **etwas steht in Flammen** *(etwas brennt)* · **etwas steht in den Sternen** *(etwas ist noch völlig ungewiß)* · (geh.:) **[tief] in jmds. Schuld stehen** *(jmdm. sehr zu Dank verpflichtet sein)* · (ugs.:) **bei jmdm. in der Kreide stehen** *(bei jmdm. Schulden haben)* · (ugs.:) **sich** (Dativ) **die Beine in den Bauch stehen** *(sehr lange stehen und warten)* · (geh.:) **etwas steht unter einem guten/glücklichen/[un]günstigen Stern** *(etwas nimmt einen guten/glücklichen/[un]günstigen Verlauf)* · (ugs.:) **unter dem Pantoffel stehen** *(von der Ehefrau beherrscht werden)* · **etwas steht jmdm. vor Augen** *(etwas ist jmdm. deutlich in Erinnerung)* · **jmdm. [mit Rat und Tat] zur Seite stehen** *(jmdm. helfen, beistehen)* · **jmdm. Rede und Antwort] stehen** *(alle Fragen beantwortend sich rechtfertigen)* · **seinen Mann stehen** *(sich b währen, tüchtig sein)* · **Wache/Posten steh** *(Wachdienst haben)* · (ugs.:) **[bei etwas] Schmie stehen** *(bei etwas Unerlaubtem aufpassen u warnen, wenn jmd. kommt)* · **[jmdm.] Mod stehen** *(Modell eines Künstlers sein)* · **Schlang stehen** *(anstehen; sich in einer Reihe aufstell und darauf warten, daß man abgefertigt, bedie wird)* · **bei etwas Pate gestanden haben** *(b etwas [durch sein Werk, Wirken] von Einflu gewesen sein)* · **vor dem/vor einem Nichts steh** *(alles verloren haben)* · **stehenden Fußes** *(sofort*

stehenbleiben: 1.a) *nicht mehr weitergehe sich nicht mehr fortbewegen:* er blieb erstaunt, u schlüssig, regungslos, wie angewurzelt stehe an jeder Ecke bleibt er stehen; plötzlich blie der Wagen stehen; bildl.: die Zeit blieb stehe schien stehengeblieben zu sein; übertr.: er is bei dieser Arbeit auf halbem Wege stehengeblie ben *(hat die Arbeit mittendrin abgebrochen);* w sind wir gestern stehengeblieben? *(an welche Stelle haben wir gestern das Gespräch, die Unter richtsstunde o. ä. unterbrochen?);* diese Tierart is auf einer niederen Entwicklungsstufe stehen geblieben *(hat sich nicht weiter-, höherentwi kelt).* **b)** ⟨etwas bleibt stehen⟩ *etwas bleibt nich in Betrieb, arbeitet nicht mehr weiter:* plötzlic blieben die Räder, die Maschinen, die Motore stehen; deine Uhr ist stehengeblieben. **2.** ⟨etwa bleibt stehen⟩ *etwas wird vergessen, unabsich lich stehengelassen:* hier ist ein Schirm, ein Stoc ein Koffer stehengeblieben.

stehenlassen: 1. ⟨jmdn. s.⟩ *jmdn. nicht beach ten [und fortgehen]:* sie hat ihn einfach stehen lassen/(seltener:) stehengelassen. **2.** ⟨etwas s. *etwas dort lassen, wo es ist:* sie hat die Tassen a dem Tisch stehenlassen/(seltener:) stehengelas sen; laß die Leiter stehen, ich brauche sie noch sie mußten alles stehen- und liegenlassen, u sich in Sicherheit zu bringen; den Text lasse wir an der Tafel stehen *(wischen wir nicht weg)* ⟨sich (Dativ) etwas stehenlassen⟩ er hat sic einen Bart stehenlassen (ugs.; *wachsen lassen)* **3.** ⟨etwas s.⟩ *vergessen, unabsichtlich zurück lassen:* er hat schon wieder seinen Schir stehenlassen/(seltener:) stehengelassen; über tr.: der Korrektor hat einen Fehler stehen lassen/(seltener:) stehengelassen *(übersehen).*

stehlen: 1. ⟨[etwas] s.⟩ *fremdes Eigentum widerrechtlich an sich bringen:* man sagt von ihm, da er stiehlt; er stiehlt wie ein Rabe/wie ein Elster; Sprichw.: wer lügt, der stiehlt [auch]; Redensart (ugs.): woher nehmen und nicht s.? · Geld, Waren, Schmuck s.; die Dieb haben Bilder im Wert von mehreren Millione gestohlen; die gestohlenen Gegenstände wurde wiedergefunden; übertr.: diese Ideen, Gedanken hat er [bei einem anderen] gestohlen; ⟨jmdm. etwas s.⟩ man hat ihm seine Uhr, sein Gepäck, seine Papiere gestohlen; er stahl ih einen Kuß (geh.; *küßte sie*); jmdm. die Zeit s. *(jmdn. ungebührlich lange aufhalten);* das hat mi den Schlaf gestohlen *(mich um den Schlaf gebracht).* **2.** ⟨sich s.; mit Raumangabe⟩ *sich unbemerkt fortbegeben, irgendwohin begeben:* er stahl sich aus dem Zimmer, in das Haus; übertr. (geh.): ein Lächeln stahl sich auf ihre Lippen *(erschien auf ihren Lippen);* er hat sich in ihr Herz gestohlen *(ihre Zuneigung gewonnen);* ein

Sonnenstrahl stahl sich durch die Wolken *(trat aus den Wolken hervor).* * (ugs.:) **dem lieben Gott den Tag stehlen** *(seine Zeit unnütz verbringen)* · (ugs.:) **jmdm. die Schau stehlen** *(jmdn. um die erwartete Beachtung, Wirkung bringen)* · (ugs.:) **mit jmdm. kann man Pferde stehlen** *(jmd. macht alles mit, ist ein guter Kamerad)* · (ugs.:) **jmdm. gestohlen bleiben können** *(nichts mit jmdm., mit einer Sache zu tun haben wollen).*

steif: 1. *nicht weich, nicht leicht zu biegen:* ein steifer Hut, Kragen; steifes Leinen; das Papier, der Karton, die Pappe ist s.; das gestärkte Tischtusch ist s. wie ein Brett (ugs.) **2.** *unbeweglich, starr:* ein steifer Arm, Rücken; ein steifes Bein; er hat einen steifen *(unelastischen)* Gang; durch den Zug bekam er einen steifen Hals; ihre Finger waren s. vor Kälte; mir sind die Finger s. vor Frost; der alte Mann ist völlig s. *(kann sich kaum noch bewegen);* vom langen Sitzen waren sie ganz s. geworden; er ist s. wie ein Stock (ugs.; *völlig steif, bewegungsunfähig).* **3.** *dick, zähflüssig:* eine steife Suppe; der Pudding ist zu s.; Gelee s. werden lassen; die Sahne, das Eiweiß s. schlagen. **4.** (Seemannsspr.) *stark, kräftig:* es herrschte ein steifer Wind, eine steife Brise; eine steife *(stark bewegte)* See; übertr.: ein steifer Grog. **5. a)** *förmlich, leicht gezwungen:* eine steife Begrüßung, Unterhaltung; ein steifes Benehmen; er ist ein steifer *(ungewandter, wenig entgegenkommender)* Mensch; ein steifer *(sehr förmlicher)* Empfang; seine Verbeugung war s. und förmlich; er begrüßte uns s. **b)** *nicht leger:* ein steifer Anzug; dieses Kleid, dieser Schnitt ist sehr s. * **steif und fest** *(hartnäckig):* etwas s. und fest behaupten.

steifhalten ⟨in den Wendungen⟩ (ugs.:) **die Ohren steifhalten** *(nicht den Mut verlieren)* · (ugs.:) **den Nacken steifhalten** *(sich nicht unterkriegen lassen).*

Steigbügel ⟨in der Wendung⟩ jmdm. den Steigbügel halten: *jmdm. bei seinem Aufstieg Hilfestellung geben.*

steigen: 1. ⟨mit Raumangabe⟩ **a)** *sich an einen bestimmten Ort bewegen, begeben:* auf einen Berg, auf einen Turm, auf die Leiter, auf einen Stuhl s.; aufs Fahrrad, aufs Pferd s.; der Redner stieg aufs Podium; er stieg durchs Fenster; er ist über den Zaun gestiegen; ins Auto, in den Zug, in den Omnibus s.; in den Keller s.; ins Bad, ins Bett s. (fam.; *gehen*); die Passagiere stiegen an/ans Land; die Wanderer stiegen zu Tal (geh.); bildl.: in die Kleider s. *(sich anziehen);* übertr. (ugs.): ins Examen, ins Abitur, in die Prüfung s. **b)** *aussteigen, absteigen, heruntersteigen:* aus dem Auto, dem Flugzeug, dem Zug, der Straßenbahn s.; aus der Badewanne, aus dem Bett s. (fam.; *die Badewanne, das Bett verlassen*); sie stiegen aus dem Boot; er ist aus dem Fenster gestiegen (ugs.; *hat das Haus durch das Fenster verlassen*); vom Pferd, vom Baum s.; er stieg von der Leiter. **2.** *sich aufwärtsbewegen, emporsteigen:* schnell, hoch, in große Höhen s.; Sprichw.: wer hoch steigt, fällt tief · der Ballon, die Rakete steigt; der Nebel steigt; eine Lerche steigt in die Lüfte (dichter.); das Flugzeug steigt bis auf 10000 Meter; die Kinder lassen Drachen s.; der Saft steigt [in den Bäumen]; ⟨etwas steigt jmdm.; mit Raumangabe⟩: das Blut stieg ihm in den Kopf; [Scham]röte stieg ihr ins Gesicht; der Duft stieg ihm in die Nase. **3.** ⟨etwas steigt⟩ **a)** *etwas steigt an, nimmt zu:* die Temperatur, das Fieber steigt [auf 40°]; das Barometer, Thermometer ist gestiegen; das [Hoch]wasser, die Flut, der Fluß steigt langsam, stündlich um 20 cm; die Unruhe, Spannung, das Vertrauen steigt; die Aussichten, Chancen für einen Erfolg steigen; die steigende Bedeutung dieses Wirtschaftszweiges. **b)** *etwas erhöht sich, wird größer:* der Wert der Bilder steigt; der Umsatz, das Einkommen steigt; die Kurse, die Preise, die Mieten sind [um 10%] gestiegen; die Aktien, die Papiere steigen *(ihr Wert erhöht sich);* die Zahl der Toten stieg auf 100; übertr.: die Ansprüche der Menschen steigen zunehmend. **c)** ⟨in etwas s.⟩ *an etwas zunehmen:* die Bilder stiegen im Wert, im Preis. **4.** (ugs.) ⟨etwas steigt⟩ *etwas findet statt:* die Feier wird morgen steigen. * **auf die Barrikaden steigen** *(gegen etwas angehen, Widerstand leisten)* · **etwas steigt jmdm. in den Kopf/zu Kopf: a)** *(etwas macht jmdn. betrunken):* der Wein ist ihm in den Kopf gestiegen. **b)** *(etwas macht jmdn. eingebildet):* der Erfolg ist ihm zu Kopf gestiegen · (ugs.:) **jmdm. aufs Dach steigen** *(jmdn. zurechtweisen, in die Schranken weisen)* · (Studentenspr.:) **in die Kanne steigen** *(sein Bier austrinken [müssen]* · **Treppen steigen** *(Treppen hinaufgehen):* er kann nicht mehr gut Treppen s.

steigern: 1. ⟨etwas s.⟩ *erhöhen, vergrößern:* die Anforderungen, Leistungen, das Tempo s.; die Produktion, die Erträge wurden [um 10 Prozent] gesteigert; der Hauswirt hat die Mieten gesteigert; die Auflage der Zeitung wurde auf 100000 gesteigert; die Angriffe steigerten seine Wut ins Maßlose; der Erfolg steigerte sein Selbstbewußtsein; Sprachw.: ein Adjektiv s. *(die Vergleichsformen bilden).* **2. a)** ⟨etwas steigert sich⟩ *etwas wird größer, nimmt zu:* die Angst, seine Wut, ihre Unruhe steigerte sich; die Schmerzen steigerten sich ins Unerträgliche, bis zur Unerträglichkeit; seine Leistungen steigerten sich *(wurden besser).* **b)** ⟨sich s.⟩ *besser werden:* die Mannschaft steigerte sich [in ihren Leistungen]; der Sänger steigerte sich im Laufe des Abends. **c)** ⟨sich in etwas s.⟩ *hineinsteigern:* er steigerte sich in Wut. **3.** ⟨etwas s.⟩ *ersteigern:* bei der Auktion steigerte er ein Bild, einen Barockschrank.

steil 1. a) *stark ansteigend oder abfallend:* steile Berge, Abhänge, Felswände; ein steiler Weg, Anstieg; eine steile Abfahrt; die Treppe ist sehr s.; der Weg führt s. aufwärts, s. in die Höhe; die Hänge fallen s. ab. **b)** *senkrecht:* eine steile [Hand]schrift; er schreibt sehr s.; sie richtete sich s. auf. **2.** (ugs.) *großartig:* ein steiles Erlebnis; das war eine steile Party. * (ugs.:) **ein steiler Zahn** *(ein kesses Mädchen).*

Stein, der: **1.** *Gesteinsstück:* ein runder, spitzer, flacher S.; roher, [un]behauener S.; das Brot ist hart wie S.; einen S. werfen, schleudern; ich habe einen S. im Schuh; Sprichw.: steter Tropfen höhlt den S. · Steine aufschichten, sammeln, auflesen, brechen, klopfen, behauen; der Acker ist voller Steine; eine Figur aus S. hauen, etwas in S. meißeln, hauen, graben; Sprichw.: wer [selbst] im Glashaus sitzt, soll nicht mit Steinen werfen; bildl.: er hat ein

Herz aus S. *(ist hartherzig)*. **2.** *Baustein:* gebrannte Steine; Häuser, Brücken aus S.; */als Maßangabe/:* eine zwei S. starke Mauer. **3.** *Edelstein:* echte, synthetische, geschliffene Steine; geschnittene Steine *(Gemmen);* imitierte, künstliche Steine; der S. funkelt; die Uhr läuft auf 12 Steinen; eine Uhr mit 12 Steinen. **4.** *Obstkern:* Pflaumen, Pfirsiche, Aprikosen haben Steine. **5.** *Brettspielstein:* die Steine des Mühlespiels; er hat die weißen, sein Bruder die schwarzen Steine. **6.** *steinähnliche Ablagerung im Körper:* Steine bilden sich, gehen ab; er leidet an Steinen [in der Galle]. * **der Stein der Weisen** *(die Lösung aller Rätsel)* · **der Stein des Anstoßes** *(Ursache der Verärgerung)* · (ugs.:) **der Stein kommt ins Rollen** *(eine Angelegenheit kommt in Gang)* · **kein Stein bleibt auf dem anderen** *(alles wird zerstört)* · **jmdm. fällt ein Stein vom Herzen** *(jmd. ist sehr erleichtert über etwas)* · (ugs.:) **wie ein Stein schlafen** *(tief schlafen)* · **jmdm. fällt kein Stein aus der Krone** *(jmd. vergibt sich nichts, wenn er etwas Bestimmtes tut)* · (ugs.:) **es friert Stein und Bein** *(es herrscht starker Frost)* · (ugs.:) **Stein und Bein schwören** *(etwas nachdrücklich versichern)* · (ugs.:) **den Stein ins Rollen bringen** *(eine Angelegenheit in Gang bringen)* · **jmdm. die Steine aus dem Weg räumen** *(für jmdn. die Schwierigkeiten beseitigen)* · **jmdm. Steine in den Weg legen** *(jmdm. Schwierigkeiten machen)* · (ugs.:) **bei jmdm. einen Stein im Brett haben** *(bei jmdm. gut angeschrieben sein)* · **keinen Stein auf dem anderen lassen** *(etwas völlig zerstören)* · (ugs.:) **etwas ist wie/ist nur ein Tropfen auf den/auf einen heißen Stein** *(etwas ist völlig unzulänglich, unzureichend, nutzlos)* · **jmdm. Steine geben statt Brot** *(hartherzig sein)* · (ugs.:) **weinen, daß es einen Stein erweichen könnte** *(heftig weinen)* · **über Stock und Stein** *(über alle Hindernisse hinweg):* die Fahrt ging über Stock und S.

steinern: *aus Stein:* ein steinernes Kreuz; übertr. (geh.): er hat ein steinernes *(hartes, mitleidloses)* Herz; er sah sie mit steinerner *(unbewegter)* Miene an.

steinig: *mit vielen Steinen bedeckt:* ein steiniger Weg, Acker; die Küste ist sehr s.

Stelle, die: **1.** *Ort, Platz, Bereich:* die richtige, passende S.; eine rauhe, schmerzende, entzündete S. der Haut; eine kahle S. am Kopf; eine schadhafte S. im Gewebe; diese S. muß ausgebessert werden; er hat die Sachen an die falsche S. gestellt; er blieb unentwegt auf der gleichen S. stehen; er rührte sich nicht von der S. *(blieb auf dem gleichen Platz stehen);* übertr.: das ist seine empfindliche, verwundbare S. *(in diesem Punkt ist er empfindlich, verwundbar);* mangelnde Ausdauer ist seine schwache S. *(hier liegt seine Schwäche);* seine Argumentation hat eine schwache S. *(ist in einem Punkt nicht stichhaltig);* er ist an die S. seines erkrankten Kollegen getreten *(hat seinen Platz eingenommen);* er steht an führender Stelle *(hat einen führenden Posten);* etwas an passender, unpassender S. *(im rechten, falschen Augenblick)* bemerken; ich an deiner S. hätte das anders gemacht; ich möchte jetzt nicht an seiner S. sein/stehen *(nicht seine Verantwortung haben);* sich an jmds. S. setzen *(etwas von jmds. Lage aus betrachten);* diese Sorge stand an erster S. *(galt als die wichtigste)*. **2. a)** (ugs.) *Stellung:* eine freie, offene, gutbezahlte S.; in diesem Betrieb ist eine S. [als Sekretärin] frei; sich (Dativ) eine S. suchen; eine S. finden, antreten, aufgeben, bekommen, verlieren, ausschreiben; er hat seine S. gewechselt; sie hat eine gute S.; sich um eine S. bemühen, bewerben. **b)** *Amt, Behörde:* die amtliche, maßgebende S.; eine staatliche S.; sich an höchster S. erkundigen, beschweren; sich an die zuständige S. wenden; er sitzt an einflußreicher S. (ugs.; *hat einen einflußreichen Posten inne*). **3.** *Textstelle:* eine interessante, spannende, wichtige S.; er las die entscheidende S. aus dem Brief vor; eine S. herausschreiben, zitieren; auf eine andere S. verweisen. **4.** (Math.) *Platz einer Zahl in einer Zahlenreihe:* die erste S. hinter dem Komma; die Zahl 1000 hat 4 Stellen. * **an Ort und Stelle** *(an der dafür vorgesehenen Stelle):* die ausgeliehenen Gemälde sind wieder an Ort und S. · **auf der Stelle** *(sofort)* · **zur Stelle sein** *(anwesend sein)* · **sich zur Stelle melden** *(seine Anwesenheit melden)* · (ugs.:) **nicht von der Stelle kommen** *(nicht vorwärtskommen)* · **auf der Stelle treten** *(nicht vorankommen)* · **an Stelle**/(auch:) **anstelle** *(stellvertretend für jmdn., für etwas)*.

stellen: **1.** ⟨jmdn., sich, etwas s.; mit Raumangabe⟩ *an einen bestimmten Ort aufrecht hinstellen:* sich ans Fenster, vor die Tür, unter einen Baum, neben den Stuhl, auf die Leiter, auf die Zehenspitzen, in eine Ecke s.; ich mache das nicht, und wenn du dich auf den Kopf stellst (ugs.); sie war ganz auf sich gestellt *(mußte allein für sich sorgen);* eine Vase auf den Tisch, einen Schrank an die Wand, ins Zimmer s.; sie hat den Topf aufs Feuer gestellt; der Lehrer stellte den Schüler zur Strafe in die Ecke; ⟨jmdm., sich etwas s.; mit Raumangabe⟩ sie stellte ihm einen Teller mit Obst auf den Tisch · (landsch.) ⟨sich, etwas s.⟩ wenn du besser sehen willst, mußt du dich s.; man soll diese Flaschen legen, nicht s. · */verblaßt/:* jmdn. unter Anklage s. *(vor Gericht anklagen);* jmdn. vor Gericht s. *(verklagen);* etwas unter Strafe s. *(mit Strafe bedrohen);* Strafantrag s. *(jmdn. verklagen);* einen Antrag s. *(etwas beantragen);* [jmdm.] ein Ultimatum s. *(eine Frist setzen);* etwas unter Beweis s. *(beweisen);* jmdn. vor eine Aufgabe s.; jmdm., sich eine Aufgabe s.; jmdn. vor die Entscheidung s.; eine Frage in den Mittelpunkt der Diskussion s.; er stellte sich in den Dienst der guten Sache; er stellte sich auf den Standpunkt *(vertrat die Überzeugung)*, daß ...; er hat sich zur Wahl gestellt *(sich als Kandidat zur Verfügung gestellt);* [jmdm.] jmdn., etwas zur Verfügung s. *(für eine bestimmte Zeit überlassen);* der Minister hat sein Amt zur Verfügung gestellt *(seinen Rücktritt angeboten);* er hat einen Chauffeur in Dienst gestellt *(eingestellt);* jmdn. vor ein Problem s. *(ihm eine schwierige Aufgabe zu lösen geben);* etwas zur Debatte/zur Diskussion s. *(in einer Debatte, Diskussion, erörtern);* Forderungen s. *(etwas Bestimmtes fordern);* er stellte verschiedene Bedingungen *(machte seine Zustimmung von bestimmten Voraussetzungen abhängig)*. **2.** ⟨etwas s.⟩ *aufstellen:* Netze, Fallen s. **3.** ⟨jmdn., etwas s.⟩

beschaffen, herbeischaffen: einen Ersatzmann, Schiffe, Wagen, Pferde s.; einen Bürgen, Zeugen, eine Kaution, Sicherheiten s.; er stellte *(stiftete)* den Wein für die Feier; ⟨jmdm. jmdn., etwas s.⟩ die Firma stellte ihm Wagen und Chauffeur *(stellte sie ihm zur Verfügung).* **4. a)** ⟨etwas s.; mit Umstandsangabe⟩ *einstellen:* das Radio lauter, leiser s.; den Schalter nach links, auf eins s.; den Wecker auf 5 Uhr s.; den Hebel schräg s. **b)** ⟨etwas s.⟩ *richten:* die Uhr s.; die Weichen s.; die Waage muß gestellt werden. **5.** ⟨etwas s.⟩ *aufstellen, erstellen:* eine Diagnose, eine Prognose s.; der Handwerker hat eine hohe Rechnung gestellt; ⟨jmdm. etwas s.⟩ man hat ihm ein Horoskop gestellt. **6.** ⟨sich s.; mit Artangabe⟩ *einen bestimmten Zustand vortäuschen:* sich krank, taub, schlafend, schwerhörig s.; er stellte sich dumm (ugs.; *tat, als ob er nichts wüßte*). **7.** ⟨etwas s.; mit Artangabe⟩ *einer bestimmten Temperatur aussetzen:* die Speisen, den Wein kalt s.; die Mutter hat das Essen warm gestellt. **8.** ⟨jmdn. s.⟩ *fangen, an der Flucht hindern:* die Polizei stellte den Verbrecher nach einer aufregenden Jagd; der Hund hat den Hasen gestellt. **9. a)** ⟨sich jmdm. s.⟩ *sich selbst ausliefern:* der Mörder hat sich der Polizei gestellt; ⟨auch ohne Dativ⟩ der Dieb hat sich [freiwillig] gestellt; er mußte sich [zur Musterung] s. **b)** ⟨sich s.⟩ *sich für einen sportlichen Kampf bereit halten:* der Boxer stellte sich seinem Konkurrenten [zu einem Titelkampf]. **10.** ⟨sich zu jmdm., zu etwas s.; mit Artangabe⟩ *einstellen:* wie wirst du dich zu dem neuen Kollegen, zu dieser Sache s.? **11.** (ugs.) ⟨etwas stellt sich auf etwas⟩ *etwas hat einen bestimmten Preis:* der Teppich stellt sich auf 1000 Mark; der Preis stellt sich höher als erwartet. **12.** ⟨etwas s.⟩ *inszenieren:* eine Szene s.; gestellte Bilder; diese Szene ist gestellt *(einstudiert).* * (ugs.): **jmdm. ein Bein stellen: a)** *(sich jmdm. so in den Weg stellen, daß er fällt oder stolpert):* er stellte einem Mitschüler ein Bein, so daß er hinfiel. **b)** *(jmdn. durch eine bestimmte Handlung zu Fall zu bringen suchen):* er suchte seinem Kollegen ein Bein zu s. · **jmdm. eine Falle stellen** *(jmdn. zu überlisten suchen)* · (ugs.:) **jmdn. an die Wand stellen** *(jmdn. standrechtlich erschießen)* · **jmdn., etwas an den Pranger stellen** *(jmdn., etwas anprangern)* · (ugs.:) **etwas auf die Beine stellen** *(etwas in bewundernswerter Weise zustande bringen)* · **etwas auf die/auf eine harte Probe stellen** *(etwas übermäßig beanspruchen)* · **jmdn. auf die Probe stellen** *(jmds. Charakterfestigkeit prüfen)* · (ugs.:) **etwas auf den Kopf stellen: a)** *(etwas umkrempeln, das Unterste zuoberst kehren).* **b)** *(etwas verdrehen)* · (ugs.:) **sich auf die Hinterbeine stellen** *(sich weigern, sich widersetzen)* · **etwas in Abrede stellen** *(etwas abstreiten, bestreiten)* · **etwas in Frage stellen** *(etwas anzweifeln)* · **etwas stellt etwas in Frage** *(etwas gefährdet etwas, macht etwas ungewiß)* · **etwas in Rechnung stellen** *(etwas berücksichtigen, einkalkulieren)* · **sich in Positur stellen** *(eine gekünstelte, würdevolle Haltung einnehmen)* · **sich jmdm. in den Weg stellen** *(ihn aufzuhalten suchen)* · **jmdm. etwas in Aussicht stellen** *(jmdm. etwas versprechen, zusagen)* · **jmdn., etwas in den Schatten stellen** *(jmdn., etwas weit übertreffen)* · **jmdn. unter Kuratel stellen** *(jmdn. unter Vormundschaft stellen)* · **sein Licht [nicht] unter den Scheffel stellen** *(seine Leistungen, Verdienste [nicht] aus Bescheidenheit verbergen)* · **jmdm., sich etwas vor Augen stellen** *(jmdm. etwas deutlich zeigen; jmdm., sich etwas klarmachen)* · **jmdn. vor die vollendete Tatsache/vor vollendete Tatsachen stellen** *(jmdm. etwas erst mitteilen, wenn es nicht mehr zu ändern ist)* · **jmdn. zur Rede stellen** *(jmdn. auf etwas hin ansprechen und Auskunft von ihm verlangen)* · **etwas zur Schau stellen** *(etwas ausstellen, öffentlich zeigen)* · **sich vor jmdn. stellen** *(jmdn. in Schutz nehmen)* · **sich hinter jmdn. stellen** *(jmds. Partei ergreifen)* · (ugs.:) **gut/schlecht gestellt sein** *(in einer guten, schlechten wirtschaftlichen Lage sein)* · (ugs.:) **sich gut mit jmdm. stellen** *(jmds. Sympathie zu gewinnen trachten).*

Stellung, die: **1.** *Haltung:* eine natürliche, zwanglose, [un]bequeme S.; eine hockende S. einnehmen; das Modell wechselte mehrmals seine S.; in gebückter, kniender S. verharren (geh.). **2.** *Stand, Position:* die S. der Sterne, Gestirne; die S. der Planeten zur Sonne; die S. der Weichen, der Schalter verändern. **3. a)** *Posten, Amt:* eine offene, freigewordene, gute, schlechte, gutbezahlte, einflußreiche S.; diese S. sagt ihm nicht zu; eine S. suchen, finden, annehmen, aufgeben, antreten, verlieren, behalten; er hat häufig seine S. gewechselt; das Vorkommnis kostete ihn seine S.; eine hohe S. bekleiden (geh.), innehaben (geh.); eine S. ausschreiben; sie hat eine S. als Sekretärin; jmdm. eine S. anbieten, nachweisen; er ist schon einige Zeit ohne S.; für eine bestimmte S. [un]geeignet sein; er ist in eine leitende, führende, verantwortungsvolle S. aufgerückt, aufgestiegen; sie ist seit einiger Zeit [bei uns] in S. (ugs.; *hat eine Arbeit [bei uns] angetreten*); sie will in S. gehen (ugs.; *eine Stelle annehmen*); sich nach einer anderen, neuen, passenden S. umsehen; sich um eine S. bewerben, bemühen (geh.). **b)** *Rang, Position:* die gesellschaftliche, soziale S.; seine S. verbot es ihm, an dieser Veranstaltung teilzunehmen; die S. der Stadt als zentraler Handelsplatz/ (geh.:) als eines zentralen Handelsplatzes; er muß auf seine S. in der Gesellschaft Rücksicht nehmen; er befindet sich in [un]abhängiger, untergeordneter, exponierter (bildungsspr.) S. **4.** *von Militär besetzter Frontabschnitt, Verteidigungsstützpunkt:* eine befestigte, [un]gedeckte, gut getarnte, vorgeschobene, rückwärtige S.; die eigenen, feindlichen Stellungen; die S. besetzen, halten, verlassen, wechseln, stürmen, nehmen; sie haben ihre S. behauptet, verteidigt; neue Stellungen beziehen; den Gegner aus seiner S. vertreiben; in S. gehen *(sich postieren);* die Polizisten brachten Wasserwerfer in S. *(fuhren sie auf).* * **zu etwas Stellung nehmen** *(seine Meinung zu etwas sagen)* · **für jmdn., für etwas/gegen jmdn., gegen etwas Stellung nehmen** *(sich für oder gegen jmdn. oder etwas aussprechen)* · **Stellung beziehen** *(einen bestimmten Standpunkt einnehmen).*

Stellungnahme, die: *Meinungsäußerung:* eine klare, eindeutige S.; sich seine S. vorbehalten; eine S. zu etwas, gegen etwas; er wollte sich einer S. enthalten.

stemmen: 1. ⟨etwas s.⟩ *etwas Schweres in die*

Höhe heben: Gewichte, Hanteln [in die Höhe] s.; er hat 100 Kilo gestemmt. **2.** ⟨sich, etwas s.; mit Raumangabe⟩ *mit großer Kraft gegen etwas drücken; aufstützen:* sich gegen die Wand, gegen die Tür s.; sie stemmte die Arme in die Seite, in die Hüften; die Hände, die Ell[en]bogen auf den Tisch s. **3.** ⟨etwas s.⟩ *etwas mit einem Stemmeisen o. ä. hervorbringen:* ein Loch [in die Wand, in die Mauer] s. **4.** ⟨sich gegen etwas s.⟩ *sich widersetzen; sich gegen etwas wehren:* er stemmte sich gegen alle Pläne, gegen die herannahende Gefahr.

Stempel, der: **1.** *kräftiger Stützpfosten:* die Decke ist durch Stempel abgestützt. **2.a)** *Prägestock:* einen S. anfertigen, herstellen, schneiden [lassen] *(herstellen [lassen]);* den S. auf den Briefumschlag drücken. **b)** *Abdruck des Stempels:* ein runder S.; der S. der Firma, einer Behörde; der Brief trägt den S. vom 1. Januar, des heutigen Tages (geh.); die Briefmarken sind durch einen S. entwertet; der Brief, das Dokument ist mit Unterschrift und S. versehen. **c)** *Silberstempel:* der Ring, das Schmuckstück hat, trägt einen S. **3.** *Zeichen, Kennzeichen:* seine Arbeiten tragen den S. des Genies; er hat diesem Werk seinen S. aufgedrückt (geh.; *hat ihm seine Eigenart aufgeprägt*).

stempeln: 1. ⟨etwas s.⟩ *mit einem Stempel versehen:* Briefe, Postkarten, Formulare s.; die Briefmarken sind gestempelt *(durch einen Stempel entwertet);* die Bestecke sind [800] gestempelt *(tragen den Silberstempel 800).* **2.** ⟨jmdn. zu etwas s.⟩ *jmdn. als jmdn. kennzeichnen:* jmdn. zum Lügner, Verbrecher, Hanswurst s.; sein Verhalten stempelte ihn zum Verräter. **3.** (ugs.) *Arbeitslosenunterstützung beziehen:* er stempelt schon seit 3 Monaten, wird wohl bald wieder s. gehen.

Stengel, der: *Stiel:* ein schlanker, dünner, dicker, biegsamer S.; die Blüten sitzen auf langen Stengeln. * (scherzh.:) **fast vom Stengel fallen** *(sehr überrascht sein):* als er von der Geschichte hörte, fiel er fast vom S.

sterben: 1.a) *aufhören zu leben:* plötzlich, unerwartet, jung, hochbetagt, ruhig, sanft, schwer, leicht, einsam, verlassen, elend, arm, eines unnatürlichen, gewaltsamen Todes (geh.) s.; er mußte früh s.; er ist in der Blüte seiner Jugend (geh.) gestorben; er starb als guter Christ; er ist an einem Herzschlag, an den Folgen eines Unfalls gestorben; daran, davon stirbt man nicht (ugs.; *das ist gar nicht so schlimm*); sie starb aus Gram (geh.) über den Tod ihres Kindes; er ist durch Mörderhand (geh.), durch die Hand des Henkers (geh.) gestorben; im Krankenhaus, auf dem Operationstisch, zu Hause, auf dem Schlachtfeld *(im Kampf)*, in den Armen seiner Frau s.; das Kind ist bei der Geburt gestorben; sie ist mit 70 Jahren/im Alter von 70 Jahren gestorben; er starb über seiner Arbeit; bildl. (geh.): die sterbende Natur; ⟨jmdm. s.⟩ ihm ist gestern die Frau gestorben · subst.: im Sterben liegen *(mit dem Tode ringen);* Redensart: das ist zum Leben zuwenig, zum Sterben zuviel. **b)** ⟨für jmdn., für etwas s.⟩ *sein Leben hingeben:* für das Vaterland, für eine Idee, für seinen Glauben s. **c)** ⟨etwas s.⟩ *in bestimmter Weise sterben:* er ist einen leichten, schweren, qualvollen Tod gestorben. **2.** (ugs.) ⟨vor etwas s.⟩ *von etwas sehr bedrängt werden:* sie starben vor Lange[r]weile/vor Heimweh, vor Hunger sie wollte vor Angst fast s. * (dichter.:) **tausend Tode sterben** *(in großer Angst sein)* (geh.; veraltend:) **Hungers sterben** *(verhungern)* · (geh.:) **in den Sielen sterben** *(mitten in der Arbeit vom Tode ereilt werden)* · (ugs.:) **zum Sterben** *(sehr):* es war zum S. langweilig.

Sterbenswörtchen, das ⟨in der Verbindung⟩ kein Sterbenswörtchen (ugs.): *überhaupt nichts* er hat kein S. von seinem Vorhaben gesagt, verraten, erzählt.

sterblich: 1. *dem Tode unterworfen:* der sterbliche Leib; alle Lebewesen sind s.; subst (dichter.): die Sterblichen *(die Menschen).* **2** (ugs.) *sehr, über die Maßen:* sich s. blamieren langweilen; er war s. verliebt. * (geh.; verhüll.: **die sterbliche Hülle; die sterblichen Überrest** *(jmds. Leichnam).*

Sterblichkeit, die: *Anzahl der Sterbefälle:* die S. nimmt zu, ab; die S. der Kinder ist groß man bemühte sich, die S. einzudämmen.

Stern, der: **1.** /*ein Himmelskörper*/: ein heller leuchtender, funkelnder, kleiner, blasser, goldener (dichter.) S.; ein neuer S. *(Nova);* Astron. ein S. erster, zweiter, dritter Größe; die Sterne des nörlichen, südlichen Himmels · die Erde ist ein S.; die Sterne stehen am Himmel, blinken flimmern, funkeln, glänzen, glitzern, leuchten scheinen, strahlen; die Sterne gehen auf, unter ein neuer Stern wurde entdeckt; die Stern beobachten, betrachten; der Himmel ist mit Sternen übersät (geh.); auf diesem S. (dichter. *auf der Erde*); er liest in den Sternen *(such durch Sterndeutung die Zukunft zu erforschen)* übertr.: *Berühmtheit, gefeierter Künstler:* di Sterne der Oper, des Theaters; er ist der neu S. am Filmhimmel. **2.a)** *sternförmiges [Rang] abzeichen:* silberne, goldene Sterne auf den Schulterstücken. **b)** *Sternform, Sternzeichen:* am Christbaum hängen silberne Sterne; das Pferd hat einen S. *(eine sternförmige Blesse);* Stern aus Marzipan, aus Lebkuchen; ein Hotel mit drei Sternen *(Gütezeichen in Sternform);* Kognak mit drei Sternen; ein S., Sternchen verweist auf eine Fußnote. * **die Sterne vom Himmel holen wollen** *(Unmögliches erreichen wollen* · **jmdm./für jmdn. die Sterne vom Himmel holen** *(alles für jmdn. tun)* · (geh.:) **jmds. Stern geht auf/ist im Aufgehen** *(jmd. ist auf dem Wege, bekannt, berühmt zu werden)* · (geh.:) **mit jmdm geht ein neuer Stern auf** *(jmd. tritt als Könne auf einem Gebiet hervor)* · (geh.:) **jmds. Stern sinkt/ist im Sinken** *(jmds. Beliebtheit ist im Schwinden begriffen)* · (geh.:) **ein/jmds. guter Stern** *(jmds. freundliches Geschick):* dein guter Stern hat dich vor diesem Abenteuer bewahrt · **etwas steht in den Sternen** *(etwas ist noch völlig ungewiß)* · (geh.:) **etwas steht unter einem guten/glücklichen/[un]günstigen Stern** *(etwas nimmt einen guten/glücklichen/[un]günstigen Verlauf)* · (geh.:) **unter einem guten/glücklichen/günstigen Stern geboren sein** *(Glück haben)* · (geh.:) **nach den Sternen greifen** *(nach etwas Unerreichbarem streben)* · (dichter.:) **unter fremden Sternen** *(in der Fremde, fern der Heimat).*

stetig: *gleichmäßig andauernd:* eine stetig

Entwicklung; eine s. steigende Bedeutung; er arbeitet sehr s.; etwas nimmt s. zu, ab.

stets (veraltend) ⟨Adverb⟩: *immer:* er ist s. guter Laune; er kommt s. pünktlich.

[1]**Steuer,** die: *an den Staat zu entrichtende Abgabe:* [in]direkte, staatliche, städtische S.; hohe, harte, drückende, aufgelaufene Steuern; vom Gehalt wird die S. abgezogen, geht die S. ab; den Bürgern werden immer neue Steuern auferlegt (geh.); die S. wurde einbehalten; Steuern [be]zahlen, hinterziehen; der Staat erhebt dafür eine S.; die Steuern ermäßigen, erhöhen, senken, einziehen, eintreiben; eine S. auf etwas legen; er kann die Steuern nicht aufbringen; Steuern nachzahlen müssen; das Auto kostet viel S.; etwas unterliegt der S.; etwas mit einer S. belegen; er kann die Unkosten von der S. absetzen.

[2]**Steuer,** das: *Steuervorrichtung, Lenkrad:* das S. des Schiffes, des Flugzeugs, des Autos; das S. führen, ergreifen, herumwerfen; der Beifahrer hat das S. übernommen; er hat den ganzen Tag am/(ugs.:) hinterm S. gesessen; er wollte seine Frau nicht ans S. lassen (ugs.; *ihr nicht erlauben zu fahren*); bildl. (geh.): in diesem Land führt ein kluger Mann das S. des Staates. * **das Steuer herumreißen/herumwerfen** *(den Gang, die Richtung einer Entwicklung ändern).*

steuern: 1. a) ⟨jmdn., etwas s.⟩ *lenken:* ein Schiff, ein Auto, ein Flugzeug s.; er hat das Boot sicher in den Hafen, durch die Klippen gesteuert; ⟨auch ohne Akk.⟩ er kann nicht s.; wer hat gesteuert?; übertr.: eine staatlich gesteuerte Wirtschaft. **b)** ⟨mit Raumangabe⟩ *Kurs auf etwas nehmen:* das Schiff steuert aufs Meer, zur Insel, nach Norden; übertr.: wohin steuert unsere Politik? **c)** ⟨etwas s.⟩ *einen bestimmten Kurs einhalten:* einen geraden, einen mittleren Kurs s.; bildl.: du steuerst mit dieser Taktik einen falschen Kurs *(tust das Falsche).* **2.** (geh.) ⟨einer Sache s.⟩ *entgegenwirken, abhelfen:* einem Unheil, Mangel s.; der Not, dem Unfug, dem Übel zu s. suchen.

Stich, der: **1. a)** *das Stechen:* ein schmerzhafter S.; der S. einer Wespe, Biene kann gefährlich sein; ein S. mit dem Messer, ins Herz; er bekam mehrere Stiche. **b)** *durch einen Stich verletzte Stelle:* der S. schmerzt, ist angeschwollen, juckt; die Stiche rühren von Flöhen her. **2.** *stechender Schmerz:* heftige Stiche in der Seite, am Herz haben, verspüren, bekommen. **3.** *Nähstich:* enge Stiche machen; die Maschine näht große, exakte Stiche; etwas mit ein paar schnellen Stichen anheften. **4.** *Stahl-, Kupferstich:* ein alter, wertvoller, farbiger S.; Stiche eines alten Meisters; die alte Bibel ist mit schönen Stichen illustriert. **5.** (Kartenspiel) *das Abgewinnen von Karten des Spielpartners:* einen, keinen S. bekommen, abgeben; er hat einen S. gemacht. * **etwas hält Stich** *(etwas hält der Nachprüfung stand, erweist sich als richtig)* · (ugs.:) **einen Stich haben** *(nicht recht bei Verstand sein)* · (ugs.:) **etwas hat einen Stich** *(etwas ist leicht verdorben)* · (geh.:) **etwas gibt jmdm. einen Stich [ins Herz]** *(etwas trifft jmdn. sehr)* · **jmdm. einen Stich geben/versetzen** *(jmdn. sehr treffen, kränken)* · (ugs.:) **einen Stich in etwas haben** *(in etwas spielen):* das Grün hat einen S. ins Gelbe; sie hat einen S. ins Ordinäre · **jmdn. im Stich lassen** *(jmdn. verlassen, jmdm. in einer Notlage nicht helfen)* · **etwas im Stich lassen** *(etwas aufgeben, zurücklassen)* · **etwas läßt jmdn. im Stich** *(etwas versagt):* das Gedächtnis läßt ihn manchmal im S.

Stichelei, die: **1.** (ugs.; selten) *Näharbeit, Stickarbeit:* diese Handarbeit war eine mühsame S. **2.** *boshafte Anspielung:* laß doch die S.!; er konnte die ständigen, dauernden (ugs.), ewigen (ugs.) Sticheleien nicht mehr ertragen.

sticheln: 1. *nähen, sticken:* sie stichelt am Saum des Kleides. **2.** *boshafte Bemerkungen machen, hetzen:* mußt du immerzu s.?; er stichelt gern gegen seine Vorgesetzten.

stichhaltig: *der Nachprüfung standhaltend:* ein stichhaltiger Grund, Beweis, Einwand; seine Gründe waren, erwiesen sich als nicht s.

Stichprobe, die: → Probe.

Stichwort, das: **1.** *in einem Lexikon o. ä. behandeltes Wort:* das Lexikon hat, behandelt 50000 Stichwörter; ein S. suchen, vermissen; unter dem entsprechenden S. suchen, nachschlagen. **2.** *Einsatzzeichen für einen Schauspieler:* das S. fällt; jmdm. das S. geben; das S. verpassen; der Schauspieler wartet auf sein S.; übertr.: er gab das S. für unseren Aufbruch. **3.** ⟨Plural⟩ *einzelne Wörter, kurze Notiz als Gedächtnisstütze:* Stichworte notieren, aufschreiben; sich Stichworte machen [für einen Vortrag]; er hat die Rede in Stichworten mitgeschrieben.

sticken: 1. *eine Stickerei ausführen:* gerne, zum Zeitvertreib s.; sie stickt mit buntem Garn an einer Decke. **2.** ⟨etwas s.⟩ **a)** *durch Sticken hervorbringen:* Blumen, Muster s.; sie stickt ihr Monogramm in die Tischdecken, auf Taschentücher. **b)** *mit einer Stickerei versehen:* eine Decke, ein Kissen s.; eine gestickte Bluse.

stickig: *dumpf, von dumpfer Luft erfüllt:* ein stickiger Raum; ein stickiges Zimmer; die Luft im Keller ist sehr s.

Stiefel, der: **1.** *hoher Schuh:* enge, weite, hohe, gefütterte, elegante, derbe, alte, blanke Stiefel; Stiefel mit hohen Absätzen, Schäften; ein Paar Stiefel; Redensart (ugs.): das sind zweierlei Stiefel *(das sind ganz verschiedene Dinge)* · die Stiefel sind durchgelaufen, kaputt (ugs.), schmutzig; die Stiefel putzen, wichsen, einfetten, ausbessern, besohlen [lassen]. **2.** *stiefelförmiges Trinkgefäß:* einen S. Bier bestellen, trinken, leeren. * (ugs.:) **einen [tüchtigen] Stiefel vertragen können** *(eine große Menge Alkohol vertragen)* · (ugs.:) **seinen alten Stiefel weitermachen** *(immer in der gewohnten Weise vor sich hin arbeiten)* · (ugs.:) **einen Stiefel zusammenreden, -schreiben** *(viel und unqualifiziert reden, schreiben)* · (ugs.:) **sich einen Stiefel einbilden** *(sehr eingebildet sein).*

stiefeln ⟨mit Raumangabe⟩: *gemächlich gehen:* die Kinder stiefelten durch den Schnee, hinter den Erwachsenen durch die Felder.

Stiefkind, das: *Kind des Ehepartners:* sie behandelt die Stiefkinder wie ihre eigenen; man behandelte ihn ein wenig als S. *(vernachlässigte, benachteiligte ihn).* * **ein Stiefkind einer Person oder Sache sein** *(von jmdm., von etwas vernachlässigt werden):* er ist ein S. des Glücks.

stiefmütterlich: *lieblos:* eine stiefmütterliche Behandlung erfahren; du hast ihn sehr s. behandelt *(vernachlässigt, zurückgesetzt).*

Stiel, der: **1. a)** *Pflanzenstengel:* ein kurzer, dünner, starker, kräftiger S.; die Stiele der Blüten, der Blätter; Rosen mit langen Stielen. **b)** *Fruchtstiel:* die Stiele der Äpfel, Birnen entfernen; Kirschen haben lange Stiele. **2.** *Griff:* ein hölzerner S.; der S. der Pfanne, des Hammers, des Besens, des Löffels; der S. ist abgebrochen, hat sich gelockert; den S. der Axt befestigen; das Glas hat einen schlanken S. *(Verbindungsstück zwischen Fuß und Schale).* * (ugs.:) **mit Stumpf und Stiel** *(völlig, ganz und gar).*

Stielaugen ⟨in den Wendungen⟩ (ugs.:) **Stielaugen machen/bekommen/kriegen** *(begehrlich oder verblüfft dreinschauen)* · **mit Stielaugen auf etwas sehen/blicken/gucken** *(begehrlich nach etwas blicken).*

Stier, der: **1.** *männliches Rind:* ein gereizter, wütender S.; der S. riß sich los, nahm ihn auf die Hörner; er ging wie ein S. auf seinen Gegner los (ugs.; *griff ihn wild an*); der Matador besiegte, tötete den S. **2.** (Astrol.) */ein Tierkreiszeichen/:* sie ist [ein] S. (ugs.; *im Sternzeichen des Stiers geboren).* * **den Stier bei den Hörnern packen/fassen** *(eine Aufgabe mutig anpacken).*

stieren ⟨mit Raumangabe⟩: *starr blicken:* in eine Ecke, zu Boden, auf einen Fleck s.; der Kranke stierte an die Decke des Zimmers.

[1]Stift, der: **1.** *Schreibstift, Malstift:* ein dicker, dünner, harter, weicher, langer, farbiger (ugs.) S.; der S. ist abgebrochen; den S. [an]spitzen. **2.** *Metallstift, Nagel:* ein kurzer, langer S.; Stifte aus Draht, aus Holz; etwas mit Stiften anheften, befestigen. **3.** (ugs.) *Lehrling:* diese Arbeiten muß der S. machen.

[2]Stift, das: *kirchliche Stiftung:* ein adliges S.; im Mittelalter entstanden viele Stifte/(selten:) Stifter; ein S. gründen, errichten; in einem S. wohnen, leben.

stiften: 1. ⟨etwas s.⟩ *gründen, ins Leben rufen:* Klöster, Kirchen, einen Orden s.; die Stadt stiftete einen Preis [für besondere Verdienste auf dem Gebiet der Forschung]. **2.** ⟨etwas s.⟩ **a)** *spenden:* Geld, eine größere Summe für einen wohltätigen Zweck s. **b)** (ugs.) *spendieren:* er hat den Wein, einen Kasten Bier [für die Feier] gestiftet. **3.** ⟨etwas s.⟩ *schaffen, herbeiführen:* Unheil, Schaden, Verwirrung, Unruhe s.; er suchte vergebens Frieden zwischen den Parteien zu s.; sie stiftet gerne Ehen.

Stiftung, die: **1.** *das Stiften:* die S. des Klosters, des Ordens. **2.** *Schenkung:* eine private, öffentliche, kirchliche S.; die Bilder sind eine S. der Nachkommen des Malers; eine S. errichten, machen, verwalten.

Stil, der: **1.** *Art des sprachlichen Ausdrucks:* ein gewandter, flüssiger, gepflegter, schlechter, schwerfälliger, holpriger, hölzerner S.; sein S. ist blumig, geschraubt, manieriert (bildungsspr.), papieren, trocken; der S. seiner Briefe ist knapp, lebendig; er hat, schreibt seinen eigenen, einen eigenwilligen, ungelenken, unbeholfenen S.; das Buch ist in einem bilderreichen S. geschrieben. **2.** *Kunststil:* byzantinischer, romanischer, gotischer S.; der S. des Barocks, der Gründerzeit; dieses Haus ist im S. der Jahrhundertwende gebaut. **3.** *sportliche Technik:* sein S. läßt noch zu wünschen übrig; er läuft, schwimmt einen ausgezeichneten S.; er muß seinen S. noch verbessern. **4.** *Format; Manier:* ein eigener, persönlicher S.; das ist schlechte S. *(so sollte man nicht handeln);* er betreibt de Handel im großen S. *(im großen);* ein Betru großen Stils *(von großen Ausmaßen).*

still: 1. *ruhig, frei von Lärm oder Unruhe:* ei stiller Platz, Ort; ein stilles Dorf, Tal; sie wol nen in einer stillen Gegend, Straße; eine stil Andacht; ein stilles Gebet; kath. Rel.: ein stille Messe · er wollte den Brief in einer stille Stunde *(in einem ruhigen Augenblick)* noch ein mal lesen; es war s. wie in einer Kirche; ih müßt jetzt s. sein, euch s. verhalten; auf da Klopfen hin blieb es s. in der Wohnung. **2. a** *nicht lebhaft, nicht gesprächig:* ein stilles Kind er ist ein stiller, bescheidener Mensch; er is wirkt sehr s.; er arbeitet s. vor sich hin. **b)** *sic nicht äußernd; wortlos:* eine stille Zuneigun Liebe, Wut, Verachtung; ein stilles Glück; ei stiller Vorbehalt, Vorwurf; sie verharrten i stillem Gedenken; in stiller Trauer, in stiller Schmerz */Formeln in Todesanzeigen/;* s. du den, trauern. **3.** *unbewegt:* ein stilles Wasse Gewässer; Sprichw.: stille Wasser sin tief · die Luft war ganz s.; ihr müßt s. sitze stehen; halte bitte die Hände, die Füße s. * **der Stille Ozean** *(Pazifik)* · **der Stille Freita** *(Karfreitag)* · **die Stille Woche** *(Karwoche)* (ugs.:) **das stille Örtchen** *(Toilette)* · (ugs. scherzh.:) **ein stilles Wasser** *(ein ruhige Mensch)* · (Wirtsch.:) **stille Reserven/Rücklage** *(in der Bilanz nicht erscheinende Rücklagen)* (wirtsch.:) **ein stiller Teilhaber** *(jmd., der nu mit Geld an einem Unternehmen beteiligt ist)* **jmds. stille Liebe sein** *(von jmdm. heimlich, in stillen geliebt werden)* · (scherzh.:) **im stille Kämmerlein** *(für sich, allein)* · **im stillen: a)** *(be sich):* er hat sich im stillen über die Vorgäng amüsiert. **b)** *(unbemerkt, heimlich):* sie hatte in stillen alle Vorbereitungen getroffen · **es wird s um jmdn., um etwas** *(jmd., etwas verliert a allgemeinem Interesse).*

Stille, die: *Ruhe, Schweigen:* eine tiefe, wohl tuende, lautlose, atemlose, feierliche, ländliche beklemmende, tödliche, lähmende, friedliche abendliche S.; die S. des Waldes, der Kirche der Nacht; S. trat ein; S. verbreitete sich, brei tete sich aus; eine peinliche S. entstand, tra ein; es herrschte eine erwartungsvolle S.; S umgab ihn; eine S. lag über dem Land (geh.) breitete sich über sein Gesicht (geh.); bildl. es herrschte S. vor dem Sturm *(eine gespannt Atmosphäre vor einem explosiven Ereignis)* kein Laut durchbrach, unterbrach die S.; ei Schrei zerriß die S.; das Haus lag in tiefer S * **in aller Stille** *(unbemerkt, ohne Aufheben):* si heirateten in aller S.

stillegen ⟨etwas s.⟩: *einstellen, schließen:* de Betrieb, den Verkehr, eine Eisenbahnlinie, ein Zeche s.; die Fabrik wurde stillgelegt.

stillen: 1. ⟨etwas s.⟩ *zum Stillstand bringen* jmds. Tränen s.; sie versuchte das Blut mi Watte zu s.; Schmerzen [durch eine Injektion s. **2.** ⟨etwas s.⟩ *ein Bedürfnis befriedigen:* de Hunger s.; er stillte seinen Durst mit einen Glas Bier; seine Sehnsucht, seine Rache, sein Neugier, ein Verlangen s.; sein Heimweh wa nicht zu s. **3.** ⟨jmdn. s.⟩ *an der Brust trinke lassen:* einen Säugling s.

Stillschweigen, das: *das Verschweigen von et*

vas, das Schweigen: sie versprachen, [darüber] ;. zu bewahren; S. geloben (geh.), beobachten geh.); etwas mit S. übergehen; mit S. über etvas hinweggehen.

tillstand, der: *das Stillstehen, das Nichtfortschreiten:* in der Entwicklung ist ein S. eingereten; Sprichw.: S. ist Rückgang; es hat in len Geschäften einen S. gegeben; der Motor kommt zum S.; etwas zum S. bringen *(bewiren, daß etwas stillsteht).*

illstehen ⟨etwas steht still⟩: *etwas ist nicht [mehr] im Gang, etwas hat keinen Fortgang [mehr]:* die Mühle steht seit einiger Zeit still; während des Streiks standen die Maschinen, alle Räder still *(es wurde nicht gearbeitet);* bildl.: die Zeit schien stillzustehen; übertr.: ein Herz stand still vor Schreck *(hörte auf zu schlagen);* ihr Mundwerk steht nie still *(sie spricht fortwährend).* * (ugs.:) **jmdm. steht der Verstand still** *(etwas ist für jmdn. unbegreiflich).*

timme, die: **1. a)** *Sprechstimme:* eine laute, eise, wohlklingende, melodische, blecherne (abwertend), schnarrende, [un]angenehme, weiche, harte, rauhe, sonore (bildungsspr.), heisere, klare, dumpfe, brüchige, dröhnende, kräftige, fremde, vertraute S.; ein feines, zartes Stimmchen; die S. des Menschen; seine S. ist schlecht zu hören, zu verstehen; die S. wurde immer schwächer; die S. klang ruhig; seine S. trägt, überschlägt sich, schnappt über; die Stimmen verstummten, erstarben (geh.), verloschen (dichter.); die S. versagte ihm; seine S. zitterte, wurde unsicher; seine S. erheben *(lauter zu sprechen beginnen)*, senken *(leiser werden lassen)*, dämpfen; er suchte seine S. zu verstellen; jmds. S. hören, vernehmen; eine S. hören, vernehmen; sie erkannte ihn an der S.; mit erhobener, höhnischer, weinerlicher, bebender, verhaltener, sicherer, fester, erregter, bewegter, krächzender, quäkender, knarrender, deutlicher, stockender, schwacher, tonloser, erstickter S. sprechen; Ungeduld klang in seiner S. **b)** *Singstimme:* eine hohe, tiefe, gewaltige, glockenreine, ausgebildete S.; seine S. hat einen großen Umfang; sie hat eine schöne S.; er ließ seine S. ausbilden; die Sänger ließen ihre Stimmen erschallen (geh.); seine S. schonen; er hat seine S. verloren; der Sänger war an diesem Abend nicht bei S. (ugs.); sie sangen mit lauter S.; mit voller, halber S. singen; übertr.: die Stimmen der Orgel, der Glocken. **2.** *Gesangspart, Instrumentalpart:* die erste, zweite S. singen; die S. verteilen; eine S. aus der Partitur abschreiben. **3.** *Meinung, Urteil:* eine gewichtige S.; seine S. gilt viel; es wurden Stimmen laut, die den Plan verurteilten; Stimmen mehren sich (geh.), die ...; warnende Stimmen erhoben sich (geh.); die Stimmen der Presse, des Volkes; die S. der Nation; Sprichw.: Volkes S. [ist] Gottes S.; übertr.: eine innere S. *(ein sicheres Gefühl)* warnte sie; die S. der Vernunft, des Gewissens; sie folgte der S. des, ihres Herzens. **4.** *Wählerstimme:* eine [un]gültige S.; die Stimmen der Wähler; jede S. zählt, ist wichtig; eine, keine S. haben *([nicht] wahlberechtigt sein);* Stimmen sammeln, [aus]zählen; einem Kandidaten seine S. geben; die Partei hat bei der letzten Wahl Stimmen gewonnen, verloren; er konnte viele Stimmen auf sich vereinigen; seine S. abgeben *(wählen);* in der Versammlung Sitz und S. haben; er wurde mit den Stimmen dieser Leute gewählt.

stimmen: 1. ⟨etwas stimmt⟩ *etwas ist richtig, ist in Ordnung, ist zutreffend:* die Sache, die Behauptung stimmt; meine Vermutungen stimmten nicht; die Adresse stimmt nicht mehr; die Rechnung hat nicht gestimmt; die Sache stimmt hinten und vorne nicht (ugs.); die Kohlen müssen s. (ugs.; *die Bezahlung, der Verdienst muß gut sein*); die Kasse hat nicht gestimmt *(bei der Abrechnung hat ein Betrag gefehlt);* stimmt es, daß du morgen kommst?; das kann doch nicht, kann unmöglich s.!; [das] stimmt! *(das ist wahr!);* etwas stimmt hier, in dieser Ehe nicht (ugs.; *ist nicht in Ordnung*); bei ihm stimmt es nicht (ugs.; *er ist nicht ganz normal*); stimmt so! (ugs.) */Aufforderung, das Wechselgeld zu behalten/;* stimmt auffallend! (iron.; *da hast du wirklich recht!*); Redensart (ugs.): stimmt's, oder hab' ich recht? **2.** ⟨etwas stimmt zu jmdm., zu etwas⟩ *etwas paßt zu jmdm., zu etwas:* diese Farbe stimmt nicht zu den übrigen; seine Aussage stimmt zu der des anderen Zeugen. **3.** ⟨jmdn. s.; mit Artangabe⟩ *jmdn. in eine besondere Stimmung versetzen, bringen:* etwas stimmt jmdn. bedenklich, freudig, traurig, wehmütig; deine Worte stimmen mich nachdenklich, zuversichtlich; sie hat ihn [mit ihren Worten, durch ihre Worte] wieder versöhnlich gestimmt; er war sehr düster gestimmt. **4.** ⟨für jmdn., für etwas/gegen jmdn., gegen etwas s.⟩ *seine Stimme abgeben:* er hat für diesen Kandidaten gestimmt; viele stimmten gegen die gleitende Arbeitszeit. **5.** ⟨etwas s.⟩ *die Stimmung eines Instrumentes korrigieren:* die Geige, das Klavier s.; du mußt den Flügel s. lassen; das Instrument höher, tiefer s.

Stimmung, die: **1. a)** *das Stimmen eines Instrumentes:* eine S. vornehmen. **b)** *das Gestimmtsein eines Instrumentes:* eine reine, temperierte S.; die S. auf Kammerton; die S. der Geige ist zu hoch. **2.** *Stimmungslage, seelische Verfassung:* es herrschte eine heitere, fröhliche, ausgelassene, gelockerte, gedrückte, mißmutige, feierliche, friedliche S.; die S. war gedämpft; die S. schlug plötzlich um, sank; die S. aufhellen; etwas trübt jmds. S.; etwas beeinträchtigt die S.; jmdm. [mit etwas, durch etwas] die S. *(die gute Laune)* verderben; sie waren bester S. *(Laune);* Stimmungen *(Schwankungen des seelischen Gleichgewichts)* unterworfen sein; in nachdenklicher, versöhnlicher, düsterer, gereizter S. sein; die Gesellschaft war, kam in S. *(war, wurde fröhlich);* er war nicht in der richtigen S. für diese Unternehmung; eine Kapelle sorgte für S. *(Heiterkeit, Fröhlichkeit);* etwas versetzt jmdn. in eine bestimmte S.; die Musik brachte die Leute in S. *(in fröhliche Laune);* er bemühte sich, die Menschen in S. *(bei guter Laune)* zu halten; in vorgerückter S.; übertr.: die S. einer Landschaft, eines Sonnenuntergangs einfangen. **3.** *Meinung, Neigung:* die herrschende S. war gegen ihn; er versuchte, die S. des Volkes zu erkunden; eine S. erzeugen; für jmdn., für eine Sache S. machen *(werben).*

stinken (abwertend): **1.** *einen unangenehmen Geruch haben, verbreiten:* es stinkt fürchterlich, abscheulich; es stinkt [nach Gas]; die faulen

Eier stanken schrecklich; Sprichwörter: Eigenlob stinkt; Geld stinkt nicht · aus dem Hals s.; er stinkt nach Knoblauch, wie ein Bock (derb; *sehr übel*); stinkende Abgase. **2.** (ugs.) ⟨etwas stinkt⟩ *etwas ist verdächtig, erregt einen bestimmten Verdacht:* die Sache stinkt; das stinkt nach Verrat. **3.** (ugs.) ⟨jmdm. s.⟩ *jmdm. lästig werden:* langsam stinkt mir die Sache; der Kerl stinkt mir schon lange. * **etwas stinkt zum Himmel** *(etwas ist skandalös)* · (ugs.:) **etwas stinkt wie die Pest** *(etwas riecht unerträglich schlecht)* · (ugs.:) **vor Faulheit stinken** *(sehr faul sein)* · (ugs.:) **nach Geld stinken** *(sehr reich sein).*

Stirn (geh.: Stirne), die: *Teil des Gesichts zwischen Augenbrauen und Haaransatz:* eine hohe, niedrige, niedere, breite, gewölbte, fliehende, glatte, zerfurchte S.; seine S. umwölkte sich (geh.), verfinsterte sich (geh.); er zog seine S. in Falten; sich (Dativ) die S. trocknen, kühlen, reiben; die S. runzeln, krausen, in Falten legen; sich (Dativ oder Akk.) an die S. tippen, greifen; er hat eine Beule an der S.; er schlug sich (Dativ oder Akk.) an die S. vor Verblüffung; Schweißtropfen standen ihm auf der S.; er kämmt sich (Dativ) das Haar aus der S.; das Haar fällt ihm in die S.; den Hut in die S. drücken; Schweiß rann, lief, perlte (geh.) ihm von der S. * **jmdm., einer Sache die Stirn bieten** *(jmdm., einer Gefahr furchtlos entgegentreten)* · **die Stirn haben** *(die Unverschämtheit, Dreistigkeit zu etwas besitzen)* · **sich** (Dativ) **an die Stirn fassen/greifen** *(etwas, eine Handlung nicht begreifen können)* · **etwas steht jmdm. an der/auf der Stirn geschrieben** *(etwas ist in jmds. Gesichtszügen deutlich erkennbar)* · **mit eiserner Stirn: a)** *(unerschütterlich):* mit eiserner S. hielt er der Versuchung stand. **b)** *(unverschämt):* er leugnete mit eiserner S.

stochern ⟨in etwas s.⟩: *mit einem spitzen Gegenstand wiederholt in etwas stechen:* [mit dem Schürhaken] in der Glut, im Feuer, im Ofen s.; er stochert in seinen Zähnen; die Kinder stochern im Essen.

Stock, der: **1. a)** *Stab:* ein langer, dünner, dikker, knotiger S.; steif wie ein S. *(unbeholfen)* stand sie da. **b)** *Spazierstock, Krückstock:* ein S. mit Silberknauf; er braucht zum Gehen einen S.; seit seinem Unfall geht er am S.; er geht auf einen S. gestützt. **c)** *Schlagstock:* Schläge mit dem S. bekommen; er hat die Kinder mit dem S. geschlagen. **2.** *Blumenstock, Rebstock:* die Stöcke blühen; viele der Stöcke waren erfroren. **3.** *Wurzelstock, Baumstumpf:* Stöcke ausgraben, roden. **4.** *Bienenstock:* die Bienen haben den S. verlassen *(sind ausgeschwärmt).* **5.** *Stockwerk:* ein drei S. hohes Haus; das Gebäude hat vier S.; er wohnt im zweiten S. * **über Stock und Stein** *(über alle Hindernisse hinweg)* · (ugs.:) **am Stock gehen** *(in einer schlechten gesundheitlichen Verfassung oder in einer schlechten finanziellen Lage sein).*

stocken: 1. ⟨etwas stockt⟩ **a)** *etwas steht vorübergehend still:* sein Herz, sein Puls, sein Atem stockt; ⟨etwas stockt jmdm.⟩ das Blut stockte ihm in den Adern. **b)** *etwas geht nicht zügig weiter, voran:* der Absatz, der Verkehr, die Arbeit stockt; seine Gedanken, seine Worte stockten plötzlich; seine Antwort kam stockend *(zögernd);* ⟨etwas stockt jmdm.⟩ die Feder stock[t] ihm · subst.: die Unterhaltung, das Gespräc[h] geriet ins Stocken. **2.** *innehalten:* er stockte i[n] seiner Erzählung, bei seinem Bericht; er stock[te] einen Augenblick, bevor er weitersprach; e[r] sprach ein wenig stockend *(nicht flüssig).* **3.** (landsch.) ⟨etwas stockt⟩ *Milch wird dick:* di[e] Milch stockt, hat gestockt. **4.** ⟨etwas stockt⟩ *etwas bekommt Stockflecken:* die Wäsche, da[s] Papier, das Holz hat gestockt; in dem feuch[-] ten Raum stockten die Bücher.

Stockung, die: *Unterbrechung des Ablaufs:* ein[e] S. des Verkehrs, der Arbeit; eine S. im Ar[-] beitsablauf; in der Unterhaltung trat eine S[.] ein; die Tagung lief ohne S. ab.

Stockwerk, das: *Etage, Stock:* die oberen Stock[-] werke des Gebäudes wurden durch Feuer zer[-] stört; das Haus hat fünf Stockwerke; der Fahr[-] stuhl hält nicht in allen Stockwerken.

Stoff, der: **1.** *Substanz, Materie:* ein syntheti[-] scher, pflanzlicher, tierischer, mineralischer[,] wasserlöslicher S.; dieser S. ist radioaktiv; w[as] hast du den S. (ugs.; verhüllend; *das Rausch[-] gift*) her? **2.** *Gewebe:* ein seidener, wollener[,] leichter, schwerer, dicker, preiswerter, kost[-] barer, dichter, grober, dünner, feiner, glatte[r,] haltbarer, strapazierfähiger, knitterfreier, hoch[-] wertiger, weicher, rauher, karierter, gestreifte[r,] gemusterter S.; ein S. aus Baumwolle; der S[.] liegt einfach, doppelt breit; der S. läßt sich gu[t] verarbeiten; S. weben, wirken, zuschneiden; S[.] für ein Kleid, zu einem Kostüm; ein Kleidungs[-] stück aus einem teuren S.; etwas mit S. aus[-] kleiden, ausschlagen, bespannen. **3.** *Thema[,] Gegenstand, Material für eine geistige Arbeit[:]* ein interessanter, langweiliger, schwieriger[,] dankbarer, trockener, spröder, ergiebiger, lite[-] rarischer S.; ein S. für einen Roman, zu eine[r] Komödie; der S. ist reizvoll, interessiert ihn[;] S. für seine Abhandlung sammeln, zusammen[-] tragen; einen S. gestalten, bearbeiten, gliedern[,] ordnen; aus diesem S. läßt sich etwas machen[.]

stöhnen: *mit einem langgezogenen, gequälte[n] Laut ausatmen, ächzen:* laut, leise, vor Schmerz[,] vor Anstrengung s.; sie seufzte und stöhnte[;] stöhnend richtete sich der Verletzte auf[;] subst.: man hörte das Stöhnen der Verletz[-] ten; bildl. (geh.): der Wind stöhnte im Geäst[;] übertr.: er stöhnte über die viele Arbeit; da[s] Volk stöhnte unter der Gewaltherrschaft.

stoisch (bildungsspr.): **1.** *die Stoa betreffend[:]* die stoische Philosophie. **2.** *gelassen, unerschüt[-] terlich:* eine stoische Ruhe, Gelassenheit; er er[-] trug alles mit stoischem Gleichmut.

Stolle, die: → [1]Stollen.

[1]Stollen, der, (auch: Stolle, die): *[ein Weih[-] nachtsgebäck]:* einen S. backen, kaufen, essen[.]

[2]Stollen, der: *[Gruben]gang:* einen S. anlegen[,] vortreiben, absteifen (Bergmannsspr.), aus[-] mauern; sie trieben einen S. in den Fels.

[3]Stollen, der: *Zapfen an Sportschuhen, Hufei[-] sen:* er hat einen S. von seinem Schuh verloren[;] Fußballschuhe mit Stollen; die Hufeisen wur[-] den mit Stollen versehen.

stolpern: a) *mit dem Fuß anstoßen und dabe[i] [fast] zu Fall kommen:* er stolperte und fie[l] hin; er ist über die Schwelle, über eine Baum[-] wurzel gestolpert; er stolpert über die eigenen Füße, Beine *(geht unbeholfen);* Sprichw.

mancher stolpert über seinen eigenen Schatten; übertr.: über diese Affäre ist er gestolpert *(durch sie zu Fall gekommen)*; ich bin über ein Wort in dem Aufsatz gestolpert *(habe es nicht verstanden, habe mich daran gestoßen)*. **b)** ⟨mit Raumangabe⟩ *stolpernd gehen:* er stolperte zum Ausgang; der Betrunkene ist über die Straße gestolpert. **c)** (ugs.) ⟨über jmdn. s.⟩ *jmdm. unvermutet begegnen:* bei der Versammlung ist er über mehrere Bekannte gestolpert. * (ugs.:) **über einen Strohhalm/einen Zwirnsfaden stolpern** *(bei einem größeren Unternehmen an einer lächerlichen Kleinigkeit scheitern)*.

stolz: 1. a) *von Stolz erfüllt:* der stolze Vater; die stolzen Eltern; mit stolzer Freude; die Mutter ist s. auf ihren Sohn; er war sehr s. auf seinen Erfolg; er ist s. wie ein Spanier. **b)** *hochmütig, eingebildet:* ein stolzes Mädchen; ein stolzer Gang, Blick; er ist, wirkt sehr s.; s. wie ein Pfau *(sehr stolz)* schritt er einher; er war zu s., um Hilfe anzunehmen; warum so s.? (ugs.; *warum tun Sie so fremd, grüßen Sie nicht?*). **2.** *stattlich, imposant:* ein stolzes Bauwerk, Schloß, Schiff. **3.** (ugs.) *erheblich, groß:* ein stolzer Preis; das Haus kostete die stolze Summe von einer Million.

Stolz, der: *starkes Selbstgefühl, Hochmut:* natürlicher, berechtigter, wilder, unbändiger, übertriebener, mütterlicher S.; der S. der Eltern; sein S. verbietet ihm das; sein S. auf diese Erfolge ist berechtigt; S. schwellte seine Brust (geh.); Sprichw.: Dummheit und S. wachsen auf einem Holz · jmds. S. verletzen; man versuchte seinen S. zu brechen, zu beugen; er hat, besitzt überhaupt keinen S. *(erniedrigt sich, ist sich nicht zu schade für etwas Unwürdiges)*; es fehlt ihm an S.; er hat aus verletztem S. so gehandelt; aus falschem S. *(Stolz an falschem Platz)* hat er unsere Hilfe abgelehnt; er fühlte sich in seinem S. tief gekränkt; sein Erfolg erfüllt ihn mit S. (geh.); mit kindlichem S. zeigte er den Gästen sein neues Haus; er war voller S. * **jmds. ganzer Stolz sein** *(dasjenige sein, was jmdn. mit Stolz erfüllt)* · **seinen Stolz haben** *(etwas Demütigendes nicht tun)* · (geh.:) **seinen Stolz dareinsetzen** *(alle Anstrengungen machen)*.

stolzieren ⟨mit Raumangabe⟩: *gravitätisch gehen:* er stolzierte feierlich über die Promenade.

stopfen: 1. ⟨etwas s.⟩ *mit Garn flicken:* die Strümpfe, die Socken [mit Wolle] s.; sie versuchte das Loch in der Hose zu s.; er trug gestopfte Strümpfe. **2.** ⟨etwas in etwas s.⟩ *hineinstecken, hineintun:* das Baby stopft alles in den Mund; sie stopfte die Sachen eilig in den Koffer, in die Tasche; er stopfte das Hemd in die Hose; ⟨jmdm., sich etwas in etwas s.⟩ er stopfte sich Watte ins Ohr. **3.** ⟨etwas s.⟩ *vollfüllen:* Strohsäcke, Betten s.; sie stopften die Kissen mit Daunen; die Matratzen waren mit Seegras gestopft; er stopfte seine Pfeife; bildl. (ugs.): der Saal war gestopft voll *(bis zum letzten Platz gefüllt)*; ⟨jmdm., sich etwas s.⟩ sich ein Pfeifchen s. **4.** ⟨etwas s.⟩ *zustopfen:* eine Lücke im Zaun s.; sie haben das Leck mit Werg gestopft; bildl.: die Regierung bemühte sich krampfhaft, das Loch im Etat zu s. *(das Defizit zu beseitigen)*. **5.** (landsch.) ⟨ein Tier s.⟩ *mästen:* Geflügel, Gänse, Enten s. **6.** (fam.) *tüchtig essen:* die Kinder haben ganz schön gestopft. **7.** (fam.) ⟨etwas stopft⟩ *etwas sättigt sehr:* der Brei stopft. **8.** ⟨etwas stopft⟩ *etwas hemmt die Verdauung:* Kakao, Schokolade stopft; ein stopfendes Mittel verordnen. **9.** ⟨etwas s.; gewöhnlich im 2. Partizip⟩ *dämpfen:* er spielte mit gestopfter Trompete. * (ugs.:) **jmdm. den Mund**/(derb:) **das Maul stopfen** *(jmdn. zum Schweigen bringen)*.

Stoppel, die: **a)** *nach dem Mähen im Boden verbliebener Teil des Getreidehalms:* die Stoppeln unterpflügen; sie gingen über die Stoppeln. **b)** *nachgewachsener Bart:* die Stoppeln des Bartes; sein Gesicht war mit Stoppeln bedeckt.

stoppen: 1. a) ⟨jmdn., etwas s.⟩ *anhalten, am Weiterfahren hindern:* ein Auto, eine Wagenkolonne, ein Schiff s.; wir wurden kurz vor der Grenze gestoppt; die Maschinen wurden gestoppt *(zum Stillstand gebracht)*; Fußball, Eishockey: den Ball, die Scheibe s.; die Produktion mußte gestoppt *(gedrosselt, eingestellt)* werden; übertr.: er konnte die verhängnisvolle Entwicklung nicht mehr s. *(aufhalten)*. **b)** *innehalten, halten, stehenbleiben:* der Wagen, das Auto stoppte plötzlich; der Fahrer konnte nicht mehr s.; stopp! */Aufforderung anzuhalten, stehenzubleiben/*. **2.** ⟨jmdn., etwas s.⟩ *die Geschwindigkeit mit der Stoppuhr messen:* die Zeit, die Geschwindigkeit s.; die Läufer wurden gestoppt.

Stöpsel, der: **1.** *kleiner Pfropfen:* der S. sitzt fest; den S. aus dem Waschbecken herausziehen; die Flasche ist mit einem S. verschlossen. **2.** (ugs.; scherzh.) *kleiner Junge, kleinwüchsiger Mensch:* na, du kleiner S.!

Storch, der: */ein großer Vogel/:* ein junger, schwarzer, weißer S.; Störche nisten auf dem Dach; der S. klappert mit seinem langen Schnabel; der S. *(Klapperstorch)* bringt die Kinder; bei ihnen war der S. (scherzh.; *ist ein Baby angekommen*). * (fam., scherzh.:) **der Storch hat jmdn. ins Bein gebissen** *(jmd. hat ein Baby bekommen)* · (ugs.:) **nun/jetzt brat' mir einer einen Storch!** */Ausruf der Verwunderung/* · (ugs.; scherzh.:) **wie ein Storch im Salat** *(steif, staksig/*: er geht wie ein S. im Salat.

stören: 1. ⟨jmdn. s.⟩ *belästigen, von etwas abhalten:* die Arbeitenden, Schlafenden s.; du störst mich; der Lärm störte sie sehr; die Kinder störten ihn dauernd bei der Arbeit, in seiner Ruhe; lassen Sie sich nicht s.! *(kümmern Sie sich nicht um meine Anwesenheit!)*; es stört mich nicht, wenn du Klavier spielst; es stört sie *(mißfiel ihr)*, daß man die Form nicht wahrte; ⟨auch ohne Akk.⟩ darf ich einen Augenblick s.?; bitte nicht s.!; störe ich?; verzeihen Sie bitte, wenn ich störe!; das dauernde Hin und Her ist sehr störend; etwas als störend empfinden. **2.** ⟨etwas s.⟩ *behindern, beeinträchtigen:* die Vorlesung, die Feier, den Unterricht s.; er störte ihre Pläne; die Ruhe, der Friede, die öffentliche Ordnung ist gestört; die Leitung, den Sender, den Empfang s.; ein gestörtes Gleichgewicht, Gefühlsleben; er ist geistig gestört *(geistesgestört)*. **3.** (ugs.) ⟨sich an jmdm., an etwas s.⟩ *sich an jmdm., an etwas stoßen:* sie stört sich an seinen schlechten Manieren.

störrisch: *widersetzlich, eigensinnig:* ein störrisches Kind; ein störrischer Esel; ein störrisches Wesen haben; er war s. wie ein Maulesel (ugs.; *sehr störrisch*); er schwieg s.

Störung, die: **a)** *das Gestörtwerden; Unterbrechung, Behinderung:* eine kurze, kleine, vorübergehende, empfindliche, [un]willkommene, lästige, nächtliche S.; eine S. des Gleichgewichts; Störungen im Ablauf; häufige Störungen bei der Arbeit; in der Leitung ist eine S.; eine Störung trat auf; bitte entschuldigen Sie die S.!; er verbat sich jede S.; er entschuldigte sich für die S.; man muß mit Störungen rechnen; die Sache verlief ohne S. **b)** *das Gestörtsein; Beeinträchtigung eines normalen Ablaufs:* atmosphärische Störungen; die Störungen greifen auf Westeuropa über und gestalten das Wetter veränderlich; gesundheitliche, nervöse Störungen haben; es liegt eine S. vor; eine S. hervorrufen, feststellen, beseitigen; die technische S. konnte schnell behoben werden; die Sendung fiel infolge einer S. aus.

Stoß, der: **1.** *das Stoßen; [heftiger] Anstoß, Anprall:* ein leichter, heftiger, kräftiger, derber, brutaler S.; ein S. mit dem Ellenbogen, mit dem Fuß, mit der Faust; der S. warf ihn zu Boden, brachte ihn zu Fall; er konnte dem S. ausweichen; er gab seinem Nebenmann einen S.; er bekam einen S. in den Rücken; das Tier versetzte ihm einen S. mit den Hörnern; der Boden wurde von mehreren Stößen *(heftigen Bewegungen)* erschüttert. **2.** *Schlag, Stich mit einer Waffe:* ein sicherer S.; einen S. parieren (bildungsspr.), abwehren, auffangen; den ersten, den entscheidenden S. führen; er ficht auf [Hieb und] S.; er kam nicht zum S. **3.** *kurze, ruckartige Bewegung:* ein paar Stöße rudern, schwimmen; er schwamm mit langen, kräftigen Stößen. **4.** *Stapel:* ein dicker, großer S.; ein S. Zeitungen, Bücher, Wäsche, Teller; Brennholz zu einem Stoß aufschichten. **5.** (veraltend) *Schutzlitze:* Ärmel und Rocksaum mit einem S. versehen. **6.** (Jägerspr.) *Gesamtheit der Schwanzfedern:* der Auerhahn hat einen S. * (ugs.:) **sich/seinem Herzen einen Stoß geben** *(sich zu etwas überwinden)* · **etwas versetzt jmdm. einen Stoß** *(etwas erschüttert jmdn. sehr).*

stoßen: 1. a) ⟨sich s.⟩ *anstoßen:* paß auf, daß du dich nicht stößt!; sich an der Tischkante s.; ich habe mich heftig [am Kopf, am Schienbein] gestoßen; ⟨sich (Dativ) etwas s.⟩ er hat sich [im Dunkeln an der Tür] den Kopf, den Ellenbogen gestoßen. **b)** ⟨jmdn. s.⟩ *jmdm. einen Stoß versetzen:* er stieß ihn mit der Stange; ⟨jmdn./(auch:) jmdm. s.; mit Raumangabe⟩ er stieß ihn/ihm in die Seite. **c)** ⟨jmdm., sich etwas s.; mit Raumangabe⟩ *stechen:* dem Rivalen ein Messer in die Rippen s.; er stach sich einen Dolch ins Herz, durch die Brust. **d)** ⟨etwas in etwas s.⟩ *etwas durch Stoßen in etwas hervorbringen:* er hat mit der Stange ein Loch in die Scheibe gestoßen. **e)** ⟨jmdn., etwas s.; mit Raumangabe⟩ *mit einem Stoß fortbewegen:* jmdn. aus dem Zug, ins Wasser, von der Leiter s.; er wurde von ihm zur Seite gestoßen; Sport: er hat die Kugel 10 Meter [weit] gestoßen; bildl. (geh.): der Herrscher wurde vom Thron gestoßen; übertr. (geh.): *verstoßen:* man hat ihn aus der Gemeinschaft gestoßen. **f)** ⟨mit Raumangabe⟩ *[an]prallen:* im Dunkeln gegen eine Mauer s.; er ist/hat mit dem Fuß an die Vase gestoßen, so daß sie umfiel; der Wagen stieß gegen einen Baum; er stieß mit dem Kopf an die Decke. **g)** ⟨jmdn., etwas von sich s.⟩ *wegstoßen:* sie stieß das weinende Kind von sich; übertr. (geh.): die Eltern haben den ungeratenen Sohn von sich gestoßen *(verstoßen).* **2.** ⟨etwas s.⟩ *zerkleinern:* Zimt, Zucker [zu Pulver] s.; gestoßener Pfeffer. **3.** ⟨ein Tier stößt⟩ *ein Tier stößt mit den Hörnern, mit dem Kopf zu:* die Kuh, der Ziegenbock stößt [mit den Hörnern nach ihm]. **4.** ⟨etwas stößt⟩ *etwas rüttelt:* der Wagen stößt [auf der schlechten Straße]. **5.** ⟨auf jmdn., auf etwas s.⟩ *unvermutet antreffen, vorfinden:* bei der Bohrung stieß man unvermutet auf Erdöl; bei seinem Aufenthalt in der Stadt stießen sie plötzlich auf alte Bekannte; sie stießen [mit ihrem Plan] auf Widerstand, auf Ablehnung, auf wenig Verständnis, auf große Schwierigkeiten. **6.** ⟨zu jmdm., zu etwas s.⟩ *zu jmdm. [vor]dringen:* nach dem Abstecher werden wir wieder zu euch, zur Gruppe stoßen. **7.** ⟨etwas stößt auf etwas⟩ *etwas trifft auf etwas:* die Straße stößt auf den Marktplatz. **8.** ⟨etwas stößt an etwas⟩ *etwas grenzt an etwas:* sein Zimmer stößt an das der Eltern, das Grundstück stößt an die Straße, an den Wald. **9.** ⟨sich an etwas s.⟩ *an etwas Anstoß nehmen:* sie stießen sich an seinem Benehmen, an seiner Sprache. **10.** (veraltend) ⟨in etwas s.⟩ *kurz und kräftig in etwas blasen:* in die Trompete s.; der Wächter stieß ins Horn. * (ugs.:) **jmdm. etwas stoßen** *(jmdm. etwas zu verstehen geben)* · (ugs.:) **jmdm. Bescheid stoßen** *(jmdm. gehörig die Meinung sagen)* · (ugs.:) **ins gleiche Horn stoßen** *(mit jmdm. der gleichen Meinung sein)* · (ugs.:) **jmdn. mit der Nase auf etwas stoßen** *(jmdn. deutlich auf etwas hinweisen)* · (ugs.:) **etwas über den Haufen stoßen** *(etwas umstoßen, vereiteln)* · **jmdn. vor den Kopf stoßen** *(jmdn. kränken, verletzen).*

stottern: a) *unter häufiger, zwanghafter Wiederholung einzelner Buchstaben oder Silben sprechen:* er stottert ein wenig, sehr stark, seit seiner Kindheit; vor Aufregung, Verlegenheit s.; übertr. (ugs.): der Motor stottert *(läuft ungleichmäßig).* **b)** ⟨etwas s.⟩ *stammeln:* sie stotterte eine Entschuldigung; er stotterte verwirrt, es solle nicht mehr vorkommen. * (ugs.:) **auf Stottern** *(auf Teilzahlung).*

strafbar: *unter Strafe stehend:* eine strafbare Handlung; ein Mißbrauch ist s. * **sich strafbar machen** *(sich einer Bestrafung aussetzen).*

Strafe, die: **a)** *Buße für eine verbotene [gesetzwidrige] Handlung; Bestrafung:* eine harte, schwere, hohe, abschreckende, exemplarische (bildungsspr.), strenge, [un]gerechte, [un]verdiente, wohlverdiente, leichte, milde, empfindliche, grausame, entehrende S.; eine gerichtliche, disziplinarische S.; eine körperliche S. *(Züchtigung);* kath. Rel.: eine zeitliche, ewige S. · die S. war [noch] glimpflich; auf dieses Delikt steht eine hohe S. *(es wird hart bestraft);* die S. folgte auf dem Fuß, blieb nicht aus; es ist eine S. *(es ist schwer erträglich),* mit ihm arbeiten zu müssen; Redensarten: S. muß sein!; das ist die S. [dafür]! · jmdm. eine S. androhen, auferlegen (geh.), aufbrummen (ugs.), zuerkennen (geh.); man hat ihm die S. [ganz, teilweise] erlassen; eine S. antreten, verbüßen (geh.), abbüßen (geh.), absitzen (ugs.), abbrummen (ugs.); eine S. [über jmdn.] verhängen; eine S. aussprechen, aufheben, aufschieben, aussetzen, verschärfen, mildern, umwandeln, vollstrecken, vollziehen; er hat seine S. bekommen (ugs.; *ist für seine Tat bestraft worden*); er wird [noch] seine S. finden *(wird eines Tages wegen seiner Tat bestraft werden);* der Rest der S. wurde ihm geschenkt; er empfand diese Arbeit als S. *(sie war ihm sehr lästig, fiel ihm schwer);* das Betreten der Baustelle ist bei S. verboten *(wird bestraft);* eine Tat mit einer S. belegen (geh.); etwas unter S. stellen *(mit einer S. bedrohen);* diese Tat steht unter S. *(wird bestraft);* er wurde zu einer S. von zehn Jahren Haft verurteilt. **b)** *Geldbuße:* [eine] S. zahlen, bezahlen [müssen]; sie erhoben, kassierten (ugs.) von den Parksündern eine S. [von zehn Mark]. * (Rechtsw.:) **jmdn. in Strafe nehmen** *(jmdn. bestrafen).*

strafen: a) ⟨jmdn. s.⟩ *mit einer Strafe belegen; bestrafen:* jmdn. hart, schwer, empfindlich, grausam, unbarmherzig, [un]nachsichtig [für etwas] s.; Redensart: Gott strafe mich, wenn ich lüge!; jmdn. körperlich s. *(züchtigen);* bildl.: das Schicksal hat ihn furchtbar gestraft *(er hat ein schweres Schicksal zu tragen);* sie straft die Kinder wegen jeder Kleinigkeit mit dem Stock *(schlägt sie);* er ist gestraft genug (ugs.; *er braucht zu dem, was geschehen ist, nicht noch mehr Strafe*); ein strafender Blick traf ihn; übertr.: jmdn. mit Nichtachtung, mit Verachtung s. (geh.; *jmdn. seine Nichtachtung, Verachtung fühlen lassen*). **b)** (Rechtsw.; veraltend) ⟨jmdn. an etwas s.⟩ *eine Strafe an jmds. Eigentum wirksam werden lassen:* jmdn. an seinem Vermögen, an Leib und Leben s. * **jmdn., etwas Lügen strafen** *(nachweisen, daß jmd. lügt, daß etwas nicht wahr ist; jmdn. widerlegen)* · (ugs.:) **mit jmdm., mit etwas gestraft sein** *(mit jmdm., mit etwas großen Kummer haben).*

straff: a) *stark gespannt, stramm:* ein straffes Seil; das Gummiband ist s.; die Saiten sind s. gespannt; du mußt die Decke s. ziehen; die Hose sitzt zu s.; übertr.: eine straffe Gestalt, Haltung; eine straffe Brust, Büste. **b)** *streng, energisch:* eine straffe Organisation, Ordnung; die Führung ist sehr s.

straffen: a) ⟨etwas s.⟩ *straff machen, spannen:* das Seil, die Leine s.; der Wind straffte die Segel. **b)** ⟨sich s.⟩ *straff werden:* seine Gestalt, sein Körper, die Haut strafft sich; seine Züge strafften sich wieder.

straffrei: *ohne Strafe:* er ist bei der Sache s. ausgegangen, davongekommen.

Strafgericht, das (geh.): *Vergeltung, Strafe:* das göttliche S.; ein furchtbares S. heraufbeschwören; die Sieger hielten ein grausames S. über ihre Feinde [ab].

sträflich: *unverantwortlich:* ein sträflicher Leichtsinn, Unverstand; es ist s., in diesem Zustand zu fahren; du hast ihn, die Arbeit s. vernachlässigt.

Strafpredigt, die (ugs.): *Vorhaltungen:* ich mußte mir eine S. anhören; sie hat den Kindern eine S. gehalten.

Strahl, der: **1.** *Lichtstrahl:* die sengenden, glühenden, unbarmherzigen Strahlen der Sonne; die ersten Strahlen des Lichts (dichter.; *das erste Morgenlicht*); die Strahlen brechen sich, werden zurückgeworfen, reflektiert (bildungsspr.); ein S. fiel auf sein Gesicht, durch den Türspalt; die Sonne sendet ihre Strahlen auf die Erde; das Prisma zerlegt den S.; bildl. (geh.): ein S. der Hoffnung. **2.** (Plural) *elektromagnetische Wellen:* radioaktive, ultraviolette, kosmische Strahlen; Radium, Uran sendet Strahlen aus; sich gegen schädliche/vor schädlichen Strahlen schützen. **3.** *Flüssigkeitsstrahl:* ein dicker, dünner, kräftiger S.; der S. der Fontäne; das Wasser schoß in einem mächtigen S. aus der schadhaften Leitung.

strahlen: 1. ⟨etwas strahlt⟩ *etwas sendet Strahlen aus, leuchtet:* die Sonne, das Licht strahlt [hell]; der Ofen strahlte vor Hitze; radioaktive Stoffe strahlen; adj. Part.: strahlendes *(sonniges)* Frühlingswetter; bei strahlender *(leuchtender)* Sonne; eine strahlende *(glänzende)* Erscheinung; übertr.: die Häuser strahlen in neuem Glanz; alles strahlt vor Sauberkeit. **2.** (fam.) *froh, glücklich aussehen:* die Großmutter strahlte [übers ganze Gesicht], als die Enkelkinder kamen; er strahlte vor Freude, vor Glück; sein Gesicht strahlte; ein strahlendes Lachen; sie sah ihn strahlend an.

Strähne, die: *Haarsträhne:* eine helle, schwarze, glatte, lockige S.; eine S. fiel ihr in die Stirn; wirre Strähnen hingen ihr ins Gesicht; er hat eine weiße S. im Haar.

stramm: 1. *stark gespannt, eng:* ein strammer Gummizug; der Gürtel, die Hose sitzt [zu] s. **2.** (ugs.) *kräftig [gebaut]; gesund:* ein strammer Junge; ein strammes Mädchen; sie hat stramme Beine; er ist s. *(dick)* geworden. **3.** *gerade aufgerichtet, straff:* eine stramme Haltung annehmen; er hält sich s. **4.** ⟨verstärkend⟩ *sehr [groß, stark], tüchtig:* ein strammer Dienst; strammen Hunger haben; sie mußten s. arbeiten. * (Kochk.:) **strammer Max** *(Brot mit Hackfleisch, das mit Ei, Zwiebeln und scharfen Gewürzen angemacht ist)* · (ugs.:) **den strammen Max spielen/markieren** *(prahlerisch auftreten).*

strampeln: 1. *mit den Beinen heftige Bewegungen machen:* das Baby strampelt [vor Vergnügen mit Armen und Beinen]; übertr. (ugs.): bergauf mußten sie ganz schön s. *(beim Radfahren in die Pedale treten).* **2.** (ugs.) ⟨etwas s.⟩ *auf dem Fahrrad zurücklegen:* die Radfahrer sind heute fünfzig Kilometer gestrampelt. **3.** (ugs.) ⟨mit Umstandsangabe⟩ *hart arbeiten, sich bemühen:* sie haben etliche Jahre s. müssen, um es so weit zu bringen.

Strand, der: *flache Küste des Meeres, eines Sees:* ein flacher, breiter, schmaler, sandiger, steiniger, felsiger S.; südliche, überfüllte Strände; der S. der Ostsee; sie gehen schon morgens an den S. *(Badestrand);* die Boote liegen am S.; ein Schiff ist auf S. gelaufen, geraten (ugs.); Seemannsspr.: der Kapitän setzte das leck gewordene Schiff auf S.

stranden: 1. *auf Grund laufen:* das Schiff ist [auf der Sandbank, vor der Küste] gestrandet; ein gestrandeter Wal; gestrandete *(an den Strand gespülte)* Waren; subst.: ein Schiff nahm die Gestrandeten auf. **2.** *scheitern:* er ist gestrandet [in seinem Leben]; er strandete mit seiner Politik; ein gestrandeter Mensch.

Strang, der: **1.** *dickes Seil, Strick:* die Glocke wird noch mit einem S. geläutet; die Pferde legten sich mächtig in die Stränge *(begannen kräftig zu ziehen)*; jmdn. zum Tode durch den S. (Rechtsw.; *durch Erhängen*) verurteilen. **2.** *Garn-, Wollbündel:* einen S. Wolle kaufen; sie hat 4 Stränge von diesem Garn für die Stickerei gebraucht. **3.** *Faserstrang:* verschiedene Stränge der Muskeln, Sehnen, Nerven waren durch die Verletzung zerstört. **4.** *Schienenstrang:* ein toter *(nicht befahrener)* S. * (ugs.:) **wenn alle Stränge reißen** *(wenn es keine andere Möglichkeit mehr gibt)* · **am gleichen/am selben Strang ziehen** *(das gleiche Ziel verfolgen)* · (ugs.:) **über die Stränge schlagen** *(übermütig werden)*.

Strapaze, die: *große körperliche Anstrengung:* die Reise war eine große S.; es ist eine S. *(ist anstrengend)*, ihm zuhören zu müssen; Strapazen aushalten, auf sich nehmen; man kann ihm die Strapazen der Reise nicht zumuten.

strapazieren: 1. ⟨etwas s.⟩ *etwas stark beanspruchen, abnutzen:* ein Kleidungsstück, die Schuhe sehr s.; bildl.: diese Redensart ist schon zu sehr strapaziert (ugs.; *zu häufig gebraucht, abgenutzt*). **2.** ⟨jmdn., sich, etwas s.⟩ *stark in Anspruch nehmen, überanstrengen:* die Kinder strapazieren die Nerven der Mutter; er hat sich bei dieser Arbeit sehr strapaziert; sie sahen sehr strapaziert aus.

Straße, die: **1.** *Verkehrsweg:* eine schmale, breite, belebte, ruhige, stille, laute, glatte, holperige, asphaltierte, kurvenreiche, ansteigende, abschüssige, vereiste, wenig befahrene, staubige S.; die Berliner S.; eine S. erster, zweiter Ordnung; die Straßen waren menschenleer; die S. ist frei *(es ist kein Fahrzeug auf der Straße)*; die S. [führt] zum Bahnhof, nach Köln; die S. biegt links ab; die Straßen waren völlig verstopft (ugs.); die S. vom Bahnhof zum Hotel; zwei Straßen kreuzen sich; eine S. bauen, anlegen, ausbessern, verbreitern, beleuchten; eine S. überqueren, befahren, benutzen, für den Durchgangsverkehr sperren, freigeben; die S. entlanggehen; Gangster machen die Straßen unsicher; er klapperte mehrere Straßen ab (ugs.), ohne das Gebäude zu finden; rechts, links der S. (geh.) stand eine Gruppe von Bäumen; das Hotel steht an der S.; die Kinder spielen auf der S.; sie traten (geh.) aus dem Haus auf die S.; bei Dunkelheit trauten sie sich nicht mehr auf die S.; er ist ihm auf der S. *(unterwegs)* begegnet; er ist auf der S. *(unterwegs)* zusammengebrochen; sie haben sich den ganzen Tag auf der S. herumgetrieben (ugs.; *sind nicht nach Hause gekommen*); du darfst heute nicht auf die S. gehen *(das Haus nicht verlassen)*; die Fenster, die Zimmer gehen auf die/zur S. *(liegen auf der Straßenseite)*; durch die Straßen bummeln (ugs.); die Demonstranten zogen durch die Straßen; sie wohnen in einer ruhigen S.; er ist bei Rot über die S. gegangen; etwas über die S. *(zum Verzehr außerhalb des Lokals)* verkaufen; übertr.: die ganze S. *(alle Bewohner der Straße)* nahm an dem Ereignis teil. **2.** *Meerenge:* die S. von Gibraltar, von Dover. * (ugs.:) **mit jmdm., mit etwas die Straße pflastern können** *(in viel zu großer Zahl vorhanden sein)*: es gibt so viele Jurastudenten, daß man mit ihnen die S. pflastern könnte · (ugs.:) **hier liegt das Geld auf der Straße** *(hier kann man leicht Gel verdienen)* · (ugs.:) **das Geld auf die Straße wer fen** *(verschwenderisch sein)* · (ugs.:) **jmdn. au die Straße werfen/setzen: a)** *(jmdn. aus seine Stellung entlassen)*. **b)** *(jmdm. seine Wohnung sein Zimmer kündigen)*: der Hauswirt hat ih kurzerhand auf die Straße geworfen/gesetzt (ugs.:) **auf der Straße liegen: a)** *(keine Stellun haben)*: er liegt [schon seit einem Vierteljahr auf der S. **b)** *(unterwegs sein)*: er liegt als Ver treter den ganzen Tag auf der S. · (ugs.:) **auf de Straße sitzen** *(ohne Stellung sein)* · **auf di Straße gehen** *(demonstrieren)* · **auf offene Straße** *(mitten im Verkehr, öffentlich)* · **der Man auf der/von der Straße** *(der Durchschnittsbürger)*

Straßenbahn, die: →Bahn.

sträuben: 1. a) ⟨etwas s.⟩ *aufstellen, aufplu stern:* die Federn s.; der Hund sträubt das Fel **b)** ⟨etwas sträubt sich⟩ *etwas plustert sich:* da Fell, das Gefieder sträubte sich; ⟨jmdm. sträub sich etwas⟩ der Katze sträubt sich das Fell vor Angst, vor Entsetzen sträubten sich ihn die Haare. **2.** ⟨sich s.⟩ *sich wehren, widersetzen* sich lange, heftig s.; er sträubte sich, Militär dienst zu leisten; er hat sich innerlich gege diesen Plan gesträubt; bildl.: die Fede sträubt sich, diese schrecklichen Vorgänge z beschreiben; subst.: da hilft kein Sträuben.

Strauch, der: *Busch:* ein blühender S.; Sträu cher pflanzen, abernten, [be]schneiden.

straucheln (geh.): *stolpern und taumeln:* de Mann, das Pferd strauchelte; subst.: sie kan ins Straucheln · übertr.: *scheitern, auf ein schiefe Bahn kommen:* er ist [in seinem Leben gestrauchelt; ein gestrauchelter Mensch.

[1]Strauß, der: *Blumenstrauß:* ein frischer, ver welkter, duftender, bunter, dicker, großer schöner S.; ein Sträußchen Veilchen, zwe Sträuße Astern; ein S. weißer Flieder/(geh.: weißen Flieders; der S. ist verwelkt; einen S pflücken, binden, zusammenstellen; jmdm einen S. Nelken schicken, überreichen.

[2]Strauß, der: */ein großer Vogel/:* afrikanisch Strauße; er steckt den Kopf in den Sand wi der Vogel S. *(will eine Gefahr nicht sehen)*.

[3]Strauß, der (geh.; veraltend): *Auseinandersetzung:* das war ein heftiger S.; sie hatte einen S. [miteinander]; er hat einen S. mi seinem Kontrahenten ausgefochten.

streben: 1. ⟨mit Raumangabe⟩ *sich energisch auf ein Ziel zu bewegen:* die Menschen strebte nach Hause, zum Ausgang, zur Tür; die Pflanzen streben nach dem/zum Licht; der Fluß strebt zum Meer (dichter.); bildl. (dichter.) *ragen:* die Türme des Doms streben in de Himmel; die Pfeiler streben in die Höhe übertr.: diese Partei strebt mit aller Energi an die Macht/zur Macht. **2. a)** ⟨nach etwas s.⟩ *sich mit aller Kraft um etwas bemühen, nach etwas trachten:* nach Macht, Ruhm, Ehre Glück, Reichtum, Gewinn, Vollkommenheit s. er hat sein Leben lang nach Selbständigkei gestrebt. **b)** ⟨mit Infinitiv mit *zu*⟩ *nach etwas trachten:* er strebte immer, sich zu vervollkommnen; subst. (geh.): sein Streben geht dahin, ist darauf gerichtet, die Zustände zu verbessern; Sprichw.: Streben ist Leben.

strebsam: *fleißig und zielstrebig:* ein strebsamer Schüler, Mensch; er ist sehr s.

trecke, die: **1.** *Wegstrecke, Stück eines Weges; Entfernung:* eine kurze, lange, weite, überichtliche, ebene, gefährliche S.; eine bestimmte S. fahren, gehen, laufen; sie hatten eine ziemiche (ugs.; *beträchtliche*) S. zurückzulegen, zu bewältigen; sie haben noch eine große S. vor ich; viele Wagen sind auf der S. *(Rennstrecke)* iegengeblieben; übertr.: weite Strecken *(Passagen)* des Buches sind sehr schwer verständlich; Math.: eine S. *(durch zwei Punkte begrenzte Gerade)*. **2. a)** *Bahnlinie:* eine stark befahrene S.; die S. nach Frankfurt ist vorübergehend gesperrt; er fährt häufig die S. Berin–Frankfurt; eine S. ausbauen; der Ort liegt an der S. Frankfurt–Mainz; dieser Zug verkehrt auf der S. Basel–Dortmund; der Zug hielt auf freier/auf offener S. *(außerhalb des Bahnhofs)*. **b)** *Gleisabschnitt:* eine S. begehen, abgehen, kontrollieren; er arbeitet auf der S. **3.** (Bergmannsspr.) *waagrechter Grubenbau:* von dem Schacht gehen mehrere Strecken aus. **4.** (Jägerspr.) *Jagdbeute:* die S. betrug 50 Haen. * **auf der Strecke bleiben** *(scheitern, unterlegen):* bei dem scharfen Konkurrenzkampf ist r auf der S. geblieben · **jmdn. zur Strecke brinen: a)** *(erlegen):* er hat bei der Safari einen Tier zur S. gebracht. **b)** *(jmdn. fangen und kampfunfähig machen):* der Verbrecher wurde zur S. gebracht.

recken: 1. a) ⟨etwas s.⟩ *geradebiegen, in gerade Haltung bringen:* die Beine, den Körper s.; Arme streckt! */Kommando bei bestimmten Turnübungen/;* das gebrochene Bein wurde gestreckt *(in einen Streckverband gesteckt);* Schülerspr.: den Finger s. *(sich durch Finerheben melden);* ein gestreckter Galopp *(mit gestreckten, weit ausgreifenden Beinen);* eine gestreckte *(flache)* Flugbahn; Math.: ein gestreckter Winkel *(Winkel von 180°)*. **b)** ⟨sich, etwas s.⟩ *ausstrecken, dehnen:* die Glieder s.; ie Kinder reckten und streckten sich (fam.); übertr.: der Weg streckt sich *(ist länger als erwartet)*. **c)** ⟨etwas s.; mit Raumangabe⟩ *in eine bestimmte Richtung ausstrecken:* sie streckte den Kopf aus dem Fenster, durch den Türspalt, ach vorn; er streckte die Füße unter den Tisch; er lag erschöpft auf dem Bett und streckte alle viere (ugs.; *Arme und Beine*) von sich. **d)** (fam.) ⟨sich s.⟩ *wachsen:* der Junge hat sich mächtig gestreckt. **e)** ⟨sich s.; mit Raumangabe⟩ *sich ausgestreckt hinlegen:* er streckte sich behaglich aufs Sofa, ins Gras, unter die Decke. **.** (fam.) ⟨etwas s.⟩ *etwas verdünnen, so daß es mehr ergibt; etwas sparsamer verbrauchen:* die Vorräte, die Lebensmittel s.; die Mutter streckte die Suppe, die Soße mit etwas Wasser. **3.** ugs.) ⟨etwas s.⟩ *in die Länge ziehen, verzögern:* e bemühten sich, ihre Arbeit zu s. * (geh.:) **ie Waffen strecken: a)** *(kapitulieren):* die Feinde streckten die Waffen. **b)** *(sich geschlagen geben):* vor diesem Konkurrenten mußte er die Waffen s. · (ugs.:) **alle viere von sich strecken** *(Arme und Beine [im Liegen] weit ausstrecken)* · ugs.:) **sich nach der Decke strecken müssen** *(mit wenig auskommen, sparsam sein müssen)* · ugs.:) **die Beine/Füße unter jmds. Tisch strecken** *(noch von jmdm. ernährt, unterhalten werden)* · (geh.:) **jmdn. zu Boden strecken** *(jmdn. niederstrecken, besiegen)*.

Streich, der: **1.** (geh.; veraltend) *Hieb, Schlag:* ein tödlicher S.; einen S. gegen jmdn. führen *(jmdn. angreifen);* jmdm. einen S. versetzen; Sprichw.: von einem Streiche fällt keine Eiche · er holte zu einem S. aus. **2.** *Scherz, Spaß:* ein böser, toller (ugs.), übermütiger, dummer, lustiger, schlimmer S.; Streiche machen, vollführen, verüben; er denkt sich immer neue Streiche aus; sie waren immer zu Streichen aufgelegt * **jmdm. einen Streich spielen** *(jmdn. hereinlegen)* · (veraltend:) **auf einen Streich** *(auf einmal)* · (ugs.; landsch.:) **mit etwas zu Streich kommen** *(mit etwas zurechtkommen)*.

streicheln ⟨jmdn., etwas s.⟩: *mit der Hand sanft, liebkosend über etwas streichen:* jmds. Gesicht, Hände, Haar s.; er streichelte seinen Hund, das Fell des Hundes; ⟨jmdm. etwas s.⟩ er streichelt ihr die Wange (geh.).

streichen: 1. a) ⟨etwas s.; mit Raumangabe⟩ *auftragen:* Butter, Marmelade aufs Brot s.; der Arzt strich Salbe auf die Wunde; er hat Kitt, Mörtel in die Fugen gestrichen; sie strich sich die Butter dick aufs Brot. **b)** ⟨etwas s.⟩ *bestreichen:* ein Brot, Brötchen [mit Käse] s.; die Mutter hat dem Kind ein Frühstücksbrot gestrichen. **2.** ⟨etwas s.⟩ *anstreichen, mit einem Anstrich versehen:* die Decke, die Wände s.; er hat die Türen mit Ölfarbe gestrichen; weiß gestrichene Möbel; Vorsicht, frisch gestrichen! **3. a)** ⟨mit Raumangabe⟩ *leicht darüber hinfahren:* sie strich [mit der Hand] über den Stoff, über das Kissen, über die Decke; ⟨jmdm., sich s.; mit Raumangabe⟩ die Mutter strich dem Kind über den Kopf, durchs Haar. **b)** ⟨jmdm., sich etwas s.; mit Raumangabe⟩ *weg-, beiseiteschieben:* sich das Haar, eine Strähne aus der Stirn s. **4.** ⟨mit Raumangabe⟩ *sich über etwas hinbewegen; [ziellos] umherstreifen:* ein Raubvogel streicht *(fliegt)* über den Wald; kühle Luft strich über sein Gesicht; er strich tagelang durch die Wälder; jmd. streicht ums Haus; ⟨jmdm. s.; mit Raumangabe⟩ die Katze strich ihm um die Beine. **5.** ⟨jmdn., etwas s.⟩ *wegstreichen, tilgen:* ein Wort, einen Satz s.; du kannst ihn, seinen Namen aus der Liste s.; Nichtzutreffendes bitte s.!; bildl.: du mußt die Sache aus deinem Gedächtnis s. *(sie vergessen);* übertr.: einen Auftrag s.; deine Pläne, deinen Urlaub kannst du s. (ugs.; *fallen lassen, aufgeben*). **6.** ⟨etwas s.⟩ *einziehen, einholen:* die Segel, die Flagge s. **7.** ⟨etwas streicht; mit Raumangabe⟩ *etwas verläuft, erstreckt sich:* der Höhenzug, das Gebirge streicht von Osten nach Westen. **8.** *(Rudern)* ⟨etwas s.⟩ *die Ruder gegen die Fahrtrichtung stemmen, um sie zu bremsen:* sie haben die Ruder gestrichen. * (geh.:) **die Segel/die Flagge streichen** *(den Widerstand aufgeben, sich geschlagen erklären)* · (ugs.:) **jmdm. etwas aufs Butterbrot streichen** *(jmdm. etwas als Vorwurf überdeutlich sagen)* · (ugs.:) **jmdm. um den Bart streichen** *(jmdn. umschmeicheln)* · (derb:) **die Hosen gestrichen voll haben** *(große Angst haben)* · (derb): **die Nase gestrichen voll haben** *(etwas gründlich satt haben)* · **gestrichen voll** *(bis an den Rand voll)* · (Kochk.:) **ein gestrichener Eßlöffel/Teelöffel** *(ein nicht gehäufter Eßlöffel, Teelöffel voll)*.

Streife, die: **a)** *Polizeistreife:* eine S. ist unterwegs, patrouilliert auf der Straße; der Dieb wurde von der S. gestellt und verhaftet. **b)** *Kontrollgang:* die Polizei macht eine S.; sie gehen auf S.

streifen/vgl. gestreift/: **1.** ⟨jmdn., etwas s.⟩ *leicht berühren:* jmdn. am Arm, an der Schulter s.; sie streifte die Wand [mit ihrem Kleid]; der Schuß hat ihn nur gestreift; der Fußgänger wurde von dem Lastwagen gestreift; bildl. (dichter.): ein Windhauch streifte sie; übertr.: ein verstohlener Blick streifte ihn. **2.** ⟨etwas s.⟩ *nur anklingen lassen, nicht ausführlich behandeln:* er hat diese Frage, dieses Problem [in seinem Vortrag] nur gestreift. **3.a)** ⟨etwas von etwas s.⟩ *abstreifen:* die Handschuhe von der Hand, den Ring vom Finger s.; er streifte die Asche von der Zigarre; Beeren von den Rispen s.; ⟨jmdm., sich etwas von etwas s.⟩ sie streifte sich die Badekappe vom Kopf. **b)** ⟨etwas s.; mit Raumangabe⟩ *durch eine streifende Bewegung an eine bestimmte Stelle bringen:* den Ring auf den Finger s.; sie streifte den Ärmel in die Höhe, die Handschuhe über die Hand; das Kleid, das Hemd über den Kopf s. *(darüber wegziehen);* ⟨jmdm., sich etwas s.; mit Raumangabe⟩ sie hatte sich die Kapuze über den Kopf gestreift. **4.** (geh.) ⟨mit Raumangabe⟩ *ohne festes Ziel durchwandern, umherstreifen:* durch die Wälder, die Gegend, die Straßen s.; er ist wochenlang durch das Land gestreift.

Streifen, der: **1.a)** *schmales, langes Stück von etwas:* ein schmaler, breiter, langer S.; ein S. Stoff, Papier, ein S. Land/(geh.) Landes; Speck, Fleisch in Streifen schneiden. **b)** *gerade Linie auf einem Mustergrund, vor einem Hintergrund:* feine, breite, schwarze, weiße Streifen; am Horizont zeichnet sich ein heller S. ab; der S. *(das Streifenmuster)* gefällt mir nicht; er hat den weißen S. (auf der Fahrbahn) überfahren. **2.** (ugs.) *Film:* ein alter, neuer, interessanter, amüsanter S.; das Kino zeigt einen S. von ... * (ugs.:) **jmd. paßt in den Streifen** *(jmd. ist gleichgesinnt)* · (ugs.; scherzh.:) **Hochdeutsch mit Streifen** *(schlechtes, nicht korrektes Hochdeutsch).*

Streik, der: *organisierte Arbeitsniederlegung:* ein wilder *(von der Gewerkschaft nicht geplanter)* S.; Streiks/Streike für höhere Löhne; ein S. gegen die Beschlüsse der Arbeitgeber; der S. ist zusammengebrochen; einen S. ausrufen, organisieren; den S. durchhalten, abbrechen, abblasen (ugs.), beilegen, mit Gewalt niederwerfen; die Metallarbeiter haben sich dem S. angeschlossen; etwas durch S. erzwingen; die Arbeiter wollen in [den] S. treten; die Gewerkschaften haben zu einem S. aufgerufen.

streiken: 1. *die Arbeit niederlegen:* wochenlang s.; die Arbeiter wollen s.; sie streiken für höhere Löhne, gegen die Beschlüsse der Arbeitgeber; übertr.: ich streike (ugs.; *ich mache nicht mehr mit, ich gebe auf*); mein Magen streikt *(verträgt das Essen nicht).* **2.** (ugs.) ⟨etwas streikt⟩ *etwas versagt, funktioniert nicht mehr:* der Motor, die Maschine, der Wagen streikte plötzlich.

Streit, der: *mit Worten ausgetragene, heftige Auseinandersetzung:* ein heftiger, erbitterter, ernsthafter S.; ein gelehrter S. (scherzh.; *ein Streit unter Gelehrten*); ein blutiger S. entbrannte [zwischen ihnen]; ein S. der Meinungen; der S. der Konfessionen; ein S. um Nichtigkeiten; u Worte; der S. zwischen zwei Parteien, den Eh leuten; bei ihnen herrscht immer Zank und S ein S. entsteht, bricht aus; die beiden haben [miteinander]; er hat S. mit ihm bekomme gekriegt (ugs.); es gab [einen] heftigen S.; de S. schlichten, beilegen, begraben; einen S. en fachen (geh.), anzetteln, anfangen, austrage er sucht gern S.; sie sind in S. geraten; sie lebe in S. miteinander. * **ein Streit um des Kaise Bart** *(überflüssiger Streit um Nichtigkeiten)* **einen Streit vom Zaun[e] brechen** *(einen Str heraufbeschwören, beginnen)* · **mit jmdm. i Streit liegen** *(mit jmdm. Streit haben).*

streitbar (geh.): *zum Streiten, Kämpfen um e was geneigt:* ein streitbarer Mann; eine strei bare Politikerin; sie ist/gilt als sehr s.

streiten: 1.a) (geh.; veraltend) *kämpfen:* f das Vaterland, gegen eine feindliche Übe macht s.; es wird erbittert gestritten. **b)** (geh ⟨für etwas s.⟩ *sich für etwas mit allen Kräfte einsetzen:* für Recht und Freiheit, für eine Ide für seinen Glauben s. **c)** (geh.) ⟨gegen etw s.⟩ *gegen etwas angehen:* gegen die Unterdrü kung, gegen das Unrecht s. **d)** (geh.) ⟨um etw s.⟩ *um etwas kämpfen:* sie stritten um eine Ve besserung der sozialen Zustände. **2.** *sich zank* **a)** mußt du immer s.?; ich habe keine Lust s.; warum streitet ihr den ganzen Tag?; ad Part.: die streitenden Parteien; subst.: s versuchte die Streitenden zu beruhigen. ⟨sich mit jmdm. s.⟩ sich mit seiner Frau, m seinem Kollegen s.; er hat sich mit seinem Br der um das Erbteil, wegen des Mädchens g stritten; ⟨auch ohne Präpositionalobjekt⟩ s streiten sich den ganzen Tag um nichts u wieder nichts (ugs.), wegen jeder Kleinigkei Sprichw.: wenn zwei sich streiten, freut si der Dritte. **3.** *heftig diskutieren:* ⟨über etwas s sie stritten über die Gleichberechtigung; s haben miteinander darüber gestritten, ob d Sache vertretbar sei; darüber kann man s darüber läßt sich s. *(darüber kann man ve schiedener Meinung sein).* * **sich um des Kaise Bart streiten** *(sich um Nichtigkeiten streiten).*

Streitigkeiten, die ⟨Plural⟩: *Streiterei, Zwis* es gab endlose S.; laßt doch die ewigen (ug dauernden (ugs.) S.!; S. brachen aus; S. be legen, schlichten; es kam wiederholt zu S.

streng: 1. *hart, unerbittlich, unnachsichtig:* e strenger Vater, Lehrer, Richter; eine stren Strafe, Maßnahme; ein strenges Urteil, Verbo strenge Grundsätze, Forderungen, Vorschr ten; hier herrscht eine strenge Ordnung; m strenger Miene; mit strengem Blick; die Mutt ist sehr s. [mit den Kindern, zu den Kinder er sieht s. aus, wirkt sehr s.; er urteilt sehr, s.; jmdn. s. erziehen, bestrafen, behandeln; d Türhüter sah die Fremden s. *(mit streng Miene)* an; etwas strengstens, aufs strengs verbieten. **2.** *genau, exakt, strikt:* etwas ist e strenges Geheimnis; strengste Diskretion wa ren; strenges, strengstes Stillschweigen bewa ren; er ist ein strenger *(strenggläubiger)* Kath lik; die Anweisungen s. befolgen, beachten; d beiden Bereiche sind s. voneinander zu trenne er geht s. methodisch vor. **3.** *sehr kalt:* ein stre ger Winter; strenger *(sehr starker)* Frost; d Winter war sehr s. **4.** *herb, leicht bitter:* ein stre

:er Geschmack, Geruch; das Wild schmeckt s.; las Fleisch ist etwas s. im Geschmack. **5.** *nicht ieblich, herb:* ein strenges Gesicht; strenge Züge; hr Gesicht ist etwas s. * **ein strenges Regiment ühren** *(sehr streng sein).*

renge, die: **1.** *Härte, Unerbittlichkeit:* große, ibertriebene, eiserne S.; die S. der Strafe; die S. u weit treiben; S. walten lassen, üben; sie hat lie Kinder mit übergroßer S. erzogen; mit un- rbittlicher, ungewohnter, unnachsichtiger S. 'orgehen. **2.** *Härte, große Kälte:* die S. des Win- ers, des Frostes; der Winter kommt mit großer . **3.** *Herbheit, leichte Bitterkeit:* die S. des Ge- chmacks, des Geruchs. **4.** *Herbheit, fehlende ieblichkeit:* die S. der Formen, des Bauwerks.

reuen: 1. ⟨etwas s.⟩ **a)** *über etwas verteilen, instreuen:* Torf, Laub, Mist, Sand s.; Salz auf las Fleisch s.; die Kinder streuten Blumen auf en Weg des Brautpaares; bei Glatteis muß man 'iehsalz [auf die Straße] s.; den Vögeln/für die 'ögel Futter s.; ⟨jmdm. etwas s.; mit Raum- ngabe⟩ sie haben dem Angreifer Pfeffer in lie Augen gestreut. **b)** *bestreuen:* bei Glatteis nuß die Straße [mit Viehsalz] gestreut werden; auch ohne Akk.⟩ heute muß gestreut werden *ein Streumittel gegen die Glätte auf dem Boden erteilt werden).* **2.** ⟨etwas streut⟩ *etwas läßt et- as herausrinnen, austreten:* der Mehlsack, die 'üte streut. **3.** (Mil.) ⟨etwas streut⟩ *etwas trifft ngenau:* die Geschütze, die Gewehre streu- en. * (ugs.:) **jmdm. Sand in die Augen streuen** *imdm. etwas vormachen, jmdn. täuschen).*

reunen (abwertend): *sich herumtreiben:* Ju- endliche streunen durch die Stadt; streunende lunde, Katzen.

rich, der: **1.** *das Streichen:* der S. mit dem 'insel, mit dem Bogen, mit der Bürste. **2.** *auf iner Unterlage hervorgebrachte Linie:* ein dicker, ünner, feiner, sauberer S.; der S. ist nicht ge- ade; er hat in dem Buch viele Striche an en Rand gemacht; Striche [mit dem Lineal] iehen; der Zeichner hat ihn mit wenigen chnellen Strichen skizziert; bildl.: in groben, nappen Strichen umriß der Redner seine Vor- tellungen. **3. a)** *das Ziehen, Zug:* der S. der chwalben, Stare, Schnepfen. **b)** *Schwarm:* ein . Stare, Fische. **4.** (selten) *Gegend, Landstrich:* n S. fruchtbaren Landes. **5.** *Wachstumsrich- ng der Haare, des Fells; Fadenverlauf des Ge- ebes:* bei der Verarbeitung des Stoffes muß der . beachtet werden; die Haare, das Fell ge- en/wider den S. bürsten. * (ugs.:) **[nur noch] n Strich sein** *(sehr abgemagert sein)* · (ugs.:) **ünn sein wie ein S.** *(sehr dünn sein)* · **einen rich unter etwas machen/ziehen** *(etwas been- en, mit etwas Schluß machen):* sie haben unter ren Streit endlich einen S. gemacht · (ugs.:) **einen Strich tun** *(nichts tun, nichts arbeiten)* · gs.:) **jmdm. einen Strich durch die Rechnung achen** *(jmds. Pläne durchkreuzen)* · (ugs.:) **ndm. einen Strich durch etwas machen** *(jmdm. was unmöglich machen)* · (ugs.:) **Strich drunter!** *lie Sache soll erledigt sein!)* · (ugs.:) **jmdn. auf em Strich haben** *(jmdn. nicht leiden können)* · lerb; abwertend:) **auf den Strich gehen** *(Pro- ituierte sein)* · (ugs.; scherzh.:) **noch auf dem rich gehen können** *(nicht so sehr betrunken in, daß man nicht mehr gerade gehen kann)* · gs.:) **etwas geht jmdm. gegen/wider den Strich** *(jmd. mag etwas nicht)* · (ugs.:) **nach Strich und Faden** *(gehörig, gründlich):* er hat den Jungen nach S. und Faden verhauen · **etwas steht unter dem Strich** *(etwas steht im Unterhaltungsteil der Zeitung).*

Strick, der: **1.** *dickes Seil:* ein dicker, langer S.; der S. reißt, hält, löst sich; sie haben den Korb an einem S. heruntergelassen; er hat das Pferd mit einem S. an den Pfosten angebunden. **2.** (fam.) *Schelm:* so ein S.!; dieser S. hat mich doch angeführt! * (ugs.:) **wenn alle Stricke reißen** *(wenn es keine andere Möglichkeit mehr gibt)* · (ugs.:) **den Strick nehmen/sich kaufen können** *(in einer völlig verfahrenen Situation sein)* · **den Strick nicht wert sein** *(ganz unwürdig sein)* · (ugs.:) **jmdm. aus etwas einen Strick drehen** *(jmds. Äußerung oder Handlung so auslegen, daß sie ihm schadet)* · (verhüll.:) **zum Strick greifen** *(sich erhängen).*

stricken: a) *eine Strickarbeit ausführen:* gerne, zum Zeitvertreib s.; sie hat lange an dem Schal gestrickt. **b)** ⟨etwas s.⟩ *durch Stricken anfertigen:* Strümpfe s.; die Mutter hat [ihm] einen Pullover gestrickt.

strikt: *streng:* ein strikter Befehl; strikter Gehorsam; etwas s. einhalten, befolgen.

Strippe, die (landsch.): *Schnur:* die S. durchschneiden, aufknoten. * (ugs.:) **jmdn. an der Strippe haben** *(mit jmdm. telephonieren)* · (ugs.:) **sich an die Strippe hängen** *(telephonieren)* · (ugs.:) **an der Strippe hängen** *(telephonieren):* sie hängt den ganzen Tag an der S. · (ugs.; landsch.:) **jmdn. an der Strippe haben** *(jmdn. gängeln, streng erziehen).*

strittig: *umstritten:* eine strittige Angelegenheit, Frage; ein strittiges Problem; der letzte Punkt der Tagesordnung ist noch s.

Stroh, das: *Halme des gedroschenen Getreides:* frisches, trockenes, nasses, faules S.; ein Bund, ein Bündel, eine Schütte S.; das Haus brannte wie S.; etwas brennt wie nasses S. *(schlecht);* das Essen schmeckt wie S. (ugs.; *ist ohne Geschmack);* S. aufschütteln, streuen; auf/im S. schlafen; das Dach ist mit S. gedeckt. * (ugs.:) **Stroh im Kopf haben** *(dumm sein)* · (ugs.:) **leeres Stroh dreschen** *(viel Unnötiges, Unsinniges reden).*

Strohhalm, der: *trockener Getreidehalm:* der Sturm knickte die Bäume wie Strohhalme; sie tranken die Limonade mit dem S. *(Trinkhalm).* * **sich an einen Strohhalm klammern** *(in jeder kleinen Sache Hoffnung suchen)* · **nach dem rettenden Strohhalm greifen** *(die letzte Rettungsmöglichkeit ergreifen)* · (ugs.:) **über einen Strohhalm stolpern** *(bei einem größeren Unternehmen an einer lächerlichen Kleinigkeit scheitern).*

Strom, der: **1. a)** *großer Fluß:* ein breiter, langer, mächtiger, schiffbarer S.; der S. ist vereist, führt Hochwasser, bildet Wirbel, tritt über die Ufer; der S. fließt durch eine fruchtbare Ebene, mündet ins Meer; einen S. befahren; man sah viele Boote auf dem S.; die Bäche wurden durch den Regen in reißende, wilde Ströme verwandelt; bildl. (geh.): Ströme von Schweiß, von Tränen, von Blut flossen; ein S. von Menschen, von Autos, von Besuchern, von Flüchtlingen; ein S. von Verwünschungen ergoß sich über ihn; er ließ sich vom S. der Menge treiben; übertr.: der S. der Rede versiegte; der S.

(geh.) der Zeit, der Ereignisse. **b)** *Strömung:* gegen den/mit dem S. schwimmen. **2.** *Elektrizität:* schwacher, geschlossener (Technik), elektrischer, galvanischer, magnetischer S.; der S. hat eine Spannung von 220 Volt; den S. ein-, abschalten, sperren, unterbrechen, umschalten, umkehren (Technik), öffnen (Technik); sie verbrauchen viel, wenig S.; Wasserkraft in S. verwandeln; mit S. kochen. * **in Strömen** *(sehr heftig):* es regnete in Strömen · (dichter.:) **in den Strom der Vergessenheit sinken** *(völlig vergessen werden)* · **mit dem Strom schwimmen** *(sich der herrschenden Meinung anschließen* · **gegen/wider den Strom schwimmen** *(sich der herrschenden Meinung entgegenstellen).*

strömen: **1.** ⟨etwas strömt⟩ *etwas fließt schnell und in großer Fülle:* Wasser strömte aus der Leitung, in das Becken; frische Luft strömte ins Zimmer; aus der defekten Leitung strömt das Gas; das Blut strömt durch die Adern; Regen strömte [unablässig vom Himmel] (geh.; *es regnete sehr stark*); adj. Part.: bei, in strömendem *(heftigem)* Regen kamen sie an. **2.** ⟨mit Raumangabe⟩ *sich in großer Anzahl fortbewegen:* die Menschen strömten aus dem Saal, in die Ausstellung, zu dem Festzelt.

Strömung, die: **1.** *das Strömen; starke, fließende Bewegung* /von Wasser und Luft/: eine starke, schwache, reißende, gefährliche S.; warme, kalte Strömungen des Meeres; die S. hat das Boot abgetrieben, fortgetragen, mitgerissen; der Fluß, das Wasser hat starke S.; der Schwimmer muß gegen die S. ankämpfen, ist in die S. geraten. **2.** *geistige Bewegung, Richtung:* politische, geistige, literarische Strömungen; die herrschende S. der Zeit; es gab eine revolutionäre S. unter der Oberfläche.

Strophe, die: *Vers:* die erste, letzte S.; sie sangen alle drei Strophen des Liedes.

strotzen: *übervoll sein von etwas, etwas in großer Menge haben:* er strotzt vor/von Energie, Kraft, Gesundheit; der Aufsatz strotzte vor/von Fehlern; der Junge strotzte vor Dreck; die Kühe hatten strotzende *(prall gefüllte)* Euter.

Strudel, der: **1.** *im Wasser entstehender Wirbel:* ein gefährlicher S.; ein S. zog den Schwimmer in die Tiefe; das Boot geriet in einen S., wurde von einem S. erfaßt; bildl.: er wurde in den S. der Ereignisse hineingerissen, hineingezogen; sie stürzten sich in den S. der Vergnügungen. **2.** *Gebäck:* ein S. mit Äpfeln, mit Kirschen.

Struktur, die: *Aufbau, Gefüge, innere Gliederung:* die S. der Kristalle, einer Zelle; die politische, soziale, wirtschaftliche S. eines Landes; Strukturen wandeln sich, werden sichtbar.

Strumpf, der: *Bekleidung für Fuß und Bein:* kurze, lange, warme, schmutzige, seidene Strümpfe; ein Paar neue/(geh.:) neuer Strümpfe; Strümpfe stopfen, stricken, zerreißen, waschen; die Strümpfe anziehen, ausziehen; keine Strümpfe tragen; die Kinder liefen auf Strümpfen *(ohne Schuhe)* umher; du hast ein Loch im S.; sie steckt ihr Geld in den S. *(Sparstrumpf).* * (ugs.:) **jmds. Strümpfe ziehen Wasser** *(jmds. Strümpfe rutschen herunter)* · (ugs.:) **sich auf die Strümpfe machen** *(schnell aufbrechen).*

struppig: *wirr, zerzaust* /von Haaren, Fell/: struppige Haare; ein struppiger Bart; das Tier hatte ein struppiges Fell; seine Haare waren s er sah s. aus.

Stube, die (veraltend, aber noch landsch. *Zimmer:* eine große, kleine, hohe, niedri enge, winzige, warme S.; die gute S. (ugs.; *d nur bei besonderen Anlässen benutzte Zimme* die Rekruten sind auf der S. *(in ihrem Zimm in der Kaserne);* er sitzt, hockt immer in der (ugs.; *geht nicht aus dem Haus*); Redensar [nur immer] herein in die gute S.! (ugs.) /*Au forderung einzutreten*/.

Stück, das: **1.** *[abgetrennter] Teil von eine größeren Ganzen:* ein großes, kleines, dick langes, kurzes, schmales, breites, rundes, e kiges S.; ein winziges Stückchen; ein S. Br Kuchen, Fleisch, Butter, Schokolade; ein Stoff, Schnur, Holz; ein S. Land, Garten; e S. weißes Papier/(geh.:) weißen Papiers; ein [von etwas] abschneiden, abreißen, abbreche das größte, beste S. bekommen, erwisch (ugs.); er las ein S. aus seinem Buch vor; i begleite dich ein S. (ugs.), ein S. [des] Weg das letzte S. des Weges fuhren sie mit der Bah das Kleid ist aus einem S. gearbeitet; etwas Stücke reißen, schlagen; die Wäsche geht sch in Stücke *(geht entzwei);* der Teller ist in 10 Stücke zersprungen, zerbrochen; die Mut hat das Fleisch in große Stücke geschnitte übertr.: der Vortrag behandelte ein S. Zeit schichte; die Möbel bedeuten ihm ein S. Heim *(erinnern ihn an die Heimat);* das war schweres S. *(viel)* Arbeit; die Sache hat schönes S. *(viel)* Geld gekostet. **2.** *Einzelgeg stand, Einzelteil:* ein seltenes, wertvolles S.; d kostbarste S. der Sammlung; Seife, eine Ma das S.; Seife, das S. [für] eine Mark; es war Stücker zehn (ugs.; *ungefähr, etwa*); sie nahm drei Stücke/drei S. Zucker in den Kaffee; /l Mengenangaben/: er hat zehn S. Vieh im Sta bitte zehn S. von diesen Apfelsinen; diese A beit wird nach S. bezahlt. **3.** (ugs.) *Person:* ist ein freches, ein faules S.; du bist un bestes S. **4. a)** *Theaterstück, Musikstück:* modernes, bekanntes, erfolgreiches S.; ein von Brecht; er spielt, übt Stücke von Sch mann; ein S. schreiben, bearbeiten, aufführ spielen, proben, herausbringen, absetzen; Stück ist durchgefallen, steht auf dem Sp plan; er spielt eine Hauptrolle in diesem * **große Stücke auf jmdn. halten** *(jmdn. sehr sch zen)* · **etwas ist nur ein Stück Papier** *(etwas nichts wert)* · (ugs.:) **etwas ist ein starkes/ein t les Stück** *(etwas ist eine Unverschämtheit, et ist unerhört)* · **aus freien Stücken** *(unaufge dert)* · (ugs.:) **sich für jmdn. in Stücke reißen l sen** *(alles für jmdn. tun)* · (ugs.:) **in einem St** *(ununterbrochen)* · (landsch.:) **im/am St** *(nicht aufgeschnitten):* Käse im S. · **in vielen allen Stücken** *(in vieler, in jeder Hinsicht).*

Stückwerk ⟨in der Verbindung⟩ etwas ist/ble [nur] Stückwerk: *etwas ist, bleibt unvollstän unvollkommen:* die Arbeit, alles ist nur S.

studieren: **1.** *eine Hochschule besuchen, Stud sein:* seine Kinder s. lassen; er hat lange, 3 Jal 8 Semester studiert; er studiert an der Ku akademie in München; Sprichw.: ein vo Bauch studiert nicht gern; adj. Part.: er eine studierte (ugs.) Frau; subst.: die Stu renden *(Studenten);* er ist ein Studierter (ug

:. ⟨etwas s.⟩ **a)** *an einer Hochschule erlernen:* Medizin, Architektur s.; er studiert im zweiten Semester Malerei. **b)** *lernen, einüben:* ein Lied, eine Rolle, einen Gesangspart s. **c)** *sich eingehend mit etwas befassen:* eine Frage, ein Problem s.; die sozialen Verhältnisse des Landes s.; r studiert die Akten, die Zeitung, die Landkarte; ie studierten eingehend die Speisekarte.

udium, das: **a)** *Hochschulstudium:* ein langes, chwieriges, langwieriges, kostspieliges S.; das nedizinische S.; das S. der Medizin; dieses S. lauert fünf Jahre; das S. beginnen, abbrechen, nterbrechen, aufgeben, beenden; sein S. mit lem Staatsexamen abschließen; er hat sein S. rfolgreich absolviert (bildungsspr.); mit dem S. eginnen. **b)** *eingehende [wissenschaftliche] Beschäftigung mit etwas:* umfangreiche, gründliche, ingehende Studien; Studien betreiben; sich einen Studien widmen; er ist mit dem S. der Zeitung, der Speisekarte beschäftigt.

ufe, die: **1.** *einzelne Trittfläche einer Treppe:* ine breite, schmale, hohe, niedrige, ausgetretene, abgetretene, steinerne S.; die erste, unterste, berste S.; Vorsicht, S.!; Achtung, S., Stufen! *warnende Hinweise]*; die S. knarrt; die Stufen er Treppe, des Altars, des Thrones; die Treppe at zehn Stufen; die Stufen *(Treppe)* hinuntergehen, hinuntersteigen, hinaufgehen, emporsteigen (geh.), hinaufsteigen; er nimmt immer nehrere Stufen auf einmal *(springt in Sätzen ie Treppe hinauf)*; bildl. (geh.): die Stufen um Ruhm, Erfolg erklimmen (geh.); er steht uf der obersten S. des Ruhms. **2.** *Entwicklungsstufe, Stadium:* die Stufen der Erkenntnis; die öchste S. der Vollkommenheit; der Leistungsähigkeit; er ist auf einer niedrigen, primitiven . stehengeblieben. * **auf einer/auf der gleichen tufe stehen** *(den gleichen Rang haben, gleichwertig sein)* · **jmdn., etwas auf eine/auf die gleiche tufe stellen** *(im Rang miteinander gleichstellen)* · **ch mit jmdm. auf eine/auf die gleiche Stufe ellen** *(sich jmdm. gleichstellen)*.

uhl, der: **1.** *Sitzmöbel mit Rückenlehne:* ein harer, gepolsterter, drehbarer, wackliger (ugs.), oher, niedriger, [un]bequemer S.; ein S. mit oher Lehne, mit Armlehnen; Stühle stehen um en Tisch; Stühle aufstellen, rücken; sie hat em Besuch keinen S. angeboten *(ihn nicht zum itzen aufgefordert)*; den S. zurückschieben, hern-, herbeiziehen; auf einem S. sitzen, hocken gs.); sich auf einen S. setzen, auf einen/einem . niederlassen. **2.** *Stuhlgang:* harter, weicher, utiger S.; er hatte mehrere Tage keinen S. **der Päpstliche/Apostolische/Heilige Stuhl** *(das mt des Papstes; der Vatikan)* · **elektrischer uhl** *(stuhlförmige Vorrichtung, auf der Verbreer in den USA mit Starkstrom hingerichtet weren)* · **jmdm. den Stuhl vor die Tür stellen** *(jmdn. hen heißen, jmdm. kündigen)* · (ugs.:) **fast vom uhl fallen** *(sehr überrascht sein)* · **Meister vom uhl** *(Präsident einer Freimaurerloge)* · (ugs.:) **icht zu Stuhle kommen** *(mit etwas nicht zucht kommen)* · **sich zwischen zwei Stühle seten** *(sich zwei gebotene Möglichkeiten entgehen ssen)* · **zwischen zwei Stühlen sitzen** *(sich vei Möglichkeiten verscherzt haben)*.

uhlgang, der: *menschliche Ausscheidung:* harer, weicher S.; S. haben.

umm: a) *unfähig zu sprechen:* ein stummes Kind; er ist s. [von Geburt an]; vor Schreck, vor Staunen s. sein; Sprichw.: besser s. als dumm. **b)** *nicht von Worten begleitet, wortlos:* eine stumme Bewegung, Zwiesprache, Klage; stummer Zorn, Schmerz; ein stummer Blick traf ihn; er hat eine stumme Rolle in dem Stück *(ist Statist)*; eine stumme Szene *(in der nicht gesprochen wird)*; Sprachw.: ein stummes „e" am Ende eines Wortes *(ein „e", das nicht gesprochen wird)* · er war s. wie ein Fisch *(sprach kein Wort)*; auf die Frage blieb er s. *(sagte er nichts)*; s. werden *(schweigsam werden)*; s. zuhören, dasitzen, leiden; seine Worte machten sie s. (geh.; *ließen sie verstummen*). * **stummer Diener: a)** *(Serviertisch)*. **b)** *(Kleiderständer)* · (ugs.; verhüll.:) **jmdn. stumm machen** *(jmdn. töten)* · (ugs.:) **stumm sein/bleiben wie ein Grab** *(absolut verschwiegen sein)*.

Stümper, der (abwertend): *Nichtskönner:* er ist ein rechter, elender (ugs.) S.; diese Arbeit hat ein S. ausgeführt; Sprichw.: wo kein Meister ist, da gelten die Stümper.

stumpf: 1. a) *nicht scharf:* ein stumpfes Messer, Beil, Schwert; stumpfe Zähne; die Schere, die Schneide, die Klinge ist s. [geworden]. **b)** *nicht spitz:* eine stumpfe Nadel, Feder; Math.: ein stumpfer Winkel *(Winkel, der zwischen 90° und 180° beträgt)*; ein stumpfer Kegel; eine stumpfe Pyramide · sie hat eine stumpfe Nase; der Bleistift ist s. [geworden]. **2.** *teilnahmslos, interesselos, abgestumpft:* ein stumpfer Mensch; ein stumpfer Blick, Gesichtsausdruck; er hat stumpfe Sinne; s. vor sich hin starren, brüten; er ist s. geworden gegen alle Einflüsse, gegenüber allen Einflüssen. **3.** *matt, glanzlos:* stumpfe Seide; das Haar, die Farbe ist s. geworden. **4.** (Metrik) *männlich, mit einsilbigem Reimwort:* ein stumpfer Reim.

Stumpf, der: **a)** *Armstumpf, Beinstumpf:* einen S. nachamputieren; Krüppel mit Stümpfen. **b)** *Baumstumpf:* verfaulte Stümpfe der Bäume; einen S. ausgraben. **c)** *Kerzenstumpf:* die Kerzen waren bis auf einen S. heruntergebrannt. * (ugs.:) **mit Stumpf und Stiel** *(völlig, ganz und gar)*: diese Tierart wurde mit S. und Stiel ausgerottet.

stumpfsinnig: a) *in Stumpfsinn versunken, teilnahmslos:* er starrte s. vor sich hin; bei dieser langweiligen Arbeit kann man s. werden. **b)** *eintönig, geisttötend:* eine stumpfsinnige Arbeit; diese Tätigkeit ist furchtbar s.

Stunde, die: **1.** *Zeitraum von 60 Minuten:* eine ganze, halbe, volle, geschlagene (ugs.; *volle*), gute *(etwas mehr als eine)*, knappe *(nicht ganz volle)* S.; anderthalb/(veraltend:) anderthalbe Stunden; eine dreiviertel S./drei viertel Stunden; alle halbe S.; Redensart: besser eine S. zu früh als eine Minute zu spät · es ist noch keine S. vergangen; zu Fuß, mit dem Auto ist es eine S. bis dorthin; bis Köln sind es noch zwei Stunden; der Ort liegt eine S. entfernt von hier; er war drei Stunden [lang] unterwegs; er verbringt [ganze] Stunden mit seinem Hobby; sie zählten die Stunden bis zum Aufbruch; die Uhr schlägt nur jede volle S.; die Putzfrau bekommt drei Mark [für] die S.; er wird in einer S. kommen; der Zug fährt 120 km in der S.; er hatte die Arbeit innerhalb einer S. erledigt; von einer S. zur anderen veränderte sich die Lage; im Abstand von zwei Stunden; vor einer S. ist er heimgekommen; S. um S. verrann (geh.). 2. *Zeit, Zeitpunkt, Augenblick:* es waren frohe, heitere, glückliche, beschauliche, gemütliche, schwere, traurige, bittere, einsame, verlorene Stunden; die S. der Rache, des Todes, des Gerichts; Stunden der Begeisterung, der Verzagtheit; sie verlebten an diesem Ort die schönsten Stunden ihres Lebens; du mußt die richtige, geeignete S. abwarten; er hatte heute seine große S. *(einen großen Auftritt);* sie hat keine ruhige S. mehr, seit die Kinder fort sind; wir erlebten eine historische S.; das Krankenhaus ist jede S. *(immer)* in Bereitschaft; er muß diese S. *(in dieser Stunde)* noch kommen; die Gunst der S. nutzen, versäumen (geh.); diese Maßnahme ist ein Gebot der S.; in der S. der Gefahr, der Not hielten sie zusammen; in einer stillen S. wollte er sich mit der Frage befassen; in letzter S. wurde er gerettet; in vorgerückter S. gab es ein kaltes Büffet; von dieser S. an/(geh.; veraltend:) von Stund an; er kommt zu gewohnter/zur gewohnten S.; zu später S. *(spät abends);* zu nächtlicher S. *(nachts);* zur selben, zur gleichen S.; zur S. *(im Augenblick)* wissen wir noch nichts Näheres; sie können zu jeder S. kommen; bis zur/bis zu dieser S. kennen wir keine Einzelheiten des Vorfalls. 3. *Unterrichtsstunde:* die erste, nächste, letzte S. fällt aus; wir haben heute fünf Stunden; sie haben sechs Stunden Latein in der Woche; eine S. vorbereiten, geben, nehmen; in der zweiten S. haben wir Deutsch; sie gehen in die S., zur S. * (geh.:) **die blaue Stunde** *(Dämmerstunde)* · (geh.:) **jmds. schwere Stunde** *(Zeitpunkt der Entbindung)* · **die Stunde X** *(noch unbekannter Zeitpunkt, an dem etwas Entscheidendes geschehen wird)* · **die Stunde Null** *(Zeitpunkt, an dem etwas völlig neu beginnt)* · **jmds. letzte Stunde/letztes Stündlein hat geschlagen** *(jmd. liegt im Sterben)* · **wissen, was die Stunde geschlagen hat** *(über jmds. Zorn, Empörung Bescheid wissen und mit keiner Nachsicht rechnen)* · (ugs.:) **in einer schwachen Stunde** *(in einem Augenblick, in dem jmd. keine Widerstandskraft hat)* · **in elfter/in zwölfter Stunde** *(im allerletzten Augenblick).*

stunden ⟨jmdm. etwas s.⟩: *jmdm. Zahlungsaufschub gewähren:* jmdm. die fälligen Raten, die Miete s.; man hat ihm die Schuld einen Monat gestundet; ⟨auch ohne Dativ⟩ das Finanzamt war nicht bereit, den Betrag zu s.

stündlich: a) *jede Stunde:* der Rundfunk bringt s. Nachrichten; der Zug verkehrt s. zwischen beiden Städten. **b)** *in einer der kommenden Stunden; bald:* mit seiner Rückkehr ist s. zu rechnen; wir erwarten s. seine Ankunft.

Stunk, der (ugs.): *Zank, Ärger, Unfrieden:* S. machen; es hat furchtbaren S. gegeben.

stur (ugs.; abwertend): **a)** *starrsinnig, schwerfällig, unnachgiebig:* ein sturer Mensch; er ist s. wie ein Panzer (ugs.; *sehr stur*); er bleibt s. bei seiner Meinung; er arbeitet s. nach Vorschrift; wenn er etwas nicht tun will, schaltet er auf s. *(läßt er sich nicht beeinflussen).* **b)** *stumpfsinnig:* eine sture Arbeit; diese Tätigkeit ist sehr s.

Sturm, der: **1.** *überaus starker Wind:* ein starker, heftiger, verheerender, eisiger S.; der S. bricht los, wütet, tobt, tost, springt um, legt sich, richtet große Verwüstungen an; der S. heult, pfeift ums Haus, jagt, fegt übers Wasser; der S. entwurzelt Bäume, wühlt das Meer auf, deckt Dächer ab; Sprichw.: wer Wind sä wird S. ernten · das Barometer steht auf S. *(zei Sturm an);* das Schiff kämpfte gegen den S. a in S. und Regen gingen sie spazieren; bildl.: d Stürme des Lebens; ein S. der Entrüstung/d Empörung brach los; der S. des Herzens, d Empfindung; es herrscht Stille/Ruhe vor de S. *(eine gespannte Atmosphäre vor einem Zor ausbruch, Streit o. ä.).* **2.a)** *das Stürmen, A griff:* den S. abschlagen, zurückschlagen; d Festung im S. nehmen; es wurde Befehl zum gegeben; zum S. [auf die Stadt] antreten, vo gehen, blasen (hist.); bildl.: beim Schlußve kauf setzte der S. auf die Geschäfte ein. (Sport) *die Gesamtheit der Stürmer:* der S. d Nationalmannschaft. * **ein Sturm im Wassergl** *(große Aufregung um eine geringfügige Sache)* **gegen etwas Sturm laufen** *(gegen etwas Geplant heftig protestieren und agieren)* · **Sturm läute klingeln** *(heftig läuten)* · (geh.:) **jmdn./jmd Herz/alle Herzen im Sturm erobern** *(schnell jm Sympathie, die Sympathien aller gewinnen).*

stürmen: 1.a) ⟨etwas stürmt⟩ *etwas weht hefti* der Wind stürmte [ums] Haus. **b)** ⟨es stürmt⟩ *herrscht Sturm:* es stürmt und schneit seit Stu den; bildl. (geh.): es stürmte in ihm *(er w innerlich sehr stark bewegt, erregt).* **2.** ⟨mit Rau angabe⟩ *rennen, eilen:* auf die Straße s.; die Z schauer stürmten aufs Spielfeld; die Kind sind nach Hause gestürmt. **3.a)** ⟨etwas s.⟩ *was im Sturmangriff erobern:* eine Festung, ei Stadt s.; die Soldaten stürmten die feindlich Stellungen; bildl.: beim Schlußverkauf stür ten die Frauen die Geschäfte. **b)** *einen Sturma griff führen:* die Infanterie stürmt; Sport: stürmt *(spielt als Stürmer in der Mannschaft);* Mannschaft stürmt *(greift an).*

stürmisch: 1. *sehr windig, von Sturm erfüllt:* st misches Wetter; ein stürmischer Herbst; fuhren bei stürmischer *(von Sturm aufgepeits ter)* See hinaus; die Überfahrt war sehr bildl.: stürmische *(ereignisreiche, sehr beweg* Tage, Zeiten. **2.** *sehr lebhaft, heftig, leidenscha lich:* stürmischer Jubel, Beifall; ein stürmisch Temperament; er ist ein stürmischer Liebhab eine stürmische Begrüßung; es gab stürmisc Debatten; seine Worte riefen stürmische *(s große)* Heiterkeit hervor; er ist sehr s.; nicht s.! *(nicht so ungeduldig, heftig!);* sie wurde s. feiert, begrüßt, umarmt; s. protestieren. **3.** *s schnell vor sich gehend:* eine stürmische Entwic lung; die Technik hat sich s. entwickelt.

Sturz, der: **1.** *das Fallen, Stürzen:* ein schwer gefährlicher, tödlicher S.; ein S. auf die Stra aus dem Fenster, in die Tiefe; ein S. mit d Fahrrad, vom Pferd; er hat den S. überlebt; hat sich bei dem S. schwer verletzt; übert *das jähe Absinken, Fallen:* der S. des Baron ters; man rechnete mit einem S. der [Börse kurse, der Preise. **2.** *gewaltsame Absetzung:* S. des Ministers, der Regierung, des Regim jmds. S. vorbereiten, herbeiführen.

stürzen: 1.a) *hinfallen:* schwer, unglücklich das Pferd ist gestürzt; die Mauern, die Säu sind gestürzt (geh.; *umgefallen*); die Frau stü te und brach sich ein Bein; beim Schilaufen, dem Fahrrad s. **b)** ⟨mit Raumangabe⟩ *Wucht fallen:* aus dem Fenster, in eine Schlu s.; das Flugzeug stürzte ins Meer: von der I ter, vom Pferd s.; tot zu Boden s.; übertr. (geh.): Tränen stürzten *(rannen)* aus ihren Augen. **2.a)** ⟨jmdn., sich s.; mit Raumangabe⟩ *jmdn. werfen, sich fallen lassen:* sich aus dem Fenster, aus dem Zug s.; er hat sich von der Brücke in den Fluß gestürzt; er stürzte sich in sein Schwert (geh.); übertr.: *bringen:* sich ins Verderben, ins Unglück s.; jmdn. in Verlegenheit, in Verzweiflung, in Verwirrung s. **b)** ⟨sich auf jmdn., auf etwas s.⟩ *über jmdn., über etwas herfallen:* sich auf das Essen s.; sie stürzten sich neugierig auf die Zeitung, auf die Post; der Verbrecher stürzte sich auf den Passanten. **3.** ⟨mit Raumangabe⟩ *eilen:* er stürzte an die Tür, aus dem Haus, ins Zimmer, zum Fenster. **4.** ⟨etwas s.⟩ *umkippen, umkehren:* die Form, den Topf s.; die Mutter stürzt den Pudding [auf einen Teller]; die Kasse s. (veraltend; *die Tagesabrechnung machen*); ⟨auch ohne Akk.⟩ bitte nicht s.! /*Aufschrift auf Kisten mit zerbrechlichen Transportgütern*/. **5.** ⟨jmdn. s.⟩ *gewaltsam seines Amtes entheben:* einen Minister, die Regierung s. **6.** ⟨sich in etwas s.⟩ *sich intensiv einer Sache widmen:* sich in die Arbeit, in ein Abenteuer, in den Trubel, ins Vergnügen, in eine Gefahr s.; er hat sich in Unkosten, in Schulden gestürzt *(große Ausgaben auf sich genommen)*.

Stütze, die: **1.** *Gegenstand, der etwas stützt; Träger, Pfosten:* die Stützen der Wäscheleine; der Baum braucht eine S.; der Pfeiler dient der Mauer als S., zur S.; bildl.: die Stützen des Staates; die S. *(Beistand)* seines Alters; übertr.: *Hilfe:* er ist eine große S. für seinen Vater; die Notizen dienen ihm als S. *(Unterstützung)* für sein Gedächtnis. **2.** (veraltend) *Haushaltshilfe:* eine tüchtige, zuverlässige S. haben.

stutzen ⟨etwas s.⟩: *kürzer schneiden, abschneiden:* den Bart, die Haare s.; die Hecken, Bäume müssen gestutzt werden; ⟨jmdm., sich etwas s.⟩ dem Hund die Ohren, den Schwanz, den Hühnern die Flügel s.

stutzen: a) *scheuen, zurückschrecken:* das Pferd stutzte vor dem Graben. **b)** *mißtrauisch werden, aufhorchen:* kurz, einen Augenblick s.; als er den Namen hörte, stutzte er.

stützen: 1.a) ⟨jmdn., sich, etwas s.⟩ *durch Stützen Halt geben:* einen Baum, einen Ast, eine Mauer s.; das baufällige Haus muß gestützt werden; zwei Leute stützten den Verletzten; bildl.: die Partei stützt ihren Minister *(gibt ihm Rückendeckung)*; Bankw.: die Kurse s. *(einen Wertverlust verhindern)*. **b)** ⟨etwas s.⟩ *untermauern:* einen Verdacht, eine Annahme, eine Vermutung s.; er stützte seine Behauptung durch Beweise. **2.** ⟨sich, etwas s.; mit Raumangabe⟩ *aufstützen:* er stützte den Kopf in die Hände, die Arme, in die Seiten, die Ellenbogen auf den Tisch; er muß sich beim Gehen auf einen Stock, auf ihren Arm s.; übertr.: die Partei stützt sich auf die Arbeiterschaft *(wird von ihr getragen)*. **3.** ⟨sich auf etwas s.⟩ *sich auf etwas berufen; auf etwas aufbauen:* die Anklage stützt sich auf Zeugenaussagen; er stützt sich auf die Erfahrung, lediglich auf Vermutungen.

stutzig ⟨in den Verbindungen⟩ **jmdn. stutzig machen** *(jmdn. befremden; jmdn. nachdenklich machen):* seine seltsamen Äußerungen machten sie s. · **stutzig werden** *(Verdacht schöpfen):* als einer nach dem anderen verschwand, wurde er s.

Subjekt, das: **1.a)** (Philos.) *Individuum:* das erkennende, denkende S. **b)** (ugs.; abwertend) *Mensch, Person:* er ist ein ganz gemeines, verkommenes, übles, trauriges S. **2.** (Sprachw.) *Satzgegenstand:* das grammatische, logische S.; S. und Prädikat eines Satzes bestimmen.

Substanz, die: **1.** *Stoff, Materie:* eine chemische, wasserlösliche, weißliche S.; eine neue S. entdecken. **2.** *Gehalt:* das Buch, der Vortrag hat wenig [geistige] S. **3.** *Kapital, Vermögen:* die S. angreifen, aufbrauchen; übertr.: sie leben, zehren seit einiger Zeit von der S. (ugs.; *von dem, was vorhanden ist, von den körperlichen Kraftreserven*).

Suche, die: *das Suchen:* eine erfolglose, ergebnislose, vergebliche S.; die polizeiliche S. war erfolgreich; die S. beginnen, abbrechen, aufgeben; er beteiligte sich an der S. nach den Vermißten; er ist, befindet sich auf der S. *(er sucht)* nach einer neuen Stellung; sich auf die S. machen, begeben *(zu suchen beginnen)*; nach etwas auf die S. gehen *(sich daran machen, etwas zu suchen)*; jmdn. auf die S. schicken.

suchen /vgl. gesucht/: **1.** ⟨jmdn., etwas/nach jmdm., nach etwas s.⟩ *zu finden trachten:* etwas lange, verzweifelt, vergebens, händeringend s.; ich habe dich überall gesucht; jmdn. polizeilich, steckbrieflich, fieberhaft s. [lassen]; eine Wohnung, ein Zimmer, eine Unterkunft, [ein] Obdach s.; sie sucht ihre Brille, ihr Portemonnaie, ihre Schlüssel; sie sind in den Wald gegangen, um Pilze, Beeren zu s. *(sammeln)*; Verkäuferin, Lehrmädchen gesucht /*Stellenanzeige*/; den Täter/nach dem Täter, die Vermißten/nach den Vermißten s.; die Mutter ist das Kind suchen gegangen (ugs.); die beiden haben sich gesucht und gefunden (ugs.; *sie passen zueinander*); was suchst du hier? (ugs.; *was machst du hier?*); einen Ersatz für jmdn. s.; [sich (Dativ)] einen Partner, eine Frau s.; er sucht [sich (Dativ)] Arbeit; die Tiere suchen Futter, Nahrung; nach dem Weg, nach Spuren s.; er suchte den Fehler/nach dem Fehler in der Rechnung; er sucht eine Gelegenheit/nach einer Gelegenheit zur Flucht; einen Ausweg/nach einem Ausweg, eine Entschuldigung/nach einer Entschuldigung, eine Ausrede/nach einer Ausrede, einen Vorwand/nach einem Vorwand, einen Grund/nach einem Grund s.; /verblaßt/: Streit, Händel s. *(gerne Streit, Händel anfangen)*; Rat, Hilfe, Trost, Zuflucht, Vergessen, Halt s.; die Menschen kommen an diesen Ort, weil sie Ruhe, Erholung suchen; Frieden, Versöhnung s.; Bekanntschaften, Anschluß (ugs.) s.; jmds. Freundschaft s.; sein Recht, seinen Vorteil s.; ein Gespräch s. *(gerne mit jmdm. sprechen wollen)*; er suchte nach Worten *(er suchte nach der richtigen Weise, etwas auszudrücken)*; Schutz s.; ⟨auch absolut⟩ ich habe stundenlang ohne Erfolg gesucht; such, such! /*an einen Hund gerichtete Aufforderung*/; adj. Part.: *rar, begehrt:* ein sehr gesuchter Rohstoff; diese Fachleute sind sehr gesucht. **2.** ⟨mit Infinitiv mit *zu*⟩ *versuchen:* etwas zu kaufen, zu mieten s.; jmdm. zu gefallen, zu schaden s.; etwas zu vergessen s. * (ugs.:) **jmdn., etwas mit der Laterne/mit der Lupe suchen können** *(jmdn., etwas von der Art selten finden, antreffen)* · (ugs.:) **eine Stecknadel im Heuhaufen/im Heuschober suchen** *(etwas Aussichtsloses beginnen, tun)* · (geh.:)

das Weite suchen *(fliehen)* · (ugs.:) **irgendwo nichts zu suchen haben** *(irgendwo stören, nicht hingehören)* · **sein Heil in der Flucht suchen** *(fliehen, davonlaufen)* · **etwas nicht hinter jmdm. gesucht haben** *(jmdm. etwas Bestimmtes nicht zugetraut haben)* · (ugs.:) **jmdn., etwas wie eine Stecknadel suchen** *(lange, überall suchen)* · **etwas sucht seinesgleichen** *(etwas ist nicht zu überbieten)*.

Sucht, die: **a)** *krankhaftes physisches Verlangen:* die S. nach Alkohol, Nikotin, Rauschgiften; eine S. bekämpfen; an einer krankhaften S. leiden; jmdn. von einer S. heilen; das Trinken ist bei ihm zur S. geworden. **b)** *krankhaft übersteigerte Neigung zu etwas:* die S., alles zu kritisieren, herabzusetzen; das Verleumden ist eine wahre (ugs.), reine (ugs.) Sucht bei ihm; ihn trieb die S. nach Vergnügen.

süchtig: *von einer Sucht befallen:* ein süchtiger Patient, Kranker; er ist s.; durch langen Tablettenmißbrauch ist er s. geworden; subst.: einen Süchtigen entwöhnen.

Süd, der: **1.a)** *Süden:* Nord und S.; der Wind kommt aus S., dreht nach S.; die Straße verläuft von Nord nach S. **b)** */Bezeichnung für den südlichen Stadtteil/:* Frankfurt (Süd). **2.** (dichter.) *Südwind:* es wehte ein warmer S.

Süden, der: **1.** *Himmelsrichtung, in der die Sonne am höchsten steht:* im S. kommen Wolken auf; die Sonne steht im S.; das Zimmer geht, liegt nach S. *(nach der Südseite)*; wir möchten ein Zimmer nach S. *(auf der Südseite)* haben; die Straße verläuft von S. nach Norden. **2.a)** *im Süden liegendes Gebiet:* der S. der Stadt, des Landes; der S. Deutschlands; er wohnt im S. von München. **b)** *südliche Länder, Mittelmeerraum:* der warme, sonnige S.; die Vögel fliegen nach/(geh.:) gen S.; sie reisen jedes Jahr in den S.

südlich: I. ⟨Adj.⟩ **1.a)** *in südlicher Himmelsrichtung befindlich:* die südliche Halbkugel; der südliche Himmel; 50 Grad südlicher Breite. **b)** *im Süden liegend:* der südliche Teil des Landes; die Stadt liegt weiter s. **c)** *im Mittelmeerraum befindlich;* die südlichen Länder, Völker; den Winter in südlichen Gefilden (geh.) verbringen. **2.** *von Süden kommend; nach Süden gerichtet:* ein südlicher Wind; der Gebirgszug verläuft in südlicher Richtung; sie steuerten südlichen Kurs. **II.** ⟨Präp. mit Gen.⟩ *im Süden:* s. der Alpen, der Elbe; s. der Stadt; (selten:) s. Münchens. **III.** ⟨Adverb⟩ *im Süden:* s. von München.

Suff, der (ugs.): *das übermäßige Trinken von Alkohol:* der S. hat ihn ruiniert; er hat sich dem S. ergeben, ist dem S. verfallen; das hat er im S. *(im Zustand der Trunkenheit)* gesagt.

süffisant (bildungsspr.): *dünkelhaft, selbstgefällig:* ein süffisantes Lächeln; eine süffisante Miene; er lächelte s.

Sühne, die (geh.): *Buße:* [von jmdm.] S. fordern, verlangen, erhalten; jmdm. eine S. auferlegen; jmdm. S. für etwas [an]bieten, geben; das Verbrechen fand seine S.; S. leisten.

sühnen (geh.) ⟨etwas s.⟩: *büßen:* ein Verbrechen, ein Unrecht, die Schuld s.; er hat die Untat mit dem Leben, mit dem Tode gesühnt; ⟨auch ohne Akk.⟩ er hat für seine Tat gesühnt.

Summe, die: **1.** *Ergebnis einer Addition:* die S. von 20 und 4 ist, beträgt 24; eine S. herausbekommen, herauskriegen (ugs.); die S. errechnen; die Zahlenreihe ergibt die folgende S. *(Endzahl)*; übertr. (geh.): *die Gesamtheit, d Quintessenz:* die S. seiner Erfahrungen, sein Wissens; er zog die S. seiner politischen Täti keit. **2.** *Geldbetrag:* eine größere, erheblich beträchtliche, stattliche, riesige (ugs.), gewa tige (ugs.), märchenhafte (ugs.), bescheider S.; eine große S. Geld/(geh.) Geldes; die run *(volle)* S. von 1000 Mark; etwas kostet ei hübsche (ugs.; *große*) S., ein hübsches Sümr chen (ugs.); er hat sich ein nettes Sümmch (ugs.; *einen ansehnlichen Betrag*) zusamme gespart; das Projekt hat unermeßliche Sur men verschlungen; eine bestimmte S. berei stellen; die ganze S. muß sofort bezahlt we den!; die notwendige S. beschaffen, zusamme bekommen; eine S. von 10000 Mark forder große Summen aufwenden, aufbringen müsse ausgeben, verbrauchen, verschleudern.

summen: 1.a) *einen Summton verursachen, v sich geben:* die Bienen, Fliegen s.; der Mot die Kamera, der Wasserkessel summt. **b)** ⟨m Raumangabe⟩ *mit einem Summton irgendwoh fliegen:* ein Käfer summt um die Lampe; d Bienen waren von Blüte zu Blüte gesumm **c)** ⟨es summt; mit Raumangabe⟩ *ein Sumr ton ist zu hören:* es summt im Hörer, im App rat; ⟨jmdm. summt es; mit Raumangabe⟩ summt mir in den Ohren. **2.** ⟨etwas s.⟩ *etw leise mit geschlossenen Lippen singen:* ein Lie eine Melodie, einen Ton s.; ⟨auch ohne Akk bei der Arbeit summte er leise [vor sich hin].

Sumpf, der: *Moor:* ausgedehnte Sümpfe; ein S. entwässern, trockenlegen, austrocknen; einen S. geraten; das Auto, der Wagen ist i S. (ugs.; *im Schlamm*) steckengeblieb bildl.: er ist im S. der Großstadt versunke untergegangen.

sumpfig: *von Wasser durchtränkt* /vom Boden eine sumpfige Wiese; sumpfiger Boden; d Ufer, das Gebiet ist sehr s.

Sünde, die: *Übertretung eines göttlichen Geb tes:* eine geringe, schwere, läßliche *(verzeihbar* S.; Sünden auf sich laden (geh.); eine S. tu begehen *(sündigen)*; [die, seine] Sünden beic ten, bekennen, bereuen; jmdm. seine Sünd vergeben; seine Sünden erkennen; etwas fl hen, meiden wie die S. (geh.; *ängstlich fliehe meiden*); von der Sünde, von seinen Sünd erlöst werden; übertr. (ugs.): es ist ei [wahre] S./eine S. und Schande *(es ist e pörend)*, wie ihr mit den Sachen umgeht; ist doch keine S. *(es ist doch nicht so schlimm* ...; sie hat ihm seine Sünden *(Fehler; Fe tritte)* verziehen; sie leben in S. (geh., v altend; *in moralischer Schuld*). ***häßlich wie d Sünde sein** *(sehr häßlich sein)*.

Sündenbock, der ⟨in den Wendungen⟩ (ugs. **den Sündenbock abgeben/spielen müssen** *(unb gründet als der an etwas Schuldige angesehen w den)* · (ugs.:) **jmdn. zum Sündenbock mach** *(jmdm. unbegründet die Schuld an etwas geber*

sündhaft: 1. (geh.) *sündig, sündenbeladen:* d sündhaften Menschen; ein sündhaftes Lebe sündhafte Gedanken; er hat s. gehande **2.** (ugs.) **a)** *sehr viel, sehr hoch:* das Kl kostete ein sündhaftes Geld; das ist ein sün hafter Preis. **b)** ⟨verstärkend bei Adjektive *sehr:* der Pelz war s. teuer.

Suppe, die: **1.** *flüssige Speise:* eine dicke, dün

klare, legierte *(gebundene)*, kräftige, versalzene, fade, schmackhafte, gute S.; eine S. mit Einlage; du mußt die S. aufessen, ausessen (ugs.); eine S. kochen; die S. abschmecken, aufstellen, aufs Feuer setzen, servieren; Redensart (ugs.): das macht die S. auch nicht fett *(das nützt auch nichts)* · Grieß in die S. rühren. **2.** (ugs.) *Nebel:* draußen ist eine furchtbare S. **3.** (ugs.) *Schweiß:* mir läuft die S. am Körper herunter. * (ugs.:) **die Suppe auslöffeln** [**,die man sich eingebrockt hat**] *(die Folgen seines Tuns selbst tragen)* · (ugs.:) **jmdm., sich eine schöne Suppe einbrocken** *(jmdn., sich in eine unangenehme Lage bringen)* · (ugs.:) **jmdm. die Suppe versalzen** *(jmdm. die Freude an etwas verderben)* · (ugs.:) **sein Süppchen am Feuer anderer kochen** *(sich auf Kosten anderer Vorteile verschaffen)* · (ugs.:) **jmdm. in die Suppe spucken** *(jmdm. einen Plan verderben)* · (ugs.:) **ein Haar in der Suppe finden** *(einen Nachteil, Fehler bei etwas entdecken; etwas auszusetzen haben)* · (ugs.:) **jmdm. in die Suppe fallen** *(jmdn. beim Essen stören)* · **jmdm. nicht das Salz in der Suppe gönnen** *(sehr mißgünstig sein)*.

surren: **a)** *ein surrendes Geräusch verursachen, von sich geben:* Maschinen, Kameras, Räder surrten. **b)** ⟨mit Raumangabe⟩ *mit einem surrenden Ton irgendwohin fliegen:* Käfer surrten *(flogen mit surrendem Geräusch)* durch die Luft.

süß: **1.** *nach Zucker schmeckend:* süße Speisen; süße Trauben, Kirschen, Mandeln; süße *(nicht gesäuerte)* Milch; süßer Wein; ein süßer Duft entströmt (geh.) den Blüten; er ißt gern süße Sachen *(Süßigkeiten)*; die Marmelade ist, schmeckt widerlich s.; subst.: er ißt gern Süßes. **2. a)** *lieblich, reizend:* ein süßes Geschöpf, Ding (ugs.), Kind; ein süßes Gesicht; das Mädchen ist sehr s. **b)** (ugs.) *sehr hübsch, sehr nett:* ein süßes Kleid; du bist ja s.!; das ist s. von dir!; du siehst s. aus. * **das süße Leben** *(ein Leben in Luxus und Müßiggang)* · **das süße Nichtstun** *(Müßiggang)* · (fam.:) **ein süßes Geheimnis haben** *(ein Baby erwarten)* · (geh.; scherzh.:) **voll des süßen Weines sein** *(berauscht sein)*.

süßen ⟨etwas s.⟩: *süß machen:* Speisen, Getränke s.; der Saft ist gesüßt *(ist mit Zucker versetzt)*; sie süßen den Tee mit Zucker.

Süßigkeit, die: **1.** (selten) *das Süßsein, die Süße:* die S. der Früchte, des Honigs; übertr. (geh.): *Wohlgefühl:* die S. des Glücks. **2.** ⟨Plural⟩ *Schokolade, Bonbons u. a.:* er ißt gerne, zuviel Süßigkeiten; Süßigkeiten verteilen.

süßlich: **1.** *leicht süß; unangenehm süß:* ein süßlicher Geschmack, Beigeschmack, Geruch; das Parfüm ist mir zu s.; leicht s. riechen, duften; die erfrorenen Kartoffeln schmecken s. **2.** (abwertend) *sentimental, gefühlvoll:* süßliche Gedichte; sein Stil ist zu s. **3.** (abwertend) *übertrieben freundlich:* ein süßliches Lächeln; mit süßlicher Miene; er ist mir zu s.

Symbol, das (bildungsspr.): **1.** *Sinnbild; Kennzeichen:* ein religiöses, christliches S.; die Taube ist ein S. des Friedens; etwas ist ein S. für etwas. **2.** *Zeichen:* ein mathematisches S.

symbolisch (bildungsspr.): *sinnbildlich, zeichenhaft:* eine symbolische Geste, Handlung; diese Zeremonie hat symbolische Bedeutung; diese Worte sind s. zu verstehen.

Sympathie, die: *positive Gefühlseinstellung, Zuneigung:* seine S. gehört dieser Partei; viel, wenig, große, geringe S. für jmdn. haben; dieser Plan hat meine volle S. *(hat meine Zustimmung)*; dein Verhalten hat dir keine Sympathien eingetragen; er hat sich (Dativ) alle S., alle Sympathien verscherzt; jmdm., einer Sache S. entgegenbringen (geh.); S. für jmdn., für etwas zeigen, bekunden (geh.); jmds. S. gewinnen, genießen; er hat sich (Dativ) die Sympathien vieler erobert.

sympathisch: *Sympathie erweckend, angenehm, liebenswert:* ein sympathischer Mensch; eine sympathische Erscheinung, Stimme; er hat ein sympathisches Äußeres, Aussehen; dieser Mann ist mir [nicht] s.; sein rechthaberisches Wesen macht ihn wenig s.; er wirkt sehr, ausgesprochen (ugs.) s.; übertr.: dieser Plan, diese Sache ist mir nicht s. *(sagt mir nicht zu)*.

Symptom, das (bildungsspr.): *Anzeichen, Merkmal:* die Symptome einer Krankheit; diese Erscheinungen sind deutliche, eindeutige Symptome des Niedergangs, des Verfalls; die Symptome mehren sich; bei dem Patienten zeigen sich Symptome von Gelbsucht; die Symptome bekämpfen, beseitigen, erkennen, beschreiben; bestimmte Symptome aufweisen.

System, das (bildungsspr.): **1.** *Lehrgebäude:* ein philosophisches S.; das Hegelsche, das metrische S. **2.** *Gesellschaftsstruktur, Staatsform:* ein kapitalistisches, marxistisches, totalitäres, faschistisches, korruptes, verlogenes, verhaßtes S.; das herrschende S. bekämpfen, unterstützen, ablehnen, ablösen, beseitigen. **3.** *Ordnung, Ordnungsprinzip:* ein durchdachtes, fehlerhaftes, ausgeklügeltes S.; hinter dieser Sache steckt S. *(sie ist planvoll begonnen)*; S. in etwas bringen; Apparate verschiedener Systeme *(Bauarten)*; man arbeitet hier nach einem bestimmten S. **4.** *Netz:* ein S. von Röhren, Kanälen, Straßen.

systematisch (bildungsspr.): *nach einem zugrundeliegenden System; sinnvoll, planvoll:* eine systematische Darstellung, Ordnung; etwas s. ordnen; er betreibt s. Sport; er hat seinen Gegner s. zugrunde gerichtet.

Szene, die (bildungsspr.): **1.** *Teil eines Bühnenstücks oder Films, Auftritt:* erster Akt, dritte S.; diese S. spielt auf dem Marktplatz; eine S. aus einem Stück von Brecht proben, spielen, filmen; das Drama wurde von einer Berliner Bühne in S. gesetzt (geh.; *inszeniert, aufgeführt*); ein Stück geht in S. (geh.; *wird zur Aufführung vorbereitet*). **2.** *Bühne:* die S. stellt eine ärmliche Wohnung dar; die Schauspieler warten hinter der S. auf ihren Auftritt; bildl.: die weltpolitische S. **3.** *Vorgang, Vorfall:* eine rührende, herzzerreißende, traurige, turbulente, unwürdige S.; furchtbare Szenen spielten sich ab; er wurde Zeuge einer merkwürdigen S.; es kam zwischen ihnen zu einer häßlichen S. *(Auseinandersetzung, Streit)*. * **die Szene beherrschen** *(immer im Mittelpunkt stehen)* · **Szenen machen** *(großes Aufheben, einen Auftritt machen)* · **jmdm. eine Szene machen** *(jmdm. heftige Vorwürfe machen)* · **auf offener Szene** *(während der Aufführung)* · **etwas in Szene setzen** *(etwas arrangieren)* · **sich in Szene setzen** *(mit etwas Eindruck zu machen versuchen)*.

T

Tabak, der: **1. a)** /*ein Nachtschattengewächs*/: der T. blüht; T. bauen, säen, ernten. **b)** *Blätter der Tabakpflanze:* T. fermentieren, beizen; mit T. handeln. **2.** /*aus den Tabakblättern gewonnenes Produkt zum Rauchen*/: schwerer, leichter, billiger, schlechter, stinkender T.; T. rauchen, kauen, schnupfen; er raucht eine Pfeife T., eine Zigarre aus einheimischen, überseeischen Tabaken. * (ugs.:) **etwas ist starker Tabak**/ (meist:) **Tobak** *(etwas ist eine Unverschämtheit, ist unerhört).* → Tobak.

Tablette, die: *[flach] gepreßtes Stück eines Medikaments:* dreimal täglich eine T.; eine T. einnehmen, schlucken, im Mund zergehen lassen, in Wasser auflösen; sie hat sich mit Tabletten vergiftet.

Tadel, der: *mißbilligende Äußerung; Verweis:* ein empfindlicher, scharfer, schwacher, [un]gerechter, [un]berechtigter T.; dieser T. ist [un]verdient; ihn trifft kein T. *(er hat keine Schuld);* einen T. aussprechen; jmdm. einen T. erteilen; einen T. erhalten; er nahm den T. gelassen hin; ich zog mir damit einen T. zu, mußte einen T. einstecken (ugs.); seine Worte enthielten einen versteckten T.; ein Leben ohne T. (geh.; *ein vorbildliches Leben*); er ist ein Ritter ohne Furcht und Tadel (geh.; *ein vorbildlicher Mann*).

tadellos: *einwandfrei, vorbildlich:* ein tadelloses Benehmen; die Verständigung [am Telephon] war t.; der Anzug sitzt t.

tadeln ⟨jmdn., etwas t.⟩: *sich mißbilligend über jmdn., über etwas äußern; jmdn. rügen:* einen Schüler scharf, streng, mild[e] t.; jmds. Verhalten t.; ich mußte ihn wegen seiner/für seine Nachlässigkeit, Faulheit, Frechheit t.; an allem fand er etwas zu t.; ⟨auch ohne Akk.⟩ ich tadle nicht gern; adj. Part.: tadelnde Worte; ein tadelnder Blick.

Tafel, die: **1. a)** *[größere] Platte:* eine steinerne, bronzene, viereckige, ovale T.; eine T. am Rathaus erinnert an den Besuch Maria Theresias; eine T. aus Holz anbringen, aufstellen; die Nummern, Namen standen auf hölzernen Täfelchen. **b)** *Schul[wand]tafel:* die T. abwischen, umdrehen; einen Satz an die T. schreiben; die Formel steht an der T.; in der ersten Klasse schrieben wir noch auf Tafeln *(Schiefertafeln).* **2.** *flaches Stück einer Ware:* eine T. Glas, Leim; wir wetten um eine T. Schokolade. **3.** *besondere Buchseite für Abbildungen, Tabellen u. a.:* mathematische, chronologische, genealogische Tafeln; das Buch enthält 10 Tafeln, 60 Abbildungen auf Tafeln; diese Statistik ist auf T. 18 dargestellt. **4.** (geh.) *gedeckter Tisch:* eine reichbesetzte, festliche T.; die T. decken, schmücken; sich an der T. niederlassen, von der T. erheben; eine Dame zur T. führen; jmdn. zur T. bitten, laden; (hist.:) er wurde zur T. [des Fürsten] befohlen; vor, während, nach der T. *(dem Essen).* * **die Tafel aufheben** *(offiziell das Zeichen zur Beendigung der Mahlzeit geben).*

tafeln (geh.): *an der Tafel sitzen und speisen:* wir haben gestern festlich getafelt.

Tag, der: **1.** *Zeit der Helligkeit zwischen Auf- und Untergang der Sonne; Tageslicht:* ein sonniger, heiterer, schöner, grauer, trüber, nebliger T.; der längste, der kürzeste T. des Jahres; der T. war regnerisch, kalt und naß, warm, heiß, schwül; es wird, ist schon T.; der T. beginnt, graut, dämmert, bricht an (geh.), zieht herauf (geh.), kommt herauf, naht (dichter.), erwacht (dichter.), geht zu Ende, zur Neige (geh.), neigt sich (geh.); wir müssen fertig werden, solange es noch T. ist; das ist ein Unterschied wie T. und Nacht; sie ist schön wie der junge T. (dichter.: *sehr schön*); die Tage werden länger, kürzer, nehmen zu, nehmen ab; Redensart (ugs.): er redet viel, wenn der T. lang ist *(auf seine Worte kann man nichts geben);* wir verbrachten den T. im Grünen, auf dem Wasser; ⟨adverbialer Genitiv⟩ des Tag[e]s (geh.; *tags*) · am, bei Tag[e] *(tags);* es ist noch früh am Tag[e]; der Dieb ist am hellen, hellichten T. eingebrochen; er schlief bis in den hellen T. **2.** *Kalendertag, Zeitraum von Mitternacht bis Mitternacht:* ein ruhiger, ausgefüllter, großer, bedeutender, wichtiger T.; ein verlorener T.; ein T. wie alle Tage; Redensart: morgen ist auch [noch] ein T.; Sprichw.: kein T. gleicht dem anderen · der T. hat 24 Stunden; der T. jährt sich heute [zum drittenmal]; jeder T. stellt neue Anforderungen an uns; es war ein schwarzer T. *(Unglückstag)* für ihn, für die Börse; seine Tage sind gezählt *(er lebt nicht meh*[illegible] *lange);* seine Tage in Hamburg, als Chefarzt sind gezählt *(er muß bald abreisen, verliert bald seinen Posten)* · einen T. erwarten, herbeisehnen; er verbrachte einen T. in Frankfurt; er hat den T. nutzlos herumgebracht, totgeschlagen (ugs.); er stiehlt mir den T. *(er häl*[illegible] *mich von der Arbeit ab);* er weiß nicht, wie e[illegible] den lieben, langen T. hinbringen soll *(was e*[illegible] *tun soll);* wir vereinbarten T. und Stunde un[illegible]seres Wiedersehens; heute habe ich meinen freien T.; seitdem hatte er keinen guten T mehr bei seinem Meister *(er wurde ständi*[illegible] *zurechtgewiesen, getadelt);* er hat heute [k]einen guten T. *(ist [nicht] in Form, hat [kein*[illegible] *Glück);* Redensart: er hat einst bessere Tag[illegible] gesehen *(es ging ihm früher besser);* Sprichw. man soll den T. nicht vor dem Abend loben ⟨Akk. als Zeitangabe⟩ ich habe drei Tage ge[illegible]wartet; er kam jeden T., alle [vierzehn] Tage einen T. um den anderen, jeden dritten Tag er kam einen T. eher, früher, später; er blie[illegible] einige, mehrere, etliche, nur wenige Tage; e[illegible] fährt ein paar Tage in Urlaub; ewig und dr[illegible]

Tage (ugs., scherzh.; *sehr lange*); ich habe den ganzen T. nichts gegessen; das Kind ist den ganzen T. *(fast immer)* auf der Straße; Redensart: alle Tage etwas Neues, nur nichts Gutes · er war der Mann, Held des Tages; im Laufe, während des Tages; Redensart: es ist noch nicht aller Tage Abend *(es kann noch viel geschehen, es ist noch nichts entschieden)* · ⟨Genitiv als Zeitangabe⟩ eines [schönen] Tages (geh.: *an einem nicht näher bestimmten Tage*); er war dieser Tage hier · an festlichen Tagen; an diesem, am gleichen, an einem beliebigen Tage; am folgenden, am nächsten Tage; am Tage davor, danach; Sprichw.: Rom wurde nicht an einem Tage erbaut · das Geschenk kam auf den Tag *(pünktlich)* an; es sind heute auf den Tag genau drei Jahre; die beiden Veranstaltungen fallen auf den gleichen Tag, auf einen T.; er ist auf/für drei Tage verreist; sie verschwand von einem T. auf den anderen *(plötzlich)*; T. für T. *(täglich)*; wie in den ältesten, ersten Tagen; bis in unsere Tage; er fliegt in zwei Tagen hin und zurück; heute in acht Tagen, über acht Tage; heute vor vierzehn Tagen; er lebt in den T. hinein *(sorglos)*; sie hielt ihm die Treue in guten und bösen Tagen *(allezeit)*; es geht ihm von T. zu T. *(in stetiger Entwicklung)* besser. * (Rel.:) **der Jüngste Tag** *(Tag des Jüngsten Gerichts)* · (dichter.:) **der Tag des Herrn** *(Sonntag)* · **der Tag X** *(noch unbekannter Tag, an dem etwas Entscheidendes geschehen wird)* · **Tag der offenen Tür** *(Tag, an dem Behörden und öffentliche Einrichtungen vom Publikum besichtigt werden können)* · **Tag und Nacht** *(zu jeder Zeit; unaufhörlich)*: er arbeitet T. und Nacht · (dichter.:) **vor Tau und Tag** *(in aller Frühe)* · (geh.; veraltend:) **alle Tage, die Gott werden läßt** *(jeden Tag)* · **guten Tag!** */Grußformel/*: guten T., Herr Meier!; er sagte mir guten T.; jmdm. einen guten T. wünschen, bieten (geh.) · **sich** (Dativ) **einen guten Tag machen** *(sich etwas gönnen)* · **sich** (Dativ) **einen Tag im Kalender [rot] anstreichen** *(sich etwas besonders merken)* · (ugs.:) **dem lieben Gott den Tag stehlen** *(die Zeit unnütz verbringen)* · **etwas kommt an den Tag** *(etwas wird bekannt, stellt sich heraus)* · **etwas an den Tag bringen/ziehen** *(etwas aufdecken, enthüllen)*: er brachte den Betrug an den T.; Redensart: die Sonne bringt es an den T. · **etwas an den Tag legen** *(etwas überraschend erkennen lassen)*: er legte einen verdächtigen Eifer an den T. · **auf seine alten Tage** *(im Alter)* · **etwas auf Jahr und Tag wissen** *(etwas ganz genau, in den Einzelheiten wissen)* · **nach/vor Jahr und Tag** *(nach/vor langer Zeit)* · **seit Jahr und Tag** *(seit eh und je, schon immer)* · (Bergmannsspr.:) **über Tag[e]** *(an der Erdoberfläche)* · (Bergmannsspr.:) **unter Tage** *(unter der Erdoberfläche, im Bergwerk)* · **unter Tags** *(den Tag über)* · **die Nacht zum Tage machen** *(sich nicht schlafen legen, durchfeiern, durcharbeiten)* · (ugs.:) **ein Gesicht wie drei/sieben Tage Regenwetter machen** *(verdrießlich dreinschauen)*.

tagaus ⟨in der Verbindung⟩ tagaus, tagein: *jeden Tag, immer*: t., tagein fährt er zwei Stunden zur Arbeit; t., tagein dasselbe Lied!

tagen: **1.** ⟨es tagt⟩ *es wird Tag*: es tagt bereits; im Osten begann es zu t. **2.** *eine Tagung, Sitzung abhalten*: die Konferenz tagt bereits seit Wochen; der Ausschuß tagt im kleinen Saal; übertr. (scherzh.): wir tagten *(kneipten, tranken)* bis zum frühen Morgen.

Tagesgespräch ⟨in der Wendung⟩ etwas ist, bildet das Tagesgespräch: *etwas wird als Neuigkeit diskutiert*: dieser Einbruch war, bildete das T. in der Stadt.

Tageslicht, das: *natürliches Licht*: das T. dämmert herauf; das T. schwindet, verdämmert (geh.); durch das Kellerfenster fiel, kam etwas T. herein; das Zimmer hat kein T.; Neonröhren ersetzen das T.; bei T. arbeiten. * (geh.:) **das Tageslicht scheuen** *(etwas zu verbergen haben)* · **etwas kommt ans Tageslicht** *(etwas wird bekannt, wird entdeckt)*.

Tagesordnung, die: *festgelegter Plan für den Ablauf einer Sitzung*: die T. aufstellen, einhalten; etwas auf die T. setzen; dieser Punkt steht nicht auf der T., wird von der T. gestrichen, abgesetzt; zur T.! */mahnender Zuruf bei Sitzungen/*; [über etwas] zur T. übergehen *(die Verhandlungen fortsetzen; etwas nicht berücksichtigen)*. * **etwas ist an der Tagesordnung** *(etwas kommt immer wieder vor)*: Überfälle waren damals an der T.

täglich: *an jedem Tag [vorkommend]*: der tägliche Bedarf; das tägliche Brot; Kaufmannsspr.: tägliche Zinsen; tägliches Geld *(täglich kündbares Guthaben)*; eine Medizin dreimal t. einnehmen; wir sehen uns t.

Tagung, die: *größere Versammlung von Fachleuten o. ä.*: die T. dieser Gesellschaft findet im Herbst statt; eine T. abhalten, veranstalten; sich zu einer T. anmelden; an einer T. teilnehmen; bei/auf dieser Tagung hielt er ein Referat.

Taille, die: **a)** *schmalste Stelle des Rumpfes*: eine schlanke, schmale, zierliche, umfangreiche, plumpe T.; die T. (am Kleidungsstück) liegt in dieser Saison höher, tiefer; seine Frau hat keine T.; die Mode betont die T., deutet die T. nur an; einen Anzug, ein Kleid auf T. *(mit betonter Taille)* arbeiten; der Anzug sitzt auf T.; er faßte sie um die T. **b)** (ugs.) *Gürtelweite*: sie hat T. 60; sie hat 56 cm T.

Takt, der: **1. a)** *festgelegte Einheit im Aufbau eines Musikstücks*: die Takte eines Walzers; wir spielen jetzt die Takte 24 bis 80; das Stückchen besteht nur aus wenigen Takten; die Musik brach mitten im T. ab. **b)** *abgemessenes Zeitmaß von Tönen oder Bewegungen*: den T. angeben, schlagen, wechseln; er kann nicht, keinen T. halten; aus dem T. kommen, jmdn. aus dem T. bringen; im T., nach dem T. singen, spielen, tanzen, rudern, marschieren; du mußt im T. bleiben; die Hämmer klangen im T. **2.** *Gefühl für Anstand und Höflichkeit*: er hat viel, wenig, keinen T.; er hat keinen T. im Leibe (ugs.); den T. verletzen; gegen den T. verstoßen; es fehlt ihm an T.; man muß ihm Mangel an T. vorwerfen; sie hat die Sache mit großem T. behandelt.

taktlos: *ohne Anstandsgefühl; verletzend*: ein taktloser Mensch; eine taktlose Frage; taktloses Benehmen; sein Verhalten war ziemlich t.; es war sehr t. von ihm, mir das zu sagen.

Tal, das: *tiefer liegendes Gelände, Senke*: ein enges, finsteres, weites, tiefes, langes, gewundenes T.; grüne Täler; ein fruchtbares, liebliches, freundliches T.; mein heimatliches T.; das T. weitet sich, verengt sich; der Fluß durchströmt ein breites T.; wir sehen vom Berg ins T. hinein, hinab; über Berg und T. wandern; zwischen Berg und T.; im Herbst fahren die Sennen von den Almen zu T.

Talent, das: **a)** *angeborene besondere Begabung:* sie besitzt ein ungewöhnliches musikalisches T.; er besaß das T., immer das Richtige zu tun; er hat T. zum Dichten, Singen, Fußballspielen, zum Schauspieler; sie hat besonderes T. zur/in der Leichtathletik; sie zeigt, entfaltet, entwickelt viel T.; er überschätzt sein T.; jmds. T. entdecken, fördern; ich habe nicht das geringste T. zum Lügen (iron.); er hat ein besonderes T., die Leute vor den Kopf zu stoßen; ich habe nie an deinem T. gezweifelt; er ist nicht ohne T. **b)** *talentierter Mensch:* er ist ein großes, starkes T., ein neues T. im deutschen Fußball; junge Talente fördern.

tanken ⟨etwas t.⟩: *Treibstoff o. ä. in einen Tank füllen [lassen]:* Benzin, Öl t.; den Wagen t.; ⟨auch ohne Akk.⟩ ich muß heute noch tanken; wann hast du zum letztenmal getankt?; übertr. (ugs.): er hat zuviel getankt *(getrunken);* jetzt habe ich neue Kräfte getankt *(jetzt bin ich wieder leistungsfähig).*

Tante, die: **a)** *Schwester oder Schwägerin der Mutter oder des Vaters:* meine Tante wird heute kommen; er wohnt bei seiner T., ist von einer T. erzogen worden. **b)** (ugs.) */Bezeichnung für eine [bekannte] weibliche Erwachsene/:* gib der T. die Hand!; (abwertend:) zwei alte Tanten. * (ugs.:) **Tante Meier** *(der Abort).*

Tanz, der: **1. a)** *rhythmische Bewegung des Körpers [zu Musik]:* ein kultischer, zeremonieller, magischer T.; alte, altmodische, moderne, langsame, schnelle, wilde, ausgelassene Tänze; heute ist T. im Gasthof; einen T. einüben, vor-, aufführen; einen T. hinlegen, aufs Parkett legen (ugs.; *schwungvoll tanzen*); die neuen Tänze kann ich nicht; die Großeltern machten, wagten auch ein Tänzchen (ugs.); keinen T. auslassen; jmdm. einen T. abschlagen; um einen, um den nächsten T. bitten; eine Dame zum T. auffordern; er hat das Mädchen am Sonntag zum T. *(zu einem Tanzvergnügen)* geführt; die Kapelle spielt zum T. auf; bildl.: der T. *(das Auf und Ab)* der Mücken, der Wellen. **b)** *[zum Tanz gespieltes] rhythmisches Musikstück:* einen Tanz komponieren; sie spielten die Deutschen Tänze von Beethoven. **2.** (ugs.) *Auseinandersetzung, Streit; lebhafte Betätigung:* jetzt kann der T. beginnen, losgehen (ugs.); einen Tanz, ein Tänzchen mit jmdm. haben. * (ugs.:) **einen Tanz aufführen** *(übertrieben heftig gegen etwas protestieren)* · **ein Tanz auf dem Vulkan** *(ausgelassene Lustigkeit in gefahrvoller Zeit)* · **der Tanz ums Goldene Kalb** *(die allgemeine Gier nach Geld).*

Tanzbein ⟨in der Verbindung⟩ das Tanzbein schwingen (ugs.; scherzh.): *tanzen.*

tanzen: 1. *sich im Tanz bewegen:* die Paare tanzen; sie tanzt gut, leicht, schwer, anmutig, beschwingt, ausgezeichnet, leidenschaftlich gern; ich kann nicht t.; er hat auffallend oft mit dieser Dame getanzt; es wurde getanzt; man tanzte zu den Klängen einer Zigeunerkapelle; wir haben die ganze Nacht getanzt; wir sind quer durch den Saal getanzt; es tanzt da Ballett der Staatsoper; bildl.: die Welle tanzen; die Mücken tanzen über dem Wasser der Kahn tanzt auf den Wellen; er tanzt *(sprang umher)* vor Schmerz, vor Freude ⟨etwas tanzt jmdm.; mit Umstandsangabe mir tanzte alles, mir tanzten die Buchstabe vor den Augen *(mir wurde schwindlig);* mir ha das Herz vor Freude getanzt. **2.** ⟨etwas t. *einen Tanz aus-, vorführen:* [einen] Walze Tango t.; Ballett t.; die beiden haben eine Csárdás getanzt. **3.** ⟨sich t.; mit Artangabe *durch Tanzen in einen Zustand geraten:* wi haben uns heiß, müde getanzt. * (ugs.:) **aus de Reihe tanzen** *(sich nicht einordnen; eigene We gehen)* · (ugs.:) **nach jmds. Pfeife tanzen** *(willen los alles tun, was jmd. von einem verlangt).*

Tapet ⟨nur in den Wendungen⟩ **etwas auf Tapet bringen** (ugs.; *etwas zur Sprache bringen)* bei der nächsten Sitzung brachte er diese Frag aufs T. · **etwas kommt aufs Tapet** (ugs.; *etwa kommt zur Sprache).*

Tapete, die: *Wandbekleidung aus Papier, Sto o. ä.:* eine einfarbige, gestreifte, geblümte, ge musterte T.; diese T. ist lichtecht, abwaschbar die T. erneuern; neue Tapeten aussuchen * (ugs.:) **die Tapeten wechseln: a)** *(umziehen,* **b)** *(sich in Beruf oder Tätigkeit verändern).*

tapfer: a) *mutig, standhaft:* ein tapferer Soldat eine tapfere Frau; tapferen Widerstand leisten der Junge war t., hat t. ausgehalten; die Mann schaft kämpfte, wehrte sich t. **b)** (veraltend *tüchtig, wacker:* t. arbeiten, essen, zechen.

tappen: a) ⟨mit Raumangabe⟩ *ungeschickt, un sicher gehen:* in eine Pfütze t.; wir tappten in Finstern, Dunkeln über den Hof; tappend Schritte. **b)** (ugs.) ⟨nach etwas t.⟩ *ungeschick greifen; tasten:* er hat nach dem Lichtschalte getappt. * **im finstern/dunkeln tappen** *(in eine aufzuklärenden Sache noch keinen Anhaltspunk haben).*

Tarantel ⟨in der Verbindung⟩ wie von de Tarantel gestochen (ugs.): *plötzlich; wie beses sen:* er sprang auf, rannte davon wie von der T gestochen.

Tarif, der: *festgelegtes System oder Verzeichni von Löhnen, Gebühren u. a.:* einen T. aufsteller ändern; die Gewerkschaft hat die Tarife ge kündigt, sie will mit den Unternehmern neu Tarife vereinbaren, aushandeln; die Arbeite werden nach T., über, unter T. bezahlt; er ver dient laut T. 204 DM in der Woche.

tarnen ⟨jmdn., sich, etwas t.⟩: *[durch Verhüllen unkenntlich machen:* Geschütze, Truppen t.; di Stellung wurde gegen Fliegersicht getarnt; de Spion hatte sich als Arbeiter getarnt; übertr. seine Absichten, Maßnahmen t. *(verschleiern).*

Tasche, die: **1.** *Teil eines Kleidungsstück (Mantel-, Hosentasche u. a.):* leere, volle, tief unergründliche Taschen; das Hemd hat zw [aufgesetzte] Taschen; die Taschen umkehrer umkrempeln (ugs.); sich die Taschen mit Bon bons füllen, vollstopfen; er hatte alle Tasche voll[er] Nüsse; die Hand aus der T. nehmen, i die T. stecken; die Hände in die Taschen ve graben; er zog, holte die Schlüssel aus der T. ich habe ein Loch in der T.; er suchte, kramt (ugs.) in seinen Taschen; Redensart: er hat läßt immer die Hände in den Taschen stecke ugs.; *er will nicht helfen, nicht arbeiten*). **2.** *Akten-, Hand-, Markttasche u. a.:* eine große, schwere, lederne T.; eine T. aus Kunststoff; die T. ist voll, leer; eine T. mitnehmen, liegenlassen; jmdm. die T. tragen; etwas in die T. legen, packen, füllen; die Flaschen bekomme ich nicht mehr in die T. * (ugs.:) **sich** (Dativ) **die Taschen füllen** *(sich bereichern)* · (ugs.:) **die Hand auf die/auf der Tasche halten** *(geizig sein)* · (ugs.:) **jmdm. auf der Tasche liegen** *(von jmdm. ernährt, unterhalten werden)* · (ugs.:) **jmdm. das Geld aus der Tasche ziehen** *(jmdn. zu [unnötigen] Ausgaben verleiten)* · **etwas aus der eigenen/aus eigener Tasche bezahlen** *(selbst bezahlen)* · (ugs.:) **etwas [schon] in der Tasche haben** *(im festen Besitz von etwas sein):* er hat seine Anstellung, sein Examen in der T. · (ugs.:) **jmdn. in der Tasche haben** *(jmdn. zwingen können, alles zu tun)* · **die Faust in der Tasche ballen** *(heimlich drohen, seinen Zorn verbergen)* · **[tief] in die Tasche greifen müssen** *([viel] zahlen müssen)* · (ugs.:) **etwas in die eigene Tasche stecken** *(etwas für sich behalten, unterschlagen)* · **jmdm. in die Tasche arbeiten/in jmds. Tasche arbeiten** *(jmdm. unberechtigte Vorteile zukommen lassen)* · **in die eigene Tasche arbeiten/wirtschaften** *(in betrügerischer Weise Profit machen)* · (ugs.:) **jmdn. in die Tasche stecken** *(jmdm. sehr überlegen sein)*.

Tasse, die: *[Porzellan]gefäß zum Trinken:* eine Meißner, eine chinesische T.; eine T. Kaffee, zwei Tassen Tee trinken; die T. ausspülen, umstoßen, zerbrechen; aus der T. trinken; Kaffee, Tee in die Tassen gießen. * (ugs.; abwertend:) **nicht alle Tassen im Schrank haben** *(nicht richtig bei Verstand sein)* · (ugs.; abwertend:) **eine trübe Tasse** *(ein langweiliger, dummer Mensch)*.

Taste, die: *Hebel, der mit dem Finger heruntergedrückt wird:* die schwarzen, weißen Tasten (am Klavier); eine T. klemmt, ist entzwei; eine T. (an der Schreibmaschine o. ä.) [nieder]drücken, bedienen; die T. (des Morseapparats) drücken; eine T. (am Klavier) anschlagen; auf die T. drücken; er hämmert, haut (ugs.), drischt (ugs.) auf die Tasten; der Pianist griff mächtig in die Tasten.

tasten: 1. a) ⟨mit Raumangabe⟩ *vorsichtig greifend suchen:* nach dem Lichtschalter, nach seiner Brille t.; mit dem Stock nach dem Weg t.; er tastete [mit den Fingern] über mein Gesicht; bildl.: Scheinwerfer tasteten nach dem Flugzeug; adj. Part.: tastende Fragen, Versuche. **b)** ⟨sich t.; mit Raumangabe⟩ *sich vorsichtig vorwärtsbewegen:* wir tasteten uns durch das Dunkel, zur Tür. **2.** (fachspr.) ⟨etwas t.⟩ **a)** *tastend feststellen:* der Arzt tastet die Geschwulst. **b)** *mit Hilfe von Tasten übertragen:* einen Funkspruch t.; ein Manuskript t.

Tat, die: *Handlung; das Tun:* eine gute, hochherzige, edle, selbstlose, kühne, verwegene, große, tapfere, kluge T.; eine böse, schlimme, feige, ruchlose (geh.), grauenvolle, verbrecherische T.; eine geschichtliche T.; eine T. der Verzweiflung; Taten der Nächstenliebe; das ist eine T.! *(eine bewundernswerte Handlung);* eine [gute] T. vollbringen; eine [böse] Tat begehen; eine lang geplante T. ausführen; er hat die T. [nicht] gestanden, [nicht] zugegeben; er bereut seine Taten; er ist der T. hinreichend verdächtig (geh.); er wurde der T. überführt; er ist ein Mann der T. *(er handelt im gegebenen Augenblick);* Redensart: das ist der Fluch *(die verhängnisvolle Folge)* der bösen T. · ich nehme den guten Willen, die gute Absicht für die T.; einen Entschluß, seinen Willen in die T. umsetzen; zu seiner T. stehen; sich zu einer T. aufraffen, hinreißen lassen; er hatte keinen Mut zu dieser T.; zur T. schreiten. * **in der Tat** *(wirklich):* in der T., du hast recht! · **mit Rat und Tat** *(tatkräftig)* · **jmdn. auf frischer Tat ertappen** *(jmdn. bei einem Vergehen überraschen)*.

Täter, der: *jmd., der eine Straftat begangen hat:* der heimliche, unbekannte, wirkliche, vermeintliche T.; der T. hat gestanden, leugnet hartnäckig; den T. ermitteln, ausfindig machen, ergreifen, festnehmen, bestrafen; als T. kam nur er ernstlich in Frage; die Polizei sucht, fahndet noch nach dem T.

tätig: *handelnd, wirkend, aktiv:* seine tätige Mitarbeit, Mitwirkung; ein tätiger *(fleißiger)* Mensch; er ist in dieser Sache bereits t. geworden (Amtsdt.: *er hat etwas unternommen*); in einer Firma, Branche, als Vertreter t. sein *(beruflich arbeiten)*. * (Rechtsw.:) **tätige Reue** *(freiwillige Wiedergutmachung der Folgen einer Straftat vor der Entdeckung)*.

tätigen (Kaufmannsspr.) ⟨etwas t.⟩: *durchführen; vollziehen:* ein Geschäft, einen Abschluß t.; sie tätigte (stilistisch unschön; *machte*) einige Einkäufe.

Tätigkeit, die: *das Tätigsein, Wirken; Beschäftigung:* körperliche, geistige, schriftstellerische T.; eine angenehme, anstrengende, aufreibende T.; seine langjährige T. als Verwalter; er entfaltete eine rastlose, fieberhafte, segensreiche T.; welche T. haben Sie früher ausgeübt?; einer geregelten T. nachgehen; eine Maschine in T. *(in Gang)* setzen; die Anlage ist in voller T.

tätlich: *gewalttätig, handgreiflich:* eine tätliche Beleidigung (Amtsdt.); er hat mich t. angegriffen; der Betrunkene wurde [gegen den Fremden] t. *(er schlug zu.)*

Tätlichkeiten, die (Plural): *Gewalttätigkeiten:* der Zank artete in T. aus, endete mit T.; die Streitenden gingen zu T. über; er ließ sich zu T. hinreißen; es kam zu T.

Tatsache, die: *etwas wirklich Geschehenes, Vorhandenes; Realität:* das ist eine unbestrittene, unleugbare, unwiderlegbare, entscheidende, gänzlich belanglose T.; das sind die nackten Tatsachen; T.! (ugs.; *es ist so!*); die Tatsachen sprechen nicht dafür; diese T. sollte uns zu denken geben; die Tatsachen entstellen, verdrehen; eine T. unterschlagen; ich will nur diese T. festnageln (ugs.); ich berichte nur Tatsachen, lasse die Tatsachen sprechen; du mußt auf dem Boden der Tatsachen bleiben *(realistisch bleiben);* seine Behauptung entspricht nicht den Tatsachen; wir mußten der T. Rechnung tragen, daß ...; er hält sich an die Tatsachen, beruft sich auf die T., daß ...; er hat sich mit den Tatsachen abgefunden. * (scherzh.:) **Vorspiegelung falscher Tatsachen** *(bewußte Irreführung)* · **jmdn. vor die vollendete Tatsache/vor vollendete Tatsachen stellen** *(jmdm. etwas erst mitteilen, wenn es nicht mehr zu ändern ist)*.

tatsächlich: 1. ⟨Adj.⟩ *den Tatsachen entsprechend, wirklich:* das ist der tatsächliche Grund für seine Entlassung. **2.** ⟨Adverb⟩ **a)** *in Wirk-*

lichkeit, eigentlich: er hat mir den Unfall geschildert, aber t. war es ganz anders. **b)** *in der Tat:* er war t. ein großer Sportsmann; das ist t. besser; er ist es t. *(jetzt erkenne ich ihn).*

[1]Tau, der: *feuchter Niederschlag:* in der Nacht ist T. gefallen (geh.); am Morgen lag [der] T. auf den Wiesen; der T. funkelt, glitzert. * (dichter.:) **vor Tau und Tag** *(in aller Frühe).*

[2]Tau, das: *starkes Seil [auf Schiffen]:* ein steifes, geteertes T.; ein T. auswerfen, kappen, aufrollen; etwas mit Tauen befestigen; Turnen: am T. klettern.

taub: 1. a) *gehörlos:* eine taube alte Rentnerin; er ist auf einem Ohr, auf beiden Ohren t.; sie ist t. geboren, im Alter t. geworden; er stellt sich [nur] t.; (ugs.:) schrei nicht so, ich bin doch nicht t.!; denkst du vielleicht, ich sei t.?; übertr.: er ist t. gegen alle Bitten, Ratschläge, Warnungen *(er will nicht hören);* auf diesem/(ugs.:) dem Ohr ist er t. *(in dieser Angelegenheit ist er unzugänglich).* **b)** *gefühllos:* ein taubes *(dumpfes)* Gefühl in den Armen haben; die Fingerspitzen wurden mir ganz t. vor Kälte. **2.** *leer, ohne nutzbaren Inhalt:* eine taube Nuß, Ähre; Bergmannsspr.: taubes Gestein *(ohne Erzgehalt);* die Nuß ist t.; der Kürbis blüht t. *(ohne Fruchtansatz).* * **tauben Ohren predigen** *(mit seinen Ermahnungen nichts erreichen).*

Taube, die: */ein Vogel/:* eine T. nistet unterm Dach; die Tauben girren, gurren, rucksen, schnäbeln [sich]; Tauben züchten, füttern, vergiften; sie ist sanft wie eine T.; */als Kosewort/:* mein Täubchen!; Sprichw.: ein Spatz/Sperling in der Hand ist besser als eine T. auf dem Dach; Redensart: die gebratenen Tauben fliegen einem nicht ins Maul (ugs.; *es fällt einem nichts ohne Mühe zu).*

Taubenschlag, der: *Stall für Tauben:* im Dach ist ein T.; Redensart (ugs.): hier geht's ja zu wie in einem T. *(hier herrscht ein lebhaftes Kommen und Gehen).*

tauchen: 1. a) *unter der Wasseroberfläche verschwinden, sich unter Wasser begeben:* die Ente, der Delphin taucht; das U-Boot taucht; der Schwimmer tauchte ins Wasser, in die Flut (geh.); der Taucher ist/hat nach Perlen getaucht; bis auf den Grund, 10 Meter [tief], 5 Minuten [lang] t.; ein getauchtes U-Boot; übertr.: die Sonne taucht ins Meer, ist unter den Horizont getaucht *(untergegangen).* **b)** ⟨aus etwas t.⟩ *auftauchen:* der Schwimmer taucht aus dem Wasser; eine Insel tauchte aus dem Meer. **2.** ⟨jmdn., etwas t.; mit Raumangabe⟩ *in eine Flüssigkeit senken:* den Löffel in die Suppe, den Pinsel in die Farbe t.; er hat die Hand ins Wasser getaucht; ⟨auch ohne Raumangabe⟩ wir haben ihn ordentlich getaucht (beim Baden); bildl. (geh.): die Wipfel der Bäume sind noch ganz in Sonne getaucht.

[1]tauen (selten) ⟨es taut⟩: *Tau schlägt sich nieder:* heute nacht hat es getaut.

[2]tauen: 1. a) ⟨es taut⟩ *Tauwetter setzt ein:* es hat getaut; seit gestern taut es. **b)** ⟨etwas taut⟩ *etwas wird zu Wasser:* das Eis, der Schnee ist getaut; der Schnee taut von den Dächern. **2.** ⟨etwas taut etwas⟩ *etwas läßt etwas schmelzen:* die Sonne hat das Eis getaut.

Taufe, die: **1. a)** *Sakrament der Aufnahme in die christliche Kirche:* die [heilige] T. empfangen, spenden; ein Kind zur T. bringen, tragen; da Kind erhielt in der T. den Namen Jürgen. **l** *Familienfest bei der Kindtaufe:* am Sonnt haben wir T.; eine T. mitmachen; zur T. ei geladen sein. **2.** *festliche Namengebung:* die T eines Schiffes, Flugzeuges; die T. einer Glock * **ein Kind über die Taufe halten**/(veraltend **aus der Taufe heben** *(bei der Taufe als Pate mi wirken)* · (scherzh.:) **etwas aus der Taufe hebe** *(bei der Gründung eines Vereins o. ä. mitwirken*

taufen: 1. ⟨jmdn. t.⟩ *jmdm. die Taufe spende* Heiden t.; er hat sich t. lassen; das Kind is schon, noch nicht getauft; übertr. (ugs.): d Wirt hat den Wein getauft *(mit Wasser ve dünnt).* **2.** ⟨jmdn., etwas t.⟩ *[feierlich] eine Namen geben:* ein Schiff, eine Glocke t.; da Kind wurde auf den Namen Susanne, wurd Susanne getauft.

taugen: 1. ⟨etwas t.⟩ *wert sein, brauchbar sei* das Messer, der Mann taugt nichts; dieses Mi tel taugt wenig, nicht viel; taugt er denn etwas (ugs.; *leistet er etwas?*). **2.** *geeignet sein:* **a)** ⟨z etwas t.⟩ er taugt nicht zu schwerer Arbei das Messer taugt nicht zum Brotschneiden. **b** ⟨für jmdn./(geh., veraltend:) jmdm. t.⟩ *gut, ge eignet sein:* dieses Buch taugt nicht für Kir der/taugt Kindern nicht.

tauglich: *brauchbar, geeignet:* taugliches Mate rial; er ist für diese Aufgabe nicht t.; er wurd zum/für den Militärdienst t. geschrieben.

Taumel, der: **a)** *Schwindelgefühl, Benommen heit:* ein T. überkam ihn, erfaßte ihn; ich bi noch wie im T. *(ganz benommen).* **b)** *Rausch Überschwang:* ein T. der Begeisterung packte ergriff die Menschen; im T. der Wut, der Lus

taumeln: a) *unsicher hin und her schwanken benommen sein:* vor Müdigkeit, vor Schwäche t. der Kranke hat getaumelt; er taumelte un hielt sich mühsam fest. **b)** ⟨mit Raumangabe *sich taumelnd fortbewegen, irgendwohin bewegen* er ist vom Stuhl zum Bett getaumelt; der Falte taumelt *(fliegt ziellos)* von Blüte zu Blüte.

Tausch, der: *das Tauschen:* ein vorteilhafter guter T.; damit hast du einen schlechten T gemacht; etwas durch T. erwerben, in T. geben das Buch habe ich im T. für/gegen ein andere erhalten.

tauschen: a) ⟨jmdn., etwas t.⟩ *geben, um jmd anderen, etwas anderes dafür zu bekommen* Waren, Briefmarken, Münzen t.; sie tauschten die Pferde, die Begleiter; er tauschte sei Grundstück gegen ein größeres; wir tauschten unsere Plätze, unsere Rollen; ich tauschte eine schnellen Blick mit ihm; sie tauschten Zärt lichkeiten, Küsse *(sie liebkosten sich);* er ha das Zimmer mit seinem Bruder getauscht ⟨auch ohne Akk.⟩ wollen wir t. *(unsere Plätze Aufgaben wechseln)?;* er tauscht leidenschaft lich gern *(macht gern Tauschgeschäfte).* **b)** ⟨mi etwas t.⟩ *etwas mit jmdm. auswechseln:* si tauschten mit den Plätzen, mit den Rollen **c)** ⟨mit jmdm. t.⟩ *im Wechsel an jmds. Stell treten:* die Nachtschwester hat mit einer Kolle gin getauscht; ich möchte nicht mit ihm t *(ich beneide ihn nicht);* er tauscht mit keinem *(seine jetzige Lage gefällt ihm zu gut).*

täuschen: 1. ⟨jmdn., etwas t.⟩ *irreführen:* e hat mich mit seinen Behauptungen, durch sei Verhalten getäuscht; sie läßt sich leicht t.; de

Schein täuscht uns oft; jmds. Hoffnungen t. *(nicht erfüllen);* adj. Part.: das ist eine täuschende Nachahmung des echten Rings; er hat eine täuschende Ähnlichkeit mit seinem Bruder; er sieht dir täuschend ähnlich; ich sah mich in meinen Erwartungen getäuscht. **2. a)** ⟨sich t.⟩ *sich irren:* du täuschst dich, wenn du das glaubst; wenn ich mich nicht täusche, dann ist er es; ich meine ihn gesehen zu haben, ich kann mich aber t.; darin täuscht er sich. **b)** ⟨sich in jmdm. t.⟩ *von jmdm. enttäuscht werden:* ich habe mich sehr in ihm getäuscht. **c)** ⟨sich über etwas t.⟩ *etwas unterschätzen:* täuschen wir uns nicht über den Ernst der Lage!

äuschung, die: **a)** *das Täuschen:* eine arglistige, plumpe T.; die T. gelang ihm nicht; sie ist einer T. zum Opfer gefallen. **b)** *das Getäuschtwerden; Irrtum:* es war alles nur [eine schöne] T.; man erlag, unterlag beinah der T., daß es echte Blumen seien; man gebe sich darüber keiner T. hin! (geh.; *man täusche sich darüber nicht!*). * **eine optische Täuschung** *(durch die Eigenart des menschlichen Sehens bedingte Täuschung des Auges).*

ausend: a) ⟨Kardinalzahl⟩ *1000:* t. Mann, t. Zigarren; t. und aber t. Briefe; es waren an die t. (ugs.), einige t. Menschen da; viele t., mehrere t., ein paar t. Familien. **b)** (ugs.) *sehr viele, unzählige:* er hat t. Gründe, t. Entschuldigungen; t. Grüße, Küsse! /*Grußformel im Brief*/. * (ugs.:) **tausend Dank!** /*Dankesformel*/.

Tausend ⟨in der Verbindung⟩ ei der Tausend! (veraltend): /*Ausruf der Verwunderung*/.

Tausend, das: **a)** *Menge, Einheit von tausend Stück:* ein halbes T.; einige Tausend Zigarren; fünf vom T. *(5 Promille).* **b)** ⟨Plural⟩ *Anzahl von mehrmals tausend:* viele Tausend[e]; Tausende von Menschen; Tausende armer Menschen; der Tod Tausender; die Verluste gehen in die Tausende; sie starben zu Tausenden.

ausendste ⟨Ordinalzahl⟩: *1000.:* jeder t.; er war der t. Besucher der Ausstellung. * (ugs.:) **vom Hundertsten ins Tausendste kommen** *(auf alles mögliche zu sprechen kommen).*

Technik, die: **1.** *Gesamtheit der Mittel und Verfahren, mit denen die Naturkräfte nutzbar gemacht werden:* die T. der Neuzeit, der Antike; die T. erleichtert dem Menschen die Arbeit; Segen und Fluch der T.; das ist ein Wunder der T.; er ist, arbeitet in der T. (ugs.: *in der technischen Abteilung*). **2.** *Art, wie etwas ausgeführt wird:* die T. des Eislaufs, des Speerwerfens, des Geigenspiels; die T. des Dramas *(Kunst, ein Drama aufzubauen);* eine neue T. erarbeiten, anwenden; der Schwimmer hat seine T. verbessert; man bewunderte die brillante, saubere T. *(Kunstfertigkeit)* des Klavierspielers; er beherrscht alle Techniken.

echnisch: 1. *die Technik betreffend, zur Technik gehörend:* das technische Zeitalter; technische Fächer, Kenntnisse; technische Ausdrücke; eine technische Fachschule, Hochschule, Universität; die Technische Hochschule Darmstadt; er ist technischer Zeichner, technischer Direktor; ein t. begabter Mensch. **2.** *die Ausführungsarten betreffend, den Ablauf, aber nicht die Sache selbst betreffend:* ein Drama von hoher technischer Vollendung; er ist ein t. *(in der Kampfesweise)* hervorragender Boxer; eine technische Störung; technisches Versagen; die Ausführung des Planes stößt auf technische Schwierigkeiten; das ist t. unmöglich.

Tee, der: **1.** /*ein asiatischer Strauch*/: T. anbauen; [an]pflanzen. **2. a)** *getrocknete Blätter des Teestrauches:* schwarzer, grüner, chinesischer, russischer T. **b)** *daraus bereitetes Getränk:* starker, dünner T.; T. mit Rum, Zitrone, Milch; eine Tasse, ein Glas T. trinken; T. kochen, aufbrühen, aufgießen; den T. ziehen lassen; wir nahmen (geh.) den T. auf der Terrasse; zum T. wurde Gebäck gereicht. **3.** *kleine Mahlzeit mit Tee:* einen T. geben; jmdn. zum T. einladen. **4.** *Getränk aus getrockneten Pflanzenteilen:* ein T. aus Heilkräutern, aus Lindenblüten. * (ugs.:) **abwarten und Tee trinken!** *(nur Geduld!).*

Teich, der: *kleineres stehendes Gewässer:* ein fischreicher, verschlammter, flacher, tiefer T.; einen T. ablassen, [mit Fischen] besetzen; auf dem T. rudern; im T. baden. * (ugs.; scherzh.:) **der große Teich** *(der Atlantische Ozean):* über den großen T. fahren, fliegen.

Teig, der: *breiartige Masse, die gebacken wird:* ein zäher, dünner, zäh-, dünnflüssiger T.; der T. geht; den T. [an]rühren, mit Hefe ansetzen, gehen lassen, kneten; den T. ausrollen, formen, [in einer Form] backen; etwas aus T. formen.

Teil, der oder das: **1.** ⟨der/(seltener:) das T.⟩ *Glied oder Abschnitt eines Ganzen:* der/(auch:) das obere, untere, vordere, hintere T. (eines Möbels, Kleidungsstücks o. ä.); der nördliche, südliche T. des Landes; gleiche, ungleiche Teile; der erste, zweite T. des Buches, des Gedichtes, der Oper; beide Teile in einem Band; ein wesentlicher T. fehlt; der schwierigste, größte T. der Arbeit steht noch aus, kommt erst noch (ugs.); der fünfte T. von fünfzig ist zehn; er nahm sich den besten, den schlechtesten T. des Bratens; wir wohnen im schönsten T. der Stadt; etwas in drei, vier Teile teilen; einen Motor in seine Teile zerlegen; das Buch gliedert sich, zerfällt (ugs.) in zehn Teile *(Abschnitte);* das war zum T. *(teils)* Mißgeschick, zum T. *(teils)* eigene Schuld; es waren zum T. *(teilweise)* sehr schöne Pferde; ich habe das Buch zum großen/größten T., erst zum kleineren T. gelesen. **2.** (Rechtsw.) ⟨der T.⟩ *Partei, Seite:* der klagende T.; man muß beide Teile hören, um gerecht urteilen zu können. **3.** ⟨der/das T.⟩ *Anteil:* ich will gern mein[en] T. dazu beitragen; mein Vetter hat auf sein[en] T. *(Erbteil)* verzichtet; die Geschwister erbten zu gleichen Teilen; wir sind zu gleichen Teilen daran beteiligt; jeder muß zu seinem T. mithelfen, daß wir fertig werden. **4.** ⟨das T.⟩ *einzelnes, kleines Stück:* ein defektes T. auswechseln, ersetzen; er prüft jedes T. sorgfältig. * **ein gut Teil** *(ziemlich viel):* dazu gehört ein gut T. Frechheit · **sein[en] Teil zu tragen haben** *(kein leichtes Leben haben)* · **sich** (Dativ) **sein Teil denken** *(seine eigenen Gedanken bei etwas haben):* ich sage nichts, aber ich denke mir mein T. · **das bessere**/(selten:) **den besseren Teil gewählt, erwählt haben** *(es besser haben als ein anderer)* · (ugs.:) **sein[en] Teil weghaben: a)** *(keine weiteren Ansprüche stellen können).* **b)** *(einen schweren [gesundheitlichen] Schaden erlitten haben)* · (ugs.:) **jmdm. sein[en] Teil geben** *(jmdm. tüchtig die Wahrheit sagen)* · **jmd. für sein[en]**

Teil *(was jmdn. betrifft):* ich für mein[en] T. bin ganz zufrieden.

teilen: 1. a) ⟨jmdn., etwas t.⟩ *trennen, sondern, zerlegen:* ein Land, ein Gebiet t.; etwas in zwei, in viele, in gleiche Teile t.; einen Apfel in vier Stücke t.; der Lehrer teilt die Schüler in zwei Gruppen; ein Vorhang teilte das Zimmer; das Schiff teilt (geh.; *durchschneidet*) die Wellen; Math.: eine Strecke im Verhältnis 3:4 t.; 15 durch 3 t. *(dividieren);* 15 geteilt durch 3 ist 5; adj. Part.: einen Brief mit geteilten *(nicht nur freudigen)* Gefühlen lesen. **b)** ⟨sich t.⟩ *sich trennen, auseinandergehen:* der Vorhang teilt sich; der Weg teilt *(gabelt)* sich; die Schüler teilten sich in zwei Mannschaften, Parteien; übertr.: hier, in diesem Punkt teilen sich die Meinungen, Ansichten; adj. Part.: wir waren geteilter Meinung; die Urteile, Meinungen darüber sind sehr geteilt *(unterschiedlich).* **2.** *aufteilen:* **a)** ⟨etwas t.⟩ die Beute t.; wir teilten den Gewinn unter uns [Geschwistern], untereinander; ⟨auch ohne Akk.⟩ wir haben redlich geteilt. **b)** ⟨sich (Dativ) etwas mit jmdm. t.⟩ ich teilte mir die Kirschen mit meinem Bruder; ⟨auch ohne Präpositionalobjekt⟩ wir teilten uns die Kirschen. **3. a)** ⟨jmdn., etwas mit jmdm. t.⟩ *jmdn. an jmdm., an etwas teilhaben lassen:* das Zimmer, das Bett mit jmdm. t.; der Hund will seinen Herrn mit niemandem t.; er teilt sein Brot, seine Zigaretten mit mir; sie haben Freude und Leid, Kummer und Schmerz miteinander geteilt; ⟨auch ohne Akk.⟩ er will mit niemandem t.; ⟨absolut⟩ er teilt nicht gern *(er ist geizig);* Sprichw.: geteilte Freude ist doppelte Freude, geteilter Schmerz ist halber Schmerz. **b)** ⟨etwas t.⟩ *an etwas teilhaben; etwas gleichfalls vertreten:* ich kann diese Ansicht, Auffassung nicht t.; sie teilte meine Überzeugung, meine Bedenken; er teilte ihr Los; er teilte das Schicksal aller verkannten Erfinder. **4.** (geh.) ⟨sich mit jmdm., mit etwas in etwas t.⟩ *etwas gemeinsam nutzen oder tragen:* ich teile mich mit ihm in die Arbeit, in den Besitz dieses Gartens; Stadt und Staat teilen sich in die Kosten; wir teilten uns in den Gewinn.

teilhaftig ⟨in der Verbindung⟩ einer Sache teilhaftig werden (geh.; veraltend): *an etwas Anteil bekommen; etwas erleben:* der Segnungen der Zivilisation t. werden.

Teilnahme, die: **1.** *das Teilnehmen:* die T. an diesem Lehrgang ist freiwillig; er wurde wegen seiner T. an dem Aufstand verurteilt. **2. a)** *innere Beteiligung, Interesse:* ehrliche T. an etwas zeigen; sie hörte aufmerksam, aber ohne besondere T. zu; er war voll glühender T. **b)** (geh.) *Mitgefühl, Anteilnahme:* das hungernde Kind hatte meine T. geweckt; ich möchte Ihnen meine herzliche T. *(mein Beileid)* aussprechen.

teilnahmslos: *kein Interesse zeigend:* im Unterricht, bei einem Fest t. dasitzen; er starrte mich t. *(apathisch)* an.

teilnehmen ⟨an etwas t.⟩: **1.** *sich beteiligen, mitmachen:* an einer Veranstaltung, Gesellschaft, an einem Gespräch t.; er nimmt am Unterricht teil; er hat am Zweiten Weltkrieg teilgenommen; alle teilnehmenden Personen. **2.** *Teilnahme, Interesse zeigen:* er nahm an meiner Freude, an meinem Glück, Schmerz, an meinem Verlust teil; adj. Part.: ein teilnehmender *(mitfühlender)* Mensch; sie fand, sprach [einige teilnehmende Worte; er erkundigte sich teilnehmend nach meiner Verletzung.

Telephon (auch: Telefon), das: **1.** *Telephonanschluß:* T. beantragen, haben; ich habe mi T. legen lassen. **2.** *Telephonapparat:* das T läutet, klingelt, ist gestört; gibt es hier ein T.? darf ich Ihr T. benutzen?; das T. nicht bedienen, nicht ans T. gehen; jmdn. ans T. rufen Sie werden am T. gewünscht, verlangt; ins T schreien, brüllen. * (ugs.:) **sich ans Telephon hängen; am Telephon hängen** *(telephonieren).*

telephonieren: *ein Telephongespräch führen* t. müssen; er telephoniert gerade; mit seinen Eltern, mit dem Büro, nach Berlin t.

Teller, der: */ein Eßgeschirr/:* ein flacher, tiefer irdener, zinnerner, silberner T.; ein bunter T *(mit Äpfeln, Nüssen, Süßigkeiten o. ä.);* ein T aus Porzellan, Steingut; der T. steht auf dem Tisch, hat einen Sprung, ist angeschlagen; die Teller füllen, leeressen, spülen, abwaschen, abtrocknen; sie nahm die gebrauchten, schmutzigen T. weg und stellte, setzte saubere auf den Tisch; er hat nur einen T. [voll] Suppe gegessen aus tiefen Tellern, von Meißner Tellern essen.

Tempel, der: **1. a)** *Gebäude zur Verehrung eine Gottes, der Götter:* ein heidnischer, griechischer römischer, indischer T.; ein T. des Zeus, de Artemis; übertr.: ein T. Gottes (geh.; *ein Kirche*); ein T. der Kunst (geh.; *ein Theater*) **b)** (geh.) *Synagoge:* in den T. gehen. **2.** (veraltend) *Pavillon, Schutzhütte:* im Park wurde ein kleiner T. errichtet. * (ugs.:) **zum Tempel hinausfliegen** *(davongejagt werden)* · (ugs.:) **jmdn zum Tempel hinausjagen** *(jmdn. hinauswerfen davonjagen).*

Temperament, das: **1.** *Wesensart, Gemütsart.* die vier Temperamente; er hat ein cholerisches sanguinisches, phlegmatisches, melancholisches T., ein aufbrausendes, lebhaftes, schwermütiges, kühles T.; wie man darüber urteilt, ist Sache des Temperaments. **2.** *lebhafte, tatkräftige Art des Denkens und Handelns:* sein T. ging mit ihm durch; sie besitzt, hat [viel] T. *(ist lebhaft)* kein, wenig T. *(ist langweilig);* sein T. zügeln seinem T. die Zügel schießen lassen; eine Arbeit mit T. angehen, anpacken; du darfst dich von deinem T. nicht fortreißen lassen.

Temperatur, die: **a)** *meßbarer Wärmezustand* eine hohe, tiefe, mittlere, gleichbleibende T. hier herrscht eine milde, gemäßigte, angenehme schwüle, unerträgliche T.; die höchste, die niedrigste T.; die T. steigt, fällt, sinkt [unter Null, unter den Nullpunkt]; die T. im Schmelzofen liegt bei 3000 Grad; wir hatten im Winter Temperaturen bis zu – 30° C; seine T. *(Körperwärme)* messen, kontrollieren. **b)** (ugs.) *leichtes Fieber:* T. haben, bekommen; er hat etwas T.

Tempo, das: **1.** *Geschwindigkeit:* ein langsames, gemächliches, gemäßigtes, schnelles, scharfes, rasendes, wahnsinniges (ugs.), wahnwitziges T.; hier ist T. 50 (ugs.; *50 km/h*) vorgeschrieben, erlaubt; das T. erhöhen, steigern, beschleunigen, einhalten, vermindern, herabsetzen; ein mörderisches T. anschlagen; ein zügiges T. vorlegen (ugs.; *zügig fahren*); im T. zulegen, nachlassen, zurückgehen; er fuhr in vollem T. gegen eine Mauer; er nahm die Kurve in/mit hohem T. **2.** (Musik) *Zeitmaß:* das T. angeben, genau einhalten; der Kapellmeister nahm das T., die Tempi zu rasch; der Sänger fiel aus dem T. * (ugs.:) **Tempo!**/(auch:) **Tempo, Tempo!** *(vorwärts!).*

Tendenz, die (bildungsspr.): **a)** *Absicht, Hang, Neigung:* die T. des Films ist deutlich erkennbar, geht dahin, ..., zielt darauf ab, ...; er hat, zeigt eine starke T. zum Liberalismus; diese Zeitung verfolgt eine bestimmte T.; er sagte dies mit der deutlichen T., die Gegensätze zu überbrücken. **b)** *Entwicklungsrichtung:* die T. an der Börse ist steigend, fallend; die Preise zeigen [eine] steigende, fallende T.

tendieren (bildungsspr.) ⟨zu etwas t. oder mit Raumangabe⟩: *zu etwas neigen, auf etwas gerichtet sein:* zum Zweiparteiensystem t.; die Partei tendiert stark nach links; er tendiert dahin, den Vertrag abzuschließen.

Teppich, der: *geknüpfte oder gewebte Decke für den Fußboden oder als Wandbehang:* ein moderner, echter, alter, wertvoller, orientalischer, persischer T.; der T. ist abgetreten; schwere, dicke Teppiche dämpften den Schritt; für den Staatsbesuch wurde ein roter T. ausgerollt; einen T. weben, knüpfen; den T. abbürsten, abfegen, absaugen, klopfen, zusammenrollen; der ganze Fußboden ist mit Teppichen belegt, bedeckt; das Zimmer ist [von Wand zu Wand] mit einem T. ausgelegt; übertr. (geh.): ein T. von Moos bedeckt den Waldboden; der grüne T. der Wiesen. * (ugs.:) **auf dem Teppich bleiben** *(sachlich bleiben; im angemessenen Rahmen bleiben).*

Termin, der: **1.** *festgelegter Zeitpunkt; Tag, bis zu dem etwas geschehen muß:* ein dringender T.; der letzte, äußerste T. für die Subskription des Buches ist der 31. Dezember; einen T. festsetzen, vereinbaren, bestimmen, einhalten, überschreiten, versäumen; können Sie mir schon einen festen T. nennen?; ich bin an diesen T. gebunden, auf diesen T. festgelegt; die Sitzung wurde auf einen späteren T. verschoben, verlegt; er zahlte pünktlich zum vereinbarten T. **2.** (Rechtsw.) *zeitlich festgesetzte Verhandlung:* ich habe um 10 Uhr einen T.; der Anwalt hat morgen T.; einen gerichtlichen T. anberaumen, wahrnehmen, versäumen, vertagen, absetzen, aufheben; dieser Prozeß zieht sich endlos von T. zu T.

Terrain, das (bildungsspr.): *Gelände:* unbebautes offenes, unwegsames T.; das T. sondieren (bildungsspr.; *erkunden*); die Truppen gewannen, verloren [an] T., mußten T. aufgeben; übertr.: wir müssen erst das T. *(die geschäftliche Lage)* sondieren, ehe wir ein Angebot machen.

Terror, der: *Schreckensherrschaft; rücksichtslose Gewalt:* in dieser Stadt regiert der T., herrscht blutiger, nackter T.; wir mußten dem T. weichen; das ganze Land stand unter diesem T.

Test, der: *Versuch zur Feststellung bestimmter Eigenschaften:* ein psychologischer, sportlicher T.; an dem Patienten wurden mehrere klinische Tests/Teste durchgeführt; einen T. bestehen; jmdn., etwas einem T. unterziehen; die Bewerber mußten sich einem T. unterwerfen.

Testament, das: **a)** *letztwillige Verfügung:* ein handgeschriebenes, [un]gültiges T.; sein T. machen *(seinen letzten Willen erklären);* ein T. aufsetzen, widerrufen, anfechten; er starb ohne T., ohne ein T. zu hinterlassen; er hat dich in seinem T. bedacht; Rechtsw.: ein T. errichten; das T. wurde eröffnet. **b)** *Vermächtnis:* das politische T. Adenauers. * (Rel.:) **das Alte, das Neue Testament** /*Teile der Bibel*/ · (ugs.:) **jmd. kann sein Testament machen** *(jmdm. wird es übel ergehen).*

testamentarisch: *durch Testament bewirkt, letztwillig:* eine testamentarische Verfügung; das ist t. bestimmt, festgelegt; sie hat ihm das Haus t. vermacht.

testen ⟨jmdn., etwas t.⟩: *durch einen Test prüfen:* das neue Modell muß noch getestet werden; einen Werkstoff auf Säurefestigkeit t.; die Bewerber wurden auf ihre Intelligenz getestet.

teuer: 1. a) *einen hohen Preis habend:* ein teures Buch; sie trägt teuren Schmuck; diese Ware ist [viel] zu t.; ihr ist nichts zu t.; er hat zu t. gekauft; er verkauft seine Waren viel zu t.; er läßt sich alles t. bezahlen; der Kaffee ist wieder [etwas] teurer geworden; wie teuer ist *(was kostet)* dieser Stoff?; übertr.: der Sieg ist t. *(mit großen Opfern)* erkauft; er wird im Ernstfall sein Leben t. verkaufen *(sich bis aufs äußerste verteidigen);* Redensart: da ist guter Rat t. *(schwer zu bekommen; man ist ratlos).* **b)** *hohe Ausgaben verursachend:* ein teures Restaurant, Geschäft; es sind teure Zeiten; er sieht aus wie die teure Zeit (ugs.; *blaß und abgemagert*); er hat die Waren zu teuren (ugs.; *hohen*) Preisen eingekauft; teure *(hohe)* Mieten; sie wollte das teure Porto sparen; du bist zu t. mit deinen Waren. **2.** (geh.) *sehr geschätzt, lieb, wert:* mein teurer Vater, Freund; mit diesem Ring verbinden sich teure Erinnerungen für mich; dieses Buch ist mir lieb und t.; er schwor bei allem, was ihm lieb und t. war. * (ugs.:) **... ist ein teures Pflaster** *(in einem bestimmten Ort ist das Leben teuer)* · (ugs.:) **etwas ist ein teurer Spaß/ein teures Vergnügen** *(etwas verursacht übermäßige Ausgaben)* · **etwas kommt jmdn.**/(seltener:) **jmdm. teuer zu stehen** *(etwas hat üble Folgen für jmdn.).*

Teufel, der: *Gestalt, die das Böse verkörpert:* der hinkende, stinkende T.; der T. mit dem Pferdefuß; der T. und seine Großmutter; des Teufels Großmutter; er ist der leibhaftige T., ein T. in Menschengestalt; das ist ein T. von einem Weib (ugs.; *eine sehr böse Frau);* hier hatte der T. seine Hand im Spiel; in dich ist wohl der T. gefahren! (ugs.; *du bist wohl nicht recht bei Verstand, was nimmst du dir heraus?*); den T. austreiben, bannen, verjagen; Faust hat sich, seine Seele dem T. verschrieben; er ist vom T. besessen; (geh.; veraltet:) er wird vom T. der Eitelkeit, des Neides, Geizes geplagt; er fährt, reitet wie der T. (ugs.; *sehr schnell*); er ist schwarz wie der T. *(ganz schwarz);* /in Verwünschungen (ugs.)/: da soll doch gleich der T. dreinschlagen!; hol' mich der T., soll mich der T. holen, wenn ich lüge!; dieser Kerl, der T. soll ihn holen!; hol's der T.!; ich will des Teufels sein, wenn ...; Redensart: er ist auf das Geld, auf den Alkohol versessen wie der T. auf eine arme Seele; Sprichwörter: in der Not frißt der T. Fliegen *(in der Not ist man nicht wählerisch);* gibt man dem T. den kleinen Finger, so nimmt er die ganze Hand; übertr. (ugs.): er ist ein armer T. *(ein bedauernswerter Mensch),* ein dummer T. *(ein Dummkopf).* * (veraltet:) **ei der Teufel!** /*Ausruf der Überraschung*/ · (ugs.:) **pfui Teufel!** /*Ausruf des Abscheus*/ · (ugs.:) **Teufel auch!** /*Ausruf der Bewun-*

derung/ · (ugs.:) **zum Teufel!** */Kraftausdruck/:* wer zum Teufel hat das gesagt? · (ugs.:) **in [des] Teufels/in drei Teufels Namen!, Tod und Teufel!** */Flüche/* · (ugs.:) **weiß der Teufel!** *(ich weiß es nicht):* weiß der T., wer alles da war! · (ugs.:) **kein Teufel** *(niemand):* kein T. hat sich darum gekümmert · (ugs.:) **den Teufel** *(gar nicht, nicht im geringsten):* ich schere mich den T. darum; den T. werde ich tun! · (ugs.:) **jmdn. reitet der Teufel** *(jmd. folgt einer schlechten Eingebung):* der T. ritt mich, als ich das tat · (ugs.:) **der Teufel ist los** *(es gibt Aufregung, Streit)* · **den Teufel durch Beelzebub austreiben** *(ein Übel durch ein noch schlimmeres bekämpfen)* · (ugs.:) **sich** (Dativ) **den Teufel auf den Hals laden** *(große Unannehmlichkeiten bekommen)* · (ugs.:) **den Teufel im Leib haben** *(unbeherrscht, wild, temperamentvoll sein)* · (ugs.:) **den Teufel an die Wand malen** *(Unheil heraufbeschwören)* · (ugs.:) **in [des] Teufels Küche kommen** *(in eine schlimme Situation geraten)* · (ugs.:) **des Teufels sein** *(einen verrückten Einfall haben):* du bist wohl des Teufels? · (ugs.:) **auf Teufel komm 'raus** *(mit allen Kräften, so heftig wie möglich):* sie arbeiteten auf T. komm 'raus · (ugs.:) **es müßte mit dem Teufel zugehen, wenn ...** *(es wäre doch äußerst seltsam, wenn ...)* · (ugs.:) **etwas ist/geht zum Teufel** *(etwas ist, geht verloren; etwas ist, geht kaputt):* all unser Geld war, ging zum T. · (ugs.:) **geh/scher dich zum Teufel!** *(verschwinde!)* · (ugs.:) **jmdn. zum Teufel/zu allen Teufeln wünschen** *(jmdn. weit fort wünschen)* · (ugs.:) **jmdn. zum Teufel jagen** *(jmdn. davonjagen, vertreiben).*

teuflisch: *heimtückisch, verrucht:* ein teuflischer Plan; teuflischer Hohn; er hatte eine teuflische Freude an Quälereien; was sie sich ausgedacht hatte, war t.; er grinste t.

Text, der: **a)** *etwas Geschriebenes; Wortlaut:* der genaue, authentische (bildungsspr.), ursprüngliche T. [einer Rede, eines Gedichts]; der T. der Urkunde ist unvollständig, verderbt (fachspr.), unleserlich; den T. ändern, ergänzen, entstellen, verhunzen (ugs.); einen T. einsehen, überlesen, überprüfen, redigieren (bildungsspr.), erklären, kommentieren (bildungsspr.); er schrieb die Texte *(Erläuterungen)* zu den Abbildungen; er gibt fremdsprachige Texte für die Schule heraus; ein Wort nachträglich in den T. einfügen; er predigte über einen T. *(eine Bibelstelle)* aus dem Alten Testament. **b)** *zu einem Musikstück gehörende Worte:* wie lautet der T. des Liedes?; er hat den T. zu einer Oper verfaßt. * (ugs.:) **jmdm. den Text lesen** *(jmdm. eine Strafpredigt halten)* · **aus dem Text kommen** *(vom Thema abkommen, den Faden verlieren)* · **weiter im Text!** *(fahre fort!).*

Tezett ⟨in der Verbindung⟩ jmdn.; etwas bis zum Tezett kennen (ugs.): *ganz genau, durch und durch kennen.*

Theater, das: **1. a)** *Gebäude, in dem Schauspiele u. a. aufgeführt werden:* in unserer Stadt wurde ein neues, modernes T. gebaut; das T. füllte sich schnell (mit Zuschauern); im August ist das T. geschlossen; wir treffen uns vor dem T. **b)** *Unternehmen, das Schauspiele u. a. aufführt:* wir haben hier ein privates, staatliches, städtisches T., ein vorbildliches, gutes, schlechtes T.; wir haben ein Abonnement im T.; (ugs.:) wir sind im, beim T. abonniert; sie ist am/beim T. [beschäftigt]; er will zum T. [gehen] *(Schauspieler werden).* **c)** *Vorstellung, Aufführung:* heute ist kein T.; das T. beginnt um 8 Uhr; das T. ist ausverkauft; die Kinder spielen T. *(sie führen etwas auf);* heute abend gehen wir ins T.; nach dem T. treffen wir uns im Ratskeller. **2.** (ugs.) *Unruhe, Verwirrung, Aufregung:* es gab viel T. in dieser Sache; war das ein T., bis wir ihn so weit hatten!; so ein T.!; das reine T.! *(unnötige Aufregung);* viel T. um einen Vorfall, um eine Kleinigkeit machen; sie führte ein wahres T. auf *(erregte sich sehr über etwas.)* * (ugs.:) **Theater spielen** *(etwas vortäuschen)* · (ugs.:) **jmdm. Theater vormachen** *(jmdm. etwas vorspielen, was in Wirklichkeit gar nicht so ist).*

Thema, das: **1.** *Hauptinhalt, leitender Gedanke:* ein interessantes, ergiebiges, beliebtes, unterhaltendes, weitschichtiges (bildungsspr.), schwieriges, unerschöpfliches T.; das T. Hochschulreform; das T. des Vortrags, der Diskussion, des Romans, Films; die Themen/(älter auch:) Themata der Referate ergänzten sich gut; dieses T. interessiert, fesselt ihn sehr; ein T. aufgreifen, berühren, anschneiden, fallen lassen; ein T. [endgültig] begraben (ugs.; *nicht mehr darüber sprechen*); ein T. [erschöpfend, oberflächlich, eingehend] behandeln; sich einem anderen T. zuwenden; auf ein T. eingehen; auf ein anderes T. überspringen; sie kamen immer wieder auf das alte T. zurück; über ein T. sprechen, diskutieren; vom T. abschweifen, abkommen; zu einem neuen T. übergehen; zu seinem eigentlichen T. zurückkehren; das gehört nicht zum T.; was hast du zu diesem T. zu sagen? **2.** (Musik) *Tonfolge, die einer Komposition zugrunde liegt:* das T. einer Sonate, eines Satzes; ein T. aufgreifen, variieren; er spielte ein frei erfundenes T. * (ugs.:) **Thema eins: a)** *(Hauptthema einer Diskussion o. ä.).* **b)** *(Liebe und Sex als Gesprächsstoff).*

Theorie, die: **1. a)** *wissenschaftliche oder abstrakte Betrachtungsweise:* die Praxis ist ganz anders als die T.; er beherrscht die T.; in der T. mag das richtig sein. **b)** *[wirklichkeitsfremde] Gedanken oder Vorstellungen:* das ist doch alles [reine, bloße, blanke] T.; er verstieg sich in Theorien. **2.** *Lehre, System; wissenschaftlich begründete Anschauung:* das ist eine unbeweisbare, richtige, falsche, kühne T.; diese T. beruht auf einem Irrtum; eine T. aufstellen, begründen, ausbauen, beweisen; der Kommissar hatte sich schon eine einleuchtende T. über den Hergang der Tat gebildet; eine T. praktisch anwenden, in die Praxis umsetzen.

Thermometer, das: *Gerät zum Messen der Wärme:* das T. zeigt 23 Grad [Wärme] im Schatten, über Null, 10 Grad unter Null; das T. fällt, steigt *(es wird kälter, wärmer).*

Thron, der: *erhöhter Sitz eines Fürsten:* ein prächtiger, goldener T.; der König saß auf dem T.; an den Stufen des Thrones stehen; übertr. (ugs.; scherzh.): er sitzt auf dem T. *(auf dem Nachttopf, Abortsitz).* * **den Thron besteigen** *(eine monarchische Herrschaft antreten)* · **jmdm. auf den Thron folgen** *(jmds. Nachfolge als Herrscher antreten)* · (geh.:) **jmdn. auf den Thron erheben** *(jmdn. zum Herrscher machen)* · **auf den Thron verzichten** *(als Herrscher zurücktreten).*

thronen ⟨mit Raumangabe⟩: *feierlich [auf erhöhtem Platz] sitzen:* er thront am oberen Ende der Tafel; sie hat auf ihrem Sessel gethront wie eine Prinzessin; übertr. (geh.): das Schloß thront auf der Höhe.

Tick, der: **1.** (Med.) *nervöse Muskelzuckung:* einen T. haben. **2.** (ugs.) *Schrulle, wunderliche Angewohnheit:* das ist auch so ein T. von ihm; einen T. haben *(nicht ganz richtig im Kopf sein; sehr eingebildet sein)*.

icken ⟨etwas tickt⟩: *etwas gibt ein tickendes Geräusch von sich, verursacht ein tickendes Geräusch:* die Uhr, der Fernschreiber tickt; in der Kommode tickt der Holzwurm.

ief: 1. a) *weit nach unten reichend oder gerichtet:* tiefe Schluchten, Täler, Abgründe; tiefes Wasser; tiefe Meere, Seen, Ströme; ein tiefer Teller *(Suppenteller)*; die Pflanze schlägt tiefe Wurzeln; tiefer Schnee *(in den man einsinkt)*; ein tiefer Sturz; eine tiefe Verbeugung; der Brunnen, der Abgrund ist t.; Sprichw.: stille Wasser sind t. · man mußte t. graben, bohren, bis man Wasser fand; die Sonne sinkt tiefer; das Kleid ist t. ausgeschnitten; t. in den Sand, in den Schnee einsinken; der Wald war t. verschneit; ich bückte mich t.; t. unten liegt das Dorf; übertr.: t. in Gedanken [versunken] sein; er steckt t. in Schulden, sitzt t. in der Patsche (ugs.); er ist t. gefallen, gesunken *(moralisch verkommen)*. **b)** *weit ins Innere reichend, im Innern befindlich:* eine tiefe Wunde; aus tiefer Brust aufatmen, seufzen; ein tiefer Atemzug, Seufzer; die tiefe Erstreckung der Schloßanlage fällt auf; es war tiefste Nacht; im tiefsten Innern Afrikas; im tiefen Walde *(mitten im Walde)*; im tiefsten *(mitten im)* Winter, Frieden; die Bühne ist sehr t.; er wohnt t. im Walde; der Feind drang t. in das Land ein; die Höhle erstreckte sich [bis] t. in den Berg hinein; ich arbeitete bis t. in die Nacht [hinein]; t. einatmen, ausatmen; er hat ihr t. in die Augen geschaut; übertr.: aus tiefster Seele, tiefstem Herzen; etwas in der tiefsten Tiefe seiner Seele fühlen; seine Handlungsweise zeugt von tiefem Gemüt; tiefe Blicke, Einblicke in etwas tun; ein tiefer Schlaf; eine tiefe Ohnmacht; Redensart (ugs.): das läßt t. blicken *(das ist aufschlußreich)*. **c)** *eine bestimmte Tiefe aufweisend:* ein 3 m tiefes Loch; wie tief ist der Stich?; der Schrank war nur 30 cm t., nicht t. genug für Kleider. **d)** *niedrig, in niedriger Lage befindlich:* tiefe Temperaturen; dieses Metall hat einen tiefen Schmelzpunkt; das Barometer, Thermometer steht t., ist t. gefallen; das Haus liegt tiefer als die Straße. **2.** *tiefgründig, nicht oberflächlich; gründlich:* tiefe Gedanken; ein tiefer Denker; er zeigte eine tiefe Einsicht, einen tiefen Verstand, Geist; in diesen Worten liegt, steckt ein tiefer Sinn; was ist der tiefere *(eigentliche)* Sinn dieser Maßnahmen?; wir müssen den Grund, die Ursache tiefer suchen; t. empfinden, fühlen; er hat t. *(gründlich)* nachgedacht. **3. a)** *sehr groß, sehr stark, intensiv:* tiefer Gram, Schmerz, tiefe Schwermut; in tiefer Verzagtheit; ein tiefer Groll erfüllte ihn; ihr Ausdruck zeigte tiefste Andacht, Ergriffenheit; in tiefer Trauer, tiefer Wehmut; Worte tiefsten Mitgefühls; ich sage dir das im tiefsten Vertrauen; diese Vorgänge liegen im tiefsten Dunkel der Vergangenheit. **b)** ⟨verstärkend bei Verben⟩ *sehr:* jmdn. t. beugen, demütigen, erniedrigen, beleidigen; ich beklage dieses Unrecht, diese Fehlentscheidung t.; wir sind t. empört; seine Worte kränkten, verwundeten, beschämten sie t.; er war von dem Vortrag t. beeindruckt, ergriffen. **4. a)** *dunkel klingend:* ein tiefer Ton, eine tiefe Stimme; er sang im tiefsten Baß; sie soll das Lied um eine Terz tiefer spielen. **b)** *kräftig, dunkel gefärbt:* ein tiefes Rot; dieser Maler liebt die tiefen [Farb]töne. * (ugs.:) **tief in den Beutel/in die Tasche greifen [müssen]** *(viel zahlen [müssen])* · (ugs.:) **zu tief ins Glas gucken/schauen** *(zuviel Alkohol trinken)* · **etwas geht bei jmdm. nicht tief** *(etwas beeindruckt jmdn. wenig)*.

Tief, das: **1.** (Meteor.) *Gebiet mit niedrigem Luftdruck:* über Island lagert ein ausgedehntes T.; das T. rückt näher, nähert sich, weicht aus, zieht vorbei, zieht ab; Deutschland liegt am Rande eines Tiefs, zwischen den beiden Tiefs. **2.** (Seemannsspr.) *Fahrwasser:* das Lister T. (nördlich Sylt); das Haff ist durch ein T. mit der offenen See verbunden.

Tiefe, die: **1. a)** *Ausdehnung oder Richtung nach unten oder innen:* eine große, unergründliche, schwindelerregende, dunkle T.; die T. des Wassers, Grabens, Schachtes, Abgrunds; die T. des Fahrwassers ausloten, peilen; das U-Boot ging auf T.; in der T. versinken; in die T. blicken, steigen, springen, stürzen, fallen; in die T. des Waldes eindringen; übertr.: die T. *(das Abgründige)* der menschlichen Seele; die verborgensten Tiefen des Herzens; er kennt alle Höhen und Tiefen des Lebens; /in Verbindung mit Maßangaben/: die T. der Rille beträgt 2 mm; das Gebäude hat eine T. von zehn Metern. **b)** *tiefgelegene Stelle:* dieser Fisch lebt in großen Tiefen. **2.** *Tiefgründigkeit:* die Tiefe seiner Gedanken, seiner Einsicht; ein Ausspruch von großer T. **3.** *Größe, Stärke:* die T. ihres Schmerzes, Leides, seines Gefühls, seiner Empfindung. **4.** *dunkler Klang:* ein Baß von erstaunlicher T.

tiefgründig: a) *tiefen Sinn habend:* er stellt tiefgründige Fragen. **b)** *etwas gründlich durchdenkend:* eine tiefgründige wissenschaftliche Untersuchung; diese Betrachtung war sehr t.

Tiefpunkt, der ⟨in der Verbindung⟩ seinen Tiefpunkt erreichen: *auf dem tiefsten Stand ankommen:* an diesem Tage hatte die Konjunktur, hatte seine Laune ihren T. erreicht.

tiefsinnig: a) *von gründlichem Nachdenken zeugend; gehaltvoll:* ein tiefsinniges Buch; eine tiefsinnige Bemerkung. **b)** (ugs.) *gemütskrank:* meine Großmutter ist zuletzt t. geworden.

Tier, das: */nichtmenschliches Lebewesen/:* ein männliches, verschnittenes, weibliches T.; wilde, zahme, einheimische, exotische Tiere; ein zierliches, munteres, zutrauliches Tierchen; ein kleines T. lief über die Straße; er benahm sich wie ein wildes T.; Tiere halten, pflegen, warten, züchten, dressieren, abrichten, zur Schau stellen, vorführen; Tiere beobachten; ein T. darf man nicht quälen; der Löwe, der König der Tiere; er kann mit Tieren umgehen; übertr.: das T. *(das triebhafte Wesen)* brach in ihm durch; er ist ein T. *(ein Mensch von tierischer Roheit)*; er ist zum T. herabgesunken; Redensart (ugs.): jedem Tierchen sein Pläsierchen *(wir wollen ihm sein Vergnügen lassen)*. * (ugs.:) **ein hohes/großes Tier** *(eine hochgestellte, wichtige Person)*: er ist ein großes T. geworden.

tierisch: **1.** *zum Tier gehörend, vom Tier stammend:* tierisches Fett; tierisches Eiweiß. **2.** (abwertend) *triebhaft, roh:* tierische Grausamkeit; sein Benehmen war einfach t. * (abwertend:) **tierischer Ernst** *(pflichtbewußte, aber humorlose Gesinnung).*

tilgen ⟨etwas t.⟩: **a)** *durch Zurückzahlen aufheben:* eine Schuld t.; alte Schulden t. **b)** (geh.) *endgültig beseitigen, löschen:* die Spuren eines Verbrechens t.; die Erinnerung an etwas aus seinem Gedächtnis t.

Tinte, die: *Flüssigkeit zum Schreiben:* schwarze, rote, blaue, grüne, unsichtbare T.; die T. fließt, kleckst, ist noch nicht trocken; mit T. schreiben; Redensart (ugs.): das ist [doch] klar wie dicke T. *(das versteht sich von selbst);* über dieses Thema ist schon viel T. verspritzt *(viel geschrieben)* worden. * (ugs.:) **in der Tinte sitzen** *(in einer mißlichen Situation sein)* · (ugs.:) **in die Tinte geraten** *(in eine mißliche Situation geraten):* da sind wir ja schön in die T. geraten!

Tip, der (ugs.): *Fingerzeig, nützlicher Rat:* das war ein guter T.; jmdm. einen T. geben; ich hatte einen sicheren T. für die Börse.

tippen (ugs.): **1.** ⟨mit Raumangabe⟩ *leicht und kurz berühren:* auf, gegen eine Glasscheibe t.; an den Hut t. *(flüchtig grüßen);* übertr.: daran ist nicht zu t. *(das ist einwandfrei);* er kann nicht an den Meister, an seinen Vorgänger t. *(er hält keinem Vergleich mit ihm stand);* ⟨jmdm./jmdn. t. mit Raumangabe⟩ er hat mir/mich auf die Schulter getippt; ich tippte mir an die Stirn. **2. a)** ⟨etwas t.⟩ *etwas auf der Maschine schreiben:* einen Brief, ein Manuskript t.; ein sauber getippter Brief. **b)** *maschineschreiben:* mit zwei Fingern t.; ich habe zwei Stunden lang getippt. **3.** ⟨auf etwas t.⟩ *etwas vermuten, voraussagen:* auf jmds. Sieg t.; ich tippe darauf, daß er morgen kommt; ⟨auch ohne Präpositionalobjekt⟩ du hast richtig getippt. **4. a)** *im Toto oder Lotto wetten:* er tippt jede Woche. **b)** ⟨etwas t.⟩ *beim Lotto bestimmte Zahlen wählen:* welche Zahlen hast du getippt?

Tisch, der: **1.** */Möbelstück mit waagerechter Platte/:* ein kleiner, großer, runder, schwerer, ausziehbarer, eichener T.; in der Ecke stand ein gedeckter T.; der T. war reich gedeckt *(es gab viel zu essen);* der T. wackelt; den T. decken, abdekken, abwischen, scheuern; jmdm. einen T. reservieren; am T. sitzen, arbeiten; die Kinder durften mit am T. essen; am runden T. *(Konferenztisch)* verhandeln; er zahlte bar auf den T.; etwas auf den T. stellen, legen; die Arme, Ellenbogen auf den T. stützen; die Suppe, das Essen steht auf dem T.; wir saßen um den T.; nimm die Ell[en]bogen vom T.!; übertr.: ein Gespräch am runden T. *(unter Gleichberechtigten);* diese Sache muß vom T. *(muß erledigt werden).* **2.** ⟨in Verbindung mit bestimmten Präpositionen⟩ *Mahlzeit:* bei T.; nach T.; vor T.; vom T. aufstehen *(die Mahlzeit beenden);* darf ich zu T. bitten?; bitte zu T.! */Aufforderung, Platz zu nehmen/;* sich zu T. setzen; eine Dame zu T. führen; wir haben heute Gäste zu T. * (ugs.:) **reinen Tisch [mit etwas] machen** *(etwas bereinigen, in Ordnung bringen)* · **jmdn. an einen Tisch bringen** *(zu Verhandlungen zusammenführen):* es ist wichtig, Ost und West an einen T. zu bringen · **mit der Faust auf den Tisch schlagen** *(energisch auftreten, vorgehen)* · (ugs.:) **etwas au[f] den Tisch des Hauses legen** *(etwas förmlich vor[-]legen, zur Kenntnis bringen)* · **am grünen Tisch, vom grünen Tisch aus** *(ohne Kenntnis der Pra[-]xis):* das ist wieder einmal am grünen T. entschieden worden; so etwas sollte man nicht vom grünen T. aus planen · (ugs.:) **etwas fällt unte[r] den Tisch** *(etwas wird nicht beachtet, nicht berücksichtigt)* · (ugs.:) **seine Beine/Füße unter jmds. Tisch strecken** *(noch von jmdm. ernährt, unterhal[-]ten werden)* · (ugs.:) **jmdn. unter den Tisch trinken** *(mehr Alkohol als der Mittrinkende vertragen)* · **von Tisch und Bett getrennt sein** *(in eine[r] gescheiterten Ehe getrennt leben)* · (Rel.; geh.:) **zum Tisch des Herrn gehen** *(am Abendmahl teilnehmen, kommunizieren).*

Tischtuch, das: *[zur Mahlzeit] aufgelegtes Tuch:* ein weißes T. aus feinem Damast; ein frisches T. auflegen, aufdecken; mach keine Flecken ins T.! * (geh.:) **das Tischtuch zwischen sich und jmdm. zerschneiden/entzweischneiden** *(jede Verbindung mit jmdm. abbrechen)* · (geh.:) **das Tischtuch zwischen uns ist entzweigeschnitten** *(wir sind geschiedene Leute).*

Titel, der: **1. a)** *Amts-, Rangbezeichnung:* einen T. erlangen, erwerben, führen; jmdm. einen T. verleihen, aberkennen; sich (Dativ) einen [falschen] T. beilegen, anmaßen; jmdm. den richtigen T. geben *(jmdn. korrekt anreden);* er hat den T. eines Sekretärs; er hat nur den T. Professor *(ist kein beamteter Professor);* er hat/führt [k]einen akademischen T.; jmdn. mit seinem T. anreden; er trat unter hochtrabenden Titeln auf; Redensart: was hilft/nützt der T. ohne Mittel *(ohne entsprechendes Gehalt)?* **b)** (Sport) *im Wettkampf errungene Rangbezeichnung:* er hält, trägt den T. des Weltmeisters seit 1969; er konnte seinen T. im Schwergewicht erfolgreich verteidigen; seinen T. verlieren. **2.** *kennzeichnender Name eines Buches, Kunstwerks o. ä.:* ein langer, langatmiger, irreführender, reißerischer, treffender, einprägsamer T.; wie lautet der genaue T. der Zeitschrift?; das Buch trägt einen verlockenden, vielverheißenden T.; welchen T. soll der neue Film haben, bekommen?; einen T. im Katalog nachsehen, registrieren, anführen, zitieren; wir müssen einen besseren T. für das Buch finden; der Film läuft unter dem T. ...; übertr.: dieser T. *(dieses Buch)* ist seit langem vergriffen. **3.** *Titelblatt eines Buches:* den T. künstlerisch gestalten. **4.** *Abschnitt eines Gesetzes:* der achte T. enthält ...; diese Mittel sind unter T. 5 des Haushaltplans ausgewiesen.

Toast, der: **1.** *geröstete [Weiß]brotschnitte:* T. machen, essen; der Kellner servierte Toaste/Toasts mit Sardellen, Radieschen, Käse u. a.; ein Spiegelei auf T. **2.** *Trinkspruch:* einen T. auf jmdn. ausbringen; der hohe Gast wurde mit mehreren Toasten/Toasts geehrt.

Tobak ⟨in bestimmten Verbindungen⟩ **Anno Tobak** (ugs.; scherzh.; *vor langer Zeit, in alter Zeit):* ein Buch von Anno T. · **etwas ist starker Tobak** (ugs.; *etwas ist eine Unverschämtheit, etwas ist unerhört).*

toben: **1.** ⟨etwas tobt⟩ *etwas ist in wilder Bewegung:* das Meer tobt; die Wellen, Winde toben; hier hat ein Unwetter getobt; der Kampf tobte bis in die Nacht hinein; übertr.: die Leidenschaften tobten *(waren aufgewühlt)*. **2. a)** *lärmend umherlaufen:* die Kinder haben den ganzen Tag getobt; tobt nicht so! **b)** <mit Raumangabe> *sich lärmend fortbewegen:* die Kinder sind durch den Garten getobt. **3.** *rasen, außer sich sein:* er tobt vor Schmerz, vor Wut; er hat getobt, als er das erfuhr; er tobt wie ein Berserker, wie ein Wilder (ugs.), wie zehn nackte Wilde im Schnee (ugs.; scherzh.).

Tochter, die: **1.** *unmittelbarer weiblicher Nachkomme:* seine kleine T.; unsere älteste T.; das Ehepaar hat zwei Töchter; sie ist nicht seine leibliche T.; der Fürst hatte eine natürliche (veraltend; *uneheliche*) T.; Redensart: willst du die T., schau auf die Mutter! · grüßen Sie bitte Ihre T., Ihr Fräulein T. (geh.); die T. des Hauses *(der Familie)*; übertr.: die Töchter (scherzh.; *Bewohnerinnen*) des Landes; sie ist eine echte T. Evas *(eine typische Frau)*. **2.** (schweiz.) *Mädchen, Fräulein:* eine T. anstellen. **3.** (Kaufmannsspr.) *Tochtergesellschaft:* diese Firma ist eine T. der AEG.

Tod, der: **1.** *das Sterben; Ende des Lebens:* ein ruhiger, schöner, schmerzloser, langsamer, qualvoller, bitterer, früher, plötzlicher T.; der T. auf dem Schafott, am Galgen, durch den Strang; der T. auf dem Schlachtfeld; der T. ist durch Ertrinken, Erfrieren, durch Entkräftung, durch Altersschwäche eingetreten; der T. kam schnell, nahte (geh.) schnell; der T. der Verunglückten trat um 18 Uhr ein; das wird noch einmal sein T. sein *(wird ihn einmal töten)*; Sprichw.: umsonst ist nur der T., und der kostet das Leben *(es gibt nichts umsonst)* · den T. fürchten, scheuen; den T. suchen, herbeiwünschen, ersehnen; jmds. T. betrauern, wünschen, wollen; jmdm. den T. wünschen; einen sanften, schweren T. haben; (geh.:) den T. durch Henkershand erleiden müssen; den T. eines Helden, eines Feiglings, des Gerechten sterben (geh.); Sprichw.: einen T. kann der Mensch nur sterben · die Schrecken, die Bitterkeit des Todes; angesichts des Todes hatten auch die Tapfersten den Mut verloren; eines gewaltsamen, [k]eines natürlichen Todes sterben; er muß des Todes (geh.) sterben; Redensarten (geh.): du bist ein Mann, ein Kind des Todes *(du mußt sterben)*; du bist des Todes, wenn ... · jmdn., sich dem Tode weihen (geh.); dem Tode nahe sein (geh.); auf den T. (geh.; *lebensgefährlich*) krank sein, krank liegen, verwundet sein; ein Kampf auf Leben und Tod; Sprichw.: gegen den T. ist kein Kraut gewachsen *(gibt es keine Hilfe)* · jmdm. bis zum/bis in den T. getreu sein; für jmdn., für seine Überzeugung in den T. gehen (geh.; *sein Leben opfern*); freiwillig in den T. gehen (geh.; *Selbstmord begehen*); sie folgte ihrem Mann in den T.; jmdn. in den T. treiben; das Leben, Fortleben nach dem Tode; jmdn. über den Tod hinaus lieben; es geht hier um T. oder Leben; jmdn. vom Tode erretten; zu Tode *(tödlich)* erkrankt sein; jmdn., ein Tier zu Tode hetzen, schlagen, prügeln, quälen, schinden; sich zu Tode fallen, trinken; bei diesem Versuch kam er zu Tode *(verunglückte er tödlich)*; das Gericht verurteilte ihn zum Tode; der Henker brachte den Verurteilten vom Leben zum Tode (geh.; *richtete ihn hin*); /häufig verblaßt/: jmd., etwas ist jmdm. auf den T. *(äußerst)* zuwider; ich kann ihn auf den/für den Tod *(absolut)* nicht leiden, nicht ausstehen; zu Tode *(aufs äußerste)* betrübt sein; ich muß mich zu Tode arbeiten, schuften, ärgern, grämen, schämen, langweilen; du hast mich zu Tode *(furchtbar)* erschreckt; ich bin zu Tode erschrocken. **2.** *Gestalt, die die Endlichkeit des Lebens verkörpert:* der T. mit Stundenglas und Hippe/Sense; der T. als Sensenmann; der grimmige, unerbittliche T.; auf der Straße lauert der T.; der T. packt den Menschen; der T. klopft an, pocht an (geh.); der Tod steht vor der Tür, ruft, holt jmdn., winkt jmdm.; der T. nahm dem Maler den Pinsel aus der Hand (geh.; *der Maler mußte sterben*); der T. schickt seine Boten, steht, ist vor der Tür; der T. schloß ihr die Augen (geh.); eine Beute des Todes sein, werden (geh.); jmdn. den Klauen des Todes entreißen (geh.); dem T. entrinnen, entfliehen; mit dem Tod ringen *(lebensgefährlich erkrankt sein)*; er sieht aus wie der leibhaftige T., ist blaß, bleich wie der T.; Redensart: er fürchtet weder Tod noch Teufel *(niemanden)*. * **der Schwarze Tod** *(die Pest)* · **der Weiße Tod** *(Tod durch Lawinen oder Erfrieren im Schnee)* · (ugs.:) **Tod und Teufel!** */Fluch/* · **etwas ist der T. von etwas** *(etwas zerstört, vernichtet etwas)* · (geh.:) **den Tod finden** *(umkommen)*: dort, bei diesem Unglück fand er den T. · **etwas zu Tode reiten/hetzen** *(etwas durch allzu häufige Anwendung wirkungslos machen)*: er hat diesen guten Einfall, diese Idee zu Tode gehetzt.

Todesstoß, der <in den Verbindungen> **jmdm. den Todesstoß geben/versetzen** (geh.; *jmdn. durch einen Stich töten*) · **jmdm., einer Sache den Todesstoß versetzen** (geh.; *jmdn., etwas zu völliger Wirkungslosigkeit herabdrücken*).

tödlich: 1.a) *den Tod herbeiführend:* ein tödlicher Schlag, Schuß, Unfall; ein tödliches Gift; eine tödliche Krankheit, Wunde, Verletzung; Rechtsw.: Körperverletzung mit tödlichem Ausgang · der dritte Stich war t.; das Gift wirkt in dieser Dosis t.; er ist t. verunglückt. **b)** *das Leben bedrohend:* eine tödliche Gefahr. **2.a)** *sehr groß:* tödlicher Ernst; tödliche Langeweile; tödlicher *(unversöhnlicher)* Haß; etwas mit tödlicher *(absoluter)* Sicherheit erraten. **b)** <verstärkend bei Verben> *sehr:* jmdn. t. beleidigen; sich t. langweilen.

Toilette, die: **1.** *[Waschraum] mit Abort:* die Toiletten befinden sich im Untergeschoß; die T. benutzen; auf/in die T. gehen; ich habe mir auf der/in der T. die Hände gewaschen. **2.** (bildungsspr.) *Ankleiden und Körperpflege:* die morgendliche, abendliche T.; hast du deine T. bald beendet? **3.** (bildungsspr.) *festliche Kleidung der Dame:* man sah bei dem Ball viele kostbare Toiletten; in großer T. sein, erscheinen. * (geh.:) **Toilette machen** *(sich sorgfältig anziehen und zurechtmachen)*.

tolerant (bildungsspr.): *duldsam, weitherzig:* eine tolerante Gesinnung, Einstellung; ein toleranter Mensch; er ist t. gegen andere, gegenüber anderen Menschen; er hat sich immer t. gezeigt.

toll: 1. *wild, ausgelassen, übermütig:* tolle Streiche; er kam auf allerlei tolle Gedanken; die Kinder sind ja heute rein t.; auf dem Fest ging es t. her, t. zu. **2.a)** (veraltend) *wahnsinnig:* ein toller Mensch; man schoß ihn nieder wie einen tollen *(tollwütigen)* Hund; er gebärdet sich wie t. **b)** (ugs.) *verrückt, unsinnig:* das ist eine tolle Zumutung; das Tollste an der Geschichte ist, daß ...; du bist wohl t., wie kannst du so etwas tun?; die ewige Dudelei macht mich noch ganz t. **3.** (ugs.) *schlimm:* ein toller Lärm; es herrschte eine tolle Kälte; das Zimmer war in einem tollen Zustand; das ist ja eine tolle Wirtschaft hier!; wenn es gar zu t. wird, gehe ich weg; die Sache wird immer toller; paß auf, es kommt noch toller; er treibt es zu t. **4.** (ugs.) **a)** *großartig, prachtvoll:* ein toller Einfall; eine tolle Sache; es war ein tolles Fest; eine tolle Frau; er ist wirklich ein toller Bursche; ein toller Wagen; das ist ja t.; er fährt einfach t. **b)** ⟨verstärkend bei Verben⟩ *sehr:* ich freue mich [ganz] t. auf dein Kommen. → doll.

tollen: *beim Spielen wild umherjagen:* die Kinder tollten fröhlich, ausgelassen, lärmend im Garten, vor dem Hause.

¹Ton, der: */eine Art schwere Erde/:* grober, feiner T.; T. kneten, mischen; etwas aus T. formen, in T. modellieren; eine Schale aus gebranntem T.

²Ton, der: **1.a)** *hörbare Luftschwingung; Klang:* ein lauter, leiser, hoher, tiefer, heller, dunkler, langgezogener, an-, abschwellender T.; ein starker, [un]reiner T.; grelle, schrille, klagende, wimmernde, herzzerreißende Töne; ein eigentümlicher, geheimnisvoller T. war zu hören; der T. [er]klingt, klingt auf, verklingt; der Apparat läßt einen surrenden T. hören, gibt einen surrenden T. von sich; das Instrument hat einen guten, vollen, schönen T.; er brachte keinen T. hervor, heraus (vor Heiserkeit oder Aufregung); er sagte keinen T., gab keinen T. von sich *(er schwieg);* Rundf., Filmw.: den T. steuern, überwachen; übertr.: er läßt keinen T. von sich hören *(er gibt gar keine Nachricht);* darüber hat er keinen T. *(nichts)* verlauten lassen; Redensart (ugs.): hast du/haste Töne? */Ausdruck des Erstaunens/.* **b)** (Musik) *meßbare Einheit eines Tonsystems:* einen ganzen, halben T. höher, tiefer singen; einen T. anschlagen; den Sängern den T. angeben; den T. halten; den richtigen, falschen T. spielen; bildl.: ich spürte die falschen Töne *(die Unaufrichtigkeit)* in seinem Brief; Redensart: der T. macht die Musik *(die Art, wie etwas vorgebracht wird, ist entscheidend).* **2.** *Betonung:* der T. liegt auf der zweiten Silbe; dieses Wort, diese Silbe trägt den T.; du mußt den T. mehr auf dieses Wort legen. **3.** *Redeweise, Tonfall:* der T. ihres Briefes ist überheblich, hochfahrend; sein spöttischer T. ärgert mich; was ist das für ein T.? *(wie redest du denn mit mir?);* er fand nicht den richtigen T.; er sprach in scharfem, barschem, freundlichem, sanftem, energischem T. mit uns; er redete sie in ernstem, ruhigem Tone an; sie schlug [mir gegenüber] einen frechen, anmaßenden, ungehörigen T. an; diesen T. kenne ich bei ihm; du hast dich im T. vergriffen *(hast nicht bedacht, zu wem du sprichst);* er erzählte die Geschichte im gleichgültigsten T. der Welt. **4.** *Art und Weise des gesellschaftlichen Lebens:* der gute T. in allen Lebenslagen; der gute, feine T. erfordert es, die Einladung anzunehmen; das ist jetzt feiner T.; bei uns herrscht ein freier, ungezwungener, ein rauher, aber herzlicher T.; das gehört zu[m] guten T. *(dieses Verhalten erwartet man vo[n] jedem).* **5.** *Farbe in bestimmter Tönung:* die Tön[e] des Gemäldes sind zu lebhaft, zu düster, sin[d] gut aufeinander abgestimmt, wirken unruhig dieser Maler bevorzugt volle, satte Töne; di[e] Photographie war in rotbraunem, in grünem T ausgeführt. ∗ **den Ton angeben** *(als vorbildlic[h] gelten)* · **einen anderen Ton anschlagen** *(strenge[r] werden)* · (ugs.:) **dicke/große Töne reden**/(derb: **spucken** *(sich aufspielen, sich wichtig machen)* **in großen Tönen** *(großsprecherisch, mit übertrie benem Pathos):* er sprach in großen Tönen vo[n] der Menschlichkeit · (ugs.:) **in den höchsten Tönen von jmdm., von etwas reden** *(jmdn., etwa[s] sehr loben).*

Tonart, die: *auf einem bestimmten Dreiklan[g] aufgebautes Tonsystem:* die T. C-Dur, a-Moll in welcher T. steht das Lied?; eine Melodie i[n] eine andere T. umschreiben, aus einer T. in di[e] andere transponieren (bildungsspr.); übertr. er redet in allen Tonarten *(auf jede erdenklich[e] Weise)* auf mich ein. ∗ **eine andere Tonart anschlagen** *(strenger werden).*

Tonband, das: *Kunststoffstreifen für elektroakustische Aufnahmen:* das T. läuft ab; ein T. einspannen, bespielen, besprechen, abspielen, vorführen, löschen; ein T. abhören, auswerten; Musik, ein Gespräch auf T. aufnehmen.

tönen: 1. ⟨etwas tönt⟩ *etwas gibt Töne von sich, schallt:* die Glocke, ein Lautsprecher tönt; seine Stimme tönte laut über den Hof; **2.** (ugs.) **a)** ⟨etwas t.⟩ *großspurig verkünden:* „... und wir werden siegen“, tönte der Redner. **b)** ⟨von etwas t.⟩ *prahlend über etwas sprechen:* er tönt gern, viel von Gleichberechtigung; adj. Part.: tönende *(nichtssagende)* Worte; eine tönende Phrase. **3.** ⟨etwas t.⟩ *in der Farbe verändern:* sie hat ihr Haar getönt; die Wand wurde grau getönt; rötlich getöntes Haar.

Tonne, die: **1.a)** *[größeres] Faß:* eine T. aus Holz, Eisen; eine T. Heringe; die Baustelle war mit rotweißen Tonnen gekennzeichnet; übertr. (ugs.): *dicke Person:* Mensch, ist das eine T.! **b)** */ein schwimmendes Seezeichen/:* eine T. sichten, ansteuern; das Fahrwasser ist mit Tonnen markiert. **2.a)** */eine Gewichtseinheit/:* eine T. hat 1000 kg. **b)** */ein Raummaß/:* ein Schiff von 10000 Tonnen.

Tönung, die: *Art, wie etwas getönt ist; Färbung:* eine leichte, helle, dunkle T.; ein Glas mit/von grüner T.; übertr.: einem Bericht eine bestimmte T. geben.

Topf, der: **1.** *rundes, meist tiefes Gefäß:* ein irdener, eiserner, emaillierter, verbeulter T.; ein T. voll Milch; ein T. Suppe; der T. läuft über, ist übergekocht (ugs.); einen T. auf den Herd, aufs Feuer setzen, stellen; den T. am Kochen halten (ugs.); alles in einem T. kochen; bildl.: seine Nase in jeden T., in alle Töpfe stecken (ugs.; *neugierig sein, sich überall einmischen*); Redensart (ugs.): es ist noch nicht in dem Topf, wo's kocht *(die Sache ist noch nicht richtig im Gang);* Sprichw.: jeder T. findet seinen Deckel/für jeden T. findet sich ein Deckel *(jedes Mädchen findet einen passenden Mann).* **2.** (ugs.) *Nachtgeschirr:* der Kleine sitzt auf dem T., auf dem Töpfchen. **3.** *Blumentopf:* Pflanzen in Töpfe setzen, in Töpfen ziehen. * (ugs.:) **alles in einen Topf werfen: a)** *(nicht Zusammengehöriges verwechseln).* **b)** *(Personen oder Dinge ohne Rücksicht auf Unterschiede gleich behandeln).*

Tor, das: **1. a)** *breiter Eingang, Einfahrt:* der Hof hat zwei Tore; der Erntewagen schwankt durch das T.; zum T. hinausfahren, hinausreiten. **b)** *Vorrichtung, mit der eine Einfahrt verschlossen wird:* ein hölzernes, eisernes T.; das T. ist, steht offen; die Tore der Schleuse öffnen, schließen sich; das T. öffnen, aufmachen (ugs.), aufstoßen, offenhalten, geschlossen halten, verriegeln, zuriegeln, verrammeln, bewachen; (hist.) der Feind steht vor den Toren (der Stadt); Redensart (ugs.): dastehen wie die Kuh vorm neuen T. *(völlig ratlos sein);* übertr.: das T. *(der Zugang)* zum Leben; er öffnete mir das T. zu einer neuen Weltbetrachtung. **2.** (Sport) **a)** *Ziel bei bestimmten Mannschaftsspielen:* das T. verfehlen, reinhalten (ugs.; *keinen Treffer zulassen*); am T. vorbeischießen; aufs T. schießen; der Torwart läuft aus dem T.; der Ball landet (ugs.) im T.; er steht heute im T. *(er ist Torwart);* den Ball über das T. köpfen, vor das T. flanken. **b)** *Treffer mit dem Ball o. ä.:* das war kein T.; ein T. schießen, [ein]köpfen, erzielen, verhindern; die Mannschaft siegte mit 4:2 Toren. * **einer Sache Tür und Tor öffnen** *(etwas Übles sich ausbreiten lassen)* · (geh.:) **vor den Toren** *(außerhalb der Stadt).*

Tor, der (geh.): *einfältiger oder unklug handelnder Mensch:* Toren und Weise; was war ich für ein T.!; er ist ein reiner T. *(ein naiver, argloser Mensch);* du armer T.!

Torf, der: */in Mooren entstehendes Zersetzungsprodukt/:* T. stechen, graben; wir brennen T., heizen mit T.

Torheit, die: *Dummheit, unkluge Handlung:* so eine T.!; er mußte seine T. schwer büßen; er hat große, unverzeihliche Torheiten begangen; Sprichw.: Alter schützt vor T. nicht.

töricht: *dumm, albern; ohne Verstand handelnd:* eine törichte Frau; törichte Hoffnungen; das war eine törichte Bemerkung, eine törichte Frage; es wäre t., auf seine Hilfe zu warten; t. handeln, daherreden.

torkeln: a) *stark taumeln:* der Betrunkene hat getorkelt; du torkelst ja *(du bist ja betrunken).* **b)** ⟨mit Raumangabe⟩ *sich taumelnd fortbewegen, irgendwohin bewegen:* der Betrunkene ist auf die Straße, nach Hause getorkelt.

torpedieren ⟨etwas t.⟩: **1.** *mit Torpedos beschießen [und versenken]:* ein Schiff t.; der Tanker wurde von einem U-Boot torpediert. **2.** *vereiteln, zunichte machen:* einen Plan t.; man hat die Verhandlungen durch eine gezielte Indiskretion torpediert.

Tor[es]schluß ⟨nur in bestimmten Wendungen⟩ **eben vor/kurz vor Tor[es]schluß** *(gerade noch rechtzeitig):* er meldete sich eben vor T. noch an · **nach Tor[es]schluß** *(zu spät).*

Torschlußpanik, die: *Angst, die letzte Chance zu verpassen, den Anschluß zu versäumen:* eine T. erfaßte, ergriff ihn; als sie mit dreißig Jahren noch keinen Mann gefunden hatte, brach T. bei ihr aus, geriet sie in T.

Tortur, die: **a)** *Qual, große Strapaze:* der Marsch durch die glühende Hitze war eine T.; es bedeutete für mich eine wahre T., in dieser Gesellschaft bis zum Ende auszuharren. **b)** (hist.) *Folter:* die T. anwenden; jmdn. der T. unterwerfen.

tosen ⟨etwas tost⟩: *etwas dröhnt, braust in heftiger Bewegung:* der Sturm, der Wasserfall tost; die Wellen tosen; subst.: das Tosen der Brandung war weithin zu hören; adj. Part.: tosender Lärm, Beifall erfüllte den Saal.

tot: 1. *gestorben, nicht mehr am Leben seiend:* ein toter Mensch, ein toter Körper; tote Tiere; ein toter *(abgestorbener)* Baum, Ast; sie hat ein totes Kind geboren; er ist t.; er fiel t. hin, war auf der Stelle t.; sie lag t. im Bett; für t. gelten; jmdn., einen Vermißten für t. erklären; wie t. daliegen; bildl.: ich war mehr t. als lebendig *(völlig erschöpft);* Sprichw.: tote Hunde beißen nicht *(wer tot ist, kann niemandem mehr schaden).* **2.** *leblos; ohne Verbindung mit dem Leben:* tote *(erblindete, matte, glanzlose Augen);* tote *(glanzlose)* Farben; ein totes Grau; der tote *(unwirksame)* Buchstabe; tote Zahlen, Ziffern; eine tote *(nicht mehr gesprochene)* Sprache; eine tote *(wie ausgestorbene)* Stadt; ein toter Flußarm *(ohne Strömung);* einen Zug auf dem toten *(blind endenden)* Gleis abstellen; der Hochsommer ist eine tote *(stille)* Zeit in diesem Geschäft; die Leitung, das Telephon ist t. *(läßt kein Signal hören);* diese Gegend wirkt t. *(erscheint öde, ausgestorben).* **3.** *ohne Nutzen, ohne Gewinn:* totes Kapital *(das keine Zinsen trägt);* eine tote Last; das tote Gewicht *(Eigengewicht)* eines Fahrzeugs; ein totes *(unentschiedenes)* Rennen; Mechanik: der tote Punkt *(Stellung eines Mechanismus, bei der keine Kraft übertragen wird);* militär.: der tote Winkel *(Raum hinter Mauern u. ä., der nicht eingesehen oder beschossen werden kann).* * **etwas auf ein totes Gleis schieben** *(etwas zurückstellen, nicht weiter benutzen)* · **auf dem toten Gleis sein** *(keine Möglichkeit zur Entwicklung haben)* · (Bergmannsspr.:) **der tote Mann** *(die abgebauten Teile einer Grube)* · (ugs.; scherzh.:) **den toten Mann machen** *(sich ohne Bewegung rücklings im Wasser treiben lassen)* · (ugs.:) **jmd. ist ein toter Mann** *(jmd. ist erledigt, hat keine Zukunftsaussichten)* · **der tote Punkt: a)** *(Stelle, an der es nicht weitergeht):* die Verhandlungen sind auf dem/einem toten Punkt angekommen. **b)** (ugs.; *Zustand stärkster Ermüdung*): einen toten Punkt haben; den toten Punkt überwinden.

total: a) *vollständig:* ein totaler Mißerfolg; eine totale Mond-, Sonnenfinsternis; die totale Zerstörung der Stadt; die Stadt wurde t. zerstört. **b)** (ugs.) ⟨verstärkend bei Adjektiven und Verben⟩: *völlig:* er ist t. erschöpft, betrunken, verrückt; das war t. verkehrt; der Versuch ist t. danebengegangen.

Tote, der: *jmd., der gestorben ist:* bei dem Verkehrsunfall gab es zwei Tote; einen Toten aussegnen, beerdigen, begraben, zu Grabe tragen (geh.); die Toten ehren; der Toten gedenken; um einen Toten trauern; er lag da wie ein Toter; Redensart: es war ein Lärm, um Tote aufzuwecken; Sprichw.: von den Toten soll man nur Gutes, nur gut reden.

töten ⟨jmdn. t.⟩: *jmdm. das Leben nehmen:* einen Menschen, ein Tier t.; er tötete die

Ratte mit einem Knüppel; durch die Explosion wurden zwei Arbeiter getötet; übertr.: den Nerv t. *(abtöten)* · ⟨auch ohne Akk.⟩ du sollst nicht t. (bibl.); Redensarten: wenn Blicke t. könnten! */Reaktion auf einen feindseligen Blick/;* Lächerlichkeit tötet. * (ugs.:) **jmdm. den [letzten] Nerv töten** *(jmdn. durch sein Verhalten belästigen, nervös machen).*

totlachen (ugs.) ⟨sich t.⟩: *überaus heftig lachen:* er hat sich [fast, halb] totgelacht, als er das sah; ich hätte mich t. können; subst. Inf.: es ist zum Totlachen.

totlaufen (ugs.) ⟨etwas läuft sich tot⟩: *etwas geht ergebnislos zu Ende:* die Diskussion hatte sich bald totgelaufen.

Totschlag, der: *Tötung eines Menschen:* einen T. begehen, verüben; auf T. steht Freiheitsstrafe; das Gericht verurteilte ihn wegen Totschlags. * (ugs.:) **es gibt Mord und Totschlag** *(es gibt Aufregung, Streit):* wenn ich die Wahrheit sage, gibt es Mord und T.

totschlagen ⟨jmdn. t.⟩: *erschlagen:* eine Maus, eine Fliege t.; er hat im Rausch einen Menschen totgeschlagen; Redensarten (ugs.): dafür lasse ich mich t. *(das ist ganz sicher);* du kannst mich t. *(es hilft alles nichts)*, ich weiß es nicht mehr. * (ugs.; abwertend:) **die Zeit/den Tag totschlagen** *(seine Zeit, den Tag nutzlos verbringen).*

totschweigen ⟨jmdn., etwas t.⟩: *von jmdm., von etwas systematisch nicht sprechen oder schreiben:* eine Angelegenheit t.; die Presse hat seine Erfolge totgeschwiegen.

Tour, die: **1. a)** *Ausflug, Wanderung:* eine T. unternehmen; eine T. in die Berge, an den Königssee, auf den Feldberg machen. **b)** *[Geschäfts]reise:* er geht morgen auf T.; er ist oft wochenlang auf T. **2.** (ugs.: abwertend) *Art und Weise:* das ist eine billige T.; es ist immer dieselbe T. *(immer das gleiche);* krumme Touren reiten, sich auf krumme Touren einlassen *(unerlaubte Dinge tun);* auf diese T. falle ich nicht herein; er macht es auf die langsame, gemütliche T.; sie versuchte es auf die sanfte, naive, kameradschaftliche T.; er reist auf die dumme T. *(er versucht die Leute zu übervorteilen);* sie versuchte es mit einer anderen T. **3.** (Technik) *Umdrehung einer Welle:* die Maschine macht 5000–7000 Touren in der Minute; der Motor läuft auf vollen, höchsten Touren, kommt schnell auf Touren. * (ugs.:) **in einer Tour** *(ohne Unterbrechung):* er schwatzt, erzählt in einer T. · (ugs.:) **die Tour ging schief** *(etwas verlief nicht wie vorgesehen)* · (ugs.:) **jmdm. die Tour vermasseln** *(jmds. Vorhaben vereiteln)* · (ugs.:) **seine Tour haben** *(einen Anfall von schlechter Laune haben)* · (ugs.:) **auf Touren kommen** *(in Schwung kommen):* nach dem Frühstück kommt er erst richtig auf Touren · (ugs.:) **jmdn. auf Touren bringen** *(jmdn. antreiben, in Schwung bringen).*

Trab, der: *beschleunigter Gang besonders des Pferdes:* T. reiten; im T., in leichtem, starkem (fachspr.), scharfem T. reiten; das Pferd fiel in T., wurde in T. gesetzt; übertr.: er setzte sich in T. *(er begann zu laufen).* * (ugs.:) **jmdn. auf Trab bringen** *(bewirken, daß jmd. schneller arbeitet)* · (ugs.:) **jmdn. in Trab halten** *(jmdn. ständig beschäftigen, jmdm. ständig Arbeit machen)* · (ugs.:) **auf Trab sein** *(unterwegs sein, zu tun haben):* ich war die ganze Woche auf T.

traben: 1. *im Trab laufen oder reiten:* das Pferd trabt, ist durch die Koppel getrabt; er hat englisch, deutsch getrabt. **2.** (ugs.) *eilig gehen:* der Junge trabte nach Hause.

Tracht, die: **1.** *in bestimmten Landschaften oder Berufen getragene besondere Kleidung:* ländliche, bäuerliche Trachten; die bayerische, die Spreewälder T.; die T. des Bergmanns; die T. anlegen; ein Mädchen in T. **2.** (veraltend) *Traglast:* eine T. Holz, Wasser. * (ugs.:) **eine Tracht Prügel** *(eine reichliche Anzahl Schläge):* er hat eine gehörige Tracht Prügel bekommen.

trachten (geh.) ⟨nach etwas t.⟩: *nach etwas streben, etwas zu verwirklichen suchen:* nach Ehre, nach Reichtum t.; er trachtete [danach], so schnell wie möglich wegzukommen; subst.: sein ganzes/all sein Sinnen und Trachten ging auf Gelderwerb aus. * (geh.:) **jmdm. nach dem Leben trachten** *(jmdn. umbringen wollen).*

Tradition, die: **a)** *Überlieferung, herkömmlicher Brauch:* eine alte, ehrwürdige, geheiligte, feste T.; es war T., daß ...; eine T. pflegen, hüten, wahren, wiederaufnehmen, weitergeben; dieser Verein hat eine lange, stolze T.; mit der T. brechen; dieses Fest ist bei uns bereits zur T. geworden *(es findet regelmäßig statt).* **b)** (selten) *Weitergabe an spätere Generationen:* die schriftliche T. dieser Sage beginnt erst im 14. Jh.

Tragbahre: →Bahre.

tragbar: 1. *so beschaffen, daß man es tragen kann:* ein tragbarer Fernsehapparat; ein durchaus tragbares *(für den Alltag geeignetes)* Kleid; diese Mode ist nicht t. **2.** *erträglich:* die Steuern, Mieten sind kaum noch t.; übertr.: der Minister ist für seine Partei nicht mehr t. *(entspricht nicht mehr ihren Anforderungen).*

träg[e]: *sich ungern bewegend; faul:* ein träger Mensch; träge Bewegungen; er ist geistig, körperlich t.; er war zu t., um mitzuspielen; die Hitze macht mich ganz t.

tragen /vgl. getragen/: **1. a)** ⟨jmdn., etwas t.⟩ *stützend halten; heben und mit sich führen:* ein Kind [auf dem Arm] t.; einen Koffer t.; eine Last in der Hand, auf dem Rücken, auf dem Kopf t.; Steine, Holz, Kartoffeln t.; den Arm in der Binde, in einer Schiene t.; bildl.: die Füße, Knie tragen mich kaum noch, nicht mehr, nicht weiter *(ich bin sehr müde);* er eilte davon, so schnell ihn die Füße trugen; **b)** ⟨jmdn., etwas t.; mit Raumangabe⟩ *tragend bringen:* ein Kind ins Bett t.; den Koffer zum Bahnhof t.; das Essen aus der Küche ins Zimmer t.; etwas an Bord, in den Keller, über den Hof t.; Redensart: Eulen nach Athen t. *(etwas Überflüssiges tun);* übertr.: Klatsch von Haus zu Haus t. **c)** ⟨an etwas t.; in Verbindung mit *schwer*⟩ *sich mit einer Last abmühen:* er trägt schwer an seinen zwei Koffern; übertr.: er trägt schwer an *(leidet schwer unter)* seiner Verantwortung; ⟨auch ohne Präpositionalobjekt⟩ wir hatten schwer zu t. **d)** ⟨etwas trägt sich; mit Artangabe⟩ *etwas ist in bestimmter Weise zum Tragen geeignet:* der Koffer trägt sich leicht, bequem; das Paket trägt sich schlecht, schwer; diese Last trägt sich am besten auf dem Rücken. **e)** ⟨etwas trägt jmdn., etwas⟩ *etwas stützt und hebt jmdn., etwas:* Säulen tragen das Dach; der Turm trägt eine Aussichtsplattform; übertr.: die Regierung wird vom Vertrauen des Volkes getragen; die Aussprache war von großem Ernst getragen (geh.; *sie fand in ernsthafter Bemühung statt*); das Unternehmen trägt sich selbst *(erfordert keinen Zuschuß);* adj. Part.: eine tragende Rolle *(Hauptrolle)* spielen. **f)** ⟨etwas trägt jmdn., etwas⟩ *etwas hat eine bestimmte Tragfähigkeit:* der Magnet trägt fünf Zentner; die Eisdecke trägt einen Erwachsenen; ⟨auch ohne Akk.⟩ das Eis trägt schon, trägt noch nicht. **2.a)** ⟨etwas t.⟩ *bei sich haben, mit sich führen:* einen Paß bei sich t.; der Verbrecher trägt einen Revolver; übertr.: der Wind trug den Heugeruch mit sich. **b)** ⟨etwas t.⟩ *an sich haben, mit etwas bekleidet sein:* ein neues Kleid, ein Kostüm t.; eine Mütze, einen Helm, hohe Stiefel t.; sie trägt Trauer *(Trauerkleidung);* Einlagen im Schuh, ein Bruchband t.; er trägt eine Perücke, ein Toupet; er trägt [k]einen Bart, [k]eine Brille; sie trägt Ohrringe, einen Brillantring, viel, wenig, keinen Schmuck; sie trug Blumen im Haar; Orden, eine Krone t.; adj. Part.: getragene *(gebrauchte)* Sachen, Kleider, Anzüge, Schuhe. **c)** ⟨etwas t.; mit Artangabe⟩ *in bestimmter Weise an sich haben:* sie trägt das Haar glatt, gewellt, kurz, lang, in Locken, im Knoten; er trägt den Mantel offen. **d)** ⟨sich t.; mit Artangabe⟩ *in bestimmter Weise gekleidet sein:* diese Dame trägt sich einfach, elegant; sie trug sich immer nach der letzten Mode. **e)** ⟨etwas trägt sich; mit Artangabe⟩ *etwas hat bestimmte Trageigenschaften:* dieser Stoff trägt sich schlecht; das Hemd trägt sich sehr angenehm. **3.** ⟨etwas trägt etwas⟩ *etwas bringt etwas hervor:* der Baum trägt Früchte; der Acker trägt Weizen, Hafer, Roggen, Klee; bildl.: seine Bemühungen haben [reiche] Früchte getragen *(Erfolg gebracht);* übertr.: das Kapital trägt Zinsen; ⟨auch ohne Akk.⟩ die Bäume tragen in diesem Jahr schlecht, gut, zum erstenmal. **4.** ⟨etwas t.⟩ *trächtig, schwanger sein:* die Kuh trägt ein Kalb; (geh.:) seine Frau trägt ein Kind unter dem Herzen; ⟨auch ohne Akk.⟩ die Kuh, die Stute trägt, ist tragend; eine tragende Stute. **5.** ⟨etwas t.⟩ *erdulden, ertragen:* er trägt sein Unglück tapfer; sie trug ihr Schicksal mit Geduld, Fassung, Würde; er hat ein schweres Los zu tragen; sie hat ihr Leid stets schweigend getragen; sein Kreuz (geh.) t. **6.** (geh.) ⟨etwas t.⟩ **a)** *auf sich nehmen, übernehmen:* die Kosten t. *(bezahlen);* die Verluste trägt die Versicherung; er mußt die Folgen seines Tuns t.; die Verantwortung für etwas, die Schuld an etwas t. **b)** *haben:* einen berühmten Namen t.; das Buch trägt den Titel ...; das Paket trägt den Vermerk ..., die Aufschrift ... **7.** ⟨sich mit etwas t.; mit Infinitiv mit *zu*⟩ *sich mit einem Vorhaben beschäftigen:* er trägt sich mit dem Gedanken, Plan, mit der Absicht, sein Haus zu verkaufen. **8.** ⟨etwas trägt; mit Artangabe⟩ *etwas hat eine gewisse Reichweite:* ihre Stimme trägt sehr gut *(ist weit hörbar);* das Geschütz trägt *(schießt)* weit; adj. Part.: eine tragende Stimme. * (ugs.:) **jmdn., etwas huckepack tragen** *(auf dem Rücken tragen)* · **Scheuklappen tragen** *(keinen Blick für die Wirklichkeit haben)* · **etwas trägt [reiche] Frucht: a)** *(etwas ist [sehr] ergiebig, wirft viel ab):* der Garten trägt reiche Frucht. **b)** *(etwas bringt viel ein, hat ein gutes Ergebnis):* die Verhandlungen haben endlich Frucht getragen · **auf beiden Schultern [Wasser] tragen** *(zwei Parteien gerecht werden wollen)* · **jmdn. auf Händen tragen** *(verwöhnen)* · (geh.:) **jmdn. zu Grabe tragen** *(beerdigen)* · (geh.:) **etwas zu Grabe tragen** *(etwas endgültig aufgeben):* seine Hoffnungen, Wünsche zu Grabe t. · (ugs.:) **für jmdn., für etwas seine Haut zu Markte tragen** *(für jmdn., etwas einstehen und sich dadurch gefährden)* · **das Herz auf der Zunge tragen** *(alles aussprechen, was einen bewegt)* · **den Kopf hoch tragen** *(stolz sein)* · **die Nase hoch tragen** *(hochmütig sein)* · **etwas zur Schau tragen** *(etwas nach außen hin zeigen)* · (geh.:) **Bedenken tragen** *(noch nicht entschlossen sein)* · **jmdm., einer Sache Rechnung tragen** *(jmdn., etwas gebührend berücksichtigen)* · (geh.:) **für etwas Sorge tragen** *(für etwas sorgen; sich um etwas kümmern)* · **etwas kommt zum Tragen** *(etwas wird wirksam).*

Träger, der: **1.a)** *jmd., der Lasten trägt:* für die Expedition wurden Träger angeworben. **b)** *jmd., der Zeitungen austrägt:* die Tageszeitung wurde durch Träger zugestellt. **c)** *jmd., der etwas innehat oder ausübt:* der T. eines Ordens, eines adligen Namens; die Träger der Staatsgewalt, der Kultur. **2.a)** *tragender Bauteil:* eiserne, hölzerne Träger; einen T. [in die Decke] einziehen. **b)** *Schulterband:* eine Hose mit Trägern; der T. ist gerutscht.

tragisch: a) *schicksalhaft, unheilvoll:* eine tragische Verkettung der Umstände; ein tragisches Ereignis; er spielt eine tragische Rolle in ihrem Leben; tragische Ironie. **b)** *erschütternd, ergreifend:* ein tragisches Schicksal; sein Bruder fand ein tragisches Ende, kam auf tragische Weise ums Leben; der Film endete t. **c)** (ugs.) *schlimm, ernst:* das ist alles nicht so t., nur halb so t.; nimm doch nicht alles gleich so t.!

Tragödie, die **1.** *Trauerspiel:* die antike, die klassische T.; eine T. in fünf Akten; eine T. schreiben, dichten, spielen, aufführen. **2.** *tragisches Ereignis, Unglück:* in diesem Hause hat sich eine furchtbare, schreckliche T. abgespielt; welch eine T.!; es ist eine T. (ugs.; *es ist schlimm*) mit diesem alten Auto.

trainieren: 1. *als Trainer betreuen:* **a)** ⟨jmdn. t.⟩ eine Mannschaft, einen Boxer t.; ein Pferd t. **b)** ⟨mit jmdm. t.⟩ er hat täglich vier Stunden mit uns trainiert. **2.a)** *planmäßig üben:* er trainiert hart [für die Olympischen Spiele]; er hat wochenlang trainiert. **b)** ⟨sich, etwas t.⟩ *durch Üben in Form bringen:* seine Muskeln, sein Gedächtnis t.; er hat sich gut trainiert; er geht gut trainiert in den Wettkampf. **3.** ⟨etwas t.⟩ *einüben:* er trainiert Hochsprung.

Training, das: **a)** *planmäßige Durchführung eines Übungsprogramms:* ein hartes, scharfes, strenges, spezielles, regelmäßiges T.; er leitet das T. der Weitspringer, im Weitsprung; wir haben heute abend T.; ein T. absolvieren; sich einem T. unterziehen, unterwerfen; am T. teilnehmen; zum T. gehen. **b)** *gezieltes Üben des Körpers, des Geistes:* körperliches, geistiges T.; das ist ein gutes T. für das Gedächtnis.

traktieren (ugs.) ⟨jmdn. mit etwas t.⟩: **1.** (veraltend) *bewirten:* er hat uns mit Wein, mit Bergen von Kuchen traktiert. **2.** *mißhandeln:* jmdn. mit Schlägen, mit Fußtritten, mit dem Stock t.; er traktierte *(plagte)* mich stundenlang mit Schulaufgaben.

trällern ⟨etwas t.⟩: *munter vor sich hin singen:* ein Liedchen, eine Melodie t.; ⟨auch ohne Akk.⟩ sie trällert gern bei der Arbeit.

trampeln: 1. a) *mehrmals mit den Füßen stampfen:* die Zuschauer fingen an, vor Ungeduld zu trampeln; die Studenten trampelten /*Zeichen des Beifalls*/. **b)** ⟨sich (Dativ) etwas von etwas t.⟩ *etwas durch Trampeln entfernen:* ich trampelte mir den Schnee, den Schmutz von den Schuhen. **c)** ⟨jmdn., etwas t.; mit Artangabe⟩ *durch Fußtritte in einen Zustand bringen:* das Gras platt t.; er wurde von der Menge zu Tode getrampelt. **2. a)** ⟨mit Raumangabe⟩ *sich trampelnd fortbewegen:* die Kinder sind durch das Gras getrampelt. **b)** ⟨etwas t.⟩ *trampelnd herstellen:* einen Pfad [durch den Schnee] t.

Tran, der: *aus Meerestieren gewonnenes Öl:* der Wal lieferte viel T.; T. sieden, verarbeiten. * (ugs.:) **im Tran: a)** *([durch Alkoholgenuß, Schläfrigkeit] völlig benommen):* im T. sein. **b)** *(geistesabwesend, zerstreut):* er hat im T. vergessen, die Tür abzuschließen.

Träne, die: *als Tropfen aus dem Auge tretende Flüssigkeit:* salzige Tränen; Tränen der Rührung, der Freude; eine T. rann, lief, rollte ihm über die Wange (geh.); Tränen verschleierten ihre Augen (geh.); helle Tränen stürzten ihr aus den Augen (geh.); seine Tränen versiegten (geh.); Tränen in den Augen haben, vor Freude vergießen; eine T. zerdrücken; sich (Dativ) die Tränen aus den Augen wischen; bittere, blutige, heiße Tränen, manch heimliche, stille T. weinen; sie trocknete ihre Tränen; der Rauch trieb ihm die Tränen in die Augen; wir haben bei dem komischen Auftritt Tränen gelacht; Sprichw.: Perlen bedeuten Tränen · sie war den Tränen nahe *(hätte fast geweint);* sie brach in Tränen aus; er kämpfte mit den Tränen, lächelte unter Tränen; unter Tränen gestand er seine Schuld; die Augen voll Tränen haben; ihre Augen standen voll Tränen; er war zu Tränen gerührt; diese Verse rührten sie zu Tränen. * **jmdm., einer Sache keine Tränen nachweinen** *(nicht nachtrauern)* · (geh.:) **in Tränen schwimmen/zerfließen; sich in Tränen auflösen** *(anhaltend heftig weinen)* · (ugs.; scherzh.:) **mit einer Träne im Knopfloch** *(scheinbar gerührt):* ich danke dir mit einer T. im Knopfloch.

tranig: 1. *voll Tran; nach Tran schmeckend:* traniger Speck; der Fisch, das Öl schmeckt t. **2.** (ugs.) *langweilig, stumpfsinnig:* ein traniger Mensch; er ist zu t., sieht t. aus.

Trank, der (geh.): *Getränk:* ein süßer, herber, bitterer, edler, köstlicher, göttlicher T.; jmdn. mit Speise und T. erfrischen.

tränken: 1. ⟨ein Tier t.⟩ *trinken lassen:* das Kalb t.; die Pferde füttern und t.; bildl. (dicht.): der Regen tränkt die Erde. **2.** ⟨etwas mit etwas t.⟩ *sich mit einer Flüssigkeit vollsaugen lassen:* einen Lappen mit Öl, mit Benzin t.; der Boden war mit Blut getränkt; bildl.: ihr Brief war mit Hohn getränkt (geh.).

Transport, der: **1.** *das Transportieren:* der T. von Gütern, Vieh, Menschen; der T. mit der Bahn, mit/auf Lastwagen, auf dem Schienenweg; die Kisten wurden auf dem, beim T. beschädigt. **2.** *Menge von Waren oder Lebewesen, die transportiert werden:* es ist ein T. mit Lebensmitteln angekommen; dieser T. geht nach Berlin, ist für Berlin bestimmt; einen T. von Gefangenen zusammenstellen, überwachen.

transportieren: a) ⟨jmdn., etwas t.⟩ *an einen anderen Ort bringen, befördern:* Güter auf Lastwagen, mit der [Eisen]bahn, per Schiff, mit Flugzeugen t.; Truppen an die Front t.; das Blut transportiert den Sauerstoff zu den einzelnen Geweben und Organen. **b)** (Technik) ⟨etwas transportiert etwas⟩ *etwas bewirkt, daß sich etwas bewegt:* dieses Zahnrad transportiert den Film im Apparat; ⟨auch ohne Akk.⟩ das Förderband transportiert nicht mehr.

Trara, das ⟨nur in bestimmten Verbindungen⟩ (ugs.:) **mit großem Trara** *(mit viel Lärm und Aufwand):* jeder Gast wurde mit großem T. empfangen · (ugs.:) **um etwas Trara machen** *(um etwas viel Aufhebens machen, einen großen Wirbel machen):* mach doch nicht solches, soviel T. um diese Geschichte!

Tratsch, der (ugs.; abwertend): *Gerede über andere:* Klatsch und T. verbreiten, weitertragen.

Traube, die: **a)** *in bestimmter Weise an einem Stiel angeordnete Beeren oder Blüten:* die Trauben der Johannisbeere, des Goldregens; bildl.: die Menschen hingen in Trauben an der Straßenbahn. **b)** *Weintraube:* süße, saure, grüne, blaue Trauben; Trauben schneiden *(ernten);* ein Kilo Trauben kaufen; Redensart: die Trauben hängen ihm zu hoch/sind ihm zu sauer *(er tut so, als wolle er etwas gar nicht haben, das ihm in Wirklichkeit nur zuviel Mühe macht).*

trauen: 1. a) ⟨jmdm., einer Sache t.⟩ *zu jmdm., zu etwas Vertrauen haben:* du kannst ihm t.; ich traue seinen Worten, seiner Ehrlichkeit; ich traue dem Frieden, der Sache, seinen Angaben nicht [recht] *(ich habe Bedenken);* sie traute ihren Augen nicht/traute kaum ihren Augen *(wollte es nicht glauben),* als sie ihn sah; er traute seinen Ohren nicht, als er das erfuhr; Sprichw.: trau, schau, wem! **b)** ⟨sich t.; mit Infinitiv mit *zu*⟩ *wagen, etwas zu tun:* ich traue mich/(selten:) mir nicht, ins Wasser zu steigen, von der Mauer zu springen; traust du dich/(selten:) dir, ihn anzusprechen?; ⟨auch ohne Infinitiv⟩ du traust dich nur nicht (ugs.; *du bist zu feige dazu*). **c)** ⟨sich t.; mit Raumangabe⟩ *sich an eine Stelle wagen:* ich traue mich nicht ins Wasser, aus dem Hause; er traute sich erst bei Dunkelheit auf die Straße. **2.** ⟨jmdn. t.⟩ *ehelich verbinden:* der Geistliche, der Standesbeamte hat das Paar gestern getraut; sie sind kirchlich, standesamtlich, in der Kirche, auf dem Standesamt getraut worden. * (ugs.:) **jmdm. nicht über den Weg trauen** *(jmdm. sehr mißtrauen).*

Trauer, die: **1. a)** *seelischer Schmerz über ein Unglück oder einen Verlust:* Trauer erfüllte ihn, überkam ihn; ein Gefühl wehmutsvoller (geh.) T.; er ist voll[er] T. über das Unglück, über den Wortbruch des Freundes, um den verstorbenen Freund; der Tod ihres Mannes hat sie in tiefe T. versetzt (geh.); in tiefer T. /*Formel in Todes-*

anzeigen/; die Nachricht erfüllte mich mit T. **b)** *Trauerzeit:* die T. dauert noch zwei Monate; sie besucht während der T. keine Gesellschaften. **2.** *Trauerkleidung:* T. tragen, anlegen; die T. ablegen; eine Dame in T.

trauern: 1. *seelischen Schmerz empfinden, betrübt sein:* um einen Verstorbenen, um den Tod der Mutter t.; über einen Verlust t.; er trauert, weil sein Vater gestorben ist; adj. Part.: die trauernden Hinterbliebenen */Formel in Todesanzeigen/.* **2.** *Trauerkleidung tragen:* die Witwe trauerte ein ganzes Jahr.

Trauerspiel, das: **1.** *Schauspiel mit tragischem Ausgang:* ein T. in fünf Akten; „Emilia Galotti" ist ein bürgerliches T. **2.** (ugs.) *etwas Schlimmes, Beklagenswertes:* es ist wirklich ein T., wie dort gewirtschaftet wird; es ist ein T. *(es ist schlimm)* mit ihm, mit diesem Unternehmen.

Traufe, die: *Unterkante des Daches, wo der Regen abläuft:* die Traufen der Dächer stoßen aneinander. * (ugs.:) **aus dem/vom Regen in die Traufe kommen** *(aus einer unangenehmen oder schwierigen Lage in eine noch schwierigere geraten).*

träufeln: 1. ⟨etwas t.; mit Raumangabe⟩ *tropfen lassen:* eine Arznei in, auf eine Wunde, ins Ohr t. **2.** (geh., veraltend) ⟨etwas träufelt⟩ *etwas tröpfelt, tropft:* das Wasser träufelt vom Dach.

traulich: *vertraut, gemütlich:* trauliche Stille, Ruhe; ein trauliches Plauderstündchen, Beisammensein; wir saßen in traulicher Gemeinschaft, beim traulichen Schein der Lampe; t. beisammensitzen, miteinander plaudern.

Traum, der: **1.** *im Schlaf auftretende Vorstellungen und Bilder:* ein schöner, süßer, lieblicher, häßlicher, wilder, wollüstiger, beängstigender, furchtbarer, schwerer, wirrer T.; es war nur ein T.; der T. ist in Erfüllung gegangen; ich habe einen [sonderbaren, merkwürdigen] T. gehabt; Träume deuten, auslegen; aus einem T. erwachen, aufschrecken, auffahren; jmdn, etwas im Traum[e] sehen; im T. an etwas denken; im T. erlebte er alles noch einmal; sie redet im T.; es ist mir wie ein T., wenn ich daran zurückdenke; sie lebt immer wie im T. *(sieht die Wirklichkeit nicht);* Sprichw.: Träume sind Schäume; bildl.: er wurde jäh aus seinen Träumen gerissen *(in die Wirklichkeit zurückgeführt),* als ...; übertr.: diese Landschaft ist ein T. *(sehr schön).* **2.** *sehnlicher, unerfüllter Wunsch:* der T. einer/von einer Weltreise; das war der T. meines Lebens, meiner Jugend, meiner schlaflosen Nächte (scherzh.); es war immer sein T., Maler zu werden; ein langjähriger T. hat sich endlich erfüllt; der T. ist ausgeträumt, ist aus; aus ist der T.! (ugs.; *es besteht keine Hoffnung mehr; der Wunsch erfüllt sich nicht*); ich muß dir deinen T. zerstören *(deine Hoffnungen zunichte machen);* in seinen kühnsten Träumen hatte er sich das nicht so schön vorgestellt. * (ugs.:) **nicht im Traum** *(gar nicht; nicht im entferntesten):* das wäre mir nicht im T. eingefallen; er denkt nicht im Traum daran, sie zu heiraten.

träumen: 1.a) *einen Traum haben:* jede Nacht, oft, nie t.; ich habe schlecht, schön, herrlich geträumt; sie träumte von ihrem Vater; sie träumte davon, in einem Boot zu fahren; (ugs.) träume süß! */Gutenachtwunsch/;* du träumst (ugs.; *phantasierst*) wohl? */Ausdruck der Ablehnung/.* **b)** ⟨etwas t.⟩ *im Traum erleben:* etwas Schönes, Schreckliches t.; einen bösen Traum t.; ich träumte, ich sei gestorben; das hast du nur geträumt. **c)** ⟨jmdm. träumt von etwas⟩ *jmd. erlebt etwas im Traum:* mir träumte von einer Reise; ihm träumte [davon], er müsse sterben. **2.a)** *seine Gedanken schweifen lassen:* mit offenen Augen, am hellen Tag, ins Blaue hinein t.; der Fahrer hat geträumt *(nicht aufgepaßt);* er saß träumend am Schreibtisch. **b)** ⟨von etwas t.⟩ *etwas wünschen, erhoffen:* von einer glänzenden, großen Zukunft t.; er träumt davon, Rennfahrer zu werden. * (ugs.:) **sich** (Dativ) **etwas nicht/nie träumen lassen** *(überhaupt nicht an etwas denken):* das hätte ich mir nie t. lassen.

träumerisch: *im Wachen träumend; versonnen:* träumerische Augen; er hat ein träumerisches Wesen; t. in die Ferne blicken.

traumhaft: *wie in einem Traum:* er ging seinen Weg mit traumhafter Sicherheit; eine t. schöne Landschaft.

traurig: 1. *von Trauer erfüllt; bekümmert:* ein trauriges Kind; traurige Augen haben; ein trauriges Gesicht machen; er schreibt traurige Verse, einen traurigen Brief; wir erfüllen die traurige Pflicht, den Tod unseres Mitarbeiters... anzuzeigen; sie war t. über den Verlust ihres Ringes; er wurde t., als sie ging; t. aussehen, nach Hause gehen; jmdn. t. ansehen; t. sagte er ... **2.a)** *Trauer, Kummer erregend; bedauerlich:* eine traurige Nachricht; ein trauriges Ereignis; ich kenne einen traurigen Fall aus unserer Stadt; sie kam zu der traurigen *(schmerzlichen)* Erkenntnis, daß ...; sie hatte eine traurige *(freudlose)* Jugend, ein trauriges Leben gehabt; ein trauriges *(beklagenswertes)* Zeichen der Zeit; es ist t., daß wir das nicht ändern können; t. genug, wenn du das nicht begreifst! **b)** *armselig, erbärmlich, kläglich:* er ist ein trauriger Feigling; der Ritter von der traurigen Gestalt *(Don Quichotte);* sie lebt in recht traurigen Verhältnissen; er hat eine traurige Berühmtheit erlangt; in unserer Kasse sieht es t. aus.

Traurigkeit, die: *das Traurigsein; Betrübnis, Melancholie:* eine tiefe, große, niederdrückende, dumpfe T. befiel sie, erfüllte ihr Herz.

Traute, die ⟨in der Verbindung⟩ keine Traute haben (ugs.; landsch.): *keinen Mut haben, etwas zu tun:* ich hätte zum Chef gehen sollen, aber ich hatte keine rechte T. [dazu].

Trauung, die: *Amtshandlung, mit der eine Ehe geschlossen wird:* eine standesamtliche, kirchliche, evangelische, katholische T.; eine T. vollziehen, vornehmen; an einer T. teilnehmen; bei einer T. Trauzeuge sein; vor, nach der T.

treffen: 1. *mit einem Schlag, Schuß o. ä. erreichen:* **a)** ⟨jmdn., etwas t.⟩ das Ziel, die Scheibe t.; die Kugel hat das Wild, den Treiber getroffen; er traf ihn zweimal mit der Faust ins Gesicht, am Kinn; das Geschoß, der Hieb, traf ihn an der Schulter; er wurde tödlich, schwer, von einem Stein getroffen; der Blitz hat die Scheune, den Baum getroffen; (ugs.) der Schlag *(ein Schlaganfall)* hat ihn getroffen; ⟨auch ohne Akk.⟩ der Schuß traf [nicht];

Redensart: wie's trifft [,trifft's]; bildl.: dieser Vorwurf traf ihn tief, schwer, im Innersten, bis ins Innerste; deine Bemerkung hat ihn an seiner schwächsten, empfindlichsten Stelle getroffen; ein schweres Unglück hat die Stadt getroffen; es *(das Unglück, Leid)* trifft immer die Besten; auf der Rückreise traf ihn der Tod (geh.; *starb er*); ihn trifft kein Vorwurf, keine Schuld *(er ist unschuldig);* die Verantwortung trifft allein den Zugführer; das Los hat diesmal mich getroffen *(ich bin ausgelost worden);* er stand da wie vom Blitz getroffen *(völlig verstört).* **b)** ⟨mit Umstandsangabe⟩ er hat gut, schlecht, ins Schwarze getroffen; der Torschuß traf genau in die lange Ecke. **2.** ⟨jmdn., etwas t.⟩ *richtig erfassen, herausfinden:* den richtigen Ton t. (in der Musik, in der Unterhaltung); der Sänger traf den Einsatz *(setzte richtig ein);* mit dieser Vermutung haben Sie sicher das Richtige getroffen; [du hast es] getroffen! (ugs.; *richtig gesagt!*); der Maler, der Photograph hat dich gut getroffen *(das Bild ist sehr ähnlich, charakteristisch);* adj. Part.: ein treffendes *(genau passendes)* Wort; ein treffender Ausdruck; er verstand es, ihn treffend, aufs treffendste nachzuahmen. **3.a)** ⟨jmdn., etwas t.⟩ *mit jmdm., mit etwas zusammenkommen:* einen Freund, alte Bekannte t.; ich traf ihn im Hotel, auf der Post, bei einem Fußballspiel, beim Schwimmen *(im Schwimmbad),* beim Kofferpacken *(als er seine Koffer packte);* wir trafen uns/(geh.:) einander im Schloßpark; sie trafen *(begegneten)* sich zufällig auf der Straße; wann, wo wollen wir uns t.?; ihre Blicke trafen *(begegneten)* sich; übertr.: die Trauerbotschaft traf ihn gefaßt. **b)** ⟨auf jmdn., auf etwas t.⟩ *auf jmdn., auf etwas stoßen:* auf den Feind, auf eine Panzersperre t.; die Mannschaft trifft bei diesem Spiel auf einen starken Gegner; wir treffen bei ihm auf merkwürdige Anschauungen. **c)** ⟨sich mit jmdm. t.⟩ *auf Grund einer Verabredung zusammenkommen:* er traf sich mit ihr im Schloßpark; ich treffe mich heute mit ihm zum Skat. **4.a)** ⟨es trifft sich; mit abhängigem daß-Satz⟩ *es geschieht:* es traf sich [zufällig], daß der Minister abwesend war; es trifft sich gut, schlecht, daß du heute gekommen bist. **b)** ⟨etwas t.; mit Artangabe⟩ *in bestimmter Weise vorfinden:* wir haben es im Urlaub mit dem Wetter, mit der Unterkunft gut getroffen; du triffst es heute gut, schlecht *(die Gelegenheit ist günstig, ungünstig).* **5.** ⟨etwas t.⟩ *veranlassen, zustande bringen* /verblaßt/: Anstalten, Vorbereitungen, Vorkehrungen t. *(etwas vorbereiten, beginnen);* eine Auslese, Auswahl t. *(etwas auswählen);* seine Wahl t. *(sich entscheiden);* eine Verabredung t. *(sich verabreden);* Maßnahmen t. *(etwas unternehmen, veranlassen);* Vorsorge t. *(etwas vorbereiten, rechtzeitig für etwas sorgen);* mit jmdm. eine Vereinbarung, ein Übereinkommen, Abkommen, eine Absprache t. *(etwas vereinbaren).* * **sich getroffen fühlen** *(etwas auf sich beziehen)* · (ugs.:) **den Nagel auf den Kopf treffen** *(den Kernpunkt einer Sache erfassen)* · **ins Schwarze treffen** *(das Richtige, Entscheidende finden)* · (ugs.:) **jmdn. trifft der Schlag** *(jmd. ist überrascht, entsetzt)* · (ugs.:) **jmd. ist wie vom Schlag getroffen** *(jmd. ist fassungslos).*

Treffen, das: **1.** *Zusammenkunft, Begegnung:* ein T. der Abiturienten; ein T. der Außenminister; ein T. veranstalten; an einem T. teilnehmen. **2.** (militär.:) *Gefecht:* das T. bei Saalfeld (1806); frische Truppen, Verstärkungen ins T. führen. * **etwas ins Treffen führen** *(etwas als Argument in einer Diskussion vorbringen).*

Treffer, der: **1.** *ins Ziel gelangter Schuß, Stoß u. ä.:* einen T. erzielen; der Kreuzer erhielt einen T. im Maschinenraum; der Boxer mußte mehrere Treffer einstecken. **2.** *gewinnendes Lotterielos:* jedes zehnte Los ist ein T.; auf einen T. kommen viele Nieten.

trefflich (geh., veraltend): *ausgezeichnet, vorzüglich:* er ist ein trefflicher Beobachter; sie hat t. gesprochen; sich t. bewähren.

treiben: 1.a) ⟨jmdn., etwas t.; mit Raumangabe⟩ *in Bewegung setzen; vor sich her drängen, jagen:* das Vieh auf die Weide, zur Tränke, aus dem Stall t.; den Feind in die Flucht, aus dem Lande t.; der Stürmer treibt den Ball *(dribbelt mit dem Ball)* bis vors Tor; der Wind treibt das welke Laub durch die Straßen; übertr.: die Preise in die Höhe t. *(hochtreiben)* · ⟨auch ohne Raumangabe⟩ Vieh, Schafe t.; Wild, Hasen t. *(eine Treibjagd veranstalten);* die Kinder treiben den Kreisel, den Reifen; die Ladung treibt das Geschoß; der Schwimmer ließ sich von der Strömung t.; übertr.: ich ließ mich [willenlos, von den Verhältnissen] t. · ⟨jmdm., etwas t.; mit Raumangabe⟩ der Sturm trieb mir den Schnee ins Gesicht. **b)** ⟨etwas treibt jmdm. etwas; mit Raumangabe⟩ *etwas ruft bei jmdm. eine körperliche Reaktion hervor:* diese Bemerkung trieb ihm das Blut, die Schamröte ins Gesicht; diese Arznei treibt mir den Schweiß aus den Poren; ⟨auch ohne Obj. und Raumangabe⟩ Bier, der Tee treibt *(ist harntreibend);* adj. Part.: treibende *(die Ausscheidung fördernde)* Medikamente. **c)** ⟨jmdn. zu etwas t.⟩ *antreiben, zu einem Verhalten drängen:* jmdn. zur Eile, zur Arbeit t.; er hat sie zur Verzweiflung, zum Selbstmord getrieben; die Not trieb ihn zum Diebstahl; laß dich nicht zum Äußersten t.!; ⟨auch ohne Präpositionalobjekt⟩ jmdn. ständig t. *(zur Arbeit, Eile anhalten);* adj. Part.: er ist die treibende Kraft bei diesen Reformen. **d)** ⟨etwas treibt etwas⟩ *etwas läßt etwas laufen, hält etwas in Gang:* das Wasser treibt das Mühlrad; das Rad treibt die Mühle; der Motor treibt zwei Maschinen. **2.a)** ⟨etwas t.; mit Raumangabe⟩ *hineintreiben, irgendwohin schlagen:* Nägel ins Holz t.; einen Keil zwischen die Balken t.; einen Stollen, Schacht in die Erde t.; einen Tunnel durch den Berg t.; der Böttcher treibt Reifen auf das Faß; der Goldschmied treibt *(hämmert)* ein Muster in Gold, in Silber. **b)** ⟨etwas t.⟩ *durch Schlagen formen:* Kupfer mit dem Hammer t.; eine Schale, eine Brosche t.; adj. Part.: getriebene Arbeit; eine getriebene Schale; Beschläge aus getriebenem Messing. **3.a)** ⟨etwas t.⟩ *im Wachstum fördern:* Salat [im Mistbeet] t.; die Tulpen, Maiglöckchen sind [im Treibhaus] getrieben worden. **b)** ⟨etwas treibt etwas⟩ *etwas bringt etwas hervor, läßt etwas wachsen:* der Baum treibt Knospen, Blüten, Blätter; der Roggen treibt Ähren. **c)** ⟨etwas treibt etwas⟩ *etwas läßt etwas aufgehen:* die Hefe treibt den

Teig. **4.a)** ⟨etwas t.⟩ *sich mit etwas beschäftigen, abgeben:* Handel, Schiffahrt t.; ein Handwerk, ein Gewerbe t.; dunkle Geschäfte t.; Musik, Sport, Gymnastik t.; unnütze Dinge, Unsinn t.; Possen, Schabernack t.; was treibst du denn? (ugs.; *wie geht es dir, was machst du?*); was treibt sie so den ganzen Tag? (ugs.; *was tut sie?*); /verblaßt/: Wucher t. *(zu hohe Zinsen oder Preise fordern);* [großen] Luxus, [unnötigen] Aufwand t. *(verschwenderisch leben).* **b)** ⟨etwas mit jmdm., mit etwas t.⟩ *mit jmdm., mit etwas in bestimmter Weise verfahren:* mit etwas Handel t.; seinen Spaß mit jmdm. t.; Unzucht, Blutschande mit jmdm. t.; mit diesen Dingen treibt man nicht sein Spiel, seinen Spott; er treibt ein falsches, unehrliches Spiel mit uns *(betrügt uns);* sie treibt Mißbrauch mit ihren Kenntnissen. **c)** ⟨es t.; mit Umstandsangabe⟩ *sich auf bestimmte Weise verhalten:* er treibt es schlimm, arg, gar zu toll, zu bunt; er treibt es noch so weit, daß er entlassen wird; Redensart: er wird es nicht mehr lange t. (ugs.; *man wird seine Machenschaften aufdecken;* auch ugs., verhüll.: *er wird bald sterben).* **d)** (ugs.; verhüll.) ⟨es mit jmdm. t.⟩ *mit jmdm. Geschlechtsverkehr haben:* er treibt es schon länger mit ihr; die beiden haben es miteinander getrieben. **5.** ⟨mit Raumangabe⟩ *von einer Strömung fortbewegt werden:* das Eis treibt auf dem Fluß; der Ballon ist südwärts, über die Grenze getrieben; das Schiff trieb mit dem Strom; wir treiben vor dem Wind, ans Land; eine Leiche trieb im Wasser; ⟨auch ohne Raumangabe⟩ das Boot trieb kieloben. **6.** ⟨etwas treibt⟩ **a)** *etwas wächst hervor:* die Knospen treiben; die Saat fängt an zu t. **b)** *etwas gärt, geht auf:* die Hefe, das Bier treibt, hat getrieben; der Teig muß erst t. * **jmdn. in die Enge treiben** *([durch Fragen] in ausweglose Bedrängnis bringen)* · (geh.; veraltend:) **die Gegner, Feinde zu Paaren treiben** *(in die Flucht schlagen)* · **etwas auf die Spitze treiben** *(etwas zum Äußersten treiben)* · **einen Keil zwischen zwei Personen treiben** *(zwei Befreundete, Verbündete auseinanderbringen)* · **etwas treibt seltsame/wunderliche Blüten** *(etwas nimmt seltsame, wunderliche Formen an)* · (ugs.:) **mit jmdm., mit etwas Schindluder treiben** *(jmdn., etwas übel behandeln)* · **etwas zu weit treiben** *(etwas im Übermaß betreiben):* er treibt den Luxus, die Sorgfalt, die Offenheit zu weit · **sein Unwesen treiben** *(schädigend, zerstörerisch tätig sein).*

Treiben, das: **1.** *[lebhaftes, geschäftiges] Tätigsein:* das Leben und T. auf den Straßen; ich habe das ganze T. hier gründlich satt (ugs.; abwertend); ich beobachte sein T. schon lange; dann stürzte ich mich in das närrische T. *(in den Karnevalstrubel).* **2.a)** *Treibjagd:* das T. war um 17 Uhr beendet; ein T. abhalten, veranstalten. **b)** *Geländeabschnitt, in dem eine Treibjagd stattfindet:* im ersten, zweiten T. wurden 10 Hasen erlegt. * (geh.:) **jmds. Tun und Treiben** *(alles, was jmd. tut):* sein Tun und T. gefällt mir nicht.

Trend, der: *Entwicklungstendenz, Neigung:* der allgemeine T. zur Automation; der T. in der Autoindustrie geht zum sportlichen Mittelklassewagen; einen T. beobachten, feststellen, ausnutzen; einem T. folgen.

trennen: 1. ⟨jmdn., sich, etwas von jmdm., von etwas/aus etwas t.⟩ *lösen, entfernen, abtrennen:* eine Borte vom Kleid, eine Tasche aus dem Mantel t.; den Kopf vom Rumpf t. *(abschlagen);* ein Tier von der Herde t.; das Kind wurde von seiner Mutter, von seiner Familie getrennt; er hat sich von uns getrennt; nur der Tod soll mich von dir t.; durch den Kanal wird/ist England vom Festland getrennt; er konnte sich nur schwer von dem Anblick, seinem Plan t.; ich trenne mich nur ungern davon *(gebe es ungern her).* **2.a)** ⟨jmdn., etwas t.⟩ *auseinanderbringen, scheiden:* die Bestandteile einer Mischung, Sauerstoff und Wasserstoff t.; die Streitenden, Raufenden t.; die Nähte t. *(auftrennen);* wir müssen Person und Sache klar t.; ihre Ehe wurde getrennt *(geschieden);* ⟨auch ohne Akk.⟩ der Radioapparat trennt [die Sender] scharf, gut; subst. Part.: nichts Trennendes war mehr zwischen uns. **b)** ⟨sich t.⟩ *auseinandergehen:* wir trennten uns am Bahnhof; die beiden Partner haben sich wieder getrennt; unsere Wege trennen sich hier; Sport: die beiden Mannschaften trennten sich 0:0; adj. Part.: die Eheleute leben getrennt. **c)** ⟨etwas trennt etwas⟩ *etwas bildet eine Grenze, ein Hindernis zwischen etwas:* ein Stacheldraht trennt die beiden Grundstücke; die beiden Gärten sind/werden von einem Zaun getrennt. **3.** ⟨etwas t.⟩ *in seine Bestandteile zerlegen: ein* Kleid t. *(auftrennen);* ein Wort [nach Silben] t.; Physik, Technik: ein Gemisch t.

Trennung, die: **a)** *das Trennen, Getrenntwerden:* die T. der Familie war nicht zu verantworten; es war eine T. für immer; sie konnte die T. von ihren Freunden nicht überwinden. **b)** *das Getrenntsein:* die jahrelange T. hatte unsere Beziehungen erkalten lassen.

Treppe, die: *aus Stufen bestehender Aufgang:* eine breite, enge, schmale, steile, elegant geschwungene, steinerne T.; eine T. aus Holz, Marmor; die T. zum oberen Stock, zur Terrasse; die T. knarrt, ist ausgetreten, ist frisch gewachst, gebohnert; früher ging hier doch eine T. hoch (ugs.); die T. hinauf-, hinuntergehen, -steigen, -eilen, -springen, -poltern, -stürzen; das Kind ist die Treppe hinab-, hinuntergefallen; er hat ihn die T. hinuntergeworfen; wir haben diese Woche die T. zu putzen, zu reinigen/(ugs.:) wir haben diese Woche die T.; er wohnt vier Treppen hoch *(im 4. Stock),* eine T. höher, tiefer; übertr.: der Friseur hat ihm Treppen, Treppchen [ins Haar] geschnitten *(hat ungleichmäßig gearbeitet).* * **Treppen steigen** *(Treppen hinaufgehen)* · (ugs.:) **die Treppe hinauffallen** *(wider Erwarten beruflich aufsteigen).*

Treppenwitz, der ⟨in der Wendung⟩ das ist ein Treppenwitz [der Weltgeschichte] *(das ist ein Vorfall, der wie ein schlechter Scherz wirkt).*

treten: 1. a) ⟨mit Raumangabe⟩ *einen oder mehrere Schritte irgendwohin machen; etwas betreten:* nach vorn, nach hinten, neben jmdn., zur Seite, an, auf die Seite t.; in den Vordergrund t.; ans/an das Fenster, auf den Balkon, auf die Straße t.; aus dem Haus t.; aus dem Dunkel, Schatten, ins Helle, ins Licht, in die Sonne t.; in die Tür, ins Zimmer, ins Freie t.; der Boxer tritt in den Ring; der Regisseur trat vor den Vorhang; er trat mitten unter die Leute; militär.: die Wache tritt ins Gewehr *(präsentiert)*; ⟨auch ohne Raumangabe⟩ bitte treten Sie näher; der Schuppen stand so voll, daß man kaum t. konnte; übertr.: an jmds. Stelle t. *(jmdn. ersetzen)*; der Mond trat aus den Wolken, hinter die Wolken *(kam hervor, verschwand)*; die Sonne tritt *(wechselt)* in das Zeichen des Krebses; der Saft tritt *(steigt)* in die Bäume; der Fluß ist über die Ufer getreten *(hat sie überschwemmt)*; alle erlittenen Demütigungen traten wieder in sein Bewußtsein *(wurden ihm wieder bewußt)*; ⟨etwas tritt jmdm.; mit Raumangabe⟩ der Schweiß trat ihm auf die Stirn; die Tränen traten ihr in die Augen. **b)** ⟨in etwas t.⟩ *mit etwas beginnen*/häufig verblaßt/: in [den] Streik, Ausstand t.; in den Staatsdienst, in ein Angestelltenverhältnis t.; in den Ehestand t. *(heiraten)*; er tritt heute in sein 50. Lebensjahr; jmd., etwas tritt in Aktion *(wird tätig)*; die Verordnung ist heute in Kraft, außer Kraft getreten *(gültig, ungültig geworden)*; er will mit dir in Beziehungen, in Verhandlungen, in Verbindung t. **2. a)** ⟨mit Raumangabe⟩ *den Fuß an eine Stelle setzen:* in ein Loch, in eine Pfütze t.; du bist in etwas getreten *(hast dich mit Kot beschmutzt)*; bitte nicht auf den Rasen, auf die Beete t.!; er ist auf eine Schnecke, auf seine Brille getreten; er tritt vor Ungeduld von einem Fuß auf den anderen *(setzt die Füße abwechselnd auf)*; die Tänzer treten auf der Stelle *(machen Schrittbewegungen, ohne weiterzuschreiten)*. **b)** ⟨mit Raumangabe⟩ *mit dem Fuß stoßen:* nach jmdm., nach etwas t.; das Kind hat nach mir getreten; er trat gegen die Tür, in die Glasscheibe; der Radrennfahrer trat mächtig (ugs.) in die Pedale, sie trat auf das Gaspedal, auf das Bremspedal, auf die Bremse *(betätigte das Gas, die Bremse)*; ⟨auch ohne Raumangabe⟩ Vorsicht, das Pferd tritt! **c)** ⟨jmdn. t.⟩ *mit dem Fuß treffen:* jmdn. mit Füßen t.; das Pferd hat mich getreten; ich habe ihn versehentlich getreten; Sprichw.: der getretene Wurm krümmt sich; ⟨jmdm./(auch:) jmdn. t.; mit Raumangabe⟩ du hast/bist mir, hast mich auf den Fuß getreten; er trat ihm/ihn gegen das Schienbein; er trat seinem Vordermann auf die Hacken. **3. a)** ⟨etwas t.⟩ *mit dem Fuß betätigen:* das Spinnrad, den Webstuhl, die Nähmaschine t.; er hat sofort die Bremse getreten; der Geiger tritt *(markiert)* den Takt. **b)** ⟨etwas t.⟩ *durch Treten herstellen:* einen Pfad [in/durch den Schnee] t.; Wege zwischen den Beeten t. **c)** ⟨etwas t.; mit Raumangabe⟩ *mit dem Fuß wegstoßen:* die Brennesseln zur Seite t.; Fußball: den Ball ins Tor, ins Aus t. **d)** (Fußball) ⟨etwas t.⟩ *durch Treten ausführen:* eine Ecke, einen Freistoß t. **4.** ⟨sich (Dativ) etwas in den Fuß t.⟩ *in etwas Scharfes hineintreten:* ich habe mir einen Dorn, eine Glasscherbe in den Fuß getreten. **5.** ⟨jmdn. t.⟩ *plagen, knechten:* seine Untergebenen t.; ich lasse mich von ihm nicht t. **6.** ⟨ein Tier t.⟩ *begatten:* der Hahn tritt die Henne. * **auf der Stelle treten** *(nicht vorwärtskommen)*: wir treten mit unserer Produktion auf der Stelle · **auf den Plan treten** *(erscheinen)* · **in Erscheinung treten** *(erscheinen; sichtbar, erkennbar werden)* · **in den Hintergrund treten** *(unauffällig sein; an Bedeutung verlieren)* · **in den Vordergrund treten** *(auffallen; an Bedeutung gewinnen)* · **ins Dasein/ins Leben treten** *(zu existieren beginnen; sich konstituieren)* · **in jmds. Fuß[s]tapfen treten** *(jmds. Vorbild folgen)* · **jmdm. in den Weg treten: a)** *(sich jmdm. entgegenstellen)*. **b)** *(jmdm. Schwierigkeiten machen)* · **jmdm. zu nahe treten** *(jmdn. kränken, verletzen)* · **jmdm. unter die Augen treten** *(sich bei jmdm. sehen lassen)* · (ugs.:) **jmdm. auf den Fuß/auf den Schlips treten** *(jmdn. kränken, beleidigen)* · (ugs.:) **jmdm. auf die Hühneraugen treten** *(jmdn. durch sein Verhalten an einer empfindlichen Stelle treffen)* · (ugs.:) **[bei jmdm.] ins Fettnäpfchen treten** *(jmds. Unwillen erregen; es mit jmdm. verderben)* · **für jmdn., für etwas in die Bresche**/(geh.:) **in die Schranken treten** *(einspringen; entschieden eintreten, kämpfen)* · **jmdn., etwas mit Füßen treten** *(jmdn., etwas mißachten)* · **etwas in den Schmutz treten** *(etwas, was von anderen geachtet und geschätzt wird, verleumden und herabsetzen)* · **Wasser treten: a)** *(sich durch Treten über Wasser halten)*. **b)** *(barfuß im Wasser gehen /Heilverfahren/)*.

treu: 1. *beständig gesinnt, zuverlässig, anhänglich:* ein treuer Freund, Gatte, Sohn, Verwalter, Diener; ein treuer Kunde; ein treues Pferd, ein treuer Hund; sie ist eine treue Seele *(ein anhänglicher Mensch)*; er hat ein treues Herz, einen treuen Sinn; treue Liebe; ein treues *(verläßliches)* Gedächtnis; in treuem Gedenken, mit treuen Grüßen */Briefschlüsse/*; er wurde für dreißig Jahre treue/(geh.:) treuer Mitarbeit geehrt; jmdm. t. sein, t. ergeben sein; er ist t. wie Gold, t. wie ein Hund; sie ist ihrem Mann [immer] t. geblieben; er bleibt sich [selbst], seinem Wesen t.; er bleibt seinem Vorsatz, seiner Überzeugung, seiner Pflicht [bis zum letzten] t.; der Erfolg blieb ihm t. *(er hatte immer Erfolg)*; sie hat ihn t. geliebt; er dient der Firma t. seit zwanzig Jahren; er tut t. und brav seine Pflicht. **2.** (ugs.) *treuherzig:* mit treuer Miene, treuem Blick; jmdn. t. ansehen; der ist ja t.! * (nachdrücklich:) **jmdm. etwas zu treuen Händen übergeben** *(jmdm. etwas anvertrauen)*.

Treue, die: **a)** *beständige Gesinnung:* ewige, unerschütterliche, unwandelbare T.; die T. des Gatten, Freundes; die T. zur Heimat; seine T. hat sich in vielen Jahren bewährt; jmdm. T. geloben (geh.), schwören; jmdm. [die] T. halten, bewahren, die T. brechen; jmds. T. auf die Probe stellen; den Eid der T. leisten; er nimmt es mit der ehelichen T. nicht so genau; T. um T.!; in alter T. Dein .... */Briefschluß/*. **b)** *Genauigkeit, Zuverlässigkeit:* die T. seiner Schilderung, seines Gedächtnisses; ein Film von dokumentarischer T. * (veraltet:) **meiner Treu!** *(wahrhaftig!/Beteuerungsformel/)* · **auf Treu und Glauben** *(ohne Bedenken; voll Vertrauen)*: er hat den Auftrag auf Treu und Glauben übernommen.

treuherzig: *arglos vertrauend; kindlich-naiv:* ein treuherziges Gesicht haben, machen; seine Augen blicken t.; er sah mich t. an.

treulos: *nicht treu; verräterisch:* treulose Freunde, Verbündete; ein treuloser Liebhaber; er hat mich t. verlassen, sein Versprechen t. gebrochen; sie hat t. an dir gehandelt.

Tribut, der: **a)** (hist.) *Abgaben eines besiegten Landes:* den Besiegten, Unterworfenen einen T. auferlegen; einen T. zahlen, aufbringen; den T. verweigern; übertr. (bildungsspr.): seine

Krankheit ist der T. *(das unvermeidliche Opfer)* dafür, daß er sich früher nie geschont hat. **b)** (bildungsspr.) *Zugeständnis, [Zeichen der] Anerkennung:* dem Zeitgeschmack, der Mode [den] T. zollen, entrichten.

Trichter, der: **1.** *Gerät zum Füllen von Flaschen u. ä.:* ein T. aus Glas, Blech, Kunststoff; Milch, Saft durch einen T. gießen, einfüllen. **2.** *trichterförmige Öffnung:* der T. der Trompete, des Horns ist verbeult. **3.** *Einschlagloch einer Granate oder Bombe:* gleich neben der Straße war, klaffte ein großer T.; er sprang in den T., nahm im T. Deckung. * (ugs.:) **auf den [richtigen] Trichter kommen** *(endlich die Lösung eines Problems finden)* · (ugs.:) **jmdn. auf den [richtigen] Trichter bringen** *(jmdm. den Weg zur richtigen Lösung weisen).*

Trick, der: **a)** *Kunstgriff, Kniff:* der T. des Zauberers, Taschenspielers, Gauners; das ist der ganze T. *(das ganze Kunststück);* es gibt einen einfachen T., um die Arbeit zu erleichtern; einen T. anwenden, beherrschen; jmdm. einen T. zeigen, vorführen, verraten; ich bin bald hinter seinen T. gekommen. **b)** *listig ausgedachtes, geschicktes Vorgehen eines Betrügers:* sie ist auf einen üblen, billigen T. hereingefallen; mit diesem T. hat er mehrere Rentner betrogen.

Trieb, der: **1.** *starker [natürlicher] Drang zu bestimmten Handlungen:* ein unwiderstehlicher, blinder, tierischer T.; edle, sinnliche, sadistische Triebe; einen T. *(Hang)* zum Verbrechen haben; ich spürte den T. in mir, mein Leben selbst in die Hand zu nehmen; einen [geschlechtlichen] T. befriedigen, verdrängen, zügeln, meistern, sublimieren (bildungsspr.); seinen Trieben nachgeben, freien Lauf lassen; ich folgte dabei einem spielerischen T.; sie wird von ihren Trieben beherrscht. **2.** *gerade erst entwickelter Teil einer Pflanze:* die Bäume zeigen frische Triebe; der Nachtfrost hat die jungen Triebe vernichtet.

Triebfeder, die ⟨in der Verbindung⟩ etwas ist die Triebfeder von etwas: *etwas bewirkt, beherrscht etwas:* Haß, Geiz, Neid war die T. seines Handelns.

triebhaft: *von Trieben beherrscht:* ein triebhafter Mensch; triebhafte Sinnlichkeit; sie handelt t.

triefen: a) ⟨etwas trieft; mit Raumangabe⟩ *etwas fließt in großen Tropfen:* der Regen trieft von den Ästen, vom Dach; das Blut triefte/troff aus der Wunde; ⟨etwas trieft jmdm.; mit Raumangabe⟩: der Schweiß triefte/troff ihm von der Stirn. **b)** ⟨von etwas/(auch:) vor etwas t.⟩ *tropfend naß sein:* wir trieften/troffen vom Regen; sein Mantel hat von/vor Nässe getrieft/ (selten:) getroffen; ⟨auch ohne Präpositionalobj.⟩ seine Augen triefen *(sondern Flüssigkeit ab);* triefend naß sein · übertr.: die Hände des Tyrannen triefen von Blut; er trieft von/vor Unterwürfigkeit.

triftig: *gewichtig, schwerwiegend:* ein triftiger Grund, Einwand; er hatte eine triftige Entschuldigung.

trinken: 1. a) *Flüssigkeit zu sich nehmen:* viel, wenig, schnell, langsam, hastig, gierig, aus der Flasche, in/mit kleinen Schlucken t.; du darfst nicht so kalt *(nicht so Kaltes)* t.; er ißt und trinkt gerne gut; laß mich mal [aus deinem Glas] t.; die Mutter gibt dem Kind zu t.; Sprichwörter: wer trinkt ohne Durst und ißt ohne Hunger, stirbt desto junger; Essen und Trinken hält Leib und Seele zusammen; subst.: du darfst über die Arbeit das Essen und Trinken nicht vergessen. **b)** ⟨es trinkt sich; mit Artangabe und Umstandsangabe⟩ aus diesen Gläsern trinkt es sich gut, schlecht. **2.** ⟨etwas t.⟩ *(als Getränk) zu sich nehmen:* Kaffee, Milch, Tee, Wasser t.; er trinkt gerne Bier, alkoholische Getränke; sie tranken einen Willkommenstrunk; er trank ein Bier in einem Zug; einen Schluck Wasser, eine Tasse Kaffee, eine Flasche Limonade t.; trinkst du noch ein Glas?; diesen Wein mußt du mit Verstand, mit Andacht t.; der Wein läßt sich t./ist zu t. (ugs.; *schmeckt gut*); übertr. (dichter.): die ausgedörrte Erde trank den Regen. **3.** ⟨sich, etwas t.; mit Artangabe⟩ *durch Trinken in einen bestimmten Zustand bringen:* das Baby hat sich satt getrunken; du mußt das alles leer t. **4. a)** ⟨[etwas] t.⟩ *Alkohol trinken:* mäßig, viel t.; er trinkt *(ist Trinker);* er raucht und trinkt nicht; der Fahrer hatte getrunken *(stand unter Alkoholeinfluß);* er trinkt gern einen (ugs.). **b)** ⟨sich, etwas t.; mit Artangabe⟩ *durch Alkoholtrinken in einen bestimmten Zustand bringen:* ex t. (bildungsspr.; *das Glas auf einen Zug austrinken*); er hat sich voll, arm getrunken; er hat sich um den Verstand getrunken. **5.** ⟨auf jmdn., auf etwas t.⟩ *ein Hoch ausbringen:* auf das Geburtstagskind, das Hochzeitspaar t.; sie tranken auf ein gutes Gelingen, auf eine glückliche Zukunft, auf seine Gesundheit. * (ugs.:) **abwarten und Tee trinken!** *(nur Geduld!)* · **Brüderschaft trinken** *(mit einem Schluck eines alkoholischen Getränks die Duzfreundschaft besiegeln)* · (ugs.:) **jmdn. unter den Tisch trinken** *(mehr Alkohol vertragen als der Mittrinkende)* · (ugs.; scherzh.:) **ein Glas/eins/einen über den Durst trinken** *(zuviel Alkohol trinken).*

Trinkgeld, das: *kleines Geldgeschenk für einen erwiesenen Dienst:* ein hohes, geringes, kleines, großes, mageres (ugs.), reichliches, fürstliches (ugs.; *großes*), anständiges (ugs.) T.; T. geben; wenig, kein T. bekommen, erhalten; dem Portier ein T. zustecken, in die Hand drücken.

Tritt, der: **1.** *Schritt, das Auftreten:* einen leisen, schweren, festen, leichten, federnden T. haben; er hörte, vernahm (geh.) Tritte auf dem Flur; er hat einen falschen T. gemacht und hat sich dabei den Knöchel gebrochen; man erkennt ihn am T. *(an seinem Gang);* bei jedem T. knarrten die Dielen. **2.** *Gleichschritt:* den T. angeben, halten; den falschen T. haben; jmdn. aus dem T. bringen; er kam aus dem T.; die Soldaten marschieren im T.; ohne T., marsch! */militär. Kommando/.* **3.** *Fußtritt:* jmdm. einen T. [ans Bein, in den Hintern (ugs.)] geben, versetzen; er gab dem Ball einen T., daß er in die Ecke flog; durch den T. eines Pferdes verletzt werden; er wurde mit Tritten mißhandelt. **4.** *Fußspur, Fährte:* der T. des Wildes; man erkannte, sah Tritte im Schnee. **5.** *Trittbrett, kleine Trittleiter:* auf einem T. stehen; auf einen T. steigen. * (militär.:) **Tritt fassen** *(den Gleichschritt aufnehmen)* · **auf Schritt und Tritt** *(überall, überallhin)* · (ugs.:) **einen Tritt bekommen/kriegen** *(entlassen werden).*

Triumph, der: **a)** *großer Erfolg, Sieg:* ein großer, beispielloser, unerhörter T.; ein T. der Technik; sein T. war unbeschreiblich (ugs.); einen T. erringen, erleben, davontragen; er genoß den T.; alle gönnten ihm seinen T.; die Stätte seiner Triumphe. **b)** *Genugtuung; Siegesfreude:* der Erfolg seines Unternehmens war für ihn ein großer T.; T. spiegelte sich in seiner Miene; er hörte den T. in seiner Stimme. * **Triumphe feiern** *(sehr großen Erfolg haben).*

triumphieren (bildungsspr.): **a)** (abwertend) *frohlocken:* er triumphierte [innerlich], als er von der Niederlage der Gegner hörte; er sollte nicht zu früh t.; er sah sie triumphierend an. **b)** ⟨über jmdn., über etwas t.⟩ *den Sieg davontragen:* über seine Feinde, Gegner, Rivalen t.; er triumphierte über die Krankheit; bildl.: sein Geist triumphierte über seinen Körper; übertr.: Neugier triumphierte in ihnen über die Angst *(war stärker als ihre Angst).*

trivial (bildungsspr.): *gewöhnlich, alltäglich:* ein trivialer Gedanke; die Handlung des Films ist sehr t.; diese Formulierungen klingen sehr t.

trocken: 1. a) *frei von Feuchtigkeit:* trockene Kleider, Wäsche, Schuhe, Handtücher; trockener Boden, trockene Luft, Kälte; trockene Sachen anziehen; er hörte alles trockenen Auges *(ohne Rührung)* an; die Straße ist wieder t. *(abgetrocknet);* die Farbe ist noch nicht t. *(getrocknet);* etwas t. reiben, bügeln, reinigen; sich t. *(mit einem elektrischen Rasierapparat)* rasieren; wir sind noch t. heimgekommen (fam.; *zu Hause angelangt, bevor es zu regnen begann*); übertr.: ein trockener Husten *(Husten ohne Auswurf).* **b)** *ausgetrocknet, ausgedörrt:* trockenes Brot, Holz, Heu, Laub; trockene Zweige; er hat einen trockenen Hals, Mund, hat trockene Lippen; das B. ist trocken geworden; Sprichw.: trocken Brot macht Wangen rot. **c)** *ohne Belag, ohne Beilage:* sie bekamen nur trockenes Brot zu essen; es gibt bei diesem Menü nur trockene Kartoffeln (ugs.; *Kartoffeln ohne Sauce*); das trockene Gedeck *(Gedeck ohne Wein)* kostet zehn Mark; sie saßen eine ganze Weile t. (ugs.; *hatten nichts zu trinken*). **2.** *regenarm:* ein trockenes Jahr; ein trockener Herbst, Sommer; trockenes Wetter; in dieser Jahreszeit ist es hier heiß und t.; das Frühjahr war zu t. **3.** *fettarm:* trockene Haut; trockenes *(sprödes)* Haar; das Fleisch dieser Tiere ist sehr t. **4.** *herb:* trockener Sekt; der Sherry ist mir zu t., ist extra t. **5.** *langweilig, prosaisch:* ein trockener Mensch; ein trockener Ton; dieses Thema, diese Arbeit war ihm zu t.; seine Vortragsweise ist sehr t. **6.** *witzig, ungerührt:* eine trockene Bemerkung; er hat eine trockene Art; er hat einen trockenen Humor, Witz; etwas t. sagen, feststellen, mitteilen. **7.** (Boxen) *hart, krachend:* er landete eine trockene Rechte am Kinn des Gegners. * (ugs.:) **Karo trocken** *(trockenes Brot)* · (ugs.:) **eine trockene Kehle haben** *(immer durstig nach Alkohol sein)* · (ugs.:) **keinen trockenen Faden mehr am Leibe haben** *(völlig durchnäßt sein)* · (ugs.:) **da bleibt kein Auge trocken: a)** *(alle weinen vor Rührung).* **b)** *(alle lachen Tränen).* **c)** *(keiner bleibt davon verschont)* · (ugs.:) **noch nicht trocken hinter den Ohren sein** *(noch zu unreif sein, um mitreden zu können)* · (ugs.:) **auf dem trockenen sitzen** *(in Verlegenheit, handlungsunfähig sein)* · (ugs.:) **sein Schäfchen ins trockene bringen** *(sich wirtschaftlich sichern; großen Gewinn einheimsen)* · (ugs.:) **sein Schäfchen im trockenen haben** *(wirtschaftlich gesichert sein).*

trockenlegen: 1. ⟨jmdn. t.⟩ *mit frischen, trokkenen Windeln versehen;* den Säugling, das Baby, das Kind t. **2.** ⟨etwas t.⟩ *entwässern:* Moor, Sumpf, Land, einen Teich t. **3.** (ugs., scherzh.) ⟨jmdn., etwas t.⟩ *unter Alkoholverbot stellen:* sie haben den Alkoholiker trockengelegt.

trocknen: 1. *trocken werden:* etwas trocknet gut, schlecht, schnell, langsam, leicht; die Wäsche ist schon/hat schon getrocknet; etwas trocknet am Ofen, an der Luft, auf der Leine, im Wind; er ließ sich von der Sonne trocknen; subst.: die Wäsche zum Trocknen aufhängen. **2. a)** ⟨jmdn., sich, etwas t.⟩ *trocken werden lassen, trocken machen; abtrocknen:* seine Augen, Stirn, Tränen, den Schweiß t.; die Wäsche auf dem Balkon t.; die Haare mit dem Fön t.; ⟨jmdm., sich etwas t.⟩ sie trocknete dem Kind die Tränen. **b)** ⟨etwas t.⟩ *dörren:* Äpfel, Pilze, Pflaumen t.; getrocknete Bananen.

trödeln (abwertend): *langsam sein, etwas langsam tun:* trödle doch nicht so!; wenn ihr weiter so trödelt, verpassen wir den Zug; er trödelt *(bummelt)* oft bei der Arbeit.

Trommel, die: **1.** */ein Schlaginstrument/:* eine kleine, große T.; die Trommeln rasseln, wirbeln; die T. schlagen, rühren (veralt.; *schlagen*); bildl. (ugs.): die Trommel für jmdn., für etwas rühren *(große Reklame für jmdn., für etwas machen).* **2.** *trommelförmiger Behälter, Gegenstand:* die T. der Waschmaschine; das Kabel, Seil über eine T. wickeln.

trommeln: 1. a) *die Trommel schlagen:* laut, leise, gedämpft t.; der Tambour trommelt. **b)** ⟨etwas t.⟩ *durch Trommeln hervorbringen:* den Takt t.; der Spielmannszug trommelt einen Marsch; Redensart (ugs., scherzh.): Gott sei's getrommelt und gepfiffen! *(Gott sei Dank!).* **2. a)** ⟨etwas trommelt⟩ *bringt ein trommelndes Geräusch hervor:* der Regen trommelt; Jägerspr.: der Hase trommelt *(schlägt bei einer Gefahr mit den Vorderläufen auf den Boden).* **b)** ⟨mit Umstandsangabe⟩ *trommelnd auf etwas schlagen:* er trommelte [mit den Fäusten] an, gegen die Tür; nervös mit den Fingern auf dem Tisch/auf den Tisch t.; Regen trommelt *(prasselt)* auf das Dach, gegen die Fensterscheibe. * (ugs.:) **jmdn. aus dem Schlaf/aus dem Bett trommeln** *(jmdn. durch lautes Klopfen wecken).*

Trompete, die: */ein Blechblasinstrument/:* eine gestopfte T.; die Trompeten schmetterten; er bläst [die] T.; ein Konzert für T. und Horn; er blies auf der T. * (ugs.:) **in die Trompete stoßen** *(prahlen; großes Gerede machen)* · (ugs:) **mit Pauken und Trompeten** *(ganz und gar):* es war ein Reinfall mit Pauken und Trompeten.

trompeten: 1. a) *Trompete blasen:* der Straßenmusikant trompetet; bildl. (ugs.): er trompetet den ganzen Tag *(schneuzt sich unmäßig laut);* er trompetet furchtbar *(spricht furchtbar laut);* übertr.: *trompetende Laute hervorbringen:* die Elefanten trompeteten laut. **b)** ⟨etwas t.⟩ *etwas auf der Trompete blasen:* einen Tusch, einen Marsch t.; bildl. (ugs.): er trompetete *(sagte,* *rief laut)*, daß er gleich komme. **2.** (ugs.) ⟨jmdn. t.; mit Raumangabe⟩ *durch lautes Reden wecken:* jmdn. aus dem Schlaf t. * (ugs.:) **etwas in alle Welt trompeten** *(etwas verbreiten, überall herumerzählen)*.

tröpfeln: 1. a) ⟨etwas tröpfelt⟩ *etwas fließt, fällt langsam in einzelnen Tropfen:* Blut tröpfelt aus der Wunde; die Flüssigkeit tröpfelte auf die Erde. **b)** ⟨etwas t.; mit Raumangabe⟩ *träufeln:* die Arznei auf ein Stück Zucker, in Wasser t. **2.** ⟨es tröpfelt⟩ *es regnet schwach, einzelne Tropfen:* eben fängt es an zu t.; es tröpfelt nur.

tropfen: 1. ⟨etwas tropft⟩ **a)** *etwas fließt, fällt in einzelnen Tropfen:* der Regen tropft [vom Dach]; es tropft [durch die Decke, von den Bäumen]; Blut tropfte auf die Erde, aus der Wunde; ⟨etwas tropft jmdm.; mit Raumangabe⟩ der Schweiß tropft ihm von der Stirn. **b)** *etwas gibt einzelne Tropfen ab:* der Wasserhahn, das Gefäß tropft; diese Kerzen tropfen [nicht]; ⟨etwas tropft jmdm.⟩ ihm tropfte die Nase. **2.** ⟨etwas t.; mit Raumangabe⟩ *träufeln:* eine Tinktur auf die Wunde, in die Augen t.; ⟨jmdm. etwas t.; mit Raumangabe⟩ er tropfte ihm eine Lösung ins Ohr. **3.** ⟨es tropft⟩ *es regnet einzelne Tropfen:* es hat ein wenig getropft.

Tropfen, der: **1.** *kleine Flüssigkeitsmenge in kugeliger Gestalt:* ein großer, kleiner, dicker T.; Sprichw.: steter T. höhlt den Stein; ein T. Wasser, Öl, Blut; Tropfen laufen an der [Fenster]scheibe herunter, herab (geh.); die ersten Tropfen fallen *(es beginnt zu regnen)*; es regnet dicke Tropfen; der Schweiß rann ihm in Tropfen von der Stirn; bildl. (dichter.): ein bitterer T., ein T. Wermut fiel in den Becher der Freude; übertr.: *Wein:* er trinkt gern einen guten, edlen T. **2.** *ein wenig, eine kleine Menge:* kannst du mir ein paar Tropfen Öl leihen?; es ist kein T. Milch mehr im Hause; er hat keinen T. [Alkohol] getrunken; sie haben ihre Gläser bis auf den letzten T. *(vollkommen)* geleert. **3.** *Medizin, die in Tropfen eingenommen wird:* jmdm. Tropfen verschreiben; hast du deine Tropfen genommen?; dreimal täglich 15 Tropfen auf ein Stück Zucker geträufelt, in Wasser verdünnt einnehmen. * (ugs.:) **etwas ist wie, ist nur ein Tropfen auf den/auf einen heißen Stein** *(etwas ist völlig unzureichend, nutzlos)*.

Trost, der: *Tröstung:* ein großer, kleiner, wahrer, rechter (veraltet), geringer, schwacher, magerer, süßer T.; die Kinder sind ihr ganzer, einziger T.; ihre Worte waren ihm ein T.; es war ihr ein gewisser T., zu wissen, daß das Kind in gute Hände kam; das ist ein schöner, schwacher T. (iron.; *das hilft wenig*); ein T. (ugs.; *nur gut*), daß es bald vorüber ist; jmdm. T. spenden (geh.), zusprechen, bringen,; etwas gibt jmdm. T.; T. suchen, finden; als T. (fam.) bekommst du eine Tafel Schokolade; T. aus etwas schöpfen (geh.); er fand T. bei/in seiner Arbeit, im Glauben; etwas erfüllt jmdn. mit T. (geh.); er verlangte nach geistlichem T.; zum T. (ugs.) kann ich Ihnen sagen, daß ... * (ugs.:) **nicht [ganz, recht] bei Trost sein** *(nicht recht bei Verstand sein)*.

trösten: 1. ⟨jmdn. t.⟩ *jmdm. Trost zusprechen:* jmdn. [in seinem Leid, Kummer, Schmerz, Unglück] t.; jmdn. mit teilnehmenden Worten [über einen Verlust] t.; er wollte sich nicht t. lassen; nach diesem Zuspruch fühlten sie sich getröstet; der Gedanke, die Hoffnung, die Aussicht auf Besserung tröstete ihn *(machte ihm Mut, richtete ihn auf)*; es tröstete mich (ugs.; *beruhigt mich*), daß es anderen auch nicht besser ging; tröstende Worte; tröstender Zuspruch. **2.** ⟨sich t.⟩ *sich beruhigen, abfinden:* sich schnell, nur schwer t.; er tröstete sich [über den Verlust] bei/mit einer Flasche Schnaps; er hat sich rasch mit einer anderen getröstet (ugs.; *hat sich schnell eine andere Frau genommen*).

tröstlich: *Trost bringend:* tröstliche Worte; ein tröstlicher Gedanke; ein tröstliches Gefühl; es ist t. zu wissen, daß ...; seine Worte klangen wenig t.

trostlos: a) *schlecht, aussichtslos, verzweifelt:* sie leben in trostlosen Verhältnissen; er ist in einer trostlosen Lage. Verfassung; er machte einen trostlosen Eindruck; das Wetter war t.; es ist t. (ugs.; *furchtbar, bejammernswert*), wie sie sich quälen müssen; der Vortrag war t. *(sehr)* langweilig. **b)** *öde, unschön:* eine trostlose Gegend; trostlose Fassaden; der Anblick war t.

Trott, der: *langsame Gangart von Pferden:* die Pferde gehen im T.; übertr.: es geht alles den alten/im alten, gewohnten T. weiter *(im gewohnten Gang)*; sie sind wieder in den alten T. verfallen, zurückgefallen *(haben wieder die alten Gewohnheiten angenommen)*.

trotz ⟨Präp. mit dem Gen., seltener auch mit dem Dativ⟩: *ungeachtet; ohne Rücksicht auf:* t. aller Bemühungen, Versuche; t. heftiger Schmerzen; sie fuhren t. dichten Nebels/t. dichtem Nebel; t. Regens/t. Regen; t. Schnee und Kälte; t. allem; t. alledem blieben sie Freunde.

Trotz, der: *Widersetzlichkeit, Ungehorsam, Eigensinn:* unbändiger, hartnäckiger, kindlicher, kindischer (abwertend) T.; sein T. richtete sich gegen alle Erziehungsversuche; den T. des Kindes zu brechen versuchen, ihm den T. austreiben; er tat das alles aus T.; aus T. stampfte er mit den Füßen auf; übertr. (geh.): diese Krankheit bietet bis heute noch aller ärztlichen Kunst T.; er tat es aller Vernunft, allen Warnungen zum T. *(trotz besserer Einsicht, trotz aller Warnungen)*.

trotzdem: 1. ⟨Adverb⟩ *dennoch:* er wußte, daß es verboten war, aber er tat es t.; es ging ihm schlecht, t. raffte er sich auf. **2.** (ugs.) ⟨Konj.⟩ *obwohl:* t. es regnete, gingen sie spazieren.

trotzen: 1. (geh.) ⟨jmdm., einer Sache t.⟩ *entgegentreten, die Stirn bieten:* den Gefahren, allen Versuchnungen, den Unbilden der Witterung t.; er trotzte allen seinen Gegnern; übertr.: diese Krankheit trotzte bisher jeder Therapie; diese Bäume trotzen dem Klima in großen Höhen. **2.** (landsch.) **a)** *trotzig sein:* die Kinder trotzen. **b)** ⟨mit jmdm. t.⟩ *böse sein:* die Geschwister trotzen miteinander.

trotzig: *eigensinnig, dickköpfig, widersetzlich:* ein trotziges Kind; er machte ein trotziges Gesicht, gab eine trotzige Antwort; das Kind ist t.; t. schweigen.

trüb[e]: 1.a) *getrübt, milchig:* trübes Wasser; das Glas enthält eine trübe Flüssigkeit; der Wein, Saft ist t. geworden. **b)** *unsauber, verschmiert:* trübes Glas; trübe Fensterscheiben; der Kranke hat trübe *(glanzlose)* Augen; der Spiegel ist t. **c)** *nicht hell, matt, düster:* trübes Licht; ein trüber Lichtschein; die Lampe brannte t. **d)** *regnerisch, ohne Sonne, düster:* trübes Wetter; ein trüber Tag; der Himmel, das Wetter ist t.; heute ist es t. **2. a)** *traurig, düster, betrübt:* trübe Gedanken; er war in trüber Stimmung; es waren trübe Tage, Stunden; t. hing sie ihren Gedanken nach. **b)** (ugs.) *schlecht, ungünstig:* trübe Erfahrungen machen; das sind trübe Aussichten; die Sache sieht t. aus. * (ugs.; abwertend:) **eine trübe Tasse** *(ein langweiliger, dummer Mensch)* · (ugs.:) **im trüben fischen** *(unklare Zustände zum eigenen Vorteil ausnutzen).*

Trubel, der: *lebhaftes Durcheinander; Gewühl:* es herrschte [ein] großer, furchtbarer, ungeheurer T.; es herrschte Jubel, T., Heiterkeit (ugs.; *Stimmung*); sie kamen aus dem T. *(aus der Unruhe)* nicht heraus; sie stürzten sich, gerieten in den dicksten (ugs.; *größten*) T.; in dem T. waren die Kinder verlorengegangen.

trüben: 1. a) ⟨etwas t.⟩ *trübe machen, verunreinigen:* der chemische Zusatz trübt die Flüssigkeit; der Tintenfisch trübt das Wasser; die Fensterscheibe war getrübt; Redensart: er sieht so aus, als könnte er kein Wässerchen t. *(ganz harmlos).* **b)** ⟨etwas trübt sich⟩ *etwas wird trübe, unklar:* die Flüssigkeit, der Saft, das Wasser trübt sich; der Himmel hat sich getrübt *(bewölkt);* seine Augen haben sich getrübt *(sind glanzlos, matt).* **2. a)** ⟨etwas trübt etwas⟩ *etwas beeinträchtigt etwas:* etwas trübt die gute Stimmung, jmds. Glück; sein Verhalten trübte ihr gutes Verhältnis, ihre freundschaftlichen Beziehungen; seit dem Zwischenfall ist das gute Einvernehmen zwischen ihnen getrübt; eine durch nichts getrübte Eintracht; ⟨etwas trübt jmdm. etwas⟩ seine Traurigkeit trübte allen die Freude. **b)** ⟨etwas trübt sich⟩ *etwas verschlechtert sich:* ihr gutes Verhältnis, Einvernehmen hatte sich getrübt. **3. a)** ⟨etwas trübt etwas⟩ *etwas verwirrt etwas, macht etwas unsicher:* etwas trübt jmds. Blick, Urteil; sein Bewußtsein, sein Erinnerungsvermögen war getrübt. **b)** ⟨etwas trübt sich⟩ *etwas wird verworren, unklar:* im hohen Alter hatte sich sein Bewußtsein getrübt.

Trübsal, die (geh.): **a)** *Drangsal, Übel:* viel, große T. erdulden, erleiden müssen. **b)** *Traurigkeit, Betrübnis:* sie waren voller T.; jmdn. in seiner T. trösten. * (ugs.:) **Trübsal blasen** *(in trauriger Stimmung sein).*

trübselig: a) *traurig, betrübt, verzagt:* trübselige Gedanken; eine trübselige Stimmung; er machte ein trübseliges Gesicht; er ging den ganzen Tag t. umher; sie blickten t. vor sich hin. **b)** *öde, trostlos:* eine trübselige Behausung, eine trübselige Gegend; ein trübseliges Nest *(Dorf, Kleinstadt);* es war eine trübselige Zeit; der Winter ist hier t. **c)** *regnerisch, schlecht:* es herrscht ein trübseliges Wetter.

trübsinnig: *traurig, melancholisch:* er war ganz t.; hier bei diesem Wetter kann man t. werden.

Trübung, die: **a)** *das Getrübtsein:* eine leichte, starke, schwache T.; die T. der Flüssigkeit; es wurde eine T. der Augen, der Linse festgestellt; eine T. ist eingetreten, vergeht, verschwindet wieder. **b)** *Beeinträchtigung, Verschlechterung:* eine T. der Freundschaft, des guten Einvernehmens. **c)** *Störung, Verwirrung:* eine Trübung des Bewußtseins tritt ein.

trudeln: 1. *sich um sich selbst drehend niederfallen:* die welken Blätter trudeln auf die Erde im Wind; das Flugzeug hat plötzlich angefangen zu t.; subst.: die Maschine kam ins Trudeln. **2.** (landsch., ugs.) *würfeln:* sie saßen im Wirtshaus und trudelten.

Trug, der (geh.): *Täuschung:* ein T. der Sinne, der Phantasie. * **Lug und Trug** *(List/Täuschung):* es war alles nur Lug und T.

trügen: a) ⟨etwas trügt jmdn.⟩ *etwas täuscht jmdn., führt jmdn. irre:* das Gedächtnis, die Erinnerung, die Erwartung, die Hoffnung trog ihn; das Gefühl, seine Ahnung hatte ihn nicht getrogen; wenn mich nicht alles trügt, wird es bald ein Gewitter geben. **b)** ⟨etwas trügt⟩ *etwas ist irreführend:* oft trügt der Schein, das Äußere, das Erscheinungsbild trog.

trügerisch (geh.): **a)** (veraltend) *geheuchelt, falsch:* er spielt ein trügerisches Spiel; seine Behauptungen, Versprechungen erwiesen sich als t. **b)** *täuschend, irreführend:* ein trügerisches Gefühl; trügerischer Schein, Glanz; die augenblickliche Ruhe ist t.; übertr.: der Moorboden, das Eis war t. *(war nicht tragfähig).*

Trugschluß, der: *falscher Schluß, unrichtige Folgerung:* diese Annahme war ein verhängnisvoller T.; er war das Opfer eines Trugschlusses, einem T. erliegen.

Trümmer, die ⟨Plural⟩: *Bruchstücke, Überreste eines zerstörten Ganzen:* rauchende, umherliegende, verstreute T.; die T. eines Flugzeuges; es blieben nur T. übrig; die T. beseitigen, aus dem Weg räumen; er fand von seinem Haus nur noch T. vor; viele Tote wurden aus den Trümmern geborgen; die Stadt lag in Trümmern *(war völlig zerstört);* ein ganzes Stadtviertel war in T. gesunken (geh.; *zerstört worden);* der Betrunkene hat alles in T. geschlagen *(alles, was ihm erreichbar war, zerschlagen);* bei der Explosion sind alle Fensterscheiben in T. gegangen *(zerstört worden)*; viele waren unter den Trümmern begraben; bildl. (geh.): damals stand er vor den Trümmern seiner Existenz, seines Glücks; übertr.: die T. *(Überreste)* der Armee, des Reiches.

Trumpf, der: *eine der [wahlweise] höchsten Karten bei bestimmten Kartenspielen:* ein hoher, niederer, dicker (ugs.) T.; was ist T.?; Herz, Pik ist T.; er hat lauter T./lauter Trümpfe; [einen] T. ausspielen; T. spielen, zugeben; seinen T. behalten. * (ugs.:) **etwas ist Trumpf** *(etwas ist Mode, ist sehr üblich):* maxi ist zur Zeit T. · **einen Trumpf ausspielen** *(etwas zu seinem Vorteil ausspielen)* · **einen Trumpf/alle Trümpfe aus der Hand geben** *(sich eines, aller Vorteile begeben)* · **jmdm. die Trümpfe aus der Hand nehmen** *(jmds. Vorteile zunichte machen)* · **alle Trümpfe in der Hand/in [den] Händen haben/halten** *(die stärkere Position innehaben).*

Trunk, der (geh.): **1. a)** *Getränk:* ein erfrischender, labender (geh.) T.; man reichte ihm einen kühlen T. **b)** (veraltet) *das Trinken:* sie setzten sich zu einem gemeinsamen T. zusammen. **c)** (veraltend) *Schluck:* ein T. süßen Weins; er bat um einen T. Wasser. **2.** *Trunksucht:* er ist dem T. verfallen, hat sich dem T. ergeben.

trunken (dichter.): **1.** *berauscht:* sie waren alle t. von/vom Wein; jmdn. mit Wein t. machen. **2.** *begeistert, verrückt:* sie waren t. von/vor Freude, Begeisterung, Glück; der Sieg machte sie t.

Trupp, der: *Schar:* ein kleiner, versprengter T.;

ein T. Reiter, Arbeiter; ein T. diskutierender/ (seltener:) diskutierende Demonstranten; sie marschierten in einzelnen Trupps.

Truppe, die: **1.a)** *Armee, Heer:* eine schlagkräftige T.; er tut Dienst bei der T.; zur T. zurückkehren. **b)** ⟨Plural⟩ *Soldaten, militärische Verbände:* feindliche, alliierte (bildungsspr.), meuternde Truppen; die Truppen verstärken, an die Front werfen, zusammenziehen, zurückziehen, abziehen. **2.** *zusammen auftretende Gruppe:* eine berühmte, bekannte T.; eine T. von Schauspielern, Artisten, Künstlern. ∗ (ugs.:) **nicht von der schnellen Truppe sein** *(umständlich, langsam sein)*.

Tube, die: *zusammendrückbarer Behälter für bestimmte halbfeste Stoffe:* eine T. Zahnpasta, Creme, Senf; etwas aus der T. herausdrücken. ∗ (ugs.:) **auf die Tube drücken: a)** *(Gas geben)*. **b)** *(etwas beschleunigen)*.

Tuch, das: **1.** */eine Stoffart/:* feines, leichtes, weiches, festes, glattes T.; dieses Geschäft führt, verarbeitet nur englische Tuche; T. weben, rauhen, walken, scheren; ein Stück, ein Ballen T. **2.** *viereckiges gesäumtes Stück Stoff:* ein [baum]wollenes, seidenes, buntes, dickes, warmes T.; ein T. auf dem Kopf tragen, um den Kopf binden; sie legte ein T. *(Umschlagtuch)* um die Schultern; ein T. überwerfen, umbinden; etwas mit einem T. zudecken; beim Abschied schwenkten sie farbige Tücher. ∗ (ugs.:) **ein rotes Tuch für jmdn. sein; wie ein rotes Tuch auf jmdn. wirken** *(jmdn. zum Zorn reizen)*.

Tuchfühlung ⟨in den Verbindungen⟩ **Tuchfühlung haben: a)** *(dicht nebeneinander stehen, sitzen)*. **b)** *(in Verbindung stehen)* · **Tuchfühlung aufnehmen** *(in Verbindung treten)* · **Tuchfühlung halten; [mit jmdm.] in Tuchfühlung stehen** *(in Verbindung stehen)* · **auf Tuchfühlung gehen** *(dicht aneinander rücken)* · **in Tuchfühlung stehen, sitzen** *(dicht nebeneinander stehen, sitzen)*.

tüchtig: 1. *fähig, befähigt:* ein tüchtiger Mann, Kerl (ugs.), Mitarbeiter, Handwerker; sie ist eine tüchtige Kraft; der Arzt ist, gilt als sehr t.; subst.: freie Bahn dem Tüchtigen! **2.** *gut, beachtlich:* das ist eine tüchtige Arbeit, Leistung; t., t.! (iron.); subst.: der Junge soll etwas Tüchtiges lernen; etwas Tüchtiges leisten, essen. **3.** (ugs.) ⟨verstärkend⟩ *beträchtlich, sehr [groß, stark]:* eine tüchtige Tracht Prügel bekommen; er braucht eine tüchtige Portion Optimismus; du mußt t. essen; man hat ihn t. hereingelegt; jmdm. t. die Meinung, t. Bescheid sagen.

Tücke, die: *Hinterhältigkeit, Bosheit:* er ist, steckt voller List und T.; übertr.: daß ihr der Reißverschluß im unpassendsten Augenblick platzte, das war die T. des Objekts; er wurde mit den Tücken der komplizierten Maschine nicht fertig. ∗ **etwas hat [seine] Tücken** *(etwas ist schwierig, kompliziert)* · (ugs.:) **mit List und Tücke** *(mit viel Geschick und Schläue)*.

tückisch: *voller Tücke, boshaft:* ein tückischer Mensch; er sah ihn mit tückischen Augen an; er ist t.; t. lächeln; übertr.: ein tückischer Zufall; eine tückische *(bösartige)* Krankheit; die Strömung ist an dieser Stelle sehr t.

Tugend, die: **a)** *sittliche Grundhaltung:* T. üben; er ist ein Ausbund an T. (iron.); nach T. streben; Sprichwörter: der T. Schatten ist Ehre; der T. schadet kein Glück; Jugend hat keine T.; T. sitzt nicht an großer Herren Tische. **b)** *sittlich wertvolle Eigenschaft:* hohe, politische, kämpferische Tugenden; die T. der Bescheidenheit; er ist ein Muster demokratischer Tugenden. **c)** (veralt.) *Keuschheit:* etwas gefährdet jmds. T.; seine T. bewahren. ∗ (geh.:) **auf dem Pfad der Tugend wandeln** *(tugendhaft sein)* · **aus der Not eine Tugend machen** *(einer unangenehmen Sache das Beste abgewinnen)* · (geh.:) **vom Pfad der Tugend abweichen** *(etwas Unrechtes tun)*.

tummeln: 1. ⟨sich t.; mit Raumangabe⟩ *herumtollen, sich vergnügen:* die Kinder tummelten sich den ganzen Tag auf der Wiese, im Wasser, im Freien. **2.** (landsch.) ⟨sich t.⟩ *sich eilen:* ihr müßt euch t., sonst kommt ihr zu spät.

tun: 1. ⟨etwas t.⟩ **a)** *machen, ausführen:* etwas [un]gern, freiwillig, selbst, allein t.; das wird er nicht, niemals tun; was tust du denn da?; er wußte nicht, was er in dieser Lage t. sollte; da läßt sich nicht viel t.; was t.?; er konnte dort t. und lassen, was er wollte; diese Arbeit wäre getan; ich tue, was in meinen Kräften steht; sein möglichstes, sein Bestes, ein übriges t.; ich habe das Meinige (geh.), das Meine (geh.) getan; da hast du des Guten zuviel getan; tu, was du nicht lassen kannst!; was hat er denn getan? *(was hat er angestellt?)*; man sollte in diesem Fall das eine t. und das andere nicht lassen *(beides tun)*; er tut nichts als faulenzen; sie hatte nichts Besseres/ nichts Eiligeres zu tun, als die Geschichte weiterzuerzählen; hast du nichts anderes zu t., als zu meckern? *(mußt du immerzu meckern?)*; etwas auf eigene Gefahr, aus Überzeugung, aus reiner Bosheit, aus eignem Antrieb, mit Vergnügen, von sich aus *(unaufgefordert)* t.; eine Arbeit t.; eine Sünde t.; er hat viel Gutes getan; Unrecht t.; sie hat viel an den Kindern getan (ugs.; *hat ihnen viel Gutes zukommen lassen*); kann ich etwas für Sie t.? *(kann ich Ihnen helfen?)*; Sprichw.: tue recht und scheue niemand; subst.: widerrechtliches, verhängnisvolles, verräterisches Tun. **b)** /verblaßt/: einen Schrei, einen Blick, einen Fehltritt, einen Sturz, einen Fall t.; er tat einen Schritt zur Seite; es tat einen furchtbaren Knall; er tat einen kräftigen Schluck aus der Flasche; er hat eine Gelübde getan; das Mittel hat Wunder getan (fam.; *hat gut gewirkt*); etwas tut seine Wirkung *(wirkt in der erwarteten Weise)*; seine Pflicht t.; Dienst t.; jmds., einer Sache Erwähnung t. (Papierdt.; *jmdn., etwas erwähnen*). **c)** ⟨jmdm. etwas t.⟩ *antun; zuteil werden lassen:* was hat er dir denn getan?; jmdm. etwas Böses, Gutes, Liebes t.; du brauchts dich nicht zu fürchten, der Hund tut dir nichts *(beißt dich nicht)*; jmdm. einen Gefallen t.; Sprichw.: was du nicht willst, daß man dir tu, das füg auch keinem andern zu. **d)** ⟨etwas für jmdn., für sich, für etwas t.⟩ *unternehmen:* etwas, viel, wenig, für seine Gesundheit t.; sie müssen mehr für sich t. *(sich mehr pflegen)*; die Regierung hat nicht genug für die Rentner getan. **2.** (ugs.) ⟨jmdn., etwas t.; mit Raumangabe⟩ *an eine bestimmte Stelle bringen:* etwas an seinen Platz t.; du mußt noch etwas Salz an die Suppe t.; Holz aufs Feuer t.; sein Geld auf die Bank t.; Geld ins Portemonnaie, die Bücher in die Mappe t.; sie will die Kinder in den Kindergarten t. *(schicken)*. **3.** (ugs.) ⟨mit Artangabe⟩ *sich verhalten:* überrascht, freundlich vornehm t.; er tat sehr wichtig; tu doch nicht so! (ugs.: *verstell dich doch nicht!*); er tut bloß so (ugs.; *er meint es in Wirklichkeit nicht so*); er tat so, als wäre nichts gewesen. **4.** (ugs.) ⟨etwas t.⟩ *arbeiten:* wenig, nichts t.; ich habe keine Zeit, ich muß etwas t.;⟨auch ohne Akk.⟩ ich habe noch zu t. **5.** (ugs.) *etwas geschieht:* **a)** ⟨es tut sich etwas⟩ es hat sich einiges, viel, nichts getan. **b)** ⟨etwas tut sich; mit Umstandsangabe⟩ hier tut sich einiges in der letzten Zeit; heute hat sich endlich etwas getan. **6.** (ugs.) ⟨etwas tut es⟩ *etwas genügt:* dieses einfachere Papier tut es [auch]; der Mantel tut es noch diesen Winter; Worte allein tun es nicht. * **seine Schuldigkeit tun** *(das tun, was von einem erwartet wird)* · **jmdm., einer Sache Abbruch tun** *(jmdm., einer Sache Schaden zufügen, etwas beeinträchtigen)* · **jmdm., einer Sache Abtrag tun** *(jmdn., eine Sache beeinträchtigen; jmdm., einer Sache schaden)* · (geh.; veraltend:) **jmdm. Bescheid tun** *(jmds. Zutrunk erwidern)* · (ugs.:) **mit jmdm., mit etwas einen guten Griff tun** *(mit jmdm., mit etwas eine gute Wahl treffen)* · (nachdrückl.:) **[jmdm.] Abbitte tun** *(für Unrecht, das man jmdm. zugefügt hat, um Verzeihung bitten)* · (fam.:) **jmdm. den/seinen/allen Willen tun** *(jmdm. alles erlauben)* · **etwas tut jmdm. gute Dienste** *(etwas ist jmdm. sehr nützlich)* · (geh.:) **einer Sache Einhalt tun** *(einer Sache energisch entgegentreten und sie nicht vorankommen lassen)* · **beide/alle Hände voll zu tun haben** *(viel zu tun haben)* · **es mit der Angst zu tun bekommen**/(ugs.:) **kriegen** *(ängstlich werden)* · **jmdm. etwas zuleide tun** *(jmdm. etwas Böses antun)* · **gut daran tun** *(richtig handeln)* · (geh.:) **etwas tut not** *(etwas ist nötig, erforderlich)* · (geh.; veraltend:) **etwas kund und zu wissen tun** *(etwas mitteilen)* · **recht daran tun** *(mit etwas richtig handeln)* · **sich mit jmdm., mit etwas wichtig tun** *(sich aufspielen; angeben)* · **etwas tut nichts zur Sache** *(etwas ist nebensächlich)* · **etwas tut jmdm. leid** *(jmd. bedauert, bereut etwas)* · **jmd. tut jmdm. leid** *(jmd. hat mit jmdm. Mitleid)* · (fam.:) **jmdm., sich weh tun** *(einen Schmerz zufügen)* · (fam.:) **etwas tut [jmdm.] weh** *(etwas schmerzt jmdn., etwas verursacht jmdm. Schmerz)* · (geh.:) **jmdm. weh tun** *(jmdn. kränken)* · **sich an etwas gütlich tun** *(von etwas reichlich und mit Genuß essen, trinken)* · **sich** (Dativ) **etwas auf etwas zugute tun** *(auf etwas stolz sein)* · **mit jmdm./mit etwas nichts zu tun haben wollen** *(jmdn. meiden)* · (ugs.:) **[es] mit etwas zu tun haben** *(an etwas leiden)* · **[es] mit jmdm./mit etwas zu tun bekommen**/(ugs.:) **kriegen** *(von jmdm. zur Rede gestellt, bestraft werden)* · (ugs.:) **mit sich** (Dativ) **zu tun haben** *(genug eigene Probleme haben)* · **jmdm. ist um jmdn., um etwas zu tun** *(jmdm. ist an jmdm., an etwas gelegen)* · **etwas hat [etwas] mit etwas zu tun** *(etwas hängt mit etwas in bestimmter Weise zusammen)* · **jmdm. etwas zu Gefallen tun** *(für jmdn. etwas aus Gefälligkeit tun)* · **gesagt – getan** *(den Worten folgte unmittelbar die Tat)* · (geh.:) **jmds. Tun und Lassen; jmds. Tun und Treiben** *(alles, was jmd. tut).*

tünchen ⟨etwas t.⟩: *anstreichen, mit Tünche bestreichen:* die Decken, die Wände weiß, farbig t.; ⟨auch ohne Akk.⟩ Vorsicht, frisch getüncht!

tupfen: 1. a) ⟨etwas auf etwas t.⟩ *tupfend auftragen:* Salbe, Jod auf die verletzte Stelle t. **b** ⟨etwas von etwas t.⟩ *tupfend entfernen, abtup-fen:* das Blut von der Schläfe t.; ⟨jmdm., sic etwas t.; mit Raumangabe⟩ er tupfte sich mi einem Tuch den Schweiß von der Stirn. **c)** ⟨sic (Dativ) etwas t.⟩ *abtupfen:* er tupfte sich di Stirn mit einem Tuch.

Tür, die: **a)** *Vorrichtung, mit der ein Eingang eine Öffnung verschlossen wird:* eine weiße, eiser ne, verglaste T.; die Türen des Wartezimmer sind gepolstert; die T. des Schrankes, des Ofens des Autos; die T. knarrt, quietscht, klemmt sperrt, hat sich verzogen, fällt zu, öffnet sich schließt sich, klappert, schlägt zu, springt au fällt ins Schloß, ist angelehnt; die T. gin [nicht] auf; plötzlich ging die T. auf *(öffnete sic die Tür)*, und die Mutter trat herein; er hörte, wi die T. ging *(geöffnet wurde)*; die T. öffnen, auf machen, aufklinken, aufbrechen, zuschlagen, zu knallen (ugs.), abschließen, absperren (landsch. *abschließen*), verriegeln, verschließen, aufstoßen aufreißen, zuwerfen; er hat die T. ausgehängt geölt; der Schreiner hat eine neue T. eingesetzt; er zog die T. hinter sich zu; du hast ihm die Tü vor der Nase zugeschlagen (ugs.); jmdm. di Tür aufhalten; der Schrank, das Auto hat vie Türen; an die T./an der T. *(Haustür, Wohnungs tür)* klopfen; sie wohnen T. an T. *(in unmittel barer Nachbarschaft)*; er ging an die T., um z öffnen; wer war an der T.?; jmdn. [bis] an die T begleiten, bringen; er hat den Bettler von der T gewiesen (geh.); sie gingen von T. zu T. und ba ten um Spenden; sie standen vor verschlossene T. *(es öffnete ihnen niemand)*; Redensart: je der kehre/fege vor seiner eigenen T. **b)** *Eingang Öffnung:* eine schmale, breite, niedrige, offene geschlossene, geheime T.; das ist die falsche richtige T.; die nächste T.; diese T. verbinde die beiden Räume; diese T. geht auf den Hof ins Bad, zur Küche; er trat aus der T.; sie steck te den Kopf durch die T. *(guckte zur Tür herein)* der Schrank geht nicht durch die T.; sie stan in der T.; er trat vor die T., ging vor die T.; si steckte neugierig den Kopf zur T. herein. * (geh.:) **jmdm. stehen alle Türen offen** *(jmd. ha sehr viele Beziehungen, Verbindungen)* · (geh.: **die Tür für etwas offenhalten; die Tür nicht zu schlagen** *(die Möglichkeit für Verhandlunge aufrechterhalten)* · **sich** (Dativ) **eine Tür offen halten** *(sich eine Möglichkeit, einen Ausweg er halten)* · **einer Sache Tür und Tor öffnen** *(etwa Übles sich ausbreiten lassen)* · **offene Türen ein rennen** *(gegen gar nicht vorhandene Widerständ ankämpfen)* · (ugs.:) **du kriegst die Tür nicht zu** *|Ausruf des Erstaunens|* · **überall offene Türe finden** *(überall eine gute Aufnahme finden)* (ugs.:) **mach die Tür von draußen/von auße zu!** *(geh fort!)* · **Politik der offenen Tür** *(Hande mit Staaten aus verschiedenen politischen La gern)* · **Tag der offenen Tür** *(Tag, an dem Behör den und öffentliche Einrichtungen vom Publi kum besichtigt werden können)* · **Haus der offe nen Tür** *(Treffpunkt, Heim der Jugend)* · (ugs.: **habt ihr daheim Säcke an den Türen [hängen]** *(kannst du die Tür nicht zumachen?)* · **hinte verschlossenen Türen** *(geheim)* · (ugs.:) **mit de Tür ins Haus fallen** *(sein Anliegen unvermittel vorbringen)* · **jmdm. den Stuhl vor die Tür setze** *(jmdn. gehen heißen; jmdm. kündigen)* · (ugs.:

jmdn. vor die Tür setzen *(jmdn. hinauswerfen)* · etwas steht vor der Tür *(etwas steht unmittelbar bevor)* · zwischen Tür und Angel *(kurz, in Eile)*.

urbulent (bildungsspr.): *erregt, stürmisch:* turbulente Szenen; die Sitzung verlief sehr t.; in der Wahlversammlung ging es t. zu.

ürke ⟨in der Wendung⟩ einen Türken bauen (ugs.): *etwas vortäuschen, vorspiegeln.*

urm, der: **1.** *schmales, hohes Bauwerk; aufragender Teil eines Bauwerkes:* ein hoher, schlanker, runder, eckiger, spitzer T.; über der Vierung erhebt sich ein T.; sie bestiegen den T. des Münsters; auf einen T. steigen, klettern; (hist.:) jmdn. in den T. *(Schuldturm, Gefängnis)* werfen. **2.** *turmartige Gebilde, Aufbau:* der T. des Panzers, des U-Bootes. **3.** */Figur im Schachspiel/:* den T. verlieren, ziehen; jmdm. den T. wegnehmen. * **in einem elfenbeinernen Turm leben/sitzen** *(in einer Welt leben, in der man mit der Wirklichkeit nicht mehr in Berührung kommt).*

ürmen: 1. a) ⟨etwas auf etwas t.⟩ *auf etwas häufen:* er türmte alle Pakete auf den Tisch. **b)** ⟨etwas türmt sich⟩ *etwas häuft sich, stapelt sich übereinander:* der Abfall, Müll türmte sich in den Straßen; auf dem Schreibtisch türmen sich die Akten; übertr.: die Arbeit türmt sich zur Zeit *(wächst sehr an)*. **2.** (ugs.) *davonlaufen, flüchten:* die Soldaten, die Diebe sind getürmt.

urnen: 1. *Leibesübungen ausführen:* jeden Tag am offenen/bei offenem Fenster t.; sie turnen am Barren, am Reck, am Pferd, an den Ringen, auf der Matte; subst.: heute haben wir Turnen *(Turnunterricht)*; er ist vom Turnen befreit. **2.** ⟨etwas t.⟩ **a)** *eine bestimmte Übung ausführen:* eine Riesenwelle t. **b)** *an einem bestimmten Turngerät turnen:* Barren, Reck t. **3.** ⟨mit Raumangabe⟩ *herumklettern:* die Kinder turnten am Geländer, über die Tische und Bänke.

usch, der: *von einer Kapelle ausgebrachtes Hoch:* ein kräftiger T.; einen T. blasen, spielen, er wurde mit einem T. begrüßt, empfangen.

uscheln: a) *flüstern; leise und heimlich reden:* mit jmdm. t.; die Leute begannen zu t.; es wurde viel hinter seinem Rücken über ihn getuschelt. **b)** ⟨jmdm. etwas t.; mit Raumangabe⟩ *jmdm. etwas leise sagen:* sie tuschelte ihrer Nachbarin etwas ins Ohr.

üte, die: **1.** */ein Verpackungsmittel/:* eine T. Salz, Bonbons; die T. ist kaputtgegangen (ugs.), ist [auf]geplatzt; etwas in eine T. füllen, stecken; eine T. mit Bonbons/voll Bonbons. **2.** (ugs.) */Schimpfwort, bes. für einen dummen, ungeschickten Menschen/:* diese T. hat es wieder nicht geschafft. * (ugs.:) **Tüten kleben** *(im Gefängnis sitzen):* er muß zwei Jahre Tüten kleben · (ugs.:) **[das] kommt nicht in die Tüte!** *(das kommt nicht in Betracht!; das gibt es nicht!)*.

tuten: *einen tutenden Laut ertönen lassen:* der Dampfer, die Schiffssirene tutet; subst.: das Tuten vieler Autos war zu hören. * (ugs.:) **in das gleiche Horn tuten** *(mit jmdm. der gleichen Meinung sein)* · (ugs.:) **von Tuten und Blasen keine Ahnung haben** *(von etwas nicht das geringste verstehen.*

Typ, der: **1.** *Modell, Bauart, Form:* ein neuer, T. eines Autos, Flugzeugs; verschiedene Typen entwickeln, produzieren; es handelt sich um eine Maschine des Typs/vom T. Boeing 707. **2. a)** *Menschentyp:* ein südländischer T.; er ist ein athletischer, hagerer, untersetzter T.; er ist nicht der T., sich in dieser Umgebung wohlzufühlen; dieser Mann, diese Frau ist [nicht] mein T. (ugs.; *gefällt mir [nicht]*); Blond ist [nicht] sein T. (ugs.; *Blondhaarige mag er [nicht besonders]*); ein Mädchen von slawischem T. **b)** *typischer Vertreter:* er gilt als der T. des erfolgreichen Mannes; er ist ein seltsamer, eigenwilliger T. Mensch. * (ugs.:) **dein Typ wird verlangt** *(du wirst am Telefon verlangt)* · (ugs.:) **jmds. Typ ist nicht gefragt** *(jmd. ist unerwünscht, soll verschwinden)*.

Type, die: *Druckbuchstabe, Schreibmaschinentype:* die Typen der Schreibmaschine sind verschmutzt; einige Typen sind beschädigt; Typen gießen, reinigen, auswechseln; eine andere Type wählen. **2.** (ugs.) *seltsamer, merkwürdiger Mensch:* er ist eine seltsame, wunderliche T.; das ist vielleicht eine T.!

typisch: *charakteristisch, bezeichnend:* ein typisches Beispiel; eine typische Reaktion; er ist ein typischer Berliner; Redensart: das ist ein typischer Fall von denkste! (ugs.; *du irrst*); dieses Verhalten ist t. für ihn; diese Äußerung ist t. Frau Meier (ugs.; *ist ganz bezeichnend für sie, für ihre Art*).

Tz: → Tezett.

U

bel: a) *moralisch, charakterlich schlecht:* ein übler Mensch, Bursche (ugs.); eine üble Person; einen üblen Ruf, Leumund haben; in eine üble Gesellschaft geraten; jmdn. auf üble/übelste Weise/in übler/in der übelsten Weise hereinlegen; sein Verhalten war recht ü.; jmdm. ü. mitspielen *(Böses antun)*. **b)** *ungünstig, nachteilig, schlimm:* eine üble Geschichte; sich in einer üblen Lage befinden; ein übles Ende; üble Folgen haben; jmdn. wegen übler Nachrede verklagen; die Situation ist zur Zeit ü.; jmd. ist ü. dran (ugs.; *jmdm. geht es schlecht*); jmdm. geht es zur Zeit ü.; es steht ü. mit ihm/um ihn, mit seiner Gesundheit/um seine Gesundheit; [etwas ist] nicht ü.; etwas läßt sich nicht ü. an *(verläuft bis jetzt günstig)*; das hätte für dich ü. ausgehen können; etwas kleidet jmdn. nicht ü. *(kleidet ihn gut)*; wir hatten es im Urlaub mit dem Hotel ü. getroffen *(waren nicht zufrieden)*; etwas jmdm. ü. auslegen; das kann dir ü. bekommen *(für dich nachteilig werden)*; über jmdn. ü. *(negativ)* reden, denken; etwas steht jmdm. ü. an *(paßt nicht zu jmdm.)*; mit etwas bei jmdm. ü. ankommen *(nichts erreichen)*; subst.: jmdm.

Übles [an]tun. **c)** *unangenehm, schlecht:* ein übler Geruch; üble [An]gewohnheiten; einen üblen Anblick bieten; üble Laune haben; einen üblen Geschmack im Mund, auf der Zunge haben; etwas schmeckt, riecht ü. **d)** *körperlich unwohl:* ihm ist ü.; bei dem Anblick ist ihr ü. geworden; es kann einem ü. werden, wenn man das liest. * **wohl oder übel** *(ob man will oder nicht):* ich werde wohl oder ü. hingehen müssen · **etwas jmdm. übel vermerken** *(jmdm. böse sein).*

Übel, das: **1.** *schlimmer Zustand; Mißstand:* die Übel dieser Welt; ein Ü. mit einem anderen beseitigen; das Ü. sehen, erkennen, bekämpfen, an der Wurzel packen, mit der Wurzel ausrotten; der Grund alles/allen Übels; etwas ist von/ (geh. auch:) vom Ü.; zu allem Ü. *(zu allen unglücklichen Umständen)* begann es noch zu regnen. **2.** (geh.; veraltend) *Leiden:* ein chronisches Ü.; sein altes Ü. plagt ihn wieder; der Arzt will dem Ü. abhelfen. * **ein notwendiges Übel** *(etwas Unangenehmes oder Lästiges, was sich jedoch nicht umgehen läßt)* · **das kleinere Übel** *(eine Sache mit geringerem Nachteil):* etwas ist das kleinere Ü.; das kleinere Ü. wählen.

Übelkeit, die: *Unwohlsein:* eine plötzliche Ü. verspüren; etwas verursacht jmdm./bei jmdm. Ü., erregt in jmdm. Ü.; gegen Ü. ankämpfen.

übelnehmen ⟨jmdm. etwas ü.⟩: *gekränkt, beleidigt sein:* diese Äußerung hat er dir sehr übelgenommen; nimm es mir bitte nicht übel, aber ...; ⟨auch ohne Dativ der Person⟩ hoffentlich nimmt er das nicht übel.

Übelstand, der: *übler Zustand:* einen Ü. hervorrufen, verbergen; die Übelstände endlich beseitigen; einem Ü. abhelfen.

üben: 1. a) *proben, trainieren:* täglich, mehrere Stunden [lang], bis zur Erschöpfung ü.; auf dem Klavier, am Reck ü.; der Lehrer übte zwei Stunden mit den Schülern. **b)** ⟨etwas ü.⟩ *etwas durch ständiges Wiederholen lernen:* eine Sonate auf dem Klavier, seine Rolle, eine Turnübung ü.; wir üben heute einparken/das Einparken; ein geübter Griff. **c)** ⟨etwas ü.⟩ *ein Instrument spielen lernen:* Klavier ü.; du mußt täglich mehrere Stunden Geige ü. **d)** ⟨sich in etwas ü.⟩ *Geschicklichkeit in etwas erwerben:* sich im Schwimmen, im freien Sprechen ü.; ihr müßt euch noch häufig darin üben, wenn ihr Erfolg haben wollt. **2.** ⟨jmdn., etwas ü.⟩ *jmdn., etwas schulen, trainieren:* sein Auge, sein Gedächtnis ü. ü.; mit geübten Händen; in etwas geübt sein. **3.** ⟨etwas ü.⟩ *etwas tun, erweisen* /häufig verblaßt/: Barmherzigkeit, Gerechtigkeit, Gnade, Großmut, Milde, Geduld, Langmut, Nachsicht, Schonung ü.; Verrat, Rache an jmdm. ü.; er hat scharfe Kritik an dem Stück geübt.

über: I. ⟨Präp. mit Dativ oder Akk.⟩ **1.** ⟨mit Dativ⟩ **a)** /kennzeichnet die Lage oberhalb von jmdm., von etwas/ die Lampe hängt ü. dem Tisch; ü. der Stadt liegt dichter Nebel; sie wohnt ü. uns *(ein Stockwerk höher);* übertr.: ü. der Arbeit einschlafen; der Preis liegt ü. dem Durchschnitt. **b.** /drückt aus, daß sich etwas unmittelbar auf etwas befindet und es ganz oder teilweise bedeckt/ einen Mantel ü. dem Kleid tragen; er lag ü. dem Tisch. **c)** *während, bei:* ü. der Arbeit einschlafen. **2.** ⟨mit Akk.⟩ **a)** /kennzeichnet die Richtung auf eine Stelle oberhalb von jmdm., etwas/ ich hänge
das Bild ü. den Tisch. **b)** /kennzeichnet die Be
wegung oder Erstreckung oberhalb von jmdm.
etwas oder oben auf etwas/: wir fliegen ü. di
Alpen [nach Italien]; ü. *(durch)* München fah
ren; eine Brücke führt ü. den Fluß; ü. den Se
fahren; ü. die Straße gehen; ⟨in Verbindun
mit *hin*⟩ ü. die Wiese hin; sich (Dativ) ü. da
Haar streichen. **c)** /kennzeichnet die Bewe
gung auf ein Ziel hin, wobei etwas unmittelba
auf oder um etwas zu liegen kommt und es dan
ganz oder teilweise bedeckt/ er legte die Deck
ü. den Sarg; sie warf das Kleid ü. den Stuhl
den Mantel ü. die Schulter werfen; den Eime
ü. den Rhabarber stülpen. **d)** /drückt aus, da
etwas Thema oder Gegenstand von etwas ist/
ein Buch ü. Verfassungsgeschichte; er hält ei
nen Vortrag ü. moderne Architektur; wie den
ken Sie ü. diese Angelegenheit? **e)** *wegen, be
treffend:* sich ü. etwas aufregen; ü. jmdn., et
was verärgert sein; ü. Deinen Brief habe ic
mich sehr gefreut. **f)** /drückt das Überschrei
ten einer Zahl oder Anzahl aus/: Kinder ü. 1
Jahre zahlen den vollen Preis; Städte ü. 100 00
Einwohner. **g)** /drückt eine zeitliche Erstrek
kung aus/: ü. Tag, Nacht; ü. das Wochenend
verreisen; das Heizöl reicht ü. den Winter. **h**
⟨Subst. + über + gleiches Subst.⟩ /drück
auf emotionale Weise eine Verstärkung aus/
hier wurden Fehler ü. Fehler gemacht; Blume
ü. Blumen standen auf dem Tisch. **i)** ⟨in Ab
hängigkeit von bestimmten Wörtern⟩ spotte
ü.; traurig sein ü.; der Sieg ü.; Herr sein ü. **I**
⟨in Konkurrenz zu den Pronominaladverbie
darüber und *worüber*⟩ **1.** (ugs.) ⟨statt des Pr
nominaladverbs *darüber;* bei Bezug auf ein
Sache, einen Satz oder einen [satzwertigen] In
finitiv oder in Verbindung mit *es*⟩ er wird sic
ü. es (richtig: darüber) seine Gedanken ma
chen. **2.** ⟨in Verbindung mit Fragepronomen⟩ **a**
⟨in bezug auf eine Person⟩ ü. wen lachst du? **b**
(ugs.) ⟨in bezug auf Sachen anstatt *worüber*
ü. was (richtig: worüber) hat er gesprochen
3. ⟨in relativer Verbindung⟩ **a)** die Tante,
die wir sprachen ...; das Haus, ü. dem ein
Fahne wehte, ...; das Kleid, ü. das wir entset
waren ... **b)** (ugs.) ⟨statt *worüber* im nicht att
butiven Relativsatz⟩ man wußte nicht, ü. wa
(richtig: worüber) er sprechen wollte. **II**
⟨Adverb⟩ **1.** *mehr als:* ü. die Hälfte der Mi
glieder war aus dem Verein ausgetreten; Ge
meinden von ü. 100 000 Einwohnern; der W
gen ist ü. vier Meter lang; seit ü. einem Jah
2. /drückt eine zeitliche Erstreckung aus/: da
Wochenende, das ganze Jahr, den Winter
3. /imperativisch und elliptisch/ Gewehr ü
* **über und über** *(völlig) :* etwas ist ü. und ü. m
Schmutz bedeckt · (ugs.:) **jmdm. über se**
(jmdm. überlegen sein) · (Bergmannsspr.:) **üb
Tag[e]** *(an der Erdoberfläche).*

überall ⟨Adverb⟩: *an allen Stellen, in jedem B
reich:* so etwas findet man nicht ü.; jmd., etw
ist ü. zu gebrauchen; ü. Bescheid wissen, sic
auskennen; er ist ü. bekannt, beliebt; sich
vordrängen; ü. [und nirgends] zu Hause sein.

überanstrengen ⟨jmdn., sich, etwas ü.⟩: *übe
fordern:* sein Herz, seine Nerven, Kräfte ü.;
hat sich bei dieser Arbeit überanstrengt; übe
anstrengt aussehen.

überarbeiten: 1. ⟨etwas ü.⟩ *durcharbeiten u*

verbessern: einen Text, das Manuskript ü.; das Theaterstück ist vom Autor noch einmal überarbeitet worden; eine völlig überarbeitete Fassung. **2.** ⟨sich ü.⟩ *sich durch Arbeit überanstrengen:* er hat sich überarbeitet; völlig überarbeitet sein.

beraus ⟨Adverb⟩: *in hohem Maße; sehr:* er ist ü. geschickt; das hat mir ü. gut gefallen.

berbieten: a) ⟨jmdn., etwas ü.⟩ *durch Mehrbieten übertreffen:* jmdn. beträchtlich, um einige hundert Mark bei einer Auktion ü. **b)** ⟨jmdn., sich, etwas ü.⟩ *übertreffen:* an Eifer alle anderen ü.; einen Rekord um zwei Zentimeter ü.; sie überboten sich gegenseitig in Zuvorkommenheit; diese Frechheit ist kaum noch zu ü.

berblick, der: **1.** *unbehinderte Sicht, Übersicht:* von hier aus hat man einen guten Ü. über das Tal, über das Spielfeld, über die Menschenmenge; übertr.: sich einen Ü. [über einen Themenkreis] verschaffen; einen genauen Ü. haben. **2.** *kurzgefaßte Darstellung:* einen kurzen, gedrängten Ü. über etwas geben; die Geschichte des deutschen Reiches im Ü. **3.** *Fähigkeit, etwas zu erkennen, zu überschauen:* es fehlt ihm noch der Ü./an Ü.; er hat völlig den Ü. verloren.

berblicken ⟨etwas ü.⟩: **a)** *einen Gesamtblick über etwas haben:* von hier aus kann man das Spielfeld vollständig, gut ü. **b)** *überschauen; im Zusammenhang sehen:* ein Thema, das Arbeitsgebiet noch nicht ganz ü.; er hatte die Lage schnell überblickt.

berbringen ⟨etwas ü.⟩: *zustellen, übermitteln:* einen Brief, Geld ü.; Glückwünsche ü. *(in jmds. Namen gratulieren);* ⟨jmdm. etwas ü.⟩ er hat ihm die Nachricht persönlich überbracht.

berbrücken ⟨etwas ü.⟩: **1.** *über etwas hinwegkommen; überwinden:* einen Zeitraum, den augenblicklichen Geldmangel mit einem/durch einen Kredit ü.; übertr.: Gegensätze, Klassenunterschiede ü. *(ausgleichen).* **2.** (veraltend) *eine Brücke über etwas schlagen:* es gelang den Pionieren, den Fluß zu ü.

berdies ⟨Adverb⟩: **1.** *ohnehin:* du brauchst dich nicht mehr zu bemühen, der Fall ist ü. erledigt. **2.** *außerdem:* ich habe daran kein Interesse, ü. habe ich zur Zeit kein Geld dafür.

berdruß, der: *Widerwille, Abneigung:* aus Ü. am Leben Schluß machen; seine Besuche sind mir schon zum Ü. geworden; etwas bis zum Ü. gehört, getan haben.

berdrüssig ⟨in der Verbindung⟩ jmds., einer Sache/(seltener:) jmdn., eine Sache überdrüssig sein: *nach längerer Zeit eine starke Abneigung haben:* ich bin des Lebens/(seltener:) das Leben ü.; wir sind seiner/(seltener:) ihn ü.

bereilen: a) ⟨etwas ü.⟩ *überhastet tun:* eine Entscheidung, seine Abreise ü.; ⟨häufig im 2. Partizip⟩ der Entschluß war übereilt; etwas nicht übereilt tun; eine übereilte Heirat, Flucht, Tat. **b)** (landsch.) ⟨sich mit etwas ü.⟩ *in einer Sache zu schnell vorgehen:* übereile dich damit nicht.

bereinander ⟨Adverb⟩: **a)** *räumlich eines über dem anderen:* die Kinderbetten werden ü. aufgestellt. **b)** *über sich gegenseitig:* die beiden Familien haben ü. geredet, sich ü. unterhalten.

bereinkommen (geh.) ⟨mit jmdm. ü.; mit Infinitiv mit *zu*⟩: *einig werden:* ich bin mit ihm übereingekommen, den Vertrag ruhen zu lassen; ⟨auch ohne Präpositionalobjekt⟩ die Regierungen sind übereingekommen, Verhandlungen zu führen.

Übereinkommen, das: *Abmachung:* ein stillschweigendes Ü.; das Ü. sieht vor, daß ...; ein Ü. treffen, erzielen; zu einem Ü. gelangen.

Übereinkunft, die: → Übereinkommen.

übereinstimmen: a) ⟨mit jmdm. in etwas ü.⟩ *gleicher Meinung sein:* in diesem Punkt stimmt er mit mir überein; ich stimme mit Ihnen darin überein, daß etwas geändert werden muß; ⟨auch ohne Präpositionalobjekt⟩ in der Gesamtbeurteilung stimmen die Sachverständigen völlig überein. **b)** ⟨etwas stimmt mit etwas überein⟩ *etwas paßt zueinander, deckt sich:* der Teppich stimmt in der Farbe mit dem Vorhang überein; ⟨auch ohne Präpositionalobjekt⟩ die Zeugenaussagen stimmen nicht überein; nach übereinstimmender Meinung der Fachleute.

Übereinstimmung, die: **a)** *gleiche Meinung:* es herrscht, besteht volle/völlige Ü. darüber, daß ...; in beiderseitiger Ü. *(Einvernehmen)* den Vertrag lösen; wir sind zu keiner Ü. gekommen. **b)** *Einklang, Gleichheit:* die Ü. der Zeugenaussagen; die Ü. von Idee und Wirklichkeit, zwischen Theorie und Praxis; etwas mit etwas in Ü. bringen; das Vorgehen steht nicht mit dem Vertrag in Ü.

überfahren: I. ⟨jmdn., etwas ü.⟩ *hinüberfahren:* wir sind mit der Fähre übergefahren. **II. 1.** ⟨jmdn. ü.⟩ *über jmdn. fahren und ihn [tödlich] verletzen:* einen Fußgänger, einen Hund ü.; der Radfahrer ist von einem LKW überfahren worden. **2.** ⟨etwas ü.⟩ *etwas als Fahrer übersehen:* ein Signal, ein Stoppschild ü. **3.** ⟨etwas ü.⟩ *darüberfahren:* eine Straßenbahn hat eine falsch gestellte Weiche überfahren und ist entgleist. **4.** (ugs.) ⟨jmdn. ü.⟩ *überrumpeln:* ich werde mich bei den Verhandlungen nicht ü. lassen; sich [von jmdm.] überfahren fühlen.

Überfall, der: *überraschender Angriff:* ein feindlicher, plötzlicher, dreister, nächtlicher, räuberischer Ü.; ein Ü. auf ein Land; einen Ü. befürchten, vereiteln; der Ü. wurde am hellichten Tage verübt, ausgeführt; die Täter trugen bei dem Ü. Masken; übertr. (ugs.): verzeihen Sie meinen [plötzlichen] Ü. *(überraschenden Besuch).*

überfallen: 1. ⟨jmdn., etwas ü.⟩ *auf jmdn., etwas einen Überfall ausüben:* jmdn. auf der Straße, nachts, hinterrücks, von hinten ü.; eine Bank ü.; die Rebellen haben das Dorf überfallen; übertr. (ugs.): der Regen, die Nacht hat uns überfallen *(überrascht).* **2.** (ugs.) **a)** ⟨jmdn. ü.⟩ *jmdn. überraschend aufsuchen, besuchen:* wenn ich in der Nähe bin, werde ich Sie einmal überfallen; er hat mich beim Arbeiten, mitten in der Arbeit überfallen. **b)** ⟨jmdn. mit etwas ü.⟩ *mit etwas bestürmen:* bei seiner Ankunft überfielen ihn die Journalisten mit tausenderlei Fragen; die Kinder überfielen mich mit ihren Wünschen. **3.** ⟨etwas überfällt jmdn.⟩ *etwas überkommt jmdn.:* ein Schauder, ein gewaltiger Schreck, das Heimweh überfiel uns; während des Lesens hat mich plötzlich eine furchtbare Müdigkeit überfallen.

überfällig: *entgegen der Erwartung, Festlegung noch nicht eingetroffen, geschehen:* ein überfälliger (Kaufmannsspr.; *nicht eingelöster*) Wechsel; ein überfälliges Flugzeug; die Maschine ist seit zwei Stunden ü./als ü. gemeldet.

überfliegen: 1. ⟨jmdn., etwas ü.⟩ *über jmdn., etwas hinwegfliegen:* den Ozean, die Alpen [in 10000 m Höhe], fremdes Territorium ü. **2.** (ugs.) ⟨etwas ü.⟩ *etwas flüchtig lesen, überlegen:* ich habe den Brief, den Vertragsentwurf nur [schnell] überflogen; in Gedanken [kurz] die verschiedenen Möglichkeiten ü. **3.** ⟨etwas überfliegt etwas⟩ *etwas überzieht etwas:* ein zartes Rot überflog ihre Wangen.

überfließen: I. 1. ⟨etwas fließt über⟩ **a)** *etwas strömt über etwas hinaus:* das Wasser, das Benzin ist aus [dem Tank] übergeflossen. **b)** *etwas wird so gefüllt, daß der Inhalt über den Rand fließt:* die Badewanne, der Tank ist übergeflossen; übertr.: er, sein Herz fließt vor Begeisterung über. **2.** ⟨etwas fließt in etwas über⟩ *etwas vermischt sich mit etwas:* die Farben fließen ineinander über. **II.** (selten) ⟨etwas ü.⟩ *etwas überströmen:* das Wasser hat die Wiesen überflossen.

überflügeln ⟨jmdn. ü.⟩: *übertreffen:* er hat seinen Lehrmeister, alle anderen in der Leistung weit überflügelt.

Überfluß, der: *über das Benötigte hinausgehende Menge:* Ü. an Nahrungsmitteln, Versorgungsgütern; Sprichw.: Ü. bringt Überdruß · etwas ist in/im Ü. vorhanden, steht in/im Ü. zur Verfügung; im Ü. leben; zum Ü./zu allem Ü. *(obendrein)* bekommt er noch viel Geld.

überflüssig: *unnötig, unnütz:* eine überflüssige Anschaffung; überflüssige Worte machen; mach dir keine überflüssigen Sorgen; die Arbeit ist, war [völlig] ü.; etwas für ü. halten; ich komme mir hier [ziemlich, recht] ü. vor.

überfluten: I. ⟨etwas ü.⟩ *etwas überschwemmen:* der Strom hat die Ebene überflutet; übertr.: eine riesige Menschenmenge überflutete den Platz; der Markt ist, wird mit billigen Erzeugnissen überflutet. **II.** (selten) *überfließen:* das Wasser ist übergeflutet.

überfragt ⟨in der Verbindung⟩ überfragt sein: *etwas nicht wissen:* in dieser Sache bin ich ü.

überführen: I. 1. ⟨jmdn., etwas ü.; gewöhnlich mit Raumangabe⟩ *an einen anderen Ort transportieren:* man führte ihn in ein Krankenhaus über/(auch:) überführte ihn in ein Krankenhaus; man hat die Leiche in die Heimat, nach Deutschland übergeführt/(auch:) überführt. **2.** ⟨etwas in etwas ü.⟩ *etwas in etwas umwandeln:* die chemische Verbindung wurde in eine andere übergeführt/(selten:) überführt. **II. 1.** ⟨jmdn. ü.⟩ *jmds. Tat beweisen:* die beiden Festgenommenen konnten der Tat, des Diebstahls überführt werden. **2.** ⟨etwas ü.⟩ *mit einer Brücke überspannen:* beim Autobahnbau mußten drei Bahnlinien überführt werden.

Überführung, die: **1.** *Brücke:* die Ü. der Bahn, über den Kanal ist gesperrt; zum Überqueren der Schienen die Ü. benutzen; unter der Ü. hindurchfahren. **2.** *das Überführen von jmdm.:* die Ü. der Täter ist gelungen. **3.** *das Transportieren:* die Ü. des Toten, der Leiche beantragen.

überfüllen: 1. ⟨etwas ü.⟩ *etwas übermäßig füllen:* du darfst den Magen nicht ü.; ⟨sich (Dativ) etwas ü.⟩ ich habe mir den Magen überfüllt. **2.** ⟨im zweiten Partizip in Verbindung mit *sein*⟩ *über das Normalmaß gefüllt sein:* der Saal, die Bahn, das Stadion war [restlos, total] überfüllt.

Übergang, der: **1.** *das Hinübergehen:* der Ü. der Truppen über den Rhein. **2.a)** *Stelle zum Hinübergehen:* hier ist ein Ü. über die Bahn für Fußgänger. **b)** *Stelle zum Passieren:* einen neuen Ü. über die Grenze anlegen, eröffnen Truppen bewachten alle Übergänge. **3.a)** *Wechsel, Überleitung:* ein abrupter Ü.; der Ü. von einer Tonart in die andere; beim Ü. vom Handbetrieb auf maschinelle Fertigung gibt e Schwierigkeiten. **b)** *Übergangszeit:* für den Ü genügt eine einfachere, billigere Ausführung **c)** *Zwischenlösung:* etwas dient nur als Ü.

übergeben: I. 1. a) ⟨jmdm., einer Sache jmdn. etwas ü.⟩ *überlassen, ausliefern:* die Stadt dem Feind ü.; der Dieb wurde der Polizei ü.; alle Akten und Beweisstücke wurden der Staatsanwaltschaft übergeben; übertr. (geh.): etwas den Flammen ü. *(verbrennen).* **b)** ⟨jmdm./(auch: an jmdn. etwas ü.⟩ *etwas jmdm. aushändigen überreichen:* dem Besitzer die Schlüssel, da Geld ü.; jmdm./an jmdn. die Führung, sein Amt ü.; das [Telephon]gespräch an den zuständigen Herrn ü.; ⟨auch ohne Dativ der Person⟩ de Brief muß persönlich ü. werden; die Wache ü **c)** ⟨einer Sache etwas ü.⟩ *für etwas freigeben* eine Brücke, eine Autobahn dem Verkehr ü. etwas seiner Bestimmung ü. **2.** (ugs.) ⟨sich ü. *erbrechen:* er mußte sich mehrmals ü. **II.** (ugs. landsch.) ⟨jmdm. etwas ü.⟩ *jmdm. einen Schla versetzen:* er hat dem Angreifer eines gehöri übergegeben.

übergehen: I. 1. ⟨mit Raumangabe⟩ *überwechseln:* ins feindliche Lager, zu einer anderen Partei, zur anderen Seite ü. **2.** ⟨etwas geht au jmdn., in etwas über⟩ *etwas kommt in andere Besitz:* das Geschäft ist auf den Sohn übergegangen; das Grundstück wird in den Besitz de Gemeinde, fremde Hände übergehen. **3.** ⟨zu etwas ü.⟩ *etwas anderes beginnen:* zur Tagesordnung, zu einem anderen Thema, Punkt ü.; ma ist dazu übergegangen, Kunststoffe zu verwenden; zum Angriff, zur Offensive ü. **4.** ⟨etwa geht in etwas ü.⟩ *etwas wandelt sich allmählic in einen anderen Zustand:* das Fleisch ist in Fäulnis, die Leiche in Verwesung übergegangen; d Unterhaltung ging zum Schluß in laute Schreien über; von Reden zu Taten ü. **II.** ⟨jmdn., etwas ü.⟩ *nicht beachten:* eine Anordnung, ein Gesetz ü.; jmds. Fehler stillschweigend ü.; jmdn. bei der Begrüßung, bei der Beförderung, im Testament ü.; sich übergange fühlen. **2.** ⟨etwas ü.⟩ *überspringen:* ich werd dieses Kapitel, diesen Punkt zunächst übergehe und später darauf zurückkommen. * **etwas ge jmdm. in Fleisch und Blut über** *(etwas wi jmdm. zur selbstverständlichen Gewohnheit)* **jmdm. gehen die Augen über: a)** (ugs.; *jmd. durch einen Anblick überwältigt).* **b)** (geh.; *jm beginnt zu weinen).*

Übergewicht, das: **a)** *höheres Gewicht als gefo dert, zugelassen:* das Paket, der Brief hat 50 Ü.; das Fluggepäck darf kein Ü. haben. **b)** *gr ßere Stärke, Übermacht:* das militärische, wir schaftliche Ü. [über jmdn.] gewinnen, erhalte haben, behaupten; im Unterricht haben d naturwissenschaftlichen Fächer ein klares Ü * **das Übergewicht bekommen** *(das Gleichg wicht verlieren).*

übergießen: I. ⟨jmdm. etwas ü.⟩: *etwas üb jmdn. gießen:* jmdm. Wasser ü.; mir war es, a ob man mir einen Eimer kaltes Wasser überg gossen hätte. **II.** ⟨jmdn., etwas ü.⟩: *begießen:* das Backwerk mit Zucker ü.; der Braten muß ständig mit Soße übergossen werden.

bergreifen: 1. *mit der einen Hand über die andere greifen:* ü. müssen (beim Klavierspiel). **2.** ⟨etwas greift auf etwas über⟩ *etwas dehnt sich auf etwas aus:* das Feuer griff schnell auf die umliegenden Gebäude über; der wilde Streik hat auf andere Firmen, Städte übergegriffen.

Übergriff, der: *Einmischung, [gewaltsame] Belästigung:* militärische Übergriffe; ein neuer Ü. der Rebellen auf fremdes Gebiet; er hat sich manchen Ü. erlaubt, zuschulden kommen lassen; die Zahl der Übergriffe nimmt zu; sich gegen feindliche Übergriffe schützen; vor einem Ü. nicht sicher sein.

berhaben (ugs.): **1.** ⟨etwas ü.⟩ *etwas über etwas angezogen haben:* zum Glück hatte ich bei dem kalten Wind noch einen Mantel über. **2.** ⟨jmdn., etwas ü.⟩ *satthaben:* das lange Warten, jmds. dauernde Nörgelei ü.; ich habe ihn allmählich über. **3.** ⟨etwas ü.⟩ *etwas übrig haben:* nur noch ein paar Mark [von dem großen Gewinn] ü.

berhandnehmen: *etwas nimmt stark zu:* die Überfälle, Unfälle haben sehr stark überhandgenommen; die Ratten nehmen hier überhand.

überhängen ⟨etwas hängt über⟩: *etwas ragt über, hervor:* große Schneemassen hingen an den Dächern über; unter einem überhängenden Felsen Schutz suchen.

überhängen: I. ⟨jmdm., sich etwas ü.⟩ *etwas um jmdn., um etwas hängen, legen:* jmdm. einen Mantel, eine Decke ü.; sich das Gewehr ü.; ⟨auch ohne Dativ der Person⟩ er hängte den Rucksack über. **II.** (selten) ⟨etwas ü.⟩ *etwas überdecken:* der Vogelkäfig wird nachts mit einer Decke überhängt.

berhäufen: a) ⟨etwas mit etwas ü.⟩ *mit etwas voll belegen:* den Schreibtisch mit Büchern, Akten ü.; die Kommode ist mit Nippes überhäuft. **b)** ⟨jmdn. mit etwas ü.⟩ *jmdm. sehr viel geben:* den Gewinner mit Blumen, Geld, Ehrungen ü.; er überhäufte ihn mit Lob, Vorwürfen, Arbeit.

berhaupt ⟨Adverb⟩: **1.** *aufs Ganze gesehen:* ich habe ihn gestern nicht angetroffen, er ist ü. selten zu Hause; mir gefällt es in Madrid, ü. in Spanien. **2.** ⟨verstärkend bei Verneinungen⟩ *ganz und gar:* das ist ü. nicht möglich, nicht wahr; er hat heute ü. noch nichts gegessen; das geht ihn ü. nichts an. **3.** *eigentlich:* ist das alles ü. [noch] sinnvoll?; wie war so etwas ü. möglich?; du könntest ü. etwas freundlicher sein. **4.** *abgesehen davon, überdies:* du kannst einmal nachfragen, und ü. solltest du dich mehr darum kümmern. **5.** *gerade, besonders:* wir gehen gerne im Wald spazieren, ü. im Herbst; man wird, ü. im Alter, nachlässiger.

berheblich: *eingebildet, arrogant:* ein überheblicher Mensch; in überheblichem Ton reden; er, sein Benehmen ist ü.; sich ü. zeigen.

berhitzen ⟨etwas ü.⟩: *etwas über das Normalmaß erhitzen:* einen Dampfkessel ü.; adj. Part.: überhitzter Dampf; übertr.: überhitzte *(erregte)* Gemüter; die überhitzte *(übersteigerte)* Konjunktur dämpfen.

berholen: I. 1. ⟨jmdn., etwas ü.⟩ *hinter sich lassen:* einen Radfahrer, Bus ü.; er hat mich rechts überholt; der norwegische Läufer hat ihn kurz vor dem Ziel überholt; subst.: hier ist [das] Überholen streng verboten; übertr.: er hat alle seine Mitschüler [weit] überholt *(in der Leistung überflügelt)* · ⟨auch ohne Akk.⟩ links, rechts, falsch ü. **2.** ⟨etwas ü.⟩ *[technisch] überprüfen, erneuern:* einen Wagen, eine Maschine gründlich ü.; die Anlage muß total überholt werden; subst.: das Schiff muß zum Überholen in die Werft. **3.** ⟨etwas überholt sich⟩ *etwas erledigt sich:* die Sache hat sich inzwischen überholt. **4.** ⟨im zweiten Partizip in Verbindung mit *sein*⟩ *etwas ist veraltet:* die Anlage ist durch die neueste Entwicklung bereits überholt; diese Nachricht, seine Theorie ist längst überholt; er vertritt überholte Ansichten. **II. 1.** ⟨jmdn., etwas ü.⟩ *jmdn., etwas ans andere Ufer befördern:* er hat uns, das Gepäck mit seinem Motorboot übergeholt; hol über! (veraltet; *Ruf nach dem Fährmann*). **2.** (Seemannsspr.) *sich auf die Seite legen:* das Schiff holte über, hat nach Backbord übergeholt.

überhören: 1. ⟨etwas ü.⟩ **a)** *etwas nicht hören:* er hat das Klingeln, meine Frage überhört. **b)** *etwas hören, aber nicht zur Kenntnis nehmen:* eine Mahnung ü.; diese Bemerkung möchte ich [lieber] überhört haben.

überkochen ⟨etwas kocht über⟩: *etwas kocht so stark, daß es überläuft:* die Milch kocht gleich über, ist übergekocht; übertr. (ugs.): er kocht leicht, schnell über *(erregt sich schnell)*.

überkommen: 1. ⟨etwas überkommt jmdn.⟩: *etwas erfaßt jmdn.:* Angst, Ekel, Zorn, ein Gefühl des Neides, Hasses überkam ihn bei diesem Anblick, als er das sah; bei diesem Gedanken überkam es uns heiß, kalt. **2.** (geh.) ⟨etwas ist jmdm./auf jmdn. überkommen; im zweiten Partizip in Verbindung mit *sein* und Dativ der Person⟩ *etwas ist überliefert, vererbt sich fort:* viele Zeugnisse dieser alten Kultur sind uns/auf uns überkommen; überkommene Bräuche.

überladen ⟨etwas ü.⟩: *zu viel, zu sehr beladen; überlasten:* einen Wagen, Aufzug ü.; übertr.: seinen Magen ü.; wir sind zur Zeit mit Aufträgen total überladen: der Raum, die Fassade wirkt ü. *(hat zu viel aufdringlichen Zierrat);* sein Stil ist viel zu überladen.

überlassen: a) ⟨jmdm. etwas ü.⟩ *abgeben, zur Verfügung stellen:* jmdm. etwas freiwillig, kostenlos, als Pfand, zur Erinnerung ü.; er hat mir das Auto über das Wochenende, im Urlaub überlassen. **b)** ⟨jmdm., einer Sache etwas ü.⟩ *etwas jmd. anderen tun, entscheiden lassen:* die Erziehung der Kinder den Eltern ü.; überlaß das bitte mir! *(mische dich hier nicht ein!);* jmdm. die Initiative ü. *(einen anderen aktiv werden lassen);* jmdm. die Wahl, die Entscheidung, alle Arbeit ü.; er überläßt alles dem Zufall. **c)** ⟨jmdm., einer Sache jmdn., sich ü.⟩ *anvertrauen, in Obhut geben:* den Hund während der Urlaubszeit den Nachbarn ü.; sie überläßt die Kinder der Fürsorge der Großmutter; jmdn. sich selbst ü. **d)** ⟨jmdn., sich einer Sache ü.⟩ *in einem Zustand belassen, preisgeben:* sich seinen Gedanken, der Freude, seinem Zorn, dem Schmerz, der Trauer ü.; er überließ sie ihrer Verzweiflung. * **jmdn. seinem Schicksal überlassen** *(jmdn. im Stich lassen)*.

überlasten ⟨etwas ü.⟩: *etwas mehr als zulässig belasten:* ein Fahrzeug, eine Fähre ü.; übertr.: seinen Magen, das Herz, den Kreislauf ü. *(zu* *stark beanspruchen);* wir sind zur Zeit mit Arbeit, mit Aufträgen total überlastet.

überlaufen: **I. 1.** *zum Gegner übergehen:* Hunderte von Soldaten sind [zu den Rebellen] übergelaufen. **2. a)** ⟨etwas fließt über⟩ *etwas fließt über etwas hinaus:* die Milch ist übergelaufen; das Benzin ist [aus dem Tank] übergelaufen. **b)** *etwas wird so gefüllt, daß der Inhalt überfließt:* die Badewanne, der Tank, Eimer ist übergelaufen. **II. 1.** ⟨etwas überläuft jmdn.⟩ *etwas überkommt jmdn.:* Angst, ein Schauder, ein Zittern überlief ihn; es überläuft mich [eis]kalt, wenn ... **2.** ⟨jmdn., etwas ü.⟩ *sehr oft aufsuchen, in Anspruch nehmen:* wir werden hier von Vertretern überlaufen; die Praxis, das Geschäft ist sehr überlaufen; ein überlaufener Kurort. **3.** ⟨jmdn., etwas ü.⟩ *im Laufen überwinden:* Stellungen ü.; Sport: er hat die ganze Abwehr überlaufen und das Siegestor geschossen. * **jmdm. läuft die Galle über** *(jmd. wird wütend).*

überleben: **1. a)** ⟨etwas ü.⟩ *etwas überstehen; mit dem Leben davonkommen:* eine Katastrophe ü.; er hat den Tod seines Sohnes nicht überlebt; der Arzt glaubt nicht, daß er die Nacht noch überlebt *(noch länger lebt);* diese Schande werde ich nicht überleben; subst.: er gehört zu den wenigen Überlebenden des Unglücks. **b)** ⟨jmdn. ü.⟩ *länger als jmd. leben:* die Frau überlebte ihren Mann um fünf Jahre. **2.** ⟨etwas überlebt sich⟩ *etwas veraltet:* diese Mode wird sich schnell überleben; eine überlebte Vorstellung.

[1]**überlegen:** **I. 1.** ⟨etwas ü.⟩ *etwas über etwas legen:* ein Brett ü.; ⟨jmdm., sich etwas ü.⟩ sie hat sich eine Decke übergelegt, weil es so kalt war. **2.** (ugs.) ⟨jmdn. ü.⟩ *übers Knie legen und schlagen:* der Vater hat den frechen Jungen ordentlich übergelegt. **3.** ⟨sich ü.; mit Artangabe⟩ *sich über etwas beugen; sich neigen:* er hat sich zu weit übergelegt; das Schiff hat sich weit übergelegt. **II.** ⟨etwas ü.⟩ *etwas bedenken, durchdenken:* etwas gründlich, reiflich, genau, von allen Seiten, lange, hin und her ü.; eine bessere Lösung ü.; das muß alles gut überlegt sein, werden; es ist, wäre zu ü., ob ...; das wäre zu ü. *(darüber könnte man sich unterhalten);* ⟨sich (Dativ) etwas ü.⟩ *sich etwas genau, reiflich ü.:* ich werde, ich muß es mir noch einmal überlegen; das muß ich mir noch sehr ü. *(es ist fraglich),* ob ich die Einladung annehme; überlege dir alles gut, bevor du dich entscheidest · subst.: nach langem, längerem, reiflichem Überlegen zu dem Entschluß kommen, daß ...

[2]**überlegen:** **a)** *andere erheblich übertreffend:* ein überlegener Geist; ein überlegener *(klarer)* Sieg; an Intelligenz ist er uns allen weit ü.; sich [in etwas] ü. zeigen; die Mannschaft war [dem Gegner] haushoch (ugs.) ü., hat ü. *(deutlich)* 6 : 0 gewonnen. **b)** *Überlegenheit verratend; überheblich:* etwas mit überlegener Ruhe machen; eine überlegene Miene aufsetzen; er lächelte ü.

Überlegenheit, die: *überlegene Stärke:* die geistige Ü.; die wirtschaftliche, militärische Ü. eines Staates; die zahlenmäßige Ü. des Gegners fürchten; seine Ü. zeigen, nutzen, [gegenüber] jmdm. ausspielen; im Gefühl der Ü. leichtsinnig werden.

Überlegung, die: **a)** *das Überlegen:* Überlegungen anstellen *(etwas überlegen);* etwas ist einer [kurzen] Ü. wert; bei näherer, ruhiger Ü. sieht die Sache anders aus; nach einiger Ü. sagte er zu; in der richtigen Ü., daß ... **b)** *[vorgetragene] Folge von Gedanken:* er schloß seine Überlegungen mit der Feststellung ab ...; etwas in seine Überlegungen [mit] einbeziehen. **c)** *Besonnenheit:* ihm fehlt die nötige Ü.; er besitzt nicht diese Ü. wie sein Bruder.

überlesen ⟨etwas ü.⟩: **1.** *etwas beim Lesen übersehen:* einen Fehler ü. **2.** *etwas flüchtig lesen:* ich habe den Brief nur schnell überlesen.

überliefern: **1.** ⟨etwas ü.⟩ *etwas an spätere Generationen weitergeben:* die Dichtung ist nur in einer Handschrift überliefert; überlieferte *(traditionelle)* Bräuche; sich an die überlieferten Formen halten. **2.** (veraltet) ⟨jmdm., einer Sache jmdn. ü.⟩ *ausliefern:* man hat ihn dem Feind, dem Gericht überliefert.

Überlieferung, die: **a)** *das Überliefern:* mündliche, schriftliche Ü.; die Ü. der Nibelungensage; nach einer alten Ü. soll es in dem Schloß spuken. **b)** *Brauch, Tradition:* alte Überlieferungen pflegen, bewahren; an der Überlieferung festhalten.

überlisten ⟨jmdn. ü.⟩: *jmdn. mit List überspielen:* seine Gegner ü.; es gelang ihm nicht, mich zu ü.

Übermacht, die: *sehr viel größere Macht, Stärke:* eine erdrückende Ü.; jmdn. seine Ü. spüren lassen; der gewaltigen Ü. erliegen; mit großer Ü. angreifen; von der Ü. erdrückt werden; vor der Ü. zurückweichen.

übermannen: **a)** (veraltet) ⟨jmdn. ü.⟩ *jmdn. überwältigen:* der Held hat den Riesen übermannt. **b)** ⟨etwas übermannt jmdn.⟩ *etwas überkommt jmdn.:* Rührung, Sehnsucht, der Zorn, der Schmerz, der Schlaf übermannte ihn; von seinen Gefühlen übermannt werden.

Übermaß, das: *über das Normale hinausgehende Menge, Stärke:* ein Ü. an Arbeit, Belastung, Hitze, Kälte; ein Ü. an/von Freude, Zärtlichkeit; etwas im Ü. genießen; alles im Ü. haben, besitzen; im Ü. des Schmerzes, der Trauer; er ist bis zum Ü. beschäftigt.

übermäßig: **a)** *über das Normale hinausgehend:* eine übermäßige Belastung; ü. essen, trinken. **b)** *allzusehr:* ü. hohe Kosten, die Ware ist ü. teuer; sich ü. anstrengen.

übermenschlich: *über die Grenzen des Menschen hinausgehend; gewaltig:* übermenschliche Taten; es gehört eine übermenschliche Anstrengung dazu, so etwas auszuhalten.

übermitteln ⟨jmdm. etwas ü.⟩: *mitteilen, ausrichten:* jmdm. eine Nachricht, die Grüße der Freunde ü.; er übermittelte dem Verein die Glückwünsche der Stadt; ⟨auch ohne Dativ der Person⟩ die Meldung wurde telephonisch übermittelt.

übermorgen ⟨Adverb⟩: *an dem auf morgen folgenden Tag:* wir fahren ü. in Urlaub; treffen uns ü. abend; ü. habe ich frei.

Übermut, der: *Ausgelassenheit:* Sprichw.: Übermut tut selten gut · jmds. Ü. dämpfen; etwas aus [lauter] Ü. tun; das hat er in seinem Ü. getan; die Kinder wußten sich vor Ü. nicht zu lassen.

übermütig: **1.** *ausgelassen:* ein übermütiger Streich; die Kinder waren ganz ü., tobten durchs Haus. **2.** (veraltend) *überheblich:* ü. auftreten; der Erfolg hat ihn ü. gemacht.

bernachten ⟨mit Raumangabe⟩: *irgendwo für die Nacht eine Unterkunft haben:* im Hotel, im Auto, bei Verwandten, im Freien, unter freiem Himmel ü.

bernächtigt (auch: übernächtig): *übermüdet, unausgeschlafen:* einen übernächtigten Eindruck machen; wir waren alle völlig ü.; ü. aussehen.

bernatürlich: *über die Gesetze der Natur hinausgehend; nicht mit dem Verstand faßbar:* übernatürliche Wesen; die Angst verlieh ihm übernatürliche Kräfte.

bernehmen: I. 1. a) ⟨etwas ü.⟩ *etwas von jmdm. übergeben bekommen:* das Staffelholz, die Fackel mit dem olympischen Feuer ü.; er übernahm aus den Händen des Präsidenten den Pokal; jetzt übernehme ich ein Stück die Koffer. **b)** ⟨etwas ü.⟩ *etwas jmdm. abnehmen, in Besitz nehmen:* etwas kostenlos ü.; jmds. alte Möbel ü.; ich habe den Wagen billig von der Firma übernommen. **c)** ⟨jmdn., etwas ü.⟩ *in eigene Verantwortung nehmen; auf sich nehmen:* etwas freiwillig, nur gezwungenermaßen ü.; ein Geschäft, ein Amt, einen Auftrag, eine Aufgabe, die Kontrolle, die Aufsicht [über etwas], die Führung, die Leitung einer Abteilung, die volle Verantwortung, Garantie, Gewähr [für etwas], eine Bürgschaft ü.; er hat die Kinder, die Erziehung der Kinder seines gefallenen Bruders übernommen; die übernommene Verpflichtung erfüllen. **2.** ⟨etwas ü.⟩ *etwas Fremdes in einer eigenen Arbeit verwerten:* etwas wörtlich, in Auszügen ü.; eine Formulierung ü.; das deutsche Fernsehen hat die Sendung vom französischen Fernsehen übernommen. **3.** ⟨sich ü.⟩ *sich zuviel zumuten:* sich gesundheitlich, finanziell ü.; sich beim/im Essen, beim Arbeiten ü.; er hat sich mit dem Haus[bau] übernommen. **II.** ⟨etwas ü.⟩ *etwas überlegen, überhängen:* das Gewehr ü. *(über die Schulter legen);* sie hat die Stola übergenommen.

berprüfen ⟨jmdn., etwas ü.⟩: *jmdn., etwas kontrollieren:* eine Rechnung, eine Liste, die Richtigkeit von etwas ü.; jmds. Angaben ü.; alle Personen sind überprüft worden.

berquellen ⟨etwas quillt über⟩: *etwas dehnt sich über den Rand hinaus aus:* der Teig ist übergequollen; übertr.: von/vor Freude ü.; eine überquellende Dankbarkeit.

berqueren ⟨etwas ü.⟩: *über etwas hinweggehen, -fahren:* einen Fluß, eine Kreuzung ü.; subst.: beim Überqueren der Straße vorsichtig sein.

berragen: I. 1. ⟨jmdn., etwas ü.⟩ *erheblich größer als jmd., als etwas sein:* der Fernsehturm überragt alle Hochhäuser; er überragt seinen Vater um Haupteslänge (geh.), um einen ganzen Kopf. **2.** ⟨jmdn., etwas ü.⟩ *jmdn., etwas übertreffen:* er hat alle anderen an Intelligenz, in der Leistung weit überragt; adj. Part.: er ist ein überragender *(hochintelligenter)* Kopf; eine überragende *(großartige)* Arbeit; ein Problem von überragender *(besonderer)* Bedeutung. **II.** *hinausragen:* hier ragt ein Brett über; sich an einem überragenden Nagel verletzen.

berraschen: 1. a) ⟨jmdn. ü.⟩ *durch etwas Unerwartetes in Erstaunen versetzen:* die Nachricht hatte alle überrascht; seine Absage, Entscheidung hat mich nicht [weiter] überrascht; wir waren über den herzlichen Empfang überrascht; von etwas überrascht sein; sich von etwas überrascht zeigen; adj. Part.: *unerwartet:* die Sache nahm eine überraschende Wendung, fand eine überraschende Lösung; das Angebot kam [völlig] ü.; es ging ü. *(sehr)* schnell. **b)** ⟨jmdn. mit etwas ü.⟩ *jmdm. mit etwas eine unerwartete Freude machen:* jmdn. mit einem Geschenk, mit seinem Besuch ü.; Redensart: ich lasse mich gerne ü. *(nun, ich werde ja sehen, was daraus wird).* **2. a)** ⟨jmdn. ü.⟩ *jmdn. ertappen:* die Täter wurden beim Einbruch überrascht; er hat die beiden in einer eindeutigen Situation überrascht. **b)** ⟨etwas überrascht jmdn.⟩ *etwas trifft jmdn. unvorbereitet:* ein Gewitter überraschte uns am Abend; die Menschen wurden von dem Erdbeben im Schlaf überrascht.

Überraschung, die: **1. a)** *das Überraschtsein; Verwunderung:* für eine Ü. sorgen; in der ersten Ü. hatte er zugestimmt; zu meiner freudigen, größten, nicht geringen Ü. mußte ich hören, daß .../wie ...; zur allgemeinen Ü. ging er nach Hause. **b)** *das Überraschen:* diese Ü. ist dir geglückt; jmdm. eine Ü. bereiten. **2. a)** *überraschendes Geschehen, Ereignis:* das war eine schöne, böse, unangenehme Ü. **b)** *unerwartete Freude; etwas Schönes, womit man nicht gerechnet hat:* das ist aber eine Ü.!; es soll eine Ü. sein; für jmdn. eine kleine Ü. kaufen, haben.

überreden ⟨jmdn. zu etwas ü.⟩: *jmdn. durch viel Reden zu etwas veranlassen:* jmdn. zum Mitkommen, zum Kauf ü.; ich ließ mich nicht ü., den Vertrag zu unterschreiben.

überreichen ⟨jmdm. etwas ü.⟩: *[feierlich] übergeben:* jmdm. eine Urkunde, ein Geschenk, den Pokal ü.; der Architekt überreichte dem Hausherrn die Schlüssel; ⟨auch ohne Dativ der Person⟩ er ist beauftragt, im Namen des Bürgermeisters die Auszeichnung zu ü.

überreizen: 1. ⟨jmdn., etwas ü.⟩ *durch übergroße Belastung stark reizen:* die Nerven, die Einbildungskraft ü.; er ist durch ununterbrochenes Studium überreizt; meine Augen sind stark überreizt; in völlig überreiztem Zustand sein. **2.** (Kartenspiel) ⟨sich ü.⟩ *zu viel bieten:* ich habe mich überreizt.

Überrest, der: *letzter Rest:* nur ein trauriger, kläglicher Ü. von Selbstachtung war noch vorhanden; die sterblichen Überreste (geh.; *die Gebeine, der Leichnam*).

überrumpeln ⟨jmdn. ü.⟩: *jmdn. so überraschen, daß er keine Möglichkeit zur Gegenaktion hat:* das feindliche Lager, die gegnerische Mannschaft wurde überrumpelt; ich ließ mich nicht von ihm ü.

überrunden ⟨jmdn., etwas ü.⟩: *jmdn. so überholen, daß er eine ganze Runde zurückliegt:* einige Läufer nach 8 000 m ü.; es folgen noch einige Wagen, die schon mehrmals überrundet worden sind; übertr.: *übertreffen:* die Konkurrenz ü.

übersättigt: *bis zum Überdruß gesättigt:* übersättigte Bürger; von etwas ü. sein; Chemie: eine übersättigte Lösung.

überschatten ⟨etwas überschattet etwas⟩: **a)** (veraltet) *etwas wirft über etwas Schatten:* buschige Augenbrauen überschatten seine Augen. **b)** *etwas läßt etwas in den Hintergrund treten:* die Erfolge des Sohnes überschatten den Ruhm des Vaters. **c)** *etwas trübt etwas:* das Unglück, der Tod mehrerer Teilnehmer überschattete die Veranstaltung, das Ereignis.

überschätzen ⟨jmdn., sich, etwas ü.⟩: *zu hoch einschätzen:* einen Dichter, jmds. Talent, seine Kräfte ü.; man sollte solche Äußerungen, Gesten nicht ü.; sich [selbst] ü.

überschauen: → überblicken.

überschäumen ⟨etwas schäumt über⟩: *etwas fließt schäumend über den Rand:* der Sekt, das Bier schäumt über; übertr.: die Konjunktur ist übergeschäumt; er schäumt vor Temperament geradezu über; adj. Part.: *wild, nicht zu zügeln:* überschäumende Begeisterung, Lebenslust.

Überschlag, der: **1.** *ungefähre [Kosten]berechnung:* wir müssen einen Ü. über die voraussichtlichen Kosten machen; einen Ü. machen, wieviel Geld benötigt wird. **2.** *ganze Drehung um die horizontale Achse:* einen Ü. am Pferd machen; der Sportflieger machte zwei Überschläge.

[1]**überschlagen: I. 1.** ⟨etwas ü.⟩ *etwas auslassen:* ein Kapitel, mehrere Seiten in einem Buch ü.; ich habe heute das Mittagessen überschlagen. **2.** ⟨etwas ü.⟩ *etwas ungefähr berechnen:* die Kosten ü.; er überschlug, was so etwas kosten wird, ob sein Geld dafür noch reicht. **3.** ⟨sich ü.⟩ *sich beim Fallen um die eigene Achse drehen:* sich beim Sturz ü.; der Wagen hat sich mehrmals überschlagen; bildl. (ugs.): der Verkäufer überschlug sich fast *(war überaus beflissen);* sich vor Liebenswürdigkeit förmlich ü. *(sehr liebenswürdig sein).* **4.** ⟨etwas überschlägt sich⟩ **a)** *etwas wird hell und schrill:* in der Aufregung, vor Wut hat sich seine Stimme überschlagen. **b)** *etwas folgt dicht aufeinander [und verursacht Verwirrung]:* die Meldungen, Nachrichten über das Unglück haben sich überschlagen. **II. 1.** ⟨etwas ü.⟩ *übereinanderlegen:* sie hat die Beine übergeschlagen; mit übergeschlagenen Beinen dasitzen. **2.** ⟨etwas schlägt über⟩ *etwas springt, strömt über:* die Wellen schlugen über; Funken sind übergeschlagen. **3.** ⟨etwas schlägt in etwas über⟩ *etwas verändert sich zu etwas:* seine Begeisterung ist in Fanatismus übergeschlagen.

[2]**überschlagen** (landsch.): *lauwarm:* überschlagenes Wasser; das Wasser darf nur ü. sein.

überschnappen: 1. a) ⟨etwas schnappt über⟩ *etwas schnappt über die Zuhaltung:* der Riegel, das Schloß ist übergeschnappt. **b)** ⟨etwas schnappt über⟩ *etwas überschlägt sich:* ihre Stimme schnappte über. **2.** (ugs.) *den Verstand verlieren:* wenn er so weitermacht, schnappt er noch über; du bist wohl [leicht] übergeschnappt *(verrückt).*

überschneiden ⟨etwas überschneidet sich⟩: **a)** *etwas schneidet, kreuzt sich:* die beiden Linien überschneiden sich [an zwei Stellen]. **b)** *etwas fällt zeitlich mit etwas zusammen:* die beiden Veranstaltungen, Sendungen überschneiden sich [um eine halbe Stunde]. **c)** *etwas berührt sich, trifft mit etwas zusammen:* die beiden Themen-, Arbeitsbereiche überschneiden sich.

überschreiben: 1. ⟨jmdm./auf jmdn. etwas ü.⟩: *schriftlich übertragen, vermachen:* er hat das Geschäft seinem Sohn/auf seinen Sohn überschrieben; Kaufmannsspr.: jmdm./auf jmdn. einen Auftrag ü.; ⟨auch absolut⟩ di[e] Forderung ist noch nicht überschrieben. **2.** ⟨et[was ü.⟩] *mit einer Überschrift versehen:* er ha[t] den Kommentar „Nie wieder" überschrieben; das Kapitel, das Gedicht ist [mit den Worten] überschrieben ...

überschreiten ⟨etwas ü.⟩: **1.** *über etwas hin[-] weggehen:* die Schwelle eines Hauses, die Grenz[e] ü.; subst.: [das] Ü. der Gleise [ist] verboten; übertr.: er hat die Siebzig bereits überschritten *(er ist über 70 Jahre alt);* das Hochwasser, die Reisewelle hat den Höhepunkt bereits überschritten *(geht wieder zurück);* die Ausgaben überschreiten *(sind größer als)* die Einnahmen. **2.** *sich nicht an etwas halten:* ein Gesetz, die vorgeschriebene Geschwindigkeit, seine Befugnisse, die Grenzen des Erlaubten ü.; das Fest hatt[e] den Höhepunkt bereits überschritten; das überschreitet jedes zulässige Maß *(ist unverschämt).*

Überschrift, die: *Titel:* eine reißerische (ugs.) schlechte, mißverständliche Ü.; wie lautet di[e] Ü. des Artikels?; die Ü. paßt nicht [gut] zu[m] Text; etwas mit einer Ü. versehen.

Überschuß, der: **a)** *Gewinn:* hohe Überschüss[e] erzielen, haben. **b)** *über ein Maß hinausgehend[e] Menge, das Mehr:* ein Ü. an Geburten *(mehr Geburten als Sterbefälle);* es besteht ein Ü. an Frauen; er hat einen Ü. an Kraft und Temperament.

überschüssig: *über ein Maß, den Bedarf hinausgehend:* überschüssige Wärme, Energie; überschüssige Ware[n]; übertr.: seine überschüssigen Kräfte austoben.

überschütten: I. ⟨jmdn., etwas mit etwas ü.⟩ *etwas über jmdn., über etwas schütten:* etwas mi[t] Erde, mit Asche ü.; übertr.: *in reichem Maß[e] zuteil werden lassen, überhäufen:* jmdn. mit Geld, Geschenken, Blumen, Beifall, Lob ü.; er ha[t] uns mit Vorwürfen, mit Hohn und Spott überschüttet. **II.** ⟨jmdm. etwas ü.⟩ *jmdm. etwa[s] übergießen:* er hat mir Bier übergeschüttet.

Überschwang, der: *Übermaß an Gefühl:* de[r] Ü. der Freude, der Gefühle; voll, voller Ü. sein; etwas in seinem jugendlichen Ü., im ersten Ü., im Ü. der Jugend sagen.

überschwemmen: a) ⟨etwas überschwemm[t] etwas⟩ *etwas überflutet etwas:* der Fluß ha[t] weite Landstriche überschwemmt; alles wa[r] vom Hochwasser überschwemmt; bildl.: Touristen überschwemmen das Land. **b)** ⟨jmdn., etwas mit etwas ü.⟩: *mit etwas überhäufen, über[-] reichlich versehen:* den Markt mit billigen Waren ü.; die Leser werden heute mit Zeitunge[n] aller Art überschwemmt.

Überschwemmung, die: *das Überschwemme[n]:* die Ü. des Rheins, am Oberrhein; die Ü. wei[-] ter Gebiete, der Altstadt; die Ü. hat groß[e] Schäden angerichtet, geht langsam zurück; e[s] kam zu Überschwemmungen; tagelange Wolkenbrüche führten zu den riesigen Überschwemmungen; übertr. (ugs.): du hast im Bad ein[e] Ü. angerichtet *(sehr viel Wasser verspritzt).*

überschwenglich: *übersteigert; schwärmerisch:* eine überschwengliche Begeisterung; jmdn. mi[t] überschwenglichen Worten, in überschwenglicher Weise, ü. feiern, loben; er ist mir zu ü. [i]n seinen Äußerungen]; jmdm. ü. danken.

übersehen: I. 1. ⟨etwas ü.⟩ **a)** *überblicken:* vo[n] hier aus kann man das Tal, das ganze Spielfel[d] gut ü. **b)** *in den Zusammenhängen kennen, übe[r-]* *etwas Bescheid wissen:* die Folgen, das Ausmaß von etwas, die Verhältnisse ü.; ob das möglich ist, läßt sich noch nicht ü. **2.** ⟨jmdn., etwas ü.⟩ **a)** *jmdn., etwas versehentlich nicht sehen:* einen Fehler, ein Verkehrsschild, einen Hinweis ü.; bei deiner Größe kann man dich nicht ü. **b)** *jmdn., etwas nicht sehen, bemerken wollen:* jmds. Fauxpas taktvoll ü.; er wollte mich ü. **II.** ⟨sich (Dativ) etwas ü.⟩ *einer Sache überdrüssig werden:* ich habe mir dieses Kleid übergesehen; man sieht sich so etwas schnell, leicht über.

übersenden ⟨jmdm. etwas ü.⟩: *jmdm. etwas schicken, übermitteln:* jmdm. ein Schreiben, eine Nachricht ü.; er hat mir zum Jubiläum Glückwünsche übersandt; anbei, beiliegend, als Anlage/in der Anlage übersende ich Ihnen ...

übersetzen: **1. a)** ⟨jmdn., etwas ü.⟩ *ans andere Ufer befördern:* jmdn. ans andere Ufer, auf das andere Ufer, zum anderen Ufer ü.; wir ließen uns mit/von der Fähre ü. **b)** *hinüberfahren:* wir sind, haben übergesetzt; den Truppen gelang es, auf das südliche Ufer überzusetzen. **2.** ⟨etwas ü.⟩ *etwas über etwas hinwegführen:* bei diesem Tanz muß der Fuß übergesetzt werden.

übersetzen ⟨etwas ü.⟩: **a)** *in eine andere Sprache übertragen:* etwas wörtlich, Wort für Wort, frei, richtig, genau ü.; einen Text aus dem Französischen/vom Französischen ins Deutsche ü.; können Sie mir diesen Brief ü.?; ein in mehrere Sprachen übersetzter Roman; Redensart: übersetzt Buch – ein verletzt Buch. **b)** ⟨mit Raumangabe⟩ *umgestalten, übertragen:* eine Szene, ein Thema ins Dramatische ü.; der Künstler hat diese ganze Gedankenwelt großartig in [die] Musik übersetzt.

Übersetzung, die: **1. a)** *das Übersetzen:* eine wörtliche, freie, wortgetreue Ü.; eine Ü. aus dem Französischen/vom Französischen ins Deutsche; die deutsche Ü. ist, stammt von ...; eine Ü. von etwas machen, anfertigen, liefern. **b)** *übersetzte Ausgabe:* von diesem Buch ist jetzt eine Ü. erschienen; der Autor *(sein Buch)* ist in deutscher Ü./ in einer deutschen Ü. erschienen, liegt jetzt in der Ü. vor; ein Werk nur aus/in der Ü. kennen, in der Ü. lesen. **2.** (Technik) */Bewegungsübertragung/:* das Fahrrad hat eine große, kleine Ü.; das Getriebe hat eine Übersetzung von 1:5,6; eine andere Ü. wählen, einschalten; mit einer größeren Ü. fahren.

Übersicht, die: **1.** *Überblick:* jmdm. fehlt die Ü.; die Ü. ist durch viele Nebensächlichkeiten erschwert; eine klare, die nötige, keine Ü. [über etwas] haben; die Ü. gewinnen, bekommen, verlieren; sich (Dativ) eine Ü. [über etwas] verschaffen. **2.** *übersichtliche [tabellenartige] Darstellung:* eine vergleichende Ü.; eine Ü. über die deutsche Geschichte des 19. und 20. Jh.s.

übersichtlich: **a)** *gut zu überblicken:* ein übersichtliches Gelände; die Straßenkreuzung ist ü. [angelegt]. **b)** *gut und schnell lesbar, erfaßbar:* eine übersichtliche Darstellung; die Tabellen sind ü.; die Arbeit ist ü. angelegt, gegliedert.

übersiedeln ⟨mit Raumangabe⟩: *den ständigen [Wohn]sitz verlegen:* von Stuttgart nach München ü.; die Firma siedelte hierher über/(auch:) übersiedelte hierher, ist hierher übergesiedelt/ (auch:) ist hierher übersiedelt.

überspannen: **1. a)** ⟨etwas ü.⟩ *etwas mit etwas bedecken:* etwas mit Leinwand, mit einem Tuch ü. **b)** ⟨etwas überspannt etwas⟩ *etwas führt über etwas hinweg:* eine Hängebrücke überspannt [in 50 m Höhe] den Fluß, die Bucht, das Tal; der Kirchenraum wird von einem Tonnengewölbe überspannt. **2.** ⟨etwas ü.⟩ *etwas zu stark spannen:* eine Saite, die Feder, den Bogen ü. * **den Bogen überspannen** *(etwas auf die Spitze treiben, zu hohe Forderungen stellen).*

überspannt: *unvernünftig, übertrieben:* überspannte Ideen, Ansichten, Vorstellungen, Hoffnungen; Grundsätze; überspannte *(zu hohe)* Forderungen; ein überspanntes Wesen haben; er ist ein etwas überspannter *(exaltierter)* Mensch; sie ist ü.; etwas für ü. halten.

überspielen: **1.** ⟨etwas ü.⟩ *über etwas Negatives hinweggehen und es anderen nicht bewußt werden lassen:* seine Unsicherheit, eine prekäre Situation ü.; die Schauspieler konnten manche Schwächen des Stückes ü. **2.** ⟨etwas ü.; mit Raumangabe⟩ *eine [akustische] Aufnahme übertragen:* eine Platte auf ein Tonband ü.; die Aufzeichnung wurde uns aus dem Studio in Wien überspielt. **3.** ⟨jmdn. ü.⟩ **a)** *klar besiegen:* der Weltmeister hat seinen Gegner mit 6:1 überspielt. **b)** *jmdn. ausspielen:* der Stürmer überspielte seinen Gegenspieler, die gesamte gegnerische Abwehr. **c)** *jmdn. überlisten:* man hat ihn bei den Verhandlungen überspielt; er hat sich von seinen Partnern ü. lassen. * **überspielt sein** *(so viel gespielt haben, daß man keine Bestleistung mehr erbringt).*

überspitzen ⟨etwas ü.⟩: *etwas übertreiben:* er soll die Angelegenheit nicht ü.; das ist leicht, etwas überspitzt [ausgedrückt]; eine überspitzte Formulierung.

überspringen: **I.** ⟨etwas ü.⟩ **1.** *mit einem Sprung überwinden:* einen Graben, einen Zaun ü.; das Pferd hat die Hindernisse fehlerfrei übersprungen; er hat im Weitsprung die 7-Meter-Grenze, im Stabhochsprung die 4,30 m übersprungen. **2.** *auslassen:* eine [Schul]klasse, eine Entwicklungsstufe ü.; wir haben dieses Kapitel, einige Seiten übersprungen. **II. 1.** ⟨etwas springt über⟩ *etwas bewegt sich an eine andere Stelle:* der [elektrische] Funke ist übergesprungen. **2.** ⟨auf etwas ü.⟩ *zu etwas übergehen:* der Redner ist auf ein anderes Thema übergesprungen.

übersprudeln ⟨etwas sprudelt über⟩: **a)** *etwas läuft sprudelnd über:* das Mineralwasser, die Limonade ist übergesprudelt; übertr.: sein Temperament sprudelt über; er sprudelt über von/vor Witz; er ist von/vor guten Einfällen nur so (ugs.) übergesprudelt; übersprudelnde Lebenslust, Schaffenskraft. **b)** *etwas ist so gefüllt, daß der Inhalt sprudelnd überläuft:* die Flasche ist übergesprudelt.

überstehen: **I.** ⟨etwas steht über⟩ *etwas ragt hinaus, hervor:* das oberste Geschoß steht [um] einen halben Meter über; der Balken hat am Dach übergestanden; den überstehenden Papierstreifen abschneiden. **II.** ⟨etwas ü.⟩ *etwas durchstehen, überwinden:* eine Gefahr, eine Reise, einen sehr kalten Winter gut ü.; die Firma hat die Krise ohne großen Schaden überstanden; das Schlimmste ist jetzt überstanden; er hat es überstanden (verhüll.; *er ist gestorben*); sich von der gerade überstandenen Krankheit erholen.

übersteigen: **I. 1.** ⟨etwas ü.⟩ *über etwas stei-*

gen, klettern: eine Mauer, einen Zaun ü. **2.** ⟨etwas übersteigt etwas⟩ *etwas geht über etwas hinaus:* die Nachfrage übersteigt das Angebot; ich hoffe, daß die Kosten den Voranschlag nicht wesentlich ü.; das übersteigt meine finanziellen Möglichkeiten, meine Kräfte; sein Verhalten hat die Grenze des Erlaubten überstiegen. **II.** *hinüberklettern:* die Diebe sind vom Nachbarhaus [aus] auf unser Dach übergestiegen.

übersteigern ⟨sich, etwas ü.⟩: *etwas über das Normalmaß steigern:* seine Forderungen, die Preise, das Produktionstempo ü.; ein übersteigertes Selbstbewußtsein haben.

überstimmen ⟨jmdn. ü.⟩: *jmdn. durch Stimmenmehrheit besiegen:* Gegner eines Gesetzes knapp ü.; die Opposition wurde überstimmt.

überströmen: I. 1. ⟨etwas strömt über⟩ *etwas fließt über den Rand:* das Wasser ist übergeströmt; übertr.: sein Gefühl strömte über; sein Herz strömte vor Seligkeit über; er ist von/vor Dankbarkeit fast übergeströmt; überströmende *(sehr große)* Herzlichkeit. **2.** ⟨etwas strömt auf jmdn. über⟩ *etwas geht auf jmdn. über:* seine gute Laune ist auf uns alle übergeströmt. **II.** ⟨etwas ü.⟩ *etwas überfluten:* der Fluß hat das Land, die Ebene überströmt.

Überstunde, die: *zusätzliche Arbeitszeit:* Überstunden machen, leisten; jede Ü. wird bezahlt.

überstürzen: 1. (veraltend) ⟨etwas überstürzt sich⟩ *etwas überschlägt sich:* die Wogen, Wassermassen überstürzen sich. **2. a)** ⟨etwas ü.⟩ *etwas übereilt tun, machen:* etwas, eine Entscheidung, seine Abreise ü.; man soll nichts ü.; überstürzt handeln, abreisen. **b)** (veraltend) ⟨sich ü.⟩ *sich übereilen:* sich beim Essen, Sprechen ü.; er hat sich in der Arbeit noch nie überstürzt *(er arbeitet gemächlich)*. **3.** ⟨sich ü.⟩ *rasch aufeinander folgen:* die Ereignisse, die Nachrichten überstürzten sich.

übertölpeln ⟨jmdn. ü.⟩: *übervorteilen:* ich lasse mich von ihm nicht ü.

übertönen ⟨jmdn., sich, etwas ü.⟩: *lauter sein als jmd., als etwas:* jeder versuchte, den anderen zu ü.; die Lautsprecher übertönten alles.

übertragen: 1. ⟨etwas ü.⟩ **a)** *etwas als Übertragung senden:* etwas original, direkt, live [im Fernsehen] ü.; das Konzert, die Veranstaltung, das Fußballspiel wird von allen Sendern übertragen. **b)** *etwas überspielen:* eine Schallplattenaufnahme auf Band ü. **2.** ⟨etwas ü.⟩ **a)** (geh.): *etwas übersetzen:* ein Buch, einen Text [aus dem/vom Lateinischen] ins Deutsche ü. **b)** *umwandeln, umformen:* etwas vom Stenogramm in Langschrift ü.; er hat das Stück in eine andere Tonart übertragen. **3.** ⟨etwas ü.; mit Raumangabe⟩ *etwas an andere Stelle schreiben:* etwas ins reine, in ein Heft, auf die nächste Seite ü.; ein Muster auf einen Stoff ü.; die Abschlußrechnung wird ins Hauptbuch übertragen. **4.** ⟨etwas auf etwas ü.⟩ *etwas auf etwas anwenden:* man kann die Maßstäbe, das System nicht einfach auf die dortigen Verhältnisse ü.; adj. Part.: die übertragene Bedeutung einer Formulierung; ein Wort ü., in übertragener Bedeutung gebrauchen. **5.** ⟨etwas jmdm. ü.⟩ *erteilen, übergeben:* jmdm. eine Aufgabe, ein Amt, die Leitung von etwas ü.; die Partei hatte ihm diese Funktion übertragen. **6. a)** ⟨etwas ü.⟩ *eine Krankheit weitergeben:* diese Insekten übertragen die Krankheit; es besteht die Gefahr, daß die Krankheit [auf andere Personen] übertragen wird. **b)** ⟨etwas überträgt sich auf jmdn.⟩ *etwas erfaßt, befällt jmdn.:* die Krankheit überträgt sich auf andere Personen; seine Heiterkeit hat sich auf uns alle übertragen.

Übertragung, die: **1.** *Übermittlung in Ton und Bild:* eine zeitverschobene Ü. der zweiten Halbzeit; die Ü. des Konzerts ist beendet, war [qualitativ] schlecht, war oft gestört, unterbrochen; die Ü. beginnt, läuft, kommt (ugs.) im zweiten Programm; die Ü. im Rundfunk hören; das Fernsehen sendet, bringt eine Ü. von der Fußballweltmeisterschaft. **2. a)** (geh.) *das Übersetzen:* die Ü. des Romans, des Buches [aus dem/vom Französischen] ins Deutsche ist, stammt von ... **b)** *Umwandlung:* die Ü. der Melodie in eine andere Tonart. **3.** *das Erteilen, Übergeben:* die Ü. aller Funktionen. **4.** *das Weitergeben, Verbreiten:* die Ü. einer Krankheit verhindern.

übertreffen: a) ⟨jmdn., sich ü.⟩ *besser sein als jmd.:* jmdn. in der Leistung, an Fleiß, an Intelligenz weit ü.; der Schüler hat schon heute seinen Meister bei weitem, um vieles übertroffen; er hat sich selbst übertroffen; am Reck ist er nicht zu ü. **b)** ⟨etwas übertrifft etwas⟩ *etwas übersteigt etwas:* die Nachfrage, das Ergebnis hat alle Erwartungen übertroffen; das übertrifft jede Vorstellung, die kühnsten Hoffnungen, meine schlimmsten Befürchtungen.

übertreiben: a) *in aufbauschender Weise darstellen:* er übertreibt maßlos, furchtbar; du sollst nicht immer so ü. **b)** ⟨etwas ü.⟩ *etwas übersteigern, zu weit treiben:* Ansprüche, Forderungen, die Sauberkeit, Sparsamkeit ü.; man kann alles ü.; ich übertreibe nicht/es ist nicht übertrieben, wenn ich sage ...; übertreibe nicht das Training; adj. Part.: übertriebene Höflichkeit, Bescheidenheit, Vorsicht, Strenge; übertriebenes Mißtrauen, Pathos; übertriebene Hoffnungen hegen; ist das nicht etwas, reichlich übertrieben?; übertrieben vorsichtig, mißtrauisch, sparsam sein.

übertreten: I. 1. (Sport) *über eine Markierung treten:* der Sprung ist ungültig, weil er übergetreten ist/hat. **2.** ⟨etwas tritt über⟩ *etwas überflutet das Ufer:* der Fluß ist nach dem langen Regen übergetreten. **3.** ⟨zu etwas ü.⟩ *sich einer anderen Anschauung, Gemeinschaft anschließen:* zu einer anderen Partei, Konfession ü.; er ist zur katholischen Kirche, zum katholischen Glauben übergetreten. **II.** ⟨etwas ü.⟩ *gegen etwas verstoßen:* ein Gesetz, eine Vorschrift ü.

übertrieben: → übertreiben.

Übertritt, der: *das Übertreten, Überwechseln:* der Ü. von einer Partei zu einer anderen, zum katholischen Glauben, aus einem Beruf in einen anderen; die Zahl der Übertritte nimmt zu.

übertrumpfen: a) ⟨jmdn. ü.⟩ *weit übertreffen:* mit dieser Leistung hat er alle übertrumpft. **b)** (Kartenspiel) ⟨etwas ü.⟩ *mit einem höheren Trumpf an sich bringen:* er hat ihn, seine Karte übertrumpft.

übervorteilen ⟨jmdn. ü.⟩: *sich auf jmds. Kosten einen Vorteil verschaffen:* man hat ihn bei dem Kauf übervorteilt.

überwachen ⟨jmdn., etwas ü.⟩: *kontrollieren, beobachten:* einen Verdächtigen [Tag und Nacht] ü.; die Ausführung einer Arbeit, eines Befeh-

ü.; eine technische Anlage, den Lauf einer Maschine, den Produktionsablauf ü.

berwältigen: **1.** ⟨jmdn. ü.⟩ *bezwingen:* einen Angreifer ü.; nach kurzem Handgemenge hatte man den Tobenden überwältigt. **2.** ⟨etwas überwältigt jmdn.⟩ *etwas erfaßt, erfüllt jmdn.:* Angst, Wehmut überwältigte ihn; der Schlaf hat ihn überwältigt; die dramatische Wucht des Stückes überwältigte das Publikum *(beeindruckte es tief);* überwältigt von dem Gefühl, daß ...

berwältigend: **a)** *großartig; eindrucksvoll:* einen überwältigenden Eindruck auf jmdn. machen; der Anblick war ü. **b)** *sehr groß, deutlich:* ein überwältigender Sieg; jmdn. mit überwältigender Mehrheit wählen; seine Leistungen sind nicht ü. *(sind mittelmäßig).*

berweisen: **1.** ⟨jmdm./an jmdn. etwas ü.⟩ *etwas anweisen, auf jmds. Konto einzahlen:* jmdm. Geld, einen Betrag ü.; wir werden Ihnen/an Sie das Honorar überweisen; ⟨auch absolut⟩ die Gehälter werden auf ein Girokonto überwiesen. **2.** ⟨jmdn., etwas ü.; mit Raumangabe⟩ *zur Behandlung, Bearbeitung übergeben, zuleiten:* der Arzt hat mich zum Spezialisten, in die Klinik überwiesen; der Fall, der Plan wurde zunächst an den Ausschuß überwiesen.

berwerfen: **I.** ⟨jmdm., sich etwas ü.⟩ *etwas überlegen:* sich rasch seinen Mantel ü.; sie hat dem Kind eine Decke übergeworfen. **II.** ⟨sich mit jmdm. ü.⟩ *mit jmdm. in Streit geraten:* ich habe mich mit ihm wegen der Finanzierung überworfen; ⟨auch ohne Präpositionalobjekt⟩ die beiden haben sich wegen einer Kleinigkeit [völlig] überworfen.

berwiegen: **a)** ⟨etwas überwiegt⟩ *etwas herrscht vor:* diese Meinung, die Kraft, die Toleranz überwiegt; sein Einfluß hat letztlich überwogen; adj. Part.: die überwiegende Mehrheit *(der größte Teil)* der Bevölkerung; sich überwiegend *(hauptsächlich)* mit sozialen Fragen befassen; morgen wird es überwiegend *(meistens)* heiter sein. **b)** ⟨etwas überwiegt etwas⟩ *etwas übertrifft etwas:* das Interesse hat die Vorbehalte überwogen.

berwinden: **1.** (veraltend) ⟨jmdn. ü.⟩ *besiegen:* er hat seinen Gegner nach hartem Kampf überwunden. **2.** ⟨etwas ü.⟩ **a)** *bewältigen, bezwingen:* Hindernisse, Schwierigkeiten ü.; ein Gefühl, die Angst, eine Enttäuschung, seine Scham, Scheu, Bequemlichkeit ü.; die Krise dürfte jetzt überwunden sein. **b)** *aufgeben:* alle Bedenken, Vorbehalte, seine innere Abneigung, sein Mißtrauen ü.; ein überwundener Standpunkt. **3.** ⟨sich ü.⟩ *einen inneren Widerstand aufgeben und zustimmen:* er hat sich schließlich überwunden und seine Zustimmung gegeben; er konnte sich nur sehr schwer ü., das zu tun.

Jberwindung, die: *das Sichüberwinden:* es hat mich viel, einige Ü. gekostet, das zu tun; etwas nur mit großer Ü. tun.

berzeugen: **1.** ⟨jmdn. ü.⟩ *jmdn. in seiner Meinung mit Hilfe von Argumenten o. ä. umstimmen:* jmdn. [durch Beweise] von einem Irrtum, von der Richtigkeit einer Handlungsweise ü.; jmdn. von jmds. [Un]schuld ü.; wir konnten ihn nicht ü./er ließ sich nicht ü.; er war nur schwer [davon] zu ü., daß ...; adj. Part.: **a)** ⟨im 1. Part.⟩ *plausibel, einleuchtend, glaubhaft:* überzeugende Beweise, Gründe; eine überzeugende Darstellung; seine Rolle überzeugend spielen; eine Aufgabe überzeugend *(sehr gut)* lösen; das klingt [nicht] sehr, recht ü. **b)** ⟨im 2. Part.⟩ *an etwas glaubend:* er ist überzeugter *(gläubiger)* Christ, ein überzeugter *(erklärter)* Anhänger dieser Geistesrichtung; [fest, felsenfest, völlig] von etwas überzeugt sein; davon/(geh.:) dessen bin ich noch nicht überzeugt; von jmdm./von jmds. Leistungen nicht überzeugt sein *(keine gute Meinung haben).* **2.** ⟨sich von etwas ü.⟩ *sich vergewissern:* ich habe mich davon überzeugt, daß ...; er kann sich selbst, mit eigenen Augen ü., daß ...

Überzeugung, die: *Gewißheit, feste Meinung:* die religiöse, politische Ü. eines Menschen; es war seine ehrliche Ü., daß ...; seine Ü. klar, fest vertreten; die Ü. gewinnen/haben, daß ...; etwas im Brustton der Ü. *(in fester Überzeugung)* sagen; der Ü. sein, daß ...; etwas aus innerer Ü., in/mit der festen Ü. tun; meiner Ü. nach /nach meiner Ü.; von der Ü. durchdrungen sein, daß ...; zu der Ü. kommen, gelangen, daß ...

überziehen: **I. 1.** ⟨etwas ü.⟩ *darüberziehen:* einen Mantel ü.; er hat über den Schirm eine Schutzhülle übergezogen; ⟨jmdm., sich etwas ü.⟩ sie hat sich eine Jacke übergezogen, weil es kühl wurde. **2.** (ugs.) ⟨jmdm. etwas ü.⟩ *einen Schlag geben:* er hat ihm eins, einen Hieb [mit dem Stock] übergezogen. **II. 1. a)** ⟨etwas mit etwas ü.⟩ *mit etwas bedecken, beziehen:* etwas mit [Kunst]stoff, Leinwand, Lack, mit einer Isolierung ü.; der Kuchen wird mit einem Zukkerguß überzogen; ⟨auch absolut⟩ die Polstersessel neu ü.; die Betten sind frisch überzogen· übertr.: sie überzogen das Land mit Krieg. **b)** ⟨etwas überzieht sich mit etwas⟩ *etwas bedeckt, bezieht sich mit etwas:* der Himmel hat sich mit Wolken überzogen. **2.** ⟨etwas ü.⟩ *mehr Geld vom Konto abheben, als darauf gutgeschrieben ist:* er hat sein Konto überzogen.

üblich: *allgemein bekannt, gebräuchlich, gewohnt:* die übliche Arbeit, Methode, Ausrede; das übliche Gerede; etwas zu den üblichen Bedingungen kaufen; zur üblichen Zeit; es ist bei uns nicht mehr ü., die Leute zu kontrollieren/daß die Leute kontrolliert werden; etwas wie ü. erledigen.

übrig: *als Rest vorhanden, verbleibend, restlich:* die übrigen Teile, Sachen aufheben; alle übrigen *(anderen)* Gäste sind bereits gegangen; von dem Material, Essen ist noch etwas ü.; ich habe [davon] noch etwas ü.; das, alles übrige *(andere);* ein übriges *(noch etwas [anderes], etwas mehr)* tun; alle übrigen *(anderen)* waren einverstanden. * **für jmdn. viel/etwas übrig haben** *(für jmdn. Sympathie empfinden)* · **für etwas viel/etwas/nichts übrig haben** *(an etwas [kein] Interesse haben)* · **im übrigen** *(ansonsten).*

übrigbleiben: *verbleiben, als Rest bleiben:* von dem Essen ist nichts übriggeblieben; wieviel Kandidaten sind übriggeblieben? * **jmdm. bleibt nichts [anderes/weiter] übrig als ...** *(jmd. hat keine andere Wahl als ...).*

übrigens ⟨Adverb⟩: *nebenbei bemerkt:* ü. könntest du mir einen Gefallen tun; ich habe ü. ganz vergessen, dir zu gratulieren; ü., habe ich dir schon gesagt, daß ..?

Übung, die: **a)** *das Üben; durch ständige Wiederholung erworbene Gewandtheit:* das ist alles nur Ü.; das macht die Ü.; Redensart: Ü. macht den Meister · ihm fehlt die Ü.; nicht genügend Ü. haben; aus der Ü. kommen; außer Ü. sein; in [der] Ü. sein, bleiben; wieder in Ü. kommen. **b)** *turnerische Leistung:* eine schwierige, leichte Ü.; am Reck eine Ü. turnen; die Turner zeigen verschiedene Übungen. **c)** *(für den Ernstfall) probeweise durchgeführte Unternehmung:* militärische Übungen; Übungen abhalten; die Feuerwehr rückt zur Ü. aus. **d)** *Seminarunterricht:* eine zweistündige mittelhochdeutsche Ü.; Übungen für Fortgeschrittene, in Althochdeutsch, über Goethes Lyrik; eine Ü. ansetzen, abhalten; an einer Ü. teilnehmen. **e)** (Rel.) *geistliche Betrachtung, Teil der Exerzitien:* die Übungen des Ignatius von Loyola; sich den täglichen geistlichen Übungen unterziehen.

Ufer, das: *Rand eines Gewässers:* ein hohes, steiles, felsiges, sanft abfallendes, flaches, schräges U.; das U. des Flusses, des Sees; das U. befestigen; das sichere U. erreichen; das /am U. entlang; am U. entlanglaufen; am rechten, diesseitigen, anderen U.; am U. anlegen; ans U. kommen, gelangen, rudern, schwimmen, treiben; die Flaschenpost wurde ans U. gespült; an den Ufern des Rheins; der Fluß tritt über die Ufer; sich vom U. abstoßen, immer weiter entfernen.

Uhr, die: **a)** *Zeitmesser:* eine goldene, moderne, genau gehende, automatische, elektrische, wasserdichte U.; die U. tickt, geht vor/nach, steht, ist abgelaufen, zeigt halb zehn, schlägt elf; die U. stellen, aufziehen, anhalten, reparieren; eine U. tragen; auf die U., nach der U. sehen, blicken, schauen; nach meiner U. ist es bereits fünf. **b)** *Uhrzeit:* es ist genau, Punkt, Schlag (ugs.) acht U.; wieviel U. ist es?; der Zug fährt um fünf U. dreißig/um 5.30 U.; etwas dauert von acht bis zehn U. * (ugs.:) **die Uhr geht nach dem Mond** *(die Uhr geht ungenau, falsch)* · (ugs.:) **rund um die Uhr** *(24 Stunden lang).*

Ulk, der: *Spaß, Scherz:* ein köstlicher U.; [einen] U. machen; sich einen U. erlauben, aus etwas machen; er machte, trieb seinen U. mit ihm.

ulkig (ugs.): *komisch, spaßig:* ein ulkiger Mensch, Kerl (ugs.); die Sache war sehr u.; er kann so u. erzählen.

Ultimatum, das (bildungsspr.): *zeitlich befristete Forderung:* das U. ist abgelaufen; [jmdm.] ein U. stellen; ein U. annehmen, zurückweisen, ablehnen; die Aufforderung gleicht einem U., kommt einem U. gleich.

um: I. ⟨Präp. mit Akk.⟩ **1.** /räumlich; kennzeichnet die Lage oder Bewegung im Hinblick auf einen Bezugspunkt in der Mitte; oft in Korrelation mit *herum*/: alle standen um ihn [herum], um den Tisch; sie liefen um das Haus [herum]; er wohnt nur um die Ecke [herum]; sich um die eigene Achse drehen; übertr.: alles dreht sich nur um ihn. **2.** /drückt aus, daß jmd., etwas Mittelpunkt von etwas ist/: Gerüchte, Spekulationen um die Firma, um einen Plan, um Namen, bestimmte Personen. **3. a)** /kennzeichnet einen bestimmten Zeitpunkt/: die Veranstaltung beginnt um 20 Uhr. **b)** /kennzeichnet einen ungefähren Zeitpunkt; oft in Korrelation mit *herum*/: um Weihnachten, Ostern [herum]; um den 15. Juli; um die Mittagszeit; um diese Zeit [herum] muß es geschehen sein. **4.** /kennzeichnet Zweck oder Ziel einer Tätigkeit/: um Geld betteln; um sein Leben kämpfen; um Geld spielen. **5.** /drückt einen regelmäßigen Wechsel aus/: einen Tag um den anderen *(jeden zweiten Tag.)* **6.** ⟨Subst. + um + gleiches Subst.⟩/ drückt auf emotionale Weise ein kontinuierliches Nacheinander aus/: es verging Woche um Woche, Stunde um Stunde; Seite um Seite schreiben; er fuhr Runde um Runde. **7.** /bezeichnet in Verbindung mit dem Komparativ ein bestimmtes Maß, eine Größenordnung/: er ist um Haupteslänge (geh.) größer als ich; hier kauft man um die Hälfte billiger; etwas ist um nichts, vieles besser. **8.** /kennzeichnet einen Unterschied bei Maßangaben/: der Rock wurde um 5 cm gekürzt. **9.** ⟨in Abhängigkeit von bestimmten Wörtern⟩ sich sorgen um; das Wissen um etwas; um Hilfe rufen; es ist schade um jmdn., etwas. **II.** ⟨in Konkurrenz zu den Pronominaladverbien *darum* und *worum*⟩ **1.** (ugs.) ⟨statt des Pronominaladverbs *darum;* bei Bezug auf eine Sache, einen Satz oder einen [satzwertigen] Infinitiv oder in Verbindung mit *es*⟩ er hat um es (richtig: darum) große Sorge. **2.** ⟨in Verbindung mit Fragepronomen⟩ **a)** ⟨in bezug auf eine Person⟩ um wen hast du Sorge? **b)** (ugs.) ⟨in bezug auf Sachen anstatt *worum*⟩ um was (richtig: worum) soll ich mich denn noch kümmern! **3.** ⟨in relativer Verbindung⟩ **a)** die Tochter, um die sie sich sorgte ...; das Erbe, um das der Streit ging ... **b)** (ugs.) ⟨statt *worum* im nicht attributiven Relativsatz⟩ er konnte nicht feststellen, um was (richtig: worum) es sich handelte. **III.** ⟨Konj.⟩ **1.** ⟨in Verbindung mit Infinitiv mit *zu*⟩ **a)** /drückt einen Zweck, eine Folge aus/: er kam, um mir zu gratulieren. **b)** /in weiterführend-abschließender und paradoxal-abschließender Funktion/: er hörte von verschiedenen Krankheiten, um sie sogleich bei sich selbst festzustellen; er hat mit Novellen angefangen, um erst im Alter Romane zu schreiben. **2.** ⟨in Verbindung mit *so* und Komparativ⟩ /drückt eine proportionale Verstärkung aus/: die Zeit ist knapp, um so besser muß man sie nützen; je schneller der Wagen [ist], um so größer [ist] die Gefahr. **IV.** ⟨Adverb⟩ /oft in Korrelation mit *herum*/: *ungefähr:* ich brauche um [die] 100 Mark [herum]; es waren um [die] 50 Personen da. * **um und um** *(ganz, rundherum)* · ⟨mit Genitiv⟩ **um ... willen** *(im Interesse von):* um des [lieben] Friedens willen.

umarbeiten ⟨etwas u.⟩: *umgestalten:* einen Anzug [nach neuestem Schnitt] u.; er hat den Roman in ein Drama, zu einem Drehbuch umgearbeitet.

umarmen ⟨jmdn. u.⟩: *die Arme um jmdn. legen:* die Eltern umarmten ihre Tochter bei der Ankunft; sie umarmten sich/(geh.:) einander.

Umbau, der: **1.** *bauliche Umgestaltung:* der U. des Hauses, Geschäftes; der U. der Kulissen geschieht innerhalb weniger Minuten; alle Umbauten müssen genehmigt werden; wegen Umbaus (nicht korrekt: wegen Umbau) geschlossen; übertr.: den U. der Verwaltung vornehmen. **2.** *Umkleidung:* ein U. aus Holz, Kunststoff; etwas mit einem U. versehen.

umbauen: I. ⟨etwas u.⟩ *baulich verändern:* einen Laden, ein Haus u.; der Saal wurde zu einem Kino umgebaut; übertr.: die Verwaltung u. **II.** ⟨etwas u.⟩ *ein-, umfassen:* etwas mit einer Mauer u.; der Platz soll umbaut werden; 20000 cbm umbauter Raum.

mbilden ⟨etwas u.⟩: *umändern:* das Kabinett u.; die Parteispitze soll umgebildet werden.

mbinden ⟨jmdm., sich etwas u.⟩: *umhängen und festbinden:* dem Kind eine Schürze u.; er hat sich eine Krawatte umgebunden.

mblicken ⟨sich u.⟩: *sich umschauen:* sich nach jmdm., nach etwas u.; er blickte sich mehrmals nach dem Mädchen um.

mbringen ⟨jmdn., sich u.⟩: *töten:* jmdn. mit Gift, auf bestialische Weise, aus Eifersucht u.; er hat sich umgebracht; übertr. (ugs.): die ständige Nörgelei bringt mich noch um; der Stoff, Anzug ist nicht umzubringen *(ist unverwüstlich);* er brachte sich [fast, beinahe] um vor Hilfsbereitschaft *(war übertrieben hilfsbereit);* bring dich nur nicht um! *(streng dich nicht so sehr an, übertreibe deine Bemühungen nicht!).*

mdrehen ⟨jmdn., sich, etwas u.⟩: *um die Achse drehen; auf die entgegengesetzte Seite drehen:* den Schlüssel [im Schlüsselloch] zweimal u.; ein Blatt Papier, die Zeitung, ein Geldstück u.; die Taschen, die Hemden, Strümpfe u. *(von innen nach außen kehren);* als er sich umdrehte, erkannte ich ihn; sich nach jmdm., nach etwas u. *(den Kopf wenden und nachblicken);* ⟨jmdm. etwas u.⟩ jmdm. den Arm, die Hand u. * (ugs.:) **den Pfennig [dreimal] umdrehen** *(sehr sparsam sein; geizig sein)* · (ugs.:) **den Spieß umdrehen** *(mit der gleichen Methode seinerseits angreifen)* · (ugs.:) **jmdm. den Hals umdrehen** *(jmdn. zugrunde richten, ruinieren)* · **jmdm. das Wort im Munde umdrehen** *(jmds. Aussage absichtlich gegenteilig auslegen)* · **jmdm. dreht sich das Herz im Leibe um** *(jmd. ist über etwas sehr bekümmert)* · (ugs.:) **jmdm. dreht sich der Magen um** *(jmd. findet etwas so widerlich, daß ihm schlecht werden könnte)* · **sich auf dem Absatz umdrehen** *(sich spontan zum Umkehren entschließen).*

umfallen: **a)** ⟨etwas fällt um⟩ *etwas bleibt nicht stehen, fällt zu Boden:* die aufgestellten Schilder sind bei dem Sturm umgefallen; die Leiter droht umzufallen. **b)** *zusammenbrechen:* bei der Hitze sind einige Teilnehmer [wie die Fliegen (ugs.), wie tot] umgefallen; subst.: zum Umfallen *(sehr)* müde sein; übertr. (ugs.): bei den Verhandlungen ist er doch noch umgefallen *(hat er seinen bisher festen Standpunkt geändert).*

Umfang, der: **1.** *Länge der Begrenzungslinie:* der U. des Rades, einer Kugel, der Erde; der Baumstamm hat einen U. von 5,30 m; den U. eines Kreises berechnen; jmds. U. der Taille [ab]messen; bildl. (ugs.; scherzh.): sie hat einen ganz schönen U. *(ist ziemlich dick).* **2.** *Dicke, Stärke:* jeder Band hat 800 Seiten U., hat einen U. von 800 Seiten. **3.** *Ausmaß:* der U. einer Arbeit, Untersuchung; der U. der Schäden läßt sich noch nicht überblicken; etwas nimmt einen immer größeren, einen ungeahnten, ungeheueren U. an; einen festgelegten U. überschreiten; etwas in seinem wirklichen U. übersehen; der Angeklagte war in vollem Umfang[e] geständig *(hat voll gestanden).*

umfangen (geh.) ⟨jmdn. u.⟩: *umschließen:* jmdn. [mit beiden Armen] u., umfangen halten; übertr.: Dunkelheit, eine angenehme Kühle umfing uns, als wir das Schloß betraten.

umfänglich: *von größerem Ausmaß; ausgedehnt:* umfängliche Vorbereitungen, Sicherheitsmaßnahmen; ein umfänglicher Brief[wechsel]; die Arbeit erwies sich als sehr u.

umfangreich: *von größerem Umfang, Ausmaß:* umfangreiche Bestellungen; umfangreiche Berechnungen, Nachforschungen anstellen; er hat ein umfangreiches Wissen; übertr.: seine Stimme ist durch die Schulung umfangreicher *(kräftiger, voller)* geworden.

umfassen: **I. 1.** ⟨jmdn., etwas u.⟩ *mit den Armen umschließen:* jmds. Knie, Arme, Taille u.; er umfaßte mich, hielt mich umfaßt. **2.** ⟨etwas u.⟩ *umzingeln:* die gegnerischen Stellungen von Norden her u. **3.** ⟨etwas umfaßt etwas⟩ *etwas enthält etwas:* diese Ausgabe umfaßt die frühen Werke des Dichters; sein Arbeitsgebiet umfaßt die Planung und Organisation; adj. Part.: *ausgedehnt, weitgespannt:* eine umfassende Bildung haben; umfassende Vorbereitungen treffen; ein umfassendes *(volles)* Geständnis ablegen; seine Kenntnisse sind u.; sich u. orientieren. **II.** ⟨etwas u.⟩ *etwas anders fassen:* der Brillant wurde umgefaßt.

Umfrage, die: *Befragung mehrerer Personen:* die U. ist nicht repräsentativ (bildungsspr.); die U. hat ergeben, daß ...; eine U. [zur/über die Hochschulreform] machen, veranstalten; etwas durch eine U. ermitteln.

umfunktionieren ⟨etwas u.⟩: *verwandeln und für seinen Zweck verwenden:* die Veranstaltung wurde in eine/zu einer Demonstration umfunktioniert.

Umgang, der: **a)** *gesellschaftlicher Verkehr:* ein angenehmer, geselliger U.; diese Gesellschaft ist kein U. für dich; mit jmdm. U. haben, pflegen; durch dauernden U., im U. mit Ausländern hat er sich die Sprachkenntnisse angeeignet. **b)** *das Sichbeschäftigen mit jmdm., mit etwas:* der ständige U. mit Jugendlichen hat ihn aufgeschlossener gemacht; sich im U. mit Tieren, mit Büchern, mit Autos auskennen.

umgänglich: *freundlich, entgegenkommend:* er ist ein umgänglicher Mensch; ein umgängliches Wesen haben; du mußt etwas umgänglicher sein; er hat sich sehr u. gezeigt.

Umgangsformen, die ⟨Plural⟩: *Art, sich zu benehmen:* gute, schlechte, keine U. haben, besitzen; jmdm. [gute] U. beibringen; er fiel durch seine guten Umgangsformen auf.

umgeben: **a)** ⟨jmdn., sich, etwas mit jmdm., mit etwas u.⟩ *einfassen; herum sein lassen:* das Grundstück mit einem Zaun u.; er hat sich mit einem großen Mitarbeiterstab, mit einer Leibgarde umgeben; übertr.: jmdn. mit viel Liebe u.; sich mit einer Glorie, einem Heiligenschein u. *(sich idealisieren lassen).* **b)** ⟨etwas umgibt etwas⟩ *etwas ist auf allen Seiten um etwas herum:* eine Hecke umgibt den Garten; die Stadt ist ringsum von Wald umgeben; von Spitzeln, Schmarotzern umgeben sein.

Umgebung, die: **1.** *das umliegende Gelände; die nähere Landschaft:* eine gebirgige, waldreiche U.; die U. Berlins/von Berlin; die Stadt hat eine schöne U.; er sucht eine Wohnung in Stuttgart oder U.; Ausflüge in die nähere und weitere U. machen. **2.** *Gruppe von Personen, die jmdm. näherstehen:* seine nähere U. versuchte, ihm den Vorfall zu verheimlichen; aus der U. des Kanzlers war zu hören, daß ...; zur näheren U. von jmdm. gehören.

umgehen: I. ⟨etwas u.⟩ 1. *um etwas herumgehen, -fahren:* die Innenstadt, den Ort [auf einer Schnellstraße] u.; die Straße umgeht westlich den Gebirgszug; den Gegner, Truppenverbände u. 2. *nicht beachten:* ein Gesetz, eine Vorschrift, Vertragsbestimmungen u.; er umging in seiner Rede diesen kritischen Punkt; es ließ sich nicht u. *(vermeiden)*, ihn zu begrüßen. II. 1. ⟨etwas geht um⟩ a) *etwas ist in Umlauf, kursiert:* eine Liste, Zeitschrift, Sammelbüchse geht [in der Firma] um; es geht das Gerücht um, daß ... b) *etwas tritt in Erscheinung, tritt auf:* hier im Schloß gehen Gespenster um, soll eine weiße Frau u.; bei uns geht zur Zeit die Grippe um. 2. ⟨mit jmdm., mit etwas u.; mit Artangabe⟩ *jmdn., etwas in bestimmter Weise behandeln:* mit jmdm. behutsam, vorsichtig, sehr grob u.; er geht mit seinen Sachen sehr nachlässig um; er versteht mit Kindern, mit Tieren umzugehen; sparsam, leichtsinnig, verschwenderisch mit dem Geld u.; mit etwas um[zu]gehen lernen. 3. ⟨mit etwas u.⟩ *etwas vorhaben:* mit einem Plan, Vorhaben u.; er geht mit dem Gedanken um, ein Haus zu kaufen.

umgehend: *sofort:* jmdm. u. antworten; etwas u. zurückschicken, erledigen.

umgestalten ⟨etwas u.⟩: *umbilden:* einen Raum, ein Schaufenster u.; der Garten ist in eine öffentliche Anlage umgestaltet worden.

umgraben ⟨etwas u.⟩: *grabend umwälzen:* den Garten, ein Beet u.

umhängen: I. 1. ⟨etwas u.⟩ *an eine andere Stelle hängen:* Bilder u.; sie hat die Wäsche umgehängt. 2. ⟨jmdm., sich etwas u.⟩ *jmdm., sich etwas umlegen:* sie hat dem Kind, sich den Mantel umgehängt. II. (selten) ⟨etwas mit etwas u.⟩ *etwas mit etwas umgeben:* ein Bild, ein Denkmal mit Blumen und Fahnen u. * **der Katze die Schelle umhängen** *(eine gefährliche, schwierige Aufgabe als einziger übernehmen)* · **einer Sache ein Mäntelchen umhängen** *(etwas bemänteln, als harmlos hinstellen)*.

umher ⟨Adverb; meist zusammengesetzt mit Verben⟩: *ringsum:* die Wrackteile waren weit u. verstreut.

umhinkönnen ⟨mit Infinitiv mit *zu*⟩: *umgehen, vermeiden können:* er wird kaum u., den Vorfall zu melden; wir haben nicht umhingekonnt, auch die anderen einzuladen.

umkehren: 1. *wenden, zurückgehen:* wir sind auf halbem Wege [wieder] umgekehrt; viele mußten u., weil der Saal überfüllt war. 2. ⟨etwas u.⟩ *etwas von innen nach außen kehren, umstülpen:* Taschen, Hemden, Strümpfe, Kleidungsstücke u.; übertr. (ugs.): ich habe das ganze Haus umgekehrt *(durchsucht)*. 3. ⟨etwas u.⟩ *umdrehen, entgegengesetzt machen:* im zweiten Durchgang wurde die Reihenfolge umgekehrt; etwas verläuft umgekehrt, in umgekehrter Reihenfolge, Richtung; umgekehrt! *(im Gegenteil!)*; Redensart: umgekehrt wird ein Schuh/Stiefel draus *(die Sache ist gerade umgekehrt)*. * (Math.:) **mit umgekehrten Vorzeichen** *(mit vertauschten Minus- oder Pluszeichen)* · **mit umgekehrtem Vorzeichen** *(unter entgegengesetzten Voraussetzungen)* · (ugs.:) **den Spieß umdrehen** *(mit der gleichen Methode seinerseits angreifen)*.

umkippen: 1. a) *umfallen:* die Vase, die Flasche kippt um; die Leiter droht umzukippen; er ist mit dem Stuhl, mit dem Boot umgekippt. b) (ugs.) *zusammenbrechen:* er ist bei der Hitze umgekippt; übertr.: bei den Verhandlungen ist er doch noch umgekippt *(hat er seinen bisher festen Standpunkt geändert)*. 2. ⟨etwas u.⟩ *umwerfen:* die Tasse, den Tisch u.; er hat versehentlich den Eimer umgekippt.

umklammern ⟨jmdn., etwas u.⟩: 1. *fest umgreifen:* jmds. Hand u.; der Ertrinkende umklammerte den Rettungsschwimmer; er hielt ihre Hand umklammert; bildl.: Entsetzen umklammerte uns. 2. *einschließen, umzingeln:* die Truppen haben den Feind, eine ganze Division umklammert.

umkleiden (geh.): I. ⟨jmdn., sich u.⟩ *umziehen:* sich zum Ausgehen, für das Theater u.; sie hat noch rasch das Kind umgekleidet. II. ⟨etwas mit etwas u.⟩ *etwas mit etwas umgeben:* das Rednerpult mit einem Fahnentuch u.; die Türen, Säulen waren mit Girlanden umkleidet.

umkommen: 1. *ums Leben kommen:* im Krieg, in den Flammen u.; seine Angehörigen sind bei einem Erdbeben umgekommen; übertr.: davon wirst du nicht u. *(das wird dir nicht schaden)*; vor Hitze, Hunger, Langeweile fast u.; subst.: die Luft ist ja zum Umkommen. 2. ⟨etwas kommt um⟩ *etwas verdirbt:* nichts u. lassen; alles verbrauchen, damit nichts umkommt.

Umkreis, der: *Umgebung von bestimmter Größe:* drei Kilometer im U.; im U. von drei Kilometer[n]; im engen, größeren, weiteren, ganzen U. war kein Haus zu finden; er ist über den U. der Stadt nie hinausgekommen.

Umlauf, der: 1. a) *das Umlaufen:* der U. des Blutes; der U. der Erde um die Sonne dauert ein Jahr. b) *das Kursieren:* der U. der Zahlungsmittel, von falschen Fünfmarkstücken, von Zeitschriften; der U. stockt, ist gehemmt; etwas ist in/im U.; etwas in U. bringen, setzen *(etwas umlaufen lassen)*. 2. *Rundschreiben:* einen U. erhalten, lesen, abzeichnen, weitergeben; etwas durch [einen] U., in/mit einem U. bekanntmachen.

umlaufen: I. 1. ⟨jmdn., etwas u.⟩ *im Laufen umstoßen:* er hat die alte Frau umgelaufen. 2. ⟨etwas läuft um⟩ a) *etwas kursiert:* eine Bekanntmachung läuft im Betrieb um; falsche Fünfmarkstücke sind umgelaufen; es läuft das Gerücht um, daß ...; sich in die umlaufende Liste eintragen. b) *ringsherum verlaufen:* der Balkon läuft [an dem Haus] ganz um; eine umlaufende Galerie. 3. (selten) *einen Umweg machen:* wie ich jetzt sehe, bin ich ziemlich umgelaufen. II. 1. ⟨etwas u.⟩ *um etwas herumlaufen:* das Spielfeld, die Bahn fünfmal u. 2. ⟨etwas umläuft etwas⟩ *etwas bewegt sich in einer bestimmten Bahn:* der Planet umläuft die Sonne in ungefähr 11 Jahren.

umlegen: I. 1. ⟨jmdm., sich etwas u.⟩ *etwas umhängen:* sich den Mantel u.; ⟨auch ohne Dativ der Person⟩ sie hatte eine Pelzstola umgelegt. 2. ⟨jmdn., etwas u.⟩ *verlegen:* eine Leitung u.; der Patient ist in eine andere Abteilung umgelegt worden. 3. a) ⟨etwas u.⟩ *etwas, was steht, auf den Boden bringen:* eine Mauer, einen Schornstein, einen Baum u. b) ⟨etwas u.⟩ *umschlagen:* den Kragen, die Manschetten u. c) (ugs.) ⟨jmdn. u.⟩ *töten:* die Einbrecher haben den Nachtwächter umgelegt. **4.** ⟨etwas u.⟩ *Kosten anteilmäßig verteilen:* die Ausgaben, Kosten werden auf alle Mieter [anteilmäßig] umgelegt. **II.** ⟨etwas mit etwas u.⟩ *etwas mit etwas umgeben:* den Braten, das Geflügel mit verschiedenen Gemüsen, Salaten u.

umleiten ⟨etwas u.⟩: *über eine andere Strecke leiten:* der gesamte Verkehr mußte wegen eines Unfalls [über Nebenstraßen] umgeleitet werden.

umrahmen: I. ⟨etwas umrahmt etwas⟩ *etwas umgibt etwas (wie ein Rahmen):* ein Bart umrahmt sein Gesicht; der Ort ist von dunklen Wäldern umrahmt; übertr.: eine Feier musikalisch u.; die Veranstaltung war von verschiedenen Darbietungen umrahmt. **II.** ⟨etwas u.⟩ *etwas anders rahmen:* er hat mir das Bild umgerahmt.

umreißen: I. ⟨jmdn., etwas u.⟩ *zu Boden reißen:* eine Mauer, einen Baum, ein Verkehrsschild u.; das Auto hat einen Fußgänger umgerissen; er riß mich vor Freude fast um; übertr. (ugs.): er tut, als wenn er alles u. wollte *(er legt tüchtig los)*. **II.** ⟨etwas u.⟩ *knapp beschreiben, skizzieren:* etwas kurz, mit wenigen Worten, in groben Zügen u.; eine Situation, die Geschäftslage u.; der Tatbestand ist rasch umrissen; adj. Part.: *ausgeprägt:* fest, scharf umrissene Ansichten, Vorstellungen haben.

umrennen ⟨jmdn., etwas u.⟩: *umlaufen:* die Leiter u.; er hat eine alte Frau umgerannt.

umringen ⟨jmdn., etwas u.⟩: *dicht um jmdn., um etwas herumstehen:* einen Stand u.; die Journalisten haben den Sieger umringt.

Umriß, der: *Kontur:* der U. einer Figur; nur die Umrisse der Häuser waren zu erkennen; übertr.: *in großen Zügen:* eine Weltgeschichte in Umrissen; etwas in großen, flüchtigen Umrissen darstellen.

umrühren ⟨etwas u.⟩: *rührend durcheinanderbewegen:* die Suppe u.; subst.: etwas unter ständigem Umrühren langsam kochen.

ums (ugs.): *um das:* mehrmals ums Haus gehen; bei einem Unfall ums Leben kommen.

umsatteln: 1. ⟨ein Tier u.⟩ *anders satteln:* er hat die Pferde umgesattelt. **2.** (ugs.) *das Fach, den Beruf wechseln:* u. müssen; er hat von Medizin auf Soziologie umgesattelt.

Umsatz, der: *Menge, Wert des Verkaufs:* ein großer, guter U.; der U. stagniert (bildungsspr.), geht zurück, steigt; den U. halten können, steigern, erhöhen.

umschalten: a) ⟨mit Raumangabe⟩ *eine andere Verbindung herstellen:* direkt ins Stadion u.; zur Tagesschau schalten wir um nach Hamburg. **b)** ⟨etwas u.⟩ *anders schalten, einstellen:* einen Hebel, den Strom u.; das Netz von Gleichstrom auf Wechselstrom u.; den Apparat auf einen anderen Sender u.; übertr.: ich muß nach dem Urlaub erst u. *(mich umstellen)*.

umschiffen: I. ⟨jmdn., etwas u.⟩ *auf ein anderes Schiff bringen:* man hat die Passagiere, die Fracht in Hamburg umgeschifft. **II.** ⟨etwas u.⟩ *etwas mit einem Schiff umfahren:* wir haben das Kap der Guten Hoffnung umschifft; übertr.: er hat bei den Verhandlungen alle Klippen umschifft *(alle Schwierigkeiten überwunden)*.

Umschlag, der: **1. a)** *Buchhülle:* ein farbiger U.; der U. ist beschädigt, zerrissen; einen U. um das Buch legen. **b)** *Kuvert:* ein gefütterter U.; der U. ist aufgerissen; einen frankierten U. beilegen; den U. zukleben, öffnen; eine Briefmarke auf den U. kleben; den Brief in einen U. stecken. **2.** *Wickel:* ein warmer, kalter U. [mit essigsaurer Tonerde]; die Umschläge haben etwas geholfen, haben mir Linderung verschafft; der Arzt hat mir feuchtwarme Umschläge verordnet; jmdm. einen U. machen; den U. wechseln, erneuern. **3.** *umgeschlagener Rand an Hosen:* der U. an der Hose ist ausgefranst; die Umschläge ausbürsten, erneuern; eine Hose mit/ohne Umschläge. **4.** *plötzliche Veränderung:* ein wirtschaftlicher U. trat, setzte ein; der U. seiner Stimmung war uns unerklärlich; den U. des Wetters [in den Gliedern] spüren. **5.** *das Umladen von Waren:* der U. der Waren, von Gütern; der U. vom Schiff auf die Bahn; der U. hat sich nicht erhöht, ging zurück.

umschlagen: 1. ⟨etwas u.⟩ *zu Boden schlagen, fällen:* Bäume, Pfähle u. **2.** ⟨etwas u.⟩ *so wenden, daß das Innere nach außen kommt; umwenden:* den Kragen, die Ärmel u.; er hatte die Hosenbeine umgeschlagen; im Buch eine Seite u. **3.** ⟨jmdm., sich etwas u.⟩ *umlegen:* sich ein Tuch umschlagen. **4.** ⟨etwas schlägt um⟩ *etwas kippt um:* der Kahn, das Boot ist umgeschlagen. **5.** ⟨etwas schlägt um⟩ *etwas ändert sich plötzlich:* das Wetter wird bald u.; plötzlich ist seine gute Laune, die Stimmung [ins Gegenteil] umgeschlagen. **6.** ⟨etwas u.⟩ *etwas umladen:* hier werden Waren, Güter aller Art umgeschlagen.

umschließen: a) ⟨etwas u.⟩ *etwas umgreifen:* etwas mit Händen u.; er hielt ihre Hand fest umschlossen. **b)** ⟨etwas umschließt etwas⟩ *etwas umgibt etwas:* eine hohe Mauer umschließt das Haus; der Kragen umschließt locker den Hals; übertr.: sein Vorschlag umschließt *(enthält)* auch diese Möglichkeit.

umschmeißen (ugs.): → umwerfen.

umschreiben: I. 1. ⟨etwas u.⟩ *neu fassen, schreiben:* einen Text, Artikel u.; er hat das Stück völlig umgeschrieben. **2.** ⟨etwas auf jmdn., auf etwas u.⟩ *etwas übertragen:* die Hypothek auf einen anderen Inhaber u.; er hat das Haus auf seinen Sohn umgeschrieben/u. lassen; etwas auf ein anderes Konto u. **II.** ⟨etwas u.⟩ **1.** *beschreiben, abgrenzen:* jmds. Rechte, Pflichten, Befugnisse [genau, mit wenigen Worten, kurz] u. **2.** *anders, verhüllend ausdrücken:* eine unangenehme Sache [elegant, geschickt] u.; Sprachwiss.: den Genitiv durch eine präpositionale Fügung/mit einer präpositionalen Fügung u.

umschulen ⟨jmdn. u.⟩: **1.** *in eine andere Schule schicken:* wegen des Umzugs der Familie mußten die Kinder umgeschult werden; ein Kind von der Volks- in die Mittelschule u. **2.** *in einem anderen Beruf ausbilden:* nach Schließung der Zechen werden die Bergleute umgeschult; sich u. lassen.

Umschweife (Plural) ⟨in der Verbindung⟩ ohne Umschweife *(geradeheraus, ohne Zögern)*: etwas ohne U. sagen, tun.

Umschwung, der: **1.** *Veränderung ins Gegenteil:* ein plötzlicher U. der Stimmung, in der Stimmung; in der öffentlichen Meinung trat ein U. ein; einen U. verursachen, auslösen, veranlassen, herbeiführen; etwas führt zu einem U. **2.** (Turnen) *kreisförmiger Schwung:* drei Umschwünge am Reck, an den Ringen machen.

umsehen: 1. ⟨sich u.⟩ *sich umdrehen, um jmdn., etwas zu sehen:* sich mehrmals [nach jmdm.] u.; der Reiter sah sich um, ob die Stange gefallen war; bei mir darfst du dich nicht u. *(es ist nicht aufgeräumt);* übertr.: ihr werdet euch noch u. *(wundern),* wenn ich nicht mehr hier bin; sich in der Welt u. *(reisen und viel kennenlernen).* **2.** ⟨sich nach jmdm., nach etwas u.⟩ *Ausschau halten, suchen:* sich nach neuen Mitarbeitern, nach einem passenden Geschenk u.; du mußt dich bald nach einer Frau u.

umsein (ugs.) ⟨etwas ist um⟩: *etwas ist vorbei:* die Frist, Zeit ist [längst] um; schade, daß der Urlaub schon um ist.

umsetzen: 1. ⟨jmdn., sich, etwas u.⟩ *an eine andere Stelle setzen:* Bäume, Pflanzen, Randsteine u.; der Lehrer hat die Schüler in der Klasse umgesetzt; wir haben uns umgesetzt. **2.** ⟨etwas in etwas u.⟩ *etwas in etwas umwandeln:* ein Musikstück in eine andere Tonart u.; Prosa in Verse u.; etwas in Wärme, Strom u.; Stärkemehl wird in Zucker umgesetzt; er hat sein ganzes Geld in Alkohol umgesetzt (ugs.; *dafür ausgegeben*). **3.** ⟨etwas u.⟩ *verkaufen:* Waren [für 50 000 Mark, im Wert von 100 000 Mark] u.; gestern hat er viel, nichts umgesetzt. * **etwas in die Tat umsetzen** *(verwirklichen).*

Umsicht, die: *Überblick, kluges Verhalten:* in dieser schwierigen Situation bewies, zeigte er große, eine erstaunliche U.; etwas mit viel U. tun, erledigen.

umsichtig: *klug überlegend; mit Umsicht vorgehend:* ein umsichtiger Leiter; er ist sehr u.; u. handeln, vorgehen; sich [bei, in etwas] u. zeigen, erweisen.

umsonst ⟨Adverb⟩: **1.** *vergeblich:* es war alles u.; sich u. anstrengen, bemühen; er hat den Weg völlig u. gemacht; nicht u. *(nicht ohne Grund)* hält er sich im Hintergrund. **2.** *ohne Bezahlung:* etwas [für] u. tun; er hat die Arbeit sogar u. gemacht; Redensart: u. ist nur der Tod, und der kostet das Leben.

umspringen: I. ⟨jmdn., etwas u.⟩ *um jmdn., um etwas herumspringen:* die Kinder und der Hund umsprangen den heimkehrenden Vater. **II. 1.** ⟨etwas springt um⟩ *etwas wechselt die Richtung:* der Wind ist [nach Norden] umgesprungen. **2.** ⟨mit jmdm., mit etwas u.; mit Artangabe⟩ *in bestimmter Weise behandeln:* mit Häftlingen grob, rücksichtslos, brutal u.; so können Sie mit mir nicht u.

Umstand, der: *für ein Geschehen bestimmende Situation, Gegebenheit:* ein wichtiger, entscheidender, unvorhergesehener, glücklicher U.; die Umstände erlauben, gestatten mir nicht ...; die Umstände bringen das mit sich; erschwerende Umstände kamen, traten hinzu; dieser U. darf nicht außer acht gelassen werden; nicht viel, keine Umstände machen *(schnell entschlossen handeln);* mache bitte [meinetwegen] keine großen Umstände *(triff bitte keine großen Vorbereitungen);* gewisser Umstände wegen nicht mitfahren können; dem Patienten geht es den Umständen entsprechend gut; bei den gegebenen Umständen ist das nicht möglich; durch eine Verkettung unglücklicher Umstände geschah der Unfall; etwas richtet sich nach den näheren Umständen; unter diesen, gewissen, den besonderen, obwaltenden, derzeitigen, gegenwärtigen Umständen ist das möglich; unter Umständen *(vielleicht, gegebenenfalls)* können wir schon nächste Woche einziehen; unter anderen Umständen hätte ich mitgemacht; unter keinen Umständen *(auf keinen Fall)* werde ich das erlauben. * (Rechtsw.:) **mildernde Umstände** *(Umstände, die das Strafmaß herabsetzen):* [jmdm.] mildernde Umstände zubilligen · (verhüllend:) **in anderen Umständen sein** *(schwanger sein).*

umständlich: a) *schwerfällig; nicht gewandt:* er ist ein umständlicher *(langsam arbeitender)* Mensch; er ist immer sehr u. [in seiner Arbeitsweise]; etwas u. machen, erzählen. **b)** *zeitraubend, zu ausführlich:* umständliche Vorbereitungen; das ist [mir] alles viel zu u.

umstehen ⟨jmdn., etwas u.⟩: *um jmdn., um etwas herumstehen:* Neugierige umstanden den Verletzten, das Auto; ein von hohen Weiden umstandener Teich; subst.: ich fragte die Umstehenden.

umstehend: *umseitig:* u., auf den umstehenden Seiten, im umstehenden finden Sie die Auflösung des Rätsels; er soll umstehendes *(jenes auf der anderen Seite)* beachten; subst.: das Umstehende *(das umseitig Gesagte)* ist maßgebend.

umsteigen: *in eine andere Bahn o. ä. steigen:* ich muß in München u.; von der Linie 4 in die Linie 7 u.; subst.: sich beim Umsteigen beeilen.

umstellen: I. ⟨etwas u.⟩ **1. a)** *an einen anderen Platz stellen:* Möbel, Tische, Bücher u.; ich habe die Schränke wieder umgestellt. **b)** *umschalten, anders einstellen:* einen Hebel, Schalter u. **c)** *ändern:* der Trainer hat die Mannschaft nicht umgestellt. **2.** ⟨sich, etwas u.⟩ *auf etwas anderes einstellen:* etwas reibungslos u.; sich schnell u. können; die Produktion u.; die Versorgung wird auf Erdgas umgestellt. **II.** ⟨jmdn., etwas u.⟩ *sich so um jmdn., um etwas stellen, daß niemand entkommen kann:* die Polizei hat das Haus, das Gelände umstellt; das Wild wurde von den Jägern umstellt.

umstoßen ⟨etwas u.⟩: **1.** ⟨jmdn., etwas u.⟩ *umwerfen:* den Eimer, die Leiter u.; er hat ihn mit dem Ellenbogen umgestoßen. **2.** *völlig ändern, rückgängig machen:* einen Plan, ein Urteil, ein Testament, eine Bestimmung u.; er hat jetzt alles wieder umgestoßen.

Umsturz, der: *gewaltsame Änderung; Revolution:* der U. ist gescheitert, geglückt, wurde vorzeitig entdeckt, aufgedeckt; einen U. planen, vorbereiten; an einem U. beteiligt sein; durch einen U. an die Macht gelangen.

umstürzen: 1. ⟨etwas u.⟩ *umwerfen:* Tische, Stühle u.; die Demonstranten haben mehrere Fahrzeuge umgestürzt. **2.** ⟨etwas stürzt um⟩ *etwas fällt um:* bei dem Sturm sind Kräne, Gerüste umgestürzt; umstürzende Bäume beschädigten Fahrzeuge.

Umtausch, der: *das Umtauschen:* [der] U. ist innerhalb einer Woche möglich; sich den U. vorbehalten; etwas ist vom U. ausgenommen.

umtauschen ⟨etwas u.⟩: **a)** *zurückgeben und etwas anderes dafür nehmen:* ein Geschenk u.;

das Geschäft hat die fehlerhafte Ware ohne weiteres umgetauscht. **b)** *ein-, umwechseln:* Geld u.; Dollars in Mark u.

mtun (ugs.): **1.** ⟨jmdm., sich etwas u.⟩ *umlegen:* sich einen Mantel, ein Tuch u. **2.** ⟨sich nach jmdm., nach etwas u.⟩ *Ausschau halten, suchen:* sich nach einem Hausmädchen, nach einer neuen Stellung u.

'mwandeln ⟨jmdn., etwas u.⟩: *verändern, umbilden:* Stärke in Zucker, Wasser in Energie u.; die Freiheitsstrafe wurde in eine Geldstrafe umgewandelt; seit dem Unfall ist er wie umgewandelt *(völlig verändert).*

Jmweg, der: *nicht der direkte Weg:* ein kleiner, weiter, beträchtlicher U.; das war aber ein gewaltiger U.; einen U. machen, fahren; ich kam erst auf Umwegen ans Ziel; übertr.: etwas auf einem U./auf Umwegen zu erreichen suchen; jmd. erfährt etwas auf Umwegen *(über andere Personen).*

Umwelt, die: *Lebensbereich eines Individuums:* eine fremde, neue, ungewohnte U.; die U. prägt den Menschen; den Einflüssen der U. ausgesetzt sein; sich seiner U. anpassen, angleichen.

umwenden: 1. ⟨sich u.⟩ *sich umdrehen:* er wandte/wendete sich um und sah uns nach; sich mehrmals nach jmdm. u. **2.** ⟨etwas u.⟩: *umschlagen:* die Seiten eines Buches, das Notenblatt u.

umwerfen: 1. ⟨etwas u.⟩ *verursachen, daß etwas umfällt:* eine Vase, einen Stuhl, Tische u.; übertr.: dieser Schnaps, das eine Glas Wein wird dich nicht [gleich] umwerfen *(betrunken machen).* **2.** ⟨jmdm., sich etwas u.⟩ *etwas umlegen:* man warf dem erschöpften Läufer eine Decke um; er hat sich schnell einen Mantel umgeworfen. **3. a)** ⟨etwas wirft etwas um⟩ *etwas ändert etwas grundlegend:* seine Entscheidung wirft den ganzen Plan um; das wirft mir alle Termine um. **b)** (ugs.) ⟨etwas wirft jmdn. um⟩ *etwas bringt jmdn. aus der Fassung, erschüttert jmdn.:* die Nachricht wird ihn nicht umwerfen; seine Forderung hat mich umgeworfen.

umziehen: I. 1. *in eine andere Wohnung ziehen:* in eine größere Wohnung, nach München u.; wir sind vorigen Monat umgezogen. **2.** ⟨jmdn., sich u.⟩ *anders kleiden:* sich schnell, für das Konzert, zum Abendessen u.; ich habe mich umgezogen/bin schon umgezogen. **II. 1.** ⟨etwas umzieht etwas⟩ *etwas verläuft um etwas:* ein Wall umzieht die Burg. **2. a)** ⟨etwas umzieht etwas⟩ *etwas bedeckt etwas:* schwarze Wolken umzogen den Himmel. **b)** ⟨sich u.⟩ *sich bewölken:* der Himmel hat sich umzogen.

Umzug, der: **1.** *Wohnungswechsel:* der U. ist am 30. Juni; mir steht ein U. bevor; der U. in die neue Wohnung, nach München verlief reibungslos; die Spedition Meyer übernimmt, macht den U.; jmdm. beim U. helfen; vor einem U. stehen. **2.** *Fest-, Demonstrationszug:* ein festlicher U. der Trachtenvereine [durch die Straßen]; alle politischen Umzüge wurden verboten; einen U. veranstalten, machen; sich einen U. ansehen.

unabänderlich: *nicht mehr zu ändern:* eine unabänderliche Entscheidung; mein Entschluß, das Urteil ist u.; es steht u. fest, daß ...

unablässig: *ständig, unaufhörlich:* unablässige Wiederholungen; es regnete u.; ich habe u. davor gewarnt.

unabsehbar: *nicht überblickbar, absehbar:* das kann unabsehbare Folgen haben; ein u. langer Zug; die Folgen sind u.

unangebracht: *unpassend; nicht angebracht:* eine unangebrachte Bescheidenheit, Sparsamkeit, Milde; diese Bemerkung war [hier] völlig u.; das scheint mir ganz und gar u. zu sein.

unangenehm: *nicht angenehm; Unbehagen, Peinlichkeit verursachend:* ein unangenehmer Geruch; eine unangenehme Erinnerung an etwas haben; er ist ein unangenehmer Mensch, Typ; die Begegnung war ihm ausgesprochen, höchst, ziemlich u.; von etwas u. berührt sein *(verärgert sein);* u. *(böse, grob)* werden können.

Unannehmlichkeit, die ⟨meist Plural⟩: *unangenehme Sache:* sich Unannehmlichkeiten ersparen; jmdm. Unannehmlichkeiten bereiten, machen; mit etwas nur Unannehmlichkeiten haben.

Unart, die: *schlechte Angewohnheit:* das ist eine alte U. von ihm; er hat mehrere Unarten; diese U. mußt du dir abgewöhnen.

unaufhaltsam: *stetig fortschreitend:* ein unaufhaltsamer Verfall; er ist in einem unaufhaltsamen Aufstieg begriffen; der technische Fortschritt ist u., schreitet u. voran.

unaufhörlich: *nicht enden wollend:* in unaufhörlicher Bewegung sein; es regnet u.

unausbleiblich: *nicht ausbleibend:* unausbleibliche Folgen; Mißverständnisse sind manchmal u.

unauslöschlich: *bleibend:* einen unauslöschlichen Eindruck hinterlassen; dieses Erlebnis ist u., wird mir u. bleiben.

unaussprechlich: *unsagbar, sehr groß, stark:* ein unaussprechliches Elend; eine unaussprechliche Freude, Dankbarkeit erfüllte ihn; er ist u. gütig; jmdn. u. lieben.

unausstehlich: *unerträglich:* ein unausstehlicher Mensch; ich finde diese Leute, diese Art u.; er ist u. neugierig.

unbändig: *ungeheuer groß, stark:* eine unbändige Wut erfaßte ihn; unbändige Kraft haben; sein Haß, Zorn war u.; wir haben uns u. gefreut.

unbedacht: *nicht genügend überlegt; voreilig:* eine unbedachte Äußerung; ein unbedachtes Wort; er hat sehr u. gehandelt.

unbedingt: 1. ⟨Adj.⟩ *ohne Einschränkung, absolut:* er verlangt unbedingte Zuverlässigkeit, Treue; unbedingte Verschwiegenheit ist für diese Stellung Voraussetzung. **2.** ⟨Adverb⟩ *auf jeden Fall:* du mußt u. zum Arzt gehen; er wollte u. dabeisein.

unbegreiflich: *unverständlich, unfaßbar:* eine unbegreifliche Sorglosigkeit, Torheit; der Unfall ist [mir, uns allen] u.; es ist u., daß/wie so etwas passieren konnte.

unbegrenzt: *uneingeschränkt:* unbegrenztes Vertrauen zu jmdm. haben; jmdm. unbegrenzte Vollmacht[en] geben; meine Mittel sind [nicht] u.; jmdm. u. vertrauen können. * **das Land der unbegrenzten Möglichkeiten** *(Nordamerika).*

Unbehagen, das: *unbehagliches Gefühl:* ein leichtes, großes U. empfinden; U. hervorrufen; ein Gedanke bereitet jmdm. U., löst bei/in jmdm. [ein] U. aus.

unbeholfen: *ungeschickt:* eine unbeholfene Bewegung; die alten Leute sind recht u.; sich etwas u. bewegen, benehmen, ausdrücken.

unbekannt: *nicht bekannt:* ein unbekannter Künstler; er ist noch eine unbekannte Größe (scherzh.); Reste einer bisher unbekannten Kultur; Math.: eine unbekannte Größe; aus unbekannter Ursache ist ein Brand ausgebrochen; das Grab[mal] des Unbekannten Soldaten; ich bin hier [völlig] u. *(ich kenne mich hier nicht aus; mich kennt hier niemand);* die Briefe des Dichters waren völlig u.; Angst ist ihm u. *(kennt er nicht);* Empfänger, Adresse u.; er ist u. verzogen; subst.: der große Unbekannte; das ist das große Unbekannte *(das Ungewisse)* bei der Sache; Rechtsw.: Strafanzeige gegen Unbekannt erstatten; Math.: eine Gleichung mit zwei Unbekannten.

unbenommen ⟨mit Infinitiv mit *zu* in der Verbindung⟩ es ist/bleibt jmdm. unbenommen: *es bleibt jmdm. überlassen:* es ist, bleibt dir u., die Versammlung zu besuchen.

unbequem: **a)** *unpraktisch, ungemütlich:* ein unbequemer Stuhl; die Schuhe, Autositze sind u.; u. sitzen. **b)** *lästig; Ärger verursachend:* eine unbequeme Meinung; er ist ein unbequemer Mensch, Partner; ich weiß, daß ich ihm u. bin.

unberechenbar: *schwer einschätzbar:* ein unberechenbarer Mensch; solche Kranke, diese Tiere sind immer u.

unbeschadet ⟨Präp. mit Genitiv⟩: *ohne Rücksicht auf:* u. der Tatsache, daß ...; u. seines Ansehens trat er für ihn ein; /seltener mit Nachstellung/: aller Niederlagen u. machte er weiter.

unbeschreiblich: *unsagbar, sehr groß, stark:* eine unbeschreibliche Frechheit; die Begeisterung, der Jubel war u.; er war u. glücklich; die Unfälle haben u. zugenommen.

unbesehen: *ohne Bedenken:* etwas nicht u. hinnehmen, kaufen; das glaube ich dir u.

unbestreitbar: *nicht zu bestreiten:* unbestreitbare Verdienste, Fähigkeiten; das ist eine unbestreitbare Tatsache; es ist u., daß ...

Unbilden, die (geh.): *[bes. durch das Wetter hervorgerufene] Unannehmlichkeiten:* unter den U. der Witterung, des Winters leiden.

und ⟨Konj.⟩: **1.** /drückt eine Anreihung oder Beiordnung aus/: er u. sie; essen u. trinken; Tag u. Nacht; es ging ihm besser, u. er konnte wieder arbeiten; wir hoffen, Ihnen hiermit gedient zu haben, u. verbleiben mit freundlichen Grüßen ...; ich war erkältet, u. wie! (ugs.); u. ähnliches; u. vieles andere mehr; u. dergleichen; u. so weiter; u. so fort; /in ironischen Anknüpfungen/: du u. arbeiten!; er u. ein guter Tänzer! **2. a)** /drückt in Wortpaaren Unbestimmtheit aus/: der u. der; dies u. das; da u. dort; so u. so. **b)** /drückt in Wortpaaren eine Steigerung, Verstärkung aus/: er arbeitete u. arbeitete; es wurde schlimmer u. schlimmer; nach u. nach; sie ist durch u. durch schlecht. **c)** /zur Verstärkung einer selbstverständlichen Bejahung/: u. ob [ich komme, ich das kenne]! **3.** /drückt einen Gegensatz aus/: alle verreisen, u. *(aber)* er muß zu Hause bleiben; er will es durchsetzen, u. *(selbst)* wenn alle geschlossen dagegen sind.

Undank, der: *fehlende Dankbarkeit:* für etwas nur U. ernten; jmdm. etwas mit U. vergelten; Sprichw.: U. ist der Welt Lohn.

Unding ⟨in der Verbindung⟩ etwas ist ein Unding: *etwas ist unsinnig:* es ist ein U., so etwas zu verlangen.

unendlich: **1.** *endlos:* eine unendliche Weite; Math.: eine unendliche Größe, Reihe; subst.: die beiden Linien schneiden sich im Unendlichen. **2.** ⟨verstärkend vor Adjektiven und Verben⟩ *sehr:* die Freude, Enttäuschung war u. groß; sich über etwas u. freuen.

unentbehrlich: *sehr nötig:* ein unentbehrliches Hilfsmittel, Werkzeug; ein unentbehrlicher Helfer; etwas ist [jmdm., für jmdn.] u.; sich für u. halten; sich u. machen.

unentgeltlich: *kostenlos:* eine unentgeltliche Reparatur; alle Auskünfte sind u.; etwas u. machen.

unentschieden: **a)** *nicht entschieden:* unentschiedene Fälle, Fragen; die Angelegenheit ist noch u.; etwas u. lassen. **b)** (Sport) *ohne einen Sieger ausgehend:* ein unentschiedener Ausgang des Spiels machte eine Verlängerung notwendig; sich u. trennen; der Kampf endete u.; subst.: ein Unentschieden erreichen, erzielen. **c)** (veraltend) *unentschlossen:* ein unentschiedener Mensch.

unentwegt: *stetig, unaufhörlich:* unentwegte Mahnungen; er war ein unentwegter *(unermüdlicher)* Kämpfer; u. weitermachen; das Telefon klingelt u.; subst.: nur ein paar Unentwegte waren noch da.

unerhört: **I. a)** *ungeheuer, gewaltig:* eine unerhörte Anstrengung, Leistung; sein Tempo ist u.; er hat u. [viel] gearbeitet. **b)** *unglaublich, empörend:* eine unerhörte Frechheit; das ist doch u.; sein Verhalten war [einfach] u.; sich u. benehmen, aufführen. **II.** (veraltend) *unerfüllt:* unerhörte Bitten; seine Wünsche blieben u.

unersättlich: *nicht zu befriedigen:* ein unersättliches Verlangen; sein Wissensdurst, seine Neugier ist u.; jmd. ist u.

unerschwinglich: *zu teuer:* unerschwingliche Preise; die Mieten sind u.; etwas ist für jmdn. u. [teuer].

unersprießlich: *nicht erfreulich; nicht vorteilhaft:* eine unersprießliche Zusammenarbeit; die Arbeit an diesem Projekt war für beide Seiten u.

unfähig: *nicht fähig:* ein unfähiger Mitarbeiter, Politiker; er ist einfach u.; für etwas u. *(ungeeignet)* sein; seit dem Unfall ist er u. zu arbeiten/ist er zur Arbeit u.

Unfall, der: *Unglück:* ein leichter, schwerer, entsetzlicher, selbstverschuldeter U.; ein U. mit tödlichem Ausgang; ein U. mit dem Auto, im Betrieb, auf der Baustelle; heute ereigneten sich drei Unfälle; es soll ein U. gewesen sein; der U. forderte ein Menschenleben, drei Todesopfer; die Unfälle mehren sich; einen U. haben, erleiden (geh.); einen U. verursachen, melden, aufnehmen; Unfälle verhüten, vermeiden; der Verletzte ist an den Folgen des Unfalls gestorben; Unfällen vorbeugen; bei einem U. verletzt werden; gegen Unfälle versichert sein.

unfertig: **a)** *noch nicht fertiggestellt:* eine unfertige Arbeit, Zeichnung; noch in unfertigem Zustand sein; etwas u. zurücklassen. **b)** *noch nicht reif:* ein unfertiger Mensch; sie ist noch u.

unflätig: *unanständig, derb:* unflätige Ausdrükke; sich u. benehmen; u. schimpfen.

unfreundlich: 1. *unhöflich:* ein unfreundlicher Mensch; unfreundliches Personal; ein unfreundlicher Empfang; sie war sehr u. zu uns; jmdm. u. antworten. 2. *naßkalt:* ein unfreundlicher Monat, Tag; das Wetter war u.

unfruchtbar: a) *keinen Ertrag bringend:* unfruchtbares Land; der Boden, Baum ist u.; übertr.: eine unfruchtbare *(sinnlose)* Diskussion. b) *nicht fortpflanzungsfähig:* ein unfruchtbares Tier; die fruchtbaren und unfruchtbaren Tage der Frau; die Frau ist u.

Unfug, der: *dummes Zeug:* das ist doch alles großer U.; U. machen, treiben, anstellen, reden; jmdn. wegen groben Unfugs anzeigen.

ungeachtet ⟨Präp. mit Genitiv⟩: *ohne Rücksicht auf:* u. wiederholter Mahnungen unternahm er nichts; u. der Tatsache/(seltener:) der Tatsache u., daß ...; u. dessen, daß ...

ungeahnt: *die Erwartung übersteigend:* ungeahnte Schätze; dort bieten sich ungeahnte Möglichkeiten; ungeahnte Erfolge haben.

ungebeten: *nicht eingeladen, nicht willkommen:* ein ungebetener Gast; er kam, erschien u.

ungebührlich: *ungehörig; ohne den nötigen Anstand:* ein ungebührliches Benehmen, Betragen; er hat sich uns gegenüber u. benommen, aufgeführt.

Ungeduld, die: *fehlende Geduld:* voll[er] U. sein; jmds. U. wächst; seine U. bezähmen; etwas mit großer U. erwarten; von U. erfüllt sein; vor U. fast vergehen.

ungefähr: I. ⟨Adverb⟩ *nicht ganz genau, etwa:* u. 200 Personen, das ist u. die Hälfte; u. Bescheid wissen; es war u. neun Uhr, als ... II. ⟨Adj.⟩ *nicht genau bestimmt, annähernd:* eine ungefähre Zahl; die ungefähren Kosten berechnen; nur eine ungefähre Ahnung, Vorstellung von etwas haben. * **etwas kommt nicht von ungefähr** *(etwas ist nicht zufällig).*

ungehalten: *verärgert:* er war über seine Absage sehr u.

ungeheuer: 1. *gewaltig, außerordentlich:* eine ungeheure Höhe, Weite, Größe; eine ungeheure Anstrengung; er hat ungeheure Schmerzen, ein ungeheures Wissen; der Aufprall, Druck war u.; die Kosten steigen u., ins ungeheure *(sehr stark).* 2. (ugs.) ⟨verstärkend vor Adjektiven und Verben⟩ *sehr, überaus:* u. groß, schwer, heiß; ein u. wertvoller Schmuck; das ist u. wichtig; sich u. freuen; u. frieren.

Ungeheuer, das: 1. *furchterregendes Tier [in der Sage]:* das U. von Loch Ness. 2. *grausamer Mensch:* er ist ein [wahres, richtiges] U.; dieses, so ein U.! * (ugs.:) **ein Ungeheuer von etwas sein** *(ein besonders großes Stück sein):* das ist ein U. von [einem] Hut.

ungeheuerlich: *unglaublich:* eine ungeheuerliche Frechheit; diese Behauptung ist u.

ungehobelt: 1. *grob, unhöflich:* ein ungehobelter Kerl (ugs.); sein Benehmen ist sehr u.; sich u. aufführen. 2. (veraltend) *nicht glatt gehobelt:* ein ungehobeltes Brett.

ungehörig: *frech:* ein ungehöriges Benehmen; jmdm. eine ungehörige Antwort geben; es war u. von dir, das zu sagen; sich u. aufführen.

ungelegen: *zu unpassender Zeit:* zu ungelegener Zeit kommen; dein Besuch, du kommst mir jetzt sehr u.

ungelogen (ugs.) ⟨Adverb⟩: *tatsächlich:* u., die Sache ist so; dafür mußte ich u. fünfzig Mark bezahlen.

ungemein: a) *außerordentlich:* ungemeine Fortschritte machen. b) ⟨verstärkend vor Adj. und Verben⟩ *sehr:* u. groß, teuer; er ist u. fleißig; das freut mich u.

ungemütlich: 1. *nicht gemütlich:* eine ungemütliche Wohnung; hier, bei jmdm. ist es u.; in diesem Restaurant sitzt man u.; es ist u. *(unangenehm)* kalt. 2. *unfreundlich, ärgerlich:* ein ungemütlicher Mensch; er kann sehr u. werden.

ungeniert: *ungezwungen; ohne Hemmungen:* ein ungeniertes Auftreten, Benehmen; etwas u. sagen, tun; sich u. benehmen; er griff u. zu und aß, was ihm schmeckte.

ungenießbar: 1. a) *nicht eßbar:* ungenießbare Beeren; diese Pilze sind u. *(bitter).* b) *in nicht [mehr] genießbarem Zustand:* ungenießbare Speisen; die Wurst war u.; der Wein ist u. geworden. 2. (ugs.) *unausstehlich:* ein ungenießbarer Mensch, Chef; er war heute wieder einmal u. *(sehr schlecht gelaunt).*

ungenutzt, (landsch. auch:) ungenützt: *nicht genutzt:* ungenutztes Gelände; ungenutzte Naturschätze, Energien; etwas ist u., liegt u. da; eine Chance u. vorübergehen lassen.

ungerecht: *dem Recht, Rechtsempfinden widersprechend:* eine ungerechte Behandlung, Bevorzugung, Strafe; das Urteil ist sehr u.; du bist aber u.!; jmdn. u. behandeln.

Ungerechtigkeit, die: *das Ungerechtsein, ungerechte Tat:* eine große, himmelschreiende U.; so eine U.!; diese U. schreit zum Himmel (ugs.; *ist unglaublich*).

ungereimt: a) (selten) *sich nicht reimend:* ungereimte Verse. b) *keinen Sinn ergebend:* ungereimte Vorschläge; ungereimtes Zeug reden; das kommt mir alles ziemlich u. vor.

ungern ⟨Adverb⟩: *widerstrebend:* etwas u. tun, sehen; sie ist sehr u. von hier weggezogen; ein [nicht] u. gesehener Gast.

ungeschehen: *nicht geschehen:* er hätte diese Tat am liebsten u. gemacht; ich wollte, ich könnte das u. machen.

Ungeschick, das: *fehlende Geschicklichkeit:* es war mein U.; es ist durch mein U. passiert; etwas mit U. anfassen, anpacken.

ungeschickt: *nicht gewandt; unbeholfen:* ein ungeschickter Mensch; ungeschickte Hände, Finger haben; er ist sehr u. [in diesen Dingen]; wie kann man nur so u. sein!; etwas u. anfangen, anpacken, machen, ausführen; sich u. ausdrücken, anstellen.

ungeschlacht (veraltend; abwertend): *grob, plump:* ein ungeschlachter Mensch; das Äußere, sein Auftreten ist etwas u.; sich u. bewegen.

ungeschminkt: 1. *nicht geschminkt:* ein ungeschminktes Gesicht; ungeschminkte Lippen; sie war noch u.; u. bleiben. 2. *offen, ohne Beschönigung:* das ist die ungeschminkte Wahrheit; jmdm. u. seine Meinung sagen.

ungeschoren ⟨in den Verbindungen⟩ **jmdn. [mit etwas] ungeschoren lassen** *(jmdn. [mit etwas] in Ruhe lassen)* · **ungeschoren bleiben/davonkommen** *(keinen Nachteil, Schaden erleiden).*

ungeschrieben: *nicht schriftlich ausgeführt:* der Brief blieb u. * **ein ungeschriebenes Gesetz** *(eine stillschweigende Übereinkunft).*

ungestört: *ohne Störung; ruhig:* ein ungestörtes Beisammensein; ein ungestörter [Rundfunk]-empfang; eine ungestörte Entwicklung; hier sind wir u.; ich möchte [für] die nächsten Stunden u. bleiben; u. arbeiten können.

ungestüm: *stürmisch, temperamentvoll:* eine ungestüme Bewegung; ein ungestümes Vorgehen; ein ungestümer Angriff; ungestüme Liebkosungen, Worte; er ist ein sehr ungestümer Mensch, hat ein ungestümes Wesen; er ist immer recht u.; jmdn. u. umarmen, begrüßen.

ungesund: **a)** *der Gesundheit schadend:* ein ungesundes Klima; ungesunde Kleidung, Nahrung, Ernährung; fettreiches Essen ist [für jeden] u. **b)** *krank:* eine ungesunde Gesichtsfarbe haben; einen ungesunden Eindruck machen; er sieht u. aus; bildl.: ungesunde wirtschaftliche Verhältnisse.

ungeteilt: **a)** *nicht geteilt:* das ungeteilte Deutschland; das Grundstück geht u. in seinen Besitz über. **b)** *allgemein, gesamt:* ungeteilten Beifall, ungeteilte Zustimmung, Anerkennung finden; die Freude war u.

Ungetüm, das (hist.): *riesengroßes Wesen:* die Ungetüme des Altertums; übertr.: *etwas sehr Großes, Abstoßendes:* der Wagen ist ein wahres U.; ein U. von einem Wagen.

ungewiß: *nicht sicher; unbestimmt:* eine ungewisse Zukunft; der Ausgang der Angelegenheit ist noch u.; es ist noch u., ob ...; etwas u., im ungewissen *(unentschieden)* lassen; im ungewissen über etwas sein, bleiben; jmdn. über etwas im ungewissen *(im unklaren)* lassen; subst.: etwas Ungewisses; eine Fahrt ins Ungewisse; sich ins Ungewisse begeben.

ungewöhnlich: **a)** *vom Üblichen abweichend:* eine ungewöhnliche Form; sie ist eine ungewöhnliche Frau; die Methode ist sehr u.; das Haus sieht u. aus. **b)** ⟨verstärkend vor Adj.⟩ *sehr:* u. groß, kalt, streng, billig, freundlich; er ißt u. viel; ein u. hoher Stromverbrauch.

ungewohnt: *nicht vertraut:* eine ungewohnte Umgebung; die Arbeit ist mir noch u.

ungezogen: *ungehorsam, frech:* ein ungezogenes Kind; eine ungezogene Antwort geben; das war recht u. von dir; jmdm. u. antworten.

Ungezogenheit, die: *das Ungezogensein, Frechheit:* das war eine [große] U.; ich werde ihm seine Ungezogenheiten noch austreiben, abgewöhnen; der Junge steckt voller Ungezogenheiten.

ungezwungen: *natürlich; nicht steif:* ein ungezwungenes Benehmen, Wesen; er redete frei und u.; sich u. benehmen, bewegen; u. lächeln.

unglaublich: **a)** *unerhört, empörend:* eine unglaubliche Frechheit, Zumutung; die Zustände hier sind u.; es ist u., was er sich alles erlaubt hat. **b)** *nicht glaubhaft, unwahrscheinlich:* eine unglaubliche Geschichte; das ist doch u.!; subst.: das grenzt ans Unglaubliche. **c)** (ugs.) ⟨verstärkend vor Adj.⟩ *sehr:* u. groß, schwer, dick; sie sieht noch u. jung aus.

ungleich: **1.** *nicht gleich; verschieden:* ungleicher Lohn, Besitz, Wert; ungleiche Kräfte; zwei Schränke von ungleicher Größe; ungleiche Charaktere; ein ungleiches Paar; ungleiche Gegner; ein ungleicher Kampf; die ungleichen Läufer *(im Schachspiel);* mit ungleichen Mitteln, Waffen kämpfen; die beiden Brüder sind sehr u.; u. groß, gut, breit sein. **2.** ⟨verstärkend vor dem Komparativ⟩ *viel:* dies ist u. besser, größer, schöner als das; dafür hast du u. mehr Zeit als ich; er arbeitet u. genauer als sein Vorgänger.

Unglück, das: **1.** *unheilvolles Ereignis:* ein großes, schreckliches U.; die Niederlage wurde als nationales U. empfunden; ein schweres U. ist geschehen, ist passiert, hat sich ereignet; Redensart: ein U. kommt selten allein · die beiden Unglücke *(Unfälle)* forderten fünf Todesopfer; er sieht aus wie ein Häufchen U. (ugs.; *sieht elend aus*); ein U. gerade noch verhindern, verhüten können; hoffentlich richtet er kein U. *(nichts Schlimmes)* an; bei dem U. gab es Tote und Verletzte; Redensart: Glück im U. haben. **2.** *[persönliches] Mißgeschick:* ein geschäftliches, berufliches U.; ihm widerfuhr ein U.; ein U. hat die Familie getroffen, betroffen, heimgesucht; er hatte das U. *(Pech)*, unter den abgewiesenen Bewerbern zu sein; jmdm. U. bringen, wünschen, ein U. gönnen; ins/in sein U. rennen (ugs.); jmdn. ins U. bringen, stoßen, stürzen *(jmdm. Schaden zufügen);* zu allem U. *(unglücklicherweise)* kam noch die Krankheit hinzu/ das U. wollte es, daß ich noch krank wurde *(unglücklicherweise wurde ich noch krank).*

unglücklich: **a)** *nicht glücklich; traurig, bedrückt:* unglückliche Menschen; eine unglückliche Liebe; einen unglücklichen Eindruck, ein unglückliches Gesicht machen; ganz u. sein; er ist u. darüber, daß ...; u. aussehen, dreinschauen. **b)** *nicht vom Glück begünstigt, bedauerlich, widrig:* ein unglücklicher Zufall; eine unglückliche Niederlage; ein unglückliches Zusammentreffen verschiedener Ereignisse; die Sache nahm einen unglücklichen Ausgang. **c)** *ungeschickt:* eine unglückliche Bewegung; eine unglückliche Hand haben; eine unglückliche Figur *(keinen guten Eindruck)* machen; er stürzte [höchst] u. und brach sich das Bein.

unglücklicherweise ⟨Adverb⟩: *zum Unglück, Unheil:* u. wurde er noch krank.

Ungnade ⟨in den Wendung⟩ **bei jmdm. in Ungnade fallen** *(jmds Gunst verlieren)* · **auf Gnade und/oder Ungnade** *(bedingungslos):* sich jmdm. auf Gnade und/oder U. ergeben, ausliefern.

ungültig: *nicht mehr geltend:* eine ungültige Fahrkarte; ungültige Banknoten; der Paß, der Vertrag ist u.; etwas für u. erklären.

Ungunst, die: *das Unfreundliche, Unangenehme:* die U. der Witterung, der Zeit; die U. der Verhältnisse brachte es mit sich, daß ... * **zu jmds. Ungunsten** *(zu jmds. Nachteil):* das Kräfteverhältnis hat sich stark zu unseren Ungunsten verschoben.

ungünstig: *nicht günstig:* ungünstiges Wetter; ein ungünstiger Zeitpunkt, Termin, Vertrag; unter ungünstigen Bedingungen arbeiten; im ungünstigsten Falle müssen wir zahlen; die Voraussetzungen sind denkbar u.; der Prozeß steht zur Zeit für Sie u.

ungut: *unerfreulich, unangenehm:* ein ungutes Gefühl haben; es sind ungute Worte gefallen. * (veraltend:) **nichts für ungut!** *(nehmen Sie es mir nicht übel!)*

unhaltbar: **a)** *dringend der Änderung bedürfend:* unhaltbare Zustände; die äußeren Verhältnisse sind u. [geworden]. **b)** (Sport) *nicht* *haltbar:* ein unhaltbarer Schuß; der Ball war [für den Torwart] u. **c)** *nicht zutreffend:* unhaltbare Vorwürfe; die Behauptung, die Theorie war u.; sich als u. erweisen, herausstellen.

Unheil, das: *verhängnisvolles Geschehen, Unglück:* viel, schreckliches U.; jmdm. droht U.; das U. brach plötzlich herein; großes U. anrichten, bringen, stiften, verursachen, abwenden, verhindern, verhüten; er hat das U. geahnt, vorausgesehen, kommen sehen.

unheilbar: *nicht heilbar:* ein unheilbares Leiden; an einer unheilbaren Krankheit leiden; u. krank sein; übertr.: [einen] unheilbaren Schaden anrichten; er ist u. [krank] (ugs.; *er ist nicht zu belehren, ihm ist nicht zu helfen*).

unheilvoll: *schlimm, bedrohlich:* einen unheilvollen Verlauf nehmen; die Entwicklung ist u.

unheimlich: **1.** *angsterregend; leichtes Grauen erregend:* eine unheimliche Gestalt, Erscheinung, Dunkelheit; ein unheimlicher Mensch, Ort; ein unheimliches Gefühl haben; die Atmosphäre in diesem Haus war u.; jmdm. ist, wird es u.; uns war es allen u. [zumute]. **2.** (ugs.) **a)** *sehr groß, sehr viel:* eine unheimliche Angst, einen unheimlichen Willen, Hunger haben; die Schmerzen sind u.; sein Appetit ist u.; er kann u. essen. **b)** ⟨verstärkend vor Adjektiven und Verben⟩ *sehr:* u. groß, schnell, dick; u. viel Geld brauchen, ausgeben; er hat u. gearbeitet, gespart, geflucht.

Uniform, die: *einheitliche Dienstkleidung:* eine blaue U.; die U. der Post, der Eisenbahner; die U. sieht elegant aus; U. tragen; die U. an-, ausziehen, ablegen; in U. sein, gehen; in der U. stecken (ugs.; *Soldat sein*).

uninteressant: *ohne Reiz; langweilig:* ein uninteressanter Bericht/Vortrag; das Buch, die Sache, die Stadt ist u.; es ist [für uns] völlig u. *(gleichgültig)*, welche Pläne er hat.

uninteressiert: *kein Interesse zeigend:* an etwas u. sein; er zeigte sich bei der Diskussion, an dem Unternehmen völlig u.

unken (ugs.; abwertend): *Unheil voraussagen:* er unkt ständig; hör bloß auf zu u.!

unkenntlich: *nicht mehr erkennbar:* der Text ist u. geworden; sich, etwas u. machen.

Unkenntlichkeit, die: *Zustand, in dem nichts mehr zu erkennen ist:* der Tote war bis zur U. verstümmelt; der Bart entstellt ihn bis zur U.

Unkenntnis, die: *das Nichtwissen:* seine völlige U. der Zusammenhänge führte dazu, daß ...; U. schützt nicht vor Strafe; etwas aus U. falsch machen; durch U. glänzen (ugs.; scherzh.); in U. *(im unklaren)* [über etwas] sein; jmdn. in U. lassen; in U. der Tatsachen.

unklar: **1. a)** *unverständlich:* unklare Ausführungen; der Bericht, dieser Satz ist u.; es ist mir u./mir ist u., wie so etwas geschehen konnte; sich u. ausdrücken; jmdn. im unklaren *(im ungewissen)* lassen. **b)** *ungeklärt:* eine unklare Situation; es herrschen völlig unklare Verhältnisse; es ist noch völlig u., ob die Verhandlungen zustande kommen. **2.** *trüb, verschwommen:* ein unklares Bild; es herrscht unklares Wetter; das Foto ist u.; etwas ist in der Ferne nur u. zu erkennen.

unklug: *nicht klug; ungeschickt:* ein unkluges Verhalten, Vorgehen; es war sehr u. von ihm, das zu sagen; wie kann man nur so u. handeln!

Unkosten, die ⟨Plural⟩: *zusätzliche Kosten:* die U. sind [zu] hoch; U. entstehen; große U. haben; die U. [für etwas] tragen, bestreiten, senken; sich (Dativ) unnötige U. machen; etwas ist mit U. verbunden; übertr.: sich nicht in große [geistige] U. stürzen (ugs.; *sich nicht besonders anstrengen*).

Unkraut, das: *zwischen Nutzpflanzen wild wachsende Pflanzen:* das U. wuchert; Sprichw.: U. vergeht/verdirbt nicht *(einem Menschen wie mir passiert nichts)* · U. jäten, zupfen, rupfen, ausreißen, ziehen, hacken, unterackern, unterpflügen, abbrennen, vertilgen.

unkündbar: *nicht kündbar:* ein unkündbares Darlehen; eine unkündbare Stellung; als Beamter, Betriebsrat ist er u.

unlängst ⟨Adverb⟩: *kürzlich:* er hat mich u. besucht; an dieser Stelle stand u. noch ein Kiosk.

unlauter: *nicht ehrlich; nicht korrekt:* ein unlauteres Verhalten; das Gesetz gegen den unlauteren Wettbewerb; etwas nur mit unlauteren Mitteln erreichen; das Vorgehen ist u.

unleidlich (veraltend): *mißmutig:* ein unleidlicher Mensch; sei doch nicht immer so u.!

unleugbar: *nicht bestreitbar:* unleugbare Tatsachen, Nachteile; der Aufstieg, Verfall ist u.

unlieb ⟨in der Wendung⟩ etwas ist jmdm. nicht unlieb: *etwas kommt jmdm. gelegen:* sein Besuch zu diesem Zeitpunkt ist mir nicht u.

unliebsam: *unangenehm:* unliebsame Vorkommnisse; unliebsames Aufsehen erregen; unliebsame Überraschungen erleben; es kam zu unliebsamen Streitereien; er ist u. aufgefallen.

unlösbar: **1.** *untrennbar:* eine unlösbare Verbindung; u. miteinander verbunden sein. **2.** *nicht lösbar:* eine unlösbare Aufgabe; ein unlösbares Rätsel; hierin liegt ein unlösbarer Widerspruch; das Problem ist [für alle] u.

unlöslich (Chemie): *sich nicht auflösend:* ein [in Flüssigkeiten] unlöslicher Stoff; etwas ist in Wasser u.

Unlust, die: *Widerwille:* an der Börse herrschte heute ausgesprochene U. beim Aktienkauf; große U. verspüren; seine U. überwinden; mit U. an die Arbeit gehen.

Unmasse, die (ugs.): *große Menge:* eine U. Bilder, von/an Bildern; eine U. Bücher/von Büchern brauchen; er hat eine U. Geld ausgegeben.

unmaßgeblich: *belanglos, unbedeutend:* das ist meine unmaßgebliche Meinung /*Ausdruck der Bescheidenheit*/; dein Urteil, Entschluß ist [für uns] u.

unmäßig: **a)** *maßlos:* ein unmäßiges Verlangen nach etwas haben; er ist in seinen Forderungen, im Essen u.; u. essen, trinken. **b)** ⟨verstärkend vor Adjektiven⟩ *sehr:* u. dick; sein Hunger ist u. groß.

Unmensch, der: *grausamer Mensch:* so ein U.!; wer seine Kinder so verprügelt, ist ein U. * (ugs.:) **kein Unmensch sein** *(mit sich reden lassen)*.

unmenschlich: **1.** *roh, grausam:* unmenschliche Grausamkeit, Härte, Behandlung; das ist ein unmenschliches Verlangen; jmdn. u. behandeln. **2.** *sehr groß; unerträglich:* unmenschliches Leid; eine unmenschliche Hitze, Kälte; die Schmerzen sind schon u. **3.** (ugs.) ⟨verstärkend vor Adjektiven und Verben⟩ *sehr:* es war

u. heiß, schwül; u. viel arbeiten müssen; wir haben u. gefroren.

unmerklich: *nicht, kaum spürbar:* eine unmerkliche Veränderung; u. war es dunkel geworden.

unmißverständlich: *klar und deutlich:* eine unmißverständliche Antwort, Absage, Ablehnung; der Satz, Text, Vertrag ist u.; etwas u. ausdrücken; u. seine Meinung sagen; jmdm. etwas u. zu verstehen geben.

unmittelbar: **a)** *ohne Umweg:* die Straße führt u. zum Bahnhof; ich fahre nach dem Gespräch u. nach Hause; die Tür führt u. in den Garten. **b)** *in kurzem Abstand:* in unmittelbarer Nähe des Tatorts; u. neben, vor jmdm. sitzen; er betrat u. nach mir den Raum; der Vertragsabschluß steht u. *(kurz)* bevor. **c)** *direkt; ohne Zwischenstufe:* in unmittelbarer Verbindung miteinander stehen; er hat sich u. an die Herstellerfirma gewandt.

unmöglich: **I.** ⟨Adj.⟩ **1.** *nicht möglich, nicht denkbar:* ein unmögliches Verlangen; die Herstellung, Erledigung in so kurzer Zeit ist u.; es ist mir u., daran teilzunehmen; subst.: das Unmögliche möglich machen; damit verlange ich nichts Unmögliches; er hat fast Unmögliches geleistet. **2.** (ugs.) *unangenehm auffallend; unpassend:* eine u. Ausdrucksweise; er trägt einen [für die Veranstaltung, für die Straße] unmöglichen Anzug; er ist ein unmöglicher Mensch; in dieser Aufmachung bist du u.; sich u. benehmen. **II.** ⟨Adverb; in Verbindung mit *können*⟩ *keinesfalls:* etwas u. annehmen können; ich kann u. darauf eingehen, verzichten; die Rechnung kann u. stimmen. * **jmdn., sich unmöglich machen** *(jmdn., sich blamieren, bloßstellen).*

unmündig: *minderjährig:* er hinterläßt drei unmündige Kinder; seine Tochter ist noch u.

Unmut, der: *Ärger, Verdruß:* voller U. sein; sein U. darüber stieg mehr und mehr; seinen U. nicht verbergen können; seinem U. Luft machen (ugs.); das hat er in seinem ersten U. gesagt.

unnachahmlich: *einzigartig:* ein unnachahmliches Geschick; mit unnachahmlicher Eleganz, Gewandtheit erledigte er die Aufgabe; sein Spiel ist u.

unnachgiebig: *kein Entgegenkommen zeigend:* eine unnachgiebige Haltung einnehmen; u. sein, bleiben; er zeigt sich [in diesem Punkt] noch immer u.

unnachsichtig, (älter: unnachsichtlich): *streng, ohne Nachsicht:* jmdn. mit unnachsichtiger Strenge behandeln; u. sein; er hat die Schüler u. bestraft.

unnahbar: *sehr zurückhaltend; abweisend:* eine unnahbare Würde, Haltung; ein unnahbarer Vorgesetzter; er ist u., gibt sich, zeigt sich u.

unnötig: *überflüssig; nicht notwendig:* unnötiger Ärger; unnötige Aufregungen; sich unnötige Sorgen machen; unnötiges Warten vermeiden; das sind unnötige Ausgaben; die ganze Arbeit ist u.; es war alles u.; es ist u., sich darüber Gedanken zu machen; sich u. beeilen, aufregen.

unnütz: *nutzlos, unnötig:* unnütze Ausgaben; sich unnütze Gedanken über etwas machen; unnützes Zeug (ugs.; *Unsinn*) reden; es ist u., darüber zu streiten; die Zeit u. vertun.

Unordnung, die: *Durcheinander:* hier herrscht [eine] große, schreckliche (ugs.) U.; eine fürchterliche (ugs.) U. hinterlassen; die U. beseitigen; etwas in U. bringen; die Akten sind in U. geraten; vor lauter (ugs.) U. nichts mehr finden.

unparteiisch: *ohne Bevorzugung einer Seite; neutral:* ein unparteiisches Urteil; eine unparteiische Haltung einnehmen; er bemühte sich, u. zu sein, zu bleiben; das Recht u. handhaben; subst.: der Unparteiische *(Schiedsrichter)* leitete das Spiel souverän.

unpassend: *nicht passend; nicht angebracht:* eine unpassende Bemerkung machen; ein paar unpassende (scherzh.; *passende, nette*) Worte sprechen; bei unpassender Gelegenheit, im unpassenden Augenblick kommen; ich fand ihr Benehmen sehr, höchst u.; sich u. ausdrücken, benehmen.

unpäßlich: *sich unwohl fühlend:* sie ist, fühlt sich heute u.

unpersönlich: **a)** *nüchtern; ohne persönliches Gepräge:* hier herrscht eine unpersönliche Atmosphäre; in einem unpersönlichen Stil schreiben; er war sehr u.; der Brief ist u. [gehalten, abgefaßt]. **b)** (Sprachw.) *nicht auf eine Person zu beziehen:* unpersönliche Verben.

unpraktisch: **1.** *nicht zweckmäßig; nicht sinnvoll:* eine unpraktische Einrichtung; ein unpraktisches Geschenk; die Möbel sind alle u.; das ist aber sehr u., ist mir zu u.; die Zusatzaggregate sind u. angeordnet. **2.** *ungeschickt:* ein unpraktischer Mensch; er ist sehr u.

Unrat, der (geh.): *Abfall:* den U. zusammenkehren, beseitigen; er hat den ganzen U. hier abgeladen. * **Unrat wittern** *(einen Verdacht auf etwas Schlimmes haben).*

unrecht: *falsch:* zu unrechter Zeit kommen; auf dem unrechten Weg sein; Ehrfurcht am unrechten Ort, Platz; der Brief ist in unrechte Hände gekommen; auf unrechte *(schlechte)* Gedanken kommen; Sprichwörter: u. Gut gedeihet nicht; u. Gut tut selten gut. * **an den Unrechten/an die unrechte Adresse kommen/geraten** *(an die falsche Person kommen; abgewiesen werden)* · **etwas in die unrechte Kehle bekommen** *(etwas falsch verstehen und böse werden).*

Unrecht, das: *ungerechte Tat:* ein schweres, bitteres, himmelschreiendes U.; jmdm. geschieht, widerfährt [ein] U.; jmdn. trifft ein U.; ein U. begehen, wiedergutmachen, bekämpfen, beseitigen; jmdm. ein U. [an]tun, zufügen; im U. sein; jmdn. ins U. setzen; sich [mit/durch etwas] selbst ins U. setzen; etwas geschieht, besteht zu U.; /verblaßt und mit Kleinschreibung/: unrecht bekommen; er hat gar nicht so unrecht; jmdm. unrecht geben; du tust unrecht/es ist unrecht, wenn du so etwas machst.

Unregelmäßigkeit, die: **1.** *fehlende Gleichmäßigkeit:* die U. des Herzschlags; die Kontrolluhr zeigt Unregelmäßigkeiten im Triebwerk an. **2.** ⟨meist Plural⟩ *Verstoß, betrügerische Handlung:* bei der Stimmenauszählung sind Unregelmäßigkeiten vorgekommen; man hat seine Unregelmäßigkeiten festgestellt, entdeckt, aufgedeckt; jmdm. eine U. nachweisen; sich einige Unregelmäßigkeiten zuschulden kommen lassen.

unrein: *nicht sauber, nicht klar:* eine unreine

(mit Pickeln o. ä. bedeckte) Haut haben; unreiner Atem; das Wasser ist u.; übertr.: unreine *(unmoralische)* Gedanken haben; ein unreiner *(nicht klar klingender)* Ton; unreine *(nicht klar leuchtende Farben)*; u. *(nicht sauber; fehlerhaft)* singen; spielen. * **etwas ins unreine schreiben** *(etwas entwerfen; von etwas ein Konzept machen)* · **ins unreine gesprochen** *(nicht exakt formuliert)*.

Unruhe, die: **1. a)** *fehlende Ruhe, Unrast, Nervosität:* nervöse, krankhafte, quälende, verzehrende, merkwürdige, ewige U.; die U. des Herzens, des Gemütes, des schöpferischen Menschen; seine U. ist begreiflich; U. ergreift, erfaßt, überfällt, erfüllt, überkommt jmdn.; U. bemächtigte sich seiner; eine innere U. läßt mich nicht los; jmdm. U. bereiten, verursachen, bringen; er hat in der letzten Zeit eine merkwürdige U. gezeigt; in U. sein; jmdn. in U. versetzen. **b)** *unruhiges [lärmerfülltes] Treiben:* die U. der Großstadt, auf der Straße; im Saal, unter den Zuschauern entstand U.; in der Klasse herrscht dauernde U.; U. stiften. **2.** ⟨meist Plural⟩ *Aufruhr:* soziale Unruhen; die Unruhen in den Betrieben, in der Arbeiterschaft, unter den Studenten, unter der Bevölkerung; nach dem Regierungsbeschluß sind Unruhen ausgebrochen; die Unruhen greifen um sich, weiten sich aus; die Unruhen unterdrücken, im Keime ersticken; bei den Unruhen kamen drei Menschen ums Leben; der Staat wird von Unruhen heimgesucht, erschüttert; es kam zu Unruhen.

unruhig: a) *ohne Ruhe; nervös:* ein unruhiger Mensch, Geist; einen unruhigen Schlaf haben; die Kinder sind u.; er rutschte u. hin und her. **b)** *unstet, wechselvoll:* ein unruhiges Leben führen; der Journalismus ist ein unruhiges Geschäft. **c)** *laut; voller Lärm:* eine unruhige Straße, Wohngegend; die Wohnung ist sehr u., ist mir zu u. *(liegt in einer verkehrsreichen Straße)*.

unrühmlich ⟨in der Wendung⟩ ein unrühmliches Ende nehmen: *böse, schlimm enden.*

unsagbar: a) *unbeschreiblich:* unsagbares Leid, Elend; unsagbare Schmerzen leiden. **b)** ⟨verstärkend vor Adjektiven und Verben⟩ *sehr:* sie war u. glücklich, traurig; sich u. freuen; jmdn. u. lieben.

unsäglich vgl. unsagbar.

unschädlich: *ungefährlich:* unschädliche Insekten; dieses Mittel ist für das Herz, die Leber u. * **jmdn. unschädlich machen** *(dafür sorgen, daß jmd. keinen Schaden mehr anrichtet)*.

unschätzbar: *außerordentlich groß:* einen unschätzbaren Wert haben; jmdm. einen unschätzbaren Dienst erweisen; er hat sich unschätzbare Verdienste um den Staat erworben; deine Hilfe ist für uns alle u.

unscheinbar: *unauffällig:* ein unscheinbares Auftreten; er ist ein unscheinbares Männchen; der Angeklagte ist klein und u.

unschlüssig: *unentschlossen, schwankend:* eine unschlüssige Haltung einnehmen; ich bin [mir] noch u., was ich jetzt mache; er blieb u. stehen.

unschön: a) *häßlich:* ein unschönes Aussehen haben; ihr unschönes Gesicht wurde durch die Brille noch häßlicher. **b)** *unerfreulich:* es kam zu unschönen Szenen; es war sehr u. *(unfair)* von dir, ihn so zu behandeln.

Unschuld, die: **1.** *Schuldlosigkeit:* seine U. stellte sich bald heraus; seine U. beteuern, beweisen, nachweisen; einen Angeklagten wegen erwiesener U. freisprechen. **2.** (geh.) *sittliche Reinheit, Keuschheit:* sie ist die reine U. *(unverdorben)*; die U. verlieren; einem Mädchen die U. nehmen, rauben; Weiß ist die Farbe der U.; ein Ausdruck von U. lag auf ihrem Gesicht. **3.** *Harmlosigkeit:* etwas in aller U. sagen. * (abwertend:) **jmd. ist eine Unschuld vom Lande** *(Mädchen, das vom Land stammt und kein großstädtisches, gewandtes Auftreten hat)* · (geh.:) **[sich** (Dativ)**] seine Hände in Unschuld waschen** *(erklären, daß man unschuldig ist)*.

unschuldig: 1. *nicht schuldig; ohne Schuld:* ein unschuldiger Mensch; der Angeklagte ist u., wurde für u. erklärt; an etwas u. sein *(für etwas nicht verantwortlich sein)*; u. im Gefängnis sitzen; jmdn. u. verurteilen; subst.: den Unschuldigen spielen; einen Unschuldigen bestrafen. **2.** *sittlich rein; unverdorben:* unschuldige Kinder; ein junges, unschuldiges Mädchen; sie ist noch u. *(keusch)*. **3.** *harmlos:* ein unschuldiges Vergnügen.

unschwer ⟨Adverb⟩: *leicht:* die Auflösung ließ sich u. erraten; man konnte u. feststellen, was er wirklich wollte.

unselig: *unheilvoll, unglücklich:* ein unseliges Erbe; er wurde das unselige Laster [der Trunksucht] nicht los; Zeiten unseligen Angedenkens.

unsicher: a) *eine Gefahr in sich bergend; gefährdet:* unsichere Zeiten; ein unsicheres Fahrzeug; dieser Weg ist mir zu u.; sich [in dem Haus] u. fühlen; Einbrecher machen seit Wochen die Gegend u. **b)** *ohne [innere] Sicherheit, ohne Selbstbewußtsein:* ein unsicheres Auftreten; eine unsichere *(zittrige)* Hand haben; der neue Mitarbeiter ist noch etwas u.; das Kind ist noch u. auf den Beinen; sich [auf den Schlittschuhen] u. bewegen; jmdn. u. machen *(verwirren)*; sich u. im Kreise umblicken. **c)** *unbestimmt; unklar:* eine unsichere Sache; es ist noch u., ob er kommt. * (ugs.:) **ein unsicherer Kantonist** *(ein nicht verläßlicher, unzuverlässiger Mensch)* · (ugs.:) **die Gegend unsicher machen** *(sich hier aufhalten)*.

Unsinn, der: *dummes Zeug; Unfug:* großer, barer, reiner, glatter, blanker, völliger, blühender, vollkommener U.; das ist doch alles U.; es ist U., so etwas zu behaupten; viel U. machen, schreiben, reden, schwatzen, verzapfen (ugs.); du redest lauter (ugs.) U.

unsinnig: 1. *sinnlos:* unsinniges Gerede, Geschwätz; unsinnige Gedanken, Pläne; es ist doch u., so etwas machen zu wollen; subst.: etwas Unsinniges tun. **2.** *sehr groß, übertrieben:* unsinnige Kosten, Preise; unsinnige Forderungen. **3.** (ugs.) ⟨verstärkend vor Adjektiven und Verben⟩: *sehr:* unsinnig hohe Preise, Mieten; er hat sich u. gefreut.

Unsitte, die: *schlechte Angewohnheit:* das ist eine grobe, häßliche U. [von ihm]; eine U. ablegen.

unsterblich: 1. *nicht sterblich:* die unsterblichen Götter; die Seele ist u. **2.** *unvergeßlich, unvergänglich:* die unsterblichen Klassiker; die unsterbliche Musik, die unsterblichen Werke Beethovens; seine Schöpfungen sind, bleiben u.; subst.: er zählt zu den Unsterblichen. **3.** ⟨verstärkend vor Verben⟩: *sehr:* damit kannst du dich u. blamieren; er war u. verliebt.

unstet: *ruhelos; von Unrast getrieben:* ein unstetes Wesen haben; ein unstetes Leben führen; u. [in der Welt] umherreisen.

Unstimmigkeit, die: **1.** *Fehler, Widerspruch:* eine kleine U. feststellen; bei der Überprüfung der Rechnung stieß ich auf Unstimmigkeiten. **2.** *Auseinandersetzung, Streit:* eine kleine, unbedeutende U.; es bestehen große Unstimmigkeiten zwischen den Parteien; bei seinem Besuch kam es zu Unstimmigkeiten.

Unsumme, die: *sehr große Summe:* das Haus hat eine U. [Geldes] gekostet; Unsummen für etwas ausgeben.

untadelig: *einwandfrei, tadellos:* eine untadelige Haltung, Amtsführung, Gesinnung; ein untadeliges Betragen; sich u. benehmen.

untätig: *nichtstuend; nicht aktiv:* u. sein, bleiben; er sah u. zu, wie wir uns abplagten; die Hände u. in den Schoß legen.

untauglich: *nicht tauglich:* ein Versuch am untauglichen Objekt, mit untauglichen Mitteln; er ist für diese Arbeit, für diesen Posten, für den Dienst/zum Dienst u.

unten ⟨Adverb⟩: **a)** *an einer tiefer gelegenen Stelle, in der Tiefe; unter jmdm.; unter etwas:* u. liegen, sitzen, stehen, bleiben; u. im Regal, im Keller; u. warten; der Fahrstuhl steht, ist u.; dort u.; tief u.; u. links; u. und oben *(Unterseite und Oberseite)* verwechseln; wie u. *(an späterer Stelle)* ausgeführt; siehe S. 153 u. *(im unteren Teil der Seite);* von oben nach u.; jmdn. von oben bis u. mustern. **b)** (ugs.) *im Süden:* wir waren schon mehrmals [dort] unten. * (ugs.:) **nicht wissen, wo oben und unten ist** *(durch Überforderung ganz durcheinander sein)* · (ugs.:) **bei jmdm. unten durch sein** *(jmds. Wohlwollen verloren, verscherzt haben.*

unter: I. ⟨Präp. mit Dativ und Akk.⟩ **1.** ⟨mit Dativ⟩ **a)** /kennzeichnet die Lage unterhalb von jmdm., etwas/: etwas liegt u. dem Tisch; u. der Dusche stehen; u. uns *(ein Stockwerk tiefer)* wohnt eine Sängerin; ⟨in Korrelation mit *hindurch*⟩ /kennzeichnet eine Bewegung unter Nennung eines festen Bezugspunkts/: der Zug fährt u. der Brücke hindurch; ü b e r t r.: der Preis liegt u. dem Durchschnitt. **b)** /drückt aus, daß sich etwas, von etwas ganz oder teilweise bedeckt, irgendwo befindet/: eine Pistole u. dem Mantel tragen. **c)** /nennt Art oder Begleitumstände/: u. einem Vorwand die Versammlung verlassen; u. großen Schwierigkeiten eine Arbeit beenden. **2.** ⟨mit Akk.⟩ /drückt eine Richtung aus/: den Schemel u. den Tisch schieben; sich ein Kissen u. den Kopf legen; die Scheune ist bis u. das Dach gefüllt; sich u. die Dusche stellen; ü b e r t r.: sich u. jmds. Schutz stellen. **3.** ⟨mit Dativ und Akk.⟩ *zwischen; innerhalb:* der Brief lag u. den Akten; u. den Zuschauern sitzen; sich u. das Publikum mischen. **4.** (selten) ⟨mit Dativ⟩ /drückt den Bezug auf einen Zeitpunkt, Zeitraum aus/: u. dem heutigen Datum; er hat u. dem Datum des 31. Juli bezahlt; u. Mittag *(während der Mittagszeit)* einkaufen. **5.** ⟨mit Dativ⟩ /drückt eine Abhängigkeit, Unterordnung aus/: u. jmds. Leitung, Führung; eine Kur u. ärztlicher Kontrolle machen; u. der Regierung Kaiser Karls IV. **6.** ⟨mit Dativ⟩ /drückt das Unterschreiten einer Zahl oder Anzahl aus/: Kinder u. 10 Jahren (a b e r: Kinder über 10 Jahre!); der Preis liegt u. 100 Mark; etwas u. dem Einkaufspreis verkaufen. **7.** ⟨in Abhängigkeit von bestimmten Wörtern⟩ u. jmdm. leiden; u. etwas stöhnen; Unterwerfung u. jmdn. **II.** ⟨in Konkurrenz zu den Pronominaladverbien *darunter* und *worunter*⟩ **1.** (ugs.) ⟨statt des Pronominaladverbs *darüber;* bei Bezug auf eine Sache, einen Satz oder einen [satzwertigen] Infinitiv oder in Verbindung mit *es*⟩ dieses Dach ist baufällig. Wenn du dich u. es (r i c h t i g: darunter) stellst, dann ... **2.** ⟨in Verbindung mit Fragepronomen⟩ **a)** ⟨in bezug auf eine Person⟩ u. wem hat er zu leiden? **b)** (ugs.) ⟨in bezug auf Sachen anstatt *worunter*⟩ u. was (r i c h t i g: worunter) hat er zu leiden? **3.** ⟨in relativer Verbindung⟩ **a)** der Chef, u. dem sie sich wohl fühlen ...; das Haus, u. dem sich die U-Bahn befindet ...; das Glas, u. das ein Teller gestellt wurde ... **b)** (ugs.) ⟨statt *worunter* in nicht attributivem Relativsatz⟩ man wußte nicht, u. was (r i c h t i g: worunter) sie litten. **III.** ⟨Adverb⟩ *weniger als:* Gemeinden von u. 100 000 Einwohnern; die Bewerber waren alle u. 30 Jahre alt. * (Bergmannsspr.:) **unter Tage** *(unter der Erdoberfläche; im Bergwerk)* · **unter anderem** *(außerdem)* · **unter sich sein** *(im engsten Kreis, ohne Fremde, Gäste sein).*

unterbieten ⟨jmdn., sich, etwas u.⟩: **a)** *für etwas weniger verlangen als andere:* einen Preis [beträchtlich, um fast hundert Mark] u.; er hatte alle Konkurrenten unterboten; ü b e r t r.: etwas ist [im Niveau] kaum noch zu u. *(etwas ist sehr schlecht).* **b)** (Sport) *für etwas weniger Zeit brauchen:* den Rekord, die Zeit von 10,2 um eine Zehntelsekunde u.

unterbinden ⟨etwas u.⟩: **I.** *verbieten, verhindern:* den Handelsverkehr, jede Diskussion u.; man hat alle Kontakte zwischen den Delegationen unterbunden. **II.** *darunterbinden:* ein Tuch u.

unterbleiben ⟨etwas unterbleibt⟩: *etwas wird nicht getan:* das hat künftig zu u.; jede Störung ist unterblieben.

unterbrechen: a) ⟨etwas u.⟩ *stören, vorübergehend stillegen:* eine Bahnlinie, Pipeline u.; der Verkehr, die Stromversorgung war mehrere Stunden lang unterbrochen; die Telephonleitung, das [Telephon]gespräch ist unterbrochen; wir *(unser Telephongespräch)* sind unterbrochen worden; die Stille, Ruhe wurde gelegentlich von einem vorbeifahrenden Auto unterbrochen; eine Schwangerschaft u.; ü b e r t r.: der Gebirgszug wird von mehreren tiefen Tälern unterbrochen *(durchschnitten).* **b)** ⟨etwas u.⟩ *etwas [für eine gewisse Zeit] nicht weiterführen:* die Arbeit, den Urlaub u.; seine Reise [in München, für zwei Tage] u.; eine Sendung, ein Spiel u.; er mußte das Studium u.; die unterbrochene Vorstellung fortsetzen; ü b e r t r.: dieses Ereignis unterbrach die Eintönigkeit in seinem Leben. **c)** ⟨jmdn., etwas u.⟩ *verursachen, daß jmd. nicht weiterspricht, etwas abbricht:* einen Redner u.; die Rede des Ministers wurde mehrfach durch Zwischenrufe unterbrochen; unterbrich mich nicht dauernd!

unterbreiten ⟨jmdm. etwas u.⟩: **a)** /in Verbindung mit bestimmten Substantiven/ *jmdm. etwas vortragen:* jmdm. Vorschläge [zu etwas] u.; er hat mir seine Pläne unterbreitet. **b)** (veraltend) *jmdm. etwas vorlegen:* jmdm. ein Schriftstück [zur Einsichtnahme] u.; der Beamte unterbreitete *(überreichte)* dem Vorgesetzten ein/sein Abschiedsgesuch.

unterbringen ⟨gewöhnlich mit Raumangabe⟩: **1.** ⟨etwas u.⟩ *verstauen:* Waren [im Lager, im Keller] u.; alles Gepäck im Kofferraum u.; übertr. (ugs.): sein Geld u. *(anlegen).* **2.** ⟨jmdn. u.⟩ *jmdm. eine Unterkunft verschaffen:* die Gäste im Hotel, im eigenen Haus, bei Verwandten u.; er konnte die alten Leute in einem Altersheim u.; wir sind sehr gut untergebracht. **3.** (ugs.) ⟨jmdn. u.⟩ *jmdm. eine Stellung verschaffen:* jmdn. bei einer Firma, Behörde u.; er hat seinen Sohn auf diesem Posten untergebracht. **4.** (ugs.) ⟨etwas u.⟩ *erreichen, daß etwas angenommen wird:* er hat sein Manuskript bei, in der Zeitung, bei einem Verlag untergebracht.

unterdessen ⟨Adverb⟩: *inzwischen:* die beiden haben u. geheiratet; ich gehe einkaufen, u. kannst du/du kannst u. die Kartoffeln schälen.

unterdrücken: 1. ⟨etwas u.⟩ *zurückhalten, nicht aufkommen lassen:* eine [bissige] Bemerkung, seinen Unwillen u.; er konnte seine Erregung, seinen Zorn, das Lachen nur mit Mühe u.; bestimmte [politische] Meldungen, Nachrichten u. *(nicht bekanntwerden lassen);* ein unterdrücktes Schluchzen war zu hören; mit unterdrückter Stimme sprechen. **2.** ⟨jmdn., etwas u.⟩ *mit Terror beherrschen:* ein Volk, eine Rasse, Minderheiten u.; der Aufstand wurde grausam unterdrückt *(niedergeworfen, im Keime erstickt);* ein unterdrücktes Volk.

untere: a) *sich unten befindend:* die unteren Schichten, Lagen; den unteren Knopf drücken; im unteren Fach; die Städte an der unteren Elbe *(am Unterlauf der Elbe).* **b)** *dem Rang nach unter anderen stehend:* die unteren Schulklassen; er gehört zu den unteren Mitarbeitern.

untereinander ⟨Adverb⟩: **a)** *eines unter dem anderen, unter das andere:* die Bilder u. aufhängen. **b)** *miteinander:* etwas u. ausmachen, regeln; sie tauschen ihre Erfahrungen u. aus.

Unterfangen, das: *schwieriges Unternehmen:* ein aussichtsloses U.; es ist ein kühnes U., so etwas zu tun.

Untergang, der: **1. a)** *das Versinken:* der U. eines Schiffes. **b)** *das Untergehen:* der U. des Mondes; den U. der Sonne beobachten. **2.** *das Zugrundegehen:* der U. des Römischen Reiches; der U. ist unaufhaltsam; dem Volk droht der U.; der Alkohol ist [noch] sein U. (ugs.; *Verderben*); etwas ist dem U. geweiht (ugs.), verfallen; dem U. entgegengehen; vom U. bedroht sein; jmdn., etwas vor dem U. bewahren.

untergehen: 1. a) *versinken:* das gekenterte Boot ist sofort, innerhalb kurzer Zeit untergegangen; er fiel über Bord und ging unter; übertr.: die letzten Sätze des Redners gingen im Applaus, im allgemeinen Lärm unter *(wurden nicht mehr verstanden).* **b)** *hinter etwas verschwinden:* der Mond geht unter; die Sonne geht am Horizont langsam, geht heute um 19,23 Uhr unter; bildl. subst.: jmds. Stern ist im Untergehen [begriffen] *(jmds. Ruhm verblaßt).* **2.** *zugrunde gehen, vernichtet werden:* dieses Reich, Volk ist vor über tausend Jahren untergegangen; untergegangene Kulturen erforschen; es ist so dunkel, als ob die Welt u. wollte; übertr.: sie ist in der Großstadt untergegangen *(in zweifelhafte Kreise geraten).*

untergraben ⟨etwas u.⟩: **I.** *unterpflügen:* Dung, Mist u.; das nicht geerntete Gemüse, der verfaulte Saat wird einfach untergegraben. **II.** *unauffällig, von innen heraus zerstören:* die staatliche Ordnung u.; die Gerüchte untergraben sein Ansehen, seine Stellung, Autorität.

unterhalb: I. ⟨Präp. mit Gen.⟩ *unter etwas;* u. der Fensterbrüstung; die Frostgrenze liegt u. 2 000 Meter; der Schiffsunfall ereignete sich u. der Neckarmündung, u. Heidelbergs. **II.** ⟨Adverb in Verbindung mit *von*⟩ *unter etwas:* die Altstadt liegt u. vom Schloß.

Unterhalt, der: *Kosten für die Lebenshaltung:* ein sicherer, kümmerlicher, kärglicher, dürftiger U.; seinen U. haben, von etwas bestreiten; jmdm. U. geben, gewähren, den U. verweigern; für jmds. U. sorgen, aufkommen [müssen]; zu jmds. U. beitragen.

unterhalten: I. 1. ⟨jmdn. u.⟩ *für jmdn. sorgen:* eine Familie, seine Eltern u.; er muß zwei Kinder aus erster Ehe u. **2.** ⟨etwas u.⟩ **a)** *etwas halten, betreiben:* ein Geschäft, einen Rennstall u.; er hat früher mehrere Gaststätten unterhalten. **b)** *pflegen; instand halten:* Gebäude, Brücken, Gleisanlagen u.; das Auto muß u. werden, will u. sein (ugs.; *kostet Geld*); das Feuer im Ofen u. *(am Brennen halten);* gut unterhaltene Straßen. **3.** ⟨etwas zu jmdm. u.⟩ *lebendig erhalten, pflegen:* gute Kontakte, enge freundschaftliche Beziehungen zu jmdm. u.; ⟨auch ohne Präpositionalobjekt⟩ die beiden Staaten unterhalten gutnachbarliche Beziehungen. **4.** ⟨jmdn., sich u.⟩ *erfreuen, die Zeit vertreiben:* seine Gäste unterhalten; die Musik hat uns gut unterhalten; das Kind kann sich stundenlang damit u. **5.** ⟨sich mit jmdm. u.⟩ *sprechen, plaudern:* sich mit jmdm. laut, leise, flüsternd, unter vier Augen, privat u.; ich muß mich mit ihm noch einmal darüber u.; ⟨auch ohne Präpositionalobjekt⟩ wir haben uns [darüber] unterhalten, wie wir verfahren wollen. **II.** ⟨etwas u.⟩ *darunterhalten:* einen Eimer u.; er hat die Hand untergehalten.

unterhaltsam: a) *heiter, kurzweilig:* ein unterhaltsamer Abend; es war in der Gesellschaft recht u. **b)** *für Unterhaltung sorgend:* ein unterhaltsamer Gesellschafter, Plauderer.

Unterhaltung, die: **1.** *Pflege, Erhaltung:* die U. von Gebäuden, Gleisanlagen; das Auto ist in der U. sehr teuer. **2.** *Gespräch, Plauderei:* eine angenehme, anregende, geistreiche, interessante U.; die U. war sehr lebhaft; mit jmdm. [über etwas] eine U. führen; die U. allein bestreiten *(fast allein reden);* sich an der U. beteiligen; etwas in einer U. erfahren. **3.** *Zeitvertreib, Vergnügen:* sich (Dativ) etwas U. suchen, verschaffen; die U. der Gäste bestreiten; für U. sorgen.

unterirdisch: *unter der Erde liegend:* ein unterirdischer Gang; die Ölleitung verläuft, liegt u.

unterjochen ⟨jmdn. u.⟩: *jmdn. unterdrücken:* jmdn., ein Volk u.; sich nicht von jmdm. u. lassen; unterjochte Minderheiten.

unterkommen ⟨gewöhnlich mit Raumangabe⟩: **a)** *Unterkunft finden:* bei Verwandten, in einem Privatquartier u.; die alten Leute sind in einem Heim untergekommen. **b)** (ugs.) *eine Stellung finden:* bei einer Firma u.; er ist endlich untergekommen.

Unterkommen, das: *Unterkunft:* ein U. suchen, finden; noch kein U. haben; jmdm. [ein] U. bieten, gewähren.

unterkriegen (ugs.) ⟨jmdn. u.⟩: *jmdn. gefügig machen, bezwingen:* ich werde ihn schon unterkriegen; er ist nicht unterzukriegen; sich nicht u. lassen *(nicht den Mut verlieren)*.

Unterkunft, die: *vorübergehende Wohnung:* eine einfache, billige U.; eine U. im Hotel, für drei Tage, für eine Nacht; [sich] eine U. suchen; [k]eine U. finden, haben; jmdm. U. gewähren, freie U. anbieten, eine U. verschaffen; für U. und Frühstück zehn Mark bezahlen; für jmds. U. sorgen; die Soldaten sind in ihre Unterkünfte *(Kasernen)* zurückgekehrt.

Unterlage, die: **1.** *das [zum Schutz] Untergelegte:* eine dicke, weiche, harte U.; eine U. aus Gummi, Holz, Metall, Pappe; eine U. zum Schreiben; etwas dient als U.; etwas als U. benutzen; etwas auf eine U. stellen. **2.** ⟨Plural⟩ *schriftliches Beweisstück; Akten:* die originalen Unterlagen; die Unterlagen sind verschwunden, abhanden gekommen; sämtliche Unterlagen anfordern, beibringen, vernichten; jmdm., dem Gericht die Unterlagen übergeben, zuleiten, zur Verfügung stellen; etwas geht aus den Unterlagen hervor; jmdm. Einblick in die Unterlagen gewähren.

unterlassen ⟨etwas u.⟩: *etwas nicht tun:* ein Vorhaben, eine Reise u.; er will das Rauchen künftig u.; unterlassen Sie das bitte!; unterlaß diese Albernheiten!; ich habe es u. *(versäumt)*, danach zu fragen; jmdn. wegen unterlassener Hilfeleistung bestrafen.

unterlaufen: 1. (Sport) ⟨jmdn. u.⟩ *geduckt in jmdn. hineinlaufen:* einen Spieler, den Gegner u. **2.** ⟨etwas unterläuft jmdm./(veraltet:) läuft jmdm. unter⟩ *etwas passiert jmdm.:* ihm sind in der Eile einige Fehler unterlaufen/(veraltet:) sind einige Fehler untergelaufen; manchmal unterläuft einem ein Irrtum/(veraltet:) läuft einem ein Irrtum unter.

unterlegen: I. ⟨etwas u.⟩ *darunterlegen:* eine feste Platte, eine Filzmatte u.; ⟨jmdm., sich etwas u.⟩ ich habe mir ein Kissen untergelegt; der Henne Eier zum Brüten u.; übertr.: der Musik, Melodie einen anderen Text u. **II.** ⟨etwas u.⟩ *mit einer Unterlage versehen:* eine Glasplatte mit Filz u.; mit Seide unterlegte Spitzen.

unterliegen: 1. *besiegt, überflügelt werden:* **a)** in einem Kampf, Wettbewerb u.; die unterlegene Mannschaft ist ausgeschieden; ⟨häufig in der Verbindung⟩ unterlegen sein: *schwächer, schlechter sein:* die Mannschaft ist technisch, zahlenmäßig, spielerisch klar unterlegen. **b)** ⟨jmdm. u.⟩ er ist seinem Gegner nur knapp unterlegen; übertr.: den ständigen Verlockungen u. **2.** ⟨einer Sache u.⟩ *unterworfen sein:* jeder Besucher unterliegt scharfen Kontrollen; etwas unterliegt strenger Geheimhaltung: es unterliegt keinem Zweifel, daß ...

unterm (ugs.): *unter dem:* u. Weihnachtsbaum; er liegt u. Tisch.

Untermiete ⟨in der Verbindung⟩ in/zur Untermiete wohnen: *als Untermieter wohnen.*

unterminieren ⟨etwas u.⟩: *von innen heraus schwächen, zerstören:* den Staat, die Staatsordnung u.; man hat seine Stellung, seine Widerstandskraft unterminiert.

unternehmen ⟨etwas u.⟩: *ausführen, in die Wege leiten:* eine Reise, einen Ausflug, einen Spaziergang u.; mit hundert Mark kann man/läßt sich nicht viel u.; er unternahm nichts ohne ihren Rat; er hatte es unternommen, die Sache aufzuklären; gegen jmdn., gegen eine Entscheidung etwas u. *(vorgehen)*.

Unternehmen, das: **1.** *Vorhaben:* ein kühnes, schwieriges, gewagtes U.; das U. gelang, scheiterte, ist mißlungen; ein U. planen, vorbereiten; bei einem U. ums Leben kommen. **2.** *größere Firma:* ein großes, finanzstarkes, junges U.; ein U. gründen, leiten, auflösen, liquidieren (Kaufmannsspr.); in ein U. einsteigen (ugs.).

unterordnen: a) ⟨einer Sache etwas u.⟩ *zugunsten einer Sache zurückstellen:* die eigenen Interessen dem Gemeinwohl u.; Sprachw.: eine unterordnende Konjunktion; ⟨häufig im 2. Partizip⟩ *abhängig, zweitrangig:* ein untergeordneter Begriff; Sprachw.: ein untergeordneter Satz · etwas spielt nur eine untergeordnete Rolle; das ist von untergeordneter Bedeutung. **b)** ⟨sich jmdm. u.⟩ *sich fügen, anpassen:* sich jmdm., der Gemeinschaft u.; ⟨auch ohne Dativ⟩ du mußt dich u.; es fällt ihm schwer, sich unterzuordnen. * **jmdm. untergeordnet sein** *(unterstellt sein, im Rang tiefer stehen)*.

Unterredung, die: *Besprechung:* eine lange, wichtige U.; eine U. im engsten Kreise, unter vier Augen; die U. dauerte zwei Stunden, ist auf/für 9 Uhr angesetzt, findet nicht statt, ist beendet; eine U. verlangen; mit jmdm. eine U. vereinbaren, haben, führen; um eine U. bitten.

Unterricht, der: *schulisches Lernen; Lehrstunde:* ein lebendiger, langweiliger, interessanter, moderner U.; U. in Mathematik, in Deutsch; der planmäßige U. beginnt am 5. September; der U. dauert von 8 bis 12 Uhr, beginnt erst um 9 Uhr, fällt heute aus, ist beendet, ist aus (ugs.); U. [in etwas] erteilen, geben, nehmen; den U. versäumen, schwänzen (ugs.); täglich drei Stunden U. haben; dem U. fernbleiben; am U. teilnehmen; er ist im U. immer unaufmerksam; vom U. befreit, freigestellt werden.

unterrichten: 1. a) *Unterricht abhalten:* täglich fünf Stunden u.; er unterrichtet an einem Gymnasium, in der Oberstufe, in Mathematik. **b)** ⟨jmdn. u.⟩ *jmdm. Unterricht erteilen:* Kinder, die Oberstufe u.; er unterrichtet diese Klasse schon seit drei Jahren [in Deutsch]. **2. a)** ⟨jmdn. über/(selten auch:) von etwas u.⟩ *in Kenntnis setzen, informieren:* jmdn. sofort, umfassend, nur mangelhaft über einen Vorgang u.; jmdn. darüber/(selten auch:) davon u., daß ... der Katalog unterrichtet Sie über alle Einzelheiten; ⟨auch ohne Präpositionalobjekt⟩ er unterrichtete seinen Vorgesetzten; adj. Part.: falsch, genau unterrichtet sein; soweit ich unterrichtet bin ...; wie aus gut unterrichteten Kreisen zu erfahren war ... **b)** ⟨sich über etwas u.⟩ *sich Kenntnis verschaffen:* sich an Ort und Stelle über einen Vorfall u.; ich muß mich erst über den Stand der Dinge u.; ⟨auch ohne Präpositionalobjekt⟩ ich werde mich möglichst rasch u.

unters (ugs.): *unter das:* unters Bett kriechen; das Haus ist bis u. Dach belegt.

untersagen ⟨jmdm. etwas u.⟩: *jmdm. etwas verbieten:* jmdm. das Betreten eines Geländes u.;

der Arzt hat ihm das Rauchen strengstens untersagt; etwas ist bei Strafe untersagt.

unterschätzen ⟨jmdn., etwas u.⟩: *zu gering einschätzen:* einen Gegner, die Kraft, das Können des Gegners gewaltig u.; eine Aufgabe, die Schwierigkeit einer Sache u.

unterscheiden: 1. a) ⟨etwas u.⟩ *voneinander trennen [und erkennen]:* Einzelheiten u. [können]; in der Einleitung unterscheidet der Verfasser vier Gesichtspunkte. **b)** ⟨zwischen jmdm., zwischen etwas u.⟩ *einen Unterschied machen:* zwischen heimischen Wörtern und Fremdwörtern nicht u.; er unterscheidet sehr genau zwischen den Leuten. **2.** ⟨jmdn., etwas von jmdm., von etwas u.⟩ *auseinanderhalten:* das Richtige vom Falschen, Echtes von Unechtem u.; man kann ihn kaum von seinem Zwillingsbruder u.; die Dinge nicht voneinander u. können; ⟨auch ohne Präpositionalobjekt⟩ die Zwillinge, die Begriffe sind nur schwer zu u. **3. a)** ⟨sich von jmdm., von etwas u.⟩ *sich abheben:* sich deutlich, klar, kaum von jmdm. u.; er unterscheidet sich von seinem Bruder durch größere Zielstrebigkeit; ⟨auch ohne Präpositionalobjekt⟩ in diesem Punkt unterscheiden sich die Parteien überhaupt nicht. **b)** ⟨etwas unterscheidet jmdn. von jmdm.⟩ *etwas hebt jmdn. von jmdm. ab:* Kollegialität, Zuverlässigkeit unterscheidet ihn von seinem Vorgänger.

unterschieben: I. ⟨etwas u.⟩ *darunterschieben:* eine Platte, eine Unterlage u.; ⟨jmdm., sich etwas u.⟩ sie schob ihm ein Kissen, eine Fußbank unter. **II.** ⟨jmdm. etwas u.⟩ *unberechtigterweise zuordnen, unterstellen:* jmdm. ein Kind, ein Testament, einen Brief u.; man unterschiebt mir diese Äußerung/(veraltet:) schiebt mir diese Äußerung unter; er hat mir einen falschen Beweggrund unterschoben/(veraltet:) untergeschoben.

Unterschied, der: *Verschiedenheit; das Anderssein:* ein geringer, großer, gewaltiger, ins Auge fallender, augenfälliger, himmelweiter (ugs.) U.; ein U. wie Tag und Nacht *(ein sehr großer Unterschied);* Unterschiede in der Farbe, Qualität; der U. ist beträchtlich, auffallend; die Unterschiede verwischen sich allmählich; zwischen Arbeit und Arbeit ist noch ein U. (ugs.; *es kommt auf die Qualität an*); es ist ein Unterschied, ob du es sagst oder ob er es sagt; einen U. erkennen, feststellen; jmdm. einen U. klarmachen; im U. zu ihm/zum U. von ihm interessiere ich mich dafür sehr; ich bin gleicher Meinung, aber mit dem U., daß ...; jmdn., etwas ohne U. behandeln.

unterschiedlich: *ungleich, verschieden:* unterschiedliche Größe, Qualität; die Farben sind recht u.; jmdn., etwas u. behandeln.

unterschlagen ⟨etwas u.⟩: **I. a)** *veruntreuen:* einen Brief, Wechsel u.; er hat größere Summen unterschlagen. **b)** (ugs.) *verheimlichen:* eine Nachricht u.; er hat die Hauptsache, bestimmte Tatsachen einfach unterschlagen. **II.** *etwas kreuzen:* sie hat ihre Beine untergeschlagen; mit untergeschlagenen Beinen dasitzen.

Unterschlagung, die: *Veruntreuung:* Unterschlagung begehen; jmds. U. aufdecken.

unterschreiben: 1. a) *seine Unterschrift hinsetzen:* links, rechts, mit Tinte, mit vollem Namen u. **b)** ⟨etwas u.⟩ *etwas mit seiner Unterschrift versehen:* einen Brief, einen Vertrag u.; das Abkommen ist noch nicht unterschrieben; das kann man gern, gut, mit gutem Gewissen u. **2.** (ugs.) ⟨etwas u.⟩ *gleichfalls vertreten, bejahen:* diesen Standpunkt, diese Behauptung kann ich nicht u.; das möchte ich nicht u.

unterschreiten ⟨etwas u.⟩: *geringer sein; weniger benötigen:* die Kosten haben den Voranschlag unterschritten.

Unterschrift, die: *der eigenhändig unter einen Text geschriebene Name:* eine unleserliche U.; die U. daruntersetzen, verweigern, fälschen, nicht lesen können; die U. leisten (Amtsdt.; *unterschreiben*); der Botschafter vollzog im Namen der Regierung die U. (geh.); der Brief trägt (geh.) seine U.; seine U. für/zu etwas geben; eine U. beglaubigen lassen; einholen; Unterschriften für etwas sammeln; etwas mit seiner U. versehen, decken, billigen; etwas ist ohne U. nicht gültig; jmdm. einen Brief, Vertrag zur U. vorlegen.

untersetzt: *kräftig und gedrungen:* ein älterer, untersetzter Herr; ein Mann von untersetzter Gestalt; er ist etwas u.

unterst: *sich ganz unten befindend:* das unterste Stockwerk; das Buch steht im untersten Fach des Regals.

unterstehen: 1. a) ⟨jmdm. u.⟩ *jmdm. untergeordnet sein:* die Behörde untersteht dem Innenminister[ium]; als Abteilungsleiter untersteht er unmittelbar dem Vorstand. **b)** ⟨einer Sache u.⟩ *einer Sache unterliegen:* diese Fälle unterstehen dem Verwaltungsgericht; etwas untersteht einer ständigen Kontrolle; es untersteht keinem Zweifel *(es besteht kein Zweifel)*, daß ... **2.** ⟨sich u.⟩ *sich erlauben, erdreisten:* er hat sich unterstanden, ihm zu widersprechen; untersteh dich [nicht], so etwas zu tun.

unterstellen: I. a) ⟨sich u.⟩ *unter etwas Schutz suchen:* ich habe mich während des Gewitters [unter dem Balkon] untergestellt. **b)** ⟨etwas u.⟩ *abstellen, unterbringen:* du kannst das Fahrrad, den Wagen solange bei mir, in meiner Garage u. **II. 1.** ⟨jmdm., einer Sache jmdn., etwas u.⟩ *unterordnen:* eine Abteilung direkt dem Vorstand u.; die Behörde ist dem Innenminister[ium] unterstellt; jmdn. der Aufsicht, Kontrolle von ... u. **2. a)** ⟨jmdm. etwas u.⟩ *unterschieben:* jmdm. eine Tat, Absicht u.; es wird mir unterstellt, daß ich so etwas gewollt habe. **b)** ⟨etwas u.⟩ *etwas annehmen:* unterstellen wir das Bestehen solcher Pläne; ich unterstelle einmal, daß alles so gewesen ist, dann ...

unterstreichen ⟨etwas u.⟩: **a)** *einen Strich unter etwas ziehen:* alle Namen, Fachwörter in einem Text u.; der entscheidende Satz ist rot unterstrichen; subst.: etwas durch Unterstreichen hervorheben. **b)** *betonen, bekräftigen:* jmds. Verdienste, die Bedeutung eines Vertrages u.; er unterstrich seine Ausführungen durch eine lebhafte Gestik.

unterstützen ⟨jmdn., etwas u.⟩: **a)** *jmdm. helfen:* jmdn. tatkräftig, bei seiner Arbeit u.; die Hilfsorganisationen mit Geld u. **b)** *fördern:* jmds. Bestrebungen/jmdn. in seinen Bestrebungen voll und ganz u.; diese Leute, diesen Plan sollte man u.

Unterstützung, die: **a)** *[materielle] Hilfe:* öffentliche, private, gesetzliche, eine angemessene U.; die U. der Armen, Bedürftigen; die U. beträgt 200 Mark monatlich; U. beantragen, bekommen, erhalten, beziehen; jmdm. die U. kürzen, herabsetzen, entziehen, streichen; jmdm. U. gewähren; auf die U. angewiesen sein. **b)** *Beistand, Förderung:* uneingeschränkte, bedingungslose U.; jmdm. seine U. zusagen, zusichern, angedeihen lassen (geh.), zuteil werden lassen (geh.), versagen; bei jmdm. U. finden; Sie können auf meine U./mit meiner U. rechnen; um U. werben, bitten.

untersuchen ⟨jmdn., etwas u.⟩: *sehr genau prüfen, analysieren:* jmdn., etwas gründlich, eingehend, sorgfältig, sehr genau u.; der Arzt will mich, das Blut auf Zucker u.; etwas chemisch, unter dem Mikroskop u.; etwas gerichtlich u. lassen; einen Unfall u.; den Boden auf seine Beschaffenheit, Tragfähigkeit u.; jmdn. auf, nach Waffen u.; es soll untersucht werden, ob ...

Untersuchung, die: **1.** *das Untersuchen, Prüfung:* eine genaue, sorgfältige, eingehende, chemische, polizeiliche U.; die U. des Blutes, des Patienten, der Unfallursache; die U. läuft noch, ist noch im Gange, ist abgeschlossen, verlief ergebnislos, ergab folgendes; eine U. fordern, beantragen, durchführen, niederschlagen, einstellen; eine strenge U. anordnen; das Ergebnis der U. abwarten; der U. nicht vorgreifen; jmdn. mit der U. des Falles beauftragen. **2.** *wissenschaftliche Arbeit:* eine wertvolle, tiefgreifende U. über Kleist; eine U. anstellen, anfertigen.

untertauchen: 1. a) *im Wasser verschwinden:* im Wasser u. **b)** ⟨jmdn. u.⟩ *unter Wasser drücken:* er hat mich aus Spaß mehrmals untergetaucht. **2.** *verschwinden:* der Verbrecher ist in der Menschenmenge, irgendwo in der Großstadt untergetaucht.

unterwegs ⟨Adverb⟩: *auf dem Weg; auf der Reise:* den ganzen Tag u. sein; ich war gerade u., als der Anruf kam; der Brief war lange u.; wir haben u. viel Neues gesehen.

unterweisen (geh.) ⟨jmdn. in etwas u.⟩: *unterrichten:* die Kinder in Deutsch u.; er hat uns in Geschichte unterwiesen.

unterwerfen: 1. a) ⟨jmdn., etwas u.⟩ *besiegen und abhängig machen:* ein Land, einen Staat u.; das Volk ließ sich nicht bedingungslos u. **b)** ⟨sich jmdm., einer Sache u.⟩ *sich jmdm. beugen, sich fügen:* sich jmds. Willen, Willkür, Bedingungen u.; ich werde mich ihm nicht u. **2.** ⟨einer Sache jmdn., etwas u.⟩ *unterziehen:* die Grenzgänger strengen Kontrollen u.; Schwankungen, Veränderungen unterworfen sein.

unterwürfig (abwertend): *devot:* ein unterwürfiger Mensch; er ist gegenüber seinem Vorgesetzten immer sehr u.; sich u. zeigen, verhalten.

unterzeichnen: a) *seine Unterschrift geben:* links, rechts, mit Tinte, mit vollem Namen u. **b)** ⟨etwas u.⟩ *etwas mit einer Unterschrift versehen:* einen Brief, ein Abkommen u.; der Aufruf ist vom Parteivorsitzenden unterzeichnet. **c)** (selten:) ⟨sich u.⟩ *unterschreiben:* er hat sich als Vorsitzender unterzeichnet; subst.: der rechts, links Unterzeichnete.

unterziehen: I. ⟨etwas u.⟩ **a)** *darunter anziehen:* warme Wäsche u.; ⟨sich, jmdm. etwas u.⟩ ich habe mir noch einen Pullover untergezogen. **b)** *einziehen:* sie haben einen Träger, Balken unter die Decke untergezogen. **II.** ⟨jmdn., sich, etwas einer Sache u.⟩ *auferlegen; etwas mi jmdm., mit sich, mit etwas geschehen lassen* jmdn. einer Untersuchung, Prüfung u.; sich ei ner Kur u.; das Haus wird einer gründlicher Renovierung unterzogen; ich habe mich de Mühe unterzogen, den ganzen Text zu lesen.

Untiefe, die: **1.** *flache Stelle in einem Gewässer.* Baken zeigen die U. an; das Schiff geriet in eine U. und blieb stecken. **2.** *sehr große Meerestiefe.* Untiefen unweit des Ufers machen das Bader gefährlich.

untröstlich ⟨in der Verbindung⟩ untröstlich sein: *sehr traurig sein:* die Kinder waren u. dar über, daß sie nicht mitfahren durften; ich bir u. *(es tut mit leid)*, daß ich die Sache vergesser habe.

unumgänglich: *nicht zu vermeiden:* ein unum gänglicher Krankenhausaufenthalt; diese Maß nahmen, Preiserhöhungen sind u.

unumwunden: *offen, frei heraus:* etwas u. sagen, zugeben; jmdm. u. seine Meinung sagen.

ununterbrochen: *ohne Unterbrechung:* in un unterbrochener Reihenfolge; es regnete u.; seine Frau redet u.

unverantwortlich: *nicht zu verantworten; leichtfertig:* ein unverantwortlicher Leichtsinn; sein Verhalten war u.; etwas für u. halten; u. handeln.

unverbesserlich: *nicht zu ändern:* ein unverbesserlicher Mensch; er ist ein unverbesserlicher *(unverwüstlicher)* Optimist; du bist doch u.!

unverblümt: *ganz offen:* jmdm. u. die Wahrheit, seine Meinung sagen; etwas u. sagen.

unverfänglich: *nicht bedenklich:* unverfängliche Fragen stellen; die Sache schien u. zu sein, sah zunächst u. aus.

unverfroren: *dreist:* unverfrorene Antworten geben; jmdn. u. nach etwas fragen.

unvergeßlich: *in der Erinnerung immer lebendig:* unvergeßliche Eindrücke; unvergeßliche Stunden erlebt haben; diese Begegnung wird mir immer u. bleiben.

unvergleichlich: a) *einzigartig:* eine unvergleichliche Tat, Leistung; ein Schriftsteller von unvergleichlichem Gedankenreichtum; der Liebreiz der Landschaft ist u. **b)** ⟨verstärkend vor Adjektiven⟩ *sehr:* jmd., etwas ist u. schön; es geht ihm heute u. *(viel)* besser als vor Jahren.

unverhofft: *überraschend:* ein unverhofftes Wiedersehen; ich traf ihn gestern ganz u.

unvermeidlich: *nicht zu vermeiden:* eine unvermeidliche Auseinandersetzung; Preiserhöhungen werden u. sein; es wird u. sein, die Produktion zu drosseln; subst.: sich in das Unvermeidliche fügen.

unvermittelt: *plötzlich:* seine unvermittelte Frage verblüffte sie; er reiste u. ab.

unvermutet: *überraschend:* unvermutete Schwierigkeiten; sein unvermutetes Erscheinen stiftete Verwirrung; jmdn. u. besuchen.

unverschämt: a) *sehr frech:* eine unverschämte Person; er ist, wurde u.; der Bursche grinste u. **b)** (ugs.) *unzumutbar:* unverschämte Preise; die Mieten sind u. [hoch].

unversehens ⟨Adverb⟩: *unerwartet, plötzlich:* u. abreisen; er trat u. ins Zimmer.

unverstanden: *kein Verständnis bei anderen findend:* eine unverstandene Frau; sich [von jmdm.] u. fühlen.

unverständig: *[noch] keinen Verstand habend:* ein unverständiges Kind; sei doch nicht so u.!

unverständlich: a) *nicht zu hören; undeutlich:* unverständliche Worte murmeln; er redete leise und u. b) *nicht zu begreifen, zu verstehen:* seine Rede war, blieb uns allen u.; es ist mir einfach u., wie das passieren konnte.

unversucht ⟨in der Verbindung⟩ nichts unversucht [sein] lassen: *alles Mögliche versuchen, unternehmen.*

unverwandt: *fortdauernd:* mit unverwandtem Blick jmdn. ansehen; jmdn., etwas u. anstarren.

unverwüstlich: a) *sehr haltbar, dauerhaft:* ein unverwüstliches Material; der Stoff, Anzug ist u. b) *nicht zu entmutigen:* ein unverwüstlicher Forscher; er hat einen unverwüstlichen *(nie versiegenden)* Humor; er ist u.; u. weiterarbeiten.

unverzeihlich: *nicht zu entschuldigen:* ein unverzeihlicher Fehler; dieser Leichtsinn ist u.

unverzüglich: *sofort:* unverzügliche Hilfsmaßnahmen; etwas u. beginnen.

unvorhergesehen: *unerwartet:* ein unvorhergesehenes Ereignis; es traten unvorhergesehene Schwierigkeiten auf.

unwahrscheinlich: a) *nicht zu erwarten:* es ist u., daß so etwas eintritt. b) *unglaublich:* eine unwahrscheinliche Geschichte; seine Darstellung ist, klingt sehr u. c) (ugs.) ⟨verstärkend vor Adjektiven und Verben⟩ *sehr:* u. heiß, schnell, dick; er spielt u. gut; wir haben u. gefroren.

unweigerlich: *mit Sicherheit eintretend:* eine unweigerliche Folge; das setzt u. voraus, daß ...

unweit: a) ⟨Präp. mit Genitiv⟩ *nicht weit von:* u. Berlins; u. der Brücke ereignete sich der Schiffszusammenstoß. b) (selten) ⟨Adverb⟩ *nicht weit:* u. von Berlin, von der Autobahn.

Unwesen ⟨in der Verbindung⟩ sein Unwesen treiben: *schädigend, zerstörerisch tätig sein:* in dieser Gegend treibt ein Einbrecher sein U.

Unwetter, das: *verheerendes Gewitter:* ein schweres U. richtete großen Schaden an; die Gegend wurde von einem U. heimgesucht.

unwiderruflich: *endgültig:* ein unwiderruflicher Beschluß; die Entscheidung, das Urteil ist u.; zum u. letzten Male.

unwiderstehlich: *nicht zu widerstehen:* ein unwiderstehlicher Mensch, Typ; einen unwiderstehlichen Drang, Trieb zum Stehlen haben; er hält sich bei den Frauen für u.

unwiederbringlich: *endgültig:* ein unwiederbringlicher Verlust; etwas ist u. verloren.

Unwille[n], der: *Ärger:* sein U. richtet sich gegen den Sachbearbeiter; seinen Unwillen nicht zurückhalten [können], unverhohlen äußern; jmds. Unwillen erregen, hervorrufen, beschwichtigen; seinem Unwillen Luft machen (ugs.).

unwillkürlich: *unbewußt; ganz von selbst geschehend:* eine unwillkürliche Reaktion; als er die Stimme hörte, drehte er sich u. um.

Unwissenheit, die: *das Nichtwissen:* eine weit verbreitete, allgemeine, erschreckende U.; es besteht, herrscht U. darüber, ob ...; jmdn. bewußt in U. halten, lassen.

unwohl: *nicht wohl:* jmdm. ist u.; er fühlt sich hier sehr u.

Unzucht, die: *unsittliche Handlung:* widernatürliche U.; U. mit Abhängigen; gewerbsmäßige U. treiben; jmdn. zur U. verleiten.

unzulänglich: *nicht ausreichend:* unzulängliche Vorbereitungen, Leistungen, Kenntnisse; die Bezahlung, Ausrüstung ist völlig u.

üppig: 1. a) *in großer Fülle; überreich:* ein üppiger Pflanzenwuchs, Bartwuchs; ein üppiges Mahl; die Flora ist in dieser Landschaft besonders ü.; die Pflanzen gedeihen hier ü.; zu ü. leben. b) *von rundlichen, vollen Formen:* ein üppiger Körperbau, Busen; eine üppige Blondine; ihre Formen sind ü. 2. (ugs.; landsch.) *übermütig:* er wird [mir] zu ü.

urbar ⟨in der Verbindung⟩ etwas urbar machen: *etwas landwirtschaftlich nutzbar machen.*

Urheber, der: *jmd., der etwas bewirkt, veranlaßt:* die Urheber dieses Gesetzes; der geistige U. von etwas sein.

Urkunde, die: *Schriftstück mit Rechtskraft:* eine alte, wichtige, öffentliche *(von einer Behörde ausgestellte)*, notarielle U.; die U. des Standesbeamten; eine U. ausfertigen, ausstellen, hinterlegen, versiegeln; jmdm. eine U. überreichen.

Urlaub, der: *[dem Arbeitnehmer] zustehende Erholungszeit:* ein langer, mehrwöchiger, [un]bezahlter, tariflich festgelegter, erholsamer, sonniger U.; U. (militär.; *Ausgang*) bis zum Wecken; ein U. [von drei Wochen] im Süden, am Mittelmeer; der U. war zu kurz, völlig verregnet; U. beantragen, bekommen, erhalten; den U. antreten, unterbrechen, abbrechen, vorzeitig beenden; den U. zusammenhängend, ganz, auf einmal nehmen; seinen U. im Ausland verbringen; auf/im/in U. sein; jmdn. aus dem U. zurückrufen; in U. gehen, fahren; sich im U. erholen; vom U. zurück sein.

Ursache, die: *Anlaß, Grund; Ausgangspunkt:* die eigentliche, wirkliche, unmittelbare U.; die U. eines Streites, einer Krankheit; was ist die U.?; die U. des Unfalls ist noch nicht bekannt, geklärt; diese Äußerungen waren die U. meiner/für meine Verärgerung; etwas bildet die U. für etwas; Redensart: kleine Ursachen, große Wirkung; die U. [herausfinden], klären, feststellen, erkennen, beseitigen; einer U. nachgehen, auf den Grund gehen, kommen; aus bisher ungeklärter U. ist ... * **keine Ursache!** (*bitte!;* /Antwortfloskel auf einen Dank/).

Ursprung, der: *Beginn, Ausgangspunkt:* der U. der Menschheit, des Christentums; etwas verdankt seinen U. einem bestimmten Ereignis; etwas hat in etwas seinen U.; ein Wort germanischen Ursprungs; etwas vom U. her betrachten; einen Fluß bis zu seinem U. *(bis zur Quelle)* hinaufwandern.

ursprünglich: 1. ⟨Adj.⟩ *in der Ursprungsform; original:* die ursprüngliche Form; der ursprüngliche Plan ist geändert worden; die Landschaft ist hier noch ganz u. 2. ⟨Adverb⟩ *anfangs, zuerst:* u. wollte ich daran teilnehmen; die Sache war u. anders geplant.

Urteil, das: 1. *gerichtliche Entscheidung:* ein mildes, hartes U.; ein U. des höchsten Gerichts; das U. ist ergangen, ist unwiderruflich, ist noch nicht rechtskräftig; das U. fällen, verkünden, begründen, bestätigen, annehmen, anfechten, aufheben; über jmdn. das U. sprechen; die Verkündung des Urteils; gegen das U. Berufung einlegen; übertr.: du hast dir selbst dein U. gesprochen. 2. *Beurteilung, Standpunkt:* ein sachliches, [un]parteiisches, abgewogenes, vernichtendes, abfälliges U.; das U. eines Fachmannes;

sein U. steht bereits fest; sich [über etwas] ein U. bilden; kein U. abgeben; ich maße mir darüber kein U. an; auf jmds. U. viel, nichts geben; sich auf jmds. U. verlassen [können]; er enthielt sich eines Urteils; das bestärkt mich in meinem U.; in seinem U. unsicher sein; zu einem anderen U. kommen. * **ein salomonisches Urteil** *(eine kluge Entscheidung).*

urteilen: **a)** *ein Urteil abgeben:* milde, hart, streng, fachmännisch, [un]parteiisch, [un]sachlich, abfällig, vorschnell u.; ohne Ansehen der Person u.; nach dem Erfolg, Schein u.; nac den verschiedenen Berichten zu u., müßte es s gewesen sein. **b)** ⟨über jmdn., über etwas u.⟩ *be urteilen:* wie u. Sie darüber?; er hat über ihn über diesen Fall ganz richtig geurteilt.

urwüchsig: *naturhaft; von natürlicher, unverbil deter Art:* eine urwüchsige Gestalt; ein urwüchsi ger Mensch, Kerl (ugs.); er hat eine urwüchsig *(derbe)* Sprache; er ist noch ganz u.

Usus (bildungspr.) ⟨in der Verbindung⟩ etwa ist [nicht] Usus: *etwas ist [nicht] üblich.*

V

vag[e]: *nicht eindeutig, nur flüchtig angedeutet:* eine vage Vermutung; seine Vorstellungen waren sehr v.; dieser Gedanke wurde in dem Aufsatz nur v. angedeutet.

Vase, die: *Gefäß für Blumen o. ä.:* eine große, runde, bunte, moderne, kostbare V.; eine V. mit Rosen stand auf dem Tisch; einen Strauß in eine V. stellen, tun (ugs.), geben (landsch.).

Vater, der: *Mann, der ein oder mehrere Kinder gezeugt hat:* ein strenger, guter, besorgter, treusorgender V.; mein leiblicher V.; er ist V. geworden; ihm fehlt der V.; du wirst wie dein V.; er war immer wie ein V. zu mir; er ist ganz der V. *(sieht seinem Vater sehr ähnlich);* er verehrt seinen V.; sie haben V. und Mutter verloren; grüßen Sie bitte ihren [Herrn] Vater!; sie machte ihn zum glücklichen Vater eines Sohnes (geh.; veraltend); Redensarten: der Wunsch ist oft der V. des Gedankens; V. werden ist nicht schwer, V. sein dagegen sehr; übertr.: die geistigen Väter *(Urheber)* des europäischen Gedankens; (dichter.:) V. Rhein. * (geh.:) **der himmlische Vater** *(Gott)* · (kath. Rel.:) **der Heilige Vater** */Titel des Papstes/.*

Vaterland, das: *Land, Staat, in dem jmd. geboren ist und dem er sich zugehörig fühlt:* ein geeintes, einiges, geteiltes, politisch zerrissenes V.; das V. ist in Gefahr; sein V. lieben; dem V. dienen; Sprichw.: der Prophet gilt nichts in seinem Vaterlande.

väterlich: **1.** *dem Vater zugehörend, vom Vater kommend:* das väterliche Geschäft; in der väterlichen Linie hat es schon mehrere Künstler gegeben; von väterlicher Seite. **2.** *einem Vater entsprechend; wie ein Vater:* ein väterlicher Freund; der Ton des Lehrers war v.; jmdm. v. zureden; jmdn. v. belehren.

Vaterschaft, die: *das Vatersein:* die V. feststellen, nachweisen, ablehnen, leugnen, bestreiten.

Veilchen, das: */eine Blume/:* duftende, wilde Veilchen; die Kinder pflückten im Wald Veilchen; bildl.: sie ist ein V., das im Verborgenen blüht *(ein schönes, wertvolles Mädchen, das bescheiden und zurückgezogen lebt);* er hat ein V. (ugs.; *ein blau geschlagenes Auge*). * (ugs.:) **blau sein wie ein Veilchen** *(sehr betrunken sein).*

Ventil, das: */steuerbare Absperr- oder Drosselvorrichtung/:* das V. eines Fahrradreifens, einer Luftmatratze, an einem Wasserhahn; das V. ist un dicht, verstopft; ein V. öffnen, schließen; di Ventile reinigen; übertr.: er braucht ein V. fü seinen Ärger *(jmdn., etwas, um seinen Ärger ab zureagieren).*

verabreden: **a)** ⟨etwas mit jmdm. v.⟩ *einen ge meinsamen Plan nach Ort und Zeit festlegen:* ein Zusammenkunft, Besprechung, ein Stelldichein mit jmdm. v.; ⟨auch ohne Präpositionalobjekt⟩ wir verabredeten ein Treffen für das nächste Wochenende; adj. Part.: er kam zum verabredeten Zeitpunkt; es geschah alles, wie [es] verabredet [war]. **b)** ⟨sich mit jmdm. v.⟩ *ein Treffen mit jmdm. vereinbaren:* ich verabredete mich mit ihr am Hauptbahnhof; ⟨auch ohne Präpositionalobjekt⟩ sie haben sich für morgen [im Theater] verabredet; ich bin schon verabredet *(habe schon ein Treffen vereinbart).*

Verabredung, die: **1.** *das Verabreden, Vereinbarung:* eine kurze V. genügt; eine V. treffen *(etwas verabreden);* das entspricht nicht unserer V. **2.** *vereinbartes Treffen; gemeinsam beschlossener Plan:* eine V. einhalten, vergessen; sie hatte eine V. *(hatte sich mit jmdm. verabredet).*

verabreichen ⟨jmdm. etwas v.⟩: *[zum Einnehmen] nach Vorschrift geben:* jmdm. eine Arznei v.; einem kleinen Kind, einem Kranken die Nahrung v.; übertr. (ugs.): ich werde dir gleich eine Ohrfeige, eine Tracht Prügel v.

verabscheuen ⟨jmdn., etwas v.⟩: *Abscheu gegenüber jmdm., gegenüber etwas empfinden:* er verabscheute jede Art von Schmeichelei.

verabschieden: **1.** ⟨sich von jmdm. v.⟩ *sich von jmdm. trennen:* er verabschiedete sich von allen mit Handschlag; ⟨auch ohne Präpositionalobjekt⟩ ich muß mich noch v.; darf ich mich v.? *(ich möchte mich gerne von Ihnen verabschieden).* **2.** ⟨jmdn. v.⟩ *in feierlicher Form aus dem Amt entlassen:* einen Offizier, einen hohen Beamten v. **3.** ⟨etwas v.⟩ *annehmen und für gültig erklären:* ein Gesetz v.

verachten ⟨jmdn., etwas v.⟩: *keiner Beachtung für wert halten:* er glaubte ihn v. zu können; die Masse v.; er hat den Tod, die Gefahr stets verachtet. * (ugs.:) **etwas ist nicht zu verachten** *(etwas ist sehr gut, sehr schön):* der Braten, ein Urlaub im Süden ist nicht zu v.

verächtlich: **1.** *Verachtung ausdrückend:* eine verächtliche Gebärde; verächtliche Blicke,

Worte; sein Lachen war, klang v.; du darfst von ihm nicht v. sprechen. **2.** *Verachtung verdienend:* eine verächtliche Gesinnung; er suchte ihn überall v. zu machen.

Verachtung, die: *Nichtachtung; Ausdruck der Geringschätzung:* jmdn. der allgemeinen V. preisgeben; sie ließen ihn ihre V. deutlich spüren; er strafte ihn mit V.; er sah ihn mit, voll V. an; sie blickte mit, voll V. auf uns herab.

verallgemeinern ⟨etwas v.⟩: *für allgemeingültig erklären:* du darfst diese Feststellung, Erfahrung, Beobachtung nicht v.

veralten ⟨etwas veraltet⟩: *etwas kommt außer Gebrauch, aus der Mode:* eine Mode, ein Stil veraltet; adj. Part.: ein veralteter Ausdruck; die Ausgabe des Buches war völlig veraltet.

veränderlich: *sich schnell verändernd; unbeständig:* er hat ein veränderliches Wesen; das Wetter bleibt kühl und v.; das Barometer steht auf v.

verändern: **1.** ⟨jmdn., etwas v.⟩ *jmdm., einer Sache ein anderes Aussehen oder Wesen geben:* einen Mantel,einen Raum v.; an der Fassade wurde einiges verändert; die Welt v. wollen; die Erlebnisse der letzten Zeit haben ihn völlig verändert; adj. Part.: eine veränderte Haltung; ein verändertes Wesen; seit dem Unglück ist er vollkommen verändert. **2.** ⟨sich v.⟩ **a)** *ein anderes Aussehen oder Wesen bekommen, anders werden:* sein Gesicht verändert sich; bei uns hat sich vieles verändert; du hast dich zu deinem Vorteil, Nachteil, zu deinen Ungunsten verändert. **b)** *die berufliche Stellung wechseln:* nach zehn Jahren in demselben Betrieb wollte er sich v.

Veränderung, die: **1.** *das Verändern:* nicht jede V. ist, bedeutet eine Verbesserung; keine V. gestatten, erlauben, dulden; eine V. vornehmen *(etwas verändern)*. **2.** *das Anderswerden oder -sein:* eine starke, tiefgehende, entscheidende, einschneidende V.; eine V. zeigt sich in jmds. Wesen, geht in jmdm. vor, ist an jmdm. festzustellen, wahrzunehmen, zu bemerken, zu spüren; bei uns ist eine V. eingetreten *(hat sich etwas verändert)*; seine Nähe bewirkte bei ihr eine vollständige V.; er liebt V. *(den Wechsel)*.

verankern ⟨etwas v.⟩: *durch einen Anker befestigen:* das Schiff wurde verankert; übertr.: dieses Bewußtsein war seit Jahrhunderten im Volk verankert; dieses Recht ist im Gesetz verankert *(durch das Gesetz gesichert)*.

veranlagen ⟨jmdn., etwas v.⟩: *die Höhe der Steuern für jmdn., für etwas festsetzen:* eine Firma v.; er wurde vom Finanzamt mit 80 000 DM jährlich veranlagt.

veranlagt ⟨in der Verbindung⟩ veranlagt sein ⟨mit Artangabe⟩: *bestimmte Anlagen, Fähigkeiten besitzen:* er ist künstlerisch v.; sie ist etwas sentimental v.; ⟨auch attributiv⟩ ein musikalisch veranlagtes Kind.

veranlassen: **1.** ⟨etwas v.⟩ *dafür sorgen, daß etwas Bestimmtes geschieht; anordnen:* eine Maßnahme, Nachprüfung v.; wir veranlassen dann alles Weitere. **2.** ⟨jmdn. zu etwas v.⟩ *dahin wirken, daß jmd. etwas Bestimmtes tut:* er hat mich durch seine Handlungsweise zu diesem Schritt veranlaßt; was veranlaßte dich zu diesem Entschluß?; seine Worte veranlaßten sie zu der Meinung, daß ...; ich fühle mich veranlaßt, auf die Folgen aufmerksam zu machen.

Veranlassung, die: *Anlaß, Grund:* dazu liegt keine V. vor, besteht keine V.; unmittelbare V. dazu war ...; die V. zu etwas geben *(etwas veranlassen, verursachen, verschulden)*; du hast keine V., unzufrieden zu sein; die Maßnahmen wurden auf V. der Regierung durchgeführt.

veranschlagen ⟨etwas v.⟩: *im voraus berechnen, schätzen:* die Kosten eines Baues v.; Grund und Boden wurden falsch veranschlagt; der Raum ist auf 2 000 Menschen veranschlagt worden; übertr.: *bewerten:* dieser Vorteil kann nicht hoch genug veranschlagt werden.

veranstalten ⟨etwas v.⟩: *stattfinden lassen; organisieren und durchführen:* ein Fest, eine Aufführung, Ausstellung, einen Umzug v.; das Meinungsforschungsinstitut veranstaltete eine Umfrage.

Veranstaltung, die: **1.** *das Veranstalten:* die V. einer Tournee, einer Umfrage, von Turnieren; die V. der Olympischen Spiele erfordert riesige Summen. **2.** *etwas, was veranstaltet wird:* eine [öffentliche] V. des Rundfunks, Fernsehens; die V. findet um 20 Uhr, im Freien statt; eine V. ankündigen, organisieren, durchführen; für die Sommermonate sind folgende Veranstaltungen geplant.

verantworten: **1.** ⟨etwas v.⟩ *die Folgen zu tragen bereit sein, für etwas einstehen:* eine Maßnahme v.; das kann niemand v.; er wird sein Tun selbst v. müssen; sie kann [es] nicht v., daß du allein nach London fährst. **2.** ⟨sich v.⟩ *sich [einer Anklage gegenüber] rechtfertigen:* er hatte sich für seine Tat, wegen seiner Äußerung vor Gericht zu v.; du wirst dich vor Gott v. müssen.

verantwortlich: **a)** *die Verantwortung tragend:* der verantwortliche Ingenieur, Redakteur; die Eltern sind für ihre Kinder v.; ich bin dafür v., daß ...; er ist nur dem Chef, dem Vorstand [gegenüber] v.; ich mache dich dafür v.; er zeichnet v. für das Manuskript der Sendung; subst.: die Verantwortlichen wurden bestraft. **b)** *mit Verantwortung verbunden:* eine verantwortliche Stellung; ein verantwortliches Amt.

Verantwortung, die: *das Verantworten:* eine große, schwere V.; die V. lastet schwer auf ihm; die V. für etwas haben, tragen, übernehmen, auf sich nehmen, ablehnen, von sich weisen, auf andere abwälzen; jmdm. die V. aufbürden, auferlegen, zuschieben, [nicht] abnehmen; das alles enthebt dich nicht der V.; du entziehst dich der V.; [ich tue es] auf deine V.!; er hat nicht den Mut zur V. * **jmdn. [für etwas] zur Verantwortung ziehen** *(jmdn. für etwas verantwortlich machen)*.

verarbeiten: **1.** ⟨etwas v.⟩ *als Material für die Herstellung von etwas verwenden:* ausländische Rohstoffe v.; Gold zu Schmuck v.; Stoff zu Mänteln v.; die verarbeitende Industrie. **2.** ⟨etwas v.⟩ *verdauen:* so schwere Nahrung konnte der Kranke, sein Magen nicht v. **3.** ⟨etwas v.⟩ *geistig bewältigen; für die eigene Arbeit nutzbar machen:* ein Buch in sich v.; das Kind mußte die neuen Eindrücke, Erlebnisse erst v.; er verarbeitete fremde Ideen zu seinem Werk.

verarbeitet: *abgearbeitet:* sie hat verarbeitete Hände; sie sieht v. aus.

verärgern ⟨jmdn. verärgern⟩: *durch ständiges Ärgern in eine schlechte, gereizte Stimmung bringen:* durch eure spöttischen Bemerkungen habt ihr ihn verärgert; adj. Part.: er war sehr verärgert; verärgert wandte er sich ab.

verausgaben: **a)** ⟨etwas v.⟩ *ausgeben:* viel Geld v.; er hatte 8 DM für das Mittagessen verausgabt; übertr.: er hat seine Kräfte verausgabt *(erschöpft)*. **b)** ⟨sich v.⟩ *viel, alles zur Verfügung stehende Geld ausgeben:* diesen Monat habe ich mich ganz verausgabt; übertr.: *sich bis zur Erschöpfung anstrengen:* die Läufer haben sich völlig verausgabt.

veräußern ⟨etwas v.⟩: *verkaufen:* sie war gezwungen, ihren Schmuck zu v.; ehe er auswanderte, veräußerte er alle seine Habe.

Verband, der: **I.** *etwas, was als Schutz um eine Wunde oder verletzte Gliedmaßen gewickelt wird:* der V. verschiebt sich, rutscht, ist durchgeblutet, ist angeklebt; einen V. anlegen, abnehmen, erneuern; der Arzt wechselt die Verbände. **II. 1.** *größere Vereinigung:* der V. Deutscher Studentenschaften; der V. für Arbeitsstudien; einen V. gründen; einem V. angehören, beitreten; jmdn. in einen Verband aufnehmen. **2.** *größere militärische Einheit:* starke motorisierte Verbände; ein V. von achtzehn Flugzeugen; der Feind ersetzte seine Verluste durch neue Verbände; sie exerzierten im V.

verbannen ⟨jmdn. v.⟩: *aus dem Land weisen, an einen entlegenen Ort schicken:* jmdn. aus seinem Vaterland v.; subst. Part.: der Verbannte wurde auf eine Insel geschafft; bildl.: alle trüben Gedanken aus seinem Herzen v. *(verdrängen);* sie verbannte ihn, jeden Gedanken an ihn aus ihrem Innern.

Verbannung, die: **1.** *das Verbannen:* die V. Ovids durch Augustus. **2. a)** *das Verbanntsein:* eine lebenslängliche V.; die V. aufheben. **b)** *Ort, an den jmd. verbannt ist:* aus der V. zurückkehren; jmdn. in die Verbannung schicken; in die V. gehen; er lebt seit Jahren in der V.

verbauen: **1.** ⟨jmdm. etwas v.⟩ *durch Bauen versperren:* jmdm. die Aussicht, den Blick aufs Meer v.; übertr.: jmdm., sich die Zukunft, alle Möglichkeiten v. *(ein Fortkommen unmöglich machen);* durch ihr Verhalten ist jede Verständigung verbaut. **2.** ⟨etwas v.⟩ *beim Bauen verbrauchen:* Holz, Steine v.; er hat sein ganzes Geld verbaut. **3.** ⟨etwas v.⟩ *falsch und unzweckmäßig bauen:* der Architekt hat das Haus völlig verbaut; eine verbaute Villa.

verbeißen /vgl. verbissen/: **1.** ⟨ein Tier verbeißt sich in jmdn., in etwas⟩ *ein Tier beißt sich an jmdm., an etwas fest:* der Tiger hatte sich in ihn verbissen; die Hunde hatten sich ineinander verbissen. **2.** ⟨sich in etwas v.⟩ *sich hartnäckig und zäh immer mehr mit etwas beschäftigen:* er hat sich in seine Aufgabe, in die Arbeit verbissen. **3.** ⟨sich (Dativ) etwas v.⟩ *eine [Gefühls]äußerung unterdrücken:* ich verbiß mir die Schmerzen, eine Antwort; ich konnte mir das Lachen nicht v.; ⟨auch ohne Dativ⟩ er verbiß seinen Ärger.

verbergen: **1.** ⟨jmdn., sich, etwas v.⟩ *fremden Blicken entziehen; verstecken:* einen Flüchtling bei sich v.; etwas unter seinem Mantel v.; der Verbrecher verbarg sich im Wald; der Fremde bemühte sich, sein Gesicht zu v.; als man ihr die Unglücksnachricht mitteilte, verbarg sie ihr Gesicht in den Händen; sie konnte die Tränen, den Schmerz, Ärger, die Erregung, das Lachen nicht v. *(unterdrücken);* er versuchte seine Wissenslücken hinter Redensarten zu v. *(durch Redensarten zu überdecken);* adj. Part.: etwas, sich verborgen halten; im verborgenen *(unbemerkt)* bleiben; subst.: Gott sieht das Verborgene, ins Verborgene. **2.** ⟨jmdm./vor jmdm. etwas v.⟩ *verheimlichen:* seine Ansicht vor jmdm. v.: er verbirgt uns etwas/etwas vor uns!; als sie das sagte, hatte ich das Gefühl, sie verberge mir den wahren Grund; ⟨auch absolut⟩ er verstand es, seine Gedanken zu verbergen; Redensart: Liebe läßt sich nicht v.

verbessern: **1. a)** ⟨etwas v.⟩ *verändern und besser machen:* eine Erfindung, einen Rekord, seine finanzielle Lage v.; er will die ganze Welt v.; die vierte, verbesserte Auflage des Buches ist soeben erschienen. **b)** ⟨sich v.⟩ *sich bessere Lebensbedingungen schaffen:* warum soll er nicht den Beruf wechseln, wenn er sich v. kann?; durch den Erwerb eines Eigenheims haben sie sich verbessert. **2. a)** ⟨etwas v.⟩ *berichtigen:* einen Fehler, ein Diktat v. **b)** ⟨jmdn., sich v.⟩ *jmds., seine Worte korrigieren:* der Rundfunksprecher hat sich mehrmals verbessert; es paßt ihm nicht, wenn man ihn verbessert.

verbeugen ⟨sich v.⟩: *Kopf und Oberkörper vor jmdm. neigen:* sich ehrfurchtsvoll, höflich nach allen Seiten v.; er verbeugte sich tief vor der alten Dame.

Verbeugung, die: *das Verbeugen:* eine kleine, tiefe V. vor jmdm. machen; eine V. andeuten; er bedankte sich mit einer höflichen V.

verbieten: **1.** ⟨jmdm. etwas v.⟩ *bestimmen, daß etwas unerlaubt und zu unterlassen sei:* die Eltern haben ihr den Umgang mit den Nachbarskindern verboten; ich habe euch verboten, auf der Straße zu spielen: du hast mir gar nichts zu v.; der Arzt hat ihr [den Genuß von] Zigaretten und Alkohol verboten; man hat ihm das Haus verboten *(er darf dieses Haus nicht betreten);* Unbefugten [ist der] Zutritt verboten!; ⟨auch ohne Dativ⟩ alle Demonstrationen v.; das Betreten dieses Grundstücks ist bei Strafe verboten; Rauchen, Durchgang verboten!; adj. Part.: verbotener Eingang!; verbotener Weg! · übertr.: das müßte ihm schon sein Ehrgefühl v. *(verwehren);* das verbietet mir mein Geldbeutel (scherzh.; *das übersteigt meine finanziellen Möglichkeiten*); adj. Part. (ugs.): er sieht einfach verboten *(unmöglich)* aus; mit dem Hut siehst du verboten aus *(der Hut kleidet dich überhaupt nicht)*. **2.** ⟨etwas verbietet sich⟩ *etwas ist selbstverständlich nicht möglich:* ein solches Handeln verbietet sich von selbst; es verbietet sich, daß ... * **jmdm. den Mund/das Wort verbieten** *(jmdm. untersagen, seine Meinung zu äußern)*.

verbinden: **1.** ⟨jmdn., etwas v.⟩ *mit einem Verband oder einer Binde versehen:* eine Wunde, einen verletzten Arm v.; die Verwundeten mußten verbunden werden; ⟨jmdm. etwas v.⟩ sie verbanden ihm die Augen. **2. a)** ⟨etwas mit etwas v.⟩ *zusammenbringen, miteinander in Kontakt bringen:* zwei Stadtteile mit einer Brücke v.; zwei Städte werden durch eine Eisenbahn-, Straßenbahn-, Buslinie miteinander verbunden; der Kanal verbindet die Nordsee mit der Ostsee; die Insel ist mit dem Festland durch einen Damm verbunden; ⟨auch ohne Präpositionalobjekt⟩ ein Kabel verbindet Mikrophon und Lautsprecher; übertr.; adj. Part.: verbindende *(überleitende)* Worte. **b)** (Chemie) ⟨etwas verbindet sich mit etwas⟩ *etwas vereinigt sich, etwas reagiert:* Chlor verbindet sich mit Natrium zu Kochsalz; diese beiden Stoffe verbinden sich [chemisch] miteinander. **3.** ⟨etwas mit etwas v.⟩ *an etwas anschließen, knüpfen; zugleich haben oder tun:* Großzügigkeit mit einer gewissen Strenge v.; man soll immer das Angenehme mit dem Nützlichen v.; ich weiß nicht, ob er mit diesen Worten eine genaue Vorstellung verband; diese Aufgabe ist mit großen Schwierigkeiten verbunden. **4.** ⟨etwas verbindet jmdn. mit jmdm.⟩ *etwas erhält eine Beziehung zwischen jmdm. und einem anderen aufrecht:* mit ihm verbindet mich eine jahrelange Freundschaft; sie verbindet nichts mehr miteinander; ⟨auch ohne Präpositionalobjekt⟩ uns verbinden gemeinsame Interessen. **5.** ⟨sich mit jmdm. v.⟩ *sich zu einem Bündnis zusammentun:* die Studenten wollten sich mit den Arbeitern v.; sie waren freundschaftlich verbunden *(sie waren Freunde)*. **6.** (geh.) ⟨sich (Dativ) jmdn. v.⟩ *sich jmdn. zu Dank verpflichten:* Sie würden mich Ihnen sehr v., wenn Sie meiner Bitte entsprächen; */Höflichkeitsformel/:* ich bin Ihnen sehr verbunden *(dankbar)*. **7.** ⟨jmdn. mit jmdm., mit etwas v.⟩ *eine Telephonverbindung zwischen jmdm. und einem anderen herstellen:* würden Sie mich bitte mit Herrn Schmidt, mit Ihrer Filiale, mit Bremen 42 87 v.?; ⟨auch absolut⟩; bleiben Sie bitte am Apparat, ich verbinde; falsch verbunden!

verbindlich: 1. *freundlich, entgegenkommend:* verbindliche Worte, Redensarten; verbindlich[st]en Dank!; er, seine Art war sehr v.; v. lächeln. **2.** *bindend, verpflichtend:* verbindliche Verpflichtungen eingehen; der Schiedsspruch, das Abkommen war v., wurde für v. erklärt.

Verbindlichkeit, die: **1.** *[geldliche] Verpflichtung:* Verbindlichkeiten eingehen; die Erledigung, Abwicklung von Verbindlichkeiten. **2.** *bindender Zwang:* die V. eines Schiedsspruchs, Abkommens. **3.** (geh.) *Höflichkeit, freundliche Worte:* jmdm. Verbindlichkeiten sagen; sie tauschten nur Verbindlichkeiten aus.

Verbindung, die: **1.** *das Verbinden:* die V. zweier Orte durch die Eisenbahn, durch Brükken; die V. von Geschmack und praktischem Sinn war dem Designer vollkommen gelungen. **2.** *Beziehung, Zusammenhang:* eine enge, lose, feste, ständige, briefliche V.; die V. ging im Krieg verloren; eine V. eingehen, lösen, abbrechen; einflußreiche Verbindungen haben; die V. mit jmdm., zu jmdm. suchen, aufnehmen, anknüpfen; ich habe keine V. zu diesen Stellen; er hält die V. zwischen ihnen aufrecht; man suchte eine V. zwischen den Ereignissen herzustellen; in V. mit jmdm. treten, stehen; wegen dieser Sache werde ich mich sofort mit ihm in V. setzen; er wollte nicht, daß man ihn, seinen Namen mit diesem Ereignis in Verbindung bringe; die ermäßigte Fahrkarte gilt nur in V. mit dem Berechtigungsausweis. **3. a)** *Verkehrsverbindung:* durch die Katastrophe war die V. zur Außenwelt, zwischen den einzelnen Orten unterbrochen; er suchte eine günstige V. nach Heidelberg; nach Hamburg gibt es von hier eine direkte V. **b)** *Fernsprechverbindung:* eine schlechte V.; die V. ist nicht zustande gekommen; eine V. herstellen, unterbrechen; er hat keine V. erhalten, bekommen. **4.** *Studentenverbindung, Korps:* eine farbentragende, [nicht]schlagende V.; er trat in eine V. ein. **5.** (Chemie) *Stoff, der durch die Vereinigung chemischer Elemente entsteht:* Wasser ist eine V. aus Wasserstoff und Sauerstoff.

verbissen: *[allzu] hartnäckig und zäh:* ein verbissener Gegner; er blieb mit verbissener Hartnäckigkeit dabei; sein Gesichtsausdruck war v.; die Mannschaft kämpfte v. um den Sieg.

verbitten ⟨sich (Dativ) etwas v.⟩: *verlangen, etwas zu unterlassen:* ich verbitte mir jede Einmischung, diesen Ton!; er verbat sich diese Unverschämtheit; das möchte ich mir verbeten haben *(das bitte ich zu unterlassen)!*

verbittern ⟨etwas verbittert jmdn.⟩: *etwas erfüllt jmdn. mit Bitterkeit:* Kummer und Sorgen, schwere Erlebnisse hatten ihn verbittert; adj. Part.: eine verbitterte alte Frau; er hatte ein verbittertes Gesicht; er war sehr verbittert.

verblassen ⟨etwas verblaßt⟩: **a)** *etwas wird blaß, verliert seine Farbe, Leuchtkraft:* der Stoff, der Bucheinband, die Farbe verblaßt mit der Zeit; die Tapeten sind schon etwas verblaßt; ein verblaßtes Muster. **b)** *etwas wird (als Eindruck) schwächer:* neben seinem Erfolg verblaßten die Leistungen der anderen; die Erinnerungen an die Kindheit verblaßten immer mehr.

verbleiben: 1. ⟨mit Artangabe⟩ *etwas vereinbaren, wie vereinbart belassen:* sie verblieben folgendermaßen; sie waren so verblieben, daß ...; wie waren wir verblieben? **2. a)** (Amtsdeutsch) ⟨mit Raumangabe⟩ *bleiben:* nach Bereinigung der Angelegenheit durfte er weiterhin an seinem Arbeitsplatz v.; subst.: ein V. des Ministers in seinem Amt war unmöglich. **b)** *sein, bleiben:* mit den besten Grüßen verbleibe ich Ihr ... */Briefschluß/*. **3.** ⟨jmdm. v.⟩ *übrig bleiben:* von sieben Kindern waren ihr nur noch drei verblieben; ⟨auch ohne Dativ⟩ nach Abzug der freien Samstage verbleiben noch 21 Urlaubstage; adj. Part.: die noch verbleibenden Ferientage verbrachten wir in der Heide.

verbleichen ⟨etwas verbleicht⟩: *etwas verliert seine Farbe, Leuchtkraft:* die Farbe, der Stoff verbleicht immer mehr; eine verblichene Uniform; bildl.: verblichener Ruhm; subst.: wir werden das Andenken des Verblichenen (geh.; *Verstorbenen*) in Ehren halten.

verblenden ⟨etwas verblendet jmdn.⟩: *etwas beraubt jmdn. der Vernunft:* seine Leidenschaft, sein Ehrgeiz, Haß verblendete ihn; adj. Part.: ein verblendeter Mensch; subst.: der Verblendete kannte keine Grenzen in seinem Haß.

verblüffen ⟨jmdn. v.⟩: *völlig überraschen:* jmdn. durch etwas/mit etwas v.; laß dich nicht v.!; ihre Antwort verblüffte uns; mancher Käufer läßt sich durch die niedrigen Preise, von den niedrigen Preisen v.; adj. Part.: ein verblüffendes Ergebnis; verblüffende Erfolge; er hat eine verblüffende Ähnlichkeit mit seinem Bruder; verblüfft sein, dastehen.

verblühen ⟨etwas verblüht⟩: *etwas blüht zu Ende, hört zu blühen auf:* diese Blumen verblühen schnell; die Rosen sind verblüht; übertr.: eine verblühte Frau, Schönheit.

verbluten: 1. *durch starken Blutverlust sterben:* er ist an der Unfallstelle verblutet. 2. ⟨sich v.⟩ *starke militärische Verluste erleiden:* der Gegner hat sich in sinnlosen Angriffen verblutet.

verbohren (ugs.) ⟨sich in etwas v.⟩: *starrköpfig an etwas [Falschem] festhalten:* sie verbohrte sich in diese Idee; er hat sich in seinen Entschluß verbohrt; adj. Part.: *starrköpfig:* ein verbohrter Mensch; er war völlig verbohrt.

Verbot, das: *Befehl, der etwas verbietet:* ein strenges, vorläufiges V.; ein V. erlassen, übertreten; du hältst, kehrst dich einfach nicht an das V.; sie verstießen gegen das ausdrückliche V. zu rauchen; sie gab ihm trotz des ärztlichen Verbotes etwas zu trinken.

verboten: → verbieten.

Verbrauch, der: *das Verbrauchen:* der V. an Butter ist gestiegen, hat sich erhöht, hat zugenommen; die Seife ist sparsam im V.

verbrauchen ⟨etwas v.⟩: **a)** *[regelmäßig] eine gewisse Menge von etwas für einen bestimmten Zweck verwenden:* viel Strom, Gas, Wasser, Geld v.; für das Kleid verbrauchte sie drei Meter Stoff; der Wagen verbraucht 12 Liter Benzin [auf 100 km]. **b)** *allmählich aufzehren:* sie hatten alle ihre Vorräte verbraucht; das letzte Stück Seife war inzwischen verbraucht; übertr.: seine Kräfte völlig v.; Redensart: jeder [Mensch] muß so verbraucht werden, wie er ist; adj. Part.: ein verbrauchter *(abgearbeiteter)* Mensch; verbrauchte *(abgenutzte)* Nerven; verbrauchte *(schlechte)* Luft.

verbrechen ⟨etwas v.⟩: *Unerlaubtes, Böses tun:* er hat nichts verbrochen; was soll ich denn schon wieder verbrochen haben?; übertr. (ugs.; scherzh.): er hat wieder ein neues Gedicht verbrochen *(verfaßt)*.

Verbrechen, das: **a)** *schwere Straftat:* ein schweres, grauenvolles, gemeines V.; das V. des Mordes, des Landesverrats; das V. ist unaufgeklärt, ungesühnt geblieben, gesühnt worden; ein V. [an jmdm.] begehen, verüben; ein V. anzeigen, untersuchen, aufdecken, aufklären, bestrafen, ahnden; er wurde mehrerer Verbrechen angeklagt, für schuldig befunden. **b)** *verwerfliche Handlung:* Kriege sind ein V. an der Menschheit; es ist wohl noch kein V., wenn ich einmal etwas später nach Hause komme; ich habe mir kein V. zuschulden kommen lassen.

verbreiten: 1. ⟨etwas v.⟩ **a)** *dafür sorgen, daß etwas in einem weiten Umkreis bekannt wird:* ein Gerücht, eine Nachricht v.; die Meldung wurde durch die Presse, über Rundfunk und Fernsehen verbreitet; adj. Part.: eine weit verbreitete Ansicht; diese falsche Meinung ist leider weit verbreitet. **b)** *in einem weiten Umkreis erregen, erwecken:* die Feinde verbreiteten überall Furcht und Schrecken. 2. ⟨etwas ververbreitet sich; meist mit Umstandsangabe⟩ **a)** *etwas wird in einem weiten Umkreis bekannt:* die Nachricht von dem Unglück verbreitete sich mit Windeseile, wie ein Lauffeuer; sein Ruf verbreitete sich auch im Ausland. **b)** *etwas breitet sich aus, erfaßt ein Gebiet:* die Seuche verbreitete sich im ganzen Land, innerhalb kürzester Zeit; das Hoch verbreitete sich über den größten Teil von Osteuropa. 3. (geh.) ⟨sich über etwas v.⟩ *etwas ausführlich darstellen:* der Redner verbreitete sich über die Anfänge der Kultur.

verbreitern: 1. ⟨etwas v.⟩ *breiter machen:* eine Straße, einen Weg v. 2. ⟨etwas verbreitert sich⟩ *etwas wird breiter:* nach vorne hin verbreitert sich die Bühne.

Verbreitung, die: *das Verbreiten:* er wollte gegen die V. einer derartigen Behauptung [durch die Presse] gerichtlich vorgehen; die Presse sorgte für eine rasche V. der Ereignisse; diesem ausgezeichneten Buch ist eine weite V. zu wünschen. * (nachdrücklich:) **etwas findet Verbreitung** *(etwas wird verbreitet, wird weithin bekannt)*.

verbrennen: 1. **a)** *vom Feuer verzehrt werden:* Papier verbrennt schnell; drei kleine Kinder sind in der Wohnung verbrannt; die Insassen des Wagens sind bei lebendigem Leib, lebendigen Leibes verbrannt; die Kohlen sind zu Asche verbrannt. **b)** ⟨etwas verbrennt⟩ *etwas wird durch große Hitze schwarz [und ungenießbar]:* der Kuchen ist total verbrannt; sie ließ den Braten v.; bildl.: die Sonne hat sein Gesicht, den Rasen [total] verbrannt. 2. ⟨jmdn., etwas v.⟩ *vom Feuer verzehren lassen:* Holz, altes Gerümpel, Papier v.; eine Leiche v.; sie wurden als Hexen, Ketzer verbrannt; er wollte sich (nach seinem Tode) v. lassen; wir haben diesen Winter schon fast die ganze Feuerung verbrannt. 3. *durch übermäßige Hitze verletzen:* **a)** ⟨sich v.⟩ ich habe mich [am Herd] verbrannt. **b)** ⟨jmdm., sich etwas v.⟩ mit dem heißen Wasser habe ich mir, dem Kind die Hand verbrannt; mit der Brühe kannst du dir die Zunge v. * (ugs.:) **sich** (Dativ) **den Mund verbrennen** *(sich durch unbedachtes Reden schaden)* · (ugs.:) **sich** (Dativ) **die Finger verbrennen** *(Schaden erleiden, eine Abfuhr bekommen)*.

verbringen ⟨etwas v.; mit Raum- oder Artangabe⟩ *verleben; zubringen:* sie verbringen ihren Urlaub an der See; auf diese Weise verbrachten sie ihr Leben, ihre Tage; er hatte die Zeit mit Warten verbracht; wir verbrachten den Abend im Theater, in angenehmer Gesellschaft.

verbummeln (ugs.): 1. ⟨etwas v.⟩ **a)** *nutzlos verbringen:* er hat diese Zeit, ein Semester verbummelt. **b)** *achtlos verlegen, verlieren:* seine Schlüssel, den Ausweis, Akten v. **c)** *achtlos vergessen:* unsere Verabredung hatte ich ganz verbummelt. 2. *durch Nichtstun herunterkommen:* er verbummelt immer mehr; ein verbummelter Student.

verbünden ⟨sich mit jmdm. v.⟩: *ein Bündnis schließen, sich zusammentun:* die Armee verbündete sich mit den Aufständischen; er hat sich mit ihm verbündet; ⟨auch ohne Präpositionalobjekt⟩ Rußland und Österreich hatten sich gegen Frankreich verbündet; adj. Part.: verbündete Staaten; Frankreich und England waren verbündet; subst.: die Verbündeten im zweiten Weltkrieg.

verbürgen: **a)** ⟨sich für jmdn., für etwas v.⟩ *die Garantie übernehmen; bürgen:* für die Richtigkeit, Wahrheit [der Aussage] kann ich mich v.; ich verbürge mich dafür, daß das stimmt; er wollte sich nicht für ihn v. **b)** ⟨etwas verbürgt etwas⟩ *etwas bietet die Gewähr für etwas:* dieses Mittel verbürgt den Erfolg; diese Überlieferung ist verbürgt *(echt)*.

verbüßen ⟨etwas v.⟩: *eine Freiheitsstrafe ableisten:* er hatte eine Freiheitsstrafe zu v.; er mußte im Gefängnis seine Strafe v.

Verdacht, der: *[begründete] Vermutung einer Schuld oder bösen Absicht:* ein hinreichender, [un]begründeter, schlimmer, gefährlicher V.; es besteht der dringende V., nicht der geringste V., daß er der Täter war; der V. fiel auf ihn, richtete sich gegen ihn; einen bestimmten V. haben; V. hegen, schöpfen; etwas erregt, erweckt V., ruft jmds. V. wach; den V. auf jmdn. lenken; gegen jeden, den leisesten V. gefeit sein (geh.); im V./in V. stehen *(verdächtigt werden)*, einen Mord begangen zu haben; jmdn. im V./in V. haben *(verdächtigen);* in V. geraten, kommen *(sich verdächtig machen);* sein Verhalten brachte ihn in den V. der Untreue; er war über allen V. erhaben.

verdächtig: *zu Verdacht Anlaß gebend; nicht geheuer:* eine verdächtige Person; die Sache ist mir v.; er ist des Mordes v.; durch sein Verhalten machte er sich v.; seine Redereien machten ihn [sehr] v.; die Angelegenheit kommt mir [recht] v. vor, sieht v. aus.

verdächtigen ⟨jmdn. einer Sache v.⟩: *für schuldig halten:* jmdn. eines Verbrechens, des Mordes, Diebstahls v.; er hat mich verdächtigt, das Geld entwendet zu haben; ⟨auch ohne Gen.⟩ sie haben ihn zu Unrecht verdächtigt.

Verdächtigung, die: *Äußerung eines Verdachts:* gemeine, niedrige, häßliche Verdächtigungen; er war den schlimmsten Verdächtigungen ausgesetzt; er litt unter den fortgesetzten Verdächtigungen.

verdammen ⟨jmdn., etwas v.⟩: *mit Nachdruck verurteilen:* die Synode verdammte mehrere Sätze seiner Lehre; seine Einstellung wurde von allen verdammt; subst. Part.: die Hölle ist der Ort der Verdammten; übertr.: die Kranke, Gelähmte war zum Nichtstun verdammt; alle Friedenspläne waren zum Scheitern verdammt *(mußten scheitern)*.

verdammt: a) (derb) *gemein, übel:* so ein verdammter Kerl!; */Flüche/:* verdammt [noch mal]!; verdammt und zugenäht!; verdammter Mist! **b)** (ugs.) ⟨verstärkend⟩ *sehr [groß]:* es war verdammt kalt; sie ist verdammt hübsch; sie mußten sich verdammt anstrengen; das ist deine verdammte Pflicht und Schuldigkeit *(dazu bist du unbedingt verpflichtet)*.

verdanken: a) ⟨jmdm., einer Sache etwas v.⟩ *für etwas Dank schulden:* er hatte ihm alles zu v.; ich verdanke meinen Lehrern sehr viel; die Erhaltung der Statue ist einem besonderen Glücksfall zu v. *(zuzuschreiben);* wir verdanken unsere Rettung nur dem Umstand, daß ...; das habe ich allein dir zu v. *(es ist allein deine Schuld)*, daß ich jetzt bei ihnen unbeliebt bin. **b)** ⟨etwas verdankt sich einer Sache⟩ *etwas ist auf etwas zurückzuführen, beruht auf etwas:* sein Urteil verdankt sich einer sorgfältigen Beschäftigung mit dem Problem.

verdauen ⟨etwas v.⟩: *aufgenommene Nahrung im Körper auflösen und verwandeln:* er hatte das Essen noch nicht verdaut; Erbsen sind schwer zu v.; übertr. (ugs.): solche Dichtung ist schwer zu v. *(geistig zu verarbeiten);* diese Nachricht mußte ich erst einmal v. *(damit innerlich fertig werden)*.

Verdauung, die: *das Verdauen:* seine V. ist gestört, ist nicht in Ordnung; eine gute, schlechte V. haben; er leidet an schlechter V.

verdecken ⟨jmdn., etwas v.⟩: *zudecken, der Sicht entziehen:* bei der Sonnenfinsternis verdeckt der Mond die Sonne; der Hut verdeckte halb sein Gesicht; seine Augen waren von einer dunklen Brille verdeckt; auf dem Klassenbild wurde er von einem anderen Schüler fast ganz verdeckt; ⟨jmdm. etwas v.⟩ der große Mann verdeckte ihm die Sicht; übertr.: er versuchte, seine Schuld zu v. *(verbergen)*.

verdenken ⟨jmdm. etwas v.⟩: *übelnehmen:* man kann es ihm nicht v., wenn er aus dem Unternehmen ausscheidet; sein langes Zögern wurde ihm sehr verdacht (veraltend).

Verderb, der: *Unglück, Verhängnis:* sein Reichtum wird noch sein V. werden. * **auf Gedeih und Verderb** *(bedingungslos):* sie war ihm auf Gedeih und V. ausgeliefert.

verderben: 1. ⟨etwas verdirbt⟩ *etwas wird durch Gärung oder Fäulnis ungenießbar:* das Obst verdirbt bald, wenn es nicht gegessen wird; das Eingemachte ist verdorben; verdorbenes Fleisch. **2.** ⟨jmdm., sich etwas v.⟩ **a)** *schädigen, ruinieren:* du wirst dir bei der schlechten Beleuchtung die Augen verderben; ich habe mir den Magen verdorben; ⟨auch ohne Dativ⟩ an der Handtasche ist nichts mehr zu v. *(die Handtasche taugt sowieso nichts mehr);* adj. Part.: ein verdorbener Magen. **b)** *zunichte machen:* jmdm. den Spaß, die Lust, das Vergnügen, die Stimmung v.; ich hatte mir selbst die Freude daran verdorben; ⟨auch ohne Dativ⟩ sie hat den Kuchen verdorben *(schlecht gebacken);* adj. Part.: ein verdorbenes Fest; Sprichwörter: viele Köche verderben den Brei; böse Beispiele verderben gute Sitten. **3.** ⟨jmdn. v.⟩ *auf jmdn. einen schlechten Einfluß ausüben:* diese Leute haben ihn verdorben; er wurde in seiner Jugend durch schlechten Umgang, schlechte Gesellschaft verdorben; adj. Part.: *schlecht:* eine verdorbene Gesinnung, Phantasie; ein verdorbener Geschmack; eine verderbte Textstelle, Überlieferung; (veraltend) ein verderbter Mensch, Charakter. * **jmdm. das Spiel verderben; jmdm. das Konzept verderben** *(jmds. Pläne durchkreuzen)* · **es mit jmdm. verderben** *(sich jmdn. zum Feind machen)*.

Verderben, das: *Zustand, in dem jmd. umkommt oder moralisch verkommt; Unglück:* der Alkohol, dieser Umgang, diese Frau ist sein V.; dem V. entrinnen; jmdn. seinem V. preisgeben (geh.); an jmds. V. schuld haben, sein; jmdn. aus dem V. erretten; ins/in sein V. rennen, laufen; er hat ihn durch seinen Leichtsinn ins V. gestürzt.

verdeutlichen ⟨etwas v.⟩: *deutlicher machen:* er versuchte seinen Standpunkt an einem Beispiel zu v.

verdeutschen ⟨etwas v.⟩: *ins Deutsche übersetzen:* ein Fremdwort, einen fremdsprachigen Text v.; übertr. (ugs.) ⟨jmdm. etwas v.⟩: *erklären:* ich werde aus der Gebrauchsanweisung nicht klug, kannst du sie mir mal v.?

verdichten: 1. ⟨etwas v.⟩ *zusammendrängen:* Gase, Flüssigkeiten v.; übertr.: seine Erlebnisse verdichtete *(gestaltete)* er in einem Roman. **2.** ⟨etwas verdichtet sich⟩ *etwas wird dichter, verstärkt sich:* der Nebel, Rauch, das Dunkel verdichtet sich; übertr.: die Anspielungen, Gerüchte verdichteten sich *(nahmen zu);* der

Eindruck verdichtet sich *(wird)* immer mehr zur Gewißheit.

verdienen ⟨etwas v.⟩: **1.** *als Lohn für eine Leistung oder Tätigkeit erhalten:* Geld v.; viel, wenig, eine Menge (ugs.), dicke Gelder (ugs.) v.; ein paar Pfennige nebenbei v.; wieviel verdienst du im Monat, in der/pro Stunde?; dabei ist nicht viel zu v.; bei dem Geschäft gibt es etwas zu v.; der Händler verdient 50% an *(hat 50% Gewinn bei)* einigen Waren; er verdient *(erwirbt das Geld für)* seinen Unterhalt, sein Brot durch Übersetzen; ⟨sich (Dativ) etwas v.⟩ ich habe mir das Studium selbst verdient · ⟨auch absolut⟩ er verdient gut *(hat einen guten Verdienst);* in ihrer Familie verdienen drei Personen *(sind drei Personen erwerbstätig);* adj. Part.: sauer, schwer, redlich, ehrlich verdientes Geld. **2.** *etwas wert sein, beanspruchen dürfen:* das verdient Anerkennung, Lob, Belohnung, einen Preis, eine Prämie, Tadel, Strafe; er verdient [kein] Vertrauen, [keine] Beförderung, den Namen eines Dichters; seine Tat verdient gerühmt zu werden; das habe ich nicht um dich verdient *(ich könnte eine bessere Behandlung von dir erwarten);* adj. Part.: seine verdiente *(gerechte)* Strafe erhalten; ein verdienter Mann *(ein Mann, der Bedeutendes geleistet hat);* er hat sich um sein Land verdient gemacht *(hat Bedeutendes für sein Land geleistet).* * **sich** (Dativ) **die Sporen verdienen** *(ersten Erfolg, erste Anerkennung erringen)* · **es nicht besser/anders verdienen** *(sein Mißgeschick zu Recht erleiden).*

[1]**Verdienst,** der: *durch Arbeit erworbenes Geld; Lohn, Gehalt:* ein reichlicher, zusätzlicher V.; einen guten, geringen, hohen, ausreichenden V. haben; einen Teil seines Verdienstes abgeben, sparen; von meinem V. allein hätten wir uns diese Wohnung nicht leisten können.

[2]**Verdienst,** das: *verdienstvolle Tat, Leistung:* seine Verdienste als Naturforscher sind unbestritten; sein V. um die Wissenschaft, Dichtung ist groß; es ist das V. dieses Arztes, daß sie die schwere Krankheit überstanden hat; das V. der Erfindung gebührt ihm allein; du rechnest dir das ganz allein als V./(selten auch:) zum V. an; er hat bedeutende Verdienste um die Verbesserung der sozialen Bedingungen; du hast dir große Verdienste um die Stadt erworben *(hast dich um die Stadt sehr verdient gemacht);* seine Tat wurde nach V. belohnt *(wurde belohnt, wie sie es verdient hatte).*

verdienstvoll, (veraltend:) verdienstlich: *anerkennenswert:* eine verdienstvolle, verdienstliche Tat: es wäre sehr v., wenn du dich um die Angelegenheit kümmern würdest; v. handeln.

verdonnern (ugs.) ⟨jmdn. zu etwas v.⟩: **a)** *verurteilen:* er wurde zu zehn Monaten Gefängnis verdonnert. **b)** *jmdm. einen unliebsamen Auftrag erteilen:* ich wurde von ihr verdonnert, alle Fenster zu putzen.

verdoppeln: 1. ⟨etwas v.⟩: **a)** *um das Doppelte erhöhen:* die Geschwindigkeit v.; die Zahl der Mitarbeiter wurde verdoppelt. **b)** *verstärken, intensivieren:* wir müssen unsere Kräfte, Anstrengungen v. **2.** ⟨etwas verdoppelt sich⟩ *etwas wird doppelt so groß wie bisher:* der Ertrag der Felder hat sich mehr als verdoppelt.

verdorben: → verderben.

verdorren ⟨etwas verdorrt⟩: *etwas vertrocknet:* die Sträucher verdorren; die Felder sind in der Hitze verdorrt; verdorrte Blumen, Zweige.

verdrängen: 1. ⟨jmdn., etwas v.⟩ *von einer Stelle drängen:* jmdn. von seinem Platz, aus seiner Stellung v.; ich lasse mich nicht von dir, durch dich v.; das Schiff verdrängt 2000 t *(nimmt den Raum von 2000 t Wasser ein).* übertr.: die Freude an dem neuen Wagen hat bei ihm alle anderen Interessen verdrängt. **2.** ⟨etwas v.⟩ *aus dem Bewußtsein ausscheiden, unterdrücken:* sie versuchte, dieses Erlebnis zu v.; verdrängte Triebe, Affekte, Vorstellungen.

verdrehen ⟨etwas v.⟩: **1.** *aus seiner natürlichen Stellung zu weit herausdrehen:* die Glieder v.; das Kind verdrehte die Augen; ⟨jmdm. sich etwas v.⟩ er hat mir die Arme, Handgelenke verdreht; **2.** *unrichtig darstellen:* die Wahrheit, die Worte, einen Tatbestand v.; das Recht v. *(falsch anwenden).* * (ugs.:) **jmdm. den Kopf verdrehen** *(jmdn. verliebt machen).*

verdreht (ugs.): *verrückt, durcheinander:* ein verdrehter Mensch; sie hat verdrehte Ansichten; du machst mich noch ganz verdreht.

verdrießen ⟨etwas verdrießt jmdn.⟩: *etwas macht jmdn. mißmutig:* seine Ablehnung hat mich sehr verdrossen; ich will mich durch nichts v. lassen; ich ließ mich keine Mühe v. *(scheute keine Mühe),* das seltene Stück zu beschaffen; es verdrießt mich, daß ...; ich ließ es mich nicht v. *(ließ mich nicht entmutigen).*

verdrießlich: a) *leichte Verärgerung und Mißstimmung zum Ausdruck bringend:* er machte ein verdrießliches Gesicht; seine Miene war sehr v.; warum siehst du so v. aus? **b)** *Verdruß bereitend:* eine verdrießliche Angelegenheit ordnen; das ist, klingt alles recht v.

verdrossen: *mißmutig, nicht in Stimmung:* ein verdrossenes Schweigen, Gesicht; er war sehr v.; v. machte er sich wieder an die Arbeit.

verdrücken (ugs.): **1.** ⟨etwas v.⟩ *essen:* eine große Portion v.; er hat gestern abend vier Scheiben Brot verdrückt. **2.** ⟨sich v.⟩ *sich fortschleichen:* sich vor der Diskussion v.; du hast dich ja bald wieder verdrückt.

Verdruß, der: *Mißmut, Ärger:* ein großer V.; V. empfinden, haben; jmdm. V. ersparen, bereiten; die Arbeit machte, brachte ihm nichts als V.; das gibt, erregt, erweckt nur V.; er tat alles mit, ohne, voll V.; zu meinem V. war das Museum geschlossen.

verduften (ugs.): *sich schnell und unauffällig entfernen:* der Betrüger ist längst verduftet; verdufte! *(mach, daß du wegkommst!).*

verdunkeln: 1. ⟨etwas v.⟩ *dunkel machen:* einen Raum v.; die Fenster wurden verdunkelt *(verhängt),* damit kein Licht nach außen drang. **2.** ⟨etwas v.⟩ *unklar machen, die Spuren von etwas verwischen:* er suchte die Tat, den Tatbestand zu v. **3.** ⟨etwas verdunkelt sich⟩ *etwas wird dunkel:* vor dem Gewitter verdunkelte sich der Himmel; bei der Sonnenfinsternis verdunkelt sich die Sonne.

verdüstern: 1. ⟨etwas verdüstert etwas⟩ *etwas macht etwas düster:* Wolken verdüstern den Himmel; übertr.: schweres Leid verdüsterte seinen Lebensabend. **2.** ⟨etwas verdüstert sich⟩ *etwas wird düster:* der Himmel verdüstert sich; übertr.: seine Miene verdüsterte sich.

verdutzt (ugs.): *völlig verwirrt, überrascht:* er machte ein verdutztes Gesicht; er war ganz v.; v. blickte er auf.

verebben ⟨etwas verebbt⟩: *etwas nimmt langsam ab, hört allmählich auf:* die Aufregung, Empörung, der Lärm verebbte schließlich; der Beifall war verebbt *(verklungen)*.

verehren: 1. ⟨jmdn. v.⟩ **a)** *sehr hoch schätzen:* einen Lehrer, Schauspieler v.; er verehrte ihn wie seinen Vater; er verehrte *(umwarb heimlich)* seit einiger Zeit ein Mädchen; adj. Part.: unser verehrter Seniorchef ist plötzlich gestorben; /*Anrede in Briefen, Vorträgen o. ä.*/: sehr verehrte gnädige Frau!; verehrte Anwesende!; (ugs.; iron.:) mein Verehrtester! **b)** *seinen Glauben an ein höheres Wesen, an Heilige o. ä. im Kult zum Ausdruck bringen:* die Jungfrau Maria v.; die Griechen verehrten viele Götter; sie wird als Heilige verehrt. **2.** (geh.) ⟨jmdm. etwas v.⟩ *schenken:* er hat ihr eine goldene Kette verehrt; er verehrte der Gastgeberin einen Blumenstrauß.

Verehrung, die: **1.** *das Verehren als Kult:* die V. der Jungfrau Maria; die V. einer Gottheit, eines Gottes. **2.** *ehrfurchtsvolle Liebe und bewundernde Hochachtung:* eine hohe, abgöttische V.; seine V. für ihn ist aufrichtig; allgemeine V. genießen; V. für jmdn. empfinden; jmdm. V. entgegenbringen; in, mit tiefster V. zu jmdm. aufsehen; er war voll V. für den großen Meister.

vereidigen ⟨jmdn. v.⟩: *durch einen Eid verpflichten:* Beamte, Soldaten, Zeugen v.; der Präsident wurde auf die Verfassung vereidigt; ein vereidigter Sachverständiger.

Verein, der: *Gruppe von Personen, die sich zur Pflege gemeinsamer Interessen zusammengeschlossen haben:* ein eingetragener V.; der V. Deutscher Ingenieure; der V. für Sozialpolitik; ein V. zur Bekämpfung des Alkoholismus; einen V. gründen, stiften, bilden, auflösen; einem V. beitreten, angehören; aus einem V. austreten, ausgeschlossen werden; in einen V. eintreten; die Mitglieder, Satzungen des Vereins; er hat die Mitgliedschaft des Vereins inzwischen aufgegeben. * **im Verein mit** *(im Zusammenwirken mit, zusammen mit):* im V. mit dem Roten Kreuz linderte man die Not der Bevölkerung.

vereinbaren: 1. ⟨etwas mit jmdm. v.⟩ *durch gemeinsamen Beschluß festlegen; verabreden:* ein Treffen, einen Termin, einen Tag mit jmdm. v.; ich hatte für heute eine Zusammenkunft mit ihm vereinbart; ⟨auch ohne Präpositionalobjekt⟩ das hatten wir so [unter uns, untereinander] vereinbart; adj. Part.: der Vertrag wurde zu den vereinbarten Bedingungen geschlossen. **2.** ⟨etwas mit etwas v.⟩ *in Übereinstimmung bringen:* ein solches Verhalten konnte ich mit meinem Gewissen, meiner politischen Überzeugung nicht v.; das läßt sich nicht miteinander v.

Vereinbarung, die: **a)** *das Vereinbaren:* eine V.; Vereinbarungen mit jmdm. treffen (nachdrücklich; *etwas mit jmdm. vereinbaren*); sie verhandelten lange, ohne daß es zu einer ausdrücklichen Vereinbarung gekommen wäre. **b)** *etwas, was man mit jmdm. vereinbart hat:* die V. einhalten, verletzen, aufheben, für ungültig erklären; sie hielt sich nicht an unsere V.

vereinen (geh.): **1. a)** ⟨jmdn., etwas v.⟩ *zusammenschließen:* das Schicksal hatte sie wieder vereint; adj. Part.: die Vereinten Nationen; mit vereinten Kräften *(gemeinsam)* werden wir die Arbeit schon schaffen. **b)** ⟨sich v.⟩ *sich zusammenschließen:* die Gläubigen vereinten sich im Gebet. **2.** ⟨etwas in sich v.⟩ *verschiedene Eigenschaften besitzen:* sie vereint Geist und Anmut in sich. **3.** ⟨etwas mit etwas v.⟩ *in Übereinstimmung bringen:* etwas nicht mit seinen Prinzipien v. können; die Auffassungen lassen sich nicht miteinander v.

vereinfachen ⟨etwas v.⟩: *einfacher machen:* eine Methode, ein Herstellungsverfahren, die Verwaltung vereinfachen; er hat das Problem in unzulässiger Weise vereinfacht; adj. Part.: ein vereinfachtes Verfahren.

vereinigen: 1. a) ⟨etwas v.⟩ *zu einer Einheit oder Gesamtheit zusammenfassen:* verschiedene Unternehmen v.; dadurch sollte die Macht, sollten mehrere Aufgabenbereiche in einer Hand vereinigt werden; adj. Part.: die Vereinigten Staaten [von Amerika]. **b)** ⟨sich mit jmdm. v.⟩ *sich verbinden:* auch ausländische Künstler vereinigten sich mit dieser Gruppe; ⟨auch ohne Präpositionalobjekt⟩ sie haben sich gegen mich vereinigt; ihre Stimmen vereinigten sich im, zum Duett. **2.** ⟨etwas in sich v.⟩ *verschiedene Eigenschaften besitzen:* er vereinigt sehr gegensätzliche Eigenschaften in sich. **3.** ⟨etwas mit etwas v.⟩ *in Übereinstimmung bringen:* sein Handeln läßt sich mit den von ihm vertretenen Grundsätzen nicht v.

vereinzelt: *einzeln vorkommend oder auftretend:* vereinzelte Fälle von Cholera; es fielen nur noch vereinzelte Schüsse; die Zuverlässigkeit vereinzelter *(einzelner)* Beamter/(selten:) Beamten wurde angezweifelt.

vereiteln ⟨etwas v.⟩: *zunichte machen:* einen Plan, ein Unternehmen v.

verenden: *[langsam und qualvoll] sterben* /von Tieren/: das Reh war in der Schlinge verendet; in dem harten Winter sind viele Tiere verendet.

vererben: 1. ⟨jmdm./(selten auch:) an jmdn. etwas v.⟩ *als Erbe überlassen:* er hat dem Neffen sein ganzes Vermögen vererbt; übertr.: (scherzh.): sie hat mir ihren alten Wintermantel, ihre Handtasche vererbt *(überlassen)*. **2.** ⟨jmdm. etwas v.⟩ *als Veranlagung auf jmdn. übertragen:* sie hat ihren Kindern ihre schwachen Gelenke vererbt. **3.** ⟨etwas vererbt sich⟩ *etwas geht als Veranlagung auf die Nachkommen über:* die Begabung für Musik hat sich in der Familie seit Generationen vererbt.

verewigen: 1. ⟨sich, etwas v.; mit Umstandsangabe⟩ *unvergeßlich, unsterblich machen:* in diesem Werk hat er sich, seinen Namen verewigt; subst. Part. (geh.): des Verewigten *(Verstorbenen)* gedenken; übertr.: viele Besucher verewigten sich an den Wänden *(hinterließen ihren Namenszug)*; da hat sich wieder ein Hund verewigt (scherzh.; *seine Notdurft verrichtet*). **2.** ⟨etwas v.⟩ *lange andauern lassen:* sie wollten anscheinend den bestehenden Zustand, die augenblicklichen Verhältnisse v.

[1]**verfahren: 1.** ⟨mit Artangabe⟩ *in einer bestimmten Weise vorgehen, jmdn., etwas behandeln:* schonend, eigenmächtig, rücksichtslos, hart v.; er ist mit ihm, gegen ihn, in dieser Angelegen-

heit ohne jede Schonung verfahren; er verfährt immer nach demselben Schema; wir werden folgendermaßen verfahren: ... **2.** ⟨etwas v.⟩ *durch Fahren verbrauchen:* wir haben in der letzten Zeit viel Geld, Benzin verfahren. **3.** ⟨sich v.⟩ *versehentlich in eine falsche Richtung fahren:* ich hatte mich gründlich verfahren.

[2]**verfahren:** *in eine falsche Bahn geraten:* eine verfahrene Lage, Situation; die Angelegenheit ist völlig v.

Verfahren, das: **1.** *Arbeitsweise, Methode:* ein neues, vereinfachtes V. [in der Behandlung der Tuberkulose] entwickeln, anwenden; sich an ein erprobtes V. halten; unsere Techniker arbeiten nach dem neuesten, modernsten Verfahren; **2.** *gerichtliche Untersuchung:* ein gerichtliches, geheimes V.; das V. wurde ausgesetzt; ein V. einstellen, ruhen lassen, niederschlagen; ein V. gegen jmdn. einleiten, eröffnen, anhängig machen; man wollte nicht in das schwebende V. eingreifen.

Verfall, der: **1. a)** *das Verfallen:* der schnelle, langsame V. eines Bauwerks; der V. des alten Schlosses war nicht mehr aufzuhalten; ein Gebäude dem V. preisgeben *(verfallen lassen);* das Haus geriet immer mehr in V. *(verfiel immer mehr).* **b)** *Abnahme, Schwinden der körperlichen und geistigen Kraft:* ein schneller körperlicher V.; der V. des Körpers, der Kräfte; die Ärzte versuchten vergeblich, seinem raschen V. entgegenzuwirken. **c)** *Niedergang, [Epoche der] Auflösung:* kultureller, sittlicher, moralischer V.; der V. des Römischen Reiches, der Kunst. **2.** (Bankw.) *Ende der Einlösungsfrist eines Wechsels o. ä.:* der V. eines Wechsels, Pfandes; der Tag des Verfalls.

verfallen: 1. a) ⟨etwas verfällt⟩ *etwas fällt allmählich zusammen, wird baufällig:* das Haus, Bauwerk verfällt, war ziemlich verfallen; sie ließen das Gebäude v.; ein verfallenes Schloß. **b)** *körperlich und geistig kraftlos werden:* der Kranke verfiel zusehends; adj. Part.: ein verfallener Körper; verfallene Gesichtszüge; sein Gesicht sah ganz verfallen aus. **c)** ⟨etwas verfällt⟩ *etwas löst sich in einer Epoche des Niedergangs auf:* in dieser Zeit der Kriege verfielen die Sitten; das Römische Reich verfiel immer mehr. **2.** ⟨etwas verfällt⟩ *etwas wird nach einer bestimmten Zeit wertlos oder ungültig:* ein Wechsel, Pfand, eine Marke verfällt; die Eintrittskarten waren inzwischen verfallen. **3. a)** ⟨in etwas v.⟩ *in einen Zustand hineingeraten:* in Schlaf, Schweigen, Nachdenken, Schwermut, Trübsinn, Stumpfsinn, in eine traurige Stimmung v.; er verfiel wieder in den alten Fehler, Ton, Schlendrian (ugs.). **b)** ⟨jmdm., einer Sache v.⟩ *sich nicht mehr von jmdm., von etwas lösen können:* einer Leidenschaft, dem Wahnsinn, dem Zauber der Musik, dem Trunk, den Verlockungen der Großstadt v.; er ist ihr verfallen *(hörig geworden);* er ist dem Tode verfallen (geh.; *er wird sterben müssen*). **4.** ⟨auf etwas v.⟩ *auf etwas kommen, etwas [Merkwürdiges] ersinnen:* auf einen absonderlichen Gedanken, auf ein neues Projekt, auf Pfänderspiele v.; wie konntest du nur darauf v., ausgerechnet ihn um Rat zu fragen! **5.** ⟨etwas verfällt jmdm., einer Sache⟩ *etwas fällt jmdm., einer Sache zu:* die Schmuggelware, der Besitz verfällt dem Staat.

verfangen: 1. ⟨sich v.; mit Raumangabe⟩ *sic verwickeln und hängenbleiben:* ich verfing mic in einem Netz; das Seil verfing sich im Baum an einem Felsvorsprung; übertr.: er verfin *(verstrickte)* sich in Lügen. **2.** ⟨etwas verfängt *etwas nützt, wirkt bei jmdm.:* dieser Trost, Tric verfängt nicht; Versprechungen, Ratschläge Bitten, diese Mittel verfangen bei ihm nicht.

verfänglich: *so beschaffen, daß man dabei leic in Verlegenheit kommt:* eine verfängliche Situa tion; verfängliche Blicke, Worte, Redensarten die Frage war, klang v.

verfärben: 1. ⟨etwas v.⟩ *eine falsche Farbe an nehmen lassen:* bei der Wäsche einen Pullover v **2.** ⟨sich v.⟩ *die Farbe wechseln, verlieren:* de Stoff, die Tapete, das Papier hat sich verfärbt sein Gesicht, er verfärbte sich.

verfassen ⟨etwas v.⟩: *schreibend produzieren* einen Brief, eine Rede, Schrift, Abhandlung einen Artikel für eine Zeitung v.; er hat einig Dramen verfaßt.

Verfassung, die: **1.** *Zustand, in dem man sic befindet:* seine geistige, seelische, körperliche gesundheitliche V. läßt das nicht zu; ich befan mich, war in schlechter, in einer guten, in eine unbeschreiblichen, in bester V.; er fühlte sic nicht in der V. *(Stimmung),* das Fest mitzu machen. **2.** *Grundsätze der Ordnung, Grund gesetz:* die V. eines Staates; die V. tritt in, auße Kraft; die V. beraten, [ab]ändern, in Kra setzen, auslegen, brechen; auf Grund der V diese Bestimmung der V. wird aufgehoben; au die V. schwören; das verstößt gegen die V.

verfaulen ⟨etwas verfault⟩: *etwas wird völl von Fäulnis durchdrungen:* die Kartoffeln ver faulen; der Zahn ist verfault; verfaultes Obs

verfechten ⟨etwas v.⟩: *energisch vertreten, fi etwas eintreten:* eine Meinung, Ansicht, Theori Lehre v.; diese Partei verfocht nach wie vo den politischen Führungsanspruch.

verfehlen: 1. a) ⟨jmdn., etwas v.⟩ *nicht e reichen:* den Zug v.; ich fürchtete schon, dic zu v.; wir hatten uns /(geh.:) einander verfehl **b)** ⟨etwas v.⟩ *am eigentlichen Ziel vorbeigehen* den Weg, das Zimmer, die richtige Tür v.; de Schuß verfehlte das Ziel; übertr.: das Buc hat seinen Zweck, seine Bestimmung verfehlt seine Rede hatte ihre Wirkung nicht verfehlt du hast deinen Beruf verfehlt (auch scherz als Lob für außerberufliche Fähigkeiten); adj. Part.: ein verfehltes *(falsch angelegtes; sinn loses)* Leben; ein verfehlter *(falscher)* Beruf; wäre völlig verfehlt *(verkehrt),* wollte man ih gewaltsam zurückhalten. **2.** (geh.) ⟨etwas v. *versäumen:* eine Chance, Gelegenheit [nicht] v ich werde nicht verfehlen, den ausländische Gast zu begrüßen; er hätte es nicht v. dürfen ihn zu unserer nächsten Sitzung einzuladen.

Verfehlung, die: *Verstoß gegen Grundsätze od Vorschriften:* eine geringe V.; seine Verfehlun gen bestanden darin, daß ...; eine V. einge stehen; du hast dir keine Verfehlungen zu schulden kommen lassen; er wurde wegen seine Verfehlungen entlassen.

verfeinden ⟨sich mit jmdm. v.⟩: *zum Feind ein anderen werden:* er hat sich mit allen Leute verfeindet; ⟨auch ohne Präpositionalobjekt⟩ die beiden Nachbarn hatten sich wegen de Grenze ihrer Grundstücke verfeindet; die beide

Familien, Länder waren seit langem verfeindet.

erfeinern: **a)** ⟨etwas v.⟩ *feiner machen und dadurch verbessern:* eine Soße durch saure Sahne, Rotwein v.; durch gute Lektüre hatten sie ihren literarischen Geschmack verfeinert; ein verfeinerter Geschmack. **b)** ⟨etwas verfeinert sich⟩ *etwas wird feiner und dadurch besser:* ihre Umgangsformen hatten sich verfeinert.

erfinstern: **a)** ⟨etwas v.⟩ *finster machen:* schwarze Wolken verfinsterten den Himmel. **b)** ⟨etwas verfinstert sich⟩ *etwas wird dunkel, finster:* der Himmel verfinsterte sich; übertr.: sein Gesicht, seine Miene verfinsterte sich.

erfliegen: **1.** ⟨etwas verfliegt⟩ **a)** *etwas verflüchtigt sich:* der Geruch, Duft wird bald verfliegen; der Nebel, Dunst ist verflogen. **b)** *etwas geht schnell vorüber:* die Zeit, eine Stunde verfliegt im Nu; die Wochen, Monate sind schnell verflogen; der Ärger, die Spannung, der Traum war verflogen. **2.** ⟨sich v.⟩ *versehentlich in die falsche Richtung fliegen:* der Pilot, das Flugzeug hatte sich verflogen.

erfließen ⟨etwas verfließt⟩: **1.** *etwas verschwimmt:* in ihren Bildern verfließen die Farben; übertr.: die Grenzen zwischen Novelle und Erzählung, die Begriffe beginnen hier zu v. **2.** *etwas verstreicht, vergeht:* Wochen, Monate verflossen; dieser Abend ist viel zu schnell verflossen; adj. Part.: aus verflossenen Tagen; in längst verflossenen Zeiten; seine verflossene (ugs.; *ehemalige*) Freundin; subst. Part. (ugs.): seine Verflossene.

erflixt (ugs.): **1.** *unangenehm, ärgerlich:* eine verflixte Geschichte; ein verflixter Kerl; es ist v., immer wieder geht etwas entzwei; /*Flüche*/: v. [nochmal]!; v. und zugenäht! **2.** ⟨verstärkend bei Adjektiven und Verben⟩ *sehr, ziemlich:* es ging v. schnell; wir mußten uns v. anstrengen.

erfluchen: **a)** ⟨jmdn. v.⟩ *den Zorn Gottes auf jmdn. herabwünschen:* die Anhänger der Sekte verfluchten ihn. **b)** ⟨etwas v.⟩ *verwünschen:* seinen Leichtsinn v.; ich verfluche den Tag, an dem ich ihn zum erstenmal gesehen habe; er hat es schon öfter verflucht, damals eingewilligt zu haben; adj. Part.: (derb): *sich unangenehm auswirkend und zu verwünschen:* das verfluchte Spiel; das ist eine ganz verfluchte Geschichte, Sache; /Flüche/: verflucht [noch mal]!; verflucht noch eins!; ⟨verstärkend bei Adjektiven und Verben⟩ *ziemlich, sehr:* sie ist verflucht gescheit; das sieht verflucht nach Betrug aus.

erflüchtigen: **1.** ⟨etwas v.⟩ *in gasförmigen Zustand überführen:* Salzsäure v. **2.** ⟨etwas verflüchtigt sich⟩ *etwas geht in gasförmigen Zustand über:* Äther, Alkohol verflüchtigt sich leicht; übertr.: der ideale Grundgedanke jener Bewegung verflüchtigte sich bald. **3.** (ugs.; scherzh.) ⟨sich v.⟩ *unbemerkt verschwinden:* er hat sich inzwischen verflüchtigt.

erfolgen: **1. a)** ⟨jmdn. v.⟩ *zu erreichen und einzufangen suchen:* einen Flüchtling, Verbrecher, den Feind v.; Jäger, Hunde verfolgen das Wild; er wurde von der Polizei verfolgt; sich überall verfolgt fühlen; bildl.: eine dunkle, trübe Ahnung, der Gedanke daran verfolgte ihn (*ließ ihn nicht los*); er ist vom Schicksal, Unglück, Pech verfolgt; jmdn. mit Blicken, mit den Augen v. (*unablässig beobachten*); sie verfolgte ihn mit ihren Bitten, mit Vorwürfen, mit ihrem Haß (*setzte ihm damit zu*). übertr.: jmdn. aus politischen, rassischen, religiösen Gründen v. (*jmds. Freiheit einengen, ihm nach dem Leben trachten*); subst. Part.: sie waren politisch Verfolgte, Verfolgte des Naziregimes. **b)** ⟨etwas v.⟩ *jmds. Spur o. ä. nachgehen, folgen:* einen Weg, eine Spur v.; die Polizei verfolgte die falsche Fährte. **c)** ⟨etwas v.; mit Artangabe⟩ *gegen etwas gerichtlich vorgehen:* Zuwiderhandlungen werden strafrechtlich verfolgt. **2.** ⟨etwas v.⟩ *zu erreichen, zu verwirklichen suchen:* ein Ziel, eine Absicht, einen Zweck, Plan, Gedanken, Grundsatz v. **3.** ⟨etwas v.⟩ *die Entwicklung von etwas genau beobachten:* eine Angelegenheit, die politische Entwicklung v.; er verfolgte den Prozeß, die Ereignisse in der Zeitung.

Verfolger, der: *jmd., der einen anderen verfolgt:* ein hartnäckiger V.; die Verfolger waren ihm dicht auf den Fersen; er hat die Verfolger getäuscht, abgeschüttelt; er ist seinen Verfolgern entkommen.

Verfolgung, die: *das Verfolgen:* die V. des Wilds, Verbrechers aufnehmen; übertr.: eine strafrechtliche V.; eine V. aus politischen, religiösen Gründen; Verfolgungen erdulden, erleiden; sie waren Verfolgungen ausgesetzt.

verfügbar: *vorhanden und zur Verfügung stehend:* alle verfügbaren Vorräte, Reserven, Hilfskräfte, Räume; dieses Geld ist noch nicht, habe ich noch nicht v.

verfügen: **1.** ⟨etwas v.⟩ *[amtlich] anordnen:* v., was zu geschehen hat; der Minister verfügte den Bau der Talsperre; er verfügte, daß ... **2.** ⟨über jmdn., über etwas v.⟩ **a)** *bestimmen, was mit jmdm., mit etwas geschehen soll:* über sein Geld [frei] v. können; man verfügt über mich, als ob ich ein Kind sei; /Höflichkeitsformel/: verfügen Sie über mich! (*ich stehe zu Ihren Diensten*). **b)** *besitzen [und einsetzen können]:* über Truppen, Reserven, große Mittel, gute Beziehungen, Menschenkenntnis, geheimnisvolle, übernatürliche Kräfte v.; er verfügt über einen reichen Wortschatz. **3.** (Papierdt.) ⟨sich v.; mit Raumangabe⟩ *sich begeben:* ich verfügte mich sogleich aufs Rathaus; du verfügst dich jetzt auf deinen Platz!

Verfügung, die: **1.** *Anordnung [einer Behörde oder eines Gerichts]:* eine einstweilige V.; eine letztwillige V. (*ein Testament*); eine V. erlassen, aufheben; der V. gemäß; laut V.; einer V. nachkommen. **2.** *das Verfügen:* ich überlasse dir die Verfügung darüber; etwas zur V. haben; jmdm. etwas zur V. stellen; sein Amt zur V. stellen (*seinen Rücktritt anbieten*); jmdm. zur V. stehen (*für jmdn. da sein*); es stand ihm nur wenig Material für seine Untersuchung zur V.; halte dich zur V. (*halte dich bereit*)!

verführen: **a)** ⟨jmdn. zu etwas v.⟩ *jmdn. so beeinflussen, daß er etwas gegen seine eigentliche Absicht tut:* jmdn. zum Trinken v.; darf ich Sie zu einem Stück Torte v. (ugs.; scherzh.; *einladen*)?; ⟨auch ohne Akk.⟩ der niedrige Preis verführt (*verlockt zum Kauf*). **b)** ⟨jmdn. v.⟩ *zum Geschlechtsverkehr verleiten:* er hat das Mädchen verführt.

verführerisch: *verlockend:* ein verführerisches Angebot; der Anblick war äußerst v.; sie sieht v. aus.

vergällen: **1.** ⟨etwas v.⟩ *denaturieren, unge-*

nießbar machen: Spiritus, Alkohol v. **2.** ⟨jmdm. etwas v.⟩ *die Freude [an etwas] verderben:* wir lassen uns die Freude nicht v.; die Reise war mir vergällt.

Vergangenheit, die: **a)** *die vergangene Zeit:* V., Gegenwart und Zukunft; die unbewältigte V.; die V. lebendig werden lassen, heraufbeschwören, enthüllen, wachrufen; das Spinnrad gehört der V. an *(ist aus dem Gebrauch gekommen);* die Gespenster der V.; ich konnte mich nur schwer in die V. zurückversetzen; sie haben mit der V. gebrochen. **b)** *jmds. Leben bis zum gegenwärtigen Zeitpunkt:* seine V. war dunkel; seine V. mit sich schleppen, tragen; er hat eine bewegte V. hinter sich; die Stadt ist stolz auf ihre V. *(Geschichte);* sie ist eine Frau mit V. *(sie hat einen zweifelhaften Ruf).* **c)** (Grammatik) *Präteritum:* ein Verb in die V. setzen.

vergänglich: *nicht dauerhaft:* vergänglicher Besitz, Ruhm; das ist alles v.

vergeben: 1. ⟨jmdm. etwas v.⟩ *verzeihen:* er hat ihm die Kränkung, Schuld, das Unrecht [nicht] vergeben; ⟨auch ohne Akk.⟩ vergib mir! **2.** ⟨etwas v.⟩ *übertragen, zuteilen:* eine Stelle, einen Posten, einen Auftrag v.; ein Stipendium v. *(gewähren);* es waren noch einige Eintrittskarten zu v. *(übrig);* ich habe den Tanz bereits vergeben *(jmdm. versprochen);* übertr.; adj. Part.: er ist für heute schon vergeben *(hat heute schon etwas anderes vor);* seine Töchter sind alle vergeben *(verlobt oder verheiratet).* **3.** ⟨etwas v.⟩ *nicht nutzen:* eine Chance v.; Sport: ein Tor, einen Elfmeter v. **4.** (Kartenspiel) ⟨sich, etwas v.⟩ *falsch geben:* du hast dich, die Karten vergeben. *** sich** (Dativ) **etwas/nichts vergeben** *(seinem Ansehen durch ein Tun [nicht] schaden):* ich vergebe mir nichts, wenn ich das tue.

vergebens ⟨Adverb⟩: *umsonst, erfolglos:* alle Mühe war v.; ich habe ihn mehrfach gewarnt, es war alles v.; er hat v. gewartet.

vergeblich: *erfolglos:* ein vergebliches Opfer; eine vergebliche Anstrengung, alles Bitten war v.; er hat sich bisher v. bemüht.

vergegenwärtigen ⟨sich (Dativ) etwas v.⟩: *sich vorstellen:* man muß sich die damalige Situation einmal v.

vergehen: 1. a) ⟨etwas vergeht⟩ *etwas geht dahin und wird Vergangenheit:* die Jahre vergehen; wie rasch die Zeit, das Leben vergeht!; ⟨jmdm. vergeht etwas⟩ die Tage vergingen mir wie im Flug; adj. Part.; längst vergangene Tage; im vergangenen *(letzten)* Jahr; **b)** ⟨etwas vergeht⟩ *etwas schwindet, läßt nach:* Leidenschaften, die Liebe vergeht; die Schmerzen sind inzwischen vergangen; ⟨etwas vergeht jmdm.⟩ *etwas schwindet jmdm.:* die Lust, der Appetit, der Mut, die Müdigkeit ist ihm vergangen; das Lachen wird dir noch vergehen. **2.** ⟨vor etwas v.⟩ *fast die Besinnung verlieren:* vor Angst, Scham, Gram, Kummer, Leid, Schmerz, Sehnsucht, Lange[r]weile, Ungeduld, Heimweh v.; sie meint vor Liebe v. zu müssen. **3. a)** ⟨sich an jmdm. v.⟩ *ein [Sexual]verbrechen an jmdm. begehen:* er hat sich an dem Mädchen, an Kindern vergangen. **b)** ⟨sich gegen etwas v.⟩ *gegen etwas verstoßen:* du hast dich gegen die guten Sitten, das Gesetz vergangen. *** jmdm. vergeht Hören und Sehen** *(jmd. weiß nicht mehr, was mit ihm geschieht).*

Vergehen, das: **1.** *das Dahinschwinden:* Werden und V. der organischen Formen. **2.** *strafbare Handlung:* ein leichtes, schweres V.; du hast dich eines Vergehens schuldig gemacht (geh.); er wurde für sein V. bestraft; sie mußten für ihre Vergehen büßen.

vergelten ⟨etwas v.⟩: *auf etwas reagieren:* Gleiches mit Gleichem, eine Wohltat mit Undank v.; er hat stets Haß mit Liebe zu v. versucht; */Dankesformel/:* vergelt's Gott!; ⟨jmdm. etwas v.⟩ wie soll ich dir das v. *(lohnen)?;* er hat ihnen ihre Mühe schlecht vergolten.

Vergeltung, die: *das Vergelten, Rache:* blutige V. üben *(sich für etwas rächen);* er sann auf V

vergessen: 1. ⟨etwas v.⟩ *aus dem Gedächtnis verlieren, nicht behalten können:* die Hausnummer, eine Regel, Jahreszahl, Vokabeln v.; er hatte den Namen der Straße vergessen; ⟨auch ohne Akk.⟩ ich vergesse sehr leicht. **2.** *an jmdn., an etwas nicht mehr denken:* **a)** ⟨jmdn., etwas v.⟩ den Schlüssel [mitzunehmen] v.; ich habe meinen Schirm bei euch, im Zug vergessen *(liegen lassen);* sie hatten ihn längst vergessen *(er war aus ihrer Erinnerung geschwunden);* ich habe [es] vergessen, ihm zu schreiben; er hatte völlig vergessen, mich zu wecken; wir besuchten auf unserer Italienreise Venedig, Florenz und Rom, Neapel nicht zu v.!; das war ein Ereignis, das man nicht so leicht vergißt; es soll alles vergessen sein: es darf niemals, nicht einen Augenblick v. werden, daß ...; der Kummer war bald vergessen; dieses Erlebnis ließ uns viele unangenehme Erinnerungen v.; vergiß dich selbst nicht! *(nimm dir auch etwas!);* sie hatten über dem Erzählen ganz die Arbeit vergessen; ⟨auch ohne Akk.⟩ Kinder vergessen schnell; adj. Part.: ein vergessener *(heute unbekannter)* Schriftsteller. **b)** (geh.; veraltet) ⟨jmds., einer Sache v.⟩ vergiß mein[er] nicht!; er hatte seiner Pflicht vergessen. **c)** (landsch.) ⟨auf jmdn., auf etwas v.⟩ er hatte völlig auf ihn vergessen; er hätte fast auf die Geschenke vergessen. **3.** ⟨sich v.⟩ *die Beherrschung verlieren:* in seinem Zorn vergaß er sich völlig; wie konntest du dich so weit v., ihn zu schlagen? *** jmdm. etwas ni[e] vergessen** *(jmdm. für sein Verhalten imme[r] dankbar sein oder zürnen):* das werde ich dir ni[e] vergessen, daß du uns [nicht] geholfen hast.

Vergessenheit, die: *das Vergessensein:* diese Ereignisse sind der V. anheimgefallen (geh.); den Namen eines Komponisten der V. entreißen (geh.), aus der V. [hervor]ziehen; in V. geraten

vergeßlich: *leicht vergessend:* ein vergeßlicher Mensch; er ist sehr v.

vergeuden ⟨etwas v.⟩: *etwas (Kostbares) sinnlo[s] verbrauchen:* sein Geld, Vermögen, seine Kräfte v.; mit dieser Arbeit wurde nur Zeit vergeudet

vergewaltigen: 1. ⟨jmdn. v.⟩ *zum Geschlechtsverkehr zwingen:* eine Frau überfallen und v. **2.** ⟨etwas v.⟩ **a)** *einer Sache etwas Ungemäßes aufzwingen:* man kann die Sprache nicht so v., wie er es in seiner Übersetzung getan hat. **b)** *m[it] Terror unterdrücken:* ein Volk läßt sich auf die Dauer nicht v.

vergewissern ⟨sich jmds., einer Sache/(selten) über jmdn., über etwas v.⟩: *sich Gewißheit über jmdn., etwas verschaffen:* ich mußte mich er[st] meines Besitzes, der Zuverlässigkeit des Berichtes v.; ich habe mich über diesen Mann verg[e-] wissert *(von der Zuverlässigkeit dieses Mannes überzeugt)*; ich wollte mich v., ob die Sitzung tatsächlich stattfände; er war noch einmal zurückgegangen, um sich zu v., daß die Tür abgeschlossen war.

ergießen ⟨etwas v.⟩: *verschütten, danebengießen:* beim Eingießen vergoß sie etwas Kaffee, Milch; bildl.: Tränen v. *(heftig weinen)*; sie haben bei der Arbeit viel Schweiß vergossen *(sich sehr angestrengt)*; bei den Grenzüberfällen wurde wieder Blut vergossen *(wurden wieder Menschen getötet)*; (geh.:) er hat sein Blut fürs Vaterland vergossen *(ist fürs Vaterland gefallen)*.

ergiften: 1. ⟨etwas v.⟩ *mit Gift vermischen, giftig machen:* Speisen v.; adj. Part.: vergiftetes Blut; durch Autogase vergiftete Luft; der Pfeil war vergiftet; übertr.: die Atmosphäre v.; durch solche Eindrücke kann die Seele eines Kindes vergiftet werden. **2.** ⟨sich v.⟩ *eine Vergiftung bekommen:* sie hatten sich an Pilzen, durch schlechtes Fleisch vergiftet. **3.** ⟨jmdn., sich v.⟩ *durch Gift töten:* sie hat ihren Mann vergiftet; er hat sich mit Tabletten vergiftet.

ergilben ⟨etwas vergilbt⟩: *etwas wird vor Alter blaß, gelb:* das Papier vergilbt mit der Zeit; adj. Part.: vergilbte Briefe, Photographien.

ergleich, der: **1.** *das Vergleichen:* ein passender, treffender V.; der V. hinkt; dieser V. drängt sich einem geradezu auf; die feuchte Kälte im Norden und der warme, sonnige Süden – das ist doch gar kein V.!; Vergleiche anstellen, ziehen *(etwas vergleichen)*; dieser Roman hält keinen V. mit den früheren Werken des Schriftstellers aus; im V. zu/(auch:) mit seinem Bruder ist er unbegabt. **2.** (Rechtsw.) *gütlicher Ausgleich in einem Streitfall:* ein außergerichtlicher V.; einen V. vorschlagen, anbieten, anbahnen, schließen, zustande bringen; auf einen V. eingehen; einen Streit durch einen V. aus der Welt schaffen; zwischen beiden Parteien kam es zu einem V.

ergleichen: 1. ⟨jmdn., etwas mit jmdm., mit etwas v.⟩ *prüfend neben jmdn., neben etwas halten, gegen jmdn., gegen etwas abwägen, um Unterschiede oder Übereinstimmungen festzustellen:* eine Reproduktion mit dem Original v.; er verglich ihn mit seinem Bruder; der Dichter verglich sie mit einer Blume *(setzte sie zu einer Blume in Beziehung)*; ⟨auch ohne Präpositionalobjekt⟩ Bilder, Gedichte v.; sie haben die Preise verglichen; vergleiche (Abk.: vgl.) Seite 124; adj. Part.: vergleichende Anatomie, Sprachwissenschaft. **2.** ⟨sich mit jmdm. v.⟩ *sich mit jmdm. messen:* ich kann, darf mich nicht mit ihm v. **3.** (Rechtsw.) ⟨sich mit jmdm. v.⟩ *sich gütlich einigen:* er hat sich mit seinem Gegner verglichen; ⟨auch ohne Präpositionalobjekt⟩ die streitenden Parteien haben sich verglichen.

ergnügen /vgl. vergnügt/: **1.** ⟨sich v.⟩ *sich in froher Stimmung die Zeit vertreiben:* sich auf einem Fest, auf dem Jahrmarkt v.; die Kinder vergnügten sich mit ihren Geschenken, mit dem Hund. **2.** (selten) ⟨etwas vergnügt jmdn.⟩ *etwas belustigt jmdn.:* meine Antwort schien ihn zu v.

ergnügen, das: **1.** *Freude, Vergnügtsein:* ein kindliches, echtes, seltenes, außerordentliches, zweifelhaftes V.; bei so überfüllten Straßen ist das Autofahren kein V. mehr; /Höflichkeitsformeln/: es ist mir ein V. *(ich tue es sehr gern)*; das V. ist ganz auf meiner Seite · sein V. an etwas haben; jmdm. sein V. gönnen; jmdm. das V. verderben; kein V. an etwas finden; er machte sich ein V. daraus, uns zu begleiten; die Arbeit machte ihm V.; mit seinem Besuch bereitete er uns ein großes V.; das macht, bereitet mir ein diebisches V.; [ich wünsche euch] viel V. im Theater!; /*Höflichkeitsformeln*/: mit wem habe ich das V. *(spreche ich)?*; mit [dem größten] V. *(selbstverständlich, sehr gern)!* · ich schriftstellere nur so zum/zu meinem V.; ich höre zu meinem V. *(meiner Freude)*, daß ... **2.** *[festliche] Veranstaltung mit Tanz:* ein V. besuchen, mitmachen; an einem V. teilnehmen; auf ein, zum V. gehen * (ugs.:) **etwas ist ein teures Vergnügen** *(etwas verursacht übermäßige Ausgaben)*.

vergnügt: *von einer heiteren und zufriedenen Stimmung erfüllt:* eine vergnügte Gesellschaft; ein vergnügter Abend; (ugs.; scherzh.:) er ist ein vergnügtes Haus *(ein heiterer Mensch)*; sie haben sich einen vergnügten Tag gemacht; er ist immer v.; er lächelte v. vor sich hin.

vergolden: 1. ⟨etwas v.⟩ *mit einer dünnen Schicht Gold überziehen:* eine Statue, einen Bilderrahmen, Nüsse v.; eine vergoldete Kette, Uhr; bildl. (geh.): die Abendsonne vergoldete die Dächer. **2.** (geh.) ⟨etwas vergoldet etwas⟩ *etwas verschönt etwas:* die Erinnerung vergoldete die schweren Jahre; ⟨jmdm. etwas v.⟩ seine Enkel vergolden ihm den Lebensabend.

vergönnen (geh.) ⟨jmdm. etwas v.⟩: *jmdn. etwas tun, erleben lassen:* es war ihm [vom Schicksal] nicht vergönnt, diesen Tag zu erleben; es war ihm vergönnt, eine Weltreise zu machen.

vergöttern ⟨jmdn. v.⟩: *abgöttisch lieben und verehren:* die Schüler vergötterten ihren Lehrer; er vergötterte seine Frau, seine beiden Töchter.

vergraben: 1. a) ⟨etwas v.⟩ *in ein gegrabenes Loch legen und mit Erde bedecken:* Wertsachen, einen Schatz v.; das tote Tier wurde [in der Erde] vergraben. **b)** ⟨sich v.⟩ *sich in der Erde verbergen* /von Tieren/: der Regenwurm, Hamster, Maulwurf hat sich in der/in die Erde vergraben. **2.** ⟨etwas v.; mit Raumangabe⟩ **a)** *verbergen:* sie vergrub ihr Gesicht in beide Hände/in beiden Händen. **b)** *tief in etwas stecken:* er vergrub die Hände in die/in den Hosentaschen. **3.** ⟨sich v.; mit Raumangabe⟩ *sich mit etwas so intensiv beschäftigen, daß man kaum in Verbindung mit der Umwelt bleibt:* sich in die Arbeit v.; ich vergrub mich ganz in meine Bücher.

vergrämen: 1. (Jägerspr.) ⟨ein Tier v.⟩ *verscheuchen:* Wild, Vögel v. **2.** (geh.; veraltend) ⟨jmdn. v.⟩ *verärgern:* damit vergrämst du nur deine Freunde, die Kundschaft.

vergrämt: *von Gram erfüllt:* ein vergrämtes Gesicht; eine vergrämte alte Frau; ihre Züge waren v.; sie sah v. aus.

vergreifen: 1. a) ⟨sich v.⟩ *falsch greifen, daneben greifen:* der Pianist hat sich mehrmals vergriffen. **b)** ⟨sich in etwas v.⟩ *falsch wählen:* sich im Ton[fall], im Ausdruck v.; wir haben uns in der Wahl unserer Mittel vergriffen. **2.** ⟨sich an etwas v.⟩ *sich etwas unrechtmäßig aneignen:* du darfst dich nicht an fremdem Eigentum, Besitz, Gut v.; er hat sich an der Kasse vergriffen *(hat widerrechtlich Geld aus ihr entnommen)*. **3.** ⟨sich an jmdm. v.⟩ *jmdm. Gewalt antun, jmdn. schlagen:* wie können Sie sich an fremden Kindern v.!; übertr. (ugs.): ich will mich lieber nicht an der Maschine v. *(mit der Maschine befassen)*.

vergriffen: *nicht lieferbar:* ein vergriffenes Buch; seine Werke sind beim Verlag vergriffen.

vergrößern: **1.** ⟨etwas v.⟩ **a)** *größer machen:* einen Raum, ein Geschäft v. **b)** *vermehren:* sein Kapital v.; diese Maßnahme hatte das Übel noch vergrößert *(verschlimmert)*. **c)** *eine größere Reproduktion von etwas herstellen:* eine Photographie v.; das Bild ist vierfach, um das Vierfache vergrößert. **2.** ⟨etwas vergrößert sich⟩ **a)** *etwas wird größer:* der Betrieb, das Geschäft hat sich wesentlich vergrößert. **b)** *etwas nimmt zu, vermehrt sich:* die Zahl der Mitarbeiter, mein Bekanntenkreis hatte sich inzwischen vergrößert; der Geldumlauf vergrößert sich ständig.

vergucken (ugs.): **1.** ⟨sich v.⟩ *falsch sehen:* du hast dich wahrscheinlich verguckt; da muß er sich verguckt haben. **2.** ⟨sich in jmdn. v.⟩ *sich verlieben:* er hat sich in das Mädchen verguckt.

Vergünstigung, die: *[finanzieller] Vorteil:* es ist eine ganz besondere V., daß ...; die bisherigen Vergünstigungen fielen weg, wurden ihm entzogen; die Bundesbahn bietet, gewährt bedeutende Vergünstigungen für Reisen aller Art; für sich selbst hätte er nie um eine V. gebeten.

vergüten: **1.** ⟨jmdm. etwas v.⟩ **a)** *jmdn. für etwas entschädigen:* jmdm. seine Auslagen, einen Verlust, den Verdienstausfall v. **b)** *jmds. Leistungen bezahlen:* jmdm. eine Arbeit, eine Tätigkeit v.; ich ließ mir dafür etwas v.; ⟨auch ohne Dativ⟩ die Bank vergütet für Spargelder $3^1/_2$%. **2.** ⟨etwas v.⟩ *durch ein Verfahren verbessern:* ein Metall v.; eine vergütete Linse.

verhaften ⟨jmdn. v.⟩: *festnehmen:* die Polizei hat den Mörder verhaftet; er ist unschuldig verhaftet worden.

verhaftet ⟨in der Verbindung⟩ einer Sache verhaftet sein (geh.): *mit etwas eng verbunden sein:* er ist der Tradition zutiefst verhaftet; ⟨auch attributiv⟩ ein seiner Zeit verhafteter Autor.

Verhaftung, die: *das Verhaften:* die V. ist irrtümlich erfolgt; eine V. anordnen, rückgängig machen, aufheben; die Polizei nahm viele Verhaftungen vor; er ist der V. entgangen; der Täter entzog sich der V. durch die Flucht; eine Welle von Verhaftungen; die Polizei schritt zur V. der Verdächtigen *(verhaftete die Verdächtigen)*; in diesem Fall besteht kein Grund zur V.

verhageln ⟨in der Wendung⟩ jmdm. ist die ganze Ernte/die Petersilie verhagelt (ugs.): *jmd. ist durch Mißerfolg niedergeschlagen.*

verhallen ⟨etwas verhallt⟩: *etwas ist allmählich nicht mehr zu hören:* ein Ton, Geräusch verhallt; die Glockenschläge, die Schritte verhallten; übertr.: sein Ruf darf nicht ungehört v. *(seine Mahnung darf nicht unbeachtet bleiben)*.

verhalten: **1. a)** ⟨sich v.; mit Artangabe⟩ *in einer bestimmten Weise reagieren, sich einstellen:* sich still, ruhig, passiv, abwartend, vorsichtig, abweisend v.; er hat sich uns gegenüber immer korrekt verhalten; sie wollte von mir wissen, wie sie sich in diesem Falle v. solle. **b)** ⟨etwas verhält sich; mit Artangabe⟩ *etwas hat einen bestimmten Sachverhalt, ist in einer bestimmten Weise:* die Sache, Angelegenheit verhält sich nämlich so, in Wirklichkeit ganz anders; ⟨es verhält sich mit etwas; mit Artangabe⟩ mit der Sache verhält es sich folgendermaßen: .. **c)** ⟨etwas verhält sich zu etwas; mit Artanga be⟩ *etwas steht zu etwas in einem bestimmte Verhältnis:* die beiden Größen, Gewichte ver halten sich zueinander wie 1 zu 2. **2.** (geh.) ⟨et was v.⟩ *zurückhalten:* die Tränen, das Lachen den Schmerz v.; den Harn nicht v. können; e verhielt den Atem; sie verhielten den Schrit *(gingen für einen Augenblick nicht weiter)*; adj Part.: verhaltener Groll, Unwille, Zorn; es la verhaltener Trotz in seinem Gesicht; der Pia nist spielte sehr verhalten; sie sprach mit ver haltener *(gedämpfter, leiser)* Stimme.

Verhalten, das: *das Reagieren, das Sicheinstel len:* ein anständiges, tadelloses, musterhaftes seltsames, anstößiges, taktisches, kluges V. sein V. änderte sich; das gewohnte, übliche V zeigen; sein V. [gegen jmdn.] rechtfertigen; ic kann mir sein V. nicht erklären; man kann Säu ren und Basen durch ihr V. gegen Lackmuspa pier unterscheiden; in seinem V. anderen gegen über hat sich nichts geändert.

Verhältnis, das: **1.** *Beziehung, in der sich etwa mit etwas vergleichen läßt; Proportion:* ein arith metisches, geometrisches V.; die architekton schen Verhältnisse; ihre Ergebnisse stehen i Verhältnis 3 zu 1; im V. zu früher ist er jetz viel häufiger krank; im V. zu der Arbeit ist de Lohn zu gering; der Lohn steht in keinen nicht im V. zur Arbeit *(ist zu gering, gemesse an der Arbeit)*; das Selbstbewußtsein des Ver fassers steht im umgekehrten V. zu seiner Le stung; der Gewinn wird nach dem V. der ei gezahlten Beträge verteilt. **2. a)** *persönlich Beziehung:* sein V. zur Umwelt war gestört ein inneres, persönliches V. zu jmdm., zur Ma lerei, zu Bach haben; er hat, findet kein rechte V. zu diesen Dingen; ich stand in einem ve trauten, engen, freundschaftlichen, gespann ten V. zu ihm. **b)** (ugs.) *Liebesverhältnis:* ein V mit einem Mädchen haben, anfangen, beenden übertr.: ich habe gestern sein V. *(seine G liebte)* gesehen. **3.** ⟨Plural⟩ **a)** *soziale Lage, L bensumstände:* seine häuslichen Verhältniss sind mir unbekannt; meine Verhältnisse erla ben mir das, solche Ausgaben nicht; sie lebe in dürftigen, engen, beengten, gedrückten, ärn lichen, bescheidenen, guten, gesicherten Ve hältnissen; er sehnt sich nach geordneten Ve hältnissen; er lebt über seine Verhältnisse *(z aufwendig)*. **b)** *durch die Zeit geschaffene Situ tion; Zeitumstände:* die Macht der Verhältniss unter dem Zwang, Druck der Verhältnisse; ist ein Opfer der politischen Verhältnisse; di alles geschah unter den schwierigsten Verhält nissen; unter normalen Verhältnissen wäre d nicht möglich gewesen. **c)** *Bedingung, Vorau setzung:* wie sind die akustischen Verhältnis in diesem Saal?; sie wollte die sozialen Verhäl nisse des Landes studieren; ich bin für kla Verhältnisse *(für eine klare Regelung)*.

verhandeln: **1. a)** ⟨mit jmdm. v.⟩ *Unterr dungen führen, um zu einer Einigung zu kor men:* er verhandelt mit mir über die Sache; d deutsche Außenminister verhandelte seit T gen mit seinem französischen Kollegen; ⟨au ohne Präpositionalobjekt⟩ die Vertreter d Regierungen verhandeln über den Abzug d Truppen. **b)** ⟨etwas mit jmdm. v.⟩ *eingehe* *besprechen, erörtern:* er verhandelte die Sache mit seinem Vertragspartner; ⟨auch ohne Präpositionalobjekt⟩ es wurden immer die gleichen Fragen verhandelt; sein Fall wurde in der dritten Instanz v. *(gerichtlich untersucht)*. **2.** ⟨gegen jmdn. v.⟩ *eine Gerichtsverhandlung durchführen:* gegen ihn wurde vor dem Oberlandesgericht verhandelt.

'erhandlung, die: *das Verhandeln:* eine geheime, öffentliche V.; diplomatische, parlamentarische Verhandlungen; eine V. *(Gerichtsverhandlung)* unter Ausschluß der Öffentlichkeit, vor der zweiten Strafkammer; die Verhandlungen machten Fortschritte, schleppten sich hin, zogen sich hin, nahmen einen schnellen Fortgang, führten zu keinem Ergebnis, verliefen ergebnislos; Verhandlungen anbahnen, einleiten, aufnehmen; die V. führen, leiten, unterbrechen, vertagen, fortführen, beenden, abschließen, schnell zu Ende führen, abbrechen; der Zwischenfall an der Grenze hat die Verhandlungen erschwert; nach dem Abbruch, Scheitern der Verhandlungen wurde der kalte Krieg fortgeführt; sie ließen sich auf keine, in Verhandlungen ein; Unternehmer und Gewerkschaften waren in Verhandlungen eingetreten; der Gegner war jetzt zu Verhandlungen bereit.

erhangen: *bedeckt, verschleiert:* ein verhangener Himmel; der Himmel ist v.

'erhängen ⟨etwas v.⟩: **1.** *mit einem Vorhang zuhängen, verdecken:* die Fenster v. **2.** *[als Strafe] verordnen, bestimmen:* Hausarrest, eine Strafe über jmdn., den Belagerungszustand, Ausnahmezustand v.; Sport: der Schiedsrichter verhängte einen Elfmeter.

'erhängnis, das: *Unglück, dem jmd. nicht entgehen kann:* das V. brach über ihn herein, ließ sich [nicht] abwenden; sie wurde sein V.; das V. aufhalten, beschleunigen; er entging seinem V. nicht; seine Spielleidenschaft wurde ihm zum V.

erhängnisvoll: *sich übel auswirkend; unheilvoll:* ein verhängnisvoller Irrtum, Fehler; diese Entscheidung, Nachlässigkeit war v.; seine Politik hat sich als v. erwiesen.

erhängt ⟨in der Verbindung⟩ mit verhängten Zügeln reiten: *mit hängenden Zügeln und dadurch sehr schnell reiten.*

'erharren (geh.): **a)** ⟨mit Raumangabe⟩ *eine bestimmte Stellung des Körpers beibehalten:* er konnte nicht lange in dieser Stellung v.; sie verharrte eine Weile regungslos, unschlüssig an der Tür. **b)** ⟨auf/bei/in etwas v.⟩ *an etwas hartnäckig festhalten, bei etwas bleiben:* auf/bei seiner Meinung v.; sie verharrte in ihrem Entschluß, in Schweigen, im Zweifel.

'erhaßt: *gehaßt, verabscheut; Widerwillen erregend:* ein verhaßter Mensch; eine verhaßte Pflicht; diese Arbeit war mir v. *(haßte ich)*; mit deinen spitzen Bemerkungen machst du dich überall v. *(unbeliebt)*.

'erhauen (ugs.): **1.** ⟨jmdn. v.⟩ *verprügeln:* sie verhauten ihren Mitschüler. **2.** ⟨etwas v.⟩ *viele Fehler in etwas machen:* er hat seine Klassenarbeit gründlich verhauen. **3.** ⟨sich v.⟩ *sich in etwas irren:* mit deiner Berechnung, Beweisführung hast du dich gehörig verhauen.

'erheddern (ugs.) ⟨sich v.⟩: **a)** *sich in etwas verfangen; sich verwickeln:* er verhedderte sich im Stacheldraht; die Wolle hat sich beim Aufwickeln verheddert. **b)** *steckenbleiben:* er verhedderte sich mehrmals [in seiner Rede].

verheeren ⟨etwas v.⟩: *verwüsten, zerstören:* feindliche Truppen, Überschwemmungen verheerten das Land; adj. Part.: *schlimm, schrecklich, furchtbar:* eine verheerende Wirkung; die Zustände waren verheerend; das sieht ja verheerend aus!; solche Verhältnisse müssen sich auf den Schulbetrieb verheerend auswirken.

verhehlen ⟨jmdm. etwas v.⟩: *verbergen, verheimlichen:* jmdm. die Wahrheit, seine eigentliche Meinung, seine Neugier, seinen Kummer v.; ich will dir nicht v., daß ...; ⟨auch ohne Dativ⟩ er hat seine Enttäuschung nicht verhehlt.

verheilen ⟨etwas verheilt⟩: *etwas wird heil:* seine Wunden verheilten schlecht; die Wunde war noch nicht ganz verheilt.

verheimlichen ⟨jmdm. etwas v.⟩: *jmdn. bewußt von etwas nicht in Kenntnis setzen:* jmdm. eine Entdeckung, einen Fund v.; du verheimlichst mir etwas!; der Arzt verheimlichte ihr, wie schlecht es um ihren Mann stand; ⟨auch ohne Dativ⟩ er hat den wirklichen Sachverhalt verheimlicht; da gibt es doch nichts zu v.!

verheiraten: **1.** ⟨sich v.⟩ *jmdn. heiraten:* sie hat sich inzwischen verheiratet; du willst dich mit ihm v.? adj. Part.: ein verheirateter junger Mann; sie ist [un]glücklich verheiratet; bildl. (ugs.; scherzh.): ich bin doch nicht mit der Firma verheiratet *(kann die Firma doch jederzeit verlassen)*. **2.** ⟨jmdn. v.⟩ *jmdn. zur Ehe geben:* sie wollte ihre jüngere Schwester gern v.; er hat seine Tochter mit einem, an einen Bankier verheiratet.

verheißungsvoll: *vielversprechend:* ein verheißungsvoller Anfang; ihre Leistungen waren nicht sehr v.; seine Worte klangen sehr v.

verhelfen ⟨jmdm. zu jmdm., zu etwas v.⟩: *dafür sorgen, daß jmd. jmdn., etwas erhält oder erlangt:* jmdm. zu seinem Eigentum, Recht, Glück, zu einer Stellung v.; er hat seinem Freund zu einer Frau verholfen; einer Sache zum Sieg verhelfen *(dazu beitragen, daß sich etwas durchsetzt)*.

verhexen ⟨jmdn. v.⟩: *verzaubern:* im Märchen hatte die alte Zauberin den Prinzen verhext; adj. Part.: sie starrte ihn wie verhext an; (ugs.:) das ist [doch rein] wie verhext *(es will einfach nicht gelingen)!*

verhindern ⟨jmdn., etwas v.⟩: *bewirken, daß etwas nicht geschieht oder getan wird:* ein Unglück, einen Diebstahl, Überfall v.; das muß ich unter allen Umständen v.; adj. Part.: er ist dienstlich verhindert; er war an der Teilnahme verhindert; ein verhinderter Dichter *(jmd. mit dichterischen Ambitionen)*.

Verhör, das: *gerichtliche oder polizeiliche Vernehmung; strenge Befragung:* das V. dauerte mehrere Stunden; ein stundenlanges V. anstellen; jmdn. einem pausenlosen V. unterziehen *(pausenlos verhören)*; er wurde ins V. genommen *(wurde verhört)*.

verhören: **1.** ⟨jmdn. v.⟩ *gerichtlich oder polizeilich vernehmen:* den Angeklagten, die Zeugen v.; er wurde verhaftet und noch am gleichen Tag verhört. **2.** ⟨sich v.⟩ *eine Äußerung falsch hören:* du mußt dich verhört haben, er heißt nicht Marian.

verhüllen ⟨sich, etwas v.⟩: *einhüllen und dadurch der unmittelbaren Betrachtung entziehen:* sich mit einem Tuch, das Gesicht mit einem Schleier v.; Wolken verhüllten die Bergspitzen; adj. Part.: sie war tief verhüllt; übertr.: eine verhüllte *(versteckte)* Drohung; ein verhüllender Ausdruck *(Euphemismus).*

verhungern: *vor Hunger sterben:* täglich verhungern in der Welt viele Menschen; wir haben gerade so viel, daß wir nicht verhungern; subst.: sie sind schon am Verhungern *(haben großen Hunger);* adj. Part.: er sah halb, ganz verhungert *(sehr elend und abgemagert)* aus; übertr.: er tut immer so verhungert *(so, als ob es ihm sehr schlecht ginge).*

verhüten ⟨etwas v.⟩: *das Eintreffen von etwas verhindern und jmdn., sich davor bewahren:* Schaden, ein Unglück, eine Katastrophe, einen Unfall v.; eine weitere Ausbreitung der Seuche konnte verhütet werden; er konnte das Schlimmste v.; möge Gott v., daß es zum Krieg kommt!

verirren ⟨sich v.⟩: *vom richtigen Weg abkommen:* einige Schüler verirrten sich im Wald.

verjagen ⟨jmdn. v.⟩: *fortjagen, vertreiben:* die Diebe, Feinde v.; Vögel, Hühner v.; jmdn. von Haus und Hof v.; übertr.: dieser Wein verjagt jeden Kummer, alle Sorgen.

verjubeln (ugs.) ⟨etwas v.⟩: *für Vergnügungen ausgeben:* sein Geld v.; er hat seinen ganzen Wochenlohn [in Wirtschaften] verjubelt.

verjüngen: 1. ⟨jmdn., sich, etwas v.⟩ *ein jüngeres Aussehen geben; jünger machen:* sie hat sich, ihr Gesicht v. lassen; dieses Mittel hat ihn um Jahre verjüngt; das Personal sollte verjüngt werden *(es sollten vorwiegend junge Leute eingestellt werden).* **2.** ⟨etwas verjüngt sich⟩ *etwas wird an Umfang geringer:* die Säule, der Gewehrlauf verjüngt sich [nach oben].

verkalken: 1. ⟨etwas verkalkt⟩ *Kalk lagert sich in etwas ab:* Knochen, Arterien, alternde Gewebsteile verkalken. **2.** (ugs.) *[durch Arterienverkalkung] geistig unbeweglich werden:* in diesem Alter beginnt man bereits zu v.; er ist völlig, total verkalkt.

Verkauf, der: *das Verkaufen:* der V. von Waren, Eintrittskarten; Einkauf und V.; einen V. rückgängig machen; vom V. zurücktreten; etwas zum V. anbieten; etwas zum V. bringen (Papierdt.; *etwas verkaufen*); das Grundstück kommt, steht zum V. *(ist zu verkaufen).*

verkaufen: 1. a) ⟨jmdn., etwas v.⟩ *zu einem bestimmten Preis an jmdn. abgeben:* etwas teuer, billig, für wenig Geld, für/(geh.:) um hundert Mark, unter seinem Wert v.; Grundbesitz, Verlagsrechte v.; Bier, Eis über die Straße *(zum Mitnehmen)* v.; Autos v.; sie mußten ihr Haus v.; das Kleid war schon verkauft; sie werden als Sklaven in fremde Länder verkauft; diese Mädchen verkaufen ihren Körper *(geben sich für Geld hin);* ⟨jmdn./(auch:) an jmdn. etwas v.⟩ sie haben uns ihr Auto verkauft; der Besitz wurde an den Staat verkauft; übertr.: sie haben ihr Leben so teuer wie möglich verkauft. **b)** ⟨etwas verkauft sich; mit Artangabe⟩ *etwas läßt sich absetzen:* diese Ware, dieser Artikel verkauft sich gut, schlecht, leicht, schwer. **2.** ⟨sich v.⟩ **a)** (landsch.) *etwas von schlechter Qualität kaufen:* bei dieser Ware verkaufen Sie sich bestimmt nicht. **b)** *sich bestechen, vom Gegner gewinnen lassen:* wie kann man sich nur so v.!; ⟨sich jmdm., an jmdn. v.⟩ er hat sich der Partei/an die Partei verkauf[t]. **c)** ⟨mit Artangabe⟩ *sich zu einem bestimmte[n] Preis engagieren lassen:* die Schlagersängeri[n], Filmschauspielerin hat sich teuer verkauf[t]. ∗ (ugs.:) **sich nicht für dumm verkaufen lasse[n]** *(nicht glauben, was ein anderer einem einzurede[n] versucht)* · (ugs.:) **verraten und verkauft sei[n]** *(hilflos preisgegeben sein).*

Verkehr, der: **1.** *Beförderung oder Bewegun[g] von Personen, Sachen oder Fahrzeugen auf d[a]für vorgesehenen Wegen:* es herrscht starker, leb[]hafter, reger V.; der V. stockt, hat stark zu[]genommen, flutet [in den, durch die Straße[n]] der Großstadt]; der V. auf der Autobah[n] wächst ständig; für einige Straßen der Inner[]stadt war der V. gesperrt; den V. drosseln, lenken, regeln, umleiten; die Radfahrer behin[]dern den V.; das Auto wurde aus dem V. ge[]zogen, zum V. zugelassen. **2. a)** *Kontakt z[u] jmdm., Beziehung:* den V. mit jmdm. abbrechen; in gesellschaftlichem, mündlichem, brieflichem V. mit jmdm. stehen; er kannte sich nicht au[s] im Verkehr mit Behörden. **b)** (verhüll.) *G[e]schlechtsverkehr:* V. haben; nach, vor dem V[.] ∗ **etwas aus dem Verkehr ziehen** *(etwas nich[t] mehr für den Gebrauch zulassen):* die Briefmar[]ken, Banknoten wurden aus dem V. gezogen.

verkehren: 1. ⟨etwas verkehrt; mit Umstands[]angabe⟩ *etwas fährt als öffentliches Verkehrs[]mittel regelmäßig auf einer Strecke:* der Omn[i]bus, die Straßenbahn verkehrt alle 15 Minuten; dieser Zug verkehrt nicht, nur an Sonn- un[d] Feiertagen. **2. a)** ⟨mit jmdm. v.⟩ *mit jmdn[.] Kontakt pflegen:* mit jmdm. viel, oft, wenig, brieflich, mündlich, intim v.; geschlechtlic[h] mit jmdm. v. *(Geschlechtsverkehr mit jmdn[.] haben).* **b)** ⟨in etwas v.⟩ *regelmäßig zu Ga[st] sein:* sie verkehrte viel in dieser Familie; si[e] verkehrten in den besten Kreisen, in zweife[l]hafter Gesellschaft; in diesem Restaurant ver[]kehren hauptsächlich Künstler. **3.** ⟨etwas i[n] etwas v.⟩ *ins Gegenteil verwandeln:* Recht i[n] Unrecht v.; eine solche Auslegung hieße de[n] Sinn der Worte ins Gegenteil v.

verkehrt: *falsch:* eine verkehrte Erziehung; d[u] hast eine verkehrte Einstellung zu der Sache; das ist ganz, total (ugs.) v.; das ist gar nicht v[.] *(das ist ganz ordentlich, annehmbar);* etwas v[.] machen; er macht alles v.; übertr.: eine ver[]kehrte *(in Unordnung geratene)* Welt; Kaffee v[.] *(mehr Milch als Kaffee).* ∗ (ugs.:) **an die ver[]kehrte Adresse/an den Verkehrten kommen/geraten** *(an den Unrechten kommen; scharf ab[]gewiesen werden).*

verkeilen: 1. ⟨etwas v.⟩ *mit Keilen festmachen:* einen Mast, einen Balken v. **2.** (ugs.) ⟨jmdn. v.⟩ *verprügeln:* er ist von seinen Mitschülern ver[]keilt worden. **3.** ⟨etwas verkeilt sich in etwas⟩ *etwas schiebt sich beim Zusammenstoß fest i[n] etwas:* bei dem Unfall hatten sich vier Wagen, beide Lokomotiven ineinander verkeilt.

verkennen ⟨jmdn., etwas v.⟩: *nicht richtig er[]kennen; falsch beurteilen:* jmds. Worte, de[n] Ernst der Lage, die wirkliche Situation v.; ihr[e] Absicht war nicht zu v.; er wird von allen ver[]kannt; ich will nicht v. *(will zugeben),* daß ...; adj. Part. (scherzh.): ein verkanntes Genie.

Verkettung, die: *Verbindung, das Zusammentreffen:* eine V. unglückseliger Umstände.

verklagen ⟨jmdn. v.⟩: **1.** *eine gerichtliche Untersuchung gegen jmdn. verlangen:* jmdn. bei, vor Gericht v.; er wurde wegen Körperverletzung verklagt. **2.** (landsch.) *jmdn., jmds. unrechtes Tun melden, verraten:* er hat seinen Kameraden beim Lehrer verklagt.

verklären: 1. ⟨etwas verklärt etwas⟩ **a)** *etwas macht etwas schön, strahlend:* die Freude verklärte sein Gesicht; adj. Part.: ein verklärtes Gesicht; mit verklärten Blicken; er sah verklärt zu ihr auf. **b)** *etwas läßt etwas schöner erscheinen [als es eigentlich war]:* die Erinnerung verklärte die schweren Jahre, die Kindheit. **2.** ⟨etwas verklärt sich⟩ *etwas wird schön, strahlend:* ihre Augen verklärten sich.

verkleiden: 1. ⟨jmdn., sich v.⟩ *kostümieren:* sie verkleideten ihn als Seemann; ich habe mich als Harlekin verkleidet. **2.** ⟨etwas v.⟩ *mit etwas bedecken und dadurch verhüllen:* Heizkörper v.; Wände mit Fliesen, Kunststoffplatten v.; das Zimmer wurde ringsum mit Holztäfelung verkleidet.

verkleinern: 1. ⟨etwas v.⟩ **a)** *kleiner machen:* einen Raum v.; der Spielplatz mußte verkleinert werden. **b)** *verringern:* sie versuchten, seine Leistungen, Verdienste, Bedeutung zu v. **c)** *eine kleinere Reproduktion von etwas herstellen:* ein Bild, eine Photographie v. **2.** ⟨etwas verkleinert sich⟩ **a)** *etwas wird kleiner:* dadurch, daß sie einige Räume als Büro benutzen, hat sich ihre Wohnung verkleinert. **b)** *etwas verringert sich:* durch diese Umstände verkleinert sich sein Anteil.

verklingen ⟨etwas verklingt⟩: *etwas hört auf zu klingen, ist allmählich nicht mehr zu hören:* die Melodie, das Geläut verklang; man hörte seine Worte v.; dann verklang das Geräusch.

verknacksen (ugs.) ⟨sich (Dativ) etwas v.⟩: *verstauchen:* ich habe mir den Fuß verknackst.

verknallen (ugs.): **1.** ⟨etwas v.⟩ *verschießen:* es wurde unnötig viel Pulver verknallt; sie hatten ihre ganze Munition verknallt. **2.** ⟨sich in jmdn. v.⟩ *sich verlieben:* er hatte sich sofort in das Mädchen verknallt; adj. Part.: sie ist ganz verknallt in ihn.

verkneifen (ugs.) ⟨sich (Dativ) etwas v.⟩: **1.** *etwas nicht offen zeigen:* er hat sich den Schmerz verkniffen; ich konnte mir das Lachen nicht, kaum v. **2.** *sich versagen:* das werde ich mir v. müssen; bei den hohen Preisen haben wir uns das Mittagessen lieber verkniffen.

verkniffen: *durch Erbitterung zusammengezogen und verhärtet:* ein verkniffenes Gesicht; verkniffene Augen; sein Mund ist v.; er sieht v. aus; subst.: er hat etwas Verkniffenes.

verknöchern: *alt und geistig unbeweglich werden:* er verknöchert immer mehr; adj. Part.: ein verknöcherter Bürokrat, Gelehrter; er ist alt und verknöchert; übertr.: verknöcherter *(starrer)* Dogmatismus.

verknüpfen ⟨etwas mit etwas v.⟩: **1.** *durch einen Knoten verbinden:* die Enden einer Schnur miteinander v.; ⟨auch ohne Präpositionalobjekt⟩ du mußt die Fäden v.; übertr.: die Reform ist mit erheblichen Ausgaben verknüpft. **2. a)** *zugleich mit etwas anderem erledigen; verbinden:* er verknüpfte die Urlaubsreise mit einem Besuch bei seinen Eltern. **b)** *in Zusammenhang bringen; eine Verbindung herstellen:* wir verknüpfen mit seinem Namen bedeutende Bauten des Klassizismus; ⟨auch ohne Präpositionalobjekt⟩ diese Gedanken lassen sich kaum v.; adj. Part.: sein Name ist mit der Nachkriegsliteratur eng verknüpft.

verkohlen: 1. ⟨etwas verkohlt⟩ *etwas verbrennt und wird zu Kohle:* Papier, Holz verkohlt; die Leiche war bis zur Unkenntlichkeit verkohlt. **2.** (ugs.) ⟨jmdn. v.⟩ *anführen:* denke nicht, daß du mich v. kannst.

verkommen: 1. *herunterkommen, moralisch sinken:* das Kind verkam immer mehr; in dieser Gesellschaft wird er bestimmt v.; adj. Part.: er ist ein verkommenes Subjekt (ugs.). **2.** ⟨etwas verkommt⟩ *etwas verfällt, geht langsam zugrunde:* es wäre schade, wenn das Anwesen verkäme; sie lassen ihr Haus, den Hof völlig v.

verkorksen (ugs.) ⟨etwas v.⟩: *verpfuschen, verderben:* er hat den Aufsatz verkorkst; ⟨jmdm., sich etwas v.⟩ er hat mir den Abend verkorkst; sie hat sich den Magen verkorkst.

verkörpern: a) ⟨jmdn. v.⟩ *auf der Bühne darstellen:* die Schauspielerin hat ihre Rolle, die Iphigenie vorbildlich verkörpert. **b)** ⟨etwas v.⟩ *so vollkommen zur Anschauung bringen, daß man fast damit gleichzusetzen ist:* er verkörpert die höchsten Tugenden seines Volkes.

verkrachen (ugs.): **1.** ⟨sich mit jmdm. v.⟩ *in Streit geraten; sich verfeinden:* er verkrachte sich mit seinem Kollegen; ⟨auch ohne Präpositionalobjekt⟩ wir haben uns neulich verkracht; adj. Part.: sie ist mit ihrer Freundin verkracht. **2.** *bankrott gehen:* das Unternehmen ist schon bald nach seiner Gründung verkracht; adj. Part.: *gescheitert:* eine verkrachte Existenz; ein verkrachter Jurist, Dichter.

verkraften (ugs.) ⟨etwas v.⟩: *mit seinen Kräften bewältigen:* eine Aufgabe, Arbeit, Entwicklung kaum v. können; es ist fraglich, ob er diese seelischen Belastungen überhaupt v. wird.

verkriechen (ugs.) ⟨sich v.⟩: *in, unter etwas kriechen, um sich zu verstecken:* sich in einen Winkel, unter die/unter der Bank v.; das Tier hat sich im Gebüsch verkrochen; bildl.: die Sonne verkriecht sich [hinter den Wolken]; du brauchst dich nicht vor ihm zu v. *(kannst durchaus neben ihm bestehen).*

verkümmern ⟨etwas verkümmert⟩: **a)** *etwas geht allmählich ein:* durch mangelnde Pflege, durch die lange Trockenheit sind die Pflanzen verkümmert; adj. Part.: ein verkümmerter Baum; verkümmerte Organe, Glieder; bildl.: in der neuen Umgebung verkümmerte sie allmählich. **b)** *etwas wird nicht ausgebildet:* du darfst dein Talent nicht v. *(ungenutzt)* lassen; das Rechtsgefühl war verkümmert.

verkünden, (geh. auch:) verkündigen ⟨etwas v.⟩: **a)** *öffentlich bekanntgeben:* ein Urteil, die Entscheidung des Landgerichts v.; im Radio wurde das Ergebnis der Bundestagswahl verkündet; sie verkündeten *(predigten)* das Evangelium. **b)** *[laut] erklären, mitteilen:* er verkündete stolz, daß er gewonnen habe.

verkürzen ⟨etwas v.⟩: *kürzer machen:* eine Schnur, ein Brett [um 10 cm] v.; das Bein ist durch eine Operation verkürzt worden; um die lange Wartezeit zu v., machten wir einen Spaziergang; adj. Part.: verkürzte Arbeitszeit; ein verkürzter Satz; der Arm erscheint auf dem Bild stark verkürzt *(perspektivisch verkleinert)*.

verladen ⟨jmdn., etwas v.⟩: *zum Transport in ein Fahrzeug bringen:* Güter, Waren, Vieh v.; die Truppen wurden auf Schiffe verladen.

Verlag, der: *Unternehmen, das Bücher, Zeitungen o. ä. herausbringt und über den Buchhandel verkauft:* ein schöngeistiger, wissenschaftlicher V.; einen V. für sein Buch, für seinen Roman suchen; für einen, im V. arbeiten; ein Buch in V. nehmen *(verlegen)*, in V. geben *(verlegen lassen)*; seine Werke sind alle im selben V. erschienen.

verlangen: 1. ⟨etwas v.⟩ *unbedingt haben wollen, erwarten; fordern:* Genugtuung, sein Geld, Rechenschaft, eine Erklärung, Unmögliches, die Beseitigung der Mängel v.; ich kann wohl eine gewisse Rücksicht v.; wieviel verlangen Sie für das Pfund?; du kannst von ihm nicht gut v., daß er alles bezahlt; mehr kann man wirklich nicht v.; er verlangt, vorgelassen zu werden; das ist zuviel verlangt. **2.** ⟨etwas verlangt jmdn., etwas⟩ *etwas erfordert jmdn., etwas:* diese Arbeit verlangt Geduld; eine solche Aufgabe verlangt den ganzen Menschen. **3.** ⟨jmdn., etwas v.⟩ *mit jmdm. zu sprechen wünschen:* Sie werden am Telefon, am Apparat verlangt; bei Kartenbestellungen verlangen sie bitte die Kasse. **4. a)** ⟨nach jmdm. v.⟩ *wünschen, daß jmd. zu einem kommt:* nach dem Arzt v.; sie verlangte nach ihren Enkelkindern. **b)** ⟨nach etwas v.⟩ *etwas zu erhalten wünschen:* der Kranke verlangte nach einem Schluck Wasser; wir verlangen nach größerer Selbständigkeit. **c)** (geh.) ⟨jmdn. verlangt [es] nach jmdm., nach etwas⟩ *jmd. sehnt sich nach jmdm., etwas:* ihn verlangte nach einem Menschen, dem er sich anvertrauen konnte; mich verlangt es nach einem tröstendem Wort; adj. Part.: das kleine Mädchen streckte verlangend die Hände nach dem Ball aus.

Verlangen, das: *Begehren, sehnendes Streben nach etwas:* ein dringendes, [un]berechtigtes, großes, heftiges, sehnsüchtiges, heißes, leidenschaftliches, unstillbares V.; es ist mein sehnlichstes V., in Ruhe gelassen zu werden; ein starkes V. nach etwas haben, spüren, tragen (geh.; veraltend); ein V. erfüllen, befriedigen, stillen; er zeigte kein V. nach diesen Dingen; auf V. *(Wunsch)* des Patienten, auf sein V. [hin] wurde noch ein anderer Arzt konsultiert; der Ausweis ist auf V. *(auf eine Aufforderung hin)* vorzuzeigen; sie schaute mit, voll V. nach ihm, nach dem Zug aus.

verlängern: 1. ⟨etwas v.⟩ **a)** *länger machen:* eine Schnur, ein Rohr, eine Strecke v.; ein Kleid, einen Rock, die Ärmel [um 3 cm] v. (selten); adj. Part. (ugs.; scherzh.): er fiel auf seinen verlängerten Rücken *(das Gesäß)*. **b)** *längere Zeit dauern lassen, gültig machen:* eine Frist, seinen Urlaub, einen Wechsel v.; er ließ seinen Paß, Ausweis v.; der Vertrag wurde um 3 Jahre verlängert. **c)** *verdünnen und dadurch ausreichend machen:* die Soße, Suppe, Brühe v. **2.** (Sport) ⟨zu jmdm. v.⟩ *den Ball direkt nach vorne weiterleiten:* er verlängerte mit dem Kopf zum freistehenden Läufer.

Verlaß, der ⟨in der Verbindung⟩ auf jmdn. is[t] [kein] Verlaß: *man kann sich [nicht] auf jmdn verlassen:* es ist kein V. auf ihn.

verlassen: 1. a) ⟨jmdn., etwas v.⟩ *von jmdm. von etwas fortgehen:* seine Eltern, Verwandten seinen Arbeitsplatz, ein Land, die Heimat v. sie hat ihn endgültig verlassen; die Besatzun[g] hat das Schiff verlassen; bildl. (geh.): di[e] Welt v. *(sterben)*; übertr.: die ersten Auto[s] der neuen Serie haben das Werk verlassen *(wur[den ausgeliefert])*; wir wollen dieses Thema, die[sen] Punkt jetzt v. **b)** ⟨jmdn. v.⟩ *allein [und] ohne Hilfe] lassen:* jmdn. treulos, böswillig, i[n] der Not v.; er hat seine Frau, Familie verlassen Redensart (ugs.): und da verließen sie ih[n] /Ausdruck dafür, daß jmd. mit etwas nich[t] mehr weiter weiß/; adj. Part.: ich fühlt[e] mich verlassen, kam mir ganz verlassen vor er war von Gott und aller Welt, von alle[n] Freunden verlassen; übertr.: seine, die Kräft[e] verließen ihn *(er erlitt einen Schwächeanfall)*, das Dorf lag verlassen *(einsam)* da. **2.** ⟨sich au[f] jmdn., auf etwas v.⟩ *auf jmdn., auf etwas ver[trauen]:* man kann sich [nicht] auf ihn, auf das was er sagt, v.; kann ich mich darauf v. *(ist e[s] sicher)?*; man soll sich nicht auf andere v.; ich werde mich eines Tages für deine Frechhei[t] revanchieren, verlaß dich darauf *(da kannst d[u] sicher sein)!* * (ugs.:) **wohl ganz von Gott/vo[n] allen guten Geistern verlassen sein** *(völlig un[-] vernünftig, konfus sein)*.

verläßlich: *zuverlässig, sicher:* ein verläßliche[r] Mensch; aus verläßlicher Quelle haben wir er[-] fahren, daß ...; der Arbeiter gilt als unbe[-] dingt v.

Verlaub ⟨in der Wendung⟩ mit Verlaub [zu sagen]: *wenn es zu sagen erlaubt ist:* ihr sei[d] mir, mit V. [zu sagen], allzu frech.

Verlauf, der: **1.** *Entwicklung, Hergang, Ablauf:* den V. einer Feier, eines Krieges, einer Krank[-] heit schildern; die Sache nahm einen guten normalen, verhängnisvollen V.; im V. *(im Zeitraum)* von zehn Jahren hat sich manche[s] geändert; im V. *(während)* der Polizeiaktio[n] geschah folgendes ... **2.** *Richtung, in der etwa[s] verläuft:* der V. einer Kurve, Straße; den V einer Linie, Grenze bestimmen, festlegen.

verlaufen: 1. ⟨sich v.⟩ **a)** *in eine falsche Rich[-] tung gehen, sich verirren:* die Kinder haben sich verlaufen; der Park war so groß, daß man sich darin v. konnte. **b)** *auseinandergehen, sich auf[-] lösen:* die Menschenansammlung verlief sich langsam; während das Geschäft geschlossen war, hatte sich die Kundschaft verlaufen *(auf andere Geschäfte verteilt)*; übertr.: das Hoch[-] wasser, die Überschwemmung hat sich wieder verlaufen *(ist wieder abgeflossen)*. **2.** ⟨etwas ver[-] läuft; mit Art- oder Raumangabe⟩ *etwas er[-] streckt sich/hat eine bestimmte Richtung:* die Straße, Grenze verläuft schnurgerade; die Linien verlaufen parallel. **3.** ⟨etwas verläuft; mit Artangabe⟩ *etwas läuft in einer bestimmten Weise ab, geht in einer bestimmten Weise vor[-] über:* die Feier, der Abend verlief sehr harmo[-] nisch; die Generalprobe ist glänzend verlaufen; die nächsten Tage verliefen langweilig; die Untersuchung verlief ergebnislos; es verlie[f] alles nach Wunsch, ohne Zwischenfall; die Krankheit ist normal verlaufen; es ist alles glatt, gut, glücklich verlaufen. **4.** ⟨etwas verläuft⟩ *etwas rinnt auseinander:* die Tinte, Farbe verläuft auf dem schlechten Papier; der Käse verläuft, wenn er überbacken wird. * (ugs.:) **etwas verläuft im Sand**[e] *(etwas bleibt erfolglos).*

verlautbaren ⟨etwas v.⟩: *[amtlich] bekanntgeben:* über den Stand der Untersuchungen wurde noch nichts verlautbart; er ließ v., daß er nicht mehr kandidieren werde.

verlauten ⟨etwas verlautet⟩: *etwas wird ohne offizielle Bestätigung bekannt:* wie verlautet, ist es zu Zwischenfällen gekommen; aus amtlicher Quelle verlautet, daß ...; er hatte von seinem Auftrag nichts, kein Wort v. lassen.

verleben /vgl. verlebt/ ⟨etwas v.⟩: *verbringen, zubringen:* seine Kindheit auf dem Lande, bei den Großeltern v.; wir haben viele frohe Stunden [miteinander] verlebt; wir haben unsern Urlaub gemeinsam verlebt; die in Rom verlebten Jahre.

verlebt: *durch ein ausschweifendes Leben vorzeitig gealtert und verbraucht:* sie hat ein verlebtes Gesicht; er sah schon sehr v. aus.

verlegen: 1. a) ⟨etwas v.; mit Raumangabe⟩ *einen anderen Ort für etwas wählen:* er hat seinen Wohnsitz nach Frankfurt verlegt; die Universität, der Sitz der Regierung wurde in eine andere Stadt verlegt; sie verlegten den Betrieb in größere Räume. **b)** ⟨etwas v.; mit Raum- oder Zeitangabe⟩ *spielen lassen:* er verlegte die Handlung seines Romans nach Mailand, ins Mittelalter. **c)** ⟨etwas v.⟩ *verschieben:* eine Veranstaltung, einen Termin v.; die Tagung ist auf die nächste Woche verlegt worden. **2.** ⟨etwas v.⟩ *an den falschen Platz legen:* ich habe meine Brille, den Schlüssel, die Quittung verlegt. **3.** ⟨etwas v.⟩ *über eine bestimmte Strecke hin legen:* Gleise, Rohre, Kabel, Leitungen v. **4.** ⟨etwas v.⟩ *drucken [lassen] und vertreiben:* dieser Verlag verlegt Bücher, Noten, Zeitungen; seine Werke werden bei Faber & Faber verlegt. **5.** ⟨jmdm. etwas v.⟩ *versperren:* jmdm. den Weg, Zugang v.; den Truppen war der Rückzug verlegt. **6.** ⟨sich auf etwas v.⟩ *es mit etwas anderem versuchen:* er verlegte sich aufs Bitten, Leugnen, auf den Schwarzhandel.

²verlegen: *befangen, verwirrt:* eine verlegene Antwort; ein verlegener Blick; verlegenes Schweigen; er war, wurde [ganz] v.; sie ist doch sonst nicht so v.; v. lächeln, antworten, dastehen. * **um etwas nicht/nie verlegen sein** *(immer etwas als Entgegnung bereit haben):* sie war nie um eine Antwort, Ausrede v.

Verlegenheit, die: **a)** *Befangenheit, Verwirrtheit:* seine V. zeigen, verraten, verbergen, überwinden; er steckte sich vor V. eine Zigarette an. **b)** *unangenehme, hilflose Situation:* jmdm. V. bereiten; jmdm. aus der [ersten] V. helfen; sich mit etwas aus der V. ziehen; in großer, arger, tödlicher, in der schlimmsten V. sein; in V. geraten, kommen; er brachte mich mit seinen Fragen in V.

verleiden ⟨jmdm. etwas v.⟩: *bewirken, daß jmd. an etwas keine Freude mehr hat:* du hast mir mit deinem Kritisieren die Arbeit, die Freude daran verleidet; durch den Zwischenfall wurde mir der Urlaub verleidet.

verleihen: 1. ⟨etwas v.⟩ *jmdm. etwas [gegen eine Gebühr] leihen:* Geld, Masken, Anzüge, Autos, Boote, Filme v.; er verleiht nicht gern Bücher an andere. **2.** ⟨jmdm. etwas v.⟩ *jmdn. mit etwas auszeichnen:* jmdm. einen Orden, Titel, Rang, ein Amt v.; dem Schriftsteller wurden die Ehrenbürgerrechte seiner Heimatstadt verliehen. **3.** ⟨jmdm., einer Sache etwas v.⟩ *geben, verschaffen:* ihre Anwesenheit verlieh dem Fest einen gewissen Glanz; Gott hat ihm Kraft verliehen; seinem Leben Inhalt, seinen Worten Nachdruck v.; mit seinen Worten hatte er der Meinung aller Ausdruck verliehen.

verleiten ⟨jmdn. zu etwas v.⟩: *verführen:* jmdn. zum Trinken, zum Spiel, zur Sünde v.; ich ließ mich durch ihn zu einer unvorsichtigen Äußerung v.; ⟨auch ohne Akk.⟩ der äußere Anschein verleitet zu diesem Irrtum.

verlernen ⟨etwas v.⟩: *etwas, was man gelernt hat, wieder vergessen:* ich habe mein Latein noch nicht verlernt; hast du es verlernt, höflich zu sein?; er hat das Lachen verlernt *(die Fröhlichkeit verloren).*

¹verlesen: 1. ⟨etwas v.⟩ *zur Kenntnisnahme [öffentlich] verlesen:* einen Text, eine Anordnung v.; die Namen der Gewinner, Preisträger wurden verlesen. **2.** ⟨sich v.⟩ *falsch lesen:* du mußt dich verlesen haben.

²verlesen ⟨etwas v.⟩ *die schlechten Früchte von etwas aussondern:* Erbsen, Beeren, Kartoffeln v.

verletzen: 1. ⟨jmdn., sich v.⟩ *jmdm., sich eine Wunde beibringen:* jmdn., sich mit dem Messer, mit der Schere v.; ich habe mich [an der Hand] verletzt; an dem rostigen Draht kann man sich leicht v.; ⟨jmdm., sich etwas v.⟩ ich habe mir das Knie verletzt; adj. Part.: er war leicht, schwer verletzt; subst.: es gab bei dem Zugunglück 2 Tote und über 30 Verletzte. **2. a)** ⟨etwas v.⟩ *nicht achten, gegen etwas verstoßen:* mit seinem Verhalten den Anstand, Geschmack, Takt, jmds. Gefühle v.; das verletzt meinen Schönheitssinn; adj. Part.: verletzter Stolz, verletztes Ehrgefühl. **b)** ⟨jmdn. v.⟩ *in seinem Stolz treffen; kränken, beleidigen:* diese Äußerung mußte ihn v.; mit dieser Bemerkung hast du ihn verletzt; adj. Part.: ein verletzendes Auftreten, Lächeln; seine Worte waren geradezu verletzend; ich fühlte mich verletzt.

Verletzung, die: **1.** *Beschädigung des Körpers, der Gliedmaßen:* er hat bei dem Unfall schwere [innere], geringfügige, nur leichte Verletzungen erlitten, davongetragen; er hat eine V. am Kopf; der Verunglückte ist seinen Verletzungen erlegen; sie kamen mit schweren Verletzungen ins Krankenhaus. **2.** *das Nichtbeachten:* die V. einer Vorschrift, Pflicht, eines Gesetzes.

verleugnen ⟨jmdn., sich, etwas v.⟩: *leugnen, daß jmd., etwas etwas ist:* die Wahrheit, seinen Glauben, seine Herkunft, seine Freunde v.; er kann seine Erziehung nicht v.; das läßt sich nicht v. *(das ist so);* wenn ich so handelte, müßte ich mich selbst v. *(würde ich gegen mein wahres Wesen handeln).* * **sich verleugnen lassen** *(einen Besucher abweisen lassen mit der Begründung, daß man nicht zu Hause sei).*

verleumden ⟨jmdn. v.⟩: *in schlechten Ruf bringen:* jmdn. aus Neid, Haß v.; er ist von seinen Nachbarn [schändlich] verleumdet worden.

verlieben ⟨sich v.⟩: *von Liebe zu jmdm. erfaßt werden:* sich oft v.; er hat sich hoffnungslos in das Mädchen verliebt; adj. Part.: ein verliebtes Mädchen, Pärchen; jmdm. verliebte Blicke zuwerfen; sie war in ihn bis über beide Ohren (ugs.; *heftig*) verliebt; er sah sie verliebt an; übertr.: ich bin in das Bild ganz verliebt *(es gefällt mir sehr)*; er ist in seine Idee ganz verliebt *(ist davon ganz begeistert)*.

verlieren: **1. a)** ⟨jmdn., etwas v.⟩ *abhanden kommen lassen:* Geld, einen Ring, seinen Schirm, Schmuck, die Brieftasche v.; ich muß auf dem Weg mein Armband verloren haben; das Kind hat im Gedränge seine Mutter verloren. **b)** ⟨jmdn., etwas v.⟩ *einbüßen, nicht mehr haben:* seine Ersparnisse v.; einen Freund, die Kundschaft v.; er hat im Krieg ein Auge, ein Bein verloren; die Zähne v.; der Patient verlor viel Blut; sein Amt, seinen Posten, seine Stellung v.; sein Ansehen, seinen Kredit, Einfluß, seine Macht, jmds. Gunst v.; das Augenlicht v. *(blind werden)*; die Sprache, die Stimme v. *(stumm werden)*; er hatte vor Schreck die Sprache verloren *(konnte vor Schreck nicht sprechen)*; den Appetit v. *(nichts mehr essen mögen)*; die Farbe v. *(blaß werden)*; das Gleichgewicht v. *(sich nicht im Gleichgewicht halten können)*; den Überblick v. *(etwas nicht mehr überblicken können)*; das Leben v. *(im Einsatz für etwas sterben)*; das Bewußtsein, die Besinnung v. *(bewußtlos werden)*; das Gedächtnis, die Erinnerung v. *(sich an nichts mehr erinnern können)*; jmdn., etwas aus dem Gedächtnis/aus dem Sinn v. *(nicht mehr daran denken)*; den Verstand v. *(wahnsinnig werden)*; die Ruhe v. *(unruhig werden)*; die Fassung v. *(sich nicht mehr zusammennehmen können)*; er hat völlig den Halt verloren *(ist ganz haltlos geworden)*; die Geduld v. *(ungeduldig werden)*; sie hat ihre Unschuld verloren *(hat schon Geschlechtsverkehr gehabt)*; der Sänger hat seine Stimme verloren *(kann nicht mehr so gut singen wie früher)*; er hat die Gewalt über das Fahrzeug verloren *(konnte das Fahrzeug nicht mehr lenken)*; sie hat den Zusammenhang verloren *(findet den Zusammenhang nicht mehr)*; du darfst keine Zeit v. *(mußt dich beeilen)*; es ist keine Zeit zu v. *(es ist eilig)*; ich habe dadurch einen ganzen Tag verloren; sie hat die Lust, den Mut, die Hoffnung, den Glauben verloren; wir verlieren in ihm, mit ihm einen geschätzten Kollegen *(mit ihm ist ein geschätzter Kollege gestorben)*; sie hat im letzten Jahr ihren Mann verloren *(ihr Mann ist letztes Jahr gestorben)*; der Gegner verlor tausend Mann; der Baum verliert seine Blätter *(die Blätter des Baumes fallen ab)*; der Stoff verliert seine Farbe *(wird mit der Zeit farblos)*; das Fleisch verliert seinen Geschmack; das Gewürz, der Kaffee verliert sein Aroma; das Leben hat seinen Sinn verloren; adj. Part.: die Ersparnisse waren unwiederbringlich verloren; übertr. Kochk.: verlorene *(in kochendes Essigwasser geschlagene)* Eier · verlorene *(vergebliche)* Mühe; er ist ein verlorener *(zugrunde gerichteter, nicht mehr zu rettender)* Mann; die verlorene Generation *(die durch das Erlebnis des 1. Weltkriegs desillusionierte Generation in den 20er Jahren des 20. Jahrhunderts)*; die ärztliche Kunst war an ihm, bei ihm verloren *(blieb bei ihm wirkungslos)*; es ist noch nicht alles verloren *(aussichtslos)*; er trat einem anderen Verein bei und war damit für unsere Mannschaft verloren; sie ist unrettbar, rettungslos, hoffnungslos verloren; ich gab ihn verloren *(glaubte, daß er nicht mehr gerettet werden würde)*; er saß ganz verloren *(kläglich)* da; in der Großstadt kam sie sich zunächst ganz verloren *(verlassen, einsam)* vor. **c)** ⟨etwas v.⟩ *bei etwas besiegt werden:* einen Prozeß, ein Spiel, eine Partie, Wette v.; sie hatten den Krieg verloren; adj. Part.: eine verlorene Schlacht, Schachpartie. **2. a)** ⟨an etwas v.⟩ *einbüßen:* an Ansehen, Einfluß, Kredit v.; die Sache hat dadurch an Wert verloren; das Spiel hat für mich an Reiz verloren; ⟨auch ohne Präpositionalobjekt⟩ sie hat in letzter Zeit sehr verloren *(ist nicht mehr so schön wie früher)*; er verliert *(wirkt weniger günstig)* bei näherer Bekanntschaft. **b)** *besiegt werden:* er hat noch [im Spiel] verloren. **3. a)** ⟨etwas verliert sich⟩ *etwas schwindet, vergeht:* die Angst, Furcht, Unsicherheit verliert sich nach und nach; der Geruch, Duft verliert sich. **b)** ⟨sich v.; mit Raumangabe⟩ *nicht mehr wahrnehmbar, zu erkennen sein:* er verliert sich in, unter der Menge, zwischen den Bäumen; der Pfad verliert sich im Wald. **c)** ⟨sich in etwas v.⟩ *ganz in etwas aufgehen:* ich verlor mich in Träumen, in Hirngespinsten, in Entzücken; verliere dich nicht in Einzelheiten; adj. Part.: er war ganz in Gedanken, in Bewunderung, in den Anblick des Sonnenuntergangs verloren *(versunken)*. * **den Boden unter den Füßen verlieren** *(die Existenzgrundlage verlieren; haltlos werden)* · **etwas verliert [an] Boden** *(etwas verliert an Einfluß)* · **die Nerven verlieren** *(die Ruhe, die Beherrschung verlieren)* · **den Kopf verlieren** *(kopflos werden)* · **das Gesicht verlieren** *(sein Ansehen verlieren)* · **sein Herz an jmdn. verlieren** *(sich in jmdn. verlieben)* · **die Richtung verlieren** *(sich verirren)* · **den Faden verlieren** *(den gedanklichen Zusammenhang verlieren)* · **kein Wort über etwas verlieren** *(über etwas nicht sprechen)* · **jmdn., etwas aus dem Auge/aus den Augen/aus dem Gesicht verlieren** *(die Verbindung mit jmdm. verlieren; etwas nicht weiterverfolgen)* · (ugs.:) **irgendwo nichts verloren haben** *(irgendwo stören, nicht hingehören)* · **nichts zu verlieren haben** *(alles riskieren können)* · **etwas verloren geben** *(mit etwas Verlorenem nicht mehr rechnen)* · **auf verlorenem Posten stehen** *(in aussichtsloser Lage sein)* · (ugs.:) **bei jmdm. ist Hopfen und Malz verloren** *(bei jmdm. ist alle Mühe umsonst)*.

verloben ⟨sich v.⟩: *jmdm. offiziell die Heirat versprechen:* ich habe mich mit meinem Jugendfreund verlobt; sie haben sich heimlich, offiziell, zu Pfingsten [miteinander] verlobt; adj. Part.: sie waren so gut wie verlobt; subst.: seine [frühere] Verlobte; ihr Verlobter; */Formel in Verlobungsanzeigen/:* als Verlobte grüßen ...; übertr.: (geh.) ⟨sich jmdm., einer Sache v.⟩ *sich weihen:* sie verlobte sich dem Tod.

Verlöbnis, das (geh.): *Verlobung:* ein V. eingehen, [auf]lösen.

Verlobung, die: *offizielles gegenseitiges Heiratsversprechen:* die, seine V. anzeigen; eine V. auflösen, rückgängig machen; V. feiern; */Formel in Verlobungsanzeigen/:* wir geben die V. unserer Tochter bekannt; die V. ihrer Tochter geben bekannt...

verlocken ⟨jmdn. zu etwas v.⟩: *auf jmdn. so einwirken, daß er kaum widerstehen kann:* jmdn.

zu einem Abenteuer v.; die Reklame hat mich verlockt, das Präparat zu kaufen; ⟨auch ohne Akk.⟩ der See verlockte zum Baden; adj. Part.: ein verlockendes Angebot; das Wetter ist heute nicht sehr verlockend *(nicht besonders schön).*

verlogen (abwertend): *unwahrhaftig:* ein verlogener Mensch; verlogene Reden; eine verlogene Moral; er ist durch und durch v.

verlohnen ⟨in den Verbindungen⟩ es verlohnt sich [nicht], etwas zu tun; es verlohnt [nicht] eine Sache/einer Sache: *etwas lohnt sich [nicht]:* es verlohnt sich, diese Aufführung zu besuchen; es verlohnt durchaus die Mühe/der Mühe.

verlorengehen ⟨etwas geht verloren⟩: *etwas [verschwindet], kommt abhanden:* meine Brieftasche ist verlorengegangen; damit geht doch nur unnötig Zeit verloren. * **an jmdm. ist etwas verlorengegangen** *(jmd. hätte etwas werden können):* an ihm ist ein Arzt verlorengegangen.

verlöschen ⟨etwas verlischt⟩: *etwas hört auf zu brennen und zu leuchten:* das Licht, Feuer, die Kerze verlischt; die Lampen sind verloschen; übertr. (geh.): sein Andenken wird nicht v.

Verlust, der: **a)** *das Verlieren; Einbuße:* der V. des gesamten Vermögens; ich habe den V. der Brieftasche zu spät bemerkt; wir beklagen den V. *(Tod)* unserers Freundes und Autors, eines geschätzten Kollegen; das Dokument ist in V. geraten (Amtsdt.; *ist verlorengegangen*). **b)** *durch Verlieren erlittener Schaden:* hohe finanzielle Verluste; sein Tod ist ein großer, unersetzlicher, schmerzlicher V.; einen großen, schweren, empfindlichen V. haben, erleiden; einen V. ersetzen; dieses Geschäft brachte 1000 Mark V. *(Defizit);* die Feinde erlitten schwere Verluste *(hatten viele Tote und Verletzte).*

verlustig ⟨in den Verbindungen⟩ (Amtsdt.:) **einer Sache verlustig gehen** *(etwas einbüßen, verlieren):* er ist seiner Vorrechte, seiner Stellung v. gegangen · (Amtsdt.; veraltend:) **jmdn. einer Sache für verlustig erklären** *(erklären, daß jmd. etwas verloren hat, nicht mehr besitzt):* sie wurden ihrer Staatsbürgerschaft für v. erklärt.

vermachen ⟨jmdm. etwas v.⟩: *als Erbe hinterlassen:* er hat ihnen sein Haus, seinen Besitz, sein Vermögen vermacht.

vermählen (geh.) ⟨sich v.⟩: *sich verheiraten:* sie hat sich [mit einem hohen Offizier] vermählt; sie haben sich zu Weihnachten [miteinander] vermählt; adj. Part.: sie sind jung vermählt; subst.: den Vermählten gratulieren.

Vermählung, die (geh.): *Heirat, Verheiratung:* V. feiern; seine V. mit jmdm. anzeigen; sie dankten für die Glückwünsche anläßlich, zu ihrer V. */Formel in Vermählungsanzeigen/:* wir geben unsere V. bekannt; ihre V. geben bekannt ...

vermehren: 1. ⟨etwas v.⟩ *an Menge, Anzahl, Intensität o. ä. größer machen:* seinen Besitz v.; seltene Pflanzen, Bakterien [durch Züchtung] v.; diese Aufgabe erfordert vermehrte Anstrengungen. **2. a)** ⟨sich v.⟩ *an Menge Anzahl o. ä. größer werden; zunehmen:* die Zahl der Grippeerkrankungen hat sich von Jahr zu Jahr vermehrt; die Menschen, Völker haben sich in den letzten Jahrzehnten sprunghaft vermehrt; sie vermehren sich wie die Kaninchen (ugs.; *sehr stark).* **b)** ⟨sich v.; mit Artangabe⟩ *sich fortpflanzen:* Schnecken vermehren sich durch Eier.

vermeiden ⟨etwas v.⟩: *es nicht zu etwas kommen lassen:* Fehler, Zusammenstöße, einen Skandal v.; Härten ließen sich nicht vermeiden; wenn ich es hätte v. können, hätte ich euch nicht mit meiner Angelegenheit belästigt; ich vermied es [peinlich], mit ihm zusammenzutreffen.

vermengen ⟨etwas mit etwas v.⟩: **1.** *mischen:* Butter und Zucker werden mit einem Pfund Mehl vermengt; alle Zutaten sind gut miteinander zu v.; ⟨auch ohne Präpositionalobjekt⟩ die Zutaten vermengen. **2.** *durcheinanderbringen, mit etwas verwechseln:* zwei völlig verschiedene Begriffe miteinander v. ⟨auch ohne Präpositionalobjekt⟩ er vermengt alles.

vermerken: a) ⟨etwas v.; mit Raumangabe⟩ *notieren, aufschreiben:* etwas, den Tag der Konferenz, einen Termin im Kalender v.; er hat das Eingangsdatum auf dem Brief vermerkt; ⟨sich (Dativ) etwas v.⟩ ich vermerkte mir die Veranstaltung. **b)** ⟨etwas v.; mit Artangabe⟩ *zur Kenntnis nehmen:* etwas mißfällig, mit Dankbarkeit, als Besonderheit v.; der Vorfall war peinlich vermerkt worden; ⟨jmdm. etwas v.; mit Artangabe⟩ mein Fehlen wurde mir übel vermerkt *(wurde mir übelgenommen).*

¹vermessen: 1. ⟨etwas v.⟩ *genau [ab]messen:* ein Feld, einen Bauplatz, Land v. **2.** ⟨sich v.⟩ *falsch messen:* ich habe mich wahrscheinlich vermessen. **3.** (geh.) ⟨sich v., etwas zu tun⟩ *sich anmaßen, etwas zu tun:* du vermißt dich, willst dich v., ihn zu kritisieren?

²vermessen: *[anmaßend] tollkühn:* ein vermessener Mensch; ein vermessener Wunsch; er war so v., sein Leben aufs Spiel zu setzen.

vermieten ⟨etwas v.⟩: *gegen Bezahlung zur Benutzung überlassen:* eine Wohnung, ein Haus, Auto, Klavier, eine Garage v.; Zimmer [mit Frühstück] zu v.!; ⟨jmdm./an jmdn. etwas v.⟩ die Parterrewohnung haben sie ihren Eltern/an ihre Eltern vermietet.

vermindern: a) ⟨etwas v.⟩ *geringer machen, [der Intensität nach] abschwächen:* die Geschwindigkeit, die Gefahr eines Krieges, die Steuerlast v.; adj. Part.: dem Angeklagten wurde verminderte Zurechnungsfähigkeit zugebilligt; Musik: eine verminderte *(um einen Halbton verringerte)* Terz, Quart, Quint. **b)** ⟨etwas vermindert sich⟩ *etwas wird geringer, schwächt sich ab:* sein Einfluß verminderte sich; im nächsten Haushaltsjahr werden sich die Staatsausgaben nicht vermindern.

vermischen: 1. ⟨etwas mit etwas v.⟩ *gründlich mischen:* das Mehl wird mit der Butter vermischt; ⟨auch ohne Präpositionalobjekt⟩ alle Zutaten gut vermischen; adj. Part.: mit Wasser vermischter Wein; übertr.: vermischte Schriften, Aufsätze *(Schriften, Aufsätze verschiedenen Inhalts).* **2.** ⟨etwas vermischt sich mit etwas⟩ *etwas verbindet sich mit etwas:* Wasser vermischt sich nicht mit Öl; ⟨auch ohne Präpositionalobjekt⟩ die beiden Volksstämme haben sich vermischt.

vermissen ⟨jmdn., etwas v.⟩: *feststellen, daß jmd., etwas nicht mehr da ist:* seine Kinder sehr, schmerzlich v.; ich vermisse seit gestern meine Brieftasche; ihre Einrichtung läßt jeden Geschmack v.; adj. Part.: er wurde im Krieg als vermißt *(verschollen)* gemeldet; subst. Part.: die Liste der Vermißten.

vermitteln: 1. a) *zwischen Gegnern eine Eini-*

gung erzielen: in einem Streit v.; er vermittelte zwischen den beiden streitenden Parteien; vermittelnde Schritte unternehmen; er hat vermittelnd in die Auseinandersetzung eingegriffen. **b)** ⟨etwas v.⟩ *zwischen Gegnern herbeiführen:* zwischen Kriegsführenden einen Waffenstillstand v. **2.** ⟨jmdm. jmdn., etwas v.⟩ *zu jmdm., etwas verhelfen:* jmdm. eine Wohnung, Stellung, einen Posten, Arbeit, Arbeitskräfte, Mitarbeiter v.; der Redner vermittelte *(verschaffte)* uns ein getreues Bild der Vorgänge; ⟨selten auch: jmdn. an jmdn., an etwas v.⟩ das Arbeitsamt hatte sie an die Firma vermittelt *(ihnen bei der Firma zu einer Stellung verholfen).*

Vermittlung, die: **1.** *das Vermitteln zwischen Gegnern:* jmdm. seine V. anbieten; jmds. V. annehmen, begrüßen, ablehnen. **2.** *Beschaffung:* die V. von Aufträgen, Stellen, Arbeitskräften; ich habe die Wohnung durch seine V. bekommen, erhalten. **3.** *Telephonzentrale:* die V. meldete sich nicht; er rief die V. an.

vermöge (geh.) ⟨Präp. mit Gen.⟩: *durch, auf Grund:* v. seiner Beziehungen hat er einen guten Posten bekommen.

vermögen: a) ⟨etwas v.; mit Infinitiv mit *zu*⟩ *etwas können:* er vermag [es] nicht, mich zu überzeugen; nur wenige vermochten sich zu retten; wir werden alles tun, was wir [zu tun] vermögen. **b)** ⟨etwas v.⟩ *erreichen, ausrichten:* sie vermag bei ihm viel, alles; Vertrauen vermag viel.

Vermögen, das: **1.** *größerer persönlicher Besitz in Geld und Geldeswert:* ein V. von einer Million; das V. wächst an, wird größer; es war ein sauer erspartes V.; ein großes V. erben, erwerben, gewinnen, verlieren, verspielen, verprassen, durchbringen; viel V. haben *(reich sein);* jmdm. ein kleines V. vererben, hinterlassen, vermachen; sein V. zusammenhalten; das Bild war ein V. *(sehr viel Geld)* wert; das kostet ja ein V.!; er ist durch diese Erbschaft zu V. gekommen. **2.** (geh.) *Fähigkeit, Kraft:* sein V., auf die Menschen einzuwirken, ist nicht groß; soviel in meinem V. *(in meiner Macht)* liegt, will ich mich gern für Sie einsetzen; er hat nach bestem V. geholfen.

vermögend: *ein größeres Vermögen besitzend; reich:* in dieser Gegend wohnen nur vermögende Leute; er hat eine vermögende Frau geheiratet; er ist sehr, keineswegs v.

vermuten ⟨etwas v.⟩: *auf einen ungewissen Sachverhalt schließen:* es wird Brandstiftung vermutet; das ist, steht [ernsthaft] zu v., läßt sich nur v.; die bisherige Untersuchung läßt v., daß ...; ich vermute, er kommt nicht wieder; ⟨jmdn. v.; mit Umstandsangabe⟩ ich vermute ihn in der Bibliothek *(vermute, daß er in der Bibliothek ist);* ich hatte euch noch gar nicht so früh vermutet *(hatte mit euch noch gar nicht so früh gerechnet);* adj. Part.: nichts Böses vermutend, drehte ich mich um.

vermutlich: I. ⟨Adj.⟩ *für möglich, wahrscheinlich gehalten; vermutet:* das vermutliche Ergebnis der Wahl. **II.** ⟨Adverb⟩ *wie man vermuten kann; vielleicht:* er wird v. morgen kommen; sie sind v. ins Kino gegangen.

Vermutung, die: *das Vermuten, Annahme:* meine V., daß er krank ist, war [doch] richtig; die V. eines Verbrechens liegt nahe (stilistisch unschön; *es liegt nahe, ein Verbrechen zu vermuten),* die V. liegt nahe, daß er schuld ist; eine V. haben, hegen (geh.), äußern; eine V. fallenlassen; wir sind nur auf Vermutungen angewiesen; du erschöpfst (geh.) dich in Vermutungen; das führt zu der V., daß ...

vernachlässigen ⟨jmdn., etwas v.⟩: *sich nicht genügend um jmdn., um etwas kümmern:* seine Arbeit, Pflicht, Kleidung, einen Kranken, Freund, seine Familie, Frau v.; in seinen späteren Werken hat der Autor den Stil, die Sprache ziemlich vernachlässigt; adj. Part.: ich fühlte mich [von ihm] vernachlässigt; die Kinder sehen vernachlässigt *(ungepflegt, leicht verwahrlost)* aus.

vernageln ⟨etwas v.⟩: *durch Zunageln verschließen:* eine Kiste, Tür, die Fenster v.; bildl. (ugs.): hier ist die Welt mit Brettern vernagelt *(hier kommt man nicht weiter).* * (ugs.:) **wie vernagelt sein** *(unfähig sein zu denken).*

vernarren ⟨sich in jmdn. v.⟩: *sich verlieben:* ich hatte mich in das Mädchen vernarrt; adj. Part.: er schien ganz vernarrt in sie [zu sein]); übertr.: sie war in das Bild vernarrt.

vernehmbar: 1. *hörbar:* sie sprach mit [kaum, weithin] vernehmbarer Stimme; nichts als ein dünnes Pfeifen war v. **2.** (selten) *vernehmungsfähig:* der Verletzte ist noch nicht v.

vernehmen: 1. (geh.) ⟨etwas v.⟩ **a)** *hören und als etwas Bestimmtes registrieren:* Schritte auf dem Flur, ein Geräusch, Hilferufe v.; die Worte des Kranken waren kaum zu v.; von ihrem Gespräch vernahm er nur Bruchstücke. **b)** *sagen hören; erfahren:* wir vernahmen, daß er kommen werde; vernehmt das Wort der Heiligen Schrift; subst.: dem Vernehmen nach *(wie man erfährt, hört).* **2.** ⟨jmdn. v.⟩ *gerichtlich befragen:* den Angeklagten, die Zeugen v.; er wurde zur Sache vernommen.

vernehmlich: *laut und deutlich hörbar:* mit vernehmlicher Stimme; ich räusperte mich v.

Vernehmung, die: *gerichtliche Befragung:* eine V. durchführen, abbrechen; bei der V. der Zeugen ergab sich ein völlig anderes Bild; dann schritt der Polizeikommissar zur V.

verneigen (geh.) ⟨sich v.⟩: *sich verbeugen:* sich tief, leicht, salopp v.; sich vor dem Publikum, nach allen Seiten v.; übertr.: wir verneigen uns [in Ehrfurcht, in Dankbarkeit] vor dem Toten *(zollen dem Toten Ehrfurcht).*

verneinen (geh.) ⟨etwas v.⟩: *mit Nein beantworten:* eine Frage, eine Behauptung [energisch, heftig] v.; die Frage stellen heißt sie schon v.; eine verneinende Antwort; übertr.: *leugnen, bestreiten:* den Sinn des Lebens v.

vernichten ⟨jmdn., etwas v.⟩: *völlig zerstören:* eine Urkunde, Briefe, Akten, Unterlagen, Vorräte, Unkraut, Schädlinge v.; das Feuer vernichtete einen großen Teil des Schlosses; adj. Part.: der Gegner erlitt eine vernichtende Niederlage; den Feind, das feindliche Heer vernichtend schlagen; übertr.: ein vernichtendes Urteil; ein vernichtender Blick traf ihn.

Vernunft, die: *Denkvermögen, Einsicht:* das gebietet die V.; keine V. haben; V. walten lassen; V. annehmen *(vernünftig werden);* jmdm. V. predigen *(jmdn. zu einem vernünftigen Handeln zu bewegen suchen);* gegen alle Regeln der V. hat er auf seiner Entlassung aus dem Krankenhaus bestanden; das ist gegen alle V.; der

Mensch ist mit V. begabt; er handelt ohne V. *(Überlegung);* jmdn. zur V. bringen; er scheint endlich zur V. gekommen zu sein.

vernünftig: a) *von Vernunft geleitet; einsichtig, besonnen:* ein vernünftiger Mensch; er ist schon ein vernünftiger Junge; wirst du nicht bald v.?; er ist sonst ganz v.; sei doch v.!; sie haben sehr v. geurteilt, gehandelt. **b)** *von Einsicht und Vernunft zeugend; einleuchtend:* eine vernünftige Frage, Antwort, Methode, Ansicht; ein vernünftiges Buch, Verhalten; ein vernünftiger Vorschlag; seine Argumente, Einwände waren sehr v.; das nenne ich v.!

veröden: 1. ⟨etwas verödet⟩ *etwas wird öde:* weite Landstriche waren während der Nachkriegsjahre verödet; das Dorf, das Haus macht einen verödeten Eindruck. **2.** (Med.) ⟨etwas v.⟩ *durch Spritzen zum Verschwinden bringen:* Krampfadern v.

veröffentlichen ⟨etwas v.⟩: *in gedruckter Form der Öffentlichkeit zugänglich machen:* eine Abhandlung, einen Bericht, Roman v.; über dieses Problem ist schon viel, noch nichts [in den Zeitschriften] veröffentlicht worden.

verordnen ⟨etwas v.⟩: **1.** *als Arzt festlegen, verschreiben:* ein Medikament, Bäder, Massagen, eine Kur v.; */Gebrauchsanweisung bei Medikamenten/:* wenn vom Arzt nicht anders verordnet, dreimal täglich eine Tablette; ⟨jmdm. etwas v.⟩ der Arzt verordnete ihm strenge Bettruhe. **2.** (veraltend) *verfügen, anordnen:* der Stadtrat verordnete, daß ...; es wird hiermit verordnet, daß ...

verpacken: a) ⟨etwas v.⟩ *einpacken, versandfertig machen:* Bücher, Porzellan v.; soll ich Ihnen die Schale als Geschenk v.? **b)** ⟨etwas in etwas v.⟩ *in etwas packen, unterbringen:* Ersatzteile in Kästen v.; die Schuhe wurden in einem/in einen Campingbeutel verpackt.

verpassen (ugs.): **1.** ⟨jmdn., etwas v.⟩ *verfehlen, versäumen:* einen Zug, eine Straßenbahn, einen Anschluß, eine Chance v.; wir haben uns neulich leider verpaßt; eine verpaßte Gelegenheit. **2.** ⟨jmdm. etwas v.⟩ *[gegen seinen Willen] geben; aufzwingen, zudiktieren:* den Rekruten in der Kleiderkammer Stiefel v.; jmdm. eine Spritze v.; jmdm. drei Jahre Gefängnis v.; jmdm. einen Rüffel v. *(jmdn. tadeln);* jmdm. eine Tracht Prügel v. *(jmdn. prügeln).* * (ugs.:) **den Anschluß verpaßt haben** *(keinen Ehemann gefunden haben).*

verpesten ⟨etwas v.⟩: *mit Gestank erfüllen:* die Autos verpesten die Straßen; die Luft in der Stadt wird durch die Fabriken verpestet.

verpfänden ⟨etwas v.⟩: *als Pfand beleihen lassen:* er hat seine Uhr verpfändet; übertr.: sein Wort v. *(sein Ehrenwort geben).*

verpflegen ⟨jmdn. v.⟩: *mit Nahrung versorgen:* die Gäste wurden bei ihnen gut verpflegt; während des Manövers werden die Truppen durch Feldküchen verpflegt.

verpflichten: 1. a) ⟨jmdn. v.⟩ *durch ein Versprechen o. ä. binden:* jmdn. feierlich, durch Eid, durch Handschlag [auf etwas] v.; jmdn. eidlich v. *(vereidigen).* **b)** ⟨jmdn. v.⟩ *für eine bestimmte Tätigkeit einstellen; engagieren:* jmdn. für ein Amt v.; der Schauspieler ist nach Berlin, an das Burgtheater, als Don Carlos, auf drei Jahre verpflichtet worden. **c)** ⟨etwas verpflichtet jmdn. zu etwas⟩ *etwas erlegt jmdm. eine bestimmte Pflicht auf:* ihr Wohlstand verpflichtet sie zu sozialem Verhalten; der Wunsch seiner Wähler verpflichtet ihn, für eine Verfassungsänderung einzutreten; ⟨auch ohne Präpositionalobjekt⟩ Redensart: Adel verpflichtet · gesetzlich, moralisch zu etwas verpflichtet sein; ich bin zum Stillschweigen verpflichtet; bin ich verpflichtet zu kommen?; ich fühle mich ihm gegenüber [zu Dank] verpflichtet. **2. a)** ⟨sich zu etwas v.⟩ *etwas ganz fest zusagen, fest versprechen:* er hat sich verpflichtet, diese Aufgabe zu übernehmen; ich kann mich zu nichts, nicht dazu v. **b)** ⟨sich v.; mit Zeitangabe⟩ *sich vertraglich binden:* der Sänger hat sich für zwei Jahre [an die Staatsoper] verpflichtet.

Verpflichtung, die: **1. a)** *das Verpflichten:* die V. der Beamten auf die Verfassung, auf den Staat. **b)** *das Engagieren:* die V. neuer Künstler, Kräfte an die Deutsche Oper Berlin. **2.** *etwas, wozu man verpflichtet ist:* dienstliche, berufliche, soziale Verpflichtungen; keine [bindenden] Verpflichtungen eingehen, übernehmen; keine anderweitigen Verpflichtungen haben; etwas erlegt jmdm. hohe, schwere Verpflichtungen auf; er hat viele gesellschaftliche Verpflichtungen; er kam allen seinen Verpflichtungen gewissenhaft nach; sie waren dieser V. enthoben (geh.).

verpfuschen (ugs.) ⟨etwas v.⟩: *schlecht arbeiten, ausführen [und dadurch verderben]:* die Schneiderin hat das Kleid verpfuscht; adj. Part.: eine verpfuschte Sache; übertr.: ein verpfuschtes *(durch äußere Einflüsse oder eigene Schuld verdorbenes)* Leben.

verpönt: *allgemein mißbilligt, abgelehnt:* eine verpönte Erziehungsmethode; ein solcher Standpunkt ist heutzutage v., gilt als v.

verprassen ⟨etwas v.⟩: *mit Freude für Genüsse verschwenden:* sein Vermögen, sein Geld, sein ganzes Hab und Gut v.; wir haben alles sinnlos verpraßt.

verprügeln ⟨jmdn. v.⟩: *heftig und lange prügeln:* er verprügelte seinen Klassenkameraden; in seiner Wut hat er seine Frau verprügelt.

verpuffen ⟨etwas verpufft⟩: **1.** *etwas explodiert schwach:* die chemische Substanz ist verpufft. **2.** *etwas bleibt ohne Wirkung:* der Witz ist verpufft; die ganze Aktion ist verpufft; die Wirkung verpuffte *(ging verloren).*

verpulvern (ugs.) ⟨etwas v.⟩: *nutzlos ausgeben:* sein Geld, sein Vermögen v.

verpumpen (ugs.) ⟨etwas v.⟩: → verleihen.

verputzen ⟨etwas v.⟩: **1.** *mit Putz versehen:* eine Mauer, ein Haus v.; der Maurer verputzt die Wände. **2.** (ugs.) *essen:* der kann viel v.; die Torte hat er auch noch restlos verputzt. * (ugs.:) **jmdn. nicht verputzen können** *(jmdn., nicht leiden können).*

verquicken ⟨etwas mit etwas v.⟩: *verbinden, verknüpfen:* zwei verschiedene Tatsachen, Behauptungen miteinander v.; das Abkommen ist mit der Grenzfrage verquickt; ⟨auch ohne Präpositionalobjekt⟩ hier werden politische und wissenschaftliche Probleme verquickt.

Verrat, der: *das Verraten:* ein gemeiner, schädlicher V.; V. üben *(jmdn., etwas verraten);* Redensart: den V. liebt man, den Verräter haßt man; V. an jmdm., an der guten Sache begehen; sie wurden wegen Verrats militärischer Geheimnisse vor Gericht gestellt.

verraten: 1. a) ⟨etwas v.⟩ *etwas, was hätte geheim bleiben sollen, weitersagen:* ein Geheimnis, seine Absicht, einen Plan v.; ⟨jmdm./an jmdn. etwas v.⟩ jmdm./an jmdn. ein Versteck, den Verlauf einer geheimen Sitzung v.; übertr.: ich will dir v. *(im Vertrauen mitteilen)*, wohin ich fahre; ... aber ihr dürft noch nichts v.! **b)** ⟨sich v.⟩ *etwas sagen oder tun, was man eigentlich geheimhalten, für sich behalten wollte:* jetzt hast du dich aber verraten. **2.** ⟨jmdn., etwas v.⟩ *[treubrüchig werden und] preisgeben:* jmdn. schnöde, schmählich v.; seinen Freund v. *(im Stich lassen);* sein Vaterland v.; er hat die Wahrheit verraten *(durch Lügen mißachtet)*. **3. a)** ⟨etwas verrät etwas⟩ *etwas läßt etwas erkennen:* seine Miene verriet tiefe Bestürzung, nichts als Verlegenheit; seine Sprache verriet seine Herkunft. **b)** ⟨sich v.; mit Artangabe⟩ *sich zu erkennen geben:* du verrätst dich schon bei den, mit den ersten Worten, durch deinen Dialekt. * (ugs.:) **verraten und verkauft sein** *(hilflos preisgegeben sein)*.

verräterisch: a) *auf Verrat zielend:* in verräterischer Absicht handeln; verräterische Beziehungen zu einer fremden Macht anknüpfen; er hat v. *(wie ein Verräter)* an ihnen gehandelt. **b)** *etwas verratend, erkennen lassend:* verräterische Anspielungen; ihr Lachen war sehr v.; ihr Auge leuchtete v.

verrauchen: 1. ⟨etwas v.⟩ *für Rauchwaren ausgeben:* er verraucht sein ganzes Geld. **2.** ⟨etwas verraucht⟩ *etwas löst sich auf, schwindet:* sein Zorn war schnell verraucht.

verrechnen: 1. ⟨etwas v.⟩ *ausgleichen:* eine Forderung mit einer Gegenforderung v.; einen Scheck v. *(einem Konto gutschreiben);* würden Sie den Gutschein bitte mit verrechnen? **2.** ⟨sich v.⟩ **a)** *falsch rechnen:* du hast dich bei dieser Aufgabe verrechnet; da muß ich mich verrechnet haben. **b)** (ugs.) *sich täuschen, sich irren:* da hast du dich aber sehr, ganz gewaltig verrechnet!; ich hatte mich in der Wirkung nicht verrechnet; er hatte sich in diesem Menschen sehr verrechnet.

verrecken (derb): *sterben:* man ließ ihn wie einen Hund v.; meinetwegen mag er v. *(zugrunde gehen);* ⟨jmdm. v.⟩ dem Nachbarn sind alle Kühe verreckt. * (derb:) **nicht ums Verrecken!** *(um keinen Preis!)*.

verreisen: *eine Reise machen:* dienstlich, geschäftlich, privat, allein, mit seiner Frau, für ein paar Tage v.; wir können dieses Jahr [im Urlaub] nicht v.; er ist zur Zeit verreist.

verrenken: a) ⟨jmdm., sich etwas v.⟩ *aus der normalen Lage drehen und dadurch das Gelenk verletzen:* ich habe mir die Hand, den Fuß, den Knöchel verrenkt; du hast mir eben den Arm verrenkt; er verrenkte sich fast den Hals, um alles sehen zu können; bei diesem Wort kann man sich die Zunge v. (ugs.; *dieses Wort ist sehr schwer auszusprechen*). **b)** ⟨sich, etwas v.⟩ *in eine unnatürliche Stellung bringen:* die Tänzer verrenkten sich, ihre Glieder, Arme und Beine auf der Bühne. * (ugs.:) **sich** (Dativ) **nach jmdm., nach etwas den Hals verrenken** *(erwartungsvoll nach jmdm., etwas Ausschau halten)*.

verrennen ⟨sich in etwas v.⟩: *an etwas starrköpfig festhalten, sich in etwas verbeißen:* sich in eine fixe Idee, in eine Sackgasse v.; du hast dich in dieses Problem verrannt.

verrichten ⟨etwas v.⟩: *ordnungsgemäß ausführen, erledigen:* eine Arbeit, einen Dienst, seine Pflicht, seine Andacht, sein Gebet v.; sein Bedürfnis (geh.; veraltend), seine Notdurft (geh.), sein Geschäft (verhüll.) verrichten; sie haben die Arbeiten zu unserer vollen Zufriedenheit verrichtet.

verringern: a) ⟨etwas v.⟩ *kleiner, geringer machen:* den Abstand, die Entfernung, das Tempo, die Geschwindigkeit, sein Gewicht, eine Anzahl v. **b)** ⟨etwas verringert sich⟩ *etwas wird kleiner, geringer:* die Kosten haben sich in diesem Jahr nicht verringert; unsere Aussichten haben sich inzwischen verringert.

verrinnen ⟨etwas verrinnt⟩: **a)** *etwas versickert:* Wasser verrinnt im Sand. **b)** *etwas vergeht:* die Zeit verrinnt [schnell]; schon war wieder ein Jahr verronnen.

verrosten ⟨etwas verrostet⟩: *etwas wird von Rost völlig zerstört:* die Herdplatte verrostet; das Auto war unten bereits ganz verrostet.

verrücken ⟨etwas v.⟩: *an eine andere Stelle rücken:* die Möbel, die Grenzpfähle v.

verrückt (ugs.): **1.** *geistesgestört:* ein verrücktes Kind, Mädchen; sie war seit ihrem Unfall v.; bei dem Lärm kann man ja v. werden *(der Lärm ist unerträglich)!;* er rannte wie v.; mit deiner vielen Rederei machst du mich noch v. *(bringst du mich noch vollständig durcheinander)*, subst.: ich habe einen Verrückten auf der Straße gesehen; er lief wie ein Verrückter davon; Redensart: v. und fünf macht/ist neune. **2.** *vernunftwidrig; ausgefallen, ungewöhnlich:* eine verrückte Idee, Mode; so ein verrückter Kerl!; du bist wohl v.?; sie hatte sich geradezu v. angezogen. * (ugs.:) **auf etwas verrückt sein** *(auf etwas begierig sein):* sie ist ganz v. auf saure Gurken · (ugs.:) **auf jmdn./nach jmdm. verrückt sein** *(leidenschaftlich in jmdn. verliebt sein):* er ist ganz v. auf sie, nach ihr.

Verruf ⟨in den Verbindungen⟩ **in Verruf kommen/geraten** *(seinen Ruf einbüßen, ins Gerede kommen)* · **jmdn. in Verruf bringen** *(jmdn. um seinen guten Ruf bringen, ins Gerede bringen):* diese Affäre hat ihn in V. gebracht.

verrufen: *übel beleumdet:* eine verrufene Gegend; eine verrufene Gesellschaft; dieses Lokal, diese Familie ist in der ganzen Nachbarschaft v.

Vers, der: **1. a)** *rhythmische Einheit in gebundener Rede:* ein gereimter, reimloser, holpriger, schlechter V.; Verse von Brentano; Verse vortragen, deklamieren (bildungsspr.), schmieden (scherzh.); er macht, dichtet ganz leidliche Verse; etwas in Verse setzen, in Versen abfassen, schreiben. **b)** *Zeile eines Gedichts, einer Strophe:* erster und dritter, zweiter und vierter V. reimen sich; das Gedicht hat drei Strophen zu je vier Versen. **2. a)** *Strophe:* wie geht, lautet der zweite V. [des Liedes]?; das Gedicht hat drei Verse. **b)** *kleinster Textabschnitt der Bibel:* er las die Weihnachtsgeschichte nach Lukas 2, V. 1 bis 20. * (ugs.:) **sich** (Dativ) **keinen Vers auf etwas machen können** *(sich etwas nicht erklären können)*.

versacken: 1. (ugs.) ⟨etwas versackt⟩ *etwas geht unter:* das Boot versackte. **2.** (ugs.) *immer* *mehr eine liederliche Lebensweise annehmen:* er hat schlechte Freunde und versackt immer mehr; er ist gestern abend wieder einmal schwer versackt *(hat lange gefeiert und viel getrunken)*.

versagen: 1. a) ⟨jmdm., einer Sache etwas v.⟩ *nicht gewähren:* jmdm. seine Unterstützung, eine Bitte, einen Wunsch, die Ehrerbietung, den Gehorsam v.; jmdm. die Hand seiner Tochter v.; ich konnte ihm meine Bewunderung nicht v.; er konnte dem Plan seine Zustimmung nicht v.; die Natur hatte ihr ein hübsches Gesicht versagt; die Beine versagten ihr den Dienst *(sie konnte sich nicht auf den Beinen halten)*; die Erfüllung ihres sehnlichsten Wunsches blieb ihr versagt. **b)** ⟨sich (Dativ) etwas v.⟩ *auf etwas verzichten; sich etwas nicht gönnen:* er versagt sich alles; ich kann es mir nicht v., darauf hinzuweisen *(ich muß darauf hinweisen)*. **c)** (geh.) ⟨sich jmdm. v.⟩ *sich jmdm. nicht hingeben:* sie hat sich ihm versagt. **2. a)** *nicht das Erwartete leisten, tun, erreichen, bewirken:* er hat vollkommen versagt; sie hat im Examen versagt; die Regierung, die Polizei, die Schule, das Elternhaus hat versagt; da versagt die ärztliche Kunst; subst.: das Unglück ist auf menschliches Versagen zurückzuführen. **b)** ⟨etwas versagt⟩ *etwas funktioniert nicht mehr:* der Motor versagt; plötzlich versagten die Bremsen; ihre Stimme versagte [vor Aufregung] *(sie konnte [vor Aufregung] nicht sprechen)*; das Gewehr, die Pistole, der Revolver versagt.

Versager, der: **a)** *jmd., der versagt:* er ist in seinem Beruf ein völliger V. **b)** *etwas, was nicht funktioniert:* die Patrone war ein V.; das Buch, das Drama war ein V. *(hatte keinen Erfolg)*.

versalzen: a) ⟨etwas v.⟩ *zu stark salzen:* sie versalzte die Kartoffeln, hat die Suppe versalzen; ein versalzenes Essen; das Fleisch ist versalzen. **b)** (ugs.) ⟨jmdm. etwas v.⟩ *verderben, zunichte machen:* jmdm. seine Pläne v.; er hat mir die ganze Freude, das Vergnügen versalzen. * (ugs.:) **jmdm. die Suppe versalzen** *(jmdm. die Freude an etwas verderben, jmds. Pläne durchkreuzen)*.

versammeln: 1. ⟨jmdn. v.; mit Raumangabe⟩ *[um sich] zusammenkommen lassen:* die Schülerschaft in der Aula, die Gemeinde in der Kirche, die Belegschaft in der Kantine, seine Freunde, seine Familie um sich v. **2.** ⟨sich v.⟩ *zusammenkommen:* sich in der Aula, zur Andacht v.; die Familie versammelte sich am Bett des Kranken; adj. Part.: als alle Gäste versammelt waren, hielt der Bürgermeister eine Begrüßungsansprache; er erklärte vor versammelter Zuhörerschaft, Mannschaft (ugs.), daß ... **3.** (Reitsport) ⟨ein Tier v.⟩ *zu gespannter Aufmerksamkeit zwingen; aufnehmen:* vor dem Hindernis versammelte der Reiter sein Pferd.

Versammlung, die: *Beisammensein von mehreren Menschen zu einer Besprechung o. ä.:* die V. war gut, schlecht besucht; eine V. einberufen, abhalten, leiten, verbieten, auflösen, sprengen, stören; ich erkläre hiermit die V. für eröffnet, geschlossen; sie nahmen an der V. teil; er sprach auf einer V. von Gewerkschaftlern; in einer V. sein; ich kam gerade von einer V., wollte gerade zu einer V. gehen.

versanden ⟨etwas versandet⟩: **1.** *etwas wird durch Anschwemmung immer seichter;* der Hafen, der Fluß, die Mündung, der See versandet immer mehr. **2.** (ugs.) *etwas wird schwächer und hört schließlich ganz auf:* das Gespräch ist versandet; die Verhandlungen versandeten.

versaufen (derb): **1.** ⟨etwas v.⟩ *vertrinken:* sein Geld, seinen Lohn v.; er hat seinen Verstand versoffen *(durch ständigen Alkoholgenuß eingebüßt)*; adj. Part.: er hat eine versoffene Stimme *(seine Stimme klingt rauh vom Alkoholgenuß)*; er hat eine versoffene *(von ständigem Alkoholgenuß rote)* Nase; **2.** (landsch.) ⟨jmdn. v.⟩ *ertränken:* Katzen im Fluß v. **3.** (landsch.) *ertrinken:* der Junge wäre beinahe im Fluß versoffen. * (derb:) **das Fell versaufen** *(einen Leichenschmaus abhalten)*.

versäumen: a) ⟨etwas v.⟩ *ungenutzt vorübergehen lassen:* die Stunde, eine gute Gelegenheit, sein Glück v.; wir haben schon genug Zeit versäumt *(verloren)*; ich habe nichts zu v. *(ich habe keine Eile)*; da hast du wirklich etwas versäumt! *(da hast du dir etwas entgehen lassen!)*; er wollte nachholen, was er in seiner Jugend versäumt hatte. **b)** ⟨etwas v.⟩ *den Zeitpunkt für etwas Notwendiges nicht wahrnehmen; verpassen, nicht tun:* einen Schritt zu tun, das Gebot der Stunde v.; den Zug v. *(nicht erreichen)*; den Termin v.; den Unterricht v.; ein Treffen, eine Zusammenkunft, Verabredung v.; subst. Part.: er holte das (im Unterricht) Versäumte bald nach. **c)** ⟨sich v.⟩ *sich mit etwas aufhalten:* ich wollte mich nicht noch länger v.

Versäumnis, das: *etwas, was man versäumt, unterlassen hat:* die Versäumnisse der Regierung; dem Beschuldigten waren Versäumnisse nicht nachzuweisen; du hast dir ein schweres V. zuschulden kommen lassen.

verschaffen ⟨jmdm., sich etwas v.⟩: *beschaffen; dafür sorgen, daß jmdm. etwas zuteil wird:* jmdm., sich Geld, Arbeit, eine Stellung, eine Unterkunft, einen Ausweis v.; sich Geltung, Recht, Gehör, Respekt, ein Alibi, Zutritt zu etwas v.; du hast dir das auf [un]rechtmäßige Weise verschafft; ich wollte mir erst Gewißheit v.; das Medikament verschaffte ihm etwas Erleichterung *(linderte seine Schmerzen etwas)*; was verschafft mir die Ehre Ihres Besuches? *(was ist der Grund Ihres Kommens?)*.

verschanzen: a) (veraltend) ⟨etwas v.⟩ *durch Schanzen befestigen:* ein Lager, eine Stellung v. **b)** ⟨sich v.⟩ *sich durch eine befestigte Stellung schützen:* die Truppen verschanzten sich hinter dem Fluß, auf dem Berg; übertr.: er verschanzte sich hinter Ausreden.

verschärfen: a) ⟨etwas v.⟩ *schärfer, stärker machen; erhöhen, steigern:* das Tempo [der Arbeit], eine Strafe v.; das verschärfte seine Aufmerksamkeit; die Zeitungszensur wurde aufs äußerste verschärft; er bekam drei Tage verschärften Arrest. **b)** ⟨etwas verschärft sich⟩ *etwas wird schärfer, größer, steigert sich:* die Gegensätze, die politischen Spannungen verschärften sich immer mehr; die Lage hat sich verschärft *(ist schwieriger, ernster geworden)*.

verscheiden (geh.): *sterben:* am 19. Juni verschied [nach langer Krankheit] ...

verschenken ⟨etwas v.⟩: *als Geschenk weggeben:* er hat seine Bücher verschenkt; sie verschenkte allen Schmuck an ihre Töchter; ich habe nichts zu v. *(kann nichts ohne Gegenleistung geben, tun)*; übertr.: seine Gunst an jmdn. v.;

den Sieg, ein Tor v. *(die Möglichkeit zu siegen, ein Tor zu schießen, nicht nutzen)*; er hat beim Weitsprung 40 cm verschenkt *(ist 40 cm zu früh abgesprungen)*. * (geh.:) **sein Herz verschenken** *(sich verlieben)*.

versherzen ⟨sich (Dativ) etwas v.⟩: *durch Leichtsinn und Gedankenlosigkeit einbüßen:* ich hatte mir mein Glück, seine Gunst, Zuneigung, Freundschaft verscherzt; das hast du dir ein für allemal verscherzt.

verscheuchen: **a)** ⟨jmdn. v.⟩ *vertreiben, fortjagen:* Fliegen, Vögel, Wild, ein Tier v.; der Lärm muß die Einbrecher verscheucht haben; ⟨jmdm. etwas v.⟩ sie verscheuchte ihm die Mücken. **b)** ⟨etwas v.⟩ *zum Verschwinden bringen:* die Sorgen, einen Gedanken, die Müdigkeit v.; ⟨jmdm. etwas v.⟩ sie verscheuchte ihm durch ihr heiteres Wesen allen Kummer.

verschicken: **1.** ⟨etwas v.⟩ *versenden:* Waren[muster], Prospekte, eine Zeitschrift, Einladungen, ein Rundschreiben, Anzeigen v. **2.** ⟨jmdn. v.⟩ *zur Kur, Erholung schicken:* einen Kranken, Erholungsbedürftige v.; die Kinder wurden vom Sozialamt an die See verschickt.

verschieben: **1. a)** ⟨etwas v.⟩ *an eine andere Stelle schieben:* einen Schrank, die Möbel v.; Eisenbahnwagen [auf ein anderes Gleis] v.; übertr.: das verschiebt *(ändert)* die Perspektive, das Bild etwas. **b)** ⟨etwas verschiebt sich⟩ *etwas gerät an eine andere Stelle, verrutscht:* die Nahtstelle, die Tischdecke, ihr Hut, Kopftuch hat sich verschoben; die Betonung, der Akzent hat sich bei diesem Wort verschoben; übertr.: die Besitzverhältnisse hatten sich auf eine ungesunde Art verschoben. **2. a)** ⟨etwas v.⟩ *auf einen späteren Zeitpunkt legen, aufschieben:* seine Abreise, den Urlaub, das Studium v.; eine Arbeit immer wieder, von einem Tag auf den anderen v.; eine Sache auf Sankt Nimmerleinstag (scherzh.), auf unbestimmte Zeit, um ein paar Tage v.; die Angelegenheit ließ sich nicht länger v.; Sprichw.: verschiebe nicht auf morgen, was du heute kannst besorgen! **b)** ⟨etwas verschiebt sich⟩ *etwas wird aufgeschoben, findet zu einem späteren Zeitpunkt statt:* der Termin, die Abreise hat sich verschoben; der Beginn der Vorstellung verschiebt sich um einige Minuten. **3.** (ugs.) ⟨etwas v.⟩ *unerlaubt verkaufen:* Waren, Devisen [ins Ausland] v.

verschieden: **1.** *unterschiedlich:* verschiedene Interessen haben; verschiedener Ansicht, Meinung, Auffassung sein; die beiden Brüder sind ganz v.; v. wie Tag und Nacht; die beiden Gläser sind an Größe, der Größe nach, in der Farbe, durch die Form v.; das ist von Fall zu Fall v. *(anders)*; das kann man v. beurteilen; subst.: die Annonce stand unter der Rubrik „Verschiedenes". **2.** *mehrere, manche, manches:* verschiedene Punkte der Tagesordnung wurden ohne Diskussion angenommen; ich habe verschiedene Gründe dafür; ich habe schon an den verschiedensten Stellen *(überall)* gesucht; durch den Einspruch verschiedener Delegierter/(seltener:) Delegierten; er war Vorsitzender verschiedener einflußreicher Organisationen; nach der Umorganisation kündigten verschiedene Angestellte; verschiedenes war noch zu besprechen; /*Ausdruck der Entrüstung*/ (ugs.): da hört sich doch verschiedenes auf!

verschiedentlich ⟨Adverb⟩: *schon öfter:* er hat v. Bedenken gegen dieses Projekt geäußert; er ist v. dort gesehen worden.

verschießen: **1.** ⟨etwas v.⟩ *durch Schießen aufbrauchen:* sie hatten alle Munition verschossen. **2.** (Sport) ⟨etwas v.⟩ *nicht zu einem Tor nutzen:* einen Elfmeter, Freistoß v. **3.** ⟨etwas verschießt⟩ *etwas bleicht aus, verblaßt:* der Stoff verschießt nicht [in der Sonne], ist verschossen; eine verschossene Baskenmütze. * (ugs.:) **sein [ganzes] Pulver verschießen** *(seine besten Argumente, alles, was man zu sagen weiß, vorbringen)* · (ugs.:) **in jmdn. verschossen sein** *(in jmdn. verliebt sein)*: er war in sie verschossen.

verschimmeln ⟨etwas verschimmelt⟩: *etwas überzieht sich mit Schimmel und verdirbt:* das Brot, der Käse, das Eingemachte verschimmelt, ist verschimmelt; verschimmelte Bücher; übertr. (ugs.): *verkommen:* in diesem Ort, bei dieser Arbeit muß man ja v.

¹verschlafen: **1.** *über einen bestimmten Zeitpunkt hinaus, zu lange schlafen:* **a)** du hast wohl heute früh verschlafen? **b)** ⟨sich, etwas v.⟩ ich habe mich, die Zeit verschlafen. **2.** ⟨etwas v.⟩ **a)** *schlafend verbringen:* den ganzen Tag, das halbe Leben v. **b)** *durch Schlaf versäumen:* den Zug, die Straßenbahn, eine Verabredung v. **c)** *durch Schlaf beseitigen:* seine Kopfschmerzen, einen Kummer, seine Sorgen v.

²verschlafen: *noch nicht ganz ausgeschlafen, noch vom Schlaf benommen:* ich rieb mir meine verschlafenen Augen; er war noch ganz v.; v. öffnete er die Tür; übertr.: mit verschlafenen Bewegungen; ein verschlafenes *(stilles, ruhiges)* Städtchen; der Junge ist immer so v. *(geistig träge, unlebendig)*.

¹verschlagen: **1.** ⟨etwas v.⟩ *mit festgenagelten Brettern versperren:* Fässer, Kisten v.; einen Raum, eine Öffnung mit Brettern v. **2.** ⟨etwas v.⟩ *so umschlagen, umblättern, daß man die betreffende Seite nicht mehr findet:* jetzt hast du die Seite, die Stelle verschlagen. **3.** ⟨etwas v.⟩ *an die falsche Stelle schlagen:* den Ball beim Tennis v. **4.** ⟨etwas verschlägt jmdm. etwas⟩ *etwas raubt, benimmt jmdm. etwas:* die Beleidigung, Nachricht, das Entsetzen, der Schreck verschlug ihr die Rede, Sprache, Stimme; die Kälte, der Sturm verschlägt mir den Atem. **5.** ⟨etwas verschlägt jmdn., etwas; mit Raumangabe⟩ *etwas treibt jmdn., etwas irgendwohin, läßt jmdn., etwas irgendwohin geraten:* der Sturm verschlug das Schiff an eine unbekannte Küste, die Schiffbrüchigen auf eine einsame Insel; der Zufall verschlug den Arzt in ein kleines Dorf; sie wurden als Flüchtlinge nach Süddeutschland verschlagen. **6.** (veraltend) ⟨etwas verschlägt etwas⟩ *etwas nützt, hilft etwas:* was verschlägt das alles?; es verschlägt nichts *(macht nichts aus)*, daß er nicht kommt; ⟨auch ohne Akk.⟩ das Mittel verschlug *(wirkte)* bei ihm nicht.

²verschlagen: **1.** (ugs.) *unaufrichtig und schlau:* ein verschlagener Bursche, Blick; ein verschlagenes Gesicht; er ist durch und durch v.; in seiner Antwort wich er v. aus. **2.** (landsch.) *mäßig warm:* verschlagene Temperaturen; das Badewasser ist v.; im Zimmer ist es nur v.

verschlechtern: **1.** ⟨etwas v.⟩ *schlechter werden lassen:* dadurch hast du deine Stellung nur noch verschlechtert; diese Rede hat seine Aussicht, wiedergewählt zu werden, stark verschlechtert *(verringert)*. **2.** ⟨sich v.⟩ *schlechter, schlimmer werden:* ihr Befinden, ihre Gesundheit hat sich [zusehends] verschlechtert; die Qualität, das Wetter, die politische Lage, seine Position hat sich verschlechtert; ich habe mich (im Beruf, in meiner Leistung) verschlechtert.

verschleiern: 1. ⟨sich, etwas v.⟩ *mit einem Schleier verhüllen:* die Frau verschleierte sich, ihr Gesicht; ⟨sich (Dativ) etwas v.⟩ ich verschleierte mir das Gesicht · die Witwe war, ging tief verschleiert; bildl.: der Himmel verschleierte sich *(bedeckte sich mit einer dünnen Wolkenschicht)*; sein Blick verschleierte sich *(wurde verschwommen)*; verschleierte Augen; er sprach mit verschleierter *(belegter)* Stimme; ich sehe die Berge nur verschleiert *(undeutlich, unscharf)*. **2.** ⟨etwas v.⟩ *etwas durch Irreführung nicht genau erkennen lassen:* seine Absicht[en], sein Versagen, eine schlimme Nachricht, Mißstände, einen Bankrott, den Zweck des Wartens v.; hier läßt sich nichts mehr v.

verschleppen: 1. ⟨jmdn., etwas v.⟩ *widerrechtlich, gewaltsam an einen fremden Ort bringen:* sie wurden im Krieg verschleppt; man verschleppte sie als Geiseln an einen unbekannten Ort; wer hat meine Schere verschleppt (ugs.; *an einen anderen Platz gelegt*)? **2.** ⟨etwas v.⟩ *weiterverbreiten:* die Ratten verschleppten die Seuche. **3.** ⟨etwas v.⟩ *immer wieder hinauszögern; hinausziehen:* einen Prozeß, Verhandlungen, die Bearbeitung eines Antrages v.; eine verschleppte *(nicht rechtzeitig behandelte und daher sehr lange dauernde)* Grippe.

verschließen: 1. ⟨etwas v.⟩ **a)** *abschließen:* ein Zimmer, einen Schrank, eine Tür, den Zugang, das Haus v.; adj. Part.: eine verschlossene Kassette; die Schublade war verschlossen; sie standen vor verschlossener Tür, kamen vor verschlossene Türen *(niemand öffnete ihnen)*; übertr.: auf Grund seiner Schulbildung blieben ihm manche berufliche Möglichkeiten verschlossen. **b)** *unter Verschluß aufbewahren:* Vorräte, sein Geld v.; er verschloß die Mappe sorgfältig in seinem Schreibtisch; übertr.: *für sich behalten, niemandem offenbaren:* seine Gedanken, Gefühle, ein Geheimnis in sich v.; sie verschloß ihre Liebe in ihrem Innern, in ihrem Herzen. **2. a)** ⟨sich jmdm. v.⟩ *sich nicht mitteilen, offenbaren:* er verschließt sich seinen Freunden; das Land verschloß sich dem fremden Beobachter; adj. Part.: das Buch, ihr Charakter bleibt mir verschlossen; er ist ein verschlossener *(äußerst zurückhaltender)* Mensch. **b)** ⟨sich jmdm., einer Sache v.⟩ *sich in keiner Weise zugänglich zeigen:* sich jmds. besserer Einsicht, jmds. Argumenten, Wünschen, einer Erkenntnis v.; er konnte sich [gegenüber] dieser Überlegung nicht v. *(mußte ihre Richtigkeit einsehen)*. * **überall verschlossene Türen finden** *(überall abgewiesen werden)* · **hinter verschlossenen Türen** *(geheim, unter Ausschluß der Öffentlichkeit)* · **die Augen vor etwas verschließen** *(etwas nicht wahrhaben wollen)*.

verschlimmern: a) ⟨etwas v.⟩ *verschlechtern:* eine Lage v.; eine Erkältung verschlimmerte seine Krankheit. **b)** ⟨etwas verschlimmert sich⟩ *etwas wird schlimmer, verschlechtert sich:* ihr Zustand, das Übel verschlimmerte sich.

[1]verschlingen ⟨etwas v.⟩: *ineinanderschlingen:* die Hände v.; sie hatte die Fäden ineinander, miteinander, zu einem Knäuel verschlungen; übertr.; adj. Part.: verschlungene *(sich windende, nicht geradeaus führende)* Wege; die Interessen der beiden Staaten waren eng miteinander verschlungen *(verbunden)*.

[2]verschlingen ⟨jmdn., etwas v.⟩: *ohne viel zu kauen, [hastig] fressen:* der Hund verschlang das Fleisch; der Schiffbrüchige wurde von Haien verschlungen; (abwertend von Personen): er verschlang den ganzen Braten; übertr.: jmdn. mit Blicken, mit den Augen v. *(voll Begierde anstarren)*; sie haben seine Worte geradezu verschlungen; ich habe das Buch in einer Nacht verschlungen *(mit gieriger Hast durchgelesen)*; seine Reisen, Gelage haben gewaltige Summen verschlungen *(gekostet)*.

verschlucken: 1. ⟨etwas v.⟩ *hinunterschlucken:* einen Bissen, eine Pille, [aus Versehen] einen Kern v.; er war verschwunden, wie vom Erdboden verschluckt; übertr.: die Endsilben, ein Wort v. *(undeutlich aussprechen)*; eine Bemerkung, Frage v. *(nicht aussprechen)*; die Bauten am Rheinufer haben eine Million verschluckt *(gekostet)*; die dicken Wände haben die Schreie verschluckt *(absorbiert, unhörbar gemacht)*; das Dunkel der Nacht hatte ihn verschluckt *(er war im Dunkel der Nacht verschwunden)*. **2.** ⟨sich v.⟩ *etwas in die Luftröhre bekommen:* sich beim Essen, beim Lachen, an der Suppe v.

verschmähen ⟨etwas v.⟩: *aus Verachtung ablehnen, zurückweisen:* jmds. Hilfe, Liebe, Freundschaft v.; adj. Part.: er hat sie aus verschmähter Liebe getötet.

verschmerzen ⟨etwas v.⟩: *über etwas hinwegkommen:* er wird diesen [Geld]verlust verschmerzen; aus diesem Grunde verschmerzte ich es leicht, daß ich zu Hause bleiben mußte.

verschmitzt: *listig und pfiffig:* ein verschmitztes Gesicht; sein Gesichtsausdruck war immer etwas v.; er lächelte v., schaute v. drein.

verschneiden: 1. ⟨etwas v.⟩ **a)** *beschneiden:* eine Hecke v. **b)** *falsch zuschneiden:* die Schneiderin hat den Rock, das Kleid verschnitten. **2.** ⟨etwas v.⟩ *mit anderem Alkohol vermischen:* Rum, Weinbrand v. **3.** ⟨jmdn. v.⟩ *kastrieren:* ein Pferd, einen Bullen v.

verschnupft: a) (selten) *erkältet, Schnupfen habend:* er ist sehr, stark v. **b)** *gekränkt, verärgert:* er war über deine, wegen deiner Bemerkung sehr v.

verschnüren ⟨etwas v.⟩: *eine Schnur um etwas binden; zuschnüren:* ein Paket v.

verschollen: *für verloren oder tot gehalten:* ein lang verschollener Jugendfreund; das Schiff, Flugzeug war, blieb v.

verschonen: a) ⟨jmdn., etwas v.⟩ *jmdm. nichts Übles tun, keinen Schaden zufügen:* der Krieg verschonte niemanden, hat diese Gegend verschont; sie waren von der Seuche verschont worden; adj. Part.: er blieb von allen neugierigen Fragen verschont. **b)** ⟨jmdn. mit etwas v.⟩ *jmdm. etwas ersparen:* verschone mich mit deinen Redereien.

verschreiben: 1. ⟨jmdm. etwas v.⟩ **a)** *als Arzt schriftlich verordnen:* der Arzt hat ihm verschiedene Medikamente, eine [vierwöchige] Kur, Bäder, Bestrahlungen verschrieben; du solltest dir [vom Arzt] etwas für den Kreislauf, gegen deine Schmerzen v. lassen. **b)** (veraltet) *urkundlich übertragen:* jmdm. sein Haus, seinen Hof v.; er hat seine Seele dem Teufel verschrieben. **2.** ⟨etwas v.⟩ *beim Schreiben verbrauchen:* viel Papier v.; er hat den ganzen Block verschrieben. **3.** ⟨sich einer Sache v.⟩ *sich einer Sache ganz widmen:* er hat sich seinem Beruf, dem Theater, der Musik verschrieben. **4.** ⟨sich v.⟩ *einen Fehler machen:* er hat sich in diesem Brief zweimal verschrieben.

verschrie[e]n: *verrufen:* diese Gegend ist wegen zahlreicher Überfälle v.; er war bei ihnen als Geizhals v.

verschulden ⟨etwas v.⟩: *schuldhaft verursachen, bewirken:* einen Unfall v.; durch seinen Leichtsinn hätte er beinahe ein großes Unglück verschuldet; subst.: das war mein Verschulden; ihn trifft kein Verschulden; sie gerieten durch [ihr] eigenes, ohne eigenes Verschulden in diese Situation.

verschuldet: *mit Schulden belastet:* eine völlig verschuldete Firma; er ist stark, schwer, hoch, bis über die Ohren (ugs.) verschuldet.

verschütten: **1.** ⟨jmdn., etwas v.⟩ *zuschütten, völlig bedecken:* durch den Vulkanausbruch, durch Lawinen wurden mehrere Orte verschüttet; die Erdmassen verschütteten mehrere Arbeiter *(begruben mehrere Arbeiter unter sich)*; er ist im Krieg verschüttet gewesen; subst. Part.: alle Verschütteten konnten gerettet werden. **2.** ⟨etwas v.⟩ *unabsichtlich ausschütten:* Wasser, Milch, Bier, Zucker v.; er schenkte den Wein ein, ohne einen Tropfen zu v.

verschweigen /vgl. verschwiegen/: ⟨jmdm. etwas v.⟩ *nicht sagen, jmdm. gegenüber nicht erwähnen:* jmdm. ein Geheimnis, eine Nachricht, einen Brief, den wahren Sachverhalt v.; du verschweigst mir etwas!; er verschwieg ihr, daß er bereits vorbestraft war; ⟨auch ohne Dativ⟩ seine Fehler v.; ich habe nichts zu v.

verschwenden ⟨etwas v.⟩: *überreichlich [und leichtsinnig] weggeben, verbrauchen; vergeuden:* sein Geld, seine Zeit v.; seine Kraft, seinen Geist an, für, mit etwas v.; sie hat ihre Liebe an ihn verschwendet; ich werde keinen einzigen Gedanken daran verschwenden.

verschwenderisch: **1.** *leichtsinnig und allzu großzügig im Ausgeben oder Verbrauchen von Geld und Gut:* ein verschwenderischer Mensch; ein verschwenderisches Leben führen; er ist von Natur aus v.; sie geht mit ihrem Geld v. um. **2.** *überaus reichhaltig; üppig:* eine verschwenderische Pracht, Fülle; die Kostüme waren v.; der Saal war v. dekoriert.

verschwiegen: *zuverlässig im Bewahren eines Geheimnisses:* ein verschwiegener Mensch; er ist v. [wie ein Grab]; übertr.: sie trafen sich an einem verschwiegenen *(verborgenen)* Ort.

Verschwiegenheit, die: *das Verschwiegensein:* er ist die V. selbst; strengste, unbedingte V. geloben; er vertraute ihr das Geheimnis unter dem Siegel der V. an; übertr.: in der V. *(Verborgenheit)* des Klosters, des Waldes.

verschwimmen ⟨etwas verschwimmt⟩: *etwas wird, ist unklar in den Umrissen:* die Farben verschwimmen; die Berge verschwimmen im Dunst; ⟨etwas verschwimmt jmdm.; mit Raumangabe⟩ die Buchstaben verschwimmen mir vor den Augen; adj. Part.: verschwommene Umrisse; übertr.: verschwommene *(unbestimmte)* Ausdrücke, Begriffe, Gefühle, Vorstellungen; drück dich nicht so verschwommen *(unpräzise)* aus!

verschwinden: **a)** *sich aus jmds. Blickfeld entfernen:* schnell, unauffällig, im Gewühl v.; er ist gleich nach der Besprechung verschwunden; er verschwand im/(selten:) ins Gebüsch; die Sonne verschwand hinter den Wolken; der Zug verschwand in der Ferne; der Zauberer ließ allerlei Gegenstände v.; er hatte Akten, Belege, Unterlagen v. lassen *(beseitigt, unterschlagen, vernichtet)*; verschwinde! (ugs.; geh weg!); du mußt hier v. *(es wird hier gefährlich für dich)*; bildl.: von der [politischen] Bühne v.; übertr.: sie verschwindet völlig neben ihm *(ist im Vergleich mit ihm völlig unbedeutend)*; ich muß mal v. (ugs.; *die Toilette aufsuchen*); adj. Part.: verschwindend klein, wenig; ein verschwindender *(äußerst geringer)* Bruchteil; mit verschwindenden *(ganz wenigen)* Ausnahmen. **b)** *verlorengehen; abhanden kommen:* in unserem Betrieb verschwindet immer wieder Geld; meine Brille war verschwunden.

verschwitzen ⟨etwas v.⟩: **1.** *durch Schwitzen unansehnlich machen:* ein Hemd, Kleid, einen Kragen, Hut v.; verschwitzte Kleidung; ich war ganz verschwitzt. **2.** (ugs.) *vergessen:* unsere Verabredung habe ich völlig verschwitzt.

verschwören: **1.** ⟨sich mit jmdm. v.⟩ *sich mit jmdm. heimlich verbünden:* er hatte sich mit anderen Offizieren [gegen die Regierung, zu einem Attentat] verschworen; ⟨auch ohne Präpositionalobjekt⟩ sie verschworen sich gegen den Diktator; adj. Part.: unsere Organisation war ein verschworener Haufen; übertr.: alles scheint sich gegen uns verschworen zu haben *(uns mißlingt alles)*. **2.** ⟨sich einer Sache v.⟩ *sich ganz für etwas einsetzen:* er hatte sich diesem politischen Ziel verschworen; adj. Part.: sie waren dem Leben verschworen.

Verschwörung, die: *gemeinsame Planung eines Unternehmens gegen die staatliche Ordnung:* eine V. gegen den neuen Staatschef, gegen die Regierung; eine V. anstiften, anzetteln, organisieren, aufdecken, entdecken, im Keime ersticken, niederwerfen; sie waren an der V. nicht beteiligt, hatten mit der V. nichts zu tun.

versehen: **1.** ⟨etwas v.⟩ *ausüben, eine bestimmte Aufgabe erfüllen:* seinen Posten, Dienst gewissenhaft v.; jmds. Amt, Stelle v.; sie versieht *(besorgt)* bei uns den Haushalt. **2.** ⟨jmdn., etwas mit etwas v.⟩ *dafür sorgen, daß etwas bei jmdm., etwas vorhanden ist:* jmdn. mit Büchern, Geld v.; er ist gut, schlecht, reichlich, [un]genügend damit versehen; das Haus wurde mit Blitzableitern versehen; der Geistliche hat ihn mit den Sterbesakramenten versehen; wir waren mit allem [Nötigen] wohl versehen. **3.** ⟨sich, etwas v.⟩ *etwas falsch machen, sich bei etwas irren:* ich habe mich versehen; versieh dich nicht bei der Preisangabe, mit dem Gewicht, beim Wiegen!; hierbei ist manches, vieles versehen worden. **4.** (geh.; veraltet) ⟨sich einer Sache v.⟩ *einer Sache gewärtig sein:* bei dieser Person hat man sich jedes Verbrechens zu v.; Redensart: ehe man sich's versieht *(ehe man es glaubt, überraschend schnell)* ...

Versehen, das: *Unachtsamkeit, Irrtum:* es war nur ein V.; ihm ist ein V. unterlaufen, passiert; ein V. kann dabei schon einmal vorkommen; sein V. erkennen, bedauern; wir bitten dieses V. zu entschuldigen; aus V. habe ich den Brief nicht eingesteckt; durch ein V. ist Ihr Antrag noch nicht bearbeitet worden.

versehentlich: *irrtümlich:* die versehentliche Preisgabe eines Geheimnisses; er war versehentlich in den falschen Zug gestiegen.

versenden ⟨etwas v.⟩: *an einen größeren Personenkreis schicken:* Briefe, Waren, Verlobungsanzeigen, ein Rundschreiben v.; die Warenproben sind gestern versandt/versendet worden.

versengen ⟨etwas v.⟩: *an der Oberfläche leicht verbrennen:* sie hat beim Bügeln die Bluse versengt; die Sonnenhitze versengt den Rasen; ⟨jmdm., sich etwas v.⟩ du hast dir die Haare versengt.

versenken: 1. ⟨etwas v.⟩ **a)** *bewirken, daß etwas versinkt:* [feindliche] Schiffe v. **b)** *in die Tiefe senken:* einen Schatz, eine Leiche im Meer v.; der Behälter für das Öl wird in die Erde versenkt; er versenkte *(steckte)* die Hände in die Taschen; adj. Part.: eine versenkte *(nicht über die Oberfläche des Gegenstandes herausragende)* Schraube. **2.** ⟨sich in etwas v.⟩ *sich vertiefen:* ich versenkte mich in meine Bücher, in die Arbeit, in den Anblick des Bildes.

Versenkung, die: **1.** *das Versenken:* die V. feindlicher Schiffe; die V. eines Sarges, einer Leiche ins Meer. **2.** *das Sichversenken:* mystische V.; die V. in das eigene Selbst. **3.** *versenkbarer Teil der Bühne:* der Schauspieler, die Dekoration verschwand in der V. * (ugs.:) **in der Versenkung verschwinden** *(in Vergessenheit geraten)* · (ugs.:) **[wieder] aus der Versenkung auftauchen** *(plötzlich wieder in Erscheinung treten, dasein):* die alte Idee eines Kanalbaues tauchte wieder aus der V. auf.

versessen ⟨in der Verbindung⟩ auf etwas versessen sein: *etwas heftig haben wollen, begehren:* auf Geld, Süßigkeiten v. sein; sie waren v. darauf, etwas Neues zu erfahren; Redensart: er ist darauf v. wie der Teufel auf eine arme Seele.

versetzen: 1. a) ⟨etwas v.⟩ *an eine andere Stelle setzen, rücken:* Bäume, Sträucher, eine Laube, Grenzsteine v.; Buchstaben, Wörter v.; die Hausfront wurde [um] mehrere Meter versetzt. **b)** ⟨jmdn. v.⟩ *an eine andere Dienststelle beordern, kommandieren:* jmdn. in eine andere Abteilung, in eine andere Stadt v.; einen Beamten in den Ruhestand v. *(pensionieren);* er wurde [nach Frankfurt] versetzt. **c)** ⟨jmdn. v.⟩ *in die nächsthöhere Klasse überführen, aufnehmen:* einen Schüler v.; wegen schlechter Leistungen wurde er nicht versetzt. **2. a)** ⟨jmdn., etwas in etwas v.⟩ *in einen bestimmten Zustand bringen:* etwas in Bewegung v.; jmdn. in eine frohe Stimmung, in Aufregung, Begeisterung, Erstaunen, Wut, Angst [und Schrecken], in einen Freudentaumel v.; seine Unterstützung hat mich in die Lage versetzt, meine Ausbildung abzuschließen; durch diese Erinnerungen fühlte er sich in seine Kindheit versetzt. **b)** ⟨sich in jmdn., in etwas v.⟩ *sich in jmdn., in etwas hineindenken:* du mußt dich einmal in meine Lage v.; er kann sich nur schwer in einen anderen v.; versetzen wir uns doch einmal in die Zeit vor 1900. **3.** ⟨jmdm. etwas v.⟩ *unversehens geben* /verblaßt/: jmdm. einen Schlag, Hieb v. *(jmdn. schlagen);* jmdm. einen Stoß v. *(jmdn. stoßen);* jmdm. eine Ohrfeige v. *(jmdn. ohrfeigen);* jmdm. einen [Fuß]tritt v. *(jmdn. treten);* jmdm. einen Stich v. *(jmdn. stechen).* **4.** ⟨etwas mit etwas v.⟩ *[ver]mischen:* eine Lösung mit einer anderen v.; ⟨auch ohne Präpositionalobjekt⟩ Wein und Wasser wurden versetzt. **5.** (ugs.) ⟨etwas v.⟩. **a)** *verpfänden:* seine Uhr, seine Kleider [im Leihhaus] v.; sie haben die versetzten Sachen wieder eingelöst. **b)** *verkaufen:* er hat seine schöne Bildersammlung versetzt; ehe sie auswanderten, haben sie ihre ganze Habe versetzt. **6.** (ugs.; abwertend) ⟨jmdn. v.⟩ *vergeblich warten lassen:* wir waren verabredet, doch sie hat mich versetzt. **7.** ⟨etwas v.⟩ *antworten:* auf meine Frage versetzte er, er sei nicht meiner Ansicht. * (geh.:) **jmdm., einer Sache den Todesstoß versetzen** *(jmdn., etwas zu völliger Wirkungslosigkeit herabdrücken).*

versichern: 1. ⟨jmdm. etwas v.⟩ *als sicher oder gewiß bezeichnen; beteuern:* das kann ich dir v.; er versicherte mir das Gegenteil; er versicherte ihm bei seiner Freundschaft, daß dies nicht wahr sei; mir ist wiederholt versichert worden, daß alles in Ordnung sei; ⟨auch ohne Dativ⟩ etwas hoch und heilig, eidesstattlich v.; er versicherte, daß er nicht der Täter sei. **2.** (geh.) **a)** ⟨jmdn. einer Sache v.⟩ *jmdm. Gewißheit über etwas geben:* jmdn. seines Schutzes, seiner Freundschaft v.; seien Sie unserer Teilnahme versichert; seid versichert, daß die Sache sich so verhält. **b)** ⟨sich jmds., einer Sache v.⟩ *sich vergewissern:* er wollte sich seiner, seiner Hilfe v.; ich habe mich seiner Zustimmung versichert *(habe sie vorher eingeholt).* **3. a)** ⟨jmdn., sich, etwas v.⟩ *für jmdn., sich, etwas eine Versicherung abschließen:* sich, seine Familie [gegen Krankheit, Unfall] v.; sein Haus, Eigentum, Gepäck [gegen Diebstahl] v.; sie waren hoch, zu niedrig, nicht gegen Feuer versichert. **b)** ⟨jmdn., etwas v.⟩ *jmdm. Versicherungsschutz bieten:* unsere Gesellschaft versichert Sie gegen Unfall, Einbruch, Feuer.

Versicherung, die: **1.** *Beteuerung:* eine schriftliche V.; eine V. an Eides Statt; eine eidesstattliche, feierliche V. abgeben; jmdm. die V. geben, daß ...; von jmdm. die V. erhalten, daß ...; ich entschuldigte mich mit der V., daß ich mich nur geirrt habe. **2. a)** *Versicherungsvertrag:* eine V. auf erstes Risiko, gegen Diebstahl, Feuer, Einbruch; meine V. läuft noch; eine V. abschließen, erneuern, kündigen. **b)** *Versicherungsgebühr:* die V. beträgt 20 Mark monatlich; die V. erhöhen, herabsetzen. **c)** *Versicherungsgesellschaft:* die V. kommt für den Schaden auf; in solchen Fällen zahlt die V. nicht. **d)** *das Versichern gegen bestimmte Schäden:* die V. des Reisegepäcks kostet pro Stück 1 DM.

versiegeln ⟨etwas v.⟩: **1.** *mit einem Siegel verschließen:* einen Brief, ein Wertpaket, ein Testament v.; die Wohnung v. *(behördlich durch Siegel verschließen)*; bildl.: jmdm. die Lippen, den Mund mit einem Kuß v. **2.** *lackieren:* das Parkett, den Parkettboden v.

versiegen (geh.) ⟨etwas versiegt⟩: *etwas hört zu fließen auf:* Quellen, Brunnen versiegen; ihre Tränen sind versiegt; bildl.: diese Geldquelle ist versiegt; übertr.: seine schöpferische Kraft war versiegt; er besitzt einen nie versiegenden Humor.

versiert: *auf einem bestimmten Gebiet erfahren:* ein versierter [Versicherungs]kaufmann; er ist in Währungsfragen sehr v. *(bewandert).*

versilbern ⟨etwas v.⟩: **1.** *mit einer Silberschicht überziehen:* einen Becher, Löffel, Knopf, eine Gabel, ein Messer, Eßbesteck v.; adj. Part.: ein versilberter Leuchter. **2.** (ugs.) *zu Geld machen; verkaufen:* Kleider, Bücher, Möbel, seine Armbanduhr v.

versinken: *unter die Oberfläche von etwas geraten und darin verschwinden:* im Sumpf, Schlamm, Morast, in den Wellen, im Meer v.; er versank bis an die Knöchel im Schnee; das Boot brach in zwei Teile auseinander und versank; eine versunkene Stadt; bildl.: in einem Meer von Entzücken, Tränen v.; übertr.: in Gedanken, Erinnerungen, Glück, Leid, Not, Schmerz, Trauer v.; wenn er auf der Bühne stand, versank für ihn die Welt; adj. Part.: er war ganz in ihren Anblick versunken; er ist ganz in seine Arbeit versunken.

Version, die (bildungsspr.): *Darstellungsart, Lesart:* die amtliche, offizielle V. eines Vorfalls; das ist eine neue, andere, abweichende V.; diese V. kenne ich noch nicht; über diese Geschichte sind verschiedene Versionen im Umlauf, verbreitet.

versöhnen: a) ⟨jmdn. mit jmdm. v.⟩ *einen Streit zwischen jmdm. und einem anderen beilegen:* er hat sie mit ihrer Mutter versöhnt; ⟨auch ohne Präpositionalobjekt⟩ wir haben die Streitenden versöhnt; sie sind wieder versöhnt; adj. Part.: sie hat das versöhnende Wort endlich gesprochen · übertr.: die schöne Umgebung versöhnt mich mit der langweiligen Stadt *(ist ein Ausgleich dafür);* das versöhnt mich mit meinem Schicksal *(das läßt mich mein Schicksal ertragen).* **b)** ⟨sich mit jmdm. v.⟩ *mit jmdm. Frieden schließen:* ich habe mich entschlossen, mich mit ihm zu v.; ⟨auch ohne Präpositionalobjekt⟩ habt ihr euch inzwischen versöhnt?

versöhnlich: *zur Versöhnung und friedlichen Verständigung bereit:* ein versöhnlicher Mensch; versöhnliche Worte sprechen, finden; die Stimmung war recht v.; sie waren v. gestimmt.

Versöhnung, die: *das [Sich]versöhnen:* die V. [der beiden, zwischen ihnen] ist durch seine Vermittlung zustande gekommen; eine V. anbahnen, ablehnen, zurückweisen; V. feiern; es war ein großes Fest der allgemeinen V.; jmdm. die Hand zur V. bieten, reichen.

versonnen: *seinen Gedanken nachhängend und die Umwelt vergessend:* ein versonnener Mensch; sie war ganz v.; er blickte v. in sein Glas.

versorgen: 1. ⟨jmdn., etwas v.⟩ *für jmdn., für etwas sorgen:* einen Kranken, die Kinder, das Haus, den Haushalt v.; der Hausmeister versorgt den Fahrstuhl, die Zentralheizung. **2.** ⟨jmdn. mit etwas v.⟩ *jmdm. etwas Fehlendes, notwendig Gebrauchtes geben:* jmdn. mit Nahrung, Kleidung, Geld v.; die Stadt mit Trinkwasser, Strom, Gas v.; ich habe mich mit allem Nötigen versorgt; seine Kinder sind alle versorgt *(leben in auskömmlichen Verhältnissen).*

Versorgung, die: **1.** *das Versorgen:* die V. der Wirtschaft mit Rohstoffen; die V. des Hause[s] mit Brennstoff; die V. [mit Heizöl] war mangelhaft, gefährdet, unterbrochen. **2.** *Sicherun[g] des Lebensunterhalts:* die V. der Beamten, Rentner, Kriegerwitwen.

verspäten ⟨sich v.⟩: *zu spät, später als erwarte[t] kommen:* ich habe mich leider verspätet; sein[e] Ankunft, der Zug hat sich etwas, [um] 10 Minuten verspätet; adj. Part.: verspätete Glückwünsche; ein verspäteter *(zu dieser Jahreszei[t] nicht mehr erwarteter)* Schmetterling; der Zug, das Schiff, Flugzeug traf verspätet ein, kam verspätet [an]; der Roman erschien verspätet.

Verspätung, die: *das Sichverspäten:* die Straßenbahn hatte eine Viertelstunde V.; der Zug hat die V. [wieder] aufgeholt; wir hatten V.; entschuldigen Sie bitte die, meine V.; das Flugzeug wird voraussichtlich mit einer V. von 20 Minuten eintreffen.

verspeisen (geh.) ⟨etwas v.⟩: *mit Behagen aufessen:* einen Braten, Obst mit Appetit v.; er hatte ein ganzes Hähnchen verspeist.

versperren ⟨etwas v.⟩: **1.** (landsch.) *ab-, verschließen:* die [Wohnungs]tür, einen Schrank, ein Zimmer v. **2.** *unzugänglich, unpassierbar machen:* den Eingang, die Einfahrt, den Zugang [mit Kisten] v.; die Straße ist durch die umgestürzten Bäume versperrt; ⟨jmdm. etwas v.⟩ sie versperrten ihm den Weg *(ließen ihn nicht weitergehen);* du versperrst mir die Aussicht.

verspielen: 1. ⟨etwas v.⟩ **a)** *beim Spielen verlieren:* sein Geld, ein Vermögen, Hab und Gut, Haus und Hof, den letzten Heller v. **b)** *durch eigenes Verschulden verlieren:* sein Glück, Recht, eine Chance v. **2.** *in einem Spiel der Verlierer sein:* du hast verspielt. * **bei jmdm. verspielt haben** *(jmds. Sympathien verloren haben).*

verspielt: *nur immer zum Spielen aufgelegt:* ein verspieltes Kind; er ist noch sehr v.

verspotten ⟨jmdn., etwas v.⟩: *zum Gegenstand seines Spottes machen:* den politischen Gegner v.; sie verspotteten seine Ungeschicklichkeit; man versopttet ihn wegen seiner Gutgläubigkeit.

versprechen: 1. a) ⟨jmdm. etwas v.⟩ *verbindlich erklären, daß etwas geschehen wird; zusichern:* jmdm. etwas mit Handschlag, in die Hand, fest, hoch und heilig v.; jmdm. eine Belohnung, Geld, die Rückzahlung, seine Unterstützung, Hilfe, eine Anstellung v.; einer Frau die Ehe v.; er hat uns wer weiß was (ugs.; *alles Mögliche*), das Blaue vom Himmel (ugs.; *Unerfüllbares*), goldene Berge *(Unerfüllbares)* versprochen; er hat mir versprochen, pünktlich zu sein; versprich mir, daß du dich vorsiehst; was man verspricht, muß man halten; adj. Part.: der Vater konnte den versprochenen Zuschuß nicht mehr zahlen; sie sind miteinander versprochen (veraltet; *verlobt*). **b)** ⟨etwas v.⟩ *erwarten lassen:* der Junge verspricht etwas zu werden; das Barometer verspricht gutes Wetter; die Obstbäume versprechen eine gute Ernte; das verspricht den meisten Erfolg; seine Miene versprach nichts Gutes. **c)** ⟨sich (Dativ) etwas von jmdm., von etwas v.⟩ *etwas erwarten:* ich hatte mir von dem neuen Mitarbeiter eigentlich mehr versprochen; hiervon verspreche ich mir viel, wenig, eine ganze Menge, ein positives Ergebnis. **2.** ⟨sich v.⟩ *beim Reden einzelne Laute* *oder Wörter verwechseln:* der Vortragende war sehr nervös und versprach sich ständig; ich habe mich nur versprochen.

Versprechen, das: *das Versprechen, Zusage:* ein V. [ein]halten, einlösen, erfüllen; sie hat mir auf dem Sterbebett das V. abgenommen, für ihre Kinder zu sorgen; ich habe ihm das V. gegeben, mich in Zukunft mehr um diese Angelegenheit zu kümmern; er hat mich an mein V. erinnert; auf dein V. hin habe ich es getan; ich habe ihn von seinem V. entbunden.

Versprechung, die: *Versprechen, Zusage:* das sind alles leere Versprechungen; Versprechungen halten, [nicht] erfüllen, brechen; den Wählern wurden große Versprechungen gemacht.

verspritzen ⟨etwas v.⟩: *irgendwohin spritzen:* Wasser, Farbe v.; übertr.: darüber ist viel Tinte verspritzt worden *(ist viel geschrieben worden)*.

verspüren ⟨etwas v.⟩: **a)** *durch die Sinne wahrnehmen, spüren:* Schmerz, Hunger, Durst, [nicht die geringste] Müdigkeit v. **b)** *eine seelische Regung, einen inneren Antrieb empfinden:* Angst, Sehnsucht, [keine] Lust zu etwas, [kein] Verlangen nach etwas v.; er verspürte keine Lust zu tanzen. **c)** *die Folgen einer Einwirkung merken:* sie verspürte bereits die Wirkung der Medizin, der Spritze; in seiner Abhandlung ist der Einfluß seines Lehrers zu v.

Verstand, der: *Fähigkeit des Menschen, sinngemäß aufzufassen, zu begreifen, mit Begriffen umzugehen:* ein scharfer, kluger, nüchterner V.; der menschliche V.; das zu begreifen, dazu reicht mein V. nicht aus, fehlt mir der V.; den V. schärfen, ausbilden; wenig, einen geringen V. haben; ich hätte ihm mehr V. zugetraut; für die schwierige Rechenaufgabe mußte der Schüler all seinen V. zusammennehmen; (ugs.:) der hat mehr V. im kleinen Finger als ein anderer im Kopf!; die Unglücksnachricht hat ihren V. verwirrt; er hat seinen V. versoffen (derb); man muß an seinem V. zweifeln *(sein Verhalten ist unerklärlich)*; er ist bei vollem V. *(Bewußtsein)*; bei klarem V. *(klarer Überlegung)* kann man nicht so urteilen; er durchdrang alles mit seinem V.; das geht über meinen V. *(das kann ich nicht begreifen)*; das hat mich um meinen V. gebracht *(hat mich fassungslos gemacht)*; Redensarten: lange Haare, kurzer V.; mehr Glück als V. haben *(bei etwas unverdienten Erfolg oder trotz seines Verhaltens keinen Schaden haben)*. * (ugs.:) **jmdm. steht der Verstand still; bleibt der Verstand stehen** *(etwas ist für jmdn. unbegreiflich)* · **den Verstand verlieren** *(durch etwas um seinen klaren Verstand gebracht werden und völlig unverständlich handeln)* · (ugs.:) **etwas hat weder Sinn noch Verstand** *(etwas ist völlig sinnlos)* · (ugs.:) **nicht ganz bei Verstand sein** *(anscheinend nicht ganz normal sein)* · (ugs.:) **mit seinem Verstand am Ende sein** *(etwas nicht verstehen, begreifen können)* · (ugs.:) **etwas mit Verstand essen/trinken/rauchen [müssen]** *(etwas wegen seiner Qualität oder Rarität richtig genießen [müssen])* · **ohne Sinn und Verstand** *(ohne Überlegung)* · **[wieder] zu Verstand kommen** *(sich [wieder] besinnen)*.

verständig: *mit Verstand begabt; einsichtig:* er wird schon einlenken, er ist doch ein verständiger Mensch; das Kind ist für sein Alter schon sehr v.; sie zeigten sich sehr v.

verständigen: 1. ⟨jmdn. v.⟩ *von etwas in Kenntnis setzen:* er verständigte die Polizei [über diesen, von diesem Vorfall]. **2.** ⟨sich mit jmdm. v.⟩ **a)** *jmdm. deutlich machen, was man sagen will:* ich konnte mich mit dem Engländer gut v.; ⟨auch ohne Präpositionalobjekt⟩ wir verständigten uns durch Zeichen. **b)** *sich einigen; zu einer Einigung kommen:* ich konnte mich mit ihm über alle strittigen Punkte v.; ⟨auch ohne Präpositionalobjekt⟩ die beiden Parteien, Gegner sollten sich v.

Verständigung, die: **1.** *das Verständigen:* die V. der Angehörigen, der Polizei, des Arbeitgebers. **2. a)** *das Sichverständlichmachen:* die V. mit dem alten Mann war sehr schwierig; der Sturm machte jede Verständigung unmöglich. **b)** *Einigung:* eine friedliche V.; eine V. suchen, erzielen; für die V. der Völker wirken; endlich kam es zu einer V.

verständlich: 1. *gut hörbar, gut zu verstehen:* der Redner sprach mit leiser, aber verständlicher Stimme; er murmelte einige kaum verständliche Worte; er spricht sehr klar und v. **2.** *leicht zu begreifen; anschaulich:* ein leicht verständliches Buch; ein verständlicher Wink; der Vortrag ist schwer, kaum v.; eine Theorie v. darstellen; er versuchte, das Lesestück den Kindern v. zu machen *(zu erklären)*. **3.** *leicht einzusehen, begreiflich:* ein verständlicher Wunsch; sein Verhalten, seine Verärgerung ist durchaus v.; es ist v., wenn du nach diesem Vorfall nicht mehr kommst. * **sich verständlich machen: a)** *(so laut sprechen, daß man gehört wird)*: trotz des Lärms konnte ich mich v. machen. **b)** *(sich so ausdrücken, daß es der andere begreift)*: der Ausländer versuchte sich v. zu machen.

Verständnis, das: *Fähigkeit, jmdn., etwas zu verstehen; Einfühlungsvermögen:* ihm geht jedes V. für Kunst ab; es fehlt ihm jedes V. für meine Probleme; das V. für moderne Literatur ist ihm noch nicht aufgegangen; er hat volles V. dafür; das rechte V. für jmdn., etwas aufbringen, bekommen, finden; V. für etwas wachrufen (geh.), wecken; der Minister zeigte viel, großes, bereitwilliges V. für die Sorgen der Bauern; der Lehrer bringt seinen Schülern viel V. entgegen; du kannst bei ihm auf V. rechnen; sie blickte mich ohne V. an, nickte mir voll V. zu; wir bitten um V. [für die Verzögerung]; das Buch trägt zum V. unserer Kultur bei.

verstärken: 1. a) ⟨etwas v.⟩ *dicker, stärker machen:* eine Mauer, einen Wall, Pfeiler, Träger v. **b)** ⟨etwas v.⟩ *zahlenmäßig vergrößern:* die Besatzung, die Wache, die Garnison, Polizeieinheiten v.; ein verstärkter Chor. **2. a)** ⟨etwas v.⟩ *die Intensität, Stärke von etwas erhöhen:* den elektrischen Strom, die Spannung, den Druck v.; der Ton, seine Stimme wird durch die Lautsprecheranlage verstärkt; Phot.: ein Negativ v. *(die Kontraste eines schwachbelichteten Films stärker hervorheben)*; übertr.: seine Anstrengungen v.; diese Bemerkung hat seinen Argwohn verstärkt; der Eindruck wurde durch die Tatsache verstärkt, daß ...; diese Mitteilung verstärkte seine Vermutung zur Gewißheit; in verstärktem Maß[e] *(mehr als bisher)*. **b)** ⟨sich v.⟩ *stärker werden, wachsen:* der Druck verstärkt sich, wenn man das Ventil schließt;

übertr.: meine Zweifel haben sich verstärkt; ihr Eigensinn hat sich eher verstärkt als verringert. **3.a)** ⟨etwas v.⟩ *durch neue Mitglieder o. ä. stärker machen:* eine Mannschaft, ein Team v. **b)** ⟨sich v.⟩ *Verstärkung heranholen; durch neue Mitglieder o. ä. stärker werden:* die Mannschaft hat sich für die kommende Meisterschaft durch zwei neue Stürmer verstärkt.

Verstärkung, die: **1.** *das Verstärken, Dickermachen:* die V. einer Mauer, einer Wand; die Sturmschäden machten eine V. des Deiches notwendig; eine Säule zur, als V. aufstellen. **2.a)** *zahlenmäßige Vergrößerung:* eine V. der Truppen, der Polizei ist dringend nötig. **b)** *Truppen o. ä., durch die eine Einheit vergrößert und gestärkt wird:* die V. kam zu spät, traf rechtzeitig ein; V. anfordern, verlangen, heranziehen; die Wache rief V., erhielt keine V.; um V. bitten. **3.** *Erhöhung der Stärke, Intensität:* die V. des Stroms, der Spannung; eine V. des Tons; Phot.: die V. des Negativs.

verstauben /vgl. verstaubt/ ⟨etwas verstaubt⟩: *etwas wird staubig:* Akten, Bücher und Zeitschriften verstauben im Regal; ein verstaubter Kranz; die Arbeiter waren verschwitzt und verstaubt; bildl.: seine Romane verstauben in den Bibliotheken *(werden von niemandem gelesen).*

verstaubt: *altmodisch, überholt:* eine verstaubte Weltanschauung, Lebensauffassung; seine Parolen sind, wirken schon sehr verstaubt.

verstauchen ⟨sich (Dativ) etwas v.⟩: *sich eine Verzerrung am Gelenk zuziehen:* ich habe mir den Fuß, das Bein, die Hand verstaucht.

verstauen ⟨etwas v., mit Raumangabe⟩: *irgendwo [für den Transport] gut verteilt unterbringen:* die Ladung im Schiff, die Koffer im Gepäckhalter v.; die Schüler verstauen ihre Bücher in der/(selten:) in die Schultasche; er hat die Familie im Auto verstaut (scherzh.); ⟨auch ohne Raumangabe⟩ habt ihr das Gepäck gut verstaut?

verstecken ⟨jmdn., etwas v.⟩: *verbergen:* das Eichhörnchen versteckt die Nüsse; wo hast du den Schlüssel versteckt?; er versteckte seine Hände auf dem Rücken; Ostereier v.; sich hinter einem Baum, im Gebüsch v.; das Geld im/(selten:) in den Schreibtisch v.; der gesuchte Brief hatte sich, war zwischen anderen Schriften versteckt; bildl.: er versteckte seine Verlegenheit hinter einem Lächeln · adj. Part.: ich hielt mich, die Beute [im Wald] versteckt; eine versteckte *(nicht erkannte)* Gefahr; versteckte *(geheime)* Umtriebe; versteckte *(nicht offen ausgesprochene, heimliche)* Vorwürfe, Angriffe; Druckerspr.: versteckte *(verstellte)* Zeilen; subst.: die Kinder spielen Verstecken. * **sich vor**/(seltener:) **neben jmdm. verstecken müssen, können** *(jmdm. in den Leistungen weit unterlegen sein)* · **sich vor/neben jmdm. nicht zu verstecken brauchen** *(jmdm. ebenbürtig sein).*

verstehen: 1. ⟨jmdn., etwas v.⟩ *deutlich hören:* ich konnte alles, kein Wort v.; der Redner war gut, schlecht, schwer zu v.; verstehst du, was er sagt?; du mußt deutlicher sprechen, ich verstehe dich sonst nicht. **2.a)** ⟨jmdn., etwas v.⟩ *begreifen, den Sinn von etwas erfassen:* einen Gedankengang, einen Zusammenhang, eine Rechnung v.; hast du seine Ausführungen, ihn verstanden?; es ist schwer zu v. *(schwer begreiflich),* weshalb das gerade so sein soll; er versteht die Welt nicht mehr; ich verstehe Englisch, kann es aber kaum sprechen; /als verstärkende Formel/: du bleibst hier, verstanden!/ verstehst du! **b)** ⟨jmdn., etwas v.; mit Umstandsangabe⟩ *auslegen, deuten:* hast du das richtig verstanden?; er hat deine Worte, dich anders, falsch verstanden; wenn ich recht verstehe, willst du kündigen; versteh mich bitte richtig, nicht falsch *(lege meine Worte nicht falsch aus, nimm sie nicht übel);* das ist symbolisch, cum grano salis (bildungsspr.; *nicht ganz wörtlich*) zu v.; das ist so, in dem Sinne zu v., daß ...; wie soll ich das v.? *(wie ist das gemeint?);* unter „Demokratie“ versteht jeder etwas anderes. **3.a)** ⟨jmdn., etwas v.⟩ *Verständnis für jmdn., für etwas haben; sich in jmdn., in etwas hineindenken [können]:* Fehler und Schwächen der anderen v.; ich kann ihn, sein Benehmen nicht v.; er versteht sie [sehr gut]; wir verstehen uns/(geh.:) einander; sie verstand seinen Entschluß, nicht zu fliegen; daß er Angst hat, kann ich gut v.; die Frau fühlt sich nicht verstanden. **b)** ⟨sich mit jmdm. v.⟩ *mit jmdm. gut auskommen, gleicher Meinung sein:* ich verstehe mich sehr gut mit ihm; in dieser Frage verstehe ich mich [nicht] mit ihm. **4.a)** ⟨etwas v.⟩ *etwas gut können, gelernt haben:* seinen Beruf, sein Handwerk, Fach, Geschäft, seine Kunst, Arbeit, Sache, den Rummel (ugs.) gründlich, aus dem Effeff (ugs.) v.; eine Sprache v. *(beherrschen);* so viel Latein, Französisch verstehen wir noch; Redensart: du verstehst wohl kein Deutsch mehr/nicht mehr Deutsch? *(du willst wohl nicht hören?)* · er versteht zu reden/das Reden; der Vertreter versteht es meisterhaft, andere zu überzeugen. **b)** ⟨etwas von etwas v.⟩ *auf einem bestimmten Gebiet besondere Kenntnisse haben:* er versteht viel, allerhand, eine ganze Menge (ugs.) von Musik, Literatur, Politik; verstehst du etwas vom Wein?; davon verstehst du nichts! **c)** ⟨sich auf etwas v.⟩ *sich bei etwas sehr gut auskennen:* er versteht sich aufs Lügen, Geschäftemachen, auf diese Apparatur, aufs Basteln, auf Pferde. **5.** (veraltend) ⟨sich zu etwas v. *[unwillig] sich zu etwas bereit erklären:* sich zu einer Entschuldigung, zum Schadenersatz v.; du wirst dich zum Nachgeben v. müssen; ich werde mich nicht dazu v., das Haus zu verkaufen. **6.** ⟨etwas versteht sich; mit Artangabe⟩ *etwas ist in bestimmter Weise gemeint, aufzufassen:* der Preis versteht sich mit/ohne Verpakkung, mit Flasche, ab Werk; das versteht sich von selbst *(ist selbstverständlich);* /als verstärkende Formel der Zustimmung/: rufst du mich an? versteht sich! * **jmdm. etwas zu verstehen geben** *(jmdm. etwas andeuten)* · (ugs.:) **[immer] nur Bahnhof verstehen** *(nicht richtig, überhaupt nicht verstehen)* · **keinen Spaß verstehen: a)** *(humorlos sein)* · **b)** *(nicht mit sich spaßen lassen):* in Gelddingen versteht er keinen Spaß.

versteifen 1. ⟨etwas v.⟩: *abstützen:* einen Zaun durch/mit Latten v.; eine Mauer, Hängebrücke, Decke v. **2.** ⟨sich v.⟩ *steif werden:* das Gelenk, Bein hat sich vom langen Liegen versteift; adj. Part.: versteifte Glieder. **3.** ⟨sich v.⟩ *sich verstärken, unnachgiebiger werden:* der Widerstand der Aufständischen versteifte sich;

nach der Rede des Ministers haben sich die Fronten noch mehr versteift. **4.** ⟨sich auf etwas v.⟩ *hartnäckig an etwas festhalten:* er versteift sich auf sein Recht; der Bürgermeister hat sich auf seinen früher gefaßten Beschluß versteift; sie versteifte sich darauf, Medizin zu studieren.

versteigen /vgl. verstiegen/: **1.** ⟨sich v.⟩ *sich beim Bergsteigen, Klettern verirren:* ich hatte mich [in der Wand, beim Klettern] verstiegen. **2.** (geh.) ⟨sich zu etwas v.⟩ *etwas in kühner Weise oder in übertriebenem Maß tun:* sich zu übertriebenen Forderungen v.; er verstieg sich zu der Behauptung, zu der Hoffnung, daß ...

versteigern ⟨etwas v.⟩: *durch Versteigerung verkaufen:* einen Hof, Kunstgegenstände, eine Bibliothek, ein Gemälde v.; die Sammlung wird nicht als Ganzes verkauft, sondern meistbietend/an den Meistbietenden versteigert.

Versteigerung, die: *Verkauf an den Meistbietenden:* eine freiwillige, öffentliche V.; die V. des Nachlasses findet am 20. November statt; eine V. ausschreiben, ansetzen, bekanntgeben; auf, bei einer V. [mit]bieten, etwas ersteigern; etwas zur V. geben; das Haus kam zur V. *(wurde versteigert).*

versteinern: 1. *wie zu Stein werden:* Pflanzen, Tiere v.; das Holz ist im Laufe der Jahrtausende versteinert; er stand wie versteinert *(starr vor Schreck o. ä.)* da. **2. a)** ⟨etwas versteinert etwas⟩ *etwas macht etwas starr, unbewegt:* die Verzweiflung versteinerte seine Züge. **b)** ⟨etwas versteinert sich⟩ *etwas wird starr, unbewegt:* sein Lachen, seine Miene versteinert sich.

verstellen: 1. ⟨etwas v.⟩ *durch in den Weg Gestelltes versperren:* eine Tür, einen Eingang, Durchgang v.; die Fenster waren mit/durch Kisten verstellt; der Wagen verstellt die Ausfahrt; er verstellte mir den Weg *(ließ mich nicht weitergehen).* **2.** ⟨etwas v.⟩ **a)** *an den falschen Platz stellen, falsch einordnen:* eine Uhr, die Zeiger v.; beim Abstauben waren die Bücher verstellt worden. **b)** *so einstellen, wie man es braucht:* einen Hebel, den Sitz, den Rückspiegel im Wagen, die Blende, den Gürtel, das Notenpult v.; den Liegestuhl, die Höhe des Liegestuhls kann man v. **3. a)** ⟨etwas v.⟩ *ändern, um zu täuschen:* die [Hand]schrift, Miene v.; er rief mich mit verstellter Stimme an. **b)** ⟨sich v.⟩ *sich anders geben, als man ist:* du schläfst ja gar nicht, du verstellst dich nur; warum verstellt er sich dauernd?

verstiegen: *überspannt, übertrieben:* verstiegene Ansichten, Erwartungen; seine Pläne sind viel zu v., als daß sie Anklang finden könnten; das klingt alles recht v.

verstimmen: 1. *falsch klingen:* **a)** ⟨etwas verstimmt⟩ das Klavier verstimmt leicht bei Temperaturwechsel; ein verstimmtes Klavier; das Instrument ist verstimmt. **b)** ⟨etwas verstimmt sich⟩ der Flügel, die Geige verstimmt sich bei dieser Feuchtigkeit. **2.** ⟨jmdn. v.⟩ *verärgern, mißmutig machen:* du hast ihn mit dieser Äußerung sichtlich verstimmt; seine Ablehnung verstimmte uns aufs tiefste; ich war, wurde durch den Vorfall etwas verstimmt; ein verstimmter *(leicht verdorbener)* Magen.

verstockt: *uneinsichtig:* ein verstockter Mensch, Gaul; er hat ein verstocktes Wesen, Gemüt; sei nicht so v.!; sie blieb, schwieg v.

verstohlen: *heimlich, unauffällig:* ein verstohlenes Lächeln; er warf ihr verstohlene Blicke zu; jmdn. v. ansehen, betrachten, mustern; er steckte ihm v. etwas zu.

verstopfen ⟨etwas v.⟩: *ganz ausfüllen, zustopfen:* ein Loch, eine Öffnung, Röhre v.; die Fugen mit Papier v.; die Autos verstopfen die Straßen; ⟨sich (Dativ) etwas v.⟩ ich mußte mir bei dem Lärm die Ohren v.; adj. Part.: die Leitung, das Klosett ist verstopft; die Straßen sind [mit/von Fahrzeugen] verstopft; ich bin verstopft (ugs.; *habe zu wenig Stuhlgang*).

verstört: *verwirrt, erschüttert:* ein durch diese schrecklichen Erlebnisse völlig verstörter Mensch; verstörte Blicke; verstörte Reden führen; sie war von dem plötzlichen Tod ihres Mannes ganz, tief, völlig v.; v. antworten.

Verstoß, der: *Verletzung eines Gesetzes o. ä.:* ein grober, arger, kleiner V. gegen die Ordnung, gegen das Gesetz, gegen die öffentliche Moral, gegen die Regeln des Anstandes; die Verstöße gegen die Verkehrsordnung häufen sich; der geringste V. wird geahndet, bestraft; du darfst dir keine Verstöße zuschulden kommen lassen.

verstoßen: 1. ⟨jmdn. v.⟩ *aus der Familie ausstoßen:* er hat seine Tochter [aus dem Elternhaus], den Sohn wegen seiner politischen Einstellung verstoßen. **2.** ⟨gegen/(geh.:) wider etwas v.⟩ *etwas übertreten, verletzen:* gegen das Gesetz, gegen die Vorschrift, gegen die Gebote v.; er hat mit diesem Vorgehen gegen die Spielregeln, gegen alle Tabus v.; sein Vorhaben verstößt gröblich gegen Gesetz und Moral.

verstreichen: 1. ⟨etwas v.⟩: **a)** *verschmieren, ausfüllen:* einen Riß, eine Fuge v.; der Maler verstreicht das Loch in der Wand mit Gips. **b)** *gut verteilt auf etwas streichen:* die Butter [auf dem Brot] v. **2.** (geh.) ⟨etwas verstreicht⟩ *etwas vergeht:* die Zeit, die Frist verstreicht schnell; Stunden waren ungenutzt verstrichen; er ließ noch eine Weile v.

verstreuen: a) ⟨etwas v.⟩ *unabsichtlich ausstreuen:* Salz, Mehl v.; er hat die Streichhölzer auf dem Boden verstreut. **b)** ⟨etwas v.; mit Raumangabe⟩ *ohne Ordnung irgendwo hinlegen, ausbreiten:* er hat seine Kleider, die Kinder haben die Spielsachen im ganzen Zimmer verstreut; adj. Part.: Papiere lagen verstreut auf dem Boden; verstreute *(weit auseinander liegende)* Dörfer, Gehöfte; die Hochschulen sind über das ganze Land verstreut *(verteilt).*

verstricken: 1. a) ⟨etwas v.⟩ *beim Stricken verbrauchen:* ich habe schon fast die ganze Wolle verstrickt. **b)** ⟨etwas verstrickt sich; mit Artangabe⟩ *etwas wird beim Stricken aufgebraucht:* diese Wolle verstrickt sich schnell. **2.** ⟨jmdn., sich in etwas v.⟩ *in etwas verwickeln:* jmdn. in ein Gespräch v.; er hat sich in Widersprüche, in Lügen verstrickt; (geh.:) er ist in Sünde, Schuld, in Irrtum und Bosheit verstrickt.

verstümmeln: 1. ⟨jmdn. v.⟩ *schwer verletzen, wobei Glieder abgetrennt werden:* der Mörder hatte sein Opfer [mit dem Messer] verstümmelt; bei dem Unfall wurden mehrere Fahrgäste entsetzlich, bis zur Unkenntlichkeit verstümmelt; er verstümmelte sich selbst, um dem Militärdienst zu entkommen; eine verstümmelte Hand, eine grausig verstümmelte Leiche. **2.** ⟨etwas v.⟩ *so ändern, daß es sinnlos oder unver-*

ständlich wird: einen Text, einen Plan, eine Idee v.; das verstümmelte Telegramm war nicht mehr zu entziffern.

verstummen: *plötzlich zu reden, klingen aufhören:* vor Entsetzen v.; das Gespräch, sein Gesang, die Musik verstummte; die Glocken, die Vögel verstummen; der Klatsch ist endlich verstummt *(hat aufgehört);* subst. (geh.): die Verleumder sind zum Verstummen gebracht.

Versuch, der: **a)** *Bemühen, durch das man etwas verwirklichen will:* ein kühner, aussichtsloser, verzweifelter, mißglückter, kostspieliger V.; der erste, letzte V.; es war ein gewagter V., aus dem Gefängnis zu entfliehen; dieses Gedicht ist nur ein bescheidener V.; der V. gelingt, mißlingt, scheitert; niemand weiß, wie der V. ausgeht; alle Versuche blieben erfolglos; ich will noch einen V. mit ihm, mit dem Gerät machen *(ich will es mit ihm, mit dem Gerät noch einmal versuchen);* ich machte den vergeblichen V., ihn umzustimmen; es käme auf einen V. an *(man müßte es nur einmal probieren);* beim dritten V. erreichte er seine neue Bestleistung im Hochsprung. **b)** *Experiment:* ein chemischer, psychologischer V.; der V. ist gelungen, mißlungen; ein V. im Labor, mit untauglichen Mitteln, am lebenden, toten, ungeeigneten Objekt; einen V. vorbereiten, anstellen, abbrechen, auswerten; er macht Versuche an Tieren; aus einem V. lernen; die Sache ist in den Versuchen steckengeblieben; die Versuche mit Kernwaffen einstellen, stoppen.

versuchen: **1.** (geh.) ⟨jmdn. v.⟩ *auf die Probe stellen:* Gott versucht den Menschen. **2.** ⟨etwas v.⟩ *kosten, probieren:* eine Speise, den Wein v.; wollen Sie v.?; versuchen Sie einmal diesen Kaffee! **3.a)** ⟨etwas v.⟩ *wagen; probieren, ob es möglich ist:* sein Bestes, das Letzte, das Äußerste, das Unmögliche v.; ich versuchte zu entfliehen, zu leugnen, zu scherzen, mich herauszureden, mich zu befreien; er versuchte, sie bei den Händen zu fassen; sie versuchte vergeblich, ihn auf diese Weise zu trösten; er versucht, ob er es kann, ob es geht, wie weit er damit kommt, was daraus wird; etwas immer wieder, von neuem v. **b)** ⟨v. etwas zu tun⟩ *sich um etwas bemühen:* ich versuchte, das Klavierspielen zu erlernen, die Schrift zu entziffern. **c)** ⟨es mit jmdm., mit etwas v.⟩ *probieren, ob jmd., etwas taugt:* der Chef will es mit ihm [noch einmal] v.; versuche es doch einmal mit diesem Medikament! **d)** ⟨sich an/in etwas v.⟩ *sich an etwas heranwagen, etwas in Angriff nehmen:* verschiedene Dichter haben sich schon an diesem Thema versucht; ich versuchte mich an einem Roman, in diesem Beruf, in der Malerei. * **sein Glück/Heil versuchen** *(etwas mit der Hoffnung auf Erfolg tun, unternehmen):* er versuchte sein Glück beim Spiel, als Schauspieler · **versucht sein/sich versucht fühlen, etwas zu tun** *(die Neigung verspüren, aber noch zögern, etwas zu tun):* ich war versucht, ihm zu glauben.

Versuchung, die: *Anreiz zu etwas Schlechtem oder Ungewolltem:* dieses Angebot war eine große V. für ihn; oft war die V. an sie herangetreten (geh.), seinen Schreibtisch zu durchsuchen; den Versuchungen nachgeben, erliegen, unterliegen; junge Menschen sind vielen Versuchungen ausgesetzt; ich konnte der V. nicht widerstehen, das Kleid zu kaufen; ich war schon in V., dich anzurufen *(ich hätte dich fast angerufen);* er kam, geriet, fiel in V.; mit der V. kämpfen.

versumpfen: **1.** ⟨etwas versumpft⟩ *etwas wird sumpfig:* der Teich versumpft immer mehr; das Ufer, der Boden ist völlig versumpft. **2.** (ugs.) *unsolide, liederlich werden:* in der Großstadt v.; diese Nacht sind wir wieder versumpft.

versündigen (geh.) ⟨sich an jmdm., an etwas v.⟩: *an jmdm., etwas unrecht tun, schuldig werden:* sich am Volk, an der Menschheit v.; er hat sich an seinen Kindern versündigt; ⟨auch ohne Präpositionalobjekt⟩ versündige dich nicht! */Entgegnung auf eine leichtfertige, blasphemisch anmutende Äußerung/.*

versüßen ⟨jmdm., sich etwas v.⟩: *angenehmer machen:* sich (Dativ) das Leben v.; er wollte ihm [mit dieser Belohnung] die Arbeit v.

vertagen: **a)** ⟨etwas v.⟩ *auf einen anderen Termin verlegen:* eine [Gerichts]verhandlung, eine Sitzung, Konferenz v.; die Beratungen wurden auf unbestimmte Zeit, wegen Terminschwierigkeiten vertagt; eine Aktion v. *(aufschieben).* **b)** ⟨sich v.⟩ *beschließen, eine Sitzung o. ä. zu verschieben:* der Landtag, das Gericht hat sich vertagt.

vertauschen: **a)** ⟨etwas v.⟩ *irrtümlich statt des Richtigen mitnehmen:* wir haben unsere Hüte, Mäntel vertauscht; die Schirme wurden im Restaurant vertauscht. **b)** (geh.) ⟨etwas mit etwas v.⟩ *auswechseln:* er hat sein Besteck mit meinem vertauscht; der Maler vertauschte den Pinsel mit der Feder *(wurde Schriftsteller);* Köln mit Bonn v. *(von Köln nach Bonn ziehen);* ⟨auch ohne Präpositionalobjekt⟩ in dem Theaterstück vertauschen Herr und Diener ihre Kleider, ihre Rollen.

verteidigen: **a)** ⟨jmdn., sich, etwas v.⟩ *vor [militärischen] Angriffen schützen:* eine Stadt, Festung, Stellung, die Grenze, das Land, das Eigentum v.; du hast dich tapfer, hartnäckig, bis aufs äußerste verteidigt; die Dorfbewohner verteidigten sich gegen die plündernden Soldaten; ⟨auch ohne Akk.⟩ Sport: die Mannschaft mußte in den letzten Minuten mit aller Kraft v. **b)** ⟨jmdn., sich, etwas⟩ *rechtfertigen; Vorwürfe abwehren:* Luther verteidigte seine Thesen; der Abgeordnete verteidigte die Politik der Regierung; der Minister verteidigte sich in seiner Rede geschickt gegen die Angriffe der Opposition; er verteidigte lebhaft seine Frau. **c)** ⟨jmdn. v.⟩ *vor Gericht vertreten:* der Angestellte wurde von Rechtsanwalt ... verteidigt.

Verteidigung, die: **1.a)** *das [militärische] Verteidigen:* eine wirksame, nukleare V.; die V. einer Stadt, der Grenzen, des Luftraums; zur V. der Heimat bereit sein. **b)** *das Sichverteidigen; Rechtfertigung:* eine geschickte, kluge, schwache, kraftlose, wortreiche V.; er ist in der V., wurde immer mehr in die V. gedrängt; zu seiner V. brachte er vor, machte er geltend, daß ... **c)** *Vertretung vor Gericht:* die V. des Angeklagten liegt in den Händen eines guten Anwalts; der Anwalt übernahm die V., lehnte die V. ab. **2.a)** *die Verteidiger bei Gericht:* was hat die V. dazu zu sagen?; auf Antrag der V. wurden neue Zeugen vorgeladen. **b)** (Sport) *Hintermannschaft, Abwehr:* die V. konnte den gegnerischen Sturm nicht halten, war sehr unsicher.

verteilen: **1.** ⟨etwas v.⟩ *austeilen:* die Geschenke, Vorräte, Reste v.; Unterstützungen an, unter die Bedürftigen v.; er verteilte Flugblätter an die Passanten; der Spielleiter verteilt die Rollen; ein Stück in verteilten Rollen lesen; übertr.: wir verteilten die Rollen *(jeder bekam eine bestimmte Aufgabe).* **2.** ⟨etwas v.⟩ *nach bestimmten Gesichtspunkten anordnen, aufteilen:* die Last gleichmäßig auf Genick und Schultern v.; der Wirt verteilte die Wurst auf die einzelnen Tische; der Maler verteilt Licht und Schatten im richtigen Verhältnis. **3.** ⟨sich v.⟩ *sich über eine Fläche o. ä. ausbreiten:* die Gäste verteilten sich [auf die verschiedenen Räume, an die einzelnen Tische]; die Polizei hatte sich über den Platz verteilt; die Filialen der Bank sind in der ganzen Stadt verteilt.

Verteilung, die: *das Austeilen, Verteilen:* eine gerechte V. der Subventionen, Spenden; er wurde bei der V. verbotener Schriften ertappt; Malerei: die V. *(Anordnung)* von Licht und Schatten. * (nachdrücklich:) **zur Verteilung gelangen/kommen** *(verteilt werden).*

verteuern: **a)** ⟨etwas verteuert etwas⟩: *etwas macht etwas teuer:* der Transport verteuert die Waren; das Übernachten verteuert den Ausflug. **b)** ⟨etwas verteuert sich⟩ *etwas wird teurer:* die Waren verteuern sich durch den Transport.

verteufelt (ugs.): **a)** *unangenehm, vertrackt:* eine verteufelte Angelegenheit; /oft mit dem Unterton [widerstrebender] Anerkennung/ ein verteufelter Kerl. **b)** ⟨verstärkend bei Adjektiven und Verben⟩ *sehr:* eine v. schwierige Aufgabe; es riecht hier ganz v. *(sehr stark)* nach Benzin.

vertiefen: **1. a)** ⟨etwas v.⟩ *tiefer machen:* ein Loch, einen Graben v.; Musik: Ces ist das um einen Halbton vertiefte C. **b)** ⟨sich v.⟩ *tiefer werden:* die Falten in ihrem Gesicht haben sich vertieft; die Kluft zwischen den Parteien hat sich noch vertieft; die Dämmerung vertiefte sich (geh.). **2.** ⟨etwas v.⟩ *verstärken, vergrößern:* die Wirkung von etwas v.; dieser Vorfall vertiefte ihre Abneigung gegen ihn; der Präsident wollte durch seinen Besuch die Freundschaft zwischen den beiden Völkern v.; er suchte seine Kenntnisse, sein Wissen zu v. **3.** ⟨sich in etwas v.⟩ *sich mit etwas intensiv beschäftigen:* sich in eine Zeitung, ein Buch, in die Lektüre eines Buches v.; er war in Gedanken, in den Anblick des Bildes, in ein Gespräch mit einem Freund vertieft; ich war so in meine Arbeit vertieft, daß ich ihn nicht bemerkte.

vertilgen ⟨etwas v.⟩: **a)** *ausrotten:* Ungeziefer v. **b)** (ugs.) *ganz aufessen:* die Kinder haben den Kuchen restlos vertilgt.

vertippen (ugs.) ⟨sich v.⟩: *einen Tippfehler machen:* ich habe mich mehrmals vertippt.

Vertrag, der: *[schriftliche] rechtsgültige Vereinbarung:* ein [un]günstiger, langfristiger, [un]gültiger, befristeter V.; ein V. auf drei Jahre, zwischen den beiden Partnern; der V. ist amtlich beglaubigt, rechtskräftig, null und nichtig; der V. verstößt gegen Treu und Glauben; einen V. schließen, annehmen, unterschreiben, unterzeichnen, einhalten, brechen, verletzen; die Firma hat mit dem Staat einen V. über die Nutzung der Ölvorkommen abgeschlossen; ich halte mich an den Wortlaut des Vertrages; kraft des Vertrags; er ist an den V. gebunden; auf einen/auf einem V. bestehen; ich berief mich auf den V.; diesen Passus möchte ich noch in den V. aufnehmen; laut V. sind sie dazu verpflichtet ...; die Schauspielerin wurde von der Filmgesellschaft unter V. genommen.

vertragen: **1.** ⟨etwas v.⟩ *aushalten:* diese Pflanze verträgt viel Nässe; er kann viel v.; ich vertrage dieses Klima nicht; mein Magen verträgt, ich vertrage keine fetten Speisen *(sie bekommen mir nicht);* ich vertrage nichts, keinen Alkohol *(mich macht bereits eine kleine Menge Alkohol betrunken);* ein Politiker muß einen Puff (ugs.) v. können; das kann der zehnte nicht v. (ugs., *das hält ja keiner aus*); keinen Widerspruch, keine Kritik v.[können]; er verträgt keinen Spaß *(ist leicht gekränkt);* er vertrug es nicht, daß sie immer das letzte Wort haben wollte. **2.** (landsch.) ⟨etwas v.⟩ *abnutzen, verschleißen:* diesen Mantel werde ich noch vertragen und dann wegwerfen. **3. a)** ⟨sich mit jmdm. v.⟩ *mit jmdm. gut auskommen:* ich habe mich mit meinem Bruder immer [gut] vertragen; ⟨auch ohne Präpositionalobjekt⟩ könnt ihr euch denn nicht v.?; [Kinder] vertragt euch [wieder]!; übertr.: die Farben Grün und Blau vertragen sich nicht *(passen nicht zueinander).* **b)** ⟨etwas verträgt sich mit etwas⟩ *etwas ist mit etwas vereinbar:* ein solches Verhalten verträgt sich nicht mit seiner gesellschaftlichen Stellung; damit verträgt sich aber die Tatsache schlecht, daß ... * (ugs.:) **einen [tüchtigen] Stiefel vertragen können** *(eine große Menge Alkohol vertragen).*

vertraglich: *durch Vertrag geregelt:* die vertragliche Kündigungsfrist beträgt sechs Wochen; ich bin v. gebunden; etwas v. vereinbaren, festsetzen, abmachen.

verträglich: **1.** *gut zu vertragen; bekömmlich:* eine gut verträgliche Kost; das Essen ist leicht, schwer v. **2.** *friedlich, umgänglich:* ein verträglicher Mensch; die Jungen sind heute ganz v.

vertrauen /vgl. vertraut/ ⟨jmdm./auf jmdn., einer Sache/auf etwas v.⟩: *sich auf jmdn., etwas verlassen; für zuverlässig halten:* seinem Freund, auf seinen Freund [blind, blindlings] v.; ich habe ihr tief, rückhaltlos, in jeder Weise vertraut; fest auf Gott v.; er vertraute seinem Können/auf sein Können.

Vertrauen, das: *Glaube daran, daß man sich auf jmdn., etwas verlassen kann:* ein festes, starkes, gläubiges, unbegrenztes, grenzenloses V.; das V. ist erschüttert, zerstört, geschwunden; ich habe, hege (geh.) großes V. zu Ihnen, zu Ihren Fähigkeiten; mein V. auf, in,/(selten:) gegen ihre Treue ist unerschüttert; auf, in jmdn. großes V. setzen *(jmdm. vertrauen);* er hat das [in ihn gesetzte] V. gerechtfertigt; jmdm. V. schenken, entgegenbringen; wir danken Ihnen für das uns erwiesene, bewiesene V.; das Parlament sprach der Regierung das V. aus; zu jmdm. V. fassen; jmds. V. gewinnen, besitzen, genießen, täuschen, mißbrauchen; er weiß mein V. zu würdigen; ich muß mir erst noch V. erwerben; wir wollen sein V. nicht enttäuschen; der neue Mitarbeiter erweckt V., verdient unser V.; nach diesem Vorfall hat er das V. in ihn verloren, hat er ihm das V. entzogen; V. gegen V.!; ein Wort im V.; im V. gesagt ...; du mußt dich in sein V. schleichen; jmdn. ins V. ziehen *(jmdm. etwas anvertrauen);* etwas voll V. beginnen.

vertrauern ⟨etwas v.⟩: *in Trauer, freudlos zubringen:* sein Leben v.; sie hat ihre ganze Jugend vertrauert.

vertraulich: 1. *nur für besondere Personen bestimmt; geheim:* eine vertrauliche Mitteilung, Besprechung; was ich Ihnen jetzt sage, ist streng v.; etwas v. behandeln *(nicht weitererzählen).* 2. *freundschaftlich, intim:* sie sah ihn in vertraulichem Gespräch mit einem Mann; er gebrauchte das vertrauliche Du; er wandte sich v. an sie.

Vertraulichkeit, die: 1. *das Vertraulichsein:* die V. der Liebenden; es wollte keine rechte V. zwischen ihnen aufkommen; bei aller V., aber das ist mir zuviel! 2. *Zudringlichkeit:* du erlaubst dir allerhand plumpe, ungehörige, dreiste Vertraulichkeiten, nimmst dir Vertraulichkeiten heraus; bitte keine Vertraulichkeiten!

verträumen ⟨etwas v.⟩: *mit Träumereien, untätig zubringen:* die Zeit, den Tag v.; adj. Part.: a) *lebensfremd, träumerisch:* ein verträumtes Kind; er ist zu v., um sich durchzusetzen. b) *idyllisch, still:* ein verträumtes Dörfchen.

vertraut: a) *eng befreundet:* ein vertrauter Freund; etwas im vertrauten Kreis aussprechen; mit jmdm. vertrauten Umgang haben, auf vertrautem Fuß leben; sie sind, tun sehr v. miteinander; subst.: der Vertraute des Kanzlers; er ist sein Vertrauter. b) *gut bekannt, in keiner Weise fremd:* er fühlte sich wohl in der vertrauten *(gewohnten)* Umgebung; er sah kein vertrautes Gesicht *(keinen bekannten Menschen);* diese Lieder sind mir seit frühester Jugend v.; ich muß mich erst mit der Arbeit, mit der Maschine v. machen *(mich einarbeiten).*

vertreiben: 1. a) ⟨jmdn., etwas v.⟩ *zum Verlassen eines Ortes zwingen:* den Feind, die Diebe v.; Fliegen v.; jmdn. aus dem Haus, aus der Heimat, von Haus und Hof v.; der Lärm hat das Wild vertrieben; der Wind vertreibt die Wolken *(weht sie weg);* /*als Höflichkeitsformel*/: hoffentlich habe ich Sie jetzt nicht vertrieben. b) ⟨etwas v.⟩ *wegbringen:* das Fieber, den Husten, Schnupfen v.; ⟨jmdm., sich (Dativ) etwas v.⟩ ich will mir den Schlaf durch eine/mit einer Tasse Kaffee v.; vielleicht kann ich ihm seinen Kummer, die Sorgen, die schlechte Laune v. 2. ⟨etwas v.⟩ *im großen verkaufen:* Waren, Bücher [massenhaft] v.; der Verlag vertreibt die Zeitungen in alle Länder/in allen Ländern der Erde. * **jmdm., sich mit etwas die Zeit vertreiben** *(jmdn., sich mit etwas für einen bestimmten Zeitraum unterhalten).*

vertreten: 1. a) ⟨jmdn. v.⟩ *jmds. Stelle einnehmen:* einen erkrankten Lehrer v.; er vertritt den Minister in seinem Amt; während, in seiner Abwesenheit wird er von einem Kollegen vertreten; übertr.: das Kamel vertritt bei den Beduinen das Pferd. b) ⟨jmdn. v.⟩ *jmds. Interessen wahrnehmen:* ein bekannter Rechtsanwalt vertritt ihn [vor Gericht]; den Staat als Diplomat v.; die Interessen der Nation, einer Firma v.; die deutschen Farben bei der Weltmeisterschaft v.; die Abgeordneten vertreten ihren Wahlkreis; adj. Part.: die Anhänger der Partei waren bei der Versammlung [zahlenmäßig] stark vertreten *(viele Anhänger waren anwesend);* die Singvögel sind hier vor allem durch die Finken vertreten; von den Lyrikern ist in dieser Anthologie nur Rilke vertreten. c) ⟨jmdn., etwas v.⟩ *für eine Firma Waren vertreiben:* eine Firma, ein Geschäftshaus v.; unsere Produkte werden in Italien durch eine, von einer Tochtergesellschaft vertreten. d) ⟨etwas v.⟩ *für etwas eintreten:* einen Satz, eine These (bildungsspr.), eine Ansicht, Anschauung, Meinung v. *(der Ansicht, Anschauung, Meinung sein);* eine Richtung in der Kunst v. *(zu einer Richtung gehören);* kannst du das [wirklich, mit ganzem Herzen, mit gutem Gewissen] v. *(kannst du dafür wirklich einstehen)?;* seine Sache selbst v.; diese hohen Ausgaben sind nicht zu v. *(kann man nicht verantworten).* 2. ⟨sich (Dativ) etwas v.⟩ *verstauchen:* ich habe mir den Fuß vertreten. * (ugs.:) **sich** (Dativ) **die Beine/Füße vertreten** *(sich etwas Bewegung verschaffen)* · **jmdm. den Weg vertreten** *(jmdn. nicht weitergehen lassen).*

Vertreter, der: a) *Stellvertreter:* er kommt als V. des Präsidenten; bei Krankheit, im Urlaub ist er sein V. [im Amt]; einen V. suchen, stellen; zum V. bestimmt werden. b) *Interessenvertreter, Repräsentant:* der diplomatische V. eines Staates; ein gewählter V. des Volkes *(Abgeordneter);* der V. des Klägers, der Anklage vor Gericht; die Vertreter des Handels, des Handwerks; einen V. bestellen, beauftragen. c) *kaufmännischer Vertreter:* er ist ein guter, glänzender, gewandter, schlechter V. [einer Versicherung]; ein V. für/(Kaufmannsspr.:) in Waschmaschinen; übertr.: das ist ein übler, feiner (iron.), der richtige V.! (ugs., *Mensch, mit dem man üble Erfahrungen gemacht hat*). d) *Verfechter, Anhänger:* er ist ein konsequenter, eifriger, fanatischer V. seiner Lehre.

Vertretung, die: a) *Stellvertretung:* die V. übernehmen; wir suchen eine V. *(einen Vertreter);* er nahm in V. des Herrn ... an der Sitzung teil; in Vertretung /Abk.: i. V.; bei Unterschriften/; jmdn. mit der V. beauftragen. b) *Interessenvertretung, Repräsentanz:* die diplomatische, konsularische V. eines Staates im Ausland; der Anwalt übernahm die V. des Angeklagten, bei Gericht. c) *kaufmännische Vertretung:* er übernimmt, hat eine V. für/(Kaufmannsspr.:) in Waschmaschinen.

vertrinken ⟨etwas v.⟩: *durch Trinken vergeuden:* er hat seinen Lohn, sein ganzes Geld vertrunken.

vertrocknen: *austrocknen und zusammenschrumpfen:* der Baum vertrocknet, die Quelle ist vertrocknet *(hat kein Wasser mehr);* vertrocknetes Gras; bildl.: ein vertrocknetes Männlein.

vertrödeln (ugs.) ⟨etwas v.⟩: *unnütz verbringen:* wir vertrödeln die Zeit [mit Plaudern].

vertrösten ⟨jmdn. v.⟩: *jmdm. etwas für später versprechen; jmdn. hinhalten:* er hat den Gläubiger noch einmal vertröstet; er wurde auf später, auf unbestimmte Zeit vertröstet; jmdn. von einem Tag zum andern v.

vertun (ugs.): 1. ⟨etwas v.⟩ *nutzlos verbrauchen; vergeuden:* er hat sein ganzes Geld, seine Zeit [mit Vergnügungen] vertan; die Mühe war nutzlos vertan; (geh.:) mein Leben ist vertan. 2. ⟨sich v.⟩ *sich irren:* ich habe mich da vertan.

vertuschen (ugs.) ⟨etwas v.⟩: *verheimlichen:* ein Verbrechen v.; der Minister wollte den Skandal v.; wir haben nichts zu v.

verübeln ⟨jmdm. etwas v.⟩: *übelnehmen:* man hat ihm sein Verhalten [oft, mit Recht] sehr verübelt; du darfst es mir nicht verübeln, daß ich schon gehe; es wurde ihm sehr verübelt, daß er ihn öffentlich angegriffen hat.

verüben ⟨etwas v.⟩: *etwas Schlechtes tun, begehen:* einen Mord, einen Anschlag, einen Einbruch v.; Selbstmord v.; er hat an seinem Partner Betrug verübt.

verunglücken: a) *einen Unfall erleiden:* in der Fabrik, mit dem Auto, schwer, lebensgefährlich, tödlich v.; beim Aufstieg aufs Matterhorn verunglückten vier Bergsteiger; der Zug ist verunglückt. **b)** (ugs.) ⟨etwas verunglückt⟩ *etwas mißlingt:* die Rede, das Bild ist verunglückt; ⟨etwas verunglückt jmdm.⟩ die Torte ist ihr völlig verunglückt.

verunstalten ⟨etwas verunstaltet jmdn., etwas⟩: *etwas macht jmdn., etwas häßlich:* der Anbau hat das Schloß [scheußlich] verunstaltet; die Narbe verunstaltet sie, ihr Gesicht.

veruntreuen ⟨etwas v.⟩: *unterschlagen:* der Angestellte hat Gelder, Wertpapiere veruntreut; veruntreutes Geld, Gut.

verursachen ⟨etwas v.⟩: *hervorrufen, bewirken:* das Unwetter verursachte große Schäden; Kosten, viel Arbeit, Lärm v.; er verursachte durch seine Bemerkung große Aufregung, Verdruß, Ärger; es verursachte große Schwierigkeiten, seinen Wohnsitz ausfindig zu machen; ⟨jmdm. etwas v.⟩ dieses Problem hat mir manches Kopfzerbrechen verursacht.

verurteilen: 1. ⟨jmdn. zu etwas v.⟩ *gerichtlich für schuldig erklären und bestrafen:* jmdn. zu einer Geldstrafe, zu [einem Jahr] Gefängnis, Zuchthaus v.; er wurde in Abwesenheit zum Tod durch Erschießen verurteilt; ⟨auch ohne Präpositionalobjekt⟩ man hat ihn wegen Fahrerflucht verurteilt · übertr.: *verdammen, für etwas bestimmen:* das Unternehmen war von Anfang an zum Scheitern verurteilt; er war zum Schweigen verurteilt *(mußte schweigen);* zur Bedeutungslosigkeit verurteilt sein. **2.** ⟨jmdn., etwas v.⟩ *ablehnen, heftig kritisieren:* eine Tat, ein Benehmen, jmds. Methoden aufs schärfste v.

vervielfachen: 1.a) ⟨etwas v.⟩ *um das Vielfache vermehren:* der Umsatz ist in den letzten Jahren vervielfacht worden. **b)** ⟨etwas vervielfacht sich⟩ *etwas wird um das Vielfache mehr, größer:* der Gewinn hat sich vervielfacht. **2.** ⟨etwas mit etwas v.⟩ *multiplizieren:* drei mit fünf v.

vervollkommnen: a) ⟨etwas v.⟩ *besser, vollkommen machen:* das Verfahren ist glänzend vervollkommnet worden; ich möchte mein Wissen, meine Kenntnisse durch Kurse/in Kursen v.; eine vervollkommnete Maschine. **b)** ⟨sich v.⟩ *sich verbessern, vollkommen werden:* ich habe mich in den Fremdsprachen vervollkommnet.

vervollständigen: a) ⟨etwas v.⟩ *ergänzen, vollständig machen:* er konnte seine Sammlung v.; ein neuer Schreibtisch vervollständigte die Zimmereinrichtung. **b)** ⟨etwas vervollständigt sich⟩ *etwas wird vollständig:* die Sammlung vervollständigt sich langsam.

[1]verwachsen: 1. *etwas wächst zu, verheilt:* **a)** ⟨etwas verwächst⟩ die Wunde ist gut, leicht, schnell verwachsen; Risse in der Baumrinde verwachsen. **b)** ⟨etwas verwächst sich⟩ die Narbe hat sich verwachsen. **2.** ⟨etwas verwächst mit/(selten:) in etwas⟩ *etwas wächst mit etwas zusammen:* die Kelchblätter verwachsen langsam miteinander/ineinander; übertr.: er ist mit dem Unternehmen, Geschäft, mit seiner Arbeit ganz verwachsen. **3.** (Schisport) *falsches Wachs auftragen:* beim Abfahrtsrennen hatten alle Läufer unserer Mannschaft verwachst.

[2]verwachsen: 1. *schief gewachsen, verkrüppelt:* ein verwachsener Mensch; er hat ein verwachsenes Bein. **2.** *überwuchert, dicht bewachsen:* ein verwachsener Garten; der Weg ist völlig v.

verwackeln (ugs.) ⟨etwas v.⟩: *durch unruhiges Halten der Kamera unscharfe Bilder verursachen:* eine Aufnahme v.; ein verwackeltes Bild; das Foto ist verwackelt.

verwahren (geh.): **1.** ⟨etwas v.; mit Raumangabe⟩ *irgendwo sicher aufbewahren:* Schriften, Zeichnungen, Papiere im Safe v.; die kostbaren Gegenstände werden im Museum hinter Glas verwahrt. **2.** ⟨sich gegen etwas v.⟩ *protestieren:* ich verwahre mich ent[schieden] gegen die Verdächtigungen, Anschuldigungen.

verwahrlosen: a) *moralisch herunterkommen, verkommen:* sittlich v.; die Jugendlichen verwahrlosen in diesem Milieu; verwahrloste Kinder. **b)** *nicht gepflegt werden und daher verfallen, verwildern:* er läßt seinen Garten völlig v.; adj. Part.: eine verwahrloste Wohnung; verwahrlost umherlaufen.

Verwahrung, die: **1.** *das Aufbewahren; Obhut:* die vorbeugende V. eines Verbrechers; jmdm. etwas in V. geben *(von jmdm. aufbewahren lassen);* Wertsachen in V. nehmen *(an sich nehmen und aufbewahren);* etwas in V. halten *(aufbewahren).* **2.** *Einspruch, Protest:* gegen eine Anschuldigung V. einlegen *(sich dagegen verwahren).*

verwalten ⟨etwas v.⟩: *für etwas die Geschäfte führen; in Ordnung halten:* etwas gut, schlecht, geschickt, treulich v.; Gelder, ein Vermögen, Haus, Amt v.

Verwaltung, die: **1.** *das Verwalten:* die V. eines Vermögens; er übernimmt die V. des Hauses; jmdn. mit der V. eines Nachlasses, einer Stiftung betrauen; er hat die Kasse in eigener V. **2.** *die Behörden:* die V. arbeitet viel zu unrationell; er ist in der V. tätig.

verwandeln: 1.a) ⟨etwas verwandelt jmdn., etwas⟩ *etwas ändert jmdn., etwas völlig:* der Tod ihrer Eltern verwandelte sie völlig; ich fühle mich wie verwandelt; der Schnee hat die ganze Landschaft verwandelt. **b)** ⟨sich v.⟩ *sich völlig ändern:* seit dem Tod ihres Vaters hat sie sich sehr verwandelt; Theater: die Szene verwandelt sich *(das Bühnenbild wird umgebaut).* **2.a)** ⟨jmdn., etwas in etwas v.⟩ *etwas ganz anderes daraus machen, umgestalten:* die Wohnung in ein Büro v.; das Erdbeben verwandelte die Stadt in einen Trümmerhaufen; einen chemischen Stoff in Gas v. **b)** ⟨sich in etwas v.⟩ *etwas ganz anderes aus etwas werden:* der Frosch verwandelte sich in einen Prinzen; der Detektiv verwandelte sich in einen *(verkleidete sich als)* Anstreicher; seine Zuneigung verwandelte sich in Haß. **3.** (Sport) ⟨etwas v.⟩ *aus etwas ein Tor erzielen:* einen Freistoß [aus 20 m] v.; er verwandelte den Elfmeter zum 1:0.

verwandt: 1. *von gleicher Abstammung:* verwandte Personen; mit jmdm. nahe, entfernt, weitläufig, im dritten, vierten Grad v. sein; die beiden sind miteinander v.; bildl.: verwandte *(auf gemeinsamen Ursprung zurückgehende)* Sprachen; subst.: er ist mein Verwandter; meine Verwandten kommen auf Besuch; sie ist eine Verwandte meiner Familie, von mir; ich habe Verwandte auf dem Lande; wir gehen, schicken unsere Kinder in den Ferien zu Verwandten. **2.** *ähnlich, gleichartig:* verwandte Bestrebungen, Anschauungen, Erscheinungen; diese Wissenschaften, Fachgebiete sind miteinander v.; ich fühle mich ihm v. * (ugs.:) **mit jmdm. um sieben Ecken verwandt sein** *(mit jmdm. weitläufig verwandt sein)*.

Verwandtschaft, die: **1.a)** *gleiche Abstammung:* zwischen ihnen bestand keine V.; jmds. V. feststellen. **b)** *alle Verwandten:* zur Hochzeit hatten wir die ganze Verwandtschaft eingeladen; wir haben eine große V.; zur V. gehören. **2.** *Ähnlichkeit, Gleichartigkeit:* die V. des Geistes, der Seele; zwischen den beiden Plänen, Problemen besteht eine gewisse V.

verwaschen: **a)** *durch häufiges Waschen verblichen:* ein verwaschenes Hemd; das Kleid ist schon sehr v., sieht v. aus. **b)** *undeutlich, blaß:* verwaschene Muster, Inschriften; die Farben, Linien sind ganz v.; das Rot sieht sehr v. aus; übertr.: verwaschene *(unklare, verschwommene)* Vorstellungen.

verwässern ⟨etwas v.⟩: **1.** (selten) *mit zu viel Wasser vermischen:* Milch, Wein v.; du hast den Whisky ganz verwässert. **2.** *den ursprünglichen Gehalt von etwas nicht genügend wahren:* eine philosophische Lehre v.; der Film wurde durch unnötige Einschübe verwässert; die Rede wurde verwässert wiedergegeben.

verwechseln ⟨jmdn., etwas v.⟩: *irrtümlich für jmd. anderen, etwas anderes halten:* Zwillinge sind leicht zu v.; mit wem verwechseln Sie mich?; er verwechselte ihn mit einem früheren Kollegen; jmd. hat meinen Hut verwechselt *(versehentlich mitgenommen)*; mir und mich, scheinbar und anscheinend v.; die Begriffe v. *(nicht Zusammengehörendes durcheinanderbringen)*; die beiden sehen sich zum Verwechseln ähnlich. * (ugs.; verhüll.:) **mein und dein verwechseln** *(stehlen)*.

verwegen: *kühn:* ein verwegener Flieger, Artist; in des Wortes verwegenster Bedeutung *(in der kühnsten Deutung, die möglich ist)*; sein Plan ist äußerst v.; v. reiten.

verwehen: **a)** ⟨etwas v.⟩ *wehend wegbringen:* der Sturm hat die Blätter, die Spur im Sand verweht; Redensart: vom Winde verweht *(vergessen)*. **b)** (geh.) ⟨etwas verweht⟩ *etwas vergeht, verfliegt:* seine Worte, die Melodien, die Klänge der Kapelle sind verweht.

verwehren (geh.) ⟨jmdm. etwas v.⟩: *verweigern, an etwas hindern:* jmdm. den Eintritt v.; man kann ihm die Teilnahme an der Feier nicht v.; bildl.: die Häuser haben ihm den Ausblick verwehrt.

verweigern: **1.a)** ⟨etwas v.⟩ *ablehnen; sich weigern, etwas zu tun:* vor Gericht die Aussage v.; der Soldat verweigerte den Gehorsam, den Dienst; eine Antwort v.; der Kranke verweigerte zwei Tage die Nahrung *(aß nichts)*; die Annahme einer Sendung v.; Annahme verweigert *[Vermerk auf Postsendungen]*; die Steuerzahlung v. **b)** ⟨jmdm. etwas v.⟩ *jmdm. etwas nicht geben, nicht gewähren:* jmdm. eine Auskunft, eine Unterredung, die Zahlung, Zulassung, Genehmigung v.; die Behörden verweigerten ihm die Ausreise, das Visum. **2.** (geh.) ⟨sich jmdm. v.⟩ *sich jmdm. nicht hingeben:* sie verweigerte sich [wochenlang] ihrem Mann. **3.** (Reitsport) *sich weigern, über ein Hindernis o. ä. zu springen:* das Pferd hat zweimal am Rick verweigert.

verweilen (geh.): **a)** ⟨mit Raumangabe⟩ *irgendwo bleiben:* bei jmdm. als Gast v.; nur kurze Zeit an einem Ort, in einer Stadt v.; er verweilte kurz an der Tür und horchte; bildl.: ihr Blick verweilte lange auf ihm; bei einem Thema, Gedanken v. **b)** ⟨sich v.⟩ *sich aufhalten:* ich will mich nicht länger, lange v.

Verweis, der: **1.** *Tadel, Rüge:* ein milder, strenger, schwerer V.; jmdm. einen V. geben, erteilen; einen V. bekommen, erhalten, einstecken müssen (ugs.); das trug mir einen V. ein; den V. hast du verdient. **2.** *Hinweis auf eine andere Buchstelle:* ein V. auf ein anderes Buch, Kapitel, Stichwort; der V. stimmt nicht.

verweisen: **1.** (veraltend) ⟨jmdm. etwas v.⟩ *tadeln, verbieten:* die Mutter verwies dem Mädchen seine vorlauten Worte. **2.** ⟨jmdn. einer Sache (geh.)/aus, von etwas v.⟩ *den weiteren Aufenthalt verbieten:* jmdn. der Schule/von der Schule, des Saales/aus dem Saal v.; der Verurteilte wurde des Landes verwiesen. **3.a)** ⟨jmdn. auf etwas v.⟩ *auf etwas hinweisen:* den Leser auf eine frühere Stelle, Seite des Buches v.; der Beamte verwies mich auf die gesetzlichen Bestimmungen. **b)** ⟨jmdn. an jmdn. v.⟩ *empfehlen, sich an eine bestimmte Person zu wenden:* als ich mich beschwerte, verwies man mich an den Inhaber. * (Sport:) **jmdn. auf die Plätze verweisen** *(siegen und dafür sorgen, daß die Konkurrenten auf die weniger guten Plätze kommen)*.

verwelken ⟨etwas verwelkt⟩: *etwas wird welk:* die Blumen verwelken schon; verwelkte Rosen; bildl.: ein verwelktes Gesicht; verwelkte Schönheit; ihr Ruhm ist verwelkt (geh.).

verwenden: **1.** ⟨jmdn., etwas v.⟩ *gebrauchen, benutzen:* seine Mittel gut, sinnvoll, schlecht v.; er verwendete/verwandte das Lehrbuch im Unterricht; seine Energie auf etwas v.; er hat viel Fleiß auf diese Arbeit verwendet/verwandt; Geld, Zeit auf, zu, für etwas v.; wir verwenden nur beste Zutaten zu den Speisen; davon ist nichts [mehr] zu v.; etwas zu seinem Nutzen v. **2.** ⟨sich für jmdn., für etwas v.⟩ *sich für jmdn., für etwas einsetzen:* er verwandte sich beim Direktor für ihn; ich werde mich dafür verwenden, daß er befördert wird. **3.** (geh., veraltet) ⟨etwas von jmdm., von etwas v.; in verneinter Aussage⟩ *nicht von jmdm., etwas abwenden:* er verwandte keinen Blick, kein Auge von dem Bild.

Verwendung, die: **1.** *das Verwenden, Gebrauch:* die sinnvolle, zweckmäßige, nutzbringende, regelmäßige, einseitige, zwecklose V. eines Mittels, von Geldern; ich habe dafür keine V.; ich habe für alles V. (ugs.; *kann alles brauchen*); Beamte, Offiziere zur besonderen V. **2.** *Fürsprache:* ich bekam das auf seine V. hin. * (nachdrücklich:) **Verwendung finden**; (Papierdt.:) **zur Verwendung kommen** *(verwendet werden)*.

verwerfen /vgl. verworfen/: **1.** ⟨etwas v.⟩ *ablehnen, zurückweisen:* eine Lehre, eine Beschwerde, Bedenken v.; der Dichter verwarf den Plan, Entwurf, die Erzählung wieder; Rechtsw.: das Gericht verwarf die Klage, das Urteil, die Revisionsanträge. **2. a)** ⟨etwas v.⟩ *so werfen, daß es nicht zu finden ist:* die Kinder haben den Ball verworfen. **b)** ⟨sich v.⟩ *eine falsche Spielkarte zugeben:* du hast dich beim Geben verworfen. **3.** ⟨etwas verwirft sich⟩ *etwas verzieht sich:* die Bretter, Türen, Rahmen haben sich verworfen; Geol.: die Gesteinsschichten verwerfen sich *(werden gegeneinander verschoben).*

verwerflich (geh.): *schlecht, moralisch abzulehnen:* eine verwerfliche Handlung, Tat; solche Mittel sind äußerst v.; subst.: ich machte ihm das Verwerfliche seiner Absichten klar.

verwerten ⟨etwas v.⟩: *ausnutzen, nützlich verwenden:* eine Erfindung nutzbringend, nützlich, kommerziell v.; Anregungen, Ideen v.; der Stoff läßt sich nicht dramatisch v.; altes Eisen, alte Kleider v.; eine sparsame Hausfrau kann alles v.; davon ist nichts [mehr] zu v.

verwesen: *verfaulen* /von toten Körpern/: der Leib, Kadaver verwest; die Leichen, Toten waren schon stark verwest.

Verwesung, die: *das Verwesen:* die V. war schon eingetreten, weit fortgeschritten; der Körper ist bereits in V. übergegangen.

verwickeln: 1. a) ⟨etwas v.⟩ *durcheinanderbringen, verwirren:* du hast die Schnur, die Leine verwickelt; das Garnknäuel ist verwickelt. **b)** ⟨sich v.⟩ *durcheinanderkommen, sich verfangen:* die Fäden haben sich verwickelt; paß auf, daß sich der Mantel nicht in den Speichen verwikkelt; übertr.: sich in Widersprüche v. **2.** ⟨jmdn. in etwas v.⟩ *in etwas hineinziehen, an etwas beteiligen:* jmdn. in ein Gespräch v.; er wurde, war in eine peinliche Angelegenheit, in einen Streit, Skandal, Prozeß verwickelt.

verwickelt (ugs.): *kompliziert, schwierig:* ein verwickeltes Verfahren; diese Geschichte ist sehr verwickelt; der Fall liegt recht v.

verwildern: *wild und roh werden, verwahrlosen:* die Hunde, Pflanzen verwildern; die Kinder sind in den Ferien ganz verwildert *(haben ihre Manieren verloren);* der Park verwildert völlig; eine verwilderte Jugend; eine verwilderte Sprache, verwilderte Sitten.

verwinden ⟨etwas v.⟩: *überwinden, darüber hinwegkommen:* eine Enttäuschung, einen Schmerz, einen Verlust, eine Kränkung nicht v. können; er hat es noch nicht verwunden, daß er übergangen wurde.

verwirken (geh.) ⟨etwas v.⟩: *wegen eines Unrechts das Recht auf etwas verlieren:* sein Leben, seine Freiheit, die Ehre, seine Rechte v.; er hat seine Gunst, sein Vertrauen verwirkt.

verwirklichen: 1. ⟨etwas v.⟩ *in die Wirklichkeit umsetzen:* einen Plan, eine Absicht, eine Idee v.; der Politiker konnte die Ziele der Partei v. **2. a)** ⟨etwas verwirklicht sich⟩ *etwas wird Wirklichkeit:* seine Träume, seine Hoffnungen haben sich nicht verwirklicht. **b)** (bildungsspr.) ⟨sich in etwas v.⟩ *in etwas seine eigentliche Aufgabe, Erfüllung finden:* der Mensch verwirklicht sich in seiner Arbeit.

verwirren /vgl. verworren/: **1. a)** ⟨etwas v.⟩ *in Unordnung bringen:* die Fäden v.; der Wind verwirrt das Haar; verwirrte Haare. **b)** ⟨etwas verwirrt sich⟩ *etwas kommt in Unordnung:* das Garn verwirrt sich. **2. a)** ⟨jmdn., etwas v.⟩ *irremachen, unsicher machen:* die Zwischenrufe verwirrten den Redner; diese Meldung hat mich ganz verwirrt; verwirre nicht die Begriffe *(bringe sie nicht durcheinander);* ⟨jmdm. etwas v.⟩ das hat ihm die Sinne verwirrt; adj. Part.: im Kaufhaus gibt es eine verwirrende Fülle von Waren; er war von dem ungewöhnlichen Anblick ganz verwirrt. **b)** ⟨sich v.⟩ *unsicher werden, in Unordnung geraten:* seine Gedanken verwirrten sich.

Verwirrung, die: **a)** *Durcheinander, Chaos:* es entstand eine allgemeine V.; V. anrichten, stiften, hervorrufen; in V. bringen, geraten. **b)** *Fassungslosigkeit, Unsicherheit:* bringe den Schüler nicht in V.; sie geriet durch diese Bemerkung vollkommen in V.; in seiner V. brachte er kein Wort hervor.

verwischen: a) ⟨etwas v.⟩ *verschmieren:* die Tinte, Farben v.; die Unterschrift war verwischt. **b)** ⟨etwas v.⟩ *beseitigen, undeutlich werden lassen:* die Spuren eines Verbrechens v.; der unangenehme Eindruck wurde wieder verwischt. **c)** ⟨etwas verwischt sich⟩ *etwas verschwimmt, wird undeutlich:* die Konturen, Grenzen verwischen sich; die sozialen Unterschiede haben sich verwischt.

verwittern ⟨etwas verwittert⟩: *etwas zerfällt langsam unter Witterungseinflüssen:* das Gestein, der Baum, das Gebäude verwittert; die Mauern der Burg sind schon stark verwittert; bildl.: ein verwittertes *(zerfurchtes)* Gesicht.

verwöhnen ⟨jmdn. v.⟩: **a)** *zu nachgiebig erziehen, verzärteln:* ein Kind v.; der Sohn ist sehr, maßlos verwöhnt. **b)** *jmdm. jeden Wunsch erfüllen:* er hat seine Braut [mit Geschenken] verwöhnt; eine sehr verwöhnte Frau; übertr.: das Schicksal hat uns nicht verwöhnt; adj. Part.: *hohe Ansprüche stellend:* ein verwöhnter Gaumen, Geschmack; die Zigarre für den verwöhnten Raucher.

verworfen (geh.): *charakterlich, moralisch minderwertig:* ein verworfener Mensch; v. aussehen.

verworren: *wirr und unklar:* verworrene Ausführungen; ein verworrener Kopf; die Rede war reichlich v., hörte sich recht v. an.

verwunden ⟨jmdn. v.⟩: *[im Krieg] verletzen:* jmdn. leicht, schwer, tödlich, auf den Tod (veraltet) v.; er wurde im Krieg verwundet; die verwundeten Soldaten wurden ins Lazarett gebracht; subst.: die Verwundeten pflegen; übertr.: jmdn. mit Worten v.

verwunderlich: *erstaunlich, seltsam:* das ist sehr v.; die Sache schien mir höchst v.; ich finde es nicht weiter v., wenn/daß er heute nicht kommt.

verwundern: a) ⟨sich über etwas v.⟩ *sich wundern:* er verwunderte sich über ihr Benehmen. **b)** ⟨etwas verwundert jmdn.⟩ *etwas wundert jmdn.:* das verwundert mich gar nicht; es verwunderte ihn, daß sie gar nichts dazu sagte; adj. Part.: mit verwunderten Blicken; verwundert zuschauen. * **etwas ist [nicht] zu verwundern** *(etwas ist [nicht] verwunderlich):* daß er enttäuscht ist, ist nicht zu v.

verwünschen ⟨jmdn., etwas v.⟩: *wütend, ärgerlich über etwas sein:* sein Schicksal, Geschick v.;

ich könnte ihn in die Hölle v.; er verwünschte den Tag, an dem er ihm begegnet war; adj. Part.: dieses verwünschte *(unerfreuliche, peinliche)* Zusammentreffen; verwünscht, daß ich ihm begegnen mußte!

Verwünschung, die: *Äußerung des Ärgers, Fluch:* laute Verwünschungen ausstoßen; er brach in heftige Verwünschungen aus.

verwurzeln: *Wurzeln schlagen:* die umgepflanzten Bäume sind gut verwurzelt; es dauert einige Zeit, bis der Strauch verwurzelt [ist]. * **in etwas verwurzelt sein** *(eine feste Bindung an etwas haben):* er war tief im christlichen Glauben, in der Tradition verwurzelt.

verwüsten ⟨etwas v.⟩: *(ein Gebiet) zerstören:* der Sturm, die Überschwemmung hat das ganze Land verwüstet; die Stadt wurde im Krieg verwüstet; adj. Part. (geh.): ein verwüstetes *(vom Laster entstelltes)* Gesicht.

verzagen (geh.): *die Hoffnung verlieren:* er wollte schon v., als er endlich ein Angebot erhielt; der Kranke war völlig verzagt.

verzapfen ⟨etwas v.⟩: **1.** *durch Zapfen verbinden:* Balken v. **2.** (ugs., abwertend) *etwas Dummes von sich geben:* Neuigkeiten, Witze v.; wer hat dieses Gedicht, diesen Unsinn verzapft?

verzaubern: 1. ⟨jmdn. v.⟩ *durch Zauber verwandeln:* die Hexe verzauberte die Kinder [in Vögel]. **2.** ⟨jmdn. v.⟩ *der Wirklichkeit entrücken:* der Anblick, die Musik hat uns alle verzaubert; er hatte sie mit seinem Spiel verzaubert.

verzehren: 1. ⟨etwas v.⟩ *[auf]essen, zu sich nehmen:* seine Brote, das Mittagessen v.; der Gast hat nichts, viel verzehrt. **2.** (veraltend) ⟨etwas v.⟩ *aufbrauchen, von etwas leben:* seine Pension v.; das kleine Erbe war längst verzehrt. **3.** ⟨etwas verzehrt etwas⟩ *etwas verbraucht etwas völlig:* diese Arbeit, die Krankheit hat ihre Kräfte völlig verzehrt; adj. Part.: (geh.) das verzehrende Feuer der Liebe; verzehrendes Fieber; verzehrende Leidenschaften. **4.** (geh.) ⟨sich v.; mit Umstandsangabe⟩ *innerlich sehr an etwas leiden:* er verzehrte sich in Liebe zu ihr; ich verzehre mich vor Sehnsucht.

verzeichnen: 1. a) ⟨etwas v.⟩ *falsch zeichnen:* auf diesem Bild ist die Hand völlig verzeichnet. **b)** ⟨jmdn., etwas v.⟩ *entstellt, verzerrt darstellen:* der Dichter hat in seinem Roman die historischen Persönlichkeiten, die sozialen Verhältnisse verzeichnet. **2.** ⟨etwas v.⟩ *schriftlich aufführen, notieren:* Wäsche, Inventar, Preise v.; die Namen sind in der Liste verzeichnet; übertr.: Fortschritte wurden nicht verzeichnet *(wurden nicht erzielt);* er hatte große Erfolge zu v. *(hatte viel Erfolg);* es sind drei Todesfälle zu v. *(zu beklagen).*

Verzeichnis, das: *Liste, Register:* ein [un]vollständiges, lückenhaftes, alphabetisches V.; ein V. aufstellen, führen, vorlegen; er legte ein V. von allen Büchern an; dieser Gegenstand ist in dem V. enthalten, aufgeführt, wurde nicht ins V. aufgenommen; etwas in ein V. eintragen.

verzeihen (geh.) ⟨etwas v.⟩: *nicht übelnehmen, entschuldigen:* ein Unrecht v.; verzeih das harte Wort!; so etwas ist nicht zu v.; verzeihen Sie bitte die Störung!; ⟨jmdm. etwas v.⟩ diese Äußerung wird sie mir nie verzeihen; Gott verzeih' mir die Sünde; das sei dir [noch einmal] verziehen; ich kann es mir nicht v., daß ...

Verzeihung, die (geh.): *das Verzeihen:* jmds. V. erlangen; jmdm. V. gewähren; jmdn. um V. bitten; [ich bitte um] V., ich habe mich geirrt.

verzerren: 1. a) ⟨etwas v.⟩ *verziehen, entstellen:* das Gesicht, den Mund [vor Schmerz] v.; Schreck, Angst verzerrte ihre Züge; die Linse, der Spiegel verzerrte die Gestalt; die Stimmen auf dem Tonband klangen sehr verzerrt. **b)** ⟨etwas verzerrt sich⟩ *etwas verzieht sich:* das Gesicht verzerrte sich vor Wut, zu einer Grimasse. **2.** ⟨sich (Dativ) etwas v.⟩ *durch zu starkes Dehnen verletzen:* ich habe mir eine Sehne, einen Muskel verzerrt. **3.** ⟨etwas v.⟩ *verfälschen, entstellt darstellen:* er verzerrte in seinem Artikel die tatsächlichen Verhältnisse völlig, gab ein verzerrtes Bild von den Vorfällen.

verzetteln: 1. ⟨etwas v.⟩ *für seine Kartei o. ä. auf einzelne Zettel schreiben:* Wörter v.; die neuen Bücher müssen genau verzettelt werden. **2. a)** ⟨etwas v.⟩ *für viele kleine, unwichtige Dinge verbrauchen:* er verzettelte sein Geld, seine Arbeitskraft mit unnützen Dingen. **b)** ⟨sich v.⟩ *wegen zu vieler nebensächlicher Dinge zu nichts Wichtigem kommen:* du verzettelst dich zu sehr in Einzelheiten, mit diesen vielen Pöstchen.

Verzicht, der: *das Verzichten:* ein freiwilliger V.; der V. auf diese Reise fällt mir schwer; einen V. fordern; seinen V. erklären; V. leisten, üben (Papierdt.; *verzichten*); er hat sich zum V. bereit erklärt.

verzichten ⟨auf etwas v.⟩: *einen Anspruch auf etwas aufgeben:* auf seinen Anteil, auf eine Belohnung, auf die Teilnahme v.; es fiel ihm schwer, auf das Amt zu v.

verziehen: 1. a) ⟨etwas v.⟩ *verzerren:* er verzog das Gesicht, den Mund; die Männer verzogen keine Miene. **b)** ⟨etwas verzieht sich⟩ *etwas verzerrt sich:* sein Gesicht verzog sich zu einem Lächeln, zu einem breiten Grinsen, zu einer Grimasse. **2. a)** (selten) ⟨etwas v.⟩ *aus der normalen Form bringen, zu sehr dehnen:* verzieh das Gummi nicht!; das Kleid ist ganz verzogen. **b)** ⟨etwas verzieht sich⟩ *etwas verliert die normale Form:* der Pullover, das Kleid hat sich [beim Waschen] verzogen; die Tür, das Holz hat sich verzogen. **3. a)** *umziehen, übersiedeln:* er ist in eine andere Stadt, nach Zürich, schon vor sechs Jahren verzogen; Adressat ist verzogen, neuer Wohnsitz unbekannt. **b)** ⟨etwas verzieht sich⟩ *etwas verschwindet allmählich:* der Nebel, das Gewitter verzieht sich; der Schmerz hat sich verzogen. **c)** (ugs.) ⟨sich v.⟩ *sich [unbemerkt] entfernen:* ich verziehe mich, wenn die Tante kommt; sie verzog sich ins Badezimmer; verzieh dich! *(verschwinde!).* **4.** ⟨jmdn. v.⟩ *falsch erziehen, zu sehr verwöhnen:* sie hat ihre Kinder verzogen. **5.** ⟨etwas v.⟩ *umsetzen, ausziehen, damit sie nicht zu dicht stehen:* junge Pflanzen, Rüben v.

verzieren ⟨etwas v.⟩: *ausschmücken:* eine Dekke mit Stickereien, einen Schrank mit Schnitzereien v.; eine Torte v.

verzinsen: a) ⟨etwas v.⟩ *Zinsen für etwas zahlen:* die Bank verzinst das Geld mit 3 Prozent. **b)** ⟨sich v.⟩ *Zinsen bringen:* das Kapital verzinst sich gut, mit 6 Prozent.

verzögern: a) ⟨etwas v.⟩ *hinausschieben:* er hat seine Abreise verzögert; der strenge Winter hat die Baumblüte um drei Wochen verzögert.

b) ⟨etwas v.⟩ *verlangsamen, hemmen:* er verzögerte den Schritt; die Mannschaft versuchte, das Spiel zu v.; durch Arbeitskräftemangel wurde der Bau des Werkes verzögert. **c)** ⟨etwas verzögert sich⟩ *etwas geschieht später als vorgesehen:* die Fertigstellung verzögert sich; seine Ankunft hat sich [um zwei Stunden] verzögert.

Verzug, der (Amtsdt.): *Verzögerung:* die Sache duldet keinen V. *(ist dringend);* bei V. der Zahlung werden Zinsen berechnet; mit etwas im V. *(zeitlich im Rückstand)* sein; es ist, liegt Gefahr im V. *(im Hinausschieben, Verzögern von etwas);* er ist mit den Steuern in V. *(zeitlich in Rückstand)* geraten, gekommen; das wird ohne V. *(sofort)* ausgeführt. * **es ist Gefahr im Verzug** *(es droht Gefahr).*

verzweifeln: *jede Hoffnung verlieren:* am Leben, an den Menschen, am Gelingen des Plans, an seinem Talent v.; er wollte schon v., als sich schließlich doch noch ein Ausweg zeigte; sie war ganz verzweifelt; man könnte v.!; nur nicht v.!; es ist, besteht kein Grund zu v./(subst.:) zum Verzweifeln; subst.: es ist zum Verzweifeln [mit seiner Faulheit] · adj. Part.: sie war ganz verzweifelt, machte ein verzweifeltes Gesicht; er war in einer verzweifelten *(hoffnungslosen)* Lage; ein verzweifelter *(erbitterter, aber aussichtsloser)* Kampf; er machte verzweifelte *(große, aber vergebliche)* Anstrengungen; die Situation ist verzweifelt (ugs., *sehr*) ernst.

Verzweiflung, die: *Niedergeschlagenheit, Hoffnungslosigkeit:* eine tiefe, plötzliche V. kam über ihn, überkam, erfüllte, packte ihn; daraus spricht die reine V.; ich überließ mich der V.; mit dem Mut der V. kämpfen; das war eine Tat der V.; er tat es aus, in, vor [grenzenloser, heller, unsäglicher, äußerster] V.; in V. geraten; jmdn. in die, zur V. treiben; es ist, besteht kein Grund zur V.; das bringt mich noch zur V.

verzwickt (ugs.): *sehr kompliziert, schwierig:* eine verzwickte Geschichte, Angelegenheit; er hat schon die verzwicktesten Aufgaben gelöst; das Problem ist ganz v.

Vesper, die: **1.** (kath. Rel..) *Gottesdienst am späten Nachmittag:* der V. beiwohnen; zur V. läuten. **2.** (auch: das; südwestd.) *kleinere Mahlzeit [am Nachmittag]:* V. essen, machen; etwas zur/zum V. essen; sie verzehrten als V. das Brot und den Schinken.

Veto, das (bildungsspr.): **a)** *Protest, Einspruch [durch den etwas verhindert wird]:* dem Finanzminister steht ein V. gegen die Aufnahme von Ausgabeposten in den Bundeshaushalt zu; ein/sein V. einlegen; sein V. zurückziehen. **b)** *Recht, gegen etwas Einspruch zu erheben:* ein aufschiebendes V.; ein absolutes *(endgültiges und unwiderrufliches)* V.; auf sein V. verzichten; von seinem V. Gebrauch machen.

Vetter, der: *Sohn eines Onkels oder einer Tante, Cousin:* er ist nicht mein V., ist ein V. ersten Grades; sie sind Vettern zweiten Grades; übertr.: der Hirsch ist ein Wiederkäuer wie seine Vettern, das Rentier und der Elch; Redensart: wer den Papst zum V. hat, der wird auch Kardinal.

Vetternwirtschaft, die (abwertend): *Bevorzugung von Verwandten und Freunden bei der Besetzung von Posten:* in diesem Betrieb herrscht üble V.; die V. beseitigen, abschaffen; die V. muß endlich aufhören!

via (bildungsspr.) ⟨Präp.⟩: *(auf dem Wege) über:* nach Berlin v. Frankfurt fliegen, fahren; übertr.: sie wurden v. Verwaltungsgericht zur sofortigen Zahlung aufgefordert. Hochsprachlich nicht korrekt; er reiste v. *(in Richtung auf, nach)* Prag.

vibrieren ⟨etwas vibriert⟩: *etwas ist in schwingend-zitternder Bewegung:* die Stimmgabel vibriert; die Luft hat über dem Asphalt vibriert; seine Stimme vibrierte leicht, leise.

Vieh, das: **1. a)** *Tiere, die zu einem bäuerlichen Betrieb gehören:* V. halten, züchten; das V. füttern, versorgen; der Bauer mußte all sein V. verkaufen; (iron.:) wie das liebe V.! *(nicht so, wie es einem Menschen eigentlich entspräche);* jmdn. wie ein Stück V. *(roh, rücksichtslos)* behandeln. **b)** *Kühe, Rinder:* das V. brüllt; das V. in den Stall, aus dem Stall, auf die Weide treiben; das V. weiden, hüten, zur Tränke führen, schlachten; mit V. handeln. **2.** (ugs.) *Tier:* das arme V.!; dieses Vieh *(das Huhn)* hat mir wieder den Salat abgefressen!; */Schimpfwort/:* du stumpfsinniges V.

viehisch (abwertend): **a)** *tierisch[-primitiv]:* viehisches Vegetieren; dieses Leben ist v.; v. hausen; übertr.: viehische *(sehr große, fast unerträgliche)* Schmerzen. **b)** *äußerst roh, triebhaft [und grausam]:* ein viehischer Mann; diese Begierden sind v.; sich v. benehmen; jmdn. v. behandeln, ermorden.

viel ⟨Indefinitpronomen und unbestimmtes Zahlwort⟩: **1. a)** ⟨Singular: vieler, viele, vieles; unflektiert: viel⟩ *eine große Menge von etwas:* v. Blut wurde vergossen; schade um das viele Geld; vieles Unbekannte, viel Unbekanntes; viel[er] schöner Schmuck; vieles überflüssige Verhandeln; v. Vergnügen, v. Spaß [wünschen wir]!; v. Glück [und Segen]!; [haben Sie] vielen Dank!; v. Zeit auf etwas verwenden; er trinkt v. Milch; das hat mich/(seltener:) mir viel[e] Mühe gekostet; vieles, was ich gesehen habe, hat mich nachdenklich gestimmt; er hat viel[es] erlebt; in vieler Beziehung, Hinsicht; in vielem/mit vielem *(in vielen Punkten);* in vielem hat er recht; mit vielem ist er nicht einverstanden; mit v. gutem Willen begann er seine Arbeit; mit vielem unnötigen Fleiß; mit v. Geld kann man leicht einkaufen; trotz vielem Angenehmen; das kommt vom vielen Schwitzen; er ist in seinem Leben um vieles gekommen *(hat vieles nicht genießen können);* v. allein sein, lesen, essen; das ist [nicht, sehr, recht, ziemlich] v.; das ist ein bißchen v. (untertreibend für: *zuviel*) auf einmal!; er ist nicht v. über fünfzig [Jahre]; er kann nicht viel vertragen *(wird schnell betrunken);* das hat nicht v. zu besagen, zu bedeuten; das macht v. aus; er arbeitete so viel, daß er krank wurde; er weiß v., ja zu viel davon; dazu ist nicht viel zu sagen; sich v. auf etwas einbilden, v. auf jmdn., etwas geben; v. aus etwas machen; mit ihm ist nicht v. los; er fragt nicht v. danach, ob es erlaubt ist oder nicht; er hat v. von seinem Vater *(ähnelt seinem Vater sehr);* Sprichwort: wo viel Licht ist, ist auch v. Schatten; Redensart: v. Lärm um nichts. **b)** ⟨Plural: viele, unflektiert: viel⟩ *eine große Anzahl einzelner Personen oder Sa-*

chen: viel[e] hohe Häuser; viele solche Vergleiche; wie v., welch viele, welche vielen Menschen!; die vielen Sorgen; viele Angehörige/(selten:) Angehörigen; es waren ihrer viele; er war viele Wochen krank; beide Beamten haben gleich viel[e] Dienstjahre; das Ergebnis vieler geheimer/(selten:) geheimen Verhandlungen; der Lebenslauf vieler Abgeordneter/(auch:) Abgeordneten; die Eigentümer vieler alter Mietshäuser; in vielen Fällen; in vielen dieser Fälle; mit viel[en] hundert Fahnen; einer statt vieler; einer unter vielen; Redensart: viele Wenig machen ein Viel. **2.** ⟨verstärkend bei Adjektiven im Komparativ oder vor *zu* + Adjektiv⟩ *in hohem Maße, weitaus:* er weiß v. mehr, weniger als ich; er ist viel reicher, als man denkt; ich bleibe v. lieber zu Hause; ihm geht es jetzt [sehr] v. besser; sie ist v. netter als ihre Schwester; hier ist es auch nicht v. anders als bei uns; v. zuviel, v. zuwenig; diese Frau ist viel zu gut für diesen Mann. * **nicht viel Federlesen[s] mit jmdm., mit etwas machen** *(keine Umstände machen, nicht zaudern)* · **[nicht] viel Aufheben[s], Wesen[s] von etwas machen** *(einer Sache [k]eine große Bedeutung beimessen).*

vielerlei ⟨unbestimmtes Gattungszahlwort⟩: *viele unterschiedliche Dinge, Arten o. ä. umfassend:* v. interessante Beobachtungen.

vielfach ⟨unbestimmtes Zahlwort⟩: **a)** *von vielen Menschen [geäußert, herrührend]:* die Sendung wurde auf vielfachen Wunsch wiederholt; nach der vielfachen Meinung der Zeit. **b)** *mehrfach:* ein vielfacher Millionär; er ist vielfacher Meister im Tennis; er hat ihm den Schaden v. ersetzt. **c)** (ugs.) *gar nicht so selten, recht oft, häufig:* man kann dieser Meinung v. begegnen; das trifft nicht, wie v. angenommen, zu.

Vielfalt, die: *das Vorkommen, Auftreten in vielen verschiedenen Arten, Formen:* eine bunte, unübersichtliche, verwirrende V.; die V. des Lebens, der Möglichkeiten; eine erstaunliche V. aufweisen.

vielleicht ⟨Adverb⟩: **a)** *eventuell, möglicherweise, unter Umständen:* ich komme v. morgen; v. hast du dich getäuscht; v. *(es kann sein)*, daß das Wimmern eines Sterbenden an sein Ohr drang; es ist v. besser, wenn ich jetzt gehe; */als Aufforderung, Vorwurf, Zurechtweisung/:* v. bist du so freundlich und steckst den Brief für mich ein; soll ich v. die ganze Nacht durcharbeiten?; v. benimmst du dich ein bißchen anständig!; (ugs.:) wollen Sie mir v. erzählen, daß Sie das gekauft haben?; (ugs.:) du bist v. ein Spinner! **b)** *etwa:* möchten Sie v. ein Gläschen Wein?; ein Mann von v. fünfzig Jahren; hast du dich v. doch geirrt? *(kann es sein, daß du dich geirrt hast?).* **c)** (ugs.) ⟨vor Adjektiven und Verben⟩ *in auffallender Weise, sehr* /Bewunderung oder Erstaunen ausdrückend/: ich war v. aufgeregt!; der konnte v. laufen, als die Polizei kam.

vielmals ⟨Adverb⟩: *ganz besonders, sehr:* jmdm. v. danken; er läßt v. grüßen, um Entschuldigung bitten; verzeihen Sie bitte v., daß wir nicht früher geantwortet haben; danke v.!

vielmehr ⟨Adverb⟩: *eher, im Gegenteil:* nicht das Geld ist wichtig, entscheidend ist v. die Freude an der Arbeit; man sah sie oft am Tage, v. *(oder genauer)* am hellen Nachmittag.

vielseitig: 1. a) *an vielen Dingen interessiert:* ein vielseitiger Mensch; sie ist sehr v. **b)** *viele Gebiete umfassend, mannigfach:* eine vielseitige Ausbildung, Verwendungsmöglichkeit; v. begabt, gebildet, interessiert sein; sein Studium ist recht v.; dieses Gerät läßt sich v. verwenden. **c)** *von vielen [geäußert]:* einem vielseitigen Wunsch nachkommen; dieses Lied wurde v. gewünscht. **2.** (Math.) *viele Seiten habend:* eine vielseitige Figur; diese Figur ist v.

vielversprechend: *zu berechtigten Hoffnungen Anlaß gebend:* ein vielversprechender junger Mann; ein vielversprechender Anfang; dieses Programm ist v.; das klingt ja v., sieht v. aus.

vier ⟨Kardinalzahl⟩: *4:* die v. Jahreszeiten, Himmelsrichtungen, Temperamente; die v. Elemente *(Erde, Feuer, Wasser, Luft);* die v. Evangelisten; Gespräche der großen Vier *(USA, UdSSR, England, Frankreich);* Sport: er kam auf Platz vier · wir sind zu vieren (veraltend), unser v. (geh.); es ist v. [Uhr]; er wurde heute v. [Jahre alt]; Skat: ein Grand mit vier[en]; Redensart: das ist so gewiß, wie zweimal zwei v. ist *(nämlich ganz sicher).* * (ugs.:) **alle viere von sich strecken** *(Arme und Beine [im Liegen] weit ausstrecken)* · (ugs.:) **auf allen vieren** *(auf Händen und Füßen)* · (ugs.; scherzh.:) **sich auf seine vier Buchstaben setzen** *(sich hinsetzen)* · **unter vier Augen** *(zu zweit ohne Zeugen)* · **in seinen vier Wänden** *(zu Hause).* → acht.

vierte: → achte.

Viertel, das: **1.** *der vierte Teil eines Ganzen:* im ersten V. des Jahres; drei V. des Weges liegen hinter uns; ein abnehmender Mond im letzten V.; (ugs.:) ein V. *(Viertelliter)* Wein; (ugs.:) ein V. *(Viertelpfund)* Leberwurst; die Turmuhr schlägt gerade V.; es ist V.; ein V. vier (*3^{15}* oder *15^{15}* Uhr); ein V. nach drei (*3^{15}* oder *15^{15}* Uhr); ein V. vor drei (*2^{45}* oder *14^{45}* Uhr); fünf Minuten vor, bis drei V. fünf (*4^{40}* oder *16^{40}* Uhr); es ist drei V. *(es fehlen noch fünfzehn Minuten bis zur vollen Stunde).* **2.** *Stadtteil:* sie wohnen in einem alten, guten, vornehmen, verrufenen V.; viele neue Viertel sind am Stadtrand entstanden.

Violine, die: → Geige.

Visage, die: (derb; abwertend): *Gesicht:* eine ekelhafte, schreckliche, fiese (ugs.) V.; ich kann seine V. nicht sehen *(ich kann ihn ganz und gar nicht leiden);* ich hau dir eins, eine in die V.!

Visier, das: **1.** (hist.) *beweglicher, das Gesicht bedeckender Teil des Helmes:* das V. herunterlassen, herunterschlagen, herunterklappen, schließen, aufschlagen; der Ritter öffnete nach dem Zweikampf das V.; bildl.: mit offenem V. *(ohne seine Absichten und Ziele zu verbergen)* kämpfen. **2.** *Vorrichtung zum Zielen an Feuerwaffen:* ein verstellbares V.; der Jäger bekam einen Bock ins V.; bildl.: etwas ins V. fassen *(seinen Blick darauf richten).*

Visum, das: *Vermerk in einem Paß, der jmdm. gestattet, in ein Land einzureisen:* ein V. beantragen, erteilen, gewähren (geh.), verweigern; sich ein V. beschaffen; ein V. nach Amerika bekommen; für Reisen in die Schweiz braucht man kein V. mehr; die Visa sind abgelaufen.

Vogel, der: **a)** */von Federn bedecktes Wirbeltier mit Flügeln/:* ein hübscher, bunter, zahmer, scheuer, kleiner, großer, fremdartiger, exotischer (bildungsspr.) V.; sie hockte wie ein kranker V. in der Ecke; der V. fliegt, flattert, schlägt mit den Flügeln, schwingt sich in die Lüfte, schwebt in der Luft, hüpft von Ast zu Ast, singt, zwitschert, trällert, pfeift, wird flügge, nistet, brütet, mausert sich, hat die/ist in der Mauser, füttert seine Jungen; jmdm. fliegt ein V. zu; viele Vögel sitzen auf den Telegraphendrähten; die Vögel ziehen im Herbst nach dem Süden; einen V. fangen, fliegen lassen; die Vögel füttern; (scherzh.:) der V. *(die gebratene Gans)* hat gut geschmeckt; bildl.: (ugs.:) der V. ist ausgeflogen *(jmd., den man besuchen wollte oder den man sucht, ist nicht mehr angetroffen worden);* der silberne, riesige V. *(das Flugzeug)* fliegt über den Wolken; Redensart: friß, V., oder stirb! *(wenn du das von dir Gewünschte erreichen oder haben willst, dann hast du keine andere Wahl).* **b)** (ugs.) *durch Wesen oder Art auffallender Mensch:* er ist ein lustiger, lockerer, seltener, seltsamer, komischer, häßlicher V.; ihr seid vielleicht zwei Vögel!; bringen Sie die beiden Vögel auf die Wache! * **mit etwas den Vogel abschießen** *(mit etwas alle anderen übertreffen)* · (ugs.:) **einen Vogel haben** *(nicht recht bei Verstand sein, seltsame Ideen haben)* · (ugs.:) **jmdm. den/einen Vogel zeigen** *(indem man mit dem Finger an die Stirn tippt, einem anderen zu verstehen geben, daß man sein Verhalten für dumm o. ä. hält).*

Volk, das: **1. a)** *Nation, Gemeinschaft von Menschen, die nach Sprache, Kultur und Geschichte zusammengehören:* ein freies, tapferes, entrechtetes, geknechtetes, unterdrücktes V.; das deutsche, englische, französische V.; die europäischen, orientalischen Völker; die Völker Afrikas, der Sowjetunion; die Deutschen gelten als das V. der Dichter und Denker; Rechtsw.: im Namen des Volkes! /bei Urteilsverkündungen/; Redensart: jedes V. hat die Regierung, die es verdient. **b)** *Volksmasse:* das arbeitende, werktätige, unwissende V.; das V. auf seiner Seite haben; das V. steht hinter der Regierung; das V. jubelte ihm zu; das V. fordert sein Recht; das V. steht auf *(erhebt sich gegen die Regierung);* das V. hat die Macht übernommen; das V. befragen (durch Volksabstimmung); das V. aufwiegeln, aufhetzen; die Abgeordneten sind die gewählten Vertreter des Volkes; er ist ein Sohn des Volkes, ein großer Sohn seines Volkes; eine Frau, ein Mann aus dem V., die Macht geht vom V. aus; (ugs.:) das V. der Fernseher *(die ständigen Fernsehzuschauer).* **c)** *untere Schicht der Bevölkerung:* das einfache, ungebildete, niedere V.; er rechnete sich nicht zum [gemeinen] V.; die Hefe des Volkes. **2.** (ugs.) *größere Anzahl von Menschen, Menge:* das versammelte, neugierige, leichtlebige V.; so ein blödes V.! */Ausdruck des Ärgers/;* auf dem Platz drängte sich das aufgeregte V.; alles V. verschwand sofort, als die Polizei kam; dieses verlogene V. *(Pack);* (ugs.:) sich unters Volk mischen; übertr.: dieses freche V. *(z. B. die Spatzen),* alles fressen sie den anderen weg! **3.** (Fachspr.) *Schwarm:* ein V. Bienen, Tauben, Rebhühner. * (ugs.:) **das junge Volk** *(die Jugend)* · (ugs.:) **junges Volk** *(junge Leute)* · (ugs.:) **das kleine Volk** *(die Kinder)* · **viel Volk**/(geh.) **viel Volks** *(viele):* viel V. war unterwegs · **fahrendes Volk** *(Leute ohne festen Wohnsitz; Zirkusartisten).*

voll: 1. *ganz gefüllt:* ein voller Eimer; ein volles Faß, Glas; mit vollem Mund spricht man nicht; mit vollen Backen kauen; wir haben immer ein volles Haus *(haben immer viel Gäste, Besuch);* sie spielten vor vollem *([so gut wie] ausverkauftem)* Haus; eine Hand v. Kirschen; ein Arm v. Holz; ein Teller v. Suppe; eine Brieftasche v. Geldscheine[n], v. neuer Geldscheine, voller neuer Geldscheine; der Schrank ist v. Kleider /v. von Kleidern/ voller Kleider; der Tisch lag v./ voller/ v. von Zeitungen; die Finger sind v./voller *(bedeckt von)* Tinte; ein Netz v. mit Fischen; das Glas ist halb, bis zum Rand v.; die Kanne ist v. Kaffee; der Koffer ist v. *(es paßt nichts mehr hinein);* die Läden sind v. davon; der Omnibus war ziemlich v. *(er konnte kaum noch Fahrgäste aufnehmen);* wenn man am Sonnabend einkaufen geht, ist es immer sehr v. [in den Geschäften]; der Saal war gedrängt v.; die Straßenbahnen sind in der Hauptverkehrszeit zum Brechen (ugs.), gerammelt (ugs.), gepfropft (ugs.), gestopft (ugs.), gesteckt (ugs.; landsch.), gerappelt (ugs.; landsch.), gepackt (ugs.; landsch), gespickt (ugs.; landsch) v. *(sehr voll);* ich habe gerade den Mund v. *(und kann deshalb nicht antworten);* er hat das Briefmarkenalbum bald v.; bildl.: das Geld mit vollen Händen *(ohne zu sparen, großzügig)* ausgeben; vor vollen Schüsseln sitzen *(reichlich zu essen haben);* voller Spannung; v. dankbarer Zuversicht; des Lobes voll/voll des Lobes sein (geh.; *jmdn. sehr loben*); sie schaute ihn v./voller Angst *(ängstlich)* an; er steckt voller Dummheiten; ein Leben v. Sorgen, Kummer liegt hinter ihm; v. innigster Anteilnahme; v. staunender Bewunderung; (ugs.:) er hat den Bauch v. Zorn; v. des süßen Weines *(leicht betrunken)* sein; (ugs.:) der ist v. *(betrunken);* (ugs.:) ich bin v. [bis obenhin] *(kann im Augenblick nichts mehr essen);* Redensarten: ein voller Bauch studiert nicht gern; wes das Herz v. ist, des geht der Mund über; übertr.: mit vollen Segeln *(mit aller Kraft)* einem Ziel zusteuern; mit voller Wucht *(sehr heftig).* **2.** *ganz, völlig, vollständig:* ein volles Dutzend; ein voller Erfolg; eine volle *(runde)* Zahl, Summe; ein volles Jahr, volle drei Jahre an einem Buch schreiben; volle Gewißheit über etwas haben; etwas in vollem Maße billigen; mit dem vollen Namen unterschreiben; die Manege liegt im vollen Licht; in voller Uniform; etwas in vollen Zügen genießen; er besitzt mein volles Vertrauen; in voller Fahrt *(bei hoher Geschwindigkeit);* in vollem Lauf, Galopp (ugs.; *schnell*) herbeikommen; die Untersuchungen sind schon in vollem Gange; fünf Minuten vor, nach v. *(vor, nach der vollen Stunde);* die Uhr schlägt nur die volle Stunde; man kann mit vollem Recht behaupten, daß ...; das ist mein voller Ernst; das ist die volle Wahrheit; die volle Bedeutung dieser Worte verstand er erst später; plötzlich stand er in voller Größe vor mir, richtete er sich zu seiner vollen Größe auf; die Maschine arbeitet nicht mit voller *(unverminderter)* Kraft, läuft auf vollen Touren; die Zahl ist nun wieder v. *(alle sind wieder vollzählig anwesend);* jmdn. v. ansehen *(mit freiem Blick ins Gesicht sehen);* das Gehalt v. *(ohne Abzüge)* auszahlen; jmds. Ansprüche v. anerkennen; sich v. für etwas einsetzen; er arbeitet v. *(ganztags);* v. einsatzfähig; er ist v. geständig, verantwortlich; Kegeln: jeder hat drei Wurf in die vollen *(in die aufgestellten neun Kegel);* Seemannsspr.: volle Kraft voraus, zurück! **3. a)** *ein wenig dick, füllig:* ein volles Gesicht; ein voller Busen; volle Schultern, Lippen; der Mund war v., aber blaß; sie ist in letzter Zeit etwas voller geworden. **b)** *von kräftig sich entfaltender, darstellender Substanz:* volle Töne; volle Farben; der Duft des Parfums ist v. und frisch. **c)** *dicht:* volles Haar; voller Flieder, volle Nelken *(mit mehr als üblichen Blütenblättern).* * **alle Hände voll zu tun haben** *(sehr beschäftigt sein)* · (derb:) **die Hosen [gestrichen] voll haben** *(große Angst haben)* · (ugs.:) **den Kanal voll haben** *(einer Sache überdrüssig sein)* · **das Maß ist voll** *(die Geduld ist jetzt zu Ende)* · **den Kopf voll haben** *(an vieles zu denken haben)* · (ugs.:) **jmdn. nicht für voll nehmen** *(jmdn. nicht ernst nehmen)* · (ugs.:) **[von etwas/jmdm.] die Nase voll haben;** (derb:) **[von etwas/jmdm.] die Schnauze voll haben** *([einer Sache, eines Menschen] überdrüssig sein)* · (ugs.:) **den Mund voll nehmen** *(prahlen, aufschneiden, großtun)* · **voll und ganz** *(ohne jede Einschränkung):* die Arbeiter stehen v. und ganz hinter den Beschlüssen der Regierung · **aus dem vollen schöpfen** *(alles reichlich zur Verfügung haben)* · **aus dem vollen leben/wirtschaften** *(ohne sich einzuschränken leben, wirtschaften)* · (ugs.:) **in die vollen gehen** *(mit Nachdruck an etwas herangehen).*

vollauf ⟨Adverb⟩: *in jeder Hinsicht, völlig:* er hat diese Auszeichnung v. verdient; das erfüllt v. seinen Zweck; das genügt v.; er ist mit dieser Arbeit v. beschäftigt.

vollbringen (geh.) ⟨etwas v.⟩: *zustande bringen, ausführen:* Leistungen, ein Meisterstück, große Taten, etwas Großes, ein Wunder v.; ich habe für heute mein Tagewerk vollbracht; es ist vollbracht!

Volldampf ⟨in der Verbindung⟩ mit Volldampf (ugs.): *mit aller Kraft:* mit V. an die Arbeit gehen; [mit] V. voraus!

vollenden: 1. ⟨etwas v.⟩ *zum Abschluß bringen, fertig machen:* einen Satz, ein Werk v.; er hatte keine Lust, das Begonnene zu v. **2.** (geh.) ⟨etwas vollendet sich⟩ *etwas verwirklicht sich, gelangt zur Vollendung:* ihre Liebe vollendete sich; in dieser Stadt hatte sich das Drama des Krieges vollendet. * **jmdn. vor eine vollendete Tatsache/vor vollendete Tatsachen stellen** *(jmdm. etwas erst mitteilen, wenn es nicht mehr zu ändern ist).*

vollendet: *ohne jeden Fehler; vollkommen, unübertrefflich:* sie ist eine vollendete Dame, Schönheit; er hat das Konzert v. gespielt; ihr Gesicht ist v. schön; (ugs.:) das ist ja vollendeter Unsinn!

vollends ⟨Adverb⟩: *ganz und gar, endgültig:* diese Nachricht verwirrte ihn v.; er ist auf dem Wege, seine Sehkraft v. zu verlieren; sie richtete sich v. auf.

vollführen (geh.) ⟨etwas v.⟩: *ausführen:* etwas Böses v.; eine Bewegung, einen Freudentanz v.; das Schiff vollführte das Manöver bei stürmischer See.

völlig: *gänzlich, vollständig, ganz und gar:* völlige Einigung, Übereinstimmung erzielen; es herrschte völlige Windstille; er ließ ihm völlige Freiheit in der Entscheidung; er ist ein völliges Kind *(er ist naiv und harmlos);* v. erschöpft, gesund sein; völlig recht haben; der Baum ist v. kahl; das ist v. ausgeschlossen, sinnlos, belanglos, gleich; du bist ja v. verrückt, betrunken!; das genügt v.; beim Erdbeben wurde die Stadt v. zerstört; die heutige Situation ist v. anders als damals.

volljährig: *das erforderliche Alter für bestimmte Rechtshandlungen erreicht habend:* alle volljährigen männlichen Personen wurden eingezogen; v. werden; [noch nicht] v. sein; jmdn. für v. erklären.

vollkommen: 1. *ohne jeden Fehler; unübertrefflich, hervorragend:* sie ist eine vollkommene Schönheit; er hatte das vollkommene *(perfekte)* Gedächtnis; kein Mensch ist v. **2.** (ugs.) *völlig, gänzlich, ganz und gar:* eine vollkommene Niederlage; ein v. gesunder Mensch; vollkommene Sicherheit ist nicht zu erreichen; jmdm v. vertrauen; du hast v. recht; das genügt v.; das Lesestück ist v. veraltet.

Vollkommenheit, die: *das Vollkommensein:* nach V. streben; es zur V. bringen.

Vollmacht, die: *schriftlich gegebene Erlaubnis, bestimmte Handlungen vorzunehmen:* seine Vollmachten reichten dafür nicht aus; uneingeschränkte V. haben; jmdm. eine V. ausstellen, geben, erteilen; von jmdm. V. bekommen, erhalten, etwas zu tun; die V. auf einen anderen übertragen; seine Vollmachten überschreiten; jmdn. mit weitreichenden Vollmachten ausstatten, ausrüsten; jmds. Vollmachten beschneiden.

vollständig: 1. *keine Lücken, Mängel aufweisend, komplett:* eine vollständige Ausgabe der Werke Brechts; die Briefmarkensammlung ist [nicht] v.; die Werke eines Dichters v. herausgeben. **2.** (ugs.) *völlig, gänzlich, ganz und gar:* er läßt ihm vollständige Freiheit; die Verabredung hatte ich v. vergessen; das genügt [mir] v.; die Stadt wurde fast v. zerstört.

Vollständigkeit, die: *das Vollständigsein:* V. anstreben, erreichen, vermissen; Anspruch auf V. erheben; auf V. Wert legen.

vollstrecken ⟨etwas v.⟩: *in amtlichem Auftrag durchführen:* ein Testament, Todesurteil v.

vollzählig: *die vorgeschriebene, gewünschte Anzahl aufweisend; alle ohne Ausnahme:* die Mannschaft ist jetzt v.; die Familie ist v. versammelt.

vollziehen: 1. ⟨etwas v.⟩ *ausführen, durchführen, in die Tat umsetzen:* einen Befehl, jmds. Willen, eine Umstellung, ein Urteil, eine Strafe, die Todesstrafe v.; den Bruch mit der Tradition v.; der Bürgermeister vollzog die traditionellen Hammerschläge bei der Grundsteinlegung; eine Trauung, ein Opfer v. *(vornehmen);* adj. Part.: die vollziehende *(ausübende)* Gewalt im Staat. **2.** ⟨etwas vollzieht sich⟩ *etwas geschieht:* eine große Wandlung hat sich in ihm vollzogen; die Umstellung vollzog sich reibungslos; diese Entwicklung, Veränderung, dieser Vorgang, Übergang, Umschwung hat sich in aller Stille, im Geheimen, nur langsam, rasch, mit großer Geschwindigkeit vollzogen; das Schicksal wird sich vollziehen; dieser Prozeß war im 9. Jahrhundert bereits vollzogen.

vom: *von dem:* v. Lande; v. Morgen bis zum Abend; das kommt v. vielen Trinken.

von: I. ⟨Präp. mit Dativ⟩: **1.** /gibt einen räumlichen Ausgangspunkt an/: v. Berlin, Frankreich; v. Norden, v. der Küste; v. vorn, hinten, oben, unten, drüben, rechts, links; v. wo?; v. woher?; ⟨in bestimmten Korrelationen⟩ von ... an: v. dieser Stelle an; von ... aus: v. Mannheim aus sind es bis Heidelberg ungefähr zwölf Kilometer; von ... bis [zu]: v. Frankfurt bis Hamburg, v. hier bis zum Bahnhof; von ... her: die Blumen wurden v. unten her angestrahlt; von ... nach: v. Luxemburg nach Keflavik fliegen; von ... zu: v. Ast zu Ast hüpfen. **2.** /gibt einen zeitlichen Ausgangspunkt an/: v. heute; ⟨in bestimmten Korrelationen⟩ von ... an/: v. diesem Zeitpunkt an; v. heute an; von ... auf: v. Jugend auf; v. Freitag auf Sonnabend; von ... bis: v. Dienstag bis Freitag; von ... zu: v. Sonntag zu Montag. **3.** /als Teil des Präpositionalattributes/: **a)** /stellt eine Beziehung her oder nennt Ursache und Urheberschaft; vertritt ein Genitivattribut/: die Umgebung von Berlin; die Belagerung v. Paris; die Trauer v. Millionen; ein Gedicht v. Brecht; ein Ende v. der Schnur anfassen; die Königin v. England; er ist Vater v. vier Söhnen. **b)** /nennt im Passiv den Täter, die Ursache/: er wurde von seinem Chef gelobt *(der Chef hatte ihn gelobt);* der Baum ist von dem Traktor umgerissen worden *(der Traktor hat den Baum umgerissen).* **c)** (ugs.) /statt eines persönlichen, den Besitzer nennenden Genitivattributs, das zu einem unpersönlichen Substantiv gehört/: der Hut v. meinem Vater (besser: meines Vaters); das Gefieder von dem Vogel (besser: des Vogels). **d)** /gibt an, woraus etwas besteht/: ein Ring v. *(aus)* Gold. **e)** /dient der Angabe der Art oder bestimmter Eigenschaften/: ein Mann v. Charakter; ein Kleid v. besonderer Machart; eine Sache v. Wichtigkeit; ein Fall v. Menschenraub. **f)** /dient der Angabe von Maßen, Größenordnungen/: eine Entfernung v. drei Metern; ein Tisch von drei Meter Länge; eine Fahrt v. fünf Stunden; eine Summe v. 1000 Mark; eine Gans v. acht Pfund; eine Stadt von [über] 300000 Einwohnern; Kinder v. [unter] zehn Jahren. **4. a)** /nennt das Ganze, von dem der Teil stammt; partitiv/: einer von ihnen war der Täter; von zehn Angestellten sind drei krank; die Hälfte v. der Summe, v. der Torte; der älteste v. den Brüdern; eine Art v. Roman; ein Rest v. Scham war noch in ihm. **b)** /nennt etwas, was so ist, wie das gerade vorher Genannte/: ein Teufel von einem Vorgesetzten; dieses Prachtwerk v. Brücke; (ugs.:) eine Seele v. Mensch *(ein gutherziger Mensch).* **5.** /als Adelsprädikat/: Otto v. Bismarck. **6.** /in Abhängigkeit von bestimmten Wörtern/: jenseits v.; unterhalb v.; infolge v.; müde v.; sich trennen v.; das Märchen v. Schneewittchen. **II.** ⟨in Konkurrenz zu den Pronominaladverbien *davon* und *wovon*⟩ **1.** (ugs.) /statt des Pronominaladverbs *davon*/ **a)** /bei Bezug auf eine Sache, einen Satz oder einen [satzwertigen] Infinitiv oder in Verbindung mit *es*/: das war ja ein großes Ereignis; ich habe von dem (besser: davon) gehört, als ich zurückkam; alles, was er tat, entsprang der Ruhmsucht; von ihr (besser: davon) war er ganz erfüllt. **b)** /als Verkürzung von *davon*/: ich weiß nichts v. (richtig: davon). **c)** /als Teil von *davon* in getrennter Stellung/: da weiß ich nichts v. (richtig: davon weiß ich nichts). **2.** /in Verbindung mit Fragepronomen/: **a)** /in bezug auf eine Person/: v. wem sprichst du? **b)** (ugs.) /in bezug auf Sachen anstatt *wovon*/: v. was (richtig: wovon) wurde gesprochen? **3.** /in relativer Verbindung/: **a)** das Mädchen, v. dem die Rede war, ... **b)** (ugs.) /statt *wovon* im nicht attributiven Relativsatz/: er wußte nicht, von was, (richtig: wovon) die Rede war. * **von ... wegen** *(ausgehend von ...; im Auftrag von ...):* etwas v. Amts wegen bekanntgeben · (ugs.:) **von wegen** *(das, was du von mir verlangst, werde ich auf keinen Fall tun* /drückt emotionale Ablehnung aus/): du wirst doch sicher deine Beförderung mit einem Fest feiern? – v. wegen! · **von seiten** ⟨mit Genitiv⟩ *(was ... betrifft; von ... ausgehend):* v. seiten der Regierung wurde nichts getan · **von vornherein** *(von Anfang an, gleich)* · (geh.:) **von alters her** *(seit langer Zeit; von jeher)* · (ugs.:) **von mir aus** *(ich habe nichts dagegen):* darf ich das machen? – v. mir aus · (altertümelnd:) **von dannen** *(von da weg):* sie schritten aufrecht v. dannen · (altertümelnd:) **von hinnen** *(von hier weg):* v. hinnen eilen · **von jeher** *(schon immer).*

vor: I. ⟨Präp. mit Dativ und Akk.⟩ **1.** ⟨räumlich; mit Dativ⟩ **a)** /zur Angabe der Lage/ *an der vorderen Seite:* v. dem Haus parken; der Fahrer hielt vor *(nicht hinter)* dem Lieferwagen *(er hält vor dem Kühler des Lieferwagens);* er ging zu dem Café, v. dem er seine Freundin hatte stehen sehen; zwei Kilometer v. *(außerhalb)* der Stadt steht ein alter Brunnen; vor ... her: er trug die Fahne v. ihnen her. **b)** /zur Angabe der Rangordnung/: er wurde Sieger v. seinem Landsmann; (selten:) er ist reich v. uns allen. **c)** *gegenüber:* v. dem Spiegel stehen; plötzlich stand er v. mir *(mir gegenüber);* v. dem Fernsehgerät sitzen *(fernsehen).* **d)** *in Gegenwart von, im Beisein von:* v. vielen Zuschauern; er spielte sich v. den Mädchen immer sehr auf. **2.** ⟨räumlich; mit Akk.; zur Angabe der Richtung⟩ *an die vordere Seite:* sich v. die Tür stellen; v. den Altar treten; sich (Dativ) eine Kugel v. den Kopf schießen *(sich erschießen);* übertr.: jmdn. v. ein Ultimatum stellen; vor ... hin: ich döste v. mich hin. **3.** ⟨mit Dativ; zur Angabe der Zeit⟩ *früher als, bevor das Genannte erreicht ist:* v. 1945; v. dem Unfall; v. Sonnenaufgang; ein Tag v. der Abreise; v. einigen Jahren; heute v. einem Jahr; v. Christi Geburt; die Party beginnt nicht v. 20 Uhr; v. zwei Stunden wird er nicht zurückkommen; halten Sie bitte [noch] v. dem Lieferwagen *(noch bevor der Lieferwagen erreicht ist);* es ist zwei Minuten v. sieben [Uhr]; sie ging schon v. acht [Uhr]; in dieser Stadt hatte der Dichter v. über dreihundert Jahren gelebt; er war früher auch in unserem Betrieb beschäftigt, doch das war noch v. meiner Zeit *(bevor ich dort zu arbeiten begonnen hatte);* sie hatte v. mir *(bevor ich sie kennenlernte)* noch einen anderen Freund. **4.** ⟨mit Dativ; ohne Artikel; gibt den Grund an⟩ *aus, bewirkt durch:* v. übergroßer Freude weinen; v. Kälte zittern;

v. Schmerzen schreien; v. Scham erröten; er strahlte v. Sauberkeit; v. lauter Arbeit vergaß er ihren Geburtstag; bildl.: v. Neid erblassen. **5.** ⟨mit Dativ; in Abhängigkeit von bestimmten Wörtern⟩ sich schützen v.; jmdn. v. etwas bewahren; Angst haben v. **6.** (veraltet) *anstatt, für:* Gnade v. Recht ergehen lassen. **II.** /in Konkurrenz zu den Pronominaladverbien *davor* und *wovor*/: **1.** (ugs.) /statt des Pronominaladverbes *davor*/: **a)** /bei Bezug auf eine Sache, einen Satz oder einen [satzwertigen] Infinitiv oder in Verbindung mit *es*/: viel Arbeit wartet auf ihn. – vor ihr (richtiger: davor) hat er schon Angst. **b)** /als Verkürzung von *davor*/: ich habe Angst vor (richtig: davor). **c)** /als Teil von *davor* in getrennter Stellung/: da hüte ich mich v. (richtig: davor hüte ich mich); (veraltend:) da sei Gott v.! *(das möge Gott verhüten!)*. **2.** /in Verbindung mit Fragepronomen/: **a)** /in bezug auf eine Person/: vor wem wirst du sprechen? **b)** (ugs.) /in bezug auf Sachen anstatt *wovor*/: vor was (richtig: wovor) fürchtest du dich? **3.** /in relativer Verbindung/: **a)** der Herr, vor dem er erschien...; er besichtigte die Kirche, vor der ein Denkmal stand. **b)** (ugs.) ⟨statt *wovor* im nicht attributiven Relativsatz⟩ ich weiß nicht, vor was (richtig: wovor) sie sich fürchtet. **III.** ⟨Adverb; gewöhnlich imperativisch oder elliptisch⟩ *nach vorn:* v. auf den Platz! * **vor allem** *(besonders):* v. allem die alten Leute leiden unter der Einsamkeit · (veraltet:) **vor alters** *(vor langer Zeit, einstmals)* · **nach wie vor** *(so wie es immer war; jetzt genauso wie früher)* · **vor Jahren** *(schon vor geraumer Zeit)* · **etwas vor sich haben** *(eine [nicht leichte] Arbeit, Aufgabe in nächster Zeit noch zu bewältigen haben)* · **Schritt vor Schritt** *(einen Schritt nach dem anderen)*.

voran ⟨Adverb; gewöhnlich imperativisch oder elliptisch⟩: **a)** *vorn, an der Spitze:* der Vater v., die Kinder hinterdrein; sie wanderten los, [allen] v. der Lehrer, der Lehrer v.; er fiel – mit dem Kopf v. – die Treppe hinunter. **b)** *vorwärts:* immer langsam v.!

vorangehen: 1. *vorne, an der Spitze gehen:* der Lehrer geht voran; übertr.: mit gutem Beispiel v. **2. a)** ⟨etwas geht voran⟩ *etwas macht Fortschritte:* es geht [gut] voran mit der Arbeit. **b)** ⟨etwas geht einer Sache voran⟩ *etwas geht voraus:* der Demonstration war ein Protestschreiben vorangegangen; die vorangehenden Gesichtspunkte; an den vorangegangenen Tagen hatte es viel geschneit.

vorankommen: 1. *eine Strecke zurücklegen:* er war schwer auf den verstopften Straßen vorangekommen. **2.** *Fortschritte machen:* er kommt mit seiner Arbeit [nicht, gut] voran.

voraus ⟨Adverb; gewöhnlich imperativisch oder elliptisch⟩: **a)** *vor den anderen, an der Spitze:* er immer v., die anderen hinterdrein. **b)** (selten) *vorn:* v. auf dem Wall tauchten ihre Gesichter auf. **c)** *vorwärts:* [mit] Volldampf *(mit aller Kraft)* v.! * **im**/(selten:) **zum voraus** *(schon vorher):* besten Dank im v. · **jmdm., einer Sache voraus sein** *(schneller, weiter, besser sein als jmd., als etwas):* er ist seiner Zeit v.; er ist ihm immer um eine Nasenlänge (ugs.) v.

vorauseilen: a) *sich beeilen, um früher als andere irgendwo zu sein:* er eilte voraus, um Plätze freizuhalten; übertr.: seine Gedanken eilten schon voraus. **b)** ⟨einer Sache v.⟩ *etwas Zukünftiges schon vorwegnehmen:* diese Meldung eilte den Tatsachen weit voraus; er eilt mit seinen Ideen seiner Zeit voraus.

vorausgehen: 1. *schon vorher, früher als ein anderer irgendwohin gehen:* ein Stück v.; du kannst v., wir kommen nach; bildl.: jmdm. in den Tod v.; sie war ihm um nur wenige Wochen im Tode vorausgegangen. **2.** ⟨etwas geht jmdm./einer Sache voraus⟩ *etwas ereignet sich, geschieht vorher:* ihrem Tod ist ein jahrelanges Siechtum vorausgegangen; ihm ging der Ruf eines Lebemannes voraus.

voraushaben ⟨jmdm./vor jmdm. etwas v.⟩ *überlegen, im Vorteil sein:* er hat ihm die Erfahrung voraus; sie hatten vor uns die Geschicklichkeit voraus.

vorausschicken: 1. ⟨jmdn., etwas v.⟩ *jmdn., etwas vorausgehen, -fahren lassen:* er hat die Kinder [zu den Großeltern] vorausgeschickt; einige Abteilungen, Panzerwagen wurden vorausgeschickt. **2.** ⟨etwas v.⟩ *etwas vorher mitteilen:* er hat [seinem Vortrag] einige allgemeine Bemerkungen vorausgeschickt; ich muß noch v., daß ...

voraussetzen: 1. ⟨etwas v.⟩ *etwas als vorhanden, als selbstverständlich annehmen:* etwas stillschweigend als bekannt v.; seine Zustimmung läßt sich nicht mit Sicherheit v.; bei seiner Planung hatte er ihr Einverständnis vorausgesetzt. **2.** ⟨etwas setzt etwas voraus⟩ *etwas bedingt etwas, braucht etwas als Voraussetzung:* eine Verständigung setzt guten Willen auf beiden Seiten voraus; das Unternehmen wird gelingen, vorausgesetzt, daß alle mitmachen.

Voraussetzung, die: **1.** *Bedingung:* das ist eine wichtige, selbstverständliche, notwendige, unerläßliche, unumgängliche V. dafür; die Voraussetzungen dafür fehlen, sind [nicht] erfüllt, gegeben; die Voraussetzungen für etwas schaffen; das bildet die V. dafür; etwas ist an bestimmte Voraussetzungen geknüpft; unter der [stillschweigenden] Voraussetzung, daß...; er machte zur V., daß... **2.** *Annahme:* diese Vorstellung beruht auf völlig falschen Voraussetzungen; von falschen Voraussetzungen ausgehen; er ließ sich von der irrigen V. leiten, daß...

Voraussicht, die: *Ahnung, Vermutung; Weitblick:* menschliche V.; seine kluge V. ersparte ihm manche Enttäuschung; in weiser V. hatte er Proviant mitgenommen; aller V. nach *(höchst wahrscheinlich)* wird er nicht mehr gesund.

voraussichtlich: *wahrscheinlich, vermutlich:* die voraussichtliche Verspätung des Zuges wurde bekanntgegeben; er wird v. morgen kommen; v. werden alle zustimmen.

vorbauen: 1. a) *vorsorgen, Vorkehrungen treffen:* er baut schon vor, falls er nicht kommt. **b)** ⟨einer Sache v.⟩ *rechtzeitig etwas gegen etwas unternehmen:* Mißverständnissen v. **2.** ⟨etwas v.⟩ *etwas vorn anbauen:* eine Veranda v.

Vorbedacht ⟨in der Verbindung⟩ mit/ohne Vorbedacht: *mit/ohne Überlegung:* er hat es mit V. getan, gesagt.

Vorbehalt, der: *Einwand, Einschränkung:* ein stiller, versteckter, innerer V.; meine Vorbehalte sind nicht unbegründet; einige Vorbehalte gegen den Plan haben, anmelden; einer Sache ohne [den leisesten] V. zustimmen; etwas nur unter/ (seltener:) mit V. annehmen.

vorbehalten ⟨sich etwas v.⟩: *sich noch eine Möglichkeit offenlassen:* sich die letzte Entscheidung, das Recht auf Änderung, die Möglichkeit, vom Vertrag zurückzutreten, v.; Irrtum, Änderungen, alle Rechte vorbehalten. * **etwas ist/ bleibt jmdm. vorbehalten** *(jmdm. ist/bleibt es überlassen, als erster etwas zu tun).*

vorbehaltlich (Amtsdt.) ⟨Präp. mit Genitiv⟩: *unter der Voraussetzung, daß...:* v. der Genehmigung des Vorstandes/durch den Präsidenten.

vorbei ⟨Adverb⟩: **1.** /räumlich/ *neben jmdm., etwas entlang und schon weiter weg:* der Wagen ist hier schon v.; an zwei Gegenspielern ist er v., am dritten bleibt er hängen. **2.** /zeitlich/ *vergangen:* es ist acht Uhr v.; als wir kamen, war alles schon v. *(zu Ende);* als der Arzt kam, war es [mit ihm] bereits v. (ugs.; *war er bereits tot*); der Sommer war schnell v.; [etwas ist] aus, v./aus und v. (ugs.; *etwas ist endgültig abgeschlossen*); Redensart: v. ist v.

vorbeigehen: 1. a) ⟨an jmdm., an etwas v.⟩ *entlang- und weitergehen:* er ging grußlos, ohne sie eines Blickes zu würdigen, an ihr vorbei; achtlos an einem Gemälde v.; ⟨auch ohne Präpositionalobjekt⟩ der Schuß ging haarscharf vorbei; übertr.: an der Wirklichkeit, am Leben v.; subst.: im Vorbeigehen jmdm. etwas sagen. **b)** ⟨mit Raumangabe⟩ *auf einem größeren Gang jmdn., etwas kurz besuchen, um etwas zu erledigen:* beim Einkaufen werde ich bei ihr, bei der Post vorbeigehen; bei dieser Gelegenheit kannst du dort v. und die Rechnung bezahlen. **2.** ⟨etwas geht vorbei⟩ *etwas vergeht:* das Gewitter geht schnell vorbei; die Schmerzen werden wieder vorbeigehen; keine Gelegenheit, Chance ungenutzt v. lassen.

vorbeireden ⟨an etwas v.⟩: *nicht auf den Kern einer Sache eingehen:* er hat dauernd an den Dingen, am eigentlichen Problem vorbeigeredet. * **aneinander vorbeireden** *(miteinander über etwas sprechen, wobei jeder etwas anderes meint).*

vorbereiten: 1. ⟨jmdn., sich, etwas auf/für etwas v.⟩ *auf etwas einstellen, für etwas leistungsfähig, geeignet machen:* sich lange, intensiv (bildungsspr.), schlecht auf/für eine Prüfung v.; der Trainer hat die Mannschaft auf/für das Spiel, auf/für die Weltmeisterschaft sehr gut vorbereitet; er versuchte, seine Eltern schonend darauf vorzubereiten *(seinen Eltern etwas schonend mitzuteilen);* auf etwas nicht vorbereitet *(gefaßt)* sein; ⟨auch ohne Präpositionalobjekt⟩ er hatte sich gut vorbereitet, war nicht genügend vorbereitet. **2.** ⟨etwas v.⟩ *notwendige Dinge für etwas vorher erledigen:* ein Fest, den Parteitag, eine Reise v.; etwas gut, in allen Einzelheiten v.; vorbereitende Maßnahmen treffen.

Vorbereitung, die: *das Vorbereiten; vorbereitende Maßnahme:* eine lange, intensive (bildungsspr.), ausgedehnte V.; die V. des Parteitages; die V. auf/für die Prüfung; die Vorbereitungen laufen auf vollen Touren; Vorbereitungen [für etwas] treffen; die Vorbereitungen unterbrechen, beenden, abschließen; jmdm. bei den Vorbereitungen helfen; etwas ist, befindet sich in V.; mit den Vorbereitungen beginnen; nach gründlicher V....

vorbeugen: 1. ⟨sich v.⟩ *sich nach vorn beugen:* er hat sich zu weit vorgebeugt; ich mußte mich v., um etwas zu sehen. **2.** ⟨einer Sache v.⟩ *durch bestimmte Maßnahmen etwas zu verhindern suchen:* einer Gefahr, Krankheit v.; sie beugten einer militärischen Auseinandersetzung vor.

Vorbild, das: *[mustergültiges] Beispiel; Leitbild:* ein schlechtes V.; ein leuchtendes V. für jmdn. sein; er ist der Jugend/für die Jugend ein echtes V.; dieser Konflikt diente ihm als V. für sein Drama; [sich (Dativ)] ein V. suchen; einem großen V. nacheifern, nachstreben; nimm ihn dir zum V.!; etwas zum V. wählen.

vorbildlich: *mustergültig:* ein vorbildliches Verhalten; er ist ein vorbildlicher Lehrer; seine Arbeit ist v.; sich v. benehmen.

vorbringen: 1. ⟨etwas v.⟩ *etwas nach vorn bringen:* etwas von hinten, aus dem Lager v.; militär.: Geschütze, Munition, Nachschub v. *(ins Kampfgebiet bringen).* **2. a)** ⟨etwas v.⟩ *etwas vortragen, darlegen:* seine Wünsche, Forderungen v.; er muß Gründe, Beweise v.; was hast du noch vorzubringen? **b)** ⟨etwas gegen jmdn., gegen etwas v.⟩ *einwenden:* gegen diese Theorie läßt sich v., daß...; was hast du dagegen vorzubringen?

vordere: *sich vorn befindend:* der vordere Teil des Hauses; in der vorderen Reihe sitzen.

Vordergrund, der: *vorderer Bereich:* der V. der Bühne; im V. des Bildes stehen einige Personen. * **im Vordergrund stehen** *(Mittelpunkt sein; stark beachtet werden)* · **jmdn., etwas in den Vordergrund stellen**/(ugs.:) **schieben** *(jmdn., etwas herausstellen)* · **in den Vordergrund treten/rücken** *(auffallen, an Bedeutung gewinnen)* · **sich in den Vordergrund drängen/schieben** *(Aufmerksamkeit erregen wollen; sich vordrängen).*

vorderst: *sich ganz vorn befindend:* die vorderste Tür; in der vordersten Reihe sitzen; übertr.: in der vordersten Front, Linie, Reihe *(im Brennpunkt des Geschehens)* stehen.

vordringen: a) ⟨mit Raumangabe⟩ *vorwärts dringen:* in große Höhen, in den Weltraum v.; der Feind ist bis an die Außenbezirke der Stadt, er ist mit seinem Plan bis zum Minister vorgedrungen; bildl.: in unerforschte Gebiete, Bereiche v. **b)** ⟨etwas dringt vor⟩ *etwas breitet sich aus:* eine Lehre, Religion, diese Mode dringt [immer mehr] vor.

vordringlich: *besonders dringend:* vordringliche Aufgaben, Fragen; dieses Wohnungsgesuch, dieser Fall ist v.; etwas v. behandeln.

voreinander ⟨Adverb⟩: **a)** *einer vor dem andern:* sich v. hinstellen. **b)** *gegenseitig:* sich v. fürchten; etwas v. verbergen.

voreingenommen: *parteiisch, nicht objektiv:* du bist doch [für, gegen diesen Verein] v.

vorenthalten ⟨jmdm. etwas v.⟩: *nicht geben, gewähren:* jmdm. sein Geld, Erbe v.; wir wollen unseren Lesern nichts v. *(unsere Leser über alles informieren).*

vorerst ⟨Adverb⟩: *zunächst, einstweilen:* ich möchte v. nichts unternehmen; v. müssen wir warten.

Vorfahr, der ⟨meist Plural⟩: *Angehöriger der früheren Generation einer Familie:* die väterlichen Vorfahren; seine Vorfahren stammen aus Frankreich, waren lange hier ansässig; er ist ein V. von uns.

vorfahren: 1. a) *weiter nach vorn fahren:* der Zug fährt [ein Stück] vor; ich werde noch ein paar Meter v. **b)** ⟨etwas v.⟩ *etwas weiter nach vorn fahren:* fahren Sie ihren Wagen noch etwas vor. **2. a)** *vors Haus, vor den Eingang fahren:* das Taxi, der Chauffeur ist [unten, am Eingang] vorgefahren; vor dem Theater, zum Empfang v. **b)** ⟨etwas v.⟩ *etwas vors Haus, vor den Eingang fahren:* lassen Sie bitte den Wagen v.

Vorfall, der: *Vorkommnis; plötzliches Ereignis:* ein eigenartiger, seltsamer, rätselhafter, unangenehmer V.; ein V. von großer, allgemeiner Bedeutung; die Vorfälle häuften sich; der V. ist damit erledigt; der V. wurde allgemein bekannt; einen V. geheimhalten, verschweigen, sehr ernst nehmen, beobachten, miterleben; von dem V. nichts gemerkt, gehört haben.

vorführen: 1. ⟨jmdm. jmdn. v.⟩ *vor jmdn. hinführen:* den Angeklagten dem Gericht, dem Richter v.; der Patient wurde dem Arzt vorgeführt; ⟨auch ohne Dativ⟩ die Gefangenen wurden vorgeführt. **2. a)** ⟨jmdn., etwas v.⟩ *zeigen, vorstellen:* Tiere, Pferde v.; die neue Mode, neue Kleider v.; die Firma führt morgen ihre neuen Automodelle vor. **b)** ⟨etwas v.⟩ *etwas aufführen, darbieten:* einen Film, sein neuestes Programm v.; ⟨jmdm. etwas v.⟩ er führte dem Publikum einen dreifachen Salto am Trapez vor.

Vorgang, der: **1.** *Ereignis, Geschehen:* ein wichtiger, entscheidender V.; diese Vorgänge kamen nicht zur Sprache, wiederholten sich; die Vorgänge genau verfolgen; einen V. melden, in allen Einzelheiten schildern; sich an den V. nicht mehr genau erinnern können. **2.** *Gesamtheit der eine bestimmte Person, Sache betreffenden Akten:* bitte suchen Sie mir den V. zu diesem Tagesordnungspunkt, den V. ... heraus.

vorgeben: 1. ⟨etwas v.⟩ *etwas nach vorn geben:* die Hefte v.; die Akten v. *(in ein vorderes Zimmer geben);* ⟨jmdm. etwas v.⟩ geben Sie mir bitte einmal alle Muster vor. **2.** ⟨jmdm. etwas v.⟩ *zugunsten von jmdm. auf etwas verzichten:* seinem Gegner einen Turm, Bauern v. *(beim Schach);* ich gebe Ihnen 15 Punkte, 30 Meter *(beim Lauf)* vor. **3.** ⟨etwas v.⟩ *etwas zum Vorwand nehmen:* er gab vor, an diesem Tag verreist gewesen zu sein; er gab dringende Geschäfte vor.

vorgehen: 1. a) *nach vorn gehen:* an die Tafel, zur Bühne, zum Altar v.; militär.: der Feind ging [zum Angriff] von; in Schützenlinie v. *(angreifen).* **b)** *vorausgehen:* ich bin vorgegangen, weil ich den Weg kannte; du kannst schon v. **c)** ⟨etwas geht vor⟩ *etwas zeigt etwas zu früh an:* die Uhr geht [zehn Minuten] vor. **2.** ⟨etwas geht vor; mit Raumangabe⟩ *etwas geschieht:* was geht hier vor?; große Veränderungen gehen in der Welt vor; übertr.: nicht wissen, was in jmdm. vorgeht. **3.** *Vorrang haben:* diese Arbeiten, die Schulaufgaben gehen vor; das Alter geht vor *(alte Leute sind bevorzugt zu behandeln);* ⟨jmdm., einer Sache v.⟩ meine Mutter, meine Gesundheit geht mir vor; das geht allem anderen vor. **4.** *handeln, gegen etwas angehen:* streng, entschieden, unnachsichtig, rücksichtslos, brutal, mit Gewalt, mit Geschick v.; gegen die Übeltäter, gegen Verleumdungen mit aller Schärfe, gerichtlich v.; subst.: ein überstürztes Vorgehen führt zu nichts.

Vorgeschmack ⟨in den Verbindungen⟩ **etwas gibt jmdm. einen V. von etwas** *(jmd. kann an etwas erkennen, wie etwas Bevorstehendes verlaufen wird)* · **einen Vorgeschmack von etwas bekommen** *(etwas Ähnliches im voraus erleben).*

Vorgesetzte, der: *jmd., der anderen übergeordnet ist:* ein [un]angenehmer, unbeliebter, strenger Vorgesetzter; sich an den unmittelbaren Vorgesetzten wenden.

vorgestern ⟨Adverb⟩: *einen Tag vor dem gestrigen:* ich habe ihn v. getroffen.

vorgreifen ⟨jmdm., einer Sache v.⟩: *jmds Tun, etwas nicht abwarten:* dem Minister, seiner Stellungnahme v.; wir dürfen der Entscheidung des Gerichts nicht v.; ⟨selten ohne Dativ⟩ ich wollte nicht v.

Vorhaben, das: *Plan, Absicht:* ein löbliches, böses V.; das V. ist geglückt; jmds. V. vereiteln; ein V. billigen, aus-, durchführen, unterstützen; jmdm. sein V. ausreden; jmdn. von seinem V abbringen.

vorhalten: 1. ⟨etwas v.⟩ *davorhalten:* ein Taschentuch, die Hand v.; mit vorgehaltener Pistole Geld fordern; ⟨jmdm., sich etwas v.⟩ sich einen Spiegel v.; übertr.: er hielt ihm seiner Bruder als Vorbild vor. **2.** ⟨jmdm. etwas v.⟩ *jmdm. wegen etwas Vorhaltungen machen:* jmdm seine Fehler, Sünden, Schwächen, Äußerungen v.; er hielt ihr vor, daß sie zu viel Geld ausgäbe **3.** ⟨etwas hält vor⟩ *etwas reicht, hält an:* die Vorräte werden [noch vier Wochen] v.; das Essen hält nicht vor *(war nicht gehaltvoll);* übertr.: wie lange wird dieser Vorsatz [bei ihm] vorhalten? * **jmdm. den Spiegel vorhalten** *(jmdn. deutlich auf seine Fehler hinweisen).*

Vorhaltung ⟨in der Wendung⟩ jmdm. [wegen etwas, in einer Sache] Vorhaltungen machen *jmdm. etwas vorwerfen; jmdn. tadeln.*

Vorhang, der: **a)** *Gardine:* einfarbige, bunte [un]durchsichtige Vorhänge; der V. fällt nicht gleichmäßig, hält das Licht ab; den V. auf-, zuziehen, aufmachen, abnehmen, öffnen, schließen; den V. nähen, waschen, spannen; die Sonne fällt, dringt durch den V. **b)** *Bühnenvorhang* ein schwerer, dunkelroter V.; der eiserne V *(Feuerschutzvorrichtung im Theater);* der V. geht auf/hoch/zu, fällt, hebt sich, senkt sich, teilt sich; den V. herunterlassen; der Künstler hatte zwölf Vorhänge *(mußte beim Applaus sich zwölfmal zeigen);* man zählte gestern zwölf Vorhänge *(zwölfmal öffnete sich der Vorhang beim Applaus)* vor den V. treten. * **der Eiserne Vorhang** *(die weltanschaulich-politische Grenze zwischen Ost und West).*

vorher ⟨Adverb⟩: *vor einem bestimmten Zeitpunkt:* einige Tage v.; warum hast du mir das nicht v. gesagt?; wie schon v. erwähnt ...; v sah alles anders aus.

vorherrschen ⟨etwas herrscht vor⟩: *etwas ist beherrschend, überwiegt:* eine Mode, ein St herrscht vor; in dem Gemälde herrschen rot Farbtöne vor; es herrscht allgemein die Meinun vor, daß ...; die vorherrschende Ansicht.

vorhin ⟨Adverb⟩: *vor kurzer Zeit:* er war v. da v. hatte ich das Buch noch in der Hand.

vorig: *vergangen; vorhergehend:* voriges Jahr vorigen Monat; am vorigen Dienstag; in de vorigen Woche; wie im vorigen *(weiter oben* bereits gesagt ...; subst.: aus dem Vorige *(aus den voranstehenden Ausführungen)* gel hervor, daß ...; die Vorigen *(bei Personenanweisungen in Theaterstücken).*

Vorkehrung, die ⟨meist Plural⟩: *vorbeugende Maßnahme:* die Vorkehrungen waren nicht ausreichend, nutzten nichts; wir müssen alle Vorkehrungen treffen *(alles vorbereiten)*, um ...

Vorkenntnisse, die ⟨Plural⟩: *bereits vorhandenes Wissen:* für diese Tätigkeit sind keine besonderen, keinerlei Vorkenntnisse erforderlich; ihm fehlen die einfachsten, elementarsten Vorkenntnisse; gute, ausreichende Vorkenntnisse haben, besitzen, mitbringen.

vorknöpfen ⟨in der Wendung⟩ sich jmdn. vorknöpfen (ugs.): *jmdn. zur Rede stellen.*

vorkommen: 1. *nach vorn kommen:* die Zuschauer kamen langsam, immer weiter vor; der Schüler mußte v. *(an die Tafel kommen).* **2.** ⟨etwas kommt vor⟩: **a)** *etwas geschieht, ereignet sich:* etwas kommt selten, oft, häufig, kaum, überall vor; so etwas kommt schon mal vor, kann v., darf nicht wieder v.; das kommt nur im Film vor; etwas kommt alle Jubeljahre einmal (ugs.; *sehr selten*) vor; Redensart: das kommt in den besten Kreisen vor *(das ist nicht so schlimm);* ⟨etwas kommt jmdm. vor⟩ so etwas ist mir noch nicht vorgekommen. **b)** ⟨mit Raumangabe⟩ *etwas findet sich, ist vorhanden:* in dem Text kommen viele Fehler vor; das Tier kommt nur noch am Amazonas, in Afrika vor; in diesem Land kommen wertvolle Bodenschätze vor; subst.: reiche Vorkommen an Eisenerz, von Erdöl. **3.** ⟨jmdm., sich v.; mit Artangabe⟩ *einen bestimmten Eindruck auf jmdn. machen:* die Sache kommt mir komisch, merkwürdig, eigenartig, verdächtig, seltsam v.; er, das Bild kommt mir bekannt vor; mir kommt alles so vor, als ob ...; das kommt dir nur so vor; wie kommst du mir eigentlich vor? (ugs.; *was erlaubst du dir?*); neben ihm komme ich mir klein und häßlich vor; hier komme ich mir überflüssig, ziemlich wertlos, wie ausgestoßen vor; sich sehr klug, wichtig, wunder wie schlau v.

Vorlage, die: **a)** *Muster, Vorbild:* keine V. [für, zu etwas] haben; die V. kopieren; sich genau an die V. halten; etwas nach einer V. zeichnen, malen, anfertigen. **b)** *Gesetzesvorlage:* eine V. einbringen, durchbringen (ugs.), annehmen, abändern, ablehnen; einer V. zustimmen. **c)** *Bettvorleger:* die V. lüften, ausklopfen; nicht mit den Schuhen auf die V. treten, auf der V. stehen. **d)** (Sport) *Ballvorlage:* eine weite, steile, genaue, maßgerechte V.; die V. verpassen, direkt verwandeln, nicht mehr erreichen; auf V. des Linksaußen schoß er das Führungstor.

orlassen: 1. (ugs.) ⟨jmdn. v.⟩ *vorgehen, passieren lassen:* jmdn. an der Tür, auf der Treppe v.; ich habe die ältere Dame am Schalter vorgelassen. **2.** ⟨jmdn. v.⟩ *jmdn. zu einem Höhergestellten gehen lassen:* er wurde beim Minister nicht vorgelassen; die Sekretärin durfte niemanden v.

orläufig: *vorübergehend; nicht endgültig:* eine vorläufige Regelung; diese Maßnahmen sind nur v.; v. *(vorerst)* wohne ich im Hotel.

orlaut: *sich überall einmischend; ungefragt redend:* ein vorlauter Junge; er hat ein vorlautes Wesen; sei nicht so v.!

orlegen: 1. a) ⟨sich v.⟩ *sich nach vorn beugen:* lu darfst dich nicht [so, zu weit] v. **b)** ⟨etwas v.⟩ *vor etwas hinlegen:* einen Stein, Hemmschuh, Balken v. *(vor das Rad);* ein Schloß, einen Riegel v.; ⟨jmdm. etwas v.⟩ den Tieren Futter, Klee v.; darf ich ihnen noch etwas v.? *(von der Platte auf den Teller legen?);* Sport: er legte dem Mittelstürmer maßgerecht den Ball vor. **c)** ⟨jmdm. etwas zu etwas v.⟩ *jmdm. etwas zu einem bestimmten Zweck hinlegen, präsentieren:* jmdm. einige Stoffe, Bücher zur Ansicht, Auswahl, Begutachtung v.; dem Chef den Brief, Vertrag zur Unterschrift vorlegen; ⟨auch ohne Präpositionalobjekt⟩ ich habe mir das Protokoll noch einmal v. lassen. **2.** ⟨etwas v.⟩ *etwas veröffentlichen, darlegen:* einen Gesetzesentwurf, den Bilanzbericht v.; ⟨jmdm. etwas v.⟩ die Pläne werden jetzt dem Ausschuß, der Öffentlichkeit vorgelegt. **3.** ⟨etwas v.⟩ *zunächst als erster etwas erzielen, vorweisen:* eine gute Leistung, Zeit, 20 Punkte v.; sie legten ein hohes Tempo vor *(fuhren gleich sehr schnell);* er kann gute Zeugnisse v. **4.** (ugs.) ⟨[etwas] v.⟩ *als Grundlage essen:* vor dem Trinken mußt du tüchtig, gehörig, ordentlich, etwas Ordentliches v.

vorlesen ⟨jmdm. etwas v.⟩: *etwas laut lesen, das andere hören sollen:* den Kindern Geschichten v.; soll ich dir den Brief v.?; ⟨auch ohne Dativ⟩ er hat einige Abschnitte aus seinem Buch vorgelesen.

Vorliebe, die: *besonderes Interesse:* seine V. gilt der alten Musik; eine geheime, ausgesprochene, besondere V. für etwas haben, zeigen, verraten, an den Tag legen; etwas mit V. tun.

vorliebnehmen ⟨in der Wendung⟩ mit etwas/(scherzh.:) mit jmdm. vorliebnehmen: *sich mit etwas/*(scherzh.:) *mit jmdm. zufriedengeben.*

vorliegen: a) ⟨etwas liegt jmdm. vor⟩ *etwas befindet sich in jmds. Händen:* der Antrag liegt dem Ausschuß zur Begutachtung vor; der Fall liegt bereits dem Richter, dem Gericht vor; ⟨auch ohne Dativ⟩ es liegen noch nicht alle Unterlagen vor; adj. Part.: im vorliegenden Fall. **b)** ⟨etwas liegt vor⟩ *etwas besteht, ist vorhanden:* ein Verschulden des Fahrers liegt nicht vor; es liegen Gründe zu der Annahme vor, daß ...; gegen ihn liegt nichts [Nachteiliges] vor; es liegt noch nichts vor *(es ist noch keine Arbeit da).*

vormachen: 1. (ugs.) ⟨etwas v.⟩ *etwas vor etwas machen, legen, anbringen:* den Riegel, die Sicherheitskette v.; sie hat die Fensterläden vorgemacht. **2.** ⟨jmdm. etwas v.⟩ **a)** *zeigen, wie etwas zu machen ist:* man muß ihm alles v.; kannst du mir das noch einmal v.? **b)** *weismachen, vortäuschen:* mir kannst du [so leicht] nichts v.; auf diesem Gebiet, in diesen Dingen macht mir keiner etwas vor *(habe ich selbst genaue Kenntnisse);* wir wollen uns doch nichts v. *(wir wollen gegeneinander offen sein).* * **jmdm. ein X für ein U vormachen** *(jmdn. täuschen, irreführen)* · **sich kein X für ein U vormachen lassen** *(sich nicht täuschen lassen)* · (ugs.:) **jmdm. blauen Dunst vormachen** *(jmdm. etwas vorgaukeln).*

vormerken ⟨jmdn., etwas v.⟩: *für eine spätere Sache notieren:* eine Bestellung v.; jmds. Besuch für 10 Uhr v.; sich v. lassen.

vormittag: → nachmittag.

Vormittag: → Nachmittag.

vormittags: → nachmittags.

Vormund, der: *Rechtsvertreter einer minderjährigen Person an Stelle der Eltern:* einen V. [für jmdn.] einsetzen, bestellen, berufen; jmdn. einen

V. geben; jmdn. zum V. berufen, bestellen, bestimmen: übertr.: ich brauche keinen V. *(ich lasse mir nicht dreinreden)*.

Vormundschaft, die: *Aufsicht eines Vormundes:* die V. über/(seltener:) für jmdn. übernehmen, führen; jmdm. die V. übertragen; jmdn. unter V. stellen; unter jmds. V. stehen.

vorn[**e**] ⟨Adverb⟩: *an vorderer Stelle; an der Vorderseite:* der Eingang ist v.; er sitzt v. in der zweiten Reihe; bitte v. einsteigen; v. *(an der Spitze)* marschieren; alle Zimmer liegen nach v. (ugs.; *auf der Straßenseite*); etwas von v. betrachten; übertr. (ugs.): jetzt heißt es Karl hinten und v. *(jetzt ist Karl sehr begehrt)*. * (ugs.:) **hinten und vorn**[**e**]: **a)** *(überall):* ihr Haushaltsgeld reicht hinten und v. nicht. **b)** *(in jeder Weise):* er läßt sich hinten und v. bedienen · (ugs.:) **nicht mehr wissen, wo hinten und vorn**[**e**] **ist** *(völlig verwirrt sein)* · **von vorn**[**e**] *(von Anfang an)*.

vornehm: 1.a) *gebildet; sich durch edle Gesinnung auszeichnend, fein:* eine vornehme Dame, Gesellschaft, Bekanntschaft; dort trifft sich die vornehme Welt; ein vornehmes Wesen haben; sein Benehmen ist immer sehr v.; sich für etwas zu v. halten *(etwas nicht machen wollen)*; er tut immer so v. **b)** *elegant, erlesen, gepflegt:* eine vornehme Wohnung, Kleidung; die Ausstattung des Wagens ist, wirkt ausgesprochen v. **2.** (veraltend) *hauptsächlich, wichtig:* unsere vornehmste Aufgabe besteht darin ...

vornehmen: 1. ⟨etwas v.⟩: **a)** *etwas nach vorn bewegen:* die linke Schulter, das linke Bein v. **b)** (ugs.) *etwas davortun:* die Hand, ein Taschentuch v. *(vor den Mund nehmen)*; ich habe eine Schürze vorgenommen *(vorgebunden)*. **2.** ⟨sich (Dativ) etwas v.⟩ *etwas zu tun beabsichtigen:* sich einiges, allerhand, etwas anderes v.; ich habe mir heute diese Arbeit, einen Ausflug vorgenommen; nehmt euch die unregelmäßigen Verben noch einmal vor *(beschäftigt euch damit!)*; ich habe mir vorgenommen *(habe mich entschlossen)*, künftig nicht mehr daran teilzunehmen; er hat sich zuviel vorgenommen. **3.** ⟨etwas v.⟩ *etwas durchführen:* eine Prüfung, genaue Untersuchung v.; an der Sache sollen noch einige Änderungen vorgenommen werden. * [**sich** (Dativ)] **jmdn. vornehmen** *(jmdn. zurechtweisen)*.

vornherein ⟨in der Verbindung⟩ von vornherein: *von Anfang an:* etwas steht von v. fest; er hat den Plan von v. abgelehnt.

Vorrang ⟨in bestimmten Verbindungen⟩ etwas hat Vorrang *(etwas ist wichtiger)*; jmdm., etwas den Vorrang geben *(den Vorzug geben)*; den Vorrang *(eine bevorzugte Stellung)* haben, behalten, behaupten; jmdm. den Vorrang *(ein Vorrecht)* einräumen, streitig machen.

Vorrat, der: *zum späteren Gebrauch Gesammeltes, Angehäuftes:* ein großer, reichlicher V.; ein V. an Lebensmitteln [für Notzeiten]; die Vorräte sind ausreichend, reichen noch einen/für einen Monat, werden knapp, sind aufgebraucht, aufgezehrt, gehen zur Neige; [sich] einen V. anlegen; einen V. liegen haben; Vorräte ansammeln, hamstern (ugs.); auf V. arbeiten; etwas als/ auf V. kaufen, anschaffen; etwas in V. haben, halten.

vorrätig: *als Vorrat vorhanden:* vorrätige Waren; davon ist nichts mehr v.; einen Artikel v. haben, halten.

Vorrecht, das: *besonderes Recht; Vergünstigung:* ein traditionelles V.; jmdm. steht das V. zu; ein V. haben, genießen, verlieren; ein V. für sich beanspruchen, in Anspruch nehmen; sich ein V. verschaffen; jmds. Vorrechte aufheben; jmdm das V. entziehen; jmdn. seiner Vorrechte berauben (geh.); auf sein V. verzichten; von seinem V. Gebrauch machen.

Vorrichtung, die: *Konstruktion, Apparatur mit bestimmter Funktion:* eine praktische, zweckmäßige, sinnvolle V.; die V. arbeitet automatisch.

vorrücken: 1.a) ⟨etwas v.⟩ *etwas nach vorn rükken:* den Schrank, die Möbel v.; ich werde der Schreibtisch noch ein Stück vorrücken. **b)** *sich nach vorn bewegen:* wenn Sie [mit Ihrem Stuhl vorrücken, habe ich auch noch Platz; die Zeiger der Uhr rücken vor; Sport: unsere Mannschaft ist auf den zweiten Tabellenplatz vorgerückt **2.** (militär.) *vordringen:* die feindlichen Truppen rücken immer weiter, sehr schnell vor. **3.** ⟨etwas rückt vor⟩ *etwas geht unaufhaltsam auf einen späteren Zeitpunkt zu:* die Zeit rückt [schnell vor, ist schon ziemlich vorgerückt; zu vorgerückter Stunde *(gegen Mitternacht)*; übertr.: ein Mann in vorgerücktem *(höherem)* Alter.

Vorsatz, der: *feste Absicht:* ein guter V.; unser fester V. ist, seine Absetzung zu erreichen; einen V. fassen, aufgeben, fallenlassen, vergessen; etwas macht jmds. Vorsätze zunichte; seinem V. treu bleiben; jmdn. an seine Vorsätze erinnern; bei seinem V. bleiben; jmdn. in seinem V. bestärken; er kam bereits mit dem V., Streit zu beginnen; von seinem V. nicht abgehen.

vorsätzlich (Rechtsw.): *mit Absicht; voll bewußt:* eine vorsätzliche Tat, Täuschung; etwas geschah v.; jmdn. v. beleidigen, töten.

Vorschein ⟨in der Wendung⟩ [nicht wieder] zum Vorschein kommen: *[nicht] wieder auftauchen.*

vorschieben: 1.a) ⟨etwas v.⟩ *etwas vor etwas schieben:* den Riegel v. **b)** ⟨etwas v.⟩ *etwas nach vorn, vorwärts schieben:* den Tisch, den Wagen [etwas, ein Stück] v.; er schob verlegen die Unterlippe vor; eine Grenze v. *(vorverlegen)*; Truppen v. *(vorrücken lassen)*; vorgeschobene Stellungen; auf vorgeschobenem Posten stehen. **c)** ⟨sich, etwas v.⟩ *nach vorn bewegen:* den Kopf v., um etwas zu sehen; er schob sich in der Menge allmählich immer weiter vor. **2. a)** ⟨jmdn. v.⟩ *jmdn. für die eigenen Interessen tätig werden lassen:* er sucht noch jmdn., den er v. kann; man schob einige Strohmänner vor, um beim Scheitern des Planes unerkannt zu bleiben. **b)** ⟨etwas v.⟩ *etwas zum Vorwand nehmen:* eine Krankheit, eine wichtige Besprechung als Grund für sein Fernbleiben v.; das war nur ein vorgeschobener Entlassungsgrund. * **einer Sache einen Riegel vorschieben** *(etwas unterbinden)*.

vorschießen: 1. *sich schnell vorbewegen:* plötzlich, aus dem Hintergrund v.; der rote Rennwagen schoß plötzlich vor und übernahm die Führung. **2.** (ugs.) ⟨jmdm. etwas v.⟩ *jmdm. Geld leihen:* meine Eltern haben mir das Geld, 100 Mark vorgeschossen.

Vorschlag, der: *Ratschlag, Anregung:* ein guter, kluger, vernünftiger, undurchführbarer, unsinniger V.; praktische Vorschläge; ein V. zur Lösung des Problems; ein V. zur Güte (scherzh.

der V. ist [un]annehmbar; na, ist das ein V.? (ugs.; *ist das nicht ein guter Gedanke?*); [jmdm.] einen V. machen; einen V. annehmen, akzeptieren (bildungsspr.), billigen, ablehnen, verwerfen; ich erlaube mir den V. ...; sich jmds. Vorschlägen anschließen; auf jmds. V. eingehen; auf meinen V. [hin] wurde der Text geändert; Sie müssen mit konkreten Vorschlägen kommen (ugs.). * (Papierdt.:) **jmdn., etwas in Vorschlag bringen** *(jmdn., etwas vorschlagen)*.

vorschlagen ⟨jmdm. etwas v.⟩: *jmdm. einen Vorschlag machen:* jmdm. eine andere Lösung v.; ich habe ihn der Versammlung als Kandidaten vorgeschlagen; ⟨häufig ohne Dativ⟩ ich schlage vor, wir gehen zuerst essen/daß wir zuerst essen gehen.

vorschnell: *übereilt; voreilig:* ein vorschneller Entschluß; v. urteilen, handeln.

vorschreiben: 1. ⟨jmdm. etwas v.⟩ *als Vorlage, Muster niederschreiben:* den Kindern, Schülern die Buchstaben, Wörter deutlich v. **2.** ⟨jmdm. etwas v.⟩ *anordnen, bestimmen:* jmdm. die Arbeit, die Bedingungen v.; ich lasse mir von dir nichts v.; er hat mir vorgeschrieben, wie ich mich verhalten soll; ⟨häufig im 2. Partizip⟩ die vorgeschriebene *(verlangte)* Anzahl, Menge; etwas ist so vorgeschrieben *(bestimmt, festgelegt)*. **3.** ⟨etwas schreibt etwas vor⟩ *etwas bestimmt etwas:* das Gesetz, die Strafprozeßordnung schreibt [in diesen Fällen] vor, daß ...

vorschreiten ⟨etwas schreitet vor⟩: *etwas kommt voran:* die Bauarbeiten schreiten zügig vor; die Arbeit ist schon weit vorgeschritten; in vorgeschrittenem Stadium; trotz seines vorgeschrittenen *(höheren)* Alters wandert er viel.

Vorschrift, die: *Anweisung, Verordnung:* eine neue, strenge, genaue V.; eine V. für die Bedienung der Anlage; die V. besagt, daß ...; eine V. erlassen, umgehen, verletzen; er hat die Vorschriften nicht beachtet, befolgt, eingehalten; jmdm. Vorschriften machen *(jmdm. etwas vorschreiben)*; laut polizeilicher V.; sich [genau] an die Vorschriften halten; nach V. des Arztes.

vorschriftsmäßig: *wie vorgeschrieben:* eine vorschriftsmäßige Ausrüstung; die technische Einrichtung ist nicht v.; sich v. verhalten; v. rechts fahren.

Vorschub ⟨in der Wendung⟩ jmdm., einer Sache Vorschub leisten: *jmdn., etwas [nicht Gutzuheißendes] begünstigen.*

Vorschuß, der: *Vorauszahlung:* ein V. auf das Gehalt, Honorar; einen V. beantragen, erhalten; V. nehmen; sich (Dativ) einen V. geben, auszahlen lassen; um [einen] V. nachsuchen, bitten; übertr.: Liebe auf V. *(vor dem angebrachten Zeitpunkt, vor der Ehe)*.

vorschützen ⟨etwas v.⟩: *etwas zum Vorwand nehmen:* eine Krankheit, eine wichtige Besprechung [als Grund] für sein Fehlen v.; nur keine Müdigkeit v.! (ugs.; */Aufforderung, sich an einer Arbeit zu beteiligen/*).

vorschweben ⟨etwas schwebt jmdm. vor⟩: *jmd. hat etwas im Sinn:* mir schwebt eine andere Lösung, etwas ganz Neues vor; diese Position schwebte ihm schon immer vor.

vorsehen: 1. a) ⟨etwas sieht vor⟩ *etwas ist sichtbar:* bei dir sieht der Unterrock [unter dem Kleid] vor. **b)** ⟨hinter etwas v.⟩ *hervorsehen:* die Kinder sahen hinter einer Hecke vor. **2. a)** ⟨etwas v.⟩ *planen:* eine Erhöhung der Produktion v.; die Neuauflage ist für nächstes Jahr vorgesehen; es ist vorgesehen, einige Bestimmungen zu ändern; das vorgesehene Gastspiel fiel aus. **b)** ⟨jmdn., etwas für etwas v.⟩ *in Aussicht nehmen; einplanen:* er ist für dieses Amt, für andere Aufgaben vorgesehen; wir haben das Geld für Möbelkäufe vorgesehen. **c)** ⟨als etwas vorgesehen sein⟩ *für etwas bestimmt sein:* er ist als Nachfolger des Präsidenten vorgesehen; dieser Betrag ist als erste Planungsrate im Etat vorgesehen. **3.** ⟨etwas sieht etwas vor⟩ *etwas bestimmt etwas:* für diese Fälle sieht das Gesetz keine Unterstützung vor; der neueste Plan sieht vor, daß ... **4.** ⟨sich v.⟩ *vorsichtig sein:* sich beim Überqueren der Straße v.; sieh dich vor, daß/damit du nicht hereingelegt wirst; bei (seltener:) mit/vor ihm muß man sich sehr v. **5.** (veraltend) ⟨sich mit etwas v.⟩ *sich mit etwas eindecken:* sich für den Winter ausreichend mit Kohlen, Heizöl v.

vorsetzen: 1. a) ⟨etwas v.⟩ *etwas vor etwas setzen:* eine Blende v.; ein Kreuz v. *(vor eine Note setzen)*; ⟨einer Sache etwas v.⟩ er hat seinem Namen ein „von" vorgesetzt. **b)** ⟨jmdn., sich, etwas v.⟩ *weiter nach vorn setzen:* den rechten Fuß v.; wir haben uns nach der Pause [um] fünf Reihen vorgesetzt; das Verkehrsschild wurde noch etwas vorgesetzt. **2.** ⟨jmdm. etwas v.⟩ *jmdm. etwas servieren, zum Essen hinsetzen:* seinen Gästen nur das Beste, einen kleinen Imbiß v.; übertr. (ugs.): es ist unverschämt, einem ein solches Programm vorzusetzen.

Vorsicht, die: *das Vorsichtigsein; Achtsamkeit:* unnötige, übertriebene V.; hier ist äußerste V. geboten, nötig; V.!; V., Hochspannung!; V., Stufe[n]!/ Redensart: V. ist die Mutter der Weisheit/(ugs.:) der Porzellankiste; V. walten lassen (geh.); etwas erfordert, verlangt, gebietet größte V.; etwas mit großer V. beginnen, tun; mit der nötigen V. vorgehen, zu Werke gehen; jmd., etwas ist mit V. zu genießen (ugs.); jmdn. zur V. ermahnen.

vorsichtig: *achtsam; mit Vorsicht:* ein vorsichtiger Mensch; ein äußerst vorsichtiges Vorgehen; immer v. sein; sich v. ausdrücken; bei Glatteis sehr v. fahren.

vorsintflutlich (ugs.): *völlig veraltet; altmodisch:* vorsintflutliche Anschauungen; die Ausrüstung ist v.; etwas sieht v. aus.

Vorsitz, der: *Versammlungsleitung:* den V. haben, führen, übernehmen, abgeben, niederlegen; jmdm. den V. übergeben, übertragen; unter dem V. von ...

Vorsorge, die: *vorsorgliche Maßnahme:* für etwas V. treffen, tragen (Papierdt.; *für etwas sorgen*); es ist V. getroffen [worden], daß ...

vorsorglich: *zur Vorsorge; vorsichtshalber:* v. Einspruch erheben; ich habe v. etwas mehr Geld mitgenommen.

vorspiegeln ⟨jmdm. etwas v.⟩: *vortäuschen:* jmdm. gute Absichten, Bedürftigkeit v.

Vorspiegelung ⟨in der Wendung⟩ Vorspiegelung falscher Tatsachen (scherzh.): *bewußte Irreführung:* jmdn. wegen V. falscher Tatsachen belangen.

vorsprechen: 1. ⟨[etwas] v.⟩ *rezitieren:* einen Text, einen Monolog v.; sie hat im Theater vorgesprochen. **2.** ⟨jmdm. etwas v.⟩ *vorsagen:* dem

Kind immer wieder die gleichen Wörter v. **3.** ⟨mit Raumangabe⟩ *jmdn. wegen eines Wunsches besuchen:* ich soll [wegen des Antrages, der Bewerbung] in drei Wochen noch einmal bei ihm im Büro, auf der Dienststelle v.

vorspringen: 1. ⟨etwas springt vor⟩ *etwas ragt vor:* das Gesims, der Balken springt an der Fassade [zu weit] vor; schroff vorspringende Felsen; eine vorspringende Nase; er hat stark vorspringende Backenknochen. **2.** ⟨mit Raumangabe⟩ *hervorspringen:* hinter einem Auto, aus seinem Versteck v.

Vorsprung, der: **1.** *vorspringender Teil:* auf dem V. einer Mauer, Fassade stehen und den Festzug beobachten; an einem V. hängenbleiben. **2.** *Abstand gegenüber Konkurrenten:* ein großer, gewaltiger, nicht mehr aufzuholender, knapper, winziger, hauchdünner (ugs.) V.; ein V. von zwei Sekunden, von 50 Metern; der V. wächst, wird geringer; seinen V. vergrößern, halten, verteidigen, verlieren, einbüßen; einen V. gegenüber den Verfolgern haben, herausholen; jmdm. einen V. geben; an V. gewinnen; mit großem V. durchs Ziel fahren.

Vorstand, der: **a)** *Führungsgremium von Firmen, Vereinigungen:* ein dreiköpfiger V.; der V. tagt, tritt zusammen; den V. bilden, [neu] wählen, erweitern, umbilden, verkleinern, umbesetzen, entlasten, zusammenrufen; dem V. angehören; die Mitglieder des Vorstandes; die Damen und Herren des Vorstandes/vom V.; in den V. gewählt, berufen werden. **b)** *Vorstandsmitglied:* er ist V. geworden, zum V. berufen worden.

vorstehen: 1. ⟨etwas steht vor⟩ *etwas ragt hervor:* der Zaun, der Randstein steht zu weit vor; vorstehende Zähne, Backenknochen haben; ⟨jmdm. steht etwas vor⟩ ihr steht das Kleid [unter dem Mantel] vor. **2.** ⟨jmdm., einer Sache v.⟩ *die Führung haben:* dem Amt, einer Gemeinde, dem Haushalt v.; er hat drei Jahre lang unserer Abteilung vorgestanden.

vorstehend (Papierdt.): *vorhergehend; [weiter] oben gesagt:* wie in den vorstehenden Ausführungen/ wie im vorstehenden/ wie vorstehend bereits gesagt; subst.: aus dem Vorstehenden geht hervor, daß ...

vorstellen: 1. ⟨etwas v.⟩ **a)** *etwas vor etwas stellen:* einen Schirm, eine spanische Wand v. **b)** *etwas weiter vor stellen:* das rechte Bein v.; den Tisch, die Stühle noch etwas v.; den Zeiger, die Uhr v. **2. a)** ⟨jmdn., etwas jmdm. v.⟩ *jmdn., etwas bekannt machen; etwas vorführen:* er hat uns seine Braut vorgestellt; darf ich Ihnen meinen Bruder v.?; die Firma stellt in Kürze der Öffentlichkeit ihre neuen Modelle vor; ⟨auch ohne Dativ⟩ heute wurde der neue Abteilungsleiter vorgestellt. **b)** ⟨sich v.⟩ *sich mit Namen, als Person bekannt machen:* der junge Mann stellte sich [mit Meyer] vor; wir haben uns [gegenseitig] vorgestellt; heute stellt sich noch ein Bewerber vor; er stellte sich als Vertreter der Firma ... vor; ⟨sich jmdm. v.⟩ Sie haben sich mir immer noch nicht vorgestellt. **3.** ⟨sich (Dativ) jmdn., etwas v.⟩ *sich vergegenwärtigen; sich ein Bild von jmdm., von etwas machen:* ich kann mir v., daß er ein guter Lehrer ist/ich kann ihn mir als guten Lehrer v.; stellen Sie sich einmal vor, die Lage würde sich verschlechtern; sich alles anders, einfacher, schlimmer, kom plizierter v.; ich kann mir lebhaft v., daß ... wie ...; was haben Sie sich als Gehalt so vor gestellt? (ugs.; *an welches Gehalt haben Sie ge dacht?*); was hast du dir eigentlich vorgestellt (ugs.; *was erlaubst du dir eigentlich?*); stell di vor (ugs.; *du wirst überrascht sein*), er hat sei Geschäft aufgegeben. **4.** ⟨etwas v.⟩ *etwas dar stellen:* was soll das eigentlich v.?; die Plasti stellt einen röhrenden Hirsch vor; er stellt au der Bühne den Intriganten vor (veraltend).

vorstellig ⟨in der Verbindung⟩ vorstellig werde ⟨mit Raumangabe⟩: *sich an jmdn. wenden:* i dieser Sache, wegen eines Zuschusses ist er be mir, auf der Behörde v. geworden.

Vorstellung, die: **1.** *das Bekanntmachen:* di V. der Kandidaten, der neuen Modelle. **2. a** *Aufführung:* eine kostenlose V. für Schüler die V. beginnt um 20 Uhr, ist um 22 Uhr z Ende, dauert drei Stunden, fällt aus; eine V besuchen, stören, unterbrechen; der Zirku gibt täglich zwei Vorstellungen; Ende der V. in die V. am Nachmittag gehen; nach der V noch ins Restaurant gehen; kurz vor der V. zu spät zur V. kommen. **b)** *Auftritt:* der Künst ler gibt hier eine einmalige V.; das war ein kurze V. **3.** *Überlegung, Gedanke:* falsche, ver worrene, phantastische, vage (bildungsspr. nebelhafte Vorstellungen; düstere Vorstellun gen bedrücken ihn; feste, nur ungefähre, kein klaren Vorstellungen von etwas haben; sic noch keine rechte, richtige V. machen können Sie machen sich keine Vorstellungen *(sie werde nicht glauben)*, wie es hier zugeht; die V. *(Über zeugung)* gewonnen haben, daß ...; gewisse bestimmte Vorstellungen in jmdm. [er]wecken etwas gibt jmdm. eine V. von etwas; das ent spricht nicht meinen Vorstellungen; du muß dich endlich von der V. *(von dem Glauben)* fre machen, daß ... **4.** ⟨Plural⟩ *Einwände, Vorhal tungen:* alle meine Vorstellungen nutzten nichts jmdm. [wegen etwas] Vorstellungen macher

Vorstoß, der: *das Vordringen:* ein V. in feind liches Hinterland, in den Weltraum; der V kam zum Stillstand; einen V. wagen, unterneh men, abschlagen; übertr.: der V. des Politiker [in dieser Sache] war erfolglos; im Parlamen einen neuen V. machen, versuchen.

vorstrecken: 1. a) ⟨etwas v.⟩ *etwas nach vor strecken:* den Kopf, die Arme, den Oberkörpe [weit] v. **b)** ⟨sich v.⟩ *sich nach vorn beugen* sich weit v. müssen, um etwas zu sehen. **2** (ugs.) ⟨jmdm. etwas v.⟩ *jmdm. etwas leihen vorschießen:* jmdm. Geld, hundert Mark [bi zum Monatsende] v.

Vorstufe, die: *Vor-, Anfangsstadium:* die V einer/zu einer Entwicklung; die Planung ist noc in der V.; übertr.: seine jetzige Stellung is die V. zu einem Ministeramt.

vortäuschen ⟨etwas v.⟩: *etwas vorspiegeln:* tie Betroffenheit, große Trauer v.; bei ihr ist all nur vorgetäuscht; ⟨jmdm. etwas v.⟩ er hat ih solche Gefühle nur vorgetäuscht.

Vorteil, der: **a)** *Möglichkeit zu persönlicher Nutzen, Gewinn:* ein großer, entscheidender V. Sport: der V. eines Heimspiels, des eigene Platzes; dieser V. brachte ihm nichts ein; de V. liegt darin, daß ...; dabei springt manche V. heraus (ugs.); seinen V. erkennen, wahrneh men, haben, finden, [aus]nutzen; er kennt, sucht nur seinen eigenen V.; sich Vorteile verschaffen; einen V. aus etwas ziehen; etwas bringt jmdm. Vorteile; einen persönlichen V. für sich herausholen (ugs.), herausschlagen (ugs.); sehr auf seinen V. bedacht sein, aussein; für seinen V. sorgen, gegenüber jmdm. [weit] im V. sein; etwas dient, geschieht zu jmds. V.; jmd. hat sich zu seinem V. verändert *(jmds. Persönlichkeit hat sich zum Positiven gewandelt).* **b)** *Vorzug:* dieses Verfahren, diese Sache hat einige Vorteile, bietet allerhand Vorteile, hat den V., daß ...; Vor- und Nachteile bedenken, [gegeneinander] abwägen.

vorteilhaft: *einen persönlichen Vorteil, Nutzen bringend:* ein vorteilhaftes Geschäft, Angebot; sie hat ein vorteilhaftes Äußeres; diese Farbe ist für dich v.; sich v. kleiden; etwas v. [ver]kaufen; sich v. von jmdm. unterscheiden.

Vortrag, der: **1.** *Rede über ein bestimmtes Thema:* ein langer, interessanter, langweiliger V.; ein V. mit Lichtbildern, über moderne Malerei; der V. findet um 20 Uhr in der Aula statt; der V. war kurz, dauerte über eine Stunde, fand großen Beifall; einen V. ausarbeiten, halten, absagen; den V. ablesen, frei halten; jmdn. für einen V. gewinnen; zu einem öffentlichen V. einladen; in einen/zu einem V. gehen. **2.** *das Vortragen; Vortragsart:* ein klarer, flüssiger V.; sein V. des Gedichtes war nicht fließend genug; das Eislaufpaar bot einen ausgewogenen, ausgezeichneten V. seiner Kür. **3.** (Kaufmannsspr.) *Übertrag:* der V. auf neue Rechnung, auf neues Konto. * (veraltet:) **[jmdm./bei jmdm.] Vortrag halten** *([jmdm.] Bericht erstatten)* · (Papierdt.:) **etwas zum Vortrag bringen** *(etwas vortragen).*

vortragen: 1. ⟨etwas v.⟩ *etwas nach vorne tragen:* Stühle v.; die Akten v. *(in ein vorderes Zimmer bringen);* er hat das Gepäck vorgetragen *(zum Ausgang gebracht).* **2.** ⟨etwas v.⟩ *etwas darbieten:* ein Gedicht, Lied v.; eine ausgezeichnet vorgetragene Kür; ⟨auch ohne Akk.⟩ die Schülerin kann gut v. *(rezitieren).* **3.** ⟨jmdm. etwas v.⟩ *jmdm. etwas darlegen:* jmdm. seine Wünsche, Beschwerden v.; ich habe ihm die Gründe für meinen Entschluß vorgetragen; ⟨auch ohne Dativ⟩ er hat seinen Plan in einem Brief an den Minister vorgetragen. **4.** (Kaufmannsspr.) ⟨etwas auf etwas v.⟩ *etwas übertragen:* der Verlust[betrag] wird auf neue Rechnung vorgetragen.

vortrefflich: *sehr gut; hervorragend:* eine vortreffliche Arbeit, Leistung; er ist ein vortrefflicher Mensch; das Essen war heute v.; [das ist] v.!; er spielt v.

Vortritt, der: *das Vorangehen:* jmdm. gebührt (geh.) der Vortritt; jmdm. den Vortritt lassen, einräumen, zugestehen; übertr.: Sie haben den V., Ihnen gebührt der V. *(Sie haben den Vorrang).*

vorüber ⟨Adverb⟩: **1.** /räumlich/ *vorbei:* kaum war der erste Wagen v., kam schon der nächste. **2.** /zeitlich/ *vergangen:* das Gewitter ist v.; jmds. große Zeit ist endgültig v.

vorübergehen: 1. ⟨an jmdm., etwas v.⟩ *vorbeigehen:* an jmdm. grußlos v.; an etwas achtlos v.; subst.: jmdm. im Vorübergehen etwas zurufen; übertr.: an dieser Tatsache kann man nicht mehr v. **2.** ⟨etwas geht vorüber⟩ *etwas vergeht:* das Gewitter, der Sommer geht vorüber; der Urlaub ist viel zu schnell vorübergegangen; eine große Chance ungenutzt v. *(verstreichen)* lassen; die Not, Krankheit ist nicht spurlos an ihm vorübergegangen *(hat ihre Spuren hinterlassen).*

vorübergehend: *nur eine gewisse Zeit dauernd:* ein vorübergehender Kälteeinbruch; das ist eine vorübergehende Erscheinung; das Geschäft ist v. geschlossen.

Vorurteil, das: *vorgefaßte Meinung; Voreingenommenheit:* überholte, landläufige, unbegründete Vorurteile; das ist nur ein V., ein reines V.; ein V. gegen jmdn., gegen etwas haben; Vorurteile bekämpfen, abbauen, ablegen; Vorurteilen entgegentreten, -wirken; in Vorurteilen verhaftet (geh.), befangen (geh.) sein.

Vorwand, der: *Ausrede; vorgegebener Grund:* ein fadenscheiniger V.; etwas dient jmdm. nur als, zum V.; etwas als V. benutzen; einen V. haben, suchen, finden; unter dem V., verreisen zu müssen, sagte er ab; sich unter einem V. von/vor der Arbeit drücken; etwas zum V. nehmen.

vorwärts ⟨Adverb⟩: *nach vorn:* drei Schritte v. machen, tun; bitte v. gehen; Rumpf v. – beugt! */Kommando beim Turnen/;* [immer] v.!; das Einmaleins v. und rückwärts aufsagen können; bildl.: das ist ein großer Schritt v. *(ein Fortschritt).*

vorwärtsgehen ⟨etwas geht vorwärts⟩: *etwas entwickelt sich günstig:* die Sache will nicht recht v.; mit der Arbeit geht es vorwärts.

vorwärtskommen: *Fortschritte machen, Erfolg haben:* im Beruf, im Leben v.; mit/in einer Arbeit nur langsam, rasch v.; subst.: das Vorwärtskommen ist heute nicht einfach; es ist kein Vorwärtskommen.

vorweisen ⟨etwas v.⟩: **a)** *vorzeigen:* den Paß, die Fahrzeugpapiere v.; ⟨jmdm. etwas v.⟩ er hat uns gute Zeugnisse vorgewiesen. **b)** *aufweisen, bieten:* allerhand, gute Kenntnisse in einem Fach v. [können]; du mußt etwas vorzuweisen haben.

vorwerfen: 1. ⟨etwas v.⟩ *etwas nach vorn werfen:* den Kopf, die Beine v.; militär.: neue Truppen, Verbände v. *(ins Kampfgebiet schikken).* **2.** ⟨jmdm. etwas v.⟩ *etwas vor jmdn. hinwerfen:* den Tieren Futter v.; er hat den Löwen ein großes Stück Fleisch vorgeworfen. **3.** ⟨jmdm., sich etwas v.⟩ *tadeln, zum Vorwurf machen:* jmdm. Unsachlichkeit, Mangel an Arbeitseifer v.; er warf ihr vor, daß sie zu viel Geld ausgebe; sich nichts vorzuwerfen haben.

Vorwurf, der: **1.** *Vorhaltung, Beschuldigung:* ein versteckter, offener, leiser, ernster V.; der V. der Vertragsbrüchigkeit; der V. ist [un]berechtigt, trifft mich nicht; schwere Vorwürfe gegen jmdn., etwas erheben; die Vorwürfe [energisch] zurückweisen; jmdm. wegen etwas einen V., [bittere, heftige] Vorwürfe machen; sie macht sich Vorwürfe, daß sie sich zuwenig um das Kind gekümmert hat; diesen V. kann ich dir leider nicht ersparen; den V. lasse ich nicht auf mir sitzen; etwas als V. auffassen, empfinden; sich gegen solche Vorwürfe verwahren, wehren; jmdn. mit Vorwürfen überhäufen. **2.** (selten) *Thema:* das Ereignis war ein guter V. für seinen/zu seinem Roman.

Vorzeichen, das: **1.** *davorgesetztes Zeichen:* **a)** (Math.) ein positives, negatives V.; dieser Posten kommt mit umgekehrtem V. auf die andere Seite der Gleichung. **b)** (Musik) das V. auflösen; eine Etüde mit drei Vorzeichen. **2.** *Anzeichen, Omen:* ein böses, schlechtes V.; das ist [k]ein gutes V. für unseren Plan; etwas als ein glückliches, günstiges V. ansehen, werten (geh.).

vorzeichnen ⟨etwas v.⟩: *etwas zuvor, als Vorlage aufzeichnen:* das Muster, Modell v.; ⟨jmdm., sich etwas v.⟩ jmdm., sich den Grundriß des Hauses v.; übertr.: jmdm. seinen [beruflichen] Weg v. *(aufzeigen);* damit ist bereits die Richtung vorgezeichnet, in die die Entwicklung führen wird.

vorzeigen ⟨etwas v.⟩: *etwas zeigen, vorlegen:* die Eintrittskarte, seinen Ausweis v.; bitte die Fahrkarten [zur Kontrolle] v.; ⟨jmdm. etwas v.⟩ sie konnte ihm ein Attest v.

vorzeitig: *früher als erwartet, beabsichtigt:* eine vorzeitige Bekanntgabe; seine vorzeitige Abreise löste Spekulationen aus; er ist v. gealtert; jmd. scheidet v. aus der Firma aus.

vorziehen: 1. ⟨etwas v.⟩ **a)** *etwas vor etwas ziehen:* den Vorhang, die Gardinen v. **b)** *etwas nach vorn ziehen:* den Tisch noch etwas v.; etwas unter dem Gerümpel vorziehen; militär.: Artillerie v. *(ins Kampfgebiet werfen).* **2.** ⟨jmdn., etwas v.⟩ *zuerst behandeln, abfertigen:* der Arzt hat mich vorgezogen; wir müssen diese Arbeiten, die Erledigung dieses Auftrages v. **3.a)** ⟨etwas v.⟩ *bevorzugen, lieber mögen:* ich ziehe moderne Möbel, das Leben in der Großstadt vor; er hat es vorgezogen, zu Hause zu bleiben *(er ist lieber zu Hause geblieben);* ziehen Sie Wein oder Bier vor?; ⟨einer Sache etwas v.⟩ einen Urlaub im Hotel dem Camping v. **b)** ⟨jmdn. v.⟩ *begünstigen:* der Lehrer zieht die beiden Schüler [den anderen gegenüber] vor.

Vorzug, der: **1.a)** *gute Eigenschaft:* jmd. hat, genießt einige, viele Vorzüge [gegenüber anderen]; das ist ein besonderer V. an/von ihm; ich kenne die Vorzüge dieses Mitarbeiters; einen weiteren V. an/bei jmdm. entdecken. **b)** *Vorteil:* der V. liegt darin, daß ...; etwas hat den großen V., daß ...; dieser Stoff weist alle Vorzüge von reiner Wolle auf. **2.** *zuvor eingesetzter [Entlastungs]zug:* ich bin mit dem V. gefahren. * **jmdm., einer Sache den Vorzug geben** *(jmdn., etwas bevorzugen, vorziehen).*

vorzüglich: *ausgezeichnet:* er ist ein vorzüglicher Redner, Schauspieler, Fachmann; mit vorzüglicher Hochachtung */Grußformel am Briefende/;* das Essen war heute v.; es hat mir v. geschmeckt; die Arbeit ist v. gelungen.

Vulkan, der: *feuerspeiender Berg:* ein noch tätiger, feuerspeiender, erloschener V.; unterirdische Vulkane; der V. ist wieder ausgebrochen, in Tätigkeit geraten, aktiv; bildl.: [wie] auf einem V. leben *(sich in gefahrvoller Lage befinden).* * **ein Tanz auf dem Vulkan** *(ausgelassene Lustigkeit in gefahrvoller Zeit).*

W

Waage, die: **1.** *Gerät zum Bestimmen des Gewichts:* eine genaue, zuverlässige, exakt anzeigende W.; die W. *(der Zeiger der Waage)* schlägt aus; diese W. ist unzuverlässig, wiegt nicht genau; eine W. eichen; etwas auf die W. legen; sich auf die W. stellen; sich auf der W. wiegen; etwas auf, mit der W. wiegen. **2.** (Astrol.) */ein Tierkreiszeichen/:* er ist [eine] W. (ugs.; *ist im Zeichen der Waage geboren*). * **sich/** (geh.:) **einander die Waage halten** *(gleich sein, sich entsprechen)* · **etwas ist/bildet das Zünglein an der Waage** *(etwas gibt den entscheidenden Ausschlag).*

Waagschale, die: *Schale an einer Waage für die Gewichte oder das zu Wiegende:* die W. steigt, hebt sich, sinkt, senkt sich; die Waagschalen halten sich das Gleichgewicht, halten sich, sind im Gleichgewicht. * **etwas auf die Waagschale legen** *(etwas genau prüfen, beurteilen, abschätzen)* · **etwas in die Waagschale werfen** *(etwas geltend machen, als Mittel einsetzen):* er warf seine ganze Autorität in die W. · **etwas fällt in die Waagschale** *(etwas ist entscheidend wichtig).*

wach: 1. *nicht schlafend:* wache und schlafende Säuglinge; w. sein, bleiben; w. werden; ich hielt mich die halbe Nacht mühsam w.; sie hat die ganze Nacht w. gelegen; sie rüttelte ihn w.; er ist kaum, nicht w. zu kriegen (ugs.; *schwer zu wecken*). **2.** *aufgeweckt, geistig rege, aufmerksam:* wache Sinne, Augen; ein wacher Geist; mit einem wachen Bewußtsein an etwas herangehen; etwas sehr w. verfolgen.

Wache, die: **1.** *Wachdienst:* W. haben, halten, die W. übernehmen; auf W. sein, ziehen. **2.** *Wachtposten:* die W. zieht auf, präsentiert, tritt ins Gewehr (Soldatenspr.; *präsentiert*); Wachen ausstellen; die Wachen verstärken, einziehen, ablösen. **3.** *Wachtgebäude:* er wurde auf die, zur W. mitgenommen; man forderte ihn auf, mit zur W. zu kommen. * **Wache stehen**/(Soldatenspr.:) **schieben** *(Wachdienst haben).*

wachen: 1. (veraltend) *wach sein:* w. und schlafen; w. und träumen; sie hat die ganze Nacht [hindurch] gewacht. **2.** ⟨mit Raumangabe⟩ *[Nacht]wache halten:* sie hat die ganze Nacht an seinem Bett, bei ihm gewacht; sie wachen an den Grenzen des Landes. **3.** ⟨über jmdn., über etwas w.⟩ *auf jmdn., auf etwas aufpassen:* sorgsam, sorgfältig, streng, eifrig, mit Eifersucht über etwas w.; sie wacht über die Kinder, wacht darüber, daß die Kinder nichts anstellen.

wachhalten ⟨etwas w.⟩: *etwas lebendig erhalten:* das Interesse an etwas w.; wir wollen die Erinnerungen an diesen Tag stets w.

wachrufen ⟨etwas w.⟩: *[wieder] hervorrufen, wecken:* eine Vorstellung, Gefühle, Empfindungen in jmdm. w.; das Bild ruft halbvergessene Erinnerungen, die Vergangenheit wach.

wachrütteln ⟨jmdn., etwas w.⟩: *aufrütteln:* diese Nachricht hat ihn [aus seinen Träumen] wachgerüttelt; das Elend, das sie dort sahen, rüttelte ihr Gewissen wach.

Wachs, das: **a)** *Bienenwachs:* das W. schmilzt; W. gießen, formen, kneten; Kerzen aus W.; ihr Gesicht war weiß, gelb wie W. *(sehr blaß, fahl);* er war/wurde weich wie W. *(sehr nachgiebig, gefügig).* **b)** */wachsähnlicher Stoff/:* W. *(Schiwachs)* für Pulverschnee; er hat das Auto mit W. behandelt, poliert. * **Wachs in jmds. Händen sein** *(alles tun, was jmd. sagt; jmdm. gegenüber sehr nachgiebig sein).*

wachsam: *sehr aufmerksam, scharf beobachtend:* ein wachsamer Wächter, Hund; ein wachsames Auge auf jmdn., auf etwas haben *(auf jmdn., auf etwas genau aufpassen);* w. sein; er verfolgte die Vorgänge sehr w.

[1]**wachsen: 1. a)** *an Größe zunehmen:* schnell, übermäßig, unheimlich (ugs.) w.; er ist wieder ein ganzes Stück (ugs.) gewachsen; dieser Baum wächst nicht mehr; das Gras wächst üppig; ihre Haare, Fingernägel wachsen schnell; Sprichw.: es ist dafür gesorgt, daß die Bäume nicht in den Himmel wachsen · er will sich (Dativ) einen Bart w. lassen; ⟨etwas wächst jmdm.⟩ die Haare wachsen ihm in die Stirn; er läßt sich einen Bart w. · bildl.: der Bau wächst; übertr.: er ist an, mit seinen Aufgaben gewachsen *(hat durch sie an innerer Größe gewonnen).* **b)** ⟨mit Artangabe⟩ *sich in bestimmter Weise wachsend entwickeln:* der Baum wächst krumm, gerade, in die Breite, in die Höhe; sie ist gut gewachsen *(hat eine gute Figur).* **c)** ⟨etwas wächst; mit Umstandsangabe⟩ *etwas gedeiht, entwickelt sich:* hier, auf diesem Boden, in diesem Klima wächst die Pflanze nicht; überall wächst Unkraut; Sprichw.: Dummheit und Stolz wachsen auf einem Holz. **2.** ⟨etwas wächst⟩ **a)** *etwas vermehrt sich, wird größer:* die Stadt, die Gemeinde, die Einwohnerzahl wächst noch; unsere Familie ist inzwischen gewachsen; sein Reichtum, Vermögen wächst ständig; das Hochwasser, die Flut wächst (geh.; *steigt*); die Ansprüche, die Anforderungen sind gewachsen; wachsende Teilnehmerzahlen. **b)** *etwas wird stärker, intensiver, nimmt zu:* der Sturm wächst [zum Orkan]; seine Erregung, Aufregung, Erbitterung wächst [immer mehr]; der Lärm, der Schmerz, die Spannung wuchs ins Unerträgliche; wachsende Schwierigkeiten; er hörte es mit wachsendem Erstaunen, Interesse, mit wachsendem Vergnügen; sie spielen mit wachsender Begeisterung (ugs.; *sehr gern*) Skat. * (ugs.:) **hingehen/bleiben, wo der Pfeffer wächst** *(bei jmdm. nicht erwünscht sein)* · (ugs.:) **jmdm. über den Kopf wachsen: a)** *(jmdm. nicht gehorchen).* **b)** *(von jmdm. nicht mehr bewältigt werden)* · (ugs.:) **über etwas wächst Gras** *(eine unangenehme Sache gerät in Vergessenheit)* · (ugs.; iron.:) **das Gras wachsen hören** *(schon aus den kleinsten Veränderungen etwas für die Zukunft erkennen wollen)* · (ugs.:) **sich** (Dativ) **über etwas/um etwas/wegen etwas keine grauen Haare wachsen lassen** *(sich wegen etwas keine Sorgen machen)* · (ugs.:) **etwas ist nicht auf jmds. Mist gewachsen** *(etwas stammt nicht von jmdm., ist nicht von jmdm. selbst erarbeitet, erfunden)* · (ugs.:) **gegen jmdn./gegen etwas ist kein Kraut gewachsen** *(gegen jmdn., gegen etwas kommt man nicht an, gibt es kein Mittel)* · **jmdm. ans Herz gewachsen sein** *(jmdm. sehr lieb geworden sein)* · **jmdm./einer Sache gewachsen sein** *(mit jmdm., mit etwas fertig werden)* · (ugs.:) **wie aus dem Boden gewachsen** *(plötzlich):* er stand wie aus dem Boden gewachsen vor ihr.

[2]**wachsen** ⟨etwas w.⟩: *mit Wachs einreiben, behandeln:* den Fußboden, die Treppe w.; ich habe meine Schier noch nicht gewachst.

Wachstum, das: **1.** *das Wachsen, Größerwerden:* das geistige, körperliche W. eines Kindes; das W. der Pflanzen fördern, beschleunigen, hindern, stören; im W. begriffen sein; das Kind ist im W. zurückgeblieben. **2.** *auf einem bestimmten Boden gewachsener Wein:* wir tranken eine Flasche eigenes W. des Winzers.

wack[e]lig: *wackelnd, nicht feststehend:* ein wackeliger Stuhl, Tisch; wackelige Zähne; die Leiter ist ziemlich w., sieht recht w. aus; bildl. (fam.): nach der Krankheit war er ziemlich w. [auf den Beinen]; übertr. (ugs.): die Firma steht w. *(steht finanziell schlecht).*

wackeln: a) ⟨etwas wackelt⟩ *etwas steht, sitzt nicht fest:* der Tisch, der Stuhl wackelt; sein Zahn wackelt (ugs.; *ist locker*); wenn ein Lastwagen vorbeifährt, wackelt (ugs.; *bebt*) das ganze Haus; übertr. (ugs.): seine Stellung wackelte schon lange *(war gefährdet);* bei ihm soll es auch w. *(geschäftlich schlecht stehen).* **b)** *sich nicht ganz ruhig verhalten; in unruhiger Bewegung sein:* beim Photographieren w.; er wackelt mit dem Kopf *(bewegt ihn hin und her);* er kann mit den Ohren w. *(kann sie bewegen).* **c)** (fam.) ⟨mit Raumangabe⟩ *sich mit unsicheren Schritten irgendwohin bewegen:* der Alte wackelte über die Straße. * (ugs.:) **da wackelt die Wand!** *(da ist etwas los!; da geht es hoch her!)* · (ugs.:) **daß die Wände wackeln** *(sehr heftig):* er lachte, schrie, schimpfte, daß die Wände wackelten.

wacker (veraltend): *tüchtig, ordentlich:* ein wackerer Streiter; er hat sich w. gehalten, geschlagen; wir haben alle w. getrunken.

Wade, die: *hinterer Teil des Unterschenkels:* dikke, stramme, dünne Waden; ihre Waden sind etwas zu kräftig; er hat Waden wie ein Storch (ugs.; scherzh.; *sehr dünne Waden*); er hat einen Krampf in der W.

Waffe, die: *Gerät, Instrument zum Kämpfen:* eine gefährliche, spitze, scharfe W.; herkömmliche, konventionelle (bildungsspr.), atomare (bildungsspr.), nukleare (bildungsspr.) Waffen einsetzen, Waffen tragen, führen; jmdm. die W. entreißen, entwinden (geh.), aus der Hand schlagen; die Waffen ergreifen *(zu kämpfen beginnen);* die Waffen niederlegen *(nicht weiterkämpfen);* jmdn. mit blanker W. angreifen; sie starrten von Waffen *(trugen viele Waffen, waren schwer bewaffnet);* bildl.: seine Schlagfertigkeit ist seine stärkste, beste W.; einem Gegner selbst die Waffen in die Hand geben *(ihm selbst die Argumente liefern);* jmdn. mit seinen eigenen Waffen *(Argumenten)* schlagen; mit geistigen Waffen, mit Waffen des Geistes *(mit Argumenten, Überzeugungskraft)* kämpfen. * (geh.:) **die Waffen strecken: a)** *(kapitulieren).* **b)** *(sich geschlagen geben):* vor diesem Konkurrenten mußte er die Waffen strecken · (geh.:) **unter den Waffen sein/**

stehen *(in kampfbereitem Zustand sein)* · (dichter.:) **jmdn. zu den Waffen rufen** *(jmdn. zum Militärdienst einziehen).*

wagen: **1.** ⟨etwas w.⟩ **a)** *aufs Spiel setzen:* viel, wenig, nichts, alles, seine Stellung, seinen Kopf *(sein Leben)* w.; er hat für ihn, für die Sache sein Leben gewagt. **b)** *riskieren, sich trauen:* einen Versuch, ein Experiment, den Angriff, Kampf w.; einen Sprung, ein Spiel, eine Wette w.; eine Bitte, ein Wort, eine Behauptung w.; kann, soll man es w.?; sie wagte es nicht, ihn anzusprechen; er wagte kaum aufzublicken; ich wage nicht zu behaupten *(bin nicht sicher)*, daß dies alles richtig ist; Sprichwörter: wer nicht wagt, der nicht gewinnt; frisch gewagt, ist halb gewonnen; erst wägen, dann w.! · adj. Part; *riskant, gefährlich, kühn:* ein gewagtes Unternehmen, Spiel; diese Behauptung, der Scherz war ziemlich gewagt; es erscheint mir recht gewagt, dies zu behaupten. **2.** ⟨sich w.; mit Raumangabe⟩ *sich getrauen, etwas Bestimmtes zu tun:* sich abends nicht mehr aus dem Haus, auf die Straße, durch den Wald w.; du wagst dich da an eine schwierige Aufgabe, auf ein Gebiet, von dem du nichts verstehst. * (ugs.:) **Kopf und Kragen wagen** *(das Leben, die Existenz aufs Spiel setzen)* · (ugs.:) **sich in die Höhle des Löwen wagen** *(sich mutig an einen mächtigen oder gefährlichen Menschen wenden).*

Wagen, der: **1.** *Fahrzeug mit Rädern, dns gezogen oder geschoben wird:* ein kleiner, leichter, schwerer, zweirädriger W.; der W. holperte durch die Schlaglöcher, rumpelte über den holprigen Weg; einen W. ziehen, schieben; den W. bespannen, lenken, fahren; die Pferde an den, vor den W. spannen; auf dem, im W. sitzen; in den, auf den W. steigen; sie stiegen, kletterten alle vom W. **2.** *Eisenbahn-, Straßenbahnwagen:* ein langer, vierachsiger W.; ein W. der Linie 5; der letzte W. des Zuges ist entgleist; einen W. ankuppeln, anhängen, abkuppeln, abhängen; aus dem W. steigen. **3.** *Auto:* ein offener, schnittiger, sportlicher, eleganter, schwerer, alter, gebrauchter W.; der W. läuft ruhig, liegt gut auf der Straße, zieht schlecht an, fährt, schafft (ugs.) 180 km; der W. fährt an, gerät ins Schleudern, überschlägt sich, prallt gegen einen Baum, hat eine Panne; einen großen, teuren W. fahren, haben; seinen W. waschen, reparieren, überprüfen, überholen lassen, zur Inspektion bringen; den W. wenden, parken; aus dem W., in den W. steigen; im W. sitzen; er ist mit dem W. verunglückt; er ist viel mit dem W. unterwegs. * **der Große Wagen** */ein Sternbild/* · **der Kleine Wagen** */ein Sternbild/* · (ugs.:) **sehen, wie der Wagen läuft** *(abwarten, wie sich eine Sache entwickelt)* · (ugs.:) **das fünfte Rad am Wagen sein** *(in einer Gruppe nur geduldet sein, sich in ihr überflüssig fühlen)* · **jmdm. an den Wagen fahren** *(jmdm. etwas anhaben wollen)* · **sich nicht vor jmds. Wagen spannen lassen** *(sich nicht für die Interessen anderer einsetzen lassen).*

wägen (geh.) ⟨etwas w.⟩: *genau prüfend bedenken:* er wog/(selten auch:) wägte jedes ihrer Worte; Sprichw.: erst w., dann wagen!

Wagnis, das: *gewagtes Umternehnen, Risiko:* ein gefährliches, kühnes, unerhörtes W.; etwas als [ein] W. ansehen; er nahm das W. auf sich; auf ein solches W. lasse ich mich nicht ein.

Wahl, die: **1.** *das Auswählen, Sichentscheiden, Entscheidunsgmöglichkeit:* das war eine schwere, schwierige, einfache W.; die W. ist nicht leicht, fällt ihm schwer; die W. steht ihm frei; eine gute, richtige, kluge, schlechte W. treffen; er hat seine W. getroffen *(hat sich entschieden);* ich habe, mir bleibt, es gibt keine andere W.; er hat ihm die W. gelassen; Sprichw.: wer die W. hat, hat die Qual · er heiratete das Mädchen seiner W. *(das Mädchen, das er gewollt hatte);* er ist geschickt in der W. seiner Mittel; Sie gewinnen eine Reise nach eigener W.; er stand vor der W., wurde vor die W. gestellt, mitzufahren oder zu Hause zu arbeiten. **2.a)** *das Wählen; Abstimmung; Stimmabgabe beim Wählen einer Person, Partei o. ä.:* eine [in]direkte, geheime, demokratische W.; freie Wahlen; eine W. durch Stimmzettel, Handaufheben; wie ist die W. ausgegangen? die Wahlen verliefen ruhig; die W. ist ungültig; eine W. vornehmen [lassen], durchführen; Wahlen ausschreiben; die W. anfechten; der Ausgang der Wahlen ist noch ungewiß, steht noch nicht fest, war überraschend; sich an, bei einer W. beteiligen; sie gingen, schritten (geh.) alle zur W.; er ist zur W. berechtigt. **b)** *das Gewähltwerden zu einem Amt o. ä.:* die W. dieses Mannes war ein Mißgriff; seine W. ist bestätigt worden; die W. ist auf ihn gefallen *(er wurde gewählt);* ich nehme die W. an; er kam in die engere W. *(er gehört zu den aussichtsreichen Bewerbern);* jmdn. zur W. vorschlagen; du mußt dich zur W. stellen; er hat sich zur W. aufstellen lassen. **3.** (Kaufmannsspr.) *Güte, Wertklasse:* diese Strümpfe sind zweite W.; Waren erster, zweiter, dritter W.

wählen /vgl. gewählt/: **1.a)** ⟨jmdn., etwas w.⟩ *auswählen, aussuchen; ausersehen:* einen Stoff für ein Kleid w.; ein Geschenk für jmdn. w.; ein Gericht auf der Speisekarte w.; welchen Beruf hat er gewählt?; du hast das Beste gewählt; hast du auch die richtige Telefonnummer gewählt?; du darfst dir/für dich etwas w.; er hat ihn sich zum Freund, zum Vorbild gewählt; das kleinere Übel w.; du hast den falschen Augenblick, den günstigsten Zeitpunkt gewählt; sie konnte wählen, ob sie gleich oder erst am nächsten Tag fahren wollte; er wählte seine Worte mit Bedacht *(überlegte sich genau, was er sagte).* **b)** *eine Wahl treffen; sich für etwas entscheiden:* gut, klug, überlegt w.; er wählte lange, bis er sich schließlich zu einem Kauf entschloß; er konnte zwischen zwei Möglichkeiten w.; der Ober fragte, ob wir schon gewählt *(uns für ein Gericht entschieden)* hätten. **2.a)** ⟨jmdn., etwas w.⟩ *für jmdn., für etwas seine Stimme abgeben; durch Wahl bestimmen:* einen Präsidenten, den Landtag, ein neues Parlament w.; welche Partei hast du gewählt?; jmdn. in einen Ausschuß, zum Anführer w. **b)** *zur Wahl gehen, seine Stimme abgeben:* geheim w.; hast du auch gewählt?; er darf noch nicht w.; morgen gehen wir alle w.

wählerisch: *anspruchsvoll:* ein wählerischer Geschmack; er ist im Essen sehr w.; sie ist in ihrem Umgang nicht sehr w.

Wahn, der (geh.): *irrige, trügerische Vorstellung, Selbsttäuschung:* ein schöner, kurzer, eitler (veraltend) W.; ein religiöser W.; jmds. W. zerstören; er war in einem W. befangen; er lebte ständig in dem W., man wolle ihn bespitzeln.

wähnen (geh.) ⟨jmdn., sich, etwas w.; mit Umstandsangabe⟩: *glauben. vermuten; irrigerweise annehmen:* sie wähnten sich in Sicherheit, gerettet; wir wähnten dich bereits in Berlin.

Wahnsinn, der: **1.** (veraltend): *geistige Umnachtung:* dem W. verfallen sein; die Nacht des Wahnsinns (geh.) hatte ihn umfangen; in W. verfallen; von W. befallen sein. **2.** (ugs.) *große Unvernunft, unsinniger, gefährlicher Einfall:* es ist heller, purer (ugs.) W., so etwas zu tun; das ist ja W.!; schon der Gedanke daran wäre W.; einen solchen W. mache ich nicht mit.

wahnsinnig: 1. (veraltend) *geistesgestört:* ein wahnsinniger Mensch; er ist w., ist w. geworden; subst.: er schrie wie ein Wahnsinniger; übertr.: du bist ja w. *(nicht bei Verstand);* dieser Lärm macht mich noch w. *(stört mich sehr).* **2.** (ugs.) *unsinnig, ausgefallen, vernunftwidrig:* ein wahnsinniger Plan; ein wahnsinniges Unternehmen, Unterfangen. **3.** (ugs.) **a)** *sehr groß, sehr heftig:* wahnsinnige Schmerzen; wahnsinnige Angst; ein wahnsinniger Schreck befiel sie; ich habe wahnsinnigen Hunger, Durst. **b)** ⟨verstärkend bei Adjektiven und Verben⟩ *sehr:* er forderte eine wahnsinnig hohe Summe; ich habe noch w. viel zu tun, zu erledigen, muß noch w. arbeiten; sie liebte ihn w.

wahr: 1. *der Wahrheit, Wirklichkeit entsprechend, auf Wahrheit beruhend:* der wahre Sachverhalt, Grund; eine wahre Geschichte, Begebenheit; endlich kam seine wahre Gesinnung zum Vorschein, zeigte er sein wahres Gesicht *(wurde erkennbar, wie er wirklich war);* daran ist kein wahres Wort *(das ist alles gelogen);* von dem ganzen Bericht ist kein Wort, keine Silbe w.; das ist [wirklich] w., scheint w. zu sein, kann nicht w. sein; das ist nur zu w. *(ist leider nicht erfunden);* /in einer bekräftigenden Frageformel/: es ist doch schön hier, nicht w.? · etwas für w. halten; das ist und bleibt w.; subst.: etwas Wahres wird schon an der Sache sein. **2.** (geh.) *wirklich, tatsächlich, echt:* wahre Freundschaft, Liebe; das wahre Glück; ein wahrer Freund; das ist wahre Kunst, Wissenschaft; sie hingen nicht dem wahren Glauben an. **3.** *richtig, recht, geradezu:* ein wahrer Beifallssturm, ein wahrer Orkan von Schmähungen, eine wahre Flut von Zuschriften; es ist eine wahre Pracht; diese Ruhe ist ein wahrer Segen; es ist ein wahres Wunder, daß ihm nichts passiert ist; diese Kinder sind eine wahre Plage; subst.: jetzt ein kühles Bad, das wäre das einzig Wahre (ugs.; *das wäre wunderbar, wäre das einzig Richtige*). * **etwas wahr machen** *(etwas in die Tat umsetzen):* er hat seine Drohungen wahr gemacht · **etwas wird wahr** *(etwas wird Wirklichkeit)* · (ugs.:) **etwas ist schon [gar] nicht mehr wahr** *(etwas liegt schon lange zurück)* · (ugs.:) **das kann doch nicht wahr sein!** */Ausruf der Verwunderung/* · (ugs.:) **sehr wahr!** */Ausruf der Zustimmung/* · **so wahr ich hier stehe/sitze!**; **so wahr ich lebe!** */Beteuerungsformeln/* · **so wahr mir Gott helfe!** */Schwurformel/* · (ugs.:) **etwas ist [nicht] der wahre Jakob** *(etwas ist [nicht] das Richtige).*

wahren ⟨etwas w.⟩: **a)** *bewahren, erhalten:* seine Würde, Autorität, Ehre, seinen Ruf, den Anstand, die Form, den Schein w.; er war stets darauf bedacht, Abstand, Distanz zu w. **b)** *verteidigen, wahrnehmen:* seine Rechte, seinen Vorteil w.; er suchte seine Interessen, die Interessen seiner Familie zu w. * **das Gesicht wahren** *(so tun, als ob alles in Ordnung sei).*

währen (geh.) ⟨etwas währt; mit Zeitangabe⟩: *etwas dauert eine bestimmte Zeit:* das Glück, ihre Freundschaft währte nicht lange; es währte nur einen Augenblick, nur Sekunden, dann war alles vorbei; dieser Zustand wird auch nicht ewig währen; Sprichwörter: was lange währt, wird endlich gut; ehrlich währt am längsten.

während: 1. ⟨Präp. mit Gen.⟩ *im [Verlauf von]:* w. der Vorstellung, des Spiels, des Krieges; es hat w. des ganzen Urlaubs geregnet; w. dreier Jahre; ⟨mit Dativ, wenn der Gen. formal nicht zu erkennen ist oder wenn eine weiteres stark gebeugtes Substantiv im Gen. Sing. hinzutritt⟩ w. fünf Jahren; w. dem aufschlußreichen Bericht des Redners. **2.** ⟨unterordnende Konj.⟩ **a)** */drückt die Gleichzeitigkeit zweier Vorgänge aus/ in der Zeit als:* w. ich schrieb, las er. **b)** */drückt die Gegensätzlichkeit zweier Vorgänge aus/ wohingegen, indes:* du gehst spazieren, w. ich arbeiten muß.

wahrhaben ⟨in der Wendung⟩ etwas nicht wahrhaben wollen: *etwas bestreiten, nicht zugeben wollen:* er wollte nicht w., daß er das gesagt hatte; sie will ihre Fehler nie w.

wahrhaft ⟨Adverb⟩: *wirklich:* ein w. großer Künstler; sein Spiel ist w. gekonnt.

wahrhaftig ⟨Adverb⟩: *wirklich, tatsächlich:* daran habe ich w. nicht gedacht; das habe ich doch [wirklich und] w. vergessen; [wahr und] w., das hätte ich nicht gedacht! * (ugs.:) **wahrhaftiger Gott!** */Ausruf der Beteuerung, des Erstaunens/.*

Wahrheit, die: *das Wahre, das Wahrsein; wahrer, wirklicher Sachverhalt:* die reine, volle, ganze, nur die halbe, die lautere (geh.), nackte, ungeschminkte, harte, grausame W.; eine bittere, traurige W.; allgemeingültige, absolute, philosophische Wahrheiten *(Erkenntnisse);* die W. dieser Behauptung ist nicht bewiesen; die W. ist oft unbequem; Redensart: die W. liegt in der Mitte *(liegt zwischen zwei [extremen] Aussagen, Urteilen)* · immer die W. sagen, reden, bekennen; wenn ich die W. sagen soll *(wenn ich ehrlich bin)*, muß ich gestehen, daß mir das Kleid nicht gefällt; jmdm. die W. ins Gesicht sagen, schleudern; jmdm. unverblümt, schonungslos die W. sagen; die W. verschweigen, verschleiern, erfahren, herausbekommen; die W. suchen, finden, erkennen; die W. einer Aussage bezweifeln, anzweifeln, nachprüfen, beweisen; Sprichwörter: Kinder und Narren reden die W.; im Wein ist W. · im Interesse der W. dürfen wir das nicht verschweigen; diese Aussage kommt der W. einigermaßen nahe; etwas beruht auf W.; bei der W. bleiben *(nichts Unwahres sagen);* wir werden schon noch hinter die W. kommen (ugs.; *werden sie erfahren*); er nimmt es mit der W. nicht so genau; von der W. abweichen, abgehen. * (geh.:) **der Wahrheit die Ehre geben** *(die Wahrheit sagen, sie ehrlich bekennen)* · **in Wahrheit** *(eigentlich, in Wirklichkeit):* in W. verhielt sich das ganz anders.

wahrnehmen ⟨etwas w.⟩: **1.** *mit den Sinnen erfassen; bemerken:* einen Geruch, ein Geräusch, einen Lichtschein [in der Ferne] w.; er nahm von den Vorgängen um sich her, von alledem nichts mehr wahr. **2.** *nutzen, ausnutzen:* eine günstige Gelegenheit, Möglichkeit, eine Chance, seinen Vorteil w.; er nimmt die Interessen der Arbeiter, seiner Firma wahr *(vertritt sie);* Rechtsw.: einen Termin [bei Gericht] w. *(zu einem Termin erscheinen).*

Wahrnehmung, die: **1.** *das Wahrnehmen; Sinneseindruck:* sinnliche Wahrnehmungen; die W. eines Geruches, eines Tones, Geräusches; das ist eine häufige W. *(häufig festzustellende Tatsache);* eine W. machen *(etwas wahrnehmen, feststellen, bemerken).* **2.** *Erledigung; Erfüllung einer Aufgabe:* die W. der Geschäfte, eines Falles; die W. *(Vertretung)* berechtigter Interessen.

wahrsagen: a) *Zukünftiges vorhersagen:* aus Karten, aus dem Kaffeesatz, aus den Handlinien w.; ⟨jmdm. w.⟩ die Zigeunerin hat ihm wahrgesagt/gewahrsagt. **b)** ⟨etwas w.⟩ *prophezeien:* die Zukunft, Schlimmes w.; ⟨jmdm. etwas w.⟩ sie wahrsagte ihm, daß er eine große Reise machen werde.

wahrscheinlich: 1. ⟨Adj.⟩ *mutmaßlich, ziemlich gewiß:* die wahrscheinliche Folge dieses Ereignisses; er ist der wahrscheinliche Täter; es ist nicht w., daß er heute noch kommt; ich halte das nicht für w. **2.** ⟨Adverb⟩ *voraussichtlich; aller Wahrscheinlichkeit nach:* w. kommt er morgen; er hat w. recht; bist du nächste Woche wieder zurück? w.!

Wahrscheinlichkeit, die: *das Wahrscheinlichsein; ziemliche Gewißheit:* die W., daß es noch Überlebende gibt, ist nicht sehr groß, ist gering, verringert sich immer mehr; etwas mit größter W., mit an Gewißheit grenzender W. annehmen; aller W. nach fährt er mit der Bahn.

Wahrung, die: *das Wahren, Wahrnehmen; Erhaltung:* die W. berechtigter Interessen; unter W., zur W. seiner Selbständigkeit.

Währung, die: *Zahlungsmittel eines Landes:* eine stabile, harte, feste, weiche, freie, gebundene W.; die W. stützen, stabilisieren, stabil halten, manipulieren; den Geldwert einer W. bestimmen; sie zahlten in deutscher, ausländischer W.

Waisenknabe ⟨in der Wendung⟩ ein /der reine/ reinste Waisenknabe gegen jmdn. sein (ugs.:) *an jmdn. nicht heranreichen.*

Wald, der: *Gelände mit dichtem Baumbestand:* ein grüner, schattiger, dichter, dunkler, düsterer, finsterer, undurchdringlicher, lichter W.; die bunten, herbstlichen Wälder; W. und Feld; Wälder und Wiesen; der W. ist schon kahl; die Wälder rauschen; einen W. anpflanzen, roden; den W. schützen, pflegen; den W. durchwandern, durchstreifen; die Tiere des Waldes; durch den W. gehen, wandern; im tiefen, kühlen W.; im W. Pilze suchen; Sprichw.: wie man in den W. hineinruft, so schallt es [wieder] heraus; bildl.: ein W. *(eine dichte Menge)* von Fahnen, Masten, Säulen. * (ugs.:) **den Wald vor [lauter] Bäumen nicht sehen: a)** *(das Gesuchte nicht sehen, obwohl es vor einem liegt).* **b)** *(vor lauter Einzelheiten das große Ganze nicht erkennen).*

Wall, der: *Erdaufschüttung:* einen hohen W. errichten, aufschütten; einen W. erklettern (geh.); W. und Graben, Wälle und Mauern schützen die Burg; die Festung war durch einen W. geschützt, von einem W. umgeben; übertr.: das Bündnis sollte einen W. *(Schutz)* gegen die drohende Gefahr bilden.

wallen: 1. ⟨etwas wallt⟩ **a)** *etwas kocht, siedet [sprudelnd]:* das Wasser wallt im Kessel, hat schon gewallt; übertr. (geh.): die Flut wallte [und brauste] *(war in heftiger Bewegung);* der Nebel wallte im Tal *(zog in Schwaden, stieg in Schwaden auf).* **b)** (geh.) *etwas fällt, hängt in langen Falten, Locken o. ä. nieder:* die langen Locken wallten über ihre Schultern; wallendes Haar; sie trug ein wallendes Gewand. **2.** (veraltet) ⟨mit Raumangabe⟩ *pilgern, wallfahren, dahinziehen:* die Pilger sind nach Lourdes gewallt.

Wallung ⟨in bestimmten Wendungen⟩: **jmd./ jmds. Blut gerät in Wallung** *(jmd. wird erregt, zornig)* · **jmdn./etwas in Wallung bringen** *(jmdn., etwas heftig erregen):* die Bilder brachten seine Phantasie in W.

walten (geh.) ⟨etwas waltet⟩: *etwas wirkt, herrscht:* wenn ein wenig Vernunft gewaltet hätte, wäre dies nicht geschehen; bei ihnen waltet ein guter Geist; hier haben rohe Kräfte gewaltet; er hat Gnade, Milde, Gerechtigkeit w. lassen; es wäre besser gewesen, Vernunft, Vorsicht w. zu lassen; subst.: das Walten des Geschicks. * **schalten und walten** *(nach eigener Entscheidung verfahren)* · (geh.:) **seines Amtes walten** *(eine Handlung, die in jmds. Aufgabenbereich liegt, ausführen)* · **das walte Gott!** */Bekräftigungsformel/.*

Walze, die: **a)** *walzenförmiger Teil einer Maschine, eines Gerätes:* die W. einer Druckmaschine, einer Schreibmaschine; die W. der Spieluhr ist schon sehr abgespielt, muß ausgewechselt, repariert werden. **b)** *Maschine, Gerät mit einer Walze:* die W. *(Straßenwalze)* glättet den Asphalt; den Acker nach dem Säen mit der W. *(Ackerwalze)* bearbeiten. * (ugs.:) **die alte/gleiche/dieselbe Walze** *(die alte längst bekannte Geschichte)* · (ugs.; veraltend:) **auf die Walze gehen** *(auf die Wanderschaft gehen)* · (ugs.; veraltend:) **auf der Walze sein** *(auf der Wanderschaft sein).*

walzen: 1. ⟨etwas w.⟩ **a)** *durch Pressen mit einer Walze glätten, strecken:* Metall, Blech w. **b)** *mit der Walze befestigen, glätten:* den Acker, die Straße w. **2.** (ugs.; veraltend) *wandern, auf der Wanderschaft sein:* sie sind durch halb Europa gewalzt. **3.** (scherzh.; veraltend) *[Walzer] tanzen:* sie walzten durch den Saal.

wälzen: 1.a) ⟨etwas w.⟩ *rollend fortbewegen:* die Stämme ließen sich nicht, kaum w.; einen Stein, Fels zur Seite w.; bildl.: du darfst nicht die Schuld, Verantwortung auf andere w. **b)** ⟨etwas in etwas w.⟩ *in etwas hin und her wenden:* das Schnitzel in Paniermehl, die Leber in Mehl w. **2.** ⟨sich w., mit Raumangabe⟩ **a)** *sich hin und her bewegen, werfen:* sich die ganze Nacht schlaflos im Bett, unruhig von einer Seite auf die andere w.; er hat sich vor Schmerzen am Boden gewälzt; die Verwundeten wälzten sich in ihrem Blut (geh.). **b)** *sich in Massen irgendwohin bewegen:* die Lava, die Lawine wälzte sich zu Tal; die Menschenmenge wälzte sich durch die Straßen. **3.** (ugs.) ⟨etwas w.⟩ *durchblättern; in etwas nachschlagen:* Bücher, Folianten, Akten w.; er wälzte eine ganze Reihe von Wörterbüchern, konnte aber das gesuchte Wort nicht finden. **4.** (ugs.) ⟨etwas w.⟩ *sich eingehend mit etwas beschäftigen; hin und her überlegen:* Gedanken, Pläne w.; was wälzt ihr denn wieder für Probleme?

Wand, die: 1. *[senkrecht stehende] Fläche als seitliche Begrenzung eines Raumes:* eine dünne, dikke, 15 cm starke, schalldichte, gemauerte, hölzerne W.; sie wurde blaß, weiß wie eine [gekalkte] W.; Redensart: wenn die Wände reden könnten! *(in diesen Räumen hat sich manches abgespielt);* der Raum hatte getäfelte, gekalkte, schmucklose, schräge Wände; eine W. mauern, errichten, aufrichten, einziehen, durchbrechen, einreißen, niederreißen; die Wände tünchen, streichen, weißen, tapezieren, mit Stoff bespannen, verputzen; Redensart: Narrenhände beschmieren Tisch und Wände · etwas an die W. schieben, rücken, lehnen; ein Bild an die Wand hängen; Dias an die W. werfen (ugs.; *projizieren*); dicht an der W. entlanggehen; die Leiter lehnt an der W.; sie wohnen W. an W. *(sind Zimmernachbarn);* einen Nagel in die W. schlagen; er nahm das Bild wieder von der W. Sprichw.: der Horcher an der W. hört seine eigne Schand'; bildl.: er hat eine W. zwischen sich und den andern errichtet *(hat Distanz geschaffen);* die Wände zwischen den Rassen niederreißen *(das Trennende beseitigen);* er mußte gegen eine W. von Vorurteilen *(gegen viele Vorurteile)* ankämpfen; übertr.: am Himmel zieht eine schwarze, graue W. *(Wolkenwand)* herauf. 2. *Bergwand, Felswand:* eine senkrechte, steile, überhängende W.; eine W. erklettern, ersteigen, bezwingen; die Bergsteiger sind in die W. eingestiegen, haben sich in der W. verstiegen. * **spanische Wand** *(Klappwand)* · (ugs.:) **da wackelt die Wand!** *(da ist etwas los!; da geht es hoch her!)* · (ugs.:) **daß die Wände wackeln** *(sehr heftig):* er lachte, schrie, schimpfte, daß die Wände wackelten · (ugs.:) **die Wände haben Ohren** *(hier kann alles mitangehört, belauscht werden)* · (scherzh.:) **die Wand mitnehmen** *(sich an einer Wand mit Farbe beschmutzen)* · (ugs.:) **das, es ist, um die Wände/an den Wänden hochzugehen; da kann man doch die Wände/an den Wänden hochgehen!** *(das ist doch empörend!; da kann man doch rasend werden!)* · **jmdn. an die Wand drücken** *(jmdn. in den Hintergrund drängen)* · **jmdn. an die Wand spielen: a)** *einen anderen [Schauspieler] durch gutes Spiel weit übertreffen).* **b)** *(jmds. Einfluß durch geschicktes Manöver ausschalten)* · (ugs.:) **jmdn. an die Wand stellen** *(jmdn. standrechtlich erschießen)* · (ugs.:) **den Teufel an die Wand malen** *(Unheil heraufbeschwören)* · (ugs.:) **mit dem Kopf durch die Wand wollen** *(Unmögliches erzwingen wollen)* · **gegen eine Wand reden** *(jmdn. vergebens von etwas zu überzeugen suchen)* · **in seinen vier Wänden** *(zu Hause)* · **mit dem Rücken zur Wand** *(aus sicherer Position).*

Wandel, der: *das Sichwandeln; Veränderung, Wechsel:* ein allmählicher, langsamer, schneller, plötzlicher, überraschender, grundlegender, durchgreifender W.; ein innenpolitischer, gesellschaftlicher W.; ein W. der Ansichten, der Gesinnung/ein W. in den Ansichten, in der Gesinnung; hier muß W. geschaffen werden!; etwas erfährt einen entscheidenden W. *(wandelt sich entscheidend, wird entscheidend gewandelt);* einen W. herbeiführen, eintreten lassen; die Mode unterliegt dem W., ist dem W. unterworfen; die Kirche im W. der Jahrhunderte. * (geh.:) **Handel und Wandel** *(Wirtschaft und Verkehr).*

wandeln: 1. a) ⟨jmdn., etwas w.⟩ *bei jmdm., bei etwas einen Wandel herbeiführen; ändern:* seine Gesinnung w.; die Zeit wandelt den Geschmack; das Ereignis, Erlebnis hat ihn völlig gewandelt. **b)** ⟨sich w.⟩ *anders werden; sich ändern:* der Geschmack, die Mode wandelt sich schnell; das Bild, die Situation hatte sich plötzlich gewandelt; die Zeiten haben sich gewandelt; in seinem Leben hat sich vieles gewandelt; er hat sich nicht gewandelt. **2.** (geh.) ⟨mit Raumangabe⟩ *sich irgendwo ergehen:* sie wandelten durch den Park, im Schatten der Bäume; er wandelte vor dem Kurhaus auf und ab; du siehst aus wie ein wandelndes Gerippe, Gespenst *(bist sehr abgemagert, blaß);* bildl. (dichter.): die Sonne wandelt *(zieht)* ihre Bahn. * (ugs.; scherzh.:) **ein wandelndes Lexikon sein** *(sehr viel wissen).*

wandern: 1. *eine Wanderung machen:* allein, gemeinsam, ziellos w.; durch Wälder und Felder, in die Berge w.; morgen wollen wir wieder einmal w.; Sprichw.: wer w. will, muß den Weg kennen; bildl. (dichter.:) sie ist treu mit ihm durchs Leben gewandert; übertr.: er wanderte *(ging)* ruhelos durch die Zimmer; die Lachse wandern *(ziehen)* zu ihren Laichplätzen; die Dünen wandern *(verschieben sich)* landeinwärts; die Wolken wandern am Himmel *(ziehen am Himmel dahin);* seine Blicke, Augen wanderten *(schweiften)* von einem zum andern; ihre Gedanken wanderten *(schweiften)* in die Ferne, in die Zukunft; eine wandernde *(umherziehende)* Schauspielertruppe. **2.** (ugs.) ⟨mit Raumangabe⟩ *irgendwohin befördert, gebracht werden:* er wanderte für drei Jahre ins Gefängnis; die alten Sachen wandern auf den Speicher, zum Müll; der Brief ist längst in den Papierkorb gewandert.

Wanderung, die: *das Wandern; Ausflug zu Fuß:* eine lange, ausgedehnte, weite, beschwerliche, mühselige W.; es war eine schöne, herrliche W. durch den Wald; eine W. unternehmen, machen; nach einer kurzen Rast setzten sie ihre W. fort; endlich waren sie am Ziel der W.; an einer W. teilnehmen; übertr.: er unterbrach plötzlich seine ruhelose Wanderung *(sein ruheloses Umhergehen)* durch die Zimmer; die Lachse sind auf der W. nach ihren Laichplätzen.

Wandlung, die: **1.** *das Sichwandeln; Veränderung, Umwandlung:* eine innere, tiefgehende, grundlegende, gründliche, äußere, [rein] äußerliche, oberflächliche, langsame, allmähliche, schnelle, plötzliche W.; in diesem Land hat sich eine gesellschaftliche W. vollzogen; in ihm, mit ihm ist eine seltsame W. vor sich gegangen; im Zustand des Kranken ist eine W. zum Guten eingetreten; eine W. bewirken, hervorrufen; ihre religiöse Haltung hat eine W. durchgemacht, erfahren, erlitten; die Dinge sind Wandlungen, einer steten W. unterworfen, sind in einer W. begriffen. **2.** (kath. Rel.) *Hauptteil der kath. Messe:* bei der W. knieten sie nieder; zur W. läuten.

Wange, die (geh.): *Backe:* volle, runde, frische, rote, rosige, gerötete, glühende, blasse, zarte, glatte, schmale, eingefallene, hohle, faltige, hagere Wangen; ihre Wangen röteten sich; er streichelte, tätschelte ihr die Wangen; Sprichw.: Salz und Brot macht W. rot · sie tanzten W. an W.; sie gab ihm einen Kuß auf die W.; das Blut stieg ihr in die Wangen; er strich dem Kind über die Wangen.

wanken: 1.a) *sich unsicher, heftig [hin und her] bewegen; schwanken:* der Turm wankte und stürzte ein; der Boden unter seinen Füßen wankte *(bebte);* ⟨etwas wankt jmdm.⟩ die Knie wankten (geh.; *zitterten*) ihr. **b)** ⟨mit Raumangabe⟩ *sich wankend fortbewegen, irgendwohin bewegen:* der Betrunkene wankte aus dem Haus, über die Straße, zur Tür. **2.** *unsicher sein:* sein Mut, seine Sicherheit begann zu w.; er ist in seinem Glauben wankend geworden; der Vorfall machte ihn wankend; subst.: sie brachte seinen Entschluß ins Wanken; seine Sicherheit geriet ins Wanken. * **nicht wanken und [nicht] weichen** *(hartnäckig irgendwo bleiben; sich nicht vertreiben lassen)* · **jmdm. wankt der Boden unter den Füßen** *(jmd. ist in einer unsicheren Lage; jmds. Stellung ist erschüttert).*

wann ⟨Interrogativadverb⟩: **a)** *zu welchem Zeitpunkt, um welche Zeit?:* w. kommst du?; w. ist er geboren?; frage ihn doch, w. es ihm paßt; er kommt, aber er weiß noch nicht, w. [er kommt]; bis w. ist die Arbeit fertig?; seit w. weißt du es?; von w. an kann ich mit deiner Hilfe rechnen? **b)** *unter welcher Bedingung?:* w. ist ein Wagen vorschriftsmäßig geparkt? * **dann und wann** *(ab und zu; zuweilen).*

Wanne, die: **1.** *Badewanne:* eine gekachelte, eingebaute W.; die W. voll Wasser laufen lassen; ablaufen lassen, reinigen, saubermachen; Wasser in die W. einlassen; in die W. steigen (ugs.); ein Ding wie 'ne Wanne (ugs.; *etwas Außergewöhnliches, Großartiges*). **2.** *wannenartiges Gefäß:* der Ölbehälter muß in einer W. liegen.

Wanst, der (derb:) *[dicker] Bauch:* sich (Dativ) den W. vollschlagen, füllen, vollfressen; er rannte ihm das Messer in den W.

Wappen, das: */Stadt-, Amts-, Familienwappen/:* ein fürstliches, gräfliches W.; das Berliner W.; das W. einer Stadt, von Hamburg; er darf ein W. führen; diese Stadt führt einen Löwen im W. *(das Wappentier ist ein Löwe).*

wappnen (geh.): **a)** ⟨sich gegen etwas w.⟩ *sich auf etwas gefaßt machen, gegen etwas vorbereiten:* er wappnete sich gegen Anfeindungen; dagegen war ich nicht gewappnet; ⟨auch ohne Präpositionalobjekt⟩ er hatte sich, war gewappnet. **b)** ⟨sich mit etwas w.⟩ *sich mit etwas ausrüsten, versehen:* sich mit Geduld w.

Ware, die: *Handelsgut:* eine gute, erstklassige, hochwertige, teure, preiswerte, billige, schlechte, fehlerhafte, minderwertige, leichtverderbliche, haltbare, frische, lose W.; unverzollte, steuerfreie Waren; das ist eine gängige W.; diese W. verkauft sich leicht, findet reißenden Absatz, ist ausgegangen, ausverkauft, ist augenblicklich nicht am Lager, kommt bald wieder herein, wird morgen geliefert, geht morgen ab, führen wir nicht; diese Waren sind im Preis stark herabgesetzt; Waren herstellen, produzieren, abpacken, verpacken, lagern, stapeln, auszeichnen, anbieten, feilhalten (veraltet), verkaufen, absetzen, liefern, anfordern, abrufen (Kaufmannsspr.); berechnen, bezahlen; Waren austauschen, einführen, ausführen; wir brauchen neue W.; von dieser W. kaufe ich nichts; Sprichw.: jeder Krämer lobt seine W.

warm: 1.a) *eine mittlere, mäßig hohe Temperatur aufweisend:* warmes Wasser, ein warmes Getränk, warme Suppe, warmes Essen, warme Speisen; ein warmer Ofen, Herd; ein warmes Zimmer; ein warmes Bad nehmen; warme Hände, Füße haben; warmes Wetter, ein warmer Regen, Wind; ein warmes Lüftchen; die warmen Sommermonate; wärmere Länder, Gegenden, Zonen; eine warme Quelle; es waren die ersten warmen Tage des Jahres; warme Miete (ugs.; *Miete einschließlich Heizungskosten*); hier ist es sehr, zu w.; mir ist es w. [geworden]; hier drinnen muß es w. bleiben; das Essen w. halten, stellen; die Speise muß w. gegessen werden; sie hat die Suppe noch einmal w. gemacht (ugs.; *aufgewärmt*); heute abend wollen wir w. (ugs.; *warme Speisen*) essen; die Sonne schien sehr w.; er hat sich w. *(mit warmem Wasser)* geduscht; der Sportler läuft sich w. *(erwärmt sich durch Laufen);* subst.: sie sitzen im Warmen; er hat heute noch nichts Warmes gegessen; bildl.: warme Farben *[Farb]töne;* warmes *(behaglich wirkendes, gelbliches)* Licht; der Raum wirkte hell und w. *(behaglich).* **b)** *vor Kälte schützend:* warme Kleidung, Wäsche; sie band sich ein warmes Tuch um den Hals; dieser Mantel ist sehr w., hält w.; du mußt dich w., wärmer anziehen. **2.a)** *eifrig, lebhaft, nachdrücklich:* er ist ein warmer Befürworter, Förderer, Anwalt dieses Plans; sie wurde uns warm, wärmstens (ugs.) empfohlen. **b)** *herzlich, wohlwollend, freundlich:* warme Anteilnahme; ein warmes Gefühl der Dankbarkeit; ein warmes *(gütiges)* Herz; jmdm. einen warmen Empfang bereiten; er verabschiedete sich mit einem warmen Händedruck; sie ist weder w. noch kalt (ugs.; *ist gleichgültig, uninteressiert*); bei diesem Anblick wurde es ihm [ganz] w. ums Herz *(empfand er ein Glücksgefühl).* * (ugs.:) **warm werden** *(vertraut werden):* mit ihr bin ich nie w. geworden · (ugs.:) **sich ins warme Nest setzen** *(in gute Verhältnisse einheiraten)* · (ugs.:) **etwas geht weg wie warme Semmeln** *(etwas verkauft sich leicht)* · (ugs.; abwertend:) **warmer Bruder** *(Homosexueller).*

Wärme, die: **1.a)** *mittlere, mäßig hohe Temperatur; Zustand des Warmseins:* eine angenehme, milde, wohlige, trockene, feuchte, sommerliche, unangenehme W.; ist das heute eine W.!; wir haben heute, das Wasser hat 20 Grad W.; der Ofen strahlt eine angenehme W. aus; bei dieser W. trägst du noch einen Pullover?; komm doch herein in die W. (ugs.; *ins warme Zimmer*). **b)** (Physik) */eine Form der Energie/:* gebundene, strahlende, latente *(aufgespeicherte)* W.; die spezifische W. eines Stoffes; bei diesem Vorgang wird W. frei, entsteht, entwickelt sich W., wird W. erzeugt. **2.** *Herzlichkeit:* menschliche, persönliche, innere W.; W. des Gefühls; ihren Worten fehlte die W.; er trat mit W. für sie ein, sprach mit [wachsender] W. von ihr.

wärmen: a) ⟨jmdn., sich, etwas w.⟩ *warm machen, aufwärmen:* die Suppe, den Kaffee w.; jmdm./für jmdn. das Essen w.; er wärmte sich am Ofen; er wärmte sich mit einem Schnaps; die Decke wird deine Füße wärmen; ⟨jmdm., sich etwas w.⟩ du kannst dir die Hände am Feuer w. **b)** ⟨etwas wärmt⟩ *etwas gibt Wärme, hält warm:* Wolle wärmt; der Kachelofen wärmt gut.

warmhalten ⟨in der Verbindung⟩ sich (Dativ) jmdn. warmhalten (ugs.): *sich jmds. Wohlwollen erhalten:* diesen Mann mußt, solltest du dir w.

warnen: **a)** ⟨jmdn. vor etwas w.⟩ *auf eine Gefahr hinweisen, aufmerksam machen:* jmdn. nachdrücklich, rechtzeitig, heimlich vor etwas w.; jmdn. vor einer Gefahr, vor einem Anschlag, vor einem Betrüger w.; er warnte sie [davor], zu nahe ans Ufer zu treten (nicht korrekt: ..., nicht zu nahe ans Ufer zu treten); ⟨auch ohne Akk.⟩ die Polizei warnt vor Glatteis, vor Taschendieben; ⟨auch ohne Präpositionalobjekt⟩ er hatte ihn zu spät gewarnt; seine warnende Stimme erheben; bildl.: sein Gefühl, Instinkt, eine innere Stimme warnte ihn, es zu tun. **b)** ⟨jmdn. w.⟩ *drohend auffordern, etwas zu tun oder zu lassen:* ich habe dich oft genug gewarnt; du bist gewarnt!; er drohte warnend mit dem Finger.

Warnung, die: *Hinweis auf eine Gefahr:* eine nachdrückliche, eindringliche, ernste W.; eine W. vor Sturm, Glatteis, Hochwasser; seine W. war berechtigt; das ist meine letzte W. *(drohende Aufforderung);* das soll mir eine W. *(eine Lehre für die Zukunft)* sein!; eine W. nicht beachten, mißachten, in den Wind schlagen; eine W. vor jmdm. aussprechen; er legte sich trotz aller Warnungen in die pralle Sonne; er hörte, achtete nicht auf ihre Warnungen; ein Schild mit einer W. anbringen; laß dir das zur W. dienen *(lerne daraus für die Zukunft).*

Warte ⟨nur in bestimmten Wendungen⟩: **von jmds. Warte aus** *(von jmds. Standpunkt aus, von jmds. Blickwinkel her):* von seiner W. aus [betrachtet], sieht das Problem anders aus · **auf einer höheren Warte stehen** *(an Übersicht, Einsicht andere übertreffen).*

[1]warten ⟨auf jmdn., auf etwas w.⟩: *das Eintreffen einer Person oder Sache erwartend verweilen; harren:* [un]geduldig, sehnsüchtig, nervös, lange, eine Weile, einen Augenblick, eine Stunde lang, stundenlang auf jmdn. w.; wir haben vergebens, vergeblich, gespannt, mit Schmerzen *(sehnsüchtig)* auf eine Nachricht gewartet; auf eine Antwort, auf eine günstige Gelegenheit, auf besseres Wetter, auf den Zug, auf die Abfahrt w.; sie warteten auf Einlaß/sie warteten darauf, eingelassen zu werden; der Schauspieler wartete auf sein Stichwort; sie wartete *(lauerte)* nur darauf, daß er einen Fehler machte; wir warten mit dem Essen auf ihn; beeile dich, der Zug wartet nicht auf dich; darauf können Sie gleich w. *(es dauert nicht lange);* du hast lange auf dich w. lassen; zu Hause wartete eine Überraschung auf uns *(gab es eine Überraschung);* die Kritik, der Erfolg ließ nicht lange auf sich w. *(stellte sich rasch ein);* auf dich haben wir gerade noch gewartet (ugs.; iron.); ⟨auch ohne Präpositionalobjekt⟩ wir haben lange w. müssen; du konntest wohl nicht w.?; sollen wir mit dem Essen w.?; damit wollen wir noch w. *(das schieben wir noch auf);* beeile dich, die Mutter wartet schon; du hast mich aber w. lassen!; warten Sie bitte einen Augenblick!; ich warte an der Ecke; der kann w., bis ich die Rechnung bezahle (ugs.); da kannst du lange w.! (ugs.; *da wartest du umsonst*); ich kann w.! (ugs.; *ich habe Zeit!*); */scherzhafte Drohungen/:* warte nur!; na warte!; subst.: das lange Warten hatte sie müde gemacht. ∗ (ugs.:) **jmd. kann warten, bis er schwarz wird** *(jmd. wartet umsonst).*

[2]warten (geh.; selten) ⟨jmdn., etwas w.⟩: *pflegen, betreuen:* Kranke, Kinder, Tiere w.; die Maschine muß regelmäßig gewartet werden.

warum ⟨Interrogativadverb⟩: *aus welchem Grund, weshalb?;* w. bist du nicht gekommen?; w. nicht gleich?; w. nicht?; er will wissen, w. sie das getan hat; er ist getadelt worden und weiß nicht, w.; subst.: er fragte nicht nach dem Warum [und Weshalb] *(Grund).* ∗ (ugs.; veraltend:) **warum nicht gar?** */Ausruf der Ablehnung, des Erstaunens/.*

was: **1.** ⟨Interrogativpronomen⟩ */dient der Frage nach einer Sache oder einem Verhalten/:* w. ist das?; w. bedeutet das?; w. soll denn das [bedeuten]?; w. hast du da?; w. gibt es Neues?; w. ist [denn hier] los? (ugs.); w. willst du denn damit?; w. willst du denn schon wieder?; w. denkst du dir denn eigentlich?; w. kann ich für Sie tun?; w. sagst du da?; w. soll man dazu sagen?; w. ist er [von Beruf]?; w. will er denn werden?; w. sind denn das für Geschichten?; w. für Wein trinkt er am liebsten?; w. für ein Abendkleid (ugs.; *welches von den Abendkleidern*) ziehst du an?; w. weiß ich?; (ugs.; *ich weiß es nicht*); er hat Bilder, Bücher und w. weiß ich noch alles (ugs.; *und noch vieles andere*) gekauft; da staunst du, w.? *(nicht wahr?);* w.? (ugs.: *[wie] bitte?*); */häufig in Ausrufen der Überraschung, der Ablehnung, des Zweifels o. ä./:* w.!; w. denn, das weißt du nicht?; ach w.! Die folgenden Verwendungsweisen gelten hochsprachlich als nicht korrekt: w. an Geld (ugs.; *wieviel Geld*) haben wir noch?; w. (ugs.; *warum*) läufst du denn hier herum?; w. (ugs.; *wie*) hast du dich verändert!; an w. (ugs.; *woran*) denkst du?; auf w. (ugs.; *worauf*) wartest du noch?; in w. (ugs.; *worin*) soll ich es aufbewahren?; mit w. (ugs.; *womit*) ist er beschäftigt?; um w. (ugs.; *worum*) handelt es sich?; vor w. (ugs.; *wovor*) hast du Angst?; von w. (ugs.; *wovon*) lebt er denn?; zu w. (ugs.; *wozu*) taugt das? · subst.: nicht das Was, sondern das Wie ist entscheidend. **2.** ⟨Relativpronomen⟩ */bezieht sich auf etwas Unbestimmtes, Allgemeines; faßt einzelne Dinge oder einen ganzen Satz allgemein zusammen/:* etwas, manches, einiges, vieles, alles, w. ich hier gesehen habe; das ist das Beste, w. du tun kannst; das, w. du gesagt hast, ist nicht richtig; du kannst machen, w. du willst; ich weiß nicht, w. ich sagen soll; w. ich noch sagen wollte: ...; w. ihn betrifft, so ist er ganz zufrieden; laufe, w. (ugs.; *so schnell*) du kannst. **3.** (ugs.) ⟨Indefinitpronomen⟩ *etwas:* ich weiß w.; du kannst w. erleben!; das ist w. anderes; da haben wir uns w. Schönes eingebrockt!; Redensarten: lerne w., so kannst du w.; spare w., so hast du w. ∗ **was Wunder** *(es ist kein Wunder; niemanden wundert es)* · (ugs.:) **wunder was** *(etwas Besonderes, sehr viel):* er glaubt, wunder w. getan zu haben · (ugs.:) **was Sie nicht sagen!** */Ausruf der Überraschung/.*

Wäsche, die: **1.** *Wäschestücke:* feine, duftige, durchsichtige, seidene, grobe, warme, weiße, bunte, saubere, reine, schmutzige W.; W. aus Leinen; die W. ist getrocknet, ist schon trokken; die kleine W. selbst waschen; die große W. in die Wäscherei geben, außer Haus geben, ausgeben; die W. einweichen, kochen, spülen, schleudern, auswringen, stärken, bleichen, aufhängen, trocknen, abnehmen, bügeln, mangeln; W. ausbessern, flicken, nähen; frische W. anziehen, tragen; die W. wechseln; sie hat ihr Geld unter der W., zwischen der W. versteckt. **2.** *das Waschen; Vorgang des Waschens:* heute ist große W., wir haben heute große W. *(Waschtag);* die kleine W. *(das Waschen der kleineren Wäschestücke)* erledigt sie selbst; das Hemd ist bei der W., in der W. eingelaufen; die Bluse ist [gerade] in der W.; die Handtücher gibt sie in die W., zur W. * (ugs.:) **seine schmutzige Wäsche [vor anderen Leuten] waschen** *(mißliche private Angelegenheiten vor andern ausbreiten)* · (ugs.:) **dumm aus der Wäsche gucken** *(einfältig, verdutzt dreinschauen).*

waschecht: **1.** *sich beim Waschen nicht verändernd:* waschechte Stoffe, Tücher; die Farben sind [garantiert] w. **2.** (ugs.) *typisch, unverfälscht:* er ist ein waschechter Berliner; er spricht waschechtes Sächsisch.

waschen: **1. a)** ⟨jmdn., sich, etwas w.⟩ *reinigen, säubern:* sich gründlich, sorgfältig, kalt, warm, von Kopf bis Fuß, von oben bis unten w.; die Hände, den Hals, den Kopf, die Haare w.; Sprichw.: eine Hand wäscht die andere · ⟨jmdm., sich etwas w.⟩ sie wusch sich das Gesicht; Redensart: wasch mir den Pelz, aber/und mach mich nicht naß! **b)** ⟨etwas w.⟩ *in einem bestimmten Waschvorgang von Schmutz befreien:* die Socken mit Seife w.; sie wäscht ihre Wäsche in, mit der Waschmaschine, noch mit der Hand; das Hemd ist sauber gewaschen; ⟨auch ohne Akk.⟩ sie wäscht jede Woche; subst.: das Hemd ist beim Waschen eingegangen. **2.** ⟨etwas w.⟩ *durch Ausschwemmen o. ä. von anderen Bestandteilen trennen, säubern:* Erze, Gold w. * (geh.:) **[sich** (Dativ)**] seine/die Hände in Unschuld waschen** *(erklären, daß man unschuldig ist)* · (ugs.:) **jmdm. den Kopf waschen** *(jmdn. scharf zurechtweisen)* · (ugs.:) **mit allen Wassern gewaschen sein** *(sehr gerissen, raffiniert sein; alle Tricks kennen)* · (ugs.:) **etwas hat sich gewaschen** *(etwas hat es in sich):* die Prüfungsaufgabe hat sich gewaschen; eine Ohrfeige, die sich gewaschen hat *(eine heftige Ohrfeige).*

Wasser, das: **1. a)** *natürliche Flüssigkeit:* klares, reines, sauberes, frisches, kaltes, lauwarmes, heißes, abgestandenes, trübes, schmutziges, fauliges, salziges, brackiges, mineralhaltiges, kalkhaltiges, hartes *(sehr kalkhaltiges),* weiches *(kalkarmes),* enthärtetes W.; geweihtes W.; W. zum Waschen; ein Glas W.; sie gleichen sich wie ein Tropfen W. dem andern; eine Flasche W. (ugs.; *Mineralwasser*); ein W. mit Geschmack (ugs.; *eine Limonade*); das W. ist, schmeckt gut; W. verdunstet, verdampft, gefriert; das W. kocht, siedet, wallt [auf]; das W. tropft, rinnt, fließt aus dem Hahn; W. in die Badewanne einlassen, laufen lassen; W. holen, schöpfen, filtern, aufbereiten, destillieren; W. für den Kaffee aufsetzen; er hat beim Schwimmen W. geschluckt; seinen Durst mit W. löschen; er stand da wie mit kaltem W. begossen *(stand enttäuscht, beschämt da);* dort wird nach W. gebohrt; Redensarten: W. löscht auch den Durst; das wäscht kein W. ab; hier wird auch nur mit W. gekocht; Sprichw.: wer klares W. trinken will, der muß zur Quelle gehen; übertr.: das W. *(die Tränen)* trat, schoß ihr in die Augen, stand ihr in den Augen; der Schmerz trieb ihr das W. *(die Tränen)* in die Augen; das W. *(der Schweiß)* lief, tropfte ihm von der Stirn; W. (verhüll.; *Urin*) lassen, das W. lösen (veraltend), nicht halten können; W. (ugs.; *die Wassersucht*) [in den Beinen] haben. **b)** *kosmetischen Zwecken dienende Flüssigkeit:* wohlriechende, duftende Wässer; kölnisch[es] W.; Sie müssen Ihr Haar regelmäßig mit diesem W. *(Haarwasser)* behandeln. **2.** *Wasser[masse] eines Flusses, eines Sees, des Meeres; Gewässer:* ein stehendes, fließendes, schmales, tiefes W.; offenes *(nicht von Eis bedecktes)* W.; auflaufendes W. (Seemannsspr.; *Flut*); ablaufendes W. (Seemannsspr.; *Ebbe*); das W. ist an dieser Stelle flach, seicht, sehr tief; das W. fließt, strömt, rauscht, rinnt, plätschert, gurgelt, versickert, verläuft sich; das W. schwillt (geh.; veraltend), steigt an, tritt über die Ufer, durchbricht die Dämme, überschwemmt das Land, wird abgeleitet; die Wasser (geh.) brachen über die Dämme; das W. treibt eine Mühle; Redensart: bis dahin fließt noch viel W. den Rhein o. ä. hinunter; Sprichwörter: stille Wasser sind tief; W. hat keine Balken; das W. läuft nicht den Berg hinauf; alle Wasser laufen ins Meer · sie liebt, mag das W. nicht; sie lagen den ganzen Tag am W.; etwas schwimmt, treibt auf dem W.; durchs W. gleiten; dieses Tier lebt im W.; sie tummelten sich, planschten im W.; er war gesund, munter wie ein Fisch im W.; die Häuser spiegelten sich im W.; ins W. springen, fallen, stürzen; etwas ins W. werfen, tauchen; er konnte sich kaum über W. halten *(drohte unterzugehen);* unter W. *(unter der Wasseroberfläche)* schwimmen; ein Gelände unter W. setzen *(von Wasser überschwemmen lassen);* die Wiesen stehen unter W. *(sind überflutet);* die Boote wurden zu W. gelassen; man kann diesen Ort zu W. oder zu Land *(auf dem Wasserweg oder auf dem Landweg)* erreichen. * (Chemie:) **schweres Wasser** *(Wasser-Deuterium-Verbindung)* · (ugs.; scherzh.:) **ein stilles Wasser** *(ein ruhiger Mensch)* · **reinsten Wassers/von reinstem Wasser** *(ausgesprochen, durch und durch)* · **ein Gegensatz wie Feuer und Wasser** *(ein schroffer, unvereinbarer Gegensatz)* · (ugs.:) **das Wasser steht jmdm. bis zum Hals[e]** *(jmd. steckt in Schulden, ist in großen Schwierigkeiten)* · (ugs.:) **jmdm. läuft das Wasser im Mund zusammen** *(jmd. bekommt großen Appetit auf etwas)* · (ugs.:) **etwas ist Wasser auf jmds. Mühle** *(etwas unterstützt jmds. Ansichten, Absichten)* · **Wasser treten: a)** *(sich durch Treten über Wasser halten).* **b)** *(barfuß im Wasser gehen [Heilverfahren])* · **Wasser in den Wein gießen** *(die Begeisterung dämpfen)* · **auf beiden Schultern Wasser tragen** *(zwei Parteien gerecht werden wollen)* · **jmdm. das Wasser abgraben** *(jmds. Existenzgrundlage gefährden, jmdn. seiner Wirkungsmöglichkeiten berauben)* · (ugs.:) **jmdm. [nicht] das Wasser reichen können** *(jmdm. an Fähigkeiten, Leistungen [nicht] gleichkommen)* · (ugs.:) **Blut und Wasser schwitzen** *(große Angst haben)* · (derb:) **Rotz und Wasser heulen** *(heftig weinen)* · (derb; veraltend:) **sein Wasser/sich** (Dativ) **das Wasser abschlagen** *(urinieren)* · (ugs.:) **die Sonne zieht Wasser** *(es wird bald regnen)* · (ugs.:) **jmds.**

Strümpfe ziehen Wasser *(jmds. Strümpfe rutschen herunter)* · (ugs.:) **aussehen, als könnte man kein Wässerchen trüben** *(ganz harmlos aussehen)* · (ugs.:) **nahe am/ans Wasser gebaut haben** *(sehr leicht in Tränen ausbrechen)* · (ugs.:) **bei Wasser und Brot sitzen** *(im Gefängnis sitzen)* · **ins Wasser gehen** *(Selbstmord durch Ertränken begehen)* · **etwas ist ein Schlag ins Wasser** *(etwas ist ergebnislos)* · **etwas fällt ins Wasser** *(etwas kann nicht stattfinden)* · (ugs.:) **mit allen Wassern gewaschen sein** *(sehr gerissen sein; alle Tricks kennen)* · **sich über Wasser halten** *(sein Leben fristen, seine Existenz erhalten)* · (ugs.:) **etwas wird zu Wasser** *(etwas kann nicht verwirklicht werden, löst sich in nichts auf)*.

wässerig, (auch:) wäßrig: *zu viel Wasser enthaltend:* wässeriger Wein; wässerige Kartoffeln; diese Früchte sind mir zu w.; übertr.: er sah ihn mit seinen wässerigen *(farblosen, hellen)* Augen an. * (ugs.:) **jmdm. den Mund wässerig machen** *(jmds. Verlangen erregen)*.

waten ⟨mit Raumangabe⟩: *in etwas einsinkend, mit langsamen, stapfenden Schritten gehen:* ans Ufer, durch den Bach, durchs Wasser w.; bildl. (geh.): er watet [bis zu den Knöcheln, Knien] im Schmutz, Kot *(begeht ständig Untaten, Gemeinheiten)*; sie wateten im Blut *(verursachten großes Blutvergießen)*.

Watte, die: *aus weichen Fasern hergestelltes Material:* weiche, sterilisierte W.; er steckte, stopfte sich (Dativ) W. in die Ohren; das Schmuckstück lag auf rosa W.; etwas in W. [ver]packen; er tupfte die Wunde vorsichtig mit W. ab. * (ugs.:) **Watte in den Ohren haben** *(nicht hören wollen)* · (ugs.:) **sich in Watte packen lassen können** *(allzu empfindlich sein)*.

weben: a) *eine Webarbeit ausführen:* sie saß in ihrem Zimmer und webte; an diesem Teppich hat sie lange gewebt. **b)** ⟨etwas w.⟩ *durch Weben herstellen:* Leinen, Leinwand, Tuch, Spitzen, Seide w.; den Teppich hat sie selbst gewebt; der Stoff wurde auf, mit der Maschine gewebt; bildl. (dichter.): die Sonne wob goldene Fäden in die Kronen der Bäume; übertr.: die Spinne webt ihr Netz. * (geh.:) **leben und weben** *(sich regen, in Bewegung sein):* in den Gräsern lebten und webten unzählige Insekten.

Wechsel, der: **1.** *das Wechseln, Sichablösen; Änderung, Wandel:* ein dauernder, regelmäßiger, unaufhörlicher, allmählicher, langsamer, schneller, plötzlicher, jäher, störender, gründlicher, grundsätzlicher W.; der W. der Ereignisse, der Jahreszeiten; ein W. der Lebensweise, in der Lebensweise; ein W. in der Leitung eines Geschäftes, Unternehmens; der W. von Tag und Nacht, von Hitze und Kälte, zwischen Arbeit und Ruhe; in der Politik des Landes trat ein entscheidender W. ein; sie liebt den W. *(die Abwechslung)*; alles ist dem W. unterworfen; im W. der Zeiten; die Darbietungen folgten einander im bunten/in buntem W. **2.** (Geldw.) *schriftliche, befristete Zahlungsverpflichtung:* ein ungedeckter W.; der monatliche W. (ugs.; *Monatsbetrag*) von seinen Eltern ist dreimal ausgeblieben; Wechsel auf lange, kurze Sicht; der W. ist fällig, verfällt; der W. ist geplatzt (ugs.: *nicht eingelöst worden*); einen W. ausstellen, unterschreiben, akzeptieren, begeben *(verkaufen)*, diskontieren *(vor Fälligkeit gegen Zinsabzug kaufen)*, überreichen, präsentieren, vorlegen, prolongieren *(verlängern)*, einlösen, protestieren *(zurückweisen)*; einen W. auf jmdn. ziehen *(als Zahlungsanweisung ausstellen)*; er bezahlte mit einem W. **3.** (Jägerspr.) *Wildwechsel:* hier hat das Wild seinen W.

wechseln: 1. a) ⟨etwas w.⟩ *durch etwas anderes, Neues, Frisches ersetzen:* die Wohnung, den Wohnsitz, die Schule, den Platz w.; er hat mit ihm den Platz gewechselt *(getauscht)*; er hat seine Stellung, den Beruf gewechselt; du mußt [bei deinem Auto] die Reifen, das Öl w. lassen; die Wäsche, die Schuhe, Strümpfe w. *(andere anziehen)*. **b)** ⟨etwas mit jmdm. w.⟩ *austauschen:* mit jmdm. Briefe, einen Händedruck, Blicke, Komplimente w.; ⟨auch ohne Präpositionalobjekt⟩ wir wechselten nur wenige Worte *(sprachen nur kurz miteinander)*. **c)** ⟨etwas w.⟩ *ändern:* seine Ansichten, seine Meinung, die Gesinnung, den Glauben w.; plötzlich wechselte er den Ton; wollen wir nicht lieber das Thema w.? **d)** ⟨etwas w.⟩ *in eine andere, kleinere Geldsorte umtauschen:* fünfzig Mark, einen Hundertmarkschein w.; an der Grenze müssen wir noch etwas Geld w. *(in eine andere Währung umtauschen)*; ⟨jmdm. etwas w.⟩ kannst du mir zwanzig Mark w.?; ⟨auch absolut⟩ ich kann leider nicht w. **2.** ⟨etwas wechselt⟩ *etwas ändert sich:* das Wetter wechselt; seine Stimmung, der Ausdruck seines Gesichtes konnte sehr schnell w.; Regen und Sonne wechselten *(lösten einander ab)*; es, der Himmel ist wechselnd bewölkt. **3.** (Jägerspr.) *seinen Standort, sein Revier verlassen:* das Wild, der Hirsch ist gewechselt; der Bock ist über den Weg gewechselt *(hat ihn überquert)*. * **die Farbe wechseln: a)** *(erbleichen)*. **b)** *(seine Überzeugung ändern, zu einer andern Partei übergehen)* · (geh.:) **die Ringe wechseln** *(heiraten)* · (ugs.:) **die Tapeten wechseln: a)** *(umziehen)*. **b)** *(sich in Beruf oder Tätigkeit verändern)* · **etwas wechselt den Besitzer** *(etwas geht in den Besitz eines andern über)* · **über die Grenze wechseln** *(heimlich ins Ausland gehen)*.

wechselseitig: *gegenseitig:* eine wechselseitige Beziehung, Abhängigkeit; Kunst und Wissenschaft haben sich w. befruchtet.

wecken: 1. ⟨jmdn. w.⟩ *wach machen:* jmdn. rechtzeitig, zu spät, um sechs Uhr, mitten in der Nacht, aus dem Schlaf, unsanft w.; mit deinem Geschrei hast du das Kind geweckt; er läßt sich vom Zimmermädchen w.; subst.: Urlaub bis zum Wecken (militär.); bildl.: der Kaffee hat seine Lebensgeister geweckt. **2.** ⟨etwas w.⟩ *hervorrufen, wachrufen:* die niedrigsten Triebe w.; jmds. Neugier, Verdacht, Mißtrauen w.; sein Interesse wurde geweckt; seine Worte hatten alte Erinnerungen in ihr geweckt; ihr Verhalten weckte seinen Trotz.

Wecker, der: *Weckuhr:* der W. tickt, klingelt, rasselt, schrillt; der W. hat nicht geweckt; du mußt noch den W. aufziehen, stellen. * (ugs.:) **jmdm. auf den Wecker fallen** *(jmdm. lästig werden)*.

wedeln ⟨mit etwas w.⟩: *den Schwanz rasch hin und her bewegen:* der Hund wedelte freudig mit dem Schwanz; übertr.: er wedelte mit einer Zeitung die Krümeln vom Tisch *(entfernte sie durch Wedeln)*.

weder ⟨in dem Wortpaar⟩ weder ... noch: *nicht ... und auch nicht ...*: dafür habe ich w. Zeit noch Geld, noch Lust; sie war w. reich noch schön; w. ihm noch mir ist es gelungen, sie zu überzeugen; er hat ihm w. beruflich geholfen, noch hat er seine künstlerischen Anlagen gefördert; w. er noch sie wußte/(auch:) wußten Bescheid.

weg (ugs.): *fort:* w. damit!; w. da!; schnell w.!; er, das muß w.!; Hände, Finger w.!; die Kinder sind schon w. *(weggegangen);* er ist schon lange von zu Hause w.; zur Tür hinaus, und w. war er; der Zug ist schon w. *(abgefahren);* die Ware war schnell w. *(verkauft, vergriffen);* kaum lag er im Bett, da war er schon w. *(eingeschlafen);* das ist ziemlich weit von der Stadt w. *(entfernt);* drei Nächte hintereinander war er w. *(abwesend);* die Schlüssel sind w. *(nicht zu finden);* der Reiz ist w. *(verloren, dahin).* * (ugs.:) **[ganz, einfach] weg sein** *(begeistert sein)* · (ugs.:) **über etwas weg sein** *(etwas überwunden haben)* · (ugs.:) **in einem weg** *(ununterbrochen, immerzu).*

weg...: vgl. auch fort...

Weg, der: **1.** *Geh-, Fahrweg:* ein breiter, ebener, glatter, bequemer, guter, angenehmer, sonniger, schattiger, schöner, neu angelegter, gerader, kurzer, langer, ansteigender, steiler, abschüssiger, befahrbarer, ausgefahrener, holpriger, steiniger, schlechter, beschwerlicher, häßlicher, staubiger, trockener, nasser, grundloser, schlammiger, unpassierbarer W.; ein öffentlicher, privater, verbotener W.; Wege und Straßen; der W. durch den Wald, zum Strand; der W. ist gesperrt, ist hier zu Ende; hier ist, geht kein W.; die Wege sind aufgeweicht; der W. geht steil aufwärts, steigt an, führt über eine Brücke, biegt nach links ab, schlängelt sich durch die Felder; wohin geht, führt dieser W.?; der W. kreuzt eine Straße; hier trennen sich die, unsere Wege; einen W. anlegen, bauen, befestigen; die Wege neu abstecken, abstechen, mit Steinen einfassen, mit Kies bestreuen; einen W. sperren; wir gehen, nehmen lieber diesen W.; sie sind den eingeschlagenen W. weitergegangen, haben diesen W. verlassen; er bahnte sich (Dativ) einen W. *(Durchgang)* durch das Gestrüpp; sie saßen am W. *(Wegesrand);* du mußt immer auf diesem Weg weitergehen, bleiben; ein Hase sprang über den W.; ihr dürft nicht von diesem Weg abweichen; bildl.: unsere Wege *(Lebenswege)* kreuzten sich mehrmals; hier trennen sich unsere Wege, gehen unsere Wege auseinander *(hier hört unsere bisherige Zusammenarbeit, die Übereinstimmung unserer Ansichten auf);* dunkle, krumme Wege gehen *(Unrechtes tun);* seinen geraden W. gehen *(sich nicht beirren lassen);* Sprichwörter: der gerade W. ist der kürzeste/beste; der W. zur Hölle ist mit guten Vorsätzen gepflastert. **2. a)** *Wegstrecke:* das ist ein weiter, langer, der nähere, nächste, kürzeste, direkte, richtige W. zur Stadt; der W. [dahin] war länger, als er gedacht hatte, wollte kein Ende nehmen; bis dorthin sind es noch fünf Kilometer W., ist es noch eine Stunde W. *(zu laufen, zu fahren);* wir haben noch einen viele Stunden, Kilometer langen W. zu machen, zurückzulegen; einen bestimmten W. suchen, wählen, nehmen, einschlagen; einen W. abkürzen, abschneiden; jmdm. den W. zeigen, versperren, verlegen; den Weg verfehlen, verlieren; wie hast du den W. gefunden?; wir haben denselben, den gleichen W.; wir haben noch ein gutes Stück W./(geh.:) Wegs vor uns; er ging seines Wegs (geh.; *ging fort*); sie kam still ihres Wegs (geh.; *kam daher*); wohin des Wegs? *(wo gehst du hin?)*; woher des Wegs? *(wo kommst du her?);* auf halbem W. wieder umkehren; wir kamen uns auf dem halben W. entgegen; du stehst mir im W. *(hinderst mich am Weitergehen);* er ist mir in den W. gelaufen *(ist mir zufällig begegnet);* ich stellte mich ihm in den W. *(hinderte ihn am Weitergehen);* er fragte mich nach dem W. zum Bahnhof; im Nebel sind wir vom [richtigen] Weg abgekommen; bildl.: den W. zu den Herzen der Zuhörer finden; übertr.: bis dahin ist [es] noch ein weiter W. *(dauert es noch lange)* seine eigenen Wege gehen *(selbständig, unabhängig handeln);* er ist auf dem W. der Besserung, zur Gesundung *(es geht ihm gesundheitlich wieder besser);* sich nicht vom rechten W. abbringen lassen *(nicht unmoralisch, ungesetzlich handeln);* Sprichwörter: alle, viele Wege führen nach Rom; es führen viele Wege in die Hölle, aber keiner heraus. **b)** *Gang, Fahrt, Reise:* dies war ein schwerer W. für sie; mein erster W. führte mich zu ihm; einen unangenehmen W. vor sich haben, nicht scheuen; er ist, befindet sich auf dem W. nach Berlin; ich war gerade auf dem W. zum Bahnhof; ich traf sie auf dem W. zur Arbeit; bildl.: der W. der Sonne, der Gestirne; jmdm. gute Lehren mit auf den W. *(Lebensweg)* geben. **c)** (ugs.) *Besorgung:* einen W. vorhaben; für jmdn. Wege machen, erledigen; er hat mir den W. abgenommen. **3.** *Möglichkeit, Art und Weise, Vorgehen, Methode:* neue, andere, bessere Wege eröffnen sich jmdm.; dieser W. steht ihm noch offen, scheidet aus; das ist nicht der richtige W. zum Erfolg; das ist der einzig gangbare W.; der W. war bereits vorgezeichnet; einen anderen W. suchen, finden, gehen, einschlagen, beschreiten (geh.), versuchen; jmdm. einen W. [auf]zeigen, weisen; ich sehe nur diesen einen, keinen anderen, besseren W.; er hat mir diesen W. verlegt; etwas auf direktem, privatem, gesetzlichem, diplomatischem W. regeln; etwas auf dem schnellsten, kürzesten W. erledigen; sich auf gütlichem Wege einigen; der Kranke wurde auf künstlichem W. ernährt; auf diesem W. können wir das Problem nicht lösen; auf diesem W. danken wir allen, die uns geholfen haben; etwas auf dem W. des Prozesses, Rechtes, eines Vergleichs entscheiden; wir wollen uns im Wege der Verhandlung einigen; Sprichw.: wo ein Wille ist, da ist auch ein W. * (geh.:) **der Weg, den wir alle gehen müssen** *(das Sterben)* · (geh.:) **der letzte Weg** *(Beerdigung)* · **Weg und Steg** *(alle Wege, die ganze Gegend)* · **Mittel und Wege suchen/finden** *(Möglichkeiten, Methoden zur Lösung von etwas suchen/finden)* · **seinen Weg machen [werden]** *(im Leben vorwärtskommen [werden])* · **jmdm. den Weg vertreten** *(jmdn. nicht weitergehen lassen)* · **jmdm. den Weg/die Wege ebnen** *(jmdm. Schwierigkeiten aus dem Weg räumen; jmdn. fördern)* · (geh.:) **den Weg allen/(auch:) alles Fleisches gehen** *(sterben)* · (scherzh.:) **den Weg**

alles Irdischen gehen *(aufhören zu existieren, dahingehen)* · **den Weg des geringsten Widerstandes gehen** *(allen Schwierigkeiten auszuweichen, auszuweichen suchen)* · **mit etwas hat es noch gute Wege** *(etwas hat noch Zeit, geschieht noch nicht so schnell)* · **seiner Wege gehen** *(fortgehen)* · **auf dem besten Wege sein** *(im Begriff sein, nahe daran sein):* er ist auf dem besten Wege zu verkommen · **sich auf den Weg machen** *(losgehen, aufbrechen)* · **sich auf halbem Wege treffen** *(sich durch beiderseitiges Nachgeben einigen)* · **jmdm. auf halbem Weg entgegenkommen** *(teilweise nachgeben)* · **auf halbem Weg stehenbleiben** *(etwas nicht abschließen, vollenden)* · **auf halbem Wege steckenbleiben** *(etwas nicht abschließen können, vollenden können)* · **auf halbem Wege umkehren** *(etwas aufgeben)* · (geh.:) **jmdn. auf den rechten Weg führen** *(jmdn. vor Fehlern, Verfehlungen bewahren)* · **jmdm./einer Sache aus dem Weg gehen** *(jmdn., etwas meiden)* · **etwas aus dem Weg räumen** *(etwas überwinden)* · (ugs.:) **jmdn. aus dem Weg räumen** *(jmdn. ausschalten, umbringen)* · **jmdm. die Steine aus dem Weg räumen** *(für jmdn. die Schwierigkeiten beseitigen)* · **jmdm./einer Sache im Weg sein/stehen** *(für jmdn., für etwas ein Hemmnis darstellen)* · **jmdm. in den Weg treten: a)** *(sich jmdm. entgegenstellen).* **b)** *(jmdm. Schwierigkeiten machen)* · **jmdm. Steine in den Weg legen** *(jmdm. Schwierigkeiten machen)* · **etwas in die Wege leiten** *(etwas anbahnen)* · (ugs.:) **jmdm. nicht über den Weg trauen** *(jmdm. sehr mißtrauen).*

wegbleiben (ugs.): *nicht mehr erscheinen, kommen:* auf einmal, von da an blieb er weg; von der Feier werde ich wegbleiben; ihm blieb die Luft weg *(er bekam keine Luft mehr).* * (ugs.:) **jmdm. bleibt die Spucke weg** *(jmd. ist sehr überrascht, weiß nicht, was er sagen soll).*

wegen ⟨Präp. mit Gen.⟩: **a)** *auf Grund von ...:* w. Motorschadens; w. des schlechten Wetters/(ugs.:) w. dem schlechten Wetter konnten wir nicht weiterfahren; er wurde w. Mangels an Beweisen freigesprochen; w. der großen Kälte/(geh.:) der großen Kälte w. blieben wir zu Hause; w. Umbaus (daneben alltagssprachlich: w. Umbau) gesperrt; ⟨mit Dativ, wenn der Gen. formal nicht zu erkennen ist oder wenn ein weiteres starkes Substantiv im Gen. Singular hinzutritt⟩ w. Geschäften war er drei Tage verreist; sie stritten sich w. ihres Bruders neuem Ball. **b)** *um ... willen:* w. des Geldes; w. der Kinder/(geh.:) der Kinder w./(ugs.:) w. den Kindern blieben sie zu Hause; w. mir (ugs.; *meinetwegen*), w. meiner (veraltet, aber noch landsch.; *meinetwegen*) brauchst du nicht zu warten; das haben sie nur w. uns (ugs.; *unsretwegen*) getan. * **von ... wegen** *(ausgehend von ..., im Auftrag von ...):* von Amts, Staats w. · **von Rechts wegen** *(eigentlich)* · (ugs.:) **von wegen!** *(das, was du von mir verlangst, werde ich auf keinen Fall tun).*

Wegfall ⟨in der Wendung⟩ in Wegfall kommen (Papierdt.): *wegfallen.*

wegfallen ⟨etwas fällt weg⟩: *etwas entfällt, kommt nicht mehr in Betracht:* dieser Grund fällt jetzt weg; die letzten Programmpunkte mußten w.

weggehen: 1. a) *fortgehen:* schnell, heimlich, leise, grußlos, ohne Abschied, im Zorn w.; er ging weg, ohne ein Wort zu sagen; subst.: er sagte es im, beim Weggehen. **b)** (ugs.) *ausgehen:* heute gehe ich nicht mehr weg; wollt ihr so spät noch w.? **2.** (ugs.) ⟨etwas geht weg⟩ *etwas läßt sich entfernen:* der Fleck geht leicht, nicht mehr, nur schwer weg; die Farbe ist wieder weggegangen. **3.** (ugs.) ⟨etwas geht weg⟩ *etwas verkauft sich:* die Ware geht schnell, leicht weg; die letzten Exemplare sind gerade weggegangen. **4.** (ugs.) ⟨über jmdn., über etwas w.⟩ *hinweggehen, sich hinwegsetzen; übergehen:* du kannst nicht einfach über ihn weggehen; er ist schweigend über die Bemerkung weggegangen. * (ugs.:) **etwas geht weg wie warme Semmeln** *(etwas verkauft sich leicht)* · (ugs.:) **geh mir damit weg!** *(verschone mich damit!).*

weghaben (ugs.): **1.** ⟨jmdn., etwas w.⟩ *entfernt, beseitigt haben:* es dauerte einige Zeit, bis sie den Fleck, den Schmutz weghatte. **2.** ⟨etwas w.⟩ *bekommen haben:* er hat seine Strafe, seinen Anteil schon weg. **3.** ⟨etwas w.⟩ *verstehen, begreifen, gut können:* er hatte sofort, gleich weg, wie es gemacht werden muß; hast du es endlich weg? * (ugs.:) **die Ruhe weghaben** *(durch nichts zu erschüttern sein)* · (ugs.:) **einen weghaben** *(betrunken sein)* · (ugs.:) **sein Fett weghaben** *(die verdiente Strafe bekommen haben)* · (ugs.:) **sein[en] Teil weghaben: a)** *(keine weiteren Ansprüche stellen können).* **b)** *(einen schweren [gesundheitlichen] Schaden erlitten haben).*

wegkommen (ugs.): **1.** *fortkommen, sich entfernen, weggehen:* wir müssen sehen, daß wir hier w.; machen Sie, daß Sie wegkommen. **2.** ⟨etwas kommt weg⟩ *etwas kommt abhanden, verschwindet:* wieviel Geld ist weggekommen?; hier kommt nichts weg; ⟨etwas kommt jmdm. weg⟩ mir ist meine Uhr weggekommen. **3.** ⟨über etwas w.⟩ *über etwas hinwegkommen; etwas verschmerzen, überwinden:* sie ist über den Verlust leicht, kaum, lange Zeit nicht weggekommen. **4.** ⟨mit Artangabe⟩ *berücksichtigt werden:* der Kleinste ist gut, am schlechtesten weggekommen; bei diesem Prüfer wärst du besser weggekommen *(hättest du besser abgeschnitten).*

weglassen: 1. ⟨etwas w.⟩ *auslassen, fortlassen:* er hat in seinem Bericht einige Namen weggelassen; diese Szene lassen wir weg. **2.** (ugs.) ⟨jmdn. w.⟩ *weggehen lassen:* die Kinder wollten die Mutter nicht w.

weglaufen: *davonlaufen, fortlaufen:* die Kinder sind vor dem Hund weggelaufen.

wegnehmen: a) ⟨etwas w.⟩ *entfernen, wegtun:* du kannst das Tischtuch jetzt w.; nimm doch bitte die Sachen hier weg!; übertr.: der Schrank nimmt viel Platz weg *(beansprucht, braucht viel Platz);* der Vorhang nimmt viel Licht weg *(hält das Licht ab).* **b)** ⟨jmdm. etwas w.⟩ *abnehmen:* er nahm dem Kind das Spielzeug weg; sie nimmt dem kleinen Bruder immer alles weg; er hat ihm [heimlich] die Uhr weggenommen *(gestohlen);* ich will Ihnen den Platz nicht w. *(ihn nicht für mich in Anspruch nehmen).*

wegräumen ⟨etwas w.⟩: *beiseite räumen:* Schutt, Schnee, Hindernisse w.; räume doch bitte deine Sachen weg!

wegstehlen ⟨sich w.⟩: *heimlich weggehen:* er hat sich [aus der Gesellschaft] weggestohlen.

wegwerfen ⟨etwas w.⟩: *von sich werfen; zum Abfall tun:* Papier, Bananenschalen, Zigarettenstummel w.; den alten Hut kannst du w.; das ist weggeworfenes *(unnütz ausgegebenes)* Geld; übertr.: sein Leben w. *(nicht sinnvoll gestalten)*; sich w. *(sich entwürdigen)*; wie konnte sie sich nur an einen solchen Menschen w.!

wegwerfend: *verächtlich, geringschätzig:* eine wegwerfende Handbewegung, Gebärde, Antwort; jmdn. w. behandeln; er hat sich sehr w. darüber geäußert.

wegziehen: 1. ⟨etwas w.⟩ *beiseite ziehen, durch Ziehen entfernen:* den Vorhang, die Gardinen, das Tischtuch w.; ⟨jmdm. etwas w.⟩ sie zog ihm die Bettdecke weg. 2. *seinen Wohnsitz verlegen:* sie sind letztes Jahr [aus Berlin, von hier] weggezogen; übertr.: im Herbst ziehen die Vögel weg *(fliegen die Vögel nach dem Süden)*. * **jmdm. den Boden unter den Füßen wegziehen** *(jmdn. der Existenzgrundlage berauben)*.

weh: **a)** (geh.) *schmerzlich, traurig:* eine wehe Empfindung; mit einem wehen Blick sah sie ihn an; es war ihm [ganz] w. zumute, ums Herz. **b)** (fam.) *wund, schmerzend:* er hat einen wehen Finger, Fuß. * (fam.:) **jmdm., sich weh tun** *(jmdm., sich einen Schmerz zufügen)*: ich habe mir [an der scharfen Kante] w. getan · (fam.:) **etwas tut [jmdm.] weh** *(etwas schmerzt jmdn., verursacht jmdm. Schmerz)*: mein Fuß tut [mir] w. · (geh.:) **jmdm. weh tun** *(jmdn. kränken, verletzen)*: er, sein Verhalten, dieses Wort tat ihr w.

Weh, das (geh.): *seelischer Schmerz:* ein tiefes, bitteres W. erfüllte ihn; sie wußte sich vor W. nicht zu fassen. * **Wohl und Wehe** *(Wohlergehen, Schicksal)*: davon hängt das Wohl und Wehe des Staates ab.

weh[e] ⟨Interj.⟩: o weh!; weh[e] mir!; wehe [dir], wenn du zu spät kommst!; wehe [uns], wenn wir nicht fertig werden! * **ach und weh schreien** *(jammern und klagen)*.

[1]Wehe, die: *Schneewehe:* hohe Wehen hinderten sie am Weiterfahren; der Wind trieb den Schnee in Wehen zusammen.

[2]Wehe, die: *Geburtswehe:* die Wehen setzten ein, aus, lassen nach; die Frau lag in den Wehen.

wehen: **1.a)** ⟨etwas weht⟩ *etwas bläst, ist in stärkerer Bewegung:* der Wind weht kühl, kalt, rauh, lau, aus Norden, Osten; es weht ein Lüftchen, eine Brise; hier oben weht die Luft freier; vom Meer her wehte es ziemlich kühl. **b)** ⟨etwas weht; mit Raumangabe⟩ *etwas wird von der Luft, vom Wind irgendwohin getragen:* ein Blumenduft wehte ins Zimmer; ein Ruf wehte über das Wasser zu ihnen (geh.). **c)** ⟨etwas weht etwas; mit Raumangabe⟩ *etwas treibt etwas, bewegt etwas fort:* der Wind wehte den Schnee vom Dach, die Blätter auf einen Haufen; ein Lufthauch wehte die Papiere vom Schreibtisch, auf den Boden; ⟨etwas weht jmdm. etwas; mit Raumangabe⟩ der Wind wehte ihm den Rauch ins Gesicht. **2.** ⟨etwas weht⟩ *etwas flattert, wird von der Luft, vom Wind bewegt:* die Fahnen, Wimpel, ihre Haare wehten im Wind; sie ließen die Tücher [im Wind] w.; wehende Fahnen. * (ugs.:) **hier, dort weht ein anderer/scharfer/schärferer Wind** *(hier, dort herrscht ein strenger Ton)* · (ugs.:) **wissen/merken, woher der Wind weht** *(wissen, merken, was gespielt wird, was vor sich geht)* · **sich** (Dativ) **den Wind um die Nase wehen lassen** *(die Welt und das Leben kennenlernen)*.

wehleidig (abwertend): *übertrieben empfindlich:* ein wehleidiger Mensch; er sprach mit wehleidiger *(jammernder)* Stimme; sei nicht so w.!; stelle dich nicht so w. an!

Wehmut, die (geh.): *verhaltene Trauer:* leise, sanfte, namenlose, tiefe W. erfaßte sie; bange W. beschlich ihn; in stiller W. gedachte sie der Toten; mit W. dachte er daran zurück.

wehmütig: *voller Wehmut:* ein wehmütiger Blick; eine wehmütige Freude empfinden; sie sang ein wehmütiges Lied; ihr Blick war w.; sie lächelte w., sah ihm w. nach.

[1]Wehr, das: *Stauvorrichtung:* ein festes, bewegliches W.; das W. staut das Wasser des Flusses; ein W. bauen, anlegen; das W. hochziehen; das Wasser rauscht über das W.

[2]Wehr ⟨in der Verbindung⟩ sich zur Wehr setzen: *sich wehren, verteidigen:* gegen diese Angriffe hättest du dich zur W. setzen müssen.

wehren: **1.** ⟨sich w.⟩ *sich verteidigen, widersetzen, sträuben:* sich heftig, tapfer, verzweifelt, aus Leibeskräften, mit aller Macht, mit allen Kräften [gegen etwas] w.; er wehrte sich, so gut er konnte, aber es half ihm nichts; sie wehrte sich gegen die [ungerechtfertigten] Vorwürfe. **2.a)** (geh.) ⟨einer Sache w.⟩ *Einhalt gebieten; etwas bekämpfen:* dem Bösen w.; niemand hatte versucht, dem Unheil zu w. **b)** (geh., veraltend) ⟨jmdm. etwas w.⟩ *verbieten, verwehren:* ich will, kann es dir nicht w.; niemand hatte ihnen den Durchgang gewehrt. * (ugs.:) **sich seiner Haut wehren** *(sich verteidigen)* · (ugs.:) **sich mit Händen und Füßen gegen etwas wehren** *(sich sehr heftig gegen etwas wehren)*.

Weib, das (veraltet, aber noch dichter. oder ugs. abwertend): **a)** *Frau:* ein schwaches, wehrloses, junges, blühendes, sanftes, tugendhaftes, zartes, schönes, üppiges, stolzes W. (dichter.); ein klatschsüchtiges, hysterisches, böses, häßliches, zänkisches, altes W. (ugs. abwertend); ein zittriges, verhutzeltes, altes Weiblein; ein tolles W. (ugs.; *eine attraktive Frau*); sei nicht so ein altes W.! (ugs.; *sei nicht so ein Feigling!*); er macht sich nichts aus Weibern, ist hinter allen Weibern her (ugs.; abwertend); zum W. erwachen, heranwachsen (dichter.). **b)** (veraltend) *Ehefrau:* ein treues, liebes W.; mein geliebtes W.; Mann und W.; ein W. freien; sich (Dativ) ein W. nehmen, suchen; er nahm sie sich zum W.; jmdn. zum W. begehren; jmdn. zu seinem W. machen. * (ugs.; scherzh.:) **Männlein und Weiblein** *(alle ohne Unterschied des Geschlechts)* · (scherzh.:) **Weib und Kind** *(Familie)*: er hat W. und Kind verlassen.

Weibchen, das: **1.** (veraltend; scherzh.) *Frau, Mädchen:* mein W.; sie ist nur ein W. (abwertend; *reines Geschlechtswesen*). **2.** *weibliches Tier:* das W. baut das Nest, legt die Eier; die Weibchen haben ein unauffälliges Gefieder.

weiblich: **1.** *dem weiblichen Geschlecht angehörend:* ein weibliches Kind; ein Kind weiblichen Geschlechts; eine weibliche Person, Angestellte; das weibliche Geschlecht *(die Frauen)*; weibliche Wesen *(Frauen)* haben hier keinen Zutritt; ein weibliches Tier; eine weibliche Stimme *(Frauenstimme)* meldete sich am Telefon; weibliche [Körper]formen; ein weiblicher Vorname; Bot.: weibliche Blüten; Sprachw.: ein weibliches Substantiv; Metrik: ein weiblicher *(klingender)* Reim. **2.** *den Frauen zugehörend:* weibliche Anmut, Grazie; eine [typisch] weibliche Eigenschaft; weibliche Kleidung; weibliche Berufe; diese Mode ist sehr w.; subst.: sie hat wenig Weibliches.

weich: 1.a) *nicht hart oder fest, einem Druck leicht nachgebend:* weiche Kissen, Polster; ein weiches Bett, Lager; ein weiches Moospolster; weiches Holz; weicher Käse; weiche Birnen; weiche *(weichgekochte)* Eier; das Fleisch, das Gemüse ist noch nicht w. *(gar);* er schreibt lieber mit einem weichen Bleistift *(Bleistift mit weicher Mine);* der weiche Gaumen *(das Gaumensegel);* bildl.: weiche *(zitternde)* Knie haben; eine weiche Landung *(Landung ohne harten Aufprall);* das Leder ist sehr w.; die Butter ist w. geworden; etwas ist w. wie Wachs; die Eier w. kochen; w. sitzen, liegen; das Raumschiff ist w. gelandet *(ist nicht zerschellt);* weiches *(kalkarmes)* Wasser; Wasser w. machen *(enthärten);* bildl.: er hat sich w. gebettet *(ist durch Heirat in gute Verhältnisse gekommen).* **b)** *zart, geschmeidig:* weiche Haut; weiche Hände; ein weicher Pelz; die Wolle, der Stoff ist sehr w.; dieses Shampoo macht ihr Haar w. [wie Seide]. **2.** *empfindsam:* ein weiches Gemüt, Herz haben; er ist ein sehr weicher Mensch; für diesen Beruf ist er viel zu w.; es wurde ihnen w. ums Herz *(sie wurden gerührt);* etwas stimmt jmdn. w. *(rührt ihn).* **3.a)** *nicht schrill; nicht hart:* ein weicher Ton, Klang, Laut; sie hat eine weiche, wohlklingende Stimme; ein weicher Tenor; sie hat einen weichen Anschlag; Sprachw.: weiche *(stimmhafte)* Konsonanten. **b)** *nicht grell:* weiches Licht. **4.** *nicht scharf, nicht streng:* weiche [Gesichts]züge; ein weicher Mund; ihr Gesichtsausdruck ist w. **5.** *nicht stabil:* eine weiche Währung; weiche Preise. * (ugs.:) **eine weiche Birne haben** *(nicht ganz normal sein)* · (ugs.:) **weiche Welle** *(Nachgiebigkeit, Konzilianz):* eine Politik der weichen Welle · (ugs.:) **in den Knien weich werden; jmdm. werden die Knie weich** *(große Angst bekommen)* · (ugs.:) **weich werden** *(nachgeben, den Widerstand aufgeben).*

[1]**Weiche,** die: *Flanke:* dem Pferd die Sporen in die Weichen drücken; der Verbrecher hatte dem Mann ein Messer in die W. *(Seite)* gestoßen.

[2]**Weiche,** die: */Teil der Straßenbahn-, Eisenbahnschienen/:* die Weichen waren vereist, funktionierten nicht; eine W. stellen; die Weichen waren falsch gestellt; die Wagen holpern über die Weichen. * **die Weichen für etwas stellen** *(die beabsichtigte Entwicklung von etwas vor seinem Beginn festlegen).*

[1]**weichen: a)** ⟨etwas w.⟩ *einweichen:* Brötchen in Milch w.; die Wäsche einige Zeit, über Nacht w. **b)** ⟨etwas weicht⟩ *in Flüssigkeit weich werden:* Wäsche w. lassen; die Erbsen, Linsen müssen einige Stunden w.

[2]**weichen: 1.** ⟨etwas weicht⟩ *etwas läßt nach, verschwindet:* die Spannung, der Druck, die Angst wich nach und nach; die Unruhe ist von ihm gewichen. **2.a)** ⟨jmdm., einer Sache w.⟩ *Platz machen, das Feld räumen:* sie mußten der Übermacht, der Gewalt, dem Druck, einer Notwendigkeit w.; er mußte dem Stärkeren, dem Besseren w.; die Hitze ist einer empfindlichen Kühle gewichen; die alten Häuser mußten einem Neubau w. **b)** ⟨mit Raumangabe⟩ *zurückweichen:* alle Farbe, alles Blut war aus seinem Gesicht gewichen; sie wich *(entfernte sich)* nicht vom Krankenbett, von seiner Seite; keinen Fingerbreit, keinen Schritt vom Wege w.; sie mußten vor dem Feind w.; sie wichen zur Seite. * **nicht wanken und [nicht] weichen** *(hartnäckig irgendwo bleiben; sich nicht vertreiben lassen).*

weichlich: 1. *weich, nicht von fester Konsistenz:* weichliche Speisen; das Fleisch war zu w. **2.** (abwertend) *ohne innere Festigkeit, unmännlich:* ein weichlicher Mensch, Mann, Kerl (ugs.); er ist sehr w.

[1]**Weide,** die: */ein Baum/:* eine alte, hohle W.; den Fluß entlang standen kahle Weiden; Körbe aus W. *(Weidenzweigen)* flechten.

[2]**Weide,** die: *Futterweide:* eine gute, fette, saftige, grüne, dürre W.; eine W. für die Kühe suchen; die Tiere grasen auf der W., bleiben den ganzen Sommer auf der W.; Vieh auf die W./zur W. treiben.

weiden: 1.a) ⟨ein Tier weidet⟩ ein *Tier befindet sich auf der Weide:* Schafe, Kühe, Rinder weiden; die Tiere weiden am Hang, auf der Wiese; die Tiere haben den ganzen Sommer geweidet; weidende Herden. **b)** (geh.) ⟨ein Tier w.⟩ *hüten, grasen lassen:* das Vieh, die Kühe, Ziegen w.; die Hirten weiden ihre Herden auf den Bergwiesen. **2.** ⟨sich an etwas w.⟩ **a)** *sich an einem bestimmten Anblick erfreuen:* die Menschen, ihre Augen, ihre Blicke weideten sich an dem herrlichen Anblick. **b)** *etwas mitleidlos, schadenfroh beobachten:* er weidete sich an ihrer Angst, Verlegenheit, Unsicherheit.

weidlich ⟨Adverb⟩: *tüchtig, sehr:* eine Gelegenheit w. ausnutzen; sie mußten sich w. plagen; sich w. über jmdn. lustig machen.

weigern: 1. (geh.; veraltend) ⟨jmdm. etwas w.⟩ *verweigern:* er hat dem Vorgesetzten den Gehorsam geweigert. **2.** ⟨sich w.; mit Infinitiv mit *zu*⟩ *ablehnen, etwas Bestimmtes zu tun:* sich standhaft, hartnäckig, entschieden, lange [Zeit], glatt (ugs.) w., einen Befehl auszuführen; ⟨auch ohne Infinitiv mit *zu*⟩ du kannst dich nicht länger w.

Weigerung, die: *Ablehnung:* eine standhafte, hartnäckige W.; auf seiner W. beharren; bei seiner W. bleiben.

Weihe, die: **1.** *feierliche Einweihung, Ingebrauchnahme:* die W. des Altars, der Glocken, der Kirche vornehmen. **2.** (geh.) *Feierlichkeit:* die W. der Stunde, des Tages empfinden; die Musik verlieh, gab der Feierstunde [die rechte] W. **3.** (kath. Rel.) *Priesterweihe:* die niederen, höheren, vorbereitenden Weihen; der Priester erhielt, empfing (geh.) die W.; [jmdm.] die W. erteilen.

weihen: 1. (kath. Rel.) **a)** ⟨jmdn., etwas w.⟩ *jmdn. in ein geistliches Amt einführen, etwas für den gottesdienstlichen Gebrauch bestimmen:* einen Priester, einen Bischof, einen Papst w.; Kerzen, Glocken, den Altar w.; geweihtes Wasser; ein geweihter Raum. **b)** ⟨jmdn. zu etwas w.⟩ *jmdm. ein kirchliches Amt übertragen:* jmdn. zum Priester, zum Bischof w. **2.** (geh.) ⟨jmdn., sich, etwas jmdm., einer Sache w.⟩ *widmen, verschreiben:* sich, sein Leben, seine ganze Kraft, seine Arbeit der Wissenschaft w.; er hat sein Leben Gott, der Kunst geweiht; den Toten ein Gedenken w.; das Denkmal ist den Gefallenen des Krieges geweiht. **3.** (geh.) ⟨jmdn., etwas einer Sache w.⟩ *preisgeben:* etwas dem Verderben, dem Untergang w.; die Gefangenen waren dem Tode geweiht.

Weihnachten, das und (als Plural:) die: *Fest der Geburt Christi:* diese Weihnachten/(auch:) dieses W.; nächste, kommende, letzte Weihnachten; gesegnete Weihnachten!; fröhliche, frohe Weihnachten; schöne Weihnachten!; dieses Jahr hatten wir weiße/grüne Weihnachten *(Weihnachten mit/ohne Schnee);* W. steht vor der Tür; bald ist W.; W. feiern; die Kinder freuen sich auf W.; bis W. sind es noch drei Wochen; nach W., über W. verreisen; er will uns zu W./(südd.:) an W. besuchen.

weihnachtlich: *Weihnachten gemäß:* weihnachtliche Stimmung; die Räume waren w. geschmückt.

Weihnachtsbaum, der: *Christbaum:* den W. schmücken, putzen (landsch.), anzünden, anstecken; die Kinder haben den W. geplündert (landsch.; *Eßbares davon abgegessen*).

weil ⟨Konj.⟩: *da; aus dem Grunde, daß:* er konnte nicht kommen, w. er krank war; w. er verschlafen hatte, kam er zu spät.

Weile, die: *kurze Zeitspanne:* eine lange, kleine, kurze, geraume W. war vergangen; es dauerte, währte (geh.) eine W., bis die Tür geöffnet wurde; mit der Sache hat es gute W. *(sie eilt nicht);* eine W., ein Weilchen bleiben, rasten; ich muß dich eine W. alleine lassen; für eine W. Pause machen; nach einer W. wurde es still; seit einer W. fühlt er sich nicht wohl; er ist vor einer W. gegangen; Sprichwörter: gut Ding will W. haben; eile mit W.!

weilen (geh.) ⟨mit Raumangabe⟩: *sich aufhalten, anwesend sein:* am Bett des Kranken, zur Erholung auf dem Lande w.; die Gäste weilten einige Tage in unserer Stadt; er weilt nicht mehr unter uns/unter den Lebenden *(ist verstorben);* in Gedanken weilte er schon zu Hause.

Wein, der: **1. a)** *Weinstöcke:* der W. blüht; W. bauen, anbauen, anpflanzen. **b)** *Weintrauben:* der W. reift; den W. ernten, lesen, keltern. **2.** *alkoholisches Getränk aus Weintrauben:* weißer, roter, dunkler, süßer, saurer, herber, schwerer, leichter, süffiger (ugs.), alter, junger, neuer, feuriger, spritziger, perlender, würziger, lieblicher, gezuckerter, heuriger W.; ein guter, edler, reiner, voller W.; offener W.; ausländische Weine; eine Flasche, ein Schoppen (landsch.), ein Faß W.; ein Glas funkelnder W./(geh.:) funkelnden Weins; der W. ist zu kalt, zu warm; der W. ist ihm in den Kopf/zu Kopf gestiegen; dieser W. läßt sich trinken *(ist gut);* das Bukett (bildungsspr.), die Blume, der Duft, der Geschmack des Wein[e]s; W. vom Faß; W. trinken, saufen (derb); den W. abfüllen, auf Flaschen ziehen, kalt stellen, probieren, kosten; er hat W. gepanscht; W. verschneiden, zuckern; er hat uns einen köstlichen W. kredenzt (geh.); dem W. zusprechen (geh.); beim W. sitzen; vom W. berauscht sein; Sprichw.: im W. ist Wahrheit * **jmdm. reinen/klaren Wein einschenken** *(jmdm. die volle [unangenehme] Wahrheit sagen)* · (geh.; scherzh.:) **voll des süßen Weines sein** *(berauscht sein)* · **Wasser in den Wein gießen** *(die Begeisterung dämpfen).*

weinen: 1. *Tränen vergießen:* laut, leise, heftig, bitterlich, lautlos, hemmungslos, herzzerreißend, jämmerlich (ugs.), bei dem geringsten Anlaß w.; warum weinst du denn?; du brauchst doch nicht zu w.; er weinte wie ein Kind; aus Angst w.; über jmdn., über etwas w.; sie weinten um den Toten; er weinte vor Wut, vor Freude, vor Glück; das Kind weinte still vor sich hin, weinte zum Steinerweichen (ugs.; *sehr heftig*); er wußte nicht, ob er lachen oder w. sollte *(war von zwiespaltigen Gefühlen bewegt);* subst.: er war dem Weinen näher als dem Lachen; es ist zum Weinen *(es ist schrecklich anzusehen),* wie hier alles verfällt. **2.** ⟨sich w.; mit Umstandsangabe⟩ *sich durch Weinen in einen bestimmten Zustand bringen:* das Kind hat sich müde, hat sich in den Schlaf geweint. * (ugs.:) **dicke/heiße/bittere/blutige Tränen weinen** *(heftig weinen)* · **Freudentränen weinen** *(vor Freude weinen)* · **sich** (Dativ) **die Augen rot/aus dem Kopf weinen** *(heftig weinen)* · **mit einem lachenden und einem weinenden Auge** *(teils erfreut, teils betrübt).*

weinerlich: *dem Weinen nahe; kläglich:* in weinerlichem Ton, mit weinerlicher Stimme sprechen; ihre Stimme war, klang w.; jmdm. ist w. zumute.

weise (geh.): *klug:* weise Reden, Ratschläge, Lehren; ein weiser Mann, Richter; ein weises Schicksal hat ihn davor bewahrt; er dünkt sich sehr w.; es wäre weiser gewesen, anders zu handeln; er hat w. geurteilt, gehandelt, entschieden. * (veraltet:) **die weise Frau** *(Hebamme).*

Weise, die: **1.** *Form, Art:* die [Art und] W., wie man ihn behandelte, war nicht schön; das ist doch keine Art und W.! *(das gehört sich nicht!);* auf jede, keine, diese, verschiedene, andere W.; er betrog ihn auf heimtückische W.; die Sachen sind auf geheimnisvolle W. verschwunden; man half ihm in großzügiger, vorbildlicher, liebenswürdiger, selbstloser W.; in gewisser W. hat er recht; er hat sich in auffallender W. verändert; das ist in keiner/(ugs.:) in keinster W. *(ganz und gar nicht)* gerechtfertigt. **2.** *Melodie, Lied:* eine einfache, innige, fröhliche, heitere, lustige, schwermütige W.; eine W. singen, spielen.

weisen: 1. *zeigen:* **a)** ⟨jmdm. etwas w.⟩ jmdm. den Weg, die Richtung w. **b)** ⟨mit Raumangabe⟩ er wies mit der Hand zur Tür; seine Hand wies auf mich; die Magnetnadel weist nach Norden. **2.** ⟨jmdn., etwas w.; mit Raumangabe⟩ *schicken, verweisen:* jmdn. aus dem Haus[e], aus dem Land, von der Schule w.; bildl. (geh.): er hat ihn wieder auf den rechten Weg gewiesen; übertr.: etwas empört, weit von sich w. * (geh.:) **jmdm. die Tür weisen** *(jmdn. gehen heißen, jmdn. hinauswerfen)* · (geh.:) **jmdn. in die/in seine Schranken weisen** *(jmdn. zur Mäßigung auffordern)* · **etwas läßt sich nicht von der Hand weisen/ist nicht von der Hand zu weisen** *(etwas ist offenkundig, ist nicht zu verkennen).*

Weisheit, die: *Erkenntnis, Wissen:* eine alte, ewige, volkstümliche, hohe W.; die göttliche, höchste, tiefste W.; das ist eine traurige W.; die W. des Alters, der Bibel; das Buch enthält viele Weisheiten; Redensart: das ist der W. letzter Schluß. * (ugs.:) **seine Weisheit für sich behalten** *(sich nicht einmischen)* · (ugs.:) **jmd. hat die Weisheit [auch] nicht mit dem Löffel gegessen/**

gefressen *(jmd. ist nicht besonders intelligent)* · (ugs.:) **jmd. glaubt/meint die Weisheit mit Löffeln gegessen/gefressen zu haben; jmd. glaubt die Weisheit [alleine] gepachtet zu haben** *(jmd. hält sich für besonders klug)* · **mit seiner Weisheit am Ende sein** *(nicht mehr weiterwissen).*

weismachen (ugs.) ⟨jmdm. etwas w.⟩: *einreden, vorschwindeln:* das kannst du mir nicht w.!; er wollte mir w., er habe mich nicht gesehen.

weiß: */eine Farbbezeichnung/:* weiße Zähne; ein weißes Tuch, Kleid; eine weiße Wand; weiße Strümpfe, Schuhe; weiße Haare, Hände; ein Strauß weißer Rosen; weiße Blutkörperchen; weißes Papier; ein weißes Schiff; weißes Mehl; weiße Felder auf dem Spielbrett; übertr.: weißes *(fahles)* Licht; die weiße *(hellhäutige)* Rasse; die weißen *(hellhäutigen)* Bewohner des Landes; weiße Weihnachten, Ostern *(Weihnachten, Ostern mit Schnee);* weißes *(unbeschriebenes)* Papier; sie hißten die weiße Fahne *(zeigten eine weiße Fahne als Zeichen der Kapitulation);* ein weißer Fleck auf der Landkarte *(unerforschtes Gebiet);* der weiße Sport *(Tennis);* weiße Kohle *(Elektrizität)* · die Farbe des Kleides ist w.; etwas leuchtet, etwas ist w. wie Schnee; er war ganz w. *(blaß)* im Gesicht; er war w. wie Kreide *(sehr blaß);* das Kleid war rot und w. gestreift; etwas w. streichen, lackieren; du hast dich an der Wand w. gemacht (ugs.; *mit weißer Farbe beschmutzt*); subst.: ein grelles, strahlendes Weiß; die Farbe Weiß; ihre Lieblingsfarbe ist Weiß; sie waren alle in Weiß gekleidet; sie trägt W. *(ein weißes Kleid);* in diesem Landesteil leben vorwiegend Weiße *(hellhäutige Bevölkerung).* * **Weißer Sonntag** *(Sonntag nach Ostern; Tag der Erstkommunion)* · **der Weiße Tod** *(Tod durch Lawine oder durch Erfrieren im Schnee)* · **ein weißer Rabe** *(eine ganz seltene Ausnahme)* · (ugs.:) **weiße Maus** *(Verkehrspolizist)* · (ugs.:) **weiße Mäuse sehen** *(Wahnvorstellungen haben)* · (ugs.:) **eine/keine weiße Weste haben** *([nichts] Unehrenhaftes getan haben)* · (ugs.:) **jmdm nicht das Weiße im Auge gönnen** *(sehr neidisch auf jmdn. sein)* · (ugs.:) **schwarz auf weiß** *(schriftlich):* etwas schwarz auf w. haben, besitzen.

weissagen ⟨etwas w.⟩: *voraussagen, prophezeien:* ein Unglück, Unheil w.; ⟨jmdm. etwas w.⟩ man hat ihm nichts Gutes geweissagt.

Weißglut, die: *stärkste Glut:* Eisen bis zur W. erhitzen; übertr.: jmdn. in/zur/bis zur W. bringen, jmdn. bis zur W. reizen *(jmdn. sehr zornig machen, zum äußersten Zorn reizen).*

Weisung, die (geh.): *Anweisung, Anordnung:* eine W. erhalten, empfangen, bekommen, befolgen, entgegennehmen, erteilen, ergehen lassen; man hat ihnen klare Weisungen gegeben; er hatte W., niemanden einzulassen; jmds. W. folgen, nachkommen; an eine W. gebunden sein; sie handelten auf direkte W. hin; gemäß, nach der W. handeln.

weit: 1. *räumlich, flächig ausgedehnt:* weite Felder, Wiesen, Ebenen, Räume; das weite Meer; der weite Himmel, Horizont; die weite Welt; man hat von dort aus einen weiten Blick; in weiter Ferne *(in großer Entfernung)* sahen sie ein Schiff vorüberfahren; die Landschaft hier ist w. und eben; bildl.: das ist ein weites Feld *(darüber läßt sich viel sagen);* das ist ein weiter *(sehr allgemeiner)* Begriff; er hat einen weiten *(nicht beschränkten)* Horizont, Gesichtskreis; die Sache hat weite Kreise gezogen *(hat eine große Gruppe von Personen betroffen);* etwas findet weite Verbreitung; weite *(große)* Teile, Kreise der Bevölkerung waren betroffen; er hat ein weites *(allzu großzügiges)* Gewissen; im weitesten *(umfassendsten)* Sinne des Wortes. **2.** *streckenmäßig ausgedehnt, lang, entfernt:* ein weiter Weg; eine weite Reise; über weite Strecken; über eine weite Entfernung hin etwas hören; weiten Abstand halten; der Weg ist w.; wie w. ist es bis zur nächsten Stadt?; die Stadt ist zehn Kilometer w. von hier entfernt; er ist w. in der Welt herumgekommen; die beiden Ortschaften liegen w. auseinander; er wohnt nicht w. von uns [entfernt]; sie hatten w. zu gehen, zu laufen; er hat w. geworfen; weiter rechts; die Bücher liegen weiter vorn, hinten, oben, unten; die Tür, das Fenster w. öffnen; du mußt den Mund weiter aufmachen; er wohnt ein paar Häuser weiter; Redensart: bis hierher und nicht weiter *(so kann es nicht mehr weitergehen);* übertr.: es würde zu w. führen, den Vorgang in Einzelheiten darzustellen; mit dieser Methode wirst du nicht w. kommen; die Meinungen gehen hierin w. auseinander; das war weit unter seinem Niveau; dieser Irrtum ist w. verbreitet; er ist seiner Zeit w. vorausgeeilt; warum hast du es so w. kommen lassen?; ich bin w. davon entfernt, das zu glauben; er war mit seinen Gedanken w. weg *(war abwesend);* bis Weihnachten ist es nicht mehr w. *(dauert es nur noch kurze Zeit).* **3.** *locker sitzend, nicht fest anliegend:* ein weiter Rock; weite Ärmel; weite [Hosen]beine; die Schuhe sind ihm zu w.; das Kleid weiter machen lassen. **4.** ⟨verstärkend bei Adjektiven im Komparativ und bei Verben⟩ *weitaus, in hohem Maße:* etwas ist w. besser, schöner, größer; er ist seinem Bruder w. überlegen. * **weit und breit** *(allgemein, überall)* · (ugs.:) **weit vom Schuß sein** *(außerhalb des Gefahrenbereichs sein)* · **es weit bringen** *(im Leben viel erreichen)* · (ugs.:) **so weit sein** *(fertig sein)* · (ugs.:) **mit jmdm., mit etwas ist es nicht weit her** *(jmd., etwas ist unbedeutend, unzureichend)* · **zu weit gehen** *(über das erträgliche Maß hinausgehen)* · **etwas zu weit treiben** *(etwas im Übermaß betreiben)* · **bei weitem: a)** *(weitaus).* **b)** ⟨verneint⟩ *(längst):* sie singt bei w. nicht so gut · **von weitem** *(aus großer Entfernung)* · **weit gefehlt!** *(ganz im Gegenteil)* · **das Weite suchen** *(fliehen).*

weitaus ⟨Adverb⟩: **a)** ⟨in Verbindung mit einem Komparativ⟩ *sehr viel:* etwas ist w. schwerer, schöner, besser; diese Maschine arbeitet w. schneller als andere. **b)** ⟨in Verbindung mit einem Superlativ⟩ *alles andere, alle anderen weit übertreffend:* sein Spiel war w. am besten.

Weite, die: **1. a)** *große räumliche Ausdehnung:* die unendliche, endlose W. des Landes; die W. des Meeres; sie durchmaßen (geh.) die W. des unendlichen Raumes. **b)** *Ferne:* in die W. blicken; er ließ seinen Blick in die W. schweifen (geh.). **2.** *Umfang; Durchmesser:* eine geringe, große W.; die W. des Kragens, der Taille messen; die lichte W. der Öffnung; das Kleidungsstück muß in der W. geändert werden, paßt nicht in der W. **3.** *Entfernung, Strecke* /beim

Springen, Werfen/: der beste Springer erreichte eine W. von 7,50 m; eine große W. springen.

weiten: 1. ⟨etwas w.⟩ *durch Dehnen weiter machen:* Schuhe w. 2. ⟨etwas weitet sich⟩ *etwas wird weit:* das Tal weitet sich hier zu einer Ebene; ihre Augen weiteten sich *(öffneten sich weit);* übertr.: sein Blick hat sich durch viele Reisen geweitet *(er hat viele Dinge kennengelernt);* sein Herz weitete sich bei dem herrlichen Anblick *(er wurde hochgestimmt).*

weiter: 1. ⟨Adjektiv⟩ *sonstig, übrig, zusätzlich:* haben Sie noch weitere Fragen?; weitere Informationen finden Sie in einem Merkblatt; sie mußten weitere zwei Jahre warten; weitere Nachrichten; jedes weitere Wort ist überflüssig; wir sehen Ihren weiteren Aufträgen gern entgegen; ohne weitere *(irgendwelche)* Umstände ergriff er Besitz von der Sache; subst.: Weiteres erfahren Sie morgen; alles Weitere wird sich finden. 2. ⟨Adverb⟩ **a)** *darüber hinaus, sonst:* w. weiß ich nichts von der Sache/ich weiß nichts w. von der Sache; er wollte w. nichts, als sich verabschieden; das ist nichts w. als eine Ausrede; kein Wort w.!; in der Stadt gibt es einen Zoo, w. gibt es einen botanischen Garten und ein Freigehege. **b)** *weiterhin:* er will sich w. mit der Sache beschäftigen. * **weiter im Text!** *(fahre fort!)* · **ohne weiteres: a)** *(ohne Schwierigkeiten).* **b)** *(ohne Bedenken)* · **bis auf weiteres** *(vorerst, vorläufig)* · **des weiteren** *(darüber hinaus)* · **im weiteren** *(im folgenden).*

weitergehen: 1. **a)** *einen Weg fortsetzen:* schnell, langsam w.; sie sind auf diesem Weg, zu Fuß weitergegangen; bitte w.! **b)** ⟨etwas w.⟩ *weitergehend durchmessen:* ein Stück, keinen Schritt mehr w.; sie gingen den eingeschlagenen Weg weiter *(setzen ihn fort).* 2. ⟨etwas geht weiter⟩ *etwas setzt sich fort:* etwas geht pausenlos, unaufhaltsam, stundenlang weiter; die Sitzung ging ohne Unterbrechung weiter; es geht alles im alten Trott weiter; so konnte es nicht mehr w. *(der Zustand war unhaltbar);* keiner wußte, wie es w. sollte; wie geht die Geschichte weiter?; hier geht es nicht weiter *(der Weg ist hier zu Ende);* Redensart: das Leben geht weiter.

weiterhin ⟨Adverb⟩: 1. *weiter; auch in Zukunft:* sie arbeitet w. in ihrem Beruf; sie leben w. getrennt. 2. *darüber hinaus, außerdem:* sie verlangen mehr Urlaub, w. fordern sie eine bessere Besoldung.

weiterkommen: *vorankommen:* er will im Beruf w.; so kommen wir nicht weiter; in einer Sache [nicht] w.; wir sind mit der Arbeit ein gutes Stück, keinen Schritt weitergekommen.

weitersagen ⟨etwas w.⟩: *einem anderen sagen:* sagen Sie es bitte nicht weiter!

weitgehend: *fast vollständig:* weitgehende Übereinstimmung; sie hatten weitgehende Vollmachten; die früheren Beschränkungen waren w. aufgehoben; die Umstände haben sich w./weitestgehend/weitgehendst gebessert.

weithin ⟨Adverb⟩: **a)** *bis in große Entfernung:* der Lärm, die Musik war w. zu hören; etwas ist w. sichtbar. **b)** *allgemein, bei vielen:* dieser Künstler, dieser Ort ist noch w. unbekannt.

weitläufig: 1. *großzügig angelegt; viel Raum bietend:* ein weitläufiges Gebäude, Haus; die Anlage ist sehr w. 2. *weitschweifig, sehr ausführlich:* eine weitläufige Erklärung, Entschuldigung, Darstellung; etwas sehr w. erklären, beschreiben. 3. *entfernt:* eine weitläufige Verwandtschaft; sie sind w. verwandt.

weitschweifig (abwertend): *ausführlich und umständlich:* ein weitschweifiger Bericht; weitschweifige Reden halten; er ist in seinen Ausführungen immer sehr w.; w. erzählen.

weitsichtig: a) *nur entfernte Dinge gut erkennend:* er hat weitsichtige Augen; er ist w. **b)** *Weitblick habend, vorausschauend:* eine weitsichtige Politik; weitsichtige Maßnahmen; er hat nicht sehr w. gehandelt.

weittragend: a) *von großer Reichweite:* weittragende Geschütze, Raketen. **b)** *bedeutsam:* weittragende Pläne, Entscheidungen; das ist ein Beschluß von weittragender Bedeutung.

Weizen, der: /*eine Getreideart*/: W. anbauen. * **die Spreu vom Weizen scheiden** *(das Schlechte vom Guten trennen)* · (ugs.:) **jmds. Weizen blüht** *(jmdm. geht es gut; jmd. ist erfolgreich).*

welch: 1. ⟨Interrogativpronomen⟩ /*dient der Frage nach einer Person oder Sache*/: welchen Mann, welche Frau, welches Kind meinst du?; welches der Bücher/welches von den Büchern gehört dir?; an welchem Tag kommt er?; aus welchem Grund hat er das getan?; hast du gemerkt, welche *(wieviel)* Mühe ihm das gemacht hat?; würdest du mir bitte das Glas reichen? – welches?; /*in emphatischen Ausrufen*/: w. (geh.; *was für*) ein großer Künstler er ist!; w. (geh.; *was für ein*) trauriges Los war ihm beschieden! 2. (stilistisch unschön) ⟨Relativpronomen⟩ *der, die, das; die:* der Mann, welcher die Tür öffnete, war mir unbekannt; das sind die Bücher, welche er sich ausgesucht hat. 3. (ugs.) ⟨Indefinitpronomen⟩ *einige, einiges; etwas:* ich habe keine Lust, hast du welche?; er möchte ein Stück Brot haben, ist noch welches da?; es gab welche *(einige Leute),* die glaubten alles, was man ihnen erzählte.

welk: 1. *vertrocknet, verdorrt:* welke Blätter, Blumen; welkes Laub; die Rosen sind w. [geworden]. 2. *schlaff geworden, nicht mehr straff und glatt:* welke Haut; welke Hände; ihr Gesicht ist w. geworden, sieht w. aus.

welken: 1. ⟨etwas welkt⟩ *etwas wird welk:* die Blumen, die Blüten welken rasch; der Blumenstrauß ist schon gewelkt; bildl.: Ruhm welkt schnell. 2. *schlaff werden, altern:* die Haut ist gewelkt; diese Frau ist früh gewelkt.

Welle, die: 1. *Woge:* große, hohe, schäumende Wellen; die Wellen gehen hoch, rollen, schlagen, klatschen ans Ufer, brechen sich, branden gegen die Küste, rauschen, plätschern; Wind und Wellen; das Boot treibt, schaukelt auf den Wellen; in den Wellen ertrinken, versinken, umkommen; sich von den Wellen tragen lassen; von den Wellen fortgerissen, verschlungen werden; übertr.: die Wellen der Empörung, der Begeisterung, des Frohsinns gingen hoch; eine W. des Mitgefühls schlug ihnen entgegen; es gab eine W. von Protesten; die Wellen der Erregung haben sich wieder geglättet. 2. *Haarwelle:* sorgfältig gelegte Wellen; sie ließ sich das Haar in Wellen legen. 3. *Kurbelwelle:* die W. einer Maschine, eines Motors; die W. ist gebrochen, wird ausgewechselt. 4. (Physik) *Schwingung:* lange, kurze, elektromagnetische Wellen; die Wellen des Lichtes, des Schalls; der Sender sendet auf einer neuen, anderen W. *(Frequenz)*. **5.** *Kunst-, Moderichtung:* eine künstlerische, revolutionäre W.; ein Film der neuen W. **6.** */eine Turnübung/:* die/eine W. am Reck ausführen, machen (ugs.). * (ugs.:) **weiche Welle** *(Nachgiebigkeit, Konzilianz)* · **grüne Welle** *(durchlaufendes Grünlicht in einer Verkehrsstraße)* · **etwas schlägt hohe Wellen** *(etwas verursacht große Erregung)* · **etwas schlägt seine Wellen** *(etwas hat Auswirkungen)* · (dichter.:) **sein Grab in den Wellen finden** *(ertrinken)*.

wellig: *wellenförmig; in Wellen verlaufend:* welliges Hügelland; w. gewordene Pappe; welliges *(gewelltes)* Haar; das Gelände ist w.

Welt, die: **1.** *Gesamtheit aller Himmelskörper, Universum:* Theorien über die Entstehung der Welt. **2.** *Erde, Lebensraum des Menschen:* die schöne, weite W.; eine andere, bessere, schönere W.; die reale, wirkliche, sinnliche W.; eine lichte, finstere W.; die W. von morgen; die uns umgebende W. *(Umwelt);* die Welt ist schön; Redensarten: die W. ist klein, ist ein Dorf; er kennt die W. *(ist viel gereist)* · die W. beherrschen, regieren; die W. verändern wollen; die Großen, Mächtigen der W.; sie hat keinen Menschen auf der W. *(keine Freunde oder Verwandten);* Redensart: das ist der Lauf der W.; davon gibt es noch mehr auf der W. *(das ist nicht besonders kostbar);* es ist nichts vollkommen auf dieser W.; Nachrichten aus aller W.; die Stellung des Menschen in der W. fröhlich, finster in die Welt gucken (fam.; *dreinschauen*); er ist viel, weit in der W. herumgekommen; ein Kind in die W. setzen *(zeugen);* er lebt in einer anderen W. *(er ist ein Träumer);* eine Reise um die W. machen; die Nachricht lief um die ganze W.; nicht von dieser W. sein; er ist der beste Mensch von der W. (fam.); bildl.: hier ist die W. mit Brettern vernagelt *(hier geht es nicht weiter);* uns trennen Welten *(wir sind völlig verschieden, haben völlig verschiedene Ansichten);* zwischen beiden Auffassungen liegen Welten; er wohnt am Ende der W. (scherzh.; *weit draußen*); jmdm. bis ans Ende der W. *(überallhin)* folgen; Sprichwörter: dem Mutigen gehört die W.; Geld regiert die W. **3.** *Bereich, Lebenskreis:* die geistige, christliche, bürgerliche W.; die W. des Kindes, der Erwachsenen, der Technik, des Theaters, der Märchen; etwas ist für jmdn. eine neue, fremde W.; eine W. brach für ihn zusammen; seine Sammlungen, seine Bücher sind seine W. **4.** *Gesellschaft; die Menschen:* die böse, falsche, schlechte, feindliche W.; die große, elegante W. *(die vornehme, reiche Gesellschaft);* die östliche und die westliche W.; die freie W.; die dritte W. *(die blockfreien, die Entwicklungsländer);* die ganze, halbe W. war davon betroffen; die W. ist schlecht; Redensart: so etwas hat die W. noch nicht gesehen (ugs.); die W. schaut, blickt auf ihn; er kämpfte gegen eine W. von Feinden; er versteht die W. *(das Leben)* nicht mehr; die Gleichgültigkeit der W.; er hat der W. entsagt (geh.; *sich aus ihr zurückgezogen*); er ist mit der W. zerfallen, hat sich von der W. zurückgezogen; er lebt ganz von der W. abgeschieden; er hat sich vor aller W. blamiert; Sprichw.: Undank ist der Welt Lohn. * **alle Welt** *(jedermann)* · **die Alte Welt** *(Europa)* · **die Neue Welt** *(Amerika)* · (ugs.:) **Gott und die Welt** *(alles; alle Leute)* · (ugs.:) **etwas kostet nicht die Welt** *(etwas kostet nicht viel)* · **auf die Welt/zur Welt kommen** *(geboren werden)* · (derb:) **am Arsch der Welt** *(sehr abgelegen)* · (geh.:) **das Licht der Welt erblicken** *(geboren werden)* · (ugs.:) **sich für den Nabel der Welt halten** *(sich allzu wichtig nehmen)* · **mit sich und der Welt zerfallen sein** *(gänzlich unzufrieden sein)* · (ugs.:) **um keinen Preis der Welt** *(auf keinen Fall)* · (geh.:) **aus der Welt gehen/scheiden** *(sterben)* · **etwas aus der Welt schaffen** *(etwas in Ordnung bringen, beseitigen)* · (ugs.:) **etwas ist nicht aus der Welt** *(etwas ist nicht sehr weit entfernt)* · (ugs.:) **etwas in die Welt setzen** *(etwas verbreiten)* · (ugs.:) **nicht um alles in der Welt** *(auf keinen Fall)* · (ugs. :) **in aller Welt** *(nur):* was, wo, wer, warum in aller W. · **ein Mann, eine Frau von Welt** *(jmd., der gewandt im Auftreten ist)* · (geh.:) **jmdn. zur Welt bringen** *(ein Kind gebären)*.

weltlich: **1.** *irdisch; der Welt zugewandt:* weltliche Freuden, Genüsse; w. eingestellt sein; an diesen Abenden ging es sehr w. zu. **2.** *nicht kirchlich, nicht geistlich:* weltliche Lieder, Schulen; weltliche und geistliche Fürsten.

wenden: **1. a)** ⟨etwas w.⟩ *auf die andere Seite drehen:* das Heu, den Braten, die Gans, die Pfannkuchen w.; der Schneider hat den Mantel, das Kostüm gewendet *(zertrennt und die linke Seite nach außen gedreht);* ⟨auch ohne Akk.⟩ bitte w.! (Abk.: b. w.) */Aufforderung zum Umwenden des Blattes/.* **b)** ⟨etwas in etwas w.⟩ *wälzen:* den Fisch, das Fleisch, die Leber in Mehl w. **2.** ⟨sich, etwas w.⟩ *drehen:* er wendete/wandte jäh, plötzlich, langsam den Kopf; etwas hin und her w.; er wendete sich und ging davon; sich nach links, zur Seite w.; übertr.: man kann die Sache drehen und w., wie man will *(sie von allen Seiten betrachten)*, sie bleibt immer peinlich; das Wetter hat sich gewendet (geh., *geändert*); das Glück wendete sich (geh.; *kehrte sich ab*); plötzlich wendete sich das Gespräch (geh.; *nahm einen anderen Verlauf*). **3. a)** ⟨etwas w.⟩ *in die entgegengesetzte Richtung bringen:* die Pferde, den Wagen, das Auto w. **b)** *drehen:* der Wagen, das Auto, das Schiff wendete; hier kannst du schlecht [mit dem großen Wagen] w.; der Schwimmer dieses Vereins wendete als erster. **4. a)** ⟨sich zu etwas w.⟩ *anschicken:* er wendete/wandte sich zum Gehen; sie wendeten/wandten sich zur Flucht. **b)** ⟨etwas wendet sich in etwas/zu etwas⟩ *etwas wandelt sich, verkehrt sich in etwas, zu etwas:* die Sache hat sich zum Guten, zum Bösen gewendet; der Zustand des Kranken hat sich zum Besseren gewendet; etwas wendet sich ins Gegenteil. **5.** ⟨etwas w.; mit Raumangabe⟩ *richten, lenken:* sein Augenmerk, seine Aufmerksamkeit, seine Gedanken auf jmdn. w.; sie wendete/wandte kein Auge von dem Kind; seinen Blick zum Himmel w.; er wendete seine Schritte zur Tür. **6. a)** ⟨sich an jmdn., an etwas w.⟩ *eine Frage, Bitte an jmdn. richten:* sich vertrauensvoll, hilfesuchend, schriftlich, mündlich an jmdn. w.; er hat sich mit einer Bitte, Frage an mich gewendet/gewandt; sich an eine höhere Instanz w.; übertr.: dieses Buch wendet sich nur an Fachleute. **b)** ⟨sich gegen jmdn., gegen etwas w.⟩ *jmdn., etwas angreifen:* er wendete/wandte sich in seinem Zeitungsartikel gegen den Redner, gegen seine Behauptungen, Vorwürfe; der Aufruf wendet sich gegen die Umtriebe der Aufwiegler. **c)** (geh.) ⟨sich, etwas von jmdm., von etwas w.⟩ *abwenden:* er hat sich mit Abscheu von ihr gewendet; er wendete sein Herz von ihr. **7.** ⟨etwas an jmdn., an etwas/auf jmdn., auf etwas w.⟩ *aufwenden, verwenden:* viel Zeit, Geld, Mühe, Kraft, Fleiß, Sorgfalt auf etwas w.; er wollte keinen Pfennig mehr an dieses Projekt w.; sie wendeten alles an ihre Kinder. * **den Rücken wenden** *(kurz weggehen, sich abwenden)* · **jmdm./einer Sache den Rücken wenden** *(sich von jmdm., von etwas abwenden)* · (ugs.:) **das Blatt/das Blättchen hat sich gewendet** *(die Situation hat sich verändert).*

wendig: **a)** *leicht beweglich, leicht zu steuern:* ein wendiges Boot, Auto, Fahrzeug; ein wendiges *(gut zugerittenes)* Pferd; dieser Wagen ist sehr w. **b)** *gewandt, schnell reagierend:* ein wendiger Verkäufer, Geschäftsmann; er ist w., hat sich als sehr w. erwiesen.

Wendung, die: **1.** *Drehung:* eine leichte, scharfe, schnelle W.; eine W. nach rechts, um hundertachtzig Grad; eine W. des Kopfes; der Wagen machte eine W. **2.** *Veränderung:* eine glückliche, günstige, unerwartete, entscheidende, plötzliche W.; die Angelegenheit bekam eine W. zum Guten; in seinem Denken hatte sich eine W. vollzogen; in seinem Gesundheitszustand trat eine verhängnisvolle W. ein; das Auftreten dieses Zeugen gab dem Prozeß eine sensationelle W.; mit seiner Bemerkung gab er dem Gespräch eine andere W. **3.** *Redewendung, Ausdruck:* eine bildliche, stehende, feste W.; seine Sprache zeichnet sich durch viele volkstümliche Wendungen aus. * **etwas nimmt eine bestimmte Wendung** *(etwas ändert sich in bestimmter Weise).*

wenig ⟨Indefinitpronomen und unbestimmtes Zahlwort⟩: **1.a)** ⟨Singular: weniger, wenige, weniges; unflektiert: wenig⟩ *eine geringe Menge von etwas; nicht viel:* sie besitzt nur wenig[en] Schmuck, nur wenig[en] echten Schmuck, nur wenigen, aber echten Schmuck; mit weniger, konzentrierter Kraft; mit wenigem[,] guten Wein; das wenige Geld muß lange reichen; ich fand nur wenig[es] Gutes; er hat nur w. Geld, w. Zeit; wir haben w. Hoffnung, ihn zu sehen; sie hat nicht w. *(ziemlich viel)* Mühe damit gehabt; das macht weniger, die wenigste Arbeit; das wenige, was ich habe, genügt nicht; das wenigste [, was er hätte tun sollen,] wäre gewesen, sich zu entschuldigen; w. fehlte, und er wäre abgestürzt; weniger wäre mehr gewesen; dazu läßt sich w. sagen; er besitzt w., weniger als du, am wenigsten von uns; ich muß nicht weniger als zehn Leute verpflegen; er hat nicht wenig[es] *(ziemlich viel)* erlebt; es gibt wenig[es], was er nicht weiß; du schreibst so w.; ich habe w. dafür übrig; er gibt sich mit wenigem zufrieden; er sollte sich zum wenigsten *(wenigstens)* entschuldigen; das Geld wird immer weniger (ugs.; *nimmt ab*); sie wird immer weniger (ugs.; *sie magert ab*); Redensart: w., aber mit Liebe; Sprichwörter: mit vielem hält man haus, mit w. kommt man aus; viele Wenig machen ein Viel. **b)** ⟨Plural: wenige, unflektiert: wenig⟩ *eine geringe Anzahl einzelner Personen oder Sachen:* wenige Beamte; es gibt nur wenig[e] Bücher, nur wenig[e] solche Steine; er hat nur wenige treue Freunde; die Hilfe weniger guter Menschen, weniger Angestellter; in wenigen Tagen; mit wenig[en] Worten; wie wenige wissen das!; es ist nur wenigen, den wenigsten bekannt, daß ...; einer unter, von [den] wenigen. **2.** ⟨bei Adjektiven, Adverbien und Verben⟩ *in geringem Maße:* eine w. bekannte, w. ergiebige Quelle; das ist weniger schön, weniger angenehm; ich habe nur w. mehr getrunken als er; er ärgerte, freute sich nicht w. *(sehr);* er ist weniger ein Narr als ein Geck; sie kümmert sich [zu] wenig um den Garten; er möchte darüber nicht reden, viel weniger schreiben; je mehr er redet, um so/desto weniger glaube ich ihm; es kommt weniger auf die Menge als [vielmehr] auf die Güte an; sie kam, als er es am wenigsten erwartete; er war nichts weniger als erfreut *(ganz und gar nicht erfreut).* * **ein wenig** *(etwas):* hast du nicht ein [ganz] klein w. (ugs.) Zeit für mich?; mit ein w. gutem Willen wird es gehen; ich habe ein w. geschlafen · **mehr oder weniger** *(im großen ganzen):* das ist mehr oder weniger das gleiche.

weniger ⟨Konj.⟩: *minus:* fünf weniger drei ist, macht, gibt zwei.

wenigstens ⟨Adverb⟩: **a)** *zumindest; immerhin:* er sollte sich w. entschuldigen; man hat ihr w. eine Rente gewährt; bei uns w. *(jedenfalls)* ist das so. **b)** *mindestens:* ich habe w. dreimal gerufen; es dauert w. eine Woche.

wenn ⟨Konj.⟩: **1.** /konditional; *gibt eine Voraussetzung an*/: w. du willst, kannst du mit uns fahren; w. das wahr ist, [dann] trete ich sofort zurück; das tue ich nicht, und w. er sich auf den Kopf stellt (ugs.; *auf keinen Fall*); er tut so, als w. er alles besser wüßte; Redensart: w. das Wörtchen w. nicht wär', wär' mein Vater Millionär; subst.: das viele, ewige (ugs.) Wenn und Aber *(die vielen Zweifel und Einwände).* **2.** /temporal/ **a)** *sobald:* w. die Ferien kommen, [dann, so] verreisen wir; na, warte, wenn ich dich erwische! **b)** *sooft:* [immer, jedesmal] w. er dieses Lied hört, muß er an seine Kinderzeit denken. **3.** /konzessiv/ ⟨in Verbindung mit *auch*⟩ *obwohl:* er gehorchte, auch w. es ihm/w. es ihm auch schwerfiel; [und] w. auch! (ugs.; *das ist kein Grund, keine Entschuldigung*). **4.** ⟨in Verbindung mit *doch, nur*⟩ *ich wünschte, daß:* w. er doch/nur käme!; w. ich nur wüßte, wo sie wohnt!

wennschon (ugs.) ⟨nur in bestimmten Verbindungen⟩ **[na] wennschon!** *(das macht nichts; soll er nur ...)* · **wennschon, dennschon:** **a)** *(wenn es einmal so ist, dann kann man es nicht ändern).* **b)** *(wenn einmal, dann aber auch richtig, gründlich).*

wer: **1.** ⟨Interrogativpronomen⟩ /fragt nach männlichen und weiblichen Personen/: w. ist der Fremde?; w. hat das getan?; w. ist da?; halt! w. da? /*Postenruf*/; wessen Platz ist das?; ich weiß schon, wes Geistes Kind er ist *(wie er eingestellt ist);* wem gehört das Buch?; ich weiß nicht, wen er alles/wen alles er eingeladen hat; wen stört das denn?; an wen geht das Paket?; mit wem sprichst du?; von wem ist der Brief?; /*in Ausrufen und Beteuerungsformeln*/: w. das doch könnte!; w. anders als du kann das gewesen sein!; ich habe es ihm schon w. weiß wie oft (ugs.; *sehr oft*) gesagt; das ist w. weiß wie lange (ugs.; *sehr lange*) her. **2.** ⟨Relativpronomen⟩ *derjenige, der:* w. das tut, hat die Folgen zu tragen; wen du antriffst, dem sage Bescheid; w. auch immer *(jeder, der)* kommt, er soll Hilfe finden; Sprichwörter: w. wagt, gewinnt; w. nicht hören will, muß fühlen. **3.** (ugs.) ⟨Indefinitpronomen⟩ *jemand:* da vorn ist w. ins Wasser gesprungen; hat w. nach mir gefragt?

werben: 1. ⟨für etwas w.⟩ *das Interesse an etwas zu wecken suchen; Reklame machen:* für eine Erfindung, für ein Waschmittel, für eine Partei w.; er warb im Fernsehen, durch Plakate für diese Zeitung; ⟨auch ohne Präpositionalobjekt⟩ wir müssen mehr, geschickter w. **2.** ⟨um jmdn., um etwas w.⟩ *sich um jmdn., um etwas bemühen; jmdn., etwas zu gewinnen suchen:* [bei jmdm.] um Freundschaft, um Liebe w.; um jmds. Gunst w.; um ein Mädchen w. *(es heiraten wollen);* der Verein hat sehr um diesen Spieler geworben; mit werbenden Worten. **3.** ⟨jmdn., etwas w.⟩ *durch Werbung zu gewinnen suchen, anwerben:* [neue] Kunden w.; Truppen, Freiwillige, Soldaten [zum Kriegsdienst] w.; sie konnte fünf neue Abonnenten w.

Werbetrommel, die ⟨in der Wendung⟩ die Werbetrommel rühren/schlagen: *[für etwas] Reklame machen:* vor den Wahlen rührten/schlugen die Parteien eifrig die W.

Werbung, die: **1.** *das Werben:* die W. neuer Mitglieder, Abonnenten verstärken; das Mädchen wies seine W. ab. **2.** (Kaufmannsspr.) *Reklame, Propaganda:* gute, geschickte, auffällige, aufdringliche W.; die W. für ein Produkt [im Fernsehen], durch Wort und Bild; unsere W. hat Erfolg, kommt [nicht] an, erreicht nicht alle Käuferschichten; das Unternehmen betreibt gezielte W. für seine Erzeugnisse.

werden: 1.a) ⟨mit Artangabe⟩ *in einen bestimmten Zustand kommen; eine bestimmte Eigenschaft bekommen:* arm, reich, gesund, krank, blind, alt, müde w.; böse, zornig, frech, übermütig, traurig w.; (geh.:) frohen Mutes w.; der Lack wurde schnell hart; die Milch ist sauer geworden; wie wird die Ernte?; das Wetter wird schön, besser; es wird heiß heute; die Tage werden länger; es wird jetzt früh dunkel; gestern war es [zu] spät geworden; wir wurden bald handelseinig; das muß anders w.; es wurde still um ihn; ⟨jmdm. wird etwas; mit Artangabe⟩ das Herz wurde ihm schwer; die Zeit wird mir lang. **b)** ⟨jmdm. wird [es]; mit Artangabe⟩ *jmd. bekommt ein bestimmtes Gefühl:* mir wird [es] warm, heiß, schlecht; es wurde ihm/ihm wurde übel bei dem Gedanken, daß ... **c)** ⟨jmdn., etwas/jmds., einer Sache w.; mit Artangabe⟩ *zu jmdm., zu etwas ein bestimmtes Verhältnis bekommen:* einen Lichtschein gewahr w.; eine/einer Arbeit müde, überdrüssig w. **2.** */drückt die Entwicklung zu etwas aus/* **a)** ⟨mit Gleichsetzungsnominativ⟩ er wird Kaufmann, Arzt, Soldat; sie wurde meine Frau; sie wurde Mutter; er ist ein berühmter Gelehrter geworden; etwas wird Mode; das Buch wurde ein großer Erfolg. **b)** ⟨zu etwas w.⟩ das Kind ist zum Mann geworden; er wurde zum Trinker; das ist bei ihm zur fixen Idee geworden; ⟨jmdm. zu etwas w.⟩ das wird dir zum Segen, zum Verderben; das Kind wird mir zur Last. **c)** ⟨etwas wird aus jmdm., aus etwas⟩ aus ihrer Freundschaft wurde Liebe; was soll aus dir w.?; daraus kann nichts w. *(das geht nicht);* Sprichwörter: aus nichts wird nichts; aus Kindern werden Leute. **3.** ⟨es wird; mit Zeitangabe oder Substantiven, die einen Zeitbegriff ausdrücken⟩ *es geht auf einen bestimmten Zeitpunkt oder -abschnitt zu:* es wurde 10 Uhr, bis er kam; es wird Abend, Nacht, Frühling; morgen wird es ein Jahr, daß ...; es wird [höchste] Zeit, daß ... **4.** *sich entwickeln; fertig werden:* der Kuchen, das Haus wird (ugs.) allmählich; der Junge wird (ugs.; *macht sich*); das wird schon noch (ugs.); wird's bald? (ugs.) */energische Aufforderung/;* Redensart: was nicht ist, kann noch werden; adj. oder subst. Part.: werdendes Leben; eine werdende Mutter; die Sprache ist etwas Gewordenes; subst.: das Buch ist noch im Werden; Werden und Vergehen. **5.** (geh.; veraltend) ⟨etwas wird jmdm.⟩ *jmd. erhält etwas:* jedem wurde/(geh.:) ward sein Teil. **6.** ⟨mit einem Infinitiv; dient der Umschreibung des Futurs⟩ er wird bald gehen; er sagte, er werde/würde kommen, wenn ...; */drückt eine Annahme aus/:* sie werden sich [wohl] kennen; das wird wohl so sein. **7.** ⟨mit einem 2. Part.; dient der Passivumschreibung⟩ geschlagen w.; der Antrag ist abgelehnt worden.

werfen: 1.a) ⟨jmdn., etwas w.⟩ *durch die Luft schleudern:* einen Ball, einen Stein w.; Bomben, Handgranaten w.; das Schiff warf Anker; ⟨auch ohne Akk.⟩ er wirft [50 m] weit, sehr gut; bildl.: die Bäume werfen lange Schatten. **b)** ⟨mit etwas w.⟩ *etwas als Wurfgeschoß benutzen:* mit Steinen, mit faulen Eiern w.; er hat mit dem Kissen nach ihr geworfen. **c)** ⟨etwas w.⟩ *durch Werfen erzielen:* eine Sechs w. *(würfeln);* Sport: ein Tor w. **2.a)** ⟨jmdn., etwas w.; mit Raumangabe⟩ *mit Schwung irgendwohin befördern:* den Ball in die Höhe, gegen die Wand, ins Tor w.; Abfälle auf einen Haufen w.; jmdn. ins Wasser, über Bord, auf den Boden w.; die Tür ins Schloß w. *(zuschlagen);* die Kleider von sich w. *(schnell ablegen);* den Kopf in den Nacken w. *(zurückwerfen);* ⟨auch ohne Raumangabe⟩ dem Ringer gelang es, seinen Gegner zu w. · bildl.: jmdn. ins Gefängnis w. (geh.; *einsperren*); jmdn. auf die Straße w. (ugs.; *entlassen*); einen Gast aus dem Lokal w. (ugs.; *zum Verlassen des Lokals auffordern*); billigen Schund auf den Markt w. *(in den Handel bringen);* eine Frage in die Debatte w. *(zur Sprache bringen);* alle Bedenken, Sorgen von sich, hinter sich w. *(sich davon frei machen);* Bilder an die Wand w. (ugs.; *projizieren*); die Laterne wirft ihren Schein in das Zimmer; eine schwere Infektion warf sie aufs Krankenlager (geh.); er warf verliebte Blicke auf sie; sie warf einen Blick in den Saal, in den Spiegel, in die Zeitung *(sah kurz hinein).* **b)** ⟨sich w.; mit Raumangabe⟩ *sich stürzen, sich fallen lassen:* sich in einen Sessel, auf einen Stuhl w.; sich [vor jmdm.] auf die Knie, zu Boden w.; sich vor den Zug w. *(überfahren lassen);* sich aufs Pferd w. *(aufspringen und davonjagen);* sie warfen sich auf den Feind; die Polizisten warfen sich auf, über den Verbrecher; der Kranke warf sich vor Schmerzen hin und her; ⟨sich jmdm. w.; mit Raumangabe⟩

er warf sich ihm zu Füßen; sie hat sich ihm an den Hals, an die Brust geworfen · übertr.: sich in Uniform, in [große] Gala (ugs.), in seinen besten Anzug w. (ugs.; *besondere Kleidung anlegen*); sich auf Medizin, auf eine neue Aufgabe w. *(eifrig damit beschäftigen)*. **3.** ⟨etwas wirft etwas⟩ *etwas bringt etwas hervor, bildet etwas:* der Brei, das kochende Wasser wirft Blasen; der Vorhang wirft [schwere] Falten. **4.** ⟨etwas wirft sich⟩ *etwas verzieht sich:* das Holz, der Belag hat sich geworfen. **5.** ⟨ein Tier wirft [ein Tier]⟩ *ein Tier gebiert Junge:* die Katze, der Hund hat [drei Junge] geworfen. * (ugs.:) **jmdm. etwas an den Kopf werfen** *(jmdm. etwas direkt und frech sagen)* · (ugs.:) **sich jmdm. [förmlich] an den Hals werfen** *(sich jmdm. aufdrängen)* · **etwas aufs Papier werfen** *(etwas entwerfen, skizzieren* · (ugs.:) **ein Auge auf jmdn., auf etwas werfen** *(Gefallen an jmdm., an etwas finden)* · **etwas wirft ein bezeichnendes Licht auf jmdn., auf etwas** *(etwas ist für jmdn., für etwas bezeichnend)* · **etwas wirft kein gutes Licht auf jmdn., auf etwas** *(etwas zeigt jmdn., etwas von seiner ungünstigen Seite)* · **jmdn. aus der Bahn werfen** *(jmdn. aus seinem gewöhnlichen Lebensgang reißen und ihn etwas Falsches tun lassen)* · (ugs.:) **sich in die Brust werfen** *(sich brüsten, prahlen)* · (ugs.:) **sich in Schale werfen** *(sich besonders fein und festlich anziehen)* · (ugs.:) **alles in einen Topf werfen: a)** *(nicht Zusammengehöriges verwechseln)*. **b)** *(Personen oder Dinge ohne Rücksicht auf Unterschiede gleich behandeln)* · **etwas in die Waagschale werfen** *(etwas geltend machen, als Mittel einsetzen)* · **etwas über Bord werfen** *(etwas aufgeben, fallenlassen)* · (ugs.:) **etwas über den Haufen werfen** *(etwas umstoßen, vereiteln)* · (ugs.:) **mit etwas [nur so] um sich werfen** *(etwas im Übermaß verwenden; etwas verschwenden):* er wirft mit Fremdwörtern nur so um sich; er wirft mit dem Geld um sich · (ugs.:) **jmdm. etwas vor die Füße werfen** *(eine Arbeit nicht mehr weiterführen)* · **jmdn., etwas zum alten Eisen werfen** *(jmdn., etwas als untauglich ausscheiden)*.

Werk, das: **1.** *Arbeit, Tätigkeit:* das ist ein schwieriges, mühevolles, undankbares W.; das W. macht Fortschritte, kommt gut voran, bleibt liegen, ruht; das W. vieler Jahre wurde vernichtet; die Zerstörung der Fabrik war das W. weniger Augenblicke (geh.); ein W. beginnen, fördern, zu Ende führen, abbrechen, liegenlassen; die Helfer haben ihr W. beendet, getan; rüstig, entschlossen ans W. gehen; ich will mich gleich ans W. machen; ans Werk!; wir sind [bereits] am Werk[e]; etwas ins W. setzen *(beginnen, ausführen)*. **2.** *Handlung, Tat:* ein verdienstvolles, Gott wohlgefälliges W.; Werke der christlichen Nächstenliebe; gute Werke tun; (ugs.; scherzh.:) du tätest ein gutes Werk, wenn du ... */Bitte um eine Hilfeleistung/*; Rel.: in Worten und Werken sündigen. **3.** *Geschaffenes, [künstlerisches] Erzeugnis:* ein kostbares, wertvolles, seltenes, schönes, herrliches, überragendes, gigantisches W.; die Werke Gottes (geh.; *die Schöpfung*); ein klassisches W. der italienischen Malerei; das [künstlerische] W. Richard Wagners; ein W. seiner Hände (geh.), seines Fleißes; die großen Werke der Weltliteratur; Goethes sämtliche, gesammelte Werke *(Schriften)*; die hier aufgeführten Werke *(Bücher)* sind veraltet, überholt; seine Werke sind unvergänglich; diese Verschwörung war sein W.; Sprichw.: das Werk lobt den Meister; ein W. schaffen, vollenden, abschließen, vernichten; sein W. [durch einen großartigen Abschluß] krönen; ein W. über die Raumfahrt schreiben, herausgeben, publizieren; an einem neuen W. arbeiten. **4.** (militär.) *Festungswerk:* die äußeren Werke wurden geschleift. **5.** *technische Anlage, Fabrik:* ein chemisches W., ein W. der Metallindustrie; das W. produziert Lastwagen; ein W. errichten, ausbauen, stillegen; im W. *(in der Fabrik)* arbeiten; der Wagen kostet ab W. 7330 Mark. **6.** *Triebwerk:* das W. [der Uhr, der Maschine] ist verschmutzt; das W. auseinandernehmen, reinigen, reparieren. * (geh.:) **es ist etwas im Werke** *(es geht etwas [noch Unbekanntes] vor)* · (geh.:) **zu Werke gehen** *(verfahren, vorgehen):* wir müssen sehr vorsichtig zu Werke gehen.

Werkzeug, das: **a)** *einzelnes Arbeitsgerät:* dazu braucht man sehr feine Werkzeuge; bildl: er war ihr willenloses, gefügiges W.; er ist nur das W. seiner Geldgeber. **b)** *Arbeitsgeräte:* sein W. mitbringen, in Ordnung halten.

wert (geh.; veraltend): *lieb, geschätzt, teuer:* ein mir sehr werter Freund; Kaufmannsspr.: Ihr wertes Schreiben vom ...; wie war doch Ihr werter Name?; werter Herr! (veraltet; /Anrede/); das Buch ist mir lieb und w. * **etwas wert sein** *(einen bestimmten Wert haben):* viel wenig, kaum etwas w. sein; das Kleid ist 200 Mark w.; das ist keinen Pfifferling (ugs.; *gar nichts*), keinen Schuß Pulver (ugs.; *gar nichts*) w.; der Apparat ist nichts w. *(taugt nichts)*; mehr bin ich dir nicht w.?; er ist [es] nicht w., daß man ihn beachtet, daß ihn die Sonne bescheint · (geh.:) **jmds., einer Sache**/(auch:) **eine Sache wert sein** *(jmds., einer Sache würdig sein):* er ist deiner nicht w.; das wäre einer näheren/(auch:) eine nähere Untersuchung w. · **etwas ist der**/(auch:) **die Mühe wert** *(etwas lohnt sich)* · **etwas ist nicht der Rede wert** *(etwas ist ohne Bedeutung)*.

Wert, der: **1.** *[Kauf]preis, Wertbetrag:* der W. des Schmuckes ist gering, sehr hoch, unbekannt; das Haus hat einen Wert von 100000 Mark; die Briefmarkenserie umfaßt zwölf Werte; etwas gewinnt, verliert an W.; die Aktien fallen, steigen im W.; eine Uhr im Werte von 300 Mark; sie hat den Wagen über, unter [seinem] W. verkauft. **2.** ⟨Plural⟩ *Dinge oder Besitz von großem Wert:* Werte schaffen, erhalten, vernichten; der Krieg hat viele Werte zerstört; übertr.: geistige, sittliche, menschliche Werte; zeitliche, ewige Werte; die Umkehrung der Werte. **3.** *Bedeutung, Wichtigkeit:* ein hoher, großer, geringer W.; der sachliche, ideelle, psychologische W. einer Maßnahme; der W. des Abkommens liegt darin, daß ...; das hat wenig, nur geringen, keinen [praktischen] W., nur bedingten W.; diese Einrichtung behält ihren W.; bekommt später wieder W.; der Ring hat nur persönlichen W. [für seinen Besitzer]; er legt seiner Verletzung keinen großen W. bei; seine Erfindung ist in ihrem vollen W. kaum abzuschätzen; du mußt ihn nach seinem wahren W. beurteilen; diese Feststellung ist ohne W., von großem

W. für uns. **4.** (Fachspr.) *durch Messung oder Berechnung gewonnene Zahl:* die Werte schwanken, bleiben konstant; er liest die Werte von einer Skala ab; Math.: die Gleichung hat den W. Null. * **auf etwas Wert legen** *(an etwas besonders interessiert sein):* er legt [viel, wenig, großen, keinen] Wert auf modische Kleidung.

werten ⟨jmdn., etwas w.; mit Artangabe⟩: *einschätzen, bewerten:* seine Leistung wurde zu hoch, nicht genügend gewertet; ich werte es als besonderen Erfolg, daß ...; ⟨auch ohne Artangabe⟩ Sport: nur der beste Sprung wird gewertet *(für gültig erklärt)*.

wertlos: *ohne Wert:* wertlose Banknoten; wertloser Plunder (ugs.); eine wertlose Nachahmung; diese Angaben sind w. für mich; die Briefmarke ist durch die Beschädigung w. geworden.

Wertschätzung, die (veraltend): *Ansehen, Achtung:* er genießt keine besondere W. bei seinen Kollegen; sie erfreut sich allgemeiner W. (besser: *sie wird von allen hochgeachtet*).

wertvoll: a) *von großem Wert, kostbar:* wertvoller Schmuck; ein wertvolles Bild, Kunstwerk; dies ist das wertvollste Stück der Sammlung; sie ist ein wertvoller *(charaktervoller)* Mensch; diese Möbel sind sehr w. **b)** *von großem Nutzen:* ein wertvoller Hinweis; seine Hilfe war uns sehr w.

Wesen, das: **1.** *Art, Charakter:* sein freundliches W. gewinnt ihm viel Sympathie; sein ganzes W. strahlt Freude, Zuversicht aus; sie hat ein angenehmes, ansprechendes, sonniges, ein verkrampftes, gekünsteltes, unangenehmes, mürrisches W.; er hat ein einnehmendes *(sympathisches)* W. (auch scherzh.: *er nimmt alles, was für ihn erreichbar ist*); das entspricht nicht seinem W.; diese Marotte paßt, gehört zu seinem W. **2.** *innere Natur:* er will das W. Gottes, das W. der Dinge ergründen, nach dem W. der Dinge forschen; es liegt im W., gehört zum W. der Demokratie, daß ... **3.** *Lebewesen, Geschöpf:* natürliche, übernatürliche Wesen; das höchste W. *(Gott);* der Mensch ist ein geselliges, vernunftbegabtes W.; sie ist ein freundliches, liebes, zartes, ängstliches, stilles W.; das arme W. wußte nicht aus noch ein; das kleine W. *(das Kind)* hat die Augen geöffnet; auf der Treppe begegnete mir ein weibliches W. (ugs.; *eine Frau*). * **viel Wesens/kein Wesen von etwas machen** *(einer Sache [keine] große Bedeutung beimessen)*.

wesentlich: a) *bedeutsam, wichtig:* wesentliche Aufgaben, Merkmale, Verdachts-, Beweisgründe; wesentliche Teile der Einrichtung fehlen noch; das ist kein wesentlicher Unterschied; subst.: das Wesentliche erfassen, herausarbeiten; du hast nichts Wesentliches verpaßt; das ist im wesentlichen *(in der Hauptsache)* dasselbe, das gleiche. **b)** ⟨bei Adjektiven und Verben⟩ *sehr, viel:* er ist w. größer als du; ich habe w. mehr erwartet; dieser Umstand trägt w. dazu bei, daß ...; er hat sich nicht w. verändert.

weshalb: 1. ⟨Interrogativadverb⟩ *aus welchem Grunde, warum?:* w. hast du das getan?; w. nicht?; ich weiß nicht, w. er beleidigt ist; subst.: das Warum und Weshalb blieb unklar. **2.** ⟨Relativadverb⟩ */bezieht sich auf einen vorher genannten Grund/:* der Grund, w. er entlassen wurde, war ...

Wespennest, das: *Brutbau der Wespen:* ein W. finden, ausräuchern. * (ugs.:) **in ein Wespennest greifen/stechen** *(eine heikle Angelegenheit berühren)*.

West, der: **1. a)** *Westen:* der Wind dreht von Nord nach W. **b)** */Bezeichnung des westlichen Stadtteils/:* Essen (West). **2.** (dichter.) *Westwind:* ein milder W.; der W. bringt Regen.

Weste, die: */am Oberkörper getragenes Kleidungsstück/:* eine graue, seidene, gestrickte W.; ein Anzug mit W. * (ugs.:) **eine/keine weiße Weste haben** *([nichts] Unehrenhaftes getan haben)* · (ugs.; iron.:) **jmdm. etwas unter die Weste jubeln: a)** *(jmdm., ohne daß er es merkt, etwas aufbürden)*. **b)** *(jmdm. etwas anlasten)*.

Westen, der: **1.** *Himmelsrichtung, in der die Sonne untergeht:* Wind aus W.; die Straße führt, der Bach fließt nach W.; das Zimmer geht nach W.; von W. kommt ein Gewitter. **2. a)** *im Westen liegendes Gebiet:* der W. des Landes; er wohnt im W. der Stadt. **b)** *die westliche Welt:* die Türkei gehört zum W. * **der Wilde Westen** */ehemaliges Pioniergebiet im Westen der USA/*.

Westentasche, die ⟨in den Wendungen⟩ (ugs.:) **etwas wie seine Westentasche kennen** *(sich sehr gut in etwas auskennen)* · **etwas aus der Westentasche bezahlen** *(etwas mit Leichtigkeit bezahlen können)*.

westlich: I. ⟨Adj.⟩ **1. a)** *in westlicher Himmelsrichtung befindlich:* der westliche Himmel; die westliche Hemisphäre; 60° westlicher Länge. **b)** *im Westen liegend:* der westliche Teil der Stadt; der See liegt weiter w. **c)** *das Bündnissystem im Westen betreffend:* die westlichen Demokratien, Verbündeten; ein w. orientiertes Land. **2.** *von Westen kommend, nach Westen gerichtet:* westliche Winde; sie steuerten westlichen Kurs, in westlicher Richtung. **II.** ⟨Präp. mit Gen.⟩ *im Westen:* w. des Rheins; w. der Bahnlinie; (selten:) w. Mannheims. **III.** ⟨Adverb⟩ *im Westen:* w. von Mannheim; die Hebriden liegen w. von Schottland.

Wettbewerb, der: *Wettstreit mehrerer um die beste Leistung:* unter den Firmen herrscht ein harter W.; Rechtsw.: diese Reklame ist unlauterer W.; einen W. gewinnen, verlieren; außer W. an einer Ausstellung teilnehmen; in W. mit jmdm. treten; die Firmen stehen im [freien]/in [freiem] W. miteinander; die Schulklasse siegte in diesem W.

Wette, die: *Abmachung, bei welcher der gewinnt, der in einer Streitfrage recht behält:* eine gewagte, eine alberne W.; die W. ging um 100 Mark; was gilt die W.? *(was gibst du mir, wenn ich recht habe?);* eine W. eingehen, abschließen, annehmen, gewinnen, verlieren; jmdm. eine W. anbieten; ich gehe jede W. ein/(ugs.:) ich mache jede W., daß er kommt *(er kommt ganz bestimmt)*. * **um die Wette** *(um festzustellen, wer es am besten kann);* sie liefen, sangen um die W.

wetten: 1. a) ⟨mit jmdm. w.⟩ *eine Wette abschließen:* ich wette mit dir [um eine Flasche Sekt], daß er ...; ⟨auch ohne Präpositionalobjekt⟩ sie wetteten, wer zuerst fertig sein würde; worum wetten wir?; es ist, wie ich dir sage, [wollen wir] w.? (ugs.); Redensart (ugs.): so haben wir nicht gewettet *(so war es nicht vereinbart, so geht es nicht)*. **b)** *überzeugt, fast sicher sein:* ich wette/möchte w., daß ...;

(ugs.:) wetten, daß er nichts merkt? *(er merkt bestimmt nichts)*. **2.** ⟨etwas w.⟩ *etwas als Wettpreis einsetzen:* hundert Mark, ein Faß Bier w.; ich wette zehn gegen eins *(ich bin ganz sicher)*, daß ... **3.** ⟨auf jmdn., auf etwas w.⟩ *für eine Voraussage Geld einsetzen:* auf ein Pferd, auf einen Boxer w.; auf Sieg, auf Platz w.; ⟨auch ohne Präpositionalobjekt⟩ er hat hoch gewettet; sie hat gewettet und verloren.

Wetter, das: **1.** *wechselnder Zustand der Atmosphäre:* gutes, heiteres, angenehmes, [un]freundliches, strahlendes, schönes, warmes, erträgliches, schlechtes, nasses, kaltes, kühles, rauhes, diesiges, wechselndes, veränderliches, unsicheres, scheußliches, abscheuliches W.; ein W. zum Eierlegen (ugs.; *sehr gutes Wetter*); ein W. zum Jungehundekriegen (ugs.; *sehr schlechtes Wetter*); das W. ist beständig, ändert sich, hat sich gebessert, wird heute schlecht, gut; es ist herrliches W. draußen; es herrscht stürmisches W.; das W. voraussagen; was werden wir morgen für W. haben?; bei klarem W. kann man von hier aus die Alpen sehen; er ist bei jedem W. unterwegs; Redensart: bei solchem W. jagt man keinen Hund vor die Tür; wir sprachen über das W., vom W.; alles hängt vom W. ab. **2.** *Unwetter, Gewitter:* ein W. braut sich, zieht sich zusammen, zieht herauf, bricht los, entlädt sich; das W. tobt [sich aus], zieht ab. **3.** Bergmannsspr.) ⟨Plural⟩ *Luft unter Tage:* frische, matte, giftige Wetter. * **bei/in Wind und Wetter** *(auch bei schlechtem Wetter)* · (ugs.:) **bei jmdm. gut Wetter machen** *(jmdn. günstig stimmen)* · (ugs.:) **um gut[es] Wetter bitten** *(um Verzeihung, um Gnade bitten)* · (ugs.:) **alle Wetter!** */Ausruf des Erstaunens, der Bewunderung/* · (Bergmannsspr.:) **schlagende Wetter** *(explosive Gemische von Grubengas als Ursache von Grubenunglücken)*.

Wetterleuchten, das: *Widerschein entfernter Blitze:* fernes, fahles W. [am Himmel]; übertr.: W. *(Gefahrenzeichen)* am politischen Horizont.

wettern: 1. (veraltend) ⟨es wettert⟩ *ein Gewitter entlädt sich:* draußen wettert es tüchtig, hat es furchtbar gewettert. **2.** *laut schimpfen:* über die Unordnung, auf die schlechten Zeiten, gegen den Staat w.; er wetterte ganz fürchterlich.

wetterwendisch (abwertend): *launenhaft, wankelmütig:* ein wetterwendischer Mensch; sie ist sehr w.

wettmachen ⟨etwas w.⟩: *ausgleichen:* eine Schlappe wieder w.; er machte seine geringere Begabung durch großen Fleiß wett.

wetzen: 1. ⟨etwas w.⟩ *schärfen, glätten:* das Messer, die Sense w.; der Vogel wetzt seinen Schnabel an einem Zweig. **2.** (ugs.) *rennen:* der kann aber w.!; ich bin zur Post gewetzt.

wichsen: 1. (ugs.) ⟨etwas w.⟩ *einreiben und polieren:* die Schuhe [auf Hochglanz] w. **2.** (landsch.:) ⟨jmdn. w.⟩ *verprügeln:* sie haben ihn tüchtig gewichst. **3.** (derb) *masturbieren.*

wichtig: *bedeutsam, entscheidend:* wichtige Gründe, Beschlüsse, Entscheidungen, Beratungen, Neuigkeiten, Veränderungen; eine wichtige Meldung, Mitteilung; eine wichtige Persönlichkeit; dieser Brief ist sehr w.; was du sagst, ist mir/ist für mich äußerst w.; ich halte es für w., daß du sofort hingehst; du nimmst das alles zu w.; er nimmt sich selbst zu wichtig *(schätzt sich zu hoch ein)*; sie kam sich ungemein, ungeheuer (ugs.) w. vor; er tat sehr w. mit dem Brief *(machte viel Aufhebens darum)*; mach dich nicht so w.! *(gib nicht so an!)*; subst.: ich habe noch etwas Wichtiges vor. * **sich mit jmdm., mit etwas wichtig tun** *(sich aufspielen; angeben)*.

Wichtigkeit, die: *das Wichtigsein; Bedeutung:* einer Sache besondere, übertriebene W. beimessen, beilegen; das ist von größter W., wird später von großer W. für dich; er ist von seiner W. ganz erfüllt.

Wickel, der: *Zusammengewickeltes; Umschlag:* dem Kranken einen kalten, heißen W. machen. * (ugs.:) **jmdn. am/beim Wickel packen/kriegen/haben/nehmen: a)** *jmdn. fassen und festhalten.* **b)** *(jmdn. zur Rede stellen, ausschelten)*.

wickeln: 1.a) ⟨etwas w.⟩ *zusammendrehen, -schlingen:* die Haare, Locken w.; Wolle zu einem Knäuel w. **b)** ⟨sich, etwas um etwas, auf etwas w.⟩ *herumwinden:* Garn auf eine Rolle w.; eine Binde um den Arm w.; die Schlange hatte sich um den Ast gewickelt; ⟨sich (Dativ) etwas um etwas w.⟩ ich wickelte mir ein Tuch um die verletzte Hand. **2.** ⟨etwas w.⟩ *durch Wickeln herstellen:* einen Turban w.; Zigarren w.; Elektrotechnik: eine Spule w. **3.** ⟨jmdn., sich., etwas in etwas w.⟩ *einwickeln:* ein Geschenk in Papier w.; ein Kind in Windeln w.; er wickelte sich in eine Decke; ⟨auch ohne Raumangabe⟩ das Baby muß noch gewickelt werden. * (ugs.:) **jmdn. um den [kleinen] Finger wickeln** *(jmdn. leicht lenken, beeinflussen können)*.

wider (geh.) ⟨Präp. mit Akk.⟩: *gegen:* das war w. meinen ausdrücklichen Wunsch; w. Erwarten kam er doch; etwas w. Willen tun; er hat w. besseres Wissen die Unwahrheit gesagt; subst.: das Für und Wider eines Vorschlages erwägen. * (geh.:) **wider den Stachel löcken** *(sich gegen etwas sträuben; widerspenstig sein)*.

widerfahren (geh.) ⟨etwas widerfährt jmdm.⟩: *etwas geschieht jmdm., stößt jmdm. zu:* mir ist etwas Seltsames, Merkwürdiges widerfahren; ihm ist in seinem Leben viel Leid widerfahren; dir soll Gerechtigkeit w.

Widerhall, der: *zurückgeworfener Schall:* der W. eines Donners, Schusses, Rufes, Pfiffes; man hörte den W. seiner Schritte in dem Gewölbe; übertr.: seine Liebe fand keinen W. *(keine Gegenliebe)* bei ihr; seine Vorschläge fanden nur wenig W. *(Interesse)*.

widerhallen: a) ⟨etwas hallt wider⟩ *etwas schallt zurück:* der Schuß, der Donner hallte [von den Bergwänden] wider/(seltener:) widerhallte von den Bergwänden; seine Schritte haben [auf dem Pflaster] widergehallt. **b)** ⟨etwas hallt von etwas wider⟩ *etwas wirft einen Schall zurück:* das Schulzimmer hallte von Gelächter wider, hallte wider/(seltener:) widerhallte vom Jubel der Kinder.

widerlegen ⟨jmdn., etwas w.⟩: *[jmds. Behauptungen] als falsch erweisen:* eine Ansicht, Behauptung, jmds. Einwände w.; es war nicht schwer, den Zeugen zu w.

widerlich: a) *Widerwillen, Ekel erregend:* ein widerlicher Geruch, Anblick; diese Insekten sind w.; das schmeckt w. **b)** *unerträglich:* ein widerlicher Mensch, Schmeichler, Kriecher; er, sein Benehmen ist mir w.

Widerpart, der (geh.; veraltend): *Gegner:* es war sein alter W., der ihm hier begegnete. * (bildungsspr.:) **jmdm. Widerpart halten/bieten/geben** *(jmdm. Widerstand leisten).*

Widerrede, die: *Gegenrede, Widerspruch:* Rede und W.; ich dulde keine W.; er tat alles ohne [ein Wort der] W.

Widerruf, der: *Zurücknahme einer Aussage oder Erlaubnis:* er hat öffentlich W. geleistet; der Durchgang ist bis auf W. gestattet.

widerrufen ⟨etwas w.⟩: *für falsch oder ungültig erklären:* einen Befehl, eine Anordnung, Erlaubnis w.; der Angeklagte hat sein Geständnis widerrufen.

widersetzen ⟨sich jmdm., einer Sache w.⟩: *sich gegen jmdn., gegen etwas wehren; etwas verweigern:* sich einer Maßnahme w.; er hat sich mir widersetzt; sie widersetzte sich [hartnäckig] der Aufforderung, ihren Ausweis vorzuzeigen.

widerspenstig: *sich widersetzend; ungehorsam, störrisch:* ein widerspenstiges Kind; das Pferd ist sehr w., zeigte sich w.

widerspiegeln: a) ⟨etwas spiegelt jmdn., etwas wider⟩ *etwas zeigt jmdn., etwas im Spiegelbild:* das Wasser spiegelt die Bäume, die Spaziergänger wider; bildl.: sein Gesicht spiegelte seinen Zorn wider. **b)** ⟨sich in etwas w.⟩ *im Spiegelbild erkennbar werden:* die Sonne hat sich im Wasser widergespiegelt; bildl.: in dem Roman spiegeln sich die Sitten der Zeit wider.

widersprechen: a) ⟨jmdm., sich, einer Sache w.⟩ *eine entgegengesetzte Meinung vertreten:* jmdm. leidenschaftlich, heftig, energisch, bestimmt, höflich w.; einer Behauptung w.; dem muß ich w.; du widersprichst dir selbst; ⟨auch ohne Dativ⟩ „... und so geht das nicht", widersprach er sofort. **b)** ⟨etwas widerspricht einer Sache⟩ *etwas stimmt nicht mit etwas überein:* diese Entwicklung widerspricht unseren Erfahrungen; die Berichte, ihre Aussagen widersprechen sich/(geh.:) einander; nachzugeben widersprach seinen Grundsätzen; adj. Part.: die widersprechendsten *(gegensätzlichsten)* Nachrichten trafen ein; er wurde von den widersprechendsten Gefühlen hin und her gerissen.

Widerspruch, der: **1.** *Einrede, Einspruch:* sein W. war berechtigt; gegen diese Ansicht erhob sich allgemeiner W.; keinen W. dulden, vertragen, aufkommen lassen; ich muß W. dagegen erheben, daß ...; der Redner erfuhr (geh.) allseits W.; seine Gedanken stießen überall auf [scharfen, heftigen, entrüsteten] W.; der Vorschlag wurde ohne W. angenommen; das reizt geradezu zum W. **2.** *Gegensatz, Unvereinbarkeit:* das ist ein unbegreiflicher, unüberbrückbarer, entscheidender, innerer W.; dieser W. quält mich schon lange; neue Widersprüche traten auf; einen W. aufklären; kannst du dir diesen seltsamen, sonderbaren W. erklären?; wir stießen auf verschiedene Widersprüche; mit etwas in W. geraten; sich in W. zu jmdm., zu etwas setzen; das steht, ist im/(auch:) in W. zum Gesetz *(widerspricht dem Gesetz);* seine Taten stehen mit seinen Reden in auffälligem, krassem W.; diese Theorie steht mit sich selbst im/(auch:) in W.; er verwickelte sich in Widersprüche *(machte widersprüchliche Aussagen).*

Widerstand, der: **1.** *Gegenwehr, Abwehr:* ein zäher, tapferer, hartnäckiger, verbissener, leidenschaftlicher, aussichtsloser W.; bewaffneter, hinhaltender, aktiver, passiver W.; Rechtsw.: W. gegen die Staatsgewalt; der W. wächst, läßt nach, hat sich erschöpft; den W. organisieren, aufgeben; den W. brechen; er mußte innere Widerstände *(Hemmungen)* überwinden; jmdm. W. leisten, entgegensetzen; ich spürte seinen W.; er stieß auf [unerwarteten] W. bei seinen Kollegen; sie ließ sich ohne W. festnehmen. **2. a)** (Physik) *entgegenwirkende Kraft:* der magnetische, elektrische W. **b)** (Elektrotechnik) */ein Schaltelement/:* ein W. von 2000 Ohm; der W. ist überlastet, durchgebrannt; einen W. einbauen, einschalten, auswechseln. * **den Weg des geringsten Widerstandes gehen** *(allen Schwierigkeiten ausweichen).*

widerstehen: 1. ⟨jmdm., einer Sache w.⟩ *standhalten, nicht nachgeben:* dem Gegner, einem feindlichen Angriff w.; das Haus widerstand dem Hochwasser; er widerstand tapfer allen Versuchungen; sie konnte seinem Verlangen nicht w.; wer hätte da w. können? **2.** ⟨etwas widersteht jmdm.⟩ *etwas ekelt jmdn.:* süße Speisen widerstehen mir leicht.

widerstreben (geh.): **1.** ⟨jmdm., einer Sache w.⟩ *sich widersetzen:* ich widerstrebe dir, deinen Absichten nicht; subst.: trotz seines Widerstrebens nahm ich ihn mit; adj. Part.: widerstrebende Elemente; er tat die Arbeit nur widerstrebend *(ungern).* **2.** ⟨etwas widerstrebt jmdm., einer Sache⟩ *etwas ist zuwider:* dieser Ausdruck widerstrebt meinem Sprachgefühl; es widerstrebt mir, so etwas zu tun.

Widerstreit, der: *Zwiespalt:* der W. der Meinungen, Ansichten; er lebte in einem W. zwischen Pflicht und Neigung.

widerwärtig (abwertend): *abstoßend, widerlich:* ein widerwärtiger Mensch; widerwärtiger Schmutz; ein widerwärtiger Anblick; diese Sache war ihm w. *(sehr unangenehm).*

Widerwille, der: *starke Abneigung, Ekel:* ein heftiger, lebhafter, heimlicher W.; sein W. wuchs; W. erfaßte mich; Widerwillen gegen, bei etwas empfinden; das erweckte, erregte, besänftigte, verscheuchte meinen Widerwillen; er betrachtete sie mit Widerwillen.

widerwillig: *widerstrebend, ungern:* mit widerwilliger Zustimmung; er kam nur w. mit.

widmen: 1. ⟨jmdm. etwas w.⟩ *als Zeichen der Freundschaft, der Verehrung zueignen:* jmdm. ein Buch w.; er widmete der Sängerin ein Lied. **2.** (geh.) **a)** ⟨jmdm., einer Sache etwas w.⟩ *etwas für jmdn., auf/für etwas verwenden:* sein Leben einer Aufgabe widmen; seine Arbeitskraft dem Staat w.; /verblaßt/: die Presse widmete dem Ereignis begeisterte Leitartikel. **b)** ⟨sich jmdm., einer Sache w.⟩ *sich eingehend mit jmdm., mit etwas beschäftigen:* sich der Kunst, der Erziehung seiner Kinder w.; heute kann ich mich dir ganz w.; du mußt dich jetzt den Gästen w.

Widmung, die: *[Worte der] Zueignung:* in dem Buch stand eine W. des Verfassers; in ein Buch eine W. [hinein]schreiben; ich besitze sein Bild mit persönlicher W.

widrig: *ungünstig:* widrige Umstände; ein widriges Geschick; widrige Winde verhinderten die Landung.

wie: I. ⟨Adverb⟩ **1.** ⟨dient zur Kennzeichnung einer Frage⟩ **a)** *auf welche Art und Weise?:* w.

machst du das?; w. wird das Wetter?; w. geht es dir?; w. heißt du?; w. komme ich hier zum Bahnhof?; ich weiß nicht, w. das möglich war; w. [bitte]? *(ich habe dich/Sie nicht verstanden);* w.? Sie sind noch da?; (ugs.:) gewußt, w.!; fertig werden wir, aber w.? (ugs.); subst.: das Wie und Warum bleibt unklar; auf das Wie kommt es an. **b)** *in welchem Maße?:* w. groß ist er?; w. alt bist du?; w. spät ist es?; w. viele Stühle brauchst du?; ich frage mich, wie teuer das wird. **2.** */als Ausruf des Erstaunens, Bedauerns, der Freude o. ä./:* w. schade!; w. schön ist es hier!; w. groß du bist!; w. doch [manchmal] der Zufall spielt!; er ist hingefallen, und w.!; (ugs.; *sehr*). **3.** ⟨dient als relativischer Anschluß⟩ die Art, w. er spricht; dem sei, w. ihm wolle; w. dem auch sei, ich mache mit. **II.** ⟨Konj.⟩ **1.** ⟨Vergleichspartikel⟩ er ist [eben]so groß w. du, doppelt so schnell w. du; sie ist jetzt so alt, w. du damals warst; weiß w. Schnee; sie weinte w. ein Kind; ich bin, fühle mich w. gerädert; das ist so gut w. sicher; so, w. ich war, lief ich mit; komm so schnell, so bald w. möglich; sowohl der Vater w. die Mutter; er ging w. immer früh zu Bett; w. gesagt [,] habe ich keine Zeit; w. du siehst, ist er noch da; klug, w. er war, fand er sich bald zurecht; Redensarten: w. gewonnen, so zerronnen; w. du mir, so ich dir. **2.** ⟨leitet eine Aufzählung ein⟩ Haustiere w. Pferd, Schwein, Rind. **3.** ⟨tritt an Stelle von *und*⟩ Männer w. Frauen nahmen teil; das Haus ist außen w. innen renoviert. **4.** ⟨schließt eine nähere Erläuterung (Apposition) an⟩ ein Mann w. er; in einer Zeit w. der unsrigen/w. die unsrige; Menschen w. du und ich; mit Hüten w. ein Wagenrad. **5.** ⟨in Aussagesätzen⟩ **sie spürte, w. sie errötete; er sah, w. sie aus dem Haus kam. 6.** ⟨temporal⟩ **w. ich an seinem Fenster** vorbeigehe, höre ich ihn singen; das sah ich sofort, w. (ugs., landsch.; *als*) ich ins Haus kam.

wieder ⟨Adverb⟩: **1.** *erneut; noch einmal:* nicht, nie, bald, immer [und immer] w.; w. und [immer] w.; w. ist ein Jahr vergangen; er hat w. nach dir gefragt; schon w.?; da wären wir w. [einmal] (ugs.); er wäre gern mitgegangen, aber auch w. nicht. **2.** */drückt die Rückkehr in den früheren Zustand o. ä. aus/:* er hat sich w. erholt, ist w. gesund; sie nahm den Korb w. auf; er wurde bald w. freigelassen. * **hin und wieder** *(von Zeit zu Zeit; manchmal)* · (ugs.:) **für nichts und wieder nichts** *(völlig umsonst, vergeblich).*

Wiederaufnahme, die: *das Wiederaufnehmen:* die W. der Arbeit; die W. der Verhandlungen, der diplomatischen Beziehungen; Rechtsw.: er hat W. des Verfahrens beantragt.

wiederaufnehmen ⟨etwas w.⟩: *erneut beginnen:* die Arbeit, das Studium, ein Gespräch, ein Gerichtsverfahren w.; einen Gedanken w. *(darauf zurückkommen);* die abgebrochenen Verhandlungen wurden wiederaufgenommen.

wiederbeleben ⟨jmdn. w.⟩: *ins Leben zurückrufen:* einen Ertrunkenen [durch künstliche Atmung] w.; bildl.: alte Bräuche w.

Wiedergabe, die: **a)** *das Wiedergeben:* eine genaue, verzerrte, unvollständige, wörtliche W. einer Rede. **b)** *Darbietung:* der Künstler bot eine ausgezeichnete, vollendete W. des Klavierkonzerts. **c)** *Reproduktion:* eine genaue, originalgetreue W. des Gemäldes.

wiedergeben: 1. ⟨jmdm. etwas w.⟩ *zurückgeben:* jmdm. ein [geliehenes] Buch, sein Geld w.; jmdm. die Freiheit w. (geh.). **2.** ⟨etwas w.⟩ **a)** *wiederholen:* jmds. Rede, Äußerung [un]genau, verzerrt, nur bruchstückhaft w.; einen alten Text buchstabengetreu w. *(zitieren, abdrucken);* seine Worte sind nicht wiederzugeben *(waren ziemlich ordinär);* dieser Ausdruck läßt sich im Deutschen nur schwer w. *(übersetzen).* **b)** *darbieten:* ein Lied, Gedicht eindrucksvoll w.; seine Erlebnisse in einem Reisebericht lebendig w.; dem Maler ist es gelungen, die idyllische Stimmung wiederzugeben.

wiederherstellen ⟨etwas w.⟩: **a)** *etwas wieder aufbauen, restaurieren:* das alte Haus, die barocke Fassade, ein Kunstwerk w. **b)** *etwas wieder in Ordnung, in den früheren Zustand bringen:* die Sicherheit des Staates, Ruhe und Ordnung, die alten Beziehungen w.; jmds. Gesundheit, die Sehkraft der Augen w.; übertr.: er ist von seiner Krankheit noch nicht ganz wiederhergestellt *(genesen).*

wiederholen: I. ⟨sich (Dativ) etwas w.⟩ *sich etwas zurückholen:* sich verliehene Bücher, Gegenstände w.; er hat sich den Titel wiedergeholt. **II. 1. a)** ⟨etwas w.⟩ *nochmals sagen:* etwas kurz, Wort für Wort, deutlich, mit Nachdruck w.; eine Frage, Antwort, sein Angebot, seine Forderungen w. **b)** ⟨sich w.⟩ *bereits Gesagtes noch einmal sagen:* der Redner wiederholte sich mehrmals; ich möchte mich nicht w. **2.** ⟨etwas w.⟩ *dem Gedächtnis von neuem einprägen:* die Schüler wiederholen Vokabeln. **3. a)** ⟨etwas w.⟩ *etwas Geschehenes nochmals geschehen, vor sich gehen lassen:* eine Sendung, eine Veranstaltung w.; das Spiel muß wiederholt werden. **b)** ⟨etwas wiederholt sich⟩ *etwas geht nochmals vor sich:* der Vorgang wiederholt sich ständig; die Unruhen haben sich wiederholt.

wiederholt: *mehrmalig; immer wieder:* auch wiederholte Beschwerden nutzen nichts; ich habe w./zum wiederholten Male darauf hingewiesen, daß ...

wiederkehren: a) *zurückkehren:* von einer Reise w.; er ist nicht mehr [von der Expedition, aus dem Krieg] wiedergekehrt. **b)** ⟨etwas kehrt wieder⟩ *etwas erscheint wieder, wiederholt sich:* so eine günstige Gelegenheit kehrt nicht wieder; ein ständig wiederkehrender Vorwurf.

wiederkommen: a) *nochmals kommen; wiederkehren:* ich werde morgen wiederkommen; du brauchst nicht mehr wiederzukommen. **b)** ⟨etwas kommt wieder⟩ *etwas erscheint wieder, wiederholt sich:* der Ausschlag kommt immer wieder; so eine gute Gelegenheit kommt nicht wieder.

wiedersehen ⟨jmdn., etwas w.⟩: *wieder begegnen:* jmdn. nach langer Zeit w.; ich möchte meine Heimat, meine Eltern einmal w.; wir haben uns lange nicht wiedergesehen; wann sehen wir uns wieder?; subst.: ein frohes Wiedersehen feiern. * **auf Wiedersehen!** */Grußformel/.*

Wiege, die: *Kinderbett:* die W. schaukeln; die Mutter steht an der W.; das Kind in die W. legen; übertr.: Mainz ist die W. *(Geburtsstätte)* der Buchdruckerkunst. * (ugs.:) **etwas ist jmdm. [auch] nicht an der W. gesungen worden** *(jmd. erlebt eine unerwartete Veränderung seiner Lebensumstände)* · **etwas ist jmdm. in die Wiege gelegt worden** *(etwas ist jmdm. an-*

geboren) · (meist scherzh.:) **von der Wiege bis zur Bahre** *(das ganze Leben hindurch).*

[1]**wiegen: 1.** ⟨jmdn., sich, etwas w.⟩ *das Gewicht bestimmen:* Kartoffeln, das Fleisch, das Gepäck w.; jeder Boxer wird vor dem Kampf gewogen; sich regelmäßig w.; ⟨auch ohne Akk.⟩ die Verkäuferin hat knapp, kleinlich, großzügig gewogen; Redensart: gewogen und zu leicht befunden *(den ethischen Anforderungen nicht genügend).* **2.** *ein bestimmtes Gewicht haben:* etwas wiegt viel, zuviel, drei Pfund; wieviel wiegst du?; er wog damals fast zwei Zentner; übertr.: diese Einwände, seine Vorwürfe, Worte wiegen schwer.

[2]**wiegen: 1.** ⟨jmdn., etwas w.⟩ *schwingend hin und her bewegen:* das Kind [in der Wiege, in den Armen] w.; skeptisch wiegte er seinen Kopf hin und her; mit wiegenden Schritten gehen; einen wiegenden Gang haben. **2.** ⟨sich w.⟩ *schwingende Bewegungen ausführen:* die Boote wiegen sich auf den Wellen; sie wiegte sich in den Hüften; übertr.: sich in Sicherheit, in großen Hoffnungen w. **3.** ⟨etwas w.⟩ *zerkleinern:* Fleisch, Petersilie w.; gewiegte Zwiebeln.

wiehern: *ein Wiehern hören lassen:* die Pferde wieherten [vor Ungeduld]; übertr. (ugs.): er wieherte [laut] *(lachte sehr laut)* vor Vergnügen; es gab ein wieherndes *(lautes)* Gelächter; subst.: etwas ist zum Wiehern *(zum Lachen).*

Wiese, die: *grasbewachsene Fläche:* eine grüne, saftige, blühende, sumpfige, schattige W.; Wiesen und Wälder; die W. ist feucht, naß; eine W. mähen; auf einer W. liegen, spielen. * **auf der grünen Wiese** *(vor der Stadt; in freiem, noch unbebautem Gelände):* es entstehen immer mehr Supermärkte auf der grünen W.

wieso ⟨Interrogativadverb⟩: *aus welchem Grunde denn?:* w. geht das Licht aus?; ich weiß nicht, w. er dazu kommt; w. [denn]?

wieviel ⟨Interrogativadverb⟩: *welche Menge, Anzahl?:* w. Einwohner hat die Stadt?; w. bin ich dir schuldig?; ich weiß nicht, w. das kostet; w. schöner ist das Leben, wenn ...

wievielte: der wievielte Besucher, Kunde war er?; zum wievielten Male?; am wievielten Juli?; subst.: am Wievielten des Monats?

wild: 1. a) *in der Natur, im Naturzustand [vorkommend]; nicht kultiviert:* wilde, w. lebende Tiere; wilde Tauben; wildes Land; wilde Bäume; wilder Wein; Bergmannsspr.: wildes *(taubes)* Gestein; wilde Völker, Stämme; ein wilder *(ungepflegter)* Bart; das Haar hängt ihr w. ins Gesicht; die Pflanzen, Trauben wachsen w. **b)** *unkontrolliert [sich entwickelnd]:* wildes *(wucherndes)* Fleisch; die wilden Triebe abschneiden; ein wilder Handel, Streik; wildes Parken. **2. a)** *ungestüm, ungebändigt, stürmisch:* das wilde Meer; eine wilde Schlacht; ein wilder Kampf; eine wilde Zeit; ein wildes Kind; eine wilde Phantasie, Leidenschaft; w. drauflosstürmen; es ging alles w. *(heftig)* durcheinander; die Sachen w. *(wüst)* durcheinanderwerfen. **b)** *böse, wütend:* mit wilden Blicken; wilde Augen machen; wilde Verwünschungen, Drohungen, Flüche ausstoßen; er wurde ganz w. (ugs.); w. um sich blicken, schlagen; so etwas macht mich w.; subst.: wie ein Wilder toben, schreien. * (ugs.:) **den wilden Mann spielen/machen** *(unbeherrscht [ohne Berechtigung] wütend sein; toben)* · **in wilder Ehe leben** *(ohne standesamtliche Trauung mit jmdm. leben)* · (ugs.:) **etwas ist halb so wild** *(etwas ist nicht so schlimm, gefährlich)* · (ugs.:) **ganz wild auf jmdn., auf etwas sein** *(jmdn., etwas heftig begehren).*

Wild, das: **a)** *Gesamtheit der jagdbaren Tiere:* ein Stück W.; scheues W.; das W. sucht Futter, wechselt das Revier; wie ein gehetztes W. davonlaufen; das W. schonen, füttern, jagen, lokken, beschleichen, erlegen; dem W. auflauern; nachstellen; auf W. schießen. **b)** *Fleisch vom Wild:* das Geschäft führt, verkauft W.; heute gibt es W. [zu essen]; gerne W. essen.

Wildnis, die: *nicht kultiviertes Land:* in der W. leben; bildl.: der Garten ist die reinste W. *(ist verwahrlost).*

Wille, der: *das Wollen; Entschlußkraft; Absicht:* ein fester, eiserner, stählerner, starker, unbändiger, unbeugsamer, unerschütterlicher, entschlossener, schwacher, schwankender W.; der W. des Volkes zum Frieden; es war der W. des Verstorbenen; das ist Gottes unerforschlicher W.; der gute W. allein reicht nicht aus; es war mein freier W., diese Arbeit zu machen; es ist kein böser W. von mir, wenn ...; guten Willen zeigen, mitbringen; er hat [k]einen, seinen eigenen Willen; den guten Willen für die Tat nehmen; jmds. Willen kennen, ausführen, erfüllen, beeinflussen, lenken, leiten, lähmen, brechen, beugen, beschränken; laß ihm seinen Willen; er soll seinen Willen haben; seinen Willen durchsetzen wollen; jmdm. seinen Willen aufzwingen, aufnötigen [wollen]; er hat den festen Willen, sich zu ändern; einem fremden Willen gehorchen; sich dem Willen der Eltern beugen; die Festigkeit, Stärke, Schwäche des Willens; [voll] guten Willens sein; an gutem Willen hat es nicht gefehlt; auf seinem Willen bestehen, beharren; etwas aus freiem Willen tun; das ist beim besten Willen nicht möglich; bei/mit einigem guten Willen geht es; das geschah gegen/wider meinen Willen, ohne [Wissen und] Willen seines Vaters; es steht in deinem Willen, das zu tun; etwas mit Willen *(absichtlich)* tun; nach dem W. der Mehrheit; Sprichwörter: wo ein W. ist, ist auch ein Weg; des Menschen W. ist sein Himmelreich. * **der Letzte Wille** *(Verfügung im Testament)* · **jmdm. zu Willen sein** *(sich jmdm. unterwerfen, hingeben).*

willen ⟨in der Verbindung⟩ um jmds., einer Sache willen: *wegen; im Interesse von:* um der Kinder, um des [lieben] Friedens w.; etwas nicht um seiner selbst w. tun.

willenlos: *ohne eigenen Willen:* ein willenloses Werkzeug von jmdm. sein; völlig w. sein; jmdm. w. ausgeliefert sein.

willens ⟨in der Verbindung⟩ willens sein ⟨mit Infinitiv mit *zu*⟩: *gewillt sein, etwas zu tun:* ich bin nicht w., das zu tun.

willkommen: *angenehm; gern gesehen:* ein willkommener Gast; ein willkommener Anlaß zum Feiern; das ist ihm eine willkommene Gelegenheit, seine Ideen zu entwickeln; Sie sind uns jederzeit w.; seid alle herzlich w. *(begrüßt).* * **jmdn. willkommen heißen** *(jmdn. begrüßen).*

Willkür, die: *selbstherrliches Verhalten:* das ist reine W.; die W. bekämpfen; der W. des Vorgesetzten ausgeliefert sein; hier ist der W. Tür und Tor geöffnet.

willkürlich: *selbstherrlich, eigenmächtig:* willkürliche Maßnahmen, Änderungen; die Auswahl war ganz w. *(nicht systematisch; zufällig);* etwas w. festlegen, anordnen.

wimmeln ⟨etwas wimmelt von etwas⟩: *etwas ist durch eine große Menge von etwas gekennzeichnet:* die Straße wimmelt von Menschen/auf der Straße wimmelt es von Menschen; hier wimmelt es von Ameisen; die Arbeit wimmelt von Fehlern.

wimmern: *einen wimmernden Laut von sich geben:* vor Schmerzen vor sich hin w.; das kranke Kind wimmerte jämmerlich; subst.: man hörte ein leises Wimmern.

Wimper, die ⟨meist Plural⟩: *Haar am Augenlid:* lange, gebogene, seidige, falsche Wimpern; die Wimpern senken; die Wimpern bürsten, schwärzen, färben; mir ist eine W. ins Auge geraten. * **nicht mit der Wimper zucken** *(keine Reaktion, Betroffenheit zeigen)* · (ugs.:) **ohne mit der Wimper zu zucken** *(kaltblütig, ohne zu zögern)* · (ugs.:) **sich nicht an den Wimpern klimpern lassen** *(sich nichts gefallen lassen).*

Wind, der: **1.** *starke Luftbewegung:* ein heftiger, starker, kühler, eisiger, kalter, lauer, warmer, linder, steifer (nordd.), schneidender, böiger, [un]günstiger, widriger W.; Meteor.: auffrischende Winde aus Ost; W. und Wasser, W. und Wellen/Wogen; der W. weht, bläst, braust, pfeift, heult ums Haus, kommt von Osten; ein leichter W. kommt auf; der W. dreht sich, legt sich, flaut ab, hat aufgehört; der W. bringt Regen, verjagt die Wolken; Sprichw.: wer W. sät, wird Sturm ernten · auf günstigen W. warten; gegen den W. ankämpfen; gegen den W. segeln, kreuzen; Segelsport: [hart] am Winde, mit halbem, vollem Winde, vor dem Winde segeln. **2.** *Blähung:* ihm ging ein W. ab; er ließ einen W. fahren (ugs.), streichen (ugs.). * (ugs.:) **hier, dort weht ein anderer/scharfer/schärferer Wind** *(hier herrscht ein strenger Ton)* · (ugs.:) **wissen/merken, woher der Wind weht** *(wissen/merken, was gespielt wird, was vor sich geht)* · **wie der Wind** *(sehr schnell):* die Nachricht verbreitete sich wie der W. · (ugs.:) **Wind machen** *(prahlen)* · (ugs.:) **viel Wind um etwas machen** *(großes Aufheben von etwas machen)* · (ugs.:) **Wind von etwas bekommen/haben** *(etwas, was man eigentlich nicht wissen sollte, doch erfahren)* · **den Mantel/das Mäntelchen nach dem Wind hängen** *(Opportunist sein; sich der herrschenden Meinung anpassen)* · **jmdm. den Wind aus den Segeln nehmen** *(einem Gegner den Grund für sein Vorgehen oder die Voraussetzungen für seine Argumente nehmen)* · **sich** (Dativ) **den Wind um die Nase wehen lassen** *(die Welt und das Leben kennenlernen)* · **bei/in Wind und Wetter** *(auch bei schlechtem Wetter)* · (ugs.:) **etwas in den Wind schlagen** *(etwas Gutgemeintes nicht beachten)* · **in den Wind reden** *(reden, ohne daß man Gehör findet)* · **in alle Winde** *(in alle Himmelsrichtungen, überallhin)* · (Jägerspr.:) **von jmdm., von etwas Wind nehmen/jmdn., etwas im Wind haben** *(jmdn., etwas wittern)* · **mit dem Wind zu segeln verstehen** *(sich der jeweiligen Situation, Tendenz, [charakterlos] anpassen können).*

Windel, die: *Tuch, in das ein Säugling gewickelt wird:* weiche, frische Windeln; eine W. aus Stoff, Mull; [die] Windeln kochen, waschen; das Kind in Windeln legen, wickeln; damals lagst du noch in [den] Windeln. * **etwas ist/steckt/liegt noch in den Windeln** *(etwas ist noch im Anfangsstadium).*

winden: **1. a)** ⟨etwas w.⟩ *schlingen, flechten:* Garn w.; Blumen zu einem Kranz w.; Kränze, Girlanden w. **b)** ⟨etwas um jmdn., um etwas w.⟩ *etwas um etwas binden, legen:* ein Tuch um den Hals w.; die Arme um jmdn. w.; ⟨jmdm., sich etwas um etwas w.⟩ er wand sich eine Schärpe um den Bauch. **c)** ⟨etwas jmdm. aus etwas w.⟩ *jmdm. etwas entwinden:* jmdm. etwas, eine Waffe aus den Händen w. **2.** (veraltet) ⟨etwas w.; mit Raumangabe⟩ *etwas mit einer Winde befördern:* Wasser aus dem Brunnen w.; etwas nach oben, auf das Baugerüst w. **3. a)** ⟨sich w.⟩ *sich krümmen:* der Wurm windet sich; er windet sich wie ein Aal; er wand sich vor Magenschmerzen; übertr.: du kannst dich drehen und w., wie du willst, du zahlst erst deine Schulden; ⟨häufig im 2. Partizip⟩ *gekünstelt, verkrampft:* gewundene Sätze; eine gewundene Erklärung abgeben; sich gewunden ausdrücken. **b)** ⟨sich w.; mit Raumangabe⟩ *sich schlängeln:* sich durch eine Menschenmenge w.; ein Pfad windet sich in die Höhe; ein gewundener Flußlauf. **4.** (Jägerspr.) *Gefahr wittern:* das Tier windet.

Windeseile ⟨in der Verbindung⟩ in/mit Windeseile: *sehr schnell:* etwas verbreitet sich in/mit W.; etwas in/mit W. tun.

windig: **1.** *voll Wind:* ein windiger Tag; eine windige Stelle, Ecke; es ist heute ziemlich w. **2.** (ugs.) *unsicher, unzuverlässig:* ein windiger Bursche; das ist eine windige *(haltlose)* Ausrede; damit sieht es sehr w. aus.

Windmühle ⟨in der Wendung⟩ gegen Windmühlen kämpfen: *einen aussichtslosen Kampf führen.*

Wink, der: *Zeichen, Hinweis:* ein heimlicher W.; ein W. mit den Augen; es genügte ein W., und er gehorchte; jmdm. einen leisen W. geben, etwas zu tun; jmds. W. verstehen, befolgen, nicht bemerken; er bekam einen W. von oben *(eine Andeutung von höherer Stelle);* übertr.: ein W. des Schicksals *(ein Ereignis, das als Warnung aufgefaßt wird).* * **ein Wink mit dem Zaunpfahl** *(eine sehr deutliche Anspielung).*

Winkel, der: **1.** (Math.) *geometrisches Gebilde aus zwei sich schneidenden Geraden:* ein spitzer, rechter, stumpfer W.; der Scheitel[punkt], die Schenkel eines Winkels; die beiden Linien bilden einen W. von 75°, schneiden sich in einem W. von 75°; an dieser Stelle zweigt die Straße in scharfem W. nach Norden ab. **2.** *Ecke in einem Raum:* in einem W. des Zimmers stand ein Sessel; etwas in allen Ecken und Winkeln suchen. **3.** *abgelegene Stelle:* ein stiller, malerischer W. der Stadt; der Ort hat viele romantische W.; übertr.: im verborgensten W. des Herzens. **4.** *[rechtwinkliges] Gerät zum Zeichnen usw.:* den W. anlegen; mit dem W. zeichnen.

wink[e]lig: *viele Winkel habend; eng:* winkelige Dörfer, Gassen; das Atelier war schräg und w.; die Altstadt ist furchtbar w.

winken: **1. a)** *mit bestimmten Bewegungen etwas ausdrücken:* freundlich, leutselig, mit der Hand, zum Abschied w.; die Kinder standen am Straßenrand und winkten mit Fähnchen; ⟨jmdm. w.⟩ sie winkte ihm mit beiden Armen. **b)** ⟨jmdm.

etwas w.⟩ *durch Winken befehlen:* er winkte ihr, sie solle schweigen. **c)** ⟨jmdm., einer Sache w.⟩ *durch eine Handbewegung herbeirufen:* dem Kellner, einem Taxi w. **d)** ⟨jmdn. w.; mit Raumangabe⟩ *jmdn. durch Winken veranlassen, irgendwohin zu gehen:* er winkte ihn zu sich. **e)** (Sport) ⟨etwas w.⟩ *durch Winken [mit einer Fahne] anzeigen:* der Linienrichter winkte Abseits. **2.** (geh.) ⟨jmdm. winkt etwas⟩ *jmd. kann etwas erwarten; jmd. bekommt etwas:* dem Sieger winken wertvolle Preise; dort winkt ihm höheres Einkommen, großer Gewinn; ⟨ohne Dativ⟩ er ging dorthin, wo die größten Vorteile winkten. * (selten:) **mit dem Zaunpfahl winken** *(auf etwas sehr deutlich anspielen).*

winseln: *ein Winseln von sich geben:* der Hund winselte vor der Tür.

Winter, der: *Jahreszeit zwischen Herbst und Frühling:* ein kalter, harter, strenger, eisiger, rauher, langer, schneereicher, nasser, trockener, milder W.; es wird, ist W.; der W. kommt, dauert lange; ich bin schon den dritten W. hier; die Freuden, Schrecken des Winters; im W. verreisen wir; ich bleibe im W., den W. über, über den W., während des Winters da.

winterlich: *dem Winter entsprechend:* eine winterliche *(verschneite)* Landschaft; heute herrschen winterliche Temperaturen; winterliche *(warme)* Kleidung anziehen; es ist, wird schon sehr w.; w. gekleidet sein.

winzig: *sehr klein:* ein winziges Häuschen; ein winziger Bruchteil der Bevölkerung; ein w. kleines Tier; es ist w. wie ein Staubteilchen; aus der Ferne sieht die Kirche w. aus.

Wipfel, der: *Spitze eines Baumes:* der Wind rauscht in den Wipfeln.

wippen: **a)** *auf der Wippe schaukeln:* die Kinder wippen [auf der Wippe]. **b)** *sich schnell auf und ab bewegen:* beim Laufen wippten ihre Brüste; mit den Füßen, in den Knien w.; der Vogel wippt mit dem Schwanz.

Wirbel, der: **1.a)** *schnelle Drehbewegung:* der Strom hat starke, gefährliche W.; der Rauch stieg in dichten Wirbeln auf; sie beendete den Tanz mit einem wilden W.; übertr. (geh.): sich nicht im W. der Gefühle, Leidenschaften forttreiben lassen. **b)** *großes Aufsehen; Trubel:* er, seine Äußerung verursachte einen großen W.; es wird einen furchtbaren W. geben; um jmdn., um etwas [einen] W. machen. **2.** *Knochen der Wirbelsäule:* der fünfte W. ist gebrochen, beschädigt; ich habe mir den W. verletzt. **3.** *Haarwirbel:* er hat, das Haar bildet einen starken W.; vom W. bis zur Zehe (veraltend; *am ganzen Körper*). **4.** *Trommelwirbel:* einen W. schlagen; sie empfingen ihn mit einem dumpfen W. **5.** *drehbarer Griff:* zum Stimmen der Geige dreht man den W.

wirbeln: **1.a)** *sich schnell drehend bewegen:* das Wasser wirbelt; der Rauch, die Flocken wirbeln durch die Luft; die Tänzerin wirbelte über die Bühne. **b)** ⟨etwas w.; mit Raumangabe⟩ *in schneller Drehung bewegen:* der Wind wirbelte die trockenen Blätter in, durch die Luft. **2.** ⟨etwas wirbelt⟩ *etwas wird in einem Wirbel geschlagen:* die Trommel wirbelt.

wirken: **1.** *tätig sein, arbeiten:* der Arzt hat lange in diesem Dorf gewirkt; an einer Schule als Lehrer, in Asien als Missionar w.; subst.: der Geehrte kann auf ein langes, segensreiches Wirken zurückblicken. **2.** (geh.) ⟨etwas w.⟩ *leisten, hervorbringen:* Gutes w.; der Messias hat viele Wunder gewirkt. **3.** ⟨etwas wirkt; gewöhnlich mit Artangabe⟩ *etwas hat eine Wirkung:* die Arznei wirkt [gut, schlecht, gar nicht]; der Sturm wirkte verheerend; sein Zuspruch wirkte beruhigend, ermunternd auf ihn; die lange Dauer der Aufführung wirkt ermüdend; ich habe diese Stelle des Buches oft auf mich w. lassen. **4.** ⟨mit Artangabe⟩ *einen bestimmten Eindruck hervorrufen:* er wirkt lächerlich; die Arbeit wirkt primitiv; ein sympathisch wirkender Mensch. **5.** ⟨etwas wirkt; mit Raumangabe⟩ *etwas kommt irgendwo zur Geltung:* die Farbe, das Bild wirkt in diesem Zimmer nicht; das Muster wirkt nur aus der Nähe. **6.** (Handw.) ⟨etwas w.⟩ *auf bestimmte Weise aus Fäden herstellen:* Teppiche w.; mit der Hand gewirkte Stoffe. **7.** (Handw.) ⟨etwas w.⟩ *kneten, durcharbeiten:* Teig w. * (ugs.:) **wie ein rotes Tuch auf jmdn. wirken** *(jmdn. zum Zorn reizen)* · (ugs.:) **etwas wirkt Wunder** *(etwas wirkt erstaunlich schnell).*

wirklich: **1.** ⟨Adj.⟩ **a)** *in der Wirklichkeit vorhanden; tatsächlich:* Szenen aus dem wirklichen Leben; ist das der wirkliche *(richtige)* Name des Künstlers? **b)** (ugs.) *echt:* ein wirklicher Freund; das war für mich eine wirkliche *(wirklich spürbare)* Hilfe. **2.** ⟨Adverb⟩ *in der Tat, bestimmt:* ich bin w. zufrieden mit dieser Arbeit; ich weiß w. nicht, wo er ist; w. und wahrhaftig!; w., es ist so!; er ist es w. *(jetzt erkenne ich ihn).*

Wirklichkeit, die: *Realität, tatsächliche Lage:* die rauhe, harte, nackte, unabänderliche W.; die gesellschaftliche, politische W.; die graue W. des Alltags; der Traum wird W.; die W. übertraf alles bisher Erlebte, sieht ganz anders aus; meine Erwartungen blieben hinter der W. zurück; kehren wir in die W. zurück; nur schwer in die W. zurückfinden; in W. liegt die Sache so, ganz anders; sich mit der W. auseinandersetzen; was er sagte, war von der W. weit entfernt.

wirksam: *mit Erfolg wirkend:* ein wirksames Medikament; wirksame Maßnahmen; das Mittel für die Schädlingsbekämpfung ist sehr w.; die neuen Bestimmungen werden mit 1. Juli w. (Amtsdt.; *gelten ab 1. Juli*).

Wirkung, die: *Reaktion, Folge:* eine nachhaltige, wohltuende, schnelle, lähmende W.; die W. der Explosion war entsetzlich; die erhoffte W. blieb aus; Redensart: kleine Ursache, große W. · er tat dies, ohne die gewünschte W. zu erzielen; er wollte die W. noch erhöhen; seine Ermahnungen, Worte hatten keine W., übten keine W. aus, verfehlten ihre W., ließen keine W. erkennen; das Medikament tat seine W.; der Boxer zeigte auf diese Rechte [hin] keine W.; diese Verfügung wird mit W. (Amtsdt.) vom 1. Oktober ungültig; ohne W. bleiben; ich war über die W., von der W. seiner Worte überrascht; das Mittel kam zur W. *(wirkte);* zwischen Ursache und W. unterscheiden.

wirr: **a)** *ungeordnet:* wirre Haare; es herrschte ein wirres Durcheinander von Büchern und Zeitungen; die Haare hingen ihm w. ins Gesicht. **b)** *unklar, verwirrt:* wirre Gerüchte; er ist ein etwas wirrer Gelehrter; ich bin, mir ist ganz w. im Kopf *(ich bin ganz verwirrt).*

Wirren, die ⟨Plural⟩: *ungeordnete Verhältnisse, Unruhen:* politische, häusliche W.; durch die inneren W. ist das Land schwer bedroht; in den W. der Nachkriegszeit.

Wirrwarr, der: *großes Durcheinander:* es gab einen heillosen W.; in dem W. von Stimmen war er kaum zu verstehen.

Wirt, der: *Inhaber, Pächter eines Restaurants:* ein guter, aufmerksamer, tüchtiger W.; der W. des Restaurants begrüßte sie, bediente seine Gäste persönlich; der W. zum „Goldenen Löwen"; den W. spielen; Sprichw.: lieber den Magen verrenken, als dem W. etwas schenken. * (ugs.:) **die Rechnung ohne den Wirt machen** *(sich täuschen, etwas falsch einschätzen).*

Wirtschaft, die: **1.** *Volkswirtschaft:* die kapitalistische, sozialistische W.; die freie W. *(auf freiem Wettbewerb und privater Aktivität beruhende Wirtschaftsform);* die W. liegt danieder, wird von Krisen erschüttert; die W. ankurbeln (ugs.), in Gang halten, [staatlich] lenken, ordnen, planen; sich in der W. betätigen. **2.** *Gaststätte:* er saß in der W., wartete in einer W. auf mich; in die W. gehen; in einer W. einkehren. **3.** *Landwirtschaft, kleines Gut:* er hat nur eine kleine W.; die Frau führt allein die W.; in der väterlichen W. arbeiten. **4.** *Haushalt, Hauswirtschaft:* sie führt ihrem Sohn die W.; eine eigene W. gründen (veraltend); die W. lernen (veraltend). **5.** (ugs.) *Durcheinander, Unordnung:* das ist eine schöne (iron.) W.!; was ist denn das für eine W.?; er konnte diese W. nicht mehr länger ertragen; der Besuch macht ihr viel Arbeit und W. * (ugs.; landsch:) **reine Wirtschaft machen** *(etwas bereinigen, in Ordnung bringen).*

wirtschaften: a) ⟨mit Artangabe⟩ *die gegebenen Mittel in bestimmter Weise einteilen, verwenden:* gut, schlecht, zweckmäßig, sparsam, aus dem vollen, ins Blaue hinein w.; seine Frau muß sehr genau w., um mit dem Geld auszukommen; ⟨auch ohne Artangabe⟩ sie versteht zu w. **b)** (selten) ⟨etwas w.; mit Umstandsangabe⟩ *durch Wirtschaften in eine bestimmte Lage bringen:* er hat die Firma in den Ruin, den Hof zugrunde gewirtschaftet. **c)** *im Haushalt tätig sein:* in Küche und Keller, Haus und Hof w. * **in die eigene Tasche wirtschaften** *(in betrügerischer Weise Profit machen).*

wirtschaftlich: 1. *die Volkswirtschaft betreffend:* die wirtschaftliche und soziale Lage der Angestellten; wirtschaftliche Erfolge, Probleme, Maßnahmen; du läßt dich nur von wirtschaftlichen Erwägungen leiten; es geht ihm w. gut, schlecht. **2.** *rationell; finanziell günstig:* ein wirtschaftliches Auto; eine wirtschaftliche *(sparsame)* Hausfrau; diese Seife ist im Verbrauch sehr w.; das ist nicht w. gedacht, gehandelt.

Wisch, der (abwertend): *wertloses Blatt Papier, Schriftstück:* ich habe den W. weggeworfen; was steht auf diesem W.?

wischen: 1. a) ⟨etwas aus/von etwas w.⟩ *durch Abwischen entfernen:* die Krümel vom Tisch w.; sie wischte das Blut mit einem Tuch von seinem Gesicht; bildl.: er wischte ihre Bedenken, Sorgen einfach vom Tisch *(setzte sich darüber hinweg);* ⟨jmdm., sich etwas aus, von etwas w.⟩ ich wischte mir den Schweiß von der Stirn, die Tränen aus den Augen. **b)** (veraltend) ⟨sich (Dativ) etwas w.⟩ *etwas abwischen, säubern:* er wischte sich den Mund, mit dem Taschentuch die Nase. **2.** ⟨über etwas w.⟩ *eine Bewegung [mit der Hand] über etwas machen:* mit der Hand über den Tisch w.; ⟨sich (Dativ) über etwas w.⟩ er wischte sich mit dem Ärmel über die Stirn. **3.** ⟨etwas w.⟩ **a)** *[mit feuchtem Tuch] säubern:* den Boden, die Treppen w. **b)** *wischend entfernen:* Staub w. **4.** ⟨mit Raumangabe⟩ *sich schnell bewegen:* der Hund wischte um die Ecke. * (ugs.:) **jmdm. eine wischen** *(jmdm. eine Ohrfeige geben)* · (veraltend:) **sich** (Dativ) **den Mund wischen können/dürfen** *(das Nachsehen haben).*

wispern: a) *flüstern:* die Kinder wisperten. **b)** ⟨etwas w.⟩ *leise sagen:* ich habe nicht verstanden, was er wisperte; ⟨jmdm. etwas w.; mit Raumangabe⟩ sie wisperte ihm etwas ins Ohr.

wissen: 1. ⟨jmdn., etwas w.⟩: *Wissen, Kenntnisse haben; jmdn., etwas kennen:* etwas auswendig, [ganz] genau, sicher, mit Sicherheit, bestimmt, nur ungefähr, im voraus, in allen Einzelheiten w.; den Weg, die Lösung, ein Mittel gegen etwas, jmds. Namen, Adresse w.; wissen Sie schon das Neueste?; das Schlimmste weiß er noch gar nicht; viel, nichts von dem Vorfall w.; woher soll ich das w.?; das hätte ich w. sollen, müssen; wenn ich das gewußt hätte ...; etwas aus jmds. eigenem Munde, aus zuverlässiger Quelle w.; Sprichw.: was ich nicht weiß, macht mich nicht heiß · in diesem/für diesen Beruf muß man viel w.; ich weiß ein gutes Lokal, einen guten Schneider; er weiß es nicht anders *(er hat es nicht anders gelernt);* soviel ich weiß, wollte er kommen; ich weiß [mir] keinen anderen Rat/kein größeres Vergnügen, als ...; ich weiß, was ich weiß *(ich bleibe bei meinem Standpunkt);* er weiß alles [besser]; er weiß, was er will *(er hat einen festen Willen);* du mußt wissen *(dir im klaren sein),* was du zu tun hast; nicht w. *(unsicher, unentschlossen sein),* was man tun soll; ich wüßte nicht *(mir ist nicht bekannt),* daß er sich anders entschieden hätte; wenn ich nur wüßte, ob ...; jmdn. etwas w. lassen *(jmdn. benachrichtigen);* ich möchte nicht w., wieviel Geld das alles gekostet hat *(das war alles sehr teuer);* das weiß alle Welt, jedes Kind *(jedermann);* das wissen die Götter/das weiß der liebe Himmel (ugs.; *das weiß ich nicht*); [das] weiß Gott, der Himmel, der Kuckuck, der Henker, der Teufel (ugs.; *ich weiß es nicht*); was weiß ich (ugs.; *das weiß ich nicht und das interessiert mich nicht*); weißt du was *(ich schlage vor),* wir fahren einfach dorthin; man weiß nie *(kann nicht voraussehen),* wozu das gut ist; wer weiß, ob wir uns wiedersehen; ⟨auch ohne Akk.⟩ [ja] ich weiß [schon]; nicht, daß ich wüßte *(mir ist nichts bekannt).* **2.** ⟨von/um etwas w.⟩ *über etwas unterrichtet, im Bilde sein:* ich weiß von seiner schwierigen Situation, um seine Nöte; von dieser/um diese Angelegenheit w. **3.** (geh.) **a)** ⟨jmdn. w.; mit Umstandsangabe⟩ *jmdn. in einer bestimmten Situation wähnen:* jmdn. im Dienst, zu Hause, in Sicherheit w.; jmdn. gut versorgt, glücklich, zufrieden, krank w. **b)** ⟨etwas w.; mit 2. Part.⟩ *sicher sein, daß etwas in bestimmter Weise behandelt wird:* eine Angelegenheit endlich erledigt w.; ich will diese Frage, Äußerung in der Weise, nur so verstanden w., daß ... **4.** ⟨w.; mit Infinitiv mit *zu*⟩ *etwas zu tun verstehen:* sich zu benehmen, zu behaupten w.; etwas zu schätzen w.; er hat gewußt, das Leben zu genießen; sich zu helfen w.; er weiß etwas aus sich, aus jmdm., aus etwas zu machen. **5.** (ugs.) ⟨in bestimmten Verbindungen als verstärkenden floskelhaften Einschüben⟩ so tun, als ob die Angelegenheit[,] wer weiß was[,] wie wichtig sei; er erzählte dies und[,] was weiß ich/ich weiß nicht[,] was noch alles; ich bin[,] weiß Gott[,] nicht kleinlich; er hat noch[,] weiß Gott was/Gott weiß was[,] erzählt. * **Bescheid wissen: a)** *(Kenntnis haben, unterrichtet sein).* **b)** *(etwas gut kennen, sich in etwas auskennen)* · **nicht/weder ein noch aus wissen/weder aus noch ein wissen** *(völlig ratlos sein)* · **von jmdm., von etwas nichts** [**mehr**] **wissen wollen** *(an jmdm., an etwas kein Interesse [mehr] haben)* · (ugs.:) **wissen, wo jmdn. der Schuh drückt** *(Kenntnis davon haben, was jmdn. bedrückt)* · (ugs.:) **wissen, wo der Hund begraben liegt** *(den Kern einer Sache, die Ursache einer Schwierigkeit kennen)* · (ugs.:) **wissen, woher der Wind weht** *(wissen, was gespielt wird, was vor sich geht)* · **wissen, was die Uhr/die Glocke geschlagen hat** *(über jmds. Zorn, Empörung Bescheid wissen)* · (geh.; veraltend:) **etwas kund und zu wissen tun** *(etwas mitteilen, ankündigen).*

Wissen, das: *umfangreiche Kenntnisse:* ein gründliches, reiches, umfangreiches, umfassendes, unverdautes (ugs.), unvergorenes (ugs.) W.; sein W. ist unerschöpflich, reicht dafür nicht aus; Redensart: W. ist Macht · ein großes W. haben, besitzen; sich ein ausgedehntes W. zulegen; aus dem Reichtum, Schatz seines Wissens schöpfen; meines Wissens ist es so; gegen, wider [sein] besseres W.; etwas nach bestem W. und Gewissen tun; das geschah ohne mein W.

Wissenschaft, die: **a)** *Bereich der Forschung und deren Lehren:* die mathematische W.; reine, angewandte Wissenschaft[en]; die W. der Medizin, von den Fischen; Kunst und W.; die W. vorantreiben, fördern, pflegen; der W. dienen; sich, sein Leben der W. widmen, weihen (geh.); er hat sich auf die W. gelegt, geworfen (ugs.); in der W. tätig sein; übertr. (ugs.): etwas ist eine W. für sich *(etwas ist sehr kompliziert);* mit deiner W. *(mit deinem Wissen)* ist es nicht weit her. **b)** *Gesamtheit der Wissenschaftler:* die W. lehnt diese Methode ab, ist anderer Ansicht; Prominenz aus W. und Politik war vertreten.

wissenschaftlich: *der Wissenschaft entsprechend, zugehörig:* wissenschaftliches Denken, Arbeiten; wissenschaftliche Untersuchungen, Forschungen, Ergebnisse; wissenschaftliche Bücher, Vorträge, Tagungen; wissenschaftliche Literatur; der wissenschaftlichen Kritik nicht standhalten; w. arbeiten, tätig sein, geschult sein; diese Theorie ist w. nicht haltbar.

wissentlich: *bewußt, absichtlich:* eine wissentliche Falschmeldung; etwas geschieht w.

wittern: 1. (Jägerspr.:) ⟨[etwas] w.⟩ *[etwas] mit dem Geruchssinn wahrnehmen:* das Reh wittert; der Hund wittert Wild. **2.** ⟨etwas w.⟩ *etwas vermuten, fürchten:* Gefahr, Unheil, Verrat, eine böse Absicht, eine Falle w. * (ugs.:) **Morgenluft wittern** *(die Möglichkeit zu einem Vorteil sehen).*

Witterung, die: **1.** *Wetterlage:* eine kühle, warme, veränderliche, angenehme, feuchte, naßkalte, wechselnde W.; die W. schlägt um; allen Unbilden der W. trotzen; der W. ausgesetzt sein; das hängt von der W. ab. **2.** (Jägerspr.): **a)** *Geruchs-, Spürsinn:* das Tier, der Hund hat eine feine W.; übertr.: er hat eine erstaunlich gute W. für die Marktbedürfnisse. **b)** *Geruchsspur:* die W. [auf]nehmen; dem Hund W. geben. * **Witterung von etwas bekommen: a)** (Jägerspr.; *etwas wittern*). **b)** *(etwas merken).*

Witz, der: **1.** *Scherz; Äußerung mit besonderer Pointe:* ein guter, schlechter, fauler, alberner, geistreicher, platter, politischer, ein-, zweideutiger, unanständiger, schmutziger (ugs.) W.; der W. ist [ur]alt; und was, wo ist jetzt der W. [dabei]?; einen W. erzählen, loslassen (ugs.); laß deine dreckigen Witze!; Witze machen; über seine eigenen Witze lachen; übertr. (ugs.): das ist der [ganze] W. [bei der Sache] *(das ist alles);* das ist [ja] gerade der W. *(darauf kommt es an);* der W. *(der Kern der Sache)* ist nämlich der, daß ...; das ist doch [wohl nur] ein W. *(das ist doch nicht wahr, möglich);* mach keine Witze! *(das ist nicht möglich!).* **2.** (veraltend) *Geist; geistreiche Art; Verstand:* ein sprühender, beißender, scharfer W.; er hat viel W., hat entschieden W.; jmdm., einer Sache fehlt der W.; sein W. *(Spott)* macht vor niemandem, vor nichts halt; seinen W. zeigen (geh.), betätigen (geh.); eine mit W. und Laune, mit Geist und W. vorgebrachte Erzählung. * (ugs.:) **Witze reißen** *(Späße machen).*

witzig: 1. *geistreich, humorvoll:* eine witzige Rede, Bemerkung; witzige Einfälle, Ideen; er ist ein witziger Mensch, Kopf; er ist sehr w.; deine Äußerung war alles andere als w.; etwas w. formulieren. **2.** (ugs.) *merkwürdig:* eine witzige Sache; das ist ja w.

wo: I. ⟨Adverb⟩ *an welcher Stelle:* **1.** ⟨interrogativ⟩ wo warst du heute?; wo wohnt er?; wo ist er geboren?; wo können wir uns treffen?; wo [denn] sonst?; von wo ist er gekommen?; subst.: es geht um das Wann, Wo und Wie. **2.** ⟨relativ⟩ **a)** ⟨lokal⟩ die Stelle, wo es passiert ist, markieren; überall, wo Menschen wohnen; bleibe da, wo du bist; paß auf, wo er hingeht!; wo immer er auch sein mag ... **b)** ⟨temporal⟩ in dem Augenblick, zu dem Zeitpunkt, wo ...; es kommt noch der Tag, wo er mich braucht. **3.** (ugs.; hochsprachlich nicht korrekt) ⟨indefinit⟩ der Schlüssel wird doch wo *(irgendwo)* liegen, zu finden sein; das Geschäft soll, muß hier wo sein. **II.** (veraltend) ⟨Konjunktion; in Verbindung mit *nicht*⟩ *wenn nicht:* bei deinem Fleiß wird er dich erreichen, wo nicht übertreffen; er soll kommen, wo nicht, wenigstens schreiben. * **i wo!** *(durchaus nicht; keineswegs).*

woanders ⟨Adverb⟩: *an anderer Stelle:* w. wohnen, leben; mit seinen Gedanken w. *(nicht bei der Sache)* sein.

Woche, die: *Zeitraum von sieben Tagen, von Sonntag an gerechnet:* diese, die letzte, [über]nächste, vergangene, kommende W.; die dritte W. des Monats; die W. vor, nach Pfingsten; die W. war sehr ruhig, ging schnell vorbei/vorüber; Wochen und Monate vergingen; das Kind ist drei Wochen alt; ⟨Akk. als Zeitangabe⟩ drei Wochen [lang]; alle drei Wochen, jede dritte W. besuchte er sie · vor, nach drei Wochen; die W. über/in, während der W. *(an den Wochentagen);* Mitte der W.; am Anfang, gegen Ende der W.; auf Wochen hinaus ausgebucht sein;

heute vor/in drei Wochen; die Arbeit muß noch in dieser W. fertig werden; er wurde zu sechs Wochen Arrest verurteilt. * **in die Wochen kommen** *(niederkommen)* · **in den Wochen sein/liegen** *(im Kindbett liegen).*

Wochenende, das: *dienstfreie Zeit am Ende einer Woche:* ein langes, verlängertes W. *(mit zusätzlicher Freizeit, meist Feiertagen);* das W. in den Bergen verbringen; ich wünsche Ihnen ein angenehmes W.; an den Wochenenden fortfahren; über das W. verreist sein.

wöchentlich: *jede Woche:* wöchentliche Lieferung; die Zeitschrift erscheint w.; w. zweimal/zweimal w. zum Arzt gehen.

Woge, die (geh.): *mächtige Welle:* brandende, brausende, dunkle, stürmische, haushohe Wogen; Wind und Wogen; die Wogen schlagen ans Ufer; in den Wogen verschwinden; von den Wogen hin und her geworfen werden; bildl.: die Wogen der Begeisterung, Erregung, Stimmung ging hoch, schlugen immer höher, glätteten sich allmählich. * **Öl auf die Wogen gießen** *(jmdn., etwas beruhigen, besänftigen).*

wogen (geh.) ⟨etwas wogt⟩: *etwas bildet Wogen:* das Meer wogt, die Fluten wogen; wogende Wellen; die wogende See; bildl.: *sich hin und her bewegen:* das Getreide[feld] wogt; die Ähren wogten im Wind; wogende Saaten; wogende Menschenmassen; mit wogender Brust, mit wogendem Busen stürmte sie herein; zur Zeit wogt noch ein heftiger Kampf [hin und her]; es wogte in ihr *(sie war innerlich bewegt, erregt)* vor Empörung und Scham.

woher ⟨Adverb⟩: *von welcher Stelle, Richtung:* **1.** ⟨interrogativ⟩ w. kommst, stammst du?; ich weiß nicht, w. er das hat; w. des Wegs? (geh.); Redensart: w. nehmen und nicht stehlen? (ugs.; *wie soll das beschafft werden?*). **2.** ⟨relativ⟩ er soll wieder dorthin gehen, w. er gekommen ist. * **ach woher [denn]** *(keineswegs).*

wohin ⟨Adverb⟩: *in welche Richtung; an welchen Ort:* **1.** ⟨interrogativ⟩ w. gehst du?; ich weiß noch nicht, w. ich im Urlaub fahren soll; w. des Wegs? (geh.). **2.** ⟨relativ⟩ w. wir uns wandten, niemand half uns.

wohl ⟨Adverb⟩: **1. a)** *(körperlich) gut, angenehm, behaglich:* mir ist nicht w., geht es w.; sich nicht ganz, recht w. fühlen; sich wieder w. befinden (geh.); am wohlsten ist es mir, fühle ich mich zu Hause; die Wärme tut mir sehr w.; laß dir's w. schmecken, weiterhin w. ergehen; es sich w. sein lassen; jmdm. ist es w. ums Herz; jmdm. ist es dabei nicht w. zumute; mir ist nicht w. bei dem Gedanken; /in bestimmten formelhaften Verbindungen/ leben Sie/lebe w.!; gehab dich w.! (veralt.; noch scherzh.); [ich] wünsche w. geruht, gespeist zu haben (veraltet). **b)** *gut:* es ist alles w. geordnet; bedenke alles w.; du tust w. daran, wenn ...; ich weiß [sehr] w., daß ...; das steht dir [nicht] w. an. **2.** *anscheinend, vermutlich:* das ist w. möglich; es wird w. besser sein, wenn ...; er wird w. noch kommen; sie wird w. keine Zeit haben; du bist w. beleidigt?; es kann [ja] w. nicht anders gewesen sein; es wird w. noch ein Jahr dauern, bis ...; du bist w. wahnsinnig? (ugs.). **3.** *zwar:* er sagte w., er wolle das tun, aber ich glaube ihm nicht; das wird w. gesagt, aber ... **4.** /drückt eine Bekräftigung aus/: willst du w. folgen, hören?; siehst du w., das habe ich dir gleich gesagt!; das kann man w. sagen; sehr w.! *(Ausdruck der Zustimmung).* * **wohl oder übel** *(ob man will oder nicht)* · (ugs.:) **sich in seiner Haut [nicht] wohl fühlen** *([un]zufrieden sein)* · (ugs.:) **jmdm. ist [nicht] wohl in seiner Haut** *(jmd. ist [un]zufrieden).*

Wohl, das: *Wohlbefinden:* das seelische, körperliche, öffentliche W.; das W. seiner Familie liegt ihm am Herzen; das W. und Wehe des Volkes liegt in seinen Händen; das W. des Staates hängt davon ab; auf sein W. bedacht sein; auf jmds. W. trinken, das Glas leeren; Trinksprüche: auf Dein/Ihr W.!; zum W.! · für das Wohl seiner Kinder sorgen; das geschah nur zu deinem W. * **Wohl und Wehe** *(Wohlergehen, Schicksal).*

Wohlgefallen, das (veraltet): *Gefallen, Freude:* sein W. an etwas, an jmdm. finden, haben; etwas erregt, findet jmds. W.; etwas mit W. betrachten. * (ugs.; scherzh.:) **etwas löst sich in W. auf: a)** *(etwas geht entzwei):* das Spielzeug löst sich in W. auf. **b)** *(etwas verschwindet).*

wohlhabend: *begütert, reich:* ein wohlhabender Bürger; sie stammt aus einer wohlhabenden Familie; er ist sehr w.

Wohltat, die: *gute Tat:* jmdm. eine [große] W. erweisen; von jmdm. eine W. annehmen; kleine Wohltaten empfangen; jmdm. für eine W. dankbar sein; übertr.: *Angenehmes:* die W. eines Bades genießen; etwas als W. empfinden; bei der Hitze ist der Regen eine wahre W.

wohltätig: 1. *Wohltaten erweisend; sozial:* wohltätige Einrichtungen; eine wohltätige Veranstaltung; w. sein, wirken. **2.** (selten:) *wohltuend:* einen wohltätigen Einfluß auf jmdn. ausüben.

wohltun ⟨etwas tut wohl⟩: *etwas wirkt angenehm:* die Wärme, der Kaffee tut wohl; ⟨etwas tut jmdm. wohl⟩ die Massage hat mir sehr wohlgetan; ⟨häufig im 1. Partizip⟩ eine wohltuende Stille, Kühle, Wärme; er ist von wohltuender Bescheidenheit; von etwas w. berührt sein.

wohlweislich ⟨Adverb⟩: *aus gutem Grund:* er hat sich w. gehütet, gegen ihn vorzugehen.

wohlwollen ⟨jmdm. w.⟩: *jmdm. gut gesinnt sein:* er will mir wohl, hat mir immer wohlgewollt; ⟨häufig im 1. Partizip⟩ er zeigt eine wohlwollende Freundlichkeit, Gesinnung; wohlwollende Neutralität üben; eine Aufführung wohlwollend besprechen; jmdm. wohlwollend auf die Schulter klopfen; einer Sache wohlwollend gegenüberstehen; w. über jmdn., von jmdm. sprechen.

Wohlwollen, das: *Geneigtheit; wohlwollende Gesinnung:* väterliches W.; W. zeigen; jmds. W. genießen; jmdm. W. entgegenbringen, bekunden (geh.), bezeigen (geh.); W. für jmdn. empfinden, hegen (geh.); ich möchte mir sein W. nicht verscherzen; jmdn., etwas mit W. behandeln, betrachten; auf jmds. W. angewiesen sein.

wohnen ⟨mit Umstandsangabe⟩: *seine [ständige] Unterkunft haben:* in der Stadt, auf dem Land[e], im Grünen, am Waldrand, in einer vornehmen Gegend, in einem Neubau, im Nachbarhaus, in der Rheinstraße wohnen; wo wohnst du?; parterre, zwei Treppen [hoch], vierter/vierten Stock/im vierten Stock, bei den Eltern, zur Miete, in Untermiete, möbliert, billig, primitiv, menschenunwürdig, komfortabel, schön w.; er wohnt am Ende der Welt (ugs.; *weit draußen*), drei Kilometer, nur zehn Minuten vom Büro entfernt; Tür an Tür, über/unter jmdm. w.; nur vorübergehend, für 14 Tage dort w.; hier läßt es sich gut, angenehm w.; in diesem Hotel wohnt man gut *(ist man gut untergebracht)*; übertr.: in seinem Herzen wohnt der Wunsch, einmal dorthin zu kommen.

Wohnsitz, der: *Ort, wo man gemeldet ist und meist ständig wohnt:* erster, zweiter W.; sein ständiger W. ist München; er hat seinen W. in München; den W. wechseln; keinen festen W. haben; seinen W. nach Köln verlegen.

Wohnung, die: *Einheit von Räumen als ständige Unterkunft:* die elterliche W.; eine große, komfortable, geräumige, winzige, billige, teure, schöne, sonnige, helle, moderne, leerstehende, völlig renovierte, neu hergerichtete, dunkle, kalte, feuchte W.; eine W. mit drei Zimmern, Küche, Bad; eine W. in einem Neubau, mit allem Komfort; die W. ist sehr teuer, für uns zu klein [geworden], ist abgewohnt, verwohnt; die W. wird zum Jahresende frei, ist am 1. Juli beziehbar; die W. kostet 300 Mark monatlich; die W. liegt in der Innenstadt, weit draußen, im 3. Stock, zur Straße; die W. hat Südlage; eine W. suchen, finden, vermitteln, belegen, tauschen, [ver]mieten, beziehen, aufgeben, räumen, kündigen, übernehmen; jmdm. eine W. zuweisen; jmdm. Kost und W. geben, bieten (veraltend); Wohnungen [für Kinderreiche] bauen; in der alten, neuen W.; sich nach einer größeren W. umsehen.

wölben: **a)** ⟨etwas w.⟩ *etwas bogenförmig anlegen:* die Saaldecke leicht w.; die Kuppel ist stark gewölbt; ⟨häufig im 2. Partizip⟩ eine gewölbte Decke, Halle; er hat eine hohe, gewölbte Stirn. **b)** ⟨sich w.; mit Raumangabe⟩ *sich bogenförmig erstrecken:* eine Steinbrücke wölbt sich über den Fluß; ein prachtvoller Sternenhimmel wölbt sich über uns.

Wolf, der: **1.** /*ein Raubtier*/: ein reißender W.; die Wölfe heulen; hungrig wie ein W. sein *(großen Hunger haben)*; ein W. hat mehrere Schafe gerissen. **2.** *Fleischwolf:* Fleisch, Gemüse in den W. stecken, im W. zerkleinern. **3.** /*eine Hautentzündung*/: ich habe mir einen W. gelaufen. * **ein Wolf im Schafspelz sein** *(ein Mensch mit sanftem Auftreten, aber von grausamem Wesen sein)* · **etwas durch den Wolf drehen** *(etwas im Fleischwolf zerkleinern)* · (ugs.:) **jmdn. durch den Wolf drehen** *(jmdn. hart herannehmen, ihm sehr zusetzen)* · **mit den Wölfen heulen** *(sich aus Opportunismus im Reden und Handeln der Mehrheit anschließen)*.

Wolke, die: *größere Ansammlung von Wassertropfen oder Eiskristallen:* helle, graue, schwarze, dunkle, leichte, schwere, finstere, drohende Wolken; aus Westen ziehen dicke Wolken auf; die Wolken ballen sich, türmen sich, ziehen sich [am Horizont] zusammen, bringen Regen; die Wolken stehen, ziehen, hängen tief, zerteilen sich, jagen, rasen am Himmel; die Wolken haben sich wieder verzogen; der Wind [ver]jagt die Wolken; die Sonne brach durch die Wolken; die Bergspitzen verschwinden in den Wolken; über den Wolken fliegen; der Himmel ist von Wolken bedeckt; bildl.: eine W. von Staub, Qualm; eine W. von Parfum hinter sich herziehen; Wolken von Heuschrecken überfielen das Land; er qualmte dicke Wolken (ugs.; *er rauchte sehr stark*); sie war in Wolken von Tüll gehüllt; dunkle Wolken *(unheilvolle Ereignisse)* ziehen am politischen Horizont herauf; die Stimmung war von keinem Wölkchen getrübt. * (ugs.:) **aus allen Wolken fallen** *(sehr überrascht, enttäuscht sein)* · (berlin.:) **etwas ist 'ne Wolke** *(etwas ist großartig)*.

Wolle, die: *Büschel von Haaren bestimmter Tiere:* rohe, reine *(unvermischte)*, weiche, rauhe, feste, gekräuselte, schlichte, naturfarbene W.; W. von Schafen, Kamelen, Ziegen; die W. kratzt [auf der Haut], ist durch vieles Waschen hart geworden; W. spinnen, verarbeiten, reinigen, färben; ein Pullover aus feiner W.; bildl. (ugs.): er hat eine gewaltige W. *(dichtes, ungepflegtes Haar)* auf dem Kopf. * (ugs.:) **jmdn. in die Wolle bringen** *(jmdn. reizen, wütend machen)* · (ugs.:) **leicht/schnell in die Wolle kommen/geraten** *(schnell wütend werden)* · (ugs.:) **sich in [die] Wolle reden** *(in Zorn geraten)* · (ugs.:) **mit jmdm. in die Wolle geraten/sich mit jmdm. in der Wolle haben** *(sich mit jmdm. zanken)*.

wollen: **1.** ⟨etwas w.⟩ *etwas wünschen, verlangen, erstreben:* eine befriedigende Lösung, klare Verhältnisse w.; er will nur dein Bestes, dein Glück, deine Freundschaft, deine Liebe; eine Frau, die weiß, was sie will; was wollen Sie eigentlich [von mir]?; bei ihm, da, dagegen ist nichts zu w. (ugs.; *nichts zu machen*); sie will, daß ich mitfahre; er wollte etwas von ihr (ugs.; *intime Beziehungen*); diese Pflanzen wollen *(brauchen)* feuchten Boden; ⟨auch absolut⟩ er kann, wenn er will *(den Willen dazu hat)*; ⟨im 2. Konjunktiv als Ausdruck eines irrealen Wunsches⟩ ich wollte, es wäre alles schon vorbei! **2.** ⟨mit Infinitiv⟩ **a)** *beabsichtigen, mögen:* teilnehmen, fahren, anrufen w.; alles allein machen, besser wissen w.; was ich noch sagen wollte; was wollen Sie damit sagen?; wohin willst du fahren?; na, dann wollen wir mal anfangen, an die Arbeit gehen (ugs.); das will ich dir [denn doch] geraten haben! *(laß dir das gesagt sein)*; das Mädchen zur Frau haben w.; ich will endgültig wissen, was hier gespielt wird; er will Ingenieur werden; nichts mit jmdm., mit etwas zu tun haben w.; nichts von jmdm., von etwas wissen w.; er wollte mich nicht mehr kennen; niemand will es jetzt gewesen sein; ich will nichts gesagt haben; das will ich nicht gehört, gesehen haben /*eine Warnung*/; er will das gehört, gesehen haben *(er behauptet, das gehört, gesehen zu haben)*; ⟨auch ohne Infinitiv⟩ zum Zoll, Film, Theater w.; das habe ich nicht gewollt; keine Kinder w.; sein Recht, Geld w.; man kann nicht alles auf einmal w.; was willst du mehr? *(du kannst mit dem Erreichten zufrieden sein)*; nenne es, wie du willst; er wurde frech oder, wenn du willst *(man kann auch sagen)*, zudringlich; du mußt [das tun], ob du willst oder nicht; nach Hause, an die See, nicht kommen w.; wollen Sie zu mir?; warte, ich will dir/dir will ich /ugs.; *eine Drohung*/. **b)** (veraltend) ⟨im 1. Konjunktiv⟩ /drückt einen Wunsch, eine höfliche Aufforderung aus/: wenn Sie das bitte beachten wollen; Sie wollen sich bitte morgen bei mir melden, einfinden; er wolle sofort zu mir kommen; Redensart: das wolle Gott verhüten. **c)** /hat nur umschreibende Funktion/: es will mir scheinen *(es scheint mir)*, daß ...; das will nicht viel sagen, bedeuten *(das sagt, bedeutet nicht viel)*; das will mir nicht gefallen *(das gefällt mir nicht)*; die Arbeit will mir heute nicht schmecken (ugs.; *gefällt mir heute nicht*); das will ich meinen, glauben /*Ausdruck der Zustimmung*/; es will mir nicht in den Kopf, Sinn *(ich kann nicht glauben)*, daß ...; es will und will nicht regnen *(es besteht keine Aussicht auf den ersehnten Regen)*. **3.** ⟨in Verbindung mit dem 2. Partizip mit *sein* oder *werden*⟩ *müssen:* dieser Schritt, diese Entscheidung will gut überlegt, nicht übereilt sein; so eine Sache will vorsichtig angefaßt, überlegt, behandelt werden; das Autofahren will gelernt sein. * (ugs.:) **so Gott will** *(wenn nichts dazwischenkommt)* · **dem sei/sei dem, wie ihm wolle** *(ob es sich nun so oder so verhält)*.

Wonne, die: *Gefühl des höchsten Vergnügens:* das ist eine wahre W.; es ist eine W., ihn spielen zu sehen; es wäre mir eine W., ihm gehörig die Meinung zu sagen; etwas mit W. *(mit großem Vergnügen)* tun.

Wort, das: **1.** *Einheit von Lautung und Inhalt:* ein kurzes, einsilbiges, mehrsilbiges, einfaches, zusammengesetztes, deutsches, germanisches, fremdes, slawisches, altes, veraltetes, neues, modernes, schwieriges, unbekanntes, mehrdeutiges, derbes, unanständiges, treffendes W.; ein W. der Fachsprache, aus der Gaunersprache, aus dem Englischen; das W. „Haus"; das W. ist aus dem Französischen entlehnt, ist nicht zu übersetzen, ist unaussprechbar; bildl.: ihm blieb vor Überraschung das W. im Hals, in der Kehle stecken; jmdm. liegt das W. auf der Zunge *(jmdm. will ein Ausdruck nicht sofort einfallen)* · ein W. verstehen, buchstabieren, richtig schreiben, aussprechen, übersetzen, gebrauchen, die letzten Wörter verschlucken (ugs.; *unverständlich aussprechen*); Wörter her-, ableiten, [neu] prägen, lernen; bestimmte Wörter an-, durch-, unterstreichen, gesperrt, kursiv setzen; ein anderes W. dafür einsetzen, verwenden; die Bedeutung eines Wortes; in des Wortes wahrer, eigenster Bedeutung; im eigentlichen, vornehmsten Sinne des Wortes; 2000 Mark, in Worten: zweitausend; mit einem W.: nein!; nach dem passenden W. suchen. **2.** *Äußerung, Ausspruch:* freundliche, freie, freimütige, grobe, harte, scharfe, aufmunternde, überschwengliche, zündende, passende, zu Herzen gehende, unnötige, höfliche, unbedachte, unvorsichtige, salbungsvolle, aufreizende, beschwichtigende, markige, hohle, hochtrabende, große, geistreiche, goldene *(beherzigenswerte)*, erhebende, witzige, treffende, zärtliche Worte; das gedruckte W.; ein dichterisches, klassisches W.; Worte des Glaubens; das sind nur leere, schöne Worte; jmdm. fehlen die Worte *(jmd. ist völlig überrascht)*; das waren Ihre Worte; kein W. ist darüber gefallen *(darüber wurde überhaupt nicht gesprochen)*; ein W. gab das andere *(sie gerieten in Streit)*; zwischen uns ist kein böses W. gefallen; daran/davon ist kein W. wahr; daran ist kein wahres W.; jedes W. von ihm traf, saß (ugs.; *hatte Wirkung*); ein unbedachtes W. ist ihm entschlüpft, herausgerutscht (ugs.); diese Worte galten ihm, der Opposition; mit jmdm. ein W. [unter vier Augen] sprechen; rede doch ein W.! *(sage doch etwas!)*; einige Worte an die Eltern, Angehörigen richten; kein W. fallenlassen (ugs.; *sagen*); er hat mir davon kein [einziges] W. *(nichts)* gesagt; kein W. davon wissen; vor Angst, Schreck kein W. herausbringen (ugs.; *sagen können*), über die Lippen bringen; keine Worte *(kein Verständnis)* dafür haben, finden; spare dir deine Worte!; ein W. einwerfen, dagegen sagen; mit jmdm. ein ernstes, offenes, deutliches W. reden, sprechen; mit jmdm. ein paar freundliche Worte wechseln; er wollte nur ein paar Worte sprechen *(eine kleine Ansprache halten)*; die Worte des Pfarrers beherzigen; Redensart: dein W. in Gottes Ohr *(möge eintreffen, was du sagst)* · dein Wort in Ehren, aber ...; er pflegt seine Worte genau zu wählen, abzuwägen; die richtigen, passenden Worte für etwas finden; er warf nur wenige Worte ins Gespräch; bei dem Lärm sein eigenes W. nicht mehr verstehen; das letzte W. ist [in dieser Angelegenheit] noch nicht gesprochen *(die Angelegenheit ist noch nicht endgültig entschieden)*; das letzte W. *(die Entscheidung)* hat der Präsident; jedes W. von dem, was jmd. gesagt hat, unterschreiben *(mit allem einverstanden sein, alles unterstützen)*; ein W., Wörtchen mitzureden haben; hast du da noch Worte? /*Ausdruck der Entrüstung*/; das W. haben *(mit seinen Ausführungen beginnen)*; jmdm. das W. geben, erteilen, entziehen, abschneiden; sich an jedes W. klammern; sich an seinen eigenen Worten berauschen; auf jmds. W./Worte *(Rat)* hören; [nicht] viel auf jmds. W./Worte geben; er hört, gehorcht aufs W. *(sofort)*; auf ein W.! *(ich habe dir/Ihnen etwas zu sagen)*; sich nicht durch seine Worte beeinflussen lassen; etwas in wohlgesetzten Worten darlegen; in seinen Worten lag ein Vorwurf, eine Drohung; etwas in dürren, schlichten, wenigen Worten beschreiben; jmdn., etwas mit keinem W. erwähnen; mit anderen Worten *(anders ausgedrückt)*; etwas in Worte fassen, kleiden *(etwas ausdrücken)*; davon war mit keinem W. die Rede; jmdn. mit leeren, schönen W. abspeisen *(jmdm. nichts Verbindliches sagen)*; mit diesen Worten verließ er das Zimmer; nach Worten suchen, ringen; ohne viel, große Worte zustimmen; ums W. bitten; sich zu W. melden; jmdn. [nicht] zu W. kommen lassen. **3.** (geh.) *Text; Wortlaut:* die Worte zu dieser Musik schrieb ...; etwas in W. und Bild darlegen; nach den Worten der Heiligen Schrift; Lieder ohne Worte. **4.** *Versprechen; Zusage:* das soll ein W. sein *(als Versprechen gelten)*; das ist ein W.; Redensart: ein Mann, ein W. (eine Frau, ein Wörterbuch; scherzh.) · sein W. geben, halten, einlösen, brechen; ich habe sein W.; ich gebe Ihnen mein W. darauf; sein W. zurücknehmen, zurückziehen; auf mein W.!; jmdn. beim Wort nehmen. * **geflügelte Worte** *(oft zitierte Aussprüche, Sätze)* · **etwas ist jmds. letztes Wort** *(etwas ist jmds. äußerstes Entgegenkommen)* · **das Wort ergreifen/nehmen** *(in einer Versammlung sprechen)* · (geh.:) **jmdm., einer Sache das Wort reden** *(sich sehr für jmdn., für etwas einsetzen)* · (ugs.:) **noch ein Wörtchen mit jmdm. zu reden haben** *(jmdn. wegen etwas zur Rechenschaft ziehen müssen)* · **das große Wort haben/führen** *(großsprecherisch reden)* · **ein gutes Wort für jmdn. einlegen** *(sich für jmdn. verwenden)* · **das letzte Wort haben/behalten** *(immer noch einmal dagegenre-*

den) · **kein Wort über etwas verlieren** *(über etwas nicht mehr sprechen)* · (ugs.:) **jedes Wort auf die Goldwaage legen: a)** *(etwas wortwörtlich, übergenau nehmen)* · **b)** *(in seinen Äußerungen sehr vorsichtig sein)* · **jmdm. das Wort aus dem Mund nehmen** *(vorbringen, was ein anderer auch gerade sagen wollte)* · **jmdm. das Wort im Munde [her]umdrehen** *(jmds. Aussage absichtlich falsch, gegenteilig auslegen)* · **ein Wort viel/dauernd im Munde führen** *(einen Ausdruck oft gebrauchen, anwenden)* · **jmdm. aufs Wort glauben** *(jmdm. glauben)* · (ugs.:) **nicht für Geld und gute Worte** *(um keinen Preis)* · **jmdm. ins Wort fallen** *(jmdn. unterbrechen)* · **in Wort und Schrift** *(in bezug auf Sprechen und Schreiben):* eine Sprache perfekt in Wort und Schrift beherrschen · **ein Mann von Wort sein** *(ein Mann sein, auf den man sich verlassen kann).*

wörtlich: a) *dem Wortlaut genau entsprechend:* die wörtliche Wiedergabe, Übersetzung eines Textes; Sprachw.: die wörtliche Rede · etwas w. zitieren, wiederholen; das ist w. abgeschrieben. **b)** *genau:* er hat das w. [so] gesagt; einen Befehl w. ausführen; du darfst nicht alles [so] w. nehmen.

Wortwechsel, der: *Streit:* in einen heftigen W. [mit jmdm.] geraten; es kam zu einem W. zwischen den beiden.

Wrack, das: *zerstörtes, schrottreifes Schiff, Flugzeug:* das ausgebrannte Schiff treibt als W. auf dem Meer; das W. verschrotten, sprengen; übertr.: er ist nur noch ein W. *(ein körperlich und geistig gebrochener Mensch).*

Wucher, der: *übertriebene Geldforderung:* das ist W.; mit etwas W. treiben; jmdn. wegen Wuchers anzeigen, verurteilen.

wuchern: 1. ⟨etwas wuchert⟩ *etwas wächst, vergrößert sich unkontrolliert:* das Unkraut wuchert; die Pflanzen wuchern über den Zaun; wucherndes Fleisch; übertr.: der Haß wuchert im verborgenen. **2.** ⟨mit etwas w.⟩ *mit etwas Wucher treiben:* mit seinem Geld, Vermögen w.

Wuchs, der: **1.** *Art zu wachsen:* Pflanzen mit raschem, von schnellem W. **2.** *Gestalt, Statur:* er ist von kräftigem W.; eine Person von schlankem, schmalem W.

Wucht, die: **1.** *große Schwungkraft:* eine ungeheure W. steckt hinter den Schlägen des Boxers; jmdn. mit voller W. [am Kinn] treffen; mit voller W. gegen etwas schlagen, prallen; mit ganzer, aller W. zuschlagen; unter der W. des gegnerischen Angriffs brach die Front zusammen; übertr.: ein Werk mit viel, von großer W. *(von imponierender Form, innerer Dichte).* **2.** (ugs.) *Prügel, Schläge:* eine W. bekommen; du brauchst wohl wieder eine W.? * (ugs.:) **etwas ist eine Wucht** *(etwas ist großartig)* · (ugs.:) **eine [ganze] Wucht** *(eine Menge):* ich habe gleich eine ganze W. gekauft.

wuchtig: a) *kraft-, schwungvoll:* ein wuchtiger Schlag, Gang; die Bewegungen des Turners sind w. **b)** *massig:* eine wuchtige Gestalt, Persönlichkeit; das Denkmal ist, wirkt viel zu w.

wühlen: 1. a) *mit Händen, Pfoten oder Schnauze graben:* Mäuse, Maulwürfe wühlen; die Wildschweine wühlen mit dem Rüssel im Schlamm; die Kinder haben im Sand gewühlt; in der Erde nach Wurzeln, nach Trüffeln w.; übertr.: der Schmerz wühlte *(rumorte)* in seinen Eingeweiden; ⟨etwas wühlt jmdm.; mit Raumangabe⟩ der Hunger wühlte ihm im Gedärm. **b)** *kramen, stöbern:* in der Tasche, in der Schublade, im Koffer w.; er wühlte in alten Papieren. **2.** ⟨etwas w.⟩ *wühlend hervorbringen, schaffen:* Löcher, Gänge (in die Erde) w.; ⟨sich (Dativ) etwas w.⟩ das Tier hat sich einen Gang in den Erdboden gewühlt; bildl.: das Wasser, der Fluß hat sich ein neues Bett gewühlt. **3.** ⟨sich, etwas w.; mit Raumangabe⟩ *hineingraben:* sich in die Erde w.; er wühlte seinen Kopf in die Kissen; bildl.: er hat sich durch die Akten gewühlt *(sich mühsam hindurchgearbeitet).* **4.** ⟨gegen jmdn., gegen etwas w.⟩ *hetzen; geheim dagegen arbeiten:* er hat gegen die Regierung, die Partei, gegen seine Konkurrenten gewühlt. * **in einer [alten] Wunde wühlen** *(erlittenes Leid immer wieder auffrischen).*

wund: *aufgescheuert, offen:* wunde Füße, Hände; die wunden Stellen der Haut mit Puder bestreuen; übertr.: das ist ein wunder Punkt bei ihm *(da ist er sehr empfindlich);* das Kind ist w.; sie hat sich beim Waschen die Hände w. gerieben; er hat sich w. geritten; sich (Dativ) die Finger w. schreiben. * (ugs.:) **sich** (Dativ) **die Füße wund laufen** *(viele Gänge machen, um etwas zu finden, zu erreichen).*

Wunde, die: *durch Verletzung entstandene offene Stelle in der Haut [und im Gewebe]:* eine frische, offene, unbedeutende, leichte, tiefe, klaffende, blutende, eiternde, schwärende (geh.), gefährliche, tödliche W.; die W. eitert, näßt, vernarbt, verharscht, blutet, heilt, klafft, schmerzt, tut weh, brennt, schließt sich; die W. ist wieder aufgebrochen, hat eine große Narbe hinterlassen; eine W. untersuchen, behandeln, verbinden, nähen, kühlen, reinigen, desinfizieren; jmdm., sich eine W. beibringen (geh.); der Verletzte hatte Wunden an Arm und Kopf; der Verletzte blutete aus vielen Wunden; aus der W. drang Blut; er, sein Körper war mit Wunden bedeckt; bildl.: er hat durch seine Worte alte Wunden wieder aufgerissen *(altes Leid wieder aufgefrischt);* der Krieg hat dem Land viele Wunden geschlagen (geh.); du hast damit an eine alte W. gerührt *(etwas Unangenehmes berührt).* * **den Finger auf die [brennende] Wunde legen** *(auf ein Übel deutlich hinweisen)* · **Salz in eine/in jmds. Wunde streuen** *(jmds. Leid noch vermehren).*

wunder[s] ⟨nur in bestimmten Verbindungen⟩ (ugs.:) **wunder[s] was** *(etwas Besonderes; sehr viel):* er meint, w. was er geleistet habe · (ugs.:) **wunder[s] wie** *(besonders, sehr);* er glaubt w. wie gescheit zu sein · (ugs.:) **wunder[s] warum** *(aus welchem besonderen Grund):* wir dachten, w. warum du so lange fortgeblieben bist.

Wunder, das: **1.** *ein durch die Naturgesetze nicht erklärbares Ereignis:* ein großes W.; ein W. geschieht, ereignet sich; die Geschichte seiner Rettung klingt wie ein W.; nur ein W. kann sie retten; es war ein wirkliches W., daß sie unversehrt blieben; wenn nicht ein W. geschieht, sind sie verloren; (ugs.; scherzh.:) es geschehen noch Zeichen und Wunder */Ausruf des Erstaunens/;* Wunder tun (bibl.), wirken (bibl.); sie glaubten an ein W.; auf ein W. hoffen, warten; wie durch ein W. war er zu diesem

Zeitpunkt nicht an der Unglücksstelle. **2. a)** *große Leistung:* diese Brücke ist ein technisches W.; dieser Apparat ist ein W. an Perfektion; mit dieser Arbeit hat er ein W. vollbracht. **b)** *ein bewunderungswürdiges Gebilde:* die Wunder der Natur, der Technik. * (ugs.:) **etwas ist ein/kein Wunder** *(etwas ist [nicht] verwunderlich)* · **was Wunder** *(niemanden wundert es)* · (ugs.:) **etwas wirkt Wunder** *(etwas hilft erstaunlich schnell)* · (ugs.:) **sein blaues Wunder erleben** *(eine böse Überraschung erleben)*.

wunderbar: 1. (selten) *durch ein Wunder bewirkt:* eine wunderbare Fügung, Rettung; sie wurden w. errettet (geh.). **2. a)** *sehr schön, sehr gut:* wunderbares Wetter; die Fahrt, die Reise war w.; das hast du w. gemacht, gesagt; es hat w. geklappt; ich finde es w., daß ...; subst.: Urlaub ist etwas Wunderbares. **b)** *großartig, bewundernswert:* ein wunderbarer Mensch, Künstler; sie war w. in dieser Rolle. **c)** (ugs.) ⟨verstärkend bei Adjektiven⟩ *sehr:* der Sessel ist w. bequem; hier ist es w. warm.

wunderlich: *seltsam, verschroben:* ein wunderlicher Mensch, Kauz; er ist ein wenig w.; im Alter ist er w. geworden; er hat sich recht w. benommen. * **ein wunderlicher Heiliger** *(ein merkwürdiger Mensch, ein Sonderling)*.

wundern: a) ⟨etwas wundert jmdn.⟩ *etwas setzt jmdn. in Erstaunen, überrascht jmdn.:* etwas wundert jmdn. sehr, nicht im geringsten, gar nicht, über die Maßen (geh.; veraltend); seine Einstellung, sein Verhalten wundert sie; es sollte mich w., wenn die Sache nicht doch so wäre; mich wundert, daß du das nicht erkennst. **b)** ⟨sich über jmdn., über etwas w.⟩ *jmdn., etwas nicht recht verstehen; über etwas befremdet sein:* ich habe mich sehr über sein Verhalten gewundert; er konnte sich nicht genug darüber w., daß alles so gut verlaufen ist; ich wundere mich über gar nichts mehr; Redensart (ugs.): ich muß mich doch sehr w.! **c)** ⟨sich w.⟩ *erstaunt, überrascht sein:* du wirst dich wundern, wenn du das Haus jetzt siehst.

wundernehmen (geh.) ⟨etwas nimmt jmdn. wunder⟩: *etwas wundert jmdn.:* es würde mich w., wenn er das täte; das braucht dich nicht im mindesten wunderzunehmen.

Wunsch, der: **1.** *Verlangen, Begehren:* ein großer, glühender, heftiger, leidenschaftlicher, unstillbarer, heißer, lebhafter, brennender, dringender, [un]bescheidener, törichter, kindlicher, naiver, unerfüllbarer, geheimer, heimlicher, verborgener, unbewußter, ehrgeiziger, ehrlicher W.; sein letzter W. war ...; das ist ein begreiflicher W.; sein sehnlichster W. war eine Reise in seine alte Heimat; es war sein ausdrücklicher W., sein W. und Wille, in aller Stille begraben zu werden; ihr W. ist endlich in Erfüllung gegangen; der W., das Land näher kennenzulernen, regte sich in ihm; Redensarten: Ihr W. ist/sei mir Befehl; der W. ist hier der Vater des Gedankens · der W. nach Ruhe war übermächtig (geh.) geworden in ihnen; einen W. äußern, aussprechen, zu erkennen geben (geh.), laut werden lassen, unterdrücken, zurückstellen, haben, hegen; jmds. Wünsche respektieren (bildungsspr.), achten, befriedigen, unterstützen, erhören, erfüllen; etwas ruft einen W. in jmdm. wach, erweckt einen W. in jmdm.; er las ihr den W. an/von den Augen ab; jmds. unausgesprochene Wünsche erraten; sich einen W. erfüllen, versagen; ich habe, was das Essen betrifft, keine besonderen Wünsche; du hast noch einen W. frei *(darfst dir noch etwas wünschen)*; jmdn. packt der W. nach Ungebundenheit; seine Wünsche verbergen; jmds. Wünschen nachkommen, entgegenkommen, entsprechen, stattgeben (Papierdt.), willfahren (geh.), begegnen (geh.), folgen; er widerstand dem W., sich ein neues Auto zu kaufen; er wurde auf eignen W. versetzt; wir richten uns ganz nach ihren Wünschen; es verlief alles ganz nach W. *(ganz so, wie man es sich vorgestellt hatte)*; von einem W. bewegt, beseelt sein. **2.** *Glückwunsch:* das ging über alle seine Wünsche; meine besten, innigsten Wünsche begleiten Sie; beste, herzliche, alle guten Wünsche zum Geburtstag, zum Jahreswechsel; empfangen Sie meine aufrichtigen Wünsche für Ihr Wohlergehen (geh.); mit den besten Wünschen für Sie Ihr ... */Briefschlußformel/*. * **etwas ist ein frommer Wunsch** *(etwas ist eine Illusion)*.

wünschen: 1. ⟨jmdm., einer Sache jmdn., etwas w.⟩ *für jmdn., für etwas erhoffen:* jmdm. von Herzen alles Gute w.; jmdm. eine gute Reise, gute Besserung, einen schönen Tag, Glück, Gesundheit, Erfolg w.; ich wünsche Ihnen ein glückliches neues Jahr; jmdm. Hals- und Beinbruch (ugs.; *alles Gute*) w.; ich wünsche dir guten Appetit; jmdm. guten Morgen w.; wir wünschen dem Unternehmen gutes Gelingen; sie wünschte ihrem Sohne eine gute Frau; Redensart: das wünsche ich meinem ärgsten Feind nicht · ⟨auch ohne Dativ⟩ ich wünsche gute Fahrt, gute Besserung; ich wünsche, wohl zu speisen (geh.), wohl geruht zu haben. **2.** *begehren, gerne haben wollen:* **a)** ⟨sich (Dativ) jmdn., etwas w.⟩ sich etwas sehnlich, sehnsüchtig, brennend w.; was wünschst du dir?; er hat sich von seinen Eltern Schier zu Weihnachten gewünscht; sie wünschen sich ein Baby. **b)** ⟨sich (Dativ) jmdn. als jmdn./zu jmdm. w.⟩ er wünscht sich ihn als Freund, zum Freund. **c)** ⟨etwas w.⟩ etwas aufrichtig, heimlich, von Herzen w.; er wünschte eine Stunde zu ruhen; es wünscht Sie jemand zu sprechen; was wünschen Sie, bitte?; er wünscht *(verlangt)* eine Antwort, er wünscht, daß man sich an die Vorschrift hält; ich wünsche das nicht *(möchte das nicht haben)*; es bleibt zu w./es wäre zu w., daß ... ⟨im 2. Konjunktiv als Ausdruck eines irrealen Wunsches⟩ ich wünschte, es wäre schon Feierabend, ich hätte das nicht gesagt · ⟨auch ohne Akk.⟩ Sie wünschen bitte?; ganz wie Sie wünschen. * (ugs.:) **jmdn. zum Teufel/zu allen Teufeln wünschen** *(jmdn. weit fort wünschen)* · (ugs.:) **jmdm. die Pest an den Hals wünschen** *(jmdm. aus Ärger alles Schlechte wünschen)* · (ugs.:) **jmdn. dahin wünschen, wo der Pfeffer wächst** *(jmdn. weit fort wünschen)* · **etwas läßt zu wünschen übrig** *(etwas ist nicht so, wie es sein sollte)*.

Würde, die: **1.** *Achtung forderndes Wesen, Ehrwürdigkeit; Wertgefühl:* die menschliche, persönliche W.; eine natürliche, schlichte, selbstverständliche, achtunggebietende W.; die W. des Menschen, der Person; die W. des Alters; die Teilnehmer an der Versammlung trugen eine feierliche, steife, gemessene W. zur Schau; jmds. W. antasten, verletzen; die W. wahren; auf W. bedacht sein; etwas mit W. tragen; ohne alle W./(geh.:) bar aller W. sein; übertr.: sich der W. des Hauses, des Gebäudes entsprechend verhalten. 2. *mit Titel und bestimmten Ehren verbundenes Amt:* akademische Würden; die höchste W. erreichen, erlangen; man verlieh ihm die W. eines Doktors ehrenhalber; seiner Würden verlustig gehen; jmdn. in eine W. einsetzen; mit einer W. bekleidet sein; zu hohen Würden emporsteigen; Sprichw.: W. bringt Bürde. * **in Amt und Würden sein** *(eine feste Position innehaben)* · **etwas ist unter aller Würde** *(etwas ist unzumutbar)* · **etwas ist unter jmds. Würde** *(etwas ist jmds. nicht würdig).*

würdig: a) *würdevoll:* eine würdige Feier; ein würdiges Begräbnis; er hat ein würdiges Aussehen; ein würdiger alter Herr; einen würdigen Nachfolger suchen; der Gast wurde w. empfangen; er hat dich w. vertreten; w. einherschreiten. **b)** *wert:* der Ehre, des Lobes w. sein; er zeigte sich seines Vertrauens [nicht] w.; man hat ihn des Preises nicht für w. befunden, gehalten.

würdigen: 1. ⟨etwas w.⟩ *anerkennen:* etwas gebührend, nach Gebühr *(gebührend),* nach Verdienst, [nicht] richtig w.; eine Leistung, ein Verdienst w.; seine Arbeit wurde nicht so gewürdigt, wie sie es verdient hat; er weiß die Hilfe seiner Freunde zu w. *(zu schätzen);* jmds. Gründe für seine Entscheidung w. *(gelten lassen).* **2.** (geh.) ⟨jmdn., etwas einer Sache w.⟩ *für würdig befinden:* jmdn. seines Vertrauens, seines Umgangs, seiner Freundschaft w.; er hat mich keines Grußes, keines Wortes, keiner Antwort gewürdigt; er würdigte ihn bei dem Empfang keines Blickes *(beachtete ihn nicht).*

Würdigung, die: *das Würdigen, Anerkennen:* eine kritische W. seiner Verdienste; bei aller W. seiner Leistungen muß man doch sagen, daß ...; in W. *(Anerkennung)* seiner Arbeit wurde ihm ein Preis zuerkannt.

Wurf, der: **1.** *das Werfen:* ein guter, schlechter W.; ein W. mit dem Ball, mit dem Speer; der erste W. ist nicht geglückt, nicht gelungen; ein W. von 60 Metern; jeder hat drei Würfe; er hat mit einem W. alle Kegel, alle neune getroffen; zu einem W. ansetzen, ausholen. **2.** *Erfolg, ein gelungenes Werk:* der Roman, das Theaterstück ist ein großer, glücklicher W. **3.** *Faltenbildung:* der W. der Falten, der Gewänder, der Vorhänge. **4.** *die auf einmal geborenen Jungen bestimmter Tiere:* ein W. Katzen, Hunde, Kaninchen.

Würfel, der: **1.** */ein geometrischer Körper/:* einen W. zeichnen; das Gefäß hat die Form eines Würfels; die Oberfläche des Würfels berechnen. **2.** *in Würfelform Gebrachtes:* einige Würfel Zucker; sie kocht Suppe aus einem W. (ugs.; *Suppenwürfel*); Speck, Schinken, Fleisch in Würfel schneiden. **3.** *Spielwürfel:* ein Satz Würfel; der W. rollt, zeigt eine Sechs; Redensart: die Würfel sind gefallen *(die Sache ist entschieden, es gibt kein Zurück mehr)* · die Kinder spielen Würfel, spielen mit Würfeln.

würfeln: 1. a) *mit Würfeln spielen:* die Kinder, die Männer am Stammtisch würfelten; er hat mit ihm um Geld gewürfelt. **b)** ⟨etwas w.⟩ *mit dem Würfel werfen:* er hat eine Sechs gewürfelt. **2.** ⟨etwas w.⟩ *in Würfel schneiden:* Speck, Fleisch, Tomaten w.; gewürfelte Zwiebeln.

würgen: 1. ⟨jmdn. w.⟩ *die Kehle zusammendrücken:* der Mörder hatte sein Opfer gewürgt; übertr.: die Angst würgte ihn; eine würgende Angst stieg in ihm auf. **2. a)** *sich übergeben:* er mußte w. **b)** ⟨jmdn. würgt es; mit Raumangabe⟩ *jmd. hat ein Übelkeitsgefühl:* es würgte ihn in der Kehle, im Hals. **3.** ⟨an etwas w.⟩ *etwas nur mühsam hinunterschlucken können:* er würgte an dem Bissen, an dem zähen Fleisch; übertr.: er würgte an seinem Essen *(es schmeckte ihm nicht).* * (ugs.:) **mit Hängen und Würgen** *(mit sehr großer Mühe).*

Wurm, der: */ein Tier/:* ein langer, dünner, schmarotzender W.; in dem Apfel war ein W. *(eine Made);* den Kadaver fressen die Würmer; der W. windet sich, kriecht über das Gras; in den Möbeln ist der W. *(Holzwurm);* Sprichw.: auch der W. krümmt sich, wenn er getreten wird · das Kind, der Hund hat Würmer *(Eingeweidewürmer);* Würmer abtreiben; einen W. *(Regenwurm)* auf den Angelhaken machen; er leidet an Würmern; von Würmern befallen sein, werden. * (ugs.:) **in etwas ist/sitzt der Wurm drin** *(etwas ist nicht in Ordnung; etwas ist nicht so, wie es sein sollte)* · (ugs.; scherzh.:) **den Wurm baden** *(angeln)* · (ugs.:) **jmdm. die Würmer aus der Nase ziehen** *(durch vieles Fragen etwas von jmdm. zu erfahren suchen).*

Wurm, das (ugs.): *Kind:* das kleine W., die armen Würmer, Würmchen hatten nichts zu essen.

wurmen (ugs.) ⟨etwas wurmt jmdn.⟩: *etwas ärgert jmdn. sehr:* etwas wurmt jmdn. sehr, heftig; es wurmte ihn, daß man ihn bei der Beförderung übergangen hatte.

Wurst, die: */aus Fleisch hergestelltes Nahrungsmittel/:* frische, geräucherte, warme, grobe, feine W.; eine große, kleine, pralle W.; Frankfurter, Wiener Würstchen; heiße Würstchen mit Senf; eine Scheibe, ein Stück, eine Ende W.; die W. stopfen, füllen; W. herstellen; sie haben geschlachtet und W. gemacht; die W. aufschneiden, in Scheiben schneiden; du mußt die W. abpellen; eine W. braten; ein Brot mit W. belegen, bestreichen; Fleisch zu W. verarbeiten; Redensarten: es geht/jetzt geht es um die W.! *(jetzt gilt es!);* (ugs.:) W. wider W. * (ugs.:) **jmdm. Wurst sein** *(jmdm. völlig gleichgültig sein)* · (ugs.:) **mit der Wurst nach dem Schinken/nach der Speckseite werfen** *(mit kleinem Einsatz Großes zu gewinnen, zu erreichen suchen)* · (ugs.:) **mit dem Schinken nach der Wurst werfen** *(etwas Größeres für etwas Geringeres wagen)* · (ugs.:) **ein armes Würstchen** *(ein bedauernswerter Mensch).*

Wurzel, die: **1.** *Pflanzenwurzel:* starke, kräftige, dicke, lange, verholzte, weitverzweigte Wurzeln; die Wurzeln verzweigen sich, breiten sich aus, verdorren, faulen; die Pflanzen haben neue Wurzeln getrieben, ausgebildet, bekommen; bildl.: das Übel muß mit der Wurzel ausgerottet werden; ein Übel an der W. fassen, packen; die Axt an die W. legen *(ein Übel gründlich beseitigen);* übertr.: *Ursache, Grund:* die Wurzeln dieses Verhaltens liegen im Unbewußten; die Wurzeln von etwas bloßlegen, freilegen; der Streit hat seine Wurzeln in einem lange zurückliegenden Vorfall; Sprichw.: Geiz ist die W. allen Übels. **2.** *Zahnwurzel:* eine verfaulte W.; die W. ist vereitert; die W. des Zahnes muß behandelt, gezogen werden. **3.** (Math.) *Grundzahl einer Potenz:* die dritte W. aus 27 ist 3; die W. aus einer Zahl ziehen. **4.** (Sprachw.) *Wortwurzel:* die indogermanische W. von *lieben* ist * *leubh-*. * **Wurzeln schlagen: a)** ⟨etwas schlägt Wurzeln⟩ *(etwas bildet Wurzeln aus und wächst an):* der Baum hat Wurzeln geschlagen. **b)** (ugs.; *allzu lange stehend warten müssen*); wir werden noch Wurzeln schlagen, wenn er nicht bald kommt. **c)** *(sich einleben, eingewöhnen):* es dauert lange, bis er Wurzeln schlägt.

wurzeln ⟨etwas wurzelt in etwas⟩: *etwas hat seine Wurzeln in etwas:* die Eiche wurzelt tief im Boden; übertr. (geh.): er wurzelt ganz im mittelalterlichen Denken.

würzen ⟨etwas w.⟩: *mit Gewürzen schmackhaft machen:* etwas kräftig, leicht, stark, scharf w.; sie hat die Suppe, das Fleisch [mit Salz, mit Kräutern] gewürzt; übertr.: er hatte seinen Vortrag mit Anekdoten gewürzt.

würzig: *kräftig in Geruch oder Geschmack:* ein würziger Duft, Geruch; würzige Landluft; würzige Speisen, der Wein ist, schmeckt sehr w.

Wust, der (abwertend): *ungeordnetes Durcheinander:* ein W. von Papieren, Kleidern lag umher; er erstickte förmlich in dem W. von Akten.

wüst: 1. *öde:* eine wüste Gegend, Landschaft. **2.** *wirr, unordentlich, chaotisch:* es herrschte ein wüstes Durcheinander; wüste Unordnung; in seinem Zimmer sah es wüst aus. **3.** *wild; ausschweifend:* ein wüstes Gelage, Fest; er führt ein wüstes Leben; ein wüster Kerl (ugs.), Geselle; eine wüste Szene spielte sich ab; es hatte eine wüste Schlägerei gegeben; sie haben es w. getrieben; du siehst ja w. *(von Ausschweifungen gezeichnet, stark mitgenommen)* aus. **4.** *rüde:* wüste Schimpfwörter, Flüche; er hat ihn w. beschimpft.

Wüste, die: *vegetationsloses Gebiet in heißen Zonen der Erde:* die Karawane durchquert die W. auf Kamelen; die W. überfliegen; eine W. urbar machen, bewässern, in fruchtbares Land verwandeln; die Expedition führte durch die W.; sie waren in der W. verdurstet. * (ugs.:) **jmdn. in die Wüste schicken** *(jmdn. entlassen).*

Wut, die: **1.** *heftiger Zorn:* eine unbändige, ohnmächtige, blinde, sinnlose, grenzenlose, verhaltene, besinnungslose, unsägliche, verbissene, jähe (geh.), maßlose, große W.; W. stieg in ihm auf, überkam ihn, erfüllte ihn (geh.), erwachte in ihm (geh.), packte ihn; die W. des Volkes richtete sich gegen solche Ungerechtigkeiten; die W. der Menge schüren; seine W. an jmdm. auslassen; er hatte, bekam eine fürchterliche W. auf seinen Bruder (ugs.; *war sehr wütend über ihn*); er kämpfte seine W. nieder (geh.), fraß seine W. in sich hinein; aus W. hatte er den Teller an die Wand geworfen; in W. kommen, geraten; sich in W. reden, [hinein]steigern; das Geschwätz brachte ihn in W.; in plötzlicher W. schlug er auf den Mann ein; voller W. ging er davon; er schäumte, bebte, platzte, schnaubte, kochte vor W.; er war blaß, rot vor W. **2.** *das Wüten:* die W. des Feuers, des Orkans; er arbeitete mit einer wahren W. *(mit Verbissenheit).* * (ugs.:) **eine Wut im Bauch haben** *(sehr wütend sein).*

wüten: *toben, rasen:* schrecklich, furchtbar, wie ein Stier, wie ein Berserker w.; er wütete gegen sich, gegen seine Widersacher; er wütete vor Zorn, vor Schmerz; übertr. (geh.): der Sturm, das Feuer, das Meer wütet; der Krieg wütete im Land; eine Seuche hat jahrelang gewütet; ein Schmerz wütete in seinem Leib.

wütend: a) *sehr zornig:* ein wütender Blick; er war sehr w. [über/auf dich]; sie wurde richtig (ugs.) w., als sie von der Sache hörte; das Gerede machte ihn w.; er sah sie w. an. **b)** *sehr groß, erbittert:* ein wütender Haß, Eifer.

X

x, X, das: **1.** *24. Buchstabe des Alphabets:* ein X schreiben. **2.** */Zeichen für einen unbekannten Namen, eine unbekannte Größe/:* Herr X.; die Stadt X.; Unternehmen X; Math.: die Größe x. * (ugs.:) **jmdm. ein X für ein U vormachen** *(jmdn. täuschen, irreführen).*

Z

zackig: 1. *gezackt:* ein zackiger Rand; die Felsgipfel waren z., ragten z. in den Himmel. **2.** (ugs.) *schneidig, straff, forsch:* ein zackiger Soldat; zackige Musik; er ist sehr z.; z. grüßen.

zagen (geh.): *ängstlich, unsicher zögern:* er braucht nicht zu z.; er ging zagend an die neue Aufgabe heran. * **mit Zittern und Zagen** *(angstvoll; voller Furcht).*

zaghaft: *ängstlich, unsicher, schüchtern:* zaghafte Schritte, Gesten; ihr Lächeln war, wirkte sehr z.; sie öffnete z. die Tür.

zäh: 1. a) *zähflüssig:* ein zäher Teig, Lehmboden, Morast; die Masse war z. und klebrig, tropfte z. aus dem Faß. **b)** *schwer dehnbar und fest:* zähes Leder; übertr. (abwertend): zähes Fleisch; das Schnitzel war sehr z. **2. a)** *widerstandsfähig:* ein zäher Mensch, Bursche; ein Mensch von zäher Gesundheit; das Tier hat ein zähes Leben; sie wirkt zwar zart, ist aber sehr z. **b)** *ausdauernd, beharrlich:* zähe Ausdauer; etwas mit zähem Fleiß erreichen; z. an etwas festhalten; etwas z. verteidigen. **c)** *sehr langsam, langwierig:* zähe Verhandlungen; die Arbeit geht nur z. voran.

Zahl, die: **1.** *in Ziffern oder Worten ausgedrückte Angabe einer Menge, Größe, eines Wertes o. ä.:* eine ganze, gebrochene, gerade, ungerade, hohe, niedrige, runde, dreistellige, vierstellige Z.; arabische, römische Zahlen *(Ziffern);* Math.: endliche, abstrakte, reelle, imaginäre, komplexe Zahlen; die Zahlen von 1 bis 100; die angegebene Z. scheint mir zu hoch zu liegen; die Sieben galt als heilige Z.; die Z. dreizehn gilt als Unglückszahl; Zahlen zusammenzählen, addieren, [voneinander] abziehen, subtrahieren, [miteinander] malnehmen, multiplizieren, [durcheinander] teilen, dividieren; eine Z. auf-, abrunden; er hat ein gutes Gedächtnis für Zahlen; etwas in nüchternen Zahlen ausdrücken; den Wert einer Sendung in Zahlen angeben; mit großen Zahlen rechnen. **2.** *Anzahl, Menge, Summe:* eine ungefähre, gewisse, [un]bestimmte, große, unübersehbare, beträchtliche, ausreichende, begrenzte, beschränkte, kleine, verschwindende Z.; ihre Z. ist nun wieder voll; eine große Z. Besucher war/(auch:) waren gekommen; die Z. unserer Mitglieder ist sehr zusammengeschmolzen, steigt ständig; die genaue Z. der Opfer steht noch nicht fest; die Z. der Verbrechen ist gewachsen, hat überhandgenommen; die Z. der Anwesenden schätzen; der Z. nach waren es nur wenige; sie waren sieben an der Z.; die Mitglieder sind in voller Z. erschienen; Leiden ohne/(geh.; veraltend:) sonder Z. *(unzählige, zahllose Leiden).* **3.** (Sprachw.) *Numerus:* das Eigenschaftswort richtet sich in Geschlecht und Z. nach dem Hauptwort.

zahlen: 1. ⟨etwas z.⟩ **a)** *Geld als Gegenleistung geben:* eine Summe auf einmal, in Raten, [in] bar, bargeldlos, durch einen/mit einem Scheck, durch Anweisung, im voraus, in/mit Schweizer Franken z.; viel Geld, einen hohen Preis, 100 Mark [für etwas] z.; Bestechungsgelder, Schmiergelder (ugs.) z.; wieviel hast du z. müssen?; du mußt das Geld an ihn, direkt an die Firma z.; ⟨jmdm. etwas z.⟩ er hat ihm noch 20 Mark für das Buch zu z.; bildl.: für etwas einen hohen, den höchsten Preis z. *(etwas unter großem Verlust erreichen).* **b)** *eine Schuld tilgen, bezahlen:* seine Miete [pünktlich] z.; die Zeche, eine Runde z.; ich zahlte (ugs.) mein Bier, das Hotelzimmer; Schulden, Reparationen, Beiträge, Zoll, Steuern z.; er mußte Strafe z. ⟨auch ohne Akk.⟩ er kann nicht mehr z. *(ist bankrott);* sie haben immer noch an der Waschmaschine zu z. **c)** *seine Rechnung begleichen:* Herr Ober, bitte z.!; sie zahlten und gingen; er zahlte mit einem Hundertmarkschein; er wollte nicht z.; **2. a)** ⟨etwas z.⟩ *auszahlen:* Gehälter, Löhne, Vorschüsse, Prämien z.; ⟨jmdm. etwas z.⟩ er hat ihm eine Abfindung gezahlt. **b)** ⟨mit Artangabe⟩ *in bestimmter Weise entlohnen:* er zahlt gut, schlecht; die Firma zahlt unter Tarif. * (ugs.:) **die Zeche zahlen** *(für etwas einstehen, für den Schaden aufkommen)* · **Lehrgeld zahlen** [**müssen**] *(Erfahrungen durch Mißerfolg, Schaden gewinnen).*

zählen: 1. a) *die Zahlenreihe durchgehen, Zahlen in der Reihenfolge hersagen:* vorwärts, rückwärts, von 1 bis 100 z.; das Kind kann schon [bis 20] z.; es war vorbei, ehe man bis drei z. konnte *(war sehr schnell, im Nu vorbei).* **b)** ⟨etwas z.⟩ *die Anzahl feststellen:* etwas richtig, falsch, genau z.; sein Geld, die Wäschestücke z.; die Kuchenstücke sind gezählt; sie zählte die Tage, Stunden bis zum Tag seiner Ankunft; bei ihm kann man die Rippen z. (ugs.; *er ist sehr mager*); ⟨jmdm. etwas z.; mit Raumangabe⟩ sie zählte dem Kind das Geld, die Groschen auf/in die Hand. **2.** (geh.) **a)** ⟨etwas zählen⟩ *haben, aufweisen:* er zählte gerade, etwa, um, ungefähr, nicht mehr als 40 Jahre; die Stadt, das Land zählt knapp 5 Millionen Einwohner; man zählte [das Jahr] 1870 *(es war das Jahr, im Jahr 1870).* **b)** ⟨nach etwas zählen⟩ *etwas betragen, ausmachen:* die Opfer der Katastrophe zählten nach Hunderten, Tausenden; seine Verbrechen zählten nach Dutzenden. **3. a)** ⟨jmdn., sich, etwas zu jmdm., zu etwas z.⟩ *zu jmdm., zu etwas rechnen:* ich zähle ihn zu meinen Freunden; er kann sich zu den reichsten Männern des Landes z.; sie zählte diese Zeit zu der glücklichsten in ihrem Leben. **b)** ⟨zu jmdm., zu etwas z.⟩ *zu jmdm., zu etwas gehören:* er zählt zu den bedeutendsten Dirigenten seiner Zeit; diese Tage zählten zu den schönsten des Sommers. **4. a)** ⟨etwas zählt⟩ *etwas gilt, ist von Bedeutung:* bei ihm zählt nur die Leistung; das zählt nicht; die Dauer der Betriebszugehörigkeit zählt, nicht das Alter. **b)** ⟨etwas zählt etwas⟩ *etwas hat den Wert, die Bedeutung von etwas:* die roten Spielmarken zählen fünf Punkte, die blauen zehn. **5.** ⟨auf jmdn., auf etwas z.⟩ *sich auf jmdn., auf etwas verlassen:* auf ihn, auf seine Hilfe kannst du z.; ich zähle auf dich; können wir heute auf dich z. *(mit dir rechnen)?* * (ugs.:) **nicht bis drei zählen können** *(dumm sein)* · (ugs.:) **jmdm. die Bissen im Mund/in den Mund zählen** *(jmdm. aus Sparsamkeit das Essen nicht gönnen)* · **etwas ist gezählt** *(etwas geht zu Ende):* seine Tage, Jahre sind gezählt *(er lebt nicht mehr lange);* unsere Tage, Stunden hier sind gezählt *(wir müssen bald abreisen).*

Zähler, der: **1.** (Math.) *die über dem Bruchstrich stehende Zahl:* Z. und Nenner einer Bruches. **2.** *Strom-, Gaszähler:* den Z. ablesen; den Stand des Zählers prüfen.

zahllos: *unzählige, sehr viele:* zahllose Lichter; er hat ihm zahllose Male geholfen; eine zahllose *(sehr große)* Menge von Büchern.

zahlreich: a) *viele:* zahlreiche Mitglieder, Bewerber, Bewerbungen, Briefe, Geschenke; er hat in zahlreichen Fällen geholfen. **b)** *aus vielen Personen, Teilen bestehend; groß:* eine zahlreiche Familie, Versammlung, Gesellschaft; er mußte zahlreiche Post beantworten; der Besuch war sehr z.; er bedankte sich für z. *(in großer Menge)* eingegangene Glückwunschschreiben; die Veranstaltung war zahlreicher besucht als sonst.

Zahlung, die: *das Bezahlen:* die Z. [der Miete] geschieht, erfolgt monatlich; die Z. blieb aus, steht noch aus; eine Z. leisten, verweigern, einstellen, wiederaufnehmen, entgegennehmen, erhalten; etwas an Zahlungs Statt annehmen; für eine Z. haften, bürgen; sich gegen eine Z. sperren, sträuben; gegen Z. von 5 Mark erhalten

Sie ausführliches Prospektmaterial. * **etwas in Zahlung geben** *(etwas als Zahlungsmittel verwenden)* · **etwas in Zahlung nehmen** *(etwas an Stelle einer Zahlung annehmen und verrechnen)*.

zahm: *an den Menschen gewöhnt, zutraulich;* ein zahmes Reh, Tier; der Vogel war ganz z.; übertr. (ugs.): ein zahmer *(folgsamer)* Schüler; das war eine recht zahme *(milde)* Kritik; euch werde ich schon noch z. machen, kriegen *(gefügig machen)*.

zähmen: 1. ⟨ein Tier z.⟩ *an den Menschen gewöhnen, zahm machen:* einen Löwen, Tiger z.; gezähmte Raubtiere vorführen. **2.** (geh.) ⟨sich etwas z.⟩ *beherrschen, bezähmen, zügeln:* seine Begierden, Leidenschaften, seine Ungeduld z.; er wußte sich kaum noch zu z.

Zahn, der: **1.** *Teil des Gebisses:* gute, tadellose, feste, gesunde, schöne, weiße, regelmäßige, gepflegte, scharfe, spitze, stumpfe, vorstehende, schiefstehende, schlechte, faule, verfärbte, gelbe, braune, schwarze, lockere, künstliche, falsche Zähne; ein hohler, plombierter, abgebrochener Z.; ihre Zähne waren auffallend weiß; die Zähne kommen durch, brechen durch, wachsen; der Zahn wackelt, ist locker, tut weh, schmerzt; mir ist ein Z. abgebrochen; vor Kälte klapperten ihnen die Zähne; die Zähne pflegen, reinigen, bürsten, putzen; das Kind bekommt Zähne, hat noch die ersten, schon die zweiten Zähne; der Hund zeigte, fletschte, bleckte die Zähne; der Tiger schlug seine Zähne in die Flanke des Tieres; ihm fallen die Zähne aus; du mußt dir die Zähne richten lassen; einen Z. plombieren, füllen, ziehen; er hat sich (Dativ) einen Z. ausgebissen, ausgebrochen, ausgeschlagen; er hat ihm die Zähne eingeschlagen; durch die Zähne pfeifen; in den Zähnen stochern; er hat ein Lücke in, zwischen den Zähnen; er beißt die Nüsse mit den Z. auf; er knirschte vor Wut mit den Zähnen; sie klapperte mit den Zähnen; der Hund fletscht mit den Zähnen; er murmelte etwas zwischen den Zähnen; bildl. (geh.): dem Gehege seiner Zähne *(seinem Mund)* war eine gehässige Bemerkung entschlüpft. **2.** *Zacke:* die Zähne einer Briefmarke, einer Säge, eines Zahnrades; bei seinem Kamm sind ein paar Zähne ausgebrochen. * (ugs.; scherzh.:) **dritte Zähne** *(künstliches Gebiß)* · **der Zahn der Zeit** *(die zerstörende Kraft der Zeit)* · (ugs.:) **ein steiler Zahn** *(ein kesses Mädchen)* · (ugs.:) **jmdm. tut kein Zahn mehr weh** *(jmd. ist tot)* · (ugs.:) **die Zähne zusammenbeißen** *(bei Schmerzen, in einer schwierigen Lage o. ä. tapfer sein)* · (ugs.:) **jmdm. die Zähne zeigen** *(jmdm. drohen, Widerstand leisten)* · (ugs.:) **jmdm. den Zahn ziehen** *(jmdm. eine Illusion, Hoffnung nehmen)* · (ugs.:) **sich** (Dativ) **an etwas die Zähne ausbeißen** *(mit etwas nicht fertig werden)* · (ugs.:) **lange Zähne machen**; (ugs.:) **mit langen Zähnen essen** *(etwas sehr ungern, mit Widerwillen essen)* · (ugs.:) **einen Zahn draufhaben: a)** *(mit hoher Geschwindigkeit fahren).* **b)** *(schnell arbeiten)* · (ugs.:) **einen Zahn zulegen: a)** *(die Fahrgeschwindigkeit steigern).* **b)** *(schneller arbeiten)* · (ugs.:) **jmdm. auf den Zahn fühlen** *(jmdn. scharf und kritisch ausforschen)* · (ugs.:) **Haare auf den Zähnen haben** *(schroff und rechthaberisch sein)* · (ugs.:) **bis an die Zähne bewaffnet sein** *(schwer bewaffnet sein)* · (ugs.:) **etwas ist/reicht nur für den/einen hohlen Zahn** *(etwas ist zu knapp bemessen)*.

Zange, die: */ein Werkzeug/:* den Draht mit der Z. biegen, abkneifen; er zog den Nagel mit der Z. heraus; das Kind mußte mit der Z. *(Geburtszange)* geholt werden. * (ugs.:) **jmdn. in die Zange nehmen** *(jmdn. unter Druck setzen, ihm mit Fragen zusetzen)* · (ugs.:) **jmdn. in der Zange haben** *(jmdn. in der Gewalt haben, zu etwas zwingen können)* · (ugs.:) **jmdn./etwas nicht mit der Zange anfassen mögen** *(vor jmdm., vor etwas Widerwillen empfinden)*.

Zank, der: *[heftiger] Streit:* hier herrscht ständig Z. und Streit; es gab Z. zwischen den beiden; einen Z. schlichten, beenden; mit jmdm. Z. suchen, anfangen; in Z. geraten; mit jmdm. in dauerndem Z. leben.

zanken: 1. ⟨mit jmdm. z.⟩ *schimpfen:* der Vater hat tüchtig, gehörig mit ihm gezankt; ⟨auch ohne Präpositionalobjekt⟩ muß ich schon wieder z.? **2.** ⟨sich mit jmdm. z.⟩ *sich mit jmdm. streiten:* er hat sich mit seinem Bruder, mit seiner Frau heftig gezankt; er zankt sich mit allen Leuten; ⟨auch ohne Präpositionalobjekt⟩ sie zanken sich den ganzen Tag, um das Geld, um nichts und wieder nichts (ugs.).

zappeln: *sich rasch, unruhig, zuckend hin- und herbewegen:* er zappelte [vor Ungeduld] mit Händen und Füßen; der Fisch zappelt am Angelhaken, im Netz. * (ugs.:) **jmdn. zappeln lassen** *(jmdn. warten, im ungewissen lassen)*.

zart: 1. a) *weich und fein; nicht rauh:* zarte Haut, zarte Hände, Finger; ein zarter Flaum; die zarte Oberfläche eines Gewebes; dieses Leder ist sehr z., fühlt sich z. an. **b)** *fein, dünn, zerbrechlich; nicht grob:* ein zartes Gebilde; zarte Blüten; zartes Porzellan; überall zeigte sich zartes Grün; die Blätter der Pflanzen waren noch sehr z. **c)** *mürbe; nicht zäh:* zartes Fleisch, Gemüse, Gebäck; der Braten, das Schnitzel war sehr z. **2. a)** *hell; nicht kräftig [gefärbt]:* zarte Farben; ein zartes Rosa, Lila, Grün; sie hat einen zarten Teint; sie zeichnete mit zarten *(dünnen, nicht kräftigen)* Strichen; die Seide war z. getönt. **b)** *leise, lieblich:* zarte Töne, Klänge, Melodien; ihre Stimme ist, klingt sehr z. **3. a)** *sanft, vorsichtig, behutsam; kaum spürbar:* ein zarter Windhauch; eine zarte Berührung, Geste; ihre Hände waren sehr z., strichen z. über sein Haar; man ging nicht gerade z. mit ihnen um. **b)** *feinfühlig, empfindsam; zärtlich:* ein zartes Gemüt, Gewissen; zarte Gefühle, Empfindungen; ihre Beziehungen waren sehr z.; er deutete es nur z. an. **4.** *empfindlich, schwächlich; nicht widerstandsfähig:* eine zarte Gesundheit, Konstitution (bildungsspr.); es starb im zarten *(frühen)* Alter von drei Jahren; sie ist ein wenig z., war schon immer sehr z. * (ugs.; scherzh.:) **das zarte Geschlecht** *(die Frauen)* · (geh.:) **zarte Bande knüpfen** *(ein Liebesverhältnis anbahnen)* · **etwas ist nichts für zarte Ohren** *(etwas ist nicht für weibliche Zuhörer gedacht)*.

zärtlich: *liebevoll, liebkosend:* zärtliche Briefe, Worte, Blicke, Gedanken, Gefühle, Empfindungen; zärtliches Geflüster; ein zärtlicher Vater, Ehemann; sie war sehr z. mit, zu den Kindern; jmdn. z. ansehen, streicheln, umarmen; sie liebten sich z. *(innig)*.

Zärtlichkeit, die: **a)** *das Zärtlichsein:* sie umsorgte ihn mit großer Z. **b)** *Liebkosung:* jmdm. Zärtlichkeiten erweisen; jmdn. mit Zärtlichkeiten überhäufen, überschütten.

Zauber, der: **1.** *übernatürliche, magische Kraft:* geheimnisvoller, magischer Z.; Z. treiben; einen Z. anwenden; den Z. bannen, lösen; etwas durch Z. bewirken; übertr. (ugs.:) das ist doch alles fauler Z. (abwertend; *Schwindel*); was kostet der ganze Z. *(das alles zusammen)?* **2.** (geh.) *Reiz, Faszination:* ein besonderer, seltsamer, merkwürdiger Z. ging von ihr aus; ihr Z., der Z. ihres Wesens nahm ihn gefangen; er liebte den Z. der Berge, des Waldes; er ist ihrem Z. erlegen.

zaubern: a) *Zauber anwenden, Zauberei treiben:* z. können; ich kann doch nicht z.! (ugs.; *ich kann nichts Unmögliches leisten*). **b)** ⟨etwas z.⟩ *durch Zauber hervorbringen:* die Fee zauberte für sie die herrlichsten Gewänder. **c)** ⟨jmdn., sich, etwas z.; mit Raumangabe⟩ *durch Zauber an einen bestimmten Ort bringen:* der Geist zauberte ihn in eine Flasche; er zauberte ein Kaninchen aus seinem Hut *(brachte es durch einen Zaubertrick daraus hervor)* · bildl. (geh.): er zauberte herrliche Töne aus dem Instrument.

zaudern: *unschlüssig sein, zögern:* nur kurz, zu lange, einen Augenblick z.; sie zauderten mit der Ausführung des Plans/ den Plan auszuführen; er tat es, ohne zu z.; er hielt zaudernd inne; subst.: da hilft kein Zaudern!

Zaum, der: *Zaumzeug:* einem Pferd den Z. anlegen; ein Pferd an den Z. gewöhnen, es fest, gut im Zaum[e] halten. * **sich, etwas im Zaum[e] halten** *(sich, etwas beherrschen, zügeln):* du mußt dich, deine Zunge im Z. halten; er kann seine Leidenschaften, Begierden nicht im Z. halten.

Zaun, der: *Einfriedigung:* ein hoher, niedriger, eiserner, verfallener Z.; ein lebender Z. *(Hekkenzaun);* ein Z. aus Maschendraht umgab das Gebäude; der Z. um den Garten, zwischen den beiden Grundstücken muß repariert werden; einen Z. erneuern, errichten; die Kinder schlüpften durch den Z., kletterten über den Z.; Redensart: was nützt der Z., wenn die Tür offensteht? * **einen Streit vom Zaun brechen** *(mutwillig einen Streit anfangen).*

Zaunpfahl, der: *Pfosten eines Zaunes:* die Zaunpfähle sind schon ganz morsch. * **ein Wink mit dem Zaunpfahl** *(deutliche Anspielung, Aufforderung)* · (selten:) **mit dem Zaunpfahl winken** *(auf etwas sehr deutlich anspielen).*

¹Zeche, die: *Gasthausrechnung:* eine große, kleine, teure Z. machen; er wollte seine Z. nicht bezahlen; er hat den Wirt um die Z. betrogen. * (ugs.:) **die Zeche prellen** *(seine Rechnung nicht bezahlen)* · (ugs.:) **die Zeche bezahlen müssen** *(für etwas die Folgen tragen müssen).*

²Zeche, die: *Bergwerk, Grube:* eine Z. stillegen; er arbeitet jetzt auf einer anderen Z.

zechen: *ausgiebig Alkohol trinken:* fröhlich, bis zum frühen Morgen z.

Zeh, der, (auch:) Zehe, die: *Fußzeh:* der große, kleine Z.; seine Zehen waren verkrüppelt; seine Zehen schauten aus den Strümpfen hervor; er hat sich (Dativ) einen Z. gebrochen, die Zehen erfroren; er stellte sich auf die Zehen, schlich auf [den] Zehen durch Zimmer. * (ugs.:) **jmdm. auf die Zehen treten: a)** *(jmdn. kränken, beleidigen).* **b)** *(jmdn. unter Druck setzen).*

Zehe, die: *Knoblauchzehe:* sie schnitt eine halbe Z. Knoblauch an den Salat.

zehn ⟨Kardinalzahl⟩: *10:* wir waren z. Mann, waren zu zehnt, zu zehnen (ugs.), unser z. (geh.); die Zehn Gebote; es ist z. [Uhr]; er wird heute z. [Jahre alt]; ich wette z. zu eins *(bin ganz sicher),* daß er kommt; subst.: eine Zehn schreiben; die Zehn (ugs.; *Straßenbahnlinie 10*) fährt zum Hauptbahnhof. * (ugs.:) **sich** (Dativ) **alle zehn Finger nach etwas lecken** *(auf etwas lüstern sein).* → acht.

zehren: 1. ⟨von etwas z.⟩ *von etwas Vorhandenem leben und es dabei aufbrauchen:* er zehrte schon von den Vorräten, von seinen Ersparnissen; übertr.: von diesem Konzert zehrte er noch lange; sie zehrte von ihren Erinnerungen, von ihrem einstigen Ruhm. **2. a)** ⟨etwas zehrt⟩ *etwas schwächt, verbraucht Körperkräfte:* Fieber, die Seeluft, See zehrt. **b)** ⟨etwas zehrt an jmdm., an etwas⟩ *etwas wirkt nach und nach zerstörerisch:* der Kummer, die Sorge hat sehr an ihr, an ihren Nerven gezehrt; das Fieber, die Krankheit zehrte an seinen Kräften.

Zeichen, das: **1. a)** *sichtbarer oder hörbarer Hinweis:* ein deutliches, unverständliches, heimliches, leises, kaum sichtbares Z.; dieses Z. war verabredet; das Z. zum Anfang, Angriff, Einsatz wurde gegeben; das Z. zum Aufbruch ertönte; jmdm. ein Z. geben, machen; sich durch Zeichen miteinander verständigen; jmdn. durch ein Z. warnen; er nickte zum Z., daß er mich verstanden habe. **b)** *Kennzeichen, Merkzeichen:* die Zeichen am Rand verstand er nicht, konnte er nicht deuten; er machte sich (Dativ) ein Z. auf die betreffende Seite, legte sich ein Blatt Papier als Z. in das Buch; geben Sie bei Rückfragen bitte unser Z. an; er machte, schnitt, kerbte ein Z. in den Baum, brannte den Rindern Zeichen ein; zum Z./als Z. der Versöhnung reichten sie sich die Hand. **2.** *Anzeichen, Vorzeichen:* ein sicheres, eindeutiges, klares, deutliches, untrügliches, bedenkliches, schlechtes, böses Z.; die ersten Zeichen einer Krankheit; das ist kein gutes Z.; das ist ein Z. dafür, daß sich das Wetter ändert; die Zeichen des Verfalls waren nicht zu übersehen; das war ein Z. des Himmels; wenn nicht alle Zeichen trügen, wird es besser; (ugs.; scherzh.:) es geschehen noch Zeichen und Wunder! *|Ausruf des Erstaunens, der Überraschung|;* er gab Zeichen der Ungeduld, des Unmuts, der Entrüstung von sich; sie warteten auf ein Z.; er hielt es für ein Z. von Schwäche; übertr.: er hat die Zeichen der Zeit *(die Situation, Lage)* erkannt. **3.** *Symbol:* ein geschriebenes, gedrucktes, mathematisches, chemisches Z.; ein magisches Z.; das Z. des Kreuzes; beim Klavierspielen die Zeichen *(Vorzeichen, Vortragszeichen)* beachten; du mußt in verschiedenen Sätzen die Zeichen *(Satzzeichen)* richtig setzen; die Sprache ist ein System von Zeichen. **4.** *Sternbild, Tierkreiszeichen:* aufsteigende, absteigende Zeichen; die Zeichen des Tierkreises; die Sonne steht im Z. des Widders; er ist im Z. des Löwen geboren. * (geh.:) **seines Zeichens** *(von Beruf):* er war seines Zeichens Schneider · **etwas steht im Zeichen von etwas** *(etwas wird von etwas geprägt, beeinflußt):* die Stadt stand im Zeichen der Olympischen Spiele.

zeichnen: **1.** *eine Zeichnung verfertigen; zeichnend tätig sein:* gern z.; mit Bleistift, mit Kohle, auf dunklem Papier, nach einer Vorlage, nach der Natur z.; an diesem Plan hat er lange gezeichnet; subst.: er ist sehr geschickt im Zeichnen. **2.a)** ⟨etwas z.⟩ *zeichnend herstellen:* eine Skizze, einen Grundriß, ein Porträt, ein Muster z. **b)** ⟨jmdn., etwas z.⟩ *zeichnend nachbilden; porträtieren, abzeichnen:* jmdn. aus dem Gedächtnis, mit ein paar Strichen, in knappen Umrissen z.; sie mußten einen Stuhl, eine Landschaft z.; übertr.: der Schriftsteller zeichnet seine Charaktere nach dem Leben. **3.** ⟨jmdn., etwas z.⟩ *kennzeichnen, mit einem Zeichen versehen:* Waren z.; Wäsche [mit Buchstaben, mit dem Monogramm] z.; Bäume zum Fällen z.; das Vieh wurde gezeichnet; adj. Part.: *mit einer Musterung versehen:* der Schmetterling, der Hund, das Fell ist schön gezeichnet · bildl. (geh.): er war bereits vom Tod gezeichnet; subst.: ein vom Schicksal Gezeichneter. **4.** (Kaufmannsspr.) **a)** ⟨etwas z.⟩ *durch Unterschrift übernehmen:* Aktien, eine Anleihe z.; er zeichnete bei der Sammlung einen Betrag von 20 Mark *(trug sich mit diesem Betrag in die Sammelliste ein)*. **b)** *unterzeichnen, unterschreiben:* ich zeichne hochachtungsvoll ... (veraltend); gezeichnet H. Meier /Abk.: gez.; vor *dem nicht handschriftlichen Namen unter einem Schriftstück*/. **5.** ⟨für etwas z.⟩ *für etwas verantwortlich sein:* für diesen Artikel zeichnet der Chefredakteur; wer zeichnet für diese Sendung verantwortlich? **6.** (Jägerspr.) ⟨ein Tier zeichnet⟩ *ein Tier läßt die Schußwirkung erkennen:* der Hirsch, das Reh zeichnete.

Zeichnung, die: **1.** *gezeichnete Darstellung:* eine gute, gelungene, lebendige, saubere, flüchtige, künstlerische, technische Z.; eine Z. entwerfen, anfertigen, ausführen; der Schrank wurde nach einer Z. angefertigt; übertr.: die Z. der einzelnen Charaktere ist dem Schriftsteller nicht gelungen. **2.** *Musterung:* die Z. dieses Schmetterlings ist sehr eigenartig; das Fell hat eine schöne Z. **3.** (Kaufmannsspr.) *Kaufverpflichtung durch Unterschrift:* die Z. der Anleihe beginnt, wird geschlossen; eine Anleihe zur Z. auflegen.

zeigen: **1.** ⟨mit Raumangabe⟩ *deuten, hinzeigen, weisen:* er zeigte [mit dem Finger] auf ihn, auf das Auto; der Zeiger zeigte auf zwölf; er zeigte in die Richtung, aus der sie kam; der Wegweiser, die Magnetnadel zeigt nach Norden. **2.a)** ⟨jmdm. jmdn., etwas z.⟩ *sehen lassen; vorführen:* er hat mir den Brief, die Bilder, seine Bücher gezeigt; ich kann es dir schwarz auf weiß z.; er ließ sich sein Zimmer z.; er wollte mir die ganze Stadt zeigen; ⟨auch ohne Dativ⟩ wenn sie lachte, zeigte sie ihre Goldzähne *(konnte man ihre Goldzähne sehen)*. **b)** ⟨jmdm. etwas z.⟩ *wissen lassen, angeben:* jmdm. den [richtigen] Weg z.; er zeigte uns, an welcher Stelle das Unglück geschehen war; zeige mir doch bitte, wie es gemacht wird. **c)** ⟨sich z.⟩ *sich sehen lassen:* sich in der Öffentlichkeit, am Fenster z.; mit ihm kann man sich überall z.; so kann ich mich nicht auf der Straße z.; er will sich nur z. *(die Aufmerksamkeit auf sich lenken)*; am Himmel zeigten sich die ersten Sterne *(wurden die ersten Sterne sichtbar)*: ⟨sich jmdm. z.⟩; er zeigte sich den Leuten, der Menge auf dem Balkon. **3.** ⟨etwas z.⟩ *spüren, erkennen, deutlich werden lassen:* Interesse, Verständnis für etwas, Freude an etwas, Lust zu etwas z.; seine Langeweile, Ungeduld, Unruhe, Angst z.; Reue, Einsicht z.; seine Macht, Überlegenheit z.; zeige wenigstens den guten Willen; er zeigte Haltung; die Arbeit zeigt Fleiß, Talent, Witz, Geist; die Erfahrung hat gezeigt, daß ...; jetzt kannst du z. *(beweisen)*, was du kannst; ⟨jmdm. etwas z.⟩ jmdm. sein Wohlwollen, seine Zuneigung, Liebe z.; dadurch hat sie ihm ihre Verachtung, Geringschätzung, ihr Mißfallen gezeigt; seine Frage, Antwort, sein Verhalten zeigt mir, daß er es nicht begriffen hat; dem werde ich's [aber] z.! (ugs.) /*Drohung*/. **4.a)** ⟨sich z.; mit Artangabe⟩ *sich erweisen, herausstellen:* sich dankbar, großzügig, freundlich zu jmdm., feindlich gegen jmdn. z.; sich jeder Lage gewachsen z.; er hat sich heute besonders klug, tapfer gezeigt; sie zeigte sich darüber sehr befriedigt; er hat sich als guter Freund/(veraltet:) guten Freund gezeigt; uns gegenüber zeigte sie sich nur von ihrer besten Seite. **b)** ⟨etwas zeigt sich⟩ *etwas stellt sich heraus, wird deutlich:* die Folgen zeigen sich später; es wird sich ja z., ob du recht hast; daß deine Entscheidung falsch war, zeigt sich jetzt. * **sich erkenntlich zeigen** *(seinen Dank durch eine Gabe oder Gefälligkeit ausdrücken)* · **jmdm. die kalte Schulter zeigen** *(jmdn. verächtlich behandeln, abweisen)* · (ugs.:) **jmdm. die Zähne zeigen** *(jmdm. drohen, Widerstand leisten)* · (ugs.:) **jmdm. zeigen, was eine Harke ist** *(jmdm. unmißverständlich klarmachen, wie man sich die Ausführung von etwas, die Erledigung einer Arbeit denkt)* · (ugs.:) **jmdm. zeigen, wo der Zimmermann das Loch gelassen hat** *(jmdn. hinauswerfen)* · (ugs.:) **jmdm. den/einen Vogel zeigen** *(indem man mit dem Finger an die Stirn tippt, einem andern zu verstehen geben, daß man sein Verhalten für dumm o. ä. hält)* · **mit dem Finger/mit den Fingern auf jmdn. zeigen** *(verächtlich über jmdn. reden)*.

Zeiger, der: *Teil eines Meßinstrumentes, der den gemessenen Wert anzeigt:* der große, kleine Z. der Uhr; der Z. steht, zeigt auf zwölf; der Z. der Waage blieb bei fünf Kilo stehen; der Z. schlug aus; den Z. vor-, zurückstellen, anhalten.

zeihen (geh.) ⟨jmdn., sich einer Sache z.⟩: *beschuldigen, bezichtigen:* jmdn. des Verrates, Meineides, einer Lüge, Sünde z.; er hat sich selbst eines Vergehens geziehen.

Zeile, die: **1.** *Schrift-, Druckzeile:* gerade, schiefe, weite, enge, gedruckte, geschriebene Zeilen; einige Zeilen schreiben, anstreichen, unterstreichen, [aus]streichen, auslassen; eine Z. ein-, ausrücken; davon habe ich noch keine einzige Z. *(noch gar nichts)* gelesen; ich muß nur noch wenige Zeilen schreiben, übersetzen; jmdm. ein paar Zeilen *(eine kurze Mitteilung)* schicken, schreiben; Ihre [freundlichen] Zeilen *(Ihren Brief)* habe ich erhalten; etwas Z. für Z. durchgehen, prüfen; in, auf der fünften Z. von oben; etwas auf der Schreibmaschine mit zwei Zeilen Abstand schreiben. **2.** *Reihe:* mehrere Zeilen junger Bäume; eine lange Z. von unscheinbaren Häusern. * **zwischen den Zeilen lesen** *(auch das nicht ausdrücklich Gesagte verstehen)*.

zeit ⟨in der Verbindung⟩ zeit seines Lebens:

während des ganzen Lebens: ich werde dir z. meines Lebens dankbar sein.

Zeit, die: **1.** *Zeitablauf; Ablauf, in dem sich das Geschehen vollzieht:* die unbemessene, endlose Z.; Z. und Raum; die Z. vergeht, verstreicht, verrinnt (geh.), geht dahin (geh.), flieht (geh.); die Z. wird es offenbaren, lehren, gleicht aus; arbeitet für uns; die Z. läßt sich nicht zurückdrehen; er möchte den Gang der Z. aufhalten, beeinflussen; Sprichwörter: die Z. heilt alle Wunden; die Z. ist der beste Arzt; Z. ist des Zornes Arznei; kommt Z., kommt Rat; das Rad der Z. hält niemand auf. **2.** *Zeitraum; verfügbare Zeitspanne:* lange, geraume, kurze Z.; dafür ist die Z. knapp bemessen, steht viel, wenig Z. zur Verfügung; die Z. drängt, ist abgelaufen; es ist Z. genug, wenn wir um 8 Uhr abfahren; die Z. wurde ihm lang; dafür fehlt uns jetzt die Z.; es ist schon eine geraume Z. her, liegt schon einige Z. zurück; wieviel Z. ist seitdem vergangen?; viel, keine, noch eine Stunde Z. haben; sich (Dativ) die Z. für etwas nehmen, gönnen; etwas erfordert, braucht, kostet [viel] Z.; etwas dauert, währt (geh.) eine lange Z.; jmdm. Z. für etwas lassen, gewähren (geh.); ich gebe Ihnen dazu drei Wochen Z. *(Frist);* Z. sparen, gewinnen, für etwas erübrigen; die [freie] Z. ausnutzen, gut anwenden, verwenden, ausfüllen, für etwas benutzen; die [kostbare] Z. verplaudern, ungenutzt verstreichen lassen; Z. [mit etwas] verschwenden, vergeuden, vertrödeln (ugs.); seine Z. [mit etwas] verbringen, hinbringen; sich (Dativ) die, seine Z. [gut] einteilen; einige Z., eine kurze Z. [lang] warten; die ganze Z. [hindurch, über] war er damit beschäftigt; lange Z., die längste Z. seines Lebens hat er dort gewohnt; hier war ich die längste Z. (ugs.; *ich gehe von hier weg*); jmdm. die Z. stehlen, rauben (geh.; *jmdn. unnötig aufhalten*); wir dürfen keine Z. verlieren *(müssen uns beeilen);* dazu habe ich noch nicht die Z. gefunden *(bin ich aus zeitlichen Gründen noch nicht gekommen);* damit hat es noch Z. *(das eilt nicht);* Sport: er hat, ist die beste Z. gelaufen · auf die Länge der Z. *(auf die Dauer)* geht das nicht so weiter; das ist nur eine Frage der Z. *(dazu braucht man nur genügend Zeit);* er ist auf unbestimmte Z., für längere Z. verreist; ich habe ihn in letzter, in der ganzen Z. in all der Z. nicht gesehen; nach kurzer Z. war er wieder zurück; er wohnt schon seit einiger Z. hier; er kann über seine Z. [frei] verfügen; das ist vor langer Z., während der Z., zu der Z. deiner Abwesenheit geschehen; Sport: der Boxer mußte für die Z. *(bis zum Aus des Ringrichters)* zu Boden; Sprichwörter: Z. ist Geld; wer sich Z. nimmt, kommt auch zurecht; spare in der Z., so hast du in der Not. **3.** *durch bestimmte Umstände, Gegebenheiten, Verhältnisse bestimmter Zeitabschnitt; Epoche:* schöne, gute, goldene, harte, schwere, schlimme, böse, teure Zeiten; die gute alte Z.; die alte, die neue Z.; unsere, die heutige, gegenwärtige Z.; kommende, künftige, spätere, vergangene Zeiten; die Z. der Reformation; die Z. vor dem Krieg; das waren herrliche, schreckliche, unsichere Zeiten; das war eine glückliche, selige (geh.) Z.; das waren noch Zeiten! *(damals ging es uns noch gut);* die Zeiten sind schlecht; die Zeiten haben sich geändert; diese Zeiten sind vorbei, kommen nie wieder; Z. und Umstände erfordern es; dafür ist die Z. noch nicht reif; sie haben eine schwere Zeit durchgemacht; diese, jene Z. möchte ich nicht noch einmal erleben; sie hat [auch] bessere Zeiten gekannt, gesehen *(hat in besseren Verhältnissen gelebt als heute);* er hat seine Z. (ugs.; *seine Gefängnisstrafe*) abgesessen; der Geist, das Gesicht seiner Z.; ein Haus im Geschmack der, seiner Z.; er ist nicht auf der Höhe der, seiner Z. *(ist nicht modern);* er gab seiner Z. das Gepräge; er ist seiner Z. vorausgeeilt; er hofft immer auf bessere Zeiten; eine Sage aus vergangener Z.; das stammt noch aus der Z. unserer Großeltern, als es noch kein elektrisches Licht gab; für kommende Zeiten ist gesorgt; er hat genug für alle Z./für alle Zeiten *(für immer);* er ist hinter seiner Z. zurückgeblieben *(ist nicht modern, fortschrittlich);* in alter Z., in alten Zeiten; in Zeiten der Not; in der Z. des Absolutismus; es geschah in der ersten Z. des Krieges, nach dem Krieg; das war in seinen besten Zeiten *(als es ihm gesundheitlich, finanziell o. ä. am besten ging);* er geht immer mit der Z. *(ist modern, fortschrittlich);* das muß vor meiner Z. (ugs.; *vor meinem Hiersein*) geschehen sein; zu Luthers Zeiten; das gab es schon zu allen Zeiten; Sprichwörter: andere Zeiten, andere Sitten; die Zeiten werden nicht schlechter, aber die Menschen; die Zeiten ändern sich, und wir [ändern uns] mit ihnen. **4.** *Zeitpunkt; Augenblick:* dafür ist jetzt nicht die richtige, rechte Z.; die Z. für den Besuch ist jetzt ungünstig; es ist Z. aufzubrechen; jetzt ist es aber Z.!; für uns wird es langsam Z.; es ist höchste Z. *(schon sehr spät);* wenn du das noch nicht kannst, dann ist, wird es aber höchste Zeit *(ist es dringend notwendig)*, es zu lernen; dafür ist die Z. jetzt gekommen; die Z. steht bevor, naht heran, wird kommen, in der .../wo ...; ihre Z. ist gekommen (geh., verhüllend; *ihre Niederkunft steht bevor*); seine Z. war gekommen (geh., verhüllend; *er mußte sterben*); welche Z. (wieviel Uhr) ist es?; Ort und Z. für etwas bestimmen, festsetzen, vereinbaren, ausmachen; die [richtige, rechte] Z. versäumen, verpassen, verschlafen; du hast die Z. nicht eingehalten; er hielt seine Z. *(den für sein Handeln günstigen Zeitpunkt)* für gekommen; hast du [die] genaue Z. *(Uhrzeit)?;* wir geben Ihnen noch einmal die genaue Z. *(Uhrzeit);* es geschah um 6 Uhr mitteleuropäischer Z. *(Zeitrechnung);* es ist an der Z. zu handeln *(der Zeitpunkt zum Handeln ist gekommen);* einen Vertrag auf Z. *(einen befristeten Vertrag)* abschließen; er kam erst nach der festgesetzten Z.; ich habe ihn seit dieser Z. nicht mehr gesehen; es war schon zwei Tage über die Z.; um diese Z. ist er sonst immer hier; wir sehen uns morgen um diese, um dieselbe, um die gleiche Z.; von der, dieser Z. an blieb er verschwunden; das Kind kam vor der Z. *(wurde zu früh geboren);* zu dieser, jeder, passender, günstiger, gelegener, gegebener Z.; das war zu der Z., als/(geh.) da hier noch niemand wohnte; zu der Z. *(damals)* konnte er nicht verreisen; er kam zu nachtschlafender Z. *(spät in der Nacht; nachts);* sie kamen zur gleichen Z. an; er kam zur rechten, zur befohlenen Z.; Redensart: alles zu seiner Z. **5.** (Sprachw.)

Tempus: die wichtigsten Zeiten eines Verbs; in welcher Z. steht dieses Verb? * **jmdm./sich mit etwas die Zeit vertreiben** *(jmdn., sich mit etwas für einen bestimmten Zeitraum unterhalten, beschäftigen)* · (ugs.; abwertend:) **die Zeit totschlagen** *(seine Zeit nutzlos verbringen)* · **[ach] du liebe Zeit!** */Ausruf der Überraschung o. ä./* · **mit der Zeit** *(allmählich):* mit der Z. gewöhnt man sich an alles · **von Zeit zu Zeit** *(manchmal, gelegentlich, ab und zu)* · **zur Zeit** *(jetzt, im Augenblick):* er ist zur Z. im Ausland.

zeitig: *früh:* ein zeitiger Winter; am zeitigen Nachmittag; z. aufstehen, zu Bett gehen; es wird jetzt schon z. dunkel.

zeitigen (geh.) ⟨etwas zeitigt etwas⟩: *etwas bringt etwas hervor, hat ein Ergebnis:* sein Fleiß zeitigte schöne Früchte; unsere Bemühungen haben ein gutes Ergebnis gezeitigt.

zeitlich: **1.** *die [verfügbare] Zeit betreffend:* ein zeitliches Nebeneinander; in großem, kurzem zeitlichem Abstand; der Besuch des Museums war z. nicht mehr möglich. **2.** *vergänglich, irdisch:* zeitliche und ewige Werte; die zeitlichen Güter; kath. Rel.: zeitliche Strafen. * (geh.:) **das Zeitliche segnen** *(sterben);* /auch von Sachen/: meine Tasche hat das Zeitliche gesegnet (ugs., scherzh.; *ist völlig entzwei*).

Zeitpunkt, der: **a)** *bestimmter Augenblick:* der entscheidende Z. war gekommen; den rechten, richtigen, günstigen Z. wählen, abwarten, abpassen, verpassen, versäumen. **b)** *Termin:* einen Z. vereinbaren, festsetzen; konntest du dir denn keinen anderen Z. aussuchen?; zu einem späteren Z.; zu diesem Z. bin ich schon nicht mehr hier.

Zeitung, die: **a)** *täglich oder wöchentlich erscheinende aktuelle Druckschrift:* eine führende, angesehene, unabhängige, illustrierte Z.; die Z. erscheint täglich, jeden Freitag, in Zürich; die Z. mußte ihr Erscheinen einstellen, ist eingegangen (ugs.); die Z. berichtet, schreibt, tritt dafür ein, daß ...; alle Zeitungen haben sich mit dem Fall beschäftigt, waren voll davon (ugs.); eine Z. drucken, herausgeben, redigieren; eine Z. halten, lesen, bestellen, abonnieren; die Z. abbestellen; die Z. auf der Straße ausrufen, verkaufen; Zeitungen austragen; die Z. (ugs.; *das Bezugsgeld dafür*) kassieren; welche Z. lesen Sie?; diese Nachricht habe ich aus der Z. (ugs.); das habe ich erst aus der Z. erfahren; das ging durch alle Zeitungen; sie berichtet: schreibt für eine ausländische Z.; etwas in der Z. lesen, bekanntgeben, veröffentlichen; eine Anzeige, einen Aufsatz in die Zeitung setzen, [ein]rücken. **b)** (ugs.) *Presseunternehmen:* sie ist bei, an der Z. [beschäftigt]; da kommt ein Herr von der Z. **c)** *Zeitungsblatt:* die Z. aufschlagen, entfalten (geh.), zusammenfalten, in die Tasche stecken; etwas in eine Z. einschlagen, einwickeln; mit der Z. Feuer anmachen.

zeitweilig: *vorübergehend; gelegentlich, für kurze Zeit:* eine zeitweilige Verzögerung, Abwesenheit; die Straße ist z. gesperrt; er mußte z. aussetzen.

zeitweise ⟨Adverb⟩: *manchmal; eine Zeitlang:* z. nickte er ein; Meteor.: z. Regen.

Zelle, die: **1.a)** *enger, einfach möblierter Raum:* eine schlichte, kahle, öde, dunkle Z.; die Mönche wohnen in Zellen; der Gefangene sitzt in Z. 134; jmdn. in eine Z. sperren. **b)** *kleiner Hohlraum:* die Zellen der Bienenwabe; die Zellen des Akkumulators. **2.** *kleinste selbständige Einheit der Lebewesen:* die Zellen wachsen, wuchern, teilen sich, sterben ab. **3.** *kleine [politisch] aktive Gruppe:* die Partei bildete Zellen in den Fabriken.

Zelt, das: *aus Stangen und Stoff o. ä. errichtete Unterkunft:* ein Z. aufschlagen, aufbauen, abbrechen; aus dem Zelt treten; in Zelten wohnen, leben, im Z. übernachten, schlafen; es regnet ins Z. * **die Zelte abbrechen** *(den Aufenthaltsort, den bisherigen Lebenskreis aufgeben)* · **seine Zelte aufschlagen** ⟨mit Raumangabe⟩ *(irgendwo wohnen, sich niederlassen).*

zelten: *im Zelt übernachten, wohnen:* im Lager, auf einem Campingplatz, am Waldrand z.; habt ihr auf der Fahrt gezeltet?

Zenit, der (bildungsspr.): *Scheitelpunkt des Himmels:* die Sonne erreichte den Z., steht im Z.; bildl. (geh.): im Z. *(auf dem Gipfel);* er hat den Z. des Lebens überschritten.

Zensur, die: **1.** *Leistungsnote:* der Schüler hat schlechte Zensuren, erhielt eine gute Z. für den Aufsatz; heute gibt es Zensuren *(Zeugnisse);* der Lehrer gibt, erteilt eine Z. **2.a)** *[staatliche] Kontrolle von Büchern, Filmen u. ä.:* eine Z. ausüben; die Z. streng, tolerant, nachlässig handhaben; die Post der Gefangenen unterliegt einer scharfen, strengen Z. **b)** *Prüfstelle:* die Z. hat das Buch, die Aufführung verboten, beanstandet, zugelassen; der Brief durfte die Z. passieren, ging durch die Z.

Zentner, der: *Gewicht von 50 kg/(östr., schweiz.:) 100 kg:* zehn Z. Kartoffeln, Kohlen; ein Schwein von 3 Z. Lebendgewicht; er wiegt anderthalb Z.

Zentrum, das: **1.** *Mittelpunkt:* das Z. des Erdbebens lag in der Schwäbischen Alb; im Z. des Platzes steht ein Denkmal; ins Z. treffen; bildl.: im Z. des Interesses stehen. **2.** *innerer Teil:* das Z. der feindlichen Stellung angreifen; er wohnt im Z. der Stadt; ein Geschäft im Z. **3.** *zentrale, nach außen wirkende Gruppe oder Institution:* ein geistiges, kulturelles Z.; sie bildeten das Z. der Revolution, des Widerstandes.

Zepter, das: *Herrscherstab:* ein goldenes, geschnitztes Z.; das Z. ergreifen, in der Hand halten. * **das Zepter führen**/(ugs.:) **schwingen** *(die Herrschaft, Führung haben):* Prinz Karneval schwang kräftig sein Z.; sie führt/schwingt das Z. im Haus[e].

zerbrechen: **1.** ⟨etwas z.⟩ *in Stücke brechen:* eine Tasse, ein Glas z.; sie hat ihre Brille zerbrochen; bildl.: seine Ketten z. *(sich von einem Druck, Zwang befreien).* **2.** ⟨etwas zerbricht⟩ *etwas bricht entzwei:* die Platte zerbrach; der Teller ist mir [unter der Hand, beim Abwaschen] zerbrochen; bei der Explosion zerbrachen viele Fensterscheiben; zerbrochenes Geschirr; bildl. (geh.): ihre Liebe zerbrach; er ist am Leben zerbrochen *(gescheitert)* · **sich** (Dativ) **den Kopf zerbrechen** *(in einer schwierigen Frage nach einer Lösung suchen).*

zerdrücken ⟨jmdn., etwas z.⟩: *durch Druck zerstören, vernichten:* ein Ei, ein Glas [in der Hand] z.; er zerdrückte die Spinne; bei dem Eisenbahnunglück wurden mehrere Waggons zerdrückt; bildl.: eine Träne [im Auge] z.

Zeremonie, die: *feierliche Handlung:* eine prächtige, lange, umständliche, kirchliche Z.; der Präsident wurde in/mit einer schlichten Z. in sein Amt eingeführt.

zerfahren: *gedankenlos, zerstreut:* er machte einen zerfahrenen Eindruck; du bist heute so z.

Zerfall, der: **a)** *das Zerfallen:* den Z. eines Hauses aufhalten, verhindern; der Frost beschleunigte den Z. der Ruine; Physik: der radioaktive Z. von Atomkernen. **b)** *Untergang:* der Z. des Römischen Reiches; der fortschreitende Z. der Partei.

zerfallen: 1. ⟨etwas zerfällt⟩ **a)** *etwas bricht auseinander, löst sich auf:* die Burgruine, die Mauer zerfällt [immer mehr]; in/zu Staub, in/zu Asche zerfallen, in nichts zerfallen; die Tablette zerfällt schnell; Physik: ein Element zerfällt. **b)** *etwas geht zugrunde, geht unter:* nach Alexanders Tod zerfiel sein Reich. **2.** ⟨etwas zerfällt in etwas⟩ *etwas gliedert sich:* die Abhandlung zerfällt in mehrere Kapitel; der Apparat zerfällt in drei Hauptteile. * **mit jmdm., mit etwas zerfallen sein** *(mit jmdm., mit etwas verfeindet sein):* er ist mit seinen Freunden, mit seiner Familie zerfallen · **mit sich [und der Welt] zerfallen sein** *(gänzlich unzufrieden sein).*

zerfetzen ⟨jmdn., etwas z.⟩: *in Fetzen reißen:* Papier, einen Brief z.; der Sturm zerfetzte das Zelt; ⟨jmdm. etwas z.⟩ die Granate zerfetzte ihm den Arm; adj. Part.: zerfetzte Fahnen.

zerfleischen: 1. ⟨jmdn. z.⟩ *in Stücke reißen:* die Wölfe zerfleischten die Schafe. **2.** (geh.) ⟨sich z.⟩ *sich quälen:* du zerfleischst dich in Vorwürfen gegen dich selbst.

zerfließen ⟨etwas zerfließt⟩: **a)** *etwas löst sich fließend auf:* der Schnee zerfließt in der Sonne; bildl.: vor Mitleid z. *(ein Übermaß an Mitleid zeigen);* in der Dämmerung zerflossen *(verschwammen)* alle Umrisse. **b)** *etwas läuft auseinander:* die Tinte zerfließt auf dem schlechten Papier. * **in Tränen zerfließen** *(heftig und anhaltend weinen).*

zerfressen ⟨etwas z.⟩: *durch Fressen zerstören:* Motten haben den Stoff zerfressen; bildl.: der Rost, die Säure zerfrißt das Metall; der Eiter hat den Knochen zerfressen; ⟨etwas zerfrißt jmdm. etwas⟩ der Gram zerfraß ihr das Herz.

zergehen ⟨etwas zergeht⟩: *etwas schmilzt, löst sich auf:* das Eis zergeht in der Sonne; Zucker zergeht in Wasser; sie läßt Butter in der Pfanne z.; ⟨jmdm. z.; mit Raumangabe⟩: das Fleisch ist so zart, daß es einem auf der Zunge zergeht.

zerknirscht: *sehr schuldbewußt:* ein zerknirschter Sünder; z. betrachtete er die Folgen seines Leichtsinns.

zerknittern ⟨etwas z.⟩: *in Falten zusammendrücken:* Papier, einen Anzug z.; ein zerknittertes Hemd; die Zeitung ist ganz zerknittert; übertr.: nach dieser Standpauke war er ganz zerknittert (ugs.; *niedergeschlagen*).

zerlegen ⟨etwas z.⟩: **a)** *auseinandernehmen:* ein Fahrrad, eine Uhr z.; etwas in seine Bestandteile z. **b)** *zerteilen:* erlegtes Wild z.; den Braten, die Gans [kunstgerecht] z. *(tranchieren).*

zermalmen ⟨jmdn., etwas z.⟩: *zerquetschen:* herabstürzende Felsmassen zermalmten drei Menschen; seine Hand wurde in der Maschine zermalmt; bildl. (geh.): ein zermalmender Schicksalsschlag.

zermartern ⟨sich (Dativ) etwas z.⟩: *zerquälen:* ich zermarterte mir [darüber, deswegen] den Kopf, das [Ge]hirn *(dachte angestrengt nach).*

zermürben: a) (selten) ⟨etwas z.⟩ *brüchig, mürbe machen:* die Witterung hat das Gestein zermürbt; zermürbtes Leder, Papier. **b)** ⟨jmdn., sich, etwas z.⟩ *schwächer, nachgiebig machen:* sie zermürbten den Angeklagten im/durch ein Kreuzverhör; der Boxer zermürbte planmäßig seinen Gegner; ein zermürbendes Leben; ein von Leid und Sorge zermürbter Mensch.

zerpflücken ⟨etwas z.⟩: **a)** *auseinanderzupfen; durch Zupfen verkleinern:* eine Rose z.; Salat z. **b)** (ugs.) *im einzelnen kritisch widerlegen:* eine Rede Satz für Satz z.; jmds. Argumente z.; der Kritiker hat das Buch zerpflückt.

zerreißen: 1.a) ⟨jmdn., etwas z.⟩ *in Stücke reißen; auseinanderreißen:* ein Papier, einen Brief, einen Faden z.; ein Tuch in schmale Streifen z.; die Ketten, Fesseln z.; der Löwe zerriß die Antilope; eine Granate zerriß zwei Mann; der Sturm hat die Wolkendecke zerrissen; bildl.: Motorengeräusch zerriß die Stille; ich kann mich doch nicht z. (ugs.; *zwei Dinge auf einmal tun*); (ugs.:) ich möchte mich [rein] z. [vor Wut, bei der vielen Arbeit]. **b)** ⟨jmdm., sich etwas z.⟩ *ein Loch in etwas reißen, etwas beschädigen:* der Hund hat ihm die Hose zerrissen; ich habe mir an dem Stuhl die Strümpfe zerrissen. **2.** ⟨etwas zerreißt⟩ *etwas reißt auseinander, geht entzwei:* das Papier, die Schnur zerreißt; sie hat eine zerrissene Schürze an; bildl.: zerrissene Fäden, Verbindungen wieder anknüpfen; das Volk ist innerlich zerrissen *(gespalten).* * (derb:) **sich** (Dativ) **über jmdn. das Maul zerreißen** *(schlecht über jmdn. sprechen)* · (geh.:) **etwas zerreißt jmdm. das Herz** *(etwas schmerzt jmdn. tief).*

zerren: 1. ⟨jmdn., etwas z.; mit Raumangabe⟩ *gewaltsam irgendwohin ziehen:* jmdn. aus dem Bett, auf die Straße z.; einen Sack über den Hof, hinter sich her z.; bildl.: etwas an die Öffentlichkeit z. *(rücksichtslos bekanntmachen).* **2.** ⟨sich (Dativ) etwas z.⟩ *zu stark dehnen:* ich habe mir eine Sehne, einen Muskel gezerrt. **3.** ⟨an jmdm., an etwas z.⟩ *heftig, ruckartig ziehen:* an einem Seil z.; der Hund zerrt an der Kette, an seinem Herrn. * **jmdn., etwas in den Schmutz zerren** *(jmdn., etwas schmähen, verleumden).*

zerrinnen ⟨etwas zerrinnt⟩: *etwas zerfließt, löst sich auf:* der Schnee zerrinnt; bildl.: seine Pläne, Träume sind in nichts zerronnen. * **etwas zerrinnt jmdm. unter den Händen** *(etwas verringert sich, wird laufend weniger).*

zerrütten ⟨jmdn., etwas z.⟩: *in Unordnung bringen, ruinieren:* die Regierung hat den Staat, die Finanzen zerrüttet; eine zerrüttete Ehe; er lebt in völlig zerrütteten Verhältnissen; seine Gesundheit ist zerrüttet.

zerschellen ⟨etwas zerschellt⟩: *etwas bricht beim Aufprall auseinander:* das Schiff zerschellte [an einer Klippe]; das Flugzeug ist [an einer Felswand, in der Tiefe] zerschellt; die Maschine lag zerschellt am Boden; übertr.: am Widerstand der Verteidiger zerschellten *(scheiterten)* alle Angriffe.

zerschlagen: 1. ⟨etwas z.⟩ *durch Schlagen oder Fallenlassen zerbrechen:* Porzellan, Geschirr

Fensterscheiben z.; ⟨jmdm. etwas z.⟩ (derb:) ich zerschlage dir alle Knochen */Drohung/;* adj. Part.: ich bin, fühle mich [an allen Gliedern] wie zerschlagen *(lahm);* alle Glieder sind mir wie zerschlagen *(schmerzen mich);* übertr.: *zerstören, vernichten:* eine feindliche Division z.; ein Besitztum z. *(aufteilen);* jmds. Macht, eine Organisation, einen Staat z. **2.** ⟨etwas zerschlägt sich⟩ *etwas erfüllt sich nicht, kommt nicht zustande:* meine Hoffnungen, Aussichten, Pläne zerschlugen sich; die Sache hat sich wieder zerschlagen. * (ugs.:) **Porzellan zerschlagen** *(mit plumper, ungeschickter Rede oder Handlung Unheil anrichten).*

zerschmettern ⟨jmdn., etwas z.⟩: *mit großer Wucht zerschlagen:* eine Vase auf dem Fußboden z.; er lag mit zerschmetterten Gliedern im Abgrund; ⟨jmdm. etwas z.⟩ die Kugel zerschmetterte ihm das Bein; übertr. (geh.): die Feinde, seinen Gegner z. *(völlig besiegen).*

zerschneiden ⟨etwas z.⟩: *auseinanderschneiden:* Stoff, Papier, Rohre z.; die Maschine zerschnitt dicke Stahlplatten. * (geh.:) **das Tischtuch zwischen sich und jmdm. zerschneiden** *(jede Verbindung mit jmdm. abbrechen).*

zersetzen: 1.a) ⟨etwas z.⟩ *auflösen:* der elektrische Strom zersetzt Säure; die Fäulnis zersetzt den Körper. **b)** ⟨etwas zersetzt sich⟩ *etwas löst sich auf:* das Holz hat sich im Boden zersetzt. **2.** ⟨etwas z.⟩ *etwas in seinem Bestand, in seiner Ordnung schädigen, untergraben:* die Moral, die Gesellschaft z.; die feindliche Propaganda zersetzte das Heer; zersetzende Äußerungen, Schriften.

zersplittern: 1.a) ⟨etwas z.⟩ *in Splitter schlagen:* eine Tür [mit dem Beil] z.; der Blitz zersplitterte den Mast. **b)** ⟨etwas z.⟩ *für zu viele Dinge gleichzeitig verbrauchen:* er zersplitterte seine Kräfte, seine Zeit. **c)** ⟨sich z.⟩ *zu viele Dinge gleichzeitig tun:* er hat sich in den letzten Jahren zersplittert. **2.** ⟨etwas zersplittert⟩ *etwas zerbricht in Splitter:* das Fenster zersplitterte; der Knochen war zersplittert.

zerspringen ⟨etwas zerspringt⟩: *etwas bricht auseinander:* das Glas, der Spiegel zersprang [in tausend Stücke]; die Glocke ist zersprungen; bildl. (geh.): ⟨jmdm. zerspringt etwas⟩ das Herz wollte ihm [vor Aufregung] fast z.

zerstören ⟨etwas z.⟩: *durch Beschädigung unbrauchbar machen, vernichten:* etwas mutwillig, sinnlos, vollständig, restlos z.; eine Stadt, eine Leitung z.; dieses Haus wurde im Kriege, durch Bomben, durch Feuer zerstört, durch ein/bei einem Erdbeben zerstört; übertr.: jmds. Hoffnungen z. *(zunichte machen);* jmds. Ehe, Existenz, Glück z.; zerstörte Illusionen.

zerstreuen: 1. ⟨etwas z.⟩ *weit auseinanderstreuen:* der Wind zerstreut die Blätter; das Licht wird durch den Dunst stark zerstreut; adj. Part.: zerstreutes *(diffuses)* Licht; ein zerstreut wohnendes Volk; die Häuser liegen über das Tal zerstreut. **2.** ⟨jmdn., etwas z.⟩ *auseinandertreiben:* die Polizei versuchte die Demonstranten zu z.; unsere Klasse wurde in alle Winde, in alle Welt zerstreut. **3.** ⟨sich z.⟩ *auseinandergehen:* die Menge zerstreute sich [in die umliegenden Straßen]. **4.** ⟨jmdn., sich z.⟩ *ablenken, unterhalten, sich entspannen [lassen]:* sich durch ein Spiel, mit einem Krimi (ugs.), beim Fernsehen z.; ich versuchte ihn mit allerlei Scherzen zu z. **5.** ⟨etwas z.⟩ *beseitigen:* jmds. Bedenken, Zweifel, Furcht z.; es gelang ihm, jeden Verdacht zu z.

zerstreut: *nicht auf das Nächstliegende konzentriert:* ein zerstreuter Fußgänger; er ist ein zerstreuter Professor (scherzh.; *ein unaufmerksamer Mensch*); er ist oft z. und vergißt dann alles; sie sah z. auf die Uhr.

Zerstreuung, die: **1.a)** *Unterhaltung, Entspannung:* die Zerstreuungen der Großstadt; Z. in etwas suchen, finden. **b)** *Zerstreutsein, Unaufmerksamkeit:* ich habe in der Z. meine Tasche liegen[ge]lassen. **2.** *das Zerstreuen, Auseinandertreiben:* zur Z. der Ansammlung (stilistisch unschön; *um die Ansammlung zu zerstreuen*) setzte die Polizei Wasserwerfer ein.

zerteilen: 1. ⟨etwas z.⟩ *in Teile trennen:* Geflügel, einen Braten z.; der Wind zerteilt die Wolken; (geh.:) das Boot zerteilte die Wellen; bildl.: ich kann mich doch nicht z. (ugs.; *mehrere Dinge zugleich tun*). **2.** ⟨etwas zerteilt sich⟩ *etwas geht auseinander:* die Wolken zerteilten sich.

zertreten ⟨jmdn., etwas z.⟩: *durch Darauftreten töten oder zerstören:* eine Blume, eine Kirsche, einen Käfer z.; die Kinder haben den Rasen zertreten; er zertrat die glühende Zigarette.

zertrümmern ⟨etwas z.⟩: *in Stücke schlagen:* einen Spiegel z.; bei dem Streit wurde die ganze Einrichtung zertrümmert; ⟨jmdm. etwas z.⟩ ihm wurde der Schädel zertrümmert.

zerzaust: *wirr durcheinander seiend:* zerzaustes Haar, Gefieder; ihre Haare sind vom Wind z.

zetern (ugs.; abwertend): *laut jammern, keifen:* er zeterte wie ein altes Weib.

Zettel, der: *kleineres Blatt Papier:* ein leerer, beschriebener, bedruckter, vergilbter, zerknitterter Z.; an der Tür hing, klebte ein Z. mit ihrem Namen; einen Z. anschlagen, ankleben, ausfüllen; Zettel ordnen, austragen, verteilen; etwas auf einen Z. schreiben, auf einem Z. notieren.

Zeug, das: **1.** (ugs.; abwertend) **a)** *nicht näher bestimmte [wertlose] Dinge:* wie teuer ist das Z.?; nun habe ich das ganze Z. am Halse; was soll ich nur mit dem Z. anfangen?; weg mit dem Zeug[s]! **b)** *nicht näher bestimmte [wertlose] Worte oder Gedanken:* [das ist] dummes Zeug!; dummes, albernes Z. reden, träumen; der Kranke redet wirres, unverständliches, ungereimtes Z.; die Kinder treiben nur dummes Z. *(Unsinn);* glaub doch nicht all das Z.! **2.a)** (ugs.) *Kleidung, Ausrüstung u. ä.:* sein Z. in Ordnung halten; buntes Z. waschen; er trug sein bestes Z. **b)** (ugs.; veraltend) *Tuch, Stoff:* ein Mantel aus dickem Z. * (ugs.:) **jmd. hat/in jmdm. steckt das Zeug zu etwas** *(jmd. ist zu etwas befähigt, kann etwas werden):* in ihm steckt das Z. zu einem tüchtigen Ingenieur · (ugs.:) **was das Zeug hält** *(in äußerstem Maße):* er arbeitete, was das Z. hielt · (ugs.:) **jmdm. etwas am Zeug[e] flicken [wollen]** *(jmdm. etwas Böses antun, etwas anhängen [wollen])* · **sich mächtig/richtig ins Zeug legen** *(sich anstrengen, mit großem Einsatz etwas machen)* · **mit jmdm., mit etwas scharf ins Zeug gehen** *(jmdn., etwas streng behandeln).*

Zeuge, der: *jmd., der bei etwas dabei war [und berichten kann]:* ein vertrauenswürdiger, klassischer Z.; ein falscher Z.; Rechtsw.: der Z. Meyer · er war Z. des Unfalls, der Tat; es waren keine Zeugen dabei; wir alle waren Z./(auch:) Zeugen dieses Gesprächs; er wurde unfreiwillig Z., wie sie sich stritten; Zeugen werden gesucht, mögen sich melden; Gott ist/sei mein Z.! (geh.; /*Beteuerungsformel*/); Sprichw.: ein Z. – kein Z. · einen Zeugen benennen, stellen, vernehmen, verhören, befragen, vereidigen; als Z. [vor Gericht] auftreten, erscheinen, vorgeladen werden; jmdn. als Zeugen für etwas anführen; etwas im Beisein von Zeugen tun, sagen; übertr.: diese Ruinen sind [stumme] Zeugen, die letzten Zeugen *(Zeichen, Überbleibsel)* der Vergangenheit. * **jmdn. als Zeugen/zum Zeugen anrufen** *(als Zeugen benennen):* er rief seinen Kollegen zum Zeugen an, daß ...

¹zeugen (geh.) ⟨jmdn. z.⟩: *erzeugen:* ein Kind [mit jmdm.] z.; übertr.: seine Eifersucht zeugt seltsame Blüten.

²zeugen (geh.): **1.** ⟨für jmdn./gegen jmdn. z.⟩ *Zeuge sein, als Zeuge aussagen:* er hat in diesem Prozeß für seine Freunde, gegen einen früheren Teilhaber gezeugt. **2.** ⟨etwas zeugt für etwas/von etwas⟩ *etwas beweist etwas:* sein Verhalten zeugt nicht von Geschmack, von Intelligenz; das zeugt für seine gute Erziehung.

Zeugnis, das: **1.** (geh.; veraltend) *Zeugenaussage:* das Z. verweigern; [falsches] Z. [für jmdn., gegen jmdn.] ablegen; nach seinem Z. war die Sache ganz anders. **2.** (geh.) **a)** *Beweis:* etwas ist ein untrügliches Z. für etwas; er hat damit ein glänzendes Z. seiner Intelligenz, von seiner Intelligenz gegeben. **b)** *Gegenstand, der als Beweis für etwas dient:* der Roman ist ein literarisches Z. dieser Zeit; diese Funde sind Zeugnisse einer frühen Kulturstufe. **3. a)** *Schulzeugnis:* ein gutes, schlechtes, mäßiges, glänzendes (ugs.) Z.; das Z. der Reife; zu Ostern gibt es Zeugnisse; der Junge hat ein gutes Z. mit nach Hause gebracht (ugs.). **b)** *Bescheinigung, Attest:* ein amtliches, behördliches, ärztliches Z.; ein Z. ausstellen, vorlegen, fordern, verlangen, fälschen. **c)** *Beurteilung einer Qualifikation:* ein erstklassiges, ausgezeichnetes Z.; der Koch hat die besten Zeugnisse vorzuweisen.

Ziege, die: **1.** /*ein Haustier*/: die Z. meckert, gibt Milch; sie ist mager, neugierig wie eine Ziege (ugs.; *sehr mager, sehr neugierig*); Ziegen halten, hüten, melken; Sprichw.: die Z. ist die Kuh des kleinen Mannes. **2.** (ugs.) /*Schimpfwort für ein Mädchen oder eine Frau*/: sie ist eine dumme, alte, alberne Z.

Ziegel, der: **1.** *Dachziegel:* der Sturm hat die Ziegel vom Dach gefegt; das Haus ist mit roten Ziegeln gedeckt. **2.** *Ziegelstein:* Ziegel formen, brennen; das Haus ist aus Ziegeln gebaut.

ziehen: **1.** ⟨jmdn., etwas z.⟩ *hinter sich her ziehen, durch Zugkraft fortbewegen:* einen Handwagen z.; Pferde ziehen den Heuwagen; der Schlitten wurde von Hunden gezogen; laß dich nicht so z. (ugs.). **2.** *zupfen, zerren, reißen:* **a)** ⟨an etwas z.⟩ heftig, fest, ungeduldig an der Klingelschnur z.; er hat an der Tischdecke gezogen; der Hund zieht an der Leine. **b)** ⟨jmdn. an etwas z.⟩ jmdn. an den Ohren z.; er hat ihn an den Haaren, am Ärmel gezogen. **3.** ⟨etwas z.⟩ *durch Ziehen in Tätigkeit setzen:* die Wasserspülung, die Klingel, die Notbremse z. **4.** ⟨etwas z.⟩ **a)** *zu einem bestimmten Zweck heraus-, hervorziehen:* das Portemonnaie, die Brieftasche z.; die Pistole, den Degen z.; blitzschnell hatte er das Messer [aus der Tasche] gezogen; jmdn. mit gezogener Waffe bedrohen. **b)** *durch Herausziehen entfernen:* einen Zahn, die Wurzel z.; ⟨jmdm. etwas z.⟩ gestern wurden ihm die Fäden gezogen. **c)** *eine Spielfigur rükken:* einen Stein, den Springer z.; ⟨auch ohne Akk.⟩ du mußt z. **5.** ⟨jmdn., etwas z.; mit Raumangabe⟩ *durch Ziehen an eine bestimmte Stelle bringen:* das Boot ans Land/an Land z.; die Mutter zog das Kind an sich, an ihre Brust; jmdn. auf die Seite z.; Perlen auf eine Schnur z.; das Taschentuch aus der Tasche z.; einen Nagel aus dem Brett, den Korken aus der Flasche z.; einen Faden durch das Nadelöhr z.; die Mütze ins Gesicht z.; die Schultern in die Höhe z.; er zog die Mundwinkel nach unten; sie zog eine Schürze über das Kleid; die Gardine vors Fenster z.; die Last zog ihn zu Boden; übertr.: jmdn. ins Gespräch z. *(jmdn. ansprechen, an einem Gespräch beteiligen);* jmdn. ins Vertrauen z. *(jmdm. etwas anvertrauen);* jmdn. ins Verderben z.; er hat die Sache ins Lächerliche gezogen. **6.** ⟨etwas auf sich z.⟩ *lenken:* die Blicke, die Aufmerksamkeit, jmds. Unwillen, Unmut, Zorn auf sich z. **7.** ⟨etwas aus etwas z.⟩ *herausziehen, gewinnen:* die Pflanzen ziehen die Nahrung aus dem Boden, aus der Nährlösung; übertr.: er zieht viel Geld, Gewinn aus dem Geschäft; eine Lehre, einen Vorteil, Nutzen aus etwas z.; aus seinem Verhalten kann man den Schluß z. *(schließen)*, daß ... **8.** ⟨etwas z.⟩ *durch Ziehen, Dehnen herstellen:* Draht, Röhren z.; Kerzen werden gezogen; übertr.: der Leim zieht Fäden; bei der Hitze zog *(bildete)* das Pflaster Blasen. **9.** ⟨etwas z.⟩ **a)** *ausführen, beschreiben:* einen Strich, einen Kreis, eine Linie, eine Parallele z.; ⟨jmdm., sich etwas z.⟩ er zog sich einen Scheitel. **b)** *herstellen, errichten:* einen Graben, eine Mauer, eine Grenze z.; der Pflug zieht Furchen in das Erdreich. **c)** *spannen:* Drähte, Leitungen z.; zur Absperrung wurde eine Leine gezogen. **10.** (ugs.) ⟨etwas z.⟩ *eine bestimmte Miene machen:* ein Gesicht, eine Fratze, eine Grimasse, einen Flunsch z. **11.** ⟨etwas zieht sich; mit Raumangabe; *etwas verläuft:* die Grenze zieht sich quer durch das Land; ein Stacheldrahtzaun zog sich rund um das Gelände; der Gebirgszug zieht sich westwärts; übertr.: der Schmerz zog sich bis in die Fingerspitzen, durch den ganzen Körper. **12.** ⟨etwas zieht in etwas⟩ *etwas dringt in etwas ein:* die Feuchtigkeit ist in das Mauerwerk, in das Gebäude gezogen; der Rauch zog ins Zimmer. **13.** ⟨mit Raumangabe⟩ *sich stetig fortbewegen, wandern, fahren, sich begeben:* heimwärts, von dannen z.; in die Welt (geh.), in die Ferne, durch die Lande (dichter.) z.; Demonstranten zogen durch die Straßen; die Schwalben sind nach Süden gezogen; die Lachse ziehen zu ihren Laichplätzen; übertr.: ins Feld, in den Krieg, in den Kampf z.; ⟨auch ohne Raumangabe⟩ die Wolke, der Nebel zieht; laß ihn z.! (ugs.; *laß ihn seiner Wege gehen*). **14.** ⟨mit Raumangabe⟩ *umziehen, den Wohnsitz wechseln:* an einen anderen Ort, aufs Land, in die Stadt, nach Berlin, zu den Eltern z. **15.** ⟨es zieht jmdn.;

mit Raumangabe⟩ *es verlangt jmdn. nach jmdm. oder etwas:* es zog ihn heim, in die Heimat, in die Ferne, nach Hause; es zog mich nicht zu diesen Leuten. **16.** ⟨etwas zieht⟩ *etwas hat Luftzug:* der Kamin, der Ofen, der Schornstein zieht [gut, schlecht]; die Pfeife zieht nicht mehr. **17.** ⟨an etwas z.⟩ *saugen:* an der Zigarette, an der Zigarre z. **18.** ⟨etwas zieht⟩ *etwas liegt im heißen Wasser:* die Klöße sollen nicht kochen, sondern nur z.; der Tee, der Kaffee muß noch z. **19.** ⟨es zieht⟩ *es herrscht ein Luftzug:* wenn die Tür offensteht, zieht es; es zieht an die Beine, vom Fenster her; ⟨jmdm. zieht es⟩ es zieht mir [an den Beinen]. **20.** ⟨etwas zieht⟩ *etwas hat eine das Interesse wachrufende Wirkung:* dieser Buchtitel, diese Reklame zieht; das Angebot zog nicht bei ihm; so etwas zieht nicht mehr. **21.** ⟨ein Tier, etwas z.⟩ *aufziehen, züchten:* Blumen, Pflanzen [aus Samen, aus Stecklingen] z.; er zieht Rosen in seinem Garten; sie ziehen Schweine, Gänse. **22.** (selten) ⟨jmdn. z.; mit Artangabe⟩ *erziehen:* sie haben ihre Kinder gut, schlecht gezogen. **23.** ⟨etwas zieht etwas nach sich⟩ *etwas hat bestimmte Folgen:* die Sache hat üble Folgen nach sich gezogen. * (ugs.:) **Leine ziehen** *(verschwinden, sich davonmachen)* · **alle Register ziehen** *(alle zur Verfügung stehenden Mittel einsetzen)* · **andere Register ziehen** *(einen nachdrücklicheren Ton anschlagen)* · (ugs.:) **etwas zieht Blasen** *(etwas hat unangenehme Folgen)* · **das Fazit/die Summe ziehen** *(das Ergebnis zusammenfassen)* · **die Bilanz aus etwas ziehen** *(das Ergebnis von etwas feststellen)* · (ugs.:) **jmdm. den Zahn ziehen** *(jmdm. eine Illusion, Hoffnung nehmen)* · **mit jmdm., mit etwas das Große Los ziehen** *(mit jmdm., mit etwas großes Glück haben, eine gute Entscheidung getroffen haben)* · **[vor jmdm., vor etwas] den Hut ziehen** *(vor jmdm., vor etwas Achtung haben)* · **etwas zieht Kreise** *(etwas betrifft immer mehr Personen oder Gruppen)* · **die Konsequenzen ziehen** *(einen gemachten Fehler einsehen und seinen Posten zur Verfügung stellen)* · **aus etwas die Konsequenzen ziehen** *(aus einer Niederlage, aus einer negativen Auswirkung die Folgerungen für zukünftiges Handeln ziehen)* · (ugs.:) **den kürzeren ziehen** *(benachteiligt werden; unterliegen)* · **jmdn., etwas an Land ziehen** *(für sich gewinnen, besorgen)* · **etwas ans Licht ziehen** *(etwas an die Öffentlichkeit bringen)* · (ugs.:) **an dem gleichen/an demselben Strang ziehen** *(das gleiche Ziel verfolgen)* · **jmdn. auf seine Seite ziehen** *(jmdn. für seine Absichten, Pläne gewinnen)* · (ugs.:) **jmdm. das Geld aus der Tasche ziehen** *(jmdn. dazu bringen, Geld auszugeben)* · **etwas aus dem Verkehr ziehen** *(etwas nicht mehr für den Gebrauch zulassen)* · **den Kopf aus der Schlinge ziehen** *(sich im letzten Augenblick aus einer gefährlichen Lage befreien)* · (ugs.:) **die Karre aus dem Dreck ziehen** *(etwas wieder in Ordnung bringen)* · (ugs.:) **jmdm. die Würmer aus der Nase ziehen** *(durch vieles Fragen etwas von jmdm. zu erfahren suchen)* · **sich aus der Affäre ziehen** *(mit Geschick aus einer [unangenehmen] Situation herausgelangen)* · (ugs.:) **jmdn. durch den Kakao ziehen** *(jmdn. veralbern, lächerlich machen)* · **etwas in die Länge ziehen** *(etwas verzögern)* · **etwas zieht sich in die Länge** *(etwas dauert länger als erwartet)* · **etwas in Betracht ziehen** *(etwas berücksichtigen)* · (nachdrücklich:) **etwas in Erwägung ziehen** *(etwas erwägen)* · **etwas in Zweifel ziehen** *(etwas bezweifeln)* · **jmdn., etwas in Mitleidenschaft ziehen** *(jmdn., etwas in eine unangenehme Situation mit hineinziehen)* · **jmdn. in seinen Bann ziehen** *(ganz gefangennehmen, fesseln)* · (geh.:) **etwas zieht ins Land** *(etwas vergeht, verstreicht)* · **etwas in den Schmutz/** (ugs.:) **Dreck ziehen** *(etwas verleumden, herabsetzen)* · (ugs.:) **jmdm. das Fell über die Ohren ziehen** *(jmdn. betrügen, ausbeuten, stark übervorteilen)* · **einen Schlußstrich unter etwas ziehen** *(etwas Unangenehmes endgültig beendet sein lassen)* · (ugs.:) **vom Leder ziehen** *(heftig schimpfen)* · (geh.:) **jmdn., etwas zu Rate ziehen** *(jmdn., etwas befragen)* · **jmdn. [für etwas] zur Rechenschaft ziehen** *(jmdn. für etwas verantwortlich machen)* · **jmdn. [für etwas] zur Verantwortung ziehen** *(jmdn. für etwas verantwortlich machen)* · (geh.:) **gegen jmdn., gegen etwas zu Felde ziehen** *(jmdn., etwas bekämpfen)*.

Ziel, das: **1.a)** *Ort, den man erreichen will:* das Z. einer Reise, Wanderung; er war das Z. ihres Spottes; ans Z. kommen, gelangen; am Z. sein; die Flotte lief mit unbekanntem Z. aus; bildl.: kurz vor dem Z. stehen. **b)** (Sport) *Ende einer Wettkampfstrecke:* das Z. passieren; er erreichte als erster das Z., ging als erster durchs Z.; als nächster Läufer kam der Franzose ins Z. **c)** *Stelle, auf die man schießt o. ä.:* ein Z. anvisieren, treffen, verfehlen; Raketen ins Z. schießen, bringen. **d)** *etwas, wonach man strebt, worauf eine Handlung oder Absicht gerichtet ist:* weitgesteckte, hohe, ferne, unerreichbare Ziele; das vordringlichste Z. ist ...; das Z. von Wünschen werden; alle seine Gefühle hatten nur ein Z. ...; sein Z. erreichen, sich ein Z. setzen, stecken; ein Z. ins Auge fassen; ein Z. im Auge haben; ein klares, festes Z. vor Augen haben; das Z. im Auge behalten; seine Ziele verschleiern; sein Z. beharrlich verfolgen; Ziele durchsetzen, verwirklichen; sich (Dativ) etwas zum Z. setzen; (selten:) sich neue Ziele stellen; bestimmten Zielen dienen; einem Z. zustreben; seinem Z. näher kommen, sich seinem Z. nähern; er ist am Z. seiner Wünsche [angelangt]; auf sein Z. losgehen, lossteuern (ugs.); jmdn. für seine Ziele einspannen; diese Aktionen führen nicht zum Z.; auf diese Weise kommst, gelangst du nicht zum Z.; Redensart: Beharrlichkeit führt zum Z. **2.** (Kaufmannsspr.) *Frist, Zeitpunkt:* das Z. der Zahlung ist 30 Tage; jmdm. drei Monate Z. gewähren; das Z. einhalten, überschreiten; etwas gegen drei Monate Z. kaufen. * **mit dem Ziel** *(in der Absicht):* er sagte es mit dem Z., sie dadurch aufzurütteln · **über das Ziel hinausschießen** *(bei seinem Tun zuviel Eifer zeigen)* · **etwas hat etwas zum Ziel** *(etwas bezweckt etwas, soll etwas bewirken)* · **einer Sache ein Ziel setzen** *(einer Sache Schranken, Grenzen setzen)* · **ohne Maß und Ziel** *(unvernünftig viel, stark)*.

zielbewußt: *sicher und ohne Umweg auf ein Ziel zugehend:* ein zielbewußter junger Mann; seine Frau ist sehr z.; z. vorgehen.

zielen: **1.** *das, womit man schießt oder wirft, genau auf ein Ziel richten:* gut, genau z.; über Kimme und Korn z.; auf den Hasen, auf die Scheibe, in die Ecke, nach jmdm., neben den Flüchtling z.; übertr.: die Störversuche zielten in diese Richtung; er zielte mit seiner Frage auf die Mißstände im Verein *(wies darauf hin)*; adj. Part.: „zufriedenstellen" ist ein zielendes (Sprachw.; *transitives*) Zeitwort. **2.** ⟨etwas zielt auf etwas⟩ *etwas soll etwas bewirken, soll einen bestimmten Zweck verfolgen:* seine Bemühungen zielten auf eine Änderung der politischen Verhältnisse; worauf hat seine Frage gezielt?; adj. Part.: gezielte Hilfe; gezielte politische Äußerungen, Maßnahmen.

Zielscheibe, die: *als Ziel dienende Scheibe, auf die geschossen wird:* eine Z. aufstellen; bildl.: jmdn./etwas als Z. benutzen; er wurde zur Z. ihres Spottes.

zielstrebig: *ein Ziel mit Eifer und Energie anstrebend:* ein zielstrebiger Mensch; er ist z.; er ging z. nach vorn zum Redner.

ziemen (geh.): **1.** ⟨etwas ziemt sich⟩ *etwas entspricht den üblichen Regeln von Sitte und Anstand:* es ziemt sich nicht, Gesprächen anderer zuzuhören; das ziemt sich nicht für Mädchen. **2.** (selten) ⟨etwas ziemt jmdm.⟩ *etwas schickt sich für jmdn.:* Wehklagen ziemt keinem Manne.

[1]**ziemlich: 1.** ⟨Adj.⟩ (ugs.) *beträchtlich:* er hat ein ziemliches Vermögen; sie unterhielten sich mit ziemlicher Lautstärke *(recht laut)*; ich weiß mit ziemlicher Sicherheit *(so gut wie sicher)*, wer das gemacht hat. **2.** ⟨Adverb⟩ **a)** *sehr, aber nicht übermäßig; recht:* es ist z. kalt; ich kenne ihn z. gut; du kommst z. spät. **b)** *fast, beinah:* das Haus ist z. fertig; (ugs.:) er ist so z. *(ungefähr)* in meinem Alter.

[2]**ziemlich** (geh.): *schicklich:* eine nicht ziemliche Ausdrucksweise; das ist nicht z.; diese Szene schien ihm nicht z.

Zierde, die: *etwas, womit etwas verziert wird:* sich etwas als Z. anstecken; zur Z. *(als Schmuck)* Blumen auf den Tisch stellen; bildl.: der alte Dom ist eine Z. der Stadt.

zieren: 1.a) (geh.) ⟨etwas, sich mit etwas z.⟩ *etwas, sich mit etwas schmücken:* eine Torte mit einer Rose aus Marzipan z.; seine Hände waren mit Brillanten geziert. **b)** ⟨etwas ziert etwas⟩ *etwas schmückt etwas, ist eine Zierde von etwas:* Orden zierten seine Brust; bekannte Namen zierten den Briefkopf; das Denkmal ziert den Platz. **2.** ⟨sich z.⟩ *in gekünstelt-schüchterner Weise etwas nicht gleich annehmen:* sich beim Essen z.; zier dich doch nicht so!; er nannte die Dinge beim Namen, ohne sich zu z. *(ohne Scheu zu haben)*; geziert reden; sie tut geziert.

zierlich: *klein und fein; zart und anmutig [aussehend]:* eine zierliche Figur; ihre Hände sind sehr z.; z. schreiben.

Ziffer, die: *schriftliches Zeichen für eine Zahl:* arabische, römische Ziffern; eine Zahl mit drei Ziffern; eine Zahl in Ziffern schreiben.

Zigarette, die: */Genußmittel zum Rauchen/:* eine deutsche, amerikanische, selbstgedrehte Z.; eine Z. mit Filter, ohne Mundstück; eine Stange, Packung, Schachtel Zigaretten; sich (Dativ) eine Z. drehen, anstecken, anbrennen; eine Z. rauchen; die Z. ausdrücken, wegwerfen; jmdm. eine Z. anbieten.

Zigarre, die: **1.** */Genußmittel zum Rauchen/:* eine leichte, milde, schwere, starke, dunkle, helle Z.; eine Z. mit Bauchbinde (ugs.; *mit Streifband*); die Z. zieht nicht, hat keine Luft; eine Kiste Zigarren; die Z. abschneiden, abbeißen; sich (Dativ) eine Z. anstecken, anbrennen, (ugs., scherzh.:) ins Gesicht stecken; eine Z. rauchen; jmdm. eine Z. anbieten; das Deckblatt der Z. ist beschädigt. **2.** (ugs.) *Verweis, Rüge:* eine fürchterliche Z. bekommen; er hat ihm eine Z. verpaßt; er mußte eine dicke Z. einstecken.

Zimmer, das: *Raum in einer Wohnung oder in einem Haus:* ein großes, geräumiges, freundliches, gemütliches, wohnliches, zweifenstriges, kleines, enges, schmales, hohes, niedriges, sonniges, dunkles, möbliertes, kaltes, überheiztes Z.; ein halbes *(recht kleines)* Z.; Z. frei!; ein Z. mit fließend warm und kalt Wasser; die Zimmer gehen ineinander *(sind z. B. durch eine Tür verbunden)*; das Z. geht nach vorn, hinten *(liegt im vorderen, hinteren Teil des Hauses)*; das Z. geht auf den Hof; ein Z. vermieten, abgeben, mieten, kündigen, betreten; das Z. heizen, lüften, aufräumen, tapezieren lassen; auf sein Z. gehen; auf dem Z. sein; im Z. sitzen, sein; in sein Z. gehen; eine Flucht von Zimmern bewohnen. * **das Zimmer hüten müssen** *(wegen Krankheit das Zimmer nicht verlassen können)*.

zimmern: 1. ⟨etwas z.⟩ *etwas aus Holz herstellen:* [den Vögeln] ein Vogelhäuschen z.; [sich (Dativ)] einen Tisch z. **2.** *an etwas aus Holz Bestehendem arbeiten:* er zimmert gern; er hat den ganzen Tag an dem Regal gezimmert; übertr.: sie zimmerten an einer neuen Koalition.

zimperlich (abwertend): *übertrieben empfindlich:* ein zimperliches Mädchen; sei nicht so z.!; er ist nicht z. *(hat keine Hemmungen)*, wenn es um die Durchsetzung seiner Interessen geht.

Zimt, der: **1.** */ein Gewürz/:* gestoßener Z.; Milchreis mit Zucker und Z. **2.** (ugs.; abwertend) *etwas Lästiges, Unsinniges o. ä.:* was soll der ganze Z.?; das ist ja alles Z., was du da redest, machst.

Zins, der: **1.** *prozentual berechnete Entschädigung für leihweise überlassenes Geld:* hohe, niedrige Zinsen; 4 % Zinsen; Zinsen für etwas nehmen, berechnen; die Zinsen heraufsetzen, bezahlen; etwas kostet Zinsen; das gut angelegte Geld brachte, trug viel Zinsen; Geld und Zinsen zurückzahlen; von den Zinsen leben; übertr.: jmdm. etwas mit Z. und Zinseszins zurückgeben, heimzahlen *(sich für etwas an jmdm. sehr rächen)*. **2.** (landsch.) *Abgabe, Miete:* der Z. für die Wohnung ist nicht hoch.

Zipfel, der: *[spitz zulaufendes] Endstück:* der Z. eines Tuches, einer Decke; der Z. der Wurst; bildl.: der Z. eines Landes; (ugs.:) jmdn. gerade noch am letzten Z. erwischen.

zirka /Abk.: ca./ ⟨Adverb⟩: *ungefähr:* es entstand ein Sachschaden von z. 10000 Mark; ich komme in z. drei Wochen.

Zirkel, der: **1.** *Gerät, mit dem man einen Kreis zeichnen kann:* den Z. öffnen, schließen; einen Kreis mit dem Z. ziehen, schlagen; Entfernungen mit dem Z. auf der Karte abstecken. **2.a)** *Klub, Kreis:* ein literarischer Z.; in dem Z. Intellektueller fühlte er sich wohl. **b)** *Veranstaltung im kleineren Kreis:* einen Z. besuchen; an einem Z. teilnehmen; der Z. für Psychologie beginnt am 19. Januar. **3.a)** *kreisförmige Bewegung:* der Z. schließt sich. **b)** (Reitsport)

Kreisfigur: dieser Weg eignet sich gut zum Reiten auf dem Z. * (bildungsspr.:) **die Quadratur des Zirkels** *(in sich unlösbare Aufgabe).*

zirkulieren: **a)** *in einer bestimmten Bahn kreisen:* das Blut ist/hat in den Adern zirkuliert. **b)** *in Umlauf sein:* Gerüchte zirkulieren über ihn in der Stadt; vor kurzem ist/hat Falschgeld in der Stadt zirkuliert.

zischen: **a)** *ein zischendes Geräusch hervorbringen, von sich geben:* die Schlange, Gans zischt; das Wasser zischte auf der heißen Kochplatte; das Publikum zischte *(zeigte durch Zischen sein Mißfallen).* **b)** ⟨mit Raumangabe⟩ *sich sehr schnell [mit einem zischenden Geräusch] fortbewegen, irgendwohin bewegen:* der Dampf zischt aus dem Kessel; sie zischte (ugs.) um die Ecke; der Ball war durch die Luft gezischt. **c)** ⟨etwas z.⟩ *etwas in verhalten-scharfem Ton sagen:* einen Fluch [durch die Zähne, gegen jmdn.] z. * (ugs.:) **einen zischen** *(Bier o. ä. trinken).*

zitieren: **1.** ⟨etwas z.⟩ **a)** *wörtlich wiedergeben:* Verse [aus einer Dichtung], eine Stelle aus einem Buch z.; Brecht *(eine Stelle aus seinem Werk)* z.; einen Paragraphen z.; ⟨auch ohne Akk.⟩ aus einer Rede z. **b)** *etwas anführen, nennen:* eine Quelle z.; dieses Beispiel wird oft zitiert. **2. a)** ⟨jmdn. z.; mit Raumangabe⟩ *jmdn. auffordern, irgendwohin zu kommen:* jmdn. zu sich, vor Gericht, aufs Rathaus, ins Ministerium z. **b)** (selten) ⟨jmdn. z.⟩ *jmdn. durch Beschwörung herbeizurufen versuchen:* einen Geist z.

Zitrone, die: /*eine Südfrucht*/: eine Z. auspressen; heiße Z. *(ein heißes Getränk mit Zitrone)* trinken; jmdn. wie eine Z. auspressen *(um Neuigkeiten zu erfahren).* * **mit Zitronen gehandelt haben** *(mit einer Unternehmung o. ä. Pech gehabt haben).*

zitt[e]rig: *zitternd:* zittrige Hände; er sprach mit zittriger Stimme; eine zittrige *(unregelmäßige)* Handschrift; z. schreiben.

zittern: **1.** *sich in ganz kurzen, schnellen Schwingungen hin und her bewegen:* er zittert [vor Kälte]; er zittert wie Espenlaub *(sehr);* sie zitterte am ganzen Körper, an allen Gliedern; seine Stimme zitterte [vor Erregung]; bei der Detonation zitterten die Wände; die Nadel des Kompasses zitterte; ⟨etwas zittert jmdm.⟩ ihm zittern [vor Angst, von der Anstrengung] die Hände, die Beine, die Knie; adj. Part.: mit zitternder Stimme berichtete er den Vorfall; subst.: ein Zittern ging durch seinen Körper. **2.** (ugs.) ⟨vor jmdm., vor etwas z.⟩ *vor jmdm., vor etwas große Angst haben:* er zitterte vor dem jähzornigen Vater, vor der nächsten Prüfung; ⟨auch ohne Präpositionalobjekt⟩ wir haben ganz schön gezittert, als das Boot kenterte. **3.** ⟨um/für jmdn., um/für etwas z.⟩ *aus Sorge um jmdn., etwas Angst haben:* er zitterte um sein Vermögen; ich habe an seinem Prüfungstag für ihn gezittert. * **mit Zittern und Zagen** *(angstvoll, voller Furcht).*

Zivil, das: **1.** *bürgerliche Kleidung:* Z. anziehen, anlegen (geh.), tragen; in Z. sein, gehen; er erschien zum Ball in Z. **2.** (veraltet) *Bürgerstand* /im Gegensatz zum Militär/: sie dachten an die Zeit des Zivils.

zögern: *aus Unschlüssigkeit nicht gleich oder nur langsam mit etwas beginnen:* einen Augenblick, Moment, eine Sekunde z.; er nahm den Auftrag an, ohne zu z./ohne Zögern; er zögerte mit der Antwort; er zögerte, der Aufforderung nachzukommen; adj. Part.: mit zögernden Schritten kam er näher; der Erfolg setzte nur zögernd ein; nach anfänglichem Zögern stimmte er zu.

Zoll, der: **1.** /*ein Längenmaß*/: zwei Z. starke Bretter; bildl.: sie wichen keinen Z.; keinen Z. nachgeben. **2. a)** *Abgabe, die man für eine Ware beim Überschreiten der Grenze zahlen muß:* hoher Z.; Z. erheben, verlangen, zahlen; auf bestimmten Waren liegt Z.; die Zölle senken, abschaffen. **b)** *Behörde, die die Abgabe an der Grenze erhebt:* er ist beim Z. beschäftigt. * **jeder Zoll/Zoll für Zoll/in jedem Zoll** *(ganz und gar):* sie ist Z. für Z. eine Dame.

zollen (geh.) ⟨jmdm., einer Sache etwas z.⟩: *erweisen, entgegenbringen:* jmdm. Anerkennung, Achtung, Bewunderung, Verehrung, Lob, Beifall, Dank z.; die jungen Leute zollten dem Entscheid der Jury nicht nur Zustimmung; sie zollt der Mode [ihren] Tribut (bildungsspr.: *macht der Mode Zugeständnisse*).

Zone, die: **a)** *nach bestimmten Gesichtspunkten abgegrenztes geographisches Gebiet:* die kalte, warme, heiße, gemäßigte, tropische, subtropische Z. (auf der Erde); die baumlose Z. im Hochgebirge; die ursprünglich sowjetisch besetzte Z. Deutschlands; die Truppen verließen die neutrale Z. **b)** *bestimmter Bereich:* eine Z. der Gefahr, des Mißtrauens; die erogenen (bildungsspr.) Zonen des Körpers.

Zopf, der: *[herabhängendes] geflochtenes Haar:* dicke, abstehende Zöpfe; einen Z. flechten; sie trägt einen [falschen] Z.; sich die Zöpfe abschneiden lassen; bildl.: die alten Zöpfe abschneiden *(Überholtes beseitigen).* * (abwertend:) **ein alter Zopf** *(eine längst überholte Ansicht).*

Zorn, der: *heftiger Unwille gegen jmdn.; Wut:* heller, heißer, flammender (geh.), heiliger (geh.), ohnmächtiger Z.; Z. ergriff, packte ihn, stieg in ihm auf; sein Z. kannte keine Grenzen, verebbte, verrauchte; großen Z. auf jmdn. haben; Z. gegen jmdn. hegen; (geh.:) den Z. des Himmels auf sich laden; (geh.:) die Schale ihres Zorns ergoß sich über ihn; etwas aus, im Z. tun; in ehrlichem, gerechtem Z.; in Z. geraten, ausbrechen; sich in Z. reden; jmdn. in Z. bringen, versetzen; in Z. kommen; vor Z. rot werden.

zornig: *voll Zorn, wütend:* ein zorniger Ausruf; die zornigen jungen Männer *(kritisch-oppositionelle männliche Jugendliche);* z. sein auf jmdn.; über jmdn., über etwas, wegen etwas z. werden; die Augen blitzten z.; sie fauchte ihn z. an.

zu /vgl. zum, zur/: **I.** ⟨Präp. mit Dativ⟩ **1.** /räumlich/ **a)** /drückt eine Bewegung bis an ein Ziel aus/: er kommt zu mir; sie geht zu ihrer Mutter; etwas zu Tal befördern; zu Boden stürzen; die Worte gingen ihr zu Herzen; Grüße von Haus zu Haus; von hier bis zu ihm sind es zehn Meter; ⟨in Verbindung mit *von* und zwei gleichen Substantiven⟩ /drückt ein kontinuierliches Nacheinander aus/ von Tür zu Tür eilen; von Station zu Station wurde er unruhiger; das Buch ging von Hand zu Hand; von Tisch zu Tisch gehen. **b)** /gibt einen Ort oder eine Lage an/ zu ebener Erde wohnen; zu Wasser und zu Lande; zu Hause sein; jmdm. zu Füßen sitzen; zu beiden Seiten des Bahnhofs; er wurde zu (geh., veraltend; *in*) Köln geboren; was da an

Menschen zu den Türen hereinkam, war unvorstellbar; ⟨in Verbindung mit *hin*⟩ zu den Dünen hin war nicht soviel Betrieb. **c)** /als Teil eines Eigennamens/ Graf zu Mansfeld; ein Herr von und zu (iron.; *ein vornehmer Herr*). **2.** /zeitlich/ ⟨bezeichnet einen Zeitpunkt oder eine Zeitspanne⟩ zu Anfang des Jahres, zu Mittag, zu früher Morgenstunde, zu Lebzeiten, zu Zeiten Adenauers/zu Adenauers Zeiten; zu meiner Zeit; zu Weihnachten, Silvester, Neujahr, Ostern, Pfingsten; von gestern zu heute; ⟨in Verbindung mit *von* und zwei gleichen Substantiven⟩ /drückt ein kontinuierliches Nacheinander aus/ von Stunde zu Stunde, von Tag zu Tag wurde es schlimmer. **3.** /drückt aus, daß etwas durch etwas erweitert, daß etwas hinzugefügt wird/ sie nimmt Sahne zum Kuchen; zu Bier paßt kein Kompott; Pfennig zu Pfennig legen, um zu sparen. **4.** /nennt das Mittel zur Fortbewegung/ zu Fuß gehen; zu Schiff reisen. **5.** *auf, in* /kennzeichnet die Art und Weise/ er verkauft alles zu kleinen Preisen; er wohnt im Souterrain, zu deutsch also im Keller; er erledigte alles zu meiner Zufriedenheit. **6.** *zwecks, für* /drückt Zweck oder Ziel einer Tätigkeit aus/ zu Ehren des Jubilars; sie kaufte Stoff zu einem Kleid; er sagte das zu ihrer Beruhigung; sie spielten zu ihrer Unterhaltung; das ist zu seinem Besten; jmdm. zu einem Spaziergang, zu einer Party einladen; ich stehe zu Ihrer Verfügung! **7.** /in Verbindung mit Zahlwörtern/ **a)** /bezeichnet ein Verhältnis/ zu [knapp] einem Drittel war alles verkauft; die Wasserkraft ist erst zu 2% genutzt; zu Dutzenden strömten sie in den Saal; das Spiel stand 3 zu 0. **b)** /bei der Nennung eines Preises/ fünf Briefmarken zu 30 [Pfennig]; eine Zigarre zu fünfzehn [Pfennig]. **c)** /nennt eine Gemeinschaft von Personen/ zu dritt/dreien; zu vieren lagen die Kranken in den Zimmern. **d)** /in Verbindung mit *bis*/ die Behandlung dauert bis zu einem halben Jahr; ⟨als Präpositionalattribut⟩ Städte bis zu 10000 Einwohnern; Jugendlichen bis zu 18 Jahren ist der Zutritt verboten; darauf steht Zuchthaus bis zu zehn Jahren (siehe auch als Adverb II, 3c). **8.** /bezeichnet das Ergebnis eines Vorgangs, einer Veränderung/ die Äpfel zu Mus verarbeiten; zu Staub zerfallen; sich zu Tode grämen; zu meiner Überraschung sagte er nichts. **9.** ⟨in Abhängigkeit von bestimmten Wörtern⟩ der Auftakt zu etwas; jmdm. zu etwas verhelfen; zu jmdm., zu etwas gehören. **II.** ⟨in Konkurrenz zu den Pronominaladverbien *dazu* und *wozu*⟩ **1.** (ugs.) ⟨statt des Pronominaladverbs *dazu*⟩ **a)** ⟨bei Bezug auf eine Sache, einen Satz oder einen [satzwertigen] Infinitiv oder in Verbindung mit *es*⟩ er hat zu es (richtig: dazu) keinen Kontakt. **b)** ⟨als Verkürzung von *dazu*⟩ ich komme jetzt nicht zu (richtig: dazu), das Rad zu reparieren. **c)** ⟨als Teil von *dazu* in getrennter Stellung⟩ da komme ich noch nicht zu (richtig: dazu komme ich noch nicht). **2.** ⟨in Verbindung mit Fragepronomen⟩ **a)** ⟨in bezug auf eine Person⟩ zu wem sprichst du? **b)** (ugs.) ⟨in bezug auf Sachen anstatt *wozu*⟩ zu was (richtig: wozu) denn diese Umstände? **3.** ⟨in relativer Verbindung⟩ **a)** das Mädchen, zu dem ich gehe, ...; er kannte die Fabrik, zu der die Gleise führten. **b)** (ugs.) ⟨statt *wozu* in nicht attributivem Relativsatz⟩ man sah aus seinem Verhalten, zu was (richtig: wozu) er alles fähig war. **III.** ⟨Adverb⟩ **1.** *in höherem Maße, als es gut oder angemessen ist:* zu groß; zu teuer; zu spät; das ist zu allgemein ausgedrückt; ⟨in Verbindung mit *für, um* oder *als daß*⟩ sie ist zu gut für diesen Mann; er ist zu alt, um das nicht zu wissen; er ist zu vorsichtig, als daß er sich auf dieses Risiko einließe. **2.** ⟨imperativisch oder elliptisch⟩ **a)** (ugs.) *weiter [so], vorwärts:* nur zu!; immer zu!; dann man zu!; mach zu! *(beeile dich!)*. **b)** *schließen!, zumachen!:* Tür zu! **c)** *geschlossen:* eine Flasche, noch fest zu, stand auf dem Tisch; Nicht korrekt ist der attributive Gebrauch: ein zues Auge; eine zune Flasche. **3. a)** /stellt die Bewegung auf ein Ziel hin in ihrer Dauer dar/ sie bewegten sich langsam dem Ausgang zu; zur Grenze zu vermehrten sich die Kontrollen; ⟨in Verbindung mit *auf*⟩ er geht auf den Turm zu; der Baum stürzte auf den Waldarbeiter zu. **b)** /gibt eine Lage durch Nennung eines Bezugspunkts an/ neben ihm, der Tür zu, stand seine Mutter; ⟨in Verbindung mit *nach*⟩ das Zimmer liegt nach dem Hof zu. **c)** /in Verbindung mit *bis* zum Ausdruck der Unbestimmtheit/ der Kuckuck pflegt seinen Standplatz bis zu sechs Jahre zu benutzen (siehe auch als Präposition I, 7d). **IV.** ⟨Konj.⟩ **1.** ⟨beim Infinitiv⟩ das Haus ist zu verkaufen; er hofft kommen zu können; er ist heute nicht zu sprechen; ich habe viel zu tun; er nahm das Buch, ohne zu fragen; er besuchte ihn, um sich nach seinem Befinden zu erkundigen. **2.** ⟨beim 1. Partizip, bezeichnet ein Können, Sollen oder Müssen⟩ die zu gewinnenden Preise; die zu bewältigenden Hindernisse; der zu zahlende Betrag; trotz zu erwartender Konkurrenz. * **zu sich kommen** *(das Bewußtsein wiedererlangen)* · **ab und zu: a)** *(manchmal, von Zeit zu Zeit)*. **b)** (veraltet) *(aus und ein, hinweg und herbei)*.

Zubehör, das: *Einzelteile, die zu etwas dazugehören:* das Z. des Staubsaugers; Fotoapparat mit allem Z. zu verkaufen.

zubekommen (ugs.) ⟨etwas z.⟩: **1.** *mit Mühe schließen können:* etwas schwer, kaum z.; sie hat den Koffer, die Tür nicht zubekommen. **2.** (landsch.) *als Dreingabe bekommen:* sie hat beim Fleischer ein Stück Wurst z.

zubereiten ⟨etwas z.⟩: *kochen, zum Verzehr herstellen:* etwas gut, lieblos, mit Liebe, mit Sorgfalt z.; das Essen die Mahlzeiten, Salat z.; die Arznei muß zubereitet werden.

zubilligen ⟨jmdm. etwas z.⟩: *zugestehen:* jmdm. ein Recht, eine Vergünstigung, Erleichterungen z.; die Richter haben dem Angeklagten mildernde Umstände (Rechtsspr.) zugebilligt.

zubinden ⟨etwas z.⟩: *mit einer Schnur u. ä. verschließen:* einen Sack [mit Schnur] z.; ⟨jmdm. etwas z.⟩ sie band dem Kind die Schuhe zu.

zubringen: 1. ⟨etwas z.; mit Raumangabe oder Artangabe⟩ *verbringen:* längere Zeit auf Reisen, eine Nacht im Freien z.; sie hatte mehrere Wochen im Bett z. müssen; er hatte Stunden mit Warten zugebracht. **2.** (ugs.) ⟨etwas z.⟩ *mit Mühe schließen können:* sie brachte den Schrank, die Tür, den Deckel nicht zu. **3.** (selten) ⟨jmdm., einer Sache jmdn., etwas z.⟩ *einbringen, zuführen:* er hat der Familie, dem Fonds sein großes Vermögen zugebracht.

Zucht, die: **1.** *das Ziehen, Aufzucht:* die Z. von Rosen, Orchideen; er beschäftigt sich mit der Z. von Pudeln. **2.** *Ergebnis des Züchtens:* die Hunde aus dieser Z. sind besonders schöne Tiere. **3.** (geh.) *Erziehung:* er hat die Jungen in eine strenge Z. genommen; er ist in strenger Z. aufgewachsen. **4.** *Disziplin, Gehorsam:* eine gute, straffe, preußische, eiserne Z.; in dieser Klasse ist, herrscht [wenig] Z.; hier herrscht Z. und Ordnung; was ist das für eine Z. hier? (ugs.; iron.); man muß sie an Z. gewöhnen; die Klasse ist schwer in Z. zu halten.

züchten ⟨ein Tier, etwas z.⟩: *ziehen, aufziehen:* Blumen [aus Samen], Tiere, Vieh, Rosen, Bienen z.; übertr.: dort wird systematisch Haß gezüchtet *(in den Menschen geweckt).*

züchtigen (geh.) ⟨jmdn. z.⟩: *mit Schlägen strafen:* er hat die Kinder mit dem Stock gezüchtigt.

zucken: 1. *eine unwillkürliche, jähe Bewegung machen:* der Patient zuckte beim Einstechen der Nadel; er, seine Hand zuckte beim Berühren der heißen Herdplatte; er ertrug den Schmerz, ohne zu z.; subst.: ein Zucken ging durch seinen Körper; er hat ein nervöses Zukken; übertr.: *jäh aufleuchten:* Blitze zucken am Himmel, durch die Nacht; Flammen zukken; ein zuckender Lichtschein. **2.** ⟨es zuckt; mit Raumangabe⟩ *ein Zucken zeigt sich:* es zuckte in seinem Gesicht; es zuckte schmerzlich um ihren Mund, um ihre Mundwinkel; ⟨es zuckt jmdm.; mit Raumangabe⟩ es zuckte ihm in der Schulter; bildl.: es hatte ihm in den Händen gezuckt, als er das sah *(er hätte am liebsten zugeschlagen).* * **die Achsel[n]/mit den Achseln zucken** *(mit einem Hochziehen der Schultern zu verstehen geben, daß man etwas nicht weiß, nicht versteht)* · **nicht mit der Wimper zucken** *(keine Reaktion, keine Betroffenheit zeigen)* · (ugs.:) **ohne mit der Wimper zu zucken** *(kaltblütig, ohne zu zögern).*

zücken ⟨etwas z.⟩: *rasch hervorziehen:* den Dolch z.; er ging mit gezücktem Messer auf seinen Kumpel los; übertr.: er zückte sofort sein Portemonnaie, seinen Ausweis; er zückte seinen Bleistift, um alle Wünsche zu notieren.

Zucker, der: **1.** *Rohrzucker, Rübenzucker:* brauner, weißer, gestoßener, gemahlener Z.; ein Stück Z. *(Würfelzucker);* ein Pfund Z., ein Eßlöffel [voll] Z.; die Früchte sind süß wie Z.; Z. herstellen, gewinnen, raffinieren; nehmen Sie Z. zum Tee?; etwas mit Z. süßen; sie tranken Kaffee mit Milch und Z.; er trinkt den Tee ohne Z. **2.** (ugs.) *Zuckerkrankheit:* der Patient hat [hochgradig] Z.; er leidet an Z., ist an Z. erkrankt, an Z. gestorben. * (ugs.:) **seinem Affen Zucker geben** *(sein Steckenpferd reiten, über sein Lieblingsthema immer wieder sprechen).*

zudecken ⟨jmdn., sich, etwas z.⟩: *völlig bedekken:* das Kind, den Kranken [mit einer Decke] z.; er deckte sich mit seinem Mantel zu; bist du auch gut, warm zugedeckt?; den Topf z.; die Rabatten werden im Winter mit Tannenzweigen zugedeckt; übertr.: man hat ihn bei seiner Rückkehr mit Fragen förmlich zugedeckt *(überschüttet);* der Frontabschnitt wurde mit Artilleriefeuer zugedeckt (Soldatenspr.; *stark beschossen).* * **etwas mit dem Mantel der Nächstenliebe zudecken** *(jmds. Fehler großzügig übersehen).*

zudem ⟨Adverb⟩: *außerdem, darüber hinaus:* es war kalt, z. regnete es.

zudrehen: 1. ⟨etwas z.⟩ **a)** *durch Drehen verschließen:* etwas fest, richtig (ugs.) z.; den [Wasser]hahn, den Gashahn, die [Wasser]leitung, das Ventil z. **b)** (ugs.) *abstellen:* die Heizung, den Heizkörper z.; er hat vergessen, das Wasser zuzudrehen. **2.** ⟨jmdm., einer Sache sich, etwas z.⟩ *zuwenden:* jmdm. den Rücken, den Kopf z.; er drehte sich seinem Nachbarn zu.

zudringlich: *sich aufdrängend:* ein zudringlicher Mensch, Kerl, (ugs.); er hat eine zudringliche Art; z. werden.

zudrücken ⟨etwas z.⟩: *durch Druck schließen:* den Deckel, die Tür, den Verschluß z.; ⟨jmdm. etwas z.⟩ dem Toten die Augen z.; der Verbrecher hat seinem Opfer die Kehle zugedrückt *(hat es erwürgt).* * (ugs.:) **ein Auge/beide Augen zudrücken** *(etwas nachsichtig, wohlwollend beurteilen)* · (ugs.:) **jmdm. die Gurgel zudrücken** *(jmdn. zugrunde richten, ruinieren).*

zuerkennen ⟨jmdm. jmdn., etwas z.⟩: *[auf Grund eines Urteils] zusprechen:* jmdm. einen Preis, ein Recht, eine hohe Strafe, die Doktorwürde, eine Belohnung z.; das Kind wurde der Mutter zuerkannt.

zuerst ⟨Adverb⟩: **a)** *als erster, als erstes:* wer war z. da?; z. wollen wir etwas essen; Sprichwort: wer z. kommt, mahlt z. **b)** *zum ersten Mal:* diese Theorie findet sich z. in der Antike; wann habt Ihr Euch z. gesehen? **c)** *anfangs:* z. hatte er Schwierigkeiten bei der Arbeit; er wollte es z. nicht glauben.

zufahren: 1. ⟨auf jmdn., auf etwas z.⟩ *in Richtung auf jmdn., auf etwas fahren:* auf die Stadt, auf die Grenze z. **2.** ⟨auf jmdn., auf etwas z.⟩ *losgehen, zuspringen:* der Hund war auf ihn zugefahren und hatte ihn gebissen. **3.** *schneller fahren:* fahr zu, es ist schon spät!

Zufahrt, die: **1.** *das Zufahren auf etwas:* das Hochwasser erschwerte die Z., machte die Z. zu den Häusern unmöglich. **2.** *Zufahrtsweg:* die Z. zum Grundstück war gesperrt.

Zufall, der: *Geschehen, das man nicht erwartet hat und dessen Ursache nicht erkennbar ist:* ein merkwürdiger, seltsamer, großer, [un]glücklicher, blinder, freundlicher, lächerlicher, seltener, peinlicher Z.; es war der bloße (ugs.), reine (ugs.), pure (ugs.)/es war bloßer (ugs.), reiner (ugs.), purer (ugs.) Z., daß wir uns getroffen haben; der Z. wollte es, daß er an diesem Tag später aus dem Haus ging; wie es der Z. manchmal will ...; daß er überlebt hat, ist nichts als ein Z.; der Z. hat uns hierhin geführt; es ist kein Z. *(es hat schon seinen Grund),* daß ihm das passiert ist; die ganze Sache war ein Spiel des Zufalls; er wollte ein Wiedersehen nicht dem Zufall überlassen; das verdankst du nur einem Z.; durch einen dummen Z. hat er nichts davon erfahren; per (ugs.) Z. hörte ich, daß ...

zufallen: 1. ⟨etwas fällt zu⟩ *etwas schließt sich mit Heftigkeit:* die Tür, der Deckel ist [polternd, krachend] zugefallen; ⟨etwas fällt jmdm. zu⟩ vor großer Müdigkeit sind ihm die Augen, die Lider zugefallen *(ist er eingeschlafen).* **2.** ⟨etwas fällt jmdm. zu⟩ *etwas wird jmdm. zuteil, wird jmdm. übertragen:* ein Gewinn, ein Preis, eine bestimmte Rolle, eine Aufgabe fällt jmdm. zu; der größte Teil des Erbes ist den Kindern zugefallen; dir fällt die Entscheidung, die Verantwortung zu; ihm ist immer alles zugefallen *(er hatte niemals Schwierigkeiten bei etwas)*.

zufällig: *vom Zufall bestimmt, durch Zufall:* eine zufällige Begegnung; ein zufälliges Zusammentreffen; Ähnlichkeiten mit lebenden Personen sind rein z.; es ist z. noch ein Platz frei; es ist nicht z. *(es hat seinen ganz bestimmten Grund)*, daß er danach fragt; jmdn. z. treffen, kennen; er drehte sich wie z. *(so, als ob es unbeabsichtigt sei)* um; haben Sie z. (ugs.; *vielleicht*) gesehen, wo ich die Schlüssel hingelegt habe?

zufliegen: **1.** *in Richtung auf jmdn., auf etwas fliegen:* **a)** ⟨auf jmdn., auf etwas z.⟩ wir fliegen jetzt auf Berlin, auf Mallorca zu. **b)** ⟨einer Sache z.⟩ das Flugzeug fliegt dem offenen Meer zu. **2.** (ugs.) ⟨etwas fliegt zu⟩ *etwas schließt sich mit Heftigkeit:* die Tür, das Fenster flog [krachend, durch einen Windstoß] zu. **3.** ⟨ein Tier fliegt jmdm. z.⟩ *zu jmdm. hinfliegen:* uns ist ein Wellensittich zugeflogen; bildl. (geh.): alle Herzen flogen ihm zu *(er war sehr beliebt)*; übertr.: die Ideen, Gedanken flogen ihm nur so zu *(er hatte eine Fülle von Ideen, Gedanken)*; dem Jungen ist in der Schule alles zugeflogen *(er lernte sehr leicht)*.

zufließen ⟨etwas fließt einer Sache zu⟩: **1.** *etwas fließt in Richtung auf etwas:* der Fluß fließt dem Meer zu. **2.** *etwas wird gespeist von etwas, hat Zufluß von etwas:* dem Bassin fließt ständig frisches Wasser zu; übertr.: dem Verein sind zahlreiche Spenden zugeflossen; der Erlös der Tombola fließt einer Hilfsorganisation zu.

Zuflucht, die: *schützender Ort:* er suchte [bei Freunden] vor den Verfolgern Z.; sie fanden in einer Scheune Z. vor dem Unwetter; er hat vielen Verfolgten Z., eine Z. geboten; übertr.: *Schutz, Rettung:* sein Bruder war für ihn die letzte, einzige Z.; er suchte und fand Z. in seinem Glauben. * **seine Zuflucht zu etwas nehmen** *(etwas als letzte Möglichkeit ansehen)*.

zufolge ⟨Präp. mit Gen. und Dativ⟩: **a)** *auf Grund:* z. seines Befehls; seinem Wunsch z. ... **b)** *nach, gemäß:* letzten Meldungen, einem Bericht z. ist er verunglückt.

zufrieden: *mit den gegebenen Verhältnissen einverstanden:* er ist ein zufriedener Mensch; ein zufriedenes Gesicht machen; wie geht es Ihnen? danke, ich bin z.; bist du jetzt [endlich] z.?; er ist immer, gar nicht, außerordentlich, mit nichts, mit sehr wenig z.; sie ist mit dem neuen Staubsauger, mit ihrer Putzfrau sehr z.; ich bin es (veraltend; *damit*) z., wenn alles so bleibt; sie waren dankbar und z., lebten glücklich und z.; z. lächeln, aussehen.

zufriedengeben ⟨sich mit etwas z.⟩: *mit etwas zufrieden sein:* mit diesem geringen Verdienst, damit wollte ich mich nicht z.; ⟨auch ohne Präpositionalobjekt⟩ endlich gab er sich zufrieden.

Zufriedenheit, die: *das Zufriedensein:* Z. erlangen (geh.), finden; das alles konnte ihm keine Z. geben, bringen; die Anerkennung erfüllte ihn mit [tiefer, innerer] Z.; er hat die Arbeit zu unser aller Z. ausgeführt; die Ware ist nicht ganz zu unserer Z. ausgefallen.

zufriedenlassen ⟨jmdn. z.⟩: *in Ruhe lassen, nicht behelligen:* laß mich doch endlich einmal [mit deinen Klagen] zufrieden!

zufriedenstellen ⟨jmdn. z.⟩: *zufrieden machen; jmds. Wünsche, Erwartungen erfüllen:* er stellt seine Kunden in jeder Weise zufrieden; wir werden immer bemüht sein, Sie zufriedenzustellen; zufriedenstellende Leistungen; sein Befinden ist [nicht] zufriedenstellend.

zufügen: **1.** ⟨einer Sache etwas z.⟩ *hinzufügen, dazugeben:* sie fügte dem Teig noch einige Spritzer Aroma zu. **2.** ⟨jmdm. etwas z.⟩ *antun:* jmdm. ein Leid, großen Schaden, einen schweren Verlust, ein Unrecht, Schmerzen z.; Sprichw.: was du nicht willst, daß man dir tu', das füg auch keinem andern zu!

Zufuhr, die: *Versorgung mit Gütern, Waren o. ä.:* die Z. von [Lebensmitteln] stockte, blieb aus, kam wieder in Gang, war unterbrochen; die Z. [durch Hubschrauber, Flugzeuge] sicherstellen; dem Gegner die Z. *(den Nachschub)* abschneiden; übertr.: durch das atlantische Tief wird die Z. kalter Festlandsluft unterbunden.

zuführen: **1.a)** ⟨jmdm., einer Sache jmdn., etwas z.⟩ *zu jmdm., zu etwas hinführen:* dem Kaufmann Kunden, der Partei neue Mitglieder, Anhänger z.; dem Hengst die Stute z.; (veraltet:) dem Bräutigam die Braut z.; übertr.: der Verbrecher wurde seiner verdienten Strafe zugeführt *(es wurde veranlaßt, daß der Verbrecher seine verdiente Strafe erhielt)*. **b)** ⟨jmdm., einer Sache etwas z.⟩ *jmdn., etwas mit etwas versorgen; jmdm. etwas zuleiten:* jmdm. künstliche Nahrung, Sauerstoff, der notleidenden Bevölkerung Lebensmittel z.; einem Motor Benzin, einer Maschine Strom, Treibstoff z.; bildl.: dem Unternehmen muß neues, frisches Blut zugeführt werden (geh.; *das Unternehmen braucht neue, junge Kräfte*). **2.** ⟨etwas führt auf etwas zu⟩ *etwas verläuft in Richtung, führt auf etwas hin:* die Straße führt auf den Wald zu; übertr.: diese Entwicklung führt auf eine Katastrophe zu.

Zug, der: **1.** *Lokomotive mit den dazugehörenden Eisenbahnwagen:* ein voll besetzter, überfüllter, voller, fahrplanmäßiger, verspäteter Z.; der Z. Hamburg–Rom; der Z. nach, von München; der Z. hat [viel, eine halbe Stunde] Verspätung, fährt ab, geht ab (ugs.), rast vorüber, donnert vorbei, rattert heran, kommt an, bremst, hält [auf freier Strecke, nicht auf allen Bahnhöfen], fährt ein, läuft ein, ist entgleist, verkehrt nur werktags, hat in Frankfurt 20 Minuten Aufenthalt, endet hier, hat keinen Speisewagen, hat/führt 1. und 2. Klasse; einen Z. benutzen, nehmen; den Z. [durch Ziehen der Notbremse] zum Stehen bringen; den Z. verpassen, versäumen, nicht mehr erreichen, bekommen, erwischen (ugs.); jmdn. an den Z. bringen; meine Schwester war am Z., um mich abzuholen; sie stiegen in den [falschen] Z. ein; wir saßen im [falschen, verkehrten] Z.; er fuhr, kam erst mit dem letzten Z.; ein Kind war unter den Z. geraten; sie ließ sich vom Z. überfahren; wir holen dich vom Z. ab; sie brachten, begleiteten ihn zum Z.; wir kommen zu spät zum Z., wenn ihr euch nicht beeilt. **2.a)** *[sich fortbewegende] Gruppe, Schar; Kolonne:* ein langer, endloser Z. von Demonstranten, Trauergästen; ein Z. Vögel, Fische; ein Z. Infanterie; der Z. bewegte sich langsam durch die Stadt, auf den Marktplatz, zum Botschaftsgebäude. **b)** *Gespann:* ein Z. Ochsen. **3.** *Bewegung einer Gruppe, Kolonne in bestimmter Richtung:* der Z. der Wolken; der

Z. der Vögel nach dem Süden, der Z. *(Kriegszug)* Alexanders nach Indien; übertr.: das ist der Z. *(die Tendenz)* der Zeit; diese Plastik hat einen Z. ins Monumentale *(wirkt in gewisser Hinsicht monumental)*. **4.** *Zugluft:* hier ist, herrscht [ein] furchtbarer Z.; keinen Z. vertragen; der Ofen hat keinen Z. *(nicht den nötigen Luftzug, um gut zu brennen);* er war während der Fahrt dem Z. ausgesetzt; bei dem starken Z. hat er sich erkältet; ihr sitzt, steht dort im Z.; ich bin in den Z. gekommen und habe mich erkältet; ich muß mich vor Z. schützen. **5.** (Brettspiel) *das Bewegen, Weiterrücken einer Figur:* ein schwacher, starker, genialer, verkehrter, falscher Z. im Schachspiel; das war der entscheidende Z.; einen, den ersten Z. tun, machen; einen Z. zurücknehmen, wiederholen; ich bin am Zuge *(bin an der Reihe, einen Zug zu machen);* nach vier Zügen war er schon matt; übertr.: etwas Z. um Z. *(ohne Verzug)* erledigen; die Auszahlung der Beträge erfolgte Z. um Z.; er hat die Argumente seiner Gegner Z. um Z. *(eins nach dem anderen)* widerlegt. **6. a)** *Schluck:* einen kräftigen Z. aus dem Glase, aus der Flasche tun; er hat einen guten Z. *(trinkt viel auf einmal);* er leerte das Glas auf einen/in einem/mit einem Z. *(ohne abzusetzen);* er trank in langen, gierigen, bedächtigen Zügen. **b)** *das Einatmen der Luft, das Einziehen des Rauches:* einen Z. aus der Pfeife tun; er machte nur ein paar Züge und warf die Zigarette weg; er rauchte in schnellen, hastigen Zügen; sie atmeten die würzige Luft in vollen Zügen ein; übertr.: die Ferien, sein Leben, seine Jugend in vollen Zügen *(ausgiebig)* genießen. **7.** *Linie[nführung]:* die Züge seiner Schrift verraten seinen Charakter; er unterschreibt mit einem Z. *(ohne abzusetzen);* übertr.: die Brücke im Zuge *(im Verlauf)* der Kirchstraße war vorübergehend gesperrt; die Maßnahme liegt im Zuge *(auf der Linie)* des Arbeitsprogramms; er versuchte, die Begebenheit, den Inhalt des Dramas in kurzen, knappen, großen, groben Zügen darzustellen, zu umreißen. **8.** *typische Linie des Gesichts:* regelmäßige, jungenhafte, sympathische, verzerrte, grobe, brutale Züge; die Züge eines Gesichts, eines alten Menschen; ein herber Z. in dem jugendlichen Gesicht; ein strenger, weicher Z. um den Mund; ein Z. von Strenge, Härte; seine Züge haben sich vollständig verändert; sie hat scharf geschnittene Züge. **9.** *charakterliche Eigenschaften:* ein charakteristischer, hervorstechender Z. seines Wesens; ein schwermütiger Z. liegt über seinem Wesen; das ist ein sympathischer Z. an ihm; das ist kein schöner Z. von ihr. **10.** *das Ziehen [an etwas]:* einen Z. an der Glocke tun *(die Glocke, an der Glocke ziehen);* die Fischer taten einen guten Z. *(Fang);* mit ein paar kräftigen Zügen *(Schwimmbewegungen, Ruderschlägen)* erreichten sie das Ufer; das Seil, wird auf Z. *(Zugkraft)* beansprucht. **11.** *Vorrichtung zum Ziehen:* der Z. an der Kapuze, am Anorak. **12. a)** *dem Geschoß Drall gebende Vertiefung im Innern des Laufes einer Feuerwaffe:* die Züge eines Gewehrlaufs, eines Geschützrohrs. **b)** *Kanal für Luft- und Rauchgase:* der Ofen hat zu enge Züge. * (ugs.:) **in den letzten Zügen liegen: a)** *(mit dem Tode ringen).* **b)** *(kurz vor der Fertigstellung stehen)* · (ugs.:) **im falschen Zug sitzen** *(sich nicht richtig entschieden haben)* · **gut im Zuge/im besten Zuge sein** *(eifrig an etwas arbeiten und gut dabei vorankommen)* · (ugs.:) **in etwas ist Zug** *(etwas hat Schwung)* · **in einem Zug[e]** *(mit einem Mal, ohne Unterbrechung)* · **jmdn. gut im Zug haben** *(jmdn. gut erzogen haben)* · **zum Zug[e] kommen** *(entscheidend aktiv werden können).*

Zugabe, die: **a)** *etwas, was zusätzlich gegeben wird:* beim Einkauf erhielt sie eine Tüte Bonbon als Z. **b)** *zusätzliche Darbietung:* eine Z. erzwingen; der Pianist spielte nach dem Programm noch mehrere Zugaben; für den begeisterten Beifall dankte das Quartett mit einer Z.

Zugang, der: **1. a)** *Eingang, Einfahrt:* der Z. zu dem Grundstück, zum Schloß ist gesperrt. **b)** *Zutritt:* der freie Z. zum Meer; Z. zu einem Panzer-, Geheimschrank haben; es ist schwer, Z. zu ihm zu erhalten; übertr.: zur modernen Malerei habe ich keinen [rechten] Z. **2.** *Zuwachs:* die Zugänge registrieren; die Klinik hatte gestern vier Zugänge; es wird ein Z. von zehn Mann gemeldet.

zugänglich: 1. a) *Zugang bietend, betretbar:* er wohnt in einem schwer zugänglichen Dorf im Gebirge; die Ortschaft ist, liegt für den Verkehr schwer z. **b)** *für die Besichtigung, Benutzung zur Verfügung stehend:* die Sammlung ist jedem, für jeden z.; das Schloß, der Briefwechsel wurde der Öffentlichkeit z. gemacht. **2.** *aufgeschlossen;* ein zugänglicher Mensch; sein Vater ist schwer z.; nach dem dritten Glas wurde er etwas zugänglicher; meinen Wünschen war er stets z.

zugeben ⟨etwas z.⟩: **1.** *zusätzlich zu etwas geben:* beim Einkauf etwas z.; der Sänger gab drei Lieder zu *(sang drei Lieder als Zugabe);* Kartenspiel: er mußte Rot z. *(für den Stich eines anderen dazulegen).* **2. a)** *[nach längerem Zögern oder Leugnen] gestehen:* eine Tat, seine Schuld z.; der Junge gab zu, die Fensterscheibe eingeworfen zu haben; sie gab offen, nur ungern zu, daß sie mit der Arbeit nicht fertig wurde. **b)** *zugestehen:* Sie müssen doch z., daß ...; ich gebe zu, daß sich die Verhältnisse inzwischen geändert haben, aber ...; zugegeben, daß er recht hat, aber ...; ⟨jmdm. etwas z.⟩ ich gebe Ihnen zu, daß ... **c)** *erlauben, gestatten:* ich werde es nie zugeben, daß sie die Reise unternimmt; er durfte das nicht z.

zugegen ⟨in der Verbindung⟩ zugegen sein (geh.): *bei etwas anwesend sein:* er war bei der Feier z.

zugehen: 1. a) ⟨auf jmdn., auf etwas z.⟩ *in Richtung auf jmdn., auf etwas gehen:* er ging [schnellen Schrittes] auf ihn, auf das Haus, auf die Stelle zu; bildl.: er ging geradewegs auf sein Ziel zu; er geht schon auf die Achtzig zu *(wird bald 80 Jahre alt);* übertr.: es geht auf Weihnachten zu *(es wird bald Weihnachten).* **b)** (ugs.) *weitergehen:* ihr müßt tüchtig z., wenn ihr die Straßenbahn noch erreichen wollt; geh [nur] zu! **2.** ⟨etwas geht jmdm. zu⟩ *etwas wird jmdm. zugestellt:* jmdm. geht eine Nachricht, Mitteilung zu; die Sendung, der Brief geht Ihnen noch heute mit der/per Post zu. **3.** ⟨etwas geht zu; mit Artangabe⟩ *etwas läuft in einer bestimmten Form aus:* der Obelisk, die Pyramide geht [nach oben] spitz zu; das Rohr geht eng zu. **4.** ⟨etwas geht zu; mit Artangabe⟩ *etwas geschieht auf eine bestimmte Weise, in einer bestimmten Art:* alles ging völlig harmonisch, natürlich zu; wie ist das zugegangen?; auf dem Fest ging es sehr lustig, fröhlich, bunt zu. **5.** (ugs.) ⟨etwas geht zu⟩ *etwas läßt sich schließen:* die Tür, das Fenster, der Schrank, der Koffer geht nicht, schwer zu; die Tür geht von allein zu (ugs.; *schließt selbsttätig*). * **etwas geht dem Ende zu** *(etwas ist bald zu Ende, beendet)* · **etwas geht nicht mit rechten Dingen zu** *(etwas ist merkwürdig, unerklärlich)* · (ugs.:) **es müßte mit dem Teufel zugehen, wenn ...** *(es wäre doch äußerst seltsam, wenn ...)*.

zugeknöpft: → zuknöpfen.

Zügel, der: *am Zaumzeug befestigter Riemen zum Lenken des Pferdes:* die Zügel halten, in der Hand haben, ergreifen, in die Hand nehmen, kurz halten, locker, [zu] lang lassen, schleifen lassen, straff anziehen; das Pferd gut am Z. haben; das Pferd am Z. führen; dem [durchgehenden] Pferd in die Zügel fallen *(das [durchgehende] Pferd energisch am Zügel packen, um es zum Stehen zu bringen);* er ritt mit verhängten Zügeln *(mit locker hängenden Zügeln und dadurch sehr schnell)*. * **die Zügel [fest] in der Hand haben** *(die Führung [energisch] innehaben)* · **die Zügel straffer anziehen** *(strenger werden)* · **die Zügel schleifen lassen/lockern** *(weniger streng sein)* · **jmdm., einer Sache Zügel anlegen** *(jmdn. strenger behandeln; etwas bändigen):* man wird ihm, seinem Übermut Zügel anlegen müssen · **[jmdm., einer Sache] die Zügel schießen lassen** *(die Disziplin lockern, einer Sache freien Lauf lassen):* man darf ihm, seinem Temperament nicht die Zügel schießen lassen.

zügellos: *nicht von Vernunft und sittlicher Einsicht kontrolliert:* ein zügelloses Treiben; ein zügelloser Mensch; sie ist, benimmt sich z.

zügeln: a) ⟨ein Tier z.⟩ *zurückhalten, nicht frei gehen lassen:* ein Pferd z. **b)** ⟨sich, etwas z.⟩ *beherrschen:* seine Ungeduld, seine Leidenschaft, seinen Zorn, sein Temperament [nicht] z. können; ich konnte mich nicht mehr z. und mußte meine Meinung sagen.

Zugeständnis, das: *Entgegenkommen in einer bestimmten Angelegenheit:* gegenseitige Zugeständnisse; er verlangte keine Zugeständnisse; ich kann Ihnen keine weiteren Zugeständnisse machen; wir müssen seiner Jugend Zugeständnisse machen *(manches zugute halten);* als Z. an die Mode *(um mit der Mode zu gehen)* kaufte sie sich einen Midimantel.

zugestehen ⟨jmdm. etwas z.⟩: **a)** *jmds. berechtigtem Anspruch auf etwas stattgeben:* jmdm. ein Recht, einen Platz z.; dem Käufer Rabatt z. **b)** *zugeben:* ich muß dir z., Geschmack hast du; wir mußten ihm z., daß er korrekt gehandelt hatte; ⟨auch ohne Dativ⟩ ich muß z., etwas in Verzug geraten zu sein.

zugetan ⟨in der Verbindung⟩ jmdm., einer Sache zugetan sein (geh.): *jmdn., etwas gern haben:* jmdm. von Herzen, in Liebe, ehrlich z. sein; er war dem Essen und Trinken sehr z.

zugig: *der Zugluft ausgesetzt:* ein zugiger Gang; das ist eine zugige Ecke; hier ist es mir zu z.

zügig: *schnell und stetig:* ein zügiges Tempo; seine Arbeitsweise war z.; die Vorbereitungen gehen, schreiten z. voran; wenn er z. fährt, kommt er noch zurecht.

zugreifen: *etwas [Angebotenes] schnell nehmen:* entschlossen, derb, fest, energisch, unaufgefordert z.; Sie müssen schnell z. *(sich schnell zum Kauf entschließen)*, wenn Sie die Waren noch billig kaufen wollen; wo es Arbeit gab, griff er zu *(packte er an);* hier heißt es z.!; */Aufforderung, sich zu bedienen/:* bitte greifen Sie zu!; übertr.: die Polizei hat zugegriffen *(hat den Verbrecher plötzlich verhaftet);* die Staatsanwaltschaft griff zu *(schritt ein)*.

Zugriff, der: *das Zugreifen:* er hat sich das billige Grundstück durch raschen Z. gesichert; übertr.: dem behördlichen Z. *(Einschreiten)* ausgeliefert, ausgesetzt, unterworfen sein; durch Flucht ins Ausland wollte er sich dem Z. der Polizei entziehen; auf diese Weise war die Ware vor dem Z. der Kontrollbeamten sicher.

zugrunde ⟨in den Wendungen⟩ **zugrunde gehen** *(vernichtet werden, sterben):* elend z. gehen; sie wird daran noch z. gehen · **jmdn., etwas zugrunde richten** *(jmdn., etwas ruinieren, vernichten, verderben):* der Sohn hat die Firma z. gerichtet · **einer Sache etwas zugrunde legen** *(etwas für etwas als Grundlage nehmen):* er legte seiner Predigt einen Text aus dem Johannesevangelium zugrunde · **etwas liegt einer Sache zugrunde** *(etwas bildet die Grundlage für etwas):* der Überlieferung liegen auch noch andere Quellen z.

zugunsten ⟨Präp.; bei Voranstellung mit Gen.⟩: *zum Vorteil von jmdm. oder etwas:* z. seines Sohnes hat er auf das Erbe verzichtet; ⟨mit *von*-Anschluß⟩ z. von Werner hat er nicht kandidiert; ⟨bei Nachstellung mit Dativ⟩ ihm z. hättest du dich anders entscheiden müssen.

zugute ⟨in den Wendungen⟩ **jmdm. etwas zugute halten** *(etwas zu jmds. Entschuldigung berücksichtigen):* man muß ihm seine Jugend z. halten · **sich** (Dativ) **etwas auf eine Sache zugute tun** *(auf etwas stolz sein):* er tat sich auf seine Beziehungen, auf sein Gedächtnis viel z. · **etwas kommt jmdm. zugute** *(etwas wirkt sich für jmdn. positiv aus):* seine langjährige Erfahrung kommt ihm nun z. · **jmdm. etwas zugute kommen lassen** *(jmdn. von etwas Nutzen haben lassen):* er ließ das Geld den Armen z. kommen.

zuhalten: 1. ⟨etwas z.⟩ *[mit der Hand] verschließen:* eine Öffnung, ein Rohr, die Tür z.; ⟨jmdm., sich etwas z.⟩ sie hielt ihm den Mund zu; sich die Ohren, die Nase z. **2.** ⟨auf etwas z.⟩ *auf etwas zufahren:* der Kapitän, das Schiff hielt auf die Landungsbrücke zu.

zuhören: *einer Rede oder musikalischen Darbietung aufmerksam folgen:* aufmerksam, schweigend, höflich, versunken, mit Interesse, ernsthaft, ehrfürchtig z.; er hörte bei dem Gespräch, bei der Rundfunkübertragung zu; du hast nicht [gut] zugehört!; hör gut zu [und befolge, was ich dir sage]!; ⟨jmdm., einer Sache z.⟩ er hörte mir, meinen Worten aufmerksam zu.

zuknöpfen ⟨etwas z.⟩: *mit Knöpfen schließen:* den Mantel, die Hose z.; ⟨jmdm., sich etwas z.⟩ ich knöpfte mir das Kleid zu; adj. Part.; übertr.: *verschlossen, reserviert, abweisend:* ein zugeknöpftes Wesen; er war, zeigte sich sehr zugeknöpft.

zukommen: 1. ⟨auf jmdn., auf etwas z.⟩ *sich jmdm., einer Sache nähern:* er kam [direkt, geradewegs, mit schnellen Schritten] auf mich, auf unser Haus zu; übertr.: er ahnte nicht, was mit dieser Arbeit auf ihn zukam. **2.** ⟨auf jmdn., auf etwas z.⟩ *in einer Angelegenheit auf* *jmdn., auf etwas zurückkommen:* wir werden gegebenenfalls auf Sie, auf Ihren Vorschlag zukommen. **3.** (geh.) ⟨etwas kommt jmdm. zu⟩ **a)** *etwas steht jmdm. zu:* das Geld, der Urlaub kommt Ihnen zu; dieser Titel, Rang kommt ihm nicht zu. **b)** *etwas gehört sich für jmdn.:* er tat alles, was einem Vorgesetzten zukommt; es kommt ihnen nicht zu, sich derart respektlos aufzuführen. **4.** ⟨etwas kommt einer Sache zu⟩ *etwas ist für etwas zutreffend, angemessen:* diesem Geschehen käme eigentlich eine andere Beurteilung zu; dieser Entscheidung kommt eine erhöhte Bedeutung zu *(diese Entscheidung hat eine erhöhte Bedeutung).* * **jmdm. etwas zukommen lassen: a)** *(veranlassen, daß jmd. etwas erhält):* wir lassen Ihnen den Bericht [per Post] z. **b)** *(veranlassen, daß jmd. einen materiellen Vorteil, Nutzen hat):* er ließ seinen armen Verwandten auch etwas z. · **etwas auf sich zukommen lassen** *(sich in einer Sache abwartend verhalten):* man muß die Dinge, alles auf sich z. lassen.

Zukunft, die: **a)** *Zeit, die vor jmdm. liegt; die kommende, spätere Zeit:* Vergangenheit, Gegenwart und Z.; eine [un]sichere, ungewisse, schöne Z.; die Z. gehört der Jugend; wir wissen nicht, was uns die Z. bringen wird; die Z. voraussagen, voraussehen, deuten; beruhigt der Z. entgegensehen; auf eine bessere Z. hoffen; auf die Z. bauen; Vertrauen auf die Z. haben; für die, für alle Z.; in alle Z.; in der nahen, in nächster Z.; er lebt mit seinen Gedanken immer in der Z.; du kannst ruhig in die Z. blicken, brauchst keine Angst vor der Z. zu haben. **b)** *jmds. späteres [berufliches] Leben:* unsere gemeinsame Z.; von seiner Entscheidung hängt meine Z. ab; wie denkst du dir denn [nun] deine Z.?; er hat eine große, glänzende Z. *(eine große Karriere vor sich);* dieses Unternehmen hat keine Z. *(kann keine günstige Entwicklung erwarten);* du hast dir damit die Z. versperrt, verbaut; du mußt an deine Z. denken; sie sprachen über meine Z.; um seine Z. braucht ihm nicht bange zu sein. **c)** (Grammatik) *Futur:* im Deutschen kann bei Verbformen oft auch die Gegenwart für die Z. stehen.

zukünftig: I. *in der Zukunft liegend; künftig, später:* sein zukünftiger Schwiegersohn; zukünftige Zeiten; subst.: ihr Zukünftiger (ugs.; *Mann, den sie heiraten wird).* **II.** ⟨Adverb⟩ *vom gegenwärtigen Zeitpunkt an:* z. frage bitte mich und nicht ihn!; ich bitte, dies z. zu unterlassen!

Zulage, die: **1.** *Gehaltszulage:* eine Z. ablehnen, bekommen, erhalten; sie baten um eine Z. von 50 Mark. **2.** *Zugabe, Beigabe:* sie kaufte ein Pfund Rindfleisch mit, ohne Z.

zulangen (ugs.): **1.** *nach etwas greifen und es an sich nehmen:* der Dieb langte schnell zu; die hungrigen Gäste haben [bei der Mahlzeit] tüchtig zugelangt *(viel gegessen); /Aufforderung, sich zu bedienen/:* bitte, langen Sie zu! **2.** ⟨etwas langt zu⟩ *etwas reicht aus:* das Geld, das Essen hat [nicht] zugelangt.

zulassen: 1. a) ⟨jmdn. zu etwas z.⟩ *jmdm. Zugang gewähren:* es wurden keine Journalisten zu der Veranstaltung zugelassen. **b)** ⟨jmdn., etwas zu etwas z.⟩ *in einer Funktion [amtlich] anerkennen:* ein Auto zum Verkehr z.; einen Hengst zur Deckung, Tiere zur Zucht z.; ein Wertpapier zum Börsenhandel z.; er wurde [nicht] zur Prüfung, zum Abitur, zum Studium zugelassen; ⟨im 2. Part. in Verbindung mit *sein*⟩ er ist als Anwalt [beim Bundesgerichtshof] zugelassen worden; der Kraftwagen ist noch nicht zugelassen. **2. a)** ⟨etwas z.⟩ *dulden, erlauben:* ich werde das auf keinen Fall zulassen; ich kann es nicht z., daß er übergangen wird. **b)** ⟨etwas läßt etwas zu⟩ *etwas bietet die Möglichkeit zu etwas:* die Gesetze lassen keine Ausnahme zu; diese Worte lassen keine andere Erklärung, keinen Zweifel zu; das läßt die Vermutung zu *(läßt erwarten),* daß ...; die Dringlichkeit dieser Angelegenheit läßt keinen Aufschub zu; das läßt seine Ehrlichkeit nicht zu. **3.** (ugs.) ⟨etwas z.⟩ *nicht öffnen; geschlossen lassen:* den Laden, die Fensterläden, die Tür z.

zulässig: *erlaubt, als vertretbar zugestanden:* die zulässige Geschwindigkeit im Ortsverkehr beträgt 50 km; dieses Verfahren ist nicht z.

Zulauf, der ⟨in der Verbindung⟩ großen Zulauf haben: *von vielen Menschen besucht, aufgesucht werden:* dieser Arzt, das neue Kaufhaus, sein Vortrag hatte großen Z.

zulaufen: 1. a) ⟨auf jmdn., auf etwas z.⟩ *in Richtung auf jmdn., auf etwas laufen:* seine Kinder liefen auf ihn zu; übertr.: die Straße läuft direkt auf das Haus zu *(verläuft in Richtung auf das Haus).* **b)** (ugs.) *schnell weiterlaufen:* lauf zu!; ihr müßt aber z., wenn ihr nicht zu spät kommen wollt. **2.** ⟨jmdm. z.⟩ *sich jmdm. anschließen /von herrenlosen, entlaufenen Haustieren/:* uns ist ein Hund, eine Katze zugelaufen; ein zugelaufener Pudel. **3.** ⟨etwas läuft zu; mit Artangabe⟩ *etwas läuft in einer bestimmten Form aus:* die Pyramide läuft spitz, in einer Spitze zu; der Bolzen lief konisch zu. **4.** ⟨etwas läuft zu⟩ *etwas fließt hinzu:* das Wasser ist zu heiß, laß noch kaltes Wasser z.

zulegen: 1. ⟨etwas z.⟩ *zu etwas legen, hinzufügen:* die Verkäuferin legte beim Wiegen 10 Gramm, eine Scheibe Wurst zu; mein Vater legte die fehlenden 30 Mark zu; ⟨jmdm. etwas z.⟩ die Firma hat ihm 100 DM an Gehalt zugelegt. **2.** ⟨sich (Dativ) etwas z.⟩ *etwas annehmen, erwerben:* sich einen anderen Namen z.; er hat sich ein Auto, eine Freundin zugelegt (ugs.; *hat jetzt ein Auto, eine Freundin).* **3.** ⟨etwas z.⟩ *bedecken, indem man etwas über die betreffende Sache legt:* ein Mistbeet, eine Grube z. **4.** (ugs.) *sein Tempo steigern:* der Läufer hat tüchtig zugelegt. **5.** (ugs.) *dicker werden:* du hast in der letzten Zeit ganz schön zugelegt. **6.** *finanziellen Verlust haben; zusetzen:* bei dem Geschäft habe ich noch zugelegt. * (ugs.:) **einen Zahn zulegen: a)** *(die Fahrgeschwindigkeit steigern).* **b)** *(schneller arbeiten).*

zuleide ⟨in der Verbindung⟩ jmdm. etwas zuleide tun: *jmdm. einen Schaden, eine Verletzung zufügen:* er kann niemandem, keiner Fliege (ugs.) etwas z. tun; ich habe ihm nichts z. getan.

zuletzt ⟨Adverb⟩: **a)** *als letzter, als letztes:* ich kam z. an die Reihe; daran habe ich erst z. gedacht. **b)** *zum letzten Mal:* wann sahen Sie ihn z.? **c)** *schließlich, zum Schluß:* z. sahen wir uns genötigt einzugreifen; wir mußten z. doch umkehren; er arbeitete bis z. *(bis zu seinem Tode).* * **nicht zuletzt** *([besonders] auch):* alle Leute und nicht z. die Kinder hatten ihn gern.

zuliebe ⟨Adverb⟩: *um jmdm. einen Gefallen zu tun; mit Rücksicht auf jmdn., auf etwas:* das tue ich nur meinem Vater z.; der Wahrheit z. muß ich dir widersprechen.

zum: *zu dem:* z. Markt; z. Glück verlief alles gut; es ist z. Weinen; sie sieht z. Verlieben aus.

zumachen (ugs.): **1.** ⟨etwas z.⟩ **a)** *schließen:* die Tür, das Fenster, den Koffer z.; den Rock, seine Hose, Jacke z.; einen Brief z. *(zukleben);* eine Flasche z. *(mit einem Verschluß versehen);* mach den Mund zu!; ich konnte kein Auge z. *(konnte keinen Schlaf finden);* ⟨jmdm. etwas z.⟩ mach mir bitte den Reißverschluß zu! **b)** *ein Geschäft schließen; den Betrieb einstellen:* er mußte sein Geschäft, seinen Laden z.; ⟨auch ohne Akk.⟩ die Filiale, das Kino hat zugemacht *(wurde geschlossen).* **2.** *sich beeilen:* mach zu!; du mußt z., damit du fertig wirst. * (verhüll.:) **die Augen zumachen** *(sterben).*

zumal: **I.** ⟨Adverb⟩ *besonders, vor allem:* wir sind alle schuld, z. ich selbst; sie hat zu Hause wenig zu tun, z. da/wenn sie eine Putzfrau hat. **II.** ⟨Konj.⟩ *besonders da, weil:* ich kann es ihm nicht abschlagen, z. er immer so gefällig ist.

zumessen: **1.** ⟨jmdm. etwas z.⟩ *nach einem bestimmten Maß genau zuteilen:* die Mutter maß jedem der Kinder seinen Teil zu. **2.** ⟨jmdm., einer Sache etwas z.⟩ *zuerkennen:* jmdm. die Schuld [an einem Unglück] z.; diesem Vorfall mißt er keine Bedeutung zu.

zumindest ⟨Adverb⟩: *als wenigstes; mindestens:* ich kann z. verlangen, daß er mich anhört.

zumute ⟨in der Verbindung⟩ *jmdm. ist zumute* ⟨mit Artangabe⟩: *jmd. ist in einer bestimmten Gemütsverfassung, Stimmung:* mir war ganz sonderbar, seltsam, traurig, feierlich z.; ihm war dabei gar nicht wohl z.

zumuten ⟨jmdm., sich etwas z.⟩: *von jmdm., sich etwas verlangen, was eigentlich nicht zu vertreten ist:* ich kann ihm nicht z. zu kommen; mir kann nicht zugemutet werden, das zu glauben; du mutest dir zuviel zu.

Zumutung, die: *ungehörige Forderung; ungebührliches Verlangen:* das ist eine starke Z.; eine Z. an jmdn. stellen *(jmdm. etwas zumuten);* eine Z. zurückweisen; ich muß mir eine solche Z. verbitten; ich verwahre mich gegen eine solche Z., gegen derartige Zumutungen.

zunächst: **I.** ⟨Adverb⟩ **a)** *zuerst, als erstes:* er ging z. nach Hause, dann ins Theater; z. einmal werde ich mir die Unterlagen ansehen. **b)** *vorerst, einstweilen:* daran denke ich z. noch nicht. **II.** (geh.) ⟨Präp. mit Dativ⟩ *als nächstes, neben, ganz nahe:* diese Plastik steht z. dem Pfeiler; das Haus ist dem See z. gelegen.

Zunahme, die: *das Zunehmen; Vergrößerung, Vermehrung:* eine beträchtliche, geringe, starke Z. des Gewichts, des Umfangs, an Geburten; eine rasche, plötzliche, merkliche Z. des Reiseverkehrs; eine Z. um, von acht Pfund; es ließ sich eine [geringe] Z. der Ausfuhr feststellen.

zünden: **1. a)** ⟨etwas z.⟩ *in Brand setzen, zur Explosion bringen:* eine Mine, Rakete z. **b)** ⟨etwas zündet⟩ *etwas beginnt zu brennen:* das Streichholz, Pulver zündet nicht; der Blitz hat gezündet *(einen Brand verursacht).* **2.** ⟨etwas zündet⟩ *etwas ruft Stimmung, Begeisterung hervor:* dieser Vorschlag zündete sofort; adj. Part.: eine zündende Rede, Ansprache, Parole. * (ugs.:) **es hat bei jmdm. gezündet** *(jmd. hat [endlich] etwas verstanden).*

Zunder, der (hist.): *leicht brennbares, zum Feuerschlagen verwendetes Material:* das Stroh brannte wie Z. * (ugs.:) **jmdm. Zunder geben:** **a)** *(jmdn. schlagen, prügeln).* **b)** *(jmdn. heruntermachen, zurechtweisen)* · (ugs.:) **Zunder bekommen/kriegen:** **a)** *(Schläge, Prügel bekommen).* **b)** *(heruntergemacht, zurechtgewiesen werden).* **c)** (Soldatenspr.; *unter Beschuß liegen*).

zunehmen: **a)** ⟨etwas nimmt zu⟩ *etwas wird größer, stärker, vermehrt sich:* seine Kräfte nehmen wieder, rasch zu; die Tage nehmen zu *(werden länger);* der Wind nahm [an Stärke] zu; der Mond nimmt zu *(seine Lichtscheibe wird größer);* die Kälte hatte um einige Grade zugenommen; adj. Part.: es ist zunehmender/wir haben zunehmenden Mond; bei zunehmendem Alter verbieten sich solche Dinge von selbst; er gewann in zunehmendem Maße, zunehmend *(immer mehr)* an Einfluß. **b)** ⟨an etwas z.⟩ *etwas in verstärktem Maße erhalten:* mit den Jahren hat er an Erfahrung, Einsicht zugenommen. **c)** *sein Gewicht vergrößern:* er hat tüchtig, beträchtlich, stark, etwas, drei Kilogramm, ein paar Pfunde zugenommen; bei dem Essen kannst du auch nicht z. *(das Essen ist schlecht, knapp bemessen).* **d)** (Stricken, Häkeln) ⟨[etwas] z.⟩ *die Anzahl der Maschen vergrößern:* von der 20. Reihe an mußte sie [fünf Maschen] z.

zuneigen: **1.** ⟨sich jmdm., einer Sache z.⟩ *sich in Richtung auf jmdn., etwas neigen:* er neigte sich seiner Nachbarin zu; bildl.: das Glück neigte sich ihm zu *(er hatte Glück);* adj. Part.: jmdm. zugeneigt sein *(Zuneigung für jmdn. empfinden);* übertr.: das Jahr, die Arbeit neigt sich dem Ende zu *(nähert sich dem Ende).* **2.** ⟨einer Sache z.⟩ *innerlich zustimmen, sich für etwas entscheiden:* ich neige dieser Ansicht zu; er neigte keiner bestimmten Partei zu.

Zuneigung, die: *freundschaftliches, liebendes Gefühl; Sympathie:* eine zärtliche, stürmische, aufrichtige Z.; ihre Z. wuchs rasch; jmdm. seine Z. schenken, bewahren, beweisen; jmds. Z. gewinnen; bei jmdm. Z. erwecken; für jmdn. keine Z. aufbringen können; zu jmdm. Z. haben, empfinden, hegen; sie faßte schnell Z. zu ihm; ich erfreute mich ihrer Z.

zünftig: *fachmännisch, sachgemäß; tüchtig, ordentlich:* ein zünftiger Sportler, Schifahrer; eine zünftige Kluft *(zweckentsprechende Kleidung);* er bekam eine zünftige (ugs.; *kräftige*) Ohrfeige; unsere Wanderung war z. *(wie sie sein soll);* wir sind z. gekraxelt.

Zunge, die: **1.** *Organ zum Schmecken, Sprechen:* eine belegte, pelzige, entzündete Z.; vor Durst klebt mir die Z. am Gaumen; die Z. an den Gaumen legen, drücken, pressen; jmdm. frech die Z. herausstrecken; zeig mal die, deine Z., ob sie belegt ist!; der Hund läßt die Z. aus dem Maul hängen; ich habe mir mit der heißen Suppe die Z. verbrannt; er hat eine feine Z. *(ist ein Feinschmecker);* der Pfeffer brennt auf der Z.; ich habe mir aus Versehen, vor Wut auf die Z. gebissen; das Fleisch ist so zart, daß es auf der Z. zergeht; er fuhr sich (Dativ) mit der Z. über die Lippen; der Kutscher schnalzte mit der Z., um die Pferde anzutreiben; sie stößt mit der Z. an *(lispelt);* bildl.: eine spitze, scharfe, freche, lose, spöttische, boshafte, böse, giftige, glatte, falsche Z. haben *(zu spitzen, scharfen, frechen usw. Äußerungen neigen);* eine schwere Z. haben *([in angeheitertem Zustand] unbeholfen im Sprechen sein);* seine Z. hüten, im Zaum halten *(vorsichtig in seinen Äußerungen sein);* sich (Dativ) bei einem Wort die Z. abbrechen *(ein schwieriges Wort fast nicht aussprechen können);* ich beiße mir eher die Z. ab, als daß ich etwas verrate *(ich verrate auf keinen Fall etwas);* die Angst band, lähmte ihm die Z. *(er konnte vor Angst nicht sprechen);* der Wein löste ihm die Z. *(brachte ihn zum Reden);* ich biß mir auf die Z. *(ich unterdrückte im letzten Moment eine Äußerung);* er ließ das Wort auf der Z. zergehen *(empfand den Klang des Wortes nach, während er es aussprach);* das Wort lag mir, ich hatte das Wort auf der Z. *(ich war nahe daran, das Wort auszusprechen);* es brannte mir die ganze Zeit auf der Z. *(ich wollte es die ganze Zeit schon sagen);* sie trägt das, ihr Herz auf der Z. *(spricht alle Gefühle [allzu] offenherzig aus);* sie redet mit gespaltener Z. *(sie lügt);* diese Worte gingen ihm leicht, schwer von der Z. *(es wurde ihm [nicht] schwer, diese Worte auszusprechen);* übertr.: alle Länder deutscher Z. (dichter.: *Sprache*); etwas mit tausend Zungen predigen *(nachdrücklich auf etwas hinweisen).* **2. a)** *Gericht aus Rinder-, Kalbszunge:* wir aßen heute Z. **b)** *Seezunge:* es gab geräucherte Z. **3.** *tonbildendes Metallplättchen; Rohrblatt:* die Z. am Harmonium, in Blasinstrumenten. **4.** *Schuhlasche:* die Z. hatte sich verschoben. **5.** *Zeiger an der Balkenwaage:* sie blickte beim Wiegen auf die Z. * **das Zünglein an der Waage sein** *(den Ausschlag geben)* · **böse Zungen behaupten, daß ...** *(es gibt übelwollende Leute, die sagen, daß ...).*

züngeln: *die Zunge rasch hin und her, nach vorn und wieder nach hinten bewegen:* die Schlange züngelt; bildl.: das Feuer züngelt; die Flammen züngelten bereits aus dem Fenster.

zunichte ⟨in den Verbindungen⟩ **etwas zunichte machen** *(etwas vereiteln, vernichten):* jmds. Pläne, Hoffnungen z. machen · **etwas wird zunichte** *(etwas wird vereitelt, zerstört).*

zunutze ⟨in der Verbindung⟩ sich (Dativ) etwas zunutze machen: *Nutzen aus etwas ziehen, etwas ausnutzen:* du machst dir seine Unwissenheit, Dummheit z.

zupacken: **a)** *schnell und fest zugreifen:* er packte zu und würgte ihn. **b)** *durch Arbeit mithelfen:* in einer großen Familie müssen die Kinder lernen zuzupacken.

zupaß, (auch:) zupasse ⟨in der Verbindung⟩ jmdm. zupaß kommen: *jmdm. gelegen, gerade recht kommen:* sein Angebot, dieses Geld kam uns sehr, gut z.

zupfen: **1.** *mehrmals kurz und leicht ziehen:* **a)** ⟨jmdn., sich an etwas z.⟩ jmdn. am Ärmel, an den Ohren z.; er zupfte sich verlegen am Bart. **b)** ⟨an etwas z.⟩ er zupfte nervös an seinem Bart. **2.** ⟨etwas z.⟩ **a)** *lockern und herausziehen, auseinanderziehen:* Fäden [aus einem Gewebe], Unkraut, Baumwolle z. **b)** *anreißen:* die Gitarre *(die Saiten der Gitarre)* z.; beim Pizzikato werden die Töne, Saiten nur gezupft.

zur: *zu der:* zur Zeit; z. Vorsicht einen Schirm mitnehmen; z. Vernunft kommen.

zurechtfinden ⟨sich z.⟩: *von selbst die richtigen räumlichen, zeitlichen o. ä. Zusammenhänge erkennen:* sich langsam, mit der Zeit, schnell z.; in dieser Abrechnung finde ich mich nicht zurecht; er konnte sich im Leben nicht mehr z.

zurechtkommen: **1.** ⟨mit jmdm., mit etwas z.⟩ *mit jmdm., mit etwas fertig werden, umgehen können:* ich komme mit der Maschine, mit dem Vorgesetzten nicht zurecht; ⟨ohne Präpositionalobjekt⟩ er kam nie zurecht im Leben. **2.** *rechtzeitig kommen:* zum Zug z.; er kam gerade noch zurecht, bevor das Spiel begann; das kommt [immer] noch zurecht! *(das hat Zeit).*

zurechtlegen: **1.** ⟨etwas z.⟩ *zum Gebrauch passend hinlegen:* lege meine Sachen [zur Reise, zum Umkleiden] zurecht!; ⟨sich (Dativ) etwas z.⟩ ich legte mir mein Schreibzeug zurecht. **2.** ⟨sich (Dativ) etwas z.⟩ *ausdenken:* ich legte mir den Fall folgendermaßen zurecht; er legte sich einen Vorwand, eine Ausrede, Aussage zurecht.

zurechtmachen (ugs.): **1.** ⟨etwas z.⟩ *für den Gebrauch vorbereiten:* das Essen, den Salat z.; sie machte [ihm] das Bett zurecht. **2.** ⟨sich z.⟩ *sich schön machen, frisieren usw.:* sich schön, geschickt z.; mach dich zurecht!; ich muß mich fürs Theater, zum Tanzen z. **3.** (veraltend) ⟨sich (Dativ) etwas z.⟩ *zurechtlegen, ausdenken:* ich hatte mir eine Ausrede zurechtgemacht.

zurechtrücken ⟨etwas z.⟩: *an die richtige Stelle bringen:* Stühle, Kissen, die Krawatte, die Mütze z.; ⟨jmdm., sich etwas z.⟩ ich rückte mir den Sessel zurecht; übertr.: das mußt du wieder z. *(in Ordnung bringen, richtigstellen).* * (ugs.:) **jmdm. den Kopf zurechtrücken** *(jmdn. zur Vernunft bringen).*

zurechtweisen ⟨jmdn. z.⟩: *tadeln, rügen:* er hat ihn [streng] zurechtgewiesen.

zureden ⟨jmdm. z.; gewöhnlich mit Artangabe⟩: *jmdn. durch Reden beeinflussen wollen:* jmdm. gut, gütlich, eindringlich, tüchtig, lange z.; er redete ihm zu wie einem kranken Kind, wie einem lahmen Gaul (ugs.); ich redete ihr zu, den Mantel zu kaufen; subst.: er tat es endlich auf unser Zureden [hin].

zureichen: **1.** ⟨jmdm. etwas z.⟩ *hinhalten, geben:* du könntest mir die Steine, das Holz z. **2.** (ugs.) ⟨etwas reicht zu⟩ *etwas reicht aus:* bei ihm reicht das Geld nie zu; der Stoff reicht gerade zu [für das Kleid]; er hat sein Fehlen nicht zureichend begründet.

zurichten: **1.** ⟨etwas z.⟩ *vor-, zubereiten:* Leder, Pelze, Holz, Stoff z.; den Satz zum Druck z.; Speisen z.; den Hasen [zum Braten] z. **2.** ⟨mit Artangabe⟩ **a)** ⟨jmdn. z.⟩ *verletzen:* er war bei der Schlägerei arg, schlimm, schrecklich, übel zugerichtet worden. **b)** ⟨etwas z.⟩ *beschädigen:* die Kinder haben die Möbel schlimm zugerichtet.

zurück ⟨Adverb; meist zusammengesetzt mit Verben⟩: **1. a)** *wieder hier* /räumlich/: ich bin, muß um 8 Uhr z. **b)** *im Rückstand* /zeitlich/: die Ernte ist dieses Jahr noch weit z.; übertr.: er ist geistig, in seinen Leistungen, im Englischen sehr z. **2.** *auf dem Rückweg* /räumlich/: hin sind wir gefahren, z. gelaufen. **3.** *vorher* /zeitlich/: zehn Jahre z. sah die Sache noch ganz anders aus. **4.** /in Aufforderungen u. ä./ **a)** *nach hinten* /räumlich/: [zwei Schritte] z.! **b)** *wieder an den Ausgangspunkt* /zeitlich/: z.

zur Natur!; subst.: es gibt kein Z. [mehr]. * **hin und zurück** *(zu einem Ziel hin und wieder an den Ausgangspunkt zurück).*

zurückbleiben: **1.a)** ⟨mit Umstandsangabe⟩ *an einer Stelle bleiben, zurückgelassen werden:* der Koffer blieb im Hotel zurück; Tausende blieben auf dem Schlachtfeld zurück (geh.; *sind gefallen*); ich bleibe als Wache zurück. **b)** *weiter hinten bleiben, gehen:* ein wenig, zwei Schritte z.; wir bleiben hinter den anderen zurück, um ungestört reden zu können. **2.a)** *übrigbleiben:* als Witwe[r] z.; nach der Verbrennung bleibt Asche zurück. **b)** ⟨etwas bleibt zurück⟩ *etwas bleibt als Folge:* nach, von seiner Krankheit blieb ein dauernder Leberschaden zurück. **3.a)** *langsamer werden, sein als andere:* er bleibt im Wettlauf zurück; meine Uhr bleibt zurück *(geht nach)*; übertr.: mit seiner Arbeit z.; seine Leistungen blieben hinter meinen Erwartungen zurück; die Einnahmen blieben hinter denen des Vorjahrs weit zurück; wir wollen hinter den andern an Opferbereitschaft nicht z. **b)** *sich langsamer als normal entwickeln:* das Kind ist geistig zurückgeblieben; er ist in der Schule, in Latein sehr zurückgeblieben; er macht einen zurückgebliebenen Eindruck.

zurückfahren: **1.a)** *wieder zum Ausgangspunkt fahren:* ich fuhr mit der Bahn zurück. **b)** ⟨jmdn., etwas z.⟩ *mit einem Fahrzeug zurückbringen:* ich fahre dich [mit dem Wagen] zurück. **2.** *zurückprallen:* vor Schreck z.; er fuhr entsetzt [mit dem Kopf] zurück, als er sie sah.

zurückfallen: **1.** *nach hinten fallen:* aufs Bett z.; ich ließ mich [auf den Stuhl] z. **2.** *in Rückstand geraten:* der Läufer ist [weit, zwei Runden] zurückgefallen; durch diese Niederlage fiel die Mannschaft auf den letzten Platz zurück. **3.** ⟨in etwas z.⟩ *wieder in etwas verfallen:* sie ist [wieder] in den alten Fehler zurückgefallen. **4.** ⟨etwas fällt auf jmdn. zurück⟩ *etwas wird jmdm. als Fehler angelastet:* seine schlechte Erziehung fällt auf seine Eltern zurück; der Vorwurf fällt auf ihn [selbst] zurück. **5.** ⟨etwas fällt an jmdn. zurück⟩ *etwas kommt wieder in jmds. Besitz:* das Grundstück fällt [wieder] an den Staat zurück.

zurückfinden: **1.** *den Weg zum Ausgangspunkt finden:* **a)** du kannst jetzt umkehren, ich finde schon allein zurück. **b)** ⟨sich z.⟩ ich finde mich schon allein zurück; übertr.: ich suchte mich aus meiner Verwirrung zurückzufinden. **2.** ⟨etwas z.⟩ *wiederfinden:* ich fand den Weg, Pfad [zu unserem Haus] nicht mehr zurück. **3.** (geh.) ⟨mit Raumangabe⟩ *zurückkehren:* er fand in die Heimat, nach Hause, zu seiner Frau zurück; übertr.: zur alten Freundschaft z.; ich fand zu mir selbst zurück.

zurückführen: **1.a)** ⟨jmdn. z.⟩ *wieder an den Ausgangspunkt bringen:* ich führte ihn denselben Weg zurück, den wir gekommen waren; übertr.: auch diese Menschen müssen in die Gemeinschaft zurückgeführt werden. **b)** ⟨etwas führt zurück⟩ *etwas führt zum Ausgangspunkt:* aus dieser Hölle führt kein Weg zurück. **2.** ⟨etwas ist auf etwas zurückzuführen⟩ *etwas ist die Ursache für etwas:* die Explosion ist auf Fahrlässigkeit zurückzuführen. **3.** ⟨etwas auf etwas z.⟩ **a)** *als Folge von etwas erklären:* er führte den Unfall auf einen Reifendefekt zurück. **b)** *aus etwas ableiten:* etwas auf seinen Ursprung, auf seinen wahren Wert z.; er verstand es, auch verwickelte Verhältnisse auf die einfachste Form zurückzuführen.

zurückgeben ⟨jmdm. etwas z.⟩: *dem Besitzer wiedergeben:* er hat mir das geliehene Buch [noch nicht] zurückgegeben; der Lehrer gibt den Schülern die Hefte zurück; übertr.: jmdm. sein Wort, sein Versprechen z. *(jmdn. von einem Versprechen lösen)*; das gab mir meine Sicherheit zurück; ⟨auch ohne Dativ⟩ Geld z.; ..., gab er zurück *(antwortete er)*.

zurückgehen: **1.a)** *wieder zum Ausgangspunkt gehen:* ich habe etwas vergessen, ich muß noch einmal z.; der Schüler ging zu seinem/auf seinen Platz zurück. **b)** ⟨etwas z.⟩ *als Rückweg nehmen:* wir gingen denselben Weg zurück. **c)** *nach hinten gehen:* zwei Schritte z.! **d)** *zurückweichen:* der Feind geht zurück. **e)** ⟨etwas geht zurück⟩ *etwas wird zurückgeschickt:* eine Ware z. lassen; die Sendung, der Brief geht [als unbestellbar] zurück. **2.** ⟨etwas geht zurück⟩ *etwas nimmt ab, wird geringer, kleiner:* die Flut, das Hochwasser geht zurück; die Geschwulst, das Fieber geht zurück; die Einnahmen, Preise, Kurse gingen immer mehr zurück; die Ausfuhr, der Umsatz, das Geschäft ist zurückgegangen. **3.a)** ⟨auf etwas z.⟩ *seinen Ursprung in etwas haben:* die philosophische Begründung dafür geht auf Sokrates zurück; die Verordnung geht noch auf Napoleon zurück. **b)** *bis zu einem früheren Zeitpunkt verfolgen, beobachten:* auf den Ursprung, bis in die Frühzeit z.; man muß schon weit in die Geschichte z., um ähnliches zu finden.

zurückhalten: **1.a)** ⟨jmdn., etwas z.⟩ *festhalten; am Weggehen, -fahren, -fließen hindern:* er konnte das Kind gerade noch [am Arm] z.; Sie wollen fort, ich will Sie nicht länger z.; sie konnte nur mit Mühe die Tränen z.; die Sendung, das Auto wird vom Zoll zurückgehalten *(nicht herausgegeben)*. **b)** ⟨jmdn. von etwas z.⟩ *von etwas abhalten:* jmdn. von einer zu anstrengenden Reise z.; ⟨ohne Präpositionalobjekt⟩ der Gedanke an sie hielt mich zurück, etwas zu sagen. **2.** *nicht merken lassen, nicht offen aussprechen:* **a)** ⟨etwas z.⟩ er hielt sein Urteil, seinen Unwillen, seine Vorwürfe, Kenntnisse, Gefühle zurück; adj. Part.: er ist sehr zurückhaltend *(still und bescheiden)*; sein zurückhaltendes Wesen berührte mich angenehm. **b)** ⟨mit etwas z.⟩ er hielt mit seinem Unwillen, mit seiner Kritik nicht zurück. **c)** *zurückhaltend, vorsichtig agieren; abwarten:* die Erzeuger hielten mit ihren Verkäufen zurück; adj. Part.: das Premierenpublikum nahm das neue Stück des Autors sehr zurückhaltend auf. **3.** ⟨sich z.⟩ **a)** *im Hintergrund, abseits bleiben:* ich hielt mich zurück und verkehrte mit niemandem. **b)** *sich mäßigen:* er hielt sich beim Trinken zurück; er hielt sich in der Diskussion zurück.

Zurückhaltung, die: *reservierte Haltung:* auf dem Aktienmarkt herrschte noch große Z.; du mußt dir mehr, äußerste Z. auferlegen; sie empfingen uns mit [eisiger] Z.; die Kritik nahm das neue Stück mit größter Z. auf.

zurückkehren: **a)** *zurückkommen:* [reumütig] nach Hause z.; vom Urlaub, von der Reise z.; er ist aus dem Krieg nicht mehr zurückgekehrt *(im Krieg gefallen)*; bildl.: langsam kehrte die

Erinnerung, das Bewußtsein (nach der Ohnmacht) zurück. **b)** ⟨zu jmdm., etwas z.⟩ *etwas wieder aufgreifen; sich jmdm., einer Sache wieder zuwenden:* zur Natur, zur Einfachheit, zu dem gewohnten Leben, zu Gott, zum Glauben z.; er ist zu seiner ersten Liebe zurückgekehrt.

zurückkommen: **a)** *wieder zum Ausgangspunkt kommen:* wann wirst du von der Reise, aus dem Urlaub z.?; der Brief ist als unzustellbar zurückgekommen. **b)** ⟨auf etwas z.⟩ *etwas wieder aufgreifen:* er kam in seiner Rede immer wieder auf diesen Gedanken zurück; ich werde auf Ihr Angebot, darauf z.; er kam auf das Gespräch zurück, das wir kürzlich geführt haben.

zurücklassen: **1.** ⟨jmdn., etwas z.⟩ *an dem Ort lassen, von dem man sich entfernt:* das Gepäck im Hotel z.; die Flüchtlinge mußten ihre ganze Habe z.; die Verstorbene ließ drei Kinder allein [im Leben] zurück; ich lasse dir/für dich eine Nachricht zurück; übertr.: *hervorrufen, hinterlassen:* die Wunde ließ keine Narbe zurück. **2.** ⟨jmdn. z.⟩ *übertreffen:* du hast deine Konkurrenten weit zurückgelassen.

zurücklegen: **1.a)** ⟨etwas z.⟩ *wieder an den alten Platz legen:* den Hammer [in den Kasten] z. **b)** ⟨etwas z.⟩ *nach hinten legen:* er legte den Kopf zurück. **c)** ⟨sich z.⟩ *sich nach hinten legen; hinlegen:* ich legte mich [im Bett, Lehnstuhl] zurück. **2.** ⟨etwas z.⟩ **a)** *aufheben, reservieren:* eine Eintrittskarte für jmdn. z.; würden Sie mir/für mich dieses Buch z.? **b)** ⟨etwas z.⟩ *sparen:* Geld für eine Reise, eine schöne Summe, einen Notpfennig z. **3.** ⟨etwas z.⟩ *eine Strecke hinter sich bringen:* den Schul-, Heimweg [rasch] z.; wir legten auf unserer Wanderung täglich 15 km zurück.

zurücknehmen: **1.** ⟨etwas z.⟩ *wieder an sich nehmen:* er hat seine Geschenke [von ihr] zurückgenommen; Ware aus dem Schlußverkauf wird nicht zurückgenommen. **2.** ⟨jmdn., etwas z.⟩ *nach hinten verlegen:* Truppen [aus vorgeschobener Stellung] z.; der Trainer nahm den Spieler zurück *(beorderte ihn in die Hintermannschaft).* **3.** ⟨etwas z.⟩ *rückgängig machen, widerrufen:* sein Versprechen, eine Beleidigung, ein Verbot, den Auftrag, eine Klage z.; er wollte von dem, was er gesagt hatte, kein Wort z.

zurückprallen: **1.** ⟨etwas prallt zurück⟩ *etwas fliegt gegen etwas und springt zurück:* der Stein, Ball prallt [von der Hauswand] zurück; bildl.: die Hitze prallt von der weißen Mauer zurück. **2.** *zurückschrecken:* ich prallte [bei diesem Anblick, vor Schreck] zurück.

zurückrufen: **1.a)** ⟨jmdn. z.⟩ *durch Rufen zum Umkehren veranlassen:* als ich schon auf der Straße war, rief er mich noch einmal zurück; bildl.: jmdn. ins Leben z. *(durch Wiederbelebungsmaßnahmen retten).* **b)** ⟨etwas z.⟩ *durch Zurufen antworten:* er hat noch zurückgerufen, daß er auf mich warten würde. **c)** *wieder anrufen:* sobald ich etwas erfahren habe, rufe ich zurück. **2.** ⟨jmdm., sich etwas z.⟩ *in Erinnerung rufen:* ich rief mir die Vergangenheit, die Ereignisse [in die Erinnerung] zurück; ich konnte mir das Erlebnis nicht mehr ins Gedächtnis z.

zurückschaudern: *sich vor Abscheu abwenden; zurückschrecken:* bei diesem Anblick, vor dieser furchtbaren Tat schauderte er zurück.

zurückschlagen: **1.a)** ⟨etwas z.⟩ *wieder an den Ausgangspunkt schlagen, werfen:* den Ball [ins Spielfeld] z. **b)** ⟨jmdn., etwas z.⟩ *abwehren:* den Feind, das Heer, den Angriff z. **2.** *Schläge zurückgeben:* als sie ihn verprügeln wollten, hat er kräftig zurückgeschlagen; übertr.: nach einem feindlichen Angriff muß sofort zurückgeschlagen werden. **3.** ⟨etwas z.⟩ *nach hinten, zur Seite bewegen:* er schlug den Mantel, den Kragen, die Decke, den Vorhang zurück.

zurückschrecken: **a)** *vor Schreck zurückfahren:* er schrickt, schrak, ist [vor ihm] zurückgeschreckt/(selten:) zurückgeschrocken, als er sein entstelltes Gesicht sah. **b)** ⟨vor etwas z.⟩ *nicht den Mut zu etwas haben:* vor einem Verbrechen [nicht] z.; er schrickt/schreckt, schrak/schreckte vor nichts zurück; er ist vor Gewaltmaßnahmen nicht zurückgeschreckt. **c)** ⟨etwas schreckt jmdn. zurück⟩ *etwas hält jmdn. von etwas ab:* seine Drohung schreckt[e] mich nicht zurück.

zurücksetzen: **1.a)** ⟨sich z.⟩ *weiter hinten Platz nehmen:* setze dich etwas weiter, einige Reihen zurück. **b)** ⟨jmdn. z.⟩ *jmdm. weiter hinten einen Platz geben:* der Schüler wurde [in der Klasse] zurückgesetzt. **c)** ⟨etwas z.⟩ *nach hinten versetzen:* den Grenzstein, die Hecke z.; die Knöpfe etwas z. *(weiter seitlich annähen).* **2.** (landsch.) *herabsetzen, verbilligen:* die Preise z.; zurückgesetzte Waren. **3.** ⟨jmdn. z.⟩ *benachteiligen, kränken:* ich kann ihn nicht vor dir/dir gegenüber so z.; sie fühlt sich in unseren Augen zurückgesetzt. **4.** (Jägerspr.) *weniger Geweih bilden als im Vorjahr:* der Hirsch setzt zurück.

zurückstecken: **1.** ⟨etwas z.⟩ **a)** *wieder an den alten Platz stecken:* die Zeitung in die Tasche z. **b)** *nach hinten versetzen:* die Stange ein wenig z. **2.** *in seinen Forderungen mäßiger werden:* bei den Verhandlungen mußten beide Seiten z. * (ugs.:) **einige/ein Paar Pflöcke zurückstecken** *(geringere Forderungen, Ansprüche stellen).*

zurückstehen: **1.** *in einer Linie, Front weiter hinten stehen:* die Häuser stehen zurück; der rechte Flügel des Heeres stand weit zurück. **2.** ⟨hinter jmdm., hinter etwas z.⟩ *an Wert und Leistung geringer sein:* er steht [in seinen Leistungen] nicht weit hinter den Konkurrenten zurück; die Qualität der Kartoffeln steht weit hinter der des Vorjahres zurück; ⟨ohne Präpositionalobjekt⟩ ich wollte da nicht z. **3.** *anderen den Vortritt lassen, verzichten:* wir werden wohl z. müssen; er will nicht hinter einem jüngeren Kollegen z.

zurückstellen: **1.** ⟨etwas z.⟩ **a)** *an den ursprünglichen Platz stellen:* stelle bitte die Stühle [an ihren Platz] zurück; die Bücher [in den Schrank] z. **b)** (landsch.) *reservieren:* Waren einem Kunden/für einen Kunden z. **c)** *nachstellen:* die Zeiger, die Uhr z. **2.** ⟨etwas z.⟩ *vorläufig nicht für so wichtig erachten; verschieben:* seine Bedenken z.; in dieser Situation müssen alle Sonderwünsche zurückgestellt werden; der Neubau der Schule wird zurückgestellt. **3.** ⟨jmdn. z.⟩ *jmds. Termin für etwas aufschieben:* einen zu schwächlichen Schüler z.; er wurde wegen des Studiums [vom Wehrdienst] zurückgestellt.

zurücktreten: **1.** *nach hinten treten:* zwei Schritte z.; von der Bahnsteigkante z.! **2.** *sein Amt niederlegen:* die Regierung ist zurückgetreten; der Präsident trat [von seinem Amt,

Posten] zurück. **3.** ⟨von etwas z.⟩ **a)** *etwas rückgängig machen:* von einem Kauf, von einem Plan z., zu meinem Bedauern muß ich von der gestern getroffenen Abmachung z. **b)** *auf etwas verzichten:* er ist von seiner Forderung, seinem Recht, seinem Anspruch zurückgetreten. **4.** ⟨etwas tritt zurück⟩ *etwas wird geringer, unbedeutender:* sein Einfluß tritt immer mehr zurück; der Vorfall tritt hinter/gegenüber den wichtigen Ereignissen zurück.

zurückweichen: *sich zurückziehen, weichen:* langsam, instinktiv vor etwas z.; die Menge wich [ehrfürchtig] zurück; unter dem Druck vor der Übermacht wich der Feind zurück.

zurückweisen: **a)** ⟨jmdn. z.⟩ *wieder an den früheren Platz verweisen:* jmdn. an seinen Platz z.; mehrere Reisende wurden an der Grenze zurückgewiesen *(durften nicht einreisen);* übertr.: den vorlauten Kerl in seine Grenzen z. **b)** ⟨jmdn. z.⟩ *nicht einlassen:* einen Besucher, Hausierer z. **c)** ⟨etwas z.⟩ *entschieden ablehnen:* ein Geschenk, einen Einspruch, eine Beschwerde, eine Beschuldigung, jede Einmischung z.; er wies dieses Ansinnen schroff zurück.

zurückwerfen: **a)** ⟨jmdn., etwas z.⟩ *wieder an den Ausgangspunkt werfen:* den Ball [ins Spielfeld] z.; die Brandung warf den Schwimmer zurück. **b)** ⟨etwas wirft etwas zurück⟩ *etwas reflektiert etwas:* der Spiegel wirft die Lichtstrahlen, die Wand den Schall zurück. **c)** ⟨jmdn., etwas z.⟩ *abwehren:* den Feind, das Heer z. **d)** ⟨etwas z.⟩ *schnell nach hinten bewegen:* die Haare, den Kopf z. **e)** ⟨sich z.⟩ *sich schnell nach hinten legen, setzen:* er warf sich in den Sessel, auf das Bett zurück. **f)** ⟨etwas wirft jmdn., etwas zurück⟩ *etwas bringt jmdn., etwas in Rückstand:* das Projekt wurde dadurch um, auf Jahre zurückgeworfen; die Krankheit hat ihn beruflich weit zurückgeworfen.

zurückzahlen: **a)** ⟨etwas z.⟩ *erhaltenes Geld zurückgeben:* Schulden, einen Betrag [mit Zinsen] z.; hast du das geliehene Geld zurückgezahlt? **b)** (ugs.) ⟨jmdm. etwas z.⟩ *heimzahlen:* dem Kerl werde ich diese Gemeinheit z.!

zurückziehen: **1.** *zum Ausgangspunkt ziehen:* die Zugvögel ziehen schon zurück. **2.** ⟨etwas z.⟩ **a)** *nach hinten, zur Seite ziehen:* den Vorhang z.; sie zog ihre Hand zurück. **b)** (militär.) ⟨jmdn., etwas z.⟩ *nach hinten beordern:* die Truppen, Soldaten z.; der vorgeschobene Posten wurde zurückgezogen. **c)** *rückgängig machen, von etwas absehen:* eine Klage, Bewerbung, Bestellung, sein Versprechen, Angebot, einen Antrag z.; das Geld z. *(geliehenes Geld kündigen)*. **3.** ⟨sich z.⟩ **a)** *sich [nach hinten] entfernen:* er zog sich [für kurze Zeit] in sein Zimmer zurück; das Gericht zieht sich zur Beratung zurück; (scherzh.:) ich ziehe mich in meine Gemächer zurück; ich habe mich von ihm zurückgezogen *(verkehre nicht mehr mit ihm);* bildl.: sich ins Privatleben, in die Einsamkeit z. · adj. Part.: wir führen ein zurückgezogenes Leben, leben sehr zurückgezogen. **b)** *zurückweichen:* der Gegner zog sich zurück. **c)** *eine Tätigkeit, Stellung aufgeben, etwas verlassen:* er zog sich von den Geschäften, von der Bühne, aus der Politik zurück.

Zuruf, der: *laute Äußerung oder Mitteilung:* anfeuernde, aufmunternde, höhnische Zurufe; die Wahl des Vorstandes erfolgte durch Z.

zurufen ⟨jmdm. etwas z.⟩: *laut mitteilen:* jmdm. einen Befehl, eine Warnung, etwas auf Französisch z.; ich rief ihm zu, er solle warten.

zusagen: **1. a)** ⟨jmdm. etwas z.⟩ *versprechen:* er hat mir diesen Posten, schnelle Hilfe zugesagt. **b)** ⟨etwas z.⟩ *eine Einladung annehmen:* er hat sein Kommen fest zugesagt; er hat zugesagt zu kommen; ⟨jmdm. etwas z.⟩ er sagte mir seinen Besuch zu; ⟨auch absolut⟩ ich hoffe, du wirst z.; adj. Part.: einen zusagenden Bescheid *(eine Zusage)* erhalten. **2.** ⟨etwas sagt jmdm. zu⟩ *etwas gefällt jmdm.:* diese Wohnung, Arbeit, dieses Buch, dieser Wein sagt mir [nicht] zu. * **jmdm. etwas auf den Kopf zusagen** *(jmdm. offen sagen, daß man ihn in einer Sache für schuldig hält)*.

zusammen ⟨Adverb⟩: **a)** *gemeinsam, miteinander:* wir spielen, musizieren, verreisen z.; fahren wir z.?; die beiden haben z., er hat z. mit seiner Frau ein Buch geschrieben. **b)** *beisammen, beieinander:* wir sind oft z.; z. bleiben. **c)** *insgesamt:* die beiden besitzen z. ein Vermögen von fünfzigtausend Mark; er weiß mehr als alle anderen z.; alles kostet z. hundert Mark.

Zusammenarbeit, die: *gemeinsame Arbeit:* wirtschaftliche, internationale, weltweite Z.; nur durch enge Z. von Bund und Ländern kann das Ziel erreicht werden.

zusammenballen: **1.** ⟨etwas z.⟩ *zu einem Klumpen o. ä. ballen:* er ballte etwas Schnee zusammen. **2.** ⟨sich z.⟩ *sich ballen:* die Gewitterwolken ballen sich zusammen; auf dem Platz ballten sich die Menschenmassen zusammen; sie ballten sich zu großen Gruppen zusammen; bildl. (geh.): über seinem Haupt ballt sich das Verhängnis, ballen sich drohende Wolken zusammen.

zusammenbeißen: **1.** ⟨etwas z.⟩ *kräftig gegeneinanderpressen:* die Zähne, Lippen [vor Schmerz, trotzig] z. **2.** (ugs.) ⟨sich z.⟩ *sich unter Schwierigkeiten aneinander gewöhnen:* die beiden, die Eheleute müssen sich erst z. * (ugs.:) **die Zähne zusammenbeißen** *(bei Schmerzen, in einer schwierigen Lage o. ä. tapfer sein)*.

zusammenbrauen: **1.** (ugs.) ⟨etwas z.⟩ *brauen, mischen:* ein Getränk z.; was hast du da für ein scheußliches Zeug zusammengebraut? **2.** ⟨etwas braut sich zusammen⟩ *etwas ist im Entstehen:* ein Gewitter, Unwetter braut sich zusammen; verschiedene Anzeichen deuteten darauf hin, daß sich etwas zusammenbraute.

zusammenbrechen: **a)** *einstürzen, auseinanderbrechen:* die Brücke, das Gerüst ist zusammengebrochen; bildl.: er brach unter der Last der Beweise zusammen. **b)** *infolge Schwäche o. ä. hinfallen, ohnmächtig werden:* aus, vor Erschöpfung, infolge Überarbeitung z.; der Vater ist bei der Todesnachricht völlig zusammengebrochen *(war völlig gebrochen);* tödlich getroffen, brach er zusammen. **c)** ⟨etwas bricht zusammen⟩ *etwas schlägt fehl, scheitert, geht zugrunde:* der Angriff ist zusammengebrochen; das Geschäft, die Firma ist zusammengebrochen *(hat Bankrott gemacht);* der Verkehr in der Innenstadt ist zusammengebrochen.

zusammenbringen: **a)** ⟨etwas z.⟩ *sammeln, anhäufen:* er hat ein Vermögen damit zusammengebracht; wieviel habt ihr bei der Sammlung zusammengebracht? **b)** (ugs.) ⟨etwas z.⟩

zustande bringen: er brachte keine drei Sätze/ Worte zusammen *(konnte vor Erregung nichts sagen);* sie brachte das Gedicht nicht mehr zusammen *(konnte es nicht mehr aufsagen).* **c)** ⟨jmdn. mit jmdm. z.⟩ *jmds. Bekanntschaft mit jmdm. herbeiführen:* ich brachte ihn mit einem Kollegen zusammen; ⟨ohne Präpositionalobjekt⟩ er hat die beiden [in seiner Wohnung] zusammengebracht.

Zusammenbruch, der: **a)** *Ruin:* der wirtschaftliche, politische Z.; der Z. der Bank, des Betriebs war nicht aufzuhalten, nicht zu vermeiden. **b)** *Nervenzusammenbruch:* einen Z. erleiden; die vielen Aufregungen führten zum Z.

zusammenfahren: **1.** ⟨mit jmdm., mit etwas z.⟩ *zusammenstoßen:* das Auto ist mit dem Lastwagen zusammengefahren; ⟨ohne Präpositionalobjekt⟩ zwei Züge sind zusammengefahren. **2.** *[vor Schreck] zusammenzucken:* ich bin bei dem Knall [heftig, erschrocken] zusammengefahren.

zusammenfallen: **1.** ⟨etwas fällt zusammen⟩ **a)** *etwas stürzt ein:* ein Haus fiel zusammen; die Dekoration ist wie ein Kartenhaus zusammengefallen; bildl.: damit fällt seine Beweisführung in sich zusammen. **b)** *zusammensinken; kleiner, dünner werden:* der Ballon, Teig ist zusammengefallen. **2.** *mager, körperlich schwach werden:* er ist [durch seine Krankheit] sehr zusammengefallen. **3.** ⟨etwas fällt mit etwas zusammen⟩ *etwas findet gleichzeitig statt:* die Blütezeit der Dichtung fiel mit der Zeit der größten politischen Machtentfaltung zusammen; ⟨ohne Präpositionalobjekt⟩ die beiden Veranstaltungen, Ereignisse, unsere Geburtstage fallen zusammen; in eins z. *(identisch sein).*

zusammenfassen: **1.** ⟨etwas z.⟩ *vereinigen:* die einzelnen Sportverbände wurden in einem Dachverband zusammengefaßt. **2.** ⟨etwas z.⟩ *kurz, als Resümee formulieren:* die Ergebnisse einer Untersuchung, den Lehrstoff [in Regeln] z.; er faßte seine Eindrücke in einem/(selten auch:) in einen einzigen Satz zusammen; er faßte seine Gedanken dahin zusammen ...; zusammenfassend stellte er fest, daß ...

zusammenfügen: **a)** ⟨etwas z.⟩ *zusammensetzen:* Steine zu einem Mosaik z.; Werkstücke, Teile, Scherben z. **b)** ⟨etwas fügt sich zusammen⟩ *etwas verbindet sich zu einem Ganzen:* die Teile fügen sich schön, nahtlos zusammen.

Zusammenhalt, der: **a)** *feste Verbindung:* der Z. der einzelnen Teile, des Gewebes. **b)** *innere Verbundenheit:* der Z. in der Gemeinschaft; die Mannschaft hat keinen Z.

zusammenhalten: **1.** ⟨etwas hält zusammen⟩ *etwas haftet aneinander:* die geleimten Bretter halten gut zusammen. **2.** ⟨etwas z.⟩ *vergleichend nebeneinanderhalten:* wenn man die beiden Stoffe zusammenhält, sieht man den Unterschied. **3.** ⟨jmdn., etwas z.⟩ *geschlossen in einer Gruppe halten:* der Lehrer konnte die Klasse, die Schüler kaum z. **4.** *einander beistehen; sich innerlich verbunden sein:* die beiden Freunde haben immer [brüderlich, eng] zusammengehalten; wir müssen in diesen schweren Zeiten fest z. * **wie Pech und Schwefel zusammenhalten** *(unerschütterlich zusammenhalten).*

Zusammenhang, der: *innere Beziehung, Verbindung:* die inneren, historischen, wirtschaftlichen Zusammenhänge; die Zusammenhänge durchschauen; die Geschichte hat wenig Z.; es besteht kein, nur ein loser Z. zwischen diesen Vorfällen; ich finde, sehe keinen Z. zwischen ...; einen Satz, ein Zitat aus dem Z. *(aus dem dazugehörigen Text)* reißen, herauslösen; er wurde im Z. mit diesem Vorfall genannt; Ereignisse [miteinander] in Z. bringen; sein Tod steht in keinem Z. mit dem Unfall.

zusammenhängen ⟨etwas hängt mit etwas zusammen⟩: **a)** *etwas ist mit etwas fest verbunden:* die Insel hing früher mit dem Festland zusammen; ⟨auch ohne Präpositionalobjekt⟩ die beiden Teile hängen nur lose zusammen; die beiden hängen zusammen wie die Kletten *(sind unzertrennlich).* **b)** *etwas steht mit etwas in Beziehung:* seine Gelenkschmerzen hängen mit einer Erkältung zusammen; sein Schicksal hing eng, aufs engste damit zusammen; adj. Part.: etwas zusammenhängend erzählen.

zusammenklappen: **1.** ⟨etwas z.⟩ **a)** *zusammenlegen:* einen Campingtisch, ein Taschenmesser, einen Fächer z. **b)** *aneinanderschlagen:* die Hacken z. **2.** (ugs.) *einen Schwächeanfall erleiden:* sie hat sich überanstrengt und ist zusammengeklappt; er klappte zusammen wie ein Taschenmesser.

zusammenkommen: **1.** ⟨mit jmdm. z.⟩ *sich treffen:* ich bin gestern mit ihm zusammengekommen; ⟨auch ohne Präpositionalobjekt⟩ die Mitglieder kamen [im Klub] zusammen; wir kommen oft, regelmäßig, selten zusammen; übertr.: es sind zwei Menschen, die [innerlich] nicht z. können. **2.** ⟨etwas kommt zusammen⟩ *etwas sammelt sich an:* bei der Sammlung ist viel Geld zusammengekommen.

zusammenlaufen: **1. a)** *von verschiedenen Seiten an eine Stelle laufen:* die Menschen liefen [neugierig, auf dem Platz] zusammen. **b)** ⟨etwas läuft zusammen⟩ *etwas fließt zusammen:* das Wasser läuft in der Mulde zusammen. **2.** ⟨etwas läuft zusammen; mit Raumangabe⟩ *etwas trifft, vereinigt sich in einem bestimmten Punkt:* an diesem Punkt laufen die Linien, die beiden Flüsse zusammen. **3.** ⟨etwas läuft zusammen⟩ *etwas geht an den Rändern ineinander über:* die Farben laufen zusammen. **4.** (landsch.) ⟨etwas läuft zusammen⟩ *etwas gerinnt:* die Milch läuft zusammen. **5.** (landsch.) ⟨etwas läuft zusammen⟩ *etwas läuft ein, schrumpft:* der Stoff ist beim Waschen zusammengelaufen. * (ugs.:) **jmdm. läuft das Wasser im Mund zusammen** *(jmd. bekommt großen Appetit auf etwas)* · **alle Fäden laufen in jmds. Hand zusammen** *(jmd. überschaut und lenkt alles).*

zusammenlegen: **1.** ⟨etwas z.⟩ *falten:* die Zeitung, das Tischtuch, die Wäsche z.; ihr müßt die Kleider ordentlich z. **2.** ⟨etwas z.⟩ *aufhäufen, stapeln:* die Spielsachen, die Äpfel [auf einen Haufen] z. **3.** ⟨[etwas] z.⟩ *gemeinsam Geld geben:* wenn wir [Geld] z., können wir uns das Auto kaufen; die Kollegen legten für eine Spende zusammen. **4.** ⟨etwas z.⟩ *zusammenfassen, vereinigen:* zwei Abteilungen, Schulklassen, Veranstaltungen z.

zusammennehmen: **1.** ⟨etwas z.⟩ *anspannen, anstrengen:* du mußt alle deine Gedanken, Kräfte, deinen ganzen Mut, deine fünf Sinne (ugs.) z. **2.** ⟨sich z.⟩ *sich Mühe geben, sich anstrengen:*

er hat sich heute sehr zusammengenommen; nimm dich zusammen! **3.** ⟨etwas z.⟩ *zusammenfassen:* wenn wir alle Ergebnisse zusammennehmen, dann ...; alles zusammengenommen *(alles in allem)*, hat die Arbeit drei Tage gedauert.

zusammenreißen (ugs.): **1.** ⟨sich z.⟩ *sich zusammennehmen:* reiß dich zusammen!; er riß sich eisern zusammen. **2.** (bes. militär.) ⟨etwas z.⟩ *energisch zusammenziehen:* die Glieder, die Hacken z.; reißen Sie die Knochen zusammen! *(stehen Sie stramm!)*.

zusammensacken: *schwer und kraftlos hinsinken:* er sackte langsam auf dem Sitz, über dem Steuer zusammen; ich bin in mir/(seltener:) in mich zusammengesackt.

zusammenschlagen: 1. ⟨etwas z.⟩ *kräftig gegeneinanderschlagen:* die Absätze, Hacken z.; der Musiker schlägt die Becken zusammen. **2.** (ugs.) **a)** ⟨jmdn. z.⟩ *zu Boden schlagen:* er wurde von Rowdys zusammengeschlagen. **b)** ⟨etwas z.⟩ *zertrümmern:* in seiner Wut schlug er die Möbel zusammen. **3.** ⟨etwas z.⟩ *falten:* die Zeitung, die Fahne z. **4.** ⟨etwas schlägt über jmdm., über einer Sache zusammen⟩ *etwas geht über jmdn., über etwas hinweg:* die Wellen schlugen über dem Schwimmer, über dem sinkenden Schiff zusammen; bildl. (geh.): das Unglück schlägt über mir zusammen *(droht mich zu vernichten)*. * (ugs.:) **die Hände über dem Kopf zusammenschlagen** *(entsetzt sein)*.

zusammenschließen ⟨sich mit jmdm. z.⟩: *sich vereinigen, verbünden:* wir schließen uns mit euch [zu einer Mannschaft] zusammen; ⟨ohne Präpositionalobjekt⟩ die Firmen haben sich zusammengeschlossen.

zusammenschmelzen ⟨etwas schmilzt zusammen⟩: *etwas schmilzt und wird weniger:* der Schnee ist in der Sonne zusammengeschmolzen; übertr.: der Vorrat, das Geld ist bis auf einen kleinen Rest zusammengeschmolzen.

zusammensetzen: 1. ⟨etwas z.⟩ **a)** *aneinanderfügen:* Steine zu einem Mosaik z.; Garben [zu Hocken, Puppen] z.; militär.: die Gewehre [zu einer Pyramide] z. **b)** *durch Zusammenfügen herstellen:* eine Maschine [aus einzelnen Teilen] z. **2.** ⟨etwas setzt sich aus etwas zusammen⟩ *etwas besteht aus etwas:* die Uhr setzt sich aus vielen Teilen zusammen; die Regierung setzt sich aus dem Kanzler, zehn Ministern und acht Staatssekretären zusammen; adj. Part.: ein zusammengesetztes *(aus mehreren Wörtern gebildetes)* Wort. **3.** ⟨sich mit jmdm. z.⟩ *sich zueinander setzen:* ich wollte mich mit ihm [an einen Tisch] z., um die Angelegenheit zu besprechen; ⟨ohne Präpositionalobjekt⟩ wir müssen uns gelegentlich einmal z. und ein Glas trinken.

zusammenstecken: 1. ⟨etwas z.⟩ *zusammenfügen:* den Stoff [mit Nadeln] z.; bildl.: sie steckten die Köpfe zusammen *(tuschelten, berieten heimlich)*. **2.** (ugs.) ⟨mit jmdm. z.⟩ *häufig beisammen sein:* er steckt oft mit meinem Bruder zusammen; ⟨auch ohne Präpositionalobjekt⟩ die beiden stecken immer zusammen.

zusammenstellen: 1. ⟨jmdn., sich, etwas z.⟩ *nebeneinander-, an den gleichen Platz stellen:* Stühle, Tische z.; stellt euch näher zusammen! **2.** ⟨etwas z.⟩ *aus mehreren Teilen gestalten:* eine Ausstellung z.; ein Programm, den Fahrplan, eine Übersicht, die Speisekarte, ein Menü z.; der Trainer stellt die Mannschaft zusammen.

zusammenstimmen: a) ⟨etwas stimmt zusammen⟩ *etwas harmoniert:* die Instrumente, Farben stimmen zusammen. **b)** ⟨etwas stimmt mit etwas zusammen⟩ *etwas stimmt mit etwas überein:* der Terminus stimmt mit der Sache nicht mehr zusammen; ⟨ohne Präpositionalobjekt⟩ die Angaben stimmen nicht zusammen.

zusammenstoßen: 1. ⟨mit jmdm., mit einer Sache z.⟩ *zusammenprallen:* die Straßenbahn ist mit dem Bus zusammengestoßen; ⟨ohne Präpositionalobjekt⟩ zwei Autos sind zusammengestoßen; wir stießen [mit den Köpfen] zusammen; übertr.: ich bin heute mit ihm heftig zusammengestoßen *(habe eine Auseinandersetzung mit ihm gehabt)*. **2.** ⟨etwas stößt zusammen⟩ *etwas trifft zusammen, grenzt aneinander:* die beiden Grundstücke stoßen zusammen.

zusammentragen ⟨etwas z.⟩: *herbeischaffen, sammeln:* Holz für ein Feuer, Vorräte für den Winter z.; übertr.: das Material, die Fakten [zu einem Vortrag] z.

zusammentreffen: 1. ⟨mit jmdm. z.⟩ *jmdn. treffen:* ich traf im Theater mit alten Bekannten zusammen; ⟨auch ohne Präpositionalobjekt⟩ wir trafen im Winter in Kitzbühel zusammen; **2.** ⟨etwas trifft zusammen⟩ *etwas geschieht gleichzeitig:* die beiden Ereignisse trafen zusammen; subst.: es war ein unglückliches Zusammentreffen verschiedener Umstände.

zusammenziehen: 1. a) ⟨etwas z.⟩ *[durch Ziehen] enger machen:* eine Schlinge z.; ein Loch im Strumpf z.; die Augenbrauen z.; die Säure zieht den Mund zusammen. **b)** ⟨etwas zieht sich zusammen⟩ *etwas wird enger, kleiner:* die Wunde hat sich zusammengezogen; bei Kälte ziehen sich die Körper zusammen. **2.** ⟨etwas z.⟩ *konzentrieren, sammeln:* Truppen, Polizei z.; ⟨etwas zieht jmdm. etwas zusammen; mit Raumangabe⟩ der Anblick der Speisen zog mir das Wasser im Mund zusammen *(regte den Speichelfluß an)*. **3.** ⟨etwas z.⟩ *addieren:* Zahlen, Summen, die einzelnen Posten z. **4.** ⟨etwas zieht sich zusammen⟩ *etwas entsteht, braut sich zusammen:* ein Gewitter, Unheil zieht sich [über mir] zusammen; bildl. (geh.): Kriegswolken zogen sich über dem Land zusammen. **5.** ⟨mit jmdm. z.⟩ *gemeinsam eine Wohnung beziehen:* sie ist mit ihrer Freundin zusammengezogen; ⟨ohne Präpositionalobjekt⟩ die beiden sind zusammengezogen.

zusätzlich: *hinzukommend:* zusätzliche Belastungen, Kosten; er zahlte ihm z. eine Prämie.

zuschanden (geh.) ⟨gewöhnlich in den Verbindungen⟩ **etwas zuschanden machen** *(vereiteln, zerstören, vernichten)*: jmds. Hoffnung, Erwartung z. machen · **zuschanden werden** *(vereitelt werden)*: alle seine Pläne wurden z. · **jmdn., etwas zuschanden fahren, reiten, schlagen usw.** *(fahren, reiten, schlagen usw., bis jmd., etwas zugrunde gerichtet, völlig entkräftet ist)*.

zuschieben: 1. ⟨etwas z.⟩ *durch Schieben schließen:* die Schublade, Waggontür z. **2.** ⟨jmdm. etwas z.⟩ **a)** *zu jmdm. hinschieben:* sie schob ihm das Glas, das Buch zu. **b)** *etwas Unangenehmes zukommen lassen:* jmdm. die Schuld, Verantwortung z.

zuschießen: **1.** (ugs.) ⟨auf jmdn. z.⟩ *rasch auf jmdn. zugehen:* sie schoß plötzlich auf mich zu. **2.** ⟨etwas z.⟩ *[Geld] beisteuern:* er hat [zu dem Fest, zu dem Unternehmen] eine Menge Geld zugeschossen.

Zuschlag, der: **1.** *Erhöhung eines Preises:* die Ware wurde mit einem Z. von 10 Mark, von 10% verkauft. **2.** (Eisenbahn) *zusätzliche Gebühr für D-Züge:* für diesen Zug muß man Z. zahlen; dieser Zug kostet Z.; der Z. kann im Zug gelöst werden. **3.** *das Zusprechen:* der Z. (bei der Versteigerung) erfolgt an Herrn ..., wurde mir erteilt; der Architekt ... erhielt den Z. **4.** *Zusatz:* bei vielen Schmelzprozessen ist der Z. von großer Wichtigkeit.

zuschlagen: **1.a)** ⟨etwas z.⟩ *laut und heftig schließen:* die [Wagen]tür, das Buch z. **b)** ⟨etwas schlägt zu⟩ *etwas fällt laut und heftig zu:* bei dem Wind schlug das Fenster, die Tür zu. **2.** ⟨etwas z.⟩ *zunageln:* eine Kiste, ein Faß z. **3.** *drauflosschlagen:* hart, rücksichtslos, erbarmungslos, mit geballter Faust, mit einem Stock z.; schlag zu!; übertr.: die Putschisten schlugen zu; (geh.:) das Schicksal, der Tod hat zugeschlagen. **4.** ⟨jmdm. etwas z.⟩ *zu jmdm. schlagen:* dem Partner den Ball z. **5.** ⟨jmdm. etwas z.⟩ *zusprechen:* einem Architekten den Auftrag z.; das Grundstück wurde dem Meistbietenden zugeschlagen. **6.** ⟨etwas z.⟩ *den Preis erhöhen:* auf den Preis werden noch 10% zugeschlagen.

zuschneiden ⟨etwas z.⟩: *in bestimmter Weise schneiden:* einen Anzug, ein Kleid z.; den Stoff für ein/zu einem Kostüm z.; übertr.: der ganze Kurs ist auf die Prüfung zugeschnitten *(ausgerichtet)*.

zuschnüren ⟨etwas z.⟩: *verschnüren:* das Paket z.; ⟨jmdm. etwas z.⟩ seinem Opfer [mit einer Schnur] die Kehle z. *(jmdn. erdrosseln)*; übertr.: die Angst, der Schmerz schnürte ihr fast die Kehle zu.

zuschreiben: **1.** ⟨jmdm., einer Sache etwas z.⟩ *zuweisen; meinen, daß jmdm., einer Sache etwas zukommt:* dieses Bild wird Leonardo da Vinci zugeschrieben; den Erfolg, Fehlschlag schreibt man jetzt ihm zu; die Folgen hast du dir selbst zuzuschreiben; diese Tat ist nur seiner Dummheit zuzuschreiben. **2.** ⟨etwas z.⟩ *hinzuschreiben:* noch einige Worte z. **3.** ⟨jmdm., einer Sache etwas z.⟩ *überschreiben:* jmdm. eine Summe, ein Grundstück z.; dieser Betrag wird dem Reservefonds zugeschrieben.

Zuschrift, die: *Schreiben mit einer Stellungnahme zu etwas:* anonyme, ablehnende Zuschriften; die meisten Zuschriften aus den Leserkreisen waren positiv, zustimmend; wir haben unzählige Zuschriften [zu der Sendung] erhalten.

Zuschuß, der: *finanzielle Beihilfe:* ein kleiner, hoher Z.; verlorene Zuschüsse; einen Z. erhalten, beantragen, bewilligen; der Staat leistet einen beträchtlichen Z. zu den/für die Baukosten; jmdn. um einen Z. bitten.

zusehen: **1.** *jmdn., etwas beobachten; zuschauen:* aus sicherer Entfernung, untätig z.; bei den Bauarbeiten, bei einem Spiel z.; ich will z., wie du das machst; subst.: etwas vom bloßen Zusehen lernen; ⟨jmdm., etwas z.⟩ ich kann das nicht, wenn man mir zusieht; übertr.: ich kann nicht ruhig z. *(mit ansehen)*, wenn man so ungerecht verfährt. **2.** ⟨mit Gliedsatz⟩ *sich bemühen:* sieh zu, daß nichts passiert; ich will z., daß ich kommen kann.

zusein (ugs.) ⟨etwas ist zu⟩: *etwas ist geschlossen:* das Fenster, die Tür ist zu.

zusetzen: **1.a)** ⟨einer Sache etwas z.⟩ *hinzufügen:* dem Wein Wasser, Zucker z.; ich habe dem Kühlwasser ein Frostschutzmittel zugesetzt. **b)** (ugs.) ⟨etwas z.⟩ *von den Reserven etwas zulegen:* wenn du krank wirst, hast du nichts zuzusetzen *(keine Kraftreserven)*; bei einer Sache Geld z.; ⟨auch ohne Akk.⟩ bei dem Geschäft mußte er bis jetzt nur z. **2.** ⟨jmdm. z.⟩ *jmdn. bedrängen:* jmdm. [wegen etwas] hart z.; man hat ihm so lange mit Fragen zugesetzt, bis er alles zugegeben hat; übertr.: die Krankheit hat ihm ziemlich zugesetzt *(hat ihn sehr angegriffen)*.

zuspitzen: **1.a)** ⟨etwas z.⟩ *spitz machen:* ein [Stück] Holz an einem Ende z. **b)** ⟨etwas spitzt sich zu⟩ *etwas wird spitz:* der Obelisk spitzt sich [nach oben] zu. **2.** ⟨etwas spitzt sich zu⟩ *etwas verschärft sich:* der Konflikt, die politische Lage spitzt sich gefährlich zu.

zusprechen: **1.a)** ⟨jmdm. etwas z.⟩ *mit Worten geben:* jmdm., sich selbst Mut, Trost [in einer Sache] z. **b)** ⟨jmdm. z.; mit Artangabe⟩ *in bestimmter Weise zu jmdm. reden:* jmdm. besänftigend, ermutigend, freundlich, tröstend, begütigend z. **2.** ⟨jmdm. jmdn., etwas z.⟩ *zuerkennen:* das Gericht sprach ihm den Nachlaß, das Erbe zu; bei der Scheidung wurde das Kind der Mutter zugesprochen. **3.** (ugs.) ⟨einer Sache z.⟩ *reichlich genießen:* dem Wein z.; er hat dem Alkohol, dem Essen reichlich, kräftig, tüchtig, eifrig, übermäßig zugesprochen.

Zuspruch, der: **1.** *aufmunterndes Zureden:* ein tröstender, geistlicher, freundlicher, besänftigender Z.; auf jmds. Z. hören. **2.a)** *Interesse, Besuch:* die Veranstaltung, Ausstellung fand guten, regen Z.; erfreute sich eines großen Zuspruchs. **b)** *Anklang, Zustimmung:* die Ware erfreut sich eines allgemein großen Zuspruchs; das kalte Buffet hat bei den Gästen großen Z. gefunden.

Zustand, der: *Beschaffenheit, Verfassung; Gegebenheit:* jmds. körperlicher, seelischer Z.; ein nervöser, krankhafter Z.; ein Zustand der Niedergeschlagenheit; Zustände wie im alten Rom (ugs.; *unmögliche Verhältnisse*); der Z. des Patienten ist bedenklich, ist schlimmer geworden, hat sich gebessert; das ist ein unhaltbarer Z.; hier herrschen unerträgliche, unmögliche, unglaubliche Zustände; die jetzigen, derzeitigen Zustände ändern, verbessern; hier, davon kann man Zustände kriegen (ugs.; *das ist nicht länger zu ertragen*); das Haus befindet sich in einem ausgezeichneten, verwahrlosten Z.; etwas befindet sich noch in einwandfreiem, natürlichem Z.; jmdn. im Z. der Verzweiflung, in einem desolaten (bildungsspr.) Z. vorfinden; in diesem Z. kannst du unmöglich auf die Straße gehen.

zustande ⟨in den Wendungen⟩ **etwas zustande bringen** *(etwas bewerkstelligen, fertigbringen)* · **etwas kommt zustande** *(etwas wird verwirklicht, erreicht)*.

zustecken: **1.** ⟨etwas z.⟩ *etwas mit Hilfe von etwas schließen:* sie hat die Bluse, den tiefen Ausschnitt mit einer Nadel zugesteckt. **2.**

⟨jmdm. etwas z.⟩ *unauffällig geben:* jmdm. fünf Mark, ein Trinkgeld z.; man hat ihm unauffällig, heimlich einen Zettel zugesteckt.

zustellen: 1. ⟨etwas z.⟩ *verdecken, versperren:* ein Fenster, eine Tür [mit einem Schrank, Regal] z. **2.** ⟨etwas z.⟩ *austragen, überbringen:* etwas per Post, durch einen Boten z. [lassen]; die Post wird täglich nur noch einmal zugestellt; ⟨jmdm. etwas z.⟩ jmdm. eine Rechnung, eine Mahnung, ein Paket z.

zustimmen: a) ⟨jmdm. z.⟩ *der gleichen Meinung sein wie jmd.:* ich stimme Ihnen zu; in diesem Punkt kann ich Ihnen nicht z. **b)** ⟨einer Sache z.⟩ *etwas billigen, unterstützen:* einem Plan voll und ganz, bedingungslos, ohne Vorbehalte z.; das Parlament hat dem Gesetzentwurf mit großer Mehrheit zugestimmt.

Zustimmung, die: *Einwilligung, Unterstützung:* etwas findet jmds. uneingeschränkte Z.; einer Sache seine Z. versagen (geh.), verweigern; zu etwas seine Z. geben; dafür/dazu brauchen wir seine Z.

zustoßen: 1. ⟨etwas z.⟩ *etwas mit einem Stoß schließen:* die Tür [mit dem Fuß] z. **2.** *Stoßbewegungen ausführen:* er hat mit dem Degen, Messer mehrmals zugestoßen; stoß zu! **3.** ⟨etwas stößt jmdm. zu⟩ *etwas passiert jmdm.:* gib acht, daß dir nichts zustößt; hoffentlich ist den beiden nichts, kein Unglück zugestoßen.

zutage ⟨in bestimmten Verbindungen⟩ **etwas zutage bringen/fördern** *(etwas zum Vorschein bringen)* · **etwas kommt/tritt zutage: a)** *(etwas wird an der [Erd]oberfläche sichtbar).* **b)** *(etwas wird offenkundig)* · **etwas liegt offen zutage** *(etwas ist deutlich erkennbar).*

zuteil ⟨in der Wendung⟩ etwas wird jmdm. zuteil (geh.): *jmd. erhält etwas:* ihm ist eine hohe Auszeichnung z. geworden.

zuteilen: a) ⟨jmdm. etwas z.⟩ *[als Anteil] geben:* jmdm. seinen Anteil z.; die Lebensmittel werden der Bevölkerung zugeteilt. **b)** ⟨jmdm. jmdn., etwas z.⟩ *zuweisen; an jmdn. vergeben:* jmdm. eine Arbeit, Aufgabe, Rolle z.; er ist einer anderen Abteilung zugeteilt worden.

zutragen: 1. ⟨jmdm. etwas z.⟩ *zu jmdm. tragen;* jmdm. Steine, das Arbeitsmaterial z.; übertr.: sie trägt ihm alles sofort zu *(erzählt ihm alles),* was sie erfährt. **2.** ⟨etwas trägt sich zu⟩ *etwas geschieht:* was hat sich denn hier zugetragen?; der Vorfall trug sich schon gestern zu.

zutrauen: a) ⟨jmdm., sich, einer Sache etwas z.⟩ *an jmds. Fähigkeiten, Eigenschaften, an etwas glauben:* jmdm. Talent, einen guten Geschmack z.; er traut sich zu wenig, nichts zu; er hat seiner Gesundheit zuviel zugetraut. **b)** ⟨jmdm. etwas z.⟩ *glauben, daß jmd. etwas Negatives tun würde:* jmdm. eine Tat, einen Mord z.; ich traue ihm zu, daß er uns betrügt; hättest du ihm so etwas zugetraut?

Zutrauen, das: *Vertrauen:* kein rechtes Z. mehr zu jmdm. haben; ich habe alles Z. zu ihm verloren.

zutreffen: a) ⟨etwas trifft zu⟩ *etwas entspricht den Tatsachen:* seine Angabe, die Beschreibung traf genau zu; das dürfte [wohl] nicht ganz z. *(stimmen);* eine zutreffende Bemerkung, Behauptung, Darstellung. **b)** ⟨etwas trifft für/(auch:) auf jmdn., etwas zu⟩ *etwas bezieht sich auf jmdn., etwas:* das Gesetz trifft für/auf diesen Fall, für/auf dich nicht zu; subst.: Zutreffendes bitte ankreuzen, unterstreichen.

Zutritt, der: *das Betreten:* kein Z.!; Z. nur mit Genehmigung der Direktion; freien Z. zu etwas haben; jmdm. den Z. zu etwas verweigern, verwehren; ungehinderten Z. verlangen, erlangen, erwirken; sich Z. verschaffen; bildl.: das Gemisch ist vor Z. von Luft zu schützen.

zutun (ugs.): **1.** ⟨einer Sache etwas z.⟩ *hinzufügen:* der Suppe, dem Salat noch etwas Salz z.; ⟨auch ohne Dativ⟩ ich habe noch Wasser zugetan. **2.** ⟨etwas z.⟩ *etwas schließen:* ich habe kein Auge zugetan *(nicht schlafen können).* * (verhüll.:) **die Augen [für immer] zutun** *(sterben).*

Zutun ⟨in der Verbindung⟩ ohne jmds. Zutun: *ohne jmds. Mitwirkung.*

zuverlässig: *verläßlich:* ein zuverlässiger Mitarbeiter; etwas aus zuverlässiger Quelle erfahren; die Angaben sind z.; sich als z. erweisen.

Zuversicht, die: *festes Vertrauen auf eine positive Entwicklung in der Zukunft:* voll, voller Z. sein; ich habe die feste Z., daß ...; etwas in/mit der Z. tun, daß ...

zuversichtlich: *voller Zuversicht:* es herrscht zuversichtliche Stimmung; ich bin [sehr] z.; er sprach z. von der weiteren Entwicklung.

zuviel ⟨Indefinitpronomen⟩: *mehr als nötig, gewünscht:* z. wissen; einer ist z.; das ist viel z.; du darfst dir nicht z. zumuten; im Kaffee ist z. Milch; die Arbeit wird mir allmählich z.; ihm ist alles z.; einen z. getrunken haben (ugs.; *betrunken sein*); iron.: das ist z. des Guten/des Guten z.; Redensarten: was z. ist, ist z. *(meine Geduld ist am Ende);* besser z. als zuwenig.

zuvor ⟨Adverb⟩: *zeitlich davor:* im Jahr z.; wir haben ihn nie z. gesehen; ich hatte mich zuvor erkundigt, ob ...

zuvorkommen ⟨jmdm., einer Sache z.⟩: *schneller sein als jmd.; etwas vor einer erwarteten Sache tun:* einem Angriff z.; jmdm. bei einem Kauf, mit seinem Angebot z.; er ist meinem Wunsche zuvorgekommen *(hat ihn erfüllt, ehe ich ihn ausgesprochen habe).*

zuvorkommend: *höflich, liebenswürdig:* ein zuvorkommendes Wesen haben; jmdm. gegenüber sehr z. sein; jmdn. z. behandeln.

Zuwachs, der: *Vermehrung:* ein Z. an Besitz, Vermögen, Macht; der Verein hat einen großen, bedeutenden Z. an/von Mitgliedern zu verzeichnen; die Familie hat Z. (ugs.; *ein Kind*) bekommen; ich habe dem Jungen einen Anzug auf Z. (ugs.; *reichlich groß*) gekauft.

zuwege ⟨in den Verbindungen⟩ **etwas zuwege bringen** *(etwas fertigbringen)* · **mit etwas zuwege kommen** *(mit etwas fertig werden)* · **noch gut zuwege sein** (ugs.; *noch rüstig sein*).

zuwenden: a) ⟨jmdm., einer Sache sich, etwas z.⟩ *zu jmdm., zu etwas wenden:* sich der Sonne z.; er wandte/wendete sich mir zu, als er meine Stimme hörte; jmdm. den Rücken, das Gesicht z.; die beiden Gestalten wandten/wendeten sich dem Theaterausgang zu; bildl.: das Glück hat sich ihr zugewandt/zugewendet; jmdm. seine Aufmerksamkeit, sein Interesse z.; er hat ihr seine Liebe zugewandt. **b)** ⟨sich einer Sache z.⟩ *sich mit etwas befassen:* sich dem Studium der Chemie, einer neuen Aufgabe z.; wir wandten/wendeten uns dann der Frage zu, ob ...; bildl.: die Mode hat sich neuen Formen zugewandt.

Zuwendung, die: *Finanzbeihilfe:* eine finanzielle, einmalige Z.; eine Z. in Höhe von ...; von jmdm. Zuwendungen erhalten.
zuwenig: → zuviel.
zuwerfen: **1.** ⟨etwas z.⟩ *zuschütten:* einen Graben, eine Grube mit Erde, Schutt [wieder] z. **2.** ⟨etwas z.⟩ *laut und heftig schließen:* die Tür, den [Wagen]schlag, den Deckel z. **3.** ⟨jmdm. etwas z.⟩ *jmdm. etwas werfend übergeben:* jmdm. den Ball, den Schlüssel z.; bildl.: jmdm. böse Blicke, eine Kußhand z.
zuwider ⟨in den Verbindungen⟩ **etwas ist einer Sache zuwider** *(etwas steht einer Sache entgegen, widerspricht einer Sache)* · **jmdm. zuwider sein** *(jmdm. widerwärtig sein):* dieser Mensch, dieses Essen ist mir z.
zuwiderhandeln ⟨einer Sache z.⟩: *im Widerspruch zu etwas handeln:* dem Gesetz, einer Anordnung z.; er hat dem Verbot zuwidergehandelt.
zuziehen: **1.** ⟨etwas z.⟩ **a)** *durch Zusammenziehen schließen:* die Vorhänge z. **b)** *festziehen:* eine Schleife, einen Knoten z. **2.** ⟨jmdn. z.⟩ *hinzuziehen:* einen Arzt, Gutachter z.; wir müssen einige Fachberater zu den Verhandlungen z. **3.** *hierherziehen:* wir sind erst vor kurzem zugezogen; subst.: hier wohnen fast nur Zugezogene. **4.** ⟨sich (Dativ) etwas z.⟩ *etwas bekommen, auf sich ziehen:* sich eine Erkältung, einige Rippenbrüche z.; er hat sich den Zorn des Publikums, einige Unannehmlichkeiten zugezogen.
zuzüglich (Kaufmannsspr.) ⟨Präp. mit Gen.⟩: *hinzukommend:* die Wohnung kostet 400 Mark z. der Heizkosten; ⟨ein stark dekliniertes Substantiv im Singular bleibt ungebeugt, wenn es ohne Artikel oder Attribut steht⟩ der Preis z. Porto; ⟨im Plural mit dem Dativ, wenn der Genitiv nicht erkennbar ist⟩ z. Beträgen für Verpackung und Versand.
Zwang, der: **1.** *zwingende Notwendigkeit, Pflicht:* der Z. des Gesetzes, der Gesellschaft, der Mode; die Teilnahme ist Z.; es besteht kein Z. zum Kauf[en]; etwas nur aus Z. tun. **2.** *[psychologischer] Druck; Belastung:* ein äußerer, innerer, sanfter, moralischer Z.; der Z. der Pflicht; allen Z. ablegen; einen Z. auf jemanden ausüben; seinen Gefühlen, Empfindungen Z. antun, auferlegen; tu dir keinen Z. an!
zwanglos: **a)** *ungezwungen; ohne Förmlichkeit:* ein zwangloses Beisammensein; sich z. benehmen; wir kommen heute abend z. zusammen; hier geht es ganz z. zu. **b)** *unregelmäßig:* die Zeitschrift erscheint in zwangloser Folge.
zwangsläufig: *notgedrungen:* eine zwangsläufige Entwicklung; das ist eine zwangsläufige Folge dieser Entscheidung; das führt z. dazu, daß ...
zwar ⟨Adverb⟩: **1.** ⟨in Verbindung mit *aber*⟩ /leitet eine Feststellung ein, der eine Einschränkung folgt/: z. war er dabei, aber er hat nichts gesehen; der Wagen ist z. gut gepflegt, hat aber einige Roststellen. **2.** ⟨in Verbindung mit voranstehendem *und*⟩ /leitet eine genauere oder verstärkende Angabe zu dem zuvor Gesagten ein/: die Feier findet nun doch statt, und z. am nächsten Mittwoch; er hat sich verletzt, und z. so stark, daß ...
Zweck, der: **1.** *Ziel einer Handlung; Absicht:* ein guter, edler, wohltätiger, politischer, erzieherischer, doppelter Z.; der Z. dieser Sache ist der, daß .../liegt darin, daß ...; Redensart: der Z. heiligt die Mittel; das ist der Z. der Übung (ugs.; *dieser Sache*) · einen bestimmten Z. verfolgen, erreichen; die Sache hat ihren Z. verfehlt, erfüllt; der Mensch macht die Natur seinen Zwecken dienstbar; die Form ist dem Z. angepaßt; welchem Z. soll das dienen?; etwas ist für private Zwecke bestimmt, vorgesehen; ohne Ziel und Z. arbeiten; zu welchem Z.? **2.** *Sinn:* es hat wenig Z., dort anzurufen; das hat doch alles keinen/hat ja doch keinen Z.; was hat das [eigentlich] für einen Z.?
zwecks (Amtsdt.) ⟨Präp. mit Gen.⟩: *zum Zwecke von:* z. Feststellung der Personalien.
zwei ⟨Kardinalzahl⟩: *2:* zwei Bücher; das Leben zweier Menschen/von z. Menschen steht auf dem Spiel; wir sind zu zweien (veraltend), zu zweit; es ist z. Uhr; er ist z. Jahre alt; er arbeitet für z. *(ist sehr fleißig);* viele Grüße von uns zweien; Redensarten: wenn z. sich streiten, freut sich der dritte; jedes Ding hat zwei Seiten; subst.: in Latein eine Zwei *(Note 2)* schreiben, haben; mit der Zwei *(Straßenbahnlinie 2)* fahren; eine Zwei würfeln.
zweideutig: **1.** *doppeldeutig:* eine zweideutige Frage; der Satz, Text ist z. **2.** *unanständig:* zweideutige Witze erzählen.
zweierlei ⟨Gattungszahlwort⟩: *verschieden:* z. Schuhe, Strümpfe anhaben; mit z. Garn nähen; das ist z. *(das sind zwei [völlig] verschiedene Dinge).* * **mit zweierlei Maß messen** *(unterschiedliche Maßstäbe anlegen und dadurch ungerecht sein).*
Zweifel, der: *Ungewißheit, Bedenken, Skepsis:* heftiger, quälender, nagender, bohrender, lähmender Z.; bange Zweifel; dein Z. ist nicht berechtigt; darüber kann kein, nicht der geringste, leiseste, mindeste Z. bestehen; es ist, besteht, herrscht kein Z. an seinem guten Willen; kein Z., er war hier; ein Z. war jetzt nicht mehr möglich; Zweifel an der Wahrheit seiner Worte erwachten in ihr (geh.), stiegen in ihr auf (geh.), quälten sie, nagten an ihrem Herzen (geh.); es kamen ihm Zweifel, ob er richtig gehandelt habe; seine Zweifel sind geschwunden, gewichen; die ersten Zweifel [über die Echtheit des Gemäldes] waren schon vor einigen Jahren aufgetaucht; Z. bekommen, hegen (geh.); etwas weckt jmds. Z., hinterläßt einen Z. bei jmdm.; seinen Z. äußern; keinen Z. über etwas aufkommen lassen; jmds. Z. zerstreuen, vertreiben, verscheuchen, beseitigen, zum Schweigen bringen; man wird dabei gewisse Zweifel nicht los; das schließt, schaltet jeden Z. aus, läßt keinen Z. zu; ich will dir gerne diesen Z. nehmen; er setzte keinen Z. in ihre Worte; seine Behauptung begegnete (geh.) starkem Z., ließ dem Z. breiten Raum (geh.); das ist, steht außer allem Z. *(gilt als sicher, steht fest);* ich bin, befinde mich im/in Z. darüber, ob ...; er hat sie über seine Meinung nicht im Z. gelassen *(hat ihr gegenüber seine Meinung deutlich geäußert);* er geriet in Z.; sie zog, stellte seine Worte in Z. *(bezweifelte sie);* du hast ohne [jeden] Z. *(ganz gewiß)* recht; er ist über jeden, allen Z. erhaben.
zweifelhaft: **1.** *unsicher, fraglich:* ein Werk von zweifelhaftem Wert; es ist noch sehr z., ob er kommt; der Erfolg ist noch [recht, höchst] z.;

das ist, scheint mir z. **2.** *anrüchig, fragwürdig, verdächtig:* eine zweifelhafte Person; man hat ihn in recht zweifelhafter Gesellschaft gesehen; ein Mensch von zweifelhaftem Aussehen, Charakter, Ruf; das ist ein [ziemlich] zweifelhaftes Vergnügen *(kein [reines] Vergnügen);* seine Geschäfte sind, erscheinen mir etwas z.

zweifeln ⟨an jmdm., an sich, an etwas z.⟩: *Zweifel, Bedenken haben; bezweifeln, in Frage stellen:* ich zweifle nicht an dir, an deiner Aufrichtigkeit, an deinem guten Willen, am Gelingen des Planes; an der Richtigkeit seiner Aussage war nicht zu z.; das läßt mich an deinem Verstand z.; langsam begann er an sich selbst zu z.; er zweifelte daran, daß/ob ...; ich zweifle, daß er kommt.

Zweig, der: *dünner Ast:* ein dünner, kleiner, abgebrochener, geknickter, grüner, blühender Z.; kahle, belaubte, überhängende Zweige; die Zweige eines Baumes; der Z. ist abgestorben; die Zweige grünen, knospen; die Zweige zurückbiegen; einen Z., Zweige von einem Strauch brechen; die Vögel sitzen auf den Zweigen, singen in den Zweigen, hüpfen von Z. zu Z.; übertr.: die Zweige *(abzweigende Linien)* eines Eisenbahnnetzes; das ist ein anderer Z. *(eine andere Seitenlinie)* dieser Familie; die einzelnen Zweige *(Untergruppen, -abteilungen)* der Wissenschaft, der Technik, der Industrie, der Verwaltung. * (ugs.:) **auf keinen grünen Zweig kommen** *(keinen Erfolg haben).*

zweimal ⟨Wiederholungszahlwort⟩: *ein zweites Mal:* er hat schon z. angerufen. * (ugs.:) **sich** (Dativ) **das nicht zweimal sagen lassen** *(von einem Angebot sofort Gebrauch machen).*

zweischneidig: *mit zwei Schneiden versehen:* ein zweischneidiges Messer; übertr.: das ist doch eine zweischneidige *(fragwürdige, zweifelhafte)* Angelegenheit, Sache. * **etwas ist ein zweischneidiges Schwert** *(etwas hat sowohl eine gute als auch eine schlechte, gefährliche Seite).*

zweite ⟨Ordinalzahl⟩: *2.:* der z. von rechts; du bist schon der z., der das sagt; zum ersten, zum zweiten, zum dritten! */Ruf des Auktionators/;* das z. Schuljahr; er singt die z. Stimme, spielt z. Geige; sie fuhren zweiter Klasse; Waren zweiter Wahl *(minderer Güte);* im zweiten Stock; er hat den Prozeß in zweiter Instanz verloren; zum zweiten Mal; er gehört zur zweiten Garnitur (ugs.; *zu einer Gruppe mit minderem Leistungsniveau*); subst.: er ist der Zweite *(der Leistung nach)* in der Klasse; heute ist der Zweite *(2. Tag des Monats).* * **das Zweite Gesicht** *(Gabe der Prophetie)* · **aus zweiter Hand: a)** *(von einem, durch einen Mittelsmann).* **b)** *vom zweiten Besitzer:* ein Auto aus zweiter Hand kaufen · **in zweiter Linie** *(nach etwas anderem)* · **etwas wird jmdm. zur zweiten Natur** *(jmd. hat sich etwas völlig zu eigen gemacht).*

Zwickmühle, die: *bestimmte Stellung der Steine beim Mühlespiel:* er macht, hat eine Z.; übertr. (ugs.): *schwierige, unangenehme Lage:* wie kommen wir aus dieser Z. wieder heraus?; er befand sich, saß in einer Z.

zwielichtig: *undurchsichtig, fragwürdig, suspekt:* eine zwielichtige Gestalt; ein zwielichtiger Charakter, Mensch; seine Haltung in dieser Auseinandersetzung war ziemlich z.

Zwiespalt, der: *innere Uneinigkeit, Zerrissenheit; Widersprüchlichkeit:* der Z. zwischen Geist und Natur, zwischen Gefühl und Verstand; er versuchte vergeblich, aus dem Z. herauszukommen; im Z. der Empfindungen; er war in einem Z., geriet in einen Z.; er litt unter dem Z. seiner Natur.

zwiespältig: *innerlich zerrissen, schwankend; widersprüchlich:* ein zwiespältiges Wesen; zwiespältige Gefühle bewegten ihn.

Zwietracht, die (geh.): *Uneinigkeit:* unter ihnen ist, herrscht Z.; Z. stiften, säen (dichter).

Zwilling, der: **1.** *eines von zwei zugleich geborenen Geschwistern:* eineiige, zweieiige Zwillinge; siamesische *(zusammengewachsene)* Zwillinge; die beiden Brüder sind Zwillinge; der eine Z., einer der [beiden] Zwillinge ist nach der Geburt gestorben. **2.** (Astrol.) */ein Tierkreiszeichen/:* er ist [ein] Z. (ugs., *ist im Zeichen der Zwillinge geboren*).

zwingen: 1. a) ⟨jmdn., sich, etwas zu etwas z.⟩ *nötigen, mit Gewalt zu etwas veranlassen:* jmdn. zu einem Geständnis, zum Sprechen, zur Umkehr, zum Rücktritt z.; es zwingt dich niemand, das zu tun; man muß ihn zu seinem Glück z. *(muß ihn ein wenig zum Handeln antreiben);* sie mußte sich zum Arbeiten, zu einem Lächeln, zur Ruhe z.; die Polizei sah sich zu einschneidenden Maßnahmen gezwungen; die Helfer waren tagelang zur Untätigkeit gezwungen; ⟨auch ohne Präpositionalobjekt⟩ er läßt sich nicht z.; ich will dich ja nicht z., aber ... **b)** ⟨etwas zwingt zu etwas⟩ *etwas fordert etwas:* die Situation zwang zu raschem Handeln; die Gefährlichkeit der Situation zwang uns zur Eile; adj. Part.: eine zwingende Notwendigkeit; er hatte zwingende *(überzeugende)* Gründe; dieser Schluß ist nicht zwingend; er lächelte gezwungen *(unnatürlich);* subst.: seine Argumente haben etwas Zwingendes *(Überzeugendes).* **2.** ⟨jmdn., etwas z.; mit Raumangabe⟩ *mit Gewalt an einen bestimmten Ort bringen:* man zwang die Gefangenen in einen engen Raum; übertr.: etwas in seine Gewalt, unter seine Kontrolle z. **3.** ⟨etwas z.⟩ *schaffen, bewältigen:* er wird die Arbeit schon zwingen; die Kinder konnten den Kuchen nicht z. *(nicht aufessen).* * (geh.:) **jmdn. auf/in die Knie zwingen** *(jmdn. besiegen, unterwerfen).*

Zwirnsfaden, der ⟨in bestimmten Wendungen⟩ (ugs.:) **dünn wie ein Zwirnsfaden sein** *(sehr mager sein)* · (ugs.:) **etwas hängt an einem Zwirnsfaden** *(etwas ist sehr gefährdet):* sein Leben hing an einem Z. · (ugs.:) **über einen Zwirnsfaden stolpern** *(bei einem größeren Unternehmen an einer lächerlichen Kleinigkeit scheitern).*

zwischen ⟨Präp. mit Dativ und Akk.⟩: **1.** /räumlich/ **a)** ⟨mit Dativ; zur Angabe der Lage⟩ *ungefähr in der Mitte von; mitten in; mitten unter:* der Garten liegt z. dem Haus und dem Wald; es wächst viel Unkraut z. dem Weizen; ich saß z. zwei Gästen; übertr.: z. den Parteien stehen *(keiner Partei[linie] folgen);* er schwebt, schwankt z. Furcht und Hoffnung. **b)** ⟨mit Akk.; zur Angabe der Richtung⟩ *ungefähr in die Mitte von; mitten hinein; mitten unter:* er trat z. die [beiden] Bäume; sie pflanzt Salat z. die Tomaten; übertr.: z. die Streitenden treten *(in einem Streit vermitteln).* **2.** /zeitlich/ *innerhalb eines bestimmten Zeitraums:* **a)** ⟨mit

Dativ⟩ z. Weihnachten und Neujahr arbeiten wir nicht; komm bitte z. 17 und 18 Uhr zu mir. **b)** ⟨mit Akk.⟩ mein Urlaub fällt z. die Feiertage. **3.** /bei Maß- und Mengenangaben/ *innerhalb der angegebenen Grenzwerte:* die Bäume sind z. 15 und 20 Meter hoch; sie ist z. 30 und 40 [Jahre alt]. **4.** ⟨mit Dativ; zur Angabe einer Beziehung⟩ es ist zum Bruch z. ihnen gekommen; z. beiden Staaten herrscht bittere Feindschaft; der Unterschied z. einem Europäer und einem Asiaten.

Zwischenfall, der: *kurzer, den Fortgang der Ereignisse störender Vorgang:* ein unangenehmer, peinlicher, unerwarteter, seltsamer, komischer, dramatischer, folgenschwerer, belangloser Z.; ein Z. ereignet sich, spielt sich ab; dieser Z. beendete seine Karriere; einen Z. hervorrufen, inszenieren (bildungsspr.), provozieren (bildungsspr.), bereinigen; die Feier verlief ohne [jeden] Z.; es kam zu schweren Zwischenfällen an der Grenze.

Zwist, der (geh.): *Uneinigkeit, Streit:* ein innerer Z.; einen Z. mit jmdm. haben; einen Z. beilegen; er lebt in/im Z. mit seinem Bruder, ist mit ihm in Z. geraten.

zwitschern: a) *trillernde Töne von sich geben:* die Vögel zwitschern im Garten. **b)** ⟨etwas z.⟩ *in Zwitschertönen singen:* der Vogel zwitschert sein Liedchen. * (ugs.:) **einen zwitschern** *(Alkohol trinken).*

zwölf ⟨Kardinalzahl⟩: *12:* die z. Apostel; die z. Monate; es ist z. [Uhr]; Redensart: es ist fünf Minuten vor z. *(allerhöchste Zeit).* * **die Zwölf Nächte** *(vom 25. Dezember bis zum 6. Januar).* → acht.

zwölfte ⟨Ordinalzahl⟩: *12.:* der zwölfte Monat; am zwölften April. * **in zwölfter Stunde** *(im allerletzten Augenblick).* → achte.

Zylinder, der: **1.** *hoher Herrenhut:* einen Z. tragen; er kam in Frack und Z. **2.** *röhrenförmiger Hohlkörper:* der Z. der Petroleumlampe ist verrußt; Technik: der Motor hat vier, sechs Zylinder; einen Z. bohren, schleifen. **3.** (Math.) /*ein geometrischer Körper*/: einen Z. konstruieren; den Inhalt eines Zylinders berechnen.

zynisch: *hämisch spottend; verletzend; gemein:* ein zynischer Mensch; zynische Bemerkungen machen; er hatte nur ein zynisches Lächeln dafür übrig; sei doch nicht so z.!; jmdn. z. behandeln; ich finde ihn sehr z.